Alfred Böge (Hrsg.)

Vieweg Handbuch Maschinenbau

A	Mathematik	A 1–122
B	Physik	B 1–25
C	Mechanik	C 1–98
D	Festigkeitslehre	D 1–81
E	Werkstofftechnik	E 1–114
F	Thermodynamik	F 1–39
G	Elektrotechnik	G 1–68
H	Mechatronik	H 1–34
I	Maschinenelemente	I 1–170
K	Fördertechnik	K 1–70
L	Kraft- und Arbeitsmaschinen	L 1–127
M	Spanlose Fertigung	M 1–56
N	Zerspantechnik	N 1–35
O	Werkzeugmaschinen	O 1–82
P	Programmierung von Werkzeugmaschinen	P 1–43
Q	Steuerungstechnik	Q 1–59
R	Regelungstechnik	R 1–40
S	Betriebswirtschaft	S 1–60
T	Produktionslogistik	T 1–17

Alfred Böge (Hrsg.)

**Vieweg Handbuch
Maschinenbau**

Alfred Böge (Hrsg.)
Vieweg Handbuch Maschinenbau

Beiträge und Mitarbeiter

A	**Mathematik**	Dr. Friedrich Kemnitz Prof. Dr. Arnfried Kemnitz
B	**Physik**	Gert Böge
C	**Mechanik**	Alfred Böge, Gert Böge
D	**Festigkeitslehre**	Alfred Böge, Gert Böge
E	**Werkstofftechnik**	Wolfgang Weißbach
F	**Thermodynamik**	Heinz Wittig
G	**Elektrotechnik**	Gert Böge
H	**Mechatronik**	Prof. Dr.-Ing. Werner Roddeck
I	**Maschinenelemente**	Alfred Böge, Wolfgang Böge
K	**Fördertechnik**	Dr.-Ing. Johannes Sebulke
L	**Kraft- und Arbeitsmaschinen**	Wolfgang Böge, Manfred Ristau
M	**Spanlose Fertigung**	Prof. Dr.-Ing. Ulrich Borutzki, Wolfgang Böge
N	**Zerspantechnik**	Alfred Böge, Wolfgang Böge
O	**Werkzeugmaschinen**	Prof. Dr.-Ing. Werner Bahmann
P	**Programmierung von Werkzeugmaschinen**	Rainer Ahrberg, Jürgen Voss
Q	**Steuerungstechnik**	Werner Thrun
R	**Regelungstechnik**	Berthold Heinrich
S	**Betriebswirtschaft**	Klaus-Dieter Arndt, Karl-Heinz Degering
T	**Produktionslogistik**	Prof. Jürgen Bauer

Alfred Böge (Hrsg.)

Vieweg Handbuch Maschinenbau

Grundlagen und Anwendungen der Maschinenbau-Technik

Mit 1668 Bildern, 396 Tabellen
und mehr als 3800 Stichwörtern

17., vollständig neu bearbeitete Auflage

Bibliografische Information der Deutschen Bibliothek
Die Deutsche Bibliothek verzeichnet diese Publikation in der Deutschen Nationalbibliographie;
detaillierte bibliografische Daten sind im Internet über <http://dnb.ddb.de> abrufbar.

1. Auflage 1964
   Nachdruck 1968
2., überarbeitete und erweiterte Auflage 1969
   Nachdruck 1971, 1975
3., völlig neu überarbeitete Auflage 1977
4., überarbeitete Auflage 1979
5., überarbeitete Auflage 1981
6., durchgesehene Auflage 1982
7., überarbeitete Auflage 1983
8., überarbeitete und erweiterte Auflage 1985
9., überarbeitete Auflage 1986
10., überarbeitete und erweiterte Auflage 1987
11., überarbeitete und erweiterte Auflage 1989
12., überarbeitete und erweiterte Auflage 1990
13., überarbeitete Auflage 1992
14., überarbeitete und erweiterte Auflage 1995
15., überarbeitete und erweiterte Auflage 1999
16., überarbeitete Auflage November 2000
17., vollständig neu bearbeitete Auflage September 2004

Bis zur 16. Auflage erschien das Buch unter dem Titel *Das Techniker Handbuch* unter derselben Herausgeberschaft von Alfred Böge.

Umschlaggestaltung unter Verwendung eines Fotos der Firma Erwin Junker Maschinenfabrik GmbH, Nordrach.

Alle Rechte vorbehalten
© Friedr. Vieweg & Sohn Verlag/GWV Fachverlage GmbH, Wiesbaden, 2004

Der Vieweg Verlag ist ein Unternehmen von Springer Science+Business Media.
www.vieweg.de

Das Werk einschließlich aller seiner Teile ist urheberrechtlich geschützt. Jede Verwertung außerhalb der engen Grenzen des Urheberrechtsgesetzes ist ohne Zustimmung des Verlags unzulässig und strafbar. Das gilt insbesondere für Vervielfältigungen, Übersetzungen, Mikroverfilmungen und die Einspeicherung und Verarbeitung in elektronischen Systemen.

Umschlaggestaltung: Ulrike Weigel, www.CorporateDesignGroup.de
Technische Redaktion: Hartmut Kühn von Burgsdorff, Wiesbaden
Satz: Zerosoft, Temeswar
Bilder: Graphik & Text Studio, Dr. Wolfgang Zettlmeier, Barbing
Druck und buchbinderische Verarbeitung: Těšínská tiskárna, a.s.; Tschechische Republik
Gedruckt auf säurefreiem und chlorfrei gebleichtem Papier

ISBN 3-528-05053-5

Vorwort

Das „Vieweg Handbuch Maschinenbau" ist eine völlige Neubearbeitung des Techniker Handbuchs, das sich in 16 Auflagen mit über 100.000 verkauften Exemplaren in der Techniker- und Ingenieurausbildung einen festen Platz erworben hat. Neue Autoren aus dem Fachhochschulbereich und Fachleute aus der Industrie haben durch ihre fachwissenschaftlichen Erkenntnisse und Erfahrungen engagiert zur Entwicklung des Handbuchs beigetragen.

Das Handbuch Maschinenbau enthält in der bewusst praxisnahen und verständlichen Darstellung neben den aktualisierten Inhalten der bisherigen Grundlagen- und Anwendungsfächer neue Stoffgebiete wie Mechatronik und Produktionslogistik mit SAP. Es ist damit ein ideales Nachschlagewerk auch für die neuen Bachelor-Studiengänge der Fachbereiche des Maschinenbaus an Fachhochschulen.

Im Handbuch Maschinenbau führen anwendungsorientierte Problemstellungen in das Stoffgebiet ein, Berechnungs- und Dimensionierungsgleichungen werden mit vielen Abbildungen verständlich hergeleitet und deren Anwendung an Beispielen gezeigt.
Das Werk ist als Arbeitsbuch für das Studium an Fach- und Fachhochschulen und als Nachschlagewerk für die Praxis unverzichtbar.

Autoren, Herausgeber und Verlag nehmen jede Anregung zur Verbesserung des Werkes für die Ausbildungsgänge und für die Berufspraxis dankbar an.
Die E-Mail-Adresse des Herausgebers lautet: aboege@t-online.de

Braunschweig, September 2004 *Alfred Böge*

Inhaltsverzeichnis

A Mathematik

1 Tabellen 1

2 Arithmetik 3

  2.1   Einteilung der Zahlen 3
  2.2   Die vier Grundrechenarten 4
  2.3   Terme 4
  2.4   Vereinbarungen 4
  2.5   Termumformungen 4
  2.6   Bruchrechnung 9
  2.7   Dezimalzahlen und Dualzahlen 11
  2.8   Potenzen, Wurzeln, Logarithmen 13
  2.9   Die Briggs'schen Logarithmen 21
  2.10 Komplexe Zahlen 21

3 Gleichungslehre 26

  3.1   Gleichungsarten 26
  3.2   Lineare Gleichungen 26
  3.3   Quadratische Gleichungen 33
  3.4   Gleichungen dritten und höheren Grades 36
  3.5   Sonstige Gleichungen 40

4 Funktionen, graphische Lösungen, analytische Geometrie 43

  4.1   Begriff der Funktion 43
  4.2   Die ganze rationale Funktion 43
  4.3   Sonstige elementare Funktionen 52
  4.4   Graphische Lösung von Bestimmungsgleichungen 55
  4.5   Analytische Geometrie 58

5 Planimetrie (ebene Geometrie) 73

  5.1   Gerade Linien 73
  5.2   Winkel 73
  5.3   Grundkonstruktionen 75
  5.4   Geometrische Örter (Ortslinien) 76
  5.5   Das Dreieck 77
  5.6   Das Viereck 81
  5.7   Der Kreis 83
  5.8   Flächeninhalt, Flächenverwandlung 84
  5.9   Ähnlichkeit und Streckenverhältnisse 86

6	**Stereometrie (räumliche Geometrie)**	90
	6.1 Prismatische Körper	90
	6.2 Pyramidenförmige Körper	91
	6.3 Pyramidenstumpf und Kegelstumpf	92
	6.4 Die Kugel	93
7	**Ebene Trigonometrie**	94
	7.1 Definitionen der trigonometrischen Funktionen (Winkelfunktionen, Kreisfunktionen)	94
	7.2 Zusammenhänge der trigonometrischen Funktionen	95
	7.3 Die Kurven der Kreisfunktionen	96
	7.4 Spezielle Funktionswerte der Kreisfunktionen	97
	7.5 Symmetrie der Kreisfunktionen	97
	7.6 Additionstheoreme	98
	7.7 Sinussatz und Kosinussatz	99
	7.8 Gradmaß und Bogenmaß	101
	7.9 Winkelfunktion und Arcusfunktion	102
8	**Analysis (Differenzial- und Integralrechnung)**	103
	8.1 Folgen und Reihen	103
	8.2 Grenzwerte	106
	8.3 Differenzialrechnung	108
	8.4 Integralrechnung	116

B Physik

1	Physikalische Größen und Größenarten	1
2	Basisgrößen und abgeleitete Größen	2
3	Größengleichungen	2
4	Die Dimension einer Größe	3
5	Einheiten	4
6	Basiseinheiten, abgeleitete Einheiten, kohärente Einheiten, Hilfs- oder Sondereinheiten	4
7	Das Meter ist die Basiseinheit der Basisgröße Länge	5
8	Das Kilogramm ist die Basiseinheit der Basisgröße Masse	6
9	Die Sekunde ist die Basiseinheit der Basisgröße Zeit	6
10	Die Krafteinheit Newton	6
11	Die Arbeits- und Energieeinheit Joule	7
12	Skalare und Vektoren	7
13	Geschwindigkeit	8
14	Beschleunigung	9
15	Masse	10
16	Dichte	11
17	Gewichtskraft	11
18	Gravitation oder Massenanziehung	12

19	Trägheit und Trägheitsgesetz	13
20	Das dynamische Grundgesetz	13
21	Wechselwirkungsgesetz	14
22	Die Kraft	15
23	Die Trägheitskraft	16
24	Statisches Gleichgewicht	17
25	Dynamisches Gleichgewicht	19

C Mechanik

1	**Statik starrer Körper in der Ebene**		1
	1.1	Grundlagen	2
	1.2	Zusammensetzen, Zerlegen und Gleichgewicht von Kräften in der Ebene	6
	1.3	Kräfte im Raum (Sonderfälle)	13
	1.4	Schwerpunkt (Massenmittelpunkt)	16
	1.5	Guldin'sche Regeln	22
	1.6	Standsicherheit, Gleichgewichtslagen	23
	1.7	Statik der ebenen Fachwerke	24
	1.8	Reibung	30
2	**Dynamik**		43
	2.1	Bewegungslehre (Kinematik)	44
	2.2	Mechanische Arbeit und Leistung; Wirkungsgrad; Übersetzung	56
	2.3	Dynamik der Verschiebebewegung (Translation) des starren Körpers	60
	2.4	Dynamik der Drehung (Rotation) des starren Körpers	66
	2.5	Gegenüberstellung der Gesetze für Drehung und Schiebung	74
	2.6	Gerader zentrischer Stoß	75
3	**Statik der Flüssigkeiten (Hydrostatik)**		81
	3.1	Eigenschaften der Flüssigkeiten und Gase	82
	3.2	Hydrostatischer Druck (Flüssigkeitsdruck, hydraulische Pressung)	82
	3.3	Druck-Ausbreitungsgesetz	82
	3.4	Anwendung des Druck-Ausbreitungsgesetzes	82
	3.5	Hydraulische Kraftübertragung	83
	3.6	Druckverteilung durch Gewichtskraft der Flüssigkeit	84
	3.7	Hydrostatische Kräfte gegen ebene Wände offener Gefäße	85
	3.8	Auftrieb	85
	3.9	Schwimmen	86
	3.10	Gleichgewichtslagen schwimmender Körper	86
4	**Dynamik der Flüssigkeiten (Hydrodynamik)**		87
	4.1	Allgemeines	87
	4.2	Die Grundgleichungen der Strömung	88
	4.3	Anwendung der Bernoulligleichung	91
	4.4	Widerstände in Rohrleitungen	94

D Festigkeitslehre

1 Allgemeines 3
- 1.1 Aufgaben der Festigkeitslehre 3
- 1.2 Schnittverfahren 3
- 1.3 Spannung 5
- 1.4 Formänderung 6
- 1.5 Hooke'sches Gesetz (Elastizitätsgesetz) 6
- 1.6 Die Grundbeanspruchungsarten 7
- 1.7 Zusammengesetzte Beanspruchung 8
- 1.8 Festigkeit 8
- 1.9 Zulässige Spannung und Sicherheit 13

2 Die einzelnen Beanspruchungsarten 16
- 2.1 Zug und Druck 16
- 2.2 Biegung 20
- 2.3 Knickung 55
- 2.4 Abscheren 63
- 2.5 Torsion (Verdrehung) 65
- 2.6 Flächenpressung 70

3 Zusammengesetzte Beanspruchungen 72
- 3.1 Gleichzeitiges Auftreten mehrerer Normalspannungen 72
- 3.2 Gleichzeitiges Auftreten mehrerer Schubspannungen 75
- 3.3 Gleichzeitiges Auftreten von Normal- und Schubspannungen 75

4 Beanspruchung bei Berührung zweier Körper 80
- 4.1 Voraussetzungen 80
- 4.2 Bedeutung der Formelzeichen 80
- 4.3 Berechnungsgleichungen 80

E Werkstofftechnik

1 Grundlagen 2
- 1.1 Allgemeines 2
- 1.2 Chemische Grundlagen 4
- 1.3 Periodensystem der Elemente (PSE) 5
- 1.4 Chemische Bindung 10
- 1.5 Systematische Benennung chemischer Verbindungen (anorganisch) 12
- 1.6 Chemische und physikalische Reaktionen 12
- 1.7 Metallgewinnung 17

2 Metallkundliche Grundlagen ... 18
- 2.1 Struktur der Metalle und Legierungen ... 18
- 2.2 Eigenschaften und Verhalten der Metallgitter ... 20
- 2.3 Verhalten bei höheren Temperaturen ... 22
- 2.4 Zweistofflegierungen (binäre Legierungen) ... 23
- 2.5 Kristall- und Gefügeveränderungen ... 28

3 Eisen und Stahl ... 29
- 3.1 Stahlerzeugung ... 29
- 3.2 Das Eisen-Kohlenstoff-Diagramm ... 31
- 3.3 Die Wärmebehandlung der Stähle, Stoffeigenschaftändern ... 35
- 3.4 Stahlsorten ... 43
- 3.5 Eisen-Kohlenstoff-Gusswerkstoffe ... 58

4 Nichteisenmetalle ... 62
- 4.1 Bezeichnung der NE-Metalle ... 62
- 4.2 Aluminium und Al-Legierungen ... 62
- 4.3 Kupfer ... 66
- 4.4 Titan ... 72
- 4.5 Magnesium ... 72
- 4.6 Nickel (DIN 17743) ... 73
- 4.7 Blei (DIN EN 12659, DIN 17640-1) ... 73
- 4.8 Zink (DIN EN 1774) ... 73
- 4.9 Zinn (DIN EN 611-1) ... 74

5 Kunststoffe (Polymere) ... 74
- 5.1 Herstellungsweg und wichtige Begriffe ... 74
- 5.2 Struktur der Polymere ... 76
- 5.3 Duroplastische Kunststoffe ... 77
- 5.4 Thermoplastische Kunststoffe ... 80
- 5.5 Elastomere ... 83

6 Werkstoffe besonderer Herstellungsart oder Verarbeitung ... 86
- 6.1 Pulvermetallurgie ... 86
- 6.2 Keramische Werkstoffe ... 87
- 6.3 Verbundwerkstoffe ... 89
- 6.4 Werkstoffe für Lötungen ... 91
- 6.5 Druckgusswerkstoffe ... 92

7 Oberflächenbeanspruchung durch Korrosion, Verschleiß und Schutzmaßnahmen ... 94
- 7.1 Korrosion ... 94
- 7.2 Tribologie ... 95
- 7.3 Verschleiß ... 100
- 7.4 Lager- und Gleitwerkstoffe ... 100
- 7.5 Beschichtungen und Schichtwerkstoffe ... 103

8	**Prüfung metallischer Werkstoffe**	**105**
8.1	Prüfung der Härte	105
8.2	Zugversuch	108
8.3	Kerbschlagbiegeversuch	109
8.4	Prüfung der Festigkeit bei höheren Temperaturen	110
8.5	Prüfung der Festigkeit bei schwingender Beanspruchung,	110
8.6	Untersuchung von Verarbeitungseigenschaften	111
8.7	Zerstörungsfreie Werkstoffprüfung	111

F Thermodynamik

1	**Grundbegriffe**	**2**
1.1	Temperatur	2
1.2	Druck	2
1.3	Volumen	3
1.4	Spezifische Wärmekapazität	5
1.5	Wärmeausdehnung	9
1.6	Aggregatzustände	12
2	**Wärme und Arbeit**	**14**
2.1	Thermodynamisches System	14
2.2	Innere Energie	14
2.3	Wärme	14
2.4	Arbeit	15
2.5	Dissipationsenergie	16
2.6	Erster Hauptsatz	17
2.7	Kreisprozesse	17
2.8	Thermischer Wirkungsgrad	18
2.9	Zweiter Hauptsatz	18
2.10	Entropie	18
2.11	Exergie und Anergie	19
3	**Zustandsänderungen idealer Gase**	**20**
3.1	Thermische Zustandsgleichung	20
3.2	Zustandsänderungen	21
3.3	Isochore Zustandsänderung	21
3.4	Isobare Zustandsänderung	23
3.5	Isotherme Zustandsänderung	24
3.6	Isentrope Zustandsänderung	25
3.7	Polytrope Zustandsänderung	27
3.8	Carnot-Prozess	29
3.9	Drosselung	30
3.10	Gasmischungen	30

4	**Wärmeübertragung**	32
	4.1 Allgemeines	32
	4.2 Wärmeleitung	32
	4.3 Wärmeübergang (Wärmekonvektion)	33
	4.4 Wärmedurchgang	34
	4.5 Wärmestrahlung	37

G Elektrotechnik

1	**Grundlagen**	3
	1.1 Elektrischer Stromkreis	3
	1.2 Leistung, Arbeit, Energieumrechnungen	8
	1.3 Grundschaltungen der Praxis	9
	1.4 Elektrochemie	12
	1.5 Magnetismus	14
	1.6 Induktion und Kraftwirkung im Magnetfeld	19
	1.7 Elektrisches Feld	23
	1.8 Wechselstrom	27
	1.9 Drehstrom (Dreiphasenwechselstrom)	33

2	**Anwendungen**	35
	2.1 Verteilung der elektrischen Energie	35
	2.2 Beleuchtungstechnik	39
	2.3 Elektrischer Unfall und Schutzmaßnahmen	42
	2.4 Transformatoren	43
	2.5 Gleichstrommaschine als Generator	46
	2.6 Gleichstrommaschine als Motor	49
	2.7 Drehstrommaschine als Motor	52
	2.8 Einphasen-Wechselstrommotoren	55
	2.9 Wechselwirkung zwischen Elektromotor und Arbeitsmaschine	56
	2.10 Stromrichter	59
	2.11 Steuerung von Drehzahl und Drehmoment bei Motoren	61
	2.12 Sondererscheinungen der Elektrizität	63
	2.13 Elektrische Messgeräte	64
	2.14 Elektrische Messungen	65

H Mechatronik

1	**Einleitung**	1
	1.1 Begriffsbildung	1
	1.2 Mechatroniker	1
	1.3 Mechatronische Systeme	3

	1.4 Unterschiede zwischen Maschinenbau, Elektrotechnik und Mechatronik	5
2	**Modellbildung und Simulation**	**8**
	2.1 Verfahren der Modellbildung	9
	2.2 Unterschiedliche Modelltypen von technischen Systemen.............................	16
	2.3 Modelle mechanischer Systeme	22
	2.4 Modelle elektrischer Systeme...	25
	2.5 Simulation	26
3	**Industrieroboter als mechatronisches System**	**29**
	3.1 Sensorkorrektur von Bewegungsdaten	30
	3.2 Nachführen eines Roboterarms an einer Freiformfläche................................	30

I Maschinenelemente

1	**Normzahlen, Toleranzen, Passungen**	**1**
	1.1 Normzahlen	1
	1.2 ISO-Passungen	2
	1.3 Maßtoleranzen	4
	1.4 Eintragung von Toleranzen in Zeichnungen...	4
	1.5 Verwendungsbeispiele für Passungen	4
2	**Festigkeit und zulässige Spannung**	**9**
3	**Klebverbindungen**	**9**
	3.1 Allgemeines..	9
	3.2 Klebstoffe	9
	3.3 Herstellung der Klebverbindung...	10
	3.4 Berechnung	11
	3.5 Gestaltungshinweise	12
4	**Lötverbindungen**	**12**
5	**Schweißverbindungen**	**12**
	5.1 Grundsätze..	12
	5.2 Berechnung von Schweißverbindungen	16
	5.3 Berechnungsbeispiele	22
6	**Nietverbindungen**	**25**
	6.1 Allgemeines..	25
	6.2 Nietformen..	25
	6.3 Nietwerkstoffe	25
	6.4 Herstellen der Nietverbindungen..	25
	6.5 Verbindungsarten, Schnittigkeit	26

6.6	Nietverbindungen im Stahlbau	26

7 Schraubenverbindungen ... 30

7.1	Allgemeines	30
7.2	Gewinde	30
7.3	Schrauben und Muttern	31
7.4	Schraubensicherungen	32
7.5	Scheiben	33
7.6	Berechnung von Befestigungsschrauben	33
7.7	Berechnung der Bewegungsschrauben	48

8 Bolzen, Stiftverbindungen, Sicherungselemente ... 54

8.1	Allgemeines	54
8.2	Bolzen	54
8.3	Stifte	54
8.4	Bolzensicherungen	55
8.5	Gestaltung der Bolzen- und Stiftverbindungen	56

9 Federn ... 57

9.1	Allgemeines	57
9.2	Kenngrößen an Federn	57
9.3	Federwerkstoffe	60
9.4	Zug- und druckbeanspruchte Metallfedern	60
9.5	Biegebeanspruchte Metallfedern	60
9.6	Drehbeanspruchte Metallfedern	71

10 Achsen, Wellen und Zapfen ... 77

10.1	Allgemeines	77
10.2	Werkstoffe, Normen	77
10.3	Berechnung der Achsen	77
10.4	Berechnung der Wellen	77
10.5	Auszuführende Achsen- und Wellendurchmesser	79
10.6	Berechnung der Zapfen	79
10.7	Gestaltung	80
10.8	Tragfähigkeit für Wellen und Achsen	83

11 Nabenverbindungen ... 87

11.1	Übersicht	87
11.2	Zylindrische Pressverbände	90
11.3	Kegelige Pressverbände (Kegelsitzverbindungen)	95
11.4	Klemmsitzverbindungen	99
11.5	Keilsitzverbindungen	100
11.6	Ringfederspannverbindungen	100
11.7	Längsstiftverbindung	102
11.8	Querstiftverbindung	102
11.9	Passfederverbindungen (Nachrechnung)	104
11.10	Keilwellenverbindung	104

12 Kupplungen ... 105

- 12.1 Allgemeines ... 105
- 12.2 Feste Kupplungen ... 106
- 12.3 Bewegliche, unelastische Kupplungen ... 107
- 12.4 Elastische Kupplungen ... 107
- 12.5 Schaltkupplungen ... 109

13 Lager ... 110

- 13.1 Allgemeines ... 111
- 13.2 Wälzlager ... 111
- 13.3 Gleitlager ... 131

14 Zahnräder ... 146

- 14.1 Allgemeines ... 146
- 14.2 Verzahnungsgesetz ... 146
- 14.3 Begriffe, allgemeine Verzahnungsmaße ... 147
- 14.4 Verzahnungsarten ... 148
- 14.5 Geradstirnräder ... 155
- 14.6 Schrägstirnräder ... 159
- 14.7 Kegelräder ... 162
- 14.8 Schneckengetriebe ... 165
- 14.9 Gestaltung der Zahnräder aus Metall ... 168
- 14.10 Schmierung der Zahnradgetriebe ... 169
- 14.11 Zahnräder aus Kunststoff ... 169

K Fördertechnik

1 Überblick über das Gesamtgebiet der Fördertechnik ... 2

- 1.1 Begriffsbestimmung und Abgrenzung ... 2
- 1.2 Häufig gestellte Fragen ... 2
- 1.3 Einteilung der Fördermittel ... 3
- 1.4 Transportarbeit, Transportleistung ... 3

2 Die Baukastensystematik in der Fördertechnik ... 4

- 2.1 Begriffsbestimmungen ... 4
- 2.2 Nutzen des Baukastenprinzips für die Betreiber und Hersteller fördertechnischer Anlagen ... 5
- 2.3 Komponenten der Fördertechnik ... 5

3 Bauelemente der Fördertechnik ... 5

- 3.1 Bauelemente der Seiltriebe ... 6
- 3.2 Bauelemente für Kettentriebe ... 12
- 3.3 Lastaufnahmeeinrichtungen und Ladehilfsmittel ... 14

4 Antriebe ... 20

- 4.1 Handantrieb ... 20
- 4.2 Elektrische Antriebe ... 20
- 4.3 Pneumatische Antriebe ... 21
- 4.4 Hydrostatische Antriebe ... 22
- 4.5 Verbrennungsmotoren und Dampfmaschinen ... 22

5 Steuerungen in der Fördertechnik ... 22

- 5.1 Ablaufsteuerungen ... 22
- 5.2 Microprozessorsteuerungen ... 23

6 Bremsen und Rücklaufsperren ... 26

- 6.1 Reibungsbremsen ... 26
- 6.2 Rücklaufsperren ... 29

7 Hebezeuge ... 31

- 7.1 Handhebezeuge ... 31
- 7.2 Elektroseilzüge ... 31

8 Krane und Hängebahnen ... 37

- 8.1 Berechnung nach DIN 15018 ... 37
- 8.2 Kranbauformen ... 41
- 8.3 Laufkrane ... 41
- 8.4 Konsolkrane, Säulendrehkrane, Wandschwenkkrane ... 42
- 8.5 Hängekrane, Hängebahnen ... 42
- 8.6 Portalkrane ... 43
- 8.7 Fahrzeugkrane ... 44
- 8.8 Verladeanlagen und Hafenkrane ... 44
- 8.9 Stapelkrane und Regalförderzeuge ... 46

9 Stetigförderer ... 50

- 9.1 Definition, Einteilung, Hauptanwendungen ... 50
- 9.2 Gurtförderer ... 50
- 9.3 Gliederbandförderer ... 53
- 9.3 Becherwerke ... 55
- 9.4 Schaufelradlader ... 56
- 9.5 Rutschförderer ... 57
- 9.6 Pneumatische Förderanlagen ... 59

10 Stetigförderer für Stückgut ... 62

- 10.1 Rollenförderer ... 62
- 10.2 Kreisförderer ... 62
- 10.3 Zielsteuerungen für Stückgutfördersysteme ... 66

11 Flurförderzeuge ... 67

- 11.1 Flurförderer ohne Lastaufnahmeeinrichtung ... 67

11.2	Flurförderer mit eigener Lastaufnahmeeinrichtung	68
11.3	Automatisch gesteuerte Flurförderer	69
11.4	Flurförderzeuge im Untertagebergbau	69
12	**Weiterführende Literatur:**	70

L Kraft- und Arbeitsmaschinen

1	**Feuerungstechnik**	2
1.1	Brennstoffe	2
1.2	Verbrennungswärme (Heizwert) und Verbrennungsluft	3
1.3	Verbrennungskontrolle	4
1.4	Feuerungsarten	5
2	**Dampferzeugung**	9
2.1	Dampfarten	9
2.2	Kesselwirkungsgrad, Verdampfziffer	9
2.3	Heizteile	11
2.4	Wärmeaustausch	11
2.5	Kesselbauarten	12
3	**Dampfturbinen**	16
3.1	Erzeugung der kinetischen Energie	16
3.2	Nutzung der kinetischen Energie	19
3.3	Geschwindigkeitsstufung (Curtisrad)	22
3.4	Druckstufung (Zoellyturbine)	25
3.5	Überdruckstufung	27
3.6	Labyrinthdichtung	27
3.7	Regelung	28
3.8	Radialturbinen	28
3.9	Turbinenanlagen	28
4	**Wasserturbinen**	29
4.1	Stauanlagen	29
4.2	Durchfluss, Höhenwerte	30
4.3	Freistrahlturbinen	30
4.4	Francisturbinen	34
4.5	Kaplanturbinen	37
4.6	Spezifische Drehzahl	39
4.7	Kavitation	39
5	**Windkraftanlagen**	40
5.1	Nutzung der kinetischen Energie	40
5.2	Aufbau einer Windkraftanlage	40

5.3	Getriebe und Generator	41

6 Pumpen ... 42

6.1	Fördermenge, Förderhöhe	42
6.2	Pumpenleistung und Wirkungsgrad	42
6.3	Kolbenpumpen	43
6.4	Kreiselpumpen	48
6.5	Vergleich zwischen Kolben- und Kreiselpumpen	53

7 Verdichter ... 54

7.1	Mehrstufige Verdichtung und Kühlung	54
7.2	Verdichterleistung und Wirkungsgrad	55
7.3	Kolbenverdichter	55
7.4	Kreiselverdichter (Turboverdichter)	58

8 Verbrennungsmotoren ... 62

8.1	Grundlagen	62
8.2	Bauteile der Verbrennungsmotoren	68
8.3	Kraftstoffe	81
8.4	Kraftstoff-Förderanlage	82
8.5	Luftfilter	83
8.6	Gemischbildung bei Ottomotoren	83
8.7	Gemischbildung bei Dieselmotoren	92
8.8	Maßnahmen zur Verminderung der Abgasschadstoffe bei Verbrennungsmotoren	101
8.9	Zweitaktmotoren	104
8.10	Motorschmierung	107
8.11	Motorkühlung	110
8.12	Abgasanlagen	112
8.13	Aufladung von Verbrennungsmotoren	113
8.14	Zündanlagen	117
8.15	Generator	121
8.16	Starter	122
8.17	Alternative Verbrennungsmotoren	123

M Spanlose Fertigung

1 Urformen ... 1

1.1	Gießverfahren	1
1.2	Modelle und Kokillen	1
1.3	Formerei	3
1.4	Herstellung der Schmelze	4
1.5	Strangguss	7
1.6	Schleuderguss	9
1.7	Druckguss	10

	1.8	Feinguss (Schalenformverfahren)	11
2	**Trennen und Umformen**		**12**
	2.1	Trennverfahren	12
	2.2	Umformverfahren	20
	2.3	Stahlbleche und ihre Verarbeitung	36
3	**Verbindende Verfahren**		**39**
	3.1	Schweißen	39
	3.2	Thermisches und nichtthermisches Schneiden	51
	3.3	Löten	55

N Zerspantechnik

1	**Drehen und Grundbegriffe der Zerspantechnik**		**1**
	1.1	Bewegungen	1
	1.2	Zerspangeometrie	2
	1.3	Kräfte und Leistungen	6
	1.4	Wahl der Schnittgeschwindigkeit	9
	1.5	Berechnung der Hauptnutzungszeit	11
2	**Hobeln und Stoßen**		**12**
	2.1	Bewegungen	12
	2.2	Zerspangeometrie	12
	2.3	Kräfte und Leistungen	12
	2.4	Wahl der Schnittgeschwindigkeit	12
	2.5	Berechnung der Hauptnutzungszeit t_h	14
3	**Räumen**		**15**
	3.1	Bewegungen	15
	3.2	Zerspangeometrie	15
	3.3	Schnittkraft (Räumkraft)	16
	3.4	Wahl der Schnittgeschwindigkeit	16
	3.5	Berechnung der Hauptnutzungszeit t_h	16
4	**Fräsen**		**17**
	4.1	Bewegungen	17
	4.2	Zerspangeometrie	18
	4.3	Kräfte und Leistungen	20
	4.4	Wahl der Schnittgeschwindigkeit und Grundregeln für Fräsen	22
	4.5	Berechnung der Hauptnutzungszeit t_h	23
5	**Bohren**		**26**
	5.1	Bewegungen	26

5.2	Zerspangeometrie	26
5.3	Kräfte und Leistungen	27
5.4	Wahl von Schnittgeschwindigkeit und Vorschub	28
5.5	Berechnung der Hauptnutzungszeit t_h (Maschinenlaufzeit)	28

6 Schleifen ... 33

6.1	Bewegungen	33
6.2	Zerspangeometrie	33
6.3	Schleifkraft und Schleifleistung	33
6.4	Wahl von Geschwindigkeit, Vorschub und Zustellung	34
6.5	Oberflächen-Rautiefen	34
6.6	Berechnung der Hauptnutzungszeit t_h (Maschinenlaufzeit)	35

O Werkzeugmaschinen

1 Grundlagen ... 1

1.1	Definition	1
1.2	Gebrauchswertparameter einer Werkzeugmaschine	1
1.3	Kenngrößen und Kennlinien von Werkzeugmaschinen	3

2 Baugruppen von Werkzeugmaschinen ... 4

2.1	Arbeitsspindeln (Hauptspindeln) und ihre Lagerungen	4
2.2	Hauptantriebe	12
2.3	Vorschub- und Stellantriebe	23
2.4	Geradführungen an Werkzeugmaschinen	36
2.5	Gestelle von Werkzeugmaschinen	48
2.6	Werkzeug- und Werkstückspanner	57

3 Steuerungs- und Automatisierungstechnik an Werkzeugmaschinen ... 61

3.1	Baugruppen und Aufgaben	61
3.2	Konventionelle Steuerungstechnik an Werkzeugmaschinen	61
3.3	Numerische Steuerungen	64
3.4	Die numerische Achse	66

4 Entwicklung der Werkzeugmaschine zum Komplettbearbeitungszentrum ... 71

4.1	Weichbearbeitung von Teilen mit überwiegend runder Gestalt	71
4.2	Hartbearbeitung von Teilen mit überwiegend runder Gestalt	75
4.3	Bearbeitung von Teilen mit prismatischer Gestalt	79

P Programmierung von Werkzeugmaschinen

1 Aufbau numerisch gesteuerter Werkzeugmaschinen ... 1

	1.1	Fräs- und Drehmaschinen	1
	1.2	Wegmesssysteme an CNC-Werkzeugmaschinen	2
2	**Geometrische Grundlagen für die Programmierung**		**5**
	2.1	Koordinatensystem	5
	2.2	Lage der Achsrichtungen	5
	2.3	Bezugspunkte im Arbeitsbereich einer CNC-Werkzeugmaschine	6
	2.4	Bezugspunktverschiebung	6
	2.5	Zeichnerische Grundlagen für die Programmierung	8
3	**Informationsfluss bei der Fertigung**		**10**
	3.1	Informationsverarbeitung und Informationsträger	10
	3.2	Informationsquellen	11
4	**Steuerungsarten und Interpolationsmöglichkeiten**		**11**
	4.1	Punktsteuerungsverhalten	11
	4.2	Streckensteuerung	11
	4.3	Bahnsteuerung	12
	4.4	Interpolationsarten	13
	4.5	Ebenenauswahl	18
5	**Manuelles Programmieren**		**19**
	5.1	Kurzbeschreibung	19
	5.2	Aufbau eines CNC-Programms	19
	5.3	Gliederung eines CNC-Programms	19
	5.4	Satzaufbau	20
	5.5	Kreisprogrammierung beim Drehen und Fräsen	25
	5.6	Werkzeugkorrekturen beim Drehen und Fräsen	27
	5.7	Programmierbeispiel	31
	5.8	Besondere Programmierfunktionen für das Bohren, Fräsen und Drehen	38

Q Steuerungstechnik

1	**Steuerungstechnische Grundlagen**		**1**
	1.1	Grundbegriffe der Steuerungstechnik	1
	1.2	Unterscheidungsmerkmale für Steuerungen	3
	1.3	Grafische Darstellung von Steuerungsabläufen	4
2	**Signalverarbeitung in Steuerungen**		**8**
	2.1	Signalarten	8
	2.2	Logische Grundverknüpfung binärer Signale	10
	2.3	Grundlagen und Anwendung der Schaltalgebra	12
	2.4	Das Karnaugh-Veitch-Diagramm	16
	2.5	Die Speicherfunktion	17

2.6	Zeitelemente und Zähler in Steuerungen	20

3 Steuerungsmittel 21

3.1	Mechanische Steuerungen und Speicher	21
3.2	Elektrische Steuerungen	23
3.3	Fluidische Steuerungen	29

4 Speicherprogrammierbare Steuerungen 40

4.1	Das Automatisierungssystem S7	40
4.2	Grundlagen der Programmierung nach IEC 1131-3	42
4.3	Ablaufsteuerungen	49
4.4	Analoge Signale in digitalen Steuerungen	52
4.5	Busankopplung der speicherprogrammierbaren Steuerung	55

5 Sicherheitsanforderungen an Steuerungen 57

R Regelungstechnik

1 Grundlagen 1

1.1	Grundbegriffe	1
1.2	Grafische Darstellung von Regelkreisen mithilfe des Wirkungsplans	4
1.3	Beschreibung des Verhaltens von Regelkreisgliedern	7

2 Regelstrecken 10

2.1	Einteilung der Strecken	11
2.2	Regelstrecken mit Ausgleich (P-Strecken)	12
2.3	Regelstrecken ohne Ausgleich (I-Strecken)	14
2.4	Regelstrecken mit Verzögerung (PT_n-Strecken)	15
2.5	Regelstrecken mit Totzeit (T_t-Strecken)	18

3 Regler 21

3.1	Einteilung der Regler	21
3.2	Unstetige Regler am Beispiel des Zweipunktreglers	21
3.3	Stetige Regler	22
3.4	Quasistetige Regler	31

4 Zusammenwirken zwischen Regler und Strecke 32

4.1	Beurteilungskriterien	32
4.2	Regelung mit stetigen Reglern	33
4.3	Regelung mit Zweipunktreglern	38
4.4	Regelung mit einer SPS	40

S Betriebswirtschaft

1 Betriebsorganisation 1
    1.1   Übersicht 1
    1.2   Merkmale der Gliederung von Aufbauorganisationen 1

2 Aufgaben der Betriebsabteilungen 2
    2.1   Materialwirtschaft 2
    2.2   Absatz und Erzeugnislager 2
    2.3   Betriebliches Rechnungswesen 3
    2.4   Soziale Leitung und Personalwesen 5
    2.5   Arbeitsvorbereitung – AV (Fertigungsorganisation) 5
    2.6   Werkstätten 5
    2.7   Kontrollen 5

3 Kosten- und Preisermittlung 5
    3.1   Zweck 5
    3.2   Einfache Divisionskalkulation 6
    3.3   Divisionskalkulation mit Äquivalenzzahlen 8
    3.4   Normale und erweiterte Zuschlagskalkulation 9
    3.5   Auswertung zur Gemeinkosten-Berechnung 16
    3.6   Kostenanalyse 18

4 Rationalisierungsaufgaben 20
    4.1   Sinn und Ziel der Rationalisierung 20
    4.2   Rationalisierung durch Normung, Typen- und Sortenbeschränkung 20
    4.3   Schwerpunktsaufgaben der Betriebe 20

5 Organisation des Arbeitsablaufs 21
    5.1   Anstoß zur Fertigung 21
    5.2   Gestaltung eines Erzeugnisses 21
    5.3   Gliederung des Fertigungsauftrags 22
    5.4   Art- und Mengenteilung der Arbeit 22
    5.5   Arten der Arbeitsplätze 23
    5.6   Prinzipien der Arbeitsplatzanordnung 23
    5.7   Fristen-, Termin- und Betriebsmittelbelegungsplan 25

6 Zeit und Menge im betrieblichen Arbeitsablauf 25
    6.1   Zeiten des Betriebs 25
    6.2   Zeitermittlung (Grund-, Verteil- und Erholungszeiten) 25
    6.3   Menschlicher Leistungsgrad 27
    6.4   Zeitgrad des Menschen 31
    6.5   Gliederung der Auftragszeit 32

7 Arbeitsgestaltung, Zeit- und Lohnermittlung 33

	7.1	Gestaltung der Arbeit	33
	7.2	Vorkalkulation der Arbeitszeit durch Schätzen, Vergleichen und Rechnen.........	34
	7.3	Technik und Auswertung der Zeitaufnahme	37
	7.4	Lohn und Entlohnungssysteme	47
	7.5	Anwendung der Vorgabezeiten im Betrieb	47

8 Betriebswirtschaftliche Kennzahlen 47

	8.1	Produktivität	47
	8.2	Wirtschaftlichkeit	48
	8.3	Rentabilität	49
	8.4	Beispiele zur Produktivität, Wirtschaftlichkeit und Rentabilität	50

9 Qualitätsmanagement 51

	9.1	Entwicklung des Qualitätsmanagements	51
	9.2	Begriffe des Qualitätsmanagements	52
	9.3	Normen für Qualitätsmanagementsysteme	52
	9.4	Normenreihe DIN EN ISO 9000:2000 ff.	53
	9.5	Forderungen an QM-Systeme der DIN EN ISO 9000:2000	53

T Produktionslogistik

1 Grundlagen der Produktionslogistik 1

	1.1	Strategische Bedeutung	1
	1.2	Hauptaufgaben und Ziele der Produktionslogistik	1
	1.3	Produktionstypen	2
	1.4	ERP-Systeme	3
	1.5	Prozesse in der Produktionslogistik	6

2 Produktionslogistik mit ERP-Systemen 6

	2.1	Programmplanung	6
	2.2	Materialplanung	6
	2.3	Terminplanung	10
	2.4	Kapazitätsplanung	13
	2.5	Rückmeldung und Betriebsdatenerfassung	14

3 Supply-Chain-Management 14

4 Spezielle Steuerungsmethoden in der Produktionslogistik 15

	4.1	KANBAN-Fertigung	15
	4.2	Belastungsorientierte Auftragsfreigabe	16
	4.3	Steuerung mit Fortschrittszahlen	16

5 Logistikcontrolling 16

Sachwortverzeichnis

Mathematik

Dr. Friedrich Kemnitz
Prof. Dr. Arnfried Kemnitz

1 Tabellen

Mathematische Zeichen (nach DIN 1302)

~	proportional, ähnlich, asymptotisch gleich (sich → ∞ angleichend), gleichmächtig	$\overrightarrow{AB}$	Vektor AB; Menge aller zu (A, B) parallelgleichen Pfeile
≈	ungefähr gleich	∈	Element von
≅	kongruent	∉	nicht Element von
≙	entspricht	|	teilt; $n \mid m$: natürliche Zahl n teilt natürliche Zahl m ohne Rest
≠	ungleich		
<	kleiner als	∤	nicht teilt; $n \nmid m$: m ist nicht Vielfaches von n
≤	kleiner als oder gleich		
>	größer als	$\mathbb{N}$	$= \{0, 1, 2, 3, ...\}$ Menge der natürlichen Zahlen mit Null
≥	größer als oder gleich	$\mathbb{N}^*$	$= \{1, 2, 3, ...\}$ Menge der natürlichen Zahlen ohne Null
∞	unendlich		
∥	parallel	$\mathbb{Z}$	$= \{..., -3, -2, -1, 0, 1, 2, 3, ...\}$ Menge der ganzen Zahlen
∦	nicht parallel		
≠	parallelgleich: parallel und gleich lang	$\mathbb{Z}^*$	$= (..., -3, -2, -1, 1, 2, 3, ...)$ Menge der ganzen Zahlen ohne Null
⊥	orthogonal zu		
→	gegen (bei Grenzübergang), zugeordnet	$\mathbb{Q}$	$= \left\{\dfrac{n}{m} \middle\| n \in \mathbb{Z} \wedge m \in \mathbb{N}^*\right\}$ Menge der rationalen Zahlen (Bruchzahlen)
⇒	aus ... folgt ...		
⇔	äquivalent (gleichwertig); aus ... folgt ... und umgekehrt		
∧	und, sowohl ... als auch ...	$\mathbb{Q}^*$	$= \left\{\dfrac{n}{m} \middle\| n \in \mathbb{Z}^* \wedge m \in \mathbb{N}^*\right\}$ Menge der rationalen Zahlen ohne Null
∨	oder; das eine oder das andere oder beides (also nicht: entweder ... oder ...)		
$\|x\|$	Betrag von x, Absolutwert	$\mathbb{R}$	Menge der reellen Zahlen
$\{x \mid ...\}$	Menge aller x, für die gilt ...	$\mathbb{R}^*$	Menge $\mathbb{R}$ ohne Null
$\{a, b, c\}$	Menge aus den Elementen a, b, c; beliebige Reihenfolge der Elemente	$\mathbb{C}$	Menge der komplexen Zahlen
		$n!$	$= 1 \cdot 2 \cdot 3 \cdot ... \cdot n$, n Fakultät
(a, b)	Paar mit den geordneten Elementen (Komponenten) a und b; vorgeschriebene Reihenfolge	$\binom{n}{k}$	$= \dfrac{n(n-1)(n-2)...(n-k+1)}{k!}$
(a, b, c)	Tripel mit den geordneten Elementen (Komponenten) a, b und c; vorgeschriebene Reihenfolge		gelesen: n über k; $k \leq n$; binomischer Koeffizient
		$[a; b]$	$= a ... b$; geschlossenes Intervall von a bis b, d.h. a und b eingeschlossen: $= \{x \mid a \leq x \leq b\}$
AB	Gerade AB; geht durch die Punkte A und B		
$\overline{AB}$	Strecke AB	$]a; b[$	$= \{x \mid a < x < b\}$; offenes Intervall von a bis b, d.h. ohne die Grenzen a und b
$\|\overline{AB}\|$	Betrag (Länge) der Strecke AB		
(A, B)	Pfeil AB	$]a; b]$	$= \{x \mid a < x \leq b\}$; halboffenes Intervall, a ausgeschlossen, b eingeschlossen

lim	Limes, Grenzwert	
log	Logarithmus, beliebige Basis	
$\log_a$	Logarithmus zur Basis a	
lg x	= $\log_{10} x$, Zehnerlogarithmus	
ln x	= $\log_e x$, natürlicher Logarithmus	
Δx	Delta x, Differenz von zwei x-Werten, z.B. $x_2 - x_1$	
dx	Differenzial von x, symbolischer Grenzwert von Δx bei $\Delta x \to 0$	
$\dfrac{dy}{dx}$	dy nach dx, Differenzialquotient	
$y' = f'(x)$	Abkürzungen für $\dfrac{df(x)}{dx}$	

$y'' = f''(x) = \dfrac{d^2 f(x)}{dx^2} = \dfrac{d}{dx}\left(\dfrac{df(x)}{dx}\right), \ldots$

... erste, zweite, ... Ableitung; Differenzialquotient erster, zweiter, ... Ordnung

$\sum_{v=1}^{n} a_v = a_1 + a_2 + \ldots + a_n$, Summe

$\int \ldots dx$ unbestimmtes Integral, Umkehrung des Differenzialquotienten

$\int_a^b f(x)\, dx = [F(x)]_a^b = F(b) - F(a)$ mit $F'(x) = f(x)$, bestimmtes Integral

Mathematische Konstanten (z.B. zur Rechnerkontrolle)

$\sqrt{2}$	= 1,414 213 562 373 095	$\sqrt{e}$	= 1,648 721 270 700 128	$\dfrac{1}{\pi^2}$	= 0,101 321 183 642 33$\underline{8}$
$\sqrt{3}$	= 1,732 050 807 568 877	$M = \lg e$	= 0,434 294 481 903 25$\underline{2}$	$\dfrac{1}{\sqrt{\pi}}$	= 0,564 189 583 547 756
$\sqrt{10}$	= 3,162 277 660 168 379	lg 2	= 0,301 029 995 663 981	$\dfrac{1}{e}$	= 0,367 879 441 171 442
π	= 3,141 592 653 589 793	Kehrwerte:		$\dfrac{1}{e^2}$	= 0,135 335 283 236 61$\underline{3}$
π^2	= 9,869 604 401 089 35$\underline{9}$	$\dfrac{1}{\sqrt{2}}$	= 0,707 106 781 186 54$\underline{3}$	$\dfrac{1}{\sqrt{e}}$	= 0,606 530 659 712 633
$\sqrt{\pi}$	= 1,772 453 850 905 516	$\dfrac{1}{\sqrt{3}}$	= 0,577 350 269 189 62$\underline{6}$	$\dfrac{1}{M}$	= ln 10 = 2,302 585 092 994 04$\underline{6}$
e	= 2,718 281 828 459 045	$\dfrac{1}{\sqrt{10}}$	= 0,316 227 766 016 83$\underline{8}$	$\log_2 10$	= 3,321 928 094 887 362
e^2	= 7,389 056 098 930 650	$\dfrac{1}{\pi}$	= 0,318 309 886 183 79$\underline{1}$	$\underline{2}$ bedeutet: Ziffer 2 ist aufgerundet	

Das griechische Alphabet

Alpha	A	α	Eta	H	η	Ny	N	ν	Tau	T	τ
Beta	B	β	Theta	Θ	ϑ	Xi	Ξ	ξ	Ypsilon	Υ	υ
Gamma	Γ	γ	Jota	I	ι	Omikron	O	o	Phi	Φ	φ
Delta	Δ	δ	Kappa	K	κ	Pi	Π	π	Chi	X	χ
Epsilon	E	ϵ	Lambda	Λ	λ	Rho	P	ρ	Psi	Ψ	ψ
Zeta	Z	ζ	My	M	μ	Sigma	Σ	σ	Omega	Ω	ω

2 Arithmetik

2.1 Einteilung der Zahlen

komplexe Zahlen
(alle Zahlen, die in der Zahlenebene, aber nicht auf der Zahlengeraden darstellbar sind; Zahlen mit reellem und imaginärem Bestandteil)
$4 - 3i$ [1])

reelle Zahlen
(alle Zahlen, die auf der reellen Achse der Zahlenebene, der Zahlengeraden, darstellbar sind)

imaginäre Zahlen
(Vielfache der imaginären Einheit $j = i = \sqrt{-1}$; auf der imaginären Achse der Zahlenebene darstellbare Zahlen)
$\sqrt{-4} = 2i$

rationale Zahlen
(Brüche und endliche oder periodische Dezimalzahlen)
$3; -; \frac{3}{4}; -0,952$
$2,136\,36 \ldots$

irrationale Zahlen
(Dezimalzahlen mit unendlicher Stellenzahl ohne Periode)
$\sqrt{2}; \quad 4+\sqrt[3]{5}; \pi$

ganze Zahlen
$-3; 5; 38;$
$-1\,053; 0$

gebrochene Zahlen
(gemeine Brüche und endliche oder periodische Dezimalzahlen)
$\frac{1}{3}; -8\frac{1}{2};$
$0,25;$
$6,53\overline{434}$
$= 6,5\overline{34}$

algebraisch irrationale Zahlen
(alle Zahlen, die Lösungen einer Bestimmungsgleichung n-ten Grades – n natürliche Zahl – mit rationalen Koeffizienten sein können; also Wurzeln, sofern sie nicht zu ziehen gehen) z.B.
$\sqrt{2}; \sqrt{3-\sqrt{5}}$
$\sqrt[5]{\frac{27}{4}}\sqrt[3]{5-\frac{2}{5}\sqrt{3}} + 7;$
außerdem nicht geschlossen darstellbare Wurzeln, z.B. x in der Gleichung
$x^5 + 2x^4 - x^3 + x^2 - x - 1 = 0$

transzendente Zahlen
$\pi = 3,14 \ldots$
$e = 2,718 \ldots$
$\sin 2 = 0,9093 \ldots$
$(\approx \sin 114° 35\frac{1}{2}'$
$= \sin 65° 24\frac{1}{2}')$

positive ganze Zahlen oder natürliche Zahlen
$1; 2; 3; 4; \ldots$

negative ganze Zahlen
$-3;$
$-18;$
$\ldots$

[2])

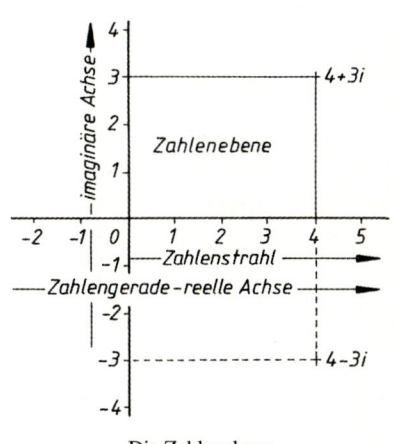

Die Zahlenebene

---

[1]) Konjugiert komplex nennt man ein komplexes Zahlenpaar mit übereinstimmendem Realteil und entgegengesetzt gleichem Imaginärteil, z.B. $4 + 3i$ und $4 - 3i$.
[2]) Die meisten Gesetze schließen die 0 mit ein; z.B. die Summe ganzer Zahlen ist wieder eine ganze Zahl. Eine der Ausnahmen: man kann nicht durch 0 dividieren.

2.2 Die vier Grundrechenarten

	a	$+$	b	$=$	c
Addition	Summand	plus	Summand	ist gleich	Summe
	3	+	4	=	7
	c	$-$	a	$=$	b
Subtraktion	Minuend	minus	Subtrahend	ist gleich	Differenz
	11	−	5	=	6
	a	$\cdot$	b	$=$	c
Multiplikation	Faktor	mal	Faktor	ist gleich	Produkt
	8	·	9	=	72
	c	$:$	a	$=$	b
Division	Dividend	dividiert durch	Divisor	ist gleich	Quotient
	156	:	13	=	12

2.3 Terme

Ein *Term* ist ein mathematischer Ausdruck, der eine Zahl ist oder nach Ersetzen aller Variablen (Buchstaben) durch Zahlen eine Zahl bedeutet.

- **Beispiele für Terme:**
  1. 15
     einfachste Schreibweise der Zahl 15
  2. $7 + 8 \quad 18 - 3 \quad 3 \cdot 5 \quad 60 : 4$
     alle Terme sind Schreibweisen der Zahl 15
  3. a
     Variable; Platzhalter für eine Zahl
  4. $a + 3\,b$
     offener Term; er kann jede Zahl bedeuten, z.B. 15 mit 6 für a ($a = 6$) und 3 für b ($b = 3$)
  5. $(a + b) \cdot (c + d)$
     $= a \cdot (c + d) + b \cdot (c + d)$
     $= a \cdot c + a \cdot d + b \cdot c + b \cdot d$
     (offener) Term, der äquivalent (gleichwertig) umgeformt werden kann

2.4 Vereinbarungen

Zur Erleichterung der Ausdrucksweise und Schreibweise von Termen gelten folgende *Vereinbarungen*:

1. Punktrechnung vor Strichrechnung

   $a + b \cdot c = a + (b \cdot c)$
   $a - b : c = a - (b : c)$

   die Rechenzeichen · und : binden stärker als + und −

2. Der Malpunkt kann weggelassen werden

   a) $a \cdot b \qquad = ab$
   zwischen Buchstaben (Platzhaltern, Variablen)
   b) $3 \cdot a \qquad = 3a$
   zwischen einer Zahl und einem Buchstaben
   c) $3 \cdot (4 + a) \qquad = 3\,(4 + a)$
   zwischen einer Zahl und einer Klammer
   d) $a \cdot (b + c) \qquad = a\,(b + c)$
   $(b + c) \cdot a \qquad = (b + c)\,a$
   zwischen einem Buchstaben und einer Klammer und umgekehrt
   e) $(a + b) \cdot (c + d) \qquad = (a + b)\,(c + d)$
   zwischen zwei Klammern

3. Potenzrechnung vor Punktrechnung

   $ab^2 = a \cdot (b^2)$, also $ab^2 \neq (ab)^2$
   $-3^2 = -9$ und nicht $= (-3)^2 = 9$
   Potenzrechnung bindet stärker als Punktrechnung

2.5 Termumformungen

Grundgesetze

1. Kommutativgesetz (Vertauschungsgesetz)

   $\boxed{a + b = b + a} \qquad 3 + 4 = 4 + 3$
   Summanden kann man vertauschen

   $\boxed{a \cdot b = b \cdot a} \qquad ab = ba$
   $\qquad\qquad\qquad 3 \cdot 4 = 4 \cdot 3$
   Faktoren kann man vertauschen

2. Assoziativgesetz (Verknüpfungsgesetz)

   $\boxed{(a + b) + c = a + (b + c) \quad = a + b + c}$
   $(5 + 7) + 3 = 5 + (7 + 3) = 5 + 7 + 3$
   Summanden kann man beliebig verknüpfen (zusammenfassen)

   $\boxed{(ab)\,c = a\,(bc) \quad = abc}$
   $(3 \cdot 4) \cdot 5 = 3 \cdot (4 \cdot 5) = 3 \cdot 4 \cdot 5$
   Faktoren kann man beliebig verknüpfen (zusammenfassen)

3. Distributivgesetz (Verteilungsgesetz)

   $\boxed{a\,(b + c) = ab + ac}$
   $4\,(100 + 2) = 4 \cdot 100 + 4 \cdot 2$

Zahl mal Summe gleich Zahl mal erster Summand plus Zahl mal zweiter Summand

Aus diesen drei Gesetzen ergeben sich alle folgenden Regeln.

2.5.1 Grundregeln der Klammerrechnung

Ein durch eine Klammer zusammengefasster Ausdruck ist eine Einheit.

$$\boxed{4a + (5b - 2b) = 4a + 3b}$$

$13 - (11 - 7) = 13 - 4 = 9$
$99a : (33a : 11a) = 99a : 3$
$ = 33a$
$(99a : 33a) : 11a) = 3 : 11a$
$ = \dfrac{3}{11\,a} \quad (a \neq 0)$

Was in einer Klammer steht, wird zuerst ausgerechnet.

Für das Auflösen der Klammer gilt

$$\boxed{\begin{array}{l}(a + b) + (c - d + e) \\ = a + b + c - d + e\end{array}}$$

$(17 + 5) + (18 - 12 + 3)$
$= 17 + 5 + 18 - 12 + 3 = 31$

Steht ein Pluszeichen vor einer Klammer, so kann die Klammer ohne weiteres weggelassen werden.

$$\boxed{\begin{array}{l}(a + b) - (c - d + e) \\ = a + b - c + d - e\end{array}}$$

$(17 + 5) - (18 - 12 + 3)$
$= 17 + 5 - 18 + 12 - 3 = 13$

Steht ein Minuszeichen vor einer Klammer, dann müssen beim Weglassen der Klammer die Zeichen + und – in der Klammer vertauscht werden.

■ **Beispiel 1:**
$(+3) - (+5) + (-4) - (-6) = 3 - 5 - 4 + 6 = 0$

■ **Beispiel 2:**
$[(17u + 25v) - 19w] - [23u - (49w + 35v)]$
$= [17u + 25v - 19w] - [23u - 49w - 35v]$
$= 17u + 25v - 19w - 23u + 49w + 35v$
$= -6u + 60v + 30w$

2.5.2 Multiplizieren mit Klammern

Ausmultiplizieren

$$\boxed{\begin{array}{ll}a(b+c) & = ab + ac \\ a(b-c) & = ab - ac \\ (a+b)c & = ac + bc \\ (a-b)c & = ac - bc\end{array}}$$

$3(200 + 7) \quad = 3 \cdot 200 + 3 \cdot 7 \quad = 621$
$5(1000 - 1) \quad = 5000 - 5 \quad = 4995$
$(0{,}5 + 0{,}25) \cdot 4 = 0{,}5 \cdot 4 + 0{,}25 \cdot 4 = 3$
$(1 - 0{,}9) \cdot 0{,}3 = 1 \cdot 0{,}3 - 0{,}9 \cdot 0{,}3 = 0{,}03$

Fehlerwarnung: $(a \cdot b) \cdot c \neq ac \cdot bc$, sondern $(a \cdot b) \cdot c = abc$

Man multipliziert eine Zahl mit einer Summe (Differenz), indem man die Zahl mit jedem Glied multipliziert und die erhaltenen Produkte addiert (subtrahiert).

■ **Beispiel 1:**
$6x^2(16x - 0{,}05y + 7{,}2z) = 96x^3 - 0{,}3x^2y + 43{,}2x^2z$

■ **Beispiel 2:**
$\left(-\dfrac{p}{2}\right)\left(-\dfrac{p}{3} + \dfrac{q}{4} - \dfrac{r}{5}\right) = \dfrac{1}{6}p^2 - \dfrac{1}{8}pq + \dfrac{1}{10}pr$

Ausklammern

$$\boxed{ab + ac = a(b + c)}$$

$abc - acd + ace = ac(b - d + e)$

Enthalten alle Glieder einer Summe oder Differenz den gleichen Faktor, so kann man diesen ausklammern.

Summe mal Summe

$$\boxed{\begin{array}{l}(a + b)(c + d) \\ = ac + ad + bc + bd\end{array}}$$

$97 \cdot 207 = (100 - 3) \cdot (200 + 7)$
$ = 100 \cdot 200 + 100 \cdot 7 - 3 \cdot 200 - 3 \cdot 7$
$ = 20079$

Man multipliziert zwei (algebraische) Summen miteinander, indem man jedes Glied der einen Summe mit jedem Glied der anderen Summe multipliziert und die erhaltenen Produkte addiert.

■ **Beispiel 1:**
$\left(4\dfrac{1}{2}x - 3\dfrac{1}{3}y\right)\left(2\dfrac{2}{3}x - 5\dfrac{1}{2}y\right) - \left(1\dfrac{1}{2}x + 1\dfrac{2}{3}y\right)\left(1\dfrac{4}{5}x - 1\dfrac{1}{2}y\right)$

$= \dfrac{9 \cdot 8}{2 \cdot 3}x^2 - \dfrac{9 \cdot 11}{2 \cdot 2}xy - \dfrac{10 \cdot 8}{3 \cdot 3}xy + \dfrac{10 \cdot 11}{3 \cdot 2}y^2$

$ - \left(\dfrac{3 \cdot 9}{2 \cdot 5}x^2 - \dfrac{3 \cdot 3}{2 \cdot 2}xy + \dfrac{5 \cdot 9}{3 \cdot 5}xy - \dfrac{5 \cdot 3}{3 \cdot 2}y^2\right)$

$= 12x^2 - \dfrac{27}{10}x^2 - \dfrac{99}{4}xy - \dfrac{80}{9}xy + \dfrac{9}{4}xy - 3xy + \dfrac{55}{3}y^2 + \dfrac{5}{2}y^2$

$= \dfrac{93}{10}x^2 - \dfrac{51}{2}xy - \dfrac{80}{9}xy + \dfrac{125}{6}y^2 = \dfrac{93}{10}x^2 - \dfrac{619}{18}xy + \dfrac{125}{6}y^2$

$= 9\dfrac{3}{10}x^2 - 34\dfrac{7}{18}xy + 20\dfrac{5}{6}y^2$

■ **Beispiel 2:**
$(4a - 3b)(-2a + 5b)(a + 2b - c)$
$= (-8a^2 + 26ab - 15b^2)(a + 2b - c)$
$= -8a^3 - 16a^2b + 8a^2c + 26a^2b + 52ab^2 - 26abc - 15ab^2$
$ - 30b^3 + 15b^2c$
$= -8a^3 + 10a^2b + 8a^2c + 37ab^2 - 26abc - 30b^3 + 15b^2c$

Fehlerwarnung: $(a + b)^3 \neq a^3 + b^3$; richtig siehe binomische Gleichungen 3. Grades.

2.5.2.1 Binomische Formeln

Ein Binom ist ein zweigliedriger Ausdruck, z.B. $(a + b)$. Ausmultiplizieren von Potenzen von $(a + b)$ führt zu den binomischen Formeln.

Binomische Grundgleichungen (binomische Gleichungen 2. Grades)

$$\boxed{\begin{aligned}(a + b)^2 &= a^2 + 2ab + b^2 \\ (a - b)^2 &= a^2 - 2ab + b^2 \\ (a + b)(a - b) &= a^2 - b^2\end{aligned}}$$

$21^2 = (20 + 1)^2 = 20^2 + 2 \cdot 20 \cdot 1 + 1^2 = 441$
$19^2 = (20 - 1)^2 = 20^2 - 2 \cdot 20 \cdot 1 + 1^2 = 361$
$21 \cdot 19 = (20 + 1)(20 - 1) = 20^2 - 1^2 = 399$

■ **Beispiele:**
$109^2 = (100 + 9)^2 = 10\,000 + 1\,800 + 81 = 11\,881$
$979^2 = (1000 - 21)^2 = 1\,000\,000 - 42\,000 + 441 = 958\,441$
$106 \cdot 94 = (100 + 6)(100 - 6) = 10\,000 - 36 = 9\,964$

Binomische Gleichungen 3. Grades

$$\boxed{(a \pm b)^3 = a^3 \pm 3a^2b + 3ab^2 \pm b^3}$$

$96^3 = (100 - 4)^3$
$= 1\,000\,000 - 120\,000 + 4\,800 - 64$
$= 884\,736$

Durch Multiplikation mit $(a + b)$ (bzw. mit $(a - b)$) erhält man jeweils die binomische Gleichung des nächsthöheren Grades:

$(a + b)^3 (a + b) = (a + b)^4$
$(a + b)^n (a + b) = (a + b)^{n+1}$ für jedes $n \in \mathbb{N}$

Ein gesondertes Aufführen der Formeln mit $(-b)$ für b erübrigt sich, da ja b selbst negativ sein kann. Das Aufschreiben der binomischen Gleichung n-ten Grades wird durch folgende Abkürzung erleichtert:

Fakultät

$$\boxed{\begin{aligned}&k!\ (k\ \text{Fakultät}) \\ &= 1 \cdot 2 \cdot 3 \cdot 4 \cdot \ldots \cdot k \\ &\text{mit } k \in \mathbb{N} \\ &0! = 1\end{aligned}}$$

$6!$ (lies: 6 Fakultät)
$= 1 \cdot 2 \cdot 3 \cdot 4 \cdot 5 \cdot 6$
$= 720$

Fehlerwarnung: $6! - 4! \neq 2!$, denn $6! = 720$, $4! = 24$, $2! = 2$

Binomialkoeffizienten

$$\boxed{\begin{aligned}&\binom{n}{k}\ (n\ \text{über}\ k) \\ &= \frac{n(n-1)(n-2)\ldots(n-k+1)}{1 \cdot 2 \cdot 3 \cdot \ldots \cdot k} \\ &\text{mit } n, k \in \mathbb{N}\ \text{und}\ k \leq n \\ &\binom{n}{0} = 1\end{aligned}}$$

$\binom{7}{4}$ (lies: 7 über 4)

$= \dfrac{7 \cdot 6 \cdot 5 \cdot 4}{1 \cdot 2 \cdot 3 \cdot 4} = 35$

Eine zweite Möglichkeit zur Ermittlung der Binomialkoeffizienten bietet das Pascal'sche Dreieck, in dem jedes Element gleich der Summe der beiden unmittelbar darüber stehenden Elemente ist.

Pascal'sches Dreieck

```
                        1        ← k = 1
n = 1  →      1       1          ← k = 2
n = 2  →    1       2       1    ← k = 3
n = 3  →  1       3       3    1 ← k = 4
n = 4  → 1      4      6     4    1  ← k = 5
n = 5  → 1    5     10    10    5    1 ← k = 6
n = 6  → 1   6    15    20    15    6    1 ← k = 7
n = 7  → 1  7   21   35   35   21    7    1
```

$n = 7$; $k = 4$ (vgl. obiges Beispiel!)

Beziehung zwischen Binomialkoeffizienten

$$\binom{n-1}{k-1} + \binom{n-1}{k} = \binom{n}{k}$$

$$\binom{6}{3} + \binom{6}{4} = \binom{7}{4}$$

$20 + 15 = 35$

Beweis:

$$\binom{n-1}{k-1} + \binom{n-1}{k} = \frac{(n-1)(n-2)(n-3)\ldots(n-k+1)}{(k-1)!} +$$

$$+ \frac{(n-1)(n-2)(n-3)\ldots(n-k)}{k!}$$

Die beiden Brüche werden gleichnamig, wenn man den ersten Bruch mit k erweitert:

$$= \frac{(n-1)(n-2)(n-3)\ldots(n-k+1)\,k}{k!} +$$

$$+ \frac{(n-1)(n-2)(n-3)\ldots(n-k+1)(n-k)}{k!}$$

2 Arithmetik

Alle gemeinsamen Faktoren der beiden Summanden werden ausgeklammert:

$$= \frac{(n-1)(n-2)(n-3)\ldots(n-k+1)}{k!}(k+(n-k))$$

$$= \frac{(n-1)(n-2)(n-3)\ldots(n-k+1)}{k!} \cdot n$$

$$= \frac{n(n-1)(n-2)(n-3)\ldots(n-k+1)}{k!} = \binom{n}{k}$$

Binomischer Satz (binomische Gleichung n-ten Grades)

$$(a+b)^n = a^n + \binom{n}{1}a^{n-1}b + \binom{n}{2}a^{n-2}b^2$$

$$+ \binom{n}{3}a^{n-3}b^3 + \ldots + \binom{n}{k}a^{n-k}b^k + \ldots$$

$$+ \binom{n}{n-1}a^1 b^{n-1} + b^n$$

In abgekürzter Form kann der binomische Satz geschrieben werden:

$$(a+b)^n = \sum_{k=0}^{n} \binom{n}{k} a^{n-k} b^k$$

(lies: Summe k gleich 0 bis n von n über k ...)

Man soll der Reihe nach für k die Zahlen 0, 1, 2, 3, ... bis n einsetzen und die so erhaltenen Glieder addieren:

$$(a+b)^n = \binom{n}{0}a^{n-0}b^0 + \binom{n}{1}a^{n-1}b^1 + \binom{n}{2}a^{n-2}b^2$$

$$+ \ldots + \binom{n}{n-1}a^{n-(n-1)}b^{n-1} + \binom{n}{n}a^{n-n}b^n$$

Das ergibt unter Berücksichtigung von $\binom{n}{0} = 1$, $b^0 = 1$ (für alle $b \neq 0$), $\binom{n}{n-1} = n$, $a^{n-(n-1)} = a^1 = a$ die obige Gleichung.

Beweis des binomischen Satzes

Der binomische Satz ist richtig
für $n = 1$: $(a+b)^1 = 1 \cdot a + 1 \cdot b$

für $n = 2$:
$$(a+b)^2 = 1 \cdot a^2 + \binom{2}{1}ab + \binom{2}{2}b^2 =$$
$$= a^2 + 2ab + b^2$$

für $n = 3$:
$$(a+b)^3 = \binom{3}{0}a^3 + \binom{3}{1}a^2b + \binom{3}{2}ab^2 + \binom{3}{3}b^3$$
$$= a^3 + 3a^2b + 3ab^2 + b^3$$

Angenommen, das ginge so weiter bis zum Exponenten $(n-1)$, dann müsste der binomische Satz, wenn man $(n-1)$ für n setzt, eine richtige Gleichung liefern:

$$(a+b)^{n-1} = a^{n-1} + \binom{n-1}{1}a^{n-2}b$$

$$+ \binom{n-1}{2}a^{n-3}b^2 + \ldots$$

$$+ \binom{n-1}{k-1}a^{n-k}b^{k-1}$$

$$+ \binom{n-1}{k}a^{n-k-1}b^k + \ldots + b^{n-1}$$

Multipliziert man beide Seiten der Gleichung mit $(a+b)$, so ergibt sich:

$$(a+b)^n = (a^n + a^{n-1}b) + \binom{n-1}{1}(a^{n-1}b + a^{n-2}b^2) +$$

$$+ \binom{n-1}{2}(a^{n-2}b^2 + a^{n-3}b^3) + \ldots$$

$$+ \binom{n-1}{k-1}(a^{n-k+1}b^{k-1} + a^{n-k}b^k)$$

$$+ \binom{n-1}{k}(a^{n-k}b^k + a^{n-k-1}b^{k+1}) + \ldots$$

$$+ (ab^{n-1} + b^n)$$

Unmittelbare Anwendung des Assoziativgesetzes der Addition und Ausklammern führt zu:

$$(a+b)^n = a^n + \left(1 + \binom{n-1}{1}\right)a^{n-1}b +$$

$$+ \left(\binom{n-1}{1} + \binom{n-2}{2}\right)a^{n-2}b^2$$

$$+ \left(\binom{n-1}{2} + \ldots\right)a^{n-3}b^3 + \ldots$$

$$+ \left(\ldots + \binom{n-1}{k-1}\right)a^{n-(k-1)}b^{k-1}$$

$$+ \left(\binom{n-1}{k-1} + \binom{n-1}{k}\right) a^{n-k} b^k$$

$$+ \left(\binom{n-1}{k} + \ldots\right) a^{n-(k+1)} b^{k+1} + \ldots$$

$$+ (\ldots + 1) ab^{n-1} + b^n$$

Ersetzt man den ersten Summanden 1 in der ersten Klammer durch $\binom{n-1}{0}$ und den zweiten Summanden 1 in der letzten Klammer durch $\binom{n-1}{n-1}$, so sieht man, dass jede der aus je zwei Summanden bestehenden Klammern die Form $\left(\binom{n-1}{k-1} + \binom{n-1}{k}\right)$ hat. Das ist aber nach der oben angeführten „Beziehung zwischen Binomialkoeffizienten" gleich $\binom{n}{k}$. Daher ergibt sich:

$$(a+b)^n = a^n + \binom{n}{1} a^{n-1} b$$
$$+ \binom{n}{2} a^{n-2} b^2 + \ldots$$
$$+ \binom{n}{k} a^{n-k} b^k + \ldots$$
$$+ b^n$$

Das ist die als binomischer Satz formulierte binomische Gleichung.

Es war gezeigt worden, dass die binomische Gleichung n-ten Grades bis zum Exponenten 3 richtig ist. Denkt man sich für 3 den Exponenten $(n-1)$, dann wurde soeben gezeigt, dass die Gleichung auch für $n = 4$ stimmt. Stimmt sie aber für das neue $n - 1 = 4$, dann ist sie auch für $n = 5$ richtig, und so weiter, d.h. sie ist richtig für alle $n \in \mathbb{N}$. Dieses Verfahren des Schließens von $(n-1)$ auf n nennt man *vollständige Induktion*.

■ **Beispiel:**
$$(a-b)^7 = \binom{7}{0} a^7 b^0 - \binom{7}{1} a^6 b^1 + \binom{7}{2} a^5 b^2 - \binom{7}{3} a^4 b^3 + \binom{7}{4} a^3 b^4$$
$$- \binom{7}{5} a^2 b^5 + \binom{7}{6} a^1 b^6 - \binom{7}{7} a^0 b^7$$
$$= a^7 - 7a^6 b + 21 a^5 b^2 - 35 a^4 b^3 + 35 a^3 b^4 - 21 a^2 b^5 + 7 a b^6 - b^7$$

(Vergleiche die Koeffizienten mit der letzten Zeile des Pascal'schen Dreiecks von oben!)

2.5.3 Dividieren mit Summen, Polynomdivision

$$(a+b) : c = a : c + b : c$$
$$(a-b) : c = a : c - b : c$$

Man dividiert eine (algebraische) Summe durch eine Zahl, indem man jeden Summanden durch die Zahl dividiert und die Quotienten addiert.

$$742 : 7 = 700 : 7 + 42 : 7 = 106$$
$$796 : 8 = 800 : 8 - 4 : 8 = 99 \frac{1}{2}$$

■ **Beispiel:**
$$(3xy^2 - 3y^4 + x^3) : 2xy$$
$$= \frac{3}{2} y - \frac{3y^3}{2x} + \frac{x^2}{2y}$$

Polynomdivision

$$(ab^2 + a^2 b + a^3 - 3b^3) : (-b + a)$$

Man dividiert zwei (algebraische) Summen durcheinander, indem man zunächst Dividend und Divisor in gleicher Weise nach Potenzen ordnet

$$(a^3 + a^2 b + ab^2 - 3b^3) : (a - b)$$

dann

I 1. den ersten Summanden des Dividenden durch den ersten Summanden des Divisors dividiert

$$a^3 : a = a^2$$

2. den Divisor mit dem Teilergebnis multipliziert

$$(a - b) \cdot a^2 = a^3 - a^2 b$$

3. das Ergebnis vom Dividenden subtrahiert

$$(a^3 + a^2 b + ab^2 - 3b^3) - (a^3 - a^2 b)$$
$$= 2a^2 b + ab^2 - 3b^3$$

II 1. wieder den ersten Summanden des Restes durch den ersten Summanden des Divisors dividiert

$$2a^2 b : a = 2ab$$

2. wieder den Divisor mit dem Teilergebnis multipliziert

$$(a - b) \cdot 2ab = 2a^2 b - 2ab^2$$

3. wieder das Ergebnis vom Rest des Dividenden subtrahiert

$$(2a^2 b + ab^2 - 3b^3) - (2a^2 b - 2ab^2) = 3ab^2 - 3b^3$$

III 1. wieder den ersten Summanden des neuen Restes durch den ersten Summanden des Divisors dividiert

$$3ab^2 : a = 3b^2$$

2. wieder den Divisor mit dem Teilergebnis multiplizziert

$$(a - b) \cdot 3b^2 = 3ab^2 - 3b^3$$

3. wieder das Ergebnis vom Rest des Dividenden subtrahiert

$$(3ab^2 - 3b^3) - (3ab^2 - 3b^3) = 0$$

und so weiter, bis die Rechnung aufgeht oder ein Rest bleibt.

2 Arithmetik

Die Rechnung entspricht der bekannten Division natürlicher Zahlen:

$$(20\,000 + 4\,000 + 300 + 30 + 4):$$
$$:(300 + 60 + 5) = 60 + 6 + \frac{244}{365}$$

$$\begin{array}{l}-(60\cdot 300 + 60\cdot 60 + 60\cdot 5)\\2000 + 400 + 30 + 4\\-(6\cdot 300 + 6\cdot 60 + 6\cdot 5)\\200 + 40 + 4\end{array}$$

Ergebnis: $24\,334 : 365 = 66\,\frac{244}{365}$

Das Schriftbild beider Rechnungen sieht folgendermaßen aus:

$$\begin{array}{l}(a^3 + a^2b + ab^2 - 3b^3):(a-b)\\-(a^3 - a^2b) = a^2 + 2ab + 3b^2\\2a^2b + ab^2\\-(2a^2b - 2ab^2)\\3ab^2 - 3b^3\\-(3ab^2 - 3b^3)\\0\end{array}$$

$$\begin{array}{l}24\,334 : 365 = 66\,\frac{244}{365}\\21\,90\\2\,434\\2\,190\\\,244\end{array}$$

Fehlerwarnung: Auf das Vorzeichen beim Subtrahieren ($-+=-$, $--=+$) ist besonders zu achten.

■ **Beispiele:**

$$\begin{array}{l}(a^3 + b^3):(a+b) = a^2 - ab + b^2\\-(a^3 + a^2b)\\-a^2b + b^3\\-(-a^2b - ab^2)\\ab^2 + b^3\\-(ab^2 + b^3)\\0\end{array}$$

$$\begin{array}{l}(a^2 + b^2):(a+b) = a - b + \frac{2b^2}{a+b}\\-(a^2 + ab)\\-ab + b^2\\-(-ab - b^2)\\2b^2\end{array}$$

Fehlerwarnungen:

$\dfrac{a^3 + b^3}{a+b} \neq a^2 + b^2$, sondern
$\phantom{\dfrac{a^3+b^3}{a+b}}= a^2 - ab + b^2$

$\dfrac{a^2 + b^2}{a+b} \neq a + b$, sondern

$$= a - b + \frac{2b^2}{a+b}$$

■ **Proben zu den Beispielen:**

$(a^2 - ab + b^2):(a+b)$
$= a^3 + a^2b - a^2b - ab^2 + b^2a + b^3$
$= a^3 + b^3$

$\left(a - b + \dfrac{2b^2}{a+b}\right)\cdot(a+b)$

$= a(a+b) - b(a+b) + \dfrac{2b^2(a+b)}{a+b}$
$= a^2 + ab - ba - b^2 + 2b^2$
$= a^2 + b^2$

2.6 Bruchrechnung

2.6.1 Definition und Einteilung der Brüche

$$\boxed{\dfrac{a}{b} = a : b}$$ Zähler a
Nenner b ($\neq 0$)

$\dfrac{3}{4} = 3 : 4$ Zähler 3
Nenner 4

Ein Bruch ist ein Quotient.
Der Zähler ist der Dividend.
Der Nenner ist der Divisor.

2.6.2 Erweitern und Kürzen

$\dfrac{2}{3}, \dfrac{4}{6}, \dfrac{-6}{-9}$ sind verschiedene Schreibweisen ein und desselben Bruchs. Der Übergang von einer Schreibweise zur anderen erfolgt durch Erweitern oder Kürzen.

$$\boxed{\dfrac{a}{b} = \dfrac{a\cdot c}{b\cdot c} = \dfrac{ac}{bc}}$$

$$\dfrac{2}{5} = \dfrac{2\cdot 3}{5\cdot 3} = \dfrac{6}{15}$$

Erweitern heißt, Zähler (a) und Nenner (b) mit derselben Zahl (c) multiplizieren.
Die Zahl (c) heißt *Erweiterungsfaktor*.
Der Wert des Bruches bleibt unverändert.

Fehlerwarnung:

Erweitern mit 3: $\dfrac{2}{5} = \dfrac{2\cdot 3}{5\cdot 3} = \dfrac{6}{15}$

Unterscheide:

Multiplizieren mit 3: $\dfrac{2}{5}\cdot 3 = \dfrac{2\cdot 3}{5} = \dfrac{6}{5}$

$$\boxed{\frac{a}{b} = \frac{a:c}{b:c} = \frac{(a:c)}{(b:c)}}$$

$$\frac{15}{6} = \frac{15:3}{6:3} = \frac{5}{2}$$

Kürzen heißt, Zähler (a) und Nenner (b) durch dieselbe Zahl (c) dividieren.
Die Zahl (c) heißt *Kürzungsfaktor*.
Der Wert des Bruches bleibt unverändert.

Fehlerwarnung:

Kürzen durch 3: $\quad \dfrac{6}{15} = \dfrac{6:3}{15:3} = \dfrac{2}{5}$

Unterscheide:

Dividieren durch 3: $\dfrac{6}{15} : 3 = \dfrac{6:3}{15} = \dfrac{2}{15}$

■ **Beispiele:**

1. $\dfrac{a^2bc^2}{a^3bc} = \dfrac{a^2bc^2 : a^2bc}{a^3bc : a^2bc} = \dfrac{c}{a}$

   Kürzungsfaktor ist a^2bc

2. $\dfrac{-3}{-4} = \dfrac{(-3):(-1)}{(-4):(-1)} = \dfrac{3}{4}$

   Kürzungsfaktor ist -1

   oder

   $\dfrac{-3}{-4} = \dfrac{(-3)\cdot(-1)}{(-4)\cdot(-1)} = \dfrac{3}{4}$

   Erweiterungsfaktor ist -1

2.6.3 Addieren und Subtrahieren gleichnamiger Brüche

$$\boxed{\frac{a}{c} + \frac{b}{c} = \frac{a+b}{c} = \frac{(a+b)}{c}}$$

$$\frac{3}{5} + \frac{4}{5} = \frac{3+4}{5} = \frac{7}{5}$$

Gleichnamige Brüche (Brüche mit dem gleichen Nenner) werden addiert oder subtrahiert, indem man die Zähler addiert oder subtrahiert und den Nenner beibehält.

■ **Beispiele:**

1. $\dfrac{3x^2}{4yz} + \dfrac{x^2}{4yz} = \dfrac{4x^2}{4yz} = \dfrac{x^2}{yz}$

2. $\dfrac{a^2}{a^2-b^2} - \dfrac{b^2}{a^2-b^2} = \dfrac{a^2-b^2}{a^2-b^2} = 1$

2.6.4 Addieren und Subtrahieren ungleichnamiger Brüche

$$\boxed{\frac{a}{b} + \frac{c}{d} = \frac{a\cdot d}{b\cdot d} + \frac{c\cdot b}{d\cdot b} = \frac{ad+bc}{bd}}$$

$b \cdot d$ ist der Hauptnenner

Ungleichnamige Brüche werden addiert oder subtrahiert, indem man sie auf den Hauptnenner bringt, d.h. durch Erweitern gleichnamig macht.

Der Hauptnenner ist das kleinste gemeinschaftliche Vielfache aller Nenner.

$$\frac{2}{3} + \frac{4}{5} = \frac{2\cdot 5}{3\cdot 5} + \frac{4\cdot 3}{5\cdot 3} = \frac{10+12}{15} = \frac{22}{15}$$

$3 \cdot 5$ ist der Hauptnenner

■ **Beispiele:**

1. $\dfrac{1}{3} + \dfrac{1}{4} = \dfrac{1\cdot 4}{12} + \dfrac{1\cdot 3}{12} = \dfrac{7}{12}$

   $3 \cdot 4 = 12$ ist der Hauptnenner

2. $\dfrac{3}{4} + \dfrac{5}{6} = \dfrac{9}{12} + \dfrac{10}{12} = \dfrac{19}{12}$

   $4 = 2 \cdot 2; \quad 6 = 2 \cdot 3 \quad$ Hauptnenner $2 \cdot 2 \cdot 3 = 12$

3. $\dfrac{3}{7} + \dfrac{5}{21} = \dfrac{9}{21} + \dfrac{5}{21} = \dfrac{14}{21} = \dfrac{2}{3}$

   Nenner 7 in Nenner 21 enthalten, also 21 Hauptnenner

4. $\dfrac{a^2+b^2}{a^2-b^2} - \dfrac{(a-b)^2}{a^2+2ab+b^2}$

   $= \dfrac{(a^2+b^2)\cdot(a+b)}{(a+b)(a-b)\cdot(a+b)} - \dfrac{(a-b)^2 \cdot (a-b)}{(a+b)(a+b)\cdot(a-b)}$

   $= \dfrac{(a^3+a^2b+a^2+b^3) - (a^3 - 3a^2b + 3ab^2 - b^3)}{a^3+a^2b-ab^2-b^3}$

   $= \dfrac{4a^2b - 2ab^2 + 2b^3}{a^3+a^2b-ab^2-b^3} = 2b\,\dfrac{2a^2-ab+b^2}{(a-b)(a+b)^2}$

Fehlerwarnungen:

1. $\dfrac{a}{c} + \dfrac{b}{c} = \dfrac{a+b}{c}$ darf nicht verwechselt werden

   mit $\dfrac{a}{b} + \dfrac{a}{c} \neq \dfrac{a}{b+c}$, wie man durch Einsetzen von $a=1$, $b=2$, $c=3$ sofort bestätigt. Richtig ist $\dfrac{a}{b} + \dfrac{a}{c} = \dfrac{a\cdot c}{b\cdot c} + \dfrac{a\cdot b}{c\cdot b} = \dfrac{ac+ab}{bc} = a\,\dfrac{(b+c)}{bc}$

2. $\dfrac{a}{b} + \dfrac{c}{d} \neq \dfrac{a+c}{b+d}$, wie man durch Einsetzen von z.B. $a=1$, $b=2$, $c=3$, $d=4$ sofort bestätigt. Die Verwechslung mit $\dfrac{a}{b} \cdot \dfrac{c}{d} = \dfrac{ac}{bd}$ liegt nahe.

2.6.5 Multiplizieren von Brüchen

$$\boxed{\frac{a}{b} \cdot \frac{c}{d} = \frac{a\cdot c}{b\cdot d} = \frac{ac}{bd}}$$

$$\frac{2}{3} \cdot \frac{5}{4} = \frac{2\cdot 4}{3\cdot 5} = \frac{8}{15}$$

2 Arithmetik

Brüche werden miteinander multipliziert, indem man Zähler mit Zähler und Nenner und Nenner multipliziert. Vor der Ausrechnung ist zu kürzen.

■ **Beispiele:**

1. $1\dfrac{3}{4} \cdot 2\dfrac{2}{5} = \dfrac{7 \cdot 12}{4 \cdot 5} = \dfrac{7 \cdot 3}{1 \cdot 5} = \dfrac{21}{5}$

2. $\dfrac{1-x^2}{a^2-b^2} \cdot \dfrac{a+b}{x-1} = \dfrac{(1-x^2)(a+b)}{(a^2-b^2)(x-1)}$
$= \dfrac{(1+x)(1-x)(a+b)}{(a+b)(a-b)(x-1)}$
$= \dfrac{(1+x)(1-x)(a+b)}{-(1-x)(a+b)(a-b)} = -\dfrac{1+x}{a-b} = \dfrac{1+x}{b-a}$

3. $4x^2 \cdot \dfrac{3y}{8x} = \dfrac{4x^2}{1} \cdot \dfrac{3y}{8x} = \dfrac{4 \cdot 3 \cdot x^2 \cdot y}{8 \cdot x} = \dfrac{3}{2}xy$

4. $\dfrac{3u \cdot 5v}{8w^2} \cdot 12w^3 = \dfrac{15uv}{8w^2} \cdot \dfrac{12w^3}{1} = \dfrac{15 \cdot 12\,uvw^3}{8w^2} = \dfrac{45}{2}uvw$

Für den in den Beispielen 3 und 4 behandelten Sonderfall gilt:

$$\boxed{\dfrac{a}{b} \cdot c = \dfrac{a \cdot c}{b} = \dfrac{ac}{b}}$$

$\dfrac{2}{3} \cdot 4 = \dfrac{2 \cdot 4}{3} = \dfrac{8}{3}$

Ein Bruch wird mit einer Zahl multipliziert, indem man den Zähler mit der Zahl multipliziert. Vor der Ausrechnung ist zu kürzen.

Fehlerwarnung:

$1\dfrac{3}{4} \cdot 2\dfrac{2}{5} \neq 1 \cdot 2 + \dfrac{3}{4} \cdot \dfrac{2}{5}$; richtig siehe Beispiel 1!

2.6.6 Dividieren von Brüchen

$$\boxed{\begin{array}{l}\dfrac{a}{b} : \dfrac{c}{d} = \dfrac{ad}{bc} \\[6pt] a : \dfrac{b}{c} = \dfrac{ac}{b}\end{array}}$$

Man dividiert durch einen Bruch, indem man mit seinem Kehrwert multipliziert.

$\dfrac{2}{3} : \dfrac{4}{5} = \dfrac{2 \cdot 5}{3 \cdot 4} = \dfrac{5}{6}$

$2 : \dfrac{3}{4} = \dfrac{2 \cdot 4}{3} = \dfrac{8}{3}$

■ **Beispiele:**

1. $1\dfrac{3}{4} : 2\dfrac{2}{5} = \dfrac{7 \cdot 5}{4 \cdot 12} = \dfrac{35}{48}$

2. $\dfrac{22ax^2y^2}{27brs^2} : \dfrac{66x^2y}{18r^2s} = \dfrac{22 \cdot 18 \cdot ax^2y^2r^2s}{27 \cdot 66 \cdot bx^2yrs^2} = \dfrac{1 \cdot 2 \cdot a \cdot y \cdot r}{3 \cdot 3 \cdot b \cdot s}$
$= \dfrac{2ary}{9bs}$

3. $\dfrac{35a^2}{43b^2} : 14a = \dfrac{35a^2}{43b^2} : \dfrac{14a}{1} = \dfrac{35a^2 \cdot 1}{43b^2 \cdot 14a} = \dfrac{5a}{86b^2}$

4. $8\dfrac{3}{4} : 14 = \dfrac{35}{4 \cdot 14} = \dfrac{5}{8}$

Für den in den Beispielen 3 und 4 behandelten Sonderfall gilt:

$$\boxed{\dfrac{a}{b} : c = \dfrac{a}{b \cdot c} = \dfrac{a}{bc}}$$

Ein Bruch wird durch eine Zahl dividiert, indem man den Nenner mit der Zahl multipliziert. Vor der Ausrechnung ist zu kürzen.

$\dfrac{2}{3} : 4 = \dfrac{2}{3 \cdot 4} = \dfrac{1}{3 \cdot 2} = \dfrac{1}{6}$

$$\boxed{\dfrac{ac}{b} : c = \dfrac{a}{b}}$$

Ein Bruch wird durch eine Zahl dividiert, indem man den Zähler durch die Zahl dividiert.

$\dfrac{21}{10} : 7 = \dfrac{21 : 7}{10} = \dfrac{3}{10}$

2.7 Dezimalzahlen und Dualzahlen

2.7.1 Die Dezimalschreibweise

Die übliche Schreibweise unserer Zahlen ist die Dezimalschreibweise, das heißt, es gibt 10 verschiedene Ziffern, 0, 1, 2, ..., 9, und in einer Zahl hat jede Ziffer den zehnfachen Stellenwert der rechts darauf folgenden Ziffer:

$\begin{aligned}3\,201 &= 3 \cdot 10^3 + 2 \cdot 10^2 + 0 \cdot 10^1 + 1 \cdot 10^0 \\ &= 3 \cdot 1000 + 2 \cdot 100 + 0 \cdot 10 + 1.\end{aligned}$

Diese Schreibweise wurde möglich nach „Erfindung" der 0. Ohne diese gibt es z.B. die römische Zahlenschreibweise durch Addition oder Subtraktion der zugrunde liegenden Zahlzeichen.

Römische Zahlzeichen:

I = 1
V = 5
X = 10
L = 50
C = 100
D = 500
M = 1 000

Bis drei gleiche Zeichen dürfen addiert werden, höchstens eins der Zeichen I, X oder C darf einmal durch Davorschreiben subtrahiert werden.

- **Beispiele**:
  3 201 = MMMCCI
  3 744 = MMMDCCXLIV
  1 998 = MCMXCVIII

Die Dezimalschreibweise erlaubt auch die Wiedergabe gebrochener Zahlen.

- **Beispiel in Tabellenform**:

10^4	10^3	10^2	10^1	10^0	10^{-1}	10^{-2}	10^{-3}
= 10000	= 1000	= 100	= 10	= 1	= $\frac{1}{10}$	= $\frac{1}{100}$	= $\frac{1}{1000}$
1	2	3	0	4	5	6	7

Die in dieser Tabelle aufgegliederte Zahl ist

$$1 \cdot 10000 + 2 \cdot 1000 + 3 \cdot 100 + 0 \cdot 10 + 4 \cdot 1 +$$
$$+ 5 \cdot \frac{1}{10} + 6 \cdot \frac{1}{100} + 7 \cdot \frac{1}{1000} = 12\,304{,}567$$

Eine solche mit Komma geschriebene Zahl nennt man im Allgemeinen kurz „Dezimalzahl". Genau müsste es heißen: „Nicht-ganze rationale Zahl in Dezimalschreibweise".

2.7.2 Umwandlung der Dezimalschreibweise in Bruchschreibweise

Man wendet an, dass die erste Stelle nach dem Komma Zehntel, die zweite Stelle Hundertstel, die dritte Stelle Tausendstel usw. sind. So erhält man z.B.

$$0{,}567 = \frac{5}{10} + \frac{6}{100} + \frac{7}{1000}$$

und durch Erweitern und Zusammenfassen

$$= \frac{567}{1000}.$$

Man versucht, den letzten Bruch zu kürzen. Das geht nur, wenn der Zähler die Primfaktoren 2 oder 5 enthält, da der Nenner nur aus den Primfaktoren 2 und 5 zusammengesetzt ist.

- **Beispiele**:

$0{,}5 \quad = \frac{5}{10} \quad = \frac{1}{2}$

$0{,}02 \quad = \frac{2}{100} \quad = \frac{1}{50}$

$0{,}10 \quad = \frac{10}{100} \quad = \frac{1}{10}$

$0{,}1 \quad = \frac{1}{10}$

$0{,}750 \quad = \frac{75}{100} = \frac{3}{4}$

$12{,}875 \quad = 12\frac{875}{1000} = 12\frac{7}{8}$

$11{,}111 \quad = 11\frac{111}{1000}$

$1{,}1200 \quad = 1\frac{12}{100} = 1\frac{3}{25}$

Eine oder mehrere Nullen können am Ende weggelassen werden.

2.7.3 Umwandlung der Bruchschreibweise in Dezimalschreibweise (Umwandlung eines Bruches in eine Dezimalzahl)

Man denkt sich für den Bruch einen Quotienten und führt die Division aus (Rechner!).

- **Beispiele**:

$\frac{1}{2} \quad = 1 : 2 \quad = 0{,}5$

$\frac{2}{5} \quad = 2 : 5 \quad = 0{,}4$

$\frac{11}{125} \quad = 11 : 125 = 0{,}088$

Enthält der Nenner eines Bruches noch andere Primfaktoren als 2 und 5, dann geht die Rechnung nicht auf. Sie wird abgebrochen und das Ergebnis gerundet. Auf das Zeichen ≈ (ungefähr gleich), das dann korrekterweise statt = (gleich) geschrieben werden müsste, soll hier verzichtet werden.

$\frac{1}{3} \quad = 1 : 3 \quad = 0{,}333\,333\,3$

$1\frac{1}{7} \quad = 1 + 1 : 7 = 1{,}142\,857\,1$

$1\frac{1}{7} \quad = 1 + 1 : 7 = 1{,}1429$

$\frac{2}{3} \quad = 2 : 3 \quad = 0{,}666\,666\,7$

Rundungsregel: Ist die erste weggelassene Ziffer 0, 1, 2, 3, 4, dann bleibt die letzte geschriebene Ziffer unverändert.
Ist die erste weggelassene Ziffer 5, 6, 7, 8, 9, wird die letzte geschriebene Ziffer um 1 erhöht.
Mit diesem Beispiel kann man testen, ob der gebrauchte Rechner automatisch aufrundet oder nicht.

- **Rundungsbeispiele**:

3,456 ≈ 3,46
20,899 ≈ 20,90   Die 0 am Ende macht deutlich, dass auf zwei Dezimalstellen gerundet wurde,
17,454 9 ≈ 17,455   auf drei Dezimalstellen gerundet,
≈ 17,45   auf zwei Dezimalstellen gerundet,
≈ 17,5   auf eine Dezimalstelle gerundet,
17,55 ≈ 17,6   auf eine Dezimalstelle gerundet,
0,001 295 ≈ 0,001 30   auf fünf Dezimalstellen gerundet,
0,001 295 ≈ 0,001 3   auf vier Dezimalstellen gerundet;
378 952 086 ≈ 3,790 · 10^8 auf 10 000er gerundet,
378 952 086 ≈ 3,79 · 10^8 auf 100 000er gerundet.

2.7.4 Die Dualschreibweise

Die Dezimalschreibweise der Zahlen ist willkürlich und auf den Umstand zurückzuführen, dass der Mensch zehn Finger hat. Das Zehnersystem ist auf 10 verschiedenen Ziffern, 0, 1, 2, ... , 9, aufgebaut. Jede Ziffer erhält den zehnfachen Zahlwert, wenn sie eine Stelle weiter nach links rückt. Genauso gut könnte jede andere Anzahl verschiedener Ziffern zugrundegelegt werden. Praktische Bedeutung hat das Zahlsystem aus zwei Ziffern, das Dualsystem oder Binärsystem, gewonnen. Dieses Dualsystem, das nur die Ziffern 0 und 1 (eins) kennt, ist die Basis für die inneren Rechnungen von Computern aller Art, vom einfachen Taschenrechner angefangen. Bei jedem Rechenvorgang wird erst die Eingabe ins Dualsystem übertragen, in diesem gerechnet, zum Schluss erfolgt die Anzeige wieder im Dezimalsystem.

Tabelle zum Aufbau einer Dualzahl (einer Zahl in Dualschreibweise)

...	2^8	2^7	2^6	2^5	2^4	2^3	2^2	2^1	2^0	2^{-1}	2^{-2}	2^{-3}	2^{-4}	...
	1	0	1	1	0	0	0	1	1	1	0	1	1	

Die in dieser Tabelle aufgegliederte Zahl ist

101 100 011, 101 1   in Dualschreibweise,

$$= 1 \cdot 2^8 + 1 \cdot 2^6 + 1 \cdot 2^5 + 1 \cdot 2 + 1 \cdot 1$$
$$+ \frac{1}{2} + 1 \cdot \frac{1}{8} + 1 \cdot \frac{1}{16}$$
$$= 256 + 64 + 32 + 2 + 1 + \frac{8}{16} + \frac{2}{16} + \frac{1}{16}$$
$$= 355 \frac{11}{16} = 355{,}6875 \text{ in Dezimalschreibweise.}$$

Beim Umwandeln aus der Dezimalschreibweise in die Dualschreibweise muss man die Zahl in eine Summe von Zweierpotenzen zergliedern:

763,876

$$= 512 + 128 + 64 + 32 + 16 + 8 + 2 + 1$$
$$+ \frac{1}{2} + \frac{1}{4} + \frac{1}{8} + \frac{1}{1024} + ...$$
$$= 2^9 + 2^7 + 2^6 + 2^5 + 2^4 + 2^3 + 2^1 + 2^0$$
$$+ 2^{-1} + 2^{-2} + 2^{-3} + 2^{-10} + ...$$
$$= 1\,011\,111\,011, 111\,000\,000\,1 ...$$

Die Ausführung der vier Grundrechenarten mit Dualzahlen erfolgt analog den im Dezimalsystem bekannten Verfahren.

2.8 Potenzen, Wurzeln, Logarithmen

2.8.1 Die Potenz

a^x	(a hoch x) heißt *Potenz*
a	heißt *Basis* (Grundzahl)
x	heißt *Exponent* (Hochzahl)

$\pi^{\frac{3}{2}} = 5{,}56832 ...$ Potenz
$\pi = 3{,}14159 ...$ Basis
$\frac{3}{2} = 1{,}5$ Exponent

Ursprüngliche Definition der Potenz

$$a^n = \underbrace{a \cdot a \cdot a \cdot ... \cdot a}_{n \text{ Faktoren}}$$

$3^5 = 3 \cdot 3 \cdot 3 \cdot 3 \cdot 3 = 243$
$(-2)^3 = (-2) \cdot (-2) \cdot (-2) = -8$

Negative Exponenten und Exponent 0

$$a^{-m} = \frac{1}{a^m}$$

$3^{-5} = \frac{1}{3^5} = \frac{1}{243}$

$$a^0 = 1$$

$5^0 = 1$; $\left(-\frac{1}{5}\right)^0 = 1$

Anmerkung: a darf nicht 0 sein.

Gebrochene Exponenten

$$a^{\frac{p}{q}} = c \Leftrightarrow a^p = c^q$$

$8^{\frac{4}{3}} = c \Leftrightarrow 8^4 = c^3 \Leftrightarrow c = 16$
$8^{-\frac{4}{3}} = c \Leftrightarrow 8^{-4} = c^3 \Leftrightarrow c = \frac{1}{16}$

Reelle Exponenten

Mit Hilfe eines Grenzübergangs lässt sich entsprechend die Potenz mit reellem Exponenten definieren (q sei rationaler Näherungswert von x, insbesondere sei $q_- < x$ und $q_+ > x$):

$a^x \approx a^q$ $x \approx q$
$3^\pi \approx 3^{3{,}14}$ $\pi \approx 3{,}14$

$a^{q_-} < a^x < a^{q_+}$ für $< q_- < x < q_+$ und $a > 1$
$3^{3{,}141} < 3^\pi < 3^{3{,}142}$ denn $3{,}141 < \pi < 3{,}142$

2.8.1.1 Regeln der Potenzrechnung

Potenzrechnung vor Punktrechnung

$$\boxed{ba^n = b \cdot (a^n)}\qquad \text{für alle } a \neq 0$$

$5 \cdot 3^4 = 5 \cdot 3 \cdot 3 \cdot 3 \cdot 3 = 5 \cdot (3^4)$

Soll erst Punktrechnung erfolgen, muss das durch eine Klammer gefordert werden:

$(5 \cdot 3)^4 = 5 \cdot 3 \cdot 5 \cdot 3 \cdot 5 \cdot 3 \cdot 5 \cdot 3 = 15^4$

Fehlerwarnung: $ba^n \neq (ba)^n$ (siehe oben), falls $a, b \neq 0$ und $b \neq 1; n \neq 1$.

2.8.1.1.1 Addieren und Subtrahieren

$$\boxed{pa^n + qa^n = (p+q)a^n}\qquad \text{für alle } a \neq 0$$

$2 \cdot 3^4 + 5 \cdot 3^4 = 7 \cdot 3^4$

Potenzen kann man nur addieren oder subtrahieren, wenn sie in Basis *und* Exponent übereinstimmen.

Fehlerwarnungen: $2^4 + 3^4 \neq 5^4$
$\qquad\qquad\qquad 3^2 + 3^4 \neq 3^6$

richtig $2 \cdot 2 \cdot 2 \cdot 2 + 3 \cdot 3 \cdot 3 \cdot 3 = 16 + 81 = 97$
richtig $3 \cdot 3 + 3 \cdot 3 \cdot 3 \cdot 3 \qquad = 9 + 81 = 90$

2.8.1.1.2 Multiplizieren und Dividieren bei gleicher Basis

$$\boxed{a^n \cdot a^m = a^{n+m}}\qquad \text{für alle } a \neq 0$$

$3^6 \cdot 3^4 = 3 \cdot 3 \cdot 3 \cdot 3 \cdot 3 \cdot 3 \cdot 3 \cdot 3 \cdot 3 \cdot 3 = 3^{10}$

Potenzen mit gleicher Basis werden multipliziert, indem man die Exponenten addiert (genauer: indem man die gemeinsame Basis mit der Summe der Exponenten potenziert).

Fehlerwarnung: $\qquad 3^6 \cdot 3^4 \neq 3^{24}$

$$\boxed{\frac{a^n}{a^m} = a^{n-m}}\qquad \text{für alle } a \neq 0$$

$\dfrac{3^6}{3^4} = \dfrac{3 \cdot 3 \cdot 3 \cdot 3 \cdot 3 \cdot 3}{3 \cdot 3 \cdot 3 \cdot 3} = 3 \cdot 3 = 3^2$

Potenzen mit gleicher Basis werden dividiert, indem man die Exponenten subtrahiert (genauer: indem man die gemeinsame Basis mit der Differenz der Exponenten potenziert).

Fehlerwarnung: $3^{12} : 3^4 \neq 3^3$, sondern $3^{12} : 3^4 = 3^8$

Sonderfälle:

$$\boxed{a^1 = a}$$

$3^5 : 3^4 = \begin{cases} 3^{5-4} = 3^1 \\ \dfrac{3 \cdot 3 \cdot 3 \cdot 3 \cdot 3}{3 \cdot 3 \cdot 3 \cdot 3} = 3 \end{cases}$

Die erste Potenz einer Zahl ist die Zahl selbst.

$$\boxed{a^0 = 1}\qquad (a \neq 0)$$

$3^4 : 3^4 = \begin{cases} 3^{4-4} = 3^0 \\ \dfrac{3 \cdot 3 \cdot 3 \cdot 3}{3 \cdot 3 \cdot 3 \cdot 3} = 1 \end{cases}$

Die nullte Potenz einer Zahl (außer 0) ist immer 1.

Fehlerwarnung: $a^0 = 1$ ($a \neq 0$) nicht zu verwechseln mit $a \cdot 0 = 0$.

$$\boxed{a^{-n} = \frac{1}{a^n};\ \left(\frac{a}{b}\right)^{-n} = \left(\frac{b}{a}\right)^n}$$

($a \neq 0, b \neq 0$)

$3^4 : 3^6 = \begin{cases} 3^{4-6} = 3^{-2} \\ \dfrac{3 \cdot 3 \cdot 3 \cdot 3}{3 \cdot 3 \cdot 3 \cdot 3 \cdot 3 \cdot 3} = \dfrac{1}{3^2} \end{cases}$

Eine Potenz mit negativem Exponenten ist gleich ihrem Kehrwert mit positivem Exponenten (genauer: der Wert einer Potenz bleibt erhalten, wenn man gleichzeitig die Basis durch ihren Kehrwert und das Vorzeichen des Exponenten durch das entgegengesetzte ersetzt).

■ **Beispiele**:

1. $\left(\dfrac{3}{2}\right)^4 : \left(\dfrac{3}{2}\right)^6 = \dfrac{3 \cdot 3 \cdot 3 \cdot 3}{2 \cdot 2 \cdot 2 \cdot 2} : \dfrac{3 \cdot 3 \cdot 3 \cdot 3 \cdot 3 \cdot 3}{2 \cdot 2 \cdot 2 \cdot 2 \cdot 2 \cdot 2} =$
$\qquad = \dfrac{3 \cdot 3 \cdot 3 \cdot 3 \cdot 2 \cdot 2 \cdot 2 \cdot 2 \cdot 2 \cdot 2}{2 \cdot 2 \cdot 2 \cdot 2 \cdot 3 \cdot 3 \cdot 3 \cdot 3 \cdot 3 \cdot 3} = \dfrac{2 \cdot 2}{3 \cdot 3} = \left(\dfrac{2}{3}\right)^2$

2. $\left(\dfrac{4}{5}\right)^{2x-1} = \left(\dfrac{5}{4}\right)^{1-2x}$

3. $\left(\dfrac{a}{b}\right)^{m-rl+n} = \left(\dfrac{b}{a}\right)^{rl-m-n}$

Fehlerwarnung: $a^{-2} \neq -a^2$, sondern $a^{-2} = \dfrac{1}{a^2}$ für alle $a \neq 0$

Vorzeichenregel

$\left.\begin{array}{l}(-1)^0 \\ (-1)^2 \\ (-1)^4 \\ (-1)^{2n}\end{array}\right\} = 1$

$\left.\begin{array}{l}(-1)^1 \\ (-1)^3 \\ (-1)^5 \\ (-1)^{2n+1}\end{array}\right\} = -1$

2 Arithmetik

2.8.1.1.3 Multiplizieren und Dividieren bei gleichem Exponenten

$$a^n \cdot b^n = (ab)^n \quad \text{für alle } a, b, n \neq 0$$

$$2^4 \cdot 5^4 = 2 \cdot 2 \cdot 2 \cdot 2 \cdot 5 \cdot 5 \cdot 5 \cdot 5$$
$$= (2 \cdot 5) \cdot (2 \cdot 5) \cdot (2 \cdot 5) \cdot (2 \cdot 5)$$
$$= (2 \cdot 5)^4 = 10^4 = 10000$$

Potenzen mit gleichem Exponenten werden multipliziert, indem man die Basen multipliziert (genauer: indem man das Produkt der Basen mit dem gemeinsamen Exponenten potenziert).

Fehlerwarnung: $a^n \cdot b^n \neq (ab)^{2n}$
außer in Sonderfällen, z.B. $n = 0$
$$2^3 \cdot 5^3 \neq 10^6$$

$$\frac{a^n}{b^n} = \left(\frac{a}{b}\right)^n \quad (b \neq 0)$$

$$\frac{3^4}{5^4} = \left(\frac{3}{5}\right)^4 = 0{,}6^4 = 0{,}1296$$

Potenzen mit gleichem Exponenten werden dividiert, indem man die Basen dividiert (genauer: indem man den Quotienten der Basen mit dem gemeinsamen Exponenten potenziert).

Fehlerwarnung: $\dfrac{a^n}{b^n} \neq \dfrac{a}{b}$ (außer in Sonderfällen) im

Gegensatz zu $\dfrac{a \cdot n}{b \cdot n} = \dfrac{a}{b}$

Umkehrungen:

$$(ab)^n = a^n \cdot b^n$$

$$30^4 = (3 \cdot 10)^4 = 3^4 \cdot 10^4 = 81 \cdot 10000$$
$$= 810000 = 8{,}1 \cdot 10^5$$

Ein Produkt wird potenziert, indem man die einzelnen Faktoren potenziert (genauer: indem man die Potenzen der einzelnen Faktoren miteinander multipliziert).

Fehlerwarnung: Die Berechnung von $(a + b)^n$ darf nicht verwechselt werden mit $(a \cdot b)^n = a^n \cdot b^n$.

Es ist z.B. $(a + b)^4 \neq a^4 + b^4$ (außer in Sonderfällen), sondern $(a + b)^4 = a^4 + 4a^3b + 6a^2b^2 + 4ab^3 + b^4$ (siehe 2.5.2.1 Binomische Formeln)

$$\left(\frac{a}{b}\right)^n = \frac{a^n}{b^n} \quad (b \neq 0)$$

$$0{,}3^4 = \left(\frac{3}{10}\right)^4 = \frac{3^4}{10^4} = \frac{81}{10000} = 0{,}0081$$
$$= 8{,}1 \cdot 10^{-3}$$

Ein Bruch wird potenziert, indem man Zähler und Nenner einzeln potenziert (genauer: indem man die Potenzen von Zähler und Nenner durcheinander dividiert).

2.8.1.1.4 Potenzieren einer Potenz

$$(a^n)^m = a^{nm}$$

$$(2^3)^4 = (2 \cdot 2 \cdot 2) \cdot (2 \cdot 2 \cdot 2) \cdot (2 \cdot 2 \cdot 2) \cdot (2 \cdot 2 \cdot 2)$$
$$= 2^{3 \cdot 4} = 2^{12}$$

Eine Potenz wird potenziert, indem man die Exponenten multipliziert (genauer: indem man die Basis mit dem Produkt der Exponenten potenziert).

Fehlerwarnung: $(2^3)^4 \neq 2^7$

$$(a^n)^m = (a^m)^n$$

$$(3^4)^2 = \begin{cases} 81^2 = 6561 \\ (3^2)^4 = 9^4 = 6561 \end{cases}$$

Bei der Potenz einer Potenz kann man die Exponenten miteinander vertauschen.

2.8.1.2 Beispiele zur gesamten Potenzrechnung

1. $ar^p + bs^p - cr^p + ds^p = (a - c)r^p + (b + d)s^p$

2. $x^{3m-1} \cdot x^{m+1} = x^{3m-1+m+1} = x^{4m}$

3. $\dfrac{8^2 \cdot 5^2}{8^2 + 6^2} = \dfrac{(4 \cdot 2)^2 \cdot 5^2}{64 + 36} = \dfrac{4^2 \cdot (2 \cdot 5)^2}{100} = 4^2 = 16$

4. $\dfrac{5a^{x+y} b^{3u+v}}{7c^2} : \dfrac{5c^4}{28a^{y-x} b^{v-2u}}$

   $= \dfrac{5 \cdot 28 \cdot a^{x+y} a^{y-x} b^{3u+v} b^{v-2u}}{7 \cdot 5 \; c^2 c^4} = \dfrac{4a^{2y} b^{u+2v}}{c^6}$

5. Unterscheide
   $(-u^2)^3 = (-1)^3 u^{2 \cdot 3} \quad = -u^6$
   $(-u^3)^2 = (-1)^2 u^{3 \cdot 2} \quad = +u^6$
   $[(-u)^2]^3 = [(-1)^2 u^2]^3 = [u^2]^3 = u^6$

6. $\left(\dfrac{5a^{-1}}{-2^2 b^{-3}}\right)^{-4} = \nearrow \begin{array}{l} \left(-\dfrac{5b^3}{2^2 a}\right)^{-4} = \left(-\dfrac{4a}{5b^3}\right)^4 = +\dfrac{256a^4}{625b^{12}} \\[6pt] \searrow \dfrac{5^{-4}a^4}{(-1)^{-4} 2^{-8} b^{12}} = \dfrac{2^8 a^4}{5^4 b^{12}} = +\dfrac{256a^4}{625b^{12}} \end{array}$

7. $\left(\dfrac{2}{3}x^{-1} - 3x\right)\left(3x^{-1} - \dfrac{2}{3}x\right) = 2x^{-2} - \dfrac{4}{9} - 9 + 2x^2$

   $= \dfrac{2}{x^2} - 9\dfrac{4}{9} + 2x^2$

2.8.2 Die Wurzel

$\sqrt[n]{c}$ (n-te Wurzel aus c)	heißt Wurzel
$c \geq 0$	heißt Radikand
n	heißt Wurzelexponent

$\sqrt[3]{\dfrac{8}{27}} = \dfrac{2}{3}$ Wurzel

$\dfrac{8}{27}$ Radikand

3 Wurzelexponent

Wurzeln sind Potenzen in besonderer Schreibweise. Die Wurzelschreibweise ist üblich für Potenzen mit Stammbrüchen (Zähler 1) als Exponenten.

Definition der Wurzel

$$\boxed{\sqrt[n]{c} = c^{\frac{1}{n}} = a \Leftrightarrow a^n = c}$$

$\sqrt[3]{8} = 8^{\frac{1}{3}} = 2 \Leftrightarrow 2^3 = 8$

n ist eine natürliche Zahl, c und a sind nichtnegative reelle Zahlen.
Der Wurzelexponent 2 braucht nicht geschrieben zu werden.

$$\boxed{\sqrt[2]{c} = \sqrt{c}}$$

$\sqrt[2]{4} = \sqrt{4} = 2$

Hinweise:

1. Nach der Definition der Wurzel ist die Wurzel aus einer positiven Zahl selbst eine positive Zahl: $\sqrt{a^2} = |a|$ für jede reelle Zahl a. Es gilt daher z.B. nur $\sqrt{4} = 2$, nicht auch $\sqrt{4} = -2$. Dagegen hat die Gleichung $x^2 = 4$ die Lösungen $x_1 = +\sqrt{4} = +2$ und $x_2 = -\sqrt{4} = -2$.

2. Der Definitionsbereich der Wurzel ist erweiterungsfähig, d.h. es kann auch eine negative Zahl für c sinnvoll sein, z.B. $\sqrt[3]{-27} = -3$.

3. Für die Wurzelrechnung gelten in vollem Umfang die Regeln der Potenzrechnung.
   Wegen des häufigen Auftretens werden die übertragbaren Regeln hier in Wurzelschreibweise wiederholt.

2.8.2.1 Regeln der Wurzelrechnung

2.8.2.1.1 Addieren und Subtrahieren

$$\boxed{p\sqrt[n]{c} + q\sqrt[n]{c} = (p+q)\sqrt[n]{c}}$$

$2 \cdot \sqrt[4]{3} + 5 \cdot \sqrt[4]{3} = 7 \cdot \sqrt[4]{3}$

Wurzeln kann man nur addieren oder subtrahieren, wenn sie in Radikand *und* Wurzelexponent übereinstimmen

Fehlerwarnungen:

1. $\sqrt[4]{2} + \sqrt[4]{3} \neq \sqrt[4]{5}$, sondern nicht zusammenfassbar.

2. $\sqrt[3]{2} + \sqrt[4]{2} \neq \sqrt[7]{2}$, sondern nicht zusammenfassbar.

2.8.2.1.2 Multiplizieren und Dividieren bei gleichem Radikanden

$$\boxed{\sqrt[n]{c} \cdot \sqrt[m]{c} = \sqrt[nm]{c^{m+n}}}$$

denn $c^{\frac{1}{n}} \cdot c^{\frac{1}{m}} = c^{\frac{1}{n}+\frac{1}{m}} = c^{\frac{m+n}{nm}} = \sqrt[nm]{c^{m+n}}$

$\sqrt[3]{4096} \cdot \sqrt[4]{4096} = \nearrow \begin{array}{l} 16 \cdot 8 = 128 \\ \sqrt[12]{4096^7} = 2^7 = 128 \end{array}$

Wurzeln mit gleichem Radikanden und den Wurzelexponenten n, m werden multipliziert, indem man aus dem in die $(m+n)$-te Potenz erhobenen Radikanden die nm-te Wurzel zieht.

Fehlerwarnung:

$\sqrt[3]{a} \cdot \sqrt[4]{a} \neq \sqrt[12]{a}; \neq \sqrt[12]{a^2}; \neq \sqrt[7]{a}$

richtig $= \sqrt[3 \cdot 4]{a^{4+3}} = \sqrt[12]{a^7}$

$$\boxed{\sqrt[n]{c} : \sqrt[m]{c} = \sqrt[nm]{c^{m-n}}}$$

denn $c^{\frac{1}{n}} : c^{\frac{1}{m}} = c^{\frac{1}{n}-\frac{1}{m}} = c^{\frac{m-n}{nm}} = \sqrt[nm]{c^{m-n}}$

$\sqrt[3]{4096} : \sqrt[4]{4096} = \begin{cases} 16 : 8 = 2 \\ \sqrt[12]{4096^{4-3}} = 2 \end{cases}$

Wurzeln mit gleichem Radikanden und den Wurzelexponenten n und m werden dividiert, indem man aus dem in die $(m-n)$-te Potenz erhobenen Radikanden die nm-te Wurzel zieht.

2.8.2.1.3 Multiplizieren und Dividieren bei gleichem Wurzelexponenten

$$\boxed{\sqrt[n]{c} \cdot \sqrt[n]{d} = \sqrt[n]{cd}}$$

denn $c^{\frac{1}{n}} \cdot d^{\frac{1}{n}} = (cd)^{\frac{1}{n}} = \sqrt[n]{cd}$

$\sqrt[3]{8} \cdot \sqrt[3]{27} = \begin{cases} 2 \cdot 3 = 6 \\ \sqrt[3]{216} = 6 \end{cases}$

Wurzeln mit gleichem Wurzelexponenten werden multipliziert, indem man die Radikanden multipliziert (genauer: indem man dieselbe Wurzel aus dem Produkt der Radikanden zieht).

Fehlerwarnung: $\sqrt[n]{c} + \sqrt[n]{d} \neq \sqrt[n]{c+d}$; der gegebene Ausdruck lässt sich nicht vereinfachen.

$$\boxed{\sqrt[n]{c} : \sqrt[n]{d} = \sqrt[n]{\frac{c}{d}}}$$

denn $c^{\frac{1}{n}} : d^{\frac{1}{n}} = \left(\frac{c}{d}\right)^{\frac{1}{n}} = \sqrt[n]{\frac{c}{d}}$

$\sqrt[3]{8} : \sqrt[3]{27} = \begin{cases} 2 : 3 = \frac{2}{3} \\ \sqrt[3]{\frac{8}{27}} = \frac{2}{3} \end{cases}$

Wurzeln mit gleichem Wurzelexponenten werden dividiert, indem man die Radikanden dividiert (genauer: indem man dieselbe Wurzel aus dem Quotienten der Radikanden zieht).

Umkehrungen:

$$\boxed{\sqrt[n]{cd} = \sqrt[n]{c} \cdot \sqrt[n]{d}}$$

$\sqrt{36} = \begin{cases} 6 \\ \sqrt{4} \cdot \sqrt{9} = 2 \cdot 3 = 6 \end{cases}$

Man zieht die Wurzel aus einem Produkt, indem man die Wurzel aus den einzelnen Faktoren zieht (genau-er: indem man die Wurzeln aus den einzelnen Faktoren miteinander multipliziert).

Fehlerwarnung: $\sqrt[n]{c+d} \neq \sqrt[n]{c} + \sqrt[n]{d}$; ohne Berechnung der Summe gibt es nur ein Näherungsverfahren zur Berechnung der Wurzel (vgl. binomische Reihe).

$$\boxed{\sqrt[n]{\frac{c}{d}} = \sqrt[n]{c} : \sqrt[n]{d}}$$

$\sqrt[3]{\frac{8}{27}} = \sqrt[3]{8} : \sqrt[3]{27} = 2 : 3 = \frac{2}{3}$

Man zieht die Wurzel aus einem Bruch, indem man sie aus Zähler und Nenner einzeln zieht (genauer: indem man die Wurzeln aus Zähler und Nenner durcheinander dividiert).

2.8.2.1.4 Radizieren und Potenzieren einer Wurzel

$$\boxed{\sqrt[n]{\sqrt[m]{c}} = \sqrt[mn]{c}}$$

denn $\left(c^{\frac{1}{m}}\right)^{\frac{1}{n}} = c^{\frac{1}{mn}} = \sqrt[mn]{c}$

$\sqrt[4]{\sqrt[3]{4096}} = \begin{cases} \sqrt[4]{16} = 2 \\ \sqrt[12]{4096} = 2 \end{cases}$

Man zieht die Wurzel aus einer Wurzel, indem man die Wurzelexponenten multipliziert (genauer: indem man aus dem Radikanden die Wurzel mit dem aus dem Produkt beider Wurzelexponenten gebildeten neuen Wurzelexponenten zieht).

Fehlerwarnung: $\sqrt[3]{\sqrt[5]{7}} \neq \sqrt[8]{7}$, sondern $= \sqrt[15]{7}$

$$\boxed{\sqrt[n]{\sqrt[m]{c}} = \sqrt[m]{\sqrt[n]{c}}}$$

denn $\left. \begin{array}{l} \left(c^{\frac{1}{m}}\right)^{\frac{1}{n}} = c^{\frac{1}{mn}} \\ \left(c^{\frac{1}{n}}\right)^{\frac{1}{m}} = c^{\frac{1}{nm}} \end{array} \right\} = \sqrt[mn]{c}$

$\sqrt[4]{\sqrt[3]{4096}} = \begin{cases} \sqrt[4]{16} = 2 \\ \sqrt[3]{\sqrt[4]{4096}} = \sqrt[3]{8} = 2 \end{cases}$

Bei der Wurzel aus einer Wurzel kann man die Wurzelexponenten miteinander vertauschen.

$$\sqrt[3]{\sqrt[4]{27}} = \sqrt[4]{\sqrt[3]{27}} = \sqrt[4]{3}$$

Für das Potenzieren einer Wurzel oder das Wurzelziehen einer Potenz gilt noch zusätzlich (ohne Analogie im Unterabschnitt „Regeln der Potenzrechnung"):

$$\boxed{\left(\sqrt[n]{c}\right)^m = \sqrt[n]{c^m}}$$

denn $\left(c^{\frac{1}{n}}\right)^m = c^{\frac{m}{n}}$ und $(c^m)^{\frac{1}{n}} = c^{\frac{m}{n}}$

$$\left(\sqrt[3]{8}\right)^4 = \begin{cases} 2^4 = 16 \\ \sqrt[3]{8^4} = \sqrt[3]{4096} = 16 \end{cases}$$

$$\left(\sqrt[4]{4}\right)^2 = \sqrt[4]{4^2} = \sqrt[4]{16} = 2$$

Eine Wurzel wird potenziert, indem man den Radikanden potenziert (genauer: indem man die Wurzel aus der Potenz des Radikanden zieht).

Umkehrung:

$$\boxed{\sqrt[n]{c^m} = \left(\sqrt[n]{c}\right)^m}$$

$$\sqrt{4^3} = \begin{cases} \sqrt{64} = 8 \\ (\sqrt{4})^3 = 2^3 = 8 \end{cases}$$

Man zieht die Wurzel aus einer Potenz, indem man die Wurzel aus der Basis in die betreffende Potenz erhebt.

$$\boxed{\sqrt[np]{c^{nq}} = \left(\sqrt[np]{c}\right)^{nq} = \sqrt[p]{c^q} = \left(\sqrt[p]{c}\right)^q}$$

$$\sqrt[12]{2^8} = \sqrt[3]{4}$$

Exponenten und Wurzelexponenten kann man gegeneinander kürzen.

2.8.2.1.5 Rationalmachen des Nenners

$$\boxed{\frac{a}{\sqrt{b}} = \frac{a\sqrt{b}}{b}} \qquad \text{(mit } \sqrt{b} \text{ erweitert)}$$

Man erweitert den Bruch so, dass die Wurzel im Nenner wegfällt.

$$\frac{a^2}{\sqrt{a}} = a\sqrt{a}$$

$$\frac{a}{\sqrt[3]{a}} = \frac{a \cdot \sqrt[3]{a^2}}{\sqrt[3]{a} \cdot \sqrt[3]{a^2}} = \frac{a \cdot \sqrt[3]{a^2}}{a} = \sqrt[3]{a^2}$$

$$\frac{x+\sqrt{y}}{x-\sqrt{y}} = \frac{(x+\sqrt{y})(x+\sqrt{y})}{(x-\sqrt{y})(x+\sqrt{y})} = \frac{(x+\sqrt{y})^2}{x^2-y}$$

$$= \frac{x^2 + 2x\sqrt{y} + y}{x^2 - y}$$

2.8.2.2 Beispiele zur gesamten Wurzelrechnung

1. $(\sqrt{-5})^{-2} = (-0{,}5)^{\frac{1}{2}(-2)} = (-0{,}5)^{-1} = \frac{1}{-0{,}5} = -2$

   oder $= \frac{1}{(\sqrt{-0{,}5})^2} = \frac{1}{-0{,}5} = -2$

2. $(-2^{\frac{3}{4}})^2 = +2^{\frac{3}{2}} = \sqrt{2^3} = \sqrt{2^2 \cdot 2} = 2\sqrt{2}$

3. $(\sqrt{18}+\sqrt{2})^2 - (\sqrt{18}-\sqrt{2})^2$
   $= (18 + 2\sqrt{36} + 2) - (18 - 2\sqrt{36} + 2) = 4\sqrt{36} = 24$

4. $(\sqrt{5}+\sqrt{3})^3 = 5\sqrt{5} + 15\sqrt{3} + 9\sqrt{5} + 3\sqrt{3}$
   $= 14\sqrt{5} + 18\sqrt{3}$

5. $(3\sqrt{2} - 2\sqrt[3]{3})(7\sqrt[3]{2} + 5\sqrt{3})$
   $= 21\sqrt[6]{2^5} + 15\sqrt{6} - 14\sqrt[3]{6} - 10\sqrt[6]{3^5}$

6. $\dfrac{a}{a+\sqrt{a}} = \dfrac{a(a-\sqrt{a})}{(a+\sqrt{a})(a-\sqrt{a})}$
   $= \dfrac{a(a-\sqrt{a})}{a^2-a} = \dfrac{a(a-\sqrt{a})}{a(a-1)} = \dfrac{a-\sqrt{a}}{a-1}$

7. $\dfrac{x}{\sqrt[3]{xy^2}} = \dfrac{x \cdot \sqrt[3]{x^2y}}{\sqrt[3]{xy^2} \sqrt[3]{x^2y}} = \dfrac{x \cdot \sqrt[3]{x^2y}}{xy} = \dfrac{1}{y}\sqrt[3]{x^2y}$

8. $\dfrac{a-2}{\sqrt{a^2-4}} = \dfrac{(a-2)\sqrt{a^2-4}}{\sqrt{a^2-4}\sqrt{a^2-4}} = \dfrac{(a-2)\sqrt{a^2-4}}{a^2-4}$
   $= \dfrac{(a-2)\sqrt{a^2-4}}{(a-2)(a+2)} = \dfrac{\sqrt{a^2-4}}{a+2}$

9. $\sqrt[4]{\sqrt[5]{1024}} = \sqrt[20]{2^{10}} = 2^{\frac{10}{20}} = 2^{\frac{1}{2}} = \sqrt{2}$

10. $\sqrt{9\sqrt[3]{\dfrac{1}{18}}} = \sqrt[6]{\dfrac{9^3}{18}} = \sqrt[6]{\dfrac{3^6}{18}} = \dfrac{3}{\sqrt[6]{18}};$

    $\dfrac{3}{\sqrt[6]{18}} = \dfrac{3\sqrt[6]{2^5 \cdot 3^4}}{\sqrt[6]{2 \cdot 3^2}\sqrt[6]{2^5 \cdot 3^4}} = \dfrac{1}{2}\sqrt[6]{2^5 \cdot 3^4}$

2.8.3 Der Logarithmus

$\log_a c$	(Logarithmus c zur Basis a) heißt Logarithmus
$c > 0$	heißt Numerus
$a \neq 1\ (a > 0)$	heißt Basis

$\log_3 9 = 2$ Logarithmus
9   Numerus
3   Basis

Definition des Logarithmus

$$\log_a c = x \Leftrightarrow a^x = c$$

Der Logarithmus c zur Basis a ist der Exponent x der Potenz c mit der Basis a.

$\log_2 8 = 3 \Leftrightarrow 2^3 = 8$

Logarithmen sind Exponenten.

$a^{\log_a c} = c$

Der Numerus ist die Potenz.

a und c sind positive Zahlen und $a \neq 1$.

Besondere Schreibweisen:

Zehnerlogarithmus (dekadischer Logarithmus, Briggs'scher Logarithmus)

$$\log_{10} c = \lg c$$

$\lg 10 = 1;\quad \lg 1\,000 = 3;\quad \lg \dfrac{1}{100} = -2$

Zweierlogarithmus (dualer Logarithmus)

$$\log_2 c = \mathrm{ld}\, c$$

$\mathrm{ld}\, 2 = 1;\quad \mathrm{ld}\, 8 = 3;\quad \mathrm{ld}\, \dfrac{1}{4} = -2$

Natürlicher Logarithmus (lat.: logarithmus naturalis)

$$\log_e c = \ln c$$

$\ln e = 1;\ e = 2{,}71828\ldots;\ \ln e^n = n$ [1]

$e = \lim\limits_{m \to \infty} \left(1 + \dfrac{1}{m}\right)^m$

■ **Beispiele:**

1. $\log_3 9 = x \Rightarrow x = 2$ denn $3^2 = 9$
2. $\log_5 5^7 = x \Rightarrow x = 7$ denn $5^7 = 5^7$
3. $\log_a a^n = x \Rightarrow x = n$ denn $a^n = a^n$
4. $\log_a a = x \Rightarrow x = 1$ denn $a^1 = a$
5. $\log_a 1 = x \Rightarrow x = 0$ denn $a^0 = 1$
6. $\lg 1\,000 = x \Rightarrow x = 3$ denn $10^3 = 1\,000$
7. $\lg 0{,}001 = x \Rightarrow x = -3$ denn $10^{-3} = 0{,}001$
8. $\log_a \dfrac{1}{a^m} = x \Rightarrow x = -m$ denn $a^{-m} = \dfrac{1}{a^m}$
9. $\log_x 8 = 1 \Rightarrow x = 8$ denn $8^1 = 8$
10. $\log_x 1 = 0 \Rightarrow x$ beliebig außer 0

    denn $x^0 = 1$ außer für $x = 0$ (unbestimmter Ausdruck)

11. $\log_x \dfrac{8}{27} = 3 \Rightarrow x = \dfrac{2}{3}$ denn $\left(\dfrac{2}{3}\right)^3 = \dfrac{8}{27}$
12. $\log_x \dfrac{3}{5} = -1 \Rightarrow x = \dfrac{5}{3}$ denn $\left(\dfrac{5}{3}\right)^{-1} = \dfrac{3}{5}$
13. $\log_x \dfrac{1}{125} = -3 \Rightarrow x = 5$ denn $5^{-3} = \dfrac{1}{125}$
14. $\log_4 x = 2\dfrac{1}{2} \Rightarrow x = 32$ denn $4^{\frac{5}{2}} = \sqrt{4^5} = 2^5 = 32$
15. $\lg x = -1 \Rightarrow x = 0{,}1$ denn $10^{-1} = \dfrac{1}{10}$
16. $\lg x = 5 \Rightarrow x = 100\,000$ denn $10^5 = 100\,000$
17. $\log_{\frac{8}{27}} x = -\dfrac{1}{3} \Rightarrow x = \dfrac{3}{2}$

    denn $\left(\dfrac{8}{27}\right)^{-\frac{1}{3}} = \left(\dfrac{27}{8}\right)^{\frac{1}{3}} = \sqrt[3]{\dfrac{27}{8}} = \dfrac{3}{2}$

18. $\ln x = -2 \Rightarrow x = \dfrac{1}{e^2}$ denn $e^{-2} = \dfrac{1}{e^2}$
19. $\mathrm{ld}\, 0{,}5 = x \Rightarrow x = -1$ denn $2^{-1} = \dfrac{1}{2} = 0{,}5$
20. $\mathrm{ld}\, x = 10 \Rightarrow x = 1\,024$ denn $2^{10} = 1\,024$

2.8.3.1 Regeln der Logarithmenrechnung

$$\log(xy) = \log x + \log y$$

$\log_2 256 = \log_2 32 + \log_2 8$

Der Logarithmus eines Produktes ist gleich der Summe der Logarithmen der einzelnen Faktoren. Oder: Addiert man zum Logarithmus einer Zahl x den Logarithmus einer Zahl y, dann erhält man als Summe den Logarithmus des Produktes xy.

---

[1] e heißt Euler'sche Zahl

Beweis:

$$\log(xy) = \log x + \log y,$$

denn $a^{n+m} = a^n \cdot a^m$

und $(xy) = x \cdot y$

$a^{n+m} = (xy)$	$a^n = x$
	$a^m = y$
$(n+m) = \log_a(xy)$	$n = \log_a x$
	$m = \log_a y$

$(n+m) = n + m$
$\log_a(xy) = \log_a x + \log_a y$

$\log_2 256 = \log_2 32 + \log_2 8,$

denn $2^8 = 2^5 \cdot 2^3$

und $256 = 32 \cdot 8$

$2^8 = 256$	$2^5 = 32$
	$2^3 = 8$
$8 = \log_2 256$	$5 = \log_2 32$
	$3 = \log_2 8$

$8 = 5 + 3$
$\log_2 256 = \log_2 32 + \log_2 8$

$$\boxed{\log\left(\frac{x}{y}\right) = \log x - \log y}$$

$\log_2 4 = \log_2 32 - \log_2 8$

Der Logarithmus eines Bruches (Quotienten) ist gleich der Differenz der Logarithmen von Zähler (Dividend) und Nenner (Divisor).

Der Beweis erfolgt genau wie im vorangehenden Fall, wenn man y durch $\frac{1}{y}$, m durch $-m$ ersetzt und beachtet, dass $a^{-m} = \frac{1}{a^m}$ ist.

Oder: Subtrahiert man vom Logarithmus einer Zahl x den Logarithmus einer Zahl y, dann erhält man als Differenz den Logarithmus des Bruches (Quotienten) $\frac{1}{y}$.

$$\boxed{\log x^m = m \cdot \log x}$$

$\log_2 8^3 = 3 \cdot \log_2 8$

Der Logarithmus einer Potenz ist gleich dem mit dem Exponenten multiplizierten Logarithmus der Basis.

Oder: Multipliziert man den Logarithmus einer Zahl x mit einer Zahl m, dann erhält man den Logarithmus der Potenz x^m.

Beweis:

$\log x^m = m \cdot \log x,$

denn $\log x^m = \log(\underbrace{x \cdot x \cdot x \ldots \cdot x}_{m \text{ Faktoren}})$

$= \underbrace{\log x + \log x + \log x + \ldots + \log x}_{m \text{ Summanden}}$

$= m \cdot \log x$

$\log_2 8^3 = 3 \cdot \log_2 8,$

denn $8^3 = (2^3)^3 = 2^9$

$\log_2 2^9 = 9$

$\log_2 8 = 3$

$9 = 3 \cdot 3$

$$\boxed{\log \sqrt[m]{x} = \frac{1}{m} \cdot \log x}$$

$\log_2 \sqrt[3]{64} = \frac{1}{3} \cdot \log_2 64$

Der Logarithmus einer Wurzel ist gleich dem durch den Wurzelexponenten dividierten Logarithmus des Radikanden.

Oder: Dividiert man den Logarithmus einer Zahl x durch eine Zahl m, dann erhält man den Logarithmus der Wurzel $\sqrt[m]{x}$.

Beweis:

$\log \sqrt[m]{x} = \frac{1}{m} \cdot \log x,$

denn $\sqrt[m]{x} = x^{\frac{1}{m}}$

$\log x^{\frac{1}{m}} = \frac{1}{m} \cdot \log x$

$\log_2 \sqrt[3]{64} = \frac{1}{3} \cdot \log_2 64,$

denn $\sqrt[3]{64} = 4; \quad \log_2 4 = 2$

$\log_2 64 = 6; \quad 2 = \frac{1}{3} \cdot 6$

Sonderfälle:

1. $\log_a a = 1$, denn $a^1 = a$; $\lg 10 = 1$, denn $10^1 = 10$; $\ln e = 1$; $e^1 = 1$
2. $\log 1 = 0$ bei beliebiger Basis $\neq 0$, denn $a^0 = 1$ für $a \neq 0$
3. $\log_a a^m = m$, denn $a^m = a^m$; $\lg 10^m = m$, denn $10^m = 10^m$; $\ln e^m = m$, denn $e^m = e^m$
4. $\log \frac{1}{x} = -\log x$ bei beliebiger Basis, denn $\log \frac{1}{x} = \log 1 - \log x = 0 - \log x$

2.8.3.2 Zusammenhang von Logarithmen mit verschiedener Basis

$\log_a x = \log_b x \cdot \log_a b; \quad \log_a x \cdot \log_b a = \log_b x;$

$\log_a b = \frac{1}{\log_b a}$

Sonderfall: $\lg x = \ln x \cdot \lg e; \quad \lg x \cdot \ln 10 = \ln x;$

$\lg e = \frac{1}{\ln 10} = M = 0{,}4343 = \frac{1}{2{,}303}$

Beweise (ohne Beschränkung der Allgemeinheit kann der Beweis der bequemeren Schreibweise wegen mit dem Sonderfall durchgeführt werden):

$$x = x = 10^{\lg x} = e^{\ln x}$$

Man bildet von dieser Gleichung 1. lg, 2. ln.
1. $\lg(10^{\lg x}) = \lg(e^{\ln x})$. Da $\lg 10^n = n \lg 10 = n$ und da $\lg e^m = m \lg e$, folgt $\lg x = \ln x \cdot \lg e$
2. $\ln(10^{\lg x}) = \ln(e^{\ln x})$.
Hier ergibt sich entsprechend: $\lg x \cdot \ln 10 = \ln x$

(Entsprechend verfährt man im allgemeinen Fall der obigen Regel.)

■ **Beispiel 1:**
$\lg 2 = 0{,}3010$
$\ln 2 = \lg 2 \cdot \ln 10$
$\quad = 0{,}3010 \cdot 2{,}303 = 0{,}6932$

Die Zahlen kann man mit dem Rechner bestätigen:
$\lg 2 = \ln 2 : \ln 10$ mit $1 : \ln 10 = M = 0{,}434\,294\,48$

■ **Beispiel 2:**
Die Halbwertzeit von Uran beträgt $4{,}5 \cdot 10^9$ Jahre. In welcher Zeit zerfällt Uran auf $\frac{9}{10}$ der Ausgangsmenge?

Radioaktiver Zerfall erfolgt nach der Gleichung $N = N_0 \cdot e^{-\lambda t}$;
N Zahl der verbleibenden Teilchen, N_0 Ausgangszahl, λ Zerfallskonstante, t Zerfallszeit. Ist $N = \frac{1}{2} N_0$, dann ist $t = T$, T Halbwertszeit:

$\frac{1}{2} N_0 = N_0 e^{-\lambda T} \Rightarrow \frac{1}{2} = e^{-\lambda T} \mid \ln$

$\Rightarrow \ln \frac{1}{2} = -\lambda T$

$\Rightarrow -\ln 2 = -\lambda T$

$\Rightarrow \lambda = \frac{\ln 2}{T}$

$\Rightarrow \lambda = \frac{0{,}6932}{4{,}5 \cdot 10^9 \text{ Jahre}}$

$\Rightarrow \lambda \approx 0{,}154 \cdot 10^{-9}$ pro Jahr

$\frac{9}{10} N_0 = N_0 e^{-\lambda T} \Rightarrow \frac{9}{10} = e^{-\lambda T} \mid \ln$

$\Rightarrow \ln \frac{9}{10} = -\lambda t$

$\Rightarrow \lg \frac{9}{10} \cdot \ln 10 = -\lambda t$

$\Rightarrow (0{,}9542 - 1) \cdot 2{,}303 = -\lambda t$

$\Rightarrow t = \frac{0{,}0458 \cdot 2{,}303}{0{,}154 \cdot 10^{-9}}$ Jahre

$\Rightarrow t = 0{,}685 \cdot 10^9$ Jahre

$\Rightarrow t = 685$ Millionen Jahre

2.9 Die Briggs'schen Logarithmen

2.9.1 Kennzahl und Mantisse

Die nach *Briggs* [1)] benannten dekadischen Logarithmen haben den Vorteil, dass man mit den Logarithmen der Dezimalzahlen zwischen 1 und 10 über die Logarithmen aller Zahlen verfügt.

Begründung: Da $\lg 1 = 0$ und $\lg 10 = 1$, liegen die Logarithmen der Zahlen von 1 bis 10 zwischen 0 und 1. Jede andere Zahl kann man nach folgenden Beispielen in eine Zehnerpotenz und eine Zahl zwischen 1 und 10 zerlegen.

■ **Beispiel 1:**
$\lg 2\,250 = \lg(1\,000 \cdot 2{,}25) = \lg 1\,000 + \lg 2{,}25 = 3 + 0{,}3522 = 3{,}3522$

■ **Beispiel 2:**
$\lg 0{,}0225 = \lg\left(2{,}25 \cdot \frac{1}{100}\right) = \lg 2{,}25 - \lg 100 = 0{,}3522 - 2$

(im Allgemeinen wird nicht weiter gerechnet).

Der dekadische Logarithmus besteht somit aus zwei Teilen, einer ganzen Zahl, der Kennzahl, und einer positiven Dezimalzahl < 1, der Mantisse. Die Kennzahl richtet sich nach dem Stellenwert, die Mantisse nach der Ziffernfolge des Numerus.

> Von einer vor dem Komma zwei-, drei-, vier-, ...stelligen Zahl ist die Kennzahl + 1, + 2, + 3, ... (also immer um 1 kleiner als die Stellenzahl vor dem Komma).

> Von einer mit 0,...; 0,0...; 0,00...; ... beginnenden Zahl ist die Kennzahl – 1, – 2, – 3, ... (also gleich der negativ gerechneten Anzahl der vor der ersten von 0 verschiedenen *Ziffer* stehenden Nullen, die 0 vor dem Komma wird mitgerechnet).

$\lg 2000 = 3{,}3010 \qquad \lg 0{,}2 = 0{,}3010 - 1$
$\lg 200 = 2{,}3010 \qquad \lg 0{,}02 = 0{,}3010 - 2$
$\lg 20 = 1{,}3010 \qquad \lg 0{,}002 = 0{,}3010 - 3$
$\lg 2 = 0{,}3010 \qquad \lg 0{,}0002 = 0{,}3010 - 4$

$\lg\;\boxed{2\,000}\;=\;\boxed{3}\;,\;\boxed{3010}$
$\text{Numerus} \quad\;\; \text{Kenn-} \quad\;\; \text{Mantisse}$
$\phantom{\lg\;\text{Numerus}\;\;\;}\text{ziffer}$

2.10 Komplexe Zahlen

Beim Radizieren (Wurzelziehen) treten Zahlen auf, die sich nicht auf der Zahlengeraden darstellen, also auch nicht angenähert als Dezimalzahlen ausdrücken lassen, z.B. $\sqrt{-1}$. Um trotzdem uneingeschränkt radizieren zu können, muss man neue Zahlen einführen: die imaginären Zahlen. Im Gegensatz dazu nennt man die „richtigen" Zahlen, also die Zahlen, die sich auf der Zahlengeraden darstellen lassen, reelle Zahlen. (Siehe auch 2.1 Einteilung der Zahlen.)

[1)] Englischer Mathematiker um 1600.

Die imaginäre Einheit i (oder j) und ihre Potenzen

$$\boxed{\begin{array}{l} i = \sqrt{-1} \\ i^2 = -1 \quad i^3 = -i \quad i^4 = +1 \end{array}}$$

i und –i sind Lösungen der quadratischen Gleichung $x^2 = -1$

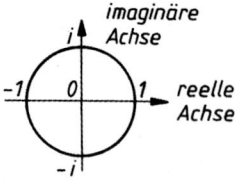

Einheitskreis in der Gauß'schen Zahlenebene

$i^5 = i^9 = i^{4n-3} = i$
$i^6 = i^{10} = i^{4n-2} = -1$
$i^7 = i^{11} = i^{4n-1} = -i$
$i^8 = i^{12} = i^{4n} = 1$

Man unterscheidet rein imaginäre Zahlen, das sind reelle Vielfache von i, und imaginäre Zahlen im weiteren Sinn oder eigentlich komplexe Zahlen, das sind Zahlen, die aus einer reellen und einer rein imaginären Zahl zusammengesetzt sind.

2.10.1 Goniometrische Darstellung der komplexen Zahlen (Darstellung in Polarkoordinaten)

Jede komplexe Zahl lässt sich in Polarkoordinaten darstellen.

$z = a + bi$

Darstellung in kartesischen Koordinaten

$$\boxed{z = r(\cos \varphi + i \sin \varphi)}$$

Darstellung in Polarkoordinaten
(Für φ genügt das halboffene Intervall $[0, 2\pi[$, also $0 \leq \varphi < 2\pi$, somit $0° \leq \varphi^{(°)} < 360°$)

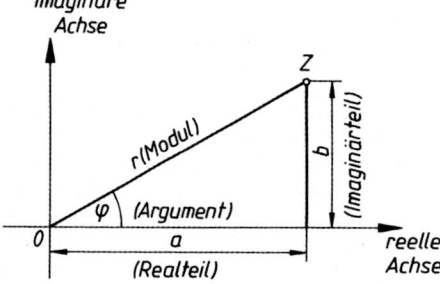

Zusammenhänge:

$$r = \sqrt{a^2 + b^2} \qquad \tan \varphi = \frac{b}{a}$$

$$\cos \varphi = \frac{a}{r} \qquad \sin \varphi = \frac{b}{r}$$

$$a = r \cos \varphi \qquad b = r \sin \varphi$$

■ **Beispiel:**

$a = 3 \qquad b = 4 \qquad r = \sqrt{9 + 16} = 5$

$\cos \varphi = \frac{3}{5} = 0{,}6 \qquad \sin \varphi = \frac{4}{5} = 0{,}8$

$\approx \cos 53{,}13° \qquad \approx \sin 53{,}13°$

$3 + 4i = 5 (\cos 53{,}13° + i \sin 53{,}13°)$
$= 5 (\cos 53°8' + i \sin 53°8')$
$= 5 (0{,}6 + 0{,}8\,i)$

2.10.2 Addieren und Subtrahieren komplexer Zahlen

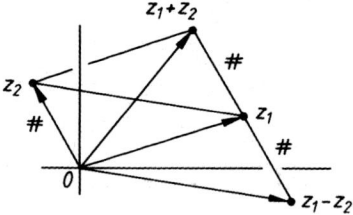

Addition und Subtraktion komplexer Zahlen ist Addition und Subtraktion von Vektoren
(Die mit ♯ bezeichneten Strecken sind gleich lang und einander parallel.)

$$\boxed{\begin{aligned} z_1 + z_2 &= (a + bi) + (c + di) \\ &= (a + c) + (b + d)i \end{aligned}}$$

$(2{,}66 + 0{,}89\,i) + (-0{,}81 + 1{,}49\,i)$
$= 1{,}85 + 2{,}38\,i$

$$\boxed{\begin{aligned} z_1 - z_2 &= (a + bi) - (c + di) \\ &= (a - c) + (b - d)i \end{aligned}}$$

$(2{,}66 + 0{,}89\,i) - (-0{,}81 + 1{,}49\,i)$
$= 3{,}47 - 0{,}60\,i$

Sonderfall:

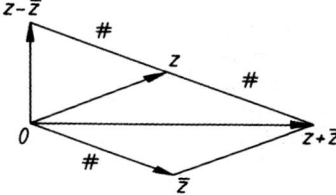

$z = a + bi$ und $\overline{z} = a - bi$
heißen konjugiert komplex.
Konjugiert komplexe Zahlen haben einen gleichen Realteil und einen entgegengesetzt gleichen Imaginärteil.

2 Arithmetik

$$\boxed{z + \overline{z} = (a + bi) + (a - bi) = 2a}$$

$(2,4 + 0,9i) + (2,4 - 0,9i) = 4,8$

Die Summe konjugiert komplexer Zahlen ist reell.

$$\boxed{z - \overline{z} = (a + bi) - (a - bi) = 2bi}$$

$(2,4 + 0,9i) - (2,4 - 0,9i) = 1,8i$

Die Differenz konjugiert komplexer Zahlen ist rein imaginär.

2.10.3 Multiplizieren komplexer Zahlen

$$\boxed{\begin{aligned} z_1 z_2 &= (a + bi)(c + di) \\ &= ac + adi + bci + bdi^2 \\ &= (ac - bd) + (ad + bc)i \end{aligned}}$$

$(3 + 4i)(5 - 2i)$
$= (15 + 8) + (20 - 6)i = 23 + 14i$

Komplexe Zahlen werden wie algebraische Summen multipliziert.
Zum Schluß wird gesetzt: $i^2 = -1$.

Sonderfall:
$z \cdot \overline{z} = (a + bi)(a - bi) = a^2 + b^2$

$(2,4 + 0,9i)(2,4 - 0,9i)$
$= 5,76 + 0,81 = 6,57$

Das Produkt konjugiert komplexer Zahlen ist reell.

Goniometrische Darstellung

$$\boxed{\begin{aligned} z_1 z_2 &= r_1 (\cos \varphi_1 + i \sin \varphi_1) \cdot r_2 (\cos \varphi_2 + i \sin \varphi_2) \\ &= r_1 r_2 [\cos (\varphi_1 + \varphi_2) + i \sin (\varphi_1 + \varphi_2)] \end{aligned}}$$

Komplexe Zahlen in goniometrischer Darstellung werden multipliziert, indem man
a) die Moduln (r_1 und r_2) multipliziert und
b) die Argumente ((φ_1 und φ_2) addiert.

Beweis: $z_1 z_2 = r_1 r_2 [(\cos \varphi_1 \cos \varphi_2 - \sin \varphi_1 \sin \varphi_2) + (\cos \varphi_1 \sin \varphi_2 + \sin \varphi_1 \cos \varphi_2)i]$,
und nach den goniometrischen Grundformeln für $\sin (\alpha + \beta)$ und $\cos (\alpha + \beta)$ erhält man das Ergebnis.

■ **Beispiel:**

$z_1 = 5 (\cos 30° + i \sin 30°)$
$= \dfrac{5}{2}\sqrt{3} + \dfrac{5}{2}i$

$z_2 = 13 (\cos 60° + i \sin 60°)$
$= \dfrac{13}{2} + \dfrac{13}{2}i\sqrt{3}$

$z_1 z_2 = 5 (\cos 30° + i \sin 30°) \cdot 13 (\cos 60° + i \sin 60°)$
$= 65 (\cos 90° + i \sin 90°) = 65i$

oder:

$z_1 z_2 = \left(\dfrac{5}{2}\sqrt{3} + \dfrac{5}{2}i\right)\left(\dfrac{13}{2}i + \dfrac{13}{2}\sqrt{3}\right)$

$= \dfrac{65}{4}\sqrt{3} - \dfrac{65}{4}\sqrt{3} + 65 \cdot \dfrac{3}{4}i + \dfrac{65}{4}i = 65i$

2.10.4 Dividieren komplexer Zahlen

Das Dividieren komplexer Zahlen wird durch Erweitern mit der zum Divisor konjugiert komplexen Zahl ermöglicht.

$$\boxed{\begin{aligned} z_1 : z_2 &= (a + bi) : (c + di) \\ &= \dfrac{(a+bi)(c-di)}{(c+di)(c-di)} \end{aligned}}$$

$= \dfrac{(ac+bd)+(bc-ad)i}{c^2+d^2}$

$= \dfrac{ac+ba}{c^2+d^2} + \dfrac{bd-ad}{c^2+d^2}i$

$(3 + 4i) : (5 - 2i)$
$= \dfrac{(3+4i)(5+2i)}{(5-2i)(5+2i)}$

$= \dfrac{(15-8)+(6+20)i}{25+4}$

$= \dfrac{7}{29} + \dfrac{26}{29}i$

Anmerkung: c und d dürfen nicht gleichzeitig $= 0$ sein.

Sonderfälle:

1. $\dfrac{1}{i} = \dfrac{1 \cdot (-i)}{i \cdot (-i)} = -i$

2. $(a + bi) : (a - bi) = \dfrac{a^2 - b^2 + 2abi}{a^2 + b^2}$

Der Quotient zweier konjugiert komplexer Zahlen ist im Gegensatz zu ihrer Summe und ihrem Produkt wieder eine komplexe Zahl.

3. $\dfrac{ac + bci}{a + bi} = c$

Ergebnis reell

4. $\dfrac{aci - bc}{a + bi} = \dfrac{aci + bci^2}{a + bi} = ci$

Ergebnis rein imaginär

Goniometrische Darstellung

$$\frac{z_1}{z_2} = \frac{r_1 (\cos \varphi_1 + i \sin \varphi_1)}{r_2 (\cos \varphi_2 + i \sin \varphi_2)}$$
$$= \frac{r_1}{r_2} [\cos (\varphi_1 - \varphi_2) + i \sin (\varphi_1 - \varphi_2)]$$

Komplexe Zahlen in goniometrischer Darstellung werden dividiert, indem man
a) die Moduln (r_1 und r_2) dividiert und
b) die Argumente (φ_1 und φ_2) subtrahiert.

Beweis: Man erweitert mit ($\cos \varphi_2 - i \sin \varphi_2$) und wendet goniometrische Grundformeln an.

■ **Beispiel**
(Ausgangswerte für z_1 und z_2 dieselben wie im vorangehenden Beispiel):

In goniometrischer Darstellung
$$\frac{z_1}{z_2} = \frac{5 (\cos 30° + i \sin 30°)}{13 (\cos 60° + i \sin 60°)}$$
$$= \frac{5}{13} (\cos (-30°) + i \sin (-30°))$$
$$= \frac{5}{13} (\cos 30° - i \sin 30°)$$
$$= \frac{5}{13} \left(\frac{1}{2} \sqrt{3} - \frac{1}{2} i \right)$$
$$= \frac{5}{26} \sqrt{3} - \frac{5}{26} i$$

In kartesischer Darstellung
$$\frac{z_1}{z_2} = \frac{\frac{5}{2}\sqrt{3} + \frac{5}{2} i}{\frac{13}{2} + \frac{13}{2} i \sqrt{3}}$$
$$= \frac{\left(\frac{5}{2}\sqrt{3} + \frac{5}{2} i \right) \left(\frac{13}{2} - \frac{13}{2} i \sqrt{3} \right)}{\left(\frac{13}{2} + \frac{13}{2} i \sqrt{3} \right) \left(\frac{13}{2} - \frac{13}{2} i \sqrt{3} \right)}$$
$$= \frac{\frac{65}{4}\sqrt{3} + \frac{65}{4}\sqrt{3} - \frac{65}{4} \cdot 3 i + \frac{65}{4} i}{169}$$
$$= \frac{5}{26} \sqrt{3} - \frac{5}{26} i$$

2.10.5 Potenzieren bei komplexer Basis

$z^3 = (a + bi)^3$
$\quad = (a^3 - 3ab^2) + (3a^2 b - b^3) i$
$z^4 = (a + bi)^3 (a + bi) = ...$

Eine komplexe Zahl wird mit einer natürlichen Zahl potenziert, indem man sie wiederholt mit sich selbst multipliziert.

Goniometrische Darstellung

$$z^n = [r (\cos (\varphi + i \cdot \sin \varphi)]^n$$
$$= r^n (\cos n \varphi + i \sin n \varphi)$$

(Moivre'scher Satz) [1]

Eine komplexe Zahl in goniometrischer Darstellung wird mit einer beliebigen reellen Zahl potenziert, indem man
a) den Modul (r) in die betreffende Potenz erhebt und
b) das Argument (φ) mit dem Exponenten multipliziert.

Anmerkung: Für die folgenden zwei Beispiele wurde, um das Potenzieren in beiden Darstellungen vergleichen zu können, für n eine natürliche Zahl gewählt. Ist n keine natürliche Zahl, dann kann man nur in goniometrischer Darstellung potenzieren, und das Ergebnis ist nicht eindeutig.

■ **Beispiele**:
In kartesischer Darstellung

1. $(4 + 3i)^3$
$= 4^3 + 3 \cdot 4^2 \cdot 3i + 3 \cdot 4 \cdot 9 i^2 + 27 i^3$
$= (64 - 108) + (144 - 27) i$
$= -44 + 117 i$

In goniometrischer Darstellung
$[5 (\cos 36{,}87° + i \sin 36{,}87°)]^3$
$= 125 (\cos 110{,}61° + i \sin 110{,}61°)$
$= 125 (-\cos 69{,}39° + i \sin 69{,}39°)$
$= 125 (-0{,}3520 + 0{,}9360 i)$
$= -44{,}00 + 117{,}00 i$

2. $(3 - 2i)^6$
$= 3^6 - 6 \cdot 3^5 \cdot 2i + 15 \cdot 3^4 \cdot (2i)^2$
$\quad - 20 \cdot 3^3 \cdot (2i)^3 + 15 \cdot 3^2 \cdot (2i)^4 - 6 \cdot 3 \cdot (2i)^5 + (2i)^6$
$= 729 - 2916i - 4860 + 4320i + 2160 - 576i - 64$
$= -2035 + 828i$

$$\left[\sqrt{3^2 + 2^2} \left(\frac{3}{\sqrt{13}} - \frac{2}{\sqrt{13}} i \right) \right]^6$$
$= \sqrt{13}^6 (\cos (-33{,}69°) + i \sin (-33{,}69°))^6$
$= 2197 (\cos (-202{,}14°) + i \sin (-202{,}14°))$
$= 2197 (-\cos 22{,}14° + i \sin 22{,}14°)$
$= 2197 (-0{,}9263 + i \cdot 0{,}3768)$
$= -2035 + 828 i$

Anmerkung: In der goniometrischen Darstellung erhält man auch rationale Ergebnisse in „irrationaler Form", also praktisch mit Abrundungsungenauigkeiten behaftet.

---

[1] *A. de Moivre*, französischer Mathematiker, um 1700.

2.10.6 Radizieren bei komplexem Radikanden

$$\sqrt[n]{z} = \sqrt[n]{r(\cos\varphi + i\sin\varphi)}$$
$$= \sqrt[n]{r}\left(\cos\frac{\varphi}{n} + i\sin\frac{\varphi}{n}\right)$$

Die Wurzel aus einer komplexen Zahl lässt sich nur in goniometrischer Darstellung ziehen, und zwar indem man
a) die Wurzel aus dem Modul (r) zieht und
b) das Argument (φ) durch den Wurzelexponenten dividiert.

Mehrdeutigkeit für n = 2; 2; 4; ...

Da sich die komplexe Zahl $z = a + bi = r(\cos\varphi + i\sin\varphi)$ nicht ändert, wenn man φ um 360° oder ganzzahlige Vielfache von 360° vergrößert (verkleinert), ergeben sich für w in $w^n = z$ die folgenden n verschiedenen Lösungen:

$z = r(\cos\varphi + i\sin\varphi)$
$w_1 = \sqrt[n]{r}\left(\cos\dfrac{\varphi}{n} + i\sin\dfrac{\varphi}{n}\right)$

$z = r[\cos(\varphi + 1\cdot 360°) + i\sin(\varphi + 1\cdot 360°)]$
$w_2 = \sqrt[n]{r}\left(\cos\dfrac{\varphi + 360°}{n} + i\sin\dfrac{\varphi + 360°}{n}\right)$

$z = r[\cos(\varphi + 2\cdot 360°) + i\sin(\varphi + 2\cdot 360°)]$
$w_3 = \sqrt[n]{r}\left(\cos\dfrac{\varphi + 2\cdot 360°}{n} + i\sin\dfrac{\varphi + 2\cdot 360°}{n}\right)$

⋮

$z = r[\cos(\varphi + (k-1)360°) + i\sin(\varphi + (k-1)360°)]$
$w_k = \sqrt[n]{r}\left(\cos\dfrac{\varphi + (k-1)360°}{n} + i\sin\dfrac{\varphi + (k-1)360°}{n}\right)$

⋮

$z = r[\cos(\varphi + (n-1)360°) + i\sin(\varphi + (n-1)360°)]$
$w_n = \sqrt[n]{r}\left(\cos\dfrac{\varphi + (n-1)360°}{n} + i\sin\dfrac{\varphi + (n-1)360°}{n}\right)$

In der Gauß'schen Zahlenebene liegen die n Lösungen auf einem Kreise mit dem Radius $\sqrt[n]{r}$ in Abständen von je $\left(\dfrac{360°}{n}\right)°$.

■ **Beispiel:**

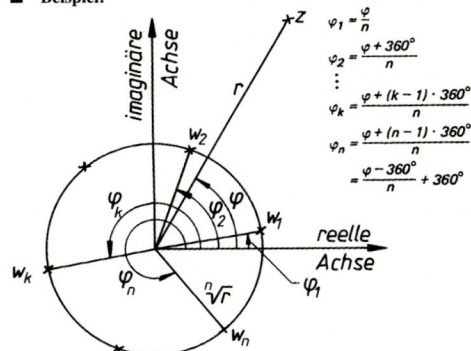

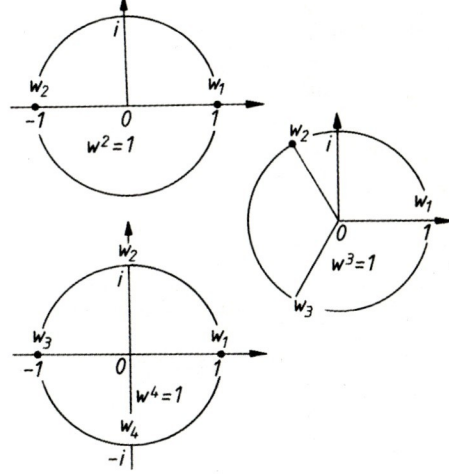

$r = 1{,}2^6 = 2{,}985\,984 \qquad \varphi = 60°$
(daraus $a = 1{,}492\,992$,
$\qquad b = 1{,}492\,992\,\sqrt{3}$), also
$z = 2{,}985\,984(\cos 60° + i\sin 60°)$.

$n = 6$ (außerdem eingezeichnet $k = 4$), also
$\sqrt[n]{r} = 1{,}2$ und
$w_1 = 1{,}2(\cos 10° + i\sin 10°)$
$w_2 = 1{,}2(\cos 70° + i\sin 70°)$
⋮
$w_n = 1{,}2(\cos(-50°) + i\sin(-50°))$

Sonderfall: Die Lösungen der Gleichung $w^n = 1$ heißen n-te Einheitswurzeln.

$n = 2: z = w^2 = 1 = 1(\cos 0° + i\sin 0°)$
$w_1 = 1(\cos 0° + i\sin 0°) = 1$
$w_2 = 1(\cos 180° + i\sin 180°) = -1$

$n = 3: z = w^3 = 1 = 1(\cos 0° + i\sin 0°)$
$w_1 = 1(\cos 0° + i\sin 0°) = 1$
$w_2 = 1(\cos 120° + i\sin 120°)$
$\qquad = 1(-\cos 60° + i\sin 60°) = -\dfrac{1}{2} + \dfrac{i}{2}\sqrt{3}$

$w_3 = 1 (\cos 240° + i \sin 240°)$
$= 1 (-\cos 60° - i \sin 60°) = -\frac{1}{2} - \frac{i}{2}\sqrt{3}$

$n = 4: z = w^4 = 1 = 1 (\cos 0° + i \sin 0°)$
$w_1 = 1 (\cos 0° + i \sin 0°) = 1$
$w_2 = 1 (\cos 90° + i \sin 90°) = i$
$w_3 = 1 (\cos 180° + i \sin 180°) = -1$
$w_4 = 1 (\cos 270° + i \sin 270°) = -i$

Anmerkung: Es ist festgelegt, dass als Wurzel aus einer positiven Zahl nur die positive Lösung genommen wird. So ist beispielsweise $\sqrt{9} = 3$ und nicht auch $= -3$; -3 ist die zweite Lösung der Gleichung $w^2 = 9$: $w_1 = \sqrt{9} = 3$; $w_2 = -\sqrt{9} = -3$.

2.10.7 Relationen von Euler

Aus der Reihenlehre folgen die Relationen von *Euler* (Euler'sche Gleichungen):

$$\boxed{\begin{aligned} e^{ix} &= \cos x + i \sin x \\ e^{-ix} &= \cos x - i \sin x \end{aligned}}$$

$$e = \lim_{n \to \infty} \left(1 + \frac{1}{n}\right)^n = 2{,}718 \ldots$$

Euler'sche Zahl – Basis der natürlichen Logarithmen

Nach $\cos x$ und $\sin x$ aufgelöst, ergibt sich:

$$\boxed{\begin{aligned} \cos x &= \frac{e^{ix} + e^{-ix}}{2} \\ \sin x &= \frac{e^{ix} - e^{-ix}}{2i} \end{aligned}}$$

$$\cos \frac{\pi}{2} = 0 = \frac{1}{2}\left(e^{i\frac{\pi}{2}} + e^{-i\frac{\pi}{2}}\right)$$

$$\sin \frac{\pi}{2} = 1 = -\frac{i}{2}\left(e^{i\frac{\pi}{2}} - e^{-i\frac{\pi}{2}}\right)$$

In den Beispielen erscheinen reelle Zahlen in imaginärer Form.
Anwendungsgebiet periodische Vorgänge (Schwingungen; Elektrotechnik).

3 Gleichungslehre

3.1 Gleichungsarten

Gleichungen sind ein wesentlicher Bestandteil mathematischer Gesetzmäßigkeiten. Man unterscheidet je nach Fragestellung folgende Gleichungsarten:

3.1.1 Gleichungen zwischen äquivalenten Termen

Äquivalente Termumformungen findet man in Abschnitt 2 Arithmetik.

■ **Beispiele:**
$a(b + c) = ab + ac$
$(a + b)(c + d) = ac + ad + bc + bd$
2.5.2 Klammerrechnung (Distributivgesetz)

$(a + b)^2 = a^2 + 2ab + b^2$
2.5.2.1 Binomische Formeln

$\frac{a}{b} + \frac{c}{d} = \frac{ad + bc}{bd}$
2.6.4 Bruchrechnung

$a^n a^m = a^{n+m}$
2.8.1 Potenzrechnung

$\sqrt[n]{c} \sqrt[n]{d} = \sqrt[n]{cd}$
2.8.2 Wurzelrechnung

$\log(xy) = \log x + \log y$
2.8.3 Logarithmenrechnung

$e^{ix} = \cos x + i \sin x$
2.10.7 Euler'sche Gleichungen

3.1.2 Gleichungen mit Unbekannten; Bestimmungsgleichungen

Zur Berechnung unbekannter Größen braucht man Gleichungen, in denen diese Größen vorkommen. Die Behandlung solcher Gleichungen erfolgt in diesem Abschnitt 3 Gleichungslehre.

3.1.3 Funktionsgleichungen

Die wechselseitige Abhängigkeit von im Allgemeinen zwei veränderlichen Größen findet in einer Funktionsgleichung ihren Ausdruck. Hiervon handelt Abschnitt 4 Funktionen, graphische Lösungen, analytische Geometrie.

3.2 Lineare Gleichungen

3.2.1 Lineare Gleichungen mit einer Variablen (mit einer Unbekannten)

Die dem Anfang des Alphabets entnommenen Variablen a, b, ... sind sogenannte Formvariable, das heißt Platzhalter für als fest vorgegeben zu betrachtende Zahlen (Konstante). Das ist gemeint, wenn von der „Zahl a" die Rede ist. Die eigentlichen Variablen x, y, ... (die Unbekannten) sind Platzhalter für die gesuchten Lösungen der betreffenden Gleichung (Gleichungen).

3.2.1.1 Auflösungs-Grundregeln – Äquivalenz-Umformungen

$$\boxed{\begin{aligned} x - a &= b \mid + a \\ x &= b + a \end{aligned}}$$

Man kann auf beiden Seiten einer Gleichung die gleiche Zahl (hier a) addieren.

$x - a = b \Leftrightarrow x = b + a$

Beide Gleichungen sind äquivalent (gleichwertig).

- **Beispiel 1:**
$x - 3 = 5 \mid + 3$
$x = 5 + 3$
$x = 8$

Die Aussageform $x - 3 = 5$ wird zur wahren Aussage, wenn man für x die Zahl 8 einsetzt.
8 ist die Lösung der Gleichung.

Probe:
$8 - 3 = 5$
$5 = 5$

$$\boxed{\begin{array}{l} x + a = b \mid - a \\ x = b - a \end{array}}$$

Man kann auf beiden Seiten einer Gleichung die gleiche Zahl (hier a) subtrahieren.

$x + a = b \Leftrightarrow x = b - a$

Beide Gleichungen sind äquivalent.

- **Beispiel 2:**
$x + 3 = 5 \quad \mid - 3$
$x = 5 - 3$
$x = 2$

Die Aussageform $x + 3 = 5$ wird zur wahren Aussage, wenn man für x die Zahl 2 einsetzt.
2 ist die Lösung der Gleichung.

Probe:
$2 + 3 = 5$
$5 = 5$

$$\boxed{\begin{array}{l} \dfrac{x}{a} = b \mid \cdot a \\ x = b \cdot a \end{array}}$$

Man kann beide Seiten einer Gleichung mit der gleichen Zahl (hier mit a) multiplizieren (Bedingung: $a \neq 0$).

$\dfrac{x}{a} = b \Leftrightarrow x = b \cdot a \ (a \neq 0)$

Beide Gleichungen sind äquivalent.

- **Beispiel 3:**
$\dfrac{x}{3} = 5 \mid \cdot 3$
$x = 5 \cdot 3$
$x = 15$

Die Aussageform $\dfrac{x}{3} = 5$ wird zur wahren Aussage, wenn man für x die Zahl 15 einsetzt.
15 ist die Lösung der Gleichung.

Probe:
$\dfrac{15}{3} = 5$
$5 = 5$

$$\boxed{\begin{array}{l} ax = b \mid : a \\ x = \dfrac{b}{a} \end{array}}$$

Man kann beide Seiten einer Gleichung durch die gleiche Zahl (hier durch a) dividieren (Bedingung: $a \neq 0$).

$ax = b \Leftrightarrow x = \dfrac{b}{a} \ (a \neq 0)$

Beide Gleichungen sind äquivalent.

- **Beispiel 4:**
$5x = 3 \mid : 5$
$x = \dfrac{3}{5}$
$x = 0{,}6$

Die Aussageform $5x = 3$ wird zur wahren Aussage, wenn man für x die Zahl 0,6 einsetzt.
0,6 ist die Lösung der Gleichung.

Probe:
$5 \cdot 0{,}6 = 3$
$3 = 3$

3.2.1.2 Allgemeines Auflösungsverfahren

Man „beseitigt" zunächst alle Klammern und alle Brüche und „ordnet" dann die Glieder so, dass alle mit x (der Variablen, der Unbekannten) links vom Gleichheitszeichen, alle anderen rechts davon stehen.

Grundaufgabe:
$ax + b = cx + d$
$ax - cx = d - b$
$x(a - c) = d - b$
$x = \dfrac{d - b}{a - c}$

($a \neq c$ ist Bedingung, denn durch 0 darf nicht dividiert werden.)

- **Beispiel:**
$8x + 15 = 3x - 10$
$8x - 3x = -10 - 15$
$5x = -25$
$x = -5$

Probe:
$8 \cdot (-5) + 15 = 3 \cdot (-5) - 10$
$-40 + 15 = -15 - 10$
$-25 = -25$

Fehlerwarnung: Bei der Probe ist jede Seite der Gleichung für sich auszurechnen; keinesfalls sind nach Einsetzen der Lösung die gleichen Umformungen wie bei der Hauptrechnung vorzunehmen, da dann leicht ein möglicher Fehler wiederholt werden kann.

Weitere Anwendungen:

- **Beispiel 1:**
$6(x - a) + 9{,}6a = 2{,}4x$
$6x - 2{,}4x = 6a - 9{,}6a$
$3{,}6x = -3{,}6a$
$x = -a$

Setzt man $-a$ für x in die gegebene Gleichung ein, so erhält man eine Gleichung zwischen äquivalenten Termen:
$$6(-2a) + 9{,}6a = 2{,}4(-a)$$
$$-2{,}4a = -2{,}4a$$

- **Beispiel 2:**
$$3\tfrac{3}{4}x(5-8x) + 5x(6x+7) = 107\tfrac{1}{2}$$
$$18\tfrac{3}{4}x - 30x^2 + 30x^2 + 35x = 107\tfrac{1}{2}$$
$$53\tfrac{3}{4}x = 107\tfrac{1}{2}$$
$$\tfrac{215}{4}x = \tfrac{215}{2}$$
$$x = 2$$

Probe:
$$3\tfrac{3}{4}\cdot 2(5-8\cdot 2) + 5\cdot 2(6\cdot 2+7) = 107\tfrac{1}{2}$$
$$\tfrac{15}{2}(-11) + 10(19) = 107\tfrac{1}{2}$$
$$-\tfrac{165}{2} + 190 = 107\tfrac{1}{2}$$
$$\tfrac{215}{2} = \tfrac{215}{2}$$

- **Beispiel 3:**
$$169(1-x)^2 - (19-12x)^2 = (2+5x)^2 + 98$$
$$169(1-2x+x^2) - (361 - 456x + 144x^2) = 4 + 20x + 25x^2 + 98$$
$$169 - 338x + 169x^2 - 361 + 456x - 144x^2 = 4 + 20x + 25x^2 + 98$$
$$-338x + 456x - 20x = 4 + 98 - 169 + 361$$
$$98x = 294$$
$$x = 3$$

Fehlerwarung: Es empfiehlt sich, einen Ausdruck der Form wie z.B. $-(19-12x)^2$ oder allgemeiner $-(ax^2 - bx + c)(dx^2 + ex - f)$ stets in zwei Schritten zu berechnen: erst quadrieren oder multiplizieren und in eine Klammer setzen, dann das Minuszeichen berücksichtigen, da sich sonst sehr leicht Vorzeichenfehler einstellen.

- **Beispiel 4:**
$$3(x+2) = 5(x+1) - (2x-1)$$
$$3x + 6 = 5x + 5 - 2x + 1$$
$$3x - 5x + 2x = 5 + 1 - 6$$
$$0 = 0$$

Die bei der „Grundaufgabe" festgestellte Bedingung $a \neq c$ (hier ist nach der zweiten Zeile $a = c = 3$) ist nicht erfüllt; die gegebene Gleichung ist nur eine Gleichung zwischen äquivalenten Termen und keine Bestimmungsgleichung.

- **Beispiel 5:**
$$\frac{2}{x} - \frac{1}{x-1} - \frac{1}{x+2} = 0$$
$$2(x-1)(x+2) - x(x+2) - x(x-1) = 0$$
$$2(x^2 + x - 2) - x^2 - 2x - x^2 + x = 0$$
$$2x - 2x + x = 4$$
$$x = 4$$

Man multipliziert mit dem Hauptnenner $x(x-1)(x+2)$. Bedingungen: $x \neq 0; 1; -2$.

Probe: $\dfrac{2}{4} - \dfrac{1}{4-1} - \dfrac{1}{4+2} = 0$
$$0 = 0$$

- **Beispiel 6:**
$$\frac{1}{x} + \frac{1}{a} = \frac{1}{b}$$
$$ab + bx = ax$$
$$bx - ax = -ab \mid \cdot(-1)$$
$$ax - bx = ab$$
$$x(a-b) = ab$$
$$x = \frac{ab}{a-b}$$

Man multipliziert mit dem Hauptnenner abx.
Bedingungen: $a \neq 0$; $b \neq 0$; $x \neq 0$ und $a \neq b$.

Setzt man $\dfrac{ab}{a-b}$ für x in die Ausgangsgleichung ein, so erhält man eine Gleichung zwischen äquivalenten Termen.

Fehlerwarung: Die Gleichung $\dfrac{1}{x} + \dfrac{1}{a} = \dfrac{1}{b}$ (sie wird angewendet beim Linsengesetz in der Optik und bei parallelen Widerständen in der Elektrizitätslehre) ist nicht gleichbedeutend mit der Gleichung $x + a = b$. Denn nimmt man auf der rechten Seite den Kehrwert von $\dfrac{1}{b}$, also b, muss man auf der linken Seite auch den Kehrwert von $\dfrac{1}{x} + \dfrac{1}{a}$ nehmen; und das ist nicht $x + a$, sondern $\dfrac{1}{\frac{1}{x}+\frac{1}{a}} = \dfrac{ax}{a+x}$ (erweitert mit ax). Aus $\dfrac{ax}{a+x} = b$ ergibt sich aber wie oben $ax = ab + bx$ usw.

- **Beispiel 7:**
$$\frac{113}{16x^2 - 25} + \frac{52}{4x+5} = \frac{15}{4x-5}$$
$$113 + 52(4x-5) = 15(4x+5)$$
$$113 + 208x - 260 = 60x + 75$$
$$208x - 60x = 75 - 113 + 260$$
$$148x = 222$$
$$x = \tfrac{3}{2}$$

Bedingungen: $x \neq \pm\tfrac{5}{4}$.

Hauptnenner ist $(4x+5)(4x-5) = 16x^2 - 25$; mit diesem wird die Gleichung multipliziert.

Probe: $\dfrac{113}{16\cdot\frac{9}{4} - 25} + \dfrac{52}{4\cdot\frac{3}{2}+5} = \dfrac{15}{4\cdot\frac{3}{2}-5}$
$$\tfrac{115}{11} + \tfrac{52}{11} = 15$$
$$15 = 15$$

- **Beispiel 8:**
$$3(x-1) = 2(x-2) + (x-3)$$
$$3x - 3 = 2x - 4 + x - 3$$
$$3x - 3 = 3x - 7$$
$$3x - 3x = -7 + 3$$
$$0 = -4$$

Auch hier ist wie in Beispiel 4 mit den Bezeichnungen der Grundaufgabe $a = c (= 3)$, aber im Gegensatz zu Beispiel 4 ist $b \neq d$ ($b = -3$, $d = -7$): Die gegebene Gleichung ist falsch; sie ist von keiner Zahl für x lösbar.

3 Gleichungslehre

3.2.1.3 Proportionen

Eine Sonderstellung unter den linearen Gleichungen mit einer Variablen nehmen die Proportionen wegen ihrer weitreichenden Anwendbarkeit ein.

> **Form der Proportion**
> $a : b = c : x$
> (lies: a zu b wie c zu x)

Bruchschreibweise: $\dfrac{a}{b} = \dfrac{c}{x}$

Auflösung nach x: $x = \dfrac{bc}{a}$

Formen ein und derselben Proportion:

> $a : b = c : x$
> $\Leftrightarrow x : c = b : a$
> $\Leftrightarrow a : c = b : x$
> $\Leftrightarrow x : b = c : a$
> $\Leftrightarrow b : a = x : c$
> $\Leftrightarrow a \cdot x = b \cdot c$

Es handelt sich dabei der Reihe nach um:
Grundform (Bezugsform)
von hinten gelesen
Innenglieder vertauscht
Außenglieder vertauscht
Kehrwert auf beiden Seiten
Produktgleichung: Produkt der Außenglieder gleich Produkt der Innenglieder.

■ **Beispiel 1:**
Welche Kraft F dehnt eine Feder um 4 cm, wenn die Kraft 3 N eine Dehnung von 2 cm bewirkt?
Hooke'sches Gesetz
Ansatz: $F: 4\text{ cm} = 3\text{ N}: 2\text{ cm}$
Produktgleichung: $2\text{ cm} \cdot F = 4\text{ cm} \cdot 3\text{ N}$
Auflösung nach F: $F = \dfrac{4 \cdot 3}{2}$ N
$F = 6$ N
Antwort: Die Kraft 6 N bewirkt die Dehnung.

■ **Beispiel 2:**
Wie weit kommt ein Flugzeug in $2\frac{1}{2}$ Stunden, wenn es 10 km in 45 s zurücklegt?
Bewegung mit konstanter Geschwindigkeit
Ansatz: $x: 9\,000\text{ s} = 10\text{ km}: 45\text{ s}$
$x = \dfrac{9\,000 \cdot 10}{45}$ km
$x = 2\,000$ km
Antwort: Das Flugzeug fliegt 2 000 km weit.

> **Mittlere Proportionale**
> $u : x = x : v$
> $\Leftrightarrow x^2 = u \cdot v$
> $\Leftrightarrow x = \pm\sqrt{uv}$

Sind von den vier Proportionalen die zweite und die dritte gleich, nennt man diese die mittlere Proportionale.

x (positiv) heißt geometrisches Mittel von u und v

Rechnet man nur mit positiven Zahlen, entfällt das Minuszeichen vor der Wurzel.

Eine Proportion mit einer mittleren Proportionale als Variable gehört nicht mehr zu den linearen, sondern zu den quadratischen Gleichungen.

■ **Beispiel 3:**
Welches geometrische Mittel haben die Zahlen 4 und 16?
Proportion: $4 : x = x : 16$
Produktgleichung: $x^2 = 4 \cdot 16$
Aufgelöst nach x: $x = 8$
oder $x = -8$
Antwort: Geometrisches Mittel von 4 und 16 ist 8.

■ **Beispiel 4:**
Wie groß ist die Seite eines Quadrats, das mit einem 90 cm langen und 10 cm breiten Rechteck flächengleich ist?
Produktgleichung: $x^2 = 90\text{ cm} \cdot 10\text{ cm}$
$x = \pm\sqrt{900\text{ cm}^2}$
$x = \pm 30$ cm

Antwort: Die Seitenlänge des Quadrats beträgt 30 cm (als Maßzahl einer Länge kommen hier nur positive Werte in Frage).

> *Korrespondierende Addition und Subtraktion*
> $\dfrac{a}{b} = \dfrac{c}{d}$
> $\Leftrightarrow \dfrac{a+b}{b} = \dfrac{c+d}{d}$
> $\Leftrightarrow \dfrac{a-b}{b} = \dfrac{c-d}{d}$
> $\Leftrightarrow \dfrac{a}{b+a} = \dfrac{c}{d+c}$
> $\Leftrightarrow \dfrac{a}{b-a} = \dfrac{c}{d-c}$

Es handelt sich dabei der Reihe nach um:
Grundform
Addieren des Nenners zum Zähler
Subtrahieren des Nenners vom Zähler
Addieren des Zählers zum Nenner
Subtrahieren des Zählers vom Nenner

Bedingung in allen Fällen:
Nenner ungleich 0

■ **Beispiel 5:**
$\dfrac{5}{4} = \dfrac{5+x}{x}$
Nenner vom Zähler subtrahieren:
$\dfrac{5-4}{4} = \dfrac{5+x-x}{x}$

Vereinfachen:
$$\frac{1}{4} = \frac{5}{x}$$
Produktgleichung bilden:
$$x = 20$$
Lösung ist 20, wie die Probe bestätigt

■ **Beispiel 6:**
$5x : (4 - x) = 30 : 9$
In Bruchschreibweise:
$$\frac{5x}{4-x} = \frac{30}{90}$$
In Abweichung vom üblichen Auflösungsverfahren addiert man beidseitig $\frac{1}{5}$ des Zählers zum Nenner:
$$\frac{5x}{4-x+\frac{5x}{5}} = \frac{30}{9+\frac{30}{5}}$$
$$\frac{5x}{4} = \frac{30}{15} (= 2)$$
$$x = \frac{8}{5}$$

Probe:
$$\frac{5 \cdot \frac{8}{5}}{4-\frac{8}{5}} = \frac{30}{9} \Rightarrow \frac{8}{2\frac{2}{5}} = \frac{10}{3} \Rightarrow$$
$$8 \cdot \frac{5}{12} = \frac{10}{3} \Rightarrow \frac{10}{3} = \frac{10}{3}$$

3.2.2 Lineare Gleichungssysteme mit zwei und mehr Variablen

3.2.2.1 Die Gleichung $ax + by = c$

a, b, c sind Formvariable (Konstante, Zahlen), x, y sind Variable (Unbekannte, Platzhalter für gesuchte Zahlen, die die Aufgabe lösen). Lösungen sind also alle Zahlenpaare (x, y), die die Gleichung $ax + by = c$ erfüllen.

■ **Beispiel:**
$3x + 4y = 3$
Die Formvariablen (Konstanten) sind $a = 3$, $b = 4$, $c = 3$. Eine Lösung ist $(1, 0)$. Denn setzt man $x = 1$ und $y = 0$ in die Gleichung ein, erhält man $3 = 3$.
Weitere ganzzahlige Lösungen sind:
$(5, -3), (9, -6), ..., (-7, 6), (-11, 9), ...$
Weitere beliebige Lösungen sind:
$(0,1; 0,675), (0,2; 0,6), (0,3; 0,525), (0,4; 0,45), (0,5; 0,375), (0,6; 0,3), ...$

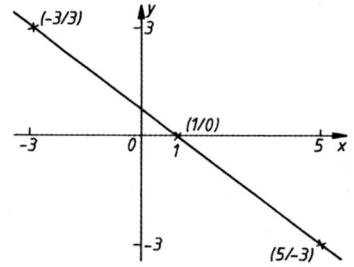

Trägt man die Lösungen als Punkte mit jedem Zahlenpaar als Koordinatenpaar in ein x-y-Koordinatensystem (kartesisches Koordinatenkreuz) ein, so stellt man fest, dass alle Punkte auf einer Geraden liegen. Jeder Punkt dieser Geraden ergibt mit seinem Koordinatenpaar $(x \mid y)$ eine Lösung. Man bezeichnet deshalb die Gleichung $ax + by = c$ mit beliebigen festen Werten a, b, c als (allgemeine) Geradengleichung.

3.2.2.2 Das Gleichungssystem $a_1x + b_1y = c_1$, $a_2x + b_2y = c_2$ (Zwei Gleichungen mit zwei Unbekannten)

$$\begin{array}{l} a_1x + b_1y = c_1 \\ a_2x + b_2y = c_2 \end{array}$$
ergibt aufgelöst
$$x = \frac{b_2 c_1 - b_1 c_2}{a_1 b_2 - a_2 b_1}$$
$$y = \frac{a_1 c_1 - a_2 c_1}{a_1 b_2 - a_2 b_1}$$

Einsetzungsverfahren (Substitutionsverfahren): Die Auflösung erfolgt z.B. dadurch, dass man die erste Gleichung nach y auflöst und den gewonnenen Term für y in die zweite Gleichung einsetzt; durch Umformung erhält man oben stehenden Term für x; diesen in die y-Gleichung eingesetzt, ergibt den entsprechenden Term für y.

Fallunterscheidungen:
1. Ist der Nenner $a_1b_2 - a_2b_1 \neq 0$, so erhält man genau eine Lösung, und zwar das Zahlenpaar
$$(x_1, y_1) = \left(\frac{b_2 c_1 - b_1 c_2}{a_1 b_2 - a_2 b_1}, \frac{a_1 c_2 - a_2 c_1}{a_1 b_2 - a_2 b_1} \right).$$
(Jeder der Buchstaben ist Name – Platzhalter – für eine bestimmte Zahl; die Zahlen für a_1, a_2, b_1, b_2, c_1, c_2 sind durch die jeweilige Aufgabe gegeben.)
2. Ist der Nenner $a_1b_2 - a_2b_1 = 0$, aber ein Zähler ungleich 0, so gibt es keine Lösung.
3. Ist der Nenner gleich 0, und sind außerdem die Zähler gleich 0, so gibt es unendlich viele Lösungen, und zwar jedes Paar (x, y), das die erste gegebene Gleichung $a_1x + b_1y = c_1$ und damit zugleich die zweite gegebene Gleichung $a_2x + b_2y = c_2$ erfüllt.

■ **Beispiel 1:**
$$2x + 3y = 8$$
$$x + 4y = 9$$

3 Gleichungslehre

Nach der Lösungsformel
$$x_1 = \frac{b_2 c_1 - b_1 c_2}{a_1 b_2 - a_2 b_1}, \quad y_1 = \frac{a_1 c_2 - a_2 c_1}{a_1 b_2 - a_2 b_1}$$
ergibt sich
$$x_1 = \frac{4 \cdot 8 - 3 \cdot 9}{2 \cdot 4 - 1 \cdot 3} = 1, \quad y_1 = \frac{2 \cdot 9 - 1 \cdot 8}{2 \cdot 4 - 1 \cdot 3} = 2$$
Lösung ist das Zahlenpaar (1,2).

Das Schaubild zu jeder einzelnen gegebenen Gleichung ist eine Gerade. Das die Lösung bildende Zahlenpaar ist das Koordinatenpaar des Schnittpunkts der beiden Geraden.

Nach dem *Additionsverfahren* multipliziert man die beiden Gleichungen so mit je einem Faktor, dass dann beim Addieren die x-Glieder (wie hier) oder die y-Glieder wegfallen. In dem vorliegenden Fall übernimmt man die erste Gleichung unverändert und multipliziert die zweite mit -2. Der daraus sich ergebende Wert für y wird dann in die erste oder zweite (wie hier) Gleichung eingesetzt, um auch den x-Wert der Lösung zu finden. Lösung ist somit wie oben das Paar (1, 2).

Weiteres Lösungsverfahren:
$$\begin{aligned} 2x + 3y &= 8 \quad | \cdot 1 \\ x + 4y &= 9 \quad | \cdot (-2) \\ \hline 2x + 3y &= 8 \\ -2x - 8y &= -18 \\ \hline -5y &= -10 \\ y &= 2 \\ x + 4 \cdot 2 &= 9 \\ x &= 1 \end{aligned}$$

■ **Beispiel 2:**
(a) $2x + 3y = 8$
(b) $4x + 6y = 13$

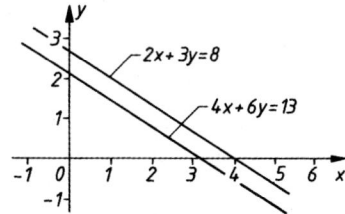

Nach der Lösungsformel ist der Nenner
$a_1 b_2 - a_2 b_1 = 2 \cdot 6 - 4 \cdot 3 = 0$;
der Zähler des x-Terms ist
$b_2 c_1 - b_1 c_2 = 6 \cdot 8 - 3 \cdot 13 = 9 \neq 0$
(der Zähler des y-Terms ist
$a_1 c_2 - a_2 c_1 = 2 \cdot 13 - 4 \cdot 8 = -6 \neq 0$),
d.h. es gibt keine Lösung. Die Graphen zu beiden gegebenen Gleichungen sind parallele Geraden; sie haben keinen Schnittpunkt.

Gleichsetzungsverfahren:
Man macht von (a) und (b) die linken Seiten gleich. Da es kein Paar (x, y) gibt, für das die rechten Seiten gleich sind, folgt: Es gibt keinen Schnittpunkt der Geraden; es gibt keine Lösung des Gleichungssystems, kein Zahlenpaar, das beide Gleichungen gleichzeitig erfüllt: $L = \emptyset$.

Weiteres Lösungsverfahren:
(a) $\quad 2x + 3y = 8 \qquad | \cdot 2$
(a) $\quad 4x + 6y = 16$

Dazu:
(b) $4x + 6y = 13$

■ **Beispiel 3:**
(a) $2x + 3y = 8$
(b) $6x + 9y = 24$

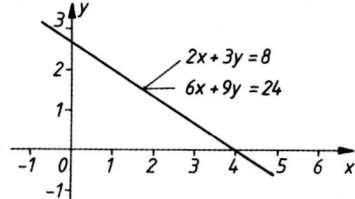

Nach der Lösungsformel ist der Nenner
$a_1 b_2 - a_2 b_1 = 2 \cdot 9 - 6 \cdot 3 = 0$;
der Zähler des x-Terms ist
$b_2 c_1 - b_1 c_2 = 9 \cdot 8 - 3 \cdot 24 = 0$,
der Zähler des y-Terms ist
$a_1 c_2 - a_2 c_1 = 2 \cdot 24 - 6 \cdot 8 = 0$,
d.h. es gibt unendlich viele Lösungen; die Graphen zu beiden gegebenen Gleichungen sind gleich; es handelt sich um ein und dieselbe Gerade.

Weiteres Lösungsverfahren:

Gleichsetzungsverfahren:
Durch Multiplizieren mit 3 wird die erste Gleichung gleich der zweiten Gleichung; es gibt unendlich viele Lösungen:

(a) $\quad 2x + 3y = 8 \qquad | \cdot 3$
(a) $\quad 6x + 9y = 24$

Dazu:
(b) $6x + 9y \quad = 24$

3.2.2.3 Die zweireihige Determinante

Eine Determinante ist eine besonders übersichtliche und kurze Schreibweise eines bestimmten Terms (Rechenausdrucks).
Eine zweireihige Determinante hat zwei Zeilen (waagerecht) und zwei Spalten (senkrecht), eine n-reihige Determinante hat n Zeilen und n Spalten.

Definition der zweireihigen Determinante:

$$\begin{vmatrix} a_1 & b_1 \\ a_2 & b_2 \end{vmatrix} = a_1 b_2 - a_2 b_1$$

a_1, b_2 bilden die Hauptdiagonale,
a_2, b_1 die Nebendiagonale.

Lösungsformeln eines Gleichungssystems aus zwei Gleichungen mit zwei Variablen (Unbekannten) in Determinantenschreibweise:

$$a_1 x + b_1 y = c_1$$
$$a_2 x + b_2 y = c_2$$

ergibt aufgelöst

$$x = \frac{\begin{vmatrix} c_1 & b_1 \\ c_2 & b_2 \end{vmatrix}}{\begin{vmatrix} a_1 & b_1 \\ a_2 & b_2 \end{vmatrix}} \qquad y = \frac{\begin{vmatrix} a_1 & c_1 \\ a_2 & c_2 \end{vmatrix}}{\begin{vmatrix} a_1 & b_1 \\ a_2 & b_2 \end{vmatrix}}$$

Die gemeinsame Nennerdeterminante wird aus den Koeffizienten von x und y in der gegebenen Anordnung gebildet. Die Zählerdeterminante des x-(y)-Terms ergibt sich aus der Nennerdeterminante, indem man die Koeffizienten von x (y) durch die Absolutglieder ersetzt.

3.2.2.4 Die dreireihige Determinante

Definition der dreireihigen Determinante:

$$\begin{vmatrix} a_1 & b_1 & c_1 \\ a_2 & b_2 & c_2 \\ a_3 & b_3 & c_3 \end{vmatrix}$$

$$= a_1 \begin{vmatrix} b_2 & c_2 \\ b_3 & c_3 \end{vmatrix} - a_2 \begin{vmatrix} b_1 & c_1 \\ b_3 & c_3 \end{vmatrix} + a_3 \begin{vmatrix} b_1 & c_1 \\ b_2 & c_2 \end{vmatrix}$$

Man „entwickelt" eine dreireihige Determinante z.B. nach den Elementen der ersten Spalte, indem man der Reihe nach jedes Element der ersten Spalte mit derjenigen zweireihigen Determinante multipliziert, die man erhält, wenn man in der dreireihigen Determinante die Zeile und die Spalte streicht, in der das Element vorkommt. Die so gebildeten Produkte werden mit alternierenden (wechselnden) Vorzeichen zusammengefasst.

Ausführung der Entwicklungsvorschrift:

$$\begin{vmatrix} a_1 & b_1 & c_1 \\ a_2 & b_2 & c_2 \\ a_3 & b_3 & c_3 \end{vmatrix} = a_1 \begin{vmatrix} \cancel{a_1\,b_1\,c_1} \\ a_2\,b_2\,c_2 \\ a_3\,b_3\,c_3 \end{vmatrix} - a_2 \begin{vmatrix} a_1\,b_1\,c_1 \\ \cancel{a_2\,b_2\,c_2} \\ a_3\,b_3\,c_3 \end{vmatrix} + a_3 \begin{vmatrix} a_1\,b_1\,c_1 \\ a_2\,b_2\,c_2 \\ \cancel{a_3\,b_3\,c_3} \end{vmatrix}$$

(nach den Elementen der ersten Spalte entwickelt)

$$= -a_2 \begin{vmatrix} \cancel{a_1\,b_1\,c_1} \\ a_2\,b_2\,c_2 \\ a_3\,b_3\,c_3 \end{vmatrix} + b_2 \begin{vmatrix} a_1\,b_1\,c_1 \\ \cancel{a_2\,b_2\,c_2} \\ a_3\,b_3\,c_3 \end{vmatrix} - c_2 \begin{vmatrix} a_1\,b_1\,c_1 \\ a_2\,b_2\,c_2 \\ \cancel{a_3\,b_3\,c_3} \end{vmatrix}$$

(nach den Elementen der zweiten Zeile entwickelt)

Regel von Sarrus (nur auf dreireihige Determinanten anwendbar):

$$\begin{vmatrix} a_1 & b_1 & c_1 \\ a_2 & b_2 & c_2 \\ a_3 & b_3 & c_3 \end{vmatrix} = \begin{vmatrix} a_1 & b_1 & c_1 & a_1 & b_1 \\ a_2 & b_2 & c_2 & a_2 & b_2 \\ a_3 & b_3 & c_3 & a_3 & b_3 \end{vmatrix}$$

$$= a_1 b_2 c_3 + b_1 c_2 a_3 + c_1 a_2 b_3 - a_3 b_2 c_1 - b_3 c_2 a_1 - c_3 a_2 b_1$$

Man ergänzt die dreireihige Determinante, indem man die erste und die zweite Spalte wiederholt, je drei diagonal aufeinanderfolgende Elemente multipliziert und die so entstehenden sechs Produkte addiert (Hauptdiagonale) bzw. subtrahiert (Nebendiagonale). Die Übereinstimmung mit den Ergebnissen nach des Entwicklungsvorschrift ist leicht zu überprüfen.

■ **Beispiel:**

$$\begin{vmatrix} 1 & 2 & 2 \\ 3 & 4 & 1 \\ 5 & 6 & 0 \end{vmatrix} =$$

$$= 2 \cdot \begin{vmatrix} 3 & 4 \\ 5 & 6 \end{vmatrix} - 1 \cdot \begin{vmatrix} 1 & 2 \\ 5 & 6 \end{vmatrix} + 0 \cdot \begin{vmatrix} 1 & 2 \\ 3 & 4 \end{vmatrix}$$

(nach den Elementen der dritten Spalte entwickelt)

$$= 2 \cdot (3 \cdot 6 - 5 \cdot 4) - 1 \cdot (1 \cdot 6 - 5 \cdot 2) + 0 \cdot (1 \cdot 4 - 3 \cdot 2)$$
$$= 2 \cdot (-2) - 1 \cdot (-4) + 0$$
$$= -4 + 4 = 0$$

nach Sarrus:

$$\begin{vmatrix} 1 & 2 & 2 \\ 3 & 4 & 1 \\ 5 & 6 & 0 \end{vmatrix} = \begin{vmatrix} 1 & 2 & 2 & 1 & 2 \\ 3 & 4 & 1 & 3 & 4 \\ 5 & 6 & 0 & 5 & 6 \end{vmatrix}$$

$$= 1\cdot 4\cdot 0 + 2\cdot 1\cdot 5 + 2\cdot 3\cdot 6 - 5\cdot 4\cdot 2 - 6\cdot 1\cdot 1 - 0\cdot 3\cdot 2$$
$$= \;\;\;\; 0 \;\;\;+\;\; 10 \;\;+\;\; 36 \;\;-\;\; 40 \;\;-\;\; 6 \;\;-\;\; 0 \;\;=0$$

3.2.2.5 Drei Gleichungen mit drei Unbekannten

Das Gleichungssystem
$$a_1 x + b_1 y + c_1 z = d_1$$
$$a_2 x + b_2 y + c_2 z = d_2$$
$$a_3 x + b_3 y + c_3 z = d_3$$

ergibt aufgelöst

$$x = \frac{\begin{vmatrix} d_1 & b_1 & c_1 \\ d_2 & b_2 & c_2 \\ d_3 & b_3 & c_3 \end{vmatrix}}{\begin{vmatrix} a_1 & b_1 & c_1 \\ a_2 & b_2 & c_2 \\ a_3 & b_3 & c_3 \end{vmatrix}} = \frac{D_x}{D}$$

$$y = \frac{\begin{vmatrix} a_1 & d_1 & c_1 \\ a_2 & d_2 & c_2 \\ a_3 & d_3 & c_3 \end{vmatrix}}{\begin{vmatrix} a_1 & b_1 & c_1 \\ a_2 & b_2 & c_2 \\ a_3 & b_3 & c_3 \end{vmatrix}} = \frac{D_y}{D}$$

$$z = \frac{\begin{vmatrix} a_1 & b_1 & d_1 \\ a_2 & b_2 & d_2 \\ a_3 & b_3 & d_3 \end{vmatrix}}{\begin{vmatrix} a_1 & b_1 & c_1 \\ a_2 & b_2 & c_2 \\ a_3 & b_3 & c_3 \end{vmatrix}} = \frac{D_z}{D}$$

3 Gleichungslehre

Zur Auflösung des Systems von drei linearen Gleichungen mit drei Variablen (Unbekannten) nach einer der drei Variablen x, y, z bildet man die Nennerdeterminante D aus den neun Koeffizienten von x, y, z und ersetzt in der jeweiligen Zählerdeterminante die Koeffizienten von x oder y oder z durch die Absolutglieder.

Ist die Nennerdeterminante $D \neq 0$, dann erhält man genau ein Zahlentripel (x, y, z) als Lösung.

Ist jedoch $D = 0$, dann gibt es entweder keine oder unendlich viele Lösungen des Gleichungssystems. In diesem Fall ist diese Methode nicht anwendbar.

■ **Beispiel 1:**
Gesucht ist die Lösung des Gleichungssystems

$$3x + 15y + 8z = 10$$
$$-5x + 10y + 12z = -1$$
$$2x + 7y + z = 1$$

Nennerdeterminante:

$$D = \begin{vmatrix} 3 & 15 & 8 \\ -5 & 10 & 12 \\ 2 & 7 & 1 \end{vmatrix}$$

$$= 30 + 360 - 280 - 160 - 252 + 75$$
$$= -227$$

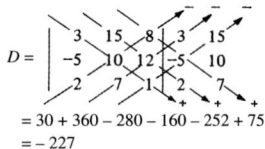

$$= \frac{100 + 180 - 56 - 80 - 840 + 15}{-227}$$
$$= 3$$

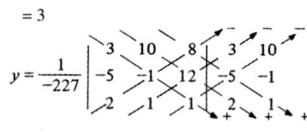

$$= \frac{-3 + 240 - 40 + 16 - 36 + 50}{-227} = -1$$

$$z = \frac{1}{-227} \begin{vmatrix} 3 & 15 & 10 \\ -5 & 10 & -1 \\ 2 & 7 & 1 \end{vmatrix}$$

$$= \frac{30 - 30 - 350 - 200 + 21 + 75}{-227} = 2$$

Lösung ist das Zahlentripel (3, –1, 2) (wie eine Probe bestätigt).

■ **Beispiel 2:**
In drei Mischungen befinden sich dieselben drei Grundbestandteile, aber in verschiedenen Volumenanteilen.
In der ersten Mischung befinden sich 3 dm³ des ersten, 2 dm³ des zweiten und 8 dm³ des dritten Grundbestandteils; die Gesamtmasse dieser ersten Mischung beträgt 13,0 kg.
Die zweite Mischung besteht aus 1 dm³ des ersten, 5 dm³ des zweiten und 7 dm³ des dritten Grundbestandteils; Gesamtmasse gleichfalls 13,0 kg.
Die dritte Mischung schließlich hat 5 dm³ des ersten, 4 dm³ des zweiten und 4 dm³ des dritten Grundbestandteils, zusammen 12,0 kg.

Wie groß sind die Dichten der drei Grundbestandteile?
Man nennt die gesuchten drei Dichten der Reihe nach x, y und z kg/dm³. Dann bilden die folgenden drei Gleichungen die mathematische Formulierung – den Ansatz – der gestellten Aufgabe.

$$3x + 2y + 8z = 13$$
$$x + 5y + 7z = 13$$
$$5x + 4y + 4z = 12$$

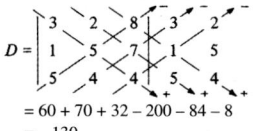

$$= 60 + 70 + 32 - 200 - 84 - 8$$
$$= -130$$

$$x = \frac{1}{-130} \begin{vmatrix} 13 & 2 & 8 \\ 13 & 5 & 7 \\ 12 & 4 & 4 \end{vmatrix}$$

$$= \frac{260 + 168 + 416 - 480 - 364 - 104}{-130}$$
$$= 0,8$$

$$y = \frac{1}{-130} \begin{vmatrix} 3 & 13 & 8 \\ 1 & 13 & 7 \\ 5 & 12 & 4 \end{vmatrix}$$

$$= \frac{156 + 455 + 96 - 520 - 252 - 52}{-130}$$
$$= 0,9$$

$$z = \frac{1}{-130} \begin{vmatrix} 3 & 2 & 13 \\ 1 & 5 & 13 \\ 5 & 4 & 12 \end{vmatrix}$$

$$= \frac{180 + 130 + 52 - 325 - 156 - 24}{-130}$$
$$= 1,1$$

Lösung ist das Zahlentripel (0,8; 0,9; 1,1); das heißt, der erste Grundbestandteil hat die Dichte 0,8 kg/dm³, der zweite 0,9 kg/dm³ und der dritte 1,1 kg/dm³.

3.3 Quadratische Gleichungen

Eine quadratische Gleichung ist eine Aussageform; in dieser kommt die Variable (Unbekannte, meist x genannt) immer in der zweiten Potenz, gegebenenfalls zusätzlich auch in der ersten (lineares Glied) oder nullten Potenz (Absolutglied) vor.

> *Allgemeine quadratische Gleichung*
> $ax^2 + bx + c = 0$
> $a \neq 0$

Der Koeffizient a von x^2 darf nicht 0 sein, der Koeffizient b von x oder das Absolutglied c können dagegen auch 0 sein.

3.3.1 Normalform der quadratischen Gleichung

Normalform
$$x^2 + px + q = 0$$

Aus der allgemeinen quadratischen Gleichung ergibt sich die Normalform, indem man beide Seiten durch $a \neq 0$ dividiert:

$$x^2 + \frac{b}{a}x + \frac{c}{a} = 0; \text{ man setzt } \frac{b}{a} = p, \ \frac{c}{a} = q.$$

Auflösung:
$$x^2 + px + q = 0$$
$$\Leftrightarrow \quad x^2 + px = -q$$
$$\Leftrightarrow \quad x^2 + px + \left(\frac{p}{2}\right)^2 = -q + \left(\frac{p}{2}\right)^2$$
$$\Leftrightarrow \quad \left(x + \frac{p}{2}\right)^2 = \left(\frac{p}{2}\right)^2 - q$$
$$\Leftrightarrow \begin{cases} x + \frac{p}{2} = +\sqrt{\left(\frac{p}{2}\right)^2 - q} \\ \text{oder} \quad x + \frac{p}{2} = -\sqrt{\left(\frac{p}{2}\right)^2 - q} \end{cases}$$

Zur Auflösung subtrahiert man zunächst q und fügt die „quadratische Ergänzung" $\left(\frac{p}{2}\right)^2$ auf beiden Seiten hinzu. Damit wird die linke Seite zum „vollständigen Quadrat", und man erhält durch Wurzelziehen die beiden Lösungen x_1 und x_2.

Lösungen: $x_1 = -\frac{p}{2} + \sqrt{\left(\frac{p}{2}\right)^2 - q}$

und $\quad x_2 = -\frac{p}{2} - \sqrt{\left(\frac{p}{2}\right)^2 - q}$

■ **Beispiel 1** (ausführlich):
$$x^2 + 12x + 35 = 0$$
$$x^2 + 12x + 6^2 = -35 + 6^2$$
$$(x+6)^2 = 1$$
$$x = -6 + 1$$
oder $\quad x = -6 - 1$

Lösungen:
$x_1 = -5$ und $x_2 = -7$
(Zwei Proben!)

■ **Beispiel 2** (mit Lösungsformel):
$$25x^2 + 13 = 70x$$
$$x^2 - \frac{14}{5}x + \frac{13}{25} = 0$$
$$x_1 = \frac{7}{5} + \sqrt{\left(\frac{7}{5}\right)^2 - \frac{13}{25}} = \frac{7}{5} + \frac{6}{5} = \frac{13}{5}$$

$$x_2 = \frac{7}{5} - \frac{6}{5} = \frac{1}{5}$$
(Zwei Proben!)

■ **Beispiel 3**:
$$x^2 + 12x + 40 = 0$$
$$x_{1,2} = -6 \pm \sqrt{36 - 40} = -6 \pm \sqrt{4 \cdot (-1)}$$

Diese Gleichung hat keine reelle, sondern zwei konjugiert komplexe Lösungen.
(Näheres siehe 2.10 Komplexe Zahlen)

Lösungen:
$x_1 = -6 + 2\,\mathrm{i}$
$x_2 = -6 - 2\,\mathrm{i}$

3.3.2 Sonderfälle der quadratischen Gleichung

3.3.2.1 Sonderfall $q = 0$

$$x^2 + px = 0$$

Produktform (x ausklammern):
$$x(x + p) = 0$$

Das allgemeine Lösungsverfahren erübrigt sich (führt aber natürlich auch zum Ziel), wenn das Absolutglied fehlt. Mit 0 für x oder mit $-p$ für x ergibt sich jeweils eine wahre Aussage.

Lösungen:
$x_1 = 0$ und $x_2 = -p$ (Ein Produkt ist 0, wenn ein Faktor 0 ist.)

Fehlerwarnung: Man darf nicht durch x dividieren. Division durch 0 ist verboten. Die Lösung 0 geht dann verloren.

■ **Beispiel:**
$$x^2 - 5x = 0$$
Lösungen:
$x_1 = 0 \qquad x_2 = 5$

3.3.2.2 Sonderfall $p = 0$

$$x^2 + q = 0$$
$$\Leftrightarrow \quad x^2 = -q$$
$$\Leftrightarrow \begin{cases} x = +\sqrt{-q} \\ x = -\sqrt{-q} \end{cases}$$

Es liegt eine rein quadratische Gleichung vor. Mit $q < 0$ erhält man zwei entgegengesetzt gleiche reelle Lösungen, mit $q = 0$ die – doppelt zählende – Lösung 0, mit $q > 0$ zwei entgegengesetzt gleiche rein imaginäre Lösungen, und zwar $+\mathrm{i}\sqrt{q}$ und $-\mathrm{i}\sqrt{q}$.

Lösungen:
$x_1 = +\sqrt{-q}$ und $x_2 = -\sqrt{-q}$

3 Gleichungslehre A 35

■ **Beispiel 1:**
$x^2 - 9 = 0$
$x_1 = 3$
$x_2 = -3$

■ **Beispiel 2:**
$x^2 + 16 = 0$
$x_1 = 4\,i$
$x_2 = -4\,i$

3.3.2.3 Sonderfall $\left(\dfrac{p}{2}\right)^2 = q$

$x^2 + px + \left(\dfrac{p}{2}\right)^2 = 0$

$\Leftrightarrow \left(x + \dfrac{p}{2}\right)^2 = 0$

Lösungen:

$x_{1,2} = -\dfrac{p}{2}$

Da sich die linke Seite als vollständiges Quadrat schreiben lässt, ergibt sich nur eine – doppelt zählende – Lösung.
Bei Verwendung des allgemeinen Lösungsverfahrens ergibt sich 0 für den Wurzelterm, der die beiden Lösungen unterscheidet.

■ **Beispiel:**
$x^2 - 6x + 9 = 0 \Leftrightarrow (x-3)^2 = 0$

Lösungen:
$x_{1,2} = 3$

3.3.3 Produktform; Satz von Viëta

$(x - x_1)(x - x_2) = 0$
$x^2 - xx_2 - x_1 x + x_1 x_2 = 0$
$x^2 - (x_1 + x_2) x + x_1 x_2 = 0$
$x^2 + p \cdot x + q = 0$

Diese Produktform der quadratischen Gleichung ist äquivalent der Normalform der quadratischen Gleichung, da beide genau dann zu wahren Aussagen werden, wenn man für x die Lösung x_1 oder die Lösung x_2 einsetzt.
Ausmultiplizieren und Vergleich mit der Normalform ergibt:

Satz von Viëta:
$p = -(x_1 + x_2); \quad q = x_1 x_2$

Der Koeffizient p von x ist gleich der negativen Summe der Lösungen, das Absolutglied q ist gleich dem Produkt der Lösungen.

■ **Beispiel 1:**
$x^2 + 3x - 10 = 0$
$\Leftrightarrow (x + 5)(x - 2) = 0$

Nach dem Satz von Viëta ist
$x_1 + x_2 = -3 \quad x_1 \cdot x_2 = -10$
Beide Bedingungen gleichzeitig werden erfüllt von $x_1 = -5$ und $x_2 = 2$.
Ausmultiplizieren der Produktform führt auf die Normalform.

■ **Beispiel 2:**
Welche quadratische Gleichung hat die Lösungen $x_1 = 2 + 3\,i$ und $x_2 = 2 - 3\,i$?

a) Produktform: $(x - 2 - 3\,i)(x - 2 + 3\,i) = 0$
   Ausmultipliziert: $x^2 - 4x + 13 = 0$

b) Satz von Viëta:
   $p = -(2 + 3\,i + 2 - 3\,i) = -4$
   $q = (2 + 3\,i)(2 - 3\,i) = 4 + 9 = 13$

Antwort: Die Normalform der gesuchten quadratischen Gleichung ist: $x^2 - 4x + 13 = 0$

3.3.4 Anwendungsbeispiele quadratischer Gleichungen

■ **Beispiel 1:**
Eine Fläche von 23,4 m² ist 70 cm länger als breit. Wie lang und wie breit ist sie?

Ansatz:
Breite x m, Länge $(x + 0{,}7)$ m,
Fläche also $x(x + 0{,}7)$ m² oder 23,4 m², also
$x(x + 0{,}7) = 23{,}4$.

Normalform: $x^2 + 0{,}7x - 23{,}4 = 0$

$x_{1,2} = -0{,}35 \pm \sqrt{0{,}1225 + 23{,}4} = -0{,}35 \pm \sqrt{23{,}5225}$
$= -0{,}35 \pm 4{,}85$

$x_1 = 4{,}5; \quad x_2 < 0$ scheidet aus.

Ergebnis: Die Fläche ist 4,5 m breit und 5,2 m lang.

■ **Beispiel 2:**
Ein Schiff braucht bei einer Eigengeschwindigkeit $v_0 = 20{,}4\ \dfrac{\mathrm{km}}{\mathrm{h}}$ für ein $l = 95{,}2$ km langes Stück eines Flusses die Zeit $T = 9\ h$ 36 min für Hin- und Rückfahrt zusammen. Wie groß ist die Strömungsgeschwindigkeit v des Flusses?

Ansatz:
Für die Fahrt mit der Strömung gilt:
a) $l = (v_0 + v)\,t_1$ mit t_1 als Fahrzeit.
Entsprechend ergibt sich für die Rückfahrt gegen die Strömung:
b) $l = (v_0 - v)\,t_2$ mit t_2 als Fahrzeit.
Die beiden Fahrzeiten haben die gegebene Summe T:
c) $t_1 + t_2 = T$.

Auflösung:
Die Unbekannten t_1 und t_2 werden eliminiert: Aus a) folgt
$t_1 = \dfrac{l}{v_0 + v}$; aus c) folgt $t_2 = T - t_1$, aus b) ergibt sich durch Einsetzen von $t_2 = T - \dfrac{l}{v_0 + v}$ die Gleichung $l = (v_0 - v)\left(T - \dfrac{l}{v_0 + v}\right)$.
Diese Gleichung wird nach der einzigen Unbekannten v aufgelöst:

$v^2 - \left(v_0^2 - \dfrac{2 l v_0}{T}\right) = 0$. Das ist eine rein quadratische Gleichung für v.

Lösungen sind:
$$v_{1,2} = \pm \sqrt{v_0^2 - \dfrac{2 l v_0}{T}}$$

Zahlenrechnung:

$v_0 = 20{,}4 \, \dfrac{\text{km}}{\text{h}} = \dfrac{20\,400 \text{ m}}{3600 \text{ s}} = 5{,}666\,666\,7 \, \dfrac{\text{m}}{\text{s}}$

$l = 95{,}2 \text{ km} = 95\,200 \text{ m}$

$T = 9 \text{ h } 36 \text{ min} = (9 \cdot 3600 + 36 \cdot 60) \text{ s} = 34\,560 \text{ s}$

$v_{1,2} = \pm \sqrt{5{,}666\,666\,7^2 - \dfrac{2 \cdot 95\,200 \cdot 5{,}666\,666\,7}{34\,560}} \, \dfrac{\text{m}}{\text{s}}$

$= \pm 0{,}944\,445\,3 \, \dfrac{\text{m}}{\text{s}} = \pm 3{,}400\,003 \, \dfrac{\text{km}}{\text{h}}$

Ergebnis: Die Strömungsgeschwindigkeit beträgt $0{,}944 \, \dfrac{\text{m}}{\text{s}} = 3{,}400 \, \dfrac{\text{km}}{\text{h}}$.

(Das Minuszeichen bedeutet, dass die Strömungsrichtung der ursprünglichen Annahme entgegengesetzt ist.)

Anmerkung 1: In stehendem Wasser hätte das Schiff $2 \cdot \dfrac{95\,200}{5{,}666\,667} \text{ s} = 33\,600 \text{ s} = 9 \text{ h } 20 \text{ min}$, also 16 min weniger als in dem mit $3{,}400 \text{ km} \cdot \text{h}^{-1}$ strömenden Wasser gebraucht. Der Gewinn beim Fahren mit der Strömung ist geringer als der Verlust beim Fahren gegen die Strömung (denn mit der Strömung fährt man kürzere, gegen die Strömung längere Zeit).

Anmerkung 2: In Beispiel 1 ist x eine Zahl, und zwar die Maßzahl der in Meter (m) gemessenen Länge. In Beispiel 2 sind s, t_1, t_2, T, v_0, v Größen; sie beinhalten Maßzahl *und* Einheit; dabei müssen die Einheiten dem gleichen Maßsystem angehören, hier SI-Einheiten.

3.4 Gleichungen dritten und höheren Grades

3.4.1 Normalformen und Produktformen

Gleichung dritten Grades:
Normalform
$x^3 + a_2 x^2 + a_1 x + a_0 = 0$
$\Leftrightarrow (x - x_1)(x - x_2)(x - x_3) = 0$
Produktform (mit Linearfaktoren)

Gleichung vierten Grades:
Normalform
$x^4 + a_3 x^3 + a_2 x^2 + a_1 x + a_0 = 0$
$\Leftrightarrow (x - x_1)(x - x_2)(x - x_3)(x - x_4) = 0$
Produktform

Gleichung n-ten Grades:
Normalform
$x^n + a_{n-1} x^{n-1} + a_{n-2} x^{n-2} + \ldots + a_2 x^2 + a_1 x + a_0 = 0$
$\Leftrightarrow (x - x_1)(x - x_2)(x - x_3) \ldots (x - x_{n-1})(x - x_n) = 0$
Produktform

Anmerkung: Für in Normalform vorliegende Gleichungen dritten und vierten Grades gibt es Lösungsverfahren (diese werden hier nicht gebracht); Gleichungen fünften und höheren Grades sind im Allgemeinen nicht mehr geschlossen lösbar. – Eine Gleichung n-ten Grades mit reellen Koeffizienten a_{n-1}, a_{n-2}, ..., a_1, a_0 hat n Lösungen x_1, x_2, ..., x_{n-1}, x_n; diese brauchen jedoch weder alle verschieden noch alle reell zu sein: Die Lösungen können ganz oder teilweise gleich oder paarweise komplex (konjugiert komplex) sein.

3.4.2 Satz von Viëta

Aus den Gegenüberstellungen von Normalform und Produktform ergibt sich durch Koeffizientenvergleich (Ausmultiplizieren der Produktform und Gleichsetzen der Koeffizienten von x^{n-1}, x^{n-2}, ..., x^2, x und der Absolutglieder) folgende Darstellung der Koeffizienten der Normalform durch die Lösungen:

Gleichung dritten Grades:
$a_2 = -(x_1 + x_2 + x_3)$
$a_1 = +(x_1 x_2 + x_1 x_3 + x_2 x_3)$
$a_0 = -(x_1 x_2 x_3)$

Gleichung vierten Grades:
$a_3 = -(x_1 + x_2 + x_3 + x_4)$
$a_2 = +(x_1 x_2 + x_1 x_3 + x_1 x_4 + x_2 x_3 + x_2 x_4 + x_3 x_4)$
$a_1 = -(x_1 x_2 x_3 + x_1 x_2 x_4 + x_1 x_3 x_4 + x_2 x_3 x_4)$
$a_0 = +(x_1 x_2 x_3 x_4)$

Gleichung n-ten Grades:
$a_{n-1} = -(x_1 + x_2 + x_3 + \ldots + x_n)$
$a_{n-2} = +(x_1 x_2 + x_1 x_3 + \ldots x_1 x_n + x_2 x_3 + x_2 x_4$
$\qquad + \ldots + x_2 x_n + \ldots + x_{n-1} x_n)$
$a_{n-3} = -(x_1 x_2 x_3 + x_1 x_2 x_4 + \ldots + x_1 x_2 x_n$
$\qquad + x_1 x_3 x_4 + x_1 x_3 x_5 + \ldots + x_1 x_3 x_n$
$\qquad + \ldots + x_2 x_3 x_4 + x_2 x_3 x_5 + \ldots$
$\qquad + x_2 x_3 x_n + x_2 x_4 x_5 + \ldots + x_{n-2} x_{n-1} x_n)$

...

$a_1 = (-1)^{n-1} (x_1 x_2 x_3 \ldots x_{n-1} + x_1 x_2 \ldots x_{n-2} x_n$
$\qquad + x_1 x_2 \ldots x_{n-3} x_{n-1} x_n + \ldots + x_1 x_3 x_4 \ldots x_n$
$\qquad + x_2 x_3 \ldots x_n)$
$a_0 = (-1)^n (x_1 x_2 x_3 \ldots x_n)$

Anmerkung: In Worten lautet das Bildungsgesetz der Koeffizienten: Mit $m \in \{1, 2, 3, \ldots, n\}$ ist der Koeffizient a_{n-m} die mit dem Vorzeichen $(-1)^m$ versehene Summe aller Kombinationen m-ter Klasse der n Lösungen.

Beispiel 1:
Welche Normalform hat die Gleichung dritten Grades mit den Lösungen
$x_1 = -2, x_2 = -\frac{1}{2}, x_3 = \frac{1}{2}$?

a) Durch Ausmultiplizieren der Produktform erhält man die Normalform:
$(x+2)\left(x+\frac{1}{2}\right)\left(x-\frac{1}{2}\right) = 0 \Rightarrow x^3 + 2x^2 - \frac{1}{4}x - \frac{1}{2} = 0$

b) Nach dem Satz von Viëta ergibt sich:
$a_2 = -\left(-2 - \frac{1}{2} + \frac{1}{2}\right) = 2$

$a_1 = \left[(-2)\left(-\frac{1}{2}\right) + (+2)\left(\frac{1}{2}\right) + \left(-\frac{1}{2}\right)\left(\frac{1}{2}\right)\right] = -\frac{1}{4}$

$a_0 = (-1)^3 (-2)\left(-\frac{1}{2}\right)\left(+\frac{1}{2}\right) = -\frac{1}{2}$

Beispiel 2:
Welche Normalform hat die Gleichung sechsten Grades mit den Lösungen
$x_1 = 0, x_2 = 0, x_3 = 1, x_4 = 1, x_5 = 2 + i, x_6 = 2 - i$?

a) Durch Ausmultiplizieren der Produktform erhält man die Normalform:
$(x-0)(x-0)(x-1)(x-1)(x-2-i)(x-2+i) = 0$
$\Rightarrow x^6 - 6x^5 + 14x^4 - 14x^3 + 5x^2 = 0$

b) Nach dem Satz von Viëta:
$a_5 = -(0 + 0 + 1 + 1 + 2 + i + 2 - i) = -6$

(die Produkte mit einem Faktor 0 bleiben gleich weg)

$a_4 = +[1 \cdot 1 + 1 \cdot (2+i) + 1 \cdot (2-i) + 1 \cdot (2+i)$
$ + 1 \cdot (2-i) + (2+i)(2-i)] = 14$

$a_3 = -[1 \cdot 1 \cdot (2+i) + 1 \cdot 1 \cdot (2-i) + 1 \cdot (2+i) \cdot (2-i)$
$ + 1 \cdot (2+i)(2-i)] = -14$

$a_2 = +[1 \cdot 1 \cdot (2+i) \cdot (2-i)] = 5$

$a_1 = 0$

$a_0 = 0$

3.4.3 Reduktion einer Gleichung

Ist eine Lösung, z.B. x_1, bekannt, dann lässt sich der die linke Seite der Normalform der Gleichung n-ten Grades bildende Term durch $(x - x_1)$ ohne Rest dividieren, da er, wie die Produktform bestätigt, den Faktor $(x - x_1)$ enthält:

Gleichung n-ten Grades
$(x - x_1)(x - x_2)(x - x_3) \ldots (x - x_n) = 0 \Leftrightarrow$
$\Leftrightarrow x^n + a_{n-1}x^{n-1} + a_{n-2}x^{n-2} + \ldots + a_0 = 0$

Nach der Division durch $(x - x_1)$:
$(x - x_2)(x - x_3) \ldots (x - x_n) = 0 \Leftrightarrow$
$\Leftrightarrow x^{n-1} + \overline{a_{n-2}}x^{n-2} + \overline{a_{n-3}}x^{n-3} + \ldots + \overline{a_0} = 0$

Der Grad der neuen Gleichung mit den neuen Koeffizienten $\overline{a_{n-2}}, \ldots, \overline{a_0}$ (gelesen: überstrichen) ist um 1 niedriger; die Gleichung n-ten Grades ist auf eine Gleichung $(n-1)$-ten Grades reduziert.

Beispiel 1:
Welche Lösungen hat die Gleichung
$x^3 - 6x^2 - x + 6 = 0$?

Man erkennt die Lösung $x_1 = 1$ und dividiert durch $(x - 1)$:

$(x^3 - 6x^2 - x + 6) : (x - 1) = x^2 - 5x - 6$
$\underline{x^3 - x^2}$
$ -5x^2 - x$
$ \underline{-5x^2 + 5x}$
$ -6x + 6$
$ \underline{-6x + 6}$
$ 0$

Reduzierte Gleichung:
$x^2 - 5x - 6 = 0$

Deren Lösungen:
$x_2 = 6, x_3 = -1$.
Dazu: $x_1 = 1$

Beispiel 2:
Gesucht werden die Lösungen von
$x^4 - 12x^3 + 61x^2 - 132x + 100 = 0$.

Durch Probieren findet man die Lösung $x_1 = 2$, dividiert also das die linke Seite bildende Polynom durch $(x - 2)$:

$(x^4 - 12x^3 + 61x^2 - 132x + 100) : (x - 2)$
$ = x^3 - 10x^2 + 41x - 50$

Reduzierte Gleichung:
$x^3 - 10x^2 + 41x - 50 = 0$

Die reduzierte Gleichung hat nochmals die Lösung 2, also auch $x_2 = 2$.

Man dividiert das Polynom dritten Grades durch $(x - 2)$:
$(x^3 - 10x^2 + 41x - 50) : (x - 2) = x^2 - 8x + 25$

Erneut reduzierte Gleichung:
$x^2 - 8x + 25 = 0$

Deren Lösungen:
$x_3 = 4 + 3i, x_4 = 4 - 3i$

Dazu die vorangegangenen Lösungen:
$x_1 = 2, x_2 = 2$

Man erhält also für das gegebene Polynom nacheinander die Produktformen:

$x^4 - 12x^3 + 61x^2 - 132x + 100$
$= (x - 2)(x^3 - 10x^2 + 41x - 50)$
$= (x - 2)^2 (x^2 - 8x + 25)$
$= (x - 2)^2 (x - 4 - 3i)(x - 4 + 3i)$

Beispiel 3 (vgl. 4.2, Beispiel 2):
Welche Lösungen hat
$x^6 - 6x^5 + 14x^4 - 14x^3 + 5x^2 = 0$?

Sofort zu erkennen: $x_1 = 0, x_2 = 0$

$x^6 - 6x^5 + 14x^4 - 14x^3 + 5x^2 = 0$
$\Leftrightarrow x^2(x^4 - 6x^3 + 14x^2 - 14x + 5) = 0$

Dividieren durch x^2
Durch Probieren: $x_3 = 1$

$\Rightarrow x^2(x - 1)(x^3 - 5x^2 + 9x - 5) = 0$

Dividieren durch $(x - 1)$
Nochmaliges Probieren: $x_4 = 1$

$\Leftrightarrow x^2 (x-1)^2 (x^2 - 4x + 5) = 0$
Dividieren durch $(x-1)$
Durch Auflösen der quadratischen Gleichung
$x^2 - 4x + 5 = 0$:
$x_5 = 2 + i$, $x_6 = 2 - i$
$\Leftrightarrow x^2 (x-1)^2 (x - 2 - i)(x - 2 + i) = 0$

3.4.4 Biquadratische Gleichung

Eine Gleichung vierten Grades, in der die Koeffizienten von x^3 und von x gleich 0 sind, heißt biquadratische Gleichung. Sie wird nach der Substitution $x^2 = z$ (man ersetzt x^2 durch z) als quadratische Gleichung mit anschließendem Wurzelziehen gelöst.

■ **Beispiel 1:**
Löse die Gleichung
$x^4 + 2x^2 - 15 = 0$!
Mit $x^2 = z$ heißt die Gleichung $z^2 + 2z - 15 = 0$ und hat die Lösungen $z_1 = 3$ und $z_2 = -5$.
Lösungen der Ausgangsgleichung sind $x_{1,2,3,4} = \pm\sqrt{z_{1,2}}$:
$x_1 = \sqrt{3}$, $x_2 = -\sqrt{3}$, $x_3 = i\sqrt{5}$, $x_4 = -i\sqrt{5}$

■ **Beispiel 2:**
Löse die Gleichung
$x^4 - 4x^2 - 1 = 0$!
Mit $x^2 = z$ heißt die Gleichung $z^2 - 4z - 1 = 0$
und hat die Lösungen $z_1 = 2 + \sqrt{5}$ und
$z_2 = 2 - \sqrt{5} = -(\sqrt{5} - 2)$.
Damit Lösungen der Ausgangsgleichung:
$x_1 = \sqrt{2+\sqrt{5}}$, $x_2 = -\sqrt{2+\sqrt{5}}$,
$x_3 = i\sqrt{\sqrt{5}-2}$, $x_4 = -i\sqrt{\sqrt{5}-2}$

■ **Beispiel 3:**
Löse die Gleichung
$x^4 - 6x^2 + 15 = 0$!
Mit $x^2 = z$ heißt die Gleichung $z^2 - 6z + 15 = 0$
und hat die Lösungen $z_1 = 3 + i\sqrt{6}$, $z_2 = 3 - i\sqrt{6}$.
Die Lösungen $x_{1,2,3,4} = \pm\sqrt{3 \pm i\sqrt{6}}$ errechnet man nach 2.10.1 und 2.10.6.
$x_{1,2} = \pm \left[\frac{1}{2}\sqrt{2\sqrt{5}+6} + \frac{i}{2}\sqrt{2\sqrt{15}-6}\right]$
$x_{3,4} = \pm \left[\frac{1}{2}\sqrt{2\sqrt{15}+6} - \frac{i}{2}\sqrt{2\sqrt{15}-6}\right]$

Mit Hilfe von Umrechnungsregeln der Winkelfunktionen erhält man die endgültige Form der vier komplexen Lösungen:
$x_{1,2} = \pm\sqrt[4]{15}\left(\cos\frac{\varphi}{2} + i\sin\frac{\varphi}{2}\right)$, $x_{3,4} = \pm\sqrt[4]{15}\left(\cos\frac{\varphi}{2} - i\sin\frac{\varphi}{2}\right)$
mit $\tan\varphi = \frac{\sqrt{6}}{3} = \sqrt{\frac{2}{3}}$

3.4.5 Horner'sches Schema und Näherungsverfahren

Ist eine Lösung der Gleichung
$x^n + a_{n-1}x^{n-1} + \ldots + a_0 = 0$
weder bekannt noch zu erraten, dann kann man die 0 rechts durch y ersetzen und erhält somit eine Funktionsgleichung. Die Schnittpunkte der zu dieser Gleichung gehörigen Kurve im xy-Koordinatensystem mit der x-Achse liefern die Lösungen der obigen Gleichung. Man muss Zahlen für x einsetzen und y berechnen mit dem Ziel, schließlich zwei dem Betrag nach möglichst kleine y-Werte mit verschiedenen Vorzeichen zu erhalten. Zur leichteren Berechnung von y-Werten bietet sich das Horner'sche Schema an, das hier, auf eine Gleichung 4. Grades angewendet, erläutert werden soll. Das Verfahren lässt sich sinngemäß auf Gleichungen 3., 5., 6., ... Grades übertragen.
Für $x^4 + a_3 x^3 + a_2 x^2 + a_1 x + a_0 = y$ kann man auch schreiben $x \{x [x(x + a_3) + a_2] + a_1\} + a_0 = y$.

a_3	a_2	a_1	a_0
$+ x$	$+ ① \cdot x$	$+ ② \cdot x$	$+ ③ \cdot x$
①	②	③	④ $= y$

Man setzt einen Wert für x fest und addiert diesen und a_3,
multipliziert diese Summe ① mit x und addiert a_2,
multipliziert diese Summe ② mit x und addiert a_1,
multipliziert diese Summe ③ mit x und addiert a_0
und erhält als letzte Summe ④ das gesuchte y.

Das Verfahren wird mit verschiedenen x-Werten solange fortgesetzt, bis sich für zwei genügend nahe beieinander liegende x-Werte ein positives und ein negatives y ergibt. Für ein dazwischen liegendes x ist dann $y = 0$, das betreffende x also Lösung der ursprünglichen Gleichung 4. Grades.

■ **Beispiel:**
Berechne die vier Lösungen der Gleichung
$x^4 + 2{,}66 x^3 - 15{,}54 x^2 - 19{,}36 x + 33{,}55 = 0$.

Lösung: Hornerschema	a_3	a_2	a_1	a_0
	$+ x$	$+ ① \cdot x$	$+ ② \cdot x$	$+ ③ \cdot x$
$x = \ldots$	①	②	③	④ $= y$
	2,66	$-15{,}54$	$-19{,}36$	$+33{,}55$
	$+1{,}00$	$+3{,}66$	$-11{,}88$	$-31{,}24$
$x = 1 = x_{11}$	3,66	$-11{,}88$	$-31{,}24$	$2{,}31 = y_{11}$
	$+2{,}00$	$+9{,}32$	$-12{,}44$	$-63{,}60$
$x = 2$	4,66	$-6{,}22$	$-31{,}80$	$-30{,}05 = y$
	$+1{,}10$	$+4{,}14$	$-12{,}54$	$-35{,}09$
$x = 1{,}1 = x_{12}$	3,76	$-11{,}40$	$-31{,}90$	$-1{,}54 = y_{12}$

Mit drei Schritten hat man festgestellt, dass eine Lösung zwischen 1,0 und 1,1 liegt, da zwischen diesen beiden x-Werten y sein Vorzeichen wechselt, und zwar liegt die Wurzel offenbar näher bei 1,1, da das zu $x = 1{,}1$ gehörige $y = -1{,}54$ dem Betrag nach etwas kleiner ist als das zu $x = 1{,}0$ gehörige $y = +2{,}31$. Zur weiteren Berechnung empfiehlt sich die Verwendung eines der beiden folgenden Verfahren (Fortsetzung des Beispiels im nachfolgenden Abschnitt).

3.4.5.1 Regula falsi oder Sekantenverfahren

Alle Zahlen, die man für y erhält, wenn man in der Gleichung

$$x^n + a_{n-1}x^{n-1} + ... + a_0 = y \quad \text{(Funktionsgleichung)}$$

für x alle Zahlen zwischen x_{11} und x_{12} einsetzt, denkt man sich in ein xy-Koordinatensystem eingetragen, und man erhält einen Kurvenzug (Graph der obigen Funktionsgleichung), der an der Stelle x_1 (x_1 ist die gesuchte Lösung) die x-Achse schneidet. Verbindet man die Punkte $(x_{11} | y_{11})$ und $(x_{12} | y_{12})$ statt durch den Kurvenzug durch eine gerade Linie (Sekante), dann erhält man als Schnittpunkt mit der x-Achse den Punkt $(x_{13} | 0)$ in der Nähe von $(x_1 | 0)$, mit x_{13} also einen Näherungswert für x_1. x_{13} ist durch Interpolieren zu berechnen:

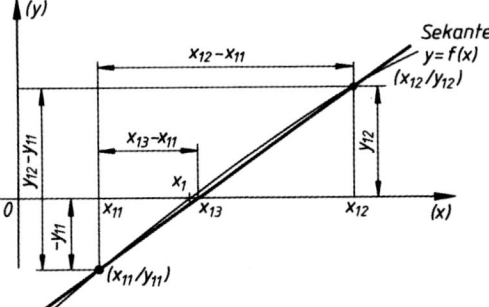

Mit $(x_{11} | y_{11})$ als Strahlenzentrum folgt nach dem zweiten Strahlensatz:

$$\frac{x_{13} - x_{11}}{x_{12} - x_{11}} = \frac{-y_{11}}{y_{12} - y_{11}}$$

(in der Figur ist y_{11} negativ, $-y_{11}$ also positiv).

Nach x_{13} aufgelöst: *Regula falsi*

$$x_{13} = x_{11} + \frac{-y_{11}}{\left(\dfrac{y_{12} - y_{11}}{x_{12} - x_{11}}\right)}$$

(Der in Klammern gesetzte Nenner ist die Sekantensteigung.)

■ **Beispiel** (Fortsetzung):
Die Gleichung
$x^4 + 2,66x^3 - 15,54x^2 - 19,36x + 33,55 = 0$
ist aufzulösen.

Ausgangswerte:
$x_{11} = 1 \quad y_{11} = 2,31$
$x_{12} = 1,1 \quad y_{12} = -1,54$
(Die Kurve hat Gefälle im Gegensatz zur Zeichnung.)

$$x_{13} = 1 + \frac{-2,31}{\dfrac{-1,54 - 2,31}{1,1 - 1,0}} = 1,060 \approx x_1$$

Auf entsprechende Weise kann man eine zweite Lösung näherungsweise bestimmen. Man kann aber auch, was hier geschehen soll, die Gleichung zuvor reduzieren:

$(x^4 + 2,66x^3 - 15,54x^2 - 19,36x + 33,55) : (x - 1,060)$
$= x^3 + 3,72x^2 - 11,60x - 31,65$
Reduzierte Gleichung: $x^3 + 3,72x^2 - 11,60x - 31,65 = 0$

$$x_{23} = x_{21} + \frac{-y_{21}}{\left(\dfrac{y_{22} - y_{21}}{x_{22} - x_{21}}\right)}$$

$$x_{23} = -2,2 + \frac{-1,21}{\dfrac{-0,15 - 1,21}{-2,1 + 2,2}} = -2,111 \approx x_2$$

Ausgangswerte zur Berechnung von x_2
(mit neuem Hornerschema zu bestimmen):
$x_{21} = -2,2 \quad y_{21} = 1,21$
$x_{22} = -2,1 \quad y_{22} = -0,15$

Erneute Reduktion der Gleichung:
$(x^3 + 3,72x^2 - 11,60x - 31,65) : (x + 2,111)$
$= x^2 + 1,609x - 15,000$

Reduzierte Gleichung: $x^2 + 1,609x - 15,000 = 0$

Auflösung:
$x_{3,4} = -0,805 \pm \sqrt{0,674 + 15,000} = -0,805 \pm 3,955$;
$x_3 \approx 3,150; x_4 \approx -4,760$

Ergebnis:
$x_1 = 1,060; x_2 = -2,111; x_3 = 3,150;$
$x_4 = -4,760$ (alles näherungsweise)

3.4.5.2 Newton'sches oder Tangentenverfahren

Kennt man von dem Kurvenzug von 3.4.5.1 (Zeichnung) einen in der Nähe des gesuchten Schnittpunkts $(x_1 | 0)$ mit der x-Achse liegenden Punkt $(x_{11} | y_{11})$ und die Steigung der Tangente in diesem Punkt, dann kann man den in der Nähe von $(x_1 | 0)$ liegenden Schnittpunkt $(x_{14} | 0)$ der Tangente mit der x-Achse berechnen, erhält also mit x_{14} einen Näherungswert für x_1. Dabei ist aus geometrischen Gründen $x_{14} < x_1 < x_{13}$ (in den Zeichnungen) oder $x_{14} > x_1 > x_{13}$ (je nach Krümmungsvorzeichen des Kurvenzugs). Die gesuchte Zahl x_1 wird also von den Näherungswerten der beiden Verfahren, Sekantenverfahren und Tangentenverfahren, eingeschlossen.

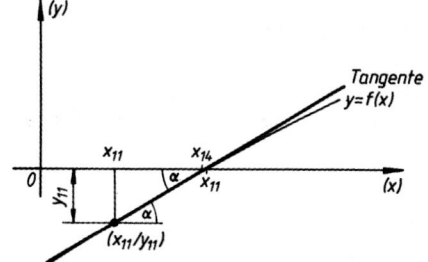

Für das Dreieck $(x_{11} \mid y_{11})$ $(x_{14} \mid 0)$ $(x_{11} \mid 0)$ gilt nach der Definition des Tangens und der Ableitung (siehe hierzu Abschnitt 8.3 Differenzialrechnung) die Beziehung

$$f'(x_{11}) = \tan \alpha = \frac{-y_{11}}{x_{14} - x_{11}}$$

($-y_{11}$ ist hier positiv).

Nach x_{14} aufgelöst:

Newton'sche Formel

$$\boxed{x_{14} = x_{11} + \frac{-y_{11}}{f'(x_{11})}}$$

(Ein Vergleich mit der Formel für x_{13} (Regula falsi) zeigt, dass nur die Sekantensteigung durch die Tangentensteigung ersetzt ist.)

- **Beispiel** (wie Beispiel zu 3.4.5.1):
  Gegebene Gleichung:
  $x^4 + 2{,}66 x^3 - 15{,}54 x^2 - 19{,}36 x + 33{,}55 = 0$

  Ausgangswerte:
  $x_{11} = 1 \qquad y_{11} = 2{,}31$
  Aus
  $f(x) = x^4 + 2{,}66 x^3 - 15{,}54 x^2 - 19{,}36 x + 33{,}55$
  folgt
  $f'(x) = 4 x^3 + 3 \cdot 2{,}66 x^2 - 2 \cdot 15{,}54 x - 19{,}36$,
  also
  $f'(1) = 4 + 7{,}98 - 31{,}08 - 19{,}36 = -38{,}46$
  und damit
  $x_{14} = 1{,}0 + \dfrac{-2{,}31}{-38{,}46} = 1{,}060 \approx x_1$

Im Rahmen der für die Praxis ausreichenden Genauigkeit auf drei bis vier geltende Stellen (2.7) ergibt sich für x_{13} und x_{14} derselbe Näherungswert, womit der Näherungswert für x_1 mit $x_1 = 1{,}060$ wegen $x_{13} < x_1 < x_{14}$ (in dieser Aufgabe; in den Zeichnungen umgekehrt) gesichert ist. – Die weitere Rechnung erfolgt wie im Beispiel zu 3.4.5.1 oder auch beim nächsten Schritt mit dem Tangentenverfahren.
Anmerkung: Die beiden Näherungsverfahren können zur Auflösung beliebiger Gleichungen herangezogen werden (siehe etwa 3.5.2, Beispiel 6).

3.5 Sonstige Gleichungen

3.5.1 Wurzelgleichungen

Wurzelgleichungen, also Gleichungen, in denen die Variable (Unbekannte) auch unter einer Wurzel vorkommt, lassen sich oft durch geeignetes Potenzieren auf rationale Form bringen.

- **Beispiel 1:**
  $11 - \sqrt{x+3} = 6$

Man isoliert die Wurzel und quadriert:

$\sqrt{x+3} = 11 - 6$
$x + 3 = 25$
$x = 22$

Lösung: $x = 22$
Probe !

- **Beispiel 2:**
  $5 + \sqrt{9x^2 - 65} = 3x$

Man isoliert die Wurzel und quadriert:

$\sqrt{9x^2 - 65} = 3x - 5$
$9x^2 - 65 = 9x^2 - 30x + 25$
$30x = 90$
$x = 3$

Lösung: $x = 3$
Probe !

- **Beispiel 3:**
  $2x - \sqrt{3+x} + 5 = 0$

Man isoliert die Wurzel und quadriert:

$\sqrt{3+x} = 2x + 5$
$3 + x = 4x^2 + 20x + 25$
$x^2 + \dfrac{19}{4} x + \dfrac{11}{2} = 0$

$x_{1,2} = -\dfrac{19}{8} \pm \sqrt{\dfrac{361 - 352}{64}} = -\dfrac{19}{8} \pm \dfrac{3}{8}$

Lösungen scheinbar:

$x_1 = -2, \qquad x_2 = -\dfrac{11}{4}$

Proben !

Wie die Probe zeigt, ist x_1 Lösung der gegebenen Gleichung. x_2 dagegen ist Lösung der Gleichung $2x + \sqrt{3+x} + 5 = 0$. Durch das Quadrieren verschwindet das Vorzeichen der Quadratwurzel, so dass auch diese Gleichung die Form $3 + x = 4x^2 + 20x + 25$ erhält.
Folgerung: Muss man zwecks Auflösung einer Gleichung quadrieren, dann kann sich eine Scheinlösung ergeben. Die Entscheidung zwischen Lösung und Scheinlösung erfolgt durch die Probe.

- **Beispiel 4:**
  $\sqrt{27x+1} = 2 - 3\sqrt{3x}$

Durch Quadrieren ergibt sich:
$27x + 1 = 4 - 12\sqrt{3x} + 27x$
Die Wurzel wird isoliert:
$12\sqrt{3x} = 3$
durch 3 dividiert:
$4\sqrt{3x} = 1$
quadriert:
$48x = 1 \Rightarrow x = \dfrac{1}{48}$

Lösung: $x = \dfrac{1}{48}$

3 Gleichungslehre

Probe!

■ **Beispiel 5:**
$$\sqrt{2x+7} + \sqrt{3(x-6)} = \sqrt{7x+1}$$

Quadrieren:
$$2x + 7 + 2\sqrt{3(2x+7)(x-6)} + 3(x-6) = 7x + 1$$

Wurzel isolieren:
$$2\sqrt{3(2x+7)(x-6)} = 2x + 12$$

Durch 2 dividieren und quadrieren:
$$3(2x+7)(x-6) = x^2 + 12x + 36$$
$$-5x^2 + 27x + 162 = 0$$
$$x^2 - \frac{27}{5}x - \frac{162}{5} = 0$$

$$x_{1,2} = +2{,}7 \pm \sqrt{7{,}29 + 32{,}4} = 2{,}7 \pm 6{,}3$$
$$x_1 = 9; \ (x_2 = -3{,}6)$$

Lösung:
$x_1 = 9$
Nur mit dieser Lösung wird die gegebene Gleichung
$$\sqrt{2x+7} + \sqrt{3(x-6)} = \sqrt{7x+1}$$
erfüllt.
Dagegen erfüllt $x_2 = -3{,}6$ nicht die gegebene, sondern die Gleichung
$$-\sqrt{2x+7} + \sqrt{3(x-6)} = \sqrt{7x+1}$$
(i $\sqrt{0{,}2}$ bei der Probe ausklammern).

■ **Beispiel 6:**
$$\sqrt[3]{18 + x^2} = \sqrt[3]{73 - x^2} - 1$$

Man potenziert zunächst mit 3:
$$18 + x^2 = (73 - x^2) - 3\sqrt[3]{73-x^2}^2 + 3\sqrt[3]{73-x^2} - 1$$
$$91 - (73 - x^2) = (73 - x^2) - 3(\sqrt[3]{73-x^2})^2 + 3\sqrt[3]{73-x^2} - 1$$

Weiteres Potenzieren hat keinen Zweck, da immer zwei dritte Wurzeln bleiben. Stattdessen Substitution:
$$z = \sqrt[3]{73 - x^2}$$

Es folgt:
$$91 - z^3 = z^3 - 3z^2 + 3z - 1$$
$$0 = 2z^3 - 3z^2 + 3z - 92$$
$$z^3 - \frac{3}{2}z^2 + \frac{3}{2}z - 46 = 0$$

Durch Probieren ergibt sich $z_1 = 4$; damit kann man die Gleichung dritten Grades reduzieren:

$$\left(z^3 - \frac{3}{2}z^2 + \frac{3}{2}z - 46\right) : (z - 4) = z^2 + \frac{5}{2}z + \frac{23}{2}$$

$$\underline{-(z^3 - 4z^2)}$$
$$+\frac{5}{2}z^2 + \frac{3}{2}z$$
$$\underline{-(+\frac{5}{2}z^2 - 10z)}$$
$$+\frac{23}{2}z - 46$$
$$\underline{-(+\frac{23}{2}z - 46)}$$
$$0$$

z_2 und z_3, die Lösungen der quadratischen Gleichung $z^2 + \frac{5}{2}z + \frac{23}{2} = 0$, sind komplex und führen damit zu Scheinlösungen, die durch das Potenzieren verursacht sind.
In die Substitutionsgleichung wird 4 für z eingesetzt:
$$z = \sqrt[3]{73 - x^2} \Rightarrow 73 - x^2 = z^3 = 4^3 = 64$$
$$x^2 = 9 \Rightarrow x_{1,2} = \pm 3$$
$$L = \{3, -3\}$$

Lösungsmenge:
Probe!

3.5.2 Exponential- und logarithmische Gleichungen

Steht die Variable (Unbekannte) x im Exponenten, dann liegt eine Exponentialgleichung, steht sie hinter einem Logarithmus, dann liegt eine logarithmische Gleichung vor. Zur Auflösung sind die Regeln von 2.8.3 anzuwenden.

■ **Beispiel 1:**
$2^x = 5$
Man bildet beidseitig den Logarithmus zur Basis 2: $x = \log_2 5$

Nach 2.8.3.2 ist $\log_2 5 = \frac{\lg 5}{\lg 2} = \frac{\ln 5}{\ln 2}$

1. Mit Tafelwerten:
$$x = \frac{\lg 5}{\lg 2} \approx \frac{0{,}699}{0{,}301} \approx 2{.}32$$

2. Mit Rechner:
$$x = \frac{\ln 5}{\ln 2} \approx 2{,}32$$

Lösung: $x = 2{,}32$ (angenähert)

Fehlerwarnung:
$$\frac{\lg 5}{\lg 2} \neq \lg 5 - \lg 2, \text{ sondern } \lg \frac{5}{2} = \lg 5 - \lg 2!$$

■ **Beispiel 2:**
$5 \cdot 8^{x+1} = 16^{x-1}$
$\Leftrightarrow 5 \cdot 2^{3x+3} = 2^{4x-4}$
man multipliziert mit 2^{4-3x}:
$\Leftrightarrow 5 \cdot 8 \cdot 16 = 2^x$
$\Leftrightarrow \log_2(5 \cdot 2^7) = x$
$\Leftrightarrow \log_2 640 = x$
Mit Rechner:
$\log_2 640 \ \frac{\ln 640}{\ln 2} \approx 9{,}32$

Lösung: $x = 9{,}32$ (angenähert)

■ **Beispiel 3:**
$3 \cdot 5^{x+2} = 2 \cdot 15^{x-1}$
$\Leftrightarrow 3 \cdot 25 \cdot 5^x = \frac{2}{15} \cdot 15^x$
$\Leftrightarrow 3 \cdot 25 = \frac{2}{15} \cdot 3^x$

$x = \log_3 562{,}5$
$= \dfrac{\lg 562{,}5}{\lg 3} = \dfrac{\ln 562{,}5}{\ln 3}$
$\approx \dfrac{2{,}750}{0{,}477} \approx \dfrac{6{,}3323}{1{,}0988}$
$\approx 5{,}77 \qquad \approx 5{,}76$

Lösung: $x = 5{,}77$ (angenähert)

■ **Beispiel 4:**
$4^{2x} - 5 \cdot 4^x = 3776$
Der Ausdruck (Term) 4^x wird durch z ersetzt. Diese Substitution $z = 4^x$ führt auf die quadratische Gleichung $z^2 - 5z = 3776$ mit den Lösungen $z_1 = 64$; $z_2 = -59$. Nur z_1 vermittelt eine reelle Lösung, und zwar $x_1 = 3$.

Lösung: $x = 3$

■ **Beispiel 5:**
$\log_7 (x^2 + 19) = 3 \Leftrightarrow 7^3 = x^2 + 19$
Lösungen: $x_{1,2} = \pm 18$

■ **Beispiel 6:**
$\log_3 (x + 4) = x \Leftrightarrow 3^x = x + 4$
Eine solche transzendente Gleichung ist nicht nach x auflösbar. Durch ein Näherungsverfahren (3.4.5.1 oder 3.4.5.2) kann man jedoch einen Näherungswert berechnen. Man setzt $3^x - x - 4 = y$ und findet unter Zuhilfenahme eines Rechners:
für $x_{12} = 1{,}57$, $y_{12} \approx 5{,}61 - 1{,}57 - 4 = 0{,}04$
für $x_{11} = 1{,}55$, $y_{11} \approx 5{,}49 - 1{,}55 - 4 = -0{,}06$
Nach 4.5.1 ist $x_{13} = 1{,}55 + \dfrac{0{,}06}{\dfrac{0{,}04 + 0{,}06}{1{,}57 - 1{,}55}} = 1{,}562$

Lösung: $x = 1{,}56$ (angenähert)

Braucht man die Lösung genauer, wiederholt man die Rechnung mit x_{13} (= 1,5620) und einem so gewählten benachbarten x_{14} (= 1,5619), dass y_{13} ($\approx 0{,}000\ 415$) und y_{14} ($\approx -0{,}000\ 096$) verschiedene Vorzeichen erhalten. Interpolation wie oben bei x_{13} ergibt eine genauere Lösung x_{15}:

$x_{15} = 1{,}5619 + \dfrac{0{,}000096 \cdot (1{,}5620 - 1{,}5619)}{0{,}000415 + 0{,}000096} \approx 1{,}561\ 919$

3.5.3 Goniometrische Gleichungen

Gleichungen, in denen die Variable (Unbekannte) x unter anderem als Argument einer Winkelfunktion auftritt, heißen goniometrische Gleichungen. Sie sind wie die vorangehenden Gleichungen nur teilweise geschlossen lösbar, als transzendente Gleichungen erlauben sie nur Näherungslösungen.

■ **Beispiel 1:**
$\sin x = \sin 75°$
Unendlich viele Winkel x sind Lösung, z.B. $x_1 = 75°$, $x_2 = 105°$, $x_3 = 435°$, $x_4 = 465°$, ... , wie sich aus dem Verlauf der sin-Funktion ergibt. Die gleichen Lösungen lauten im Bogenmaß

$x_1 = \text{arc } 75° = 75 \cdot \dfrac{\pi}{180} \approx 1{,}308\ 996\ 9$,
$x_2 = \text{arc } 105° =$
$= 105 \cdot \dfrac{\pi}{180} \approx 1{,}832\ 595\ 7, \ldots$.

Die gesamte unendliche Menge der Lösungen lässt sich im Bogenmaß folgendermaßen formulieren (dabei bedeutet n jede beliebige ganze Zahl):

$L = \{x \mid x = \text{arc } 75° + 2n\pi \lor x = \text{arc }(180° - 75°) + 2n\pi\}$
$L = \{x \mid x = \text{arc }(90° \pm 15°) + 2n\pi\}$
$L = \left\{x \mid x = \dfrac{\pi}{2} \pm \dfrac{\pi}{12} + 2n\pi\right\}$
$L = \{x \mid x \approx 1{,}570\ 796\ 3 \pm 0{,}261\ 799\ 4 + n \cdot 6{,}283\ 185\ 3\}$

■ **Beispiel 2:**
$\sin^2 x + 2\cos x = 1{,}5$
$1 - \cos^2 x + 2\cos x = 1{,}5$
$\cos^2 x - 2\cos x + 0{,}5 = 0$
$\cos x = 1 + \dfrac{1}{2}\sqrt{2}$
oder $\cos x = 1 - \dfrac{1}{2}\sqrt{2}$

Durch Umformung mit Hilfe der Beziehung $\sin^2 x + \cos^2 x = 1$ erhält man eine quadratische Gleichung für $\cos x$. $\cos x = 1 + \tfrac{1}{2}\sqrt{2}$ hat keine reelle Lösung, da $\cos x \leq 1$.
Aus $\cos x = 1 - \tfrac{1}{2}\sqrt{2}$ folgt näherungsweise $\cos x \approx 0{,}293$ mit der Lösungsmenge:
$L = \{x \mid x \approx \pm \text{arc } 73{,}0° + 2n\pi\} = \{x \mid x \approx \pm 1{,}274 + 2n\pi\}$
n ist jede beliebige ganze Zahl.

■ **Beispiel 3:**
$\sin x - \sin y = 0{,}6$
$x - y = \text{arc } 40°15'$
$y = x - \text{arc } 40°15'$ wird in die erste Gleichung eingesetzt: $\sin x - \sin(x - \text{arc } 40°15') = 0{,}6$.

Man könnte den Subtrahenden nach dem Additionstheorem für $\sin(\alpha - \beta)$ auflösen und dann $\cos x$ durch $\sin x$ ersetzen, was schließlich eine quadratische Gleichung für $\sin x$ ergäbe. Auf diesem Wege erhielte man exakte Lösungen für $\sin x$. Da man x aber schließlich doch nur näherungsweise angeben kann, kann man auch gleich mit Hilfe z.B. des Sekantenverfahrens nach Näherungswerten suchen. Man setzt $\sin x - \sin(x - \text{arc } 40°15') - 0{,}6 = z$. Man findet leicht, dass man mit etwa arc 50° für x etwa 0 für z erhält:

$x_{12} = \text{arc } 50°$, $\sin x_{12} \approx 0{,}766$, $\sin(50° - 40° 15') \approx 0{,}169$
$\Rightarrow z_{12} = -0{,}003$

$x_{11} = \text{arc } 49°$, $\sin x_{11} \approx 0{,}755$, $\sin(49° - 40° 15') \approx 0{,}152$
$\Rightarrow z_{11} = +0{,}003$

Man erkennt ohne weiteres $x_{13} = \text{arc } 49{,}5°$. Mit Hilfe von Tabellenwerten ergibt sich:

$x_{13} = \text{arc } 49{,}5°$, $\sin x_{13} \approx 0{,}7604$, $\sin 9{,}25° \approx 0{,}1608$
$\Rightarrow z_{13} = -0{,}0004$ (statt 0)

Verfeinerung des Ergebnisses durch Interpolieren:

$x_1 = \text{arc } 49° 26'$, $y_1 = \text{arc } 9° 11'$
ist eine Lösung (angenähert)

$x_2 = \text{arc }(360° - 9° 11') = \text{arc } 350° 49'$ } ist eine zweite Lösung
$y_2 = \text{arc }(360° - 49° 26') = \text{arc } 310° 34'$ } (angenähert)

4 Funktionen, graphische Lösungen, analytische Geometrie

Lösungsmenge (alle Lösungen angenähert):

$L = \{(x, y) \mid (x = \text{arc } 49° \ 26' + 2n\pi \wedge y = \text{arc } 9° \ 11' + 2n\pi)$
$\vee (x = \text{arc } 350° \ 49' + 2n\pi \wedge y = \text{arc } 310° \ 34' + 2n\pi)\}$
$= \{(x, y) \mid (x = 0{,}8628 + 2n\pi \wedge y = 0{,}1603 + 2n\pi)$
$\vee (x = 6{,}1229 + 2n\pi \wedge y = 5{,}4204 + 2n\pi)\}$

n ist jede beliebige ganze Zahl

■ **Beispiel 4:**
$\sin x + \cos x - 0{,}9 \, x = 0$
Diese Gleichung ist transzendent und nicht geschlossen lösbar. Näherungslösung nach Sekantenverfahren (Regula falsi):

$\sin x + \cos x - 0{,}9 \, x = y$

$x_{12} = 77° \ 0' \quad y_{12} = -0{,}0101$
$x_{11} = 76° \ 30' \quad y_{11} = 0{,}0041$

Einzige reelle Lösung:
$x_1 = \text{arc } 76°39' = 1{,}3378$ (beides angenähert)

4 Funktionen, graphische Lösungen, analytische Geometrie

4.1 Begriff der Funktion

4.1.1 Definition der Funktion

Die eindeutige Zuordnung der Elemente einer Urbildmenge A zu den Elementen einer Bildmenge B heißt Funktion.
Die Zuordnungsvorschrift ist im Regelfall eine Gleichung, die Funktionsgleichung $y = f(x)$ (gelesen: y gleich f von x). Sie soll ermöglichen, zu jedem Element x der Urbildmenge A das zugehörige Element y der Bildmenge B zu berechnen.

4.1.2 Wertetabelle einer Funktion

Die zueinander gehörigen Zahlen x und y sind ein geordnetes Zahlenpaar (x, y). Eine Auswahl solcher Zahlenpaare bildet eine Wertetabelle. Alle Zahlenpaare bilden die Funktion f, so dass man formulieren kann:

$f = \{(x, y) \mid y = f(x)\}_{\mathbb{R}/\mathbb{R}}$

gelesen: f gleich Menge aller Zahlenpaare x, y, für die gilt: y gleich f von x, x und y aus der Menge $\mathbb{R}$ der reellen Zahlen

x heißt unabhängige Veränderliche (Variable)
y heißt abhängige Veränderliche (Variable)

4.1.3 Graph einer Funktion

Der Graph der Funktion ist das Schaubild, das man erhält, wenn man die Zahlenpaare (x, y) in ein Achsenkreuz einträgt. Die waagerechte Achse ist die x-Achse oder Abszissenachse, die senkrechte Achse ist die y-Achse oder Ordinatenachse, beide gemeinsam heißen Koordinatenachsen.

x ist der Rechtswert oder die Abszisse,
y der Hochwert oder die Ordinate eines Punktes $(x \mid y)$ mit den Koordinaten x und y.
Die Gesamtmenge aller Punkte $(x \mid y)$ ist der Graph der Funktion.

Anmerkung 1: Unterscheide die Abszisse (x-Wert eines Punktes) und die Abszissen*achse* (x-Achse eines Schaubilds); unterscheide die Ordinate (y-Wert eines Punktes = Funktionswert) und die Ordinaten*achse* (y-Achse eines Schaubilds)!

Anmerkung 2: Bei einem Paar setzt man ein Komma oder ein Semikolon zwischen die beiden Komponenten oder Partner: (x, y) oder: $(x; y)$. Bei Darstellung eines Punktes setzt man einen senkrechten Strich zwischen die beiden Koordinaten: $(x \mid y)$.

4.2 Die ganze rationale Funktion

In der Technik interessieren im Wesentlichen die *analytischen* Funktionen. Das sind alle die Funktionen, in denen die Zuordnung der Elemente x der Urbildmenge A zu den Elementen y der Bildmenge B durch eine Gleichung, die *Funktionsgleichung* $y = f(x)$ erfolgt (y gleich f von x). Häufig spricht man von der *Funktion* $y = f(x)$. Den wichtigsten Teil der analytischen Funktionen bilden die ganzen rationalen Funktionen.

4.2.1 Die konstante Funktion

Funktionsgleichung:

$y = f(x) = b \ (b \in \mathbb{R})$

(b kann eine beliebige reelle Zahl, also auch 0, sein)

Der Graph der konstanten Funktion ist eine Parallele zur x-Achse, und zwar im Abstand b; im Beispiel ist $b = 2$.

Sonderfall: $b = 0$:
Die Gerade ist die x-Achse selbst; Geradengleichung der x-Achse ist also $y = 0$.

■ **Beispiel:**
$y = 2$; $f(x)$ hat den gleich bleibenden Wert 2

Wertetabelle:

x	y
-1	2
0	2
1	2

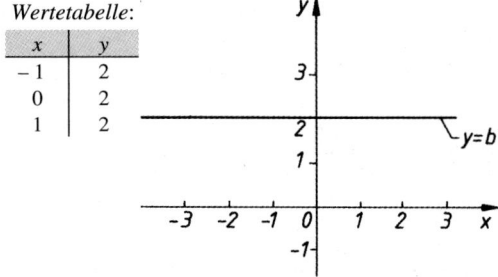

4.2.2 Die Proportionalfunktion

Funktionsgleichung:

$y = f(x) = mx$ mit konstantem m ($m \neq 0$)

(m kann eine beliebige reelle Zahl, also auch 0, sein)

■ **Beispiel:**

$y = \frac{1}{2}x$

Wertetabelle:

x	y
-3	$-\frac{3}{2} = -1{,}5$
-2	-1
-1	$-\frac{1}{2} = -0{,}5$
0	0
1	$\frac{1}{2} = 0{,}5$
2	1
3	$\frac{3}{2} = 1{,}5$

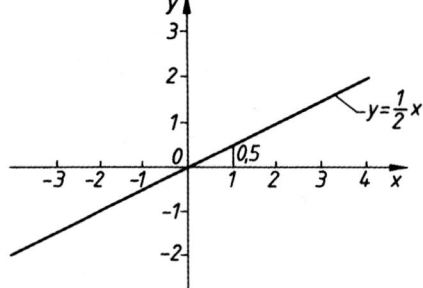

Der Graph der Proportionalfunktion ist eine Gerade durch den Ursprung, und zwar mit der Steigung m. Unter der Steigung einer Geraden versteht man den Höhenzuwachs bei einem Schritt um 1 nach rechts; im Beispiel ist $m = \frac{1}{2}$. „m" ist der Proportionalitätsfaktor. Man kann die Funktionsgleichung der Proportionalfunktion als Proportion schreiben: $y : x = m : 1$. Der Zuwachs von y erfolgt proportional zum Fortschreiten in x-Richtung (siehe auch Abschnitt 3.2.1.3 Proportionen).

4.2.2.1 Das Hooke'sche Gesetz

Funktionsgleichung:

$F = c\,\Delta l$ statt $y = mx$
$y = F$ ist die Federkraft
$m = c$ ist die Federkonstante[*)]
   (der Proportionalitätsfaktor)
$x = \Delta l$ ist die Längenveränderung der Feder

Anmerkung: Es muss sichergestellt sein, dass sich die Daten im materialbedingten Gültigkeitsbereich des Hooke'schen Gesetzes bewegen.

■ **Beispiel** (wie Beispiel 1 in 3.2.1.3):
Welche Kraft dehnt eine Feder um 4 cm, wenn die Kraft 3 N (Newton) eine Dehnung von 2 cm bewirkt?

$c = \dfrac{3\,\text{N}}{2\,\text{cm}} = 1{,}5\,\dfrac{\text{N}}{\text{cm}}$

$\Delta l = 4\,\text{cm}$

Aus $F = c\,\Delta l$ folgt $F = 1{,}5\,\dfrac{\text{N}}{\text{cm}} \cdot 4\,\text{cm} = 6\,\text{N}$

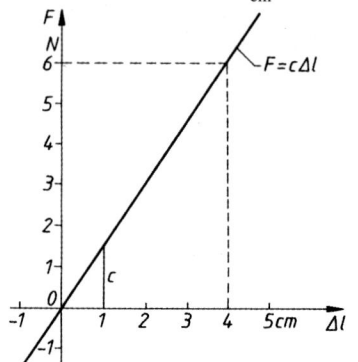

4.2.2.2 Geschwindigkeit im Weg-Zeit-Diagramm

Funktionsgleichung ist die *Weg-Zeit-Gleichung*:

$\Delta s = v\,\Delta t$ statt $y = mx$
$y = \Delta s$ ist der zurückgelegte Weg
$m = v$ ist die Geschwindigkeit
   (Proportionalitätsfaktor)
$x = \Delta t$ ist die abgelaufene Zeit

■ **Beispiel** (wie Beispiel 2 in 3.2.1.3):
Wie weit kommt ein Flugzeug in 2,5 h, wenn es 10 km in 45 s zurücklegt?

$v = \dfrac{10\,000\,\text{m}}{45\,\text{s}} = 222{,}222\,22\,\dfrac{\text{m}}{\text{s}}$

$\Delta t = 2{,}5\,\text{h} \cdot \dfrac{3\,600\,\text{s}}{\text{h}} = 9\,000\,\text{s}$

Aus $\Delta s = v\,\Delta t$ folgt

$\Delta s = \dfrac{10\,000\,\text{m}}{45\,\text{s}} \cdot 9\,000\,\text{s} = 2\,000\,\text{km}$

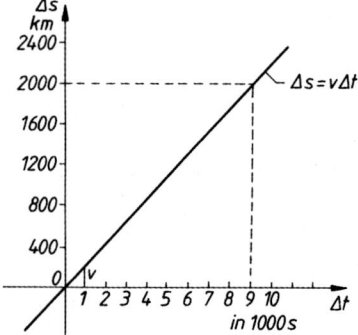

[*)] andere Bezeichnungen sind Federrate und Federsteifigkeit

4.2.3 Die lineare Funktion

Funktionsgleichung:

$y = f(x) = mx + b$ ($m, b \in \mathbb{R}$)

Graph der linearen Funktion ist eine Gerade (daher „lineare" Funktion), und zwar die Gerade mit der Steigung m und dem y-Abschnitt b.
Die Proportionalfunktion (4.2.2) gehört als Sonderfall mit zu den linearen Funktionen:
Mit $b = 0$ ist $y = f(x) = mx$.

■ **Beispiel:**

$y = f(x) = \frac{1}{2}x + 2$, also $m = \frac{1}{2}$, $b = 2$

Wertetabelle

x	y
-6	-1
-4	0
-2	1
0	2
1	$2{,}5$
2	3
4	4

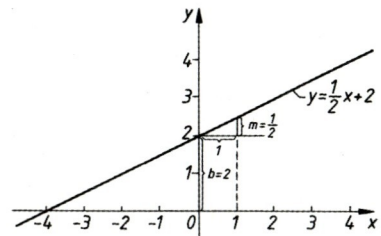

4.2.3.1 Das Gay-Lussac'sches Gesetz

Das Gay-Lussac'sche Gesetz ist eine lineare Funktion. In der geläufigsten seiner verschiedenen Formen schreibt man statt

$y = mx + b$ die Gleichung
$V = V_0 (1 + \gamma \vartheta)$ oder in vergleichbarer Form
$V = V_0 \gamma \vartheta + V_0$.

Dabei bedeuten:

V das variable Gasvolumen
V_0 Volumen derselben Gasmenge bei 0 °C
$\gamma = \dfrac{1}{273}$ der konstante Volumenausdehungskoeffizient
ϑ die Maßzahl der in °C gemessenen variablen Temperatur

Ein Vergleich mit der linearen Funktion ergibt:

$V = y$ $\qquad V_0 \gamma = \dfrac{V_0}{273} = m$
$\vartheta = x$ $\qquad V_0 = b$

Die Definitionsmenge ist gegeben durch die Bedingung $-273 \le \vartheta < \infty$.

Wertetabelle:

ϑ	V
-273	0
0	V_0
100	$\frac{373}{273} V_0$
200	$\frac{473}{273} V_0$
273	$2 V_0$

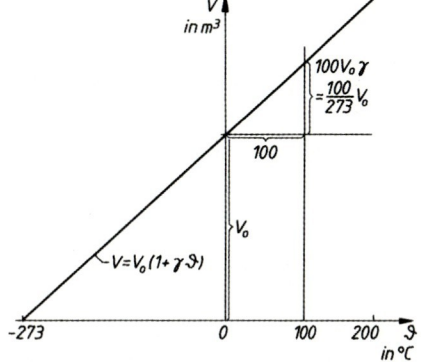

■ **Beispiel** (vgl. Beispiel in Wärmelehre):
Im Winderhitzer eines Hochofens werden stündlich $42\,000$ m³ Luft von 17 °C auf 800 °C erwärmt. Wie groß ist das Volumen der vom Winderhitzer pro Stunde gelieferten erhitzten Luft?

Lösung:
Die Gleichung $V = V_0 (1 + \gamma \vartheta)$ wird zweimal angewendet. Zuerst Berechnung von V_0:

$V_0 = V_1 \dfrac{1}{1 + \gamma \vartheta_1}$

$= 42\,000 \text{ m}^3 \dfrac{1}{1 + \frac{1}{273} \cdot 17} = 39\,537{,}931 \text{ m}^3$

Die stündlich erhitzte Luftmenge hätte bei 0 °C das Volumen $39\,500$ m³.

Es folgt die Berechnung des gesuchten V_2:

$V_2 = V_0 (1 + \gamma \vartheta_2)$

$= 39\,537{,}933 \text{ m}^3 \left(1 + \dfrac{1}{273} \cdot 800\right) = 155\,400 \text{ m}^3$

Die stündlich gelieferte erhitzte Luftmenge hat bei 800 °C das Volumen $155\,400$ m³.

4.2.4 Die quadratische Funktion

Die quadratische Funktion hat die Gleichung $y = a_2 x^2 + a_1 x + a_0$ mit konstanten Koeffizienten a_2, a_1, a_0 und der Bedingung $a_2 \ne 0$ (mit $a_2 = 0$ erhält man die lineare Funktion): $a_2 \in \mathbb{R}^* = \mathbb{R} \setminus \{0\}$ (Menge der reellen Zahlen ohne 0), $a_1, a_0 \in \mathbb{R}$.
Der Graph jeder quadratischen Funktion ist eine Parabel.

4.2.4.1 Die Normalparabel

Mit den Koeffizienten $a_2 = 1$, $a_1 = 0$, $a_0 = 0$ der quadratischen Funktion $y = a_2 x^2 + a_1 x + a_0$ erhält man die Normalparabel $y = x^2$.

Wertetabelle

x	y
.	.
.	.
.	.
-3	9
-2	4
-1	1
0	0
1	1
2	4
3	9
.	.
.	.
.	.

Der Punkt (0|0) ist der *Scheitelpunkt* der Normalparabel.
Während die Urbildmenge $A = \mathbb{R}$ ist, ergibt sich als Bildmenge nur $B = \mathbb{R}_0^+$, die Menge der positiven reellen Zahlen einschließlich 0.

4.2.4.2 Die verschobene Normalparabel

Mit $a_2 = 1$ und beliebigen Werten für a_1 und a_0 (aber nicht beide gleich 0) erhält man aus $y = a_2 x^2 + a_1 x + a_0$ eine verschobene Normalparabel, also eine Parabel derselben Form wie $y = x^2$ (man kann zum Zeichnen ein und dieselbe Schablone verwenden), aber verschobenem Scheitelpunkt. Von Interesse ist die Berechnung des Scheitelpunkts:

Funktionsgleichung:
$$y = x^2 + a_1 x + a_0$$

■ **Beispiel 1:**
$y = x^2 - x - 1$ (also $a_1 = 1$ und $a_0 = -1$)

Berechnung des Scheitelpunkts S:

Man addiert beiderseits
$$\left(\frac{a_1}{2}\right)^2 = \frac{1}{4}$$

und erhält
$$y + \left(\frac{a_1}{2}\right)^2 = x^2 + a_1 x + \left(\frac{a_1}{2}\right)^2 + a_0$$

$$y + \frac{1}{4} = x^2 - x + \left(\frac{1}{2}\right)^2 - 1 \;.$$

Die ersten drei Summanden der rechten Gleichungsseite bilden ein vollständiges Quadrat; mit Hilfe der ersten – zweiten – binomischen Formel erhält man:

$$y + \left(\frac{a_1}{2}\right)^2 = \left(x + \frac{a_1}{2}\right)^2 + a_0$$

$$y + \frac{1}{4} = \left(x - \frac{1}{2}\right)^2 - 1$$

und nach Subtrahieren von $a_0 = -1$

$$y + \left(\frac{a_1}{2}\right)^2 - a_0 = \left(x + \frac{a_1}{2}\right)^2$$

$$y + 1\frac{1}{4} = \left(x - \frac{1}{2}\right)^2 .$$

0 ist der kleinste Wert, den die rechte Gleichungsseite annehmen kann, dass heißt, an der Stelle

$$x = -\frac{a_1}{2} = \frac{1}{2}$$

muss der Scheitelpunkt liegen. Die linke Seite der Gleichung wird 0 mit

$$y = a_0 - \left(\frac{a_1}{2}\right)^2 = -1\frac{1}{4} \;,$$

dem Wert der Ordinate des Scheitelpunkts. Man erhält somit

$$S(x_s | y_s) = S\left(-\frac{a_1}{2} \middle| a_0 - \frac{a_1}{2}^2\right)$$

$$S(x_s | y_s) = S\left(\frac{1}{2} \middle| -1\frac{1}{4}\right)$$

als Scheitelpunkt der gegebenen Parabel.

Berechnung des Schnittpunkts S_{y0} mit der y-Achse:

Die Ordinate des Schnittpunkts mit der y-Achse, der y-Abschnitt, ergibt sich, wenn man $x = 0$ in die Funktionsgleichung einsetzt:

$y = 0 + 0 + a_0$
$y = 0 - 0 - 1$

$S_{y0}(0|y_0) = S_{y0}(0|a_0)$
$S_{y0}(0|y_0) = S_{y0}(0|-1)$
ist der Schnittpunkt mit der y-Achse.

Berechnung der Schnittpunkte S_{x1} und S_{x2} mit der x-Achse:

Die Abszissen der Schnittpunkte mit der x-Achse erhält man, wenn man das y der Funktionsgleichung $= 0$ setzt, also als Lösungen der quadratischen Gleichung

$x^2 + a_1 x + a_0 = 0$
$x^2 - x - 1 = 0$

$$x_{1,2} = -\frac{a_1}{2} \pm \sqrt{\left(\frac{a_1}{2}\right)^2 - a_0}$$

$$x_{1,2} = \frac{1}{2} \pm \sqrt{\frac{1}{4} + 1}$$

$$x_1 = \frac{1}{2} + \frac{1}{2}\sqrt{5} = 1{,}6180339 \ldots$$

$$x_2 = \frac{1}{2} - \frac{1}{2}\sqrt{5} = -0{,}6180339 \ldots$$

$$S_{x1}(x_1 | 0) = S_{x1}\left(-\frac{a_1}{2} + \sqrt{\left(\frac{a_1}{2}\right)^2 - a_0} \middle| 0\right)$$

$$S_{x1}(x_1 | 0) = S_{x1}(1{,}6180339 \ldots | 0)$$

$S_{x2}(x_2 \mid 0) = S_{x2}\left(-\dfrac{a_1}{2} - \sqrt{\left(\dfrac{a_1}{2}\right)^2 - a_0} \;\middle|\; 0\right)$

$S_{x2}(x_2 \mid 0) = S_{x2}(-0{,}618\,033\,9\ldots \mid 0)$
sind die beiden Schnittpunkte mit der x-Achse.

Wertetabelle (zu Beispiel 1):

x		y	Punkt
0,5		−1,25	S
0,5 ± 1	= 1,5 = −0,5	−1,25 + 1 = −0,25	
0,5 ± 2	= 2,5 = −1,5	−1,25 + 4 = 2,75	
0,5 ± 3	= 3,5 = −2,5	−1,25 + 9 = 7,75	
0		−1	S_{y0}
0,5 + 1,118 … = 1,618 …		0	S_{x1}
0,5 − 1,118 … = −0,618 …		0	S_{x2}

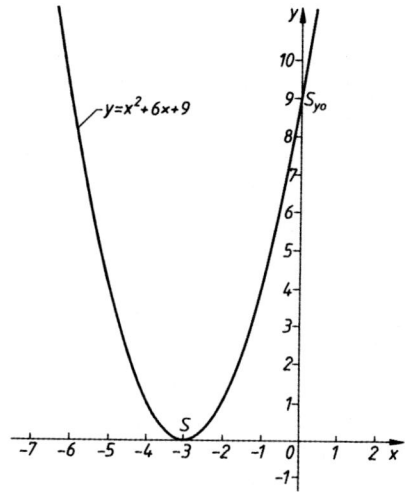

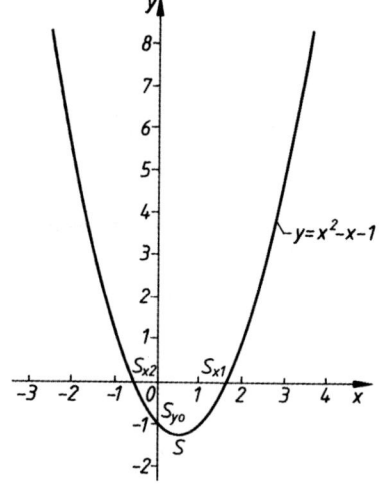

■ **Beispiel 2:**
Funktionsgleichung:
$y = x^2 + 6x + 9$

Berechnung des Scheitelpunkts:
$y = (x + 3)^2$
$S(x_s \mid y_s) = S(-3 \mid 0)$

Berechnung des Schnittpunkts mit der y-Achse:
$S_{y0}(0 \mid y_0) = S_{y0}(0 \mid 9)$

Berechnung der Schnittpunkte mit der x-Achse:
$(x + 3)^2 = 0$
$x_{1,2} = -3$
$S_{x1,2}(x_{1,2} \mid 0) = S_{x1,2}(-3 \mid 0) = S(x_s \mid y_s)$

Es liegt der Sonderfall vor, dass der Scheitelpunkt S und die beiden Schnittpunkte mit der x-Achse, S_{x1} und S_{x2}, zusammenfallen.

■ **Beispiel 3:**
Funktionsgleichung:
$y = x^2 - 4x$

Berechnung des Scheitelpunkts:
$y + 4 = x^2 - 4x + 4$
$y + 4 = (x - 2)^2$
$S(x_s \mid y_s) = S(2 \mid -4)$

Berechnung des Schnittpunkts mit der y-Achse:
$y = 0 - 0 = 0$
$S_{y0}(0 \mid y_0) = S_{y0}(0 \mid 0)$

Berechnung der Schnittpunkte mit der x-Achse:
$0 = x^2 - 4x = x(x - 4)$
$x_1 = 4, \quad x_2 = 0$
$S_{x1}(x_1 \mid 0) = S_{x1}(4 \mid 0)$
$S_{x2}(x_2 \mid 0) = S_{x2}(0 \mid 0) = S_{y0}(0 \mid 0) = O(0 \mid 0)$

Es liegt der Sonderfall vor, dass die Parabel durch den Ursprung geht und somit der Schnittpunkt mit der y-Achse und der eine Schnittpunkt mit der x-Achse im Ursprung O des Koordinatensystems zusammenfallen.

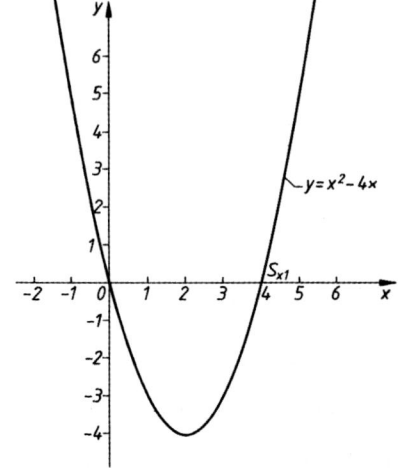

Beispiel 4:

Funktionsgleichung:
$y = x^2 + 4x + 5$

Berechnung des Scheitelpunkts:
$y = x^2 + 4x + 4 + 1$
$y - 1 = (x + 2)^2$
$S(x_s | y_s) = S(-2 | 1)$

Berechnung des Schnittpunkts mit der y-Achse:
$y = 0 + 0 + 5$
$S_{y0}(0 | y_0) = S_{y0}(0 | 5)$

Berechnung der Schnittpunkte mit der x-Achse:
$x^2 + 4x + 5 = 0$
$x_{1,2} = -2 \pm \sqrt{4 - 5} = -2 \pm i$

Es gibt keine Schnittpunkte mit der x-Achse. Das konnte man bereits am Scheitelpunkt S erkennen: Da seine Ordinate positiv ($y_s = 1$) und die Parabel nach oben offen ist, kann sie die x-Achse nicht schneiden.

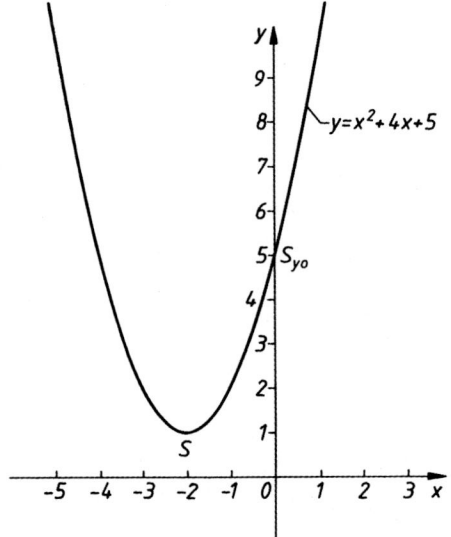

4.2.4.3 Die gespiegelte verschobene Normalparabel

Ist in der Funktionsgleichung $y = a_2 x^2 + a_1 x + a_0$ $a_2 < 0$, dann ist die Parabel nach unten offen. Bei der gespiegelten Normalparabel ist $a_2 = -1$; sie hat somit die

Funktionsgleichung:
$y = -x^2 + a_1 x + a_0$

Beispiel:
$y = -x^2 - 4x + 3$ (also $a_1 = -4$ und $a_0 = 3$)

Berechnung des Scheitelpunkts S:
Man subtrahiert beiderseits $a_0 = -4$, und auf der rechten Gleichungsseite wird $\left(\frac{a_1}{2}\right)^2 = 4$ subtrahiert – und gleich wieder addiert –, so dass ein vollständiges Quadrat entsteht, das man mit Hilfe der zweiten – ersten – binomischen Formel umformen kann:

$y - a_0 = -\left(x^2 - a_1 x + \left(\frac{a_1}{2}\right)^2\right) + \left(\frac{a_1}{2}\right)^2$

$y - 3 = -(x^2 + 4x + 4) + 4$

$y - a_0 - \left(\frac{a_1}{2}\right)^2 = -\left(x - \frac{a_1}{2}\right)^2$

$y - 7 = -(x + 2)^2$

Mit den gesuchten Scheitelpunktskoordinaten

$x = \frac{a_1}{2}$ und $y = a_0 + \left(\frac{a_1}{2}\right)^2$

$x = -2$ und $y = 7$

werden beide Seiten der Gleichung = 0. Man erhält also:

$S(x_s | y_s) = S\left(\frac{a_1}{2} \middle| a_0 + \frac{a_1^2}{4}\right)$

$S(x_s | y_s) = S(-2 | 7)$

Berechnung des Schnittpunkts mit der y-Achse:
Man setzt in der Funktionsgleichung $x = 0$ und erhält
$y = y_0 = a_0$
$y = y_0 = 3$

als Ordinate des Schnittpunkts mit der y-Achse (y-Abschnitt):
$S_{y0}(0 | y_0) = S_{y0}(0 | a_0)$
$S_{y0}(0 | y_0) = S_{y0}(0 | 3)$

Berechnung der Schnittpunkte mit der x-Achse:
Mit $y = 0$ wird die Funktionsgleichung zur quadratischen Gleichung:
$x_2 - a_1 x - a_0 = 0$

$x_{1,2} = \frac{a_1}{2} \pm \sqrt{\left(\frac{a_1}{2}\right)^2 + a_0}$

$x^2 + 4x - 3 = 0$
$x_{1,2} = -2 \pm \sqrt{4 + 3} = -2 \pm \sqrt{7}$
$x_1 = 0,645\,751\,3\ldots$
$x_2 = -4,645\,751\,3\ldots$

Schnittpunkte mit der x-Achse sind:

$S_{x1}(x_1 | 0) = S_{x1}\left(\frac{a_1}{2} + \sqrt{\left(\frac{a_1}{2}\right)^2 + a_0} \middle| 0\right)$

$S_{x1}(x_1 | 0) = S_{x1}(0,645\,751\,3\ldots | 0)$

$S_{x2}(x_2 | 0) = S_{x2}\left(\frac{a_1}{2} - \sqrt{\left(\frac{a_1}{2}\right)^2 + a_0} \middle| 0\right)$

$S_{x2}(x_2 | 0) = S_{x2}(-4,645\,751\,3\ldots | 0)$

Wertetabelle (zum Beispiel $y = -x^2 - 4x + 3$):

x	y	Punkt
-5	-2	
$-4,645\ldots$	0	S_{x2}
-4	3	
-3	6	
-2	7	S
-1	6	
0	3	S_{y0}
$0,645\ldots$	0	S_{x1}
1	-2	
2	-9	

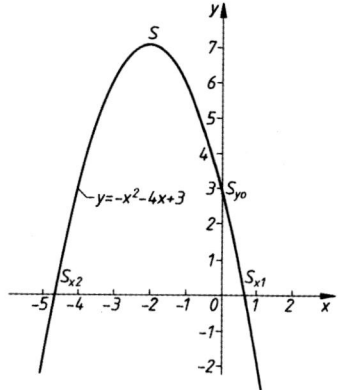

$$x = x_s = -\frac{a_1}{2a_2} \quad y = y_s = a_0 - \frac{a_1^2}{4a_2}$$
$$x = x_s = 0{,}2 \quad y = y_s = -1{,}38$$

(Durch Einsetzen von $a_2 = -3$, $a_1 = 1{,}2$, $a_0 = -1{,}5$ bestätigt man die Richtigkeit der Rechnung.)
Der Parabelscheitelpunkt ist

$$S(x_s \mid y_s) = S\left(-\frac{a_1}{2a_2} \;\middle|\; a_0 - \frac{a_1^2}{4a_2}\right)$$

$$S(x_s \mid y_s) = S(0{,}2 \mid -1{,}38)$$

Berechnung des Schnittpunkts mit der y-Achse:
Setzt man in die Funktionsgleichung $x = 0$ ein, dann erhält man als y-Abschnitt
$$y = y_0 = a_0 \qquad y = y_0 = -1{,}5$$

Schnittpunkt mit der y-Achse ist also
$$S_{y0}(0 \mid a_0) \qquad S_{y0}(0 \mid -1{,}5)$$

Berechnung der Schnittpunkte mit der x-Achse:
Die Abszissen der Schnittpunkte mit der x-Achse erhält man als Lösungen der quadratischen Gleichung, die sich ergibt, wenn man in der Funktionsgleichung $y = 0$ setzt:

$$a_2 x^2 + a_1 x + a_0 = 0$$
$$-3x^2 + 1{,}2x - 1{,}5 = 0$$

$$x^2 + \frac{a_1}{a_2}x + \frac{a_0}{a_2} = 0$$
$$x^2 - 0{,}4x + 0{,}5 = 0$$

$$x_{1,2} = -\frac{a_1}{2a_2} \pm \sqrt{\frac{a_1^2}{4a_2^2} - \frac{a_0}{a_2}}$$

$$x_{1,2} = 0{,}2 \pm \sqrt{0{,}04 - 0{,}5} = 0{,}2 \pm \sqrt{-0{,}46} \quad \text{(imaginär)}$$

Mit diesen Termen für x_1 und x_2 erhält man die gesuchten Schnittpunkte
$S_{x1}(x_1 \mid 0)$ und $S_{x2}(x_2 \mid 0)$.

Da die Parabel nach unten offen ist und der Scheitelpunkt unterhalb der x-Achse liegt ($y_s = -1{,}38$), schneidet die Parabel die x-Achse nicht.

4.2.4.4 Der allgemeine Fall der quadratischen Funktion

Funktionsgleichung:

$y = a_2 x^2 + a_1 x + a_0;\; a_2 \neq 0$

Mit $|a_2| = 1$ erhält man eine der in 4.2.4.1, 4.2.4.2, 4.2.4.3 behandelten „Normalparabeln" (sie können mit ein und derselben Schablone gezeichnet werden). Sieht man davon ab, dann ergibt sich eine gestauchte oder gestreckte Parabel.

Im einzelnen gilt:

$a_2 > 0 \Rightarrow$ nach oben offen
$a_2 < 0 \Rightarrow$ nach unten offen
$|a_2| < 1 \Rightarrow$ gestaucht
$|a_2| > 1 \Rightarrow$ gestreckt

■ **Beispiel:**
$y = -3x^2 + 1{,}2x - 1{,}5$
(also $a_2 = -3$, $a_1 = 1{,}2$, $a_0 = -1{,}5$)
Der Streckungsfaktor ist $a_2 = -3$, das heißt, die Parabel ist nach unten offen und auf das dreifache gestreckt:

$a_2 = -3 < 0 \quad \Rightarrow$ nach unten offen
$|a_2| = 3 > 1 \quad \Rightarrow$ gestreckt

Berechnung des Scheitelpunkts S:
Man klammert $a_2 = -3$ aus und addiert und subtrahiert die quadratische Ergänzung (unterstrichen), um mit Hilfe der ersten oder zweiten binomischen Formel die x-Glieder zu einem vollständigen Quadrat umzuformen:

$$y = \underline{a_2}\left(x^2 + \frac{a_1}{a_2}x + \underline{\left(\frac{a_1}{2a_2}\right)^2}\right) + a_0 - \frac{a_1^2}{4a_2}$$

$$y = -3(x^2 - 0{,}4x + 0{,}2^2) - 1{,}5 + 3 \cdot 0{,}2^2$$

$$y - \left(a_0 - \frac{a_1^2}{4a_2}\right) = a_2\left(x + \frac{a_1}{2a_2}\right)^2$$

$$y + 1{,}38 = -3(x - 0{,}2)^2$$

Hieraus liest man die Scheitelpunktkoordinaten ab, nämlich diejenigen Werte für x und y, mit denen beide Seiten der Gleichung $= 0$ werden.

Wertetabelle (zum Beispiel $y = -3x^2 + 1{,}2x - 1{,}5$):

x	y	Punkt
-2	$-15{,}9$	
-1	$-5{,}7$	
$-0{,}8$	$-4{,}38$	
$-0{,}6$	$-3{,}3$	
$-0{,}4$	$-2{,}46$	
$-0{,}2$	$-1{,}86$	
0	$-1{,}5$	S_{y0}
$0{,}2$	$-1{,}38$	S
$0{,}4$	$-1{,}5$	
$0{,}6$	$-1{,}86$	
$0{,}8$	$-2{,}46$	
1	$-3{,}3$	
$1{,}2$	$-4{,}38$	
$1{,}4$	$-5{,}7$	
2	$-11{,}1$	

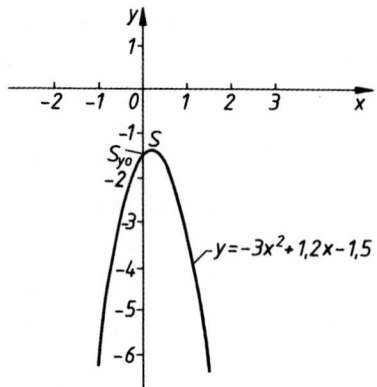

Anmerkung: y_s ist dieselbe Fallhöhe, die man errechnet, wenn man einen Körper im freien Fall bis zum Erreichen der Geschwindigkeit v_{0y} fallen lässt:

$$y_s = \frac{g}{t} t^2, \quad v_{0y} = gt. \quad \text{Man eliminiert } t:$$

$$t = \frac{v_{0y}}{g}, \qquad y_s = \frac{g}{2}\left(\frac{v_{0y}}{g}\right)^2,$$

woraus nach Kürzen von g die Behauptung folgt.

■ **Beispiel:**

$$v_{0y} = 20\,\frac{m}{s}, \quad v_{0x} = 15\,\frac{m}{s}, \quad g = 9{,}81\,\frac{m}{s^2}$$

Damit heißt die Funktionsgleichung

$$y = -\frac{9{,}81}{450}x^2 + \frac{4}{3}x \quad \text{oder} \quad y = x(-0{,}021\,8\,x + 1{,}333\,3\,...).$$

Scheitelpunkt und Schnittpunkte mit den Achsen sind der Wertetabelle zu entnehmen.

Wertetabelle (auf drei Dezimalstellen gerundet):

x in m	y in m	Punkt
0	0	$S_{y0} = S_{x1}$
15	15,095	
30,581	20,387	S
45	15,855	
61,162	0	S_{x2}
75	–22,625	

Wurfparabel:

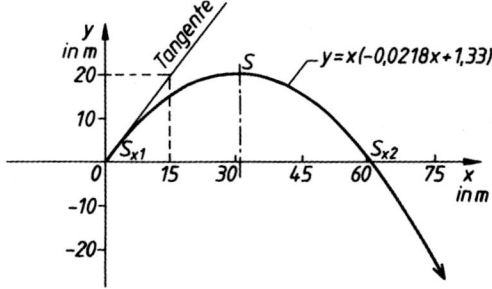

4.2.4.4.1 Der schiefe Wurf

Der schiefe Wurf ist ein Beispiel für den allgemeinen Fall einer quadratischen Funktion. Die Wurfbahn ist eine Parabel, sofern die Erdbeschleunigung als konstant $\left(g = 9{,}81\,\frac{m}{s^2}\right)$ angenommen und der Luftwiderstand vernachlässigt wird. Der schiefe Wurf ist eine Überlagerung des senkrechten Wurfs $y = v_{0y}\,t - \frac{g}{2}t^2$ und einer konstanten Horizontalbewegung $x = v_{0x}\,t$. v_{0y} ist die Vertikalkomponente der Anfangsgeschwindigkeit v_0, v_{0x} ist die Horizontalkomponente von v_0. Nach dem Satz des Pythagoras ist $v_0^2 = v_{0x}^2 + v_{0y}^2$. Eliminiert man aus den beiden Gleichungen für die veränderliche Steighöhe y und die zunehmende horizontale Wurfweite x die Zeit t, dann erhält man

$$y = v_{0y} \cdot \frac{x}{v_{0x}} - \frac{g}{2}\cdot\left(\frac{x}{v_{0x}}\right)^2$$

als Gleichung der Wurfbahn. Es ist eine nach unten offene Parabel durch den Ursprung (0 | 0). Man kann auch schreiben

$$y = -\frac{g}{2v_{0x}^2}x^2 + \frac{v_{0y}}{v_{0x}}x \quad \text{oder}$$

$$y = x\left(-\frac{g}{2v_{0x}^2}x + \frac{v_{0y}}{v_{0x}}\right)$$

Aus der letzten Gleichung liest man unmittelbar ab, dass $y = 0$ wird mit $x = x_1 = 0$ und mit $x = x_2 = \frac{2\,v_{0x}\,v_{0y}}{g}$, den Abszissen der Schnittpunkte der Parabel mit der x-Achse. Dabei bedeutet x_2 die endgültige horizontale Wurfweite. Aus Symmetriegründen ist die Abszisse des Scheitelpunkts halb so groß, also $x_s = \frac{v_{0x}\,v_{0y}}{g}$, und die Ordinate des Scheitelpunkts y_s, die maximale Steighöhe, errechnet man hiermit zu $y_s = \frac{v_{0y}^2}{2g}$.

4.2.5 Die kubische Funktion

Die kubische Funktion oder ganze rationale Funktion dritten Grades hat die Funktionsgleichung

$$y = a_3 x^3 + a_2 x^2 + a_1 x + a_0 \quad \text{mit } a_3 \neq 0.$$

Der Definitionsbereich ist unbeschränkt:

$$-\infty < x < +\infty.$$

Die Koeffizienten a_3, a_2, a_1, a_0 können beliebige reelle Zahlen sein außer 0 für a_3, da dann das x^3-Glied wegfiele.
Graph der kubischen Funktion ist die kubische Parabel, eine zentralsymmetrische Kurve mit genau einem Wendepunkt W, dem Symmetriezentrum der Kurve.

Bedeutung von a_3:

$a_3 > 0 \Rightarrow$ die Kurve kommt von links aus dem Negativ-Unendlichen und verläuft nach rechts ins Positiv-Unendliche

$a_3 < 0 \Rightarrow$ die Kurve kommt von links aus dem Positiv-Unendlichen und verläuft nach rechts ins Negativ-Unendliche.

Die Kurve hat genau einen Schnittpunkt mit der y-Achse und mindestens einen Schnittpunkt und höchstens drei Schnittpunkte mit der x-Achse.

■ **Beispiel 1:**
$y = x^3$
$O = W = S_{y0} = S_{x1,2,3}$

■ **Beispiel 2:**
$y = -\frac{1}{2}x^3$
$O = W = S_{y0} = S_{x1,2,3}$

■ **Beispiel 3:**
$y = \frac{1}{4}x^3 - x$

Diese Gleichung lässt sich umformen:
$y = \frac{1}{4}x(x^2 - 4)$
$y = \frac{1}{4}x(x+2)(x-2)$

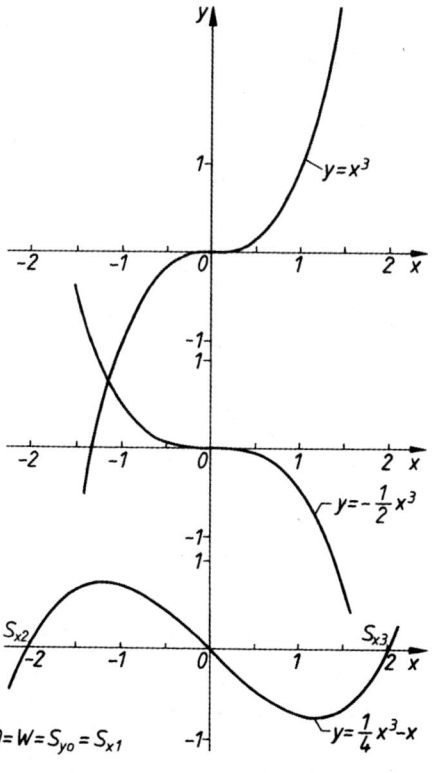

4.2.6 Die ganze rationale Funktion n-ten Grades

Funktionsgleichung:
$$y = a_n x^n + a_{n-1} x^{n-1} + a_{n-2} x^{n-2} + \ldots + a_2 x^2 + a_1 x + a_0 \quad \text{mit } a_n \neq 0$$

Die rechte Seite heißt auch Polynom n-ten Grades. Der Graph ist eine zusammenhängende knicklose Kurve, die von links aus dem Positiv- oder Negativ-Unendlichen kommt und nach rechts im Positiv- oder Negativ-Unendlichen verschwindet, je nachdem, ob n gerade oder ungerade und a_n positiv oder negativ ist.

Übersicht

$n = 2, 4, 6, \ldots$
$\begin{cases} a_n > 0 & \begin{cases} x \to -\infty \Rightarrow y \to +\infty \\ x \to +\infty \Rightarrow y \to +\infty \end{cases} \\ a_n < 0 & \begin{cases} x \to -\infty \Rightarrow y \to -\infty \\ x \to +\infty \Rightarrow y \to -\infty \end{cases} \end{cases}$

$n = 1, 3, 5, \ldots$
$\begin{cases} a_n > 0 & \begin{cases} x \to -\infty \Rightarrow y \to -\infty \\ x \to +\infty \Rightarrow y \to +\infty \end{cases} \\ a_n < 0 & \begin{cases} x \to -\infty \Rightarrow y \to +\infty \\ x \to +\infty \Rightarrow y \to +\infty \end{cases} \end{cases}$

Sonderfälle:

$n = 0$: $\quad y = a_0$
konstante Funktion, also auch $y = b$
Gleichung einer Parallelen zur x-Achse (4.2.1)
mit $b = 0$: $y = 0$
Gleichung der x-Achse

$n = 1$: $\quad y = a_1 x + a_0 \; (a_1 \neq x)$
lineare Funktion, also auch $y = mx + b$
Geradengleichung (4.2.3)
mit $b = 0$: $y = mx$
Proportionalfunktion, also Gleichung einer Geraden durch den Ursprung (4.2.2)

$n = 2$: $\quad y = a_2 x^2 + a_1 x + a_0 \; (a_2 \neq 0)$
quadratische Funktion, also Parabelgleichung (4.2.4, 4.2.4.4)
mit $a_2 = 1$, $a_1 = a_0 = 0$: $y = x^2$
Gleichung der Normalparabel (4.2.4.1)
mit $a_2 = 1$ (a_1 und a_0 beliebig):
$y = x^2 + a_1 x + a_0$
Gleichung einer verschobenen Normalparabel (4.2.4.2)
mit $a_2 = -1$ (a_1 und a_0 beliebig):
$y = -x^2 + a_1 x + a_0$
Gleichung einer gespiegelten Normalparabel (4.2.4.3)

$n = 3$: $\quad y = a_3 x^3 + a_2 x^2 + a_1 x + a_0 \; (a_3 \neq 0)$
kubische Funktion, also Gleichung einer kubischen Parabel (4.2.5)

Einige charakteristische Merkmale ganzer rationaler Funktionen höheren als dritten Grades zeigen folgende Beispiele:

- **Beispiel 1:**
  $y = x^4$
  Der Vergleich mit $y = x^2$ (4.2.4.1) zeigt bei scheinbarer Übereinstimmung der beiden Graphen, dass hier bei $y = x^4$ das Minimum um den 0-Punkt „flacher" ist.

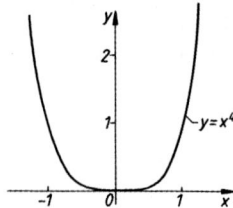

- **Beispiel 2:**
  $y = x^5$
  Auch hier liegt auf den ersten Blick scheinbar Übereinstimmung mit dem Graphen von $y = x^3$ (4.2.5, Beispiel 1) vor. Tatsächlich schmiegt sich aber der Graph von $y = x^5$ im Bereich des Wendepunkts viel stärker an die x-Achse an.

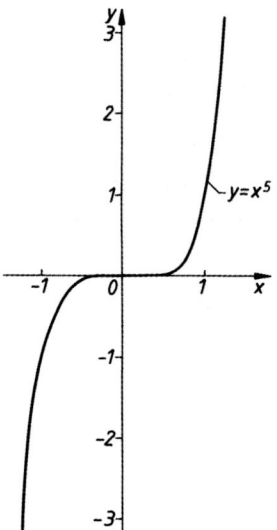

- **Beispiel 3:**
  $y = \frac{1}{100}x^6 + \frac{1}{100}x^5 - \frac{17}{100}x^4 - \frac{1}{20}x^3 + \frac{16}{25}x^2 + \frac{1}{25}x - \frac{12}{25}$
  Diese Gleichung ist hervorgegangen aus
  $y = \frac{1}{100}(x^2 - 1)(x^2 - 4)(x^2 + x - 12)$
  Aus der Tatsache, dass $y = 0$ wird, wenn einer der drei x enthaltenden Faktoren gleich 0 ist, folgt, dass die Lösungen der drei quadratischen Gleichungen $x^2 - 1 = 0$, $x^2 - 4 = 0$ und $x^2 + x - 12 = 0$ Nullstellen der Funktion sind: $x_1 = 1$, $x_2 = -1$, $x_3 = 2$, $x_4 = -2$, $x_5 = 3$, $x_6 = -4$.
  Da $a_n = \frac{1}{100} > 0$ und $n = 6$ geradzahlig ist, kommt die Kurve von links aus dem Positiv-Unendlichen und geht nach rechts ins Positiv-Unendliche. Die Kurve hat die Höchstzahl an Schnittpunkten mit der x-Achse, nämlich $n = 6$. Der y-Abschnitt (x wird gleich 0 gesetzt) ergibt sich zu $y_0 = -\frac{12}{25}$.

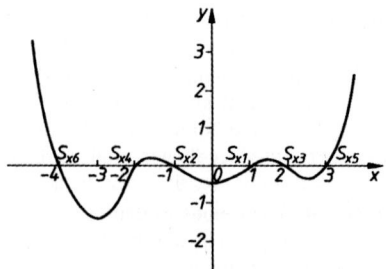

4.3 Sonstige elementare Funktionen

Alle Funktionen, deren Funktionsgleichung durch einen geschlossenen analytischen Ausdruck darstellbar sind, heißen elementare Funktionen.

4.3.1 Die gebrochen-rationalen Funktionen

Die allgemeine Form der Funktionsgleichung einer gebrochen-rationalen Funktion ist

$$y = \frac{a_n x^n + a_{n-1} x^{n-1} + \ldots + a_2 x^2 + a_1 x + a_0}{b_m x^m + b_{m-1} x^{m-1} + \ldots + b_2 x^2 + b_1 x + b_0}$$

Dabei sind n und m natürliche Zahlen, $a_n, a_{n-1}, \ldots$, $b_m, b_{m-1}, \ldots$ sind beliebige reelle Zahlen, nur dürfen die $b_m, b_{m-1}, \ldots$ nicht alle $= 0$ sein. Ist $n < m$, dann handelt es sich um eine echt gebrochene rationale Funktion; im Fall $n \geq m$ ist sie unecht gebrochen.
Die Funktion ist nicht für alle x definiert. Die Nullstellen des Nenners gehören nicht zum Definitionsbereich der Funktion. Sind alle $b_m, b_{m-1}, \ldots$ bis auf b_0 gleich 0, dann ist die Funktion nur scheinbar gebrochen, in Wirklichkeit ganz-rational, denn es steht kein x im Nenner.

- **Beispiel 1:**
  $y = \frac{1}{x}$
  Zum Definitionsbereich gehören alle x außer $x = 0$.
  Bei $x = 0$ hat die Funktion einen Pol.

Eine Stelle, an der eine Funktion nicht definiert ist, nennt man *Polstelle* dieser Funktion. Das Verhalten einer Funktion in der Umgebung einer Polstelle wie auch das Verhalten dieser Funktion im Unendlichen klärt man mit Hilfe einer geeigneten Wertetabelle.

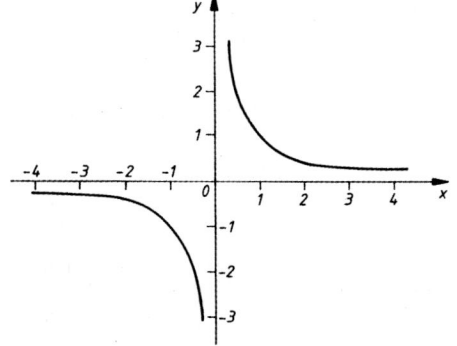

Wertetabelle (zu Beispiel 1):

x	$y = \frac{1}{x}$
0,1	10
0,01	100
0,001	1000

Folgerung: $\lim\limits_{x \to +0} y = +\infty$

(gelesen: Limes y für x gegen + 0 gleich plus unendlich)

$-0,1$	-10
$-0,01$	-100
$-0,001$	$-1\,000$

Folgerung: $\lim\limits_{x \to -0} y = -\infty$

Die Kurve „springt", wenn $x = 0$ von links nach rechts überschritten wird, von $-\infty$ nach $+\infty$.

10	0,1
100	0,01
1 000	0,001

Folgerung: $\lim\limits_{x \to +\infty} y = +0$

Die Kurve nähert sich nach rechts von oben der x-Achse.

-10	$-0,1$
-100	$-0,01$
$-1\,000$	$-0,001$

Folgerung: $\lim\limits_{x \to -\infty} y = -0$

Die Kurve schmiegt sich nach links der x-Achse von unten an.

Für den Graphen von $y = \frac{1}{x}$ sind die y-Achse und die x-Achse *Asymptoten* (A-sym-ptote = Nicht-Zusammen-Laufende), das heißt Geraden, denen sich die Kurve unbeschränkt annähert, ohne sie je zu erreichen.

■ **Beispiel 2:**

$y = \frac{1}{x^2}$

Die Funktion ist definiert für alle $x \neq 0$.
Für die Polstelle gilt

$\lim\limits_{x \to +0} y = +\infty$

$\lim\limits_{x \to -0} y = -\infty$.

Das Verhalten im Unendlichen:

$\lim\limits_{x \to +\infty} y = +0$

$\lim\limits_{x \to -\infty} y = +0$.

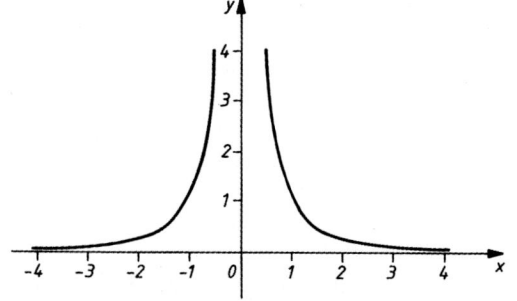

■ **Beispiel 3:**

$y = \dfrac{1}{x^2 - 1}$

Die Funktion ist definiert für alle x, für die der Nenner ≠ 0 ist. Nullstellen des Nenners, also Polstellen der Funktion, findet man durch Auflösen der Bestimmungsgleichung, die man durch Null-Setzen des Nenners erhält. Hier also $x^2 - 1 = 0$.

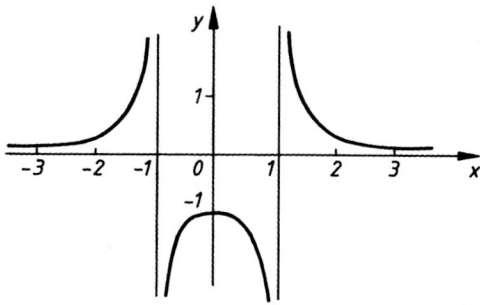

Diese quadratische Gleichung hat die Lösungen $x_1 = 1$ und $x_2 = -1$. Man liest diese Lösungen aus der Nennerform $(x - 1)(x + 1) = 0$ (dritte binomische Formel) sofort ab. $x = 1$ und $x = -1$ sind also Polstellen der Funktion. Das Verhalten der Funktion in der Umgebung dieser Polstellen erkennt man aus der Wertetabelle nach dem Muster von Beispiel 1.

Wertetabelle (zu Beispiel 3):

x	$y = \dfrac{1}{x^2 - 1}$	
$\mp 1,1$	$\dfrac{1}{0,21}$	$= 4{,}762$
$\mp 1,01$	$\dfrac{1}{0,0201}$	$= 49{,}751$
$\mp 1,001$	$\dfrac{1}{0,002001}$	$= 499{,}750$
$\mp 0,9$	$\dfrac{-1}{0,19}$	$= -5{,}263$
$\mp 0,99$	$\dfrac{-1}{0,0199}$	$= -50{,}251$
$\mp 0,999$	$\dfrac{-1}{0,001999}$	$= -500{,}250$

Folgerungen:

$\lim\limits_{x \to -1-0} y = +\infty$

$\lim\limits_{x \to -1+0} y = -\infty$

$\lim\limits_{x \to +1-0} y = -\infty$

$\lim\limits_{x \to +1+0} y = +\infty$

Verhalten im Unendlichen: $\lim\limits_{x \to \mp\infty} y = +0$

Schnittpunkte mit der x-Achse:

Es gibt keine, da der Zähler des Bruches nie 0 ist.

Bemerkungen:
1. Funktionswerte im Intervall $-1 < y \leq 0$ gibt es nicht, da der Nenner nicht < -1 werden kann.
2. Die Kurve verläuft symmetrisch zur y-Achse, da x nur im Quadrat vorkommt, also für jedes $x = a$ derselbe Funktionswert wie für $x = -a$ berechnet wird.

4.3.2 Algebraisch-irrationale Funktionen

Funktionen, bei denen sich $f(x)$ nur aus Potenzen von x mit rationalen, aber nicht nur ganzzahligen Exponenten zusammensetzt, heißen algebraisch-irrational. Ein Beispiel wäre $y = f(x) = x^2 + x + \sqrt{x}$ mit den Zahlen 2, 1 und $\frac{1}{2}$ als Exponenten von x; zwei Gegenbeispiele wären $y = x^2 + x + \frac{1}{x}$ mit den Zahlen 2, 1 und -1 als Exponenten von x (die Funktion ist gebrochen-rational) und $y = x^{\ln 2}$ mit der irrationalen Zahl $\ln 2 = 0{,}693 \ldots$ als Exponent von x (die Funktion ist transzendent).

■ **Beispiel 1:**
$$y = \sqrt{x}$$
Definitionsbereich ist die Menge der positiv reellen Zahlen und 0: $x \geq 0$. Graph ist eine halbe „liegende" Normalparabel. Die zweite – untere – Hälfte hat die Funktionsgleichung $y = -\sqrt{x}$ mit dem Definitionsbereich $x > 0$.

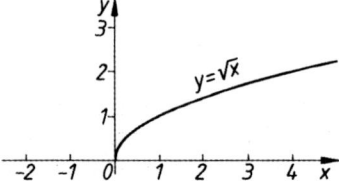

Spiegelfunktionen:
Die Normalparabel nach 4.2.4.1 hat die Funktionsgleichung $y = x^2$. Durch Vertauschen der Buchstaben x und y und anschließendes Auflösen nach y erhält man die beiden Funktionsgleichungen $y = \pm \sqrt{x}$. Mit der Geraden $y = x$ als Spiegelachse ist das Spiegelbild von $y = x^2$ im Intervall $x \geq 0$ die Kurve $y = +\sqrt{x}$ mit $x \geq 0$; das Spiegelbild von $y = x^2$ im Intervall $x < 0$ ist $y = -\sqrt{x}$ mit $x > 0$.
Man nennt deshalb $y = +\sqrt{x}$ mit $x \geq 0$ Spiegelfunktion von $y = x^2$ mit $x \geq 0$, und man nennt $y = -\sqrt{x}$ mit $x > 0$ Spiegelfunktion von $y = x^2$ mit $x < 0$.

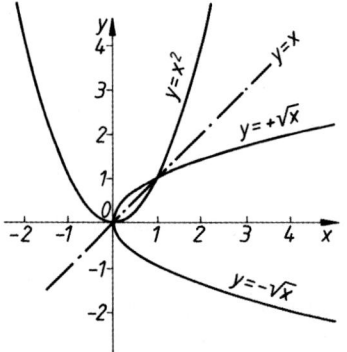

■ **Beispiel 2:**
Die Funktionsgleichungen
$$y = b \pm \sqrt{r^2 - (x-a)^2}$$
mit $|x - a| \leq r$ (der Radius r ist > 0) gehen hervor aus der allgemeinen Kreisgleichung
$$(x-a)^2 + (y-b)^2 = r^2$$
(Satz des Pythagoras; siehe Figur).
Der Graph von $y = b + \sqrt{r^2 - (x-a)^2}$ ist die obere Hälfte eines Kreises, der von $y = b - \sqrt{r^2 - (x-a)^2}$ die untere Hälfte dieses Kreises.

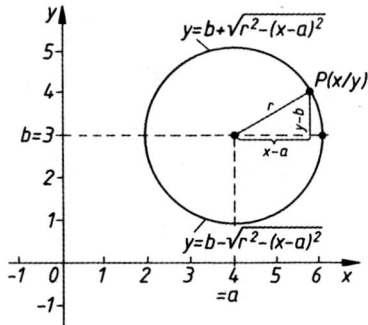

■ **Beispiel 3:**
Aus der Gleichung der Astroide $x^{\frac{2}{3}} + y^{\frac{2}{3}} = a^{\frac{2}{3}}$ erhält man durch Auflösen nach y die Funktionsgleichungen
$$y = \pm \sqrt{\left(a^{\frac{2}{3}} - x^{\frac{2}{3}}\right)^3}$$
mit dem Definitionsbereich $|x| \leq a$ bei $a > 0$.

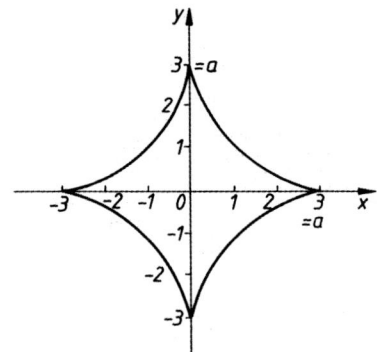

4.3.3 Transzendente Funktionen

Alle durch eine Funktionsgleichung darstellbaren Funktionen, die weder rational noch algebraisch-irrational sind, sind transzendent.

4.3.3.1 Trigonometrische Funktionen und Arcusfunktionen

Die trigonometrischen Funktionen oder Winkelfunktionen oder Kreisfunktionen $y = \sin x$, $y = \cos x$, $y = \tan x$,

$y = \cot x$ werden zusammen mit ihren Spiegelfunktionen, den Arcusfunktionen, ausführlich in Kapitel 7 behandelt.

4.3.3.2 Exponentialfunktionen und logarithmische Funktionen

Exponentialfunktionen haben die Variable x im Exponenten, zum Beispiel $y = a^x$; sie sind zu unterscheiden von den Potenzfunktionen mit x in der Basis, zum Beispiel $y = x^n$. Spiegelfunktionen einer Exponentialfunktion ist eine logarithmische Funktion, hier $y = \log_a x$ (Logarithmen siehe 2.8.3 und 2.9).

■ *Beispiel:*
Funktionsgleichung:
$y = a^x$ mit $a = 2$

Spiegelfunktion hierzu:
$y = \log_2 x$

Sonderfall:
Funktionsgleichung:
$y = e^x$

Spiegelfunktion hierzu:
$y = \ln x$

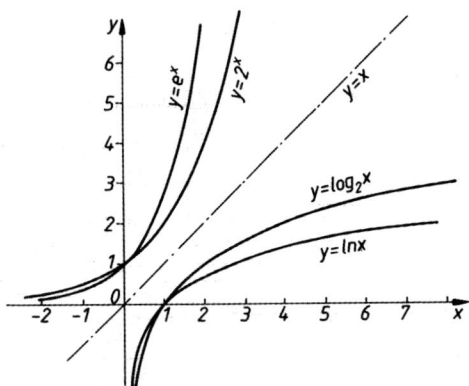

Bei den Exponentialfunktionen $y = 2^x$ und $y = e^x$ ist der Definitionsbereich unbeschränkt: $-\infty < x < +\infty$. Doch da der Bildbereich sich auf positive y beschränkt: $0 < y < \infty$, ist der Definitionsbereich der Spiegelfunktionen $y = \log_2 x$ und $y = \ln x$ beschränkt: $0 < x < \infty$.

4.4 Graphische Lösung von Bestimmungsgleichungen

Ersetzt man in der Funktionsgleichung $y = f(x)$ die Variable y durch eine feste Zahl, z.B. 0, dann erhält man eine Gleichung mit der einzigen Variablen x; diejenigen Zahlen, die man für x einsetzen muss, um jeweils eine wahre Aussage zu erhalten, bilden die Lösungsmenge $L = \{x_1; x_2, ...\}$ (Näheres siehe Kapitel 3). Solche Gleichungen mit der Variablen x nennt man auch im Gegensatz zu den Funktionsgleichungen Bestimmungsgleichungen, da man mit ihrer Hilfe die Lösungen $x_1, x_2, ...$ bestimmen kann. Die Variable x wird dann auch die Unbekannte genannt.

Schreibt man eine Bestimmungsgleichung mit der Variablen (Unbekannten) x in der Form $f(x) = 0$ – man bringt also alle Glieder der Gleichung auf die linke Seite, so dass rechts nur 0 stehen bleibt –, und ersetzt man die Null durch y, dann ist die Auflösung der Bestimmungsgleichung $f(x) = 0$ gleichbedeutend mit der Bestimmung der Nullstellen der Funktion mit der Funktionsgleichung $f(x) = y$. Die Nullstellen der Funktion aber entsprechen den Schnittpunkten ihrer Kurve mit der x-Achse. Diese gilt es somit zu bestimmen. Gibt es keine Schnittpunkte, dann sind die Lösungen der Bestimmungsgleichung imaginär. Berührungspunkte bedeuten doppelt zählende Lösungen.

4.4.1 Lineare Gleichungen mit einer Variablen (Unbekannten)

Als „Kurve" der Gleichung $ax + b = y$ ergibt sich eine Gerade, deren Schnittpunkt mit der x-Achse die Lösung der Gleichung $ax + b = 0$ liefert.

■ *Beispiel:*
$5x + 7 = 0$

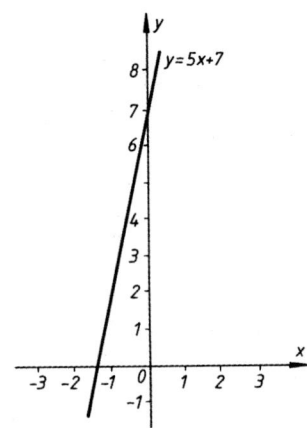

Man setzt $5x + 7 = y$, zeichnet die dadurch gegebene Gerade und liest am Schnittpunkt mit der x-Achse das Ergebnis $x = -1,4$ oder $-\frac{7}{5}$ ab.

Lösung: $x = -1,4$

4.4.2 Quadratische Gleichungen mit einer Variablen (Unbekannten)

Die auf Normalform gebrachte quadratische Gleichung $x^2 + px + q = 0$ wird zur Funktionsgleichung einer ganzen rationalen Funktion zweiten Grades:
$x^2 + px + q = y$.

Erstes Verfahren: Durch quadratische Ergänzung erhält man

$$x^2 + px + \left(\frac{p}{2}\right)^2 = y - q + \left(\frac{p}{2}\right)^2 \quad \text{oder}$$

$$\left(x+\frac{p}{2}\right)^2 = y - q + \frac{p^2}{4}$$

Das ist die Gleichung einer nach oben offenen „Normalparabel" (Parabel der Form $y = x^2$) mit dem Scheitelpunkt $\left(-\frac{p}{2}\bigg|q-\frac{p^2}{4}\right)$ (4.2.4.2). Man fertigt sich also eine Schablone der Parabel $y = x^2$ an, verschiebt diese parallel, bis ihr Scheitelpunkt mit dem berechneten Scheitelpunkt zusammenfällt, und erhält in den Schnittpunkten ihrer Peripherie mit der x-Achse die gesuchten Lösungen der gegebenen quadratischen Gleichung.

■ **Beispiel:**
$x^2 - 5x + 3 = 0$

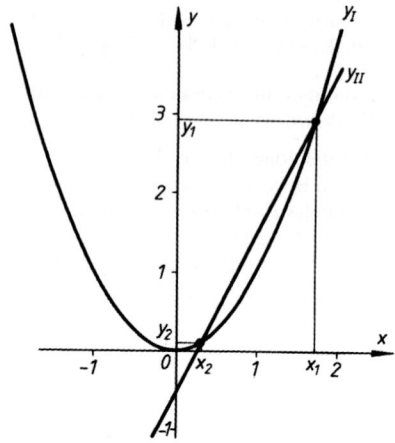

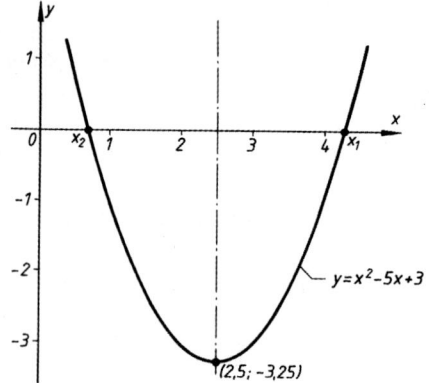

Parabel $x^2 - 5x + \left(\frac{5}{2}\right)^2 = y - 3 + \left(\frac{5}{2}\right)^2$ oder

$\left(x-\frac{5}{2}\right)^2 = y + \frac{13}{4}$. Scheitelpunkt $\left(\frac{5}{2}\bigg|-\frac{13}{4}\right)$.

Aus nebenstehendem Bild liest man die Lösungen $x_1 = 4{,}3$ und $x_2 = 0{,}7$ ab.

Lösungsmenge: $= \{4{,}3; 0{,}7\}$

Zweites Verfahren: Den Term $x^2 + px + q = y$ kann man zusammengesetzt denken aus $x^2 = y_I$ und $-px - q = y_{II}$, es ist dann $y = y_I - y_{II}$. Zeichnet man nun die „Normalparabel" $y_I = x^2$ und die Gerade $y_{II} = -px - q$, dann ist in den Schnittpunkten $y_I = y_{II}$, also $y = 0$, d.h. die Abszissen der Schnittpunkte sind die gesuchten Lösungen x_1 und x_2 der gegebenen quadratischen Gleichung $x^2 + px + q = 0$.

■ **Beispiel:**
$x^2 - 2x + \frac{1}{2} = 0$
$y_I = x^2$
$y_{II} = 2x - \frac{1}{2}$

Im Bild schneiden sich die beiden Kurven an den Stellen $x_1 = 1{,}7$ und $x_2 = 0{,}3$.

Lösungsmenge: $= \{1{,}7; 0{,}3\}$

4.4.3 Gleichungen dritten Grades mit einer Variablen (Unbekannten)

Hat man eine zu lösende Gleichung dritten Grades auf die Normalform $x^3 + ax^2 + bx + c = 0$ gebracht, dann kann man mittels Wertetabelle die Kurve $y = x^3 + ax^2 + bx + c$ aufzeichnen und die Lösungen x_1, x_2, x_3, von denen mindestens eine reell sein muss, aus den Schnittpunkten (bzw. dem Schnittpunkt) mit der x-Achse ablesen. Man kann aber auch die Gleichung reduzieren, d.h. das quadratische Glied beseitigen. Das geschieht mit der Substitution $x = z - \frac{a}{3}$. Durch Einsetzen und Ordnen erhält man

$$z^3 + (a-a)z^2 + \left(b - \frac{a^2}{3}\right)z + \left(\frac{2}{27}a^3 - \frac{ab}{3} + c\right) = 0$$

oder

$$z^3 + pz + q = 0 \quad \text{mit } p = b - \frac{a^2}{3} \quad \text{und}$$

$$q = \frac{2}{27}a^3 - \frac{ab}{3} + c.$$

Nun bildet man die zwei Funktionsgleichungen $y_I = z^3$ und $y_{II} = -pz - q$, deren Kurven sich an den Stellen z_1, z_2, z_3 (mindestens eine reell) schneiden; aus diesen Werten kann man die gesuchten Lösungen $x_{1,2,3} = z_{1,2,3} - \frac{a}{3}$ der Gleichung dritten Grades gewinnen.

■ **Beispiel:**
$x^3 + 3x^2 - 2{,}11x + 0{,}18 = 0$

Substitution: $x = z - 1$
$p = -2{,}11 - 3 = -5{,}11$
$q = 2 + 2{,}11 + 0{,}18 = 4{,}29$

Reduzierte Gleichung: $z^3 - 5{,}11z + 4{,}29 = 0$
$y_I = z^3$; $y_{II} = 5{,}11z - 4{,}29$

Nach dem Bild schneiden sich die Kurven an den Stellen $z_1 = -2{,}6$; $z_2 = 1{,}1$; $z_3 = 1{,}5$;
daraus $x_1 = -3{,}6$; $x_2 = 0{,}1$; $x_3 = 0{,}5$.

Lösungsmenge: $= \{-3{,}6; 0{,}1; 0{,}5\}$

4 Funktionen, graphische Lösungen, analytische Geometrie

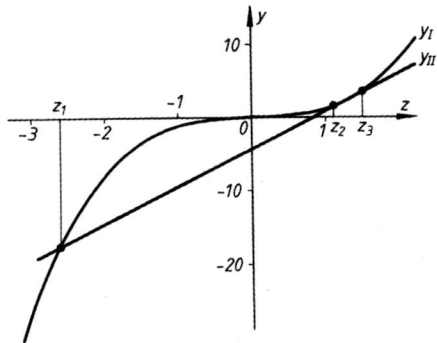

4.4.4 Zwei Gleichungen ersten Grades mit zwei Variablen (Unbekannten)

Ein Gleichungssystem von zwei linearen Gleichungen mit zwei Unbekannten löst man graphisch, indem man jede Gleichung als Funktionsgleichung auffasst, die zugehörigen Geraden zeichnet und die Koordinaten des Schnittpunktes, das gesuchte Zahlenpaar, als Lösung abliest.

■ **Beispiel:**
$\frac{y-5}{3} = x+1; \quad 2y = \frac{3-4x}{5}$

Nach y aufgelöst heißen die beiden Gleichungen
$y = 3x + 8$ und $y = -\frac{2}{5}x + \frac{3}{10}$

Im Bild sind die durch diese Gleichungen bestimmten Geraden gezeichnet, und man liest als Schnittpunktskoordinaten die Lösung $(x_1 | y_1) = (-2,2 | 1,2)$ ab.

Lösungsmenge: $= \{(-2,2; 1,2)\}$

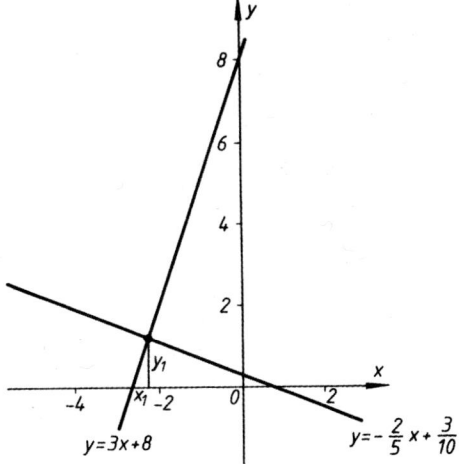

4.4.5 Zwei Gleichungen ersten und zweiten Grades mit zwei Variablen (Unbekannten)

Man zeichnet die zur Gleichung ersten Grades gehörende Gerade und die zur Gleichung zweiten Grades gehörende Parabel. Die Schnittpunktskoordinaten x_1; y_1 und x_2; y_2 liefern die beiden Lösungspaare.

■ **Beispiel 1:**
$y = x^2; \quad y = 2x - \frac{1}{2}$

Auflösung (vgl. 4.4.2, Beispiel zum zweiten Verfahren):
$x_1 = 1,7; y_1 = 2,9; x_2 = 0,3; y_2 = 0,1$

Lösungsmenge: $= \{(1,7; 2,9); (0,3; 0,1)\}$

■ **Beispiel 2:**
$y = 3x^2 + 2x + 4; \quad y = -2x + 7$
Auflösung: Man kann mit Wertetabellen die Parabel und die Gerade zeichnen und die Schnittpunkte bestimmen:
$x_1 = 0,53; y_1 = 5,92; x_2 = -1,87; y_2 = 10,75$

Lösungsmenge: $= \{(0,53; 5,92); (-1,87; 10,75)\}$

Man kann aber auch durch Gleichsetzen der rechten Seiten und Ordnen die quadratische Gleichung $3x^2 + 4x - 3 = 0$ oder $x^2 + \frac{4}{3}x - 1 = 0$ nach 4.4.2, zweites Verfahren lösen, indem man die Kurven $y_I = x^2$ und $y_{II} = -\frac{4}{3}x + 1$ zum Schnitt bringt und so x_1 und x_2 bestimmt. Die zugehörigen y-Werte y_1 und y_2 liefert dann die zweite gegebene Gleichung, während die erste zur Probe benutzt werden kann.

4.4.6 Transzendente Gleichungen mit einer Variablen (Unbekannten)

Das Verfahren entspricht dem zweiten Verfahren von 4.4.2: Man zerlegt – sofern möglich – den y-Term in zwei Teile $y = y_{II} - y_I$ und sucht den Schnittpunkt der y_{II}-Kurve mit der y_I-Kurve.

■ **Beispiel:**
$e^x - x = 3$

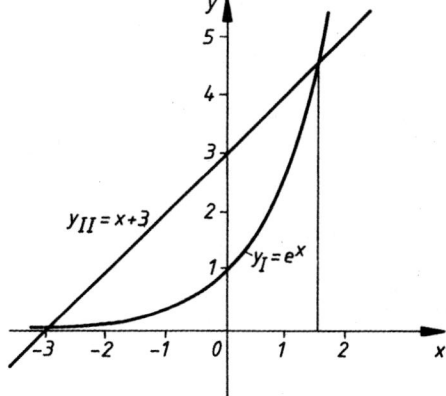

Man setzt $y = e^x - (x + 3)$
$y_I = e^x$
$y_{II} = x + 3$

Schnittstellen der beiden Kurven und damit Nullstellen von y sind: $x_1 = -2,95, x_2 = 1,505$

Lösungsmenge der gegebenen Gleichung (näherungsweise):
$= \{-2,95; 1,505\}$

4.5 Analytische Geometrie

4.5.1 Koordinatensysteme

Zum Festlegen eines Punktes P in der Ebene bedarf es eines Koordinatenkreuzes mit Maßstab. Dann geben zwei Zahlen, die Koordinaten, den Punkt an: $P(x|y)$ mit x als Abszisse und y als Ordinate (siehe auch 4.1.3). Dieses rechtwinklige (kartesische) [1]) Koordinatenkreuz bietet aber nicht die einzige Möglichkeit, die Ebene einzuteilen: Ein weiteres Koordinatensystem liefern die Polarkoordinaten: $P(r|\varphi)$ mit r als Radiusvektor, der Länge der Verbindungsstrecke zum Nullpunkt, Ursprung oder Pol O, und φ als Polarwinkel, dem Winkel zur Polarachse (Grundrichtung, x-Achse).

Kartesisches Koordinatensystem und Polarkoordinatensystem und ihr Zusammenhang

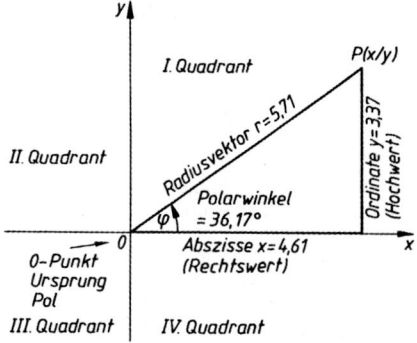

$$x = r \cos \varphi$$
$$y = r \sin \varphi$$

$x = 5{,}71 \cos 36{,}17°$
$\quad = 4{,}61$

$y = 5{,}71 \sin 36{,}17°$
$\quad = 3{,}37$

$r^2 = x^2 + y^2$

$r^2 = 4{,}61^2 + 3{,}37^2$

$\tan \varphi = \dfrac{y}{x}$

$\tan \varphi = \dfrac{3{,}37}{4{,}61}$

$r = \sqrt{x^2 + y^2}$

$r = \sqrt{4{,}61^2 + 3{,}37^2}$
$\quad = 5{,}71$

$\varphi = \arctan \dfrac{y}{x}$

$\varphi = \arctan \dfrac{3{,}37}{4{,}61} = 36{,}17°$

■ **Beispiel 1:**
Eine rechteckige Metallplatte soll zwei Bohrungen erhalten. Für die Mitten der Bohrungen gilt: Die erste Bohrung ist von einer Ecke der Platte 120 mm entfernt, und die Verbindungsstrecke soll mit der längeren Seite der Platte einen Winkel von 30° bilden. Die zweite Bohrung soll dreiviertel so weit von derselben Ecke entfernt sein, und die Verbindungsstrecke soll mit der ersteren Verbindungsstrecke einen Winkel von 45° einschließen. Die Bohrungsmitten sind anzuzeichnen.

Mathematisch ausgedrückt heißt die Aufgabe: Zwei Punkte P_1 und P_2 mit den Polarkoordinaten $r_1 = 120$ mm, $\varphi_1 = 30°$ und $r_2 = 90$ mm, $\varphi_2 = 75°$ sind in kartesische Koordinaten umzurechnen. ($\varphi_2 = \varphi_1 - 45°$ kommt nicht in Frage, da P_2 dann außerhalb der Platte läge.)

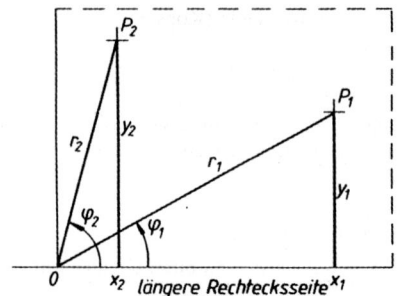

$x_1 = r_1 \cos \varphi_1$ $\quad x_1 = 120$ mm $\cos 30°$
$\qquad\qquad\qquad\quad = 103{,}9$ mm

$y_1 = r_1 \sin \varphi_1$ $\quad y_1 = 120$ mm $\sin 30°$
$\qquad\qquad\qquad\quad = 60{,}0$ mm

$x_2 = r_2 \cos \varphi_2$ $\quad x_2 = 90$ mm $\cos 75°$
$\qquad\qquad\qquad\quad = 23{,}3$ mm

$y_2 = r_2 \sin \varphi_2$ $\quad y_2 = 90$ mm $\sin 75°$
$\qquad\qquad\qquad\quad = 86{,}9$ mm

Ergebnis: $x_1 = 103{,}9$ mm, $y_1 = 60{,}0$ mm und $x_2 = 23{,}3$ mm, $y_2 = 86{,}9$ mm.

■ **Beispiel 2:**
Welche Polarkoordinaten haben die Ecken A, B und C des Dreiecks $A(2{,}9 | 2{,}3)$ $B(-3{,}0 | -0{,}7)$ $C(1{,}8 | -2{,}7)$?

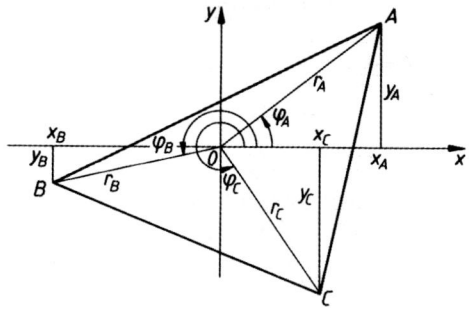

$r_A = \sqrt{2{,}9^2 + 2{,}3^2}$ $\qquad = 3{,}70$

$\varphi_A = \arctan \dfrac{2{,}3}{2{,}9}$ $\qquad = 38{,}4°$

$r_B = \sqrt{3{,}0^2 + 0{,}7^2}$ $\qquad = 3{,}08$

$\varphi_B = 180° + \arctan \dfrac{0{,}7}{3{,}0}$ $\; = 193{,}1°$

$r_C = \sqrt{1{,}8^2 + 2{,}7^2}$ $\qquad = 3{,}24$

$\varphi_C = 360° - \arctan \dfrac{2{,}7}{1{,}8}$ $\; = 303{,}7°$

Ergebnis: $A(3{,}70 | 38{,}4°)$, $B(3{,}08 | 193{,}1°)$ und $C(3{,}24 | 303{,}7°)$ sind die drei Punkte in Polarkoordinaten.

---

[1]) benannt nach dem französischen Mathematiker Descartes, genannt Cartesius, 1596 bis 1650

4.5.2 Die Gerade

In 3.2.2.1 wird die allgemeine Geradengleichung

$$ax + by = c$$ eingeführt.

a, b, c sind Formvariable (Konstante für ein und dieselbe Gerade).
x und y sind die Koordinaten eines beliebigen Punktes einer durch a, b, c festgelegten Geraden.
Die geometrische Bedeutung der Formvariablen ergibt sich aus den folgenden verschiedenen Formen der Geradengleichung.

4.5.2.1 Hauptform

Dividiert man $ax + by = c$ durch b ($\neq 0$) und isoliert man y, so ergibt sich $y = -\frac{a}{b}x + \frac{c}{b}$. Setzt man $-\frac{a}{b} = m$ und $\frac{c}{b} = y_0$, erhält man mit

$$y = mx + y_0$$ die Hauptform der Geradengleichung.

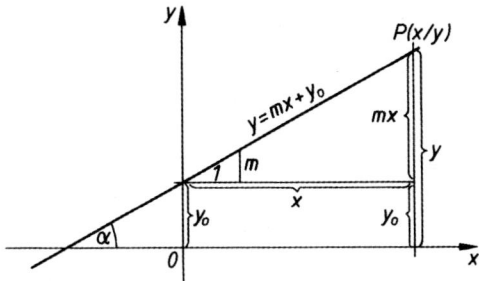

Dabei ist
m die Steigung: $m = \tan \alpha$
y_0 der y-Abschnitt: das von der Geraden abgeschnittene Stück der y-Achse.

Bestätigung: Für die ähnlichen rechtwinkligen Dreiecke mit den Katheten $y - y_0$ und x einerseits und m und 1 andererseits gilt die Verhältnisgleichung $\frac{y - y_0}{x} = \frac{m}{1}$, woraus unmittelbar die Geradengleichung $y = mx + y_0$ folgt.

Sonderfälle:
1. $y_0 = 0$

$$y = mx$$

Gleichung der Geraden durch den Nullpunkt.
Für jeden beliebigen Punkt P der Geraden gilt
$y : x = m : 1$
(Kathetenverhältnis ähnlicher Dreiecke),
die Geradengleichung $y = mx$.

2. $m = 0$

Die Geradengleichung wird zu

$$y = y_0$$,

der Gleichung der Parallele zur x-Achse im Abstand y_0.

3. $m = \infty$

Eine entsprechende Gleichung ist

$$x = x_0$$,

die Gleichung der Parallele zur y-Achse im Abstand x_0.
Eine Funktionsgleichung $y = ...$ gibt es für diese Gerade nicht, da einem x-Wert (nämlich x_0) unendlich viele y-Werte zugeordnet sind.

4.5.2.2 Punkt-Steigungs-Form
(Punkt-Richtungs-Form)

Sind von einer Geraden ein Punkt $P_1(x_1 | y_1)$ und die Steigung m bekannt, dann gilt wegen der Ähnlichkeit der rechtwinkligen Dreiecke mit den Katheten $y - y_1$ und $x - x_1$ und mit den Katheten m und 1 die Proportion

$(y - y_1) : (x - x_1) = m : 1$ oder

$$\frac{y - y_1}{x - x_1} = m$$,

die Gleichung der Geraden in Punkt-Steigungs-Form.
Hieraus folgt nach y aufgelöst

$y = mx - mx_1 + y_1$.

$y_1 - mx_1$ ist aber der y-Abschnitt y_0, womit der Zusammenhang mit der Hauptform hergestellt ist.

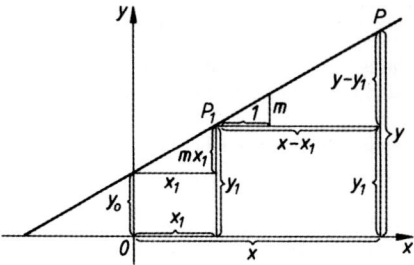

4.5.2.3 Zwei-Punkte-Form

Eine durch zwei Punkte P_1 $(x_1 \mid y_1)$ und P_2 $(x_2 \mid y_2)$ gegebene Gerade hat auf Grund der Ähnlichkeit der rechtwinkligen Dreiecke mit den Hypotenusen $\overline{P_1P}$ und $\overline{P_1P_2}$ die Proportion

$$\boxed{\dfrac{y-y_1}{x-x_1} = \dfrac{y_2-y_1}{x_2-x_1}}$$

als Geradengleichung in Zwei-Punkte-Form. Nach y aufgelöst ergibt sich

$$y = \dfrac{y_2-y_1}{x_2-x_1}\,x - \dfrac{y_2-y_1}{x_2-x_1}\,x_1 + y_1\,. \text{ Da}$$

$$\dfrac{y_2-y_1}{x_2-x_1} = m \quad \text{und} \quad y_1 - mx_1 = y_0$$

(Steigung und y-Abschnitt) gilt, ist der Zusammenhang mit der Hauptform ersichtlich.

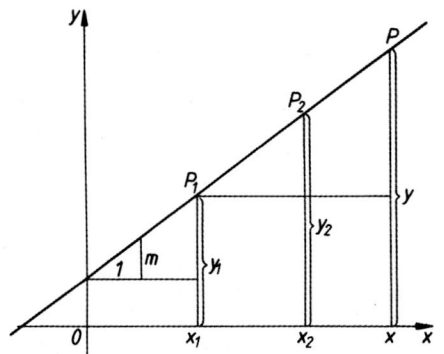

4.5.2.4 Abschnittsform

Hat eine Gerade den x-Abschnitt x_0 und den y-Abschnitt y_0, dann gilt folgende Proportion für die Katheten ähnlicher Dreiecke:

$y : y_0 = (x_0 - x) : x_0$. Daraus folgt

$$\boxed{\dfrac{y}{y_0} + \dfrac{x}{x_0} = 1}$$

als Abschnittsform der Geradengleichung.

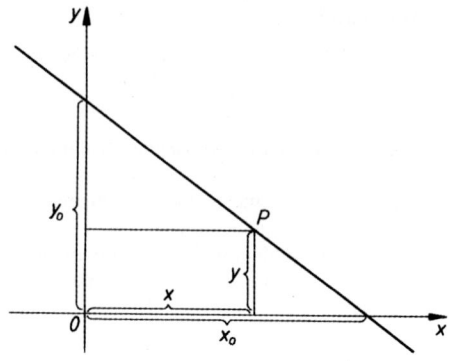

Nach y aufgelöst, ergibt sich $y = -\dfrac{y_0}{x_0}x + y_0$.

Sind wie in der Zeichnung beide Achsabschnitte x_0 und y_0 positiv, dann ist die Geradensteigung negativ:

$$m = -\dfrac{y_0}{x_0}.$$

Eingesetzt in die letzte Gleichung ergibt sich die Hauptform: $y = mx + y_0$.

Aus der allgemeinen Geradengleichung $ax + by = c$ ergibt sich die Abschnittsform durch Division durch $c \neq 0$.

4.5.2.5 Hesse'sche Normalform [1]

Die Hesse'sche Normalform oder Normalenform bezieht das Lot vom Ursprung auf die Gerade, die Normale zur Geraden, in die Geradengleichung ein:

Mit $d = |\overline{OF}|$, der Länge des Lotes vom Ursprung O auf die Gerade g (Fußpunkt F), und mit φ als Winkel zwischen dem Lot $\overline{OF}$ und der x-Achse, ferner mit einem beliebigen Geradenpunkt P $(x \mid y)$ liest man mit Hilfe der schraffierten ähnlichen Dreiecke aus der Figur folgende Beziehung ab:

$$\boxed{x \cos \varphi + y \sin \varphi = d}\,,$$

die Hesse'sche Normalform der Geradengleichung, auch kurz Hesse-Form genannt.

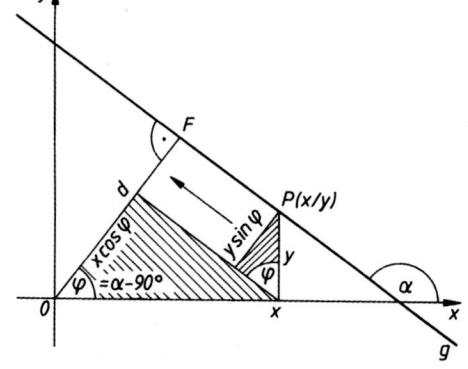

---

[1] Ludwig Otto Hesse, 1811 – 1874, deutscher Mathematiker.

Aus der allgemeinen Geradengleichung, $ax + by = c$ gewinnt man die Hesse'sche Normalform, indem man durch $\pm\sqrt{a^2 + b^2}$ dividiert (das $+$ Zeichen gilt für $c > 0$, das $-$ Zeichen für $c < 0$, denn die rechte Seite muss positiv werden, da der Abstand d nur positiv sein kann, außer $d = 0$, dann geht die Gerade durch den Ursprung). Die Koeffizienten von x und y, nämlich $\dfrac{a}{\pm\sqrt{a^2 + b^2}}$ und $\dfrac{b}{\pm\sqrt{a^2 + b^2}}$ haben dann die Eigenschaft, dass ihre Quadratsumme $= 1$ ist wie die von $\cos\varphi$ und $\sin\varphi$ auch: $\cos^2\varphi + \sin^2\varphi = 1$; $\cos\varphi = \dfrac{a}{\pm\sqrt{a^2 + b^2}}$, $\sin\varphi = \dfrac{b}{\pm\sqrt{a^2 + b^2}}$.

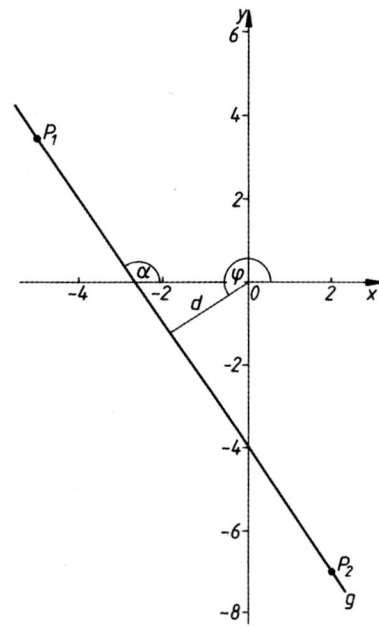

4.5.2.6 Anwendungen

■ **Beispiel 1:**
Welche Gerade geht durch die Punkte $P_1(-5\,|\,3{,}5)$ und $P_2(2\,|-7)$?
Zu berechnen sind:
Steigung $m = \tan\alpha$,
Achsenabschnitte x_0 und y_0,
Abstand d des Ursprungs von der Geraden.
Unter Verwendung der vom Taschenrechner angezeigten Zahlen ergibt sich:

Zwei-Punkte-Form:
$\dfrac{y - 3{,}5}{x + 5} = \dfrac{-7 - 3{,}5}{2 + 5}$.
Die rechte Seite gibt die Steigung $m = \tan\alpha$ der Geraden an, also:

Punkt-Steigungs-Form:
$\dfrac{y - 3{,}5}{x + 5} = -1{,}5$; $m = -1{,}5 = \tan\alpha$.

Aus der Punkt-Steigungs-Form erhält man durch Isolieren von y die

Hauptform:
$y = -1{,}5 x - 7{,}5 + 3{,}5 \Rightarrow y = -1{,}5 x - 4$.
Daraus liest man den y-Abschnitt $y_0 = -4$ ab. Setzt man in der Hauptform $y = 0$, so gewinnt man den x-Abschnitt:
$-1{,}5 x_0 - 4 = 0 \Rightarrow x = \dfrac{-4}{1{,}5} = -\dfrac{8}{3} \approx -2{,}666\,666\,7$.

Abschnittsform:
Mit den bereits gefundenen Achsenabschnitten $x_0 = -2{,}666\,666\,7$ und $y_0 = -4$ ist die Abschnittsform der gegebenen Geraden
$\dfrac{x}{-2{,}666\,666\,7} + \dfrac{y}{-4} = 1$.
Man findet die Abschnittsform aber auch direkt, indem man in der Hauptform durch Division durch -4 das Absolutglied zu 1 macht.

Hesse-Form:
Durch Umstellung der Hauptform der gegebenen Geraden erhält man:
$-1{,}5 x - y = 4$.
Durch Vergleich mit der allgemeinen Geradengleichung $ax + by = c$ ergibt sich $a = -1{,}5$, $b = -1$, $c = 4$.

Man erhält die Hesse-Form, indem man die Gleichung $-1{,}5 x - y = 4$ durch
$+\sqrt{a^2 + b^2} = +\sqrt{1{,}5^2 + 1^2} = +\sqrt{3{,}25}$ dividiert:
$-\dfrac{1{,}5}{\sqrt{3{,}25}} x - \dfrac{1}{\sqrt{3{,}25}} y = \dfrac{4}{\sqrt{3{,}25}}$.

Ausgerechnet:
$-0{,}832\,050\,29\,x - 0{,}554\,700\,2\,y = 2{,}218\,800\,8$. Der Vergleich mit
$(\cos\varphi)x + (\sin\varphi)y = d$ (siehe 4.5.2.5) liefert
$\cos\varphi = -0{,}832\,050\,29$, $\sin\varphi = -0{,}554\,700\,2$, $d = 2{,}218\,800\,8$.

Zur Berechnung von φ ist zu berücksichtigen, dass ein Winkel, dessen Kosinus und dessen Sinus beide negativ sind, zwischen $180°$ und $270°$ liegen muss: $180° < \varphi < 270°$. Somit ist zu rechnen
$\varphi = 180° + \arccos 0{,}832\,050\,29$
$= 180° + 33{,}690\,068° = 213{,}690\,068°$.

Kontrollrechnung mit dem Koeffizienten von y:
$\varphi = 180° + \arcsin 0{,}554\,700\,2$
$= 180° + 33{,}690\,068° = 213{,}690\,068°$.

Eine zweite Kontrolle erfolgt mit dem Steigungswinkel α, der sich von φ um $90°$ unterscheidet (siehe Zeichnung):
Bei der Aufstellung der Punkt-Steigungsform hatte sich ergeben: $m = -1{,}5 = \tan\alpha$. Daraus folgt
$\alpha = 180° - \arctan 1{,}5$
$= 180° - 56{,}309\,932°$
$= 123{,}690\,068°$
φ ist $90°$ größer, also $\varphi = 213{,}690\,068°$.

■ **Beispiel 2:**
Welchen Abstand hat der Punkt $P_1(-4\,|\,2)$ von der Geraden
$g: y = 0{,}64 x + 3{,}2$?
Der *Lösungsgedanke* ist folgender: Von g kann man die Hesseform $x \cos\varphi + y \sin\varphi - d = 0$ herstellen und erhält damit d, den Abstand des Ursprungs O von g.
Nun denkt man sich durch P_1 die Gerade g_1, die Parallele zu g, gezogen. Die Hesseform dieser Geraden g_1 hat dieselben Koeffizienten von x und y wie die Hesseform von g, da φ und somit $\cos\varphi$ und $\sin\varphi$ bei beiden Geraden gleich sind. Nur der Abstand d_1 des Ursprungs O von g_1 ist ein anderer, nämlich $d_1 = d + e$. Die Hesseform von g_1 lautet:
$g_1: x \cos\varphi + y \sin\varphi - d_1 = 0$. Da P_1 auf dieser Geraden liegt, müssen seine Koordinaten diese Gleichung erfüllen. Es muss also $x_1 \cos\varphi + y_1 \sin\varphi - d_1 = 0$ gelten. In dieser Gleichung ist nur d_1 unbekannt, somit mit Hilfe dieser Gleichung zu berechnen. Für den gesuchten Abstand e gilt: $e = d_1 - d$. Zusammengefasst erhält man die Abstandsformel,

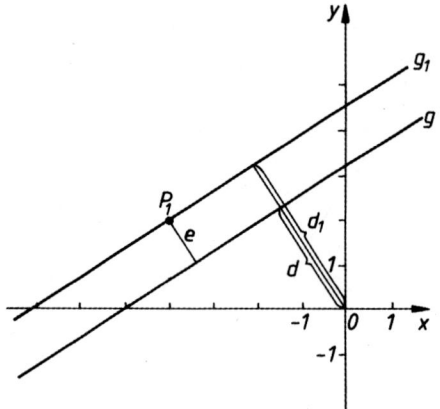

Abstandsformel: $e = x_1 \cos\varphi + y_1 \sin\varphi - d$

Ausführung:
$g: y = 0{,}64x + 3{,}2$
$\Rightarrow -0{,}64x + y = 3{,}2$
$\Rightarrow -\dfrac{0{,}64\,x}{\sqrt{0{,}64^2+1}} + \dfrac{1\,y}{\sqrt{0{,}64^2+1}} = \dfrac{3{,}2}{\sqrt{0{,}64^2+1}}$
$\Rightarrow -0{,}539\,053\,7\,x + 0{,}842\,271\,4\,y = 2{,}695\,268\,5.$

Aus der obigen Abstandsformel folgt:
$e = -0{,}539\,053\,7 \cdot (-4) + 0{,}842\,271\,4 \cdot 2 - 2{,}695\,268\,5$
$ = 1{,}145\,489\,1.$

Ergebnis: P_1 hat den Abstand $e = 1{,}145$ von der Geraden g.

Anmerkung: Errechnet man mit der Abstandsformel einen Abstand $e > 0$, dann liegen der Ursprung O und der Punkt P_1 auf verschiedenen Seiten der Geraden g (wie im Beispiel). Mit $e = 0$ liegt P_1 natürlich auf g. Mit $e < 0$ liegt P_1 auf derselben Seite von g wie der Ursprung O.

4.5.3 Der Kreis

4.5.3.1 Formen der Kreisgleichung

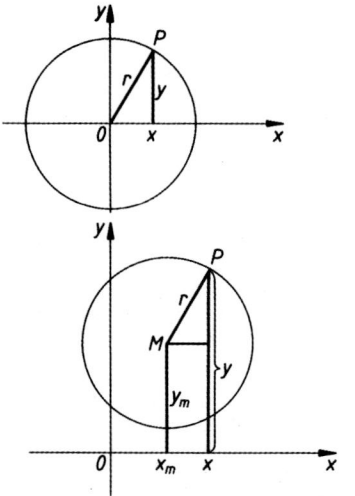

Nach dem Satz des Pythagoras gilt für jeden Punkt $P(x|y)$ des Kreises mit dem Radius r um den Ursprung O

$$x^2 + y^2 = r^2,$$

die Mittelpunktsgleichung des Kreises.
Für jeden Punkt $P(x|y)$ des Kreises mit dem Mittelpunkt $M(x_m | y_m)$ und dem Radius r gilt nach dem Satz des Pythagoras

$$(x - x_m)^2 + (y - y_m)^2 = r^2,$$

die Hauptform der Kreisgleichung.

Durch Ausmultiplizieren erhält man
$$x^2 - 2x_m x + x_m^2 + y^2 - 2y_m y + y_m^2 - r^2 = 0$$
$$\Rightarrow x^2 + y^2 - 2x_m x - 2y_m y + x_m^2 + y_m^2 - r^2 = 0$$

$$\Rightarrow x^2 + y^2 + 2ax + 2by + c = 0,$$

die allgemeine Form der Kreisgleichung.

Hierin bedeuten:
$$a = -x_m,\quad b = -y_m,\quad c = x_m^2 + y_m^2 - r^2.$$

Aus der letzten Gleichung folgt
$$a^2 + b^2 - c = r^2 > 0$$

als Bedingung dafür, dass es sich bei einer Gleichung der allgemeinen Form wirklich um eine Kreisgleichung handelt.

4.5.3.2 Berechnung von Kreisen

Ein Kreis gilt als berechnet, wenn man die Hauptform seiner Gleichung kennt.

■ **Beispiel 1:**
Was bedeutet
$1{,}5x^2 + 1{,}5y^2 + 3x - 6y + 4{,}5 = 0$?
Man dividiert durch 1,5 und erhält
$x^2 + y^2 + 2x - 4y + 3 = 0,$
eine Kreisgleichung in allgemeiner Form.
Dabei ist $a = -x_m = 1$, $b = -y_m = -2$, $c = 3$.
Die Bedingung $a^2 + b^2 - c > 0$ ist erfüllt:
$r^2 = 1 + 4 - 3 = 2 > 0.$
Für den Kreisradius gilt $r^2 = 2 \Rightarrow r = \sqrt{2}$.
Die gegebene Gleichung ist die Gleichung des Kreises mit den Mittelpunktskoordinaten $x_m = -1$, $y_m = 2$
und dem Radius $r = \sqrt{2}$:
$(x + 1)^2 + (y - 2)^2 = 2.$

Ergänzung:
Die aus der gegebenen Gleichung gewonnene Gleichung
$x^2 + y^2 + 2x - 4y + 3 = 0$
lässt sich auch ohne Zuhilfenahme der vorangehenden Formeln mit Hilfe der quadratischen Ergänzungen auf die Hauptform der Kreisgleichung bringen:
$(x^2 + 2x + \ldots) + (y^2 - 4y + \ldots) = \ldots + \ldots - 3$
$(x^2 + 2x + 1) + (y^2 - 4y + 4) = 1 + 4 - 3$
$\Rightarrow (x + 1)^2 + (y - 2)^2 = 2$

4 Funktionen, graphische Lösungen, analytische Geometrie

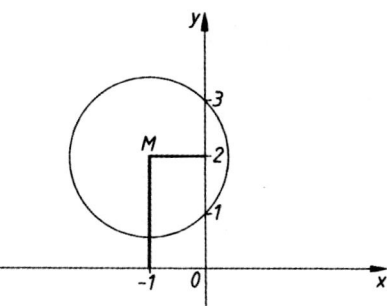

■ **Beispiel 2:**
Was bedeutet
$1,5x^2 + 1,5y^2 + 3x - 6y + 9 = 0$?
Die entsprechenden Rechnungen wie bei Beispiel 1 ergeben
$(x+1)^2 + (y-2)^2 = -1$.
Das ist eine unerfüllbare Gleichung, denn die Summe der Quadrate reeller Zahlen kann nicht negativ sein, da schon ein einzelnes Quadrat nicht negativ sein kann. Man bestätigt, dass die Bedingung $a^2 + b^2 - c > 0$ nicht erfüllt ist.

■ **Beispiel 3:**
Was bedeutet
$1,5x^2 + 1,5y^2 + 3x - 6y + 7,5 = 0$?
Man findet: $a^2 + b^2 - c = 0$ und damit
$(x+1)^2 + (y-2)^2 = 0$.
Das ist die Gleichung eines „entarteten" Kreises, eines Kreises mit dem Radius 0. Die Gleichung wird nur von einem Koordinatenpaar, den Koordinaten des Mittelpunkts $M(-1 | 2)$, erfüllt.

■ **Beispiel 4:**
Welcher Kreis mit dem Mittelpunkt $M(-2|-1)$ geht durch den Punkt $P_1(4|3)$?
Die Hauptform der Gleichung des gesuchten Kreises ist
$(x+2)^2 + (y+1)^2 = r^2$.
r ist unbekannt. Da P_1 auf dem Kreis liegen soll, müssen seine Koordinaten die Kreisgleichung erfüllen. Die Koordinaten eingesetzt, führt zu der Bestimmungsgleichung
$(4+2)^2 + (3+1)^2 = r^2$.
Daraus folgt $52 = r^2$.
Der gesuchte Kreis hat die Gleichung
$(x+2)^2 + (y+1)^2 = 52$.

■ **Beispiel 5:**
Auf welchem Kreis liegen die drei Punkte
$P_1(6|7)$, $P_2(2|9)$, $P_3(-1|0)$?
Der gesuchte Kreis hat die Gleichung
$(x-x_m)^2 + (y-y_m)^2 = r^2$.
In dieser Gleichung sind die drei Formvariablen (Konstanten) x_m, y_m und r unbekannt. Die Koordinaten jedes Punktes müssen aber die Gleichung erfüllen, das heißt, es muss der Reihe nach gelten
$(6-x_m)^2 + (7-y_m)^2 = r^2$ (1)
$(2-x_m)^2 + (9-y_m)^2 = r^2$ (2)
$(-1-x_m)^2 + (0-y_m)^2 = r^2$. (3)
Das sind drei Gleichungen mit drei Unbekannten (siehe auch Abschnitt 3.2). Zur Auflösung bildet man zunächst die Differenz von je zwei Gleichungen:
$(6-x_m)^2 - (2-x_m)^2 + (7-y_m)^2 - (9-y_m)^2 = 0$
$(6-x_m)^2 - (-1-x_m)^2 + (7-y_m)^2 - (-y_m)^2 = 0$.
Nach Auflösung der Klammern fallen die Quadrate weg, und man erhält

$$-8x_m + 4y_m = 0 \brace -14x_m - 14y_m = -84 \Rightarrow {-2x_m + y_m = 0 \brace +2x_m + 2y_m = 12}$$

$\Rightarrow y_m = 4$ und $y_m = 2$.

Aus Gleichung (1) folgt mit diesen Werten
$(6-2)^2 + (7-4)^2 = r^2 \Rightarrow 4^2 + 3^2 = r^2 \Rightarrow r = 5$.
Die Gleichung des gesuchten Kreises ist
$(x-2)^2 + (y-4)^2 = 5^2$.

■ **Beispiel 6:**
Welcher Kreis berührt die Koordinatenachsen und geht durch den Punkt $P_1(2,5 | 4)$?
Wenn der Kreis die Koordinatenachsen berührt, dann sind die Koordinaten des Mittelpunkts gleich groß und auch gleich dem Radius:
$x_m = y_m = r$.
Die Gleichung des gesuchten Kreises hat somit die Form
$(x-r)^2 + (y-r)^2 = r^2$.
Setzt man für x und y die Koordinaten des gegebenen Kreispunktes P_1 ein, dann ergibt sich eine quadratische Gleichung für r:
$(2,5-r)^2 + (4-r)^2 = r^2$
$\Rightarrow 6,25 - 5r + r^2 + 16 - 8r + r^2 = r^2$
$\Rightarrow r^2 - 13r + 22,25 = 0$
$\Rightarrow r_{1,2} = 6,5 \pm \sqrt{6,5^2 - 22,25} \Rightarrow$
$\begin{cases} r_1 = 10,97 \text{ (Rechner: 10,972 136)} \\ r_2 = 2,03 \text{ (Rechner: 2,027 864)} \end{cases}$

Zwei Kreise erfüllen die gestellten Bedingungen.

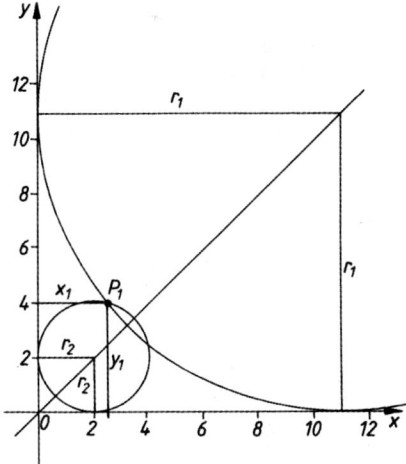

4.5.3.3 Kreis und Gerade

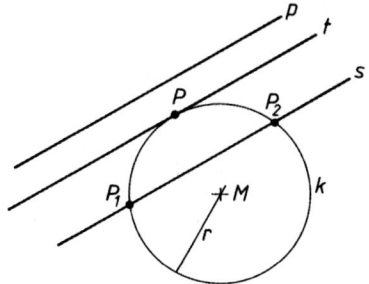

Ein Kreis und eine Gerade können drei grundsätzlich verschiedene Lagen zueinander haben:
1. Die Gerade ist *Passante p*; sie hat mit dem Kreis keinen Punkt gemeinsam.
2. Die Gerade ist *Tangente t*; sie hat mit dem Kreis genau einen Punkt, den Berührungspunkt P, gemeinsam.
3. Die Gerade ist *Sekante s*; sie hat mit dem Kreis zwei Punkte, die Schnittpunkte P_1 und P_2, gemeinsam.

Für die Gleichungen von Kreis und Gerade bedeutet das:
Das Gleichungssystem Gerade – Kreis hat
1. keine Lösung,
2. genau eine Lösung,
3. zwei verschiedene Lösungen.

Die allgemeine Rechnung mit der Mittelpunktsgleichung des Kreises $x^2 + y^2 = r^2$ und der Hauptform der Geradengleichung $y = mx + y_0$ ergibt folgendes:
Einsetzen von y der Geradengleichung in die Kreisgleichung ergibt eine quadratische Gleichung für x, die aufzulösen ist:

$$x^2 + (mx + y_0) = r^2$$
$$x^2 + m^2x^2 + 2mxy_0 + y_0^2 = r^2$$
$$x^2(1 + m^2) + 2my_0x + (y_0^2 - r^2) = 0$$
$$x^2 + 2\frac{my_0 x}{1+m^2} + \frac{y_0^2 - r^2}{1+m^2} = 0$$
$$x_{1,2} = -\frac{my_0}{1+m^2} \pm \sqrt{\left(\frac{my_0}{1+m^2}\right)^2 - \frac{y_0^2 - r^2}{1+m^2}}$$
$$= -\frac{my_0}{1+m^2}$$
$$\pm \frac{1}{1+m^2}\sqrt{m^2 y_0^2 - y_0^2 + r^2 - m^2 y_0^2 + m^2 r^2}$$
$$= -\frac{my_0}{1+m^2} \pm \frac{1}{1+m^2}\sqrt{-y_0^2 + (1+m^2)r^2}.$$

Entscheidend für die Lage von Kreis und Gerade zueinander ist der Radikand, der Ausdruck unter der Wurzel (die Diskriminante):

1. $(1 + m^2) r^2 < y_0^2$ ⇒ keine Lösung
   ⇒ Gerade ist Passante
2. $(1 + m^2) r^2 = y_0^2$ ⇒ genau eine Lösung
   ⇒ Gerade ist Tangente
3. $(1 + m^2) r^2 > y_0^2$ ⇒ zwei Lösungen
   ⇒ Gerade ist Sekante

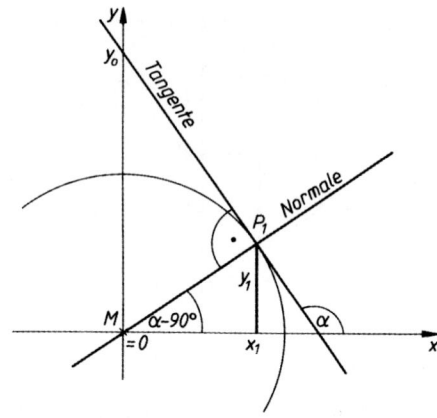

Tangenten (berührende Geraden) gibt es nicht nur beim Kreis, sondern auch bei allen anderen Kurven. Und zu jeder Tangente gehört eine Normale. Normale nennt man die in ihrem Berührungspunkt errichtete Senkrechte auf der Tangente. Beim Kreis geht die Normale durch den Kreismittelpunkt. Ist $m = \tan \alpha$ die Tangentensteigung und $m_n = \tan(\alpha \pm 90°)$ die Normalensteigung, dann ist $m \cdot m_n = -1$, da $\tan(\alpha \pm 90°) = -\frac{1}{\tan \alpha}$ ist.

Ist der Punkt P_1 $(x_1 | y_1)$ ein Punkt des Kreises mit der Gleichung $x^2 + y^2 = r^2$, dann ist die Geradengleichung in Punkt-Steigungs-Form

$$\frac{y - y_1}{x - x_1} = m_n = \frac{y_1}{x_1}$$

Gleichung der Normale.

Die Tangente hat wegen $m \cdot m_n = -1$ die Steigung

$$m = -\frac{x_1}{y_1}$$ und somit in der Punkt-Steigungs-Form

$$\frac{y - y_1}{x - x_1} = -\frac{x_1}{y_1}$$

als Tangentengleichung.
Umformungen ergeben
$(y - y_1) y_1 = -(x - x_1) x_1$
$yy_1 + xx_1 = x_1^2 + y_1^2$.
Die rechte Seite ist aber $= r^2$, da $(x_1 | y_1)$ ein Kreispunkt ist. So ergibt sich

$$xx_1 + yy_1 = r^2,$$

die Tangentengleichung.
Diese Gleichung ist besonders leicht zu merken, da man in der Kreisgleichung nur jeweils einen Faktor jedes quadratischen Gliedes durch die zugehörige Berührungspunkt-Koordinate ersetzen muss, um die Tangentengleichung zu erhalten.

Nach dem gleichen Verfahren bildet man (ohne Beweis) zu dem in der Hauptform gegebenen Kreis k die Gleichung der Tangente t im Kreispunkt $P_1 (x_1 | y_1)$:

$$(x - x_m)^2 + (y - y_m)^2 = r^2$$
Gleichung des Kreises k

$$(x - x_m)(x_1 - x_m) + (y - y_m)(y_1 - y_m) = r^2$$
Gleichung der Tangente t

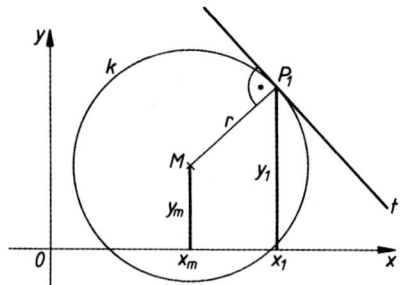

■ **Beispiel 1:**
Welche Schnittpunkte haben der Kreis mit der Gleichung
$x^2 + y^2 = 9$
und die Gerade mit der Gleichung
$y = x + 1$?
Aus dem System der beiden gegebenen Gleichungen folgt durch Einsetzen
$x^2 + (x+1)^2 = 9 \Rightarrow 2x^2 + 2x - 8 = 0 \Rightarrow$
$x^2 + x - 4 = 0 \Rightarrow x_{1,2} = -\frac{1}{2} \pm \sqrt{\frac{1}{4} + 4} \Rightarrow$
$x_{1,2} = -\frac{1}{2} \pm \frac{1}{2}\sqrt{17} = -0{,}5 \pm 2{,}0616.$

Mit Hilfe der Geradengleichung werden die zugehörigen y-Werte berechnet, und man erhält als Schnittpunkte P_1 (1,5616 | 2,5616) und P_2 (− 2,5616 | − 1,5616).

■ **Beispiel 2:**
Welche Geraden mit der Steigung $m = -\frac{3}{2}$ berühren den Kreis mit der Gleichung $x^2 + y^2 = 9$?
Nach der Tangentenbedingung $(1 + m^2) r^2 = y_0^2$ ergibt sich hier
$y_0^2 = \left(1 + \frac{9}{4}\right) \cdot 9 = \frac{13}{4} \cdot 9 \Rightarrow y_0 = \pm \frac{1}{2}\sqrt{117} = \pm 5{,}4083.$

Die gesuchten Tangentengleichungen sind
$y = -\frac{3}{2}x + 5{,}4083$ und $y = -\frac{3}{2}x - 5{,}4083.$

(Die erste dieser beiden Tangenten ist im zweiten Bild dieses Abschnitts „Kreis und Gerade" zu finden.)

■ **Beispiel 3:**
Welche Gerade berührt den Kreis um M (1,5 | − 3), der durch $P_1 (-1{,}5 | 1)$ geht, in P_1 ?
Der Kreis hat die Gleichung
$(x - 1{,}5)^2 + (y + 3)^2 = r^2$.
Setzt man für x und y die Koordinaten von P_1 ein, dann erhält man
$(-1{,}5 - 1{,}5)^2 + (1 + 3)^2 = r^2$,
also $r = 5$. Nunmehr sind in der Tangentengleichung
$(x - x_m)(x_1 - x_m) + (y - y_m)(y_1 - y_m) = r^2$

alle Konstanten bekannt:
$(x - 1{,}5)(-1{,}5 - 1{,}5) + (y + 3)(1 + 3) = 25$
ist die Gleichung der Tangente.
In der Hauptform der Geradengleichung heißt die gesuchte Tangentengleichung
$y = 0{,}75 x + 2{,}125.$

Man kann die gesuchte Tangentengleichung natürlich auch ohne Rückgriff auf die hergeleiteten Formeln bestimmen:
$\frac{y_1 - y_m}{x_1 - x_m} = \frac{1+3}{-1{,}5 - 1{,}5} = -\frac{4}{3} = m_n$
ist die Steigung der Normale.
$m = \frac{-1}{m_n} = \frac{3}{4}$
ist die Steigung der Tangente.
$\frac{y - y_1}{x - x_1} = m,$ also $\frac{y - 1}{x + 1{,}5} = \frac{3}{4}$
ist die Punkt-Steigungs-Form der Tangente, also
$y = \frac{3}{4}x + 2\frac{1}{8}$ oder $y = 0{,}75 x + 2{,}125$
die Hauptform dieser Geradengleichung.

4.5.4 Kegelschnitte

Ein Kegelschnitt ist die Schnittfigur einer Ebene und des Mantels eines geraden Kreiskegels. Der gerade Kreiskegel ist im Abschnitt Stereometrie erklärt. Für die Definition der Kegelschnitte betrachte man nur den Mantel, diesen aber durch Verlängerung der erzeugenden Seitenlinien über die Spitze hinaus zum Doppelkegel erweitert.
Legt man eine Ebene senkrecht zur Achse, dann erhält man als Schnittfigur einen Kreis. Der Kreis ist also bereits ein Kegelschnitt. Einen weiteren besonderen Kegelschnitt erhält man, wenn man die Ebene durch die Spitze legt, nämlich einen Punkt.
Ist die durch die Spitze gehende Ebene so weit geneigt, dass sie den Kegel berührt, ergibt sich eine Gerade, bei weiterer Neigung zur Achse hin zwei Geraden. Ist die Ebene gegen die Achse geneigt und schneidet sie alle Seitenlinien der einen Hälfte des Doppelkegels, dann erhält man eine Ellipse.
Schneidet die Ebene Seitenlinien von beiden Hälften des Doppelkegels, dann ist die Schnittfigur eine Hyperbel.
Übergangsfigur ist die Parabel, die entsteht, wenn der schneidenden Ebene genau eine Seitenlinie parallel verläuft.
Die nahe Verwandtschaft der Kegelschnitte zeigt sich auch in ihren Gleichungen: Jeder Kegelschnitt ist das Schaubild einer Gleichung zweiten Grades, das heißt einer Gleichung, in der x und y nur linear und im Quadrat vorkommen. Man kann also formulieren:

$$A x^2 + 2 B x y + C y^2 + D x + E y + F = 0$$
allgemeine Gleichung eines Kegelschnitts.

Diese Gleichung enthält als Sonderfälle auch Gleichungen von Geraden, von Punkten und von imaginären Kegelschnitten.

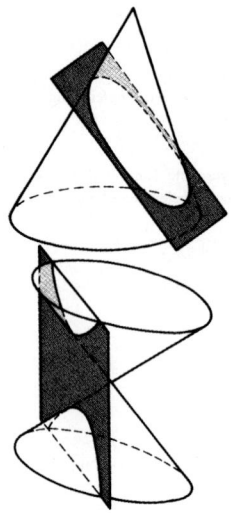

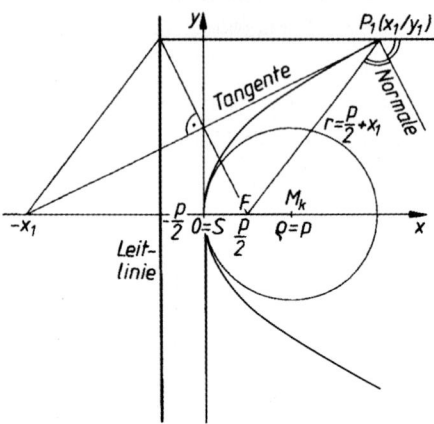

Der Brennpunkt hat die Eigenschaft, alle innen an der Parabel reflektierten achsenparallelen Strahlen in sich zu vereinigen (Anwendung: Parabolspiegel).

$P_1(x_1 | y_1)$ ist ein beliebiger Parabelpunkt. Er ist Ecke eines begleitenden Rhombus. Die von der Ecke P_1 ausgehende Diagonale des Rhombus ist Tangente an die Parabel:

$yy_1 = p(x + x_1)$

Tangentengleichung

$\rho = p$

Krümmungsradius der Parabel im Scheitelpunkt S

$M_k(\rho | 0)$

zugehöriger Krümmungskreismittelpunkt
Allgemeine Scheitelgleichung der Parabel: Ist $S(x_s | y_s) \neq 0$ der Scheitelpunkt, dann erhält man

$(y - y_s)^2 = 2p(x - x_s)$ mit $p > 0$

Gleichung der nach rechts offenen Parabel

$x = x_s - \dfrac{p}{2}$

Gleichung der Leitlinie

$F\left(\dfrac{p}{2} + x_s \,\middle|\, y_s\right)$

Brennpunkt

$(y - y_s)(y_1 - y_s) = p(x + x_1 - 2x_s)$

Gleichung der Tangente in $P_1(x_1 | y_1)$.

■ **Beispiel 1:**
Eine Parabel hat die x-Achse als Parabelachse, die y-Achse als Scheiteltangente und geht durch den Punkt P_1 (5 | 6). Welche Gleichung hat die Parabel? Welcher Punkt ist Brennpunkt? Welcher Punkt ist Mittelpunkt des Krümmungskreises im Scheitelpunkt? Wo berührt die Tangente mit der Steigung −1 die Parabel?

x_1 und y_1 werden in die Scheitelgleichung $y^2 = 2px$ eingesetzt:
$36 = 2p \cdot 5 \Rightarrow p = 3{,}6$
$\rho = p = 3{,}6$

■ **Beispiele:**
1. Mit $A = -1, B = C = D = 0, E = 1, F = 0$
erhält man $y = x^2$, die Gleichung der Normalparabel.

2. Mit $A = B = 0, C = 1, D = -2p, E = F = 0$
erhält man $y^2 = 2px$, mit $p > 0$ die Scheitelgleichung der nach rechts offenen Parabel.

3. Mit $A = 1, B = 0, C = 1, D = E = 0, F = -r^2$
erhält man $x^2 + y^2 = r^2$, die Mittelpunktsgleichung des Kreises.

4. Mit $A = \dfrac{1}{a^2}, B = 0, C = \dfrac{1}{b^2}, D = E = 0, F = -1$
erhält man $\dfrac{x^2}{a^2} + \dfrac{y^2}{b^2} = 1$, die Mittelpunktsgleichung der Ellipse.

5. Mit $A = \dfrac{1}{a^2}, B = 0, C = -\dfrac{1}{b^2}, D = E = 0, F = -1$
erhält man $\dfrac{x^2}{a^2} - \dfrac{y^2}{b^2} = 1$, die Mittelpunktsgleichung der Hyperbel.

4.5.4.1 Die Parabel

Die Parabel als Graph der quadratischen Funktion wird in 4.2.4 behandelt.
Dreht man die Normalparabel mit der Gleichung $y = x^2$ um den Scheitelpunkt um 90° nach rechts, so dass sie nach rechts offen ist, hat sie die Gleichung $y^2 = x$ und ist somit Graph der Funktionsgleichungen $y = +\sqrt{x}$ und $y = -\sqrt{x}$. Die gestreckte oder gestauchte nach rechts offene Parabel hat die Gleichung

$y^2 = 2px$	$p > 0$	Scheitelgleichung der Parabel
p	heißt	Parameter
$x = -\dfrac{p}{2}$	ist	Gleichung der Leitlinie
$F\left(\dfrac{p}{2} \,\middle|\, 0\right)$	ist	Brennpunkt

Aus der Tangentengleichung
$yy_2 = p(x + x_2)$ (P_2 sei gesuchter Berührpunkt) folgt

$$y = \frac{p}{y_2}x + \frac{p}{y_2}x_2$$

in der Hauptform der Geradengleichung. Aus der Bedingung

$$m_2 = \frac{p}{y_2} = -1$$

ergibt sich
$y_2 = -p$, also $y_2 = -3{,}6$;

aus der Parabelgleichung folgt

$$x_2 = \frac{3{,}6^2}{7{,}2} = 1{,}8.$$

Ergebnisse:
Parabelgleichung: $y^2 = 7{,}2\,x$

Brennpunkt: $F(1{,}8\,|\,0)$

Krümmungskreismittelpunkt: $M_k(3{,}6\,|\,0)$

Berührungspunkt mit Steigung -1: $P_2(1{,}8\,|\,-3{,}6)$

Verallgemeinerung dieses Ergebnisses: Die Tangenten über und unter dem Brennpunkt haben die Steigungen $+1$ und -1; die Berührungspunkte haben die Ordinaten $+p$ und $-p$.

■ **Beispiel 2:**
Eine nach rechts offene Parabel hat die Gerade $x = -2$ als Scheiteltangente, geht durch den Punkt $P_1(2\,|\,7)$ und hat in diesem Punkt die Tangentensteigung $m_1 = \frac{1}{2}$. Wie heißt die Gleichung der Parabel?

Die Tangente in P_1 hat in Punkt-Steigungs-Form die Gleichung
$$\frac{y-7}{x-2} = \frac{1}{2} \Rightarrow y = \frac{1}{2}x + 6$$

Tangentengleichung in der Hauptform der Geradengleichung.
Die Tangente hat aber als Parabeltangente auch die Gleichung
$(y - y_s)(y_1 - y_s) = p(x + x_1 - 2x_s)$
$\Rightarrow (y - y_s)(7 - y_s) = p(x + 2 - 2 \cdot (-2))$.

Diese Gleichung wird auf die Hauptform der Geradengleichung gebracht:

$$y = \frac{p}{7 - y_s}x + \frac{6p}{7 - y_s} + y_s$$

Vergleicht man mit der obigen Hauptform derselben Geraden:

$$y = \frac{1}{2}x + 6,$$

so stellt man fest, dass einmal

$$m_1 = \frac{p}{7-y} = \frac{1}{2},$$

zum anderen

$$y_0 = \frac{6p}{7-y_s} + y_s = 6$$

ist. Nur wenn diese beiden Bedingungen erfüllt sind, stellen beide Gleichungen ein und dieselbe Gerade dar (Methode des Koeffizientenvergleichs).

Setzt man $\frac{p}{7-y_s} = \frac{1}{2}$ aus der vorletzten Gleichung in die letzte Gleichung ein, so erhält man

$6 \cdot \frac{1}{2} + y_s = 6 \Rightarrow y_s = 3.$

Mit diesem Wert ist nach der m_1-Gleichung
$\frac{p}{7-3} = \frac{1}{2} \Rightarrow p = 2.$

Die gesuchte Parabelgleichung ist

$(y - 3)^2 = 4 \cdot (x + 2)$.

Die letzte Zeichnung veranschaulicht diese Lösung, wenn man in der Zeichnung das Achsenkreuz um zwei Einheiten nach rechts und drei Einheiten nach unten verschiebt; Einheit $1 = \frac{p}{2}$.

Mit geringerem rechnerischen Aufwand lässt sich die Aufgabe lösen, wenn man den begleitenden Rhombus in die Rechnung einbezieht: Da die Tangente als Diagonale des begleitenden Rhombus die Parabelachse in einem Punkt schneidet, der genauso weit links von der Scheiteltangente (hier $x = -2$) liegt wie P_1 rechts davon ist $(x_1 - x_s)$,

gilt die Gleichung
$y_1 - y_s = m_1 \cdot 2(x_1 - x_s)$
(siehe Parabelzeichnung mit $x_s = y_s = 0$).

Setzt man in diese Gleichung

$x_1 = 2$, $y_1 = 7$, $m_1 = \frac{1}{2}$, $x_s = -2$

ein, so folgt

$7 - y_s = \frac{1}{2} \cdot 2(2 - (-2)) \Rightarrow y_s = 3.$

Aus der Parabelgleichung folgt dann
$(y_1 - y_s)^2 = 2p(x_1 - x_s)$, also
$(7 - 3)^2 = 2p(2 + 2) \Rightarrow p = 2$, so dass $(y - 3)^2 = 4(x + 2)$ die gesuchte Parabelgleichung ist.

■ **Beispiel 3:**
Eine nach unten offene Parabel hat die y-Achse als Parabelachse, den Ursprung O als Brennpunkt ($O = F$) und den Punkt $S(0\,|\,2{,}5)$ als Scheitelpunkt. Welche Gleichung hat die Parabel? Wo schneidet sie die x-Achse?

Die allgemeine Scheitelgleichung der nach unten offenen Parabel ist

$(x - x_s)^2 = -2p(y - y_s)$.

In diesem Falle sind $x_s = 0$, $y_s = 2{,}5$, $\frac{p}{2} = 2{,}5$ (Entfernung $\overline{FS}$).

$x^2 = -10(y - 2{,}5)$ heißt somit die Parabelgleichung.
Für die Punkte mit $y_{1,2} = 0$ ergibt sich $x_{1,2} = \pm 5$.

4.5.4.2 Die Ellipse

$r_1 + r_2 = 2a > 0$

Eine Ellipse ist ein Oval, das man erzeugen kann, indem man eine endlose Schnur (einen endlosen Faden) der Länge L um zwei feste Pflöcke (Stecknadeln) F_1 und F_2 legt und mit einem Stock (Bleistift) straff spannt und diesen ringsum führt (Gärtner-Konstruktion). Das so entstehende Oval hat zwei zueinander senkrechte Symmetrieachsen (x-Achse und y-Achse). Mit P_1 als beliebigen Ellipsenpunkt setzt sich L wie folgt zusammen:

(1) $\quad L = |\overline{F_2M}| + |\overline{MF_1}| + |\overline{F_1P_1}| + |\overline{P_1F_2}|$

(2) $\quad L = e \quad + e \quad + r_1 \quad + r_2$.

Mit Scheitelpunkt S_1 als Ellipsenpunkt ergibt sich

(3) $\quad L = |\overline{F_2M}| + |\overline{MF_1}| + |\overline{F_1S_1}| + |\overline{S_1F_2}|$.

Aus Symmetriegründen ist $|\overline{F_1S_1}| = |\overline{F_2S_2}|$; dieses in Gl. (3) eingesetzt:

(4) $\quad L = |\overline{F_2M}| + |\overline{MF_1}| + \underbrace{|\overline{F_2S_2}| + |\overline{S_1F_2}|}$

(5) $\quad L = \underbrace{|\overline{F_2M}| + |\overline{MF_1}|} + \quad |\overline{S_1S_2}|$

(6) $\quad L = \quad\quad 2e \quad\quad + \quad\quad 2a$.

Aus (2) und (6) folgt (7):

(7) $\quad r_1 + r_2 = 2a$.

Satz: Die Ellipse ist die Menge aller Punkte P, deren Abstandssumme $(r_1 + r_2)$ von zwei festen Punkten (F_1 und F_2) konstant ($= 2a$) ist.

Mit dem Nebenscheitelpunkt S_1' als Ellipsenpunkt erhält man

(8) $\quad |\overline{S_1'F_1}| + |\overline{S_1'F_2}| = 2a$.

Da aus Symmetriegründen $|\overline{S_1'F_1}| = |\overline{S_1'F_2}|$ ist, folgt

(9) $\quad |\overline{S_1'F_1}| = |\overline{S_1'F_2}| = a$.

Der Satz des Pythagoras liefert (siehe Figur)

(10) $\quad b^2 + e^2 = a^2 \Rightarrow b = \sqrt{a^2 - e^2}$.

Zusammenfassung und Ergänzung der einschlägigen Bezeichnungen und Zusammenhänge bietet die folgende

Übersicht:

$M(0 \mid 0)$	Mittelpunkt
$F_1(e \mid 0)$ und $F_2(-e \mid 0)$	Brennpunkte
$S_1(a \mid 0)$ und $S_2(-a \mid 0)$	Hauptscheitelpunkte
$S_1'(0 \mid b)$ und $S_2'(0 \mid -b)$	Nebenscheitelpunkte
$a, b > 0$	Halbachsen
$2a$ und $2b$	Haupt- und Nebenachse
$e = \sqrt{a^2 - b^2} \geq 0$	lineare Exzentrizität
$\epsilon = \dfrac{e}{a} < 1$	numerische Exzentrizität
$P_1(x_1 \mid y_1)$	beliebiger Ellipsenpunkt
$|\overline{F_1P_1}| + |\overline{P_1F_2}| + r_1 + r_2 = 2a$	Ellipsenbedingung
$p = \dfrac{b^2}{a}$,	Parameter
$\rho_a = \dfrac{b^2}{a} = p, \quad \rho_b = \dfrac{a^2}{b}$	Krümmungsradien in $S_{1,2}$ und in $S_{1,2}'$
$A = ab\pi$	Flächeninhalt der Ellipse

$$\frac{x^2}{a^2} + \frac{y^2}{b^2} = 1 \quad\quad \text{Ellipsengleichung (Mittelpunktsform)}$$

$$\frac{x_1 x}{a^2} + \frac{y_1 y}{b^2} = 1 \quad\quad \text{Gleichung der Tangente in } P_1 \text{ an die Ellipse}$$

■ **Beispiel 1:**
Von einer Ellipse sind $a = 5$ und $b = 3$ gegeben. Der obere Ellipsenpunkt P_1 mit $x_1 = 4$ ist gesucht.

Nach der Ellipsengleichung

$$\frac{x^2}{25} + \frac{y^2}{9} = 1$$

ergibt sich für $x = x_1 = 4$ die positive Ordinate; $y = y_1$:

$$\frac{16}{25} + \frac{y_1^2}{9} = 1 \Rightarrow y_1^2 = 9\left(1 - \frac{16}{25}\right) \Rightarrow y_1^2 = \frac{81}{25} \Rightarrow y_1 = \frac{9}{5} = 1{,}8.$$

Der gesuchte Punkt ist $P_1(4 \mid 1{,}8)$.

Man kann die Aufgabe auch durch Konstruktion lösen und begleitend rechnen, und zwar mit Hilfe des Hauptscheitelkreises, des Kreises um M durch S_1 und S_2 und mit S_k als Schnittpunkt mit der y-Achse: Die Ellipse ist das im Verhältnis $b : a$ gestauchte Bild ihres Hauptscheitelkreises.

Der Kreispunkt $P_k(x_1 \mid y_k)$ über dem gesuchten Ellipsenpunkt P_1 ist konstruierbar und hat die

Ordinate $y_k = \sqrt{a^2 - x_1^2}$,

eingesetzt

$y_k = \sqrt{25 - 16} \Rightarrow y_k = 3$.

Nach dem Strahlensatz (Strahlenzentrum $Z_1 = S_kP_k \cap$ x-Achse) ist

$y_k : y_1 = a : b$,

eingesetzt

$3 : y_1 = 5 : 3 \Rightarrow y_1 = 1{,}8$.

Somit ist $P_1(4 \mid 1{,}8)$ der gesuchte Punkt.

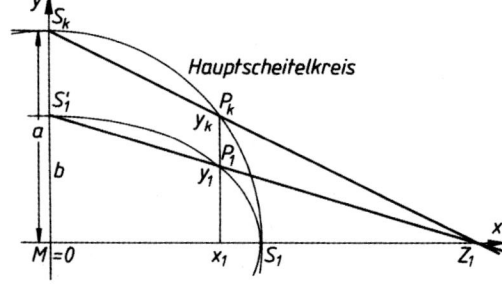

■ **Beispiel 2:**
Im Punkt $P_1(3{,}1 \mid 2{,}7)$ einer Ellipse in Mittelpunktsform mit der Halbachse $a = 4{,}8$ ist die Tangente gesucht. Wie groß ist e?

Nach der Ellipsengleichung ist

$$\frac{3{,}1^2}{4{,}8^2} + \frac{2{,}7^2}{b^2} = 1 \Rightarrow b = 3{,}536$$

Damit ist die Gleichung der Tangente

$$\frac{3{,}1 x}{23{,}04} + \frac{2{,}7 y}{12{,}506} = 1$$

In der Hauptform der Geraden ist die Gleichung der gesuchten Tangente

$y = -0{,}6232\,x + 4{,}632$

Für e erhält man

$e = \sqrt{23{,}04 - 12{,}506} = 3{,}246$

Die Konstruktion der Tangente und damit näherungsweise Bestätigung der rechnerischen Ergebnisse zeigt in zweifacher Weise die folgende Figur.

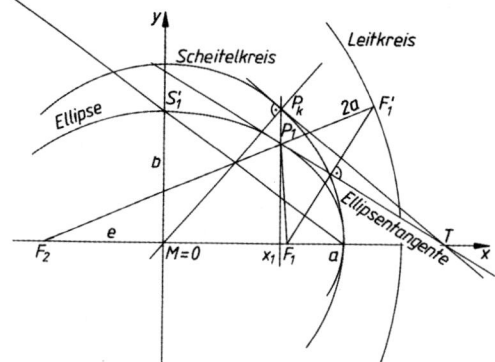

1. Der dem gegebenen Punkt P_1 zugeordnete Scheitelkreispunkt P_k $(x_1|y_k)$ ist Berührungspunkt der Scheitelkreistangente $P_k T \perp P_k M$.

   Beim Stauchen des Scheitelkreises zur Ellipse wird aus der Kreistangente die Ellipsentangente $P_1 T$. Die Nebenscheitelpunkte S_1', ... (Halbachse b) und die Brennpunkte F_1, F_2 (lineare Exzentrizität e) werden bei dieser Konstruktion nicht benötigt.

2. Bei einem zweiten Konstruktionsverfahren benötigt man zunächst den Nebenscheitelpunkt S_1' (etwa nach dem Verfahren von Beispiel 1) und dann die Brennpunkte F_1 und F_2 (Schnittpunkte der x-Achse mit dem Kreis um S_1' mit dem Radius a). Nun zeichnet man den Leitkreis um F_2 mit dem Radius $2a$ und zeichnet die Strecke $\overline{F_2 F_1'}$ der Länge $2a$ durch den gegebenen Punkt P_1 ein. Durch Verbinden von P_1 mit F_1 erhält man das gleichschenklige Dreieck $\Delta F_1 F_1' P_1$, denn der Streckenzug $\overline{F_2 P_1 F_1}$ hat auch die Länge $2a$ (siehe „Übersicht": $r_1 + r_2 = 2a$). Die Mittelsenkrechte von $\overline{F_1 F_1'}$ (Symmetrieachse des gleichschenkligen Dreiecks $\Delta F_1 F_1' P_1$) ist die gesuchte Tangente in P_1 an die Ellipse.

■ **Beispiel 3:**
Eine Ellipse mit den Halbachsen $a = 5{,}5$ und $b = 4{,}2$ soll mit Hilfe der Krümmungskreise in den Scheitelpunkten näherungsweise konstruiert werden.
Man zeichnet die beiden Achsen $2a$ und $2b$ mit dem Ellipsenmittelpunkt M und den Scheitelpunkten S_1, S_1', ... Dazu kommt das umbeschriebene Rechteck, das die Ellipse in den Scheitelpunkten berührt. Von einer Ecke E_1 des Rechtecks fällt man das Lot auf $S_1 S_1'$. Dieses schneidet die Hauptachse in M_a, die Nebenachse in M_b, den Mittelpunkten der Krümmungskreise in den Scheitelpunkten; die Krümmungsradien sind also

$\rho_a = |\overline{M_a S_1}|$ und $\rho_b = |\overline{M_b S_1'}|$.

Durch Übertrag auf die beiden anderen Scheitelpunkte kann man alle vier Ellipsenviertel näherungsweise zeichnen.

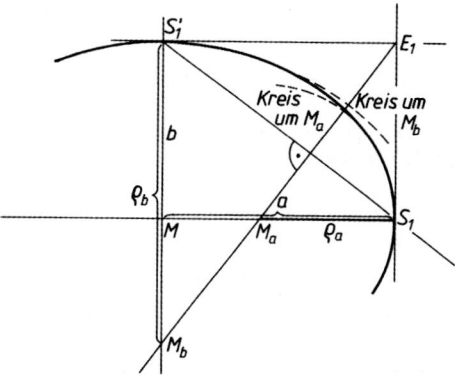

Begründung:

$\Delta E_1 M_a S_1 \sim \Delta S_1 S_1' M \Rightarrow \rho_a : b = b : a$

$\Rightarrow \rho_a = \dfrac{b^2}{a} = \dfrac{4{,}2^2}{5{,}5} = 3{,}207$

$\Delta M_b E_1 S_1' \sim \Delta S_1 S_1' M \Rightarrow \rho_b : a = a : b$

$\Rightarrow \rho_b = \dfrac{a^2}{b} = \dfrac{5{,}5^2}{4{,}2} = 7{,}202$

ρ_a und ρ_b stimmen mit den in der „Übersicht" angegebenen Krümmungsradien in den Scheitelpunkten überein.

4.5.4.3 Die Hyperbel

$|r_2 - r_1| = 2a > 0$

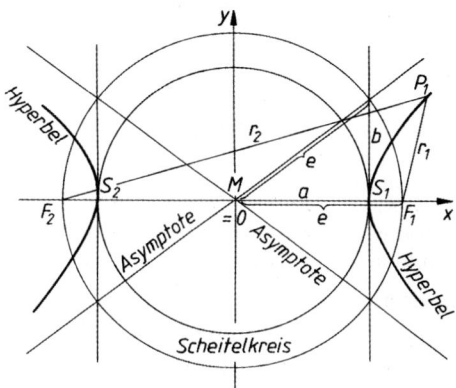

Satz: Die Hyperbel ist die Menge aller Punkte $P(x|y)$, deren Abstandsdifferenz $(r_2 - r_1)$ von zwei festen Punkten (F_1 und F_2) einen konstanten Betrag ($= 2a$) hat.
Dieser Satz entspricht dem vergleichbaren Satz für die Ellipse.
Sinnfällige Unterschiede zur Ellipse sind:

1. Die Hyperbel hat keine Nebenscheitelpunkte.
2. Die Hyperbel hat keinen endlichen Flächeninhalt.
3. Die Hyperbel hat zwei Äste.
4. Die Hyperbel hat zwei Asymptoten.

Asymptoten (A-sym-ptoten = Nicht-zusammen-fallende) heißen die Geraden mit den Gleichungen

$$y = \pm \frac{b}{a} x.$$

Der Name ist dadurch begründet, dass die Hyperbeläste sich mit $x \to \pm \infty$ diesen Geraden unbeschränkt annähern, ohne sie je zu erreichen. Denn löst man die Hyperbelgleichung nach y auf, so erhält man

$$y = \pm b \sqrt{\frac{x^2}{a^2} - 1}.$$

Für den rechten oberen Halbast der Hyperbel ist $x \geq a > 0$ und $y \geq 0$.
An einer beliebigen Stelle x ist die Hyperbelordinate

$$y_h = b \sqrt{\frac{x^2}{a^2} - 1}$$

und die Asymptotenordinate

$$y_a = \frac{b}{a} x.$$

Als Quotienten erhält man

$$\frac{y_h}{y_a} = \frac{b \sqrt{\frac{x^2}{a^2} - 1}}{b \sqrt{\frac{x^2}{a^2}}} = \sqrt{1 - \frac{a^2}{x^2}} < 1,$$

das heißt, an jeder Stelle $x \geq a$ liegt ein Punkt der Hyperbel unter dem zugehörigen Punkt der Asymptote. Nach den Grundregeln der Limesbildung im Abschnitt „Grenzwerte" (8.2) ist $\lim\limits_{x \to \infty} \frac{y_h}{y_a} = \lim\limits_{x \to \infty} \sqrt{1 - \frac{a^2}{x^2}} = 1$,

das bedeutet, die Annäherung der Hyperbel an die Asymptote erfolgt unbegrenzt, also kommt der rechte obere Halbast der Hyperbel der Asymptote mit wachsendem x immer näher, ohne sie je zu erreichen. Entsprechendes gilt aus Symmetriegründen für die drei anderen Halbäste der Hyperbel.

Übersicht:

$M(0 \mid 0)$	Mittelpunkt
$F_1(e \mid 0)$ und $F_2(-e \mid 0)$	Brennpunkte
$S_1(a \mid 0)$ und $S_2(-a \mid 0)$	Scheitelpunkte
$a, b > 0$	Halbachsen
$e = \sqrt{a^2 + b^2} > 0$	lineare Exzentrizität
$\epsilon = \frac{e}{a} > 0$	numerische Exzentrizität
$P_1(x_1 \mid y_1)$	beliebiger Hyperbelpunkt
$\lVert \overline{F_2 P_1} \rvert - \lvert \overline{P_1 F_1} \rVert = \lvert r_2 - r_1 \rvert = 2a$	Hyperbelbedingung
$p = \frac{b^2}{a}$	Parameter
$\rho_a = \frac{b^2}{a} = p$	Krümmungsradius in S_1 und S_2

$$\frac{x^2}{a^2} - \frac{y^2}{b^2} = 1 \qquad \text{Hyperbelgleichung (Mittelpunktsform)}$$

$$\frac{x_1 x}{a^2} - \frac{y_1 y}{b^2} = 1 \qquad \text{Gleichung der Tangente in } P_1 \text{ an die Hyperbel}$$

$$y = \pm \frac{b}{a} x \qquad \text{Gleichungen der Asymptoten}$$

■ **Beispiel 1:**
Von einer Hyperbel sind a, b und x_1 gegeben. $P_1(x_1 \mid y_1)$ ist gesucht.

a) $a = 5$, $b = 3$, $x_1 = 4$
b) $a = 4$, $b = 3$, $x_1 = 5$.

Die Hyperbel ist mit Hilfe des Krümmungskreises in S_1 (S_2) zu konstruieren.

a) In die Hyperbelgleichung eingesetzt, ergibt sich

$$\frac{4^2}{5^2} - \frac{y_1^2}{3^2} = 1 \Rightarrow y_1^2 = -\frac{81}{25} \Rightarrow y_1 = \frac{9}{5} i = 1{,}8\,i$$

Die Lösung ist imaginär; einen Hyperbelpunkt $P_1(4 \mid y_1)$ gibt es nicht. Im Intervall $-a < x_1 < +a$ gibt es keinen Hyperbelpunkt.

b) Hier liefert die Hyperbelgleichung

$$\frac{5^2}{4^2} - \frac{y_1^2}{3^2} = 1 \Rightarrow y_1 = \frac{9}{4} \text{ und } y_1' = -\frac{9}{4}.$$

Es handelt sich bei dieser Aufgabe um den Hyperbelpunkt über bzw. unter dem Brennpunkt.

Für den Krümmungsradius in S_1, $\rho_a = \frac{b^2}{a}$, ergibt sich auch

$$\rho_a = \frac{9}{4}.$$

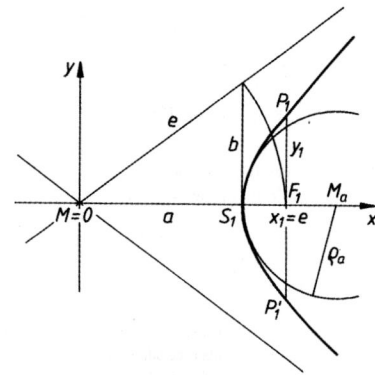

Diese Übereinstimmung von y_1 und ρ_a lässt sich nicht verallgemeinern, denn y_1 ist im Allgemeinen als Quadratwurzel irrational, während ρ_a bei rationalen a und b immer rational ist.

■ **Beispiel 2:**
Die Gleichung der Tangente im Punkt $P_1(5{,}6 \mid 3{,}4)$ an die Hyperbel in Mittelpunktsform mit der Halbachse $a = 2{,}8$ ist zu berechnen. Wie groß ist e?

Zur Berechnung von b dient die Hyperbelgleichung:

$$\frac{5{,}6^2}{2{,}8^2} - \frac{3{,}4^2}{b^2} = 1 \Rightarrow b^2 = 3{,}853 \Rightarrow b = 1{,}963.$$

Die Tangentengleichung lautet somit

$$\frac{5,6\,x}{7,84} - \frac{3,4\,y}{3,853} = 1;$$

auf die Hauptform der Gerdadengleichung gebracht:
$y = 0,8095\,x - 1,133$.

Ferner: $e = \sqrt{7,84 + 3,853} = 3,420$.

■ **Beispiel 3:**

In Anlehnung an Beispiel 2 ist von einer Hyperbel der Mittelpunktsform die lineare Exzentrizität $e = 3,420$ und der Punkt P_1 (5,6 | 3,4) gegeben. Durch Konstruktion sind die Scheitelpunkte, die Asymptoten und die Tangente in P_1 an die Hyperbel zu finden.

Man zeichnet F_1, F_2 und P_1 und um P_1 einen Kreisbogen durch F_1. Dieser schneidet P_1F_2 in F_1'. Die Strecke $\overline{F_1'F_2}$ hat wegen der Hyperbelbedingung $|r_2 - r_1| = 2a$ die Länge $2a$. Mit der halben Länge a als Radius zeichnet man um die Mitte M von $\overline{F_1F_2}$ den Scheitelkreis. Dieser schneidet F_1F_2 in den gesuchten Scheitelpunkten S_1 und S_2. Der Kreis um M mit e schneidet die in S_1 und S_2 auf F_1F_2 errichteten Senkrechten in A_1, A_1', A_2, A_2', Punkten auf den gesuchten Asymptoten.

Schließlich ist die Winkelhalbierende von $\sphericalangle F_2P_1F_1'$ die gesuchte Tangente.

Denn jeder Punkt dieser Winkelhalbierenden, außer P_1, hat eine Entfernungsdifferenz von F_1 und F_2, die kleiner als $2a$ ist, liegt also außerhalb der Hyperbel.

Die errechneten Ergebnisse von Beispiel 2 kann man mit der Zeichnung vergleichen.

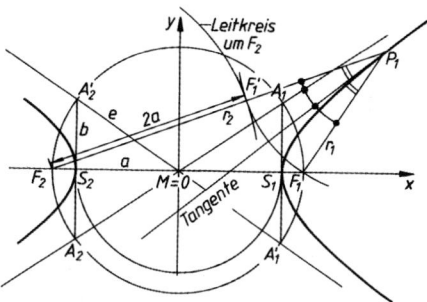

4.5.4.4 Anwendungen der Kegelschnitte

■ **Beispiel 1:**

Ein parabelförmiger Brückenbogen – Achse vertikal und Parabel nach unten offen – hat zwischen den in gleicher Höhe liegenden Lagern – Enden – des Bogens L und L' die Spannweite $2a = |\overline{LL'}|\,m = 32$ m. Die Scheitelhöhe – Höhe des Scheitelpunktes S über LL' – beträgt $b = 10$ m. Die horizontal verlaufende Straße liegt $h = 4$ m über LL' und schneidet den Brückenbogen in P_1 und P_1', den Befestigungspunkten des Straßenkörpers. Der Straßenkörper wird dann noch außer von einem Vertikalstab im Scheitelpunkt S (Länge $b - h = 6$ m) von zwei Vertikalstäben gehalten, die in der Mitte des horizontalen Abstandes von S und P_1 und von S und P_1' in den Punkten P_2 und P_2' am Brückenbogen angebracht sind.

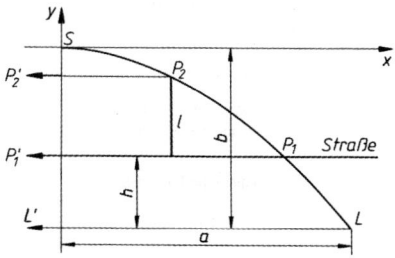

Wie groß ist die Länge l dieser Vertikalstäbe?
Wie groß sind $|\overline{P_1P_1'}|$ und $|\overline{P_2P_2'}|$?

Die Skizze veranschaulicht nur die Hälfte der symmetrischen Straßenbrücke. Zur Lösung der Aufgabe denkt man sich ein Achsenkreuz gelegt, so dass die Brückenbogenparabel die Gleichung $y = -\alpha x^2$ hat. Mit den Koordinaten des Lagerpunktes L ergibt die Parabelgleichung

$-b = -\alpha a^2$, woraus folgt: $\alpha = \dfrac{b}{a^2}$.

Der Befestigungspunkt P_1 hat nach Aufgabenstellung die Ordinate $y_1 = -(b - h)$. Mit Hilfe der Parabelgleichung erhält man seine Abszisse x_1:

$y_1 = -\alpha x_1^2$. Man löst nach x_1 auf und setzt y_1 und α ein:

$$x_1 = \sqrt{\frac{y_1}{-\alpha}} = \sqrt{\frac{-(b-h)}{-\dfrac{b}{a^2}}} = a\sqrt{\frac{b-h}{b}}.$$

Der Befestigungspunkt P_2 soll die Abszisse

$$x_2 = \frac{1}{2}x_1 = \frac{a}{2}\sqrt{\frac{b-h}{b}}$$ haben, also ist seine Ordinate

$$y_2 = -\alpha x_2^2 = -\frac{b}{a^2}\left(\frac{a}{2}\sqrt{\frac{b-h}{b}}\right)^2 = -\frac{b-h}{4}.$$

Die gesuchte Vertikalstablänge l ist

$$l = y_2 - y_1 = \frac{3}{4}(b - h).$$

Die Strecken $\overline{P_1P_1'}$ und $\overline{P_2P_2'}$ haben die Längen

$$2x_1 = 2a\sqrt{\frac{b-h}{b}} \quad \text{und} \quad 2x_2 = a\sqrt{\frac{b-h}{b}}.$$

Mit den gegebenen Abmessungen sind die Strecken

$l = \dfrac{3}{4}(10\,m - 4\,m) = 4,50$ m,

$2x_1 = 2 \cdot 16\,m\sqrt{\dfrac{10-4}{10}} = 24,787$ m,

$2x_2 = 16\,m\sqrt{\dfrac{10-4}{10}} = 12,394$ m.

■ **Beispiel 2:**

Welche nach oben offene Parabel mit dem Scheitelpunkt $S\,(-4 | -1)$ berührt die Gerade $y = x$? Welche Koordinaten hat der Berührungspunkt P_1?

Die Gleichung der nach oben offenen Parabel lautet

$(x - x_s)^2 = 2p\,(y - y_s)$.
$(x_s | y_s) = (-4 | -1)$ eingesetzt:
$(x + 4)^2 = 2p\,(y + 1)$.

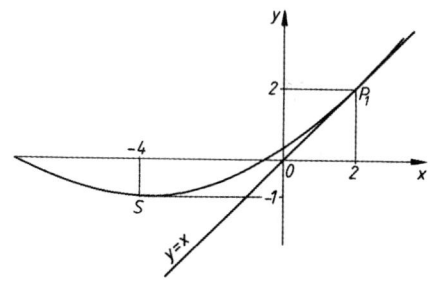

Die zugehörige Tangentengleichung im Berührungspunkt $P_1(x_1 | y_1)$ ist
$(x + 4)(x_1 + 4) = p(y + 1) + p(y_1 + 1)$.

Tangentengleichung ist aber auch

$x = y$.

Beide Formen der Tangentengleichung sind identisch, so dass Koeffizientenvergleich anzuwenden ist:

1. Die Koeffizienten von x und y sind 1 oder gleich und ungleich 0:
(1) $x_1 + 4 = p$.

2. Die Absolutglieder (Konstanten) sind auf beiden Seiten 0 oder gleich:
(2) $4(x_1 + 4) = p + p y_1 + p$.

(1) in (2) eingesetzt, ergibt

$4p = 2p + p y_1 \Rightarrow 4 = 2 + y_1 \Rightarrow$

(3) $y_1 = 2$.   Wegen $x = y$ ist auch
(4) $x_1 = 2$.   Mit (4) ergibt sich aus (1)
(5) $p = 6$.

Ergebnisse: Die gesuchte Parabel hat die Gleichung $(x + 4)^2 = 12(y + 1)$, gesuchter Berührungspunkt ist $P_1(2 | 2)$.

■ **Beispiel 3:**

Bestimme von der Ellipse $\dfrac{x^2}{36} + \dfrac{y^2}{18} = 1$ die Ecken des größten einbeschriebenen Quadrats! Welches Verhältnis haben die Flächeninhalte dieses Quadrats und der Ellipse?

Aus Symmetriegründen liegen die Ecken des gesuchten Quadrats auf den Winkelhalbierenden der vier Quadranten des Koordinatensystems: Es sind die Geraden $y = x$ und $y = -x$. Zur Berechnung eines Eckpunkts setzt man seine Abszisse x_1 für x und für y in die Ellipsengleichung ein:

$\dfrac{x_1^2}{36} + \dfrac{x_1^2}{18} = 1 \Rightarrow x_1^2 = 12 \Rightarrow x_1 = \pm 2\sqrt{3}$.

Wegen $y = \pm x$ ist auch $y_1 = \pm \sqrt{3}$.

Somit sind die vier Eckpunkte des Quadrats $(\pm 2\sqrt{3} | \pm 2\sqrt{3}) = (\pm 3{,}464 | \pm 3{,}464)$, seine Seitenlänge ist $4\sqrt{3} = 6{,}928$, seine Fläche $A_\square = 48$. Die Ellipse hat den Flächeninhalt $A_{ell} = ab\pi = 6 \cdot 3\sqrt{2} \cdot \pi = 79{,}97$. Das Verhältnis beider Flächen ist

$\dfrac{A_\square}{A_{ell}} = \dfrac{48}{6 \cdot 3 \cdot \sqrt{2} \cdot \pi} = 0{,}6002$.

■ **Beispiel 4:**

Ein Stab mit den Drehlagern O und M und der Länge $|\overline{OM}| = r$ ist um O drehbar, und um M dreht sich ein zweiter Stab der Länge $|\overline{MP}| = s$. In der Ausgangsstellung liegen M und P als M_0, und rechts davon P_0 auf der Grundrichtungsachse OP_0. Während sich nun OM um den Winkel φ nach links dreht, dreht sich MP relativ zu OM um 2φ nach rechts. Auf welcher Kurve bewegt sich P bei fortgesetzter Drehung?

Die Lösung der Aufgabe erfolgt über die Parameterdarstellung der Ellipse:
$x = a \cos \varphi, \; y = b \sin \varphi$.
Man bestätigt:
Die Quadratsumme von

$\dfrac{x}{a} = \cos \varphi$ und $\dfrac{y}{b} = \sin \varphi$ ergibt wegen

$\cos^2 \varphi + \sin^2 \varphi = 1$

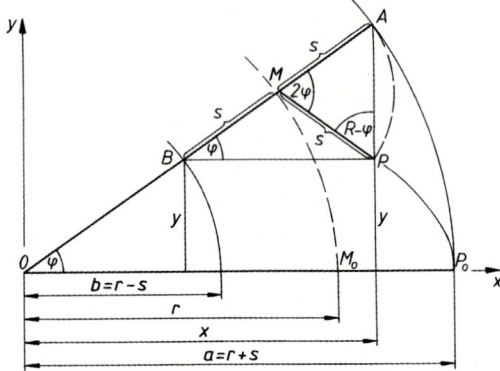

die Mittelpunktsform der Ellipsengleichung:

$\dfrac{x^2}{a^2} + \dfrac{y^2}{b^2} = 1$.

In der vorliegenden Aufgabe ist $a = r + s$ (große Halbachse), $b = r - s$ (kleine Halbachse). P bildet mit A und B, den Schnittpunkten der Geraden OM mit dem Haupt- und Nebenscheitelkreis, ein rechtwinkliges Dreieck, wie man aus der Figur abliest. Darum ergibt sich

$x = (r + s) \cos \varphi, \; y = (r - s) \sin \varphi$,

die Parameterdarstellung der Ellipse, die als Bahnkurve von P gesucht ist. Ihre Mittelpunktsgleichung lautet

$\dfrac{x^2}{(r + s)^2} + \dfrac{y^2}{(r - s)^2} = 1$.

■ **Beispiel 5:**

Die Schnittpunkte der Geraden $y = \dfrac{x}{2} + 4$ mit der Hyperbel $4y^2 - 9x^2 = 36$ sind gesucht. Gibt es zu der Geraden parallele Tangenten an die Hyperbel?

Die y-Achse ist Hauptachse der Hyperbel $\dfrac{y^2}{3^2} - \dfrac{x^2}{2^2} = 1$. Setzt man das y der Geraden ein, so erhält man

$\dfrac{\dfrac{x^2}{4} + 4x + 16}{9} - \dfrac{x^2}{4} = 1 \Rightarrow -\dfrac{2}{9}x^2 + \dfrac{4}{9}x + \dfrac{7}{9} = 0$

$\Rightarrow x^2 - 2x - \dfrac{7}{2} = 0$.

Diese quadratische Gleichung hat die Lösungen

$x_{1,2} = +1 \pm \sqrt{\dfrac{9}{2}} = 1 \pm \dfrac{3}{2}\sqrt{2}$, also

$x_1 = 3{,}1213, \; x_2 = -1{,}1213$.

Aus der Geradengleichung ergeben sich die Ordinaten:

$y_{1,2} = \dfrac{1}{2} \pm \dfrac{3}{4}\sqrt{2} + 4$, also

$y_1 = 5{,}5607, \; y_2 = 3{,}4393$.

Schnittpunkte der Geraden mit der Hyperbel sind

$P_1(3{,}1213 | 5{,}5607), \; P_2(-1{,}1213 | 3{,}4393)$.

Die Tangentengleichung an die gegebene Hyperbel ist

$\dfrac{y y_t}{3^2} - \dfrac{x x_t}{2^2} = 1$

mit dem noch unbekannten Berührungspunkt $P_t(x_t | y_t)$. Bildet man hieraus die Hauptform der Geradengleichung, dann ergibt sich

$$y = \frac{9}{4}\frac{x_t}{y_t} x + \frac{9}{y_t}.$$

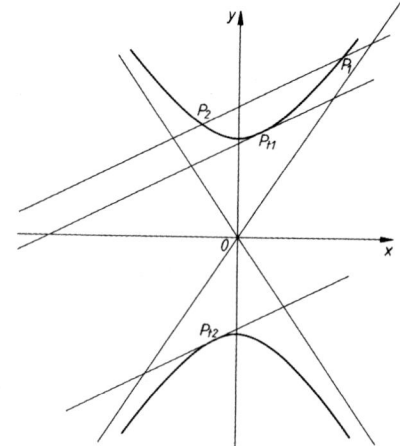

Die Tangente soll parallel zur gegebenen Geraden sein, hat also die Steigung $\frac{1}{2}$. Somit muss gelten

$$\frac{9}{4}\frac{x_t}{y_t} = \frac{1}{2} \Rightarrow y_t = \frac{9}{2} x_t.$$

Der gesuchte Punkt ist ein Hyperbelpunkt, seine Koordinaten müssen also die Hyperbelgleichung erfüllen. Man setzt in der Hyperbelgleichung x_t für x und $\frac{9}{2} x_t$ für y und erhält

$$\frac{\left(\frac{9}{2} x_t\right)^2}{3^2} - \frac{x_t^2}{2^2} = 1 \Rightarrow \frac{9}{4} x_t^2 - \frac{1}{4} x_t^2 = 1 \Rightarrow x_t^2 = \frac{1}{2} \Rightarrow$$

$$x_{t1} = \frac{1}{2}\sqrt{2} \quad \text{und} \quad x_{t2} = -\frac{1}{2}\sqrt{2}.$$

Wegen $y_t = \frac{9}{2} x_t$ sind die dazugehörigen Ordinaten $y_{t1} = \frac{9}{4}\sqrt{2}$

und $y_{t2} = \frac{9}{4}\sqrt{2}$. Es gibt also zwei Tangenten mit den Berührungspunkten P_{t1} (0,7071 | 3,1820) und P_{t2} (− 0,7071 | − 3,1820). Die Tangentengleichungen sind

$$y = \frac{1}{2} x + 2\sqrt{2} = 0,5 x + 2,8284,$$

$$y = \frac{1}{2} x - 2\sqrt{2} = 0,5 x - 2,8284.$$

Anmerkung: Tangenten gibt es bei dieser Hyperbel nur für Steigungen $|m| < \frac{b}{a} = \frac{3}{2}$ (Asymptotensteigung). So gibt es zum Beispiel parallel zur Geraden $y = -2x$ keine Tangente. Für die übliche Hyperbel $\frac{x^2}{a^2} - \frac{y^2}{b^2} = 1$ gibt es keine Tangenten mit Steigungen $|m| \leq \frac{b}{a}$; es gibt zwei parallele Tangenten für jedes $|m| > \frac{b}{a}$.

5 Planimetrie (ebene Geometrie)

5.1 Gerade Linien

5.1.1 Gerade

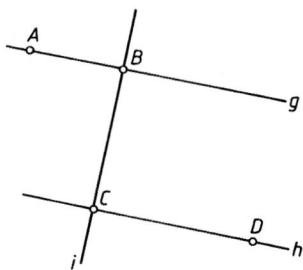

$AB = BA = g$ ist eine Gerade, das heißt eine beidseitig unbegrenzte gerade Linie.
$A \in g$ (lies: A Element g oder A aus g) heißt: A ist ein Punkt der Geraden g.
$C \notin g$ (lies: C nicht Element von g) heißt: C liegt außerhalb von g.
$AB \parallel CD$ oder $g \parallel h$ (g parallel h) heißt: AB und CD sind zwei parallele Geraden; sie haben keinen Schnittpunkt gemein.
$AB \perp CB$ oder $g \perp i$ (g senkrecht i) heißt: Die Geraden g und i bilden einen Winkel von 90° miteinander.

5.1.2 Halbgerade (Strahl)

$SA = s$ ist eine Halbgerade mit dem Anfangspunkt S, dem beliebigen Punkt A und ohne Endpunkt. Man sagt auch, s ist ein von S ausgehender Strahl.

5.1.3 Strecke

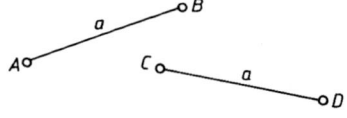

$\overline{AB}$ (lies: Strecke AB) = $\overline{BA}$ ist eine Strecke, das heißt eine beidseitig begrenzte gerade Linie.
$\overline{AB}$ und $\overline{CD}$ sind verschiedene Strecken, $\overline{AB} \neq \overline{CD}$ haben aber die gleiche Länge $|\overline{AB}| = |\overline{CD}| = a$ (lies: Betrag von Strecke AB gleich ...), a ist eine reelle Zahl, die Längeneinheit ist also 1.

5.2 Winkel

5.2.1 Winkel und Winkelbetrag, Gradmaß

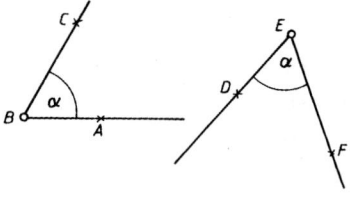

$\angle ABC$ (lies: Winkel ABC) hat den Scheitelpunkt B und als Schenkel die Halbgeraden BA und BC.
Gemessen wird der Winkel durch eine Drehung, und zwar die Drehung um B, die den Schenkel BA links herum in den Schenkel BC überführt. Das Maß der Drehung und damit der Betrag des Winkels ist $|\angle ABC| = \alpha$. $\angle DEF$ ist ein anderer Winkel von gleichem Betrag: also $\angle ABC \neq \angle DEF$, aber $|\angle ABC| = |\angle DEF| = \alpha$ (lies: Betrag Winkel ABC gleich ...).

Anmerkung: Statt „Winkel mit dem Betrag α" sagt man meist kurz „Winkel α".

Einheiten der Winkelmessung sind:

das Grad: $1° = \dfrac{1}{360}$ Vollwinkel

(lies: 1 Grad gleich ...)

das Neugrad (Gon): $1^g = \dfrac{1}{400}$ Vollwinkel

(lies: 1 Gon gleich ...)

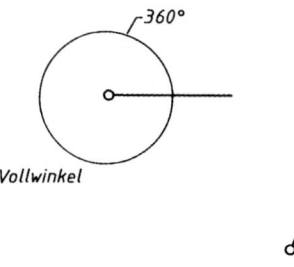

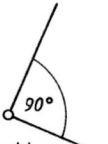

Der Rechte (ein rechter Winkel):

$1\,R = 90° = \dfrac{1}{4}$ Vollwinkel

(lies: 1 Rechter gleich ...)

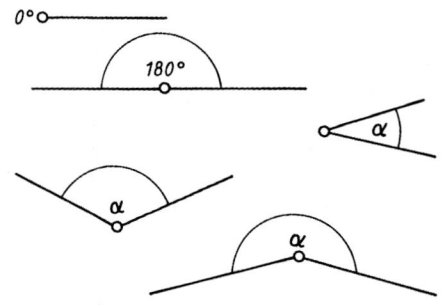

Sonstige Winkelbezeichnungen sind:

Nullwinkel	$= 0°$
gestreckter Winkel	$= 180°$
spitzer Winkel:	$0° < \alpha < 90°$
stumpfer Winkel:	$90° < \alpha < 180°$
überstumpfer Winkel:	$\alpha > 180°$

5.2.2 Winkelpaare

5.2.2.1 Komplementwinkel

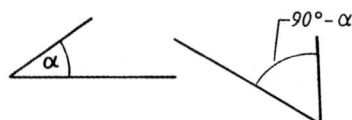

Zwei Winkel, die sich zu 90° oder einem Rechten ergänzen, heißen Komplementwinkel.

■ **Beispiel 1:**
Der Komplementwinkel zu $\alpha = 25°$ ist $R - \alpha = 65°$.

■ **Beispiel 2:**
Die beiden spitzen Winkel im rechtwinkligen Dreieck sind Komplementwinkel.

5.2.2.2 Supplementwinkel

Zwei Winkel, die sich zu 180° ergänzen, heißen Supplementwinkel.

■ **Beispiel 1:**
Der Supplementwinkel von $\alpha = 95°$ ist $180° - \alpha = 85°$.

■ **Beispiel 2:**
Benachbarte Winkel im Parallelogramm sind Supplementwinkel.

5.2.2.3 Scheitelwinkel

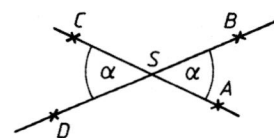

Gegenüberliegende Winkel an zwei sich schneidenden Geraden sind Scheitelwinkel: $\angle ASB$ und $\angle CSD$. Scheitelwinkel sind gleich groß:
$|\angle ASB| = |\angle CSD| = \alpha$.

5.2.2.4 Nebenwinkel

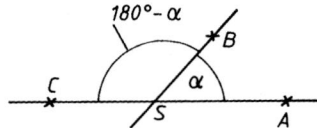

Benachbarte Winkel an zwei sich schneidenden Geraden sind Nebenwinkel: $\angle ASB$ und $\angle BSC$.
Nebenwinkel sind Supplementwinkel, d.h. sie ergänzen sich zu 180°:
$|\angle ASB| + |\angle BSC| = 180°$.

5.2.2.5 Stufenwinkel

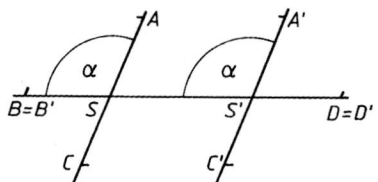

Entsprechende Winkel an geschnittenen Parallelen heißen Stufenwinkel: $\sphericalangle ASB$ und $\sphericalangle A'S'B'$.
Stufenwinkel sind gleich groß:
$|\sphericalangle ASB| = |\sphericalangle A'S'B'| = \alpha$.

5.2.2.6 Wechselwinkel

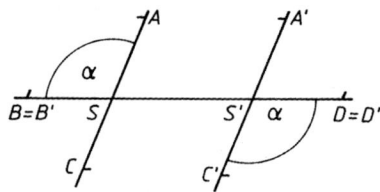

Entgegengesetzt liegende Winkel an geschnittenen Parallelen heißen Wechselwinkel: $\sphericalangle ASB$ und $\sphericalangle C'S'D'$.
Wechselwinkel sind gleich groß:
$|\sphericalangle ASB| = |\sphericalangle C'S'D'| = \alpha$.

5.2.2.7 Halbgleichliegende Winkel

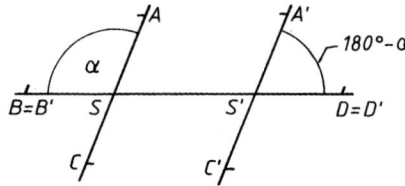

Winkelpaare an geschnittenen Parallelen, die weder Scheitelwinkel noch Nebenwinkel noch Stufenwinkel noch Wechselwinkel sind, heißen halbgleichliegende Winkel: $\sphericalangle ASB$ und $\sphericalangle D'S'A'$.
Halbgleichliegende Winkel sind Supplementwinkel (Summe 180°):
$|\sphericalangle ASB| + |\sphericalangle D'S'A'| = 180°$.

■ **Beispiel:**

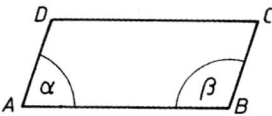

Benachbarte Winkel beim Parallelogramm sind halbgleichliegende Winkel:
$\sphericalangle BAD$ und $\sphericalangle CBA$ halbgleichliegende Winkel
$\alpha + \beta = 180°$

5.3 Grundkonstruktionen
(mit Zirkel und Lineal)

5.3.1 Strecke halbieren

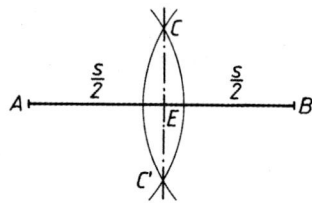

Kreisbögen mit gleichem Radius um die Endpunkte A und B. Schnittpunkte sind C und C'. CC' halbiert $\overline{AB}$ in E.

5.3.2 Winkel halbieren

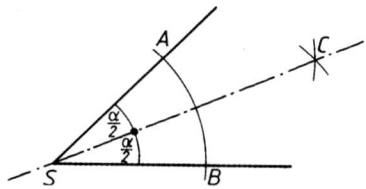

Ein Kreisbogen um Scheitelpunkt S schneidet die Schenkel in A und B. Kreisbögen mit gleichem Radius um A und B schneiden sich in C. SC halbiert $\sphericalangle BSA$.

5.3.3 Senkrechte errichten

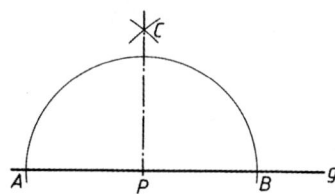

Ein Halbkreis um $P \in g$ (P liegt auf g) schneidet g in A und B. Kreisbögen mit gleichem Radius um A und B schneiden sich in C. PC ist die Senkrechte auf g im Punkte P.

5.3.4 Lot fällen

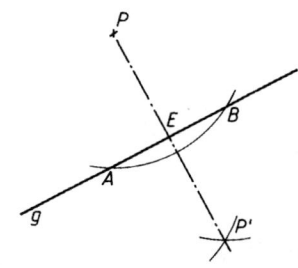

Ein Kreisbogen um $P \notin g$ (P liegt nicht auf g) schneidet g in A und B. Kreisbögen mit gleichem Radius um A und B schneiden sich in P'. PP' ist das Lot von P auf g.

5.3.5 Parallele durch gegebenen Punkt

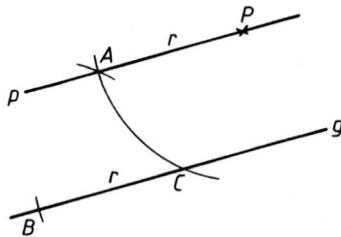

Ein Kreisbogen um $P \notin g$ mit Radius r schneidet g in C. Ein Kreisbogen um C mit dem gleichen r schneidet g in B, ein Kreisbogen um B mit r schneidet den ersten Kreisbogen um P mit r in A. PA ist die Parallele zu g durch P (Konstruktion einer Raute $PCBA$).

5.3.6 Parallele in gegebenem Abstand

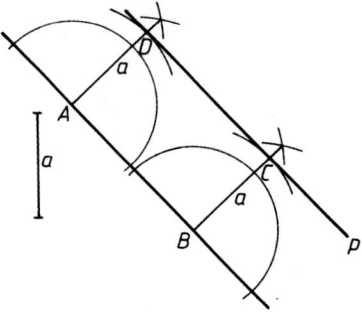

In beliebigen Punkten $A \in g$ und $B \in g$ (aber $A \neq B$) werden nach 5.3.3 die Senkrechten errichtet, und auf diesen wird der vorgeschriebene Abstand a abgetragen: $|\overline{AD}| = a$ und $|\overline{BC}| = a$. CD ist eine der beiden Parallelen zu g im Abstand a (Konstruktion eines Rechtecks $ABCD$).

5.3.7 Winkelkonstruktionen

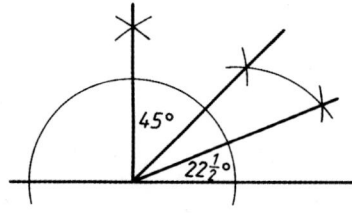

Wiederholtes Halbieren eines rechten Winkels liefert 45°, 22,5° usw.

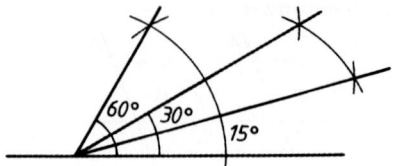

Winkel des gleichseitigen Dreiecks ist 60°. Durch wiederholtes Halbieren ergeben sich 30°, 15 usw.

5.4 Geometrische Örter (Ortslinien)

Eine Punktmenge, die nur Elemente mit einer bestimmten Eigenschaft enthält und alle Elemente mit dieser Eigenschaft umfasst, heißt geometrischer Ort. In der Planimetrie sind die geometrischen Örter Linien, daher auch geometrische Ortslinien genannt. (In der Stereometrie sind die geometrischen Örter Flächen.) Elementare geometrische Ortslinien sind:

5.4.1 Der Kreis

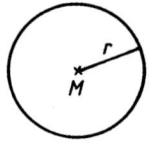

Geometrischer Ort aller Punkte, die von einem festen Punkt M die feste Entfernung r haben, ist der Kreis um M mit dem Radius r.

5.4.2 Die Parallele

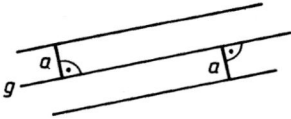

Geometrischer Ort aller Punkte, die von einer festen Geraden g den festen Abstand a haben, ist die Parallele zu g im Abstand a (genauer: sind die beiden Parallelen im Abstand a).

5.4.3 Die Mittelsenkrechte

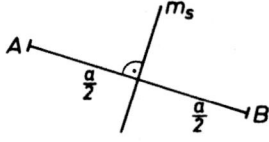

Geometrischer Ort aller Punkte, die von zwei festen Punkten A und B gleich weit entfernt sind, ist die Mittelsenkrechte auf der Strecke $\overline{AB}$.

5.4.4 Die Winkelhalbierende

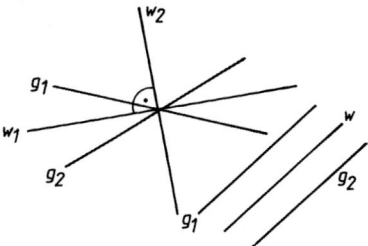

Geometrischer Ort aller Punkte, die von zwei festen Geraden g_1 und g_2 den gleichen Abstand haben, ist die Winkelhalbierende zwischen g_1 und g_2 (besser: sind die beiden – zueinander senkrechten – Winkelhalbierenden zwischen g_1 und g_2). Sind g_1 und g_2 zueinander parallel, dann ist die Mittellinie w der gesuchte geometrische Ort.

5.5 Das Dreieck

5.5.1 Seiten und Winkel

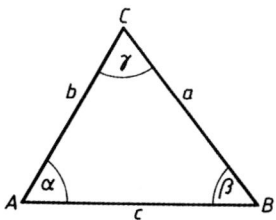

$|\overline{BC}| = a$ $|\overline{CA}| = b$ $|\overline{AB}| = c$
$|\angle BAC| = \alpha$ $|\angle CBA| = \beta$ $|\angle ACB| = \gamma$

$$\boxed{\begin{array}{l} b + c > a \\ c + a > b \\ a + b > c \end{array}}$$

Im Dreieck ist die Summe zweier Seitenlängen stets größer als die dritte (Dreiecksungleichungen).

$$\boxed{\alpha + \beta + \gamma = 180°}$$

In jedem Dreieck beträgt die Winkelsumme 180°.

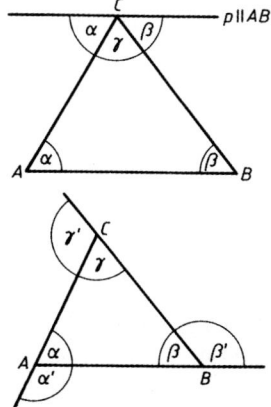

$\alpha' + \beta' + \gamma' = 360°$
Die Summe der Außenwinkel beträgt 360°.

$$\boxed{a > b > c \Leftrightarrow \alpha + \beta > \gamma}$$

Im Dreieck liegt der größeren Seite stets der größere Winkel gegenüber.

α und β und $\gamma < 90°$ $\Leftrightarrow$ spitzwinkliges Dreieck
Im spitzwinkligen Dreieck ist jeder Winkel kleiner als 90°.

Entweder α oder β oder $\gamma > 90°$
$\Leftrightarrow$ stumpfwinkliges Dreieck

Im stumpfwinkligen Dreieck ist genau ein Winkel größer als 90°.

5.5.2 Besondere Dreiecke

5.5.2.1 Das gleichschenklige Dreieck

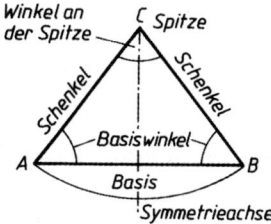

Ein Dreieck mit zwei gleich langen Seiten heißt gleichschenklig.
Es müssen nicht genau zwei Seiten sein; auch ein Dreieck mit drei gleich langen Seiten, ein gleichseitiges Dreieck, ist gleichschenklig.
Die Basiswinkel sind gleich groß.

5.5.2.2 Das gleichseitige Dreieck

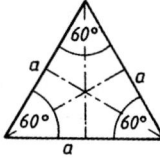

Ein Dreieck mit drei gleich langen Seiten heißt gleichseitig.
Die Größe jedes Winkels beträgt 60°.
Das gleichseitige Dreieck hat drei Symmetrieachsen.

5.5.2.3 Das rechtwinklige Dreieck

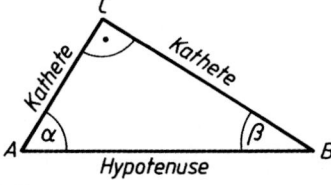

$\alpha + \beta = 90°$

Ein Dreieck mit einem rechten Winkel heißt rechtwinklig. Die Schenkel des rechten Winkels sind die Katheten; dem rechten Winkel gegenüber liegt die Hypotenuse.
Die beiden spitzen Winkel sind Komplementwinkel: $\alpha + \beta = 90°$

5.5.2.4 Das gleichschenklig-rechtwinklige Dreieck

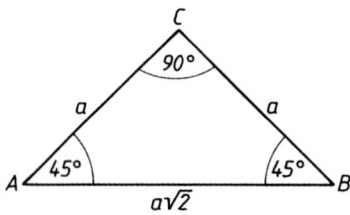

Mit a als Schenkel- oder Kathetenlänge ergibt sich nach dem Satz des Pythagoras $a\sqrt{2}$ als Basis- oder Hypotenusenlänge.

Pythagoras von Samos, griechischer Philosoph und Mathematiker, lebte um 500 v. Chr. Seine Grundthese: Zahl Urprinzip aller Dinge.

5.5.3 Ecklinien und Mittelsenkrechte

5.5.3.1 Die drei Mittelsenkrechten

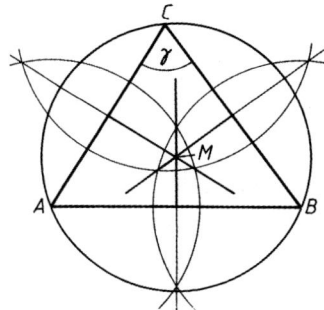

Die drei Mittelsenkrechten schneiden sich in einem Punkt M, dem Mittelpunkt des Umkreises.

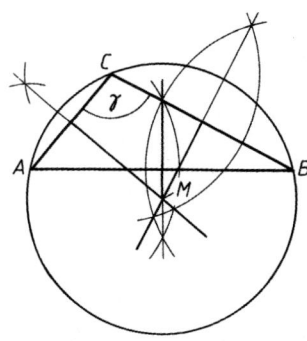

Beim stumpfwinkligen Dreieck liegt M außerhalb des Dreiecks.

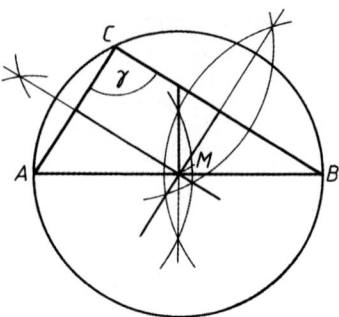

Beim rechtwinkligen Dreieck ist M die Mitte der Hypotenuse.
Der Umkreis des rechtwinkligen Dreiecks heißt Thaleskreis.

Thales von Milet, griechischer Philosoph, Astronom und Mathematiker, lebte um 600 v. Chr. Er hat den Beweis in die Geometrie eingeführt.

5.5.3.2 Die drei Höhen

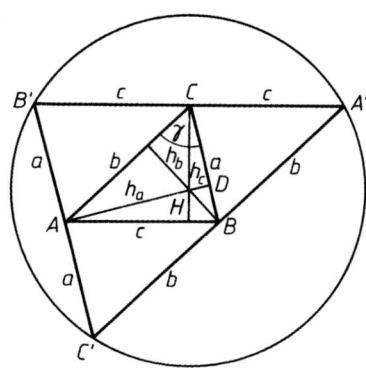

Das Lot von einer Ecke auf die gegenüberliegende Seite heißt Höhe, z.B. $\overline{AD}$. Die Länge dieser Höhe ist $h_a = |\overline{AD}|$.
Die drei Höhen schneiden sich in einem Punkt H. Für das Dreieck $\Delta A'B'C'$, das man erhält, indem man durch jede Ecke die Parallele zur gegenüberliegenden Seite zieht, ist H der Mittelpunkt des Umkreises (Grundlage für den Beweis, dass die drei Höhen genau einen Schnittpunkt haben).

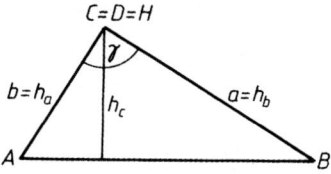

Im rechtwinkligen Dreieck fallen zwei Höhen mit den Katheten zusammen.

5 Planimetrie (ebene Geometrie)

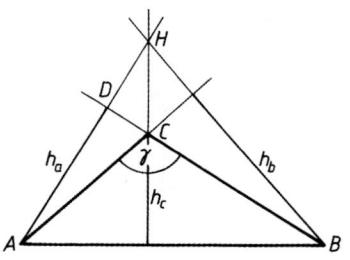

Beim stumpfwinkligen Dreieck liegen zwei Höhen außerhalb.

5.5.3.3 Die drei Winkelhalbierenden

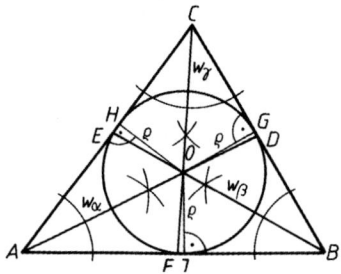

Die Halbierungslinie eines Dreieckswinkels, gerechnet von der Ecke (dem Scheitelpunkt) bis zum Schnittpunkt mit der gegenüberliegenden Seite, heißt Winkelhalbierende, z.B. $\overline{AD}$. Ihre Länge ist $w_\alpha = |\overline{AD}|$.

Die drei Winkelhalbierenden eines Dreiecks schneiden sich in einem Punkt O, dem Mittelpunkt des Inkreises.

5.5.3.4 Die drei Seitenhalbierenden

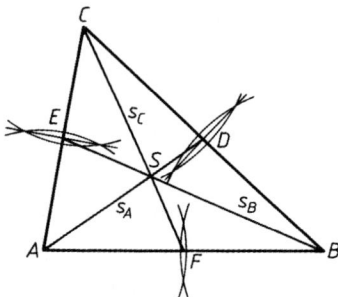

Die Verbindungslinie einer Ecke mit der Mitte der gegenüberliegenden Seite heißt Seitenhalbierende, z.B. $\overline{AD}$. Deren Länge ist $s_A = |\overline{AD}|$.
Da die Seitenhalbierende $\overline{AD}$ auch jede von den Seiten $\overline{AB}$ und $\overline{AC}$ begrenzte Parallelstrecke zu $\overline{BC}$ halbiert, ist sie Schwerlinie des Dreiecks.

$$|\overline{AS}| : |\overline{SD}| = |\overline{BS}| : |\overline{SE}|$$
$$= |\overline{CS}| : |\overline{SF}| = 2 : 1$$

Die drei Seitenhalbierenden schneiden sich in einem Punkt S, dem Schwerpunkt des Dreiecks.

Der Schwerpunkt S teilt die Seitenhalbierenden im Verhältnis 2 : 1.

5.5.4 Die vier Kongruenzsätze

Kongruent heißt deckungsgleich. Kongruente Figuren lassen sich durch Parallelverschieben, Drehen oder Umklappen oder eine Verkettung dieser drei Bewegungen zur Deckung bringen.

5.5.4.1 Kongruenzsatz WSW und SWW (Winkel-Seite-Winkel und Seite-Winkel-Winkel)

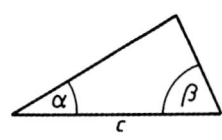 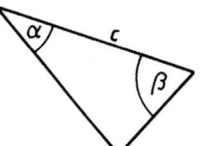

Dreiecke sind kongruent, wenn sie
a) in der Länge einer Seite (c) und der Größe der beiden anliegenden Winkel (α und β)

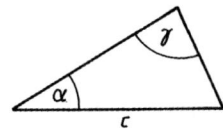 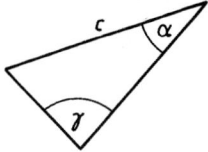

b) in der Länge einer Seite (c) und der Größe eines anliegenden (α) und des gegenüberliegenden Winkels (γ)

übereinstimmen.

Zusammenfassung beider Sätze:

> Dreiecke sind kongruent, wenn sie in der Länge einer Seite und der Größe zweier entsprechender Winkel übereinstimmen.

Gegenbeispiel:

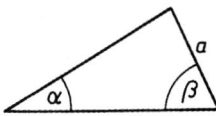 

Zum Gegenbeispiel: Die gleich großen Winkel α entsprechen sich nicht.

5.5.4.2 Kongruenzsatz SSW (Seite-Seite-Winkel)

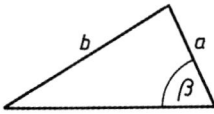 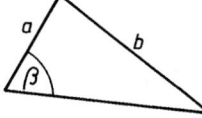

> Dreiecke sind kongruent, wenn sie in der Länge zweier Seiten und der Größe des der längeren Seite gegenüberliegenden Winkels übereinstimmen.

Gegenbeispiel:

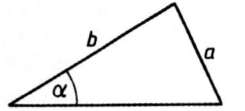 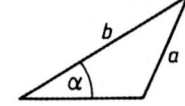

Liegt der gleiche Winkel (α) der kürzeren Seite ($a < b$) gegenüber, dann brauchen die Dreiecke nicht kongruent zu sein.

5.5.4.3 Kongruenzsatz SWS (Seite-Winkel-Seite)

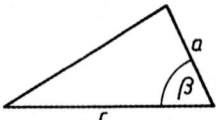 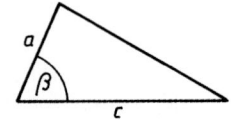

> Dreiecke sind kongruent, wenn sie in der Länge zweier Seiten und der Größe des von diesen eingeschlossenen Winkels übereinstimmen.

5.5.4.4 Kongruenzsatz SSS (Seite-Seite-Seite)

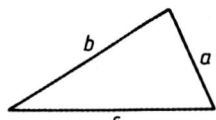 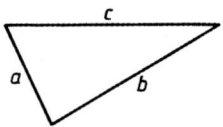

> Dreiecke sind kongruent, wenn sie in den Längen aller drei Seiten übereinstimmen.

5.5.5 Die vier Grundkonstruktionen des Dreiecks

Entsprechend den vier Kongruenzsätzen gibt es vier Dreiecksgrundkonstruktionen.

5.5.5.1 Grundkonstruktion WSW und SWW

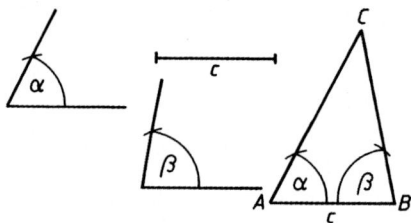

a) *Gegeben*: c, α, β

Konstruktion: Man zeichnet $c = |\overline{AB}|$ und trägt an $\overline{AB}$ in A α und in B β an. Die freien Schenkel schneiden sich in C. $\triangle ABC$ ist das verlangte Dreieck.
Bedingung: $\alpha + \beta < 180°$

b) *Gegeben*: c, α, γ

Erste Konstruktion: Man konstruiert β als Nebenwinkel von $\alpha + \gamma$ und verfährt dann wie bei a).
Zweite Konstruktion: Man zeichnet $c = |\overline{AB}|$, trägt an $\overline{AB}$ in A α an, und in einem beliebigen Punkt C' des freien Schenkels trägt man an diesen γ an. Die Parallele zu dem freien Schenkel des letzteren Winkels durch B schneidet AC' in C. $\triangle ABC$ ist das verlangte Dreieck.

Bedingung: $\alpha + \gamma < 180°$

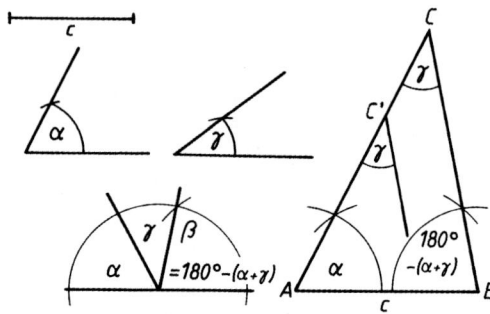

5.5.5.2 Grundkonstruktion SSW

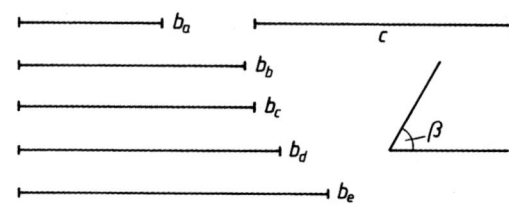

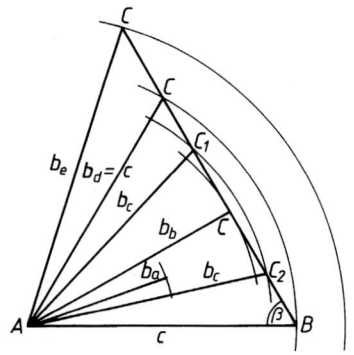

Gegeben: b, c, $\beta < 90°$

Konstruktion: Man zeichnet $c = |\overline{AB}|$ und trägt an $\overline{AB}$ in B β an. Dann zeichnet man um A einen Kreisbogen mit dem Radius b. Dabei sind fünf Fälle möglich:

a) Der Kreis schneidet den freien Schenkel des gegebenen Winkels (β) nicht: keine Lösung.

b) Der Kreis berührt den freien Schenkel: ein rechtwinkliges Dreieck als Lösung ($\gamma = 90°$).

c) Der Kreis schneidet den freien Schenkel zweimal (der Radius ($b = b_c$) ist immer noch kleiner als die erste Seite (c) ($b_c < c$)): zwei formverschiedene Lösungen (ΔABC_1 und ΔABC_2).

d) Der Kreis schneidet den freien Schenkel einmal und geht durch den Scheitelpunkt (B) des gegebenen Winkels (β) hindurch: ein gleichschenkliges Dreieck als Lösung ($b = b_d = c$; Spitze A).

e) Der Kreis schneidet den freien Schenkel einmal und umschließt den Scheitelpunkt (B): *ein* Dreieck als Lösung ($b = b_e > c$). Für diesen Fall, aber auch für die Grenzfälle b) und d), gilt der Kongruenzsatz 5.5.4.2.

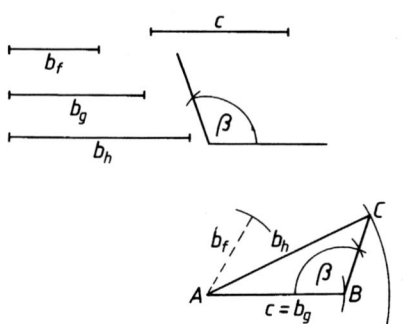

Gegeben: $b, c, \beta \geq 90°$

Hier sind nach der Konstruktion von $\overline{AB}$ und Antragen von β die folgenden drei Fälle möglich:

f) Der Kreis um A mit dem Radius b_f schneidet den freien Schenkel des angetragenen Winkels β nicht: keine Lösung.

g) Der Kreis um A mit dem Radius b_g geht durch den Punkt B; es ist also $b_g = c$; Lösung ist ein zur Strecke ($\overline{AB}$) entartetes „Dreieck".

h) Der Kreis um A mit dem Radius b_h schneidet den freien Schenkel des angetragenen Winkels β in C; eine Lösung entsprechend Kongruenzsatz 5.5.4.2.

5.5.5.3 Grundkonstruktion SWS

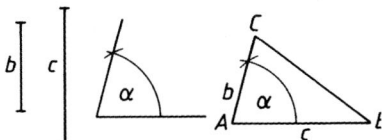

Gegeben: b, α, c

Konstruktion: Den Schenkeln eines Winkels α gibt man die Längen $b = |\overline{AC}|$ und $c = |\overline{AB}|$. Nach Verbinden von B und C ist ΔABC das verlangte Dreieck.

Bedingung: $\alpha < 180°$

5.5.5.4 Grundkonstruktion SSS

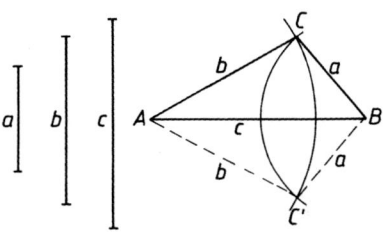

Gegeben: a, b, c

Konstruktion: Man zeichnet $c = |\overline{AB}|$, schlägt um A einen Kreisbogen mit b und um B einen Kreisbogen mit a. Der Schnittpunkt C wird mit A und B verbunden, ΔABC ist das verlangte Dreieck.

Bedingungen: $a < b + c$, $b < c + a$, $c < a + b$

Anmerkung:
Wenn sich, wie bei der letzten Konstruktion, zwei spiegelbildlich gleiche Lösungen ergeben (denn bei erfüllten „Bedingungen" schneiden sich die Kreise zweimal, in C und C'), wählt man diejenige aus, bei der die Punkte A, B, C entgegen dem Uhrzeigersinn (in mathematisch positivem Umlaufsinn) aufeinander folgen.

5.6 Das Viereck

Ein Viereck wird durch eine Diagonale in zwei Dreiecke zerlegt. Ein Viereck ist somit durch fünf voneinander unabhängige und miteinander verträgliche Stücke bestimmt. Denn für das eine Dreieck, das Teil des Vierecks ist, benötigt man drei Stücke, für das zweite nur noch zwei weitere, da durch die gemeinsame Seite – Diagonale – schon ein Stück festliegt. Die Winkelsumme des Vierecks ist gleich der von zwei Dreiecken zusammen, also 360°. Die üblichen Bezeichnungen der Ecken, Winkel, Seiten und Diagonalen enthält das oberste Viereck in der folgenden systematischen Zusammenstellung der besonderen Vierecke.

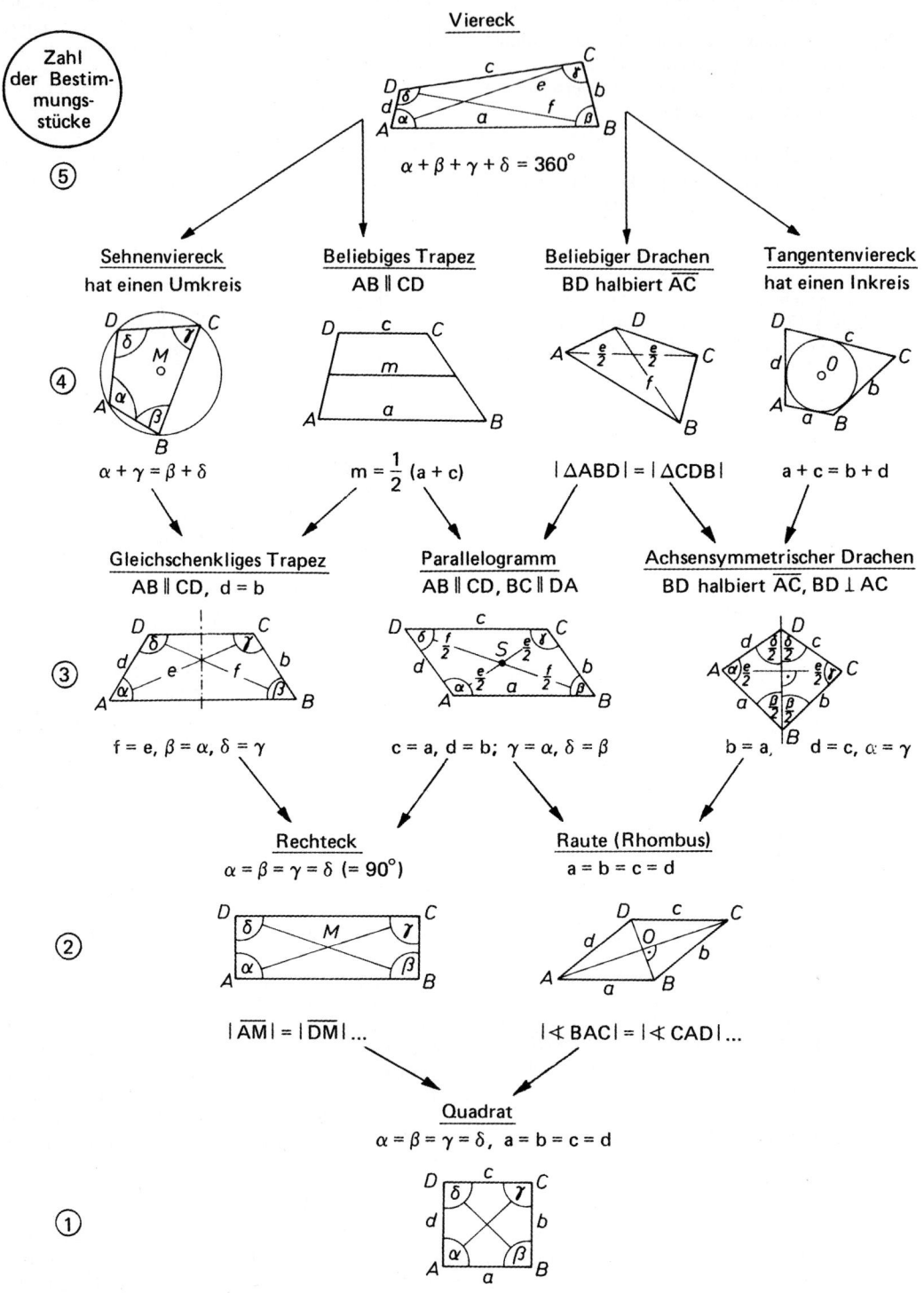

5.7 Der Kreis

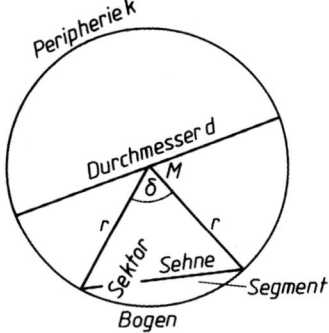

- M Mittelpunkt
- r Länge des Radius
- d Länge des Durchmessers: $d = 2r$
- k oder $k(M, r)$ Kreislinie oder Peripherie des Kreises um den Punkt M mit dem Radius r (Menge aller Punkte, die den Kreisrand bilden)
- δ Zentriwinkel oder Mittelpunktswinkel

5.7.1 Kreis und Gerade

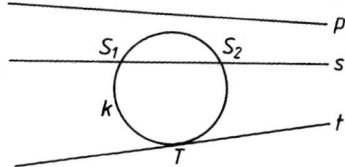

p ist Passante: Diese Gerade hat mit dem Kreis keinen Punkt gemeinsam,
s ist Sekante (Schneidende): Sie schneidet den Kreis zweimal, in S_1 und S_2.
t ist Tangente (Berührende): Als Grenzfall zwischen Passante und Sekante hat die Tangente mit dem Kreis genau einen Punkt gemeinsam, den Berührungspunkt T.

Eigenschaften von Sekanten und Sehnen

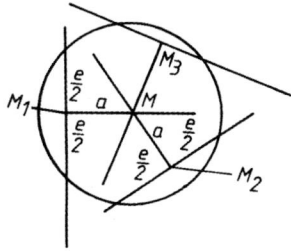

a) Haben zwei Sekanten den gleichen Abstand a vom Mittelpunkt M eines Kreises, dann ist die Länge der Sehnen, die der Kreis aus jeder Sekante ausschneidet, gleich (in der Zeichnung e).

b) *Umkehrung*: Gleich lange Sehnen (e) ein und desselben Kreises haben den gleichen Abstand vom Mittelpunkt M: $|\overline{M_1M}| = |\overline{M_2M}| = a$.

c) Die Mittelsenkrechten von zwei beliebigen Sehnen ein und desselben Kreises schneiden sich im Mittelpunkt.

Anwendung: Ist von einem Kreis nur die Peripherie oder auch nur ein Bogen bekannt, der Mittelpunkt dagegen unbekannt, dann findet man diesen als Schnittpunkt der Mittelsenkrechten von zwei beliebigen Sehnen.

Tangentenkonstruktionen

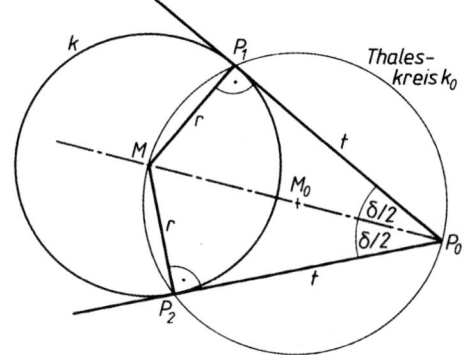

Erste Aufgabe: Tangente an den Kreis $k(M, r)$ im Kreispunkt P_1 gesucht.
Konstruktion: Auf P_1M wird in P_1 die Senkrechte t errichtet.
Zweite Aufgabe: Tangenten von P_0 mit $|\overline{P_0M}| > r$ an den Kreis $k(M, r)$ zu konstruieren.
Konstruktion: Über $\overline{P_0M}$ als Durchmesser wird der Thaleskreis k_0 (M_0, $|\overline{M_0P_0}| = \frac{1}{2}|\overline{P_0M}|$) gezeichnet: Er schneidet den Kreis $k(M, r)$ in P_1 und P_2. P_1P_0 sind P_2P_0 sind die gesuchten Tangenten.

Gemeinsame äußere Tangenten

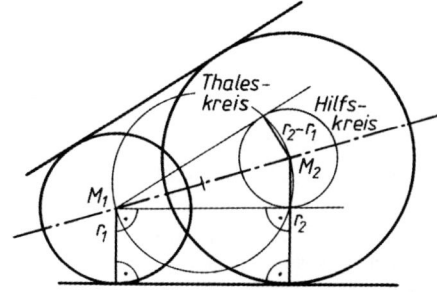

Gegeben sind zwei Kreise, von denen nicht der eine ganz in dem anderen liegt. Sind M_1 und r_1 Mittelpunkt und Radius des kleineren, M_2 und r_2 die des größeren Kreises, dann erhält man die gemeinsamen äußeren Tangenten, indem man um M_2 den Hilfskreis mit dem Radius $r_2 - r_1$ zeichnet und an diesen die von M_1 ausgehenden Tangenten konstruiert. Die äußeren Parallelen hierzu im Abstand r_1 sind die gesuchten Tangenten.

Gemeinsame innere Tangenten

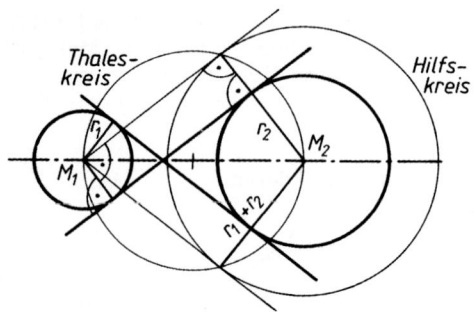

Gegeben sind zwei Kreise ohne gemeinsamen Punkt der Kreisflächen. Um den einen Mittelpunkt M_2 zeichnet man den Hilfskreis mit dem Radius $r_1 + r_2$ und konstruiert an diesen von dem anderen Mittelpunkt M_1 aus die Tangenten. Die inneren Parallelen hierzu im Abstand r_1 sind die gesuchten gemeinsamen inneren Tangenten der beiden gegebenen Kreise.

5.7.2 Kreis und Winkel

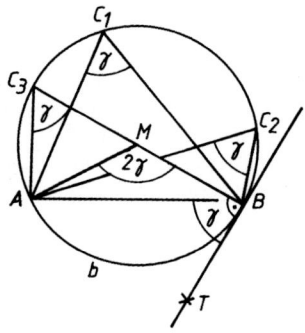

Umfangswinkel (Peripheriewinkel) über dem gleichen Bogen sind gleich groß:
$|\sphericalangle AC_1B| = |\sphericalangle AC_2B| = |\sphericalangle AC_3B| = \gamma$

Der Mittelpunktswinkel (Zentriwinkel) ist doppelt so groß wie ein Umfangswinkel:
$|\sphericalangle AMB| = 2\gamma$

Der Sehnen-Tangenten-Winkel ist genauso groß wie ein Umfangswinkel:
$|\sphericalangle ABT| = \gamma$

Stumpfer Umfangswinkel

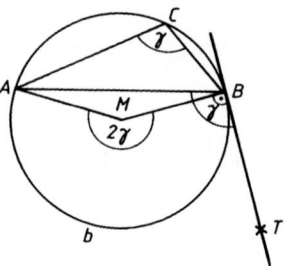

Rechter Umfangswinkel; Thaleskreis

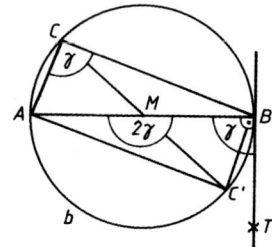

5.8 Flächeninhalt, Flächenverwandlung

5.8.1 Rechteck, Parallelogramm, Dreieck

Rechtecksfläche

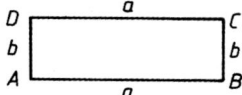

$\square ABCD$: $A_R = a \cdot b$
Der Flächeninhalt des Rechtecks ist Länge mal Breite.

Parallelogrammfläche

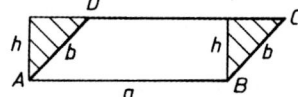

$\square ABCD$: $A_P = a \cdot h$
Der Flächeninhalt des Parallelogramms ist Grundlinie mal Höhe.

Dreiecksfläche

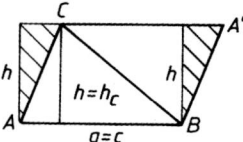

$\triangle ABC$: $A_\triangle = \tfrac{1}{2} g \cdot h$
$= \tfrac{1}{2} a \cdot h_a = \tfrac{1}{2} b \cdot h_b = \tfrac{1}{2} c \cdot h_c$
Der Flächeninhalt des Dreiecks ist ein halb Grundlinie mal Höhe.

5.8.2 Verwandlung eines Quadrats in ein Rechteck mit vorgeschriebener Seite

Erklärung: $|\square ABC_1D_1|$ ist der Flächeninhalt von $\square ABC_1D_1$.

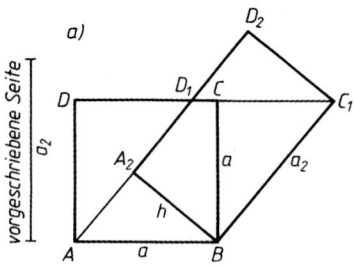

a) a_2 vorgeschrieben
Erster Schritt:
$|\square ABCD| = |\square ABC_1D_1|$ mit $|\overline{BC_1}| = a_2$
(vorgeschrieben)
Zweiter Schritt:
$|\square ABC_1D_1| = |\square A_2BC_1D_2|$ mit $|\overline{A_2B}| = h$
(Parallelogrammhöhe)

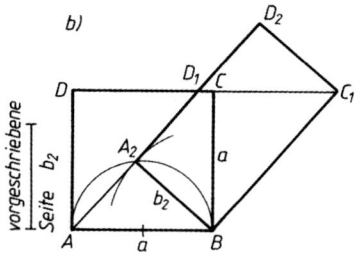

b) b_2 vorgeschrieben
Erster Schritt:
$|\square ABCD| = |\square ABC_1D_1|$ mit $h = b_2$
(vorgeschrieben; Thaleskreis)
Zweiter Schritt:
$|\square ABC_1D_1| = |\square A_2BC_1D_2|$ mit $|\overline{A_2B}| = b_2$

5.8.3 Kathetensatz (erster Satz des Euklid)

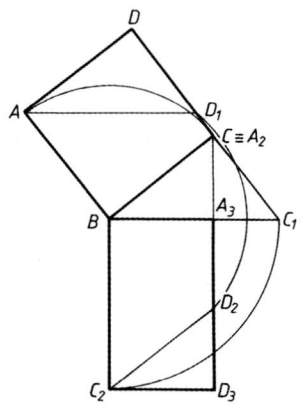

$|\square ABCD|$
$= |\square ABC_1D_1|$ ($|\overline{BC_1}|$ vorgeschrieben)
$= |\square A_2BC_2D_2|$ (Drehung um B um 90° rechts herum)
$= |\square A_3BC_2D_3|$

Kathetensatz: Das Quadrat über einer Kathete ($\overline{BC}$) ist gleich dem Rechteck aus Hypotenuse ($|\overline{BC_1}| = |\overline{BC_2}|$) und Hypotenusenabschnitt ($\overline{BA_3}$).

5.8.4 Satz des Pythagoras

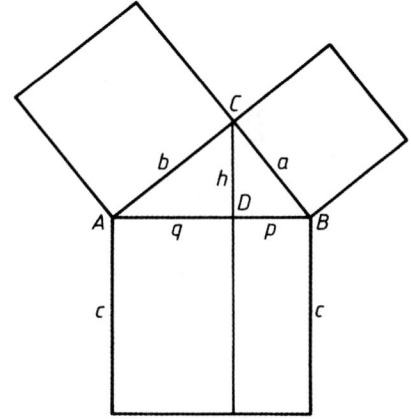

Zweimal Kathetensatz:

$$\left.\begin{array}{r} b^2 = c \cdot q \\ a^2 = c \cdot p \end{array}\right\} +$$
$$\overline{a^2 + b^2 = c^2} \qquad (p+q=c)$$

Satz des Pythagoras: Die Summe der Kathetenquadrate ist gleich dem Hypotenusenquadrat.

5.8.5 Höhensatz (zweiter Satz des Euklid)

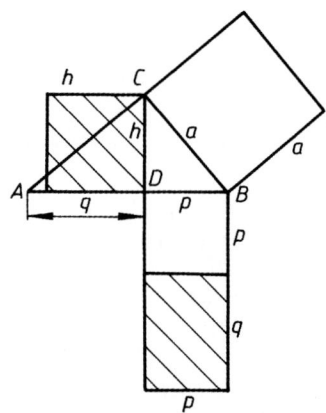

Nach a) dem Satz des Pythagoras und b) dem Kathetensatz:

a) $a^2 = h^2 + p^2$
b) $a^2 = (p+q) \cdot p$

$0 = h^2 + p^2 - (p^2 + p \cdot q)$
$\Leftrightarrow h^2 = p \cdot q$

Höhensatz: Das Quadrat über der Höhe ist gleich dem Rechteck aus den beiden Hypotenusenabschnitten.

5.8.6 Kreisumfang und Kreisfläche

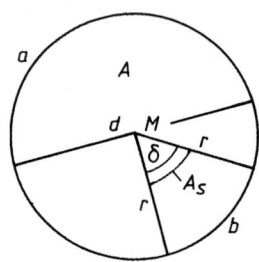

		Umfang	Flächeninhalt
einbeschriebenes Quadrat		$4\sqrt{2}\ r$ $\approx 5{,}657\ r$	$2\ r^2$ $= 2{,}000\ r^2$
einbeschriebenes Sechseck		$6\ r$ $= 6{,}000\ r$	$\frac{3}{2}\sqrt{3}\ r^2$ $\approx 2{,}598\ r^2$
Kreis		$2\pi\ r$ $\approx 6{,}283\ r$	$\pi\ r^2$ $\approx 3{,}142\ r^2$
umbeschriebenes Sechseck		$4\sqrt{3}\ r$ $\approx 6{,}928\ r$	$2\sqrt{3}\ r^2$ $\approx 3{,}464\ r^2$
umbeschriebenes Quadrat		$8\ r$ $= 8{,}000\ r$	$4\ r^2$ $= 4{,}000\ r^2$

Kreisumfang:	$u = \pi d$		$= 2\pi r$
Kreisfläche:	$A = \dfrac{\pi}{4}d^2$		$= \pi r^2$
Kreisbogen:	$b = d\dfrac{\pi \delta}{360°}$		$= r\dfrac{\pi \delta}{180°}$
(mit arc $360° = 2\pi$)		$= \dfrac{d}{2}$ arc δ	$= r$ arc δ
Kreissektor:	$A_s = \dfrac{1}{4}bd$		$= \dfrac{1}{2}br$
(mit arc $360° = 2\pi$)		$= \dfrac{1}{8}d^2$ arc δ	$= \dfrac{1}{2}r^2$ arc δ

Vergleich mit Quadrat und regelmäßigem Sechseck (einbeschriebenem und umbeschriebenem n-Eck)

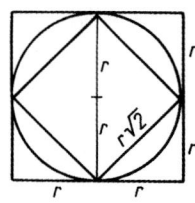 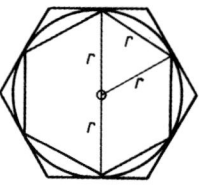

Umfang des einbeschriebenen n-Ecks: u_n
Umfang des umbeschriebenen n-Ecks: U_n
Es gilt: $u_n < 2\pi r$, $U_n > 2\pi r$
$\lim\limits_{n \to \infty} u_n = \lim\limits_{n \to \infty} U_n = 2\pi r$

5.9 Ähnlichkeit und Streckenverhältnisse

5.9.1 Strecke, Pfeil, Vektor

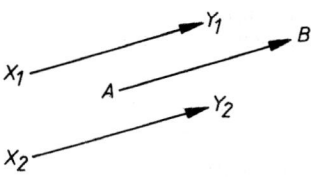

Gibt man einer Strecke $\overline{AB} = \overline{BA}$ einen Richtungssinn oder eine Orientierung, dann wird sie zum Pfeil: $(A, B) = - (B, A)$ (lies: Pfeil AB gleich ...). Pfeile, die in den drei Eigenschaften Länge, Richtung und Orientierung übereinstimmen, nennt man parallelgleich; Zeichen #. Für die Figur gilt (A, B) # (X_1, Y_1) # (X_2, Y_2). Die Menge aller parallelgleichen Pfeile heißt Vektor. Er erhält seinen Namen nach einem seiner Pfeile und wird geschrieben: $\overrightarrow{AB}$ (lies: Vektor AB). Da zu $\overrightarrow{AB}$ auch die Pfeile (X_1, Y_1) und (X_2, Y_2) gehören, kann er auch nach diesen benannt werden:

$$\overrightarrow{AB} = \overrightarrow{X_1 Y_1} = \overrightarrow{X_2 Y_2}.$$

Multipliziert man einen Vektor mit einer reellen Zahl k, dann erhält man einen Vektor gleicher Richtung und Orientierung, wenn $k > 0$ ist; man erhält einen Vektor gleicher Richtung und entgegengesetzter Orientierung, wenn $k < 0$ ist.

5.9.2 Zentrische Streckung

Zentrische Streckung heißt eine geometrische Abbildung, bei der das Bild entsteht, indem man jeden von dem festen Punkt Z ausgehenden Pfeil des Urbilds mit einer festen Zahl k unter Beibehaltung der Richtung und des Ausgangspunkts Z multipliziert.

5 Planimetrie (ebene Geometrie)

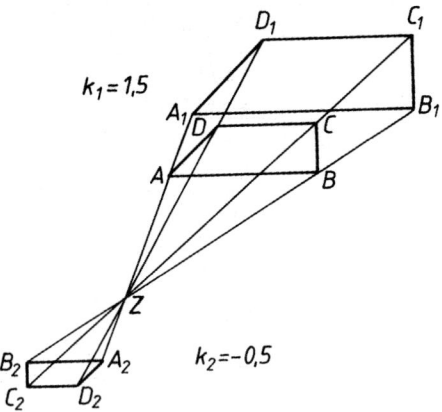

Eigenschaften:

a) Bilder von Strecke, Strahl, Gerade sind wieder Strecke, Strahl, Gerade. a$_1$) Bild und Urbild entsprechender gerader Linien sind einander parallel.

b) Die Beträge entsprechender Winkel von Bild und Urbild sind gleich.

c) Die Längen entsprechender Strecken von Bild und Urbild haben das gleiche Verhältnis; dieses ist gleich dem Betrag des Streckungsfaktors k, also $|k|$.

5.9.3 Die Strahlensätze

Unmittelbare Anwendung der zentrischen Streckung sind die Strahlensätze.

Erster Strahlensatz

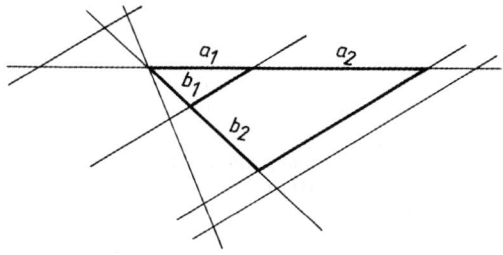

Werden von einem Zentrum ausgehende Strahlen von Parallelen geschnitten, so verhalten sich die Längen der Abschnitte eines Strahls wie die Längen entsprechender Abschnitte der anderen Strahlen:

$$a_1 : a_2 = b_1 : b_2 \qquad \left(\frac{a_1}{a_2} = \frac{b_1}{b_2}\right)$$

Zweiter Strahlensatz

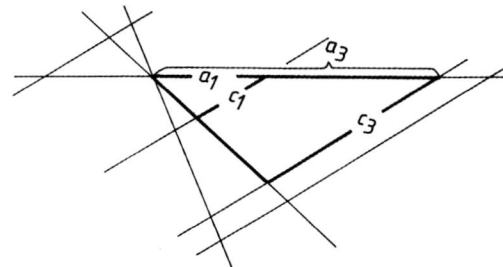

Werden von einem Zentrum ausgehende Strahlen von Parallelen geschnitten, so verhalten sich die Längen der zwischen zwei Strahlen liegenden Abschnitte wie die Längen der zugehörigen vom Zentrum ab gerechneten Abschnitte auf einem Strahl:

$$c_1 : c_3 = a_1 : a_3 \qquad \left(\frac{c_1}{c_3} = \frac{a_1}{a_3}\right)$$

■ **Beispiel 1:**
Von einem Kegel mit der Höhe h_k, der Seitenlänge s_k und dem Grundkreisradius r_k ist die Spitze parallel zur Grundfläche so abzuschneiden, dass ein Kegelstumpf mit dem Schnittkreisradius r_0 entsteht. Wie lang sind Höhe h und Seitenlinie s des Kegelstumpfs?

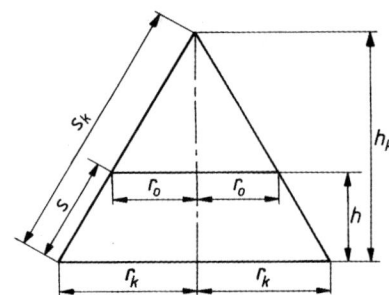

Nach dem zweiten Strahlensatz ist

$$r_0 : r_k = (h_k - h) : h_k ;$$

aufgelöst nach h ergibt sich:

$$h = h_k \left(1 - \frac{r_0}{r_k}\right).$$

Nach dem ersten Strahlensatz ist

$$s : h = s_k : h_k ;$$

aufgelöst nach s folgt daraus:

$$s = h \frac{s_k}{h_k},$$

und wenn man für h den obigen Term einsetzt:

$$s = s_k \left(1 - \frac{r_0}{r_k}\right).$$

■ **Beispiel 2:**
Welche Länge B ergibt sich für das Bild eines Gegenstands der Länge G bei einer Bildweite b und einer Gegenstandsweite g?

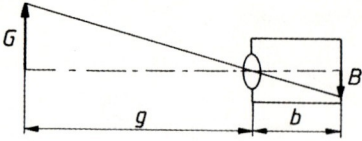

Nach dem zweiten Strahlensatz ist

$$\frac{g}{b} = \frac{G}{B}$$

$$\Rightarrow B = G\frac{g}{b}$$

Anmerkung: Ist $g \gg b$ (g sehr groß gegen b), kann man $b \approx f$ (Brennweite) setzen und damit die zu erwartende Bildgröße abschätzen.

5.9.4 Ähnliche Figuren

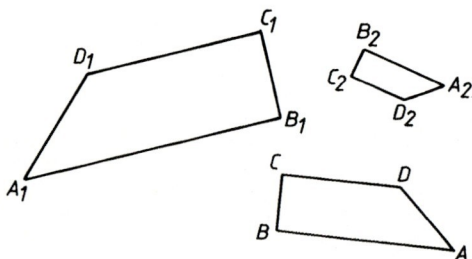

Figuren heißen ähnlich, wenn sie nach geeigneter Parallelverschiebung, Drehung, Spiegelung durch zentrische Streckung ineinander übergeführt werden können.

Eigenschaften:

a)
b) } wie bei zentrischer Streckung, nur
c) a_1) entfällt.

5.9.5 Ähnliche Dreiecke

Entsprechend den vier Kongruenzsätzen (siehe 5.5.4) gelten die folgenden vier Sätze für ähnliche Dreiecke:

1. Dreiecke sind ähnlich, wenn sie übereinstimmen in der Größe zweier Winkel.

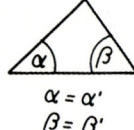 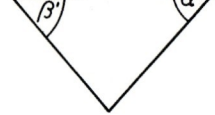

$\alpha = \alpha'$
$\beta = \beta'$

2. Dreiecke sind ähnlich, wenn sie übereinstimmen in dem Längenverhältnis eines Seitenpaars und der Größe des Gegenwinkels der längeren Seite.

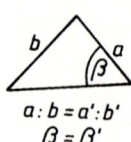 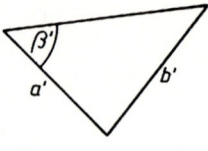

$a : b = a' : b'$
$\beta = \beta'$

3. Dreiecke sind ähnlich, wenn sie übereinstimmen in dem Längenverhältnis eines Seitenpaars und der Größe des Zwischenwinkels.

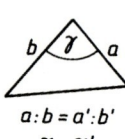 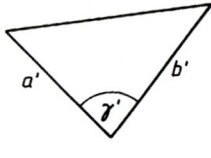

$a : b = a' : b'$
$\gamma = \gamma'$

4. Dreiecke sind ähnlich, wenn sie übereinstimmen in dem Längenverhältnis zweier Seitenpaare.

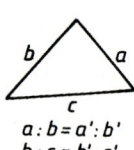 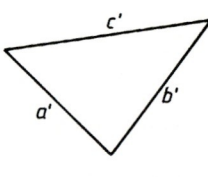

$a : b = a' : b'$
$b : c = b' : c'$

Anmerkung 1: Die Strahlensätze (siehe 5.9.3) sind Anwendungen der Eigenschaften ähnlicher Dreiecke.
Anmerkung 2: Nur bei Dreiecken folgt aus der Gleichheit der Winkelgrößen die Ähnlichkeit. Ein Rechteck mit $a \neq b$ und ein Quadrat z.B. haben gleich große Winkel, sind aber nicht ähnlich, denn ihre Seitenlängenverhältnisse sind verschieden.
Anmerkung 3: Da ein rechtwinkliges Dreieck durch seine Höhe in zwei untereinander und dem ganzen Dreieck ähnliche Teildreiecke geteilt wird (gleiche bzw. gleich große Winkel), folgen aus der Proportionalität der Längen entsprechender Seiten Kathetensatz und Höhensatz (siehe 5.8.4 und 5.8.6).

5.9.6 Streckenteilung

5.9.6.1 Innere und äußere Teilung

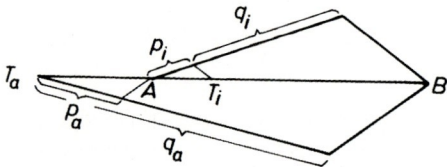

Innere Teilung: Liegt Punkt T_i auf der Strecke $\overline{AB}$, dann teilt er $\overline{AB}$ innen im Verhältnis

$k_i = |\overline{AT_i}| : |\overline{T_iB}| = p_i : q_i$.

5 Planimetrie (ebene Geometrie)

Äußere Teilung: Liegt Punkt T_a auf der Geraden AB, aber außerhalb der Strecke $\overline{AB}$, dann teilt er $\overline{AB}$ außen im Verhältnis
$k_a = |\overline{AT_a}| : |\overline{T_aB}| = p_a : q_a$.

5.9.6.2 Harmonische Teilung

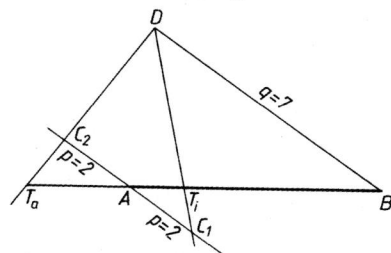

Wird eine Strecke $\overline{AB}$ durch die Punkte T_i und T_a innen und außen im gleichen Verhältnis
$k = |\overline{AT_i}| : |\overline{T_iB}| = |\overline{AT_a}| : |\overline{T_aB}| = p : q$
geteilt, dann nennt man sie harmonisch geteilt.

Satz:
Teilen T_i und T_a die Strecke $\overline{AB}$ harmonisch, dann teilen auch umgekehrt A und B die Strecke $\overline{T_iT_a}$ harmonisch.

Konstruktion: Harmonische Teilung von $\overline{AB}$ im Verhältnis $p : q = 2 : 7$ ($DB \parallel C_2C_1$).

Kreis des Apollonius

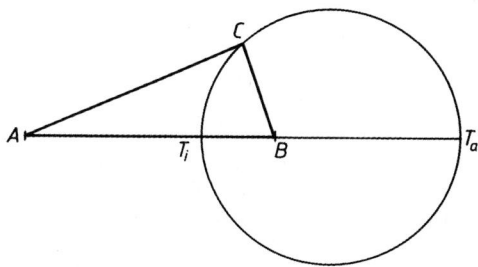

Sind T_i und T_a die Punkte, die $\overline{AB}$ im Verhältnis $p : q$ harmonisch teilen, dann ist der Kreis mit dem Durchmesser T_iT_a der geometrische Ort aller Punkte (C), deren Verbindungsstrecken mit A und B das Längenverhältnis $p : q$ haben:
$|\overline{AT_i}| : |\overline{T_iB}| = |\overline{AT_a}| : |\overline{T_aB}| = p : q = |\overline{AC}| : |\overline{CB}|$

5.9.6.3 Stetige Teilung (Goldener Schnitt)

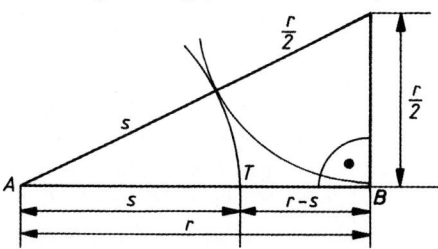

Eine Strecke heißt stetig oder nach dem Goldenen Schnitt geteilt, wenn sich ihre Länge zur Länge des größeren Teilstücks verhält wie die Länge des größeren Teilstücks zur Länge des kleineren Teilstücks. Strecke $\overline{AB}$, Teilpunkt T:
$|\overline{AB}| : |\overline{AT}| = |\overline{AT}| : |\overline{TB}|$
$r : s = s : (r-s)$
Auflösung dieser quadratischen Gleichung für s ergibt:
$$s = \frac{r}{2}(\sqrt{5}-1)$$

5.9.6.4 Teilverhältnisse bei Dreiecks-Ecklinien

Die Winkelhalbierenden

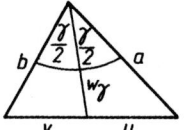

$u : v = a : b$

Eine Winkelhalbierende teilt die gegenüberliegende Seite im Verhältnis der Längen der anliegenden Seiten.

Die Seitenhalbierenden

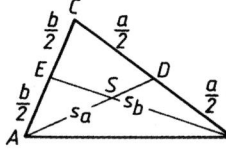

$|\overline{DS}| : |\overline{SA}| = 1 : 2$
$|\overline{ES}| : |\overline{SB}| = 1 : 2$

Die Seitenhalbierenden teilen sich gegenseitig im Verhältnis $1 : 2$.

Die Höhen

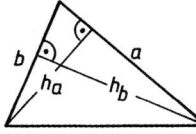

$h_a : h_b = b : a$

Die Längen der Höhen eines Dreiecks verhalten sich umgekehrt wie die Längen der zugehörigen Seiten.

5.9.6.5 Streckenverhältnisse am Kreis

Der Sehnensatz

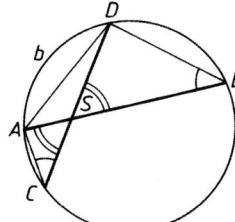

Zwei sich schneidende Sehnen eines Kreises teilen sich so, dass die Produkte der Längen der Abschnitte jeder Sehne gleich sind.
$|\overline{SA}| \cdot |\overline{SB}| = |\overline{SC}| \cdot |\overline{SD}|$

Der Sekantensatz

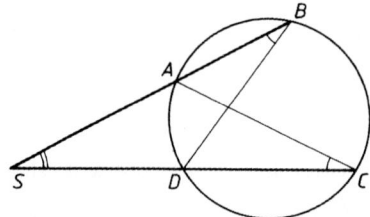

Das Produkt der Längen der Abschnitte jeder Sekante, die von einem festen Punkt außerhalb eines Kreises ausgeht, ist immer gleich.
$|\overline{SA}| \cdot |\overline{SB}| = |\overline{SC}| \cdot |\overline{SD}|$

Der Tangentensatz

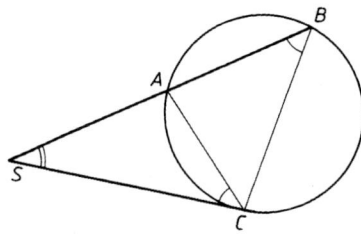

Das Produkt der Längen der Abschnitte einer von einem festen Punkt ausgehenden Sekante ist gleich dem Quadrat der Länge der von diesem Punkt ausgehenden Tangente.
$|\overline{SA}| \cdot |\overline{SB}| = |\overline{SC}|^2$

Anwendung des Tangentensatzes

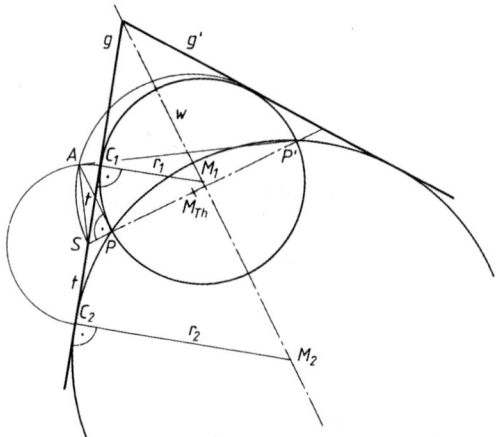

Aufgabe: Gegeben sind die Geraden g und g' und der Punkt P dazwischen. Gesucht sind die beiden Kreise, die durch P gehen und g und g' berühren.

Konstruktionshinweise: P' liegt symmetrisch zu P bezüglich der Winkelhalbierenden von g und g' (auf dieser liegen auch M_1 und M_2, die Mittelpunkte der gesuchten Kreise). PP' schneidet g in S. SP und SP' sind Sekantenabschnitte in Bezug auf die beiden gesuchten Kreise. Deshalb findet man nach Tangentensatz und Kathetensatz die zugehörigen Tangenten von S an die gesuchten Kreise in

$$|\overline{SA}| = |\overline{SC_1}| = |\overline{SC_2}| = t = \sqrt{|\overline{SP}| \cdot |\overline{SP'}|}.$$

6 Stereometrie (räumliche Geometrie)

6.1 Prismatische Körper

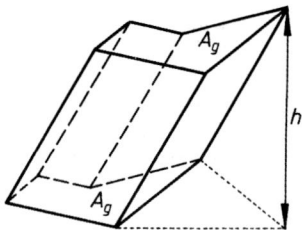

Allgemeines (schiefes) Prisma (fünfseitig)

Durch geradlinige drehungsfreie Bewegung eines ebenen Flächenstücks (Vieleck) aus seiner Ebene heraus wird ein prismatischer Körper erzeugt. Infolgedessen sind bei einem Prisma Grund- und Deckfläche und alle hierzu parallelen Schnitte kongruent. Ist die Grundfläche ein n-Eck, dann entsteht ein n-seitiges Prisma; erfolgt die Bewegung senkrecht zur Ebene der Grundfläche, dann ist das Prisma gerade. (Ein physikalisches Prisma ist mathematisch ein gerades dreiseitiges Prisma.)

Das Volumen V eines prismatischen Körpers ist Inhalt der Grundfläche A_g mal Höhe h: $V = A_g h$.

6.1.1 Der Quader

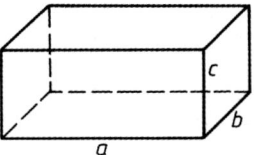

Ein vierseitiges gerades Prisma (Höhe c) mit einem Rechteck (Seitenlängen a und b) als Grundfläche heißt Quader, a, b, c sind die Längen der Kanten.

Gesamtkantenlänge $\quad l = 4(a+b+c)$
Oberfläche $\qquad A_0 = 2(ab+ac+bc)$
Volumen $\qquad V = abc$

Gesamtkantenlänge $\quad l = 4\pi r$
Oberfläche $\qquad A_0 = 2\pi r^2 + 2\pi rh = 2\pi r(r+h)$
Volumen $\qquad V = \pi r^2 h$

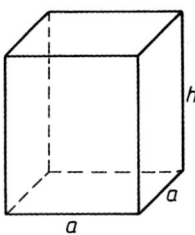

6.2 Pyramidenförmige Körper

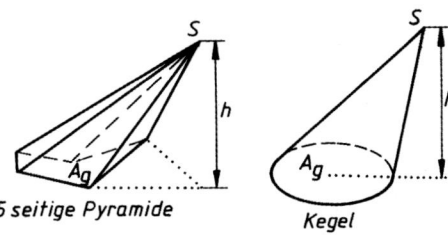

5 seitige Pyramide　　　　　Kegel

Der Sonderfall eines Quaders mit einem Quadrat als Grundfläche (a = b) heißt *quadratische Säule* (Höhe c = h):

Gesamtkantenlänge $\quad l = 8a + 4h$
Oberfläche $\qquad A_0 = 2a^2 + 4ah$
Volumen $\qquad V = a^2 h$

Ein Körper, der ein Vieleck als Grundfläche und eine Spitze S hat, die mit allen Punkten des Vielecks geradlinig verbunden ist, heißt *Pyramide*.
Wird das Vieleck zum Kreis, dann wird der Körper zum *Kegel*.
Das Volumen V eines pyramidenförmigen Körpers ist ein Drittel des Betrags der Grundfläche A_g mal Höhe h: $V = \frac{1}{3} A_g h$

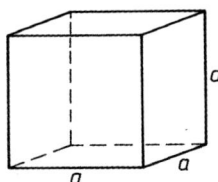

Zeichnerische Erläuterung der Volumenformel $V = \frac{1}{3} A_g h$ an der dreiseitigen Pyramide:

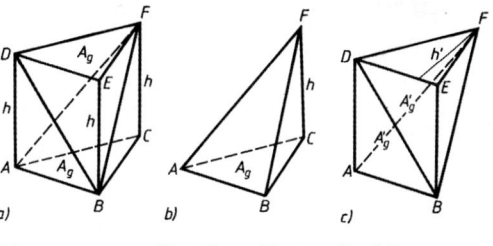

a) Prisma　　b) Erste Pyramide　　c) Restkörper

Der Sonderfall eines Quaders mit lauter gleich langen Kanten (a) heißt *Würfel*:

Gesamtkantenlänge $\quad l = 12a$
Oberfläche $\qquad A_0 = 6a^2$
Volumen $\qquad V = a^3$

6.1.2 Der Zylinder

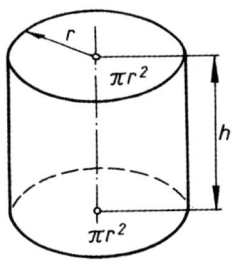

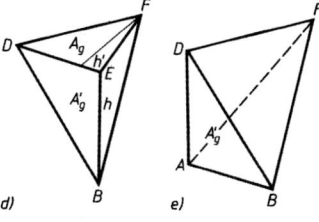

d) Zweite Pyramide　　e) Dritte Pyramide

6.2.1 Vierflach und Tetraeder

Eine dreiseitige Pyramide heißt *Vierflach*, da sie einschließlich Grundfläche von vier Flächen (vier Dreiecken) umschlossen wird.

Ist die Grundfläche eines prismatischen Körpers ein Kreis, dann heißt dieser Körper *Zylinder*.
Ein Körper, der einen Kreis (Radius r) als Grundfläche und eine dazu senkrechte Achse (Länge h) hat und bei dem jeder Schnitt parallel zur Grundfläche einen kongruenten Kreis ergibt, heißt *gerader Kreiszylinder* oder *Walze*:

Unter *Tetraeder* versteht man im Allgemeinen ein regelmäßiges Vierflach: Die Begrenzungsdreiecke sind gleichseitig und kongruent.

Tetraeder:
Kantenlänge $\quad a$
Gesamtkantenlänge $\quad 6a$

Höhe $\quad\quad\quad h = \dfrac{a}{3}\sqrt{6}$

Oberfläche $\quad\quad A_0 = a^2 \sqrt{3}$

Volumen $\quad\quad\quad V = \dfrac{a^3}{12}\sqrt{2}$

6.2.2 Der Kegel

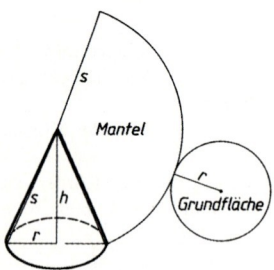

Ein pyramidenförmiger Körper mit kreisförmiger Grundfläche (Radius r) und der Spitze senkrecht über der Kreismitte (Höhe h) heißt *gerader Kreiskegel*:

Länge der Seitenlinie $\quad s = \sqrt{r^2 + h^2}$
Oberfläche $\quad\quad\quad\quad\quad A_0 = \pi r (r + s)$
Volumen $\quad\quad\quad\quad\quad V = \dfrac{1}{3}\pi r^2 h$

6.3 Pyramidenstumpf und Kegelstumpf

Schneidet man von einer Pyramide bzw. einem Kegel mit einem ebenen Schnitt parallel zur Grundfläche das obere Stück (das Stück mit der Spitze; eine kleine der ganzen ähnlichen Pyramide bzw. einen kleinen dem ganzen ähnlichen Kegel) ab, so ist der Restkörper ein Pyramidenstumpf bzw. ein Kegelstumpf. Der Abstand der Schnittebene von der Grundfläche ist seine Höhe h.

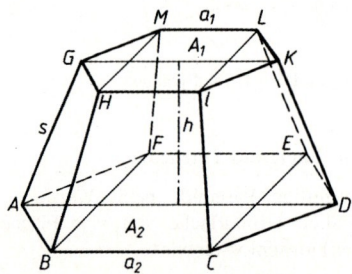

Pyramidenstumpf (regelmäßig sechsseitig)

Pyramidenstumpf (A_2, A_1 Grund- und Deckflache):

Volumen $V = \dfrac{h}{3}(A_2 + \sqrt{A_2 A_1} + A_1)$

Herleitung der Volumenformel:

$V = \dfrac{1}{3}(A_2 h_2 - A_1 h_1)$

$h_2 - h_1 = h$ und

$A_2 : A_1 = h_2^2 : h_1^2$

$(\sqrt{A_2} - \sqrt{A_1}) : \sqrt{A_1} = h : h_1$

$V = \dfrac{1}{3}[A_2(h + h_1) - A_1 h_1]$

$V = \dfrac{1}{3}\left[A_2\left(h + \dfrac{\sqrt{A_1}\,h}{\sqrt{A_2} - \sqrt{A_1}}\right) - A_1 \dfrac{\sqrt{A_1}\,h}{\sqrt{A_2} - \sqrt{A_1}} \right]$

$V = \dfrac{h}{3} \cdot \dfrac{A_2\sqrt{A_2} - A_2\sqrt{A_1} + A_2\sqrt{A_1} - A_1\sqrt{A_1}}{\sqrt{A_2} - \sqrt{A_1}}$

$V = \dfrac{h}{3} \cdot \dfrac{\sqrt{A_2}^3 - \sqrt{A_1}^3}{\sqrt{A_2} - \sqrt{A_1}} = \dfrac{h}{3}(A_2 + \sqrt{A_2 A_1} + A_1)$

$A_1 = \dfrac{3}{2} a_1^2 \sqrt{3}, \quad A_2 = \dfrac{3}{2} a_2^2 \sqrt{3}$

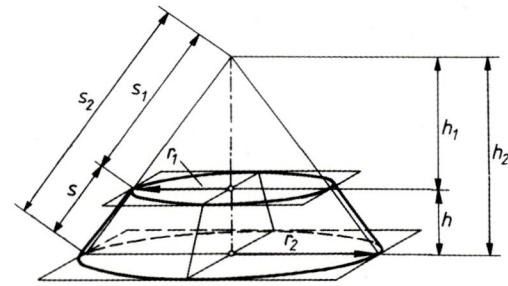

Kegelstumpf (gerader Kreiskegelstumpf)

Kegelstumpf (r_2, r_1 Radien von Grund- und Deckkreis):

Seitenlinie $\quad s = \sqrt{(r_2 - r_1)^2 + h^2}$

Oberfläche $\quad A_0 = A_2 + A_1 + A_m$
$\quad\quad\quad\quad\quad A_0 = \pi r_2^2 + \pi r_1^2 + \pi s (r_2 + r_1)$
$\quad\quad\quad\quad\quad A_0 = \pi r_2 (r_2 + s) + \pi r_1 (r_1 + s)$

Volumen $\quad\quad V = \dfrac{h}{3}\pi (r_2^2 + r_2 r_1 + r_1^2)$

(Siehe auch „Guldin'sche Regeln" im Abschnitt Mechanik)

Herleitung der Formel für die Mantelfläche A_m:

$A_m = \pi r_2 s_2 - \pi r_1 s_1, \quad s = s_2 - s_1$ und
$s_2 : s_1 = r_2 : r_1$ oder $s : s_1 = (r_2 - r_1) : r_1$

$A_m = \pi r_2 (s + s_1) - \pi r_1 s_1$

$= \pi r_2 \left(s + \dfrac{r_1 s}{r_2 - r_1} \right) - \pi r_1 \left(\dfrac{r_1 s}{r_2 - r_1} \right)$

$= \pi \dfrac{r_2^2 s - r_2 r_1 s + r_2 r_1 s - r_1^2 s}{r_2 - r_1} = \pi s \dfrac{r_2^2 - r_1^2}{r_2 - r_1}$

$A_m = \pi s (r_2 + r_1)$

Herleitung der Volumenformel:

$V = \dfrac{1}{3} \pi (r_2^2 h_2 - r_1^2 h_1)$

$r_2 : r_1 = h_2 : h_1$ oder
$(r_2 - r_1) : r_1 = h : h_1$

$V = \dfrac{1}{3} \pi [r_2^2 (h + h_1) - r_1^2 h_1]$

$V = \dfrac{1}{3} \pi \left[r_2^2 \left(h + \dfrac{r_1 h}{r_2 - r_1} \right) - r_1^2 \dfrac{r_1 h}{r_2 - r_1} \right]$

$V = \dfrac{h}{3} \pi \dfrac{r_2^3 - r_2^2 r_1 + r_2^2 r_1 - r_1^3}{r_2 - r_1}$

$V = \dfrac{h}{3} \pi \dfrac{r_2^3 - r_1^3}{r_2 - r_1}$

$V = \dfrac{h}{3} \pi (r_2^2 + r_2 r_1 + r_1^2)$.

6.4 Die Kugel

6.4.1 Die volle Kugel

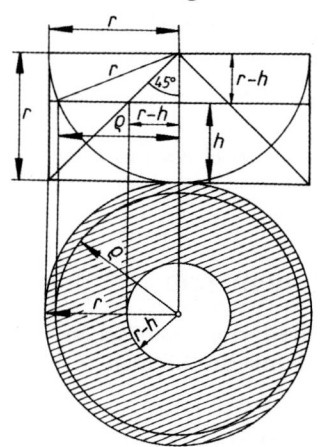

Schnittfläche in der Höhe h

Zylinder der Höhe r umhüllt Halbkugel und Kegel mit Radius r und Höhe r

Die schraffierte ringförmige Schnittfläche mit dem Restkörper, den man erhält, wenn man von dem Zylinder den Kegel abzieht, ist $\pi r^2 - \pi (r-h)^2$. Nun ist aber nach dem Satz des Pythagoras $r^2 = \rho^2 + (r-h)^2$, also $\pi \rho^2 = \pi r^2 - \pi (r-h)^2$, d.h. die Kugelschnittfläche und die Restkörperschnittfläche sind gleich groß. Da das in jeder Höhe h der Fall ist, haben nach dem Satz des Cavalieri (Körper mit gleicher Höhe und gleich großer Schnittfläche in jeder Höhe haben gleiches Volumen) die Halbkugel und der Restkörper das gleiche *Volumen*: $V_{HK} = \pi r^2 \cdot r - \dfrac{1}{3} \pi r^2 r = \dfrac{2}{3} \pi r^3$. Für die ganze Kugel ergibt sich damit $V = \dfrac{4}{3} \pi r^3$.

Volumen $\quad V = \dfrac{4}{3} \pi r^3$

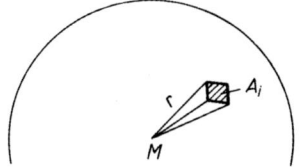

Kugelvolumen aus kleinen Pyramiden der Höhe r zusammengesetzt

$V_n = \dfrac{1}{3} r (A_1 + A_2 + A_3 + \ldots + A_n) = \dfrac{1}{3} r \sum_{i=1}^{n} A_i$

Die Summe der Grundflächen ist aber im Grenzfall die *Kugelfläche* A_0, außerdem ist $\lim V_n = V$:

$V = \dfrac{1}{3} r \lim_{n \to \infty} \sum_{i=1}^{n} A_i = \dfrac{1}{3} r A_0$, also $A_0 = \dfrac{3V}{r} = 4 \pi r^2$

Oberfläche $\quad A_0 = 4 \pi r^2$

6.4.2 Der Kugelabschnitt

Kugelabschnitt nennt man das durch einen ebenen Schnitt von einer Kugel abgetrenntes Teilstück. Die Mantelfläche des Kugelabschnitts heißt Kugelkappe.
Das im Bild eingezeichnete Dreieck ist rechtwinklig (Satz des Thales), hat die Hypotenuse $2r$, die Höhe ρ (Schnittkreisradius) und den Hypotenusenabschnitt h; nach dem Höhensatz (2. Satz des Euklid) ist $\rho^2 = h(2r - h)$.

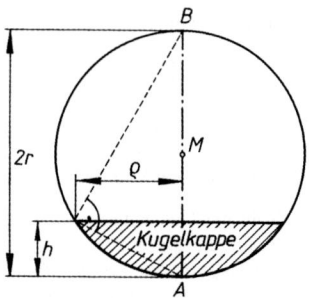

Das Volumen des Kugelabschnitts mit der Höhe h ist gleich der Volumendifferenz des Zylinders der Höhe h und des Kegelstumpfs der Höhe h (wie 6.4.1):

$V = \pi r^2 h - \frac{\pi}{3} h \, [r^2 + r(r-h) + (r-h)^2]$

$V = \frac{\pi}{3} h \, [3r^2 - r^2 - r^2 + rh - r^2 + 2rh - h^2]$

$V = \frac{\pi}{3} h^2 (3r - h)$.

Aus $\rho^2 = h(2r - h)$ ergibt sich $r = \frac{\rho^2}{2h} + \frac{h}{2}$; in die Volumengleichung eingesetzt:

$V = \frac{\pi}{3} h \left(\frac{3}{2} \rho^2 + \frac{3}{2} h^2 - h^2 \right) = \frac{\pi}{6} h (3\rho^2 + h^2)$

Schnittkreisradius $\quad \rho = \sqrt{h(2r-h)}$

Volumen $\quad V = \frac{1}{6} \pi h (3\rho^2 + h^2)$

$\quad\quad\quad\quad V = \pi \frac{h^2}{3} (3r - h)$

Mantelfläche $\quad A_m = 2\pi r h$ (Kugelkappe)

Fläche der Kugelkappe: siehe 6.4.3

6.4.3 Der Kugelausschnitt

Setzt man auf den Kugelabschnitt den Kegel auf, der die Kante des Kugelabschnitts als Grundkreis hat und dessen Spitze in der Kugelmitte liegt, dann erhält man als Gesamtkörper einen Kugelausschnitt.

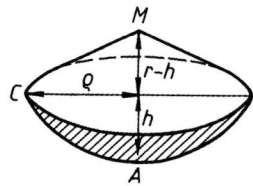

Volumen $\quad V = \frac{2}{3} \pi r^2 h$

Mantelfläche $\quad A_m = 2\pi r h$ (Kugelkappe)

Das *Volumen* setzt sich aus dem des Kugelabschnitts und dem des aufgesetzten Kegels zusammen:

$V = \pi \frac{h^2}{3} (3r-h) + \frac{\pi \rho^2}{3} (r-h)$

Nach dem Einsetzen von $\rho^2 = h(2r-h)$ (siehe 6.4.2) kann man zusammenfassen zu $V = \frac{2}{3} \pi r^2 h$.

Da sich das Volumen des Kugelausschnitts zum gesamten Kugelvolumen wie die Fläche der Kugelkappe zur gesamten Kugelfläche verhält, kann man nunmehr die Fläche A_m der *Kugelkappe* (schraffiert) berechnen:

$\frac{2}{3} \pi r^2 h : \frac{4}{3} \pi r^3 = A_m : 4\pi r^2 \Rightarrow A_m = 2\pi r h$.

6.4.4 Die Kugelschicht

Ein mit zwei Parallelschnitten aus einer Kugel ausgeschnittenes Stück ist eine Kugelschicht. Die Mantelfläche der Kugelschicht heißt Kugelzone.

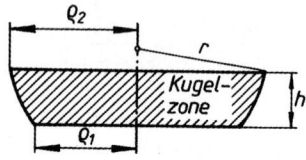

Volumen $\quad V = \frac{1}{6} \pi h (3\rho_1^2 + 3\rho_2^2 + h^2)$

Mantelfläche $\quad A_m = 2\pi r h$ (Kugelzone)

Die *Volumenformel* bestätigt man am besten durch Einsetzen:

$h = h_2 - h_1$, also

$V = \frac{1}{6} \pi (h_2 - h_1)(3\rho_1^2 + 3\rho_2^2 + (h_2 - h_1)^2)$

$V = \frac{1}{6} \pi h_2 (3\rho_2^2 + h_2^2) - \frac{1}{6} \pi h_1 (3\rho_1^2 + h_1^2)$

$\quad + \frac{1}{6} \pi h_2 (3\rho_1^2 - 2h_2 h_1 + h_1^2)$

$\quad - \frac{1}{6} \pi h_1 (3\rho_2^2 - 2h_2 h_1 + h_2^2)$

Der erste und der zweite Summand bilden die Differenz der beiden Kugelabschnitte, der dritte und der vierte Summand haben die Summe Null, wenn man

$\rho_1^2 = h_1 (2r - h_1)$ und

$\rho_2^2 = h_2 (2r - h_2)$ einsetzt.

Kugelzone. Die Kugelschicht ist die Differenz zweier Kugelabschnitte mit den Radien ρ_2 und ρ_1 und den Höhen h_2 und h_1, wobei $h_2 - h_1 = h$ ist. Die Mantelfläche der Kugelschicht heißt Kugelzone.

$A_m = 2\pi r h_2 - 2\pi r h_1 = 2\pi r (h_2 - h_1) = 2\pi r h$

Anmerkung: Die Volumenformel muss bezüglich ρ_1 und ρ_2 symmetrisch sein und für $\rho_1 \to 0$ oder für $\rho_2 \to 0$ in die Volumenformel des Kugelabschnitts übergehen.

7 Ebene Trigonometrie

7.1 Definitionen der trigonometrischen Funktionen (Winkelfunktionen, Kreisfunktionen)

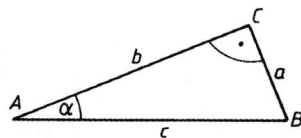

7 Ebene Trigonometrie

Zur ausführlichen Schreibweise als Funktion siehe 7.9.

$\sin \alpha$	(Sinus Alpha)	$= \dfrac{a}{c}$
$\cos \alpha$	(Kosinus Alpha)	$= \dfrac{b}{c}$
$\tan \alpha$	(Tangens Alpha)	$= \dfrac{a}{b}$
$\cot \alpha$	(Kotangens Alpha)	$= \dfrac{b}{a}$

In einem *rechtwinkligen* Dreieck mit dem Winkel α ist

- $\sin \alpha$ das Verhältnis von Gegenkathete und Hypotenuse
- $\cos \alpha$ das Verhältnis von Ankathete und Hypotenuse
- $\tan \alpha$ das Verhältnis von Gegenkathete und Ankathete
- $\cot \alpha$ das Verhältnis von Ankathete und Gegenkathete

7.2 Zusammenhänge der trigonometrischen Funktionen

7.2.1 Komplementwinkel und Kofunktion

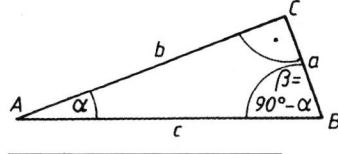

$\sin (90° - \alpha)$	=	$\cos \alpha$
$\cos (90° - \alpha)$	=	$\sin \alpha$
$\tan (90° - \alpha)$	=	$\cot \alpha$
$\cot (90° - \alpha)$	=	$\tan \alpha$

Die beiden spitzen Winkel α und β im rechtwinkligen Dreieck mit $\gamma = 90°$ sind Komplementwinkel (5.2.2.1): $\beta = 90° - \alpha$. Aus 1. folgt:

$\sin \beta = \dfrac{b}{c}$ und $\cos \alpha = \dfrac{b}{c} \Rightarrow \sin \beta = \cos \alpha$

$\cos \beta = \dfrac{a}{c}$ und $\sin \alpha = \dfrac{a}{c} \Rightarrow \cos \beta = \sin \alpha$

$\tan \beta = \dfrac{b}{a}$ und $\cot \alpha = \dfrac{b}{a} \Rightarrow \tan \beta = \cot \alpha$

$\cot \beta = \dfrac{a}{b}$ und $\tan \alpha = \dfrac{a}{b} \Rightarrow \cot \beta = \tan \alpha$

7.2.2 Zusammenhänge bei ein und demselben Winkel $0° < \alpha < 90°$

$$\dfrac{\sin \alpha}{\cos \alpha} = \tan \alpha$$

denn: $\dfrac{a}{c} : \dfrac{b}{c} = \dfrac{a}{b}$

$$\cot \alpha = \dfrac{1}{\tan \alpha}$$

denn: $\dfrac{b}{a} = 1 : \dfrac{a}{b}$

$$(\sin \alpha)^2 + (\cos \alpha)^2 = 1$$

denn: $\left(\dfrac{a}{c}\right)^2 + \left(\dfrac{b}{c}\right)^2 = 1 \Rightarrow a^2 + b^2 = c^2$

(Satz des Pythagoras)

Anmerkung: Es wird die Schreibweise $\sin^2 \alpha$ (lies: Sinus Quadrat Alpha) für $(\sin \alpha)^2$ benutzt; entsprechend $\cos^2 \alpha = (\cos \alpha)^2$ usw.

$\sin \alpha$, $\cos \alpha$, $\tan \alpha$, $\cot \alpha$ für $0 < \alpha < 90°$ ausgedrückt				
durch	$\sin \alpha$	$\cos \alpha$	$\tan \alpha$	$\cot \alpha$
$\sin \alpha =$	$\sin \alpha$	$\sqrt{1-(\cos \alpha)^2}$	$\dfrac{\tan \alpha}{\sqrt{1+(\tan \alpha)^2}}$	$\dfrac{1}{\sqrt{1+(\cot \alpha)^2}}$
$\cos \alpha =$	$\sqrt{1-(\sin \alpha)^2}$	$\cos \alpha$	$\dfrac{1}{\sqrt{1+(\tan \alpha)^2}}$	$\dfrac{\cot \alpha}{\sqrt{1+(\cot \alpha)^2}}$
$\tan \alpha =$	$\dfrac{\sin \alpha}{\sqrt{1-(\sin \alpha)^2}}$	$\dfrac{\sqrt{1-(\cos \alpha)^2}}{\cos \alpha}$	$\tan \alpha$	$\dfrac{1}{\cot \alpha}$
$\cot \alpha =$	$\dfrac{\sqrt{1-(\sin \alpha)^2}}{\sin \alpha}$	$\dfrac{\cos \alpha}{\sqrt{1-(\cos \alpha)^2}}$	$\dfrac{1}{\tan \alpha}$	$\cot \alpha$

7.3 Die Kurven der Kreisfunktionen

7.3.1 Konstruktion von Funktionswerten

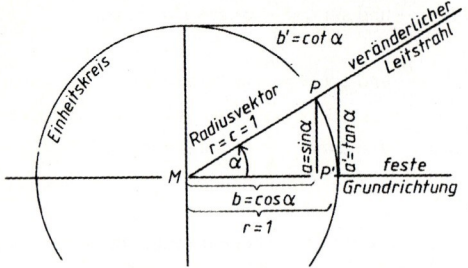

α: Veränderlicher Winkel zwischen Leitstrahl und Grundrichtung
$\overline{MP}$: Strecke des Radiusvektors; Hypotenuse in $\Delta PMP'$
$\overline{MP'}$: Ankathete; Projektion von $\overline{MP}$ auf die Grundrichtung
$\overline{PP'}$: Gegenkathete; Lot von P auf die Grundrichtung

$$\sin\alpha = \frac{|\overline{PP'}|}{|\overline{MP}|} = \frac{a}{1} = a$$

$$\cos\alpha = \frac{|\overline{MP'}|}{|\overline{MP}|} = \frac{b}{1} = b$$

$$\tan\alpha = \frac{a'}{r} = \frac{a'}{1} = a'$$

7.3.2 Erweiterung des Definitionsbereichs

Lot $\overline{PP'}$ und Projektion $\overline{MP'}$ existieren auch bei Winkeln außerhalb des Intervalls $0° < \alpha < 90°$. Versieht man die Streckenlängen links von M und unterhalb der Grundrichtung mit negativem Vorzeichen, dann erhält man mit den Gleichungen von 7.3.1 auch Funktionswerte für negative, stumpfe und überstumpfe Winkel.

7.3.3 Sinus- und Kosinus-, Tangens- und Kotangenskurven

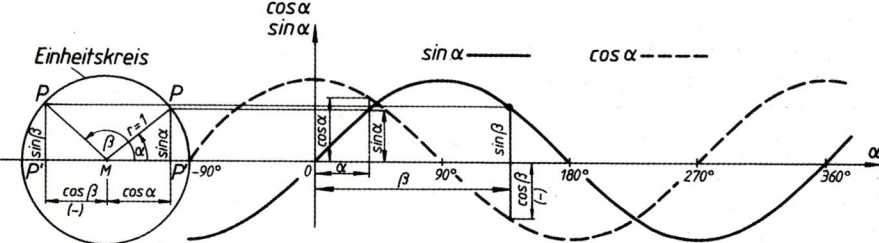

Sinuskurve

a) Im Einheitskreis ist der Sinus die Länge des Lotes $\overline{PP'}$ (Lot von P, dem Endpunkt des Radiusvektors $\overline{MP}$, auf die Grundrichtung).

b) Die Sinuskurve ist eine periodische Wellenlinie mit der Periode 360° und den Höchstwerten (Amplituden) + 1 und − 1. Zwischen 0° und 360° hat die Sinuskurve die Form einer einzelnen Welle.

c) Die Sinuskurve ist symmetrisch, und zwar punktsymmetrisch in Bezug auf die Symmetriezentren bei $\alpha = 0°, 180°, 360°, ...$, spiegelsymmetrisch in Bezug auf die Symmetrieachsen durch $\alpha = -90°, +90°, 270°, ...$

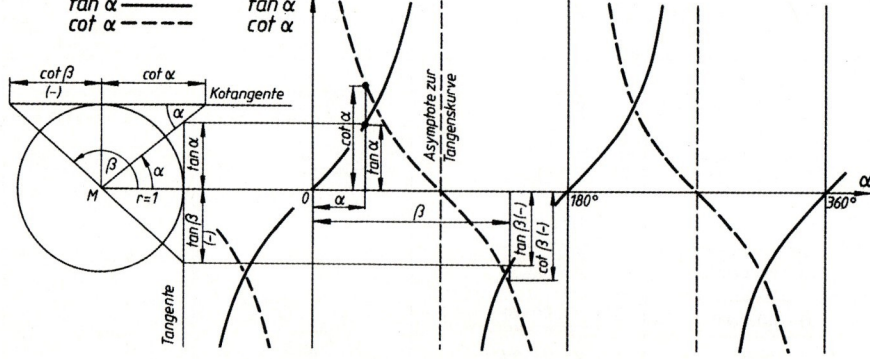

7 Ebene Trigonometrie

Kosinuskurve
a) Im Einheitskreis ist der Kosinus die Länge der Projektion $\overline{MP'}$ des Radiusvektors $\overline{MP}$ auf die Grundrichtung.
b) Die Kosinuskurve ist eine periodische Wellenlinie mit der Periode 360° und den Höchstwerten (Amplituden) + 1 und − 1. Sie ist kongruent der Sinuskurve, aber um 90° gegen diese nach links verschoben. Zwischen 0° und 360° hat die Kosinuskurve die Form einer Mulde.
c) Die Kosinuskurve ist symmetrisch, und zwar punktsymmetrisch in Bezug auf die Symmetriezentren bei $\alpha = -90°, +90°, 270°, \ldots$, klappsymmetrisch in Bezug auf die Symmetrieachsen durch $\alpha = 0°$, 180°, 360°, …

Tangenskurve
a) Am Einheitskreis ist der Tangens die Länge der Strecke, die der Leitstrahl von der „Tangente" abschneidet. Diese Tangente ist im Endpunkt des zu $\alpha = 0°$ gehörigen Radiusvektors an den Kreis gelegt.
b) Die Tangenskurve ist eine Folge von Einzelkurven, deren jede von − ∞ kommt und ständig steigend nach + ∞ verläuft. Von Einzelkurve zu Einzelkurve springt also der Tangenswert von + ∞ nach − ∞. Die Senkrechten zur Grundrichtung an den Sprungstellen $\alpha = -90°, +90°, 270°, \ldots$ heißen Asymptoten (die Kurve schmiegt sich beidseitig unbeschränkt an diese Senkrechten an, ohne sie je ganz zu erreichen). Die Periode der Tangensfunktion ist 180°. Die erste Einzelkurve liegt zwischen − 90° und + 90°.
c) Die Tangenskurve ist symmetrisch, und zwar nur punktsymmetrisch in Bezug auf die Symmetriezentren bei $\alpha = 0°, 180°, 360°, \ldots$

Kotangenskurve
a) Am Einheitskreis ist der Kotangens die Länge der Strecke, die der Leitstrahl von der „Kotangente" abschneidet. Die Kotangente ist die Tangente an den Einheitskreis im Endpunkt des zu $\alpha = 90°$ gehörenden Radiusvektors.
b) Die Kotangenskurve ist eine Folge von Einzelkurven, deren jede von + ∞ kommt und ständig fallend nach − ∞ verläuft. Von Einzelkurve zu Einzelkurve springt also der Kotangenswert von − ∞ nach + ∞. Die Senkrechten zur Grundrichtung an den Sprungstellen $\alpha = 0°, 180°, 360°, \ldots$ sind Asymptoten. Die Periode beträgt 180°. Die erste Einzelkurve liegt zwischen 0° und 180°.
c) Die Kotangenskurve ist symmetrisch und zwar nur punktsymmetrisch in Bezug auf die Symmetriezentren bei $\alpha = -90°, +90°, 270°, \ldots$ Die Kotangenskurve ist das an den Achsen durch $\alpha = -45°$, + 45°, 135°, 225°, 315°, 405°, … gespiegelte Bild der Tangenskurve.

7.4 Spezielle Funktionswerte der Kreisfunktionen

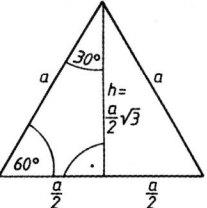

Gleichseitiges Dreieck

Satz des Pythagoras: $\quad h^2 = a^2 - \left(\dfrac{a}{2}\right)^2$

$$h = \dfrac{a}{2}\sqrt{3}$$

$\sin 30° = \dfrac{\frac{a}{2}}{a} = \dfrac{1}{2} \qquad \sin 60° = \dfrac{h}{a} = \dfrac{1}{2}\sqrt{3}$

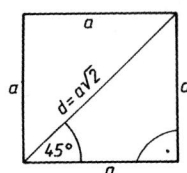

Gleichschenklig-rechtwinkliges Dreieck

Satz des Pythagoras: $\quad d^2 = a^2 + a^2$

$$d = a\sqrt{2}$$

$\sin 45° = \dfrac{a}{d} = \dfrac{1}{\sqrt{2}} = \dfrac{1}{2}\sqrt{2}$

Tafel der speziellen Kreisfunktionswerte

$\alpha =$	0°	30°	45°	60°	90°	120°	135°	180°	270°	360°
$\sin \alpha =$	0	$\frac{1}{2}$	$\frac{1}{2}\sqrt{2}$	$\frac{1}{2}\sqrt{3}$	1	$\frac{1}{2}\sqrt{3}$	$\frac{1}{2}\sqrt{2}$	0	− 1	0
$\cos \alpha =$	1	$\frac{1}{2}\sqrt{3}$	$\frac{1}{2}\sqrt{2}$	$\frac{1}{2}$	0	$-\frac{1}{2}$	$-\frac{1}{2}\sqrt{2}$	− 1	0	1
$\tan \alpha =$	0	$\frac{1}{3}\sqrt{3}$	1	$\sqrt{3}$	∞	$-\sqrt{3}$	− 1	0	∞	0
$\cot \alpha =$	∞	$\sqrt{3}$	1	$\frac{1}{3}\sqrt{3}$	0	$-\frac{1}{3}\sqrt{3}$	− 1	∞	0	∞

7.5 Symmetrie der Kreisfunktionen

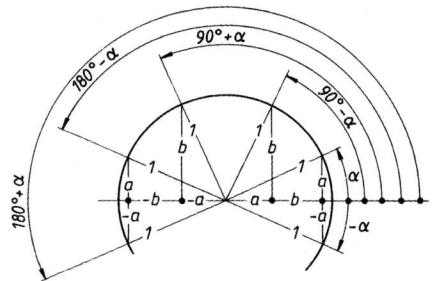

Aus den 6 kongruenten rechtwinkligen Dreiecken liest man ab:

$$\sin \alpha = a \qquad \cos \alpha = b$$
$$\sin (-\alpha) = -a \qquad \cos (-\alpha) = b$$
$$\sin (90° - \alpha) = b \qquad \cos (90° - \alpha) = a$$
$$\sin (90° + \alpha) = b \qquad \cos (90° + \alpha) = -a$$
$$\sin (180° - \alpha) = a \qquad \cos (180° - \alpha) = -b$$
$$\sin (180° + \alpha) = -a \qquad \cos (180° + \alpha) = -b$$

Tafel der Kreisfunktionen von negativen, Komplement-, Supplementwinkeln

$$\sin(-\alpha) = -\sin\alpha$$
$$\cos(-\alpha) = \cos\alpha$$
$$\tan(-\alpha) = -\tan\alpha$$
$$\cot(-\alpha) = -\cot\alpha$$

$$\sin(90° \pm \alpha) = \cos\alpha$$
$$\cos(90° \pm \alpha) = \mp\sin\alpha$$
$$\tan(90° \pm \alpha) = \mp\cot\alpha$$
$$\cot(90° \pm \alpha) = \mp\tan\alpha$$

$$\sin(180° \pm \alpha) = \mp\sin\alpha$$
$$\cos(180° \pm \alpha) = -\cos\alpha$$
$$\tan(180° \pm \alpha) = \pm\tan\alpha$$
$$\cot(180° \pm \alpha) = \pm\cot\alpha$$

7.6 Additionstheoreme

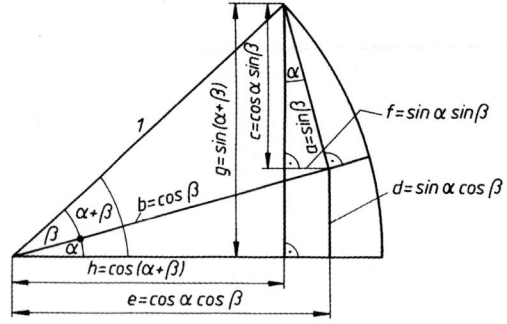

Herleitungshinweise

Aus der Zeichnung abzulesen:

$$g = d + c \Leftrightarrow \sin(\alpha + \beta) = \sin\alpha\cos\beta + \cos\alpha\sin\beta$$
$$h = e - f \Leftrightarrow \cos(\alpha + \beta) = \cos\alpha\cos\beta - \sin\alpha\sin\beta$$

Ersetzen von β durch $(-\beta)$:

$$\sin(\alpha - \beta) = \sin\alpha\cos\beta - \cos\alpha\sin\beta$$
$$\cos(\alpha - \beta) = \cos\alpha\cos\beta + \sin\alpha\sin\beta$$

Dividieren von g durch h und Kürzen durch $\cos\alpha \cdot \cos\beta$:

$$\tan(\alpha + \beta) = \frac{\tan\alpha + \tan\beta}{1 - \tan\alpha\tan\beta}$$

Ersetzen von β durch $(-\beta)$:

$$\tan(\alpha - \beta) = \frac{\tan\alpha - \tan\beta}{1 + \tan\alpha\tan\beta}$$

Substitution:

$$u = \alpha + \beta \qquad \alpha = \frac{u+v}{2}$$
$$\Leftrightarrow$$
$$v = \alpha - \beta \qquad \beta = \frac{u-v}{2}$$

Hiernach Ersetzen von α und β in
$$\sin(\alpha + \beta) = \sin\alpha\cos\beta + \cos\alpha\sin\beta$$
$$\sin(\alpha - \beta) = \sin\alpha\cos\beta - \cos\alpha\sin\beta:$$

$$\sin u = \sin\frac{u+v}{2}\cos\frac{u-v}{2} + \cos\frac{u+v}{2}\sin\frac{u-v}{2}$$

$$\sin v = \sin\frac{u+v}{2}\cos\frac{u-v}{2} - \cos\frac{u+v}{2}\sin\frac{u-v}{2}$$

Addition ergibt:

$$\sin u + \sin v = 2\sin\frac{u+v}{2}\cos\frac{u-v}{2}$$

Entsprechend ergeben sich drei weitere Summen (Differenzen).

Formeln für Winkelsummen und Winkeldifferenzen

$$\sin(\alpha \pm \beta) = \sin\alpha\cos\beta \pm \cos\alpha\sin\beta$$

$$\tan(\alpha \pm \beta) = \frac{\tan\alpha \pm \tan\beta}{1 \mp \tan\alpha\tan\beta}$$

$$\sin 2\alpha = 2\sin\alpha\cos\alpha$$

$$\sin 2\alpha = \frac{2\tan\alpha}{1+\tan^2\alpha}$$

$$\tan 2\alpha = \frac{2\tan\alpha}{1-\tan^2\alpha}$$

$$\sin 3\alpha = 3\sin\alpha - 4\sin^3\alpha$$

$$\tan 3\alpha = \frac{3\tan\alpha - \tan^3\alpha}{1 - 3\tan^3\alpha}$$

$$\sin u + \sin v = 2\sin\frac{u+v}{2}\cos\frac{u-v}{2}$$

$$\sin u - \sin v = 2\cos\frac{u+v}{2}\sin\frac{u-v}{2}$$

7 Ebene Trigonometrie

$$\cos(\alpha \pm \beta) = \cos\alpha \cos\beta \mp \sin\alpha \sin\beta$$

$$\cos(\alpha \pm \beta) = \frac{\cot\alpha \cot\beta \mp 1}{\cot\beta \pm \cot\alpha}$$

$$\cos 2\alpha = \cos^2\alpha - \sin^2\alpha$$
$$= 1 - 2\sin^2\alpha = 2\cos^2\alpha - 1$$

$$\cos 2\alpha = \frac{1 - \tan^2\alpha}{1 + \tan^2\alpha}$$

$$\cot 2\alpha = \frac{\cot^2\alpha - 1}{2\cot\alpha}$$

$$\cos 3\alpha = 4\cos^3\alpha - 3\cos\alpha$$

$$\cot 3\alpha = \frac{\cot^3\alpha - 3\cot\alpha}{3\cot^2\alpha - 1}$$

$$\cos u + \cos v = 2\cos\frac{u+v}{2}\cos\frac{u-v}{2}$$

$$\cos u - \cos v = -2\sin\frac{u+v}{2}\sin\frac{u-v}{2}$$

7.7 Sinussatz und Kosinussatz

7.7.1 Herleitung der Sätze

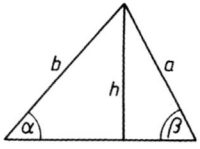

Herleitung des Sinussatzes:

$$\sin\alpha = \frac{h}{b} \Rightarrow h = b\sin\alpha$$

$$\sin\beta = \frac{h}{a} \Rightarrow h = a\sin\beta$$

$b\sin\alpha = a\sin\beta \Rightarrow a:b = \sin\alpha : \sin\beta$

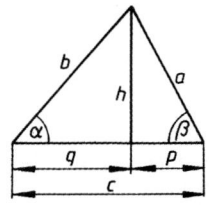

Herleitung des Kosinussatzes:

$$\cos\alpha = \frac{q}{b}, \qquad p^2 + h^2 = a^2,$$

$$q = c - p, \qquad h = b\sin\alpha$$

$$\Rightarrow \cos\alpha = \frac{c-p}{b}, \; p^2 + b^2\sin^2\alpha = a^2$$

$\Rightarrow (c - b\cos\alpha)^2 + b^2\sin^2\alpha = a^2$
$\Rightarrow c^2 - 2bc\cos\alpha + b^2\cos^2\alpha + b^2\sin^2\alpha = a^2$
$\Rightarrow c^2 - 2bc\cos\alpha + b^2 = a^2$

Sinussatz
$a : b : c = \sin\alpha : \sin\beta : \sin\gamma$
$\Rightarrow a : b = \sin\alpha : \sin\beta$
$\quad a : c = \sin\alpha : \sin\beta$
$\quad b : c = \sin\beta : \sin\gamma$

Kosinussatz
$a^2 = b^2 + c^2 - 2bc\cos\alpha$
$b^2 = a^2 + c^2 - 2ac\cos\beta$
$c^2 = a^2 + b^2 - 2ab\cos\gamma$

7.7.2 Die vier Grundaufgaben der Dreiecksberechnung

Entsprechend den vier Grundkonstruktionen des Dreiecks (siehe 5.5.5) gibt es vier Grundaufgaben der Dreiecksberechnung.

7.7.2.1 Grundaufgabe WSW und SWW

Gegeben α, c, β (Winkel, Seite, Winkel) oder c, β, γ (Seite, Winkel, Winkel). Fehlender Winkel: $\gamma = 180° - (\alpha + \beta)$ oder $\alpha = 180° - (\beta + \gamma)$. Fehlende Seiten (durch Anwendung des *Sinussatzes*):

$$a = \frac{c}{\sin\gamma}\sin\alpha, \quad b = \frac{c}{\sin\gamma}\sin\beta$$

■ **Beispiel:**
Gegeben $\alpha = 55°$, $c = 7{,}34$, $\beta = 48°$

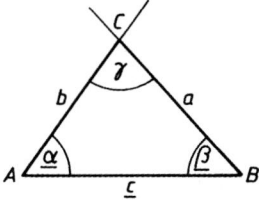

Lösungsweg:
$\gamma = 180° - (55° + 48°) = 77°$
Nach dem Sinussatz ergibt sich die Kettengleichung:

$$\frac{\sin\gamma}{c} = \frac{\sin\alpha}{a} = \frac{\sin\beta}{b}$$

$$\frac{\sin 77°}{7{,}34} = \frac{\sin 55°}{a} = \frac{\sin 48°}{b}$$

Auflösung nach a und b:

$$a = \frac{\sin 55°}{\sin 77°} \cdot 7{,}34, \quad b = \frac{\sin 48°}{\sin 77°} \cdot 7{,}34$$

Ergebnisse:
$\gamma = 77°$, $a = 6{,}17$, $b = 5{,}60$

7.7.2.2 Grundaufgabe SSW

Gegeben a, b, α (Seite, Seite, Winkel).

Anwendung des *Sinussatzes*: $\sin \beta = \dfrac{\sin \alpha}{a} b$

Eindeutig für $b < a \Rightarrow \beta < \alpha$ (es kommt nur der spitze Winkel β in Frage, dessen Sinus den vorgeschriebenen Wert hat).

Nicht in allen Fällen eindeutig für $b > a$. Die Aufgabe kann zwei Lösungen, β_1 und β_2, haben mit $\sin \beta_1 = \sin \beta_2$ und $\beta_1 + \beta_2 = 180°$ (alle möglichen Fälle siehe 5.5.5.2).

Der dritte Winkel ergibt sich aus der Winkelsumme im Dreieck, die dritte Seite c oder c_1 und c_2 nach dem Sinussatz.

■ **Beispiel 1:**

$a = 8{,}45;\ b = 6{,}38;\ \alpha = 68{,}5°$

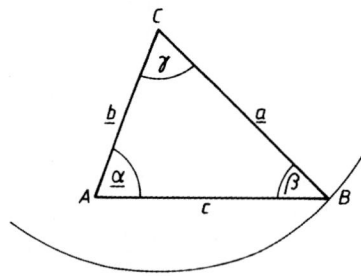

Lösungsweg:
Da α der größeren gegebenen Seite gegenüberliegt, ist die Aufgabe eindeutig. Aus

$\dfrac{\sin \alpha}{a} = \dfrac{\sin 68{,}5°}{8{,}45} = \dfrac{\sin \beta}{b} = \dfrac{\sin \beta}{6{,}38}$ folgt daher nur

$\beta = 44{,}6°$.

Ergebnisse:
$\beta = 44{,}6°,\ \gamma = 66{,}9°,\ c = 8{,}35$

■ **Beispiel 2:**

$a = 9{,}35;\ b = 14{,}25;\ \alpha = 39{,}2°$

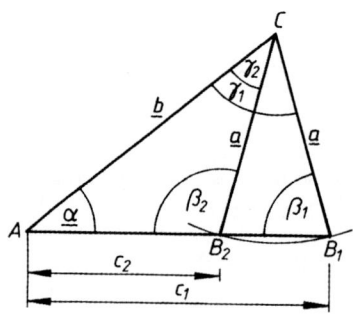

Lösungsweg:

Aus $\dfrac{\sin \alpha}{a} = \dfrac{\sin 39{,}2°}{9{,}35} = \dfrac{\sin \beta}{14{,}25}$ folgen

$\beta_1 = 74{,}4°$ und $\beta_2 = 180° - \beta_1 = 105{,}6°$.
Beide Winkel erfüllen die Bedingung
$b > a \Rightarrow \beta > \alpha$

Ergebnisse:
1. $\beta_1 = 74{,}4°,\ \gamma_1 = 66{,}4°,\ c_1 = 13{,}56$
2. $\beta_2 = 105{,}6°,\ \gamma_2 = 35{,}2°,\ c_2 = 8{,}53$

7.7.2.3 Grundaufgabe SWS

Gegeben a, γ, b (Seite, Winkel, Seite).
Anwendung des *Kosinussatzes*:

$c = \sqrt{a^2 + b^2 - 2ab \cos \gamma}$

α (oder β) mit Kosinussatz (eindeutig, aber umständlicher) oder Sinussatz (Entscheidung zwischen den beiden möglichen Winkeln α_1 und α_2 mit $\alpha_1 + \alpha_2 = 180°$ über die Bedingung $a \gtreqless c \Leftrightarrow \alpha \gtreqless \gamma$).
β (oder α) ergibt sich dann aus der Winkelsumme im Dreieck (Kontrolle mit Sinussatz).

■ **Beispiel:**

$a = 5{,}62;\ \gamma = 115°;\ b = 8{,}50$

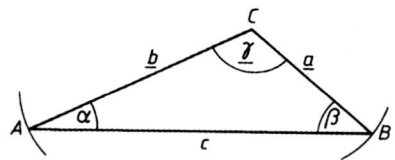

Lösungsweg:
$\begin{aligned} c^2 &= a^2 + b^2 - 2ab \cos \gamma \\ &= 5{,}62^2 + 8{,}50^2 - 2 \cdot 5{,}62 \cdot 8{,}50 \cos 115° \\ &= 5{,}62^2 + 8{,}50^2 + 2 \cdot 5{,}62 \cdot 8{,}50 \cos 65° \\ &= 31{,}58 + 72{,}25 + 40{,}36 \end{aligned}$
$c^2 = 144{,}21 \Rightarrow c = 12{,}0$

$\sin \alpha = \sin 65° \cdot \dfrac{5{,}62}{12{,}0} = \sin 25{,}1$

$\beta = 180° - (115° + 25{,}1°)$

Ergebnisse:
$c = 12{,}0;\ \alpha = 25{,}1°;\ \beta = 39{,}9°$

7.7.2.4 Grundaufgabe SSS

Gegeben a, b, c (Seite, Seite, Seite).
Anwendung des *Kosinussatzes*: Am besten wird zuerst der der größten Seite gegenüberliegende Winkel berechnet $\cos \gamma \gtreqless 0 \Rightarrow \gamma \gtreqless 90°$, die beiden weiteren Winkel müssen dann spitz sein:

$\cos \gamma = \dfrac{a^2 + b^2 - c^2}{2ab}$

α und β mit *Sinussatz*: $\dfrac{\sin \alpha}{a} = \dfrac{\sin \beta}{b} = \dfrac{\sin \gamma}{c}$

Winkelsummenkontrolle: Die Summe der drei berechneten Winkel muss 180° betragen.

■ **Beispiel:**

$a = 343;\ b = 526;\ c = 795$

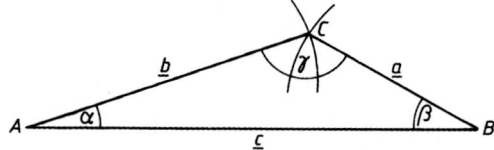

7 Ebene Trigonometrie

Lösungsweg:
Hier ist $c > a, b$, daher

$$\cos \gamma = \frac{a^2 + b^2 - c^2}{2ab}$$

$$= \frac{343^2 + 526^2 - 795^2}{2 \cdot 343 \cdot 256}$$

$$= -0{,}659$$

$$= -\cos 48{,}8° = \cos 131{,}2°$$

Ergebnisse:
$\alpha = 18{,}9°, \beta = 29{,}9°, \gamma = 131{,}2°$

7.8 Gradmaß und Bogenmaß

7.8.1 Maße des Vollwinkels

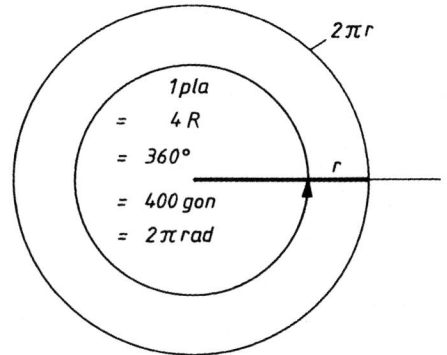

1 pla	= 1 plenus angulus
	= 1 voller Winkel
= 4 R	= 4 Rechte
= 360°	= 4 rechte Winkel
= 400 gon	= 400 Gon
(früher:	
= 400^g	= 400 Neugrad)
= arc 360°	= Arcus 360°
= 2π rad	= 2π Radiant
= 2π	= 2 · 3,14159 ...

7.8.2 Unterteilung des Gradmaßes

$1°$ (1 Grad) $= 60'$ (60 Minuten)
$1'$ (1 Minute) $= 60''$ (60 Sekunden)
$1° = 3600''$

$$1' = \frac{1}{60}° \qquad 1'' = \frac{1}{60}'$$

$$1'' = \frac{1}{3600}°$$

■ **Beispiele:**

1. $3{,}45° = 3° + 0{,}45 \cdot 60' = 3°27'$

2. $15°11'19'' = 15° + \frac{11}{60}° + \frac{19}{3600}° = 15° + 0{,}18\overline{3}° + 0{,}005\,2\overline{7}°$

$$= 15{,}188\,6\overline{1}°$$

Probe: $15{,}188\,6\overline{1} = 15° + 0{,}188\,6\overline{1} \cdot 60' = 15° + 11{,}31\overline{6}'$

$$= 15° + 11' + 0{,}31\overline{6} \cdot 60''$$
$$= 15° + 11' + 18{,}\overline{9}'' = 15°11'19''$$

7.8.3 Das Bogenmaß

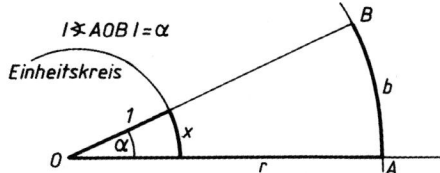

$$|\angle AOB| = \frac{b}{r} = \frac{x}{1} = x = \text{arc } \alpha \text{ (Arcus } \alpha\text{)}$$

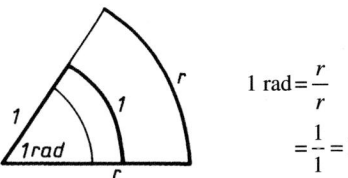

$$1 \text{ rad} = \frac{r}{r} = \frac{1}{1} = 1$$

Misst man die Länge b des Bogens, den ein Zentriwinkel ($\angle AOB$) eines Kreises mit dem Radius r aus dem Kreis ausschneidet, mit r als Längeneinheit, dann ergibt sich die Größe des Winkels im Bogenmaß.
Die Bogenlänge x gibt die Winkelgröße x unmittelbar an, wenn der Radius $r = 1$ ist (Einheitskreis).
Die Einheit 1 rad (Radiant) des Bogenmaßes ergibt sich, wenn Bogen und Radius gleich lang sind.
Aus 2π rad = 360° (siehe 7.8.1) folgt:

$$1 \text{ rad} = \frac{360°}{2\pi} = 57{,}29\ldots° \approx 57{,}3°$$

Umrechnungsformeln (x in Radiant, α in Grad):

$$\text{Bogenmaß} \quad x = \frac{\pi}{180°} \cdot \alpha \qquad \text{Gradmaß} \quad \alpha = \frac{180°}{\pi} \cdot x$$

Umrechnungstabelle (auf 4 Stellen)

α	1°	10°	30°	45°	57,29...°	90°
x	$\frac{\pi}{180}$	$\frac{10\pi}{180}$	$\frac{\pi}{6}$	$\frac{\pi}{4}$	1	$\frac{\pi}{2}$
	= 0,0175	= 0,1745	= 0,5234	= 0,7853		= 1,5707

■ **Beispiele:**

$$1' = \frac{\pi}{180 \cdot 60}$$
$$= 0{,}000\,290\,8 \ldots \text{ rad}$$

$$17{,}34° = \frac{17{,}34\,\pi}{180}$$
$$= 0{,}302\,6 \ldots \text{ rad}$$

$$73°13' = \frac{73\,\pi}{180} + \frac{13\,\pi}{10800}$$
$$= 1{,}274\,09 \ldots + 0{,}003\,77 \ldots$$
$$= 1{,}277\,86 \ldots \text{ rad}$$

$$92°8'23'' = \frac{\left(92 + \frac{8}{60} + \frac{23}{3600}\right)\pi}{180} = 1{,}608\,14 \ldots \text{ rad}$$

$0{,}5 \text{ rad} = \dfrac{0{,}5 \cdot 180°}{\pi}$
$= 28{,}647\ldots° \approx 28°38'52''$

$\dfrac{\pi}{3} \text{ rad} = \dfrac{\pi}{3} \cdot \dfrac{180°}{\pi} = 60°$

$9{,}68 \text{ rad} = 9{,}68 \cdot \dfrac{180°}{\pi} \approx 554{,}62°$

$3{,}14 \text{ rad} = 3{,}14 \cdot \dfrac{180°}{\pi} = 179{,}908\ldots°$

$\sin \dfrac{\pi}{2} = \sin 90° = 1$

$\cos \pi = \cos 180° = -1$

$\tan \dfrac{\pi}{4} = \tan 45° = 1$

$\sin 1 = \sin 57{,}29° = 0{,}8414\ldots$

$\sin 30 = \sin \dfrac{30 \cdot 180°}{\pi} \approx -0{,}9980$

$\sin 30° = \sin \dfrac{\pi}{6} = \dfrac{1}{2} = 0{,}5$

$$\text{sin: } \begin{array}{l} \mathbb{R} \to \{y \mid -1 \leq y \leq 1\} \\ x \to y = \sin x \end{array}$$

$$\text{cos: } \begin{array}{l} \mathbb{R} \to \{y \mid -1 \leq y \leq 1\} \\ x \to y = \cos x \end{array}$$

$$\text{tan: } \begin{array}{l} \mathbb{R} \setminus \{x_0 \mid x_0 = (2n+1)\tfrac{\pi}{2} \wedge n \in \mathbb{Z}\} \to \mathbb{R} \\ x \to y = \tan x \end{array}$$

(An den Stellen $\pm \tfrac{\pi}{2}, \pm 3 \tfrac{\pi}{2}, \pm 5 \tfrac{\pi}{2}, \ldots$ hat die Tangensfunktion keinen Funktionswert)

$$\text{cot: } \begin{array}{l} \mathbb{R} \setminus \{x_0 \mid x_0 = n\pi \wedge n \in \mathbb{Z}\} \to \mathbb{R} \\ x \to y = \cot x \end{array}$$

(An den Stellen $0, \pm \pi, \pm 2\pi, \pm 3\pi,\ldots$ hat die Kotangens-Funktion keinen Funktionswert.)

7.9 Winkelfunktion und Arcusfunktion

7.9.1 Funktionsschreibweisen der Winkelfunktionen

Ersetzt man nach 7.8 den Winkel α durch den Bogen *x*, geht man also vom Gradmaß zum Bogenmaß über, dann lassen sich die in 7.3.3 dargestellten Winkelfunktionen folgendermaßen formulieren:

7.9.2 Umkehrbar eindeutige Winkelfunktion und Arcusfunktion

Nach 4.2.2.2 lässt sich eine Funktion nur umkehren, wenn sie bijektiv (umkehrbar eindeutig) ist. Man erhält jede Winkelfunktion als bijektive Funktion durch Beschränkung des Definitionsbereichs, z.B. auf $[-\tfrac{\pi}{2}, \tfrac{\pi}{2}] = \{x \mid -\tfrac{\pi}{2} \leq x \leq \tfrac{\pi}{2}\}$ bei der Sinusfunktion.

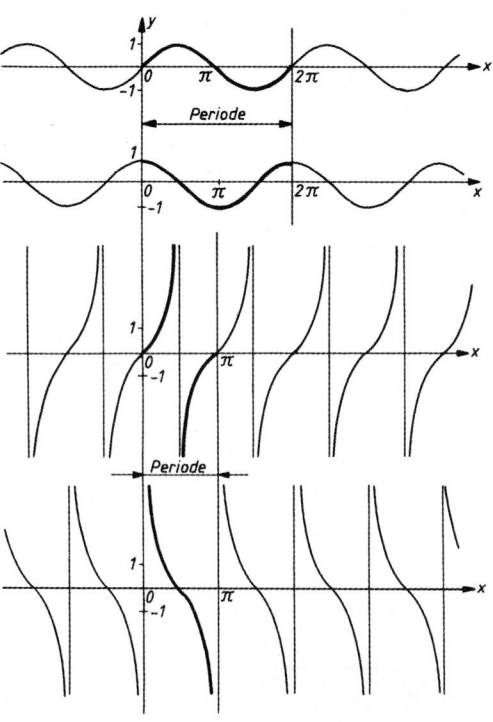

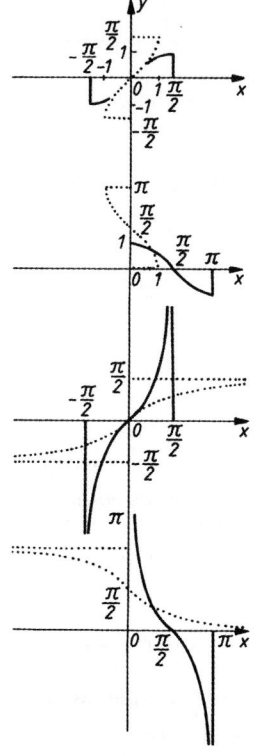

$\left[-\frac{\pi}{2},\frac{\pi}{2}\right] \to [-1,1]$	$[-1,1] \to \left[-\frac{\pi}{2},\frac{\pi}{2}\right]$
sin: $x \to y = \sin x$	arc sin: $x \to y = \arcsin x$

$[0,\pi] \to [-1,1]$	$[-1,1] \to [0,\pi]$
cos: $x \to y = \sin x$	arc cos: $x \to y = \arccos x$

$\left]-\frac{\pi}{2},\frac{\pi}{2}\right[\to]-\infty,\infty[$	$]-\infty,\infty[\to \left]-\frac{\pi}{2},\frac{\pi}{2}\right[$
tan: $x \to y = \tan x$	arc tan: $x \to y = \arctan x$

$\left]-\frac{\pi}{2},\frac{\pi}{2}\right[= \{x \mid -\frac{\pi}{2} < x < \frac{\pi}{2}\}$, offenes Intervall

$]0,\pi[\to]-\infty,\infty[$	$]-\infty,\infty[\to]0,\pi[$
cot: $x \to y = \cot x$	arc cot: $x \to y = \text{arc cot } x$

$]-\infty,\infty[= \mathbb{R}$, $]0,\pi[$ = alle reellen Zahlen von 0 bis π außer 0 und π selbst)

■ **Beispiel 1:**
arc sin $\frac{1}{2}$ = arc sin 0,5 = $\frac{\pi}{6}$ = 30°; denn sin $\frac{\pi}{6}$ =
sin 30° = $\frac{1}{2}$ = 0,5

Die Arcussinusfunktion kann auch für einen anderen Wertebereich als $\left[-\frac{\pi}{2},\frac{\pi}{2}\right]$ definiert sein. Alle möglichen Werte, die arc sin $\frac{1}{2}$ somit annehmen kann, sind $(4n+1) \cdot 90° \pm 60°$ = $(4n+1) \cdot \frac{\pi}{2} \pm \frac{\pi}{3}$ mit $n \in \mathbb{Z}$, denn

sin 30° = sin 150° = sin 390° = sin 510° = ...
= sin(-210°) = sin(-390°) = ... =
= sin $\frac{\pi}{6}$ = sin $\frac{5\pi}{6}$ = sin $\frac{13\pi}{6}$ = sin $\frac{17\pi}{6}$ = ...
= sin = $\frac{-7\pi}{6}$ = sin $\frac{-11\pi}{6}$ = ... = $\frac{1}{2}$

(am besten an der sin-Kurve von 7.9.1 zu bestätigen).

■ **Beispiel 2:**
arc sin 2 ist nicht reell, denn es gibt keinen Winkel, dessen Sinus gleich 2 ist.

■ **Beispiel 3:**
arc sin 1 = $\frac{\pi}{2}$ = 90°, denn sin $\frac{\pi}{2}$ = sin 90° = 1

Für andere Wertebereiche sind entsprechend Beispiel 1 die folgenden Lösungen möglich:
arc sin 1 = $(4n+1) \cdot 90° = (4n+1) \cdot \frac{\pi}{2}$ mit ganzzahligem n

■ **Beispiel 4:**
arc tan $(-1) = -\frac{\pi}{4} = -45°$. Für andere Wertebereiche:

arc tan $(-1) = n\pi - \frac{\pi}{4} = n \cdot 180° - 45°$ mit ganzzahligem n, also z.B. auch arc tan $(-1) = 135°$.

■ **Beispiel 5:**
arc cot 0 = $\frac{\pi}{2}$ = 90°. Für andere Wertebereiche:

arc cot 0 = $n\pi + \frac{\pi}{2} = n \cdot 180° + 90°$ mit ganzzahligem n, also z.B. auch arc cot 0 = $-90°$.

■ **Beispiel 6:**
arc cos $(-0,6789)$ = 180° $-$ 47,24° = 132,76° = $\frac{132,76}{180} \cdot \pi$
= 2,3171

Für andere Wertebereiche:
arc cos $(-0,6789) = (2n+1) \cdot 180° \pm 47,24° = (2n+1) \cdot \pi$ $\pm$ 0,8245 mit ganzzahligem n.

8 Analysis (Differenzial- und Integralrechnung)

8.1 Folgen und Reihen

Unter einer Folge von Zahlen (Zahlenfolge) versteht man eine Aneinanderreihung von Zahlen, die durch ein bestimmtes Bildungsgesetz miteinander zusammenhängen. Aus einer Folge wird eine Reihe, wenn man die aufeinanderfolgenden Zahlen (Elemente) durch +-Zeichen miteinander verbindet. Folgen und Reihen mit begrenzter Anzahl von Elementen nennt man endlich, bei unbegrenzter Anzahl nennt man sie unendlich.

Folge:
Die Abbildung (Funktion)
$\mathbb{N} \to \mathbb{R}$
$n \to a_n$
heißt unendliche reelle Folge.

Schreibweise:
$\langle a_n \rangle$ (a_n in spitzen Klammern)
= $\langle a_1, a_2, a_3, ..., a_n, ... \rangle$
a_n heißt allgemeines Glied (Element) der Folge.

Reihe:
Ist $\langle a_n \rangle$ eine unendliche Folge, dann ist
$$a_1 + a_2 + a_3 + ... + a_n + ... = \sum_{n=1}^{\infty} a_n$$
eine unendliche Reihe.

Partialsummen sind abgebrochene (also endliche) Reihen:
$$s_n = \sum_{v=1}^{n} a_v = a_1 + a_2 + ... + a_v + ... + a_n$$

(Σ heißt Sigma und wird hier gelesen: Summe von v = 1 bis n ...)

Anmerkung: Ist n die Nummer des letzten Gliedes einer endlichen Folge oder endlichen Reihe, dann wählt man als Index des allgemeinen Gliedes den griechischen Buchstaben v (ny).

■ **Beispiele**
(bei arithmetischen und geometrischen Folgen und Reihen werden die diesbezüglichen Sätze angewendet):

1. $\langle 1,2,3,\ldots,10 \rangle$ ist eine endliche (arithmetische) Folge.
Allgemeines Glied: $a_v = v$
z.B. das Glied Nr. 7 ist 7
Bildungsgesetz: Jedes Glied nach dem ersten (1) ist um 1 größer als das vorhergehende.

2. $1 + 2 + 3 + \ldots + 10 = \sum_{v=1}^{10} v$

ist eine endliche Reihe, und zwar die Partialsumme (Teilsumme) $s_n = s_{10}$ der unendlichen Reihe $\sum_{v=1}^{\infty} v$; letztere ist divergent, d.h. ihre Summe nicht angebbar.

Reihensumme:
$$s_{10} = (1+10) \cdot \frac{10}{2} = 55$$

3. $\langle 1, 2, 3, \ldots, n, \ldots \rangle = \langle n \rangle$ ist eine unendliche Folge, und zwar die Folge der natürlichen Zahlen. Sie gehört zu den arithmetischen Folgen.
Allgemeines Glied: $a_n = n$

Anmerkung: Der Unterschied zwischen dieser Folge der natürlichen Zahlen und der Menge $\mathbb{N}$ der natürlichen Zahlen besteht darin, dass bei der Folge die Reihenfolge der Elemente (Glieder) eine Rolle spielt, während sie bei der Menge beliebig ist.

4. $2 + 4 + 8 + 16 + \ldots + 4096$ ist eine endliche Reihe, und zwar die Reihe der ersten Potenzen von 2.
Die Reihe gehört zu den geometrischen Reihen.
Allgemeines Glied: $a_v = 2^v$
Letztes Glied: $a_n = 2^n = a_{12} = 2^{12} = 4096$
Reihensumme: $s_n = s_{12} = 2 \cdot \frac{4096-1}{2-1} = 8190$

5. $\frac{1}{2} + \frac{1}{4} + \frac{1}{8} + \frac{1}{16} + \frac{1}{32} + \ldots = \sum_{v=1}^{\infty} \frac{1}{2^v}$

ist eine unendliche geometrische Reihe.
Allgemeines Glied: $a_v = \frac{1}{2^v}$

Bildungsgesetz: Jedes Glied nach dem ersten $\left(\frac{1}{2}\right)$ ist die Hälfte des vorhergehenden.

n-te Partialsumme: $s_n = \sum_{v=1}^{n} \frac{1}{2^v}$

z.B. $s_{12} = \frac{1}{2} \cdot \frac{1-\left(\frac{1}{2}\right)^{12}}{1-\frac{1}{2}} = \frac{4095}{4096}$

Reihensumme: $\lim_{n \to \infty} s_n = s = 1$

6. $\frac{1}{1} + \frac{1}{2} + \frac{1}{3} + \frac{1}{4} + \frac{1}{5} + \ldots = \sum_{v=1}^{\infty} \frac{1}{v}$

ist eine unendliche Reihe.
Name: Harmonische Reihe

(die Reihe ist weder eine arithmetische noch eine geometrische).

Allgemeines Glied: $a_v = \frac{1}{v}$

Reihensumme: $\lim_{n \to \infty} s_n = \infty$ (ohne Beweis)

7. $\frac{1}{1} - \frac{1}{2} + \frac{1}{3} - \frac{1}{4} + \frac{1}{5} \mp \ldots$

ist eine unendliche Reihe.

Allgemeines Glied: $(-1)^{v-1} \frac{1}{v}$

Eine Reihe mit von Glied zu Glied wechselnden Vorzeichen heißt alternierende Reihe.

Reihensumme: $\frac{1}{2} < s < 1$

Die Schranken der Reihensumme lassen sich beliebig einander annähern.

8.1.1 Arithmetische Folge und Reihe

> *Arithmetische Folge*:
> $a, a+d, a+2d, a+3d, \ldots, a+(v-1)d, \ldots$
> *Arithmetische Reihe* von n Gliedern:
> $a + (a+d) + (a+2d) + (a+3d) + \ldots$
> $\qquad\qquad + (a+(n-1)d)$
> $= \sum_{v=1}^{n} a + (v-1)d = s_n$
>
> *Reihensumme*:
> $$s_n = \frac{n}{2}(a_1 + a_n)$$
> $$s_n = \frac{n}{2}(2a + (n-1)d)$$

Eine Folge (Reihe) heißt arithmetisch, wenn aufeinanderfolgende Elemente (Glieder) eine konstante Differenz (d) haben.

Erstes Glied (Element): $\quad a_1 = a$
Differenz von Glied zu Glied: $\quad a_v - a_{v-1} = d;\, v > 1$
v-tes Glied: $\quad a_v = a + (v-1)d$

$$\frac{a_1 + a_n}{2} = \frac{a_2 + a_{n-1}}{2} = \frac{a_3 + a_{n-2}}{2} = \ldots$$

ist der Mittelwert eines Gliedes der Reihe, das n-fache die Reihensumme.

■ **Beispiel 1:**
Wie groß ist die Summe der natürlichen Zahlen von 1 bis 100?

$a = 1,\, d = 1,\, n = 100,\, a_n = a_{100} = 100,\, s_n = s_{100} = \frac{100}{2}(1+100)$
$= 5050$

> *Arithmetisches Mittel*:
> $$a_n = \frac{a_{n-1} + a_{n+1}}{2} \qquad n > 1$$

8 Analysis (Differenzial- und Integralrechnung)

Jedes Glied einer arithmetischen Folge ist das arithmetische Mittel der beiden Nachbarglieder:

$$a + (n-1)d = \frac{a + (n-2)d + a + nd}{2}$$

$$= \frac{2a + (2n-2)d}{2}$$

■ **Beispiel 2:**

14 und 20 haben das arithmetische Mittel $\frac{14 + 20}{2} = 17$. 14, 17, 20 sind aufeinanderfolgende Glieder einer arithmetischen Folge ($d = 3$).

8.1.2 Geometrische Folge und Reihe

Geometrische Folge:
$a, aq, aq^2, aq^3, \ldots, aq^{n-1}, \ldots$

Geometrische Reihe von n Gliedern:
$a + aq + aq^2 + aq^3 + \ldots + aq^{n-1}$

$$= \sum_{\nu=1}^{n} aq^{\nu-1} = s_n$$

Reihensumme:

$$s_n = a \frac{q^n - 1}{q - 1} \quad (q \neq 1)$$

Eine Folge (Reihe) heißt geometrisch, wenn aufeinanderfolgende Elemente (Glieder) einen konstanten Quotienten (q) haben.

Erstes Glied (Element): $\quad a_1 = a$

Quotient: $\quad \dfrac{a_n}{a_{n-1}} = q$

n-tes Glied: $\quad a_n = aq^{n-1}$

Durch Subtrahieren von
$s_n q = aq + aq^2 + \ldots + aq^{n-1} + aq^n$ und
$s_n = a + aq + aq^2 + \ldots + aq^{n-1}$
erhält man die Summenformel für s_n.

Probe: Durch Polynomdivision erhält man wieder die Ausgangsreihe.

■ **Beispiel 1:**

$2 + 4 + 8 + 16 + 32 + \ldots + 4096$ (Beispiel 4 von 1.)
Es ist $q = 2$. Aus $a_n = aq^{n-1}$ folgt $4096 = 2 \cdot 2^{n-1} = 2^n$.
$\lg 4096 = n \lg 2 \Rightarrow n = \dfrac{\lg 4096}{\lg 2} = \dfrac{3{,}6124}{0{,}3010} \approx 12$
Eine Probe bestätigt, dass das Ergebnis genau $n = 12$ ist.
$s_n = a \cdot \dfrac{q^n - 1}{q - 1} = 2 \cdot \dfrac{4096 - 1}{2 - 1} = 8190$

■ **Beispiel 2:**

Eine Bohrung koste a Euro für das erste Meter; jedes folgende Meter koste im ersten Fall $\frac{1}{10}$ a mehr als das vorhergehende Meter, im zweiten Fall $\frac{1}{10}$ mehr als das vorhergehende Meter. Wie teuer würde in beiden Fällen eine 500 m tiefe Bohrung?

Erster Fall: arithmetische Reihe

$$s_n = \frac{n}{2}(2a + (n-1)d)$$

$$= 250(2a + 499 \cdot \tfrac{1}{10} a)$$

$$= 25 \cdot 519 a = 12975 a$$

Zweiter Fall: geometrische Reihe

$$s_n = a \frac{q^n - 1}{q - 1} = a \frac{1{,}1^{500} - 1}{0{,}1}$$

$$= 4{,}97 \cdot 10^{21} a$$

(Unbezahlbar, selbst wenn $a = 0{,}1$ Cent beträgt)

Geometrisches Mittel:

$a_n = \sqrt{a_{n-1} \, a_{n+1}}$

Jedes Glied einer geometrischen Folge ist das geometrische Mittel der beiden benachbarten Glieder:

$$aq^{n-1} = \sqrt{aq^{n-2} \, aq^n} = \sqrt{a^2 q^{2n-2}}$$

■ **Beispiel 3:**

9 und 16 haben das geometrische Mittel $\sqrt{9 \cdot 16} = 12$. 9, 12, 16 sind aufeinanderfolgende Glieder einer geometrischen Folge $\left(q = \dfrac{4}{3}\right)$.

8.1.2.1 Unendliche geometrische Reihe

Unendliche geometrische Reihe:
$a + aq + aq^2 + aq^3 + \ldots + aq^{n-1} + \ldots$

$$\sum_{n=1}^{\infty} aq^{n-1} = s \quad \text{für } |q| < 1$$

Reihensumme:

$$s = a \frac{1}{1 - q} \quad \text{für } |q| < 1$$

Jede unendliche geometrische Reihe, bei der der Betrag des Quotienten kleiner als 1 ist ($|q| < 1$), hat eine endliche Summe (s).

Herleitung: Aus der Summenformel $s_n = a \dfrac{q^n - 1}{q - 1}$ ergibt sich nach Erweitern mit (-1) die gleichwertige Gleichung $s_n = a \dfrac{1 - q^n}{1 - q}$. Bildet man hiervon den Grenzwert für $n \to \infty$, so erhält man $\lim\limits_{n \to \infty} q^n = 0$; denn ist $|q| < 1$, dann wird mit wachsendem n der Wert des Bruches q^n immer kleiner, und es gibt keine noch so kleine feste Grenzzahl $\epsilon > 0$, die nicht durch q^n für ein hinreichend großes $n > N$ unterschritten werden kann ($q^N \leq \epsilon$).

Ist aber $\lim_{n\to\infty} q^n = 0$, dann ist auch $\lim_{n\to\infty} s_n = s = a\frac{1}{1-q}$.

- **Beispiel:**

  $\frac{1}{2} + \frac{1}{4} + \frac{1}{8} + \frac{1}{16} + \frac{1}{32} + \ldots$ (Beispiel 5 von 8.1)

  Hier ist $q = \frac{1}{2}$, die Konvergenzbedingung ist also erfüllt.

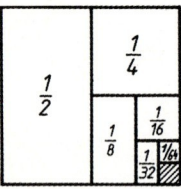

Man erhält $s = \frac{1}{2} \cdot \frac{1}{1-\frac{1}{2}} = 1$

Im Bild ist die Fläche des ganzen Quadrats das Ergebnis, die eingezeichneten kleineren Quadrate und Rechtecke veranschaulichen die einzelnen (unendlich vielen) Glieder.

8.2 Grenzwerte

Ein mit endlich vielen Schritten nicht erreichbarer Wert, dem man sich aber durch eine hinreichend große Zahl von Schritten beliebig annähern kann, heißt Grenzwert oder Limes (geschrieben lim ...).

Grundformeln der Limesbildung:
$$\lim_{x\to\infty} \frac{1}{x} = 0 \qquad \lim_{x\to 0} \frac{1}{x} = \infty$$

Lies: Limes $\frac{1}{x}$ für x gegen unendlich gleich 0.

- **Beispiel 1:**

  Durchläuft x die Folge der natürlichen Zahlen $\langle 1, 2, 3, 4, \ldots\rangle$, dann strebt es nach Unendlich; gleichzeitig durchläuft $\frac{1}{x}$ die Folge der Stammbrüche $\langle \frac{1}{1}, \frac{1}{2}, \frac{1}{3}, \frac{1}{4}, \ldots\rangle$, die dem Grenzwert 0 zustreben.

  Mit einer hinreichend großen natürlichen Zahl x kann $\frac{1}{x}$ kleiner als jeder noch so kleine vorgegebene positive Wert $\epsilon > 0$ werden. Das besagt die Gleichung $\lim_{x\to\infty} \frac{1}{x} = 0$.

- **Beispiel 2:**

  Durchläuft x die Folge der Stammbrüche $\langle \frac{1}{1}, \frac{1}{2}, \frac{1}{3}, \frac{1}{4}, \ldots\rangle$, dann durchläuft $\frac{1}{x}$ die Folge der natürlichen Zahlen $\langle 1, 2, 3, 4, \ldots\rangle$. Mit einem hinreichend kleinen x kann $\frac{1}{x}$ größer als jede noch so große vorgegebene Zahl M werden. Das besagt $\lim_{x\to 0} \frac{1}{x} = \infty$.

  Fehlerwarnung: Unzulässig ist die Schreibweise $\frac{1}{0} = \infty$. Durch 0 darf nicht dividiert werden. ∞ ist keine Zahl. Allein richtig ist $\lim_{x\to\infty} \frac{1}{x} = \infty$, was besagt, dass $\frac{1}{x}$ mit unbeschränkt kleiner werdendem x jeden noch so großen Wert übersteigt.

- **Beispiel 3:**

  Wieviel gleich große Portionen kann man aus 1 l Wasser herstellen, wenn die Größe der einzelnen Portion nacheinander $1\,l$, $\frac{1}{10}l, \frac{1}{100}l, \frac{1}{1000}l, \ldots$ beträgt?

  Antwort: Man kann 1, 10, 100, 1 000, ... Portionen herstellen. Es gibt mathematisch keine Begrenzung:

  $$\lim_{n\to\infty} \frac{1}{\frac{1}{10^n}} = \lim_{n\to\infty} 10^n = \infty$$

  (Physikalisch gibt es allerdings eine Begrenzung wegen der endlichen Größe und damit endlichen Anzahl der Moleküle.)

Grundregeln der Limesbildung:
$$\lim(a \pm b) = \lim a \pm \lim b$$
$$\lim(a \cdot b) = \lim a \cdot \lim b$$
$$\lim \frac{a}{b} = \frac{\lim a}{\lim b}$$
für alle $b \neq 0$ und $\lim b \neq 0$

Grenzwerte von Summen (Differenzen), Produkten (Quotienten), ... bildet man, indem man die Grenzwerte der Summanden, Faktoren, ... addiert, multipliziert, ...

- **Beispiel 4**

  $\lim_{x\to\infty} \frac{1}{x^2}(1-x) = ?$

  $\lim_{x\to\infty} \frac{1}{x^2}(1-x) = \lim_{x\to\infty}\left(\frac{1}{x}\cdot\frac{1}{x}-\frac{1}{x}\right) = \lim_{x\to\infty}\frac{1}{x}\cdot\lim_{x\to\infty}\frac{1}{x} - \lim_{x\to\infty}\frac{1}{x} = 0\cdot 0 - 0 = 0$

8.2.1 Konvergenz und Divergenz

Konvergenz:
$$\lim_{n\to\infty} s_n = s \qquad \text{existiert}$$

Hat eine Reihe einen Grenzwert, dann sagt man, die Reihe konvergiert.

Divergenz:
$$\lim_{n\to\infty} s_n \qquad \text{existiert nicht}$$

Hat eine Reihe keinen Grenzwert, dann sagt man, sie divergiert.

- **Beispiele:**

  1. Die geometrische Reihe $\frac{1}{2} + \frac{1}{4} + \frac{1}{8} + \frac{1}{16} + \ldots$ (8.1.2.1, Beispiel) hat die Teilsummen $s_1 = \frac{1}{2}$; $s_2 = \frac{3}{4}$; $s_3 = \frac{7}{8}$; $s_4 = \frac{15}{16}$; ... Die Folge dieser Teilsummen nähert sich mehr und mehr dem Wert 1, also ist 1 der Grenzwert der Teilsummen $s_1, s_2, s_3, s_4, \ldots$ und damit gleich der Summe dieser unendlichen geometrischen Reihe. Die Reihe konvergiert. Man schreibt kurz $\lim s_n = 1$.

  2. Die Reihe $1 + \frac{1}{2} + \frac{1}{3} + \frac{1}{4} + \frac{1}{5} + \ldots$ (harmonische Reihe) hat keinen Grenzwert, sie divergiert also. Denn ersetzt man die Glieder der Reihe teilweise durch Glieder kleineren Werts, schreibt also statt

8 Analysis (Differenzial- und Integralrechnung)

$1 + \frac{1}{2} + \frac{1}{3} + \frac{1}{4} + \frac{1}{5} + \frac{1}{6} + \frac{1}{7} + \frac{1}{8} + \frac{1}{9} + \ldots$ die Reihe

$1 + \frac{1}{2} + \frac{1}{4} + \frac{1}{4} + \frac{1}{8} + \frac{1}{8} + \frac{1}{8} + \frac{1}{8} + \frac{1}{16} + \ldots$

und fasst man die gleichen Glieder zusammen, dann erhält man

$1 + \underbrace{\frac{1}{2}} + \underbrace{\frac{1}{2}} + \underbrace{\frac{1}{2}} + \underbrace{\frac{1}{2}} + \ldots$

Diese neue Reihe wächst aber über alle Grenzen, somit erst recht auch die harmonische Reihe. Man schreibt kurz $\lim s_n = \infty$.

3. Die Reihe $1 - 1 + 1 - 1 \pm \ldots$ hat auch keinen Grenzwert. Denn je nachdem, wo man sie abbricht, erhält man die Summe 0 oder die Summe 1. Also divergiert die Reihe.

8.2.2 Unbestimmte Ausdrücke

Unbestimmte Ausdrücke:		
$\frac{0}{0}$	$\infty - \infty$	$\frac{\infty}{\infty}$
$0 \cdot \infty$	1^∞	$0^0 \quad \infty^0$

Ergibt sich als „Grenzwert" einer Folge (Reihe, Funktion) einer der obigen Ausdrücke, dann ist die Frage offen, ob der Grenzwert existiert (und wie groß er ist) oder ob er nicht existiert.

Anmerkung: Schließt man einmal die Division durch 0 nicht aus und betrachtet man auch ∞ als reelle Zahl, dann führen verschiedene Regeln der Arithmetik bei obigen Ausdrücken zu verschiedenen „Ergebnissen". Zum Beispiel:

$\frac{0}{0} = 0$, denn $\frac{0}{a} = 0$ für alle $a \neq 0$

$\frac{0}{0} = 1$, denn $\frac{a}{a} = 1$ für alle $a \neq 0$

$\frac{0}{0} = \infty$, denn $\lim\limits_{x \to 0} \frac{1}{x} = \infty$ und $\lim\limits_{x \to 0} \frac{a}{x} = \infty$ für alle $a \neq 0$

Hieran wird deutlich, dass man durch 0 nicht dividieren darf und ∞ keine Zahl ist.

Berechnungsverfahren: Anstelle eines unbestimmten Ausdrucks kann man in vielen Fällen einen Grenzwert berechnen oder entscheiden, dass es keinen Grenzwert gibt.

■ **Beispiele**:
1. $\lim\limits_{x \to \infty} (x^2 - x) = ?$

Der unbestimmte Ausdruck wäre $\infty - \infty$

Man formt um:

$x^2 - x = x(x - 1)$
$\lim\limits_{x \to \infty} x(x - 1) = \infty \cdot \infty = \infty$

Es gibt keinen Grenzwert.

2. $\lim\limits_{x \to \infty} \frac{3x^2 - x - 1}{4x^2 + 3} = ?$

Grenzwertberechnung des Zählers: ∞.
Grenzwertberechnung des Nenners: ∞.

Unbestimmter Ausdruck also: $\frac{\infty}{\infty}$.

Man kürzt durch x^2 ($x \neq 0$):

$\lim\limits_{x \to \infty} \frac{3 - \frac{1}{x} - \frac{1}{x^2}}{4 + \frac{3}{x^2}} = \frac{3}{4}$

Der Grenzwert existiert und ist $\frac{3}{4}$.

3. $\lim\limits_{x \to \infty} \frac{x^2 - 2}{x^3} = ?$

$\frac{\infty}{\infty}$ wird vermieden, wenn man durch x^3 kürzt ($x \neq 0$):

$\lim\limits_{x \to \infty} \frac{\frac{1}{x} - \frac{2}{x^3}}{1} = \frac{0 - 0}{1} = 0$

Der Grenzwert existiert und ist 0.

4. $\lim\limits_{x \to \infty} \frac{x^3}{x^2 - 2} = ?$

Statt $\frac{\infty}{\infty}$ erhält man ∞ nach Kürzen durch x^2:

$\lim\limits_{x \to \infty} \frac{x}{1 - \frac{2}{x^2}} = \frac{\infty}{1 - 0} = \infty$

Es gibt keinen Grenzwert.

8.2.3 Unstetigkeiten von Funktionen

An einer Stelle $x = x_p$, an der der Nenner einer gebrochenen Funktion den Wert 0 hat, gibt es keinen Funktionswert; die Funktion hat hier eine Unstetigkeit; x_p gehört nicht zum Definitionsbereich der Funktion.

Pole

Verhalten an der Polstelle:
$\lim\limits_{x \to x_p} y = \infty$

Ist an einer Unstetigkeitsstelle (Nenner 0) der Zähler des Funktionsterms $\neq 0$, dann hat die Funktion hier einen Pol. Der Funktionsterm strebt bei Annäherung an die Polstelle nach (plus oder minus) Unendlich.
Ist jedoch an der Stelle x_p nicht nur der Nenner, sondern auch der Zähler des Funktionsterms gleich 0, ergibt sich also für y der unbestimmte Ausdruck $\frac{0}{0}$, dann sind weitere Rechnungen erforderlich, um das Verhalten der Funktion an der Stelle x_p zu klären (Beispiele 4. und 5. unten).

■ **Beispiele**:
1. $y = \frac{x^2}{x - 3}$

Die durch diese Gleichung gegebene Funktion hat bei 3 einen Pol.
Bei Annäherung von rechts strebt $y \to +\infty$,
bei Annäherung von links $y \to -\infty$.
$\lim\limits_{x \to 3 \pm 0} y = \pm \infty$

2. $y = \dfrac{x}{(x-3)^2}$

Auch die durch diese Gleichung gegebene Funktion hat bei $x = 3$ einen Pol, und zwar einen doppelt zählenden: Sowohl bei Annäherung an die Polstelle von rechts als auch von links strebt $y \to +\infty$.

$$\lim_{x \to 3 \pm 0} y = +\infty$$

3. $y = \tan x$

Da $\tan x = \dfrac{\sin x}{\cos x}$, sind an den Nullstellen von $\cos x$ Polstellen der tan-Funktion, denn hier ist immer $\sin x \neq 0$.

$$\lim_{x \to \frac{\pi}{2} \pm 0} y = \mp\infty$$

4. $y = f_1(x) = \dfrac{x^2 - 8x + 15}{x - 3}$

Auch diese Funktion ist bei $x = 3$ nicht definiert, denn dann ist der Nenner 0. Berechnet man für $x = 3$ den Zähler, dann erhält man auch 0, also für y den unbestimmten Ausdruck $y = \tfrac{0}{0}$. Das ist ein Hinweis darauf, dass man den Funktionsterm $f_1(x)$ für $x \neq 3$ kürzen kann:

$$(x^2 - 8x + 15) : (x - 3) = x - 5$$
$$\underline{-(x^2 - 3x)}$$
$$-5x + 15$$
$$\underline{-(5x + 15)}$$
$$0$$

Diese Funktion hat aber bei $x = 3$ keine Definitionslücke, sondern den Funktionswert $y = 3 - 5 = -2$.

Ergebnis: $y = f_2(x) = x - 5$

Da $y = f_1(x)$ für alle $x \neq 3$ mit $y = f_2(x)$ übereinstimmt, ist es naheliegend, $y = f_1(x)$ für *alle* x, auch $x = 3$, durch $y = f_2(x)$ zu ersetzen. Damit ist die ursprüngliche Lücke bei $x = 3$ geschlossen.

5. $y = \dfrac{\sin x}{\tan x} = f_1(x)$

Für $x = 0$ ergibt sich $\tfrac{0}{0}$, also ist f_1 nicht definiert.

Zur Berechnung des Grenzwertes für $x \to 0$ wird durch $\sin x \neq 0$ gekürzt: Man erhält

$y = f_2(x) = \cos x = f_1(x)$, sofern $\sin x \neq 0$

Als Grenzwert von f_1 an den Stellen mit $\sin x = 0$, zum Beispiel $x = 0$, ergibt sich der Funktionswert von f_2.

$$y_0 = \lim_{x \to 0} f_1(x) = f_2(0) = 1$$

8.3 Differenzialrechnung

8.3.1 Der Differenzenquotient

Differenzenquotient:
$$\dfrac{\Delta y}{\Delta x} = \dfrac{y_2 - y_1}{x_2 - x_1} = \dfrac{f(x_2) - f(x_1)}{x_2 - x_1}$$

Bedingung: f im Intervall $[x_1, x_2]$ stetig und stetig veränderlich

Geometrische Bedeutung des Differenzenquotienten:
$$\dfrac{\Delta y}{\Delta x} = \tan \varphi_{1,2}$$

Ist eine Funktion f im geschlossenen Intervall $x_1 \ldots x_2$ stetig und stetig veränderlich (keine Sprünge und Ecken im Kurvenbild), dann heißt das Verhältnis der Änderung des Funktionswerts ($y_2 - y_1$) und der zugehörigen Änderung des Arguments ($x_2 - x_1$) Differenzenquotient.

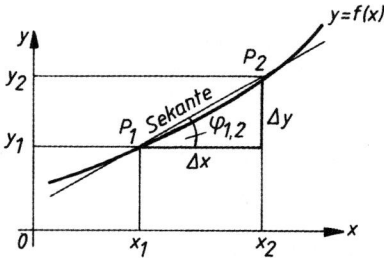

Der Differenzenquotient $\dfrac{\Delta y}{\Delta x}$, ist geometrisch gleich der Steigung der Sekante durch $P_1\,(x_1 \mid y_1)$ und $P_2\,(x_2 \mid y_2)$.

8.3.2 Der Differenzialquotient

Differenzialquotient:
a) allgemeine Schreibweise:
$$\dfrac{dx}{dy} \text{ (gelesen } dy \text{ nach } dx\text{)} = \lim_{\Delta x \to 0} \dfrac{\Delta y}{\Delta x}$$

b) an der Stelle x_1
(örtlicher Differenzialquotient):
$$f'(x_1) = \lim_{x_2 \to x_1} \dfrac{f(x_2) - f(x_1)}{x_2 - x_1}$$
(gelesen: f Strich von x_1)

c) als Funktion
$$f': \quad [x_a, x_b] \to \mathbb{R}$$
$$x \to f'(x) = \lim_{\Delta x \to 0} \dfrac{f(x + \Delta x) - f(x)}{\Delta x}$$

a) Der Differenzialquotient ist der Grenzwert des Differenzenquotienten.
b) Sind die Voraussetzungen – stetig und stetig veränderlich – erfüllt, dann gibt es an jeder Stelle eines Intervalls einen – örtlichen – Differenzialquotienten.
c) Alle örtlichen Differenzialquotienten zusammen bilden die Funktion des Differenzialquotienten.

8 Analysis (Differenzial- und Integralrechnung)

> *Geometrische Bedeutung des Differenzialquotienten:*
> örtlich $\quad f'(x_1) = \tan \varphi_1$
> allgemein $\quad f'(x) = \tan \varphi = \dfrac{dy}{dx}$

Der Differenzialquotient an der Stelle x_1 (allgemein an der Stelle x) ist gleich der Steigung der Tangente an dieser Stelle.

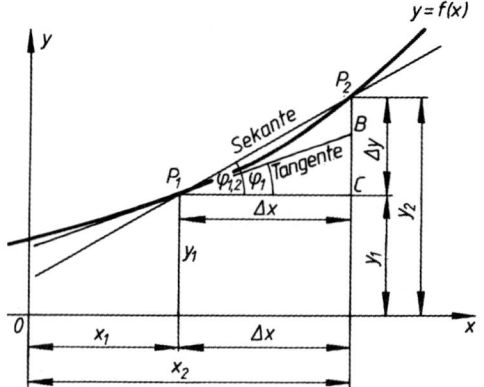

Beim Übergang vom Sonderfall zum allgemeinen Fall ersetzt man

P_1 durch P
x_1 durch x
y_1 durch $y = f(x)$
φ_1 durch φ
x_2 durch $x + \Delta x$
y_2 durch $y + \Delta y = f(x + \Delta x)$

(vergleiche dieses Bild mit dem nächsten Bild)

Anmerkung 1: Geht $\Delta x \to 0$, dann geht wegen der vorausgesetzten Stetigkeit auch $\Delta y \to 0$; der Punkt P_2 wandert auf den Punkt P_1 zu, es geht also $x_2 \to x_1$ und gleichzeitig $y_2 \to y_1$, die Sekante P_1, P_2 dreht sich um P_1 auf die Tangente an P_1 zu. Die Tangente ist die Grenzlage der Sekante. dy und dx sind hiernach keine selbständigen Werte, sondern Symbole; nur $\dfrac{dy}{dx}$ ist im allgemeinen ein Wert (örtlich eine bestimmte reelle Zahl), und zwar der Wert, den auch die Steigung der Tangente hat. Man kann sich auch unter dx den endlichen Wert Δx vorstellen, dann ist dy der endliche Wert der Länge der Strecke $\overline{BC}$ ($dx = \Delta x = |\overline{P_1C}|, dy = |\overline{BC}|$).

Anmerkung 2: f', die Funktion des Differenzialquotienten, wird auch Ableitungsfunktion genannt. Der Funktionswert der Ableitungsfunktion, $f'(x)$, wird auch Ableitung genannt und auch y' geschrieben.

Anmerkung 3: Bei $f'(x)$ bedeutet „Strich" Ableitung nach x, also $f'(x) = \dfrac{df(x)}{dx}$. Es gibt auch z.B. $\dot{s}(t)$ (lies: s Punkt von t) mit der Bedeutung $\dot{s}(t) = \dfrac{ds(t)}{dt}$ (Geschwindigkeit gleich Ableitung des Weges nach der Zeit).

Zusammenfassung
Differenzenquotient:

$$\dfrac{\Delta y}{\Delta x} = \dfrac{f(x + \Delta x) - f(x)}{\Delta x}$$

Differenzialquotient oder Ableitung:

$$y' = \dfrac{dy}{dx} = \lim_{\Delta x \to 0} \dfrac{\Delta y}{\Delta x} = \dfrac{df(x)}{dx} = f'(x)$$

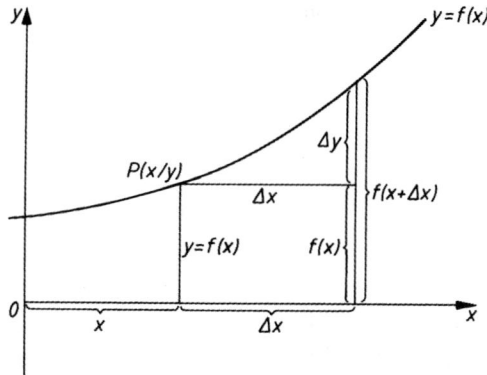

8.3.3 Differenziationsregeln
8.3.3.1 Die Potenzregel

> *Potenzregel*:
> $y = x^n \wedge n \in \mathbb{N}$
> $\Rightarrow y' = n \cdot x^{n-1}$

Aus $y = f(x) = x^n$ mit einer natürlichen Zahl n folgt $y' = f'(x) = n \cdot x^{n-1}$

Herleitung:

Aus $\dfrac{\Delta y}{\Delta x} = \dfrac{f(x + \Delta x) - f(x)}{\Delta x}$ folgt mit $f(x) = x^n$ und $f(x + \Delta x) = (x + \Delta x)^n$:

$$\dfrac{\Delta y}{\Delta x} = \dfrac{(x + \Delta x)^n - x^n}{\Delta x}$$

Anwendung der binomischen Formel beim Auflösen der Klammer:

$$\dfrac{\Delta y}{\Delta x} = \dfrac{1}{\Delta x}(x^n + nx^{n-1}\Delta x$$
$$+ \dfrac{1}{2}n(n-1)x^{n-2}(\Delta x)^2 + \ldots - x^n)$$

x^n wird von $-x^n$ aufgehoben; man kürzt durch Δx:

$$\frac{\Delta y}{\Delta x} = nx^{n-1} + \frac{1}{2}n(n-1)x^{n-2}\Delta x + \ldots$$

Beim Grenzübergang $\Delta x \to 0$ fallen alle Glieder bis auf das erste weg, und dann erhält man

$$y' = nx^{n-1}.$$

■ **Beispiel:**

$y = x^3;\ y' = 3x^2$. Man bilde die Ableitung entsprechend obiger Herleitung ausführlich.

8.3.3.2 Die Summenregel

> *Summenregel*:
> $y = u + v$
> $\Rightarrow y' = u' + v'$

Eine Summe wird gliedweise differenziert:
Mit $y = f(x),\ u = g(x),\ v = h(x)$
und aus $f(x) = g(x) + h(x)$
folgt $f'(x) = g'(x) + h'(x)$

Herleitung:

$$\frac{\Delta y}{\Delta x} = \frac{[g(x+\Delta x) + h(x+\Delta x)] - [g(x) + h(x)]}{\Delta x}$$

$$= \frac{[g(x+\Delta x) - g(x)] + [h(x+\Delta x) - h(x)]}{\Delta x}$$

$$= \frac{g(x+\Delta x) - g(x)}{\Delta x} + \frac{h(x+\Delta x) - h(x)}{\Delta x}$$

Da der Grenzwert einer Summe gleich der Summe der Grenzwerte der einzelnen Summanden ist, erhält man beim Grenzübergang $y' = g'(x) + h'(x)$.

■ **Beispiel:**

$y = x^6 - x^4;\ y' = 6x^5 - 4x^3$

8.3.3.3 Die Summandenregel

> *Summandenregel*:
> $y = u + c$
> $\Rightarrow y' = u'$

Ein konstanter Summand fällt beim Differenzieren fort:

Mit $y = f(x),\ u = g(x)$, der Konstanten c und
aus $f(x) = g(x) + c$
folgt $f'(x) = g'(x)$

Herleitung:

$$\frac{\Delta y}{\Delta x} = \frac{[g(x+\Delta x) + c] - [g(x) + c]}{\Delta x}$$

$$= \frac{g(x+\Delta x) - g(x)}{\Delta x} \to g'(x)$$

■ **Beispiel:**

$y = x^5 + 8;\ y' = 5x^4$

8.3.3.4 Die Faktorenregel

> *Faktorenregel*:
> $y = a \cdot u$
> $\Rightarrow y' = a \cdot u'$

Ein konstanter Faktor bleibt beim Differenzieren erhalten:
Mit $y = f(x)$, konstantem $a,\ u = g(x)$
und aus $f(x) = a \cdot g(x)$
folgt $f'(x) = a \cdot g'(x)$

Herleitung:

$$\frac{\Delta y}{\Delta x} = \frac{a \cdot g(x+\Delta x) - a \cdot g(x)}{\Delta x}$$

$$= a \frac{g(x+\Delta x) - g(x)}{\Delta x} \to a g'(x)$$

■ **Beispiel:**

$y = 3x^3 - 5x^2 + x - 7;\ y' = 9x^2 - 10x + 1$

8.3.3.5 Die Produktregel

> *Produktregel*:
> $y = u \cdot v$
> $\Rightarrow y' = u' \cdot v + u \cdot v'$

Mit $y = f(x),\ u = g(x),\ v = h(x)$
und aus $f(x) = g(x) \cdot h(x)$
folgt $f'(x) = g'(x) \cdot h(x) + g(x) \cdot h'(x)$

Drei Faktoren:

$y = u \cdot v \cdot w$
$\Rightarrow y' = u' \cdot v \cdot w + u \cdot v' \cdot w + u \cdot v \cdot w'$

Aus $f(x) = g(x) \cdot h(x) \cdot i(x)$ folgt
$f'(x) = g'(x) \cdot h(x) \cdot i(x)$
$\quad + g(x) \cdot h'(x) \cdot i(x)$
$\quad + g(x) \cdot h(x) \cdot i'(x)$

Herleitung für zwei Faktoren:
$y = g(x) \cdot h(x);$

$$\frac{\Delta y}{\Delta x} = \frac{g(x+\Delta x) \cdot h(x+\Delta x) - g(x) \cdot h(x)}{\Delta x}$$

Ergänzung im Zähler:

$$\frac{\Delta y}{\Delta x} =$$

$$= \frac{g(x+\Delta x)h(x+\Delta x) - g(x)h(x+\Delta x) + g(x)h(x+\Delta x) - g(x)h(x)}{\Delta x}$$

$$= \frac{g(x+\Delta x) - g(x)}{\Delta x} \cdot h(x+\Delta x) + g(x) \frac{h(x+\Delta x) - h(x)}{\Delta x}$$

$$\to g'(x) \cdot h(x) + g(x) h'(x)$$

Herleitung für drei Faktoren:
$y = g(x) \cdot h(x) \cdot i(x) = [g(x) \cdot h(x)] \cdot i(x)$
$y' = [g(x) \cdot h(x)]' \cdot i(x) + [g(x) \cdot h(x)] \cdot i'(x)$

8 Analysis (Differenzial- und Integralrechnung)

$= [g'(x) \cdot h(x) + g(x) \cdot h'(x)] i(x) + [g(x) \cdot h(x)] \cdot i'(x)$
$= g'(x) \cdot h(x) \cdot i(x) + g(x) \cdot h'(x) \cdot i(x) + g(x) \cdot h(x) \, i'(x)$

■ **Beispiel:**
$y = (x^3 + x - 2)(x^2 - 3x);$
$y' = (3x^2 + 1)(x^2 - 3x) + (x^3 + x - 2)(2x - 3)$

Man mache die Probe, indem man die Klammern ausmultipliziert und bestätigt, dass gliedweise Differenziation von y zum gleichen y' führt.

8.3.3.6 Die Quotientenregel

> *Quotientenregel:*
> $$y = \frac{u}{v}$$
> $$\Rightarrow y' = \frac{vu' - uv'}{v^2}$$

Mit $y = f(x)$, $u = g(x)$, $v = h(x)$
und aus $f(x) = \dfrac{g(x)}{h(x)}$ und $h(x) \neq 0$
folgt $f'(x) = \dfrac{h(x) \cdot g'(x) - g(x) \cdot h'(x)}{[h(x)]^2}$

Herleitung:
$$\frac{\Delta y}{\Delta x} = \frac{1}{\Delta x}\left(\frac{g(x+\Delta x)}{h(x+\Delta x)} - \frac{g(x)}{h(x)}\right)$$
$$= \frac{1}{h(x+\Delta x) \cdot h(x)} \cdot \frac{g(x+\Delta x) \cdot h(x) - g(x) \cdot h(x+\Delta x)}{\Delta x}$$

Ergänzung im Zähler:
$$\frac{\Delta y}{\Delta x} = \frac{1}{h(x+\Delta x) \cdot h(x)}$$
$$\cdot \frac{g(x+\Delta x) \cdot h(x) - g(x) \cdot h(x) + g(x) \cdot h(x) - g(x) \cdot h(x+\Delta x)}{\Delta x}$$
$$= \frac{1}{h(x+\Delta x) \cdot h(x)}$$
$$\cdot \left[h(x) \frac{g(x+\Delta x) - g(x)}{\Delta x} - g(x) \frac{h(x+\Delta x) - h(x)}{\Delta x}\right]$$

Der Grenzübergang ergibt
$$y' = \frac{1}{[h(x)]^2}[h(x) \cdot g'(x) - g(x) \cdot h'(x)]$$

■ **Beispiel:**
$y = \dfrac{x^3}{x^3 - 6};\ y' = \dfrac{(x^3 - 6) \cdot 3x^2 - x^3 \cdot 3x^2}{(x^3 - 6)^2} = -\dfrac{18x^2}{(x^3 - 6)^2}$

8.3.3.7 Erste Erweiterung der Potenzregel

> *Potenzregel mit $n \in \mathbb{Z}$*
> $y = x^n \wedge n \in \mathbb{Z}$
> $\Rightarrow y' = n \cdot x^{n-1}$

Mit $y = f(x)$, ganzzahligem n
und aus $f(x) = x^n$
folgt $f'(x) = n \cdot x^{n-1}$

Herleitung:
In der ursprünglichen Potenzregel 8.3.3.1 ist $n \in \mathbb{N}$ (n eine natürliche Zahl 1, 2, 3, ...). Die Erweiterung auf $n \in \mathbb{Z} = \{..., -3, -2, -1, 0, 1, 2, 3, ...\}$ muss neu bewiesen werden. Ist $n = 0$, dann ist der Beweis trivial. x^0 ist für alle $x \neq 0$ die Zahl 1, also eine Konstante. Der Differenzialquotient einer Konstanten c ist aber 0 nach der Summandenregel 8.3.3.3.

Ist $n = -m$ und $m \in \mathbb{N}$, dann ist $y = x^n = x^{-m} = \dfrac{1}{x^m}$.

Aus der Quotientenregel 8.3.3.6 folgt:
$$y' = \frac{x^m \cdot 0 - mx^{m-1} \cdot 1}{x^{2m}} = -mx^{m-1-2m}$$
$$= -mx^{-m-1} = nx^{n-1} \quad \text{(formal gleich 8.3.3.1).}$$

■ **Beispiel:**
$y = \dfrac{3}{x^5} = 3 \cdot x^{-5};\ y' = -15 \cdot x^{-6} = -\dfrac{15}{x^6}$

Man bestätige das Ergebnis durch Anwendung der Quotientenregel.

8.3.3.8 Die Kettenregel

> *Kettenregel:*
> $y = f(x) = g(z)$
> $\Rightarrow y' = \dfrac{dy}{dx} = \dfrac{dy}{dz} \cdot \dfrac{dz}{dx}$

Mit $y = f(x) = g(z)$ und $z = h(x)$,
also aus $f(x) = g(h(x))$
folgt $f'(x) = \dfrac{df(x)}{dx} = \dfrac{dg(z)}{dz} \cdot \dfrac{dh(x)}{dx}$

Wortlaut: Ist y eine Funktion von z und z eine Funktion von x, dann differenziert man y nach x, indem man y nach z und z nach x differenziert und beide Differenzialquotienten multipliziert.

Herleitung:
$$\frac{\Delta y}{\Delta x} = \frac{g(z + \Delta z) - g(z)}{\Delta x};$$
man erweitert mit $\Delta z = \Delta h(x) = h(x + \Delta x) - h(x)$:
$$\frac{\Delta y}{\Delta x} = \frac{g(z+\Delta z) - g(z)}{\Delta x} \cdot \frac{h(x+\Delta x) - h(x)}{\Delta x}$$

Der Grenzübergang ergibt, da man ihn Faktor für Faktor durchführen darf,
$$\frac{dy}{dx} = \frac{dg(z)}{dz} \cdot \frac{dh(x)}{dx}.$$

■ **Beispiel:**

$y = (x^2 - 2)^3$. Man setzt $z = x^2 - 2$; dann ist $y = z^3$ und $\frac{dy}{dz} = 3z^2$;

ferner $\frac{dz}{dx} = 2x$, also $\frac{dy}{dx} = 3z^2 \cdot 2x$ oder, z wieder eingesetzt,

$\frac{dy}{dx} = 3(x^2 - 2)^2 \cdot 2x$.

Man mache die Probe, indem man die Klammern auflöst.

8.3.3.9 Zweite Erweiterung der Potenzregel

> Potenzregel mit $n \in \mathbb{Q}$
> $y = x^n \wedge n \in \mathbb{Q}$
> $\Rightarrow y' = n \cdot x^{n-1}$

Mit $y = f(x)$, rationalem n
und aus $f(x) = x^n$
folgt $f'(x) = n \cdot x^{n-1}$

Herleitung:

Es ist $n = \frac{p}{q}$ mit $p \in \mathbb{Z}$ und $q \in \mathbb{N}$. Daraus folgt $y = x^{p/q}$ oder, mit q potenziert, $y^q = x^p$. Anwendung der Kettenregel ergibt

$qy^{q-1} \cdot y' = px^{p-1}$; $y' = \frac{p}{q} \cdot \frac{x^{p-1}}{y^{q-1}}$; y eingesetzt:

$y' = \frac{p}{q} \cdot \frac{x^{p-1}}{x^{(p/q)(q-1)}} = \frac{p}{q} x^{p-1-(p-p/q)} =$

$= \frac{p}{q} x^{(p/q)-1} = nx^{n-1}$

Auch die erneut erweiterte Potenzregel stimmt formal mit der speziellen Potenzregel 8.3.3.1 überein.

■ **Beispiel:**

$y = \sqrt{x^3 + x^2} = (x^3 + x^2)^{\frac{1}{2}}$; $y' = \frac{1}{2}(x^3 + x^2)^{\frac{1}{2}-1} \cdot (3x^2 + 2x)$

$y' = \frac{3x^2 + 2x}{2\sqrt{x^3 + x^2}} = \frac{3x + 3}{2\sqrt{x+1}}$

Ein zweites Verfahren, bei dem man von $y = x\sqrt{x+1}$ ausgeht, führt zum gleichen Ergebnis.

8.3.4 Differenziation der elementaren transzendenten Funktionen

8.3.4.1 Die trigonometrischen Funktionen

> Grenzwert von $\frac{x}{\sin x}$
> $\lim_{x \to 0} \frac{x}{\sin x} = 1$

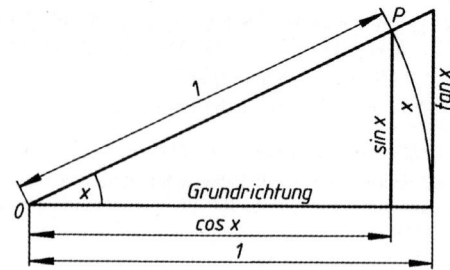

Beweis: Im Einheitskreis ist die Länge des Lotes von einem Kreispunkt P auf die Grundrichtung $\sin x$, wenn der Leitstrahl OP mit der Grundrichtung den Winkel x (im Bogenmaß) bildet; der zum Winkel x gehörige Bogen hat, da ein Einheitskreis vorliegt, die Länge x; die Projektion der Teilstrecke $\overline{OP}$ des Leitstrahls hat die Länge $\cos x$; die zur Grundrichtung senkrechte Tangente bis zum Leitstrahl ist $\tan x$ lang.

Ein Flächenvergleich liefert:

$\underbrace{\frac{\sin x \cdot \cos x}{2}}_{\text{kleine Dreiecksfläche}} < \underbrace{\frac{1 \cdot x}{2}}_{\text{Sektorfläche}} < \underbrace{\frac{1 \cdot \tan x}{2}}_{\text{große Dreiecksfläche}}$

Man multipliziert mit $\frac{2}{\sin x}$:

$\cos x < \frac{x}{\sin x} < \frac{1}{\cos x}$;

für $x \to 0$ streben die beiden äußeren Funktionswerte beide gegen 1, also muss der dazwischenliegende $\lim_{x \to 0} \frac{x}{\sin x}$ auch 1 sein.

■ **Beispiel:**
Man vergleiche $\sin 1° = 0{,}0175$ mit dem Bogenmaß von 1°, nämlich $\frac{1° \cdot \pi}{180°} = 0{,}0175$.

Die Näherungswerte stimmen bis zur dritten geltenden Stelle überein, ihr Quotient erreicht also schon näherungsweise den Grenzwert 1.

> *Produktformel von* $\sin \alpha - \sin \beta$:
> $\sin \alpha - \sin \beta = 2 \cos \frac{\alpha + \beta}{2} \sin \frac{\alpha - \beta}{2}$

Herleitung
(siehe 7.6: $\sin(\alpha \pm \beta) = \sin \alpha \cos \beta \pm \cos \alpha \sin \beta$):

Aus $\sin\left(\frac{u}{2} + \frac{v}{2}\right) = \sin \frac{u}{2} \cos \frac{v}{2} + \cos \frac{u}{2} \sin \frac{v}{2}$

und $\sin\left(\frac{u}{2} - \frac{v}{2}\right) = \sin \frac{u}{2} \cos \frac{v}{2} - \cos \frac{u}{2} \sin \frac{v}{2}$

folgt durch Subtraktion

$\sin \frac{u+v}{2} - \sin \frac{u-v}{2} = 2 \cos \frac{u}{2} \sin \frac{v}{2}$

Setzt man $\frac{u+v}{2} = \alpha$ und $\frac{u-v}{2} = \beta$, dann erhält man durch Addieren und Subtrahieren $u = \alpha + \beta$ und $v = \alpha - \beta$ und durch Einsetzen die gesuchte Gleichung.

Differenziation von $y = \sin x$:
$y = \sin x$
$\Rightarrow y' = \cos x$

Aus $f(x) = \sin x$ folgt $f'(x) = \cos x$.

Beweis: $\frac{\Delta y}{\Delta x} = \frac{\sin(x+\Delta x) - \sin x}{\Delta x}$;

nach der voranstehenden Formel für $\sin \alpha - \sin \beta$:

$$\frac{\Delta y}{\Delta x} = \frac{1}{\Delta x} \cdot 2 \cos\left(x + \frac{\Delta x}{2}\right) \cdot \sin \frac{\Delta x}{2}$$

$$= \cos\left(x + \frac{\Delta x}{2}\right) \frac{\sin \Delta x/2}{\Delta x/2}$$

Da man den Grenzübergang faktorweise durchführen darf und der Grenzwert des Bruches als Grenzwert des Kehrwerts von $\frac{x}{\sin x}$ (siehe Anfang dieses Kapitels 8.3.4.1) den Wert 1 hat, ergibt sich $\frac{dy}{dx} = \cos x$.

Differenziation von $y = \cos x$:
$y = \cos x$
$\Rightarrow y' = -\sin x$

Aus $f(x) = \cos x$ folgt $f'(x) = -\sin x$.

Beweis: Aus $\sin(90° - \alpha) = \cos \alpha$ (7.2.1) folgt $y = \cos x = \sin\left(\frac{\pi}{2} - x\right)$. Durch Anwendung der Kettenregel (8.3.3.8) mit $z = \frac{\pi}{2} - x$ folgt aus der obigen Differenziationsregel für $y = \sin x$:

$y' = \cos\left(\frac{\pi}{2} - x\right) \cdot (-1)$. Wegen $\cos(90° - \alpha) = \sin \alpha$ (7.2.1) ergibt sich die Behauptung $y' = -\sin x$.

Differenziation von $y = \tan x$:
$y = \tan x$
$\Rightarrow y' = \frac{1}{\cos^2 x}$

Aus $f(x) = \tan x$ folgt $f'(x) = \frac{1}{(\cos x)^2}$.

Beweis: Es ist $\tan x = \frac{\sin x}{\cos x}$; aus der Quotientenregel (8.3.3.6) und den Differenziationsregeln für $\sin x$ und $\cos x$ folgt:

$$y' = \frac{\cos x \cdot \cos x - \sin x \cdot (-\sin x)}{\cos^2 x}$$

$$= \frac{\cos^2 x + \sin^2 x}{\cos^2 x} = \frac{1}{\cos^2 x} \quad \text{oder} \quad = 1 + \tan^2 x.$$

Differenziation von $y = \cot x$:
$y = \cot x$
$\Rightarrow y' = -\frac{1}{\sin^2 x}$

Aus $f(x) = \tan x$ folgt $f'(x) = -\frac{1}{(\sin^2 x)}$.

Beweis:

$y = \frac{\cos x}{\sin x}$;

$y' = \frac{\sin x \cdot (-\sin x) - \cos x \cdot \cos x}{\sin^2 x} = \frac{-1}{\sin^2 x}$.

Anmerkung: Man schreibt häufig $\sin^2 x$ statt $(\sin x)^2$, ... (vgl. 7.2.2 Anmerkung)

8.3.4.2 Die logarithmische und die Exponentialfunktion

Definition der Euler'schen Zahl e:
$$\lim_{n \to \infty}\left(1 + \frac{1}{n}\right)^n = e = 2{,}71828\ldots$$

Erläuterung: Lässt man in dem Ausdruck $(1 + 1/m)^n$ erst m, dann n nach ∞ gehen, so erhält man als Grenzwert 1; bei umgekehrter Reihenfolge wächst der Ausdruck über alle Grenzen. Führt man den Grenzübergang gleichzeitig durch, bildet man also den Ausdruck $(1 + 1/n)^n$, dann erhält man für $n = 1$; 2; 3; 4; ... die monoton wachsende Folge 2; $2\frac{1}{4}$; $2\frac{10}{27}$; $2\frac{113}{256}$; ... . Es lässt sich nun unschwer beweisen, dass die Folge einerseits weiterhin monoton wächst, andererseits unter 3 bleibt, so dass sie einen Grenzwert e haben muss, der sich auf beliebig viele Dezimalstellen berechnen lässt. Die Euler'sche Zahl e ist eine irrationale, und zwar eine transzendente Zahl (im Gegensatz zu einer algebraisch irrationalen Zahl, wie z.B. $\sqrt{2}$).

> *Differenziation einer logarithmischen Funktion:*
> $$y = \log_a x$$
> $$\Rightarrow y' = \frac{1}{x} \log_a e$$

Aus $f(x) = \log_a x$ mit $a > 0$ und $a \neq 1$
folgt $f'(x) = \dfrac{1}{x} \log_a e$.

Beweis: $\dfrac{\Delta y}{\Delta x} = \dfrac{\log_a (x + \Delta x) - \log_a x}{\Delta x}$

Nach den Regeln der Logarithmenrechnung (Quotientenregel der Logarithmenrechnung, 2.8.3.1) erhält man:

$$\frac{\Delta y}{\Delta x} = \frac{1}{\Delta x} \cdot \log_a \frac{x + \Delta x}{x} = \frac{1}{\Delta x} \cdot \log_a \left(1 + \frac{\Delta x}{x}\right),$$

erweitert mit x:

$$\frac{\Delta y}{\Delta x} = \frac{1}{x} \cdot \frac{x}{\Delta x} \cdot \log_a \left(1 + \frac{\Delta x}{x}\right),$$

nach der Potenzregel der Logarithmenrechnung ergibt sich

$$\frac{\Delta y}{\Delta x} = \frac{1}{x} \log_a \left(1 + \frac{\Delta x}{x}\right)^{x/\Delta x}.$$

Benutzt man den hier zwar nicht bewiesenen, aber gültigen Satz, dass der Grenzwert des Logarithmus gleich dem Logarithmus des Grenzwertes ist, dann erhält man beim Grenzübergang nach der Definition der Euler'schen Zahl:

$$\frac{dy}{dx} = \frac{1}{x} \log_a e$$

> *Sonderfall $y = \ln x$:*
> $$y = \ln x$$
> $$\Rightarrow y' = \frac{1}{x}$$

Hat der Logarithmus die Basis e, ist also $y = \log_e x = \ln x$, dann ergibt sich wegen $\ln e = 1$:

$$\frac{d \ln x}{dx} = \frac{1}{x}.$$

> *Differenziation einer Exponentialfunktion:*
> $$y = a^x$$
> $$\Rightarrow y' = a^x \frac{1}{\log_a e}$$

Aus $f(x) = a^x$ mit $a > 0$ und $a \neq 1$
folgt $f'(x) = a^x \dfrac{1}{\log_a e}$.

Beweis: Aus $y = a^x$ folgt $x = \log_a y$. Nach „Differenziation einer logarithmischen Funktion" ergibt sich $\dfrac{dy}{dx} = \dfrac{1}{y} = \log_a e = \dfrac{1}{a^x} \log_a e$. Da $\dfrac{1}{dx/dy} = \dfrac{dy}{dx}$ ist, folgt die Behauptung.

> *Sonderfall $y = e^x$:*
> $$y = e^x$$
> $$\Rightarrow y' = e^x$$

Das Ergebnis folgt sofort aus „Differenziation einer Exponentialfunktion", wenn man $a = e$ setzt.

8.3.5 Anwendungen der Differentialrechnung

8.3.5.1 Kurvenuntersuchung

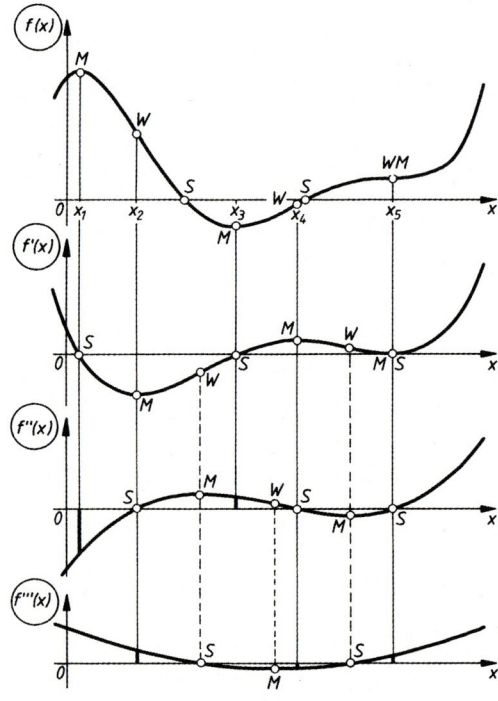

S   Schnittpunkt (Punkt auf der x-Achse)
M   Maximal- oder Minimalpunkt (Steigung 0)
W   Wendepunkt (Krümmung 0)

Die Figur zeigt den Zusammenhang von f, f', f'', f'''. Es ist $f'' = (f')'$, $f''' = (f'')'$, $f^{(4)} = (f''')'$, ... Jeder Graph der nachfolgenden Funktion hat als Ordinatenwert an der Stelle x den Steigungswert der Tangente der vorhergehenden Funktion an dieser Stelle. Insbesondere liest man ab:

$f'(x) > 0 \Rightarrow f$ steigt
(zutreffend für die offenen Intervalle $]..., x_1[$ und $]x_3, x_5[$ und $]x_5, ...[$)
$f'(x) = 0 \Rightarrow f$ fällt
$(]x_1, x_3[)$
$f'(x) = 0 \Rightarrow$ Tangente waagerecht
(zutreffend an den Stellen x_1, x_3, x_5)
$f''(x) > 0 \Rightarrow$ Linkskrümmung
$(]x_2, x_4[$ und $]x_5, ...[)$
$f''(x) < 0 \Rightarrow$ Rechtskrümmung
$(]..., x_2[$ und $]x_4, x_5[)$
$f''(x) = 0 \Rightarrow$ Krümmung 0
(x_2, x_4, x_5)
$f'(x) = 0 \wedge f''(x) > 0 \Rightarrow$ Minimum
(x_3)
$f'(x) = 0 \wedge f''(x) < 0 \Rightarrow$ Maximum
(x_1)
$f''(x) = 0 \wedge f'''(x) \neq 0 \Rightarrow$ Wendepunkt
(x_2, x_4, x_5)
$f'(x) = 0 \wedge f''(x) = 0 \wedge f'''(x) \neq 0$
$\Rightarrow$ Wendepunkt mit waagerechter Tangente (Sattelpunkt)
(x_5)

- **Beispiele**
  aus der Menge der ganzen rationalen Funktionen:

  1. $y = x^3 - 4x^2 + 4x$
     $= x(x-2)^2$
     $y' = 3x^2 - 8x + 4$
     $y'' = 6x - 8$
     $y''' = 6$

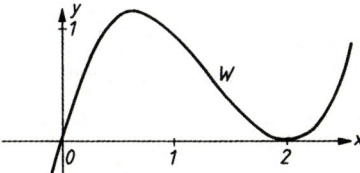

Nullstellen $(y = 0)$ sind 0 und 2
(2 zählt doppelt).

Waagerechte Tangenten $(y' = 0)$ bei 2 und $\frac{2}{3}$.

(Extremstelle 2 folgt bereits aus der doppelt zählenden Nullstelle.)
Mit $x = 2$ ist $y'' = 4$, also Minimum bei 2.
Mit $x = \frac{2}{3}$ ist $y'' = -4$, also Maximum bei $\frac{2}{3}$.

Krümmung 0 $(y'' = 0)$ bei $\frac{4}{3}$.

Da $y''' \neq 0$, liegt ein Wendepunkt bei $\frac{4}{3}$.

Wendepunkt: $W\left(\frac{4}{3} \Big| \frac{16}{27}\right)$.

2. $y = x^3 - 3x^2 + 3x$
   $y' = 3x^2 - 6x + 3 = 3(x-1)^2$
   $y'' = 6x - 6$
   $y''' = 6$

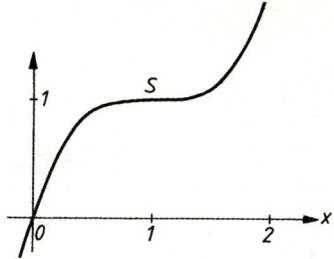

Nullstelle $(y = 0)$ ist 0; die zwei fehlenden sind imaginär.
Waagerechte Tangenten $(y' = 0)$ bei 1 (doppelt zählend).
Mit $x = 1$ ergibt sich $y'' = 0$, also keine Entscheidung zwischen Minimum oder Maximum.
Krümmung 0 $(y'' = 0)$ ergibt sich nur bei $x = 1$.
Da $y''' \neq 0$, liegt ein Sattelpunkt bei 1.
Sattelpunkt: $S(1 | 1)$.

3. $y = -\frac{1}{4}(x^4 + 1)$
   $y' = -x^3$
   $y'' = -3x^2$
   $y''' = -6x$
   $y^{(4)} = -6$

Nullstellen $(y = 0)$ keine, denn $x^4 = -1$ hat keine reelle Lösung.
Waagerechte Tangente $(y' = 0)$ bei 0 (dreifach zählend).
Krümmung 0 $(y'' = 0)$ bei 0 (doppelt zählend).
An der Stelle 0 ist auch $y''' = 0$.
Da aber $y^{(4)} < 0$, befindet sich an der Stelle 0 ein Maximum.
Maximalpunkt: $M\left(0 \Big| -\frac{1}{4}\right)$.

8.3.5.2 Berechnung von Extremwerten

Die Differenzialrechnung ermöglicht es, die günstigsten Maße eines an feste Vorbedingungen gebundenen Erzeugnisses zu berechnen.

- **Beispiele:**
  1. Büchse größten Rauminhalts

  Aus einer Blechronde mit dem Durchmesser D soll durch Tiefziehen ein oben offener Zylinder gezogen werden, wobei die Oberfläche (Mantelfläche plus Bodenfläche) gleich der Rondenfläche bleiben soll. Welchen Durchmesser d und welche Höhe h muss der Zylinder bei maximalem Volumen haben?

$$V = \frac{d^2 \pi}{4} h \qquad (1)$$

ist die Zylindervolumenformel (Hauptbedingung).

$$\frac{D^2 \pi}{4} = \frac{d^2 \pi}{4} + d\pi h \qquad (2)$$

ist die Rondenfläche und damit die Oberfläche (Grund- plus Mantelfläche) des oben offenen Zylinders (Nebenbedingung).

(2) wird nach h aufgelöst und in (1) eingesetzt:

$$h = \frac{D^2}{4d} - \frac{d}{4}$$

$$V = \frac{d^2\pi}{4}\left(\frac{D^2}{4d} - \frac{d}{4}\right)$$

$$V = \frac{\pi}{16}(dD^2 - d^3)$$

V hängt damit nur noch von d ab. Der Graph der Funktion $V = f(d)$ mit dem Definitionsbereich $[D, 0]$ hat ein Maximum, das gesucht wird. An der Stelle dieses Maximums muss V', die Ableitung von V nach d, = 0 sein.

$$V' = \frac{\pi}{16}(D^2 - 3d^2)$$

$$\frac{\pi}{16}(D^2 - 3d^2) = 0$$

$$\Rightarrow \quad D^2 - 3d^2 = 0$$

$$\Rightarrow \quad d = \frac{D}{3}\sqrt{3}$$

Die zweite rechnerische Lösung $d = -\frac{1}{3}D\sqrt{3}$ liegt außerhalb des Definitionsbereichs. Dass V an der Stelle $\frac{D}{3}\sqrt{3}$ ein Maximum und kein Minimum hat, bestätigt die zweite Ableitung V''; diese ist negativ: $V'' = \frac{\pi}{16}(-6d)$.

$$h = \frac{D^2}{4d} - \frac{d}{4} = \frac{D^2\sqrt{3}}{4D} - \frac{D}{12}\sqrt{3} = \frac{D}{6}\sqrt{3}$$

Die Höhe des Zylinders maximalen Volumens beträgt die Hälfte der Durchmesserlänge dieses Zylinders.

$$V = \frac{d\pi}{16}(D^2 - d^2) = \frac{\pi}{72}D^3\sqrt{3}$$

ist das maximal erreichbare Zylindervolumen.

2. Balken mit größtem Widerstandsmoment

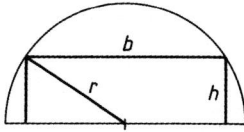

Ein halbrunder Balken soll so besäumt werden, dass ein rechtwinkliger Balken mit maximalem Widerstandsmoment W entsteht.

$$W = \frac{hb^2}{6} \tag{1}$$

ist die Gleichung für das Widerstandsmoment.

$$\left(\frac{b}{2}\right)^2 + h^2 = r^2 \tag{2}$$

ist nach dem Satz des Pythagoras die Beziehung zwischen b und h.

Entsprechend dem Verfahren von Beispiel 1 ergibt sich:

$$b^2 = 4(r^2 - h^2)$$

$$W = \frac{h}{6} \cdot 4(r^2 - h^2) = \frac{2}{3}(r^2h - h^3)$$

$$W' = \frac{2}{3}(r^2 - 3h^2)$$

$$h = \frac{1}{3}r\sqrt{3}, \qquad b = \frac{2}{3}r\sqrt{6}$$

sind die Abmessungen für maximales Widerstandsmoment.

$$W = \frac{2}{9}r\sqrt{3}\left(r^2 - \frac{1}{3}r^2\right) = \frac{4}{27}r^3\sqrt{3}$$

ist das größtmögliche Widerstandsmoment.

3. Zylinder aus Kegel

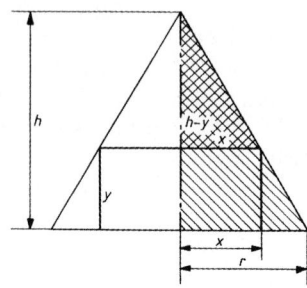

Aus einem kegelförmigen Stück Holz soll ein Zylinder größtmöglichen Rauminhalts (Gewichts) gedreht werden. Welchen Radius x und welche Höhe y hat dieser Zylinder, wenn r und h Radius und Höhe des Kegels sind?

(1) $\quad V = \pi x^2 y \qquad$ Zylindervolumen

(2) $\quad \dfrac{h-y}{x} = \dfrac{h}{r} \qquad$ Beziehung zwischen x und y

(wegen der Ähnlichkeit der schraffierten Dreiecke)

Weiteres Verfahren entsprechend Beispiel 1:

$$y = h\left(1 - \frac{x}{r}\right)$$

$$V = \pi x^2 h\left(1 - \frac{x}{r}\right) = \pi h\left(x^2 - \frac{1}{r}x^3\right)$$

$$V' = \pi h\left(2x - \frac{3}{r}x^2\right)$$

$$0 = \pi h x\left(2 - \frac{3}{r}x\right)$$

$x = 0 \quad$ außerhalb des Definitionsbereichs $0 < x < r$

$$x = \frac{2}{3}r$$

gesuchte Lösung;
Bestätigung: Zweite Ableitung V'' wird negativ.

$$y = \frac{1}{3}h \quad \text{Zylinderhöhe der Lösung}$$

$$V = \frac{4}{27}\pi r^2 h \quad \text{maximales Zylindervolumen.}$$

8.4 Integralrechnung

8.4.1 Das unbestimmte Integral

$$G(x) = F(x) + C = \int f(x)\,dx$$
$$\Leftrightarrow$$
$$\frac{dG(x)}{dx} = \frac{dF(x)}{dx} = f(x) \quad \text{für alle } x$$

G heißt unbestimmtes Integral von f
F heißt Stammfunktion von f
C ist die Integrationskonstante
$f(x)$ (unter $\int$) heißt Integrand

$\int f(x)\,dx$ heißt: Integral f von $x\,dx$.

Das unbestimmte Integral G ist ein beliebiges Element der Menge aller Funktionen, deren Ableitung f ist.

Die Funktionswerte $G(x)$ unterscheiden sich für gleiche x um eine Konstante (denn diese entfällt beim Differenzieren). F ist ein bestimmtes G mit vorgeschriebenem C. Es ist also

$$F'(x) = G'(x) = f(x) \text{ für alle } x.$$

■ **Beispiel:**

$f(x) = x^2 - 2x - 3 + \sin x;\ G(x) = \frac{1}{3}x^3 - x^2 - 3x - \cos x + C$

8.4.1.1 Integrationsregeln

Die folgenden Integrationsregeln ergeben sich aus den Differenziationsregeln gleichen Namens. Der Beweis erfolgt jeweils durch Differenzieren. Beispiel siehe 8.4.1.

Potenzregel:
$$\int x^n\,dx = \frac{1}{n+1}x^{n+1} + C$$

denn $\dfrac{d\left(\dfrac{1}{n+1}x^{n+1} + C\right)}{dx} = x^n$

Summenregel:
$$\int [g(x) + h(x)]\,dx = \int g(x)\,dx + \int h(x)\,dx$$

denn $\dfrac{d(G(x) + H(x))}{dx} = G'(x) + H'(x)$

Faktorenregel:
$$\int a\,g(x)\,dx = a\int g(x)\,dx$$

denn $\dfrac{daG(x)}{dx} = aG'(x)$

8.4.1.2 Integration durch Substitution

Während man aus elementaren Funktionen zusammengesetzte Ausdrücke immer differenzieren kann, ist die Integration zuweilen nur mit Kunstgriffen, vielfach sogar überhaupt nicht möglich. Ein häufig anwendbares Mittel, um eine Integration zu ermöglichen, ist die Substitution, d.h. die Einführung einer neuen Veränderlichen (vgl. 8.3.3.8 Kettenregel):

$$\int g[h(x)]\,dx = \int g(z)\frac{dx}{dz}\,dz$$
$$\text{mit } z = h(z)$$

■ **Beispiel:**

$\int \sin(2x+3)\,dx\,;\,z = 2x+3;\,\dfrac{dz}{dx} = 2;\,\dfrac{dx}{dz} = \dfrac{1}{2}$

oder auch $dx = \dfrac{1}{2}dz$, also Ergebnis:

$\int (\sin z)\cdot\dfrac{1}{2}dz = -\dfrac{1}{2}\cos z + C = \dfrac{1}{2}\cos(2x+3) + C$.

Probe durch Differenzieren.

Erster Sonderfall:
$$\int g[h(x)]\,h'(x)\,dx = \int g(z)\,dz$$
$$\text{mit } z = h(x)$$

denn $h'(x) = \dfrac{dz}{dx},\ \int g[h(x)]\,h'(x)\,dx$

$\qquad = \int g(z)\dfrac{dz}{dx}\,dx = \int g(x)\,dz$

■ **Beispiel:**

$\int (4x^2 - 6x + 5)^3(8x - 6)\,dx;\ 4x^2 - 6x + 5 = z;\ \dfrac{dz}{dx} = 8x - 6$

Ergebnis:

$\int z^3\,dz = \dfrac{z^4}{4} + C = \dfrac{1}{4}(4x^2 - 6x + 5)^4 + C$

Probe durch Differenzieren.

Zweiter Sonderfall:
$$\int \frac{g'(x)}{g(x)}\,dx = \ln g(x) + C$$

denn $\dfrac{d\ln g(x)}{dx} = \dfrac{d\ln g(x)}{dg(x)}\cdot\dfrac{dg(x)}{dx}$

$\qquad = \dfrac{1}{g(x)}\cdot g'(x)$

■ **Beispiel:**

$\int \dfrac{6x - 7}{3x^2 - 7x + 5}\,dx = \ln(3x^2 - 7x + 5) + C$

Probe durch Differenzieren.

8.4.1.3 Partielle Integration

$$\int g(x)h'(x)\,dx = g(x)h(x) - \int g'(x)h(x)\,dx$$

Beweis durch Differenzieren unter Anwendung der Produktregel (8.3.3.5):

$y = g(x)h(x);\ y' = g'(x)h(x) + g(x)h'(x)$.

Durch Integration und Anwendung der Summenregel (unter 8.4.1.1) erhält man

$y = \int y'\,dx = \int g'(x)h(x)\,dx + \int g(x)h'(x)\,dx$

$\quad = g(x)h(x)$

oder nach Subtraktion des ersten Summanden die Behauptung.

■ **Beispiele:**

1. $\int x e^x \, dx$; $g(x) = x$; $h'(x) = e^x$; $g'(x) = 1$; $h(x) = e^x$; also
$\int x e^x \, dx = x e^x - \int 1 \cdot e^x \, dx = e^x (x - 1) + C$
Probe durch Differenzieren.

2. $\int \sin^2 x \, dx = \int \sin x \sin x \, dx$; $g(x) = \sin x$; $h'(x) = \sin x$; $g'(x) = \cos x$; $h(x) = -\cos x$; also
$\int \sin^2 x \, dx = -\sin x \cos x - \int (-\cos^2 x) \, dx$;
nunmehr zweite partielle Integration
$\int \cos^2 x \, dx = \int \cos x \cos x \, dx$; $\overline{g}(x) = \cos x$; $\overline{h}'(x) = \cos x$; $\overline{g}'(x) = -\sin x$; $\overline{h}(x) = \sin x$; also
$\int \cos^2 x \, dx = \sin x \cos x - \int (-\sin^2 x) \, dx$;
nach Einsetzen ergibt sich durch die Identität
$\int \sin^2 x \, dx = -\sin x \cos x + \sin x \cos x + \int \sin^2 x \, dx$,
also keine Lösung.
Ersetzt man dagegen nach der ersten partiellen Integration $\cos^2 x$ durch $1 - \sin^2 x$, dann ergibt sich
$\int \sin^2 x \, dx = -\sin x \cos x + \int (1 - \sin^2 x) \, dx = -\sin x \cos x + x - \int \sin^2 x \, dx + C$ oder
$2 \int \sin^2 x \, dx = -\sin x \cos x + x + C$ oder das Ergebnis
$\int \sin^2 x \, dx = \frac{1}{2}(x - \sin x \cos x) + \frac{1}{2} C$;
Probe!

8.4.1.4 Integration durch Partialbruchzerlegung

Ist eine gebrochen-rationale Funktion zu integrieren, dann sind zunächst die beiden Fälle zu unterscheiden: 1. die Funktion ist echt gebrochen, d.h. die höchste Potenz der Veränderlichen ist im Zähler niedriger als im Nenner; 2. die Funktion ist unecht gebrochen, d.h. die höchste Potenz der Veränderlichen ist im Zähler genauso hoch wie im Nenner oder höher als im Nenner; im letzteren Fall kann man durch Polynomdivision eine ganze rationale Funktion (die leicht zu integrieren ist) abspalten und behält als Rest eine echt gebrochene rationale Funktion übrig. Es genügt also, die Integration echt gebrochener rationaler Funktionen zu untersuchen.

Nach der Umkehrung der Regel über die Addition von Brüchen kann man jeden beliebigen Bruch additiv zusammensetzen aus Brüchen, deren Nenner Primzahlen oder Primzahlpotenzen sind, die im Nenner des gegebenen Bruches vorkommen, z.B.

$\frac{1}{6} = \frac{1}{2} - \frac{1}{3}$; $\frac{5}{12} = \frac{2}{3} - \frac{1}{2^2}$; $\frac{1}{18} = \frac{1}{3} + \frac{2}{3^2} - \frac{1}{2}$.

Das Entsprechende ist mit gebrochen-rationalen Funktionen möglich: man kann sie additiv aus anderen gebrochen-rationalen Funktionen zusammensetzen, deren Nenner Linearfaktoren oder Linearfaktorenpotenzen sind, die im Nenner der gegebenen Funktion auch vorkommen. Die Zähler der Summanden bestimmt man durch Koeffizientenvergleich.

■ **Beispiel 1:**

$G(x) = \int \frac{12x^3 - 27x^2 - 8x + 37}{3x^2 - 3x - 6} \, dx$

Durch Polynomdivision wird aus dem Integranden

$f(x) = 4x - 5 + \frac{x + 7}{3(x^2 - x - 2)}$

Die den Nenner bildenden Linearfaktoren findet man, indem man die quadratische Gleichung $x^2 - x - 2 = 0$ löst und dann in Produktform schreibt:

$(x - 2)(x + 1) = 0$.

Nunmehr macht man den Ansatz

$\frac{x + 7}{3(x^2 - x - 2)} = \frac{A}{x - 2} + \frac{B}{x + 1}$

Durch Multiplikation mit dem Hauptnenner ergibt sich
$x + 7 = 3A(x + 1) + 3B(x - 2)$
$= (3A + 3B)x + (3A - 6B)$

Diese Gleichung muss für alle x gelten. Das ist nur möglich, wenn die Koeffizienten gleicher Potenzen von x auf beiden Seiten der Gleichung gleich sind (Koeffizientenvergleich); also $1 = 3A + 3B$; $7 = 3A - 6B$. Das sind zwei Gleichungen mit zwei Unbekannten A und B; Auflösung z.B. nach dem Subtraktionsverfahren.

$A = 1$; $B = -\frac{2}{3}$. Somit ist

$G(x) = \int \left(4x - 5 + \frac{1}{x - 2} - \frac{2}{3(x + 1)} \right) dx$

$= 2x^2 - 5x + \ln(x - 2) - \frac{2}{3} \ln(x + 1) + C$

Probe: Man bildet $G'(x)$ und muss $f(x)$ erhalten.

■ **Beispiel 2:**

$G(x) = \int \frac{-30x^2 + 94x - 46}{(2x - 3)^2 (2x + 1)} \, dx$

Ansatz:

$f(x) = \frac{A}{2x - 3} + \frac{B}{(2x - 3)^2} + \frac{C}{3x + 1}$

Mit dem Hauptnenner multipliziert:
$-30x^2 + 94x - 46 = A(2x - 3)(3x + 1)$
$+ B(3x + 1) + C(2x - 3)^2$
$= (6A + 4C)x^2$
$+ (-7A + 3B - 12C)x$
$+ (-3A + B + 9C)$

Koeffizientenvergleich:
$-30 = 6A + 4C$; $94 = -(7A + 3B - 12C)$; $-46 = -3A + B + 9C$

Auflösung dieser drei Gleichungen mit drei Unbekannten ergibt:

$A = -1$; $B = 5$; $C = 6$

$G(x) = \int \left(\frac{-1}{2x - 3} + \frac{5}{(2x - 3)^2} + \frac{-6}{3x + 1} \right) dx$

$= -\frac{1}{2} \ln(2x - 3) - \frac{5}{2} \frac{1}{2x - 3} - 2 \ln(3x + 1) + C$

8.4.2 Die bestimmte Integralfunktion

Wählt man aus der Schar unbestimmter Integrale G ein bestimmtes, F, durch die Bedingung $F(a) = 0$ aus, dann stellt F eine bestimmte Integralfunktion dar.

> Die bestimmte Integralfunktion F ergibt sich aus der Gleichung
>
> $F(x) = \int_a^x f(t) \, dt = G(x) - G(a)$

Erläuterung: Man liest „Integral von a bis x f von $t\,dt$"; a heißt untere Grenze, x obere Grenze. Da der Buchstabe x als obere Grenze benötigt wird, ist es besser, als Integrationsvariable nicht auch x, sondern t zu schreiben; x-Achse und t-Achse sind dabei identisch und haben denselben 0-Punkt und denselben Maßstab. Als G nimmt man eine beliebige Funktion aus der Schar unbestimmter Integrale, die Stammfunktion. $G(a)$ ist der Funktionswert dieser Stammfunktion an der Stelle $x = a$.

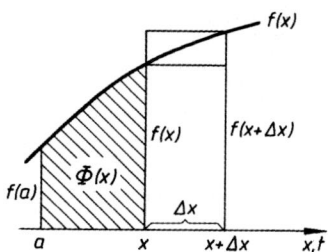

Beweis: Die in der Regel genannte Fläche (kurz: die von $f(x)$ zwischen a und x überstrichene Fläche) werde zunächst $\Phi(x)$ genannt. Das von $f(x)$ zwischen x und $x + \Delta y$ überstrichene Flächenstück ist dann $\Delta\Phi(x) = \Phi(x + \Delta x) - \Phi(x)$. Es liegt nach seiner Größe zwischen den Rechtecksflächen $f(x) \cdot \Delta x$ und $f(x + \Delta x) \cdot \Delta x$, und zwar im letzten Bild:

$$f(x) \cdot \Delta x < \Delta\Phi(x) < f(x + \Delta x) \cdot \Delta x.$$

Dividiert man die Ungleichung durch Δx, dann ergibt sich:

$$f(x) < \frac{\Delta\Phi(x)}{\Delta x} < f(x + \Delta x)$$

Beim Grenzübergang $\Delta x \to 0$ folgt zwangsläufig

$$f(x) = \frac{d\Phi(x)}{dx}.$$

Das ist aber nach 8.4.1 die Bedingung für ein unbestimmtes Integral $G(x)$ von $f(x)$. Da nun außerdem $\Phi(a) = 0$ ist, d.h. die überstrichene Fläche bei $x = a$ mit 0 anfängt, folgt $\Phi(x) = F(x)$ gemäß der Behauptung.

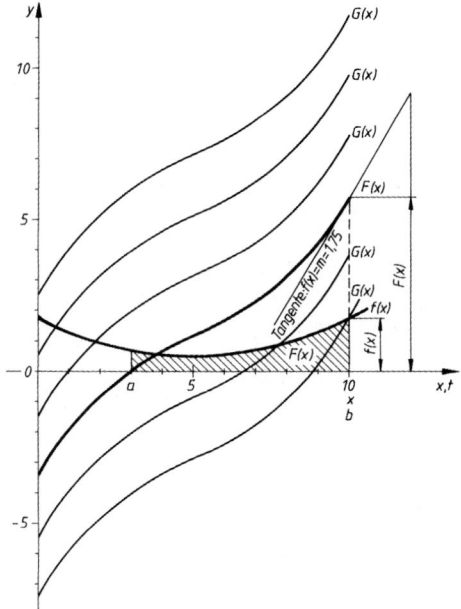

■ **Beispiel:**

Es seien $y = f(x) = \dfrac{1}{20}x^2 - \dfrac{1}{2}x + \dfrac{7}{4}$ und $a = 3$.

Dann ist

$$F(x) = \int_3^x \left(\frac{1}{20}t^2 - \frac{1}{2}t + \frac{7}{4}\right) dt$$

$$= \left[\frac{1}{60}t^3 - \frac{1}{4}t^2 + \frac{7}{4}t\right]_3^x$$

$$= \left(\frac{1}{60}x^3 - \frac{1}{4}x^2 + \frac{7}{4}x\right)$$

$$- \left(\frac{1}{60}\cdot 27 - \frac{1}{4}\cdot 9 + \frac{7}{4}\cdot 3\right)$$

$$= \frac{1}{60}x^3 - \frac{1}{4}x^2 + \frac{7}{4}x - \frac{69}{20}$$

8.4.2.1 Die bestimmte Integralfunktion als Fläche

Der Funktionswert der bestimmten Integralfunktion $F(x) = \int_a^x f(t)\,dt$ ist gleich der (Maßzahl der) Fläche, die von der x- bzw. t-Achse, den Parallelen zur y-Achse $t = a$ und $t = x$ und der Kurve $y = f(x)$ eingeschlossen wird (in beiden Bildern *schraffiert*).

■ **Beispiel:**

Im Beispiel zu 8.4.2 mit Bild kann man sich überzeugen, dass die Ordinaten der Kurve $y = F(x)$ immer die gleiche Maßzahl wie die unter $y = f(x)$ liegenden Flächenstücke haben, insbesondere ergibt sich bei $x = 3$ für beide 0, bei $x = 10$ hat $F(x)$ die Ordinate 343 / 60 = 5,72 (Längeneinheiten), die schraffierte Fläche beträgt gleichfalls 5,72 (Flächeneinheiten). Umgekehrt kann man auch aus der Figur ablesen, dass die Steigungen der Tangenten an die Kurve $y = F(x)$ gleich den Funktionswerten von $y = f(x)$ sind. So hat die Tangentensteigung bei $x = 10$ die Größe $F'(10) = f(10) = m = 1{,}75$.

8.4.3 Das bestimmte Integral

$$F(b) - F(a) = \int_a^b f(x)\,dx$$

Ein bestimmter Funktionswert einer bestimmten Integralfunktion heißt bestimmtes Integral.

Anmerkung:
Da die obere Grenze b auch fest ist, ist es nicht mehr nötig, die Integrationsvariable in t umzubenennen.

■ **Beispiel:**
Im Beispiel zu 8.4.2 (mit Bild) und zu 8.4.2.1 ist
$$A = F(b) = \int_{a=3}^{b=10} f(x)\,dx = 5{,}72\,.$$

8.4.3.1 Das bestimmte Integral als Grenzwert

$$\lim_{\Delta x \to 0} \sum_{i=0}^{n-1} f(x_i)\,\Delta x$$
$$= \lim_{\Delta x \to 0} \sum_{i=1}^{n} f(x_i)\,\Delta x = \int_a^b f(x)\,dx$$

Abszissendifferenzen
(der Einfachheit halber gleich groß):
$x_1 - x_0 = x_2 - x_1 = x_3 - x_2 = x_{i+1} - x_i = \Delta x$
Flächensumme der unteren Rechtecke:
$f(x_0)\,\Delta x + f(x_1)\,\Delta x + f(x_2)\,\Delta x + \ldots +$
$\qquad + f(x_{n-2})\,\Delta x + f(x_{n-1})\,\Delta x$
$= \sum_{i=0}^{n-1} f(x_i)\,\Delta x = A_u$
Fläche unter der Kurve:
$\int_a^b f(x)\,dx = A$
Flächensumme der oberen Rechtecke:
$f(x_1)\,\Delta x + f(x_2)\,\Delta x + f(x_3)\,\Delta x + \ldots +$
$\qquad + f(x_{n-1})\,\Delta x + f(x_n)\,\Delta x$
$= \sum_{i=0}^{n} f(x_i)\,\Delta x = A_o$
Vergleich: $A_u < A < A_o$

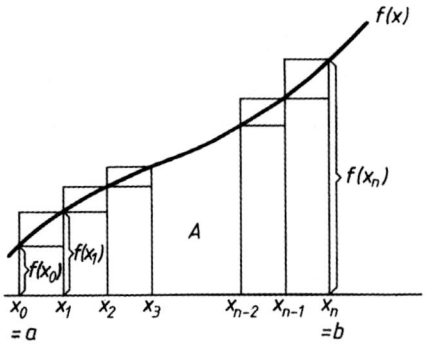

Bei Verfeinerung der Unterteilung, also mehr und schmalere Rechtecke, wird der Unterschied zwischen oberer und unterer Schranke kleiner, bei hinreichender Verfeinerung lässt sich jeder vorgegebene noch so kleine Differenzwert unterschreiten. Deshalb gilt die oben genannte Grenzwertdarstellung für das bestimmte Integral.

Anmerkung: Dieser Zusammenhang erklärt auch die Schreibweise des Integrals: $\int$ ist das S von Summe, zu summieren sind „unendlich viele" Rechtecke der veränderlichen Höhe $f(x)$ und der „unendlich kleinen" Breite dx.

8.4.3.2 Rechenregeln für bestimmte Integrale

Vertauschung der Integrationsgrenzen:
$$\int_a^b f(x)\,dx = -\int_b^a f(x)\,dx$$

Bei Umkehrung der Integrationsrichtung ändert das Integral sein Vorzeichen.

Die das bestimmte Integral veranschaulichenden Flächen können also auch negativ sein. Eine über der x-Achse liegende Fläche ist negativ, wenn man von rechts nach links integriert; die „Grundlinie dx" des infinitesimalen Rechtecks $f(x)\,dx$ ist negativ. Eine unter der x-Achse liegende Fläche ist bei der üblichen Integrationsrichtung von links nach rechts auch negativ: die Höhe $f(x)$ des infinitesimalen („unendlich schmalen") Rechtecks $f(x)\,dx$ ist negativ. Wechselt $f(x)$ im Laufe der Integration das Vorzeichen, dann erhält man als Integral die Differenz der Beträge der über und unter der x-Achse liegenden Flächenstücke.

Additive Zusammensetzung:
$$\int_a^b f(x)\,dx + \int_b^c f(x)\,dx = \int_a^c f(x)\,dx$$

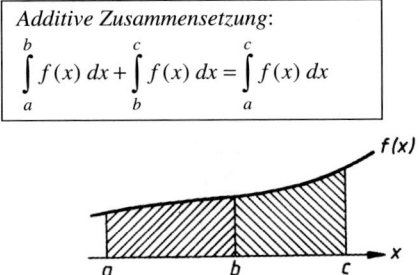

Ein bestimmtes Integral lässt sich also aus Teilintegralen zusammensetzen, wenn der gesamte Integrationsweg in beiden Fällen gleich ist. Die Richtigkeit der Regel folgt unmittelbar aus der Betrachtung der zugehörigen Flächen.

■ **Beispiel:**
$$\int_0^\pi \cos x\,dx = \int_0^{\pi/2} \cos x\,dx + \int_{\pi/2}^\pi \cos x\,dx$$

Einzelberechnung:
$$\int_0^\pi \cos x\,dx = [\sin x]_0^\pi = \sin \pi - \sin 0 = 0 - 0 = 0$$

$$\int_0^{\pi/2} \cos x \, dx = [\sin x]_0^{\pi/2} = \sin \frac{\pi}{2} - 0 = 1 - 0 = 1$$

$$\int_{\pi/2}^{\pi} \cos x \, dx = [\sin x]_{\pi/2}^{\pi} = \sin \pi - \sin \frac{\pi}{2} = 0 - 1 = -1$$

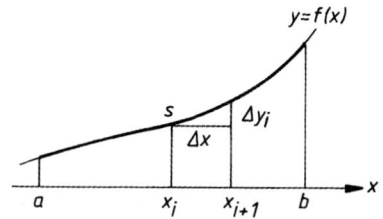

8.4.4 Einige Integralformeln für die Anwendung

Bogenlänge:

$$s = \int_a^b \sqrt{1+[f'(x)]^2} \, dx$$

$$\Delta s = \sqrt{(\Delta x)^2 + (\Delta y)^2} = \sqrt{1+\left(\frac{\Delta y}{\Delta x}\right)^2} \, \Delta x$$

$$s \approx \sum_{i=0}^{n-1} \sqrt{(\Delta x)^2 + (\Delta y_i)^2} = \sum_{i=0}^{n-1} \sqrt{1+\left(\frac{\Delta y_i}{\Delta x}\right)^2} \, \Delta x$$

Nach Grenzübergang $n \to \infty$ und gleichzeitig

$\Delta y_i \to 0 \, (\Delta x \to 0)$:

$$s = \int_a^b \sqrt{1+\left(\frac{dy}{dx}\right)^2} \, dx$$

Volumen eines Rotationskörpers
(Rotation um die x-Achse):

$$V = \pi \int_a^b [f(x)]^2 \, dx$$

Mantelfläche des Rotationskörpers
(Rotation um die x-Achse):

$$M = 2\pi \int_a^b f(x) \sqrt{1+[f'(x)]^2} \, dx$$

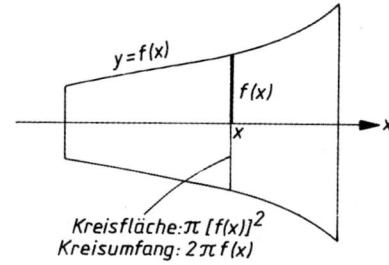

Kreisfläche: $\pi [f(x)]^2$
Kreisumfang: $2\pi f(x)$

8.4.5 Weitere Anwendungen

Aus dem umfangreichen technischen Anwendungsbereich der Integralrechnung seien folgende kennzeichnende Beispiele genannt:

■ **Beispiele:**
1. Bremswegberechnung

Ein Körper bewege sich mit der Geschwindigkeit $v = v_0$. Im Zeitpunkt $t = 0$ beginne an der Wegstelle $s = 0$ eine linear von der Zeit t abhängige Verzögerung $a = -kt$ mit konstantem k. Wie groß sind Bremszeit $t = t_1$ und Bremsweg $s = s_1$ bis zum Stillstand des Körpers?

$$v = \frac{ds}{dt} \quad \text{und} \quad a = \frac{dv}{dt}$$

sind die den Zusammenhang zwischen Zeit t, Weg s, Geschwindigkeit v und (negativer) Beschleunigung a herstellenden Gleichungen.

$$a = -kt$$

ist die gegebene Funktionsgleichung für die Beschleunigung.

$$v = v_0 - \int_0^t kt \, dt = v_0 - \left[\frac{k}{2}t^2\right]_0^t = v_0 - \frac{k}{2}t^2$$

ist die Funktionsgleichung der Geschwindigkeit beim Bremsvorgang (die gleiche Bezeichnung für Integrationsvariable t und obere Grenze t ist hier unbedenklich).

$$v_0 = \frac{k}{2}t_1^2 \quad \Rightarrow \quad t_1 = \sqrt{\frac{2v_0}{k}}$$

ist die Bremszeit bis $v = 0$.

$$s = \int_0^t v \, dt = \int_0^t \left(v_0 - \frac{k}{2}t^2\right) dt = \left[v_0 t - \frac{k}{6}t^3\right]_0^t = v_0 t - \frac{k}{6}t^3$$

ist die Funktionsgleichung des beim Bremsvorgang zurückgelegten Weges.

$$s_1 = v_0 t_1 - \frac{k}{6}t_1^3$$

ist der gesamte Bremsweg.

Die Graphen der Funktionsgleichungen für a, v und s im Intervall $[0, t_1]$ (z.B. mit $k = \frac{1}{2} \frac{m}{s^3}$ und $v_0 = 4 \frac{m}{s}$) veranschaulichen die Zusammenhänge (geeignet für eine Kurvenuntersuchung nach 8.3.5.1).

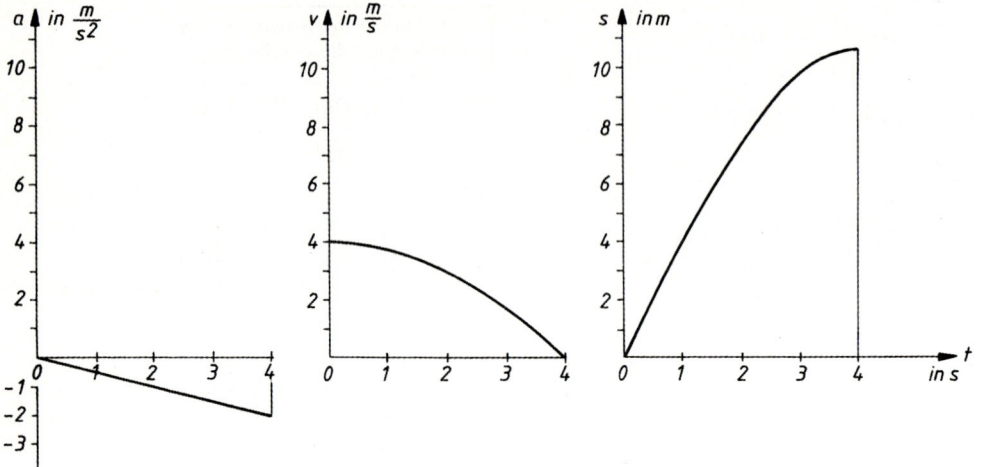

2. Trägheitsmoment J (Massenmoment 2. Grades) von Zylindern

Das Trägheitsmoment ΔJ eines Massenpunktes Δm mit dem Abstand r von der Drehachse ist $\Delta J = r^2 \Delta m$.
(Bei Trägheitsmomenten von flachen Körpern – Scheiben – ist $\Delta m = \rho_A \Delta A$, wobei die Flächendichte ρ_A gleich 1 gesetzt werden und somit das Massenelement Δm durch das Flächenelement ΔA ersetzt werden kann.)

a) *Trägheitsmoment eines Vollzylinders in Bezug auf die Zylinderachse*:

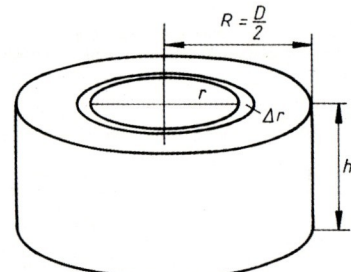

Alle Punkte des dünnen Hohlzylinders mit dem Radius r und der kleinen Wandstärke Δr haben bis auf den kleinen Unterschied Δr denselben Abstand r von der Achse, also das
Trägheitsmoment $\Delta J = r^2 \cdot 2\pi r \Delta r h \rho$ mit h als Zylinderhöhe und ρ als Dichte (etwas genauer wäre der Ansatz

$\Delta J = r^2 \left(\pi (r + \Delta r)^2 - \pi r^2 \right) h \rho = r^2 (2\pi r \Delta r + \pi \Delta r^2) h \rho$;

der Unterschied entfällt beim Grenzübergang $\Delta r \to 0$).

Durch Summierung all dieser dünnwandigen Zylinder beginnend mit dem Radius 0 bis zum Vollzylinderradius R und Grenzübergang $\Delta r \to 0$ erhält man

$$J_{\text{voll}} = 2\pi h \rho \int_0^R r^3 \, dr = 2\pi h \rho \frac{R^4}{4}; \qquad J_{\text{voll}} = \frac{1}{2} \pi h \rho R^4$$

Die Zylindermasse ist $m = \pi h \rho R^2$.

Ein Hohlzylinder mit der gleichen Masse m und mit den gleichen Abmessungen h und R, bei dem sich aber die gesamte Masse m in der sehr dünnen Zylinderwand konzentrieren soll, so dass jedes Massenelement Δm den Abstand R von der Zylinder- und Rotationsachse hat, besitzt das Trägheitsmoment

$J_{\text{hohl}} = R^2 m = R^2 \pi h \rho R^2 = \pi h \rho R^4$
$J_{\text{hohl}} = 2 \cdot J_{\text{voll}}$

Ergebnis: Der Hohlzylinder mit gleichen Abmessungen und gleicher Masse wie der Vollzylinder hat das doppelte Trägheitsmoment wie der Vollzylinder.

b) *Trägheitsmoment eines Hohlzylinders*:
Welches Trägheitsmoment hat ein Hohlzylinder mit dem Außendurchmesser D_a, dem Innendurchmesser D_i, der Höhe h und der Dichte ρ in Bezug auf die Zylinderachse?

Das Ergebnis erhält man als Differenz der Trägheitsmomente zweier Vollzylinder, indem man entweder in der Ansatzgleichung für J_{voll} die Integrationsgrenzen durch $\frac{1}{2} D_i$ und $\frac{1}{2} D_a$ ersetzt:

$$J = 2\pi h \rho \int_{\frac{1}{2}D_i}^{\frac{1}{2}D_a} r^3 \, dr = 2\pi h \rho \left[\frac{r^4}{4} \right]_{\frac{1}{2}D_i}^{\frac{1}{2}D_a}$$

$$J = \frac{1}{32} \pi h \rho (D_a^4 - D_i^4)$$

oder in der Schlussgleichung für J_{voll} den Radius R einmal durch $\frac{1}{2} D_a$, dann durch $\frac{1}{2} D_i$ ersetzt und die Differenz der beiden Terme bildet:

$$J = \frac{1}{2} \pi h \rho \left[\left(\frac{1}{2} D_a\right)^4 - \left(\frac{1}{2} D_i\right)^4 \right]$$

$$J = \frac{1}{32} \pi h \rho (D_a^4 - D_i^4)$$

B Physik

Gert Böge

Im Abschnitt Physik werden drei Themen eingehend behandelt:

1. das Internationale Einheitensystem,
2. die physikalischen Basisgrößen, die Größenarten und die Größengleichungen,
3. Begriffe aus der Mechanik.

Die Physik wird klassisch gegliedert in Mechanik, Wärmelehre (Thermodynamik), Akustik, Optik, Elektrizitätslehre, Elektrodynamik. Neuere Zweige sind Atom- und Kernphysik, Wellenmechanik, Festkörpertheorie, Geophysik, Astrophysik. Viele Gebiete gehen ineinander über.

Aufgabe der Physik ist es, die in ihren Bereich fallenden Naturvorgänge durch Beobachtung und Versuch (Messen) auf möglichst einfache, eindeutige Weise zu beschreiben, vorhandene Gesetzmäßigkeiten zu erfassen und auf diesen aufbauend, neue Gesetze zu finden. Die naturwissenschaftlichen Gesetze werden möglichst mathematisch formuliert.

1 Physikalische Größen und Größenarten

> **Definition der physikalischen Größe**
> Eine physikalische Größe macht quantitative und qualitative Aussagen über eine messbare Äußerung eines physikalischen Zustands oder Vorgangs. Sie ist formal das Produkt aus einer *Maßzahl* und einer *Einheit*.

Quantitativ heißt „auf die Menge bezogen", qualitativ „auf die Art der Größe bezogen".

Unter *messbarer Äußerung* des physikalischen Zustandes oder Vorgangs ist beispielsweise zu verstehen: die *Form* eines Körpers (seine *Ausdehnung*), die *Masse* eines Körpers, die *Trägheit* (das *Beharrungsvermögen*), der *Auftrieb*, der *Wärmeinhalt*, die *Geschwindigkeit* oder die *Beschleunigung* eines bewegten Körpers, die *Festigkeit*, die *elektrische Leitfähigkeit* usw. Soll z.B. die Ortsveränderung eines bewegten Körpers näher gekennzeichnet werden, so erfordert das

a) die Angabe, dass es sich um eine Ortsveränderung (zurückgelegter Weg) handelt als Kennzeichen der *Art* des physikalischen Geschehens. Das ist die qualitative Aussage der physikalischen Größe.

b) die Angabe, wie groß dieser zurückgelegte Weg ist (Wert, Betrag) als Kennzeichen des *Umfangs* des physikalischen Vorgangs. Das ist die quantitative Aussage der physikalischen Größe.

Man sagt dann kurz:
Der Körper legt einen Weg s von 5 Meter zurück und bezeichnet den „Weg s" als physikalische Größe, „s" ist darin das Formelzeichen der Größe.

Die physikalische Größe gibt also den Betrag (Wert) – z.B. 5 m – und die Eigenschaft oder Art – z.B. Länge, Weg – eines Zustands oder Vorgangs an. Der „Größenwert" der physikalischen Größe wird als Produkt aus *Zahlenwert* und *Einheit* aufgefasst:

Größe	=	Zahlenwert ·	Einheit
Weg s =		5	m

Solche physikalischen Größen, die in Einheiten gleicher *Art* gemessen werden, gehören zur gleichen *Größenart*, z.B. gehören die Größen Weg s, Kantenlänge l, Gitterabstand a, Verlängerung Δl zur Größenart **Länge**.

Der Name **Länge** – ohne spezielle Angaben, um welche Länge es sich handelt (Länge des Weges, Länge der Körperkante usw.) – kennzeichnet die Größen*art*.

> Die Bezeichnung „Größenart" soll nur den *qualitativen* Wesensinhalt eines bestimmen physikalischen Begriffs erfassen, während in der Bezeichnung „Größe" noch eine quantitative Ausdehnung enthalten ist.

Zu jeder Größen*art* gehören beliebig viele Größen gleicher Art aber unterschiedlicher quantitativer Größen*ausdehnung* (Wert, Betrag). Zur Größenart **Länge** gehören z.B. die Größen „Verlängerung eines Zugstabs", „Länge der Diagonale im Rechteck", „Gitterkonstante des Eisenkristalls", „Fallhöhe eines frei fallenden Körpers".

Größen gleicher Größenart werden in Einheiten gleicher Art gemessen, z.B. die Größen der Größenart „Länge" in *Längen*einheiten (Meter, Zentimeter, Millimeter usw.), solche der Größenart „**Zeit**" in *Zeit*einheiten (Sekunde, Minute usw.).

Die Einheiten sind demnach selbst Größen ihrer Größenart und zu jeder Größenart gehört wenigstens *eine* Einheit mit ihren Vielfachen und Teilen (siehe Tabelle 4), z.B. gehört zur Größenart „**Länge**" die Längeneinheit „**Meter**" mit dem Vielfachen „Kilometer" und den Teilen „Zentimeter" oder „Millimeter".

Zulässige Rechenoperationen für Größen: Addieren und Subtrahieren von Größen *gleicher* Art; Multiplizieren und Dividieren zwischen *allen* Größen; Potenzieren und Radizieren der Größen.

2 Basisgrößen und abgeleitete Größen

Die meisten physikalischen Größen sind mit Hilfe weniger Basisgrößen definierbar. Sie heißen deshalb abgeleitete Größen.

Die Basisgrößen wurden willkürlich festgelegt mit der einzigen Einschränkung, dass keine der gewählten Basisgrößen durch die übrigen Größen definierbar sein darf. Auch die Wahl der entsprechenden Basiseinheiten ist daher willkürlich. Die Einheiten der abgeleiteten Größen dagegen sind durch deren Definition festgelegt. Sie werden als Potenzprodukt der Basiseinheiten angegeben (siehe S. B4).

Zur Definition aller in der Mechanik vorkommenden Größen genügt die Wahl von drei Basisgrößen und ihrer Basiseinheiten:

Basisgröße **Länge** l	mit der Basiseinheit **Meter**	m
Basisgröße **Masse** m	mit der Basiseinheit **Kilogramm**	kg
Basisgröße **Zeit** t	mit der Basiseinheit **Sekunde**	s

In der **Thermodynamik** kommt als vierte Basisgröße die **Thermodynamische Temperatur** T hinzu mit der Basiseinheit **Kelvin.** Außerdem hat man noch festgelegt: für die Elektrotechnik die Basisgröße **Elektrische Stromstärke** I mit der Basiseinheit **Ampere**, für die Lichttechnik die **Lichtstärke** I_v mit der Basiseinheit **Candela**, für die Chemie als Basisgröße die **Stoffmenge** n mit der Basiseinheit **Mol**.

Demnach gibt es 7 Basisgrößen mit 7 Basiseinheiten. Die wichtigsten Basisgrößen und abgeleiteten Größen sind in der Tabelle 1 zusammengestellt (s. S. B20 f).

Die abgeleiteten Größen entstehen entweder

a) durch *willkürlich aufgestellte Definitionsgleichungen* oder

b) durch *Naturgesetze*.

Die mathematische Verknüpfung aller abgeleiteten Größen wurde durch Beobachtung, Versuch, Messung gefunden und stellt damit die Rechen- und Messvorschrift für die jeweilige Größenart dar.

Beispiele für abgeleitete Größen durch

willkürliche Definition: *Naturgesetz*:

Geschwindigkeit $v = \dfrac{\Delta s}{\Delta t}$ Kraft $F = m\,a$

Leistung $P = Fv$ Fallhöhe $h = \tfrac{1}{2} g\,t^2$

Beschleunigung $a = \dfrac{\Delta v}{\Delta t}$ Spannung $\sigma = \epsilon\,E$

Drehmoment $M = Fl$ Gaskonstante $R = \dfrac{pv}{T}$

Die durch *willkürliche Definition* abgeleiteten Größen wie Geschwindigkeit v, Drehmoment M, Leistung P usw. sind Rechengrößen, deren Zweckmäßigkeit allgemein anerkannt wurde. *Naturgesetze* erfährt man durch Versuche. Man findet z.B. die Proportion: Spannung $\sigma \sim$ Dehnung ϵ. Um daraus eine Rechenvorschrift (Formel, Gleichung) zu erhalten, wird ein *Proportionalitätsfaktor* geschaffen, hier der Elastizitätsmodul E. Damit wird $\sigma = \epsilon\,E$. Der Proportionalitätsfaktor (meist eine Konstante) wird dann auch eine physikalische Größe, deren Dimension (siehe 4) sich nach der Form der aufgestellten Gleichung richtet. Andere Beispiele: Werden verschiedenartige Körper beschleunigt, so lässt sich durch Messungen Proportionalität zwischen beschleunigender Kraft F und hervorgerufener Beschleunigung a feststellen: $F \sim a$. Der Proportionalitätsfaktor ist dann die Masse m des Körpers (Konstante) $F = m\,a$. Oder: Messungen zeigen Proportionalität zwischen Fallhöhe h und Zeit t: $h \sim t^2$. Proportionalitätsfaktor ist die Fallbeschleunigung g. Damit wird: $h = \tfrac{1}{2} g\,t^2$. Die Dimension von g wird durch die Rechenvorschrift festgelegt:

$$\dim g = \frac{\dim h}{(\dim t)^2} = \frac{l}{t^2} = l\,t^{-2}$$

3 Größengleichungen

Sie beschreiben formelmäßig physikalische Gesetzmäßigkeiten und enthalten außer den Formelzeichen für die Größen nur solche Zahlenfaktoren (z.B. π), die durch Differenzieren oder Integrieren entstanden sind. Daher sind Größengleichungen von der Wahl der Einheiten unabhängig.

Physikalische Größengleichungen sind entweder willkürlich aufgestellte Definitionsgleichungen oder in zweckmäßige mathematische Form gebrachte Naturgesetze.

Besondere Vorteile bringt die Größengleichung beim Rechnen, weil es völlig gleichgültig ist, in welchen Einheiten die Größen erscheinen, wenn nur die bekannten Größen nach der Regel

$$\boxed{\text{Größe} = \text{Zahlenwert} \cdot \text{Einheit}}$$

eingesetzt werden.

■ **Beispiele:**

1. Ein Körper bewegt sich gleichförmig. Gemessen wird der zurückgelegte Wegabschnitt $\Delta s = 300$ m und die dazu benötigte Zeit $\Delta t = 6$ s. Die Größengleichung $v = \Delta s/\Delta t$ verbindet die physikalischen Größenarten Geschwindigkeit v, Weg s und Zeit t miteinander. Die gesuchte Geschwindigkeit v ergibt sich, indem die bekannten Größen nach obiger Regel eingesetzt werden:

Geschwindigkeit $v = \dfrac{\Delta s}{\Delta t} = \dfrac{300 \text{ m}}{6 \text{ s}} = 50\,\dfrac{\text{m}}{\text{s}}$

Das Ergebnis (50 m/s) hat dann ebenfalls die Form „Zahlenwert" (50) mal Einheit (m/s). Wird $\Delta s = 0{,}3$ km und Δt ($= \frac{1}{600}$ h) in die Größengleichung eingesetzt, ergibt sich:

Geschwindigkeit $v = \dfrac{\Delta s}{\Delta t} = \dfrac{0{,}3 \text{ km}}{\dfrac{1}{600} \text{ h}} = 0{,}3 \cdot 600 \dfrac{\text{km}}{\text{h}} =$

$$= \dfrac{180}{3{,}6} \dfrac{\text{m}}{\text{s}} = 50 \dfrac{\text{m}}{\text{s}}$$

2. Für den freien Fall gilt die Größengleichung $h = \tfrac{1}{2} g t^2$. Sie beschreibt die Beziehung zwischen Fallhöhe h, Fallbeschleunigung g und Fallzeit t. Es soll die Fallhöhe berechnet werden für die Fallzeit von 10 s. Die Fallbeschleunigung g sei mit 10 m/s² eingesetzt:

Fallhöhe $h = \dfrac{1}{2} g t^2 = \dfrac{1}{2} \cdot 10 \dfrac{\text{m}}{\text{s}^2} \cdot (10 \text{ s})^2 = 500 \dfrac{\text{m s}^2}{\text{s}^2} = 500$ m

Wird die Fallzeit t nicht in Sekunden, sondern in Minuten eingesetzt, also $t = \tfrac{1}{6}$ min, so ergibt sich die Fallhöhe

$$h = \dfrac{1}{2} g t^2 = \dfrac{1}{2} \cdot 10 \dfrac{\text{m}}{\text{s}^2} \cdot \left(\dfrac{1}{6} \text{ min}\right)^2 = \dfrac{1}{2} \cdot 10 \dfrac{\text{m}}{\text{s}^2} \cdot \left(\dfrac{1}{6}\right)^2 \text{ min}^2$$

$$h = 0{,}139 \dfrac{\text{m min}^2}{\text{s}^2}$$

Auch dieses Ergebnis ist richtig, jedoch etwas ungewöhnlich mit der Einheit m min²/s² (Meter mal Quadratminute durch Quadratsekunde). Wird jedoch für min² = 60 s · 60 s = 3 600 s² eingesetzt, ergibt sich wie oben:

$$h = 0{,}139 \cdot 3600 \dfrac{\text{m s}^2}{\text{s}^2} = 500 \text{ m}$$

4 Die Dimension einer Größe

> Die Dimension einer Größe kennzeichnet ihre Beziehung zu den Basisgrößen.
> Sie wird aus der Definitionsgleichung gewonnen und danach als Potenzprodukt der Basisgröße geschrieben.

Im *allgemeinen Sprachgebrauch* wird unter *Dimension* die Abmessung oder Ausdehnung eines Gegenstands verstanden. So spricht man in der Festigkeitslehre vom „Dimensionieren" eines Bauteils, d.h. vom Festlegen seiner Abmessungen.
In der *Geometrie* kennzeichnet die Dimension die Richtungsangabe eines Gebildes (Länge, Breite, Höhe). Danach ist eine Länge eindimensional (l^1), sie hat *eine* Dimension; eine Fläche ist zweidimensional (l^2), sie hat *zwei* Dimensionen; ein Raum ist dreidimensional (l^3), er hat *drei* Dimensionen. Ein Punkt ist demnach nulldimensional, er hat keine Ausdehnung, er ist *dimensionslos*.
Gegenüber den drei Dimensionen der euklidischen Geometrie behandelt die nichteuklidische Geometrie auch Ausdrücke mit vier, fünf usw., allgemein n Dimensionen. In der *Physik und Technik* wird der Begriff Dimension allgemein gedeutet. Die Dimension einer Größe wird aus ihrer Definitionsgleichung (als Größengleichung geschrieben) entwickelt, wobei man etwaige Zahlenfaktoren (z.B. π) fortlässt und auf der rechten Gleichungsseite für jede Größe deren Basisgröße einsetzt. Diese schreibt man als Potenzprodukt.

■ **Beispiel:**
Die Dimension der physikalischen Größe *Geschwindigkeit v* ergibt sich aus der Definitionsgleichung $v = s/t$. Da in der Mechanik mit den Basisgrößen Masse m, Länge l und Zeit t gearbeitet wird, ergibt sich die Dimension von v aus:

Definitionsgleichung für v: Dimensionsgleichung für v:

$v = \dfrac{s}{t}$ → $\dim v = \dfrac{\dim s}{\dim t} = \dfrac{\text{Länge } l}{\text{Zeit } t} = l\, t^{-1}$

Die Dimension der physikalischen Größe Geschwindigkeit ist demnach „Länge mal Zeit hoch minus eins".
Die Dimension der Geschwindigkeit v kann aber auch aus jeder anderen Größengleichung gewonnen werden, in der v enthalten ist, z.B.:

Definitionsgleichung für v: Dimensionsgleichung für v:

$v = \sqrt{2 g h}$ → $\dim v = \sqrt{\dim g \cdot \dim h}$

$$\dim v = \sqrt{l\, t^{-2} \cdot l} = l\, t^{-1}$$

(wie oben)

Bereits bekannte Dimensionen werden entsprechend eingesetzt, wie hier die Dimension der Fallbeschleunigung g: $\dim g =$ Länge $l \cdot$ Zeit $t^{-2} = l\, t^{-2}$. Diese ergibt sich ebenfalls aus der Definitionsgleichung für g:

Fallbeschleunigung $g = \dfrac{\text{Geschwindigkeitsänderung}}{\text{zugehöriger Zeitabschnitt}} \dfrac{\Delta v}{\Delta t}$

$$\dim g = \dfrac{l}{t} \cdot \dfrac{1}{t} = l\, t^{-1} \cdot t^{-1} = l\, t^{-2}$$

Einheiten sind physikalische Größen und haben daher wie alle anderen Größen ebenfalls eine Dimension. Meter, Millimeter, Zentimeter bezeichnen „Längen", sie haben also die Dimension l einer Länge. Dagegen ist es falsch, die Einheiten selbst als Dimensionen zu bezeichnen. Ein Meter ist etwas anderes als ein Kilometer, beide haben jedoch die Dimension l (Länge). Die „Dimension" der Geschwindigkeit ist also nicht „Meter durch Sekunde" (das ist *eine* Einheit), sondern $l\, t^{-1}$.
Dimensionslose Größen gibt es in der Physik nicht. Kürzen sich die *Exponenten* der Basis in einer Dimensionsbetrachtung zu null, hat die Größe die *Dimension eins*, wie im folgenden Beispiel gezeigt wird:

■ **Beispiel:**
In der Festigkeitslehre gibt es die Größe *Dehnung* ϵ. Sie ist definiert als

Dehnung $\epsilon = \dfrac{\text{Längenänderung}}{\text{Ursprungslänge}} \dfrac{\Delta l}{l_0}$

Damit ergeben sich die

Definitionsgleichung für ϵ: Dimensionsgleichung für ϵ:

$\epsilon = \dfrac{\Delta l}{l_0}$ → $\dim \epsilon = \dfrac{\dim \Delta l}{\dim l_0} = \dfrac{l}{l} = l^1\, l^{-1} = l^0 = 1$

Die Dehnung besitzt also die Dimension „eins". Größen der Dimension eins werden als *Verhältnisgrößen* bezeichnet. Auch die Einheiten solcher Verhältnisgrößen ergeben gekürzt den Wert eins.

5 Einheiten

> Einheiten dienen der Messung physikalischer Größen. Sie sind Vergleichsgrößen von ganz bestimmtem Betrag und von der gleichen Art wie die zu messende Größe. Der Betrag der Einheit ist so festgelegt, dass er jederzeit wieder reproduziert werden kann.

Der *physikalische Zustand* eines Körpers oder ein *physikalischer Vorgang* lassen sich nur durch *Messungen* kennzeichnen oder beschreiben. So kann der physikalische Zustand des Schmieröls im Kreislauf eines Verbrennungsmotors nur angegeben werden, wenn u.a. Temperatur und Druck des Öls bekannt sind. Der physikalische Vorgang im Motor lässt sich nur dann näher beschreiben, wenn u.a. die Drehzahl der Kurbelwelle gemessen wird.

Jede Messung einer Größe – hier der physikalischen Größen *Druck*, *Temperatur* und *Drehzahl* – setzt aber voraus, dass *Vergleichsgrößen* vorhanden sind. Diese Vergleichsgrößen heißen *Einheiten*. Sie müssen von *gleicher Art* sein wie die zu messende Größe. Sie sind außerdem genau festgelegt (definiert) und sollen international gültig sein.

Eine Sekunde, *ein Grad* oder auch *ein Kilometer je Stunde* stellen also eine ganz bestimmte Zeit, Temperatur, Geschwindigkeit dar, mit deren Hilfe immer wieder eine beliebige Zeit, Temperatur, Geschwindigkeit quantitativ erfasst werden kann.

Dazu wird die Beziehung benutzt: Größenwert der zu messenden Größe = Zahlenwert (Maßzahl) mal Einheit.

Grundsätzlich wäre es gleichgültig, von welchem *Betrag* die Einheiten festgelegt werden, ob beispielsweise ein Meter länger oder kürzer wäre als das heute international festgelegte Meter, wenn nur die Möglichkeit gegeben ist, diesen Betrag jederzeit nachzuprüfen und ihn leicht an jedem Ort wieder darzustellen.

Zur Verständigung über die Grenzen des persönlichen Bereichs hinaus aber ist es nötig, alle in der Physik und Technik benutzten Einheiten möglichst auf internationaler Ebene gesetzlich festzulegen, und zwar so, dass ihre genaue Reproduktion an beliebigen Orten möglich ist. In Deutschland beschäftigt sich der „Ausschuss für Einheiten und Formelzeichen (AEF) im Deutschen Normenausschuss" mit der Festlegung der Einheiten und ihrer Kennzeichnung. Die gesetzliche Grundlage gibt das 1970 in Kraft getretene „Gesetz über Einheiten im Messwesen".

Als Kurzzeichen für die Einheiten sind bestimmte Buchstaben eingeführt (DIN 1301), meistens die Anfangsbuchstaben der Einheitennamen, z.B. für die Längeneinheit Meter „m", für die Zeiteinheit Sekunde „s" usw. Werden die Namen der Einheiten von Eigennamen hergeleitet, sollen die Kurzzeichen groß geschrieben werden, z.B. für die Krafteinheit Newton „N" und für die Leistungseinheit Watt „W".

Wichtig ist die Erkenntnis, dass es *viele* Längeneinheiten, *viele* Zeiteinheiten, *viele* Masseeinheiten usw. gibt, z.B. Meter, Zentimeter, Millimeter als Längeneinheiten oder Sekunde, Minute, Stunde als Zeiteinheiten usw. Es ist deshalb nicht korrekt, von *der* Längeneinheit, *der* Zeiteinheit, *der* Masseeinheit zu sprechen, vielmehr ist zu sagen: *eine* Zeiteinheit ist die Sekunde, eine andere z.B. die Minute usw. Richtig ist dagegen die Bezeichnung *gesetzlich* festgelegte Einheit für z.B. Meter, Sekunde, Kilogramm.

Welche der Einheiten verwendet wird, ist eine Frage der Gewohnheit oder Zweckmäßigkeit. Die Entfernung zweier Städte wird man nicht in Millimeter, sondern in Kilometer angeben. Die Geschwindigkeit eines Autos gibt man nicht in Zentimeter je Minute, sondern gewohnheitsmäßig in Kilometer je Stunde an. Alle Einheiten gleicher Art lassen sich exakt ineinander umrechnen, also mm in km oder cm/min in km/h usw.

Beim *Schreiben und Aussprechen* der Einheiten werden häufig grobe Fehler gemacht, besonders bei Einheiten, die aus *Quotienten* von Basiseinheiten bestehen, wie z.B. bei der Geschwindigkeitseinheit „Kilometer *je* Stunde" oder „Meter *je* Sekunde". Formal richtige Schreibweise: $\frac{km}{h}$ oder $\frac{m}{s}$, also mit *waagerechtem* Bruchstrich. Dieser wird in der Aussprache häufig unterschlagen und von „Stundenkilometer" oder „Metersekunde" gesprochen, was jedoch ein *Produkt* kennzeichnet (Kilometer *mal* Stunde oder Meter *mal* Sekunde!). *Produkte* von Grundeinheiten werden immer richtig ausgesprochen, wie z.B. „Nm" als „Newtonmeter". Die Einführung eines besonderen Namens für eine Geschwindigkeitseinheit würde die falschen Ausdrücke verschwinden lassen.

6 Basiseinheiten, abgeleitete Einheiten, kohärente Einheiten, Hilfs- oder Sondereinheiten

Basiseinheiten sind die Einheiten der *Basisgrößen*. Wie diese lassen sie sich nicht mehr durch andere Einheiten definieren, sondern werden selbst zur Festlegung von Einheiten benutzt.

Entsprechend den 7 *Basisgrößen* sind folgende *Basiseinheiten* gesetzlich und international festgesetzt (siehe Tabelle 1):

Das **Meter** (m)	als Basiseinheit der Basisgröße	**Länge**	l
die **Sekunde** (s)	als Basiseinheit der Basisgröße	**Zeit**	t
das **Kilogramm** (kg)	als Basiseinheit der Basisgröße	**Masse**	m
das **Kelvin** (K)	als Basiseinheit der Basisgröße	**Temperatur**	T
das **Ampere** (A)	als Basiseinheit der Basisgröße	**Stromstärke**	I
das **Candela** (cd)	als Basiseinheit der Basisgröße	**Lichtstärke**	I_v
das **Mol** (mol)	als Basiseinheit der Basisgröße	**Stoffmenge**	n

Diese Einheiten heißen auch SI-Einheiten, weil sie Einheiten des so genannten *Internationalen Einheitensystems* sind.

Abgeleitete Einheiten sind aus Basiseinheiten zusammengesetzte Einheiten. Sie sind wie die zugehörigen Größen entweder willkürlich oder durch ein Naturgesetz definiert.

■ **Beispiele:**

Über die willkürliche Definition der Geschwindigkeit als *Quotient* aus Wegabschnitt Δs und zugehörigem Zeitabschnitt Δt ergeben sich die Einheiten der Geschwindigkeit, z.B.

Einheit der Geschwindigkeit
$$(v) = \frac{\text{Einheit des Weges } (s)}{\text{Einheit der Zeit } (t)} = \frac{\text{Meter}}{\text{Sekunde}} = \frac{m}{s}$$

Die Klammer um das Formelzeichen der Größe soll darauf hinweisen, dass hier nur die Einheit dieser Größe betrachtet wird, also ohne Zahlenwert.
Über das dynamische Grundgesetz „Kraft F = Masse m mal Beschleunigung a" ergeben sich die Einheiten der Kraft, z.B.

(F) = Einheit der Masse (m) mal Einheit Beschleunigung (a)
(F) = Kilogramm mal Meter durch (je) Quadratsekunde

$$(F) = \frac{\text{kg m}}{s^2} = \text{Newton (N)}$$

Einige solcher hergeleiteten Einheiten haben einen besonderen Namen erhalten, z.B. die oben entwickelte Krafteinheit

$\frac{\text{kg m}}{s^2}$ = Newton (N). Es ist also

1 Newton = 1 N = 1 $\frac{\text{kg m}}{s^2}$

Damit wird die Kennzeichnung weiterer Einheiten vereinfacht. So ist z.B. die Einheit für die physikalische Größe *Arbeit*, das Newtonmeter (Nm), leichter als die aus Kraft- und Längeneinheit zusammengesetzte Einheit erkennbar, als das entsprechende Potenzprodukt der Basiseinheiten:

1 Newtonmeter = 1 Nm = $1\frac{\text{kg m}}{s^2} \cdot m = 1 \text{ kg} \frac{m^2}{s^2}$

Die hier beteiligten Basiseinheiten sind „Kilogramm (kg)", „Meter (m)" und „Sekunde (s)", wie ein Vergleich mit der obigen Aufstellung erkennen lässt.

Kohärente Einheiten sind solche Einheiten, die ohne weiteres miteinander multipliziert oder dividiert werden können, ohne dass besondere Umrechnungszahlen nötig sind. Kohärente Einheiten haben die Umrechnungszahl Eins.

■ **Beispiel:**

Es soll der zurückgelegte Weg s berechnet werden, wenn der Körper 6 min lang mit einer Geschwindigkeit von 36 km/h geradlinig gleichförmig bewegt wird:

mit *kohärenten* Einheiten   mit *nicht kohärenten* Einheiten

$s = vt = 10\frac{m}{s} \cdot 360 \text{ s}$ $s = vt = 36\frac{\text{km}}{\text{h}} \cdot 6 \text{ min} = 216\frac{\text{km min}}{\text{h}}$

$s = 3600$ $s = 216\frac{\text{km min}}{60 \text{ min}} = 3,6 \text{ km} = 3600 \text{ m}$

Hilfs- oder Sondereinheiten sind solche Einheiten, die lediglich der Umschreibung für die Einheit **eins** dienen. Das ist sinnvoll vor allem bei den *Verhältnisgrößen*, wie zum Beispiel beim *Bogenmaß eines Winkels*. Dieses ist definiert als das Verhältnis (der Quotient) der Bogenlänge eines Winkels zum zugehörigen Radius. Damit ergibt sich die

Einheit des Winkels $(\alpha) =$
$\frac{\text{Einheit des Bogens } (b)}{\text{Einheit des Radius } (r)} = \frac{\text{Meter}}{\text{Meter}} = \frac{m}{m} = \text{eins} =$
= Radiant = rad

Es ist also die Einheit

1 Radiant = 1 rad = $1\frac{m}{m} = 1\frac{\text{cm}}{\text{cm}} = 1\frac{\text{mm}}{\text{mm}}$ usw. $\equiv 1$

(identisch gleich 1)

Das Gleiche gilt z.B. auch für die Einheit *Umdrehung* U. Es ist

1 Umdrehung = 1 U $\equiv$ 1

sodass auch geschrieben werden kann:

Drehzahl n = $1000\frac{\text{U}}{\text{min}} = 1000\frac{1}{\text{min}} = 1000 \text{ min}^{-1}$

7 Das Meter ist die Basiseinheit der Basisgröße Länge

Definition des Meters
1 Meter ist das 1 650 763,73fache der Wellenlänge der von Atomen des Nuklids ^{86}Kr beim Übergang vom Zustand $2p_{10}$ ausgesandten, sich im Vakuum ausbreitenden Strahlung.
1 Meter = 1 650 763,73 Lichtwellen des Krypton 86, wobei eine Lichtwelle 0,605 892 Mikrometer entspricht.

Dekadische Teile und Vielfache des Meters (siehe auch Tabelle 4)

1 Dezimeter (dm)	= 10^{-1} m		1 Dekameter	(dam)	= 10^1 m
1 Zentimeter (cm)	= 10^{-2} m		1 Hektometer	(hm)	= 10^2 m
1 Millimeter (mm)	= 10^{-3} m		1 Kilometer	(km)	= 10^3 m
1 Mikrometer (µm)	= 10^{-6} m		1 Megameter	(Mm)	= 10^6 m
1 Nanometer (nm)	= 10^{-9} m		1 Gigameter	(Gm)	= 10^9 m
1 Pikometer (pm)	= 10^{-12} m		1 Terameter	(Tm)	= 10^{12} m

Die hier bei der Basiseinheit Meter verwendeten Vorsätze „Dezi", „Zenti" usw. dürfen bei allen Basiseinheiten und bei den abgeleiteten Einheiten mit selbstständigem Namen benutzt werden, z.B. beim Newton (N) das da N (Deka-Newton).

Das Meter – Kurzzeichen m – ist die gesetzliche deutsche und internationale Einheit zum Messen der *Basisgröße Länge*. Das Meter ist deshalb, ebenso wie Kilogramm und Sekunde, eine so genannte *Basiseinheit*, im Gegensatz zu *den abgeleiteten* Einheiten, wie z.B. m/s oder Nm (Meter je Sekunde oder Newtonmeter).

Die *Flächeneinheit* ist das Quadrat, dessen Seite 1 Meter (oder Teile oder Vielfache davon) lang ist. Man schreibt: 1 Quadratmeter = 1 m^2; ebenso 1 cm^2; 1 mm^2 usw. Umrechnung: 1 m^2 = 10^2 dm^2 = 10^4 cm^2 = 10^6 mm^2.

Die *Raumeinheit* (Volumeneinheit) ist der Würfel, dessen Kante 1 Meter (oder Teile oder Vielfache davon) lang ist. Man schreibt: 1 Kubikmeter = 1 m^3; ebenso 1 cm^3; 1 mm^3 usw. Umrechnung: 1 m^3 = 10^3 dm^3 = 10^6 cm^3 = 10^9 mm^3.

8 Das Kilogramm ist die Basiseinheit der Basisgröße Masse

Definition und Verkörperung des Kilogramms

1 Kilogramm ist die Masse des internationalen Kilogrammprototyps und entspricht etwa der Masse eines Kubikdezimeters Wasser (1 dm^3 = 10^3 cm^3) bei einer Temperatur von 4 °C.

Dekadische Teile und Vielfache des Kilogramms

1 Gramm (g)	= 10^{-3} kg	
1 Milligramm (mg)	= 10^{-6} kg	= 10^{-3} g
1 Mikrogramm (μg)	= 10^{-9} kg	= 10^{-6} g
1 Megagramm (Mg)	= 10^3 kg	= 10^6 g =
	= 1 000 kg = 1 Tonne (t)	

weitere Vorsätze sind nach Tabelle 4 möglich.

Das Kilogramm – Kurzzeichen kg – ist die gesetzliche deutsche und internationale Einheit zum Messen der *Basisgröße Masse*. Das Kilogramm ist deshalb, ebenso wie Meter und Sekunde, eine so genannte *Basis*einheit, im Gegensatz zu den abgeleiteten Einheiten, z.B. das Kilogramm-Meter je Sekunde-Quadrat (kgm/s^2).

Die durch einen Vorsatz nach Tabelle 4 bezeichneten Vielfachen und Teile werden nicht von der Einheit Kilogramm, sondern von ihrem 1 000sten Teil, dem Gramm, gebildet, also z.B. 1 ng = 1 Nanogramm = 10^{-9} g = 0,000 000 001 g.

Die bei Wägungen auf Hebelwaagen zur Bestimmung der Masse dienenden Vergleichskörper heißen Wägestücke nicht Gewichte.

9 Die Sekunde ist die Basiseinheit der Basisgröße Zeit

Definition der Sekunde

1 Sekunde ist das 9 192 631 770fache der Periodendauer der dem Übergang zwischen den beiden Hyperfeinstrukturniveaus des Grundzustands von Atomen des Nuklids ^{133}Cs entsprechenden Strahlung.

Gebräuchliche Vielfache der Sekunde

1 Minute (min)	= 60 Sekunden
1 Stunde (h)	= 60 Minuten =
	= 3 600 Sekunden
1 Tag (d)	= 24 Stunden =
	= 1 440 Minuten =
	= 86 400 Sekunden

Dekadische Teile der Sekunde werden mit den Vorsatzzeichen nach Tabelle 4 gebildet, z.B. die Mikrosekunde (μs) für das 10^{-6} fache (Millionstel) der Sekunde.

Die Sekunde – Kurzzeichen s – ist die gesetzliche deutsche und internationale Maßeinheit zum Messen der *Basis*größe *Zeit*. Sie ist deshalb, ebenso wie Meter und Kilogramm, eine so genannte *Basis*einheit, im Gegensatz zu den abgeleiteten Einheiten.

10 Die Krafteinheit Newton

Definition des Newton

1 Newton – Kurzzeichen N – bewirkt an einem Körper der Masse 1 kg die Beschleunigung 1 m/s^2.

Als so genannte Basiseinheiten sind die Einheiten der Basisgrößen festgelegt. Für das Gebiet der Mechanik, in der die Größe Kraft eine vorherrschende Rolle spielt, wurden ausgewählt: als Basiseinheit der Länge das *Meter*, als Basiseinheit der Zeit die *Sekunde* und als Basiseinheit der Masse das *Kilogramm*.

Im *dynamischen Grundgesetz* sind diese drei Basisgrößen mit der Größe Kraft verbunden: Kraft F = Masse m mal Beschleunigung a. Damit wird die Einheit der Kraft nach dem dynamischen Grundgesetz notwendigerweise eine *abgeleitete* Einheit. Denn es kann in der Gleichung $F = ma$ *entweder* die Masse m *oder* die Kraft F als Basisgröße festgelegt werden. *Eine* der beiden physikalischen Größen muss also eine abgeleitete Größe sein. Nach jetzt gültiger Festlegung ist die Kraft F die abgeleitete Größe.

Als *kohärente* Einheit der Kraft F wird nun diejenige Kraft festgelegt, die an der Masseneinheit 1 kg die Beschleunigung 1 m/s² bewirkt. Diese Kraft nennt man nach dem Begründer der Dynamik *Newton* – abgekürzt N.
Kohärente Einheiten sind Einheiten eines Systems, bei dem ausschließlich die Umrechnungszahl „eins" vorkommt (siehe 6).
Zur Zahlenrechnung ist das Newton noch durch die Basiseinheiten Meter, Kilogramm, Sekunde auszudrücken. Den Zusammenhang liefert die Definitionsgleichung für die Kraft, das dynamische Grundgesetz. Mit Masse $m = 1$ kg und Beschleunigung $a = 1$ m/s² ergibt sich:

Definitionsgleichung für Kraft F: Einheitengleichung für Kraft F:

$$F = m\,a \quad \rightarrow \quad (F) = (m) \cdot (a)$$

$$1\,\text{N} = 1\,\text{kg} \cdot 1\frac{\text{m}}{\text{s}^2} = 1\frac{\text{kg m}}{\text{s}^2} = 1\,\text{Newton}$$

Das in Klammern gesetzte Formelzeichen einer Größe soll kennzeichnen, dass nur die Einheit der Größe betrachtet wird.
Es ist also ein Newton gleich ein Kilogramm mal Meter durch Sekunde-Quadrat.
Eine Federwaage könnte in der Krafteinheit Newton geeicht werden, in dem einer Masse $m = 1$ kg jeweils die Beschleunigung 1 m/s², 2m/s² usw. erteilt wird. Damit würden dann jeweils ein, zwei usw. Krafteinheiten aufgebracht. In bestimmten Bereichen ist die Längenänderung einer Schraubenfeder direkt proportional der einwirkenden Kraft, sodass sich eine entsprechende Teilung anbringen lässt.

11 Die Arbeits- und Energieeinheit Joule

> **Definition des Joule**
>
> 1 Joule ist gleich der Arbeit, die verrichtet wird, wenn der Angriffspunkt der Kraft 1 N in Richtung der Kraft um 1 m verschoben wird.

Energie ist das Vermögen eines Körpers, Arbeit zu verrichten. Seit *Robert Mayer* ist die Gleichwertigkeit von Wärme und Arbeit bekannt (mechanisches Wärmeäquivalent). Energie, Arbeit und Wärmemenge sind also physikalische Größen gleicher Art und es war daher sinnvoll, die Gleichartigkeit dieser drei Größen durch ein und dieselbe Einheit zu unterstreichen. Das Einheitengesetz schreibt die SI-Einheit *Joule* vor (Kurzzeichen: J, Aussprache dsch<u>u</u>l).
Nach der obigen Definition ist 1 Joule gleich 1 Newtonmeter, nämlich gleich dem Produkt aus der Krafteinheit 1 N und der Längeneinheit 1 m. Zugleich wurde festgelegt, dass 1 Joule gleich einer Wattsekunde ist, sodass gilt:

> 1 Joule = 1 Newtonmeter = 1 Wattsekunde
>
> $1\,\text{J} = 1\,\text{Nm} = 1\,\text{Ws} = 1\dfrac{\text{kg m}^2}{\text{s}^2} = 1\,\text{m}^2\,\text{kg}\,\text{s}^{-2}$

Ebenso wie mit dem Newton N können auch mit dem Joule J Teile und Vielfache gebildet werden (siehe auch Vorsatzzeichen nach Tabelle 4), zum Beispiel kJ (Kilojoule), Nmm (Newtonmillimeter), kWh (Kilowattstunde).
Am Schluss von Berechnungen sollte stets die Einheit Joule J stehen, wenn es sich um die Größen Arbeit, Energie oder Wärmemenge handelt.

■ **Beispiele:**
1. In der Mechanik ergibt die Berechnung der mechanischen Arbeit einer Kraft $W_{mech} = 150$ Nm. Als Endergebnis schreibt man $W_{mech} = 150$ J.
2. In der Elektrotechnik ergibt die Berechnung der elektrischen Arbeit $W_{el} = 150$ Ws. Als Endergebnis schreibt man $W_{el} = 150$ J.
3. In der Wärmelehre ergibt sich für die Wärme (Wärmemenge) Q automatisch z.B. $Q = 150$ J.

Sämtliche Berechnungen in der Technik und Physik lassen sich mit der Krafteinheit Newton bequem ausführen, weil alle Umrechnungen mit Einheiten des Internationalen Einheitensystems mit der Zahl eins erfolgen können. So ist z.B. 1 Newtonmeter (Nm) = 1 Joule (J) = 1 Wattsekunde (Ws). Das ist das Kennzeichen der *kohärenten* Einheiten (siehe 6).

12 Skalare und Vektoren

> **Definition der Skalare und Vektoren**
>
> *Skalare Größen* – kurz „Skalare" – sind solche physikalischen Größen, die allein durch die Angabe ihres *Betrags* vollständig bestimmt sind, wie z.B. Masse m, Temperatur T, Arbeit W, Leistung P, Dichte ρ.
>
> *Vektorielle Größen* – kurz „Vektoren" – sind solche physikalischen Größen, die neben der Angabe ihres *Betrags* noch der Festlegung einer *Richtung* bedürfen, wie z.B. Kraft F, Weg s, Geschwindigkeit v, Beschleunigung a, Drehmoment M, Gewichtskraft F_G, elektrische Feldstärke E.

Die physikalischen Größen müssen in solche mit und ohne Richtungssinn unterteilt werden.
Die Angabe, die Masse eines Körpers beträgt $m = 15$ kg reicht zur eindeutigen Kennzeichnung der Stoffmenge und Trägheit dieses Körpers aus. Das Gleiche gilt für den Hinweis, ein Motor hat eine Leistung von 1 kW. Solche *nicht gerichteten* Größen heißen *Skalare* (von lat. scala = Leiter). Sie können auf „Leitern", „Skalen" abgelesen werden und sind damit vollständig bestimmt.

Im Gegensatz dazu ist die Angabe, ein Körper bewegt sich mit einer Geschwindigkeit v = 10 m/s, *allein* nicht ausreichend. Es ist noch nicht bekannt, in welche Richtung sich der Körper bewegt, sodass auch nicht klar ist, ob die vorliegende Richtung technisch brauchbar ist. Solche *gerichteten* Größen heißen *Vektoren* (von lat. vehere, vectus = bewegen, bewegt). Soll die Vektoreneigenschaft, d.h. der Richtungssinn der physikalischen Größe, hervorgehoben werden, schreibt man ihr Formelzeichen in Frakturbuchstaben oder bringt einen Pfeil über dem Formelzeichen an oder benutzt Fettdruck (DIN 1303).

Für die mathematische Behandlung von Vektoren gibt es die *Vektorrechnung*, mit deren Hilfe physikalische, technische und geometrische Probleme übersichtlich geordnet auf einfache Weise gelöst werden können. Die Grundregeln der Behandlung von Vektoren wurden aus physikalischen Tatsachen gewonnen, z.B. die Zusammensetzung und Zerlegung von Kräften, Geschwindigkeiten und Beschleunigungen aus dem so genannten Parallelogrammsatz.

13 Geschwindigkeit

Definition der Geschwindigkeit
Die Geschwindigkeit v eines Körpers ist der Quotient aus dem Wegabschnitt Δs und dem zugehörigen Zeitabschnitt Δt. Die Geschwindigkeit ist ein Vektor.

Definitionsgleichung

$$\text{Geschwindigkeit } v = \frac{\text{Wegabschnitt } \Delta s}{\text{Zeitabschnitt } \Delta t}$$

$$v = \frac{\Delta s}{\Delta t}$$

v	Δs	Δt
$\dfrac{m}{s}$	m	s

Dimensionsgleichung

Die Dimension der Geschwindigkeit v ist Basisgrößenart Länge l, dividiert durch die Basisgrößenart Zeit t:

$$\dim v = \frac{\dim s}{\dim t} = \frac{l}{t} = l\,t^{-1}$$

Formelzeichen:
v Abkürzung von velocitas (lat. Schnelligkeit)
s Abkürzung von spatium (lat. Entfernung, Weg)
t Abkürzung von tempus (lat. Zeit)

Gebräuchliche Einheiten
für v: m/s, km/h, m/min, cm/s
für s: m, km, cm
für t: s, h, min

Ist die Bewegung des Körpers *gleichförmig*, seine Geschwindigkeit v also gleich bleibend (konstant), kann der Zeitabschnitt Δt beliebig groß gewählt werden (Minuten, Stunden, Tage).
Wird vom Wegabschnitt Δs oder vom Zeitabschnitt Δt gesprochen, kennzeichnet der griechische Buchstabe Delta (Δ) die Differenz zweier Wege oder Zeiten: $\Delta s = s^2 - s^1$ oder $\Delta t = t^2 - t^1$. Dabei können Δs und Δt beliebig klein werden. In der Technik und der Physik ist mit dieser Schreibweise die Vorstellung sehr kleiner Beträge der Wege, Zeiten usw. verbunden.
Ist die Bewegung eines Körpers *ungleichförmig*, ändert sich seine Geschwindigkeit auch während eines kleinen Zeitabschnitts Δt unter Umständen erheblich. Ein anfahrendes Auto z.B. ändert seine Geschwindigkeit fortwährend.
Nach der obigen Definitionsgleichung ist v dann die *Durchschnittsgeschwindigkeit* des Körpers (auch mittlere Geschwindigkeit genannt). Ein (gedachter) zweiter Körper würde mit dieser Durchschnittsgeschwindigkeit in der gleichen Zeit denselben Weg zurückgelegt haben wie der ungleichförmig bewegte Körper.
Zur genaueren Begriffsbestimmung der *Momentangeschwindigkeit* muss dann der Zeitabschnitt sehr klein gewählt werden. Als Kennzeichen für etwas sehr Kleines wird der Buchstabe d benutzt. Im Zeitabschnitt dt legt der Körper das sehr kleine Wegstück ds zurück, sodass sich seine Geschwindigkeit während dt kaum ändert. Die Geschwindigkeit kann damit in jedem Augenblick genau bestimmt werden, wenn nur der Zeitabschnitt dt klein genug wird.
Die *unbeschränkt gültige Definitionsgleichung* für die Geschwindigkeit v lautet demnach: $v = ds/dt$
In der Mathematik werden ds und dt als „Differenziale" bezeichnet und Ausdrücke der Form ds/dt (sprich: de es nach de te) als Differenzialquotient oder Ableitung. Bei $\Delta s/\Delta t$ spricht man vom Differenzenquotienten (siehe Mathematik).

14 Beschleunigung

> **Definition der Beschleunigung**
> Die Beschleunigung a eines Körpers ist der Quotient aus der Geschwindigkeits*änderung* Δv und dem zugehörigen Zeitabschnitt Δt. Die Beschleunigung ist ein Vektor.
>
> **Definitionsgleichung**
>
> $$\text{Beschleunigung } a = \frac{\text{Geschwindigkeitsänderung } \Delta v}{\text{Zeitabschnitt } \Delta t}$$
>
> $$a = \frac{\Delta v}{\Delta t} \quad \begin{array}{c|c|c} a & \Delta v & \Delta t \\ \hline \frac{m}{s^2} & \frac{m}{s} & s \end{array}$$
>
> **Dimensionsgleichung**
>
> Die Dimension der Beschleunigung a ergibt sich aus den Dimensionen von Geschwindigkeit und Zeit:
>
> $$\dim a = \frac{\dim v}{\dim t} = \frac{l\,t^{-1}}{t} = l\,t^{-2}$$

Auf dem Tisch liegt eine Streichholzschachtel. Sie wird mit dem Finger angestoßen: Der Körper wird *beschleunigt*. Jeder Wechsel vom Zustand der Ruhe in den Bewegungszustand ist ein *Beschleunigungsvorgang* und setzt als Ursache einen äußeren Zwang – eine äußere Kraftwirkung – auf den Körper voraus. Nach dem Anstoß wird die Streichholzschachtel durch die Reibung abgebremst, sodass sie wieder in den Ruhezustand zurückkehrt: Der Körper wird *verzögert*.
Die Verzögerung ist vorstellbar als Umkehrung der Beschleunigung. Man spricht deshalb von „negativer Beschleunigung" oder von einer „Beschleunigung mit umgekehrtem Vorzeichen" ($-a$). Alles, was für die Beschleunigung gültig ist, gilt sinngemäß (d.h. mit umgekehrtem Vorzeichen oder mit entgegengesetztem Richtungssinn) auch für die Verzögerung eines Körpers.
Alle Bewegungsvorgänge, bei denen ein Körper auf geradliniger Bahn beschleunigt oder verzögert wird, heißen *ungleichförmig*. Ist dabei die Beschleunigung konstant, spricht man von *gleichmäßig* beschleunigter (oder verzögerter) Bewegung, sonst von ungleichmäßiger. Kennzeichen der ungleichförmigen Bewegung ist die *Änderung* des im Betrachtungsaugenblick vorliegenden Bewegungszustands; bei geradliniger Bahn also die *Änderung der Geschwindigkeit*, genauer des *Betrags* der Geschwindigkeit: Der Betrag wird in jedem Augenblick größer oder kleiner.
Bewegt sich ein Körperpunkt auf beliebiger Bahn in der Ebene, entsteht die Beschleunigung entweder durch eine *Änderung des Betrags* der Geschwindigkeit (z.B. von $v_1 = 10$ m/s auf $v_2 = 18$ m/s), durch eine *Änderung der Richtung* der Geschwindigkeit oder auch durch beides. Die Geschwindigkeit v ist ein Vektor und durch Betrag *und* Richtung bestimmt. (Anfahren oder Bremsen des Autos *und* Kurvenfahrt.) Die allgemeinste Bewegung eines Körpers soll in die technisch wichtigen zwei Sonderfälle aufgeschlüsselt werden: Bewegung auf gerader Bahn und Kreisbewegung mit konstanter Umfangsgeschwindigkeit:

1. Bei *Bewegungen auf geradliniger Bahn*, z.B. beim Arbeits- oder Rückhub von Stoßmaschinen, ist die *Richtung* des Geschwindigkeitsvektors unverändert, sie liegt immer parallel zur Bahn. Die Beschleunigung (Verzögerung) kommt dann allein durch die Änderung des *Betrags* (der Größe) der Geschwindigkeit zustande. Der Beschleunigungsvektor ist zum Geschwindigkeitsvektor parallel oder antiparallel gerichtet.

> Bei geradliniger Bahn ist die Beschleunigung a ein Maß für die zeitliche Änderung des Geschwindigkeits*betrags*.

Während einer kurzen Zeitspanne dt erhält die Geschwindigkeit v einen kleinen Zuwachs dv. Damit kann die Beschleunigung unbeschränkt gültig definiert werden als Differenzialquotient dv/dt.

$$a = \frac{dv}{dt}$$

Ändert sich bei einem Beschleunigungsvorgang die Geschwindigkeit v *gleichmäßig*, d.h. es ist die Beschleunigung a = konstant, dann ist es gleichgültig, wie groß der Zeitabschnitt Δt gewählt wird:

$$a = \frac{\Delta v}{\Delta t} \quad \text{(gilt nur bei } a = \text{konstant)}.$$

Ein solcher Fall liegt vor beim *freien Fall* der Körper im luftleeren Raum. Hierbei werden alle Körper mit der *Fallbeschleunigung* $g = 9{,}81$ m/s$^2 \approx 10$ m/s^2 von der Erde angezogen, und die erreichte Endgeschwindigkeit v_e eines frei fallenden Körpers wird:

$$v_e = g\,\Delta t.$$

2. Bei *gleichförmiger Bewegung* eines Körperpunkts auf der *Kreisbahn* bleibt der *Betrag* der Geschwindigkeit derselbe, im Gegensatz zur ungleichförmigen Bewegung auf geradliniger Bahn. Die Beschleunigung kommt allein durch die *Änderung der Richtung* der Geschwindigkeit zustande.
Da der Körperpunkt K in jedem Moment mit der Umfangsgeschwindigkeit v in tangentialer Richtung

die Kreisbahn verlassen will, muss er durch einen äußeren Zwang in jedem Augenblick zum Mittelpunkt der Kreisbahn hin beschleunigt werden (Hammerwerfer). Die Geschwindigkeit v ändert demnach bei der gleichförmigen Bewegung auf der Kreisbahn ständig ihre Richtung, genau so wie die Tangente T an der Kreisbahn (Bild 1).

Damit diese fortwährende Richtungsänderung möglich ist, muss die Beschleunigung stets rechtwinklig zur momentanen Bewegungsrichtung des Körpers erfolgen. Man spricht dann von einer *Normalbeschleunigung* a_n oder – weil sie zum Zentrum des Kreises hin gerichtet ist – von der *Zentripetalbeschleunigung* a_z:

> Die Beschleunigung a_z ist ein Maß für die zeitliche Änderung der Geschwindigkeits*richtung*.

mit ω als Winkelgeschwindigkeit und r als Radius der Kreisbahn.

Bei beliebig ablaufender Bewegung des Körperpunkts K tritt sowohl eine Normalbeschleunigung a_n als auch eine Tangentialbeschleunigung a_t auf. Geschwindigkeit v und resultierende Beschleunigung a schließen dann den Winkel α ein (Bild 1 unten).

Die gebräuchlichste Einheit der Beschleunigung ist „Meter je Sekunde-Quadrat" oder „Meter je Quadratsekunde". Das ist erkennbar aus der Definitionsgleichung für die Beschleunigung $a = \Delta v / \Delta t$, wenn die Geschwindigkeit in m/s und die Zeit in s eingesetzt werden. Die sich ergebende Einheit m/s² kann also auch gelesen werden als „m/s je s":

$$(a) = \frac{\frac{m}{s}}{s} = \frac{m}{s\,s} = \frac{m}{s^2}$$

15 Masse

> **Definition der Masse**
>
> Die *Masse* m eines Körpers ist ein Maß für seine *Stoffmenge* und damit zugleich für die *Trägheit* des Körpers, d.h. für seinen Widerstand gegen eine Änderung seines Zustands der Ruhe oder der gleichförmig geradlinigen Bewegung. Die Masse ist ein Skalar und wird durch Vergleich mit Körpern bekannter Masse (Wägestücke) bestimmt.

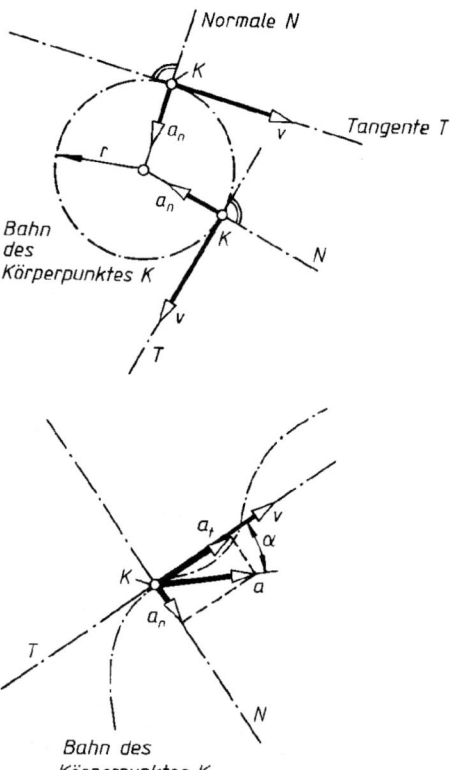

Bild 1. Beschleunigung bei gleichförmigem Umlauf auf einer Kreisbahn und bei beliebiger krummliniger Bewegung

Der Betrag der Beschleunigung ergibt sich aus der Zentripetalbeschleunigung

$$a_z = r\,\omega^2 = \frac{v^2}{r}$$

Die Länge eines Körpers ist ein Maß für seine Ausdehnung, die Temperatur ist ein Maß für die innere Energie, die Zerreißkraft ist ein Maß für die Festigkeit usw. In gleicher Weise ist die Masse m eines Körpers ein Maß für die Trägheit oder das Beharrungsvermögen seiner Stoffmenge gegen die Einwirkung von Kräften.

Während physikalische Größenarten wie Temperatur, Festigkeit, elektrische Leitfähigkeit, Gewichtskraft usw. für ein und denselben Körper verschiedene Beträge annehmen können, bleibt die Masse m eines Körpers eine ihm eigene, unveränderliche Eigenschaft.

Die Erfahrung lehrt, dass ein Körper mit größerer Masse auch eine größere Antriebskraft erfordert, um ihm die gleiche Beschleunigung zu vermitteln wie einem Körper mit kleinerer Masse. Körper mit größerer Masse besitzen deshalb auch größere Trägheit oder größeres Beharrungsvermögen.

16 Dichte

Definition der Dichte

Die Dichte ρ eines Körpers ist der Quotient aus seiner Masse m und seinem Volumen V.

Definitionsgleichung

$$\text{Dichte } \rho = \frac{\text{Masse } m}{\text{Volumen } V}$$

$$\rho = \frac{m}{V}$$

ρ	m	V
$\frac{\text{kg}}{\text{m}^3}$	kg	m^3

Außer der Masseeinheit kg und der Volumeneinheit m^3 können auch alle anderen zulässigen Masse- und Volumeneinheiten eingesetzt werden, sodass sich z.B. als Einheit der Dichte g/cm^3 ergibt.

Wie die Masse m ist auch die Dichte ρ unabhängig von Zeit und Ort der Messung

17 Gewichtskraft

Definition der Gewichtskraft

Die Gewichtskraft F_G eines Körpers ist diejenige Kraft, mit der ein Körper von der Erde angezogen wird. Oder:

Die Gewichtskraft F_G eines Körpers ist eine physikalische Größe von der Art einer Kraft. F_G muss also in Krafteinheiten angegeben werden.

F_G ist diejenige Kraft, die sich als Produkt aus der Körpermasse m und der an seinem Ort herrschenden Fallbeschleunigung g ergibt: $F_G = mg$.

Definitionsgleichung für die Gewichtskraft

Gewichtskraft F_G des Körpers = Masse m des Körpers · Fallbeschleunigung g

$$F_G = mg$$

F_G	m	g
$\frac{\text{kg m}}{\text{s}^2}$	kg	$\frac{\text{m}}{\text{s}^2}$

$$1\frac{\text{kg m}}{\text{s}^2} = 1\text{ N}$$

Die Gewichtskraft F_G ist eine der wichtigsten Größenarten in der Technik. Eine klare Vorstellung vom Wesen der Gewichtskraft eines Körpers vermitteln das dynamische Grundgesetz $F = ma$ und die Erkenntnis, dass alle Massen sich gegenseitig anziehen (siehe Gravitation). Also zieht auch die Masse der Erde jede andere Masse an. Diese Anziehungskraft (Schwerkraft) heißt Gewichtskraft F_G des Körpers. Ein frei beweglicher Körper im „Schwerefeld" der Erde wird demnach durch F_G beschleunigt mit der *Fallbeschleunigung g*. Da diese nicht an jedem Ort der Erde gleich groß ist, kann auch die Gewichtskraft ein und desselben Körpers nicht überall die gleiche sein. Die Abweichungen sind zwar für die meisten Fälle der Praxis bedeutungslos, für die wissenschaftliche Erkenntnis jedoch zu beachten.

Der Betrag von g hat z.B. auf einer geographischen Breite von 45° auf Meeresniveau einen Wert von 9,80629 m/s^2 und nimmt mit zunehmender Höhe und, wegen der Abplattung der Erde von den Polen, zum Äquator hin ab. Der Betrag der Gewichtskraft F_G eines Körpers ändert sich deshalb in gleicher Weise.

Normgewichtskraft F_{Gn} ist diejenige Gewichtskraft, die der Körper unter dem Einfluss einer ganz bestimmten Fallbeschleunigung – der sogenannten *Normfallbeschleunigung* g_n – besitzt:

Normgewichtskraft des Körpers	$F_{Gn} =$	Masse m des Körpers	·	Normfallbeschleunigung g_n
	$F_{Gn} = m\,g_n$			

Als *Normfallbeschleunigung* g_n wurde festgelegt: $g_n = 9,80665$ m/s^2.

Da die Fallbeschleunigung g auf anderen Planeten größer (Planet Jupiter) oder kleiner (Mond) sein kann als auf der Erde, ist die Gewichtskraft F_G eines Körpers dort auch größer oder kleiner. Sie beträgt auf dem Mond infolge der dort viel geringeren Fallbeschleunigung (ca. 1,7 m/s^2) ca. $\frac{1}{6}$ der „Erdgewichtskraft".

Hier wird der Unterschied zwischen den beiden physikalischen Größen „Masse" und „Gewichtskraft" eines Körpers besonders deutlich: Während die Masse m des Körpers unabhängig vom Ort überall die gleiche bleibt, ändert sich seine Gewichtskraft F_G je nach dem Ort und der dort herrschenden Fallbeschleunigung.

Die Anziehungskraft der Erde (und anderer Planeten) wirkt immer, gleichgültig ob der Körper ruht oder sich irgendwie bewegt. Also kann man die Gewichtskraft F_G als diejenige Kraft bezeichnen, mit der der Körper auf seine Unterlage gepresst wird oder die er auf seine Unterlage ausübt.

Flüssigkeiten und Gase (z.B. Wasser und Luft) verringern die Gewichtskraft. Diese Kraftwirkung des umgebenden Mittels heißt *Auftrieb*. Er ist jedoch in Luft so gering (im Gegensatz zum Auftrieb in Wasser), dass er in allen praktischen Fällen vernachlässigt werden kann. Es ist nur nötig zu erkennen, dass er vernachlässigt wird.

Da die Gewichtskraft F_G zur Größenart *Kraft* gehört, muss sie auch in definierten *Kraft*einheiten gemessen werden. Aus dem dynamischen Grundgesetz wurde das Newton (N) = kg m/s^2 als Krafteinheit hergeleitet.

Beträgt z.B. die Masse m eines Körpers 12 Kilogramm ($m = 12$ kg), wird seine Normgewichtskraft F_{Gn} (mit $g_n = 9,80665$ m/s^2 gerechnet):

$$F_{Gn} = mg_n = 12\text{ kg} \cdot 9,80665\,\frac{\text{m}}{\text{s}^2} \approx 120\,\frac{\text{kg m}}{\text{s}^2} = 120\text{ N}$$

Der Körper von der Masse $m = 12$ kg wird also an einem Ort mit der Fallbeschleunigung $g_n = 9,80665$ m/s² mit einer Kraft von rund 120 N auf seine Unterlage gepresst, seine Normgewichtskraft F_{Gn} beträgt ca. 120 N.

18 Gravitation oder Massenanziehung

> **Gravitationsgesetz**
> Alle Massen ziehen sich gegenseitig an. Die Anziehungskraft zwischen zwei Massen ist beiden Massen proportional und dem Quadrat ihres Abstands umgekehrt proportional.

Die instinktive Erfahrung lehrt, dass die Erde alle Körper mit einer Kraft anzieht. Sie wird *Schwerkraft* oder *Gewichtskraft* des Körpers genannt. Am frei beweglichen Körper ruft die Schwerkraft die *Fallbeschleunigung g* hervor.
Die Schwerkraft auf der Erde ist jedoch nur ein spezieller Fall der allgemeinen Gravitation zwischen materiellen Körpern. Die Gravitation ist eine allgemeine Eigenschaft aller Massen, auch der Himmelskörper. Durch sie wird der Mond an das Gravitationsfeld der Erde gefesselt; ebenso die Erde und die anderen Planeten an das der Sonne. Die Eigengeschwindigkeit der Himmelskörper verhindert dabei ein Zusammentreffen, weil die auftretende Zentrifugalkraft genau so groß ist wie die Gravitationskraft. Im Laboratorium kann die Gravitationskraft zwischen zwei Massen nur mit Hilfe sehr empfindlicher Apparate nachgewiesen werden, z.B. mit der Drehwaage nach *Cavendish*, weil die Anziehungskraft zwischen solchen Massen sehr gering ist.
Der Betrag der Gravitationskraft F zwischen zwei Massen wird mit dem *Newton'schen Gravitationsgesetz* bestimmt.

$F = f\dfrac{m_1 m_2}{r^2}$	F	f	m_1, m_2	r
	N	$\dfrac{Nm^2}{kg^2} = \dfrac{m^3}{kg\,s^2}$	kg	m

f Gravitationskonstante; m_1, m_2 Massen der beiden Körper; r Abstand der beiden Massenschwerpunkte.

Das Gravitationsgesetz ist allgemein gültig. Es gilt für die Anziehungskraft zwischen zwei Massen an der Erdoberfläche (oder an der Oberfläche eines anderen Planeten) wie für diejenige zwischen der Erde und einer Masse an ihrer Oberfläche. Es gilt ebenso für zwei Himmelskörper untereinander innerhalb oder außerhalb unseres Sonnensystems.

Die *Gravitationskonstante f* wurde gemessen:

$$f = 6{,}67390 \cdot 10^{-11}\,\frac{Nm^2}{kg^2}$$

und ist damit die Kraft zwischen zwei Massen von 1 kg im Schwerpunktsabstand von 1 m oder die Beschleunigung, die eine Masse von 1 kg einer anderen Masse im Abstand von 1 m erteilt.
Nach dem dynamischen Grundgesetz kann die Gewichtskraft $F_G = mg$ gesetzt werden. F_G ist nichts anderes als die Anziehungskraft, welche die Erde (Masse M) auf eine andere Masse m an ihrer Oberfläche ausübt. Damit gilt:

$$F_G = mg = F = f\frac{mM}{R^2}$$

Darin ist g Fallbeschleunigung, M Erdmasse, R mittlerer Erdradius, f Gravitationskonstante. Der Radius r der Masse m ist gegenüber R vernachlässigbar klein und erscheint in der Gleichung nicht.
Die Fallbeschleunigung g ergibt sich dann aus:

$g = \dfrac{fM}{R^2}$	g	f	M	R
	$\dfrac{m}{s^2}$	$\dfrac{Nm^2}{kg^2} = \dfrac{m^3}{kg\,s^2}$	kg	m

Mit der Gravitationskonstante f lässt sich die Masse M der Erde und ebenso deren Dichte ρ berechnen. Mit $g \approx 10$ m/s²; $R = 6378$ km $= 6{,}378 \cdot 10^6$ m ergibt sich:

Erdmasse

$$M = \frac{gR^2}{f} =$$

$$= 10\,\frac{m}{s^2} \cdot \frac{(6{,}378 \cdot 10^6)^2\,m^2 \cdot kg\,s^2}{6{,}67 \cdot 10^{-11}\,m^3} \approx 6 \cdot 10^{24}\,kg$$

Erddichte

$$\rho = \frac{3\,g}{4\pi\,fR} =$$

$$= \frac{3 \cdot 10\,\dfrac{m}{s^2}}{4 \cdot \pi \cdot 6{,}67 \cdot 10^{-11}\,\dfrac{m^3}{kg\,s^2} \cdot 6{,}378 \cdot 10^6\,m} \approx$$

$$\approx 5{,}6 \cdot 10^3\,\frac{kg}{m^3}$$

Das Gravitationsgesetz setzt gleichmäßige Dichte innerhalb der sich anziehenden Massen voraus. Das ist bei der Erde nicht der Fall, weshalb der Betrag von g ortsabhängig ist. Befinden sich „leichtere" Stoffe dicht unter der Erdkruste, wird g kleiner als gewöhnlich. Durch genaue g-Messungen lassen sich so Lagerstätten von Erdöl oder Salz finden.
Damit ein Körper das Gravitationsfeld der Erde verlässt, muss seine kinetische Energie $m\,v^2/2$ gleich der potentiellen Energie (Lagerenergie) $m\,g\,R$ sein.

Daraus ergibt sich die „Fluchtgeschwindigkeit" v des Körpers:

$$v = \sqrt{2gR} = \sqrt{2 \cdot 9{,}81 \frac{m}{s^2} \cdot 6{,}378 \cdot 10^6 \, m} \approx 11 \frac{km}{s}$$

Mit dem Gravitationsgesetz lässt sich z.B. derjenige Punkt zwischen Mond und Erde berechnen, an dem Mond- und Erdanziehungskraft gleich groß sind (Bild 2). Für die Masse m_{Erde} kann das 81fache der Masse m_{Mond} gesetzt werden. Rechnet man mit dem Abstand $A = r_1 + r_2 = 3{,}84 \cdot 10^8$ m zwischen Erde und Mond, dann wird:

$$f \frac{m \, m_{Mond}}{r_1^2} = \frac{m \, 81 \, m_{Mond}}{(A - r_1)^2}$$

$$r_1^2 + \frac{2}{80} A \, r_1 - \frac{1}{80} A^2 = 0$$

$$r_1 = \frac{1}{10} A; \quad r_2 = \frac{9}{10} A$$

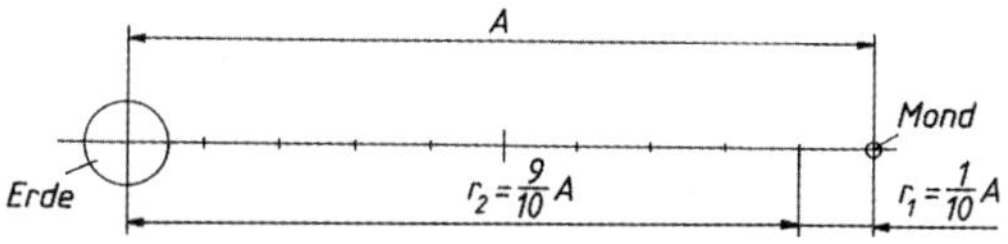

Bild 2.

d.h. der Punkt gleicher Massenanziehungskraft zwischen Mond und Erde liegt im Abstand $\frac{9}{10} A$ von der Erde entfernt.

19 Trägheit und Trägheitsgesetz
(Erstes Newton'sches Axiom)

Definition der Trägheit
Die Eigenschaft der Körper, ohne äußere Einflüsse im Zustand der Ruhe oder der geradlinig gleichförmigen Bewegung zu bleiben, heißt *Trägheit* oder *Beharrungsvermögen*.

Trägheitsgesetz
Wirken auf einen Körper keine äußeren Einflüsse, so beharrt er im Zustand der Ruhe oder in gleichförmig geradliniger Bewegung.
Oder:
Jeder Körper beharrt im Zustand der Ruhe oder der geradlinig gleichförmigen Bewegung, wenn er nicht durch eine resultierende Kraft gezwungen wird, diesen Zustand zu ändern.

Man kann zwischen „Zuständen" und „Wirkungen" unterscheiden. Unter *Zustand* wird dann diejenige Bewegungsform verstanden, die der Körper von sich aus besitzt, die er dauernd beibehalten will und erst dann aufgibt, wenn ein äußerer Zwang diesen Zustand stört.

Seit *Galilei* haben die Physiker entschieden, dass die Ruheform und die in gerader Richtung erfolgende gleichförmige Bewegung solche Zustände sind. *Wirkungen* dagegen sind Vorgänge, die der Körper *nicht* von sich aus ausführt, sondern zu denen er durch einen äußeren Zwang, durch äußere Einflüsse kommt. Wirkungen sind demnach im Gegensatz zu den Zuständen alle anderen Bewegungsformen, also solche mit veränderlicher Geschwindigkeit (beschleunigte oder verzögerte Bewegung) und auch solche gleichförmigen Bewegungen, bei denen sich die Richtung ändert. Dass ein Körper von sich aus, also ohne die Einwirkung eines äußeren Zwangs, nur die Ruheform oder die gleichförmig geradlinige Bewegung besitzt, lässt sich experimentell nicht nachweisen, weil auf der Erde jeder Körper zumindest dem Zwang der Erdanziehung unterliegt. Auch die geradlinig gleichförmige Bewegung aller Körper auf der Erde erfordert einen Zwang, einen Antrieb von außen, der die Bewegung hemmenden Einflüsse, insbesondere die Reibung, überwindet. Eine in Bewegung gesetzte Scheibe auf glatter horizontaler Unterlage kommt dem Idealbild am nächsten. Ein völlig zwangfreier Körper ist nur denkbar in genügender Entfernung von unserem Planeten, genauer dort, wo die Massenanziehung der Erde und Sonne sich gerade aufheben.

20 Das dynamische Grundgesetz
(Zweites Newton'sches Axiom)

Eine resultierende Kraft F_r gibt einem Körper der Masse m die Beschleunigung a.
Die Vektoren F_r und a haben stets die gleiche Richtung, sodass mit ihren Beträgen gerechnet werden kann.
resultierende Kraft
F_r = Masse m des Körpers · Beschleunigung a

$F_r = m \, a$	F_r	m	a
	$N = \frac{kg \, m}{s^2}$	kg	$\frac{m}{s^2}$

Das dynamische Grundgesetz $F_r = ma$ wurde von *Newton* aufgestellt und regiert sämtliche Bewegungen frei beweglicher Körper unter dem Einfluss resultierender Kräfte. Es ist damit das wichtigste Gesetz der Dynamik, also jenes Teilgebiets der Mechanik, das sich mit der durch Kräfte hervorgerufenen Bewegung des Körpers befasst.
Anhand des dynamischen Grundgesetzes lässt sich das Wesen solcher differenziell-kausal-deterministischen Gesetze[1]) erkennen:

---
[1]) W. Heitler, Der Mensch und die naturwissenschaftliche Erkenntnis, Verlag Vieweg, Braunschweig 1962.

Ein beliebiger Körper bewegt sich nach dem dynamischen Grundgesetz $a = F_r/m$ so, dass in jedem Augenblick seine Beschleunigung a gleich der auf ihn wirkenden resultierenden Kraft F_r, geteilt durch die Körpermasse m, ist. Beim beliebig bewegten Körper bestimmt das Gesetz den Bewegungsablauf nur von einem Augenblick zum nächsten, d.h. innerhalb einer Zeitdifferenz. Das Gesetz ist demnach *differenziell*.

Da jede Bewegungsänderung eine Ursache, die resultierende Kraft F_r, erfordert, ist das Gesetz *kausal*.
Sind die Anfangsbedingungen der Bewegung bekannt, also die resultierende Kraft F_r, und zu einem bestimmten Zeitpunkt die Lage und die Geschwindigkeit des Körpers, lässt sich durch Summierung aller augenblicklichen Wirkungen die Bahn des Körpers *voraus*berechnen. Das Gesetz ist also auch *deterministisch*.
Das dynamische Grundgesetz gilt für den ausdehnungslosen Massenpunkt. Als solcher kann ein Körper *dann* aufgefasst werden, wenn die Wirklinie der Beschleunigungskraft durch den Schwerpunkt geht.
Bei der Untersuchung praktischer Verhältnisse ist zu beachten, dass andere Kräfte (z.B. Magnetkräfte, Windkräfte) oder Widerstände (Reibung) den Bewegungszustand mitbeeinflussen.
Immer ist – zumal bei Vertikalbewegung – die Gewichtskraft F_G der Körper in die Betrachtung einzubeziehen.
Das Gleiche gilt für die Reibung und zwar gleichgültig, ob es sich um feste, flüssige oder gasförmige Körper handelt.
Die ursprüngliche Fassung des dynamischen Grundgesetzes bezieht sich auf eine *einzelne* äußere Kraft, die am Körper der Masse m die Beschleunigung a erzielt. Einen solchen Fall gibt es nur beim freien Fall eines Körpers im luftleeren Raum. Deshalb ist es zweckmäßig, das Gesetz mit dem Begriff der *resultierenden* Kraft F_r zu koppeln.
Die Angabe, es wirkt auf den Körper *eine* Kraft, bedeutet, dass am Körper eine *resultierende* Kraft wirksam ist und der Körper beschleunigt wird.
Die häufig gebrauchten Aussagen, „die resultierende Kraft ist gleich null", „es wirkt keine resultierende Kraft", „die Resultierende ist gleich null", „die Kräfte stehen im Gleichgewicht", „es wirken keine äußeren Kräfte" oder „es wirken keine äußeren Einflüsse" sind bezüglich der Wirkung auf den Körper gleichwertig. Ein solcher Körper würde entweder in Ruhe bleiben oder in gleichförmig geradliniger Bewegung verharren.
Das ist auch aus dem dynamischen Grundgesetz zu erkennen; denn wenn $F_r = 0$ ist, kann nur die Beschleunigung selbst gleich null werden oder sein, d.h. der Körper ruht oder bewegt sich gleichförmig.

21 Wechselwirkungsgesetz
(Drittes Newton'sches Axiom)

> Überträgt ein Körper auf einen anderen eine Kraft F_1, wirkt dieser mit gleich großer und gegensinniger Kraft F_2 auf derselben Wirklinie zurück (actio = reactio).
> Oder:
> Jede Kraft tritt stets zusammen mit einer gleich großen gegensinnigen Gegenkraft auf, die auf den Gegenkörper einwirkt. Beide Kräfte haben eine gemeinsame Wirklinie.

Die Formulierung „auf den Körper wirkt eine Kraft" besagt, dass ein oder mehrere andere Körper eine Wirkung auf den betrachteten Körper ausüben. Auf das Pedal des Fahrrads übt ein anderer Körper – der Fuß des Fahrers – eine Kraft aus. Ein Stein wird deshalb beschleunigt, weil die Hand ihn fortschleudert, also eine Kraft auf ihn ausübt. Der andere Körper – hier also der Stein – wirkt mit gleicher Kraft auf die Hand zurück.
Immer dann, wenn eine Kraft ausgeübt wird, stehen demnach zwei Körper miteinander in Wechselwirkung. Dabei brauchen sich die beteiligten Körper nicht zu berühren. Man spricht von *Nah*kräften, wenn diese unmittelbar von Körper zu Körper übertragen werden und von *Fern*kräften, wenn die beteiligten Körper einen an der Kraftübertragung nicht beteiligten Zwischenraum besitzen, also nicht miteinander in Verbindung stehen. Solche Fernkräfte sind z.B. magnetische Kräfte und Massenanziehungskräfte, also auch die Gewichtskraft. In diesem Fall ist der andere Körper die Erde.
Die Körper wirken stets wechselseitig aufeinander, d.h. mit der gleichen Kraft, mit der ein Körper auf einen anderen einwirkt, wirkt dieser auf den ersten Körper zurück. So übt das auf dem Tisch liegende Buch eine Kraft auf die Tischplatte aus, nämlich die Gewichtskraft F_G. Mit gleicher Kraft wirkt auch die Tischplatte auf das Buch zurück.
Die beiden Kräfte sind gleich groß, gegensinnig und wirken auf einer gemeinsamen Wirklinie. Das Gleiche gilt auch für den frei fallenden Körper. Die Erde zieht jeden Körper mit einer bestimmten Kraft an (Gewichtskraft F_G). Mit der gleichen Kraft zieht auch der Körper die Erde an. Die nach dem Wechselwirkungsgesetz auftretenden Gegenkräfte lassen sich an ihren Wirkungen leicht erkennen: Ein Mann, der vom ruhenden Boot aus ein anderes wegstößt, wird selbst in entgegengesetzter Richtung beschleunigt (Rückstoß). Beide Boote kommen in Bewegung und ihre Beschleunigungen sind ihren Massen umgekehrt proportional.
Das Beispiel zeigt, dass jede Kraft eine Gegenkraft zur Folge hat. Wichtig ist die Erkenntnis, dass diese Gegenkraft stets am *anderen* Körper ansetzt. Ohne Kraft gibt es keine Gegenkraft und eine Gegenkraft

kann nur auftreten, wenn eine Kraft wirkt; dann allerdings entsteht sie immer. Dabei ist es gleichgültig, ob der Körper ruht oder sich gleichförmig geradlinig bewegt, ob er beschleunigt oder verzögert wird.

Alle mechanischen Kräfte sind zunächst so genannte *innere* Kräfte eines Systems mehrerer Bauteile. Wie die inneren Kräfte zwischen den einzelnen Teilchen ein und desselben Körpers treten auch sie stets paarweise auf. Die zwischen Buch und Tischplatte wirkende Kraft ist im System „Buch-Tischplatte" eine innere Kraft. Erst wenn an der Berührungsstelle ein „Schnitt" gelegt wird. d.h. wenn jeder der beiden beteiligten Körper für sich „frei gemacht" wird, erscheinen sie als äußere Wechselwirkungskräfte. So sind die innerhalb des Kurbeltriebs einer Lokomotive wirkende Kolbenkraft, Schubstangenkraft, Reibkräfte usw. für die ganze Lokomotive gesehen „innere" Kräfte. Das Gleiche gilt für die zwischen Rad und Schiene übertragenen Kräfte, die beim Freimachen als äußere Kräfte (Stützkräfte) erscheinen. Auch alle Gewichtskräfte im System „Körper-Erde" werden erst durch den Kunstgriff des Freimachens zu äußeren Kräften.

Dabei ist an jedem Körper stets nur eine der beiden Wechselwirkungskräfte anzutragen. Würden im Beispiel des fortgeschleuderten Steins, der also beschleunigt wird, die von der Hand auf den Stein ausgeübte Kraft und zugleich die vom Stein auf die Hand übertragene Gegenkraft am selben Körper angetragen, so wäre dieser im Gleichgewicht, also in Ruhe oder gleichförmig geradliniger Bewegung.

Beachte: Eine äußere Kraft tritt nur *einmal* am Körper auf oder anders ausgedrückt: Die Angriffspunkte von Kraft und Gegenkraft liegen immer an verschiedenen Körpern. Diese Erkenntnis wird beim Freimachen technischer Bauteile benutzt (siehe: Statik).

22 Die Kraft

Definition der Kraft
Kraft ist die Ursache jeder Bewegungsänderung oder Formänderung oder die Ursache beider Änderungen zugleich. Die Kraft ist ein Vektor.

Ruhelage oder gleichförmig geradlinige Bewegung eines Körpers können als natürliche Zustände bezeichnet werden. Eine Änderung kann (im Bereich rein physikalischer Betrachtungen) nur durch eine äußere Einwirkung auf diesen Zustand eintreten. Ursache einer solchen Einwirkung wird stets das Auftreten einer äußeren Kraft sein, die als mechanische, magnetische, elektrische oder auch atomare Kraft die beobachtete Zustandsänderung bewirkt.

Eine auf den Körper wirkende Kraft kann außer der Änderung des Bewegungszustands auch eine *Formänderung* des Körpers hervorrufen. In diesem Falle ist als „Gegenkraft" der von außen wirksamen Kraft die Summe der elastischen Molekularkräfte (also des Gefügezusammenhangs) anzusehen.

Häufig gebrauchte Benennungen der Kraft

Äußere Kraft ist die auf den betrachteten Bauteil von außen, d.h. von einem anderen Bauteil her, ausgeübte Kraft. Äußere Kraft ist z.B. die von der Schiene auf das Rad einer Lokomotive ausgeübte Stützkraft. Im System Rad-Schiene ist diese Stützkraft zunächst noch eine innere Kraft.

Sie wird erst durch das Freimachen des Rades zur äußeren Kraft. Die Gewichtskraft F_G eines Körpers ist stets eine äußere Kraft.

Innere Kräfte (genauer: innere Wechselwirkungskräfte) treten zwischen den einzelnen Teilen desselben Körpers auf. Sie werden durch einen Schnitt zu äußeren Kräften gemacht und dadurch veranschaulicht. An jeder Schnittfläche tritt dann eine der beiden Wechselwirkungskräfte als äußere Kraft auf. Während eine äußere Kraft am betrachteten Bauteil nur einmal auftritt, treten die inneren Kräfte am Körper selbst stets paarweise auf. Sie heben sich nach dem Wechselwirkungsgesetz auf, d.h. am gemeinsamen Angriffspunkt ist ihre Summe gleich null.

Die durch äußere Kräfte hervorgerufenen inneren Kräfte spielen in der Festigkeitslehre eine Rolle. Im weiteren Sinne spricht man nicht nur am selben Körper von inneren Kräften, sondern auch bei Berührung zweier Bauteile. Alle Stützkräfte sind demnach zunächst noch innere Kräfte im geschlossenen System der beiden Bauteile. Erst eine Schnittebene durch die Berührungsstelle macht diese inneren Wechselwirkungskräfte zu äußeren Kräften. Zwischen den Backen eines Schraubstocks und dem eingespannten Werkstück wirken innere Kräfte, die beim Freimachen beider Bauteile zu jeweils einer äußeren Kraft werden.

Volumenkräfte F_V sind solche, die man sich im Schwerpunkt eines jeden einzelnen noch so kleinen Volumenelements (Körperteilchens) angreifend denken muss. Dazu gehören die Massenanziehungskräfte (Schwerkräfte, Gravitationskräfte, Gewichtskräfte), aber auch die Magnetkräfte (Bild 3).

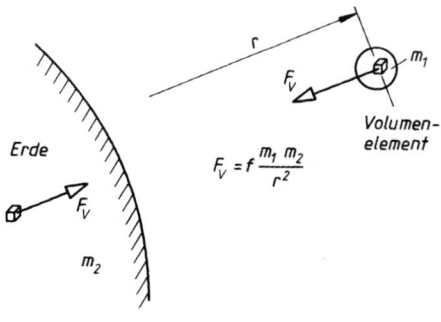

Bild 3.

Beiden gemeinsam ist das Vorhandensein eines „Feldes", sodass es zweckmäßig ist, die Volumenkräfte nach ihrer Herkunft als Feldkräfte zu bezeichnen. Ein Feld (Gravitationsfeld, Magnetfeld) pflanzt sich in den Raum hinein fort. Die Kräfte wirken also auch ohne gegenseitige Berührung der Körper. Feldkräfte werden daher auch als Fernkräfte bezeichnet.

Oberflächenkräfte F_O (auch als Flächenkräfte bezeichnet) greifen an der Oberfläche eines Körpers an. Das setzt voraus, dass sich die beteiligten Körper berühren, wie etwa Tisch und darauf liegendes Buch oder die Haut des Schwimmers und das ihn umgebende Wasser (Bild 4).

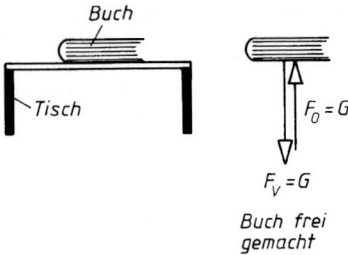

Bild 4.

In der Mechanik wird vereinfacht gesagt, die Kraft wirkt nur in einer Linie (der Wirklinie) und greift daher auch nur an einem Punkt des Körpers an. In Wirklichkeit verteilt sich jede äußere Kraft entweder über eine Fläche (Oberflächenkraft) oder über alle Teilchen des Körpers (Volumenkraft = Feldkraft).

Im Zusammenhang mit den Begriffen Volumenkraft und Oberflächenkraft lässt sich der Begriff der so genannten *Schwerelosigkeit* eines Körpers erläutern:

Ein Körper von der Masse m befindet sich immer dann im Zustand scheinbarer Schwerelosigkeit, wenn keine *Oberflächenkräfte* an ihm angreifen. Massenkräfte wirken immer, weil sich ein Körper stets in einem Gravitationsfeld befindet, also kann auch nur von einer *scheinbaren* Schwerelosigkeit gesprochen werden.

In einem solchen Zustand befindet sich beispielsweise jeder in den luftleeren Raum abgeschossene Körper, gleichgültig welcher Beschleunigung oder Verzögerung er im freien Flug unterliegt, also auch die Astronauten beim antriebslosen Rückflug zur Erde bis zum Wiedereintritt in die Atmosphäre.

Lasten werden in der Technik häufig solche äußeren Kräfte genannt, die den Körper nicht als Ganzes bewegen, sondern nur verformen oder um eine Ruhelage schwingen lassen.

23 Die Trägheitskraft

Nach dem Wechselwirkungsgesetz erzeugt jede Kraft am *anderen* Körper eine *Gegenkraft*. Der Finger kann nur deshalb mit $F = 2$ N auf die Tischplatte drücken, weil diese ebenfalls mit $F = 2$ N auf den Finger wirkt. Dabei wird allerdings die Gegenkraft, die der Tisch auf den Finger ausübt, von anderen Körpern durch äußere Kräfte (in Bezug auf den Tisch) übertragen, also vom Fußboden auf den Tisch. Der Tisch überträgt demnach die Kräfte nur von einer Stelle (Fußboden) auf die andere (Finger). Das gilt für alle ruhenden oder gleichförmig geradlinig bewegten Körper. Sie erzeugen die Gegenkraft gewissermaßen nicht „von selbst"; sie sind nur indirekt daran beteiligt. Es ist auch gleichgültig, welche Stoffmenge der Körper besitzt und aus welcher Stoffart er hergestellt wurde. Beim Tisch ist es also gleichgültig, ob er aus Stahl oder Holz besteht.

Das ist anders beim frei beweglichen Körper, bei dem ja kein anderer Körper abstützend wirken kann. Auch hier entwickelt sich eine Gegenkraft. Sie ist wahrnehmbar beim Anstoßen einer Stahlkugel, die an einem langen Faden aufgehängt ist, sodass angenommen werden kann, sie sei für kurze horizontale Wege ohne Widerstand beweglich. Während der ruhende oder der gleichförmig bewegte Körper die Gegenkraft nur überträgt, ohne an deren Auftreten direkt beteiligt zu sein, entwickelt der beschleunigt bewegte Körper – hier die Stahlkugel – die Gegenkraft von selbst, offenbar aus sich heraus. Sie kommt zustande durch die bekannte Eigenschaft „Trägheit" des Körpers, also durch seine Masse. Der Körper entwickelt die Gegenkraft aus dem Bestreben heraus, seinen natürlichen Zustand also beizubehalten, zu ruhen oder sich gleichförmig geradlinig zu bewegen.

Die Trägheit ist demnach erst der Grund für das Zustandekommen der beschleunigenden Kraft. Wäre der Körper nicht von sich aus träge, wäre zum Beschleunigen keine Kraft nötig.

Diese sich aus dem Körper selbst entwickelnde Gegenkraft heißt *Trägheitskraft T* (oder Trägheitswiderstand oder d'Alembert-Kraft). Nach dem Wechselwirkungsgesetz muss T genau so groß sein wie die beschleunigende Kraft selbst, jedoch von entgegengesetztem Richtungssinn.

Sinnlich wahrnehmbar ist die Trägheitskraft in folgendem Beispiel: In einem Fahrstuhl hängt ein Körper an einer Federwaage. Sie zeigt bei Ruhestellung und bei gleichförmiger Auf- oder Abwärtsfahrt die „wahre" Gewichtskraft des Körpers an. Beim Anfahren zur Aufwärtsfahrt und Bremsen aus der Abwärtsfahrt zeigt die Waage eine größere Gewichtskraft an, weil in diesem Fall Gewichtskraft (Schwerkraft) *und* Trägheitskraft die gleiche Richtung haben und sich algebraisch addieren. Beim Anfahren zur Abwärtsfahrt und Bremsen aus der Aufwärtsfahrt verringert sich die Anzeige der Waage, weil Schwerkraft und Trägheitskraft entgegengesetzt gerichtet sind.

Von der beschleunigenden Kraft F ist seit *Newton* bekannt, dass sie der Beschleunigung a und der Körpermasse m proportional ist, nämlich $F = ma$ (dynamisches Grundgesetz). Demnach ist die Trägheitskraft T ebenfalls gleich Masse mal Beschleunigung und es ist üblich, den entgegengesetzten Richtungssinn durch ein Minuszeichen zu kennzeichnen:

| $T = -m\,a$ | $\dfrac{T}{\dfrac{\text{kg m}}{\text{s}^2}}$ | $\dfrac{m}{\text{kg}}$ | $\dfrac{a}{\dfrac{\text{m}}{\text{s}^2}}$ |

Wichtig ist folgende Erkenntnis:
Die Trägheitskraft ist weder eine innere noch eine äußere Kraft. Während die äußeren Kräfte von anderen Körpern auf den betrachteten übertragen und die inneren letztlich durch äußere Kräfte hervorgerufen werden, entwickelt der *Körper selbst* die Trägheitskraft T, natürlich auch nur dann, wenn ein anderer Körper eine Kraft einwirken lässt.
Wegen dieses grundsätzlichen Unterschieds zwischen den Trägheitskräften, den inneren und äußeren Kräften werden die Trägheitskräfte meistens als „gedachte Kräfte" oder „Hilfskräfte" bezeichnet. Ihre Bedeutung liegt in der von *d'Alembert* entwickelten Methode, Aufgaben der Dynamik auf solche der Statik zurückzuführen. Das wird erst möglich durch die Einführung der Trägheitskräfte, die den am frei gemachten Körper angreifenden äußeren Kräften hinzugefügt werden (siehe dynamisches Gleichgewicht und Prinzip von d'Alembert).

24 Statisches Gleichgewicht

Satz vom statischen Gleichgewicht
Aus der Tatsache, dass sich ein ruhender oder geradlinig gleichförmig bewegter Körper im Gleichgewicht befindet, folgert man, dass die Summe seiner geometrisch addierten äußeren Kräfte und Momente den Wert null ergibt.
Dieser Satz wird zur Bestimmung der noch unbekannten Kräfte benutzt.

Greifen an einen „starren" Körper äußere Kräfte nur in einer Ebene an, spricht man vom „ebenen Kräftesystem" im Gegensatz zum „räumlichen Kräftesystem", bei dem die Wirklinien der Kräfte in verschiedenen Ebenen angreifen.
Sowohl beim ebenen als auch beim räumlichen Kräftesystem gibt es den Fall, dass die Kräfte einen gemeinsamen Angriffspunkt haben (zentrales Kräftesystem) oder dass mehrere Angriffspunkte zu finden sind (allgemeines Kräftesystem). Als Ergebnis der Kräftereduktion beliebiger Kräftesysteme ergeben sich folgende Möglichkeiten:
1. Das Ergebnis der Kräftereduktion ist eine Einzelkraft F_r und ein Kräftepaar:
   $\Sigma F \neq 0$ (Summe aller Kräfte ungleich null),
   $\Sigma M \neq 0$ (Summe aller Momente ungleich null).

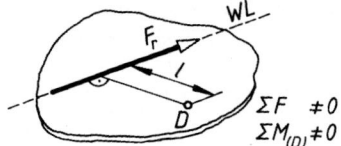
Bild 5.

Ein solches Kräftesystem ist statisch gleichwertig (äquivalent) einer Einzelkraft im Wirkabstand l vom Bezugspunkt D.
Die Summe der geometrisch addierten Kräfte F_1, F_2, F_3 ... ist ungleich null, d.h. es bleibt eine resultierende Einzelkraft F_r übrig, die den Körper auf der Wirklinie von F_r verschiebt oder verschieben könnte.
Außerdem ergibt die Kräftereduktion, dass ein resultierendes Moment M_r (Kraft $F_r \cdot$ Wirkabstand l) übrig bleibt, d.h. die Summe der geometrisch addierten Momente M_1, M_2, M_3 ... ist ungleich null. Dieses statische Moment würde den Körper um eine beliebige Drehachse drehen. Unter dem Einfluss des vorliegenden Kräftesystems kann sich der frei bewegliche Körper sowohl verschieben als auch drehen (Translation und Rotation).
Aus der Überlegung, dass offenbar das vorliegende Kräftesystem gleichwertig ist einer im Abstand l wirkenden Resultierenden F_r (Bild 5) wird der so genannte *Momentensatz* hergeleitet:

Summe der Momente aller Kräfte in Bezug auf beliebigen Drehpunkt = Moment der Resultierenden F_r in Bezug auf den gleichen Drehpunkt

$$\Sigma M = l\,F_r$$

Daraus lässt sich der Wirkabstand l der Resultierenden F_r berechnen:

$$l = \frac{\Sigma M}{\Sigma F} = \frac{M_1 + M_2 + M_3 \ldots M_n}{F_1 + F_2 + F_3 \ldots F_n}$$

2. Das Ergebnis der Kräftereduktion ist eine Einzelkraft F_r:
   $\Sigma F \neq 0$ (Summe aller Kräfte ungleich null),
   $\Sigma M = 0$ (Summe aller Momente gleich null).

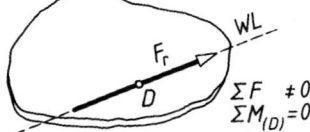
Bild 6.

Ein solches Kräftesystem ist statisch gleichwertig einer durch den Drehpunkt laufenden Einzelkraft.
Die Summe der geometrisch addierten Kräfte F_1, F_2, F_3 ... ist also auch hier ungleich null und es bleibt wieder eine resultierende Einzelkraft F_r übrig, die den

Körper auf ihrer Wirklinie verschiebt oder verschieben könnte. Die Summe der geometrisch addierten Momente ist hier jedoch gleich null, weil kein Kräftepaar übrig bleibt, der Körper kann sich jetzt nicht drehen.
Ein solches Kräftesystem kann nur existieren, wenn die Wirklinie der resultierenden Einzelkraft F_r genau durch den gewählten Drehpunkt hindurchläuft, denn nur in diesem Fall ist der Wirkabstand von F_r gleich null und damit auch die Summe der Momente.

3. Das Ergebnis der Kräftereduktion ist ein Kräftepaar:
$\Sigma F = 0$ (Summe aller Kräfte gleich null),
$\Sigma M \neq 0$ (Summe aller Momente ungleich null).

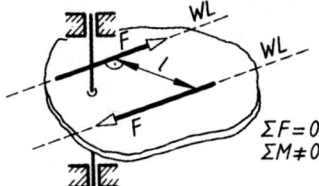

Bild 7.

Ein solches Kräftesystem ist statisch äquivalent einem *Kräftepaar*, d.h. es bleibt bei der Kräftereduktion ein Kräftesystem übrig, das aus zwei gleich großen, gegensinnigen Kräften besteht, deren Wirklinien außerdem parallel liegen, sodass es sich nicht weiter vereinfachen lässt.
Man bezeichnet deshalb eine resultierende Einzelkraft F_r und ein Kräftepaar als statisch äquivalent (gleichwertig); beide lassen sich nicht weiter reduzieren.
Der Körper bleibt dann am Ort stehen und dreht sich um jede beliebige Achse mit der Drehkraftwirkung des Kräftepaares, d.h. mit seinem Moment $M = Fl$.

4. Ergibt die Kräftereduktion, dass die Summe der geometrisch addierten Kräfte *und* Momente gleich null ist, sagt man, die Kräfte stehen im Gleichgewicht.
$\Sigma F = 0$ (Summe aller Kräfte gleich null),
$\Sigma M = 0$ (Summe aller Momente gleich null).

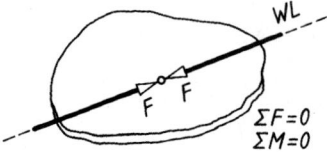

Bild 8.

Ein solcher Körper muss nach dem Trägheitsgesetz entweder ruhen oder sich mit konstanter Geschwindigkeit auf geradliniger Bahn fortbewegen. Deshalb sagt man auch, der *Körper* befindet sich im Gleichgewicht, weil er sich weder beschleunigt verschiebt (Summe aller Kräfte ungleich null) noch beschleunigt dreht (Summe aller Momente ungleich null).
Manchmal sagt man auch kurz, es herrscht Gleichgewicht. Es bleibt dann der Anschauung des Betrachters überlassen, ob er das begrifflich auf den Körper oder das Kräftesystem bezieht. Das ist tatsächlich gleichgültig, wenn nur erkannt wird:
Wenn ein Körper ruhen oder sich geradlinig gleichförmig bewegen soll, muss die Summe seiner geometrisch addierten Kräfte und Momente gleich null sein. Man nennt deshalb $\Sigma F = 0$, $\Sigma M = 0$ die *Gleichgewichtsbedingungen* am starren Körper. Da sich ein frei beweglicher *Körper im Raum* in Richtung der drei Achsen (x, y, z) eines rechtwinkligen Achsenkreuzes sowohl *verschieben* als auch um diese Achsen *drehen* kann, spricht man von den *sechs Freiheitsgraden* des Körpers im Raum.
Analytisch aufgespalten gelten dann die *sechs* rechnerischen Gleichgewichtsbedingungen:

$\left. \begin{array}{l} \Sigma F_x = 0 \\ \Sigma F_y = 0 \\ \Sigma F_z = 0 \end{array} \right\}$ keine beschleunigte oder verzögerte Verschiebung möglich!

$\left. \begin{array}{l} \Sigma M_{(x)} = 0 \\ \Sigma M_{(y)} = 0 \\ \Sigma M_{(z)} = 0 \end{array} \right\}$ keine beschleunigte oder verzögerte Drehung möglich!

Ein *Körper in der Ebene* kann sich in zwei rechtwinklig aufeinander stehenden Richtungen in der Ebene (x, y) verschieben und sich um eine zur Ebene stehende Achse drehen. Ein solcher Körper besitzt demnach *drei Freiheitsgrade*.
Analytisch aufgespalten gelten dann die drei rechnerischen Gleichgewichtsbedingungen:

$\left. \begin{array}{l} \Sigma F_x = 0 \\ \Sigma F_y = 0 \end{array} \right\}$ keine beschleunigte oder verzögerte Verschiebung möglich!

$\Sigma M_{(z)} = 0 \ \left\}\right.$ keine beschleunigte oder verzögerte Drehung möglich!

Mit Hilfe der rechnerischen Gleichgewichtsbedingungen können noch unbekannte Kräfte berechnet werden. Für jede unbekannte Größe muss dann eine Gleichung existieren, sonst ist das Kräftesystem „statisch unbestimmt" und nach den Gesetzen der Statik allein nicht zu lösen. Es müssen dann noch Gesetze der Elastizitätslehre bekannt sein, z.B. das Hooke'sche Gesetz.
Da beim zentralen Kräftesystem in der Ebene eine Momentwirkung nicht auftreten kann, weil die Wirklinien aller Kräfte durch den gemeinsamen Angriffspunkt gehen, also keine Kraft einen Wirkabstand besitzt, genügen die beiden Kraft-Gleichgewichtsbedingungen $\Sigma F_x = 0$, $\Sigma F_y = 0$. Analog gilt für das

zentrale räumliche Kräftesystem $\Sigma F_x = 0$, $\Sigma F_y = 0$, $\Sigma F_z = 0$.
Bei der zeichnerischen Behandlung solcher Kräftesysteme muss sich das Krafteck aller Kräfte schließen, weil nur dann die Resultierende $F_r = 0$ ist.

25 Dynamisches Gleichgewicht

Satz vom dynamischen Gleichgewicht
Für jeden *ungleichförmig* bewegten Körper ist die Summe der geometrisch addierten äußeren Kräfte *einschließlich der Trägheitskräfte* gleich null.
Dieser Satz wird zur Bestimmung unbekannter Kräfte benutzt.

Nach dem Trägheitsgesetz ist am ruhenden oder geradlinig gleichförmig bewegten Körper die Summe aller geometrisch addierten Kräfte und Momente gleich null. Auch ohne besondere Angabe ist bekannt, dass es sich nur um äußere Kräfte und Momente handeln kann, also solche, die von irgendeinem anderen Körper auf den betrachteten übertragen werden.
Bleibt bei der Kräftereduktion, der Vereinfachung des vorliegenden Kräftesystems, eine Kraft als „Resultierende" übrig, wird der Körper entweder beschleunigt oder verzögert.
Den Zusammenhang zwischen der sich einstellenden Beschleunigung a und der resultierenden Kraft F_r liefert über die Masse m des Körpers das dynamische Grundgesetz $F_r = ma$.
Nach dem Wechselwirkungsgesetz ist diese resultierende Kraft F_r gleich groß gegensinnig der Trägheitskraft T, die der beschleunigte oder verzögerte Körper aus sich heraus entwickelt und die auf den beschleunigenden Körper zurückwirkt.
Mit Hilfe dieser Trägheitskraft T ist es nun möglich, die statischen Gleichgewichtsbetrachtungen auch auf solche Körper zu beziehen, die beschleunigte oder verzögerte Bewegungen ausführen, also auf Körper, für die die Kräftesumme *nicht* gleich null ist. Auf den gleichen Körper bezogen heben sich die angreifende Beschleunigungskraft F_r und die dadurch hervorgerufene Trägheitskraft T auf: Sie stehen also im Gleichgewicht wie zwei äußere Kräfte, die gleich groß und gegensinnig sind. Damit gilt:

$F_r - T = 0;$ und mit $T = ma$
$F_r - ma = 0$

Beachte: Die Trägheitskraft T ist stets der Beschleunigung a entgegengerichtet.
Mathematisch formuliert, ergibt sich der *Satz vom dynamischen Gleichgewicht*:

$$\Sigma(F + T) = \Sigma\left(F - m\frac{\Delta v}{\Delta t}\right) = 0$$

Ein bekanntes Beispiel für die Benutzung des Begriffs der Trägheitskraft ist die *Zentrifugalkraft* F_z.
Bewegt sich ein Körper der Masse m auf einem Kreis mit dem Radius r, ist dazu eine zum Mittelpunkt des Kreises gerichtete Kraft nötig (Hammerwerfer). Diese Kraft heißt *Zentripetalkraft* F_c. Sie hält den Körper auf der Kreisbahn. Wäre sie nicht da, würde der Körper in tangentialer Richtung davonfliegen. Sie wird berechnet aus:

$$F_c = m\frac{v^2}{r}$$

F_c	m	v	r
$N = \frac{kg\,m}{s^2}$	kg	$\frac{m}{s}$	m

m Körpermasse, v Umfangsgeschwindigkeit, r Kreisbahnradius

Von der Schwerkraft abgesehen ist die Zentripetalkraft die einzige am Körper angreifende äußere Kraft. Ihr muss nach dem Wechselwirkungsgesetz eine gleich große Kraft entgegenwirken. Das kann hier nur eine Trägheitskraft sein. Man nennt sie Zentrifugalkraft F_z und schreibt:

$$F_z = -m\frac{v^2}{r}$$

F_z ist demnach vom gleichen Betrag wie F_c, nur mit entgegengesetztem Richtungssinn.
Es ist zu beachten, dass Trägheitskräfte *nur dann* eingesetzt werden dürfen, wenn eine Dynamikaufgabe nach den statischen Gleichgewichtsbedingungen (also „statisch") behandelt werden soll. Wird eine solche Aufgabe nicht statisch gelöst, also etwa mit Hilfe des dynamischen Grundgesetzes oder eines daraus entwickelten Satzes, dann sind die Trägheitskräfte – eben weil sie keine „äußeren" Kräfte sind – als nicht vorhanden anzusehen.

Literatur

[1] A. *Böge*, Physik, Grundlagen – Versuche – Aufgaben – Lösungen, Verlag Vieweg, Braunschweig.
[2] L. *Föppl*, Elementare Mechanik vom höheren Standpunkt, R. Oldenbourg, München.
[3] H. *Franke*, Lexikon der Physik, Franckske Verlagshandlung, Stuttgart.
[4] W. *Gerlach*, Physik, Fischer Bücherei KG, Frankfurt am Main.
[5] W. *Heitler*, Der Mensch und die naturwissenschaftliche Erkenntnis, Verlag Vieweg, Braunschweig.
[6] A. *Sacklowski*, Physikalische Größen und Einheiten, Deva Fachverlag, Stuttgart.
[7] J. *Wallot*, Größengleichung, Einheiten und Dimensionen, J. A. Barth-Verlag, Leipzig.

Tabelle 1. Physikalische Größen, Definitionsgleichungen, Einheiten und Dimensionen

Mechanik

Größe	Formel-zeichen	Definitions-gleichung	SI-Einheit[1]	Bemerkung, Beispiel andere zulässige Einheiten
Länge	l, s, r	Basisgröße	m (Meter)	1 Seemeile (sm) = 1 852 m
Fläche	A	$A = l^2$	m^2	Hektar (ha), 1 ha = 10^4 m^2 Ar (a), 1 a = 10^2 m^2
Volumen	V	$V = l^3$	m^3	Liter (l) 1 l = 10^{-3} m^3 = 1 dm^3
ebener Winkel	$\alpha, \beta, \gamma \ldots$	$\alpha = \dfrac{\text{Kreisbogen}}{\text{Kreiradius}}$	rad ≡ 1 (Radiant)	$\alpha = 1{,}7 \dfrac{m}{m} = 1{,}7$ rad
Raumwinkel	Ω	$\Omega = \dfrac{\text{Kugelfläche}}{\text{Radiusquadrat}}$	sr ≡ 1 (Steradiant)	$\Omega = 0{,}4 \dfrac{m^2}{m^2} = 0{,}4$ sr
Zeit	t	Basisgröße	s (Sekunde)	1 min = 60 s; 1 h = 60 min 1 d = 24 h = 86 400 s
Frequenz	f	$f = \dfrac{1}{T}$	$\dfrac{1}{s} = s^{-1} =$ Hz (Hertz)	bei Umlauffrequenz wird U/s statt 1/s benutzt Periodendauer
Drehfrequenz (Drehzahl)	n	$n = 2\pi f$	$\dfrac{1}{s} = s^{-1}$	$\dfrac{U}{min} = \dfrac{1}{min} = min^{-1} = \dfrac{1}{60\,s}$
Geschwindigkeit	v	$v = \dfrac{ds}{dt} = \dfrac{\Delta s}{\Delta t}$	$\dfrac{m}{s}$	$1 \dfrac{km}{h} = \dfrac{1}{3{,}6} \dfrac{m}{s}$
Beschleunigung	a	$a = \dfrac{ds}{dt} = \dfrac{\Delta s}{\Delta t}$	$\dfrac{m}{s^2}$	$\dfrac{cm}{h^2}, \dfrac{km}{s^2} \ldots$
Fallbeschleunigung	g		$\dfrac{m}{s^2}$	Normfallbeschleunigung $g_n = 9{,}80665$ m/s^2
Winkelgeschwindigkeit	ω	$\omega = \dfrac{\Delta \varphi}{\Delta t} = \dfrac{v_u}{r}$	$\dfrac{1}{s} = \dfrac{rad}{s}$	φ Drehwinkel in rad
Umfangsgeschwindigkeit	v_u	$v_u = \pi d n = \omega r$	$\dfrac{m}{s}$	d Durchmesser n Drehzahl
Winkelbeschleunigung	α	$\alpha = \dfrac{\Delta \omega}{\Delta t} = \dfrac{a}{r}$	$\dfrac{1}{s^2} = \dfrac{rad}{s^2}$	ω Winkelgeschwindigkeit

---

[1] Einheit des „Système International d'Unités" (Internationales Einheitensystem)

25 Dynamisches Gleichgewicht

Größe	Formel-zeichen	Definitions-gleichung	SI-Einheit	Bemerkung, Beispiel andere zulässige Einheiten
Masse	m	Basisgröße	kg	$1\,g = 10^{-3}\,kg$ $1\,t = 10^3\,kg$
Dichte	ρ	$\rho = \dfrac{m}{V}$	$\dfrac{kg}{m^3}$	$\dfrac{g}{cm^3}$; $\dfrac{t}{m^3}$
Kraft	F	$F = m\,a$	$N = \dfrac{kg\,m}{s^2}$ (Newton)	$1\,dyn = 10^{-5}\,N$
Gewichtskraft	F_G	$F_G = m\,a$	$N = \dfrac{kg\,m}{s^2}$	Normgewichtskraft $F_{Gn} = m\,g_n$
Druck	p	$p = \dfrac{F}{A}$	$\dfrac{N}{m^2} = \dfrac{kg\,m}{m^2 s^2}$	$1\,bar = 10^2\,\dfrac{N}{m^2}$ $\dfrac{N}{m^2} = Pa$ (Pascal)
dynamische Viskosität	η		$\dfrac{Ns}{m^2} = \dfrac{kg\,m\,s}{m^2 s^2}$	$\dfrac{Ns}{m^2} = Pa\,s$ $1\,P = 0{,}1\,Pa\,s$ (P Poise)
kinematische Viskosität	v (Ny)	$v = \dfrac{\eta}{\rho}$	$\dfrac{m^2}{s} = \dfrac{Ns/m^2}{kg/m^3}$	$1\,St = 10^{-4}\,\dfrac{m^2}{s}$ (St Stokes)
Arbeit	W	$W = F\,s$	$J = \dfrac{kg\,m^2}{s^2}$	$1\,J = 1\,Nm = 1\,Ws$ J Joule Nm Newtonmeter
Energie	W	$W = \dfrac{m}{2}v^2$ $W = m\,g\,h$	$J = \dfrac{kg\,m^2}{s^2}$	Ws Wattsekunde kWh Kilowattstunde $1\,kWh = 3{,}6 \cdot 10^6\,J = 3{,}6\,MJ$
Leistung	P	$P = \dfrac{W}{t}$	$W = \dfrac{Nm}{s}$	$1\,\dfrac{Nm}{s} = 1\,\dfrac{J}{s} = 1\,W$
Drehmoment	M	$M = F\,l$	$Nm = \dfrac{kg\,m^2}{s^2}$	Biegemoment M_b Torsionsmoment T
Trägheitsmoment	J	$J = \int dm\,\rho^2$	$kg\,m^2$	Massenmoment 2. Grades (früher: Massenträgheitsmoment)
Elastizitätsmodul	E	$E = \sigma\dfrac{l_0}{\Delta l}$	$\dfrac{N}{m^2} = \dfrac{kg}{s^2 m}$	$\dfrac{N}{mm^2}$
Schubmodul	G	$G = \dfrac{E}{2(1+\mu)}$	$\dfrac{N}{m^2} = \dfrac{kg}{s^2 m}$	$\dfrac{N}{mm^2}$ (μ Poisson-Zahl)

Thermodynamik

Größe	Formel-zeichen	Definitions-gleichung	SI-Einheit	Bemerkung, Beispiel andere zulässige Einheiten
Temperatur (thermodynamische Temperatur)	T, Θ	Basisgröße	K (Kelvin)	$1\text{ K} = 1\text{ °C}$ t, ϑ Celsius-Temperatur
spezifische innere Energie	u	$\Delta u = \Delta q + \Delta W$	$\dfrac{\text{J}}{\text{kg}} = \dfrac{\text{kgm}^2}{\text{s}^2\text{kg}}$	$1\dfrac{\text{kgm}^2}{\text{s}^2} = 1\text{ Nm} = 1\text{ J}$
Wärme (Wärmemenge)	Q	$\Delta Q = m\,c\,\Delta\vartheta$ $\Delta Q = \Delta u - \Delta W$	$\text{J} = \dfrac{\text{kgm}^2}{\text{s}^2}$	$1\dfrac{\text{kgm}^2}{\text{s}^2} = 1\text{ Nm} = 1\text{ J}$
spezifische Wärme	q	$\Delta q = \Delta u - \Delta W$	$\dfrac{\text{J}}{\text{kg}} = \dfrac{\text{kgm}^2}{\text{s}^2\text{kg}}$	
spezifische Wärmekapazität	c	$c = \dfrac{\Delta Q}{m\,\Delta\vartheta} = \dfrac{\Delta q}{\Delta T}$	$\dfrac{\text{J}}{\text{kg K}} = \dfrac{\text{kgm}^2}{\text{s}^2\text{kg K}}$	
Enthalpie	H	$H = U + pV$ $h = u + pv$	$\text{J} = \dfrac{\text{kgm}^2}{\text{s}^2}$	$h = \dfrac{H}{m}$ spezifische Enthalpie
Wärmeleitfähigkeit	λ		$\dfrac{\text{W}}{\text{m K}} = \dfrac{\text{kgm}}{\text{s}^3\text{K}}$	$\dfrac{\text{J}}{\text{m h K}}$ $\quad 1\text{ K} = 1\text{ °C}$
Wärmeübergangs-koeffizient	α		$\dfrac{\text{W}}{\text{m}^2\text{ K}} = \dfrac{\text{kg}}{\text{s}^3\text{K}}$	$\dfrac{\text{J}}{\text{m}^2\text{ h K}}$ $\quad 1\text{ K} = 1\text{ °C}$
Wärmedurchgangs-koeffizient	k		$\dfrac{\text{W}}{\text{m}^2\text{ K}} = \dfrac{\text{kg}}{\text{s}^3\text{K}}$	$\dfrac{\text{J}}{\text{m}^2\text{ h K}}$ $\quad 1\text{ K} = 1\text{ °C}$
spezifische Gaskonstante	$R_i = \dfrac{R}{M_r}$	$R_i = \dfrac{p}{T\rho}$	$\dfrac{\text{J}}{\text{kg K}} = \dfrac{\text{m}^2}{\text{s}^2\text{K}}$	M_r molare Masse
universelle Gaskonstante	R	$R = 8315\,\dfrac{\text{J}}{\text{kmol K}}$	$\dfrac{\text{J}}{\text{kmol K}}$	$1\text{ kmol} = 1\text{ Kilomol}$
Strahlungsaustausch-konstante	C		$\dfrac{\text{W}}{\text{m}^2\text{ K}^4} = \dfrac{\text{kg}}{\text{s}^3\text{ K}^4}$	$C_s = 5{,}67 \cdot 10^{-8}\,\dfrac{\text{W}}{\text{m}^2\text{K}^4}$ C_s allgemeine Strahlungs-konstante

Elektrotechnik

Größe	Formel-zeichen	Definitions-gleichung	SI-Einheit	Bemerkung, Beispiel andere zulässige Einheiten
elektrische Stromstärke	I	Basisgröße	A (Ampere)	
elektrische Spannung	U	$U = \Sigma E \Delta s$	V (Volt)	$1\,V = 1\,\dfrac{W}{A} = 1\,\dfrac{kgm^2}{s^3 A}$ W (Watt)
elektrischer Widerstand	R		Ω	$1\,\dfrac{V}{A} = 1\,\Omega = 1\,\dfrac{kgm^2}{s^3 A^2}$
elektrischer Leitwert	G		$\dfrac{1}{\Omega}$	$1\,\dfrac{A}{V} = 1\,S = 1\,\dfrac{A^2 s^3}{kgm^2}$ S (Siemens)
elektrische Ladung (Elektrizitätsmengen)	Q		$C = As$ (Coulomb)	$1\,As = 1\,C$ $1\,Ah = 3600\,As$
elektrische Kapazität	C	$C = \dfrac{Q}{U}$	$F = \dfrac{As}{V}$ (Farad)	$1\,F = 1\,\dfrac{C}{V} = 1\,\dfrac{As}{V} = 1\,\dfrac{A^2 s^4}{kgm^2}$
elektrische Flussdichte	D	$D = \epsilon_0 \epsilon_r E$	$\dfrac{C}{m^2}$	$1\,\dfrac{C}{m^2} = 1\,\dfrac{As}{m^2}$
elektrische Feldstärke	E	$E = \dfrac{F}{Q}$	$\dfrac{V}{m}$	$1\,\dfrac{V}{m} = 1\,\dfrac{kgm}{s^3 A}$
Permittivität (früher Dielektrizitätskonstante)	ϵ	$\epsilon = \epsilon_0 \epsilon_r$ ϵ_0 elektrische Feldkonstante ϵ_r Permittivitätszahl	$\dfrac{F}{m} = \dfrac{A^2 s^4}{kgm^3}$	$1\,\dfrac{s}{V} = \dfrac{s^2 C^2}{kgm^3}$
elektrische Energie	W_e	$W_e = \dfrac{Q U}{2}$	Ws	$1\,Nm = 1\,J = 1\,Ws = 1\,\dfrac{kgm^2}{s^2}$
magnetische Feldstärke	H	$H = \dfrac{I}{2 \pi r}$	$\dfrac{A}{m}$	
magnetische Flussdichte, Induktion	B	$B = \mu H$	$T = \dfrac{kg}{s^2 A}$ T (Tesla)	$1\,\dfrac{Wb}{m^2} = 1\,\dfrac{Vs}{m^2} = 1\,\dfrac{kg}{s^2 A}$ $T = 1\,\dfrac{Vs}{m^2}$ Wb (Weber)
magnetischer Fluss	Φ	$\Phi = \Sigma B \Delta A$	$Wb = \dfrac{kgm^2}{s^2 A}$	$1\,Wb = 1\,Vs = 1\,\dfrac{kgm^2}{s^2 A}$
Induktivität	L	$L = \dfrac{N \Phi}{I}$ (Windungszahl)	$H = \dfrac{kgm^2}{s^2 A^2}$ H (Henry)	$1\,H = 1\,\dfrac{Vs}{A} = 1\,\dfrac{Wb}{A} = 1\,\dfrac{kgm^2}{s^2 A^2}$
Permeabilität	μ	$\mu = \mu_0 \mu_r$ μ_0 magnetische Feldkonstante μ_r Permeabilitätszahl	$\dfrac{H}{m} = \dfrac{kgm}{s^2 A^2}$	$1\,\dfrac{Vs}{Am} = 1\,\dfrac{kgm}{s^2 A^2}$

Optik

Größe	Formel-zeichen	Name der Einheit	SI-Einheit	Bemerkung
Lichtstärke	I_v	Candela	cd	Basisgröße
Beleuchtungsstärke	E_v	Lux	lx	
Lichtstrom	Φ_v	Lumen	lm	1 lm = 1 cd sr (sr Steradiant)
Lichtmenge	Q_v	Lumen · Sekunde	lm · s	
Lichtausbeute	η	$\dfrac{\text{Lumen}}{\text{Watt}}$	$\dfrac{\text{lm}}{\text{W}}$	
Leuchtdichte	L_v	$\dfrac{\text{Candela}}{\text{Quadratmeter}}$	$\dfrac{\text{cd}}{\text{m}^2}$	

		Farbtemperatur	HK/cd	cd/HK
Umrechnungsfaktoren von Candela in Hefnerkerzen (HK) und umgekehrt		2 043 K (Platinpunkt)	0,903	1,107
		2 360 K (Wolfram-Vakuum-Lampe)	0,877	1,140
		2 750 K (gasgefüllte Wolframlampe)	0,861	1,162

Tabelle 1 (Fortsetzung)

Tabelle 2. Allgemeine und atomare Konstanten

Bezeichnung	Beziehung
Avogadro-Konstante	$N_A = 6{,}0221367 \cdot 10^{23}\ \text{mol}^{-1}$
Boltzmann-Konstante	$k = 1{,}380658 \cdot 10^{-23}\ \text{J/K}$
elektrische Elementarladung	$e = 1{,}60217733 \cdot 10^{-19}\ \text{C}$
elektrische Feldkonstante	$\epsilon_0 = 8{,}854187817 \cdot 10^{-12}\ \text{F/m}$
Faraday-Konstante	$F = 96485{,}309\ \text{C/mol}$
Lichtgeschwindigkeit im leeren Raum	$c_0 = 2{,}99792458 \cdot 10^8\ \text{m/s}$
magnetische Feldkonstante	$\mu_0 = 1{,}2566370614 \cdot 10^{-6}\ \text{H/m}$
molares Normvolumen idealer Gase	$V_{mn} = 2{,}24208 \cdot 10^4\ \text{cm}^3/\text{mol}$
Planck-Konstante	$h = 6{,}6260755 \cdot 10^{-34}\ \text{J} \cdot \text{s}$
Ruhemasse des Elektrons	$m_e = 9{,}1093897 \cdot 10^{-31}\ \text{kg}$
Ruhemasse des Protons	$m_p = 1{,}672622 \cdot 10^{-27}\ \text{kg}$
Stefan-Boltzmann-Konstante	$\sigma = 5{,}67051 \cdot 10^{-8}\ \text{W}/(\text{m}^2 \cdot \text{K}^4)$
(universelle) Gaskonstante	$R = 8{,}314510\ \text{J}/(\text{mol} \cdot \text{K})$
Gravitationskonstante	$G = 6{,}67259 \cdot 10^{-11}\ \text{m}^3\ \text{kg}^{-1}\ \text{s}^{-2}$

Tabelle 3. Umrechnungstafel für metrische Längeneinheiten

Einheit	Pico-meter pm	Ang-ström[1]) Å	Nano-meter nm	Mikro-meter µm	Milli-meter mm	Zenti-meter cm	Dezi-meter dm	Meter m	Kilo-meter km
1 pm =	1	10^{-2}	10^{-3}	10^{-6}	10^{-9}	10^{-10}	10^{-11}	10^{-12}	10^{-15}
1 Å [1]) =	10^{2}	1	10^{-1}	10^{-4}	10^{-7}	10^{-8}	10^{-9}	10^{-10}	10^{-13}
1 nm =	10^{3}	10	1	10^{-3}	10^{-6}	10^{-7}	10^{-8}	10^{-9}	10^{-12}
1 µm =	10^{6}	10^{4}	10^{3}	1	10^{-3}	10^{-4}	10^{-5}	10^{-6}	10^{-9}
1 mm =	10^{9}	10^{7}	10^{6}	10^{3}	1	10^{-1}	10^{-2}	10^{-3}	10^{-6}
1 cm =	10^{10}	10^{8}	10^{7}	10^{4}	10	1	10^{-1}	10^{-2}	10^{-5}
1 dm =	10^{11}	10^{9}	10^{8}	10^{5}	10^{2}	10	1	10^{-1}	10^{-4}
1 m =	10^{12}	10^{10}	10^{9}	10^{6}	10^{3}	10^{2}	10	1	10^{-3}
1 km =	10^{15}	10^{13}	10^{12}	10^{9}	10^{6}	10^{5}	10^{4}	10^{3}	1

[1]) Das Ångström ist nicht als Teil des Meters definiert, gehört also nicht zum metrischen System. Es ist benannt nach dem schwedischen Physiker A. J. Angström (1814 – 1874).

Beachte: Der negative Exponent gibt die Anzahl der Nullen (vor der 1) *einschließlich* der Null vor dem Komma an, z.B. 10^{-4} = 0,0001; 10^{-1} = 0,1; 10^{-6} = 0,000 001. Der positive Exponent gibt die Anzahl der Nullen (nach der 1) an, z.B. 10^{4} = 10 000; 10^{1} = 10; 10^{6} = 1 000 000.

Tabelle 4. Vorsatzzeichen zur Bildung von dezimalen Vielfachen und Teilen von *Grundeinheiten* oder hergeleiteten Einheiten *mit selbstständigem* Namen

Vorsatz	Kurzzeichen	Bedeutung		
Tera	T	1 000 000 000 000	(= 10^{12})	Einheiten
Giga	G	1 000 000 000	(= 10^{9})	Einheiten
Mega	M	1 000 000	(= 10^{6})	Einheiten
Kilo	k	1 000	(= 10^{3})	Einheiten
Hekto	h	100	(= 10^{2})	Einheiten
Deka	da	10	(= 10^{1})	Einheiten
Dezi	d	0,1	(= 10^{-1})	Einheiten
Zenti	c	0,01	(= 10^{-2})	Einheiten
Milli	m	0,001	(= 10^{-3})	Einheiten
Mikro	µ	0,000 001	(= 10^{-6})	Einheiten
Nano	n	0,000 000 001	(= 10^{-9})	Einheiten
Pico	p	0,000 000 000 001	(= 10^{-12})	Einheiten

C Mechanik

Alfred Böge,
Gert Böge

1 Statik starrer Körper in der Ebene

Formelzeichen und Einheiten

A	m², cm², mm²	Fläche
b	m, cm, mm	Breite
d	m, cm, mm	Durchmesser
E	J = Nm	Energie
e	1	Euler'sche Zahl
F	$N = \dfrac{kgm}{s^2}$	Kraft; wenn nötig oder zweckmäßig werden durch Zeiger unterschieden, z.B. F_r resultierende Kraft = Resultierende, F_R Reibungskraft (kurz: Reibkraft), F_N Normalkraft, F_q Querkraft (Belastung), F_A Stützkraft im Lagerpunkt A usw.
F_G	$N = \dfrac{kgm}{s^2}$	Gewichtskraft
g	$\dfrac{m}{s^2}$	Fallbeschleunigung
h	m, cm, mm	Höhe
l	m, cm, mm	Länge jeder Art, Abstände
M	Nm	Drehmoment, Moment einer Kraft oder eines Kräftepaars (Kraftmoment)
m	kg, g	Masse
n	$\dfrac{1}{\min} = \min^{-1}$	Drehzahl
P	W, kW	Leistung
r	m, cm, mm	Radius
s	m, cm, mm	Weglänge
s	m, cm, mm	Wanddicke
V	m³, cm³, mm³	Volumen, Rauminhalt
v	$\dfrac{m^3}{kg}$	spezifisches Volumen
v	$\dfrac{m}{s}, \dfrac{km}{h}, \dfrac{m}{\min}$	Geschwindigkeit
W	J = Nm	Arbeit
x, y	m, cm, mm	Wirkabstände der Einzelkräfte (und -flächen oder -linien)
x_0, y_0, z_0	m, cm, mm	Schwerpunktsabstände
α, β, γ	°	ebener Winkel
η	1	Wirkungsgrad
μ	1	Reibungszahl (kurz: Reibzahl)
ρ	°	Reibungswinkel (kurz: Reibwinkel)

1.1 Grundlagen

1.1.1 Die Kraft

Kraft ist die Ursache einer Bewegungs- oder (und) Formänderung. Man arbeitet in der Statik mit dem Gedankenbild des „starren" Körpers, schließt also die bei jedem Körper auftretende Formänderung aus der Betrachtung aus. Jede Kraft lässt sich durch Vergleich mit der Gewichtskraft eines Wägestücks messen. Eindeutige Kennzeichnung einer Kraft F erfordert drei Bestimmungsstücke (Bild 1):
Betrag der Kraft, z.B. $F = 18$ N; in bildlicher Darstellung festgelegt durch Länge einer Strecke in bestimmtem Kräftemaßstab (KM).
Lage der Kraft; festgelegt durch ihre Wirklinie (WL) und den Angriffspunkt im *Lageplan*. *Richtungssinn* der Kraft; gekennzeichnet durch den *Richtungspfeil*.
Kräfte sind *Vektoren*, d.h. gerichtete Größen, ebenso wie z.B. Geschwindigkeiten und Beschleunigungen, im Gegensatz zu den *Skalaren*, das sind nicht gerichtete Größen, wie Zeit, Temperatur, Masse und andere. Näheres zu Vektoren und Skalaren im Abschnitt Physik.
Die *Resultierende* F_r zweier oder mehrerer Kräfte F_1, F_2, ... ist diejenige gedachte Ersatzkraft, die dieselbe Wirkung auf den Körper ausübt wie alle Einzelkräfte F_1, F_2 ... zusammen.

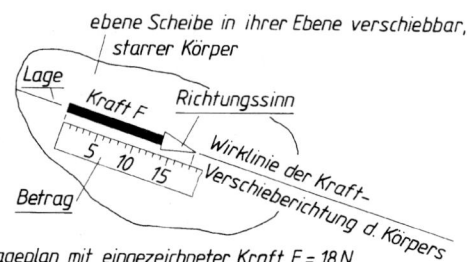

Bild 1. Bestimmungsstücke einer Kraft F

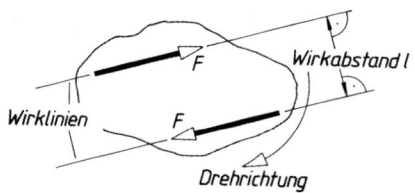

Bild 2. Das Kräftepaar erzeugt ein Kraftmoment

1.1.2 Das Kräftepaar (Kraftmoment, Drehmoment)

Ein Kräftepaar besteht aus zwei gleich großen, parallelen, entgegengesetzt gerichteten Kräften F, deren Wirklinien einen *Wirkabstand l* voneinander haben ($\perp$ zu den Wirklinien gemessen, Bild 2).

Es wirkt immer dann ein Kräftepaar, wenn sich ein starrer Körper dreht oder – ohne Bindungen – drehen würde (Welle, Handrad, Tretkurbel).
Die *Drehkraftwirkung* eines Kräftepaars heißt *Drehmoment M*. Der Betrag des Drehmoments wird bestimmt durch das Produkt aus *einer* der beiden Kräfte F und deren Wirkabstand l:

$$\text{Drehmoment } M = \text{Kraft } F \cdot \text{Wirkabstand } l$$
$$M = F\,l \qquad (1)$$

M	F	l
Nm	N	m

(Wirkabstand l stets $\perp$ zur Wirklinie gemessen!)

Die Drehrichtung von Drehmomenten wird durch Vorzeichen gekennzeichnet:

(−) = rechtsdrehend
(+) = linksdrehend

Eine der beiden Kräfte eines Kräftepaars ist vielfach „verborgen" wirksam, meistens als Lagerkraft; beim Freimachen des Körpers muss sie erscheinen!
Das Drehmoment eines Kräftepaars bleibt unabhängig von der Wahl des Bezugspunkts D (Drehpunkt) immer dasselbe ($M = F\,l$), wie die Entwicklung im Bild 3 zeigt. In Bezug auf den Drehpunkt D übt nur die rechts liegende Kraft F ein Drehmoment aus ($M_{(D)} = F\,l$), weil die Wirklinie der zweiten Kraft des Kräftepaars durch den Drehpunkt D geht, also keinen Wirkabstand besitzt. Die Entwicklung für den Drehpunkt D_1 zeigt aber, dass auch für diesen Drehpunkt $M_{(D1)} = F\,l$ wird.

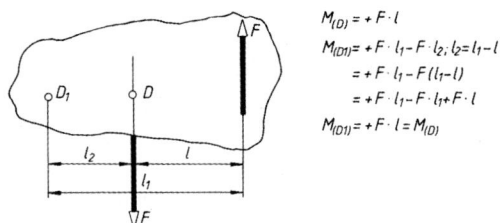

Bild 3. Das Drehmoment eines Kräftepaars ist immer $M = F\,l$

Ein Kräftepaar kann demnach beliebig in der Ebene (oder in parallele Ebenen) verschoben oder durch ein anderes ersetzt werden, wenn nur beide gleiches Moment (einschließlich Drehsinn) haben.

■ **Beispiel:**
Zahnräder können achsparallel auf der Welle verschoben werden. Die Kraft und das Drehmoment sind die beiden „Grundgrößen" der Statik, mit ihnen werden alle Lehrsätze der Statik aufgebaut.

1 Statik starrer Körper in der Ebene

1.1.3 Moment einer Einzelkraft (Kraftmoment)

Das Moment einer Einzelkraft F in Bezug auf einen gewählten Drehpunkt D ist festgesetzt (definiert) als das Produkt aus der Kraft und deren Wirkabstand l (Lot von der Wirklinie auf den gewählten Drehpunkt D); Bild 4. Wirkabstand l heißt auch „Hebelarm".

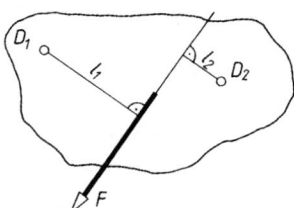

Bild 4. Moment einer Kraft F in Bezug auf Drehpunkt D_1: $M_1 = -Fl_1$ und auf D_2: $M_2 = +Fl_2$

Kraftmoment M = Kraft F · Wirkabstand l

$$M = Fl \qquad \begin{array}{c|c|c} M & F & l \\ \hline Nm & N & m \end{array} \qquad (2)$$

Die Drehrichtung wird wie beim Drehmoment durch Vorzeichen gekennzeichnet:

(−) = rechtsdrehend
(+) = linksdrehend

Im Gegensatz zum Drehmoment des Kräftepaars, dessen Betrag und Richtungssinn unabhängig von der Wahl des Drehpunkts am Körper stets gleich groß ist, hängen Betrag und Richtung des Moments einer Kraft F von der Wahl des Bezugspunkts D ab (Bild 4). Siehe auch Momentensatz 1.2.2.2.

1.1.4 Das Versatzmoment

Soll geklärt werden, welche Wirkung die Kraft F, in Bild 5 in I angreifend auf II ausübt, wird mit dem Begriff des Versatzmoments gearbeitet. Zwei gleich große, gegensinnige Parallelkräfte in II angebracht verändern den Zustand des starren Körpers nicht. F_1 und F_2 stellen ein Kräftepaar dar, können also sinnbildlich zum Moment $M = -F_1 l$ zusammengefasst werden. Punkt II wird demnach belastet durch die parallel verschobene Ursprungskraft F_1 und dem Drehmoment $M = -F_1 l$. Man spricht dann vom Versatzmoment.

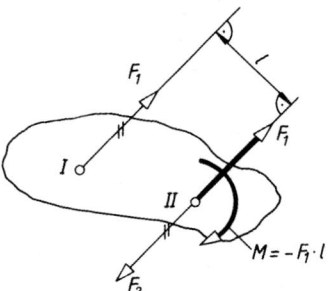

Bild 5. Versatzmoment einer Kraft

1.1.5 Die drei Grundoperationen (Arbeitssätze) der Statik

Fast alle Verfahren der Statik lassen sich auf drei Grundoperationen zurückführen:

> **Parallelogrammsatz (Kräfteparallelogramm, Zusammensetzen und Zerlegen zweier Kräfte):**
> Die Resultierende F_r zweier Kräfte F_1 und F_2 ist die Diagonale des aus beiden Kräften gebildeten Parallelogramms (Bild 6).

Meistens arbeitet man nur mit dem halben Parallelogramm, dem Kräftedreieck, denn man kommt zum gleichen Ergebnis, wenn man die gegebenen Kräfte in beliebiger Reihenfolge aneinander reiht: Die Resultierende F_r ist dann die Verbindungslinie *vom* Anfangspunkt A der ersten *zum* Endpunkt E der letzten Kraft. Dieser Satz gilt für beliebig viele Kräfte.

Die Resultierende F_r zweier Kräfte F_1 und F_2, die den Winkel α einschließen, lässt sich berechnen (Bild 6):

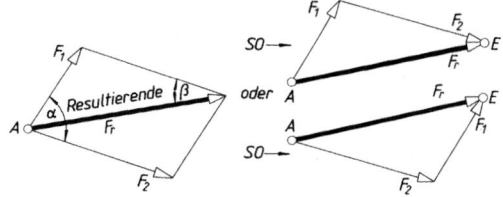

Bild 6. Parallelogrammsatz; gegeben: F_1, F_2 gesucht F_r

$$F_r = \sqrt{F_1^2 + F_2^2 + 2F_1 F_2 \cos\alpha} \qquad (3)$$

$$\beta = \arcsin \frac{F_1 \sin\alpha}{F_r} \qquad (4)$$

Die Umkehrung des Parallelogrammsatzes ist der *Satz von der Zerlegung einer Kraft* in zwei Komponenten (Bild 7):

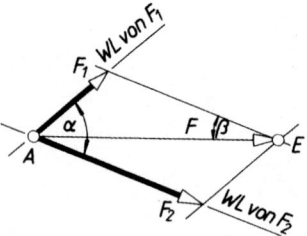

Bild 7. Kraftzerlegung gegeben: F; gesucht: F_1, F_2

Die gegebenen Wirklinien werden parallel zu sich selbst in den Endpunkt E der gegebenen Kraft F verschoben, dadurch entsteht das Parallelogramm. Die Aufgabe, eine Kraft in mehr als zwei Komponenten zu zerlegen, ist statisch unbestimmt, d.h. es sind unendlich viele Lösungen möglich.
Die beiden Komponenten F_1, F_2 einer gegebenen Kraft F lassen sich berechnen (Bild 7):

$$F_1 = F \frac{\sin \beta}{\sin \alpha} \qquad (5)$$

$$F_2 = F \cos\beta - F_1 \cos\alpha \qquad (6)$$

Soll eine gegebene Kraft F nach Bild 8 in zwei parallele Komponenten F_1, F_2 zerlegt werden, gilt

$$F_1 = F \frac{l_2}{l_1 + l_2} \qquad (7)$$

$$F_2 = F \frac{l_1}{l_1 + l_2} \qquad (8)$$

Erweiterungssatz:
Zwei gleich große, gegensinnige, auf gleicher Wirklinie liegende Kräfte können zu einem Kräftesystem hinzugefügt oder von ihm fortgenommen werden, ohne dass sich damit die Wirkung des Kräftesystems ändert (siehe Bild 5).

Verschiebesatz:
Kräfte können frei auf ihrer Wirklinie verschoben werden; es sind linienflüchtige Vektoren.

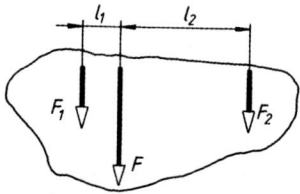

Bild 8. Zerlegung einer Kraft F in zwei parallele Komponenten

■ **Beispiel:**
Wie groß ist die Resultierende F_r zweier Kräfte von 5 N und 8 N, die den Winkel $\alpha = 30°$ einschließen. Welchen Winkel β schließt die Resultierende mit einer der beiden Komponenten ein?

Lösung:

$$F_r = \sqrt{F_1^2 + F_2^2 + 2F_1 F_2 \cos\alpha}$$

$$F_r = \sqrt{(5\ \text{N})^2 + (8\ \text{N})^2 + 2 \cdot 5\ \text{N} \cdot 8\ \text{N} \cdot \cos 30°} = 12{,}6\ \text{N}$$

$$\beta = \arcsin \frac{F_1 \sin \alpha}{F_r} = \frac{5\ \text{N} \cdot \sin 30°}{12{,}6\ \text{N}} =$$

$$= 0{,}198;\ \beta = 11{,}4°$$

■ **Beispiel:**
Eine Kraft F von 50 N ist so in zwei Komponenten zu zerlegen, dass die beiden Komponenten den Winkel $\alpha = 120°$ einschließen. Der Winkel β zwischen F und der einen Komponente beträgt 20°.

Lösung:

$$F_1 = F \frac{\sin \beta}{\sin \alpha} = 50\ \text{N}\ \frac{\sin 20°}{\sin 120°} = 19{,}7\ \text{N}$$

$$F_2 = F \cos\beta - F_1 \cos\alpha =$$
$$= 50\ \text{N} \cdot \cos 20° - 19{,}7\ \text{N} \cdot \cos 120° =$$
$$= 56{,}8\ \text{N}$$

1.1.6 Das Freimachen der Körper

Die Lösung jeder Aufgabe der Mechanik sollte mit dem Freimachen des zu untersuchenden Körpers beginnen, weil nur damit gewährleistet ist, dass *alle* am Körper angreifenden Kräfte richtig erfasst wurden. Die Anzahl der unbekannten Stützkräfte am Körper ist abhängig von der Bauart der Lagerung.

Einen Körper (Hebel, Stange, Feder, Welle u.a.) *„frei machen"* heißt: in Gedanken den Körper an allen Stütz-, Verbindungs- oder sonstigen Berührungsstellen von seiner Umgebung loslösen und für jeden der weggenommenen Bauteile *diejenigen* Kräfte eintragen, die von der Umgebung auf den frei zu machenden Körper übertragen werden. *Beachte*: Richtungssinn stets in *Bezug auf den „frei zu machenden" Körper* eintragen!
Fehler werden häufig beim Anbringen der Reibkraft gemacht!
Die Grundregel zur Lösung statischer Aufgaben heißt:
Freimachen und Gleichgewichtsbedingungen ansetzen!

Im Einzelnen ist beim Freimachen zu beachten:

1.1.6.1 Seile, Ketten, Bänder, Riemen o.ä. (Bild 9)
übertragen nur *Zugkräfte* in Seilrichtung auf den frei zu machenden Körper. Werden Seile durch Rollen o.ä. reibungsfrei umgelenkt, wirkt an jeder Stelle des Seiles die gleiche Zugkraft in der jeweiligen Seilrichtung.

1 Statik starrer Körper in der Ebene

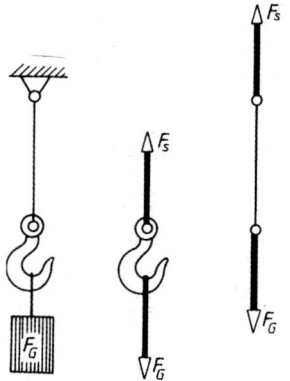

Bild 9. Kranhaken und Seil frei gemacht

1.1.6.2 Zweigelenkstäbe (Bild 10) übertragen *nur Zug-* oder *Druckkräfte*, d.h. in der Verbindungsgeraden der beiden Gelenke, wenn die Kräfte nur in den Gelenkpunkten in den Stab eingeleitet werden, wie z.B. bei der Schubstange des Schubkurbelgetriebes. Zweigelenkstäbe nennt man auch Pendelstützen.

1.1.6.3 Stützflächen (Bild 10 und 11) übertragen nur Normalkräfte F_N ($\perp$ zur Stützfläche), wenn sie sich reibungsfrei berühren; sonst in tangentialer Richtung auch Reibkräfte F_r, wie z.B. die Gleitflächen des Kreuzkopfes oder die Übertragungsflächen des Gleitschiebers in Bild 11.
Beachte: Der Richtungssinn der Reibkraft muss stets von Anfang an am frei gemachten Körper richtig eingesetzt werden; er ist stets der Bewegungsrichtung des Körpers entgegengesetzt.

1.1.6.4 Kugeln und Rollen (Bild 12) übertragen reibungsfrei nur Kräfte, deren Wirklinie durch Kugel-(Rollen-)mittelpunkt *und* Berührungspunkt geht, also auch Normalkräfte.

1.1.6.5 Tragwerke (Stützträger) nach Bild 13 sind statisch bestimmt gelagert, wenn die drei Gleichgewichtsbedingungen ($\Sigma F_x = 0$; $\Sigma F_y = 0$; $\Sigma M = 0$) zur Bestimmung der Stützkräfte ausreichen. Sie besitzen ein einwertiges und ein zweiwertiges Lager. Reibkräfte werden meistens nicht berücksichtigt.
Wichtig zur Lösung statischer Aufgaben ist stets das Erkennen und Festlegen der Wirklinie der einwertigen Stützkraft F_A, weil damit der erste Schritt zur Lösung getan ist. Weder bei der einwertigen noch bei der zweiwertigen Stützkraft kommt es zunächst auf die Festlegung des Richtungs*sinnes* an; das kann nach Gefühl erfolgen. Den tatsächlichen Richtungssinn liefern die zeichnerischen oder rechnerischen Lösungsverfahren selbst. Wurde der Richtungssinn bei einer unbekannten Kraft falsch angenommen, erscheint sie im rechnerischen Ergebnis negativ.

1.1.6.6 Einwertige, zweiwertige und dreiwertige Lagerungen sind solche, bei denen entweder eine, zwei oder drei unbekannte Stützkräfte auftreten. Bei Berücksichtigung der Reibung kommt noch eine Unbekannte hinzu.
Einwertige Lagerungen, wie Kugeln, Rollen, Querlager und Zweigelenkstäbe (Pendelstützen) übertragen ohne Berücksichtigung der Reibung *eine* unbekannte Stützkraft. Ihre Wirklinie ist eindeutig bestimmt: Die Stützkraft wirkt rechtwinklig zur Stützebene, bei Zweigelenkstäben in der Verbindungsgeraden der beiden Gelenke (Bild 10, 12, 13).
Zweiwertige Lagerungen übertragen ohne Berücksichtigung der Reibung stets zwei unbekannte Stützkräfte, eine in x-Richtung, die andere in y-Richtung (Bild 13).
Dreiwertige Lagerungen entstehen z.B. bei eingepressten Bolzen (Einspannungen). Sie übertragen drei unbekannte Größen: eine Kraft in x-Richtung, eine in y-Richtung und ein Drehmoment M.

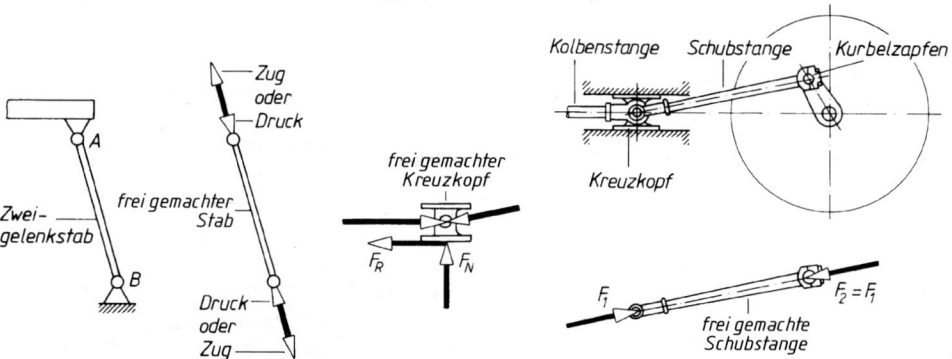

Bild 10. Schubstange (Zweigelenkstab) und Kreuzkopf eines Schubkurbelgetriebes (Kurbeltrieb) frei gemacht (ohne Massenkräfte)

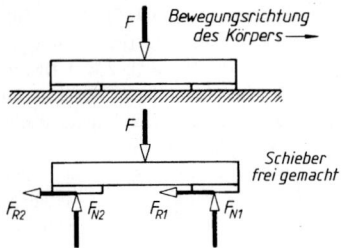

Bild 11. Gleitschieber frei gemacht

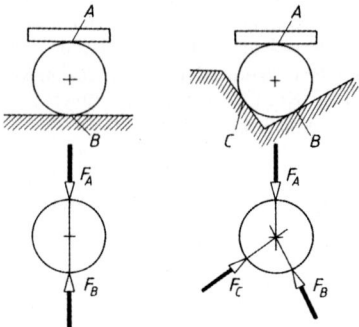

Bild 12. Kugel (Rolle) frei gemacht

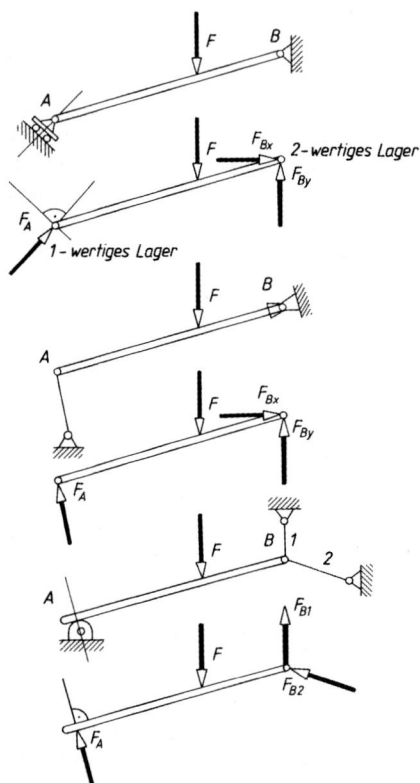

Bild 13. Stützträger frei gemacht; einwertige Lager A; zweiwertige Lager B

1.2 Zusammensetzen, Zerlegen und Gleichgewicht von Kräften in der Ebene

1.2.1 Die Kräfte greifen am gleichen Punkt der Ebene an (Zentrales Kräftesystem)

1.2.1.1 Zeichnerische Bestimmung der Resultierenden F_r.
Die gegebenen Kräfte werden in beliebiger Reihenfolge maßstabgerecht und richtungsgemäß derart aneinander gereiht, dass sich ein fortlaufender Kräftezug ergibt (Bilder 14 und 15).
Die gesuchte Resultierende F_r ist stets die Verbindungslinie *vom* Anfangspunkt A der zuerst gezeichneten *zum* Endpunkt E der zuletzt gezeichneten Kraft.

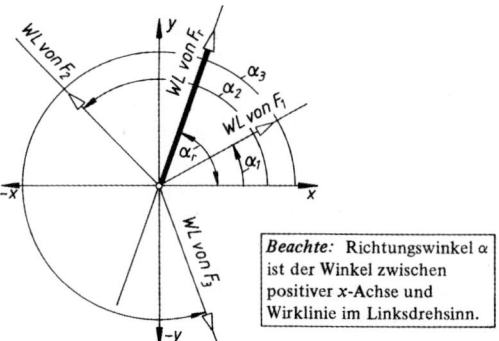

Beachte: Richtungswinkel α ist der Winkel zwischen positiver x-Achse und Wirklinie im Linksdrehsinn.

Bild 14. Lageplan mit den Wirklinien (WL) der gegebenen Kräfte F_1, F_2, F_3 und Richtungswinkel α_1, α_2, α_3; gesucht: Resultierende F_r und Winkel α_r

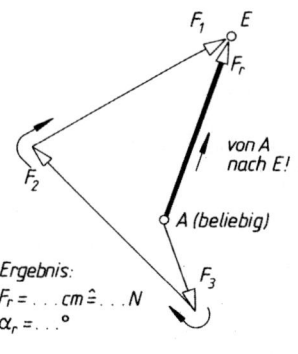

Ergebnis:
$F_r = \ldots$ cm $\hat{=} \ldots$ N
$\alpha_r = \ldots °$

$KM: 1 cm \hat{=} \ldots N$

Bild 15. Kräfteplan, durch Parallelverschiebung der Wirklinien (WL) aus dem Lageplan gewonnen

1 Statik starrer Körper in der Ebene

Arbeitsplan zur zeichnerischen Bestimmung der Resultierenden

Rechtwinkliges Achsenkreuz zeichnen.
Wirklinien (WL) der gegebenen Kräfte F_1, F_2, F_3 unter den Richtungswinkeln α_1, α_2, α_3 zur positiven x-Achse eintragen.
Im Kräfteplan beliebigen Anfangspunkt A festlegen.
Beliebige Wirklinie durch Parallelverschiebung aus dem Lageplan durch den gewählten Anfangspunkt legen.
Auf dieser Wirklinie die gegebene Kraft im gewählten Kräftemaßstab richtungsgemäß abtragen.
Die restlichen Kräfte in gleicher Weise an die zuerst gezeichnete Kraft anschließen (Reihenfolge beliebig).
Pfeilspitze der letzten Kraft ergibt Endpunkt E des Kräfteplans.
Resultierende F_r als Verbindungslinie *vom Anfangspunkt A zum Endpunkt E* zeichnen; Länge abgreifen; Wirklinie in den Lageplan übertragen; Richtungswinkel α_r messen.

1.2.1.2 Rechnerische (analytische) Bestimmung der Resultierenden F_r

Man rechnet mit den Kraftkomponenten $F_{nx} = F_n \cos\alpha_n$ und $F_{ny} = F_n \sin\alpha_n$. Der Rechner liefert das Vorzeichen (+) oder (–) automatisch mit, wenn für α_n die *Richtungswinkel* zwischen der positiven x-Achse und der Wirklinie eingegeben werden.
Die Addition der Kraftkomponenten liefert die Komponenten F_{rx} und F_{ry} der Resultierenden.
Diese ergeben mit Hilfe des Lehrsatzes des Pythagoras die Resultierende F_r.

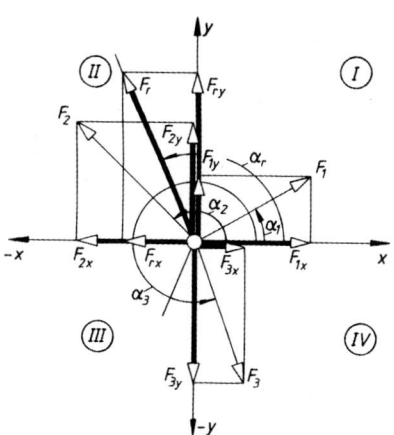

Bild 16. Lageskizze (unmaßstäblich) mit den Komponenten F_{1x}, F_{1y}, F_{2x}, F_{2y} ... der gegebenen Kräfte F_1, F_2 ... am frei gemachten Körper; gesucht: Resultierende F_r und Winkel α_r

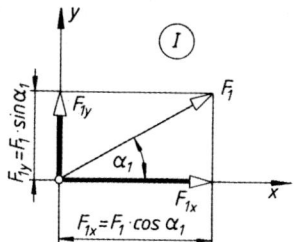

Bild 17. Gegebene Kraft F_1 und deren Komponenten $F_{1x} = F_1 \cos\alpha_1$ und $F_{1y} = F_1 \sin\alpha_1$

Kraftkomponenten:

x-Komponenten:
$$F_{1x} = F_1 \cos\alpha_1$$
$$F_{2x} = F_1 \cos\alpha_2 \quad (9)$$
$$F_{nx} = F_n \cos\alpha_n$$

y-Komponenten:
$$F_{1y} = F_1 \cos\alpha_1$$
$$F_{2y} = F_1 \cos\alpha_2 \quad (10)$$
$$F_{ny} = F_n \cos\alpha_n$$

Komponenten der Resultierenden:
$$F_{rx} = F_{1x} + F_{2x} + F_{3x} + \ldots F_{nx} \quad (11)$$
$$F_{ry} = F_{1y} + F_{2y} + F_{3y} + \ldots F_{ny}$$

Betrag der Resultierenden:
$$F_r = \sqrt{F_{rx}^2 + F_{ry}^2} \quad (12)$$

Richtungswinkel α_r der Resultierenden F_r:
$$\alpha_r = \arctan \frac{|F_{ry}|}{|F_{rx}|} \quad (13)$$

(nur mit den Beträgen $|F_{ry}|$ und $|F_{rx}|$ rechnen)

Richtungswinkel α_r ist der Winkel, den die Wirklinie der Resultierenden F_r mit der positiven x-Achse einschließt; Bestimmung des Quadranten I, II, III, IV aus den Vorzeichen der beiden Komponenten F_{rx} und F_{ry}.

1.2.1.3 Zeichnerische Bestimmung unbekannter Kräfte.
Die gegebenen Kräfte werden in beliebiger Folge maßstabgerecht und richtungsgemäß zu einem fortlaufenden Kräftezug aneinander gereiht. Mit den Wirklinien der noch unbekannten Kräfte muss das *Krafteck so geschlossen* werden, dass die Pfeilrichtungen „Einbahnverkehr" ermöglichen. Anfangspunkt A und Endpunkt E des Kräftezuges müssen zusammenfallen (Bilder 18 und 19).

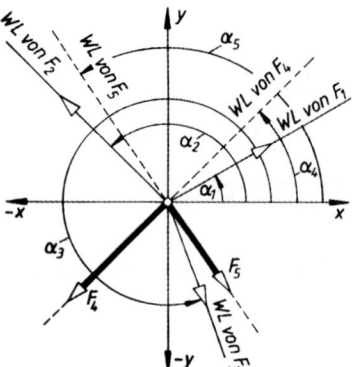

Bild 18. Lageplan mit den Wirklinien (WL) sämtlicher Kräfte ($F_1 \ldots F_5$) am frei gemachten Körper
gegeben: $F_1, F_2, F_3, \alpha_1, \alpha_2, \alpha_3, \alpha_4, \alpha_5$
gesucht: F_4, F_5

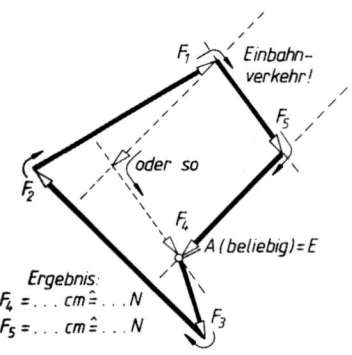

Bild 19. Kräfteplan, durch Parallelverschiebung der Wirklinien (WL) aus dem Lageplan gewonnen

Arbeitsplan zur zeichnerischen Bestimmung unbekannter Kräfte
Rechtwinkliges Achsenkreuz zeichnen.
Wirklinien der gegebenen und der noch unbekannten Kräfte eintragen.
Im Kräfteplan die gegebenen Kräfte oder die gegebene Kraft vom beliebigen Anfangspunkt A aus maßstäblich und richtungsgemäß aneinander reihen wie bei der zeichnerischen Bestimmung der Resultierenden (1.2.1.1), jedoch ohne die Resultierende zu zeichnen.
Mit den Wirklinien der gesuchten Kräfte durch Parallelverschiebung aus dem Lageplan in den Kräfteplan dort das Krafteck „schließen".
Kraftrichtungen (Pfeile) nach der Bedingung des „geschlossenen" Kräftezuges (Einbahnverkehr) an den gesuchten Kräften anbringen.
Gefundene Kräfte (Gleichgewichtskräfte, Stützkräfte) in den Lageplan übertragen.

1.2.1.4 Rechnerische (analytische) Bestimmung unbekannter Kräfte. Werden alle am Körper angreifenden Kräfte in ihre Komponenten nach den beiden Richtungen eines rechtwinkligen Achsenkreuzes zerlegt und ist die algebraische Summe der Komponenten in x- und y-Richtung gleich null, stehen die Kräfte im Gleichgewicht (Bild 20).
Die rechnerischen Gleichgewichtsbedingungen beim zentralen Kräftesystem lauten:

I. $\Sigma F_x = 0; F_{1x} + F_{2x} + F_{3x} + \ldots \quad F_{nx} = 0$ (14)
II. $\Sigma F_y = 0; F_{1y} + F_{2y} + F_{3y} + \ldots \quad F_{ny} = 0$
$F_{nx} = F_n \cos\alpha; \quad F_{ny} = F_n \sin\alpha_n$ (15)

Winkel α ist stets der *Richtungswinkel* der Kraft. Das ist der Winkel zwischen positiver x-Achse und Wirklinie.

Arbeitsplan zur rechnerischen (analytischen) Bestimmung unbekannter Kräfte
Rechtwinkliges Achsenkreuz skizzieren.
Sämtliche Kräfte – auch die noch unbekannten – in ihre x- und y-Komponenten zerlegen und unmaßstäblich eintragen, dabei den Richtungssinn der noch unbekannten Kräfte zunächst annehmen.
Nach dieser Lageskizze die beiden rechnerischen Gleichgewichtsbedingungen ansetzen. Bekannte Komponenten evtl. erst ausrechnen und diese Beträge in die beiden Gleichungen einsetzen.
Die Gleichungen nach dem Einsetzungsverfahren oder nach dem Gleichsetzungsverfahren lösen (siehe A Mathematik).
Ergibt eine der Lösungen für eine Kraft einen negativen Wert (Minuszeichen), dann war falsche Richtung angenommen worden, die tatsächliche Richtung ist entgegengesetzt, der Zahlenwert stimmt jedoch! Bei weiteren Rechnungen muss nun die tatsächliche Richtung berücksichtigt werden (Vorzeichenumkehr!).
Errechnete Komponenten können schließlich mit Hilfe des Lehrsatzes des Pythagoras zur gesuchten Kraft vereinigt werden.
Kraftrichtungen der gefundenen Kräfte in den Lageplan übertragen.

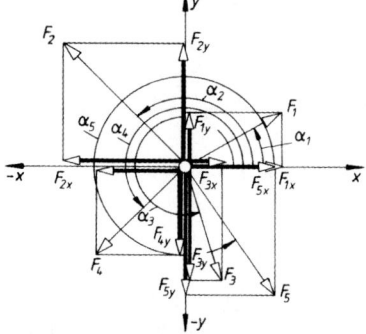

Bild 20. Lageskizze (unmaßstäblich) mit den Komponenten *sämtlicher* Kräfte am frei gemachten Körper
gegeben: $F_1, F_2, F_3, \alpha_1, \alpha_2, \alpha_3, \alpha_4, \alpha_5$ gesucht: F_4, F_5

1 Statik starrer Körper in der Ebene

■ **Beispiel:**
Ein zentrales Kräftesystem nach Bild 20 besteht aus den gegebenen Kräften $F_1 = 55$ N; $\alpha_1 = 30°$; $F_2 = 63$ N; $\alpha_2 = 135°$; $F_3 = 22$ N; $\alpha_3 = 290°$. Die Wirklinien der gesuchten Gleichgewichtskräfte F_4, F_5 liegen unter $\alpha_4 = 225°$ und $\alpha_5 = 305°$.

Lösung:
F_4 und F_5 ergeben sich aus den beiden rechnerischen Gleichgewichtsbedingungen:

I. $\Sigma F_x = 0 = + F_1 \cos\alpha_1 + F_2 \cos\alpha_2 + F_3 \cos\alpha_3 + F_4 \cos\alpha_4 + F_5 \cos\alpha_5$
II. $\Sigma F_y = 0 = + F_1 \sin\alpha_1 + F_2 \sin\alpha_2 + F_3 \sin\alpha_3 + F_4 \sin\alpha_4 + F_5 \sin\alpha_5$

Ausrechnung:
$F_4 \cdot \cos 225° = -55$ N $\cdot \cos 30° - 63$ N $\cdot \cos 135° - 22$ N $\cdot \cos 290° - F_5 \cdot \cos 305° - 0{,}707 \cdot F_4 = -10{,}608$ N $- F_5 \cdot 0{,}573$

$F_4 \cdot \sin 225° = -55$ N $\cdot \sin 30° - 63$ N $\cdot \sin 135° - 22$ N $\cdot \sin 290° - F_5 \cdot \sin 305° - 0{,}707 \cdot F_4 = -51{,}374$ N $- F_5 \cdot (-0{,}819)$

Daraus, z. B. mit der Gleichsetzungsmethode:
$F_5 = 29{,}286$ N und $F_4 = 38{,}781$ N

1.2.2 Die Kräfte greifen an verschiedenen Punkten der Ebene an (allgemeines Kräftesystem)

1.2.2.1 Zeichnerische Bestimmung der Resultierenden F_r (Seileckverfahren).
Das Krafteck bestimmt Betrag und Richtung der Resultierenden F_r, das Seileck deren Lage. Schnittpunkt des ersten und letzten Seilstrahls ist ein Punkt der Wirklinie der Resultierenden (Bild 21 und 22).

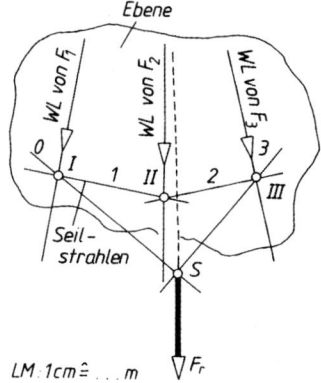

Bild 21. Lageplan mit den Wirklinien (WL) der gegebenen Kräfte F_1, F_2, F_3 am frei gemachten Körper; Seilstrahlen aus dem Kräfteplan; gesucht: *Lage* der Resultierenden F_r

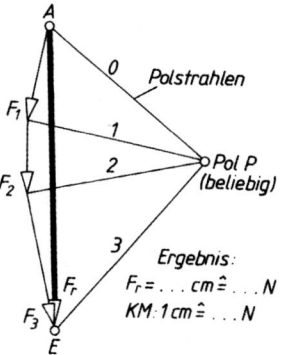

Bild 22. Kräfteplan mit den Polstrahlen; gesucht: Betrag und Richtungssinn der Resultierenden F_r

---

Arbeitsplan zum Seileckverfahren
Lageplan mit den Wirklinien der gegebenen Kräfte zeichnen.
Mit Hilfe der parallel verschobenen Wirklinien im Kräfteplan das Krafteck zeichnen, dazu Kräfte in beliebiger Reihenfolge maßstäblich und richtungsgetreu aneinander reihen.
Resultierende F_r *vom Anfangspunkt A* der zuerst gezeichneten *zum Endpunkt E* der zuletzt gezeichneten Kraft eintragen.
Pol P beliebig wählen.
Polstrahlen im Kräfteplan zeichnen und fortlaufend numerieren.
Polstrahlen durch Parallelverschiebung aus dem Kräfteplan im Lageplan zu Seilstrahlen machen, dazu Anfangspunkt I beliebig wählen und genau auf Zuordnung achten: Die zur jeweiligen Kraft im Kräfteplan gehörigen Polstrahlen als Seilstrahlen auf der Wirklinie *dieser* Kraft zum Schnitt bringen (Numerierung beachten). Anfangs- und Endseilstrahl im Lageplan zum Schnitt S bringen; sie entsprechen den beiden Polstrahlen der Resultierenden F_r.
Wirklinie der Resultierenden F_r durch gefundenen Schnittpunkt S legen, ergibt damit die *Lage* der Resultierenden.

1.2.2.2 Rechnerische (analytische) Bestimmung der Resultierenden F_r (Momentensatz).
Betrag und *Richtung* der Resultierenden werden ebenso bestimmt wie beim zentralen Kräftesystem (1.2.1.2). Der *Momentensatz* lautet:

Wirken mehrere Kräfte (Bild 23) drehend auf einen Körper, so ist die algebraische Summe ihrer Momente gleich dem Moment der Resultierenden in Bezug auf den gleichen Drehpunkt!

Einfacher: Drehkraftwirkung der Einzelkräfte gleich Drehkraftwirkung der Resultierenden!

$$M_1 + M_2 + M_3 + \dots M_n = M_r$$
$$F_1 l_1 + F_2 l_2 + F_3 l_3 + \dots F_n l_n = F_r l_0$$

Aus diesem *Momentensatz* lässt sich der Abstand l_0 der Resultierenden F_r von einem beliebig gewählten Drehpunkt D aus berechnen, sodass deren *Lage* bestimmt ist:

$$l_0 = \frac{F_1 l_1 + F_2 l_2 + F_3 l_3 + \dots F_n l_n}{F_r} \qquad (16)$$

$F_1, F_2 \dots$ Einzelkräfte; F, *Resultierende*
$l_1, l_2 \dots$ Wirkabstände der Einzelkräfte
l_0 Wirkabstand der Resultierenden vom gewählten Bezugs(Dreh-)punkt D

■ **Beispiel:**
$F_1 = 3$ N; $F_2 = 4{,}0$ N; $F_3 = 5$ N; $F_4 = 2$ N
$l_1 = 0$ mm; $l_2 = 15$ mm; $l_3 = 20$ mm; $l_4 = 30$ mm
gesucht: Wirkabstand l_0

Lösung:

$-F_r l_0 = F_1 l_1 + F_2 l_2 - F_3 l_3 - F_4 l_4$

$l_0 = \dfrac{F_1 l_1 + F_2 l_2 \; F_3 l_3 \; F_4 l_4}{-F_r}$

$l_0 = \dfrac{(3\cdot 0 + 4\cdot 15 - 5\cdot 20 - 2\cdot 30)\ \text{Nm}}{-6\ \text{N}} =$

$= \dfrac{-100\ \text{Nm}}{-6\ \text{N}} = 16{,}67$ mm

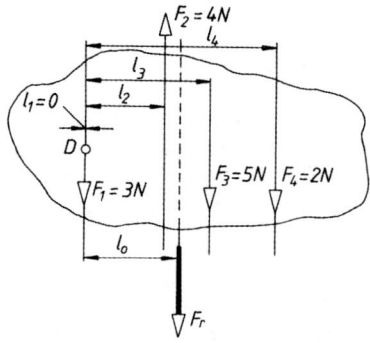

Bild 23. Anwendung des Momentensatzes zur Lagebestimmung (l_0) der Resultierenden F_r

Arbeitsplan zum Momentensatz

Lageskizze (unmaßstäblich) der gegebenen Kräfte zeichnen.
Drehpunkt (Bezugspunkt) D wählen, zweckmäßig so, dass alle gleich gerichteten Kräfte gleichen Drehsinn haben und möglichst auf der Wirklinie einer Kraft; Rechnung wird einfacher.
Wirkabstände als Lot von der Wirklinie der Kraft auf den gewählten Drehpunkt festlegen (berechnen oder aus maßstäblichen Lageplan abgreifen).
Resultierende berechnen (nach 1.2.1.2); bei Parallelkräften einfach durch algebraische Addition; schräge Kräfte in Komponenten zerlegen und zwar derart, dass x-Komponenten kein Moment haben, also deren WL durch D laufen; dann ist die Resultierende nur der y-Komponenten zu bilden und deren Drehmoment einzubeziehen.
Momente der Einzelkräfte berechnen und unter Berücksichtigung der Vorzeichen addieren. Wirkabstand l_0 nach Gleichung (16) berechnen.

1.2.2.3 Zeichnerische Bestimmung unbekannter Kräfte. Es wird der Lageplan mit dem frei gemachten Körper gezeichnet und die gegebenen Kräfte werden zu einer Resultierenden zusammengefasst. Jetzt ist leicht zu erkennen, welches der folgenden Verfahren angewendet werden muss, um die unbekannten (Stütz- oder Lager-)Kräfte zu bestimmen.

1.2.2.3.1 Zweikräfteverfahren (Gleichgewicht von zwei Kräften). Zwei Kräfte F_1 und F_2 stehen im Gleichgewicht, wenn sie gleichen Betrag und Wirklinie, jedoch entgegengesetzten Richtungssinn haben. (Krafteck muss sich schließen, Bilder 24 und 25.)

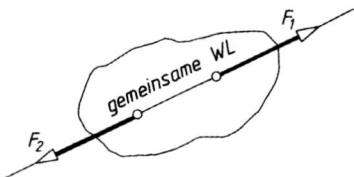

Bild 24. Lageplan zweier Gleichgewichtskräfte

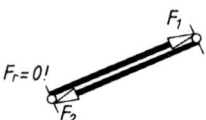

Bild 25. Kräfteplan zweier Gleichgewichtskräfte

1.2.2.3.2 Dreikräfteverfahren (Gleichgewicht von drei nicht parallelen Kräften). Drei nicht parallele Kräfte stehen im Gleichgewicht, wenn die Wirklinien der Kräfte sich in einem Punkt schneiden und das Krafteck sich schließt.

1 Statik starrer Körper in der Ebene

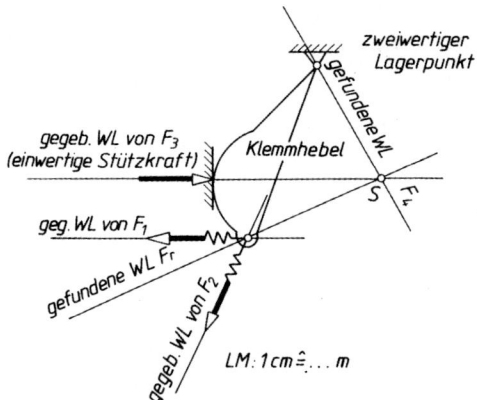

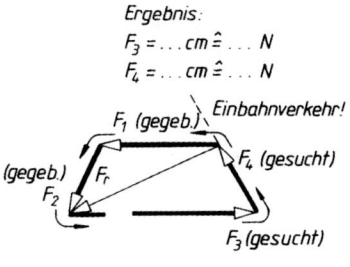

Ergebnis:
$F_3 = \ldots$ cm $\hat{=} \ldots$ N
$F_4 = \ldots$ cm $\hat{=} \ldots$ N

KM: 1 cm $\hat{=} \ldots$ N

Bild 27. Kräfteplan zum Dreikräfteverfahren

Bild 26. Lageplan zum Dreikräfteverfahren; gegebene Kräfte F_1, F_2 müssen zuerst zur Resultierenden F_r vereinigt werden (z.B. auch durch Parallelogrammzeichnung im Lageplan) gegeben: F_1, F_2 und damit F_r; gesucht: F_3, F_4

Arbeitsplan zum Dreikräfteverfahren
Lageplan des frei gemachten Körpers zeichnen (maßstäblich!) und damit Wirklinien der Belastungen und der einwertigen Stützkraft (hier F_3) festlegen.
Resultierende F_r der gegebenen Kräfte (F_1 und F_2) nach 1.2.1.1 bestimmen und deren Wirklinie in den Lageplan übertragen.
Bekannte Wirklinien zum Schnitt S bringen.
Schnittpunkt S mit zweiwertigem Lagerpunkt verbinden, womit alle Wirklinien bekannt sein müssen.
Krafteck mit der nach Betrag und Richtung bekannten Kraft entwickeln (hier Resultierende F_r), dazu gefundene Wirklinien aus dem Lageplan verwenden. Richtungssinn der gefundenen Kräfte festlegen: Krafteck muss sich schließen!
Einbahnverkehr! Kraftrichtungen in den Lageplan übertragen.

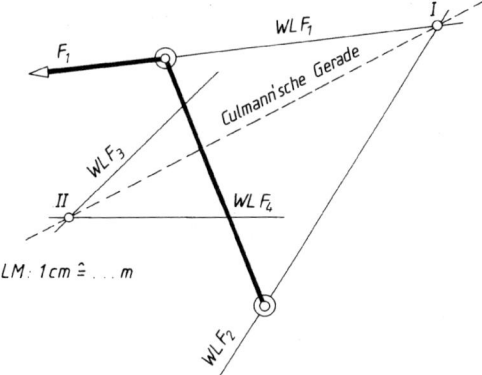

Bild 28. Lageplan zum Vierkräfteverfahren
gegeben: F_1, WL$_1$; WL$_2$, WL$_3$, WL$_4$
gesucht: F_2, F_3, F_4

1.2.2.3.3 Vierkräfteverfahren (Gleichgewicht von vier nicht parallelen Kräften). Vier nicht parallele Kräfte stehen im Gleichgewicht, wenn die Resultierenden je zweier Kräfte ein geschlossenes Krafteck bilden und eine gemeinsame Wirklinie – die Culmann'sche Gerade – haben. Damit ist das Vierkräfteverfahren auf das Zweikräfteverfahren zurückgeführt (Bilder 28 und 29).

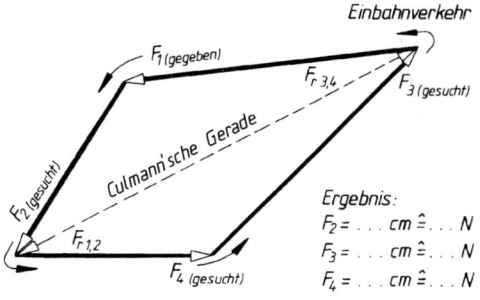

Ergebnis:
$F_2 = \ldots$ cm $\hat{=} \ldots$ N
$F_3 = \ldots$ cm $\hat{=} \ldots$ N
$F_4 = \ldots$ cm $\hat{=} \ldots$ N

KM: 1 cm $\hat{=} \ldots$ N

Bild 29. Kräfteplan zum Vierkräfteverfahren

Arbeitsplan zum Vierkräfteverfahren
Lageplan mit frei gemachtem Körper zeichnen (maßstäblich!) und damit Wirklinien aller Kräfte festlegen.
Wenn nötig: Resultierende von mehreren gegebenen Kräften bestimmen; Wirklinien je zweier Kräfte zum Schnitt bringen (I und II); im allgemeinsten Fall (keine Parallelkräfte vorhanden) lassen sich drei Culmann'sche Gerade zeichnen; sind zwei oder vier Kräfte parallel, nur zwei Culmann'sche Gerade; sind drei Kräfte parallel, lässt sich das Verfahren nicht anwenden, dann *Schlusslinienverfahren* benutzen!
Kräfteplan mit der nach Betrag und Richtung bekannten Kraft beginnen (hier F_1).
Wirklinie der zugehörigen Schnittpunktskraft (hier F_2) durch Pfeilspitze der ersten Kraft legen und erstes Dreieck mit Culmann'scher Geraden abschließen.
Zweites Dreieck mit Wirklinien der beiden anderen Schnittpunktskräfte (hier F_3 und F_4) an Culmannsche Gerade ansetzen.
Richtungssinn der gefundenen Kräfte festlegen: Krafteck muss sich schließen! Einbahnverkehr! Kraftrichtungen in den Lageplan übertragen.

Kontrolle: Die Kräfte eines Schnittpunkts im Lageplan ergeben ein Teildreieck im Kräfteplan!
Fehlerquelle: Die Kräfte werden nicht „schnittpunktsgerecht" zusammengebracht; also im Kräfteplan nur solche Kräfte zusammenbringen, die gemeinsamen Schnittpunkt im Lageplan haben!

1.2.2.3.4 Schlusslinienverfahren (Gleichgewicht von parallelen Kräften oder solchen, die sich nicht auf der Zeichenebene zum Schnitt bringen lassen).
Alle an einem Körper angreifenden Kräfte stehen im Gleichgewicht, wenn sich Seileck und Krafteck schließen. Dieser Satz gilt für beliebige Kräftesysteme (Bilder 30 und 31).

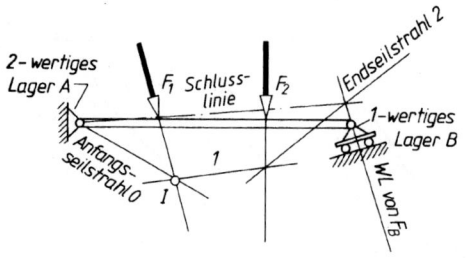

Bild 30. Lageplan zum Schlusslinienverfahren
gegeben: F_1, F_2, WL von F_B
gesucht: Stützkräfte F_A und F_B

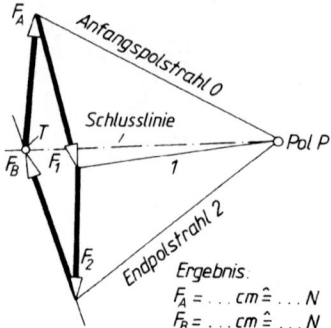

Bild 31. Kräfteplan zum Schlusslinienverfahren

Arbeitplan zum Schlusslinienverfahren
Lageplan mit freigemachtem Körper zeichnen (maßstäblich!) und damit Wirklinien der gegebenen Kräfte und einwertigen Stützkraft (hier F_B) festlegen.
Gegebene Kräfte im Kräfteplan aneinander reihen und Pol P wählen; Polstrahlen zeichnen und fortlaufend numerieren.
Seilstrahlen im Lageplan zeichnen; Anfangspunkt I bei parallelen Kräften beliebig, sonst Anfangsseilstrahl (0) durch Lagerpunkt (A) des zweiwertigen Lagers legen (Bild 30). Anfangs- und Endseilstrahl (0 und 2) mit den Wirklinien der gesuchten Stützkräfte zum Schnitt bringen; Zuordnung beliebig.
Verbindungslinie der gefundenen Schnittpunkte als „Schlusslinie" im Seileck zeichnen. Schlusslinie in den Kräfteplan übertragen.
Wirklinien der unbekannten Stützkräfte (F_A, F_B) in das Krafteck übertragen: ergibt Teilpunkt T. Krafteck durch Pfeile im „Einbahnverkehr" schließen.

1.2.2.4 Rechnerische (analytische) Bestimmung unbekannter Kräfte. Alle am freigemachten Körper angreifenden Kräfte werden nach den beiden Richtungen eines rechtwinkligen Achsenkreuzes zerlegt. Ist dann die algebraische Summe der Komponenten in x- und y-Richtung gleich null und ist ebenso die algebraische Summe aller Momente dieser Kräfte gleich null, so stehen die Kräfte im Gleichgewicht.

Die *rechnerischen Gleichgewichtsbedingungen* beim allgemeinen Kräftesystem lauten:

I. $\quad \Sigma F_x = 0$
(Summe aller x-Kräfte gleich null)
II. $\quad \Sigma F_y = 0$
(Summe aller y-Kräfte gleich null) $\qquad$ (17)
III. $\quad \Sigma M_{(D)} = 0$
(Summe aller Kraftmomente um jeden beliebigen Drehpunkt D gleich null)

$F_{nx} = F_n \cos\alpha_n \qquad F_{ny} = F_n \sin\alpha_n \qquad (18)$

Winkel α ist stets spitzer Winkel der Wirklinie zur x-Achse!

Mit Bezug auf Bild 32 ist

I. $+ F_1\cos\alpha_1 - F_{Ax} = 0$

II. $+ F_{Ay} - F_1\sin\alpha_1 - F_2 + F_B = 0$

III. $- F_1\sin\alpha_1 l_1 - F_2 l_2 + F_B l = 0$

III. $F_B = \dfrac{-F_1 \sin\alpha_1 l_1 - F_2 l_2 + F_B l}{l}$

II. $F_{Ay} = F_1\sin\alpha_1 + F_2 - F_B$

I. $F_{Ax} = F_1\cos\alpha_1$

$$F = \sqrt{F_{Ax}^2 + F_{Ay}^2}$$

$$\alpha = \arctan \frac{|F_y|}{|F_x|}$$

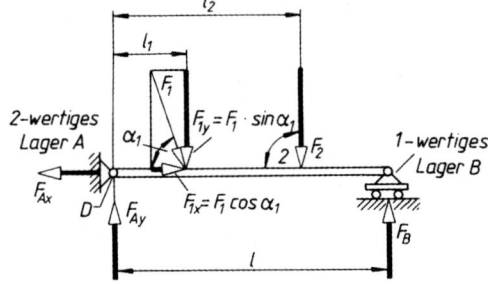

Bild 32. Lageskizze (unmaßstäblich) mit den Komponenten sämtlicher Kräfte am freigemachten Körper

---

Arbeitsplan zur rechnerischen (analytischen) Bestimmung unbekannter Kräfte

Lageskizze des frei gemachten Körpers zeichnen und sämtliche Kräfte unmaßstäblich eintragen.

Rechtwinkliges Achsenkreuz so legen, dass möglichst wenig Kräfte zerlegt werden müssen. Sämtliche Kräfte – auch die noch unbekannten – in ihre x- und y-Komponenten zerlegen, dabei die Richtungen der noch unbekannten Kräfte zunächst annehmen.

Nach der so angelegten Lageskizze die drei Gleichgewichtsbedingungen ansetzen; meist enthält die Momenten-Gleichgewichtsbedingung (III) nur eine Unbekannte; damit beginnen.

Ergibt die Lösung für eine der unbekannten Kräfte einen negativen Wert (Minus-Vorzeichen), dann war die Richtungsannahme für diese Kraft falsch, der Zahlenwert stimmt jedoch! In weiterer Entwicklung mit tatsächlicher Richtung arbeiten!

Errechnete Komponenten mit $F = \sqrt{F_x^2 + F_y^2}$ zusammenfassen.

Kraftrichtungen der gefundenen Kräfte in den Lageplan übertragen.

Die *rechnerischen Gleichgewichtsbedingungen* nach (17) lassen sich noch in eine andere Form bringen. Die Momentengleichgewichtsbedingung um Punkt I in Bild 33 ($\Sigma M_{(I)} = 0$) ergibt noch kein Gleichgewicht, weil die Kraft F_1 nicht mit erfasst wird: Körper verschiebt sich in Richtung F_1!

Auch $\Sigma M_{(II)} = 0$ garantiert noch nicht Gleichgewicht, weil eine durch Punkte I *und* II gehende Kraft F_2 nicht erfasst wird. Sie würde den Körper ebenfalls verschieben. Erst $\Sigma M_{(III)} = 0$ erfasst *alle* Kräfte und garantiert Gleichgewicht, wenn die Punkte I, II, III *nicht* auf einer Geraden liegen.

Unbekannte Kräfte lassen sich demnach beim allgemeinen Kräftesystem auf zwei Arten bestimmen:

$$\left.\begin{array}{l}\Sigma F_x = 0 \\ \Sigma F_y = 0 \\ \Sigma M_{(D)} = 0\end{array}\right\} \text{ergibt Gleichgewicht} \left\{\begin{array}{l}M_{(I)} = 0 \\ M_{(II)} = 0 \\ M_{(III)} = 0\end{array}\right.$$

Die zweite Möglichkeit wird beim *Ritter'schen Schnitt* benutzt (1.1.3).

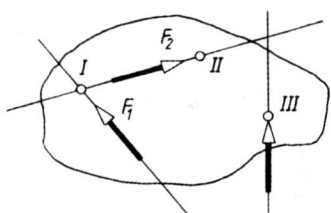

Bild 33. $\Sigma M = 0$ um drei Punkte ergibt auch Gleichgewicht

1.3 Kräfte im Raum (Sonderfälle)

1.3.1 Bestimmung der wahren Größe eines Vektors im Raum

Ein im Raum beliebig gerichteter Vektor F (Kraft, Geschwindigkeit, Beschleunigung) ist durch seine Projektionen F_1 in der Vorderansicht, F_2 in der Draufsicht und F_3 in der Seitenansicht festgelegt. Zur eindeutigen Bestimmung der wahren Länge (des Betrags) des Vektors genügen zwei Projektionen, z.B. in Vorderansicht und Draufsicht (Bild 34).

Ermittlung nach den Regeln der darstellenden Geometrie, z.B. durch Drehen der Projektion $F_2(\overline{A_2 E_2})$ um A_2 parallel zur Draufsichtebene nach $A_2 E'_2$. Strecke $A_1 E$ in Vorderansicht ist dann die wahre Größe von F mit dem wahren Richtungswinkel α zur Draufsichtebene. Verfahren ist auch umgekehrt sowie in Vorderansicht und Seitenansicht durchführbar.

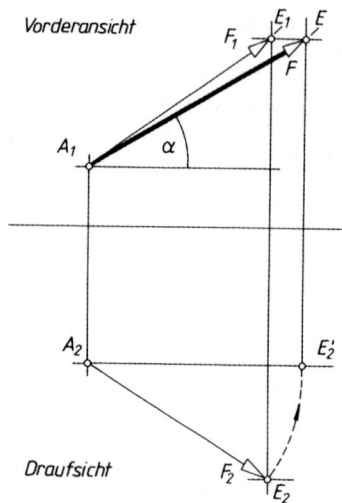

Bild 34. Bestimmung der wahren Größe einer räumlichen Kraft

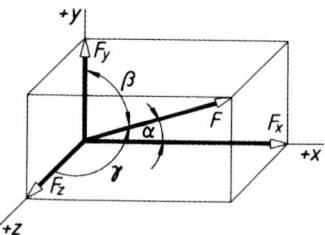

Bild 35. Einzelkraft im Raum und ihre Komponenten in Richtung der Achsen

1.3.2 Zerlegung einer Kraft

Die räumliche Darstellung einer Kraft F zeigt Bild 35. Sie lässt sich danach leicht in die drei rechtwinklig aufeinander stehenden *Komponenten* F_x, F_y, F_z zerlegen:

$$F_x = F \cos \alpha;$$
$$F_y = F \cos \beta; \qquad (19)$$
$$F_z = F \cos \gamma$$

Winkel α, β, γ sind die *Richtungswinkel*, welche die Kraft mit der x-, y-, z-Richtung des räumlichen Achsenkreuzes bilden.

1.3.3 Zusammensetzung dreier rechtwinkliger Kräfte (Zentrales Kräftesystem)

Nach Bild 35 können drei rechtwinklig aufeinander stehende Kräfte F_x, F_y, F_z zur *Resultierenden* F vereinigt werden. F ist die Diagonale eines Quaders, der aus den drei Komponenten gebildet wird. Der Betrag der Resultierenden kann demnach mit dem räumlichen Pythagoras berechnet werden:

$$F = \sqrt{F_x^2 + F_y^2 + F_z^2} \qquad (20)$$

Die *Richtungswinkel* α, β, γ, die F mit den drei Richtungen des räumlichen Achsenkreuzes bildet, ergeben sich aus den drei Kosinuswerten:

$$\alpha = \arccos \frac{F_x}{F};$$
$$\beta = \arccos \frac{F_y}{F}; \qquad (21)$$
$$\gamma = \arccos \frac{F_z}{F}$$

Die algebraische Weiterentwicklung von (20) ergibt:

$$\sqrt{F^2 \cos^2 \alpha + F^2 \cos^2 \beta + F^2 \cos^2 \gamma} = F$$
$$F\sqrt{\cos^2 \alpha + \cos^2 \beta + \cos^2 \gamma} = F \qquad (22)$$
$$\cos^2 \alpha + \cos^2 \beta + \cos^2 \gamma = 1$$

Durch zwei gegebene Winkel ist demnach der dritte bestimmt, von dem nur noch festgelegt werden darf, ob er spitz oder stumpf sein soll (positiver oder negativer Kosinus).

1.3.4 Zusammensetzung mehrerer Kräfte und Gleichgewichtsbedingungen (zentrales Kräftesystem)

Jede Kraft eines zentralen räumlichen Kräftesystems lässt sich nach (19) und Bild 35 in die drei Komponenten F_x, F_y, F_z zerlegen.

Die *Teilresultierenden* F_{rx}, F_{ry}, F_{rz} der x-, y- und z-Kräfte sowie die *Gesamtresultierende* F_r ergeben sich dann sinngemäß:

$$F_{rx} = \Sigma F_x = \Sigma F \cos \alpha$$
$$F_{ry} = \Sigma F_y = \Sigma F \cos \beta \qquad (23)$$
$$F_{rz} = \Sigma F_z = \Sigma F \cos \gamma$$

$$F_r = \sqrt{(\Sigma F_x)^2 + (\Sigma F_y)^2 + (\Sigma F_z)^2}$$
$$F_r = \sqrt{F_{rx}^2 + F_{ry}^2 + F_{rz}^2} \qquad (24)$$

Die drei Richtungswinkel α_r, β_r, γ_r, die die Gesamtresultierende F_r mit den drei Achsen x, y, z einschließt, ergeben sich wieder aus den drei *Kosinuswerten*:

$$\alpha_r = \arccos \frac{F_{rx}}{F_r}$$
$$\beta_r = \arccos \frac{F_{ry}}{F_r} \qquad (25)$$
$$\gamma_r = \arccos \frac{F_{rz}}{F_r}$$

1 Statik starrer Körper in der Ebene

Entsprechend den rechnerischen Gleichgewichtsbedingungen eines ebenen zentralen Kräftesystems (14) gelten für das *räumliche zentrale Kräftesystem* die drei *Gleichgewichtsbedingungen*:

$$
\begin{aligned}
&\text{I.} \quad \Sigma F_x = 0; \quad F_{1x} + F_{2x} + F_{3x} \ldots F_{nx} = 0 \\
&\text{II.} \quad \Sigma F_y = 0; \quad F_{1y} + F_{2y} + F_{3y} \ldots F_{ny} = 0 \quad (26)\\
&\text{III.} \quad \Sigma F_z = 0; \quad F_{1z} + F_{2z} + F_{3z} \ldots F_{nz} = 0
\end{aligned}
$$

$$
\begin{aligned}
F_{nx} &= F_n \cos \alpha_n; \\
F_{ny} &= F_n \cos \beta_n; \quad (27)\\
F_{nz} &= F_z \cos \gamma_n;
\end{aligned}
$$

Gleichgewicht des *allgemeinen* räumlichen Kräftesystems erfordert außer (26) noch die Erfüllung der drei *Momentengleichgewichtsbedingungen* um die drei Achsen des Achsenkreuzes:

$$
\begin{aligned}
&\text{IV.} \quad \Sigma M_{(x)} = 0; \\
&\text{V.} \quad \Sigma M_{(y)} = 0; \quad (28)\\
&\text{VI.} \quad \Sigma M_{(z)} = 0
\end{aligned}
$$

1.3.5 Bestimmung der Stützkräfte beim dreibeinigen Bockgerüst (Bild 36)

Ansicht und Draufsicht des dreibeinigen Bockgerüstes sind gegeben; ebenso die äußere Belastung F. Die Stützkräfte F_1; F_2, F_3 sind zeichnerisch zu bestimmen.

Lösungsgedanken: Äußere Kraft F und Stützkräfte F_1, F_2, F_3 müssen im Gleichgewicht sein. Durch je zwei der vier gegebenen Wirklinien lässt sich je eine Ebene legen, in der je zwei Kräfte zur Hilfsresultierenden zusammengefasst werden können. Damit sind die vier Kräfte gedanklich auf zwei reduziert, die bei Gleichgewicht gleich groß und gegensinnig sind und eine gemeinsame Wirklinie haben müssen (Zwei-Kräfteverfahren). Diese gemeinsame Wirklinie heißt Culmann'sche Gerade; es kann nur die Schnittlinie beider Hilfsebenen sein. Damit lassen sich die Hilfsresultierenden und auch die Kraftecke zeichnen. Diese Kraftecke stellen die Projektionen eines räumlichen Kraftecks in Vorderansicht und Draufsicht dar.

Ausführung: Durchstoßpunkt D der Wirklinie (WL) von F festlegen; Punkte A, D und B, C verbinden, ergibt die horizontalen Spuren der Hilfsebenen und Schnittpunkt E. Strecke $\overline{ME}$ in der Draufsicht ist dann die Schnittlinie der Ebenen, also die Culmann'sche Gerade l, d.h. zugleich die Wirklinie beider Hilfsresultierenden. Damit kann das Krafteck in Draufsicht und Vorderansicht gezeichnet werden:

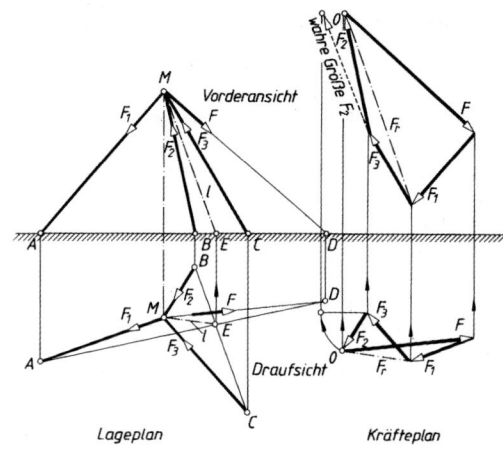

Bild 36. Zeichnerische Bestimmung der Stützkräfte (Stabkräfte) beim dreibeinigen Bockgerüst

In Vorderansicht und Draufsicht von beliebigem Punkt 0 aus Kraft F maßstäblich und richtungsgemäß aufzeichnen; Wirklinie von F_1 antragen durch Parallelverschiebung aus dem Lageplan; Parallele zu $\overline{ME}$ (Culmann'sche Gerade l) durch Endpunkt von F zeichnen, sie schneidet Kraft F_1 ab und ergibt außerdem die Hilfsresultierende F_r. Parallelen zu den Wirklinien von F_2 und F_3 ergeben auch diese Kräfte. Aus den derart gefundenen Projektionen der Kräfte können nach 1.3.1 die wahren Größen der Kräfte bestimmt werden wie z.B. Kraft F_2 in Bild 36.
Kontrolle: Alle zugehörigen Pfeilspitzen in den Kräfteplänen (Vorderansicht und Draufsicht) müssen rechtwinklig übereinander liegen!

■ **Beispiel:**
Beim Schruppdrehen einer Stahlwelle werden mit einem Dreikomponenten-Messgerät die drei rechtwinklig aufeinander stehenden Kräfte an der Werkzeugschneide gemessen:
Hauptschnittkraft $F_h = 1\,000$ N;
Vorschubkraft $F_v = 400$ N;
Abdrängkraft $F_a = 300$ N.
Zu berechnen ist die Schnittkraft F als Resultierende der Komponenten sowie die Richtungswinkel der Schnittkraft.

Lösung:

$$F = \sqrt{F_x^2 + F_y^2 + F_z^2} =$$
$$= \sqrt{400^2\ \text{N}^2 + 1000^2\ \text{N}^2 + 300^2\ \text{N}^2} = 1118\ \text{N}$$

$$\alpha = \arccos \frac{F_x}{F} = \arccos \frac{400\ \text{N}}{1118\ \text{N}} = 69{,}036°$$

$$\beta = \arccos \frac{F_y}{F} = \arccos \frac{1000\ \text{N}}{1118\ \text{N}} = 26{,}562°$$

$$\gamma = \arccos \frac{F_z}{F} = \arccos \frac{300\ \text{N}}{1118\ \text{N}} = 74{,}435°$$

$$\cos^2 \alpha + \cos^2 \beta + \cos^2 \gamma = 1$$

1.4 Schwerpunkt (Massenmittelpunkt)

Derjenige Punkt, in dem man einen Körper, eine Fläche oder ein Liniengebilde abstützen oder aufhängen müsste, damit er in jeder beliebigen Lage stehen bleibt, heißt Schwerpunkt. Die Lage des Schwerpunkts wird rechnerisch mit dem *Momentensatz* (16) und zeichnerisch mit dem *Seileckverfahren* (1.2.2.1) bestimmt.

Alle durch den Schwerpunkt gehenden Linien oder Ebenen heißen *Schwerlinien* oder *Schwerebenen*.

Jede *Symmetrielinie* ist eine Schwerlinie, jede *Symmetrieebene* ist Schwerebene. Der gemeinsame Schwerpunkt von zwei Teilen liegt auf der Verbindungslinie der Teilschwerpunkte und teilt sie im umgekehrten Verhältnis der Gewichtskräfte oder Größen beider Teile.

1.4.1 Rechnerische Bestimmung des Schwerpunktes

1.4.1.1 Schwerpunkt S eines Körpers ist derjenige ausgezeichnete, körperfeste Punkt, durch den die Resultierende aller Teil-Gewichtskräfte in jeder Lage des Körpers hindurchgeht.

Zur Lagebestimmung zerlegt man den Körper in „n" Einzelteile bekannter Schwerpunktlage (z.B. 3 in Bild 37), bringt in deren Teilschwerpunkten die entsprechende Teilgewichtskraft F_{G1}, F_{G2} ... F_{Gn} an und berechnet mit Hilfe des *Momentensatzes* (16) die Lage der Resultierenden der Parallelkräfte. Damit hat man eine Schwerlinie. Der Schwerpunkt ist der Schnittpunkt der Schwerlinien, deren Abstand sich aus den folgenden Gleichungen ergibt:

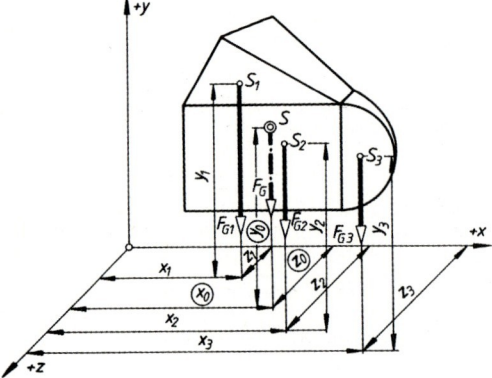

Bild 37. Rechnerische Schwerpunktbestimmung eines Körpers
gegeben: $x_1 \ldots x_3$, $y_1 \ldots y_3$, $z_1 \ldots z_3$, $G_1 \ldots G_3$
gesucht: x_0, y_0, z_0

Betrag der Resultierenden

$$F_G = F_{G1} + F_{G2} + F_{G3} + \ldots F_{Gn} = \Sigma \Delta F_G \qquad (29)$$

Schwerpunktabstand von der y, z-Ebene

$$x_0 = \frac{F_{G1}x_1 + F_{G2}x_2 + F_{G3}x_3 + \ldots F_{Gn}x_n}{F_G} =$$

$$= \frac{\Sigma \Delta F_G x}{\Sigma \Delta F_G} \qquad (30)$$

Schwerpunktabstand von der x, z-Ebene

$$y_0 = \frac{F_{G1}y_1 + F_{G2}y_2 + F_{G3}y_3 + \ldots F_{Gn}y_n}{F_G} =$$

$$= \frac{\Sigma \Delta F_G y}{\Sigma \Delta F_G} \qquad (31)$$

Schwerpunktabstand von der x, y-Ebene

$$z_0 = \frac{F_{G1}z_1 + F_{G2}z_2 + F_{G3}z_3 + \ldots F_{Gn}z_n}{F_G} =$$

$$= \frac{\Sigma \Delta F_G z}{\Sigma \Delta F_G} \qquad (32)$$

Setzt man in vorstehende Gleichungen für $F_G = mg$ ein, so kürzt sich die Fallbeschleunigung g heraus. Statt mit den Gewichtskräften F_G kann man also auch mit den Massen m rechnen, daher die Bezeichnung *Massenmittelpunkt*.

Setzt man in vorstehende Gleichungen für $F_G = mg = V \rho g$ ein, so kürzen sich bei *homogenen Körpern*, das sind Körper gleichmäßiger Dichte, sowohl Dichte ρ als auch Fallbeschleunigung g heraus. Statt mit den Gewichtskräften F_G kann man hier also mit dem Volumen V rechnen, daher die Bezeichnung *geometrischer Schwerpunkt*.

1.4.1.2 Schwerpunkt S einer ebenen Fläche ist durch die Gleichungen (29) bis (32) definiert, wenn man für die Gewichtskräfte F_G die Flächen A einsetzt. Meistens handelt es sich um *ebene* Flächen, für die alle z-Werte gleich null sind, sodass es genügt, ein ebenes Achsenkreuz mit x- und y-Achse zu verwenden.

Zur Lagebestimmung zerlegt man die Fläche in n Einzelflächen mit bekannter Schwerpunktlage (z.B. 3 in Bild 38), denkt sich in den Teilschwerpunkten die Teilflächen vereinigt und berechnet die Lage des Gesamtschwerpunkts S mit Hilfe des *Momentensatzes für Flächen*:

1 Statik starrer Körper in der Ebene

Betrag der Gesamtfläche

$$A = A_1 + A_2 + A_3 + \ldots A_n = \Sigma \Delta A \qquad (33)$$

Schwerpunktabstand von der y-Achse

$$x_0 = \frac{A_1 x_1 + A_2 x_2 + A_3 x_3 + \ldots A_n x_n}{A} =$$

$$= \frac{\Sigma \Delta A x}{\Sigma \Delta A} \qquad (34)$$

Schwerpunktabstand von der x-Achse

$$y_0 = \frac{A_1 y_1 + A_2 y_2 + A_3 y_3 + \ldots A_n y_n}{A} =$$

$$= \frac{\Sigma \Delta A y}{\Sigma \Delta A} \qquad (35)$$

Beachte: Bohrungen werden mit entgegengesetztem Drehsinn eingesetzt!

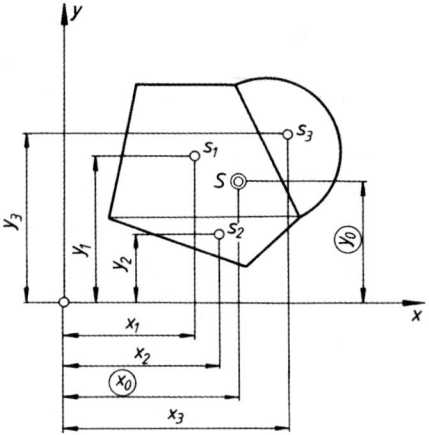

Bild 38. Rechnerische Schwerpunktbestimmung einer Fläche
gegeben: $x_1, x_2, x_3, y_2, y_3, A_1, A_2, A_3$
gesucht: x_0, y_0

1.4.1.3 Schwerpunkt S eines ebenen Liniengebildes

ist durch die Gleichungen (29) bis (32) definiert, wenn man für die Gewichtskräfte F_G die Linienlängen l einsetzt. Zur Lagebestimmung zerlegt man das Liniengebilde in Einzellängen mit bekannter Schwerpunktlage (Bild 39), denkt sich in den Teilschwerpunkten die Teillinien vereinigt und berechnet die Lage des Gesamtschwerpunkts mit Hilfe des *Momentensatzes für Linien*:

Gesamtlänge des Liniengebildes

$$l = l_1 + l_2 + l_3 + \ldots l_n = \Sigma \Delta l \qquad (36)$$

Schwerpunktabstand von der y-Achse

$$x_0 = \frac{l_1 x_1 + l_2 x_2 + l_3 x_3 + \ldots l_n x_n}{l} =$$

$$= \frac{\Sigma \Delta l x}{\Sigma \Delta l} \qquad (37)$$

Schwerpunktabstand von der x-Achse

$$y_0 = \frac{l_1 y_1 + l_2 y_2 + l_3 y_3 + \ldots l_n y_n}{l} =$$

$$= \frac{\Sigma \Delta l y}{\Sigma \Delta l} \qquad (38)$$

Bei allen Schwerpunktberechnungen ist zu beachten: Für eine Schwerebene (Schwerlinie) ist das statische Moment der Resultierenden gleich null ($F_G x_0 = 0$: $A x_0 = 0$; $l x_0 = 0$), weil der Hebelarm der Resultierenden in diesem Falle gleich null wird ($x_0 = 0$; $y_0 = 0$; $z_0 = 0$)! Umgekehrt heißt das: Ist das statische Moment von F_G, A, l, bezogen auf eine Ebene (Gerade) gleich null, so liegt der Schwerpunkt in dieser Ebene (Geraden).

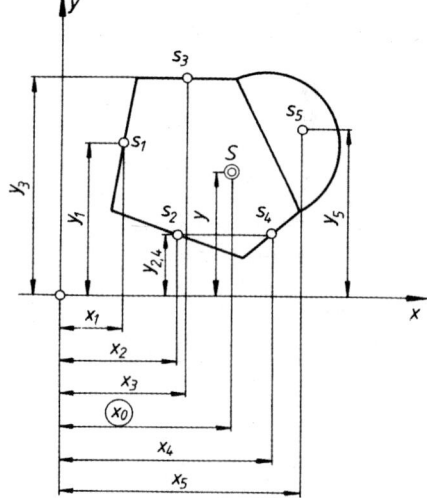

Bild 39. Rechnerische Schwerpunktbestimmung eines Liniengebildes, z.B. Schnittkante eines Schnittwerkzeuges
gegeben: $l_1 \ldots l_5$; $x_1 \ldots x_5$, $y_1 \ldots y_5$
gesucht: x_0, y_0

1.4.2 Schwerpunkt wichtiger Linien, Flächen und Körper

1.4.2.1 Linienschwerpunkt.
Gerade Strecke (Bild 40). Schwerpunkt S ist ihr Mittelpunkt. *Dreieckumfang* (Bild 41). Dreieckseiten halbieren und Mittel-

punkte a, b, c verbinden. S ist Mittelpunkt des dem Dreieck a, b, c einbeschriebenen Kreises.

$$y_0 = \frac{h}{2} \cdot \frac{a+b}{a+b+c} \qquad (39)$$

Kreisbogen (Bild 42). S liegt auf der Winkelhalbierenden des Zentriwinkels 2α (Symmetrielinie):

$$y_0 = \frac{rs}{b}$$

$$s = 2r\sin\alpha$$
$$b = 2\pi r\alpha/180°$$

$$y_0 = \frac{2r}{\pi} = 0{,}6366\, r \qquad \text{für Halbkreisbogen } 2\alpha = 180°$$

$$y_0 = \frac{2r}{\pi}\sqrt{2} = 0{,}9003\, r \qquad \text{für Viertelkreisbogen } 2\alpha = 90°$$

$$y_0 = \frac{3r}{\pi} = 0{,}9549\, r \qquad \text{für Sechstelkreisbogen } 2\alpha = 60°$$

$$y_{01} \approx \frac{2}{3}h \qquad \text{für flache Bögen}$$

(40)

(41)

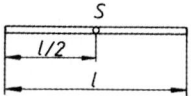

Bild 40. Linienschwerpunkt der geraden Strecke

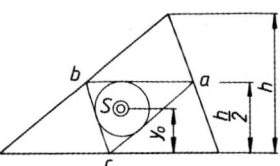

Bild 41. Linienschwerpunkt des Dreieckumfangs

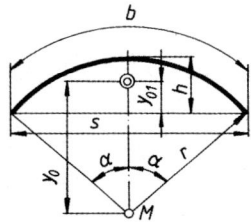

Bild 42. Linienschwerpunkt des Kreisbogens

1.4.2.2 Flächenschwerpunkt. *Dreieck* (Bild 43). S liegt im Schnittpunkt der Seitenhalbierenden.

$$y_0 = \frac{1}{3}h \qquad (42)$$

Liegt ein Dreieck im ebenen Achsenkreuz und sind x_1, x_2, x_3 bzw. y_1, y_2, y_3 die Koordinaten der Eckpunkte des Dreiecks, so sind die Koordinaten des Schwerpunkts:

$$x_0 = \frac{1}{3}(x_1 + x_2 + x_3)$$

$$y_0 = \frac{1}{3}(y_1 + y_2 + y_3)$$

(43)

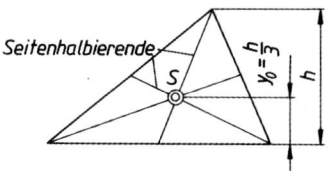

Bild 43. Flächenschwerpunkt des Dreiecks

Parallelogramm. S liegt im Schnittpunkt der Diagonalen als Symmetrielinien.

Trapez (Bild 44). Grundseiten a und b wechselseitig antragen und Endpunkte dieser Strecken verbinden, ebenso Mitten der Seiten a und b verbinden. S liegt im Schnittpunkt beider Verbindungslinien.

$$y_0 = \frac{h}{3} \cdot \frac{a+2b}{a+b} \qquad (44)$$

$$y_{01} = \frac{h}{3} \cdot \frac{2a+b}{a+b} \qquad (45)$$

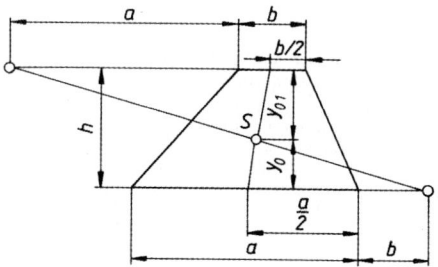

Bild 44. Flächenschwerpunkt des Trapezes

1 Statik starrer Körper in der Ebene

Kreisausschnitt (Bild 45). S liegt auf der Winkelhalbierenden des Zentriwinkels 2α (Symmetrielinie):

$$y_0 = \frac{2}{3} \cdot \frac{rs}{b} \quad (46)$$

$$y_0 = \frac{4r}{3\pi} = 0{,}4244\,r \quad \text{für Halbkreisfläche mit } 2\alpha = 180°$$

$$y_0 = \frac{4r}{3\pi}\sqrt{2} = 0{,}6002\,r \quad \text{für Viertelkreisfläche mit } 2\alpha = 90° \quad (47)$$

$$y_0 = \frac{2r}{\pi} = 0{,}6366\,r \quad \text{für Sechstelkreisfläche mit } 2\alpha = 60°$$

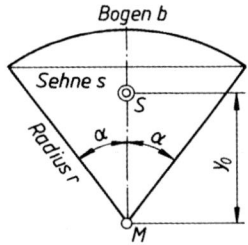

Bild 45. Flächenschwerpunkt des Kreisausschnitts

Kreisringstück (Bild 46). S liegt auf der Winkelhalbierenden des Zentriwinkels 2α (Symmetrielinie):

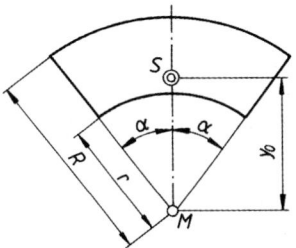

Bild 46. Flächenschwerpunkt des Kreisringstücks

Kreisabschnitt (Bild 47). S liegt auf der Winkelhalbierenden des Zentriwinkels 2α (Symmetrielinie):

$$y_0 = \frac{2}{3} \cdot \frac{r\sin^3\alpha}{(\operatorname{arc}\alpha - \sin\alpha\cos\alpha)} = \frac{s^3}{12A} \quad (49)$$

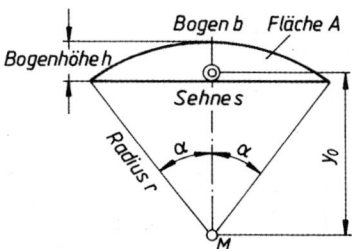

Bild 47. Flächenschwerpunkt des Kreisabschnitts

Parabelfläche (Bild 48)

$$x_{01} = \frac{3}{8}a \qquad x_{02} = \frac{3}{4}a$$
$$y_{01} = \frac{3}{5}b \qquad y_{02} = \frac{3}{10}b \quad (50)$$

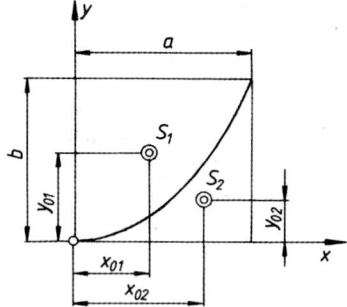

Bild 48. Flächenschwerpunkt der Parabelfläche

Kugelzone und Kugelhaube (Bild 49):

Für die Kugelzone ist $y_0 = \frac{r}{2}(\cos\alpha_1 + \cos\alpha_2)$. Mit $\cos\alpha_1 = \frac{h+h_0}{r}$ und $\cos\alpha_2 = \frac{h_0}{r}$ wird

$$y_0 = \frac{r}{2}\cdot\left(\frac{h+h_0}{r} + \frac{h_0}{r}\right) = \frac{h}{2} + h_0,$$

d.h. der Schwerpunkt der Mantelfläche liegt in halber Zonenhöhe. Für die Mantelfläche der Kugelhaube ($\alpha_1 = 0$) gilt das Gleiche.

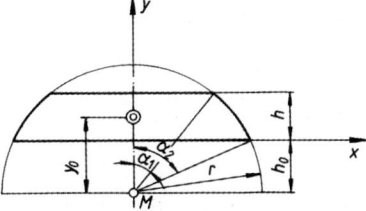

Bild 49. Flächenschwerpunkt der Kugelzone und der Kugelhaube

Kegelmantel und Pyramidenmantel. Verbinde Kegel- bzw. Pyramidenspitze mit dem Schwerpunkt des Umfangs der Grundfläche. Auf dieser Schwerlinie liegt der Mantelschwerpunkt S im Abstand ein Drittel der Höhe von der Grundfläche entfernt: $y_0 = h/3$.

Mantel des abgestumpften Kreiskegels. Verbinde die Mitten beider Stirnflächen (Schwerlinie). Der Schwerpunktabstand von der Grundfläche beträgt:

$$y_0 = \frac{h}{3} \cdot \frac{R+2r}{R+r} \qquad (51)$$

h Höhe des Kegelstumpfes
R Radius der unteren Stirnfläche
r Radius der oberen Stirnfläche

Profilstähle: Die Schwerpunktabstände sind mit e bezeichnet. Beachte beim Ablesen die dort gewählten Bezugsachsen!

1.4.2.3 Körperschwerpunkt. Gerades oder schiefes *Prisma* (*und Zylinder*) *mit parallelen Stirnflächen* (Bild 50). S liegt in der Mitte der Verbindungslinie der beiden Flächenschwerpunkte S_0, also $y_0 = h/2$.

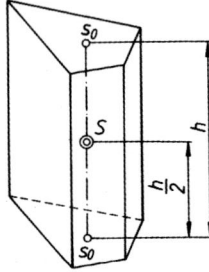

Bild 50. Körperschwerpunkt von Prisma und Zylinder

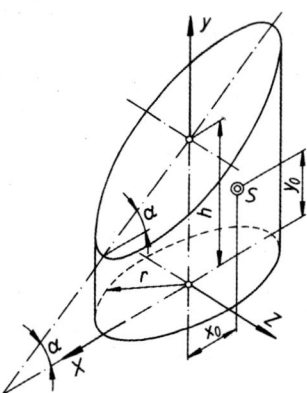

Bild 51. Körperschwerpunkt des abgeschrägten geraden Kreiszylinders

Abgeschrägter gerader Kreiszylinder (Bild 51). S liegt auf der x, y-Ebene als Symmetrieebene (Schwerebene) mit den Abständen:

$$x_0 = \frac{1}{4} \cdot \frac{r^2 \tan \alpha}{h}$$
$$y_0 = \frac{h}{2} + \frac{1}{8} \cdot \frac{r^2 \tan^2 \alpha}{h} \qquad (52)$$

Gerade und schiefe Pyramide und Kegel. Verbinde die Spitze mit dem Schwerpunkt der Grundfläche. S liegt auf dieser Schwerlinie im Abstand ein Viertel der Höhe von der Grundfläche.

Pyramidenstumpf mit beliebiger Grundfläche. Sind A_1 und A_2 die Stirnflächen und h die Höhe des Stumpfes, so ist der Abstand des Schwerpunktes S von A_1:

$$y_0 = \frac{h}{4} \cdot \frac{A_1 + 2\sqrt{A_1 A_2} + 3A_2}{A_1 + \sqrt{A_1 A_2} + A_2} \qquad (53)$$

Gerader Kegelstumpf. Der Schwerpunktabstand von der Grundfläche beträgt:

$$y_0 = \frac{h}{4} \cdot \frac{R^2 + 2Rr + 3r^2}{R^2 + Rr + r^2} \qquad (54)$$

Keil (Bild 52).

$$y_0 = \frac{h}{2} \cdot \frac{a + a_1}{2a + a_1} \qquad (55)$$

Kugelabschnitt. Der Schwerpunktabstand vom Mittelpunkt beträgt:

$$y_0 = \frac{3}{4} \cdot \frac{(2R-h)^2}{3R-h} \qquad R \text{ Kugelradius} \qquad (56)$$
$$\hspace{4cm} h \text{ Abschnittshöhe}$$

$$y_0 = \frac{3}{8} R \qquad \text{für Halbkugel}$$

$$y_0 = \frac{3}{8} \cdot \frac{R^2 - r^4}{R^3 - r^3} \qquad \text{für halbe Hohlkugel} \qquad (57)$$

Kugelausschnitt. Bezeichnungen wie in Bild 42.

$$y_0 = \frac{3}{8} R (1 + \cos \alpha)$$
$$y_0 = \frac{3}{8} (2R - h) \qquad (58)$$

Umdrehungsparaboloid (Bild 53).

$$y_0 = \frac{2}{3} b \qquad (59)$$

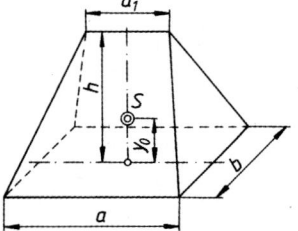

Bild 52. Körperschwerpunkt des Keiles

1 Statik starrer Körper in der Ebene

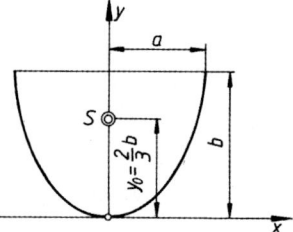

Bild 53. Körperschwerpunkt des Umdrehungsparaboloids

1.4.3 Zeichnerische Bestimmung des Schwerpunkts

Das zeichnerische Gegenstück zum Momentensatz ist das *Seileckverfahren*. Wie dieser dient es zur Lagebestimmung der Resultierenden. Das damit gekoppelte *Krafteck* gibt Betrag und Richtung der Resultierenden an. Bild 54 zeigt maßstäblich aufgezeichnetes Beispiel: Zeichne das gegebene Gebilde (hier Fläche) maßstäblich auf (bei räumlichen Gebilden in Vorderansicht und Draufsicht).

Zerlege die Fläche in Teilflächen bestimmter Schwerpunktlage. Betrachte die Flächeninhalte als Parallelkräfte bzw. Gewichtskräfte, die in den Teilschwerpunkten angreifen. Zeichne Krafteck und Seileck für zwei beliebig gewählte Richtungen (meistens unter 90°) und ermittle die Wirklinien der Resultierenden nach 1.2.2.1. Schnittpunkt der gefundenen Wirklinien ist der gesuchte Schwerpunkt der Fläche. In gleicher Weise wird bei körperlichen oder linienförmigen Gebilden vorgegangen.

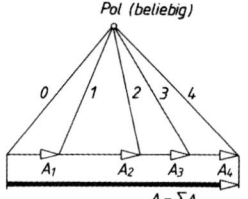

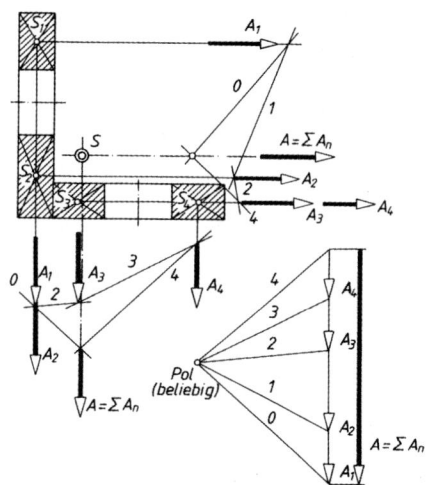

Bild 54. Zeichnerische Bestimmung des Flächenschwerpunkts eines Winkelprofils mit Bohrungen

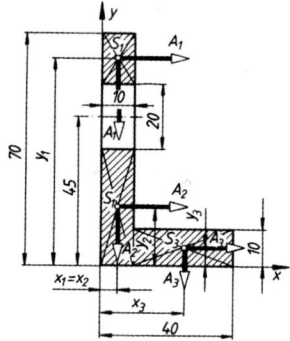

Bild 55. Rechnerische Bestimmung des Schwerpunkts eines Winkelprofils mit Bohrung

1.4.4 Rechenbeispiel zur Schwerpunktbestimmung einer Fläche (Bild 55)

Für das skizzierte Winkelprofil sind die Schwerpunktabstände x_0, y_0 rechnerisch zu bestimmen. Zweckmäßig wird die folgende Rechentafel benutzt. Man zeichnet ein Achsenkreuz in die Skizze so ein, dass genau zu ersehen ist, von wo aus die berechneten x_0-, y_0-Werte zu messen sind.

Tabelle 1. Rechentafel für Schwerpunktbestimmung

Nr.	Querschnitt	Fläche ΔA	Schwerpunktabstand x	Flächenmoment ΔAx	Schwerpunktabstand y	Flächenmoment ΔAy
	mm²	cm²	cm	cm³	cm	cm³
1	15 × 10	1,5	0,5	0,75	6,25	9,375
2	35 × 10	3,5	0,5	1,75	1,75	6,125
3	30 × 10	3,0	2,5	7,50	0,50	1,500
	Summe:	8,0	–	10,00	–	17,000

Nach (34) und (35) ergeben sich die Schwerpunktabstände:

$$x_0 = \frac{\Sigma \Delta Ax}{\Sigma \Delta A} = \frac{10 \text{ cm}^3}{8 \text{ cm}^2} = 1{,}25 \text{ cm}$$

$$y_0 = \frac{\Sigma \Delta Ay}{\Sigma \Delta A} = \frac{17 \text{ cm}^3}{8 \text{ cm}^2} = 2{,}13 \text{ cm}$$

■ **Beispiel:**
Der Achsstand eines Kraftfahrzeugs beträgt 2,1 m. Das Fahrzeug wird zuerst mit den Vorderrädern auf eine Waage gefahren, die dabei 485 kg anzeigt. Bei den Hinterrädern zeigt die Waage 870 kg an. Welchen Wirkabstand hat die Wirklinie der resultierenden Gewichtskraft von der Fahrzeug-Vorderachse?

Lösung: Nach (29) ist

$$F_G = \Sigma F_{Gn} = F_{GV} + F_{GH} = g(m_V + m_H) =$$
$$= 9{,}81 \, \frac{m}{s^2} \cdot 1355 \text{ kg} = 13\,293 \text{ N}$$

Mit Vorderradachse als Bezugspunkt ergibt (30):

$$x_0 = \frac{\Sigma F_{Gn} x_n}{\Sigma F_{Gn}} =$$
$$= \frac{F_{GV} x_1 + F_{GH} x_2}{F_G} =$$
$$= \frac{485 \text{ kg} \cdot 9{,}81 \frac{m}{s^2} \cdot 0 \text{ m} + 870 \text{ kg} \cdot 9{,}81 \frac{m}{s^2} \cdot 2{,}1 \text{ m}}{13\,293 \text{ N}} =$$
$$= 1{,}348 \text{ m}$$

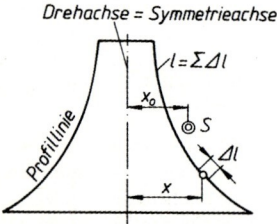

Bild 56. Schnitt durch eine Umdrehungsfläche

1.5 Guldin'sche Regeln

1.5.1 Oberfläche A eines Umdrehungskörpers

Dreht sich eine ebene Linie von der Länge l nach Bild 56 um eine in ihrer Ebene liegende Gerade, die Drehachse, so beschreibt sie eine *Umdrehungsfläche*. Jeder Punkt der Linie beschreibt einen Kreisbogen.
Der Inhalt einer Umdrehungsfläche ist gleich der Länge l der erzeugenden Linie (Profillinie) mal dem Weg $2\pi x_0$ des Schwerpunkts S:

$$A = 2\pi \, l \, x_0 \qquad \begin{array}{|c|c|c|} \hline A & l & x_0 \\ \hline \text{cm}^2 & \text{cm} & \text{cm} \\ \text{mm}^2 & \text{mm} & \text{mm} \\ \hline \end{array} \qquad (60)$$

x_0 Schwerpunktsabstand von der Drehachse nach 1.4.2.1

Herleitung der Gleichung: Kleine Teillänge Δl erzeugt bei Drehung eine Ringfläche $\Delta A = \Delta l \, 2\pi x$. Die Summe dieser Teilflächen ist die Oberfläche $A = \Sigma \Delta A = \Sigma \Delta l \, 2\pi x = 2\pi \Sigma \Delta l x$. Der Summenausdruck $\Sigma \Delta l x$ ist nach (37) die Momentensumme aller Teillängen Δl für die Drehachse und damit gleich dem Moment der resultierenden Länge l: $\Sigma \Delta l x = l x_0$; also $A = 2\pi \Sigma \Delta l x = 2\pi l x_0$.

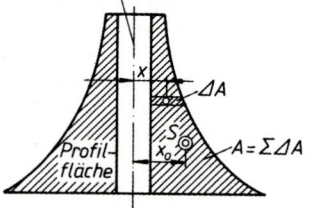

Bild 57. Schnitt durch einen Umdrehungskörper

1.6.2 Rauminhalt V eines Umdrehungskörpers

Dreht sich eine ebene Fläche vom Inhalt A nach Bild 57 um eine in ihrer Ebene liegende, sie nicht schneidende Gerade, die Drehachse, so beschreibt sie einen *Umdrehungskörper*. Jeder Punkt der Fläche beschreibt einen Kreisbogen.
Der Inhalt eines Umdrehungskörpers ist gleich der erzeugenden Fläche (Profilfläche) mal dem Weg $2\pi x_0$ des Schwerpunktes S:

$$V = 2\pi A \, x_0 \qquad \begin{array}{|c|c|c|} \hline A & l & x_0 \\ \hline \text{cm}^3 & \text{cm}^2 & \text{cm} \\ \text{mm}^3 & \text{mm}^2 & \text{mm} \\ \hline \end{array} \qquad (61)$$

x_0 Schwerpunktsabstand von der Drehachse nach 1.4.2.2

Herleitung der Gleichung: Kleine Teilfläche ΔA erzeugt bei Drehung ein Ringvolumen $\Delta V = \Delta A \, 2\pi x$. Die Summe dieser Teilvolumen ist der Rauminhalt $V = \Sigma \Delta V = \Sigma \Delta A \, 2\pi x = 2\pi \Sigma \Delta A x$. Der Summenausdruck $\Sigma \Delta A x$ ist nach (34) die Momentensumme aller Teilflächen ΔA für die Drehachse und damit gleich dem Moment der resultierenden Fläche A : $\Sigma \Delta A x = A x_0$; also $V = 2\pi \Sigma \Delta A x = 2\pi$.

Beachte: Führt die erzeugende Linie oder Fläche keinen vollen Umlauf (2π) aus, sind die Gleichungen 60 und 61 mit dem Verhältnis $\alpha°/360°$ zu multiplizieren; bei 90°-Drehung also mit $\frac{1}{4}$. Profillinien und Profilflächen dürfen die Drehachse nicht durchsetzen.

1 Statik starrer Körper in der Ebene

Ist der Schwerpunkt der erzeugenden Linie oder Fläche nicht bekannt, können auch die Inhalte der Umdrehungsflächen bzw. -körper nicht berechnet werden. Man kann diese dann im Versuch messen und mit Hilfe der Guldin'schen Regeln die entsprechenden Schwerpunkte berechnen.

■ **Beispiel:**
Bild 58 zeigt eine Gummidichtung mit Dichte $\rho = 1{,}35$ kg/dm³.
Gesucht: a) das Volumen V, b) die Masse m!

Lösung:

Die erzeugende Fläche wird nach Bild 58 in die Teilflächen A_1, A_2 zerlegt.

$A_1 = 3{,}60$ cm²
$A_2 = 9{,}8$ cm²
$A = A_1 + A_2 = 13{,}4$ cm²
$x_1 = 3{,}95$ cm
$x_2 = 6{,}0$ cm

Nach (34) wird

$$x_0 = \frac{A_1 x_1 + A_2 x_2}{A} =$$

$$x_0 = \frac{3{,}6 \text{ cm}^2 \cdot 3{,}95 \text{ cm}^2 + 9{,}8 \text{ cm}^2 \cdot 6 \text{ cm}}{13{,}4 \text{ cm}^2}$$

$= 5{,}45$ cm

Nach (61) wird

$V = 2\pi A x_0 = 2\pi \cdot 13{,}4 \text{ cm}^2 \cdot 5{,}45 \text{ cm} =$
$= 459$ cm³
$V = 0{,}459$ dm³

$m = V\rho = 0{,}459 \text{ dm}^3 \cdot 1{,}35 \dfrac{\text{kg}}{\text{dm}^3} = 0{,}62$ kg

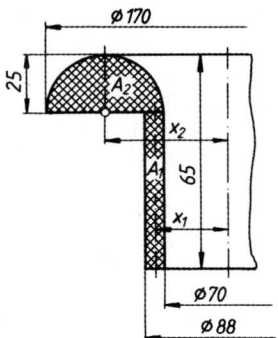

Bild 58. Schnitt durch eine Gummidichtung

1.6 Standsicherheit, Gleichgewichtslagen

1.6.1 Arten des Gleichgewichts

1.6.1.1 Stabiles Gleichgewicht (Bild 59) liegt vor, wenn der Schwerpunkt S bei kleinster Lageänderung *gehoben* wird. Es entsteht immer ein *rückstellendes Moment Fl* (aus Kräftepaar F_G, F), das den Körper in die stabile Gleichgewichtslage zurückführt. Dort ist die potenzielle Energie des Körpers ein Minimum, Schwerpunkt S hat seine tiefste Lage.

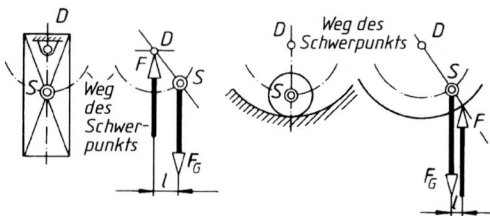

Bild 59. Stabiles (sicheres) Gleichgewicht

1.6.1.2 Labiles Gleichgewicht (Bild 60) liegt vor, wenn der Schwerpunkt S bei kleinster Lageänderung *gesenkt* wird. Es entsteht immer ein *ablenkendes Moment Fl*, das den Körper immer weiter aus der labilen Gleichgewichtslage herausführt. Dort war die potenzielle Energie des Körpers ein Maximum, Schwerpunkt S hatte seine höchste Lage.

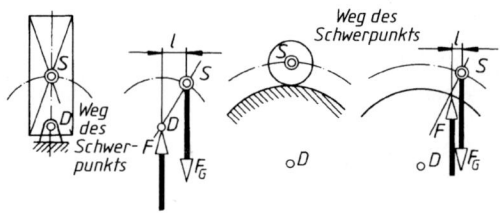

Bild 60. Labiles (unsicheres) Gleichgewicht

1.6.1.3 Indifferentes Gleichgewicht (Bild 61) liegt vor, wenn der Schwerpunkt S bei kleinster Lageänderung *weder gehoben noch gesenkt* wird. Es entstehen weder rückstellende noch ablenkende Momente: Jede neue Stellung ist wieder Gleichgewichtslage, die potenzielle Energie ist stets die gleiche, der Schwerpunktabstand von der Unterlage ist gleich bleibend.

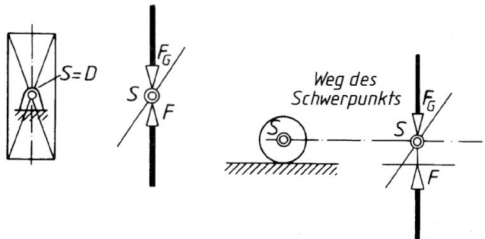

Bild 61. Indifferentes (unentschiedenes) Gleichgewicht

1.6.2 Standsicherheit

Die äußeren Kräfte $F_1, F_2 ... F_G$ bewirken in Bezug auf die gewählte Kippkante K stützende Momente M_S (Standmomente) und kippende Momente M_K (Kippmomente):

$\Sigma M_S = F_1 l_1 + F_G l$
$\Sigma M_K = F_2 l_2 + F_3 l_3$

Der Körper ist standsicher, wenn die Summe aller Stützmomente (ΣM_S) größer ist als die Summe der Kippmomente (ΣM_K): *Standsicherheit*

$$S = \frac{\Sigma M_S}{\Sigma M_K} > 1 \qquad (62)$$

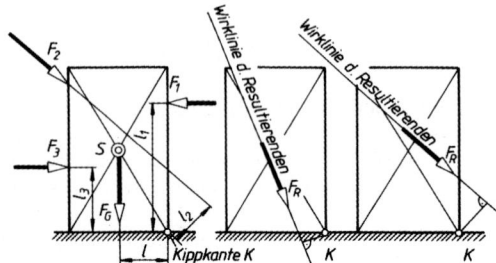

Bild 62. Überprüfung der Standsicherheit eines Körpers

Für $S > 1$ liegt die Resultierende aller äußeren Kräfte innerhalb der Kippkante K, für $S < 1$ außerhalb (Bild 62).
Untersuchungen von Standsicherheit bei Leitern, Krananlagen, Fahrzeugbewegungen usw. müssen für mehrere Kippkanten durchgeführt werden.

■ **Beispiel:**
Ein Schlepper von 1400kg Masse fährt nach Bild 63 gleichförmig eine steile Böschung hinauf. Wie groß darf der Böschungswinkel α höchstens sein, wenn die Standsicherheit $S = 2$ sein soll?

Lösung:
Um die Kippkante K wirken:
Stützmoment $M_S = F_G \cos \alpha \cdot 760$ mm
Kippmoment $M_K = F_G \sin \alpha \cdot 710$ mm
Standsicherheit $S = \dfrac{M_S}{M_K}$

$S = \dfrac{F_G \cos \alpha \cdot 760 \text{ mm}}{F_G \sin \alpha \cdot 710 \text{ mm}} = 2$

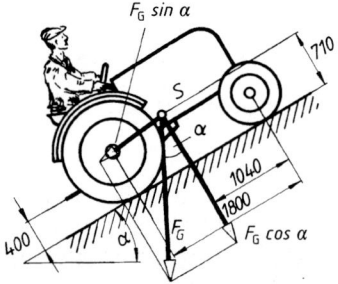

Bild 63. Standsicherheit eines Schleppers

$\dfrac{\cos \alpha}{\sin \alpha} = \dfrac{1}{\tan \alpha} = 2 \cdot \dfrac{710 \text{ mm}}{760 \text{ mm}} = 1{,}868;$

$\alpha = \arctan 1{,}868 = 28{,}15°$

Böschungswinkel $\alpha \le 28{,}2°$

Wie die algebraische Entwicklung zeigt, hat die Gewichtskraft des Schleppers keinen Einfluss auf den maximalen Böschungswinkel und auf die Standsicherheit S.

1.7 Statik der ebenen Fachwerke

1.7.1 Gestaltung von Fachwerkträgern

Fachwerkträger sind aus Profilstäben zusammengesetzte Tragkonstruktionen (Biegeträger), z.B. für Brücken, Krane, Dachbinder, Gerüste. Sie haben einen geringeren Materialaufwand als Vollwandträger und erscheinen durch ihre Netzkonstruktion optisch leichter. Nachteilig ist die arbeitsintensivere Fertigung.

Fachwerkträger sind meist in zwei oder mehr parallelen Ebenen aufgebaut. Jede Trägerebene wird dann als ebenes Fachwerk angesehen.

Die äußere Form eines Fachwerkträgers kann frei gestaltet werden. Geometrisches Element des Fachwerks ist der Dreiecksverband. Das Dreieck ist die einfachste „starre" Figur. Durch Ansetzen solcher Dreiecksverbände werden die verschiedenen Fachwerksformen (z.B. parallelgurtig, trapezförmig) als Streben- oder Pfosten-Streben-Fachwerk entwickelt (Bild 65). Der Obergurt kann parallel zum Untergurt laufen, aber auch z. B. dem Biegemomentenverlauf des Trägers angepasst werden (Bilder 64, 65, 66).

Unter den skizzierten Fachwerkformen stehen in Klammern die Angaben für die Anzahl der Knoten k (z. B. $k = 11$) und die Anzahl der Stäbe s des Fachwerks (z.B. $s = 19$). Diese Größen werden im folgenden Kapitel zum Ansatz der Gleichgewichtsbedingungen für die statische Bestimmtheit des Trägers gebraucht.

Die Profilstäbe werden untereinander im so genannten Knoten mit Knotenblechen verbunden, wobei sich die Profil-Schwerachsen möglichst im Knotenpunkt schneiden sollen (Bild 67). Damit wird das Einleiten von größeren Biegemomenten in die Verbindung vermieden und die Knotenpunkte können als Gelenkpunkte für Zweigelenkstäbe angesehen werden. Der Knoten kann genietet, geschraubt, geschweißt oder z.B. bei Leichtmetallprofilen geklebt sein.

1 Statik starrer Körper in der Ebene

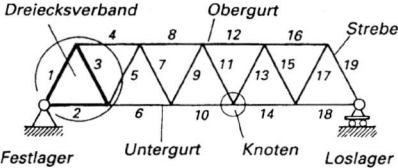

Bild 64. Streben-Fachwerkträger, parallelgurtig ($k = 11$ Knoten, $s = 19$ Stäbe)

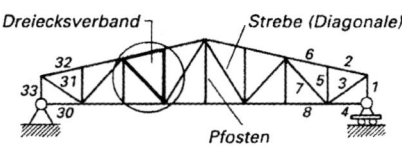

Bild 65. Pfosten-Streben-Fachwerkträger, Biegemomentenverlauf trapezförmig angepasst ($k = 18$ Knoten, $s = 33$ Stäbe)

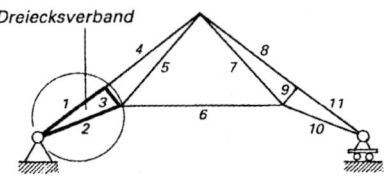

Bild 66. Polygon-Fachwerkträger, Biegemomentenverlauf angepasst, ($k = 7$ Knoten, $s = 11$ Stäbe)

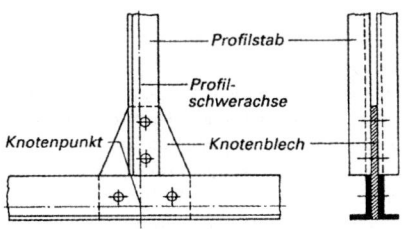

Bild 67. Geschraubter Knoten

1.7.2 Die Gleichgewichtsbedingungen am statisch bestimmten Fachwerkträger

Der einfachste Fachwerkträger besteht aus den drei Stäben 1, 2, 3, die in Dreiecksform in den Knoten I, II und III miteinander verbunden sind (Bild 68). Äußere Kräfte F dürfen nur über die Knoten in das Tragwerk eingeleitet werden (Kraft F in Knoten II). Im Festlager A und Loslager B ist der Träger mit den drei Auflagerkräften F_{Ax}, F_{Ay} und F_B wie üblich statisch bestimmt abgestützt (statisches Gleichgewicht. Beim Vollwandträger sind damit die Gleichgewichtsbetrachtungen abgeschlossen. Beim Fachwerkträger dagegen muss zusätzlich die Verschiebbarkeit der Stäbe gegeneinander untersucht werden. Man unterscheidet daher zwischen äußerer und innerer statischer Bestimmtheit.

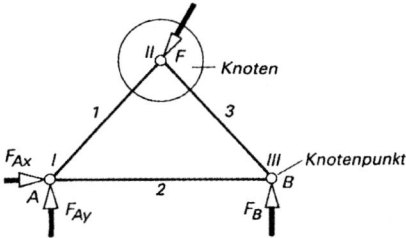

Bild 68. Frei gemachter einfachster Fachwerkträger (Stabdreieck, Dreiecksverband) $k = 3$ Knoten, $s = 3$ Stäbe

Ist k die Anzahl der Knoten für das ganze System, so ist wegen $\Sigma F_x = 0$, $\Sigma F_y = 0$ die Anzahl der zur Verfügung stehenden Gleichgewichtsbedingungen $2k$.
Ist s die Anzahl der unbekannten Stabkräfte, dann ist mit den drei Lagerkräften F_{Ax}, F_{Ay}, F_B die Anzahl der unbekannten Kräfte $s + 3$.
Bei einem statisch bestimmten System muss die Anzahl der Lösungsgleichungen gleich der Anzahl der Unbekannten sein, hier also $2k = s + 3$. Es ist üblich, diese Gleichung nach der Anzahl s der erforderlichen Profilstäbe aufzulösen und als Bedingung für die innere statische Bestimmtheit die Gleichung $s = 2k - 3$ zu verwenden.
Der Fachwerkträger nach Bild 69 mit vier Knoten ($k = 4$) und vier Stäben ($s = 4$) ist in der eingezeichneten Drehrichtung beweglich (Gelenkviereck), für Kraftübertragungen daher ungeeignet. Enthält ein Fachwerk ein solches Stabsystem, nennt man es statisch unbestimmt. Die Bedingung für statische Bestimmtheit ist hier mit $k = 4$ Knoten und $s = 4$ Stäben nicht erfüllt ($s = 4 < 2k - 3 = 5$). Aus dem statisch unbestimmten wird ein statisch bestimmtes Fachwerk erst bei Hinzunahme eines fünften Stabes: $s = 5 = 2 \cdot 4 - 3$.
Die skizzierten vier Fachwerke mit 6 Knoten sollen mit Hilfe der Bedingung für statische Bestimmtheit untersucht werden.
Fachwerk a) ist mit einem Fest- und einem Loslager sowie mit $s = 9$ Stäben äußerlich und innerlich statisch bestimmt ($2k - 3 = 2 \cdot 6 - 3 = 9$).
Fachwerk b) ist wie a) äußerlich statisch bestimmt, jedoch innerlich statisch unbestimmt, weil bei $2k - 3 = 2 \cdot 6 - 3 = 9$ die Stabzahl $s = 8 < 9$ ist.
Fachwerk c) ist wie a) und b) äußerlich statisch bestimmt, innerlich mit $s = 10$ Stäben jedoch statisch unbestimmt. Fachwerk d) ist zwar wie a) innerlich statisch bestimmt, mit einem Fest- und zwei Loslagern jedoch äußerlich statisch unbestimmt.

$2k$ = Anzahl der Gleichgewichtsbedingungen (hier 2 · 3 Knoten = 6 Gleichgewichtsbedingungen)

$s + 3$ = Anzahl unbekannter Kräfte (hier $s + 3 = 3 + 3 = 6$ unbekannte Kräfte)

$2k = s + 3$
$s = 2k - 3$:

Bedingung für die innere statische Bestimmtheit (mit $s = 2 \cdot k - 3 = 2 \cdot 3 - 3 = 6 - 3 = 3$ Stäbe hier erfüllt)

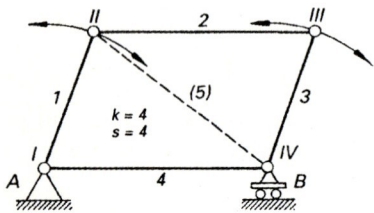

Bild 69. Bewegliches Fachwerk, statisch unbestimmt (Gelenkviereck): $s < 2 \cdot 4 - 3 = 5$

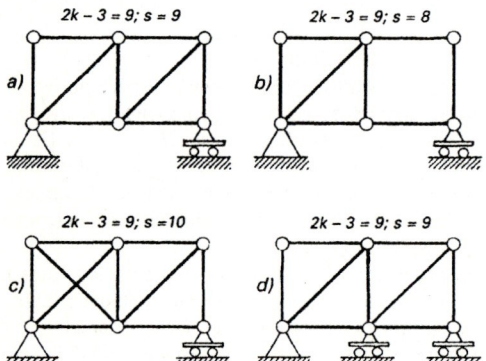

Bild 70. Beispiel für die Bestimmtheit

1.7.3 Ermittlung der Stabkräfte im Fachwerkträger

Die Verfahren zur Ermittlung der Stabkräfte werden am Beispiel des gezeichneten Fachwerkträgers erläutert (Knotenschnittverfahren, Rittersches Schnittverfahren und Cremonaplan).
Der Träger besteht aus den Obergurtstäben 1, 4, 8, 11, den Untergurtstäben 2, 6, 10, den Pfosten oder Vertikalen 3, 9 und den Schrägen oder Diagonalen 5 und 7. Belastet wird der Träger mit den Vertikalkräften $F_1 = 4$kN, $F_2 = 2$kN und $F_3 = 3$kN.
Es ist immer zweckmäßig, zuerst aus der Trägerbelastung und den Abmessungen die Auflagerkräfte zu bestimmen. Nach der Ermittlung aller Stabkräfte hat man dann immer eine Kontrolle auch für die Auflagerkräfte (siehe Knoten VII im folgenden Knotenschnittverfahren).

Mit den rechnerischen Gleichgewichtsbedingungen $\Sigma F_x = 0$. $\Sigma F_y = 0$ und $\Sigma M = 0$ ergibt sich:

$F_A = 4{,}75$ kN und $F_B = 4{,}25$ kN.

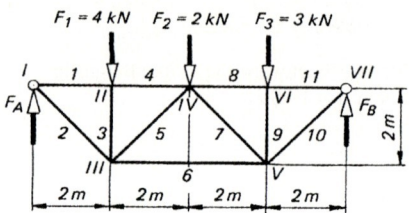

Bild 71. Aufgabenskizze

Hinweis: Der Träger ist äußerlich und innerlich statisch bestimmt. $s = 2 \cdot 7 - 3 = 11$ Stäbe.

$\Sigma F_x = 0$; keine waagerechten Kräfte vorhanden.
$\Sigma F_y = 0 = + F_A - F_1 - F_2 - F_3 + F_B$
$\Sigma M_{(I)} = - F_1 \cdot 2 \text{ m} - F_2 \cdot 4 \text{ m} - F_3 \cdot 6 \text{ m} + F_B \cdot 8 \text{ m}$

$$F_B = \frac{F_1 \cdot 2 \text{ m} + F_2 \cdot 4 \text{ m} + F_3 \cdot 6 \text{ m}}{8 \text{ m}} = 4{,}25 \text{ Nm}$$

$F_A = F_1 + F_2 + F_3 - F_B = 4{,}75$ kN

1.7.3.1 Das Knotenschnittverfahren (rechnerisches oder zeichnerisches Verfahren zur Ermittlung aller Stabkräfte)

Mit einem Rundschnitt werden alle Knoten ($k = 7$) frei gemacht und in ein rechtwinkliges Achsenkreuz gelegt.
Die noch unbekannten Stabkräfte $F_{S1} ... F_{S11}$ trägt man in den Knotenpunkten I ... VII als Zugkräfte positiv (+) ein.
Für jeden Knotenpunkt stehen die beiden Gleichgewichtsbedingungen $\Sigma F_x = 0$ und $\Sigma F_y = 0$ zur Berechnung von zwei unbekannten Stabkräften zur Verfügung. Wurden vorher die Auflagerkräfte F_A und F_B berechnet, liegen meistens dort die Ausgangsknoten für den Berechnungsgang, wie hier im Beispiel die Knoten I und VII mit den zwei unbekannten Stabkräften F_{S1} und F_{S2} am Knoten I und F_{S10} und F_{S11} am Knoten VII (Bild 71). Von den anschließenden Knoten sucht man sich denjenigen mit maximal zwei unbekannten Stabkräften heraus und erhält nacheinander alle Stabkräfte des Fachwerkträgers. Häufig ist dieses schrittweise Vorgehen einfacher als das Aufstellen und Lösen eines Gleichungssystems.
Das Knotenschnittverfahren kann auch zeichnerisch durchgeführt werden.
Die entsprechenden Skizzen der Kräftepläne zur zeichnerischen Ermittlung der unbekannten Stabkräfte sind daher mit aufgenommen worden. Sie stehen neben den Skizzen der frei gemachten Knoten und führen zum Verständnis des *Cremonaplans* in 1.7.3.3.

Zur Lagebestimmung der schrägen Stabkräfte als Zugkräfte wird der Winkel α als spitzer Winkel zur x-Achse verwendet. Es gelten dann die Beziehungen $F_{Sx} = F_S \cos \alpha$ für die x-Komponte und $F_{Sy} = F_S \sin \alpha$ für die y-Komponente der Stabkraft. Der Winkel α beträgt 45°.

Die vorher berechneten Stützkräfte betragen $F_A = 4{,}75$ kN, $F_B = 4{,}25$ kN. Im Knoten I greifen außer der bereits ermittelten Stützkraft $F_A = 4{,}75$ kN nur noch die beiden Stabkräfte F_{S1} und F_{S2} an, die nun berechnet werden können:

Für Knoten I gilt:
I) $\Sigma F_x = 0 = F_{S1} + F_{S2} \cos \alpha$
II) $\Sigma F_y = 0 = F_A - F_{S2} \sin \alpha$
I) und II) $F_{S2} = -F_{S1}/\cos \alpha = F_A/\sin \alpha$
und mit $\cos \alpha /\sin \alpha = 1/\tan \alpha$
$F_{S1} = -F_A / \tan \alpha = -4{,}75$ kN $/ 1 = -4{,}75$ kN
(Druck)
$F_{S2} = F_A / \sin \alpha = +6{,}72$ kN (Zug)

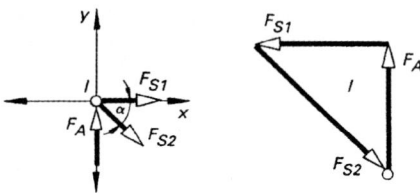

Für Knoten II gilt:
I) $\Sigma F_x = 0 = -F_{S1} + F_{S4}$
$\rightarrow F_{S4} = F_{S1} = -4{,}75$ kN (Druck)
II) $\Sigma F_y = 0 = -F_1 - F_{S3}$
$\rightarrow F_{S3} = -F_1 = -4$ kN (Druck)

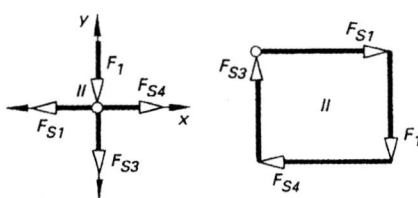

Hinweis zum Kräfteplan: Die Stabkraft F_{S1} (Druckkraft) drückt von rechts nach links wirkend auf den Knoten I. Im Kräfteplan II muss F_{S1} als Druckkraft auf den Knoten II nach rechts wirken.

Für Knoten III gilt:
I) $\Sigma F_x = 0 = F_{S6} + F_{S5} \cos \alpha - F_{S2}\cos \alpha$
II) $\Sigma F_y = 0 = F_{S3} + F_{S2} \sin \alpha + F_{S5} \sin \alpha$
II) $F_{S5} = (-F_{S3} - F_{S2} \sin \alpha)/\sin \alpha = -1{,}06$ (Druck)
I) $F_{S6} = F_{S2} \cos \alpha - F_{S5} \cos \alpha = +5{,}5$ kN (Zug)

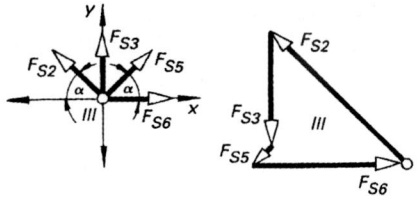

Für Knoten IV gilt:
I) $\Sigma F_x = 0 = F_{S8} + F_{S7} \cos \alpha - F_{S4} - F_{S5} \cos \alpha$
II) $\Sigma F_y = 0 = -F_2 - F_{S7} \sin \alpha - F_{S5} \sin \alpha$
II) $F_{S7} = (-F_2 - F_{S5} \sin \alpha)/\sin \alpha =$
$-1{,}77$ kN (Druck)
I) $F_{S8} = F_{S4} + F_{S5} \cos \alpha - F_{S7} \cos \alpha =$
$-4{,}25$ kN (Druck)

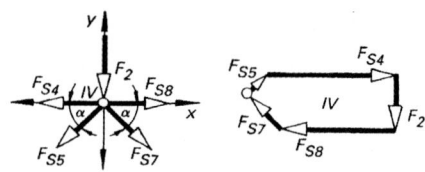

Für Knoten V gilt:
I) $\Sigma F_x = 0 = F_{S10} \cos \alpha - F_{S6} - F_{S7} \cos \alpha$
II) $\Sigma F_y = 0 = F_{S9} + F_{S10} \sin \alpha + F_{S7} \sin \alpha$
I) $F_{S10} = 0 = (F_{S6} + F_{S7} \cos \alpha) / \cos \alpha =$
$+6{,}01$ kN (Zug)
II) $F_{S9} = 0 = -F_{S7} \sin \alpha - F_{S10} \sin \alpha =$
-3 kN (Druck)

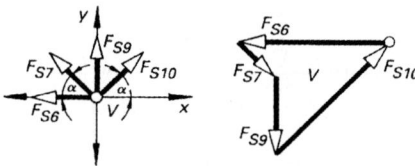

Für Knoten VI gilt:
I) $\Sigma F_x = 0 = F_{S11} - F_{S8}$
$\rightarrow F_{S11} = F_{S8} = -4{,}25$ kN (Druck)
II) $\Sigma F_3 = 0 = -F_3 - F_{S9}$
$\rightarrow F_{S9} = -F_3 = -3$ kN (Druck)

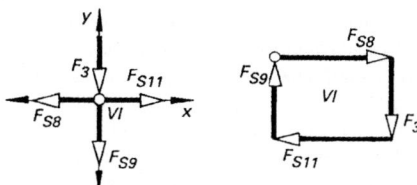

Für Knoten VII gilt:
I) $\Sigma F_x = 0 = -F_{S11} - F_{S10} \cos \alpha$
$\rightarrow F_{S10} = -F_{S11}/\cos \alpha = +6{,}01$ kN (Zug)

II) $\Sigma F_y = 0 = F_B - F_{S10} \sin \alpha$
$\rightarrow F_B = F_{S10} \sin \alpha = + 4{,}25$ kN (Kontrollrechnung!)

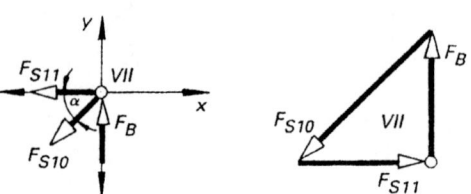

Bild 72. Knotenschnitte, Knoten I ... VII frei gemacht und Krafteckskizzen

1.7.3.2 Das Ritter'sche Schnittverfahren (rechnerisches Verfahren zur Ermittlung einzelner Stabkräfte)

An statisch bestimmten Fachwerkträgern können einzelne Stabkräfte rechnerisch ermittelt werden, z.B. F_{S4}, F_{S5} und F_{S6}. Dazu wird der Träger mit dem *Ritterschen Schnitt* $x - x$ in die beiden Teile (a) und (b) zerlegt und an einem der beiden Teile (a) das Gleichgewicht wieder hergestellt (Bild 73).
Die Stützkräfte müssen bei diesem Verfahren vorher ermittelt worden sein:

$F_A = 4{,}75$ kN, $F_B = 4{,}25$ kN.

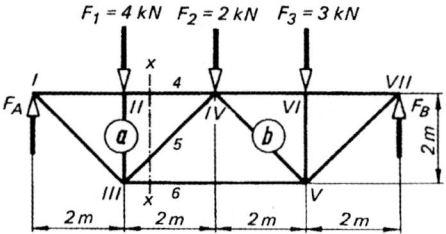

Bild 73. Lageskizze des Fachwerkträgers mit Ritter'schem Schnitt $x - x$

Nach den Regeln des Freimachens werden in den drei Stabquerschnitten die unbekannten Stabkräfte F_{S4}, F_{S5} und F_{S6} als Zugkräfte angebracht. Das am Trägerteil (a) angreifende Kräftesystem aus den drei Stabkräften F_{S4}, F_{S5}, F_{S6}, der Belastungskraft F_1 und der Stützkraft F_A muss im Gleichgewicht sein. Nach Ritter werden zur Berechnung der unbekannten Stabkräfte die drei Momenten-Gleichgewichtsbedingungen angesetzt. Der Ritter'sche Schnitt darf daher auch nur drei Fachwerkstäbe treffen.

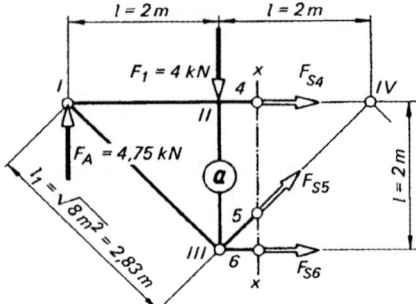

Bild 74. Kräftesystem am abgeschnittenen Trägerteil (a)

Die drei Momenten-Bezugspunkte dürfen nicht auf einer Geraden liegen. Knotenpunkt III bietet sich als erster Bezugspunkt an, weil er Schnittpunkt zweier unbekannter Kräfte ist (F_{S5} und F_{S6}) und sich damit eine Gleichung mit nur einer Unbekannten ergibt. Die Momenten-Gleichgewichtsbedingung $\Sigma M_{(III)} = 0$ liefert direkt die Stabkraft $F_{S4} = -4{,}75$ kN (Druckstab).

$\Sigma M_{(III)} = 0 = -F_{S4} l - F_A l$

$F_{S4} = \dfrac{-F_A l}{l} = -F_A = -4{,}75$ kN

Das Minuszeichen zeigt an, dass die Kraft F_{S4} dem angenommenen Richtungssinn entgegen wirkt: Stab 4 ist also ein Druckstab.
Als zweiter Bezugspunkt wird der Knotenpunkt IV gewählt. Er ist Schnittpunkt der Stabkräfte F_{S4} und F_{S5} und liefert wieder eine Gleichung mit einer Unbekannten, der Stabkraft $F_{S6} = + 5{,}5$ kN (Zugstab).

$\Sigma M_{(III)} = 0 = F_1 l - F_A \cdot 2l + F_{S6} l$

$F_{S6} = \dfrac{F_A \cdot 2l - F_1 l}{l} = 2F_A - F_1 = 5{,}5$ kN

Dritter Bezugspunkt kann I oder II sein. Mit $\Sigma M_{(I)} = 0$ wird $F_{S5} = -1{,}06$ kN (Druckkraft).
In manchen Fällen wird die Rechnung einfacher, wenn der Lösungsansatz mit den üblichen drei Gleichgewichtsbedingungen $\Sigma F_x = 0$, $\Sigma F_y = 0$, $\Sigma M_{(I)} = 0$ aufgestellt wird.

$\Sigma M_{(I)} = 0 = F_{S6} l + F_{S5} l_1 - F_1 l$

$F_{S5} = \dfrac{F_1 l - F_{S6} l}{l_1} = \dfrac{(F_1 - F_{S6}) l}{l_1} = -1{,}06$ kN

Ergebnis:

Stab 4 ist ein Druckstab mit 4,75 kN
Stab 5 ist ein Druckstab mit 1,06 kN
Stab 6 ist ein Zugstab mit 5,5 kN

1 Statik starrer Körper in der Ebene

Arbeitsplan zum Ritter'schen Schnittverfahren

1. Schritt
Stützkräfte ermitteln ($\Sigma F_x = 0$, $\Sigma F_y = 0$, $\Sigma M_0 = 0$).

2. Schritt
Fachwerk durch einen Schnitt trennen. Der Schnitt darf höchstens drei Fachwerkstäbe treffen, sie dürfen keine gemeinsamen Knoten haben.

3. Schritt
Lageskizze des abgeschnittenen Trägerteils zeichnen, dabei Stabkräfte als Zugkräfte annehmen.

4. Schritt
Die drei Momenten-Gleichgewichtsbedingungen $\Sigma M_0 = 0$ aufstellen und auswerten: positives Ergebnis beim Zugstab, negatives beim Druckstab.

1.7.3.3 Der Cremonaplan
(zeichnerisches Verfahren zur Ermittlung aller Stabkräfte)

Beim Knotenschnittverfahren in 1.7.3.1 wurde neben der rechnerischen auch die zeichnerische Ermittlung der beiden unbekannten Stabkräfte dargestellt. Für jeden Knoten konnte das geschlossene Krafteck aus der gegebenen Kraft und den Wirklinien der zwei unbekannten Stabkräfte konstruiert werden, z.B. am Knoten I mit der gegebenen Stützkraft F_A und den Wirklinien der Stabkräfte F_{S1} und F_{S2}. Jede Stabkraft musste bei diesem Verfahren zweimal gezeichnet werden.

Im *Cremonaplan* erscheint jede Stabkraft nur einmal. Dazu ist es erforderlich, jedes Krafteck im gleichen Umfahrungssinn aufzuzeichnen, z.B. im Uhrzeigerdrehsinn. Für den Knoten I des bekannten Fachwerkträgers ergibt sich dann der Kraftfolgesinn

$$F_A \to F_{S1} \to F_{S2}.$$

Nach der Aufzeichnung des maßstäblichen Lageplans wird der Kräfteplan der äußeren Kräfte im festgelegten Kraftfolgesinn konstruiert, hier im Uhrzeigerdrehsinn mit der Folge

$$F_A \to F_1 \to F_2 \to F_3 \to F_B.$$

Längenmaßstab: $M_L = 1 \dfrac{\text{m}}{\text{cm}}$ (1 cm $\triangleq$ 1 m)

Begonnen wird der Cremonaplan mit dem Knoten, an dem nur zwei unbekannte Stabkräfte angreifen, hier z. B. mit Knoten I (auch VII wäre möglich). Im festgelegten Uhrzeigerdrehsinn ist an die gegebene Stützkraft F_A die Stabkraft F_{S1} (hier waagerecht) anzuschließen. Das geschlossene Krafteck mit F_{S2} kommt nur zustande, wenn von der Pfeilspitze F_A die Stabkraft F_{S1} nach links gezogen wird.

Kräftetabelle
Kräfte in kN (aus Cremonaplan)

Stab	Zug	Druck
1		4,75
2	6,70	
3		4,00
4		4,75
5		1,05
6	5,50	
7		1,75
8		4,25
9		3,00
10	6,00	
11		4,25

Kräftemaßstab

$M_K = 1{,}2 \dfrac{\text{m}}{\text{cm}}$ (1 cm $\triangleq$ 1,2 m)

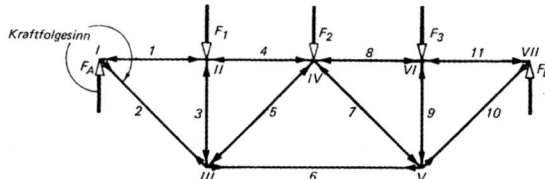

Bild 75. Lageplan

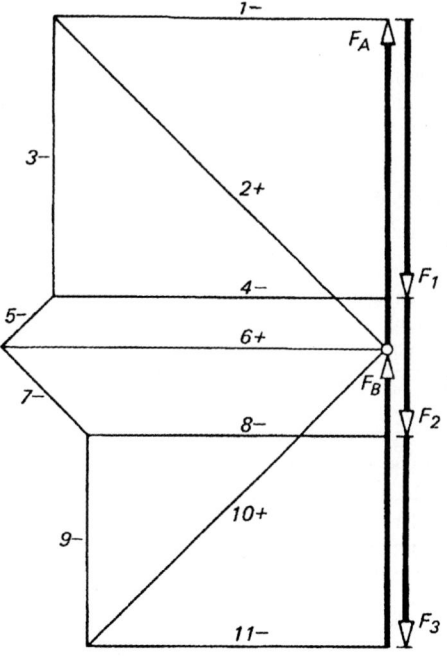

Bild 76. Cremonaplan

Wird das gewonnene Krafteck von F_A ausgehend umfahren, erhält man den Richtungssinn der Stabkräfte in Bezug auf den Knoten I. Der gefundene Richtungssinn wird als Pfeil im Lageplan dicht neben dem Knotenpunkt I eingetragen und man erkennt: Stab 1 ist ein Druckstab (F_{S1} drückt auf Knotenpunkt I), Stab 2 ist ein Zugstab (F_{S2} zieht am Knotenpunkt I). Mit dem Eintragen der Gegenpfeile an den Knotenpunkten II und III im Lageplan und der Vorzeichen (+) für Zugstäbe und (–) für Druckstäbe im Kräfteplan ist die Bearbeitung am Knoten I abgeschlossen.

Man geht nun zum Knoten II über, an dem jetzt auch nur noch zwei Stabkräfte (F_{S3} und F_{S4}) unbekannt sind, F_{S1} wurde schon ermittelt. Mit F_{S1} beginnend (von links nach rechts wirkend) wird das geschlossene Krafteck im Kraftfolgesinn mit F_{S1}, F_1, F_{S4} und F_{S3} zurück zum Anfangspunkt von F_{S1} konstruiert.

Die Reihenfolge der Knotenpunkte ist beliebig, allerdings dürfen höchstens zwei Kräfte unbekannt sein.

Zum Schluss greift man die Längen für die Stabkräfte ab, berechnet diese mit dem Kräftemaßstab M_K und trägt die Beträge in eine nach Zug- und Druckkräften unterteilte Tabelle ein. Ist der Fachwerkträger symmetrisch aufgebaut und belastet, genügt es, eine Hälfte des Cremonaplans zu konstruieren

---

Arbeitsplan zur Aufzeichnung des Cremonaplans

1. Schritt
Stützkräfte ermitteln ($\Sigma F_x = 0$, $\Sigma F_y = 0$, $\Sigma M_0 = 0$).

2. Schritt
Lageplan zeichnen und den Kraftfolgesinn (Umfahrungssinn) festlegen, z.B. Uhrzeigerdrehsinn.

3. Schritt
Krafteck der äußeren Kräfte konstruieren, z.B. mit F_A, F_1, F_2, F_3, F_B.

4. Schritt
Mit dem gewählten Kraftfolgesinn die Kraftecke der Stabkräfte aneinander reihen, für jeden Knoten eins in beliebiger Reihenfolge.

5. Schritt
Nach jeder Krafteckzeichnung den Richtungssinn der Stabkräfte durch Pfeile in den Lageplan übertragen und Gegenpfeile eintragen.

6. Schritt
Im Kräfteplan die Stabkräfte durch Plus- oder Minuszeichen als Zug- oder Druckkräfte kennzeichnen.

7. Schritt
Längen der Stabkräfte abgreifen und deren Beträge unterteilt nach Zug- und Druckkräften in eine Tabelle eintragen.

Liegt ein Fachwerkstab in der Wirklinie einer äußeren Kraft wie im Knoten II, so ist die Stabkraft gleich der in Stabrichtung angreifenden Belastung, hier also $F_{S3} = F_1 = 4$ kN.

Trägt der Knoten in einem solchen Fall keine Belastung ($F_1 = 0$), so nennt man den Stab einen Nullstab. Diese Nullstäbe nehmen erst bei elastischer Verformung Kräfte auf. Meist sollen sie die Knickgefahr langer Druckstäbe verringern.

1.8 Reibung

1.8.1 Gleitreibung

Ein fester Körper, z.B. der Werkzeugträger einer Drehmaschine, kann auf ebener Unterlage mit konstanter Geschwindigkeit nur dann verschoben werden, wenn eine Kraft F die tangential zur Gleitfläche wirkende *Reibkraft* F_R überwindet (Bild 77).

Die Richtung der Reibkraft F_R am frei gemachten Körper ist stets der (zu erwartenden) Bewegungsrichtung des Körpers entgegengesetzt. Die Reibkraft F_R ist abhängig von der rechtwinklig zur Unterlage wirkenden *Normalkraft* F_N und der *Gleitreibzahl* μ (kurz Reibzahl):

Gleitreibkraft F_R = Normalkraft F_N · Gleitreibzahl μ

$$F_R = F_N \mu \qquad \begin{array}{c|c|c} F_R & F_N & \mu \\ \hline N & N & 1 \end{array} \qquad (64)$$

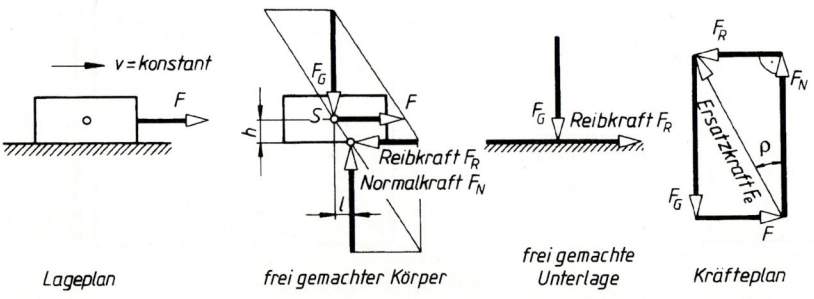

Bild 77. Gleitreibung auf ebener Fläche

1 Statik starrer Körper in der Ebene

Tabelle 2. Gleitreibzahl μ und Haftreibzahl μ_0
(Klammerwerte sind die Gradzahlen für den Reibwinkel ρ bzw. ρ_0)

Werkstoff	Haftreibzahl μ_0				Gleitreibzahl μ			
	trocken		gefettet		trocken		gefettet	
Stahl auf Stahl	0,15	(8,5)	0,1	(5,7)	0,15	(8,5)	0,01	(0,6)
Stahl auf Gusseisen oder CuSn-Leg	0,19	(10,8)	0,1	(5,7)	0,18	(10,2)	0,01	(0,6)
Gusseisen auf Gusseisen			0,16	(9,1)			0,1	(5,7)
Holz auf Holz	0,5	(26,6)	0,16	(9,1)	0,3	(16,7)	0,08	(4,6)
Holz auf Metall	0,7	(35)	0,11	(6,3)	0,5	(26,6)	0,1	(5,7)
Lederriemen auf Gusseisen			0,3	(16,7)				
Gummiriemen auf Gusseisen					0,4	(21,8)		
Textilriemen auf Gusseisen					0,4	(21,8)		
Bremsbelag auf Stahl					0,5	(26,6)	0,4	(21,8)
Lederdichtungen auf Metall	0,6	(31)	0,2	(11,3)	0,2	(11,3)	0,12	(6,8)

Die *Gleitreibzahl* μ ist ein Erfahrungswert und abhängig von der Werkstoffpaarung, der Schmierung, der Flächenpressung und der Gleitgeschwindigkeit; letzteres hauptsächlich bei flüssiger Reibung. Ein gesetzmäßiger Zusammenhang dieser Größen lässt sich bei trockener und halbflüssiger Reibung nicht aufstellen. Man rechnet deshalb mit einer konstanten Gleitreibzahl nach Tabelle 2.

Die Gleichgewichtsbedingungen für den frei gemachten Körper nach Bild 68 lauten:

$$\Sigma F_x = 0 = +F - F_R \quad F = F_R = F_N \quad \mu = F_G \mu$$
$$\Sigma F_y = 0 = +F_N - F_G \quad F_N = F_G$$
$$\Sigma M_{(S)} = 0 = \quad l = \frac{F_R h}{F_N}$$
$$= -F_R h + F_N l$$

F und F_R bilden ein Kräftepaar, dem bei Gleichgewicht ein gleich großes Kräftepaar aus F_G und F_N entgegenwirkt. Die Wirklinie von F_N muss deshalb um l gegenüber der Wirklinie von F_G verschoben sein.

Beachte: Normalkraft F_N = Gewichtskraft F_G gilt nur bei horizontaler Unterlage und dazu paralleler Kraft F!
Bei allen zeichnerischen Lösungen ist es zweckmäßig, mit der Resultierenden aus Reibkraft F_R und Normalkraft F_N, der *Ersatzkraft* F_e, zu arbeiten (Bild 77):

$$F_e = \sqrt{F_R^2 + F_N^2} \quad (65)$$

Der Winkel zwischen Ersatzkraft F_e und Normalkraft F_N heißt *Reibwinkel* ρ (Zahlenwerte aus Tabelle 2). Aus dem Kräfteplan in Bild 77. lässt sich in Verbindung mit (64) ablesen:

$$\tan \rho = \frac{F_R}{F_N} = \text{Reibzahl } \mu \quad \rho = \arctan \mu \quad (66)$$

1.8.2 Haftreibung

Befindet sich der Körper in Bild 77 in Ruhe, ist eine größere Kraft aufzuwenden ($F_{R0} > F$), um den Körper in Bewegung zu setzen: Die *Haftreibkraft* F_{R0} ist größer als die Gleitreibkraft $F_R (F_{R0} > F_R)$. Man rechnet dann mit der etwas größeren *Haftreibzahl* μ_0 nach Tabelle 2. Während die Gleitreibkraft F_R einen festen Wert besitzt, kann die *Haftreibkraft* F_{R0} von null ansteigend jeden beliebigen Wert annehmen, bis die verschiebende Kraft F den Grenzwert $F_{R0\,max}$ erreicht hat:

$$F_{R0\,max} \leq F_N \mu_0 \quad \begin{array}{c|c|c} F_{R0max} & F_N & \mu_0 \\ \hline N & N & 1 \end{array} \quad (67)$$

$$\mu_0 = \tan \rho_0$$
Haftreibzahl

1.8.3 Bestimmung der Reibzahlen und Selbsthemmung

Befindet sich ein Prüfkörper der Gewichtskraft F_G auf einer schiefen Ebene mit veränderlichem Neigungswinkel α nach Bild 78 (Versuchsanordnung), ergeben die Gleichgewichtsbedingungen für den frei gemachten ruhenden Prüfkörper:

$$\Sigma F_x = 0 = +F_{R0} - F_G \sin\alpha$$
$$F_{R0} = F_G \sin\alpha$$
$$\Sigma F_y = 0 = +F_N - F_G \cos\alpha$$
$$F_N = F_G \cos\alpha$$

Daraus folgt $\dfrac{F_{R0}}{F_N} = \dfrac{F_G \sin\alpha}{F_G \cos\alpha} = \tan\alpha$, wie auch das Krafteck zeigt.

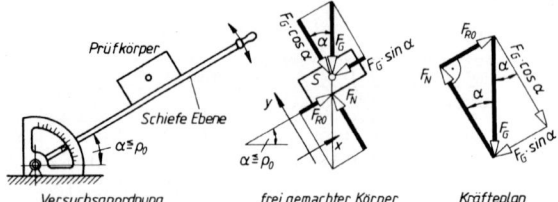

Versuchsanordnung — frei gemachter Körper — Kräfteplan

Bild 78. Bestimmung der Reibzahl

Es kann nun derjenige Winkel α festgestellt werden, bei dem der Prüfkörper gerade gleichförmig abwärts gleitet, dann ist nach (66) tan α = tan ρ = Gleitreibzahl μ gefunden. Ebenso wird μ_0 ermittelt.
Der Körper bleibt auf einer schiefen Ebene so lange in Ruhe, d.h. es *liegt Selbsthemmung* vor, so lange der Neigungswinkel α einen Grenzwinkel μ_0 nicht überschreitet. *Selbsthemmungsbedingung*:

$$\tan \alpha < \tan \rho_0;$$
$$\tan \alpha \le \mu_0 \qquad (68)$$
$$\rho_0 = \arctan \mu_0$$

1.8.4 Reibungskegel

Ist die Haftreibzahl μ_0 (oder bei Gleiten des Körpers die Gleitreibzahl μ) bekannt, ist nach (66) bzw. (67) auch der Reibwinkel ρ_0 (ρ) gegeben und es kann der *Reibungskegel* nach Bild 79 gezeichnet werden.
Dazu wird eine um den Reibwinkel ρ_0 geneigte Gerade um die Pfeilspitze von F_G gedreht. Der Körper bleibt so lange in Ruhe, wie die Resultierende F_{res} der äußeren Kräfte *innerhalb* des Reibungskegels liegt. Jede Mantellinie des Reibungskegels ist eine Wirklinie der aus Reibkraft F_{R0} und Normalkraft F_N (hier $F_G = F_N$) zusammengesetzten Ersatzkraft F_e. Die Wirklinie dieser Ersatzkraft wird bei der zeichnerischen Lösung von Aufgaben mit Reibung immer gebraucht. Beispiele siehe Bild 82.

1.8.5 Anleitung zur zeichnerischen und rechnerischen Lösung von Aufgaben mit Reibung

Bei der *zeichnerischen* Lösung wird die Überlegung benutzt, dass mit der Reibzahl μ nach (66) auch der Reibwinkel ρ bekannt ist. Damit lässt sich die Wirklinie der Ersatzkraft F_e zeichnen. Zweckmäßig fertigt man eine Lösungsskizze an, in der zuerst die Reibkraft F_R und die Normalkraft F_N zur Ersatzkraft F_e vereinigt werden ($F_R \perp F_N$). Der Winkel zwischen F_N und F_e ist der Reibwinkel ρ.
Bei der *rechnerischen* Lösung wird in allen Gleichungen nach (64) $F_R = F_N \mu$ gesetzt. Dann ergeben sich meist Gleichungen mit einer Unbekannten.

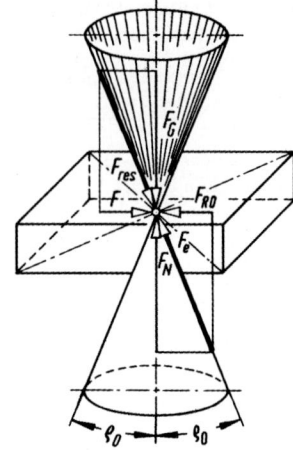

Bild 79. Reibungskegel
F_G Gewichtskraft des Körpers,
F Verschiebekraft,
F_{res} Resultierende aus F und F_G,
F_N Normalkraft, F_{R0} Haftreibkraft,
F_e Ersatzkraft (Resultierende) aus F_N und F_{R0}

■ **Beispiel:**
Zwei glatte Holzbalken liegen in horizontaler Stellung aufeinander, der untere festgeklemmt. Die Gewichtskraft F_G des oberen Körpers beträgt 500 N. Um ihn aus der Ruhelage anzuschieben, ist eine parallel zur Auflagefläche wirkende Kraft von F_0 = 250 N erforderlich. Beim gleichförmigen Weiterschieben sinkt die Kraft auf F = 150 N. Gesucht: Haft- und Gleitreibzahl für Holz auf Holz.

Lösung:

$$F_0 = F_{R0max} = F_N \mu_0 = F_G \mu_0$$
$$\mu_0 = \frac{F_0}{F_G} = \frac{250\ \text{N}}{500\ \text{N}} = 0{,}5$$
$$F = F_R = F_N \mu = F_G \mu$$
$$\mu = \frac{F}{F_G} = \frac{150\ \text{N}}{500\ \text{N}} = 0{,}3$$

■ **Beispiel:**
Der Kreuzkopf einer Dampfmaschine drückt im Betrieb mit einer mittleren Normalkraft von 3 500 N auf seine Gleitbahn. Die Drehzahl der Maschine beträgt 150 min^{-1}, der Kolbenhub H = 500 mm. Reibzahl 0,06.
Gesucht: a) die mittlere Geschwindigkeit des Kreuzkopfes, b) die Reibkraft am Kreuzkopf, c) der Leistungsverlust infolge Reibung!

Lösung:

a) $v = \dfrac{s}{t} = 2nH = \dfrac{2 \cdot 150 \cdot 0{,}5\ \text{m}}{60\ \text{s}} = 2{,}5\ \dfrac{\text{m}}{\text{s}}$

b) $F_R = F_N \mu = 3\,500\ \text{N} \cdot 0{,}06 = 210\ \text{N}$

c) Reibleistung $P_R = F_R v = 210\ \text{N} \cdot 2{,}5\ \dfrac{\text{m}}{\text{s}} = 525\ \dfrac{\text{Nm}}{\text{s}} = 525\ \text{W}$

1 Statik starrer Körper in der Ebene   C 33

■ **Beispiel:**
Die Kurbelwelle einer Brikettpresse hat 24 000 N Gewichtskraft. Ihre Lagerzapfen haben 410 mm Durchmesser. Die Welle trägt ein Schwungrad von 102 000 N Gewichtskraft; am Kurbelzapfen nimmt sie 7 000 N der Schubstangengewichtskraft auf. Die Zapfenreibzahl beträgt beim Anfahren 0,08.

a) Wie groß ist die gesamte Reibkraft am Lagerzapfenumfang beim Anfahren?
b) Welches Drehmoment ist zur Überwindung der Reibung erforderlich?

Lösung:
a) $F_R \mu = F_G \mu = (24\,000 + 102\,000 + 7\,000)\,\text{N} \cdot 0{,}08 =$
   $= 10\,640\,\text{N}$
b) $M = F_R r = 10\,640\,\text{N} \cdot 0{,}205\,\text{m} = 2\,181\,\text{Nm}$

■ **Beispiel:**
Auf den Kolben eines senkrecht stehenden Dieselmotors wirkt ein Druck von 10 bar = $10 \cdot 10^5\,\text{N/m}^2$, wobei die Pleuelstange um $\alpha = 12°$ zur Senkrechten geneigt ist. Kolbendurchmesser 400 mm; Reibzahl zwischen Kolben und Zylinderwand 0,1.
Gesucht: a) die Kolbenkraft F_k; b) die Normalkraft F_N zwischen Kolben und Zylinderwand; c) die Reibkraft F_R an der Zylinderwand; d) die Druckkraft F_s in der Pleuelstange!

Lösung:
a) $F_k = pA_k = 10 \cdot 10^5\,\dfrac{\text{N}}{\text{m}^2} \cdot \dfrac{\pi}{4} \cdot (0{,}4\,\text{m})^2 = 125\,700\,\text{N}$

b) Aus Bild 10 lassen sich die beiden Gleichgewichtsbedingungen ablesen:
I. $\Sigma F_x = 0 = +F_k - F_R - F_s \cos\alpha$
$F_s = \dfrac{F_k - F_N \mu}{\cos\alpha}$
II. $\Sigma F_y = 0 = +F_N - F_s \sin\alpha$

$F_s = \dfrac{F_N}{\sin\alpha}$

Gleichgesetzt:
$F_k - F_N \mu = F_N \dfrac{\cos\alpha}{\sin\alpha} = F_N \dfrac{1}{\tan\alpha}$;

$F_k = F_N \left(\dfrac{1}{\tan\alpha} + \mu\right) = F_N \left(\dfrac{1 + \mu\tan\alpha}{\tan\alpha}\right)$

$F_N = \dfrac{F_k \tan\alpha}{1 + \mu\tan\alpha} = \dfrac{125\,700\,\text{N} \cdot 0{,}2126}{1 + 0{,}1 \cdot 0{,}2126} = 26\,170\,\text{N}$

c) $F_R = F_N \mu = 26\,170\,\text{N} \cdot 0{,}1 = 2\,617\,\text{N}$

d) $F_s = \dfrac{F_N}{\sin\alpha} = \dfrac{26\,170\,\text{N}}{0{,}2079} = 125\,900\,\text{N}$

1.8.6 Reibung auf der schiefen Ebene
(Bild 80)

Auf der unter Winkel α geneigten schiefen Ebene findet sich ein Körper mit der Gewichtskraft F_G. *Gegeben*: Neigungswinkel $\alpha > \rho$, Gewichtskraft F_G, Reibzahl μ (Reibwinkel ρ); *gesucht*: parallel zur Ebene wirkende bzw. waagerechte Kraft F. In allen Fällen der Ruhe oder gleichförmigen Bewegung des Körpers müssen die Kräfte F, F_G und F_e (= Ersatzkraft von Reibkraft F_R und Normalkraft F_N) ein geschlossenes Krafteck bilden. Die Berechnungsgleichungen (69) bis (72) können aus den Krafteckskizzen direkt abgelesen werden.

Kraft F wirkt in Richtung der Ebene (Bild 80a und 80b).

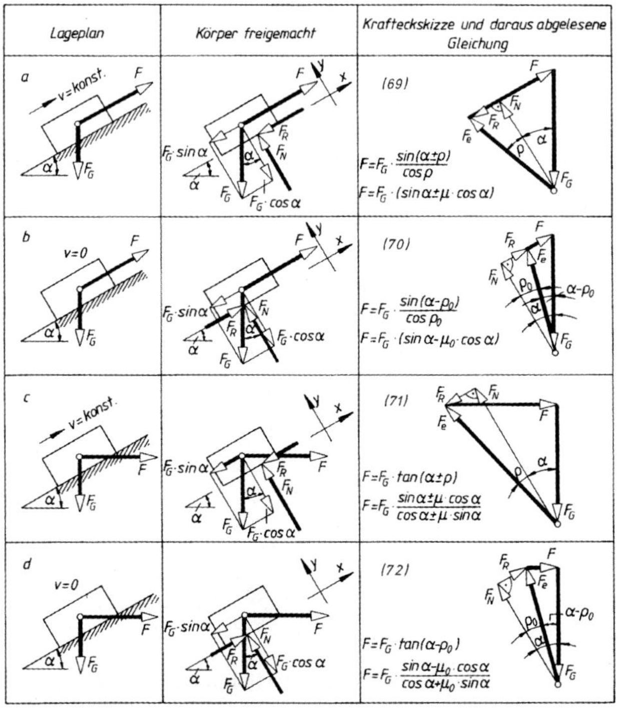

Kraft F zum gleichförmigen Aufwärtsgang (+) und Abwärtsgang (−)

$$F = F_G \dfrac{\sin(\alpha \pm \rho)}{\cos\rho} = F_G(\sin\alpha \pm \mu\cos\alpha) \qquad (69)$$

Kraft F zum Halten des Körpers

$$F = F_G \dfrac{\sin(\alpha - \rho_0)}{\cos\rho_0} = F_G(\sin\alpha - \mu_0 \cos\alpha) \qquad (70)$$

Bild 80. Reibung auf der schiefen Ebene;
F_G Gewichtskraft des Körpers oder Resultierende aller Belastungen,
F Verschiebe- oder Haltekraft,
F_R Reibkraft,
F_N Normalkraft,
F_e Ersatzkraft

Kraft F wirkt waagerecht (Bild 80c und 80d)
Kraft F zum gleichförmigen Aufwärtsgang (+) und Abwärtsgang (−)

$$F = F_G \tan(\alpha \pm \rho) = F_G \frac{\sin\alpha \pm \mu\cos\alpha}{\cos\alpha \mp \mu\sin\alpha} \quad (71)$$

Kraft F zum Halten des Körpers

$$F = F_G \tan(\alpha - \rho_0) = F_G \frac{\sin\alpha - \mu_0 \cos\alpha}{\cos\alpha + \mu_0 \sin\alpha} \quad (72)$$

Ist der Neigungswinkel α gleich oder kleiner als der Reibwinkel $\rho (\alpha \leq \rho)$ oder kleiner als ρ_0, liegt *Selbsthemmung* vor. In den Gleichungen für die Abwärtsbewegung und das Halten des Körpers wird die Kraft F negativ (bei $\alpha \leq \rho$), d.h. zur Abwärtsbewegung muss eine abwärts gerichtete Kraft eingesetzt werden und zum Halten ist überhaupt keine Kraft erforderlich ($\alpha \leq \rho_0$), oder F wird gleich null ($\alpha = \rho_0$), d.h. der ruhende Körper bleibt allein gerade noch in Ruhe und der abwärts gleitende Körper gleitet allein weiter ($\alpha = \rho$). Die Kraftecksskizzen in Bild 80a und c sind für den Fall der gleichförmigen *Aufwärts*bewegung gezeichnet; bei der Abwärtsbewegung würde sich die Richtung der Reibkraft F_R umkehren und es könnten die entsprechenden Gleichungen mit negativem Vorzeichen (69 und 71) ebenfalls direkt abgelesen werden.
Die beiden Formeln in (69) und (70) ergeben sich bei Verwendung von $\tan\rho = \mu$. in Verbindung mit den entsprechenden Summenformeln der Trigonometrie wie $\sin(\alpha + \beta) = \sin\alpha\cos\beta + \cos\alpha\sin\beta$ (siehe Mathematik).
Die rein rechnerische Behandlung mit Hilfe der Gleichgewichtsbedingungen $\Sigma F_x = 0$; $\Sigma F_y = 0$ liefert die gleichen Beziehungen, jedoch ist der mathematische Aufwand größer.

1.8.7 Reibung in Getrieben

1.8.7.1 Keilnutreibung (Bild 81). Die Anwendung der drei Kraft-Gleichgewichtsbedingungen für den frei gemachten Schlitten liefert:

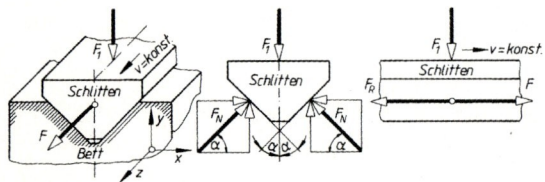

Bild 81. Keilnutreibung; Schlitten frei gemacht; F_1 Resultierende aller Belastungen

I. $\Sigma F_x = 0 = F_N \cos\alpha - F_N \cos\alpha$

II. $\Sigma F_y = 0 = 2 F_N \sin\alpha - F_1 \qquad F_N = \dfrac{F_1}{2\sin\alpha}$

III. $\Sigma F_z = 0 = F - 2F_R = F - 2F_N\mu$

Wird II. in III. eingesetzt, so ergibt sich

$$F = 2 \frac{F_1}{2\sin\alpha} \mu, \text{ also die } Verschiebekraft$$

$$F = \frac{\mu F_1}{\sin\alpha} = \mu' F_1 \quad (73)$$

Darin ist die *Keilnut-Reibzahl*

$$\mu' = \frac{\mu}{\sin\alpha} \quad (74)$$

1.8.7.2 Zylinderführung (Bild 82). Die Führungsbuchse klemmt sich fest, solange die Wirklinie der resultierenden Verschiebekraft F durch die Überdeckungsfläche der beiden Reibungskegel geht. Dann stehen die Stützkräfte (= Ersatzkräfte aus Reibkraft F_R und Normalkraft F_N) mit der Kraft F im Gleichgewicht; ihre Wirklinien schneiden sich in einem Punkt, der innerhalb der Überdeckungsfläche liegt.

Die drei Gleichgewichtsbedingungen ergeben:

I. $\Sigma F_x = 0 = + F_{R1} + F_{R2} - F$
II. $\Sigma F_y = 0 = + F_{N1} - F_{N2}$;
also $F_{N1} = F_{N2}$ und damit auch $F_{R1} = F_{R2}$
III. $\Sigma M_{(II)} = 0 = - F_{R1}d + F_{N1}l - F(l_a - d/2)$

Mit $F_R = F_N \mu$ und $F = 2 F_R$ aus Gleichung I wird Gleichung III weiterentwickelt:

III. $F_N \mu d - F_N l + 2 F_N \mu \left(l_a - \dfrac{d}{2} \right) = 0$

$$\mu d - l + 2\mu l_a - 2\mu \frac{d}{2} = 0$$

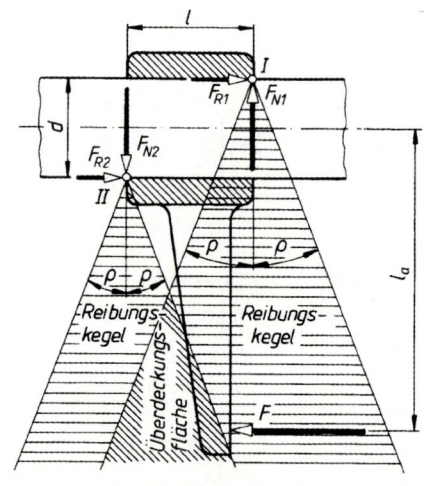

Bild 82. Kräfte an Zylinderführung

Daraus ergibt sich die *Führungslänge*

$$l = 2\mu\, l_a \qquad \begin{array}{|c|c|c|} \hline l & l_a & \mu \\ \hline \text{mm} & \text{mm} & 1 \\ \hline \end{array} \qquad (75)$$

Bei $l < 2\mu\, l_a$ klemmt sich die Buchse fest, bei $l > 2\mu\, l_a$ gleitet sie. Festklemmen oder Gleiten ist unabhängig von der verschiedenden Kraft F.

1.8.7.3 Keilgetriebe

(Bild 83). Durch Verschieben des Keiles 2 in Richtung der Kraft F wird der mit F_1 belastete Stößel 1 angehoben. Zeichnerisch und rechnerisch soll die Verschiebekraft F bestimmt werden. Gegeben: F_1, Reibzahlen μ_1, μ_2, μ_3 und Winkel α.

Zeichnerische Lösung: Zuerst sind die Lagepläne der frei gemachten Teile 1 und 2 zu zeichnen. Da F_1 gegeben ist, wird mit Stößel 1 begonnen. Auf ihn wirken die drei Kräfte F_1, F_{e1}, F_{e2}, letztere sind die Ersatzkräfte aus Reibkraft und Normalkraft. Aus $\mu = \tan\rho$ sind die Reibwinkel ρ_1 und ρ_2 bekannt, sodass die Wirklinien der Ersatzkräfte F_{e1}, F_{e2} festliegen. Wird im Kräfteplan die gegebene Kraft F_1 hingelegt, kann durch Parallelverschiebung der Wirklinien der Ersatzkräfte das geschlossene Krafteck 1 gezeichnet werden. $F_{e2}' = -F_{e2}$ ist die Reaktionskraft von F_{e2}. Im *gesamten* Getriebe sind beides *innere* Kräfte, also gleich groß, gegensinnig und auf gemeinsamer Wirklinie liegend.
Mit ρ_2 und ρ_3 sind am Keil 2 die Wirklinien der dort angreifenden Ersatzkräfte F_{e2}', F_{e3} bekannt, sodass durch Parallelverschiebung der Wirklinien von F_{e3} und F das Krafteck 2 an 1 angeschlossen werden kann. Die Zerlegung der Ersatzkräfte F_e in Reibkraft F_R und Normalkraft F_N vervollständigt den Kräfteplan. Die gesuchte Verschiebekraft F kann daraus abgegriffen werden.

Rechnerische Lösung: Neben der analytischen Lösung mit Hilfe der Gleichgewichtsbedingungen $\Sigma F_x = 0$; $\Sigma F_y = 0$ wird häufig von der Möglichkeit Gebrauch gemacht, das Krafteck zu skizzieren (Krafteckskizze) und trigonometrisch auszuwerten, z.B. wie hier mit dem Sinussatz. Aus Bild 83 liest man ab:

$$\frac{F_1}{F_{e2}} = \frac{\sin\beta}{\sin\gamma} = \frac{\sin[90° - (\alpha + \rho_1 + \rho_2)]}{\sin(90° + \rho_1)} =$$

$$= \frac{\cos(\alpha + \rho_1 + \rho_2)}{\cos\rho_1} \quad \text{und}$$

$$\frac{F}{F_{e2}} = \frac{\sin\delta}{\sin\varepsilon} = \frac{\sin(\alpha + \rho_2 + \rho_3)}{\sin(90° - \rho_3)} =$$

$$= \frac{\sin(\alpha + \rho_2 + \rho_3)}{\cos\rho_3} \quad . \text{ Daraus wird}$$

$$\frac{F}{F_1} = \frac{\sin(\alpha + \rho_2 + \rho_3)\cos\rho_1}{(\cos\rho_3)\cos(\alpha + \rho_1 + \rho_2)}$$

Daraus ergibt sich die *Verschiebekraft*

$$F = F_1 \frac{\sin(\alpha + \rho_2 + \rho_3)\cos\rho_1}{\cos(\alpha + \rho_1 + \rho_2)\cos\rho_3} \qquad (76)$$

Mit gleichen Reibzahlen wird $\rho_1 = \rho_2 = \rho_3$ und die *Verschiebekraft*

$$F = F_1 \frac{\sin(\alpha + 2\rho)\cos\rho}{\cos(\alpha + 2\rho)\cos\rho} = F_1 \tan(\alpha + 2\rho) \qquad (77)$$

Ohne Reibung wäre die ideelle Verschiebekraft $F_i = F_1 \tan\alpha$. Damit ergibt sich der *Wirkungsgrad des Keilgetriebes beim Heben der Last*

$$\eta = \frac{F_i}{F} = \frac{F_1 \tan\alpha}{F_1 \tan(\alpha + 2\rho)} =$$

$$= \frac{\tan\alpha}{\tan(\alpha + 2\rho)} \qquad (78)$$

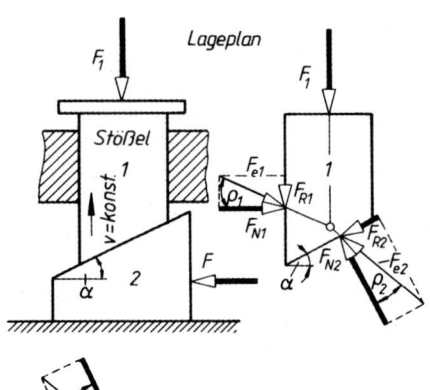

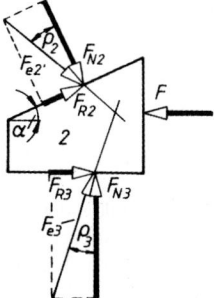

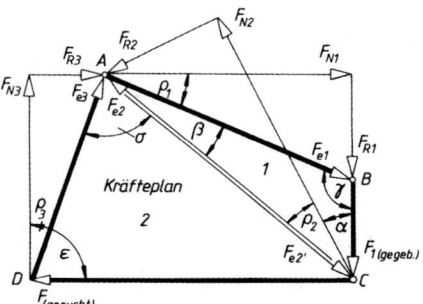

Bild 83. Keilgetriebe; Kräfte beim Anheben des Stößels

Die *Haltekraft F'*, die ein Herausdrücken des Keiles verhindert, ist

$$F' = F_1 \tan(\alpha - 2\rho) \qquad (79)$$

Ist der Neigungswinkel $\alpha < 2\rho_0$, so wird F' negativ, d.h. das Keilgetriebe ist selbsthemmend; um es zu lösen, muss eine Kraft F' den Keil herausziehen.

1.8.7.4 Schraube

1.8.7.4.1 Bewegungsschraube mit Rechteckgewinde (Bild 84.). Das Anziehen (Heben der Last) oder Lösen (Senken der Last) einer *Bewegungsschraube* entspricht dem Hinaufschieben oder Herabziehen einer Last auf einer schiefen Ebene durch eine waagerechte Umfangskraft, wie es in den Bildern 80c und 80d dargestellt ist.

Es bezeichnet F Schraubenlängskraft = Vorspannkraft in der Schraube; F_U Umfangskraft, angreifend am Flankenradius r_2; F_R Reibkraft im Gewinde; F_N Normalkraft; α Steigungswinkel der mittleren Gewindelinie; P Steigung der Schraubenlinie; ρ Reibwinkel; $\tan\rho = \mu$ = Reibzahl im Gewinde. In den Gewindenormen heißt der Flankendurchmesser d_2.

$$\tan\alpha = \frac{P}{2\pi r_2} = \frac{P}{\pi d_2} \qquad (80)$$

Unter Verwendung der hier gültigen Formelzeichen wird nach (71) die *Umfangskraft* beim Anziehen (+) und Lösen (–) der Schraube

$$F_u = F \tan(\alpha \pm \rho) \qquad (81)$$

Die Umfangskraft F_u wirkt am Flankenradius r_2 als Hebelarm; somit ergibt sich das erforderliche *Drehmoment* beim Anziehen (+) und Lösen (–) der Schraube

$$M = F_u r_2 = F \tan(\alpha \pm \rho) r_2 \qquad (82)$$

Ohne Reibung ($\rho = 0$) wäre die ideelle Umfangskraft $F_i = F \tan\alpha$. Damit ergibt sich der *Wirkungsgrad* der Bewegungsschraube

$$\eta = \frac{F_i}{F_u} = \frac{F \tan\alpha}{F \tan(\alpha + \rho)}$$

$$\eta = \frac{\tan\alpha}{\tan(\alpha + \rho)} \qquad \eta = \frac{\tan(\alpha - \rho)}{\tan\alpha} \qquad (83)$$

beim Anziehen oder Heben der Mutter durch die Schraube

beim Absinken der Mutter (absinkende Mutter dreht Schraube)

Selbsthemmung tritt auf bei $\alpha \le \rho_0$, das Drehmoment M wird dann negativ oder null; negatives M muss dann zum Lösen (Senken) aufgebracht werden.

Im Grenzfall $\alpha = \rho_0$ ist der *Wirkungsgrad*

$$\eta = \frac{\tan\alpha}{\tan 2\alpha} \approx 0{,}5 \qquad (84)$$

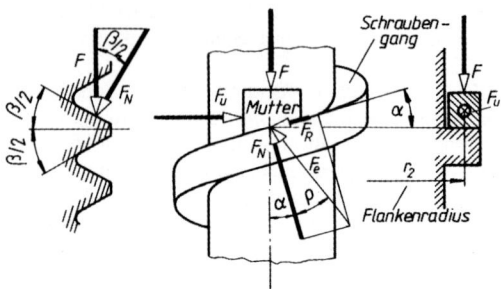

Bild 84. Kräfte am Flachgewindegang und Schraubenlängskraft am Gang eines Spitzgewindes

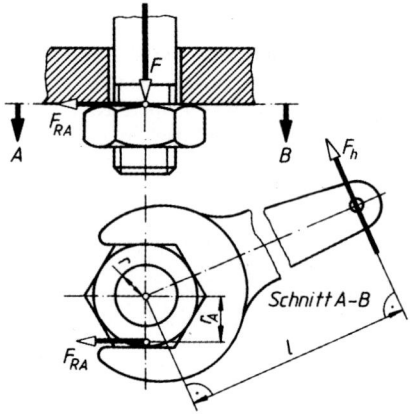

Bild 85. Befestigungsschraube
F_V Vorspannkraft,
F_h Handkraft,
F_{RA} Auflagereibkraft

1.8.7.4.2 Bewegungsschraube mit Spitz- und Trapezgewinde.

Nach Bild 84 ist die rechtwinklig zur Fläche des Gewindegangs stehende Komponente der Schraubenlängskraft F die Normalkraft $F_N = F / \cos(\beta/2)$.
Die *Reibung im Gewinde* ist damit größer als beim Flachgewinde:

$$F_N \mu = \mu \frac{F}{\cos\dfrac{\beta}{2}} \qquad (85)$$

Man setzt nun

$$\frac{\mu}{\cos\dfrac{\beta}{2}} = \mu' = \tan\rho' \qquad (86)$$

und kann damit die oben für das Rechteckgewinde aufgestellten Beziehungen (81) bis (83) auch für Schrauben mit Spitz- oder Trapezgewinde benutzen, wenn man ρ durch ρ' bzw. μ durch μ' ersetzt.

Für *Trapezgewinde* nach DIN 103 ist
$\beta = 30°$ $\mu' = 1,04\,\mu$
Für *Metrisches ISO-Gewinde* nach DIN 13 ist
$\beta = 60°$ $\mu' = 1,15\,\mu$

1.8.7.4.3 Befestigungsschraube mit Spitzgewinde.
Durch das Anziehen der Mutter(oder der Schraube) nach Bild 85 mit *dem Anziehdrehmoment*

$$M_A = F_h\,l \tag{87}$$

wird in der Schraubenverbindung die Schraubenlängs- (Vorspann-)kraft F_V erzeugt. Sie presst die verbindenden Teile aufeinander. Dem Anziehdrehmoment M_A wirken das Gewindereibmoment M_{RG} und das Auflagereibmoment M_{RA} entgegen. Bild 85 zeigt die Auflagereibkraft F_{RA} mit einem angenommenen Wirkabstand $r_A = 1,4r$ für Sechskantmuttern, $r = d/2$ mit d = Gewindeaußendurchmesser. Die Auflagereibkraft F_{RA} wird mit μ_A als Reibzahl der Mutterauflage: $F_{RA} = F_V\,\mu_A$ und damit das *Auflagereibmoment*

$$M_{RA} = F_V\,\mu_A\,r_A \tag{88}$$

Wird Gleichung (81) für das Gewindereibmoment M_{RG} eingesetzt, ergibt sich das Anziehdrehmoment zum Anziehen (+) und Lösen (–) einer Schraubenverbindung

$$M_A = F_V\,[r_2 \tan(\alpha \pm \rho') + \mu_A\,r_A] \tag{89}$$

Für Gewinde mit metrischem Profil (Stahl auf Stahl) setze man für Überschlagsrechnungen:
$\mu' = \tan\rho' = 0,25$; $\rho' = 14°$ und $\mu_A = 0,15$; ebenso für $r_A = 1,4r$

- **Beispiel:**
Die Zylinderkopfschrauben M10 eines Verbrennungsmotors sollen mit einem Drehmoment von 60 Nm angezogen werden. Die Reibzahl an der Kopfauflage sei 0,15, im Gewinde beträgt sie $\mu' = 0,25$. Mit welcher Kraft presst jede Schraube den Zylinderkopf auf den Zylinderblock?

Lösung:
Für M10 ist nach I Maschinenelemente, Tabelle 7 $r_2 \approx 4,5$ mm und $\alpha = 3,03°$

$\mu' = \tan\rho' = 0,25$; $\rho' = 14°$
$\tan(\alpha + \rho') = 0,306$; $r_a = 1,4r = 7$ mm

$$F_V = \frac{M_A}{r_2 \tan(\alpha + \rho') + \mu_A\,r_A}$$

$$F_V = \frac{60 \cdot 10^3\ \text{Nmm}}{4,5\ \text{mm} \cdot 0,306 + 0,15 \cdot 7\ \text{mm}}$$

$F_V = 24\,722 \approx 24,7$ kN

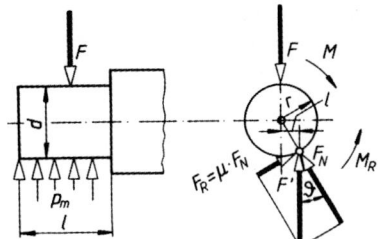

Bild 86. Kräfte bei trockener Tragzapfenreibung
F Wellenlast, F_N Normalkraft, F_R Lagerreibkraft, M Wellendrehmoment, M_R Reibmoment

1.8.8 Lagerreibung

1.8.8.1 Tragzapfenreibung, Querlager (Bild 86).
Die *mittlere Flächenpressung* im Lager beträgt

$$p_m = \frac{F}{d\,l} \quad\quad \begin{array}{c|c|c} p_m & F & d, l \\ \hline \dfrac{\text{N}}{\text{mm}^2} & \text{N} & \text{mm} \end{array} \tag{90}$$

Bei *trockener* (Anlauf) und halbflüssiger Reibung verlagert sich der Angriffspunkt von $F' = F$ um l entgegen der Drehrichtung. Die Reibkraft ist dann $F_R = \mu F_N = F_N \tan\rho = F \sin\rho$. Setzt man $\sin\rho = \mu$ = Zapfenreibzahl, wird das dem Wellendrehmoment entgegengerichtete *Reibmoment*

$$M_R = F\,\mu\,r \quad\quad \begin{array}{c|c|c|c} M_R & F & \mu & r \\ \hline \text{Nm} & \text{N} & 1 & \text{m} \end{array} \tag{91}$$

Dreht sich der Lagerzapfen mit der Umfangsgeschwindigkeit $v = \omega\,r = 2\pi\,n\,r$ (mit ω Winkelgeschwindigkeit, r Zapfenradius, n minutlicher Drehzahl), beträgt die *Reibleistung*

$$P_R = M_R\,\omega = \frac{F\,\mu\,r\,\pi\,n}{30}$$

$$\begin{array}{c|c|c|c|c} P_R & M_R & \omega & F & r & n \\ \hline \dfrac{\text{Nm}}{\text{s}} = \text{W} & \text{Nm} & \dfrac{1}{\text{s}} & \text{N} & \text{m} & \text{min}^{-1} \end{array} \tag{92}$$

Zapfenreibzahl μ ist empirisch zu bestimmen.

Bei *flüssiger* Reibung (siehe I Maschinenelemente) trennt ein Schmiermittelfilm Zapfen- und Schalenwerkstoff; es bildet sich ein Ölkeil aus, der den Zapfen aus der Mittellage in Drehrichtung verlagert (im Gegensatz zur trockenen Reibung).
Tatsächlich sind die Verhältnisse bei der Lagerreibung sehr kompliziert, weil sich keine Gesetzmäßigkeiten zur Druckverteilung und Zapfenreibzahl aufstellen lassen.

1.8.8.2 Spurzapfenreibung, Längslager (Bild 87).

Die Wirklinie der Belastung F fällt mit der Drehachse der Welle zusammen. Den Wirkabstand der Reibkraft F_R nimmt man mit $r_m = (r_1 + r_2)/2$ an. Wie bei der Tragzapfenreibung rechnet man mit Reibkraft $F_R = F\mu$, worin μ die *Spurzapfenreibzahl* ist, die ebenfalls empirisch bestimmt werden muss. Damit wird das *Reibmoment*

$$M_R = F\mu\, r_m \qquad \begin{array}{|c|c|c|c|} \hline M_R & F & \mu & r_m \\ \hline \text{Nm} & \text{N} & 1 & \text{m} \\ \hline \end{array} \qquad (93)$$

und die *Reibleistung*

$$P_R = M_R\omega = \frac{F\mu\, r_m \pi n}{30}$$

$$\begin{array}{|c|c|c|c|c|c|} \hline \dfrac{P_R}{\text{Nm/s}} = W & M_R & \omega & F & r_m & n \\ & \text{Nm} & \dfrac{1}{\text{s}} & \text{N} & \text{m} & \text{min}^{-1} \\ \hline \end{array} \qquad (94)$$

Meistens wird der Zapfen nach Bild 87 zentrisch ausgespart, um den in Richtung der Drehachse wachsenden Druckanstieg zu vermeiden. Die Bohrung kann der Schmiermittelzufuhr dienen.
Für den *Vollspurzapfen* wird $r_m = (0 + r_2)/2 = r_2/2$ in die Gleichungen eingesetzt.

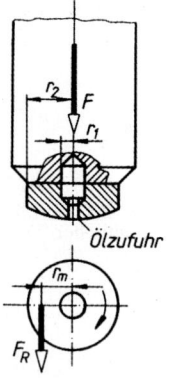

Bild 87. Spurzapfenreibung

1.8.9 Rollreibung (Rollwiderstand)

Die Haftreibung zwischen Rollkörper (Rad, Walze, Kugel) und ebener Fahrbahn verursacht das Rollen. Der Rollkörper drückt sich etwas in die Fahrbahn ein, sodass zur Überwindung des Rollwiderstands F_R bei konstanter Geschwindigkeit des Körpers eine treibende Kraft F_{res} erforderlich wird. Nach Bild 88 steht die Resultierende F_{res} aus Last F_1 und Rollkraft F im Gleichgewicht mit der Ersatzkraft F_e aus Rollwiderstand F_R (Rollreibung) und Normalkraft F_N. Die Gleichgewichtsbedingungen lassen sich ablesen:

I. $\Sigma F_x = 0 = +F - F_R;$ $\qquad F = F_R$
II. $\Sigma F_y = 0 = +F_N - F_1;$ $\qquad F_N = F_1$
III. $\Sigma M_{(D)} = 0 = -Fr + F_1 f$

daraus die *Rollkraft*

$$F = F_1 \frac{f}{r} \qquad \begin{array}{|c|c|c|c|} \hline F & F_1 & f & r \\ \hline \text{N} & \text{N} & \text{cm} & \text{cm} \\ \hline \end{array} \qquad (95)$$

Nach Bild 88 wurde für die Höhe h der Radius r eingesetzt, was bei metallischen Wälzkörpern auf metallischer Unterlage wegen der geringen Eindringtiefe zulässig ist.

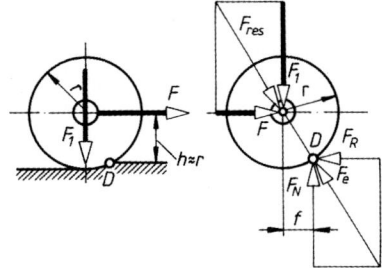

Bild 88. Rollreibung; Rollkörper auf ebener Fahrbahn
F_1 Belastung, F treibende Kraft,
F_N Normalkraft, F_R Rollwiderstand

Der Wert „f" in cm wird als *Hebelarm der Rollreibung* bezeichnet; er ist ein reiner Erfahrungswert. Für Stahlräder auf Stahlschienen setzt man $f \approx 0{,}05$ cm, für gehärtete Stahlkugeln auf Laufringen $f \approx 0{,}0005$ bis $0{,}001$ cm.
Damit kein Gleiten auftritt, muss der Rollwiderstand F_R kleiner sein als die Haftreibung zwischen Rollkörper und Fahrbahn. *Rollbedingung*:

$$F_R < \mu_0 F_N \text{ oder } \frac{f}{r} < \mu_0 \qquad (96)$$

1.8.10 Fahrwiderstand

Wird ein Fahrzeug mit konstanter Geschwindigkeit auf *horizontaler* Fahrbahn fortbewegt, ist, abgesehen vom *Luftwiderstand*, außer dem *Rollwiderstand* noch der durch *Lagerreibung* entstehende Widerstand zu überwinden. Man fasst beide zusammen zum *Fahrwiderstand*

$$F_f = F_n \mu_f \qquad \begin{array}{|c|c|c|} \hline F_f & \mu_f & F_N \\ \hline \text{N} & 1 & \text{N} \\ \hline \end{array} \qquad (97)$$

Darin sind F_N die gesamte Normalkraft (Anpresskraft) des Fahrzeugs; bei horizontaler Bahn ist F_N die Gesamtgewichtskraft F_G des Fahrzeugs; μ_f ist die Fahrwiderstandszahl; hierfür kann nach Tabelle 3 gesetzt werden:

1 Statik starrer Körper in der Ebene

Tabelle 3. Fahrwiderstandszahlen μ_f

Eisenbahn	0,0025
Straßenbahn mit Wälzlagern	0,005
Straßenbahn mit Gleitlagern	0,018
Kraftfahrzeuge auf Asphalt	0,025
Drahtseilbahnen	0,01

Damit kein Gleiten auftritt, muss der Fahrwiderstand F_f kleiner sein als die Haftreibung zwischen Rad und Fahrbahn. *Rollbedingung* bei horizontaler Bahn:

$$F_f < \mu_0 F_N$$
$$\mu_f < \mu_0 \qquad (98)$$

Bei *geneigter* Fahrbahn wird die Zugkraft am Fahrzeug meist stärker durch die Abtriebskomponente der Gewichtskraft beeinflusst als durch den Fahrwiderstand.

1.8.11 Seilreibung

(Bild 89) liegt vor, wenn um eine gegen Drehung gesicherte Scheibe ein vollkommen biegsames Zugmittel liegt. Durch die Reibkraft F_R zwischen Zugmittel und Scheibe wird die Spannkraft F_1 größer als die Gegenkraft F_2. Bei Gleichgewicht ist

$$F_1 = F_2\, e^{\mu\alpha} \qquad (99)$$

μ Reibzahl zwischen Zugmittel und Scheibe;
$\alpha = 2\pi\alpha° / 360° = \alpha° / 57{,}3°$ Umschlingungswinkel im Bogenmaß.

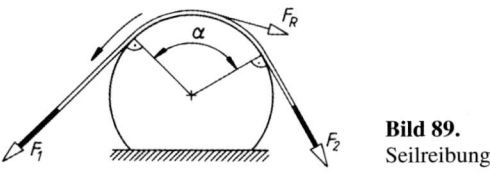

Bild 89. Seilreibung

Am umspannten Teil der Scheibe beträgt die *Seilreibung*

$$F_R = F_1 - F_2 = F_2(e^{\mu\alpha} - 1) = F_1 \frac{e^{\mu\alpha} - 1}{e^{\mu\alpha}}$$

F_R, F_1, F_2	$e^{\mu\alpha}$
N	1

(100)

Die Seilreibkraft F_R ist die größte Umfangskraft, die eine Seil-, Band- oder Riemenscheibe zu übertragen vermag.

Die $e^{\mu\alpha}$-Werte können mit der *ln*-Taste oder mit der e^x-Taste ermittelt werden. Die Werte in Tabelle 4 dienen der Kontrolle und geben einen Überblick zum Funktionsverlauf für $y = e^{\mu\alpha}$.

Tabelle 4. Werte für $e^{\mu\alpha}$ in Abhängigkeit vom Umschlingungswinkel α und von der Reibzahl μ

$\alpha°$	α	Reibzahlen μ									
		0,05	0,1	0,15	0,2	0,25	0,3	0,35	0,4	0,45	0,5
36	0,2 π	1,032	1,065	1,099	1,134	1,170	1,207	1,246	1,286	1,327	1,369
72	0,4 π	1,065	1,134	1,207	1,286	1,369	1,458	1,552	1,653	1,760	1,874
108	0,6 π	1,099	1,207	1,327	1,458	1,602	1,760	1,934	2,125	2,336	2,566
144	0,8 π	1,134	1,286	1,458	1,653	1,874	2,125	2,410	2,733	3,099	3,514
180	1,0 π	1,170	1,369	1,602	1,874	2,193	2,566	3,003	3,514	4,111	4,810
216	1,2 π	1,207	1,458	1,760	2,125	2,566	3,099	3,741	4,518	5,455	6,586
252	1,4 π	1,246	1,552	1,934	2,410	3,003	3,741	4,662	5,808	7,237	9,017
288	1,6 π	1,286	1,653	2,125	2,733	3,514	4,518	5,808	7,468	9,602	12,35
324	1,8 π	1,327	1,760	2,336	3,099	4,111	5,455	7,237	9,602	12,74	16,90
360	2,0 π	1,369	1,874	2,566	3,514	4,810	6,586	9,017	12,35	16,90	23,14
540	3 π	1,602	2,566	4,111	6,586	10,55	16,90	27,08	43,38	69,49	111,3
720	4 π	1,874	3,514	6,586	12,35	23,14	43,38	81,31	152,1	285,7	535,5
900	5 π	2,193	4,810	10,55	23,14	50,75	111,3	244,2	535,5	1174	2576
1 080	6 π	2,566	6,586	16,90	43,38	111,3	285,7	733,1	1881	4829	12 390
1 260	7 π	3,003	9,017	27,08	81,31	244,2	733,1	2 202	6611	19 850	59 610
1 440	8 π	3,514	12,35	43,38	152,4	535,5	1881	6611	23 230	81 610	286 800
1 620	9 π	4,111	16,90	69,49	285,7	1174	4829	19 850	81 610	335 500	1 379 000
1 800	10 π	4,810	23,14	111,3	535,5	2576	12 390	59 610	286 800	1 379 000	6 636 000

- **Beispiel:**

Um einen horizontal feststehenden Zylinder ist ein Hanfseil viermal geschlungen. Welche Last F_G darf das eine Ende des Seiles höchstens tragen, wenn am anderen Ende eine Handkraft von 150 N die Last bei $\mu_0 = 0{,}3$ halten soll?

Lösung:

$F_1 = F_G;\quad F_2 = 150\text{ N};$
$F_1 = F_2\, e^{\mu_0\alpha} = 150\text{ N} \cdot e^{0{,}3 \cdot 8\pi} = 150\text{ N} \cdot 1\,882$
$F_1 = F_G = 282\,300\text{ N}$

- **Beispiel:**

Das Lastseil eines 4fach umschlungenen Spillkopfes soll eine Zugkraft von 5 000 N aufbringen. Mit welcher Handkraft muss das Seil gezogen werden und welche Umfangskraft am Spillkopf hat der Antriebsmotor aufzubringen? $\mu_0 = 0{,}15$.

Lösung:

Handkraft $\quad F_2 = \dfrac{F_1}{e^{\mu_0\alpha}} = \dfrac{5\,000\text{ N}}{e^{0{,}15 \cdot 8\pi}} = \dfrac{5000\text{ N}}{43{,}38} = 115\text{ N}$

Umfangskraft $F_u = F_1 - F_2 =$
$= 5\,000\text{ N} - 115\text{ N} = 4\,885\text{ N}$

1.8.12 Rollen und Flaschenzüge

1.8.12.1 Feste Rolle (Leit- oder Umlenkrolle).
Durch die Reibung zwischen Rolle und Rollenbolzen und infolge des Biegewiderstands des Seiles ist zum Heben der Last F_1 in Bild 90 eine Zugkraft $F > F_1$ erforderlich. Diese Erfahrung wird im *Wirkungsgrad der festen Rolle* η_f erfasst, der das Verhältnis vom Nutzen zum Aufwand ausdrückt. Für einen beliebigen Weg s der Last F_1 und der Zugkraft F ist damit der *Wirkungsgrad* der festen Rolle

$$\eta_f = \frac{F_1 s}{F s} = \frac{F_1}{F} \qquad (101)$$

η_f für Ketten und Seile $\approx 0,96$ bei Gleitlagerung und $\approx 0,97$ bis $0,98$ bei Wälzlagerung.

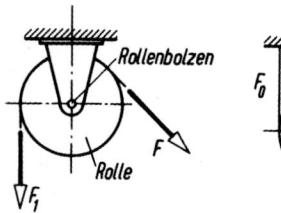

Bild 90. Feste Rolle   **Bild 91.** Lose Rolle

1.8.12.2 Lose Rolle
(Bild 91). Die am Rollbolzen hängende Last F_1 verteilt sich auf *zwei* Seilenden; es ist der Kraftweg $s_f = 2 \cdot$ Lastweg s_g (Übersetzung $i = 2$). Nach (101) ist $F = F_0/\eta_f$, außerdem $F_1 = F + F_0$ und damit der *Wirkungsgrad* η_l der losen Rolle:

$$\eta_l = \frac{F_1 s_g}{F s_f} = \frac{(F + F_0) s_g}{F 2 s_g} =$$
$$= \frac{F + F \eta_f}{2F} = \frac{1 + \eta_f}{2} \qquad (102)$$

und die *Zugkraft*

$$F = \frac{F_1}{\eta_f + 1} \qquad (103)$$

Mit $\eta_f = 0,95$ wird $\eta_l = (1 + 0,95)/2 = 0,975$; d.h. der Wirkungsgrad der losen Rolle ist günstiger als derjenige der festen Rolle. In der Praxis rechnet man jedoch für beide mit $\eta_f = \eta_l = \eta = 0,95$.

1.8.12.3 Flaschenzüge (Rollenzüge)
sind Übersetzungsmittel zwischen Zugkraft F und Last F_1 (Bild 92). Die festen und losen Rollen sind in den Flaschen gelagert und können untereinander oder nebeneinander liegen. In Bild 92 wirkt F nach oben, das freie Seilende läuft von einer *losen* Rolle ab. Soll F nach unten gerichtet sein, muss das Seil noch über die Umlenkrolle (linkes Bild) geführt werden. Es läuft dann von einer *festen* Rolle ab.

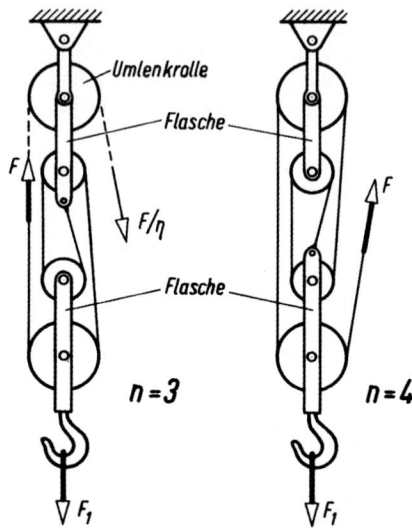

Bild 92. Flaschenzug mit $n = 3$ und $n = 4$ Rollen

Bezeichnet n die *Rollenzahl* des Flaschenzugs (*ohne* Umlenkrolle), so ist die Zahl der tragenden Seilstränge stets $n + 1$. Der *Kraftweg* s_f = Länge des ablaufenden Seiles ist demnach:

$$s_f = (n + 1) s_g \qquad (104)$$

Ohne Verluste ist die Zugkraft $F_0 = F_1/(n + 1)$. Mit η_r = *Wirkungsgrad des Rollenzugs* ergibt sich die *Zugkraft*

$$F = \frac{F_1}{\eta_r (n + 1)} \qquad (105)$$

Seil läuft von loser Rolle ab

Läuft das Seil von einer *festen* Rolle (Umlenkrolle) ab, ist noch der Wirkungsgrad der festen Rolle η_f zu berücksichtigen:

$$F = \frac{F_1}{\eta_r \eta_f (n + 1)} \qquad (106)$$

Seil läuft von fester Rolle (Umlenkrolle) ab

Tabelle 5. Wirkungsgrad η_r des Rollenzugs in Abhängigkeit von der Rollenzahl (ohne Umlenkrolle)

n	1	2	3	4	5	6	7	8	9	10
η_r	0,975	0,951	0,927	0,904	0,881	0,859	0,838	0,817	0,796	0,776

1.8.13 Bremsen

(F Bremskraft, M Bremsmoment, P Wellenleistung).
Backenbremse mit überhöhtem Drehpunkt D (Bild 93)

$$F = F_N \frac{(l_1 \pm \mu l_2)}{l} \qquad (107)$$

(+) bei Rechtslauf, (−) bei Linkslauf Selbsthemmung bei Linkslauf, wenn $l_1 < \mu l_2$ ist.

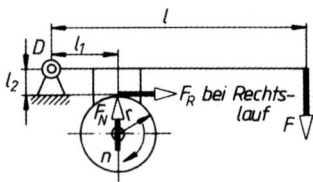

Bild 93. Backenbremse mit überhöhtem Drehpunkt D; Kräfte auf den Hebel

Backenbremse mit unterzogenem Drehpunkt D (Bild 94)

$$F = F_N \frac{(l_1 \mp \mu l_2)}{l} \qquad (108)$$

(−) bei Rechtslauf, (+) bei Linkslauf

Selbsthemmung tritt auf bei Rechtslauf, wenn $l_1 < \mu l_2$ ist.

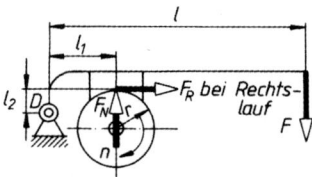

Bild 94. Backenbremse mit unterzogenem Drehpunkt D; Kräfte auf den Hebel

Backenbremse mit tangentialem Drehpunkt D (Bild 95)

$$F = F_N \frac{l_1}{l} \qquad (109)$$

Selbsthemmung tritt nicht auf.

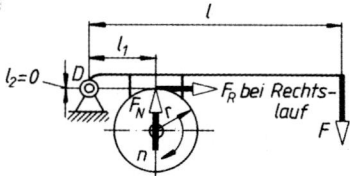

Bild 95. Backenbremse mit tangentialem Drehpunkt D; Kräfte auf den Hebel

Die Normalkraft F in (107) bis (109) ist entweder aus den Gleichgewichtsbedingungen am frei gemachten Hebel zu ermitteln oder aus gegebenem Bremsmoment $M = F_R r = F_N \mu\, r$.

Einfache Bandbremse (Bild 96)

$$M = F_R r = Fr \frac{l}{l_1} (e^{\mu\alpha} - 1) \qquad (110)$$

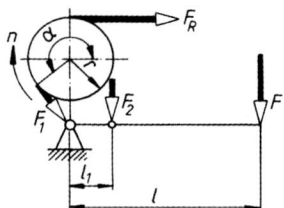

Bild 96. Einfache Bandbremse

Summenbremse (Bild 97)

$$M = F_R r = Fr \frac{l}{l_1} \frac{e^{\mu\alpha} - 1}{e^{\mu\alpha} + 1} \qquad (111)$$

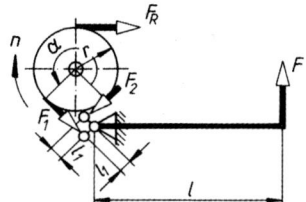

Bild 97. Summenbremse

Differenzbremse (Bild 98)

$$M = F_R r = Flr \frac{e^{\mu\alpha} - 1}{l_2 - l_1 e^{\mu\alpha}} \qquad (112)$$

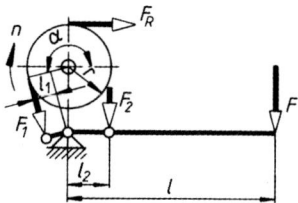

Bild 98. Differenzbremse

Bremszaum (Bild 99)

$$P = \frac{F_G l\, n}{9550} \qquad \begin{array}{c|c|c|c} P & F_G & l & n \\ \hline kW & N & m & min^{-1} \end{array} \qquad (113)$$

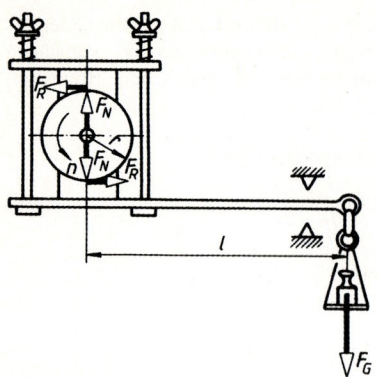

Bild 99. Bremszaum

Bandbremszaum (Bild 100). Die Bandkräfte F und F_G werden mit Federwaage und Zuggewicht gemessen. Daraus die *Wellenleistung* (114)

$$P = \frac{(F_G - F)rn}{9550} \quad \begin{array}{c|c|c|c} P & F_G, F & r & n \\ \hline kW & N & m & min^{-1} \end{array} \quad (114)$$

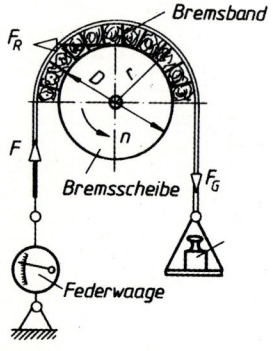

Bild 100. Bandbremszaum

■ **Beispiel:**
Eine Backenbremse nach Bild 93 besitzt folgende Maße: $l = 870$ mm; $l_1 = 120$ mm; $l_2 = 80$ mm; $r = 190$ mm. Bei Rechtslauf der Bremsscheibe mit $n = 400$ U/min soll eine Leistung von $P = 10$ kW abgebremst werden.

Bestimme: a) das erforderliche Bremsmoment, b) die Reibkraft am Scheibenumfang, c) die Normalkraft an der Bremsbacke bei $\mu = 0{,}5$, d) die erforderliche Gewichtskraft F_G und die Stützkraft F_D im Hebellager D!

Lösung:

a) Bremsmoment $M = 9550\dfrac{P}{n} = 9550 \cdot \dfrac{10}{400}$ Nm $= 238{,}75$ Nm

b) Reibkraft $F_R = \dfrac{M}{r} = \dfrac{238{,}75 \text{ Nm}}{0{,}19 \text{ m}} = 1257$ N

c) Normalkraft $F_N = \dfrac{F_R}{\mu} = \dfrac{1257 \text{ N}}{0{,}5} = 2514$ N

d) Gewichtskraft $F_G = F = F_N \dfrac{(l_1 + \mu l_2)}{l} =$

$= 2514 \text{ N} \cdot \dfrac{(120 + 0{,}5 \cdot 80) \text{ mm}}{870 \text{ mm}} = 462$ N

Aus den Gleichgewichtsbedingungen für den frei gemachten Bremshebel wird die Stützkraft F_D berechnet:

I. $\Sigma F_x = 0 = + F_R - F_{Dx}$

$F_{Dx} = F_R = 1257$ N

II. $\Sigma F_y = 0 = + F_N - F - F_{Dy}$

$F_{Dy} = F_N - F = 2514$ N $- 462$ N $= 2052$ N

III. $\Sigma M = 0$; hier nicht mehr nötig

$F_D = \sqrt{(1257 \text{ N})^2 + (2052 \text{ N})^2} = 2406$ N

2 Dynamik

Formelzeichen und Einheiten

A	m^2, cm^2, mm^2	Flächeninhalt, Fläche
a	$\dfrac{m}{s^2}$	Beschleunigung (a_t Tangentialbeschleunigung, a_n Normalbeschleunigung)
D_i	m, mm	Trägheitsdurchmesser $= 2\,i$
d	m, mm	Durchmesser, allgemein
E	$J = Nm$	Energie
F	N	Kraft (F_T Tangentialkraft, F_N Normalkraft)
$f = \dfrac{1}{T}$	$\dfrac{1}{s}$	Frequenz, Periodenfrequenz
F_G	N	Gewichtskraft (F_{Gn} Normgewichtskraft)
g	$\dfrac{m}{s^2}$	Fallbeschleunigung (g_n Normalfallbeschleunigung)
h	m	Fallhöhe, Höhe allgemein
i	1	Übersetzungsverhältnis (Übersetzung)
i	m, mm	Trägheitsradius $= \dfrac{D_i}{2}$
J	kgm^2	Trägheitsmoment, Zentrifugalmoment
k	1	Stoßzahl
l	m, mm	Länge allgemein
M	Nm, Nmm	Drehmoment, Kraftmoment
m	kg	Masse
n	$\dfrac{U}{min} = min^{-1} = \dfrac{1}{min}$	Drehzahl, Umlauffrequenz, -zahl
P	W, kW	Leistung
R	$\dfrac{N}{m}, \dfrac{N}{mm}$	Federrate
r	m, mm	Radius
s	m, mm	Weglänge
T	s	Periodendauer
T	N	Trägheitskraft $T = m\,a$
α, β	°	Winkel allgemein
α	$\dfrac{1}{s^2} = \dfrac{rad}{s^2} = s^{-2}$	Winkelbeschleunigung
φ	rad, Bogenmaß	Drehwinkel
μ	1	Reibzahl
t	s, min, h	Zeit
v	$\dfrac{m}{s}$	Geschwindigkeit
W	$J = Nm = Ws$	Arbeit
z	1	Anzahl der Umdrehungen
η	1	Wirkungsgrad
ρ	$\dfrac{kg}{dm^3}, \dfrac{kg}{m^3}$	Dichte
ρ	m, mm	Krümmungsradius
ω	$\dfrac{1}{s} = \dfrac{rad}{s} = s^{-1}$	Winkelgeschwindigkeit

Beachte: Der griechische Buchstabe Delta (Δ) wird stets zur Kennzeichnung einer Differenz zweier gleichartiger Größen verwendet.
Beispiele:
$\Delta s = s_2 - s_1 =$ Wegabschnitt;
$\Delta t = t_2 - t_1 =$ Zeitabschnitt;
$\Delta \varphi = \varphi_2 - \varphi_1 =$ Drehwinkelbereich;
$\Delta v = v_2 - v_1 =$ Geschwindigkeitsänderung oder Geschwindigkeitsbereich.

2.1 Bewegungslehre (Kinematik)

2.1.1 Bewegungsablauf

Zur Kennzeichnung des Bewegungsablaufs unterteilt man *zeitlich* (Bewegungszustand) in Ruhe, gleichförmige und ungleichförmige Bewegung; *geometrisch* (Bewegungsbahn) in geradlinige und krummlinige Bewegung (z.B. auf der Kreisbahn).
Die ungleichförmige Bewegung heißt auch beschleunigte oder verzögerte Bewegung. Sie ist entweder gleichmäßig oder ungleichmäßig beschleunigt bzw. verzögert.
Bewegungen der Punkte und Körper in der Technik sind Kombinationen von Bewegungszuständen und Bewegungsbahnen, z.B.

- geradlinig gleichförmige Bewegung (Vorschubbewegung an Werkzeugmaschinen),
- kreislinig gleichförmige Bewegung (an Drehbank und Bohrmaschine),
- geradlinig gleichmäßig beschleunigte Bewegung (freier Fall),
- kreislinig gleichmäßig beschleunigte Bewegung (An- und Auslauf der Spannfutter an Werkzeugmaschinen),
- geradlinig ungleichmäßig beschleunigte Bewegung (Stößel an Stoßmaschine).

2.1.2 Geradlinige Bewegung des Punktes

2.1.2.1 Gleichförmige Bewegung. Bei gleichförmiger Bewegung werden in gleichen Zeitabschnitten Δt (z.B. eine Sekunde) *gleiche* Wegabschnitte Δs zurückgelegt. Die *Geschwindigkeit v* ist zu jedem Zeitpunkt gleich groß:

$$v = \frac{\Delta s}{\Delta t} \triangleq \tan\alpha \quad \begin{array}{c|c|c} v & \Delta s & \Delta t \\ \hline \frac{m}{s} & m & s \end{array} \quad (1)$$

$\Delta s = s_2 - s_1; \quad \Delta t = t_2 - t_1$

(1) ist zugleich Gleichung für die Durchschnittsgeschwindigkeit.

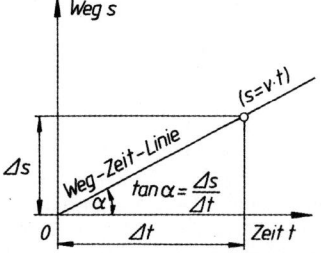

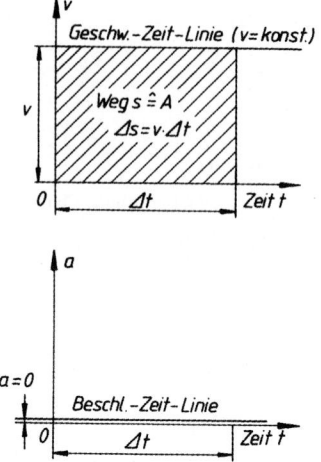

Bild 1. s, t-, v, t- und a, t-Diagramm der gleichförmigen Bewegung

Aufgaben der Bewegungslehre lassen sich leichter lösen, wenn das v, t-Diagramm aufgezeichnet und ausgewertet wird (Skizze genügt).
Der zurückgelegte Weg wird immer durch die schraffierte Fläche unter der Geschwindigkeits-Zeit-Linie dargestellt (Bild 1). Dadurch ist der Bewegungsablauf bildlich vorgeführt und durch geometrische Betrachtung der Rechnung leichter zugänglich, besonders bei ungleichförmiger Bewegung.

■ **Beispiel:**
Ein Kraftwagen fährt gleichförmig mit einer Geschwindigkeit von 80 km/h. Welchen Weg legt er in 10 min zurück?

Lösung:

$\Delta s = v \, \Delta t = 80 \, \frac{\text{km}}{\text{h}} \cdot 10 \, \text{min} =$

$= 80 \cdot 10 \, \frac{\text{km min}}{60 \, \text{min}} = 13{,}33 \, \text{km}$

2.1.2.2 Ungleichförmige Bewegung. Bei ungleichförmiger Bewegung werden in gleichen Zeitabschnitten Δt (z.B. in einer Sekunde) ungleiche Wegabschnitte Δs zurückgelegt. Die Geschwindigkeit v ist also zu jedem Zeitpunkt verschieden groß, im Gegensatz zur gleichförmigen Bewegung. Technisch besonders wichtig ist die

2.1.2.2.1 Gleichmäßig beschleunigte oder verzögerte Bewegung. Hierbei ist die Beschleunigung a konstant. Das Beschleunigungs-Zeit-Diagramm zeigt also eine zur x-Achse parallele Gerade (Bild 2). Die Weg-Zeit-Kurve ist eine Parabel. Die Geschwindigkeit im Punkt A entspricht tan α = Tangentenneigung.
Zur rechnerischen Behandlung sollte stets das Geschwindigkeits-Zeit-Diagramm gezeichnet werden, weil in jedem Fall die Fläche unter der Geschwindigkeits-Zeit-Linie dem zurückgelegten Weg Δs entspricht.

2 Dynamik

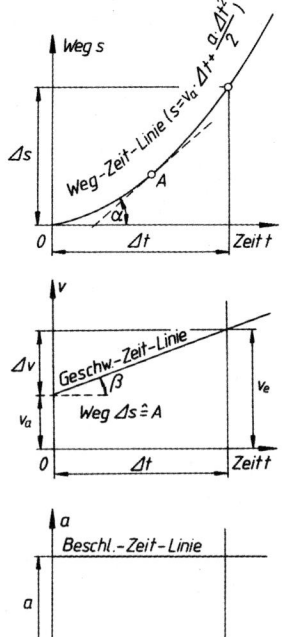

Bild 2. s, t-, v, t- und a, t-Diagramm der gleichmäßig beschleunigten Bewegung (mit Anfangsgeschwindigkeit v_a)

Mit der Grundgleichung für gleichmäßig beschleunigte Bewegungen:

$$\text{Beschleunigung } a \text{ (Verzögerung)} = \frac{\Delta v}{\Delta t}$$

$$a = \frac{\Delta v}{\Delta t} \triangleq \tan\beta; \quad \Delta v = v_2 - v_1; \quad \Delta t = t_2 - t_1 \quad (2)$$

und der geometrischen Auswertung des v, t-Diagramms ergeben sich alle übrigen Berechnungsgleichungen.

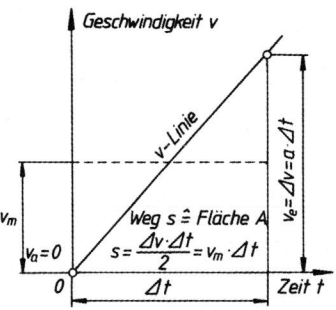

Bild 3. v, t-Diagramm der gleichmäßig beschleunigten Bewegung *ohne* Anfangsgeschwindigkeit ($v_a = 0$)

Endgeschwindigkeit

$$v_e = a\,\Delta t \sqrt{2\,a\,s} \quad (3)$$

Weg $s \triangleq$ Dreiecksfläche

$$s = \frac{v_e \Delta t}{2} = \frac{a\,\Delta t^2}{2} = \frac{v_e^2}{2a} \quad (4)$$

Zeit
$$\Delta t = \frac{v_e}{a} = \sqrt{\frac{2s}{a}} \quad (5)$$

Beschleunigung

$$a = \frac{\Delta v}{\Delta t} = \frac{v_e^2}{2s} = \frac{2s}{\Delta t^2} \quad (6)$$

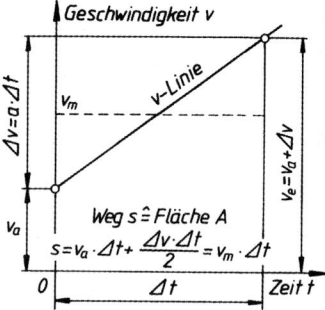

Bild 4. v, t-Diagramm der gleichmäßig beschleunigten Bewegung *mit* Anfangsgeschwindigkeit v_a

Endgeschwindigkeit

$$v_e = v_a + a\,\Delta t = \sqrt{v_a^2 + 2\,a\,s} \quad (7)$$

Weg $s \triangleq$ Trapezfläche oder Rechteck + Dreieck

$$s = v_a \Delta t + \frac{a\Delta t}{2} = \frac{v_a + v_e}{2}\Delta t \quad (8)$$

Zeit
$$\Delta t = \frac{v_e + v_a}{a}$$

$$\Delta t = -\frac{v_e}{a} \pm \sqrt{\left(\frac{v_a}{a}\right)^2 + \frac{2s}{a}} \quad (9)$$

Beschleunigung

$$a = \frac{v_e - v_a}{\Delta t} = \frac{v_e^2 - v_a^2}{2s} \quad (10)$$

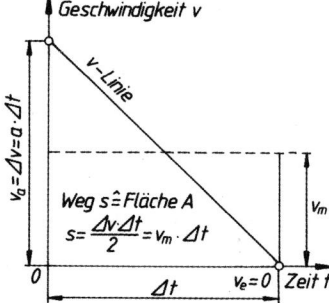

Bild 5. v, t-Diagramm der gleichmäßig verzögerten Bewegung *ohne* Endgeschwindigkeit ($v_e = 0$)

Anfangsgeschwindigkeit

$$v_a = a\Delta t = \sqrt{2\,a\,s} \qquad (11)$$

Weg $s \triangleq$ *Dreiecksfläche*

$$s = \frac{v_a \Delta t}{2} = \frac{a\Delta t^2}{2} = \frac{v_a^2}{2a} \qquad (12)$$

Zeit $\qquad \Delta t = \frac{v_a}{a} = \sqrt{\frac{2s}{a}} \qquad (13)$

Verzögerung $a = \frac{v_a - v_e}{\Delta t} = \frac{v_a^2 - v_e^2}{2s} \qquad (14)$

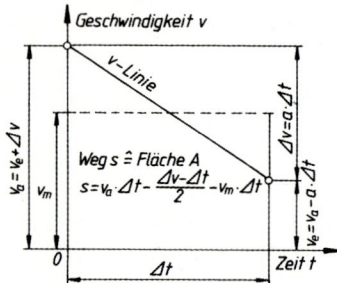

Bild 6. v, t-Diagramm der gleichmäßig verzögerten Bewegung *mit* Endgeschwindigkeit v_e

Endgeschwindigkeit

$$v_e = v_a - a\Delta t = \sqrt{v_a^2 - 2as} \qquad (15)$$

Weg $\quad s \triangleq$ *Trapezfläche oder Rechteck + Dreieck*

$$s = v_a \Delta t - \frac{a\Delta t^2}{2} = \frac{v_a + v_e}{2}\Delta t \qquad (16)$$

Zeit $\qquad \Delta t = \frac{v_a - v_e}{a}$

$$\Delta t = +\frac{v_a}{a} \pm \sqrt{\left(\frac{v_a}{a}\right)^2 - \frac{2s}{a}} \qquad (17)$$

Verzögerung $a = \frac{v_a - v_e}{\Delta t} = \frac{v_a^2 - v_e^2}{2s} \qquad (18)$

■ **Beispiel:**
Ein Fahrzeug wird in 10 s gleichmäßig beschleunigt auf die Geschwindigkeit von 45 km/h, mit der es sich gleichförmig fortbewegt. Am Fahrtende wird es auf 15 m zum Stillstand gebracht. Die gesamte Fahrstrecke beträgt 500 m.
Gesucht: Beschleunigung, Anfahrweg, Bremszeit, Verzögerung, gesamte Fahrzeit!

Lösung:
Das v, t-Digramm zeigt Bild 7.

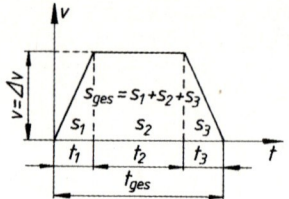

Bild 7. v, t-Diagramm

$$a_1 = \frac{\Delta v}{\Delta t} = \frac{v}{t_1} = \frac{12{,}5\,\frac{m}{s}}{10\,s} = 1{,}25\,\frac{m}{s^2}$$

$$s_1 = \frac{vt_1}{2} = \frac{12{,}5\,\frac{m}{s} \cdot 10\,s}{2} = 62{,}5\,m$$

$$a_3 = \frac{v^2}{2s_3} = \frac{12{,}5^2\,\frac{m^2}{s^2}}{2 \cdot 15\,m} = 5{,}2\,\frac{m}{s^2}$$

$$t_2 = \frac{s_2}{v} = \frac{500\,m - 62{,}5\,m - 15\,m}{12{,}5\,\frac{m}{s}} = 33{,}8\,s$$

$$t_3 = \frac{v}{a_3} = \frac{12{,}5\,\frac{m}{s}}{5{,}2\,\frac{m}{s^2}} = 2{,}4\,s$$

$t_1 = 10\,s$

$t_{ges} = 46{,}2\,s$

2.1.2.2.2 Freier Fall (ohne Luftwiderstand) ist gleichmäßig beschleunigte Bewegung mit für alle Körper gleicher *Fallbeschleunigung* $g = 9{,}81$ m/s².
Für die meisten technischen Rechnungen kann $g = 10$ m/s² gesetzt werden.

Fallgeschwindigkeit $\quad v = g\,t = \sqrt{2gh} \qquad (19)$

Fallhöhe $\qquad h = \frac{gt^2}{2} = \frac{v^2}{2g} = \frac{vt}{2} \qquad (20)$

Fallzeit $\qquad t = \frac{2h}{v} = \frac{v}{g} = \sqrt{\frac{2h}{g}} \qquad (21)$

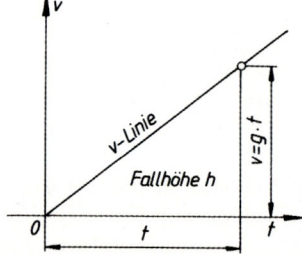

Bild 8. v, t-Diagramm des freien Falles *ohne* Anfangsgeschwindigkeit ($v_a = 0$)

2.1.2.2.3 Senkrechter Wurf (ohne Luftwiderstand)

ist gleichmäßig verzögerte Bewegung mit Verzögerung $g = 9{,}81$ m/s² (negative Fallbeschleunigung).

Steiggeschwindigkeit im Umkehrpunkt ist $v_e = 0$ zu setzen

$$v_e = v_a - g\,t = v_a - \sqrt{2gh} \qquad (22)$$

Steighöhe

$$h = v_a t - \frac{g t^2}{2} \qquad (23)$$

maximale Steighöhe

$$h = \frac{v_a^2}{2g} = \frac{g\,t^2}{2} = \frac{v_a t}{2} \qquad (24)$$

Steigzeit

$$t = \frac{v_a - v_e}{g} = \frac{v_a - \sqrt{v_a^2 - 2gh}}{g} \qquad (25)$$

maximale Steigzeit

$$t = \frac{v_a}{g} = \frac{2h}{v_a} = \sqrt{\frac{2h}{g}} \qquad (26)$$

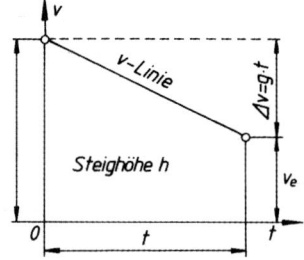

Bild 9. v, t-Diagramm des senkrechten Wurfes *mit* verbleibender Endgeschwindigkeit v_e

2.1.2.2.4 Horizontaler Wurf (ohne Luftwiderstand)

ist Überlagerung der waagerechten gleichförmigen Bewegung mit Anfangsgeschwindigkeit $v_x = v_a$ mit der rechtwinkligen Fallbewegung mit $v_y = g\,t$.

Geschwindigkeit in einem Bahnpunkt

$$v = \sqrt{v_x^2 + v_y^2} = \sqrt{v_a^2 + (g t)^2} \qquad (27)$$

Geschwindigkeit nach Fallhöhe h

$$v = \sqrt{v_a^2 + 2gh} \qquad (28)$$

Fallhöhe nach Wurfweite w

$$h = \frac{g w^2}{2 v_a^2} \qquad (29)$$

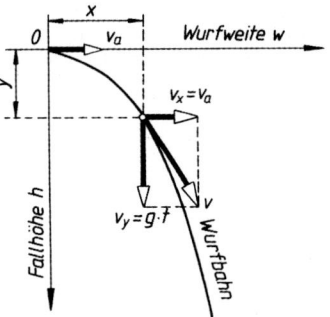

Bild 10. Horizontaler Wurf (ohne Luftwiderstand)

2.1.2.2.5 Wurf schräg nach oben (ohne Luftwiderstand)

ist Überlagerung von geradlinig gleichförmiger Bewegung mit freiem Fall.

Wurfweite (Größtwert bei $\alpha = 45°$)

$$w = \frac{v_a^2 \sin 2\alpha}{g} \qquad (30)$$

Wurfdauer

$$t = \frac{w}{v_a \cos \alpha} = \frac{2 v_a \sin \alpha}{g} \qquad (31)$$

Wurfhöhe

$$h = \frac{v_a^2 \sin^2 \alpha}{2g} \qquad (32)$$

Wurfarbeit

$$W = m g h = F_G h \qquad (33)$$

Geschwindigkeit in x-Richtung

$$v_x = v_a \cos \alpha \qquad (34)$$

Geschwindigkeit in y-Richtung

$$v_y = v_a \sin \alpha - g t \qquad (35)$$

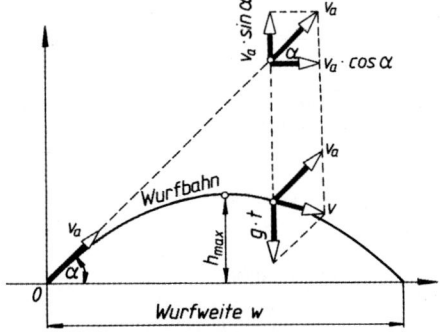

Bild 11. Schräger Wurf (ohne Luftwiderstand)

■ **Beispiel:**
Ein Stein wird senkrecht nach oben geworfen und schlägt nach 4 s wieder auf. Wie groß waren Steighöhe h und Anfangsgeschwindigkeit v_a?

Lösung:
Wie das v, t-Diagramm zeigt, wird die Steighöhe h während 4 s zweimal zurückgelegt, also

$$h = \frac{g\left(\frac{t}{2}\right)^2}{2} = \frac{10\frac{m}{s^2} \cdot (2\,s)^2}{2} = 20\,m$$

$$v_a = \frac{g\,t}{2} = \frac{10\frac{m}{s^2} \cdot 4\,s}{2} = 20\frac{m}{s}$$

oder mit $h = 20$ m gerechnet

$$v_a = \sqrt{2\,g\,h} = \sqrt{2 \cdot 10\frac{m}{s^2} \cdot 20\,m} =$$

$$v_a = 20\frac{m}{s}$$

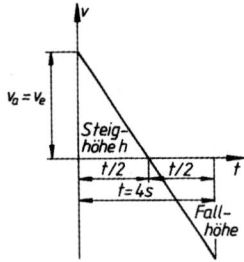

Bild 12. v, t-Diagramm zum Beispiel senkrechten Wurf und freier Fall

■ **Beispiel:**
Ein Stein wird in waagerechter Richtung mit einer Geschwindigkeit von 15 m/s abgeworfen. Welche Geschwindigkeit besitzt er nach 2,5 s?

Lösung:

$$v = \sqrt{v_a^2 + (g\,t)^2} =$$

$$v = \sqrt{\left(15\frac{m}{s}\right)^2 + \left(10\frac{m}{s^2} \cdot 2,5\,s\right)^2} = 29,2\frac{m}{s}$$

■ **Beispiel:**
Ein Stein wird unter einem Winkel von 30° zur Horizontalen mit einer Geschwindigkeit von 15 m/s abgeworfen. Es sind die fehlenden Größen zu berechnen!

Lösung:

Wurfweite

$$w = \frac{v_a^2 \sin 2\alpha}{g} = \frac{\left(15\frac{m}{s}\right)^2 \cdot \sin 60°}{10\frac{m}{s^2}} = 19,5\,m$$

Wurfdauer

$$t = \frac{2\,v_a \sin\alpha}{g} = \frac{2 \cdot 15\frac{m}{s} \cdot \sin 30°}{10\frac{m}{s^2}} = 1,5\,s$$

Wurfhöhe

$$h = \frac{v_a^2 \sin^2\alpha}{2\,g} = \frac{\left(15\frac{m}{s}\right)^2 \cdot \sin^2 30°}{2 \cdot 10\frac{m}{s^2}} = 2,82\,m$$

Wurfarbeit bei $m = 0,5$ kg

$$W = m\,g\,h = 0,5\,kg \cdot 10\frac{m}{s^2} \cdot 2,82\,m =$$

$$W = 14,1\frac{kg\,m^2}{s^2} = 14,1\,Nm = 14,1\,J$$

Geschwindigkeit in x-Richtung

$$v_x = v_a \cos\alpha = 15\frac{m}{s} \cdot \cos 30° = 13\frac{m}{s}$$

Geschwindigkeit in y-Richtung

$$v_y = v_a \sin\alpha - g\,t = 15\frac{m}{s} \cdot \sin 30° - 10\frac{m}{s^2} \cdot 1,5\,s$$

$$v_y = -7,5\frac{m}{s}$$

2.1.3 Bewegung des Punktes auf der Kreisbahn

2.1.3.1 Bei der gleichförmigen Bewegung auf der Kreisbahn werden in gleichen Zeitabschnitten Δt (z.B. in einer Sekunde) gleiche *Drehwinkel* $\Delta\varphi$ vom Radius r überstrichen. Die Umfangsgeschwindigkeit v_u ist zu jedem Zeitpunkt gleich groß und stets tangential gerichtet (Bild 13). Der von P nach P_1 zurückgelegte *Weg* Δs kann aus dem *Drehwinkel* $\Delta\varphi$ und dem Radius r berechnet werden:

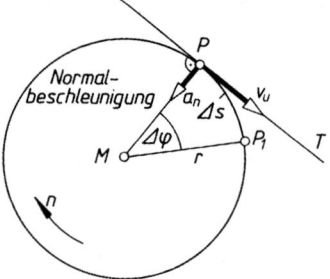

Bild 13. Bewegung des Punktes P auf der Kreisbahn

$$\Delta s = \Delta\varphi\,r \tag{36}$$

$$\Delta\varphi = \frac{\Delta s}{r} \tag{37}$$

Definitionsgemäß ist Geschwindigkeit allgemein Wegabschnitt durch zugehörigen Zeitabschnitt, also auch die

Umfangsgeschwindigkeit $v_u = \dfrac{\Delta s}{\Delta t} = \dfrac{\Delta \varphi \, r}{\Delta t}$

Der Bruch $\dfrac{\Delta \varphi}{\Delta t}$ heißt *Winkelgeschwindigkeit* ω.

Damit ergeben sich folgende Gleichungen:
Umfangsgeschwindigkeit

$$v_u = \dfrac{\Delta \varphi}{\Delta t} r = \omega r = \pi d n \qquad (38)$$

Winkelgeschwindigkeit

$$\omega = \dfrac{\Delta \varphi}{\Delta t} = \dfrac{v_u}{r} \qquad (39)$$

v_u	ω	Δt	r	$\Delta \varphi$	n
$\dfrac{\text{m}}{\text{s}}$	$\dfrac{1}{\text{s}}$	s	m	rad	$\dfrac{1}{\text{s}}$

Drehwinkel

$$\Delta \varphi = \omega \Delta t \qquad (40)$$

$$\Delta \varphi = \varphi_2 - \varphi_1; \quad \Delta t = t_2 - t_1 \qquad (41)$$

In der Technik sind die folgenden Zahlenwertgleichungen gebräuchlich:

$v_u = \dfrac{\pi d n}{1000}$

v	d	n
$\dfrac{\text{m}}{\text{min}}$	mm	$\dfrac{1}{\text{min}} = \text{min}^{-1}$

(42)

$v_u = \dfrac{\pi d n}{60\,000}$

v	d	n
$\dfrac{\text{m}}{\text{s}}$	mm	$\dfrac{1}{\text{min}} = \text{min}^{-1}$

(43)

$\omega = \dfrac{\pi n}{30}$

ω	n
$\dfrac{1}{\text{s}}$	$\dfrac{1}{\text{min}} = \text{min}^{-1}$

(44)

$$\omega \approx 0,1 \, n = \dfrac{n}{10} \qquad (45)$$

Während bei gleichförmigem Umlauf einer Scheibe jeder Punkt mit anderem Radius r auch andere Umfangsgeschwindigkeit v_u besitzt ($v_1 = \pi d_1 n$; $v_2 = \pi d_2 n$!), ist für alle Punkte die Winkelgeschwindigkeit ω gleich groß! Mit Hilfe eines Zahlenwerts für ω ist demnach der Bewegungszustand sämtlicher Punkte festgelegt.

2.1.3.2 Bei der gleichmäßig beschleunigten oder verzögerten Bewegung
auf der Kreisbahn werden in gleichen Zeitabschnitten Δt ungleich große Drehwinkel $\Delta \varphi$ vom Radius überstrichen, d.h. die Winkelgeschwindigkeit ω ändert ihren Betrag fortlaufend.

Bei der *gleichmäßig* beschleunigten oder verzögerten Bewegung bleibt die *Winkelbeschleunigung* α konstant. Definitionsgemäß ist Beschleunigung allgemein Geschwindigkeitsänderung durch zugehörigen Zeitabschnitt, also auch die

Tangentialbeschleunigung $a_T = \dfrac{\Delta v}{\Delta t}$

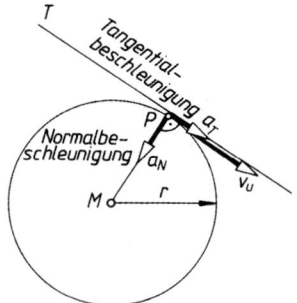

Bild 14. Gleichmäßig beschleunigte Bewegung des Punktes P auf der Kreisbahn

Für die Geschwindigkeitsänderung Δv kann gesetzt werden: $\Delta v = \Delta \omega r$. Damit wird die

Tangentialbeschleunigung

$$a_T = \dfrac{\Delta v}{\Delta t} = \dfrac{\Delta \omega r}{\Delta t} = \dfrac{\Delta \omega}{\Delta t} r$$

Der Bruch $\Delta \omega / \Delta t$ heißt *Winkelbeschleunigung* α.
Damit ergeben sich folgende Gleichungen:

Umfangsgeschwindigkeit

$$v_u = a_T \Delta t = \alpha r \Delta t \qquad (46)$$

Winkelbeschleunigung

$$\alpha = \dfrac{\Delta \omega}{\Delta t} = \dfrac{a_T}{r} \qquad (47)$$

Drehwinkel

$$\Delta \varphi = \dfrac{\alpha \Delta t^2}{2} \qquad (48)$$

Winkelgeschwindigkeitsänderung

$$\Delta \omega = \alpha \Delta t \qquad (49)$$

$\Delta \omega = \omega_2 - \omega_1;$

$\Delta t = t_2 - t_1;$

$\Delta \varphi = \varphi_2 - \varphi_1 \qquad (50)$

In der Technik gebräuchliche Zahlenwertgleichung für die *Winkelbeschleunigung*:

$$\alpha = \frac{\pi}{30} \cdot \frac{n_2 - n_1}{t_2 - t_1} \quad \begin{array}{c|cc|c} \alpha & n_2, n_1 & t_2, t_1 \\ \hline \frac{1}{s^2} & \frac{1}{\min} & s \end{array} \quad (51)$$

Zweckmäßig wird bei der rechnerischen Behandlung solcher Bewegungsvorgänge das ω, t-Diagramm gezeichnet. Es entspricht dem v, t-Diagramm der geradlinigen Bewegung (Bild 2). Die dort aufgeführten Hinweise und Regeln lassen sich auch auf das ω, t-Diagramm übertragen. Vor allem: Die Fläche unter der ω, t-Linie entspricht dem überstrichenen Drehwinkel $\Delta\varphi$!

Die folgende Gegenüberstellung zeigt die einander entsprechenden Größen (siehe auch Tabelle 1 und 2):

Allgemeine Größe mit Definitionsgleichung		Einheit	Kreisgröße mit Definitionsgleichung		Einheit
Zeitabschnitt Δt		s	Zeitabschnitt Δt		s
Wegabschnitt Δs		m	Drehwinkel $\Delta\varphi$		rad = 1
Geschwindigkeit (v = konstant)	$v = \dfrac{\Delta s}{\Delta t}$	$\dfrac{m}{s}$	Winkelgeschwindigkeit (ω = konstant)	$\omega = \dfrac{\Delta\varphi}{\Delta t}$	$\dfrac{rad}{s} = \dfrac{1}{s}$
Geschwindigkeitsänderung	$\Delta v = a \Delta t$	$\dfrac{m}{s}$	Winkelgeschwindigkeitsänderung $\Delta\omega = \alpha \Delta t$		$\dfrac{rad}{s} = \dfrac{1}{s}$
Beschleunigung (Grundgleichung)	$a = \dfrac{\Delta v}{\Delta t}$	$\dfrac{m}{s^2}$	Winkelbeschleunigung (Grundgleichung)	$\alpha = \dfrac{\Delta\omega}{\Delta t}$	$\dfrac{rad}{s^2} = \dfrac{1}{s^2}$

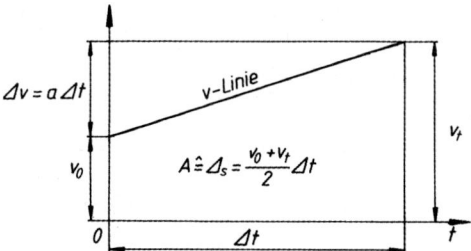

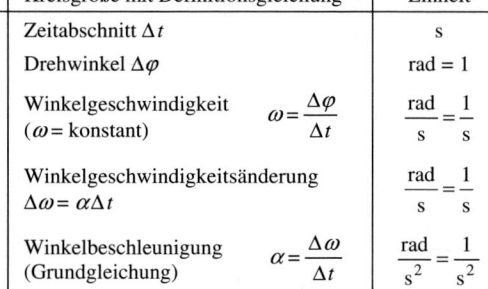

■ **Beispiel:**
Eine Schleifscheibe von 400 mm Durchmesser läuft in 15 s gleichmäßig beschleunigt auf eine Drehzahl von 250 min^{-1} an. Bestimme alle wichtigen Größen der Drehbewegung!

Lösung:

Winkelgeschwindigkeit nach Anlaufzeit Δt

$$\Delta\omega = \frac{\pi n}{30} = \frac{\pi \cdot 250}{30} = 26{,}2 \frac{1}{s}$$

Umfangsgeschwindigkeit eines Punktes der Peripherie

$$v = r\omega = 0{,}2 \text{ m} \cdot 26{,}2 \frac{1}{s} = 5{,}24 \frac{m}{s}$$

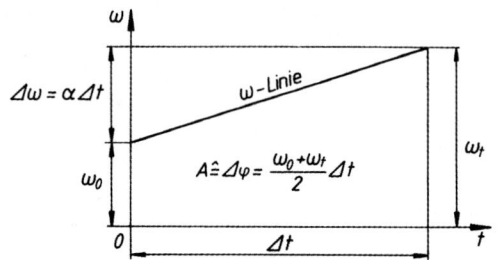

Winkelbeschleunigung

$$\alpha = \frac{\Delta\omega}{\Delta t} = \frac{26{,}2 \frac{1}{s}}{15 \text{ s}} = 1{,}75 \frac{1}{s^2}$$

Tangentialbeschleunigung eines Punktes

$$a_T = \alpha r = 1{,}75 \frac{1}{s^2} \cdot 0{,}2 \text{ m} = 0{,}25 \frac{m}{s^2}$$

Drehwinkel

$$\Delta\varphi = \frac{\alpha \Delta t^2}{2} = \frac{1{,}75 \frac{1}{s^2} \cdot (15 \text{ s})^2}{2} = 197 \text{ rad}$$

Umlaufzahl $\quad z = \dfrac{\Delta\varphi}{2\pi} = \dfrac{197}{2\pi} = 31{,}4$

2 Dynamik

Tabelle 1. Gleichmäßig beschleunigte Kreisbewegung

Die Gleichungen dieser Tabelle gelten in Verbindung mit den Bezeichnungen der nebenstehenden ω,t-Diagramme

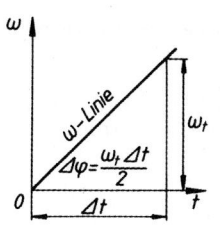

Beschleunigte Kreisbewegung ohne Anfangsgeschwindigkeit ($\omega_0 = 0$)

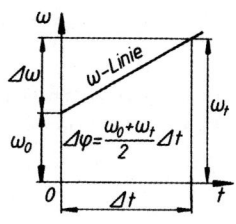

Beschleunigte Kreisbewegung mit Anfangsgeschwindigkeit ($\omega_0 \neq 0$)

Einheiten

$\Delta\varphi$	Δt	ω_0, ω_t	α	r	v_u	a_T
rad	s	$\dfrac{\text{rad}}{\text{s}}$	$\dfrac{\text{rad}}{\text{s}^2}$	m	$\dfrac{\text{m}}{\text{s}}$	$\dfrac{\text{m}}{\text{s}^2}$

Winkelbeschleunigung α (Definition)	$\alpha = \dfrac{\text{Winkelgeschwindigkeitszunahme } \Delta\omega}{\text{Zeitabschnitt } \Delta t}$ in $\dfrac{\text{rad}}{\text{s}^2}$
Winkelbeschleunigung α (bei $\omega_0 = 0$)	$\alpha = \dfrac{\omega_t}{\Delta t} = \dfrac{\omega_t^2}{2\Delta\varphi} = \dfrac{2\Delta\varphi}{(\Delta t)^2}$
Winkelbeschleunigung α (bei $\omega_0 \neq 0$)	$\alpha = \dfrac{\omega_t - \omega_0}{\Delta t} = \dfrac{\omega_t^2 - \omega_0^2}{2\Delta\varphi}$
Tangentialbeschleunigung a_T	$a_T = \alpha r = \dfrac{\Delta\omega}{\Delta t} r = \dfrac{\Delta v_u}{\Delta t}$ 
Endwinkelgeschwindigkeit ω_t (bei $\omega_0 = 0$)	$\omega_t = \alpha\Delta t = \sqrt{2\alpha\Delta t}$
Endwinkelgeschwindigkeit ω_t (bei $\omega_0 \neq 0$)	$\omega_t = \omega_0 + \Delta\omega = \omega_0 + \alpha\Delta t$ $\omega_t = \sqrt{\omega_0^2 + 2\alpha\Delta\varphi}$
Drehwinkel $\Delta\varphi$ (bei $\omega_0 = 0$)	$\Delta\varphi = \dfrac{\omega_t \Delta t}{2} = \dfrac{\alpha(\Delta t)^2}{2} = \dfrac{\omega_t^2}{2\alpha}$
Drehwinkel $\Delta\varphi$ (bei $\omega_0 \neq 0$)	$\Delta\varphi = \dfrac{\omega_0 + \omega_t}{2}\Delta t = \omega_0 \Delta t + \dfrac{\alpha(\Delta t)^2}{2}$ $\Delta\varphi = \dfrac{\omega_t^2 - \omega_0^2}{2\alpha}$
Zeitabschnitt Δt (bei $\omega_0 = 0$)	$\Delta t = \dfrac{\omega_t}{\alpha} = \sqrt{\dfrac{2\Delta\varphi}{\alpha}}$
Zeitabschnitt Δt (bei $\omega_0 \neq 0$)	$\Delta t = \dfrac{\omega_t - \omega_0}{\alpha} = -\dfrac{\omega_0}{\alpha} \pm \sqrt{\left(\dfrac{\omega_0}{\alpha}\right)^2 + \dfrac{2\Delta\varphi}{\alpha}}$

Tabelle 2. Gleichmäßig verzögerte Kreisbewegung

Die Gleichungen dieser Tabelle gelten in Verbindung mit den Bezeichnungen der nebenstehenden ω, t-Diagramme

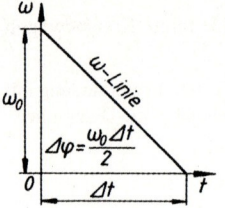

Verzögerte Kreisbewegung ohne Endgeschwindigkeit ($\omega_t = 0$)

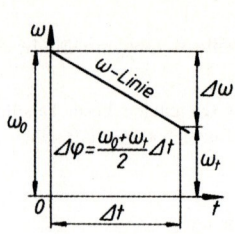

Verzögerte Kreisbewegung mit Endgeschwindigkeit ($\omega_t \neq 0$)

Einheiten

$\Delta\varphi$	Δt	ω_0, ω_t	α	r	v_u	a_T
rad	s	$\frac{\text{rad}}{\text{s}}$	$\frac{\text{rad}}{\text{s}^2}$	m	$\frac{\text{m}}{\text{s}}$	$\frac{\text{m}}{\text{s}^2}$

Winkelverzögerung α (Definition)	$\alpha = \dfrac{\text{Winkelgeschwindigkeitszunahme } \Delta\omega}{\text{Zeitabschnitt } \Delta t}$ in $\dfrac{\text{rad}}{\text{s}^2}$
Winkelverzögerung α (bei $\omega_t = 0$)	$\alpha = \dfrac{\omega_0}{\Delta t} = \dfrac{\omega_0^2}{2\Delta\varphi} = \dfrac{2\Delta\varphi}{(\Delta t)^2}$
Winkelverzögerung α (bei $\omega \neq 0$)	$\alpha = \dfrac{\omega_0 - \omega_t}{\Delta t} = \dfrac{\omega_0^2 - \omega_t^2}{2\Delta\varphi}$
Tangentialverzögerung a_T	$a_T = \alpha r = \dfrac{\Delta\omega}{\Delta t} r = \dfrac{\Delta v_u}{\Delta t}$ 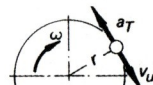
Anfangswinkelgeschwindigkeit ω_0 (bei $\omega_t = 0$)	$\omega_0 = \alpha \Delta t = \sqrt{2\alpha\Delta\varphi}$
Endwinkelgeschwindigkeit ω_t	$\omega_t = \omega_0 - \Delta\omega = \omega_0 - \alpha\Delta t$ $\omega_t = \sqrt{\omega_0^2 + 2\alpha\Delta\varphi}$
Drehwinkel $\Delta\varphi$ (bei $\omega_t = 0$)	$\Delta\varphi = \dfrac{\omega_0 \Delta t}{2} = \dfrac{\alpha(\Delta t)^2}{2} = \dfrac{\omega_0^2}{2\alpha}$
Drehwinkel $\Delta\varphi$ (bei $\omega_t \neq 0$)	$\Delta\varphi = \dfrac{\omega_0 + \omega_t}{2}\Delta t = \omega_0\Delta t - \dfrac{\alpha(\Delta t)^2}{2}$ $\Delta\varphi = \dfrac{\omega_0^2 - \omega_t^2}{2\alpha}$
Zeitabschnitt Δt (bei $\omega_t = 0$)	$\Delta t = \dfrac{\omega_0}{\alpha} = \sqrt{\dfrac{2\Delta\varphi}{\alpha}}$
Zeitabschnitt Δt (bei $\omega_t \neq 0$)	$\Delta t = \dfrac{\omega_0 - \omega_t}{\alpha} = \dfrac{\omega_0}{\alpha} \pm \sqrt{\left(\dfrac{\omega_0}{\alpha}\right)^2 - \dfrac{2\Delta\varphi}{\alpha}}$

2.1.3.3 Harmonische Bewegung (Kreuzschleife)

liegt vor, wenn das Weg-Zeit-Diagramm durch eine Sinus- oder Kosinusfunktion dargestellt wird, wie Bild 16 zeigt.

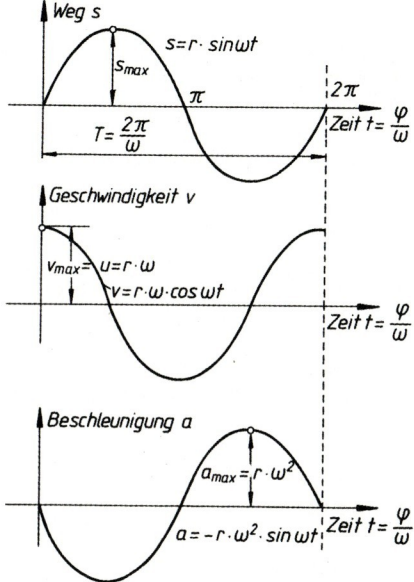

Bild 16. Weg-Zeit-, Geschwindigkeits-Zeit- und Beschleunigungs-Zeit-Diagramm der harmonischen Bewegung

2.1.3.3.1 Rechnerische Bestimmung der Wege, Geschwindigkeiten und Beschleunigungen (Bild 17).

Ist v_u die *Umfangsgeschwindigkeit* des Kurbelpunkts P und $\omega = \pi n/30$ die konstante *Winkelgeschwindigkeit* der Kurbel MP, wird

$$v_u = r\omega, \quad \omega = \frac{\pi n}{30}$$

v_u	r	ω	n	
$\frac{m}{s}$	m	$\frac{1}{s}$	$\min^{-1} = \frac{1}{\min}$	(52)

In der Zeit t überstreicht die Kurbel den *Kurbeldrehwinkel*

$$\varphi = \omega t$$

φ	ω	t	
rad	$\frac{1}{s}$	s	(53)

Die *Auslenkung* (Weg s) eines Punktes auf dem Schieber beträgt nach Bild 17:

$$s = r \sin \varphi$$
$$s = r \sin \omega t$$

s	r	ω	t	φ	
m	m	$\frac{1}{s}$	s	°	(54)

Die größte Auslenkung tritt auf beim Kurbeldrehwinkel $\varphi = 90°$, weil dann $\sin\varphi = 1$ und damit $s = r$ ist. Sie heißt *Amplitude* (Schwingungsweite).

Mit *Periode* T in Sekunden wird die Zeit für einen Hin- und Rückgang bezeichnet: $T = 2\pi/\omega$. Die Zahl der Schwingungen in einer Sekunde heißt

Frequenz (oder Schwingungszahl)
Kreisfrequenz $\omega = 2\pi/T$

$$f = \frac{1}{T} = \frac{\omega}{2\omega}$$

f	T	ω	
$\frac{1}{s}$	s	$\frac{1}{s}$	(55)

Ein Punkt auf dem Schieber erhält die *Geschwindigkeit*

$$v = r\omega \cos \omega t$$

v	r	ω	t	a	
$\frac{1}{s}$	m	$\frac{1}{s}$	s	$\frac{m}{s^2}$	(56)

maximale Geschwindigkeit (in Mittelstellung)

$$v_{\max} = v_u = r\omega$$

Beschleunigung

$$a = \omega^2 s$$

$$a_{\max} = r\omega^2 \sin \omega t \qquad (57)$$

maximale Beschleunigung in den Totlagen

$$a = r\omega^2$$

■ **Beispiel:**
An einer Schraubenfeder hängt ein Körper und schwingt in der Sekunde einmal auf und ab. Die Entfernung zwischen den äußersten Totpunktlagen des Körpers beträgt 0,5 m. Wie groß ist die maximale Beschleunigung $a_{\max}$?

Lösung:

$$f = \frac{1}{T} = \frac{\omega}{2\omega}$$

$$\omega = \frac{2\pi}{T} = \frac{2\pi}{1\,s}$$

$$a_{\max} = r\omega^2$$

$$r = 0{,}25 \text{ m}$$

$$a_{\max} = r\omega^2 = r\left(2\pi \cdot 1\frac{1}{s}\right)^2 = 9{,}87 \frac{m}{s^2}$$

2.1.3.3.2 Zeichnerische Bestimmung der Wege, Geschwindigkeiten und Beschleunigungen (Bild 17).

Die in jedem beliebigen Zeitpunkt auftretenden Momentangeschwindigkeiten v und Beschleunigungen a können zeichnerisch bestimmt werden: Im Lageplan wird die Umfangsgeschwindigkeit v_u im bestimmten Maßstab auf der Kurbel MP abgetragen, z.B. $MB = v_u$. Dann ist im Dreieck MCB die Kathete $BC = MB \cos \omega t = v_u \cos \omega t$ = Geschwindigkeit v eines Schieberpunkts. Mit den gefundenen Strecken lässt sich das v, s-Diagramm aufzeichnen.

In gleicher Weise wird die Momentanbeschleunigung a bestimmt: Im Lageplan die maximale Beschleunigung (Zentripetalbeschleunigung) $a_{max} = r \omega^2$ im bestimmten Maßstab auf Kurbel MP auftragen, z.B. wiederum $MB = r \omega^2$. Dann ist im Dreieck MCB die Kathete MC die Beschleunigung a eines Schieberpunkts. Mit den gefundenen Strecken MC wird das a, s-Diagramm entwickelt. *Erkenntnis*: Zu gleichen Drehwinkeln gehören Maximalgeschwindigkeit und Beschleunigung null bzw. Maximalbeschleunigung und Geschwindigkeit null.

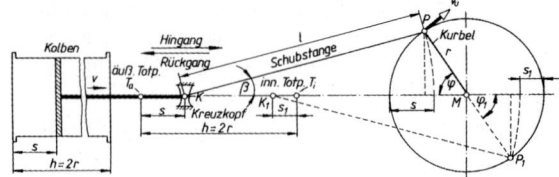

Bild 18. Lageplan des Schubkurbelgetriebes zur Bestimmung des Kreuzkopf- bzw. Kolbenwegs s

Aus den geometrischen Bedingungen des Bildes 18 lässt sich ablesen:

$$s = r(1 - \cos\varphi) \pm l(1 - \cos\beta)$$

+ für Kolbenhingang (zur Kurbelwelle)
− für Kolbenrückgang (von der Kurbelwelle) mit s_1 und φ_1

Der Weg s_1 (Auslenkung) beim Rückgang wird vom inneren Totpunkt T_i der Kurbelseite aus gemessen. Mit *Schubstangenverhältnis*

$$\lambda = \frac{\text{Kurbelradius } r}{\text{Länge der Schubstange } l} \quad (59)$$

und $r \sin \varphi = l \sin \beta$ (Bild 18), $\sin \beta = \lambda \sin \varphi$, $\cos \beta = \sqrt{1 - \sin^2 \beta} = \sqrt{1 - (\lambda \sin \varphi)^2}$ wird der Weg

$$s = r(1 - \cos\varphi) \pm l[1 - \sqrt{1 - (\lambda \sin \varphi)^2}] \quad (60)$$

Der Ausdruck $\sqrt{1 - (\lambda \sin \varphi)^2}$ lässt sich als Reihe entwickeln:

$$\sqrt{1 - (\lambda \sin \varphi)^2} = $$
$$= 1 - \frac{1}{2}(\lambda \sin \varphi)^2 - \frac{1}{8}(\lambda \sin \varphi)^4 - \dots$$

Die Reihe konvergiert sehr schnell und man kann daher mit ausreichender Genauigkeit den Weg s (Auslenkung) mit der Näherungsformel berechnen:

$$s = r(1 - \cos\varphi \pm \frac{1}{2}\lambda \sin^2\varphi) \quad (61)$$

Mathematische Entwicklungen führen zu den Gleichungen für die

Geschwindigkeit

$$v = v_u(\sin\varphi \pm \frac{1}{2}\lambda \sin 2\varphi)$$

$$v = r\omega(\sin\omega t \pm \frac{1}{2}\lambda \sin 2\omega t) \quad (62)$$

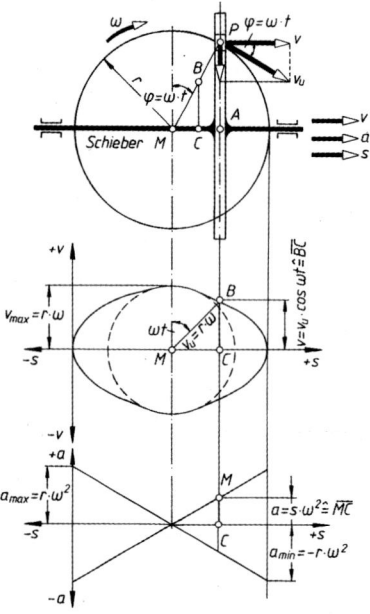

Bild 17. Lageplan der Kreuzschleife mit Geschwindigkeits-Weg- und Beschleunigungs-Weg-Diagramm

2.1.3.4 Schubkurbelgetriebe (Bild 18)

2.1.3.4.1 Rechnerische Bestimmung der Wege, Geschwindigkeiten und Beschleunigungen. Ist v_u die *Umfangsgeschwindigkeit* des Kurbelpunkts P, ω die konstante *Winkelgeschwindigkeit* der Kurbel MP und h der Hub des Kolbens bzw. Kreuzkopfs, so wird

$$v_u = r\omega = \frac{\pi h n}{60}$$

$$\omega = \frac{\pi n}{30}$$

v_u	r	ω	h	n
$\frac{m}{s}$	m	$\frac{1}{s}$	m	$\frac{1}{min}$

(58)

maximale Geschwindigkeit

$$v_{max} = v_u (1 + \frac{1}{2}\lambda^2) = r\omega(1 + \frac{1}{2}\lambda^2) \qquad (63)$$

für $\lambda = \frac{1}{5} = 0{,}2$ wird $v_{max} = 1{,}02\ v_u = 1{,}02\ r\ \omega$

bei φ = 79° 16' (Hingang)
bei φ_1 = 100° 44' (Rückgang)

mittlere Geschwindigkeit

$$v_m = \frac{hn}{30} \qquad (64)$$

Beschleunigung

$$a = \frac{v_u^2}{r}(\cos\varphi \pm \lambda \cos 2\varphi) \qquad (65)$$

$$a = r\omega^2(\cos\omega t \pm \lambda \cos 2\omega t)$$

maximale Beschleunigung (in den Totlagen)

$$a_{max} = r\omega^2 (1 \pm \lambda) \qquad (66)$$

Wird das Schubstangenverhältnis $\lambda = 0$ gesetzt, also die Länge der Schubstange $l = \infty$, ergeben sich aus den obigen Gleichungen die Formeln der harmonischen Bewegung.

2.1.3.4.2 Zeichnerische Bestimmung der Wege, Geschwindigkeiten und Beschleunigungen.

Der Weg s (bzw. s_1) und damit der Lagepunkt K (bzw. K_1) in Abhängigkeit vom Drehwinkel φ wird festgelegt im Lageplan (Bild 18) durch Kreisbogen um Kurbelpunkt P (bzw. P_1) mit der Schubstangenlänge l.

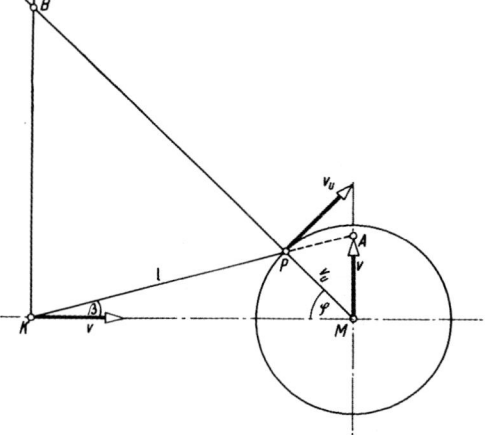

Bild 19. Zeichnerische Bestimmung der Kreuzkopf- bzw. Kolbengeschwindigkeit v beim Schubkurbelgetriebe

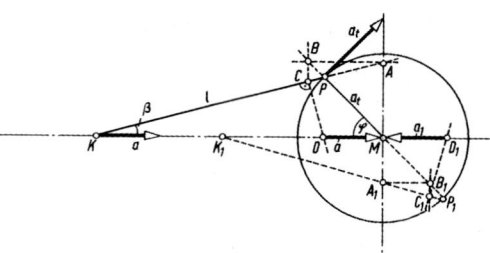

Bild 20. Zeichnerische Bestimmung der Kreuzkopf- bzw. Kolbenbeschleunigung a beim Schubkurbelgetriebe ($\omega = 1$ gesetzt; sonst Maßstabsumrechnung erforderlich)

Zur *Geschwindigkeitsbestimmung* des Kolbens (Bild 19) wird Radius MP = der Umfangsgeschwindigkeit v_u gesetzt. Für jede Kurbelstellung ist dann Geschwindigkeit v = Strecke MA.

Das ergibt sich aus der Ähnlichkeit der Dreiecke KPB und MAP, worin Punkt B der „Momentanpol" ist.

Die *Beschleunigung a* des Kolbens ergibt sich aus der um 90° gedrehten Normalbeschleunigung a_n des Kurbelpunkts P (Bild 20). Es wird $MP = a_n = v_u^2/r$ gesetzt, KP bis A verlängert, $AB \parallel KM$ gezogen, $BC \parallel MA$ geführt und $CD \perp KC$ gefällt. Strecke DM stellt dann für jede Kurbelstellung den Betrag (Größe) der Beschleunigung a des Kolbens oder Kreuzkopfs dar, jedoch nur dann, wenn die Umfangsgeschwindigkeit v_u konstant ist.

In Bild 21 ist der Geschwindigkeits- und der Beschleunigungsverlauf über dem Hub $h = 2r$ aufgetragen (v, s- und a, s-Diagramm). Maximale Geschwindigkeit und Beschleunigung null treten in der gestrichelt gezeichneten Schubstangenstellung auf (Tangentenstellung!). Je länger die Schubstange im Verhältnis zum Kurbelradius wird, d.h. λ sehr klein, um so mehr nähert sich die Geschwindigkeitslinie einer Ellipse und die Beschleunigungslinie wird eine Gerade, wie bei harmonischer Bewegung.

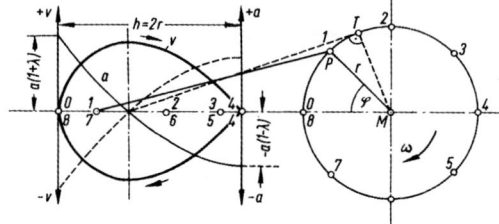

Bild 21. Geschwindigkeit v und Beschleunigung a in Abhängigkeit von Hub h beim Schubkurbelgetriebe

2.2 Mechanische Arbeit W und Leistung P; Wirkungsgrad η; Übersetzung i

2.2.1 Mechanische Arbeit W

Die *mechanische Arbeit* W einer den Körper bewegenden Kraft ist das Produkt aus den Wegabschnitten Δs und der jeweiligen Kraftkomponente F in Wegrichtung:

$$\begin{aligned} W &= \Sigma \Delta W = \Sigma F \Delta s = \\ &= F_1 \Delta s_1 + F_2 \Delta s_2 + \ldots F_n \Delta s_n \end{aligned} \quad (67)$$

Ist Kraft F konstant, wird mit $s = \Sigma \Delta s$ die Arbeit $W = Fs$ (Bild 22). Die Arbeit ist eine skalare Größe. Häufig lassen sich die Verhältnisse durch Aufzeichnung des *Kraft-Weg-Diagramms* besser übersehen (Bilder 23; 24; 26; 28).

Die von der Kraft F oder dem Drehmoment M verrichtete Arbeit W entspricht immer der Fläche unter der Kraftlinie oder Momentenlinie.
Meistens lässt sich die Berechnungsgleichung für die Arbeit W aus der Flächenform des Kraft-Weg-Diagramms entwickeln (z.B. Trapez in Bild 26); sonst kann die Fläche auch ausgezählt oder durch graphische Integration oder mittels Planimeter bestimmt werden (Maßstab berücksichtigen!).

Wirken mehrere Kräfte auf den Körper ein, ist die Gesamtarbeit gleich der Summe der Einzelarbeiten oder gleich der Arbeit der resultierenden Kraft.

Die *Einheit der Arbeit* ergibt sich, wenn die Kraft F in N und der Weg s in m eingesetzt wird (gesetzliche und internationale Einheiten):

$(W)^{1)} = (F)$ mal (s)
$(W) = $ N mal m = Newtonmeter Nm

$$1 \text{ Nm} = \frac{1 \text{ kgm}}{\text{s}^2} = 1 \frac{\text{kgm}^2}{\text{s}^2} \quad (68)$$

Beachte: Die gesetzliche und SI-Einheit für die Arbeit W und für die Energie E ist das Joule J. Es gilt:

$$1 \text{ J} = 1 \text{ Nm} = 1 \text{ Ws} = 1 \frac{\text{kgm}^2}{\text{s}^2} \quad (69)$$

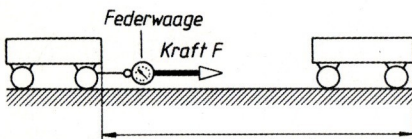

Bild 22. Arbeit W einer konstanten Kraft F

2.2.1.1 Geradlinige Bewegung des Körpers.
Im Einzelnen wird bei der Berechnung der Arbeit W einer Kraft F unterschieden:

2.2.1.1.1 Arbeit W der konstanten Kraft F (Bilder 23 und 25). Kraft- und Wegrichtung fallen zusammen oder F ist Komponente in Wegrichtung, z.B. Vorschubkraft und Vorschubweg am Drehbanksupport. Das Kraft-Weg-Diagramm (Bild 23) zeigt eine Rechteckfläche.

$$W = Fs \quad \begin{array}{c|c|c} W & F & s \\ \hline J = \text{Nm} & \text{N} & \text{m} \end{array} \quad (70)$$

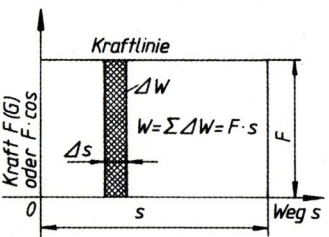

Bild 23. Arbeit W einer konstanten Kraft F längs des Weges s

2.2.1.1.2 Arbeit W der veränderlichen Kraft F (Bild 24). Kraft und Wegrichtung fallen zusammen oder F ist Komponente in Wegrichtung:

$$W = \Sigma \Delta W = \Sigma \Delta s \triangleq \text{Fläche unter Kraftlinie} \quad (71)$$

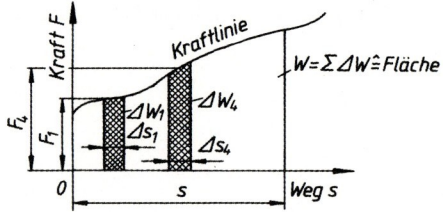

Bild 24. Arbeit W einer veränderlichen Kraft F längs des Weges s

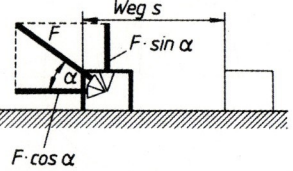

Bild 25. Arbeit W einer schrägen Kraft F

---

[1] Die Formelzeichen in Klammern sollen nur die *Einheit* der physikalischen Größe kennzeichnen, also $(W) = $ Einheit der Arbeit; $(F) = $ Einheit der Kraft usw.

2.2.1.1.3 Arbeit W der konstanten Kraft F (Bilder 25 und 23).
Kraft- und Wegrichtung schließen den Winkel α ein:

$$W = Fs \cos\alpha \qquad (72)$$

Die Kraftkomponente $F \sin \alpha$ bzw. allgemein alle Kräfte rechtwinklig zur Bewegungsrichtung verrichten *keine* Arbeit ($\alpha = 90°$; $\cos\alpha = 0$).

2.2.1.1.4 Arbeit W der Gewichtskraft $F_G = mg$.
Körper der Gewichtskraft F_G (also konstante Kraft F) bzw. Masse m wird um die rechtwinklige Höhe h gehoben; es gilt demnach Bild 23 und für die *Hubarbeit* wird:

$$W = F_G h$$
$$W = mgh$$

W	m	g	h
J = Nm	kg	$\frac{m}{s^2}$	m

(73)

2.2.1.1.5 Beschleunigungsarbeit W der konstanten resultierenden Kraft F;
Kraft und Wegrichtung fallen zusammen oder F ist Komponente in Wegrichtung (Bild 23).
Der Körper wird von der Geschwindigkeit v_1 auf v_2 gleichmäßig beschleunigt (oder verzögert). Die Entwicklung mit Hilfe des dynamischen Grundgesetzes $F_r = ma$ ergibt sich folgendermaßen:

$$W = F_r s = m a s$$
$$a = \frac{\Delta v}{\Delta t} = \frac{v_2 - v_1}{\Delta t}$$
$$s = \frac{v_2 + v_1}{2} \Delta t$$
$$W = m \frac{v_2 - v_1}{\Delta t} \cdot \frac{v_2 + v_1}{2} \Delta t$$
$$W = \frac{m}{2}(v_2^2 - v_1^2)$$

W	m	v_2, v_1
J = Nm	kg	$\frac{m}{s}$

(74)

Wird der Körper von $v_1 = 0$ an beschleunigt oder auf $v_1 = 0$ verzögert, wird die Beschleunigungsarbeit

$$W = \frac{m}{2} v^2 \qquad (75)$$

2.2.1.1.6 Verschiebung eines Körpers der Masse m auf horizontaler Unterlage durch horizontale Kraft F
ergibt die *Reibungsarbeit*

$$W_R = \mu F_G s$$
$$W_R = \mu m g s \qquad (76)$$

W_R	μ	F_G	s	m	g
J = Nm	1	N	m	kg	$\frac{m}{s^2}$

μ Gleitreibzahl nach Tabelle 2.

2.2.1.1.7 Verschiebung eines Körpers der Masse m auf schiefer Ebene mit Neigungswinkel α durch Kraft F parallel zur Bahn
ergibt die *Reibungsarbeit*

$$W_R = \mu F_G s \cos\alpha$$
$$W_R = \mu m g s \cos\alpha \qquad (77)$$

2.2.1.1.8 Elastischer Körper
wird durch Kraft F elastisch verformt; z.B. eine Schraubenfeder nach Bild 26 um Δs verlängert oder verkürzt: *Formänderungsarbeit*

$$W_f = \frac{F_1 + F_2}{2} \cdot \Delta s$$
$$W_f = \frac{R}{2}(s_2^2 - s_1^2) \qquad (78)$$

W_f	F_1, F_2	s_1, s_2	R
J = Nm	N	m	$\frac{N}{m}$

Darin ist R die Federrate in N / m, d.h. die Belastung je m Verlängerung: $R = F/s$.

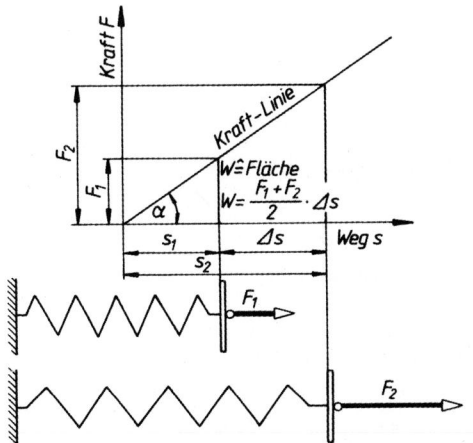

Bild 26. Formänderungsarbeit W_f beim Spannen einer Schraubenfeder

2.2.1.2 Drehung des Körpers (Bild 27).
Der Angriffspunkt P der Tangentialkraft F_T beschreibt einen Kreisbogen vom Radius r, z.B. bei einer Kurbel. Das Bogenstück Δs ergibt sich aus Drehwinkel $\Delta \varphi = \Delta s / r$; $\Delta s = \Delta \varphi r$ und damit die Teilarbeit $\Delta W = F_T \Delta s = F_T r \Delta \varphi$.

Da $F_T r = M$ das Drehmoment der Kraft F_T in Bezug auf die Drehachse ist, wird mit Drehwinkel $\Delta\varphi = \omega \Delta t$ (39) die *Arbeit des Moments (Dreharbeit)*

$$W = \Sigma \Delta W = \Sigma F_T r \Delta\varphi = \Sigma M \Delta\varphi$$
$$W = \Sigma M \, \omega \, \Delta t \tag{79}$$

Sind F_T oder M konstant, so wird $W = M\varphi$.

Im Einzelnen wird bei der Berechnung der Arbeit W eines Drehmoments M (Dreharbeit einer Kraft F_T) unterschieden:

2.2.1.2.1 Arbeit W des konstanten Drehmomentes M (konstante Tangentialkraft F_T). Das Momenten-Drehwinkel-Diagramm (Bild 28) zeigt eine Rechteckfläche wie in Bild 23 und es gilt:
Dreharbeit W = Drehmoment M · Drehwinkel φ

$$W = M\varphi$$
$$W = 2\pi F_T r z \tag{80}$$

W	M	φ	F_T	r	z
J = Nm	Nm	rad	N	m	1

z Anzahl der Umdrehungen

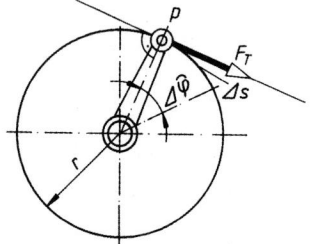

Bild 27. Dreharbeit einer Tangentialkraft F_T

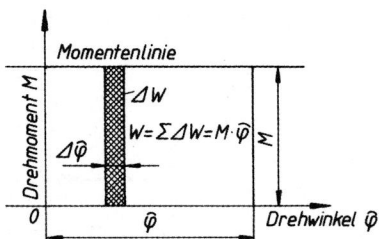

Bild 28. Arbeit eines konstanten Drehmoments M (Dreharbeit) über einem Drehwinkel φ

2.2.1.2.2 Arbeit W des veränderlichen Drehmoments M (veränderliche Tangentialkraft F_T). Es gilt Bild 24 mit Drehmoment M statt Kraft F und Drehwinkel φ statt Weg s: *Dreharbeit*:

$$W = \Sigma \Delta W = \Sigma M \, \Delta\varphi \,\hat{=}$$
$$\hat{=} \text{Fläche unter der Momentenlinie} \tag{81}$$

2.2.1.2.3 Beschleunigungsarbeit W des konstanten resultierenden Moments M (konstante Tangentialkraft F_T); der Körper wird von Winkelgeschwindigkeit ω_1 auf ω_2 gleichmäßig beschleunigt oder verzögert; Entwicklung mit Hilfe des dynamischen Grundgesetzes für Drehung $M = J\alpha$ (J Trägheitsmoment, α Winkelbeschleunigung):

$$W = M\,\varphi = J\,\alpha\,\varphi\,;\; \alpha = \frac{\Delta\omega}{\Delta t} = \frac{\omega_2 - \omega_1}{\Delta t};$$

$$W = J\,\frac{\omega_2 - \omega_1}{\Delta t} \cdot \frac{\omega_2 + \omega_1}{2}\,\Delta t$$

Beachte: $(\omega_2 - \omega_1)(\omega_2 + \omega_1) = \omega_2^2 - \omega_1^2$

Nach Bild 15 eingesetzt ergibt sich die *Beschleunigungsarbeit*

$$W = \frac{J}{2}(\omega_2^2 - \omega_1^2) \tag{82}$$

W	J	ω_1, ω_2
J = Nm = $\frac{\text{kgm}^2}{\text{s}^2}$	kgm²	$\frac{1}{\text{s}}$

Wird der Körper von $\omega_1 = 0$ an beschleunigt oder auf $\omega_1 = 0$ verzögert, wird die *Beschleunigungsarbeit*

$$W = \frac{J}{2}\omega^2 \tag{83}$$

2.2.2 Leistung P

Die konstante oder *mittlere Leistung P* ist der Quotient aus Arbeit W und Zeit t:

$$P = \frac{W}{t}$$

P	W	t
W = $\frac{\text{Nm}}{\text{s}}$	Nm	s

(84)

Der Betrag der Leistung ist damit auch gleich dem in der Zeiteinheit (meist 1 s) verrichteten Arbeitsbetrag. Die Leistung ist eine skalare Größe. Aus (84) ergibt sich für die *Arbeit W* bei konstanter Leistung P:

$$W = P\,t \tag{85}$$

Beachte: Die gesetzliche und SI-Einheit für die Leistung P ist das Watt (W), 1 Watt ist gleich der Leistung, bei der während der Zeit 1 s die Energie 1 J umgesetzt wird:

$$1\,\text{W} = \frac{1\,\text{Joule}}{1\,\text{Sekunde}} = \frac{\text{J}}{\text{s}} \tag{86}$$

2 Dynamik

Da nach (69) 1 J = 1 Nm = 1 Ws ist, gilt:

$$1\,\text{W} = 1\,\frac{\text{J}}{\text{s}} = 1\,\frac{\text{Nm}}{\text{s}} = 1\,\frac{\text{kgm}^2}{\text{s}^3} \qquad (87)$$

Die letzte Form ergibt sich mit 1 N = 1 kgm/s².

2.2.2.1 Geradlinige Bewegung. Sind verschiebende Kraft F und konstante Geschwindigkeit v gleichgerichtet, so gilt mit (84) für die *Leistung P*:

$$P = \frac{W}{t} = \frac{Fs}{t} = F\frac{s}{t} = Fv$$

$$P = Fv$$

P	F	v
$\text{W} = \dfrac{\text{Nm}}{\text{s}}$	N	$\dfrac{\text{m}}{\text{s}}$

(88)

2.2.2.2 Drehung des Körpers. Greift die Tangentialkraft F_T an einer Kurbel vom Radius r an, die sich mit gleich bleibender Geschwindigkeit v bzw. Winkelgeschwindigkeit ω dreht, so ist $P = F_T v = F_T r \omega$. Mit $F_T r$ = Drehmoment M wird die *Leistung*

$$P = M\omega$$

P	M	ω	F_T	v	r
$\text{W} = \dfrac{\text{Nm}}{\text{s}}$	Nm	$\dfrac{1}{\text{s}}$	N	$\dfrac{\text{m}}{\text{s}}$	m

(89)

Wird für die Winkelgeschwindigkeit $\omega = \pi n/30$ eingesetzt, ergeben sich zwei in der Technik wichtige Zahlenwertgleichungen zur Berechnung von Leistung P oder Drehmoment M:

$$P = \frac{Mn}{9550}$$

P	M	n
kW	Nm	min^{-1}

(90)

$$M = 9550\,\frac{P}{n} \qquad (91)$$

2.2.3 Wirkungsgrad

Der Wirkungsgrad η einer Maschine oder eines Vorganges (Spannen einer Feder, Gewinnung eines Stoffes, Umwandlung von Wasser in Dampf usw.) ist das Verhältnis der von der Maschine oder während des Vorgangs verrichteten *Nutzarbeit* W_n zu der der Maschine oder während des Vorgangs *zugeführten Arbeit* W_z:

$$\eta = \frac{W_n}{W_z} < 1 \qquad (92)$$

Ohne Berücksichtigung der bei allen Maschinen auftretenden Formänderungsarbeiten wird als Wirkungsgrad η auch das Verhältnis der *Nutzleistung* P_n zur *zugeführten Leistung* P_z bezeichnet:

$$\eta = \frac{P_n}{P_z} < 1 \qquad (93)$$

Der Wirkungsgrad η ist stets kleiner als 1 ($\eta < 1$) bzw. kleiner als 100 % ($\eta < 100\,\%$). Man gibt ihn auch in Prozenten an, statt $\eta = 0{,}78$ auch $\eta = 78\,\%$.

Den Zusammenhang zwischen *Wirkungsgrad* η, *Antriebsdrehmoment* M_1, *Abtriebsdrehmoment* M_2 und *Übersetzung i* liefert die erweiterte Gleichung (93) mit

$$\eta = \frac{P_n}{P_z} = \frac{P_2}{P_1} = \frac{M_2}{M_1}\,\frac{\omega_2}{\omega_1}; \quad \frac{\omega_2}{\omega_1} = i$$

$$\eta = \frac{M_2}{M_1}\cdot\frac{1}{i} \qquad (94)$$

In einer Maschine oder Vorrichtung sind mehrere Getriebeteile hintereinander geschaltet, jeder besitzt einen bestimmten Wirkungsgrad η_1, η_2, η_3 ... . Das Gleiche gilt für einen in Teilvorgänge zerlegten Gesamtvorgang. Der erste Getriebeteil gibt die Nutzarbeit $W_1 = \eta_1 W_z$ an den folgenden Teil weiter. Dieser leitet demnach

$W_2 = \eta_2 W_1 = \eta_1 \eta_2 W_z$ weiter, sodass
$W_3 = \eta_3 W_2 = \eta_1 \eta_2 \eta_3 W_z$ wird usw. bis zur Nutzarbeit W_n:
$W_n = \eta_1 \eta_2 \eta_3 \ldots W_z$ oder *Gesamtwirkungsgrad*

$$\eta_{\text{gesamt}} = \frac{W_n}{W_z} = \eta_1 \eta_2 \eta_3 \ldots \qquad (95)$$

Der Gesamtwirkungsgrad lässt sich als Produkt aller Einzelwirkungsgrade berechnen.

2.2.4 Übersetzung (Übersetzungsverhältnis)

Nach DIN 868 ist die Übersetzung i eines Getriebes das Verhältnis von treibender Drehzahl n_1 zur getriebenen n_2: $i = n_1/n_2$ lässt sich in gleicher Weise ausdrücken durch die Winkelgeschwindigkeiten: $i = \omega_1/\omega_2$. Bei Zahnrad-, Riemen-Reibgetrieben u.a. sind die Umfangsgeschwindigkeiten v sich abwälzender Kreise (Teil- oder Wälzkreise) bzw. die Riemengeschwindigkeit bei schlupffreier Übertragung für beide Räder bzw. Scheiben gleich groß. Es ist dann $v_1 = v_2$ oder auch $d_1 \pi n_1 = \pi d_2 n_2$, d.h. $n_1/n_2 = d_2/d_1$. Bei Zahnrädern ist der Teilkreisdurchmesser d = Zähnezahl z mal Modul m: $d = z\,m$; damit auch: $n_1/n_2 = z_2/z_1$. Allgemein gilt demnach:
Die Baugrößen eines Räder- oder Scheibenpaars verhalten sich umgekehrt wie die Drehzahlen bzw. Winkelgeschwindigkeiten.

$$i = \frac{n_1}{n_2} = \frac{\omega_1}{\omega_2} = \frac{d_2}{d_1} = \frac{z_2}{z_1} = \frac{M_2}{M_1} \qquad (96)$$

$$i_{\text{gesamt}} = i_1 i_2 i_3 \ldots i_n \qquad (97)$$

- **Beispiel:**
Welche Beschleunigungsarbeit W verrichtet ein Kraftwagenmotor, wenn er eine Masse von 1 000 kg von 10 km/h auf 50 km/h beschleunigt. Welche mittlere Leistung P ist aufzuwenden, wenn der Beschleunigungsvorgang 20 s dauert?

Lösung:

$$W = \frac{m}{2}(v_2^2 - v_1^2) =$$

$$= \frac{1000\,\text{kg}}{2} \cdot \left[\left(\frac{50}{3{,}6}\right)^2 \frac{\text{m}^2}{\text{s}^2} - \left(\frac{10}{3{,}6}\right)^2 \frac{\text{m}^2}{\text{s}^2} \right]$$

$$W = 92\,650\,\frac{\text{kgm}^2}{\text{s}^2} = 92\,650\,\text{J}$$

$$P = \frac{W}{t} = \frac{92\,650\,\text{Nm}}{20\,\text{s}} =$$

$$= 4632{,}5\,\frac{\text{Nm}}{\text{s}} = 4{,}633\,\text{kW}$$

- **Beispiel:**
Ein Körper der Masse $m = 500$ kg soll 3 m hoch gehoben werden. Es steht dazu eine Winde mit Kurbelradius $r = 300$ mm zur Verfügung. Die an der Kurbel tangential angreifende Handkraft soll 150 N betragen. Wieviel Kurbelumdrehungen z sind nötig?

Lösung:

$$W = mgh = 500\,\text{kg} \cdot 9{,}81\,\frac{\text{m}}{\text{s}^2} \cdot 3\,\text{m} =$$

$$= 14\,715\,\text{Nm}$$

$$W = 2\pi F_T r z$$

$$z = \frac{W}{2\pi F_T r} = \frac{14\,715\,\text{Nm}}{2\pi \cdot 150\,\text{N} \cdot 0{,}3\,\text{m}} =$$

$$= 52\,\text{Umdrehungen}$$

- **Beispiel:**
Welches Drehmoment M überträgt ein Elektromotor, der bei einer Drehzahl von 1 000 min^{-1} eine Leistung von 10 kW abgibt?

Lösung:

$$M = 9550\,\frac{P}{n} = 9550 \cdot \frac{10}{10^3}\,\text{Nm} = 95{,}5\,\text{Nm}$$

- **Beispiel:**
In ein Getriebe mit der Übersetzung $i = 25$ wird ein Drehmoment $M_1 = 5$ Nm eingeleitet. Der Getriebewirkungsgrad beträgt 80 %. Wie groß ist das Abtriebsdrehmoment M_2?

Lösung:

$$\eta = \frac{M_2}{M_1 i} \Rightarrow M_2 = \eta M_1 i =$$

$$= 0{,}8 \cdot 5\,\text{Nm} \cdot 25 = 100\,\text{Nm}$$

- **Beispiel:**
Welche Masse m kann durch eine Handwinde mit 40facher Übersetzung und 80 % Wirkungsgrad gehoben werden, wenn am Kurbelradius $r = 350$ mm eine Tangentialkraft $F_T = 150$ N angreift und die Handkurbel $z = 50$ mal gedreht wird?

Lösung:

$$\eta = \frac{W_n}{W_z} = \frac{F_G h}{2\pi F_T r z};$$

$$i = \frac{2\pi r z}{h} = \frac{\text{Kraftweg}}{\text{Lastweg}}$$

$$\eta = \frac{F_G}{F_T i} = \frac{m g}{F_T i} \Rightarrow m = \frac{\eta F_T i}{g} =$$

$$= \frac{0{,}8 \cdot 150\,\text{N} \cdot 40}{9{,}81\,\frac{\text{m}}{\text{s}^2}} = 489{,}3\,\frac{\text{kgm}}{\frac{\text{m}}{\text{s}^2}} = 489{,}3\,\text{kg}$$

- **Beispiel:**
Eine Schraubenfeder mit der Federrate $R = 1\,540$ N/m ist durch den Federweg $s_1 = 70$ mm vorgespannt und wird beim Betrieb um $\Delta s = 90$ mm verlängert werden. Wie groß sind die Spannkräfte F_1, F_2 und die in der Feder gespeicherte Formänderungsarbeit?

Lösung:

$$F_1 = R s_1 = 1\,540\,\frac{\text{N}}{\text{m}} \cdot 0{,}07\,\text{m} = 107{,}8\,\text{N}$$

$$F_2 = R s_2 = R(s_1 + \Delta s) = 1\,540\,\frac{\text{N}}{\text{m}} \cdot 0{,}16\,\text{m} =$$

$$= 246{,}4\,\text{N}$$

$$W = \frac{F_1 + F_2}{2} \Delta s =$$

$$= \frac{(107{,}8 + 246{,}4)\,\text{N}}{2} \cdot 0{,}09\,\text{m} = 15{,}94\,\text{Nm} =$$

$$= 15{,}94\,\text{J}$$

2.3 Dynamik der Verschiebebewegung (Translation) des starren Körpers

In der reinen Bewegungslehre (Kinematik) werden die Bewegungsvorgänge ohne Berücksichtigung der ursächlichen Kräfte behandelt. In der eigentlichen Dynamik dagegen (Kinetik) untersucht man den Zusammenhang zwischen den wirkenden Kräften und der von ihnen bewirkten Bewegungsänderung der Körper.

2.3.1 Dynamisches Grundgesetz

Wirken am Körper mehrere Kräfte F_1, F_2, F_3 ... (z.B. am Auto die Triebkraft, der Luftwiderstand und der Fahrwiderstand), und ist F_r die Resultierende der Kräftegruppe ($F_r = \Sigma F$), erfährt der Körper eine dieser Resultierenden proportionale und gleich gerichtete Beschleunigung a:

Resultierende Kraft F_r = Körpermasse m · Beschleunigung a

$F_r = m a$	F_r	m	a	(98)
	N =	$\frac{\text{kgm}}{\text{s}^2}$	kg	$\frac{\text{m}}{\text{s}^2}$

Bei der reinen Verschiebebewegung muss die Resultierende F_r aller angreifenden Kräfte durch den Körperschwerpunkt hindurchgehen; sonst zusätzliche Drehung des Körpers. Ist F_r konstant, wird der Körper *gleichmäßig* beschleunigt. Ist $F_r = 0$, wird er nicht beschleunigt ($a = 0$); der Körper bleibt dann in Ruhe oder in gleichförmiger geradliniger Bewegung (Trägheitsgesetz von Galilei). Übt ein Körper A auf den Körper B eine Kraft aus, übt auch B auf A eine gleich große, entgegengesetzt gerichtete *Wechselwirkungskraft* auf gleicher Wirklinie aus (Wechselwirkungsgesetz: Aktion = Reaktion).

2.3.1.1 Dynamisches Grundgesetz für Tangenten- und Normalenrichtung.

Bei beliebiger krummliniger Bahn des Körpers (Bild 29) setzen sich Beschleunigung a und Kraft F aus den beiden rechtwinklig aufeinander stehenden Komponenten zusammen:

$$F_T = m\, a_T$$
$$F_N = m\, a_N \qquad (99)$$

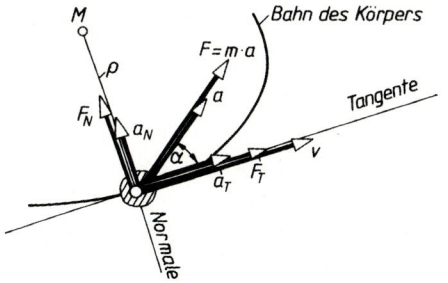

Bild 29. Kraft- und Beschleunigungsvektor und deren Komponenten

F_T *Tangentialkraft*
F_N *Normalkraft*
a_T *Tangentialbeschleunigung*
a_N *Normalbeschleunigung*, auch Zentripetalbeschleunigung genannt

Die Tangentialkraft F_T bewirkt allein die *Betragsänderung* der Geschwindigkeit v (Beschleunigung bei gleichem, Verzögerung bei entgegengesetztem Richtungssinn). Die Normalkraft F_N bewirkt allein eine *Richtungs*änderung der Geschwindigkeit v. Sie ist zum Mittelpunkt M (Zentrum) hin gerichtet und heißt deshalb *Zentripetalkraft*. Die so genannte Fliehkraft ist von gleichem Betrag aber entgegengesetztem Richtungssinn.

$$F_N = m\, a_N = m\frac{v^2}{\rho} = m\, \rho\, \omega^2 \qquad (100)$$

F_N	m	a_N	v	ρ	ω
$N = \frac{\text{kgm}}{\text{s}^2}$	kg	$\frac{\text{m}}{\text{s}^2}$	$\frac{\text{m}}{\text{s}}$	m	$\frac{1}{\text{s}}$

ρ Krümmungsradius der Bahn, im Allgemeinen veränderlich. Bei Kreisbogen ist ρ = Kreisbogenradius r = konstant einzusetzen.

2.3.1.2 Dynamisches Grundgesetz für den freien Fall.

Beim freien Fall des Körpers im luftleeren Raum wirkt auf ihn lediglich die Gewichtskraft F_G als resultierende Kraft ($F_r = F_G$).
Mit der *Fallbeschleunigung* g erhält das Grundgesetz für *Gewichtskraft* F_G *und Normgewichtskraft* F_{Gn} die Form:

$$F_G = mg$$
$$F_{Gn} = mg_n$$

F_G	m	g
$N = \frac{\text{kgm}}{\text{s}^2}$	kg	$\frac{\text{m}}{\text{s}^2}$

$\qquad (101)$

Gewichtskraft F_G und Fallbeschleunigung g ändern sich mit dem Ort und auch mit der Entfernung vom Erdmittelpunkt, die Masse m des Körpers dagegen ist überall dieselbe; sie wird mit der Hebelwaage gemessen.

Die *Normfallbeschleunigung* g_n international festgelegt:

$$g_n = 9{,}80665\ \frac{\text{m}}{\text{s}^2} \qquad (102)$$

(gilt etwa für 45° geographischer Breite und Meeresspiegelhöhe)

Allgemein gilt für die *Fallbeschleunigung* die Zahlenwertgleichung:

$$g = 980{,}632 - 2{,}586 \cos 2\varphi +$$
$$\qquad + 0{,}003 \cdot \cos 4\varphi - 0{,}293\, h \qquad (103)$$

g in cm/s² ;
φ geographische Breite;
h Höhe über dem Meeresspiegel in km

2.3.1.3 Dynamisches Grundgesetz für horizontale Beschleunigung mit Reibung.

Soll ein Körper auf horizontaler Ebene die Beschleunigung a erhalten, und ist F_R die Reibkraft zwischen Körper und Unterlage mit μ als Reibzahl, so wird die erforderliche konstante *Zugkraft* F_z (oder Bremskraft) parallel zur Bahn:

$$F_z = ma + F_R = ma + F_G\mu = ma + mg\mu$$
$$F_z = m\,(a \pm g\mu)$$
+ für Beschleunigung a
− für Verzögerung a

$\qquad (104)$

F_z	m	a	g	μ
$N = \frac{\text{kgm}}{\text{s}^2}$	kg	$\frac{\text{m}}{\text{s}^2}$	$\frac{\text{m}}{\text{s}^2}$	1

2.3.1.4 Dynamisches Grundgesetz für vertikale Beschleunigung ohne Reibung.

Soll ein Körper durch eine Zugkraft F_s in vertikaler Richtung die Beschleunigung a erhalten, gilt für die *Seilkraft*

$F_s = m\,(g \pm a)$
+ für Beschleunigung nach oben
− für Beschleunigung nach unten (105)

F_s	m	g	a
$N = \dfrac{kgm}{s^2}$	kg	$\dfrac{m}{s^2}$	$\dfrac{m}{s^2}$

$(g + a)$ und $(g − a)$ stellen praktisch die resultierende Beschleunigung für Aufwärts- und Abwärtsbewegung dar.

2.3.1.5 Beschleunigung frei rutschender Körper auf schiefer Ebene mit Neigungswinkel

$a = g \sin \alpha$ ohne Reibung
$a = g\,(\sin \alpha − \mu \cos \alpha)$ mit Reibung (106)

a, g	μ
$\dfrac{m}{s^2}$	1

■ **Beispiel:**
Ein Kraftwagen der Masse $m = 1\,000$ kg soll aus dem Ruhezustand so beschleunigt werden, dass er innerhalb 18,5 s eine Geschwindigkeit von 100 km/h besitzt. Der Fahrwiderstand beträgt $F_w = 300$ N. Er wird als gleich bleibend angenommen.
Gesucht: a) die mittlere Beschleunigung a; b) die erforderliche Antriebskraft F; c) der Anfahrweg s.

Lösung:
a)
$v = 100\,\dfrac{km}{h} = \dfrac{100\,m}{3{,}6\,s} = 27{,}8\,\dfrac{m}{s}$
(v, t-Diagramm nach Bild 3)
$a = \dfrac{\Delta v}{\Delta t} = \dfrac{27{,}8\,\frac{m}{s}}{18{,}5\,s} = 1{,}5\,\dfrac{m}{s^2}$

b) Resultierende Antriebskraft
$F_r = m\,a = 1\,000\,kg \cdot 1{,}5\,\dfrac{m}{s^2} = 1\,500\,\dfrac{kgm}{s^2}$
$F_r = 1\,500$ N

Antriebskraft
$F = F_r + F_w = (1\,500 + 300)\,N = 1\,800$ N

oder mit Gleichung (104):
$F_z = m\,(a + g\,\mu)$
$\mu = \dfrac{F_w}{F_G} = \dfrac{F_w}{m\,g} = \dfrac{300\,N}{1\,000\,kg \cdot 10\,\frac{m}{s^2}} = 0{,}03$

$F_z = 1\,000\,kg\left(1{,}5\,\dfrac{m}{s^2} + 10\,\dfrac{m}{s^2} \cdot 0{,}03\right) = 1800\,N = 1800\,\dfrac{kgm}{s^2}$

c) $s = \dfrac{v^2}{2\,a} = \dfrac{(27{,}8\,\frac{m}{s})^2}{2 \cdot 1{,}5\,\frac{m}{s^2}} = 257{,}6$ m; oder

$s = \dfrac{v\,t}{2} = \dfrac{27{,}8\,\frac{m}{s} \cdot 18{,}5\,s}{2} = 257$ m

■ **Beispiel:**
Ein Kraftwagen der Masse $m = 1\,000$ kg soll bei 50 km/h Geschwindigkeit einen Bremsweg $s_b = 18$ m haben.
Gesucht: a) die Bremszeit t_b; b) die Bremskraft F_b; c) die Mindestreibzahl zwischen Rädern und Fahrbahn.

Lösung:
a) Für die gleichmäßig verzögerte Bewegung des Fahrzeugschwerpunkts gilt mit dem v, t-Diagramm 5:
$t_b = \dfrac{2\,s_b}{v}$

$v = 50\,\dfrac{km}{h} = \dfrac{50\,m}{3{,}6\,s} = 13{,}9\,\dfrac{m}{s}$

$t_b = \dfrac{2 \cdot 18\,m}{13{,}9\,\frac{m}{s}}$

Verzögerung $a = \dfrac{\Delta v}{\Delta t} = \dfrac{13{,}9\,m}{2{,}59\,s^2} = 5{,}37\,\dfrac{m}{s^2}$

$t_b = 2{,}59$ s

oder auch

$a = \dfrac{v^2}{2\,s_b} = \dfrac{(13{,}9\,\frac{m}{s})^2}{2 \cdot 18\,m} = 5{,}37\,\dfrac{m}{s^2}$

b) $F_r = m\,a =$
$= 1\,000\,kg \cdot 5{,}37\,\dfrac{m}{s^2} = 5\,370\,\dfrac{kgm}{s^2} = 5370$ N

$F_b = F_r − F_w$ (weil der Fahrwiderstand F_w in Richtung der Verzögerung wirkt!)

$F_b = (5\,370 − 300)\,N = 5\,070$ N, oder mit Gleichung (104) und $\mu = 0{,}03$ (wie oben):

$F_b = m\,(a − g\,\mu)$

$F_b = 1\,000\,kg\left(5{,}37\,\dfrac{m}{s^2} − 10\,\dfrac{m}{s^2} \cdot 0{,}03\right) =$

$= 5\,070\,\dfrac{kgm}{s^2} = 5\,070$ N

c) Die Bremskraft F_b muss als Reibkraft F_R von der Fahrbahn auf den Umfang der gebremsten Räder ausgeübt werden. Es ist Reibkraft $F_R = \mu_0\,F_N = \mu_0\,F_G = \mu_0\,m\,g$ (auf *ebener* Bahn kann hier Normalkraft F_N = Gewichtskraft F_G gesetzt werden).

Daraus Haftreibzahl

$\mu_0 \geq \dfrac{F_R}{F_G} = \dfrac{F_R}{m\,g} = \dfrac{5\,070\,N}{1\,000\,kg \cdot 10\,\frac{m}{s^2}} = 0{,}507$

■ **Beispiel:**
Ein am Kranseil hängender Körper der Masse $m = 1\,000$ kg soll mit einer Beschleunigung von 1,2 m/s² gehoben oder gesenkt werden. Seil und Trommel werden als masselos und reibungsfrei angegeben.
Gesucht: die im Seil auftretende Zugkraft F_s bei
a) Aufwärtsbewegung
b) Abwärtsbewegung

Lösung:
a) $F_s = m\,(g + a) =$
$= 1\,000\,kg(10 + 1{,}2)\,\dfrac{m}{s^2} = 11\,200$ N

b) $F_s = m\,(g − a) = 1\,000\,kg(10 − 1{,}2)\,\dfrac{m}{s^2} = 8\,800$ N

Überlegung: Resultierende Kraft $F_r = m\,a = 1\,000\,kg \cdot 1{,}2\,m/s^2 = 1\,200$ N, die einmal zur Gewichtskraft $F_G = m\,g = 1\,000\,kg \cdot 10\,m/s^2 = 10\,000$ N addiert, einmal davon subtrahiert werden muss.

2 Dynamik

■ **Beispiel:**
Auf einer unter $\alpha = 20°$ geneigten Sackrutsche von 4 m Länge gleiten Fördergüter aus dem Ruhezustand frei abwärts. Reibzahl $\mu = 0{,}2$.
Gesucht: a) Beschleunigung a des Fördergutes; b) Endgeschwindigkeit v_e; c) Rutschzeit t.

Lösung:

a) $a = g\,(\sin\alpha - \mu\cos\alpha) =$
$= 10\,\dfrac{\text{m}}{\text{s}^2}\,(0{,}342 - 0{,}2 \cdot 0{,}94) = 1{,}54\,\dfrac{\text{m}}{\text{s}^2}$

b) $v_e = \sqrt{2\,a\,s} = \sqrt{2 \cdot 1{,}54\,\dfrac{\text{m}}{\text{s}^2} \cdot 4\,\text{m}} = 3{,}5\,\dfrac{\text{m}}{\text{s}}$

c) $t = \dfrac{v_e}{a} = \dfrac{3{,}5\,\frac{\text{m}}{\text{s}}}{1{,}54\,\frac{\text{m}}{\text{s}^2}} = 2{,}27\,\text{s}$

2.3.2 Energie, Energieerhaltungssatz

Energie nennt man die im Körper aufgespeicherte Arbeit und damit die Fähigkeit des Körpers, Arbeit aufzubringen. Energie ist wie die Arbeit eine skalare Größe.
Man unterscheidet drei Arten *mechanischer* Energie: *Bewegungsenergie* (kinetische Energie), *Höhenenergie* im Bereich der Erdanziehung (potenzielle Energie) und *Verformungsenergie* des elastischen Körpers. Außerdem: Wärmeenergie, elektrische Energie, magnetische Energie, Strahlungsenergie, chemische Energie u.a.

Energieerhaltungssatz
Die Energie am Ende eines Vorgangs E_E ist gleich der Energie am Anfang des Vorgangs E_A, vermehrt um die während des Vorgangs zugeführte Arbeit W_{zu}, vermindert um die inzwischen abgegebene Arbeit W_{ab}.

$$E_E \;=\; E_A \;+\; W_{zu} \;-\; W_{ab} \quad (107)$$

Energie am Ende des Vorgangs = Energie am Anfang des Vorgangs + zugeführte Arbeit − abgeführte Arbeit

Die Einheit für Energie und Arbeit ist im Kap. 2.2 erläutert; siehe dort auch Gleichung (69).

2.3.2.1 Höhenenergie (potenzielle Energie)
ist im Bereich der Erdanziehung diejenige Arbeitsfähigkeit, die ein Körper der Masse m in Bezug auf eine um die Höhe h tiefer gelegene Ebene besitzt. Sie ist gleich der Hubarbeit $W = F_G\,h = mgh$, die bei der Aufwärtsbewegung aufzubringen war (73): *Potenzielle Energie*

$$E_{pot} = F_G\,h = m\,g\,h$$

E	m	g	h
J = Nm	kg	$\frac{\text{m}}{\text{s}^2}$	m

(108)

Potenzielle Energie ist außerdem noch die Formänderungsenergie, z.B. die Arbeitsfähigkeit einer gespannten Feder (siehe D Festigkeitslehre) und eines komprimierten Gases.

2.3.2.2 Bewegungsenergie (kinetische Energie, Wucht)
ist die Arbeitsfähigkeit eines mit der Geschwindigkeit v bewegten Körpers der Masse m: *Kinetische Energie oder Wucht*

$$E_{kin} = \dfrac{m}{2}\,v^2$$

E	m	v
J = Nm	kg	$\frac{\text{m}}{\text{s}}$

(109)

W_{kin} ist gleich der vom Körper aus dem Ruhezustand heraus aufgespeicherten Beschleunigungsarbeit $W = m\,v^2/2$ nach (75).

2.3.3 Wuchtsatz (Arbeitssatz)

Er gibt den Zusammenhang zwischen Beschleunigungsarbeit W und Wucht E_{kin} an:

> Der Zuwachs an kinetischer Energie (oder der Unterschied zwischen der kinetischen Energie E_E am Ende des Weges und der kinetischen Energie E_A am Anfang) ist gleich der von den angreifenden Kräften F_1, F_2, F_3 ... (oder deren Resultierender F_r) verrichteten Arbeit W.

$$W = \Sigma F \Delta s = F_r\,s = E_E - E_A = \dfrac{m}{2}v_2^2 - \dfrac{m}{2}v_1^2$$

$$W = \dfrac{m}{2}(v_2^2 - v_1^2) \qquad (110)$$

W	m	v_2, v_1
J = Nm	kg	$\frac{\text{m}}{\text{s}}$

Der Energiezuwachs ist gleich der vom Körper aufgespeicherten Beschleunigungsarbeit nach (74). Dort ist auch die Herleitung der Gleichung angegeben.
Beachte: In der Gesamtarbeit W sind gegebenenfalls die Arbeit der Schwerkräfte (Höhenenergie) und die Arbeit der Spannkräfte (Formänderungsenergie) enthalten.
Der Wuchtsatz ist ein Sonderfall des allgemeinen Energieerhaltungssatzes (107), zugeschnitten auf die mechanischen Energieformen:

$$E_E \;=\; E_A \;+\; W_{zu} \;-\; W_{ab}$$

Wucht am Ende des Vorgangs = Wucht am Anfang des Vorgangs + zugeführte Arbeit − abgeführte Arbeit

$$\dfrac{m}{2}v_2^2 = \dfrac{m}{2}v_1^2 \pm F_r\,s \qquad (111)$$

■ **Beispiel:**
Ein Körper wird in horizontaler Richtung mit einer Geschwindigkeit v_1 fortgeschleudert. Infolge der Erdanziehung beginnt er sofort zu fallen. Welche Geschwindigkeit v_2 besitzt der Körper, wenn er um die Höhe h gefallen ist (ohne Luftwiderstand)?

Lösung:
Nach dem Energieerhaltungssatz (107) ist
$$E_E = E_A + W_{zu} - W_{ab}$$
$$\frac{m}{2}v_2^2 = \frac{m}{2}v_1^2 + mgh + 0 - 0$$
$$v_2 = \sqrt{v_1^2 + 2gh}$$

E_E Energie am Ende des Vorgangs
$$E_E = \frac{m}{2}v_2^2$$
E_A Energie am Anfang des Vorgangs
$$E_A = \frac{m}{2}v_1^2 + mgh$$
$W_{zu} = 0$ und auch W_{ab}

■ **Beispiel:**
Ein rollender Eisenbahnwagen gelangt mit einer Geschwindigkeit $v = 10$ km/h an eine Steigung von 0,3 %. Es wirkt ihm ein Fahrwiderstand F_w von 1 360 N entgegen. Wagenmasse $m = 34$ t. Zu berechnen ist der Auslaufweg s auf der Steigung!

Lösung:
Energie am Ende des Vorgangs $E_E = F_G h = mgh$; Energie am Anfang des Vorgangs $E_A = \frac{m}{2}v^2$; infolge des Fahrwiderstandes wird Arbeit abgeführt $W_{ab} = F_w s$. Nach (107) wird also:
$$E_E = E_A + W_{zu} - W_{ab}$$
$$mgh = \frac{m}{2}v^2 + 0 - F_w s \; ; \text{ und mit}$$
$$\tan\alpha = 0,003 = \sin\alpha = \frac{h}{s}; h = s\sin\alpha$$
$$mgh\sin\alpha = \frac{m}{2}v^2 - F_w s$$
$$s = \frac{mv^2}{2(mg\sin\alpha + F_w)} =$$
$$= \frac{34\,000 \text{ kg} \cdot 2,78^2 \frac{m^2}{s^2}}{2\,(34\,000 \text{ kg} \cdot 10\frac{m}{s^2} \cdot 3\cdot 10^{-3} + 1\,360\frac{kgm}{s^2})} = 55,2 \text{ m}$$

■ **Beispiel:**
Am Ende einer frei herabhängenden Schraubenfeder mit Federrate $R = F/s$ hängt ein Körper der Masse m, der aus der ungespannten Federlage plötzlich losgelassen wird. Welche Geschwindigkeit v besitzt der Körper nach der Längung s_x der Feder und wie groß ist der maximale Federweg s_{max}?

Lösung:
Die Energie E_E des Körpers am Ende des Vorgangs beträgt $E_E = mv^2/2$. Am Anfang besitzt er die Lageenergie $E_A = mgs_x$. Abgeführt wird die von der Feder aufgenommene Arbeit $W_{ab} = cs_x^2/2$ zum Spannen der Feder. Dem Körper wird keine Arbeit zugeführt, also ist $W_{zu} = 0$.

Damit ergibt sich:
$$E_E = E_A + W_{zu} - W_{ab}$$
$$\frac{m}{2}v^2 = mgs_x + 0 - \frac{c}{2}s_x^2$$
$$v = \sqrt{2gs_x - \frac{c}{m}s_x^2}$$

Die größte Längung s_{max} tritt auf, wenn die Geschwindigkeit $v = 0$ ist. Dann ist
$$s_{max} = \frac{2mg}{R}$$

Der größte Federweg ist hier also doppelt so groß wie bei langsamer Längung der Feder ($s_{max} = F_G/R = mg/R$).

■ **Beispiel:**
Von einer Sackrutsche mit dem Neigungswinkel $\alpha = 20°$ und der Länge $l = 5$ m wird das Fördergut abgelassen. Reibzahl $\mu = 0,1$. Mit welcher Endgeschwindigkeit v kommt das Fördergut unten an?

Lösung:
Energie am Ende des Vorganges $E_E = \frac{m}{2}v^2$

Energie am Anfang $E_A = F_G h = mgh = mgl\sin\alpha$
zugeführte Arbeit $W_{zu} = 0$
abgeführte Arbeit W_{ab} = Arbeit der Reibkraft = $F_R l = F_G \cos\alpha\,\mu\,l$
$= mg\cos\alpha\,\mu\,l$, siehe (77). Damit wird

$$E_E = E_A + W_{zu} - W_{ab}$$
$$\frac{m}{2}v^2 = mgl\sin\alpha + 0 - mg\cos\alpha\,\mu\,l$$
$$v = \sqrt{2gl(\sin\alpha - \mu\cos\alpha)} =$$
$$= \sqrt{2\cdot 10\frac{m}{s^2}\cdot 5\text{ m}(0,342 - 0,1\cdot 0,94)} \approx 5\frac{m}{s}$$

2.3.4 Impuls, Impulserhaltungssatz

Wird das dynamische Grundgesetz nach (98) in der Form $F_r = ma$ geschrieben und werden beide Seiten der Gleichung mit dem Zeitabschnitt $\Delta t = t_2 - t_1$ multipliziert, so ergibt sich:

$$F_r \Delta t = ma\Delta t = m\frac{\Delta v}{\Delta t}\Delta t = m\Delta v$$

Wird also ein Körper der Masse m während des Zeitabschnittes Δt von der Geschwindigkeit v_1 auf v_2 beschleunigt, gilt

$$F_r(t_2 - t_1) = m(v_2 - v_1) \tag{112}$$

F_r	t	m	v
N = $\frac{kgm}{s^2}$	s	kg	$\frac{m}{s}$

Beim Antrieb aus der Ruhe heraus wird

$$F_r t = mv \tag{113}$$

2 Dynamik

Das Produkt $m\,v$ aus Körpermasse m und Geschwindigkeit v heißt *Impuls* oder *Bewegungsgröße*. Der Impuls ist ein Vektor. Das Produkt $F_r\,t$ heißt Kraftstoß:

> Die Zunahme des Impulses eines Körpers ist gleich dem Kraftstoß während der betrachteten Zeit.

Wie die Herleitung zeigt, besteht kein physikalischer Unterschied zum dynamischen Grundgesetz jedoch lässt sich häufig das Geschwindigkeitsgesetz der Bewegung einfacher aufstellen.
Bevorzugt wird dieser Satz angewendet auf den „kräftefreien" Körper, also für den Fall $F_r = 0$. Dann bleibt der Impuls $m\,v$ des Körpers erhalten und es gilt der *Impulserhaltungssatz*:

$$m\,v_2 - m\,v_1 = 0$$
$$m\,v_2 = m\,v_1 = \text{konstant} \qquad (114)$$

Sind also in einem System keine äußeren Kräfte vorhanden oder ist die geometrisch addierte Summe der vorhandenen Kräfte gleich null, bleibt der Impuls $m\,v$ des Systems nach Betrag und Richtung (Vektor!) unverändert. Innere Kräfte haben keinen Einfluss auf den Impuls des Systems.

■ **Beispiel:**
Aus einem mit $v_1 = 0{,}5$ m/s Geschwindigkeit auf das Ufer zutreibenden Boot der Gesamtmasse $m_1 = 400$ kg springt ein Mann der Masse $m_2 = 70$ kg mit einer Absolutgeschwindigkeit $v_2 = 2$ m/s in Fahrtrichtung an Land. Mit welcher Geschwindigkeit v und in welche Richtung bewegt sich das Boot nach dem Absprung des Mannes?

Lösung:
Wird die Flüssigkeitsreibung zwischen Bootswand und Wasser vernachlässigt, gilt der Satz (114), d.h. die Bewegungsgröße $m_1 v_1$ muss gleich der Summe der Impulse des leeren Bootes $(m_1 - m_2)\,v$ und des abspringenden Mannes $m_2 v_2$ sein:

$$m_1 v_1 = (m_1 - m_2)v + m_2 v_2$$

$$v = \frac{m_1 v_1 - m_2 v_2}{m_1 - m_2} =$$

$$v = \frac{400\,\text{kg} \cdot 0{,}5\,\frac{\text{m}}{\text{s}} - 70\,\text{kg} \cdot 2\,\frac{\text{m}}{\text{s}}}{400\,\text{kg} - 70\,\text{kg}} = 0{,}182\,\frac{\text{m}}{\text{s}}$$

Das positive Vorzeichen bei v zeigt an, dass sich das Boot mit dieser Geschwindigkeit in der ursprünglichen Richtung weiterbewegt.

■ **Beispiel:**
Zum Verschieben von Waggons wird ein Elektro-Waggondrücker verwendet, der eine Schubkraft von 6 000 N entwickelt. Es sollen zwei Waggons von je 18 t Masse mit einer Geschwindigkeit von 2 m/s abgestoßen werden. Zu berechnen ist die Zeit, die der Drücker wirken muss; Reibungswiderstände bleiben unberücksichtigt.

Lösung:
Beim Antrieb aus der Ruhe heraus gilt (113):

$F_r t = m\,v$; daraus

$$t = \frac{m\,v}{F_r} = \frac{2 \cdot 18 \cdot 10^3\,\text{kg} \cdot 2\,\frac{\text{m}}{\text{s}}}{6\,000\,\frac{\text{kgm}}{\text{s}^2}}$$

$t = 12$ s

■ **Beispiel:**
Ein Triebwagen von 10 000 kg Masse fährt mit einer Geschwindigkeit von 30 km/h und wird kurzzeitig 4 s lang gebremst. Dadurch wird eine Bremskraft von 12 000 N ausgelöst. Fahrwiderstand (Reibungswiderstand) bleibt unberücksichtigt. Wie groß ist die Geschwindigkeit v_2 nach dem Bremsvorgang?

Lösung:
Gegeben: $m = 10^4$ kg

$$v_1 = 30\,\frac{\text{km}}{\text{h}} = \frac{30}{3{,}6}\,\frac{\text{m}}{\text{s}} = 8{,}33\,\frac{\text{m}}{\text{s}}$$

$F_r = 12\,000\,\frac{\text{kgm}}{\text{s}^2}$; $\Delta t = 4$ s

Gesucht: v_2

Nach (112) ist $F_r \Delta t = m(v_1 - v_2) = m\,v_1 - m\,v_2$ und daraus

$$v_1 = \frac{m v_1 - F_r \Delta t}{m} =$$

$$= \frac{10^4\,\text{kg} \cdot 8{,}33\,\frac{\text{m}}{\text{s}} - 1{,}2 \cdot 10^4\,\frac{\text{kgm}}{\text{s}^2} \cdot 4\text{s}}{10^4\,\text{kg}} =$$

$$= 3{,}53\,\frac{\text{m}}{\text{s}}$$

2.3.5 d'Alembert'scher Satz

Das Grundgesetz $F_r = m\,a$ lässt sich auch in der Form $F_r - m\,a = 0$ schreiben. Darin ist F_r die Resultierende aller äußeren Kräfte, m die Masse des Körpers und a die Beschleunigung in Richtung von F_r.
Das Produkt $m\,a$ bezeichnet man als *Trägheitskraft*

$$T = m\,a \qquad \begin{array}{c|c|c} T & m & a \\ \hline N = \frac{\text{kgm}}{\text{s}^2} & \text{kg} & \frac{\text{m}}{\text{s}^2} \end{array} \qquad (115)$$

womit das dynamische Grundgesetz die Form einer statischen Gleichgewichtsbedingung erhält.

$$\Sigma F = 0$$
$$F_r - T = 0 \qquad (116)$$

Danach gilt der *Satz von d'Alembert*:

> Bewegt sich ein Körper unter der Einwirkung äußerer Kräfte beschleunigt, kann das Kräftesystem trotzdem als im Gleichgewicht befindlich betrachtet werden, wenn zur Resultierenden F_r eine gleich große *gegensinnige* Trägheitskraft $T = m\,a$ hinzugefügt wird. Innere Kräfte spielen keine Rolle.

Kürzer:
An jedem Körper stehen die äußeren Kräfte und die Trägheitskräfte im Gleichgewicht (siehe B Physik).

Beachte: Die Trägheitskraft T ist stets der Beschleunigung (oder Verzögerung) entgegengerichtet!

Arbeitsplan
Körper frei machen.
Beschleunigungsrichtung eintragen.
Trägheitskraft $T = m\,a$ entgegengesetzt zur Beschleunigungsrichtung eintragen, Gleichgewichtsbedingungen unter Einschluss der Trägheitskraft ansetzen.

Wie in der Statik kann jede Aufgabe dieser Art zeichnerisch oder rechnerisch gelöst werden.
Fehlerwarnung: Die Trägheitskräfte sind gedachte *Hilfskräfte*; sie dürfen daher nur *dann* am Körper angebracht werden, wenn nach d'Alembert – also mit Gleichgewichtsansatz – gearbeitet werden soll; keinesfalls also beim Grundgesetz oder Wuchtsatz oder Impulssatz!

■ **Beispiel:**
Ein Auto von 1 000 kg Masse wird auf ebener Straße so gebremst, dass es gerade ohne zu gleiten mit einer Verzögerung von 3 m/s² bremst. Sein Achsabstand beträgt 3 m, sein Schwerpunkt liegt in der Fahrzeugmitte 0,6 m über der Straße. Es werden nur die Hinterräder abgebremst. Zu berechnen sind die Stützkräfte an Vorder- und Hinterachse beim Bremsen.

Lösung:
Aus der Skizze des frei gemachten Autos lassen sich die drei Gleichgewichtsbedingungen der Statik ablesen (Bild 30):

I. $\Sigma F_x = 0 = -F_R + T = -F_B \mu + m\,a$

II. $\Sigma F_y = 0 = -F_G + F_A + F_B$

III. $\Sigma M_{(B)} = 0 = -F_G \dfrac{l}{2} + F_A l - T h$

$$F_A = \dfrac{F_G \dfrac{l}{2} + T h}{l} = \dfrac{m g l + 2 m a h}{2 l} =$$

$$= \dfrac{m(g l + 2 a h)}{2 l}$$

$$F_A = \dfrac{1000 \text{ kg} (10 \tfrac{m}{s^2} \cdot 3 \text{ m} + 2 \cdot 3 \tfrac{m}{s^2} \cdot 0{,}6 \text{ m})}{2 \cdot 3 \text{ m}}$$

$$F_A = 5\,600 \, \dfrac{\text{kgm}}{\text{s}^2} = 5\,600 \text{ N}$$

$F_B = F_G - F_A = mg - F_A =$

$= 1\,000 \text{ kg} \cdot 10 \, \dfrac{\text{m}}{\text{s}^2} - 5\,600 \, \dfrac{\text{kgm}}{\text{s}^2} = 4\,400 \text{ N}$

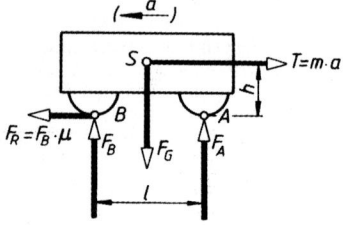

Bild 30. Auto frei gemacht
F_A, F_B Stützkräfte
F_G Gewichtskraft
F_R Reibungskraft

2.4 Dynamik der Drehung (Rotation) des starren Körpers

2.4.1 Dynamisches Grundgesetz für die Drehung um eine feste Achse

Das dynamische Grundgesetz (98) gilt für jedes Masseteilchen Δm des sich drehenden Körpers (Bild 31):
Tangentialkraft $\Delta F_T = \Delta m\, a_T$ Werden beide Seiten der Gleichung mit dem Radius r multipliziert, ergibt sich $\Delta F_T\, r = \Delta m\, a_T\, r$.

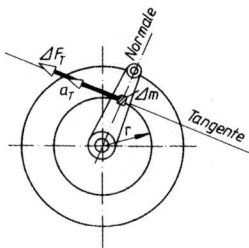

Bild 31. Tangentialkraft ΔF_T und Beschleunigung a_T des Masseteilchens einer gleichmäßig beschleunigt umlaufenden Kurbel

Darin ist $\Delta F_T r$ (Kraft mal Hebelarm) das Teildrehmoment der Tangentialkraft ΔF_T bezüglich der Drehachse. Wird die Summe aller Teilmomente gebildet, erscheint auf der linken Gleichungsseite das resultierende Drehmoment aller am Körper angreifenden Tangentialkräfte.

$\Sigma \Delta F_T\, r = \Sigma \Delta m\, a_T\, r$
$M_r = \Sigma \Delta m\, a_T\, r;$ für $a_T = \alpha r$ eingesetzt:
$M_r = \Sigma \Delta m\, \alpha\, r\, r$

2 Dynamik

Mit Tangentialbeschleunigung $a_T = \alpha r$ nach (47) erscheint in der letzten Gleichung der Ausdruck $\Sigma \Delta m r^2$; er heißt *Trägheitsmoment*

$$J = \Sigma \Delta m r^2 \qquad \begin{array}{c|c|c} J & m & r \\ \hline \mathrm{kgm}^2 & \mathrm{kg} & \mathrm{m} \end{array} \qquad (117)$$

weil von dieser Größe die *Trägheit* des Körpers gegen die Wirkung beschleunigender und verzögernder Kräfte abhängt.
Für die Drehung eines Körpers um eine raumfeste Achse nimmt damit das *dynamische Grundgesetz für die Drehung* die Form an:
Resultierendes Moment M_r = Trägheitsmoment $J \cdot$ Winkelbeschleunigung α

$$M_r = J\,\alpha \qquad \begin{array}{c|c|c} M_r & J & \alpha \\ \hline \mathrm{Nm} = \frac{\mathrm{kgm}^2}{\mathrm{s}^2} & \mathrm{kgm}^2 & \frac{1}{\mathrm{s}^2} \end{array} \qquad (118)$$

Ist die Winkelbeschleunigung α konstant, ist die Drehung gleichmäßig beschleunigt. Es muss dann bezüglich der Drehachse ein gleich bleibendes resultierendes Drehmoment wirken.

2.4.2 Trägheitsmoment J (Massenmoment 2. Grades), Trägheitsradius i

2.4.2.1 Definition des Trägheitsmoments.
Das Trägheitsmoment J eines Körpers in Bezug auf eine gegebene Achse ist festgesetzt als Summe (genauer: Grenzwert der Summe) aller Masseteilchen Δm, jedes multipliziert mit dem Quadrat seines Abstands r von der Drehachse; siehe Definitionsgleichung (117). Aus dieser ergibt sich auch die Einheit für das Trägheitsmoment:

$$(J) = (m) \cdot (r^2) = \mathrm{kg} \cdot \mathrm{m}^2 \qquad (119)$$

Der Zahlenwert dieses Summenausdrucks muss wegen r^2 stets positiv sein. Er lässt sich bei geometrisch einfachen Körpern berechnen, bei beliebigen Körperformen zeichnerisch, durch Bremsversuche oder durch Schwingungsversuche am Körper oder am maßstäblichen Modell bestimmen. Gegenüber der geradlinigen Bewegung kommt es bei der Drehung nicht nur auf den *Betrag* der Masse an, sondern auch auf deren *Verteilung* um die Drehachse. Je mehr Masseteilchen einen großen Abstand von der Drehachse besitzen, um so schwerer ist es, den Körper zu beschleunigen (zu verzögern). Für bestimmte Querschnittsformen lässt sich das Trägheitsmoment J nach den in Tabelle 3 angegebenen Gleichungen berechnen.

2.4.2.2 Verschiebesatz (Satz von Steiner).
Die fertigen Gleichungen nach Tabelle 3 sind ausnahmslos auf eine durch den Masseschwerpunkt S gehende Achse bezogen. Liegt der Schwerpunkt S nicht auf der gegebenen Drehachse O und sind beide Achsen um den Abstand l parallel verschoben, muss das Trägheitsmoment für die Achse O nach dem Verschiebesatz berechnet werden:

| Trägheitsmoment für gegebene parallele Drehachse $O - O$ | = | Trägheitsmoment für parallele Schwerachse $S - S$ | + | Masse m mal Abstandsquadrat l^2 der beiden Achsen |

$$J_O = J_S + m l^2 \qquad \begin{array}{c|c|c} J_O, J_S & m & l \\ \hline \mathrm{kgm}^2 & \mathrm{kg} & \mathrm{m} \end{array} \qquad (120)$$

Eine der beiden Achsen muss stets Schwerachse sein und beide müssen parallel zueinander laufen. Ist der Abstand l gleich null, fällt das Glied $m \cdot l^2$ weg. Demnach ist das Trägheitsmoment J mehrerer Körper oder mehrerer Teile eines Körpers in Bezug auf die *gleiche* gegebene Drehachse einfach gleich der Summe der Teilträgheitsmomente J_1, J_2, J_3 ... in Bezug auf diese gegebene Achse:

$$J = J_1 + J_2 + J_3 + \ldots \qquad (121)$$

(gilt nur, wenn Teil- und Gesamtschwerachse zusammenfallen) Herleitung des Verschiebesatzes (Bild 32)

$$\begin{aligned}
J_O &= \Sigma \Delta m r^2 = \Sigma \Delta m (l + \rho)^2 = \Sigma \Delta m (l^2 + 2l\rho + \rho^2) \\
J_O &= l^2 \Sigma \Delta m + 2l\, \Sigma \Delta m \rho + \Sigma \Delta m \rho^2 \\
\Sigma \Delta m &= \text{Gesamtmasse } m \\
J_O &= l^2 m \ \ + \ \ 0 \ \ + \ \ J_S \\
J_O &= J_S + m\, l^2 \text{ wie (120)}
\end{aligned}$$

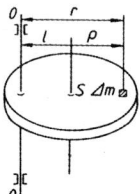

Bild 32. Verschiebesatz für Schwerachse S und gegebene parallele Drehachse O

Der Ausdruck $\Sigma \Delta m$ des ersten Gliedes ist die Masse m des Körpers, sodass sich $l^2 m$ ergibt. Der Ausdruck $\Sigma \Delta m \rho$ des zweiten Gliedes ist die Summe der Drehmomente aller Masseteilchen in Bezug auf die *Schwerachse* der Masse m; der Zahlenwert muss daher null ergeben; siehe dazu Momentensatz der Statik. Der Ausdruck $\Sigma \Delta m \rho^2$ des dritten Gliedes ist das Trägheitsmoment der Masse m in Bezug auf die Schwerachse S: $J_S = \Sigma \Delta m \rho^2$, kann also nach den Gleichungen aus Tabelle 3 berechnet werden.

Tabelle 3. Gleichungen für Trägheitsmomente J

Art des Körpers	Trägheitsmoment J (J_x um die x-Achse; J_z um die z-Achse); ρ Dichte
Rechteck, Quader	$J_x = \dfrac{1}{12} m(b^2 + h^2) = \dfrac{1}{12} \rho h b s (b^2 + h^2)$ bei geringer Plattendicke s ist $J_z = \dfrac{1}{12} m h^2 = \dfrac{1}{12} \rho b h^3 s$; $\quad J_0 = \dfrac{1}{3} m h^2 = \dfrac{1}{3} \rho b h^3 s$ Würfel mit Seitenlänge a : $J_x = J_z = m \dfrac{a^2}{6}$
Kreiszylinder	$J_x = \dfrac{1}{2} m r^2 = \dfrac{1}{8} m d^2 = \dfrac{1}{32} \rho \pi d^4 h = \dfrac{1}{2} \rho \pi r^4 h$ $J_z = \dfrac{1}{16} m (d^2 + \dfrac{4}{3} h^2) = \dfrac{1}{64} \rho \pi d^2 h (d^2 + \dfrac{4}{3} h^2)$
Hohlzylinder	$J_x = \dfrac{1}{2} m (R^2 + r^2) = \dfrac{1}{8} m (D^2 + d^2) = \dfrac{1}{32} \rho \pi h (D^4 - d^4)$ $J_x = \dfrac{1}{2} \rho \pi h (R^4 - r^4)$ $J_z = \dfrac{1}{4} m (R^2 + r^2 + \dfrac{1}{3} h^2) = \dfrac{1}{16} m (D^2 + d^2 + \dfrac{4}{3} h^2)$
Zylindermantel	$J_x = \dfrac{1}{4} m d_m^2 = \dfrac{1}{4} \rho \pi d_m^3 h s$ $J_z = \dfrac{1}{8} m (d_m^2 + \dfrac{2}{3} h^2) = \dfrac{1}{8} \rho \pi d_m h s (d_m^2 + \dfrac{2}{3} h^2)$ Hohlzylinder mit Wanddicke $s = \dfrac{1}{2}(D - d)$ sehr klein im Verhältnis zum mittleren Durchmesser $d_m = \dfrac{1}{2}(D + h)$
Kreiskegel	$J_x = \dfrac{3}{10} m r^2$ Kreiskegelstumpf: $J_x = \dfrac{3}{10} m \dfrac{r_2^5 - r_1^5}{r_2^3 - r_1^3}$ r_2 Grundkreisradius r_1 Deckkreisradius
Kugel	$J_x = \dfrac{2}{5} m r^2 = \dfrac{1}{10} m d^2 = \dfrac{1}{60} \rho \pi d^5 = \dfrac{8}{15} \rho \pi r^5$
Hohlkugel (Kugelschale)	$J_x = J_z = \dfrac{1}{6} m d_m^2 = \dfrac{1}{6} \rho \pi d_m^4 s$ Wanddicke $s = \dfrac{1}{2}(D - d)$ sehr klein im Verhältnis zum mittleren Durchmesser $d_m = \dfrac{1}{2}(D + h)$
Ring	$J_z = m (R^2 + \dfrac{3}{4} r^2) = \dfrac{1}{4} m (D^2 + \dfrac{3}{4} d^2) \quad m = 2\pi^2 r^2 R \rho$ $J_z = \dfrac{1}{16} \rho \pi^2 D d^2 (D^2 + \dfrac{3}{4} d^2) = \dfrac{1}{4} m D^2 \left[1 + \dfrac{3}{4}\left(\dfrac{d}{D}\right)^2\right]$

2.4.2.3 Trägheitsradius i ist derjenige Abstand von der gegebenen Drehachse, in dem man die punktförmig gedachte Masse m des Körpers anbringen muss, um das Trägheitsmoment J des Körpers zu erhalten. Trägheitsmoment J = Masse m · Trägheitsradius-Quadrat i^2

$$J = m i^2 \tag{122}$$

$$i = \sqrt{\dfrac{J}{m}}$$

J	m	i
kgm²	kg	m

(123)

2.4.2.4 Reduzierte Masse m_{red}. Denkt man sich die verteilte tatsächliche Masse m des Körpers im willkürlichen Abstand r von der Drehachse angebracht, wobei das Trägheitsmoment eingehalten werden soll, dann spricht man von der *reduzierten Masse* m_{red}. Je nach Wahl des Abstands r erhält man einen anderen Wert für m_{red}. Jedoch lässt sich auch gerade derjenige Radius finden, für den die Ersatzmasse gleich der tatsächlich vorliegenden wird. Dieser Radius heißt *Trägheitsradius* i:

$$J = m_{red}\, r^2\,;\quad m_{red} = \frac{J}{r^2} \tag{124}$$

$$r = \sqrt{\frac{J}{m_{red}}} = \sqrt{\frac{J}{m}} = i \tag{125}$$

2.4.2.5 Reduktion von Trägheitsmomenten heißt die Rückführung der Trägheitsmomente aller Massen des betrachteten Systems, z.B. eines Rädertriebes, auf eine einzige Welle.
Sind $J_1, J_2, J_3 \ldots$ die Trägheitsmomente der einzelnen auf Welle 1, 2, 3 ... drehenden Massen und $\omega_1, \omega_2, \omega_3, \ldots$ ihre Winkelgeschwindigkeiten, ist ihre gesamte *Rotationsenergie*

$$E_{rot} = \frac{1}{2}(J_1\omega_1^2 + J_2\omega_2^2 + J_3\omega_3^2 + \ldots) =$$

$$= \frac{1}{2}\omega_1^2 \underbrace{\left(J_1 + J_2\frac{\omega_2^2}{\omega_1^2} + J_3\frac{\omega_3^2}{\omega_1^2} + \ldots\right)}_{J_{red}}$$

$$E_{rot} = \frac{1}{2}\omega_1^2 J_{red} \tag{126}$$

$J_2\frac{\omega_2^2}{\omega_1^2}\,;\, J_3\frac{\omega_3^2}{\omega_1^2}\,\ldots$ sind darin die auf Welle 1 reduzierten (bezogenen) Trägheitsmomente

Statt der Winkelgeschwindigkeiten ω können auch die Drehzahlen n eingesetzt werden. *Reduktion der Trägheitsmomente $J_1, J_2, J_3, \ldots$ bei Getrieben*

$$J_{red} = J_1 + J_2\left(\frac{\omega_2}{\omega_1}\right)^2 + J_3\left(\frac{\omega_3}{\omega_1}\right)^2 + \ldots$$

$$J_{red} = J_1 + J_2\left(\frac{n_2}{n_1}\right)^2 + J_3\left(\frac{n_3}{n_1}\right)^2 + \ldots \tag{127}$$

Das *resultierende Beschleunigungsmoment* der Antriebsachse 1 ist dann nach (118)

$$M_r = J_{red}\, \alpha_1$$

2.4.3 Bewegungsenergie bei Drehung (Drehenergie oder Drehwucht)

Die Definitionsgleichung für die kinetische Energie $E_{kin} = \frac{m}{2}v^2$ gilt auch für die Drehung des Körpers mit der Geschwindigkeit v. Mit den entsprechenden Größen, insbesondere $v = \omega r$ nach (38) wird für ein Masseteilchen Δm die *Rotationsenergie (Drehenergie oder Drehwucht)*

$$E_{rot} = \Sigma\frac{\Delta m}{2}(\omega r)^2 = \frac{\omega^2}{2}\Sigma \Delta m\, r^2 \tag{128}$$

Darin ist der Ausdruck $\Sigma \Delta m r^2$ das auf die Drehachse bezogene *Trägheitsmoment J*, also die Summe der Massenteilchen, jedes multipliziert mit dem Quadrat seines Abstands von der Drehachse. Damit wird die *Rotationsenergie* oder *Drehwucht*

$$E_{rot} = J\,\frac{\omega^2}{2} \tag{129}$$

E_{rot}	J	ω
$J = Nm = \frac{kgm^2}{s^2}$	kgm^2	$\frac{1}{s}$

E_{rot} ist gleich der vom Körper aus dem Ruhezustand heraus aufgespeicherten Beschleunigungsarbeit $E = J\omega^2/2$ nach (83). Die Drehwucht ist eine skalare Größe.

2.4.4 Energieerhaltungssatz für Rotation (Wucht- oder Arbeitssatz)

Er kennzeichnet den Zusammenhang zwischen Beschleunigungsarbeit W und Drehwucht E_{rot}:

Der Zuwachs an Drehwucht (oder der Unterschied zwischen der Drehwucht $E_{rot\,E}$ am Ende des Vorgangs und der Drehwucht $E_{rot\,A}$ am Anfang) ist gleich der von den angreifenden Drehmomenten $M_1, M_2, M_3 \ldots$ (oder dem resultierenden Drehmoment M_r) verrichteten Arbeit W.

$$W = \Sigma M\, \Delta\varphi = M_r\varphi = E_{rot\,E} - E_{rot\,A} =$$

$$= \frac{J}{2}\omega_E^2 - \frac{J}{2}\omega_A^2$$

$$W = \frac{J}{2}(\omega_E^2 - \omega_A^2) \tag{130}$$

(Wuchtsatz oder Arbeitssatz)

W	J	ω
$J = Nm = \frac{kgm^2}{s^2}$	kgm^2	$\frac{1}{s}$

Der Energiezuwachs ist also gleich der vom Körper aufgespeicherten Beschleunigungsarbeit nach (82).
Der Wuchtsatz ist ein Sonderfall des allgemeinen Energieerhaltungssatzes (107), zugeschnitten auf die mechanischen Energieformen:

E_E	$=$	E_A	$+$	$W_{zu} - W_{ab}$
$\frac{J}{2}\omega_E^2$	$=$	$\frac{J}{2}\omega_A^2$	$\pm$	$M_r\varphi$
Drehwucht am Ende des Vorgangs	$=$	Drehwucht am Anfang des Vorgangs	$\pm$	zu- oder abgeführter Arbeit des resultierenden Drehmoments aller Kräfte

(131)

2.4.5 Drehimpuls (Drall)

Werden beide Seiten des dynamischen Grundgesetzes für die Drehung (118) $M_r = J\alpha$ mit dem Zeitabschnitt $\Delta t = t_2 - t_1$ multipliziert, ergibt sich:

$$M_r \Delta t = J\alpha \Delta t = J \frac{\Delta \omega}{\Delta t} \Delta t = J\Delta \omega$$

Wird also ein Körper der Masse m bzw. des Trägheitsmoments J während des Zeitabschnitts Δt durch ein konstantes resultierendes Drehmoment M_r von der Winkelgeschwindigkeit ω_1 auf ω_2 beschleunigt, gilt:

$$M_r(t_2 - t_1) = J(\omega_2 - \omega_1) \qquad (132)$$

M_r	t	J	ω
$\mathrm{Nm} = \frac{\mathrm{kgm}^2}{\mathrm{s}^2}$	s	kgm^2	$\frac{1}{\mathrm{s}}$

Beim Antrieb aus der Ruhe heraus wird $M_r t = J\omega$.

Das Produkt $J\omega$ aus Trägheitsmoment J und Winkelgeschwindigkeit ω heißt *Drehimpuls* oder *Drall* des Körpers. *Er ist ein Vektor.* Das Produkt $M_r t$ heißt *Momentenstoß* des resultierenden Drehmoments aller *äußeren* Kräfte bezüglich der Drehachse:

> Die Zunahme des Drehimpulses eines Körpers ist gleich dem Momentenstoß des resultierenden Moments während der betrachteten Zeit.

Wie die Herleitung des Satzes zeigt, besteht kein physikalischer Unterschied zum dynamischen Grundgesetz.
Bevorzugt wird der Satz auf den „kräftefreien" Körper angesetzt, also für den Fall $M_r = 0$. Dann bleibt der Drehimpuls (Drall) des Körpers erhalten und es gilt:

> $J\omega_2 - J\omega_1 = 0 \qquad J\omega_2 = J\omega_1 = \text{konstant}$
> *Impulserhaltungssatz*

(133)

> Wirken also auf ein System keine äußeren Drehmomente oder ist deren Summe gleich null, so bleibt der Drehimpuls $J\omega$ des Systems nach Betrag und Richtung unverändert. Innere Kräfte haben keinen Einfluss auf den Drehimpuls (Drall) des Systems.

2.4.6 Fliehkraft

Bei der Drehung des Körpers der Masse m um eine nicht durch den Schwerpunkt gehende Achse bezeichnet man die durch den Schwerpunkt gehende und vom Drehpunkt weg gerichtete Trägheitskraft als *Fliehkraft* F_z (Zentrifugalkraft). Sie ist gleich groß gegensinnig der Zentripetalkraft F_N nach Gleichung (100):

$$F_z = m\, r_s \omega^2 = m \frac{v^2}{r_s} \qquad (134)$$

F_z	r_s	ω	m	v
$\mathrm{N} = \frac{\mathrm{kgm}}{\mathrm{s}^2}$	m	$\frac{1}{\mathrm{s}}$	kg	$\frac{\mathrm{m}}{\mathrm{s}}$

Darin ist r_s der Abstand des Körperschwerpunkts S von der Drehachse, ω die Winkelgeschwindigkeit des Schwerpunkts um die Drehachse und v seine Umfangsgeschwindigkeit. Die Wirklinie der Fliehkraft geht nur dann durch den Körperschwerpunkt, wenn der Körper eine zur Drehachse parallele Symmetrieachse besitzt. Ist $r_s = 0$, d.h., geht die Drehachse durch den Schwerpunkt S des Körpers, ist die resultierende Fliehkraft gleich null.

Beachte: Die Zentrifugalkraft oder Fliehkraft F_z ist keine am sich drehenden Körper wirklich angreifende Kraft. Sie wird vielmehr als Hilfskraft (Trägheitskraft nach d'Alembert) nur hinzugedacht, um für den frei gemachten, sich gleichförmig drehenden Körper die Gleichgewichtsbedingungen der Statik ansetzen zu können.

Je nach Lage der Drehachse kann die Fliehkraft auch eine Momentwirkung erzeugen. Bild 33 soll das erläutern: Ein Körper dreht sich mit der Winkelgeschwindigkeit ω um die z-Achse. Die Zentrifugalkraft ΔF_z des Masseteilchens Δm erzeugt je ein Moment um die

x-Achse: $\Delta M_{(x)} = \Delta F_z \sin\alpha\, z = \Delta m\, r\, \omega^2 \sin\alpha\, z =$
$\qquad = \omega^2 z\, y\, \Delta m;\ (r \sin\alpha = y)$

y-Achse: $\Delta M_{(y)} = -\Delta F_z \cos\alpha\, z =$
$\qquad = -\omega^2 z\, x\, \Delta m;\ (r \cos\alpha = x)$

z-Achse: $\Delta M_{(z)} = 0$

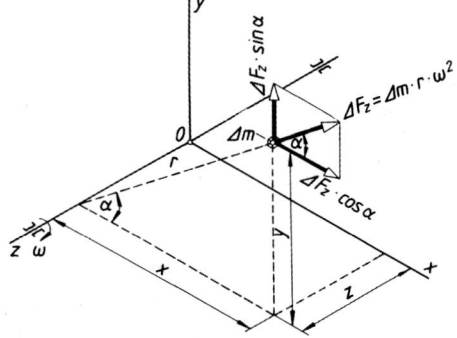

Bild 33. Zentrifugalkraft ΔF_z des Massenteilchens Δm um die z-Achse

Das Gesamtmoment $M_{(x)}$ bzw. $M_{(y)}$ ist die Summe aller Teilmomente.

$$M_{(x)} = \Sigma \Delta M_{(x)}; \quad M_{(y)} = \Sigma \Delta M_{(y)}$$

Die *statischen Momente der Zentrifugalkräfte* sind

$$M_{(x)} = \omega^2 \Sigma \, y \, z \, \Delta m = \omega^2 J_{yz} \quad (135)$$
$$M_{(y)} = \omega^2 \Sigma \, x \, z \, \Delta m = \omega^2 J_{xz}$$

Die Summenausdrücke der Form $\Sigma \, y \, z \, \Delta m$ heißen *Zentrifugalmoment*

$$J_{yz} = \Sigma \, y \, z \, \Delta m \quad (136)$$

Wie (135) zeigt, werden die Momente der Zentrifugalkräfte gleich null, wenn $J_{yz} = J_{xz} = 0$ ist. Das ist der Fall, wenn die Drehachse eine so genannte Hauptträgheitsachse (HTA) ist. Bei Symmetriekörpern ist jede zur Symmetrieebene rechtwinklige Schwerachse eine HTA.

Das Zentrifugalmoment des Zylinders (auch Scheibe) nach Bild 35 wird

$$J_{yz} = \frac{m}{8} \sin 2\alpha \left(r^2 - \frac{h^2}{3} \right) \quad (137)$$

J	m	r, h
kgm²	kg	m

Die Zentrifugalkraft jeder Zylinderhälfte der Masse $m_1 = m_2$ beträgt $F_{z1} = F_{z2} = F_z = \frac{m}{2} r_s \omega^2$
Sie bilden das Drehmoment $M_{(x)} = \omega^2 J_{yz} = F_A l = F_B l$; woraus sich die Stützkräfte bestimmen lassen (hier $F_A = F_B$). Der Hebelarm l_z des Trägheitskräftepaares mit den Teilkräften F_z wird nach Bild 35:

$$M_{(x)} = \omega^2 J_{yz} = 2 F_z l_z = 2 \frac{m}{2} r_s \omega^2 \, l_z \text{ und daraus}$$

$$l_z = \frac{J_{yz}}{m \, r_s} \quad (138)$$

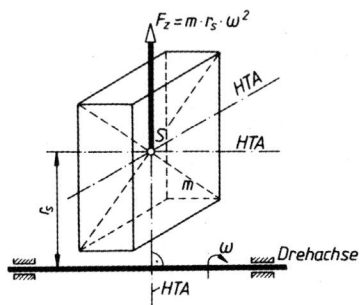

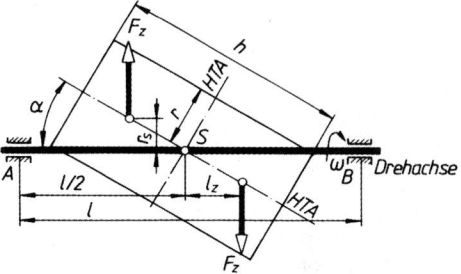

Bild 35. Zylinder (Scheibe); Drehachse durch Schwerpunkt S, aber unter α zur HTA

Bild 34. Drehachse parallel zur Hauptträgheitsachse (HTA)

Für die *praktische Rechnung* sind folgende Fälle zu unterscheiden:

Fall 1: Die Drehachse ist zugleich eine durch den Schwerpunkt S des Körpers gehende HTA. Es entsteht dann weder eine resultierende Zentrifugalkraft F_z noch ein Drehmoment der Zentrifugalkräfte.

Fall 2: Die Drehachse (Bild 34) liegt parallel oder rechtwinklig zu einer durch den Schwerpunkt S des Körpers oder Massensystems gehende HTA (= Symmetrieachse). Es entsteht nur eine Einzelfliehkraft $F_z = m \, r_s \, \omega^2$ nach (134), deren Wirklinie durch den Schwerpunkt S geht und rechtwinklig zur Drehachse steht. Die Fliehkraft besitzt kein Drehmoment in Bezug auf eine der Achsen.

Fall 3: Die Drehachse (Bild 35) geht durch den Schwerpunkt S, bildet aber mit der HTA den Winkel α. Es entsteht keine resultierende Zentrifugalkraft, sondern ein Kräftepaar, das um die rechtwinklig zur Zeichenebene stehende x-Achse dreht und von den Lagern aufgenommen werden muss.

Sollen die Stützkräfte gleich null werden, muss ein gleich großes, entgegengesetztes Zentrifugalmoment angebracht werden (Massenzusatz). Dann ist die Symmetrie des Massensystems hergestellt und die Drehachse zugleich HTA geworden (Fall 1). (Über den Angriffspunkt der Zentrifugalkräfte des Kräftepaares siehe Schleifscheibenbeispiel!).

Fall 4: Die Drehachse (Bild 36) geht nicht durch den Schwerpunkt S und bildet mit der HTA den Winkel α. Es entsteht eine resultierende Einzelfliehkraft F_z, die nicht durch den Schwerpunkt geht, also auch ein Drehmoment $M_{(x)}$ der Zentrifugalkraft:

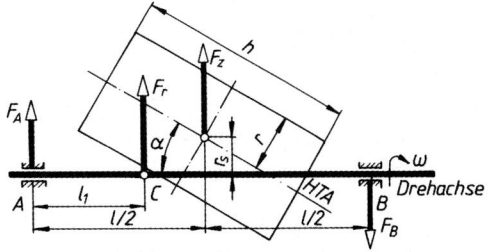

Bild 36. Zylinder (Scheibe) mit beliebig verlaufender Drehachse

Einzel-Zentrifugalkraft $F_z = m\, r_s \omega^2$; verursacht durch die Exzentrizität des Schwerpunkts S. F_z greift im Schwerpunkt S an.

Das Drehmoment

$$M_{(x)} = \omega^2 J_{yz} = \omega^2 \left[\frac{m}{8} \sin 2\alpha \left(r^2 - \frac{h^2}{3} \right) \right]$$

(für Zylinder oder Scheibe)

wird durch die Neigung der Drehachse zur HTA verursacht; M_x dreht um die rechtwinklig zur Zeichenebene stehende x-Achse und muss von den Stützlagern aufgenommen werden. Einzel-Zentrifugalkraft und Drehmoment $M_{(x)}$ lassen sich zu einer Resultierenden F_r zusammenfassen, die $F_r = F_z = m\, r_s \omega^2$ ist. Ihr Angriffspunkt ist nach dem Momentensatz zu ermitteln. Mit den Bezeichnungen in Bild 36 gilt:

$$F_r l_1 = \frac{F_z l}{2} - M_{(x)}\,; \quad \text{mit } F_r = F_z \text{ und } M_{(x)} = J_{yz}\, \omega^2$$

wird der *Angriffspunkt der resultierenden Zentrifugalkraft*

$$l_1 = \frac{l}{2} - \frac{J_{yz}\, \omega^2}{m\, r_s\, \omega^2} = \frac{l}{2} - \frac{J_{yz}}{m\, r_s} \tag{139}$$

Die Teilmassen der Körper brauchen auch nicht – wie in Bild 36 – in einer Ebene zu liegen. Soll die Welle dynamisch ausgewuchtet sein, dürfen die Lager weder Zentrifugalkräfte noch Zentrifugalmomente aufgenommen haben. Auf besonderen Auswuchtmaschinen werden Größe und Lage solcher Unwuchten festgestellt und durch Anbringen von Zusatzmassen in geeigneten Punkten beseitigt.

■ **Beispiel:**
Es sind die Spannungen im Schnitt $A - B$ des mit der Winkelgeschwindigkeit ω (bzw. Umfangsgeschwindigkeit v) umlaufenden dünnen Ringes nach Bild 37 zu berechnen.

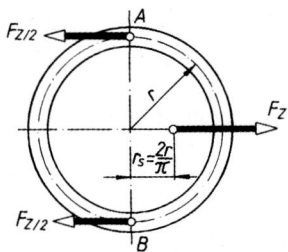

Bild 37. Berechnung der Zugspannung im umlaufenden Ring

Lösung:
Das innere Kräftesystem jeder Schnittstelle besteht aus der Normalkraft $F_z/2$ = halber Fliehkraft F_z. Die Fliehkraft F_z greift im Schwerpunkt der Halbkreislinie mit dem Radius r an. Nach Kap.

1 (41) ist $r_s = 2r/\pi$. In jedem Ringquerschnitt des Schnittes $A - B$ treten Normalspannungen σ auf, die nach der Zughauptgleichung berechnet werden können:

$$\sigma = \frac{F_z}{2A} = \frac{m\, r_s \omega^2}{2A}$$

A = Ringquerschnitt; $m = r\, \pi\, A\, \rho$; $r_s = 2\frac{r}{\pi}$

$$\sigma = \frac{r\, \pi\, A\, r_s\, \rho\, \omega^2}{2A} = \frac{r\, \pi\, \rho\, r_s\, \omega^2}{2} = r^2 \omega^2 \rho$$

Mit $r^2 \omega^2 = v^2$ (= Umfangsgeschwindigkeit auf mittlerem Kreisbogen mit Radius r) wird die *Normalspannung im umlaufenden Ring*

$$\sigma = v^2 \rho \qquad \begin{array}{c|c|c} \sigma & v & \rho \\ \hline \dfrac{N}{m^2} & \dfrac{m}{s} & \dfrac{kg}{m^3} \end{array} \tag{140}$$

Zahlenbeispiel: Mit Umfangsgeschwindigkeit $v = 30$ m/s und Dichte $\rho = 7\,800$ kg/m³ (Stahl) wird

$$\sigma = 30^2\, \frac{m^2}{s^2} \cdot 7800\, \frac{kg}{m^3} = 7{,}02 \cdot 10^6\, \frac{kg\, m}{s^2 m^2} =$$

$$\sigma = 7{,}02 \cdot 10^6\, \frac{N}{m^2} = 7{,}02 \cdot 10^{-3}\, \frac{N}{mm^2}$$

■ **Beispiel:**
Die Drehachse z der Schleifspindel in Bild 38 geht durch den Schwerpunkt S der schief sitzenden Schleifscheibe. Drehachse und Hauptträgheitsachse der Scheibe schließen also den Winkel $\alpha = 1°$ ein. Die Scheibe läuft mit $n = 1\,460$ U/min um.
Gegeben: Masse der Schleifscheibe $m_1 = 60$ kg; der Welle $m_2 = 20$ kg; der Riemenscheibe $m_3 = 10$ kg; resultierende Riemenzugkraft $F_s = 700$ N.
Gesucht: Stützkräfte F_A, F_B.

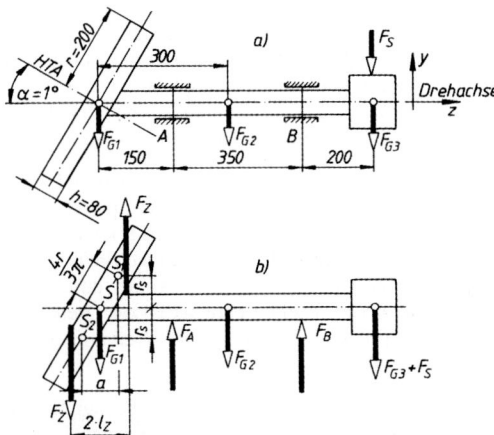

Bild 38. Schleifspindel mit schief sitzender Schleifscheibe; Fall 3
a) Lageplan
b) Spindel mit Scheibe frei gemacht

Lösung:
Die von den statischen Lasten hervorgerufenen Stützkräfte F_{A0}, F_{B0} werden mit Hilfe der statischen Gleichgewichtsbedingungen berechnet:

I. $\Sigma F_x = 0$
II. $\Sigma F_y = 0 = -F_{G1} + F_{A0} - F_{G2} + F_{B0} - (F_{G3} + F_S)$
III. $\Sigma M_{(A)} = 0 = + F_{G1} \cdot 0{,}15$ m $- F_{G2} \cdot 0{,}15$ m $+ F_{B0} \cdot 0{,}35$ m
$- (F_{G3} + F_S) \cdot 0{,}55$ m

Für $F_G = mg$ eingesetzt und nach F_{B0} aufgelöst:

$$F_{B0} = \frac{m_2 g \cdot 0{,}15 \text{ m} + (m_3 g + F_S) \cdot 0{,}55 \text{ m} - m_1 g \cdot 0{,}15 \text{ m}}{0{,}35 \text{ m}} = 1\,086 \text{ N}$$

Aus II. ergibt sich:

$$F_{A0} = F_{G1} + F_{G2} - F_{B0} + F_{G3} + F_S = 514 \text{ N}$$

Eine resultierende Einzelfliehkraft tritt nicht auf, weil die Drehachse durch den Schwerpunkt S der Schleifscheibe geht. Da jedoch die Drehachse nicht Hauptträgheitsachse ist, tritt ein Trägheitskräftepaar mit dem Moment $M_{(x)} = \omega^2 J_{yz}$ nach (135) hinzu. Es dreht um die rechtwinklig zur Zeichenebene stehende x-Achse. Aus (137) ergibt sich mit $h = 80$ mm, $r = 200$ mm und $\alpha = 1°$ das Zentrifugalmoment J_{yz} der Scheibe zu:

$$J_{yz} = \frac{m_1}{8}\left(r^2 - \frac{h^2}{3}\right)\sin 2\alpha =$$

$$= \frac{60 \text{ kg}}{8}\left(0{,}2^2 \text{ m}^2 - \frac{0{,}08^2 \text{ m}^2}{3}\right)\sin 2°$$

$$J_{yz} = 9{,}92 \cdot 10^{-3} \text{ kgm}^2$$

Mit $\omega^2 = \left(\dfrac{\pi n}{30}\right)^2 = \left(\dfrac{\pi \cdot 1460}{30}\right)^2 = 2{,}34 \cdot 10^4 \dfrac{1}{s^2}$

wird das Moment

$$M_{(x)} = \omega^2 J_{xy} = 232 \frac{\text{kgm}}{s^2} = 232 \text{ Nm}$$

Dem Drehmoment $M_{(x)}$ muss ein Kräftepaar aus den zusätzlichen Stützkräften F_{Az}, F_{Bz} das Gleichgewicht halten:

$$F_{Az} = F_{Bz} = \frac{M_{(x)}}{0{,}35 \text{ m}} = \frac{232 \text{ Nm}}{0{,}35 \text{ m}} = 663 \text{ N}$$

Beachte: Das Drehmoment $M_{(x)}$ kann auch mit den Fliehkräften F_z berechnet werden. Die Teilkräfte des Trägheitskräftepaares greifen *nicht* in den Teilschwerpunkten S_1, S_2 der Scheibenhälften an; vielmehr ist nach (138)

$$l_z = \frac{J_{xy}}{m r_s} = \frac{9{,}92 \cdot 10^{-3} \text{ kg m}^2}{60 \text{ kg} \cdot 0{,}085 \text{m}} =$$

$$= 1{,}943 \text{ mm} \approx 2 \text{ mm}$$

$r_s = \dfrac{4r}{3\pi}\cos\alpha$ \quad nach Kap. 1 (47) für die Halbkreisfläche

$$r_s = \frac{4 \cdot 200 \text{ mm}}{3\pi} \cdot 0{,}9998 =$$
$$= 84{,}8 \text{ mm} \approx 0{,}085 \text{ m}$$

Mit $F_z = \dfrac{m}{2} r_s \omega^2 =$

$$= 30 \text{ kg} \cdot 85 \cdot 10^{-3} \text{ m} \cdot 2{,}34 \cdot 10^4 \frac{1}{s^2} =$$

$$= 5{,}97 \cdot 10^4 \frac{\text{kgm}}{s^2} =$$

$$= 5{,}97 \cdot 10^4 \text{ N}$$

ergibt sich das Moment wie oben zu:

$M_{(x)} = F_z \, 2 \, l_z$
$M_{(x)} = 5{,}97 \cdot 10^4$ N $\cdot 2 \cdot 1{,}943 \cdot 10^{-3}$ m
$M_{(x)} = 232$ Nm

Würden die Fliehkräfte F_z dagegen fälschlicherweise in den Schwerpunkten S_1, S_2 der Scheibenhälften angebracht, wäre der Abstand

$$a = 2 \, \frac{4r}{3\pi}\sin\alpha = 2{,}96 \cdot 10^{-3} \text{ m}$$

und damit

$$F_z a = 5{,}97 \cdot 10^4 \text{ N} \cdot 2{,}96 \cdot 10^{-3} \text{ m} = 177 \text{ Nm}$$

Dieser Betrag ist um ca. 24 % kleiner als der Wert des tatsächlichen Drehmoments $M_{(x)}$.

■ **Beispiel:**
Wie groß muss das resultierende Drehmoment M_r sein, wenn damit ein Schwungrad mit dem Trägheitsmoment $J = 5\,000$ kgm² in einer Minute aus dem Stillstand auf 150 U/min gebracht werden soll?

Lösung:
Nach (51) ist die Winkelbeschleunigung

$$\alpha = \frac{\pi}{30} \cdot \frac{\Delta n}{\Delta t} = \frac{\pi}{30} \cdot \frac{150}{60} = 0{,}262 \, \frac{1}{s^2}$$

Damit wird nach (118) das resultierende Moment:
$M_r = J \alpha = 5\,000$ kgm² $\cdot 0{,}262 \frac{1}{s^2} =$

$$= 1\,310 \, \tfrac{\text{kgm}^2}{s^2} = 1\,310 \text{ Nm}$$

■ **Beispiel:**
Ein Schleifstein hat eine Masse $m_1 = 50$ kg und ein Trägheitsmoment $J_1 = 6$ kgm². Er sitzt auf einer Welle mit dem Zapfendurchmesser $d_1 = 30$ mm und wird mittels Riemen angetrieben. Die Riemenscheibe hat eine Masse $m_2 = 8$ kg, einen Durchmesser $d_2 = 250$ mm und ein Trägheitsmoment $J_2 = 0{,}2$ kgm². Die Zapfenreibzahl in den Gleitlagern der Welle beträgt $\mu = 0{,}08$. Der Schleifstein soll bei Anlaufen aus der Ruhe heraus in 20 s auf $n = 300$ min^{-1} beschleunigt werden.
Wie groß sind a) das erforderliche Antriebsmoment, b) die dabei erforderliche Riemenzugkraft?

Lösung:

a) Winkelbeschleunigung

$$\alpha = \frac{\Delta\omega}{\Delta t} = \frac{\pi n}{30\,\Delta t} = \frac{\pi \cdot 300}{30 \cdot 20} = 1{,}57\ \frac{1}{s^2}$$

Gesamtgewichtskraft Stein + Scheibe:

$$F_G = F_{G1} + F_{G2} = 580\ N$$

Lager-Reibmoment

$$M_R = F_G\,\mu\,r_1 = 580\ N \cdot 0{,}08 \cdot 0{,}015\ m \approx 0{,}7\ Nm$$

Gesamtes Trägheitsmoment von Stein + Scheibe

$$J = J_1 + J_2 = 6{,}2\ kgm^2$$

Antriebsmoment

$$M_{an} = M_{res} + M_R = J\alpha + M_R =$$
$$= 6{,}2\ kgm^2 \cdot 1{,}57\ \tfrac{1}{s^2} + 0{,}7\ \tfrac{kgm}{s^2}\ m =$$
$$= 10{,}43\ Nm$$

b) Riemenzugkraft

$$F = \frac{M_{an}}{r_2} = \frac{10{,}43\ Nm}{0{,}125\ m} = 83{,}4\ N$$

■ **Beispiel:**
Ein Schwungrad soll beim Auslauf von $n_2 = 400\ min^{-1}$ auf $n_1 = 100\ min^{-1}$ eine Arbeit $W = 10^4\ J = 10^4\ Nm$ abgeben. Wie groß muss das Trägheitsmoment J des Schwungrades sein?

Lösung:

Nach (130) ist $W = \frac{J}{2}(\omega_2^2 - \omega_1^2)$; mit $\omega = \frac{\pi n}{30}$ wird

$$W = \frac{J}{2}\left[\left(\frac{\pi n_2}{30}\right)^2 - \left(\frac{\pi n_1}{30}\right)^2\right]$$

$$= \frac{J}{2}\left(\frac{\pi}{30}\right)^2 (n_2^2 - n_1^2)$$

$$J = \frac{2W}{\left(\frac{\pi}{30}\right)^2 (n_2^2 - n_1^2)} = 12{,}16\ kgm^2$$

2.5 Gegenüberstellung der Gesetze für Drehung und Schiebung (Tabelle 4)

Die allgemeinste Bewegung eines starren Körpers lässt sich gedanklich für jeden Augenblick zerlegen in
a) eine reine *Verschiebebewegung (Translation)* mit der jeweiligen Geschwindigkeit v des Schwerpunkts S des Körpers und in
b) eine zusätzliche reine Drehbewegung (Rotation) mit der Winkelgeschwindigkeit ω um eine durch den Schwerpunkt S gehende Drehachse.

Jeder dieser Bewegungsanteile kann dann für sich durch eine Gleichung beschrieben werden (Tabelle 4).

Tabelle 4. Gegenüberstellung einander entsprechender Größen und Definitionsgleichungen für Schiebung und Drehung

Geradlinige (translatorische) Bewegung				Drehende (rotatorische) Bewegung			
Größe	Definitionsgleichung		Einheit	Größe	Definitionsgleichung		Einheit
Weg s	Basisgröße		m	Drehwinkel φ	$\dfrac{\text{Bogen } b}{\text{Radius } r}$		rad = 1
Zeit t	Basisgröße		s	Zeit t	Basisgröße		s
Masse m	Basisgröße		kg	Trägheitsmoment J	$J = \int dm\,\rho^2$		kgm^2
Geschwindigkeit v	$v = \dfrac{ds}{dt}\,(=\dfrac{\Delta s}{\Delta t})$		$\dfrac{m}{s}$	Winkelgeschwindigkeit ω	$\omega = \dfrac{d\varphi}{dt}\,(=\dfrac{\Delta\varphi}{\Delta t})$		$\dfrac{rad}{s} = \dfrac{1}{s}$
Beschleunigung a	$a = \dfrac{dv}{dt}\,(=\dfrac{\Delta v}{\Delta t})$		$\dfrac{m}{s^2}$	Winkelbeschleunigung α	$\alpha = \dfrac{d\omega}{dt}\,(=\dfrac{\Delta\omega}{\Delta t})$		$\dfrac{rad}{s^2} = \dfrac{1}{s^2}$
Beschleunigungskraft F_r	$F_r = m\,a$		$N = \dfrac{kgm}{s^2}$	Beschleunigungsmoment M_r	$M_r = J\,\alpha$		$Nm = \dfrac{kgm^2}{s^2}$
Arbeit W_{trans}	$W_{trans} = F\,s$		$J = Nm = Ws$	Arbeit W_{rot}	$W_{rot} = M\,\varphi$		$J = Nm = Ws$
Leistung P_{trans}	$P_{trans} = \dfrac{W_{trans}}{t} = Fv$		$\dfrac{J}{s} = \dfrac{Nm}{s} = W$	Leistung P_{rot}	$P_{rot} = \dfrac{W_{rot}}{t} = M\,\omega$		$\dfrac{J}{s} = \dfrac{Nm}{s} = W$
Wucht E_{trans}	$E_{trans} = \dfrac{m}{2}v^2$		$Nm = \dfrac{kgm^2}{s^2}$	Drehwucht E_{rot}	$E_{rot} = \dfrac{J}{2}\omega^2$		$Nm = \dfrac{kgm^2}{s^2}$
Arbeitssatz (Wuchtsatz)	$W_{trans} = \dfrac{m}{2}(v_2^2 - v_1^2)$		$Nm = \dfrac{kgm^2}{s^2}$	Arbeitssatz (Wuchtsatz)	$W_{rot} = \dfrac{J}{2}(\omega_2^2 - \omega_1^2)$		
	$F_r(t_2 - t_1) = m(v_2 - v_1)$ Kraftstoß = Impulsänderung				$M_r(t_2 - t_1) =$ $= J(\omega_2 - \omega_1)$ Momentenstoß = Drehimpulsänderung		$Nm = \dfrac{kgm^2}{s^2}$

2 Dynamik

Wie ein Vergleich der Gesetze für die Drehung des Körpers mit denen für die Verschiebung des Körpers oder für die Bewegung eines Punktes zeigt, gibt es zu jeder Gleichung der einen Bewegung eine im Wesen und Aufbau entsprechende Gleichung der anderen Bewegungsform. Dabei entsprechen den Größen der einen Bewegungsform (z.B. Weg s) ganz bestimmte Größen der anderen (z.B. Drehwinkel φ). Es genügt daher, sich die Größen und Definitionsgleichungen der einen Bewegungsform einzuprägen und daraus die anderen zu entwickeln (Tabelle 4).

2.6 Gerader zentrischer Stoß

2.6.1 Stoßbegriff, Kräfte und Geschwindigkeiten beim Stoß

Man spricht vom physikalischen Vorgang *Stoß*, wenn sich zwei Körper während eines sehr kleinen Zeitabschnitts Δt (Millisekunden) berühren und dabei ihren Bewegungszustand ändern.

Änderung des Bewegungszustands heißt Änderung der Geschwindigkeit der Körper nach *Betrag* oder *Richtung* oder auch nach beiden gleichzeitig.

Bei der Berührung wirken an den Berührungsflächen gleich große *Normalkräfte* (Wechselwirkungsgesetz). Während der Berührungszeit Δt erfahren also beide Körper den gleichen *Kraftstoß* $F\Delta t$ (siehe 2.3.4). Dadurch verringert sich der Impuls mv des einen Körpers um denselben Betrag, um den der Impuls des anderen Körpers zunimmt. Die Summe der Impulse beider Körper bleibt in jedem Augenblick des Stoßes konstant (114):

$$m_1 v_2 + m_2 v_2 = m_1 c_1 + m_2 c_2$$
$$\Sigma m v = \Sigma m c \qquad (141)$$

m_1, m_2 Massen beider Körper
v_1, v_2 Geschwindigkeiten vor dem Stoß
c_1, c_2 Geschwindigkeiten nach dem Stoß

Da die Massen beider Körper unverändert bleiben, bedeutet das, dass die Geschwindigkeit des einen Körpers kleiner, die des anderen größer wird.

Werden die beiden Körper als *ein* System betrachtet, dann sind die Normalkräfte beim Stoß *innere* Kräfte dieses Systems. Da während des Stoßes keine *äußeren* Kräfte auf die beiden Körper wirken, handelt es sich also um ein *kräftefreies System* nach 2.3.4, dessen Gesamtimpuls auch während des Stoßes konstant bleibt (Impulserhaltungssatz).

2.6.2 Merkmale des geraden zentrischen Stoßes

Durch den Berührungspunkt beider Körper bei Stoßbeginn wird die *Tangentialebene* errichtet und darauf im Berührungspunkt eine Senkrechte, die *Stoßnormale*. Sie ist die Wirklinie der beiden Normalkräfte, die während des Stoßes zwischen beiden Körpern wirken.

Verläuft die Stoßnormale *durch die Schwerpunkte beider* Körper, handelt es sich um den *zentrischen Stoß*. Wird diese Bedingung nicht erfüllt, liegt *exzentrischer Stoß* vor.

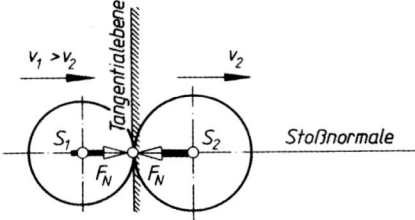

Bild 39. Gerader zentrischer Stoß

Liegen die Geschwindigkeitsvektoren v_1 und v_2 beider Körper beim Stoßbeginn *parallel zur Stoßnormalen*, handelt es sich um den *geraden Stoß*. Bewegt sich einer der Körper oder auch beide nicht parallel zur Stoßnormalen, liegt *schiefer Stoß* vor.

Beim *geraden zentrischen Stoß* verläuft die Stoßnormale durch beide Körperschwerpunkte und beide Körper bewegen sich in Richtung der Stoßnormalen.

Beispiele für geraden zentrischen Stoß: Zusammenstoß von Kegelkugeln auf der Rücklaufbahn, Schmieden mit dem Fallhammer, Einrammen von Spundbohlen, Härteprüfung nach Shore.

Beachte: Vollkommen elastische Körper, vollkommen unelastische Körper, wirkliche Körper (unvollkommen elastisch) verhalten sich beim Stoß unterschiedlich.

Eine weitere Unterteilung der Stoßarten ist notwendig wegen des unterschiedlichen *Verformungsverhaltens* der Körper, man unterscheidet daher *elastischen*, *unelastischen* und *wirklichen* Stoß.

2.6.3 Elastischer Stoß

Elastische Körper verformen sich beim Stoß federnd, nach dem Stoß ist die Verformung vollständig zurückgegangen. Es wird also angenommen, dass sich keiner der Körper plastisch verformt und die Körper sich nach dem Stoß vollständig voneinander trennen, wie z.B. beim Stoß von Billardkugeln oder Gummibällen.

Zwei Kugeln bewegen sich in gleichem Richtungssinn auf gemeinsamer Bahn. Stößt die schnellere Kugel mit der Masse m_1 und der Geschwindigkeit v_1 auf die langsamere Kugel mit der Masse m_2 und der Geschwindigkeit v_2, wird beim Stoß die schnellere Kugel verzögert und die langsamere Kugel beschleunigt.

Zur Berechnung der Geschwindigkeiten c_1, c_2 beider Kugeln nach dem Stoß wird der gesamte Stoßvorgang in zwei Abschnitte unterteilt (Bild 40).

Erster Stoßabschnitt (Zusammendrücken)
Er beginnt mit der Berührung der Kugeln und endet, wenn ihr Abstand ein Minimum l_{min} geworden ist. Dabei verformen sich die Kugeln und die Formänderungsarbeit W_1 wird der kinetischen Energie der schnelleren Kugel entzogen.
Am Ende des ersten Stoßabschnitts besitzen beide Kugeln dieselbe Geschwindigkeit c.
Nach dem Impulserhaltungssatz bleibt die Summe der Impulse konstant:

$$\underbrace{m_1 v_1 + m_2 v_2}_{\text{vor dem Stoß}} = \underbrace{m_1 c + m_2 c}_{\text{nach dem ersten Stoßabschnitt}}$$

$$c = \frac{m_1 v_1 + m_2 v_2}{m_1 + m_2} \quad (142)$$

Geschwindigkeit beider Körper am Ende des ersten Stoßabschnitts

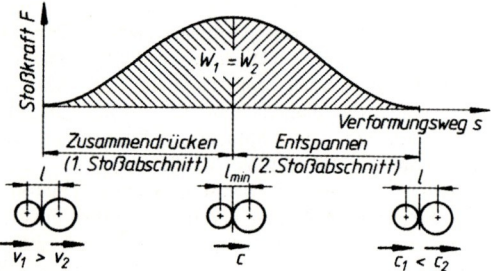

Bild 40. Die beiden Stoßabschnitte beim elastischen Stoß im F, s-Diagramm

Zweiter Stoßabschnitt (Entspannen)
Er beginnt beim Abstandsminimum l_{min} der Kugelmittelpunkte und endet mit der Trennung der Kugeln. Dabei wird die durch die Abplattung der Kugeln gespeicherte Spannungsenergie *verlustlos* an die Kugel 2 abgegeben ($W_2 = W_1$). Kugel 1 ändert dabei ihre Geschwindigkeit von c auf c_1 und Kugel 2 von c auf c_2.
Beim Entspannen wirkt auf beide Kugeln der gleiche Kraftstoß wie beim Zusammendrücken. Folglich ist für jede der beiden Kugeln die Geschwindigkeitsänderung in beiden Stoßabschnitten gleich groß: $v_1 - c = c - c_1$ und $c - v_2 = c_2 - c$. Aus dieser Erkenntnis lässt sich eine Gleichung für die Geschwindigkeit c_1 der Kugel 1 nach dem Stoß entwickeln und in gleicher Weise eine entsprechende Gleichung für die Kugel 2:

Für Kugel 1 gilt:

$v_1 - c = c - c_1$; daraus folgt:

$$c_1 = 2c - v_1 = 2\frac{m_1 v_1 + m_2 v_2}{m_1 + m_2} - v_1 =$$

$$= \frac{2(m_1 v_1 + m_2 v_2) - (m_1 + m_2) v_1}{m_1 + m_2}$$

$$c_1 = \frac{m_1 v_1 + 2 m_2 v_2 - m_2 v_1}{m_1 + m_2} =$$

$$= \frac{(m_1 - m_2) v_1 + 2 m_2 v_2}{m_1 + m_2}$$

$$c_1 = \frac{(m_1 - m_2) v_1 + 2 m_2 v_2}{m_1 + m_2} \quad \text{Geschwindig-}$$
$$\qquad\qquad\qquad\qquad\qquad\quad \text{keiten beider Körper}$$
$$c_2 = \frac{(m_2 - m_1) v_2 + 2 m_1 v_1}{m_1 + m_2} \quad \text{nach dem}$$
$$\qquad\qquad\qquad\qquad\qquad\quad \text{Stoß} \quad (143)$$

Da beim elastischen Stoß die von beiden Körpern aufgenommene Formänderungsarbeit *verlustlos* zurückgegeben wird, ändert sich der Energieinhalt des Systems nicht, d.h. die Summe der kinetischen Energien beider Körper bleibt bei horizontaler Bewegung unverändert:

$$W_{\text{Ende des Stoßes}} = W_{\text{Anfang des Stoßes}}$$
$$\frac{1}{2}(m_1 c_1^2 + m_2 c_2^2) = \frac{1}{2}(m_1 v_1^2 + m_2 v_2^2)$$

Mit Hilfe des Energieerhaltungssatzes und des Impulserhaltungssatzes lässt sich nachweisen, dass sich beim elastischen Stoß die Relativgeschwindigkeit (Differenz der Geschwindigkeiten v_1 und v_2) nicht geändert hat: Dazu wird der umgeformte Energieerhaltungssatz durch den Impulserhaltungssatz dividiert:

$$\frac{m_1(v_1^2 - c_1^2)}{m_1(v_1 - c_1)} = \frac{m_2(c_2^2 - v_2^2)}{m_2(c_2 - v_2)}$$
$$v_1 + c_1 = c_2 + v_2 \quad (144)$$
$$v_1 - v_2 = c_2 - c_1$$

Sonderfälle des geraden zentrischen Stoßes elastischer Körper:
a) Beim Stoß zweier Körper mit *gleichen Massen* tauschen die Körper ihre Geschwindigkeiten aus. Aus der Gleichung (143)

$$c_1 = \frac{(m_1 - m_2) v_1 + 2 m_2 v_2}{m_1 + m_2}$$

ergibt sich mit $m_1 = m_2 = m$:

$$c_1 = \frac{(m - m) v_1 + 2 m v_2}{m + m} \quad (145)$$

$$c_1 = \frac{2 m v_2}{2m} = v_2 \quad \text{und analog} \quad c_2 = v_1$$

b) Beim Stoß eines Körpers gegen eine starre Wand prallt er mit gleicher Geschwindigkeit zurück:

$m_2 = \infty$; $v_2 = 0$; m_1 vernachlässigt

$$c_1 = \frac{-m_2 v_1 + 2 m_2 0}{m_2} = -v_1 \qquad (146)$$

$$c_1 = -v_1$$

c) Beim Stoß eines Körpers sehr großer Masse m_1 gegen einen ruhenden Körper kleiner Masse m_2 erhält der ruhende Körper die doppelte Geschwindigkeit des stoßenden Körpers ($c_2 = 2v_1$):

$m_1 > m_2$; $v_2 = 0$; m_2 vernachlässigt

$$c_2 = \frac{-m_2 0 + 2 m_1 v_1}{m_1} = 2 v_1 \qquad (147)$$

$$c_2 = 2 v_1$$

d) Bewegen sich die beiden Körper auf der Stoßnormalen *aufeinander zu*, erhalten die Geschwindigkeiten v_1 und v_2 entgegengesetzte Vorzeichen. Dadurch wird auch der Impuls des einen Körpers positiv und der des anderen negativ (der Impuls ist ein Vektor!). Beim Stoß kehrt entweder einer der beiden Körper seine Bewegungsrichtung um oder beide.
Auch für diesen Fall gelten für die Geschwindigkeiten c, c_1 und c_2 die entwickelten Gleichungen. Die Richtungsumkehr eines Körpers lässt sich daran erkennen, dass seine Geschwindigkeit nach dem Stoß ein anderes Vorzeichen hat als vor dem Stoß.

2.6.4 Unelastischer Stoß

Unelastische Körper verformen sich beim Stoß plastisch, d.h. sie erleiden eine bleibende Formänderung. Es wird also angenommen, dass keiner der beiden Körper federt und die Körper sich nach dem Stoß nicht voneinander trennen, wie z.B. beim Fall einer Weichbleikugel auf einen Betonklotz.

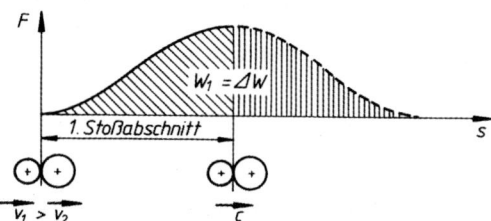

Bild 41. Der unelastische Stoß im F, s-Diagramm

Erster Stoßabschnitt
Er verläuft wie beim elastischen Stoß, beide Körper besitzen am Ende des ersten Stoßabschnitts die gemeinsame Geschwindigkeit c. Die Formänderungsarbeit ist jedoch nicht als Spannungsenergie gespeichert, sondern in Wärme umgesetzt worden.

Da auch hier ein kräftefreies System vorliegt, bleibt die Summe beider Impulse konstant, und für die Geschwindigkeit c gilt dieselbe Beziehung wie beim elastischen Stoß.

Zweiter Stoßabschnitt
Er entfällt, weil ohne die gespeicherte Spannungsenergie auch kein Impuls auftritt, sobald beide Körper die gemeinsame Geschwindigkeit c erreicht haben. Beide bewegen sich mit der Geschwindigkeit c weiter; d.h. beim unelastischen Stoß wird die Relativgeschwindigkeit zu null. Ein Teil der kinetischen Energie wird über die Formänderungsarbeit ΔW in Wärme umgesetzt.
Der Energieverlust der Körper (= Formänderungsarbeit ΔW) wird aus dem Energieerhaltungssatz berechnet, in den der Ausdruck für die Geschwindigkeit c einzusetzen ist:

$$\frac{1}{2}(m_1 + m_2) c^2 = \frac{1}{2}(m_1 v_1^2 + m_2 v_2^2) - \Delta W$$

$$\Delta W = \frac{1}{2}[m_1 v_1^2 + m_2 v_2^2 - (m_1 + m_2) c^2]$$

$$c^2 = \left[\frac{m_1 v_1 + m_2 v_2}{m_1 + m_2}\right]^2 \quad \text{eingesetzt und umgeformt}$$

ergibt:

$$\Delta W = \frac{1}{2} \frac{m_1 m_2 (v_1 - v_2)^2}{m_1 + m_2} \qquad \begin{array}{c|c|c} W & m & v \\ \hline J & kg & \frac{m}{s} \end{array} \quad (148)$$

Energieabnahme beim unelastischen Stoß

Dieser Energie „verlust" ist für einige technische Anwendungsfälle, die vereinfacht als unelastischer Stoß angesehen werden können, von großer Bedeutung, z.B. das Schmieden und Kaltumformen von Werkstücken, das Nieten und das Rammen.

2.6.4.1 Schmieden und Nieten mit Hämmern.
Hierbei soll die aufgebrachte Energie *der Formänderung* dienen. Die verbleibende *kinetische Energie* der Körper nach dem Stoß muss *niedrig* gehalten werden. Die Erfahrung lehrt, dass zum Nieten ein Hammer kleiner Masse und als Gegenhalter ein Körper großer Masse zweckmäßig sind.

Beim Schmieden ist der angestrebte technische Nutzen die *Formänderung* des Werkstücks. Der *Schlagwirkungsgrad* η ist dann also das Verhältnis zwischen der Formänderungsarbeit ΔW und der kinetischen Energie $E_1 = m_1 v_1^2 /2$ des Hammerbärs beim Stoßbeginn, mit m_1 und ut gleich Masse und Geschwindigkeit des Hammerbärs. Amboss und Werkstück haben die gemeinsame Masse m_2 und ihre Geschwindigkeit vor dem Stoß ist $v_2 = 0$.

$$\eta = \frac{\text{Formänderungsarbeit } \Delta W}{\text{kinetische Energie } E_1 \text{ vor dem Stoß}}$$

$$\eta = \frac{\dfrac{m_1 m_2 (v_1 - v_2)^2}{2(m_1 + m_2)}}{\dfrac{m_1 v_1^2}{2}} = \frac{m_2 (v_1 - v_2)^2}{(m_1 + m_2) v_1^2}; \; v_2 = 0$$

$$\eta = \frac{m_2}{m_1 + m_2} = \frac{1}{1 + \dfrac{m_1}{m_2}} \qquad (149)$$

Wirkungsgrad beim Schmieden

Die Wirkungsgradgleichung zeigt: Je größer die Ambossmasse m_2 im Verhältnis zur Bärmasse m_1 wird, um so größer wird der Wirkungsgrad.
Bei normalen Maschinenhämmern ist die Masse der Schabotte (= Amboss mit Unterbau) etwa zwanzigmal so groß wie die Masse des Bärs.
Tatsächlich verformt sich der Bär elastisch. Er springt also nach dem Schlag geringfügig zurück. Dadurch wird der Wirkungsgrad verringert. Der Schmiedevorgang ist also nur annähernd ein unelastischer Stoß.

2.6.4.2 Rammen von Pfählen, Eintreiben von Keilen. Hier wird keine Formänderung angestrebt. Vielmehr sollen beide Körper nach dem ersten Stoßabschnitt eine möglichst große gemeinsame *Geschwindigkeit c* besitzen, um den Widerstand der Unterlage gegen das Eindringen zu überwinden. Die Erfahrung lehrt, dass beim Rammen und Eintreiben ein schwerer Bär oder Hammer wirksamer ist als ein leichter.
Beim Rammen ist der angestrebte technische Nutzen eine *möglichst große kinetische Energie* W_2 beider Körper nach dem Stoß (genauer: nach dem 1. Stoßabschnitt, weil der Untergrund unelastisch nachgibt). Der *Schlagwirkungsgrad* η ist darum hier das Verhältnis zwischen der kinetischen Energie W_2 bei Stoßende und der kinetischen Energie W_1 bei Stoßbeginn. Auch hier ist die Geschwindigkeit des einzurammenden Pfahles (Körper 2) $v_2 = 0$.

$$\eta = \frac{\text{kinetische Energie } E_2 \text{ bei Stoßende}}{\text{kinetische Energie } E_1 \text{ bei Stoßbeginn}}$$

$$\eta = \frac{\dfrac{(m_1 + m_2) c^2}{2}}{\dfrac{m_1 v_1^2}{2}}; \; c^2 = \left[\frac{m_1 v_1 + m_2 v_2}{m_1 + m_2} \right]^2$$

$$\eta = \frac{(m_1 + m_2) m_1^2 v_1^2}{m_1 v_1^2 (m_1 + m_2)^2} = \frac{m_1}{m_1 + m_2}$$

$$\eta = \frac{1}{1 + \dfrac{m_2}{m_1}} \qquad (150)$$

Wirkungsgrad beim Rammen

Die entwickelte Gleichung zeigt, dass der Wirkungsgrad um so größer wird, je größer die Masse m_1 des Bärs oder Hammers gegenüber der Masse m_2 des Pfahls oder Keils ist. Damit wird die praktische Erfahrung bestätigt.
Tatsächlich *federn* aber beide Körper beim Schlag. Dadurch wird der Wirkungsgrad kleiner.
Beachte: Das Rammen ist nur annähernd ein unelastischer Stoß.

2.6.5 Wirklicher Stoß

Wirkliche Körper sind weder vollkommen elastisch noch vollkommen unelastisch, sodass ihr Verhalten zwischen den beiden in 2.6.3 und 2.6.4 behandelten Grenzfällen liegt. Die Aussagen für elastischen und unelastischen Stoß lassen sich für den wirklichen Stoß kombinieren.
Beim wirklichen Stoß verkleinert sich die Relativgeschwindigkeit, die Formänderungsarbeit wird im zweiten Stoßabschnitt nicht vollständig zurückgegeben, sondern teilweise in Wärme umgewandelt.

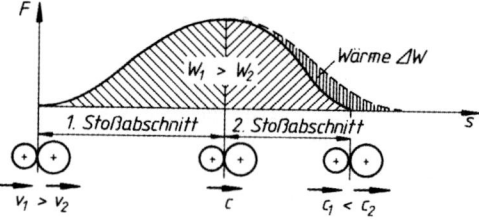

Bild 42. Der wirkliche Stoß im F, s-Diagramm

Merkmale des wirklichen Stoßes sind demnach:
Ein Teil der Formänderungsarbeit W_1 verwandelt sich infolge der inneren Reibung in Wärme ΔW und wird nicht zurückgegeben.
Es kann bleibende Formänderung auftreten (geringer als beim unelastischen Stoß).
Trennung der Körper nach dem Stoß.
Die für den elastischen Stoß hergeleiteten Gleichungen lassen sich für den wirklichen Stoß weiterentwickeln, wenn als Verhältnis der Relativgeschwindigkeiten die Stoßzahl k eingeführt wird.

$$k = \frac{c_2 - c_1}{v_1 - v_2} \qquad (151)$$

Definitionsgleichung der Stoßzahl

Die Stoßzahl k hängt von der Werkstoffpaarung ab und wird durch Fallversuche ermittelt.
Beim Fallversuch fällt eine Kugel aus dem einen Werkstoff auf eine fest liegende Unterlage aus dem anderen Werkstoff. Die Geschwindigkeit der Unterlage vor und nach dem Stoß ist gleich null ($v_2 = 0$ und $c_2 = 0$). Die Fallhöhe h und die Rücksprunghöhe h_1 werden gemessen und daraus wird mit den Gesetzen des freien Falls und des Wurfs rechtwinklig nach oben die Stoßzahl k berechnet:

$$k = \frac{c_1\ 0}{v_1 - 0} = \frac{c_1}{v_1} = \frac{\sqrt{2gh_1}}{\sqrt{2gh}} = \sqrt{\frac{h_1}{h}}$$

$$k = \sqrt{\frac{h_1}{h}} \qquad \begin{array}{l} h \text{ Fallhöhe} \\ h_1 \text{ Rücksprunghöhe} \end{array} \qquad (152)$$

Stoßzahlen:
$k = 1$ elastischer Stoß
$k = 0$ unelastischer Stoß
$k = 0{,}35$ Stahl bei 1 100 °C
$k = 0{,}7$ Stahl bei 20 °C

Auch für den wirklichen Stoß gilt der Impulserhaltungssatz für kräftefreie Systeme. Wird in den Impulserhaltungssatz die Beziehung für c_2 eingesetzt, die aus der Definitionsgleichung für die Stoßzahl entwickelt werden kann, dann ergibt die weitere Entwicklung eine Gleichung für die Geschwindigkeit c_1 des Körpers 1 nach dem wirklichen Stoß.
Durch Vertauschen der Indizes wird die entsprechende Gleichung für die Geschwindigkeit c_2 des Körpers 2 gebildet:

$$m_1 v_1 + m_2 v_2 = m_1 c_1 + m_2 c_2$$

$c_2 = k\,(v_1 - v_2) + c_1$ eingesetzt ergibt:

$$c_1 = \frac{m_1 v_1 + m_2 v_2 - m_2 (v_1 - v_2) k}{m_1 + m_2}$$

$$c_2 = \frac{m_1 v_1 + m_2 v_2 + m_1 (v_1 - v_2) k}{m_1 + m_2} \qquad (153)$$

Geschwindigkeiten nach dem wirklichen Stoß

Wird in die so entwickelten Beziehungen für c_1 und c_2 in die Gleichung für den Energieerhaltungssatz des wirklichen Stoßes $E_2 = E_1 - \Delta W$ eingesetzt, erhält man nach einer längeren Entwicklung die Gleichung für den Energieverlust ΔE beim wirklichen Stoß:

$$E_2 = E_1 - \Delta W$$

$$\frac{1}{2}(m_1 c_1^2 + m_2 c_2^2) = \frac{1}{2}(m_1 v_1^2 + m_2 v_2^2) - \Delta W$$

$$\Delta W = \frac{1}{2} \frac{m_1 m_2 (v_1 - v_2)^2 (1 - k^2)}{m_1 + m_2} \qquad (154)$$

Energieverlust beim wirklichen Stoß

2.6.6 Übungen zum geraden zentrischen Stoß[1)]

■ **1. Übung:**
Ein beladener Waggon von 80t Masse stößt mit einer Geschwindigkeit von 1 m/s auf einen Waggon von 5 t Masse, der ihm mit 1,8 m/s entgegenkommt.
Welche Geschwindigkeit c haben beide nach dem ersten Stoßabschnitt und mit welchen Geschwindigkeiten c_1, c_2 fahren sie nach dem Stoß weiter, wenn elastischer Stoß angenommen wird?

Gegeben: $m_1 = 80$ t; $v_1 = 1\,\dfrac{\text{m}}{\text{s}}$

            $m_2 = 5$ t; $v_2 = 1{,}8\,\dfrac{\text{m}}{\text{s}}$

Gesucht: Geschwindigkeiten c, c_1 und c_2

Lösung:
Da beide Waggons sich aufeinander zu bewegen, muss die eine Geschwindigkeit ein negatives Vorzeichen bekommen. Man wählt dafür die Geschwindigkeit v_2 des kleineren Körpers, da die Erfahrung lehrt, dass meistens der Körper mit größerer Masse seine Bewegungsrichtung beibehält.
Der Betrag für die gemeinsame Geschwindigkeit c hat ein positives Vorzeichen, also gleichen Richtungssinn wie v_1 (kein Vorzeichenwechsel), aber entgegengesetzten Richtungssinn wie v_2 (Vorzeichenwechsel).
Zur Berechnung der Geschwindigkeiten c_1 und c_2 setzt man in die Gleichungen aus 2.6.3 den Betrag der Geschwindigkeit v_2 mit negativem Vorzeichen ein.
Beide Geschwindigkeiten c_1 und c_2 ergeben sich positiv, d.h. Waggon 1 behält seine Bewegungsrichtung bei, Waggon 2 läuft rückwärts weiter.

Die gemeinsame Geschwindigkeit c nach der ersten Stoßperiode beträgt:

$$c = \frac{m_1 v_1 + m_2 v_2}{m_1 + m_2}$$

$$c = \frac{80\,\text{t} \cdot 1\,\frac{\text{m}}{\text{s}} + 5\,\text{t} \cdot (-1{,}8\,\frac{\text{m}}{\text{s}})}{80\,\text{t} + 5\,\text{t}}$$

$$c = \frac{71\,\text{m}}{85\,\text{s}} = 0{,}835\,\frac{\text{m}}{\text{s}}$$

$$c_1 = \frac{(m_1 - m_2) v_1 + 2 m_2 v_2}{m_1 + m_2}$$

$$c_1 = \frac{(80 - 5)\,\text{t} \cdot 1\,\frac{\text{m}}{\text{s}} + 2 \cdot 5\,\text{t}(-1{,}8\,\frac{\text{m}}{\text{s}})}{80\,\text{t} + 5\,\text{t}}$$

$$c_1 = \frac{57\,\frac{\text{t} \cdot \text{m}}{\text{s}}}{85\,\text{t}} = 0{,}6706\,\frac{\text{m}}{\text{s}}$$

$$c_2 = \frac{(m_2 - m_1) v_2 + 2 m_1 v_1}{m_1 + m_2}$$

$$c_2 = \frac{(5 - 80)\,\text{t} \cdot (-1{,}8\,\frac{\text{m}}{\text{s}}) + 2 \cdot 80\,\text{t} \cdot 1\,\frac{\text{m}}{\text{s}}}{80\,\text{t} + 5\,\text{t}}$$

$$c_2 = \frac{295\,\text{m}}{85\,\text{s}} = +3{,}4706\,\frac{\text{m}}{\text{s}}$$

Zusammenfassend kann man sagen: Waggon 2 läuft nach dem Stoß in entgegengesetzter Richtung mit erhöhter Geschwindigkeit weiter, Waggon 1 wird langsamer, behält aber seine Bewegungsrichtung bei.

■ **2. Übung:**
Der Bär eines Fallhammers wiegt 1 000 kg und seine Schabotte 25 000 kg. Der Bär trifft mit einer Geschwindigkeit von 6 m/s auf das Werkstück. Die Stoßzahl betrage $k = 0{,}5$.
Es soll der Schlagwirkungsgrad η und die prozentuale Verteilung der Gesamtenergie am Schlagende auf Bär, Schabotte und Werkstück berechnet werden. Die Massen von Amboss und Werkstück können vernachlässigt werden.

[1)] Aus: Technische Mechanik von *A. Böge*, Verlag Vieweg, Braunschweig.

Gegeben:
Bärmasse $m_1 = 1000$ kg
Schabottenmasse $m_2 = 25000$ kg
Auftieffgeschwindigkeit $v_1 = 6 \frac{m}{s}$
Stoßzahl $k = 0{,}5$

Gesucht:
Wirkungsgrad η, prozentuale Verteilung der Energie auf Bär, Werkstück und Schabotte.

Lösung:
Den Wirkungsgrad berechnet man aus *Nutzen* und *Aufwand* beim Schlag.
Der Nutzen besteht hierbei in der dem Werkstück zugeführten Verformungsarbeit. Das ist der Energieverlust ΔW beim Stoß.

$$\Delta W = \frac{m_1 m_2}{2(m_1 + m_2)}(v_1 - v_2)^2 (1 - k^2)$$

$$\Delta W = \frac{10^3 \text{kg} \cdot 25 \cdot 10^3 \text{kg}}{2 \cdot 26 \cdot 10^3 \text{kg}} \cdot 36 \frac{m^2}{s^2} \cdot 0{,}75$$

$$\Delta W = 12\,980{,}77 \text{ Nm} = 1{,}298 \cdot 10^4 \text{ J}$$

Als Aufwand setzt man die Energie E_1 beider Körper unmittelbar vor dem Stoß ein. Das ist die kinetische Energie des Bärs, da die Schabotte mit Amboss und Werkstück ruht.

$$E_1 = \frac{m_1 v_1^2}{2} = \frac{1000 \text{ kg} \cdot 36 \frac{m^2}{s^2}}{2} = 1{,}8 \cdot 10^4 \text{ J}$$

$$\eta = \frac{\Delta W}{W_1} = \frac{1{,}298 \cdot 10^4 \text{ J}}{1{,}8 \cdot 10^4 \text{ J}} = 0{,}7211$$

Der errechnete Wirkungsgrad sagt aus, dass die Anfangsenergie zu 72,11% in Verformungsarbeit umgesetzt wird. Der Rest verbleibt als kinetische Energie nach dem Stoß bei beiden Körpern.
Zunächst werden die Geschwindigkeiten c_1 und c_2 der Körper nach dem Stoß berechnet.

$$c_1 = \frac{m_1 v_1 + m_2 v_2 - m_2 (v_1 - v_2)k}{m_1 + m_2}; \quad v_2 = 0$$

$$c_1 = \frac{m_1 v_1 - m_2 v_1 k}{m_1 + m_2}$$

Die Geschwindigkeit c_1 erhält ein negatives Vorzeichen, d.h. sie ist der positiv in die Rechnung eingesetzten Geschwindigkeit v_1 entgegengerichtet (Vorzeichenwechsel = Rückprall des Hammers).

$$c_1 = \frac{10^3 \text{kg} \cdot 6\frac{m}{s} - 25 \cdot 10^3 \text{kg} \cdot 6\frac{m}{s} \cdot 0{,}5}{26 \cdot 10^3 \text{kg}}$$

$$c_1 = \frac{6\frac{m}{s} - 75\frac{m}{s}}{26} = -2{,}6538 \frac{m}{s}$$

Die Geschwindigkeit c_2 der Schabotte nach dem Stoß bestimmt man am einfachsten aus der Definitionsgleichung für die Stoßzahl k.
In die Gleichung für c_2 muss c_1 mit seinem Minus-Zeichen eingesetzt werden.

$$k = \frac{c_2 - c_1}{v_1 - v_2} = \frac{c_2 - c_1}{v_1}; \quad \text{mit } v_2 = 0$$

$$c_2 = k v_1 + c_1$$

$$c_2 = 0{,}5 \cdot 6\frac{m}{s} + (-2{,}6538\frac{m}{s}) = +0{,}3462 \frac{m}{s}$$

Nun kann man die kinetischen Energien W_{2B} für den Bär und W_{2S} für die Schabotte *nach* dem Stoß berechnen.

$$W_{2B} = \frac{m_1 c_1^2}{2} = \frac{10^3 \text{kg} \cdot (2{,}6538\frac{m}{s})^2}{2}$$

$$W_{2B} = 3521{,}33 \text{ Nm} = 3{,}521 \cdot 10^3 \text{ J}$$

$$W_{2S} = \frac{m_2 c_2^2}{2} = \frac{25 \cdot 10^3 \text{kg} \cdot (0{,}3462\frac{m}{s})^2}{2}$$

$$W_{2S} = 1498{,}18 \text{ Nm} = 1{,}498 \cdot 10^3 \text{ J}$$

Die Energiebilanz zeigt, dass fast 20 % der aufgewendeten Energie durch den Rückprall des Bärs nicht in Verformungsarbeit umgesetzt wird, eine Folge des halbelastischen Stoßes mit der Stoßzahl 0,5.
Der Schlagwirkungsgrad wird dadurch beträchtlich verschlechtert.

Energiebilanz:

Körper	Energie in J	%
Bär	3521,33	19,56
Schabotte	1498,18	8,32
Werkstück	12980,77	72,11
E_1	18000,28	99,99

3 Statik der Flüssigkeiten (Hydrostatik)

Formelzeichen und Einheiten zur Hydrostatik und -dynamik

A	m², mm²	Fläche, von Flüssigkeit erfüllter Rohr- oder Kreisquerschnitt
d	m, mm	Kolben- und Rohrdurchmesser
e	m	Abstand des Druckmittelpunkts vom Flächenschwerpunkt
F	N	Kraft; F_b Bodenkraft, F_s Seitenkraft usw.
F_a	N	Auftrieb
F_G	N	Gewichtskraft
g	$\dfrac{m}{s^2}$	Fallbeschleunigung; g_n = Normfallbeschleunigung
h	m	Höhe, Lagehöhe, Ortshöhe
I	m⁴, mm⁴	Flächenmoment 2. Grades
l	m	Länge, Rohrlänge
m	kg	Masse
q_m	$\dfrac{kg}{s}$	Massenstrom (Massendurchsatz durch Rohrleitungen o.ä.)
p	$\dfrac{N}{m^2}$ = Pa, bar	Druck
Re	1	Reynolds'sche Zahl (Re-Zahl)
t	s	Zeit
V	m³	Volumen
q_V	$\dfrac{m^3}{s}$	Volumenstrom (Volumendurchsatz durch Rohrleitungen o.ä.)
w		Strömungsgeschwindigkeit, Ausflussgeschwindigkeit
α	1	Durchflusszahl bei Blenden
ζ	1	Widerstandszahl eines einzelnen Hindernisses in Rohrleitungen
η	1	Wirkungsgrad
η	$\dfrac{Ns}{m^2} = \dfrac{kg}{ms}$	dynamische Viskosität
λ	1	Widerstandszahl für Rohrleitung
μ	1	Reibzahl zwischen Kolben und Dichtung
μ	1	Ausflusszahl
ν	$\dfrac{m^2}{s}$	kinematische Viskosität; $\nu = \dfrac{\eta}{\rho}$
ρ	$\dfrac{kg}{m^3}$	Dichte
φ	1	Geschwindigkeitszahl

3.1 Eigenschaften der Flüssigkeiten und Gase

Ruhende oder sehr langsam bewegte Flüssigkeiten und Gase können im Gegensatz zu festen Körpern nur Normalkräfte übertragen, keine Schubkräfte. Sie nehmen ohne Widerstand jede äußere Form an. Flüssigkeiten zeigen im Gegensatz zu Gasen außerdem großen Widerstand gegen Volumenänderung, sie lassen sich erst bei hohen Drücken geringfügig zusammendrücken. Wird die Flüssigkeit wieder entlastet, nimmt sie ihr ursprüngliches Volumen wieder an (Volumenelastizität). Die leichte Zusammendrückbarkeit der Gase kann bei Strömungsgeschwindigkeiten bis zu etwa 1/3 Schallgeschwindigkeit vernachlässigt werden. Sie werden deshalb in der praktischen Strömungslehre wie Flüssigkeiten behandelt.

3.2 Hydrostatischer Druck (Flüssigkeitsdruck, hydraulische Pressung)

Eine Flüssigkeit überträgt auf eine Fläche beliebiger Lage stets nur Normalkräfte. Der hydrostatische Druck – kurz *Druck p* – gibt die Normalkraft je Flächeneinheit an (*Normalkraft geteilt durch Fläche*) und steht daher ebenfalls immer rechtwinklig auf der betrachteten Fläche.

$$\text{Druck } p = \frac{\text{Normalkraft } F_N}{\text{Fläche } A}$$

$$p = \frac{F_N}{A} \quad\quad \begin{array}{c|c|c} p & F_N & A \\ \hline \dfrac{N}{m^2} = Pa & N & m^2 \end{array} \quad (1)$$

Die gesetzliche und internationale Einheit (SI-Einheit) für den Druck p ist das Pascal[1] (Kurzzeichen Pa).
1 Pa ist gleich dem auf eine Fläche gleichmäßig wirkenden Druck, bei dem rechtwinklig auf die Fläche 1 m² die Kraft 1 N ausgeübt wird. Das 100 000 fache (10^5 fache) des Pa ist das Bar (Kurzzeichen bar):

$$1 \text{ Pa} = 1\frac{N}{m^2} = 1\frac{kgm}{s^2 m^2} = 1\frac{kg}{s^2 m} \quad (2)$$

1 bar = 100 000 Pa = 10^5 Pa = 0,1 MPa

Beachte: Der hydrostatische Druck p kann von außen auf die Flüssigkeit ausgeübt werden, aber auch die Schwerkraft (Gewichtskraft) der Flüssigkeit selbst erzeugt einen hydrostatischen Druck p. Bei hohen Drücken in kleinen Flüssigkeitsmengen (hydraulische Geräte) wird der hydraulische Druck infolge der Schwerkraft nicht berücksichtigt.

3.3 Druck-Ausbreitungsgesetz

Wird der hydrostatische Druckanteil infolge der Schwerkraft der Flüssigkeit vernachlässigt, gilt das Grundgesetz des hydrostatischen Druckes von *Pascal*:

> Der Druck einer im Gleichgewicht stehenden abgesperrten Flüssigkeit steht überall rechtwinklig auf der Fläche, auf die er einwirkt und ist an jedem Ort und in jeder Richtung gleich groß! Mit anderen Worten:
> Der Druck, der von außen auf irgendeinen Teil der abgesperrten Flüssigkeit ausgeübt wird (z.B. durch Kolbenkraft), pflanzt sich auf alle Teile nach allen Richtungen hin unverändert fort.

3.4 Anwendung des Druck-Ausbreitungsgesetzes

3.4.1 Wanddruckkraft

Die hydrostatische Druckkraft F auf eine gekrümmte Fläche ist das Produkt aus dem Druck p und der Projektion der Fläche auf eine Ebene rechtwinklig zur Kraftrichtung: *Wanddruckkraft*

$$F = p\,A \quad\quad \begin{array}{c|c|c} F & p & A \\ \hline N & \dfrac{N}{m^2} = Pa & m^2 \end{array} \quad (3)$$

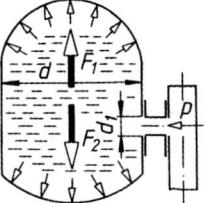

Bild 1. Druckkraft auf gekrümmte Flächen

■ **Beispiel:**
Die Projektion der gewölbten Böden des Behälters in Bild 1 ist in Richtung der Behälter-Längsachse eine Kreisfläche $A = \pi d^2/4$. Die Wanddruckkraft F in dieser Richtung wird also $F = F_1 = F_2 = p\,A = p\,\pi\,d^2/4$.
Beachte: Auf die Flanschverbindung in Bild 1 wirkt die Zugkraft $F_z = p\,\pi\,d_1^2 l/4$.

---

[1] *Blaise Pascal*, franz. Physiker, Mathematiker und Philosoph, 1623 – 1662.

3.4.2 Beanspruchung einer Kessellängsnaht

Die Projektion der gewölbten Kesselwand ist nach Bild 2: $A = d\,l$ und damit die *Wanddruckkraft*

$$F = pA = p\,d\,l \qquad (4)$$

F	d, l	p
N	m	$\dfrac{N}{m^2} = Pa$

Diese Kraft versucht bei Kessel und Rohren, die Längsnaht in Umfangsrichtung aufzureißen. Ist s die Wanddicke des Rohres oder Kessels und σ_{zul} die zulässige Spannung, so wird: $F = d\,l\,p = 2\,s\,l\,\sigma_{zul}$ und daraus die *Wanddicke*

$$s = \dfrac{d\,l\,p}{2\,l\,\sigma_{zul}} = \dfrac{d\,p}{2\,\sigma_{zul}} \qquad (5)$$

s, d	p, σ_{zul}
m	$\dfrac{N}{m^2} = Pa$

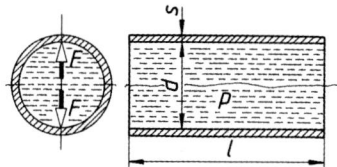

Bild 2. Beanspruchung einer Kessellängsnaht

3.5 Hydraulische Kraftübertragung

Die Anwendung des Druck-Fortpflanzungsgesetzes auf die in Bild 3 dargestellte hydraulische Presse ergibt *ohne* Reibung an den Dichtungsstellen die *Triebkraft* (Kolbenkraft)

$$F_1 = \dfrac{\pi d_1^2}{4} p \quad \text{und die *Last* (Kolbenkraft)}$$

$$F_2 = \dfrac{\pi d_2^2}{4} p$$

Daraus folgt unter Berücksichtigung der Reibung mit dem *Wirkungsgrad* η die *Last* (Kolbenkraft)

$$F_2 = F_1 \left(\dfrac{d_2}{d_1}\right)^2 \eta \qquad (6)$$

F_1, F_2	d_1, d_2	η
N	m	1

Darin ist der *Wirkungsgrad*

$$\eta = \dfrac{1 - \dfrac{4\mu h_2}{d_2}}{1 + \dfrac{4\mu h_1}{d_1}} \qquad (7)$$

μ Reibzahl zwischen Kolben und Dichtung

Bewegt sich der Triebkolben um den Kolbenweg s_1 nach unten, so verdrängt er das Volumen $V_1 = A_1 s_1$. Das vom Triebkolben verdrängte Volumen muss gleich dem vom Lastkolben freigegebenen Raum sein, also $A_1 s_1 = A_2 s_2$ oder auch

$$s_2 = s_1 \left(\dfrac{d_1}{d_2}\right)^2 \qquad (8)$$

Die *Druckübersetzung* wird in der Anordnung nach den Bildern 4 und 5:

$$p_2 = p_1 \dfrac{d_1^2}{d_1^2 - d_2^2} \qquad (9)$$

$$p_2 = p_1 \left(\dfrac{d_1}{d_2}\right)^2 \qquad (10)$$

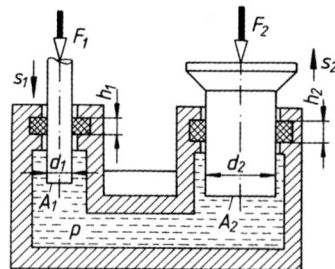

Bild 3. Hydraulische Presse

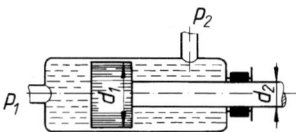

Bild 4. Druckübersetzung nach (9)

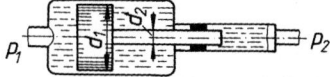

Bild 5. Druckübersetzung nach (10)

- **Beispiel:**
  An einer hydraulischen Presse werden die folgenden Werte gemessen (nach Bild 3): $d_1 = 20$ mm, $d_2 = 280$ mm, Dichtungshöhe $h_1 = 8$ mm, $h_2 = 20$ mm. Die Reibzahl für die Lippendichtungen ist 0,12. Der Pumpenkolben wird über dem Pumpenhebel mit einer Kraft $F_1 = 2\,000$ N belastet. Sein Hub beträgt $s_1 = 30$ mm.

Zu berechnen sind:
a) Pressen-Wirkungsgrad;
b) Presskraft F_2;
c) Flüssigkeitsdruck p;
d) Weg s_2 des Presskolbens je Hub des Pumpenkolbens;
e) aufgewandte Hubarbeit W_a;
f) Nutzarbeit W_n je Hub;
g) erforderliche Anzahl der Pumpenhübe für 28 mm Weg des Presskolbens!

Lösung:
Zuerst muss der Wirkungsgrad η berechnet werden (7):

a) $\eta = \dfrac{1 - \dfrac{4\mu h_2}{d_2}}{1 + \dfrac{4\mu h_1}{d_1}} = \dfrac{1 - 4 \cdot 0{,}12 \cdot \dfrac{20}{280}}{1 + 4 \cdot 0{,}12 \cdot \dfrac{8}{20}} = 0{,}81$

damit kann die Presskraft F_2 bestimmt werden (6)

b) $F_2 = F_1 \left(\dfrac{d_2}{d_1}\right)^2 \eta =$

$= 2000 \text{ N} \cdot \left(\dfrac{280 \text{ mm}}{20 \text{ mm}}\right)^2 \cdot 0{,}81 =$

$F_2 = 317\,520 \text{ N}$

c) Flüssigkeitsdruck

$p = \dfrac{F_2 \cdot 4}{\pi d_2^2} = \dfrac{317\,520 \text{ N} \cdot 4}{0{,}28^2 \text{ m}^2 \cdot \pi} =$

$= 51{,}6 \cdot 10^5 \dfrac{\text{N}}{\text{m}^2} = 51{,}6 \text{ bar}$

d) Kolbenweg

$s_2 = s_1 \left(\dfrac{d_1}{d_2}\right)^2 =$

$= 30 \text{ mm} \left(\dfrac{20 \text{ mm}}{280 \text{ mm}}\right)^2 = 0{,}153 \text{ mm}$

e) Hubarbeit
$W_a = F_1 s_1 = 2000 \text{ N} \cdot 0{,}03 \text{ m} = 60 \text{ Nm} = 60 \text{ J}$

f) Nutzarbeit
$W_n = F_2 s_2 = 317\,520 \text{ N} \cdot 0{,}153 \cdot 10^{-3} \text{ m} =$

$= 48{,}58 \text{ Nm}$

g) Anzahl Pumpenhübe $= \dfrac{28 \text{ mm}}{0{,}153 \text{ mm}} = 183$

3.6 Druckverteilung durch Gewichtskraft der Flüssigkeit

Werden die Gleichgewichtsbedingungen $\Sigma F_y = 0$ auf den „erstarrten" Flüssigkeitskörper der Gewichtskraft F_G in Bild 6 in Richtung seiner vertikalen Achse angewendet, so ergibt sich:

$\Sigma F_y = 0 = -F_1 - F_G + F_2$

Für $F_1 = p_1 A$; $F_2 = p_2 A$; $F_G = mg = V\rho g - Ah\rho g$ eingesetzt:

$F_2 = F_1 + F_G$

$p_2 A = p_1 A + Ah\rho g$

$p_2 = p_1 + h\rho g$ \hfill (11)

Liegt die Oberkante des gedachten Flüssigkeitskörpers in der Oberfläche der Flüssigkeit, ist dort der hydrostatische Druck $p_1 = 0$ und damit der *Druck*

$$p = \rho g h \quad \begin{array}{c|c|c|c} p & \rho & g & h \\ \hline \dfrac{\text{N}}{\text{m}^2} = \text{Pa} & \dfrac{\text{kg}}{\text{m}^3} & \dfrac{\text{m}}{\text{s}^2} & \text{m} \end{array} \quad (12)$$

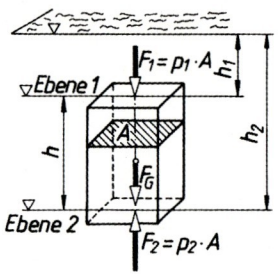

Bild 6. Druckhöhe oder Pressungshöhe

Der hydrostatische Druck infolge der Schwerkraft hängt demnach nur von der Niveauhöhe h (Flüssigkeitshöhe oder Pressungshöhe), der Fallbeschleunigung g und der Dichte ρ der Flüssigkeit ab. In gleicher Höhe h wirkt überall der gleiche Druck, also auch auf die Gefäßwand. Der Druck nimmt linear von der Oberfläche nach unten zu. Er steigt für jede Längeneinheit um den Betrag ρg an. Gleichung (12) ergibt den Druck als *Überdruck*. Der *absolute Druck* schließt den auf der Oberfläche lastenden Druck p_a (z.B. den umgebenden Atmosphärendruck) mit ein:

$p_{abs} = \rho g h + p_a$ \hfill (13)

■ **Beispiel:**
Wie groß ist der hydrostatische Druck einer Flüssigkeitssäule von 1 mm Höhe für Wasser und Quecksilber?

Lösung:
Für Wasser beträgt die Dichte $\rho_W = 1000 \text{ kg/m}^3$, für Quecksilber ist $\rho_Q = 13\,600 \text{ kg/m}^3$. Damit wird (mit $g = 10 \text{ m/s}^2$ gerechnet):

$p_W = \rho_W g h = 10^3 \dfrac{\text{kg}}{\text{m}^3} \cdot 10 \dfrac{\text{m}}{\text{s}^2} \cdot 10^{-3} \text{ m} =$

$= 10 \dfrac{\text{kg m}}{\text{s}^2 \text{m}^2} = 10 \dfrac{\text{N}}{\text{m}^2} = 10 \text{ Pa}$

$p_Q = \rho_Q g h = 13{,}6 \cdot 10^3 \dfrac{\text{kg}}{\text{m}^3} \cdot 10 \dfrac{\text{m}}{\text{s}^2} \cdot 10^{-3} \text{ m} =$

$= 136 \dfrac{\text{N}}{\text{m}^2} = 136 \text{ Pa}$

3.7 Hydrostatische Kräfte gegen ebene Wände offener Gefäße

3.7.1 Bodenkraft F_b

Die Bodenkraft F_b (Bild 7) ist abhängig von Dichte ρ, der Druckhöhe h und der gedrückten Fläche A, dagegen unabhängig von der Gefäßform:

$$p = \rho g h A \quad \begin{array}{c|c|c|c|c} F_b & \rho & g & h & A \\ \hline N & \dfrac{kg}{m^3} & \dfrac{m}{s^2} & m & m^2 \end{array} \quad (14)$$

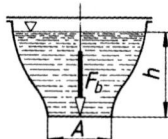

Bild 7. Bodenkraft F_b ist unabhängig von der Gefäßform

3.7.2 Seitenkraft F_s

Die Seitenkraft F_s (Bild 8) gegen eine symmetrische Fläche A, die unter einem beliebigen Winkel α zur Horizontalen geneigt ist, ist abhängig von der Dichte ρ, dem Abstand h_S des Flächenschwerpunkts S vom Flüssigkeitsspiegel und der gedrückten Fläche A:

$$\begin{aligned} F_s &= \rho g h_S A \\ F_s &= \rho g y_S \sin\alpha \, A \\ h_S &= y_S \sin\alpha \end{aligned} \quad \begin{array}{c|c|c|c|c} F_s & \rho & g & h_S, y_S & A \\ \hline N & \dfrac{kg}{m^3} & \dfrac{m}{s^2} & m & m^2 \end{array} \quad (15)$$

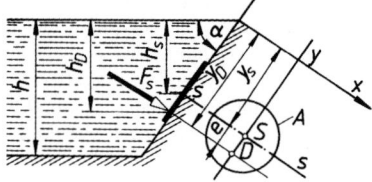

Bild 8. Seitenkraft F_s und Druckmittelpunkt D

Die Seitenkraft F_s auf eine ebene Fläche ist demnach ebenso groß, wie wenn der im Schwerpunkt S der Fläche wirkende hydrostatische Druck auf die Gesamtfläche A wirkte. F_s ist unabhängig von der Neigung der Fläche. Der Angriffspunkt der Seitenkraft F_s heißt *Druckmittelpunkt D*; er liegt stets um das Maß e tiefer als der Schwerpunkt S der gedrückten Fläche A. Der *Abstand e* wird berechnet aus

$$e = \frac{\text{Flächenmoment 2. Grades der gedrückten Fläche, bezogen auf die Flächenschwerachse } s-s}{\text{Flächenmoment 1. Grades der gedrückten Fläche, bezogen auf die Achse } x-x}$$

$$e = \frac{I_S}{A y_S} \quad \begin{array}{c|c|c|c} e & I & A & y_S \\ \hline m & m^4 & m^2 & m \end{array} \quad (16)$$

y_S Schwerpunktsabstand der gedrückten Fläche von der Achse $x - x$; bei lotrechten Flächen ist $y_S = h_S$. A gedrückte Fläche.

Damit wird allgemein der *Abstand* y_D des Druckmittelpunkts D von der Achse $x - x$:

$$y_D = y_S + e = y_S + \frac{I_S}{A y_S} \quad (17)$$

Der *Abstand e* wird für die

Rechteckfläche

$$e = \frac{I_S}{A y_S} = \frac{b h^3}{12 b h \, y_S} = \frac{h^2}{12 \, y_S} \quad (18)$$

Kreisfläche

$$e = \frac{I_S}{A \, y_S} = \frac{\pi d^4 \, 4}{64 \, \pi d^2 y_S} = \frac{d^2}{16 \, y_S} \quad (19)$$

■ **Beispiel:**
Für die Ablassklappe eines Wasserbehälters nach Bild 8 ist $\alpha = 50°$; $h_S = 2,5$ m; Rohrdurchmesser $d = 500$ mm. Zu berechnen sind Betrag und Angriffspunkt der auf die Klappe wirkenden Seitenkraft F_s!

Lösung:

$$F_s = \rho g h_S A =$$
$$= 10^3 \frac{kg}{m^3} \cdot 9{,}81 \frac{m}{s^2} \cdot 2{,}5 \, m \cdot \frac{\pi}{4} (0{,}5 \, m)^2 =$$
$$= 4815 \, N$$

$$y_S = \frac{h_S}{\sin\alpha} = \frac{2{,}5 \, m}{0{,}766} = 3{,}264 \, m$$

$$e = \frac{I_S}{A y_S} = \frac{d^2}{16 y_S} = \frac{0{,}5^2 \cdot m^2}{16 \cdot 3{,}264 \, m} = 4{,}8 \, mm$$

$$y_D = y_S + e = 3{,}264 \, m + 4{,}8 \, mm = 3{,}269 \, m$$

3.8 Auftrieb

Der Auftrieb F_a ist die Resultierende der beiden rechtwinkligen Kräfte $F_1 = p_1 A$ und $F_2 = p_2 A$ nach Bild 6. Mit $p_1 = \rho g h_1$ und $p_2 = \rho g h_2$ wird der Auftrieb

$$F_a = F_2 - F_1 = A \rho g (h_2 - h_1)$$

Da $A(h_2 - h_1) = $ Volumen V_V ist, wird der *Auftrieb*

$$F_a = V_V \rho g \quad \begin{array}{c|c|c|c} F_a & V_V & \rho & g \\ \hline N & m^3 & \dfrac{kg}{m^3} & \dfrac{m}{s^2} \end{array} \quad (20)$$

V_V ist das verdrängte Flüssigkeitsvolumen.

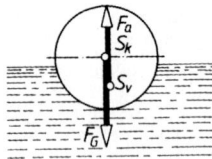

Bild 9. Körper-und Verdrängungsschwerpunkt S_k, S_v

Der Auftrieb ist stets senkrecht nach oben gerichtet und gleich der Gewichtskraft des durch den eingetauchten Körper verdrängten Flüssigkeitsvolumens. Der Auftrieb greift im Verdrängungsschwerpunkt S_v der verdrängten Flüssigkeitsmenge an. Das Gesetz gilt für ganz und teilweise eingetauchte Körper. Der in Flüssigkeit eingetauchte Körper verliert an Gewichtskraft genau soviel, wie die Gewichtskraft der von ihm verdrängten Flüssigkeit beträgt: *scheinbare Gewichtskraft*

$$F_{Gs} = F_G - F_a \tag{21}$$

■ **Beispiel:**
Ein Körper der Masse $m = 25$ kg hängt völlig in Wasser eingetaucht an einer hydrostatischen Waage. Die Waage steht im Gleichgewicht bei $m_1 = 22$ kg. Wie groß sind Volumen V und Dichte ρ des Körpers?

Lösung:
Der Auftrieb ist
$F_a = F_G - F_{G1} = mg - m_1 g = g(m - m_1)$

Volumen
$$V = \frac{F_a}{\rho g} = \frac{g(m-m_1)}{\rho g} = \frac{m-m_1}{\rho} =$$
$$= \frac{3}{1000 \frac{kg}{m^3}} = 3 \cdot 10^{-3} m^3 = 3 \, dm^3$$

Dichte
$$\rho = \frac{m}{V} = \frac{25 \text{ kg}}{3 \cdot 10^{-3} m^3} = 8{,}333 \cdot 10^3 \frac{kg}{m^3}$$
$$= 8333 \frac{kg}{m^3}$$

■ **Beispiel:**
Ein dünner Holzstab der Länge $l = 500$ mm und der Dichte $\rho_k = 600$ kg/m³ wird lotrecht über die Wasseroberfläche gehalten und dann losgelassen. Wie weit taucht die obere Stirnfläche des Stabes unter den Wasserspiegel (x = Tauchtiefe), wenn von Reibungswiderständen abgesehen wird?

Lösung:
Der Energieerhaltungssatz S. C 63 (107) in Verbindung mit S. C 47 (19) ergibt:

Energie am Ende des Vorgangs = Energie am Anfang des Vorgangs ± zu- bzw. abgeführter Arbeit

$$0 = F_G (l+x) - \frac{F_a l}{2} - F_a x$$

Mit $F_G = m g = V \rho_k g$ und $F_a = V \rho_w g$ wird daraus

$$0 = V \rho_k g\, l + V \rho_k g x - V \rho_w g \frac{l}{2} - V \rho_w g\, x$$

$$x = \frac{l(\rho_k - \frac{\rho_w}{2})}{\rho_w - \rho_k} = \frac{0{,}5 \text{ m} \cdot 100 \frac{kg}{m^3}}{400 \frac{kg}{m^3}} = 0{,}125 \text{m} =$$

$$= 125 \text{ mm}$$

Beachte: Die bis zum vollständigen Eintauchen des Stabes abgeführte Arbeit ergibt im Kraft-Weg-Diagramm eine Dreieckfläche und damit $W_1 = F_a \cdot l / 2$. Danach ist beim weiteren Eintauchen F_a = konstant, also $W_2 = F_a x$.

3.9 Schwimmen

Wirken nur Gewichtskraft F_G und Auftrieb F_a auf einen in der Flüssigkeit liegenden Körper, sind drei Fälle möglich:
Der Körper *sinkt* unter, wenn $F_a < F_G$ ist; er *schwebt*, d.h. er bleibt an jeder beliebigen Stelle innerhalb der Flüssigkeit, wenn $F_a = F_G$ ist und er *schwimmt* an der Oberfläche, wenn $F_a > F_G$ ist. Der Körper taucht bei Gleichgewicht so weit auf, dass der Auftrieb gleich der Gewichtskraft der verdrängten Flüssigkeit ist.

3.10 Gleichgewichtslagen schwimmender Körper

Stabile Schwimmlage zeigt Bild 10. Auftrieb F_a und Gewichtskraft F_G wirken längs der gemeinsamen Wirklinie W – der Körpermittellinie – in entgegengesetzter Richtung. Neigt sich der schwimmende Körper um Winkel φ, bleibt Lage des Körperschwerpunkts S_k (Angriffspunkt von F_G) erhalten, jedoch wandert Verdrängungsschwerpunkt S_v nach $S_{v'}$ (Angriffspunkt von F_a): F_G und F_a bilden ein Kräftepaar und damit das Wiederaufrichtmoment (Stabilität genannt), h ist der *Hebelarm der statischen Stabilität*.

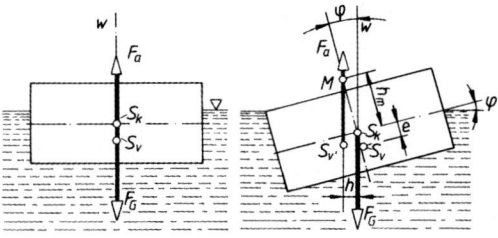

Bild 10. Stabile Schwimmlage

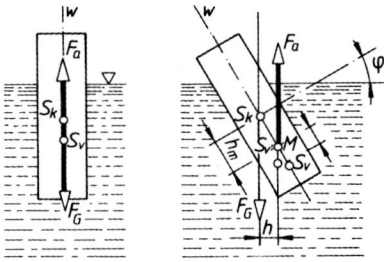

Bild 11. Labile Schwimmlage

F_a Auftrieb, in S_v angreifend; F_G Gewichtskraft, in S_k angreifend; W Mittellinie des Körpers (Schwimmachse); S_v, S_v Verdrängungsschwerpunkte = Schwerpunkte der verdrängten Flüssigkeit; S_k Körperschwerpunkt; M Metazentrum = Schnittpunkt der Wirklinie des Auftriebs mit der Mittellinie W; $\overline{MS_k}$ metazentrische Höhe = h_m; φ Neigungswinkel; $h = \overline{MS_k} \cdot \sin\varphi$ = Hebelarm der statischen Stabilität

Wichtig ist das *Metazentrum M*, der Schnittpunkt der Körpermittellinie W mit der Wirklinie des Auftriebs. Liegt M über S_k, schwimmt der Körper stabil, andernfalls *labil* (Bild 11). Das Drehmoment aus Auftrieb und Gewicht unterstützt dann die Drehung des Körpers, bis er in die stabile Schwimmlage nach Bild 10 kommt. Strecke MS_k heißt *metazentrische Höhe* h_m. Ist I_{min} das kleinste Flächenmoment 2. Grades der Schwimmfläche in Bezug auf die Drehachse durch den Schwerpunkt der Schwimmfläche, V das Volumen der verdrängten Flüssigkeit, e die Strecke $S_k S_v$, so gilt für die *metazentrische Höhe*

$$h_m = \frac{I_{min}}{V} - e$$

h_m	I_{min}	V	e
m	m^4	m^3	m

(22)

Die *Stabilitätsbedingung* lautet

$$h_m > 0 \quad \frac{I_{min}}{V} > e \quad (23)$$

4 Dynamik der Flüssigkeiten (Hydrodynamik)

4.1 Allgemeines

Bei Strömungsvorgängen von Gasen und Flüssigkeiten sind zwei Eigenschaften wichtig: Viskosität (Zähigkeit) und Kompressibilität. Die reibungslose, inkompressible Flüssigkeit heißt ideale Flüssigkeit.

4.1.1 Kompressibilität

Ist die *Strömungsgeschwindigkeit w* klein gegen die *Schallgeschwindigkeit c*, spielt die Kompressibilität für die Strömungsvorgänge keine Rolle. Kriterium ist die *Mach'sche Zahl*

$$Ma = \frac{w}{c} \quad (1)$$

Bis etwa $Ma < 0{,}3$ können die Strömungen von Gasen als inkompressibel angesehen werden, für Luft also etwa bis $w = 100$ m/s.

4.1.2 Viskosität (Zähigkeit)

Die von der Viskosität (Zähigkeit) verursachten Reibungskräfte sind in vielen technisch wichtigen Flüssigkeiten und Gasen sehr klein gegenüber den anderen Kräften (Schwerkraft, Druckkraft, Trägheitskraft). Der Reibungseinfluss ist jedoch immer sehr groß in einer dünnen Schicht in Wandnähe bei der Durchströmung von Leitungen (Rohre, Kanäle): Grenzschicht. Den Einfluss der Reibungskräfte kennzeichnet die *Reynolds'sche Zahl*

$$Re = \frac{wd\rho}{\eta} = \frac{wd}{\nu} \quad (2)$$

Re	w	d	ρ	η	ν
1	$\dfrac{m}{s}$	m	$\dfrac{kg}{m^3}$	$\dfrac{Ns}{m^2}$	$\dfrac{m^2}{s}$

Darin ist w mittlere Durchflussgeschwindigkeit, d Durchmesser bei Kreisröhren, ρ Dichte, ν kinematische Zähigkeit, η dynamische Zähigkeit.

kinematische Viskosität $\nu = \dfrac{\text{dynamische Viskosität}}{\text{Dichte } \rho}$

$$\nu = \frac{\eta}{\rho}$$

ν	η	ρ
$\dfrac{m^2}{s}$	$\dfrac{Ns}{m^2}$	$\dfrac{kg}{m^3}$

(3)

Re stellt das Verhältnis der Trägheits- zu den Reibkräften dar. $Re \to \infty$ bedeutet reibungslose Strömung. *Umrechnungen*:

Dynamische Viskosität η:

$1 \dfrac{Ns}{m^2} = 10$ Poise (P)

1 P $= 0{,}1 \dfrac{Ns}{m^2}$

Kinematische Viskosität ν:

$1 \dfrac{m^2}{s} = 10^4$ Stokes (St)

1 St $= 10^{-4} \dfrac{m^2}{s}$

Umrechnung aus Englergraden in $\frac{m^2}{s}$:

$$v = \left(7{,}32\,E - \frac{6{,}31}{E}\right) \cdot 10^{-6} \text{ in } \frac{m^2}{s}$$

Tabelle 1. Dynamische Viskosität η, kinematische Viskosität v und Dichte ρ von Wasser

Temperatur in °C	0	10	20	30	40	50	60	70	80	90	100
$10^6\,\eta$ in Ns/m²	1 780	1 300	1 000	805	658	560	470	403	353	314	285
$10^6\,v$ in m²/s	1,78	1,31	1,01	0,81	0,66	0,56	0,48	0,42	0,37	0,33	0,30
ρ in kg/m³	1 000	1 000	998		992		983		972		958

4.1.3 Laminare und turbulente Strömungen

Kleine Re-Zahlen kennzeichnen die *laminare* Strömung. Die Flüssigkeitsschichten gleiten mit verschiedenen Geschwindigkeiten übereinander hinweg, ohne sich zu mischen (Schichtenströmung). Die Geschwindigkeit w ist parabolisch verteilt.
Die Maximalgeschwindigkeit in Rohrmitte ist doppelt so groß wie die mittlere Geschwindigkeit, während sie bei der turbulenten Strömung von null an der Rohrwand sehr schnell auf einen fast gleich bleibenden Wert ansteigt.
Ist $w = V/A$ die mittlere Durchflussgeschwindigkeit (5), wird die *Geschwindigkeit w_x* im Abstand x von der Rohrachse

$$w_x = 2\,w\left[1 - \left(\frac{2x}{d}\right)^2\right] \tag{4}$$

Große Re-Zahlen kennzeichnen die *turbulente* Strömung. Die einzelnen Schichten werden stark vermischt, dadurch starker Geschwindigkeitsausgleich: praktisch konstante Geschwindigkeit bis fast zur Rohrwand. Die meisten technischen Strömungen sind turbulent.

Der *Umschlag* von laminarer in turbulente Strömung wird durch die *kritische Reynoldszahl* Re_{kr} bestimmt. Beim Kreisrohr ist $(w\,d\,/v)_{kr} = Re_{kr} = 2\,300$. Bei $Re < 2\,300$ ist dann die Strömung stets laminar und geht wieder in laminare über, wenn sie vorübergehend gestört war. Bei $Re > 2\,300$ kann die Strömung laminar sein, wenn Störungen der Strömung vermieden werden. Ist eine solche Strömung einmal turbulent, bleibt sie es auch. Bei $Re > 3\,000$ liegt praktisch immer Turbulenz vor. Die zu Re_{kr} gehörige Strömungsgeschwindigkeit heißt *kritische Geschwindigkeit* v_{kr}.

■ **Beispiel:**
Durch eine Rohrleitung von $d = 0{,}5$ m lichtem Durchmesser strömt Luft von 50 °C; $\rho = 1{,}06$ kg/m³, mit einer mittleren Geschwindigkeit $w = 10$ m/s. Dynamische Zähigkeit $\eta = 19{,}62 \cdot 10^{-6}$ Ns/m².
Gesucht: Reynolds'sche Zahl Re.

Lösung:

$$Re = \frac{w d \rho}{\eta} = \frac{10\,\frac{m}{s} \cdot 0{,}5\,m \cdot 1{,}06\,\frac{kg}{m^3}}{19{,}62 \cdot 10^{-6} \cdot \frac{Ns}{m^2}} =$$

$$= 0{,}27 \cdot 10^6\,\frac{\frac{kg m^2}{m^3 s}}{\frac{kgms}{s^2 m^2}}$$

$$Re = 270\,000$$

■ **Beispiel:**
Wie groß ist die kritische Geschwindigkeit w_{kr} für Wasser von 20 °C, das durch eine Rohrleitung von 20 mm Ø fließen soll?

Lösung:
Nach Tabelle 1 ist die dynamische Zähigkeit $\eta = 10^{-3}$ Ns/m². Mit (2) wird

$$w_{kr} = \frac{Re\,\eta}{d\,\rho} = \frac{2\,300 \cdot 10^{-3}\,\frac{Ns}{m^2}}{20 \cdot 10^{-3}\,m \cdot 10^3\,\frac{kg}{m^3}} =$$

$$= 0{,}115\,\frac{\frac{kgms}{s^2 m^2}}{\frac{kgm}{m^3}} = 0{,}115\,\frac{m}{s}$$

4.2 Die Grundgleichungen der Strömung

4.2.1 Kontinuitätsgleichung (Stetigkeits- oder Durchflussgleichung)

Verändert eine strömende Flüssigkeit ihr Volumen nicht (Dichte p = konstant), muss durch die verschiedenen Querschnitte A_1, A_2 der Leitung in Bild 1 in jeder Sekunde das gleiche Flüssigkeitsvolumen q_V (Volumenstrom = Volumendurchsatz) fließen. Sind A_1, A_2 die Strömungsquerschnitte und w_1, w_2 die zugehörigen mittleren Strömungsgeschwindigkeiten, muss nach Bild 1 der *Volumenstrom* q_V sein:

$$q_V = A_1 w_1 = A_2 w_2 = \text{konstant} \tag{5}$$

q_V	A	w
$\frac{m^3}{s}$	m^2	$\frac{m}{s}$

Gleichung (5) charakterisiert die Raumbeständigkeit der Flüssigkeit und wird daher auch Inkompressibilitätsgleichung genannt.

4 Dynamik der Flüssigkeiten (Hydrodynamik)

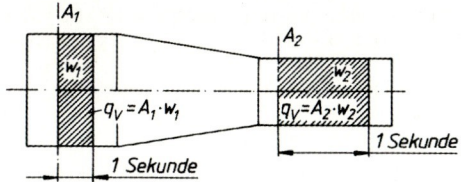

Bild 1. Kontinuitätsgleichung $A_1 w_1 = A_2 w_2$

Für zusammendrückbare Medien (z.B. Gase), in denen sich beim Durchfluss die Dichte ρ zeitlich ändert, ist die sekundlich durch einen Strömungsquerschnitt fließende Durchflussmenge konstant. Der *Massenstrom* q_m ist

$$q_m = A_1 w_1 \rho_1 = A_2 w_2 \rho_2 \qquad (6)$$

q_m	A	w	ρ
$\dfrac{kg}{s}$	m^2	$\dfrac{m}{s}$	$\dfrac{kg}{m^3}$

■ **Beispiel:**
Eine Rohrleitung von 100 mm lichtem Durchmesser fördert 550 l/min Schmieröl von der kinematischen Viskosität $\nu = 131{,}6 \cdot 10^{-6}$ m²/s. Welche Strömungsform ist zu erwarten?

Lösung:
Strömungsgeschwindigkeit w nach (5) mit

$$A = \frac{0{,}1^2 \pi}{4} \, m^2 = 0{,}785 \cdot 10^{-2} \, m^2$$

$$w = \frac{q_V}{A} = \frac{0{,}55 \, m^3}{60 s \cdot 0{,}785 \cdot 10^{-2} \, m^2} = 1{,}17 \, \frac{m}{s}$$

$$w_{kr} = Re_{kr} \frac{\nu}{d} = 2320 \, \frac{131{,}6 \cdot 10^{-6} \, \frac{m^2}{s}}{0{,}1 \, m} = 3{,}05 \, \frac{m}{s}$$

$w < w_{kr}$, also laminare Strömung

■ **Beispiel:**
Wasser von 10 °C strömt durch eine Rohrleitung von 0,5 mm lichtem Durchmesser und 250 mm Länge unter einem Überdruck Δp = 7 848 Pa. Wie groß sind mittlere Strömungsgeschwindigkeit w und Massenstrom q_m?

Lösung:
Nach (28) wird mit

$$\eta = 1300 \cdot 10^{-6} \, \frac{Ns}{m^2} \quad \text{(Tabelle 1)}$$

$$w = \frac{\Delta p d^2}{32 \eta l} = \frac{7848 \, \frac{N}{m^2} \cdot 0{,}5^2 \cdot 10^{-6} \, m^2}{32 \cdot 1300 \cdot 10^{-6} \, \frac{Ns}{m^2} \cdot 0{,}25 \, m} =$$

$$= 0{,}189 \, \frac{N \, m^2 \, m^2}{m^2 \, N \, s \, m} = 0{,}189 \, \frac{m}{s}$$

$$q_m = w A \rho = 0{,}189 \, \frac{m}{s} \cdot \frac{0{,}5^2 \cdot 10^{-6} \pi}{4} \, m^2 \cdot 10^3 \, \frac{kg}{m^3} =$$

$$= 37{,}1 \cdot 10^{-6} \, \frac{kg}{s} = 0{,}0371 \, \frac{g}{s}$$

4.2.2 Energieerhaltungssatz der Strömung
(Bernoulli'sche Druckgleichung)

In Bild 2 seien h_1, h_2 die Niveauhöhen einer von 1 nach 2 strömenden Flüssigkeit, der bei 1 die *Druckvolumenarbeit* $p_1 V_1$ zugeführt und bei 2 die Druckvolumenarbeit $p_2 V_2$ entnommen werde. (Mit Arbeit = Kraft F mal Weg s und $F = p A$ kann auch geschrieben werden: Arbeit = $F_s = p A s = p V$.) Die Kolben brauchen dabei in Wirklichkeit gar nicht vorhanden sein; sie sollen nur die Grenzflächen des betrachteten Flüssigkeitsvolumens bedeuten. Die Flüssigkeit besitzt bei 1 und 2 die *Lageenergie* $m g h_1$ und $m g h_2$ und die *kinetische Energie* $\frac{m}{2} w_1^2$ und $\frac{m}{2} w_2^2$, mit w als Strömungsgeschwindigkeit und m als Masse. Ein Teil der kinetischen Energie wird infolge der Reibung in Wärme umgewandelt. Wird davon abgesehen, so gilt nach dem Energiesatz S. C 63 (107) in Verbindung mit der Anordnung in Bild 2.:

Energie am Ende des Vorgangs = Energie am Anfang des Vorgangs ± zu- und abgeführter Arbeit

$$m g h_2 + \frac{m}{2} w_2^2 = m g h_1 + \frac{m}{2} w_1^2 + p_1 V_1 - p_2 V_2$$

Mit Masse m = Volumen V mal Dichte ρ ($m = V \rho$) wird nach Umstellung auch

$$p_1 V_1 + V \rho g h_1 + V \rho \frac{w_1^2}{2} =$$
$$= p_2 V_2 + V \rho g h_2 + V \rho \frac{w_2^2}{2} = \text{konstant}$$

Druckvolumenarbeit (Druckenergie) — Lageenergie — kinetische Energie (7)

d.h. die Summe von Druckenergie, Lageenergie und kinetischer Energie ist an jeder Stelle einer strömenden Flüssigkeit gleich groß.

Wird die Gleichung durch das Volumen V geteilt, ergibt sich die Energiebilanz für die Volumeneinheit, bekannt als *Bernoulli'sche*[1] *Druckgleichung*:

$$p_1 + \rho g h_1 + \frac{\rho}{2} w_1^2 = p_2 + \rho g h_2 + \frac{\rho}{2} w_2^2 = \text{konstant}$$

p	ρ	g	h	w
$\dfrac{N}{m^2} = Pa$	$\dfrac{kg}{m^3}$	$\dfrac{m}{s^2}$	m	$\dfrac{m}{s}$

(8)

---

[1] *Daniel Bernoulli*, Professor der Mathematik und Physik in Basel, 1700 – 1782.

Darin ist p der statische Druck (*Flüssigkeitsdruck*), $\frac{\rho}{2}w^2$ der Staudruck und h die Höhe des betrachteten Punktes über irgendeiner Nullebene.

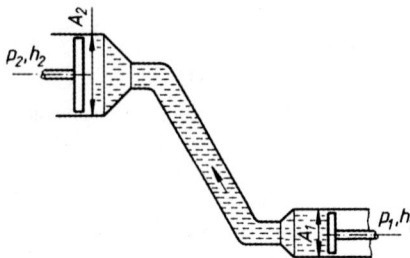

Bild 2. Energieerhaltungssatz der Strömung (Bernoulligleichung)

Beachte: Die Gleichung gilt für reibungslose Strömung. Die einzelnen Glieder können als „Druck" oder auch als „Energie je Volumeneinheit" gedeutet werden, wie folgende Einheitenbetrachtung zeigt:

$$\frac{N}{m^2} = \text{Druckeinheit; mit Einheit m (= Meter) erweitert:}$$

$$\frac{N \cdot m}{m^2 \cdot m} = \frac{Nm}{m^3} = \text{Energie(Arbeits-)einheit je Volumeneinheit}$$

Teilt man die Bernoulli'sche Druckgleichung durch das Produkt $p\, g$, ergibt sich:

$$\frac{p_1}{\rho g} + h_1 + \frac{w_1^2}{2g} = \frac{p_2}{\rho g} + h_2 + \frac{w_2^2}{2g} = \text{konstant} \quad (9)$$

Die einzelnen Glieder in (9) stellen *Höhen* dar:

$$\frac{p}{\rho g} \text{ in } \frac{kg m \cdot m^3 \cdot s^2}{s^2 \cdot m^2 \cdot kg \cdot m} = m$$

die *statische Druckhöhe* der Flüssigkeit, d.h. die Höhe einer Flüssigkeitssäule, die durch ihre Gewichtskraft den Druck p erzeugt;

h in m

die *Ortshöhe* (auch Lagehöhe oder geodätische Höhe) über einer beliebigen Horizontalebene;

$$\frac{w^2}{2g} \text{ in } \frac{m^2 s^2}{s^2 m} = m$$

die *Geschwindigkeitshöhe*, d.h. diejenige Höhe, um die ein Körper frei herabfallen muss, um die Geschwindigkeit w zu erhalten.
Nach der Bernoulligleichung ist demnach die Summe der Druckhöhe, der Geschwindigkeitshöhe und der Ortshöhe in der gesamten Erstreckung einer Leitung konstant.

Bei einer *Leitung ohne Höhenunterschiede* ($h_1 = h_2$) vereinfacht sich die Bernoulli'sche Druckgleichung (8) zu

$$p_1 + \frac{\rho}{2}w_1^2 = p_2 + \frac{\rho}{2}w_2^2 \quad (10)$$

p	ρ	w
$\frac{N}{m^2} = Pa$	$\frac{kg}{m^3}$	$\frac{m}{s}$

d.h. der Gesamtdruck (statischer Druck p + Geschwindigkeitsdruck $\rho\, w^2/2$ = Staudruck q) der Flüssigkeit ist an jeder Stelle einer Horizontalleitung gleich groß.

■ **Beispiel:**
Eine Pumpe fördert stündlich 450 m³ Wasser durch eine Rohrleitung von 200 mm lichter Weite. Mit welcher Geschwindigkeit fließt das Wasser?

Lösung:

$q_V = A_1 w_1 = A w$

$q_V = \frac{450}{3600} \frac{m^3}{s} = 0{,}125 \frac{m^3}{s}$

$A = \frac{\pi}{4}(0{,}2\, m)^2 = 0{,}0314\, m^2$

$w = \frac{q_V}{A} = \frac{0{,}125\, m^3}{0{,}0314 \cdot s \cdot m^2} = 3{,}98 \frac{m}{s}$

Massenstrom

$q_m = q_V\, \rho = 0{,}125 \frac{m^3}{s} \cdot 1000 \frac{kg}{m^3} = 125 \frac{kg}{s}$

■ **Beispiel:**
Bei welcher Strömungsgeschwindigkeit wird an einer unter Wasser rotierenden Schiffsschraube der Dampfdruck des Wassers von 1 300 Pa unterschritten? Der Luftdruck über Wasser beträgt 1,01 bar.

Lösung:

Nach (10) wird mit $w_1 = 0$;

$p_1 = 1{,}01$ bar $= 1{,}01 \cdot 10^5$ Pa,

$p_2 = 1\,300$ Pa, $\rho = 1\,000 \frac{kg}{m^3}$:

$p_1 + \frac{\rho}{2}w_1^2 = p_2 + \frac{\rho}{2}w_2^2$

$p_1 - p_2 = \frac{\rho}{2}w^2; \quad w = \sqrt{\frac{2(p_1 - p_2)}{\rho}}$

$w = \sqrt{\dfrac{2 \cdot 99\,700 \dfrac{kgm}{s^2 m^2}}{1000 \dfrac{kg}{m^3}}} = 14{,}12 \frac{m}{s}$

4 Dynamik der Flüssigkeiten (Hydrodynamik)

■ **Beispiel:**
Ein horizontal liegendes Rohr verjüngt sich von $A_1 = 7{,}1$ cm² auf $A_2 = 2{,}55$ cm². Im Querschnitt 1 herrscht der Druck $p_1 = 1{,}2$ bar und die Strömungsgeschwindigkeit $w_1 = 5$ m/s. Für das strömende Wasser ist der Druck im verjüngten Querschnitt 2 zu bestimmen.

Lösung:
Mit der Kontinuitätsgleichung (5) ergibt sich die Strömungsgeschwindigkeit in 2 zu:

$$w_2 = \frac{A_1}{A_2} w_1 = \frac{7{,}1\,\text{cm}^2}{2{,}55\,\text{cm}^2} \cdot 5\,\frac{\text{m}}{\text{s}} = 13{,}92\,\frac{\text{m}}{\text{s}}$$

Zur Bestimmung des zugehörigen Druckes wird (10) nach p_2 aufgelöst:

$$p_2 = p_1 \frac{\rho}{2} w_1^2 - \frac{\rho}{2} w_2^2 = p_1 + \frac{\rho}{2}(w_1^2 - w_2^2)$$

$$p_2 = 1{,}2 \cdot 10^5\,\frac{\text{N}}{\text{m}^2} + \frac{1000\,\text{kg}}{2\,\text{m}^3}(25 - 193{,}8)\,\frac{\text{m}^2}{\text{s}^2}$$

$$p_2 = 1{,}2 \cdot 10^5\,\frac{\text{kgm}}{\text{s}^2\text{m}^2} - 0{,}844 \cdot 10^5\,\frac{\text{kgm}}{\text{s}^2\text{m}^2} =$$

$$p_2 = 35\,600\,\text{Pa} = 0{,}356\,\text{bar}$$

4.3 Anwendung der Bernoulligleichung

4.3.1 Druckmessungen

Die Schwierigkeit jeder Druckmessung liegt in der Störung der Strömung durch das Messgerät (Sonde) gerade dort, wo gemessen werden soll. Da nach Bernoulli jede Geschwindigkeitsstörung eine Druckstörung hervorruft, ist die Sonde so auszubilden, dass die Strömung in unmittelbarer Nähe des zu messenden Punktes möglichst wenig gestört wird.

4.3.1.1 Messung des statischen Druckes p_s (Bild 3).
Die Flüssigkeit strömt durch ein horizontales Rohr mit der Geschwindigkeit w. Im angesetzten Steigrohr steigt sie auf die Höhe h.
Der Ansatz der Bernoulligleichung (9) ergibt für $w_1 = 0$, $w_2 = 0$, $h_1 = 0$, $h_2 = h$, $p_2 =$ Luftdruck:

$$p_1 + \rho g h_1 + \frac{\rho}{2} w_1^2 = p_2 + \rho g h_2 + \frac{\rho}{2} w_2^2$$

$$p_1 + \quad 0 \quad + \quad 0 \quad = p_2 + \rho g h + 0$$

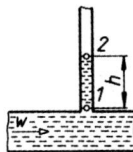

Bild 3. Messung des statischen Drucks p_s

Daraus wird der *statische Druck*

$$p_s = p_1 = p_2 + \rho g h \tag{11}$$

p_1, p_2	ρ	g	h
$\frac{\text{N}}{\text{m}^2} = \text{Pa}$	$\frac{\text{kg}}{\text{m}^3}$	$\frac{\text{m}}{\text{s}^2}$	m

Die Anordnung in Bild 3 zeigt ein Manometer, das den hydrostatischen Druck, p_1 misst. Er setzt sich zusammen aus dem Luftdruck p_2 und dem Druck der Flüssigkeitssäule $\rho g h$.

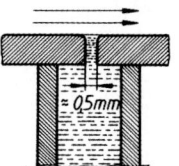

Bild 4. Messung des statischen Druckes durch Wandanbohrung

Praktisch ausgeführt wird die Messung des statischen Druckes durch eine Wandanbohrung nach Bild 4. Die Flüssigkeit fließt fast ohne Störung über die *feine, gratfreie* Wandbohrung hinweg und bleibt in der Bohrung selbst fast in Ruhe.

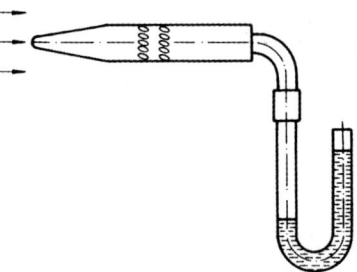

Bild 5. Messung des statischen Druckes im Innern der Strömung mit Drucksonde

Im Innern der Strömung wird p_s mit der *Drucksonde* (Hakenrohr) nach Bild 5 gemessen. Die Messung ist sehr empfindlich gegen Richtungsänderungen und abhängig von der Turbulenz des Strahles.

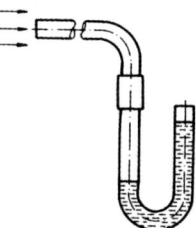

Bild 6. Messung des Gesamtdruckes im Pitot-Rohr

4.3.1.2 Messung des Gesamtdruckes p_g.
Die Summe aus statischem Druck p_s und Staudruck $\rho/2\,w^2$ heißt Gesamtdruck p_g. Er lässt sich einfach durch ein vorn offenes Rohr (*Pitot-Rohr*) Bild 6 messen. In der Öffnung kommt die Flüssigkeit zur Ruhe. Dadurch entsteht nach Bernoulli in diesem Staupunkt eine Druckerhöhung um den Staudruck $q = \rho/2\,w^2$, sodass gemessen wird:

$$p_g = p_s + \frac{\rho}{2}w^2 = p_s + q \qquad (12)$$

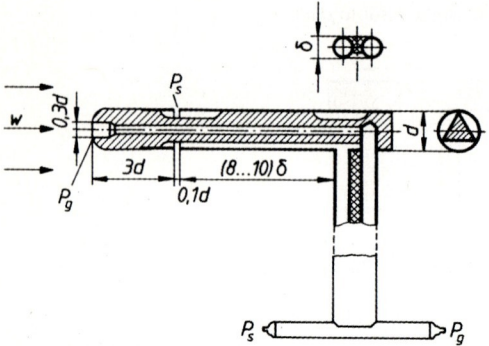

Bild 7. Messung des Staudruckes q mit Staurohr

4.3.1.3 Messung des Staudruckes q. Gebräuchlichstes Messgerät ist das *Staurohr* nach *Prandtl* (Bild 7). Es ist die Verbindung von statischer Drucksonde und Pitot-Rohr und vereinigt auch die Messung von Gesamtdruck p_g und statischem Druck p_s. Nach Gleichung (12) wird der *Staudruck*

$$q = p_g - p_s = \beta \frac{\rho}{2} w^2 \qquad (13)$$

Für die Abmessungen nach Bild 7 wird $\beta \approx 1$ (bis zu einem Winkel von 17° zwischen Rohrachse und Strömungsrichtung).

■ **Beispiel:**
Durch eine Rohrleitung strömt Wasser mit einer Geschwindigkeit $w = 1$ m/s. Dichte $\rho = 1\,000$ kg/m³. Wie groß ist der Staudruck?

Lösung:
Staudruck
$$q = \frac{\rho}{2}w^2 = \frac{1000}{2} \cdot 1 \cdot \frac{\text{kgm}^2}{\text{m}^3\text{s}^2} =$$
$$= 500 \frac{\text{kgm}}{\text{s}^2\text{m}^2} = 500 \text{ Pa}$$

■ **Beispiel:**
Für *Luft* bei 15 °C und 1,01 bar beträgt die Dichte $\rho = 1{,}223$ kg/m³. Damit beträgt z.B. für $p = 196{,}2$ Pa die Strömungsgeschwindigkeit
$$w = \sqrt{\frac{2p}{\rho}} = \sqrt{\frac{2 \cdot 196{,}2 \text{ kgm m}^3}{1{,}226 \text{ kg s}^2 \text{ m}^2}} = 17{,}9 \frac{\text{m}}{\text{s}}$$

Tabelle 2 (Seite C 97) zeigt eine Gegenüberstellung des Staudruckes q und der zugehörigen Geschwindigkeit w für Luft und Wasser.

4.3.2 Mengenmessungen in Rohrleitungen

Es wird die Druckdifferenz $p_1 - p_2$ bei Querschnittsänderungen nach Bild 8 gemessen. Für die Querschnitte A_1, A_2, die mittleren Geschwindigkeiten w_1, w_2 und die Drücke p_1, p_2 ergibt die Bernoulligleichung $p_1 - p_2 = \rho/2 \; (w_2^2 - w_1^2)$. Mit der Kontinuitätsgleichung $q_V = wA$ wird nach Umstellung der *theoretische Volumenstrom*

$$q_V = \sqrt{\frac{2(p_1 - p_2)}{\rho \left(\frac{1}{A_2^2} - \frac{1}{A_1^2}\right)}} \qquad (14)$$

q_V	p_1, p_2	ρ	A_1, A_2
$\frac{\text{m}^3}{\text{s}}$	$\frac{\text{N}}{\text{m}^2} = \text{Pa}$	$\frac{\text{kg}}{\text{m}^3}$	m²

Die Gleichung ergibt theoretische Werte. Die Einflüsse der Reibung, Einschnürung des Strömungsquerschnitts (Kontraktionszahl), Form des Drosselgerätes (Venturirohr, Düse oder Staurand nach Bild 8) usw. lassen sich nur empirisch ermitteln und werden in der Durchflusszahl α zusammengefasst. Für den Staurand (Blende) nach *Prandtl* ist $\alpha = 0{,}598 + 0{,}395 \; m^2$, worin $m = A_2/A_1$ gesetzt ist. Staurand, Düse und Venturirohr sind genormt. Zahlenwerte für α in DIN 1952. Mit Querschnittsverhältnis m und Durchflusszahl α ergibt sich aus der obigen Gleichung der *Massenstrom*

$$q_m = \alpha \frac{A_2}{\sqrt{1-m^2}} \sqrt{2\rho(p_1 - p_2)} \qquad (15)$$

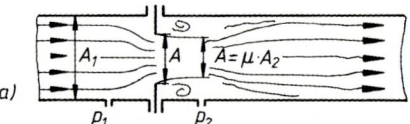

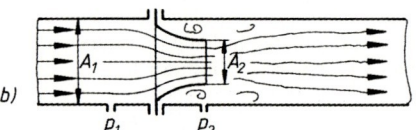

Bild 8. a) Staurand (Blende), b) Düse

■ **Beispiel:**
Eine Wasser führende Leitung nach Bild 8 hat die Querschnitte $A_1 = 0{,}3$ m², $A_2 = 0{,}1$ m². Die Drücke betragen $p_1 = 2{,}5$ bar, $p_2 = 1{,}5$ bar.
Wie groß ist der theoretische Volumenstrom q_V?

Lösung:
Mit $\rho = 1000 \frac{\text{kg}}{\text{m}^3}$, $p_1 - p_2 = 1$ bar $= 10^5 \frac{\text{N}}{\text{m}^2} = 10^5 \frac{\text{kgm}}{\text{s}^2\text{m}^2}$
wird nach (14):

$$q_V = \sqrt{\frac{2 \cdot 10^5 \frac{\text{kgm}}{\text{s}^2\text{m}^2}}{10^3 \frac{\text{kg}}{\text{m}^3} \frac{1}{\text{m}^2}\left(\frac{1}{0{,}01} - \frac{1}{0{,}09}\right)}} = 1{,}5 \frac{\text{m}^3}{\text{s}}$$

4.3.3 Ausfluss aus einem Gefäß

4.3.3.1 Geschwindigkeitszahl, Kontraktionszahl, Ausflusszahl.
Das aus einer Öffnung ausströmende Flüssigkeitsvolumen ist immer kleiner als das sich theoretisch ergebende, weil die mittlere Ausflussgeschwindigkeit infolge der inneren Flüssigkeitsreibung und der Reibung an den Gefäßwänden nicht ganz den theoretischen Wert $w = \sqrt{2gh}$ (17) erreicht. Diese Tatsache wird durch die *Geschwindigkeitszahl* φ berücksichtigt. Sie ist abhängig von der Zähigkeit der Flüssigkeit und beträgt bei Wasser etwa $\varphi = 0{,}97 \ldots 0{,}99$.

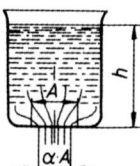

Bild 9. Kontraktionszahl α

Noch mehr wird die Ausflussmenge verringert durch die Einschnürung (Kontraktion) des Flüssigkeitsstrahles (Bild 9), infolge der plötzlichen Umlenkung der Strahlrichtung. Der wirkliche Strahlquerschnitt ist dann nicht „A", sondern „αA". Darin ist α die *Kontraktionszahl* (stets < 1).
Das Produkt aus Geschwindigkeitszahl φ und Kontraktionszahl α heißt *Ausflusszahl* $\mu = \alpha\varphi$. Sie ist abhängig von der Form der Ausflussöffnung. Drei Hauptformen mit zugehöriger Ausflusszahl zeigt Bild 10.

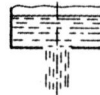 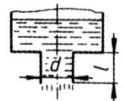 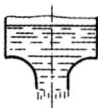

$\mu = 0{,}62\ldots0{,}64$ $\mu = 0{,}82$ bei $\approx 2{,}5\,d$ $\mu = 0{,}97\ldots0{,}99$

Bild 10. Ausflusszahlen für Wasser

4.3.3.2 Offenes Gefäß, konstante Druckhöhe h.
Bleibt die Druckhöhe h in Bild 11 konstant oder ist sie groß gegenüber der Höhe der seitlichen Öffnung des Gefäßes, dann ist die Geschwindigkeit w_1 der Teilchen bei 1 klein gegen w_2 ($w_1 = 0$). Mit $p_1 = p_2 = p_0$ ergibt die Bernoulligleichung dann

$$h_1 - h_2 = h = \frac{w_2^2}{2g}$$

und daraus mit Geschwindigkeitszahl φ die *Ausflussgeschwindigkeit*

$$w = \varphi\sqrt{2gh} \qquad (16)$$

w	g	h
$\frac{m}{s}$	$\frac{m}{s^2}$	m

Die theoretische Ausflussgeschwindigkeit ist also ebenso groß, als wenn das ausfließende Teilchen die Höhe h frei durchfallen wäre (Summierung der Teilarbeiten der einzelnen Flüssigkeitsteilchen). Die Gleichung gilt für alle Flüssigkeiten. Die Druckhöhe h heißt auch Geschwindigkeitshöhe.
In Verbindung mit der Kontinuitätsgleichung und der Ausflusszahl μ wird der *Volumenstrom*

$$q_V = \mu A \sqrt{2gh} \qquad (17)$$

q_V	μ	A	g	h
$\frac{m^3}{s}$	1	m^2	$\frac{m}{s^2}$	m

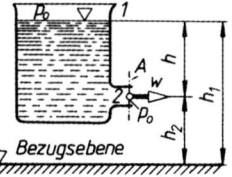

Bild 11. Ausfluss aus einem Gefäß

4.3.3.3 Geschlossenes Gefäß, konstante Druckhöhe h.
Nach Bild 11 herrscht dann an Stelle 1 der Druck p_1, an der Stelle 2 der Atmosphärendruck p_0. Wird wieder vernachlässigbar kleine Geschwindigkeit w_1 der Teilchen bei 1 angenommen, ergibt die Bernoulligleichung mit $p_1 - p_0 = p_ü$ (= Überdruck über dem Wasserspiegel gemessen) die *Ausflussgeschwindigkeit*

$$w = \varphi\sqrt{2\left(gh + \frac{p_ü}{\rho}\right)} \qquad (18)$$

und den *Volumenstrom*

$$q_V = \mu A \sqrt{2\left(gh + \frac{p_ü}{\rho}\right)} \qquad (19)$$

w	φ	g	h	$p_ü$	ρ	q_V	A
$\frac{m}{s}$	1	$\frac{m}{s^2}$	m	$\frac{N}{m^2}$ = Pa	$\frac{kg}{m^3}$	$\frac{m^3}{s}$	m^2

Beachte: Der Klammerausdruck ($gh + p_ü/\rho$) unter der Wurzel ist der Überdruck $\Delta p_ü$, gemessen mit einem Manometer in Niveauhöhe des Austritts; es kann dann mit ($gh + p_ü/\rho$) = $\Delta p_ü$ gerechnet werden!

Der *Massenstrom* in kg/s wird erhalten aus:

$$q_m = q_V \rho \qquad (20)$$

Fließen unter gleichen Bedingungen zwei Flüssigkeiten oder Gase mit den Dichten ρ_1 und ρ_2 aus den gleichen Gefäßen aus, gilt für die gleichen Volumenströme mit t = Ausflusszeit:

$$\frac{t_1}{t_2} = \frac{w_2}{w_1} = \sqrt{\frac{\rho_1}{\rho_2}} \qquad (21)$$

d.h. die Ausflusszeiten verhalten sich wie die Wurzeln aus den Dichten. Damit lässt sich die Dichte von Gasen bestimmen.

4.3.3.4 Offenes Gefäß mit sinkendem Flüssigkeitsspiegel

(Bild 12). Bei der Druckhöhe h_1, ist die theoretische Ausflussgeschwindigkeit $w_1 = \sqrt{2gh_1}$; bei h_2 ist $w_2 = \sqrt{2gh_2}$. Die Bewegung ist gleichmäßig verzögert, sodass mit der mittleren Geschwindigkeit $w_m = w_1 + w_2/2$ gerechnet wird. In der Ausflusszeit t beträgt dann das *Ausflussvolumen*

$$V = \mu A\, w_m t \qquad (22)$$

$$V = \mu A\, t\, \frac{\sqrt{2gh_1} + \sqrt{2gh_2}}{2} \qquad (23)$$

V	μ	A	w_m	t	g	h_1, h_2
m³	1	m²	$\frac{m}{s}$	s	$\frac{m}{s^2}$	m

Bei *völliger Entleerung* des Gefäßes wird $h_2 = 0$ und damit das *Ausflussvolumen*

$$V = \frac{1}{2}\mu A t \sqrt{2g h_1} \qquad (24)$$

und die *Ausflusszeit*

$$t = \frac{2V}{\mu A \sqrt{2g h_1}} \qquad (25)$$

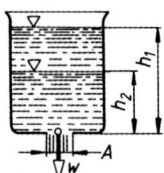

Bild 12. Ausfluss bei sinkendem Flüssigkeitsspiegel

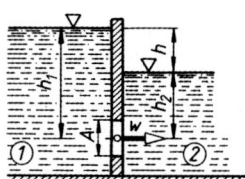

Bild 13. Ausfluss unter Gegendruck

4.3.4 Ausfluss unter Gegendruck

Es gelten die gleichen Beziehungen wie bei kleinen Seitenöffnungen (16) und (17). Für die Druckhöhe h wird die Druckhöhendifferenz $h = h_1 - h_2$ eingesetzt.

■ **Beispiel:**
Ein aufrecht stehender, zylindrischer Wasserbehälter von 5 m lichtem Durchmesser besitzt eine Bodenöffnung von 200 mm Durchmesser und der Ausflusszahl 0,64. Das Wasser steht im Behälter bis zur Höhe $h = 4$ m. Zu bestimmen sind die Ausflusszeit t_1 bis zur halben und t_2 bis zur vollständigen Entleerung!

Lösung:
Gleichung (23) nach t aufgelöst ergibt mit

$$V = \frac{\pi 5^2 \text{m}^2}{4} \cdot 4\text{m} = 78,5 \text{ m}^3;\ \frac{V}{2} = 39,25 \text{ m}^3$$

$$A = \frac{\pi 0,2^2 \text{m}^2}{4} = 0,0314 \text{ m}^2$$

$h_1 = 4$ m; $h_2 = 2$ m :

$$t_1 = \frac{2 \cdot \frac{V}{2}}{\mu A (\sqrt{2gh_1} + \sqrt{2gh_2})} =$$

$$= \frac{2 \cdot 39,25 \text{ m}^3}{0,64 \cdot 0,0314 \text{ m}^2 \cdot 15,12 \frac{\text{m}}{\text{s}}} =$$

$$= 258 \text{ s} = 4,3 \text{ min}$$

Für t_2 wird nach (24):

$$t_2 = \frac{2V}{\mu A \sqrt{2gh_1}} = \frac{2 \cdot 78,5 \text{ m}^3}{0,64 \cdot 0,0314 \text{ m}^2 \cdot 8,86 \frac{\text{m}}{\text{s}}} =$$

$$= 882 \text{ s} = 14,7 \text{ min}$$

■ **Beispiel:**
Die Wasseroberfläche eines Dampfkessels liegt unter einem Überdruck von 4 bar. Das Ablassrohr liegt 2,1 m unter dem Wasserspiegel und hat 60 mm lichte Weite mit der Ausflusszahl $\mu = 0,82$. Wieviel Wasser strömt in jeder Sekunde durch das Rohr?

Lösung:

Gleichung (19) ergibt für $A = \frac{\pi\, 0,06^2 \text{m}^2}{4} = 0,00283 \text{ m}^2$

Dichte $\rho = 1\,000\ \frac{\text{kg}}{\text{m}^3}$; $p_{\text{ü}} = 4 \cdot 10^5\ \frac{\text{N}}{\text{m}^2}$

$$q_V = \mu A \sqrt{2gh + \frac{p_{\text{ü}}}{\rho}}$$

$$q_V = 0,82 \cdot 2,83 \cdot 10^{-3} \text{ m}^2 \sqrt{2\left(9,81\frac{\text{m}}{\text{s}^2} \cdot 2,1\text{m} + \frac{4 \cdot 10^5}{1000} \cdot \frac{\text{kg m}}{\text{s}^2 \text{m}^2} \cdot \frac{\text{m}^3}{\text{kg}}\right)}$$

$$q_V = 0,067\ \frac{\text{m}^3}{\text{s}}$$

Massenstrom

$$q_m = q_V\, \rho = 0,067\ \frac{\text{m}^3}{\text{s}} \cdot 10^3\ \frac{\text{kg}}{\text{m}^3} = 67\ \frac{\text{kg}}{\text{s}}$$

4.4 Widerstände in Rohrleitungen

4.4.1 Druckabfall Δp, Widerstandszahl λ

Die Durchströmung eines geraden, horizontal liegenden Rohres von Durchmesser d und Länge l ist nur möglich durch einen Überdruck am Einlauf des Rohres. Dieser fällt längs des Rohres bis auf den Atmosphärendruck ab. Beim glatten Kreisrohr ist der *Druckabfall* Δp fast linear und im laminaren Bereich

4 Dynamik der Flüssigkeiten (Hydrodynamik)

proportional der mittleren Strömungsgeschwindigkeit w:

$$\Delta p = \lambda \frac{l\rho}{2d} w^2 \qquad (26)$$

Δp	l	ρ	d	w	λ
$\frac{\text{N}}{\text{m}^2}$	m	$\frac{\text{kg}}{\text{m}^3}$	m	$\frac{\text{m}}{\text{s}}$	1

Die Widerstandszahl λ ist eine Verhältnisgröße und abhängig von der Re-Zahl und der Rauigkeit. Für überschlägige Berechnungen wird für Luft, Wasser und Dampf empfohlen, $\lambda = 0{,}015 \dots 0{,}02$ anzunehmen.

4.4.2 Glattes Kreisrohr

Im geraden Rohr mit glatten Wänden verläuft bis $Re = 2300$ die Strömung laminar. Im *laminaren Bereich* gilt für die *Widerstandszahl*

$$\lambda = \frac{64}{Re} = \frac{\Delta p \, 2d}{w^2 \rho l} \qquad (27)$$

Sind die Rohrabmessungen d, l, sowie die Strömungsgeschwindigkeit w für einen bestimmten Volumendurchsatz gegeben, ist der erforderliche Druckunterschied Δp zwischen Rohranfang und Ende der *Druckabfall*

$$\Delta p = \frac{32 \, \eta \, w \, l}{d^2} \qquad (28)$$

Δp	η	w	l	d
$\frac{\text{N}}{\text{m}^2}$	$\frac{\text{Ns}}{\text{m}^2}$	$\frac{\text{m}}{\text{s}}$	m	m

Dynamische Zähigkeit η nach (3).

Für den *turbulenten Bereich* lassen sich die Gesetze nicht mehr theoretisch aufstellen, hier gelten vielmehr empirisch gefundene Gleichungen:

Potenzgesetz von Blasius
  bis $Re = 100\,000$
  $\lambda = 0{,}316 \cdot Re^{-0{,}25}$ (29)

Gesetz von Hermann
  bis $Re = 2\,000\,000$
  $\lambda = 0{,}0054 + 0{,}396 \cdot Re^{-0{,}3}$ (30)

Formel von Nikuradse
  $Re = 10^5 \dots 3{,}23 \cdot 10^6$
  $\lambda = 0{,}0032 + 0{,}221 \cdot Re^{-0{,}237}$ (31)

4.4.3 Raues Kreisrohr

Im Bereich *hoher Re-Zahlen* ist die Widerstandszahl λ nur von der *relativen Wandrauigkeit* k/d abhängig.

Für *körnige* Rauigkeiten (im Gegensatz zu welligen) setzt man die *Widerstandszahl*

$$\lambda = \frac{1}{\left[2\lg\left(\frac{d}{k}\right) + 1{,}14 \right]^2} \qquad (32)$$

d Rohrdurchmesser in mm, k absolute Wandrauigkeit in mm nach Tabelle 3.

Größte Schwierigkeiten bereitet das gerade technisch interessante *Übergangsgebiet* zwischen laminarer und turbulenter Strömung. Dagegen ist man gut unterrichtet über das Verhalten von *Stahlrohrleitungen*. Hier rechnet man mit der *Widerstandszahl für Stahlrohrleitungen*

$$\lambda = \lambda_{\text{glatt}} + \frac{0{,}86 \cdot 10^{-3}}{d^{0{,}28}} \left(\lg \frac{Re}{(10^5 d)^{1{,}1}} \right)^{7/4} \qquad (33)$$

Darin ist λ_{glatt} zu berechnen nach (29, 30, 31).

4.4.4 Unrunde Querschnitte

Es gelten die obigen Gleichungen, wenn der Durchmesser $d = 4\,a$ gesetzt wird, worin

$$a = \frac{\text{Querschnittsfläche } A}{\text{benetzter Umfang } U}$$

ist. Für den Kreis wird

$$a = \frac{\frac{\pi}{4} d^2}{\pi d} = \frac{d}{4}$$

Diese Umstellung ist auch bei der Re-Zahl erforderlich: $Re = w\,4\,A\,/Uv$.

4.4.5 Krümmer und Ventile

Die Druckverluste werden hier auf den Staudruck der mittleren Strömungsgeschwindigkeit bezogen: *Druckabfall*

$$\Delta p = \zeta \frac{\rho}{2} w^2 \qquad (34)$$

Δp	ζ	ρ	w
$\frac{\text{N}}{\text{m}^2}$	1	$\frac{\text{kg}}{\text{m}^3}$	$\frac{\text{m}}{\text{s}}$

Die Widerstandszahl ζ für Krümmer und Ventile ist eine Verhältnisgröße; Werte siehe Tabellen 5 und 6.

4.4.6 Verzweigungen

Verzweigt sich ein Flüssigkeitsstrom oder werden zwei Teilströme vereinigt, entsteht in jedem Teilstrom ein Druckabfall. Er wird auf den Staudruck des Gesamtstroms bezogen:

Druckabfall in der Abzweigung

$$\Delta p = \zeta_a \frac{\rho}{2} w^2 \qquad (35)$$

Druckabfall im Gesamtstrom nach der Abzweigung

$$\Delta p = \zeta_g \frac{\rho}{2} w^2 \qquad (36)$$

ζ_a, ζ_g-Werte nach Tabelle 6. Darin ist Q_a abgezweigte Menge und Q Gesamtmenge.

■ **Beispiel:**
Eine waagerecht liegende, gerade Gusseisen-Rohrleitung von d = 0,3m lichtem Durchmesser ist l = 1 200 m lang und soll 10 m³/min Wasser von 30 °C liefern.

Gesucht: Der erforderliche Druckunterschied Δp zwischen Anfang und Ende der Rohrleitung.

Lösung:
Aus Tabelle 1.: $v = 0,81 \cdot 10^{-6} \frac{m^2}{s}$; aus Tabelle 3.: $k = 1,5$ für Grauguss, angerostet; nach (5) wird die mittlere Strömungsgeschwindigkeit

$$w = \frac{q_V}{A} = \frac{10 \text{ m}^3 \cdot 4}{60 \text{ s} \cdot 0,3^2 \, \pi \text{ m}^2} = 2,36 \frac{\text{m}}{\text{s}} \; ; \text{ nach (2) die } Re\text{-Zahl}$$

$$Re = \frac{wd}{v} = \frac{2,36 \text{ m} \cdot 0,3 \text{ m s}}{0,81 \cdot 10^{-6} \text{m}^2 \text{s}} = 0,875 \cdot 10^6 = 875\,000 > Re_{kr} \; ,$$

also turbulente Strömung

relative Rauigkeit $\dfrac{d}{k} = \dfrac{0,3 \text{ m}}{1,5 \cdot 10^{-3} \text{ m}} = 200$

damit nach (32) die *Widerstandszahl*

$$\lambda = \frac{1}{(2 \lg 200 + 1,14)^2} = 0,0303 \approx 0,03$$

damit nach (26) der Druckabfall (= erforderlicher Druckunterschied zwischen Anfang und Ende)

$$\Delta p = \lambda \frac{l\rho}{2d} w^2 = 0,03 \frac{1200 \text{ m} \cdot 1000 \text{ kg}}{2 \cdot 0,3 \text{ m m}^3} \cdot 5,6 \frac{\text{m}^2}{\text{s}^2} =$$

$$= 336 \cdot 10^3 \frac{\text{N}}{\text{m}^2} = 3,36 \cdot 10^5 \text{ Pa} = 3,36 \text{ bar}$$

■ **Beispiel:**
Eine waagerecht verlegte Stahlrohrleitung, geschweißt, leicht angerostet, von d = 300 mm lichtem Durchmesser und l = 2,5 km Länge enthält 8 Krümmer mit der mittleren Widerstandszahl ζ = 0,25 und 4 Schieber. Es sollen 150 m³ Wasser von 10 °C in der Stunde gefördert werden. Wie groß ist der gesamte Druckabfall Δp?

Lösung:
Der Volumenstrom beträgt

$$q_V = \frac{150 \text{ m}^3}{3,6 \cdot 10^3 \text{ s}} = 0,0417 \frac{\text{m}^3}{\text{s}} \; ;$$

daraus die mittlere Strömungsgeschwindigkeit

$$w = \frac{q_V}{A} = \frac{4,17 \cdot 10^{-2} \text{ m}^3}{7,07 \cdot 10^{-2} \text{ s m}^2} = 0,59 \frac{\text{m}}{\text{s}}$$

mit $v = 1,31 \cdot 10^{-6} \dfrac{\text{m}^2}{\text{s}}$ nach Tabelle 1 wird mit (2) die Re-Zahl

$$Re = \frac{wd}{v} = \frac{0,59 \text{ m} \cdot 0,3 \text{ m s}}{1,31 \cdot 10^{-6} \text{ m}^2 \text{s}} = 135\,000 \; ; \; \lambda_{\text{glatt}} \text{ nach (31):}$$

$$\lambda_{\text{glatt}} = 0,0032 + 0,221 \cdot Re^{-0,237} \approx 0,017 \text{ und damit nach (33)}$$

$$\lambda = \lambda_{\text{glatt}} + \frac{0,86 \cdot 10^{-3}}{d^{0,28}} \left(\lg \frac{Re}{(10^5 \cdot d)^{1,1}} \right)^{7/4} \approx 0,0175$$

($\lambda_{\text{glatt}} \approx \lambda$, weil Re relativ klein)

Druckabfall $\Delta p_{\text{ges}} = \left(\lambda \dfrac{l}{d} + 8 \zeta_{\text{kr}} + 4 \zeta_{\text{Sch}} \right) \dfrac{\rho}{2} w^2 =$

$$= \left(0,0175 \cdot \frac{2500 \text{ m}}{0,3 \text{ m}} + 8 \cdot 0,25 + 4 \cdot 0,05 \right) \frac{\rho}{2} w^2$$

$$\Delta p_{\text{ges}} = 0,26 \cdot 10^5 \frac{\text{N}}{\text{m}^2} = 0,26 \text{ bar}$$

Tabelle 2. Staudruck q in N/m² und Geschwindigkeit w in m/s für Luft und Wasser

Luft 15 °C, 1,013 bar = $1,013 \cdot 10^5$ N/m²

q	9,8	39	49	88	98	157	196	245	294	390	490
w	4	8	8,95	12	12,65	16	17,9	20	21,9	25,3	28,3

Wasser

q	9,8	20	29	69	98	128	177	245	490	980
w	0,14	0,2	0,28	0,4	0,447	0,5	0,6	0,7	1	1,4

Wasser

q	1 960	2 940	3 920	4 900	7 840	9 800	19 600	29 400	39 200
w	2	2,45	2,83	3,16	4	4,47	6,33	7,73	8,95

4 Dynamik der Flüssigkeiten (Hydrodynamik)　　　　　　　　　　　　　　　　　　　　　　　　　　C 97

Tabelle 3. Absolute Wandrauigkeit k

Werkstoff und Zustand	Stahlrohr, neu geschweißt	Stahlrohr, geschweißt, leicht angerostet		Stahlrohr, geschweißt, stärkere Verkrustung
k in mm	0,05 ... 0,10	0,15 ... 0,20		... 3,0
Werkstoff und Zustand	GJL, neu, innen Zement oder Bitumen	GJL, neu, nicht ausgekleidet	GJL, angerostet	Beton, neu ohne Verputz
k in mm	0 (glatt) ... 0,12	0,25	1 ... 1,5	0,2 ... 0,8

Tabelle 4. Widerstandszahlen ζ für Ventile

Ventilart	DIN-Ventil	Reform-Ventil	Rhei-Ventil	Koswa-Ventil	Freifluss-Ventil	Schieber
$\zeta =$	4,1	3,2	2,7	2,5	0,6	0,05

Tabelle 5. Widerstandszahlen ζ für plötzliche Rohrverengung

Querschnittsverhältnis $\dfrac{A_2}{A_1} =$	0,1	0,2	0,3	0,4	0,6	0,8	1,0
$\zeta =$	0,46	0,42	0,37	0,33	0,23	0,13	0

Tabelle 6. Widerstandszahlen ζ von Leitungsteilen

		$\dfrac{r}{d}$	1	2	4	6	10
Krümmer	glatt	$\delta = 15°$	0,03	0,03	0,03	0,03	0,03
		$\delta = 22,5°$	0,045	0,045	0,045	0,045	0,045
		$\delta = 45°$	0,14	0,09	0,08	0,075	0,07
		$\delta = 60°$	0,19	0,12	0,10	0,09	0,07
		$\delta = 90°$	0,21	0,14	0,11	0,09	0,11
	rau	$\delta = 90°$	0,51	0,30	0,23	0,18	0,20
Gusskrümmer 90°		NW $\zeta =$	50 / 1,3	100 / 1,5	200 / 1,8	300 / 2,1	400 / 2,2	500 / 2,2
scharfkantiges Knie	glatt rau	$\delta =$ $\zeta =$ $\zeta =$	22,5° 0,07 0,11	30° 0,11 0,17	45° 0,24 0,32	60° 0,47 0,68	90° 1,13 1,27
Kniestück 45° / 45°	glatt rau	$\dfrac{l}{d} =$ $\zeta =$ $\zeta =$	0,71 0,51 0,51	0,943 0,35 0,41	1,174 0,33 0,38	1,42 0,28 0,38	1,86 0,29 0,39	2,56 0,36 0,43	6,28 0,40 0,45
Kniestück 30° / 30°	glatt rau	$\dfrac{l}{d} =$ $\zeta =$ $\zeta =$	1,23 0,16 0,30	1,67 0,16 0,28	2,37 0,14 0,26	3,77 0,16 0,24		

			$\dot{V}_a/\dot{V} =$	0	0,2	0,4	0,6	0,8	1
Stromabzweigung (Trennung)		$\delta = 90°$	$\zeta_a =$ $\zeta_g =$	0,95 0,04	0,88 −0,08	0,89 −0,05	0,95 0,07	1,10 0,21	1,28 0,35
		$\delta = 45°$	$\zeta_a =$ $\zeta_g =$	0,9 0,04	0,66 −0,06	0,47 −0,04	0,33 0,07	0,29 0,20	0,35 0,33
Zusammenfluss (Vereinigung)			$\dot{V}_a/\dot{V} =$	0	0,2	0,4	0,6	0,8	1
		$\delta = 90°$	$\zeta_a =$ $\zeta_g =$	−1,1 0,04	−0,4 0,17	0,1 0,3	0,47 0,4	0,72 0,5	0,9 0,6
		$\delta = 45°$	$\zeta_a =$ $\zeta_g =$	0,9 0,05	−0,37 0,17	0 0,18	0,22 0,05	0,37 −0,2	0,38 −0,57
für Warmwasserheizungen Bogenstück 90° Knie 90°			Durchmesser $d = 14$ mm $\zeta = 1,2$ $\zeta = 1,7$		20 1,1 1,7	25 0,86 1,3	34 0,53 1,1	39 0,42 1,0	49 0,51 0,83

D Festigkeitslehre

Alfred Böge, Gert Böge

Formelzeichen und Einheiten

A	mm², cm², m²	Flächeninhalt, Fläche, Oberfläche, A_M Momentenfläche
a	mm	Abstand
b	mm	Stabbreite
R	$\dfrac{N}{mm}, \dfrac{N}{m}$	Federrate
d	mm	Stabdurchmesser
d_0	mm	ursprünglicher Stabdurchmesser
d_1	mm	Durchmesser des geschlagenen Nietes = Nietlochdurchmesser
Δd	mm	Durchmesserabnahme oder -zunahme
E	$\dfrac{N}{mm^2}$	Elastizitätsmodul
e_1	mm	Entfernung der neutralen Faser von der Druckfaser
e_2	mm	Entfernung der neutralen Faser von der Zugfaser
F	N	Kraft, Belastung, Last, Tragkraft
F'	N	Belastung der Längeneinheit, Streckenlast
F_K	N	Knickkraft (nach *Euler*)
f	mm	Durchbiegung
F_G	N	Gewichtskraft
G	$\dfrac{N}{mm^2}$	Schubmodul
H	mm	Gesamthöhe eines Querschnitts
h	mm	Höhe allgemein, Stabhöhe
I	mm⁴, cm⁴	axiales Flächenmoment 2. Grades
I_a, I_x, I_y	mm⁴	auf die Achse a oder x oder y bezogenes Flächenmoment 2. Grades
I_p	mm⁴	polares Flächenmoment 2. Grades
I_{xy}	mm⁴	Zentrifugal- oder Fliehmoment
I_I, I_{II}	mm⁴	Hauptflächenmomente 2. Grades
I_s	mm⁴	Flächenmoment 2. Grades, bezogen auf die Schwerachse des Querschnitts
i	mm	Trägheitsradius
$l_{(L)}$	mm	Stablänge nach der Dehnung oder Stauchung
$l_{(L_0)}$	mm	ursprüngliche Stablänge (Ursprungslänge)
Δl	mm	Längenzunahme oder -abnahme
l_r	km	Reißlänge
M	Nmm, Nm	Drehmoment, Moment einer Kraft
M_b	Nmm, Nm	Biegemoment
M_T	Nmm, Nm	Torsionsmoment
S	mm², cm², m²	Querschnitt, Querschnittsfläche
n	$\dfrac{1}{min} = min^{-1}$	Drehzahl
P	W, kW	Leistung

p	$\dfrac{N}{mm^2}$		Flächenpressung
r	mm		Radius
v	1		Sicherheit gegen Knicken
s	mm		Stabdicke, Blechdicke
V	mm³, m³		Volumen
W	Nm = J = Ws		Arbeit, Formänderungsarbeit
W	mm³		axiales Widerstandsmoment
W_x, W_y	mm³		auf die x- oder y- Achse bezogenes Widerstandsmoment
W_p	mm³		polares Widerstandsmoment für Kreis- und Kreisringquerschnitt
W_t	mm³		Widerstandsmoment bei Torsion nicht kreisförmiger Querschnitte
α_l	$\dfrac{1}{°C} = \dfrac{1}{K}$		Längen-Ausdehnungskoeffizient
α_0	1		Anstrengungsverhältnis
δ	%		Bruchdehnung, Bruchstauchung
ϵ	1		Dehnung, Stauchung, $\epsilon = \dfrac{\Delta l}{l_0}$
ϵ_q	1		Querdehnung, $\epsilon_q = \dfrac{\Delta d}{d_0}$
T	K		Temperatur in Kelvin
ΔT	°C, K		Temperaturdifferenz in Grad Celsius (1 °C = 1 K)
λ	1		Schlankheitsgrad
λ_0	1		Grenzschlankheitsgrad (untere Grenze)
μ	1		Poisson-Zahl $\mu = \dfrac{\epsilon_q}{\epsilon}$
v	1		Sicherheit, allgemein bei Festigkeitsuntersuchungen
ρ	1		Biegeradius, Krümmungsradius der elastischen Linie

σ		Normalspannung allgemein (Druck, Zug, Biegung, Knickkung)	σ_{zul}		zulässige Normalspannung ($\sigma_{b\,zul}, \sigma_{d\,zul}, \sigma_{K\,zul}, \sigma_{z\,zul}$)
$R_m\,(\sigma_B)$		Zugfestigkeit			Schubspannung allgemein
σ_b		Biegespannung	τ		Tangentialspannung
σ_d		Druckspannung			(Schub, Abscheren, Torsion)
σ_E		Spannung an der Elastizitätsgrenze	τ_a	$\dfrac{N}{mm^2}$	Abscherspannung $\tau_a = \dfrac{F}{A}$
σ_K	$\dfrac{N}{mm^2}$	Knickspannung	τ_s		Schubspannung $\tau_s = c\dfrac{F}{A}$
σ_l		Lochleibungsdruck	τ_t		Torsionsspannung
σ_P		Spannung an der Proportionalitätsgrenze	τ_{zul}		zulässige Schub-(Tangential)-spannung
$R_e\,(\sigma_S)$		Streckgrenze			
$R_{p\,0,2}$		0,2-Dehngrenze	φ	°, rad	Biege- oder Verdrehwinkel
σ_z		Zugspannung			

1 Allgemeines

1.1 Aufgaben der Festigkeitslehre

Die Festigkeitslehre ist ein Teil der Mechanik. Sie behandelt die Beanspruchungen, das sind die *Spannungen* und *Formänderungen*, die äußere Kräfte (Belastungen) in festen elastischen Körpern (Bauteilen) auslösen.

Die mathematisch auswertbaren Erkenntnisse werden benutzt *zur Ermittlung der Abmessungen* der „gefährdeten" Querschnitte von Bauteilen (Wellen, Achsen, Bolzen, Hebel, Schrauben usw.) für eine nicht zu überschreitende sogenannte zulässige Beanspruchung des Werkstoffes: *Querschnittsnachweis*; und zur *Kontrolle* der im gegebenen gefährdeten Querschnitt vorhandenen Beanspruchungen und Vergleich mit der zulässigen Beanspruchung: *Spannungsnachweis*. Dabei werden ausreichende Sicherheit gegen Bruch und zu große Formänderung, aber auch Wirtschaftlichkeit der Konstruktion erwartet.

In der Konstruktion ist es vorteilhaft, die Abmessungen der Bauteile zunächst anzunehmen. Mit den Gesetzen der Festigkeitslehre werden dann die vorhandenen Spannungen und Formänderungen bestimmt und mit den zulässigen verglichen.

Die Erkenntnisse der Festigkeitslehre bauen auf den Gesetzen der Statik auf und lassen sich nur im Zusammenhang mit den Erkenntnissen der Werkstofftechnik, Werkstoffkunde und (-prüfung) anwenden.

1.2 Schnittverfahren

In der Statik werden die von *Bauteil zu Bauteil* übertragenen *inneren* Kräfte (innere Kräfte im Sinne einer mehrteiligen Konstruktion) durch „Freimachen" des betrachteten Bauteiles zu *äußeren* Kräften gemacht und dann mit Hilfe der Gleichgewichtsbedingungen die noch unbekannten Kräfte und Kraftmomente bestimmt.

In ähnlicher Weise werden in der Festigkeitslehre durch eine gedachte Schnittebene die von *Querschnitt zu Querschnitt* übertragenen *inneren* Kräfte zu *äußeren* gemacht. Der Ansatz der statischen Gleichgewichtsbedingungen für einen der beiden abgetrennten Teile liefert danach Art und Größe des inneren Kräftesystems. Erst damit kommt man zu einer Vorstellung über den Beanspruchungszustand (Spannungszustand) des betrachteten Bauteils und kann etwas über die *Verteilung* der inneren Kräfte aussagen.

Bei „statisch unbestimmten Problemen" reichen die statischen Gleichgewichtsbedingungen nicht aus und es müssen noch Verformungsgleichungen der Elastizitätslehre herangezogen werden (siehe Beispiel Bild 3), damit die Summe aller verfügbaren Gleichungen mindestens gleich der Anzahl der unbekannten Kräfte und Kraftmomente ist.

1.2.1 Arbeitsplan zum Schnittverfahren

Der betrachtete Bauteil wird frei gemacht (siehe C Statik) und alle äußeren Kräfte und Kraftmomente bestimmt; im „gefährdeten" Querschnitt (oder an beliebiger Stelle) wird ein „Schnitt" gelegt; am Schnittufer eines der beiden abgetrennten Teile werden solche inneren Kräfte und Kraftmomente angebracht, sodass inneres und äußeres Kräftesystem im Gleichgewicht stehen; das innere Kräftesystem wird mit Hilfe der Gleichgewichtsbedingungen bestimmt.

1.2.2 Anwendungsbeispiel: Zahn eines geradverzahnten Stirnrades

Nach Bild 1a (Lageplan) wird der Zahn durch die äußere Kraft F unter dem Winkel β zur Senkrechten belastet. F wird in die Komponenten $F\cos\beta$ und $F\sin\beta$ zerlegt, weil das innere Kräftesystem dann gleich in Komponentenform vorliegt.

Durch Schnitt $A-B$ wird ein Teil des Zahnes vom Radkörper abgetrennt und durch schrittweises Hinzufügen geeigneter Kräfte und Momente das durch den Schnitt gestörte Gleichgewicht des abgeschnittenen Teiles wieder hergestellt.

Aus der Bedingung $\Sigma F_x = 0$ ergibt sich, dass der Querschnitt $A-B$ eine *Querkraft* $F_q = F\sin\beta$ zu übertragen hat; ebenso aus $\Sigma F_y = 0$, dass eine *Normalkraft* $F_N = F\cos\beta$ aufgenommen werden muss. Sind diese beiden inneren Kräfte eingetragen, so erkennt man, dass dem Kräftepaar mit den Teilkräften $F\sin\beta$ im Querschnitt ein *inneres Moment* M_b (= *Biegemoment*) = $F\sin\beta \cdot l$ entgegen wirken muss. Damit ist das innere Kräftesystem vollständig bestimmt.

Der benachbarte Querschnitt des Zahnradkörpers muss das gleiche innere Kräftesystem übertragen, jedoch mit entgegengesetztem Richtungssinn, weil auch diese beiden Kräftesysteme im Gleichgewicht stehen müssen.

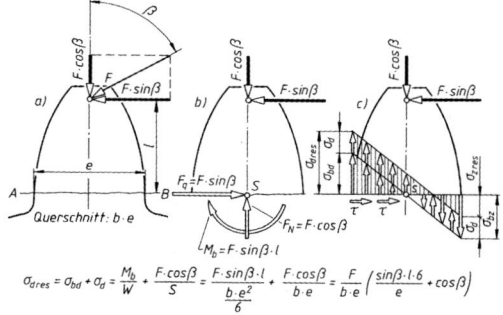

$$\sigma_{res} = \sigma_{bd} + \sigma_d = \frac{M_b}{W} + \frac{F \cdot \cos\beta}{S} = \frac{F \cdot \sin\beta \cdot l}{\frac{b \cdot e^2}{6}} + \frac{F \cdot \cos\beta}{b \cdot e} = \frac{F}{b \cdot e}\left(\frac{\sin\beta \cdot l \cdot 6}{e} + \cos\beta\right)$$

Bild 1.
Schnittverfahren am Zahn eines Zahnrades
a) Lageplan,
b) inneres Kräftesystem,
Spannungssystem (Spannungsbild)

Jetzt kann das Spannungssystem (Spannungsbild 1c) entworfen werden:

Querkraft $F_q = F \sin\beta$ erzeugt *Schub*spannungen τ (*in* der Fläche liegend);

Normalkraft $F_N = F \cos\beta$ erzeugt *Normal*spannungen σ (rechtwinklig auf der Fläche stehend), als *Druck*spannung auftretend;

Biegemoment $M_b = F \sin\beta \cdot l$ erzeugt *Normal*spannungen σ, als *Zugspannung* σ_z und *Druckspannung* σ_d auftretend; sie heißen *Biegespannung* σ_b und sind hier durch die Indexe unterschieden: σ_{bz}, σ_{bd}.

Wie die Spannungen über dem Querschnitt verteilt sind (Spannungsbild), ist in den entsprechenden Kapiteln erläutert (Zug, Druck, Biegung). Die Herleitung der Gleichung für die resultierende (größte) Druckspannung $\sigma_{d\,res}$ ergibt sich aus dem Spannungsbild.

1.2.3 Anwendungsbeispiel: Schwingende Kurbelschleife

Bild 2a zeigt das Schema eines Schubkurbelgetriebes. Die mit Winkelgeschwindigkeit ω umlaufende Kurbel bewegt mit dem im Gleitstein 1 sitzenden Kurbelzapfen die Schwinge um den Drehpunkt des Lagers A. In der gezeichneten Stellung verschiebt die Schwinge über den Gleitstein 2 den horizontal geführten Stößel nach rechts. Das im Schnitt $x-x$ auftretende innere Kräfte- und Spannungssystem soll bestimmt werden. Reibung und Massenkräfte sind zu vernachlässigen.

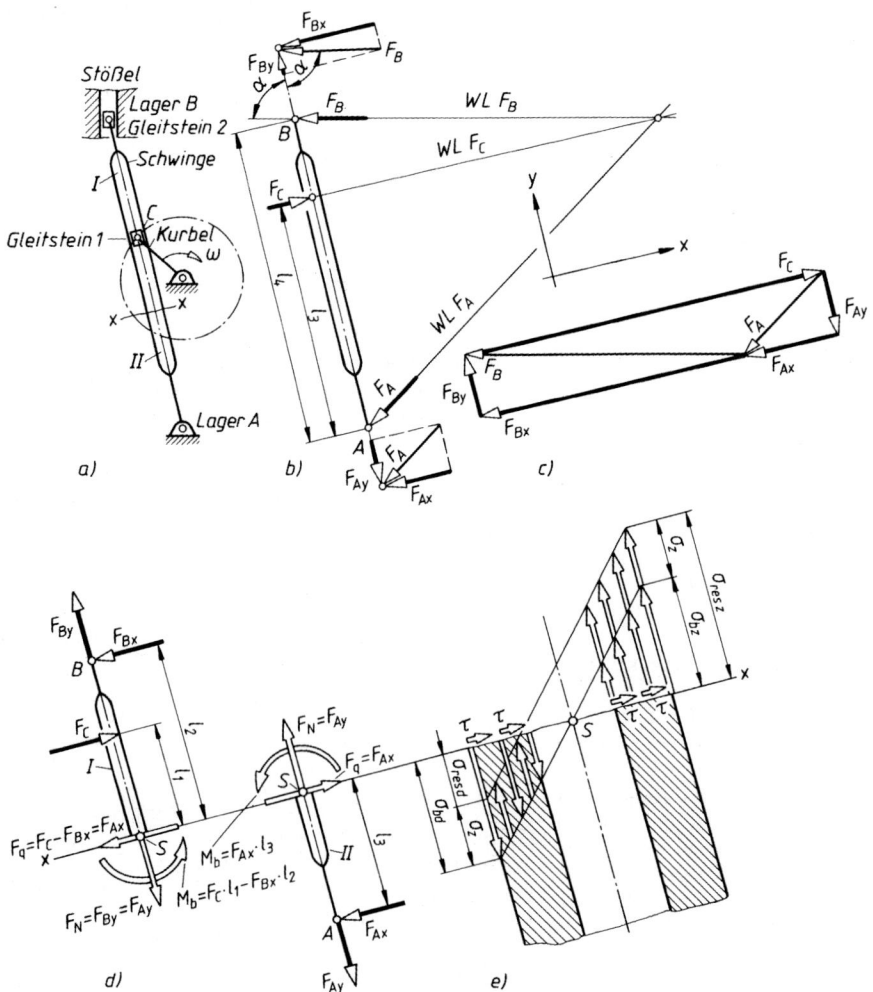

Bild 2. Schnittverfahren an der Schwinge eines Schubkurbelgetriebes a) Lageplan (Schema) des Getriebes mit Schnittstelle $x-x$, b) Lageplan der freigemachten Schwinge mit Wirklinien der Kräfte F_A, F_B, F_C (Dreikräfteverfahren), c) Kräfteplan der Schwingenkräfte F_A, F_B, F_C, d) inneres Kräftesystem im Schnitt $x-x$, e) Spannungssystem im Schnitt $x-x$

1 Allgemeines

Nach dem *Arbeitsplan* wird zunächst die Schwinge frei gemacht (Bild 2b). Der Stößel überträgt über Gleitstein 2 in waagerechter Richtung die aus dem Zerspanungswiderstand *bekannte Kraft* F_B von rechts nach links. Gleitstein 1 überträgt auf die Schwinge die rechtwinklig zur Schwingenachse wirkende (noch unbekannte) Kraft F_C. Im Lagerpunkt A (zweiwertig) greift an der Schwinge die (noch unbekannte) Stützkraft F_A an. Zur rechnerischen (analytischen) Kräftebestimmung werden F_B und F_A in ihre x- und y-Komponenten zerlegt. Bild 2b und 2c zeigen die *zeichnerische* Lösung (3-Kräfte-Verfahren). *Rechnerisch* ergibt sich

I. $\Sigma F_x = 0 = -F_{Bx} - F_{Ax} + F_C$
$F_{Ax} = F_C - F_{Bx}$

II. $\Sigma F_y = 0 = +F_{By} - F_{Ay}$
$F_{Ay} = F_{By}$

III. $\Sigma M(A) = 0 = -F_C l_3 - F_{Bx} l_4$
$F_C = \dfrac{F_{Bx} l_4}{l_3}$

Die Gleichung für F_C wird zur Berechnung von F_{Ax} in I. eingesetzt; F_{Ay} ist aus II. bestimmt und damit auch $F_A = \sqrt{F_{Ax}^2 + F_{Ay}^2}$ berechenbar (wird hier nicht gebraucht). Mit den ermittelten Kräften F_C, F_{Ax}, F_{Ay} und der bekannten Kraft F_B kann nun das innere Kräftesystem im Schnitt $x-x$ bestimmt werden (Bild 2d).
Die am Schwingen-Teilstück I angreifenden Kräfte stehen im Gleichgewicht, wenn der Querschnitt $x-x$ überträgt (siehe auch Kräfteplan):
die *Normalkraft* $F_N = F_{By} = F_{Ay}$; sie erzeugt *Normal*spannungen σ (als Zugspannung σ_z);
die *Querkraft* $F_q = F_C - F_{Bx} = F_{Ax}$; sie erzeugt *Schub*Spannungen τ;
das *Biegemoment* $M_b = -F_C l_1 + F_{Bx} l_2 = -F_{Ax} l_3$, es erzeugt *Normal*spannungen σ (als Biegespannungen σ_b).
Das innere Kräfte- und Spannungssystem im benachbarten Querschnitt des Schwingen-Teilstück II muss von gleicher Größe sein, jedoch von entgegengesetztem Richtungssinn. Bild 2e zeigt das Spannungssystem.

1.3 Spannung

1.3.1 Spannungsbegriff

Mit Hilfe des Schnittverfahrens kann für beliebige Querschnitte Betrag und Richtung des inneren Kräftesystems bestimmt werden. Damit kann der Betrag der *Beanspruchung* des Werkstoffs berechnet werden.

Ein Maß für den Betrag der Beanspruchung ist die *Spannung* (Bild 3). Man spricht auch von mechanischer Spannung, im Gegensatz z.B. zur elektrischen Spannung.

$$\text{Spannung} = \frac{\text{innere Kraft } F \text{ in N}}{\text{Querschnittsfläche } S \text{ in mm}^2}$$

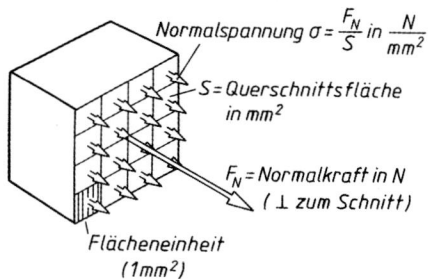

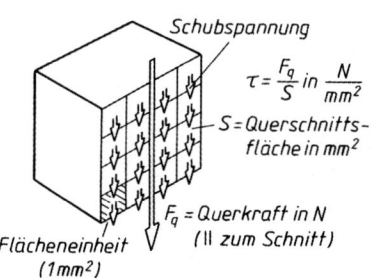

Bild 3. Normalspannung σ und Schubspannung τ (Tangentialspannung)

1.3.2 Spannungsarten

Steht die innere Kraft rechtwinklig zum Querschnitt, spricht man von einer *Normalkraft* F_N. Liegt sie dagegen *im* Schnitt selbst, wirkt sie also *quer* zur Längsachse eines stabförmigen Körpers, wird sie als *Querkraft* F_q bezeichnet. Damit ergeben sich auch zwei rechtwinklig aufeinander stehende Spannungsrichtungen, die *Normalspannung*

$$\sigma = \frac{F_q}{S} \qquad \begin{array}{c|c|c} \sigma & F_N & S \\ \hline \dfrac{N}{mm^2} & N & mm^2 \end{array} \qquad (1)$$

hervorgerufen durch die rechtwinklig zum Schnitt stehende innere *Normalkraft* F_N (Zug- oder Druckkraft) und die *Schubspannung* (Tangentialspannung)

$$\tau = \frac{F_q}{S} \qquad \begin{array}{c|c|c} \tau & F_q & S \\ \hline \dfrac{N}{mm^2} & N & mm^2 \end{array} \qquad (2)$$

hervorgerufen durch die *im* Querschnitt liegende innere *Querkraft* F_q (Schubkraft).

Die Beanspruchungsart (Zug, Druck, Abscheren, Biegung, Torsion) wird durch einen an das Spannungssymbol angehängten *Kleinbuchstaben* (Index) gekennzeichnet: σ_z Zugspannung, σ_d Druckspannung, σ_b Biegespannung, τ_a Abscherspannung, τ_t Torsionsspannung. Im Gegensatz dazu erhalten Spannungs*grenzen* (Grenzspannungen), das ist der Spannungsbetrag, der am Ende eines kennzeichnenden Zustands auftritt, *Großbuchstaben*: σ_E Elastizitätsgrenze, σ_P Proportionalitätsgrenze, σ_F Fließgrenze, $R_m(\sigma_B)$ Bruchgrenze, ebenso σ_D Dauerfestigkeit, σ_W Wechselfestigkeit, σ_{Sch} Schwellfestigkeit. *Nennspannung* σ_n ist derjenige rechnerische Spannungsbetrag, der bei vorliegenden Baumaßen aus den bekannten äußeren Kräften für einen betrachteten Querschnitt ermittelt wird.

1.4 Formänderung

Jeder feste Körper ändert unter der Einwirkung von Kräften seine Form. Nimmt der Körper nach Entlastung seine ursprüngliche Form wieder an, spricht man von *elastischer* Formänderung, behält er sie bei, von *plastischer* Formänderung. In technischen Bauteilen sind plastische und elastische Bereiche zu finden. Hier werden nur die elastischen Formänderungen rechnerisch behandelt.

Der auf Zug beanspruchte zylindrische Stab in Bild 4 besitzt die *Ursprungslänge* l_0 und erfährt eine *Verlängerung* (bei Druck *Verkürzung*):

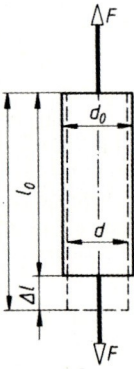

Bild 4. Formänderung am Zugstab

$$\Delta l = l - l_0 \tag{3}$$

Die Längenänderung, die 1 mm des unbelasteten Stabes durch die Spannung σ erfährt, heißt *Dehnung* (bei Druck *Stauchung*):

$$\epsilon = \frac{\Delta l}{l_0} = \frac{l - l_0}{l_0} \qquad \begin{array}{c|c} \epsilon & l_0, l, \Delta l \\ \hline 1 & mm \end{array} \tag{4}$$

Die nach dem Zerreißversuch gebliebene Verlängerung Δl_B, bezogen auf die Ursprungslänge l_0 (Messlänge) heißt *Bruchdehnung*

$$A = \frac{\Delta l_B}{l_0} 100 \qquad \begin{array}{c|c} A & l_0, \Delta l_B \\ \hline \% & mm \end{array} \tag{5}$$

Die Verlängerung nach dem Bruch Δl_B ist abhängig von l_0. Deshalb wird diese durch eine Beizahl gekennzeichnet: A_{10} bei $l_0 = 100$ mm; A_5 bei $l_0 = 50$ mm.

Neben der *Längenänderung* tritt bei Zug auch eine *Querschnittsveränderung* auf, eine *Querdehnung*:

$$\epsilon_q = \frac{\Delta d}{d_0} = \frac{d_0 - d}{d_0} \tag{6}$$

1.5 Hooke'sches Gesetz (Elastizitätsgesetz)

Die Beziehung zwischen Dehnung ϵ und zugehöriger Spannung σ klärt der Zugversuch: Bis zur *Proportionalitätsgrenze* σ_P (s. E Werkstoffprüfung) wächst bei vielen Werkstoffen (z.B. Stahl) die Dehnung ϵ mit der Spannung σ im gleichen Verhältnis (proportional). Bei doppelter Spannung zeigt sich die doppelte Dehnung. Es gilt dann das *Hooke'sche Gesetz*

$$\sigma = \frac{\Delta l}{l_0} E = \epsilon E \tag{7}$$

Damit ergibt sich die *Verlängerung* (Verkürzung)

$$\Delta l = \epsilon l_0 = \frac{\sigma l_0}{E} = \frac{F l_0}{ES} \tag{8}$$

$\Delta l, l_0$	ϵ	E, σ	F	S
mm	1	$\frac{N}{mm^2}$	N	mm^2

Beachte: Gleichungen 7 und 8 gelten nur bei Spannungen $\sigma < \sigma_P$. Es ist also stets zu prüfen, ob das Hookesche Gesetz *überhaupt* gilt und ob es *noch* gilt. Der *Elastizitätsmodul* E (kurz: E-Modul) ist bei vielen Stoffen eine konstante Größe (Zahlenwerte in Tab. 1). Da die Dehnung eine „Verhältnisgröße" ist (Dimension eins), hat der E-Modul die Dimension einer Spannung, also „Kraft durch Fläche".

Man kann den E-Modul dreifach deuten:

a) mathematisch als Proportionalitätsfaktor in der Gleichung $\sigma = \epsilon E$,

b) geometrisch als ein Maß für die Steigung der Spannungslinie im Spannungs-Dehnungs-Diagramm:
$E \triangleq \tan \alpha = \sigma/\epsilon$,

c) physikalisch als diejenige Spannung, die eine Verlängerung auf die doppelte Ursprungslänge hervorruft (Dehnung $\epsilon = 1$). Das ist praktisch unmöglich, weil dieser Spannungswert über der Proportionalitätsgrenze liegt und damit (8) nicht mehr gilt.

1 Allgemeines

Tabelle 1. Elastizitätsmodul E und Schubmodul G einiger Werkstoffe

Werkstoff	Stahl	Stahl-guss	Guss-eisen	Cu Sn Zn-Leg.	Al Cu Mg
E in N/mm²	$2{,}1 \cdot 10^5$	$2{,}1 \cdot 10^5$	$0{,}8 \cdot 10^5$	$0{,}9 \cdot 10^5$	$0{,}72 \cdot 10^5$
G in N/mm²	$0{,}8 \cdot 10^5$	$0{,}8 \cdot 10^5$	$0{,}4 \cdot 10^5$		$0{,}28 \cdot 10^5$

1.6 Die Grundbeanspruchungsarten

1.6.1 Zugbeanspruchung (Zug)

Die äußeren Kräfte ziehen in Richtung der Stabachse (Bild 5). Sie versuchen die benachbarten „Schnittufer" der Teilstücke I und II voneinander zu entfernen: der Stab wird verlängert (gedehnt). Die innere Kraft F_N steht rechtwinklig zur Schnittfläche, es entstehen. *Normal*spannungen σ_z (Zugspannungen).

1.6.2 Druckbeanspruchung (Druck)

Die äußeren Kräfte drücken in Richtung der Stabachse (Bild 6). Sie versuchen, die beiden Schnittufer einander näher zubringen: der Stab wird verkürzt. Die innere Kraft F_N steht wie bei Zug rechtwinklig zur Schnittfläche, es entstehen wieder *Normal*spannungen σ_d (Druckspannungen). Bei schlanken Stäben besteht die Gefahr des Ausknickens: Knickbeanspruchung (Bild 8).

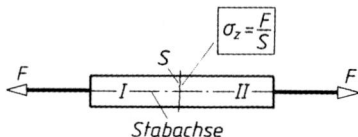

Bild 5. Zugbeanspruchung

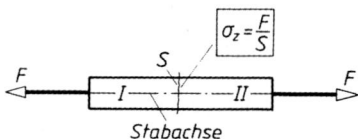

Bild 6. Druckbeanspruchung

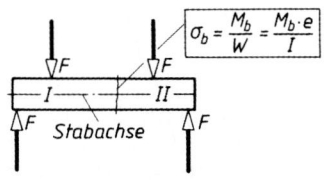

Bild 7. Biegebeanspruchung

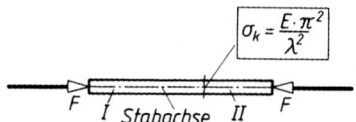

Bild 8. Knickbeanspruchung

1.6.3 Biegebeanspruchung (Biegung)

Die äußeren Kräfte ergeben ein Kräftepaar (Kraftmoment M_b = Biegemoment) und eine Querkraft (Bild 7). Das Kräftepaar wirkt in einer durch die Stabachse laufenden Ebene und versucht die Schnittufer gegeneinander schräg zu stellen: der Stab wird gebogen. Das innere Moment M_b steht rechtwinklig zur Schnittfläche, es entstehen *Normal*spannungen σ_b (Biegespannungen = Zug- und Druckspannungen).

1.6.4 Knickbeanspruchung (Knickung)

Die äußeren Kräfte drücken wie bei Druck in Richtung der Stabachse. „Schlanke" Druckstäbe knicken dann bei einer bestimmten Belastung plötzlich aus (Bild 8). Die Ähnlichkeit der Form des belasteten Knickstabes mit einem gebogenen Träger darf nicht über grundsätzliche Unterschiede zwischen beiden Beanspruchungsarten hinwegtäuschen: Biegung ist eine Spannungsaufgabe, Knickung dagegen eine Stabilitätsaufgabe.

1.6.5 Abscherbeanspruchung (Abscheren)

Die äußeren Kräfte wirken senkrecht zur Stabachse (Bild 9). Sie versuchen die beiden Schnittufer parallel zueinander zu verschieben. Die innere Kraft F_q liegt *in* der Schnittfläche, es entstehen *Schub*spannungen τ_a (Abscherspannungen).

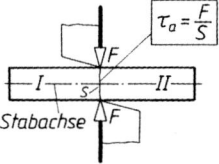

Bild 9. Abscherbeanspruchung

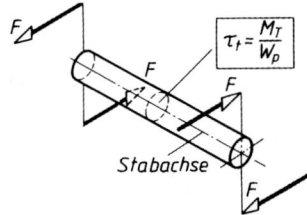

Bild 10. Torsion (Verdrehbeanspruchung)

1.6.6 Torsion (Verdrehbeanspruchung)

Die äußeren Kräfte ergeben ein Kräftepaar nach Bild 10. Es wirkt in einer rechtwinklig zur Stabachse stehenden Ebene und versucht die Schnittufer gegeneinander zu verdrehen: der Stab wird verdreht (tordiert). Das innere Moment M_T (Torsionsmoment) liegt *in der Schnittfläche*, es entstehen *Schub*spannungen τ_t (Torsionsspannungen).

1.7 Zusammengesetzte Beanspruchung

Das gemeinsame Auftreten zweier oder mehrerer Grundbeanspruchungsarten heißt zusammengesetzte Beanspruchung. Sie kann schon durch eine Einzelkraft F allein hervorgerufen werden (Bild 11). Welche Beanspruchungsarten auftreten, klärt das Schnittverfahren. Beispielsweise hat der beliebige Querschnitt $x-x$ der Handkurbel in Bild 11 zu übertragen:

Biegemoment $\qquad M_{b1} = F\cos\alpha \cdot l_1$
ergibt Biegebeanspruchung

Biegemoment $\qquad M_{b2} = F\sin\alpha \cdot l_2$
ergibt Biegebeanspruchung

Torsionsmoment $\qquad M_T = F\sin\alpha \cdot l_1$
ergibt Torsionsbeanspruchung

Querkraft $\qquad F_q = F\sin\alpha$
ergibt Abscherbeanspruchung

Normalkraft $\qquad F_N = F\cos\alpha$
ergibt Druck- und Knickbeanspruchung

Die aus diesen fünf Grundbeanspruchungsarten resultierende zusammengesetzte Beanspruchung heißt „Biege-Drill-Knickung". Die beiden Biegemomente M_{b1} und M_{b2} werden geometrisch zu einem resultierenden Biegemoment M_b zusammengefasst.

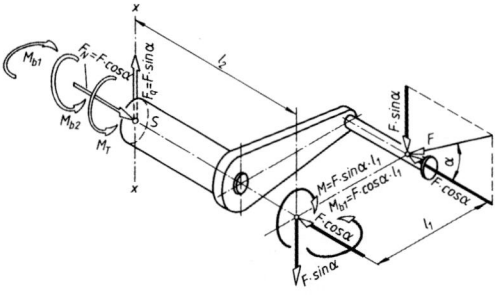

Bild 11.
Zusammengesetzte Beanspruchung als Folge einer schräg angreifenden Einzelkraft F

1.8 Festigkeit

1.8.1 Begriff der Festigkeit

Allgemein wird in der Festigkeitslehre unter *Festigkeit* die *Widerstandsfähigkeit* eines *Werkstoffs* bzw. eines *Bauteiles* gegen *Bruch* bei mechanischer Beanspruchung verstanden. Es ist demnach zwischen der *Festigkeit eines Werkstoffes* und der *Festigkeit eines Bauteils* zu unterscheiden, letzteres wird jedoch gesondert in der *Gestaltfestigkeitslehre* behandelt. Die Definition einer Festigkeit ist an die *Versuchsausführung* gebunden, z.B. ob die Werkstoffprobe ruhender, stoßender oder schwingender Belastung unterworfen wird, in welcher Weise die äußeren Kräfte wirken und welche Formänderungen hervorgerufen werden.

In den meisten Fällen werden die am Probestab ermittelten rechnerischen Festigkeitswerte auf die Ursprungsmaße des Prüfkörpers bezogen, so dass es sich nur um angenäherte Werte handeln kann. Viele Versuchsanordnungen und -auswertungen zur Ermittlung solcher Festigkeitswerte sind genormt (siehe Werkstoffprüfung).

Während die Festigkeit eines *Werkstoffs* durch die Angabe einer *Grenzspannung* zahlenmäßig erfasst werden kann, lässt sich die Festigkeit *eines Bauteils* oder einer ganzen Tragkonstruktion vielfach nur durch die Angabe einer *Traglast* kennzeichnen. Das gilt für solche Fälle, in denen zwar die äußeren Kräfte bestimmt sind, jedoch wegen der verwickelten Form der Konstruktion nichts über die Beanspruchungsart ausgesagt werden kann.

1.8.2 Festigkeit bei statischer (ruhender, zügiger) Belastung, Dauerstandfestigkeit

Beim Zugversuch nach DIN EN 10002 wird der Probestab einer allmählich ansteigenden (zügigen) Zugbeanspruchung ausgesetzt bis er bricht. Die so ermittelte rechnerische Grenzspannung heißt *Bruchfestigkeit*, bei Zugbeanspruchung *Zugfestigkeit* R_m. In dieser Weise können auch die anderen wichtigen Grenzspannungen bestimmt werden: σ_E *Elastizitätsgrenze*, R_e oder $R_{p\,0,2}$ 0,2-Dehngrenze. Näheres siehe E Werkstofftechnik.

Wird der Probestab bei *höherer Temperatur* einer dauernden, ruhenden, unveränderten Belastung ausgesetzt, so wächst im allgemeinen die Dehnung ϵ bis zum Bruch. Da die Dehnung sehr langsam fortschreitet, heißt dieser Vorgang *Kriechen*. Blei und Zink kriechen schon unter 0 °C. Bei Kunststoffen spricht man vom „kalten Fluss", auch bei höheren Temperaturen.

Die *Dauerstandfestigkeit* σ_{Dst} ist diejenige (rechnerische) Grenzspannung bei ruhender Belastung, bei der die Dehnung im Laufe der Zeit zum Stillstand kommt, also nicht mehr zum Bruch führt. σ_{Dst} ist temperaturabhängig, ist also auch stets mit einer

1 Allgemeines

Temperaturangabe verbunden. Für Stahl ist σ_{Dst} bei ca. 650 °C nahe null.

1.8.3 Festigkeit bei dynamischer (schwellender, wechselnder) Belastung, Dauerfestigkeit

1.8.3.1 Spannungen

Die Konstruktionen des Maschinenbaus unterliegen meist einer dynamischen Belastung. Den allgemeinen Fall einer dynamischen Belastung zeigt Bild 12. Die Beanspruchung wechselt dauernd periodisch zwischen einer oberen Grenzspannung σ_o und einer unteren Grenzspannung σ_u. Nach Bild 12 ergibt sich unter Beachtung der Vorzeichen für Zug- und Druckspannung die *Mittelspannung*

$$\sigma_m = \frac{\sigma_o + \sigma_u}{2} \qquad (9)$$

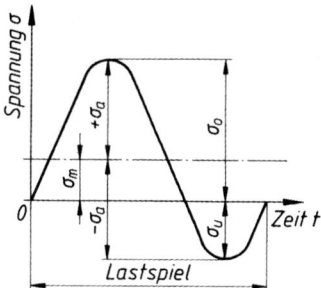

Bild 12.
σ_m Mittelspannung, σ_o Oberspannung,
σ_u Unterspannung, σ_a Ausschlagsspannung

Ebenso wird nach Bild 12 die *Ausschlagspannung*

$$\sigma_a = \sigma_o - \sigma_m \frac{\sigma_o \pm \sigma_u}{2} \qquad (10)$$

(+) für Bild 13d
(−) für Bild 12 und 13b

Die vier möglichen Grundfälle bei dynamischer Belastung zeigt Bild 13:

a) *Reine Wechselbeanspruchung* liegt vor bei Mittelspannung $\sigma_m = 0$. Ober- und Unterspannung σ_o, σ_u sind von gleichem Betrag aber entgegengesetztem Vorzeichen (z.B. Zug- und Druckspannung).

b) *Beanspruchung im Wechselbereich* liegt vor, wenn Ober- und Unterspannung σ_o, σ_u verschiedenen Betrag und entgegengesetztes Vorzeichen haben.

c) *Reine Schwellbeanspruchung* liegt vor bei Unterspannung $\sigma_u = 0$ und Mittelspannung σ_m = Spannungsausschlag σ_a.

d) *Beanspruchung im Schwellbereich* liegt vor, wenn Ober- und Unterspannung σ_o, σ_u unterschiedlichen Betrag aber gleiches Vorzeichen haben. Mittelspannung σ_m > Spannungsausschlag σ_a.

1.8.3.2 Dauerfestigkeit

σ_D ist derjenige größte Spannungsausschlag, den ein glatter, polierter Probestab bei dynamischer Belastung (Bild 13) „dauernd" ohne Bruch oder unzulässige Verformung aushält (Dauerschwingversuch Nach DIN 50 100, siehe auch Abschnitt E Werkstofftechnik). Nach *Bach* (1847 – 1931) werden *drei Belastungsfälle* unterschieden:

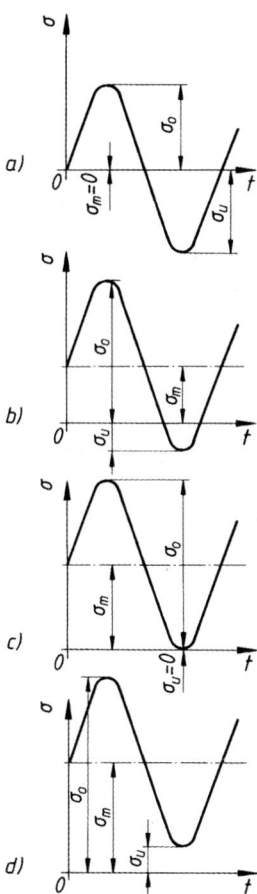

Bild 13.
Die 4 Grundfälle bei dynamischer Belastung

Fall I, ruhende oder statische Belastung
Die Belastung steigt zügig an bis zu einem konstant gehaltenen Höchstwert $\sigma_m = \sigma_o = \sigma_u$ und $\sigma_a = 0$. Der entsprechende Festigkeitswert ist die *Dauerstandfestigkeit* σ_{Dst}.

Fall II, schwellende Belastung (Bild 13c)
Die Belastung schwankt dauernd zwischen null und einem Höchstwert: $\sigma_m = \sigma_a = \sigma_o/2$; $\sigma_u = 0$. Der entsprechende Festigkeitswert ist die *Schwellfestigkeit* σ_{Sch}. Das ist diejenige Spannung, die ein schwellend belasteter, glatter, polierter Probestab dauernd erträgt, ohne zu brechen.

Fall III, wechselnde Belastung (Bild 13a)
Die Belastung schwankt dauernd zwischen einem gleich großen positiven und negativen Höchstwert: $|\sigma_o| = |\sigma_u| = |\sigma_a|$; $\sigma_m = 0$. Der entsprechende Festigkeitswert ist die *Wechselfestigkeit* σ_W. Das ist diejenige Spannung, die ein wechselnd belasteter, glatter, polierter Probestab dauernd erträgt, ohne zu brechen. Da jede Beanspruchungsart (Zug, Druck, Biegung, Torsion) wechselnd oder schwellend oder allgemein schwingend auftreten kann, ist jedesmal eine genaue Kennzeichnung der betreffenden Dauerfestigkeitswerte erforderlich, z.B. Zug-Druck-Wechselfestigkeit $\sigma_{z,dW}$; Biege-Schwellfestigkeit $\sigma_{b\,Sch}$.

Beachte: Alle *Festigkeitswerte* erhalten als Index große Buchstaben, Spannungen allgemein dagegen kleine Buchstaben: σ_a beliebiger Spannungsausschlag, σ_A Ausschlagfestigkeit (z.B. bei Schrauben).

1.8.3.3 Gestaltfestigkeit. Die Festigkeitswerte aus dem Dauerschwingversuch werden durchweg an glatten, polierten Stäben mit 7 ... 15 mm Durchmesser ermittelt. Die Dauerfestigkeit eines *Werkstoffs* ist deshalb nicht ohne weiteres die Dauerfestigkeit eines *Bauteils*, auf dessen Haltbarkeit meistens die *Gestalt* einen wesentlichen Einfluss hat.
Die Zusammenhänge zwischen der Gestalt und der Dauerfestigkeit eines Bauteiles werden in der *Gestaltfestigkeitslehre* untersucht. Nach DIN 50100 ist Gestaltfestigkei die durch die Nennspannung gekennzeichnete Dauerfestigkeit eines Bauteiles beliebiger Gestalt (z.B. einer Kurbelwelle). Siehe auch I 10.8.1.1 Ermittlung der Gestaltfestigkeit.

1.8.4 Kerbwirkung

Die meisten Bauteile weichen von der Form des Probestabs mehr oder weniger ab, hauptsächlich durch *Kerben* jeder Form, wie Wellenabsätze, Keilnuten, Bohrungen, Naben und Anrisse infolge der Bearbeitung, kurz durch jede auch noch so kleine Querschnittsänderung.
In all diesen Fällen ist die wichtigste Voraussetzung der hier später entwickelten Berechnungsgleichungen nicht mehr vorhanden, nämlich die gleichmäßige Verteilung der Spannung über dem Querschnitt.
Für den auf Zug-Druck beanspruchten Stab nach Bild 14 z.B. wird eine gleichmäßig über dem Querschnitt verteilte Spannung angenommen, deren Betrag sich aus der Gleichung $\sigma = F/S$ ergibt (F Zug- oder Druckkraft, S tragender Querschnitt). Messungen zeigen jedoch, dass die Kerbe *Spannungsspitzen* hervorruft, die ein Mehrfaches der rechnerischen Spannung betragen können. Die Spannungsspitzen können bei Beanspruchungen im Gebiet der Dauerfestigkeit des Werkstoffs durch örtliche Fließvorgänge *nicht* abgebaut werden, weil die Fließgrenze (Streckgrenze) des Werkstoffs nicht erreicht wird.

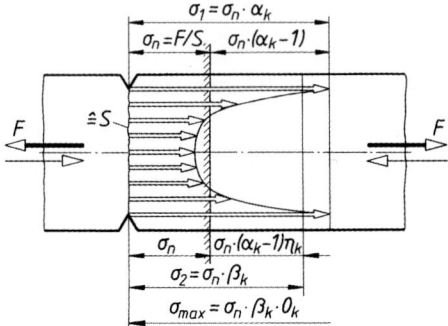

Bild 14. Kerbspannungen σ_1, σ_2, σ_{max} (Spannungsverlauf im gekerbten Zug-Druckstab)

Wird die rechnerische Spannung $\sigma = F/S$ als *Nennspannung* σ_n bezeichnet, und berücksichtigt man die durch *Kerben* hervorgerufene *Spannungserhöhung* durch die *Kerbformzahl* α_k, so ergibt sich die *erhöhte Spannung*

$$\sigma_1 = \alpha_k\,\sigma_n \qquad (11)$$

Richtwerte für α_k siehe Bilder 15 ... 19.

Die Nennspannung σ_n hat dann zugenommen um
$\sigma_1 - \sigma_n = \alpha_k\,\sigma_n - \sigma_n = \sigma_n\,(\alpha_k - 1)$

Unter sonst gleichen Bedingungen tritt jedoch diese Spannungserhöhung nicht bei allen Werkstoffen in voller Größe auf. Hochlegierte und gehärtete Stähle sind *kerbempfindlicher* als Gusseisen und Leichtmetalllegierungen. Diese Unterschiede werden berücksichtigt durch die *Kerbempfindlichkeitszahl* η_k. Bei hochlegiertem Federstahl ist $\eta_k = 1$; sonst ergibt sich eine Spannungserhöhung von $\sigma_n\,(\alpha_k - 1)\,\eta_k$, mit $\eta_k < 1$. In diesem Fall wird die Spannungsspitze σ_1 wieder etwas abgebaut auf

$$\begin{aligned}\sigma_2 &= \sigma_n + \sigma_n\,(\alpha_k - 1)\,\eta_k = \\ &= \sigma_n\,[1 + (\alpha_k - 1)\,\eta_k] = \sigma_n\,\eta_k \end{aligned} \qquad (12)$$

Der letzte Faktor heißt *Kerbwirkungszahl*

$$\beta_k = 1 + (\alpha_k - 1)\,\eta_k \qquad (13)$$

Richtwerte für β_k siehe Tabelle 4.

1 Allgemeines

Damit kann für die *Kerbempfindlichkeitszahl* geschrieben werden:

$$\eta_k = \frac{\beta_k - 1}{\alpha_k - 1} \qquad (14)$$

Richtwerte für η_k siehe Tabelle 5.

Da die Riefen und Risse der Oberfläche ebenfalls den Spannungsbetrag beeinflussen, kann noch die *Oberflächenzahl* $O_k > 1$ in die Betrachtung einbezogen werden. Dann ergibt sich abschließend die tatsächliche *Spannungsspitze*

$$\sigma_{max} = \sigma_n \, \eta_k \, O_k = \sigma_n \, [1 + (\alpha_k - 1) \, \eta_k] \, O_k \qquad (15)$$

Richtwerte für O_k siehe Tabelle 6.

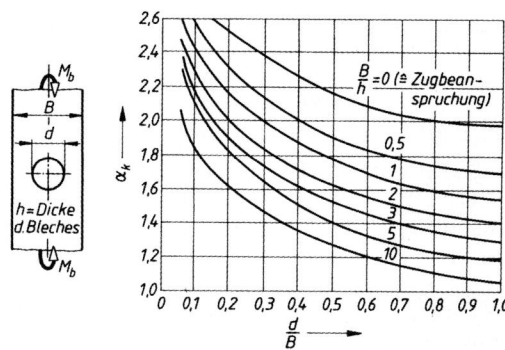

Bild 17. Formzahlen α_k biegebeanspruchter Flachstäbe, quergebohrt, in Abhängigkeit vom Bohrungsverhältnis d/B ($B/h = 0$ entspricht der Zugbeanspruchung)

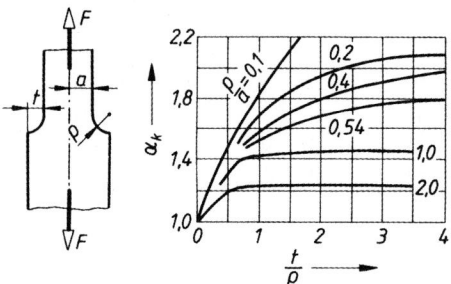

Bild 15. Formzahlen α_k zugbeanspruchter Flachstäbe mit Hohlkehlen in Abhängigkeit von der Kerbschärfe t/ρ

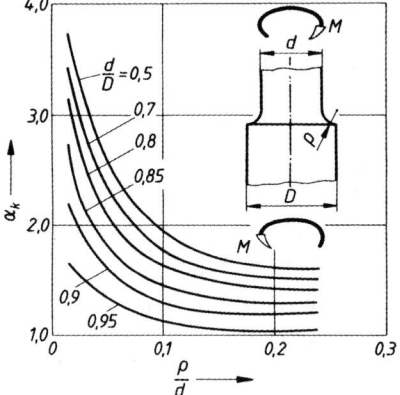

Bild 18. Formzahlen α_k für abgesetzte Wellen bei Torsion

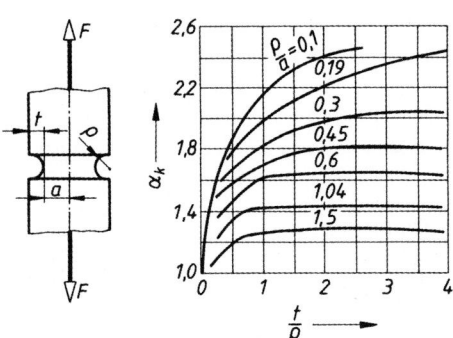

Bild 16. Formzahlen α_k zugbeanspruchter Rundstäbe mit Umlaufkerbe in Abhängigkeit von der Kerbschärfe t/ρ

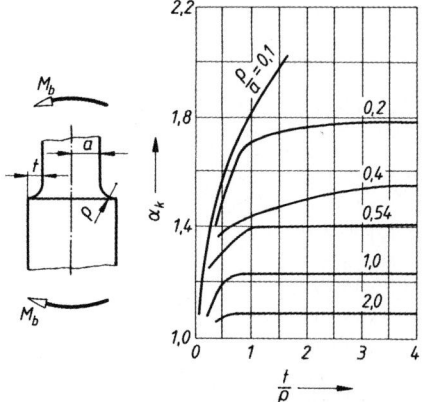

Bild 19. Formzahlen α_k für abgesetzte Wellen bei Biegung

Tabelle 2. Festigkeitswerte in N/mm² für verschiedene Stahlsorten[1]

Werkstoff	Elastizitäts-modul E	R_m	R_e $R_{p0,2}$	σ_{zdSch} [5]	σ_{zdW}	σ_{bSch} [6]	σ_{bW}	τ_{tSch} [7]	τ_{tW}	Schub-modul G
S235JR	210 000	360	235	180	140	270	180	115	105	80 000
S275JR	210 000	430	275	220	170	320	215	140	125	80 000
E295	210 000	490	295	250	195	370	245	160	145	80 000
S355JO	210 000	510	355	270	205	380	255	165	150	80 000
E335	210 000	590	335	305	235	435	290	200	180	80 000
E360	210 000	690	360	360	275	520	345	225	205	80 000
50CrMo4 [2]	210 000	1 100	900	570	440	825	550	360	330	80 000
20MnCr5 [3]	210 000	1 100	730	570	440	825	550	360	330	80 000
34CrAlNi7 [4]	210 000	850	650	440	340	640	425	280	255	80 000

[1] Richtwerte für $d_B < 16$ mm, [2] Vergütungsstahl, [3] Einsatzstahl, [4] Nitrierstahl,
[5] berechnet mit $1{,}3 \cdot \sigma_{z\,dW}$, [6] berechnet mit $1{,}5 \cdot \sigma_{bW}$, [7] berechnet mit $1{,}1 \cdot \tau_{tW}$

Tabelle 3. Festigkeitswerte in N/mm² für verschiedene Graugusssorten[1]

Werkstoff	Elastizitäts-modul E	R_m	σ_{bB}	σ_{dB}	σ_{zdW}	σ_{bw}	τ_{tw}	σ_{dSch}	Schubmodul G
GJL-150	100 000	180	340	800	50	80	70	200	40 000
GJL-200	120 000	220	400	950	60	100	80	240	50 000
GGJL-250	120 000	260	460	1 100	70	120	90	280	50 000
GJMW-400-5	170 000	350	–	$R_{p0,2}$	100	140	120	250	70 000
GJMB-350-4	170 000	350	–	= 190	80	120	100	200	70 000

[1] Für 15 bis 30 mm Wanddicke; für 8 mm bis 15 mm 10 % höher, für > 30 mm 10 % niedriger;
Dauerfestigkeitswerte im bearbeiteten Zustand; für Gusshaut 20 % Abzug.

Tabelle 4. Richtwerte für die Kerbwirkungszahl β_k [1]

Kerbform	Beanspruchung	R_m [2]	β_k
Hinterdrehung in Welle (Rundkerbe)	Biegung	600	2,2
Hinterdrehung in Welle (Rundkerbe)	Torsion	600	1,8
Eindrehung für Axial-Sicherungsring in Welle	Biegung	1 000	3,5
	Torsion		2,5
abgesetzte Welle (Lagerzapfen)	Biegung	600	2,2
abgesetzte Welle (Lagerzapfen)	Torsion	600	1,4
Passfeder- Nut in Welle	Biegung	600	2,5
Passfeder- Nut in Welle	Biegung	1 000	3,0
Passfeder- Nut in Welle	Torsion	600	1,5
Passfeder- Nut in Welle	Torsion	1 000	1,8
Querbohrung in Achse (Schmierloch)	Biegung und Torsion	600	1,6
Flachstab mit Bohrung	Zug	360	1,7
Flachstab mit Bohrung	Biegung	360	1,4
Welle an Übergangsstelle zu festsitzender Nabe	Biegung	1 000	2,7
	Torsion		1,8

[1] genauere und um fangreichere Werte in DIN 743-2, [2] Zugfestigkeit R_m in N/mm²

Tabelle 5. Kerbempfindlichkeitszahlen η_k

Werkstoff	η_k	Werkstoff	η_k
S 235 JR	0,3 ... 0,5	18 CrMo 4	0,85
E 295	0,35 ... 0,6	18 Cr Ni Mo 7 - 6	0,93
E 335	0,4 ... 0,6	Federstahl	0,90 ... 1,00
E360	0,55 ... 0,65	EN-GJL-250	0,20
28 Cr 4	0,55	Leichtmetalle	0,3 ... 0,7

Tabelle 6. Oberflächenzahlen O_k

Oberfläche	O_k
geschliffene Oberfläche	1,1
geschlichtete Oberfläche	1,2
Walz-, Glüh- oder Gusshaut	1,3

1.9 Zulässige Spannung und Sicherheit

1.9.1 Allgemeines

Die zulässige Spannung ist diejenige Spannung, bis zu der ein Bauteil beansprucht werden darf. Man unterscheidet nach den verschiedenen Beanspruchungsarten $\sigma_{z\,zul}$ (zulässige Zugspannung), $\sigma_{d\,zul}$ (zulässige Druckspannung), $\sigma_{b\,zul}$ (zulässige Biegespannung), $\tau_{a\,zul}$ (zulässige Abscherspannung), $\tau_{t\,zul}$ (zulässige Torsionsspannung), $\sigma_{l\,zul}$ (zulässiger Lochleibungsdruck) usw.

Im *Stahlbau, Hochbau, Kranbau, Brückenbau* sind die zulässigen Spannungen σ_{zul}, τ_{zul}, $\sigma_{l\,zul}$ in den DIN-Blättern zusammengestellt und für Festigkeitsrechnungen behördlich vorgeschrieben. Der Konstrukteur hat hier keine Mühe, die zulässigen Spannungen zu ermitteln.

Für den Entwurf eines Bauteils im *Maschinenbau* z.B. einer Getriebewelle, müssen die äußeren Kräfte und Drehmomente aus den zu übertragenden Leistungen und Drehzahlen bekannt sein. Daraus wird für die gefährdeten Querschnitte das innere Kräftesystem bestimmt. Erst dann können mit einer zulässigen Spannung die Hauptabmessungen für die Welle berechnet und die Konstruktion als überschläglicher Entwurf erstellt werden (Dimensionieren des Bauteils). Die zulässige Spannung wird getrennt für statische (ruhende) oder dynamische (schwellende und wechselnde) Belastung festgelegt.

1.9.2. Zulässige Spannung bei statischer Belastung

Statische, also ruhende Belastung ist im Maschinenbau selten. Soll für statisch belastete Bauteile die zulässige Spannung ermittelt werden, dann geht man von der Streckgrenze R_e des verwendeten Werkstoffes aus. Bei Werkstoffen, die beim Zugversuch keine ausgeprägte Streckgrenze erkennen lassen, tritt an die Stelle der Streckgrenze R_e die 0,2-Dehngrenze $R_{p\,0,2}$. Die Tabelle 2 und 3 enthalten verschiedene Festigkeitswerte für verschiedene Stahl und Gusseisensorten. Für weitere nimmt man die Streckgrenze aus den Tabellen 7, 8, 9 (Linie I).

Die zulässige Spannung σ_{zul} muss gegenüber den Festigkeitswerten R_e oder $R_{p\,0,2}$ genügend klein sein, anders gesagt, es muss eine genügend große Sicherheit v vorhanden sein:

$$\sigma_{zul} = \frac{R_e \text{ oder } R_{p\,0,2}}{v} \qquad (16)$$

Sicherheit $v \approx 1{,}5$ für Stahl

Nicht bei allen Werkstoffen lässt sich eine Streckgrenze oder 0,2-Dehngrenze ermitteln, weil sie zu spröde sind. Das gilt zum Beispiel für normale Gusseisen (nicht Kugelgraphitguss), für Holz und Keramik. Dann kann die zulässige Spannung nur über die Bruchfestigkeit R_m bestimmt werden, natürlich mit einer entsprechend höheren Sicherheit:

$$\sigma_{zul} = \frac{R_m}{v} \quad \begin{array}{l}\text{Sicherheit } v \approx 2 \text{ für Guss-} \\ \text{eisen } (R_m \text{ nach Tabelle 3})\end{array} \qquad (17)$$

Kerbwirkungen brauchen bei statischer Belastung der Bauteile nicht berücksichtigt zu werden, weil die Bruchgefahr durch Kerbwirkung nicht erhöht wird. Sie soll sogar vermindert werden, vermutlich durch die Stützwirkung weniger beanspruchter Stoffteilchen (siehe auch 1.8.4).

Liegen für Scher- und Verdrehfestigkeit keine Werte vor, kann man etwa wählen:

$\tau_{a\,zul}$ ($\tau_{t\,zul}$) $\approx 0{,}8(0{,}65) \cdot \sigma_{z\,zul}$ Stahl, Stahlgriss; Cu Sn – Legierungen $\approx 0{,}8(0{,}7) \cdot \sigma_{z\,zul}$ bei Al und Al-Legierungen; $\approx 1{,}2 \cdot \sigma_{z\,zul}$ bei Gusseisen und Tempergress.

1.9.3 Zulässige Spannung bei dynamischer (schwellender und wechselnder) Belastung

Im Gegensatz zur Ermittlung der zulässigen Spannung bei statischer Belastung, bei der man von der Streckgrenze R_e bzw. $R_{p\,0,2}$ ausgeht, wird bei dynamischer Belastung die Dauerfestigkeit σ_D des verwendeten Werkstoffs zugrunde gelegt.

$$\sigma_{zul} = \frac{\sigma_D}{v} \qquad (18)$$

Sicherheit gegen Dauerbruch $v = 3...4$

Bei Schubbeanspruchung ist in den Gleichungen für die Spannung σ die Schubspannung τ einzusetzen, z.B. für σ_D die Schub-Dauerfestigkeit τ_D.

Die Dauerfestigkeitswerte σ_D, τ_D können den Tabellen 2 und 3 oder den Dauerfestigkeitsdiagrammen in den Tabellen 7, 8 und 9 entnommen werden.

Tabelle 7. Zug-Druck-Dauerfestigkeitsschaubilder für verschiedene Werkstoffe

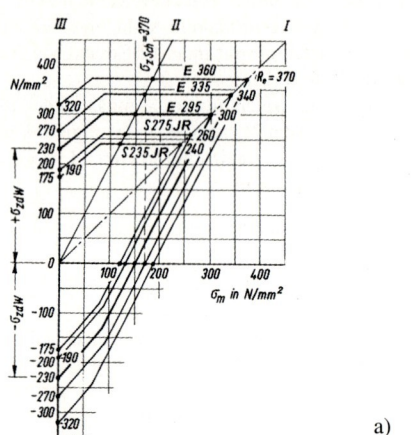
a)

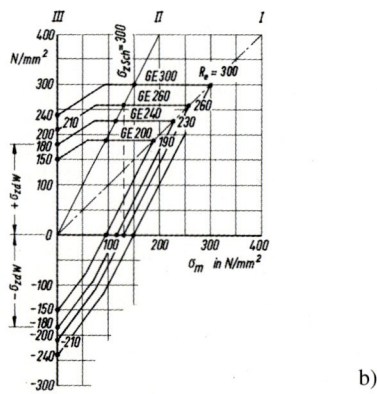
b)

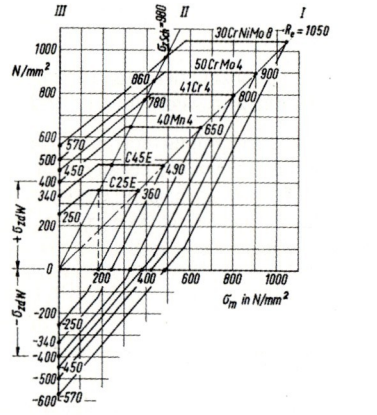
c)

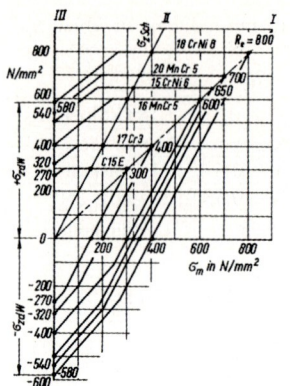
d)

a) Baustähle nach DIN EN 10025
b) Stahlguss nach DIN 1681
c) Vergütungsstähle nach DIN EN 10083
d) Einsatzstähle nach DIN EN 10084

Tabelle 8. Biege-Dauerfestigkeitsschaubilder für verschiedene Werkstoffe

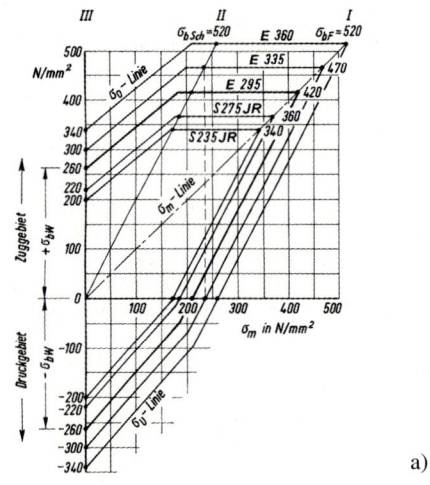
a)

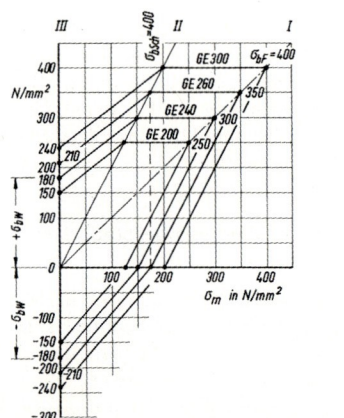
b)

1 Allgemeines

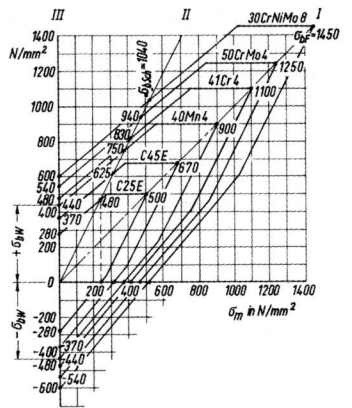

c)

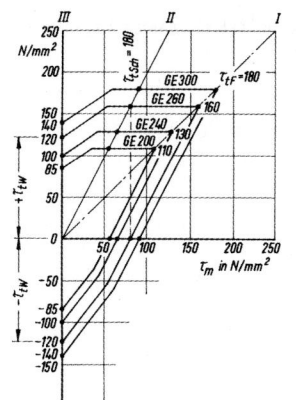

b)

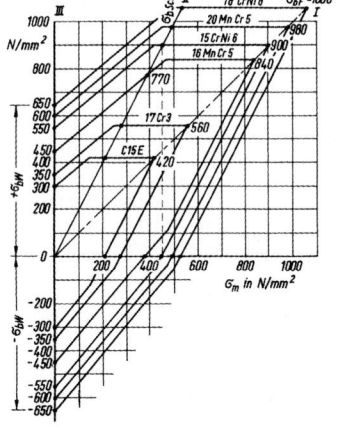

d)

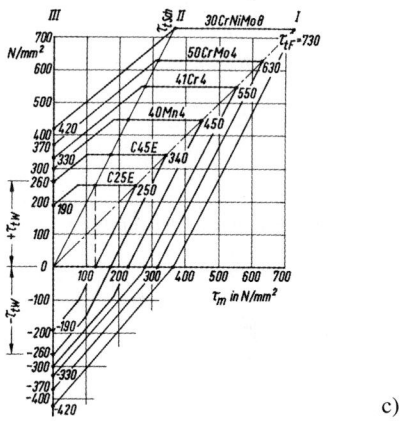

c)

a) Baustähle nach DIN EN 10025
b) Stahlguss nach DIN 1681
c) Vergütungsstähle nach DIN EN 10083
d) Einsatzstähle nach DIN EN 10084

Tabelle 9. Torsions (Verdreh)-Dauerfestigkeits-schaubilder für verschiedene Werkstoffe

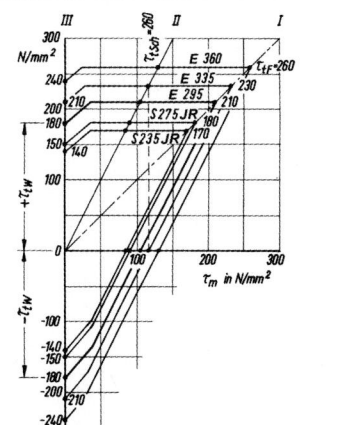

a)

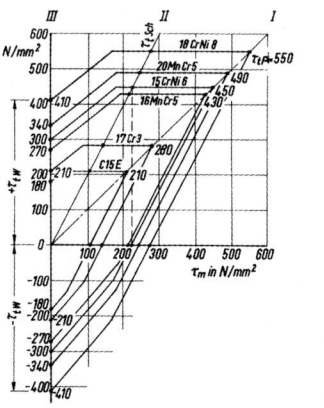

d)

a) Baustähle nach DIN EN 10025
b) Stahlguss nach DIN 1681
c) Vergütungsstähle nach DIN EN 10083
d) Einsatzstähle nach DIN EN 10084

2 Die einzelnen Beanspruchungsarten

2.1 Zug und Druck

2.1.1 Spannung

Wird ein Stab von beliebigem, gleichbleibendem Querschnitt durch die äußere Kraft F in der Schwerachse auf Zug oder Druck beansprucht, so wird bei gleichmäßiger Spannungsverteilung, also in genügender Entfernung vom Angriffspunkt der Kraft, die *Zug- oder Druckspannung*

$$\sigma_{z,d} = \frac{\text{Zug- oder Druckkraft } F}{\text{Querschnittsfläche } S}$$

Beachte: Die Querschnittsfläche erhält nach DIN 1304 das Formelzeichen S.

$$\sigma_{z,d} = \frac{F}{S} \quad \begin{array}{c|c|c} \sigma & F & S \\ \hline \dfrac{N}{mm^2} & N & mm^2 \end{array} \quad (1)$$

(Zug- und Druck-Hauptgleichung)

Je nach vorliegender Aufgabe kann die Hauptgleichung umgestellt werden zur Berechnung des *erforderlichen Querschnitts* (Querschnittsnachweis):

$$S_{erf} = \frac{F}{\sigma_{zul}} \quad (2)$$

Berechnung der *vorhandenen Spannung* (Spannungsnachweis):

$$\sigma_{vorh} = \frac{F}{S} \quad (3)$$

Berechnung der *maximal zulässigen Belastung* (Belastungsnachweis):

$$F_{max} = \sigma_{zul} \, S \quad (4)$$

Treten Zug- und Druckspannungen in einer Rechnung gleichzeitig auf, werden sie durch den Index z und d oder durch das Vorzeichen + und − unterschieden.
Bohrungen und Nietlöcher sind bei Zugbeanspruchung von der tragenden Fläche abzuziehen. Bei Druck dagegen übertragen Bolzen und Niete die Druckkraft weiter, wenn sie nicht aus weicherem Werkstoff bestehen. Der Bohrungsquerschnitt braucht dann nicht vom tragenden abgezogen zu werden. Schlanke Druckstäbe müssen auf Knickung berechnet werden. Scharfe Querschnittsveränderungen, wie Kerben, Bohrungen, Hohlkehlen usw. erfordern bei Zug und Druck eine Nachrechnung auf Kerbwirkung, weil im Kerbgrund u.U. außergewöhnlich hohe Spannungsspitzen auftreten. Die Hauptgleichung liefert dann nur die (mittlere) sogenannte Nennspannung σ_n. Bei veränderlichem Querschnitt gehört zur kleineren Querschnittsfläche die größere Spannung und umgekehrt.

■ **Beispiel:**
Eine Hubwerkskette trägt 20 000 N je Kettenstrang. Gesucht: Nenngliederdurchmesser der Rundgliederkette für $\sigma_{z\,zul} = 50$ N/mm².

Lösung:

$$S_{erf} = \frac{F}{\sigma_{z\,zul}} = \frac{20\,000 \text{ N}}{50 \dfrac{\text{N}}{\text{mm}^2}} = 400 \text{ mm}^2 \,;$$

$S = 200$ mm², daraus Durchmesser $d = 16$ mm.

■ **Beispiel:**
Welche größte Zugkraft F_{max} kann ein durch 4 Nietlöcher von $d_1 = 17$ mm Durchmesser im Steg geschwächtes Profil IPE 200 (Tabelle 10) übertragen, wenn eine zulässige Spannung von 140 N/mm² eingehalten werden muss?

Lösung:
Querschnitt $S = 2850$ mm² ; mit Stegdicke $s = 5{,}6$ mm wird der gefährdete Querschnitt:

$$S_{gef} = S - 4d_1 s = 2850 \text{ mm}^2 - 4 \cdot 17 \cdot 5{,}6 \text{ mm}^2$$
$$= 2469{,}2 \text{ mm}^2$$

damit

$$F_{max} = S_{gef} \, \sigma_{z\,zul} =$$
$$= 2469{,}2 \text{ mm}^2 \cdot 140 \frac{\text{N}}{\text{mm}^2} = 345{,}7 \text{ kN}$$

■ **Beispiel:**
Das Stahlseil eines Förderkorbes darf mit 180 N/mm² auf Zug beansprucht werden. Es hat $S = 320$ mm² Nutzquerschnitt und wird 900 Meter tief ausgefahren. Welche Nutzlast F darf das Seil tragen?

Lösung:

$$\sigma_z = \frac{F + F_G}{S} \,; \quad F_{max} = \sigma_{z\,zul} S - F_G; \; F_G$$

$$= mg = V \rho g; \quad \rho = 7850 \frac{\text{kg}}{\text{m}^3}$$

$$F_G = S l \rho g = 320 \cdot 10^{-6} \text{m}^2 \cdot 900 \text{m} \cdot 7{,}85 \cdot 10^3 \frac{\text{kg}}{\text{m}^3} \cdot 9{,}81 \frac{\text{m}}{\text{s}^2}$$
$$= 22\,178 \text{ N}$$

$$F_{max} = 180 \frac{\text{N}}{\text{mm}^2} \cdot 320 \text{ mm}^2 - 22\,178 \text{ N} = 35\,422 \text{ N}$$
$$= 35{,}4 \text{ kN}$$

2.1.2 Elastische Formänderung

2.1.2.1 Verlängerung Δl.
Jeder auf Zug beanspruchte Stab verlängert sich um einen berechenbaren Betrag Δl. Ist nach Bild 1 die Ursprungslänge l_0, die Länge bei Belastung l, so ergibt sich nach dem Hooke'schen Gesetz (8) in D 1.5 die *Verlängerung*

$$\Delta l = l - l_0 = \epsilon\, l_0 = \frac{\sigma l_0}{E} = \frac{F l_0}{ES} \tag{5}$$

Δl	ϵ	σ, E	F	S
mm	1	$\dfrac{N}{mm^2}$	N	mm^2

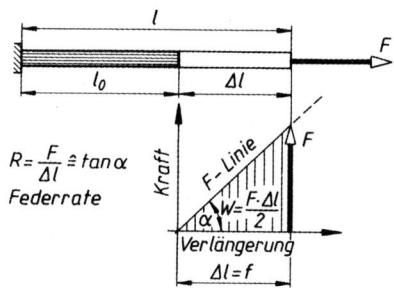

Bild 1. Kraft-Verlängerungsschaubild eines Zugstabes (Federungsschaubild), siehe auch Kapitel 2.1.2.3

2.1.2.2 Reißlänge
l_r ist diejenige Länge, bei der ein frei hängender Stab von gleichbleibendem Querschnitt unter dem Einfluss seiner Gewichtskraft $F_G = mg = V \rho g = S l_r \rho g$ abreißt. Daher wird in der Zug-Hauptgleichung (1) die Zugkraft F durch die Gewichtskraft F_G ersetzt und diese Gleichung nach l_r aufgelöst:

$$\sigma_z = \frac{F}{S} = \frac{F_G}{S} = \frac{S l_r \rho g}{S} = l_r \rho g$$

$$l_r = \frac{R_m}{\rho g}$$

Eine *Zahlenwertgleichung* für schnelleres Rechnen ergibt sich, wenn die Gleichung auf die Längeneinheit km zugeschnitten wird. Dazu ist die Umrechnung der Flächeneinheit mm^2 in m^2 erforderlich:

$$(l_r) = \frac{(R_m)}{(\rho)(g)} = \frac{\dfrac{N}{mm^2}}{\dfrac{kg}{m^3} \cdot \dfrac{m}{s^2}} = \frac{N \cdot m^3 \cdot s^2}{mm^2 \cdot kg \cdot m} =$$

$$= \frac{\dfrac{kg\, m}{s^2} \cdot m^3 \cdot s^2}{10^{-6} m^2 \cdot kg \cdot m}$$

$(l_r) = 10^6\, m = 10^3\, km$

$$l_r = 10^3 \frac{R_m}{\rho g}$$

l_r	R_m	ρ	g
km	$\dfrac{N}{mm^2}$	$\dfrac{kg}{m^3}$	$\dfrac{m}{s^2}$

Mit $g \approx 10\, \dfrac{m}{s^2}$ wird die Gleichung noch einfacher:

$$l_r = 100 \frac{R_m}{\rho} \tag{6}$$

l_r	R_m	ρ
km	$\dfrac{N}{mm^2}$	$\dfrac{kg}{m^3}$

Beachte: Die Reißlänge l_r hängt ab von der Zugfestigkeit R_m des Werkstoffs, seiner Dichte ρ und der Fallbeschleunigung g; sie hängt *nicht* ab von Größe und Form des Stabquerschnitts. Man kann also l_r nicht dadurch erhöhen, dass man den Stabquerschnitt vergrößert, weil sich damit auch die Gewichtskraft erhöhen würde.

2.1.2.3 Formänderungsarbeit W.
Am vollkommen elastischen Stab verrichten die Zug- und Druckkräfte F längs des Weges Δl (Verlängerung) die *Formänderungsarbeit*

$$W = \frac{F \Delta l}{2} = \frac{\sigma^2 V}{2E} \tag{7}$$

(siehe Bild 1)

W	F	Δl	σ, E	V
J = Nm	N	m	$\dfrac{N}{mm^2}$	m^3

Darin wurde nach Gleichung (5) eingesetzt für $\Delta l = \epsilon\, l_0 = \dfrac{\sigma l_0}{E}$ für $F = \sigma S$ und für $S l_0 = $ Volumen V.

Beachte: Für σ und E gilt

$$1 \frac{N}{mm^2} = \frac{N}{10^{-6} m^2} = 10^6 \frac{N}{m^2}.$$

Der Formänderungsarbeit W entspricht die Dreieckfläche im Kraft-Verlängerungsschaubild (Bild 1). Die Zugkraft F wächst linear mit der Verlängerung Δl; die Kraftlinie ist daher eine Gerade.

Das Verhältnis aus Federkraft F und Verlängerung Δl (= Federweg f) heißt *Federrate*

$$R = \frac{F}{\Delta l} = \frac{F}{f} \mathrel{\hat=} \tan \alpha \qquad \begin{array}{c|c|c} R & F & \Delta l, f \\ \hline \dfrac{N}{m} & N & m \end{array} \qquad (8)$$

Der elastische Zugstab ist im weiteren Sinn demnach eine Feder; denn er hat die Fähigkeit, potentielle mechanische Energie aufzunehmen, die ihm über die Formänderungsarbeit der Federkraft vermittelt wurde.

■ **Beispiel:**
Eine Stahlstange von 16 mm Durchmesser und 80 m Länge hängt frei herab und wird am unteren Ende mit $F = 22$ kN belastet.

a) Wie groß ist die Spannung am unteren und am oberen Ende?
b) Wie groß ist die Verlängerung bei geradlinig angenommener Spannungszunahme?

Lösung:

a) $\sigma_{min} = \dfrac{F}{S} = \dfrac{22\,000\,N}{201\,mm^2} = 109{,}5 \dfrac{N}{mm^2}$

$\sigma_{max} = \dfrac{F + F_G}{S} = \dfrac{F + Sl\rho g}{S}$

$\sigma_{max} = \dfrac{22\,000\,N + 201 \cdot 10^{-6}\,m^2 \cdot 80\,m \cdot 7{,}85 \cdot 10^3 \dfrac{kg}{m^3} \cdot 9{,}81 \dfrac{m}{s^2}}{201 \cdot 10^{-6}\,m^2}$

$\sigma_{max} = 115{,}6 \cdot 10^6 \dfrac{N}{m^2} = 115{,}6 \dfrac{N}{mm^2}$

b) $\sigma_{mittel} = \dfrac{\sigma_{min} + \sigma_{max}}{2} = \dfrac{109{,}5 + 115{,}6}{2} \dfrac{N}{mm^2} = 112{,}6 \dfrac{N}{mm^2}$

$\Delta l = \dfrac{\sigma_{mittel} l_0}{E} = \dfrac{112{,}6 \dfrac{N}{mm^2} \cdot 80 \cdot 10^3 \,mm}{2{,}1 \cdot 10^5 \dfrac{N}{mm^2}} = 42{,}9\,mm$

■ **Beispiel:**
Die Reißlänge l_r ist zu bestimmen für gewöhnlichen Baustahl S 235 JR, mit $R_m = 370$ N/mm², für Federstahl mit 1 800 N/mm² Zugfestigkeit und für Duralumin mit $R_m = 250$ N/mm² (Dichte $\rho = 2\,800$ kg/m³).

Lösung:
Nach (6) wird für

S 235 JR: $\qquad l_r = \dfrac{R_m}{\rho} = 100 \cdot \dfrac{370}{7850} = 4{,}713$ km

Federstahl: $\qquad l_r = 100 \cdot \dfrac{1800}{7850} = 22{,}93$ km

(also größer als bei S 235 JR)

Duralumin: $\qquad l_r = 100 \cdot \dfrac{250}{2800} = 8{,}929$ km

Hochwertiger Stahl ist demnach trotz der höheren Dichte auch einer festen Leichtmetalllegierung erheblich überlegen.
Zweckmäßig werden frei herabhängende Stangen und Drähte absatzweise verjüngt, z.B. lange Gestänge in Pumpenschächten.
Stäbe gleicher Zug- oder Druckbeanspruchung müssen bei Berücksichtigung ihrer Gewichtskraft F_G und

der Nutzlast F nach einem Exponentialgesetz „angeformt" werden (Bild 2).

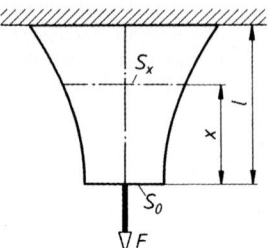

Bild 2. Querschnittsgestaltung beim frei herabhängendem Stab gleicher Zugbeanspruchung in allen Querschnitten, Belastung: Gewichtskraft F_G und Nutzlast F

Für die erforderliche *Querschnittsfläche* S_x im beliebigen Abstand x vom unteren Stabende gilt mit Dichte ρ und zulässiger Spannung σ_{zul}:

$$S_x = S_0\, e^{\dfrac{\rho g x}{\sigma_{zul}}} = \dfrac{F}{\sigma_{zul}}\, e^{\dfrac{\rho g x}{\sigma_{zul}}} \qquad (9)$$

■ **Beispiel:**
Drei symmetrisch angeordnete Gelenkstäbe S_1, S_2, S_3 aus 20 mm Rundstahl tragen nach Bild 3 eine Last $F = 40$ kN. Winkel $\alpha = 30°$. Wie groß ist die Zugspannung in den drei Stäben?

Lösung:
Um die Spannung berechnen zu können, müssen die Zugkräfte F_1, F_2, F_3 in den Gelenkstäben bekannt sein. Das ist mit den beiden Gleichgewichtsbedingungen $\Sigma F_x = 0$ und $\Sigma F_y = 0$ des zentralen Kräftesystems allein nicht möglich (zwei Gleichungen, aber drei Unbekannte!). In solchen statisch unbestimmten Fällen werden die Formänderungsgleichungen der Elastizitätslehre hinzugezogen; hier das Hookesche Gesetz für Zug: $\sigma = \epsilon\, E = \Delta l E / l_0 = F/S$.

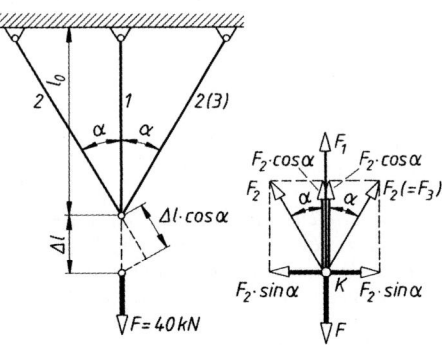

Bild 3. Berechnung der Zugspannung im statisch unbestimmten System

Die Lageskizze des freigemachten Knotenpunktes K zeigt:

$\Sigma F_x = 0 = + F_2 \sin \alpha - F_2 \sin \alpha$. Wegen Symmetrie ist $F_2 = F_3$.

$\Sigma F_y = 0 = + F_1 + 2F_2 \cos\alpha - F$;
$F = F_1 + 2F_2 \cos\alpha$

Stab 1 verlängert sich um Δl, seine Dehnung beträgt also $\epsilon_1 = \Delta l/l_0$. Stab 2 verlängert sich um $\Delta l \cos\alpha$, seine Ursprungslänge ist $l_0/\cos\alpha$, die Dehnung demnach: $\epsilon_2 = \Delta l \cos\alpha \cos\alpha/l_0$
Während der (hier) geringfügigen Formänderung kann Winkel α = konstant angesehen werden. Es ergibt sich:

$$F = F_1 + 2 F_2 \cos\alpha = \epsilon_1 ES + 2 \epsilon_2 ES \cos\alpha =$$
$$= \frac{\Delta l}{l_0} ES + 2 \frac{\Delta l \cos^3\alpha}{l_0} ES$$

$$F = \frac{\Delta l}{l_0} ES (1 + 2\cos^3\alpha) \text{ und daraus}$$

$$\frac{\Delta l}{l_0} = \frac{F}{ES(1+2\cos^3\alpha)} =$$
$$= \frac{40\,000 \text{ N}}{2{,}1\cdot 10^5 \frac{\text{N}}{\text{mm}^2} \cdot 314 \text{ mm}^2 (1+2\cos^3 30°)} =$$
$$= 2{,}64 \cdot 10^{-4}$$

$$\sigma_1 = \frac{F_1}{S} = \frac{\Delta l}{l_0} E =$$
$$= 2{,}64 \cdot 10^{-4} \cdot 2{,}1 \cdot 10^5 \frac{\text{N}}{\text{mm}^2} = 55{,}4 \frac{\text{N}}{\text{mm}^2}$$

$$\sigma_2 = \sigma_3 = \frac{F_2}{S} = \frac{\Delta l}{l_0} E \cos^2\alpha =$$
$$= 2{,}64 \cdot 10^{-4} \cdot 2{,}1 \cdot 10^5 \frac{\text{N}}{\text{mm}^2} \cdot 0{,}75 = 41{,}6 \frac{\text{N}}{\text{mm}^2}$$

2.1.2.4 Formänderung bei dynamischer Belastung.
Bei *plötzlich* wirkender Zug- oder Druckkraft wird die Formänderung (Verlängerung oder Verkürzung Δl) *größer* als beim langsamen Aufbringen der Last. Wird z.B. ein am Seil hängender Körper von der Gewichtskraft $F_G = mg$ um die Höhe h angehoben und dann frei fallen gelassen, so muss vom Seil die Arbeit $W = F_G h + F_G \Delta l = F_G (h + \Delta l)$ als Formänderungsarbeit $W = \sigma^2 V/2E$, aufgenommen werden. Beide Ausdrücke werden gleichgesetzt:

$$F_G (h + \Delta l) = \frac{\sigma^2 V}{2E} \text{ und mit } V = Sl \text{ und } \sigma = \sigma_{\text{dyn}}$$

$$2 E F_G (h + \Delta l) = \sigma_{\text{dyn}}^2 Sl$$

Die Spannung bei ruhender Belastung durch die Gewichtskraft F_G ist $\sigma_0 = F_G/S$. Außerdem gilt das Hooke'sche Gesetz $\sigma_{\text{dyn}} = E \epsilon_{\text{dyn}} = E \Delta l / l$. Damit wird

$$\sigma_{\text{dyn}}^2 = \frac{2EF_G}{Sl}(h + \Delta l) = 2 E \sigma_0 \frac{h}{l} + 2\sigma_0 E \frac{\Delta l}{l} =$$
$$= 2 E \sigma_0 \frac{h}{l} + 2 \sigma_0 \sigma_{\text{dyn}}$$

$$\sigma_{\text{dyn}}^2 - 2\sigma_0 \sigma_{\text{dyn}} - 2 E \sigma_0 \frac{h}{l} = 0$$

(quadratische Gleichung).

Daraus ergeben sich σ_{dyn} (größte Spannung) und ϵ_{dyn} (größte Dehnung):

$$\sigma_{\text{dyn}} = \sigma_0 + \sqrt{\sigma_0^2 + 2\sigma_0 E \frac{h}{l}}$$
$$\epsilon_{\text{dyn}} = \epsilon_0 + \sqrt{\epsilon_0^2 + 2\epsilon_0 E \frac{h}{l}}$$
(10)

$\sigma_{\text{dyn}}, \sigma_0, E$	h, l	$\epsilon_{\text{dyn}}, \epsilon_0$
$\frac{\text{N}}{\text{mm}^2}$	mm	1

Bei *plötzlich aufgebrachter Last ohne vorherigen Fall* ($h = 0$) wird

$$\sigma_{\text{dyn}} = 2 \sigma_0$$
$$\epsilon_{\text{dyn}} = 2 \epsilon_0$$
$$\Delta l_{\text{dyn}} = 2 \Delta l_0$$
(11)

Die bei dynamischer Belastung auftretenden *Schwingungen* haben die Anfangsamplitude

$$\sigma_a = \sigma_{\text{dyn}} - \sigma_0$$
um die Gleichgewichtslage σ_0 und
$$\Delta l_a = \Delta l_{\text{dyn}} - \Delta l_0$$
um die Gleichgewichtslage Δl_0

■ **Beispiel:**
Ein Stahlseil von $S = 150$ mm^2 tragender Querschnittsfläche und $l = 3$ m Länge trägt einen Körper der Gewichtskraft $F_G = 10$ kN. Bestimme Spannung und Verlängerung a) bei langsam aufgebrachter Last, b) bei plötzlich aufgebrachter Last und c) beim Fall aus 20 mm Höhe; alles ohne Berücksichtigung der Gewichtskraft des Seils.

Lösung:
a) bei statischer Belastung:

$$\sigma_0 = \frac{F_G}{S} = \frac{10\,000 \text{ N}}{150 \text{ mm}^2} = 66{,}7 \frac{\text{N}}{\text{mm}^2}$$

$$\Delta l_0 = \frac{F_G l}{ES} = \frac{10\,000\text{ N} \cdot 3 \cdot 10^3 \text{ mm}}{2{,}1 \cdot 10^5 \dfrac{\text{N}}{\text{mm}^2} \cdot 150 \text{ mm}^2} = 0{,}95 \text{ mm}$$

b) bei plötzlich aufgebrachter Last:

$$\sigma_{dyn} = 2\,\sigma_0 = 2 \cdot 66{,}7 \frac{\text{N}}{\text{mm}^2} = 133{,}4 \frac{\text{N}}{\text{mm}^2};$$

$$\Delta l_{dyn} = 2\,\Delta l_0 = 1{,}9 \text{ mm}$$

Amplituden: $\sigma_a = \sigma_{dyn} - \sigma_0 = 66{,}7 \dfrac{\text{N}}{\text{mm}^2}$

$\Delta l_a = \Delta l_{dyn} - \Delta l_0 = 0{,}95$ mm

c) beim Fall aus 20 mm Höhe:

$$\sigma_{dyn} = 66{,}7 \frac{\text{N}}{\text{mm}^2} + \sqrt{\left(66{,}7 \frac{\text{N}}{\text{mm}^2}\right)^2 + 2 \cdot 66{,}7 \frac{\text{N}}{\text{mm}^2} \cdot 2{,}1 \cdot 10^5 \frac{\text{N}}{\text{mm}^2} \cdot \frac{20 \text{ mm}}{3000 \text{ mm}}}$$

$$\sigma_{dyn} = (66{,}7 + 437{,}3) \frac{\text{N}}{\text{mm}^2} = 504 \frac{\text{N}}{\text{mm}^2} \gg \sigma_0 = 66{,}7 \frac{\text{N}}{\text{mm}^2}!$$

$$\Delta l_{dyn} = l \frac{\sigma_{dyn}}{E} = 3 \cdot 10^3 \text{ mm} \cdot \frac{504 \dfrac{\text{N}}{\text{mm}^2}}{2{,}1 \cdot 10^5 \dfrac{\text{N}}{\text{mm}^2}} = 7{,}2 \text{ mm}$$

Amplituden: $\sigma_a = \sigma_{dyn} - \sigma_0 = (504 - 66{,}7) \dfrac{\text{N}}{\text{mm}^2} = 437 \dfrac{\text{N}}{\text{mm}^2}$

$\Delta l_a = \Delta l_{dyn} - \Delta l_0 = (7{,}2 - 0{,}95)$ mm $= 6{,}25$ mm

Beachte die außergewöhnliche Beanspruchung bei dynamischer Belastung!

2.1.2.5 Wärmespannungen. Die Erfahrung zeigt, dass sich alle festen Körper bei Erwärmung mehr oder weniger ausdehnen und bei Abkühlung wieder zusammenziehen. Ein Stab mit der Ursprungslänge l_0 zeigt bei Erwärmung um die Temperaturdifferenz $\Delta T = T_2 - T_1$ die *Verlängerung*

$$\Delta l = l_0 \alpha_l \Delta T \qquad (12)$$

$\Delta l, l_0$	α_l	ΔT
mm	$\dfrac{1}{\text{K}}$	K

Darin ist α_l der *Längenausdehnungskoeffizient* des betreffenden Stoffes mit der Einheit:

$$(\alpha_l) = \frac{\text{Meter}}{\text{Meter} \cdot \text{K}} = \frac{1}{\text{K}} = \frac{1}{^\circ\text{C}}$$

Näheres über α_l im Abschnitt Thermodynamik, hier nur zwei Angaben:
Für Stahl ist $\alpha_l = 12 \cdot 10^{-6}$ 1/K; für Quarz ist $\alpha_l = 1 \cdot 10^{-6}$ 1/K.
Bei der Temperaturerhöhung stellt sich die Länge l_t ein:

$$\begin{aligned}l_t &= l_0 + \Delta l = l_0 + l_0 \alpha_l \Delta T = \\ &= l_0 (1 + \alpha_l \Delta T)\end{aligned} \qquad (13)$$

Ist durch entsprechende Einspannung eine Ausdehnung des Stabes nicht möglich, müssen im Stab Normalspannungen σ auftreten. Ihr Betrag wird genauso groß, als wenn der Stab um Δl verlängert worden wäre.
Im Bereich des Hooke'schen Gesetzes gilt dann mit Gleichung (12) für die *Wärmespannung*

$$\sigma_T = \epsilon E = \frac{\Delta l}{l_0} E = \frac{l_0 \alpha_l \Delta T}{l_0} E = \alpha_l \Delta T E \qquad (14)$$

σ_T, E	ΔT	α_l
$\dfrac{\text{N}}{\text{mm}^2}$	K	$\dfrac{1}{\text{K}}$

■ **Beispiel:**
Ein an den Enden fest eingespannter Stab aus Stahl ist bei 20 °C spannungsfrei und wird gleichmäßig auf 120 °C erhitzt. Wie groß ist die auftretende Druckspannung?

Lösung:

Mit $\alpha_{l\,St} = 12 \cdot 10^{-6} \dfrac{1}{\text{K}}$; $\Delta T = 100$ °C $= 100$ K und

$E = 2{,}1 \cdot 10^5 \dfrac{\text{N}}{\text{mm}^2}$ wird nach (14)

$\sigma_d = \sigma_T = \alpha_l \Delta T E =$

$= 12 \cdot 10^{-6} \dfrac{1}{\text{K}} \cdot 100 \text{ K} \cdot 2{,}1 \cdot 10^5 \dfrac{\text{N}}{\text{mm}^2} = 252 \dfrac{\text{N}}{\text{mm}^2}$

In Wirklichkeit wird der Stab ausweichen und diese Spannung nicht ganz aufnehmen. Das Beispiel zeigt jedoch deutlich die große Gefahr bei Temperaturänderung fest eingespannter Stäbe.

2.2 Biegung

2.2.1 Biegespannung

2.2.1.1 Biegungsarten, inneres Kräftesystem.
Biegung tritt auf, wenn mindestens eine der Achsen (= Biegeachse) eines festen Körpers gekrümmt wird. Wird die Biegeachse elastisch gebogen, so heißt sie *Biegelinie oder elastische Linie*. Biegung ist nicht unbedingt an das Vorhandensein erkennbarer äußerer Kräfte gebunden: Eigenspannungen nach der Bearbeitung durch Temperaturunterschiede, Schrumpfung u.a. Nach Bild 4 werden folgende Biegungsarten unterschieden:
Einfache (gerade) Biegung: Alle Kräfte F (Belastungen) einschließlich der Stützkräfte stehen rechtwinklig zur Stabachse. Sie liegen in einer Ebene (= Lastebene), die zugleich Ebene einer Hauptachse ist. Symmetrische Querschnitte werden dann nicht verdreht. Diese Biegungsart tritt im Maschinenbau am häufigsten auf.

2 Die einzelnen Beanspruchungsarten

Schiefe Biegung: Die Lastebene schneidet zwar die Stabachse, fällt aber nicht mit der Ebene einer Hauptträgheitsachse zusammen.

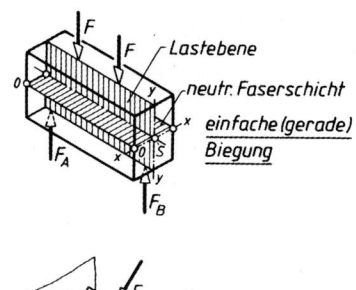

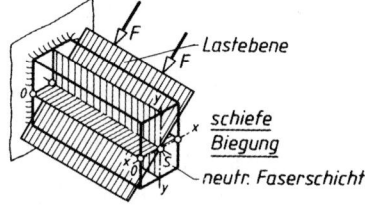

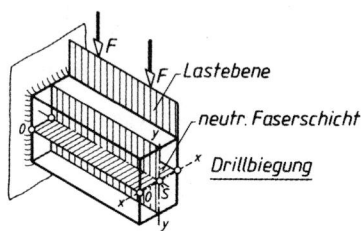

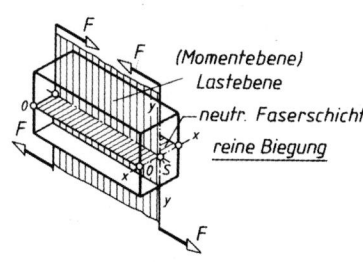

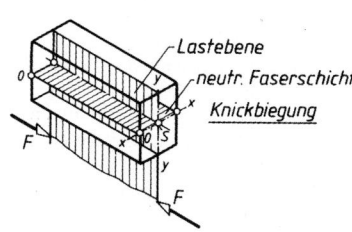

Bild 4. Biegungsarten

Drillbiegung: Die Lastebene schneidet die Stabachse nicht; auch symmetrische Querschnitte werden durch ein Drillmoment verdreht.
Reine Biegung: Das belastende Kräftesystem besteht aus zwei Kräftepaaren, deren gemeinsame Ebene wie bei der einfachen (geraden) Biegung mit der Ebene einer Hauptachse zusammenfällt. Es wirken keine Querkräfte F_q, keine Längskräfte F_N und bei symmetrischen Querschnitten auch kein Drillmoment.
Knickbiegung: Zug- oder Druckkraft F wirkt außermittig parallel zur Stabachse. Bei Druckkraft Knickbiegung, bei Zugkraft Zugbiegung.

In der Praxis können sich die einzelnen Biegungsarten überlagern oder in mehreren Ebenen gleichzeitig auftreten. Hier werden nur einfache und reine Biegung behandelt. *Das innere Kräftesystem* wird mit Hilfe der Schnittmethode bestimmt (Bild 5). Nach Bestimmung der Stützkräfte F_A und F_B wird in der gewünschten Schnittstelle (Querschnitt $x-x$) dasjenige innere Kräftesystem angebracht, das einen der beiden durch den Schnitt abgetrennten Teile I oder II ins Gleichgewicht setzt.

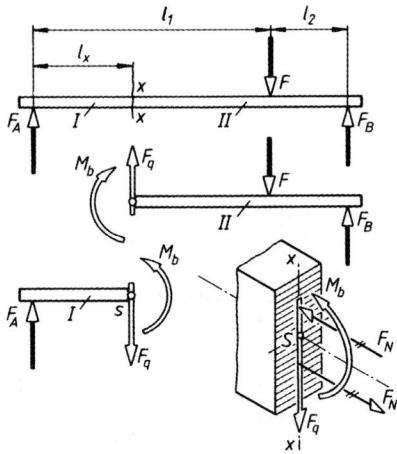

Bild 5. Inneres Kräftesystem bei gerader Biegung

Nach Bild 5 hat der betrachtete Querschnitt $x-x$ zu übertragen:
a) Die innere *Querkraft* F_q; sie ist die algebraische Summe aller rechtwinklig zur Stabachse gerichteten äußeren Kräfte (einschließlich der Stützkräfte!) rechts *oder* links von der betrachteten Schnittstelle.
Die innere Querkraft F_q ruft im Querschnitt *Schub*spannungen τ hervor.
b) Das innere *Biegemoment* M_b; es ist die algebraische Summe der Momente aller äußeren Kräfte (einschließlich der Stützkräfte!) in Bezug auf den Schnittflächenschwerpunkt S rechts *oder* links von der betrachteten Schnittstelle.
Das Biegemoment M_b ruft im Querschnitt *Normal*spannungen σ hervor, wie die Auflösung des Biegemomentes in die beiden Teilkräfte F_N des entsprechenden Kräftepaares zeigt (Bild 5). Die entstehenden Normalspannungen sind demnach Zug- und Druckspannungen. Ist keine besondere Unterscheidung erforderlich, so wird ihr Größtwert mit *Biegespannung* σ_b bezeichnet.

Beachte: Bei einfacher Biegung muss der Querschnitt eine Querkraft F_q und ein Biegemoment M_b übertragen. Betrag und Verlauf des Biegemomentes an jeder beliebigen Balkenstelle folgt aus Seileck- oder Querkraftfläche.

2.2.1.2 Biege-Hauptgleichung. Beanspruchen die äußeren Kräfte einen Träger auf Biegung, so ist für die in einem bestimmten Querschnitt auftretende Biegespannung σ_b nicht der Betrag der Kräfte, sondern ihr Biegemoment M_b maßgebend. Ebenso wird die Biegespannung nicht durch den Flächeninhalt, sondern vom axialem Widerstandsmoment W des Querschnitts bestimmt:

$$\text{Biegespannung } \sigma_b = \frac{\text{Biegemoment } M_b}{\text{axiales Widerstandsmoment } W}$$

$$\sigma_b = \frac{M_b}{W} \qquad \begin{array}{c|c|c} \sigma_b & M_b & W \\ \hline \dfrac{N}{mm^2} & Nmm & mm^3 \end{array} \qquad (15)$$

(*Biege-Hauptgleichung*)

Diese Gleichung darf nur verwendet werden, wenn die Nulllinie (= neutrale Achse des Querschnittes) zugleich Symmetrieachse ist, also $e_1 = e_2 = e_3$ (siehe Herleitung der Biege-Hauptgleichung in 2.2.1.3).
Je nach vorliegender Aufgabe kann die Biege-Hauptgleichung umgestellt werden zur Berechnung des *erforderlichen Querschnittes* (Querschnittsnachweis):

$$W_{erf} = \frac{M_{b\,max}}{\sigma_{b\,zul}} \qquad (16)$$

Berechnung der *vorhandenen Spannung* (Spannungsnachweis):

$$\sigma_{b\,vorh} = \frac{M_{b\,max}}{W} \qquad (17)$$

Berechnung der *maximal zulässigen Belastung* (Belastungsnachweis):

$$M_{b\,max} = W \, \sigma_{b\,zul} \qquad (18)$$

2.2.1.3 Herleitung der Biege-Hauptgleichung. Die äußeren Kräfte biegen den Träger nach unten durch (Bild 6). Die vorher parallelen Schnitte ab, cd stellen sich schräg gegeneinander: $a'b'c'd'$.
Dabei werden die oberen Werkstoff-Fasern verkürzt (Stauchung $-\epsilon$), die unteren dagegen verlängert (Dehnung $+\epsilon$). Dazwischen muss eine Faserschicht liegen, die sich weder verkürzt noch verlängert, die ihre Länge also beibehält. Das ist die „neutrale Faser-

schicht", bei der $\pm \epsilon = 0$ ist. Diese schneidet jeden Querschnitt in einer Geraden, die *neutrale Achse* des Querschnittes *oder Nulllinie* genannt wird (N–N in Bild 6). Sie geht durch den Schwerpunkt S der Querschnitte. Es wird angenommen, dass die vorher ebenen Querschnitte auch nach der Biegung eben bleiben (durch Versuche bestätigt). Weiterhin soll das Hookesche Gesetz gelten. Aus der ersten Bedingung folgt, dass die Dehnungen ϵ proportional mit den Abständen y von der Nulllinie wachsen, aus der zweiten, dass auch die Spannungen proportional diesen Abständen sind:

$$\frac{\sigma}{\sigma_d} = \frac{y}{e_1} \quad \text{daraus } \sigma = \sigma_d \frac{y}{e_1} \qquad \text{(siehe Bild 6)}$$

Im Gegensatz zur Zug- und Druckbeanspruchung sind demnach die Spannungen *linear* verteilt. Die neutrale Faserschicht ist unverformt, also auch spannungslos. Die Spannungen wachsen mit dem Abstand y von der neutralen Faser bis zum Höchstwert σ_d (Druckspannung) und σ_z (Zugspannung).
Für jeden Querschnitt des Trägers müssen die statischen Gleichgewichtsbedingungen erfüllt sein. Jedes Flächenteilchen ΔA überträgt die Normalkraft $\Delta F = \sigma \Delta A$.
Nach der *ersten Gleichgewichtsbedingung* ist $\Sigma F_x = 0$. Da der Querschnitt keine Längskraft zu übertragen hat, wird $\Sigma F = \Sigma \sigma A = 0$.

Mit $\sigma = \sigma_d \dfrac{y}{e_1}$ wird

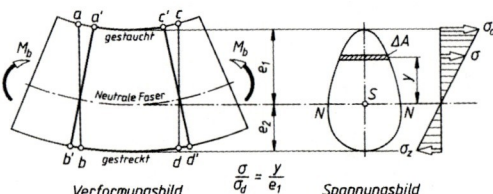

Bild 6 Verformungs- und Spannungsbild bei Biegung

$$\Sigma \sigma_d \frac{y}{e_1} \Delta A = \frac{\sigma_d}{e_1} \Sigma y \, \Delta A = 0 \quad \text{also auch } \Sigma y \, \Delta A = 0$$

Der Ausdruck $\Sigma y \, \Delta A$ ist das Moment der Fläche A (Flächenmoment 1. Grades) in Bezug auf die neutrale Faser (Nulllinie). Da es gleich null ist, muss die Nulllinie zugleich Schwerlinie sein, d.h. die neutrale Faser muss durch den Schwerpunkt gehen.
Nach der *zweiten Gleichgewichtsbedingung* ist $\Sigma F_y = 0$. Da der Querschnitt bei Biegung auch eine Querkraft zu übertragen hat, führt diese Bedingung zu Schubspannungen τ. Ist der Querschnitt im Verhältnis zur Stablänge klein, können sie vernachlässigt werden.
Nach der *dritten Gleichgewichtsbedingung* ist $\Sigma M =$

0. Da der Querschnitt bei Biegung ein Biegemoment M_b zu übertragen hat (siehe inneres Kräftesystem), ergibt sich mit $\Delta F = \sigma \Delta A$ und deren Innenmoment $\Delta M_i = \Delta F y$:

$$M_b = \Sigma M_i = \Sigma \Delta F y = \Sigma \sigma \Delta A y =$$

$$= \Sigma \sigma_d \frac{y}{e_1} \Delta A y = \frac{\sigma_d}{e_1} \Sigma y^2 \Delta A$$

Aus der letzten Entwicklungsform wird der Ausdruck $\Sigma y^2 \Delta A$ als rein geometrische Rechengröße herausgezogen und als das auf die Nulllinie bezogene *axiale Flächenmoment 2. Grades I* der Fläche A bezeichnet. Die größten Spannungen σ_d und σ_z treten in den Randfasern auf. Deren Abstände von der Nulllinie sind e_1 und e_2. Mit $I = \Sigma y^2 \Delta A$ werden diese Randfaserspannungen:

größte Druckspannung $\quad \sigma_d = e_1 \dfrac{M_b}{I} \quad$ (19)

größte Zugspannung $\quad \sigma_z = e_2 \dfrac{M_b}{I} \quad$ (20)

Wird weiter das *Widerstandsmoment* $W = I/e$ eingeführt, also hier $W_1 = I/e_1$ und $W_2 = I/e_2$, so wird $\sigma_d = M_b/W_1$ und $\sigma_z = M_b/W_2$.
Ist die Nulllinie N–N zugleich Symmetrieachse des Querschnittes und damit $e_1 = e_2 = e$, so sind beide Randfaserspannungen gleich groß. Dann wird grundsätzlich unter $\sigma_b = \sigma_d = \sigma_z$ die Randfaserspannung σ_{max} verstanden und es ergibt sich die obige Biege-Hauptgleichung $\sigma_b = M_b/W$.
Im *unsymmetrischen Querschnitt* (Bild 7) sind die Randfaserabstände e_1, e_2 verschieden groß. Es werden dann zwei verschiedene Widerstandsmomente $W_1 = I/e_1$ und $W_2 = I/e_2$ berechnet und damit auch zwei verschiedene Randfaserspannungen:

größte Zugspannung $\quad \sigma_{b2} = \sigma_{z\,max} = \dfrac{M_b e_2}{I} = \dfrac{M_b}{W_2}$

größte Druckspannung $\quad \sigma_{b1} = \sigma_{d\,max} = \dfrac{M_b e_1}{I} = \dfrac{M_b}{W_1}$ (21)

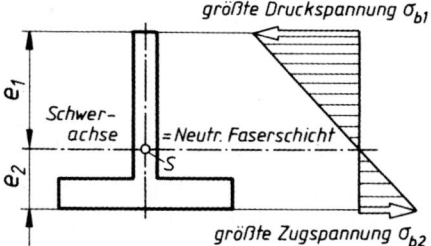

Bild 7. Spannungsverteilung im unsymmetrischen Querschnitt bei Belastung nach Bild 5.

2.2.1.4 Voraussetzungen für die Gültigkeit der Biegehauptgleichung

a) Gerade Stabachse, also nicht gekrümmte, wie z.B. beim Kranhaken;
b) die Lastebene liegt in einer Hauptachse des Querschnitts; bei symmetrischem Querschnitt ist das zugleich eine Symmetrieachse;
c) die Querschnitte sind klein im Verhältnis zur Stablänge;
d) Normalschnitte bleiben nach der Belastung weiterhin rechtwinklig zur Stabachse und außerdem eben;
e) für den Werkstoff gilt das Hookesche Gesetz;
f) der Elastizitätsmodul ist für Zug- und Druckbeanspruchung gleich groß, z.B. für Stahl;
g) die Spannungen bleiben unter der Proportionalitätsgrenze.

Scharfe Querschnittsänderungen, wie Kerben, Bohrungen, Hohlkehlen usw. erfordern eine Nachrechnung auf Kerbwirkung, weil im Kerbgrund außergewöhnlich hohe Spannungsspitzen auftreten können. Die Hauptgleichung liefert dann nur die (mittlere) sogenannte Nennspannung σ_n.

2.2.1.5 Querschnittsgestaltung.
Die Werkstoffschichten biegebeanspruchter Bauteile werden zur Mitte hin immer weniger beansprucht. Es ist also wirtschaftlicher, sie von dort mehr nach außen zu verlagern, d.h. die größere Stoffmenge außen anzubringen. Diese Überlegung fuhrt zum Doppel-T-Profil und zum Kreisringquerschnitt.
Bei ungleicher zulässiger Spannung für Zug und Druck, wie z. B. bei Grauguss mit $\sigma_{z\,zul} : \sigma_{d\,zul} = 1 : 3$, muss unsymmetrischer Querschnitt gewählt werden. Für das *Verhältnis der Randfaserabstände* e_1, e_2 gilt dann

$$\frac{e_1}{e_2} = \frac{\sigma_{z\,zul}}{\sigma_{d\,zul}} = \frac{1}{3} \qquad (22)$$

Mit h Profilhöhe, e_1 Randfaserabstand der gezogenen und e_2 Randfaserabstand der gedrückten Faser wird dann $e_1 = 0{,}25\,h$ und $e_2 = 0{,}75\,h$.

2.2.2 Flächenmomente 2. Grades I und Widerstandsmomente W ebener Flächen, Trägheitsradius i

2.2.2.1 Axiales Flächenmoment 2. Grades.
Das *axiale* oder *äquatoriale Flächenmoment 2. Grades I* einer ebenen Fläche A, bezogen auf eine in der Ebene liegende *Achse a–a*, ist die Summe der Flächenteilchen ΔA, jedes malgenommen mit dem Quadrat seines senkrechten Abstandes ρ von dieser Achse (Bild 8):

axiales Flächenmoment
bezogen auf die Achse $a-a$ $\quad I_a = \Sigma \rho^2 \Delta A$ (23)
(I_a ist stets > 0)

I	ρ	ΔA
mm^4	mm	mm^2

Demgemäss ist für die durch den Punkt 0 der Fläche gehenden, rechtwinklig aufeinander stehenden Achsen x und y:

$I_x = \Sigma x^2 \Delta A$ $\qquad I_y = \Sigma y^2 \Delta A$ $\qquad$ (24)
(I_x ist stets > 0) $\qquad$ (I_y ist stets > 0)

2.2.2.2 Polares Flächenmoment 2. Grades.

Das *polare Flächenmoment 2. Grades* I_p einer ebenen Fläche A, bezogen auf einen in der Ebene liegenden Punkt 0, ist die Summe der Flächenteilchen ΔA, jedes multipliziert mit dem Quadrat seines Abstandes r von 0 (Bild 8):

polares Flächenmoment
bezogen auf den Punkt $\quad I_p = \Sigma r^2 \Delta A$ (25)
(Pol) 0 (I_p ist stets > 0)

2.2.2.3 Zentrifugalmoment.

Das Zentrifugalmoment I_{xy} (Fliehmoment) einer ebenen Fläche A, bezogen auf ein in der Ebene liegendes Achsenpaar (x, y), ist die Summe der Flächenteilchen ΔA, jedes multipliziert mit dem Produkt seiner rechtwinkligen Abstände x und y von beiden Achsen (Bild 8):

$$I_{xy} = I_{xy} \Delta A$$

Zentrifugalmoment
bezogen auf die Achsen $\qquad$ (26)
x und y $\qquad$ (I_{xy} kann $\lessgtr 0$ sein)

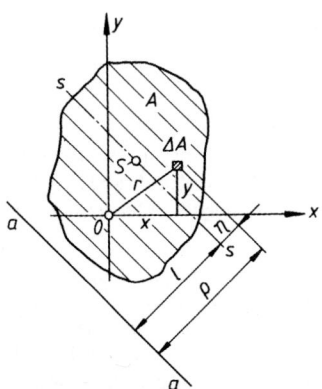

Bild 8. Definition und Berechnung der Flächenmomente 2. Grades

Die axialen und polaren Flächenmomente I_x, I_y, I_p sind wegen der Abstandsquadrate stets positiv. Das Zentrifugalmoment I_{xy} kann positiv, negativ und null werden.

Wird $I = A i^2$ festgelegt, so nennt man i den *Trägheitsradius*

$$i = \sqrt{\frac{I}{A}} \qquad \begin{array}{c|c|c} i & I & A \\ \hline mm & mm^4 & mm^2 \end{array} \qquad (27)$$

Entsprechend der Definition des Flächenmomentes I ist auch der Trägheitsradius i festgelegt:

axial $i_x = \sqrt{I_x / A}$

axial $i_y = \sqrt{I_y / A}$

polar $i_p = \sqrt{I_p / A}$

2.2.2.4 Widerstandsmoment.

Das *Widerstandsmoment* W einer ebenen Fläche A ist gleich dem Flächenmoment I, geteilt durch den äußeren Randfaserabstand von der Bezugsachse:

$$\text{Widerstandsmoment } W = \frac{\text{Flächenmoment } I}{\text{Randfaserabstand } e}$$

Es sind zu unterscheiden:

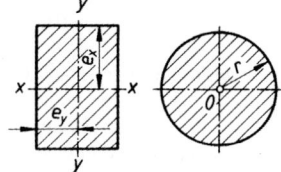

Bild 9. Randfaserabstand e und r

axiales Widerstandsmoment $\qquad W_x = \dfrac{I_x}{e_x}$ $\qquad$ (28)

axiales Widerstandsmoment $\qquad W_y = \dfrac{I_y}{e_y}$ $\qquad$ (29)

polares Widerstandsmoment $\qquad W_p = \dfrac{I_p}{r}$ $\qquad$ (30)

W	I	e, r
mm^3	mm^4	mm

Außerdem kann das Widerstandsmoment aus den Gleichungen nach Tabelle 1 berechnet werden. Ist die Fläche unsymmetrisch (Bild 7), also Oberkante und Unterkante ungleich weit von der Bezugachse entfernt (e_1 bzw. e_2) so gibt es zwei axiale Widerstandsmomente:

$$W_{x1} = \frac{I_x}{e_1} \qquad W_{x2} = \frac{I_x}{e_2} \qquad (31)$$

Beachte bei Rechnungen:
a) Flächenteilchen dürfen *parallel* zur Achse verschoben werden, weil sich dabei der Abstand x und y von der Bezugsachse nicht ändert. Das Flächenmoment 2. Grades in Bezug auf diese Achse bleibt also unverändert.
b) Die Flächenmomente 2. Grades verschiedener Teilflächen dürfen *dann* einfach addiert oder subtrahiert werden, wenn sie alle auf die *gleiche Achse* bezogen sind.
c) Die Widerstandsmomente sind stets aus dem Gesamtflächenmoment 2. Grades zu bestimmen.

2.2.2.5 Beziehungen zwischen den Flächenmomenten.
Ist I_p das polare Flächenmoment der Fläche A in Bezug auf den Polpunkt 0, ebenso I_x und I_y die axialen Flächenmomente in Bezug auf zwei durch 0 gehende Achsen x und y, die rechtwinklig aufeinander stehen, so ist das polare Flächenmoment I_p gleich der Summe der beiden axialen Flächenmomente I_x und I_y:

$$I_p = I_x + I_y \qquad (32)$$

Herleitung: Nach (25) wird mit den Bezeichnungen in Bild 8, insbesondere mit $r^2 = x^2 + y^2$:

$$I_p = \Sigma r^2 \Delta A = \Sigma (x^2 + y^2) \Delta A =$$
$$= \Sigma x^2 \Delta A + \Sigma y^2 \Delta A = I_y + I_x$$

2.2.2.6 Steiner'scher Verschiebesatz.
Das Flächenmoment für eine beliebige Achse (z.B. $a-a$ in Bild 8) ist gleich dem Flächenmoment 2. Grades für die parallele Schwerachse ($s-s$), vermehrt um das Produkt aus der Fläche A und dem Quadrat des Achsenabstandes (l^2):

$$I_a = I_s + A l^2 \qquad (33)$$

Besteht also eine Fläche A aus mehreren Einzelflächen $A_1, A_2, A_3 \ldots$, deren Schwerpunkte die Abstände $l_1, l_2, l_3 \ldots$ von einer parallelen Achse $a-a$ haben, so gilt:

$$I_a = I_1 + A_1 l_1^2 + I_2 + A_2 l_2^2 + I_3 + A_3 l_3^2 \ldots \qquad (34)$$

wenn $I_1; I_2, I_3 \ldots$ die Flächenmomente der Einzelflächen in Bezug auf ihre zu $a-a$ parallelen Schwerachsen $s-s$ sind (Bild 8).
Beachte: Der Steiner'sche Verschiebesatz gilt nur *für parallele* Achsen in Verbindung mit *Schwerachsen*!

Er wird beim Berechnen des Flächenmomentes 2. Grades zusammengesetzter Querschnitte benutzt. Fallen Teilschwerachsen und parallele Bezugsachse für das Flächenmoment zusammen, sind die Abstände $l_1, l_2, l_3 \ldots$ gleich null. Die Glieder $A_1 l_1^2 \ldots$ fallen dann weg und es wird:

$$I = I_1 + I_2 + I_3 + \ldots \qquad (35)$$
(Gilt nur, wenn Teil- und Gesamtschwerachse zusammenfallen!)

Der Verschiebesatz gilt auch für polare Flächenmomente 2. Grades und – sinngemäß – für Zentrifugalmomente. Bei letzteren sind die Vorzeichen der Abstände l_a und l_b zu beachten (siehe Beispiel).
Beachte: Bei parallelen Achsen ist das auf die *Schwerachse* bezogene Flächenmoment 2. Grades am kleinsten.
Herleitung des Verschiebesatzes (Bild 8): Da nach (23) $I_a = \Sigma \rho^2 \Delta A$ ist und außerdem $\rho = l + \eta$, wird

$$I_a = \Sigma (l + \eta)^2 \Delta A = \Sigma (l^2 + 2l\eta + \eta^2) \Delta A =$$
$$= \Sigma l^2 \Delta A + \Sigma 2 l \eta \Delta A + \Sigma \eta^2 \Delta A$$

geordnet:

$$I_a = \Sigma \eta^2 \Delta A + l^2 A + 2 l \Sigma \eta \Delta A = I_s + A l^2 + 0$$

denn $\Sigma \eta^2 \Delta A = I_s$ ist das auf die Schwerlinie bezogene axiale Flächenmoment 2. Grades; $\Sigma \Delta A = A$; und $\Sigma \eta \Delta A = 0$ als Moment der Fläche A (Flächenmoment 1. Grades) bezogen auf eine Schwerlinie (siehe Schwerpunktslehre).
Beachte für alle Rechnungen: Symmetrielinien sind Schwerlinien und zugleich Hauptachsen; das Moment einer Fläche in Bezug auf eine Schwerachse ist null; der Schwerpunkt ist flächenfest, d.h. gegen Drehung invariant; der resultierende Schwerpunkt zweier Teilflächen liegt auf der Verbindungslinie der Teilschwerpunkte.

2.2.2.7 Herleitung einiger Gleichungen für Flächenmomente 2. Grades.
Axiales Flächenmoment für Rechteckquerschnitt. Die beiden Sätze (33) und (34) geben die Möglichkeit, Berechnungsgleichungen für Flächenmomente durch einfache Summenrechnung zu entwickeln, z.B. für den Rechteckquerschnitt nach Bild 10. *Kunstgriff*: Der Querschnitt wird nicht nur in gleichdicke Flächenstreifen ΔA zerlegt, sondern zugleich durch eine Diagonale in zwei Dreiecke zerlegt, von denen nur das linke betrachtet wird. Nach dem Strahlensatz gilt:

$$\frac{\Delta A_1}{y} = \frac{\Delta A}{h}; \quad \Delta A = \Delta A_1 \frac{h}{y}$$

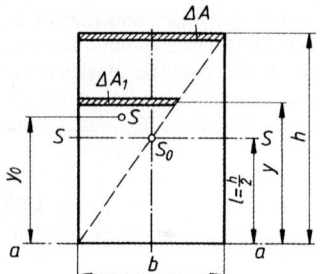

Bild 10. Herleitung der Gleichung für I_s (Rechteckquerschnitt)

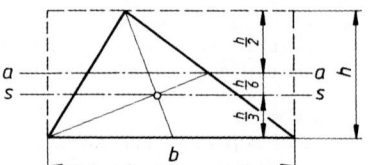

Bild 11. Herleitung der Gleichung für I_s (Dreieckquerschnitt)

Zuerst wird das Flächenmoment I_a (bezogen auf die Achse $a-a$) berechnet:

$$I_a = \Sigma y^2 \Delta A = \Sigma y^2 \Delta A_1 \frac{h}{y} = h \Sigma y \Delta A_1$$

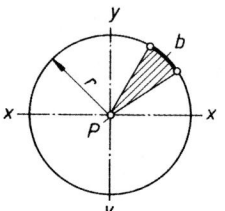

Bild 12. Herleitung der Gleichung für polares und axiales Flächenmoment 2. Grades (Kreisquerschnitt)

Der Summenausdruck $\Sigma y \Delta A_1$ ist nach der Schwerpunktslehre (als Summe der Momente der Teilflächen ΔA in bezug auf die Achse $a-a$) gleich dem Moment der Gesamtfläche in bezug auf die gleiche Achse: $\Sigma y \Delta A_1 = A y_0$. Mit Dreiecksfläche $A = bh/2$ und Schwerpunktsabstand $y_0 = \frac{2}{3} h$ wird

$$I_a = h \Sigma y \Delta A_1 = h \frac{2}{3} h \frac{bh}{2} = \frac{bh^3}{3}$$

Nach dem Steiner'schen Verschiebesatz (33) lässt sich nun das axiale Flächenmoment I_s in Bezug auf die Schwerachse $s-s$ berechnen (mit $l = h/2$ und $A = bh$):

$$I_s = I_a - Al^2 = \frac{bh^3}{3} - bh \frac{h^2}{4} = \frac{bh^3}{12} \qquad (36)$$

(siehe Tabelle 1)

Das Widerstandsmoment W ist nach (28) mit $e = h/2$:

$$W = \frac{I}{e} = \frac{bh^3 \cdot 2}{12 h} = \frac{bh^2}{6} \qquad (37)$$

(siehe Tabelle 1)

Axiales Flächenmoment für Dreieckquerschnitt. Das Flächenmoment I_a für die gestrichelte Rechteckfläche ist nach Bild 11: $I_a = bh^3/12$. Die Dreieckfläche ist gleich der halben Rechteckfläche, also ist auch für die gleiche Achse das Flächenmoment der Dreieckfläche $I_a = bh^3/24$. Nach dem Verschiebesatz gilt dann für die Schwerachse $s-s$ (mit $l = h/6$):

$$I_s = I_a - Al^2 = \frac{bh^3}{24} - \frac{bh}{2} \cdot \frac{h^2}{36} = \frac{bh^3}{36} \qquad (38)$$

(siehe Tabelle 1)

Polares und axiales Flächenmoment für Kreis- und Kreisringquerschnitt. Der Kreisquerschnitt wird nach Bild 12 in viele kleine Kreisausschnitte zerlegt, die als Dreiecke angesehen werden können. Das Teil-Flächenmoment eines Dreiecks der Höhe $h = r$ in Bezug auf die Spitze (P) ist: $\Delta I_p = br^3/4$.
Die Summe aller Flächenmomente 2. Grades ist dann das polare Flächenmoment I_p des Gesamtquerschnittes in Bezug auf die gleiche Achse, hier also bezogen auf den „Pol" P:

$$I_p = \Sigma \Delta I_p = \Sigma \frac{br^3}{4} = \frac{1}{4} r^3 \Sigma b \text{ und mit } \Sigma b = 2 r \pi$$

$$I_p = \frac{1}{4} r^3 \, 2 r \pi = \frac{\pi}{2} r^4 \text{ und mit } r = \frac{d}{2}$$

$$I_p = \frac{\pi}{32} d^4 \text{ (siehe Tabelle 18)} \qquad (39)$$

Nach (32) ist das polare Flächenmoment 2. Grades gleich der Summe der beiden axialen Flächenmomente. Damit wird das axiale Flächenmoment

$$I_x = I_y = \frac{I_p}{2} = \frac{\pi}{64} d^4 \text{ (siehe Tabelle 1.)} \qquad (40)$$

Für die Kreisringfläche ergeben sich die Flächenmomente aus der Differenz der Flächenmomente für beide Kreisflächen mit gleicher Bezugsachse:

$$I_p = \frac{\pi}{32} D^4 - \frac{\pi}{32} d^4 = \frac{\pi}{32} (D^4 - d^4) \qquad (41)$$

$$I_x = I_y = \frac{\pi}{64} (D^4 - d^4) \qquad (42)$$

Die Gleichungen für die axialen Flächenmomente 2. Grades in Bezug auf die eigene Schwerachse für verschiedene Querschnittsformen sind in Tabelle 1. zusammengestellt.

2.2.2.8 Hauptachsen. Zwei Achsen, für die das Zentrifugalmoment Null ist, heißen *zugeordnete* oder *konjugierte* Achsen. Stehen diese beiden Achsen auch noch rechtwinklig aufeinander (Bild 13), heißen sie *Hauptachsen* I, II und die auf sie bezogenen Flächenmomente 2. Grades *Hauptflächenmomente 2. Grades* (meist mit I_I, I_{II} bezeichnet). Das Hauptachsenpaar I, II besitzt stets das größte und das kleinste axiale Flächenmoment, eben die Hauptflächenmomente. Jede Symmetrieachse einer Fläche ist auch eine Hauptachse.

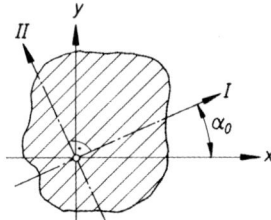

Bild 13. Berechnung der Flächenmomente 2. Grades bei Neigung der Achsen

Sind für ein beliebiges rechtwinkliges Achsenkreuz x, y die Flächen- und Zentrifugalmomente I_x, I_y, I_{xy} bekannt, so ergibt sich der Winkel α_0, um den das Achsenkreuz gedreht werden muss, damit es die *Lage der Hauptachsen* annimmt, aus

$$\tan 2\alpha_0 = \frac{2 I_{xy}}{I_y - I_x} \qquad (43)$$

Die *Hauptflächenmomente 2. Grades* sind

$$I_I = I_{max} = \frac{I_x + I_y}{2} + \frac{1}{2}\sqrt{(I_y - I_x)^2 + 4 I_{xy}^2} \qquad (44)$$

$$I_{II} = I_{min} = \frac{I_x + I_y}{2} - \frac{1}{2}\sqrt{(I_y - I_x)^2 + 4 I_{xy}^2} \qquad (45)$$

(Zeichnerische Methoden zur Berechnung der Flächenmomente bei Neigung der Achsen: *Trägheitskreis nach Mohr-Land* und *Trägheitsellipse*.)
Beachte: Unter den Flächenmomenten 2. Grades sind, wenn die Angabe der Bezugspunkte bzw. -achsen fehlt, stets die auf den Schwerpunkt der Fläche bezogenen Hauptflächenmomente zu verstehen. Die Festlegung der Hauptachsen und der auf sie bezogenen Flächen- und Widerstandsmomente ist für schief belastete Träger wichtig, um die Belastung mit der Senkrechten zur Achse des größten Widerstandsmomentes zusammenfallen zu lassen.

2.2.2.9 Flächenmomente 2. Grades zusammengesetzter Flächen. Lässt sich der Querschnitt derart in Teilflächen zerlegen, dass alle *Teilschwerachsen mit der Gesamtschwerachse* zusammenfallen, dann kann das Flächenmoment des Gesamtquerschnittes aus der Summe oder Differenz der Teil-Flächenmomente berechnet werden (35). Die Gleichungen für die auf die eigene Schwerachse bezogenen Flächenmomente der Teilflächen sind Tabelle 1. zu entnehmen. Beispiele zeigt Bild 14.

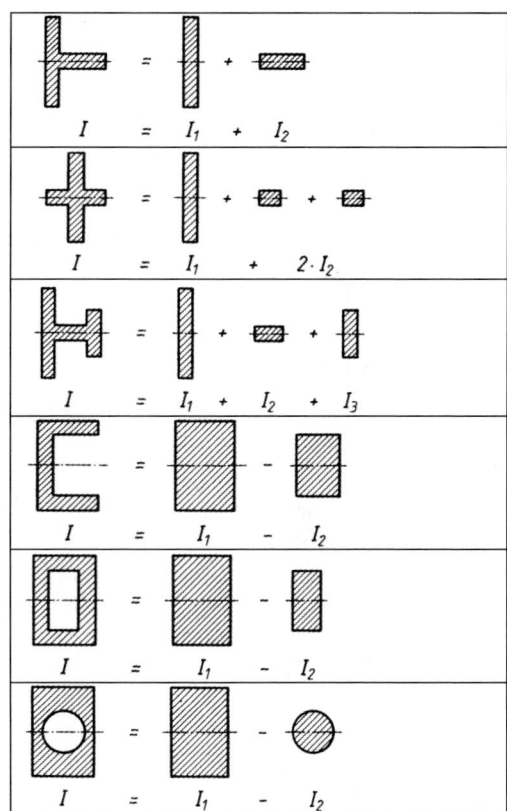

Bild 14. Profile mit gleichen Teil- und Gesamtschwerachsen

Lässt sich ein unsymmetrischer Querschnitt nicht in dieser Weise behandeln, so geht man zweckmäßig nach folgendem *Arbeitsplan* vor:
a) Der Querschnitt wird in Teilflächen bekannter Schwerpunktslage zerlegt;
b) die Schwerpunkte der Teilflächen werden bestimmt (siehe Schwerpunkt, C 1.4.2);
c) die Flächenmomente der Teilflächen, bezogen auf ihre eigene Schwerachse, werden nach Tabelle 1. berechnet;
d) ist die Gesamtschwerachse Bezugsachse, so wird auch die Lage des Gesamtschwerpunktes bestimmt;
e) das Flächenmoment des Querschnitts wird nach dem Steinerschen Verschiebesatz (34) berechnet.

■ **Beispiel:**
Gesucht: Für den Querschnitt in Bild 15:
a) die Schwerpunktsabstände e_1, e_2
b) die axialen Flächenmomente I_x, I_y
c) die Widerstandsmomente W_{x1}, W_{x2}, W_y

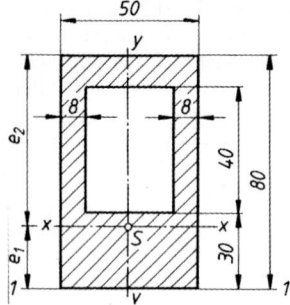

Bild 15.

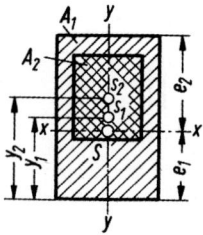

Lösung:

a) $Ae_1 = A_1y_1 - A_2y_2$

$A_1 = (80 \cdot 50)$ mm² = 4 000 mm²

$A_2 = (40 \cdot 34)$ mm² = 1 360 mm²

$A = A_1 - A_2 = (4000 - 1360)$ mm² = 2 640 mm²

$y_1 = 40$ mm; $y_2 = 50$ mm

$e_1 = \dfrac{A_1y_1 - A_2y_2}{A}$

$e_1 = \dfrac{4000 \text{ mm}^2 \cdot 40 \text{ mm} - 1360 \text{ mm}^2 \cdot 50 \text{ mm}}{2640 \text{ mm}^2}$

$e_2 = 80$ mm $- 34{,}8$ mm $= 45{,}2$ mm

b) $I_x = I_{x1} + A_1l_1^2 - (I_{x2} + A_2l_2^2)$

$I_{x1} = \dfrac{bh^3}{12} = \dfrac{50 \text{ mm} \cdot 80^3 \text{ mm}^3}{12} = 213{,}3 \cdot 10^4$ mm⁴

$I_{x2} = \dfrac{bh^3}{12} = \dfrac{34 \text{ mm} \cdot 40^3 \text{ mm}^3}{12} = 18{,}13 \cdot 10^4$ mm⁴

$l_1 = y_1 - e_1 = (40 - 34{,}8)$ mm $= 5{,}2$ mm

$l_1^2 \approx 27$ mm²

$l_2 = y_2 - e_2 = (50 - 34{,}8)$ mm $= 15{,}2$ mm

$l_2^2 \approx 231$ mm²

$I_x = 213{,}3 \cdot 10^4$ mm⁴ $+ 0{,}4 \cdot 10^4$ mm² $\cdot 27$ mm²

$-18{,}13 \cdot 10^4$ mm⁴ $+ 0{,}136 \cdot 10^4$ mm² $\cdot 231$ mm²

$I_x = (224{,}1 \cdot 10^4 - 49{,}55 \cdot 10^4)$ mm⁴ $= 174{,}6 \cdot 10^4$ mm⁴

$I_y = I_{y1} - I_{y2}$

$I_{y1} = \dfrac{bh^3}{12} = \dfrac{80 \text{ mm} \cdot 50^3 \text{ mm}^3}{12} = 83{,}3 \cdot 10^4$ mm⁴

$I_{y2} = \dfrac{bh^3}{12} = \dfrac{40 \text{ mm} \cdot 34^3 \text{ mm}^3}{12} = 13{,}1 \cdot 10^4$ mm⁴

$I_y = (83{,}3 - 13{,}1) \cdot 10^4$ mm⁴ $= 70{,}2 \cdot 10^4$ mm⁴

c) $W_{x1} = \dfrac{I_x}{e_1} = \dfrac{1746 \cdot 10^3 \text{ mm}^4}{34{,}8 \text{ mm}} = 50{,}2 \cdot 10^3$ mm³

$W_{x2} = \dfrac{I_x}{e_2} = \dfrac{1746 \cdot 10^3 \text{ mm}^4}{45{,}2 \text{ mm}} = 38{,}6 \cdot 10^3$ mm³

$W_y = \dfrac{I_y}{e} = \dfrac{702 \cdot 10^3 \text{ mm}^4}{25 \text{ mm}} = 28{,}1 \cdot 10^3$ mm³

■ **Beispiel:**
Gesucht werden für den Querschnitt eines Blechträgers (Bild 16) unter Berücksichtigung der Nietlöcher das axiale Flächenmoment I_x und das Widerstandsmoment W_x.

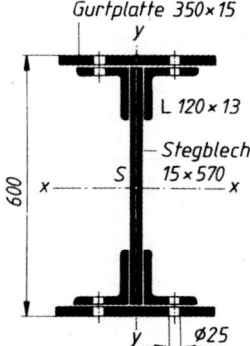

Bild 16. Querschnitt eines Blechträgers

Lösung:

$I_{\text{Stegblech}} = \tfrac{1}{12} \cdot 1{,}5 \cdot 57^3 = 23\,149$ cm⁴

$I_{\text{Winkel}} = 4 \cdot 394 = 1\,576$ cm⁴

$+ 4 \cdot 29{,}7 \cdot 25{,}06^2 = 74\,607$ cm⁴

$I_{\text{Gurtplatte}} = \frac{1}{12} \cdot 35 \cdot (60^3 - 57^3)$ $\qquad = 89\,854 \text{ cm}^4$

$I_{\text{mit Nietlöcher}}$ $\qquad\qquad\qquad\qquad = 189\,186 \text{ cm}^4$

Abzug für Nietlöcher

$= 2 \cdot \frac{1}{12} \cdot 2{,}5 \cdot (60^3 - 54{,}4^3)$ $\qquad = 22\,921 \text{ cm}^4$

$\qquad\qquad\qquad\qquad\qquad I_x = 166\,265 \text{ cm}^4$

Beachte den hohen Anteil der Gurtplatten am gesamten Flächenmoment 2. Grades. Auch der (ungünstige) Einfluss der Nietlöcher ist beträchtlich ($\approx 14\%$); er kann in ungünstigen Fällen noch erheblich wachsen.
Das Widerstandsmoment W_x beträgt:

$W_x = \frac{I_x}{e} = \frac{166\,265 \text{ cm}^4}{30 \text{ cm}} = 5\,542 \text{ cm}^3$

■ **Beispiel:**
Bestimme für das ungleichschenklige Winkelprofil 80 · 160 · 12 mit scharfen Ecken (Bild 17) die Flächen- und Widerstandsmomente sowie das Zentrifugalmoment für die Schwerachsen x, y; die Lage der Hauptachsen; die entsprechenden Hauptflächenmomente; die Trägheitsradien.

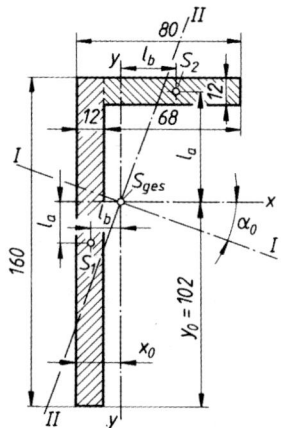

Bild 17.

Lösung:

a) Schwerpunktslage:

$x_0 = \frac{(1{,}2 \cdot 16 \cdot 0{,}6 + 6{,}8 \cdot 1{,}2 \cdot 4{,}6) \text{ cm}^3}{(1{,}2 \cdot 16 + 6{,}8 \cdot 1{,}2) \text{ cm}^2} = 1{,}79 \text{ cm}$

$y_0 = \frac{(1{,}2 \cdot 16 \cdot 8 + 6{,}8 \cdot 1{,}2 \cdot 15{,}4) \text{ cm}^3}{(16 + 6{,}8) \text{ cm}^2} = 10{,}2 \text{ cm}$

b) Flächenmomente:

$I_x = \left(\frac{1}{12} \cdot 1{,}2 \cdot 16^3 + 1{,}2 \cdot 16 \cdot 2{,}2^2 + \frac{1}{12} \cdot 6{,}8 \cdot 1{,}2^3 + 6{,}8 \cdot 1{,}2 \cdot 5{,}2^2 \right) \text{ cm}^4 \approx$

$\approx 724 \text{ cm}^4$

$I_y = \left(\frac{1}{12} \cdot 16 \cdot 1{,}2^3 + 16 \cdot 1{,}2 \cdot 1{,}19^2 + \frac{1}{12} \cdot 1{,}2 \cdot 6{,}8^3 + 1{,}2 \cdot 6{,}8 \cdot 2{,}81^2 \right) \text{ cm}^4$

$\approx 125{,}4 \text{ cm}^4$

c) Widerstandsmomente:

$W_{x1} = \frac{I_x}{16 - y_0} = \frac{724 \text{ cm}^4}{5{,}8 \text{ cm}} = 125 \text{ cm}^3;$

$W_{x2} = \frac{I_x}{y_0} = \frac{724 \text{ cm}^4}{10{,}2 \text{ cm}} = 71 \text{ cm}^3;$

$W_{y1} = \frac{I_y}{8 - x_0} = \frac{125{,}4 \text{ cm}^4}{6{,}21 \text{ cm}} = 20{,}19 \text{ cm}^3;$

$W_{y2} = \frac{I_y}{x_0} = \frac{125{,}4 \text{ cm}^4}{1{,}79 \text{ cm}} = 70 \text{ cm}^3$

d) Fliehmoment:
$I_{xy} = [1{,}2 \cdot 16 \cdot \underbrace{(-2{,}2)}_{l_a} \cdot \underbrace{(-1{,}19)}_{l_b} + 6{,}8 \cdot 1{,}2 \cdot \underbrace{5{,}2}_{l_a} \cdot \underbrace{2{,}81}_{l_b}] \text{ cm}^4 = 169{,}5 \text{ cm}^4$

e) Hauptachsen:

$2\alpha_0 = \arctan \frac{2 I_{xy}}{I_y - I_x} = \arctan \frac{2 \cdot 169{,}5 \text{ cm}^4}{(125{,}4 - 724) \text{ cm}^4}$

$\alpha_0 = 14{,}76°$ (im II. bzw. IV. Quadranten)

f) Hauptflächenmomente:

$I_{\text{I, II}} = \frac{724 + 125{,}4}{2} \text{ cm}^4 \pm \frac{1}{2} \sqrt{(125{,}4 - 724)^2 \cdot \text{cm}^8 + 4 \cdot 169{,}5^2 \text{ cm}^8}$

$I_{\text{I}} = I_{\max} = 768{,}7 \text{ cm}^4; \qquad I_{\text{II}} = I_{\min} = 80{,}74 \text{ cm}^4$

g) Trägheitsradien:

$i_x = \sqrt{\frac{I_x}{A}} = \sqrt{\frac{724 \text{ cm}^4}{27{,}36 \text{ cm}^2}} = 5{,}14 \text{ cm};$

$i_{\text{I}} = \sqrt{\frac{I_{\text{I}}}{A}} = \sqrt{\frac{768 \text{ cm}^4}{27{,}36 \text{ cm}^2}} = 5{,}3 \text{ cm} = i_{\max};$

$i_y = \sqrt{\frac{I_y}{A}} = \sqrt{\frac{125{,}4 \text{ cm}^4}{27{,}36 \text{ cm}^2}} = 2{,}14 \text{ cm};$

$i_{\text{II}} = \sqrt{\frac{I_{\text{II}}}{A}} = \sqrt{\frac{80{,}74 \text{ cm}^4}{27{,}36 \text{ cm}^2}} = 1{,}72 \text{ cm} = i_{\min}$

Tabelle 1. Axiale Flächenmomente *I*, Widerstandsmomente *W*, Flächeninhalte *A* und Trägheitsradius *i* verschieden gestalteter Querschnitte für Biegung und Knickung (die Gleichungen gelten für die eingezeichneten Achsen)

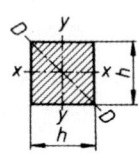

$I_x = \dfrac{bh^3}{12}$　　$I_y = \dfrac{h \cdot b^3}{12}$　　$A = bh$

$W_x = \dfrac{bh^2}{6}$　　$W_y = \dfrac{h \cdot b^3}{6}$

$i_x = 0{,}289\, h$　　$i_y = 0{,}289\, b$

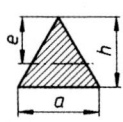

$I_x = I_y = I_D = \dfrac{h^4}{12}$　　$i = 0{,}289\, h$　　$A = h^2$

$W_x = W_y = \dfrac{h^3}{6}$　　$W_D = \sqrt{2}\,\dfrac{h^3}{12}$

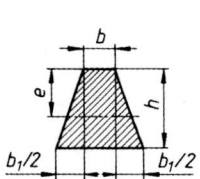

$I = \dfrac{ah^2}{36}$　　$e = \dfrac{2}{3}h$　　$A = \dfrac{ah}{2}$

$W = \dfrac{ah^2}{24}$　　$i = 0{,}236\, h$

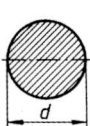

$I = \dfrac{6b^2 + 6bb_1 + b_1^2}{36(2b + b_1)}h^3$　　$A = \dfrac{2b + b_1}{2}h$

$e = \dfrac{1}{3}\dfrac{3b + 2b_1}{2b + b_1}h$

$W = \dfrac{6b^2 + 6bb_1 + b_1^2}{12(3b + 2b_1)}h^2$　　$i = \sqrt{\dfrac{I}{A}}$

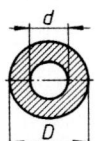

$I = \dfrac{\pi d^4}{64} \approx \dfrac{d^4}{20}$　　$A = \dfrac{\pi}{4}d^2$

$W = \dfrac{\pi d^3}{32} \approx \dfrac{d^3}{10}$　　$i = \dfrac{d}{4}$

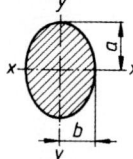

$I = \dfrac{\pi}{64}(D^4 - d^4)$　　$A = \dfrac{\pi}{4}(D^2 - d^2)$

$W = \dfrac{\pi}{32}\dfrac{D^4 - d^4}{D}$　　$i = 0{,}25\sqrt{D^2 + d^2}$

$I_x = \dfrac{\pi a^3 b}{4}$　　$I_y = \dfrac{\pi b^3 a}{4}$　　$i_x = \dfrac{a}{2}$　　$A = \pi a b$

$W_x = \dfrac{\pi a^2 b}{4}$　　$W_y = \dfrac{\pi b^2 a}{4}$　　$i_y = \dfrac{b}{2}$

Tabelle 1. Fortsetzung

Querschnitt	Formeln		
Hohlellipse	$I_x = \dfrac{\pi}{4}(a^3 b - a_1^3 b_1) \approx \dfrac{\pi}{4} a^2 d (a+3b)$ $W_x = \dfrac{I_x}{a} \approx \dfrac{\pi}{4} ad\,(a+3b)$	$A = \pi(ah - a_1 b_1)$ $i_x = \sqrt{\dfrac{I_x}{A}}$	
Halbkreis	$I_x = 0{,}0068\, d^4$ $W_{x1} = 0{,}0238\, d^3$ $W_y = 0{,}049\, d^3$ $e_1 = \dfrac{4r}{3\pi} = 0{,}4244\, r$	$I_y = 0{,}0245\, d^4$ $W_{x2} = 0{,}0323\, d^3$ $W_y = 0{,}132\, d^3$	
Halbkreisring	$I_x = 0{,}1098\,(R^4 - r^4) - 0{,}283\, R^2 r^2 \dfrac{R-r}{R+r}$ $I_y = \pi\dfrac{R^4 - r^4}{8}$ $W_{x1} = \dfrac{I_x}{e_1}$	$W_y = \dfrac{\pi(R^4 - r^4)}{8R}$ $W_{x2} = \dfrac{I_x}{e_2}$	$e_1 = \dfrac{2(D^3 - d^3)}{3\pi(D^2 - d^2)}$
Sechseck (Spitze)	$I = \dfrac{5\sqrt{3}}{16} s^4 = 0{,}5413\, s^4$ $W = \dfrac{5}{8} s^3 = 0{,}625\, s^3$	$A = \dfrac{3}{2}\sqrt{3}\, s^2$ $i = 0{,}456\, s$	
Sechseck (Fläche)	$I = \dfrac{5\sqrt{3}}{16} s^4 = 0{,}5413\, s^4$ $W = 0{,}5413\, s^3$	$A = \dfrac{3}{2}\sqrt{3}\, s^2$ $i = 0{,}456\, s$	
Rechteckrahmen	$I_x = \dfrac{b}{12}(H^3 - h^3)$ $W_x = \dfrac{b}{6H}(H^3 - h^3)$ $i_x = \sqrt{\dfrac{H^3 - h^3}{12(H-h)}}$	$I_y = \dfrac{b}{12}(H^3 - h^3)$ $W_y = \dfrac{b^2}{6}(H-h)$ $i_y = 0{,}289\, b$	$A = b(H-h)$
I-/U-Profil	$I = \dfrac{b(h^3 - h_1^3) + b_1(h_1^3 - h_2^3)}{12}$ $W = \dfrac{b(h^3 - h_1^3) + b_1(h_1^3 - h_2^3)}{6h}$	$A = bh - b_1 h_2 - h_1(b - b_1)$ $i = \sqrt{\dfrac{I}{A}}$	
Kreuz-/H-Profil	$I = \dfrac{BH^3 + bh^3}{12}$ $W = \dfrac{BH^3 + bh^3}{6H}$	$A = BH + bh$ $i = \sqrt{\dfrac{I}{A}}$	

Tabelle 1. Fortsetzung

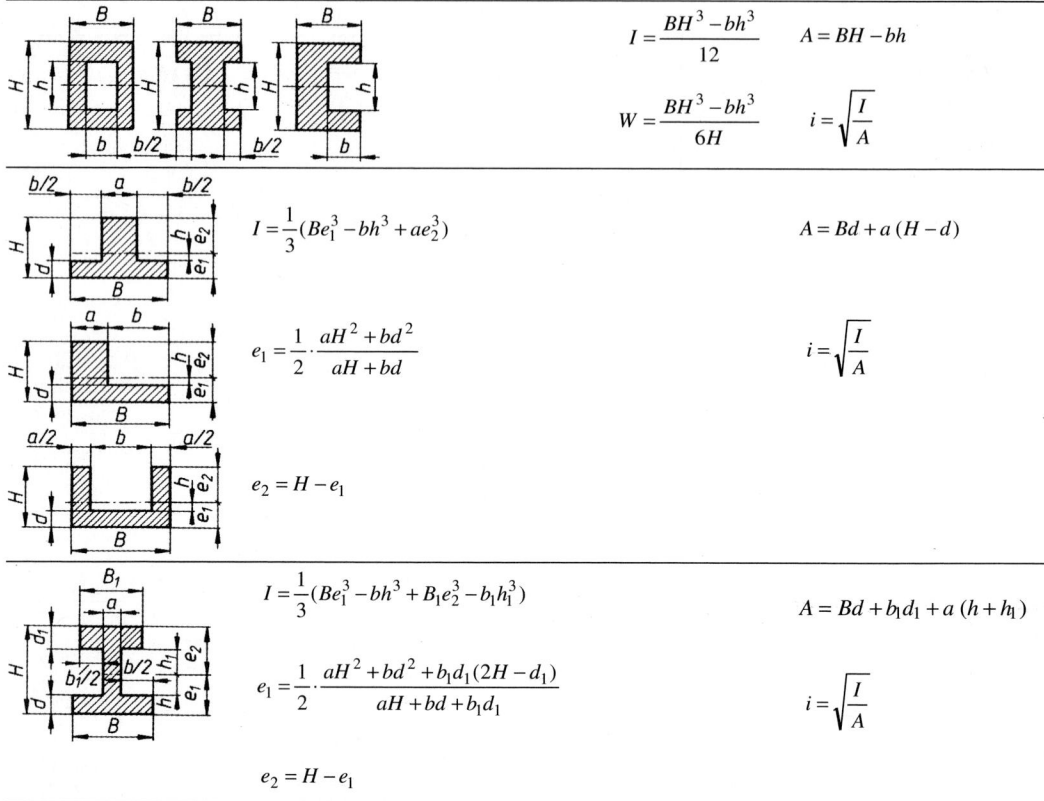

2.2.3 Rechnerische Bestimmung der Stützkräfte, Querkräfte und Biegemomente

2.2.3.1 Stützkräfte. Die Stützkräfte F_A, F_B sind die in den Stützlagern (Bild 18) wirkenden Reaktionskräfte gegen die äußeren Kräfte. Nehmen die Lager des Biegeträgers nur lotrechte Lasten auf, so bezeichnet man sie *als Auflager* oder *Stützlager*. Mit Hilfe der Gleichgewichtsbedingungen $\Sigma F_y = 0$; $\Sigma M = 0$ werden die Stützkräfte F_A, F_B berechnet. Dabei werden die über der Länge l aufliegenden *Streckenlasten* (Gewichtskraft, gleichmäßig verteilte Lasten, Dreieckslasten u.a.) als im Schwerpunkt der Streckenlast angreifende Einzellast behandelt. Ist F' die Belastung der Längeneinheit (z.B. in N/m, N/mm), so ergibt sich als *Resultierende der Streckenlast* (Bild 19).

$$F = F' l$$

F	F'	l
N	$\dfrac{N}{m}$	m

(46)

Mit den Bezeichnungen des Bildes 18 ist die Resultierende der Streckenlast $F_1 = F'c = 2000$ N/m · 3 m = 6000 N. Die Momentengleichgewichtsbedingung um den Lagerpunkt A ergibt damit:

$\Sigma M_{(A)} = 0 = -Fa - F_1 a_1 + F_B l$ und daraus

$$F_B = \frac{Fa + F_1 a_1}{l} =$$
$$= \frac{6000 \text{ N} \cdot 1{,}5 \text{ m} + 6000 \text{ N} \cdot 3{,}5 \text{ m}}{6 \text{ m}} = 5000 \text{ N}$$

aus $\Sigma F_y = 0 = +F_A + F_B - F - F_1$ ergibt sich

$F_A = F + F_1 - F_B =$
$= 6000 \text{ N} + 6000 \text{ N} - 5000 \text{ N} = 7000 \text{ N}$

Zur Kontrolle der Rechnung sollte $\Sigma M (B) = 0$ angesetzt und daraus F_A berechnet werden!

2.2.3.2 Querkräfte Die Querkräfte F_q (siehe auch 2.2.1.1) sind alle rechtwinklig zu einer Stabachse wirkenden Kräfte; also auch die Stützkräfte F_A, F_B. *Betrag und Richtung der Querkraft* eines beliebigen Querschnitts (z.B. Querschnitt x–x im Abstand l_x vom linken Stützlager A in den Bildern 18 und 19) werden am einfachsten durch *Aufzeichnung der Querkraftfläche* oder Querkraftlinie (= Begrenzung der Querkraftfläche) bestimmt. Dazu „wandert" man rückwärts gehend auf der Nulllinie 0–0 (Bilder 18 und 19) vom linken zum rechten Stützlager und trägt fortlaufend maßstäblich die jeweils „sichtbaren" Querkräfte aneinander an.

Für die Schnittstelle x wird in Bild 18: $F_{qx} = F_A$ und in Bild 19:

$$F_{qx} = + F_A - F' l_x$$

Die Querkraft*linie* verläuft bei *Einzel*lasten parallel zur Nulllinie (Bild 18) und ist bei *Streckenlasten* eine zur Nulllinie *geneigte Gerade* (Bild 19). *Beweis* nach Bild 19: Für die Stelle x ist

$$F_{qx} = +F_A - F' l_x = \frac{F}{2} - F' l_x = \frac{F' l}{2} - F' l_x$$

Das ist die Gleichung einer geneigten Geraden; die Neigung ist proportional der Streckenlast F' (je größer F', desto stärker die Neigung und umgekehrt). Für $l_x = 0$ wird

$$F_q = \frac{F' l}{2} = F_A$$

(in Stützpunkt A); für $l_x = l/2$ wird $F_q = 0$ (in Trägermitte).

In Bild 19 wurde der Beweis zeichnerisch geführt (Kräfteplan), indem die Teilkräfte F', jeweils im Schwerpunkt angreifend, als Teil-Querkräfte aneinandergereiht wurden.

2.2.3.3 Biegemomente M_b (siehe auch 2.2.1.1). Das Biegemoment für einen beliebigen Querschnitt ist die algebraische Summe der statischen Momente aller links *oder* rechts vom Querschnitt angreifenden äußeren Kräfte (einschließlich der Stützkräfte). Praktisch rechnet man mit der Seite, an der die wenigsten Kräfte angreifen.
Betrag und Richtung des Biegemoments eines beliebigen Querschnitts (z.B. Querschnitt $x–x$ im Abstand l_x vom linken Stützlager A in den Bildern 18 und 19) werden am einfachsten durch *Aufzeichnung der Querkraftfläche* bestimmt. Vom linken Stützlager A nach rechts fortschreitend entspricht die dabei „überstrichene" Querkraft*fläche* A_q dem Biegemoment des betreffenden Querschnitts.
Nach Bild 18 wird damit das Biegemoment M_{bx} der Schnittstelle x:

$$M_{bx} \triangleq A_q = F_A \, l_x$$

Vielfach wird nur das maximale Biegemoment $M_{b\,max}$ gebraucht. *Es liegt stets dort, wo die Querkraftlinie durch die Nulllinie läuft (Nulldurchgang).* In einigen Fällen ist dann noch das *Durchgangsmaß* x (oder y) wie in Bild 18 zu bestimmen. Aus der Ähnlichkeit der Dreiecke HNE und EGD folgt mit den bezeichneten Querkraft- und Längenmaßen das *Durchgangsmaß*

$$x = \frac{F_A - F}{F_1} c \qquad (47)$$

Mit Hilfe der Querkraftfläche in Bild 18 ergeben sich folgende Biegemomente:

$$M_{bI} = F_A \, a = 7000 \text{ N} \cdot 1{,}5 \text{ m} = 10500 \text{ Nm}$$
$$M_{bII} = M_{bI} + (F_A - F)(c_1 - a) =$$
$$= 10500 \text{ Nm} + 1000 \text{ N} \cdot 0{,}5 \text{ m} = 11000 \text{ Nm}$$

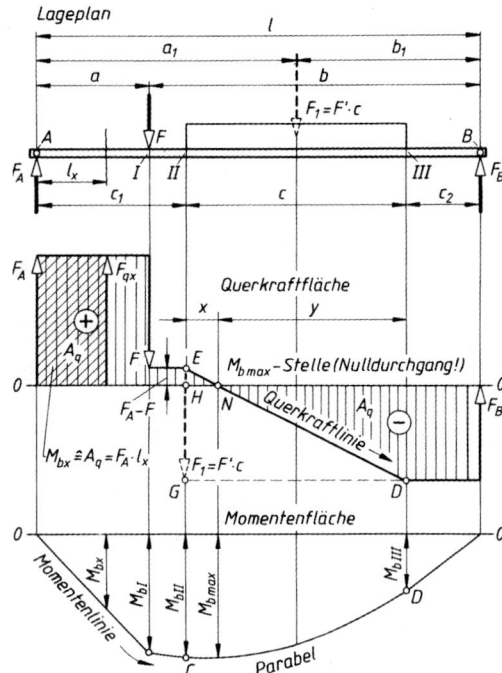

$F = 6000$ N; $F' = 2000 \dfrac{\text{N}}{\text{m}}$
$F_1 = F \cdot c = 6000$ N
$a = 1{,}5$ m; $b = 4{,}5$ m; $c = 3$ m
$a_1 = 3{,}5$ m; $b_1 = 2{,}5$ m; $l = 6$ m
$c_1 = 2$ m; $c_2 = 1$ m

Stützkräfte:
$F_A = 7000$ N; $F_B = 5000$ N

Biegemomente:
$M_{bI} = F_A \cdot a = 7000$ N $\cdot 1{,}5$ m $= 10500$ Nm
$M_{bII} = F_A \cdot c_1 - F \cdot (c_1 - a)$
$= 7000$ N $\cdot 2$ m $- 6000$ N $\cdot (2\,m - 1{,}5\,m)$
$M_{bII} = 11000$ Nm
$M_{bIII} = F_B \cdot c_2 = 5000$ N $\cdot 1$ m $= 5000$ Nm

Bild 18. Stützkräfte F_A, F_B, Querkräfte und Biegemomente bei Einzel- und Streckenlast

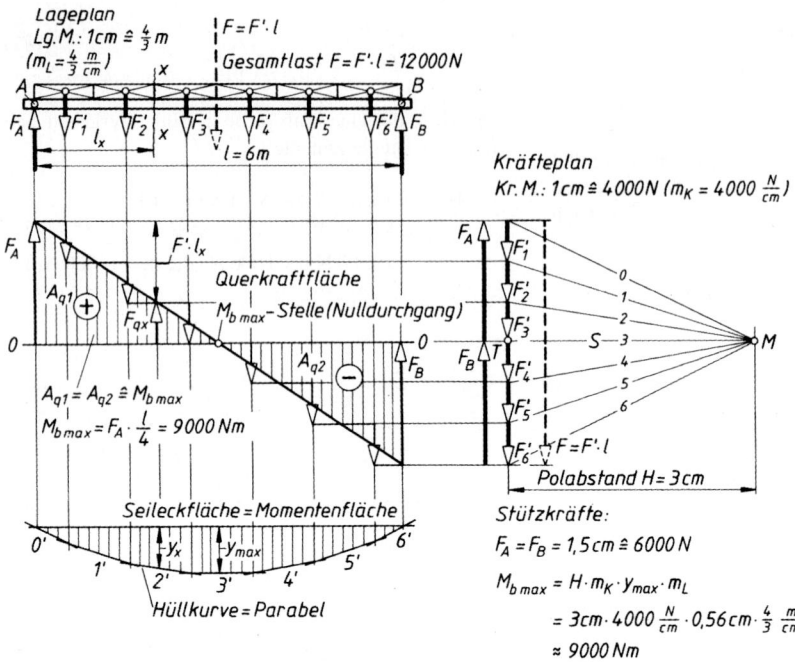

Bild 19. Stützkräfte F_A, F_B, Querkräfte und Biegemomente bei Streckenlast; Streckenlast $F' = 2000$ N/m, $l = 6$ m

Man kann auch rein rechnerisch vorgehen (Summe aller Momente links von Schnittstelle II):

$$M_{bII} = F_A c_1 - F(c_1 - a) =$$
$$= 7000 \text{ N} \cdot 2 \text{ m} - 6000 \text{ N} \cdot 0,5 \text{ m} =$$
$$= 11000 \text{ Nm}$$

$$M_{bIII} = F_B c_2 = 5000 \text{ N} \cdot 1 \text{ m} = 5000 \text{ Nm}$$

$$M_{b\,max} = F_B(y + c_2) - F'y\frac{y}{2}$$

darin ist $y = c - x$ und nach (47)

$$x = \frac{F_A - F}{F_1} c = \frac{(7000 - 6000) \text{ N}}{6000 \text{ N}} = 0,5 \text{ m}$$

also $y = 3$ m $- 0,5$ m $= 2,5$ m.

$$M_{b\,max} = 5000 \text{ N} (2,5 + 1) \text{ m} -$$
$$- 2000 \frac{\text{N}}{\text{m}} \cdot 2,5 \text{ m} \cdot 1,25 \text{ m} = 11250 \text{ Nm}$$

oder mit der Querkraftfläche rechts vom Nulldurchgang:

$$M_{b\,max} = F_B c_2 + F_B \frac{y}{2} \,\hat{=}\,$$

$$\hat{=} \text{Rechteckfläche} + \text{Dreieckfläche} = F_B\left(c_2 + \frac{y}{2}\right)$$

$$M_{b\,max} = 5000 \text{ N} (1 + 1,25) \text{ m} = 11250 \text{ Nm}$$

Die *Momentenfläche* oder *Momentenlinie* entsteht, wenn die Biegemomente der einzelnen Querschnitte maßstäblich als Ordinaten von einer Nulllinie aus aufgetragen werden. Die Momentenlinie ist bei Einzelkräften eine geneigte Gerade, bei Streckenlasten eine Parabel, wie auch Bild 19 zeigt. Danach wird das Biegemoment M_{bx} an der Schnittstelle x:

$$M_{bx} \,\hat{=}\, \text{Trapezfläche} = \frac{F_A + F_{qx}}{2}$$

für $F_A = F_B = \dfrac{F}{2} = \dfrac{F'l}{2}$ und

für $F_{qx} = F_A - F'l_x$ eingesetzt:

$$M_{bx} = \frac{\dfrac{F'l}{2} + \dfrac{F'l}{2} - F'l_x}{2} l_x - \dfrac{F'l}{2} l_x - \dfrac{F'l_x^2}{2} =$$

$$= \frac{F'}{2}(ll_x - l_x^2)$$

d.h. bei Streckenlast ist die Momentenlinie eine *Parabel*. Das maximale Biegemoment liegt in Balkenmitte, also bei $l_x = l/2$

$$M_{b\,max} = \frac{F'l^2}{8} = \frac{F\,l}{8}$$

Beachte: Die Momentenlinie gibt bei Biegeträgern mit gleich bleibendem Querschnitt zugleich den Verlauf der Randfaserspannung über die Balkenlänge an. An der $M_{b\,max}$-Stelle ist also auch die Randfaserspannung am größten.

Zusammenfassung: Das Biegemoment M_b entspricht der Querkraftfläche A_q links oder rechts von der betrachteten Querschnittsstelle unter Beachtung der Vorzeichen der Flächen.

Das größte Biegemoment $M_{b\,max}$ liegt dort, wo die Querkraftlinie „durch null" geht (Nulldurchgang) oder wo die Seileckfläche ihre größte Ordinate y_{max} besitzt.

Geht die Querkraftlinie mehrfach durch null, müssen zum Vergleich die Biegemomente für alle Nulldurchgänge berechnet werden.

Kontrolle der Querkraftfläche: Die Summe aller positiven Flächenteile (oberhalb 0–0) muss gleich der Summe aller negativen (unterhalb 0–0) sein, also $\Sigma A_q = 0$, weil entsprechend beim statisch bestimmt gelagerten Träger die $\Sigma M = 0$ sein muss.

Vereinbarung: Biegemomente sind positiv, wenn in den oberen Fasern des Biegeträgers Druck- und in den unteren Fasern Zugspannungen ausgelöst werden.

2.2.4 Zeichnerische Bestimmung der Stützkräfte, Querkräfte und Biegemomente

2.2.4.1 Stützkräfte. Die Stützkräfte F_A, F_B werden durch Krafteck- und Seileckzeichnung gefunden (Bilder 19 und 20); siehe auch „Statik". *Im Kräfteplan* werden die Lasten $F = 6000$ N und $F = F'_C = 6000$ N maßstäblich und richtungsgemäß aneinander gezeichnet. Mit Hilfe der *Polstrahlen* 0, 1, 2..., zum beliebigen Pol M werden die *Seilstrahlen* 0', 1', 2'... durch Parallelverschiebung gezeichnet. Die *Schlusslinie* S' des Seilecks wird in den Kräfteplan übertragen (S) und schneidet dort im *Teilpunkt T* die Stützkräfte F_B, F_A ab. Das Krafteck der Kräfte F, F_1, F_B, F_A muss sich schließen.

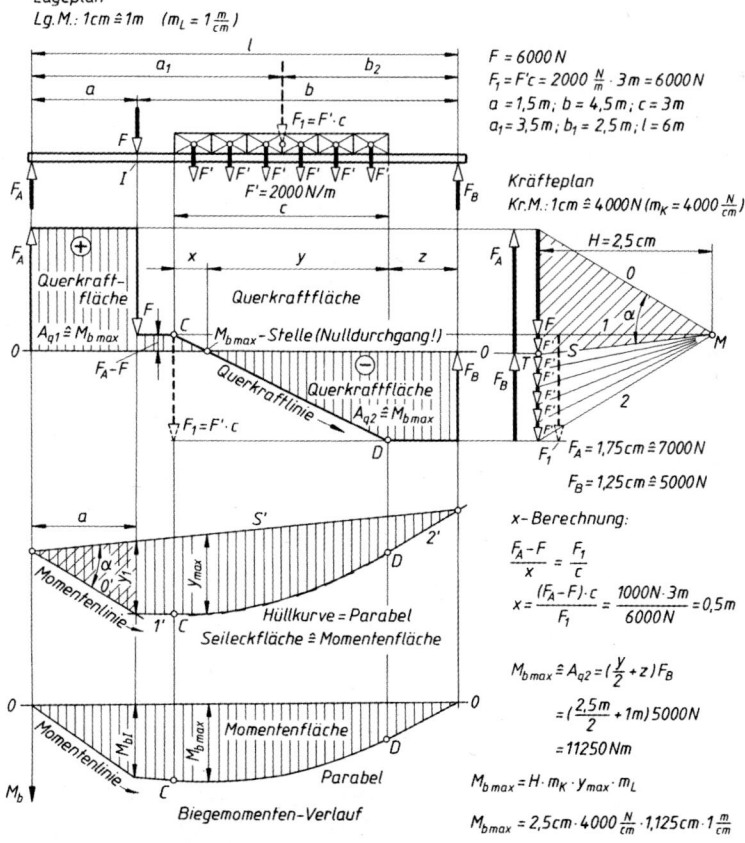

Bild 20. Stützkräfte F_A, F_B, Querkräfte und Biegemomente bei Einzel- und Streckenlast

2.2.4.2 Querkräfte. Die Querkräfte F_q werden aus dem Kräfteplan herübergelotet und auf ihren aus dem Lageplan heruntergeloteten Wirklinien aufgetragen. Damit ergibt sich die *Querkraftlinie*. Sie ist bei Streckenlast eine geneigte Gerade, wie in Bild 19 nachgewiesen worden ist.

Der *Nulldurchgang* legt die $M_{b\,max}$-Stelle fest. Die Querkraftfläche links oder rechts vom Nulldurchgang entspricht dem größten Biegemoment:

$$A_{q1} = A_{q2} \,\hat{=}\, M_{b\,max}$$

Die *Durchgangsmaße* x und y können unter Berücksichtigung des Längenmaßstabes abgegriffen werden (Bild 20).

2.2.4.3 Biegemomente. Die Biegemomente M_b werden zeichnerisch mit Hilfe der *Seileckfläche* bestimmt. Die *Seilstrahlen* liefern mit der Schlusslinie S' die *Momentenlinie*. Sie ist im Bereich der Streckenlast eine *Parabel*. Aus der Ähnlichkeit der schraffierten Dreiecke (Bild 20) im Seileck und Kräfteplan ergibt sich:

$$\frac{y_\mathrm{I}}{a} = \frac{F_A}{H} \quad \text{und daraus} \quad F_A\, a = H y_\mathrm{I} = M_{b\mathrm{I}} \quad (48)$$

Nun ist aber $F_A a = M_{b\mathrm{I}}$ das Biegemoment an der Balkenstelle I, so dass allgemein gilt:

Das Biegemoment M_b an einer beliebigen Balkenstelle ist gleich dem Produkt aus der Ordinate y des Seilecks und dem Polabstand H des Kräfteplans unter Berücksichtigung von Längenmaßstab m_L in m/cm oder cm/cm und Kräftemaßstab m_K in N/cm.

$$M_b = H\, y\, m_K\, m_L \quad\quad \begin{array}{c|c|c|c} M_b & H, y & m_K & m_L \\ \hline \mathrm{Nm} & \mathrm{cm} & \dfrac{\mathrm{N}}{\mathrm{cm}} & \dfrac{\mathrm{m}}{\mathrm{cm}} \end{array} \quad (49)$$

Das größte Biegemoment $M_{b\,max}$ in Bild 20 wird mit Polabstand $H = 2{,}5$ cm, $y_{max} = 1{,}125$ cm, Kräftemaßstab $m_K = 4000$ N/cm und Längenmaßstab $m_L = 1$ m/cm

$$M_{b\,max} = H\, y_{max}\, m_K\, m_L =$$
$$= 2{,}5\,\mathrm{cm} \cdot 1{,}125\,\mathrm{cm} \cdot 4000\,\frac{\mathrm{N}}{\mathrm{cm}} \cdot 1\,\frac{\mathrm{m}}{\mathrm{cm}} =$$
$$= 11\,250\,\mathrm{Nm}$$

Nach Bild 19 ergibt sich ebenso

$$M_{b\,max} = H\, y_{max}\, m_K\, m_L =$$
$$= 3\,\mathrm{cm} \cdot 0{,}56\,\mathrm{cm} \cdot 4000\,\frac{\mathrm{N}}{\mathrm{cm}} \cdot \frac{4}{3}\,\frac{\mathrm{m}}{\mathrm{cm}} =$$
$$= 9000\,\mathrm{Nm}$$

■ **Beispiel:**
Ein Holzbalken hat einem Rechteckquerschnitt von 200 mm Höhe und 100 mm Breite. Welches größte Biegemoment kann er hochkant- und welches flachliegend aufnehmen, wenn 8 N/mm² Biegespannung nicht überschritten werden soll?

Lösung:
$$M_{b\,max} = W\, \sigma_{b\,zul}$$
$$W = \frac{bh^2}{6}$$
$$M_{b\,max,\,hoch} = W_{hoch}\, \sigma_{b\,zul}$$
$$M_{b\,max,\,hoch} = \frac{100\,\mathrm{mm} \cdot (200\,\mathrm{mm})^2}{6} \cdot 8\,\frac{\mathrm{N}}{\mathrm{mm}^2} =$$
$$= 5333 \cdot 10^3\,\mathrm{Nmm}$$
$$M_{b\,max,\,flach} = W_{flach}\, \sigma_{b\,zul}$$
$$M_{b\,max,\,flach} = \frac{200\,\mathrm{mm} \cdot (100\,\mathrm{mm})^2}{6} \cdot 8\,\frac{\mathrm{N}}{\mathrm{mm}^2} =$$
$$= 2667 \cdot 10^3\,\mathrm{Nmm}$$
$$M_{b\,max,\,hoch} = 2 \cdot M_{b\,max,\,flach}$$

■ **Beispiel:**
Der Freiträger nach Bild 21 trägt die Einzellasten

$F_1 = 15$ kN, $\quad F_2 = 9$ kN, $\quad F_3 = 20$ kN;

$l_1 = 2$ m, $\quad l_2 = 1{,}5$ m, $\quad l_3 = 0{,}8$ m,

$$\sigma_{b\,zul} = 120\,\frac{\mathrm{N}}{\mathrm{mm}^2}$$

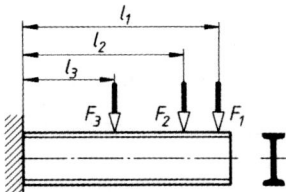

Bild 21.

Zu ermitteln sind:
a) $M_{b\,max}$
b) das erforderliche Widerstandsmoment W_{erf}
c) das erforderliche IPE-Profil nach Tabelle 10
d) die größte Biegespannung

Lösung:

a) $M_{b\,max} = F_1\, l_1 + F_2\, l_2 + F_3\, l_3$

$M_{b\,max} = (15 \cdot 2 + 9 \cdot 1{,}5 + 20 \cdot 0{,}8)\,\mathrm{kNm} = 59{,}5\,\mathrm{kNm}$
$= 59{,}5 \cdot 10^6\,\mathrm{Nmm}$

b) $W_{erf} = \dfrac{M_{b\,max}}{\sigma_{b\,zul}} = \dfrac{59{,}5 \cdot 10^6\,\mathrm{Nmm}}{120\,\dfrac{\mathrm{N}}{\mathrm{mm}^2}} = 496 \cdot 10^3\,\mathrm{mm}^3$

c) IPE 300 mit $557 \cdot 10^3\,\mathrm{mm}^3$

d) $\sigma_{b\,vorh} = \dfrac{M_{b\,max}}{W} = \dfrac{59\,500 \cdot 10^3\,\mathrm{Nmm}}{557 \cdot 10^3\,\mathrm{mm}^3} = 107\,\dfrac{\mathrm{N}}{\mathrm{mm}^2}$

2 Die einzelnen Beanspruchungsarten

■ **Beispiel:**
Das Konsolblech einer Stahlbaukonstruktion ist nach Bild 22 als Schweißverbindung ausgelegt. $F = 26$ kN Höchstlast. Für $a = 8$ mm Schweißnahtdicke sind zu berechnen:

a) die Biegespannung $\sigma_{\text{schw b}}$ im gefährdeten Querschnitt
b) die Schubspannung τ_{schw}

Lösung:
Bei allen Schweißverbindungen wird die Nahtdicke a in die Ebene des gefährdeten Querschnittes hinein geklappt.

$M_b = Fl$
$F_q = F$

$$W_x = \frac{\overbrace{(2a+s)}^{B} \cdot \overbrace{(2a+h)^3}^{H^3} - s \cdot h^3}{6\underbrace{(2a+h)}_{H}} \cdot \overbrace{b \cdot h}^{} \quad \text{(nach Tabelle 1)}$$

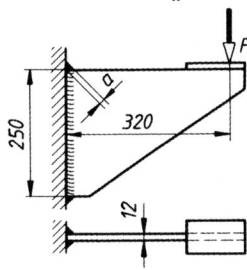

Bild 22.

$M_b = Fl = 26\,000 \text{ N} \cdot 320 \text{ mm}$

$M_b = 8320 \cdot 10^3 \text{ Nmm}$

$$W_x = \frac{28 \text{ mm} \cdot (266 \text{ mm})^3 - 12 \text{ mm} \cdot (250 \text{ mm})^3}{6 \cdot 266 \text{ mm}} = 105\,689 \text{ mm}^3$$

$$\sigma_{\text{schwb}} = \frac{M_b}{W_x} = \frac{8320 \cdot 10^3 \text{ Nmm}}{105{,}689 \cdot 10^3 \text{ mm}^3} = 78{,}7 \frac{\text{N}}{\text{mm}^2}$$

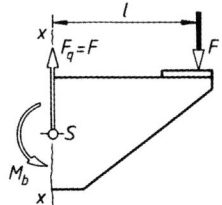

b) $\tau_{\text{schw s}} = \frac{F_q}{A} = \frac{F_q}{(2a+s)(2a+h) - s \cdot h}$

$\tau_{\text{schw s}} = \frac{26\,000 \text{ N}}{28 \text{ mm} \cdot 266 \text{ mm} - 12 \text{ mm} \cdot 250 \text{ mm}} = 5{,}8 \frac{\text{N}}{\text{mm}^2}$

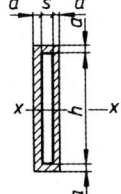

2.2.4.4 Wandernde Last

(Bild 23). Bei Brücken, Kranen und sonstigen Tragwerken muss diejenige Stellung einer gegebenen Kräftegruppe (F_1, F_2, F_3) herausgefunden werden, bei der der Balken am stärksten beansprucht wird. Statt nun für verschiedene Laststellungen auf dem festgehaltenen Balken jeweils ein neues Seileck zu zeichnen, wird einfach zu einer beliebigen Laststellung in üblicher Weise Kraft- und Seileck gezeichnet und der Balken relativ zum festgehaltenen Seileck verschoben. Dadurch entstehen immer neue Schlusslinien S_1, S_2, S_3 ... als einhüllende Tangenten einer Parabel.

$M_{b\,\text{max}}$ tritt hier unter der Kraft F_1 auf, wie das Seileck zeigt. Die zugehörige Balkenstellung mit der Schlusslinie S wird durch die Tangente an die Parabel in T gefunden. Damit ist auch der gefährdete Querschnitt bei ungünstigster Laststellung bestimmt (Maß l_1). Nach Bild 23 ist $M_{b\,\text{max}} = F_A\, l_1$.

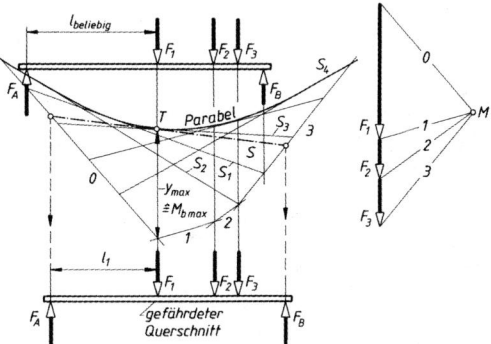

Bild 23. Wandernde Last mit Lageplan, Krafteck, Seileck, ungünstigste Laststellung

2.2.5 Träger gleicher Biegebeanspruchung

Hat ein Biegeträger durchgehend gleichen Querschnitt (besser: gleiches axiales Flächenmoment), so tritt nur im gefährdeten Querschnitt ($M_{b\,\text{max}}$-Stelle) die größte Randspannung auf. Alle anderen Querschnittsstellen haben eine kleineres Biegemoment und deshalb eine kleinere Randspannung; sie könnten also schwächer gestaltet werden. Das wird erreicht durch *Anformung*, d.h. der Querschnittsverlauf folgt dem Gesetz $\sigma = M_b/W = $ konstant $= \sigma_{\text{zul}}$. Damit wird das erforderliche Widerstandsmoment W an beliebiger Balkenstelle x: $W_x = M_x/\sigma_{\text{zul}}$.

■ **Beispiel:**
Konsolträger (Freiträger) nach Bild 24 mit gleichbleibender Breite b werden der Höhe h nach angeformt.

Mit Biegemoment $M_x = Fx$ und $W_x = \frac{by^2}{6}$ folgt aus der Bedingung gleich bleibender Biegespannung σ an jeder Balkenstelle:

$$\frac{M_{b\,max}}{W_{max}} = \frac{M_x}{W_x}; \quad M_{b\,max} = Fl$$

$$W_{max} = \frac{bh^2}{6}$$

$$\frac{Fl\,6}{bh^2} = \frac{Fx\,6}{by^2}$$

$$y = h\sqrt{\frac{x}{l}}$$

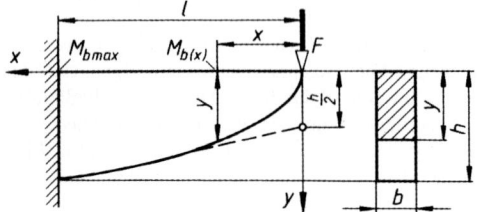

Bild 24. Träger gleicher Biegebeanspruchung (Konsolträger), siehe auch Tabelle 2

Die Begrenzungskurve ist eine quadratische Parabel. Praktisch wählt man als Begrenzung für eine angenäherte Form die gestrichelte Tangente. Die größere Bedeutung haben die ersten fünf Freiträger in Tabelle 2.

2.2.6 Formänderung beim Biegen (Durchbiegung, Krümmung)

Beim Biegeträger kürzen sich die Faserschichten auf der einen und längen sich auf der gegenüberliegenden Seite. Nur die neutrale Faserschicht behält ihre ursprüngliche Länge bei; jedoch wird die vorher gerade Stabachse elastisch gekrümmt. Die entstandene Kurve der Stabachse heißt *elastische Linie* oder *Biegelinie*. Die geometrischen Verhältnisse in Verbindung mit dem Hookeschen Gesetz ergeben die „Gleichung der elastischen Linie", die Durchbiegungsgleichung.

2.2.6.1 Krümmungsradius, Krümmung (Bild 25).

Durch die elastische Krümmung der Stabachse des Freiträgers mit gleich bleibendem Querschnitt werden zwei (unendlich) dicht benachbarte Querschnitte 1–1' und 2–2' gegeneinander geneigt (Winkel φ). Ihre Fluchtlinien schneiden sich im *Krümmungsmittelpunkt* 0 und ergeben den *Krümmungsradius* ρ an dieser Balkenstelle (x). 0 ist der Mittelpunkt eines Kreisbogenstückes der (ganz kurzen) Länge s. s ist ein (sehr kleiner) Teil der Biegelinie. Gegenüber der unveränderten neutralen Faser ist die Zugfaser gestreckt, also auch das Teilstück s um den Betrag Δs. Nach dem Strahlensatz gilt:

$$\frac{s + \Delta s}{s} = \frac{\rho_x + e}{\rho_x}$$

$$1 + \frac{\Delta s}{s} = 1 + \frac{e}{\rho_x} \quad \text{oder auch} \quad \frac{\Delta s}{s} = \frac{e}{\rho_x}$$

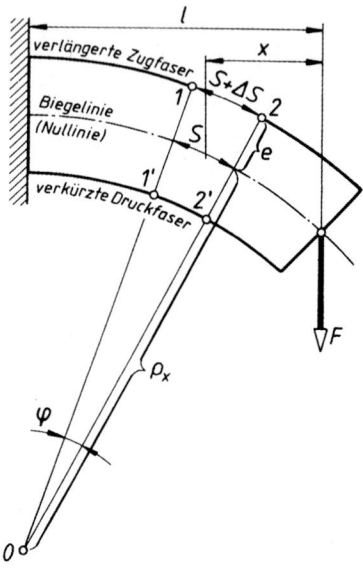

Bild 25. Geometrische Verhältnisse am einseitig eingespannten Biegeträger (Freiträger) mit Einzellast; Krümmung stark übertrieben gezeichnet

Da $\frac{\Delta s}{s}$ = Dehnung ϵ ist, wird mit dem Hooke'schen Gesetz (8): $\frac{\Delta s}{s} = \frac{e}{\rho_x} = \epsilon = \frac{\sigma_x}{E}$ und daraus der *Krümmungsradius* $\rho_x = \frac{eE}{\sigma_x}$. Der Kehrwert heißt *Krümmung* $k = \frac{1}{\rho_x} = \frac{\sigma_x}{eE}$, wird für die Biegespannung $\sigma_x = M_x/W$ nach (15) eingesetzt und nach (31) für We = Flächenmoment I, so ergibt sich:

$$\rho_x = \frac{EI}{M_x} \quad (50)$$

$$k_x = \frac{1}{\rho_x} = \frac{M_x}{EI}$$

	ρ_x	E	I	M_x	
	mm	$\dfrac{N}{mm^2}$	mm^4	Nmm	(51)

Beachte: Die Einspannstelle hat die stärkste Krümmung k_{max} und den kleinsten Krümmungsradius ρ_{min}.

2 Die einzelnen Beanspruchungsarten

Tabelle 2. Träger gleicher Biegebeanspruchung

Längs- und Querschnitt des Trägers	Begrenzung des Längsschnittes	Gleichungen zur Berechnung der Querschnitts-Abmessungen
Die Last F greift am Ende des Trägers an:		
	obere Begrenzung: Gerade untere Begrenzung: Quadratische Parabel	$y = \sqrt{\dfrac{6F}{b\,\sigma_{zul}}x}\;;\; h = \sqrt{\dfrac{6Fl}{b\,\sigma_{zul}}}\;;\; y = h\sqrt{\dfrac{x}{l}}$ Durchbiegung in A: $f = \dfrac{8F}{bE}\left(\dfrac{l}{h}\right)^3$
	Gerade	$y = \dfrac{6Fl}{h^2\,\sigma_{zul}}x\;;\; b = \dfrac{6Fl}{h^2\,\sigma_{zul}}\;;\; y = \dfrac{bx}{l}$ Durchbiegung in A: $f = \dfrac{6F}{bE}\left(\dfrac{l}{h}\right)^3$
	Kubische Parabel	$y = \sqrt[3]{\dfrac{32F}{\pi\,\sigma_{zul}}x}\;;\; d = \sqrt[3]{\dfrac{32Fl}{\pi\,\sigma_{zul}}}\;;\; y = d\sqrt[3]{\dfrac{x}{l}}$ Durchbiegung in A: $f = \dfrac{3}{5}\cdot\dfrac{Fl^3}{EI}\;;\; I = \dfrac{\pi d^4}{64}$
Die Last F ist gleichmäßig über den Träger verteilt:		
	Gerade	$y = x\sqrt{\dfrac{3F}{bl\,\sigma_{zul}}}\;;\; h = \sqrt{\dfrac{3Fl}{b\,\sigma_{zul}}}\;;\; y = \dfrac{hx}{l}$
	Quadratische Parabel	$y = \dfrac{3F}{l\,\sigma_{zul}}\left(\dfrac{x}{h}\right)^2\;;\; b = \dfrac{3Fl}{h^2\,\sigma_{zul}}\;;\; y = \dfrac{bx^2}{l^2}$ Durchbiegung in A: $f = \dfrac{3F}{bE}\left(\dfrac{l}{h}\right)^3$
	obere Begrenzung: zwei Quadratische Parabeln	Last F wirkt in C: $y = \sqrt{\dfrac{6F(l-a)}{bl\,\sigma_{zul}}x} = h\sqrt{\dfrac{x}{a}}$ $y_1 = \sqrt{\dfrac{6Fa}{bl\,\sigma_{zul}}x_1} = h\sqrt{\dfrac{x_1}{l-a}}$ $h = \sqrt{\dfrac{6F(l-a)\,a}{bl\,\sigma_{zul}}}$
Die Last F ist gleichmäßig über den Träger verteilt:		
	obere Begrenzung: Ellipse	$\dfrac{x^2}{\left(\dfrac{l}{2}\right)^2} + \dfrac{y^2}{h^2} = 1\;;\; h = \sqrt{\dfrac{3Fl}{4b\,\sigma_{zul}}}$ Durchbiegung in C: $f = \dfrac{1}{64}\cdot\dfrac{Fl^3}{EI} = \dfrac{3}{16}\cdot\dfrac{F}{bE}\left(\dfrac{l}{h}\right)^3$

■ **Beispiel:**
Eine Achse aus Stahl wird nach Tabelle 2., dritte Zeile, mit $F = 10$ kN belastet. Die zulässige Biegespannung beträgt 30 N/mm², die Länge $l = 350$ mm.
Zu bestimmen sind a) Durchmesser d, b) Durchbiegung f, c) Durchmesser y_1, y_2 ... für die Lastentfernung $x_1 = 1/8\ l$, $x_2 = 1/4\ l$, $x_3 = 1/2\ l$, $x_4 = 3/4\ l$, $x_5 = l$, jeweils in Abhängigkeit vom Durchmesser d.

Lösung:

a) $d = \sqrt[3]{\dfrac{32\ Fl}{\pi\ \sigma_{b\ zul}}} = \sqrt[3]{\dfrac{32 \cdot 10^4\ \text{N} \cdot 350\ \text{mm}}{\pi \cdot 30\ \dfrac{\text{N}}{\text{mm}^2}}} = 106$ mm

b) $f = \dfrac{3}{5} \cdot \dfrac{Fl^3}{EI} = \dfrac{3Fl^3 \cdot 64}{5\ E\pi d^4} =$

$= \dfrac{3 \cdot 64 \cdot 10^4\ \text{N} \cdot 350^3\ \text{mm}^3}{5\pi \cdot 2{,}1 \cdot 10^5\ \dfrac{\text{N}}{\text{mm}^2} \cdot 106^4\ \text{mm}^4} \approx 0{,}2$ mm

c)

Lastentfernung $x =$	$\dfrac{1}{8}l$	$\dfrac{1}{4}l$	$\dfrac{1}{2}l$	$\dfrac{3}{4}l$	l
Wurzelfaktor $=$	$\sqrt[3]{\dfrac{1}{8}}=0{,}5$	$\sqrt[3]{\dfrac{1}{4}}=0{,}63$	$\sqrt[3]{\dfrac{1}{2}}=0{,}8$	$\sqrt[3]{\dfrac{3}{4}}=0{,}91$	1
Durchmesser $y =$	$0{,}5\ d = 54$ mm	$0{,}63\ d = 67$ mm	$0{,}8\ d = 85$ mm	$0{,}91\ d = 96{,}5$ mm	$d = 106$ mm

2.2.6.2 Allgemeine Durchbiegungsgleichung (Bild 26). Durch die Neigung der einzelnen Querschnitte entsteht am Balkenende *die Durchbiegung f.* Werden in den Punkten 1 und 2 an die Biegelinie die Tangenten angelegt, so schließen sie ebenso wie der Krümmungsradius ρ_x den Winkel φ ein. Die Tangenten schneiden auf der Senkrechten am Balkenende von der gesamten Durchbiegung f das (stark übertriebene) Stück Δf ab. Es ist also $f = \Sigma \Delta f$. Aus der Ähnlichkeit der schraffierten Dreiecke folgt:

$$\dfrac{s}{\rho_x} = \dfrac{\Delta f}{x}\quad \text{oder}\quad \Delta f = \dfrac{s\,x}{\rho_x}$$

Nach (50) $\rho_x = \dfrac{EI}{M_x}$ eingesetzt ergibt $\Delta f = \dfrac{M_x}{EI}$ und damit die *Durchbiegung*

$$f = \dfrac{1}{EI}\Sigma M_x s x \tag{52}$$

Der Ausdruck $M_x s$ entspricht nach Bild 26 dem Teilstück ΔA_M der gesamten *Momentenfläche* A_M, und $M_x s x$ ist dann das Moment dieser Teilfläche in Bezug auf das Lastende des Balkens: $M_x s x = \Delta A_M x$. Nach der Schwerpunktslehre ist aber die Summe der Momente der Teilflächen gleich dem Moment der Gesamtfläche; also $\Sigma M_x s x = \Sigma \Delta A_M x = A_M x_0$ mit $x_0 =$ Schwerpunktsabstand der Gesamtfläche vom Lastende. Damit wird die *Durchbiegung*:

$$f = \dfrac{1}{EI} A_M x_0 \tag{53}$$

Durchbiegung und Neigung der Biegelinie werden für allgemeine Fälle zweckmäßiger nach 2.2.6.4 bestimmt (Mohr'scher Satz).

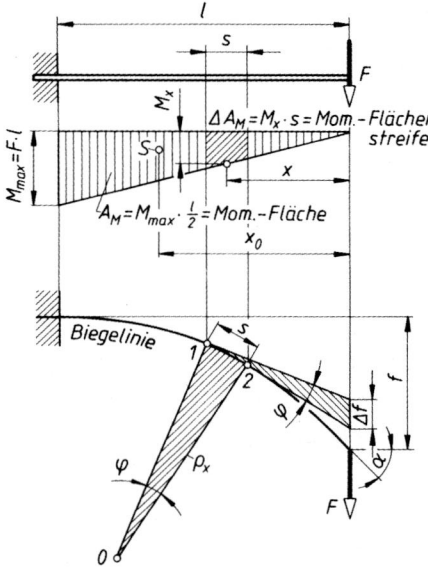

Bild 26. Zur Herleitung der Durchbiegungsgleichung

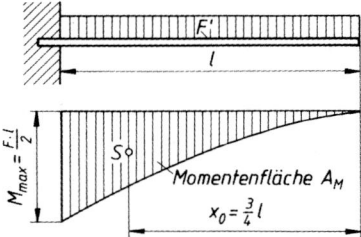

Bild 27. Durchbiegung beim Freiträger mit Streckenlast (gleichmäßig verteilter Last)

Eine ähnliche Summenbetrachtung führt zum *Neigungswinkel* α der Biegelinie (Endtangente): Da je zwei (unendlich) dicht benachbarte Tangenten den Winkel φ einschließen, setzen sich alle diese Winkel zum Winkel α der Endtangente zusammen: $\alpha = \Sigma \varphi$. Da arc φ (= Bogenmaß des Winkels φ) = s/ρ ist, wird

$$\text{arc}\ \alpha = \Sigma \dfrac{s}{\rho} = \Sigma \dfrac{sM}{EI} = \dfrac{1}{EI}\Sigma Ms = \dfrac{1}{EI}\Sigma \Delta A_M$$

2 Die einzelnen Beanspruchungsarten

Für kleine Winkel ist arc $\alpha = \tan \alpha$ und damit die *Neigung der Biegelinie in den Endpunkten*:

$$\tan \alpha = \frac{1}{EI} A_M = \frac{f}{x_0} \qquad (54)$$

Mit Hilfe der vorstehenden Gleichungen und Erkenntnisse lassen sich die in Tabelle 3. (Seite D63) zusammengestellten Gleichungen entwickeln, wie die folgenden Beispiele zeigen.

2.2.6.3 Beispiele zur Durchbiegungsgleichung

1. Für den vorstehend behandelten Freiträger mit Einzellast (Bild 26) ist die Momentenfläche A_M eine Dreiecksfläche $= M_{max} \frac{l}{2} = \frac{Fll}{2} = \frac{Fl^2}{2}$ und der Schwerpunktsabstand dieser Fläche $x_0 = \frac{2}{3} l$. Damit ergibt sich nach der allgemeinen Durchbiegungsgleichung die *Durchbiegung*

$$f = \frac{1}{EI} \cdot \frac{Fl^2}{2} \cdot \frac{2}{3} l = \frac{Fl^3}{3EI} \qquad (55)$$

ebenso die Neigung der Biegelinie aus:

$$\tan \alpha = \frac{1}{EI} \cdot \frac{Fl^2}{2} = \frac{Fl^2}{2EI} \qquad (56)$$

oder auch aus:

$$\tan \alpha = \frac{f}{x_0} = \frac{Fl^3}{3EI} \cdot \frac{3}{2l} = \frac{Fl^2}{2EI} \text{ (vgl. mit Tabelle 3)}$$

2. Für den Freiträger mit gleichmäßig verteilter Streckenlast nach Bild 27 ist die Momentenfläche eine Parabel. Im Abschnitt Mathematik wurde gezeigt, dass die Parabelfläche gleich einem Drittel der umschriebenen Rechteckfläche ist und dass der Schwerpunktsabstand $x_0 = \frac{3}{4} l$ beträgt.
Mit $M_{max} = \frac{Fl}{2}$ (halb so groß wie bei *Einzel*last am Balkenende!) und

$A_M = \frac{1}{3} \cdot \frac{Fl}{2} l$ und $x_0 = \frac{3}{4} l$ wird nach (53) die Durchbiegung

$$f = \frac{1}{EI} \cdot \frac{1}{3} \cdot \frac{Fl^2}{2} \cdot \frac{3}{4} l = \frac{Fl^3}{8EI} \qquad (57)$$

Weiter wird die *Neigung* berechnet aus

$$\tan \alpha = \frac{1}{EI} \cdot \frac{1}{3} \cdot \frac{Fl}{2} \cdot l = \frac{Fl^2}{6EI} \text{ (vgl. mit Tabelle 3.)} \qquad (58)$$

2.2.6.4 Geometrisch-analytische Bestimmung der Durchbiegung.
Biegemomentengleichung und allgemeine Durchbiegungsgleichung zeigen eine Gesetzähnlichkeit, die zur Bestimmung der Durchbiegung von Trägern benutzt wird:
Biegemomentengleichung: $M_x =$ Kraft $F \cdot$ Wirkabstand x
Durchbiegungsgleichung: $EI f_x =$ Momentenfläche $A_M \cdot$ Schwerpunktsabstand x_0 (vgl. 53).

Daraus wird der *Mohr'sche Satz* abgeleitet:

Die *EI*-fachen *Durchbiegungen* eines Trägers sind gleich den Biegemomenten des mit der Momentenfläche A_M belasteten Hilfsträgers und
die *EI*-fachen *Neigungen* der Biegelinie *in den Stützlagern* sind gleich den Hilfs-Stützkräften A_a, A_b, des gleicherweise belasteten Hilfsträgers.

Man denkt sich also einen Hilfsträger (Bild 28), belastet ihn mit der Momentenfläche (als „Hilfskräfte") und bestimmt deren „Biegemoment" an der betrachteten Stelle. Dieser Wert wird durch *EI* dividiert. Das ergibt die Durchbiegung f_x an dieser Stelle. Die maximale Durchbiegung f_{max} entspricht also dem maximalen „Biegemoment" des Hilfsträgers. Sie kann ebenso wie das maximale Biegemoment M_{max} des richtigen Trägers mit Hilfe der Querkraftfläche gefunden werden (Nulldurchgang!). Die Neigung der Biegelinie entspricht den Hilfs-Stützkräften A_a und A_b.

■ **Beispiel:**
Für den Stützträger (Bild 28) mit Einzelkraft in der Mitte ist die Gleichung der elastischen Linie zu entwickeln!

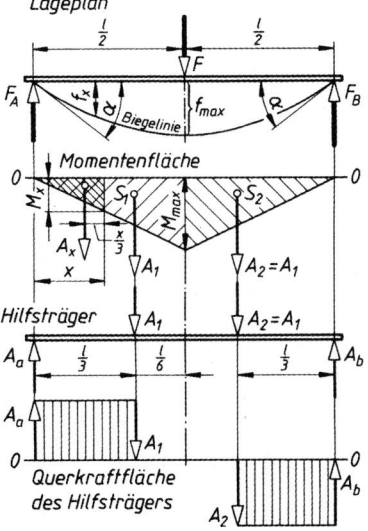

Bild 28. Zur geometrisch-analytischen Bestimmung der Durchbiegung

Lösung:

a) *Stützkräfte F_A, F_B:*
Aus der symmetrischen Belastung ergibt sich
$$F_A = F_B = \frac{F}{2}.$$

b) *Biegemoment M:*
An der Querschnittsstelle x ist $M_x = F_A x = \dfrac{Fx}{2}$.

c) *Biegemomentenfläche A_M:*
Für Querschnittsstelle x ist
$$A_x = M_x \frac{x}{2} = \frac{Fx}{2} \cdot \frac{x}{2} = \frac{Fx^2}{4}.$$

d) *Hilfs-Stützkräfte A_a, A_b*, des mit der Momentenfläche belasteten Hilfsträgers sind wegen Symmetrie:
$$\frac{M_{max} l}{2 \cdot 2} = A_a = A_b, \text{ und mit } M_{max} = \frac{Fl}{4} \text{ wird } A_a = A_b = \frac{Fl^2}{16}.$$

e) *Hilfsbiegemoment* an der Querschnittsstelle x ist gleich dem EI-fachen der Durchbiegung f_x:
$$EI\, f_x = A_a x - A_x \frac{x}{3} = \frac{Fl^2}{16} x - \frac{Fx^2}{4} \cdot \frac{x}{3} =$$
$$= \frac{Fl^2}{16}\left(x - \frac{4}{3}\frac{x^3}{l^2}\right) = \frac{Fl^3}{16}\left(\frac{x}{l} - \frac{4 x^3}{3 l^3}\right)$$

$$f_x = \frac{Fl^3}{16\, EI}\left(\frac{x}{l} - \frac{4 x^3}{3 l^3}\right)$$

die *Gleichung der elastischen Linie* für diesen Träger.

Für $x = \dfrac{l}{2}$ wird $f_x = f_{max}\ \dfrac{Fl^3}{48\, EI}$

Die *Neigung der Biegelinie* in den Stützlagern ergibt sich aus den Hilfsstützkräften:
$$\tan \alpha = \frac{1}{EI} A_a = \frac{1}{EI} \cdot \frac{Fl^2}{16}$$

Meistens muss nur die größte *Durchbiegung f_{max}* bestimmt werden. Dann ergibt sich nach Bild 28 (Hilfsträger und Querkraftfläche):

$$EI\, f_{max} = A_a \frac{l}{2} - A_1 \frac{l}{6}$$

und mit den Werten für A_a und A_1:
$$EI\, f_{max} = \frac{Fl^2}{16} \cdot \frac{l}{2} - \frac{Fl}{4} \cdot \frac{l}{4} \cdot \frac{l}{6} = \frac{Fl^3}{48}$$

$$f_{max} = \frac{Fl^3}{48\, EI}$$

Noch einfacher wird das maximale Hilfs-Biegemoment aus der Querkraftfläche abgelesen $\left(\text{mit } A_a = A_1 = \dfrac{Fl^2}{16}\right)$:

$$EI\, f_{max} = A_a \frac{l}{3} = \frac{Fl^2}{16} \cdot \frac{l}{3}$$

$$f_{max} = \frac{Fl^3}{48\, EI} \text{ (vgl. auch mit Tabelle 3)}$$

■ **Beispiel:**
Für den Stützträger (Bild 29) mit gleichbleibendem Querschnitt und $I_x = 29\,210$ cm^4 ist die größte Durchbiegung f_{max} und die Neigung der Biegelinie in den Stützlagern zu bestimmen!

Lösung:

a) *Stützkräfte F_A, F_B:*
$\Sigma F_y = 0 = F_A - F_1 - F_2 + F_B$
$\Sigma M_{(A)} = 0 = -F_B \cdot 10\,\text{m} + F_2 \cdot 6\,\text{m} + F_1 \cdot 3\,\text{m}$

$$F_B = \frac{20 \cdot 10^3\,\text{N} \cdot 6\,\text{m} + 10 \cdot 10^3\,\text{N} \cdot 3\,\text{m}}{10\,\text{m}} = 15\,000\,\text{N}$$

$F_A = 30 \cdot 10^3\,\text{N} - 15 \cdot 10^3\,\text{N} = 15\,000\,\text{N}$
(Kontrolle mit $\Sigma M_{(B)}$ durchführen!)

b) *Biegemomente M:*
$M_1 = F_A \cdot 3\,\text{m} = 15\,000\,\text{N} \cdot 3\,\text{m} = 45\,000\,\text{Nm}$
$M_2 = F_B \cdot 4\,\text{m} = 15\,000\,\text{N} \cdot 4\,\text{m} = 60\,000\,\text{Nm}$

c) *Biegemomentenfläche A_M:*
$$A_1 = \frac{M_1 \cdot 3\,\text{m}}{2} = \frac{45\,000\,\text{Nm} \cdot 3\,\text{m}}{2} = 67\,500\,\text{Nm}^2$$

$A_2 = A_1 = 67\,500\,\text{Nm}^2$;

$$A_3 = \frac{M_2 \cdot 3\,\text{m}}{2} = \frac{60\,000\,\text{Nm} \cdot 3\,\text{m}}{2} = 90\,000\,\text{Nm}^2$$

$$A_4 = \frac{M_2 \cdot 4\,\text{m}}{2} = \frac{60\,000\,\text{Nm} \cdot 4\,\text{m}}{2} = 120\,000\,\text{Nm}^2$$

d) *Hilfsstützkräfte A_a, A_b:*
$\Sigma F_y = 0 = A_a - A_1 - A_2 - A_3 - A_4 + A_b$
$\Sigma M_{(A)} = 0 = + A_b \cdot 10\,\text{m} - A_4 \cdot 7{,}33\,\text{m} - A_3 \cdot 5\,\text{m} -$
$\qquad - A_2 \cdot 4\,\text{m} - A_1 \cdot 2\,\text{m}$

$A_b = 173\,460\,\text{Nm}^2$; $\quad A_a = \Sigma A - A_b = 171\,540\,\text{Nm}^2$
(Probe mit $\Sigma M_{(B)}$ durchführen!)

e) Das Hilfsbiegemoment an der Stelle des gefährdeten Querschnittes (Nulldurchgang) wird aus der Querkraftfläche des Hilfsträgers berechnet:

maximales Hilfsbiegemoment $\triangleq A_q \triangleq$ Durchbiegung $f_{max}\,EI$

$EI\,f_{max} = A_a \cdot 5\,\text{m} - A_1 \cdot 3\,\text{m} - A_2 \cdot 1\,\text{m}$

$EI\,f_{max} = 171\,540\,\text{Nm}^2 \cdot 5\,\text{m} - 67\,500\,\text{Nm}^2 \cdot 3\,\text{m} -$
$\qquad - 67\,500\,\text{Nm}^2 \cdot 1\,\text{m}$

$EI\,f_{max} = 587\,700\,\text{Nm}^3$

$$f_{max} = \frac{587\,700\,\text{Nm}^3}{2{,}1 \cdot 10^5\,\dfrac{\text{N}}{\text{mm}^2} \cdot 29\,210 \cdot 10^4\,\text{mm}^4} = 9{,}58\,\text{mm}$$

2 Die einzelnen Beanspruchungsarten

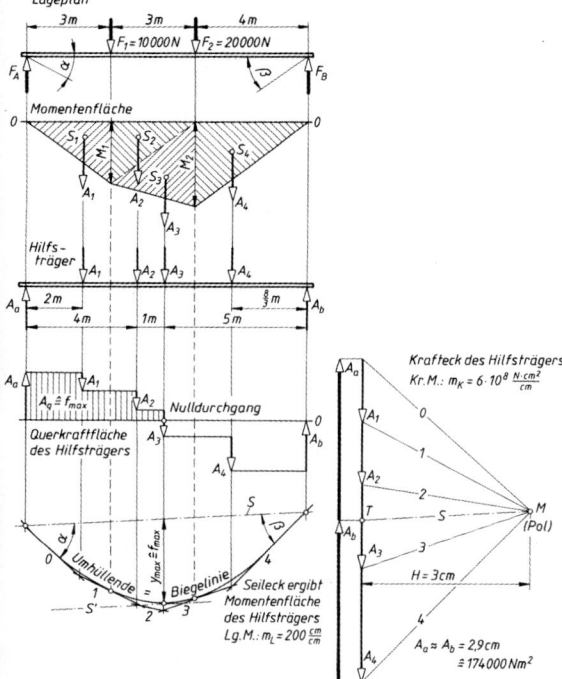

Bild 29. Stützträger mit gleichbleibendem Querschnitt (Kraft- und Seileck werden in 2.2.6.5 besprochen)

Die *Neigung der Biegelinie* entspricht den Hilfsstützkräften; also

$$\tan \alpha = \frac{1}{EI} A_a =$$

$$= \frac{1}{2{,}1 \cdot 10^5 \frac{N}{mm^2} \cdot 29\,210 \cdot 10^4 \, mm^4} \cdot 171\,540 \cdot 10^6 \, Nmm^2$$

$$\tan \alpha = 2{,}8 \cdot 10^{-3} = 1 : 357$$

$$\tan \beta = \frac{1}{EI} \cdot A_b = 2{,}84 \cdot 10^{-3} = 1 : 352$$

2.2.6.5 Zeichnerische Bestimmung der Durchbiegung und der Biegelinie
(Bild 29). Es werden die Überlegungen aus 2.2.6.2 bis 2.2.6.4 benutzt und die Rechnung mit der Zeichnung kombiniert. Die Seileckfläche kann nach als Momentenfläche sowohl für die echten Balkenlasten als auch für die Hilfslasten (= Biegemomentenflächen) des Hilfsträgers benutzt werden. Die Umhüllende des letzten Seilecks ergibt die Biegelinie, d.h. die Biegelinie ist die Seilkurve der gedachten Belastung des Hilfsträgers. Die *EI*-fache *Durchbiegung* an beliebiger Balkenstelle ist dann das Produkt aus Ordinatenwert y und Polabstand H unter Beachtung des Längenmaßstabes m_L und des Kräftemaßstabes m_K:

$$f = \frac{1}{EI} y \, H m_L \, m_K \qquad (59)$$

■ **Beispiele:**
1 Freiträger von gleichbleibendem Querschnitt mit Einzellasten (Bild 29). Zunächst wird mittels Seil- und Krafteck der wirklichen Kräfte F_1, F_2 — oder auch durch Rechnung (wie hier) – die Momentenfläche des tatsächlichen Trägers entworfen. Die Momentenfläche wird wie vorher in die Teilflächen 1 bis 4 zerlegt und die Flächeninhalte als Hilfskräfte A_1 bis A_4 aufgefasst (im jeweiligen Flächenschwerpunkt angreifend), die auf den Hilfsträger wirken. Auch bei der zeichnerischen Methode müssen also die Inhalte der Flächen berechnet werden. Die Schwerpunktslage wird zweckmäßig zeichnerisch festgelegt. Für den Hilfsträger wird dann Kraft- und Seileck gezeichnet (Bild 29 unten) und die Biegelinie eingetragen. Wahre Punkte liegen lotrecht unter den Trennlinien der Momentenflächen. Im Seileck sind die Ordinatenwerte y ein Maß für die Durchbiegung f. Die Hilfs-Stützkräfte A_a, A_b des Hilfsträgers sind ein Maß für die Neigungswinkel α und β. Die parallel verschobene Schlusslinie S' tangiert an der y_{max}-Stelle (= f_{max}-Stelle) der gezeichneten Biegelinie. Wichtig ist die Maßstabsrechnung. In Bild 29 wurden gewählt:

$$\text{Längenmaßstab } m_L = 200 \frac{cm}{cm}$$

und

$$\text{Kräftemaßstab } m_K = 6 \cdot 10^8 \frac{Ncm^2}{cm}$$

Die Einheit Ncm^2 kommt aus der Flächenberechnung: Biegemoment (Ncm) mal Länge (cm) zustande. Mit den aus der Zeichnung abgegriffenen Werten $y_{max} = 1{,}65$ cm und $H = 3$ cm ergibt sich nach (59):

$$f_{max} = \frac{1}{EI} y \, H_{max} \, m_L \, m_K$$

$$f_{max} = \frac{1}{2{,}1 \cdot 10^5 \frac{N}{mm^2} \cdot 29\,210 \cdot 10^4 \, mm^4} \cdot$$

$$\cdot 1{,}65 \, cm \cdot 3 \, cm \cdot 200 \frac{cm}{cm} \cdot 6 \cdot 10^8 \frac{Ncm^2}{cm}$$

$$f_{max} = 0{,}00968 \frac{cm^3}{mm^2} = 0{,}0098 \frac{10^3 \, mm^3}{mm^2} = 9{,}8 \, mm$$

Die Neigung der Biegelinie in den Stützlagern wird wie in den vorhergehenden Beispielen bestimmt aus:

$$\tan \alpha = \frac{1}{EI} A_a \, ; \quad \tan \beta = \frac{1}{EI} A_b \, ;$$

(Maßstab berücksichtigen)

2. Stützträger mit veränderlichem Querschnitt und Einzellast (Bild 30). Stützkräfte F_A, F_B und Momentenfläche wurden hier rechnerisch bestimmt:

$$F_A = 23\,400 \, N;$$
$$F_B = F - F_A = 36\,600 \, N;$$
$$M_{max} = F_A \cdot 97{,}5 \, cm = 2\,280\,000 \, Ncm$$

Für die einzelnen Querschnittsstellen (1 ... 7) wurden die Flächenmomente I, die Biegemomente M und der Quotient M/I zusammengestellt.

Zusammenstellung der Größen zu Bild 30

Querschnitts-stelle	Durch-messer d in cm	Flächen-moment I in cm⁴	Biege-moment M in Ncm	Quotient M/I in N/cm³	Biege-spannung σ_b in N/cm²	Fläche A mit Flächeninhalt (Hilfskräfte) N/cm²
1	10	500	–	–	–	
2	10	500	175 500	352,0	1760	A_I = 1320
	14	1 920		92,0	640	
3	14	1 920	1 580 000	822,0	5760	A_{II} = 27 420
	20	8 000		197,5	1980	A_{III} = 7 240
4	20	8 000	2 280 000	285,0	2850	
5	20	8 000	1 190 000	149,0	1490	A_{IV} = 6 510
	14	1 920		620,0	4330	
6	14	1 920	274 000	142,5	998	A_V = 9 530
	10	500		548,0	2740	
7	10	500	–	–	–	A_{VI} = 2 060

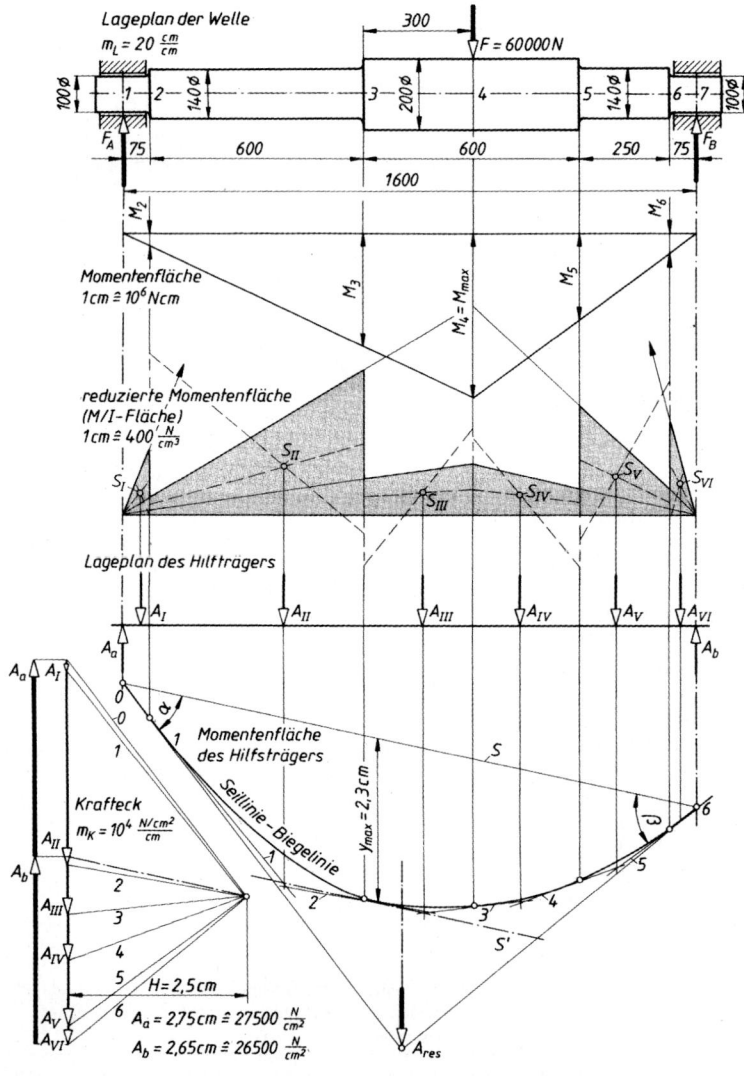

Bild 30. Zeichnerische Bestimmung der Durchbiegung einer abgesetzten Welle

Für die Stellen 2, 3, 5 und 6 ergeben sich wegen des Querschnittssprunges zwei Flächenmomente. Neu gegenüber Beispiel 1 ist die Aufzeichnung der sogenannten *reduzierten Momentenfläche* (M/I-Fläche). Das ist wegen der springenden *I*-Werte nötig. Es ergibt sich der gebrochene Linienzug. Die Schwerpunkte der sechs Teilflächen wurden zeichnerisch bestimmt, die Flächeninhalte berechnet und als Hilfskräfte auf den Hilfsträger aufgesetzt. Für diesen werden nun Krafteck und Seileck entwickelt und die Biegelinie eingezeichnet. Wahre Punkte dieser Kurve liegen wieder lotrecht unter den Trennlinien der M/I-Flächen. Die zur Schlusslinie *S* parallele Tangente *S'* an die Hüllkurve bestimmt beim vorliegenden Stützträger (ohne Kragarm) die f_{max}-Stelle. Mit Berücksichtigung der Maßstäbe kann dann die größte Durchbiegung berechnet werden.

Längenmaßstab $m_L = 20 \dfrac{\text{cm}}{\text{cm}}$, d.h. 1 cm der Zeichnung entsprechen 20 cm Wellenlänge.

Kräftemaßstab (der Hilfskräfte) $m_K = 10^4 \dfrac{\frac{\text{N}}{\text{cm}^2}}{\text{cm}}$

Damit wird

$f_{max} = \dfrac{1}{E} y_{max} \, H \, m_L \, m_K$, und mit den Werten aus der Zeichnung:

$f_{max} = \dfrac{1}{2{,}1 \cdot 10^5 \frac{\text{N}}{\text{mm}^2}} \cdot 2{,}3 \, \text{cm} \cdot 2{,}5 \, \text{cm} \cdot 20 \dfrac{\text{cm}}{\text{cm}} \cdot 10^4 \dfrac{\text{N}}{\text{cm}^3}$

$f_{max} = 5{,}476 \dfrac{\text{mm}^2}{\text{cm}} = 0{,}5476 \, \text{mm} \approx 0{,}55 \, \text{mm}$

Die Neigung der Biegelinie in den Lagerstellen *A* und *B*:

$\tan \alpha = \dfrac{A_a}{E} = \dfrac{27\,500 \frac{\text{N}}{\text{cm}^2}}{2{,}1 \cdot 10^5 \frac{\text{N}}{\text{mm}^2}} = 0{,}0013 = \dfrac{1}{769}$

$\tan \beta = \dfrac{A_b}{E} = \dfrac{1}{793}$

Tabelle 3. Stützkräfte, Biegemomente und Durchbiegungen bei Biegeträgern von gleich bleibendem Querschnitt

In der Tabelle 3 bedeuten:
F Einzellast oder auch Resultierende der Streckenlast,
F' die auf die Längeneinheit bezogene Streckenlast,
F_A, F_B Stützkräfte in den Lagerpunkten *A* und *B*, M_{max} maximales Biegemoment, in den Wendepunkten der Biegelinie ist $M = 0$, axiales Flächenmoment 2. Grades des Querschnitts, *E* Elastizitätsmodul des Werkstoffs, *f* Durchbiegung.

Die strichpunktierte Linie gibt den Momentenverlauf über der Balkenlänge an. Positive Momentenlinien laufen nach oben, negative nach unten.

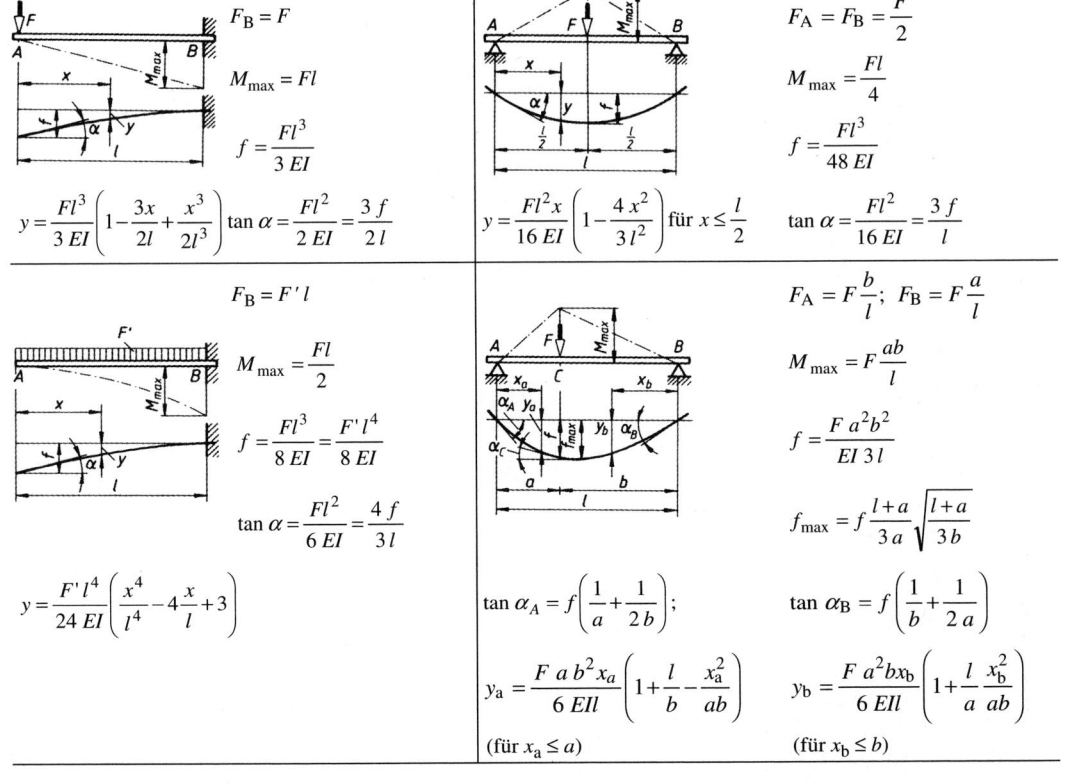

Tabelle 3. Fortsetzung

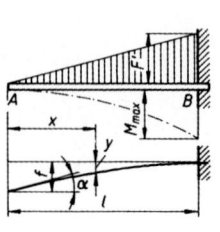

$$F_B = F = \frac{F'l}{2}$$

$$M_{max} = \frac{Fl}{3}$$

$$f = \frac{Fl^3}{15\,EI}$$

$$\tan\alpha = \frac{Fl^2}{12\,EI} = \frac{5f}{4l}$$

$$y = \frac{F'l^4}{120\,EI}\left(\frac{x^5}{l^5} - 5\frac{x}{l} + 4\right)$$

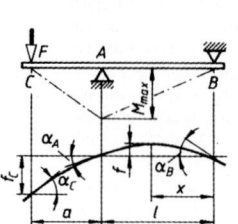

$$F_A = F\left(1 + \frac{a}{l}\right); \quad F_B = F\frac{a}{l}$$

$$M_{max} = F_a = M_A$$

$$f = \frac{Fl^3 a}{EI\,9\sqrt{3}\,l}$$

für $x = 0{,}577\,l$

$$f_C = \frac{Fl^3 a^2}{3\,EI\,l^2}\left(1 + \frac{a}{l}\right)$$

$$\tan\alpha_A = \frac{Fal}{3\,EI}; \quad \tan\alpha_B = \frac{Fal}{6\,EI}; \quad \tan\alpha_C = \frac{Fa(2l+3a)}{6\,EI};$$

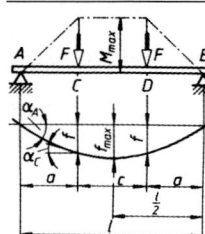

$$F_A = F_B = F$$

$$M_{max} = F_a$$

$$f = \frac{Fl^3 a^2}{2\,EI\,l^2}\left(1 - \frac{4a}{3l}\right) \qquad \tan\alpha_A = \frac{Fa(a+c)}{2\,EI}$$

$$f_{max} = \frac{Fl^3 a}{8\,EI\,l}\left(1 - \frac{4a^2}{3l^2}\right) \qquad \tan\alpha_C = \tan\alpha_D = \frac{Fa\,c}{2\,EI}$$

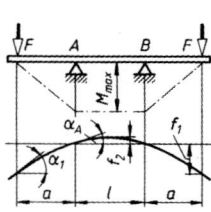

$$F_A = F_B = F$$

$$M_{max} = F_a$$

$$f_1 = \frac{Fa^2}{EI}\left(\frac{a}{3} + \frac{l}{2}\right)$$

$$f_2 = \frac{Fal^2}{8\,EI}$$

$$\tan\alpha_1 = \frac{Fa(l+c)}{2\,EI}; \qquad \tan\alpha_A = \frac{Fal}{2\,EIl}$$

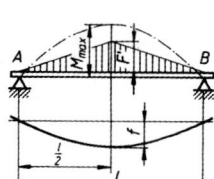

$$F_B = F_A = \frac{F'l}{4}$$

$$M_{max} = \frac{Fl}{6} = \frac{F'l^2}{12}$$

$$f = \frac{Fl^3}{60\,EI} = \frac{F'l^4}{120\,EI}$$

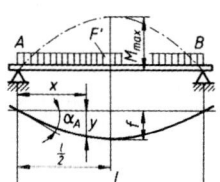

$$F_A = F_B = \frac{F'l}{2}$$

$$M_{max} = \frac{F'l^2}{8}$$

$$f \approx 0{,}013\,\frac{Fl^3}{EI}$$

$$\tan\alpha_A = \frac{F'l^3}{24\,EI} = \frac{16\,f}{5\,l}$$

$$y = \frac{F'l^3 x}{24\,EI}\left(1 - \frac{x}{l}\right)\left(1 + \frac{x}{l} - \frac{x^2}{l^2}\right)$$

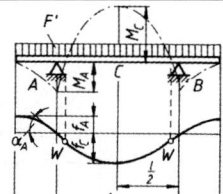

$$F_A = F_B = F'\left(\frac{l}{2} + a\right)$$

$$M_A = \frac{F'a^2}{2}$$

$$M_C = \frac{F'l^2}{2}\left[\frac{1}{4} - \left(\frac{a}{l}\right)^2\right]$$

$$\tan\alpha_A = \frac{F'l^3}{4\,EI}\left[\frac{1}{6} - \left(\frac{a}{l}\right)^2\right]$$

$$f_A = \frac{F'l^4}{4\,EI}\left[\frac{a}{6\,l} - \left(\frac{a}{l}\right)^3 - \frac{1}{2}\left(\frac{a}{l}\right)^4\right]$$

$$f_C = \frac{F'l^4}{16\,EI}\left[\frac{5}{24} - \left(\frac{a}{l}\right)^2\right]$$

Tabelle 3. Fortsetzung

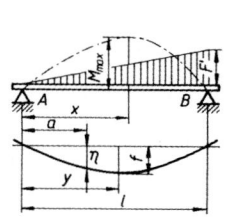

$$F_A = \frac{F'l}{6}; \quad F_B = \frac{F'l}{3}$$

$$M_{max} = 0{,}064\ F'l^2$$

bei $x = 0{,}5774\ l$

$$f = \frac{F'l^4}{153{,}4\ EI}$$

bei $y = 0{,}5193\ l$

$$\eta = \frac{F'l^3 a}{360\ EI}\left(1 - \frac{a^2}{l^2}\right)\left(7 - 3\frac{a^2}{l^2}\right)$$

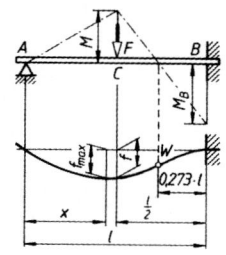

F in Stabmitte

$$F_A = \frac{5}{16}F; \quad F_B = \frac{11}{16}F$$

$$M = \frac{5}{32}Fl$$

$$M_B = \frac{3}{16}Fl$$

$$f = \frac{7\ Fl^3}{768\ EI}$$

$$f_{max} = \frac{Fl^3}{48\sqrt{5}\ EI}$$

bei $x = 0{,}447\ l$

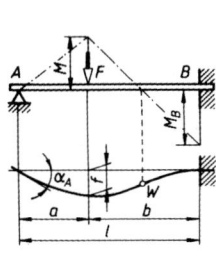

$$F_A = F\frac{b^2}{l^2}\left(1 + \frac{a}{2\ l}\right)$$

$$F_B = F - F_A$$

$$f = \frac{Fa^2 b^3}{4\ EI\ l^2}\left(1 + \frac{a}{3\ l}\right)$$

$$\tan \alpha_A = \frac{Fab^2}{4\ EI\ l}$$

$$M = Fa\left[1 + \frac{1}{2}\left(\frac{a}{b}\right)^3 - \frac{3\ a}{2\ l}\right]$$

$$M_B = \frac{Fl}{2}\left[\frac{a}{l} - \left(\frac{a}{l}\right)^3\right]$$

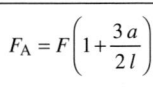

$$F_A = F_B = \frac{F}{2}$$

$$M_C = \frac{Fl}{8} = M_A = M_B$$

$$f = \frac{Fl^3}{192\ EI}$$

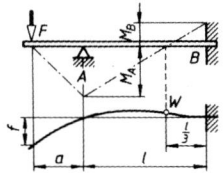

$$F_A = F\left(1 + \frac{3\ a}{2\ l}\right)$$

$$F_B = F\frac{3\ a}{2\ l}$$

$$M_A = Fa$$

$$M_B = \frac{Fa}{2}$$

$$f = \frac{Fl^3}{EI}\left[\frac{1}{3}\left(\frac{a}{l}\right)^3 + \frac{1}{4}\left(\frac{a}{l}\right)^2\right]$$

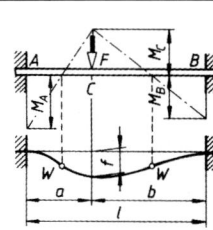

$$M_A = Fa\left(\frac{b}{l}\right)^2$$

$$M_B = Fb\left(\frac{a}{l}\right)^2$$

$$f = \frac{Fa^3 b^3}{3\ EI\ l^3}$$

$$M_C = 2\ Fb\left(\frac{a}{l}\right)^2\left(1 - \frac{a}{l}\right)$$

$$F_A = F\left(\frac{b}{l}\right)^2\left(3 - 2\frac{b}{l}\right)$$

$$F_B = F\left(\frac{a}{l}\right)^2\left(3 - 2\frac{a}{l}\right)$$

Tabelle 3. Fortsetzung

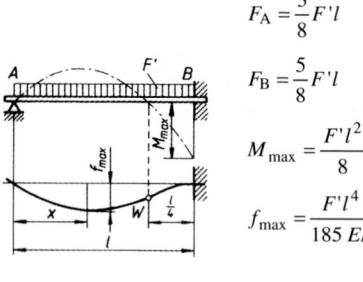

$$F_A = \frac{3}{8}F'l$$

$$F_B = \frac{5}{8}F'l$$

$$M_{max} = \frac{F'l^2}{8}$$

$$f_{max} = \frac{F'l^4}{185\,EI}$$

für $x = 0{,}4215\,l$

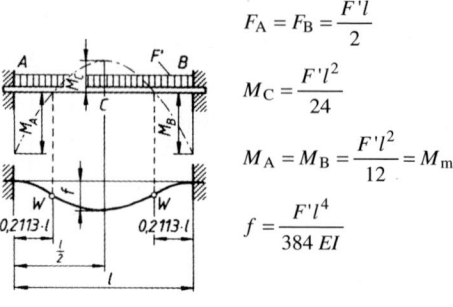

$$F_A = F_B = \frac{F'l}{2}$$

$$M_C = \frac{F'l^2}{24}$$

$$M_A = M_B = \frac{F'l^2}{12} = M_{max}$$

$$f = \frac{F'l^4}{384\,EI}$$

Tabelle 4. Biegeträger mit Axialkraft F_a

Der im Festlager A und im Loslager B gehaltene Biegeträger wird durch die im Abstand r achsparallel liegende Kraft F_a (Axialkraft) belastet. Gesucht ist der Verlauf des Biegemomentes über der Trägerlänge l.

Die Stützkräfte F_{Ay}, F_x und F_B werden in der üblichen Weise mit den statischen Gleichgewichtsbedingungen bestimmt.

Zur Bestimmung des Biegemomentenverlaufs legt man von links nach rechts fortschreitend die Schnitte a, b, c, d, d', e und f. Von den Schnitten aus nach links gesehen ergeben sich nach 2.2.1.1.b) die im jeweiligen Schnitt auftretenden Biegemomente $M_{b,a}$, $M_{b,b}$ usw. Von besonderer Bedeutung sind die beiden Schnitte d und d', die ganz kurz vor und hinter dem Trägeranschluss liegen. Die Rechnung zeigt, dass das Biegemoment zwischen d und d' den Betrag ändert und das Vorzeichen wechselt. Da man vorher nicht erkennen kann, welches der beiden Biegemomente M_{bmax} oder M'_{bmax} den größeren Betrag hat, müssen beide Biegemomente berechnet und die Beträge miteinander verglichen werden (siehe Tabelle 7). Das ist immer dann erforderlich, wenn die Axialkraft zwischen den Lagerstellen A und B angreift (vergleiche mit Tabelle 5).

$\sum F_x = 0 = -F_x + F_a \Rightarrow F_x = F_a$
$\sum F_y = 0 = -F_{Ay} + F_B \Rightarrow F_{Ay} = F_B$
$\sum M_{(A)} = 0 = -F_a r + F_B l$

$M_{b,a} = 0$

$M_{b,b} = +F_{Ay}\dfrac{l}{5} = +F_a\dfrac{r}{l}\cdot\dfrac{l}{5} = +\dfrac{1}{5}F_a r$

$M_{b,c} = +F_{Ay}\dfrac{2l}{5} = +F_a\dfrac{r}{l}\cdot\dfrac{2l}{5} = +\dfrac{2}{5}F_a r$

$M_{b,d} = +F_{Ay}\dfrac{3l}{5} = +F_a\dfrac{r}{l}\cdot\dfrac{3l}{5} = +\dfrac{3}{5}F_a r$

$M_{b,d'} = +F_{Ay}\dfrac{3l}{5} - F_a r = +\dfrac{3}{5}F_a r - F_a r = -\dfrac{2}{5}F_a r$

$M_{b,e'} = +F_{Ay}\dfrac{4l}{5} - F_a r = +\dfrac{4}{5}F_a r - F_a r = -\dfrac{1}{5}F_a r$

$M_{b,f'} = +F_{Ay}l - F_a r = +F_a\dfrac{rl}{l} - F_a r = 0$

$M_{bmax} = M_{b,d} = \dfrac{3}{5}F_a r$

$|M'_{bmax}| = |M_{b,d'}| = \dfrac{2}{5}F_a r$

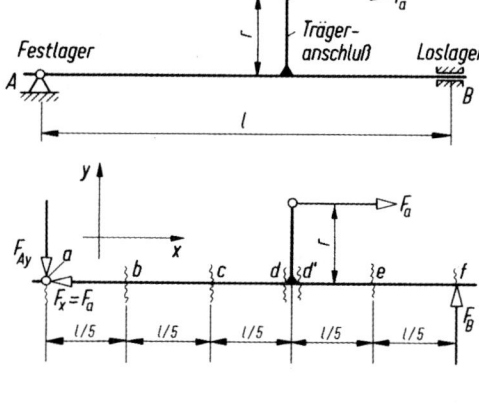

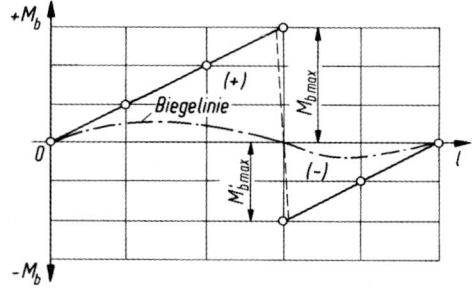

Tabelle 5. Biegeträger mit räumlichem Kraftangriff außerhalb der Lager (Biegemomentenverlauf)

Biegeträger dieser Art sind beispielsweise Getriebewellen, die ein schrägverzahntes Stirnrad tragen. Man geht schrittweise vor und bestimmt die Teil-Stützkräfte F_{Ay1}, F_{By1}, F_{Ay2}, F_{By2}, F_{Az}, F_{Bz} und Teil-Biegemomente $M_{b\,max,a}$, $M_{b\,max,\,b}$, $M_{b\,max,\,c}$ für den Einzel-Kraftangriff in der zugehörigen Ebene. In der x, y-Ebene wirkt einmal die Radialkraft F_r, zum anderen die Axialkraft F_a, in der y, z-Ebene wirkt die Umfangskraft F_t. Damit ergibt sich jeweils ein leicht überschaubarer Biegemomentenverlauf mit dem maximalen Biegemoment für den Einzel-Kraftangriff.

Die Reaktionskraft der Axialkraft F_a in der Trägerachse ist die im Festlager wirkende Lagerkraftkomponente $F_x = F_a$. Beide ergeben ein Kräftepaar, dem das Kräftepaar aus F_{Ay2} und F_{By2}. die beide ebenfalls gleich groß und entgegengerichtet sind, das Gleichgewicht hält.

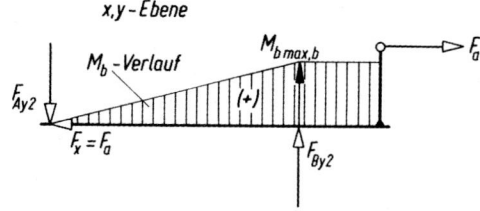

x,y-Ebene

$\Sigma F_x \quad = 0 = -F_x + F_a \Rightarrow F_x = F_a$
$\Sigma F_y \quad = 0 = -F_{Ay2} + F_{by2} \Rightarrow F_{Ay2} = F_{By2}$
$\Sigma M_{(A)} = 0 = F_{By2}\, l_2$

$F_{By2} \quad = F_a \dfrac{r}{l}$

$M_{b\,max,\,b} = F_r\, l_2$

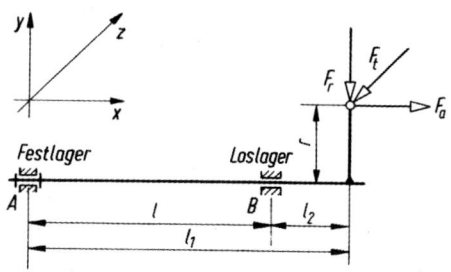

F_t	Umfangskraft am Teilkreis
F_r	Radialkraft
F_a	Axialkraft
r	Radius, z.B. eines Zahnrads

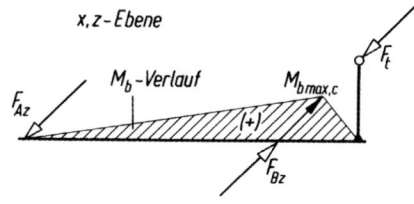

x,z-Ebene

$\Sigma F_z \quad = 0 = -F_{Az} + F_{Bz} - F_t$
$\Sigma M_{(A)} = 0 = F_{Az}\, l - F_t\, l_2$

$F_{Az} \quad = F_t \dfrac{l_2}{l}; \quad F_{Bz} = F_{Az} + F_t$

$F_{Bz} \quad = F_t\left(\dfrac{l_2}{l} + 1\right) = F_t \dfrac{l_1}{l}$

$M_{b\,max,\,c} = F_t\, l_2$

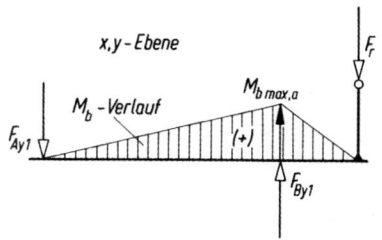

$\Sigma F_y \quad = 0 = -F_{Ay1} + F_{By1} - F_r$
$\Sigma M_{(A)} = 0 = F_{By1}\, l - F_r\, l_1$

$F_{By1} \quad = F_r \dfrac{l_1}{l}; \quad F_{Ay1} = F_{By1} - F_r$

$F_{Ay1} \quad = F_r \dfrac{l_1}{l} F_r = F_r \left(\dfrac{l_1}{l} - 1\right)$

$F_{Ay1} \quad = F_r \dfrac{l_2}{l} \quad \left(\text{weil } \dfrac{l_1}{l} - \dfrac{l}{l} = \dfrac{l_2}{l} \text{ ist}\right)$

$M_{b\,max,\,a} \quad = F_r\, l_2$

Tabelle 6. Resultierende Stützkräfte (Lagerkräfte) und Biegemomente für den Biegeträger in Tabelle 5.

Gesucht werden die Gleichungen für das resultierende maximale Biegemoment $M_{b\,max}$ und für die resultierenden Stützkräfte (Lagerkräfte) in den Lagern A und B (F_{Ar} und F_{Br}).

Sowohl die Stützkräfte als auch das Biegemoment wirken in einer Ebene rechtwinklig zur Trägerachse, hier also in der y, z-Ebene, die nun Zeichenblattebene ist.

Skizziert man unmaßstäblich aber richtungsgemäß Biegemomenteneck und Krafteck, dann ergeben sich rechtwinklige Dreiecke, die mit dem Lehrsatz des Pythagoras ausgewertet werden können.

In Verbindung mit den Entwicklungen in Tabelle 5 lassen sich auch die Gleichungen für den Fall entwickeln, dass die Axialkraft F_a entgegengesetzten Richtungssinn hat.

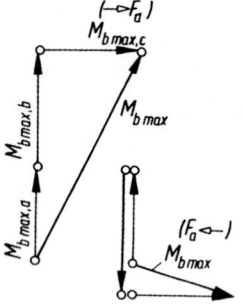

$$\substack{(\rightarrow F_a) \\ M_{b\,max}} = \sqrt{(M_{b\,max,\,a} + M_{b\,max,\,b})^2 + (M_{b\,max,\,c})^2}$$

$$= \sqrt{(F_r\,l_2 + F_a\,r)^2 + (F_t\,l_2)^2}$$

Bei entgegengesetztem Richtungssinn der Axialkraft F_a wird:

$$\substack{(\leftarrow F_a) \\ M_{b\,max}} = \sqrt{(M_{b\,max,\,a} - M_{b\,max,\,b})^2 + (F_t\,l_2)^2}$$

$$= \sqrt{(F_r\,l_2 - F_a\,r)^2 + (F_t\,l_2)^2}$$

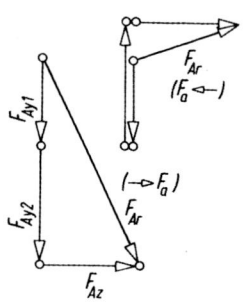

$$\substack{(\rightarrow F_a) \\ F_{Ar}} = \sqrt{(F_{Ay1} + F_{Ay2})^2 + (F_{Az})^2}$$

$$= \sqrt{\left(F_r\,\frac{l_2}{l} + F_a\,\frac{r}{l}\right)^2 + \left(F_t\,\frac{l_2}{l}\right)^2}$$

$$= \frac{1}{l}\sqrt{(F_r\,l_2 + F_a\,r)^2 + (F_t\,l_2)^2}$$

Bei entgegengesetztem Richtungssinn der Axialkraft F_a wird:

$$\substack{(F_a\leftarrow) \\ F_{Ar}} = \frac{1}{l}\sqrt{(F_r\,l_2 - F_a\,r)^2 + (F_t\,l_2)^2}$$

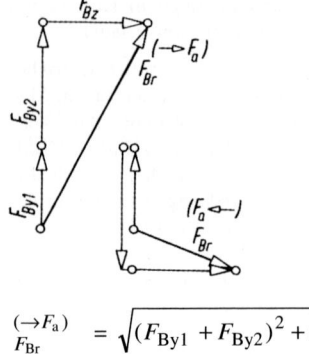

$$\substack{(\rightarrow F_a) \\ F_{Br}} = \sqrt{(F_{By1} + F_{By2})^2 + (F_{Bz})^2}$$

$$= \sqrt{\left(F_r\,\frac{l_1}{l} + F_a\,\frac{r}{l}\right)^2 + \left(F_t\,\frac{l_1}{l}\right)^2}$$

$$= \frac{1}{l}\sqrt{(F_r\,l_1 + F_a\,r)^2 + (F_t\,l_1)^2}$$

Bei entgegengesetztem Richtungssinn der Axialkraft F_a wird:

$$\substack{(F_a\leftarrow) \\ F_{Br}} = \frac{1}{l}\sqrt{(F_r\,l_1 - F_a\,r)^2 + (F_t\,l_1)^2}$$

Tabelle 7. Biegeträger mit räumlichem Kraftangriff zwischen den Lagern (Biegemomentenverlauf)

Wie in Tabelle 5 ist auch hier mit den Bezeichnungen der Größen das Beispiel einer Getriebewelle mit einem schrägverzahnten Stirnrad gewählt. Das Zahnrad liegt hier jedoch zwischen den Lagerstellen A und B.
Auch hier werden schrittweise die Teil-Stützkräfte F_{Ay1}, F_{By1}, F_{Ay2}, F_{By2}, F_{Az}, F_{Bz} und die Teil-Biegemomente $M_{b\,max,\,a}$, $M_{b\,max,\,b}$ und $M_{b\,max,\,c}$ bestimmt.
Durch den Einzel-Kraftangriff der Axialkraft F_a in der x, y-Ebene ergibt sich der in Tabelle 4 entwickelte Biegemomentenverlauf mit Vorzeichenwechsel und Betragsänderung. Also sind auch hier die beiden maximalen Teil-Biegemomente $M_{b\,max,\,b}$ und $M'_{b\,max,\,b}$ zu ermitteln.
Auf die Lagerkraftkomponente $F_x = F_a$ wird in Tabelle 5 eingegangen.

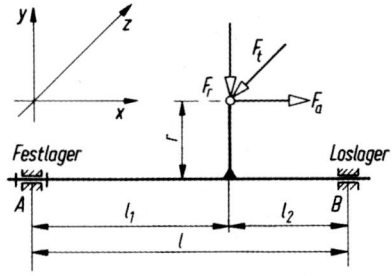

F_t Umfangskraft am Teilkreis
F_r Radialkraft
F_a Axialkraft
r Teilkreisradius

$\Sigma F_y = 0 = -F_{Ay1} - F_r + F_{By1}$
$\Sigma M_{(A)} = 0 = -F_r l_1 + F_{By1} l$

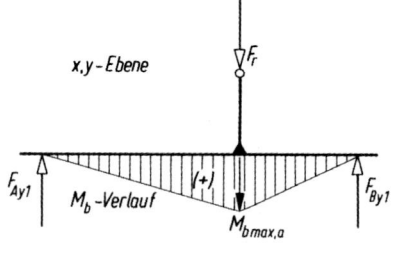

$F_{By1} = F_r \dfrac{l_1}{l}$

$F_{Ay1} = F_r - F_{By1} = F_r \left(1 - \dfrac{l_1}{l}\right)$

$F_{Ay1} = F_r \dfrac{l_2}{l} \quad \left(\text{weil } \dfrac{l}{l} - \dfrac{l_1}{l} = \dfrac{l-l_1}{l} = \dfrac{l_2}{l}\right)$

$M_{b\,max,\,a} = F_{By1} l_2 = F_r \dfrac{l_1 l_2}{l}$

$\Sigma F_x = 0 = F_x - F_a \Rightarrow F_x = F_a$
$\Sigma F_y = 0 = -F_{Ay2} + F_{By2} \Rightarrow F_{Ay2} = F_{By2}$
$\Sigma M_{(A)} = 0 = -F_a r + F_{By2} l$

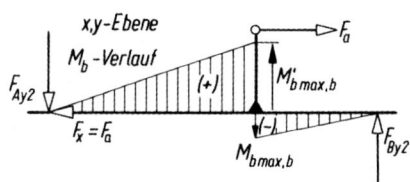

$F_{By2} = F_a \dfrac{r}{l} = F_{Ay2}$

$M_{b\,max,\,b} = F_{By2} l_2 = F_a \dfrac{r l_2}{l}$

$M'_{b\,max,\,b} = F_{Ay2} l_1 = F_a \dfrac{r l_1}{l}$

$\Sigma F_z = 0 = F_{Az} - F_t + F_{Bz}$
$\Sigma M_{(A)} = 0 = F_t l_1 + F_{Bz} l_2$

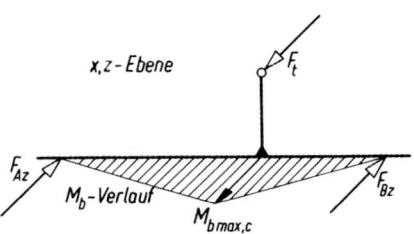

$F_{Az} = F_t - F_{Bz} = F_t \left(1 - \dfrac{l_1}{l}\right)$

$F_{Az} = F_t \dfrac{l_2}{l} \quad \left(\text{weil } 1 - \dfrac{l_1}{l} = \dfrac{l_2}{l} \text{ sie oben}\right)$

$M_{b\,max,\,c} = F_{By1} l_2 = F_t \dfrac{l_1 l_2}{l}$

Tabelle 8. Resultierende Stützkräfte (Lagerkräfte) und Biegemomente für den Biegeträger in Tabelle 7

Gesucht werden wie in Tabelle 6 die Gleichungen für das resultierende Biegemoment $M_{b\,max}$ und für die resultierenden Stützkräfte (Lagerkräfte) in den Lagern A und B.
Sowohl Stützkraft als auch Biegemoment wirken in einer Ebene, die rechtwinklig zur Achse des Biegeträgers steht. Dies ist nach den Bezeichnungen des räumlichen Achsenkreuzes in Tabelle 7 die y, z-Ebene, die nun zur Zeichenblattebene gemacht wird.
Mit den Teil-Biegemomenten und aus den Teil-Stützkräften werden die Momentenecke und Kraftecke skizziert (unmaßstäblich, aber richtungsgemäß). Es ergeben sich rechtwinklige Dreiecke, die mit dem „Pythagoras" ausgewertet werden.
Die Gleichungen für die entgegengesetzt gerichtete Axialkraft F_a ergeben sich mit dem Vorzeichenwechsel des Biegemoments in der Darstellung in Tabelle 8 für die Axialkraft F_a in der x, y-Ebene.

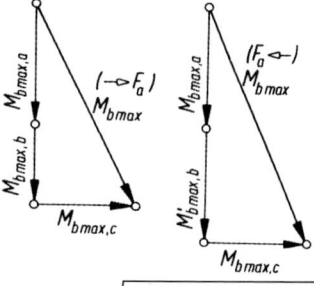

$(\to F_a)$
$M_{b\,max} = \sqrt{\left(F_r \dfrac{l_1 l_2}{l} + F_a \dfrac{r l_2}{l}\right)^2 + \left(F_t \dfrac{l_1 l_2}{l}\right)^2}$

$= \dfrac{l_2}{l} \sqrt{(F_r l_1 + F_a r)^2 + (F_t l_1)^2}$

Bei entgegengesetztem Richtungssinn der Axialkraft F_a wird:

$(\leftarrow F_a)$
$M_{b\,max} = \sqrt{(M_{b\,max,\,a} + M'_{b\,max,\,b})^2 + (M_{b\,max,\,c})^2}$

$= \sqrt{\left(F_r \dfrac{l_1 l_2}{l} + F_a \dfrac{r l_1}{l}\right)^2 + \left(F_t \dfrac{l_1 l_2}{l}\right)^2}$

$= \dfrac{l_1}{l} \sqrt{(F_r l_2 + F_a r)^2 + (F_t l_2)^2}$

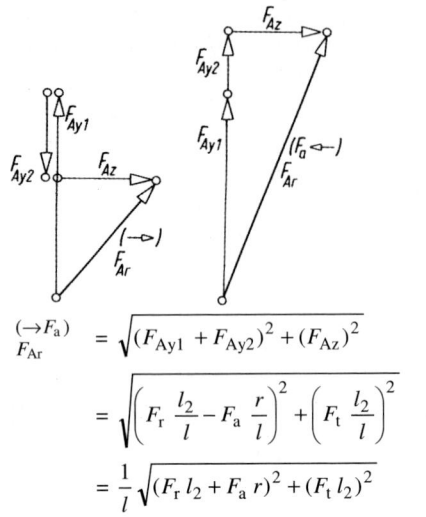
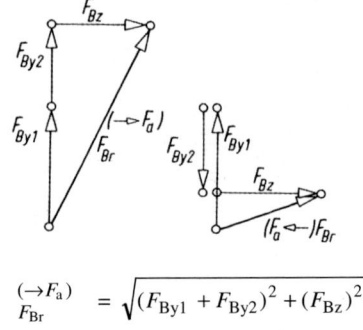

$$\frac{(\rightarrow F_{\mathrm{a}})}{F_{\mathrm{Ar}}} = \sqrt{(F_{\mathrm{Ay1}} + F_{\mathrm{Ay2}})^2 + (F_{\mathrm{Az}})^2}$$

$$= \sqrt{\left(F_{\mathrm{r}}\frac{l_2}{l} - F_{\mathrm{a}}\frac{r}{l}\right)^2 + \left(F_{\mathrm{t}}\frac{l_2}{l}\right)^2}$$

$$= \frac{1}{l}\sqrt{(F_{\mathrm{r}}\,l_2 + F_{\mathrm{a}}\,r)^2 + (F_{\mathrm{t}}\,l_2)^2}$$

Bei entgegengesetztem Richtungssinn der Axialkraft F_{a} wird:

$$\frac{(F_{\mathrm{a}}\leftarrow)}{F_{\mathrm{Ar}}} = \frac{1}{l}\sqrt{(F_{\mathrm{r}}\,l_2 + F_{\mathrm{a}}\,r)^2 + (F_{\mathrm{t}}\,l_2)^2}$$

$$\frac{(\rightarrow F_{\mathrm{a}})}{F_{\mathrm{Br}}} = \sqrt{(F_{\mathrm{By1}} + F_{\mathrm{By2}})^2 + (F_{\mathrm{Bz}})^2}$$

$$= \sqrt{\left(F_{\mathrm{r}}\frac{l_1}{l} + F_{\mathrm{a}}\frac{r}{l}\right)^2 + \left(F_{\mathrm{t}}\frac{l_1}{l}\right)^2}$$

$$= \frac{1}{l}\sqrt{(F_{\mathrm{r}}\,l_1 + F_{\mathrm{a}}\,r)^2 + (F_{\mathrm{t}}\,l_1)^2}$$

Bei entgegengesetztem Richtungssinn der Axialkraft F_{a} wird:

$$\frac{(F_{\mathrm{a}}\leftarrow)}{F_{\mathrm{Br}}} = \frac{1}{l}\sqrt{(F_{\mathrm{r}}\,l_1 - F_{\mathrm{a}}\,r)^2 + (F_{\mathrm{t}}\,l_1)^2}$$

Tabelle 9. Warmgewalzter gleichschenkliger rundkantiger Winkelstahl

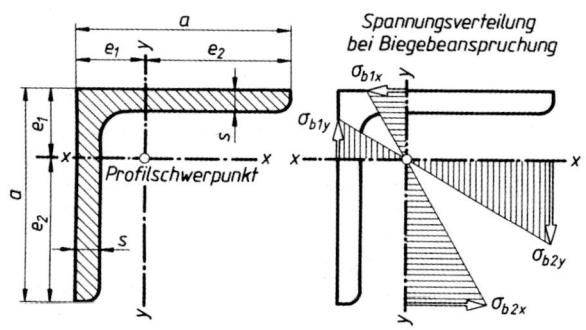

Beispiel für die Bezeichnung eines Winkelstahls und für das Ablesen von Flächenmomenten I und Widerstandsmomenten W:

L 40 × EN 10056-1

Schenkelbreite	a	= 40 mm
Schenkeldicke	s	= 6 mm
Flächenmoment	I_x	= 6,33 · 10⁴ mm⁴
Widerstandsmoment	W_{x1}	= 5,28 · 10³ mm³
	W_{x2}	= 2,26 · 10³ mm³
Oberfläche je Meter Länge	A_0'	= 0,16 m²/m
Profilumfang	U	= 0,16 m
Trägheitsradius	$i_x = \sqrt{I_x/S}$	= 11,9 mm

Kurz-zeichen	a/s	Quer-schnitt S	e_1/e_2	$I_x = I_y$	$W_{x1} = W_{y1}$	$W_{x2} = W_{y2}$	Oberfläche je Meter Länge A_0'	Gewichtskraft je Meter Länge F_G'
	mm	mm²	mm	·10⁴ mm⁴	·10³ mm³	·10³ mm³	m²/m[1]	N/m
20 × 4	20/ 4	145	6,4 / 13,6	0,48	0,75	0,35	0,08	11,2
25 × 5	25/ 5	226	8 / 17	1,18	1,48	0,69	0,10	17,4
30 × 5	30/ 5	278	9,2 / 20,8	2,16	2,35	1,04	0,12	21,4
35 × 5	35/ 5	328	10,4/ 24,6	3,56	3,42	1,45	0,14	25,3
40 × 6	40/ 6	448	12 / 28	6,33	5,28	2,26	0,16	34,5
45 × 6	45/ 6	509	13,2/ 31,8	9,16	6,94	2,88	0,17	39,2
50 × 6	50/ 6	569	14,5/ 35,5	12,8	8,83	3,61	0,19	43,8
50 × 8	50/ 8	741	15,2/ 34,8	16,3	10,7	4,68	0,19	57,1
55 × 8	55/ 8	823	16,4/ 38,6	22,1	13,5	5,73	0,21	63,4
60 × 6	60/ 6	691	16,9/ 43,1	22,8	13,5	5,29	0,23	53,2
60 × 10	60/ 10	1110	18,5/ 41,5	34,9	18,9	8,41	0,23	85,2
65 × 8	65/ 8	985	18,9/ 46,1	37,5	19,8	8,13	0,25	75,9
70 × 7	70/ 7	940	19,7/ 50,3	42,4	21,5	8,43	0,27	72,4
70 × 9	70/ 9	1190	20,5/ 49,5	52,6	25,7	10,6	0,27	91,6

Kurz-zeichen	a/s	Quer-schnitt S	e_1/e_2	$I_x = I_y$	$W_{x1} = W_{y1}$	$W_{x2} = W_{y2}$	Oberfläche je Meter Länge A_0'	Gewichtskraft je Meter Länge F_G'
	mm	mm²	mm	· 10⁴ mm⁴	· 10³ mm³	· 10³ mm³	m²/m[1]	N/m
70 × 11	70/ 11	1430	21,3/ 48,7	61,8	29,0	12,7	0,27	110,1
75 × 8	75/ 8	1150	21,3/ 53,7	58,9	27,7	11,0	0,29	88,6
80 × 8	80/ 8	1230	22,6/ 57,4	72,3	32,0	12,6	0,31	94,7
80 × 10	80/ 10	1510	23,4/ 56,6	87,5	37,4	15,5	0,31	116,7
80 × 12	80/ 12	1790	24,1/ 55,9	102	42,3	18,2	0,31	138,3
90 × 9	90/ 9	1550	25,4/ 64,6	116	45,7	18,0	0,35	119,4
90 × 11	90/ 11	1870	26,2/ 63,8	138	52,7	21,6	0,36	144,0
100 × 10	100/ 10	1920	28,2/ 71,8	177	62,8	24,7	0,39	147,9
100 × 14	100/ 14	2620	29,8/ 70,2	235	78,9	33,5	0,39	201,8
110 × 12	110/ 12	2510	31,5/ 78,5	280	88,9	35,7	0,43	193,3
120 × 13	120/ 13	2970	34,4/ 85,6	394	115	46,0	0,47	228,7
130 × 12	130/ 12	3000	36,4/ 93,6	472	130	50,4	0,51	231,0
130 × 16	130/ 16	3930	38,0/ 92	605	159	65,8	0,51	302,6
140 × 13	140/ 13	3500	39,2/100,8	638	163	63,3	0,55	269,5
140 × 15	140/ 15	4000	40,0/100,0	723	181	72,3	0,55	308,0
150 × 12	150/ 12	3480	41,2/108,8	737	179	67,7	0,59	268,0
150 × 16	150/ 16	4570	42,9/107,1	949	221	88,7	0,59	351,9
150 × 20	150/ 20	5630	44,4/105,6	1150	259	109	0,59	433,6
160 × 15	160/ 15	4610	44,9/115,1	1100	245	95,6	0,63	355,5
160 × 19	160/ 19	5750	46,5/113,5	1350	290	119	0,63	442,8
180 × 18	180/ 18	6190	51,0/129,0	1870	367	145	0,71	476,7
180 × 22	180/ 22	7470	52,6/127,4	2210	420	174	0,71	575,3
200 × 16	200/ 16	6180	55,2/144,8	2340	424	162	0,79	475,9
200 × 20	200/ 20	7640	56,8/143,2	2850	502	199	0,79	588,3
200 × 24	200/ 24	9060	58,4/141,6	3330	570	235	0,79	697,7
200 × 28	200/ 28	10500	59,9/140,1	3780	631	270	0,79	808,6

[1]) Die Zahlenwerte geben zugleich den Profilumfang U in m an.

Tabelle 10. Warmgewalzte I-Träger, IPE-Reihe

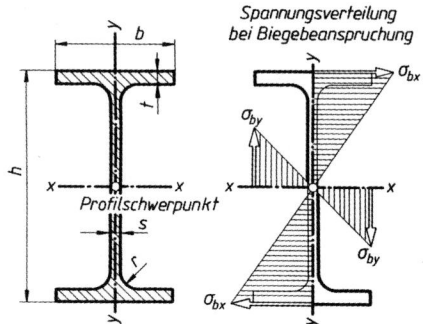

Beispiel für die Bezeichnung eines mittelbreiten I-Trägers mit parallelen Flanschflächen und für das Ablesen von Flächenmomenten I und Widerstandsmomenten W.
IRE 80 EN 10025-S235JRG1

Höhe $\quad h = 80$ mm
Breite $\quad b = 46$ mm
Flächenmoment $\quad I_x = 80{,}1 \cdot 10^4$ mm⁴
Widerstandsmoment $\quad W_x = 20{,}0 \cdot 10^3$ mm³
Oberfläche je Meter Länge $A_0' = 0{,}328$ m²/m
Profilumfang $\quad U = 0{,}328$ m
Trägheitsradius $\quad i_x = \sqrt{I_x / S} = 32{,}4$ mm

Kurz-zeichen IPE	b	t	h	s	r	Quer-schnitt S	I_x	W_x	I_y	W_y	Oberfläche je Meter Länge A_0'	Gewichtskraft je Meter Länge F_G'
	mm	mm	mm	mm	mm	mm²	· 10⁴ mm⁴	· 10³ mm³	· 10⁴ mm⁴	· 10³ mm³	m²/m[1]	N/m
80	46	5,2	80	3,8	5	764	80,1	20,0	8,49	3,69	0,328	59
100	55	5,7	100	4,1	7	1030	171	34,2	15,9	5,79	0,400	79
120	64	6,3	120	4,4	7	1320	318	53,0	27,7	8,65	0,475	102
140	73	6,9	140	4,7	7	1640	541	77,3	44,9	12,3	0,551	126
160	82	7,4	160	5,0	9	2010	869	109	68,3	16,7	0,623	155
180	91	8,0	180	5,3	9	2390	1320	146	101	22,2	0,698	184
200	100	8,5	200	5,6	12	2850	1940	194	142	28,5	0,768	220
220	110	9,2	220	5,9	12	3340	2770	252	205	37,3	0,848	257
240	120	9,8	240	6,2	15	3910	3890	324	284	47,3	0,922	301
270	135	10,2	270	6,6	15	4590	5790	429	420	62,2	1,041	353

Kurz-zeichen					Quer-schnitt						Oberfläche je Meter Länge	Gewichtskraft je Meter Länge
	b	t	h	s	r	S	I_x	W_x	I_y	W_y	A_0'	F_G'
IPE	mm	mm	mm	mm	mm	mm²	$\cdot 10^4$ mm⁴	$\cdot 10^3$ mm³	$\cdot 10^4$ mm⁴	$\cdot 10^3$ mm³	m²/m[1]	N/m
300	150	10,7	300	7,1	15	5380	8360	557	604	80,5	1,155	414
330	160	11,5	330	7,5	18	6260	11770	713	788	98,5	1,254	482
360	170	12,7	360	8,0	18	7270	16270	904	1040	123	1,348	560
400	180	13,5	400	8,6	21	8450	23130	1160	1320	146	1,467	651
450	190	14,6	450	9,4	21	9880	33740	1500	1680	176	1,605	761
500	200	16,0	500	10,2	21	11600	48200	1930	2140	214	1,738	893
550	210	17,2	550	11,1	24	13400	67120	2440	2670	254	1,877	1032
600	220	19,0	600	12,0	24	15600	92080	3070	3390	308	2,014	1200

[1]) Die Zahlenwerte geben zugleich den Profilumfang U in m an.

Mechanische Eigenschaften von Schrauben

Kennzeichen	4.6	4.8	5.6	5.8	6.6	6.8	6.9	8.8	10.9	12.9
Mindest-Zugfestigkeit R_m in N/mm²	400		500		600			800	1000	1200
Mindest-Streckgrenze R_e oder $R_{p\,0,2}$-Dehngrenze in N/mm²	240	320	300	400	360	480	540	640	900	1080
Bruchdehnung A_5 in %	25	14	20	10	16	8	12	12	9	8

Tabelle 11. Warmgewalzter rundkantiger U-Stahl

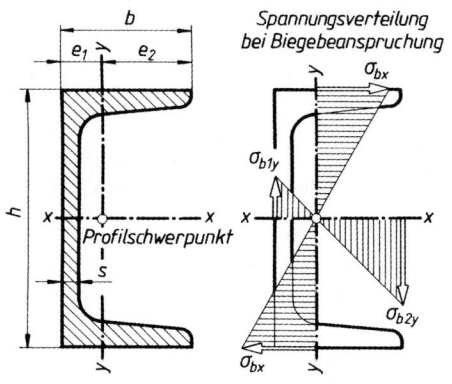

Beispiel für die Bezeichnung eines U-Stahls und für das Ablesen *bei* von Flächenmomenten I und Widerstandsmomenten W:
U 100 DIN 1 026 – S235JR

Höhe	h	= 100 mm
Breite	b	= 50 mm
Flächenmoment	I_K	= 206 · 10⁴ mm⁴
Widerstandsmoment	W_x	= 41,2 · 10³ mm³
Flächenmoment	W_y	= 29,3 · 10⁴ mm⁴
Widerstandsmoment	W_{y1}	= 18,9 · 10³ mm³
	W_{y2}	= 18,9 · 10³ mm³
Oberfläche je Meter Länge	A_0'	= 0,372 m²/m
Profilumfang	U	= 0,372 m
Trägheitsradius	$i_x = \sqrt{I_x/S}$	= 39,1 mm

Kurz-zeichen				Quer-schnitt							Oberfläche je Meter Länge	Gewichtskraft je Meter Länge
	h	b	s	S	e_1/e_2	I_x	W_x	I_y	W_{y1}	W_{y2}	A_0'	F_G'
U	mm	mm	mm	mm²	mm	$\cdot 10^4$ mm⁴	$\cdot 10^3$ mm³	$\cdot 10^3$ mm³	$\cdot 10^3$ mm³	$\cdot 10^3$ mm³	m²/m[1]	N/m
30 × 15	30	15	4	221	5,2/ 9,8	2,53	1,69	0,38	0,73	0,39	0,103	17,0
30	30	33	5	544	13,1/19,9	6,39	4,26	5,33	4,07	2,68	0,174	41,9
40 × 20	40	20	5	366	6,7/13,3	7,58	3,79	1,14	1,70	0,86	0,142	28,2
40	40	35	5	621	13,3/21,7	14,1	7,05	6,68	5,02	3,08	0,200	47,8
50 × 25	50	25	5	492	8,1/16,9	16,8	6,73	2,49	3,07	1,47	0,181	37,9
50	50	38	5	712	13,7/24,3	26,4	10,6	9,12	6,66	3,75	0,232	54,8
60	60	30	6	646	9,1/20,9	31,6	10,5	4,51	4,98	2,16	0,215	49,7
65	65	42	5,5	903	14,2/27,8	57,5	17,7	14,1	9,93	5,07	0,273	69,5
80	80	45	6	1100	14,5/30,5	106	26,5	19,4	13,4	6,36	0,312	84,7
100	100	50	6	1350	15,5/34,5	206	41,2	29,3	18,9	8,49	0,372	104,0
120	120	55	7	1700	16,0/39,0	364	60,7	43,2	27,0	11,1	0,434	130,9
140	140	60	7	2040	17,5/42,5	605	86,4	62,7	35,8	14,8	0,489	157,1
160	160	65	7,5	2400	18,4/46,6	925	116	85,3	46,4	18,3	0,546	184,8
180	180	70	8	2800	19,2/50,8	1350	150	114	59,4	22,4	0,611	215,6
200	200	75	8,5	3220	20,1/54,9	1910	191	148	73,6	27,0	0,661	248,0

2 Die einzelnen Beanspruchungsarten

Kurz-zeichen				Quer-schnitt								Oberfläche je Meter Länge	Gewichtskraft je Meter Länge
	h	b	s	S	e_1/e_2	I_x	W_x	I_y	W_{y1}	W_{y2}		A_0'	F_G'
U	mm	mm	mm	mm²	mm	·10⁴ mm⁴	·10³ mm³	·10³ mm³	·10³ mm³	·10³ mm³		m²/m[1)]	N/m
220	220	80	9	3740	21,4/58,6	2690	245	197	92,1	33,6		0,718	288,0
240	240	85	9,5	4230	22,3/62,7	3600	300	248	111	39,6		0,775	325,7
260	260	90	10	4830	23,6/66,4	4820	371	317	134	47,7		0,834	372
280	280	95	10	5330	25,3/69,7	6280	448	399	158	57,3		0,890	410,5
300	300	100	10	5880	27,0/73,0	8030	535	495	183	67,8		0,950	452,8
320	320	100	14	7580	26,0/74,0	10870	679	597	230	80,7		0,982	583,7
350	350	100	14	7730	24,0/76,0	12840	734	570	238	75,0		1,05	595,3
380	380	102	13,5	8040	23,8/78,2	15760	829	615	258	78,6		1,11	619,1
400	400	110	14	9150	26,5/83,5	20350	1020	846	355	101		1,18	704,6

[1)] Die Zahlenwerte geben zugleich den Profilumfang U in m an.

Niete und zugehörige Schrauben für Stahl- und Kesselbau

d_1 in mm	11	13	(15)	17	(19)	21	23	25	28	31	(34)	37
A_1 in mm² $= \frac{\pi}{4}d_1^2$	95	133	177	227	284	346	415	491	616	755	908	1075
d in mm (Rohnietdurchmesser)	10	12	(14)	16	(18)	20	22	24	27	30	(33)	36
Sechskantschraube	M 10	M 12	–	M 16	–	M 20	M 22	M 24	M 27	M 30	M 33	M 36

d_1 Durchmesser des geschlagenen Nietes = Nietlochdurchmesser; Größen in ( ) möglichst vermeiden

2.3 Knickung

Wird ein gerader schlanker Stab von gleichbleibendem Querschnitt durch eine Druckkraft F in Richtung der Stabachse belastet (gedrückt), so ist bei homogenem Werkstoff nur eine Kürzung des Stabes zu erwarten. Die Erfahrung zeigt aber, dass der Stab seitlich „ausknickt" (Bild 31), sobald die Druckkraft F einen bestimmten Wert erreicht hat. Der Stab kann „ausbiegen", obwohl die vorhandene Druckspannung $\sigma_{d\,vorh}$ noch unter der zulässigen Spannung $\sigma_{d\,zul}$ liegt ($\sigma_{d\,vorh} < \sigma_{d\,zul}$).

2.3.1 Herleitung der Euler'schen Knickungsgleichung

Knickkraft F_K heißt diejenige Druckkraft, bei der das Ausknicken beginnt. Sie darf deshalb im Betrieb niemals erreicht werden.
Die elastische Linie ist eine Sinuskurve mit dem Krümmungsradius $\rho = \frac{l^2}{\pi^2 f}$ (in Stabmitte). An dieser Stelle ist das Biegemoment der Knickkraft F_K: $M_b = F_K f$. Nach (50) ist $\rho = \frac{EI}{M_b}$ und damit $\frac{l^2}{\pi^2 f} = \frac{EI}{F_K f}$
und daraus die *Knickkraft*

$$F_K = \frac{EI\,\pi^2}{s^2} \qquad (60)$$

(Eulergleichung)
s freie Knicklänge

F_K	E	I	s
N	$\frac{N}{mm^2}$	mm⁴	mm

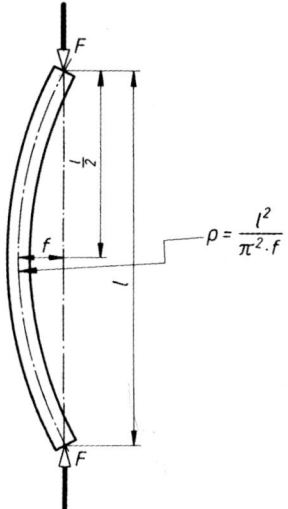

Bild 31. Zur Herleitung der Euler'schen Knickungsgleichung

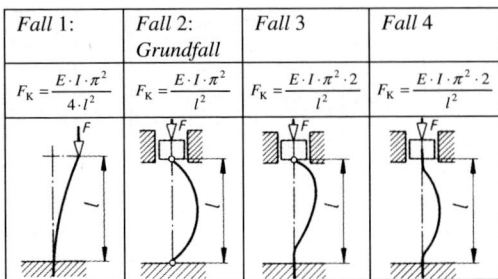

Bild 32. Die vier Euler'schen Belastungsfälle für Knickung

Fall 1:	Fall 2: Grundfall	Fall 3	Fall 4
$F_K = \dfrac{E \cdot I \cdot \pi^2}{4 \cdot l^2}$	$F_K = \dfrac{E \cdot I \cdot \pi^2}{l^2}$	$F_K = \dfrac{E \cdot I \cdot \pi^2 \cdot 2}{l^2}$	$F_K = \dfrac{E \cdot I \cdot \pi^2 \cdot 2}{l^2}$

Obwohl die elastische Linie der Biegung zur Herleitung der Knickkraftgleichung benutzt wurde, ist die Knickung von der Biegung wesensverschieden. Biegung ist eine *Spannungs*aufgabe, Knickung dagegen ein *Stabilitäts*problem; der Stab versagt nämlich *plötzlich*, ganz im Gegensatz etwa zur Druck- oder Biegebeanspruchung. So kann z.B. schon ein kleiner Fingerdruck quer zur Achse ausreichen, um den bereits seitlich ausgewichenen Stab (ohne Vergrößerung der Druckkraft) zusammenbrechen zu lassen. Deshalb muss die Belastung bei Betrieb stets kleiner sein als die Knickkraft F_K. *Euler* entwickelte seine Gleichung je nach Beweglichkeit und Führung der Stabenden für vier verschiedene Fälle (Bild 32). In der Praxis sollte man wegen der größeren Sicherheit stets nach dem sogenannten Grundfall 2 arbeiten. Ausnahme: einseitige Einspannung mit freiem Ende, Fall 1 nach Bild 32. Hier wird $s = 2l$ statt $s = l$ in die Eulergleichung des Grundfalles eingesetzt.

Wie die Herleitung erkennen lässt, gilt die Eulergleichung nur im Gültigkeitsbereich des Hookeschen Gesetzes $\sigma = \epsilon E$ (8), d.h. solange die Knickspannung $\sigma_K < \sigma_{dP}$ (Druck-Proportionalitätsgrenze) ist. Man spricht dann von *elastischer* Knickung; bei $\sigma_K > \sigma_{dP}$ von *unelastischer* Knickung. Letztere erfordert andere Berechnungsgleichungen (s. 2.3.4).

2.3.2 Wichtige Größen der Knickung

Der Knickkraft F_K entspricht diejenige Spannung σ_K, bei der das Ausknicken gerade beginnt, die also ebenfalls niemals erreicht werden darf; somit ist die *Knickspannung*

$$\sigma_K = \frac{\text{Knickkraft } F_K}{\text{Querschnittsfläche } S} \qquad \begin{array}{c|c|c} \sigma_K & F_K & S \\ \hline \dfrac{N}{mm^2} & N & mm^2 \end{array} \qquad (61)$$

Solange die äußere Belastung F (= Druckkraft F) kleiner als die Knickkraft F_K ist, besteht keine Knickgefahr und es ist die *Sicherheit gegen Knicken*

$$v = \frac{\text{Knickkraft } F_K}{\text{Druckkraft } F} \qquad (62)$$

Der Druckkraft F entspricht die Druckspannung $\sigma_d = F/S$, sodass die Sicherheit v auch ausgedrückt werden kann durch:

$$v = \frac{F_K}{F} = \frac{\sigma_K S}{\sigma_d S} = \frac{\sigma_K}{\sigma_d} \qquad (63)$$

Die Sicherheit v berücksichtigt u.a. Stöße, Massenkräfte, Art der Verwendung, Einspannung und Folgen eines Bruches des Knickstabes.

Das Ausknicken wird bestimmt durch das *kleinste* axiale Flächenmoment I des Querschnitts. Es wird $I = i^2 S$ gesetzt. Daraus folgt der *Trägheitsradius*

$$i = \sqrt{\frac{I}{S}} \qquad \begin{array}{c|c|c} i & I & S \\ \hline mm & mm^4 & mm^2 \end{array} \qquad (64)$$

Für den *Kreisquerschnitt* beträgt nach Tabelle 1 das axiale Flächenmoment $I = \pi d^4/64$ und Fläche $S = \pi d^2/4$, sodass sich als *Trägheitsradius für den Kreisquerschnitt* ergibt:

$$i = \sqrt{\frac{\pi d^4 \, 4}{\pi d^4 \, 4}} = \frac{d}{4} \qquad (65)$$

Als zweckmäßige Rechengröße wird außerdem für den *Schlankheitsgrad* festgesetzt:

$$\lambda = \frac{\text{freie Knicklänge } s}{\text{Trägheitsradius } i} = \frac{s}{i} \qquad (66)$$

2.3.3 Elastische Knickung (Eulerfall)

Liegt die Knickspannung noch im Gültigkeitsbereich des Hooke'schen Gesetzes (elastische Formänderung), so gilt die Eulergleichung (60). Damit können bei gegebener Knickkraft F_K, gegebener Belastung F gegebener Einspannlänge l und bekanntem Elastizitätsmodul E die Querschnittsabmessungen bestimmt werden, und zwar über das erforderliche *Mindest-Flächenmoment* (axial)

$$I_{erf} = \frac{v F s^2}{E \pi^2} \qquad \begin{array}{c|c|c|c} I_{erf} & v & F & E & s \\ \hline mm^4 & 1 & N & \dfrac{N}{mm^2} & mm \end{array} \qquad (67)$$

Aus (63) wurde für die Knickkraft F_K = Sicherheit $v \cdot$ Belastung $F (F_K = vF)$ eingesetzt. Die Eulergleichung ist an das Hooke'sche Gesetz gebunden. Damit werden die Grenzen ihrer Gültigkeit festgelegt. Aus

$$F_K = \frac{EI \pi^2}{s^2} = \sigma_K S \text{ und } \frac{I}{S} = i^2 \text{ sowie } \frac{i^2}{s^2} = \frac{1}{\lambda^2}$$

ergibt sich die *Knickspannung*

2 Die einzelnen Beanspruchungsarten

$$\sigma_K = \frac{E \pi^2}{\lambda^2} \quad (68)$$

σ_K	E	λ
$\frac{N}{mm^2}$	$\frac{N}{mm^2}$	1

Danach ist die Knickspannung σ_K nur abhängig vom E-Modul (und dessen Gültigkeitsbereich) und vom Schlankheitsgrad λ.
Wird σ_K über λ aufgetragen, ergibt sich eine Hyperbel dritten Grades, wie Bild 33 für Stahl mit $E = 2{,}1 \cdot 10^5$ N/mm² zeigt. Danach ergeben kleine Schlankheitsgrade hohe Knickspannungen. Die Eulergleichung kann natürlich nur bis zu demjenigen *Grenzschlankheitsgrad* λ_0 gelten, für den $\sigma_K \leq \sigma_{dP}$ ist, solange also die Knickspannung σ_K kleiner als die Proportionalitätsgrenze für Druck ist.
Unterer Grenzwert:

$$\lambda_{min} = \lambda_0 = \pi \sqrt{\frac{E}{\sigma_{dP}}}$$

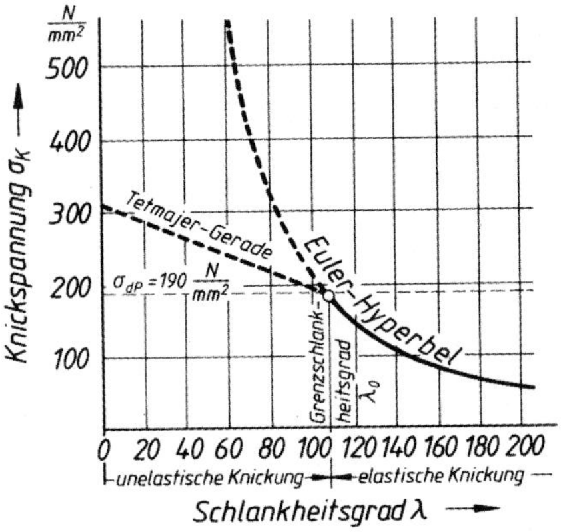

Bild 33. Euler-Hyperbel mit Grenzschlankheitsgrad λ_0

Für S235 JR mit $\sigma_{dP} = 190$ N/mm² wird damit

$$\lambda_0 = \pi \sqrt{\frac{2{,}1 \cdot 10^5 \frac{N}{mm^2}}{190 \frac{N}{mm^2}}} \approx 105$$

Je höher die Proportionalitätsgrenze σ_{dP} liegt, um so kleiner ist der Grenzschlankheitsgrad λ_0, d.h. um so größer wird der Eulerbereich.
Für die wichtigsten Werkstoffe gibt Tabelle 12 die Grenzschlankheitsgrade zur Eulergleichung an. *Beachte*: Die Eulergleichung gilt nur, solange der errechnete Schlankheitsgrad λ gleich *oder größer* ist als der in Tabelle 5 angegebene Grenzschlankheitsgrad λ_0. Es muss also sein: $s/i = \lambda_{vorhanden} \geq \lambda_0$.

Tabelle 12. Grenzschlankheitsgrad λ_0 für Euler'sche Knickung und Tetmajer-Gleichungen

Werkstoff	Elastizitätsmodul E in $\frac{N}{mm^2}$	Grenzschlankheitsgrad λ_0	Tetmajer-Gleichung für Knickspannung σ_K in $\frac{N}{mm^2}$
Nadelholz	10 000	100	$\sigma_K = 29{,}3 - 0{,}194 \cdot \lambda$
Gusseisen	100 000	80	$\sigma_K = 776 - 12 \cdot \lambda + 0{,}053 \cdot \lambda^2$
S235 JR	210 000	105	$\sigma_K = 310 - 1{,}14 \cdot \lambda$
E295 E335	210 000	89	$\sigma_K = 335 - 0{,}62 \cdot \lambda$
Nickelstahl (< 5 % Ni)	210 000	86	$\sigma_K = 470 - 2{,}3 \cdot \lambda$

2.3.4 Unelastische Knickung (Tetmajerfall)

Ergibt die Nachrechnung des Schlankheitsgrades λ einen Zahlenwert, der *unter* dem in Tabelle 12 angegebenen Grenzwert liegt, dann liegt *unelastische Knickung* vor. In diesem Falle gelten nicht die Eulergleichungen, sondern die Gleichungen von *Tetmajer*, ebenfalls aus Tabelle 12. Mit diesen Gleichungen können die Querschnittsabmessungen *nicht* unmittelbar bestimmt werden, sie dienen nur zur Nachrechnung gegebener oder angenommener Querschnittsmaße.
Deshalb wird meist I_{erf} nach *Euler* bestimmt, der Querschnitt danach festgelegt, λ nachgeprüft und bei λ kleiner als λ_0 nach *Tetmajer* die Knickspannung σ_K berechnet. Ist die geforderte Sicherheit v nicht erreicht, muss der Querschnitt vergrößert und nochmals nachgerechnet werden.

2.3.5 Arbeitsplan zur Knickungsrechnung

a) *Gegeben*: Sicherheit v und Belastung F; *gesucht*: Querschnittsabmessungen.
– Berechne Knickkraft F_K aus Sicherheit v und Belastung F;
– berechne das erforderliche Flächenmoment I_{erf} aus der Eulergleichung;
– lege die Querschnittsabmessungen (z.B. Durchmesser) nach den Gleichungen aus Tabelle 1 fest; berechne den Trägheitsradius i nach Tabelle 1 oder, wenn *dort* nicht angegeben, nach der Gleichung $i = \sqrt{I/S}$;
– berechne den Schlankheitsgrad λ und vergleiche mit λ_0 aus Tabelle 12, bei $\lambda > \lambda_0$ ist die Rechnung in Ordnung; bei λ kleiner λ_0 muss mit den Tetmajergleichungen aus Tabelle 12 die Knickspannung σ_K berechnet werden. Dabei λ, nicht etwa λ_0 einsetzen.
– Berechne die vorhandene Druckspannung $\sigma_d = F/S$ und bestimme die Sicherheit v; sie muss gleich oder größer der geforderten sein. Bei zu

kleiner Sicherheit müssen die Querschnittsabmessungen vergrößert und die Rechnung von der λ-Bestimmung an wiederholt werden. Abschließend muss die vorhandene Druckspannung σ_d mit der zulässigen $\sigma_{d\,zul}$ verglichen werden.

b) *Gegeben*: Querschnitt und Belastung F; *gesucht*: vorhandene Sicherheit. Berechne nach Tabelle 1 das Flächenmoment I und den Trägheitsradius i des Querschnitts; bestimme mit $\lambda = s/i$ den vorhandenen Schlankheitsgrad λ und vergleiche den gefundenen Wert mit λ_0 aus Tabelle 12. Jetzt teilt sich die Rechnung: Bei $\lambda > \lambda_0$ wird die Sicherheit v aus der Eulergleichung berechnet, bei $\lambda < \lambda_0$ aus einer der Tetmajergleichungen!

Beachte: λ bestimmt den Rechnungsweg (*Euler* oder *Tetmajer*), deshalb muss zuerst λ berechnet werden!

■ **Beispiel:**
Eine Ventilstößelstange aus E295 hat 8 mm Durchmesser und ist 250 mm lang. Welche maximale Stößelkraft ist zulässig, wenn eine 10fache Sicherheit gegen Knicken gefordert wird? Es liegt der Grundfall vor, also $s = l$.

Lösung:

$$\lambda = \frac{l}{i} = \frac{4l}{d} = \frac{4 \cdot 250 \text{ mm}}{8 \text{ mm}} = 125,$$

also elastischer (Euler-)Bereich.

Flächenmoment $I = \dfrac{\pi d^4}{64} = \dfrac{\pi}{64} \cdot (8 \text{ mm})^4 = 201 \text{ mm}^4$

Knickkraft $F_K = \dfrac{EI\,\pi^2}{l^2} = 6668 \text{ N}.$

Maximale Stößelkraft $F = \dfrac{F_K}{v} = 667 \text{ N}.$

■ **Beispiel:**
Die Pleuelstange eines Verbrennungsmotors (Bild 34) aus E 295 hat die Maße: $l = 370$ mm, $H = 40$ mm, $h = 30$ mm, $b = 20$ mm, $s = 15$ mm. Sie wird durch $F = 16$ kN auf Knickung beansprucht. Gesucht: vorhandene Knicksicherheit v.

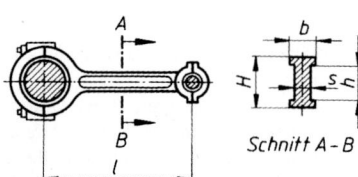

Bild 34.

Lösung:
Die Pleuelstange würde um die (senkrechte) y-Achse knicken, denn ganz sicher ist $I_y = I_{min} < I_x$.

$$I_{min} = \frac{10 \text{ mm} \cdot (20 \text{ mm})^3 + 30 \text{ mm} \cdot (15 \text{ mm})^3}{12} = 15104 \text{ mm}^4$$

($I_x = 95\,417 \text{ mm}^4$, also wesentlich größer als I_{min}!)

$$i = \sqrt{\frac{I_{min}}{S}}$$

$S = Hb - (b-s)h = [40 \cdot 20 - (20 - 15) \cdot 30] \text{ mm}^2$

$S = 650 \text{ mm}^2$

$$i = \sqrt{\frac{I_{min}}{S}} = \sqrt{\frac{15104 \text{ mm}^4}{650 \text{ mm}^2}} = 4{,}82;$$

$$\lambda = \frac{l}{i} = \frac{370 \text{ mm}}{4{,}82 \text{ mm}} = 76{,}8 < \lambda_0 = 89 \text{ (Tetmajerfall)}:$$

$$\sigma_K = 335 - 0{,}62 \cdot \lambda = 287{,}4 \,\frac{\text{N}}{\text{mm}^2};$$

$$\sigma_{d\,vorh} = \frac{F}{S} = \frac{16\,000 \text{ N}}{650 \text{ mm}^2} = 24{,}6 \,\frac{\text{N}}{\text{mm}^2}$$

$$v_{vorh} = \frac{\sigma_K}{\sigma_{d\,vorh}} = \frac{287{,}4 \,\frac{\text{N}}{\text{mm}^2}}{24{,}6 \,\frac{\text{N}}{\text{mm}^2}} = 11{,}7$$

■ **Beispiel:**
Ein Knickstab von kreisförmigem Querschnitt ist beiderseits auf $l = 500$ mm Länge gelenkig gelagert und wird durch eine Druckkraft $F = 40$ kN beansprucht. Geforderte Knicksicherheit $v = 8$. Werkstoff E295.
Wie groß muss der Durchmesser ausgeführt werden?

Lösung:
Knickkraft $F_K = Fv = 40 \text{ kN} \cdot 8 = 320 \text{ kN}$. Aus

$$F_K = \frac{EI\,\pi^2}{l^2}$$

wird das erforderliche Flächenmoment

$$I_{min} = \frac{F_K l^2}{E\,\pi^2} = \frac{320\,000 \text{ N} \cdot 500^2 \text{ mm}^2}{2{,}1 \cdot 10^5 \,\frac{\text{N}}{\text{mm}^2} \cdot \pi^2} = 3{,}86 \cdot 10^4 \text{ mm}^4$$

$I = \dfrac{d^4}{20}$, daraus $d_{erf} = \sqrt[4]{20\,I_{min}} = 29{,}7$ mm.

Mit $i = \dfrac{d}{4} = 7{,}4$ mm wird $\lambda = \dfrac{l}{i} = \dfrac{500 \text{ mm}}{7{,}4 \text{ mm}} = 67{,}6$ ($< \lambda_0 = 89$).

Demnach liegt Tetmajerbereich vor und nicht, wie zunächst angenommen wurde, Eulerbereich, d.h. die Rechnung muss mit angenommenem Durchmesser (mit Tetmajer-Gleichungen) wiederholt werden, bis die geforderte Sicherheit erreicht worden ist:

$d = 40$ mm angenommen (zweckmäßig gegenüber d_{erf} erhöhen), neuer Schlankheitsgrad

$$\lambda = \frac{4l}{d} = \frac{4 \cdot 500 \text{ mm}}{40 \text{ mm}} = 50;$$

$$\sigma_K = 335 - 0{,}62\,\lambda = 304 \,\frac{\text{N}}{\text{mm}^2}$$

$$\sigma_d = \frac{F}{S} = \frac{40\,000 \text{ N}}{1257 \text{ mm}^2} = 31{,}8 \,\frac{\text{N}}{\text{mm}^2},$$

$$v_{vorh} = \frac{\sigma_K}{\sigma_d} = \frac{304 \,\frac{\text{N}}{\text{mm}^2}}{31{,}8 \,\frac{\text{N}}{\text{mm}^2}} = 9{,}56 \;(> v_{gef} = 8)$$

d.h. der Durchmesser $d = 40$ mm kann ausgeführt werden.

2 Die einzelnen Beanspruchungsarten

■ **Beispiel:**
Die durchgehende Kolbenstange eines Verdichters für $p = 6{,}5$ bar Überdruck ist zu berechnen (Bild 35). Werkstoff: E295. Geforderte Knicksicherheit $v = 5$.

Lösung:
Aus den physikalischen Bedingungen ergibt sich die Gleichung:

Kolbenstangenkraft $F = \dfrac{\pi}{4}(0{,}5^2 \mathrm{m}^2 - d^2) \cdot 6{,}5 \cdot 10^5 \dfrac{\mathrm{N}}{\mathrm{mm}^2}$

($1 \text{ bar} = 10^5 \dfrac{\mathrm{N}}{\mathrm{mm}^2}$)

$F = (1{,}276 - 1{,}625\,\pi\, d^2) \cdot 10^5$ N

Aus den Festigkeitsbedingungen dagegen ist

$F = \dfrac{F_K}{v} = \dfrac{EI\,\pi^2}{l^2 v}$ mit $I = \dfrac{\pi d^4}{64}$

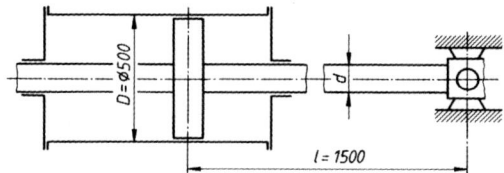

Bild 35.

Beide Ausdrücke gleichgesetzt, ausgerechnet (Maße in cm) und umgeformt ergibt die biquadratische Gleichung:

$d^4 + 0{,}557\,d^2 - 4360 = 0$

$d^2 = z$ gesetzt führt zu

$z^2 + 0{,}557\,z - 4360 = 0$

$z_{1,2} = -0{,}278 \pm \sqrt{0{,}077 + 4360} = -0{,}278 \pm 66$

z_2 ist negativ und hier ohne Belang.

$z_1 = 65{,}7 = d^2$, daraus Durchmesser

$d = 8{,}1$ cm $= 81$ mm

Schlankheitsgrad $\lambda = \dfrac{4l}{d} = \dfrac{4 \cdot 150 \text{ mm}}{81 \text{ mm}} \approx 75$ ($\lambda_0 = 89$)

also nach *Tetmajer*:

$\sigma_K = 335 - 0{,}62 \cdot 75 = 288{,}5 \dfrac{\mathrm{N}}{\mathrm{mm}^2}$

Kolbenkraft

$F = \dfrac{\pi}{4}(0{,}5^2 - 0{,}081^2)\mathrm{m}^2 \cdot 6{,}5 \cdot 10 \dfrac{\mathrm{N}}{\mathrm{m}^2} = 124\,280$ N

Druck-spannung $\sigma_d = \dfrac{F}{S} = \dfrac{124\,280 \text{ N}}{5153 \text{ mm}^2} = 24{,}1 \dfrac{\mathrm{N}}{\mathrm{mm}^2}$

Knick-sicherheit $v = \dfrac{\sigma_K}{\sigma_d} = \dfrac{288{,}5 \dfrac{\mathrm{N}}{\mathrm{mm}^2}}{24{,}1 \dfrac{\mathrm{N}}{\mathrm{mm}^2}} = 12 > 5$

2.3.6 Knickungsberechnungen im Stahlbau

2.3.6.1 Tragsicherheit einteiliger Knickstäbe

Zur knicksicheren Ausbildung von Druckstäben gilt 2.3.6.1 für Stahlbauten die Norm DIN 18800 mit Teil 1, Bemessung und Konstruktion, Teil 2, Stabilitätsfälle, Knicken von Stäben und Stabwerken, Teil 3, Stabilitätsfälle, Plattenbeulen.

Nach DIN 18800, Teil 2, muss unter anderem die so genannte Tragsicherheit nachgewiesen werden. Tragsicherheit besteht dann, wenn in der Ausweichrichtung des Stabes bei planmäßig mittigem Druck die Bedingung in Gleichung (69) erfüllt ist:

$$\dfrac{F}{\kappa\,F_{pl}} \leq 1 \qquad \begin{array}{c|c|c} F & F_{pl} & \kappa \\ \hline N & N & 1 \end{array} \qquad (69)$$

(Tragsicherheits-Hauptgleichung)

F Belastung (Normalkraft) in Richtung der Stabachse, F_{pl} Normalkraft im vollplastischen Zustand (Tabelle 15.), κ Abminderungsfaktor (Abschnitt 2.3.6.2 Arbeitsplan, Teil e).

Eine Bemessung der Stabquerschnitte ist über den Tragsicherheitsnachweis nicht möglich, weil die Tragsicherheits-Hauptgleichung (69) keine direkte Bezugsgröße für einen Stabquerschnitt enthält. Man nimmt daher versuchsweise einen Stabquerschnitt an und ermittelt damit der Reihe nach die im folgenden Arbeitsplan unter 2.3.6.2 aufgeführten Größen. Ist am Ende die Bedingung $F/(\kappa F_{pl}) \leq 1$ nicht erfüllt muss die Rechnung mit geänderten Annahmen wiederholt werden.

2.3.6.2 Arbeitsplan zum Tragsicherheitsnachweis

Gegeben: Querschnittsabmessungen (Profil), Werkstoff, Belastung F des Druckstabes
Gesucht: Tragsicherheitsnachweis

a) Ermittlung der Knicklänge s_K

$$s_K = \beta\, l \qquad \begin{array}{c|c|c} s_K & \beta & l \\ \hline \mathrm{mm} & 1 & \mathrm{mm} \end{array} \qquad (70)$$

β Knicklängenbeiwert nach Bild 36, l Systemlänge des Stabes (siehe auch Bilder 37 und 38).

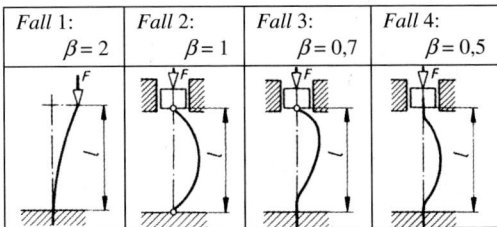

Bild 36. Knicklängenbeiwerte β einfacher Stäbe mit konstantem Querschnitt

Für das Ausknicken in der Fachwerkebene ist die Systemlänge l der geschätzte Abstand der beiden Anschlussverbindungen an den Stabenden (Bild 37). Für das Ausknicken rechtwinklig zur Fachwerkebene ist l der Abstand der Netzlinien (Bild 38).

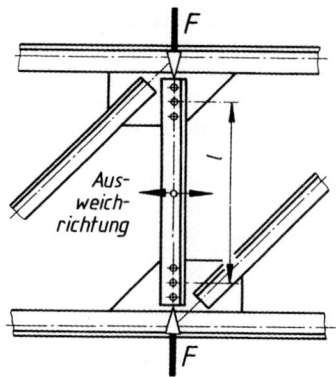

Bild 37. Ausknicken in der Fachwerkebene

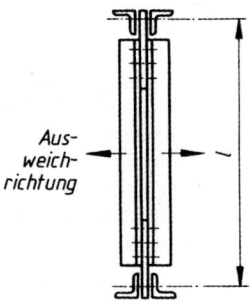

Bild 38. Ausknicken senkrecht zur Fachwerkebene

b) Berechnung des Schlankheitsgrades λ_K

$$\lambda_K = \frac{s_K}{i}$$

λ_K	s_K	i
1	mm	mm

(71)

mit dem Trägheitsradius

$$i = \sqrt{\frac{I}{S}}$$

i	I	S
mm	mm^4	mm^2

(72)

s_K Knicklänge, i Trägheitsradius, I Flächenmoment 2. Grades, S Querschnittsfläche (i, I und S nach den Tabellen 1, 2, 9 bis 11).

c) Berechnung des bezogenen Schlankheitsgrades $\overline{\lambda}_K$

$$\overline{\lambda}_K = \frac{\lambda_K}{\lambda_a}$$

$\overline{\lambda}_K$	λ_K	λ_a
1	1	1

(73)

$\overline{\lambda}_K$ Schlankheitsgrad, λ_a Bezugsschlankheitsgrad

Der Bezugsschlankheitsgrad λ_a errechnet sich nach

$$\lambda_a = \pi\sqrt{\frac{E}{R_e}}$$

λ_a	E	R_e
1	N/mm^2	N/mm^2

(74)

E Elastizitätsmodul = 210000 N/mm^2, R_e Streckgrenze nach Tabelle 5 im Abschnitt E Werkstofftechnik, auch in DIN 18800, Teil 1, Tabelle 1 (siehe Tabelle 13).

Danach ergibt sich λ_a für die im Stahlbau gängigen Werkstoffe:
S235JR mit einer Erzeugnisdicke $t \leq 40$ mm zu $\lambda_a = 92{,}9$, S355J2G3 mit einer Erzeugnisdicke $t \leq 40$ mm zu $\lambda_a = 75{,}9$.

d) Ermittlung einer Knickspannungslinie

Die Knickspannungslinie muss Tabelle 14 in Abhängigkeit vom gewählten Stabquerschnitt entnommen werden.

e) Bestimmung des Abminderungsfaktors κ

Der Abminderungsfaktor κ für die Knickspannungslinien a, b, c und d wird mit den folgenden Formeln berechnet:

Bereich $\overline{\lambda}_K \leq 0{,}2$	Bereich $\overline{\lambda}_K > 0{,}2$	Bereich $\overline{\lambda}_K > 3{,}0$
$\kappa = 1$	$\kappa = \dfrac{1}{k + \sqrt{k^2 + \overline{\lambda}_K^2}}$	$\kappa = \dfrac{1}{\overline{\lambda}_K(\overline{\lambda}_K + \alpha)}$
$k = 0{,}5 \cdot [1 + \alpha(\overline{\lambda}_K - 0{,}2) + \overline{\lambda}_K^2]$		

Der Parameter α ist abhängig von den Knickspannungslinien:

Knickspannungslinie	a	b	c	d
α	0,21	0,34	0,49	0,76

f) Ermittlung der Normalkraft F_{pl}

F_{pl} ist diejenige Druckkraft, bei der im Werkstoff des Stabes vom Querschnitt S der vollplastische Zustand erreicht wird. Als Widerstandsgröße kann die Streckgrenze R_e oder die obere Streckgrenze R_{eH} eingesetzt werden:

$$F_{pl} = R_e S$$

F_{pl}	R_e	S
N	N/mm^2	mm^2

(75)

g) Nachweis der Tragsicherheit

Zum Abschluss der Rechnung ist mit der Tragsicherheits-Hauptgleichung (69) $F/(\kappa F_{pl}) \leq 1$ die zulässige Querschnittswahl nachzuweisen oder es ist mit einem anderen Profil oder mit einem anderen Stabquerschnitt die Prüfung zu wiederholen.

■ **Beispiel:**
Ein planmäßig mittig gedrückter Stab nach Fall 2 (Bild 36) mit der Systemlänge $s_K = 1{,}50$ m wird durch die Druckkraft $F = 50$ kN belastet.
Querschnittsform: I-Träger IPE 80 nach DIN 1 025 (Tabelle 10)
Werkstoff: S235JR

Lösung:

Knicklänge $s_K = \beta l$ mit $\beta = 1$ wird $s_K = 1{,}50$ m = 1 500 mm

Trägheitsradius $i = \sqrt{\dfrac{I_y}{S}} = \sqrt{\dfrac{8{,}49 \cdot 10^4 \text{ mm}^4}{764 \text{ mm}^2}} = 10{,}542$ mm

Schlankheitsgrad $\lambda_K = \dfrac{s_K}{i} = \dfrac{1500 \text{ mm}}{10{,}542 \text{ mm}} = 142{,}288$

bezogener Schlankheitsgrad $\bar{\lambda}_K = \dfrac{\lambda_K}{\lambda_a}$ mit $\lambda_a = 92{,}9$ für S235JR

bei $t \leq 40$ mm

$\bar{\lambda}_K = \dfrac{142{,}288}{92{,}9} = 1{,}532$

$\dfrac{h}{b} = \dfrac{80 \text{ mm}}{46 \text{ mm}} = 1{,}74 > 1{,}2$ und $t = 5{,}2$ mm < 40 mm sowie Ausweichen rechtwinklig zur y-Achse ergibt nach Tafel 14 die Knickspannungslinie b.

Abminderungsfaktor κ für $\bar{\lambda}_K = 1{,}532 > 0{,}2$:

$k = 0{,}5 \cdot [1 + \alpha (\bar{\lambda}_K - 0{,}2) + \bar{\lambda}_K^2]$

mit $\alpha = 0{,}34$ für Knickspannungslinie b

$k = 0{,}5 \cdot [1 + 0{,}34 (1{,}532 - 0{,}2) + 1{,}532^2]$
$k = 1{,}9$

Abminderungsfaktor

$\kappa = \dfrac{1}{k + \sqrt{k^2 - \bar{\lambda}_K^2}} = \dfrac{1}{1{,}9 + \sqrt{1{,}9^2 - 1{,}532^2}} = 0{,}331$

Normalkraft im plastischen Zustand nach Tabelle 15

$F_{pl} = 164$ kN

Tragsicherheit $\dfrac{F}{\kappa \cdot F_{pl}} = \dfrac{50 \text{ kN}}{0{,}331 \cdot 164 \text{ kN}} = 0{,}921$

Die Bedingung der Tragsicherheits-Hauptgleichung (69) ist erfüllt.

Tabelle 13. Festigkeitswerte für Walzstahl (Bau- und Feinkornbaustahl)

Werkstoff	Bezeichnung [1]	Erzeugnisdicke t mm	Streckgrenze R_e N/mm²	Zugfestigkeit R_m N/mm²
Baustahl	S235JR	$t \leq 40$	240	360
	S235JRG1	$40 < t \leq 80$	215	
	S235JRG2			
	S235JO			
Baustahl	E295	$t \leq 40$	360	510
		$40 < t \leq 80$	325	
Feinkornbaustahl	E355	$t \leq 40$	360	700
		$40 < t \leq 80$	325	

[1] Bezeichnungen für Baustähle siehe Abschnitt E Werkstofftechnik, Tabelle 5.

Tabelle 14. Zuordnung der Profilquerschnitte zu den Knickspannungslinien

Querschnittsformen		Ausweichen rechtwinklig zur Achse	Knickspannungslinie
Gewalzte Doppel-T-Profile (siehe Tabelle 10)	$h/b > 1{,}2$ und $t < 40$ mm	x	a
		y	b
	$h/b > 1{,}2$ und $40 < t \leq 80$ mm	x	b
	$h/b < 1{,}2$ und $t \leq 80$ mm	y	c
	$t > 80$ mm	x und y	d
U-, L-, T-Querschnitte (siehe Tabellen 9 und 11)		x und y	c

2.3.6.3 Tragsicherheit mehrteiliger Knickstäbe

Auch mehrteilige aus Walzprofilen zusammengesetzte Stäbe können wie einteilige berechnet werden, wenn deren Querschnitte rechtwinklig zur Ausweichrichtung eine Stoffachse haben wie in Bild 39.
Die Einzelprofile sind durch Nieten oder Schweißen so verbunden, dass der Stab als ein Bauglied angesehen werden kann.

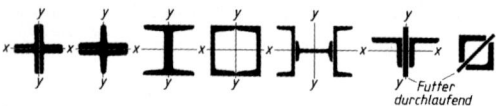

Bild 39. Mehrteilige Stäbe mit zwei Stoffachsen x–x und y–y

Mehrteilige Querschnitte nach Bild 40. mit einer Stoffachse x–x und einer stofffreien Achse y–y können senkrecht zur Stoffachse x–x wie einteilige Stäbe berechnet werden.

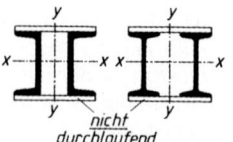

Bild 40. Mehrteilige Querschnitte mit stofffreier Biegeachse y–y

In Ausweichrichtung senkrecht zur stofffreien Achse y–y gelten andere Rechenvorschriften nach DIN 18 800, Teil 2, Abschnitt 4.

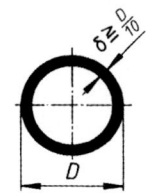

Bild 41. Günstigster Querschnitt für Knickstäbe

Tabelle 15. Normalkraft $F_{pl} = R_e S$ in kN

Profil	S mm²	F_{pl}[1] kN	F_{pl}[2] kN	Profil	S mm²	F_{pl}[1] kN	F_{pl}[2] kN	Profil	S mm²	F_{pl}[1] kN	F_{pl}[2] kN
L 40 × 6	448	96	108	IPE 80	764	164	183	U 50	712	153	171
L 50 × 6	569	122	137	IPE 100	1000	215	240	U 80	1100	237	264
L 60 × 6	691	149	166	IPE 120	1320	284	317	U 100	1350	290	324
L 70 × 7	940	202	226	IPE 140	1640	353	394	U 140	2040	439	490
L 80 × 8	1230	264	295	IPE 160	2010	432	482	U 160	2400	516	576
L 80 × 10	1510	325	362	IPE 180	2390	514	574	U 180	2800	602	672
L 90 × 9	1550	333	372	IPE 200	2850	613	684	U 200	3220	692	773
L 100 × 10	1920	413	461	IPE 220	3340	718	802	U 220	3740	804	898
L 120 × 13	2970	639	713	IPE 240	3910	841	938	U 240	4230	909	1015
L 140 × 15	4000	860	960	IPE 270	4590	987	1102	U 260	4830	1038	1159
L 150 × 16	4570	983	1097	IPE 300	5380	1157	1291	U 280	5330	1146	1279
L 160 × 19	5750	1236	1380	IPE 360	7270	1563	1745	U 300	5880	1264	1411
L 180 × 18	6190	1331	1486	IPE 400	8450	1817	2028	U 350	7730	1662	1855
L 200 × 20	7640	1643	1834	IPE 500	11600	2492	2784	U 400	9150	1967	2196

[1] mit $R_e = 215$ N/mm² gerechnet,   [2] mit $R_e = 240$ N/mm² gerechnet

Tabelle 16. Zulässige Spannungen im Stahlhochbau

a) Zulässige Spannungen in N/mm² für Stahlbauteile[1]

Spannungsart	Werkstoff S235JR		Werkstoff S355JO		Werkstoff E360	
	Lastausfall					
	H	HZ	H	HZ	H	HZ
Druck und Biegedruck, wenn Stabilitätsnachweis nach DIN 18 800 erforderlich ist	140	160	210	240	410	460
Zug und Biegezug, Biegedruck, wenn Stabilitätsnachweis nach DIN 18 800 erforderlich ist	160	180	240	270	410	460
Schub	92	104	139	156	240	270

[1] Lastfall H: alle Hauptlasten, Lastfall HZ: alle Haupt- und Zusatzlasten

2 Die einzelnen Beanspruchungsarten

b) Zulässige Spannungen in N/mm² für Verbindungsmittel[1]

Spannungsart		Niete (DIN und DIN 302)				Passschraube (DIN 7968)				Rohe Schrauben (DIN 7990) 4.6	
						4.6		5.6			
		für Bauteile aus S235JR		für Bauteile aus S355JO		für Bauteile aus S235JR		für Bauteile aus S355JO			
		Lastfall									
		H	HZ	H	HZ	H	HZ	H	HZ	H	HZ
Abscheren	$\tau_{a\,zul}$	140	160	210	240	140	160	210	240	112	126
Lochleibungsdruck	$\sigma_{l\,zul}$	280	320	420	480	280	320	420	480	240	270
Zug	$\sigma_{z\,zul}$	48	54	72	81	112	112	150	150	112	112

[1] Lastfall H: alle Hauptlasten, Lastfall HZ: alle Haupt- und Zusatzlasten

Tabelle 17. Zulässige Spannungen im Kranbau für Stahlbauteile und ihre Verbindungsmittel

a) Zulässige Spannungen in N/mm² für Bauteile

Spannungsart	Werkstoff			
	S235JR		S355JO	
	H	HZ	H	HZ
Zug- und Vergleichsspannung	160	180	240	270
Druckspannung, Nachweis auf Knicken	140	160	210	240
Schubspannung	92	104	138	156

Außer dem Allgemeinen Spannungsnachweis auf Sicherheit gegen Erreichen der Fließgrenze ist für Krane mit mehr als 20 000 Spannungsspielen noch ein *Betriebsfestigkeitsnachweis* auf Sicherheit gegen Bruch bei zeitlich veränderlichen, häufig wiederholten Spannungen für die Lastfälle H zu führen. Zulässige Spannungen beim Betriebsfestigkeitsnachweis siehe Normblatt.

b) Zulässige Spannungen in N/mm² für Verbindungsmittel

Spannungsart		Niete (DIN 124 und DIN 302)				Passschrauben (DIN 7968)				Schrauben (DIN 7880)			
						4.6		5.6		4.6		5.6	
		USt 36		USt 44		USt 36		USt 44		USt 36		USt 44	
		für Bauteile aus S235JR		für Bauteile aus S355JO		für Bauteile aus S235JR		für Bauteile aus S355JO		für Bauteile aus S235JR		für Bauteile aus S355JO	
		Lastfall											
		H	HZ	H	HZ	H	HZ	H	HZ	H	HZ	H	HZ
Abscheren	einschnittig	84	96	126	144	84	96	126	144	70	80	70	80
	zweischnittig	112	128	168	192	112	128	168	192				
Lochleibungsdruck	einschnittig	210	240	315	360	210	240	315	360	160	180	160	180
	zweischnittig	280	320	420	480	280	320	420	480				
Zug	einschnittig	30	30	45	45	100	110	140	154	100	110	140	154
	zweischnittig	30	30	45	45	100	110	140	154				

2.4 Abscheren

2.4.1 Spannung

Praktisches Beispiel für die Beanspruchungsart Abscheren ist das Scherschneiden (Bild 42). Die äußeren Schnittkräfte F wirken rechtwinklig (quer) zur Bauteilachse und bilden ein Kräftepaar mit dem kleinen Wirkabstand u (Schneidspalt). Das entsprechend kleine Kraftmoment $M = F\,u$ wird bei dieser Untersuchung vernachlässigt. In der Schnittfläche des Werkstücks W wird das Kräftegleichgewicht durch die innere Schnittkraft F_q (Querkraft) $= F$ wieder hergestellt. F_q wirkt tangential zur Schnittebene, die auftretende Spannung τ (Tangentialspannung). Zur Kennzeichnung der Beanspruchungsart nennt man sie Abscherspannung τ_a:

$$\tau_a = \frac{F}{S} \qquad \begin{array}{c|c|c} \tau_a & F & S \\ \hline \dfrac{N}{mm^2} & N & mm^2 \end{array} \qquad (76)$$

(Abscher-Hauptgleichung)

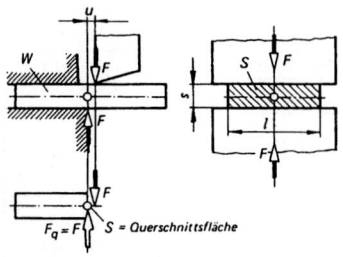

Bild 42. Scherschneiden (Parallelschnitt)
W Werkstück, *F* Schnittkraft, $S = l\,s$ Querschnittsfläche, *u* Schneidspalt

Je nach vorliegender Aufgabe kann die Abscher-Hauptgleichung umgestellt werden zur Berechnung des *erforderlichen Querschnitts* (Querschnittsnachweis):

$$S_{\text{erf}} = \frac{F}{\tau_{a\,\text{zul}}} \qquad (77)$$

Berechnung der *vorhandenen Spannung* (Spannungsnachweis):

$$\tau_{a\,\text{vorh}} = \frac{F}{S} \qquad (78)$$

Berechnung der *maximal zulässigen Belastung* (Belastungsnachweis):

$$F_{\max} = S\,\tau_{a\,\text{zul}}$$

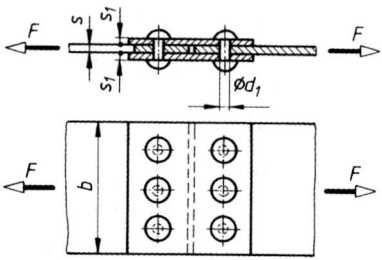

Bild 43. Schubspannungsverteilung im schubbeanspruchten Rechteckquerschnitt

Bei den auf Abscheren zu berechnenden Bauteilen wie Niete und Bolzen tritt außer der Querkraft noch ein Biegemoment auf. Allein deshalb ist eine einfache Schubspannungsverteilung im Querschnitt nicht zu erwarten. In warm eingezogenen Nieten tritt gar keine Schubspannung auf, sie werden durch das Schrumpfen auf Zug beansprucht und trotzdem auf Abscheren berechnet. Genauere rechnerische Untersuchungen

am Rechteckquerschnitt zeigen eine parabolische Schubspannungsverteilung mit $\tau = 0$ in der Randfaser und $\tau = \tau_{\max}$ in der mittleren Faserschicht (Bild 43).

Für die folgenden Querschnittsformen gilt:
Rechteckquerschnitt $\tau_{\max} = (3/2)\cdot\tau_a$
Kreisquerschnitt $\tau_{\max} = (4/3)\cdot\tau_a$
Rohrquerschnitt $\tau_{\max} \approx 2\cdot\tau_a$

Die Abscher*festigkeit* von Stahl und Gusseisen kann aus der Zugfestigkeit R_m bestimmt werden:

für Flussstahl ist $\tau_{aB} = 0{,}85\,R_m$
für Gusseisen ist $\tau_{aB} = 1{,}10\,R_m$

Niete und *Bolzen* werden nach obigen Gleichungen berechnet, obwohl in der Schnittfläche stets noch ein Biegemoment übertragen werden muss, wie die Untersuchung des Kräftegleichgewichts am abgeschnittenen Bauteil beweist (Bild 42). Die dadurch entstehende Unsicherheit wird durch ein geringeres $\tau_{a\,\text{zul}}$ berücksichtigt. Niete werden außer auf Abscheren noch auf *Lochleibungsdruck* σ_l berechnet (siehe 2.6 Flächenpressung).

Bild 44. Nietverbindung

■ **Beispiel:**

Die einreihige Doppellaschennietung ist zu berechnen (Bild 44):

$$F = 120\text{ kN},\ \sigma_{z\,\text{zul}} = 140\,\frac{\text{N}}{\text{mm}^2},$$

$$\tau_{a\,\text{zul}} = 110\,\frac{\text{N}}{\text{mm}^2},\ \sigma_{l\,\text{zul}} = 140\,\frac{\text{N}}{\text{mm}^2},$$

(zulässiger Lochleibungsdruck). Gewählt: $d_1 = 17$ mm, $s = 8$ mm, $s_1 = 6$ mm.

Lösung:

Die erwartete (geschätzte) Schwächung des Stabprofils durch die Nietlöcher wird durch das *Verschwächungsverhältnis*

$$v = \frac{\text{Nutzquerschnitt } S_n}{\text{ungeschwächter Querschnitt } S}$$

berücksichtigt. Hier wird $v = 0{,}75$ angenommen.

a) $S_{\text{erf}} = \dfrac{F}{\sigma_{z\,\text{zul}}\,v} = \dfrac{120\,000\text{ N}}{140\,\dfrac{\text{N}}{\text{mm}^2}\cdot 0{,}75} = 1143\text{ mm}^2$

b) $b_{erf} = \dfrac{S_{erf}}{S} = \dfrac{1143 \text{ mm}^2}{8 \text{ mm}} = 142{,}9 \text{ mm}$;

$b = 145$ mm ausgeführt (Normmaß)

c) $n_{a\,erf} = \dfrac{F}{\tau_{a\,zul} m S_1} = \dfrac{120\,000 \text{ N}}{110 \dfrac{\text{N}}{\text{mm}^2} \cdot 2 \cdot 227 \text{ mm}^2} =$

$= 2{,}4$; also $n_a = 3$ Niete

d) $n_{l\,erf} = \dfrac{F}{\sigma_{l\,zul} d_1 s} = \dfrac{120\,000 \text{ N}}{280 \dfrac{\text{N}}{\text{mm}^2} \cdot 17 \text{ mm} \cdot 8 \text{ mm}} =$

$= 3{,}14$; also $n_l = 4$ Niete

In den folgenden Rechnungen muss demnach $n = 4$ eingesetzt werden.

e) $\sigma_{z\,vorh} = \dfrac{F}{s(b - nd_1)} = \dfrac{120\,000 \text{ N}}{8 \text{ mm} (145 - 4 \cdot 17) \text{ mm}} =$

$= 195 \dfrac{\text{N}}{\text{mm}^2} < \sigma_{z\,zul} = 140 \dfrac{\text{N}}{\text{mm}^2}$

f) $\tau_{a\,vorh} = \dfrac{F}{mnS_1} = \dfrac{120\,000 \text{ N}}{2 \cdot 4 \cdot 227 \dfrac{\text{N}}{\text{mm}^2}} =$

$= 66 \dfrac{\text{N}}{\text{mm}^2} < \tau_{a\,zul} = 110 \dfrac{\text{N}}{\text{mm}^2}$

g) $\sigma_{l\,vorh} = \dfrac{F}{nd_1 s} = \dfrac{120\,000 \text{ N}}{4 \cdot 17 \text{ mm} \cdot 8 \text{ mm}} =$

$= 221 \dfrac{\text{N}}{\text{mm}^2} < \sigma_{l\,zul} = 240 \dfrac{\text{N}}{\text{mm}^2}$

Beachte:
zu d) 4 Niete 17ϕ würden eine größere Breite b erfordern (Nietabstände nach DIN 1050). Einfacher wäre es, die Niete je Seite zweireihig anzuordnen.
zu e) Die vorhandene Zugspannung ist größer als die zulässige. Bei der unter d) vorgeschlagenen Ausführung (zweireihige Nietung) ist der Lochabzug geringer und damit die vorhandene Zugspannung kleiner als die zulässige.

2.5 Torsion (Verdrehung)

2.5.1 Kreiszylinder mit gleichbleibendem Querschnitt

2.5.1.1 Spannung. Der gerade zylindrische Stab in Bild 45 ist einseitig eingespannt und wird durch das Drehmoment M belastet, dessen Ebene rechtwinklig zur Stabachse steht. Ein Schnitt rechtwinklig zur Stabachse zerlegt den Stab in die Teile I und II. Die statischen Gleichgewichtsbedingungen für einen Stababschnitt ergeben das innere Kräftesystem:

I. $\Sigma F_x = 0$; keine x-Kräfte vorhanden
II. $\Sigma F_y = 0$; keine y-Kräfte vorhanden
III. $\Sigma M_{(0)} = 0 = M - M_T$

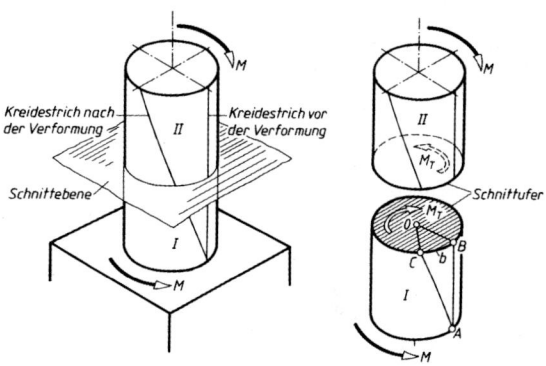

Bild 45. Torsionsbeanspruchte Welle
M ist das durch die äußeren Kräfte hervorgerufene Außenmoment
M_T ist das durch die inneren Kräfte hervorgerufene Torsionsmoment

Die Momentengleichgewichtsbedingung III. zeigt, dass der Querschnitt ein *in* der Fläche liegendes Torsionsmoment $M_T = M$ zu übertragen hat. Es ist längs des Stabes an jeder Querschnittsstelle gleich groß (im Gegensatz zur Biegung). Die Mantelgerade AB ist daher zur Wendel AC geworden. Die auftretende Torsionsspannung τ_t ist nur vom Betrag des zu übertragenden Torsionsmomentes M_T und vom polaren Widerstandsmoment W_p des Querschnittes abhängig:

Torsionsspannung $\tau_t =$
$= \dfrac{\text{Torsionsmoment } M_T}{\text{polares Widerstandsmoment } W_p}$

$$\tau_t = \dfrac{M_T}{W_p} \qquad \begin{array}{c|c|c} \tau_t & M_T & W_T \\ \hline \dfrac{\text{N}}{\text{mm}^2} & \text{Nmm} & \text{mm}^3 \end{array} \qquad (79)$$

(Torsions-Hauptgleichung)

Je nach vorliegender Aufgabe kann die Torsions-Hauptgleichung umgestellt werden zur Berechnung des *erforderlichen Querschnitts* (Querschnittsnachweis):

$$W_{perf} = \dfrac{M_T}{\tau_{t\,zul}} \qquad (80)$$

Berechnung der *vorhandenen Spannung* (Spannungsnachweis):

$$\tau_{\text{t vorh}} = \frac{M_T}{W_p} \qquad (81)$$

Berechnung der *maximal zulässigen Belastung* (Belastungsnachweis):

$$M_{T\,\text{max}} = W_p \, \tau_{\text{t zul}} \qquad (82)$$

Gleichungen zur Berechnung des polaren Widerstandsmomentes W_p siehe Tabelle 18.
Wichtige Zahlenwertgleichungen zur Berechnung des *Torsionsmomentes* $M_T = M$ in Nm und Nmm aus gegebener *Leistung P* in kW und *gegebener Drehzahl* n in U/min = 1/min = min^{-1}:

$$M = 9550\frac{P}{n} \qquad \begin{array}{c|c|c} M & P & n \\ \hline \text{Nm} & \text{kW} & \text{min}^{-1} \end{array} \qquad (83)$$

$$M = 9{,}55 \cdot 10^6 \frac{P}{n} \qquad \begin{array}{c|c|c} M & P & n \\ \hline \text{Nmm} & \text{kW} & \text{min}^{-1} \end{array} \qquad (84)$$

2.5.1.2 Herleitung der Torsions-Hauptgleichung. Das äußere Drehmoment M verdreht (tordiert) zwei dicht benachbarte Querschnitte gegeneinander. Es entstehen daher *Schub*spannungen τ. Wie das Verformungsbild 46 zeigt, werden die Werkstoffteilchen um so weiter drehend gegeneinander verschoben, je weiter entfernt sie von der Stabachse liegen: B' wandert nach C' und B nach C. Die stärkste Verformung liegt am Querschnittsumfang; die Stabachse dagegen ist unverformt.

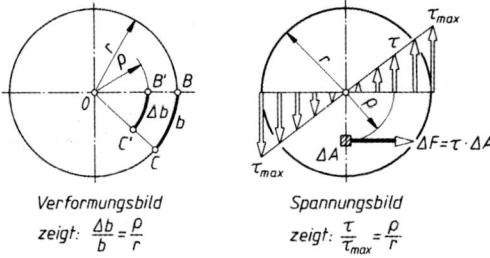

Bild 46. Verformungs- und Spannungsbild bei Torsion

Da im elastischen Bereich nach Hooke die Verformung der Spannung proportional ist, muss ebenso wie die Verformung auch die Spannung mit den Abständen ρ von der Stabachse wachsen. Die Spannungen sind demnach wie bei der Biegung *linear* verteilt. Die Stabachse ist unverformt, also auch spannungslos.
Jedes Flächenteilchen ΔA überträgt die Querkraft ΔF = $\tau \Delta A$ (*in der Fläche liegend*). In Bezug auf die Stabachse überträgt jedes Flächenteilchen mit dem Ab-

stand ρ das kleine Innenmoment $\Delta M_T = \Delta F \rho = \tau \Delta A \rho$.

Das Spannungsbild zeigt die Proportion:

$$\frac{\tau}{\tau_{\text{max}}} = \frac{\rho}{r}; \text{ also auch } \tau = \tau_{\text{max}} \frac{\rho}{r}$$

Damit wird

$$\Delta M_T = \tau \, \Delta A \rho = \tau_{\text{max}} \frac{\rho}{r} \Delta A \rho = \frac{\tau_{\text{max}}}{r} \Delta A \rho^2$$

Nach den Gleichgewichtsbedingungen muss das gesamte Torsionsmoment M_T gleich der Summe aller kleinen Innenmomente sein, also

$$M_T = \Sigma \, \Delta M_T = \Sigma \frac{\tau_{\text{max}}}{r} \Delta A \rho^2 = \frac{\tau_{\text{max}}}{r} \Sigma \, \Delta A \rho^2$$

Der Summenausdruck $\Sigma \Delta A \rho^2$ wird als rein geometrische Rechengröße herausgezogen und als *polares Flächenmoment* I_p bezeichnet (siehe Flächen- und Widerstandsmomente). Wird außerdem die Randfaserspannung τ_{max} als Torsionsspannung τ_t bezeichnet, so ergibt sich die Hauptgleichung in der Form

$$M_T = \tau_t \frac{I_p}{r} \text{ und mit } \frac{I_p}{r} = \text{polares Widerstands-}$$

moment W_p: $M_T = \tau_t \, W_p$

2.5.1.3 Formänderung. Die Stirnflächen des torsionsbeanspruchten Stabes (Bild 47) werden um den *Verdrehwinkel* φ gegeneinander verdreht.

Bei der elastischen Verformung gilt für alle Beanspruchungsarten das Hooke'sche Gesetz: $\sigma = \Delta l E / l$. Wird sinngemäß eingesetzt: Für die Normalspannung σ die Schubspannung τ, für die Formänderung Δl der Bogen b und für den Elastizitätsmodul E der Schubmodul G, so ergibt sich das Hooke'sche Gesetz für Torsion:

$$\tau_t = \frac{b}{l} G \qquad (85)$$

Zur rechnerischen Vereinfachung wird das Bogenstück $BC = b$ durch den Verdrehwinkel φ in Grad ausgedrückt. Zwischen beiden besteht die Beziehung

$$\frac{b}{2\pi r} = \frac{\varphi}{360°}; \quad \varphi = \frac{b \, 360°}{2\pi r} = \frac{b}{r} \cdot \frac{180°}{\pi}$$

Wird die nach b aufgelöste Beziehung (85) in die letzte Gleichung für den Verdrehwinkel eingesetzt, ergeben sich die *Torsions-Formänderungsgleichungen*:

$$\varphi = \frac{\tau_t l}{G r} \cdot \frac{180°}{\pi} \qquad (86)$$

$$\varphi = \frac{M_T l}{W_p \, r \, G} \cdot \frac{180°}{\pi} \qquad (87)$$

$$\varphi = \frac{M_T l}{I_p \, G} \cdot \frac{180°}{\pi} \qquad (88)$$

φ	τ_t, G	l, r	M_T	W_p	I_p
°	$\dfrac{N}{mm^2}$	mm	Nmm	mm³	mm⁴

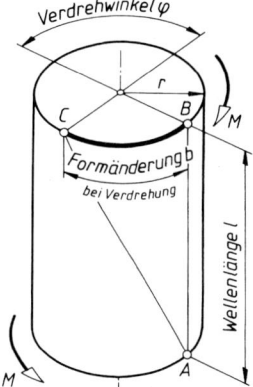

Bild 47. Formänderung bei Torsion

Der *Schubmodul G* entspricht dem *E*-Modul bei Normalspannungen. Für Stahl ist $G = 80\,000$ N/mm². Die obigen Gleichungen zeigen, dass der Verdrehwinkel *unabhängig* von der Werkstoffgüte ist, weil z.B. für alle Stahlsorten G gleich groß ist. Es wäre also falsch, besseren Stahl zu benutzen, um den Verdrehwinkel kleiner zu halten.

2.5.1.4 Formänderungsarbeit. Beim Verdrehen eines zylindrischen Stabes steigt das Torsionsmoment M_T von Null bis zu einem Höchstwert proportional zum Verdrehwinkel an. Die im Stab gespeicherte *Formänderungsarbeit W* entspricht im M_T, φ-Schaubild der Fläche unter der M_T-Linie (Bild 48):

$$W = M_T \frac{\varphi}{2} \qquad \begin{array}{c|c} W, M_T & \varphi \\ \hline \text{Nmm} & \text{rad} = 1 \end{array} \qquad (89)$$

Torsionsstabfedern werden verwendet als Autofedern, Stabilisatoren im Fahrzeugbau, Drehmomentenschlüssel und im Messgerätebau.

Die Neigung der Belastungslinie (= Federkennlinie) ist ein Maß für die „Härte" der Feder. Sie ist um so härter, je steiler die Kennlinie verläuft, d.h. je größer die *Federrate R* (Federsteifigkeit) ist:

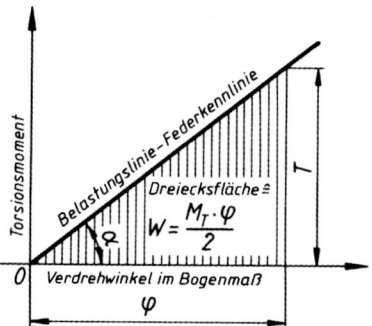

Bild 48. Arbeitsdiagramm für Torsionsstabfeder

$$R = \frac{M_T}{\varphi} \triangleq \tan \alpha \qquad \begin{array}{c|c|c} R & M_T & \varphi \\ \hline \dfrac{\text{Nmm}}{\text{rad}} & \text{Nmm} & \text{rad} = 1 \end{array} \qquad (90)$$

Für zylindrische Stäbe mit *Kreisquerschnitt* gilt:

$$M_T = \tau_t W_p$$

$$W_p = \frac{\pi d^3}{16} = \frac{\pi d^2}{4} \cdot \frac{d}{4} = A \frac{d}{4}$$

$$\varphi = \frac{\tau_t l}{G \dfrac{d}{2}} \quad \text{und} \quad \frac{\pi d^2}{4} l = \text{Volumen } V$$

Damit wird nach einigen Umformungen die *Formänderungsarbeit*:

$$W = M_T \frac{\varphi}{2} = \frac{\tau_t^2 V}{4G} \qquad \begin{array}{c|c|c} W & \tau_T, G & V \\ \hline \text{Nmm} & \dfrac{N}{mm^2} & mm^3 \end{array} \qquad (91)$$

2.5.2 Stäbe mit beliebigem Querschnitt

Bei der Verdrehung zylindrischer Stäbe mit Kreisquerschnitt bleiben diese eben. Bei allen anderen Querschnitten tritt dagegen eine Verwölbung ein. Die mathematische Behandlung führt auf Differentialgleichungen. In der Praxis wird in Anlehnung an die Torsion zylindrischer Stäbe mit Kreisquerschnitt mit folgenden Gleichungen für *Torsionsspannung* τ_t und *Verdrehwinkel* φ gerechnet:

$$\tau_t = \frac{M_T}{W_t} \qquad \tau_t = \frac{M_T l}{G I_t} \cdot \frac{180°}{\pi} \qquad (92)$$

τ_t, G	M_T	W_p	I_t	l, r	φ
$\dfrac{N}{mm^2}$	Nmm	mm³	mm⁴	mm	°

(93)

Darin ist I_t eine Größe, die dem polaren Flächenmoment des Kreisquerschnittes entspricht und *Drillungswiderstand* bezeichnet wird. W_t entspricht dem polaren Widerstandsmoment des Kreisquerschnittes. Gleichungen für W_t und I_t siehe Tabelle 18.

Tabelle 18. Widerstandsmoment W_p (W_t) und Flächenmoment I_p (Drillungswiderstand I_t)

Form des Querschnitts	Widerstandsmoment W_p (W_t)	Flächenmoment I_p / Drillungswiderstand I_t	Bemerkungen
Kreis, d	$W_t = W_p = \dfrac{\pi}{16}d^3 \approx \dfrac{d^3}{5}$ $\approx 0{,}2\,d^3$	$I_t = I_p = \dfrac{\pi}{16}d^3 \approx \dfrac{d^3}{5}$ $\approx 0{,}1\,d^4$	τ_{max} am Umfang
Kreisring, d_i, d_a	$W_t = W_p = \dfrac{\pi}{16}\cdot\dfrac{d_a^4 - d_i^4}{d_a}$	$I_t = I_p = \dfrac{\pi}{32}\cdot(d_a^4 - d_i^4)$	τ_{max} am Umfang
Ellipse, h, b	$W_t = \dfrac{\pi}{16}nb^3$ $\dfrac{h}{b} = n > 1$	$I_t = \dfrac{\pi}{16}\cdot\dfrac{n^3 b^4}{n^2 + 1}$	τ_{max} an den Endpunkten der kleinen Achse
Hohlellipse, h_a, h_i, b_a, b_i	$\dfrac{h_a}{b_a} = \dfrac{h_i}{b_i} = n > i$ $\quad \dfrac{h_i}{h_a} = \dfrac{b_i}{b_a} = \alpha < 1$ $I_t = \dfrac{\pi}{16}\cdot\dfrac{n^3}{n^2+1}\cdot b_a^4(1-\alpha^4)$ $W_t = \dfrac{\pi}{16}nb_a^3\,(1-\alpha^4)$		τ_{max} an den Endpunkten der kleinen Achse
Quadrat, a	$W_t = 0{,}208\,a^3$	$I_t = 0{,}141\,a^4$	τ_{max} in der Mitte der Seiten
Rechteck, h, b	$\dfrac{h}{b} = n > 1$ $W_t = c_1 b^3$ n: 1, 1,5, 2, 3, 4, 6, 8, 10 c_1: 0,208, 0,346, 0,493, 0,801, 1,150, 1,789, 2,456, 3,123 c_2: 0,1404, 0,2936, 0,4572, 0,7899, 1,1232, 1,789, 2,456, 3,123	$I_t = c_2 b^4$	τ_{max} in der Mitte der langen Seiten
Gleichseitiges Dreieck, b, h	$W_t = 0{,}05\,b^3 = \dfrac{h^3}{13}$ $W_t = \dfrac{h^3}{13} = \dfrac{2\,I_t}{h}$	$I_t = \dfrac{h^4}{26}$ $I_t = \dfrac{b^4}{46{,}2}$	τ_{max} in der Mitte der Seiten
Regelmäßiges Sechseck, $2r$	$W_t = 0{,}436\,r\,A$ $W_t = 1{,}511\,r^3$ A Querschnittsfläche	$I_t = 0{,}553\,r^2 A$ $I_t = 1{,}847\,r^4$	τ_{max} in der Mitte der Seiten
Regelmäßiges Achteck, $2r$	$W_t = 0{,}447\,r\,A$ $W_t = 1{,}481\,r^3$ A Querschnittsfläche	$I_t = 0{,}520\,r^2 A$ $I_t = 1{,}726\,r^4$	τ_{max} in der Mitte der Seiten

2 Die einzelnen Beanspruchungsarten

Form des Querschnitts	Widerstandsmoment W_p (W_t)	Flächenmoment I_p Drillungswiderstand I_t	Bemerkungen
[Profile: C, I, Z]	$W_t = \frac{1}{3} \cdot \frac{l_{t1} s_f^3 + l_{t2} s_s^3}{s_f}$ $W_t = \frac{I_t}{s_f}$ [: $l_{t1} = 2l_1 - s_f$ $l_{t2} = l_2 - 1{,}6\, s_f$ I : $l_{t1} = 2l_1 - 1{,}26\, s_f$ $l_{t2} = l_2 - 1{,}67\, s_f + 1{,}76\, s_f$	$I_t = \frac{1}{3} \cdot (l_{t1}\, s_f^3 + l_{t2}\, s_s^3)$	τ_{max} in den langen Seiten der Flansche

■ **Beispiel:**
Eine Getriebewelle überträgt eine Leistung von 12 kW bei 460 min^{-1}. Die zulässige Torsionsspannung beträgt wegen zusätzlicher Biegebeanspruchung nur 30 N/mm^2.

Zu berechnen sind:
a) das Drehmoment M an der Welle, b) das erforderliche Widerstandsmoment W_p, c) den erforderlichen Durchmesser d_{erf} einer Vollwelle, d) den erforderlichen Innendurchmesser d einer Hohlwelle, wenn der Außendurchmesser $D = 45$ mm ausgeführt wird, e) die Torsionsspannung an der Wellen-Innenwand.

Lösung:

a) $M = 9550 \cdot \dfrac{P}{n}$

$M = 9550 \cdot \dfrac{12}{460}\, \text{Nm} = 249{,}1\, \text{Nm}$

b) $W_{p\,erf} = \dfrac{M_T}{\tau_{t\,zul}}$

$W_{p\,erf} = \dfrac{249{,}1 \cdot 10^3\, \text{Nmm}}{30\, \dfrac{\text{N}}{\text{mm}^2}} = 8303\, \text{mm}^3$

c) $W_p = \dfrac{\pi}{16} d^3$

$d_{erf} = \sqrt[3]{\dfrac{16\, W_{p\,erf}}{\pi}} = \sqrt[3]{\dfrac{16}{\pi} \cdot 8303\, \text{mm}^3} = 34{,}8\, \text{mm}$

$d = 35$ mm ausgeführt

Beachte: Soll nur der Wellendurchmesser d bestimmt werden, dann wird man b) und c) zusammenfassen und

$d_{erf} = \sqrt[3]{\dfrac{16\, M_t}{\pi\, \tau_{t\,zul}}}$ berechnen.

d) $W_p = \dfrac{\pi}{16} \cdot \dfrac{D^4 - d^4}{D}$

Beachte: $W_{p\,erf}$ nach b) bleibt gleich groß, weil M_T und $\tau_{t\,zul}$ gleich bleiben.

$\dfrac{16\, W_p D}{\pi} = D^4 - d^4$

$d_{erf} = \sqrt[4]{D^4 - \dfrac{16}{\pi} W_{p\,erf} D} = 38{,}5\, \text{mm}$ (ausgeführt)

e) Strahlensatz:

$\dfrac{\tau_{ta}}{\tau_{ti}} = \dfrac{D}{d}$

$\tau_{ti} = \tau_{ta} \cdot \dfrac{d}{D} = 30\, \dfrac{\text{N}}{\text{mm}^2} \cdot \dfrac{38{,}5\, \text{mm}}{45\, \text{mm}} = 25{,}7\, \dfrac{\text{N}}{\text{mm}^2}$

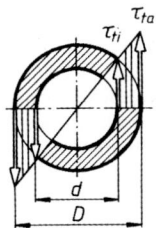

Beachte: Mit $\tau_{ta} = \tau_{zul}$ darf man nur deshalb rechnen, weil der mit $\tau_{t\,zul} = 30$ N/mm^2 berechnete Innendurchmesser exakt so beibehalten wird. Hätte man $d = 38$ mm (Normmaß) ausgeführt, hätte die Randfaserspannung $\tau_{ta} = \tau_{vorh} = M_T/W_p$ mit dem neuen W_p berechnet und erst damit τ_{ti} bestimmt werden können!

■ **Beispiel:**
Ein Torsionsstab-Drehmomentenschlüssel soll bei einem Drehmoment von 50 Nm einen Verdrehwinkel von 10° anzeigen. Zu berechnen sind a) der Durchmesser d des Torsionsstabes bei $\tau_{t\,zul} = 350$ N/mm^2, b) die erforderliche Stablänge l für den geforderten Verdrehwinkel.

Lösung:

a) Aus $\tau_t = \dfrac{M_T}{W_p}$ ergibt sich mit $W_p = \dfrac{\pi}{16} d^3$

$d_{erf} = \sqrt[3]{\dfrac{16\, M_T}{\pi\, \tau_{t\,zul}}} = \sqrt[3]{\dfrac{16 \cdot 50 \cdot 10^3\, \text{Nmm}}{\pi \cdot 350\, \dfrac{\text{N}}{\text{mm}^2}}} \approx 9\, \text{mm}$

$d = 9$ mm ausgeführt

b) Mit Gleichung (88) und $I_p = \dfrac{\pi}{32} d^4$ wird dann

$l = \dfrac{\pi d^4 G \varphi}{32 \cdot \dfrac{180°}{\pi} \cdot M_T} = \dfrac{\pi^2 \cdot 9^4\, \text{mm}^4 \cdot 8 \cdot 10^4\, \dfrac{\text{N}}{\text{mm}^2} \cdot 10°}{32 \cdot 180° \cdot 50 \cdot 10^3\, \text{Nmm}}$

$l = 180$ mm

■ **Beispiel:**
Ein Kurbelarm mit Rechteckquerschnitt (20 × 40) mm² ist 250 mm lang und wird durch ein Torsionsmoment von 80 Nm beansprucht. Gesucht: a) die Torsionsspannung in der Mitte der langen Seiten, b) der Verdrehwinkel.

Lösung:

a) Nach Tabelle 18 ist mit $n = \dfrac{h}{b} = 2$ der Wert $c_1 = 0{,}493$ und damit $W_t = c_1 b^3 = 3944$ mm³

$$\tau_{t\,max} = \frac{M_T}{W_t} = \frac{80\,000\ \text{Nmm}}{3944\ \text{mm}^3} = 20{,}3\ \frac{\text{N}}{\text{mm}^2}$$

$\tau_t = c_3\,\tau_{t\,max} = 0{,}7952 \cdot 20{,}3\ \dfrac{\text{N}}{\text{mm}^2} = 16{,}1\ \dfrac{\text{N}}{\text{mm}^2}$ in der Mitte der kurzen Seiten.

b) $I_t = c_2 b^4 = 0{,}4572 \cdot 20^4\ \text{mm}^4 =$
$= 7{,}3 \cdot 10^4\ \text{mm}^4$ und damit nach (88)

$$\varphi = \frac{M_T\,l}{I_t\,G} \cdot \frac{180°}{\pi} = \frac{80000\ \text{Nmm} \cdot 250\ \text{mm}}{7{,}3 \cdot 10^4\ \text{mm}^4 \cdot 0{,}8 \cdot 10^5\ \dfrac{\text{N}}{\text{mm}^2}} \cdot \frac{180°}{\pi} = 0{,}196°$$

2.6 Flächenpressung

Die Beanspruchung der Berührungsflächen zweier gegeneinander gedrückter Bauteile heißt Flächenpressung oder Pressung (bei Nieten: Lochleibungsdruck).

2.6.1 Flächenpressung ebener Flächen

Wird ein Bauteil nach Bild 49. durch eine schräge Kraft F auf seine Unterlage gepresst, so ist die Flächenpressung

$$p = \frac{\text{Normalkraft } F_N}{\text{Berührungsfläche } A}$$

$$p = \frac{F_N}{A} \qquad \begin{array}{c|c|c} p & F_N & A \\ \hline \dfrac{\text{N}}{\text{mm}^2} & \text{N} & \text{mm}^2 \end{array} \qquad (93)$$

(Flächenpressungs-Hauptgleichung)

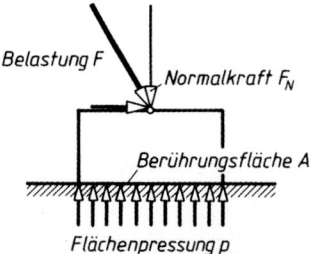

Bild 49. Flächenpressung ebener Flächen

Die Flächenpressung p steht stets *rechtwinklig* auf der Berührungsfläche. Zur Berechnung muss deshalb auch die rechtwinklig auf der Fläche stehende *Normalkraft* F_N benutzt werden. Dazu ist exaktes Freimachen des betrachteten Bauteiles erforderlich. Für die Keilführung in Bild 50 z.B. zeigt das Krafteck die Normalkraft $F_N = F/\cos\alpha$ und damit die Flächenpressung p:

$$p = \frac{F_N}{A} = \frac{F}{A\cos\alpha} = \frac{F}{A_{\text{projiziert}}}$$

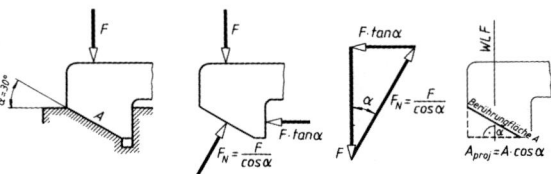

Bild 50. Flächenpressung geneigter Flächen

Im Nenner steht die *Projektion der Berührungsfläche in Richtung der Wirklinie der Belastung F*: $A \cos\alpha$ ist die Projektion der Berührungsfläche auf die zur Wirklinie von F rechtwinklig Ebene. Man kommt dann bei geneigten Flächen ohne Umrechnung auf die Normalkraft aus: *Flächenpressung*

$$p = \frac{F}{A_{\text{proj}}} \qquad (94)$$

Damit lassen sich bequeme Berechnungsgleichungen für praktisch häufig vorkommende Fälle entwickeln, wie sie im folgenden Bild 51 zusammengestellt sind.

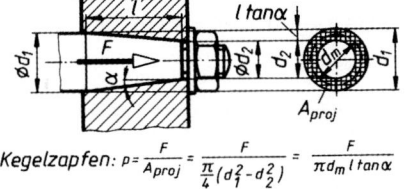

Kegelzapfen: $p = \dfrac{F}{A_{\text{proj}}} = \dfrac{F}{\dfrac{\pi}{4}(d_1^2 - d_2^2)} = \dfrac{F}{\pi d_m\, l \tan\alpha}$

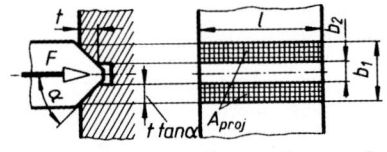

Prismenführung: $p = \dfrac{F}{A_{\text{proj}}} = \dfrac{F}{(b_1 - b_2)l} = \dfrac{F}{2lt \tan\alpha}$
(oder Bremsnut)

2 Die einzelnen Beanspruchungsarten

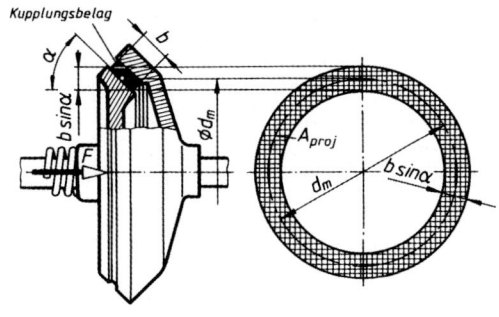

Kegelkupplung: $p = \dfrac{F}{A_{proj}} = \dfrac{F}{\pi d_m b \sin\alpha}$

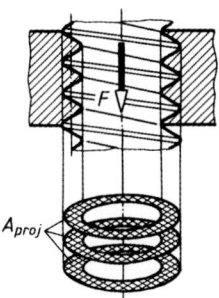

Gewinde: $p = \dfrac{F}{A_{proj}}$

Bild 51. Typische technische Beispiele für die Verwendung der Gleichung $p = F/A_{proj}$

2.6.1.1 Flächenpressung im Gewinde.
Ein wichtiges Beispiel der Entwicklung einer Gleichung nach (94) ist die Berechnung der Flächenpressung in Bewegungsschrauben (meist mit Trapezgewinde nach DIN 103), wobei häufig die erforderliche *Mutterhöhe* m aus der zulässigen Pressung zu bestimmen ist. Mit $i = m/P$ tragenden Gängen und den Bezeichnungen aus Bild 52 wird die projizierte Fläche aller Gewindegänge:

$$A_{proj} = \pi\, d_2 H_1 \dfrac{m}{P}$$

und daraus die *Flächenpressung im Gewinde*

$$p = \dfrac{F}{A_{proj}} = \dfrac{F P}{\pi\, d_2 H_1 m} \qquad (95)$$

m, P, d_2, H_1	F	p
mm	N	$\dfrac{N}{mm^2}$

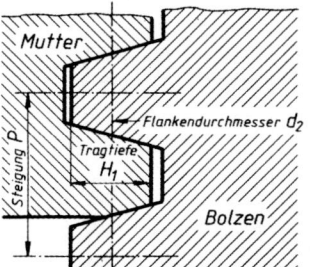

Bild 52. Bezeichnungen am Trapezgewinde

Beachte: Die Rechnung ergibt eine *mittlere* Flächenpressung, weil im Gegensatz zu den tatsächlichen Verhältnissen eine *gleichmäßige* Kraftaufnahme der einzelnen Gewindegänge vorausgesetzt wurde. Bei metrischem Gewinde ist für t_2 das Maß t_1 einzusetzen.

2.6.2 Flächenpressung gewölbter Flächen

Schwieriger als bei ebenen Flächen sind die Pressungsverhältnisse an der Oberfläche der Lagerzapfen, Bolzen und Niete. Die Normalkräfte auf die Berührungsflächen sind hier statisch unbestimmt. Man denkt sich deshalb nach Bild 53 einen Mittelwert p gleichmäßig über der Flächenprojektion verteilt und rechnet bei *Lagerzapfen* und *Bolzen* mit der *Flächenpressung*

$$p = \dfrac{F}{A_{proj}} = \dfrac{F}{d\, l} \qquad \begin{array}{c|c|c} p & F & d, l \\ \hline \dfrac{N}{mm^2} & N & mm \end{array} \qquad (96)$$

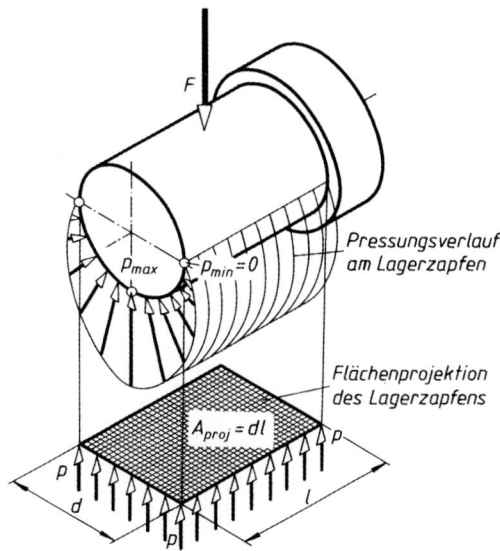

Bild 53. Flächenprojektion eines Lagerzapfens

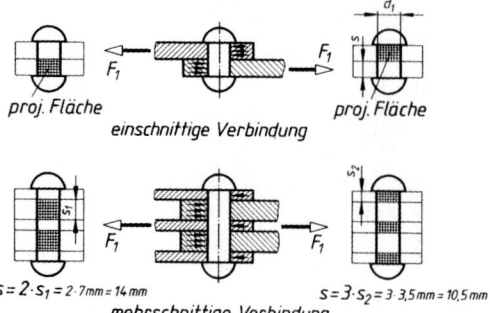

Bild 54. Nietkraft F_1 und kleinste Blechdickensumme s

Die Flächenpressung am *Nietschaft* heißt *Lochleibungsdruck* σ_l. Er wird berechnet aus: F_1 Kraft, die *ein* Niet zu übertragen hat; d_1 Lochdurchmesser = Durchmesser des geschlagenen Nietes; s = kleinste Summe aller Blechdicken in *einer* Kraftrichtung (Bild 54):

$$\sigma_l = \frac{F_1}{d_1 s} \leq \sigma_{l\,zul} \qquad \begin{array}{c|c|c} \sigma_l & F_1 & d_1, s \\ \hline \dfrac{N}{mm^2} & N & mm \end{array} \qquad (97)$$

In Bild 54 ist in Kraftrichtung rechts: $s = 2s_1 = 2 \cdot 7$ mm $= 14$ mm; in Kraftrichtung links: $s = 3\,s_2 = 3 \cdot 3{,}5$ mm $= 10{,}5$ mm. Es muss also mit $s = 10{,}5$ mm gerechnet werden, weil das die *kleinste* Blechdickensumme in einer Kraftrichtung ist und damit nach (97) den größten Lochleibungsdruck ergibt!

■ **Beispiel:**
Für eine zugbeanspruchte Gewindespindel mit Tr 28×5 sind zu berechnen: a) die zulässige Höchstlast für $\sigma_{z\,zul} = 120$ N/mm², b) die erforderliche Mutterhöhe m für $p_{zul} = 30$ N/mm²!

Lösung:

a) $F_{max} = \sigma_{z\,zul}\, A_3$

$F_{max} = 120\,\dfrac{N}{mm^2} \cdot 398\, mm^2 = 47\,760$ N

b) $m_{erf} = \dfrac{F_{max}\, P}{\pi\, d_2 H_1 p_{zul}}$

$m_{erf} = \dfrac{47\,760\, N \cdot 5\, mm}{\pi \cdot 25{,}5\, mm \cdot 2{,}5\, mm \cdot 30\,\dfrac{N}{mm^2}} = 39{,}75$ mm

$m = 40$ mm ausgeführt

■ **Beispiel:**
Ein Gleitlager (Bild 55) wird durch die Radialkraft $F_r = 16$ kN und die Axialkraft $F_a = 7{,}5$ kN belastet. Das Bauverhältnis soll $l/d = 1{,}2$ sein. $p_{zul} = 6$ N/mm². Gesucht: d, D, l.

Lösung:

$p = \dfrac{F}{A_{proj}} = \dfrac{F}{d\,l} = \dfrac{F}{d \cdot 1{,}2\,d} = \dfrac{F}{1{,}2\,d^2}$

$d_{erf} = \sqrt{\dfrac{F}{1{,}2\,p_{zul}}} = \sqrt{\dfrac{16000\, N}{1{,}2 \cdot 6\,\dfrac{N}{mm^2}}} \approx 47{,}2$ mm

$d = 48$ mm ausgeführt, daher
$l = 1{,}2\, d = 1{,}2 \cdot 48$ mm $= 57{,}6$ mm
$l = 58$ mm ausgeführt

$D_{erf} = \sqrt{\dfrac{4\,F}{\pi\, p_{zul}} + d^2}$

$D_{erf} = \sqrt{\dfrac{4 \cdot 7500\, N}{\pi \cdot 6\,\dfrac{N}{mm^2}} + 2304\, mm^2} = 62{,}4$ mm

$D = 63$ mm ausgeführt

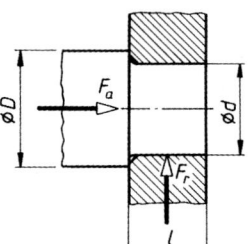

Bild 55. Gleitlager

3 Zusammengesetzte Beanspruchungen

Auch in einfachen praktischen Fällen treten häufig mehrere Beanspruchungsarten gleichzeitig auf. Man unterscheidet gleichzeitiges Auftreten mehrerer Normalspannungen, gleichzeitiges Auftreten mehrerer Schubspannungen und gleichzeitiges Auftreten von Normal- und Schubspannungen.

3.1 Gleichzeitiges Auftreten mehrerer Normalspannungen

3.1.1 Zug und Biegung (auch exzentrischer Zug)

Nach Bild 1 ist an einem IPE-Träger (Tabelle 10) ein Blech von 14 mm Dicke angeschlossen, so dass sich durch die Zugkraft F ein einseitiger Kraftangriff und damit „exzentrischer Zug" ergibt. Nach dem Schnittverfahren wird das innere Kräftesystem für den Querschnitt $A-B$ bestimmt. Der Ansatz der statischen Gleichgewichtsbedingungen legt die vom Querschnitt zu übertragenden Kräfte und Momente fest:

– eine senkrecht zum Schnitt stehende *Normalkraft* $F_N = F = 72{,}5$ kN $= 72\,500$ N. Sie ruft eine gleichmäßig über dem Querschnitt verteilte Zugspannung hervor:

$\sigma_z = \dfrac{F}{S} = \dfrac{72\,500\, N}{1320\, mm^2} = 54{,}9\,\dfrac{N}{mm^2}$

3 Zusammengesetzte Beanspruchungen

– außerdem wirkt ein *Biegemoment* $M_b = Fa$; hervorgerufen durch das Kräftepaar; es erzeugt eine *Biegespannung*

$$\sigma_b = \frac{M_b}{W} = \frac{M_b e}{I} = \frac{Fae}{I} =$$
$$= \frac{72\,500\ \text{N} \cdot 67\ \text{mm} \cdot 60\ \text{mm}}{318 \cdot 10^4\ \text{mm}^4} = 91\ \frac{\text{N}}{\text{mm}^2}$$

Nach Bild 1 erhält man aus dem Zugspannungsbild b) und dem Biegespannungsbild c) das Schaubild der resultierenden Spannung d). Die bei reiner Biegung durch den Schwerpunkt S der Fläche gehende Nulllinie ist bei der zusammengesetzten Spannung um c nach links verschoben. Das Flächenmoment I ist stets auf die Schwerpunktachse zu beziehen. Vor allem bei Walzprofilen sollte man stets die Biegespannung mit Hilfe des Flächenmomentes I berechnen, weil in den Profilstahltabellen nicht immer das direkt brauchbare Widerstandsmoment W enthalten ist.

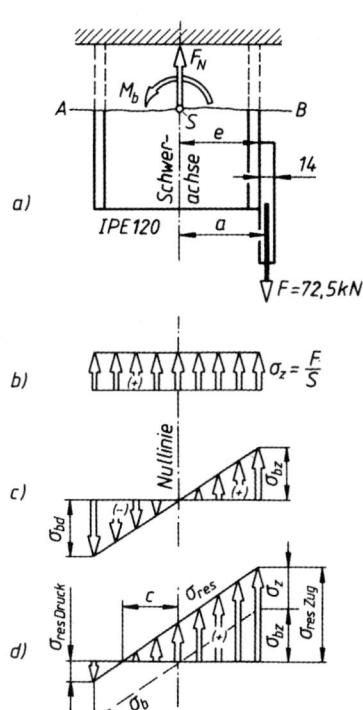

Bild 1. Zug und Biegung

Nach dem Spannungsbild d) ergibt die Addition der Einzelspannungen die *resultierende Gesamtspannung*:

$$\sigma_{\text{res Zug}} = \sigma_z + \sigma_{bz} = \frac{F}{S} + \frac{Fae}{I} \leq \sigma_{z\,\text{zul}} \quad (1)$$

$$\sigma_{\text{res Zug}} = \sigma_z - \sigma_{bd} = \frac{F}{S} - \frac{Fae}{I} \leq \sigma_{d\,\text{zul}} \quad (2)$$

Mit den berechneten Spannungen wird demnach:

$$\sigma_{\text{res Zug}} = (54{,}9 + 91)\ \frac{\text{N}}{\text{mm}^2} = 146\ \frac{\text{N}}{\text{mm}^2}$$

und

$$\sigma_{\text{res Druck}} = (54{,}9 - 91)\ \frac{\text{N}}{\text{mm}^2} = -36{,}1\ \frac{\text{N}}{\text{mm}^2}$$

Eine Beziehung zur Berechnung von c wird aus dem Spannungsbild 1d abgelesen:

$$\frac{c}{e} = \frac{\sigma_z}{\sigma_b};\ \text{also}\ c = e\frac{\sigma_z}{\sigma_b} = \frac{FIe}{AFae} = \frac{I}{Aa}$$

und mit Trägheitsradius $i = \sqrt{I/S}$ oder $I/S = i^2$

$$c = \frac{i^2}{a} \quad \begin{array}{|c|c|c|} c & i & a \\ \text{mm} & \text{mm} & \text{mm} \end{array} \quad (3)$$

Solange $c = i^2/a < e$ ist, treten im Querschnitt Zug- und Druckspannungen auf, bei $c > e$ nur Zugspannungen.

Im Beispiel ist mit $i^2 = I_x/S = 318 \cdot 10^4\ \text{mm}^4/1\,320\ \text{mm}^2 = 2\,409\ \text{mm}^2$ und damit $c = 2\,409\ \text{mm}^2/60\ \text{mm} = 40{,}2\ \text{mm}$. Wie die Rechnung schon bewies, treten wegen $c < e$, d.h. 40,2 mm < 60 mm Zug- und Druckspannungen auf.

Für die Bemessung eines exzentrischen Zugstabes gelten die Gleichungen (1), und (2).

■ **Beispiel:**
Für die Schraubzwinge nach Bild 2 sind zu berechnen: a) die höchste zulässige Klemmkraft F_{max}, wenn im eingezeichneten Querschnitt eine Zugspannung von 60 N/mm² und eine Druckspannung von 85 N/mm² nicht überschritten werden sollen; b) das zum Festklemmen mit F_{max} erforderliche Drehmoment M (ohne Reibung zwischen Klemmteller und Spindel; c) die erforderliche Handkraft F_h zum Festklemmen, wenn diese am Knebel im Abstand $r = 60$ mm von der Spindelachse angreift; e) die Knicksicherheit der Spindel, wenn die freie Knicklänge gleich 100 mm gesetzt wird. Spindelwerkstoff: E 295.

Lösung:
Wie üblich bestimmt man die Schwerpunktsabstände $e_1 = 9{,}2$ mm und $e_2 = 15{,}8$ mm und mit der Gleichung für das T-Profil das axiale Flächenmoment
$I = \tfrac{1}{3}(Be_2^3 - bh^3 + ae_1^3) = 2{,}1 \cdot 10^4\ \text{mm}^4$; $S = 410\ \text{mm}^2$;
$l = 65\ \text{mm} + e_1 = 74{,}2\ \text{mm}$

a) Man muss F_{max} mit den beiden Annahmen bestimmen (hier mit $\sigma_{z\,\text{zul}} \neq \sigma_{d\,\text{zul}}$):

$$F_{max\,1} \leqq \frac{\sigma_{z\,zul}}{\frac{1}{S}+\frac{le_1}{I}}$$

$$F_{max\,1} \leqq \frac{60\,\frac{N}{mm^2}}{\left(\frac{1}{410}+\frac{74{,}2\cdot 9{,}2}{21\,000}\right)\frac{1}{mm^2}} = 1717\,N$$

$$F_{max\,2} \leqq \frac{\sigma_{d\,zul}}{\frac{le_2}{I}-\frac{1}{S}}$$

$$F_{max\,2} \leqq \frac{85\,\frac{N}{mm^2}}{\left(\frac{74{,}2\cdot 15{,}8}{21\,000}-\frac{1}{410}\right)\frac{1}{mm^2}} = 1592\,N$$

also ist $F_{max} = F_{max\,2} \leqq 1592\,N$

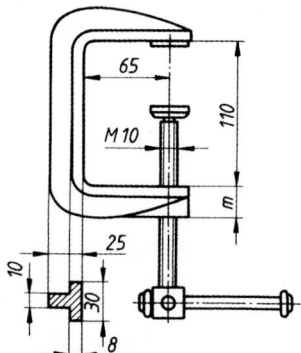

Bild 2.

b) $M_{RG} = F_{max}\,r_2\,\tan(\alpha+\rho') = M$
(siehe C1, 8.7.4)

$r_2 = \frac{d_2}{2} = \frac{9{,}026\,mm}{2} = 4{,}513\,mm$

$P = 1{,}5\,mm;\ d_3 = 8{,}16\,mm;$
$H_1 = 0{,}812\,mm;\ A_S = 58\,mm^2$

$\tan\alpha = \frac{P}{2\pi r_2} = \frac{1{,}5\,mm}{2\pi\cdot 4{,}513\,mm} = 0{,}0529$

$\alpha^\circ = \frac{180^\circ}{\pi}\tan\alpha = 3{,}03^\circ$

$\tan\rho' = \mu' = 0{,}15;\ \rho'^\circ = \frac{180^\circ}{\pi}\tan\rho' = 8{,}59^\circ$

$\tan(\alpha+\rho') = \tan 11{,}6^\circ = 0{,}2053$
$M_{RG} = M = 1592\,N\cdot 4{,}513\,mm\cdot 0{,}2053 = 1475\,Nmm$

c) $M = F_h\,r$

$F_h = \frac{M}{r} = \frac{1475\,Nmm}{60\,mm} = 24{,}6\,N$

d) $m_{erf} = \frac{F_{max}P}{\pi\,d_2 H_1 p_{zul}}$

$m_{erf} = \frac{1592\,N\cdot 1{,}5\,mm}{\pi\cdot 9{,}026\,mm\cdot 0{,}812\,mm\cdot 3\,\frac{N}{mm^2}} = 34{,}6\,mm$

$m = 35\,mm$ ausgeführt

e) $\lambda = \frac{s}{i} = \frac{4s}{d_3} = \frac{400\,mm}{8{,}16\,mm} = 49 < \lambda_0 = 89$

also liegt unelastische Knickung vor (Tetmajerfall):

$\sigma_K = 335 - 0{,}62\,\lambda$

$\sigma_K = 335 - 0{,}62\cdot 49 = 304{,}6\,\frac{N}{mm^2}$

$\sigma_{d\,vorh} = \frac{F_{max}}{A_S} = \frac{1592\,N}{58\,mm^2} = 27{,}4\,\frac{N}{mm^2}$

$S_{vorh} = \frac{\sigma_K}{\sigma_{d\,vorh}} = \frac{304{,}6\,\frac{N}{mm^2}}{27{,}4\,\frac{N}{mm^2}} = 11$

3.1.2 Druck und Biegung (auch exzentrischer Druck)

Nach Bild 3 greift die Druckkraft F außerhalb des Schwerpunktes S an. Das Schnittverfahren und die Entwicklung der Spannungsbilder ergibt die gleichen Gleichungen wie bei Zug und Biegung. Ist die Stablänge groß im Verhältnis zum Querschnitt, d.h. ist der Stab schlank, dann muss auf Knickung nachgerechnet werden.

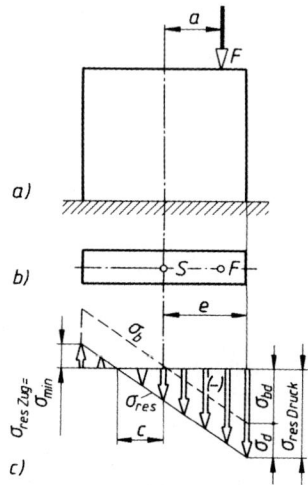

Bild 3. Druck und Biegung

Querschnitte von Druckstäben aus z.B. Mauerwerk, stahlfreier Beton, Erdreich dürfen nur auf Druck beansprucht werden, weil ihre Zugfestigkeit zu klein ist. Das resultierende Spannungsbild darf also nur Druckspannungen zeigen, d.h. es muss nach Bild 3 im Grenzfall auf der der Kraft F abgewandten Seite $\sigma_{res\,Zug} = 0$ werden. Sind F, I, S und e konstant, so ist nur die Größe von a dafür bestimmend, ob σ_{min} positiv (Zugspannung), negativ (Druckspannung) oder Null wird. Derjenige Grenzwert von a, bis zu dem der Angriffspunkt von F auswandern darf, ohne dass es

3 Zusammengesetzte Beanspruchungen

zu Zugspannungen im Querschnitt kommt, heißt *Kernweite* ρ. Die Kernweite ρ ergibt sich aus

$$\frac{F \rho e}{I} - \frac{F}{S} = 0 \quad \text{zu}$$

$$\rho = \frac{I}{Se} = \frac{i^2}{e} = \frac{W}{S} \quad (W \text{ Widerstandsmoment}), \tag{4}$$

wenn F auf einer Hauptachse angreift. Die von der Kernweite ρ begrenzte Fläche heißt *Querschnittskern*. Solange die Druckkraft F innerhalb dieser Fläche angreift, treten im Querschnitt nur Druckspannungen σ_d auf. In Bild 3c treten schon geringe Zugspannungen auf, d.h. die Kraft F ist schon über den Kernquerschnitt hinausgetreten ($a > \rho$ geworden). Nach (4) wurden die Kernweiten für Kreis, Kreisring und Rechteck berechnet und in Bild 4 dargestellt. Berechnung der *Kernweite* ρ zu den Querschnittsflächen in Bild 4:

Kreis: $\quad \rho = \dfrac{W}{S} = \dfrac{\pi d^3 4}{32 \pi d^2} = \dfrac{d}{8} \tag{5}$

Kreisring: $\quad \rho = \dfrac{W}{S} = \dfrac{D}{8}\left[1+\left(\dfrac{d}{D}\right)^2\right] \tag{6}$

Rechteck: $\quad \rho_1 = \dfrac{W_1}{S} = \dfrac{bh^2}{6bh} = \dfrac{h}{6}; \\ \rho_2 = \dfrac{W_2}{S} = \dfrac{hb^2}{6hb} = \dfrac{b}{6}; \tag{7}$

Mit d als Diagonale wird die kleinste Kernweite

$$\rho_{\min} = \frac{bh}{6\sqrt{b^2+h^2}} = \frac{bh}{6d} \tag{8}$$

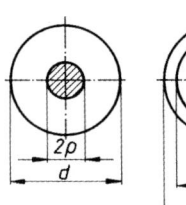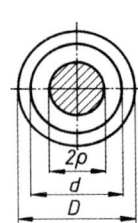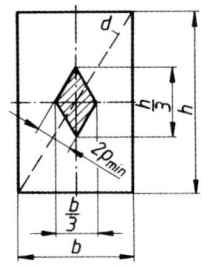

Bild 4. Kernweite ρ und Querschnittskern (schraffierte Fläche) für Kreis, Kreisring und Rechteck

3.2 Gleichzeitiges Auftreten mehrerer Schubspannungen

3.2.1 Torsion und Abscheren

Nach Bild 5 greift am Umfang eines *kurzen* geraden Stabes mit Kreisquerschnitt eine Kraft F an. Nach dem Schnittverfahren hat jeder Schnitt zu übertragen (ohne Biegung!):
eine *in* der Fläche liegende *Querkraft* $F_q = F$; sie ruft *Abscherspannungen* $\tau_a = F/S$ hervor; genauer (für Kreisquerschnitt) Schubspannungen

$$\tau_s = \frac{4F}{3S} = \frac{16F}{3\pi d^2}, \quad \text{ohne Herleitung.}$$

Außerdem ein *Torsionsmoment* $M_T = Fr$; es ruft *Torsionsspannungen*

$$\tau_t = \frac{M_T}{W_p} = \frac{16 M_T}{\pi d^2} = \frac{8F}{\pi d^2} \quad \text{hervor.}$$

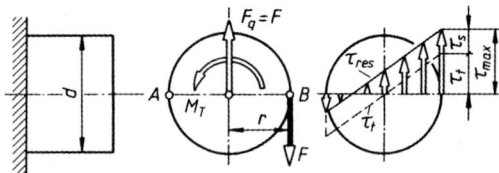

Bild 5. Torsion und Abscheren

In den Umfangspunkten B tritt die größte resultierende Beanspruchung auf:

$$\tau_{\max} = \tau_s + \tau_t = \frac{16F}{3\pi d^2} + \frac{8F}{\pi d^2} \approx 4{,}244 \frac{F}{d^2}$$

3.3 Gleichzeitiges Auftreten von Normal- und Schubspannungen

3.3.1 Vergleichsspannung (reduzierte Spannung)

Die auftretenden Normal- und Schubspannungen dürfen nicht einfach algebraisch oder geometrisch addiert werden wie in 1 und 2. Es wird deshalb eine sogenannte Vergleichsspannung σ_v eingeführt, die mit Hilfe von Gleichungen berechnet werden kann, die wiederum aus den verschiedenen *Bruchhypothesen* entwickelt wurden. Praktische Bedeutung haben gewonnen: die *Dehnungshypothese*, die *Schubspannungshypothese* und die *Hypothese der größten Gestaltänderungsenergie*.

Die *Dehnungshypothese* (von *C. Bach*) liefert die *Vergleichsspannung*

$$\sigma_v = 0{,}35\,\sigma + 0{,}65\sqrt{\sigma^2 + 4\tau^2} \tag{9}$$

Diese Hypothese wurde durch Versuche *nicht* bestätigt. Die Schubspannungshypothese von *Mohr* liefert die *Vergleichsspannung*

$$\sigma_v = \sqrt{\sigma^2 + 4\tau^2} \qquad (10)$$

Diese Hypothese passt sich den verschiedenen Werkstoffen gut an und wurde durch Versuche von *Guest, v. Kármán, Böcker* und *M. ten Bosch* bestätigt.
Die Hypothese der größten *Gestaltänderungsenergie* liefert die *Vergleichsspannung*

$$\sigma_v = \sqrt{\sigma^2 + 3\tau^2} \qquad (11)$$

Diese Hypothese stimmt gut mit Versuchen überein und setzt sich allgemein durch.
Die drei Gleichungen gelten nur, wenn σ und τ durch den gleichen Belastungsfall entstehen, also beide durch schwellende oder beide durch wechselnde Belastung hervorgerufen werden. Sind die Belastungsfälle für σ und τ verschieden, so ist mit dem *Anstrengungsverhältnis*

$$\alpha_0 = \frac{\sigma_{zul}}{\varphi\, \tau_{zul}} \qquad (12)$$

zu rechnen. Die Werte für φ sind für die einzelnen Hypothesen verschieden. Es gilt dann für die *Vergleichsspannung*:

nach *Bach*:
$$\sigma_v = 0{,}35\,\sigma + 0{,}65\sqrt{\sigma^2 + 4(\alpha_0\tau)^2}$$
$$\alpha_0 = \frac{\sigma_{zul}}{1{,}3\,\tau_{zul}} \qquad (13)$$

nach *Mohr*:
$$\sigma_v = \sqrt{\sigma^2 + 4(\alpha_0\tau)^2}$$
$$\alpha_0 = \frac{\sigma_{zul}}{2\,\tau_{zul}} \qquad (14)$$

nach der größten Gestaltänderungsenergie:
$$\sigma_v = \sqrt{\sigma^2 + 3(\alpha_0\tau)^2}$$
$$\alpha_0 = \frac{\sigma_{zul}}{1{,}73\,\tau_{zul}} \qquad (15)$$

Für die Bemessung der Querschnitte muss $\sigma_v \leq \sigma_{zul}$ sein.

3.3.2 Die einzelnen Beanspruchungsfälle

3.3.2.1 Zug (Druck) und Torsion. Das innere Kräftesystem besteht aus einer rechtwinklig zum Querschnitt stehenden Normalkraft F_N und aus einem *im* Querschnitt liegenden Torsionsmoment M_T. F_N erzeugt eine Normalspannung $\sigma = \pm F_N/S$; M_T erzeugt eine Torsionsspannung $\tau_t = M_T/W_p$ bzw. $\tau_t = M_T/W_t$. Beide Spannungen werden zur Vergleichsspannung σ_v zusammengesetzt.

3.3.2.2 Zug (Druck) und Schub (Abscheren). Das innere Kräftesystem besteht aus einer rechtwinklig zum Querschnitt stehenden Normalkraft F_N und aus einer *im* Querschnitt liegenden Querkraft F_q. F_N erzeugt eine Normalspannung $\sigma = \pm F_N/S$; F_q erzeugt eine Schubspannung $\tau = F_q/S$ (Abscherspannung). Beide Spannungen werden zur Vergleichsspannung σ_v zusammengesetzt.

3.3.2.3 Biegung und Torsion. Das innere Kräftesystem besteht aus einem Biegemoment M_b, und aus einem Torsionsmoment M_T. Die größte Bedeutung hat dieser Beanspruchungsfall für den *Kreisquerschnitt* (Wellen). Setzt man in die obigen Gleichungen der Vergleichsspannung für $\sigma_b = M_b/W$ und für $\tau_t = M_T/W_p$ ein und beachtet man, dass für den Kreisquerschnitt $W_p = 2W$ ist, so ergeben sich die folgenden Gleichungen:

$$\sigma_{Bach} = 0{,}35\frac{M_b}{W} + 0{,}65\sqrt{\left(\frac{M_b}{W}\right)^2 + \left(\alpha_0\frac{M_T}{W}\right)^2} \qquad (16)$$

$$\sigma_{Mohr} = \sqrt{\left(\frac{M_b}{W}\right)^2 + \left(\alpha_0\frac{M_T}{W}\right)^2} \qquad (17)$$

$$\sigma_{Gestalt} = \sqrt{\left(\frac{M_b}{W}\right)^2 + 0{,}75\left(\alpha_0\frac{M_T}{W}\right)^2} \qquad (18)$$

Das Widerstandsmoment W lässt sich vor die Wurzel und dann als Faktor auf die linke Gleichungsseite bringen. Der dort entstehende Ausdruck $\sigma_v W$ heißt *Vergleichsmoment* M_v (entsprechend $M_b = \sigma_b W$ = Biegemoment).
Nach der Hypothese der größten Gestaltänderungsenergie ergibt sich mit Gleichung (18) die Beziehung für das *Vergleichsmoment*:

$$M_v = \sqrt{M_b^2 + 0{,}75(\alpha_0\,M_T)^2} \qquad (19)$$

Aus bekanntem Biegemoment M_b und Torsionsmoment M_T lässt sich damit das Vergleichsmoment M_v berechnen.

Für das *Anstrengungsverhältnis* α_0 kann man bei Wellen aus Stahl setzen:

$\alpha_0 = 1$ wenn σ_b und τ_t im gleichen Belastungsfall wirken,

$\alpha_0 = 0{,}7$ wenn σ_b wechselnd (Belastungsfall III) und τ_t schwellend (Belastungsfall II) wirkt (Hauptfall bei Wellen).

Mit dem Vergleichsmoment M_v wird der *Wellendurchmesser d* berechnet:

3 Zusammengesetzte Beanspruchungen

$$d = \sqrt[3]{\frac{M_v}{0{,}1\,\sigma_{b\,zul}}} \qquad \begin{array}{c|c|c} d & M_v & \sigma_{b\,zul} \\ \hline mm & Nmm & \dfrac{N}{mm^2} \end{array} \qquad (20)$$

Auch für den *Kreisringquerschnitt* gelten die obigen Gleichungen, wenn für

$$W = \frac{\pi}{32} \cdot \frac{d_a^4 - d_i^4}{d_a} \text{ eingesetzt wird.}$$

■ **Beispiel:**
Die Welle 1 mit Kreisquerschnitt (Bild 6) wird durch die Kraft $F = 800$ N über einen Hebel 2 mit Rechteckquerschnitt auf Biegung und Torsion beansprucht. Maße: $l_1 = 280$ mm, $l_2 = 200$ mm, $l_3 = 170$ mm, $d = 30$ mm. Gesucht: a) die Querschnittsmaße b und h für ein Verhältnis $h/b = 4$ und $\sigma_{zul} = 100$ N/mm², b) die größte Biegespannung in der Schnittebene $A-B$ der Welle 1, c) die Torsionsspannung, d) die Vergleichsspannung.

Lösung:

a) $\sigma_b = \dfrac{M_b}{W} = \dfrac{M_b}{\dfrac{b\,h^2}{6}} = \dfrac{M_b}{\dfrac{h\,b^2}{4 \cdot 6}} = \dfrac{24\,M_b}{h^3}$

$h_{erf} = \sqrt[3]{\dfrac{24\,M_b}{\sigma_{b\,zul}}} = \sqrt[3]{\dfrac{24 \cdot 800\,N \cdot 170\,mm}{100\,\dfrac{N}{mm^2}}} = 32$ mm

gewählt ☐ 32×8

b) $\sigma_{b\,vorh} = \dfrac{M_b}{\dfrac{\pi}{32}d^3} = \dfrac{32 \cdot 800\,N \cdot 280\,mm}{\pi\,(30\,mm)^3} = 84{,}5\,\dfrac{N}{mm^2}$

c) $\tau_{t\,vorh} = \dfrac{M_T}{\dfrac{\pi}{16}d^3} = \dfrac{16 \cdot 800\,N \cdot 200\,mm}{\pi\,(30\,mm)^3} = 30{,}2\,\dfrac{N}{mm^2}$

d) $\sigma_v = \sqrt{\sigma_b^2 + 3\,(\alpha_0\,\tau_T)^2} = 92{,}1\,\dfrac{N}{mm^2}$

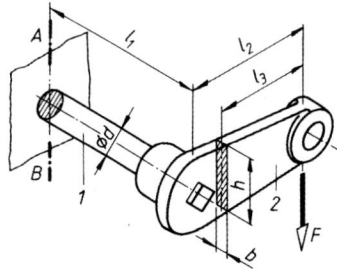

Bild 6. Biegung und Torsion

■ **Beispiel:**
Eine Welle trägt nach Bild 7 fliegend das Haspelrad eines Flaschenzugs. Die Handkraft soll $F = 500$ N betragen. Gesucht: a) das die Welle belastende Drehmoment infolge der Handkraftwirkung, b) das maximale Biegemoment, c) das Vergleichsmoment, d) den Wellendurchmesser für $\sigma_{zul} = 80$ N/mm².

Lösung:
a) $M = Fr = 500$ N $\cdot$ 0,12 m $= 60$ Nm
b) $M_b = 500$ N $\cdot$ 0,045 m $= 22{,}5$ Nm

c) $M_v = \sqrt{M_b^2 + 0{,}75\,(\alpha_0\,M_T)^2}$

$M_v = \sqrt{(22{,}5\,Nm)^2 + 0{,}75\,(0{,}7 \cdot 60\,Nm)^2} = 43$ Nm

d) $d_{erf} = \sqrt[3]{\dfrac{M_v}{0{,}1\,\sigma_{b\,zul}}} = \sqrt[3]{\dfrac{43 \cdot 10^3\,Nmm}{0{,}1 \cdot 80\,\dfrac{N}{mm^2}}} = 17{,}5$ mm

$d = 18$ mm ausgeführt

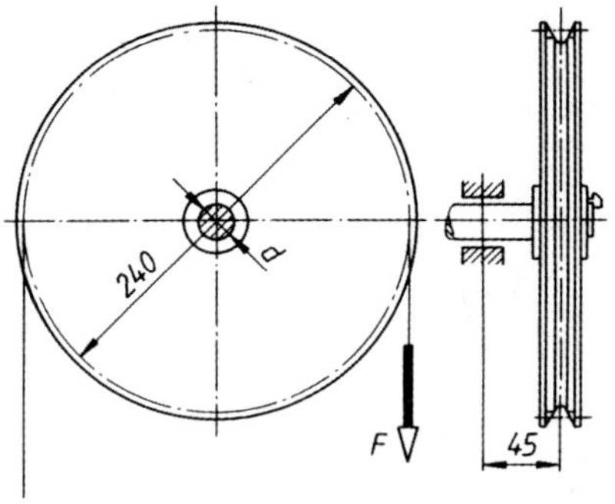

Bild 7. Biegung und Torsion

■ **Beispiel:**
Ein Getriebe mit Geradzahn-Stirnrädern (Herstelleingriffswinkel $\alpha_n = 20°$) soll eine Gesamtübersetzung

$$i_{ges} = \frac{n_1}{n_4} = \frac{960\,\text{min}^{-1}}{48\,\text{min}^{-1}} = 20$$

durch zwei Zahnradpaare ermöglichen. Die Entwurfsberechnung ergab die Teilkreisdurchmesser:

$\left.\begin{array}{l} d_1 = 48\text{ mm} \\ d_2 = 240\text{ mm} \end{array}\right\} i_1 = 5$

$\left.\begin{array}{l} d_1 = 72\text{ mm} \\ d_2 = 288\text{ mm} \end{array}\right\} i_2 = 4$

Es wird die Aufgabe gestellt, den Durchmesser für die Getriebewelle II festzulegen, für die Werkstoff E335 verwendet werden soll. Da der Wirkungsgrad η für Zahnradgetriebe sehr gut ist (hier etwa $\eta \approx 0{,}98$), kann er bei Festigkeitsrechnungen unberücksichtigt bleiben.

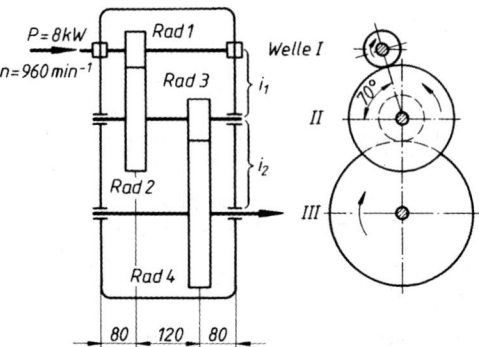

Bild 8. Getriebeskizze

Lösung:
Die zu übertragenden Drehmomente können aus gegebener Antriebsleistung $P = 8$ kW und Antriebsdrehzahl $n = 960$ min^{-1} berechnet werden.

$$M = 9550 \frac{P}{n}$$

$$M_\mathrm{I} = 9550 \frac{P}{n} = 9550 \cdot \frac{8}{960} \text{ Nm} = 79{,}583 \text{ Nm}$$

$$M_\mathrm{II} = M_\mathrm{I} \, i_1 = 79{,}583 \text{ Nm} \cdot 5 = 397{,}915 \text{ Nm}$$

$$M_\mathrm{III} = M_\mathrm{II} \, i_2 = 397{,}915 \text{ Nm} \cdot 4 = 1591{,}66 \text{ Nm}$$

Aus den errechneten Drehmomenten ergeben sich die Umfangskräfte am Teilkreisumfang:

$$F_{u2} = \frac{2 M_\mathrm{II}}{d_2} = \frac{2 \cdot 397{,}915 \cdot 10^3 \text{ Nmm}}{240 \text{ mm}} = 3316 \text{ N}$$

$$F_{u3} = \frac{2 M_\mathrm{II}}{d_3} = \frac{2 \cdot 397{,}915 \cdot 10^3 \text{ Nmm}}{72 \text{ mm}} = 11053 \text{ N}$$

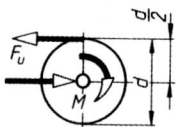

Bild 9. Drehmoment und Umfangskraft am Zahnrad

Die Umfangskräfte F_{u2}, F_{u3} sind Komponenten der in Eingriffsrichtung auf die Zähne wirkenden Zahnkräfte F_2 und F_3.
Beachte: F_3 ist die von Rad 4 auf Rad 3 ausgeübte Kraft. Die Kraftrichtungen nach Gefühl überprüft: Zahnrad 2 muss von Rad 1 nach unten, Rad 3 dagegen von Rad 4 nach oben gedrückt werden.

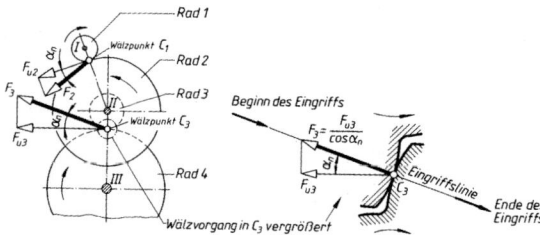

Bild 10. Normalkräfte F_2, F_3 und deren Tangentialkomponenten F_{u2}, F_{u3} der Räder 2 und 3

$$F_2 = \frac{F_{u2}}{\cos \alpha_\mathrm{n}} = 3529 \text{ N}$$

$$F_3 = \frac{F_{u3}}{\cos \alpha_\mathrm{n}} = 11762 \text{ N}$$

Diese Zahnkräfte F_2 und F_3 beanspruchen die Welle II auf Torsion und Biegung: Bringe in den Radmittelpunkten je zwei Kräfte F_2 bzw. F_3 an, dann ergibt sich je ein Kräftepaar (Drehmoment M_II) und eine Einzelkraft (Biegekraft F_2 bzw. F_3).
Die Kräftepaare ergeben Momente, die gleich groß sind und sich entgegenwirken:
$+ M_\mathrm{II} - M_\mathrm{II} = 0$; Welle II wird davon auf Torsion beansprucht. Die Komponenten F_x und F_y der Biegekräfte F_2 und F_3 sind aus dem Krafteck abzulesen:

$F_{2y} = F_2 \sin 40° = 2268$ N
$F_{2x} = F_2 \cos 40° = 2703$ N
$F_{3y} = F_3 \sin 20° = 4023$ N
$F_{3x} = F_3 \cos 20° = 11053$ N

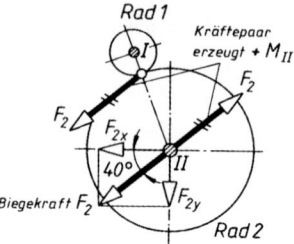

Bild 11. Rad 2 mit Welle II frei gemacht

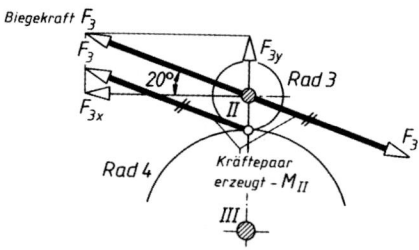

Bild 12. Rad 3 mit Welle II frei gemacht

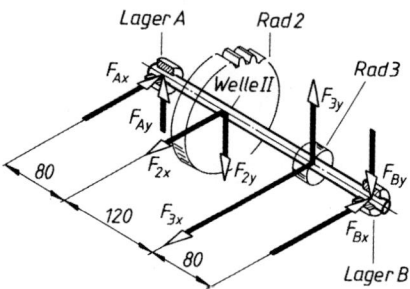

Bild 13. Perspektivische Belastungsskizze der Welle II mit Horizontal- und Vertikalkräften

Die perspektivische Belastungsskizze gibt Aufschluss über die Weiterentwicklung der Rechnung. Mit Hilfe der statischen Gleichgewichtsbedingungen für die waagerechte und für die senkrechte Ebene lassen sich die Stützkraft-Komponenten F_{Ax}, F_{Ay}, F_{Bx}, F_{By} ermitteln:

waagerechte Ebene

$\Sigma M_{(A)} = 0 =$
$= F_{Bx} \cdot 280 \text{ mm} - F_{3x} \cdot 200 \text{ mm} - F_{2x} \cdot 80 \text{ mm}$

senkrechte Ebene

$\Sigma M_{(A)} = 0 = -F_{By} \cdot 280 \text{ mm} + F_{3y} \cdot 200 \text{ mm} - F_{2y} \cdot 80 \text{ mm}$

Aus den Momentengleichgewichtsbedingungen erhält man nun die Bestimmungsgleichungen für die Stützkraftkomponenten F_{Bx} und F_{By}, ebenso mit $\Sigma F_x = 0$ und $\Sigma F_y = 0$ die Komponenten F_{Ax} und F_{Ay}.

3 Zusammengesetzte Beanspruchungen

waagerechte Ebene

$\Sigma M_{(A)} = 0 = \ldots$

$F_{Bx} = \dfrac{F_{2x} \cdot 80\,\text{mm} + F_{3x} \cdot 200\,\text{mm}}{280\,\text{mm}}$

$F_{Bx} = 8667\,\text{N}$

$\Sigma F_x = 0 = + F_{Ax} - F_{2x} - F_{3x} + F_{Bx}$

$F_{Ax} = 5089\,\text{N}$

senkrechte Ebene

$\Sigma M_{(A)} = 0 = \ldots$

$F_{By} = \dfrac{F_{3y} \cdot 200\,\text{mm} - F_{2y} \cdot 80\,\text{mm}}{280\,\text{mm}}$

$F_{By} = 2226\,\text{N}$

$\Sigma F_y = 0 = + F_{Ay} - F_{2y} + F_{3y} - F_{By}$

$F_{Ay} = 471\,\text{N}$

Die Komponenten werden geometrisch addiert:

$F_A = \sqrt{F_{Ax}^2 + F_{Ay}^2} = \sqrt{5089^2\,\text{N}^2 + 471^2\,\text{N}^2} = 5111\,\text{N}$

$F_B = \sqrt{F_{Bx}^2 + F_{By}^2} = \sqrt{8667^2\,\text{N}^2 + 2226^2\,\text{N}^2} = 8948\,\text{N}$

Zur Ermittlung der größten Biegebeanspruchung werden für die beiden Ebenen die Momentenflächen gezeichnet (Bild 14) und zu einer resultierenden Biegemomentenfläche geometrisch addiert.

Die größte Biegebeanspruchung ist bei Rad 3 vorhanden.

$M_{b\,max} = M_{res\,3} = \sqrt{M_{3x}^2 + M_{3y}^2}$

$M_{b\,max} = \sqrt{(69{,}3 \cdot 10^4\,\text{Nmm})^2 + (17{,}8 \cdot 10^4\,\text{Nmm})^2}$

$M_{b\,max} = \sqrt{5119 \cdot 10^8\,(\text{Nmm})^2} = 71{,}55 \cdot 10^4\,\text{Nmm}$

Die Welle II wird beim Rad 3 belastet durch
- das Biegemoment $M_{b\,max} = 71{,}55 \cdot 10^4\,\text{Nmm}$ und
- das Drehmoment $M_{II} = 39{,}8 \cdot 10^4\,\text{Nmm}$

Weil das Drehmoment M_{II} in der Welle II von Rad 2 bis Rad 3 konstant ist, ergibt sich der gefährdete Querschnitt im Punkt der größten Biegebeanspruchung, also bei Rad 3.

Das resultierende Moment M_v aus Biege- und Torsionsbeanspruchung (= Vergleichsmoment) beträgt:

$M_v = \sqrt{M_b^2 + 0{,}75\,(\alpha_0 M_T)}$

Bei gleichbleibender Drehrichtung liegt wechselnde Biege- und schwellende Torsionsbeanspruchung vor, also $\alpha_0 = 0{,}7$:

$M_v = \sqrt{(71{,}55 \cdot 10^4\,\text{Nmm})^2 + 0{,}75\,(0{,}7 \cdot 39{,}8 \cdot 10^4\,\text{Nmm})^2}$

$M_v = \sqrt{5119 \cdot 10^8\,\text{N}^2\text{mm}^2 + 582 \cdot 10^8\,\text{N}^2\text{mm}^2} = 75{,}5 \cdot 10^4\,\text{Nmm}$

Mit dem Vergleichsmoment M_v und der zulässigen Biegespannung kann der Wellendurchmesser bestimmt werden:

$\sigma_v = \dfrac{M_v}{W} \leq \sigma_{b\,zul};$ $W = 0{,}1\,d^3$ für Kreisquerschnitt eingesetzt und nach d aufgelöst:

$d_{erf} = \sqrt[3]{\dfrac{M_v}{0{,}1\,\sigma_{b\,zul}}}$; $\sigma_{b\,zul} = 80\,\dfrac{\text{N}}{\text{mm}^2}$ gewählt

$d_{erf} = \sqrt[3]{\dfrac{75{,}6 \cdot 10^4\,\text{Nmm}}{0{,}1 \cdot 80\,\dfrac{\text{N}}{\text{mm}^2}}} = \sqrt[3]{94{,}5 \cdot 10^3\,\text{mm}^3}$

$d_{erf} = 45{,}55\,\text{mm}$; $d = 46\,\text{mm}$ gewählt (Normmaß)

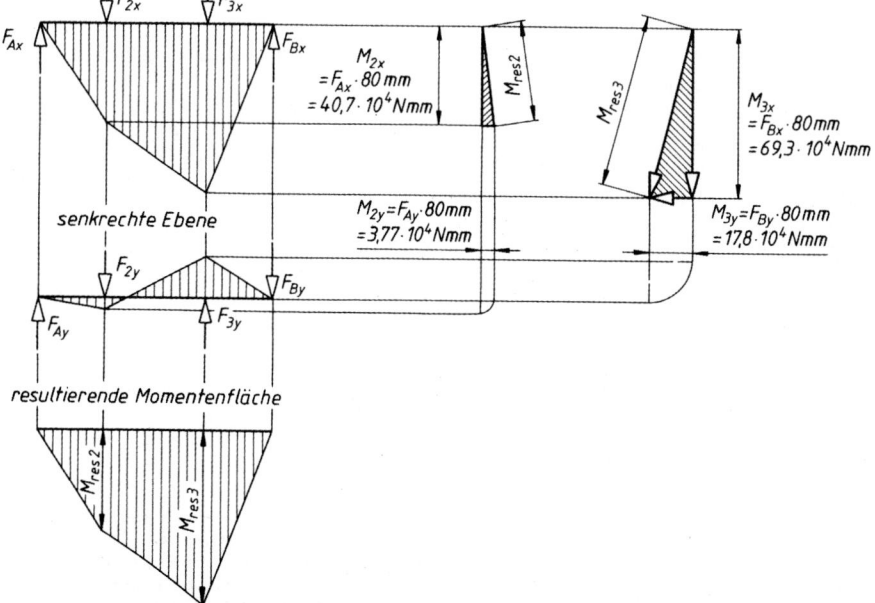

Bild 14. Zeichnerische Darstellung der Biegemomentenflächen und geometrische Addition der Biegemomente

3.3.2.4 Biegung und Schub (Abscheren).

Bei der Herleitung der Biegehauptgleichung wurden die Querkräfte, bei der Abscherhauptgleichung die Biegemomente unbeachtet gelassen. Tatsächlich treten in beiden Beanspruchungsfällen Schub (Abscheren) und Biegung gleichzeitig auf. Bei kurzen Stäben ist der Einfluss der Biege- und bei langen Stäben der Einfluss der Schubspannung gering. Bei rechteckigen Querschnitten ist für $h/l < 1/16$ der Fehler durch Vernachlässigungen der Querkräfte kleiner als 1,2 % und für $h/l > 6$ der Fehler durch Vernachlässigen der Biegemomente kleiner als 1 %.

4 Beanspruchung bei Berührung zweier Körper (Hertz'sche Gleichungen)

4.1 Voraussetzungen

Hertz entwickelte seine Gleichungen für die Berührung zweier Körper mit gekrümmter Oberfläche unter folgenden Voraussetzungen:

a) homogene, isotrope, vollkommen elastische Körper;
b) Gültigkeit des Hooke'schen Gesetzes;
c) die Abplattungen sind klein gegenüber den Körperabmessungen;
d) in der Druckfläche treten nur Normalspannungen (Druck) auf, keine Schubspannungen.

4.2 Bedeutung der Formelzeichen

a	Radius der kreisförmigen oder halbe Breite der rechteckigen Druckfläche in mm
F	Druckkraft in N
μ	= 0,3 Poisson-Zahl für Stahl, Verhältnisgröße mit Einheit 1, $\mu = \epsilon_q/\epsilon$
r	Krümmungsradius der Kugel oder des Zylinders in mm; bei Krümmung beider Körper ist die Summe beider Krümmungen einzusetzen, also $1/r = 1/r_1 + 1/r_2$. Für die ebene Platte ist $1/r_2 = 0$, für die Hohlkugel ist $1/r_2$ negativ einzusetzen.
E	Elastizitätsmodul in N/mm²; bei unterschiedlichen E-Modul ist $E = 2E_1 E_2 / (E_1 + E_2)$ einzusetzen
l	Länge des Zylinders in mm
p	Druck auf der Berührungsfläche im Abstand ρ in N/mm²
$p_0 = p_{max}$	Druck in der Mitte der Berührungsfläche in N/mm²
ρ	veränderlicher Radius oder Ordinate in Breitenrichtung der Berührungsfläche in mm
δ	Gesamtabplattung in mm, d.h. die gesamte Näherung der beiden Körper

4.3 Berechnungsgleichungen

4.3.1 Kugel und Ebene oder zwei Kugeln

$$a = \sqrt[3]{\frac{1,5\,(1-\mu^2)Fr}{E}} = 1,11\sqrt[3]{\frac{Fr}{E}} \quad (1)$$

$$p = p_0 \frac{\sqrt{a^2 - \rho^2}}{a} \quad (2)$$

$$p_0 = \frac{1}{\pi}\sqrt[3]{\frac{1,5\,FE^2}{r^2(1-\mu^2)^2}} = 0,388\sqrt[3]{\frac{FE^2}{r^2}} = \frac{1,5\,F}{\pi\,a^2} \quad (3)$$

$$\delta = \frac{a^2}{r} = \sqrt[3]{\frac{2,25\,(1-\mu^2)^2 F^2}{E^2 r}} = 1,23\sqrt[3]{\frac{F^2}{E^2 r}} \quad (4)$$

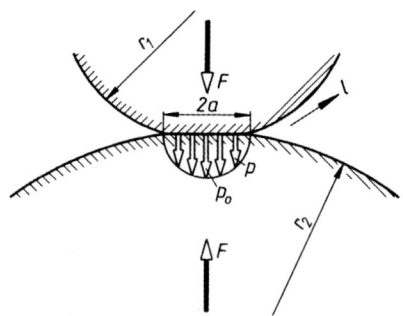

Bild 1. Hertz'sche Pressung

4.3.2 Zylinder und Ebene oder zwei Zylinder

$$a = \sqrt{\frac{8\,(1-\mu^2)\,Fr}{\pi\,E\,l}} = 1,52\sqrt{\frac{Fr}{E\,l}} \quad (5)$$

$$p = p_0 \frac{\sqrt{a^2 - \rho^2}}{a} \quad (6)$$

$$p_0 = \sqrt{\frac{FE}{2\,\pi\,rl(1-\mu^2)}} = 0,418\sqrt{\frac{FE}{rl}} = \frac{2F}{\pi\,a\,l} \quad (7)$$

(die Abplattung δ kann nach den *Hertz*'schen Gleichungen nicht berechnet werden).

■ **Beispiel:**
Durch die Federkraft $F = 10$ kN = 10 000 N wird nach Bild 2 eine Walze auf eine schiefe Ebene (Keil) gepresst. Werkstoff für beide Teile ist Stahl. Walzenlänge $l = 30$ mm, Radius $r = 10$ mm, Neigungswinkel $\alpha = 20°$. Wie groß ist die maximale Hertz'sche Pressung zwischen Keil und Walze? Welche Stahlsorte kann verwendet werden?

4 Beanspruchung bei Berührung zweier Körper

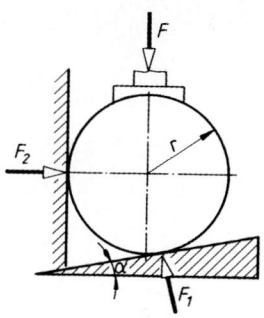

Bild 2.

Lösung:

$$F_1 = \frac{F}{\cos \alpha} = \frac{10\,000 \text{ N}}{0{,}94} = 10\,600 \text{ N}$$

$$F_2 = F_1 \sin \alpha = 10\,600 \text{ N} \cdot 0{,}342 = 3\,625 \text{ N}$$

$$p_0 = p_{max} = 0{,}418 \sqrt{\frac{F_1 E}{r\,l}}$$

$$p_{max} = 0{,}418 \sqrt{\frac{10\,600 \text{ N} \cdot 2{,}1 \cdot 10^5 \frac{\text{N}}{\text{mm}^2}}{10 \text{ mm} \cdot 30 \text{ mm}}} = 1140 \frac{\text{N}}{\text{mm}^2}$$

Als Werkstoff könnte z.B. C 10, einsatzgehärtet, gewählt werden. Versuche haben dafür einen zulässigen Wert von $p_{zul} = 1470$ N/mm² ergeben.

■ **Beispiel:**
Bild 3 zeigt die Zahnflanken im Augenblick des Eingriffs im Wälzpunkt C beim Außen- und beim Innengetriebe. Sind in beiden Fällen die Zähnezahlen z, der Modul m und der Betriebseingriffswinkel α_W gleich groß, dann gilt das auch für die Krümungsradien r_1 und r_2. Es soll festgestellt werden, mit welchem Getriebe eine größere Normalkraft F_N übertragen werden kann, wenn in beiden Fällen die zulässige Flächenpressung p_{zul} und die Zahnbreite b gleich groß sind.

Lösung:
Die beiden Zahnflanken stellen zwei Zylinder dar, für die Gleichung (7) gilt, also $p_0 = 0{,}418 \sqrt{FE/rl}$. Darin sind einzusetzen: $p_0 = p_{zul}$, $F = F_N$, $l =$ Zahnbreite b, $r = r_A$ für das Außengetriebe und $r = r_I$ für das Innengetriebe.
Nach den Erläuterungen unter 4.2 ergibt sich mit algebraischer Umstellung für r_A und r_I:

$$r_A = \frac{r_1 r_2}{r_1 + r_2} \quad \text{sowie} \quad r_I = \frac{r_1 r_2}{r_2 - r_1}$$

Damit wird

$$\frac{F_{NA}}{F_{NI}} = \frac{\dfrac{p_{zul}^2 \, r_A \, b}{0{,}418^2 E}}{\dfrac{p_{zul}^2 \, r_1 \, b}{0{,}418^2 E}} = \frac{r_A}{r_1} = \frac{r_2 - r_1}{r_2 + r_1}$$

$$\frac{F_{NA}}{F_{NI}} = \frac{\dfrac{r_2}{r_1} - 1}{\dfrac{r_2}{r_1} + 1} = \frac{i - 1}{i + 1}$$

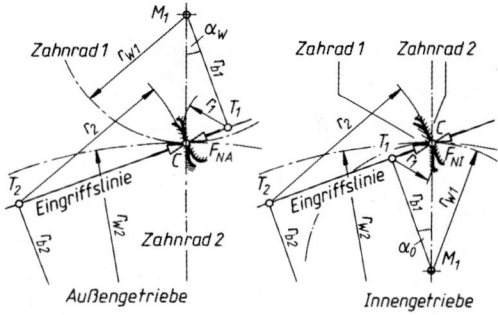

Bild 3.

Danach ist das Kräfteverhältnis F_{NA}/F_{NI} unter sonst gleichen Bedingungen nur von der Übersetzung $i = z_2/z_1$ abhängig. Für $i = z_2/z_1 = 80/20 = 4$ ergäbe sich zum Beispiel:

$$\frac{F_{NA}}{F_{NI}} = \frac{4 - 1}{4 + 1} = \frac{3}{5} = \frac{1}{1{,}67}$$

Das heißt, dass mit dem Innengetriebe eine um 67 % größere Normalkraft übertragen werden darf als mit dem entsprechenden Außengetriebe. Anders gesagt: Bei gleicher Normalkraft in beiden Getrieben ist die Hertzsche Pressung zwischen den Zahnflanken beim Innengetriebe kleiner als beim Außengetriebe.
Bei einer zulässigen Pressung von 530 N/mm² und der Zahnbreite $b = 50$ mm ergeben sich mit (7) die folgenden Beträge für die Normalkräfte ($E = 2{,}1 \cdot 10^5$ N/mm² für Stahl):

$$F_{N\,max\,A} = 6\,285 \text{ N} \qquad F_{N\,max\,I} = 10\,473 \text{ N}$$

Sanft zu Chrom/Nickel

Noch perfekter, noch wirtschaftlicher! Für den Bereich zwischen 270 und 400 Ampere gibt es jetzt das optimale Schweißsystem: die neue, multiprozessfähige TPS 3200. In Standardausführung und als spezielle Chrom/Nickel-Edition TransPuls Synergic 3200 CrNi. Denn dieser anspruchsvolle Werkstoff verlangt stets nach höchsten technologischen Finessen: 46 maßgeschneiderte Kennlinien exakt auf Chrom/Nickel abgestimmt – für einfaches, präzises Arbeiten mit Massiv- und Fülldraht bzw. beim Chrom/Nickel-Löten. Wenn auch Sie Chrom/Nickel hinkünftig in sanften Händen wissen wollen, haben wir jederzeit weitere Infos für Sie:

**Fronius Deutschland GmbH, D-67661 Kaiserslautern, Liebigstraße 15, Tel: +49/(0)631/351 27-0
Fax: +49/(0)631/351 27-30, E-Mail: sales.germany@fronius.com, www.fronius.com**

E Werkstofftechnik

Wolfgang Weißbach

Größen und Einheiten

Größe	Einheit	Größe	Einheit
Zugfestigkeit R_m	MPa	Druckfestigkeit σ_{dB}	
Streckgrenze R_e -obere R_{eH}	=	Biegefestigkeit σ_{bB}	MPa
0,2%-Dehngrenze $R_{p0,2}$	N/mm²	Torsionsfestigkeit τ_{tB}	
Bruchdehnung A	%	Kerbschlagarbeit KV	J
Brucheinschnürung Z		Bruchzähigkeit K_{Ic}	kN/mm$^{3/2}$
Elastizitätsmodul E		Gleitmodul G	
Dauerfestigkeiten σ_D Biegewechselfestigkeit σ_{bW}	MPa	Zeitstandfestigkeiten $R_{m/t/T}$ z.B. $R_{m/1000/500}$	MPa
Längenausdehnungskoeffiziient α_l	1/K	n%-Zeitdehngrenzen $R_{pn/t/T}$ z.B. $R_{p0,2/1000/550°}$	
Wärmeleitwert λ	W/mK	Übergangstemperatur $T_Ü$	°C
Schmelztemperatur T_m	°C, K	Rekristallisationstemperatur T_R	°C, K

Verwendete Abkürzungen

Abk.	Bedeutung	Abk.	Bedeutung
AMK	Austausch-Mischkristall	CMC	Ceramic-Matrix-Compound
AF-	Coating: Anti-Friktions-Beschichtung	CVD	Chemical Vapour Deposition, chemische Beschichtung a. d. Dampfphase
At	Aufkohlungstiefe		
BMC	Bulk Moulding Compound, faserverstärkte, duroplastische Pressmasse	DESU- Eht	Druck-Elektro-Schlacke-Umschmelz-Verfahren Einhärtetiefe
CBN	Kubisches Bornitrid, (auch PKB)	EKD	Eisen-Kohlenstoff-Diagramm
CFK	Kohlenstofffaserverstärkter Kunststoff	EMK	Einlagerungs-Mischkristall
CIP	Kaltisostatisches Pressen	ESU	Elekto-Schlacke-Umschmelzen
GMT	Glasmattenverstärktes, flächiges Thermoplast-Halbzeug	GFK	Glasfaserverstärkter Kunststoff
HIP	Heißisostatisches Pressen	kfz.	Kubisch-flächenzentriert
hdP	Hexagonal dichteste Packung	krz.	Kubisch-raumzentriert
IP	Intermetallische Phase	LC-	Liquid-Crystal Polymer, Flüssigkristall-Kunststoff
MD	Multidirektional, in vielen Richtungen liegende Fasern	LE	Legierungselement
	Metall-Matrix-Compound, Metallverbund	Nht	Nitrierhärtetiefe
MMC	Mischkristall	PM	Pulvermetallurgie
MK	Oxid-Dispersion-Strengthened,	PVD	Physical Vapour Deposition, physikalische Beschichtung a.d. Gasphase
ODS	oxidteilchenverstärkt		
REM	Raster-Elektronen-Mikroskop	RT	Raumtemperatur
Rht	Randhärtetiefe	SMC	Sheet Moulding Compound, flächiges, faserverstärktes Duroplast-Halbzeug
tetr.	tetragonal		
TM	Thermomechanisches Umformen	SpRK	Spannungsrisskorrosion
WEZ	Wärmeeinflusszone beim Schweißen	UD	Unidirektional, in einer Richtung verlegte Fasern

1 Grundlagen

1.1 Allgemeines

1.1.1 Anforderungs und Eigenschaftsprofil

Alle Produkte der Technik – von Dienstleistungen abgesehen – bestehen aus Werkstoffen: Das Produkt muss mit seinem gewählten Werkstoff(en) die Anforderungen des Erwerbers oder Benutzers erfüllen:

- zuverlässige Funktion über die Lebensdauer (Leistung, Traglasten, Geschwindigkeiten),
- niedrige Betriebskosten (Schmierung, Korrosionschutz, Wartung) oder
- Regenerationsmöglichkeit bei großen Teilen,

Daraus ergeben sich die Anforderungen an das Bauteil, das **Anforderungsprofil** mit seinen Bereichen (→ Tabelle 1):

Tabelle 1. Anforderungsprofil

Bereich	Anforderungsprofil = Σ aller Anforderungen
Festigkeits-Beanspruchung	Äußere Kräfte bewirken Normal und Schubspannungen im Innern. Sie dürfen keine unzulässige *elastische*, keine *plastische* Verformung unter Betriebsbedingungen bewirken, ebenso keine Gewaltbrüche und bei dynamischer Belastung keine *Dauerbrüche*
Korrosions-Beanspruchung	Chemische und elektrochemische Reaktionen von Werkstoff und Umgebungsmedium führen zu Materialverlust, der tragende Querschnitte schwächt (Wandungen durchbricht) und Oberflächen aufraut (keine Dauerfestigkeit unter Korrosionsbeanspruchung). Das Korrosionsprodukt führt zu Funktionsstörungen oder Dauerbrüchen
Tribologische Beanspruchung	Kräfte wirken auf die dünne Oberflächenschicht unter Relativbewegungen der Reibpartner und führen zu Verschleiß und Änderung des Reibverhaltens, dadurch zu Funktionsstörungen und Leistungsabfall
Thermische Beanspruchung	Höhere Temperaturen können metastabile Gefüge verändern. Die Gitteraufweitung infolge erhöhter Wärmebewegung setzt die Dehngrenzen herab. Der Werkstoff darf bei langzeitig höheren Temperaturen nicht unzulässig *kriechen*, keine Risse bei Temperaturwechselbeanspruchung und bei tiefen Temperaturen keine Sprödbrüche zeigen.

Diesen Anforderungen muss der Werkstoff mit seinen Eigenschaften **im** Bauteil standhalten, sein **Eigenschaftsprofil** d. h. die Summe aller Eigenschaften muss mit dem Anforderungsprofil im Gleichgewicht stehen. Meist ist eine **Sicherheit** gegen Bruch oder Verformung notwendig, sodass die Eigenschaften *über* den Anforderungen liegen müssen.

Tabelle 2. Eigenschaftsprofil

Bereich	Eigenschaftsprofil = Σ aller Eigenschaften
Festigkeits-Eigenschaften	Zugfestigkeit, Streck- bzw. 0,2%- Dehngrenze, Bruchdehnung, Brucheinschnürung, Druck-, Schub- und Torsionsfestigkeit, Dauerfestigkeiten, E-Modul
Korrosions-Eigenschaften	Beständigkeit des Werkstoffes bei normalem Klima, in Industrieklima, in Meeresnähe, in Lösungen von Salzen, Säuren, Basen. Wird gemessen als: *Korrosionsrate* = Materialverlust / Zeit
Tribologische-Eigenschaften	Geringe Reibungszahl μ für Lagerwerkstoffe oder höhere für Kupplungswerkstoffe, geringe Verschleißrate für Werkzeuge und Bauteile im Kontakt mit verschleißenden Medien
Thermische Eigenschaften	Zeitdehngrenzen bei Temperaturen über 400 °C, Wärmeausdehnung α, Wärmeleitung λ, Thermoschockbeständigkeit, Schmelztemperaturen, Schwindmaße

Die Fertigung stellt zusätzliche Anforderungen an die *technologischen* Eigenschaften des Werkstoffs:

Fertigungs-Anforderung	Der Werkstoff soll die notwendigen Fertigungsvorgänge mit geringem Material- und Energieaufwand und ohne Schäden (Nullfehlerproduktion) durchlaufen können und eine kostengünstige Qualitätssicherung ermöglichen.

Dadurch hat der Fertigungsweg einen starken Einfluss auf die Wahl des günstigsten Werkstoffes für ein Bauteil. Seine Profile müssen um die **technologischen Eigenschaften** erweitert werden (Tabelle 3): Die Zahl der anwendbaren Fertigungsverfahren wird dadurch eingeschränkt, ebenso sind **Größe, Gestalt** und **Stückzahl** des Bauteils auf den günstigsten Fertigungsweg von Einfluss.

Tabelle 3. Technologische Anforderungen und Eigenschaften

Fertigungsverfahren	Erforderliche technologische Eigenschaften, Eignung für / zum...
Urformen	die verschiedenen Gießverfahren, Pressbarkeit und Sinterverhalten
Umformen	Schmiedbarkeit, Kaltumformbarkeit, Tiefziehfähigkeit, Verfestigungs- und Anisotropieverhalten
Trennen	Spanbarkeit (Schnittkräfte, Oberfläche), Verhalten beim autogenen Schneiden, beim Erodieren, beim Läppen usw.
Fügen	Verhalten beim Schweißen, Löten, Kleben
Beschichten	.. zum Schmelztauchen, zum thermischen Spritzen, zum galvanisch Beschichten, Beschichten aus der Gasphase PVD, CVD
Stoffeigenschaftändern	Härtbarkeit, Anlassverhalten, thermomechanische Verfahren, thermochemische Verfahren (Nitrieren, Aufkohlen)

1 Grundlagen

Stoffeigenschaften ergeben sich aus der Struktur des Stoffes. Struktur beginnt mit dem Kleinsten, Unsichtbaren, den **Atomen, Molekülen oder Ionen**, die sich unterschiedlich miteinander verbinden können. Diese **chemische Bindung** hängt mit der Struktur der Elektronenhülle der Atome zusammen. Damit kann eine Einteilung der Werkstoffe in Gruppen erfolgen, in denen Werkstoffe vereint sind, die sich in Eigenschaften und Verhalten ähnlich sind (Tabelle 4).

In Verbundwerkstoffen können alle drei Werkstoffarten als Matrix auftreten, in die eine oder mehrere andere Arten in Form von Fasern Schichten oder Teilchen eingebettet sind. Durch diesen Verbund lässt sich ein punktuell unzureichendes Eigenschaftsprofil von Werkstoffen an die Anforderungen anpassen. (Werkstoffe nach Maß). Dazu zählen auch die Oberflächenschichten und andere Oberflächenbehandlungen.

Tabelle 4. Grobeinteilung der Werkstoffe nach der Bindungsart

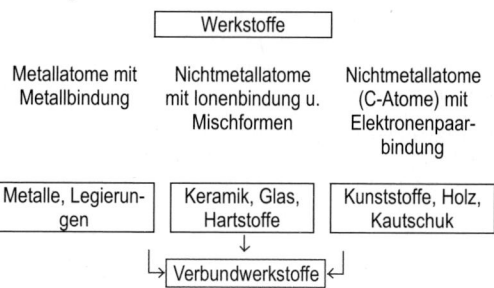

Die unterschiedliche Bindungsart der drei Werkstoffgruppen bewirkt die starken Unterschiede in ihren Eigenschaftsprofilen. Eine Gegenüberstellung enthält die Tabelle 5.

Tabelle 5. Eigenschaftsvergleich Metall - Polymer - Keramik

Eigenschaften	Metalle (Tab. 2.1)	Polymere	Keramik (Tab. 6.2.3)
E-Modul kN/mm^2	125 (Cu)...210 (Fe)	niedrig [1] 1 (PP)...4 (EP) ...23 (EP-GF)	> Stahl [2] 200 (ZrO$_2$) ... 400 (SiC)
Temperaturabhängigkeit	niedrig	hoch	sehr niedrig
Zugfestigkeit	hoch	niedrig	hoch
Druckfestigkeit	hoch	mittel	sehr hoch
Zähigkeit	gering bis hoch	mittel bis hoch	niedrig < Gusseisen
Wärmeleitung W/mK	50 (St) ... 174 (Al)	0,2 (PP) 0,5 (PE-HD).[4]	1,4 (Al$_2$TiO$_5$)...120 (SiC)
Wärmeausdehnung bis 100 °C 10^{-6}/K	mittel 12 ... 23,5 X50Ni36: 1,2	hoch 80 ... 160 verstärkt 15 ... 60	niedrig 2,6...8
Dauergebrauchstemperatur ° C	mittel bis hoch NiCr20Ti: <1100 ° C	niedrig 80 ... 130 verstärkt 100 ... 230	hoch > (950) 1300
Korrosionsbeständigkeit	schlecht bis gut, je nach Sorte	allgemein gut, einzelne Stoffe können schädigen	allgemein sehr gut
Verschleißwiderstand abrasiv adhäsiv	nur bei carbidreichen Sorten hoch, Lagermetalle gut	------------------------- einzelne Sorten gut	Hoch hoch
Dichte kg/dm^3	1,9.(Mg)..8,5 (Cu)	0,9.(PP). .2,0 (GFK)	zwischen Al und Ti
elektrischer Leiter	z.T. sehr gut	Isolator	meist Isolator [3]

[1] stark temperaturabhängig; [2] nicht ZrO$_2$ und Al$_2$TiO$_5$; [3] nicht SiC ; [4] durch Füllstoffe größer bis 0,8.

1.1.2 Werkstoffstruktur

Für das Verständnis der Zusammenhänge zwischen Struktur und Eigenschaften sind Grundkenntnisse aus verschiedenen Wissenschaftszweigen erforderlich.

Mikrostruktur		Fein- und Grobstruktur	
Chemische Grundlagen		Kristallographie, Physik Werkstoffkunde	
Atome, Moleküle	Chemische Bindung	Kristallgitter	Gefüge aus Kristallen mit Störungen,

Änderungen der Struktur sind nur begrenzt möglich. Durch die chemische Analyse sind Atomart und chemische Bindung festgelegt und kaum beeinflussbar. Dagegen sind Änderungen von Kristallgitter und Gefüge möglich und ein wichtiger Gegenstand der Werkstoffkunde und -forschung.

■ **Beispiel:**

Zustand	Kristallgitter	Eigenschaften
unlegiert, geglüht	kubisch.-raumzentriert	weich, zäh, magnetisch
gehärtet	tetragonal, verzerrt	hart spröde, magnetisch
legiert, 18 Cr, 8 Ni	kubisch-flächenzentriert	unmagnetisch, zäh

Gefüge werden bereits beim Erschmelzen beeinflusst (Reinheitsgrad) und setzen sich in allen Fertigungsstufen fort, z.T. als unerwünschter Nebeneffekt (Gussgefüge, Sintergefüge, Schmiedefaser), bis hin zum gezielten *Eigenschaftsändern* durch z.B. Glühen, Härten oder Vergüten.

Gefügeänderung → **Eigenschaftänderung**

Änderung	Beispiele
Mischungsverhältnis der Phasen	Stahl: Härte steigt mit dem C-Gehalt (= Carbidanteil)
Form und Größe der Kristalle	Gusseisen: Graphit in Lamellen- oder Kugelform → Festigkeit steigt
Art und Form der Zusatzstoffe	Quarzmehl in Phenolharz steigert Härte und Warmfestigkeit, Fasern die Zähigkeit und mindern Wärmedehnung, ergeben evtl. Anisotropie

1.2 Chemische Grundlagen

1.2.1 Atome

In der Materie lassen sich experimentell drei beständige Elementarteilchen nachweisen (Tabelle 6).

Tabelle 6. Elementarteilchen

Teilchen	Symbol	Masse in g	Ladung [1]	Massenverhältnis [2]
Proton	p	1,672 10^{-24}	+e	1,007 u
Neutron	n	1,674 10^{-24}	0	1,008 u
Elektron	e	0,9109 10^{-27}	-e	0,0000548 u

[1] e = Elementarladung, $e = 1,602 \cdot 10^{-19}$ C
[2] u = atomare Masseneinheit (unit) $u = 1,6605 \cdot 10^{-24}$ g

Atommodelle: Hilfsvorstellungen über die mögliche Struktur (Atom-⌀ etwa 1 nm = 10^{-3} μm) sollen chemische und physikalische Vorgänge veranschaulichen, geben aber kein wirkliches Bild dieser Vorgänge (Bild 1).

Chemische,	Klärung von Bindung und räumlicher Struktur von Atomverbänden (Molekülen, Ionen
Physikalische Vorgänge	Aussendung von Licht-, Röntgen- und Laserstrahlen, Magnetismus, Prinzip der Halbleiter (Transistoren)

In Verbindung mit dem Periodischen System der Elemente (PSE) erklären sie die Eigenschaften eines Elementes durch die Struktur seiner Atome, d.h. abhängig von Elektronenhülle und Atomdurchmesser. Den verschiedenen, mit dem Fortschritt der naturwissenschaftlichen Erkenntnisse verbesserten, Atommodellen gemeinsam ist folgende Vorstellung:

Ein positiv geladener Atomkern wird von einer negativen Elektronenhülle umgeben, sodass das Ganze nach außen elektrisch neutral wirkt. Kern- und Hüllendurchmesser verhalten sich wie 1 : 10^4 dazwischen befindet sich praktisch materieloser Raum. Trotzdem können sich Atome nur so weit nähern, bis sich ihre Elektronenhüllen berühren.

Atomkern. Kompakter Körper aus den schweren Elementarteilchen (Protonen + Neutronen = Nukleonen), der von großen Energien zusammen gehalten wird, die bei Spaltung oder Fusion frei werden (→ Massendefekt). Protonen und Neutronen der Atome eines Elementes stehen nicht in einem festen Verhältnis zueinander, die Zahl der Neutronen kann wechseln (Isotope).

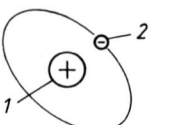 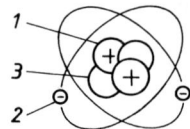

Wasserstoffatom   Heliumatom

Bild 1. Atommodell nach Bohr 1 Proton, 2 Elektron; 3 Neutron

Tabelle 7. Wichtige Begriffe und Größen

Begriff	Bedeutung
Kernladungszahl	Anzahl der Protonen im Kern eines Atoms, gleich der Anzahl der Hüllelektronen
Ordnungszahl	(= Kernladungszahl) ist die Zählziffer des Elements im PSE (Tabelle I.11)
Massenzahl	Anzahl der *Nukleonen* eines Atoms (Summe aus Protonen und Neutronen)
Isotope	Atomarten (Nuklide) mit gleicher Ordnungszahl aber verschiedener Massenzahl. Der größere Teil der Elemente besteht aus mehreren Isotopen
Reinelemente	bestehen aus nur einem Nuklid, es sind keine Isotopen bekannt
Mischelemente	bestehen aus mehreren Isotopen, z. B. Cl aus 2 Isotopen (^{37}Cl und ^{37}CL) im Verhältnis 3:1. Zinn besitzt z.B. 10 Isotope!
Relative Atommasse	(Atomgewicht) ist eine experimentell gefundene mittlere Massenzahl. Bezugsgröße ist die atomare Masseneinheit $u = 1/12$ der Masse des Nuklids ^{12}C

Massendefekt: Die Masse eines Atoms ist stets kleiner als die Summe seiner Elementarteilchen, d.h. praktisch die Summe der Nukleonenmassen. Diese Differenz wird als Massendefekt bezeichnet. Man nimmt an, dass beim Entstehen eines Atoms aus den Elementarteilchen dieser kleine Massenverlust auftritt und sich nach dem Masse-Energie-Erhaltungssatz in einer dabei frei werdenden Energie äußert. Masse und Energie sind (nach Einstein) *äquivalent* über

$$W = m \cdot c^2$$

W	m	c
Nm = J	kg	m/s

mit c = Lichtgeschwindigkeit

Die dem Massenverlust gleichwertige Energie ist ein Maß für die Bindung der Nukleonen in einem Atomkern. Für ihre Spaltung ist die gleiche Energie aufzuwenden. Sie ist für die schweren Atome klein, deshalb sind die Atome des Astatin (Nr. 85) und die

Folgenden radioaktiv oder leicht spaltbar durch Beschuss mit Neutronen.
Bei der Vereinigung von Wasserstoffatomen zu Heliumatomen (Kernfusion) wird durch den Massendefekt eine große Energie frei, die in der Wasserstoffbombe unkontrolliert genutzt wird. Die kontrollierte Kernfusion ist technisch noch nicht realisiert.

Chemische Reaktionen werden durch Zusammenstöße der „Atomkugeln" eingeleitet. Dabei ändern sich nur ihre äußersten Elektronenhüllen, die Kerne bleiben davon unberührt. Aus diesem Grunde ist der Bau der Hülle für das chemische Verhalten maßgebend.

1.2.2 Elektronenhülle

Nach dem Modell von Bohr bewegen sich die Elektronen ohne Energieabgabe (Stabilität der Atome) auf bestimmten *Schalen*, die den Kern konzentrisch umgeben. Mit steigendem Abstand können dies mehr Elektronen fassen, gleichzeitig weisen sie noch eine Unterteilung in „Nebenschalen" (Nebenniveau NN) auf.
Weitere Forschungen haben das Modell verändert. Statt definierter Umlaufbahnen werden Aufenthaltsbereiche beschrieben, in denen sich das Elektron als Ladungswolke, als stehende Welle eines elektrischen Feldes darstellt. Darin lässt sich Ort und Geschwindigkeit des Elektrons nicht genau angeben (Heisenbergs Unschärferelation). Jedes Elektron unterscheidet sich in der Art seines Schwingungszustandes von seinen Nachbarn (Pauli-Prinzip).
Die Aufenthaltsbereiche (Orbitale) durchdringen sich gegenseitig ohne Beeinflussung. Durch Energiezufuhr können Elektronen nur *quantenhafte* Energiebeträge aufnehmen und in energiereichere Orbitale springen. Dieser *angeregte* Zustand wird unter Abgabe von Strahlung wieder aufgegeben.

Tabelle 8. Besetzung der Haupt- (HN) und Nebenniveaus (NN) mit Elektronen

Hauptniveau (Schale)	K	L	M		N			O				P			
Hauptquantenzahl	1	2	3		4			5				6			
Maximale Anzahl der Nebenniveaus	1	2	3		4			5				6			
Bezeichnung der Nebenniveaus	s	s p	s p d		s p d f			s p d f (g)				s p d f (9)			
Maximale Anzahl der Orbitale des Nebenniveaus	1	1 3	1 3 5		1 3 5 7			1 3 5 7 (9)				1 3 5 7 (9)			
Maximale Anzahl der Elektronen im Nebenniveaus	2	2 6	2 6 10		2 6 10 14			2 6 10 14 (18)				2 6 10 14 (18)			
Maximale Anzahl der Elektronen im Hauptniveau $z_{max} = 2n^2$	2	8	18		32			(50)				(72)			

Die Frequenzmischung der ausgesandten Strahlung (ihr Spektrum) ist typisch für das jeweilige Atom und damit eine Möglichkeit zu seiner Erkennung (Spektralanalyse).

Quantenzahlen: Der Energiezustand (Schwingungszustand) wird durch vier Quantenzahlen beschrieben. Elektronen müssen sich in mindestens einer dieser Zahlen unterscheiden (Pauli-Prinzip).

Hund'sche Regel: Jeder Orbital wird zunächst einfach besetzt, das hinzukommende Elektron wird in den noch unbesetzten, energieärmsten Orbital eingebaut. Tabelle 10 zeigt die relativen Energieniveaus und ein Beispiel.

Tabelle 9. Quantenzahlen

Quantenzahl	Veranschaulichung
Hauptquantenzahl n	n = 1, 2, 3 ... 7; deutet den *Abstand* des Orbitals vom Atomkern an, sie entspricht den Bezeichnungen K, L, M, ... Q..
Nebenquantenzahl l	l = 0, 1, 2 ... (n – 1); l deutet die *Form* des Orbitals an. Die räumlichen Modelle dieser Orbitale werden mit den Buchstaben s, p, d, f benannt (Abkürzungen spektroskopischer Bezeichnungen) Bild I.2
Magnetquantenzahl m	m = – l...,0,... + l; m deutet die *Lage* des Orbitals im Raum an. Der Name „Magnet" bezieht sich dabei auf das Messverfahren
Spinquantenzahl s	s = + 1/2 oder – 1/2 s deutet eine *Rotation* des Elektrons an, für die es nur zwei Möglichkeiten gibt. In einem Orbital können höchstens zwei Elektronen mit gegenläufigem Spin Platz finden

Bild 2 zeigt die Modelle von s- und p-Orbitalen. Wenn alle 2p-Orbitale aufgefüllt sind, besitzt das Atom eine L-Schale mit 8 Elektronen, welche den Kern kugelförmig umgeben, es ist das Edelgas Neon.

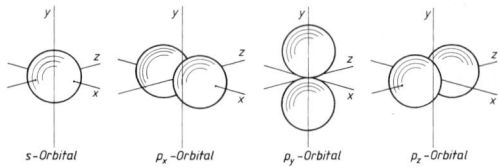

Bild 2. Modelle der s- und p-Orbitale

Die Zustände d und f ergeben kompliziertere Modelle. Diese Orbitale erfüllen weitere Räume zwischen den Achsen x, y, und z.

1.3 Periodensystem der Elemente (PSE)

Systematische Anordnung der Elemente in Perioden und Gruppen auf Grund chemischer Ähnlichkeiten aufgestellt (Meyer und Mendelejeff 1869), später berichtigt. Ordnungsprinzip ist die Kernladungszahl. Das PSE ist damit ein Abbild der Systematik der Elektronenhülle.

1.3.1 Begriffe zum PSE

Periode: Waagerechte Zeile im PSE, enthält Elemente, deren Außenelektronen die gleiche Hauptquantenzahl besitzen. Am Ende jeder Periode steht ein Edelgas (s- und p-Oorbital vollbesetzt). In einer Periode steigt die Kernladung nach recht an, dadurch wirkt sie stärker auf die Hülle → Atomradius sinkt. Nur das Edelgas hat einen größeren Radius. Nach jedem Edelgas mit 8 Elektronen in der Außenhülle (Oktett) muss eine neue Periode beginnen. Beim nächsten Element baut das Atom eine neue Schale auf, d.h. bei ihm wird der nächsthöhere s-Orbital einfach besetzt.

Tabelle 10. Energieniveaus in der Elektronenhülle und Bezug zum PSE

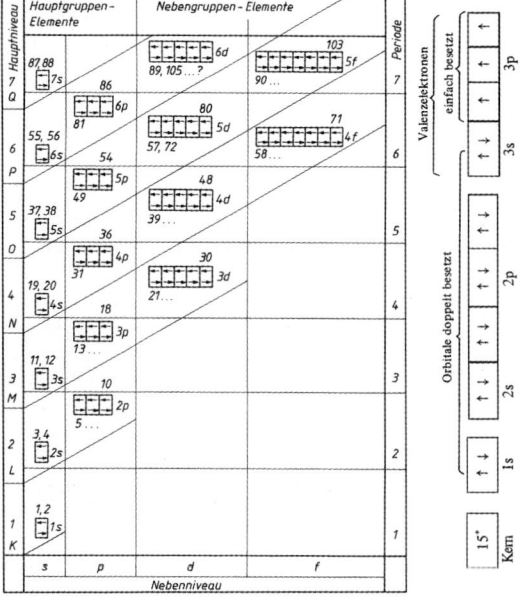

■ **Beispiel:**
Beschreibung der Elektronenbesetzung des Elementes Nr. 15, Chlor
Besetzung: 1s2; 2s2; 2p6; 3s2: 3p3 mit zusammen 15 Elektronen

Gruppe: Senkrechte Spalte im PSE, enthält alle Elemente, deren Außenelektronen die gleiche Nebenquantenzahl (Form der Orbitale) besitzen.

Hauptgruppe: Enthält Elemente, deren Atome die inneren Nebenniveaus voll besetzt haben. Das hinzukommende Elektron wird in ein s- oder p-Orbital eingebaut.

Nebengruppe: Enthält Elemente, deren Atome die vorhandenen Nebenniveaus noch nicht voll besetzt haben. Das hinzukommende Elektron wird in ein d- oder f-Orbital eingebaut. Sie werden deshalb als d- oder f-Elemente bezeichnet.

1.3.2 Periodensystem in Verbindung mit dem Aufbau der Elektronenhülle (Tabelle 11)

Periode 1: Beim Wasserstoff $_1$H und Helium $_2$He wird das Hauptniveau 1 (Schale K) mit max. 2 Elektronen aufgebaut. He hat eine abgeschlossene Außenschale und ist ein Edelgas.

Periode 2: Beim folgenden Lithium $_3$Li muss ein neues Hauptniveau 2 (Schale L) begonnen und besetzt werden. Es schließen sich 7 Elemente an, deren Atome das 2s- und 2p-Orbital bis auf 8 Elektronen auffüllen. Am Ende steht das Edelgas Neon $_{10}$Ne.

Periode 3: Beim folgenden Natrium $_{11}$Na muss ein neues Hauptniveau 3 (Schale M) begonnen und besetzt werden. Es schließen sich 7 Elemente an, deren Atome die 3s- und 3p-Orbitale bis auf 8 Elektronen auffüllen. Am Ende steht das Edelgas Argon $_{18}$Ar.

Periode 4: Zunächst kann das Hauptniveau 3 nicht bis auf seine max. Zahl von 18 Elektronen aufgefüllt werden. Aus energetischen Gründen (Tabelle 10) wird beim folgenden Kalium $_{19}$K das Elektron in $4s^1$ eingebaut, beim Calcium $_{20}$Ca in $4s^2$. Erst nach diesem abgeschlossenem Nebenniveau werden bei den folgenden 10 Elementen die 3d-Orbitale aufgefüllt, es sind die Nebengruppen-Elemente Nr. 21 bis 30. Mit zwei Ausnahmen (Cr und Cu), haben sie zwei 4s-Elektronen als Valenzelektronen, dazu noch solche der 3d-Orbitale (Tabelle 11, Erläuterungen 12).

Bei den folgenden Hauptgruppen-Elementen Nr. 31 bis 36 werden die 4p-Orbitale bis auf 8 Elektronen aufgefüllt. Am Ende der Periode steht das Edelgas Krypton $_{36}$Kr.

Periode 5: Hier wiederholt sich die Unregelmäßigkeit der 3. Periode. Bei den Atomen Rubidium $_{37}$Rb und Strontium $_{38}$Sr wird das 5s-Orbital besetzt.
Das Niveau der nächsthöheren Energiestufe ist 4d. Es wird bei den folgenden Nebengruppen-Elementen Nr. 39 bis 48 aufgefüllt. Erst dann werden bei den Elementen der Hauptgruppe die 5p-Orbitale auf 8 Elektronen aufgefüllt.

Periode 6: Mit steigender Hauptquantenzahl erhöht sich die Zahl der möglichen Nebenniveaus in den „tieferliegenden Schalen". Nach einer Besetzung des 6s-Orbitals bei den Elementen Cäsium $_{55}$CS und Barium $_{56}$Ba sind energetisch (Tabelle 10) die 4f-Orbitale an der Reihe. Zunächst wird noch beim Lathan $_{57}$La das Elektron in 5d eingebaut. Die folgenden 14 Elemente (Lanthanide oder seltene Erden) Nr. 58 bis 71 füllen die 4f-Orbitale auf, dabei haben sie die gleiche 6s-Außenelektronen und sind sich chemisch sehr ähnlich.

1 Grundlagen

Es folgen die Nebengruppen-Elemente Nr. 72 bis 80, bei denen die 5d-Orbitale aufgefüllt werden. Die Periode schließt wie die vorigen mit 6 Hauptgruppen-Elementen, bei denen die 6p-Orbitale bis zu einem Oktett aufgefüllt werden.

Periode 7: Hier wiederholt sich die Systematik der 6. Periode. Bei den zwei Hauptgruppenelementen Francium $_{87}$Fr und Radium $_{88}$Ra wird das Orbital 7s besetzt, das Folgende beginnt zunächst mit 6d, dann bricht dieses Nebenniveau ab und analog zu den Lanthaniden folgt eine Gruppe von Elementen, bei denen das Nebenniveau 5f aufgefüllt wird. Es sind dies die Actiniden, die auf das Actinium $_{89}$Ac folgenden Elemente, die bis zum Uran $_{92}$U natürlich vorkommen.

Die folgenden Elemente sind die Tranurane. Sie werden durch Neutronenbeschuss künstlich hergestellte. Es sind radioaktive Elemente mit kleiner Halbwertszeit und als Werkstoffe ohne Bedeutung, da sie nur im Labormaßstab erzeugt werden.

1.3.3 Periodizität der Eigenschaften

Elektronegativität EN. Elementeigenschaften hängen vom Verhalten seiner Atome ab, d.h. von den Kräften, die sie aufeinander ausüben. Sie sind abhängig vom Abstand zueinander (Atom-$\varnothing$) und der Zahl der Ladungen (Kernladung und Elektronenhülle). Eine wichtige Größe zur Abschätzung des Bindungsverhaltens ist die Elektronegativität EN: Empirische Zahl (nach Pauling), gibt das Bestreben eines Atoms an, die Elektronen des Partners in einer chemischen Verbindung an sich zu ziehen. (Übersicht)

Eigenschaft Element	Metall	Nichtmetall
Elektronen in der Außenschale	Wenige 1 ... 3(4)	viele, 5 ... 7(8)
Bindung an Atomkern	schwächer	stärker
Elektronegativität EN	niedrig	hoch
Verhalten der Elektronen der Außenschale und Ionenbildung	Abspaltung, Bildung von *Positiven* Ionen **(Kationen)**	Anziehung von anderen, Bildung *Negativer* Ionen **(Anionen)**
Charakter des Atoms	elektropositiv	elektronegativ

Dies hängt mit dem Atomradius zusammen, sodass das kleinste Atom, das Fluor (mit $r = 7{,}2$ nm) sehr dicht an die E-Hülle des Partners herantritt und die höchste EN-Zahl 4 besitzt (Werte Tabelle 11, Erläuterungen 11).

Als Folge dieser Veränderungen erscheinen in jeder Periode auf der linken Seite zunächst Elemente, die zu den Metallen gehören, während nach rechts hin Nichtmetalle auftreten.

Das PSE wird deshalb durch eine diagonal verlaufende Linie in ein links und unten liegendes Feld der Metalle und ein rechts und oben liegendes Feld der Nichtmetalle geteilt. Diese Linie ist gespalten und bildet das Feld der Halbmetalle (Tabelle 11, Erläuterungen 6).

Die Neigung zum Abgeben oder Aufnehmen von Elektronen hängt von Kernladung und Atom-$\varnothing$ ab.

Schema: Änderung der Atomradien in den Perioden und Gruppen.

Atomkern

Trend innerhalb einer **Periode:**

Atomradien sinken, Valenzelektronen stärker gebunden, die EN-Zahl steigt, der Nichtmetallcharakter wird stärker.

Trend innerhalb einer **Gruppe**

Atomradius steigt, Valenzelektronen schwächer gebunden, EN-Zahl sinkt, Metallcharakter wird stärker.

Den Zusammenhang zwischen Eigenschaften und Atomvolumen zeigt Bild 3. Jede Periode beginnt mit einem Element von größtem Atomvolumen. Es sind die Alkalimetalle der Hauptgruppe !. Infolge des nur schwach gebundenen Valenzelektrons sind sie unbeständig und reagieren heftig mit Wasser (vom Li bis Cs zunehmend). Die zweiten Elemente jeder Periode (Erdalkalimetalle, Hauptgruppe II) zeigen diese Erscheinung erst beim Ca, während die kleineren Be und Mg metallische Werkstoffe sind. In den Tieflagen der Kurven sind die hinreichend beständigen und technisch wichtigen Gebrauchsmetalle zu finden.

Die Gruppe der Lanthaniden zeigt, dass trotz wachsender innerer Elektronenbesetzung das Atomvolumen sinkt, eine Folge der stärker werdenden Kernanziehung bei steigender Kernladungszahl.

So kommt es, dass die Übergangsmetalle in den Perioden 5 und 6 fast gleiche Atomvolumina besitzen, d.h. auch etwa gleiche Atomradien. Folge: die zweiten und dritten Elemente der Nebengruppen sind sich chemisch sehr ähnlich (Beispiel).

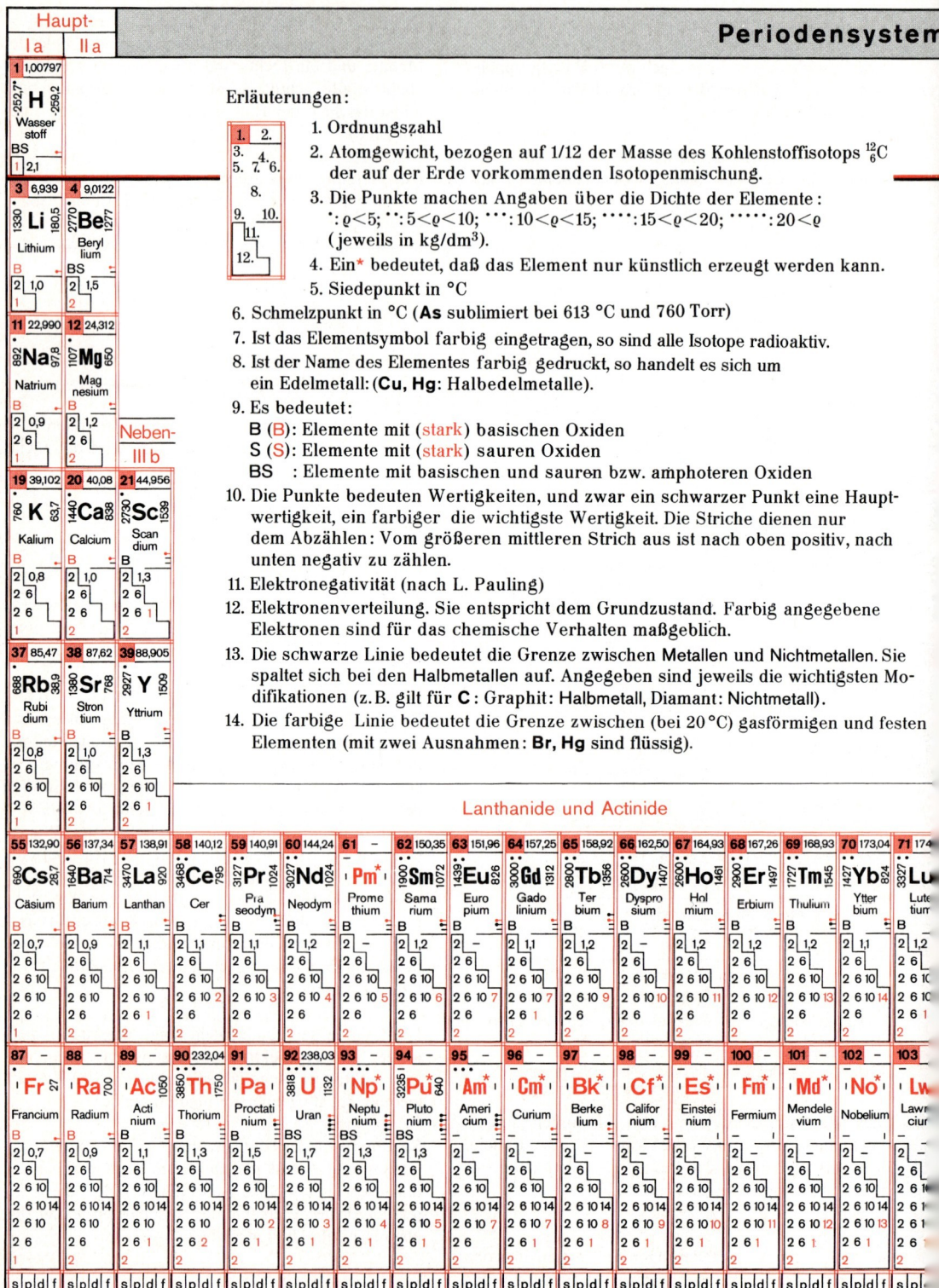

Tabelle 11. Periodensystem der Elemente

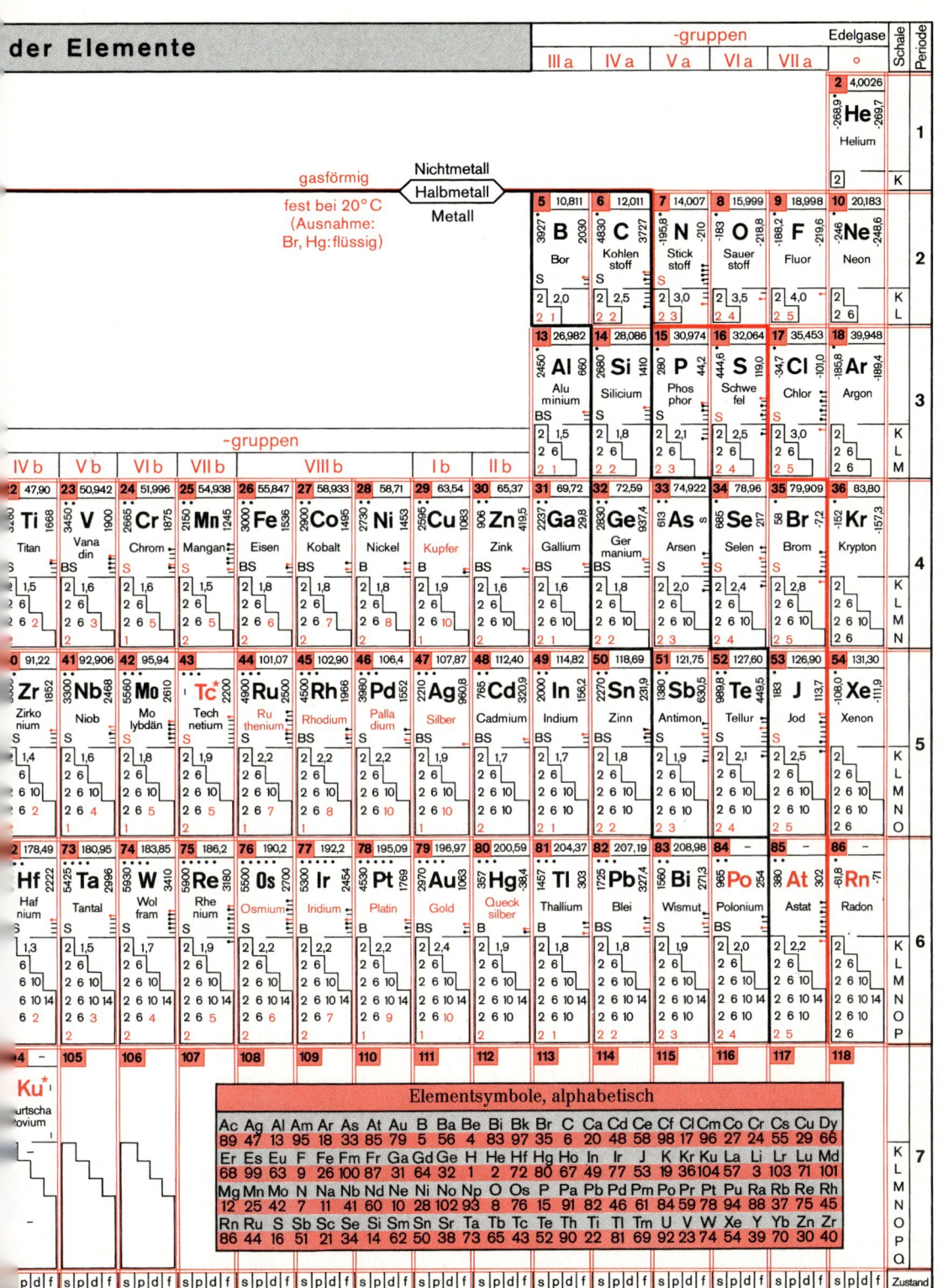

Neben-gruppe	Elemente		Eigenschaften
IV B	22 Titan, 40, Zirkon, 72 Hafnium,	Ti Zr Hf	Alle kristallisieren hexagonal / kubischraumzentriert, Zr und Hf sind sehr ähnlich und chemisch sehr schwer trennbar, Hf wird rein als Reaktorwerkstoff eingesetzt
e VI B	24 Chrom, 42 Molybdän, 74 Wolfram,	Cr Mo W	Alle kristallisieren kubischraumzentriert und sind starke Carbidbildner, ↓ steigende Schmelztemperaturen. Mo kann W in Werkzeugstählen ersetzen,

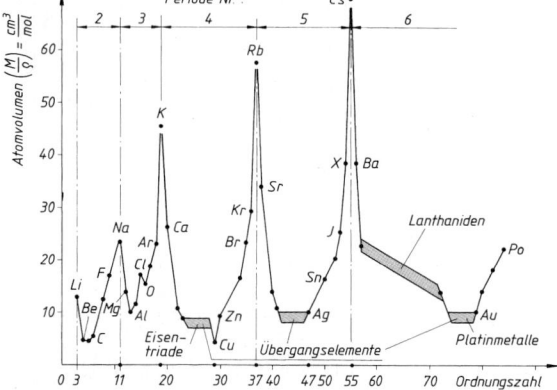

Bild 3. Atomvolumen in Abhängigkeit von der Ordnungszahl

1.4 Chemische Bindung

1.4.1 Hauptbindungsarten

Außer Edelgasen und einigen Edelmetallen kommen die Elemente in der Natur nur chemisch gebunden vor oder gehen bei Kontakt miteinander chemische Bindungen ein. Ursache ist das Streben nach einem stabileren, d.h. energieärmeren Zustand. Nach der Elektronentheorie der Valenz (Kossel und Lewis 1916) versuchen Atome ihre Elektronenhüllen dem nächstliegenden Edelgas anzugleichen, d. h. das „Oktett" von 8 Elektronen im energiereichsten Niveau zu bilden.
Je nach Stellung im PSE (damit auch der Elektronegativität) erreichen die Atome das Oktett (auch Edelgaskonfiguration genannt) auf verschiedene Weise (Tabelle 12).

Hauptgruppenelemente: Die Atome verändern dabei die Elektronenbesetzung der äußersten Schale (Hauptniveau mit größter Haupt-Quantenzahl).

Nebengruppenelemente: Die Atome setzen neben den Außenelektronen auch einige der nächstinneren Schale als Valenzelektronen ein.

Im PSE (Tabelle 11) sind die möglichen Valenzelektronen markiert (Erläuterungen 10).

Bindungskräfte: Bei allen drei Bindungsarten treten elektrische ungleich geladene Teilchen (oder Felder) auf, die sich nach der Coulomb'schen Gleichung elektrostatisch anziehen:

$$\text{Kraft } F \approx e^+ \cdot e^- / a^2$$

(Produkt der Ladungen dividiert durch das Abstandsquadrat)

Die Ionen in Gittern können als Kugeln betrachtet werden, sodass sich der Abstand a angenähert als Summe der Ionenradien ergibt. Bild I.4 zeigt schematisch, wie in Ionengittern die Anziehung von Kation und Anion die Abstoßung der Anionen überwiegt, sodass eine starke Bindungskraft resultiert. Sie wird Ionen- oder heterovalente Bindung genannt.

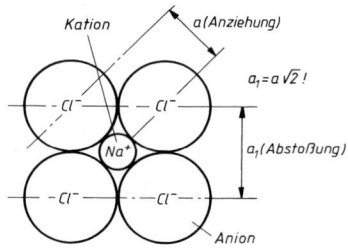

Bild 4. Ionenbindung NaCl (heterovalent)

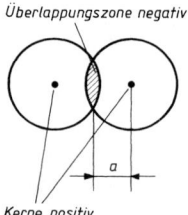

Bild 5. Atombindung Cl_2 (kovalent)

Bei der Elektronenpaarbindung (kovalente B.) bildet die Überlappungszone den negativ geladenen Bereich, der die positiven Atomkerne bindet. Hierbei sind Tiefe der Überlappung und damit der Grad der Annäherung bestimmend für die Stärke der Bindung (Bild 5).

1 Grundlagen

Tabelle 12. Atomstruktur und Bindungsarten

Metallatome	Halbmetallatome	Nichtmetallatome
1...4 Außenelektronen mit größerem Abstand, damit schwacher Bindung zum Kern. Abtrennung mit kleiner Ionisierungsenergie möglich. Dabei entstehen • **positive** Ionen und (Kationen) und • **negative** Elektronen. Metallatome sind elektropositiv mit kleiner Elektronegativitätszahl EN	Keine eindeutige Zuordnung zu den beiden Atomarten möglich. **Beispiele:** Graphit, Silicium Germanium Sie stehen zwischen Metall und Nichtmetall und sind **Halbleiter**	5 bis 7 Außenelektronen, näher am Atomkern, deshalb stärkere Bindung. Anziehung freier Elektronen anderer Atome und Einbau in die E-Hülle. Dabei entstehen • **negativ** geladene Ionen (Anionen), Nichtmetallatome sind elektronegativ mit hoher Elektronegativitätszahl EN
Metallatome allein binden sich durch die **Metallbindung.** Sie bilden Metallgitter aus Metallionen und freien Elektronen: **Elektronenleiter**	Halbmetallatome allein binden sich durch gerichtete **Elektronenpaarbindungen** und bilden Atomgitter mit lokalisierten Elektronen, **Nichtleiter**	Nichtmetallatome allein binden sich durch **Elektronenpaarbindungen** zu Molekülen, feste Stoffe bilden Molekülgitter mit schwacher Bindungen, **Nichtleiter**
Plastische Verformbarkeit	Hohe Schmelzpunkte und Härte	Niedrige Schmelzpunkte und Härte
Metalle, Legierungen	Diamant, Si-Carbid	Eis, Graphit,
Metall- u. Nichtmetallatome binden sich durch die **Ionenbindung** und bilden Ionengitter (Bild 4), **Ionenleiter** für elektrischen Strom, in Schmelzen und H2O in Anionen und Kationen dissoziiert		
Hohe Schmelz- und Siedepunkte		Oxide, Hydroxide, Salze

1.4.2 Übergangsformen

Zwischen den wenigen reinen Vertretern der drei Bindungsarten existieren alle möglichen Übergangsformen:
Polarisierte Atombindung: Tritt zwischen Nichtmetallen ungleicher EN-Zahl auf. Das bindende Elektronenpaar verlagert sich zum elektronegativeren Partner. Die polarisierte Atombindung ist als fließender Übergang zwischen den reinen Formen der Atombindung (Nichtmetalle gleicher EN-Zahl) und der Ionenbindung (EN-Zahl stark unterschiedlich) zu betrachten.
Dipol: Molekül mit polarisierter Atombindung, bei dem die Schwerpunkte der Ladungen beider Teilchen nicht zusammenfallen, so dass das Molekül ein positives und negatives Ende besitzt.
Wichtige Dipole sind: Wasser H_2O; Ammoniak NH_3 (flüssig); Fluorwasserstoff HF (flüssig).
Dipole haben eine hohe Permittivitätszahl (Dielektrizitätskonstante) und sind dadurch Lösungsmittel für Ionenverbindungen. Die beiden Seiten eines Dipolmoleküls wirken auf Ionen anziehend bzw. abstoßend. Dadurch umgeben sich Ionen mit einer Hülle von Dipolen (Hydrathülle), welche die elektrostatische Anziehung verringern. Dadurch entstehen die freibeweglichen Ionen in z.B. Lösungen des Wassers
→ elektrolytische Dissoziation.

■ **Beispiel:** $EN_H = 2,1$; $EN_{Cl} = 3,0$;
  sie bilden Chlorwasserstoff HCl

$$+\delta \quad -\delta$$
$$H-Cl \quad \text{Folge:} \quad +H-Cl-$$
$$\text{Ladung } \delta \approx 0,2\ e^- \quad \text{Dipol}$$

1.4.3 Wertigkeiten

(PSE, Tabelle 11, Erläuterungen 10)
Atome treten nicht nur paarweise zu chemischen Verbindungen zusammen., sondern je nach Anzahl der Valenzelektronen auf vielfältige Weise. Wertigkeit (Valenz) ist eine quantitative Angabe über die Anzahl der Bindungen, die ein Atom in einer Verbindung besitzt. Es gibt verschiedene Begriffe:
Stöchiometrische Wertigkeit. Ganzzahlige Angabe über das Verhältnis, mit dem Atome oder Atomgruppen das Wasserstoffatom binden oder ersetzen können. Neben dem einwertigen H-Atom kann auch das zweiwertige O-Atom als Bezugsgröße dienen.
Ionenwertigkeit, Ladungszahl. Ganzzahlige Angabe mit Vorzeichen; kennzeichnet die Anzahl der aufgenommenen Elektronen (Minuszeichen) oder der abgegebenen Elektronen (Pluszeichen). Die *Beträge* von Ionenwertigkeit und stöchiometrischer Wertigkeit sind gleich.

■ **Beispiel:**
  Schwefelsäure H_2SO_4; der Säurerest $(SO_4)^{2-}$ hat die Ladungszahl −2 und die stöchiometrische Wertigkeit 2.

Bindigkeit, Bindungswertigkeit. Ganzzahlige Angabe; kennzeichnet die Anzahl der Elektronen, die das Atom mit seinem Partner gemeinsam besitzt. Bindigkeit und Wertigkeit sind nicht immer gleich.

■ **Beispiel:** C-Atome mit Doppelbindung

Name	Wertigkeit	Bindigkeit
Methan CH_4	4	4
Äthen C_2H_4 H H H H \\ / | | C=C C::C / \\ | | H H H H	2	4

Koordinationszahl: Angabe über die Anzahl der unmittelbaren Nachbarteilchen in Kristallgitter und Komplex-Ionen Sie lässt einen Schluss auf die Struktur und den Modellkörper zu, den das Teilchen und die Nachbarn bilden. Bei Komplex-Ionen gibt die K-Zahl an, wie viele Liganden (Ionen oder Moleküle) um das sog. Zentralion angeordnet sind. Es sind Zahlen von 2 ... 8 möglich, häufig sind die geraden Zahlen.

Tabelle 13. Koordinationszahl und Modellkörper

K-Zahl	Modellkörper	Kristallgitterstruktur,
4	Tetraeder	Diamantgitter
6	Oktaeder	kubisch einfach
8	Würfel	kubisch-raumzentriert
12	Würfel	kubisch-flächenzentriert
12	Hex. Prisma	hexagonal dichteste Packung

1.5 Systematische Benennung chemischer Verbindungen (anorganisch)

Regel: Der Name des elektropositiveren Elementes steht (meist unverändert) vorn, es folgt der des elektronegativeren mit einer Endung. Die Elektronegativitätsskala bestimmt die Reihenfolge:

K	Na, B	Li, Ca	Mg	Al	Zn	Si	H
0,8	0,9	1,0	1,2	1,5	1,7	1,8	2,1

← elektropositiver

H	P	C	S	N	Cl	O	F
2,1	2,1	2,5	2,5	3,0	3,0	3,5	4,0

elektronegativer →

Verbindungen aus zwei Elementen enden auf **-id**.

Element	Name	Element	Name
Wasserstoff H	**-hydrid**	Bor B	**-borid**
Sauerstoff O	**-oxid**	Fluor F	**-fluorid**
Chlor Cl	**-chlorid**	Arsen As	**-arsenid**
Kohlenstoff C	**-carbid**	Stickstoff N	**-nitrid**
Phosphor P	**-phosphid**	Schwefel S	**-sulfid**
Selen Se	**-selenid**	Brom B	**-bromid**

Metallverbindungen: Bildet ein Metall mit einem Element (oder Gruppe) mehrere Verbindungen, so wird zur eindeutigen Kennzeichnung seine Oxidationsstufe (Wertigkeit) zwischen die beiden Teile gesetzt.

FeO	Fe_2O_3	Al_2O_3
Eisen(II)-oxid	Eisen(III)-oxid	Alumiumoxid, Al bildet nur ein Oxid

Nichtmetallverbindungen: Bilden zwei Nichtmetalle mehrere Verbindungen miteinander, wird zur eindeutigen Kennzeichnung ein griechisches Zahlenwort (evtl. an beide) angehängt.

1	mono	4	tetr(a)	7	hept(a)
2	di	5	pent(a)	8	oct(a)
3	tri	6	hex(a)		

■ **Beispiele:**

CO	Kohlen**mon**oxid	N_2O	Di**stick**stoffoxid
CO_2	Kohlen**di**oxid	N_2O_4	Distickstoff**tetr**oxid
P_2O_5	Phosphor**pent**oxid	SO_3	Schwefel**tri**oxid

Grundsatz: Nur so viele Zahlenworte, wie nötig! Für das elektropositivere Element entfällt das Zahlwort „mono".

Säuren haben Trivialnamen (gewerbliche Bezeichnungen), die von der Erzeugung herrühren.
Salze: Die Namen werden aus dem Metall (evtl. mit Oxidationsstufe) und dem Namen des Säurerestes gebildet. Saure Salze, die noch Säurewasserstoff enthalten, werden durch ein zwischen geschaltetes – hydrogen – gekennzeichnet (Tabelle 14).

Tabelle 14. Säuren, Säurereste, Ladung und Benennung der Salze

Säurename	Formel	Säurerest	Ladung	Salzname
Fluorwasserstoffsäure, Fluss-Säure	HF	F	1-	- fluorid
Chlorwasserstoffsäure, Salzsäure	HCl	Cl	1-	- chlorid
Bromwasserstoffsäure	HBr	Br	1-	- bromid
Jodwasserstoffsäure	HJ	J	1-	- jodid
Schwefelwasserstoffsäure	H_2S	S	2-	- sulfid
Cyanwasserstoffsäure, Blausäure	HCN	CN	1-	- cyanid
Unterchlorige Säure	HClO	ClO	1-	- hypochlorit
Chlorige Säure	$HClO_2$	ClO_2	1-	- chlorit
Chlorsäure	$HClO_3$	ClO_3	1-	- chlorat
Perchlorsäure	$HClO_4$	ClO_4	1-	- perchlorat
Cyansäure	HOCN	OCN	1-	- cyanat
Kieselsäure	H_2SiO_3	SiO_3	2-	- silicat
Kohlensäure	H_2CO_3	CO_3	2-	- carbonat
Phosphorsäure	H_3PO_4	PO_4 HPO_4	3- 2-	- phosphat- hydrogenph.
Salpetrige Säure	HNO_2	NO_2	1-	- nitrit
Salptersäure	HNO_3	NO_3	1-	- nitrat
Schweflige Säure	H_2SO_3	SO_3	2-	- sulfit
Schwefelsäure	H_2SO_4	SO_4	2-	- sulfat

1.6 Chemische und physikalische Reaktionen

Hier ist eine Beschränkung auf solche Reaktionen erforderlich, die für die Werkstofftechnik Bedeutung haben, z.B. für Metallurgie, Wärmebehandlungen, Oberflächentechnik und Korrosion.

1.6.1 Allgemeine Gesetze für chemische Reaktionen

Chemische Reaktionen unterliegen Reaktionsbedingungen, welche die Geschwindigkeit der Reakion beeinflussen: Größe und Verteilung der Stoffteilchen, Konzentration in Lösungen, Temperatur, Druck, Wirkung von Verunreinigungen oder Katalysatoren. Es gelten folgende Gesetze:

1 Grundlagen

Tabelle 15. Gesetze chemischer Reaktionen

Erhaltung der Masse	Bei abgeschlossenen Systemen sind die Massen der Ausgangsstoffe (Anzahl der Atome,) und der Reaktionsprodukte gleich.
Erhaltung der Energie	Energie, die bei der Bildung eines Stoffes frei wird, muss beim entgegengerichteten Vorgang wieder zugeführt werden. Die Energieart (Wärme, Elektrizität) kann verschieden sein.
Konstante Massenverhältnisse	Zwei Stoffe verbinden sich chemisch in stets gleichen Massenverhältnissen oder Vielfachen davon.

1.6.2 Reaktionsgleichungen

Beschreibung chemischer Vorgänge in Kurzform. Ausgangsstoffe erscheinen auf der linken Seite, Reaktionsprodukte auf der rechten. Die Gleichung beschreibt die Reaktionen zunächst zwischen den kleinsten Teilchen. Jede Atomart muss auf beiden Seiten in gleicher Anzahl auftreten. Elemente erscheinen mit ihren *Symbolen*, chemische Verbindungen mit *Formeln*.

Symbol / Bedeutung	Formel und Bedeutung
Ca: 1 Atom Calcium oder 1 mol Calcium	Ca(OH)$_2$: 1 Molekül Calciumhydroxid mit 1 Ca-, 2 O und 2 H-Atomen, auch 1 mol (CaOH)$_2$
2 Ca: 2 Atome Calcium oder 2 mol Calcium	2 Ca(OH)$_2$: 2 Moleküle Calciumhydroxid mit 2 C-, 4 O- und 4 H-Atomen, auch 2 mol (CaOH)$_2$

■ **Beispiel:**
Reaktiongleichung für die vollständige Verbrennung von Ethanol (Äthylalkohol) C_2H_5OH.

$C_2H_5OH + ?O_2 \rightarrow 2 CO_2 + 3 H_2O$

Anzahl der Sauerstoffmoleküle O_2 noch unbekannt. Aus zwei C-Atomen im Ethanol werden 2 Moleküle CO_2 und 6 H-Atome zu 3 Molekülen H_2O. Diese Oxide enthalten 4 + 3 Atome O. Da im Ethanol bereit 1 Atom O enthalten ist, werden noch 6 Atome O = 3 Moleküle O_2 benötigt. Es ergibt sich:

$C_2H_5OH + 3 O_2 \rightarrow 2 CO_2 + 3 H_2O$

■ **Beispiel:**
Ionengleichung für Reaktionen in wässriger Lösung: Fällung von Cl-Ionen durch Silbernitrat (analytischer Nachweis).

$Na^+ + Cl^- + Ag^+ + (NO_3)^- \rightarrow Na^+ + (NO_3)^- + AgCl\downarrow$
(als unlöslicher Niederschlag)
Natriumchlorid + Silbernitrat $\rightarrow$ Natriumnitrat + Silberchlorid

■ **Beispiel:**
Reaktionsgleichung mit *Elektronenformeln* (gepaarte und ungepaarte Elektronen):

Synthese von Chlorwasserstoff.

$H_2 + Cl_2 \rightarrow 2 HCl;$
$H:H + Cl:Cl \rightarrow 2 H:Cl;$

1 H_2-Molekül +1 Cl_2-Molekül $\rightarrow$ 2 HCL-Moleküle

1.6.3 Stöchiometrische Rechnungen

Berechnung von Massen und Volumen der miteinander reagierenden Stoffe. Dazu muss eine richtige Reaktionsgleichung (Massengleichung) vorliegen.

Tabelle 16. Größen der Stöchiometrie

Größe	Definition
Atomare Masseneinheit u	$u = 1{,}66 \cdot 10^{-24}$ g = 1/12 der Masse des Atoms (Nuklid) ^{12}C
Relative Atommasse A_r	(Atomgewicht), Vielfaches von 1/12 der Masse des C-Atoms, das mit 12 gesetzt wird. Tabellenwerte berücksichtigen die Isotopenmischung der natürlichen Elemente. Einheit 1.
Stoffmenge n $n = m / M$	1 mol ist die Stoffmenge eines Systems, das aus so vielen Teilchen besteht wie Atome in 0,012 kg des Kohlenstoffs ^{12}C enthalten sind. Basisgröße mit der Einheit der Teilchenmenge Mol, Kurzzeichen mol, 1 kmol = 10^3 mol.
Avogadro-Konstante N_A	Anzahl der Teilchen, die in der Stoffmenge 1 mol eines jeden Stoffes enthalten ist. $N_A = 6{,}022 \cdot 10^{23}$ /mol
Molare Masse M	Betrag der relativen Atommasse A_r in Gramm, z.B. $A_{r,Cl}$ = 35,453 g Cl Verbindungen $M_{r\,CaO}$ = (40,08 + 15,99) g = 56,07 g CaO
Avogadro'sche Regel: Molares Normvolumen V_{mmn}	Die Stoffmenge 1 kmol eines idealen Gases nimmt im Normzustand (0 °C; 1,013 bar) ein Volumen von V_{mmn} = 22,414 m^3 ein (1 mol hat dann 1 dm^3). Umrechnung: Gasvolumen V_n einer Masse m: $V_n = m\,V_{mn} / M = n\,V_{mn}$

■ **Beispiel:**
Stoffmenge von 200 g Äthin, C_2H_2 ?
$M_{C2H2} = (2 \cdot 12{,}011 + 2 \cdot 1{,}007) = 26{,}036$ g/mol
$N = m / M = 200$ g / 26 g/mol = 7,69 mol;

Molare Massen *verschiedener* Stoffe enthalten *gleich viele* Teilchen, nämlich 6,022 × 10^{23} ! Mit diesen Größen kann der Stoffumsatz bei Reaktionen berechnet werden.

■ **Beispiel:**
Entwicklung von Äthin (Acetylen) aus Calciumcarbid und Wasser. Wieviel Gas entsteht aus 20 g CaC_2 bei theoretisch 100 %iger Ausbeute? Wieviel Wasser wird benötigt?

Reaktionsgleichung:
$CaC_2 + 2 H_2O \rightarrow Ca(OH)_2 + C_2H_2;$
Gilt für die angegebenen Molekülzahlen, aber auch für Vielfache wie z.B. Stoffmengen in mol:

> Es reagieren: 1)
> 1 mol CaC$_2$ + 2 mol H$_2$O →
> → 1 mol Ca(OH)$_2$ + 1 mol C$_2$H$_2$;
>
> **Die richtige Reaktionsgleichung beschreibt den Stoffumsatz in Stoffmengen !**
> Molare Massen einsetzen !
> 1 mol 64,1 g/mol + 2 mol 18,015 g/mol →
> → 1 mol 74,1 g/mol + 1 mol 26,03 g
> Einheit mol wird gekürzt !

[1]) Für die praktische Rechnung können die Zeilen im Kasten wegfallen.

Massengleichung:
64,1 g + 36,03 = 74,1 g + 26,03 g
Gegebene Stoffmasse eintragen !
20 g ⇒ Teiler (Faktor) ermitteln x = 64,1/20 = 3,205
Von allen Stoffen den x-ten Teil (x-fache) nehmen
20g + 11,24 g = 23,12 g + 8,12 g

Ergebnis: Zu 20 g Calciumcarbid müssen 11,24 g Wasser gegeben werden, es entstehen 8,12 g Äthin, das ist eine Stoffmenge von $n = m / M = 8{,}12 \text{ g} / 26{,}03 \text{ g} = 0{,}312$ mol mit einem Volumen von $V_n = n \cdot V_{mn} = 0{,}312 \text{ mol} \times 22{,}414 \text{ dm}^3/\text{mol} = 7{,}0 \text{ dm}^3$.

1.6.4 Elektrolytische Dissoziation

Zerfall von Ionenkristallen beim Lösen in Wasser. Dabei wird die Coulombsche Kraft F, mit der sich ungleiche Ionen anziehen, durch die Dipolwirkung der H$_2$O-Moleküle stark verringert. Die Dipolmoleküle umhüllen die Ionen durch Anziehung der Ionen auf den jeweils entgegengesetzt gepolten Bereich der Dipole. Mit dieser *Hydrathülle* werden Ionen frei beweglich.
Coulomb'sche Gleichung

$$F = \frac{e^+ \, e^-}{a^2} \times \frac{1}{\varepsilon_r}$$

ε_r ist für den leeren Raum 1, für H$_2$O = 80 !

$e^+ \, e^-$ Ladungen der Ionen, a Abstand der Ionen,
ε_r Permittivitätszahl (früher Dielektrizitätszahl D)

Folge: Die Anziehung der Ionen sinkt in Wasser auf den 80-sten Teil ! Durch ihre Beweglichkeit reagieren sie schneller, die Geschwindigkeit von Ionenreaktionen ist deshalb hoch.

Elektrolyten sind ionenleitende Flüssigkeiten, in der Regel Lösungen von Säuren, Hydroxiden oder Salzen. Sie enthalten Ionen, welche durch das Wandern zu den anders gepolten Elektroden den Strom leiten (Ladungen transportieren → Lösungdruck, Elektrolyse, galvanische Elemente).

Ionen	Stoffe	Reaktion in Elektrolyten
Positive Ionen = Kationen	H und Metalle	wandern zur Katode = Minuspol
Negative Ionen = Anionen	Halogene und Säurereste	wandern zur Anode = Pluspol

Hinweis: Dissoziation findet auch in *geschmolzenen* Ionenbindungen durch den angehobenen Energiezustand statt und ist Voraussetzung für die Schmelzflusselektrolyse von Al, Mg, Na, K, Ca.

1.6.5 Hydroxidbildung, (Basen, Laugen)

Hydroxide sind Verbindungen, die in Wasser (evtl. in Schmelzen) dissoziieren, d.h. in frei bewegliche positive Ionen und negative OH-Ionen aufspalten. Die OH-Gruppen können H-Ionen (Protonen) anlagern, deshalb werden Basen auch als Protonenakzeptoren definiert.

Tabelle 17. Hydroxide, Basen

Namen	Formelkennzeichen	Entstehung	Bedeutung
Hydroxide Basen, Laugen	OH-Gruppe(n) an Metalle[1]) gebunden	Metalloxid + H$_2$O $Na_2O + H_2O \rightarrow 2\,NaOH$	**NaOH** zum Aufschluss von Bauxit zur Al-Gewinnung, Beizen von Al.
	In H$_2$O dissoziiert →	$NaOH \rightarrow Na^+ + (OH)^-$	**KOH** als Elektrolyt in Ni-Fe-Akkumulatoren.
	Nur die Metalle der Gruppe I + II im PSE sind wasserlöslich (Laugen).	$CaO + H_2O \rightarrow Ca(OH)_2$	**Ca(OH)$_2$** als Kalkwasser billige Lauge bei der Zuckerherstellung.
Basische Stoffe können saure Stoffe neutralisieren	**Calciumoxid CaO**, (gebrannter Kalk) neutralisiert saure Böden und Abfallsäuren. Im Stahlwerk zur Entphosphorung, **Calciumcarbonat CaCO$_3$** (Kalkstein) zerfällt in CaO und CO$_2$ beim Erhitzen, dient als Hochofenzuschlag zur Schlackenbildung und Entschwefelung, **Natriumcarbonat Na$_2$CO$_3$** (Soda) zur Roheisenentschwefelung, Glasherstellung,		

[1]) Anstelle von Metallen können auch Atomgruppen wie z.B. Ammonium NH$_4$, Basen bilden, hier die schwache Base Ammoniumhydroxid (Salmiakgeist).

1 Grundlagen

Laugen sind Lösungen ihrer Hydroxide in Wasser, ergeben seifige Flüssigkeiten und sind hautreizend, sie ätzen Al und Pb. Farbstoffe bleichen aus (Indikator Lackmus wird blau). Die Metalle der Gruppe III sind amphoter, d.h. je nach Partner können sie sauer oder basisch reagieren. Oxide der Übergangsmetalle mit höheren Wertigkeiten können sauer reagieren.

1.6.6 Säurebildung

Säuren sind Verbindungen, die in Wasser gelöst (evtl. in Schmelzen) dissoziieren, d.h. sich in frei bewegliche positive H-Ionen und negative Säurerestionen trennen. Die H-Ionen (Protonen) können abgegeben werden, deshalb werden Säuren auch als Protonendonatoren bezeichnet.

Formelkennzeichen	Entstehung	Bedeutung
H-Atome an Säurerest gebunden, Anzahl der H-Atome der Formel = Wertigkeit der Säure.	Nichtmetalloxid + Wasser $SO_2 + H_2O \rightarrow H_2SO_3$ schweflige Säure	Schwefel- und Stickoxide bilden mit Luftfeuchte den sauren Regen
	Halogenwasserstoffe + H_2O $Cl + H \rightarrow HCl$ (Salzsäure)	H^+-Ionen können durch unedle Metalle ersetzt werden: Korrosion der Metalle, H_2-Gas wird frei
Säuren dissoziieren im H_2O zu $\Rightarrow$	$HCL \rightarrow H^+ +$ Cl^- H-Ion Säurerest-Ion	$H_2SO_4 \rightarrow 2 H^+ + SO_4^-$ H-Ion Säurerest-Ion

Tabelle 18. Wichtige Säuren

Name, Formel	Bedeutung
Schwefelsäure H_2SO_4	Konzentriert stark hygroskopisch, Akkusäure, Herstellung von anderen Säuren und Düngemitteln.
Salpetersäure HNO_3	Starkes Oxidationsmittel, entzündet konzentriert Holz, Alkohole, dient zum Einbau der Gruppe NO_2 in Kohlenwasserstoffe: Nirtrieren von Glyzerin zu Nitroglyzerin
Phosphorsäure H_3PO_4	Phosphatieren von Metalloberflächen
Salzsäure HCl	Wasser löst bei 15° C etwa das 450-fache Volumen an HCl, deshalb Chlorwasserstoffsäure, Beizmittel zum Entzundern

Ausnahme der o.a. Regel sind Metalle in der höchsten Oxidationsstufe. Sie bilden z.T. keine freien Säuren, wirken stark sauer (z.B. Chrom(VI)-oxid, CrO_3) und sind in Säureresten zu finden (Chromate, Manganate, Silikate, Titanate usw.).

pH-Wert (pH). Maß für den Säure- oder Basencharakter einer wässrigen Lösung ($1 \leq pH \leq 14$).
Definition: Negativer Wert des Logarithmus der Wasserstoff-Ionen-Aktivität (Konzentration). Für alle wässrigen Lösungen gilt: Das Produkt der Aktivitäten von H- und OH-Ionen (Ionen-Produkt) ist für eine bestimmte Temperatur eine Konstante. Wasser ist nur sehr gering, aber in gleich viele H- und OH-Ionen dissoziiert. Die Aktivität beträgt für jede Ionenart 10^{-7} mol/l, das Produkt 10^{-14} mol/l.

ph-Werte

```
            schwache Säure→        schwache Base
   1            2            7            8            14
starke Säure→              neutral→              starke Base
```

Die Aggressivität einer Säure hängt vom Grad der Dissoziation ab. Wasserfreie Säuren sind weniger aggressiv als verdünnte.
Beispiele: Trockenes Chlor wird in Stahlflaschen transportiert, wasserfreie Schwefelsäure kann in Behältern aus unlegiertem Stahl aufbewahrt werden. Verdünnte Säure würde stark korrodierend wirken.

1.6.7 Salzbildung

Salze sind Verbindungen, die in Wasser gelöst (oder als Schmelze) dissoziieren, d.h. in frei bewegliche, positive Ionen (meist Metalle) und negative Säurerest-Ionen aufspalten. Sie reagieren in der Regel *neutral*, als Folge ihrer Entstehung durch *Neutralisation* ($\rightarrow$ Tabelle).

Hydrolyse: Salze, die aus *stark unter*schiedlichen Basen und Säuren entstehen, reagieren bei Lösung im Wasser nicht mehr neutral. Es kommt zur *Hydrolyse*, einer Reaktion, die der Neutralisation entgegen verläuft.

Übersicht: Salzbildungsrektionen

Entstehungsmöglichkeiten	Formel-Kennzeichen: Metall + Säurerest	Bedeutung
Säure + Base $\rightarrow$ Salz + Wasser	HCl + NaOH $\rightarrow$ **NaCl** + H_2O	Neutralisation (bei molaren Massen) ist die Verbindung von H- mit OH-Ionen zu neutralem H_2O. Wichtig zur Behandlung von Abfallsäuren, sauren Böden. Metall- und Säurerest-Ionen bleiben im Wasser gelöst und reagieren in der Regal neutral
Säure + Metalloxid $\rightarrow$ Salz + Wasser	HCl + CaO $\rightarrow$ **CaCl$_2$** + H_2O	
Säure + Metall $\rightarrow$ Salz + Wasserstoff	2HCl + Zn $\rightarrow$ **ZnCl$_2$** + $H_2 \uparrow$	
Hydroxid + Nichtmetalloxid $\rightarrow$ Salz + Wasser	Ca(OH)$_2$ + CO_2 $\rightarrow$ **CaCO$_3$** + H_2O	
Halogene + Metall $\rightarrow$ Salz	2 Cl + Mg $\rightarrow$ **MgCl$_2$**	

■ **Beispiele Hydrolyse:**

Soda, Natriumcarbonat, Na_2CO_3 ist aus der starken Natronlauge durch Einleiten von CO_2 entstanden. Es entsteht ein Na-Carbonat, das Salz der nur gering dissoziierten, (schwachen) Kohlensäure.

$Na_2CO_3 + 2 H_2O \rightarrow$ $2 NaOH$ + H_2CO_3
                      stark basisch   schwach sauer

Aluminiumsulfat, $Al_2(SO_4)_3$ ist aus der schwachen Base Al-Hydroxid und der starken Schwefelsäure gebildet.

$Al_2(SO_4)_3 + 6 H_2O \rightarrow$ $2 Al(OH)_3$ + H_2SO_4
                      schwach basisch   stark sauer

Saure Salze entstehen, wenn in einer zweiwertigen Säure nur 1 H-Atom durch Metall ersetzt wird, z.B. Natriumhydrogencarbonat, $NaHCO_3$. Es dissoziiert in Na-, H- und CO_3-Ionen. Die H-Ionen bewirken die saure Reaktion.

1.6.8 Chemisches Gleichgewicht

Viele Reaktionen verlaufen nicht bis zu vollständigen Umsetzung der Ausgangsstoffe, weil die Reaktionsprodukte wieder zerfallen und insgesamt die Reaktion langsamer wird und zum Stillstand kommt. Dabei verläuft die Reaktion in beiden Richtungen (Doppelpfeil) mit gleicher Geschwindigkeit Das chemische Gleichgewicht ist erreicht.

$CO_2 + C \leftrightarrow 2 CO$

I. Hinreaktion: Kohlendioxid wird reduziert zu CO
II. Rückreaktion: Kohlenmonoxid wird oxidiert zu $C + CO_2$

Im Gleichgewicht sind bei konstantem Druck und Temperatur Ausgangsstoffe und Reaktionsprodukte in bestimmten Massenverhältnissen vorhanden. Dies bleibt bestehen, solange nicht einer der drei Gleichgewichtsfaktoren verändert wird: **Temperatur, Druck, Konzentration.** Einflüsse auf das System verschieben das Gleichgewicht so, dass es versucht, dem äußeren Zwang auszuweichen (Prinzip des kleinsten Zwanges, Le Chatelier, Braun).

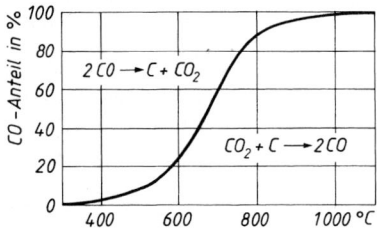

Bild 6. Boudouard-Kurve, CO/CO_2-Verhältnis bei Normaldruck

Bild 6 zeigt das Massenverhältnis CO/CO_2 eines abgeschlossenen Systems in Abhängigkeit von der Temperatur. Das CO/CO_2-Verhältnis ist für chemische Vorgänge z.B. beim Hochofenprozess und der Aufkohlung von Stahl von Bedeutung.
a) Zufuhr von Wärme begünstigt die endotherme Reaktion I, es erhöht sich die Konzentration des CO.
b) Erhöhung des Drucks begünstigt die Reaktion in der Richtung, bei der Stoffe mit kleinerem Volumen entstehen: Aus 2 mol CO werden 1 mol CO_2 und festes C.
c) Durch Zufuhr oder Wegnahme eines Stoffes ändert sich die Konzentration, dadurch strebt die Reaktion wieder dem Gleichgewicht zu.

Die angeführten Einflüsse auf die Reaktion werden bei der Vakuumbehandlung von Stahl ausgenutzt: Die Kohlenstoffdesoxidation (Senken des FeO-Gehaltes durch das gelöste C) kommt bei Normaldruck zum Stillstand: $C + FeO \rightarrow Fe + CO\uparrow$.
Bei Unterdruck (Aufhebung des Zwanges) verläuft die Reaktion weiter in Richtung auf die Entwicklung von CO, d.h. es werden C- und FeO-Gehalt weiter gesenkt:

Gleichgewicht: Zustand, in dem das Stoffsystem höchste Stabilität erreicht hat, d.h. es ändert sich nicht mehr. Diese Stabilität liegt vor, wenn
- die Energie des Systems ein Minimum erreicht (vergleichbar mit der Ruhelage eines Pendels (Energie-Minimum), oder
- ein Zustand *kleinster Ordnung* der Teilchen erreicht ist = Zustand größter thermodynamischer Wahrscheinlichkeit (Entropie-Maximum).

1.6.9 Oxidation

Exotherme Reaktion eines Stoffes mit dem Sauerstoff (Oxygenium). Die Atome geben dabei ihre Valenzelektronen ab. Im erweiterten Sinne wird deshalb Oxidation als Abgabe von Elektronen definiert (Erhöhung der positiven Wertigkeit), auch wenn kein Sauerstoff beteiligt ist. Die abgegebene Energie ist ein Maß für die Stärke der Bindung zwischen den Atomen und muss bei ihrer Trennung aufgebracht werden.

Oxidationsmittel sind Verbindungen, die leicht atomares O abspalten und damit die Reaktionsgeschwindigkeit erhöhen; im erweiterten Sinne auch Stoffe, die Elektronen anziehen, mit hoher EN-Zahl, wie z.B. die Halogene.

Wasserstoffperoxid	H_2O_2	Ozon	O_3
Kaliumpermanganat	$KMnO_4$	Salpetersäure	HNO_3
Kaliumchlorat	$KClO_3$	Kaliumnitrat	KNO_3

1.6.10 Reduktion

Endotherme Reaktion, bei der einer Verbindung Sauerstoff entzogen wird. Metallatome erhalten dabei ihre Valenzelektronen zurück. Deswegen wird Reduktion im erweiterten Sinn als Aufnahme von Elektronen definiert (Erniedrigung der positiven Wertigkeit). Die vorher bei der Oxidation frei gewordene Energie muss zugeführt werden, damit die Reduktion abläuft. Die Art der Energie muss nicht die gleiche ein, wie. z.B. bei der Elektrolyse durch elektrische Arbeit.

1 Grundlagen

Reduktionsmittel sind Stoffe mit hoher Bildungsenthalpie: Al, C, CO, H, K, Na, Mg, Si, (Tabelle 19). Anwendung zur Behandlung von Metallschmelzen zum Desoxidieren, Desnitrieren usw.

Tabelle 19. Bildungsenthalpien und Verbrennungswärmen einiger Stoffe

Stoff	Oxid	Bildungsenthalpie J/mol Oxid (Werte ×10^5)	Verbrennungswärmen J/kg (Werte × 10^6)	J/m^3 [1]
C	CO	1,1	9,2	–
C	CO_2	3,9	32,8	–
CO	CO_2	2,8	10,1	12,6
P	P_2O_5	15,1	24,3	–
Si	SiO_2	8,6	9,3	–
Mn	MnO	3,9	30,6	–
Ti	TiO_2	9,4	19,7	–
Al	Al_2O_2	16,7	31,0	–
Mg	MgO	6,0	24,8	–
Ca	CaO	6,4	11,3	–
H	H_2O	2,9	142	12,8
H	(HF)	2,7	268	24

[1] bei 0° C; 1,013 bar

1.6.11 Redoxreaktionen

Oxidation und Reduktion laufen immer gleichzeitig ab, da die abgegebenen Elektronen nicht verlorengehen können, sondern von einem Reaktionspartner aufgenommen werden. Zur Erfassung und Kontrolle dient die *Oxidationszahl*. Diese O-Zahl ist die gedachte Ladung eines Elementes in einer chemischen Verbindung unter der Annahme, sie würde aus Ionen (Elektronen werden zum Partner mit größerer EN gezählt) bestehen. Dabei gelten folgende Regeln:

Nr.	Regel
1	Alle Metalle, B, Si sind positiv
2	F hat -1
3	H hat + 1 und O + 2, soweit nicht aus Regel 1 und 2 andere Zahlen folgen

Alle Elemente, auch elementare Gase, erhalten die O-Zahl Null. Bei einer chemischen Verbindung ist die Summe aller O-Zahlen gleich Null.

■ **Beispiel:**
Anwendung auf die Thermit-Reaktion: Thermit ist ein Gemisch aus Fe-Oxid und Al-Granulat. Nach Zündung verläuft die Reaktion: Es entstehen durch die Überschussenergie flüssiges Eisen und Al-Oxidschlacke. Für Schienen- und Reparaturschweißungen angewandt.

$$\begin{array}{ccccc} +3-2 & & 0 & & 0 & +3-2 \\ Fe_2O_3 & + & 2\,Al & \rightarrow & 2\,Fe & + Al_2O_3 - 840\,kJ \\ +6-6=0 & & & & +6 & -6=0 \end{array}$$

Bildung von 1 mol Al-Oxid   – 16771 kJ (exotherm)
Trennung von 1 mol Fe-Oxid + 831 kJ (endotherm)

Reaktionsenthalpie   – 840 kJ (exotherm)

Die Summe der O-Zahlen muss auf beiden Seiten gleich sein! Dabei Koeffizienten berücksichtigen! Unveränderte Elemente brauchen nicht berücksichtigt werden.

1.7 Metallgewinnung

Die technisch wichtigen Metalle kommen in der Natur im *oxidierten* Zustand als Oxide, Sulfide, Hydroxide oder Carbonate vor. Die Darstellung der reinen Metalle erfolgt durch *Redoxreaktionen*.

Tabelle 20. Übersicht Metallgewinnungsverfahren

Prinzip	Beschreibung	Technische Anwendung
Thermische Reduktion mit Kohlenstoff bzw. Kohlenmonoxid CO	Schachtofen mit Gegenstromfluss: Erz und Koks von oben, Gas von unten, flüssiger Austrag von Schlacke und Rohmetall	Hochofenprozess liefert Roheisen mit ca 4 % C-Gehalt mit Eisenbegleitern. Hauptverfahrenslinie zur Eisenerzeugung. Stufenweise Reduktion von Fe_2O_3 zu Fe_3O_4, FeO zu Fe.
Thermische Reaktion mit extern erzeugtem Reaktionsgas (CO, H_2) aus Erd-, Kokereigas	Schachtofen mit Gegenstromfluss. Austrag von festem Eisenschwamm mit ca. 70 ... 90 % Fe bei 1 % C	Direktreduktionsverfahren zu Erzeugung von Eisenschwamm: Midland-Roß-Verfahren, Purofer- und Hyl-Verfahren zur Stahl- und Eisenpulvererzeugung
Thermische Reduktion mit Wasserstoffgas	Pulverförmige Metallverbindungen werden im trockenen Wasserstoffstrom reduziert.	Darstellung reinster Pulver hochschmelzender Metalle: Cr, Ge, Ir Mo, Pt, Rh, W
Thermische Zersetzung von Metallcarbonylen	Carbonyle sind Verbindungen der Gruppe -CO- mit Metallen, bei RT flüssig. Zerfall beim Erhitzen zu CO und Metallpulver	Pulver für die Pulvermetallurgie, Magnetwerkstoffe, Kugelnickel
Thermische Reduktion mit Metallen (Metallothermie)	Reine Metallverbindungen reagieren mit Metallen hoher Bindungsenthalpie z.B. Al, Ca, Mg, Na und Si	Thermit-Verfahren, Kroll-Verfahren für Rein-Titan: $TiCl_4 + 2\,Mg \rightarrow Ti + 2\,MgCl_2$ Desoxidation von Stahl und Darstellung von Cr, Mn, Mo, Si und V
Schmelzfluß-Elektrolyse	Geschmolzene Metallverbindungen (Oxide, Chloride, Hydroxide) durch Gleichstrom zerlegt. Abscheidung reiner Metalle an der Kathode	Darstellung der Metalle Al, Mg, Ca, Be, K, Na
Nasse Elektrolyse (Elektrometallurgie)	Salzlösungen durch Gleichstrom zerlegt, Abscheidung reiner Metalle an der Kathode	Cu, Ni, meist zur Raffination von Hüttenmetallen: Ag, Au, Cu, Zn

2 Metallkundliche Grundlagen

2.1 Struktur der Metalle und Legierungen

Tabelle 1. Daten technisch wichtiger Metalle

Name	Symbol	OZ	KG	Gitterkonstante [1] a pm	Radien pm Atom / Ion	Dichte ρ [3] kg/dm³	Schmelzpunkt T_m °C	Leitfähigkeit für Strom [2] m/mm² Ω	Leitfähigkeit für Wärme [3] W/mK	Wärmeausdehnung α [4]	Elast.-Modul GPa
Aluminium	Al	13	kfz	404	143 51	2,7	660	37,66	237,0	23,9	72
Beryllium	Be	4	hdP	229 / 1,57	114 35	1,86	1280	23,8	200,0	11	293
Blei	Pb	82	kfz	490	175 84	11,34	327	5,2	35,0	29,2	16
Cadmium	Cd	48	hdP	290 / 1,83	151 97	8,64	**321**	14	95,0	30	63
Chrom	Cr	24	krz	288	150 63	7,2	1860	6,6	94,0	8,4	190
Cobalt $\alpha -$ > 417 °C $\beta -$	Co	27	hdP kfz	250 / 1,62	153 72	8,9	1490	18	101,0	18,1	213
Eisen $\alpha -$ > 912 °C $\gamma -$	Fe	26	krz kfz	287 365	124 74 127 64	7,85	1535	12	75,0	11,9	215
Gold	Au	79	kfz	408	144 137	19,3	1063	48	298,0	14,2	79
Iridium	Ir	77	kfz	384		22,65	2450	21		6,5	530
Kupfer	Cu	29	kfz	361	128 96	8,93	1083	64/58	398,0	16,5	125
Magnesium	Mg	12	hdP	320 / 1,62	160 66	1,75	650	22,4	100,0	25,8	44
Mangan	Mn	25	kub	893	112 80	7,44	1245	n.b.	7,8	22,8	201
Molybdän	Mo	42	krz	315	136 70	10,28	2620	20	135,0	5,2	330
Nickel	Ni	28	kfz	352	124 69	8,9	1450	16,3	85,0	13,0	215
Niob	Nb	41	krz	329	142 74	8,55	2468	n.b.	54,0	7,4	160
Osmium	Os	76	hdP	273 / 1,58	138 65	22,59	3030	11	87,0	–	570
Platin	Pt	78	kfz	392	139 80	21,45	1770	10	72,0	9,1	173
Rhodium	Rh	45	kfz	379		12,4	1970	23	150,0	8	280
Silber	Ag	47	kfz	409	145 126	10,5	960	67	428,0	19,7	81
Tantal	Ta	73	krz	330	143 68	16,65	2996	8	57,0	6,5	188
Titan $\alpha -$ > 882 °C $\beta -$	Ti	22	hdP krz	295 / 1,59 332	148 68	4,5	1670	7	22,0	9,0	105
Vanadium	V	23	krz	302	131 74	6,09	1890	5	30,7		150
Wolfram	W	74	krz	317	137 70	19,3	3422	20	173,0	4,4	400
Zink	Zn	30	hdP	266 / 1,86	133 74	7,13	420	18	112,0	21,1	9
Zinn $\alpha -$ > 13 °C $\beta -$	Sn	50	diam tetr	<13°C	141 71	7,28	232	8,7	66,0	26,7	55
Zirkon $\alpha -$ > 852 °C $\beta -$	Zr	40	tetr krz	323 / 1,59 361	162 79	6,53	1850	2,5	22,7	6,3	90

Halbmetalle (Metallbindung mit kovalentem Anteil)

Antimon	Sb	51	hex	431 2,61	145 87	6,69	630	3	24	10,9	56
Arsen	As	33	hex	376 2,80	125 69	5,72	subl.	2,8	50		
Bor	B	5	trig	1012	46 23	2,46	2300		29		
Germanium	Ge	32	kfz	566	123 53	5,32	936	$2,2 \cdot 10^{-2}$	63		
Graphit Diamant	C	6	hex diam	3,51	77 16	3,51	3550	$4,6 \cdot 10^{-3}$	335 ...2000	7,8	
Silicium	Si	14	diam	543	118 42	2,33	1412	$4,4 \cdot 10^{-6}$	150		
Selen	Se	34	hex	436 1,14	116 69	4,82	219	2			
Wismut	Bi	83	hex	455 2,61	155 97	9,8	271	0,93	8	13,4	34

[1] Bei hexagonalen Metallen ist das Verhältnis der senkrechten Konstante c zu /a angegeben;
[2] bei 0° C = 273 K;
[3] bei 20° C;
[4] 0...100° C Werte mit 10^{-6} multiplizieren!

2 Metallkundliche Grundlagen

2.1.1 Metallgitter

Die technisch wichtigen Metalle (Tabelle 1) haben Kristallgitter mit hoher Regelmäßigkeit und dichter Packung (kubisch, hexagonal). Nur Zinn ist tetragonal. Neben der dichten Packung der Atome in Schichten ist die Metallbindung die Voraussetzung für die beiden wichtigen Metalleigenschaften:
- Elektrische Leitfähigkeit durch freie Elektronen im Kristallgitter,
- Plastische Verformbarkeit durch Platzwechsel der Metallionen im Gitter, wobei die freien Elektronen die metallische Bindung aufrecht erhalten.

Tabellen 2 + 3 zeigen die *Elementarzellen* (kleinster, regelmäßiger Volumenteil, der sich in Richtung der Kristallachen periodisch wiederholt). Kristalle (nur in Lunkern freiwachsend) sind ungeordnet zusammengewachsen, auch *Kristallite* oder Körner genannt. Sie bilden mit ihren Korngrenzen, evtl. Texturen und Verunreinigungen, das Gefüge des Metalles. Es kann im *Schliffbild* mikroskopisch vergrößert sichtbar gemacht werden. (Lichtmikroskop 0,5 µm, Rasterelektronenmikroskop bis 0,5 nm auflösbare Teilchengröße).

Durch räumliches Aneinanderreihen der E-Zellen ergibt sich ein fehlerloses Kristallgitter, der *Idealkristall*. Die Kristalle wirklicher metallischer Werkstoffe besitzen Störungen im Gitteraufbau infolge der Wärmebewegung der Teilchen und schneller Kristallisation (Tabelle 4).

Amorphe Metalle (Gläser) werden durch extreme Abkühlgeschwindigkeiten (10^6 K/s) aus der Schmelze in Form von Fasern oder Bändern von 20 ... 50 µm Dicke erzeugt, auch durch Aufschmelzen dünnster Randschichten mit Laserernergie. Zustand ist instabil und geht bei Temperaturen über 300 ... 600° C in den kristallinen über. Keine Warmumformung oder Schweißen möglich. Stabile Legierungen enthalten 20 ... 25 % Nichtmetalatome Das Fehlen gleitfähiger Atomschichten ergibt hohen Verformungswiderstand, d.h. hohe Härte und Zugfestigkeit, ebenso Verschleiß- und Korrosionswiderstand. Fe-P-B ist weichmagnetisch mit geringen Wirbelstromverlusten.
Anwendung z.B. für Magnetköpfe von Bandgeräten, Verstärkungsfasern.

Tabelle 2. Strukturmerkmale

Gefüge Grobstruktur	Kristallgitter oder amorph = Glaszustand Feinstruktur, Struktur der einzelnen Phasen	
Optisch sichtbar gemacht an • Bruchflächen • Schliffbildern	Nur modellhaft darstellbar mithilfe von	
	Elementarzelle	**Bindungsart**
Sichtbar werden damit ↓	Geometrische Anordnung der kleinsten Teilchen	Beschreibt Kräfte und Energien zwischen den Teilchen
• Größe und Form der Phasen • Korngrenzen • Ausrichtung der Kristalle (Texturen) • Anzahl und Form der nichtmetallischen Einschlüsse (Reinheit) • Ausrichtung der Einschlüsse oder Zusatzstoffe (Fasern)	• kfz. Kubisch-flächenzentriert, • krz. Kubisch-raumzentriert, • hdP Hexagonal dichtest. • Tetragonales Kristallgitter Diese 4 Gitter liegen bei den meisten Metallen vor	• Ionenbindung (Oxide) Kation → ← Anion • Atombindung (Diamant) Elektronenpaarbindung • Metallbindung (Metalle) Kation → ← Elektronen • schwache zwischenmolekulare Kräfte, z.B. Dipole (Kunststoffe)
	Ohne innere Ordnung sind die Gläser, sie sind nicht kristallin, sondern amorph	

Die Vielfalt der Eigenschaftsprofile metallischer Werkstoffe ergibt sich aus der Kombination von Atom-⌀, Gitterstruktur, EN-Zahl und Wertigkeit bei den verschiedenen Metallen und Legierungen. Für Strukturwerkstoffe ist die Duktilität mit ihrem Einfluss auf Verarbeitung, Sprödbruchverhalten und Dauerfestigkeit von Bedeutung. Sie hängt von den Gleitmöglichkeiten ab (Tabelle 3).

Tabelle 3. Elementarzellen der Metallgitter und Gleitmöglichkeiten

Gleitrichtungen in dichtest gepackten Ebenen	Elementarzellen		
	kub.-flächenzentriert	kub.-raumzentriert	Hex. dichteste Packung
	3 Gleitrichtungen	kfz.	krz.(mit Nebengleitebene)	hdP (mit Nebengleitebene)
Hauptgleitebenen	4 Tetraederflächen	4 Flächen der Raumdiagonalen	1 Basisebene
Gleitrichtungen	Flächendiagonale	2 × Richtung Raumdiagonale	3 Richtungen
Gleitmöglichkeiten	3 × 4 = 12	3 × 4 = 12 + weitere	1 × 3 = 3
Duktilität	mit niedrigen Kräften sehr hoch verformbar	mit größeren Kräften hoch verformbar	mit niedrigen Kräften nur gering verformbar

Versetzungen bewegen sich dort, wo sie den geringsten Gleitwiderstand überwinden müssen. Das sind die sog. Hauptgleitebenen. Sie liegen zwischen den *dichtest* gepackten Kugelschichten, die nur beim kfz. und hdP-Gitter vorhanden sind (Tabelle 3). Das krz.-Gitter hat viele Gleitebenen, die aber weniger dicht gepackt sind und deshalb größere Schubspannungen erfordern. Eine Verschiebung in den Richtungen 2 (Bild 3 oben links) führt zu Teilversetzungen und Stapelfehlern. Stapelfehler sind flächige Bereiche mit veränderter Stapelfolge vom kfz.- (ABC, ABC...) zum hdP-Gitter (AB, AB...).

2.1.2 Gitterfehler

Die Einteilung erfolgt nach ihrer Dimension (Tabelle 4). Sie erhöhen die Kristallenergie gegenüber dem Idealkristall, führen zu Aufweitung und Verdichtung der idealen Gitterlinien und erschweren z.T. die plastische Verformung durch Erhöhung des Gleitwiderstandes (kritische Schubspannung), sind aber auch Voraussetzung für Diffusion und Duktilität.

Tabelle 4. Gitterfehler: Entstehung und Wechselwirkungen

Dimension, Bezeichnung	Entstehung	Reaktion mit anderen Fehlern bei Kaltumformung oder Erwärmung (thermischer Aktivierung)
0 Punktfehler: Leerstellen	Unbesetzte Gitterplätze beim Kristallisieren, Entropiestreben, die Anzahl steigt mit der Temperatur	Leerstellen ziehen Fremdatome an, sie sind wichtig für die Diffusion und ermöglichen das Klettern einer Stufenversetzung in eine parallele Gleitebene
Fremdatome	Verunreinigungen, Atome der LE	werden von Versetzungen u. Leerstellen angezogen
1 Linienfehler: Versetzungen	Fehlerhaftes Kristallwachstum führt zu Teilungsfehlern und ergibt schlauchartige Hohlräume im Kristall (10^6 cm/cm^3). Plastische Verformung erhöht die Versetzungsdichte (ca. 10^{12} cm/cm^3)	ungleichartige Versetzungen in *einer* Gleitebene können sich auslöschen, gleichartige sich blockieren. Aufspaltung in zwei Teilversetzungen (kleinere Gleitschritte)
2 Flächenfehler: Korngrenzen	Bereiche mit unvollkommener Ordnung. Bei der Kristallisation oder der Rekristallisation bei $T > 0,4\ T_m$	Behindern das Wandern von Versetzungen, es kommt dort zum Stau, d.h. zu höherer örtlicher Versetzungsdichte
Stapelfehler	fehlerhaftes Kristallwachstum,	unterbrechen Gleitebenen, sind selbst nicht gleitfähig
3 Volumenfehler: kohärente, inkohärente Teilchen	Ausscheidungen in übersättigten Mischkristallen (metastabil). Pulvermetallurgisch oder durch innere Oxidation eingebracht	Versetzungen müssen die Teilchen *abscheren* oder *umgehen* und bilden dabei neue Versetzungen.

2.2 Eigenschaften und Verhalten der Metallgitter

2.2.1 Anisotropie, Textur

Anisotropie bedeutet *Richtungsabhängigkeit* fast aller Eigenschaften. Typische Eigenschaft aller kristallinen Stoffe (Analogie: Holz, längs bzw. quer zur Faserrichtung beansprucht, reagiert unterschiedlich). Gegensatz: Isotropie. Vielkristalline Werkstoffe zeigen keine Anisotropie, wenn Kristallite mit ihren Achsen ungeordnet liegen (sie sind quasiisotrop). Starke Anisotropie tritt bei UD-faserverstärkten (unidirektional) Werkstoffen auf, ebenso bei warmumgeformten Stählen mit niedrigem Reinheitsgrad durch gestreckte, nichtmetallische Einschlüsse (Zeilengefüge).

Textur ist eine evtl. teilweise Ausrichtung der Kristalle. Sie entsteht bei einigen Fertigungsverfahren (z. B. Guss-, und Walztexturen). Als Folgen treten z.B. unterschiedliche Festigkeit und Dehnung bei Blechen längs und quer zur Walzrichtung auf. Diese Anisotropie ist für Tiefziehbleche unerwünscht. Textur bei Trafo- und Dynamoblechen für magnetische Eigenschaften wichtig.

2.2.2 Gießen (Schmelzen und Kristallisieren)

Schmelzen: Zufuhr von Wärme erhöht die Energie der Teilchen, damit ihre Eigenbewegung: Stoff dehnt sich aus. Zum Schmelzen muss die Schmelzwärme zugeführt werden, bei reinen Metallen bei konstanter Temperatur (Schmelzpunkt). Weitere Temperatursteigerung erst nach vollständigem Schmelzen. Technische Schmelzen enthalten dann noch kleinste, feste Partikel (Oxide, Carbide, Nitride), die bei der Kristallisation als Fremdkeime dienen.

Kristallisation. Beginn an den Fremdkeimen und Eigenkeimen, die sich mit steigender *Unterkühlung*, bilden (= Temperaturdifferenz zum theoretischen Schmelz- und Erstarrungspunkt). Beim Einbau der Atome in das Kristallgitter wird ihre Eigenbewegung sprunghaft kleiner. Die Energiedifferenz erscheint als Kristallisationswärme. Zum Wachsen der Kristalle muss sie abgeführt werden. Das geschieht an kalten Formwänden, die ebenfalls als Keime wirken.

Feinkörnige Gussgefüge entstehen bei schneller Abkühlung, welche die Eigenkeimbildung fördert (Druckguss), oder Impfen der Schmelze mit Fremdkeimen. Beispiel: Na in AlSi-Guss und seltene Erdmetalle (Ce, Y, Zr) in Mg-Gusslegierungen.

2.2.3 Plastische Verformung

Die meisten Metalle sind bei RT plastisch verformbar ohne dass der Zusammenhalt verloren geht. Modellvorstellung am Idealkristall: Jedes Korn verformt sich zunächst unter inneren Schubspannungen, indem Kugelschichten mit dichtester Packung parallel zueinander abgleiten.

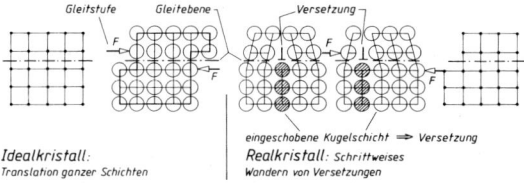

Bild 1. Plastische Verformung am Ideal- und Realkristall

Eine Trennung der Schichten würde größere Normalspannungen erfordern. Dieses Abgleiten (Translation) findet in den Ebenen mit geringstem Gleitwiderstand statt (Gleitmöglichkeiten Tabelle 3).
Modellvorstellung am Realkristall: Versetzungslinien wandern bis sie an ein Hindernis stoßen, z.B. an eine Korngrenze. Es müssen jeweils nur wenige Atome zum gleichen Zeitpunkt verschoben werden, d.h. die kritische Schubspannung, bei der eine plastische Verformung beginnt, liegt niedriger als bei der Idealvorstellung.

2.2.4 Kaltverfestigung

K. ist die Steigerung der Festigkeit und Härte bei Verformung unterhalb der Rekristallisationstemperatur T_R unter starker Abnahme der Dehnbarkeit bis zum Bruch. Es sinkt auch die elektrische Leitfähigkeit (Beweglichkeit der Valenzelektronen im Gitter).
Ursache: Versetzungslinien wandern und erzeugen weitere, bis sie an den Korngrenzen auflaufen und gestaut werden. Die Versetzungsdichte steigt (von ca. 10^8 auf $10^{12}/cm^2$). Kaltverfestigung wird deshalb auch Versetzungsverfestigung genannt. Wenn keine Atomreihe mehr wandern kann, ist die totale Versprödung erreicht.

Anwendung: Dünnwandige Halbzeuge (Blech, Band, Draht) von NE-Metallen sind in verschiedenen Festigkeitsstufen lieferbar, die durch bestimmte Verformungsgrade beim letzten Walz- oder Ziehvorgang eingestellt werden (→ Anhängesymbole, Tabelle 1).

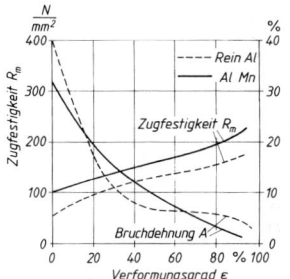

Bild 2. Zugfestigkeit, Härte und Bruchdehnung bei steigendem Verformungsgrad

$$\text{Verformungsgrad } \varepsilon = \frac{\text{Querschnittsänderung}}{\text{Ausgangsquerschnitt}}$$

Oberflächliche Kaltverfestigung von dynamisch beanspruchten Bauteilen erzeugt Druckeigenspannungen. Dauerfestigkeit steigt durch z.B. Kugelstrahlen von Federn, Walzen von Kerben und Übergangsradien an Wellenabsätzen.

2.2.5 Erhöhung der Kristallfestigkeit

Die Steigerung der niedrigen Festigkeit reiner Metalle ist auf verschiedenen Wegen möglich. Die vorstehend erwähnte Kaltverfestigung ist auch bei reinen Metallen anwendbar. Bei Legierungen ergeben sich weitere Möglichkeiten, Legierungsatome sozusagen als Gitterfehler zur Festigkeitssteigerung auszunutzen. Dabei ist die Änderung der Duktilität wichtig (Tabelle 5).

Tabelle 5. Verfestigungsmechanismen

Mechanismus,	Fehler Dim.	Strukturänderung, Hindernisse gegen die Versetzungsbewegungen	Festigkeit und Duktilität, schematischer Verlauf
Mischkristall-Verfestigung Legieren innerhalb der Löslichkeit	0 Punkt-Fehler	Welligkeit der Gleitschichten durch kleinere oder größere LE-Atome, Wirkung steigt mit der den ∅-Unterschieden und der Konzentration der LE.	
Korngrenzen-verfestigung Feinkorn herstellen	2 Flächenfehler	Korngrenzen blockieren die Bewegung der Versetzungen. Vielzahl der Körner erhöht die Zahl der Gleitmöglichkeiten.	
Teilchenverfestigung • Aushärten • Dispersionshärtung	3 fremde Partikel	Behinderung durch feindisperse, kohärente Ausscheidungen in Mischkristallen, die *abgeschert* werden, oder durch inkohärente Teilchen, welche *umgangen* werden müssen.	

2.3 Verhalten bei höheren Temperaturen

2.3.1 Thermische Aktivierung

Wärmezufuhr zu einem Stoffsystem führt zu höherer thermischer (kinetischer) Energie der Teilchen. Ihre gesteigerte Bewegung um die Gitterplätze führt zu mehr Zusammenstößen/Zeit und damit zu mehr Platzwechseln/Zeit. Das führt zu einem schnelleren Ablauf der *Prozesse* (→ folgende Abschnitte).

Durch Zusammenstöße können einzelne Atome die Aktivierungsenergie Q erhalten, die nötig ist, die Bindung zur Umgebung zu lösen und ihren Platz wechseln. Metallatome gelangen dabei in die nächste Lücke, Nichtmetallatome auf den nächsten Zwischengitterplatz. Dabei streben die Teilchen nach dem Gleichgewicht, einem Zustand, in dem sich das Stoffsystem nicht mehr verändert.

Streben	Ziel
Energieminimum	Energieabgabe ergibt einen ein Zustand höherer Stabilität
Entropiemaximum	Abbau von Ordnung = Zustand höherer thermodynamischer Wahrscheinlichkeit

Die Anzahl der Platzwechsel/Zeit ist die Geschwindigkeit v von Vorgängen, die *thermisch aktiviert* bei höheren Temperaturen schneller ablaufen. Aussagen darüber können nur mit einer gewissen Wahrscheinlichkeit gemacht werden. Die Zahl der Zusammenstöße steigt *exponentiell* mit der Temperatur (T im Nenner des Exponenten).

Geschwindigkeit von Platzwechseln

$$v = v_0 \exp(-Q/RT) = v_0 \cdot e^{-Q/RT};$$

v: Platzwechsel/Zeit; v_0 Stoffkonstante;
Q: Aktivierungsenergie, Gaskonstante
$R = 8{,}314$ J/mol; T Temperatur.

■ **Beispiel:**
Aufkohlen von Einsatzstählen für die gleiche Aufkohlungstiefe in: 32 h/900 °C oder 10 h/1000 °C oder 4 h/1100 °C.

Die Aktivierungsenergie Q ist höher für größere Metallatome und für dichtgepackte Gitter, niedriger für kleine Nichtmetallatome und in weniger dicht gepackten Gittern. Z. B. können H-Atome bei RT im Ferritgitter diffundieren, Metallatome benötigen hohe Temperaturen.

2.3.2 Kristallerholung und Rekristallisation

Wird kaltverfestigter Werkstoff erwärmt, so bildet sich beim Erreichen der sog. Rekristallisationsschwelle von Keimen ausgehend ein neues Gefüge, das Rekristallisationsgefüge. Als Keime wirken die stark verformten, energiereichsten Körner, deren Teilchen, durch Wärmebewegung begünstigt, neue unverspannte Gitter bilden. Die Rekristallisationstemperatur T_R wird durch LE und Verformung herabgesetzt und liegt bei ca. 40 % der Schmelztemperatur T_m (in K). Rekristallisationsschaubilder zeigen die Abhängigkeit der Korngröße des neuen Gefüges von Umformgrad und Glühtemperatur (Bild 7). Bei sehr kleiner Verformung findet nur eine Kristallerholung statt, ebenso, wenn T_R beim Erwärmen nicht erreicht wird. Dabei Abbau innerer Spannungen und Zunahme der Dehnung bei unveränderter Kornform und -größe. Kleine Verformungsgrade führen beim Glühen zu Grobkorn.

2.3.3 Kornwachstum

Die Bereiche der Korngrenzen sind weniger geordnet, energiereicher und gekrümmt. Sie besitzen Oberflächenenergie (Spannung durch Krümmung), die bei größeren Kristalliten kleiner ist. Bei höheren Temperaturen werden die kleineren Körner von den größeren aufgezehrt. Das Wachstum wird behindert, wenn bei solchen Temperaturen ungelöste Phasen (z. B. IP von Al, Mo, Nb, Ti und V evtl. mit C und N) die Korngrenzen blockieren. Solche Stähle sind nicht überhitzungsempfindlich.

■ **Beispiele:**
Einsatz- und Nitrierstähle, warm- und hitzebeständige Werkstoffe und Feinkornbaustähle.

2.3.4 Warmumformung

Merkmale sind die theoretisch unbegrenzte plastische Verformung bei Temperaturen zwischen unterhalb der Solidus-Linie und Rekristalliationstemperatur. Es erfolgt ständige Rekristalliation und somit keine Verfestigung. Die Gleitvorgänge benötigen geringere Energie, zusätzlich tritt *Korngrenzengleiten* auf.
Die Rekristallisation benötigt Zeit, dadurch ist die zur plastischen Verformung erforderliche Fließspannung k_f neben der Temperatur auch von der Geschwindigkeit abhängig. Erläuterung zu Bild 3:

Graph	Umformgeschwindigkeit $\Delta\varphi/\Delta t$	Beispiel
a	20/s	Schmiedehämmer
b	10/s	Mech. Pressen
c	1/s	Hydraul. Pressen

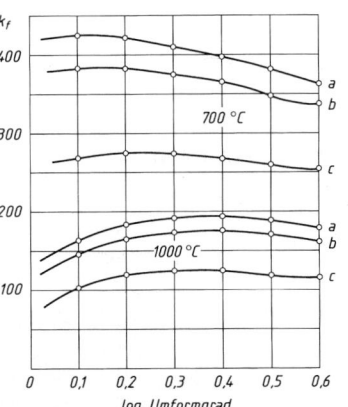

Bild 3. Fließkurven von Stahl C45E

2 Metallkundliche Grundlagen

Superplastitzität: ist die Fähigkeit einiger Werkstoffe, unter geringen Spannungen sehr große Umformungen bis zu 1000 % ohne Einschnürung (damit ohne Riss) auszuhalten.
Bedingungen sind eine Korngröße unter 10 μm, Temperatur über $0{,}5\ T_m$ (Schmelztemperatur in K), und niedrige Umformgeschwindigkeiten (5% /min), damit Rekristallisation, Korngrenzengleiten und Diffusion ablaufen können. Es besteht die Gefahr von Hohlraumbildung durch Leerstellenansammlung.
Anwendung: Blasformen für flächige Teile und Isothermschmieden für kompaktere Teile von Triebwerken und -verkleidungen aus Ti- und Mg-Legierungen. Entwicklungen für IP wie TiAl und $TiAl_3$.

2.3.5 Diffusion in Metallen

Diffusion in Metallen ist die Wanderung von Atomen im Kristallgitter unter Wirkung eines Konzentrationsgefälles $\Delta c/\Delta x$ (Antrieb = Entropiestreben). Zum Platzwechsel muss die Aktivierungsenergie Q aufgebracht werden. Es entsteht ein Teilchenstrom J.

(1. Fick'sches Gesetz).

Teilchenstrom: $J = D \cdot \Delta c/\Delta x$;
mit $D = D_0\ e^{-Q/RT}$
(Atome/cm²s = cm² /s · Atome/cm³ cm)

In der Diffusionskonstanten D sind die Widerstände enthalten, die den Teilchenstrom bremsen: Atomgröße und Dichte des Gitters, sowie die Art der Diffusionswege über Leerstellen, Zwischengitterplätze, Versetzungen oder Kornoberflächen. Auf Diffusionsvorgängen beruhen zahlreiche Verfahren:

Glühen	Lösungsglühen	Ausscheidungen, Auslagern
Verteilung von LE, Ausgleich von Seigerungen	Lösen von sekundären Kristallen	Abbau von Übersättigung in Mischkristallen
Thermochemische Verfahren		Sintern, Diffusions-Schweißen
Einbringen von B, C, Cr, N, u.a. Elementen		Platzwechsel im Korngrenzenbereich

Für thermochemische Verfahren ist das 2. Fick'sche Gesetz wichtig. Es verknüpft den mittleren Randabstand x_m, bei dem die anfängliche Konzentrationsdifferenz (C-Atmosphäre – Werkstoff) auf die Hälfte abgesunken ist.

2. Fick'sches Gesetz:

Wurzelgesetz $x_m^2 = Dt; \Rightarrow x_m = \sqrt{Dt}$

Daraus ergeben sich einige Abhängigkeiten:

Beziehung	Abhängigkeit
Eindringtiefe x und Zeit t	die n-fache Eindringtiefe x_2 erfordert die n^2-fache Zeit t_2
Zeit t und Temperatur T	$t_1 : t_2 = D_1 : D_2$ (D enthält T) Produkt Dt = konstant!

Der Zeitaufwand der Diffusionsverfahren wird bereits durch kleine Temperatursteigerungen wesentlich verringert (Beispiel unter 2.3.1).

2.4 Zweistofflegierungen (binäre Legierungen)

2.4.1 Allgemeines

Legierungen sind Stoffgemenge aus mehreren *Komponenten* (A, B C ...), meist Metallen, oft sind auch Nichtmetalle beteiligt. Sie reagieren evtl. miteinander und bilden Kristalle, die *Phasen* (α, β, γ...). Eine Begrenzung auf zwei Komponenten – Zweistoffsysteme – ist zur Kennzeichnung der verschiedenen Legierungssysteme erforderlich. Die Komponenten lassen sich schmelzflüssig meist beliebig mischen. Nur wenige Paarungen sind unlöslich, sie bilden zwei Schmelzen übereinander (Fe-Pb, Cu-W), andere lösen sich nur teilweise, es bilden sich zwei legierte Schmelzen übereinander (Pb-Cu). Je nach Temperatur bestehen sie aus unterschiedlichen Phasen (Schmelze und Kristallarten), deren Konzentrationen und Massenverhältnisse sich aus den Zustands-Diagrammen ablesen lassen (→ 2.4.8).

2.4.2 Legierungsstrukturen (Zweistofflegierungen)

Die Gefügebildung der Legierung hängt vom Verhalten der beiden Komponenten A und B im festen Zustand ab. Es können die folgenden Gitterstrukturen – allein oder im Gemisch – auftreten.

Austausch-(Substitutions-) Mischkristalle (AMK.) zwischen Metallen. Die Atome B sind regellos *an Stelle* der A-Atome im Gitter verteilt (feste Lösungen). Die Löslichkeit von B im A-Gitter hängt von Struktur und Eigenschaften der Atome ab (Kristallgitter und Wertigkeiten gleich, Atomradiendifferenz < 15 %, ähnliche Elektronegativität EN), und liegt zwischen > 0 und 100 %.

Einlagerungs-(interstitielle) Mischkristalle (EMK) enthalten die Atome B auf Zwischengitterplätzen (Lücken zwischen den A-Atomen). Sie entstehen, wenn der Atomradius von B < 0,41 · Atomradius A. Das gilt für die Nichtmetalle B, C, N und O. Die Gitterverzerrung ist groß, die Löslichkeit gering. Die Härte wird stark auf Kosten der Duktilität erhöht (C-Atome im Fe, H-Atome im Hartchrom).

Intermetallische Phasen (IP). Komponenten mit starken elektrochemischen Unterschieden bilden in bestimmten Mischungsverhältnissen gemeinsam ein Gitter, das von denen beider Komponenten *abweicht*. Darin sind der Metallbindung auch Anteile von Ionen- oder Atombindung überlagert. Die Diffusion ist erschwert, damit das Kriechen bei hohen Temperaturen. Diese Stoffe sind härter, spröder und haben z.T. komplizierte Gitter ohne Gleitmöglichkeiten, aber mit höheren E-Moduln. Einige haben höhere Schmelztemperaturen als die Komponenten und sind damit für Hochtemperaturanwendung interessant (z.B. TiAl, Ti_3Al, Ni_3Al mit niedrigerer Dichte als die NiCo-Superlegierungen).

Tabelle 6. Legierungsstrukturen (Legierungselement, LE-Atome; im Wirtsgitter, WG)

LE-Atome im Wirtsgitter	Legierungselement ist				
	Metall		Nichtmetall		
sind nicht geordnet	**Austausch-(Substitutions)-MK.** Atome der LE besetzen normale Gitterplätze des WG, regellos verteilt (feste Lösungen), Duktilität wenig beeinflusst. α-CuZn	Systeme Cu-Pt, Cu-Ni, Cu-Au, Fe-Cr Fe- Ni, Fe-V	**Einlagerungs-(interstitielle) MK.** Kleine LE-Atome besetzen Zwischengitterplätze im WG, regellos verteilt. Starke Verzerrung, geringe Duktilität		Systeme Fe-C, Fe-N
sind geordnet (Gitter im Gitter)	**Überstrukturen,** Treten bei bestimmten festen Atomverhältnissen einiger Systeme auf. Besondere phys. Eigenschaften, thermisch nicht stabil Oktaeder im Würfel, (Cu₃Zn)	AuCu; AuCu₃	**Einlagerungsstrukturen** Gitter im Gitter, ≈ geordnete Einlagerungs- MK. Metall- mit Nichtmetall-Atomen → Hartstoffe Titancarbid TiC, Titannitrid TiN		Carbide, Nitride von Cr, Mo, Ti, Ta, V
bilden neues, anderes Gitter	Intermetallische Phase , (IP) bei geringer Ähnlichkeit der Atome, (nichtstöchiometrisches Verhältnis) → z.T. bestimmte Atomverhältnisse (stöchiometrische Verhältnisse.) →	Cu-Al, CuSn, Cu-Zn Ni₃Al, Ti₃Al	β-CuZn		

Metalle können mit höheren Anteilen der Nichtmetalle C, N und B chemische Verbindungen bilden. Ihre Gitter sind Einlagerungsstrukturen, jedoch mit geordneter Verteilung der Nichtmetallatome im Metallgitter. Carbide, Nitride und Boride zählen auch zu den IP. Meist sind es Hartstoffe mit hohen Schmelzpunkten, deshalb im Gefüge von Werkzeug- und warmfesten Stählen (Sondercarbide) enthalten, oder sie werden als Verschleißschutzschichten auf zähen Baustählen erzeugt (Nitrieren, Borieren) oder durch Beschichten (Plasmaspritzen, CVD- und PVD-Verfahren) aufgebracht. *Sinterhartmetalle* bestehen aus Mischkristallen von WC mit TC und TaC. *Supraleiter aus der* intermetallischen Phase $Ti_2Ba_2Ca_2Cu_3O_{10}$ haben eine Sprungtemperatur von > 120 K (elektrischer Widerstand wird Null, d.h. eine verlustfreie Energieübertragung ist möglich).

Tabelle 7. Härte und Schmelztemperaturen von Hartstoffen (Mittelwerte)

Stoff	Bornitrid	Borcarbid	Ti-Carbid	Ti-Nitrid
Formel	BN	B_4C_3	TiC	TiN
HV-1	6000	3700	3500	2000
T_m in °C	—	2450	3140	2950

Stoff	W-Carbid	V-Carbid	Korund	Si-Carbid
Formel	WC	VC	Al_2O_3	SiC
HV-1	2400	2800	2800	3500
Schmelz T	2870	2830	2050	2200

2.4.3 Zustandsdiagramme

Zustandsdiagramme entstehen aus den Abkühlkurven vieler Legierungen eines Systems oder werden berechnet. Der Schmelz- bzw. Erstarrungsbereich wird durch Liquidus- (oben) und Solidus-Linie (unten) begrenzt. Darunter liegen die Phasenfelder. Sie lassen die Phasen erkennen, aus denen eine Legierung je nach Temperatur und Konzentration besteht. Zwischen den Phasen besteht thermodynamisch ein Gleichgewicht, sofern die Abkühlung *sehr langsam* erfolgt.
Bei schnellerer Abkühlung entstehen andere Konzentrationen und Verteilungen der Phasen (sog. Ungleichgewichtszustände), die metastabil sind, d.h. bei Erwärmung dem Gleichgewichtszustand zustreben. Hierfür gelten andere Diagramme (z.B. ZTU-Diagramme).

2.4.4 System mit vollkommener Mischbarkeit im festen Zustand, Mischkristallsystem

Ihre Komponenten müssen die Hume-Rothery-Regeln erfüllen: Gleiche Kristallgitter, Differenz der Atom-$\varnothing$ < 15 %. Geringe Differenzen in EN-Zahl und Wertigkeit.

Legierungen im mittleren Bereich mit breitem Erstarrungsintervall bilden in der Schmelze Primärkristalle, die an kalten Formwänden kristallisieren. Die Formfüllung wird behindert. *Kristallseigerung*: Primärkristalle haben im Kern andere Konzentration als im Rand.

Bedingungen	Gefüge, Hauptanwendung	Zustands-Diagramm, Merkmale	weitere, Systeme
Große Ähnlichkeit der Komponenten in Atom-$\varnothing$, Gitter, EN-Zahl, Wertigkeit	Homogene Gefüge aus gleichen Mischkristallen. Möglichkeit von Kristallseigerungen beim Erstarren. Verformbarkeit hoch, stark kaltverfestigend. **Knetlegierungen** über den ganzen Mischungsbereich.	**Mischkristall-System**, linsenförmiges Feld zwischen Liquidus- und Solidus-Linie.	Ag-Au, Ag-Pt, Co-Mn, Cu-Au; Cu-Pt; Cu-Pd, Cu-Pt, α-Fe-Cr, γ-Fe-Ni; α-Fe-V, Ni-Co, Ni-Pt, Mo-W

2.4.5 System mit begrenzter Mischbarkeit im festen Zustand, eutektisches System

Die Komponenten haben keine oder nur geringe Mischbarkeit im festen Zustand, sie kristallisieren jede für sich unter gegenseitiger Behinderung der Kristallisation. Deren Beginn verschiebt sich dadurch zu tieferen Temperaturen, bei der eutektischen Legierung zum tiefsten Schmelz*punkt*.

Eutektische Legierungen lassen sich dünnwandig vergießen, da keine Primärkristalle an den Formwänden ankristallisieren und den Schmelzfluss behindern (Gegensatz zu den Legierungen mit breitem Erstarrungsintervall). Dazu gehören zahlreiche Guss- und Druckgusslegierungen.

Bedingungen	Gefüge, Hauptanwendung	Zustands-Diagramm, Merkmale	weitere eutekt. Leg.
Geringere Ähnlichkeit der Komponenten in Atom-$\varnothing$, Gitter, EN-Zahl, Wertigkeit	Heterogene Gefüge aus zwei Kristallarten. Restschmelze zerfällt an der Solidus-Linie bei konstanter Temperatur in ein Kristallgemisch. Eutektische Reaktion: Schmelze → α + β. Niedriger Schmelzpunkt, seigerungsfreie Erstarrung. Im Randbereich Knetlegierungen. **Gusslegierungen** für den eutektischen Bereich.	**Eutektisches System**, außen Mischkristallfelder mit geringer Löslichkeit, dazwischen Mischungslücke mit v-förmiger Liquidus-Linie. **Eutektikum** (ca. 60 % Sn): feinkörniges Gefüge aus den beiden Phasen	Al-Druckguss, Al-Si mit 12 % Si Silberlot Cu-Ag mit 45 % Ag Gusseisen Fe-C mit 4,3 % C Zn-Druckguss Zn-Al mit 4 % Zn Hartblei Pb-Sb mit 13 % Sb

2.4.6 System mit sekundären Ausscheidungen

Wesentliches Merkmal ist ein Mischkristallfeld dessen begrenzende Löslichkeitslinie mit sinkender Temperatur gegen Null zurückgeht. Bei langsamer Abkühlung reduziert sich die im Mischkristall gelöste Komponente durch Diffusion an die Korngrenzen und bildet dort sekundäre Ausscheidungen.

Bei schneller Abkühlung entstehen metastabile, übersättigte Mischkristalle, welche Voraussetzung für das Aushärten sind.

Die technisch wichtigen, aushärtbaren Legierungen sind Drei- und Mehrstofflegierungen, die ausscheidenden Phasen sind komplex aufgebaut. Das vorliegende Beispiel ist vereinfacht.

Bedingungen	Gefüge, Hauptanwendung	Zustands-Diagramm, Merkmale	weitere Systeme
Komponenten haben große Unterschiede in Atom-∅, Gitter, EN-Zahl, Wertigkeit	Mischkristallgefüge mit Ausscheidungen intermetallischer Phasen (IP). Ausscheidungen müssen feindispers im Mischkristall vorliegen, durch Aushärten erzielt. Sie steigern Festigkeit, Härte, Warmfestigkeit, evtl. magnetische Werte. Aushärtbare Legierungen	Mischkristallfeld von Solidus- und Löslichkeitslinie begrenzt, [Phasendiagramm Al-Mg] Aushärtbare Al-Mg-Legierungen enthalten 0,5..1,2 % Si zur Bildung von Mg_2Si als ausscheidende Intermetallische Phase	Al-CuMg Al-CuTi Al-MgSi Al-ZnMg Fe-C Cu-Al Cu-Be Cu-Cr Cu-NiSi Mg-Al Ti-AlV

2.4.7 Systeme mit Mischkristallen und mehreren Intermetallischen Phasen (Beispiel Cu-Zn)

Das Legierungssystem besitzt zahlreiche Sorten, die ein breites Eigenschaftsspektrum überdecken. Das wird durch das Verhältnis der beiden Kristallarten α und β, daneben durch weitere LE erreicht (→ 4.3.4f.). Knetlegierungen liegen im Bereich der α-Mischkristalle (kfz.). Geringe Anteile der spröden β-Phase verbessern die Spanbarkeit. Sorten für Warmumformung und die Gusslegierungen besitzen davon höhere Gefügeanteile. Legierungen mit der sehr spröden γ-Phase im Gefüge haben keine technische Verwendung gefunden.

Bedingungen	Gefüge, Hauptanwendung			Zustands-Diagramm, Merkmale	ähnliche Systeme
Sehr große Unterschiede in Atom-∅, Gitter, EN-Zahl, Wertigkeit **Cu:** r_{Cu} = 128 pm, kfz, EN = 1,9 1-wertig **Zn:** r_{Zn} = 133 pm, hdP, EN = 1,6 2-wertig Bei größeren Zn-Gehalten entstehen Intermetallische Phasen	Die harte, spröde IP-Phase steigert Härte und Festigkeit unter Abnahme der Duktilität. (→ Diagramm) Legierungen für spanende Bearbeitung, verschleißfeste Legierungen Intermetallische Phasen im System CuZn:			System Cu-Zn, vereinfacht An der Linie BCD findet die peritektische Reaktion statt (→ 2.4.9). [Zustandsdiagramm Cu-Zn und Eigenschaftsdiagramm]	AlMg AlMn Al-SiCu Cu-Al; CuSn; CuZn
		β	γ		
	Zn-%	43,8 – 48,2	ca. 58		
	IP-[1] Formel	CuZn	Cu_5Zn_8		
	E-Zelle	krz. (Tabelle)	kub. 52 Atome		
	Um-Formbarkeit	kalt gering, warm gut	nicht umformbar		

[1] Formeln geben keine stöchiometrische Zusammensetzung an, sondern den Mittelwert der Konzentrationen.

Allgemein werden heterogene Cu-Legierungen mit IP im Gefüge als Werkstoffe für tribologische Beanspruchungen verwendet. Dabei gibt es zwei Möglichkeiten:
- Weichere Pb-Kristalle (Schmiertaschen) in einem härteren Cu-Mischkristallgefüge mit IP-Anteilen. Weichere Lagerwerkstoffe für ungehärtete Reibpartner (CuPb- und CuPbSn-Legierungen).
- Härtere intermetallische Phasen in Cu-Mischkristallgefüge. Härtere Lagerwerkstoffe für gehärtete Reibpartner (CuSn- und CuAl-Legierungen).

Werkzeugstähle haben eine gehärtete Stahlmatrix mit noch härteren Misch- und Sondercarbiden der Legierungselemente Cr, V, W, Mo.

2.4.8 Auswertung von Zustands-Diagrammen

Die Vorgänge beim Abkühlen einer Legierung lassen sich im Zustands-Diagramm auf einer senkrechten Linie verfolgen. Sie liegt entsprechend der Konzentration der Legierung L_1. Vom geschmolzenen Zustand. aus wandert ein die Legierung darstellender Punkt auf der Senkrechten abwärts, der sinkenden Temperatur entsprechend.

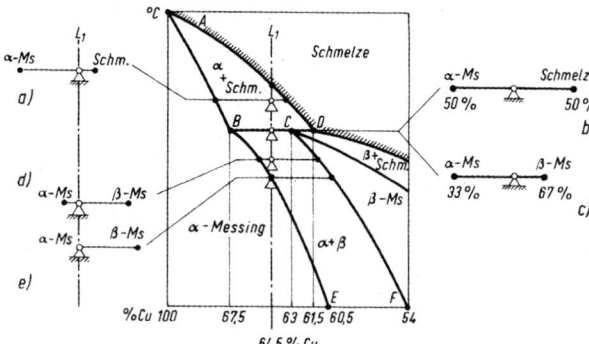

Die Temperaturwaagerechte ergibt einen Hebel mit Endpunkten an den Feldgrenzen. Es gilt das Hebelgesetz für Gleichgewicht.
Phasenanteile sind dem abgewandten Hebelarm proportional.

$$\text{Ph \%} = \frac{\text{Abgewandter Hebel}}{\text{Gesamthebel}} = 100\ \%$$

Konzentration einer Phase kann am Lot auf die waagerechte Achse abgelesen werden.
Beim Überschreiten der Grenzlinie zwischen zwei Phasenfeldern ändert sich die Zahl oder Art der Phasen um eins. Abweichungen von dieser Regel sind an Punkten möglich.

■ **Beispiel (Bild):**
Abkühlungsverlauf einer Cu-Zn-Legierung mit 64,5 % Cu (CuZn36). Die Legierung kühlt aus der Schmelze ab. Beim Erreichen der Solidus-Linie tritt eine zweite Phase auf, die α- Phase (kfz. Cu-Mischkristalle), die nach und nach die Konzentration des Punktes B annimmt (67 % Cu). Die Schmelze strebt der Konzentration des Punktes D zu.

Unterhalb der Liquidus-Linie überwiegt noch der Anteil der Schmelze (Bildteil a). Dicht über der Solidus-Linie (Bildteil b) sind bei dieser Legierung gleiche Anteile von Schmelze und α-Mischkristallen vorhanden (gleiche Hebelarme).
An der Linie BC tritt die peritektische (↓) Reaktion ein:
Dicht unterhalb der Linie CD (Bildteil c) liegt dann ein Gefüge mit 1/3 α-Mischkristallen vor (mit 67,5 % Cu) und 2/3 β-Kristallen (mit 63 % Cu). Die Hebelarme verhalten sich wie 2:1. Mit weiterer Abkühlung ändern sich die Konzentrationen beider Phasen:

α-Mischkristalle längs der Linie BE,
β-Kristalle längs der Linie CF.

Gleichzeitig wächst der Anteil der α-Mischkristalle, jener der β-Kristalle sinkt (Bildteil d). Beim Erreichen der Linie BE (Bildteil e) ist der Anteil der β-Kristalle auf Null gesunken (abgewandter Hebelarm ist Null), dadurch liegt bei RT ein homogenes Gefüge aus α-Mischkristallen vor.

Peritektische Reaktion:
Intermetallische Phasen können teilweise schmelzen und dabei eine andere Kristallart bilden. Der umgekehrte Vorgang ist die peritektische Reaktion (Bild):

$$\alpha + \text{Schmelze} \rightarrow \beta$$

In dieser Form würde die Reaktion einer Legierung mit 63 % Cu am Punkt C ablaufen.

Die ausgewählte Legierung L_1 enthält weniger Cu, deshalb gilt hier die Reaktionsgleichung (Konzentration in Klammern)

$$\alpha\,(B) + \text{Schm.}\,(D) \rightarrow \alpha\,(B) + \beta\,(C).$$

Bei der Reaktion sinkt der Anteil der α-Mischkristalle, die von der Schmelze z. T. nur an der Oberfläche „gelöst" werden (kleinerer. Hebelarm, Bildteile b) und c)). Ihr Cu-Gehalt ergibt zusammen mit der niedrigeren Cu-Konzentration der Schmelze von 61,5% die höhere der B-Kristalle von 63 %.

2.4.9 Systeme mit intermetalischen Phasen (IP) und Maximum

In einigen Legierungssystemen treten IP auf, deren Schmelzpunkte *über* denen der reinen Komponenten liegen. Sie sind für Hochtemperaturanwendungen interessant. Bei ihnen ist der Metallbindung eine starke kovalente (z.T. auch heteropolare, ionare) Bindung überlagert. Sie haben hohe E-Moduln, sind hart und spröde, sodass für die Fertigung besondere und aufwändige Fertigungsverfahren erforderlich sind. Mit ihren Eigenschaften bilden sie einen Übergang von hochwarmfesten Legierungen zur Keramik, mit höherer Zähigkeit als Letztere.

Das leichtere Al senkt die Dichte, damit steigt die spez. Festigkeit (Reißlänge) der Legierungen. Entwickelt werden Werkstoffe auf der Basis TiAl (γ-Legierung) mit einer Dichte von 3,8 g/cm^3, deren geordnete Struktur einen hohen Kriechwiderstand besitzt, der bei ungeordneter Verteilung der Atome jedoch geringer ist. Geringe Zusätze von Cr, Mo Si Zusätze erhöhen Festigkeit *und* Dehnung.

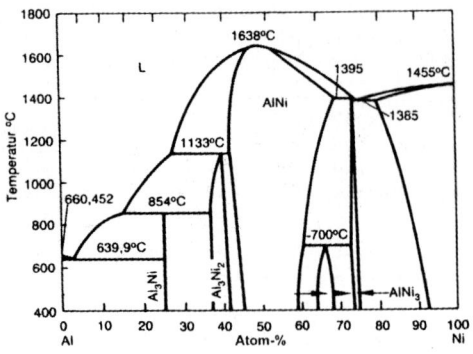

Zustand-Diagramm Al-Ni

Bedingungen: Komponenten haben *große* Unterschiede in Atom-∅, EN-Zahl, Wertigkeit, Schmelzpunkt, Vakenz-Elektronen, Stellung in der elektrochem. Spannungsreihe
Stöchiometrische IP haben schmale Felder ($AlNi_3$) bis senkrechte Linien (Al_3Ni).
Nichtstöchiommetrische IP haben breitere Felder und einen Bereich der Zusammensetzung (AlNi).

Schmelzpunkt liegt bei AlNi mit 1638° C höher als bei den Komponenten.

2.4.10 Vergleich von homogenen und heterogenen Legierungen

In dieser Zusammenfassung werden die beiden Grundgefüge gegenübergestellt und daraus auf Eigenschaften und Verwendung geschlossen. Die Zuordnungen sind grob, in Sonderfällen können auch Abweichungen auftreten.

Tabelle 8. Eigenschaftsvergleich

	Homogene Legierungen	Heterogene Legierungen
Zustandsdiagramm (prinzipiell)	Legierungen Grundtyp I oder im Randbereich bei den meisten anderen Typen	In den Mischungslücken bei teilweiser Mischbarkeit der Komponenten
Beispiele	Cu-Legierungen mit geringem Gehalt an LE, austenitische Stähle	Eutektische Gusslegierungen, Einsatz- Vergütungs- und Werkzeugstähle, aushärtbare Al-Legierungen
Gefüge	homogen, eine Phase Mischkristalle	heterogen, zwei Phasen bilden ein Kristallgemisch
Fertigung durch Gießen	ungünstig bei breitem Erstarrungsbereich, Schwindung, Seigerung	günstig, da niedriger Schmelzpunkt, kleines Schwindmaß
Kneten	günstig, alle Kristallite nehmen daran teil, homogen verformbar	Rissgefahr, wenn beide Phasen sehr unterschiedliche Verformungswiderstände haben
Spanen	Fließspan, rauere Oberfläche	günstig, weichere oder sprödere Phase kann spanbrechend wirken, glatte Oberfläche
vorwiegende Verwendung	Knetlegierungen	Gusslegierungen
Fertigungsgänge	Gussblock → Umformen → Halbzeug → Umformen/Verbinden → Fertigteil	Rohgussteil → Spanen → Fertigteil
Verlauf der Eigenschaften über der Konzentration	Bei bestimmten Konzentrationen sind extreme Eigenschaften möglich	Eigenschaften liegen zwischen denen der reinen Komponenten (Ausnahme Schmelztemperaturen)

2.5 Kristall- und Gefügeveränderungen

2.5.1 Polymorphie

Einige kristalline Stoffe sind polymorph (vielgestaltig), sie können je nach Temperatur in verschiedenen Gitterstrukturen auftreten (Tabelle 1).Mit steigender Temperatur werden die auftretenden Phasen als α-, β, γ- bezeichnet.

Zur Änderung des Zustandes muss Energie aufgebracht werden (Haltepunkt in der Abkühlkurve). Die Dichte ändert sich dabei ebenfalls. Durch Höchstdrücke lassen sich dichtere Modifikationen herstellen (Grafit → Diamant; hex. Bornitrid → kubisches Bornitrid, CBN). Wenn bei der Abkühlung andere Kristallgitter mit geringerer Dichte entstehen, kann es zum mechanischen Zerfall durch innere Spannungen kommen (Zinnpest, Feuerfeststoff Zirkonoxid).

2.5.2 Umwandlungen bei Legierungen im festen Zustand

Neben der Polymorphie einiger Metalle und den Ausscheidungen aus Mischkristallen gibt es weitere Umwandlungen im festen Zustand. Sie sind nicht auf die Stähle beschränkt, für die sie eine besondere Bedeutung haben und dort eingehend behandelt werden.

Name	Vorgänge	Beispiele, Anwendungen
Eutektoide Umwandlung (ähnlich eutektischer Erstarrung)		
	Homogene Mischkristalle reagieren am eutektoiden Punkt und zerfallen dann durch Gitterumwandlung zu einem Kristallgemisch.	Austenitzerfall zu Perlit (3.2.2.2) oder Bainit (3.3.4.2)
Martensitische Umwandlungen		
	Sehr schnelle diffusionslose Gitterumwandlung, gelöste Atome verbleiben in Zwangslösung $\Rightarrow$ Gitterverzerrung $\Rightarrow$ Eigenschaftsänderungen.	Härten von Stahl (3.3.4.1), tritt auch auf beim Abkühlen von: Co wandelt um von kfz in hdP, Ti wandelt um von krz zu hdP, Memoryeffekt bei NiTi-Legierungen

2.5.3 Gefügefehler

Seigerung ist die Entmischung einer Schmelze beim Kristallisieren, sie tritt als Schwerkraftseigerung z.B. bei Bleilegierungen auf; wenn leichte Kristalle in einer bleireicheren Schmelze nach oben steigen. Kristallseigerung $\rightarrow$ 2.4.4.

Blockseigerung tritt bei Legierungen auf, die einen großen Abstand zwischen Liqidus- und Solidus-Linie besitzen. Der zuletzt erstarrte Teil, meist der Kern des Blockes oder Werkstückes ist angereichert mit den tiefschmelzenden Bestandteilen. Diese Seigerungszone bleibt auch im Kern von Walzprofilen erhalten

Mikrolunker sind mikroskopisch kleine Hohlräume zwischen den Verästelungen der Kristalle, hervorgerufen durch die Erstarrungsschrumpfung der letzten Schmelzanteile. Sie werden durch Warmumformung verschweißt, dadurch Verdichtung der Walz- und Schmiedegefüge mit besseren mechanischen Eigenschaften gegenüber Gusswerkstoffen.

Lunker sind größere Hohlräume. Sie treten in den Bereichen auf, die zuletzt erstarren, ohne dass flüssiges Metall nachfließen kann.

Gasblasen entstehen durch Ausscheiden von in der Schmelze gelösten Gasen (H_2, O_2, N_2), die von den Kristallen nicht eingebaut werden können (geringere Löslichkeit) Abhilfe durch Vakuumbehandlung. Gasgehalte werden auf die Hälfte reduziert, es erhöhen sich Festigkeit *und* Dehnung.

■ **Beispiele:**
Einfluss von Größe und Verteilung einer Phase auf die Eigenschaften (Tabelle)

Werkstoff	Zusatz / Gefügeteil	Auswirkung
Stahl	Stickstoff > 0,1 %	Stahl ist alterungsanfällig (Verprödung)
	Schwefel, Phosphor > 0,2 %	Phasen sind bei Schmiedetemperatur flüssig, Brüche
Kupfer	Spuren von Bi	Risse bei der Warmumformung
Stahl	Zementit lamellar / körnig	Spanbarkeit und Kaltformbarkeit bei körniger Form günstiger
Gusseisen	Graphitform lamellar $\rightarrow$ kugelig	Zähigkeit steigt von GJL $\rightarrow$ GJS, Dämpfungsvermögen fällt

3 Eisen und Stahl

3.1 Stahlerzeugung

3.1.1 Rohstahl

Stahl ist schmiedbares Eisen, das deswegen unlegiert einen C-Gehalt von 1,7 % nicht übersteigen darf und geringste Gehalte an P, S, O, und N besitzen muss. Für die Erzeugung haben sich zwei Erzeugungslinien durchgesetzt:

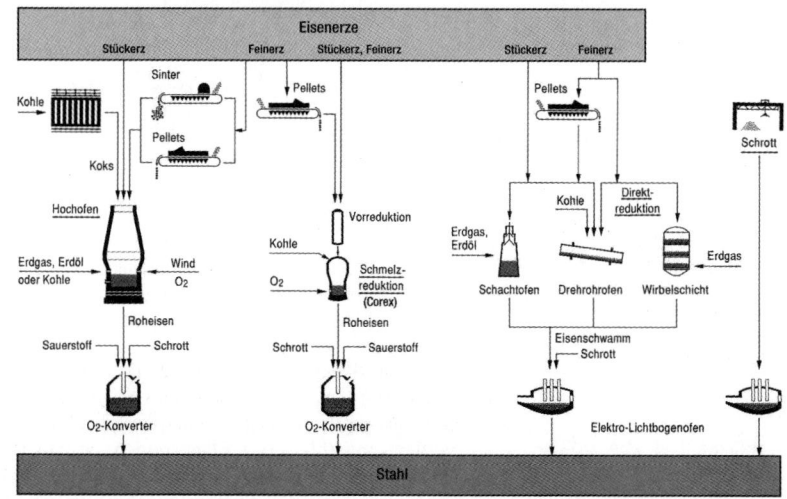

Bild 1. Verfahrenslinien zur Rohstahlerzeugung

Ausgangs-material	Reduktions-verfahren	Zwischen-produkt	Stahlverfahren Anteil %
Eisenerze aufbereitet Sinter, Pelletts	**Hochofen-prozess** Leistung: 10 000 t/d	Roheisen mit z.B. 3...4 % C 1,5 % P 0,05 % S	**Oxygen- 90% Blasverfahren** Schrott zur Kühlung
	sortierter Schrott		
Eisenerze aufbereitet, Pellets	Direkt-reduktion Leistung: 1000 t/d	Eisen-schwamm ca. 1 % C	**Elektro- 10% stahlverfahren**

Das Endprodukt ist ein Rohstahl. Er enthält Nichtmetalle, die bei der Erzeugung durch Erze, Koks und Zuschlagstoffe in Roheisen und Stahl gelangen, unterschiedliche Wirkung auf die Eigenschaften haben und im Gehalt begrenzt werden müssen. Stahlnormen enthalten Grenzwerte dieser Stoffe.

Tabelle 1. Wirkung schädlicher Elemente auf Gefüge und Eigenschaften des Stahles

Element	Wirkungen
Schwefel S	Als FeS enthalten, das mit Fe und FeO ein Eutektikum mit tiefem Schmelzpunkt (935 °C) bildet. Durch Seigerung entstehen Anhäufungen, die bei Schmiedetemperatur flüssig sind → Rot- und Heißbrüche., S-Gehalte deshalb < 0,05 % in Baustählen; < 0,035 in Edelstählen
Phosphor P	Im Ferrit löslich, starke Mischkristallverfestigung (bei Feinblechen angewandt), kaltspröde, Gehalte < 0,08 % in Baustählen; = 0,035 in Edelstählen. Ergibt mit Fe und C das Dreifacheutektikum Steadit mit T_m = 950 °C (Formfüllungsvermögen, Kunstguss)
Stickstoff N	Durch schnelle Abkühlung im Ferrit zwangsgelöst. Nach Kaltumformung erfolgt langsame feindisperse Ausscheidung mit Abnahme der Zähigkeit = Alterung des Stahles, Sprödbrüche. Desoxidation mit Al bindet N zu AlN, im Ferrit unlöslich, keine Ausscheidungen
Sauerstoff O	Als FeO in der Schmelze gelöst, im Gefüge als kleinste Schlackeneinschlüsse verteilt. Führt mit FeS zum Rotbruch. Desoxidation senkt O-Gehalte auf 0,001...0,01 %. Niedrigste O-Gehalte für Werkzeug- und legierte Stähle erforderlich
Wasserstoff H	Gelangt durch Rost (Fe-Hydroxide) bei der Erschmelzung in die Schmelze. Wasserstoffversprödung durch H-Atome in den EMK. H ist auch bei RT diffusionsfähig (kleinster Atom-∅), als H_2-Molekül nicht. Rekombiniert bei Erstarrung und Abkühlung in Störstellen zu H_2-Gas mit hohem Druck → Ursache der Flockenrisse (innere Spaltbrüche bei größeren Schmiedeteilen). H-Atome diffundieren auch bei Oberflächenbehandlung mit Säuren ein (Beizsprödigkeit), die durch Glühen bei 200 °C verschwindet

3.1.2 Sekundärmetallurgie

Der erzeugte Rohstahl wird schlackenfrei abgestochen und in besonderen Anlagen und nach zahlreichen Verfahren der Sekundärmetallurgie auf die geforderten Analysenwerte gebracht.

Tabelle 2. Verfahren der Sekundärmetallurgie (Pfannenbehandlung)

Rohstahl-merkmale	Metallurgie	Verfahrenstechnik
Sauerstoff-, Schwefel- Stickstoff- und Phosphorgehalte zu hoch	Desoxidation, Entschwefelung, Entphosphorung, Entstickung	Einblasen von reaktionsfähigen Metallen (Ca, Mg, Al, Ti und Legierungen) mit Tauchlanze, auch kombiniert mit Bodenspülen
Nichtmetallische Teilchen in Schwebe	Spülverfahren mit Ar, O, N	Einblasen durch poröse Bodensteine fördert das Aufsteigen von Oxiden, Sulfiden u.s.w. und homogenisiert Temperatur und Zuammensetzung der Schmelze
Gasgehalte zu hoch (H_2, N_2), C-Gehalte zu hoch	Entgasung im Vakuum (Degassing), Frischen mit O_2	Vakuum-Heber-Verfahren (DH), Vakuum-Umlaufverfahren (RH), Pfannenstand Entgasung (VD), Vakuum-Frischen in Pfannen (VOD), Argon-Frisch-Verf. (AOD)
LE-Gehalte ungenau	Legieren und Homogenisieren	Zugabe bei fast allen Verfahren möglich, meist kombiniert mit Einblasen von Spülgasen zur Badbewegung
Temperatur zu niedrig	Chemisch heizen	Al-Verbrennung mit O_2 unter Schutzgas (VOH)
	Elektrisch heizen	Pfannenofen (LF) mit Schutzgas, Pfannenofen (LF) mit Vakuum (VAD)

Schlüssel: A: Argon; O: Oxidation; D: Degassing, Decarburization; LF: Ladle furnace; C: Konverter statt Pfanne; H: Heizen

Es werden Reduktionsmittel zugesetzt, um durch Redoxreaktionen Schadstoffe zu reduzieren. Durch die Abwesenheit der Schlacke werden Nebenreaktionen und Verlust von teuren Zusatz- und Legierungselementen vermieden. Es können Gasgehalte gesenkt und die Temperatur für das nachfolgende Stranggießen genau eingestellt werden.

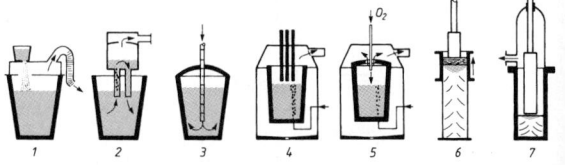

Bild 2. Verfahren der Sekundärmetallurgie
1 Abstichentgasung 2 Umlaufentgasung
3 Feststoffeinblasen
4 VAD, Vakuum-Entkohlung mit Lichtbogenheizung
5 VOD-Verfahren für C-arme Cr-Ni-Stähle (18/8),
6 ESU-Elektro-Schlacke-Umschmelzen
7 Vakuum-Lichtbogen-Umschmelzen

Vakuumbehandlung: Alle Schmelzen lösen Gase, die im Kristallgitter nicht löslich sind. Sie reagieren z.T. zu nichtmetallischen Partikeln (Oxide, Nitride) oder werden molekular (H_2). Dann bilden sie winzige, linsenförmige Hohlräume (Flockenrisse), welche die Zähigkeit stark senken. Unterdruck über der Schmelze vermindert Gasgehalte und vermeidet Flockenrisse. Nebenwirkungen sind:

Abschirmung von Sauer- und Stickstoff, keine Neuoxidation,
Abdampfen von Spurenmetallen wie Pb, Sn,
Weiterlaufen der Kohlenstoffdesoxidation nach $FeO + C \rightarrow Fe + CO\uparrow$.

Nach dem Gesetz des kleinsten Zwanges kommt die Reaktion (Reaktionsprodukte haben größeres Volumen) bei konstantem Druck zum Stillstand. Reste von FeO und C verbleiben im Stahl. Durch Vakuumbehandlung weitere Absenkung von FeO (Oxidschlacke, Reinheitsgrad) und C (0,003 %) möglich.

Umschmelzverfahren benutzen die erkalteten Stahlblöcke als Abschmelzelektrode. Das jeweilige kleine Schmelzbad kann nicht mit der (gekühlten) Tiegelwand reagieren. Umschmelzblöcke bauen sich von unten nach oben auf, haben geringe Gasgehalte, höchsten Reinheitsgrad, keine Seigerungen und Gleichmäßigkeit von Längs- und Quereigenschaften.
ESU-Verfahren: Elektro-Schlacke-Umschmelzverfahren mit Schutz durch eine synthetische Schlacke. Blockgrößen bis zu 160 T (Block mit 2,3 m ⌀). Auch für das Umschmelzen unter Stickstoffdruck für austenitische Stähle angewandt (Streckgrenzenerhöhung).
Vakuum-Lichtbogen-Schmelzen mit Unterdrücken bis 0,1 Pa und Kühlung einer Cu-Kokille durch wärmeleitende Na-K-Legierung. Anlagen bis zu 60 t. Auch zum Umschmelzen von Ti oder Zr und deren Legierungen angewandt (Ti-Schwamm aus dem Kroll-Verfahren oder Keislaufschrott).
Anwendung für Bauteile mit höchsten Sicherheitsanforderungen oder Oberflächengüte: Warmfeste Schmiedeteile der Kraftwerkstechnik, Vergütungsstähle im Flugzeugbau, Wälzlager, Kaltwalzen.

3.1.3 Vergießen des Stahles

Stranggguss: Wirtschaftliches Verfahren, spart Energie und Walzarbeit durch endmaßnahes Gießen.
Stahl gelangt durch ein Tauchrohr (Abschirmung der Luft) in ein Verteilergefäß (evtl. unter Schutzgas) und ein zweites Tauchrohr in die schwingende, wassergekühlte Kokille ohne Boden, sodass der Strang, äußerlich erstarrt, nach unten durch Stütz- und Treibrollen in Kreisbogenform abgezogen werden kann. Es folgt das Trennen in der Waagerechten. Gießgeschwindigkeiten bis zu 6 m/min. Anteil ca. 90 % der Stahlproduktion, vergossen zu Brammen, Vier- und Achtkantknüppel, Hohlsträngen auf Ein- und Mehrstranganlagen.

Standguss: Aufwändiges Verfahren, für große Schmiedeteile in Kokillen von oben als Oberguss, oder von unten über ein Trichterrohr und Gießläufe in mehrere Kokillen gleichzeitig (Gespannguss). Anteil < 10 % der Stahlerzeugung.

3.2 Das Eisen-Kohlenstoff-Diagramm

3.2.1 Abkühlkurve des Reineisens

Eisen ist polymorph, Bild 3 zeigt die Abkühlkurve mit den Kristallarten. Die Vorgänge über 1300 °C sind für Fertigung und Wärmebehandlung weniger wichtig.

Kristallart	α-Eisen	γ-Eisen
Kristallname	Ferrit	Austenit
Gittertyp	kub.-raumzentr.	kub.flächenzentr.
Gitterkonstante	0,286 nm	0,356 nm
Magnetismus	magnetisch	unmagnetisch
Wärmeausdehnung	kleiner	größer

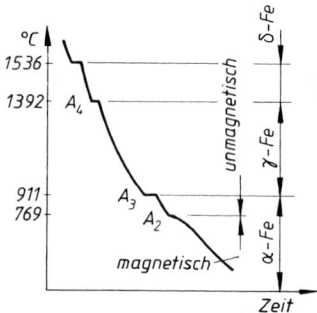

Bild 3. Abkühlkurve des Reineisens und Kristallarten

Die Volumenänderung bei kristallinen Umwandlungen wird bei der Dilatometermessung zur thermischen Analyse benutzt, um bei hochschmelzenden Legierungen Halte- und Knickpunkte zu bestimmen. Dabei wird ein Stab über seine Länge gleichmäßig erwärmt und die Längenänderung über der Temperatur aufgezeichnet (Dilatation = Dehnung, Bild 4).

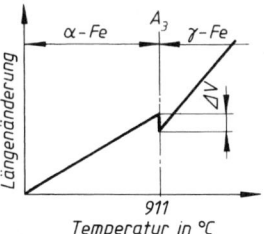

Bild 4. Dilatometerkurve von Reineisen

Umwandlungsfreie Stoffe haben eine stetige Kurve. Bei Gitteränderungen oder Ausscheidungen wird der stetige Verlauf unterbrochen (Stufe und/oder Knick). Durch Einbau von LE finden die Umwandlungen bei anderen Temperaturen statt. Wichtigstes LE ist C, billig und in kleinen Gehalten von starkem Einfluss.

Bedeutung des Eisens als Werkstoff:
- Knetwerkstoffe (Stahlsorten),
- Gusswerkstoffe (Gusseisensorten),
- Werkzeuge (Härtbarkeit),
- Magnetwerkstoff für elektrische Maschinen.

3.2.2 Das Eisen-Kohlenstoff-Diagramm, Gefüge und Umwandlungen

Eine C-haltige Schmelze kann in zwei Formen erstarren, es gibt deshalb 2 Legierungssyteme:

System	Einfluss-größen	Werkstoffe	Gefüge
Fe-C, stabil, nicht veränderbar	Si-Gehalte + langsamere Abkühlung	Gusseisen mit Lamellen- oder Kugel-graphit, schwarzer Temperguss	Ferrit + Graphit
Fe-Fe$_3$C, metastabil, dch. Glühen noch veränderbar	Mn-Gehalte + schnellere Abkühlung	Stahlsorten, Hartguss, Temperroh-guss	Ferrit + Zementit (Fe$_3$C) Fe$_3$C zerfällt zu 3 Fe + C
Mischformen		Höherfestes Gusseisen	Ferrit, Graphit, Zementit

Bild 5 zeigt das Zustandsdiagramm des metastabilen Systems Fe-Fe$_3$C.

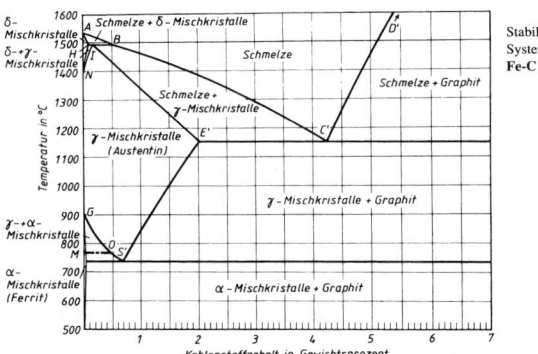

Bild 5. Eisen-Kohlenstoff-Diagramm, vollständiges, metastabiles System mit Gefügebildern

Die Linien des stabilen Systems unterscheiden sich geringfügig. Die folgenden Beschreibungen beziehen sich auf das wichtigere System Fe-Fe$_3$C.

3.2.2.1 Phasen und Gefügebestandteile: Im Laufe der Abkühlung und bei RT treten folgende Kristall- und Gefügearten auf.

Name	Struktur	Beschreibung
Ferrit	α-Mischkristalle, krz.	Homogenes Gefüge, stark verformbar, löst max. 0,02 %C.
Zementit	Eisencarbid Fe$_3$C	Primärzementit kristallisiert in der Schmelze. Sekundärzementit entsteht durch Ausscheidung aus dem Austenit an den Korngrenzen
Austenit	γ-Mischkristalle, kfz.	homogenes Gefüge, sehr stark verformbar, löst max. 2,06 %C
Perlit	Kristallgemisch	Ferrit- und Zementit in Lamellenform, entsteht durch Austenitzerfall bei 723 °C, enthält dann 0,8 % C, Eutektoid des Systems
Ledeburit	Kristallgemisch	Eutektikum aus γ-Mischkristallen + Zementit. Unterhalb 723 °C durch Zerfall der γ-Mischkristalle aus Ferrit + Zementit.

3.2.2.2 Umwandlungsvorgänge (Hierzu EKD Bild 6)

Beim Abkühlen durchläuft der darstellende Punkt einer Legierung die Linien. Dabei finden folgende Umwandlungen statt:

Linie, Haltepkt.	Vorgang	Betroffene Werkstoffsorten, Vorgänge
GS A$_{r3}$ 911°...723 °C	Ferrit-ausscheidung α-Fe wird zu γ-Fe	Unterperlitische (-eutektoide) Stähle < 0,8 %C. Umwandlungspunkt wird durch steigende C-Gehalte erniedrigt. C-diffundiert in restlichen Austenit, der sich bei Erreichen der Linie PS auf 0,8 %C angereichert hat und dann zerfällt
ES A$_{ccm}$ 1147°...723 °C	Zementit-ausscheidung,	Überperlitische (-eutektoide) Stähle 0,8...2% C. Im Austenit sinkt die C-Löslichkeit mit der Temperatur von max. 2,08 % auf 0,8 %C an der Linie SK. Diffusion von C an die Korngrenzen: Sekundärzementit
Punkt S 723 °C	Eutektoider Punkt Austenitzerfall (Perlitbildung)	Alle Legierungen. Noch vorhandener Austenit mit 0,8 %C wird zu Ferrit, C-Atome diffundieren aus und bilden Lamellen von Fe$_3$C im Ferrit. Lamellendicke wird bei schnellerer Abkühlung durch Diffusionsbehinderung immer feinstreifiger. Das Gefüge ist das Eutektoid der Legierung, mit der metallographischen Bezeichnung *Perlit*
Unter 723 °C	Unterperlitsche (-eutektoide) Stähle haben ein ferritisch-perlitisches Gefüge Überperlitische (-eutektoide) Stähle haben ein perlitisches Gefüge mit Korngrenzenzementit	
Punkt C ..1147 °C	Eutektischer Punkt bei 4,3 % C	Gleichzeitige Kristallisation von γ-MK und Fe$_3$C zum Eutektikum, mit der metallographischen Bezeichnung *Ledeburit*
Unterhalb der Linie SK	2,06...43,3 %C: Untereutektisches Eisen aus Perlit in ledeburitischer Matrix, 4,3 ...6,67 %C: Übereutektisches Eisen aus Primär-Zementit in ledeburitischer Matrix	

3.2.2.3 Wirkung der LE auf Umwandlungspunkte, Gefüge und Eigenschaften der Stähle

Die drei Elemente C, Mn, und Si sind von der Erschmelzung her in jedem Stahl vorhanden. Legierte Stähle können Mn und Si in größeren Prozentsätzen enthalten.

Element	Wirkungen
Kohlenstoff C	Erweitert Austenitbereich. Mit dem C-Gehalt steigt der Perlitanteil, damit Härte und Zugfestigkeit. Es sinken Bruchdehnung und Zähigkeit, Schmelztemperatur, Eignung zum Schweißen und Schmieden. Härtbarkeit ab etwa 0,3 %
Silicium Si	Engt Austenitbereich ein. Desoxidationsmittel, als Intermetallische Phase P FeSi enthalten, bei höheren Gehalten wird Schmiede- und Schweißeignung gesenkt, Letztere durch Oxidation zu SiO_2, hochschmelzend. In hitzebeständigen Stählen enthalten, Federstähle bis 2 %, weichmagnetische Stähle 0,4...4 %, säurefester Guss bis zu 18 %. Stabilisiert Graphit, Bestandteil von Gusseisensorten
Mangan Mn	Erweitert Austenitbereich, Desoxidationsmittel, bindet S zu MnS nach FeS + Mn → MnS + Fe, MnS führt nicht zum Bruch beim Schmieden wie FeS, wichtig für die Automatenstähle mit S-Gehalten. Stabilisiert Zementit durch Bildung von Mischcarbiden $(Fe, Mn)_3C$.

Viele Elemente verschieben die Punkte E und S im EKD nach links, sodass übereutektoide Stähle mit C-Gehalten < 0,8 % möglich sind (Verfestigungseffekt).

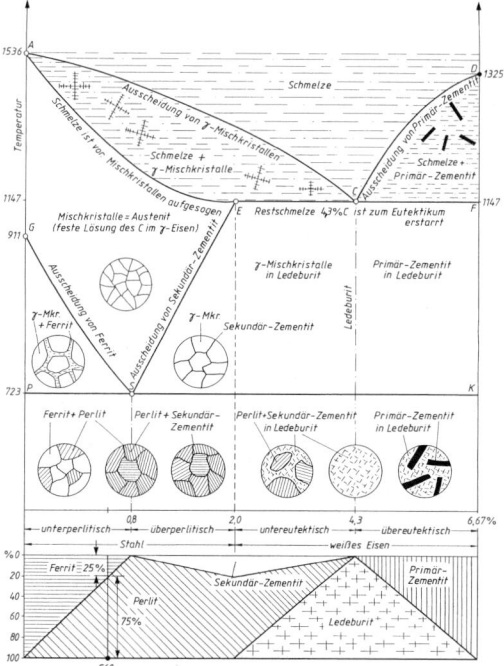

Bild 6. Eisen-Kohlenstoff-Diagramm, vereinfachtes metastabiles System

Austenitbildner sind Legierungselemente, die im Austenit gelöst das γ-Gebiet erweitern. Bei höheren Gehalten entstehen Stähle, die bei RT austenitisch sind (Tabelle 3).

Tabelle 3. Elemente, die das Austenitgebiet erweitern

Legierungelemente sind: **Ni, Mn, Co, N**

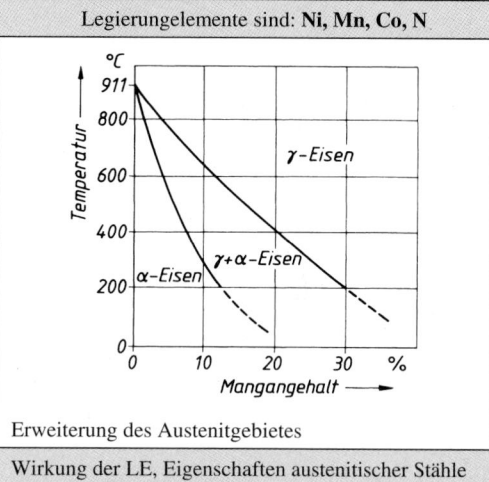

Erweiterung des Austenitgebietes

Wirkung der LE, Eigenschaften austenitischer Stähle

A_3-Punkt wird von 911°C zu tieferen Temperaturen verschoben. Bei 400..200 °C erfolgt dabei Umwandlung zu Martensit. Bei höheren Gehalten sind sie bei RT noch austenitisch.
Rein austenische Stähle werden durch Abschrecken aus dem γ-Gebiet erzeugt.
Niedrige Streckgrenze [1] bei höherer Festigkeit mit hoher Bruchdehnung, kaltzäh bis – 200 °C, unmagnetisch, nicht härt- und normalisierbar. Grobkorn kann nur durch Umformung + Rekristallisation rückgängig gemacht werden. Starke Kaltverfestigung durch teilweise Martensitbildung.
Homogene, ausscheidungsfreie Gefüge sind korrosionsbeständig.

[1] Anhebung der Streckgrenze durch Mischkristallverfestigung mit N. Herstellung durch Elektro-Schlacke-Umschmelzen unter N_2-Druck (DESU-Verfahren).

Austenitische Werkstoffe (meist mit weiteren LE): C-arme korrosionsbeständige CrNi-Stähle, hochwarmfeste und hitzebeständige Stähle), Mn-Hartstahl, austenitische Stahlguss- und Gusseisensorten,
Ferritbildner sind Elemente, die das Austenitgebiet abschnüren. Es entstehen Stähle, die ferritisch erstarren und umwandlungsfrei auf RT abkühlen (Tabelle 4)..
Ferritische Stahlsorten: C-arme korrosionsbeständige Stähle, warmfeste, hitzebeständige Stähle und Stahlguss.
Ferritisch-austenitische Stähle sind Cr-Stähle mit niedrigeren Anteilen an Austenitbildnern (Ni, Mn), sodass Gefüge mit etwa gleichen Anteilen Ferrit/Austenit entstehen, Die Streckgrenze liegt höher als bei austenitischen Stählen bei gleicher Korrosionsbeständigkeit.

Tabelle 4. Elemente, die das Austenitgebiet abschnüren

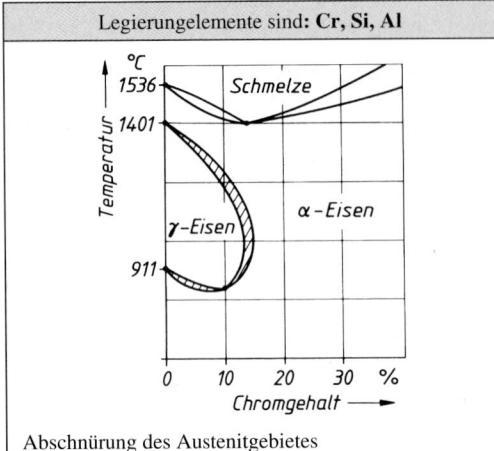

Legierungelemente sind: **Cr, Si, Al**

Abschnürung des Austenitgebietes

Wirkung der LE, Eigenschaften ferritischer Stähle
A_3-Punkt wird von 911°C zu höheren Temperaturen verschoben und das γ-Gebiet abgeschnürt. Bei Cr > 13 % sind die Stähle umwandlungsfrei. Das bei der Kristallisation entstehende δ-Eisen (krz) bleibt bis RT erhalten
Weniger stark kaltumformbar, Steilabfall der Zähigkeit bei der Übergangstemperatur $T_Ü$, magnetisch, nicht härt- und normalisierbar.
Homogene ferritische Gefüge sind korrosionsbeständig.
Bei geringen LE-Gehalten entstehen härtbare, ferritischperlitische Stähle (martensitische, nicht rostende).

Austenitlösliche Elemente senken die kritische Abkühlgeschwindigkeit, dadurch ist tiefere Einhärtung und Durchhärtung möglich. Wichtig für Einsatz-, Vergütungs- und Werkzeugstähle. Dazu gehören Al, Co, **Cr**, Mn, Ni, Si.

Carbidbildner sind Elemente mit starker Affinität zum C. Sie bilden allein oder in Mischung mit anderen harte, beständige Carbide (Tabelle 5). Sie erhöhen Härte und Verschleißwiderstand sowie die Warmfestigkeit. Hierzu gehören **Cr, Mo, Ti, Nb, V, W**.

Tabelle 5. Härte und Schmelztemperaturen von Hartstoffen (Mittelwerte)

Stoff	Bornitrid BN	Borcarbid B_4C_3	Ti-Carbid TiC
Härte HV-1	6000	3700	3500
T_m in °C	—	2450	3140
Stoff	Ti-Nitrid TiN	W-Carbid WC	V-Carbid VC
Härte HV-1	2000	2400	2800
T_m in °C	2950	2870	2830

3.2.2.4 Einfluss mehrerer Elemente

Mehrere LE im Stahl können ihre Wirkungen verstärken oder aufheben oder neue Wirkungen hervorrufen. Cr ist in fast allen Stahlsorten enthalten, weil es je nach Partner unterschiedliche Auswirkungen auf das Gefüge hat. Bild 7 zeigt die Wirkung steigender Cr- und C-Gehalte auf das Gefüge.

Mit >13 % Cr wird Stahl korrosionsbeständig.
Höhere Cr-Gehalte sind nötig, um Deckschichten aus Cr_2O_3 zu bilden, ohne dass dem MK Chrom entzogen wird.
In CrNi-Stählen verstärkt Cr die Erweiterung des Austenitgebiete durch Ni, sodass sich bereits mit 18 Cr und 8 % Ni nach Abschrecken austenitische Stähle ergeben.

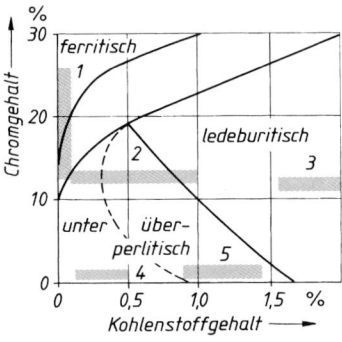

Bild 7. Die Gefüge Cr-legierter Stähle in Abhängigkeit vom C-Gehalt

Tabelle 6. Chromlegierte Stahlsorten (zu Bild 7)

Feld	LE und Gefüge	Eigenschaften	Beispiele →	Sorte
1	C niedrig, Cr hoch, carbidfreies homogenes, ferritisches Gefüge.	Korrosionsbeständiger Stahl mit mittlerer Kaltformbarkeit, kaltspröde.		X8Cr17 1.4016
	C niedrig, Cr sehr hoch, umwandlungsfrei, festhaftende Oxidschicht, durch Al und Si verstärkt	Hitzebeständiger, (zunderfester) Stahl, bis zu 1200 °C beständig		X10CrAl24 1.4762
2	Cr hoch, C-Gehalt bis 1 %, unter- bis überperlitisches Gefüge	Korrosionsbeständig (geschliffen), härtbar für Messer, Wälzlager		X46Cr13 1,4034
3	C und Cr hoch, ledeburitisch, 15 % Cr-Carbide (höher schmelzend)	Schmiedbar, verzugsarm härtbar, Schnittwerkzeuge		X210Cr12 1.2080
4	0,2< C > 0,5, Cr niedrig, unter- bis überperlitisches Gfüge	Einsatz- und Vergütungstähle, Cr bewirkt Durchvergütung		41Cr4 1.7035
5	C hoch, Cr niedrig, überperlitisches Gefüge mit Cr-Carbiden	Noch zäh, verschleißfest, für Wälzlager, Kaltarbeitsstahl mittlerer Leistung		100Cr6 1.3505

3.3 Die Wärmebehandlung der Stähle, Stoffeigenschaftändern
(Begriffe DIN EN 10052)

3.3.1 Allgemeines

Die Fertigungshauptgruppe Stoffeigenschaftändern umfasst alle Verfahren, welche das Gefüge – und damit die Eigenschaften – verändern. Sie gilt für alle metallischen Werkstoffe. Schwerpunkt ist die Wärmebehandlung der Stähle.

Tabelle 7. Übersicht, 6 Stoffeigenschaftändern (Dezimalklassifikation nach DIN 8580/03)

Gruppen	Untergruppen	
6.1 **Verfestigen durch Umformen**	6.1.1 Verfestigungsstrahlen	
	6.1.2 Walzen	6.1.3 Ziehen
	6.1.4 Schmieden	
6.2 **Wärmebehandeln**	6.2.1 Glühen	6.2.2 Härten
	6.2.3 Isotherm. Umwandeln	
	6.2.4 Anlassen, Auslagern	
	6.2.5 Vergüten	6.2.6 Tiefkühlen
	6.2.7 Themomech. Behandeln	
	6.2.8 Aushärten	
6.3 **Thermomechanisches Behandeln**	6.3.1 Austenitformhärten	
	6.3.2 Heißisostatisches Nachverdichten	

Die Behandlung besteht in einem *Erwärmen, Halten und Abkühlen* nach bestimmten Temperatur-Zeit-Folgen im festen Zustand, eine Formänderung ist mit Ausnahmen nicht beabsichtigt. Ziel ist die Anpassung der Eigenschaften des Stahles an das Anforderungsprofil oder an bestimmte Fertigungsvorgänge. Temperatur und Geschwindigkeit der Erwärmung und Abkühlung richten sich nach der gewünschten Eigenschaftsänderung, der Stahlanalyse und Wanddicke des Teiles. Die Temperaturen sind mit der Stahlecke des EKD verknüpft (Bild 8).

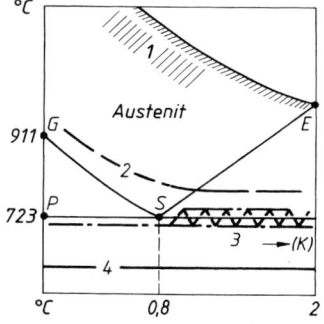

Bild 8. Stahlecke des EKD
1 Diffusionsglühen, 2 Normalglühen,
3 Weichglühen, 4 Spannungsarmglühen

3.3.2 Austenitisierung

Viele Verfahren gehen vom *austenitischen* Zustand des Stahles aus, um ihn in andere Gefüge umzuwandeln. Zum Austenitisieren müssen Ferrit umgewandelt und die Carbide gelöst und verteilt werden, damit ein homogenes, feinkörniges Gefüge vorliegt.
ZTA-Schaubilder (Bild 9) für isotherme Erwärmung (hier bei 800 °C waagerecht nach rechts) lassen erkennen, dass der Haltepunkt A_{c1} zu einem Bereich erweitert ist, weil die Carbide C gelöst werden müssen. Nach 10^3 s wird Haltepunkt A_{c3} erreicht, das Gefüge ist austenitisch inhomogen und muss noch weiter bis zum homogenen Zustand A_{hom} gehalten werden. Dabei stellt sich eine Korngröße von ca. 5 μm ein. Bei höheren Temperaturen wird dieser Zustand schneller erreicht, wegen der Gefahr der Kornvergröberung müssen die Zeiten sehr genau eingehalten werden.

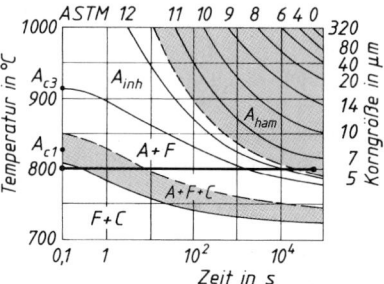

Bild 9. ZTA-Schaubild für isotherme Erwärmung
C45E (nach *Hougardy*)

Überperlitische (-eutektoide) Stähle werden nur über A_{c1} erwärmt, um Grobkornbildung zu vermeiden. Günstig ist ein homogener Austenit mit feinverteilten Carbiden. Für schnelle Erwärmung z.B. durch Induktion sind die ZTA-Schaubilder für *kontinuierliche Erwärmung* zweckmäßig.

3.3.3 Glühverfahren (Bild 8)

Normalglühen soll dem Stahl ein gleichmäßig, feinkörniges Gefüge mit lamellarem Perlit geben, das vom vorausgegangenen Fertigungsgang unabhängig ist. In diesem Zustand sind mechanische Festigkeits- und Verformungskennwerte reproduzierbar. Nach dem *Austenitisieren* wird schnell unter A_{r1} (ca. 650° C) abgekühlt, dann evtl. langsamer, um Spannungen zu vermeiden. Es verschwinden Zeilengefüge, Grobkorn bei Schmiedeteilen und Erstarrungsgefüge von Stahlguss und Schweißnähten (Widmannstättensches Gefüge).
BF-Glühen (auf bestimmte Festigkeit): Austenitisieren, Abschrecken und Anlassen auf 500 ... 550° C.
BG-Glühen (auf bestimmtes Gefüge): Austenitisieren und geregelte Abkühlen für Einsatzstähle zur Erzeugung eines ferritischen Gefüges mit Perlitinseln.

Weichglühen soll die Eignung für spanlose und spangebende Verfahren durch Absenken der Härte verbessern. Der lamellare Zementit zerfällt in eine körnige Form (Oberflächenspannung), wenn im Bereich um A_{c1} gehalten wird, bei überperlitischen Stählen mehrfaches Heben und Senken der Temperatur um A_{c1} (Pendelglühen). Werkzeugstähle erhalten ein für die Härtung günstiges Ausgangsgefüge, das auch durch isothermes Umwandeln in der Perlitstufe erzeugt werden kann.

GKZ-Glühen (auf kugelige Zementausbildung) Gefüge mit niedriger Festigkeit bei höherer Bruchdehnung für Kaltformstähle.

Spannungsarmglühen im Bereich von 550 ... 650° C über 2 ... 4 h mit langsamer Abkühlung senkt innere Spannungen durch plastische Verformung auf den Wert der entsprechenden Warmfließgrenze. Bei unverformten Teilen findet keine Gefügeänderung statt, bei kaltverformten eine Rekristallisation. Vergütete Teile dürfen nur ca. 50 K unter der Vergütungstemperatur geglüht werden.

Anwendung bei Schweißkonstruktionen, Guss- und Schmiedeteilen vor der spanenden Bearbeitung, Teile mit engen Toleranzen nach der Grobbearbeitung.

Diffusionsglühen zur Homogenisierung des Gefüges bei hohen Temperaturen unterhalb der Solidus-Linie (1 100°C/20 h für Stahl). Minderung von Seigerungen, Verteilung grober Carbide und Sulfide (Automatenstähle). Führt zu Grobkorn, das meist bei nachfolgender Warmumformung verschwindet, andernfalls ist Normalglühen erforderlich.

Rekristallisationsglühen soll kaltverformte und kaltverfestigte Teile wieder neu verformungsfähig machen (Zwischenglühen).

Glühen oberhalb der Rekristallisationstemperatur T_R, dabei Aufheben der Kaltverfestigung durch Rekristallisation des Gefüges. Rekristallisationsschaubilder (Bild 10) zeigen den Zusammenhang zwischen Verformungsgrad, Temperatur und Korngröße des neuen Gefüges. Bei kleinen Verformungsgraden ist Grobkorn ist möglich.

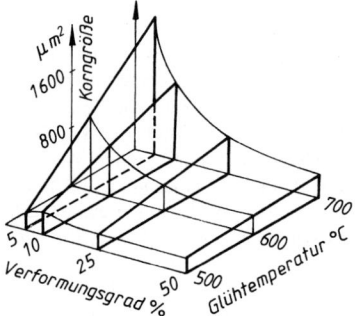

Bild 10. Rekristallisationsschaubild

Anwendung zwischen den Stufen der Kaltumformung beim, Fließpressen, Kaltwalzen, Tiefziehen.

Lösungsglühen im Bereich der Mischkristalle, um sekundäre Ausscheidungen wieder aufzulösen und ein homogenes Ausgangsgefüge herzustellen. Durch Abschrecken wird dieses Gefüge bei RT erhalten (z.B. bei austenitischen und ferritischen Stählen). Im Austenitisieren der legierten Werkzeugstähle, HS-Stähle und warmfesten Stähle zum Härten ist ein L.-Gl. enthalten.

Bei aushärtbaren Legierungen ist L.-Gl. der erste Arbeitsgang zur Herstellung übersättigter MK, als Voraussetzung für das *Aushärten*.

3.3.4 Härten und Vergüten

Beide Verfahren und ihre Varianten nutzen die Umwandlungen des Austenits beim Abkühlen mit steigender Abkühlgeschwindigkeit aus. Sie unterscheiden sich in der gewünschten Eigenschaftskombination und der Anwendung.

Verfahren	Anlassen bei °C	Eigenschafts-kombination	Anwendung, C-%
Härten [1]	Austenitisieren + Abschrecken	180... 300	Hohe Härte, angepasste Zähigkeit	Werkzeuge 0,5...1,5
Vergüten [2]		450... 650	Hohe Zähigkeit und Streckgrenze	Bauteile 0,3...0,8

Ausnahmen:
[1] nicht Warmarbeitsstähle;
[2] Isothermes Vergüten → 3.4.2

3.3.4.1 Innere Vorgänge beim Abschrecken unlegierter Stähle

Stahl wird aus der jeweiligen Austenitisierungstemperatur (Härtetemperatur) abgeschreckt. Durch die Hysterese werden die Umwandlungspunkte A_{r3} und A_{r1} nach tieferen Temperaturen verschoben. Die Diffusion der C-Atome wird mit steigender Abkühlgeschwindigkeit zunehmend behindert, es entstehen vom EKD abweichende Gefüge.

Haltepunkt A_{r3} sinkt stärker als A_{r1}. Dadurch wird die voreutektoide Ferritausscheidung behindert → der Ferritanteil sinkt. Bei A_{r1} zerfällt der Austenit zu Ferrit- und Zementitlamellen, die wegen der behinderten Diffusion zunehmend feinstreifiger werden. Bei noch schnellerer Abkühlung wird die Ferritausscheidung völlig unterdrückt, Austenit zerfällt zu sehr feinstreifigen Perlit, auch bei Stählen unter 0,8 % C. (Herstellung dieses Vergütungsgefüges mit hoher Zugfestigkeit und Kaltformbarkeit bei z.B. für Federstahldraht durch Abschrecken in Warmbädern von 550° C).

Das vollständige Härtungsgefüge des Stahles, der Martensit, entsteht erst bei Überschreiten der kritischen Abkühlgeschwindigkeit v_{crit}, erst dann wird die Perlitbildung völlig verhindert. Die Umwandlung beginnt bei einem neuen Umwandlungspunkt, dem Martensit-Startpunkt M_s und endet mit fallender Temperatur bei M_f, dem Endpunkt der Martensitbildung (Bild 11).

3 Eisen und Stahl

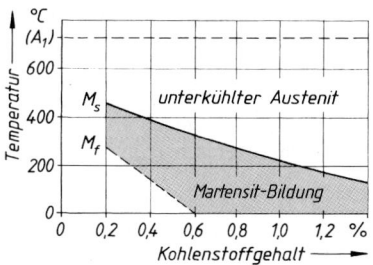

Bild 11. Start und Ende der Martensitbildung

Martensitbildung ist die diffusionslose Umwandlung des Austenits in ein tetragonal verzerrtes krz. Gitter in dem die C-Atome zwangsgelöst sind. Die Volumenvergrößerung erzeugt Spannungen, die zu Zwillingsbildungen führen.
Martensit Gefügename des Härtungsgefüges, im Schliffbild je nach C-Gehalt als massiver, platten-, oder lattenförmiger Martensit zu erkennen Der C-Gehalt bestimmt die Härte bis zum Maximum bei 0,8 % C mit 64 HRC.
Abgeschreckte Stähle über 0,6 % C sind bei RT noch nicht völlig in Martensit umgewandelt (Bild 11), sie enthalten Restaustenit. Die Gesamthärte des Gefüges ist kleiner. Deshalb liegen die Härtetemperaturen für Stähle mit über 0,8 %C nur dicht über A1, damit der Austenit nicht noch mehr C-Atome lösen kann und nach Bild 11 unvollständig umwandelt. Restaustenit kann durch Tieftemperaturbehandlung noch umgewandelt werden, oder er zerfällt beim Anlassen.

3.3.4.2 ZTU-Schaubilder
(Zeit-Temperatur-Umwandlungs-)

Die inneren Vorgänge lassen sich mit den ZTU-Schaubildern (Bilder 12 + 13) beschreiben. Es können die Umwandlungszeiten bei verschiedenen Temperaturen abgelesen werden. Sie gelten für jeweils einen Stahl bestimmter Zusammensetzung und existieren für alle handelsüblichen Vergütungs- und Werkzeugstähle.
ZTU-Schaubilder für kontinuierliche Abkühlung (Bild 12) Kontinuierlich abgekühlt wird in immer schroffer wirkenden Mitteln: Luft, Salzschmelzen, Öle, Wasser. Die Abkühlkurven verlaufen gekrümmt von links oben nach rechts unten. Die Kurven schneiden die stark gezeichneten Umwandlungslinien, zwischen denen die Umwandlungen verlaufen. Am Ende der Kurven ist die erreichbare Härte HV angegeben.
Bei langsamer Abkühlung (Bild 12 rechte Abkühlkurve) werden die Linien der Ferrit- und Perlitbildung geschnitten und nach ca. 100 s RT erreicht. Härte des Gefüges 274 HV.
Bei noch schnellerer Abkühlung verfehlt die Abkühlkurve den Bereich der Perlitbildung, sie durchläuft die Bainitstufe und schneidet die Martensitlinie. Es bildet sich ein Gefüge aus Bainit und Martensit mit 540 HV.

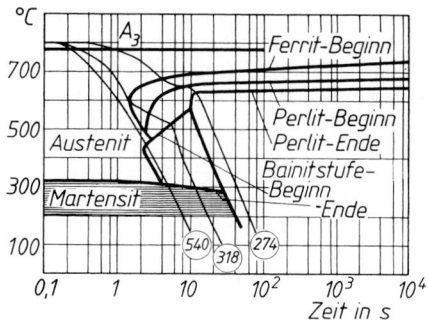

Bild 12. ZTU-Schaubild für kontinuierliche Abkühlung, Stahl C45E

Bainit ist ein Gefüge aus übersättigtem Ferrit und Carbidausscheidungen, deren Form und Größe von der Entstehungstemperatur abhängen. Im unteren Bereich sind sie feinnadelig (azikulär) und feinverteilt ausgebildet und besitzen hohe Streckgrenze *und* Zähigkeit. Anwendung auch beim bainitischen Kugelgraphitguss.
ZTU-Schaubilder für isotherme Umwandlung (Bild 13): Die Kurven geben Beginn und Ende der Austenitumwandlung an, wenn der Stahl aus der Härtetemperatur in ein Warmbad getaucht wird und bei konstanter Temperatur (isotherm) umwandelt. Die Abkühlkurve ist eine Waagerechte bei der gewählten Temperatur.

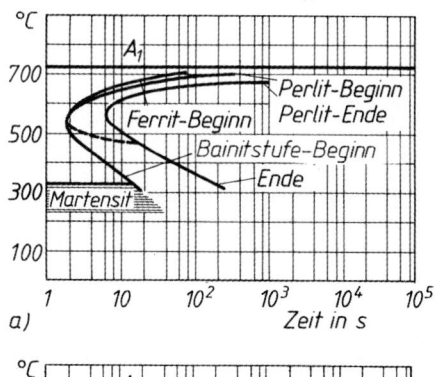

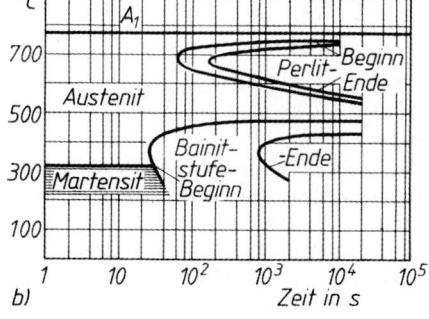

Bild 13. ZTU-Schaubilder für isotherme Umwandlung, a) Stahl mit 0,45 % C; b) 0,45 % C + 3,5 % Cr

LE in Lösung behindern die Perlitbildung, die dadurch später einsetzt und länger dauert (Bild 13b). Die Umwandlungslinien sind gegenüber dem unlegierten Stahl (Bild a) nach rechts zu längeren Zeiten verschoben. Die Abkühlung kann langsamer erfolgen, weil bei legierten Stählen die kritische Abkühlgeschwindigkeit kleiner ist (öl- und lufthärtende Stähle). Zur vollständigen Martensitbildung muss der Bereich schneller Perlitbildung, die Perlitstufe (600 ... 500°C Bildteil a), übersprungen werden. Unterhalb kann langsamer abgekühlt werden. Das Abschreckmittel ist danach abzustimmen.

3.3.4.3 Härteverzug und verzugsarmes Abschrecken.
Die ungleiche Temperaturverteilung zwischen Rand und Kern aufgrund der geringen Wärmeleitfähigkeit, besonders der legierten Stähle verursacht Spannungen durch behindertes Schrumpfen oder Dehnen. Sie werden überlagert von denen, die der sich bildende Martensit mit größerem Volumen erzeugt. Dabei kommt es zu Maß - und Formänderungen, die zu Ausschuss oder Nacharbeit durch Schleifen führen. Es können Schalenrisse unter der Oberfläche auftreten. Wirtschaftliche Fertigung verlangt ein verzugsarmes Härten (Tabelle 8). Dabei wird die Umwandlungsträgheit (Bild 13b) des unterkühlten Austenits dicht über dem Martensitpunkt benutzt, um durch kurzzeitiges Halten die Temperaturunterschiede im Teil zu mildern, dann wird weiter unter M_s abgekühlt, wobei die Martensitbildung erst dann erfolgt. Dadurch treten Wärmespannungen und Umwandlungsspannungen nicht gleichzeitig auf.

Tabelle 8. Verzugsarmes Härten

Gebrochenes Abschrecken	Abschrecken zuerst in Wasser (Perlitbildung wird verhindnert), dann in Öl zur langsamen Martensitbildung, handwerkliches Verfahren ; Erfahrungswerte
Gestuftes Abschrecken, Warmbadhärten	Stufenweises Erwärmen und Abschrecken in Salzschmelzen (evtl. heiße Öle) mit festen Temperaturen. Im Abschreckbad (dicht oberhalb M_s) wird bis zum Temperaturausgleich gehalten, danach beliebig bis auf RT, dabei erfolgt Martensitbildung
Abschrecken unter Formzwang	Abschrecken in Matrizen unter Presskraft. Abschrecköl kann über Durchbrüche das Teil überfluten. Anwendung für sperrige Teile wie Kreissägeblätter, Tellerräder.

Anwendungen: Isothermes *Vergüten* (Bainitisieren): Abschrecken auf Temperaturen dicht über der Martensitstufe in Warmbädern und Halten bis zur vollständigen Umwandlung in Bainit.
Patentieren für Federdrähte: Der austenitisierte Stahl läuft durch ein Bad von 550° C und wandelt isotherm innerhalb 8 s (Bild 13a) in ein feinperlitisches Gefüge um, das zum Drahtziehen sowohl Zugfestigkeit wie hohe Verformbarkeit besitzt.

3.3.4.4 Durchhärtung und Durchvergütung.
Die Härtbarkeit eines Stahles wird durch zwei Größen beurteilt (→ Stirnabschreckversuch 8.6):

Aufhärtbarkeit (Aufhärtung)	ist die größte am Rand erreichbare Härte, sie wird allein vom C-Gehalt bestimmt, beginnt mit ca. 0,3 % und erreicht bei 0,8 %C 65 HRC .
Einhärtbarkeit (Einhärtung)	ist die Eindringtiefe der martensitischen Umwandlung, gemessen als Einhärtungstiefe Et: Abstand in mm vom Rand senkrecht bis zu einer Stelle mit vereinbarter Grenzhärte GH (z.B. 50 % der Randhärte).

Durchhärtung ist die gleichmäßige, martensitische Umwandlung bis in den Kern des Teiles. Sie wird für hochbeanspruchte Werkzeuge benötigt. Steigende Querschnitte erfordern Stähle mit steigenden Gehalten an LE wie Cr, Mn, Ni und Mo.
Durchvergütung ist die bainitische Umwandlung bis in den Kern. Für größere Querschnitte werden ebenfalls Gehalte an Cr, Mn, Ni, und Mo benötigt (Vergütungsstähle 3.4.3.8).

3.3.4.5 Anlassen
ist ein Erwärmen nach vorausgegangenem Härten auf Temperaturen unter A_1 und Abkühlung je nach Stahlsorte. Es soll unmittelbar dem Härten folgen. Gehärtete Teile sind glashart und spröde, Restaustenit kann noch umwandeln, es kommt zu Maßänderungen. Im Allgemeinen nimmt durch Anlassen die Härte ab, die Zähigkeit wird dem Verwendungszweck angepasst (Bild 14). Ausnahmen davon sind Stähle für höhere Temperaturen und HS-Stähle, die bei hohen Anlasstemperaturen Ausscheidungen mit einer Härtesteigerung erfahren.

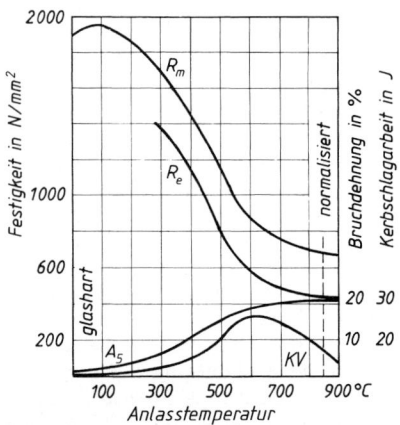

Bild 14. Anlass-Schaubild, Stahl C45E

Bei Anlasstemperaturen unter 150° C geht die tetragonale Verzerrung des Martensitgitters in ein verzerrtes kubisches α-Gitter zurück, angelassener Martensit. Zugleich scheiden sich kleinste Nadeln von ε-Carbiden (Fe_2C) aus. Bei über 200° C zerfällt der Restaustenit.

Im Bereich von 100 ... 300° C werden Messzeuge, Einsatzstähle und Kaltarbeitsstähle so angelassen, dass hohe Härte mit angepasster Zähigkeit kombiniert wird. Die Härte (R_m) nimmt zunächst wenig ab, Bruchdehnung A und Zähigkeit KV steigen wenig (Bild 14).

Über 300° C fallen Härte und Zugfestigkeit zunehmend ab, während Bruchdehnung und Zähigkeit ansteigen. Zwischen 400 ... 650° C liegt der Bereich für die Anlassvergütung der Vergütungs- und Warmarbeitsstähle.

Anlassversprödung (durch Erhöhung der Übergangstemperatur) tritt bei Cr-, Mn- und CrNi-Vergütungsstählen auf, wenn sie bei Anlasstemperaturen um 475° C (± 125 K) behandelt werden oder aus höheren langsam abkühlen. Abhilfe durch schnelles Abkühlen aus der Anlasstemperatur oder Einsatz Mo-legierter Stahlsorten, z.B. für größere Querschnitte.

Warmarbeitsstähle müssen ca. 80 ... 100° C über ihrer Gebrauchstemperatur angelassen werden, damit durch die Werkstückwärme kein weiteres Anlassen mit Gefügeveränderung erfolgt.

Mit zunehmender Anlasstemperatur und -zeit können die C-Atome schneller diffundieren und zunehmend größere Zementitkristalle bilden. Damit nähern sich Aussehen des Gefüges und Eigenschaften wieder dem weichgeglühten Zustand.

Vergütung erzeugt ein bainitisches Gefüge mit Bestwerten von Streckgrenze und Zähigkeit (Bild 14). Das Streckgrenzenverhältnis wird vergrößert. Die Werkstofffestigkeit kann stärker ausgenutzt werden. Mit der Zähigkeit steigen auch die Dauerfestigkeiten. Für Serienteile ist das isotherme Vergüten zweckmäßig.

Anwendung des Vergütens für Triebwerks- und Getriebeteile im Fahrzeugbau, wenn kleine Abmessungen verlangt werden, z. B. Kurbelwellen, Pleuelstangen, Zahnräder, Keilwellen, Kupplungs- und Gelenkwellenteile, Achsschenkel.

3.3.5 Härten von Oberflächenschichten

Bauteilbelastungen greifen durch Kräfte auf die Oberfläche an und wirken sich in der Randschicht am stärksten aus: Dort liegen die maximalen Zug- oder Druckspannungen. Der Materialverlust durch Verschleiß und Korrosion erhöht die Spannungen und verursacht ein Aufrauen der Oberfläche mit einem Absinken der Dauerfestigkeit. Die Lebensdauer von Bauteilen wird erhöht, wenn der Werkstoff der Oberfläche der Beanspruchung angepasst wird.

Werkstoffe	Aufgaben
im **Kern**	übernehmen die Festigkeitsbeanspruchung mit ausreichender Zähigkeit gegen Sprödbruch, evtl. auch bei höheren Temperaturen
in der **Randschicht**[1]	unterstützen den Kernwerkstoff durch Steigerung der Dauerfestigkeit und schützen vor Verschleiß (Härte) und Korrosion (nichtmetallische Phasen in der Randschicht)

[1] Durch die Verfahrensgruppe *Beschichten* aufgebrachte Schichten siehe unter Schichtwerkstoffe (7.5).

Anwendung der Verfahren für Bauteile wie Zahnräder, Kolbenbolzen, Führungsbahnen, Nocken und Kurbelwellen, Kupplungsklauen, Keilwellen und Naben für Schaltgetriebe, Kurvenscheiben, Leit- und Laufrollen sowie Kettenglieder für Kettenfahrzeuge, Seilrollen, Formen für Kunststoffspritzguss.

3.3.5.1 Thermische Verfahren
(Randschichthärten)

Durch schnelle Erwärmung mit Wärmequellen hoher spezifischer Leistung kommt es wegen der geringen Wärmeleitfähigkeit zum Wärmestau. Eine dünne Randschicht wird austenitisiert (aufgeschmolzen), ehe der Kern diesen Zustand erreicht. Durch sofortiges Abschrecken werden martensitische (ledeburitische) Randschichten variabler Dicke erzeugt. Energie- und Zeit sparende Verfahren für größere Teile, die nicht vollständig erwärmt werden müssen.

Je höher die spezifische Leistung, umso kleiner die mögliche Schichtdicke:

Wärmequelle	Spez. Leistung	kW/cm²
Schmelzen (Salze, Metalle)		0,1
Flammen		1
Induktions- / Wirbelströme		10
Laser- / Elektronenstrahlen		100

Werkstoffe: Härtbare Stähle mit > 0,35 %C, Stahlguss und perlitisches Gusseisen mit feinlamellarem oder kugeligem Graphit. Gehärtet wird im vergüteten Zustand. Die angelassene Zwischenschicht kann Wärmespannungen aufnehmen. Die Schichthärte steigt mit dem C-Gehalt, die Randhärtetiefe Rht sinkt mit steigender spezifischer Leistung.

Flammhärten mit der Form der Teile angepassten Brennern auf Härtemaschinen durchgeführt, welche die Relativbewegungen zwischen Werkstück und Brenner führen.

Mantelhärten für kleinere Oberflächen, die vom Brenner überdeckt oder mit Pendelbewegungen überstrichen werden. Zylinder rotieren vor dem Brenner, bis ein *Mantel* austenitisiert ist, der sofort abgeschreckt wird.

Linienhärten für große Flächen, z.B. langen Wellen, Führungsbahnen, breiten Zahnrädern. Brenner und Abschreckbrause werden dicht hintereinander über die Fläche geführt. Die Dicke der austenitisierten Randschicht wird über den Vorschub geregelt. Meist wird auf > 180° C angelassen.

Induktionshärten mit einer der Form des Teiles angepassten, wassergekühlten Induktionsschleife als Primärspule. Werkstück ist Eisenkern, Randschicht die kurzgeschlossene Sekundärwicklung. Die Induktionsströme werden mit steigender Frequenz in die Randschicht verdrängt (Skineffekt). Die Einhärtetiefe ist neben der Stahlanalyse noch abhängig von Frequenz und Leistung. Abgeschreckt wird mit Wasser, bei sehr dünnen Schichten und Dicken (Sägeblätter) durch Selbstabschreckung über die Wärmeableitung in den kalten Kern. (0,01 ... 6 mm).

Laserstrahlhärten. Die hohe spezifische Energie ergibt kürzeste Wärmzeiten zur Austenitisierung, sodass der noch kalte Kernwerkstoff durch Wärmeleitung ein Selbstabschrecken bewirkt und kein Härteverzug auftritt. Der kleine Brennfleck wird durch Pendelbewegungen des Strahlers und Vorschub oder Drehung des Werkstückes auf Spurbreiten bis zu 40 mm erweitert. Die Randhärtetiefe ist < 2 mm, der Vorschub 200 ... 700 mm/min bei Leistungen bis zu 6 kW. Bei CO_2-Lasern ist eine Antireflexschicht (Coating) erforderlich, um die Strahlung zu absorbieren, bei Nd: YAG-Lasern nicht.

Anwendung für Führungsbahnen, Verschleißkanten an Werkzeugen für die Blechbearbeitung. Bei größeren Flächen werden Muster gelegt, z.B. in Zylinderlaufbuchsen von Großdieselmotoren.

Weitere Oberflächenbehandlungen mit Laser sind Laserumschmelzen, -dispergieren, -legieren, -beschichten. *Laserdispergieren* schmilzt Hartstoffpartikel in die Randschicht ein. Härte bis zu 64 HRC.

Elektronenstrahlhärten, mit ähnlicher Energiedichte wie Laserstrahl, muss in Vakuumkammern durchgeführt werden, Werkstückgröße dadurch begrenzt.

Umschmelzhärten für Gusseisen. Mit Lichtbogen, Laser- oder Elektronenstrahlen wird eine Randschicht aufgeschmolzen. Sie erstarrt schnell durch die Wärmeableitung zum kalten Kern zu einem feinkörnigem, ledeburitischem Gefüge mit einer Härte von 55 ... 60 HRC etwa 1 mm dick. Durch Austenitisierung der angrenzenden darunter liegenden Zone entsteht auch eine dünne Martensitschicht. Zum Vermindern der Umwandlungsspannungen wird bei ca. 400° C umschmelzgehärtet (Elowig-Verfahren). Anwendung z.B. für Nockenwellen und Nachfolger von Verbrennungsmotoren.

3.3.5.2 Thermochemische Verfahren

Einsatzhärten

Ältestes Verfahren für C-arme, damit zähe Stähle. Durch *Aufkohlen* der Randschicht auf ca. 0,7 % C wird sie härtbar. Beim Abschrecken entsteht dort Martensit, während der Kern eine Steigerung der Streckgrenze erfährt. Die Bauteile sind im Kern zäh, an der Oberfläche sehr hart und verschleißfest. Die Druckeigenspannungen erhöhen die Dauerfestigkeit. Bei Zahnrädern wird höchste Zahnfußfestigkeit erreicht. Nach Anlassen auf unter 200° C ist Nacharbeit durch Schleifen erforderlich.

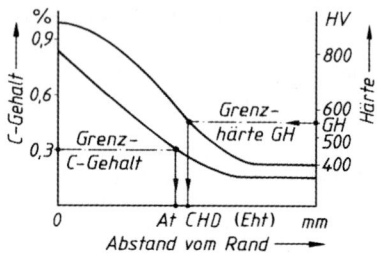

Bild 15. Aufkohlungs- und Einsatzhärtetiefe

Aufkohlen als Pulver-, Salzbad- oder Gasaufkohlung, C-Spender sind Koksgranulat, Cyanate (KCNO), jeweils mit Zusätzen und Propan in einem neutralen Trägergas. Gasaufkohlung ist am besten steuerbar in Temperatur, (830 ... 950° C), C-Angebot, Kohlungstiefe At und Gradient des C-Gehaltes zum Kern hin. Höhere Temperaturen verkürzen die Kohlungszeit, mit der Gefahr von Kornwachstum.

Kohlungstiefe At (Bild 15), senkrechter Abstand von der Oberfläche zu einer Stelle mit 0,3 % C.

Einsatzhärtetiefe CHD (Eht) ist der Abstand senkrecht vom Rand bis zu einer Stelle mit der Grenzhärte GH (550 HV1 nach DIN EN ISO 2639), Wirtschaftlich sind Tiefen bis zu 1,5 mm.

Das Härten der Einsatzstähle ist ein Kompromiss, da Rand und Kern verschiedene Härtetemperaturen besitzen.

Direkthärten ist Abschrecken aus der Salzbad- oder Gasaufkohlung, evtl. mit kurzem Absenken der Temperatur auf die Randhärtetemperatur von ca. 830 °C. Anwendbar für Stähle, die beim Aufkohlen nicht zu Kornwachstum neigen (z.B. 20NiCrMo6-3).

Einfachhärten nach Abkühlen auf niedrige Temperaturen führt durch γ-α-Umwandlung zu feinerem Korn. Beim folgenden Härten aus der Kernhärtetemperatur (850 ... 900° C)) wird der Kern optimal, der Rand überhitzt gehärtet. Das Härten aus der Randhärtemperatur (770 ... 830° C) führt zu optimalen Randeigenschaften, der Kern war nicht vollständig austenitisiert und hat geringere Zähigkeit (und Dauerfestigkeit) als optimal möglich.

Einfachhärten nach einer isothermischen Umwandlung bei 580 ... 650° C erzeugt ein feinkörniges Perlitgefüge, günstig für das nachfolgende Austenitisieren des Randes.

Carbonitrieren

Variante des Einsatzhärtens in Salzbädern oder Gasen bei Temperaturen von 850 ... 900° C, d.h. im Bereich *unterhalb* der Linie GS im EKD. Gleichzeitge Aufnahme von C und N. N senkt die Austenitisierungstemperatur und kritische Abkühlgeschwindigkeit, Abschrecken in milderen Mitteln und kleinerer Verzug (Kern wandelt nicht um). Anlassen wie vor. Die martensitische Randschicht enthält Carbonitride, die hohen Widerstand gegen Adhäsionsverschleiß ergeben, korrosionshemmend sind und nicht durch Nacharbeit entfernt werden dürfen.

Anwendung für Fertigteile aus Einsatz- und Vergütungsstählen mit Eht von 0,05 ... 0,2 mm. Die Steifigkeit dünnwandiger Teile wird erhöht.

Nitrierhärten
Zahlreiche umwandlungsfreie Verfahren mit Aufnahme von N (und evtl. C) aus dem Spendermittel und Bildung von Nitriden (Carbonitriden) des Fe und der LE Cr, Al, Mo *während* der Behandlung (350 ... 600° C). Kein Abschrecken erforderlich, für *spannungsfreie, vergütete* Fertigteile geeignet. Nitrierhärtetiefe Nht von 0,2 ... 0,6 mm mit einer Härte von 750 ... 950 HV1, je nach Verfahren und Stahlsorte. Mit Abdeckpasten können weichbleibende Bereiche isoliert werden.

Nitrierhärtetiefe Nht: Abstand senkrecht zur Oberfläche gemessen bis zur *Grenzhärte GH*. GH liegt 50 HV0,5 über der Kernhärte KH (Bild 16).
Nitrierschichten sind zweiphasig aufgebaut. Eine außen liegende Verbindungsschicht ($\approx$ 15 µm) aus Fe-Nitriden und /oder Sondernitriden der LE mit einem äußeren, weicheren Porensaum. Die darunter liegende dickere Diffusionsschicht steht durch gelöste Nitride und N-Atome unter Druckspannungen und erhöht die Dauerfestigkeit.

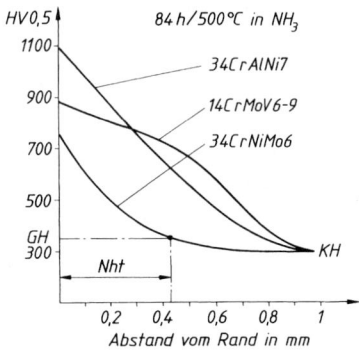

Bild 16. Härteverlauf beim Gasnitrieren und Nitrierhärtetiefe (DIN 50190-3)

Gasnitrieren bei 500° C in NH_3 mit Glühzeiten 20 ... 100 h (Bild 16) mit geringstem Verzug für z.B. Schnecken für Kunststoffpressen, Großzahnräder, Spindeln. Differenzialgehäuse. Teile bis zu 10 m Länge in Schachtöfen hängend nitriert. Spröde Verbindungsschicht.

Gasnitrocarburieren bei 570° C in $NH_3 + CO_2$ mit kürzeren Glühzeiten (2 ... 5 h) Es diffundieren zusätzlich C-Atome ein. Carbonitride sind weniger hart und spröde.

Tabelle 9. Nitrierschichten

Eigenschaften	Ursache, Auswirkungen
Hohe Härte 700 ... 1 500 HV0,5 (unlegiert < legiert)	naturharte, intermetallische Phasen, ε-Nitrid Fe_{2-3} N, hex. härter, korrosionsbeständiger, aber spröder als die γ'-Phase Fe_4N, kfz.
Anlassbeständigkeit	Bei langsamer Abkühlung entstehen keine metastabilen Gefüge
Geringe Adhäsionsneigung (Fressen)	Nicht metallisch, typische Nitrideigenschaft, kleine Reibzahl µ.
Hoher Korrosionswiderstand, durch Nachoxidation (-sulfidierung) erhöht	Geringe Reaktionsneigung der N-haltigen Phasen, es sind chemische Verbindungen mit gesättigter Elektronenschale

Salzbadnitrocarburieren in Salzschmelzen (Cyanatgemische) bei 580° C. Bei der niedrigeren Temperatur gegenüber dem Aufkohlen wird weniger C und mehr N aufgenommen. Nht bis 0,4 mm mit Härten 550 ... 800 HV1. Die Variante Tenifer-Verfahren® arbeitet mit Belüftung des Salzbades und kürzeren Behandlungszeiten. Nach Abschrecken entsteht eine Diffusionsschicht mit übersättigtem Ferrit unter Druckeigenspannungen. Dadurch wird zusätzlich die Dauerfestigkeit stark erhöht. Tenifer QPQ arbeitet mit oxidierenden Salzschmelzen von 350° C zum Abschrecken (Quench), dann polieren der Rauigkeiten und nochmaliges Tauchen im Oxidationsbad bei 350° C. Es ensteht eine schwarzgraue, korrosionsbeständige Oxidschicht

Anwendung für alle un- und niedriglegierten Stähle und Bauteile mit schwellender oder wechselnder Biegebeanspruchung bei nicht zu hohen Flächenpressungen, Hydraulikzylinder, HS-Bohrer, bewegte Teile in Druckgießformen

Tabelle 10. Weitere thermochemische Verfahren

Verfahren/ Element	Temp. °C	Schichtstruktur, -dicke	Eigenschaften, Anwendungen
Aluminieren Al	800... 1100	Al_2O_3-Schicht ,	Hochtemperaturkorrosionsschutz
Borieren B	850... 950	Eisenboridschicht (FeB) u. Fe_2B mit Grundwerkstoff verzahnt 20...300 µm, 1600...2000 HV0,2	Abrasivverschleißfest, Formen für Glas-, Keramikverarbeitung, Extruder für Polymere mit Glasfasern
Chromieren Cr	850... 1050	0,2 mm mit 30 % Cr-Gehalt, korrosionsbeständig	größere Schrauben, Bolzen aus unlegiertem Stahl
Silicieren Si	900... 1100	100...250 µm, spröde	Hochtemperaturkorrosionsschutz für C-arme Stähle,
Sherardisieren Zn	400/ 3..5 h	FeZn-Schicht ca. 150 g/m², Korrosionsschutz 25 µm/ 3 h	in Trommel für Kleinteile, thermisch beständig bis 600° C
Vanadieren V	850... 1000	20 µm mit 2400 HV0,1 als Abrasionsschutz	Werkzeugstähle, geringe Reibung Kolbenringe

Plasmanitrieren (Ionitrieren) bei 350 ... 570° C) im Vakuum und elektrischen Feldern mit kürzeren Glühzeiten und steuerbarer Athmosphäre. Damit können Aufbau, Dicke und Gleichmäßigkeit der Schichten eingestellt werden. Durch niedrigere Temperaturen besonders für Werkzeugstähle geeignet.

3.3.5.3 Thermomechanische Verfahren

Austenitformhärten. Bei legierten Stählen ist oberhalb der Martensitstufe der unterkühlte Austenit länger beständig. Eine sofortige Warmumformung unter T_R erzeugt Gitterstörungen, die durch Keimwirkung bei der nachfolgenden Umwandlung ein sehr feinkörniges Martensitgefüge ergeben, das höhere Festigkeit bei gleicher Bruchdehnung besitzt wie normal vergütete. *Anwendung* auf Teile mit einfacher Geometrie.

Thermomechanische Behandlung. Kombination von Umformen (meist Walzen) und dem Mechanismus der γ-α-Umwandlung. Die Endumformung erfolgt möglichst ohne Rekristallisation des Austenits im Bereich von A_{r3} Es wird ein sehr feinkörniges Gefüge erzeugt, das durch Wärmebehandlung allein nicht erzeugt werden kann und nicht wiederholbar ist (kein Richten mit Flammen, Schweißen mit geringem Wärmeeintrag). Voraussetzung sind Anteile von Mo, Nb, Ti, B. Sie wirken jeweils *mehrfach* durch die Mechanismen der Festigkeitssteigerung, dadurch sind nur geringe Anteile erforderlich (mikrolegierte Stähle). Anwendung bei schweißgeeigneten Feinkornbaustählen, die Streckgrenzen bis 700 MPa erreichen, und C-armen Stählen für Feinbleche.

3.3.5.4 Mechanische Verfahren

Druckeigenspannungen erhöhen die Dauerfestigkeit. Sie können auch mechanisch durch Kaltumformen erzeugt werden. Gleichzeitig wird meist die Rautiefe verkleinert, dadurch Anriss und Rissausbreitung behindert. Die Teile ermüden erst bei höheren Betriebsspannungen.

Verfestigungswalzen. Rotationssymmetrische Bauteile werden meist vergütet, badnitriert oder einsatzgehärtet behandelt. Rollen-Ø, Rundungsradius und Walzkraft müssen so kombiniert werden, dass Verformungsgrad und Tiefenwirkung keine Schädigung hervorrufen.
Anwendung: Festwalzen von Übergangsradien, Rillen, Nuten an z.B. Kurbelwellen steigert die Dauerfestigkeit (GJS-700 um 80 ... 120 %). Die Kerbwirkung kann kompensiert werden (Bild 17).

Verfestigungsstrahlen (Kugelstrahlen). Wenn Festwalzen nicht möglich ist, wird durch örtliche Bestrahlung mit kleinen Stahlkugeln der gleiche Effekt erzielt. Eine geringe Randentkohlung oder Oxidation bei Schmiedteilen senkt ebenfalls die Dauerfestigkeit und kann kompensiert werden. Anwendung: Schmiedeteile mit Zunderschichten (Fahrwerksteile, Pleuelstangen), Schrauben- und Blattfedern.

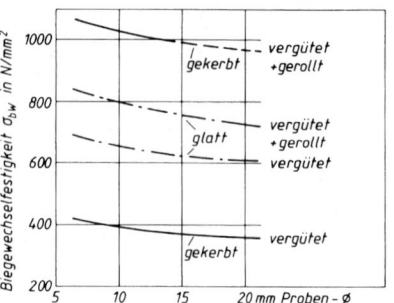

Bild 17. Steigerung der Dauerfestigkeit durch Verfestigungswalzen

3.3.6 Aushärten

3.3.6.1 Verfahren. Wärmebehandlung zur Härte- und Festigkeitsteigerung, das für viele Legierungssysteme möglich ist. Voraussetzung ist ein Mischkristallgebiet mit sinkender Löslichkeit bei fallender Temperatur (Zustandsdiagramm in 2.4.6). Das Verfahren besteht aus zwei Arbeitsgängen:

Arbeitsgang	Verfahren, innere Vorgänge, Auswirkungen
Lösungsbehandeln	*Erwärmen und Halten* auf Temperaturen, die im Werkstoff ein homogenes MK-Gefüge erzeugen (Homogenisieren), *Abschrecken* (Abkühlen), um sekundäre Ausscheidungen zu verhindern und ein übersättigtes, damit metastabiles, Mischkristallgefüge herzustellen. Knetwerkstoffe sind noch verformbar
Auslagern kalt / warm	Nach einer Anlaufzeit bilden sich durch Diffusion Ausscheidungen in *den* Mischkristallen. Am Ende der Auslagerung sind sie gleichmäßig über den Querschnitt verteilt, Kaltauslagern bei RT, Warmauslagern bei höheren Temperaturen

Der Festigkeitsanstieg beruht auf feindispersen Ausscheidungen, die eine kritische Teilchengröße und Abstände nicht überschreiten dürfen, damit sie von den Versetzungen *geschnitten* und nicht von ihnen *umgangen* werden (Teilchenverfestigung). Bei zu hohen Auslagerungstemperaturen kommt es zur Vergröberung mit Festigkeitsabfall (Überhärtung).

Alterung besteht in einem Abfall der Zähigkeit durch unerwünschte Ausscheidungen in Legierungen bei RT. Bei Stahl wird sie durch N-Aufnahme während der Erschmelzung, bewirkt. Nach schneller Abkühlung tritt Übersättigung ein. Langzeitige Vorgänge, durch Kaltumformung und Anlassen beschleunigt (Reckalterung). Stähle mit hohem Reinheitsgrad zeigen diese Erscheinung nicht.

3.3.6.2 Aushärtbare Legierungen

Der Aushärtungseffekt wurde erstmalig bei Al-Legierungen (2.2.4 und 4.2.4) entdeckt und auf zahlreiche Werkstoffe übertragen (Tabelle 11).

3 Eisen und Stahl

Tabelle 11. Anwendung der Aushärtung

Beispiel	Anwendung	Eigenschaftsverbesserung
Al-Legierungen		
Al CuMg	Bleche, Profile	Erhöhte Streckgrenze bei kleinem Zähigkeitsabfall, Streckgrenze bei hoher Zähigkeit (Dauerfestigkeit), Verbesserung der Magneteigenschaften
Al Cu4MgTi	Drehgestellteile	
Al NiCo	Magnete	
Cu-Legierungen		
CuCr	Elektroden zum Punktschweißen, Federn	Härte und Anlassbeständigkeit bei hoher elektrischer Leitfähigkeit. Härte, Elastizitätsgrenze, elektrische Leitfähigkeit
CuBe1,7		
Stähle für Feinbleche		
C-arme Stähle, mikrolegiert	Bakehardening-Karosserieblech	Anhebung der Streckgrenze um ca. 40 MPa beim Einbrennlackieren (= Warmauslagern)
HS-Stähle		
HS6-5-2-5	Schneidwerkstoff	warmauslagernd, Anlassbeständigkeit, Warmhärte, Warmverschleißwiderstand
Sonderbaustähle		
DIN EN 10113	Großrohre, Fahrzeugbau	Streckgrenze, Steilabfall der Kerbzähigkeit $T_ü$

Martensitaushärtende Stähle vom Typ X3NiCoMo 18-7-5 sind sehr C-arme, hoch Ni-legierte Stähle, schweißgeeignet und zäh. Nach Lösungsbehandeln (820° C/Luft) wird warmausgelagert (480° C/3h).

Zustand	HRC	R_m	$R_{p0,2}$	A	Z
Lösungsbehandelt	30	1000	800	12	70
Warmausgelagert	50	18800	1750	10	50
Hohe Werkstoffkosten: Komplizierte Druckgießformen für höchste Stückzahlen, Sicherheitsbauteile für Luftfahrzeuge					

3.4 Stahlsorten

3.4.1 Einteilung und Kennzeichnung der Stähle

Einteilung der Stähle. Die Grobeinteilung erfolgt nach den Anforderungen an die Gebrauchseigenschaften und dem Gehalt an Legierungselementen LE (Tabellen 12 und 13).

Tabelle 12. Grenzgehalte an LE

LE	....%	LE	.....%	LE	.....%	LE	.....%
Al	0,30	Bi	0,10	Bor	0,0008	Cr	0,30
Co	0,30	Cu	0,40	Mn	1,65	Mo	0,08
Nb	0,06	Ni	0,30	Pb	0,40	Se	0,10
Si	0,60	Te	0,10	Ti	0,05	V	0,10
W	0,30	Zr	0,05				

Tabelle 13. Einteilung der Stähle DIN EN 100020

	Qualitätsstähle	Edelstähle		
Stähle unlegiert	enthalten weniger an Legierungselementen (LE) als die Grenzgehalte (Tabelle 12)			
	P und S-Gehalte < 0,035 %, Sorten, die nicht den Anforderungen der Edelstähle entsprechen	P und S-Gehalte ≤ 0.025, Gleichmäßiges Ansprechen auf Wärmebehandlungen mit festgelegten Werten für Einhärtungstiefe oder Oberflächenhärte. Stähle mit Werten der Kerbschlagarbeit A_v > 27 J (bei −50° C, ISO-Probe). Schweißbgeeignete Feinkornstähle für Stahl-, Druckbehälter- und Rohrleitungsbau, Flacherzeugnisse kalt- und warmgewalzt für die Kaltumformung, mit B, Nb, V oder Zr legiert, ferritisch-perlitische Stähle mit > 0,25 %C, mikrolegiert für thermomechanische Behandlung, Spannbetonstähle, Walzdraht für hochfeste Federn			
Nichtrostende Stähle	—	Nach chemischer Analyse definiert: Ni ≤ 2,5 % und Ni ≥ 2,5 % und nach Haupteigenschaften gegliedert in: korrosionsbeständige, hitzebeständige und warmfeste Stähle			
Andere legierte Stähles	Alle Stähle, die nicht zu den Nichtrostenden gehören, mindestens 1 LE erreicht die Werte nach Tabelle 12			
	I.A. nicht zum Vergüten oder Oberflächenhärten vorgesehen. Stähle mit Werten der Kerbschlagarbeit KV > 27 J (bei −50° C, ISO-Probe). Dualphasenstähle, Elektrobleche	Grenzwerte Qualitäts- / Edelstahl			Hochfeste Baustähle, Werkzeugstähle Wälzlagerstähle, Schnellarbeitstähle, Stähle mit besonderen physikalischen Eigenschaften
		Cr, Cu	0,5	Mn	1,8	
		Mo	0,1	Nb	0,08	
		Ni	O,5	Ti, V, Zr	0,12	

Die Kennzeichnung der Stähle nach DIN EN 100 27

Teil 1: Bezeichnungssystem für Stähle, **Teil 2:** Nummernsystem für Stähle. Die Bezeichnung eines Stahles mit Kurznamen wird durch Symbole auf 4 Positionen gebildet: Pos. 3 und 4 nach DIN 17100-100 (IC 10).

Pos. 1	Pos. 2	Pos. 3	Pos. 4
Werkstoffsorte	Haupteigenschaft	Besondere Werkstoffeigenschaften, Herstellungsart	Erzeugnisart
Hauptsymbole		Zusatzsymbole	

Tabelle 14. Bezeichnungssystem für Stähle

Pos. 1 Verwendungszweck, für Stahlguss wahlweise G vorgestellt	2 Mechanische Haupt- eigenschaft	3a Zusätzliche mechanische Eigenschaften, Herstellungsart	3b Eignung für bestimmte Einsatzbereiche bzw. Verfahren	4 Erzeug- nis
G S Stahlbau z.B. Stähle nach DIN EN 10025 10113 10155	$R_{e,min}$ f. d. kleinste Erzeugnisdicke	**Kerbschlagarbeit A_v** A_v (J) 27 40 60 Symbol: **J K L** **Schlagtemperatur in ° C** Temp. RT, 0, –20, –30, –40, –50 Symb. **R 0 2 3 4 5** Für Feinkornstähle: Symbole wie im Feld darunter ↓	**C:** bes. Kaltformbarkeit **D:** Schmelztauchüberzug. **E:** Emaillierung **F:** Schmiedeteile **H:** Hohlprofile **L:** f. tiefe Temperaturen **L1/L2:** bes. tiefe Temp. **P:** Spundwände **S:** Schiffbau **T:** Rohre **W:** Wetterfest	Tafeln A B C
G P Druckbehälter z.B. Stähle nach DIN EN 10028 T1 ... T6, Stahlguss DIN EN 10213 T1 ... T4	wie oben	**M:** thermomechanisch, **N:** normalisierend gewalzt. **Q:** vergütet	**C:** bes. Kaltformbarkeit **L:** Tieftemperatur (L1, L2) **H:** Hochtemperatur **R:** Raumtemperatur **X:** Hoch- u. Tieftemp.	Tafeln A B C
E Maschinenbau z.B. Stähle nach DIN EN 10025	wie oben	**G:** Andere Merkmale, evtl. mit 1 oder 2 Folgeziffern	**C:** bes. Kaltformbarkeit **E:** Schmiedeteile **H:** Hohlprofile	Tafel B
H Flacherzeugnisse, kaltgewalzt, aus höherfesten Stählen zum Kaltumformen, z.B. Bleche + Bänder nach DIN EN 10130 / 10149	$R_{e,min}$ oder mit Zeichen T $R_{m,min}$	Herstellungsart **M:** Thermomechanisch **B:** bake hardening **P:** Phosphorlegiert **X:** Dualphasenstahl **Y:** IF, (interstitiell free)	**D:** Schmelztauchüberzüge	Tafel B

Pos. 1	2	3a	3b	4
D Flacherzeugnisse, kaltgewalzt, aus weichen Stäh- len z. Kaltumformen, z.B. Bleche + Bänder nach DIN EN 10130, 10139 10142	**Cnn:** kaltgewalzt **Dnn:** warmgewalzt, für unmittel- bare Kaltumformung **Xnn:** nicht vorgeschrieben **nn:** Kennzahl nach Norm	**D:** Schmelztauchen **EK:** konv. E-Maillierung **ED:** Direktemaillierung **H:** Hohlprofile **T:** Rohre **G:** Andere Merkmale	ohne	Tafeln B C
G C Unlegierte Stähle, Mn-Gehalt ≤ 1 %, z.B. Stähle nach DIN EN 10083-1	nn:	Kennzahl = 100-facher C- Gehalt	**E:** vorgeschriebener *max.* S-Gehalt, **R:** vorgeschriebener *Bereich* des S-Gehaltes **D:** zum Drahtziehen, **C:** besondere Kaltformbar- keit, **S:** für Federn, **U:** für Werkzeuge, **W:** für Schweißdraht	Tafel B

Pos. 1	2	2a	3	4
G — Niedriglegierte Stähle kein LE > 5 %, z.B. Einsatzstähle nach DIN EN 10084, Vergütungs-St. DIN EN 10083-2	**nn:** Kennzahl = 100-facher C-Gehalt	LE-Symbole nach fallenden Gehalten geord- net, danach *Kennzahlen* mit Bindestrich ge- trennt in gleicher Folge	___	Tafeln A, B
auch unlegierte Stähle mit ≥ 1 % Mn, Automatenstähle, nach DIN EN 10087		Kennzahlen sind Vielfache der LE-%. Die Faktoren sind : **1000** für Bor; **100** für Nichtmetalle C, Cer, N, P, S; **4** für Mn, Si, Cr, Ni, Co, W; **10** für Al, Be, Cu, Mo, Nb, Pb, Ta, Ti, V, Zr.		
G X Hochlegierte Stähle ein LE ≥ 5 %	**nn:** Kennzahl = 100-facher C-Gehalt	LE-Symbole nach fallenden Gehalten geord- net, danach die %-Gehalte d. Haupt-LE- mit Bindestrich in gleicher Folge	___	Tafeln A, B
HS Schnellarbeitsstähle	LE-% von W-Mo-V-Co	entfällt	___	Tafel B

3 Eisen und Stahl

Tabellen 14. A, B, C Zusatzsymbole für Stahlerzeugnisse (Pos. 4)

A: für besondere Anforderungen

+C	Grobkornstahl
+F	Feinkornstahl
+H	Mit besonderer Härtbarkeit
+Z15/25/35	Mindestbrucheinschnürung. Z (senkr. z. Oberfläche) in %

B: für den Behandlungszustand

+A	Weichgeglüht
+AC	Auf kugelige Carbide geglüht
+AT	Lösungsgeglüht
+C	Kaltverfestigt
+Cnnn	Kaltverfestigt auf $R_{m.min}$ = nnn MPa
+CR	Kaltgewalzt
+HC	Warm-kalt-geformt
+LC	Leicht kalt nachgezogen/gewalzt
+M	Thermomech. behandelt
+NT	Nomalgeglüht und angelassen
+N	Normalgeglüht
+Q	Abgeschreckt
+QA	Luftgehärtet
+QO	Ölgehärtet
+QT	Vergütet
+QW	Wassergehärtet
+S	Behandelt auf Kaltscherbarkeit
+T	Angelassen
+U	Unbehandelt

C: für die Art des Überzuges

+A	Feueraluminiert
+AR	Al-walzplattiert
+AS	Al-Si-Legierung
+AZ	AlZn-Legierung (> 50 % Al)
+CE	Elektrolytisch spezialverchromt
+CU	Cu-Überzug
+IC	Anorganische Beschichtung
+OC	Organische Beschichtung
+S	Feuerverzinnt
+SE	Elektrolytisch verzinnt
+T	Schmelztauchveredelt mit PbSN
+TE	Elektrolytisch mit PbSn überzogen
+Z	Feuerverzinkt
+ZA	ZnAl-Legierung (> 50 % Zn)
+ZE	Elektrolytisch verzinkt
+ZF	Diffusionsgeglühte Zn-Überzüge (galvannealed)
+ZN	ZnNi-Überzug (elektrolytisch)

3.4.2 Stahlguss

Stahlguss hat Zusammensetzungen wie Stähle der gleichen Anwendungsgruppe und ist graphitfrei. Er wird meist in Elektro-Lichtbogenöfen erschmolzen und beruhigt vergossen. Schwindmaß mit 2 % hoch, deshalb starke Lunkerneigung, der durch Setzen von Steigern begegnet werden muss. Neben Stahlguss un-, niedriglegiert und schweißgeeignet gibt es Sorten für besondere Anforderungen.

Tabelle 15. Stahlgusssorten

Stahlguss für allgemeine Verwendungszwecke DIN 1681 (in den Entwurf E DIN 1705-3 übernommen)								
Stahlsorte Kurzname	Stoff-Nr.	$R_{m,min}$ MPa	$R_{p0,2}$ MPa	A %	KV (J) ≤ 50 mm	$T_ü$ für 27 J	Anwendungsbeispiele	
G380	1.0420	380	200	25	35	–	Kompressorengehäuse	
G450	1.0446	450	230	22	27	–	Konvertertragring	
G520	1.0552	520	260	18	22	–	Walzwerksständer	
G600	1.0558	600	300	15	20	–	Großzahnräder	
Stahlguss mit guter Schweißeignung DIN 17182 (in den Entwurf E DIN 17205 übernommen)								
G17Mn5N	1.1131	430...600	260	25	65	25° C	Zustand normalisiert	
G20Mn5N	1.1120	500...650	300	22	55	20° C	„	„
G20MnV5V		500...600	360	24	70	– 30° C	Zustand vergütet	

Weitere Stahlgusssorten

Norm DIN	Eigenschaft, Verwendung	Norm	Eigenschaft, Verwendung
EN 10213	Stahlguss für Druckbehälter.	DIN 17465	Hitzebeständiger Stahlguss
– 1	Allgemeines, Stahlsorten für Verwendung	DIN 17205	Vergütungsstahlguss
– 2	bei Raum- u. höheren Temperaturen	SEW 835	Stahlguss für Flamm- und Induktionshärten
– 3	desgl. bei tiefen Temperaturen		
– 4	Austenitische und austenitisch-ferritische Sorten	SEW 520	Hochfester Stahlguss mit guter Schweißeignung
DIN 17445	Korrosionsbeständiger Stahlguss		

3.4.3 Stahlsorten nach Gruppen geordnet

3.4.3.1 Warmgewalzte Erzeugnisse aus unlegierten Baustählen DIN EN 10025 sind nach der Streckgrenze gestufte Stähle, die als Flacherzeugnisse (Blech, Band, Breitflachstahl) oder Langerzeugnisse (Formstahl, Stabstahl, Walzdraht, Spundwandprofile) produziert und ohne Wärmebehandlung weiterverarbeitet werden. Sie sind für normale klimatische Beanspruchung geeignet. Vom Hersteller werden bestimmte Eigenschafts-Mindestwerte gewährleistet (Tabelle 16).

Die nachgestellten Symbole (siehe auch Tabelle 14 unter „Stahlbau" Pos. 3a) kennzeichnen Kerbschlagarbeit und Schlagtemperatur. Für die Sorten gleicher Festigkeitsstufe sind in den Zeilen nach unten die Prüfbedingungen schärfer, damit ist die Neigung zu Sprödbrüchen geringer. Stähle mit angehängtem JR sind Grundstähle ebenso wie die drei letzten Maschinenbaustähle, die anderen sind Qualitätsstähle.

Für höhere Anforderungen des Leichtbaues wurden schweißgeeignete Stähle mit höherer Streckgrenze entwickelt. Damit können im Stahl-, Fahrzeug- und Behälterbau die Blechdicken reduziert, Zeit, Energie und Zusatzwerkstoff beim Schweißen und ein Vorwärmen eingespart werden.

3.4.3.2 Schweißgeeignete Feinkornbaustähle haben durch niedrige C- und kleinste LE-Gehalte von V + Nb (mikrolegiert) auch niedrige CEV-Werte, hohe Zähigkeit bei tiefen Temperaturen, dazu Eignung zum Kaltumformen. Ihre Festigkeit erhalten sie durch Kombination von Feinkorn (Korngrenzenverfestigung) und Teilchenhärtung (feindisperse intermetallische Phasen) Die Gefüge entstehen beim Walzen durch Einhaltung bestimmter Zeit-Temperaturfolgen (thermomechanische Behandlung, Zeichen M)). Diese Sorten (M) haben kleinere C-Gehalte und CEV-Werte als die normalisierend gewalzten (N). Hochfeste Sorten sind vergütet oder ausscheidungsgehärtet. Zahlreiche Normen für Verwendung im Stahlbau (S), Druckbehälterbau (P) oder für Fernleitungen (L). Zu jeder Festigkeitsstufe (Streckgrenze) gehören Varianten mit erhöhter Kaltzähigkeit (Zusatzsymbol L, L1 oder L2, Tabelle 18), mit noch kleineren (P + S)-Gehalten als die jeweilige Grundsorte.

Tabelle 16. Baustähle DIN EN 10025

Stahlsorte Kurzzeichen	Bisher	Werkstoff Nr.	R_{eH} bzw. $R_{p0.2}$ Nenndicken (mm)			R_m MPa	A in % Nenndicken (mm)		Bemerkungen
			≤ 16	≤ 100	≤ 200		≤1 ... <3	≤3 ... <40	
S185JR	St 33	1.0035	185	–	–	290... 510	l: 10...14	l: 18 q: 16	ohne gewährl. Kerbschlagarbeit, Bauschlosserei
S235JR S235JRG1 S235JRG2 S235J0 S235J2G3 S235J2G4	St 37-2 St 37-2 St 37-2 St 37-3	1.0037 1.0036 1.0038 1.0114 1.0116 1.0117	235	215	185	340... 470	A_{80} längs l l: 17...21 quer t t: 15...19	A längs l l: 26 quer t t: 24	Niet- und Schweißkonstruktionen im Stahlbau, Flansche, Armaturen **schmelzschweißgeeignet**
S275JR S275J0 S275J2G3 S275J2G4	St 44-2 St 44-3U St 44-3	1.0044 1.0143 1.0144 1.0145	275	235	215	410... 560	l: 14...18 t: 12...20	l: 22 t: 20	Für höhere Beanspruchung im Stahl- und Fahrzeugbau, Kräne und Maschinengestelle **schmelzschweißgeeignet**
S355JR S355J0 S355J2G3 S355J2G4 S355K2G3 S355K2G4	St 52-3	1.0045 1.0153 1.0570 1.0577 1.0595 1.0596	355	315	285	490... 630	l: 14...18 t: 12...16	l: 22 t: 20	wie bei S275 **schmelzschweißgeeignet**
E295 E335 E360	St 50-2 St 60-2 St 70-2	1.0050 1.0060 1.0070	295 335 360	255 295 325	235 265 295	550...610 570...710 670...830	l: 12...16 l: 8...12 l 3...7	l: 20/t: 18 l: 16/t: 14 l: 11/t: 10	Achsen, Wellen, Zahnräder, Kurbeln, Buchsen, Passfedern, Keile; Stifte, alle drei Sorten sind **pressschweißbar**

3 Eisen und Stahl

Tabelle 17. Schweißgeeignete Feinkornbaustähle

DIN EN	Beschreibung	Normblatt, Teil T	Sorten
10 113	Warmgewalzte Erzeugnisse aus schweißgeeigneten Feinkornbaustählen	T2: normalisierend gewalzt, T3: TM-gewalzt. In je 4 Stufen In allen Stufen kaltzähe Sorten (Symbol NL/ ML)	S275N / 355 / 420 / 460 S275M / 355 / 420 / 460 NL / ML mit KV_{-50} = 27 J
10 137	Blech und Breitflachstahl aus Baustählen mit höherer Streckrenze für Stahlkonstruktionen im Kranbau und für Schwerlastfahrzeuge	T2: vergütet, in 5 Stufen; zu jeder 2 kaltzähe Sorten T3: ausscheidungsgehärtet, in 5 Stufen; zu jeder eine kaltzähe Sorte (AL)	S460Q / 500 /550 / 620 / 690 Symbole: **QL /QL1**: $A_{v,-60}$ = 27 J S500A / 550 / 620 / 690 / 890 / 960; Symbole: **AL**: KV_{-40} = 40 J
10 028	Flacherzeugniss aus Druckbehälterstählen. T2: 4 unlegierte und 4 legierte warmfeste Stähle T3: schweißgeeignete Feinkornbaustähle normalgeglüht, 3 Stufen, in jeder Stufe 1 warmfeste Sorte (NH), 2 kaltzähe (NL1 und NL2) T4: Nickellegierte, kaltzähe Stähle mit 9 Sorten von – 60 ... – 196° C T5: schweißgeeignete Feinkornbaustähle, TM-behandelt in 4 Stufen in jeder Stufe eine kaltzähe Sorte (ML) T6: Feinkornbaustähle vergütet in 5 Stufen, in jeder Stufe eine warmfeste (Symbol QH) und eine kaltzähe Sorte (Symbol QL)		P235GH / 265 / 295 / 355 16Mo3; 13MoCr4-5; 10CrMo9-10; S275N / 355 / 460 / (siehe Tafel unterhalb) P355M / 420 / 460 / 500 P460Q / 500 / 550 / 620 / 690

3.4.3.3 Flacherzeugnisse zum Kaltumformen

Die Stahlsorten weichen in der Analyse von den allg. Baustählen nach DIN 10025 ab und haben andere Kurznamen. Sie werden als Blech, Band oder Langerzeugnis unter zahlreichen Normen geliefert. Für die Kaltformbarkeit und Schweißeignung sind niedrige C-Gehalte und kleinere (P + S) -Gehalte erforderlich.

Tabelle 18. Anhängesymbole für Druckbehälterst.

Kerbschlagarbeit KV in J längs bei Temp. °C.				quer
Sorte	– 50	– 20	0	+ 20	– 20
P...N P...NH	–	40	47	55	20
P...NL1 P...NL2	27 30	47 65	55 90	63 100	27 40

DIN EN 10130 Flacherzeugnisse aus weichen Stählen zum Kaltumformen (s = 0,35 ... 3 mm). Bleche und Bänder sind schweißgeeignet und zum Aufbringen von Schutzschichten geeignet. Sie werden in zwei Oberflächenguten (A, B,) und Ausführungen (glatt, matt, rau) geliefert.
Tiefziehbleche werden in großen Mengen für die Karosserieherstellung gebraucht. Es sind un- und niedriglegierte Qualitätsstähle mit niedriger Streckgrenze und hoher Bruchdehnung (als Gleichmaßdehnung ε_{gl}), um starke Verformungen bei niedrigen Kräften zu erreichen. Im fertigen Bauteil sollen sie hohe Streckgrenze (Widerstand gegen Einbeulen) besitzen.
Viele Sorten werden korrosionsgeschützt mit Zn, ZnAl oder AlZnSi-Überzügen, auch mit Lack- oder Folienbeschichtung geliefert, weiche Sorten mit Eignung zum Emaillieren (Normen, Tabelle 19a).

Tabelle 19. Stähle für Blech und Band zum Kaltumformen

Kurzname nach DIN EN 10130	Werk-Stoff.-Nr (1623-1Z)	Festigkeit $R_{p0,2}$ / $R_{m, max}$	A 80 mm	C %	P, S %
DC01	St2, St12	1.0330	280 / 410	28	0,12	0,045
DC03	RRSt3, RRSt13	1.0347	240 / 370	34	0,10	0,035
DC04	St4, St14	1.0338	210 / 350	38	0,08	0,03
DC05	St15	1.0312	180 / 330	40	0,06	0,025
DC06	IF18	1.0873	180 / 350	38	0,02	0,02

Tabelle 19a. Normen

DIN EN	Kaltbänder a. weichen Stählen zum Kaltumformen	DIN EN 10209 Kaltgewalzte Flacherzeugnisse aus weichen Stählen zum Emaillieren
10139	Kaltband w.o., ohne Überzug	
10142	Kaltband w.o., kontinuierlich feuerverzinkt	
10152	Kaltband w.o., elektrolytisch verzinkt	DIN EN 10147 Blech und Band aus Baustählen, kontinuierlich feuerverzinkt
Kontinuierlich schmelztauchveredeltes Band und Blech mit Überzügen aus ↓		
154: AlSi	10214: ZnAl	10215: AlZn	

IF-Stähle (interstitiell free) weisen keine Atome auf Zwischengitterplätzen auf. C-Gehalt unter 0,02 %. Mikrolegierte Stähle sind C-arm mit geringen Nb/Ti-Anteilen, die Festigkeit wird durch feinstverteilte, intermetallische Phasen erzeugt. BH-Stähle (*bake-hardening*) werden lösungsgeglüht verformt und lagern beim Einbrennlackieren warm aus. Die Streckgrenze steigt um 40 MPa.

Tabelle 20. Werkstoffe für Tiefziehbleche

Norm, Stahlsorte	Erläuterungen (Verfestigungsexponent $n = \ln(1 + \varepsilon_{gl})$)	$R_{e,max}$	A_{80}
DIN EN 10 130	FeP01 für einfaches Umformen (Abkanten, Sicken)	...280	28
(DIN 1623-1)	FeP03 für stärkeres Umformen und größere Blechdicken	...240	34
Weiche Stähle zum Kalt-	FeP04 und FeP05 für höchste Umformansprüche,	...210	38
umformen	Tiefziehbleche mit n = 0,18/0,20	...180	40
IF-Stähle	FeP06 , Sondertiefziehblech, n = 0,22	...180	38
mikrolegiert nach	C-arm mit NB/Ti, 5 Sorten, mit Streckgrenzen von 260..420 MPa	...340	≥ 20
SEW 093	Beispiel: **ZStE 340** (H340)		
P-legierte Stähle	mit 0,1 % P stärkere Kaltverfestigung, 3 Sorten mit Streckgrenzen von 220 ...360	260..320	≥ 28
SEW 094	MPa. n = 0,18...0,3 Beispiel: **ZStE 260P** (H260P)		
BH-Stähle	4 Sorten mit Streckgrenzen von 180...300 MPa	180...240	≥ 32
SEW 094	Beispiel: **ZStE 180 BH** (H180B)		

3.4.3.4 Walzdraht, Stäbe und Draht aus Kaltstauch- und –Fließpressstählen

Tabelle 21. Kaltstauch- und Kaltfließpressstähle (DIN EN 10263)

Teil	Werkstoffgruppe	Anzahl Sorten	in Klammern DIN 1654Z
–2	Unlegierte Stähle	4	C2C, C4C C8C, C10C, C15C C17C, C20C (QSt32-3 / 34 / 36 / 38), 8MnSi7, nicht für eine Wärmebehandlung vorgesehen
–3	Einsatzstähle	4	C15C, C22C, C35C, C45C (Cq15, Cq22, Cq35, Cq45)
–4	Vergütungsstähle	19	ähnlich DIN EN 10083, auch B-legierte Sorten
–5	Nicht rostende Stähle	12	5 CrNi- 2 CrNiTi- und 5 CrNiMo-Stähle nach DIN EN 10088
Nachgestellte Symbole für Lieferzustände			
+ U	wie warmgewalzt	+ U + P	walzgeschält	+ A	weichgeglüht	Auch in Kombinationen
+ U + C	kaltgezogen	+ LC	kalt nachgezogen	+ AT	lösungsgeglüht	z.B. AT + C + At + C

DIN EN 10111 Kontinuierlich warmgewalztes Blech und Band aus weichen Stählen zum Kaltumformen. Von DD11 zu DD14 steigt die Dehnung bei fallenden Gehalten an C, P, und S.

Tabelle 22. Stähle nach DIN EN 10111

Kurzname nach DIN EN 10111 1614-2	Werkstoff. Nr.	Festigkeit $R_{p0.2}$	R_m	A_{80mm} %	C $\leq$ %	P und S je $\leq$ %	Verwendung
DD11	StW22	1.0332	170 ... 360	440	23	0,10	0,035	Für unmittelbar folgende Kalt-
DD12	RRStW23	1.0398	170 ... 340	420	25	0,10	0,035	umformung zu Profilen ua.
DD13	StW24	1.0335	170 ... 330	400	28	0,08	0,03	eingesetzt
DD14	—	1.0389	170 ... 290	380	31	0,08	0,025	

DIN 10149 Warmgewalzte Flacherzeugnisse aus Stählen mit hoher Streckgrenze zum Kaltumformen. 4 normalgeglühte bzw. normalisierend gewalzte Sorten S260NC .... S420NC mit ähnlichen Eigenschaften wie die in Tabelle 23.

Tabelle 23. Thermomechanisch gewalzte Stähle

Kurzname [1]	SEW 092	Stoff- Nr.	Zugfestigkeit R_m MPa	A % für $t \geq 3$ mm	Faltversuch, 180° Dorn-$\varnothing$ mm	Biegeradien für Dicke t 3 ... 6	> 6 mm
S315MC	QStE 300 TM	1.072	390 ... 510	24	0 t	0,5 t	1,0 t
S355MC	QStE 360 TM	1.0976	430 ... 550	23	0,5t		
S420MC	QStE 420 TM	1.0980	480 ... 620	19		1,0 t	1,5 t
S460MC	QStE 460 TM	1.0982	520 ... 670	17	1 t		
S500MC	QStE 500 TM	1.0984	550 ... 700	14			
S550MC	QStE 550 TM	1.0986	600 ... 760	14	1,5 t	1,5 t	2,0 t
S600MC	QStE 600 TM	1.0988	650 ... 820	13			
S650MC	QStE 650 TM	1.0989	700 ... 880	12	2 t	2,0 t	2,5 t
S700MC	QStE 700 TM	1.0966	750 ... 950	12			

[1] Kurzname enthält die obere Streckgrenze in MPa, Bruchdehnung A an Längs-, Faltversuch an Querproben.

3 Eisen und Stahl

3.4.3.5 Einsatzstähle sind Baustähle mit geringen C-Gehalten (< 0,2 %), die beim Abschrecken ihre Zähigkeit nicht verlieren, durch LE wird die Streckgrenze erhöht. Durch Aufkohlen (veraltet Einsetzen) erhält eine Randzone ca. 0,7 % C und wird härtbar. Für das Direkthärten aus der Aufkohlungstemperatur sind Mo-Stähle günstig.

3.4.3.6 Automatenstähle mit 0,15 ... 0,4 % S als Mangansulfid ergeben beim Spanen kurze Späne, saubere Oberfläche und geringe Schneidenbeanspruchung, auch zusätzlich mit 0,15 ... 0,35 % Pb.

Automatenstähle sind warmgewalzt (blank als Rund-, Vierkant-, Sechskant- und Flachstahl).

Verwendung: Niedrigbeanspruchte, kleinere Teile, wie abgesetzte Wellen, Bolzen, Büchsen, Scheiben, Zahnräder zur Bewegungsübertragung.

3.4.3.7 Nitrierstähle sind Vergütungsstähle, die im vergüteten Zustand durch Nitrieren eine harte Randzone erhalten. Sie enthalten Al als Nitridbildner, die anderen Elemente dienen der Festigkeitssteigerung und Durchvergütung (Tabelle 26).

Tabelle 24. Einsatzstähle DIN EN 10 084

Stahlsorte	Werkstoff-Nummer	HB geglüht	Stirnabschreckversuch, Härte HRC für einen Stirnabstand in mm				Anwendungsbeispiele
			1,5	5	11	25	
C10E+H	1.1121	131					kleine Teile mit niedriger Kernfestigkeit:
C15E+H	1.1141	143					Bolzen Zapfen, Buchsen, Hebel,
17Cr3+H	1.7016	174	39				w.o. mit höherer Kernfestigkeit
16MnCr5+H	1.7131	207	39	31	21		⎫ Zahnräder und Wellen im
20MnCr5+H	1.7147	217	41	36	28	21	⎭ Fahrzeug- und Getriebebau
20MoCr4+H	1.7321	207	41	31	22		für Direkthärten geeignet
22CrMoS3-5+H	1.7333	217	42	37	28	22	für größere Querschnitte
20NiCrMo2-2+H	1.6523	212	41	31	20		Getriebteile höchster Zähigkeit
17CrNi6-6+H	1.5919	229	39	36	30	22	⎫ hochbeanspruchte Getriebeteile,
18CrNiMo7-6+H	1.6587	229	40	39	36	31	⎭ Wellen, Zahnräder

Tabelle 25. Automatenstähle DIN EN 10 096

	Stahlsorte		Festigkeiten		Härte HBW	Sorten mit 0,15...0,35 % Pb,		Zustand
	Kurzname	Werkstoff-Nr.	R_m	R_e				
Wärmebehandlung nicht vorgesehen	11SMn30	1.0715	380 ... 570		112 ... 169	11SMnPb30	1.0718	U
	11SMn37	1.0736				11SMnPb37	1.0737	
Einsatzstähle	10S20	1.0721	360 ... 530		107 ... 156	10SPb20	1.07222	U
	15SMn13	1.0725	430 ... 600		128 ... 178	----------		
Vergütungsstähle	35S20	1.0726	490 ... 624	320	$A =$ 16 %	35SPb20	1.0756	
	38SMn26	1.0760	530 ... 700	420	15	38SMnPb26	1.0761	V
	44SMn28	1.0762	630 ... 800	420	16	44SMnPb28	1.0763	
	46S20	1.0727	590 ... 760	430	13	46SMnPb20	1.0757	

Eigenschaftswerte für den angegebenen Zustand im ⌀-Bereich 16 ... 40 mm. U: unbehandelt, V: vergütet

Tabelle 26. Nitrierstähle, Auswahl aus DIN EN 10 085

Stahlsorte		Eigenschaften vergütet					Eigenschaften, Anwendungen
Kurzname	Werkstoff-Nummer	⌀ - Bereich mm	$R_{p0.2}$ MPa	A %	KV J	HV1	
31CrMo12	1.8215	40	850	10			warmfest, für Teile von Kunststoff-
		41 ... 100	800	11	35	800	maschinen
31VrMoV9	1.8519	80	800	11	35	800	ionitrierte Zahnräder hoher Dauerfestigkeit
		81 ... 150	750	13	35		
15CrMoV6-9	1.8521	100	750	10	30	800	größere Nitrierhärtetiefe, warmfest
		101 ... 250	700	12	35		
34CrAlMo5	1.8507	70	600	14	35	950	Druckgießformen für Al-Legierungen
35CrAlNi7	1.8550	70 ... 250	600	15	30	950	für große Querschnitte

3.4.3.8 Vergütungsstähle sind Baustähle mit 0,25 ... 0,5 % C und steigenden Gehalten an Cr, Mn, Mo und Ni, damit auch größere Querschnitte durchvergüten. Die erreichbare Vergütungsfestigkeit ist dickenabhängig. Bei den Ni-legierten Stählen ist bei hohen Festigkeiten auch die Zähigkeit längs und quer zur Faserrichtung hoch.

Mn- und Cr-legierte Sorten neigen zur Anlasssprödigkeit, wenn sie aus der Anlasstemperatur langsam abkühlen. Ursache sind Ausscheidungen harter Phasen, welche die Kerbschlagarbeit senken. Schnelle Abkühlung verhindert die Ausscheidungen, ebenso Gehalte an Mo oder V. Solche Stähle können langsam abkühlen, ohne dass die Zähigkeit sinkt, wichtig für größere Querschnitte.

DIN EN 10082-1 enthält die *Edelstähle* (P und S je 0,35 %), davon 9 unlegierte. Mit Ausnahme der CrNiMo-legierten Sorten gibt es zu jeder Sorte eine Variante mit verbesserter Spanbarkeit, z.B. C45R für unlegierte oder 34CrMoS4 für niedriglegierte Sorten. Teil 2 enthält 9 unlegierte *Qualitätsstähle* (gleiche C-Gehalte, P und S je ≤ 0.45 %), Teil 3 enthält 6 Sorten mit Bor-Gehalten von 0,0008 ... 0,005 %.

Tabelle 27. Vergütungsstähle DIN EN 10083

lfdNr:	Stahlsorte	Durchmesserbereich $d \leq 16$ mm					$16 \leq d \leq 40$ mm				
		R_e N/mm²	R_m N/mm²	A %	Z %	KV J	R_e N/mm²	R_m N/mm²	A %	Z %	KV J
1	C25E	370	700...550	19	45	–	320	650...500	21	50	–
2	C35E	430	780...630	17	40	–	370	750...600	19	45	–
3	C45E	500	850...700	14	35	–	430	800...650	16	40	–
4	C55E	550	950...800	12	25	–	500	900...750	14	35	–
5	C60E	580	1000...850	11	25	–	520	950...800	13	30	–
6	28Mn6	590	930...780	13	40	35	490	840...690	15	45	40
7	38Cr2	550	950...800	14	35	35	450	850...700	15	40	35
8	46Cr2	650	1100...900	12	35	30	550	950...800	14	40	35
9	34Cr4	700	1000...800	11	35	35	590	950...800	14	40	40
10	37Cr4	750	1150...950	11	35	30	630	950...850	13	40	35
11	41Cr4	800	1200...1000	10	30	30	660	1100...900	12	35	35
12	25CrMo4	700	1100...900	12	50	45	600	950...800	14	55	50
13	34CrMo4	800	1200...1000	11	45	35	650	1100...900	12	50	40
14	42CrMo4	900	1300...1100	10	40	30	750	1200...1000	11	45	35
15	50CrMo4	900	1300...1100	9	40	30	780	1200...1000	10	45	30
16	51CrV4	900	1300...1100	9	40	30	800	1200...1000	10	45	30
17	36CrNiMo4	900	1300...1100	10	45	35	800	1200...1000	11	50	40
18	34CrNiMo6	1000	1400...1200	9	40	35	900	1300...1100	10	45	45
19	30CrNiMo8	1050	1450...1250	9	40	30	1050	1450...1250	9	40	30
20	36NiCrMo16	1050	1450...1250	9	40	30	1050	1450...1250	9	40	30

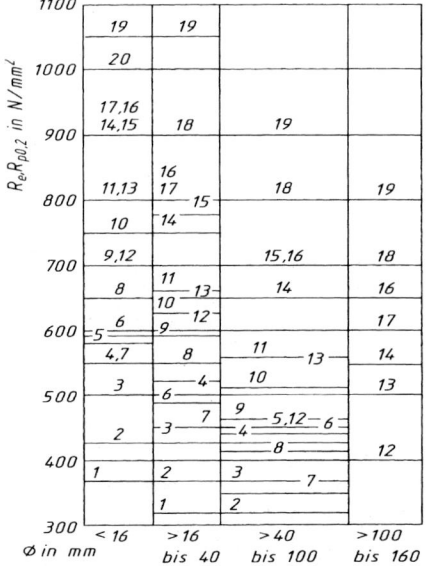

Die Auswahl eines Stahles geht vom Werkstück-Ø aus (Bild zu Tabelle 27). Die Zahlen in den Feldern beziehen sich auf die lfd. Nummer der Sorte in Tabelle 27. Der Stahl mit der höheren Nummer hat jeweils die höhere Zähigkeit.

Diagramm gibt eine Übersicht über die Mindestwerte der Streckgrenze für verschiedene Durchmesserbereiche. Für die in einem Feld angeführten Sorten (Nummern nach Tabelle 27) gilt der untere stark ausgezogene Rand als Mindeststreckgrenze

3.4.3.9 Federstähle sind Vergütungsstähle für kleinere Querschnitte, deswegen genügen geringe Gehalte an LE. Um hohe Streckgrenzenwerte zu erhalten, sind die C-Gehalte (0,5 ... – 0,75 %) erhöht und Si zur Mischkristallverfestigung zulegiert. Die Stahlsorten werden warm- oder kaltgeformt und als Draht oder Band geliefert. Als unmagnetische und korrosionsbeständigere Werkstoffe gibt es neben nicht rostenden Stählen noch Cu-Legierungen, leztere auch für Strom führende Federn.

3 Eisen und Stahl

Die Werkstoffwahl beginnt mit dem Halbzeug, das für die jeweilige Federform benötigt wird. Nach der Entscheidung für Draht oder Band, je nach Form der Feder (oder federnder Elemente), muss die mechanische Beanspruchung (statisch, dynamisch, niedrig...hoch) zur Wahl herangezogen werden. Je nach Korrosionangriff können beschichtete (Z = Zn-Überzug, ZA = ZnAl-Überzug, ph = phosphatiert) oder nicht rostende Stähle gewählt werden.

Tabelle 28. Normenübersicht Federstähle

	warmgewalzt + vergütet	patentiert + kaltgezogen	ölschlussvergütet	kaltgezogen, nicht rostender Stahl	kaltgewalzt	
Draht	DIN 17221 5 Sorten	DIN EN 10270 T1 5 Sorten	DIN EN 10270 T2 9 Sorten	DIN EN 10270 T3 3 Sorten	---------------	
Band	---------------	---------------	---------------	DIN 17224 3 Sorten	EDIN EN 10151	7 S.
					DIN EN 10132-4	15 S.

Stahldraht für Federn DIN EN 10270, Teil 1 (fett) und 2 (normal) gedruckt						
Sorten nach	Federbeanspruchung				Draht-∅ für die Sorten in mm	
	Festigkeit	Dauerfestigkeit			SL, SM, SH, DM, DH	0,5 ... 20
		statisch	mittel	hoch		
Teil 1 / T2	niedrig	SL / FDC	--- / TDC	--- / VDC	FDC, FDCrV, FDSiCr	0,5 ... 17
	mittel	SM / FDCrV	DM / TDCrV	DH / VDCrV	TDC, TDCrV, TDSiCr, VDC, VDCrV, VDSiCr	0,5 ... 10
	hoch	SH / FDSiCr	--- / TDSiCr	--- / VDSiCr		

	R_m[1] in MPa für Draht-∅ in mm				R_m[1] in MPa für Draht-∅ in mm				R_m[1] in MPa für Draht-∅ in mm		
Sorte	1	4	15	Sorte	0,5	4	15	Sorte	0,5	3	5
SL		1320		FDC	1900	1550	1270	TDC, VDC	1850	1600	1540
SM	----	1530	1110	FCrV	2000	1620	1410	TDCrV, VDCrV	1910	1670	1570
SH	2230	1740	1270	FDSiCr	2100	1870	1570	TDSiCr, VDSiCr	2080	1910	1810
DM		1530	1110	[1] untere Werte von R_m; E-Modul E = 206 000 Mpa, Gleitmodul G = 81 500 MPa							
DH		1740	1270								

[1] Die Sorten mit mittlerer und höherer Dauerfestigkeit haben gegenüber den statisch belastbaren Sorten einen höheren Reinheitsgrad und definierte Oberflächenbeschaffenheit (Oberflächenfehler und Randentkohlung).

Stahldraht für Federn DIN EN 10270-3 kaltgezogen (Durchmesser von 0,2 ... 10 mm)								
Sorte	Stoff-Nr.	Zugfestigkeit R_m in MPa für Draht-∅ in mm				T max.	E-Modul	G-Modul
		≤ 0,2	0,4...0,5	4,25...5	8,5...10	°C	MPa	
X10CrNi18-8	1.4310	2200	2050	1450	1250	– 30 ... + 270	180 000	70 000
X5CrNiMo17-12-2	1.4401	1725	1650	1200	1050	300	175 000	68 000
X7CrNiAl17-7	1.4568	1975	1900	1350	1250	350	190 000	73 000

Federband aus nichtrostenden Stählen DIN EN 10151 s ≤ 3 mm, max. 600 mm breit. 16 Sorten, darunter die 3 aus DIN EN 10270-3. Anhängezeichen für kaltverfestigt auf $R_{m,min}$ in MPa von +C700 bis +C1900				
Gefüge	Kurzname	Stoff-Nr.	Eigenschaften, Verwendung	
ferritisch	X6C^17	1.4310	Nur kaltverfestigt +C850, geringe Zähigkeit	
martensitisch	X20Cr13	1.4021	Vergütet auf R_m = 1600 MPa; E = 220 GPa	
austenitisch	X10CrNi18-8	1.4310	+C1900 (max.), angelassen auf R_m = 2100 MPa	
ausscheidungsgehärtet	X7CrNiAl17-7	1.4568	+C1500, geformt, ca. 500° C/Luft auf R_m = 2100 MPa	

Warmgewalzter Federstahl, DIN 17221, vergütbar	
Sorten	Streckgrenzen von 1030 ... 1175 MPa bei 6 % Bruchdehnung (vergütet 10 mm ∅)
38Si7, 54SiCr6, 60SiCr7,	Federringe und -platten zu Schraubensicherung (38 Si7), Blatt-, Schrauben- und Kegelfedern für Fahrzeuge, Federplatten für Oberbau, Tellerfedern
55Cr3, 50CrV4, 51CrMoV4	hochbeanspruchte Blatt-, Schrauben- und Drehstabfedern, Stabilisatoren

Bei allen Federn kann die Dauerfestigkeit durch Kugelstrahlen der Oberfläche oder nochmaliges Anlassen nach Kaltumformen erhöht werden. Bei Federband aus Vergütungsstahl (50CrMo4 + Nb) führt eine TM-Behandlung zu Dauerfestigkeiten von σ_D = 900 MPa. Es bleibt eine ausreichende Verweilzeit vor dem Anlassen für Umformarbeiten (z.B. Federaugen rollen).

3.4.3.10 Wälzlagerstähle.
Die örtliche Linien- oder Punktbeanspruchung von Wälzkörpern und Ringen verlangt harte Werkstoffe mit Beständigkeit gegen Verschleiß und Oberflächenzerrüttung durch das ständige Überrollen. Den Anforderungen genügen nur gehärtete Stähle mit hohem Reinheitsgrad (evtl. Vakuumstahl). Für steigende Querschnitte sind steigende LE-Gehalte zur Durchhärtung erforderlich.

Niedriglegierte Sorten: **C100Cr6, C100CrMn6, C100CrMo7** mit Härten von 58 ... 64 HRC. Bei Korrosionsangriff **X46Cr13, X90CrMoV18**, bei höheren Temperaturen bis 300° C **X30CrMoN15-1**, beständig gegen Lochkorrosion (FAG). Unmagnetisch ist **X5CrNi18-10**, plasmaaufgekohlt und ausscheidungsgehärtet auf 520 HV von – 196 ... + 700° C stabil (INA).
Für sehr hohe Drehzahlen sind Hybridlager mit Wälzkörpern aus Si-Nitrid (Dichte 3,2 g/cm^3, kleinere Fliehkräfte) günstig, bei heißen korrodierenden Medien auch Vollkeramiklager

3.4.3.11 Kaltzähe Stähle

Für Behälter, Leitungen und Armaturen in Kontakt mit verflüssigten Gasen müssen die Werkstoffe aus Sicherheitsgründen eine hohe Kaltzähigkeit bei der Temperatur des jeweiligen Gases aufweisen. Tabelle 29

Tabelle 29. Kaltzähe Stähle (DIN EN 10028-4)

Sorte nach EN 10028-3/4	WerkStoff Nr.:	KV_{min} bei	°C.	$R_{m,min}$ MPa	$R_{eH,min}$	Eignung für Gase mit der Siedetemperatur	°C
P275NL1	1.0488	27	50	510	275	Butan, C_4H_{10}	± 0
P460NL2	1.8918	30	50	720	460	Propan, C_3H_8	– 42
11MnNi5-3	1.6212	40	60	420	275	Propen, C_3H_6	– 47
15NiMn6	1.6228	40	80	490	345	Kohlendioxid, CO_2	– 78
12Ni14	1.5637	40	100	490	345	Ethan, C_2H_6	– 89
X12Ni5	1.5680	40	120	530	380	Ethen, C_2H_4	– 104
X7NiMo6	1.6349	40	170	640	490	Methan, CH_4	– 164
X8Ni9	1.5662	70	196	680	676	Sauerstoff, O_2	– 183
X7Ni9	1.5663	100	196	680	575	Stickstoff, N_2,	– 196
Austenitische Stähle		55	196	500	200	Wasserstoff H_2,	– 253
				750	340	Helium, He	– 269

[1] Ermittelt in J an Spitzkerbproben längs, Erzeugnisdicke < 16 mm.

Weitere Sorten in SEW 680: kaltzähe Stähle; DIN EN 10213-3/4; Stahlguss für Druckbehälter bei tiefen Temperaturen; DIN EN 10222-3 Schmiedestücke aus Stahl für Druckbehälter. Nickelstähle.

3.4.3.12 Stähle für höhere Temperaturen
über 350° C dürfen bei der Gebrauchstemperatur keinen Gefügeveränderungen unterliegen, die zu Erweichung führen. Durch die thermische Aktivierung verlieren die Mechanismen der Festigkeitssteigerung z.T. ihre Wirkung, sodass Versetzungen, die bei RT blockiert sind, nun langsam wandern, z.T. in andere Ebenen klettern können. Durch Diffusion wirken Korngrenzen nicht mehr als Hindernisse, es kommt zum Korngrenzengleiten. Feindispers ausgeschiedene Teilchen können in Lösung gehen.
Die Folge ist das Kriechen, eine sehr langsame bleibende Formänderung unter Spannung, Nach einer längeren Kriechphase mit konstanter Kriechgeschwindigkeit (temperatur- und spannungsabhängig) folgt eine Zunahme der Kriechgeschwindigkeit mit folgendem Bruch.

Zeitstandfestigkeit $R_{m/t/T}$ ist die Spannung, die nach einer Zeit t bei der Temperatur T zum Bruch führt.
Zeitdehngrenze, $R_{p/\varepsilon/t/T}$ ist die Spannung, die nach einer Zeit t bei einer Temperatur T eine bestimmte Dehnung ε (in %) hervorruft ($\rightarrow$ 8.4).
Warmfeste Stähle, unlegiert, sind vergütet bis ca. 400° C einsetzbar. Legierte Stahlsorten enthalten Cr, Mo, und V, zur Mischkristallverfestigung, zur Anhebung der Anlasstemperatur und zur Bildung thermisch stabiler, feinstverteilter Carbide als Kriechhindernisse. Die Stähle werden vergütet (bainitisiert) und sind bis ca. 540° C geeignet.
Hochwarmfeste Stähle sind ferritisch-martensitisch durch 12 %Cr und bis ca. 600° C einsetzbar. Darüber werden austenitische CrNi-Stähle bis 700° verwendet, noch höher müssen Ni- und Co-Basislegierungen eingesetzt werden.
Normung: DIN EN 10 028-2 Flacherzeugnisse aus Druckbehälterstählen – unlegierte und legierte warmfeste Stähle; DIN EN 10 213-2 Stahlguss für Druckbehälter – Raumtemperatursorten und warmfeste Stähle.

3 Eisen und Stahl

3.4.3.13 Hitzebeständige Stähle (zunderfeste St.) sind gegen heiße Gase beständig. Zunderung ist der Materialverlust durch Reaktion mit heißen Gasen über 600° C. Ein Stahl ist zunderbeständig, wenn der Masseverlust durch Verzunderung im Mittel 1 g auf 1 m^2 Oberfläche nicht übersteigt und bei 50° C höher nicht mehr als 2 g/m^2 beträgt. Dabei wird mit 4 Zwischenkühlungen gearbeitet.
Bei Stählen mit γ-α-Umwandlung wird eine gebildete Oxidschicht beim Wechsel von Erwärmen und Abkühlen gelockert (Volumensprung, Bild in 3.2.1). Sie wächst nach innen und platzt ab. Die hitzebeständigen Stähle sind umwandlungsfrei, ihre LE Cr, Al und Si reagieren mit den Gasen und bilden eine dichte Schutzschicht. Die Beständigkeit hängt von der Zusammensetzung der Gase ab (Tabelle 32). Ferritische Stähle sind mechanisch geringer belastbar, aber korrosionsbeständiger. Sie neigen zum Kornwachstum und werden dadurch kaltspröde.

Tabelle 30. Auswahl warmfester Stähle:

Sorte	Kurzzeitversuch $R_{p0,2}$ in MPa bei °C				Langzeiteigenschaften über 100 000 h bei [T] = °C							Gefüge
	20	300	400	500	500		550		600		650	
					R_{p1}	R_m	R_{p1}	R_m	R_{p1}	R_m	R_{p1}	R_m	
P265GH	255	155	130	—									ferrit.-perlit.
13CrMo4-5	295	215	190	175	98	137	36	49					vergütet
10CrMo9-10	300	270	205	185	103	135	49	68	22	34			vergütet
X20CrMoV12-	490	390	360	290	190	235	98	128	43	59	17	23	vergütet
X8CrNiNb16-13	205	137	128	118	186	157	181	154	78	108	49	64	austenitisch
GX22CrMo12-1	540	430	390	340	172	207	91	118	34	49	—	—	oberer Bainit

Tabelle 31. Hitzebeständige Stähle Auswahl nach DIN EN 10095, Langzeitwerte abgeschätzt

Stahlsorte	Werkstoff-Nummer	max. Temp. °C	$R_{p0,2}$ MPa	A %	$R_{m.1000}$ bei 600	900° C	$R_{m.10000}$ bei 600	900° C	$R_{m.100\,000}$ bei 600	900° C
Ferritische Stähle, geglüht					Zeitfestigkeiten in MPa					
X10CrAlSi7	1.4713	800	220	20						
X10CrAlSi18	1.4742	1000	270	15	56	3,0	36	1,9	20	1
X10CrAlSi25	1.4762	1150	260	10						
Austenitische Stähle, lösungsgeglüht (1000 ... 1150° C) und abgeschreckt										
X10CrNiTi18-10	1.4878	850	190	40	200	—	142	—	65	—
X12CrNi23-13	1.4833	1000	210	35	190	15	120	8,6	80	3
X15CrNiSi25-21	1.4841	1150	230	30	170	20	130	10	60	3
Ferritisch-austenitische Stähle, lösungsgeglüht (1000...1100° C) und abgeschreckt										
X15CrNiSi25-4	1.4821	1100	400	16	65	3,6	35	1,9	—	—
Ni-Legierungen, lösungsgeglüht (1000 ... 1050° C) und abgeschreckt										
NiCr15Fe8	2.4816	1150	240	30	100	22	120	15	97	7
NiCr23Fe	2.4851	1200	300	30	264	20	205	10	156	4

Tabelle 32. Beständigkeit hitzebeständiger Stähle gegenüber Gasen.

Sorte	S-haltig, oxidierend	S-haltig, reduzierend	N-reich, O-arm	aufkohlend
ferritisch 7 ... 25 % Cr	sehr groß	mittel.(groß)	gering	mittel
austenitisch 9 ... 21 % Ni	mittel...gering	gering	groß	gering

Austenitische Sorten sind hochwarmfest, ihre größere Wärmedehnung bei kleinerer Wärmeleitfähigkeit macht sie empfindlich für Ermüdung durch periodische Temperaturwechsel.
Anwendung: Bauteile von Industrieöfen und Geräte zum Fördern und Handhaben des Glühgutes (Durchlauföfen), Teile für Dampfkessel-, Apparatebau und Erdölverarbeitung, Heizleiterlegierungen.
Normung hitzebeständiger Werkstoffe: DIN EN 10095 Stähle und Ni-Legierungen, DIN EN 10090 Ventilwerkstoffe, DIN 17465 Stahlguss, DIN 17470 Heizleiterlegierungen. Hitzebeständiger Stahlguss DIN 17465, z.B. **GX40CrSi17** (ferritisch) oder **GX40CrNiSi25-20** (austenitisch). Hitzebeständiges Gusseisen **GJS-SiMo** oder austenitisches Gusseisen mit Kugelgraphit nach DIN 1694 (E DIN EN 13835) 4 Sorten z.B. **GJSA-XBNiCr20-2** (GGG-NiCr 20 2) mit steigenden Cr-Gehalten oder **GJSA-XNiSiCr35-5-2** (Handelsnamen Ni-Resist).

3.4.3.14 Korrosionsbeständige Stähle verhalten sich in Elektrolyten *passiv*, d.h. sie nehmen wie die Edelmetalle nicht an Reaktionen teil. Es wird durch Cr-Gehalte von ≥ 13 % erreicht. Die Stähle stehen dann in der Spannungsreihe der Elemente (→ E-Technik) vor dem Platin. Das gilt nur, wenn alles Cr gelöst ist. Da Cr auch Carbidbildner ist, muss mit steigenden C-Gehalten der Cr-Anteil größer werden. Cr-Stähle mit über 0,1 %C sind nur im abgeschreckten Zustand beständig. Beim Erwärmen (Schweißwärme) scheiden sich Cr-Carbide auf den Korngrenzen aus, der an Cr ärmere Rand wird unedler (anodisch) und geht in Lösung. Risse längs der Korngrenzen führen zum Kornzerfall, auch interkristalline Korrosion genannt. Abhilfe durch extrem niedrigen C-Gehalt oder Zulegieren von Ti, Nb, Ta, die größere Affinität zum Kohlenstoff haben als Chrom, welches dann im Mischkristall verbleibt.

Normen: K´-beständiger Stahlguss DIN EN 10283; k´-beständige Stähle DIN EN 10088; DIN 17440 Lieferbedingungen für Drähte; Stahlguss für Druckbehälter DIN EN 10213-4 (T-4: Austenitische und ferritisch-austenische Sorten). Schmiedestücke für Druckbehälter DIN EN 10222-5 (T-5: martensitische, austenitische und ferrit.-austenitische nichtrostende Stähle).

Tabelle 33. Korrosionsbeständige Stähle (Auswahl DIN EN 10088)

Stahlsorte	Stoff-Nr.	$R_{p0,2}$	A	Beständigkeit, Anwendungen
Ferritische Stähle Werte für Zustand A, geglüht (in Klammern martensitisch, Zustand QO, ölgehärtet)				
X7Cr13	1.400	230	20	geschliffen beständig gegen Dampf und Wasser, Essbestecke, Spindeln für Armaturen
X2CrTi12	1.4512	220	18	tiefziehbar bis 3 m Dicke, erhöhte Säurebeständigkeit, Schanktische, Waschmaschinen
X6CrMo17-1	1.4113	280	18	beständiger gegen Chloride durch Mo-Zusatz, für Kfz-Teile: Zierleisten, Fensterrahmen
(X90CrMoV18)	1.4112	HRC 60	—	härtbarer Werkzeugstahl für Messer in Nahrungsmittelmaschinen, rostfreie Wälzlager
Austenitische Stähle (Werte für Zustand AT, lösungsgeglüht)				
X5CrNi18-10	1.4301	190	45	Grundtyp, schweißgeeignet, beständig gegen interkristalline Korrosion bis 6 mm Blechdicke, Tiefziehteile aller Art
X6CrNiTi18-10	1.4541	190	40	Ti-stabilisiert, keine Carbidausscheidungen beim Schweißen, hochfest stabil
X10CrMnN18-18	1.3816	800	—	unmagnetisch, Kappenringe für Generatorläufer kaltstauchbar hochkorrosionsbeständig, Pharma-Industrie
X6CrNiMoTi17-12-2	1.4571	270		

Tabelle 34. Vergleich der Eigenschaftsprofile von ferritischen und austenitischen Stählen

Kriterium	Austentische Stähle	Ferritische Stähle
LE hoch Stabilisiert durch	Ni, Mn (Cr) Zusätze von Mo, V, Ti, Nb, einzeln oder kombiniert	Cr, Zusätze von Mo, V, Ni, Al, Ti
Gefüge	kfz. nach Abschrecken aus 1000° C	krz.
Streckgrenze	niedrig, durch N-Anteile erhöht	normal
Wärmeleitung	geringer	höher
Kaltformbarkeit	hoch, dabei stark verfestigend, leichter mit steigenden Ni-Gehalten	mittel, wenig verfestigend, Halbwarmumformung günstig
Schweißeignung	sehr gut bei niedrigen C-Gehalten oder durch (Ti, Nb) gegen Ausscheidungen von Cr-Carbiden stabilisiert. Sonst besteht Gefahr interkristalliner Korrosion in der WEZ	
Zähigkeit	hoch, kein Steilabfall, kaltzäh	niedrig, Steilabfall, kaltspröde
Warmfestigkeit	650 ... 750° C (ausgehärtet)	300...600° C (Glühzustand) warmfester Stahlguss
Hitzebeständigkeit	800 ... 1150° C durch Si-Zusatz, wenig beständig gegen S-haltige Gase und Aufkohlung	750...1200° C. Al- und Si-Zusatz bewirkt Beständigkeit gegen oxidierende und S-haltige Gase

Duplexstähle sind ferritisch-austenitische Stähle, z.B. vom Typ XCrNiMo22-5-3. mit höherer Streckgrenze als die austenitischen Sorten. Sie sind beständig gegen Rauchgase in Entschwefelungsanlagen. Durch Druckaufstickung nach dem ESU-Verfahren (DESU-) wird bei austenitischen Stählen die typisch niedrige Streckgrenze angehoben (z.B. X10CrMnN18-18 in Tabelle 33).

3.4.3.15 Werkzeugstähle (DN EN ISO 4957; VDI-Richtlinien 3388/97)

Härtbare Stähle mit C-Gehalten von 0,3 ... 2,1 % C und steigenden LE-Gehalten für steigende Querschnitte, um Durchhärtung (Druckfestigkeit) zu erzielen. Die Grobeinteilung (DIN 17350 Z) erfolgt nach der thermischen Beanspruchung in Kalt- und Warmarbeitsstähle und Schnellarbeitsstähle. Die geringe Leistungsfähigkeit (Standzeit/-menge) der unlegierten Werkzeugstähle wird durch LE und Beschichtungen gesteigert.

Auswahlgesichtspunkte: Kostengünstige Herstellung (Werkstoffkosten, geringer Härteverzug, Nacharbeit), ausreichende Standzeit bzw. Standmenge (Härte, Verschleißwiderstand), angepasste Zähigkeit (gegen Risse und Kantenausbrechen).

Standzeit- und -menge können durch größeren Reinheitsgrad (ESU- oder Vakuumerschmelzung), der Stähle (Oberflächengüte, Dauerfestigkeit) durch Oberflächenbehandlung oder Beschichten (Wider-

stand gegen Adhäsion und Abrasion) oder PM-Herstellung der carbidreichen Stähle (Steigerung des Carbidanteils und gleichmäßig feinkörnige Verteilung) erreicht werden.
Für Großwerkzeuge (z.B. zum Pressen von Karosserieteilen) wird Stahlguss eingesetzt: z.B. G45CrNiMo4-2

(1.2769) oder G60CrMoV10-7 (1.2330) mit der Möglichkeit zum Randschichthärten auf 56 ... 60 HRC, je nach C-Gehalt. Hochlegierte Sorten ähnlich 1,2379 für schneidende Werkzeugteile, z.B. Schnittsegmente verwendet.

Tabelle 35. Wirkung des Kohlenstoffs der Legierungselemente in Werkzeugstählen

Einfluss des Kohlenstoffs	C-Gehalt steigt ↑ Härte steigt Zähigkeit sinkt		C-Gehalt sinkt ↓ Zähigkeit steigt, Härte sinkt und muss durch LE (Cr, Mo, V, W) ausgeglichen werden	
Einfluss der Legierungselemente	LE-Gehalt niedrig	LE-Gehalt mittel		LE-Gehalt hoch
	Wasserhärtung, Verzug hoch	Ölhärtung, Verzug geringer		Warmbad- / Lufthärtung, Verzug klein
Werkzeuggestalt	niedrig	← Querschnitt, Komplexität →		hoch

Anforderung	Eigenschaft	LE, Wärmebehandlung
Widerstand gegen – plastische Verformung	Hohe Fließgrenze	Martensitische Gefüge, Durchhärtung / Durchvergütung 0,3...0,6 % C+ 1...5 % Cr
– Verschleiß	Härte, Tribologische Eigenschaften	Gegen Abrasion: hohe Carbidanteile durch LE (Mo, V, Cr, W), gegen Adhäsion: Laserhärten, nichtmetallische Beschichtungen, Nitrocarburieren, PVD-Beschichtung mit TiN, Ti(CN)
– Schlag, Stoß, – Kantenausbrechen	Zähigkeit	C-Gehalt niedrig, dafür LE-Gehalte (Ni) erhöhen, Feinkorngefüge, Reinheitsgrad erhöhen (Vakuumerschmelzung)
Warmarbeitsstähle zusätzlich		
Temperaturwechsel (Brandrisse)	Thermoschockbeständigkeit	Σ LE niedrig halten, um Wärmeleitfähigkeit (Rissanfälligkeit) zu verbessern, 1 % Mo ersetzt 2 % W, V wirkt noch stärker
– Gefügeänderung bei hohen Temperaturen	Anlassbeständigkeit	Aushärtungseffekt durch 0,3 ... 0,9 % V, als Carbid erst bei hohen Anlasstemperaturen ausscheidend

Tabelle 36. Werkzeugstähle, Auswahl

Kurzname	Stoff.-Nr.	Eigenschaften, Anwendung
Kaltarbeitsstähle für Arbeitstemperaturen < 200° C. Anforderung auf Schneidhaltigkeit wird durch steigende Carbidanteile (C-Gehalt) erfüllt, dabei sinkt die Zähigkeit (Stoßbelastung)		
C45U	1.1730	Unlegiert, für Handwerkzeuge, Meißel, Aufbauteile von Werkzeugen
102Cr6	1.2067	Bördelrollen, Stempel, Lehren, Wälzlager
60WCrV8	1.2550	Schnitte und Stempel für dickere Bleche, Holzbearbeitungswerkzeuge
X153CrVMo12-1	1.2379	Gewindewalzrollen und -backen, Schneid- und Stanzwerkzeuge für Blech unter 6 mm, Feinschneidwerkzeuge bis 12 mm, Tiefziehwerkzeuge
X210CrW12	1.2436	Durchhärtender, maßbeständiger, verschleißfester Stahl für Schnittplatten und -stempel, Tiefzieh- und Fließpresswerkzeuge
Warmarbeitsstähle für Arbeitstemperaturen > 200° C. Durch den Kontakt mit flüssigen oder auf Formgebungstemperatur erwärmten Metallen besteht die Gefahr der Gefügeveränderung durch weiteres Anlassen. Die Anlasstemperatur sollte deshalb etwa 80...100 K höher als die Betriebstemperatur des Stahles sein. Danach ist die Sorte auszuwählen. Höhere Zähigkeit ist für stoßbeanspruchte Teile wichtig (Hammergesenke). Für höhere Gebrauchstemperaturen sind sekundärhärtende Sorten (Mo, V-legiert) zu wählen.		
55NiCrMoV7	1.2714	Warmzäh, durchhärtend, wenig anlassbeständig. Gesenkstahl (Vollform)
32CrMoV12-28	1.2365	Hoch anlassbeständig, wenig rissempfindlich bei Wasserkühlung, für dünne Querschnitte, Gesenkeinsätze, Druckgießformen
X40 CrMoV5-1	1.2344	Wie vor, jedoch für größere Querschnitte
X30WCrV5-3	1.2567	Höchst anlass-, form- und verschleißbeständig, weniger durchhärtend, rissempfindlich, für Strangpresswerkzeuge
Kunststoff-Formenstähle. Anforderung auf Polierbarkeit und Korrosionsbeständigkeit, bei geringerer thermischer Beanspruchung		
21MnCr5	1.2162	Einsetzbar, polierfähig, kalteinsenkbar. Für hochglanzpolierte flache Kunststoffformen, Führungssäulen
40CrMnNiMo8-6-4	1.2738	Gut spanbar, polierbar, narbungsgeeignet, für Großformen mit tiefer Gravur, durch 1 % Ni durchvergütend
X38CrMo16	1.2316	Gute Polierbarkeit, korrosionsbeständig, für aggressive Polymere

3.4.3.16 Schneidstoffe

sind als Werkstoffe für Schneiden von Spanungswerkzeugen hoch und mehrfach beansprucht:

Biegung und Druck	durch Kräfte vom Werkstück auf die Schneide, auch stoßartig durch Anschnitt und unterbrochenen Schnitt, erfordern Biegefestigkeit, sonst Kantenausbrechen
Reibung und Verschleiß	durch Relativbewegung unter hohen Kräften. Chemisch-physikalische Reaktionen führen zu Stoffverlust (Verschleißmarkenbreite) durch Adhäsion, Abrasion, Diffusions- und Oxidationsverschleiß
Thermische Beanspruchung	durch Umwandlung von Reibungs- und Verformungsenergie in Wärme. Abfall der Härte durch Anlassen, Matrixerweichung oder Zerfall harter Phasen

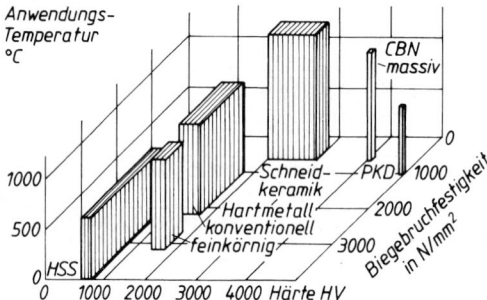

Bild 18. Schneidstoffe, Haupteigenschaften

Durch ihre niedrigen Anlasstemperaturen sind unlegierte Stähle nicht für hohe Schnittgeschwindigkeiten geeignet. Die seit 1900 bekannten Schnellarbeitsstähle wurden durch Sinterhartmetalle z.T. abgelöst und beide durch Beschichtungen verbessert. Weitere leistungsfähige Schneidstoffe sind Oxid- und Nitridkeramik sowie kubisches Bornitrid und Diamant (Bild 18).

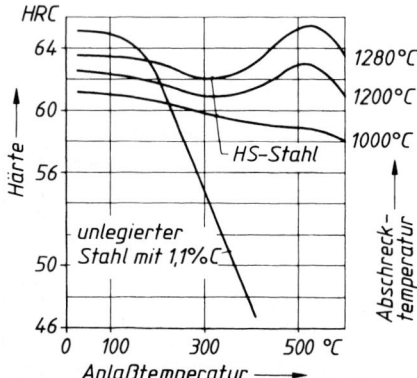

Bild 19. Einfluss der Anlasstemperatur auf Härte der HS-Stähle

Schnellarbeitsstähle (HSS-Stähle) sind hoch mit W, Cr, Mo, V und Co legierte Stähle mit hoher Anlassbeständigkeit und Warmhärte. Sie sind *sekundärhärtend*, d.h. beim Anlassen geht mit steigender Temperatur zunächst die Martensithärte zurück (Bild 19). Durch Carbidausscheidungen steigt über 500° C die Härte wieder an (Sprunghärte) und liegt bei richtiger, hoher Abschrecktemperatur höher als im glasharten, martensitischen Zustand.

Die Ausscheidung der Sondercarbide (Mo, V, und W) läuft erst bei hohen Anlasstemperaturen an. Ihre Härte ist ca. 2,5fach höher als die des Zementits (Tabelle 5).

Tabelle 37. Schnellarbeitsstähle

LE-Gruppe mit Sortenbeispiel	Stoff-Nr.	Verwendungsbeispiele
W hoch HS18-1-2-5 [1]	1.3255	Schrupparbeiten für harte Werkstoffe und große Spanungsleistungen, Hartguss, nichtmetallische Werkstoffe
W mittel HS10-4-3-10	1.3207	Schlichtarbeiten mit hohen Schnittgeschwindigkeiten und hoher Oberflächengüte,
W+Mo HS6-5-2-	1.3243	Fräser, Bohrer und Gewindeschneidwerkzeuge höchster Beanspruchung
Mo höher HS6-5-3	1.3344	Hochleistungswerkzeuge zum Schneiden dicker Bleche > 6 mm auch als PM-Stahl

[1] Zahlen geben den Prozentsatz der LE in der Folge W, Mo, V und Co an, bei ca. 4 % Cr und 0,8 ... 1,4 C

Pulvermetallische Herstellung von Schnellarbeitsstählen und anderen hochcarbidhaltigen Werkzeugstählen ergibt eine homogenere und feinkörnigere Carbidverteilung als es schmelzmetallurgisch möglich ist (grobe Primärcarbide bei Erstarren). Dadurch steigen Biegefestigkeit (Zähigkeit gegen Kantenausbrechen) und damit die Standzeiten. Zahlreiche Sorten sind als PM-Stähle im Handel.

Sinterhartmetalle sind Teilchenverbundwerkstoffe von Carbiden (WC, TiC, TaC) in einer Cobaltmatrix. Beim Vorsintern entstehen Rohlinge für Schneidplatten und Einsätze, die spanend bearbeitet werden können. Beim Fertigsintern (1350 ... 1700°C) schmilzt der Co-Anteil, die Carbide bilden Mischkristalle. Die Biegefestigkeit steigt mit dem Co-Anteil bei sinkender Härte.

Die Zähigkeit wird auch durch bestimmte Kombinationen von TiC/TaC oder extreme Feinkörnigkeit der Carbide (< 0,1 μm) und heißisostatisches Pressen verbessert. Weitere Erhöhung der Standzeiten durch PVD-Beschichtungen mit TiC, TiN, Ti(CN), Al_2O_3 auch als Mehrfachschicht.

3 Eisen und Stahl

						höchste Härte		höchste Zähigkeit
P langspanende	**P02**, Stahl,	P10,	P20, Stahlguss	P30,	P40, Temperguss	**P50**	← Carbide 94 % →	→ 85 %
M kurz- und langspanend	**M10,** Aust. Stahl	M15,	M20,		**M40** Automatenstahl			
K kurzspanende	**K03,** Stahl, gehärtet Hartguss	K05,	K010, Temperguss Keramik	K020,	K030,	**K040** Holz Plastik	Co-Anteil 6 % ← Schnittgeschwindigkeit	→ → Vorschub, Stoß	15 %

Schneidkeramik
Die Sinterwerkstoffe werden ohne flüssige Phase hergestellt und besitzen dadurch höhere Härte und Warmhärte als metallische Schneidstoffe und geringe Adhäsions- und Diffusionsneigung, Zähigkeit und Thermoschockanfälligkeit sind geringer (Tabelle 38).

Oxidkeramik auf der Basis Al-Oxid, Oxidmischkeramik mit Verstärkung durch Zr-Oxid oder SiC-Whiskern (Zähigkeit). Mit Ti (C, N) Zusatz (Härte und Zähigkeit). universell als Wendeschneidplatte zur Fein- und Grobbearbeitung und für gehärtete Stähle

Nitridkeramik auf der Basis Si-Nitrid ist zäher und thermoschockbeständiger und kann zum Schruppdrehen mit Kühlschmierstoff angewandt werden. Für Stahl nicht geeignet (Kolkverschleiß durch Diffusion und Bildung von FeSi-Phasen).

Kubisches Bornitrid (CBN) ist der härteste künstliche Hartstoff durch Umwandlung der hexagonalen (weißer Graphit) bei 1400°C /70 bar in die dichtere Diamantstruktur. Massive Wendeschneidplatten und metallisierte Plättchen zum Auflöten. Für Stahlsorten und Feinstbearbeitung geeignet. Kein Diffusionsverschleiß im Gegensatz zum PKD.

Polykristalliner Diamant (PKD) als Beschichtung auf Trägerwerkzeug (HM-Platte, Bohrkrone, Draht, Scheibe) zur Feinbearbeitung härtester und verschleißender Stoffe (AlSi-Legierungen, Faserkunststoffe) eingesetzt. Werkstoff darf keine Affinität zu C besitzen, sonst hoher Diffusionsverschleiß (austenitische Stähle).

Beschichtung von Werkzeugen mit dünnen Hartstoffschichten vermindert Adhäsionsverschleiß (Nitride. TiN), Abbrasionsverschleiß (Carbide TiC, Boride FeB_2) und Diffusionsverschleiß (durch Mehrlagenschichten). Dünne Schichten (ca. 10 µm) haben höhere Festigkeiten als dickere (analog zu dünnen Fasern). Dadurch können sie Schubspannungen aufnehmen, die aus den unterschiedlichen Wärmeausdehnungen und E-Moduln von Substrat- und Schichtwerkstoff resultieren. Mehrfachschichten in gestufter Anordnung können die Spannungen weiter vermindern und damit die Haftfestigkeit erhöhen, auch bei hohen Schneidentemperaturen.

Standmenge oder Standzeit bei höherer Schnittgeschwindigkeit werden auf ein Vielfaches erhöht. Die Schichten verhalten sich gegenüber dem Werkstück-Werkstoff unterschiedlich. Deshalb muss die Schicht (das Schichtsystem) dem Anwendungsfall angepasst werden.

Tabelle 38. Schneidstoffe

	Härte HV	Biegefestigkeit MPa 20 °C 1000 °C	Max. Temp.
HS-Stähle	750 bis 800	3000...4000 —	600
Hartmetalle	1000 bis 2000	1000...3000 900...1500	800 bis 1000
Schneidkeramik Al-Oxid, Si-Nitrid	1500 bis 2500	400...600	1400 bis 1700
kub. Borrnitrid CBN	4000	500...800 500...700	1200
Diamant PKD	10 000	600...1100 600...1000	..800

Normen zu Stahlwerkstoffen: DIN-Taschenbücher Stahl und Eisen, Gütenormen

TB Nr.	Inhalt
401 / 02	Allgemeines – Begriffe, Bezeichnungen, Oberflächengüte
402 / 02	Bauwesen, Materialverarbeitung – Flacherzeugnisse für Stahlbau und Kaltumformung, Kaltprofile
403 / 02	Druckgeräte, Rohrleitungen – Druckbehälterstähle, Feinkornstähle, Gusseisenrohre
404 / 02	Maschinenbau, Werkzeugbau – Stähle für allg. und besondere Verwendungen, Stahlguss
405 / 02	Nicht rostende und andere hochlegierte Stähle – hochwarmfeste, hitzebeständige Stähle

3.5 Eisen-Kohlenstoff-Gusswerkstoffe

3.5.1 Übersicht und Begriffe

Die Einteilung der Fe-C-Gusswerkstoffe erfolgt nach Grundgefüge und Graphitausbildung

Stahlguss ist jeder Stahl, der im Elektroofen (oder anderen Aggregaten) erzeugt, in Formen gegossen und einer Glühung unterworfen wird (im Abschnitt Stähle behandelt → 3.4.2.).

Tabelle 39. Gusseisenwerkstoffe und Normen

	Gusseisensorten, Normen, Beispiele (Bezeichnungssystem → 3.5.8)				
	Grundgefüge				
Graphitform	Ferrit ⇒ Ferrit/Perlit ⇒ Perlit Übergangsformen		Bainit	Austenit	Ledeburit
lamellar	Gusseisen mit Lamellengraphit DIN EN 1561 GJL-150 ⇒ GJL-350		—	Austenitisches Gusseisen	—
flockig (Temperkohle)	Temperguss (weiß/schwarz) DIN EN 1562 GJMW-350-4 ⇒ GJMB-650-2		GJMW-550-4 bis GJMB-8700-1	Temperrohguss, graphitfrei	
Kugelform	Gusseisen mit Kugelgraphit DIN EN 1563 GJS-350-22 ⇒ GJS-900-2		Bainitischer Kugelgraphit- guss DIN EN 1564 GJS-800-8 ⇒ 1400-1	Austenitisches- Gusseisen Hoch Ni-legiert	—
Wurmform	Gusseisen mit Vermiculargraphit GJV-300..350 / 400 / 450 GJV-500 (nach VDG-Mmerkblatt W-50/02)				

Temperguss ist ein Fe-C-Gusswerkstoff, dessen gesamter Kohlenstoff im Gusszustand (Temperrohguss) als Eisencarbid (Zementit) vorliegt. Durch Glühen zerfällt der Zementit ganz oder teilweise in Temperkohle, das ist Graphit in Flockenform.
Gusseisen mit *Kugelgraphit* ist ein Fe-C-Gusswerkstoff, dessen als Graphit vorliegender Kohlenstoff fast vollständig in kugeliger Form auftritt.
Gusseisen mit *Lamellengraphit* ist ein Fe-C-Gusswerkstoff, dessen als Graphit vorliegender Kohlenstoff vorwiegend lamellare Form besitzt.
Gusseisen mit *Vermiculargraphit* ist ein Fe-C-Gusswerskstoff, dessen als Graphit vorliegender Kohlenstoff überwiegend Wurmform besitzt, eine Zwischenform von Lamelle zur Kugel.
Sonderguss sind Werkstoffe, die sich nicht in vorstehende Gruppen einordnen lassen. Es sind Werkstoffe mit besonderen Eigenschaften. Sie sind teilweise hochlegiert, z.B. um austenitische Gefüge zu erhalten.
Erstarren der Gusswerkstoffe: Durch die dichtere Packung der Teilchen im entstehenden Kristallgitter tritt eine sprunghafte Volumenminderung ein, die dann weiter bis zur Abkühlung auf Raumtemperatur anhält. Die geamte Volumenabnahme wird als Schwindung bezeichnet und im *Längenschwindmaß* in Prozent angegeben. Es beträgt zwischen 1 ... 2 %. Folgen des Schwindens sind *Lunker* und *Spannungen*.
Lunker sind Hohlräume, die in einem Gussstück dort entstehen, wo die Schmelze zuletzt kristallisiert, während die umgebenden Bereiche schon fest sind, sodass kein flüssiges Metall nachfließen kann. Abhilfe konstruktiv und durch gießtechnische Maßnahmen (Setzen von Steigern).
Spannungen entstehen durch das behinderte Schrumpfen der Bereiche mit höherer Temperatur. Die umgebenden, bereits kalten und starren Zonen üben Zugkräfte auf das schwindende Material aus.

Sie können zu Rissen führen, ehe das Teil der Form entnommen ist. Restspannungen werden durch Spannungsfreiglühen abgebaut.

3.5.2 Gefügeausbildung der Fe-C-Gusswerkstoffe

3.5.2.1 Beeinflussung des Grundgefüges.
Fe-Gusswerkstoffe haben größere C-Gehalte als Stähle, dadurch niedrigere Schmelztemperaturen mit besserer Gießbarkeit. Die Einflussgrößen auf das entstehende Gefüge sind Legierungselemente und die Abkühlgeschwindigkeit (Bild 20).

System	Gefüge	Legierungs- elemente	Abkühlge- schwindigkeit	Wand- dicke
Stabiles System	Ferrit- Graphit	$\sum Si + C$ > 6,5%	niedrig	größer
Metasta- biles S.	Ferrit- Zementit	Mn, Mo	hoch	kleiner

Legierungselemente: Silicium und Kohlenstoff in höheren Gehalten fördern die Graphitbildung, Mangan die Zementitbildung, damit die Perlitanteile im Grundgefüge.
Abkühlgeschwindigkeit: Langsame Abkühlung fördert das Entstehen der Graphitlamellen, schnelle Abkühlung die Ausbildung von Zementit (Perlitanteile).
Ferritische Gefüge ergeben weichere, zähe Werkstoffe, geringe Zugfestigkeit, hohe Dämpfung.
Perlitische Gefüge ergeben härtere, verschleißfestere Werkstoffe mit größerer Festigkeit und ausreichender Zähigkeit. Sie können vergütet und oberflächengehärtet werden.
Ledeburitische Gefüge sind sehr hart und verschleißfest, damit spröde und schwer zu bearbeiten. Es sind verschleiß- und z.T. korrosionsbeständige Legierungen. Dadurch ergibt sich in einem Werk-

stück mit wechselnden Wanddicken eine unterschiedliche Gefügeausbildung, damit verschiedene Festigkeiten. Das Diagramm (Bild 20) von Greiner-Klingenstein stellt die Zusammenhänge dar.

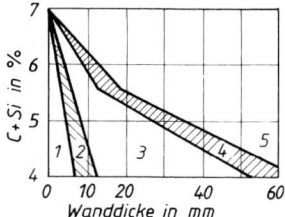

Bild 20. Graphitausbildung, Einflussgrößen. 1 weißes Eisen, 2 meliertes Eisen, 3 Perlitguss, 4 ferritisch-perlitisches Gusseisen 5 ferritisches Gusseisen.

3.5.2.2 Graphitausbildung. Neben der Art des Grundgefüges haben *Größe* und *Form* der Graphitteilchen einen großen Einfluss auf Festigkeit und Dehnung. Bei großen *Lamellen* ist das Gefüge innerlich stark gekerbt, es treten bei Zugbeanspruchung hohe Spannungsspitzen im Grundgefüge auf, welche die Fließgrenze überschreiten. Der Werkstoff bricht, obwohl die rechnerische Nennspannung noch sehr niedrig ist. Druckspannungen können gut übertragen werden. Durch Verfeinerung der Graphitausbildung wächst die Zugfestigkeit. Das geschieht durch Einhalten bestimmter Analysen und Zugaben in die Gießpfanne sowie Überhitzung der Schmelze, um Keime zu beseitigen und eine größere Unterkühlung zu erreichen. Bild 21 zeigt schematisch die Möglichkeiten. Die flockige Form ist hauptsächlich beim Temperguss anzutreffen. Bei gleichem Grundgefüge wird durch die kompaktere Graphitausbildung von links nach rechts die Zugfestigkeit steigen.

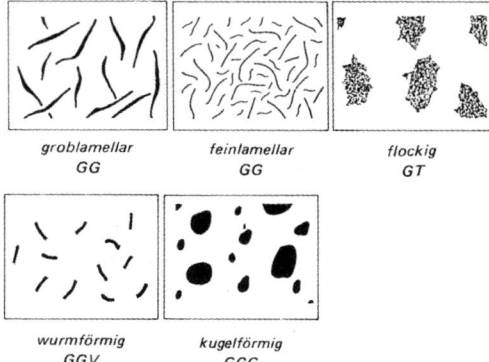

Bild 21. Graphitausbildung in Gusseisenwerkstoffen

Die Graphiteinschlüsse ergeben ein sehr gutes Dämpfungsvermögen gegenüber Schwingungen (am besten in der Lamellenform), leichtes Spanen und Notlaufeigenschaften wenn GJL als Lagerwerkstoff verwendet wird Die Druckfestigkeit beträgt je nach Graphitausbildung das 2 ... 4-fache der Zugfestigkeit.

Kugelige Graphitform wird durch Pfannenbehandlung einer Gusseisenschmelze (frei von S, Ti, Pb, und Zn) mit Mg (an Ni legiert) erreicht. Wurmförmiger (vermicularer) Graphit entsteht bei reduzierten Mg-Zugaben. Die flockige Temperkohle entsteht (bei entsprechender Analyse des Rohgusses) aus dem Zementit während des Glühens.

3.5.3 Temperguss

Werkstoff für *dünnwandige*, verwickelte Bauteile bis zu 100 kg Masse geeignet, die *stoßfest* sein müssen. Dafür scheidet GJL als Werkstoff aus, und Stahlguss ist nicht dünnwandig und in komplizierten Formen schwierig lunkerfrei vergießbar. Temperrohguss besitzt etwa (Si + C)-Gehalte von 3,9 %, ist damit gut vergießbar, erstarrt aber ledeburitisch. Die Teile sind dann hart und spröde.

Tabelle 40. Temperguss DIN EN 1562

Kurz-name	$R_{p0,2}$ MPa	HB 30 $\rightarrow$	Anwendungsbeispiele (Härte HB nur Anhaltswerte)
EN-GJMW- Entkohlend geglühter (weißer) Temperguss			
-350-4	–	max. 230	Für normalbeanspruchte Teile, Fittings, Förderkettenglieder, Schlossteile
-360-12	190	max. 200	Schweißgeeignet für Verbunde mit Walzstahl, Teile für Pkw-Fahrwerk, Gerüststreben
-400-5	220	max. 220	Standartwerkstoff für dünnwandige Teile, Schraubzwingen, Kanalstreben, Gerüstbau, Rohrverbinder
-450-7	260	max. 220	Wärmebehandelt, höhere Zähigkeit, Pkw-Anhängerkupplung, Getriebeschalthebel
-550-4	..340	max. 250	
EN-GJMB-Nicht entkohlend geglühter (schwarzer) Temperguss			
-300-6	–	max. 150	Anwendung, wenn Druckdichtheit wichtiger ist als Festigkeit und Duktilität
-350-10	200	max. 150	Seilrollen mit Gehäuse, Möbelbeschläge, Schlüssel aller Art, Rohrschellen, Seilklemmen
-450-6	260	150...200	Schaltgabeln, Bremsträger
-500-5	300	165...215	
-550-4	340	180...230	Kurbelwellen, Kipphebel für Flammhärtung, Federböcke, Lkw-Radnaben
-600-3	390	195...245	
-650-2	430	210...260	Druckbeanspruchte kleine Gehäuse, Federauflage für Lkw (oberflächengehärtet)
-700-2	530	240...290	Verschleißbeanspruchte Teile (vergütet) Kardangabelstücke, Pleuel, Verzurrvorrichtung für Lkw
-800-1	600	270...310	Verschleißbeanspruchte kleinere Teile (vergütet)

Mechanische Werte der Gusssorten sind an getrennt gegossenen Probestücken ermittelt.

Durch Glühen zerfällt das Eisencarbid ganz oder teilweise in Eisen und Kohlenstoff, der als Temperkohle (flockiger Graphit) erscheint. Je nach Temperatur und Dauer von Glühung und Abkühlung einstehen verschiedene Tempergusstypen. Werkstoff ist dann zäh und gut spanend bearbeitbar

Weißer Temperguss (GJMW) entsteht durch Glühen in oxidierender Ofenatmosphäre.(60 ... 90 h bei 1000° C).Teile unter 8 mm können völlig entkohlt werden, bei dickeren fällt der C-Gehalt von der Mitte zum Rand auf null ab. Kern dadurch perlitisch, Randzone ferritisch, weich. Durch eine Wärmebehandlung lassen sich Gefüge mit körnigem Perlit oder Bainit herstellen. Die Sorte GJMW-360-12 ist schweißgeeignet für Verbunde mit Walzstahl.

Schwarzer Temperguss (GJMB) entsteht durch Glühen in neutraler Atmosphäre (40 ... 60 h bei 950° C). Das ledeburitische Gefüge wandelt sich gleichmäßig über den Querschnitt in Ferrit und Temperkohle um und ergibt höhere Dehnung auch bei größeren Wanddicken (GJMB-350). Durch bestimmte C-ärmere Analysen des Rohgusses und verkürztes Tempern entstehen Gefüge mit ferritisch-perlitischer oder rein perlitischer Grundmasse, die ebenfalls vergütet werden können (GJMB-450-6 ... 800-1).

3.5.4 Gusseisen mit Lamellengraphit

Verwendung der Sorten: GJL 150 ... 200 für gering beanspruchte Teile, Lagerböcke und -Gehäuse, Grundplatten, Riemenscheiben.

GJL-250 ... 350 bei höherer oder bei Verschleiß-Beanspruchung. Gehäuse für Getriebe, Motoren, Turbinen, Pumpen. Ständer für Werkzeugmaschinen, Zylinderlaufbüchsen, Rippenzylinder, Zahnräder, Kolbenringe.
Weitere 6 Sorten werden nach der Brinellhärte benannt (gemessen im Wanddickenbereich 40 ... 80 mm): Bezeichnung: EN GJL-HB155 / 175 / 195 / 215 / 235 / 255.

Tabelle 41. Gusseisen mit Lamellengraphit DIN EN 1561

Eigenschaft Formelz. / Einheit	Sorten EN-GJL--				
	-150	-200	-250	-300	-350
Zugfestigkeit R_m MPa	150...250	200...300	250...350	350....400	350...450
0,1 %-Dehngrenze $R_{p0,1}$ MPa	98...165	130...195	165...228	195...260	228...285
Bruchdehnung A %	0,8...0,3	0,8...0,3	0,8...0,3	0,8...0,3	0,8...0,3
Druckfestigkeit σ_{dB} MPa	600	720	840	960	1080
Biegefestigkeit σ_{bB} MPa	250	290	340	390	490
Torsionsfestigkeit τ_{tB} MPa	170	230	290	345	400
Biegewechselfestigkeit σ_{bW} MPa	70	90	120	140	145

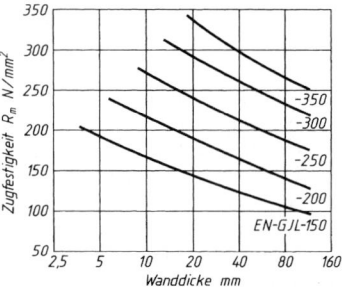

Bild 22. Beziehung zwischen Festigkeit und Wanddicke bei GJL

3.5.5 Gusseisen mit Kugelgraphit

Verwendung: Für stoßbeanspruchte Teile, welche zähen Werkstoff erfordern: tragende Schlepper- und Landmaschinengehäuse, Ständer von Kurbelpressen, Schiffsschrauben für Flussschiffe, Kurbel- und Nockenwellen, Zahnräder. LkW-Radnaben.

Tabelle 42. Gusseisen mit Kugelgraphit DIN EN 1563

Kurzname EN-GJS-	$R_{p0,2}$ MPa	$KV^{1)}$ in J / bei °C.	Härte-Bereich HB 30 [2)]	σ_d MPa	σ_{bB} MPa	Grundgefüge
-350-22-LT	220	12 / − 40	110...150			Ferrit
-400-18-LT	250	12 / − 20	120...160	700		Ferrit
-400-15	250		140...190	700	800...900	überwieg. Ferrit
-450-10	310					Ferrit/Perlit
-500-7	320		150...220	800	850...1000	Ferrit/Perlit
-600-3	380		200...250	870	900...1100	Perlit
-700-2	440		230...280	1000	1000...1200	Perlit
-800-2	500		250...330	1150	1100...1300	Perlit/Bainit
-900-2	600					Perlit/Bainit

[1)] ISO-V-Probe;
[2)] Härteangaben je nach Wanddicke, nicht gewährleistet, nur Anhaltswerte.

3 Eisen und Stahl

Bainitisches Gusseisen mit Kugelgraphit mit hoher Verschleißfestigkeit (z.B. für achsversetzte Kegelräder) wird durch isotherme Umwandlung bei 270 ... 400° C erzeugt. Das Gefüge besteht aus Bainit mit Carbidsäumen und Restaustenit. Die Beanspruchung bewirkt eine geringe Martensitbildung in der Randschicht mit Verbesserung des Verschleißwiderstandes und der Dauerfestigkeit durch die Druckspannungen.
Nach DIN EN 1564 sind 4 Sorten genormt: GJS-800-8 / GJS-1000-5 / GJS-1200-2 / GJS-1400-1 mit Ni, Cu und Mo legiert. Auch als ADI (Austempered Ductile Iron) im Handel.

3.5.6 Gusseisen mit Vermiculargraphit

Vermiculargraphit ist wurmförmig, die Graphitausbildung liegt zwischen Lamelle und Kugel, die Werkstoffeigenschaften ebenfalls zwischen GJL und GJS. Normung nach VDG-Merkblatt.

GJV besser als GJL in	GJV besser als GJS in
Festigkeit, Zähigkeit, Steifigkeit, Dauer- und Wechselfestigkeit, Oxidationsbeständigkeit	Gießeigenschaften, Spanbarkeit, Dämpfungsfähigkeit, Formbeständigkeit bei Temperaturwechseln

Normung nach VDG-Merkblatt W50 / 02.

Kurzzeichen	$R_{p0,2}$ MPa	A_{min} %	Härtebereich HB 30 [1)]
GJV-300	220...295	1,5	140...210
GJV-350	260...335	1,5	160...220
GJV-400	300...375	1,0	180...240
GJV-450	340...415	1,0	200...250
GJV-500	380...455	1,0	220...260

[1)] Richtwerte

Anwendungsbeispiele: Zylinderkurbelgehäuse für 8-Zylindermotor (Audi und BMW), thermoschockbeanspruchte Bauteile wie Abgaskrümmer, Abgasturboladergehäuse.

3.5.7 Sonderguss

Hartguss ist ledeburitisches weißes Eisen von hoher Härte und Verschleißfestigkeit, spröde und schwer zu bearbeiten. *Schalenhartguss* entsteht durch entsprechende Analyse der Schmelze und Abguss in Formen mit Abschreckplatten. Die Randzone ist ledeburitisch, nach dem Kern hin Übergang zu perlitischem Gefüge. Anwendung für Walzen.

Hochlegierte Gusswerkstoffe haben austenitische oder martensitische bzw. Vergütungs-Gefüge. Die Graphitausbildung kann lamellar oder kugelig sein.

Austenitisches Gusseisen ist nach DIN 1694 in 8 Sorten mit Lamellengraphit und 11 Sorten mit Kugelgraphit genormt. Sie enthalten 12 ... 36 % Ni und sind korrosions- und hitzebeständig bei guten Gieß- und Bearbeitungseigenschaften. *Beispiel:* Kaltzähe Sorte bis – 196°C: EN-GJSA-XNiMn23-4.

Siliciumguss enthält 18 % Si und ist korrosionsbeständig (besonders gegen Schwefelsäure) sehr spröde und hart. Verwendung für Pumpenteile und Armaturen, Anoden zum kathodischen Korrosionsschutz. Beispiel: EN-GJH-X70Si15.

Verschleißfestes Gusseisen DIN EN 12 513 (DIN 1695) enthält mit Cr, Mo und Ni legierte Sorten, die nach Wärmebehandlung ein martensitisches oder bainitisches Gefüge mit harten Cr-Carbiden und Härtewerten von 350 ... 600 HV30 besitzen. Beispiel: EN-GJN-HV600 (GJH-X300CrNiSi9-5-2), (Handelsnamen Ni-Hard).

3.5.8 Bezeichnung der Gusseisensorten nach DIN EN 1560

Kurzzeichen werden aus max. 6 Positionen gebildet: Pos. 1. **EN** für Europäische Norm, Pos. 2. **GJ** für Gusseisen, J steht für I (iron), um Verwechslungen zu vermeiden, Pos. 1,2 5 sind obligatorisch, 3,4 und 6 wahlfrei.

EN -	GJ	3.	4.	5.	6.

Pos 3 Zeichen für Graphitform

L-	Lamellen-	S-	Kugelgraphit
V-	Vermicular-	M-	Temperkohle
H-	graphitfrei		

Pos.4 Zeichen für Mikro- oder Makrogefüge

A	Austenit	Q	Abschreckgefüge
F	Ferrit	T	Vergütungsgefüge
P	Perlit	B	Nichtentkohlend geglüht
M	Martensit	W	Entkohlend geglüht
L	Ledeburit	N	graphitfrei

Pos. 5. Angabe der mechanischen Eigenschaften

Symbol	Eigenschaft (Festigkeit in MPa)
GJL-	Mindestzugfestigkeit oder Härte HB, HV
GJMB- GJMW- GJS-	Mindestzugfestigkeit-Mindestbruchdehnung (%) zusätzlich für die Temperatur bei Messung der Kerbschlagarbeit **-RT** (bei Raumtemperatur) oder **-LT** (bei Tieftemperatur).
Anhänger an **Pos. 5** über Probestücke	
– S	getrennt abgegossen,
– C	dem Gussstück entnommen,
– U	angegossene Probestücke
Oder Angabe der chemischen Zusammensetzung.	
Alle anderen Sorten	Bezeichnung wie bei hochlegierten Stählen mit Buchstabe **X**, C-Kennzahl, Symbole der LE, danach LE-Prozente mit Bindestrich

Pos. 6 Zeichen für zusätzliche Anforderungen

D	Gussstück im Gusszustand
H	wärmebehandelt
W	Schweißeignung für Fertigungsschweißungen
Z	zusätzliche Anforderungen nach Bestellung

4 Nichteisenmetalle

Geringere Vorkommen in z.T. armen Erzen und dadurch aufwändige Verhüttung führen gegenüber Stahl zu höheren Preisen für NE-Metalle. Ihr Einsatz ist notwendig, wenn besondere Eigenschaften gefordert werden, die Stähle nicht erbringen.

Eigenschaften	Metalle und Legierungen
niedrige Dichte niedriger Schmelzpunkt (Gießbarkeit)	Al, Be, Mg, Ti
	Al, Pb, Mg, Sn, Zn
Leitfähigkeit für Wärme / Elektrizität	Al, Cu, Ag
geringe Neutronenaufnahme	Zr
Korrosionsbeständigkeit	Al, Cu, Ni, Ti
Hitzebeständigkeit	Co, Cr, Mo, Ni, W
Gleiteigenschaften	Al-, Pb-, Cu, Sn-Leg.
hohe Neutronenaufnahme	Cd, Hf

4.1 Bezeichnung der NE-Metalle

Reinmetalle werden mit den chemischen Symbolen bezeichnet, dahinter folgt der Metallgehalt in Prozent.
Legierungen werden nach DIN 1700 nach dem Basismetall und dem Hauptlegierungselement in nachstehender Reihenfolge benannt (Chemische Symbole der Metalle).

1. Symbol des Basiselementes,
2. Symbol des Hauptlegierungselementes,
3. Prozentzahl des Hauptlegierungselementes

Zur weiteren Klärung können angefügt werden:

4. Symbol des dritten Legierungselementes
5. Prozentzahl des dritten LE (wenn zur Unterscheidung von ähnlichen Sorten nötig)

Legierungen auf der Basis von Al, Cu, Mg, Ni und Ti werden nach der Art der Verarbeitung eingeteilt in *Knetlegierungen* und *Gusslegierungen*.

■ **Beispiele:**

Kurzzeichen	Beschreibung
CuCr	Cu-Legierung mit Cr nach Norm. Ohne weitere Angabe, da nur eine Sorte!
CuAl10Ni	Cu-Legierung mit 10 % Al und Ni nach Norm
CuNi25Zn15	Cu-Legierung mit 25 % Ni und 15 % Zn
TiAl6V4	Ti-Legierung mit 6 % Al und 4 % V

Beachte:
Regelabweichungen sind evtl. in den Normen für die einzelnen NE-Metalle festgelegt.

Knetlegierungen: Hauptanforderung ist gute Formbarkeit kalt oder warm. Sie sind so legiert, dass sie Mischkristallgefüge evtl. mit kleineren Anteilen anderer Phasen besitzen. Die Erzeugnisse erhalten durch Kaltumformung höhere Festigkeit, die beim Rückglühen erhalten bleibt, während die Bruchdehnung steigt. Knetlegierungen lassen sich z.T. schlecht spanen, sie neigen zum Schmieren, d.h. ergeben *raue* Oberflächen. In den Zuständen mit höherer H-Zahl (halbhart, hart) ist die Zerspanbarkeit besser. Für Teile mit größeren Zerspanungsarbeiten sind Pb-legierte Automatenlegierungen günstiger.

Anhängesymbole geben bei Knetlegierungen die Werkstoffzustände der Erzeugnisse an (z.B. geglüht, kaltverfestigt, wärmebehandelt). Sie sind für Al und Cu-Legierungen unterschiedlich.

Gusslegierungen: Hauptanforderungen sind gute Gießeigenschaften und leichte Zerspanbarkeit Sie haben deshalb andere Analysen als Knetlegierungen und meist *heterogene* Gefüge. Die sprödere Kristallart wirkt damit von selbst spanbrechend. Die Sorten sind oft *eutektisch* oder *naheutektisch,* mit niedriger Schmelztemperatur und Schwindung. Die Gießart beeinflusst das entstehende Gefüge und damit die mechanischen Eigenschaften. Gewährleistete Abnahmewerte gelten für größere Wanddicken. Je nach Erstarrungsbedingungen lassen sich höhere Werte erzielen. Bezeichnung nach gültigen DIN-Normen durch vorgestellte Symbole, nach DIN EN durch nachgestellte.

Tabelle 1. Bezeichnungssymbol für die Gießart

Gießart Symbol	Sandguss	Kokillenguss	Druckguss
veraltet	G-	GK-	GD-
EN-Norm	-GS	-GM	-GP
Gießart Symbol	Schleuderguss		Strangguss
veraltet	GZ-		GC-
EN-Norm	-GZr		-GC

Kokillenguss erstarrt durch die bessere Wärmeleitung in der Metallform schneller und feinkörniger als *Sandguss*. Durch *Schleuderguss* wird das Gefüge dichter, weil Gasblasen und Schlackenteilchen infolge der Fliehkraft innen verbleiben (z.B. Zahnkränze). *Strangguss* weist ähnlich gute Werte auf. *Druckguss* verwirbelt beim Einströmen in die Form und hat Lufteinschlüsse, dadurch geringe Bruchdehnung und keine Schweißeignung.
Neue Gießverfahren ergeben durch langsames Einströmen bessere Zähigkeit und Schweißeignung: Niederdruck-Gießen, Sqeeze-Casting und Thixoguss (Gießen im halb-fest-flüssigen Zustand).

4.2 Aluminium und Al-Legierungen

4.2.1 Allgemeines

Gliederung der Al-Knetwerkstoffe in 8 Legierungsreihen nach der chemischen Zusammensetzung. Neben den Originalsorten gibt es viele nationale Varianten, die nur in kleinen Mengen und wenigen Erzeugnisformen geliefert werden. (Tabelle 2)

4 Nichteisenmetalle

Tabelle 2. Legierungsreihen (DIN EN 573-3)

Leg.-Reihe	Haupt-LE	weitere LE	Sorten Anzahl [1]	Leg.-Reihe	Haupt-LE	weitere LE	Sorten Anzahl [1]
1 x x x	Al	Al > 99%, unlegiert	7 (17)	5 x x x	Mg	Mn, (Cr, Zr)	16 (45)
2 x x x	Cu	Mg, Mn, Bi, Pb, Si,	10 (17)	6 x x x	MgSi	Mn, Cu, Pb	13 (31)
3 x x x	Mn	Mg, Cu	5 (13)	7 x x x	Zn	Mg, Cu, Ag, Zr	18 (27)
4 x x x	Si	Mg, Bi, Fe, CuNi	10 (12)	8 x x x	Sonst.	Fe, FeSi, FeSiCu	8 (11)

[1] Anzahl der Originalsorten (Gesamtzahl in Klammern),

Tabelle 3. Erzeugnisformen für Al-Knetlegierungen, T1 Technische Lieferbedingungen; T2 Normen für mechanische Eigenschaften

Erzeugnisformen	Normen DIN EN	Reihen Sorten [1]	Erzeugnisformen	Normen DIN EN.	Reihen Sorten [1]
Gesenkschmiedestücke	586-2	2000, 5000, 6000, 7000	Stranggepresste Stangen, Rohre,	755-2	Außer 4000, 8000
Drähte	1301-2	alle bis auf 4000	Bleche, Bänder, Platten	485-2	Alle Reihen
gezogene Stangen und Rohre,	754-2	1000, 2000, 6000, 7000	Folien, Butzen zum Fließpressen TL	546-2 570	1000, 6000 1000, 6000
Vormaterial für Wärmetauscher	683-2	1000, 3000, 6000, 8000	HF- längsnahtgeschweißte Rohre	1592-2	3000, 5000, (6000) 7000
Vormaterial für Dosen, Deckel, Verschlüsse		3000, 5000, 6000, 8000	Nicht für Kontakt mit Lebensmitteln geeignet		2.000 und 7.000 u. Pb-, Bi- und Li-haltige Sorten

[1] jeweils die Hauptsorten innerhalb der Reihen

Tabelle 4. Anhängesymbole (DIN EN 515)

Symbol	Zustand	Bedeutung der 1.Ziffer	Bedeutung der 2.Ziffer
F	Herstellungszustand	keine Grenzwerte für mech. Eigenschaften	keine
O	weichgeglüht	1 hocherhitzt, langsam abgekühlt 2 thermomech. behandelt 3 homogenisiert	keine
H	kaltverfestigt	1 nur kaltverfestigt 2 kaltverf. + rückgeglüht 3 kaltverf. + stabilisiert 4 kaltverf. + einbrennlackiert	2: 1/4-hart, mittig zw. Zustand O u. Hx4 4: 1/2-hart, " " " O u. Hx8 6: 3/4-hart, " " " Hx4 u. Hx8 8: vollhart, härtester Zustand gegenüber O 9: extrahart
W	lösungsgeglüht	instabiler Zustand für Legierungen, die nach Lösungsglühen sofort aushärten. Wird durch angehängte Zeit für das Kaltauslagern eindeutig (z.B. W1h)	
T	wärmebehandelt	1: aus Warmformtemperatur abgeschreckt + kaltausgehärtet 2: aus Warmformtemperatur abgeschreckt + kaltverfestigt. + kaltausgehärtet 3: lösungsgeglüht + kaltverfestigt + kaltausgehärtet 4: lösungsgeglüht + kaltausgehärtet (stabiler Zustand) 5: aus Warmformtemperatur abgeschreckt + warmausgehärtet 6: lösungsgeglüht + warmausgehärtet 7: lösungsgeglüht + überhärtet 8: lösungsgeglüht + kaltverfestigt + warmausgehärtet 9: lösungsgeglüht + warmausgehärtet + kaltverfestigt	stabile Zustände

Die Zustände T3, T4, T5, T6T7 und T8 haben zahlreiche weitere Unterteilungen mit bis zu 3 Ziffern.

Tabelle 5. Erhöhung der Festigkeit um ΔR_m im Zustand H × 8 gegenüber dem Zustand O

R_m weich (O)	ΔR_m, hart H × 8	R_m, weich (O)	ΔR_m, hart H × 8	R_m, weich (O)	ΔR_m, hart H × 8
bis 40	55	105...120	90	245...280	110
45...60	65	125...160	95	285...320	115
65...80	75	165...200	100	325.u. mehr	120
85...100	85	205...240	105		

■ **Beispiele:**
H24: (H2) kaltverfestigt + rückgeglüht, (4) auf ½-hart verfestigt,

H18: (H1) kaltverfestigt, (8) vollhart

4.2.2 Unlegiertes Aluminium Reihe 1000

Al bildet wegen seiner großen Affinität zum Sauerstoff an der Luft eine dünne, aber dichte, festhaftende Oxidschicht, die ihr Kristallgitter auf dem des Grundwerkstoffes aufbaut (Epitaxie) und die es vor weiterem Angriff schützt. Laugen und manche Säuren (HCl) und Salze (Halogenide) lösen sie auf. Die Oxidschicht kann durch *anodische* Oxidation verstärkt werden.

Verwendung des Reinaluminiums: Lager- und Transportfässer, Verpackungsmittel, Haus- und Küchengerät, elektrische Leitwerkstoffe für Kabel, Stromschienen und Freileitungen (hartgezogen), Kondensatoren und Kabelmäntel. Eloxierte Halbzeuge im Bauwesen und Fahrzeugbau zur Dekoration und hochglänzend für Reflektoren, Plattierwerkstoff für Al-Legierungen, Al ist *Reduktionsmittel* für hochschmelzende Metalle (Thermit-Verfahren), Al-*Pulver* für Farben (Hammerschlaglack).

4.2.3 Al-Knetlegierungen

Die LE sollen die niedrige Streckgrenze anheben, ohne dass die Korrosionsbeständigkeit verloren geht. Das kfz. Al-Gitter kann nur wenige Prozente dieser LE lösen und Mischkristalle bilden. Die Fremdatome erhöhen den Gleitwiderstand (damit die Streckgrenze) bei Erhalt der Verformbarkeit.

Al-Mischkristalle haben eine mit sinkender Temperatur abnehmende Löslichkeit. Bei der Abkühlung finden sekundäre Ausscheidungen statt (Segregat an den Korngrenzen). Dadurch sind einige Legierungstypen aushärtbar.

Korrosionsbeständigkeit. Das edlere Element Cu vermindert schon in Anteilen von 0,1 %° die hohe Beständigkeit des reinen Al. AlCu-Legierungen sind deshalb nicht ausreichend witterungsbeständig. Sie können als Blech und Band mit Rein-Al plattiert geliefert werden.

Oberflächenbehandlung: Bei allen Al-Legierungen lässt sich die natürliche Oxidschicht verstärken. Sie ist elektrisch isolierend, hart und mikroporös, sodass sie Farben und Schmiermittel in geringem Maße festhalten kann. Dekorativ wirkende Schichten (gleichmäßige Färbung und hochglänzend) lassen sich nur mit bestimmten Sorten erzielen (Glänzlegierungen mit 99,5 % Al , Mg und ohne Cr), Verschleißschutzschichten (hartanodisieren) bei allen Sorten möglich.

4.2.3.1 Nicht aushärtbare Knetlegierungen

Diese Sorten erhalten höhere Festigkeiten durch die Mischkristallverfestigung der LE in Verbindung mit der Kaltverfestigung, die sich bei der Herstellung einstellt, z.B. Kaltwalzen von Blech. Die Festigkeiten im Halbzeug liegen zwischen 100 ... 310 N/mm^2 je nach Legierung und dem Grad der Kaltumformung. Ein Schweißen führt zum Festigkeitsabfall in der WEZ.

Reihe 3000 Al Mn (+ Mg) mit Eigenschaften ähnlich Al 99,9 mit etwas höheren Festigkeiten und Beständigkeit gegen Alkalien. Gut löt-, schweiß- und kaltumformbar. Mn erhöht die Rekristallisationsschwelle und dadurch die Warmfestigkeit. *Anwendung* für Dachdeckung und Fassaden, Geräte der Nahrungsmittelindustrie, Kernwerkstoff von lotplattiertem Blech für Wärmetauscher.

Reihe 4000 AlSi (+ Fe, Mg, Ni). Si erniedrigt den Schmelzpunkt (bei 12,5 % eutektischer Punkt) und ist mit 0,8 ... 13,5 % enthalten. Eine aushärtbare Sorte (Al Si1Fe) als Blech.

Anwendung: Schweißzusatzdrähte (wenig Si), Schmiedekolben: 4032 [Al Si12,5MgCuNi] mit geringer Wärmedehnung, Lotplattierung: 4343 [Al Si 7,5] oder 4045 [Al Si10] auf 3103 [Al Mn1] für Wärmetauscherbleche.

Reihe 5000 Al Mg (+ Mn) mit erhöhter Korrosionsbeständigkeit gegen Seewasser, stärker verfestigend als Al Mn. Gute Schweißbarkeit bei > 2,5 % Mg-Gehalt, bei niedrigen (Mg + Mn)-Gehalten gut kaltformbar. *Anwendung:* Statisch beanspruchte Konstruktionsteile im Fahrzeug- und Schiffbau (Bootsrümpfe), Untertagegeräte. Mn ergibt höhere Festigkeit bei Strangpressprofilen und bessere Warmfestigkeit gegenüber AlMg-Sorten.

4.2.3.2 Aushärtbare Knetlegierungen

Reihe 2000 Al Cu (+ Mg, Mn, Si, Pb). Hochfeste Legierungen mit hoher Bruchdehnung (13 %). Sie werden kaltausgehärtet (T4) eingesetzt, durch den Cu-Gehalt nur geringe Korrosionsbeständigkeit, besonders im Zustand warmausgehärtet (T6) Verbindung durch Nieten, Druckfügen u.a., da beim Schweißen eine Entfestigung eintritt. *Anwendung:* Hochbeanspruchte Bauteile im Fahrzeug-, Ingenieur- und Maschinenbau, wenn die geringe Korrosionsbeständigkeit nicht stört: Zahnräder, Pressbleche, Formwerkzeuge für Kunststoffe (hartanodisiert), Bleche und Schmiedeteile für Flugzeugbau, Grubenstempel (Schildvortrieb).

Reihe 6000 Al MgSi (+Mn, Cu). Kalt- und warmaushärtbare Legierungen, davon 4 für die E-Technik. Die Aushärtung wird durch die Phase Mg$_2$Si bewirkt. Die Sorten sind schweißbar, korrosionsbeständig, jedoch nicht dekorativ anodisierbar. *Anwendung:* Profile für alle Zwecke im Bauwesen, für Fahrzeug- und Schiffsaufbauten, Wärmetauscher, Rolltore, Wagontüren. Höckerplatten für transportable Brücken.

Reihe 7000 Al Zn (+ Mg, Cu). Konstruktionslegierungen höchster Festigkeit mit geringerer Beständigkeit. Für die Luftfahrt werden deshalb Bleche mit AlZn1 plattiert.

Anwendung ähnlich wie Reihe 2000: Gesenk- und Fräseile für den Flugzeugbau, hartanodisierte Formen zum Tiefziehen von Al-Blech.

4.2.4 Aushärten der Al-Legierungen
($\rightarrow$ 3.3.6 Aushärten)

Wärmebehandlung, bei der die Streckgrenze erhöht wird, ohne dass die Dehnung wesentlich sinkt. (Kristalline Vorgänge unter 4.2.4). Intermetallische Phasen entstehen, wenn Cu+Mg oder Mg + Si, bzw. Mg + Zn enthalten sind.

Arbeitsgänge beim Aushärten: (1) Lösungsbehandeln (homogenisieren) bei 480 ... 540° C. Nach beschleunigtem Abkühlen entstehen übersättigte Mischkristalle.(2) Auslagern bei RT (Kaltauslagern oder bei 110 ... 165° C (Warmauslagern). Unmittelbar nach der Lösungsbehandlung ist der Werkstoff noch weich, die Streckgrenze steigt langsam an (4 ... 40 h).

Al Zn4,5Mg1 ist so legiert, dass sie nach dem Schweißen in der Wärmeeinflusszone ohne Nachbehandlung wieder aushärtet. Selbstaushärtung kann auch bei einigen Gusslegierungen durch beschleunigte Abkühlung auftreten. Deshalb Festigkeitsproben erst nach ca. 8 Tagen nehmen.

4.2.5 Al-Gusslegierungen

DIN EN 1706 enthält 37 Sorten, davon 7 Feinguss- und 9 Druckgusslegierungen. Tabelle 8 enthält eine Auswahl, die mechanischen Eigenschaften sind an getrennt gegossenen Probestäben ermittelt.

Tabelle 6. Auswahl von Al-Knetlegierungen, nicht aushärtbar

Sorte EN AW-			R_m MPa	A %	Beispiele
Stoff-Nr.	Chemische Symbole mit Zustandsbezeichnung (alt)				
Reihe 3000			Mechanische Werte für Blech 0,5 ... 1,5 mm (A_{50})		
3103	Al Mn1-F	(W9)	90	19	Dächer, Fassadenbekleidung, Profile, Niete,
	Al Mn1-H28	(F21)	185	2	Kühler, Klimaanlagen, Rohre, Fließpressteile
3004	**Al Mn1Mg1-O**	(W16)	155	14	Getränkedosen, Bänder für Verpackung
	Al Mn1Mg1-H28	(F26)	260	2	
Reihe 5000			Mechanische Werte für Blech 3 ... 6 mm (A_{50})		
5005	**Al Mg1-O**	(W10)	100 ... 145	22	Fließpressteile, Metallwaren
5049	**Al Mg2Mn0,8-O**	(W16)	190 ... 240	8	Bleche für Fahrzeug-. u. Schiffbau,
	-H16	(F26)	265 ... 305	3	
5083	**Al Mg4,5Mn0,7-O**	(W28)	275 ... 350	15	Formen (hartanodisiert), Schmiedeteile,
	-H26	(G35)	360 ... 420	2	Maschinen-Gestelle, Tank- u. Silofahrzeuge

Tabelle 7. Auswahl von Al-Knetlegierungen, aushärtbar

Sorte EN AW-			R_m MPa	A %	Beispiele
Stoff-Nr.	Chemische Symbole mit Zustandsbezeichnung (alt)				
Reihe 2000 aushärtbar			Mechanische Werte jeweils für das Beispiel		
2117	Al Cu2,5Mg-T4	(F31 ka)	310	12	(Drähte < 14 mm), Niete, Schrauben
2017A	Al Cu4MgSi-T42		390	12	{ (Platten, und) } Vorrichtungen, Werkzeuge
2024	Al Cu4Mg1-T42		420	8	{ (Blech < 25 mm) } Flugzeuge, Sicherheitsteile
2014	Al Cu4SiMg-T6		420	8	(Schmiedestücke), Bahnachslagergehäuse
2007	Al CuMgPb-T4	(F34 ka)	340	7	Automatenlegierung, Drehteile
Reihe 6000 aushärtbar			Mechanische Werte jeweils für das Beispiel		
6060	Al MgSi-T4		130	15	Strangpressprofile aller Art, Fließpressteile
6063	Al Mg0,7Si-T6		280		Pkw-Räder u. Pkw-Fahrwerkteile
6082	AlMgSi1MgMn-T6		310	6	Schmiedeteile, Sicherheitsteile am Kfz.
6012	Al MgSiPb-T6	(F28)	2750	8	Automatenlegierung, Hydr.-Steuerkolben
Reihe 7000 aushärtbar			Mechanische Werte für Blech unter 12 mm		
7020	Al Zn4,5Mg1-O -T6		220	12	Cu-frei, nach dem Schweißen selbstaushärtende
			350	10	Legierung
7022	AL Zn5Mg3Cu-T6	(F45wa)	450	8	Maschinen-Gestelle, } überaltert (T7) gut beständig gegen SpRK
7075	Al Zn5,5MgCu-T6	(F53wa)	545	8	Schmiedeteile }

Tabelle 8. Aluminium-Gußlegierungen

Kurzname Stoff-Nr. nach EN AC-...	Gießart DIN EN 1706	Gießart, Zustd.[1]	R_m	$R_{p0.2}$	A_{50mm}	HB	Gießen/ Schweißen/Polieren/ Beständigk. [2]				Bemerkungen
-Al Cu4MgTi		S,	T4	300	200	5	90					einfache Gussstücke hochfest und
	S, K, L	K	T4	320	220	8	90	C/D	D	B	D	-zäh, Wagonrahmen und -fahr-
-21000		L	T4	300	220	5	90					gestelle
-Al Si7Mg0,3		S	T6	230	190	2	75					Sicherheitsbauteile: Hinterachslen-
	S, K, L	K	T6	290	210	4	90	B	B	C	B	ker, Vorderradnabe, Bremssättel,
-42100-			T64	290	210	8	80					Radträger
-Al Si7Mg0,6-		S	T6	250	210	1	85					wie vorst. mit höherer Festigkeit,
-42200	S, K, L	K	T6	320	240	3	100	B	B	C	B	Elektronikgehäuse
-Al Si10Mg(a)		S	F	150	80	2	50					Motorblöcke, Wandler- und Getrie-
	S, K	K	F	180	90	2,5	55	A	A	D	B	begehäuse, Saugrohr
-43000		K	T6	260	220	1	90					für Kfz
-Al Si12(a)		S,	F	150	70	5	50					dünnwandige, stoßfeste Teile aller
-44200	S, K	K	F	170	80	6	60	A	A	D	B	Art
-Al Si8Cu3		S	F	150	90	1	60					warmfest bis 200° C, für dünnwan-
-46200	S, K, D	K	F	170	100	1	100	B	B	C	D	dige Teile
-Al Si12CuNiMg		K	T5	200	185	<1	90					erhöhte Warmfestigkeit bis
-48000	K		T6	280	240	<1	100	A	A	C	C	200° C, Zylinderkopf
-Al Mg3(b)		S	F	140	70	3	50					Beschlagteile f. Bau- und
-51000	S, K	K	F	150	70	5	50	C/D	C	A	A	Kfz.-Technik, Schiffbau
-Al Zn5Mg		S	T1	190	120	4	60					T1: Gussteil kontrolliert abgekühlt
-71000	S, K	K	T1	210	130	4	65	C/D	C	B	B	und kaltausgelagert

[1] Gießart: S: Sandguss; K: Kokillenguss, D: Druckguss, L: Feinguss, das Zeichen wird nachgestellt!
    Beispiel: EN 1706 AC-Al Cu4MgTib KT4; oder EN 1706 AC-21000 KT4: Kokilleguss (K), kaltausgehärtet (T4)
[2] Wertung: A ausgezeichnet, B gut, C annehmbar, D unzureichend.

4.3 Kupfer

4.3.1 Übersicht über die Normen

Werkstoffe aus Kupfer und seinen Legierungen waren bisher getrennt in Werkstoff- und Erzeugnisnormen zusammengefasst. Sie sind fast alle *zurückgezogen* und durch DIN EN Normen ersetzt.

Bezeichnung	DIN-Nr (Z)
Cu-Gußlegierungen	
CuSn und CuSnZn (Rotguss)	1705
CuZn und CuZn+LE	1709
CuAl	1714
CuSnPb (Bleibronze)	1716
Cu-Gußwerkstoffe, niedriglegiert	17655
CuNi	17658
Cu-Knetlegierungen	
CuZn (Messing)	17660
Cu-Sn (Bronze)	17662
CuSnZn (Neusilber)	17663
Cu-Ni	17664
CuAl	17665
Niedriglegierte Cu-Werkstoffe	17666

Die EN-Normung verzichtet auf einzelne Werkstoffnormen, Mittelpunkt sind die *Erzeugnisnormen*. Sie enthalten die Analysen der geeigneten Cu-Knetwerkstoffe, Lieferbedingungen und Lieferformen. Alle Cu-Gusswerkstoffe sind in *einer* Norm DIN EN 1982 zusammengefasst.

4.3.2 Bezeichnung der Cu-Werkstoffe

Mit Ausnahme der unlegierten Cu-Werkstoffe gelten in den DIN EN-Normen die bisherigen Kurznamen aus chemischen Symbolen und Prozentzahlen. Weitere Angaben erfolgen durch Anhängesymbole.

Tabelle 10. Zustandsbezeichnungen. Anhängesymbole aus einem Buchstaben und 3 Ziffern für bestimmte Eigenschaftswerte (DIN EN 1173).

Symbol	Eigenschaft	Kennwert mit Beispiel
A	Bruchdehnung in %	A005: $A = 5\%$
D [1]	Gezogen, ohne vorgeg. mech. Eigenschaften	
H	Härte HB oder HV	H030 HB10 oder H120 HV
R	Zugfestigkeit	R700: $R_m = 700$ MPa
B	Federbiegegrenze	B370: $\sigma_{b,zul.} = 370$ MPa
G	Korngröße	
M [1]	wie gefertigt, ohne vorgeg. mech. Eigenschaften	
Y	0,2-Dehngrenze	Y350: $R_{p0,2} = 350$ MPa

[1] Die Buchstaben D und M werden ohne weitere Bezeichnungen verwendet

4 Nichteisenmetalle

DIN EN 1412 Kupfer und Kupferlegierungen, Europäisches Nummernsystem. Die Normangabe besteht aus 6 Zeichen.

1. Zeichen C für Kupfer | C | 2 | 3 | 4 | 5 | 6 |

2. Zeichen: Buchstabe für die Erzeugnisform

B	Blockform zum Umschmelzen
C	Gusserzeugnis
F	Schweißzusatz, Hartlote
R	raffiniertes Cu in Rohform
S	Werkstoff in Form von Schrott
W	Knetwerkstoffe
X	nicht genormte

Zeichen 3 ... 5 sind Zählziffern

6. Zeichen: Buchstabe für das Legierungssystem

A, B	Kupfer	J	CuNiZn
C, D	Cu, niedriglegiert, Σ LE < 5 %	K	CuSn
E, F	Legierungen, Σ LE > 5 %	L, M	CuZn-Zweistofflegierungen
G	CuAl	N, P	CuZnPb
H	CuNi	R, S	CuZn-Mehrstofflegierungen

4.3.3 Reinkupfer und niedriglegiertes Kupfer

Cu muss für Leitzwecke höchste elektrische Leitwerte besitzen. Für Verwendung als Bedachung und Rohrleitung muss es frei von Sauerstoff sein, damit beim Löten und Schweißen kein Wasserdampf durch Reduktion des CuO durch H-haltiges Gas entsteht, der zu Rissen führt (Wasserstoffkrankheit). Die Desoxidation kann durch P-Zugabe erfolgen, P senkt jedoch stark den elektrischen Leitwert.

Tabelle 9. Kupfererzeugnisse, Normenübersicht

DIN EN Norm/Jahr	Bezeichnung: - Kupfer u. Kupferlegierungen -	Legierungssysteme und Anzahl der Sorten					
		CuSnPb	Cu u. Cu-niedriglegiert	CuAl	CuNi	CuNiZn	CuSn (+Zn)	CuZn (+ LE)
Blockmetalle und Gussstücke								
1976	- gegossene Rohformen	4	4 + 9	10	2	—	—	12 + 12
1982 / 98	- Blockmetalle und Gussstücke	4	5 —	6	4	—	5 + 9	— 14
Walzprodukte								
1652 / 98	- Platten, Bleche, Bänder, Streifen und Ronden f. allgemeine Verwendung	5 + 6	1	4	5	5	9+7
1653 / 98	- Platten, Bleche und Ronden für Kessel, Druckbehälter, Warmwasserspeicher	2	3	2	—	—	— 4
1654 / 98	- Bänder für Federn u. Steckverbinder	6	—	5	—	5	— 4
Rohre								
12449 / 99	- nahtlose Rundrohre f. allg. Verwendung	1 + 3	—	2	2	5	15 + 9
12451 / 99	- nahtlose Rundrohre f. Wärmeaustauscher	1 —	1	3	—	— 3
12452 / 99	- nahtlose Rippenrohre f. Wärmeaustauscher	1 —	—	2	—	—	— 2
Stangen, Profile, Drähte								
12163 / 98	- Stangen f. allgemeine Verwendung	3 + 11	6	2	2	4	10 + 10
12164 / 00	- Stangen f. spanende Bearbeitung	4	—	—	4	4	16 + 7
12166 / 98	- Drähte f. allgemeine Verwendung	1 + 12	—	—	7	4	16 + 4
12167 / 98	- Profile und Rechteckstangen f. allg Verwdng.	2 + 9	6	—	7	2	24 + 12
12168 / 00	- Hohlstangen f. spanende Bearbeitung	1 + 2	—	—	—	—	14 + 5
Schmiedestücke und Schmiedevormaterial								
12165 / 98	- Vormaterial für Schmiedestücke	4 + 9	10	2	—	—	12 + 12
12420 / 99	- Schmiedestücke	2 + 4	4	2	—	—	10 + 4

Tabelle 11. Roh-Cu-Sorten DIN EN 1976

O-haltiges Cu	O-freies Cu, nicht desoxidiert	O-freies Cu, mit P desoxidiert
Cu-ETP1	Cu-OF,	Cu-PHC,
Cu-ETP	Cu-OFE [1]	Cu-PHCE,
Cu-FRHC		Cu-DLP
Cu-FRTP		Cu-DHP
		Cu-DXP

[1] Sorte mit geprüfter Haftung der Zunderschicht

Bedeutung der Zeichen	
1	Höchster elektrischer Leitwert (58,58)
E	(vorn), elektrolytisch raffiniert
E	(hinten), vakuumgeeignet
F	Feuerraffiniert
LP	P-% niedrig HP: P-% höher
OP	Oxygen free, TP: zähgepolt
HC	high conductivity (Leitfähigkeit)

Tabelle 12. Kupfersorten für Drahtbarren, Walzplatten und Rundblöcke DIN EN 1976

Kurzzeichen	Eigenschaften und Verwendung
Cu-ETP	E-Technik, Elektronik, bei Anforderung an höchste Leitfähigkeit
Cu-FHRC	Wie vor, auch für Schmiedestücke
Cu-OF	Wie vor, nicht desoxidiert, wasserstoffbeständig, schweiß- und löt-geeignet R_m = 200 MPa, A = 35 %
-OFE	Wie vor, frei von verdampfenden Elementen, für die Vakuumtechnik
Cu-PHC	E-Technik, hohe Leitfähigkeit und Umformbarkeit, Plattierwerkstoff
-PHCE	Freiformschmiedestücke für allgemeine Verwendung, Vakuumtechnik
Cu-DLP	Allgemeine Verwendung, für Apparatebau, gut löt-, schweiß- und kaltformbar
Cu-DHP	Allgemeine Verwendung, für Rohrleitungen, Bauwesen, Apparate bei hohen Anforderungen an Schweiß-, Löt- und Umformbarkeit, auch Schmiedeteile, R_m = 200 MPa, A = 33 %
CuAg0,10	Insgesamt 10 Ag-haltige Sorten (0,04, 0,07 und 0,1 %), anlassbeständig, mit hoher elektrischer Leitfähigkeit, O-haltig, P-oxidiert oder O-frei

Halbzeugarten sind: Platten, Bleche, Bänder, Rohre, Stangen, Drähte, Strangpressprofile

4.3.4 Kupferlegierungen, Allgemeines

LE sollen die niedrige Festigkeit des Cu bei Erhaltung der Duktilität und Beständigkeit erhöhen. Dabei wirken Mischkristallverfestigung, Kaltverfestigung und Korngrenzenverfestigung durch feinkörnige Gefüge gemeinsam. Bis auf Ni sind die anderen LE nur zwischen 2.5 % (Be) und 37 % (Zn) löslich und bilden homogene Mischkristallgefüge.

Bei höheren Anteilen an LE entstehen intermetallische Phasen. Die Zustandsschaubilder sind kompliziert mit zahlreichen Feldern und Umwandlungen im festen Zutand. Die zweiphasigen Gefüge haben geringere Duktilität, sind aber besser spanbar und meist warmumformbar. Dritte und vierte LE sollen bestimmte Eigenschaften verbessern: Pb die Spanbarkeit, Mn die Warmfestigkeit, Ni und Al die Korrosionsbeständigkeit.

Die elektrische Leitfähigkeit wird durch Mischkristallbildung stark gesenkt. Nur Cd, Ag und Zn wirken gering. Für höhere Festigkeit und Härte (Verschleißwiderstand) sind geringe Anteile (< 1 %) von seltenen Erden als intermetallische Phase enthalten, einige Sorten sind aushärtbar.

Tabelle 13. Niedriglegierte Cu-Sorten, (Auswahl aus 20 Sorten)

Sorte	Eigenschaften, Anwendung
CuFe2P	Kombination von Eignung für Stanzen, Kalt- und Warmumformen, Löten, Schweißen. Anlauf- und korrosionsbeständig, hohe Leitfähigkeit für Wärme und Strom. Wärmetauscher R_m = 200 MPa, A = 40 %
CuBe1,7	warmaushärtbar bis R_m = 1300 MPa für Kontaktfedern, CuzBe2 für nichtfunkende Werkzeuge
CuCr1Zr	Warmaushärtbar bis R_m = 470 MPa, hohe Leitfähigkeit, Elektroden zum Punktschweißen, Schleifringe, Kollektorlamellen
CuNi2Si	Warmaushärtbar bis R_m = 640 MPa, mittlere Leitfähigkeit, rauchgasbeständig, Freileitungsarmaturen

4.3.5 Kupfer-Zink-Legierungen (Messing)

Umfangreichste Gruppe der Cu-Legierungen mit 56 Knetlegierungen und 14 Gusslegierungen

Knetlegierungen			
System	CuZn	CuZnPb	CuZn +LE
Anzahl	9	24	23
Gusslegierungen				
System	CuZnPb	CuZnAl	CuZnMn	CuZnAs	CuZnSi
Anzahl	6	4	2	1	1

Zustands-Diagramm Cu-Zn

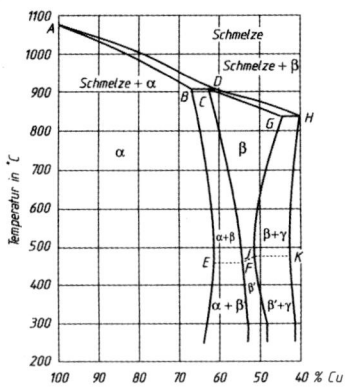

MK-Gebiet bis ca. 37 %Zn mit homogenen kfz.-Knetlegierungen. Sorten rechts davon enthalten die β-Phase (krz), härter und spröder (IP, 2.4, in Tabelle 6) gut warmformbar bei 600°C. Zu diesen heterogenen Sorten gehören die Gusslegierungen und höher festen Sorten mit weiteren LE.

Bei Zn-Gehalten > 50 % tritt eine extrem spröde γ-Phase auf. Diese Legierungen sind technisch nicht brauchbar. Pb (max 4 %) ist unlöslich und verbleibt auf den Korngrenzen. Mit steigendem Pb-Gehalt steigt die Zerspanbarkeit, die Kaltumformbarkeit sinkt.

Die weiteren LE sind in der α-Phase löslich und verbessern Festigkeit, Korrosionsbeständigkeit und Gleiteigenschaften. Sie engen das Mk.-Gebiet ein, wodurch bei kleineren Zn-Gehalten heterogene Gefüge mit der β-Phase entstehen. Hierzu gehören auch die CuZn-Gusslegierungen.

Tabelle 14. CuZn-Knetlegierungen

Kurzzeichen Nummer	Zustand	A %	Verwendungsbeispiele
CuZn15 CW502L	R260 R350	38 4	Druckmessgeräte, Hülsen
CuZn30 CW505L	R280 R420	40 6	Federn, Tiefziehteile
CuZn33 CW506L	R280 R420	40 6	Drahtgeflecht, Ätz-Platten
CuZn37 CW508L	R300 R480	38 3	Blech, Stg., Profile, Drück-, Prägeteile
CuZn40 CW509L	R340 R470	33 6	Stg., Profile, Beschlag- u. Schloss teile
CuZn35Pb1 CW600N	R290 R470	40 5	Blech, warm-, kaltform- und spanbar

mechanische Werte gelten für Bleche bis 2,5 mm, folgende Tafel für das jeweilige Halbzeug

CuZn39Pb3 CW614N	R380 R430	18 10	Stg., Profile f. Drehteile auf Automaten,
CuZn40Pb2 CW617N	R380 R600	35 8	Warmpressprofile, Schmiedestücke
CuZn43Pb2 CW623N	R430 R480	15 5	dünnwandige Strangpressprofile
CuZn20Al2As CW702R	R340 R390	45 40	Rohre geglüht best. g. Seewasser u. SpRK
CuZn31Si1 CW708R	R460 R530	22 12	kaltformbar, Rohre, Lagerbuchsen
CuZn38Mn1Al1 CW716R	R490 R550	18 10	Stg. wetterbeständig für Gleitelemente
CuZn38Sn1As W717R	R340	30	Bleche, Rohrböden f. Kondensatoren
CuZn40Mn2Fe1 CW723R	R420 R470	12 18	Stg. Profile, lötbar, für wetterbeständige. Armaturen

Tabelle 15. Cu-Zn-Gusslegierungen

Kurzname Nummer	Gießart	R_m MPA	$R_{p0,2}$ MPA	A %	HB →	Eigenschaften, Beispiele Härte nur Anhaltswerte
CuZn33Pb2-C CC750S	– GS, – GZ	180	70	12	45 50	Beständig gegen Brauchwässer bis zu 90° C, gut spanbar
CuZn15As-C CC760S	– GS	160	70	20	45	Sehr gut lötgeeignet, meerwasserbeständig, für Flansche u.a. im Schiffbau
CuZn16Si4-C CC761S	– GS – GM	400 500	230 300	10 8	100 130	Meerwasserbeständig, dünnwandig vergießbar, schweißbar
CuZn25Al5Mn4Fe3-C CC762S	– GS – GM	750 750	450 480	8 8	180 180	Sehr hoch belastete Gleitlager und Schneckenradkränze (niedrige Gleitgeschwindigkeit)
CuZn34Mn3Al2Fe1-C CC764S	– GS – GZ	600 620	250 260	15 14	140 150	Mittlere Spanbarkeit, für statisch hoch belastete Ventil- und Steuerungsteile
CuZn35Mn2Al1Fe1-C CC765S	– GS – GC	450 500	170 200	20 18	110 120	Mittel belastete Druckmuttern, Gleit- und Gelenksteine, Schiffspropeller
CuZn37Al1-C CC766S	– GM	450	170	25	105	Mittlere Festigkeit, nur als Kokillenguss für alle Zweige

4.3.6 Kupfer-Alumium-Legierungen

Durch Zulegieren von Al (8%) sinkt die Dichte auf ca. 7,7 g/cm³.

Zustands-Diagramm Cu-Al

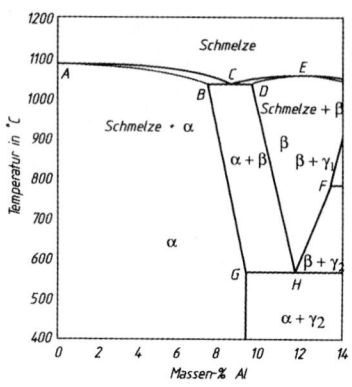

Tabelle 16. Cu-Al-Legierungen

Homogene Gefüge bis 9 ca. % Al (nach Warmumformung), darüber Anteile der Phase β, die bei 565° C eutektoid in ein Gemisch aus ($\alpha + \gamma_2$) zerfällt, bei schneller Abkühlung auch martensitische Umwandlung. Durch die Härte des Eutektoids sind nur Legierungen bis 11 % Al brauchbar.

Übersicht: Cu-Al-Legierugen
8 Knetlegierungen CuAlSi (2), CuAlFe (4), CuAlNi (2)
6 Gusslegierungen CuAl (1), CuAlNi (1), CuAlFeNi (3), CuMnA (1)

Die Elemente Fe, Mn, und Fe + Ni beeinflussen den β-Zerfall zu besseren Eigenschaften und bewirken Feinkorn sowie höhere Warm- und Dauerfestigkeiten, Al bewirkt hohe Korrosionsbeständigkeit, aber schlechte Lötbarkeit durch Al-Oxidschicht. Hohe Dauerfestigkeit auch in korrodierenden Medien.
Gusslegierungen mit ähnlicher Zusammensetzung für Gussteile hoher Zähigkeit, auch bei tiefen Temperaturen (kein Steilabfall).

Cu-Al-Knetlegierungen (Auswahl)					
Kurzzeichen	Stoff-Nr. CW	Zustand	$R_{p0,2}$ MPa	A %	Eigenschaften, Anwendungen
CuAl8Fe3	303G	R450 / R480	200 / 210	30 / 30	Platten u. Bleche f. allg. Verwendung und f. Kessel, warmfest bis 300° C, Schmiedestücke, korrosionsdauerfest
CuAl9Ni3Fe2	304G	R490	180	20	Sehr gut schweißbar, warmfest, Verbunde aus Guss- mit Knetwerkstoff, Platten u. Bleche für Kessel, Schmiedestck.
CuAl10Fe3Mn2	306G	R590 / R690	330 / 510	12 / 6	Zunderfest, Stangen, Schmiedestücke f. Maschinen, Schrauben, Spindeln, Zahn- u. Schneckenräder
CuAl10Ni5Fe4	307G	R590 / R620	230 / 250	14 / 14	Warmfest, kavitationsfest, Platten u. Bleche für Kessel, Stangen. Mech. und chem. hochbeanspruchte Teile
CuAl11Fe6Ni6 (CuAl11Ni6Fe5)	308G	R750	700	(5)	Stangen f. allg. Verwendung, höchste Festigkeit, für stoßbelastete Verschleißteile, Umformwerkzeuge
CuAl-Gußlegierungen (Auswahl)						
Sorte	Stoff–Nr. CC	Gießart	R_m MPa	$R_{p0,2}$	A %	HB	Eigenschaften, Anwendungen
CuAl10Fe2-C	331G	– GS / – GM	500 / 600	180 / 250	18 / 20	100 / 130	Beständig gegen Mineralsäuren (nicht HNO₃)
CuAl10Ni3Fe2-C	332G	– GS / – GM	500 / 600	180 / 250	18 / 20	100 / 130	Wie Knetwerkstoff CW304G, Heißdampfarmaturen, Teile für Lebensmittelverarbeitung
CuAl10Fe5Ni5-C	333G	– GM / – GZ	650 / 650	280 / 280	7 / 13	150 / 150	Schiffpropeller, Stevenrohre, Laufräder u. Gehäuse von Pumpen für Meerwasser
CuAl11Ni6Fe6-C-	334G	– GS / – GM	680 / 750	320 / 380	5 / 5	170 / 185	Gleitlager für Stoßbelastung, Kurbel- und Kniehebellager

4.3.7 Kupfer-Zinn-(Zink)-Legierungen

CuSn: Breites Erstarrungsintervall führt zu starken Kristallseigerungen, sodass homogene Cu-MK nur bis zu etwa 6 % entstehen. Darüber hinaus enthalten die Legierungen das härtere Eutektoid ($\alpha + \delta$) mit der intermetallischen Phase δ.

Bei Sn-Gehalten von 5 ... 12 % bestehen die Gusslegierungen aus einer harten ($\alpha + \delta$)- Matrix mit weicheren CuSn-Mischkristallen. Diese heterogenen Gefüge sind als Gleitwerkstoffe geeignet. Mit dem Sn-Gehalt steigt die Korrosionsbeständigkeit (gegenüber CuZn-Sorten auch bessere Gleiteigenschaften, höherer Preis).

CuSnZn: Zn-Zusatz, verbilligt und ergibt bessere Gießbarkeit (Rotguss) durch die Desoxidation mit Zn.

4 Nichteisenmetalle

Übersicht: Cu-Sn(Zn)-Legierungen
8 Knetlegierungen CuSn (2), CuSnPb (5), CuSnTe (1),
6 Gusslegierungen CuSn (3), CuSnPb(P) (2), Roguss:
CuSnZn (9) CuSnPb (4)

Zustands-Diagramm Cu-Sn

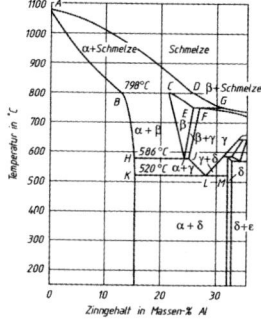

Tabelle 17. Cu-Sn-Legierungen (Zinnbronzen)

Cu-Sn Knetlegierungen				
Kurzzeichen Stoff-Nr	R_m MPa	$R_{p0,2}$ MPa	A %	Verwendung
CuSn4 CW50K	290 ...610	190 ...520	40 ...3	Federn, Schrauben, Bolzen, Rohre und Behälter f. chem. Industrie
CuSn6 CW52K	350 ...630	300 ...600	45 ...5	Kontakfedern, Wellrohre und Membranen, Bleche, Bänder, Rohre
CuSn8 CW53K	370... ...740	300 ...600	50 ...2	Wie vor, mit erhöhten Festigkeits- und Gleiteigenschaften
CuSn3Zn9 CW54K	320 ...510	230 ...430	25 ...3	Federn, Faltenbälge, Siebbleche, Gewebe
CuSn-Gusslegierungen (Auswahl)				
Sorte Stoff-Nr.	Gieß- art	R_m MPa	$R_{p0,2}$ MPa	A %	HB
CuSn10-C CC480K	-GS -GM	250 270	130 160	18 10	70 80
Armaturen und Pumpengehäuse, Leit-, Lauf- und Schaufelräder f. Pumpen und Wasserturbinen, gut schweißgeeignet					
CuSn11P-C CC481K	-GS -GC	250 350	130 170	5 4	60 85
Besser gießbar durch 0,5...1 % P mit hoher Festigkeit bei Strang- und Schleuderguss					
CuSn11Pb2-C CC482K	-GS -GC	240 280	130 150	5 5	80 90
Hochbanspruchte Gleitlager, -platten und -leisten					
CuSn12-C CC483K	-GS -GZ	260 280	140 150	7 5	80 90
Unter Last bewegte Spindelmuttern, schnelllaufende Schnecken- und Schraubenradkränze					
CuSn12Ni2-C CC484K	-GS -GC	280 300	160 18ß	12 10	85 95
Wie vorstehend, bei höchsten Belastungen					

Tabelle 18. CuSnZn-Gusslegierungen, Auswahl (alte Bez. Rotguss))

Sorte DIN EN Stoff – Nr.	Gieß- art	R_m MPa	$R_{p0,2}$ MPa	A %	HB
CuSn3Zn8Pb5-C CC490K	– GS – GC	180 220	85 100	15 12	60 70
Brauchwasserbeständig, dünnwandige Armaturen (< 12 mm)					
CuSn5Zn5Pb5-C CC491K	– GS – GM	200 220	90 110	13 6	60 60
Lötbar, für dünnwandige Konstruktionsteile, Gehäuse, Dampfarmaturen bis 225° C					
CuSn7Zn2Pb3-C CC492K	– GS – GC	230 260	120 200	15 12	60 70
Meerwasserbeständig, Armaturen- u. Pumpengehäuse, druckdichte Gussteile					
CuSn7Zn4Pb7 CC493K	– GS – GM	230 230	120 120	15 12	60 60
Lagerwerkstoff für mittel beanspruchte Lager, gute Notlaufeigenschaften					

4.3.8 Kupfer-Nickel-Legierungen

System mit vollständiger Mischbarkeit, Zustands-Diagramm siehe 2.4.4
15 Knetlegierungen, Sorten: CuNi (1), CuNiSn (1), CuNiFeMn (2), CuNiZn (11)
4 Gusslegierungen, Sorten: CuNiFe (3), CuNiCr (1)

Zusatz von Fe ergibt Meerwasserbeständigkeit, auch bei hohen Strömungsgeschwindigkeiten. Zn senkt den Preis (Neusilber) und erhöht die Festigkeit. In aushärtbaren Sorten ist Sn und Cr enthalten. Homogene Gefüge im ganzen Mischungsbereich mit hoher Kaltformbarkeit und Korrosionsbeständigkeit.

CuNi: Elektrische Widerstandslegierungen, Wärmetauscher und Leitungen in Schiffbau und für Entsalzungsanlagen, Gussteile für Lebensmittel-, Getränke- und chemische Industrie. Münzlegierung ist CuNi25.

CuNiZn: mit Ni steigt die Korrosionsbeständigkeit, mit Cu die Kaltformbarkeit, mit Zn die Festigkeit.

Tabelle 19. CuNi-Knetlegierungen

Sorte Stoff.-Nr.	Zu- stand	A %	Halbzeuge
CuNi25 CW350H	R290	40	Platte, Blech, Band, Ronde
CuNi9Sn2 CW351H	R340 R450 R560	30 4 2	W. o., Federband, Schmiedestücke, aushärtbar
CuNi10Fe1Mn CW352H	R300 R320	30 15	W. o., Rohre, Stangen, Schmiedestücke,
CuNi30Mn1Fe CW354H	R350 R410	35 14	W. o., Rohre, Stangen Schmiedestücke,
Mechanische Werte gelten f. die jeweilgen Halbzeuge			

Tabelle 20. CuNiZn-Knetlegierungen (alte Bez. Neusilber)

Kurzzeichen	Stoff.-Nr	Zustand	A %
CuNi12Zn24	CW403J	R340	45
sehr gut kaltformbar, emaillierfähig, Tafelgeräte, Bestecke,			
CuNi12Zn30Pb1	CW406J	R420	20
		R500	8
gut kaltformbar und zerspanbar, Sicherheitsschlüssel, Drehteile für die feinmechanische Industrie, Drähte			
CuNi18Zn20	CW409J	R500	18
		R550	12
Bleche, Stangen, Profile, gut kaltformbar, anlaufbestän-diger, Brillen, Kontaktfedern			

4.4 Titan

Eigenschaften: Geringe Dichte (4,5 kg/dm^3) und Festigkeiten wie bei unlegierten Stählen, kaltzäh bis – 200° C und beständig gegen oxidierende Säuren und Lochkorrosion durch Cl-Ionen in Elektrolyten, auch gegen Spannungsrisskorrosion.
Titan kriecht bei RT, bei höheren Temperaturen wird O und N aus der Luft aufgenommen (hohe Affinität, und Enthalpie), dadurch Verfestigung und Abnahme der Dehnung. Versprödung durch Härteanstieg messbar. Schweißen deshalb unter Schutzgas. Schutz der Nahtwurzel erforderlich. Hohe Kerbempfindlichkeit, schlechte Gleiteigenschaften.

Tabelle 21. Titan unlegiert (DIN 17850).

Sorte	O %	R_m MPa	$R_{p0,2}$ MPa	A %	HV 30
TiF 35	0,1	300...420	200	30	100
TiF 40	0,2	400...550	250	22	120
TiF 55	0,25	470...600	360	18	160
TiF 60	0,3	550...750	420	16	18
Anwendung: Behälter im chem. Apparatebau, Rohrleitungen und Armaturen, Galvanotechnik, Kessel für Salzbäder					

Titanlegierungen. Titan ist polymorph, unterhalb 882° C als hex. α-Phase, darüber als krz. β-Phase. Die LE verschieben den Umwandlungspunkt nach oben oder unten (Tabelle 22). Es werden drei Legierungstypen unterschieden.
Oberflächenhärtung: (Tiduran-Verfahren) erzeugt 60 ... 200 μm dicke Schichten mit einer Härte von 750 ... 850 HV0,25 durch Salzbadbehandlung (800° C/2h) mit Eindiffundieren von N, C und O. Steigerung des Verschleißwiderstandes (adhäsiv) und der Dauerfestigkeit.

4.5 Magnesium

Dichte 1,9 kg/dm^3, weich, in Spänen und Stäuben brennbar. Beständig gegen Laugen und alkalische Lösungen, Öle und Kraftstoffe (außer Methanol). Unbeständig gegen Säuren, Salze und auch Wasser. Deshalb Oberflächenschutz durch Umwandlungsschichten (Chromatisieren DIN 50939.
Verwendung: Reduktionsmittel für Titan, Impfen von Kugelgraphitguss, Mg-Anoden für den katodischen Korrosionsschutz. Mg-Schaum für Sandwichkonstruktionen.

Knetlegierungen DIN 1729

Legierungen enthalten Al bis zu 9 % und Mn. Zn verbessert die geringe Kaltformbarkeit des Magnesiums (hdP).

MgMn2, MgAl3Zn	Bleche, Bänder und Profile für Verkleidungen, Kraftstofftanks, Innenausbau
MgAl6Zn, MgAl8Zn	Rohre, Stangen, Pressprofile und Gesenkteile mit höherer Festigkeit. Für optische Geräte und Teile, die durch Fliehkräfte beansprucht werden.

Die Zugfestigkeiten liegen zwischen 200 ... 280 MPa bei Bruchdehnungen von 10 ... 5 %.
Größere Bedeutung haben die Gusslegierungen als leichtere Alternative zu Al-Legierungen. Zusätze von Th, Zr oder seltenen Erden ergeben höhere Dauer- und Warmfestigkeit, Sorten sind aber schwieriger vergießbar. Schweißbarkeit und höhere Zähigkeit wird durch Thixogießen erreicht.
Verwendung: Teile von hydraulischen oder elektrischen Geräten im Flugzeugbau, ebenso Getriebegehäuse, Ölwannen, Radkörper und Felgen, Gehäuse für tragbare Maschinen und Geräte.

Tabelle 22. Titanlegierungen, Übersicht (Auswahl aus DIN 17851, 8 Sorten)

Typ / Gitter	Leg.-Elemente verschieben den Umw.-Pkt. nach	Eigenschaften	Sorten	R_m R_e $R_{m/450°}$	A %
α- Typ hdP.	↑ Al, Sn, O, N, C	Wenig kaltformbar, wenig empfindlich gegen Eindiffundieren von O, N. wärmebeständig bis ca. 550° C	TiAl5Sn2,5	860 780 500 ... 550	15
α + β- Typ hdP/krz.	Kombinationen von **Al, V** ,Cr,Al	Heterogenes Gefüge, Verhältnis von Al und V-Anteilen abhängig, warm aushärtbar, bis ca. 430° C beständig	TiAl6V4	1030 960 600 ... 650	8
β- Typ krz.	**V, Cr**, Cu, Mo ↓	Höhere Festigkeit und Dichte durch schwere LE, stärker kaltformbar, kaltspröde (Steilabfall), bis ca. 320° C	TiV13Cr11Al3	1200 1200 950 ... 1000	15

Tabelle 23. Mg-Gusslegierungen, Auswahl aus 9 Sorten DIN EN 1753 (Werte für getrennt gegossene Proben)

Kurzzeichen W-Nummer	Handelsbez. (Gießarten)	Zustand	R_m MPa	$R_{p0,2}$ MPa	A_5 %	Beispiele
EN-MCAl9Zn1 EN-MC21120	AZ91 (-GS,-GM, -GP)	F T4 T6	160 240 240	90 110 150	2 6 2	Getriebegehäuse, Luftfilterabdeckung, Teile für elektronische Drucker- und Speicherlauf- werke, Kameragehäuse
EN-MCMgAL6Mn EN-MC21230	AM60 (-GP)	F T6	150 220	80 100	8 18	Im ausgehärteten Zustand zäh, Kfz.-Bau Sitzrahmen, Instrumententafelträger
EN-MCMgRE2Ag2Zr1 EN-MC65210	QE22 (-GS,-GM))	T6	240	175	3	Warmfest bis 200° C, schlecht gießbar. Luftfahrtlegierung, höchste stat. u. dyn. Festigkeit, WIG-schweißbar,

Tabelle 24. Nickellegierungen, Beispiele

Sorte	Name	R_m MPa	$R_{p0,2}$	A	$R_{m/600\,°C}$ MPa	Verwendung
Korrosionsbeständige Legierungen						
NiCu30Fe	Monel-400, Nicorros	540	270	36	240	Chemischer Apparatebau, Wärmetauscher, seewasserfest
NiCu30Al2,5Ti	Monel K-500	1035	760	30	580	Turbinenlaufräder, Wellen, Federn
Hochwarmfeste Legierungen						
NiCr15Fe8	Inconel 600	620	240	30	<1100° C	Bauteile für Ofenanlagen, Glühtöpfe
NiCr20	Cronix	650	300	20	<1250° C	Heizleiterlegierung
NiCr22Fe18Mo9	Hastelloy X	800	360	40	$R_{m1000h/800\,°C}$ = 80 MPa	Brennkammern, Überhitzer
NiCr15Co15Al5 Mo4Ti4	Nimonic115	1400	980	15	$R_{m1000h/800\,°C}$ = 330 MPa	Gasturbinenschaufeln

4.6 Nickel (DIN 17743)

Ferromagnetisches Schwermetall mit hoher Korrosionsbeständigkeit (nicht gegen Schwefel), mechanischen Eigenschaften ähnlich Cu, aber wesentlich teurer. Verwendung deshalb bei besonders hoher thermischer und/oder korrosiver Beanspruchung (Heißgas-Korrosion). Es ist kaltzäh bis – 200° C. Rein-Nickel wird als Überzug für medizinische Geräte zum Korrosionsschutz angewandt
Ni-Legierungen sind zahlreich und z.T. unter geschützten Namen im Handel. Mn wirkt durch MK-Verfestigung (1 ... 5 %). Anwendungen sind Schweißdrähte für GJ-Schweißung, Zündkerzen (NiMn3Si).

Korrosionsbeständige Legierungen vom Typ Ni-Cu(Fe) meerwasserbeständig (Nicorros, Nicrofer) mit weiteren Zusätzen von Cr, Mo und Ti beständig gegen unterschiedlich wirkende Säuren (Hastalloy, Incoloy).

Magnetwerkstoffe (weichmagnetisch) für Eisenkerne von Relais, Magnetvertärkern oder Fernsprechtrafos z.B. NiFe25 oder NiCo25Fe30, (Perminvar).

Hochtemperaturlegierungen auf Ni-Basis sind die z.Zt. am höchsten in der Kombination thermisch, mechanisch und korrosiv belastbaren Werkstoffe. Es können bis zu 15 LE enthalten sein, die mehrfach wirken (z.T. auch ungünstig): Mischkristallverfestigung und Dispersionsverfestigung mit den Carbiden der LE und Zusätzen wie z.B. Bor, die ein feines, temperaturstabiles Carbidnetzwerk bilden und Korngrenzengleiten behindern (Nimonic, Udimet, Tabelle 22).
Nachteile der der Ni-Legierungen in Triebwerken sind ihre hohe Dichte (8,2 g/cm^3). Der Schmelzpunkt (1455° C) wird durch die LE z.T. erniedrigt. Weiterentwicklungen sind Ti-Al-Phasen mit der geringen Dichte von 3,8 g/cm^3.

4.7 Blei (DIN EN 12659, DIN 17640-1)

Giftiges Schwermetall mit hoher Beständigkeit gegen Schwefel- und Salzsäure, stark kaltumformbar und lötbar. Unbeständig gegen Laugen, geringe Festigkeit, Werkstoff kriecht bei RT. Zur Steigerung der Härte wird es mit Antimon Sb, (Hartblei) Sn und Cu legiert, z.B. für Druckgusslegierungen.

Verwendung: Chemische Industrie, Akkumulatoren, Rohre Kabelmäntel, Überzugsmetall (Feuerverbleien), Schriftmetalle. Als LE in Weichloten, Automatenlegierungen (Cu-Legierungen, Stahl) enthalten.

4.8 Zink (DIN EN 1774)

Schwermetall mit niedrigem Schmelzpunkt, lötbar, beständig in trockener und feuchter Luft, Benzin, Öl, Benzol (< 100° C).

Unbeständig gegen Säuren, gesundheitsschädlich, starke Anisotropie bei Kneterzeugnissen, kaltspröde, Werkstoff kriecht bei RT.
Legierungen enthalten Al, Cu, Mg und Ti zur Mischkristallverfestigung und Schutz gegen interkristalline Korrosion, die durch Verunreinigungen des Hüttenzinks verursacht wird. Geringste Gehalte an Bi, Zn, Cd und Pb von 0,01 % sind bereits schädlich. Zn-Legierungen deshalb aus Feinzink (99,99 %) hergestellt.

Verwendung: Druckgusslegierungen (8 Sorten), Überzugsmetall zum Korrosionsschutz von Stahl, Halbzeuge für Bedachung und Regenwasserableitung, Zinkfarben (ZnO), galvanische Elemente.

4.9 Zinn (DIN EN 611-1)

Dehnbares, niedrigschmelzendes Metall mit hoher Beständigkeit gegen organische Säuren und Atmosphäre, lötbar. Unter 18° C Umwandlung in graues kubisches Zinn unter Volumenvergrößerung und Zerfall (Zinnpest).

Verwendung: Überzugsmetall für Weißblech, Legierungselement in Cu-Legierungen, Lagermetallen, Weichloten, Sn-Druckguss für kleine Präzisionsteile, Kunstgewerbe.

5 Kunststoffe (Polymere)

5.1 Herstellungsweg und wichtige Begriffe

Polymere bestehen aus Riesen- oder Makromolekülen, die durch chemische Reaktionen aus einfachen, niedermolekularen Verbindungen entstehen, den Monomeren. Ausgangsstoffe sind überwiegend Kohlenwasserstoffe (KW), die größte Gruppe der C-Verbindungen. Sie müssen reaktionsfähige Stellen besitzen, das sind OH-Gruppen oder Doppelbindungen.
Eine Ausnahme bilden die Silikone, bei denen das Silicium Si (gleiche Gruppe PSE wie C, gleiche Außenelektronen) zur Kettenbildung fähig ist.

Das C-Atom kann 4 Elektronenpaarbindungen mit anderen Atomen eingehen, aber auch die C-Atome unter sich. Die Bindungs„arme" sind tetraedrisch angeordnet, sodass Kettenmoleküle nicht gestreckt, sondern geknickt vorliegen (Knäuelstruktur). Die Bindungen sind biege- und drehelastisch, Voraussetzung für eine plastische Verformung in der Wärme. Dabei erfolgt eine Streckung mit evtl. Orientierung der Ketten. Durch das Rückstellvermögen der Tetraederbindung entsteht Verzug beim Wiedererwärmen gespritzter Teile, die schnell abgekühlt werden (Einfrieren der gestreckten Molekülform). Anwendung z.B. bei Schrumpffolien.

5.1.1 Übersicht über den Fertigungsweg

Stoffe	Beschreibung		Hinweise
Monomer ↓	flüssig/gasförmiger niedermolekularer Ausgangsstoff		5.1.2
Chemische Reaktionen ↓	**Polykondensation, Polymerisation Polyaddition**	Reaktionen, welche z.T. mit Hilfe von Katalysatoren die Monomere zu Makromolekülen verknüpfen	5.1.3
Polymer ↓	Feststoff, bestehend aus Makromolekülen in denen viele Einzelmoleküle (500 ... 3000) in verschiedenen Strukturen durch kovalente Bindungen verknüpft sind. Die Molekülstruktur bestimmt die Haupteigenschaften des Polymers: Duroplast, Thermoplast, Elast		5.2.1
Copolymer ↓	Copolymere sind legierte Kunststoffe, bestehend aus zwei oder drei verschiedenen Monomeren, die regellos, geordnet oder in Blöcken abwechselnd verknüpft sind. Pfropfpolymere besitzen nachträglich eingebaute Seitenketten aus anderen Monomeren. Copolymere entsprechen den Mischkristalllegierungen		
Mischen mit Zusätzen ↓	Zusätze sollen die Verarbeitung erleichtern und das Polymer mit bestimmten Eigenschaften ausrüsten		5.2.3
Formmassen ↓	Mischungen aus Kunststoff (evtl. Vorprodukten) und Zusätzen in rieselfähiger Form als Granulat oder Pulver mit genormten Verarbeitungseigenschaften.		Tabelle 4
Polyblend ↓	Legierter Kunststoff, Formmassen bestehen aus zwei oder mehr fertigen Polymeren, die gemeinsam geschmolzen und vespritzt werden. Polyblends entsprechen den Kristallgemischen der Metalle		
Formgebung ↓	Spritzgießen, Pressen, Extrudieren (Strangpressen für Profile), Extrusionsblasen für Folien		5.3.3
Formstoff	Aus den Formmassen hergestelltes Polymer im Halbzeug oder Formteil: Platte, Profil, Spritzguss- oder Pressteil		

5 Kunststoffe (Polymere)   E 75

5.1.2 Monomere Ausgangstoffe

Name	Formel, kennzeichnende Gruppe	Beispiele	
Kettenförmige KW, Aliphaten			
Alkane, Paraffine gesättigt	C_nH_{2n+2}	Propan, C_3H_8 $-C-C-C-$ Brenngas	
Alkene, Olefine ungesättigt	C_nH_{2n}	Ethen, C_2H_4 (Ethylen) $>C=C<$	Propen, C_3H_6 (Propylen) $>C=C-C<$ Polyofelyne
Alkine ungesättigt	C_nH_{2n-2}	Ethin, C_2H_2 $-C\equiv C-$	(Acetylen) Brenngas
Alkadiene	2 Doppelbindungen	Butadien $>C=C-C=C<$	schalgzähes PS: SB, ABS
Alkanole (Alkohole)	$-OH$	Methanol, CH_3OH; (Methylalkohol)	Ethandiol $C_2H_4(OH)_2$: (Glykol)
Alkanale	$-COH$	Methanol (Formaldehyd),	$HC{<}^O_H$ Härter
Alkensäuren	$-COOH$	Propensäure (Acrylsäure)	$>C=C-C{<}^O_{OH}$
Vinylchlorid	C_2H_3Cl	$>C=C<_{CL}$ Monomer des Polyvinylchlorids PVC	
Ringförmige KW, Aromaten			
Benzol	C_6H_6	(Benzolring)	Benzolring besitzt drei nicht ortsfeste Doppelbindungen, dadurch ist die aromatische C–C–Bindung thermisch stabiler als die aliphatische.
Phenol	C_6H_5OH	⌬–OH	Monomer der Phenolharze
Styrol	$C_6H_5-C_2H_3$	$>C=C-$⌬	Monomer des Polystyrols
Therephtalsäure	$C_6H_4(COOH)_2$	HO–C(=O)–⌬–C(=O)–OH	Monomer der Polyterephthalate PET und PBT

5.1.3 Chemische Reaktionen zu Bildung von Makromolekülen

Reaktion		Beschreibung
Polykondensation (Phenol + Formaldehyd) HCOH, ⌬–OH, H–...H, ⌬–OH	**Kondensat ↑** HCOH ↓ ⌬–OH, H–C–H, ⌬–OH	Zwei Monomere mit reaktionsfähigen Stellen verknüpfen sich zu Makromolekülen, dabei wird meist ein niedermolekulares Nebenprodukt (Kondensat, z.B. Wasser) abgespalten. Es muss abgeführt werden, damit die Gleichgewichtsreaktion weiterläuft. Es entstehen Polykondensate
Polymerisation (Ethen, C_2H_4) $>C=C<$ $-C-C-$ $-C-C-$ $[-C-C-C-C-C-C...C<]_n$ Monomer aktiviert Kettenmolekül n= 500 ... 2000		Monomere mit Doppelbindung verknüpfen sich nach Aufklappen der einen Doppelbindung (Aktivierung) zu Makromolekülen: Polymerisaten. Exotherme Reaktion ohne Nebenperodukt
Di-Cyanat OCN–R–N=C=O O=C=N–R–NCO Di-Alkohol H– O – Alkyl –O– H **Polyaddition** OCN–R–N–C=O O=C–N–R–NCO H O– Alkyl – O H		(Alkyl, z.B. C_2H_4; R; Benzolrest C_6H_4) Monomere mit je zwei reaktionsfähigen Gruppen verknüpfen sich durch Platzwechsel von **H**-Atomen ohne Abspaltung von Nebenprodukten zu Makromolekülen. Es entstehen Polyaddukte
Monomere mit zwei reaktionsfähigen Stellen bilden Ketten- oder Fadenmoleküle, bei mehreren Stellen verzweigte und räumlich vernetzte Makromoleküle (Raumnetzmoleküle).		

Für die Eigenschaften eines Polymers ist die Art der Entstehung nicht so wichtig wie seine Struktur, d.h. der Art der Makromoleküle und den Bindungen zwischen ihnen.

5.2 Struktur der Polymere

Die Eigenschaftsunterschiede werden von den inneren Kräften bestimmt. Primärkräfte sind starke gerichtete Elektronenpaarbindungen zwischen den Monomerbausteinen. Sekundärkräfte sind schwach und wirken zwischen den Makromolekülen durch Dipolkräfte und H-Brücken. Sie sind abstandsabhängig und werden bei Erwärmung kleiner. Einfluss haben weiterhin: Gestalt der Makromoleküle, Veränderung der Makromoleküle durch Ausrichtungen (Kristallisation), durch *Legieren* (Copolymerisate, Polymergemische) und Gefügeveränderungen mit Füll- und Verstärkungsstoffen.

5.2.1 Gestalt der Makromoleküle

Faden- oder Kettenmoleküle
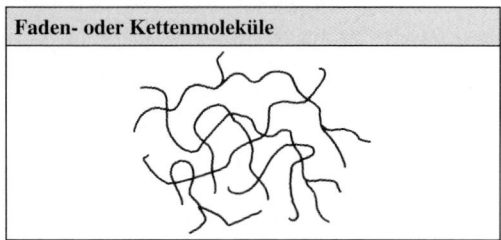
Schwache Sekundärbindungen zwischen den Ketten werden durch Wärmebewegung gelockert (Abstand): Die Ketten sind dann gegeneinander beweglich.
Das Polymer ist *plastisch verformbar*, schmelz- und schweißbar   **Thermoplaste**, (Plastomere)

Kettenmoleküle mit Vernetzungen
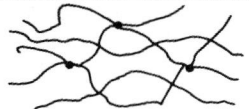
Kettenmoleküle werden durch Primärbindungen weitmaschig vernetzt. Verschiebung der Ketten unmöglich, jedoch ein Strecken zwichen den Vernetzungspunkten Das Polymer ist *gummielastisc*h mit hohem Rückstellvermögen   **Elaste** (Elastomere)

Raumnetzmoleküle
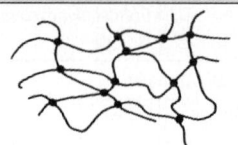
Engmaschig durch starke Primärbindungen miteinander vernetzte räumliche Moleküle. Durch Wärmebewegung nicht verschiebbar.
Das Polymer ist *unschmelzbar*, fast unlöslich und härter.   **Duroplaste** (Duromere)

5.2.2 Kristallisation und Orientierung

Kleinere Abstände zwischen den Kettenmolekülen erhöhen die Sekundärkräfte. Eine dichtere Packung ist möglich bei linearen, unverzweigten Ketten oder solchen, die isotaktisch gebaut sind. Sperrig gebaute Ketten lassen sich nicht ordnen. Wenn sich Molekülketten so aneinander legen, dass Seitengruppen sich in die Mulden der Nachbarmoleküle legen, spricht man von Kristallisation. Neben solchen kristallinen Bereichen liegen ungeordnete, amorphe (Bild 1).

Kristallisationsgrad ist der Anteil (%) der kristallinen Bereiche am Gefüge. Er wird durch langsame Abkühlung nach der Formgebung erhöht. Die Auswirkungen sind:

Kristallisationsgrad steigt →	
Zunahme:	Zugfestigkeit, Härte, E.-Modul, Schmelztemperatur, Lösungmittelbeständigkeit
Abnahme:	Bruchdehnung, Schlagzähigkeit, Wärmeausdehnung, Gas- und Lichtdurchlässigkeit, Dämpfungseigenschaften

Tabelle 1. Eigenschaftsprofil, Polymere

Eigenschaft	Zusammenhang mit der Struktur	Bemerkungen
Niedrige Dichte < 1,4 weniger als Mg mit 1,9 g/cm³	Polymere bestehen aus den leichten Elementen: H, C, O, N, daneben sind auch S, Si enthalten	Dichte wird durch Zusatz- oder Verstärkungsstoffe erhöht und bei Schaumstoffen stark erniedrigt.
Hohe Beständigkeit gegen Säuren, Basen und Salzlösungen	Polymere bestehen aus Molekülen mit gebundenen Valenzelektronen, daher beständig.	Eine generelle Beständigkeit existiert nicht, jede Polymersorte hat Stoffe, gegen die es weniger beständig ist
E-Modul (Steifigkeit) ist wesentlich kleiner als bei Metallen, stark temperaturabhängig und langzeitig nicht konstant	Elastische Verformung entsteht durch Strecken der gewinkelten Tetraederbindzungen und Gleiten der Kettenmoleküle bei Thermoplasten	E-Modul wird erhöht durch Füllstoffe, am stärksten durch Fasern, je nach Lage und Anteil auf das 2-4-fache
Wärmedehnung	Wesentlich stärker als bei Metallen (ca. 5...15-fach)	Bei Faserverstärkung sinkt sie auf ca. 1/3
Wärme- und Elektrische Leitfähigkeit	Etwa 1/300 der Wärmeleitfähigkeit von Stahl, Isolatoren	Durch Füllstoffe (Wasseraufnahme) beeinflusst.
Langzeitverhalten	Neigung zum Kriechen	E-Modul ist nicht konstant

5 Kunststoffe (Polymere)

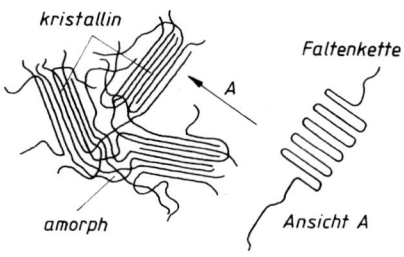

Bild 1. Teilkristalliner Kunststoff, schematisch. Kristalline Bereiche bestehen aus parallel liegenden Faltenketten, Ansicht A

Tabelle 2. Amorphe und teilkristalline Polymere

Kristallisierend	Amorph, sperrig
Polyethen PE [C–C]$_n$	[–C–C–]$_n$ Polystyrol
Polypropen PP, isotaktisch	Polypropen, PP, ataktisch
–C–C–C–C–C–C– CH$_3$ CH$_3$ CH$_3$	CH$_3$ CH$_3$ –CC–C–C–C–C–C– CH$_3$
Polyamide PA Polyoxymethylen POM Polytetrafluorethylen PFTE	Polyvinylchlorid PVC Polycarbonat PC Polymethacrylat PMMA

Polyblends sind Polymerlegierungen mit meist heterogenem Aufbau. In einer Matrix kann die andere Phase als Kugel oder Stäbchen eingebettet sein. Bei etwa gleichen Anteilen sind sie lamellenartig verschachtelt. Mischungsverhältnis und Art der Komponenten bestimmen die Eigenschaftsprofile der Polyblends. Wichtig ist ihre Verträglichkeit, d.h. keine chemischen Reaktionen zwischen ihnen.

5.2.3 Füll- und Verstärkungsstoffe

Polymere, insbesondere die Duroplaste, werden meist mit Zusätzen verarbeitet. Sie sollen bestimmte Eigenschaften bei der Fertigung und im Bauteil ergeben. Sie haben z.T. eine Mehrfachwirkung.

Funktion	Füll- und Verstärkungsstoff	Eigenschafts- bzw. Verhaltensänderung
Chemisch	Stabilisatoren, Katalysatoren	Licht- oder Wärmebeständigkeit, nachträgliche Vernetzung der Fadenmoleküle
Färbend	Schwermetallverbindungen	Durchgehende Färbung der Teile
Streckend	Holz- und Gesteinsmehl, Kreide, Glimmerplättchen	Verbilligend, anorganische erhöhen Wärmebeständigkeit, -leitfähigkeit und -ausdehnung
Treibend	Gasabspaltende Stoffe (CO_2, NH_3, N_2)	Schaumstoffe, Bauteile mit Strukturschaum (Kern zellig, Oberfläche dicht)
Verarbeitungsfördernd	Gleitmittel (Wachse, Fette), Kugeln (< 50 µm), Formtrennmittel	Verminderung der – Reibung, – besseres Fließverhalten, – leichteres Entformen
Verstärkend	Natur- und Polymer (Aramid)-Fasern, Bahnen, Gewebe, Stränge aus Glas, Holz, Kohlenstoff, Papier, Textilien	Erhöhung der Steifigkeit (E-Modul), Wärmebeständigkeit, Zähigkeit, Senken der Wärmedehnung

5.3 Duroplastische Kunststoffe

Tabelle 3. Typenübersicht Duroplaste, Kurzzeichen nach DIN EN ISO 1043-1

Name	Kurzname	Produkte, Normung FM: Formmasse PMC: plastic moulding compound)	Handelsnamen (geschützt), Auswahl
Phenoplaste Phenol-Formaldehyd, Kresol-Formaldehyd	PF, CF,	Binder für Schleifmittel, Bremsscheiben, Schichtpressstoffe, PF-FM, DIN E 7708-4 (PF-PMC ISO 14526)	Bakelite, Cibamin, Ferropreg, Ferrozell, Pagholz, Resopal, Rütaphen
Aminoplaste Melaminformaldehyd Harnstoff-Formaldehyd Melamin-Phenol-Formald.	MF UF MPF	Leimharze, Schaumstoffe, Schichtpressstoffe MF-FM. DIN E 7708-9 (ISO 14528) UF-FM. DIN E 7702-3 (ISO 14527) MPF-FM. DIN 7708-10 (ISO 14529)	Kaurit. Bakelite, Cibamin, Duropal Melopas, Resopal, Resoplan, Supraplast
Polyester, ungesättigt	UP	Gieß- und Laminierharze, Prepegs UP-FM. DIN E 7708-11 (UP-PMC ISO 14530)	Ampal, Ludopal, Keripol Menzolit, Palapreg, Palatal
Polyurethan, vernetzt, (duropl.)	PUR	Schäume und Schaumstoffe zur Schall- und Wärmedämmumg, Verbunde mit Rohren, Drahtisolation	Kasothan, Pagulan, Polythan, Vesticoat, Vulkollan, Uraflex
Epoxidharze	EP	Gieß- und Laminierharze, Prepegs (EP-PMC ISO 15252)	Araldit, Epikote
Silikone	SI	Öle, Fette, Formtrennmittel, Schichtpressstoffe, Silkonharzmassen, Silikonkautschuk	Wacker-Silicone Baysilone
Polyimid	PI	Hochtemperaturfeste, feuerhemmende Schichtpressstoffe und Drahtisolierungen	Avimid, Kinel, Vespel

DIN-Norm-Entwürfe und DIN EN ISO-Normen für Formmassen sind 2-teilig. Teil 1: Bezeichnungssystem, enthält eine computergerechte Codierung aus Buchstaben, die Verwendung, bestimmende Eigenschaften und Art, Form und Anteil der Zusätze erkennen lässt. Teil 2: Herstellung von Probestäben und Bestimmung von Eigenschaften.

5.3.1 Formmassetypen

Formmassen sind mit Füll- und Verstärkungsstoffen vorgefertigte rieselfähige Pulver oder Granulate aus warmhärtbaren Harzen in einem noch schmelzbarem Zustand. Das Harz vernetzt unter Druck und Temperatur mit dem beigemischtem Härter. Es sind die Ausgangsstoffe für Halbzeuge und Formteile.

Tabelle 4. Formmassen

Harzgrundlage, Norm	Beschreibung, Zusätze	
Phenolharz, PF Kresolharz PF DIN 7708-2	23	Typen in Gruppen geordnet:
	I	allgemeine Verwendung (Holzmehl),
	II	erhöhte Kerbschlagzähigkeit (Gewebe und – schnitzel, Stränge)
	III	erhöhte Formbeständigkeit in der Wärme (anorganische Füllstoffe Asbestfasern)
	IV	erhöhte elektrische Eigenschaften (geringe Wasseraufnahme)
	V	sonstige zusätzliche Eigenschaften
Harnstoffharz UF Melaminharz MF DIN 7708-3	16	Typen in 5 Gruppen geordnet wie oben, hellfarbig, MF licht- und alterungsbeständig. Für Kontakt mit Lebensmitteln geeignet
Polyesterharze UP DIN 16 911	4	Typen mit anorganischen Füllstoffen und Fasern; geringere Pressdrücke als PF, Schwindung 6 ... 8 % rein, gefüllt kleiner

Phenol- und Harnstoffharze werden als Bindemittel in Bremsbelägen, Schleifkörpern und Gießereiformsanden verwendet, ebenso in Holzfaser- und Spanplatten. Restgehalt an Fomaldehyd ist für Verwendung in Innenräumen problematisch.

Phenoplaste: Nicht licht- und geruchsbeständig, deshalb nur für technische Teile geeignet: Isolierteile der E-Technik sind wärmebeständiger als die billigeren Thermoplaste.

Aminoplaste: Elektrische Installationsteile für den Wohnbereich. MF-Formteile für Ess- und Trinkgeschirr, Haushaltsgeräteteile.

Polyesterharze: Als Gießharz zum Einbetten von Teilen wie Spulen, mikroskopischen Präparaten, (Metallschliffe) Tränken von Wicklungen, für Modelle. Formmassen enthalten Glasfasern, Gesteinsmehl nebst Härter und sind kalt begrenzt lagerfähig.

Epoxidharze haben geringere Schrumpfung und bessere Haftung auf Glas. Anwendung wie bei U-Harzen bei höherer Maßhaltigkeit und Dauerfestigkeit der Bauteile.

BMC (Bulk Moulding Compound) sind teigige, glasfaserhaltige Massen, sie können durch Spritzgießen verarbeitet werden.

Prepregs (SMC = Sheet Moulding Compound) sind flächige, harzgetränkte Laminate als Vorprodukt zum Verpressen. Sie enthalten bis 50 mm langen Glasfasersträngen (Rovings) und sind in der Fläche unorientiert, das Produkt ist allseitig fließfähig. Auch als Gewebeprepregs oder Prepregbänder geliefert. Sorten mit orientierten Fasern sind längs nicht fließfähig.

5.3.2 Halbzeuge

Schichtpressstoffe sind Verbundwerkstoffe aus harzgetränkten, flächigen Verstärkungsstoffen in ausgehärtetem Zustand. Verstärkungsstoffe sind Papier, Gewebe, Holzfurniere und Glasmatten.

Tabelle 5. Kurzzeichen für Schichtpressstoffe

DIN EN ISO 60893 Tafeln aus technischen Schichtstoffen auf der Basis wärmehärtender Harze. Teil 3 enthält die Anforderungen für die Sorten. Hauptanwendung ist die E-Technik, daneben Vorrichtungs- und Innenausbau.				
Norm Teil 3	Harzträger	Typen, Anzahl	Eigenschaften, Anwendungen (Kurzzeichen Tabelle 6)	Typen
– 2	EP Epoxid-	17	Universelle Anwendungen. Hohe Festigkeit bei mäßigen Temperaturen. Typen mit definiertem Brennverhalten	1 EP CP, 5 EP GC, 4 EP GM
– 3	MFMelamin	2	Gegen Lichtbogen und Kriechwegbildung beständig (Deko-Platten nach DIN EN 438)	1 MF CC, 1 MF GC
– 4	PF Phenol	17	Mechanische und elektrische A.. Typen mit verbesserten elektrischen Eigenschaften bei Feuchtigkeit PF CP für Stanzarbeiten, PF GC wärmebeständiger	4 PF CC, 8 PF CP, 1 PF GC, 4 PF WV
– 5	UP Polyester	5	Mechanische und elektrische A. Geringe Änderung der elektr. Eigenschaften bei hoher Feuchtigkeit. Typen mit erhöhter Lichtbogen- und Wärmebeständigkeit	5 UP GM
– 6	Si Silikon	2	Elektrische und elektronische A. in feuchter Umgebung und bei erhöhter Temperatur	2 SI PC
– 7	PI Polyimid	1	Elektrische und mechanische A. bei hohen Temperaturen, gedruckte Schaltungen für Luftfahrt	1 PI GC
CP	Cellulosepapier		**WV**	Holzfurniere		**GM**	Glasmatte
CC	Baumwollgewebe		**GC**	Glasgewebe		**PC**	Polyesterfasergewebe

DIN EN 61212 Runde Rohre und Stäbe auf der Basis wärmehärtender Harze für elektrotechnische Zwecke: Gewickelte, formgepresste Rohre bzw. Stäbe mit Harzen und Verstärkungen wie bei Tafeln.

5.3.3 Formgebung

Formpressen: Die erste Stufe der Polykondensation ist beim Hersteller der Formmase erfolgt, das Harz ist noch schmelzbar und vernetzt erst in der Form unter Druck und Temperatur mit dem beigemischten Härter. Die beheizte Form wird mit der genau abgewogenen Formmase (Tabletten) bestückt und geschlossen. Bei 130 ... 170° C je nach Typ schmilzt der Harzanteil, und die Form wird unter einem Druck von 50 ... 600 bar gefüllt. Dabei verläuft die Polykondensation zu Ende. Der Harzträger kann die Reste des Kondensats aufnehmen. Das Teil muss in der Form aushärten (bis zu 1 min /mm Wanddicke). Die Teile haben eine glatte glänzende Oberfläche, die es gegen Wasseraufnahme schützt. Es können Metallteile eingebettet werden. Verkürzung der Taktzeiten durch Vorwärmen der Formmasse.

Spritzgießen (wie bei Thermoplasten) ist wirtschaftlicher durch kürzere Taktzeiten. Anteil größer als das konventionelle Pressen. Nach einer Plastifizierung in einer beheizten Schnecke wird die warme, noch nicht aushärtende Masse durch „kalte" Kanäle in die beheizte (150 ... 190° C) Form gespritzt. Mit höheren Drücken (600 ... 2500 bar) werden kleinere Taktzeiten bei erhöhtem Werkzeugverschleiß erreicht.

5.3.4 Faserverstärkte Duroplaste

Verbundwerkstoffe aus UP- und EP-Harzen mit eingebetteten Glas- oder C-Fasern. Die Einzelfasern haben Durchmesser von 8 ... 20 µm. Die Faserlängen sind 25 ... 50 mm bei Schnittfasermatten, Endlosfasern bei Geweben und Wirrfasermatten auch für Thermoplaste. Durch den Faseranteil steigt die Dichte auf etwa 1,2 ... 2,0 g/cm^3 je nach Fasergehalt (20 ... 50 %).
Fasern werden zwecks hoher Haftung zwischen Faser und Matrix oberflächenbehandelt (Interface).
Fasern können in der Matrix unidirektional (UD), bidirektional (BD) oder multidirektional (MD) liegen und verhalten sich bei UD- und BD-Gelegen anisotrop, höchste Festigkeit in Faserrichtung. Ein Vergleich der spezifischen Werte mit Metallen zeigt die Bedeutung der faserverstärkten Kunststoffe als Leichtbauwerkstoffe, insbesondere der C-faserverstärkten mit der hohen spezifischen Steifigkeit.
Anwendung: CFK für flächige Teile Raumfahrt- und Flugzeugbau (Seitenleitwerk Airbus), Hochleistungssportfahrzeuge und- geräte. Verstärkung von biegebeanspruchten Al-Profilen durch DU-Laminate. GFK für Bootsbau, Campingmobile, Großrohre, Tanks, Well- und Profilplatten, Kopierwerkzeuge, Deckschichten für Sandwichplatten.

Tabelle 6. Verstärkungsfasern für Polymere

Faser		Dichte g/cm^3	E-Modul (Zug) MPa	Zugfestigkeit MPa	Bruchdehnung %
E-Glas		2,54	73 000	3 400	3
C-Faser HT	(Festigkeit hoch)	1,7	240 000	**3 500**	1,4
C-Faser **HM**	(Modul hoch)	1,85	**400 000**	2 600	0,6

Tabelle 7. Faserverstärkte Kunststoffe, mechanische Eigenschaften

Polymer	Dichte g/cm^3	E-Modul MPa	Zugfestigkeit MPa	Biegefestigkeit MPa	Spezifische Werte für [1]	
					E-Modul	Zugfestigkeit
UP-GF 45 (Matte)	1,45	12 000	160	250	843	11,25
UP-GF 50 (Gewebe)	1,6	20 000	300	320	1 274	19,11
EP-GF50 (Gewebe)	1,6	28 000	390	400	1 783	24,85
EP-CF 70	1,5	110 000	1 300	1 100	7 475	88,34
AlMgCu1,5 (Vergleich)	2,8	72 000	520	520	2 621	18,9
TiAl6V4	4,5	105 000	1 150	—	2 378	26,05

[1] Spezifische Werte mit 9,81 ρ dividiert (spezifische Zugfestigkeit = Reißlänge in km)

5.4 Thermoplastische Kunststoffe

Die polymeren Stoffe werden von den Herstellern mit Zusätzen ausgerüstet und als trockenes Granulat oder Pulver unter z.T. geschützten Namen in einer Vielzahl von Typen von den Kunststoffverarbeitern zum Herstellung der Endprodukte benutzt.

5.4.1 Thermoplaste, Typenübersicht

Zusätze stabilisieren das Polymer gegen den Angriff von Wärme, Licht, Mikroben, Flammen oder sie haben antistatische Wirkungen. Zur Verstärkung werden Kurzglasfasern, Glaskugeln, Talkumplättchen und als Füllstoffe zum Strecken Ruß, Kreide und Holzmehl verwendet. Die Gleiteigenschaften werden durch MoS_2, Graphit oder Talkum verbessert.

5.4.2 Verarbeitung der Thermoplaste

Spritzgießen. Die Formmasse wird in beheizten Kammern erweicht und durch Kolben oder Schnecken zu einer *homogenen* Schmelze plastifiziert. Wichtig sind genaue Kontrolle und Führung der Massetemperatur. Sie darf nicht zu hoch und zu lange erhitzt werden, sonst tritt Versprödung ein. Die Temperaturen liegen je nach Polymer zwischen 180 und 300° C. Beim Fließen unter Druck bis zu 1200 bar wird die Masse dünnflüssiger und in diesem niederviskosen Zustand in die *beheizte* Form gespritzt. Es existieren zahlreiche Verfahrensvarianten zur besseren Ausprägung oder für Mehrfarben-Spritzguss, Mehrkomponenten-Spritzguss für zweischichtig aufgebaute Teile und andere für Hohlformen.

Tabelle 8. Typenübersicht Thermoplaste, Kurzzeichen nach DIN EN ISO 1043-1

Name	Kurzzeichen	FM = Formmassen, Produkte. Normen	Handelsnamen (geschützt), Auswahl
Normen für Formmassen sind zweiteilig:		Teil 1: Bezeichnungssystem und Basis für Spezifikationen Teil 2: Herstellung von Probestäben u. Bestimmung. von Eigenschaften	
Polyethylen	PE	PE-FM. DIN EN ISO 1872, PE-LD niedrige Dichte, PE-HD hohe Dichte	Novolen, Lupolen, Supralen, Sustylon L
	-UHMW	Ultrahochmolekulare PE-FM. DIN EN ISO 11542	Tekalit
Polypropylen	PP	PP-FM. DIN EN ISO1873	Elastopreg, Moplen
Polybutylen	PB	PB-FM. DIN EN ISO 8986	Vestolen
Polystyrol schlagzähe	PS PSI	PS-FM. DIN EN ISO 1622 PSI-FM. DIN EN ISO 2897	Trolitul, Vestyron
Styrol/Butadien	SB		Hostyren S
Styrol/Acrylnitril	SAN	SAN-FM. DIN EN ISO 4894	Luran; Vestoran
Acrylnitril/Butadien/Styrol	ABS	ABS-FM. DIN EN ISO 2580	Lustran; Novodur, Terluran
schlagzähe Acrylnitril/Styrol)	ASA, AES,	ASA-FM. DIN EN ISO 6402	Vitar, Luran S Novodur AES, Ultrastyr
Polyamide	PA	PA-FM. DIN 16773 und **E** DIN EN ISO 1874 Folien, Fasern, Vliese Borsten, Konstruktionswerkstoff	Antron, Cristamid, Durethan, Rütamid, Ultramid, Vestamid
Polyvinylchlorid Hart weich schlagzäh	PVC PVC-U PVC-P PVC-HI	Bezeichn.-Syst., Probekörper DIN EN ISO 1060 weichmacherfreie PVC-U-FM. DIN EN ISO 1163 „ „ haltige PVC-P-FM. DIN EN ISO 2898 Platten, Profile, Folien	Efroit, Vinnoli Mipolam Astralon,
Polytetrafluorethylen	PFTE	PTFE-, FEP-, PFA-FM. DIN 16782 Folien, Fasern, Schäume DIN EN ISO 12086 Halbzeuge DIN EN ISO 13000-1,2	Hostaflon, Teflon, Reflon, Gore-Tex
Polymethylmethacrylat	PMMA	PMMA-FM. DIN 7745 Folien, Platten	Astralon. Elvacite, Corian, Deglas, Plexiglas, Resartglas
Polycarbonat DIN 7744 **Z**	PC	Kondensatorfolien, PC-FM. DIN EN ISO 7391, Platten, Blöcke, Konstruktionswerkstoff	Bayfol, Makrofol, Latilon, Novarex, Sinvet Lexan, Lexgard, Sparlux
Polyester, linear Polybuthylenterephthalat, Polyethylenterephthalat, Polyester der Phthalsäure	PBT PET PTP	Polyester-Formmassen DIN 16911 **Z** PET und PBT-Formmassen, DIN 16779 Konstruktionswerkstoff Folien Fasern,	Arnite, Ekadur, Pocan, Rynite,Ultradur Hostaphan, Dacron, Trevira
Polyoxymethylen	POM	POM-FM. DIN 16781-1,2 und ISO 9988-1,2 Kontruktionswerkstoff	Delrin, Hostaform, Sustarin. Ultraform
Polyurethan, linear (thermopl.)	PUR	Schäume f. Bauwesen und Verbunde mit Rohren Platten zu Wärme u. Schalldämmung,	Vulkollan
Polyphenylether	PPE	PPE-FM. ISO/FDIS 15103 (Entwurf), Folien	Noryl, Lemaloy
Polyimide	PI, PEI	Formmassen, Folien, Blöcke,	Avimid, Kapton, Vespel

Die Verarbeitungsbedingungen (Spritzdruck, Massetemperatur, Formtemperatur, Nachhaltezeit) haben starken Einfluss auf Aussehen und Eigenschaften der Fertigteile, insbesondere auf Orientierung und Kristallisation der Moleküle, Oberflächengüte (matt, glänzend) und innere Spannungen. Letztere können durch nachträgliches Erwärmen auf niedrige Temperaturen abgebaut und der Kristallitionsgrad erhöht werden.

Extrudieren. Die plastizierte Masse wird nach dem Prinzip des Fleischwolfs frei aus einer Düse abgezogen und kühlt an der Luft ab. Das Profil ergibt sich unter Berücksichtigung der Strangaufweitung aus der Düsenform (Breitschlitz für Platten, Ringschlitz für Schlauchfolien, Rohre). Die Ummantelung von Kabeln und Rohren erfolgt ebenfalls auf Extrudern mit Schrägspritzköpfen.

Reaktionsformen. Bei Großteilen können die für die Schließung der Form erforderlichen Kräfte nicht mehr von den Maschinen aufgenommen werden. Hier wird die Reaktion, die zu Makromolekülen führt, in die Form verlegt (insitu-Polymerisation bzw. -addition).

Anwendung für Polyamide (Gusspolyamid) und harte oder geschäumte Polyurethane. Die monomeren Reaktionspartner werden in der benötigten Masse gemischt und in die Form eingebracht. Gute Formfüllung wird durch Fliehkräfte erreicht (z.B. Rotationsformen von Heizöltanks aus PA6).

Thermoplastschaumguss TSG mit gasabspaltenden Teibmitteln, die erst im Werkzeug wirken (gute Ausprägung auch bei *niedrigen* Drücken).

Reaktionsschaumguss RSG aus flüssigen Ausgangsstoffen (PUR-Schaum mit steuerbarer Dichte), auch RIM (Reaktions-Injekt-Moulding) genannt. Es arbeitet mit *hohen* Drücken. Beide Schaumgussverfahren sind für leichte, dabei steife Formteile mit geschlossener Haut und hart bis weichelastischem, mikrozelligem Kern geeignet (Integral- oder Strukturschaum).

Anwendung: Flexible Integralschäume für Zweiradsättel, Schuhsohlen, harte Sorten als Strukturwerkstoff für Möbel, Sportartikel, Karosserieteile.

Glasmattenverstärkte Thermoplaste GMT sind flächige Halbzeuge aus PP, PE, PA und PBT mit Glasfasern in unterschiedlicher Ausrichtung, Formpress-GMT mit Endlosfasern für möglichst ebene Teile, Fließpress GMT mit unterschiedlich langen, multidirektional gerichteten Fasern, die beweglich sind, mit der Polymerschmelze in die Form fließen und komplexere Formen ausfüllen (Kfz.-Lampengehäuse, Sitzschalen). Unidirektional verstärkte GMT für z.B. Stoßfänger.

5.4.3 Eigenschaften der Thermoplaste
5.4.3.1 Thermische Eigenschaften

Der Einfluss höherer Temperaturen beruht auf der Energiezufuhr, welche die Eigenbewegung der Moleküle erhöht, damit auch ihre Abstände, was wiederum die Sekundärbindungen schwächt. Die verschiedenen Molekülstrukturen (2.1) reagieren unterschiedlich auf Temperaturänderungen.

Bei Temperaturen unterhalb der sog. Glasübergangstemperatur T_g sind Thermoplaste hart und spröde. Wärmezufuhr bewirkt eine Bewegung innerhalb der Ketten (Dehnung und Neigung der Glieder), der Werkstoff wird biegeweicher und zäher. Bei kristallinen Polymeren vollzieht sich die Bewegung vorwiegend in den amorphen Bereichen, die kristallinen wirken versteifend. Weitere Wärmezufuhr ermöglicht die Verschiebung der Ketten gegeneinander (Fließtemperatur T_F), unter Druck sinkt die Viskosität, der Werkstoff ist plastisch verformbar. Bei diesen Temperaturen beginnt bereits die Schädigung durch Zerbrechen der Ketten, es entstehen Gase und Verfärbungen) mit Abnahme der mechanischen Eigenschaften.

Amorphe Thermoplaste (Bild 2 oben) haben hoch liegende Glasübergangstemperaturbereiche T_g, ihr Verwendungsbereich liegt **unterhalb** im hartspröden Bereich (hell schraffiert). Oberhalb T_g sind sie elastisch, später plastisch verformbar. Es folgt der Verarbeitungsbereich durch Spritzgießen. Er wird begrenzt durch die Zersetzungstemperatur T_z.

Kristalline Thermoplaste (Bild 2 unten) haben einen tief liegenden Temperaturbereich T_g, ihr Verwendungsbereich liegt **oberhalb** im zähharten Bereich (hell schraffiert), aber noch unterhalb der Kristallitschmelztemperatur T_S. Darüber ist das Polymer plastisch verformbar. Es folgt der Verarbeitungsbereich durch Spritzgießen. Er wird begrenzt durch die Zersetzungstemperatur T_z.

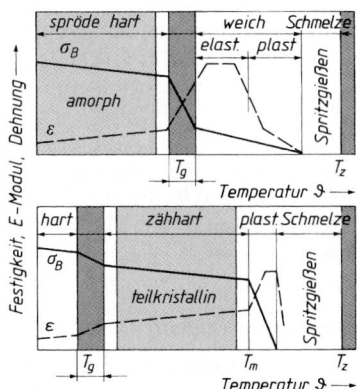

Bild 2. Thermische Bereiche der Polymere, oben: Amorphe, unten: kristalline Thermoplaste

Das thermische Verhalten wird mit dem Torsionsschwingversuch DIN EN ISO 6721 ermittelt. Sein Ergebnis ist die Schubmodul-Temperaturkurve (Bild 3a) Der Schub- oder Gleitmodul für die Verdreh- und Scherbeanspruchung entspricht dem E-Modul für die Zug- und Biegebeanspruchung. Beide sind ein Maß für die Verdreh- und Biegesteifigkeit. $E = 3\,G$.

Die Kurven zeigen die Unterschiede zwischen wenig kristallisierten (PE-weich) und stärker kristallisierten (PE-hart) Polymeren, Konstruktionswerkstoffen für formsteife Mschinenteile (POM und PC, PA-6) und Elastomeren (PUR), sowie den Einfluss von Kurzglasfasern (PC- und PC-GF).

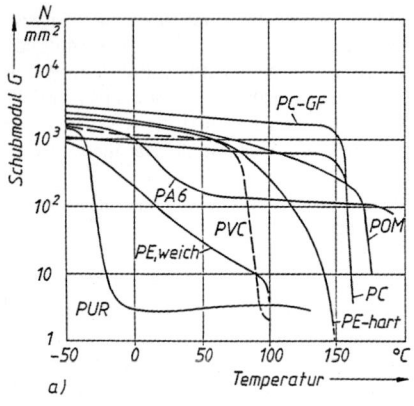

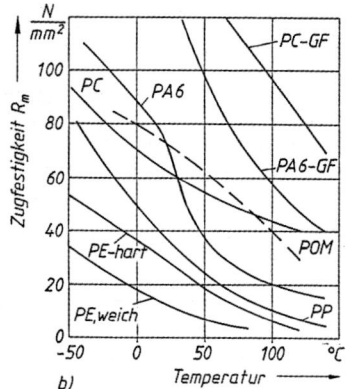

Bild 3. Schubmodul und Zugfestigkeit einiger Thermoplaste als Funktion der Temperatur

a) Schubmodul, b) Zugfestigkeit von: PE: Polyethen; PVC: Polyvinylchlorid; PP: Polypropen; POM: Polyoxymethylen; PC: Polycarbonat; PA6: Polyamid 6; PA6-GF mit 30 % Glasfaser; PC-GF mit 30 % Glasfaser.

5.4.3.2 Mechanische Eigenschaften

Die Kurzzeiteigenschaften werden im Zugversuch DIN EN ISO 527 und im Schlagbiegeversuch DIN EN ISO 179 ähnlich wie bei den Metallen geprüft und Eigenschaftswerte ermittelt. Sie haben ähnliche Definitionen aber andere Bezeichnungen. Einfluss haben die Dicke des Probekörpers und seine Lage zur Spritzrichtung (Einfluss von evtl. Orientierung), für die es Abminderungsfaktoren gibt..

Durch das visko-elastische Verhalten der Stoffe sind die Eigenschaften von der Versuchsgeschwindigkeit abhängig, sie steigen bei den meisten bis zum Bruch an, d.h. bei stoßartiger Belastung kann ein zähes Polymer spröde brechen. Für den Kurzzeit-Zugversuch sind Dehngeschwindigkeiten vorgeschrieben. Dehnungen werden unter Belastung gemessen, die Bruchdehnung ε_R enthält den elastischem Anteil (Bild 4).

Zugfestigkeit σ_M ist die max. Spannung während des Versuches mit der Dehnung ε_m (Bild 4, Kurve 1).
Streckspannung σ_Y ist die Zugspannung beim ersten Maximum der Kurve mit der zugehörigen Streckdehnung ε_Y (Bild 4, Kurve 2).
Bruchspannung σ_B ist die Spannung beim Bruch mit der zugehörigen Bruchdehnung ε_B (Reißdehnung), Kurven 1 und 3.

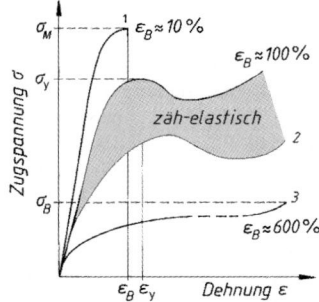

Bild 4. Spannungs-Dehnungslinien von Kunststoffen, schematisch für drei typische Polymer-Gruppen.

1. Steiler Verlauf der Kurve ohne Reißdehnung. Formsteifer, harter spröder Werkstof wie z.B. PMMA, PS,

2. Ausgeprägte Streckspannung mit größerer Dehnung. Zäh-elastischer, schlagfester Werkstoff für Konstruktionsteile wie z.B.PA, PC, POM, ABS, PET, mit kleinerer Streckspannung auch PE und PP,

3. Flacher Verlauf mit sehr großer Bruchdehnung. Gummiartiger Stoff wie zB. PE weich, PUR und andere Elastomere.

Biegefestigkeit nach dem Biegeversuch DIN EN ISO 178 ermittelt, bei dem ein Normstab als Träger auf zwei Stützen durch eine mittige Kraft gebrochen wird. Berechnung aus dem Biegemoment beim Bruch. Bei zähen Polymeren ohne Bruch wird eine bestimmte Durchbiegung erzeugt und die dann wirkende *Grenzbiegespannung* berechnet.

E-Modul aus Zug-, Druck- oder Biegefestigkeit ermittelt nach DIN EN ISO 178/527/604.

Härte nach DIN EN ISO 2039 (Kugeldruckhärte) als Quotient von Prüfkraft durch Eindruckoberfläche (über die Eindringtiefe errechnet) mit der Einheit MPa = N/mm^2. definiert. Kraft in 4 Stufen (49, 132, 358, 961 N) unterteilt, wirkt auf Stahlkugel mit 5 mm Ø einer *Prüfvorkraft* von 9,81 N und einer Einwirkdauer 10 ... 60 s. Härteangaben enthalten die Kraft und Einwirkdauer, z.B. H358/10 = nn MPa.

Für weiche Kunststoffe und Elastomere werden Shore-Härte A und D (DIN 53505 und DIN EN ISO 868) angewandt. Eindringprüfung, 2,5 mm tief mit Kegelstumpf (A) oder Kegel(D) gegen den Widerstand einer Feder, Skala von 0 ... 100, Shorehärte mit Einheit 1.

5.4.3.3 Langzeiteigenschaften

Thermoplaste unter Spannung unterliegen einer stetig zunehmenden Dehnung, die nach einer Zeit zum Bruch führt, die von Spannung und Temperatur abhängt. Prüfung durch Kriechversuche. Die Zeit-Dehnungslinien (Bild 5a) sind das Ergebnis des Zeitstandzugversuches, der unter *konstanter Spannung*. durchgeführt wird (DIN EN ISO 899-1). Nach einer Anfangsdehnung beim Aufbringen der Belastung tritt Kriechen bis zum Bruch ein. Diese Beanspruchung liegt z.B. beim Ventilatorflügel vor.

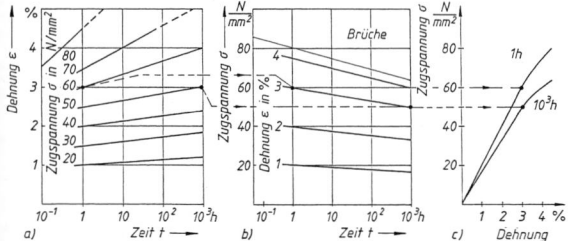

Bild 5. Zeitstandversuche, schematische Diagramme

a) Zeit-Dehnungslinien; b) Zeit-Spannungslinien; c) isochrone Spannungslinien

Die Zeit-Spannungslinien (Bild 5b) sind das Ergebnis des Spannungsrelaxationsversuches (DIN 53441 Z). Dabei wird die Probe einer *konstanten Dehnung* ausgesetzt Die Anfangsspannung wird durch den Kriechvorgang kleiner, bis das Teil die Funktion nicht mehr erfüllt. Diese Beanspruchung tritt z.B. beim Sektkorken auf. Eine Kombination beider Diagramme liefert die isochronen Spannungslinien (Bild 5c).

Elastizitätsmodul ist in Bild 5c die Steigung der Kurven. Sie ist im Kurzzeitversuch (1 h) größer als im Langzeitversuch (1 000 h). Dieser zeitabhängige E-Modul wird als Kriechmodul E_c (t) bezeichnet und ist in weiteren Diagrammen dargestellt, die bei Langzeitbeanspruchungen verwendet werden. Der E-Modul der Werkstofftabellen dient zur Produktkontrolle.

Der gegenüber den Metallen um ca. 100-fach kleinere E-Modul führt zu entsprechendem elastischen Verformungen, damit zu geringerer Formsteifigkeit von Polymerteilen, die z.T. ausgenutzt werden.

Anwendungen: Schnappverbindungen lassen sich mit geringen Kräften schließen; Spielzeuge, Behälter, Abdeckkappen, Wälzlagerkäfige können mit Kugeln bestückt werden.

Erhöhung der Steifigkeit von Bauteilen (beim Ersatz von Metall) durch 2 ... 3-fache Wanddicken oder Verrippungen. Großflächige Teile als Sandwichkonstruktionen mit Schaumkern (PUR- oder ABS-Struktursschaum) mit Dichten von ca. 0,6 g/cm^3.

Erhöhung des E-Moduls durch Verstärkung mit Kurzglasfasern (Länge 0,2 ... 0,5 mm) in Anteilen von 20 ... 40 %. (Bild 3, Kurven PC-GF und PA6-GF).

Eigenverstärkung ist die Steigerung von Festigkeit und E-Modul durch sich gegenseitig stützende Molekülstrukturen (z.B. shis-kebab-artig) die bei bestimmten Verarbeitungen (Faserschmelzspinnverfahren ua.) von PE, PP und PETP entstehen. Anwendung bei Profilen und hochfesten Fasern.

Polymer	Zugfestigkeit MPa	E-Modul MPa	Bruchdehnung %
PE-Faser (ultra-hochmolekular)	3 000	100 000	5
PE-HD Profil (extrudiert)	170	1 800	
Aramidfaser (Kevlar)	3 500	130 000	3

5.5 Elastomere

Elastomere sind gummielastische Polymere. Ihre weitmaschig vernetzte Knäuelstruktur (2.1) besitzt eine hohe elastische Dehnung mit Rückstellvermögen. Ihr Anwendungsbereich liegt oberhalb der Glastemperatur T_g (Bild 2). Neben Reifen und Schläuchen werden sie für Kabelumantelungen, Dichtprofile und -ringe, Moos- und Schaumgummi, Faltenbälge u.Ä. eingesetzt.

Wichtige Anforderungen sind Hitzebeständigkeit und Beständigkeit gegen flüssige und gasförmige Medien. Für Reifen kommt die Abriebbeständigkeit hinzu. Naturkautschuk kann diese Anforderungen nicht erfüllen, deshalb sind für die unterschiedlichen Anforderungen zahlreiche Kautschuksorten entwickelt worden und auch thermoplastische Elastomere TPE (Tabelle 10).

Tabelle 9. Auswahl thermoplastischer Kunststoffe, (Plastomere)

Chemische Bezeichnung Kurzzeichen	Handelsnamen (Auswahl)	Dichte g/cm³	Gebrauchstemperaturbereich °C dauernd / kurz	Kugel-Druck-Härte H358/10	E-Modul MPa
Polyvinylchlorid PVC hart schlagzäh	Hostalit Vestolit Trovidur	1,36	– 30/60/70	130 bis 80	3000
Polyetrafluorethylen PTFE	Teflon Hostaflon	2,2	– 200/280	32	350
Polyethylen PE	Hostalen Lupolen Vestolen	0,92 bis 0,96	– 50/60/80 – 50/80/100	16 bis 64	140 bis 1000
Polypropylen PP	Hostalen PP Novolen Vestolen P	0,9	± 0/100/140	75	1000
Polystyrol PS	Polystyrol Vestyron	1,05	– 50/70/90	155	3300
schlagfestes PS: SB Styrol-Butadien SAN Styrol-Acrylnitril ABS Acrylnitril- Butadien-Styrol Copolymerisat	Luran Terluran Novodur Lustran	1,05 1,08 1,08	– 50/80/90 – 50/85/95 – 50/85/105	100 170 95	2400 3700 2400
glasfaserverstärkt	Luran	1,36	– 50/95/105	250	1000
Polycarbonat PC glasfaserverstärkt	Makrolon Sustonat Makrolon GV	1,2 1,4	– 100/100/135 – 100/110/145	100 150	3000 6000
Polyoxymethylen POM glasfaserverstärkt	Delrin Hostaform Ultraform	1,41 1,5	– 40/100/140	160 200	3000 9000
Polyamide PA	Durethan Trogamid Ultramid	1,01 bis 1,14	– 40/100/160 bis – 30/120/160	70 bis 160	1000 bis 2000
glasfaserverstärkt		1,4	– 40/120/200	170	7000
Polyester, linear PBT, PET, PBT/GF	Ultradur Pocan	1,3 1,5	– 30/100/170 – 30/120/200	130 200	2600 10000
Polyphenylenoxid PPO, PPO–GF30	Noryl	1,1 1,27	– 40/120 – 40/130	90 120	2200 6000
Polyphenylensulfid PPS, PPS–GF40	Ryton Tedur	1,35 1,64	– 60/140 – 60/220/260	– –	4000 14000

[1] Tri-Trichloräthylen
[2] Tetra-Tetrachlorkohlenstoff

5 Kunststoffe (Polymere)

Zeitdehn-Spannung $\sigma_1/1000/23°C$	Längenausdehnung $\times 10^{-5}$ /°C	Unbeständig gegen (bedingt)	Eigenschaften, Verwendungsbeispiele
20	8	Tri[1] Tetra[2]	hart, zäh, korrosionsbeständig, selbstlöschend, Rohre, Fittings für Frisch- und Abwasser
1,8	14		korrosionsbeständig, klebwidrig, geringste Reibung, Konstanz elektrischer Eigenschaften zwischen -150...300° C
0,8 bis 4	23 13	Tri[1] Tetra[2]	biegsam bis hart, teilkristallin, korrosionsbeständig, kaltzäh, Wasserleitungsrohre, Galvanikbehälter, Batteriekästen, Folien für Verpackung
6	11 ... 17	Halogene Tetra[2] starke Säuren	wie PE, temperaturstandfester, weniger kaltzäh, kochfest, hochkristallin
20	7	Benzin Tetra[2] Tri[1] (Mineralöl)	glasklar, hart, spröde, geringste elektrische Verluste, geschäumt: Wärmeisolator Gehäuse für Feingeräte, Tiefziehplatten, Lager und Transportbehälter, Batteriekästen, benzinfest
20	9	(und Fett)	
13	7	(Tri[1], Tetra[2])	
12	9	wie SAN	Karosserie-Innenausbau, Schutzhelme, galvanisierbare Beschlagteile
	2,4	wie SAN	geringeres Kriechen und Dehnen bei Erwärmung
18	6 ... 7	Alkalien, Org. Lösungsmittel	glasklar, kaltzähwarmhart, maßbeständig, Trägerteile und Gehäuse für Beleuchtungskörper und Messgeräte, Schrauben für E-Technik
40	2,5		
15	12 3	starke Säuren	kristallin, geringe Wasseraufnahme und Kaltfluss, sonst ähnlich PA, auch in Anwendung; auch glasfaserverstärkt
4 bis 6	7 bis 8	(Säuren) Tri[1]	teilkristallin, zählhart, abriebfest, geräuschdämpfend, wasseraufnehmend, dadurch Maßänderungen und Abfall der Festigkeit; Zahnräder, Laufrollen
50	2,5		erhöhte Maßhaltigkeit und Steifigkeit, Gehäuse für Handbohrmaschinen
15 50	6 3	Heißes H_2O Halogen-KW	geringe Wasseraufnahme, sehr hohe Maßbeständigkeit
17 30	6 3	Chlor. KW	wie PC und POM, thermisch und chemisch stabiler; Wärmeaustauscher, Spoiler, selbstlöschend, Teile im Motorraum im Austausch gegen Metalle.
20 30	5 3	konz. HNO_3	

Tabelle 10. Auswahl von Elastomeren

Kautschuk		Durch chemische Reaktion (Vulkanisation) vernetzte Ketten mit Knäuelstruktur, danach nicht mehr plastisch verformbar.		
(K.)	Symbol	Anwendungen	Beständigkeit	Temperatur-Bereich °C (kurz)
Styrol-Butadien-K.	SBR	Reifenmischungen, Kabelmäntel, Schläuche	Nicht gegen Öle	- 40 ... 100 (120)
Chloropren-K.	CR	Faltenbälge, Kühlwasserschläuche,	Bedingt geg. Öle	- 40 ... 110 (130)
Nitril-Butadien-K.	NBR	Dichtungwerkstoff im Kfz.- und Masch.-Bau	Öle, Treibstoffe	- 30 ... 100 (130)
Butyl-K.	HR, CHR	Geringe Gasdurchlässigkeit, für Reifenschläuche, gasdichte Membranen	Chemikalien, Alterung	- 40 ... 130
Methyl-Silikon-K. Fluor-Silkon-K.	MQ MVFQ	Weitere Sorten mit Phenyl-, Vinyl-Gruppen Dichtungen in Kfz., Luft- Raumfahrt	Nicht gegen H_2O-Dampf	- 60 ... 175 (300)
Ethylen-Propylen-Dien-K.	EPM EPDM	Massive und Mossgummi-Dichtprofile, Kfz.-Stoßfänger, O-Ringe, Kabelmäntel	Witterung, Ozon, Alterung	- 40 ... 130 (150)
Thermoplastische Elastomere TPE		Bei der Propf- oder Blockpolymerisation entstehen verknäuelte Moleküle mit mechanisch harten und weichen Abschnitten, wobei die harten wie Vernetzungen wirken. Sie sind thermoplastisch formbar.		
PUR-Elastomer	TPE-U	Kabelmäntel, Faltenbälge, Zahnriemen, Schleifteller, Skistiefel	Fette, Benzol, nicht Heißwasser	- 40 ... 80 (110)
TPE (5 weitere Sorten) sind Austauschstoffe für vulkanisierten Kautschuk, weil sie rationeller zu fertigen sind				

6 Werkstoffe besonderer Herstellungsart oder Verarbeitung

6.1 Pulvermetallurgie

Pulvermetallurgie (PM) befasst sich mit der Herstellung von Metallpulvern und Bauteilen daraus. PM gehört damit zum Fertigungsbereich *Urformen*. Die Begriffe sind nach DIN EN ISO 3252 genormt. Im Unterschied zum Gießen ist der Materiezustand beim Formen fest (evtl. teilflüssig beim Sintern mit flüssiger Phase). Deshalb sind PM-Teile i.A. *porös*, die *Porosität* ist vom Pressverlauf abhängig, beginnt mit 30 % und kann durch Sinterschmieden oder Tränken auf Null gebracht werden. Mit der Dichte steigen Festigkeit und Zähigkeit.

Tabelle 1. Pulverherstellung

Verfahren	Beschreibung	Anwendung
Direkt-Reduktion	Reduktion von Erzen im aufsteigenden $CO-H_2$-Gasstrom zu Eisenschwamm. Pulverförmige Oxide hochschmelzender Metalle im H_2-Strom	Fe-Pulver durch mech. Zerkleinerung. Mo-, Ta-, W-Pulver
Verdüsung	Schmelzen werden mit Luft, Dampf oder Wasser zerstäubt, reaktionsfähige Metalle in Argon oder Vakuum	Fe und NE-Metalle
Carbonyl-Verfahren	Carbonyle sind Metall- (CO)- Verbindungen, die bei höheren Temperaturen in reines Metall (Kugeln von 0,1 ... 5 μm) zerfallen.	Fe- und Ni-Pulver für Magnetwerkstoffe

6.1.1 Das PM-Fertigungsverfahren

Arbeitsgang	Beschreibung			Hinweise		
Pulverherstellung	Größe und Form der Pulverteilchen hängen vom Herstellungsverfahren ab und beeinflussen die Pressbarkeit			Pressbarkeit: Hohe Pressdichte bei niedrigen Drücken durch Zugabe vergasender Schmierstoffe (Zinkstereat)		
Formgebung durch **Pressen** Koaxial Isostatisch Kalt: **CIP** Heiß: **HIP**	Die Teile erhalten Pressdichte und Grünfestigkeit durch mechanische Verklammerung, wichtig für die weitere Handhabung. Koaxial: Verdichtung in Stempelrichtung größer als quer dazu, Isostatisch: Verdichten in geschlossenen Kapseln unter Flüssigkeits- oder Gasdruck. Verdichtung konstant.			Press (Grün-) körperfestigkeit gut bei Teilchen mit zerklüfteter Oberfläche, geringer bei kompakten Teilchen. Pressdichte von 5,8 ... 7 g/cm³ (Fe) Pressdrücke bis zu 60 kN/cm², dadurch wird Werkstückgröße von der Pressengröße bestimmt.		
Sintern	Wärmebehandlung zur Diffusion zwischen den Pulverteilchen und Verkleinern des Porenraumes. Bindung und Dichte werden erhöht.	**Stoff**	Temp. °C	**Stoff**	Temp. ° C	
		Al-Leg.	590-620	Fe+Carbid	<1280	
		Fe-Cu	1120-1280	Fe-C	1120	
		Hartmetall	1200-1400	FeCuNi	1120	
		W-Leg.	1400-1500	Cu-Sn	740-780	
Nachbehandlungen			**Nachbehandlungen**			
Kalibrieren, Nachpressen	Erhöhung der Maßhaltigkeit Festigkeitssteigerung (Dichte)		Tränken (Lager) Wärmebehandlung	Umformung unter Festigkeitssteigerung. Durchdringungswerkstoffe		
Nach- bzw. Umformen, warm/kalt			Bei C-haltigem Fe: Härten, Vergüten			

Fertigteile: Das PM-Verfahren arbeitet mit hoher Werk-stoffausnutzung bei geringem Energieverbrauch, ist aber verfahrensbedingt (Pressdruck) und wegen der höheren Materialkosten auf kleinere Massenteile begrenzt.

6.1.2 PM-Spritzgießen

MIM (metal-injections moulding, **PIM** (powder i.m.)
Verfahrensbeschreibung:
Metallpulver mit polymeren Bindern (10 %) granuliert und auf Kunststoffspritzmaschinen verarbeitet. Danach Austreiben des Binders (Entbindern) in Bädern oder thermisch. Das thermische Entbindern braucht wegen der langen Diffusionswege Zeit, deshalb nur für kleine Wanddicken geeignet. Die sehr feinkörnigen, teuren Pulver (< 35 µm) beschränken die Teilmasse auf 100 g (für Fe) bei Stückzahlen > 10 000.
Bedingungen: Feinkorn-Pulver erforderlich, starke Schrumpfung beim Sintern. Grünling muss ca. 17 % größer als das Fertigteil sein. Hohe Gestaltungsfreiheit wie bei Polymer-Spritzguss

6.1.3 Eigenschaften der PM-Werkstoffe

Merkmal der PM-Herstellung	Anwendung
Abschrecken der Pulverteilchen erzeugt hochübersättigte Mischkristalle, die beim Sintern feindisperse, intermetallische Phasen ausscheiden.	Aushärtungseffekt zur Festigkeitssteigerung
Erhalt der Pulvermischung beim Sintern, es können PM-Legierungen mit beliebigen Anteilen hergestellt werden. Beim Erstarren von Schmelzen gibt es Entmischungen, grobe Primärkristalle, Bildung intermetallischer Phasen- oder Unmischbarkeit in der Schmelze	PM-Werkzeug--Werkstoffe mit hohen Carbidanteilen, Sinterhartmetalle, Sinterwerkstoffe für Schalt- und Schleifkontakte
PM-Werkstoffe sind porös, die Poren können Funktionen übernehmen	Selbstschmierende Lager, Filter
Kein Auflegieren höchstschmelzender Metalle mit Formstoffen, durch Sintern von W, Ta, Mo bei Temperaturen < T_m	Bauteile aus Ta; Mo, W und keramischen Stoffen

6.1.4 Klassifizierung, Normung
(DIN TB 247/01 Pulvermetallurgie)

Die Einteilung geschieht nach Dichteklassen (fallende Porosität) und der PM-Legierung.

Tabelle 2. Kurzzeichen für Sinterwerkstoffe

Klasse SINT-	Raumerfüllung %	Anwendungsbereich
AF	< 73	Filter
A	75	Gleitlager
B	80	Gleitlager und -elemente
C	85	Gleitlager, Formteile,
D	90	Formteile
E	94	Formteile
F	95,5	Formteile, geschmiedet

Kennziffer	Werkstoffart	LE-Anteile %
0	Sintereisen, -stahl	< 1 Cu
1	Sinterstahl	1 ... 5 Cu
2	Sinterstahl	> 5 Cu
3	Sinterstahl	< 6 andere LE
4	Sinterstahl	> 6 andere LE
5	Sinterlegierg. Cu-Basis	> 60 Cu
6	Sinterbuntmetalle	
7	Sinter-Leichtmetalle	z.B. Al

■ **Beispiel:**
SINT-A 5 n bedeutet (Tabelle 2): **A** Gleitlagerwerkstoff, **5** Cu-Legierung, **n** ist Zählziffer.

Normung: Sintermetalle DIN 30910, Teile 1 ... 6 für die Anwendungsgebiete (keine Hartmetalle, Reib-Kontakt-, Dauermagnetwerkstoffe und hochwarmfeste Legierungen) Sinterprüfnormen DIN 30911, Teile 1 ... 7 für verschiedene Eigenschaftsprüfungen; Sinter-Richtlinien DIN 30912, Teile 1 ... 6 für Gestaltung, Bearbeitung, Fügen usw.
Nicht genormt sind pulvermetallurgisch hergestellte Kalt-, Warm- und Schnellarbeitsstähle z.B. 1.3344 (HS6-5-3) als S 790 PM oder 1.2380 (X220 CrVMo13-4) als K 190 PM (Böhler und andere Hersteller), ebenso ausscheidungshärtende, rostfreie Stähle und weichmagnetische Sorten.
Das PM-Verfahren wird auch zur Herstellung von Ingenieurkeramik und Verbundwerkstoffen mit Metall- oder Keramikmatrix eingesetzt.

6.2 Keramische Werkstoffe

6.2.1 Struktur und Eigenschaftsprofil

Keramische Werkstoffe (Ingenieurkeramik) bestehen überwiegend aus den Elementen der ersten beiden Perioden des PSE, daneben die Elemente Ti und Zr aus der Nebengruppe IV.

Strukturmerkmale	Auswirkungen	Eigenschaftsprofil
Elemente der ersten beiden Perioden des PSE: I. Periode **B, C, N. O**, II. **Mg, Al, Si**	Kleine Atomradien führen zu kleinen Abständen im Kristallgitter, dadurch zu großen Bindungskräften	Geringe Dichte, hohe Schmelztemperaturen und Härte, hohe Steifigkeit (E-Modul) und Druckfestigkeit, Zugfestigkeit gering
Ionengitter oder Kristallgitter mit Atombindung	Chemische Verbindungen mit abgeschlossener Elektronenhülle: Plastische Verformung unmöglich	Sehr spröde Werkstoffe, Zähigkeit << GJL, geringe Affinität zu anderen Stoffen: Hohe Korrosionsbeständigkeit

Auf Grund der hohen Schmelztemperaturen und der mangelnden Verformbarkeit sind besondere Fertigungsgänge erforderlich (Tabelle 3). Grünbearbeitung am ungesinterten Rohteil, Weißbearbeitung am vorgebrannten (hilfsverfestigten) Rohteil und Nachbearbeitung am fertiggesinterten Bauteil mit steigenden Kosten.

6.2.2 Fertigungsgänge

Hohe Schmelztemperaturen und die mangelnde plastischen Verformbarkeit erfordern besondere Fertigungsgänge (Tabelle 2). *Grünbearbeitung* am ungesinterten Rohteil, Weißbearbeitung am vorgebrannten (hilfsverfestigten) Rohteil und Nachbearbeitung am fertiggesinterten Bauteil mit steigenden Kosten.
Die Festigkeit steigt mit sinkender Korngröße. Wichtig ist eine gleichmäßige Korngrößenverteilung, da größere Teilchen als Rissquellen wirken. Die Qualitätssicherung beginnt mit der Gleichmäßigkeit der Ausgangsstoffe. Natürlich vorkommende Rohstoffe benötigen aufwändige Trennverfahren.
Sol-Gel-Verfahren erzeugen Pulver hoher Reinheit mit Teilchen im Nanometerbereich durch Ausfällen aus Lösungen und Wasserentzug.

Polymer-Pyrolyse. Durch Polymerisation organischer Verbindungn, die Si (Silane) oder Al enthalten, und anschließender thermischer Zersetzung unter Luftabschluss entstehen Feststoffe aus z.B. AlN, BN, SiC oder S_3N_4. Anwendung auch zur Herstellung von C-Fasern aus Polyacrylnutril- (PAN)-Fasern.

Tabelle 3. Keramikverarbeitung

Fertigungs-hauptgruppe	Verfahren
Urformen	Meist durch Pressen und Sintern, Schlickerguss, PM-Spritzguss für Kleinteile bis 300 g, Plasmaspritzen für Hohlkörper
Umfomen	Nur im Grünzustand möglich
Trennen	Schleifen mit Diamant- oder Borcarbidscheiben, laserunterstütztes Drehen. Elektroerosive Bearbeitung möglich bei elektrischen Leitwerten > 0,01 S/cm (z.B. bei SiC)
Verbinden	Reib- und Diffusionsschweißen, Reaktionslöten (auch Keramik mit Metall), oder Löten nach Metallisierung, Kleben
Beschichten	Thermisches Spritzen, CVD- und PVD-Verfahren

6.2.3 Werkstoffe

Sorten/ Kurzname			Eigenschaften	Anwendungsbeispiele
Oxidkeramik				
Al-Oxid Al_2O_3 **Al_2O_3**			Sorten mit steigendem Al-Gehalt, elektrischer Isolator, hoch temperaturbeständig	Wendeschneidplatten für spanende Verfahren, Härte bis 1000° C. Mischkerkamik enthält ZrO oder TiC mit höherer Biegefestigkeit. Verschleißteile in Ventilen, Fadenführungen in Textilmaschinen, Ziehdüsen, Dichtelemente an rotierenden Wellen
Zirkonoxid ZrO_2 **PSZ** (teilstabilisiert) **FPZ** (vollstabilisiert)			Polymorph, durch Zusätze von Yttriumoxid teilweise oder voll umwandlungsfrei, hohe Festigkeit durch Umwandlungsverstärkung	Geringe Adhäsionsneigung zu Stahl, zäh, die Wärmedehung ähnlich Stahl ermöglicht Werkstoffverbunde. Ziehwerkzeuge, Wärmedämmschichten, λ-Sonden für Katalysatoren
Al-Titanat Al_2TiO_5 **Ati**			E-Modul und Wärmedehnung klein, sehr hohe Thermoschockbeständigkeit	Für Umgießteile im Motorenbau: Einsätze für Kolbenböden, Auskleidung von Auspuffkrümmern, geringe Benetzung durch Al- und Buntmetallschmelzen
Nichtoxidkeramik		Dichte		
Kohlenstoff **C**		porös	Graphit, wenig fest, geringe Wärmedehnung, wärmeleitend	In O-freier Umgebung bis 2000° C beständig, C-faserverstärkt für Kolben in Kfz.-Motoren
Bornitrid **BN**		Hex.	„weißer" Graphit Gleiteigenschaften	Einsätze für Stranggießformen, Festschmierstoff für hohe Temperaturen
Bornitrid BN **CBN**		Kub.	Härtester Stoff nach dem Diamant	Wendeschneidplatten
Si-Carbid **SIC**	RSiC SSiC SiSiC HPSiC HIPSiC	Porös Porös Dichte ↓ steigt	diamantartige Struktur rekristallisiert drucklos gesintert Si-infiltriert heißgepresst heißisostatisch gepresst	RSiC, schwindungsfrei, für größere Teile SSiC: Gleitringdichtungen f. Laugenpumpen SiSiC ist guter Wärme- und Stromleiter, deshalb für Wärmetauscher in aggressiven Medien
Borcarbid B_4C **BC**		dicht	sehr hart, höchster Widerstand gegen Abrasion	Düsen für Strahltechnik, Panzerplatten für ballistische Zwecke, Schleifscheibenabrichter, Läppkorn für Hartmetall
Si-Nitrid **SN** **HIPSN**	Si_3N_4 RBSN SSN HPSN GPSN	porös porös Dichte ↓ steigt	höchste Biegefestigkeit Reaktionsgebunden Drucklos gesintert Heißgepresst Heißisostatisch gepresst gasdruckgesintert	RBSN ist schwindungsfrei, für größere Bauteile. Höchste Biegefestigkeit bis 1000° C durch kleinere Wärmeleitfähigkeit widerstandsfähiger gegen Thermoschock als SiC. Für z.B. Auslassventile für Kfz.-Motoren, Abgasturbinenläufer, Vollkeramiklager bis zu 500° C. Hybridlager mit HPSN-Kugeln in Stahlringen, Schneidkeramik

Tabelle 4. Eigenschaftswerte von Keramik im Vergleich zu Stahl (Mittelwerte)

Sorte Kurzzeichen	Dichte g/cm³	E-Modul GPa	Härte HV1	Biege-festigKeit MPa	Wärme-leitung λ W/mK [1)]	Wärme-Dehnung 10-6 /K [2)]	Riss-Zähigkeit K_{Ic}	Max. Temperatur °C
Stahl	7,85	210		500 ... 700	62	12	< 100	200
Al2O3	3,2 ... 3,9	200 ... 380	2300	200 ... 520	10 ... 30	6 ... 8	3,5 ... 5,5	1400 ... 1700
PSZ	5 ... 6	200 ... 210	1250	500 ... 1000	1,5 ... 3	10 ... 12,5	5,8 ... 10	900 ... 1600
AlTi	3 ... 3,7	10 ... 50		15 ... 100	1,5 ... 3	2	5	900 ... 1600
AlN	3,0	320	1100	200	> 100	4,5 ... 5	3	n.b.
RBSN	1,9 ... 2,5	80 ... 180	1000	200 ... 330	4 ... 15	2,1 ... 3	1,8 ... 4	1100
SSN	3 ... 3,3	250 ... 330	1800	700 ... 1000	15 ... 45	2,5 ... 3,5	5 ... 8,5	1250
HPSN	3,2 ... 3,4	290 ... 320	1600	600 ... 800	14 ... 40	3,1 ... 3,3	6 ... 8,5	1400
HIPSN	3,2 ... 3,3	290 ... 325		300 ... 600	25 ... 40	2,5 ... 3,2	6 ... 8,5	1400
GPSN	3,2	300 ... 310		900 ... 1200	20 ... 24	2,7 ... 2,9	8 ... 9	1200
RSiC	2,6 ... 2,8	230 ... 280	2800	80 ... 120	20	4,8	3	1600
SSiC	3,1	370 ... 450	2600	300 ... 600	40 ... 120	4,0 ... 4,8	3 ... 4,8	1400 ... 1750
SiSiC	3,1	270 ... 350	2500	180 ... 450	110 ... 160	4,3 ... 4,8	3 ... 5	1380
HPSiC	3,2	440 ... 450	3500	500 ... 800	80 ... 145	3,9 ... 4,8	5,3	1700
HIPSiC	3,2	440 ... 450		640	80 ... 145	3,5	5,3	1700
BC	2,5	390 ... 440	3700	400	28	6	3,4	700 ... 1000
BN, kub.	3,5	680	4000	500 ... 800		3,5		1200
BN, hex.	2,3	—						1000

[1)] bei 20° C;
[2)] zwischen 30 ... 1000° C;
[3)] Spannungsintensitätsfaktor in MPa $\sqrt{m}$;

6.3 Verbundwerkstoffe

6.3.1 Begriffe

Verbundwerkstoffe (engl. composite = zusammengesetzt) bestehen aus zwei oder mehr Phasen, die sich in Struktur und/oder Gestalt stark unterscheiden:

Unterschied	Phasen und Gestalt
Bindung, Struktur	Metalle (-gitter); Polymere (amorph, teilkristallin), Keramik (Ionen- oder Atomgitter
Gestalt	Fasern, Teilchen, Schichten, Durchdringungen

Die verstärkten Kunststoffe sind unter 5.3.4 behandelt

Die Gestalt der Verstärkungsstoffe gibt den Namen: z.B.: glasfaserverstärkte Kunststoffe, teilchenverstärkte Legierungen. Weil die Matrix wesentliche Eigenschaften des Verbundes bestimmt, werden als Oberbegriffe auch die Namen der jeweiligen Matrix verwendet: Metall-Matrix-Verbund **MMC** (**m**etal-**m**atrix-**c**omposite), **CMC** (**c**eramic-**m**atrix-**c**omposite). Der Grundwerkstoff – auch *Matrix* oder bei Schichtverbunden *Substrat*- sorgt für den Zusammenhalt der Form, während die eingelagerten Phasen durch besonders hohe Eigenschaftswerte (z.B. Härte, Wärmeleitung, Zugfestigkeit, Gleitfähigkeit) das Eigenschaftsprofil prägen. So können unzureichende Eigenschaften des Grundwerkstoffes verbessert werden.

Die Kombinationsmöglichkeiten von *Matrix, Verstärkungsstoff* und dessen *Form* sind sehr groß. Neben neuen Kombinationen geht die Weiterentwicklung zu einfacheren (preisgünstigeren) Herstellverfahren und der Qualitätssicherung.

Tabelle 5. Beispiele zur Eigenschaftsverbesserung

Grund-werkstoff	Maßnahme	Verbesserung, Steigerung
Leichtmetalle sind wenig warmfest, sind weich, haben niedrigen E-Modul	feindisperse Al-Oxid-Teilchen im Gefüge verhindern das Korngrenzengleiten Harte SiC-Teilchen in Randschicht einbetten. ARAMID- oder C-Fasern, evtl. als Faserformkörper vergossen	Höhere Warmfestigkeit als ausgehärtete Al-Legierungen. Höherer Verschleißwiderstand. Wärmedehnung sinkt, E-Modul kann größer als bei Stahl werden.
Keramik ist spröde	Einbetten von SiC-Fasern bremst die Rissfortpflanzung	Biegefestigkeit, Temperaturwechselfestigkeit und Schadenstoleranz
Polymere sind wenig fest und steif	Kurz-, Langfasern oder flächige Faserprodukte In Polymermatrix eingebettet	Zugfestigkeit und E-Modul, Abnahme der Wärmedehnung

Verbundwerkstoffe entstehen meist erst bei der Formgebung aus den Komponenten. Ihre Eigenschaften sind deshalb stark von den Einflussgrößen des jeweiligen Fertigungsverfahrens abhängig, die Streuung macht eine Qualitätssicherung aufwändiger.

Tabelle 6. Eigenschaftswerte von Fasern (für $\varnothing$ von 3...15 µm)

Werkstoff		ρ g/cm³	R_m in 10³ MPa	E	A %	Max. Temp. °C	Verwendung
Glas		2,6	3,5	80	4	250	Meist benutzte Faser für verstärkte Polymere
Aramid	LM	1,44	3,4	170	2	>200	Leichte Verbunde für Luft- und Raumfahrt, Reifen-cord,
	HM	1,45	3,7	90	4		auch mit C-und G-Faser versponnen
Kohlenstoff	HM	1,96	1,8	800	0,4	2000	Hochbeanspruchte Verbunde für Metall-, Keramik- und
	HST	1,75	5,0	240	2		Polymerverbunde im Leichtbau
Al-Oxid		3,9	2,0	470	0,8	900	Verstärkung von Al-Legierungen
Si-Carbid		3,0	3,0	400	1,5	1100	Erhöhung der Zähigkeit von Keramik
Ramie		n.b.	0,5	0,3	2 [1]		Mit Polymermatrix (Prepregs) für flächige Bauteile im
Sisal		n.b.	0,8	0,2	5 [1]	250	Innenbereich von Fahrzeugen, gute Umwelt-
Jute		1,45	0,4	43	2 [1]		verträglichkeit

LM weniger steif, HM: hochsteif, HST: hochfest; [1] Reißdehnung;

6.3.2 Faserverbundwerkstoffe

Sehr dünne Fasern haben bedeutend höhere Festigkeiten als der gleiche Werkstoff in massiver Form. Für den Verbund ist wichtig, dass die Faser einen höheren E-Modul besitzt als die Matrix, sodass sie die Zugspannungen aufnehmen kann. Die Faserverbunde haben hohe Festigkeiten und E-Moduln (auch spezifische – wie die *Reißlänge* – , besonders bei einer Matrix mit niedriger Dichte, wie Polymere und Keramik). Bei polymeren Stoffen verringert sich die Wärmedehnung. Durch die Fasern sind die Eigenschaften des Verbundes anisotrop, deshalb ist die Faserausrichtung wichtig.

Faserlage	Symbol
unidirektional, parallel bei Strängen (Rovings), Bändern (Tapes)	UD
bidirektional, unter 90° bei Geweben	BD
multidirektional bei Matten aus Schnittfasern (Wirrfasern) oder Gewebelagen mehrfach übereinander	MD

Oberflächenbehandlung der Fasern (Interface, Schlichte) soll die Benetzung sichern, Reaktionen zwischen Faser und Matrix verhindern und Schutz bei der Verarbeitung bieten, damit eine kraftschlüssige Verbindung zwischen beiden gewährleistet ist.

Faserverstärkte Metalle (Tabelle 8)
Kurzfasern können bis 40 % pulvermetallurgisch in die Metallmatrix eingebracht werden. Hochschmelzende Fasern werden in Leichtmetalle mit niedrigem Schmelzpunkt durch Vakuumgießen eingebettet. Dazu wird ein vorgefertigtes Fasergelege (Preform) in der Form fixiert (Auftrieb) und langsam von einer Seite her durchtränkt.
Flächige Teile entstehen durch Plasmabespritzen von Fasern auf Unterlagen (Trennmittel hex. Bornitrid) mit folgender Warmumformung. Lotwalzplattieren von C-Fasern (Ni-bedampft) mit AlSi12 beschichteten Al-Folien bei 600° C.

Faserverstärkte Keramik (Tabelle 8)
Durch Faserverbund soll soll die geringe Zähigkeit der Keramik verbessert werden. Das ist bei gesinterter Keramik nur mit Kurzfasern möglich. Längere Fasern können bei Keramik eingebettet werden, die aus Lösungen ausgefällt wird (Sol-Gel-Verfahren). Ein weiterer Weg ist die Pyrolyse von hoch C-haltigen Polymeren: C-Faser-Kohlenstoff wird aus phenol-harzgetränkten Fasergelegen durch Härtung und mehrfaches „Pyrolyse-Nachtränken-Pyrolye" hergestellt. Bei Si-Polymeren entsteht eine Si-Matrix.

Faserverstärkte Polymere
Größter Anwendungsbereich für Faserverbunde. Hier ist das Einbetten in die flüssigzähe Matrix leichter möglich als in Metalle oder Keramik ($\rightarrow$ 5.3.4.). Wegen der niedrigen Schmelztemperaturen können auch Naturfasern eingebettet werden.

6.3.3 Teilchenverbunde (Tabelle 8)

Wichtig für die Leichtmetalle Al und Mg für den Einsatz bei höheren Temperaturen. Durch Teilchen mit rundlicher, unbestimmter Form entstehen isotrope Werkstoffe. Bei Teilchengrößen zwischen 0,01 und 0,1 µm und Abständen von 0,1 ... 0,5 µm werden E-Modul und Festigkeit der Matrix auch bei höheren Temperaturen durch Dispersionsverfestigung erhöht. Die Wärmeausdehnung sinkt je nach Teilchengehalt. Schmelzmetallurgisch können bis zu 20 %, pulvermetallurgisch bis zu 40 % Al-Oxid- oder SiC-Teilchen eingebracht werden, durch Sprühkompaktieren bis zu 15 %.
Zu den Teilchenverbunden gehören auch die altbekannten gefüllten Duroplaste, ebenso können Sinterhartmetalle mit hohem Anteil an harten Carbiden und Schleifkörper dazu gerechnet werden.

6.3.4 Durchdringungsverbunde (Tabelle 7)

Eine höherschmelzende, poröse Matrix wird mit einer flüssigen Phase getränkt, sodass sich beide gegenseitig durchdringen. Dabei dient die Erste als Gerüst zur Kraftaufnahme, die Zweite führt zu dichten Werkstoffen bzw. übernimmt andere Funktionen.

6.3.5 Schichtverbunde

Flächige Halbzeuge aus parallel liegenden Schichten unterschiedlicher Stoffe, die miteinander durch Fügen verbunden sind: Kunstharzverleimtes Papier, Gewebe oder Holzfurniere ergeben Halbzeuge als Platte oder Profil. Bei Sandwichstrukturen liegt eine leichte Schicht zwischen zwei Deckschichten, welche die Biegezug- und -druckspannungen übernehmen.

Beschichtungen von Bauteilen und Halbzeugen ($\rightarrow$ 7.3): Die Schicht kann selbst einen Verbund darstellen (Compositschichten). Dispersionsschichten haben eingelagerte Partikel, Stapelschichten sind Schichtverbunde (Multilayer bei Werkzeugbeschichtungen).

Tabelle 7. Durchdringungsverbunde

Phase 1 Stützgerüst	Phase 2 Funktion	Anwendung
Cu-Sn-Sinterbuchse	Öl, Fett, Schmierstoff	Selbstschmierende Lager
Wolfram, W Härte, warmfest, geringer Abrand	Kupfer, Cu, Strom- und Wärmetransport, Silber zur Wärmeabfuhr	Kontaktwerkstoffe Düsen f. Strahltriebwerke
Wolfram, W	Blei, Pb	Strahlenschutz
Silciumcarbid SiC mit C porös gesintert	Silicium (flüssig) reagiert mit C zu SiC, bis 20 % metallisches Si	Si-infiltriertes SiC: Si-SiC Dichte Keramik für Wärmetauscher, Gleitringdichtungen, Tragrollen und Balken in Brennöfen

Tabelle 8. Übersicht Verbundwerkstoffe

Verbundstruktur	Metallmatrix-Verbunde MMC
Faserverbunde Metallfaser	Cu- Drähte mit 20 % unlöslichem Nb, durch Walzen und Ziehen entstehen Nb-Fasern im Cu. Hohe Festigkeit + Leitfähigkeit. Nb mit Sn-Überzug ergibt die supraleitende Phase CuNb$_3$Sn.
Keramikfaser	Al-Oxidfaserverstärkte Al-Kolben
Polymerfaser	ARALL: Langfasern aus ARAMID zwischen Al-Bleche geklebt, Leichtbauwerkstoff
Teilchenverbunde Keramik/ Hartstoffe	Dispersionsgehärtete Al-Legierungen mit Al$_2$O$_3$ oder SiC-Partikeln, auch als ODS- (oxid-dispersion-strenghened) Legierungen bezeichnet. Gleitlagerwerkstoffe mit MoS$_2$ oder Graphit. SiC-Partikel in galvanisch abgeschiedenen Ni-Schichten (NIKASIL®)
Polymerteilchen	Verbundlager mit PTFE-Teilchen in der Laufschicht aus gesintertem CuSn10
Schichtverbunde Metall	Sandwichstruktur mit Metallschaumkern (Al, Mg) oder Leichbaubleche aus korrosionsbeständigem Stahl, NiCrMo-Legierungen 1 mm mit Streckmetall als Zwischenschicht, umformbar, für Rauchgasleitungen
Keramik Polymer	Ti-Aluminidfolien mit SiC-Faser verwalzt (pack-rolling), warmfester, steifer Werkstoff. Al-Bleche und -Profile mit aufgeklebten Lagen aus CFK zur Erhöhung des E-Moduls,

Verbundstruktur	Keramikmatrix-Verbunde CMC
Faserverbunde Metallfaser	Feuerfestes Ofenmaterial mit hitzebeständigen Stahlfasern (Thermohäcksel) ist thermoschockbeständiger
Keramikfaser	SiC-faserverstärktes SiC, C-Faser-Kohlenstoff, CFC (Sigrabond)
Teilchenverbunde Keramik/ Hartstoffe	Kermisch gebundene Schleifkörper mit Hartstoffen

Verbundstruktur	Polymermatrixverbunde PMC
Faserverbunde	GFK Glasfaser-, CFK-Faserkunststoff
Teilchenverbunde	Duroplaste mit Füllstoffen, Polymerbeton mit geringerer Dichte und Wärmeleitung
Schichtverbunde	Hartpapier- und Hartgewebe, Kunstharzpressholz

6.4 Werkstoffe für Lötungen

Löten ist eine stoffschlüssige Verbindung von Metallen untereinander und auch mit artfremden Stoffen (z.B. Keramik). Die Partner werden nicht aufgeschmolzen, ein Erweichen und Verformen dünner Strukturen muss vermieden werden. Der Schmelzbereich des Lotes ist danach auszuwählen. Einteilung nach der Schmelztemperatur. Weichlote (< 450° C) Hartlote (> 450° C), Hochtemperaturlote (> 900° C). Der Lötspalt wird beim Fugenlöten durch Kapillarwirkung auch gegen die Schwerkraft gefüllt. Voraussetzung ist eine Spaltbreite < 0,2 mm und oxidfreie Oberflächen, die während des Lötens durch Flussmittel vor Neuoxidation geschützt werden müssen. Spaltlöten für größere Spaltbreiten erfordert höheren Lötmitteleinsatz (nicht für Ag-haltige Lote).

6.4.1 Weichlote

Von den 50 Sorten der alten Norm (DIN 1707 Z) sind 25 in die neue DIN EN 29453 überführt worden. Die restlichen 25 Sorten sind in DIN 1707-100 angeführt, wie z.B. die Cd-haltigen und solche für Leichtmetalle. Tabelle 9 gibt eine Übersicht.

Tabelle 9. Übersicht, Legierungssysteme für Weichlote

Systeme nach DIN EN 29453, Anzahl der Sorten

Legierungs-System	Stck.	Schmelz-Bereich °C
Sn-Pb	10	183 ... 325
Sn-Pb-Sb	7	183 ... 270
Sn-Pb-Bi	3	180 ... 205
Sn-Pb-Cd	1	145
Sn-Pb-(Cu)	4	183 ... 215
Sn-Pb-Ag	7	178 ... 190

Systeme nach DIN 1707-100

Legierungs-System	Stck.	Schmelz-Bereich °C
Sn-Pb	4	183 ... 242
Sn-Pb (Sb)	3	186 ... 295
Sn Pb (Cu)	1	183 ... 190
Sn-Pb (P)	4	182 ... 215
Sn-Cd	1	180 ... 195
Sn-Pb-Ag	2	178 ... 210
Pb-Sn-Ag	1	304 ... 365
Cd-Zn-Ag	3	270 ... 380
Cd-Ag	1	340 ... 398
CdZn	1	265 ... 280
Sn-Zn	3	195 ... 385
Zn-Al	1	380 ... 390

Tabelle 10. Flussmittel zum Weichlöten, Bezeichnungen nach DIN EN 29454-1

Typ	Basis	Aktivator
1 Harz	1 Kolofonium 2 ohne	1 ohne Aktivator, 2 Halogene 3 ohne Halogene
2 organisch	1 wasserlöslich, 2 nicht	
3 anorganisch	1 Salze	1 mit NH$_4$Cl, 2 ohne
	2 Säuren	1 mit H$_3$PO$_4$, 2 ohne
	3 alkalische Stoffe	1 Amine und/oder Ammoniak
Angehängt wird ein Buchstabe: **A** für flüssig, **B** für fest **C** für Paste		
Beispiel: Flussmittel DIN EN 29454-1 2 ... 2.2. **A**		

Tabelle 11. Korrosive Wirkung der Flussmittelreste und Vergleich der Kurznamen DIN 8511-2 (F-SW...) mit denen nach DIN EN 29454-1

	Stark korrosiv			
F-SW...	11	12	13	21
DIN EN	3.2.2	3.1.1	3.2.1	3.1.1

	Bedingt korrosiv					
F-SW...	22	23	24	25	26	27	28
DIN EN	3.1.2	2.1.3	2.1.1	2.1.2	1.1.2	1.1.3	1.2.2

	Nicht korrosiv			
F-SW..	31	32	33	34
DIN EN	1.1.1	1.1.3	1.2.3	2.2.3

6.4.2 Hartlote DIN EN 1044
(Ersatz für DIN 8513 T1 ... 5)

Die Kurzzeichen nach DIN EN 1044 nennen das Basiselement, evtl. ein weiteres, danach die Zählziffer. Kurzzeichen nach DIN EN ISO 3677 bestehen aus einem **B–**, dem Basiselement, dem Hauptelement mit Prozentangabe, dann die weiteren LE nach fallenden Anteilen geordnet (ohne %-Angabe. LE unter 1 % werden nicht genannt. Nach einem Bindestrich folgen Solidus- und Liqidustemperaturen in °C.

Lieferformen: blanke und umhüllte Stäbe, Drähte, Folien und Bänder, Granulate, verdüste Pulver, Lotringe und Formteile, Lötpasten mit Flussmittel..

6.5 Druckgusswerkstoffe

Die Eigenschaften der Druckgussteile sind in Zähigkeit un Schweieignung durch Abwandlungen der Gießverfahren verbessert worden: Vakuum-Druckguss, Niederdruckgießen mit langsamerer Einströmung und Thixoforming (Gießen bei Temperaturen zwischen Liquidus- und Soliduslinie). Für den Fahrzeugleichtbau gwinnen schweißgeeignete Al- und Mg-Sorten an Bedeutung.

Tabelle 12. Übersicht Hartlote

Kurz.-Zeichen DIN EN 1044	Anzahl Sorten	Kurzzeichen nach DIN 8513	Kurzzeichen nach DIN EN ISO 3677	Arbeits-temp. °C	Anwendungen
Aluminium-Hartlote, Gruppe **AL** mit 4,5 ... 10,5 % Si und z.T. Cu, Mg oder Bi					
Al 104	7	L-AlSi12	B-Al88Si-575/585	595	Al- und Al-Legierungen < 2 % Mg
Silber-Hartlote Gruppe **AG**, enthält alle Ag-haltigen Sorten, auch wenn Ag nicht das Basis-LE ist, 10 Cd-haltige					
AG 102	32	L-Ag55Sn	B-Ag55ZnCuSn–620/655	650	Cd-frei, für Trinkwasserleitungen, bis 150° C Betriebstemperatur
AG 206		L-Ag20	B-Cu44ZnAg(Si)–690/810	810	Für Lötstellen mit max. 200° C Betriebstemperatur
AG 304		L-Ag40Cd	B-Ag40ZnCdCu-595/630	610	Stahl, Cu-, Ni-Legierungen mit Flussmittel, bis 200° C Betr.-Temp.
AG 402		—	B-Ag60CuSn-600/730	720	CrNi-Stähle, Titan
Kupfer-Phosphor-Hartlote, Gruppe **CP**, davon 5 Sn-haltige. Für Cu ohne Flussmittel verwendbar, nicht geeignet für ferritische Werkstoffe, Cu- und Ni-Lgierungen					
CP 102	10	L-Ag15P	B-Cu80AgP-645/800	700	Cu/Cu ohne, Cu-Legierungen mit Flussmittel, bis 200° C Betr.-Temp.
CP 203		L-CuP	B-Cu94P-710/890	760	
Kupfer-Hartlote Gruppe **CU**, 8 hoch Cu-haltige und 6 CuZn mit Sn oder Ni					
CU 104	14	L-SFCu	B-Cu100(P)-1085	1100	Stähle
Nickel-, Cobalt-, Palladium und Gold-Hartlote, Gruppen **Ni, Co, Pd, Au**					
Ni 101	12	L-Ni1	B-Ni73CrFeSiB – 980/1060	1020	Ni, Co und ihre Legierungen, Stähle
Co 101	1	—	B-Co51CrNiSiW(B)-1020/1150	1140	
Pd 201	10	neu	B-Pd60Ni-1235	n.b.	Vakuumlöten reaktiver Metalle
Au 101	6	neu	B-Au80Cu(Fe)-905/910	n.b.	Elektronik, Schmuck

6 Werkstoffe besonderer Herstellungsart oder Verarbeitung

Tabelle 13. Flussmittel zum Hartlöten (DIN EN 1045)

Fügewerkstoffe	Fluss-mittel	Wirkbereich °C	Löt-Temp. °C	Rückstand korrosiv ?	Bemerkungen
Universell, Schwermetalle	FH10				Hygroskopische Bor-Fluor-Verbindungen müssen durch Beizen u. Waschen entfernt werden
CuAl-Legierungen (<10 % Al)	FH11		> 600	ja	
Hartmetall, rost freie Stähle	FH12	550 ... 800			
Universell, Schwermetalle	FH20		> 750		
Universell, Schwermetalle	FH21	750 ... 1100	> 800	nein	Mechanisch zu entfernen
Cu- und Ni-Legierungen	FH30	> 1000	> 1000	nein	
Stähle	FH40	600 ... 1000	> 700	ja	Ohne Borverbindungen
Aluminium	FL10	> 400 ... 700	600	ja	Waschen, beizen
Aluminium/Edelstahl	FL20	> 400 ... 700	600	nein	Nicht hygroskopisch

Tabelle 14. Druckgusswerkstoffe

Kurzzeichen	ρ g/cm³	$R_{p0,2}$ MPa	R_m MPa	A in %	Härte HB10	T_m in °C	1)	2)	n 3) x10³	s_{min} 3) mm	m_{max} kg	Anwendungen
Zink-Legierungen DIN EN 1774 (Auswahl aus 8 Sorten)												Cu-frei dekorativ galvanisierbar
ZnAl4 ZL0400 (Z400) ZnAl4Cu ZL0410 (Z410)	6,7	160... 170 180... 240	250... 300	1,5... 3 2... 3	70... 90 80... 100	380... 386	1	1	500	0,6 bis 2	20	Plattenteller, Vergaserge-häuse, PkW-Schein-werferrahmen, Tür-schlösser, -griffe
Aluminium-Legierungen DIN EN 1706 AC- (Auswahl aus 9 Sorten)												
Al Si12(Fe) (230)	2,55	140... 180	230... 280	1... 3	60... 100	575	2	2... 3				Hydraulische Getriebetei-ke, druckdichte Gehäuse.
Al Si9Cu3(Fe) (226)	2,75	160... 240	240... 320	0,5... 3	80... 110	510... 620	2	2		1		Trittstufen f. Rolltreppen, E-Motorengehäuse.
Al Si12CuNi (239)	2,65	190... 230	260... 320	1... 3	90... 120	570... 585	2	2... 3	80	bis 3	25	Kolben, Zylinderköpfe. Nähmaschinen.
Al Mg9 (349)	2,6	140... 220	200... 300	1... 5	70... 100	520... 620	3... 4	1				Gehäuse f. Haushalts-Büro- und optische Geräte
Magnesium-Legierungen DIN EN 1753 (Auswahl aus 8 Sorten)												Sehr leicht, Oberflächenschutz erforderlich
MCMgAl9Zn1 AZ 91		140... 170	200... 260	1... 6	65... 85	470... 600	1... 2					Rahmen f. Schreibma-schinen und Tonband-geräte, Mobiltelefone.
MCMgAl6Mn AM 60	1,8	120... 150	190... 250	4... 14	55.. 70	470... 620	1... 2	1	100	1 bis 3	15	Gehäuse f. tragbare Werkzeuge u. Motoren, Gehäuse f. Kfz. Getriebe.
MCMgAl4Si AS 41		120... 150	200... 250	3... 12	55... 60	580... 620	2					Radfelgen
Kupfer-Legierungen DIN EN 1982												Höhere Festigkeit und Zähigkeit, hoher Formverschleiß durch hohe Gießtempertur
CuZn39Pb1Al-C	8,5	(250)	(350) (530)	(4)	(110)	880... 900	3	3	10	2 bis 5		Armaturen für Warm- und Kaltwasser
CuZn16Si4-C	8,6	(370)		(5)	(150)	850	2	3		4		
Zinn Legierungen DIN 1742												Höchste Maßbeständigkeit, kaltformbar, korrosionsbeständig
GD-Sn80Sb	7,1		115	2.5	30	250	1	2				Teile von Messgeräten

[1] Gießeignung, [2] Spanbarkeit, [3] Standmenge, [4] Wanddicke Wertungen: 1 sehr gut, 2 gut, 3 ausreichend

7 Oberflächenbeanspruchung durch Korrosion, Verschleiß und Schutzmaßnahmen

Die Beanspruchung der Oberfläche durch Korrosion und Verschleiß führen zu Materialverlust, der Störungen der Bauteilfunktion verursacht und zu hohen Kosten und Folgekosten durch Ausfall führen kann. Abhilfe wird durch Werkstoffwahl oder Oberflächenschutzschichten erreicht.

7.1 Korrosion

7.1.1 Begriffe

Korrosion ist die *Reaktion* eines metallischen Werkstoffes mit seiner Umgebung, die zu einer messbaren Veränderng – der *Korrosionserscheinung* – führt und die Funktion des Bauteiles beeinträchtigt.

Reaktionsarten

elektrochemisch	Häufigste Reaktion, Rosten des Stahles, Patina auf Kupferdächern
chemisch	Zunderung des Stahles in heißen Gasen und Schmelzen, Anlassfarben, Anlaufen von Silber
metallphysikalisch	Zerfall durch Gitter- oder Gefügeumwandlungen mit Volumenänderung, Zinnpest, wasserstoffversprödung

Elektrochemische Reaktion von Metallen in Gegenwart einer ionenleitenden Phase, meist Wasser mit gelösten Ionen. Es entstehen Korrosionselemente (Bild 1) nach dem Prinzip des galvanischen Elementes.

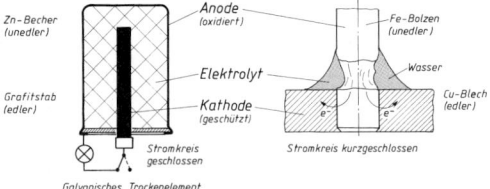

Bild 1. Korrosionselement

Galvanische Elemente nutzen den unterschiedlichen Lösungsdruck zur Erzeugung eines elektrischen Stromes, durch Oxidation des unedleren Metalles.

Kathode:	*edleres* Metall (Gefügeteil) in der Spannungsreihe rechts stehend, nimmt Elektronen aus dem Elektrolyten auf (kathodische Reduktion),
Elektrolyt:	meist wässrige Lösung von Salzen, Basen oder Säuren, enthält Ionen
Anode:	unedleres Metall (Gefügeteil), in der Spannungsreihe links stehend, gibt Elektronen ab (anodische Oxidation).

Korrosionelemente bestehen aus Werkstoffbereichen, auch Mikrobereichen im Gefüge, die von ionenleitenden Phasen bedeckt und immer kurzgeschlossen sind.

Beispiele	Anode, korrodiert	Kathode, geschützt
Kontaktelemente		
Al- Blech mit Cu-Niet	Al- Blech	Cu- Niet
Stahlblech verzinkt	Zn-Schicht	Stahlblech
CuZn-Armatur in Stahlrohr	Stahlrohr	Armatur
Lokalelemente		
heterogene Gefüge, z.B. Stahl	Ferrit	Zementit
Gefüge mit Ausscheidungen von AlMgCu	Al- Mischkristall	AlCu- Ausscheidung
Konzentrationselemente		
Belüftungselemente aus gleichen Elektroden, Elektrolyt hat unterschiedliche Konzentration: Wassertropfen auf Stahl	Zentrum (Narbe) Unbelüfteter Bereich, O-arm	Außenring mit Rost, belüftet, O-reich

Korrosionserscheinungen sind: Gleichmäßiger *Flächenabtrag* (ungefährlich), *Narben*, *Lochfraß*, örtlich in die Tiefe gehend mit steilen Wänden, gefährlich für Druckleitungen und -behälter.
Interkristalline Angriffsform (Kornzerfall) ist Abtragung längs der Korngrenzen, die ins Innere. vordringt. Gefährdet sind CrNi-Stähle durch Ausscheidungen nach dem Schweißen.
Selektive Angriffsform greift unedlere Gefügebestandteile an: Entzinkung von 2-phasigen CuZn-Legierungen, Zn-reicheres β-Zn ist anodisch und geht in Lösung, der Cu-Anteil bleibt als dünne Schicht zurück.
Spaltkorrosion tritt in engen Spalten (punktgeschweißte Bleche) auf, wenn Feuchtigkeit eindringen kann. Diese Belüftungskorrosion tritt auch bei Pfählen und Spundwänden unterhalb der Wasser-Luft-Grenze auf.
Kontaktkorrosion durch Kontaktelemente: Paarung von Metallen mit unterschiedlichem Potenzial ohne isolierende Zwischenlagen. Hartlötnähte mit Stahl bei Gegenwart von Lötmittelresten.
Weitere Arten sind Säurekondensat- und Kondensatwasserkorrosion (Auspuffanlagen), Stillstandskorrosion und mikrobiologische K. als spezielle Fälle.

Korrosionsprodukte sind bei Stahl Rost aus Fe-Oxiden und Fe-Hydroxiden, schichtartig aufgebaut und durchlässig. Fremdrost sind Rostablagerungen auf fremden Oberflächen. Bei langzeitiger Einwirkung von Gasen bei höheren Temperaturen entstehen Zunderschichten, die sich durch unterschiedliche Wämedehnung vom Grundwerkstoff lösen können (hitzebeständige Stähle 3.2.12).
Deckschichten sind fest haftende, gleichmäßig deckende Reaktionsprodukte, welche die Reaktion bremsen oder verhindern. Bei ungleichmäßiger Ausbildung können Korrosionselemente entstehen.

Passivschichten sind sehr dünne, undurchlässige, oxidische Schichten im nm-Bereich, von Metallen selbst durch Reaktion gebildet (Al, Cr, Cu-Legierungen, Ti). Durch sie wird der Werkstoff passiv, d.h. nimmt nicht mehr an der Reaktion teil.

7.1.2 Korrosionsschutz

K.-Schutz kann durch drei Maßnahmen erreicht werden:
- Änderung der Reaktionspartner bzw. der Reaktionsbedingungen (Werkstoffwahl),
- Elektrochemische Veränderung der Spannungsverhältnisse (kathodischer Schutz),
- Trennung der Reaktionspartner durch Schichten oder Überzüge auf dem metallischen Werkstoff.

7.1.2.1 Werkstoffe

Unlegierte Stähle sind unter klimatischen Bedingungen im Außenbereich nicht beständig. Dickwandige Bauteile werden mit Rostaufschlag ausgeführt, dünnwandige mit Schutzüberzügen.
Zahlreiche Normen für Flacherzeugnisse mit Überzügen (7.1.2.4).

Tabelle 1. Hinweise auf korrosionsbeständige Werkstoffe

Werkstoff-gruppe	Beständigkeitshinweise	Hinweise
Korrosions-beständige Stähle und Stahlguss	DECHEMA-Werkstofftabellen geben Beständigkeit von Metallen, Polymeren und anorganischen Werkstoffen gegen die in der chemischen Industrie verwendeten aggresiven Medien für verschiedene Temperaturen an.	3.4.4.14
Cu und Cu-Legierungen	Mit steigendem Korrosionswiderstand: CuZn, CuSnZn CuSn, CuAl, CuNiZn, CuNi	4.3.0
Al und Al-Legierungen	Unbeständig gegen Alkalien, Cu-leg. Sorten allg. unbeständiger	4.2.0
Ti und Ti-Legierungen,	Beständig gegen Cl-Ionen, SpRK und Salzschmelzen	5.4.0
Kunststoffe	Sortenspezifische Unbeständigkeit gegen Chemikalien	Tab. 5-9
Keramische Stoffe	Hohe Beständigkeit gegen fast alle Stoffe	6.2

7.1.2.2 Veränderung des korrodierenden Mediums

ist begrenzt möglich. Entzug schädlicher Beimengungen wie z.B. CO_2-Anteile oder gelöstes O durch Erwärmen oder Vakuum bei Kesselspeisewasser. Zusätze, speziell auf das Medium abgestimmt, verlangsamen die Reaktion (Inhibitoren), z.B. in Schmierölen enthalten.

7.1.2.3 Änderung der Reaktionsbedingungen (Temperatur, pH-Wert oder Strömungsgeschwindigkeit), z.B. Steigerung der Strömungsgeschwindigkeit bei Lochkorrosion.

Kathodischer K.-Schutz durch *Opferanoden* aus unedlen Metallen (Zn, Mg, Al) in der Umgebung des Schutzobjektes (Schiffsschrauben und -ruderanlagen, Sie werden elektrisch leitend angebracht.
Fremdstromanoden für erdverlegte Kabel, Rohrleitungen und Behälter. Als Anode (Pluspol) dienen im Erdreich vergrabene Platten aus GX70Si15 in Koks und Fe-Schrott eingebettet und mit einer äußeren Gleichstromquelle gespeist.

7.1.2.4 Trennung durch Schutzschichten

Schutzschichten aus verschiedenen Stoffen werden nach zahlreichen Verfahren auf die Schutzobjekte aufgebracht (→ 7.5.3). Für Bleche und Bänder existieren zahlreiche Normen.

DIN EN	Werkstoffe und Überzüge
10142/00 E 10326/02 E 10327/02	Kontinuierlich feuerverzinktes Band und Blech aus weichen Stählen zum Kaltumformen Kontinuierlich schmelztauchveredeltes Band und Blech aus Baustählen Kontinuierlich schmelztauchveredeltes Band und Blech aus weichen Stählen z. Kaltumformen
10147/00	kontinuierlich feuerverzinktes Blech und Band aus Baustählen
10154/02	Kontinuierlich schmelztauchveredeltes Band und Blech mit Überzügen aus AlSi; (AS) DIN EN 10214/95 dto. Überzüge aus ZnAl (ZA); DIN EN 215/95 dto. Überzüge aus AlZn (AZ)
10152/93	Elektrolytisch verzinkte, kaltgewalzte Flacherzeugnisse aus Stahl zum Kaltumformen
10292/00	Kontinuierlich schmelztauchveredeltes Band und Blech aus Stählen mit höherer Streckgrenze

7.2 Tribologie

7.2.1 Begriffe

Tribologie (griech. Reibung) ist die Wissenschaft und Technik von aufeinander einwirkenden Oberflächen in Relativbewegung. Sie umfasst das Gebiet von Reibung und Verschleiß, einschließlich Schmierung und schließt Grenzflächenwechselwirkungen sowohl zwischen Festkörpern als auch zwischen Festkörpern und Flüssigkeiten oder Gasen ein.

Tabelle 2. Wechselwirkungen zwischen Reibung, Verschleiß und Schmierung

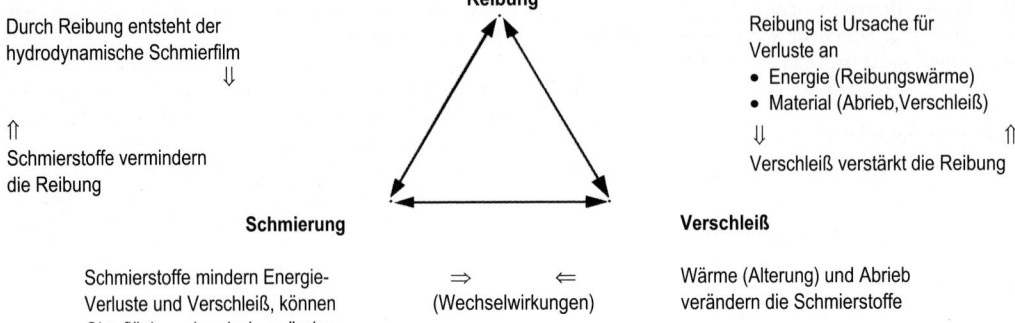

Durch Reibung entsteht der hydrodynamische Schmierfilm ⇓

⇑ Schmierstoffe vermindern die Reibung

Reibung ist Ursache für Verluste an
- Energie (Reibungswärme)
- Material (Abrieb,Verschleiß)

⇓ ⇑ Verschleiß verstärkt die Reibung

Schmierstoffe mindern Energie-Verluste und Verschleiß, können Oberflächen chemisch verändern ⇒ ⇐ (Wechselwirkungen) Wärme (Alterung) und Abrieb verändern die Schmierstoffe

Reibung und Verschleiß sind deshalb keine Werkstoffeigenschaften, sondern Eigenschaften des jeweiligen tribologischen Systems.

Das Tribologische System (Bild 2)

1. **Grundkörper** ist der für den Verschleiß wichtigere (Lagerschale, Führungsbahn, Baggerschaufel).
2. **Gegenkörper**. Bei geschlossenen Systemen ein definierter Körper (Wellenzapfen, Führungsprismen), bei offenen Systemen ein ständig wechselnder (Fördergut, Schmiederohling, Gestein).
3. **Zwischenstoff** (Schmierstoffe, Abrieb). Diese drei Systemelemente sind von einem umhüllenden Stoff umgeben:
4. **Systemumhüllende**, i. A. Luft mit Anteilen von O_2, CO_2, SO_2 oder H_2O und Staub. Die Stoffe können mit den Oberflächen und dem Zwischenstoff reagieren.
5. **Beanspruchungskollektiv** mit den Größen
   Normalkraft F_N, nach Betrag, Richtung und zeitlichem Verlauf sehr verschieden.
   Relativgeschwindigkeit v. Die Bewegung kann gleitend, wälzend, stoßend oder strömend sein (Flüssigkeiten, Gase)
   Temperatur T, wirkt auf die Viskosität des Schmierstoffes ein, beschleunigt Reaktionen.
   Beanspruchungszeit t_B erhöht Materialverlust und Masse der Reaktionsprodukte.

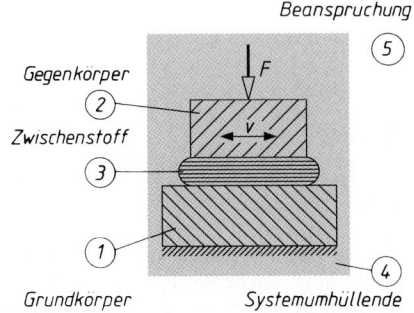

Bild 2. Tribosystem

Aufgabe der Tribologie ist die Optimierung tribologischer Systeme, im Einzelnen:

- Steigerung des Wirkungsgrades und der Leistung
- Erhöhung von Zuverlässigkeit und Lebensdauer
- Senken der Wartungs- und Instanthaltungskosten.

7.2.1 Reibungsarten und Reibungszustände

Tabelle 3. Reibungsarten

Haftreibung	Widerstand, welcher eine Relativbewegung zweier sich berührender Körper **verhindert**
Gleitreibung	Widerstand, welcher eine Relativbewegung zweier sich berührender Körper **hemmt**
Rollreibung	Widerstand, der das Rollen eines Zylinders auf der Unterlage hemmt, idealisiert mit Linienberührung und der Relativgeschwindigkeit Null (kein Schlupf)
Wälzreibung	Rollreibung mit Gleitanteil (Schlupf)
Innere Reibung (Viskosität)	Widerstand in einem Körper, der eine Relativbewegung innerer Volumen- oder Stoffteilchen behindert

Ursachen der Reibung sind Adhäsionskräfte durch ungleiche elektrische Ladungen (Dipolkräfte) und Mikrokontakte zwischen den Rauheitsspitzen → hohe Flächenpressung → Verformung → Verschweißung und Abscheren.

Es entsteht in der Kontaktfläche eine Reibkraft $F = F_N f$, die längs des Reibweges wirkt und sich überwiegend in Wärme umsetzt. Ein Teil wird zur plastischen Verformung und Abscheren der Mikrokontakte benötigt. Die Reibzahl f (auch μ) wird durch Versuche ermittelt und hängt von Reibungsart und -zustand ab, es können auch Flächenpressung und Gleitgeschwindigkeit Einfluss haben.

Tabelle 4. Reibungszustände

Zustand	Kennzeichen	Verschleiß	Beispiel
Festkörperreibung	Gleiten ohne Zwischenstoff. Bei Metallen erfolgt Adhäsion mit Stoffübertragung und Abscheren. Adhäsionsneigung umso kleiner, je unterschiedlicher die Kristallgitter der Partner sind.	Sehr hoch „Fressen"	Bremsbelag Scheibe Radspurkranz Schiene
Trockenreibung (im Vakuum)			
Grenzschicht-Reibung	Als Zwischenstoff treten Grenzschichten auf, die durch tribochemische Reaktionen der Reibpartner mit dem Umgebungsmedium (Luft) und dem Zwischenstoff (Ölzusätze) entstehen.	Grenzschichten vermindern Reibung und Verschleiß	Lösen von Schrumpfverbindungen
Grenzreibung	Durch Adsorption bilden sich auf oxidischen Oberflächen molekulare Schmiertoffilme aus.		
Mischreibung	Schmierfilm zeitweise unterbrochen, es wechseln Festkörper- und Flüssigkeitsreibung ab	Anfahren von Maschinen mit kaltem Schmiermittel	
Flüssigkeitsreibung	Lückenloser Schmierfilm, Reibung zwischen den Reibpartnern wird verlagert in die Reibung zwischen den Schmierstoffmolekülen.	Reibung und Verschleiß minimal	Lager im Dauerbetrieb
Gasreibung	Lückenloser Gasfilm trennt die Reibpartner		

Der lückenlose Schmierfilm entsteht durch Druckaufbau von außen oder im Innern des Öles, für seine Aufrechterhaltung sind Dicke des Schmierspaltes, Viskosität und Temperatur des Schmiermittels wichtig.

Hydrostatisch (aerostatisch)	Äußere Pumpe erzeugt vor dem Anfahren den Schmierfilm, der die Reibpartner trennt	Wellenzapfen liegt in Ruhe exzentrisch in der Lagerbohrung, Schmierfilmdicke muss größer sein als Summe der Rautiefen
Hydrodynamisch (aerodynamisch)	Druckaufbau durch Adhäsion der Ölmoleküle, die in den sich verengenden Spalt gezogen werden. Voraussetzungen sind : Ausreichende Relativgeschwindigkeit und Viskosität des Schmierstoffes	
	Verdrängungswirkung von Flächen, die sich aufeinander zu bewegen	Wälzvorgang, Aquaplaning

Viskosität, (auch Zähigkeit) ist die wichtigste Kenngröße für Schmieröle und kennzeichnet die Kraft, mit der sich die Kettenmoleküle einer Verschiebung in Schichten (laminare Strömung) widersetzen.
Dabei erfolgt auch ein Abscheren zu kleineren Ketten (Alterung). Hohe Viskosität = zähflüssig, niedrige V. = dünnflüssig.

Kinematische Viskosität: Zeitmessung, Ausfluss aus genormten Gefäßen (Kapillarviskometer).
Dynamische Viskosität: Zeitmessung, Fallzeit einer Kugel in genormten Gefäßen (Fallviskosimeter).

Einflusse auf die Viskosität

Molekülstruktur	Temperatur	Umgebungsmedium, Zeit
↑ Viskosität steigt		↓ Viskosität sinkt
↑ mit Länge und Verzweigungen	↓ mit steigender Temperatur.	↓ durch Oxidation (Verharzung), thermischen Zerfall und mechanisches Abscheren der Ketten

Stärkster Einflussfaktor ist die Temperatur. Eine Temperatursteigerung um 10 K senkt die Viskosität bis auf die Hälfte, max. bis zu einem Drittel. Viskostätsverbesserer (verzweigte Polymere) mindern die Abhängigkeit, wichtig für Verbrennungsmotorenöle.

7.2.3 Schmierstoffe

7.2.3.1 Öle

Mineralöle werden durch fraktionierte Destillation aus dem Rohöl abgetrennt und sind Mischungen aus linearen oder verzweigten Alkanen (Parraffinbasisöl) oder ringförmigen Cyclo-Alkanen (Naphtenbasisöl). Durch Raffination entstehen unlegierte Öle für einfache Beanspruchungen (Tabelle 5).
Mit Zusätzen (Tabelle 6) sind sie für besondere Anforderungen geeignet (z.B. Motorenöle).

Tabelle 5. Kennbuchstaben und Symbole für Schmieröle, Sonderöle, schwerentflammbare Hydraulikflüssigkeiten und Synthese- oder Teilsyntheseflüssigkeiten nach DIN 51502

Stoffart (Anwendung)	Kennbuchstabe(n)	Normen
Stoffgruppe 1 Mineralöle,		
Normalschmieröle	AN	DIN 51501
Bitumenhaltige Schmieröle	B	DIN 51513
Umlaufschmieröle	C	DIN 51517
Gleitbahnöle	CG	
Druckluftöle	D	
Luftfilteröle	F	
Formen-Trennöle	FS	
Hydrauliköle (HL, HLP)	H	DIN 51524-1/2
Hydrauliköle (HVLP)	HV	DIN 51524-3
Motoren-Schmieröle	HD	
Schmieröle für Kfz.-Getriebe	HYP	
Isolieröle elektrisch	J	
Kältemaschinenöle	K	DIN 51503-1
Härte- und Vergüteöle	L	DIN ISO 6743
Wärmeträgeröle	Q	DIN 51522
Korrosionsschutzöle	R	
Kühlschmierstoffe	S	DIN 51385
Schmier- und Regleröle	TD	DIN 51515-1
Luftverdichteröle (VB, VC)	V	DIN 51506
Walzöle	W	

Stoffart (Anwendung)	Kenn-buchstabe(n)	Normen Symbol
Stoffgruppe 2: Schwer entflammbare Hydraulikflüssigkeiten für Bergbau, Walzwerke, Flugzeuge		
Öl-in-Wasser-Emulsionen	HFA	DIN 24320
Wasser-in-Öl-Emulsionen	HFB	
Wäßrige Polymerlösungen	HFC	
Wasserfreie Flüssigkeiten	HFD	
Stoffgruppe 3: Synthese- oder Teilsyntheseflüssigkeiten, biologisch abbaubar, für Anlagen der Nahrungsmittelindustrie, Baumaschinen		
Ester, organisch	E	
Perfluor-Flüssigkeiten	FK	
Synthet. Kohlenwasserstoffe	HC	
Ester der Phophorsäure	PH	
Polyglykolöle	PG	
Silikonöle	SI	
sonstige	X	

Tabelle 6. Kennzahlen für die Viskosität (fett) nach DIN 51519. (Viskositäten sind ca.-Werte)

ISO-Viskositätsklasse	Kinem. Visk. mm²/s 40	Kinem. Visk. mm²/s 50° C	Dyn. V. mPa s 40° C
ISO VG 2	2,2	1,3	2,0
ISO VG 3	3,2	2,7	2,9
ISO VG 5	4,6	3,7	4,1
ISO VG 7	6,8	5,2	6,2
ISO VG 10	10	7	9,1
ISO VG 15	15	11	13,5
ISO VG 22	22	15	18
ISO VG 32	32	20	29
ISO VG 46	46	30	42
ISO VG 68	68	40	61
ISO VG 100	100	60	90
ISO VG 150	150	90	135
ISO VG 220	220	130	200
ISO VG 320	320	180	290
ISO VG 460	460	250	415
ISO VG 680	680	360	620
ISO VG 1000	1000	510	900
ISO VG 1500	1500	740	1350

Tabelle 7. Zusatz-Kennbuchstaben für Schmierstoffe (ausgenommen sind Motorschmieröle, Schmieröle für Kfz.-Getriebe und schwer entflammbare Hydraulikflüssigkeiten).

Schmierstoffart	Zusatz-Kennbuchstaben
Schmieröle mit detergierenden Zusätzen, z.B. Hydrauliköl HLPD	D
Schmieröle, die in Mischung mit Wasser verwendet werden, z.B. Kühlschmierstoff SE	E
Schmierstoffe mit Wirkstoffen zum Erhöhen des Korrosionsschutzes und/oder der Alterungsbeständigkeit, z.B. Schmieröl DIN 51517 - CL-100	L
Schmierstoffe mit Festschmierstoff-Zusatz (z.B. Graphit, Mo-Disulfid) z.B. Schmieröl CLPF	F
Wassermischbare Kühlschmierstoffe mit Mineralölanteilen, z.B. Kühlschmierstoff SEM	M
Wassermischbare Kühlschmierstoffe auf synthetischer Basis, z.B. Kühlschmierstoff SES	S
Schmierstoffe mit Wirkstoffen zum Herabsetzen von Reibung und Verschleiß im Mischreibungsgebiet und/oder zur Erhöhung der Belastbarkeit, z.B. Schmieröl DIN 51517 - CLP-100	P
Schmierstoffe, die mit Lösungsmitteln verdünnt sind, z.B.Schmieröl DIN 51513 - BB-V[1)]	V

■ **Beispiel:** Kennzeichnung eines Öles

CL 68
Kasten: Mineralöl
C Schmieröl C, Stoffgruppe 1;
L Korrosionsbeständigkeit,(Tabelle 7);
68 Viskositätskennzahl (Tabelle 6)

Normen: DIN TB 192 Schmierstoffe, Eigenschaften und Anforderungen, TB 303 und TB 248 Prüfungen

Tabelle 8. Zusätze zu Schmierölen

Eigenschaftsmangel	Zusätze (Additives)	Stoffe und Wirkungsweise
Viskosität sinkt stark mit steigender Temperatur	VI-Verbesserer (VI = Viskositätsindex). Die V,T-Kurve wird flacher	Polymere Kettenmoleküle (M_r = 2 (10^4 ... 10^6 aus PMMA, PE-PP, S-B). Die *Knäuelmoleküle* strecken sich beim Erwärmen und erhöhen die innere Reibung
Bei Misch- und Grenzreibung kommt es zu Adhäsionsverschleiß, es erhöht sich die Reibzahl	Verschleißminderer AW - (anti-wear) und EP-Zusätze (extrem pressure)	Polare Zusätze bilden eine Adsorptionsschicht (elektrostatische Anziehung zum Metall), organische Cl-, P- und S-Verbindungen bilden durch tribochemische Reaktionen Oberflächenschichten mit kleinerer Reibzahl zu den Partnern
Feststoffteilchen lagern sich auf den Metalloberflächen ab	Detergentien	Zusätze fördern die Benetzung durch Öl und lösen Ablagerungen ab
Feststoffteilchen (Abrieb) lagern im kalten Öl ab	Dispersantien	Zusätze halten die Teilchen (Ruß) in Schwebe, keine Kaltschlammbildung
Öl-Abbaustoffe greifen Metalle an	Korrosions-Inhibitoren	Zusätze ermöglichen die Bildung von dünnen Schutzschichten

7.2.3.2 Festschmierstoffe sind durch ihre Kristallstruktur in der Lage, in dünnsten Schichten abzuscheren. Dabei bleiben kleinste Partikel in den Rauheitsmulden zurück, wo sie die Oberflächen glätten und Mikrokontakte verhindern. Voraussetzung ist genügend kleine Partikelgröße (0,1 ... 1 µm). Festschmierstoffe werden eingesetzt bei hohen Temperaturen oder bei Forderung nach Ölfreiheit.
Ihre Struktur ist ähnlich: Molekülgitter mit starken Kräften (kleine Abstände) innerhalb der netzartigen Moleküle und schwache Kräfte (größere Abstände) zwischen ihnen.
Anwendung für Gleitlager mit niedrigen Gleitgeschwindigkeiten, oszillierenden Bewegungen im Mischreibungsgebiet, bei Forderung nach Ölfreiheit und bei hohen Temperaturen, wie Schraubenverbindungen an Auspuffanlagen, Rohrleitungsflanschen, Bestandteil von Verbundwerkstoffen für Gleitfunktionen. Anwendungsformen sind Pasten, Sprays, und Einlagerungen in Sinterwerkstoffe.

Tabelle 9. Festschmierstoffe, Eigenschaften und Anwendung

Stoff	Beschreibung	Anwendung
Talkum	Magnesiumsilikat, weißes Mineral, fettiger Griff	Pulver, Gleit- und Trennmittel für Reifendecke/ Schlauch, in Kabeln, Schneiderkreide
Graphit	Reiner Kohlenstoff, schwarzes Mineral, höhere Wärmeleitfähigkeit und Temperaturbeständigkeit in Luft (550 °C) als MoS_2, preisgünstiger	Pulver für Sicherheitsschlösser, Pasten mit rückstandfrei verdampfenden Flüssigkeiten. Zusatz zu Fett und Öl, Bestandteil von Sinterwerkstoffen für Gleitzwecke (Stromabnehmerteile, Kolbenringe f. Gaskompressoren)
Bornitrid (hex. BN)	Wegen des Graphitgitters als weißer Graphit bezeichnet, in Luft stabil bis 1000 °C, in Inertgas bis 1800 °C	Beschichtung (coatings) mit Spray oder Pasten (Schlichte) von gießtechnischen Geräten und Anlagen, die mit Al-, Mg-, Zn-, Pb-Schmelzen oder Schlacken Kontakt haben. Geringe Benetzung und Reibung zwischen Schmelze/Wand. Trennmittel beim Löten, Sintern, und Warmumformen
Molybdändisulfid	Synthetische Verbindung MoS_2, bleigraue Kristalle, höhere Druckfestigkeit (Dichte) und Beständigkeit im Vakuum (Pumpen) als Graphit, bis ca 400 °C beständig, Korngröße 0,1 ... 10 µm	Pulver und Pasten für Grundbehandlung von Gleitstellen, die nicht mehr nachgeschmiert werden können: Stopfbuchsenpackungen, Kreuzgelenke. Gleitlacke für Nabe-Welle-Verbindung zur Verhütung von Reiboxidation (Passungsrost), Bestandteil von Sinterwerkstoffen für Gleitzwecke (in Verbindung mit PTFE (Teflon) und hex. BN

7.2.3.3 Fette

Fette sind durch Verseifung verdickte Öle (Naphtenbasis = Ringverbindungen) Seifen sind Salze der Metalle Na, Ca, Li (auch Kombinationen) mit langkettigen Fettsäuren. Der Viskosität entspricht die Konsistenzkennzahl, ermittelt mit der Konuspenetration (DIN ISO 2137). Zähes Fett lässt einen genormten Kegel weniger eindringen als dünnflüssigeres.

Tabelle 10 (4 Teile). Kennzeichnung von Schmierfetten DIN 51502

1 Schmierfett für	Kenn-Buchst.
Wälz- und Gleitlager, Gleitflächen DIN 51825	K
geschlossene Getriebe DIN 51826	G
Offene Verzahnungen (Haftschmierstoffe)	OG
Für Gleitlager und Dichtungen	M
Schmierfette auf Synthesebasis	

■ **Beispiel:**
Kennzeichnung eines Fettes mit Mineralölbasis

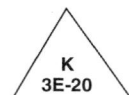

Dreieck:
Mineralölbasis ; K für Wälzlager (Tabelle 10.1)
3: Konsistenzklasse 3 (Tabelle 10.2);
E: obere Gebrauchstemp. bis 80° C (Tabelle 10.3),
-20: untere Gebrauchstemperatur (Tabelle 10.4).

2 Konsistenzklasse	
Walkpenetration in 0,1 mm -	Kennzahl
445...475	000
400...430	00
355...385	0
310...340	1
265...295	2
220...250	3
175...205	4
130...160	5
85...115	6

4 Gebrauchstemperatur	
T_{min} in °C	Kennzahl
– 10	– 10
– 20	– 20
– 30	– 30
– 40	– 40
– 50	– 50
– 60	– 60

3 Zusatzkennbuchstaben					
T_{max} in °C 1)	Verhalten gegen Wasser		T_{max} in °C	Verhalten gegen Wasser	
60	0 oder 1	C	140	Nach Vereinbarung	N
	2 oder 3	D	160		P
80	0 oder 1	E	180		R
	2 oder 3	F	200		S
100	0 oder 1	G	220		T
	2 oder 3	H	>220		U
120	0 oder 1	K	0 keine, 1 geringe, 2 mäßige, 3 starke Veränderung		
	2 oder 3	M			

Tabelle 11. Verschleißmechanismen

Verschleiß-Mechanimus	Kennzeichen	Erscheinungsbild	Gegenmaßnahmen	
Adhäsion	Verschweißungen im Mikrobereich, wo örtlich hohe Temperaturen (Blitztemperaturen) auftreten können	Fressererscheinungen, Bremsspuren, Aufbauschneide,	Reibpartner mit unterschiedlicher chemischer Struktur wählen	
Abrasion (Furchung)	Zerspanung im Mikrobereich, Riefen durch harte Teilchen im Zwischenstoff oder durch die Adhäsion entstandene, abgescherte, verfestigte Partikel	Riefen auf Bremsscheiben oder an Lagern bei verunreinigtem Öl	Hartstoffpartikel im Grundkörper, Einbettungsfähigkeit des Gegenkörpers	
Oberflächenzerrüttung	Rissbildung in der Oberfläche durch wechselnde Spannungen und Verformungen hervorgerufen	Grübchenbildung bei Wälzlagern, an Zahnflanken,	Dickere Randschicht Gehärtet (bei Stahl)	
Tribochemische Reaktion	Reaktionsprodukte beeinflussen den Verlauf des Verschleißes. Sie entstehen durch Reaktion der Reibpartner mit dem Umgebungsmedium unter Wirkung der Tribobeanspruchung	Reiboxidation, (Passungsrost), Wirkung der Öl-Additiva auf die Oberflächen (Hypoidöle)	Dünne Zwischenschichten aus Festschmierstoffen	

7.3 Verschleiß

Verschleiß ist der Materialverlust durch die tribologische Beanspruchung:
Im Mikrobereich wird die Oberfläche impulsartig elastisch und plastisch verformt, schockartig erwärmt und abgeschreckt, evtl. durch Martensitbildung verfestigt (Reibmartensit) und durch abgelöste Partikel zerfurcht und chemisch aktiviert.
Verschleiß erfolgt nach vier Mechanismen, die vielfach in Kombination auftreten (Tabelle 11).

7.4 Lager- und Gleitwerkstoffe

7.4.1 Allgemeines

Bei der Kraft- und Bewegungsübertragung berühren sich Maschinenteile und gleiten aufeinander. Grundkörper sind meist Bauteile aus Stahl oder Gusseisen im weichen, gehärteten oder beschichteten Zustand. Die Gegenkörper (Lagerwerkstoff) sollen geringen Verschleiß und Schmiermittelverbrauch verursachen, die Paarung eine niedrige Reibzahl ausweisen. Beim System Welle / Lager muss die entstehende Reibungswärme abgeführt werden, damit die Lagertemperatur nicht unzulässig ansteigt und durch Wärmedehnung kein Klemmen auftritt.
Daneben gibt es andere Tribosysteme wie Zahnradpaarungen, Schnecke / Rad, Schraube / Mutter mit anderen Beanspruchungskollektiven. Für diese Beanspruchungen stehen zahlreiche Lagerwerkstoffe aus unterschiedlichen Legierungen, Polymeren und Keramik zur Verfügung (Tabelle 14).

Struktur von Gleitlagern
Massivgleitlager (Cu-Knet- und Gusslegierungen) als Sand-, Kokillen-, Strang- oder Schleuderguss, je nach Größe und Stückzahl. Die gesamte Lagerschale besteht aus dem Lagerwerkstoff.
Verbundgleitlager (alle Lagerwerkstoffe) in dünneren Schichten auf korrosionsgeschützten, verzinnten, oder verkupferten Stahlstützschalen (1...3 mm) zur Kraftübernahme und Ausgleich der Wärmedehnung. Tragschicht aus Lagermetallen und evtl. Zwischenschichten als Diffusionssperre und teilweise eine äußere Gleitschicht (Dreischichtlager).
Gleitschichten (overlay)) aus PbSn(Cu), galvanisch in dünner Schicht aufgebracht (< 20 µm), für Grenzreibung und als Korrosionsschutz. **Gleitlagerfolie.** Al-Streckmetall mit PFTE und Festschmierstoff, eingewalzt und gesintert. Extrem dünnwandige Bauweise (Glacier DM®) für z.B. spielfreie Scharniere.

7.5.2 Lagerwerkstoffe

Kennzeichen der Lagermetalle sind im Basismetall unlösliche Komponenten. Sie erstarren – abhängig vom Schmelzpunkt – als erste (Cu) oder letzte Phase (Pb). Auf diese Weise erhält man harte oder weiche Phasen im evtl. durch weitere LE verfestigten Grundgefüge. Es besteht die Gefahr von Seigerungen, deshalb Schleuderguss oder schnelle Abkühlung.

Tabelle 12. Gefüge der Lagerwerkstoffe

Gefüge	Werkstoffe
Harte Kristalle in weicher Matrix	Pb-Sn-Legierungen mit Antimon, PbSb-Kristalle sind härter (Hartblei) als das Grundgefüge, ebenso SnSb als intermetallische Phase
Weiche Gefügebestandteile in härterer Matrix	CuZn, CuSn, CuAl mit Zusätzen: Härtere intermetallische Phasen in weicheren Cu-Mischkristallen (kfz.); CuSnPb mit härteren CuSn-Phasen mit weicherem Pb, (ist Cu-unlöslich und erstarrt als letzte Phase) in feiner Verteilung.
Homogene Gefüge (Mischkristalle)	CuSn bei geringen Sn-Anteilen, P zur weiteren Mischkristallverfestigung. Minderung der Verschweißneigung, P hat Affinität zum Schmierstoff
Heterogene Gefüge aus Metall- und Nichtmetallphasen	Trockengleitlager: Stahlstützschale mit aufgesinterter CuSn-Schicht (Bronze) und aufgewalzter PTFE-, oder POM -Schicht mit Festschmierstoffanteil (Graphit).Selbstschmierende Lager: Sintereisen oder -bronze. Porenräume mit Öl, Fett oder Graphit gefüllt.:

Tabelle 13. Anforderungen an Lagerwerkstoffe und Eigenschaftsprofil

Anforderungen an Lagerwerkstoffe	Werkstoffeigenschaften
Belastbarkeit (Flächenpressung) und Fähigkeit, Fremdkörper einzubetten und Schmiertaschen zu bilden	heterogene Gefüge mit härteren Tragkristallen und weicheren Gefügeteilen
Geringe Wärmeentwicklung, aber gute Ableitung von Reibungswärme, kein Klemmen durch Wärmeausdehnung	niedrige Reibzahl und hohe Wärmeleitfähigkeit (Wärmedehnung der Partner beachten)
Niedriger Verschleiß = hohe Lebensdauer	Geringe Neigung zum Kaltschweißen (geringe Adhäsionsneigung, Abrasionswiderstand)
Bei Mangelschmierung oder Ausfall soll ein kurzzeitiges Gleiten aufrecht erhalten werden (Notlaufeigenschaften)	Anteil oberflächlich schmelzender Bestandteile oder Festschmierstoffe im Gefüge
Bei nicht exakt fluchtenden Achsen kein Bruch durch Kantenpressung, bei Stoßbelastung oder durch Ermüdung,	angepasste Zähigkeit, hohe Dauerfestigkeit

Tabelle 14. Lagermetalle und -werkstoffe, Übersicht über die Legierungssysteme

Legierungssystem	Beispiele	Beschreibung
DIN ISO 4381	Blei-und Blei-Zinn-Verbundlager, Gusslegierungen	
Mit kleinen Anteilen von Cu, As, Cd	**PbSb15SnAs** PbSb15Sn10 PbSb10Sn6 PbSb14Sn9CuAs **SnSb12Cu6Pb** **SnSb8Cu4** SnSb8Cu4Cd	Dreifachsystem aus zwei eutektischen Systemen (PbSn und PbSb) kombiniert mit einem peritektischen (SbSn) mit kompliziertem Erstarrungsverlauf. Primäre Ausscheidung der harten Sb-reichen intermetallischen β-Phase, als würfelförmige Tragkristalle in der Grundmasse aus Pb+ β) liegend. As und Cd wirken weiter verfestigend. Bei Cu-haltigen Sorten scheidet sich primär eine harte, intermetallische CuSn-Phase dendritisch aus. Sie hält die später kristallisierenden würfelförmigen SbSn-Kristalle in der bleireichen Schmelze in Schwebe. **Fettdruck**: Sorten auch in DIN ISO 4383 enthalten
DIN ISO 4382-2	**Cu- Knetlegierungen** für Massivgleitlager	
Cu-Sn, Cu-Zn Cu-Al	CuSn8P CuZn31Si1 CuZn37Mn2Al2Si CuAl9Fe4Ni4	Homogene Gefüge aus kfz.-MK bis etwa 8% Sn, darüber heterogene mit der härteren intermetallischen δ-Phase. (Sondermessing), kfz.-Mischkristallgefüge, zähhart, geringe Notlaufeignung. Cu-Al sehr hart, seewasserbeständig, Konstruktionsteile mit Gleitbeanspruchung.
DIN ISO 4382-1	**Cu-Gusslegierungen** für dickwandige Verbund- und Massivgleitlager	
Cu-Pb- Sn Massivgleitlager	CuPb8Pb2 CuSn10Pb CuSn12Pb2 CuPb5Sn5Zn5 CuSn7Pb7Zn3	Blei ist in Cu unlöslich, es bleibt zwischen den CuSn-Mischkristallen und härteren CuSn-Phasen flüssig und erstarrt zuletzt. Zn ersetzt teilweise das teure Sn (Rotguss). Pb wirkt bei Überhitzung als Notschmierstoff. Mit steigendem Pb-Gehalt sinkt die Härte. Mit dem Sn-Gehalt steigen Härte und Streckgrenze, für gehärtete Gegenkörper und Stoßbeanspruchung geeignet.
Massiv- und Verbundlager	CuPb9Sn5 CuPb10n10 CuPb15Sn8 CuPb20Sn5 CuAl10Fe5Ni5	Pb ergibt weiche, anpassungsfähige (Fluchtungsfehler) Legierungen für mittlere bis hohe Gleitgeschwindigkeiten, bei hohen Pb-Gehalten auch für Wasserschmierung geeignet. Al erhöht Korrosionsbeständigkeit und Gleiteigenschaften, Fe verhindert das Entstehen spröder Phasen. Harte Werkstoffe mit hoher Zähigkeit und Dauerfestigkeit
DIN ISO 4383	**Verbundwerkstoffe** für dünnwandige Gleitlager	
Cu-Pb	**CuPb10n10** **CuPb17Sn5** **CuPb24Sn4** CuPb30	Mit Pb-Gehalt steigt der Verschleißwiderstand im Bereich der Mischreibung und Korrosionsbeständigkeit gegen Schwefelverbindungen, deshalb Einsatz in Kfz-Verbrennungsmotoren mit Stillständen und Kaltstarts für Haupt- und Pleuellager.
Al	AlSn20Cu — weich AlSn6Cu — härter AlSi11Cu — hart AlZn5Si1,5Cu 1Pb1Mg — hart	Al ist leicht und gut wärmeleitend, gleiche Wärmausdehnung wie bei Al-Gehäusen, die Al-Oxidschicht verhindet Adhäsion und Korrosion. Mit der Härte steigt die Dauerfestigkeit. Gerollte Buchsen oder dünnwandig auf Stahlblech gewalzt und mit galvanischer Gleitschicht versehen.
Gleitschichten Overlays	PbSn10Cu2 — weich PbSn10, PbIn7	Dünne, galvanisch aufgebrachte Schichten zum Einlaufen und für Grenzreibung.
Sintereisen, Sinterbronze	Fe mit 0,3 % C + Cu Cu mit 9...11 %Sn	Porenräume sind mit Schmierstoff gefüllt (< 30 %), das bei Erwärmung austritt. Mit Kunststoff-Gleitschicht imprägniert (PTFE, POM, PVDF)

Tabelle 15. Lagermetalle und Gleitwerkstoffe auf Cu-Basis (DKI)

Kurzname DIN EN 1982 W.-Nummer	Gießart [2]	Festigkeiten [1] R_m MPa	$R_{p0,2}$ MPa	A %	Härte HB min	Bemerkungen	Anwendungsbeispiele
CuSn12-C CC483K	-GS -GM -GZ -GC	260 270 280 280	140 150 150 140	12 5 5 8	80 80 95 90	Sorten mit 2 % Pb für Lager mit verbesserten Notlaufeigenschaften, dafür sind gehärtete Wellen zweckmäßig, in GZ- oder GC- Ausführung sind Lastspitzen bis max. 120 MPa zulässig	Schneckenräder und -kränze, Gelenksteine, unter Last bewegte Spindeln, Lager mit hohen Lastspitzen
CuSn12Ni2-C CC484K	-GS -GZ -GC	280 300 300	160 180 170	14 8 10	90 100 90	Wie oben mit erhöhter Zähigkeit und Verschleiß-festigkeit	Schneckenradkränze mit Stoßbeanspruchungen
CuSn7Zn4Pb7-C CC493K	-GS -GM -GZ -GC	240 230 270 270	120 120 130 130	15 12 13 16	65 60 75 70	Preisgünstig, für normale Gleitbeanspruchung, gute Notlaufeigenschaften durch 5…8 %Pb. In GZ- oder GC- Ausführung sind bis zu 40 MPa zulässig (Alter Name Rg7)	Lager im Werkzeugmaschinenbau, in Baumaschinen, Schiffswellenbezüge
CuSn7Pb15-C CC496K	-GS -GZ -GC	180 220 220	90 110 110	8 7 8	60 65 65	Beste Notlaufeigenschaften bei Mangel-bzw. Wasserschmierung. In GC- Ausführung sind bis zu 70 MPa Flächenpressung zulässig	Lager mit höchsten Flächendrücken, Lager von Kaltwalzwerken, mit Kantenpressung, Motorenhauptlager
CuZn25Al5Mn4Fe3-C CC762S	-GS -GM -GZ -GC	750 750 750 750	450 480 480 480	8 8 5 3	180 180 190 190	Preisgünstig, für besonders hohe statische Belastungen geeignet, weniger für dynamische und hohe Gleitgeschwindigkeiten. Schlechte Notlaufeigenschaft, gute Schmierung erforderlich	Gelenksteine, Spindelmuttern, die nicht unter Last verstellt werden, langsam laufende Schneckenradkränze
CuAl11Fe5Ni6-C CC344G	-GS -GM -GZ	680 680 750	320 400 400	5	170 200 185	Für höchste Stoß-und Wechselbelastung bis zu 25 MPa Flächenpressung, mäßige Notlaufeigenschaf-ten, hohe Dauerschwingfestigkeit in Meerwasser	Stoßbeanspruchte Gleitlager in Schmiedemaschinen und Kniehebelpressen, Gelenkbacken, Druckmuttern

[1] Mittelwerte [2] Gießart: Sandguss (-GS); Kokillenguss (-GM); Schleuderguss (-GZ); Strangguss (-GC); [3] Alle Kupfer-Guss-Legierungen sind in DIN EN 1982 zusammengefasst.

Tabelle 14. Fortsetzung

DIN ISO 6691 Thermoplastische Kunststoffe für Gleitlager		
Beispiele		Beschreibung
Polyamide	PA6; PA66; PA11, PA12	Vielseitige Werkstoffe für Gleitlager und -elemente, zähhart, stoß-, verschleiß- und schwingfest, Förderkettenglieder, Kupplungsteile
Polyoxymethylen,	POM	POM, für Mischreibung geeignet, Zahnräder
Polytetrafluorethylen	PFTE	PFTE, weich, kleine Reibzahl, kaltzäh, kleinste Gleitgeschwindigkeiten.
Polyimide	PI	PI, hart, wärmebeständig bis 350° C, z. B. Lager in Durchlauföfen

7.5 Beschichtungen und Schichtwerkstoffe

7.5.1 Allgemeines

Die Oberfläche eines Bauteils ist der Angriffsort für Verschleiß und Korrosion, in einer Oberflächenschicht wirken meist die maximalen, meist wechselnden Spannungen. Sie kann durch Stoffeigenschaftändern oder Beschichten so verändert werden, dass ein einfacher, preisgünstiger Grundwerkstoff in einer bestimmten Eigenschaft „aufgerüstet" wird, um das Anforderungsprofil zu erfüllen.

Übersicht. Schichtsytem

Technologie	Funktion
Substrat, Substrat-Oberfläche	
Bauteile, Flach- oder Langprodukte, Reinheit und Rauheit durch Vorbehandlungen [1]	Strukturwerkstoff, Widerstand gegen Verformung und Bruch. Wichtig für die sichere Haftung der Schicht
Zwischenschicht	
wird aufgetragen oder entsteht durch Diffusion bei höheren Temperaturen	Ausgleich der unterschiedlichen Wärmedehnungen von Substrat und Schicht, hemmt Risse und Abschälen
Oberflächenschicht	
durch Beschichten, Fügen oder Stoffeigenschaftändern hergestellt	übernimmt Schutz gegen Korrosion, Verschleiß, wirkt als Diffusionssperre, Wärmedämmung

[1] DIN EN ISO 12944-4 Vorbehandlung der Oberflächen, wichtig für die Schutzdauer einer Korrosionsschicht, (verschiedene Normreinheitsgrade mit steigendem Aufwand); DIN EN 13507/01 Thermisches Spritzen – Vorbehandlung von Oberflächen metallischer Werkstücke für das thermische Spritzen.

Durch Beschichten können sehr viele metallische, keramische und polymere Werkstoffe in verfahrensabhängigen Dicken aufgebracht werden. Die zahlreichen Verfahren ermöglichen es, jeden Substratwerkstoff nahezu mit jedem Schichtwerkstoff zu kombinieren. Durch Stoffeigenschaftändern wird nur eine Randschicht auf die gewünschten Eigenschaften hin verändert.
Es entsteht ein System aus dem Grundwerkstoff (Substrat), einer Zwischenschicht (Interface) und der eigentlichen Schicht, die evtl. auch mehrlagig sein kann (multilayer). Für die Schichthaftung ist eine Vorbehandlung der Substratoberfläche notwendig.

7.5.2 Eigenschaftsverbesserungen durch Oberflächenbehandlung

Bauteile	Verfahrensbeispiele
Dauerfestigkeit	
Wellenabsätze, Federn, Wasser- und Ölpumpen	Verfestigungswalzen und -strahlen, Randschichthärten, Salzbadnitrieren
Widerstand gegen Zerrüttung	
Zahnflanken, (Wälzlager)	Einsatzhärten, Nitrieren, Randschichthärten
Widerstand gegen Adhäsion	
Gleitende Bauteile	Hartverchromen, Dispersionsschichten, Umschmelzhärten, Thermisch Spritzen (Mo), Nitrieren.
Schneidwerkzeuge	PVD- und CVD-Schichten aus TiN, TiC, TiAlN u.a.
Widerstand gegen Abrasion	
Teile, in Berührung mit Fördergut, z.B. Fadenführer, Mischerschaufeln, Ketten	Thermisches Spritzen, Auftragschweißen, Auflöten von Hartstoffpartikeln, Borieren
Tribooxidation	
Sitz von Nabe auf Welle	Gleitlacke mit Mo-Disulfid
Widerstand gegen Korrosion	
Stahlkonstruktionen, Blechteile,	Schmelztauchen (Zn, ZnAl, AlSi, AlZn), Galvanisch Beschichten (alle Metalle), Thermisch Spritzen (AlSi)
Glaspressformen	Thermisch Spritzen (NiCrBSi)
Thermischer Schutz (+Gleitmittel)	Turbinen-Schaufeln, Wälzlager in Ofenanlagen	Plasma-Spritzen ZrO$_2$ mit Haftschicht. Phosphatieren, hex. Bornitrid-Schichten
Verarbeitungseigenschaften	
lötfähige Schichten auf schwer lötbaren Werkstoffen Halbzeug zur Kaltumformung	Schmelztauchen, Plattieren, Phosphatieren, hex. Bornitrid-Schichten
Regeneration verschlissener Bauteile	
Werkzeuge, Bauteile zur Förderung und Hart-Zerkleinerung	Thermisch Spritzen oder Auftragschweißen mit Hartlegierungen

7.5.3 Verfahrensübersicht Beschichten

Beschichten (Einteilung nach DIN 8580)			
durch / aus dem ... Zustand	Werkstoffe	Verfahren, Anwendungen	Dicke
flüssigen	AlSi, AlZn, Pb, Sn, ZnAl, ZnFe, SiO_2 + Oxide für Haftung/Farbe Farben, Lacke	**Schmelztauchen** zum Korrosionsschutz für Halbzeuge und Bauteile aus Stahl, Temperguss (z.B. Feuerverzinken). Emaillieren z. Korrosionsschutz , hitzebeständig < 450° C Anstreichen, Färben, Glasieren, Drucken,	70 bis 120 µm
körnigpulvrigen	Legierungen, Oxide, Carbide, Nitride Thermoplaste	**Thermisch Spritzen** mit verschiedenen Wärmequellen, **Elektrostatisch Beschichten**, **Wirbelsintern**	0,5... 20 mm
Schweißen Löten	Stahl mit Cr Mn, Ni ,Mo Cu-, Ni-, Co-Legierungen, Ni-Hartlote +Hartstoffpartikel	**Auftragschweißen** nach verschiedenen Schweiß-Verfahren, **Auftraglöten**	2 bis 6 mm
gas/dampf-förmigen (Vakuum)	Metalle Ni, Ta, Ti, Mo Nb, W. Boride, nd Carbide, Nitride, Oxide, Silicide	**CVD-Verfahren**: Konturentreue Abscheidung von Hartstoffen als Reaktionsprodukt der zugeführten Gase bei 1200 ... 850° C, plasmaunterstützt bei vor 600 ... 300° C.	1 bis 15 µm
gas/dampf-förmigen (Vakuum)	CrN, TiC, TiN, Ti(C,N) Mehrfachschichten diamantartige C:H-Schichten gesteuerte Abscheidung ermöglicht gradierte Schichten	**PVD-Verfahren**: Ungleichmäßige Abscheidung der Reaktionsprodukte aus Katodenverdampfung oder Abstäuben (Sputtern) mit den zugeführten Gasen. Durch angelegte Spannung entstehen gerichtete Teilchenströme. Schattenwirkung erfordert Rotation der Bauteile. Prozesstemperatur bis 200 ... 500° C	1... 10 µm
Ionisierten...	Metalle, Legierungen (mit Hartstoffpartikeln). NiP, Ni/SiC, Ni/P/Diamant PFTE-Teilchen in Ni-Matrix	**Galvanisch Beschichten** zum Korrosionsschutz, zur Dekoration, (Verschleißschutz) **Chemisch Beschichten** (fremdstromlos) zum Verschleißschutz, Zylinderlaufbüchsen	1 bis 100 µm
Schicht durch Fügen aufgebracht			
	Schichtwerkstoff	Grundwerkstoff (Substrat)	
Plattieren	Cu, CuMn, CuNi10Fe, CuNi30Fe, CuAl8Fe, Ni99, NiCr21Mo (Incoloy),	**Walzplattieren** zum Korrosionsschutz für Stahlbleche und Feinkornbaustähle	1bis 10 mm
	Al, AlZn1	Hochfeste Cu-haltige, Al-Legierungen	
	Ag, Al 99,5, CuAl10Ni, CuZn39Sn, CuZn20Al; Ta, Ti	**Sprengplattieren** für Bleche, auch für Kessel und Kesselböden	
Oberflächenveränderung durch Stoffeigenschaftändern (→ 3.3).			
überwiegend für Stahlsorten	Mechanisch: Verfestigungswalzen und -strahlen, Thermisch Randschichthärten durch Flamm-, Induktions-, Tauch- oder Umschmelzhärten, Thermochemisch Aufkohlen z.. Einsatzhärten, Nitrieren, Borieren, Chromieren, Aluminieren		0,05 bis 2 mm

7.5.4 Funktionsschichten

Zahlreiche abgewandelte CVD- und PVD-Verfahren, auch Laserverfahren, ermöglichen fast beliebige Stoffkombinationen in sehr dünnen, meist mehrlagigen Schichten mit speziellen Aufgaben.

Informationen zu Schichten im Internet unter folgenden Adressen (auch über Suchbegriffe):

Fraunhofer-Institute	www.oberflächentechnik.fhg.de
AHC-Oberflächentechnik	AHC-oberflächentechnik.de
Wissenstransfer Oberflächentechnik	www.surface-net.de

Funktion	Werkstoffe	Verfahren
Reibungsmindernd Antihaftschichten	Amorphe C:H-Schichten, diamantartig (DLC) 0,1...5 µm, niedrige Reibzahl, sehr hart, für Wellenoberflächen an Gleitringdichtungen, Einspritzpumpenteile C:H:Si:O-Schichten für Extrusionswerkzeuge	HF-Plasma-CVD
Verchleißschutz	Hartstoffe 0,5...5mm auf Zerspan- und Umformwerkzeuge	Laserstrahlbeschichten
Schleifwerkzeug	Polykristalliner Diamant (PKD) 9000.1000 HV für feinste Oberflächenbarbeitung	CVD
Wärmedämmung, Antireflex	Mehrlagige Schicht mit Ag-Anteil (10 nm) auf Architekturglas	HF-Plasma-CVD
Standzeiterhöhung, Werkzeuge	TiC, ZiN, Ti(CN), TiAlN, CrN, Cr_3C_2, Al_2O_3, meist mehrlagig, für Werkzeuge aus HSS-Stählen und Hartmetallen	PVD
Kratzschutz für Glas	Al-Oxid im Nanobereich	HF-Plasma-CVD

8 Prüfung metallischer Werkstoffe

Schwerpunkt des Abschnittes sind die Prüfverfahren, welche Eigenschaftskennwerte liefern, die für die Beurteilung von Werkstoffen wichtig sind. Dazu gehören auch einige Versuche über die Eignung für bestimmte Fertigungsverfahren. Wichtige Aufgaben der Werkstoffprüfung sind außerdem:

- Fehlersuche an Vormaterial und Fertigteilen (Qualitätssicherung) durch zerstörungsfreie Prüfungen,
- Überwachung der Wärmebehandlung und deren Einfluss auf das Gefüge,
- Bestimmung unbekannter Werkstoffe, Trennung von vertauschtem Material.

8.1 Prüfung der Härte

Messprinzip: Härte ist der Widerstand des Gefüges gegen das Eindringen eines härteren Prüfkörpers unter einer Prüfkraft. Am zurückbleibenden Eindruck wird ein Messwert abgenommen und daraus der Härtewert bestimmt (tabellarisch, Messinstrument).

8.1.1 Härteprüfung nach Brinell
(DIN EN ISO 6506-1)

Eindringkörper: Hartmetallkugeln mit 1; 2,5; 5; und 10 mm (Zeichen HBW). Der Kugel-$\varnothing$ D hängt von der Härte und der Dicke s der Probe ab. Die entstehende Kugelkalotte wird vermessen. Damit sich vergleichbare und reproduzierbare Härtewerte ergeben, sind bestimmte Prüfbedingungen genormt:

1. Die Höhe h der entstehenden Kugelkalotte (= Eindrucktiefe h) soll höchstens 1/8 der Probendicke s betragen, Die Unterlage darf den Fließvorgang beim Eindringen nicht behindern. Mindestdicke $s_{min} \geq 8\,h$! Mit der Eindrucktiefe

$$h = \left(D - \sqrt{D^2 - d^2}\right)\frac{1}{2}.$$

2. Die Kalotte darf nicht zu flach oder zu tief sein: Der Eindruck-$\varnothing$ d soll zwischen 0,24 D und 0,6 D liegen.
3. Die Messwerte sind nur dann vergleichbar, wenn zwischen den Beträgen von Prüfkraft F und dem Kugel-$\varnothing$- D im *Quadrat* ein konstantes Verhältnis besteht. Dies ist der Beanspruchungsgrad und für 5 Werkstoffgruppen festgelegt (Tabelle 1 rechts).

Prüfkraft: Die am Prüfgerät einzustellende Prüfkraft F wird aus Tabellen des Normblattes entnommen, oder es wird nach Tabelle 2 rechts für den vorhandenen Werkstoff und der zu erwartenden Härte der Beanspruchungsgrad abgelesen und die Prüfkraft mit der Formel für den Beanspruchungsgrad berechnet.

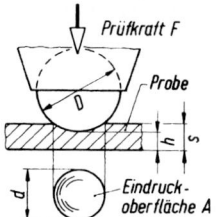

Bild 1. Härteprüfung nach Brinell

Beanspruchungsgrad

$$B = \frac{0{,}102\,F}{D} \Rightarrow F = \frac{BD^2}{0{,}102}$$

B	F	D
1	N	mm

Die genormten Kräfte liegen z.B. für Stähle mit dem Beanspruchungsgrad 30 zwischen 294,2 N und 29420 N.

Der Kugel-$\varnothing$ D soll so groß wie möglich gewählt werden. Danach muss nach der Härteprüfung mithilfe der Tabelle 1. festgestellt werden, ob für den ermittelten Eindruck-$\varnothing$ d die Mindestdicke kleiner ist als die Probendicke. Andernfalls ist die nächstkleinere Kugel zu verwenden.

Tabelle 1. Brinellhärteprüfung

Mindestdicke der Proben in Abhängigkeit vom mittleren Eindruck-$\varnothing$ (mm)					
Eindruck $\varnothing$ d	Mindestdicke s der Proben für Kugel-$\varnothing$ D in mm:				
	$D = 1$	2	2,5	5	10
0,2	0,08				
1		1,07	0,83		
1,5			2,0	0,92	
2				1,67	
2,4				2,4	1,17
3				4,0	1,84
3,6					2,68
4					3,34
5					5,36
6					8,00

Werkstoffgruppen, Beanspruchungsgrad und erfassbarer Härtebereich		
Werkstoffe	Brinellbereich HB	Beanspruchungsgrad
Stahl, Ni, Ti		30
Gusseisen [1]	< 140	10
	> 140	30
Cu und Legierungen	35 ... 200	10
	< 200	30
	< 35	2,5
Leichtmetalle	< 35	2,5
	35 ... 80	5/ 10/ 15
	> 80	10/15
Pb, Sn		1

[1] Nur mit Kugel 2,5; 5 oder 10 mm ϕ Sinterformteile nach DIN EN 24 498-1

Messwert: Am Prüfling wird der Durchmesser d der entstehenden Kalotte (Eindruck-$\varnothing$) ausgemessen, bei unrunden Eindrücken als Mittelwert aus zwei Durchmessern, die senkrecht aufeinander stehen. Dabei ist eine Genauigkeit von $\pm 0{,}5\ \%$ erforderlich, damit der Härtewert nicht mehr als $\pm 1\ \%$ unsicher ist.

Härtewert:

$$\text{Brinellhärte HB} = \frac{\text{Prüfkraft F}}{\text{Eindruckoberfläche A}}$$

$$= \frac{0{,}204\ F}{\pi D \left(D - \sqrt{D^2 - d^2}\right)}$$

HB	F	D,d
–	N	mm

Zur schnellen Ermittlung des Härtewertes werden Tabellen benutzt. Die Härtewerte sind nur dann vergleichbar, wenn sie unter gleichen Prüfbedingungen ermittelt wurden. Von der Standardmessung abweichende Prüfbedingungen müssen deshalb im Kurzzeichen enthalten sein. Die Kraft wird darin mit dem 0,102-fachen der wirklichen Prüfkraft eingesetzt.

Kurzzeichen und Bedeutung:

Kurzzeichen	Härte	$\varnothing\ D$ / Prüfkraft F	Einwirkdauer
350 HBW	350	10 mm / 29420 N Standardmessung ohne Angaben	10 ... 15 s Standard- messung
120 HBW 5/250/30	180	5 mm / 250/0,102 = 2252 N	30 s

Für unterperlitische Stähle besteht eine durch Versuche ermittelte angenäherte Beziehung zwischen der Brinellhärte HB und der Zugfestigkeit R_m aus dem Zugversuch:

$R_m \approx 3{,}5$ HB 10/3000 mit R_m in MPa

Anwendungsbereiche:
a) Härtemesssung an Werkstoffen mittlerer Härte bis zu 450 HB.
b) Härtemessung an Werkstoffen mit harten und weicheren Gefügebestandteilen. Dabei erfasst die 10 mm-Kugel viele Phasen und ergibt eine mittlere Härte (Lagermetalle, Gusseisen).
c) Nachprüfung der Zugfestigkeit an wärmebehandelten Teilen ohne wesentliche Beschädigung.

Das Verfahren ist nicht geeignet zu Härtemessung an dünnen, harten Oberflächenschichten.

8.1.2 Härteprüfung nach Vickers
(DIN EN ISO 6507-1)

Eindringkörper: Vierseitige Diamantpyramide mit 136° Spitzenwinkel.

Prüfkraft: Die Kraft ist ohne Einfluss auf den Härtewert, wenn der Eindruck mehrere Kristalle erfasst.

Bereich	Kraftbereich in N	Kurzzeichen
Vickers-Härteprüfung	$980 \geq 49{,}03$	HV30 – HV 5
Kleinkrafthärteprüfung	$49{,}03 \geq 1{,}961$	HV 5 – HV 0,2
Mikrohärteprüfung	$1{,}961 \geq 0{,}0980$	HV 0,2 – HV 0,03

Bevorzugt angewandte Kräfte sind Bild 2 zu entnehmen. Damit die Schicht nicht in den Grundwerkstoff eingedrückt wird, muss sie mindestens das 1,5-fache der Eindruckdiagonalen an Dicke aufweisen. Die Prüfkraft kann aus Bild 2 abgelesen werden, wenn Prüfdicke und zu erwartende Härte bekannt sind.

Ablesebeispiel: Blech von s = mm Dicke und einer Härte von etwa 300 HV. Der Schnittpunkt der beiden Koordinaten im Diagramm verläuft oberhalb der Kurve 2 (490 N), also ist eine Prüfkraft von F = 490 N geeignet; sie würde auch für einen weicheren Werkstoff der Dicke 1 mm bis herunter zu einer Härte von 200 HV zulässig sein.

Messwert: Mittelwert der beiden Eindruckdiagonalen. Die Ablesegenauigkeit soll 2 µm betragen. Je härter der Prüfling, umso geringer die Rautiefe der Probenoberfläche.

Härtewert:

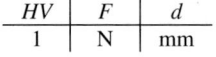

$$\text{Vickerhärte HV} = \frac{\text{Prüfkraft F}}{\text{Eindruckoberfläche A}}$$

HV	F	d
1	N	mm

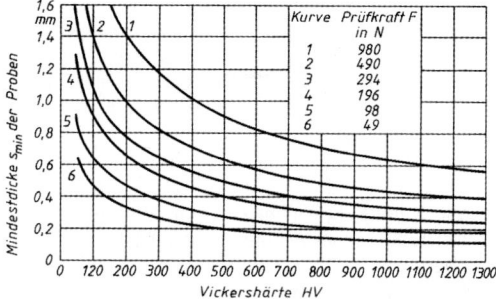

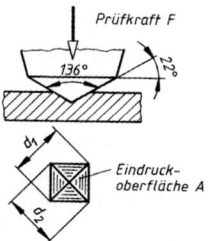

Bild 2. Härteprüfung nach Vickers

8 Prüfung metallischer Werkstoffe

Kurzzeichen und Bedeutung:

Kurzzeichen	Härte	Prüfkraft F	Einwirkdauer
640 HV 30	640	30 /0,102 = 294 N	10 ... 15 s normal, wird nicht angegeben
180 HV 50/30	180	50 / 0,102 = 490 N	30 s

Anwendungsbereich: Die Härteprüfung nach Vickers ist sehr genau und hat den breitesten Messbereich. Besonders geeignet für dünne, harte Randschichten, wie sie durch Borieren, Hartverchromen, Nitrieren oder Beschichten hergestellt werden.

8.1.3 Härteprüfung nach Rockwell
(DIN EN 109-1)

Der Härtewert wird direkt an einem Tiefenmessgerät (Messuhr) abgelesen. Die Prüfzeit ist kurz, das Verfahren lässt sich automatisieren.

Eindringkörper: Diamantkegel mit 120° Spitzenwinkel, auch Stahlkugel mit d = ¼ Zoll)

Prüfkraft: Sie ist unterteilt in eine Prüfvorkraft F_0 und eine Prüfkraft F_1.

Messverfahren: Der Eindringkörper ist mit einem Tiefenmessgerät gekoppelt. Er wird stoßfrei unter Wirkung der Prüfvorkraft F_0 auf den Prüfling aufgesetzt. Diese Stellung ist Bezugspunkt der Tiefenmessung (Messbasis in Bild 3.). Die Dicke des Prüflings soll das 10-fache der Eindringtiefe betragen.

Unter Wirkung der Prüfkraft F_1 dringt der Diamantkegel in ewa 5 s tiefer in den Prüfling ein. Nach Stillstand der Bewegung wird die Prüfkraft F_1 abgeschaltet, der Werkstoff federt zurück, der Diamantkegel wird etwas angehoben. Die Prüfvorkraft F_0 hält ihn in Kontakt mit dem Eindruck. Jetzt wird abgelesen.

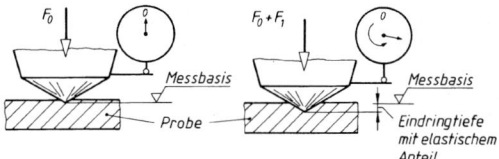

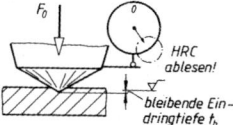

Bild 3. Härteprüfung nach Rockwell

Messwert, Härtewert: Die Messuhr zeigt dann die *bleibende* Eindringtiefe t_b an. Sie ist ein Maß für die Rockwellhärte. Für Werkstoffgruppen unterschiedlicher Härte und Probendicke sind verschiedene Rockwell-Messverfahren entwickelt worden. Tabelle 2 zeigt die wichtigsten mit den zugehörigen Daten.

8.1.4 Vergleich der Härtewerte

Umrechnungen der verschiedenen Härtewerte sind nicht möglich. Durch Versuchsreihen wurden Beziehungen ermittelt und in Umwertungstabellen DIN 50150 festgelegt. Sie vergleichen die Vickershärte HV mit den Werten nach HB, HRB, HRC, HRA und HRN und gelten für un- und niedriglegierte Stähle und Stahlguss, jedoch nicht für hochlegierte und kaltverfestigte Stähle aller Art. Angenäherte Beziehungen sind:

a) Zwischen Brinell- und Vickershärte: HB ≈ 0,95 HV,
b) Für härtere Stähle bis zu R_m < 2000 MPa gilt: R_m = 3,4 HV, (errechnet),
c) Die Rockwellhärte HRC beträgt im Bereich 200 < HV > 400 etwa 0,1 dieser Werte.

Tabelle 2. Rockwell-Verfahren

	Prüfverfahren mit Diamantkegel					mit Stahlkugel	
Kurzzeichen	HRC	HRA	HR 15N	HR 30 N	HR45 N	HRB	HRF
Prüfvorkraft F_0 in N	98		29,4			98	
Prüfkraft F_1	1373	490	117,6	264,6	411,6	882	490
Gesamtkraft F	1471	588	147	294	441	980	588
Messbereich	20 ... 70	60 ... 88	66 ... 92	39 ... 84	17 ... 74	35 ... 100	60 ... 115
Härteskale in mm	0,2		0,1			0,2	
Werkstoffe	Stahl, gehärtet, angelassen	Wolfram-Blech > 0,4 mm	Dünne Proben > 0,15 mm, kleine Prüfflächen, dünne Oberflächenschichten			Stahl, CuZn-Leg. CuSn-Leg.	St-Fein-Blech, CuZn weich
Berechnung der Rockwellhärten	HRC, HRA = 100 – 500 t_b t_b in mm		HRN = 100 – 100 t_b t_b in mm			HRB/HRF = 130 – 500 t_b t_b in mm	

Die verschiedenen Härtewerte sind nicht miteinander vergleichbar.

8.2 Zugversuch (DIN EN 10002-1 Verfahren für RT, Teil 5 für höhere Temperaturen)

Zugversuch: Die Probe unterliegt einer stetig zunehmenden, einachsigen Zugbeanspruchung bis zum Bruch.

Hookesche Gerade. (elastischer Bereich) Linearer Anstieg der Spannung über der Dehnung, Spannung und Dehnung sind proportional, es gilt das

$$\text{Hooke'sches Gesetz} \quad \sigma = E\varepsilon;$$

bis zur Proportionalitätsgrenze σ_P (wird nicht ermittelt). Danach überproportionale Dehnung bis zum ersten Maximum, der *oberen* Streckgrenze R_{eH}, Werkstoff fließt mit evtl. schwankender Spannung. Relatives Minimum ist die *untere* Streckgrenze R_{eL}. danach Anstieg der Kurve (Kaltverfestigung) bis zum Maximum.

Von da ab örtlich Querschnittsverminderung (Einschnürung) mit fallender Kraft bis zum Bruch.

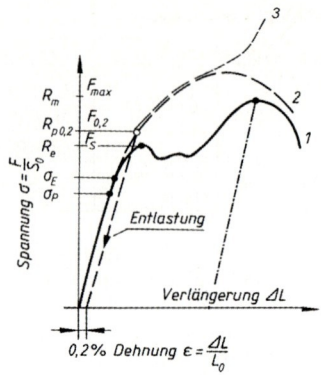

Bild 4. Spannungs-Dehnungs-Diagramm
1 weicher Stahl mit Streckgrenze,
2 gehärteter Stahl ohne erkennbare Steckgenze,
3 Verlauf der wahren Spannung.

Tabelle 3. Zugversuch, Werkstoffkennwerte

Werkstoff-kennwerte	Formel [1]	Bemerkungen
E-Modul E	$E = \sigma / \varepsilon$	E-Modul errechnet sich aus dem Hook'schen Gesetz : $\sigma = E\,\varepsilon$ aus zwei zugeordneten Werten im elastischen Bereich
Zugfestigkeit R_m	$R_m = F_{max} / S_0$	F_{max} liegt beim Maximum der Kurve. Rechnerische Größe zum Werkstoffvergleich. Ideelle Spannung, welche die Dehnung 1, d.h. $\Delta L = L_0$ bewirken würde
Streckgrenze R_e (R_{eH})	$R_e = F_S / S_0$	Im Diagramm mit der ersten Unstetigkeit (relatives Maximum) verknüpft. Genauer als obere Streckgrenze R_{eH} bezeichnet. Merkmal für Baustähle, im Kurzzeichen enthalten
0,2%-Dehngrenze $R_{p0,2}$	$R_{p0,2} = F_{0,2} / S_0$	$F_{0,2}$ ist die Kraft, welche die Probe um 0,2% von L_0 verlängert, entlastet gemessen und ermittelt, wenn keine erkennbare Streckgrenze vorliegt und meist auch unter Streckgrenze tabelliert.
Bruchdehnung A	$A = L_u - L_0 / L_0$ Angaben in %	L_u ist der Abstand der Messmarken an der Zugprobe nach dem Bruch. A ist Mittelwert aus Gleichmaßdehnung A_g (ε_{gl}) und Einschnürdehnung A_q (ε_q)
Brucheinschnürung Z	$Z = S_0 - S_u / S_0$ Angaben in %	S_u ist die Bruchfläche, aus dem Mittelwert von zwei Durchmessern, senkrecht zueinander, errechnet.

[1] Berechnung F in N, S in mm^2; E, R, σ in MPa

Zugproben. Der Versuch wird mit Zugproben durchgeführt, die aus einer Versuchslänge mit konstantem Querschnitt bestehen und verdickten Einspannköpfen an den Enden (Schulter-, Gewindeköpfe und Köpfe für Beißbacken). Das Verhältnis zwischen Messlänge L_0 und Durchmesser d_0 ist festgelegt: $L_0/d_0 = 5$. (Bild 5).

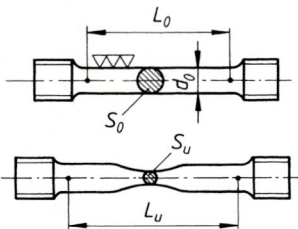

Bild 5. Zugprobe

L_0 Messlänge; d_0 Anfangsdurchmesser; S_0 ursprünglicher Querschnitt; L_u Messlänge nach dem Bruch; S_u Querschnitt nach dem Bruch

Normen für Probestäbe:
Gusseisen DIN EN 1561, Temperguss DIN EN 1562, Druckguss DIN 50148

Versuchsablauf: Die Zugprobe wird *biegungsfrei* in die Spannvorrichtung der Prüfmaschine eingesetzt und langsam bis zum Bruch gedehnt. Die Spannungszunahme soll 10 N/mm^2 je Sekunde nicht überschreiten. Es werden zugeordnete Werte von Zugkraft und Verlängerung gemessen und als Kraft-Verlängerung-Diagramm aufgezeichnet. Durch Division der Kraftwerte mit dem Anfangsquerschnitt und der Verlängerung mit der Ausgangslänge entsteht daraus das Spannungs-Dehnungs-Diagramm. Wenn das Verhältnis $L_0/d_0 = 5$ gewahrt wird, ist es von den Abmessungen der Probe unabhängig.

8.3 Kerbschlagbiegeversuch
(DIN EN 10045)

Untersuchung des Werkstoffes auf seine Verformungsfähigkeit unter fließbehindernden Bedingungen.

Als Fließbehinderung wirken:

Schlag	Gekerbte Proben	
Sehr kurze Verformungszeit	Kleines Verformungsvolumen	Dreiachsiges Spannungssystem im Kerbgrund

Gemessen wird die zum Zerbrechen genormter Proben benötigte Arbeit KV. Probenformen unterscheiden sich durch ihre Länge und die Art der Kerbe: Spitzkerben für zähe, Rundkerben für weniger zähe Werkstoffe. DIN 50115 gibt besondere Probenformen an (Flachkerb- und Kleinprobe).

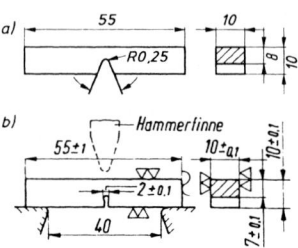

Bild 6. Kerbschlagproben
a) Normalprobe mit Spitzkerb, b) ältere DVM-Probe

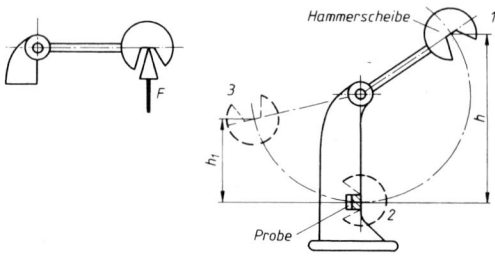

Bild 7. Kerbschlagbiegeversuch mit Pendelschlagwerk und Ermittlung der Kraft F

Versuchsablauf: Durchführung auf Pendelschlagwerken DIN 51222. Die Probe wird im tiefsten Punkt der Pendelbahn (Bild 7) als Träger auf zwei Stützen mittig von der Hammerscheibe des Pendels auf Biegung beansprucht und zerschlagen. Die *Lageenergie* W_p in der Ausgangsstellung des Pendels (Höhe h) wird durch die verbrauchte Schlagarbeit vermindert, sodass das Pendel nur bis zur Höhe h_1 weiterschwingt. In der Stellung 3 besitzt es *die Überschussenergie* $W_ü$.

Auswertung: Die Schlagarbeit KV ist Differenz der Energien:

Kerbschlagarbeit KV

$$KV = W_p - W_ü = F(h - h_1) \quad \begin{array}{c|c|c} KV, W & F & h, h_1 \\ \hline J & N & m \end{array}$$

F ist die Stützkraft bei waagerechter Stellung des Pendels gemessen (Bild 8). Neben der Probenform und der Hammergröße sind die Messwerte wesentlich von der Temperatur abhängig.
Angaben der Kerbschlagarbeit enthalten die Probenform und das Arbeitsvermögen der Prüfmaschine, das normal 300 J beträgt und nur bei Abweichungen hinter das Symbol KV, (KU) gesetzt wird.

- **Beispiel:**
  KV = 40 J: Spitzkerbprobe / mit 300 J;
  KU 100 = 20 J: Rundkerbprobe / mit 100 J gemessen

Kerbschlagarbeit-Temperaturkurve
(Bild 8) Während kubisch-flächenzentrierte Metalle bis zu tiefen Temperaturen keine Änderung der Zähigkeit zeigen, besitzen die kubisch-raumzentrierten einen Steilabfall im Bereich der Übergangstemperatur $T_ü$. Die Lage des Steilabfalls wird vom Gefügezustand beeinflusst und ist durch Wärmebehandlung verschiebbar.

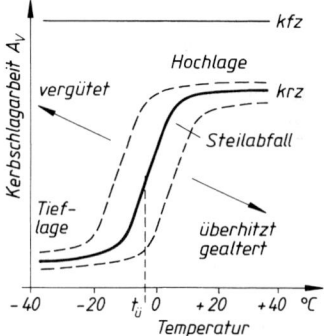

Bild 8. Kerbschlagarbeit-Temperaturkurve

Anwendungen	Erläuterungen
Wärmebehandlung	Kontrolle, bei Überhitzung oder Anlass-Sprödigkeit ergeben sich niedrige Werte
Stahlsorten nach DIN EN 10025	Stahlgüten werden durch Anhängesymbole JR, J0, J2 unterschieden, welche auf die Prüftemperatur des Versuches hinweisen (Tabelle 3-16), ebenso bei Feinkornbaustählen DIN EN 10113 (kaltzähe Reihe, Längs- und Querproben bei −60° C)
Sichtprüfung	
Verformungsbruch	Bruchfläche zerklüftet mit Stauch- und Zugzonen an den Rändern, Zeichen für zähen Werkstoff
Trennungsbruch	Bruchfläche eben mit glatten Rändern, Zeichen für spröden Werkstoff

8.4 Prüfung der Festigkeit bei höheren Temperaturen

Die Festigkeiten metallischer Werkstoffe werden durch Mechanismen wie Mischkristallverfestigung u.a. (Tabelle 2.5) bewirkt, die aber nur bis zu Temperaturen von ca. $0{,}4\ T_m$ (K) stabil sind. Für Stähle ist das ein Bereich von 200 ... 350° C. Hier ist die Berechnungsgrundlage für Konstruktionen die Warmstreckgrenze nach DIN EN 10002-5. Der Zugversuch wird dabei mit beheizten Zugproben durchgeführt.

Bei langzeitig mechanischer Beanspruchung unter Temperaturen $> 0{,}4\ T_m$ (K) sind die Festigkeiten zeitabhängig, der Werkstoff hält nur noch eine bestimmte Zeit lang stand, die von der Beanspruchung abhängt. Ursache ist das *Kriechen*, eine langsame plastische Formänderung unter Last. Sie führt zu Maßänderungen und später zum Bruch. Die Kriechgeschwindigkeit steigt mit der Spannung und der Temperatur.

Kriechursachen: Bei diesen Temperaturen wird eine Kaltverfestigung (Behinderung der Versetzungsbewegungen) durch ständige Rekristallisation aufgehoben, ebenso die Korngrenzenverfestigung, da Korngrenzengleiten auftritt. Dadurch sind grobkörnige Gefüge günstiger. Weiter wirksam ist die Teilchenverfestigung, wenn ihre Größe und Verteilung bei den hohen Temperaturen stabil sind.

Zeitstandversuche: Aufwändige Langzeitversuche (bis zu 10^5 h ≈ 15 Jahre) an Zugproben mit konstanten Temperaturen- und Belastungen. In Abständen werden die Dehnungen gemessen bzw. der Bruch festgestellt. Aus vielen Proben *eines* Werkstoffs unter verschiedenen Beanspruchungen bei konstanter Temperatur ergibt sich das Zeitstandfestigkeitsschaubild (Bild 9). Es können z.B. abgelesen werden:

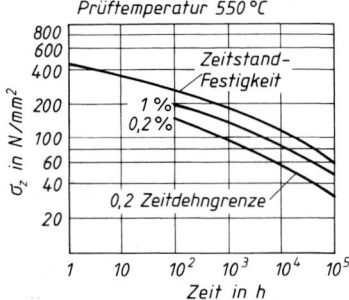

Bild 9. Zeitstandfestigkeits-Schaubild des Stahles 24CrMoV5-5 für 550° C

■ Ablesebeispiel:

Zeitstandfestigkeiten	$R_m\ 10^5/550 = 60$ MPa
	$R_m\ 10^3/550 = 180$ MPa
Zeitdehngrenze	$R_{p0,2};\ 10^3/550 = 90$ MPa
	$R_{p1};\ 10^5/550 = 80$ MPa

Zeitdehngrenze ist die Zugspannung, welche die bleibende Dehnung (Index) hervorruft, wenn die Spannung die Zeit t (Index) bei der Temperatur T in °C (Index) konstant wirkte.

8.5 Prüfung der Festigkeit bei schwingender Beanspruchung,

Bei dynamischer Beanspruchung von Bauteilen (Festigkeitslehre 8.3) geht der Ansatz der zulässigen Spannung nicht mehr von der Streckgrenze aus, sondern von der Dauerfestigkeit der jeweiligen Beanspruchungsart. Sie wird in Dauerversuchen an Proben mit polierter Oberfläche ermittelt.

8.5.1 Ermittlung der Biegewechselfestigkeit aus dem Umlaufbiegeversuch (DIN 50113)

Zum Versuch sind 6 ... 10 Proben des gleichen Werkstoffs, Form und Bearbeitung erforderlich. Im Versuch wird die Probe wie eine umlaufende Welle auf Biegung beansprucht. Sie ist einseitig eingespannt und trägt die Prüfkraft F als Kraglast (Bild 10). Im gefährdeten Querschnitt tritt das maximale Biegemoment auf. Die Biegespannung ändert sich sinusförmig mit der Drehung, sodass mit einer Umdrehung ein Schwingspiel mit Zug- und Druckspannungen durchlaufen wird.

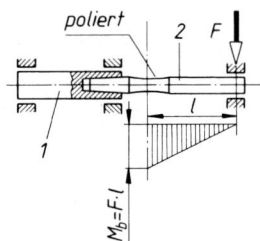

Bild 10. Umlaufbiegeversuch; 1 Spindel mit Aufnahmekonus, 2 Probe mit aufgestecktem Lager als Angriffspunkt der Kraft F, die das Biegemoment im eingezogenen Querschnitt erzeugt.

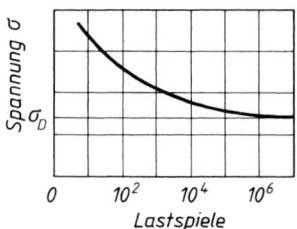

Bild 11. Wöhlerkurve

Die Schwingspiele bis zum Bruch werden gezählt, weitere Proben mit gestuften kleineren Spannungen geprüft. Aus den Messwerten ergibt sich die Wöhlerkurve (Bild 11). Sie wird bei hohen Lastspielen fla-

8 Prüfung metallischer Werkstoffe

cher und nähert sich einem *Grenzwert* der Spannung, der sog. Dauerfestigkeit, hier als Biegewechselfestigkeit σ_{bW} bezeichnet. Es ist die Spannung, die sich aus der Wöhlerkurve für etwa 10^7 Schwingspiele ergibt. Für Stahl verläuft ab 10^7 Schwingspiele die Kurve waagerecht. Bei Versuchen genügt es, diese Schwing*spielzahl* zu erreichen. Für andere Metalle liegt sie höher. Jede andere Oberflächenbeschaffenheit als *poliert* setzt die Zahl der ertragbaren Lastspiele herab, d.h. senkt die Dauerfestigkeit, ebenso wie Kerben und Wellenabsätze. Kerbwirkungszahlen lassen sich durch Versuche mit gekerbten, abgesetzten oder quergebohrten Wellen ermitteln (→ Festigkeitslehre 8.3).

8.5.2 Andere Dauerversuche

Dauerversuche unter ständigem *Korrosionsangriff* ergeben Wöhlerkurven ohne waagerechten Auslauf, eine Dauerfestigkeit ist nicht bestimmbar, es gibt nur *Zeitfestigkeiten*.

Weitere Dauerversuche arbeiten mit schwellenden oder wechselnden Zug-, Druck-, Biege oder Torsionsspannungen und entsprechend geformten Proben. Dabei werden die Mittelspannungen ebenfalls gestuft. Aus vielen Messreihen kann das Dauerfestigkeitsschaubild für einen Werkstoff gezeichnet werden.

8.5.3 Dauerfestigkeitsschaubild (nach Smith, Spannungsbegriffe → Festigkeitslehre)

Es zeigt für steigende Mittelspannungen, (X-Achse) die Ober- und Unterspannungen (y-Achse) die vom Werkstoff ertragbar sind, ohne dass es zu Dauerbrüchen kommt. Die Aufnahme eines solchen Schaubildes ist sehr aufwändig, es kann auch angenähert ermittelt werden. Erforderlich sind die Werte von Streckgrenze, Schwell- und Wechselfestigkeit.

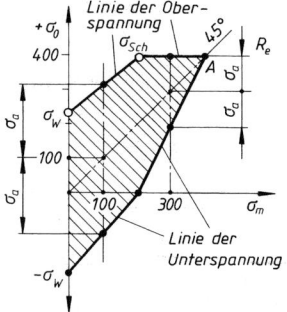

Bild 12. Dauerfestigkeitsschaubild

■ **Beispiel:**
Streckgrenze R_e = 400 MPa,
Zugschwellfestigkeit σ_{zSch} = 400 MPa,
Zugwechselfestigkeit σ_{zW} = 240 MPa.

Ordinate und Abszisse haben gleichen Maßstab. σ_{zW} auf der Ordinate nach oben und unten, σ_m auf der Abszisse auftragen. σ_{zSch} wird über der zugehörigen Mittelspannung $\sigma_m = \sigma_{zW} / 2 = 200$ MPa aufgetragen.

Die Punkte werden geradlinig verbunden. Da die Oberspannung die Streckgrenze nicht überschreiten darf, wird das Diagramm durch die Waagerechte bei R_e = 400 MPa begrenzt. Das gilt auch für die Mittelspannung σ_m, sodass sich Punkt A ergibt. Die Linie der Unterspannung ergibt sich aus der Gleichheit der Spannungsausschläge σ_a nach oben und unten.

8.6 Untersuchung von Verarbeitungseigenschaften

Eigenschaft	Beschreibung
Technologischer Biegeversuch DIN 50111	
Eignung zum Kaltumformen bei RT	Proben der Dicke a sollen sich um einen Dorn von 0,5...3a ⌀ um 180° ohne Zugrisse an der Außenseite falten lassen
Tiefungsversuch DIN 50101-1	
Eignung zum Tiefziehen, Korngröße, Anisotropie	Genormtes Werkzeug zieht ein Näpfchen mit 20 mm-Kugel bis zum ersten Anriss auf der Außenseite. *Tiefungswert* ist der Kugelweg. Für Feinblechgüten sind bestimmte dickenabhängige Tiefungswerte gewährleistet.
Stirnabschreckversuch DIN EN ISO 642	
Härtbarkeit, Durchhärtung, Einhärtung,	Die auf Härtetemperatur erhitzte Probe wird mit einer Blende nur an der Stirnseite abgeschreckt, sodass zum Einspannende hin die Abschreckwirkung und Härte sinken (Bild 13).
Ergebnis vieler Versuche ist ein *Band*, da die Einhärtung je nach Analyse und Austenitisierung schwankt. Solche Bänder sind Teil der Normen für Einsatz-und Vergütungsstähle.	
Kurzangabe: J 35/43-15: In einem Abstand 15 mm von der Stirnfläche soll die Härte zwischen 35 und 43 HRC liegen.	

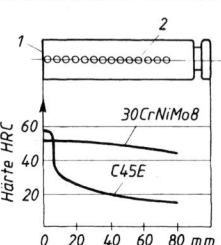

Bild 13. Stirnabschreckprobe und -kurve (Jominy)
1 Stirnfläche, 2 Härteprüfeindrücke

8.7 Zerstörungsfreie Werkstoffprüfung

Werkstofffehler wie z.B. Lunker, Gasblasen, Sandeinschlüsse oder Risse in Gussteilen oder Doppelungen in Walz- und Schmiedeteilen, sowie Risse durch Schleifen oder Härten und Schmieden müssen ohne Probenahme direkt am Werkstück geortet werden, ohne dass das Teil Schaden erleidet. Dazu sind durchdringende Medien geeignet wie z.B. Schall, Magnetfelder oder Strahlen sehr kurzer Wellenlänge. Die verschiedenen Verfahren haben Anwendungsgrenzen, sie überschneiden sich teilweise in den Anwendungsbereichen. Tabelle 4 gibt eine Gegenüberstellung der Verfahren.

Tabelle 4. Übersicht, zerstörungsfreie Werkstoffprüfung

Prüfprinzip	Erzeugung der Prüfmedien	Fehleranzeige	Anwendungen
Magnetische Verfahren			
Magnetische Kraftlinien werden an querliegenden Fehlern gestört, d.h. nach außen gelenkt und erzeugen dort ein Streufeld.	*Prüfling* ist Teil eines magnetischen Kreises (Jochmagnetisierung) oder Kern einer Spule (Spulenmagnetisierung) Nachweis von Querrissen in der Randschicht.	Magnetpulver (Fe/Fe_3O_4) in Öl fließt über den Prüfling. Am Streufeld richten sich die Teilchen nach den Kraftlinien aus (Brückenbildung). Bei fehlerfreiem Werkstoff keine Markierung.	*Magnetpulverprüfung* für Stahlteile mit blanker Oberfläche: Wellen, Achsen, Lenkungsteile auf Härte- Schleifoder Schmiederisse in Oberfläche bzw. Randzone.
Wirbelströme, im Prüfling durch eine stromdurchflossene Spule erzeugt, werden von chemischer Zusammensetzung, Gefügezustand und Fehlern beeinflusst. Es führt zu einer Änderung des Scheinwiderstandes der Spule.	*Prüfling* ist Leiter in einem Stromkreis (Selbstdurchflutung) und besitzt ein schraubenförmiges Feld. Nachweis von Längs- und Querrissen. *Prüfling* liegt im Wechselfeld einer Spule.	Tastspule wird über die Oberfläche geführt, Streufelder induzieren Ströme, die Ton- oder Bildschirmsignale erzeugen. Änderung der Spulendaten durch Änderung des Kurvenbildes am Oszillographen erkennbar. Vergleich mit fehlerfreiem Prüfling erforderlich.	Magnetinduktive Prüfung für metallische Werkstoffe auf Risse, Einschlüsse, Porosität. Sortierung nach Legierungsarten (Verwechselungsprüfung) Wärmebehandlung (Einhärtungstiefe). Dickenmessung an Rohren, Folien und Beschichtungen am laufenden Halbzeug.
Ultraschall-Verfahren			
Schallwellen werden in Stoffen an Grenzflächen reflektiert und laufen geschwächt weiter. Als Grenzflächen wirken innere Fehler wie Seigerungen und Gefügeunterschiede. Nachweis des reflektierten Schalls (Echo) oder Messung des geschwächten Signals und Vergleich mit fehlerfreiem Werkstück gleicher Dicke.	**Schwingquarze** (piezoelektrischer Effekt) oder **Magnetschwinger** (magnetostriktiver Effekt) werden elektrisch mit 0,5...25 MHz erregt. Prüfkopf wird mit Pasten, Öl oder Wasser an die Oberfläche des Prüflings angekoppelt.	Impuls-Echo-Verfahren: Prüfkopf mit Schwinger ist Sender von Impulsen (1...10 sμ Dauer), in den Pausen Empfänger der Signale, die von Oberfläche, Rückwand oder dem Fehler mit Zeitabstand reflektiert und auf Bildschirm als Zacken abgebildet werden. Aus der Laufzeit kann die Tiefenlage des Fehlers bestimmt werden. Prüfling braucht nur von einer Seite aus zugänglich zu sein!	*Schweißnahtprüfung* (mit Winkelköpfen), Prüfung von Klebverbindungen, Halbzeugen (Doppelungen), große Schmiede- und Gussteile auf Einschlüsse, Schmiedeund Flockenrisse im Innern. *Periodische Kontrolle* hochbelasteter Maschinenteile, z.B. Schienen. Radsätze und Wellen von Bahnfahrzeugen, Turbinenwellen, Kranhaken. *Wanddickenmessung* an korrodierten Blechen
Durchstrahlungsverfahren			
Kurzwellige Strahlen (Wellenlänge < Atomabstand) durchdringen die Materie und führen zu verschiedenen physikalischen Erscheinungen.	**Röntgenröhren**: bis 400 kV: Stahl bis 150 mm. **Betatron**: bis 30 MeV Stahl bis 500 mm. **Radioisotope** Co 60 (γ-Strahler) Cs 137 Ir 192 Ähnlich Röntgenröhren	Filme erleiden an Fehlstellen stärkere Schwärzung: Abbild des Fehlers, aber keine Anzeige der Tiefenlage. Leuchtschirmbetrachtung: Fluoreszierende Stoffe wandeln Röntgenstrahlen in sichtbares Licht: Prüfling erscheint als dunkles Schattenbild auf hellem Schirm (Schwächung), Fehler ergeben hellere Flächen. Prüfung kann bewegt werden. Röntgenbild-Verstärkerröhre macht Fernübertragung möglich, keine Strahlenbelastung	Prüfung von Guss- und Schmiedeteilen aus Stahl (bis zu 150 mm), Aluminium (bis zu 250 mm). Schweißnahtprüfung (zur Dokumentation) Die Bestimmungen des Strahlenschutzes sind zu beachten.

Erscheinung	Anwendung		
Schwächung der Strahlen	Grobstrukturprüfung. Fehlerortung		
Beugung an Gitterebenen	Feinstrukturprüfung, Kristallgitter		
Anregung der Atome zur Eigenstrahlung	Röntgenspektralanalyse, Fluoreszens (Leuchtschirm)		

8 Prüfung metallischer Werkstoffe

Eindringverfahren (Penetrierverfahren) zur Ortung von Rissen, die von der Oberfläche ausgehen. Sie arbeiten mit geringem Geräteaufwand und sind für alle Werkstoffe geeignet.

Prüfprinzip	Risse saugen infolge der Kapillarwirkung Flüssigkeiten auf
Prüfmittel:	Dünnflüssige Lösungen zum Streichen, Sprühen oder Tauchen
Anzeige:	Nach Entfernen des überschüssigen Prüfmittels tritt mithilfe eines Entwicklers die im Riss verbliebene Flüssigkeit dunkel, farbig oder im UV-Licht fluoreszierend hervor und kann fotografiert werden.

Literaturhinweise, Informationsquellen

Autor	Titel

Gesamtdarstellungen
Askeland. D.R.: Materialwissenschaften. Spektrum Verlag 1996
Bargel/Schulze (Hrsg.): Werkstoffkunde. VDI-Verlag 2004
Bergmann, W.: Werkstofftechnik. Hanser-Verlag 1987
Gräfen, H. (Hrsg.): Lexikon Werkstofftechnik. VDI-Verlag 1991
Hornbogen, E.: Werkstoffe. Springer-Verlag 1987
Ilschner, B.: Werkstoffwissenschaften. Springer-Verlag 1982
Ruge, J.: Technologie der Werkstoffe. Verlag Vieweg 1998
Schatt, W (Hrsg.): Einführung in die Werkstoffwissenschaft. VEB-Verlag Leipzig 1981
Weber, A.(Hrsg): Neue Werkstoffe. VDI-Verlag1989
Weißbach,W.: Werkstoffkunde und Werkstoffprüfung. Verlag Vieweg 2001
Wellinger-Krägeloh: Werkstoffe und Werkstoffprüfung. rororo-Technik-Lexikon, Rohwohlt 1971

Chemie
Kohaupt, B.: Praxiswissen Chemie für Techniker und Ingenieure. Verlag Vieweg 1995
Scheipers, P. (Hrsg.): Chemie, Grundlagen, Anwendungen, Versuche. Verlag Vieweg 1993

Stahl und Eisen
Zeitschrift: Stahl und Eisen Stahleisen-Verlag, Düsseldorf
Bohlbrinker, A.-K.: Stahlfibel. Beratungsstelle für Stahlverwendung, Verlag Stahleisen 1989
Hougardy; H.: Die Umwandlung und Gefüge der Stähle. Verlag Stahleisen 1990
Taube, K.: Stahlerzeugung kompakt. Verlag Vieweg 1998
Bürgel, Ralf: Handbuch Hochtemperatur-Werkstofftechnik. Verlag Vieweg 1998
DIN TB 218/01 Werkstofftechnologie. Wärmebehandlung
VDEh (Hrsg.): Stahl Eisen Liste. Verlag Stahleisen 1994

Gusseisenwerkstoffe

Zeitschrift: Konstruieren und Gießen (K + G) ZGV-Zentrale für Gussverwendung, Düsseldorf

Feinguss für alle Industriebereiche	K+G, 1983/3+4	Duktiles Gusseisen, Temperguss	K + G, 1983/1 + 2
Feingießen, Geschichtliche Entwicklung und heutige Herstellung	K+G, 1993/2	Schweißkonstruktionen mit Temperguss	K + G, 1995/2,
Gusseisen mit Kugelgraphit	K+G, 1988/1	Gusseisen mit Vermiculargraphit	K + G, 1991/1
Bainitisches Gusseisen mit Kugelgraphit	K+G, 1986/4	Stahlguss, Herstellung, Eigenschaften und Verwendung	K + G, 1988/4
Wärmebehandlung von Gusseisen mit Lamellen- oder Kugelgraphit	K+G, 1996/2	Austenitisches Gusseisen	K + G, 1993/3
		Niedrigleg. Graphit. Gusswerkstoffe	K + G, 1987/1

Werkstoffe allgemein
VDI-Berichte 1235 Neue Werkstoffe im Automoblbau. VDI-Verlag 1995
 1151 Effizienzsteigerung durch innovative Werkstofftechnik VDI-Verlag 1995
 1080 Leichtbaustrukturen und leichte Bauteile VDI-Verlag 1994
 797 Ingenieur-Werkstoffe. VDI-Verlag 1990
Aluminium-Taschenbuch Aluminium-Verlag 1997
DIN Taschenbücher 450/98; 451/02; 452/02 450: Stangen, Rohre, Profile, Drähte; 451: Bänder, Bleche, Platten, Folien usw.; 452: Al-Guss, Schmiedestücke, Vormaterial. Beuth-Verlag
Kupfer- und Kupferlegierungen Informationsschriften des Deutschen Kupfer-Instituts DKI
DIN TB 456/00; 457/00 456: Stangen, Profile, Rohre; 457: Bleche, Bänder, Ronden. Beuth-Verlag
Magnesium-Taschenbuch Aluminium-Verlag 2000
Titan Informationen über www.deutschetitan.de

Kunststoffe

Domininghaus, H.:	Eigenschaften der Kunststoffe. Hanser-Verlg 1986
Menges, G.:	Werkstoffkunde Kunststoffe. Hanser 2002
Saechtling	Kunststoff Taschenbuch. Hanser 2001
Hellerich/Harsch/Haenle	Werkstoffführer Kunststoffe. Hanser-Verlag 1996

Verschiedenes

Zapf/Dalal/Silbereisen:	Die Pulvermetallurgie. Vorlesungsreihe, Fachverband Pulvermetallurgie
DIN TB 247/01	Pulvermetallurgie. Metallpulver, Sintermetalle, Hartmetalle. Beuth-Verlag
Czichos/Habig:	Tribologie Handbuch. Verlag Vieweg, 1992
Singer, E.:	Brennstoffe, Kraftstoffe, Schmierstoffe. Schroedel 1980
Leonhardt/Ondracek, (Hrsg.):	Verbundwerkstoffe und Werkstoffverbunde. DGM-Verlag 1993
VDI-Bericht 965.1 und 2	Verbundwerkstoffe und Werkstoffverbunde. VDI-Verlag 1992
Kaesche, H.:	Korrosion der Metalle. Springer 1999
DIN TB 219/95	Korrosion und Korrosionsschutz. Beuth-Verlag
Pursche, G. (Hrsg.):	Oberflächenschutz vor Verschleiß. Verlag Technik Berlin 1990
Steffen, H.-D./Wilden, J. (Hrsg)	Moderne Beschichtungsverfahren. DGM-Verlag 1996
Müller, K-P.:	Lehrbuch Oberflächentechnik. Verlag Vieweg 1996

Werkstoffprüfung

DIN TB 19/00; TB 56/00	Materialprüfnormen für metallische Werkstoffe 1 und 2. Beuth-Verlag
Krautkrämer, J./H.:	Werkstoffprüfung mit Ultraschall. Springer-Verlag 1987
Macherauch, E.:	Praktikum in Werkstoffkunde. Verlag Vieweg 1992
Schumann, H.:	Metallographie. VEB Verlag für Grundstoffindustrie, Leipzig 1983
VDI-Berichte 1194	Härteprüfung in Theorie und Praxis. VDI-Verlag 1995

Werkstoff-Fachverbände (Herausgeber von Informationsschriften über Werkstoffe)

Name, Anschrift	Tel.	Fax	Internet http:\\...
Aluminium-Zentrale. Am Bonneshof 5, 40474 Düsseldorf	0211/4796200	0211/4796410	www.aluminiumzentrale.de
DGM Deutsche Gesellschaft für Materialkunde. Hamburger Allee 26, 60486 Frankfurt	069/7917750	069/7917733	www.dgm.de
DECHEMA, Dt. Ges. für chem. Apparatewesen. PF 15 01 04, 60061 Frankfurt/Main	069/75640	069/7564201	www.dechema.de
Deutsches Kupfer-Institut, Am Bonneshof 5, 40474 Düsseldorf	0211/4796300	0211/4796310	www.kupferinstitut.de
FPM Fachverband Pulvermetallurgie Goldene Pforte 1, 58093 Hagen	02331/958817	02331/51046	www.fpm-wsm-net.de
Fraunhofer-Gesellschaft. Zahlreiche Institute			www.fraunhofer.de
Informationsstelle Edelstahl Rostfrei. Sohnstraße 65, 40237 Düsseldorf	0211/6707835	0211/6707344	www.edelstahl-rostfrei.de
Informationszentrum Technische Keramik, PF 16 24, 95090 Selb	09287/91234	09287/70492	www.keramverband.de
Stahl-Informationszentrum PF 10 48 42 40039 Düsseldorf	0211/6707846	0211/6707344	www.stahlinfo.de www.stahlforschung.de
VDEh, Verein Deutscher Eisenhüttenleute Sohnstraße 65, 40237 Düsseldorf	0211/67070	0211/6707310	www.vdeh.de
VDI-Gesellschaft Werkstofftechnik. PF 10 11 39, 40002 Düsseldorf	0211/6214536	0211/6214160	www.technikwissen.de
ZGV-DVG Zentrale für Gussverwendung. PF 10 19 61, 40010 Düsseldorf	0211/68710		www.dgv.de
Initiative Zink i.d. Wirtschaftsvereinigung Metalle Am Bonneshof 5, 50474 Düsseldorf	0211/4796176	0211/4796415	www.initiative-zink.de

F Thermodynamik

Heinz Wittig

Formelzeichen und Einheiten

A	m^2	Fläche
C	$\dfrac{W}{m^2 K^4}$	Strahlungszahl
c	$\dfrac{J}{kg\,K}$	spezifische Wärmekapazität
E	J	Energie
H	J	Enthalpie
h	$\dfrac{J}{kg}$	spezifische Enthalpie
k	$\dfrac{W}{m^2 K}$	Wärmedurchgangskoeffizient
l	m	Länge
M	$\dfrac{kg}{kmol}$	molare Masse
m	kg	Masse
n	1	Polytropenexponent
p	$Pa = \dfrac{N}{m^2}$	Druck
Q	J	Wärme
q	$\dfrac{J}{kg}$	spezifische Wärme
R_i	$\dfrac{J}{kg\,K}$	spezielle Gaskonstante des Stoffes i
r	1	Raumanteil
S	$\dfrac{J}{K}$	Entropie
s	$\dfrac{J}{kg\,K}$	spezifische Entropie
T	K	Temperatur (thermodynamische Temperatur)
t	s	Zeit
U	J	innere Energie
u	$\dfrac{J}{kg}$	spezifische innere Energie
V	m^3	Volumen
v	$\dfrac{m^3}{kg}$	spezifisches Volumen
W	J	Arbeit
w	$\dfrac{J}{kg}$	spezifische Arbeit
α_l	$\dfrac{1}{K}$	Längenausdehnungskoeffizient
α_v	$\dfrac{1}{K}$	Volumenausdehnungskoeffizient
α	$\dfrac{W}{m^2 K}$	Wärmeübergangskoeffizient
ϵ	1	Emissionsgrad
η	1	Wirkungsgrad
ϑ	°C	Celsius-Temperatur
κ	1	Isentropenexponent
λ	$\dfrac{W}{mK}$	Wärmeleitfähigkeit
μ	1	Massenanteil
ρ	$\dfrac{kg}{m^3}$	Dichte

1 Grundbegriffe

1.1 Temperatur

Die Temperatur ist ein Maß für den Vorrat an (thermischer) innerer Energie eines thermodynamischen Systems. Sie ist eine physikalische Basisgröße. Mit der Temperatur verbinden sich subjektive Wahrnehmungen zur Beschreibung der Warmheit eines stofflichen Körpers (z.B. kalt, warm).

Das natürliche Wärmeempfinden des Menschen kann über die Höhe der vorliegenden Temperatur keine hinreichend zuverlässige Aussage machen. Temperaturen werden deshalb mit geeigneten Messgeräten gemessen. Als Basiseinheit ist im Internationalen Einheitensystem das Kelvin (Kurzzeichen: K) festgelegt, Temperaturen können auch in Grad Celsius (Kurzzeichen: °C) angegeben werden.

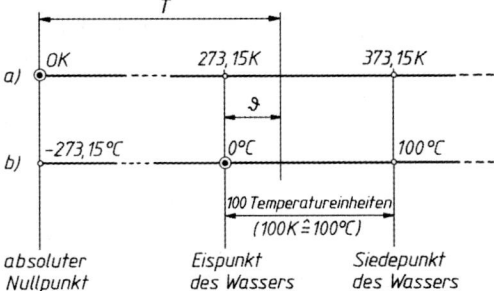

Bild 1. Temperaturskalen
a) Kelvin-Skala, b) Celsius-Skala

Die Temperatureinheiten ergeben sich aus den Temperaturskalen. Diese Temperaturskalen lehnen sich in der Festlegung ihrer Fixpunkte an bestimmte physikalische Vorgänge an, die unter gleichen physikalischen Bedingungen stets bei derselben Temperatur ablaufen.

Die *Kelvin-Skala* (Bild 1a) nach William Thomson (Lord Kelvin, England, 1824 – 1907) besitzt als Skalennullpunkt den absoluten Nullpunkt. Sie wird auch als Skala der absoluten Temperaturen oder als thermodynamische Temperaturskala bezeichnet.

Die *Celsius-Skala* (Bild 1b) nach Anders Celsius (Schweden, 1701 – 1744) und Carl von Linné (Schweden, 1707 – 1778) verwendet als Fixpunkte den Eispunkt und den Siedepunkt des Wassers. Nullpunkt dieser Temperaturskala ist der Eispunkt des Wassers. Der durch diese Fixpunkte begrenzte Warmheitsbereich ist in 100 Temperatureinheiten unterteilt (1 Temperatureinheit = 1 Grad Celsius = 1 °C). Celsius-Temperaturen treten je nach Warmheit als positive oder negative Zahlenwerte auf und werden wegen des willkürlich gewählten Skalennullpunktes als *relative* Temperaturen bezeichnet. Sie erhalten das Formelzeichen ϑ.

Auch die Kelvin-Skala unterteilt den Bereich zwischen Eispunkt und Siedepunkt des Wassers in 100 Temperatureinheiten (1 Temperatureinheit = 1 Kelvin = 1 K). Damit erhalten die Temperatureinheiten der Kelvin-Skala und der Celsius-Skala die gleiche Größe (1 K = 1 °C). Die Kelvin-Temperaturen sind als Zahlenwerte stets positiv. Sie werden als *thermodynamische* Temperaturen bezeichnet und erhalten das Formelzeichen T.

Für ein ideales Gas ergibt sich der absolute Nullpunkt bei – 273,15 °C (siehe Bild 1)

Für die Umrechnung von Temperaturwerten gelten die Zahlenwertgleichungen

$$T = \vartheta + 273{,}15 \qquad (1)$$
$$\vartheta = T - 273{,}15 \qquad (2)$$

T	ϑ
K	°C

■ **Beispiel:**
Bei der Abkühlung von Quecksilber stellt sich bei einer Temperatur von 7,22 K die Supraleitfähigkeit ein. Diese Temperatur soll in Grad Celsius umgerechnet werden.

Lösung:
$\vartheta = T - 273{,}15 = 7{,}22 - 273{,}15$
$ = -265{,}93$ °C

■ **Beispiel:**
Im Verlaufe der Ladungskompression im Innern des Zylinders eines Otto-Motors wird das eingeholte Gemisch auf eine Temperatur von 520 °C erwärmt. Diese Kompressionstemperatur soll in Kelvin umgerechnet werden.

Lösung:
$T = \vartheta + 273{,}15 = 520 + 273{,}15$
$ = 793{,}15$ K

1.2 Druck

Der auf die Flächeneinheit entfallende Teil einer belastenden Kraft F wird allgemein als *Druck p* bezeichnet ($p = F / A$, A belastete Fläche).

Werden Kräfte zwischen festen Körpern ausgetauscht, so tritt ein solcher Druck an der gemeinsamen Berührungsfläche auf. Er wird hier als Flächenpressung bezeichnet. Flüssigkeiten üben Kräfte auf die umgebenden Gefäßwände aus und rufen so Seitendrücke und Bodendrücke hervor.

Der Druck ist eine besonders wichtige Einflussgröße bei der Betrachtung von Gaszuständen. Gase haben wegen der freien Beweglichkeit ihrer Moleküle und Atome die Eigenschaft, jeden dargebotenen Raum gleichmäßig auszufüllen. Der gasförmige Stoff kann daher überhaupt nur durch die umgebenden Wände eines Behälters auf engerem Raum zusammengehalten werden. Dabei stoßen die schwingenden Gasteilchen von innen her gegen den Behälter und üben dadurch kurzzeitig Kräfte auf die festen Wände aus.

1 Grundbegriffe

Diese Kräfte summieren sich bei der großen Anzahl der auftreffenden Teilchen zu einer stetigen Krafteinwirkung und damit zum Druck des Gases gegen die Behälterwände. Die Größe des Drucks wird dabei von der Anzahl der Gasteilchen bestimmt, die pro Zeiteinheit auf die Flächeneinheit der Wand auftreffen.

Gas- und Flüssigkeitsdrücke misst man mit Manometern, den Druck der atmosphärischen Luft (Atmosphärendruck) mit dem Barometer. Als Druckeinheit ist im Internationalen Einheitensystem die SI-Einheit Pascal (Kurzzeichen: Pa) festgelegt, 1 Pa ist der auf eine Fläche von 1 m² gleichmäßig wirkende Druck, wenn senkrecht zur Fläche die Kraft 1 N ausgeübt wird.

$$1 \text{ Pa} = 1\,\frac{\text{N}}{\text{m}^2} = 1\,\frac{\text{kg}}{\text{s}^2\,\text{m}} = 1\text{ kg s}^{-2}\text{ m}^{-1}$$

Als weitere Druckeinheit ist nach dem Einheitengesetz das Bar (Kurzzeichen: bar) zugelassen.

$$1 \text{ bar} = 10^5 \text{ Pa} = 10^5\,\frac{\text{N}}{\text{m}^2}$$

Bei der Bestimmung der Druckgrößen wird zwischen *absoluten* und *relativen* Drücken unterschieden. Der absolute Druck p_abs (Absolutdruck) ist auf $p = 0$ (Vakuum von 100 %) bezogen. Relative Drücke beziehen sich als atmosphärische Druckdifferenz auf den jeweils herrschenden (veränderlichen) Atmosphärendruck p_amb der umgebenden Luft. Sie werden als Überdruck p_e bezeichnet (siehe Bild 2).

$$p_\text{e} = p_\text{abs} - p_\text{amb} \tag{3}$$
$$p_\text{abs} > p_\text{amb} \Rightarrow p_\text{e} > 0 \text{ (positiv)}$$
$$p_\text{abs} < p_\text{amb} \Rightarrow p_\text{e} < 0 \text{ (negativ)}$$
$$p_\text{abs} = p_\text{amb} \Rightarrow p_\text{e} = 0$$

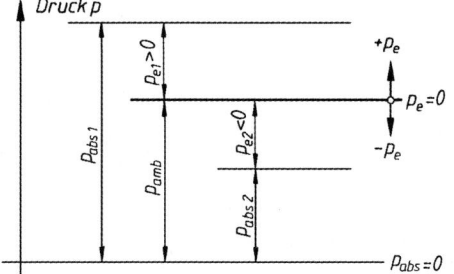

Bild 2. Absolute und relative Drücke

Ist der absolute Druck eines Gases kleiner als der Atmosphärendruck p_amb der umgebenden Luft, so spricht man in bestimmten Anwendungsbereichen (Vakuumtechnik) auch von einem Vakuum unterschiedlicher Prozentigkeit (Vak %). Ein Vakuum von 100 % liegt dann vor, wenn der absolute Druck gleich null ist.

$$\text{Vak \%} = -\frac{p_\text{e}}{p_\text{amb}} \cdot 100 \tag{4}$$

$$p_\text{abs} = p_\text{amb} \cdot \left(1 - \frac{\text{Vak \%}}{100}\right) \tag{5}$$

■ **Beispiel:**
Das Manometer eines Dampfkessels zeigt einen Überdruck von $p_\text{e} = 15{,}3$ bar an. Der Druck der umgebenden Luft wurde mit Hilfe eines Barometers mit $p_\text{amb} = 990$ hPa $= 990$ mbar $= 0{,}99$ bar gemessen. Welcher absolute Druck herrscht im Innern des Dampfkessels?

Lösung:
$p_\text{abs} = p_\text{e} + p_\text{amb} = 15{,}3$ bar $+ 0{,}99$ bar
$p_\text{abs} = 16{,}29$ bar

■ **Beispiel:**
Ein Luftverdichter saugt Luft von $p_\text{e1} = -0{,}147$ bar (Zustand 1) an und verdichtet sie auf $p_\text{e2} = 10$ bar (Zustand 2). Der Barometerstand beträgt $p_\text{amb} = 905$ hPa $= 905$ mbar $= 0{,}905$ bar. Wie groß sind die absoluten Drücke vor und nach der Verdichtung?

Lösung:
$p_\text{abs 1} = p_\text{e1} + p_\text{amb} = -0{,}147$ bar $+ 0{,}905$ bar
$p_\text{abs 1} = 0{,}758$ bar
$p_\text{abs 2} = p_\text{e2} + p_\text{amb} = 10$ bar $+ 0{,}905$ bar
$p_\text{abs 2} = 10{,}905$ bar

■ **Beispiel:**
Ein plattenförmiges Werkstück soll auf einer Flachschleifmaschine bearbeitet werden und wird auf einer Vakuum-Spannplatte gespannt. Die Vakuumpumpe des Spanngerätes erzeugt unter dem aufliegenden Werkstück ein 90 %iges Vakuum. Der Atmosphärendruck beträgt 1 010 hPa $= 1\,010$ mbar $= 1{,}01$ bar. Welcher absolute Druck herrscht unter dem gespannten Werkstück?

Lösung:
$$p_\text{abs} = p_\text{amb} \cdot \left(1 - \frac{\text{Vak \%}}{100}\right) = 1{,}01 \text{ bar} \cdot \left(1 - \frac{90}{100}\right)$$
$p_\text{abs} = 0{,}101$ bar

1.3 Volumen

Jeder feste, flüssige oder gasförmige Stoff wird durch seine Stoffmenge repräsentiert. Diese Stoffmenge nimmt stets einen bestimmten Raum ein. Diesen Raum bezeichnet man als das Volumen des Stoffes. Das *Volumen V* wird durch die Volumeneinheit Kubikmeter (Kurzzeichen: m³) ausgedrückt.

$$1 \text{ m}^3 = 10^3 \text{ dm}^3 = 10^6 \text{ cm}^3 = 10^9 \text{ mm}^3$$

Bei Flüssigkeiten ist als Volumeneinheit auch das Liter (Kurzzeichen: l) zugelassen.

$$1 \text{ l} = 1 \text{ dm}^3$$

Das Volumen fester und flüssiger Stoffe hängt praktisch nur von Art und Menge des Stoffes ab. Die Stofftemperatur ist nur von geringem Einfluss und kann meist vernachlässigt werden. Der umgebende Druck wirkt sich auf das Stoffvolumen praktisch nicht aus.

Bei den zusammendrückbaren Gasen besteht eine starke Abhängigkeit des Volumens auch von Druck und Temperatur. Bezieht man die Rauminhalte auf gleiche Werte von Druck und Temperatur, so sind diese Gasvolumen ebenfalls nur von Gasart und Gasmenge abhängig. Übliche Werte von Druck und Temperatur sind die Größen des *physikalischen Normzustandes* (0 °C = 273,15 K und 1,013 25 bar). Das Volumen eines Gases im Normzustand bezeichnet man als *Normvolumen* V_n.

Das Volumen fester und flüssiger Stoffe und das Normvolumen eines Gases sind ein Maß für die jeweilige Stoffmenge.

Das massenbezogene Volumen ist das *spezifische Volumen v*.

$$v = \frac{V}{m}$$

v	V	m
$\frac{m^3}{kg}$	m^3	kg

(6)

Bei festen und flüssigen Stoffen ist das spezifische Volumen praktisch nur von der Stoffart abhängig.

Bei Gasen hängt das spezifische Volumen erst dann nur von der Gasart ab, wenn es auf den Normzustand bezogen wird. Diese Größe bezeichnet man als das *spezifische Normvolumen* v_n.

$$v_n = \frac{V_n}{m}$$

v_n	V_n	m
$\frac{m^3}{kg}$	m^3	kg

(7)

Der Kehrwert (Reziprokwert) des spezifischen Volumens ist die *Dichte ρ* des Stoffes.

$$\rho = \frac{1}{v} = \frac{m}{V}$$

ρ	m	V
$\frac{kg}{m^3}$	kg	m^3

(8)

Bei festen und flüssigen Stoffen ist die Stoffdichte praktisch nur von der Stoffart abhängig.
Bei Gasen hängt die Dichte erst dann nur von der Gasart ab, wenn sie auf den Normzustand bezogen wird. Diese Größe bezeichnet man als die *Normdichte* ρ_n.

$$\rho_n = \frac{1}{v_n} = \frac{m}{V_n}$$

ρ_n	m	V_n
$\frac{kg}{m^3}$	kg	m^3

(9)

Tabelle 1. Spezifisches Volumen und Dichte von Gasen im Normzustand

Gasart	chemisches Kurzzeichen	$v_n \frac{m^3}{kg}$	$\rho_n \frac{kg}{m^3}$
Kohlendioxid	CO_2	0,506	1,977
Kohlenoxid	CO	0,800	1,250
Luft	–	0,774	1,293
Methan	CH_4	1,396	0,717
Sauerstoff	O_2	0,700	1,429
Stickstoff	N_2	0,799	1,251
Wasserdampf	H_2O	1,243	0,804
Wasserstoff	H_2	11,111	0,090

Das stoffmengenbezogene Volumen ist das *molare Volumen* V_m

$$V_m = \frac{V}{n}$$

V_m	V	n
$\frac{m^3}{kmol}$	m^3	$kmol$

(10)

Durch die Einführung spezifischer und molarer Größen werden thermodynamische Betrachtungen von Masse und Stoffmenge und damit von der Systemgröße unabhängig.

Spezifisches Volumen v und molares Volumen V_m sind über die molare Masse M miteinander verknüpft.

$$V_m = vM \tag{11}$$

Bezieht man die molaren Volumen von Gasen auf gleiche Werte von Druck und Temperatur, so ergeben sich Zahlenwerte von annähernd gleicher Größe. Entsprechen die gemeinsamen Bezugsgrößen den Werten des physikalischen Normzustandes, so gilt für das *molare Normvolumen* V_{mn} aller idealen Gase

$$V_{mn} = v_n M \approx 22{,}414 \ \frac{m^3}{kmol}$$

■ **Beispiel:**
Gegeben ist eine Sauerstoffmenge von 25 kg im Normzustand. Die auf diesen Zustand bezogene Dichte des Gases beträgt ρ_n = 1,429 kg/m³.
a) Wie groß ist das spezifische Volumen v_n des Gases?
b) Welches Volumen V_n nimmt dieses Gas ein?

Lösung:

a) $v_n = \dfrac{1}{\rho_n} = \dfrac{1}{1{,}429 \, \frac{kg}{m^3}}$

$v_n = 0{,}7 \, \dfrac{m^3}{kg}$

b) $V_n = m \, v_n = 25 \, kg \cdot 0{,}7 \, \dfrac{m^3}{kg}$

$V_n = 17{,}5 \, m^3$

1 Grundbegriffe

■ **Beispiel:**

Gegeben sind 0,5 m³ Acetylen (C₂H₂) im Normzustand.
a) Wie groß sind das spezifische Normvolumen und die Normdichte?
b) Welche Gasmenge (ausgedrückt in kg) ist in einem Raum von 0,5 m³ enthalten?

Lösung:

a) $V_{mn} = v_n M$, $M = 26 \frac{kg}{kmol}$

$v_n = \frac{V_{mn}}{M} = \frac{22{,}4 \frac{m^3}{kmol}}{26 \frac{kg}{kmol}} = 0{,}862 \frac{m^3}{kg}$

$\rho_n = \frac{1}{v_n} = \frac{1}{0{,}862 \frac{m^3}{kg}} = 1{,}16 \frac{kg}{m^3}$

b) $m = \frac{V_n}{v_n} = \frac{0{,}5 \; m^3}{0{,}862 \frac{m^3}{kg}} = 0{,}58 \; kg$

1.4 Spezifische Wärmekapazität

Die *spezifische Wärmekapazität c* ist die massenbezogene Wärme (oder auch Dissipationsarbeit), die einem thermodynamischen System über die Systemgrenze hinweg zuzuführen ist, um ohne Änderung des bestehenden Aggregatzustandes die Temperatur um 1 K (= 1 °C) zu erhöhen.

Soll die Temperatur T_1 eines Systems (hier eines Stoffes) mit der Masse m auf T_2 erhöht werden ($T_2 > T_1$), dann ergibt sich die zuzuführende Wärme Q aus

$Q = mc(T_2 - T_1)$
oder $Q = mc(\vartheta_2 - \vartheta_1)$

Q	m	c		T	ϑ	(12)
J	kg	$\frac{J}{kg\,K}$	= $\frac{J}{kg\,°C}$	K	°C	

Das Produkt mc ist die *Wärmekapazität* des Systems mit der Masse m.
Wird einem System Wärme entzogen (Abkühlung), dann gilt die Gleichung (12) sinngemäß. Da aber $T_2 < T_1$ ist, wird der Zahlenwert für die abzuführende Wärme dann negativ ($Q < 0$).
Die Gleichung (12) kann in der angegebenen Form nur dann benutzt werden, wenn die spezifische Wärmekapazität über den in Rechnung zu setzenden Temperaturbereich $T_1 \ldots T_2$ bzw. $\vartheta_1 \ldots \vartheta_2$ konstant ist. Im Allgemeinen wird die spezifische Wärmekapazität mit zunehmender Temperatur aber größer. Die Kurve $c = f(\vartheta)$ lässt erkennen, dass die spezifische Wärmekapazität bei jedem Temperaturwert ϑ eine andere Größe besitzt und unter diesen Umständen nur in einem sehr kleinen Temperaturintervall $\Delta\vartheta$ als praktisch konstant angesehen werden kann (siehe Bild 3).

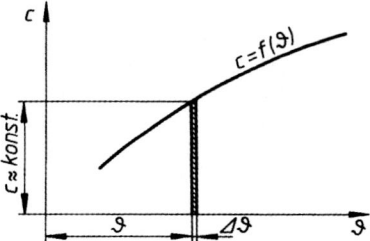

Bild 3. Angenommener Verlauf der spezifischen Wärmekapazität in Abhängigkeit von der Temperatur

Erstreckt sich eine Berechnung über einen größeren Temperaturbereich $\vartheta_1 \ldots \vartheta_2$ so muss mit einer *mittleren* spezifischen Wärmekapazität c_m gerechnet werden. Wird die spezifische Wärmekapazität in Abhängigkeit von der Temperatur ϑ zeichnerisch dargestellt, so ergibt sich der Mittelwert c_m als Höhe eines Rechteckes, dessen Flächeninhalt dem der Fläche A unter der Kurve $c = f(\vartheta)$ entspricht (Bild 4). Die Fläche ist ein Maß für die spezifische Wärme q.

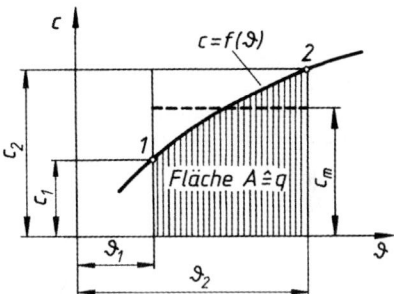

Bild 4. Bestimmung der mittleren spezifischen Wärmekapazität

Für Überschlagsrechnungen kann bei nicht zu großen Temperaturunterschieden mit hinreichender Genauigkeit der arithmetische Mittelwert aus den wahren spezifischen Wärmekapazitäten bei den Grenztemperaturen ϑ_1 und ϑ_2 eingesetzt werden.
In Tabellen wird häufig die mittlere spezifische Wärmekapazität $c_{m\,0-\vartheta}$ zwischen 0 °C und einer beliebigen Temperatur ϑ angegeben. Aus diesen Tabellenwerten kann die mittlere spezifische Wärmekapazität $c_{m\,1-2}$ für jeden beliebigen Temperaturbereich $\vartheta_1 \ldots \vartheta_2$ ermittelt werden.

Herleitung (siehe Bild 5):

$q_{1-2} = c_{m\,1-2}(\vartheta_2 - \vartheta_1)$
$q_{0-1} = c_{m\,0-1}(\vartheta_1 - 0)$
$q_{0-2} = c_{m\,0-2}(\vartheta_2 - 0)$
$q_{1-2} = q_{0-2} - q_{0-1}$
$c_{m\,1-2}(\vartheta_2 - \vartheta_1) =$
$= c_{m\,0-2}(\vartheta_2 - 0) - c_{m\,0-1}(\vartheta_1 - 0)$
$c_{m\,1-2}(\vartheta_2 - \vartheta_1) = c_{m\,0-2}\,\vartheta_2 - c_{m\,0-1}\,\vartheta_1$.

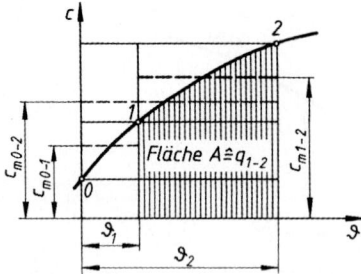

Bild 5. Bestimmung der mittleren spezifischen Wärmekapazität $c_{m\,1-2}$ aus den Mittelwerten $c_{m\,0-1}$ und $c_{m\,0-2}$

Aus der Herleitung ergibt sich *die mittlere spezifische Wärmekapazität für den Temperaturbereich* $\vartheta_1 \ldots \vartheta_2$

$$c_{m\,1-2} = \frac{c_{m\,0-2}\,\vartheta_2 - c_{m\,0-1}\,\vartheta_1}{\vartheta_2 - \vartheta_1}$$

$$\frac{c}{\dfrac{J}{kg\,K} = \dfrac{J}{kg\,°C}} \quad \Bigg| \quad \frac{\vartheta}{°C} \tag{13}$$

Die Temperaturabhängigkeit der spezifischen Wärmekapazität ist bei festen und flüssigen Stoffen verhältnismäßig gering. In den einschlägigen Tabellen werden daher für diese Stoffe Mittelwerte (c_m) angegeben, die für relativ große Temperaturbereiche gelten (siehe Tabelle 2).

Tabelle 2. Mittlere spezifische Wärmekapazität c_m fester und flüssiger Stoffe zwischen 0 °C und 100 °C in $\dfrac{J}{kg\,K} = \dfrac{J}{kg\,°C}$

Aluminium	913	Kork	2010	Steinzeug	775
Beton	1005	Kupfer	389	Ziegelsteine	921
Blei	130	Marmor	879	Alkohol	2428
Eichenholz	2386	Messing	385	Ammoniak	4187
Eis	2052	Nickel	444	Azeton	2303
Eisen (Stahl)	461	Platin	134	Benzol	1842
Fichtenholz	2721	Quarzglas	724	Glyzerin	2428
Glas	795	Quecksilber	138	Maschinenöl	1675
Graphit	879	Sandstein	921	Petroleum	2093
Gusseisen	544	Schamotte	795	Schwefelsäure	1382
Kieselgur	879	Silber	234	Wasser	4187

Die einem geschlossenen System (z.B. einem Stoff) bei isobarer Erwärmung (*p* konstant) zugeführte Wärme dient nicht nur zur Erhöhung der (thermischen) inneren Energie. Durch die mit der Erwärmung verbundene Volumenvergrößerung (Wärmeausdehnung) muss ein Teil der zugeführten Wärme zur Verrichtung der Volumenänderungsarbeit (als Raumschaffungsarbeit) gegen den Widerstand des umgebenden Drucks abgezweigt werden. Diese Arbeit wird über die Systemgrenze hinweg an die Umgebung abgegeben.

Bei festen und flüssigen Stoffen kann diese Raumschaffungsarbeit wegen der hier nur geringen Wärmedehnung vernachlässigt werden. Für Gase werden dagegen unterschiedliche c-Werte (c_p bzw. c_v) verwendet.

c_v spezifische Wärmekapazität bei konstantem Volumen

c_p spezifische Wärmekapazität bei konstantem Druck ($c_p > c_v$)

Für ideale Gase gilt:

$c_p - c_v = R_i$ (spezielle Gaskonstante)

$c_p / c_v = \kappa$ (Isentropenexponent)

Das Verhältnis κ der spezifischen Wärmekapazitäten erscheint bei der Behandlung der isentropen Zustandsänderung idealer Gase als Isentropenexponent. Das Verhältnis ist besonders bei mehratomigen Gasen temperaturabhängig. Eine geringe Druckabhängigkeit besteht bei realen Gasen.

Tabelle 3. Verhältnis der spezifischen Wärmekapazitäten $\dfrac{c_p}{c_v}$ bei 0 °C

Kohlenoxid	CO	1,402
Kohlendioxid	CO_2	1,30
Luft	–	1,40
Methan	CH_4	1,32
Sauerstoff	O_2	1,40
Stickstoff	N_2	1,40
Wasserdampf	H_2O	1,33
Wasserstoff	H_2	1,405

Zur Bestimmung genauerer Zahlenwerte der spezifischen Wärmekapazitäten für Gase werden Tabellen für *wahre* spezifische Wärmekapazitäten (Tabelle 4) oder für die *mittleren* spezifischen Wärmekapazitäten (Tabelle 5) benutzt.

Tabelle 4. Wahre spezifische Wärmekapazität bei $\vartheta\,°C$ in $\dfrac{J}{kg\,K}$ nach *Justi* und *Lüder*

ϑ in °C		CO	CO_2	Luft	CH_4	O_2	N_2	H_2O	H_2
0	c_p	1038	708	1005	2156	913	1038	1855	14235
	c_v	741	519	716	1637	653	741	1394	10111
100	c_p	1047	921	1009	2453	934	1047	1880	14444
	c_v	749	733	720	1934	674	749	1419	10320
200	c_p	1059	996	1026	2797	963	1055	1934	14528
	c_v	762	808	737	2278	703	758	1474	10404
300	c_p	1080	1068	1047	3174	996	1068	1989	14570
	c_v	783	879	758	2654	737	770	1528	10446
400	c_p	1105	1122	1068	3500	1026	1093	2056	14612
	c_v	808	934	779	2981	766	795	1595	10488
500	c_p	1130	1164	1093	3814	1051	1118	2119	14696
	c_v	833	976	804	3295	791	821	1658	10572
600	c_p	1160	1202	1114	4086	1076	1139	2186	14779
	c_v	862	1013	825	3567	816	842	1725	10655
700	c_p	1181	1231	1135	4333	1089	1164	2257	14947
	c_v	883	1043	846	3814	829	867	1796	10823
800	c_p	1202	1256	1156	4543	1101	1181	2328	15114
	c_v	904	1068	867	4024	842	883	1867	10990
900	c_p	1218	1277	1168	4760	1114	1202	2395	15324
	c_v	921	1089	879	4241	854	904	1934	11200
1000	c_p	1231	1294	1185	4945	1122	1214	2458	15533
	c_v	934	1105	896	4425	862	917	1997	11409

Tabelle 5. Mittlere spezifische Wärmekapazität zwischen 0 °C und $\vartheta\,°C$ in $\dfrac{J}{kg\,K}$ nach *Justi* und *Lüder*

ϑ in °C		CO	CO_2	Luft	CH_4	O_2	N_2	H_2O	H_2
0	c_p	1038	708	1005	2156	913	1038	1855	14235
	c_v	741	519	716	1637	653	741	1394	10111
100	c_p	1043	871	1009	2261	921	1043	1867	14319
	c_v	745	682	720	1742	662	745	1407	10195
200	c_p	1047	917	1013	2453	934	1047	1888	14403
	c_v	749	729	724	1934	674	749	1428	10279
300	c_p	1055	959	1022	2638	950	1051	1909	14444
	c_v	758	770	733	2119	691	754	1449	10320
400	c_p	1063	988	1030	2809	967	1059	1938	14474
	c_v	766	800	741	2290	708	762	1478	10350
500	c_p	1076	1022	1043	2956	980	1068	1972	14499
	c_v	779	833	754	2437	720	770	1511	10375
600	c_p	1089	1051	1051	3148	992	1076	2001	14528
	c_v	791	862	762	2629	733	779	1541	10404
700	c_p	1097	1072	1059	3303	1005	1084	2031	14570
	c_v	800	883	770	2784	745	787	1570	10446
800	c_p	1110	1093	1072	3437	1017	1097	2068	14654
	c_v	812	904	783	2918	758	800	1608	10530
900	c_p	1122	1114	1084	3571	1026	1105	2102	14696
	c_v	825	925	795	3052	766	808	1641	10572
1000	c_p	1130	1130	1093	3659	1034	1118	2135	14738
	c_v	833	942	804	3140	775	821	1675	10614
1100	c_p	1139	1147	1101	3883	1042	1130	2168	14818

Fortsetzung Seite F8

Fortsetzung von Seite F7

ϑ in °C		CO	CO_2	Luft	CH_4	O_2	N_2	H_2O	H_2
	c_v	841	959	812	3366	783	833	1708	10695
1200	c_p	1151	1160	1109	3998	1051	1139	2198	14902
	c_v	854	971	820	3479	791	841	1737	10779
1300	c_p	1160	1172	1118		1059	1147	2227	14986
	c_v	862	984	829		800	850	1766	10863
1400	c_p	1168	1185	1126		1067	1155	2260	15070
	c_v	871	996	837		808	858	1800	10946
1500	c_p	1172	1197	1134		1072	1164	2286	15153
	c_v	875	1009	846		812	867	1825	11030
1600	c_p	1180	1206	1139		1076	1168	2315	15237
	c_v	883	1017	850		816	871	1854	11114
1700	c_p	1185	1214	1147		1080	1176	2344	15321
	c_v	887	1026	858		820	879	1884	11198
1800	c_p	1193	1222	1151		1088	1180	2369	15446
	c_v	896	1034	862		829	883	1909	11323
1900	c_p	1197	1231	1155		1097	1185	2394	15530
	c_v	900	1042	867		837	887	1934	11407
2000	c_p	1206	1235	1160		1101	1193	2420	15614
	c_v	908	1047	871		841	896	1959	11491

Werden Systeme (z.B. Stoffe) mit unterschiedlichen Temperaturen über eine gemeinsame diatherme (wärmedurchlässige) Systemgrenze in Berührung gebracht, so findet eine Wärmeübertragung in Richtung des Temperaturgefälles statt. Nach erfolgtem Energieaustausch stellt sich in den beteiligten Systemen die gemeinsame *Mischungstemperatur* ϑ_{Mi} ein (Temperaturausgleich).

Werden zwei Stoffe mit den Massen m_1 und m_2, den spezifischen Wärmekapazitäten c_1 und c_2 und den Temperaturen ϑ_1 und ϑ_2 gemischt, so ergibt sich die *Mischungstemperatur* (Zweistoffmischung)

$$\vartheta_{Mi} = \frac{m_1 \, c_1 \, \vartheta_1 + m_2 \, c_2 \, \vartheta_2}{m_1 \, c_1 + m_2 \, c_2} \quad (14)$$

ϑ	m	c
°C	kg	$\frac{J}{kg \, K} = \frac{J}{kg \, °C}$

Diese Formel wird als *Mischungsregel* bezeichnet und kann durch sinngemäße Erweiterung auch für Mehrstoffmischungen verwendet werden.

Die Anwendung der Mischungsregel setzt voraus, dass während des Mischungsvorganges keine Änderung des bestehenden Aggregatzustandes eintritt und dem Gesamtsystem Wärme weder zugeführt noch entzogen wird.

Aus der Mischungsregel folgt die *Mischungstemperatur* (Zweistoffmischung gleichartiger Stoffe)

$$\vartheta_{Mi} = \frac{m_1 \, \vartheta_1 + m_2 \, \vartheta_2}{m_1 + m_2} \quad (15)$$

ϑ	m
°C	kg

Mischungstemperatur (Zweistoffmischung gleichartiger Stoffe mit gleich großen Massen)

$$\vartheta_{Mi} = \frac{\vartheta_1 + \vartheta_2}{2} \quad (16)$$

■ **Beispiel:**
Im Rauchgasvorwärmer einer Kesselanlage werden in jeder Stunde 8 400 kg Wasser von $\vartheta_1 = 45$ °C auf $\vartheta_2 = 110$ °C vorgewärmt. Wie groß ist die Wärme, die in jeder Stunde vom Rauchgas auf das Speisewasser übergeht?

Lösung:

$$Q = mc(\vartheta_2 - \vartheta_1); \quad c = 4187 \frac{J}{kg \, K} = 4187 \frac{J}{kg \, °C}$$

$$Q = 8400 \frac{kg}{h} \cdot 4187 \frac{J}{kg \, °C} \cdot (110 - 45) \, °C$$

$$= 2286 \cdot 10^6 \frac{J}{h}$$

■ **Beispiel:**
6 kg Wasser von 50 °C und 10 kg Wasser von 30 °C sollen gemischt werden. Wie hoch ist die sich einstellende Mischungstemperatur ϑ_{Mi}?

Lösung:

$$\vartheta_{Mi} = \frac{m_1 \, \vartheta_1 + m_2 \, \vartheta_2}{m_1 + m_2}$$

$$= \frac{6 \, kg \cdot 50 \, °C + 10 \, kg \cdot 30 \, °C}{6 \, kg + 10 \, kg} = 37,5 \, °C$$

■ **Beispiel:**
Ein gegen Wärmeverluste geschütztes Kalorimeter ist mit 800 g Wasser von 15 °C gefüllt. Das Gefäß des Kalorimeters besteht aus 250 g Silber mit einer mittleren spezifischen Wärmekapazität von 234 J / kg K. In dieses Gefäß werden 200 g Aluminium von 100 °C eingebracht. Nach dem Wärmeausgleich wird eine Mischungstemperatur von 19,25 °C gemessen.
Wie groß ist die spezifische Wärmekapazität des Aluminiums?

1 Grundbegriffe

Lösung:

Wird die Gleichung (14) auf eine Dreistoffmischung erweitert und zur Unterscheidung mit Indizes für Silbergefäß, Wasserbad und Aluminium versehen, so ergibt sich bei Auflösung nach c_a (für Aluminium)

$$c_a = \frac{(m_s\, c_s + m_w\, c_w)\cdot(\vartheta_{Mi} - \vartheta)}{m_a\,(\vartheta_a - \vartheta_{Mi})}, \text{ hierin ist } \vartheta_w = \vartheta_s = \vartheta \text{ gesetzt}$$

$$c_w = 4187\,\frac{J}{kg\,K} = 4187\,\frac{J}{kg\,°C} \qquad c_s = 234\,\frac{J}{kg\,°C}$$

$$c_a = \frac{\left(0{,}25\,kg \cdot 234\,\frac{J}{kg\,°C} + 0{,}8\,kg \cdot 4187\,\frac{J}{kg\,°C}\right)\cdot (19{,}25 - 15)\,°C}{0{,}2\,kg\cdot(100 - 19{,}25)\,°C}$$

$$c_a = 897\,\frac{J}{kg\,°C} = 897\,\frac{J}{kg\,K}$$

■ **Beispiel:**
Eine Luftmenge soll bei gleich bleibendem Druck von $\vartheta_1 = 100$ °C auf $\vartheta_2 = 800$ °C vorgewärmt werden. Zur Berechnung des Wärmebedarfs soll die mittlere spezifische Wärmekapazität für den genannten Temperaturbereich mit Hilfe einer Tabelle für mittlere spezifische Wärmekapazitäten (Tabelle 5) ermittelt werden.

Lösung:

$$c_{m\,1-2} = \frac{c_{m\,0-2}\,\vartheta_2 - c_{m\,0-1}\,\vartheta_1}{\vartheta_2 - \vartheta_1}$$

$c_{m\,0-1}$ (nach Tabelle 5) $= 1009\,\dfrac{J}{kg\,K}$

$c_{m\,0-2}$ (nach Tabelle 5) $= 1072\,\dfrac{J}{kg\,K}$

$$c_{m\,1-2} = \frac{1072\,\frac{J}{kg\,K}\cdot 800\,°C - 1009\,\frac{J}{kg\,K}\cdot 100\,°C}{(800-100)\,°C}$$

$$= 1081\,\frac{J}{kg\,K}$$

1.5 Wärmeausdehnung

1.5.1 Allgemeines

Führt man einem Stoff Energie in Form von Wärme zu, so dehnt er sich nach allen Seiten aus. Diese Volumenvergrößerung ist eine Folge der Vergrößerung des mittleren Abstandes der Stoffteilchen untereinander. Bei Abkühlung zeigt sich eine entsprechende Volumenabnahme.
Die Größe der Wärmeausdehnung hängt von der Art des Stoffes ab. Feste Körper dehnen sich nur wenig, Flüssigkeiten dagegen stärker aus. Die größte Ausdehnung zeigt sich bei den Gasen.

1.5.2 Wärmeausdehnung fester Körper

Da die Volumenvergrößerung fester Stoffe bei Erwärmung nur sehr gering ist, wird nur die bei lang gestreckten festen Körpern stärker in Erscheinung tretende Wärmedehnung in der Längsrichtung bestimmt. Die Längenzunahme wird als *Längsausdehnung* bezeichnet.

Besitzt ein Körper bei der Temperatur $\vartheta_0 = 0$ °C die Länge l_0, so zeigt sich bei Erwärmung auf die Temperatur ϑ eine Längenzunahme Δl (Bild 6).

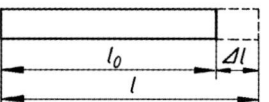

Bild 6. Längenzunahme eines festen Körpers nach Erwärmung

Die in m gemessene Längenänderung eines Stabes von 1 m Länge (bei 0 °C) nach Erwärmung um 1 K = 1 °C bezeichnet man als *Längenausdehnungskoeffizient* α_l. Damit ergibt sich die

Längenzunahme nach Erwärmung
$$\Delta l = l_0\,\alpha_l\,\vartheta \qquad (17)$$
Länge nach Erwärmung
$$l = l_0\,(1 + \alpha_l\,\vartheta) \qquad (18)$$
Relative Längenänderung
$$\frac{\Delta l}{l_0} = \alpha_l\,\vartheta \qquad (19)$$

l	α_l	ϑ
m	$\dfrac{1}{K} = \dfrac{1}{°C}$	°C

Die Volumenzunahme eines festen Körpers bei Erwärmung ergibt sich aus der Längenzunahme, die in Richtung der Länge, Breite und Höhe erfolgt. Besitzt ein Körper bei der Temperatur $\vartheta_0 = 0$ °C das Volumen V_0, so zeigt sich bei Erwärmung auf die Temperatur ϑ eine Volumenzunahme ΔV (Bild 7).
Die in m³ gemessene Volumenänderung eines Körpers von 1 m³ Rauminhalt (bei 0 °C) nach Erwärmung um 1 K = 1 °C bezeichnet man als *Volumenausdehnungskoeffizient* α_v. Damit ergibt sich:

Volumenzunahme nach Erwärmung $\qquad \Delta V = V_0\,\alpha_v\,\vartheta \qquad (20)$

Volumen nach Erwärmung $\qquad V = V_0\,(1 + \alpha_v\,\vartheta) \qquad (21)$

Relative Volumenänderung $\qquad \dfrac{\Delta V}{V_0} = \alpha_v\,\vartheta \qquad (22)$

V	α_v	ϑ
m³	$\dfrac{1}{K} = \dfrac{1}{°C}$	°C

Eine Beziehung zwischen dem Längenausdehnungskoeffizienten α_l und dem Volumenausdehnungskoeffizienten α_v kann aus der Betrachtung eines würfelförmigen Körpers nach Bild 7 hergeleitet werden.

$$V_0 = l_0^3 \quad V = l^3,\ l = l_0 + \Delta l$$
$$V = [l_0 + \Delta l]^3$$
$$V = [l_0 + l_0\,\alpha_l\,\vartheta]^3$$
$$V = [l_0\,(1 + \alpha_l\,\vartheta)]^3$$
$$V = l_0^3\,(1 + \alpha_l\,\vartheta)^3$$
$$V = V_0\,(1 + 3\,\alpha_l\,\vartheta + 3\,\alpha_l^2\,\vartheta^2 + \alpha_l^3\,\vartheta^3)$$

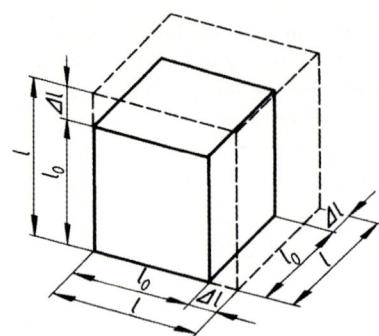

Bild 7. Volumenzunahme eines festen Körpers (Würfel) nach Erwärmung

Da α_l sehr klein ist, können die Potenzen von α_l vernachlässigt werden.
$V \approx V_0 (1 + 3 \alpha_l \vartheta)$
Setzt man $3 \alpha_l \approx \alpha_v$ so folgt daraus
$V = V_0 (1 + \alpha_v \vartheta)$, wie Gleichung 21

Längenzunahme nach Erwärmung
$$\Delta l \approx l_1 \alpha_l (\vartheta_2 - \vartheta_1) \tag{23}$$

Länge nach Erwärmung
$$l_2 \approx l_1 [1 + \alpha_l (\vartheta_2 - \vartheta_1)]$$

l	α_l	ϑ
m	$\dfrac{1}{K} = \dfrac{1}{°C}$	°C

(24)

Volumenzunahme nach Erwärmung
$$\Delta V \approx V_1 \alpha_v (\vartheta_2 - \vartheta_1) \tag{25}$$

Volumen nach Erwärmung
$$V_2 \approx V_1 [1 + \alpha_v (\vartheta_2 - \vartheta_1)]$$

V	α_v	ϑ
m³	$\dfrac{1}{K} = \dfrac{1}{°C}$	°C

(26)

Die Längenausdehnungskoeffizienten der einzelnen festen Stoffe sind von der Temperatur abhängig. Im unteren Temperaturbereich zwischen 0 °C und 100 °C kann ihre Größe praktisch als konstant angesehen werden.

■ **Beispiel:**
Die Länge der Aluminiumdrähte zwischen zwei Masten einer Hochspannungsleitung beträgt 110 m bei einer Temperatur von 20 °C. Wie lang sind die Leitungsdrähte bei den Temperaturen + 35 °C und −35 °C ($\alpha_l = 23{,}5 \cdot 10^{-6} \, \frac{1}{K} = 23{,}5 \cdot 10^{-6} \, \frac{1}{°C}$) ?

Lösung:
a) l_2 bei einer Temperatur von + 35 °C
$l_2 \approx l_1 [1 + \alpha_l (\vartheta_2 - \vartheta_1)]$
$l_2 \approx 110 \, \text{m} \left[1 + 23{,}5 \cdot 10^{-6} \, \dfrac{1}{°C} (+35 - 20) \, °C \right]$

$l_2 \approx 110{,}039 \, \text{m}$

b) l_2 bei einer Temperatur von −35 °C
$l_2 \approx l_1 [1 + \alpha_l (\vartheta_2 - \vartheta_1)]$
$l_2 \approx 110 \, \text{m} \left[1 + 23{,}5 \cdot 10^{-6} \, \dfrac{1}{°C} (-35 - 20) \, °C \right]$
$l_2 \approx 109{,}858 \, \text{m}$

Tabelle 6. Längenausdehnungskoeffizient α_l fester Stoffe zwischen 0 °C und 100 °C
$\dfrac{1}{K} = \dfrac{1}{°C}$ (Volumenausdehnungskoeffizient $\alpha_v \approx 3 \, \alpha_l$)

Stoff	α_l
Aluminium	$23{,}5 \cdot 10^{-6}$
Bakelit	$21{,}9 \cdot 10^{-6}$
Blei	$29{,}2 \cdot 10^{-6}$
Chromstahl	$11{,}0 \cdot 10^{-6}$
Glas	$9{,}0 \cdot 10^{-6}$
Gold	$14{,}2 \cdot 10^{-6}$
Gusseisen	$9{,}0 \cdot 10^{-6}$
Jenaer Glas	$4{,}4 \cdot 10^{-6}$
Kohlenstoffstahl	$12{,}0 \cdot 10^{-6}$
Kupfer	$16{,}5 \cdot 10^{-6}$
Magnesium	$26{,}0 \cdot 10^{-6}$
Messing	$18{,}4 \cdot 10^{-6}$
Nickel	$14{,}1 \cdot 10^{-6}$
Platin	$8{,}9 \cdot 10^{-6}$
PVC	$78{,}1 \cdot 10^{-6}$
Quarzglas	$0{,}6 \cdot 10^{-6}$
Wolfram	$4{,}5 \cdot 10^{-6}$
Zinn	$23{,}0 \cdot 10^{-6}$
Zinnbronze	$17{,}8 \cdot 10^{-6}$
Zink	$30{,}1 \cdot 10^{-6}$

1.5.3 Wärmeausdehnung vom Flüssigkeiten

Flüssigkeiten dehnen sich im Allgemeinen bei Erwärmung stärker aus als feste Körper. Der Volumenausdehnungskoeffizient ist nicht in allen Temperaturbereichen konstant. Er wird um so größer, je mehr sich die Temperatur dem Siedepunkt der Flüssigkeit nähert. In den unteren Temperaturbereichen kann die Größe von α_v praktisch als konstant angesehen werden. Eine besonders gleichmäßige Ausdehnung zeigt das Quecksilber.
Eine Ausnahme bildet das Wasser (Anomalie des Wassers). Es besitzt bei + 4 °C sein kleinstes Volumen (größte Dichte) und dehnt sich sowohl bei Erwärmung wie auch bei Abkühlung aus. Die Wärmedehnung verläuft hier sehr ungleichmäßig.
Die Berechnung der Volumenänderung usw. erfolgt nach den Gleichungen (20), (21), (22) oder auch nach den Näherungsgleichungen (25) und (26). Reicht die Genauigkeit der Näherungsrechnung nicht aus, so kann die Wärmedehnung für eine beliebige Temperaturdifferenz $\vartheta_1 \dots \vartheta_2$ im unteren Temperaturbereich

(α_v = konst.) aus dem Verhältnis V_2/V_1 mit $V_2 = V_0 (1 + \alpha_v \vartheta_2)$ und $V_1 = V_0 (1 + \alpha_v \vartheta_1)$ hergeleitet werden. Es ergibt sich die *Volumenzunahme nach Erwärmung*

$$\Delta V = V_1 \frac{\alpha_v (\vartheta_2 - \vartheta_1)}{1 + \alpha_v \vartheta_1} \qquad (27)$$

und das *Volumen nach Erwärmung*

$$V_2 = V_1 \frac{1 + \alpha_v \vartheta_2}{1 + \alpha_v \vartheta_1} \qquad (28)$$

V	α_v	ϑ
m³	$\frac{1}{K} = \frac{1}{°C}$	°C

Tabelle 7. Volumenausdehnungskoeffizient α_v von Flüssigkeiten bei 18 °C in $\frac{1}{K} = \frac{1}{°C}$

Äthylalkohol	$11{,}0 \cdot 10^{-4}$
Äthyläther	$16{,}3 \cdot 10^{-4}$
Benzol	$12{,}4 \cdot 10^{-4}$
Glyzerin	$5{,}0 \cdot 10^{-4}$
Olivenöl	$7{,}2 \cdot 10^{-4}$
Quecksilber	$1{,}8 \cdot 10^{-4}$
Schwefelsäure	$5{,}6 \cdot 10^{-4}$
Wasser	$1{,}8 \cdot 10^{-4}$

■ **Beispiel:**
5000 l Benzol werden bei einer Temperatur von + 8 °C abgefüllt. Wie groß ist der Rauminhalt bei 25 °C ($\alpha_v = 12{,}4 \cdot 10^{-4}$ 1/K = $12{,}4 \cdot 10^{-4}$ 1/°C) ?

Lösung:
$V_2 \approx V_1 [1 + \alpha_v (\vartheta_2 - \vartheta_1)]$
$V_2 \approx 5 \text{ m}^3 \left[1 + 12{,}4 \cdot 10^{-4} \frac{1}{°C} (25 - 8) °C\right] = 5{,}105 \text{ m}^3$

1.5.4 Wärmeausdehnung von Gasen

Die Wärmeausdehnung ist bei Gasen bedeutend größer als bei Flüssigkeiten und festen Stoffen. Die Volumenausdehnungskoeffizienten sind bei konstantem Druck für alle realen Gase mit annähernd idealem Verhalten praktisch gleich.
Ideale Gase dehnen sich bei Erwärmung um 1 °C (bei gleich bleibendem, aber beliebig hohem Druck) um 1/273,15 des Volumens aus, das sie bei 0 °C einnehmen (V_0).
Die Berechnung der Volumenänderung erfolgt nach den Gleichungen (20), (21) und (22). Aus Gleichung (21) ergibt sich (α_v hier auf 1/273 gerundet) das *Gesetz von Gay-Lussac*.

Herleitung:
V_0 = Gasvolumen bei 0 °C
V_1, V_2 = Gasvolumen bei ϑ_1 und ϑ_2
$V_1 = V_0 (1 + \alpha_v \vartheta_1)$ $\qquad$ $V_2 = V_0 (1 + \alpha_v \vartheta_2)$

$V_1 = V_0 \left(1 + \frac{\vartheta_1}{273}\right)$ $\qquad$ $V_2 = V_0 \left(1 + \frac{\vartheta_2}{273}\right)$

$V_1 = V_0 \frac{273 + \vartheta_1}{273}$ $\qquad$ $V_2 = V_0 \frac{273 + \vartheta_2}{273}$

$V_1 = \frac{V_0 T_1}{273}$ $\qquad$ $V_2 = \frac{V_0 T_2}{273}$

$\frac{V_1}{V_2} = \frac{V_0 T_1}{273} \frac{273}{V_0 T_1} = \frac{T_1}{T_2}$

Gesetz von Gay-Lussac (bei p = konst.)

$$\frac{V_1}{V_2} = \frac{T_1}{T_2} \qquad (29)$$

V	T
m³	K

Bei gleich bleibendem Druck verhalten sich die Gasvolumen wie ihre thermodynamischen Temperaturen.

Volumenzunahme nach Erwärmung

$$\Delta V = \frac{V_0}{273} (T_2 - T_1) \qquad (30)$$

V	T
m³	K

$$\Delta V = \frac{V_1}{T_1} (T_2 - T_1)$$

Volumen nach Erwärmung

$$V_2 = V_1 = \frac{T_2}{T_1} \qquad (31)$$

V	T
m³	K

Während bei gleich bleibendem Gasdruck die Gasvolumen den thermodynamischen Temperaturen direkt proportional sind, besteht bei gleich gehaltener Temperatur umgekehrte Proportionalität zwischen dem Volumen und dem Gasdruck.

Gesetz von Boyle und Mariotte (bei ϑ = konst.)

$$\frac{V_1}{V_2} = \frac{p_2}{p_1} \qquad (32)$$

V	p
m³	Pa = $\frac{N}{m^2}$

1.6 Aggregatzustände

1.6.1 Allgemeines

Die unterschiedlichen äußeren Erscheinungsformen der Stoffe (fest, flüssig oder gasförmig) bezeichnet man als Aggregatzustände (Phasen). Der jeweils vorliegende Aggregatzustand wird von der Größe der stoffabhängigen internen Bindungskräfte (Kohäsionskräfte) bestimmt. Auch Temperatur und Druck sind von Einfluss.

Wird einem Stoff Wärme zugeführt oder entzogen, so wird die Intensität der Wärmebewegung der Stoffteilchen (Moleküle bzw. Atome) verändert.

Bei ständiger Zufuhr von Wärme wird ein fester Stoffverband schließlich so weit aufgelockert, dass die Stoffteilchen in den Bewegungsbereich benachbarter Teilchen überwechseln, ohne sich jedoch aus dem Gesamtverband ganz herauslösen zu können. Der Stoffzusammenhang ist gelockert und die Stoffteilchen in ihrer gegenseitigen Lage ungeordnet. Der feste Stoff ist geschmolzen, d. h. er befindet sich im flüssigen Aggregatzustand.

Bei weiterer Wärmezufuhr wird die Bewegungsenergie der Stoffteilchen so groß, dass die stoffinternen Bindungskräfte überwunden werden und die nunmehr frei beweglichen Teilchen sich aus dem Stoffverband herauslösen. Der Stoff befindet sich im gasförmigen Aggregatzustand.

Die Änderung des Aggregatzustandes ist ein umkehrbarer Vorgang. Die Unterscheidung zwischen festen, flüssigen und gasförmigen Aggregatzuständen ist nicht immer streng durchführbar. Bei Stoffgemischen und amorphen (nicht kristallisierenden) Stoffen treten Übergangsformen zwischen festen und flüssigen Zuständen auf.

1.6.2 Schmelzen und Erstarren

Ein Stoff schmilzt, wenn er unter ständiger Wärmezufuhr vom festen in den flüssigen Aggregatzustand übergeht. Läuft der Vorgang in umgekehrter Richtung ab, so spricht man vom Erstarren einer Flüssigkeit.

Chemisch reine Stoffe und Stoffgemische mit eutektischem Mischungsverhältnis schmelzen bei einer bestimmten, von der Stoffart abhängenden Temperatur, dem *Schmelzpunkt* des Stoffes. Diese Schmelztemperatur ändert sich während des Schmelzvorganges nicht (Bild 8). Bei nichteutektischen Stoffgemischen erfolgt das Schmelzen innerhalb eines Temperaturbereiches.

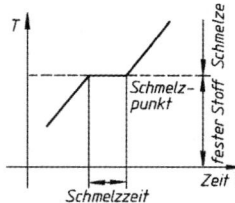

Bild 8. Verlauf der Schmelzkurve eines festen Stoffes

Tabelle 8. Schmelzpunkt fester Stoffe bei einem Druck von 1,013 bar in Grad Celsius (°C)

Aluminium	658	Kupfer	1 084
Blei	327	Magnesium	655
Chrom	1 765	Mangan	1 260
Diamant	3 500	Messing	900
Eisen (rein)	1 528	Platin	1 770
Elektron	625	Silber	960
Gold	1 063	Wolfram	3 350
Graphit	3 600	Zink	419
Iridium	2 455	Zinn	232

Tabelle 9. Erstarrungspunkt flüssiger Stoffe bei einem Druck von 1,013 bar in Grad Celsius (°C)

Benzin	– 150	Meerwasser	– 2,5
Benzol	5,5	Quecksilber	– 38,5
Glyzerin	19	Wasser	0

Die dem Stoff während des Schmelzens zuzuführende Wärme wird als Schmelzwärme (Schmelzenthalpie) bezeichnet. Die *Schmelzwärme* q_s gibt die Wärme in J an, die nötig ist, um 1 kg Stoff bei der jeweiligen Schmelztemperatur zu schmelzen. Die Schmelzwärme wird beim Erstarren der Schmelze wieder frei (Erstarrungswärme).

Tabelle 10. Schmelzwärme q_s bei einem Druck von 1,013 bar in J/kg)

Aluminium	$3,94 \cdot 10^5$	Nickel	$2,34 \cdot 10^5$
Blei	$0,23 \cdot 10^5$	Platin	$1,00 \cdot 10^5$
Eis	$3,35 \cdot 10^5$	Stahl	$2,51 \cdot 10^5$
Gusseisen	$0,96 \cdot 10^5$	Zink	$1.05 \cdot 10^5$
Kupfer	$1,72 \cdot 10^5$	Zinn	$0,59 \cdot 10^5$
Magnesium	$1,97 \cdot 10^5$		

Der Schmelzvorgang ist im Allgemeinen mit einer Volumenzunahme verbunden. Die Dichte ρ der Schmelze ist geringer als die des festen Stoffes. Eine Ausnahme bildet das Wasser, das im erstarrten (gefrorenen) Zustand einen größeren Raum einnimmt („Anomalie des Wassers").

Der Schmelzpunkt steigt mit zunehmendem Druck, wenn der Schmelzvorgang unter Volumenzunahme abläuft. Der Schmelzpunkt des Eises sinkt bei größer werdendem Außendruck.

■ **Beispiel:**
Welche Wärme Q ist erforderlich, um 15 kg Blei von ϑ = 20 °C bei einem umgebenden Luftdruck von 1,013 bar zu schmelzen?

Lösung:
Das zu schmelzende Metall muss zunächst von der Raumtemperatur ϑ = 20 °C auf die Schmelztemperatur ϑ_s = 327 °C erwärmt werden. Die dabei zuzuführende Wärme Q_1 beträgt mit

$Q_1 = m\, c\, (\vartheta_s - \vartheta)$ und c = 130 J/kg K = 130 J/kg °C

$Q_1 = 15 \text{ kg} \cdot 130 \dfrac{\text{J}}{\text{kg °C}} (327 - 20) \text{ °C} = 599\,000 \text{ J}$

Nach Zufuhr dieser Wärme liegt festes Blei von 327 °C vor. Um das Metall bei gleich bleibender Temperatur vollständig in den flüssigen Zustand zu überführen, müssen jedem kg Blei $0{,}23 \cdot 10^5$ J (Schmelzwärme) zugeführt werden. Damit ergibt sich mit

$$Q = Q_1 + m\,q_s \quad \text{und} \quad q_s = 0{,}23 \cdot 10^5 \,\frac{\text{J}}{\text{kg}}$$

die Gesamtwärme

$$Q = 599\,000 \text{ J} + 15 \text{ kg} \cdot 0{,}23 \cdot 10^5\, \frac{\text{J}}{\text{kg}} = 944\,000 \text{ J}$$

1.6.3 Sieden und Verflüssigen

Eine Flüssigkeit siedet, wenn sie bei ständiger Wärmezufuhr unter Bildung von Dampfblasen in den gasförmigen Aggregatzustand übergeht. Läuft der Vorgang in umgekehrter Richtung ab, so spricht man von einer Kondensation. Den unmittelbaren Übergang vom festen in den gasförmigen Aggregatzustand bezeichnet man als Sublimation.

Das Sieden einer Flüssigkeit erfolgt bei einer bestimmten, von der Stoffart abhängenden Temperatur, dem *Siedepunkt* des Stoffes. Diese Siedetemperatur ändert sich während des Siedevorganges nicht.

Die dem Stoff während des Siedens zuzuführende Wärme wird als Verdampfungswärme (Verdampfungsenthalpie) bezeichnet.

Tabelle 11. Siede- und Kondensationspunkte bei einem Druck von 1,013 bar in Grad Celsius (°C)

Alkohol	78	Helium	– 269	Sauerstoff	– 183
Benzin	95	Kohlenoxid	– 190	Silber	2 000
Benzol	80	Kupfer	2 310	Stickstoff	– 196
Blei	1 525	Magnesium	1 100	Wasser	100
Eisen (rein)	2 500	Mangan	1 900	Wasserstoff	– 253
Glyzerin	290	Methan	– 164	Zink	915
Gold	2 650	Quecksilber	357	Zinn	2 200

Die *Verdampfungswärme* q_v (bei Wasser auch r) gibt die Wärme in J an, die nötig ist, um 1 kg Stoff bei der jeweiligen Siedetemperatur in den gasförmigen Zustand zu überführen.

Die Verdampfungswärme wird beim Kondensieren wieder frei (Kondensationswärme).

Tabelle 12. Verdampfungs- und Kondensationswärme q_v bei einem Druck von 1,013 bar in J/kg

Alkohol	$8{,}79 \cdot 10^5$
Äther	$3{,}77 \cdot 10^5$
Benzol	$4{,}40 \cdot 10^5$
Quecksilber	$2{,}85 \cdot 10^5$
schweflige Säure	$3{,}98 \cdot 10^5$
Sauerstoff	$2{,}14 \cdot 10^5$
Stickstoff	$2{,}01 \cdot 10^5$
Wasser	$22{,}57 \cdot 10^5$
Wasserstoff	$5{,}02 \cdot 10^5$

Das Verdampfen einer Flüssigkeit ist mit einer starken Volumenzunahme verbunden. Die Bildung von Dampfblasen erfordert daher eine Überwindung des umgebenden Flüssigkeitsdruckes. Der Siedepunkt ist also druckabhängig und steigt (sinkt) mit zunehmendem (abnehmendem) Umgebungsdruck.

Ein langsamer Übergang vom flüssigen in den gasförmigen Zustand erfolgt auch bereits unterhalb der Siedetemperatur durch *Verdunstung*. Das Verdunsten vollzieht sich nur an der Oberfläche der Flüssigkeit. Die dabei verbrauchte Wärme wird der Flüssigkeit und der Umgebung entzogen (Verdunstungskälte). Kann eine Flüssigkeit über den Siedepunkt hinaus erwärmt werden ohne zu verdampfen, so liegt ein *Siedeverzug* vor. Das Sieden erfolgt dann nach einer gewissen Verzögerung schlagartig unter starker Dampfbildung (Gefahr für Kesselanlagen).

■ **Beispiel:**
9 m³ Wasser von 15 °C sollen bei einem Druck von 1,013 bar in Dampf von 100 °C verwandelt werden. Als Brennstoff soll Braunkohle mit einem spezifischen Heizwert $H_u = 188 \cdot 10^5$ J/kg verwendet werden.
Wieviel kg Brennstoff sind nötig, wenn die auftretenden Wärmeverluste unberücksichtigt bleiben?

Lösung:
Das Wasser muss zunächst von der Raumtemperatur $\vartheta = 15$ °C auf die Siedetemperatur $\vartheta_s = 100$ °C erwärmt werden. Die dabei zuzuführende Wärme Q_1 beträgt:
$Q_1 = m\,c\,(\vartheta_s - \vartheta);\ m = 9\,000$ kg;

$$c = 4\,187\,\frac{\text{J}}{\text{kg K}} = 4\,187\,\frac{\text{J}}{\text{kg °C}}$$

$$Q_1 = 9\,000 \text{ kg} \cdot 4\,187\,\frac{\text{J}}{\text{kg °C}}\,(100-15)\text{ °C} = 32\,000 \cdot 10^5 \text{ J}$$

Nach Zufuhr dieser Wärme liegt Wasser von 100 °C vor. Um dieses Wasser bei gleich bleibender Temperatur vollständig in den gasförmigen Zustand zu überführen, müssen jedem kg Wasser $q_v = 22{,}6 \cdot 10^5$ J/kg (Verdampfungswärme) zugeführt werden. Damit ergibt sich folgende Gesamtwärme:

$$Q = Q_1 + m\,q_v;\quad q_v = 22{,}6 \cdot 10^5\,\frac{\text{J}}{\text{kg}}$$

$$Q = 32\,000 \cdot 10^5 \text{ J} + 9\,000 \text{ kg} \cdot 22{,}6 \cdot 10^5\,\frac{\text{J}}{\text{kg}} = 235\,000 \cdot 10^5 \text{ J}$$

Die erforderliche Brennstoffmenge m_b beträgt:

$$m_b = \frac{Q}{H_u};\ H_u = 188 \cdot 10^5\,\frac{\text{J}}{\text{kg}}$$

$$m_b = \frac{235\,000 \cdot 10^5 \text{ J}}{188 \cdot 10^5\,\frac{\text{J}}{\text{kg}}} = 1\,250 \text{ kg Braunkohle}$$

2 Wärme und Arbeit

2.1 Thermodynamisches System

Stoffe oder stoffdurchflossene Räume als Objekte thermodynamischer Untersuchungen werden als *thermodynamische Systeme* bezeichnet.
Ein solches System wird durch eine fest stehende oder bewegliche *Systemgrenze* von seiner *Umgebung* (Umfeld außerhalb des Systems oder benachbartes System) getrennt. Wechselwirkungen zwischen System und Umgebung sind über die Systemgrenze hinweg als Stoffaustausch und Energieaustausch (Wärme, Arbeit) grundsätzlich möglich (Bild 1). Flüssige und gasförmige Stoffe (Fluide) bilden die wichtigsten thermodynamischen Systeme.

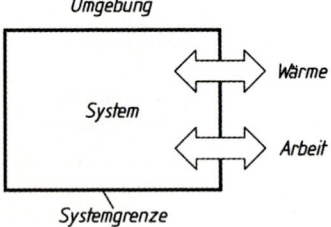

Bild 1. Thermodynamisches System (geschlossen)

Geschlossene Systeme besitzen eine stoffundurchlässige (stoffdichte) Systemgrenze (z.B. eingeschlossenes Gas). *Offene* Systeme (nach L. Prandtl auch: Kontrollraum) haben dagegen eine stoffdurchlässige Systemgrenze (z.B. durchströmter Raum). Bei beiden Systemarten ist über die Systemgrenze hinweg ein Energieaustausch als verrichtete Arbeit und als übertragene Wärme möglich.
Sind Energie- und Stoffaustausch mit der Umgebung nicht durchführbar, so liegt ein isoliertes oder *abgeschlossenes* System vor.
Adiabate Systeme besitzen eine wärmeundurchlässige (wärmedichte) Systemgrenze. Bei dieser thermisch isolierten Systemart ist ein Wärmeaustausch mit der Umgebung ausgeschlossen. Nicht adiabate Systeme können praktisch als adiabat angesehen werden, wenn bei sehr schnell ablaufenden Vorgängen (z.B. in schnell laufenden Wärmekraftmaschinen) trotz eines wirksamen Temperaturgefälles und einer wärmedurchlässigen Systemgrenze eine nennenswerte Wärmeübertragung wegen der extrem kurzen Übertragungszeit nicht stattfinden kann.
Systembezogene thermodynamische Untersuchungen beziehen sich vorwiegend auf *ruhende* Systeme. Kinetische und potenzielle Energie sind als Teil der Gesamtenergie des Systems dann gleich null.

2.2 Innere Energie

Jedes thermodynamische System besitzt die Energie E, die sich aus folgenden Energieanteilen zusammensetzt: Mikroskopische kinetische und potenzielle Energie U aus der Wärmebewegung der Elementarteilchen des Systems (Molekularbewegung) und makroskopische kinetische Energie E_k und potenzielle Energie E_p aus makroskopischen Bewegungen des Systems im Schwerefeld der Erde.
Ohne chemische und nukleare Energieanteile gilt:
$$E = U + E_k + E_p$$
Für *ruhende* Systeme ist $E_k = E_p = 0$ (Null)
Im Bereich (ruhender) *geschlossener* Systeme ist $E = U$. Dieser Energiebestand ist die (thermische) *innere Energie* U des Systems.
Der Betrag der inneren Energie U hat keine praktische Bedeutung. Wärmetechnisch wichtig ist die Berechnung der *Änderung der inneren Energie* ΔU (Zu- oder Abnahme) im Verlauf von Zustandsänderungen im System. Für den willkürlich gewählten Bezugspunkt $U = 0$ bei $0\,°C$ gilt für ein ideales Gas als Systemfüllung:

$$U = m c_v \vartheta \quad U_1 = m c_v \vartheta_1 \quad U_2 = m c_v \vartheta_2$$
$$\Delta U = U_2 - U_1 = m c_v \vartheta_2 - m c_v \vartheta_1$$
$$\Delta U = m c_v (\vartheta_2 - \vartheta_1)$$
$$\Delta U = U_2 - U_1 = m c_v (T_2 - T_1)$$

U	m	c	T
J	kg	$\dfrac{J}{kg\,K}$	K

(1)

oder massenbezogen die *Änderung der spezifischen inneren Energie* Δu:

$$\Delta u = u_2 - u_1 = c_v (T_2 - T_1)$$

u	c	T
$\dfrac{J}{kg}$	$\dfrac{J}{kg\,K}$	K

(2)

Die innere Energie eines geschlossenen Systems kann nur durch Energieübertragung in Form von Wärme oder Arbeit (auch Dissipationsarbeit) über die Systemgrenze hinweg geändert werden.
Im Bereich (ruhender) *offener* Systeme erfolgt zusätzlich eine Energieübertragung durch Stofffluss über die Systemgrenze hinweg. An die Stelle der inneren Energie tritt dann die Enthalpie.

2.3 Wärme

Eine Möglichkeit des Energieaustauschs zwischen System und Umgebung (auch zwischen benachbarten Systemen) ist die Übertragung von Wärme über eine wärmedurchlässige (diatherme) Systemgrenze hinweg. Die Wärmeübertragung erfordert einen Temperaturunterschied zwischen System und Umgebung. Sie erfolgt dann von selbst ohne Einwirkung eines äußeren Zwanges stets in Richtung des vorhandenen Temperaturgefälles.

Die *Wärme Q* in J (Joule) ist die reversibel übergehende Wärmeenergie beim Überschreiten der Systemgrenze. Nach erfolgtem Übergang ist die z.B. zugeführte Energie ein Teil der inneren Energie des Systems. Zugeführte Wärme erhält ein positives (+), abgeführte Wärme ein negatives (–) Vorzeichen (Vorzeichenkonvention nach DIN 1345).
Die massenbezogene Wärme ist die *spezifische Wärme q* in J/kg. Sie ist unabhängig von der Masse des Systems:

$$q = \frac{Q}{m}$$

q	Q	m
$\frac{J}{kg}$	J	kg

(3)

Wird auf ein geschlossenes System durch Verrichtung von Arbeit *am* System (zugeführte Arbeit) Dissipationsenergie übertragen, so verhält sich dieser Energiezuwachs grundsätzlich wie zugeführte Wärme. Er erhöht die innere Energie des Systems. Die Dissipation ist jedoch nicht umkehrbar (irreversibel). Dissipationsenergie kann dem System nur *zugeführt* werden und erhält somit stets ein positives Vorzeichen.
Nach der kinetischen Wärmetheorie (Rudolf Clausius, 1822 – 1888) ist Wärme aus physikalischer Sicht die Bewegungsenergie (kinetische Energie) der schwingenden Elementarteilchen (Moleküle bzw. Atome) eines Stoffes. Diese Wärmebewegung ist physiologisch wahrnehmbar. Sie bewirkt nach erfolgter Reizaufnahme durch wärmeempfindliche Rezeptoren der Haut (Thermorezeptoren) eine subjektive Wärmeempfindung (Wärmesinn).

2.4 Arbeit

Eine Möglichkeit des Energieaustauschs zwischen System und Umgebung ist die Verrichtung von Arbeit über die (bewegliche) Systemgrenze hinweg. Zugeführte Arbeit wird *am* System, abgegebene Arbeit dagegen *vom* System verrichtet. Zugeführte Arbeit erhält ein positives (+), abgeführte Arbeit ein negatives (–) Vorzeichen (Vorzeichenkonvention nach DIN 1345).
Im Bereich (ruhender) *geschlossener* Systeme (z.B. eingeschlossenes Gas) wird die *Volumenänderungsarbeit* W_v verrichtet. Sie wird dem System über eine verschiebbare Systemgrenze (z.B. Arbeitskolben) als Kompressionsarbeit zugeführt oder vom System als Expansionsarbeit abgegeben. Damit ist allgemein auch eine Änderung von Druck *p* und Temperatur *T* verbunden. Unter Vernachlässigung dissipativer Wirkungen ergibt sich die Volumenänderungsarbeit bei reversiblem (umkehrbarem) Prozessverlauf von 1 nach 2 (Bild 2):

$$W_v = -\int_1^2 p \cdot dV$$

W	p	V
J	$\frac{N}{m^2}$	m^3

(4)

oder massenbezogen die *spezifische Volumenänderungsarbeit* w_v in J/kg

$$w_v = -\int_1^2 p \cdot dv$$

w	p	v
$\frac{J}{kg}$	$\frac{N}{m^2}$	$\frac{m^3}{kg}$

(5)

Das negative Vorzeichen (–) berücksichtigt die Vorzeichenkonvention:

Kompression, d.h. dv negativ = w_v positiv
Expansion, d.h. dv positiv = w_v negativ

Die Volumenänderungsarbeit erscheint im *p,v*-Diagramm (Zustandsdiagramm) als senkrecht schraffierte Fläche zwischen Abszisse (*v*-Achse) und *p,v*-Linie (Bild 2).

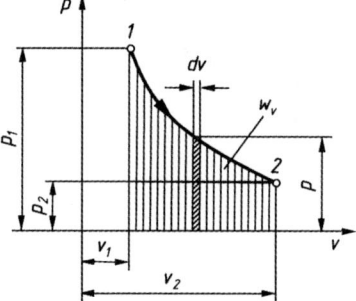

Bild 2. Volumenänderungsarbeit w_v bei Expansion von 1 nach 2

Wird einem adiabaten geschlossenen System Volumenänderungsarbeit zugeführt (bzw. entzogen), so nimmt die innere Energie *u* entsprechend zu (bzw. ab). Ohne Dissipation gilt:

$$w_v = u_2 - u_1$$

Im Bereich (ruhender) *offener* Systeme (z.B. stoffdurchströmter Raum) wird die *technische Arbeit* W_t verrichtet. Ein solches System liegt z.B. dann vor, wenn eine Wärmekraftmaschine bei stetiger Arbeitsabgabe von einem stofflichen Arbeitsmittel (z.B. Gas) durchflossen wird.
Die technische Arbeit berücksichtigt bei Arbeitsabgabe (hier angenommen) neben der vom System verrichteten Volumenänderungsarbeit W_v (= $U_2 - U_1$) zusätzlich die *Verschiebearbeit* bei *p* = konstant, die als Einschubarbeit $p_1 V_1$ beim Einschieben des Stoffes vom System aufgenommen und als Ausschubar-

beit $-p_2 V_2$ beim Ausschieben des Stoffes vom System abgegeben wird. Unter Vernachlässigung dissipativer Wirkungen und ohne Änderung der kinetischen und potenziellen Energie des strömenden Fluids ergibt sich die technische Arbeit bei reversiblem (umkehrbarem) Prozessverlauf von 1 nach 2 (Bild 3):

$$W_t = \int_1^2 V \cdot dp \qquad (6)$$

W	V	p
J	m³	N/m²

oder massenbezogen die *spezifische technische Arbeit* w_t in J/kg

$$w_t = \int_1^2 v \cdot dp \qquad (7)$$

W	v	p
J/kg	m³/kg	N/m²

Die *spezifische* technische Arbeit erscheint im p,v-Diagramm (Zustandsdiagramm) als waagerecht schraffierte Fläche zwischen Ordinate (p-Achse) und p,v-Linie (Bild 3)
Für die *vom* System verrichtete reversible technische Arbeit (spezifisch) gilt auch (Bild 3):

$$p_1 v_1 - w_v - p_2 v_2 = - w_t$$
$$p_1 v_1 - (u_2 - u_1) - p_2 v_2 = - w_t$$
$$p_1 v_1 - u_2 + u_1 - p_2 v_2 = - w_t$$
$$u_1 + p_1 v_1 - u_2 - p_2 v_2 = - w_t$$
$$(u_1 + p_1 v_1) - (u_2 + p_2 v_2) = - w_t$$
$$w_t = (u_2 + p_2 v_2) - (u_1 + p_1 v_1)$$

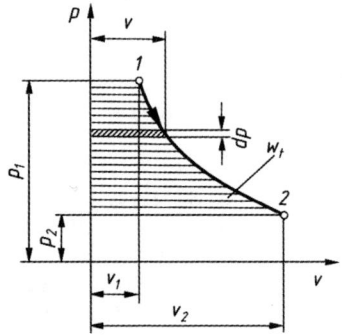

Bild 3. Technische Arbeit w_t bei Expansion von 1 nach 2

Die Klammerausdrücke werden zusammengefasst zur *spezifischen Enthalpie h* in J/kg.

$$h = u + pv \qquad (8)$$

h	u	p	v
J/kg	J/kg	N/m²	m³/kg

oder für die Masse m die *Enthalpie H* in J

$$H = U + pV$$

H	U	p	V
J	J	N/m²	m³

(9)

Der Betrag der Enthalpie H hat keine praktische Bedeutung. Wärmetechnisch wichtig ist die Berechnung der *Änderung der Enthalpie ΔH* (Zu- oder Abnahme) im Verlauf einer Zustandsänderung im System. Für den willkürlich gewählten Bezugspunkt $H = 0$ bei 0 °C gilt für ein ideales Gas:

$$\Delta H = H_2 - H_1$$
$$\Delta H = U_2 + p_2 V_2 - U_1 - p_1 V_1$$
$$\Delta H = m c_v \vartheta_2 + m R_i T_2 - m c_v \vartheta_1 - m R_i T_1$$
$$\Delta H = m c_v (\vartheta_2 - \vartheta_1) + m R_i (T_2 - T_1)$$
$$\Delta H = m c_v (T_2 - T_1) + m R_i (T_2 - T_1)$$
$$\Delta H = m (c_v + R_i)(T_2 - T_1)$$
$$\Delta H = m c_p (T_2 - T_1) \qquad (10)$$

H	m	c	T
J	kg	J/(kg K)	K

Gibt ein adiabates offenes System ($Q = 0$, isentrope Zustandsänderung) technische Arbeit ab, so nimmt die Enthalpie: H des Systems entsprechend ab. Ohne Dissipation gilt:

$$W_t = H_2 - H_1 = m c_p (T_2 - T_1)$$

W	H	m	c	T
J	J	kg	J/(kg K)	K

(11)

Wird die von einem offenen System abgegebene technische Arbeit durch die Zeit dividiert, in der diese Arbeit die Systemgrenze überschreitet, so ergibt sich die abgegebene Leistung.

2.5 Dissipationsenergie

Wird der kompressiblen Füllung eines *geschlossenen* Systems (z.B. eingeschlossenes Gas) über eine verschiebbare Systemgrenze (z.B. durch Arbeitskolben) Arbeit zugeführt, so dient diese Energie sowohl der reversiblen Volumenänderung (Kompression) des eingeschlossenen Gases als auch der Überwindung von Widerständen (vorwiegend Reibung) beim Zusammendrücken der fluiden Systemfüllung. Dieser Energieanteil überschreitet die Systemgrenze neben der reversiblen Volumenänderungsarbeit W_v als *irre-*

versible *Dissipationsarbeit* W_d und wird erst im System dissipiert (zerstreut).
Die Dissipationsenergie (Streuenergie) ist wirkungsgleich mit reversibel zugeführter Wärme Q und Volumenänderungsarbeit W_v. Auch sie erhöht die innere Energie U des geschlossenen Systems.

$$\Delta U = U_2 - U_1 = Q + W_v + W_d$$

Dissipationsarbeit kann dem System nur *zugeführt* werden, sie erhält daher stets ein positives Vorzeichen.
Bei *offenen* Systemen steht für die innere Energie die Enthalpie H und für die (reversible) Volumenänderungsarbeit die (reversible) technische Arbeit W_t. Ohne Änderung der kinetischen und potenziellen Energie des durchströmenden Fluids gilt sinngemäß

$$\Delta H = H_2 - H_1 = Q + W_t + W_d$$

Dissipationsvorgänge sind kennzeichnende Merkmale *irreversibler* (nicht umkehrbarer) Prozesse. Bei wärmetechnischen Betrachtungen ist die Vernachlässigung dissipativer Einflüsse vielfach üblich. Sie ermöglicht eine vereinfachte theoretische Behandlung idealisierter (reversibler) Abläufe (ohne Dissipation, $W_d = 0$).

$\Delta U = U_2 - U_1 = Q + W_v$ geschlossenes System
$\Delta H = H_2 - H_1 = Q + W_t$ offenes System

2.6 Erster Hauptsatz

Jedes thermodynamische System besitzt Energie. Dieser Energiebestand kann nur durch einen Energieübergang in Form vom Wärme oder Arbeit (auch Dissipationsarbeit) über die Systemgrenze hinweg verändert werden. Dabei wird Energie weder erzeugt noch vernichtet (Energieerhaltungssatz).
Der Erste Hauptsatz stellt als Erfahrungssatz (Axiom) Wärme, Arbeit und innere Energie jeweils als Energieformen und damit als gleichartige physikalische Größen mit der Energieeinheit J (Joule, 1 J = 1 Nm = 1 Ws) dar. Dabei sind unterschiedliche Formulierungen üblich.

■ **Beispiele:**
Wärme ist eine Energieform.
Bei geschlossenem System ergibt zu- oder abgeführte Wärme und Arbeit eine äquivalente Änderung (Zu- oder Abnahme) der inneren Energie des Systems.
In einer Bilanzgleichung (Energiebilanz) werden Wärme Q, Arbeit W_v (bzw. W_t) und innere Energie U (bzw. Enthalpie H) miteinander verknüpft. Für einen reversiblen Energieübergang (ohne Dissipation) gilt:
geschlossene Systeme $\quad Q + W_v = U_2 - U_1 = \Delta U$
offene Systeme $\quad Q + W_t = H_2 - H_1 = \Delta H$
(vereinfacht)
Die Umwandlung von Energie in andere Energieformen ist nicht immer uneingeschränkt möglich. So sind Wärme und innere Energie (bzw. Enthalpie) nicht vollständig in mechanische oder elektrische Energie umwandelbar (siehe 2. Hauptsatz).

2.7 Kreisprozesse

Wird einem thermodynamischen System Energie (Wärme, Arbeit) zugeführt oder entzogen, so ändert sich der physikalische Zustand des Systems. Solche Zustandsänderungen sind Merkmale thermodynamischer Prozesse. Sie werden in Zustandsdiagrammen (z.B. p,v-Diagramm) graphisch dargestellt.
Die Aufeinanderfolge mehrerer Zustandsänderungen derart, dass das System am Ende des gesamten Ablaufs seinen physikalischen Ausgangszustand wieder erreicht, ergibt einen *Kreisprozess*. Durch geeignete Prozessgestaltung kann dabei Wärme in Arbeit (Wärmekraftmaschinen) oder Arbeit in Wärme (Kältemaschinen, Wärmepumpen) umgewandelt werden.

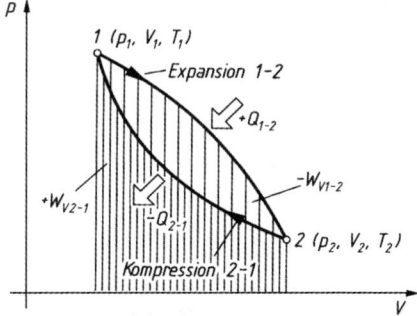

Bild 4. Kreisprozess (reversibel) mit zwei Zustandsänderungen (geschlossenes System)

■ **Beispiel:**
Ein reversibler Kreisprozess im *geschlossenen* System (Wärmekraftmaschine) besteht aus zwei Zustandsänderungen (Bild 4). Unter Zufuhr der Wärme $+Q_{1-2}$ expandiert die Systemfüllung und gibt dabei die Volumenänderungsarbeit $-W_{v1-2}$ ab. In einer anschließenden Kompression wird dem System die Volumenänderungsarbeit $+W_{v2-1}$ zugeführt und dabei die Wärme $-Q_{2-1}$ entzogen.

Nach dem 1. Hauptsatz gilt:

$+Q_{1-2} - W_{v1-2} = U_2 - U_1$
$-Q_{2-1} + W_{v2-1} = U_1 - U_2$
$+Q_{1-2} - Q_{2-1} = (U_2 - U_1) + (U_1 - U_2) +$
$\qquad + W_{v1-2} - W_{v2-1}$
$+Q_{1-2} - Q_{2-1} = +W_{v1-2} - W_{v2-1}$
$\quad \Sigma Q = \Sigma W_v = W$ (Nutzarbeit)

Ein reversibler Kreisprozess im *offenen* System ergibt sinngemäß:

$\Sigma Q = \Sigma W_t = W$ (Nutzarbeit)

Die im reversiblen Kreisprozess gewonnene Arbeit (Nutzarbeit W) ist gleich der algebraischen Summe der zu- und abgeführten Volumenänderungsarbeiten (ΣW_v) bzw. der technischen Arbeiten (ΣW_t). Der Betrag der Nutzarbeit ist gleich der algebraischen Summe der zu- und abgeführten Wärmen (ΣQ).
Verlaufen die im p,v-Diagramm graphisch dargestellten Zustandsänderungen entsprechend ihrer Verlaufsrichtung im Uhrzeigersinn (Bild 4), so liegt ein *rechtsläufiger* Kreisprozess vor (Wärmekraftmaschinen). Bei entgegengesetztem Verlauf ergibt sich ein *linksläufiger* Kreisprozess (Kältemaschinen, Wärmepumpen).

2.8 Thermischer Wirkungsgrad

Im Fortgang eines rechtsläufigen reversiblen Kreisprozesses in einer Wärmekraftmaschine soll ein möglichst großer Teil der dem Prozess zugeführten Wärme in Nutzarbeit umgewandelt werden.

Zur Beurteilung der Energieumwandlung werden Nutzen und Aufwand zueinander ins Verhältnis gesetzt und so der *thermische Wirkungsgrad* η_{th} gebildet.

Werden zugeführte Wärme mit Q_{zu} und abgeführte Wärme mit Q_{ab} bezeichnet, so gilt:

$$\eta_{th} = \frac{|W|}{Q_{zu}} = \frac{Q_{zu} - |Q_{ab}|}{Q_{zu}}$$

$$\eta_{th} = 1 - \frac{|Q_{ab}|}{Q_{zu}} \qquad \begin{array}{c|c} \eta & Q \\ \hline 1 & J \end{array} \qquad (12)$$

Würde die gesamte zugeführte Wärme in Nutzarbeit umgewandelt und damit die abgeführte Wärme gleich null, so wäre $\eta_{th} = 1$. Dieser Wert wird technisch nie erreicht.

2.9 Zweiter Hauptsatz

Kreisprozesse (und ihre Zustandsänderungen) werden für eine vereinfachte theoretische Behandlung (Berechnung) als *reversible* (umkehrbare) Abläufe angesehen. Nach dieser Annahme erreicht das betrachtete System nach erfolgter Umkehrung ohne jede energetische Einwirkung und somit Änderung der Umgebung seinen ursprünglichen physikalischen Ausgangszustand.

Natürliche Prozesse (und Zustandsänderungen) sind nicht umkehrbar (irreversibel). Systeminterne Dissipations- und Ausgleichsvorgänge machen die beschriebene Prozessumkehrung unmöglich. Der 2. Hauptsatz stellt als Erfahrungssatz (Axiom) dieses Prinzip der Nichtumkehrbarkeit (Irreversibilität) von Prozessen in unterschiedlichen Formulierungen dar.

- **Beispiel:**
  Alle natürlichen Prozesse sind irreversibel.
  Durch Einführung der Entropie (Rudolf Clausius, 1822 – 1888) wird das Ausmaß der Nichtumkehrbarkeit berechenbar und in Zustandsdiagrammen graphisch darstellbar.
  Andere Formulierungen des 2. Hauptsatzes beziehen sich auf die auch bei reversiblen Abläufen eingeschränkte Umwandelbarkeit von innerer Energie (bzw. Enthalpie) und Wärme in andere Energieformen.

- **Beispiele:**
  In einer Wärmekraftmaschine wird die zugeführte Wärme nur teilweise in Nutzarbeit umgewandelt. Der Rest durchläuft und verlässt die Maschine ungenutzt ($\eta_{th} < 1$).
  Bei einer Wärmeübertragung wird stets ein System mit niedrigerer Temperatur benötigt, auf das die Wärme in Richtung des Temperaturgefälles selbsttätig übergehen kann. So formulierte Clausius 1850:
  Wärme kann nie von selbst von einem System niederer Temperatur auf ein System höherer Temperatur übergehen.
  Damit ist der unermessliche Vorrat an innerer Energie der Umgebung technisch nicht nutzbar.

2.10 Entropie

Jedes System besitzt als Zustandsgröße die *Entropie S*. Wird über die Systemgrenze hinweg *Wärme* übertragen oder dem System Dissipationsenergie zugeführt, so findet immer auch (richtungsgleich, d. h. mit gleichem Vorzeichen) ein Entropietransport statt. Die reversible Übertragung von *Arbeit* erfolgt dagegen entropiefrei.

Die mit Wärme übertragene Entropie (ohne Dissipation und in Differenzialschreibung) ist nach Rudolf Clausius definiert als

$$dS = \frac{dQ}{T}$$

$$\begin{array}{c|c|c} S & Q & T \\ \hline \dfrac{J}{K} & J & K \end{array} \qquad (13)$$

Dabei ist T die thermodynamische Temperatur in *dem* Grenzbereich des Systems, in dem die transportierte Wärme die Systemgrenze überschreitet. Bei größeren Temperaturunterschieden ist die *mittlere* Temperatur T_m zu setzen.

Massenbezogen gilt für die *spezifische Entropie s*:

$$ds = \frac{dq}{T}$$

$$\begin{array}{c|c|c} s & q & T \\ \hline \dfrac{J}{kg\,K} & \dfrac{J}{kg} & K \end{array} \qquad (14)$$

Der Betrag der Entropie hat keine praktische Bedeutung. Wärmetechnisch wichtig ist die *Änderung der Entropie* Δs (Zu- oder Abnahme) im Verlauf einer Übertragung von Wärme oder Dissipationsenergie. So ist die algebraische Summe der Entropieänderungen aller am Energieübergang beteiligten Systeme ein Maß für die Irreversibilität (Nichtumkehrbarkeit) des Prozesses.

- Bei *reversiblem* Ablauf ist die algebraische Summe der Entropieänderungen aller am Prozess beteiligten Systeme gleich null, d. h. die Summe der Entropien aller beteiligten Systeme ändert sich nicht.
- Bei *irreversiblem* Ablauf ist die algebraische Summe der Entropieänderungen aller am Prozess beteiligten Systeme größer als null, d. h. die Summe der Entropien aller beteiligten Systeme wird größer.

2 Wärme und Arbeit

Im T,s-Diagramm (Zustandsdiagramm) können Wärme und andere Energiegrößen als Flächen graphisch dargestellt werden. Für eine reversible Zustandsänderung gilt:

$$ds = \frac{dq}{T} \Rightarrow dq = T\,ds$$

$$q = \int_1^2 T\,ds$$

Das bestimmte Integral entspricht der senkrecht schraffierten Fläche im T,s-Diagramm (Bild 5).

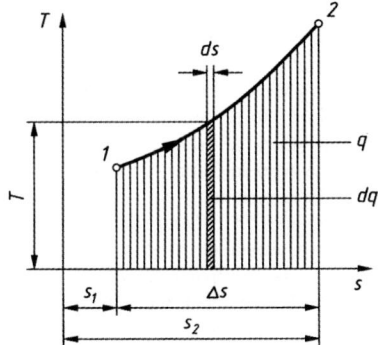

Bild 5. T,s-Diagramm für eine reversible Zustandsänderung

Für Flüssigkeiten (z.B. Wasser) und Dämpfe (z.B. Wasserdampf) ergeben sich die zugehörigen Entropiebeträge aus Zahlentafeln (z.B. Dampftafel für Wasser) oder aus Zustandsdiagrammen (z.B. Temperatur-Entropie-Diagramm für Wasser). Für *ideale Gase* sind Entropieänderungen (Δs) berechenbar. So gilt für reversible Vorgänge im geschlossenen System:

$$ds = \frac{dq}{T} = \frac{du + p\,dv}{T} = \frac{du}{T} + \frac{p\,dv}{T}; \quad \frac{p}{T} = \frac{R_i}{v}$$

$$ds = \frac{c_v\,dT}{T} + \frac{R_i\,dv}{v}$$

$$\Delta s = s_2 - s_1 = c_v \int_1^2 \frac{dT}{T} + R_i \int_1^2 \frac{dv}{v}$$

$$s_2 - s_1 = c_v \ln\frac{T_2}{T_1} + R_i \ln\frac{v_2}{v_1} \tag{15}$$

oder $\quad s_2 - s_1 = c_v \ln\dfrac{p_2}{p_1} + c_p \ln\dfrac{v_2}{v_1} \tag{16}$

Bei größeren Temperaturunterschieden muss wegen der Temperaturabhängigkeit der spezifischen Wärmekapazitäten mit den Mittelwerten c_{vm} und c_{pm} gearbeitet werden.

2.11 Exergie und Anergie

Nach dem 2. Hauptsatz kann nicht jede Energieform beliebig in jede andere Energieform umgewandelt werden. So ist z.B. die einer Wärmekraftmaschine zugeführte Wärme selbst bei reversiblem Prozessablauf nur begrenzt in Nutzarbeit umwandelbar. Die Grenze wird dabei durch den physikalischen Zustand der Umgebung gezogen. So ist die innere Energie eines Systems im Umgebungszustand, d. h. bei Umgebungstemperatur T_u und Umgebungsdruck p_u, im Sinne einer Gewinnung von Nutzarbeit wertlos.

Nach dem Merkmal der Umwandelbarkeit werden unterschieden:

- *Unbegrenzt umwandelbare Energie* (mechanische Energie, elektrische Energie). Sie wird als *Exergie E* bezeichnet.
- *Nicht umwandelbare Energie* (innere Energie der Umgebung). Sie wird als *Anergie B* bezeichnet.
- *Begrenzt umwandelbare Energie* (innere Energie bzw. Enthalpie, Wärme). Sie setzt sich aus Exergie und Anergie zusammen. Der nutzbare Anteil ist die *Exergie*, der nicht nutzbare Anteil die *Anergie* (Energie = Exergie + Anergie).

Exergie E_Q und Anergie B_Q der Wärme sind im T,S-Diagramm (Zustandsdiagramm) graphisch darstellbar. Sie erscheinen als Flächen oberhalb bzw. unterhalb der Linie der Umgebungstemperatur T_u (waagerechte Linie in Bild 6)

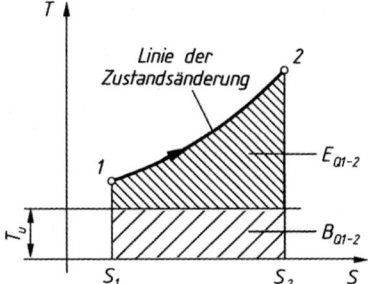

Bild 6. Exergie und Anergie der Wärme für eine beliebige Zustandsänderung

$$E_{Q1-2} + B_{Q1-2} = Q_{1-2}$$

Für den 2. Hauptsatz ergeben sich daraus weitere Formulierungen:

- Bei reversiblen Vorgängen bleibt die Exergie konstant.
- Bei irreversiblen (natürlichen) Vorgängen nimmt die Exergie ab. Exergie wird z.T. in Anergie verwandelt.
- Es ist nicht möglich, Anergie in Exergie zu verwandeln.

3 Zustandsänderungen idealer Gase

3.1 Thermische Zustandsgleichung

Die *Thermodynamik* entwickelt ihre Gesetzmäßigkeiten mit Hilfe messbarer Größen, die für den jeweiligen Zustand eines Systems kennzeichnend sind. Die Thermodynamik verzichtet dabei auf jede atomistische Deutung des Wesens der Wärme, wie sie in der kinetischen Wärmetheorie zum Ausdruck kommt.

Die gegenseitigen Abhängigkeiten der Zustandsgrößen spezifisches Volumen (v), absoluter Druck (p) und Temperatur (T) werden durch die *thermische Zustandsgleichung idealer Gase* festgelegt, die aus der Verknüpfung der Gesetze von *Boyle und Mariotte* und *Gay-Lussac* hergeleitet werden kann.

Herleitung: Betrachtung einer allgemeinen Zustandsänderung, bei der sich Volumen, Druck und Temperatur gleichzeitig ändern.

Ausgangszustand p_1, v_1, T_1
Endzustand p_2, v_2, T_2

Zerlegung der Gesamt-Zustandsänderung in zwei Teilvorgänge a und b über einen Zwischenzustand mit dem spezifischen Volumen v_x.

a) Druckänderung von p_1 auf p_2 bei gleich gehaltener Temperatur T_1 (nach *Boyle und Mariotte*)

$$\frac{v_1}{v_x} = \frac{p_2}{p_1}; \quad v_x = \frac{v_1 \, p_1}{p_2}$$

b) Temperaturänderung von T_1 auf T_2 bei gleich bleibendem Druck p_2 (nach *Gay-Lussac*)

$$\frac{v_x}{v_2} = \frac{T_1}{T_2}; \quad v_2 = \frac{v_x \, T_2}{T_1} = \frac{v_1 \, p_1 \, T_2}{p_2 \, T_1}$$

Hieraus ergibt sich für die allgemeine Zustandsänderung

$$\frac{p_2 \, v_2}{T_2} = \frac{p_1 \, v_1}{T_1} = \text{konst.} = R_i \text{ (spezielle oder individuelle Gaskonstante)}.$$

Dieser Ausdruck ist die *thermische Zustandsgleichung idealer Gase*

$$p \, v = R_i \, T$$

p	v	R_i	T
$\frac{N}{m^2}$	$\frac{m^3}{kg}$	$\frac{J}{kg\,K}$	K

$1\,J = 1\,Nm$ (1)

Die *spezielle Gaskonstante* R_i ist eine Stoffkonstante, die durch Messung der zueinander gehörenden Werte von p, v und T bestimmt werden kann. Sie stellt die Volumenänderungsarbeit dar, die verrichtet wird, wenn ein Gas mit der Masse $m = 1$ kg bei gleich bleibendem Druck um 1 K erwärmt wird.

Tabelle 1. Spezielle Gaskonstante

R_i in $\frac{J}{kg\,K}$ (1 J = 1 Nm)

Kohlenoxid	CO	297
Kohlendioxid	CO_2	189
Luft	–	287
Methan	CH_4	519
Sauerstoff	O_2	260
Stickstoff	N_2	297
Wasserdampf	H_2O	462
Wasserstoff	H_2	4 126

Die thermische Zustandsgleichung gilt für jeden beliebigen, durch p, v und T ausgedrückten Gaszustand, also auch für den Normzustand ($p_n \, v_n / T_n = R_i$).

Ein Gas, das dieser thermischen Zustandsgleichung folgt, nennt man ein *ideales Gas*. Dieses Gas ist ein gedachter Stoff, dessen Moleküle kein Eigenvolumen besitzen und in dem Molekularkräfte nicht vorhanden sind. Reale Gase weichen in ihrem Verhalten umso mehr von der Zustandsgleichung ab, je höher ihre Atomzahl ist und je näher die Temperatur am Verflüssigungspunkt des Gases liegt. *Reale* Gase werden eher von der *van der Waalsschen Zustandsgleichung* erfasst, in der Eigenvolumen und Kohäsionskräfte der Moleküle durch entsprechende Einflussgrößen berücksichtigt sind.

Wird in Gleichung (1) $v = V/m$ gesetzt, so ergibt sich die *thermische Zustandsgleichung* der Gase

$$p V = m R_i T$$

p	V	m	R_i	T
$\frac{N}{m^2}$	m^3	kg	$\frac{J}{kg\,K}$	K

(2)

An Stelle des spezifischen Volumens v kann auch die Dichte $\rho = 1/v$ in die thermische Zustandsgleichung der Form (1) eingesetzt werden.

■ **Beispiel:**
Welche spezielle Gaskonstante R_i ergibt sich für Luft?

Lösung:
Für den Normzustand ergibt sich aus der thermischen Zustandsgleichung:

$$R_i = \frac{p_n \, v_n}{T_n}; \quad v_n = 0{,}774 \, \frac{m^3}{kg} \text{ nach Tabelle 1, Kapitel 1}$$

$$R_i = \frac{1{,}013 \cdot 10^5 \, \frac{N}{m^2} \cdot 0{,}744 \, \frac{m^3}{kg}}{273 \, K}$$

$$= 287{,}2 \, \frac{Nm}{kg\,K} = 287{,}2 \, \frac{J}{kg\,K}$$

■ **Beispiel:**
Wie groß ist das Volumen einer Luftmenge von 100 m³ (im Normzustand) bei $\vartheta = 80$ °C und $p = 4{,}9$ bar?

3 Zustandsänderungen idealer Gase

Lösung:

$$\frac{p_n V_n}{T_n} = \frac{pV}{T} = m R_i; \quad p = 4{,}9 \text{ bar} = 4{,}9 \cdot 10^5 \frac{\text{N}}{\text{m}^2}$$

$$V = \frac{p_n V_n T}{T_n p} = \frac{1{,}013 \cdot 10^5 \frac{\text{N}}{\text{m}^2} \cdot 100 \text{ m}^3 \cdot 353 \text{ K}}{273 \text{ K} \cdot 4{,}9 \cdot 10^5 \frac{\text{N}}{\text{m}^2}}$$

$$V = 26{,}7 \text{ m}^3$$

3.2 Zustandsänderungen

Der Zustand eines Systems wird durch Zustandsgrößen bestimmt. Prozesse mit Energieaustausch zwischen System und Umgebung verändern Größen und Zustände. Damit werden *Zustandsänderungen* bewirkt. Zustände und Zustandsänderungen werden *rechnerisch* behandelt oder in Zustandsdiagrammen *graphisch* dargestellt.

Die *rechnerische* Bearbeitung bezieht sich meist auf reversible (d. h. dissipationsfreie) Zustandsänderungen idealer Gase wie Isochore, Isobare, Isotherme, Isentrope und Polytrope. Eine Anwendung der Gesetzmäßigkeiten auf reale Gase mit annähernd idealem Verhalten ist technisch fast immer ausreichend genau.

Zustandsdiagramme bestehen überwiegend aus einem ebenen System rechtwinklig angeordneter Koordinatenachsen (Abszisse, Ordinate). Zustände erscheinen als Punkte, Zustandsänderungen als gerade oder gekrümmte Linien (Kurven). Bei maßstäblicher Achsenteilung können Zahlenwerte gesuchter Größen mit praktisch hinreichender Genauigkeit abgelesen werden. Diese Möglichkeit bietet auch der Gebrauch einschlägiger Zahlentafeln (z.B. Dampftafel für Wasser). Die Anwendung von Diagrammen und Tafeln ist dann üblich, wenn eine rechnerische Behandlung wegen komplizierter Zusammenhänge (z.B. bei Dämpfen) zu aufwändig ist. Wichtige Zustandsdiagramme für Gase sind das p,v-Diagramm und das T,s-Diagramm.

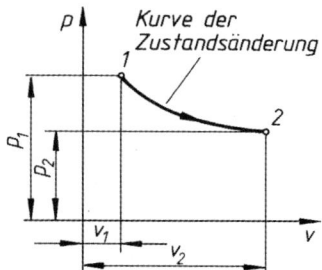

Bild 1. Darstellung einer Zustandsänderung im p,v-Diagramm

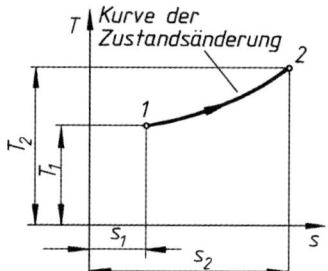

Bild 2. Darstellung einer Zustandsänderung im T,s-Diagramm

Aus dem p,v-Diagramm lässt sich auch der Temperaturverlauf in Abhängigkeit vom spezifischen Volumen ermitteln.

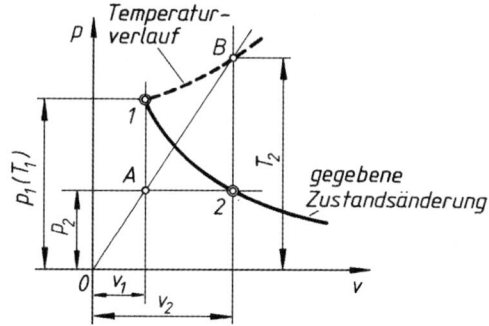

Bild 3. Aufzeichnen des Temperaturverlaufs als Kurve $T = f(v)$ aus dem p,v-Diagramm einer gegebenen Zustandsänderung

Anleitung (Bild 3):
Gegeben: Zustandsänderung mit Anfangszustand 1 (p_1, v_1, T_1) und zugehöriger Kurvenverlauf.
Gesucht: Temperatur T_2 im beliebigen Zwischenzustand 2 (Maßstäbe für p und T so gewählt, dass $p_1 = T_1$ ist).

a) Senkrechte durch Punkt 1 zeichnen,
b) Senkrechte und Waagerechte durch Punkt 2 zeichnen (es ergibt sich Schnittpunkt A),
c) Verbindungslinie OA zeichnen und mit Senkrechte durch Punkt 2 zum Schnitt bringen (es ergibt sich Schnittpunkt B),
d) Punkt B ist der Temperaturpunkt für den Zwischenzustand 2.

3.3 Isochore Zustandsänderung

Das *Gasvolumen* bleibt während der Zustandsänderung *konstant*. Aus der thermischen Zustandsgleichung $pv/T = R_i$ folgt

$$\frac{p_1}{p_2} = \frac{T_1}{T_2} \tag{3}$$

p	T
$\dfrac{N}{m^2}$	K

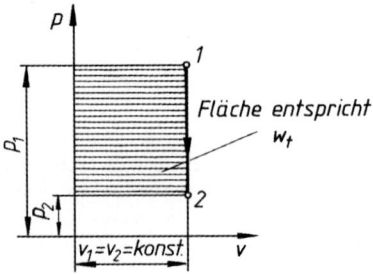

Bild 4. Isochore Zustandsänderung im p,v-Diagramm (hier Drucksenkung)

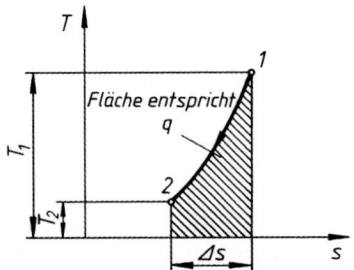

Bild 5. Isochore Zustandsänderung im T,s-Diagramm (hier Drucksenkung)

Da Volumenänderungsarbeit nicht verrichtet wird, dient die als Wärme zugeführte (oder abgeführte) Energie der Änderung der inneren Energie des Gases. *Zugeführte (oder abgeführte) spezifische Wärme:*

$$q = c_v (T_2 - T_1)$$

$q\ (u)$	c	T
$\dfrac{J}{kg}$	$\dfrac{J}{kg\,K}$	K

(4)

Änderung der spezifischen inneren Energie:

$$\Delta u = c_v (T_2 - T_1) \tag{5}$$

Änderung der spezifischen Enthalpie Δh:

$$\Delta h = c_p (T_2 - T_1)$$

h	c	T
$\dfrac{J}{kg}$	$\dfrac{J}{kg\,K}$	K

(6)

Änderung der spezifischen Entropie Δs:

$$\Delta s = c_v \ln \frac{T_2}{T_1}$$

s, c	T
$\dfrac{J}{kg\,K}$	K

(7)

Volumenänderungsarbeit w_v wird nicht verrichtet:

$$w_v = 0$$

Die technische Arbeit ist als Differenz der Gleichdruckarbeiten $p_1 v_1$ und $p_2 v_2$ gegeben. Die *spezifische technische Arbeit w_t* tritt im p,v-Diagramm (Bild 4) als Fläche in Erscheinung:

$$w_t = v(p_2 - p_1)$$

w	v	p
$\dfrac{J}{kg}$	$\dfrac{m^3}{kg}$	$\dfrac{N}{m^2}$

(8)

■ **Beispiel:**
In einem Luftbehälter ist Luft unter einem Druck von $p_{abs\,1} = 2{,}45$ bar bei einer Temperatur von $\vartheta_1 = 15\ °C$ eingeschlossen.
a) Wie groß ist die Temperatur ϑ_2, wenn eine spezifische Wärme $q = 251\,000$ J/kg zugeführt wird?
b) Wie groß ist der sich einstellende Druck p_2?
c) Wie groß ist die Änderung der spezifischen inneren Energie Δu?
d) Wie groß ist die Enthalpieänderung Δh?
e) Wie groß ist die Entropieänderung Δs?

Lösung:
a) $q = c_v (T_2 - T_1)$

$$T_2 = \frac{q}{c_v} + T_1; \quad c_v = 736\ \frac{J}{kg\,K}\ \text{(angenommen)}$$

$$T_1 = \vartheta_1 + 273{,}15 = 15 + 273{,}15 = 288{,}15\ K$$

$$T_2 = \frac{251000\ \frac{J}{kg}}{736\ \frac{J}{kg\,K}} + 288{,}15\ K = 629{,}18\ K$$

$$\vartheta_2 = T_2 - 273{,}15 = 629{,}18 - 273{,}15$$
$$\vartheta_2 = 356\ °C$$

b) $\dfrac{p_1}{p_2} = \dfrac{T_1}{T_2} \qquad p_1 = 2{,}45 \cdot 10^5\ \dfrac{N}{m^2}$

$$p_2 = \frac{p_1 T_2}{T_1} \qquad \begin{matrix} T_1 = 288{,}15\ K \\ T_2 = 629{,}18\ K \end{matrix}$$

$$p_2 = \frac{2{,}45 \cdot 10^5\ \frac{N}{m^2} \cdot 629{,}18\ K}{288{,}15\ K} = 5{,}35 \cdot 10^5\ \frac{N}{m^2}$$

$$p_2 = 5{,}35 \cdot 10^5\ Pa = 5{,}35\ bar$$

c) $\Delta u = q = 251\,000\ \dfrac{J}{kg}$

Bei konstantem Volumen dient die gesamte zugeführte Wärme zur Erhöhung der inneren Energie.

d) $\Delta h = c_p (T_2 - T_1)$

$$c_p = 1\,025\ \frac{J}{kg\,K}\ \text{(angenommen)}$$

3 Zustandsänderungen idealer Gase

$\Delta h = 1\,025 \dfrac{J}{kg\,K}\,(629{,}18 - 288{,}15)\,K$

$\Delta h = 350\,000 \dfrac{J}{kg}$

e) $\Delta s = c_v \ln \dfrac{T_2}{T_1}$

$\Delta s = 736 \dfrac{J}{kg\,K} \ln \dfrac{629{,}18\,K}{288{,}15\,K} = 575 \dfrac{J}{kg\,K}$

3.4 Isobare Zustandsänderung

Der *Gasdruck* bleibt während der Zustandsänderung konstant.
Aus der thermischen Zustandsgleichung $p\,v/T = R_i$ folgt

$$\dfrac{v_1}{v_2} = \dfrac{T_1}{T_2} \tag{9}$$

v	T
$\dfrac{m^3}{kg}$	K

Die als Wärme zugeführte (oder abgeführte) Energie dient zur Änderung der inneren Energie und zur Verrichtung einer Volumenänderungsarbeit (hier Gleichdruckarbeit). Es ist die *zugeführte (oder abgeführte) spezifische Wärme*

$$q = c_p\,(T_2 - T_1)$$

$q\,(u)$	c	T
$\dfrac{J}{kg}$	$\dfrac{J}{kg\,K}$	K

(10)

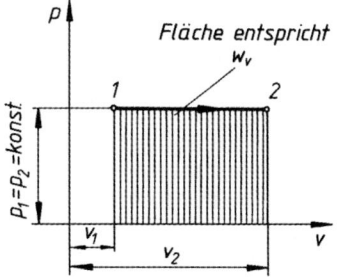

Bild 6. Isobare Zustandsänderung im p,v-Diagramm (hier Expansion)

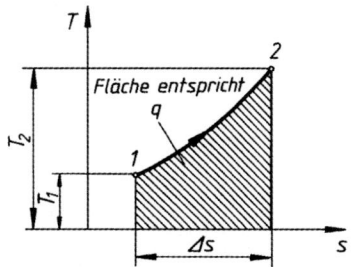

Bild 7. Isobare Zustandsänderung im T,s-Diagramm (hier Expansion)

Änderung der spezifischen inneren Energie:

$$\Delta u = c_v\,(T_2 - T_1) \tag{11}$$

Änderung der spezifischen Enthalpie Δh:

$$\Delta h = c_p\,(T_2 - T_1)$$

h	c	T
$\dfrac{J}{kg}$	$\dfrac{J}{kg\,K}$	K

(12)

Änderung der spezifischen Entropie Δs:

$$\Delta s = c_p \ln \dfrac{T_2}{T_1}$$

s, c	T
$\dfrac{J}{kg\,K}$	K

(13)

Spezifische Volumenänderungsarbeit w_v wird als Gleichdruckarbeit verrichtet. Sie tritt im p,v-Diagramm (Bild 6) als Fläche in Erscheinung:

$$w_v = p\,(v_1 - v_2)$$

w	p	v
$\dfrac{J}{kg}$	$\dfrac{N}{m^2}$	$\dfrac{m^3}{kg}$

(14)

Ein Wert für die *spezifische technische Arbeit* w_t tritt nicht auf:

$$w_t = 0$$

■ **Beispiel:**
In einem Zylinder mit verschiebbarem Kolben ist Luft unter einem Druck von $p_{abs} = 24{,}5$ bar bei einer Temperatur von $\vartheta_1 = 500$ °C eingeschlossen.
Diese Luft dehnt sich unter Wärmezufuhr bei gleich bleibendem Druck p_{abs} auf den 2,5-fachen Wert des Anfangsvolumens v_1 aus.
a) Wie groß ist das spezifische Anfangsvolumen v_1?
b) Wie groß ist die Temperatur T_2 nach erfolgter Ausdehnung?
c) Wie groß ist die zuzuführende spezifische Wärme q?
d) Wie groß ist die spezifische Volumenänderungsarbeit w_v?
e) Wie groß ist die Änderung der spezifischen inneren Energie Δu?
f) Wie groß ist die Entropieänderung Δs?

Lösung:

a) $p\,v_1 = R_i\,T_1;\quad v_1 = \dfrac{R_i\,T_1}{p}$;

$R_i = 287 \dfrac{J}{kg\,K} = 287 \dfrac{Nm}{kg\,K}$

$T_1 = \vartheta_1 + 273{,}15 = 500 + 273{,}15 = 773{,}15\,K$

$p = 24{,}5 \cdot 10^5 \dfrac{N}{m^2}$

$v_1 = \dfrac{287 \dfrac{Nm}{kg\,K} \cdot 773{,}15\,K}{24{,}5 \cdot 10^5 \dfrac{N}{m^2}} = 906 \cdot 10^{-4} \dfrac{m^3}{kg}$

$v_1 = 0{,}0906 \dfrac{m^3}{kg}$

b) $\dfrac{v_1}{v_2} = \dfrac{T_1}{T_2}$; $v_2 = 2{,}5\, v_1$; $\dfrac{T_1}{T_2} = \dfrac{v_1}{2{,}5\, v_1} = \dfrac{1}{2{,}5}$

$T_2 = T_1 \cdot 2{,}5 = 773{,}15\ \text{K} \cdot 2{,}5 = 1\,933\ \text{K}$

c) $q = c_p (T_2 - T_1);\quad c_p = 1\,186\ \dfrac{\text{J}}{\text{kg K}}$

nach Gleichung (13), Kapitel 1

$q = 1\,186\ \dfrac{\text{J}}{\text{kg K}}\,(1\,933 - 773{,}15)\ \text{K}$

$q = 1\,376\,000\ \dfrac{\text{J}}{\text{kg}}$

d) $w_v = p\,(v_1 - v_2);\quad v_2 = 2{,}5\, v_1;\quad w_v = p\,(v_1 - 2{,}5\, v_1)$
$w_v = -p\,1{,}5\, v_1$

$w_v = -24{,}5 \cdot 10^5\ \dfrac{\text{N}}{\text{m}^2} \cdot 1{,}5 \cdot 906 \cdot 10^{-4}\ \dfrac{\text{m}^3}{\text{kg}}$

$w_v = -333\,000\ \dfrac{\text{Nm}}{\text{kg}} = -333\,000\ \dfrac{\text{J}}{\text{kg}}$

e) $\Delta u = c_v\,(T_2 - T_1)$

$c_v = 899\ \dfrac{\text{J}}{\text{kg K}}$ nach $c_v = c_p - R_i$

$\Delta u = 899\ \dfrac{\text{J}}{\text{kg K}}\,(1\,993 - 773{,}15)\ \text{K}$

$\Delta u = 1\,043\,000\ \dfrac{\text{J}}{\text{kg}}$

f) $\Delta s = c_p \ln \dfrac{T_2}{T_1} = 1\,186\ \dfrac{\text{J}}{\text{kg K}} \ln \dfrac{1\,993\ \text{K}}{773{,}15\ \text{K}} = 1\,087\ \dfrac{\text{J}}{\text{kg K}}$

3.5 Isotherme Zustandsänderung

Die *Temperatur* bleibt während der Zustandsänderung *konstant*.

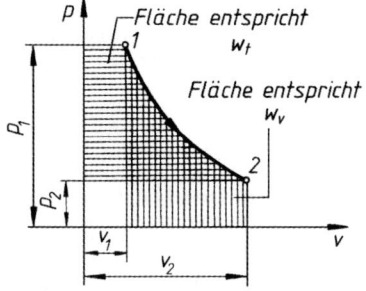

Bild 8. Isotherme Zustandsänderung im p,v-Diagramm (hier Expansion)

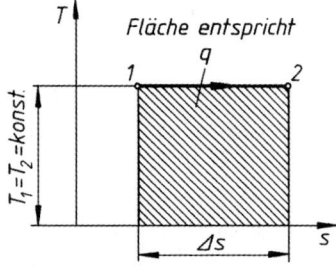

Bild 9. Isotherme Zustandsänderung im T,s-Diagramm (hier Expansion)

Aus der thermischen Zustandsgleichung $p\,\dfrac{v}{T} = R_i$

folgt

$$\dfrac{p_1}{p_2} = \dfrac{v_2}{v_1}$$

$$\begin{array}{c|c}
p & v \\ \hline
\dfrac{\text{N}}{\text{m}^2} & \dfrac{\text{m}^3}{\text{kg}}
\end{array} \qquad (15)$$

Die Kurve der Zustandsänderung erscheint im p,v-Diagramm als gleichseitige Hyperbel ($pv = R_i T =$ konst.).
Die als Wärme zugeführte (oder abgeführte) Energie entspricht der verrichteten Volumenänderungsarbeit. Eine Änderung der inneren Energie findet nicht statt. Es ist die *zugeführte (oder abgeführte) spezifische Wärme*:

$$q = R_i T \ln \dfrac{v_2}{v_1} \qquad (16)$$

$$q = R_i T \ln \dfrac{p_1}{p_2} \qquad (17)$$

q	R_i	T	v	p
$\dfrac{\text{J}}{\text{kg}}$	$\dfrac{\text{J}}{\text{kg K}}$	K	$\dfrac{\text{m}^3}{\text{kg}}$	$\dfrac{\text{N}}{\text{m}^2}$

Änderung der spezifischen inneren Energie:

$\Delta u = 0$

Änderung der spezifischen Enthalpie Δh:

$\Delta h = 0$

Änderung der spezifischen Entropie Δs:

$$\Delta s = R_i \ln \dfrac{v_2}{v_1} \qquad (18)$$

$$\Delta s = R_i \ln \dfrac{p_1}{p_2} \qquad (19)$$

s	R_i	v	p
$\dfrac{\text{J}}{\text{kg K}}$	$\dfrac{\text{J}}{\text{kg K}}$	$\dfrac{\text{m}^3}{\text{kg}}$	$\dfrac{\text{N}}{\text{m}^2}$

Die *spezifische Volumenänderungsarbeit* w_v und die *spezifische technische Arbeit* w_t sind gleich und entsprechen der Größe von q:

$$w_v = R_i T \ln \dfrac{v_1}{v_2} \qquad (20)$$

$$w_v = R_i T \ln \dfrac{p_2}{p_1} \qquad (21)$$

$$w_t = R_i T \ln \dfrac{v_1}{v_2} \qquad (22)$$

$$w_t = R_i T \ln \dfrac{p_2}{p_1} \qquad (23)$$

3 Zustandsänderungen idealer Gase

w	R_i	T	v	p
$\dfrac{J}{kg}$	$\dfrac{J}{kg\,K}$	K	$\dfrac{m^3}{kg}$	$\dfrac{N}{m^2}$

■ **Beispiel:**
In einem Zylinder mit verschiebbarem Kolben ist Luft unter einem Druck von $p_{abs\,1}$ = 24,5 bar bei einer Temperatur von ϑ = 500 °C eingeschlossen (siehe auch Beispiel unter 3.4).
Diese Luft dehnt sich unter Wärmezufuhr bei gleich bleibender Temperatur ϑ auf den 2,5fachen Wert des Anfangsvolumens v_1 aus.

a) Wie groß ist das spezifische Anfangsvolumen v_1?
b) Wie groß ist der Druck $p_{abs\,2}$ nach erfolgter Ausdehnung?
c) Wie groß ist die zuzuführende spezifische Wärme q?
d) Wie groß ist die spezifische Volumenänderungsarbeit w_v?
e) Wie groß ist die spezifische technische Arbeit w_t?
f) Wie groß ist die Änderung der spezifischen inneren Energie Δu?
g) Wie groß ist die Entropieänderung Δs?

Lösung:

a) $v_1 = 0{,}090\,6\;\dfrac{m^3}{kg} = 906 \cdot 10^{-4}\;\dfrac{m^3}{kg}$

siehe Beispiel unter 3.4

b) $\dfrac{p_1}{p_2} = \dfrac{v_2}{v_1}$; $v_2 = 2{,}5\,v_1$; $\dfrac{p_1}{p_2} = \dfrac{2{,}5\,v_1}{v_1} = 2{,}5$

$p_2 = \dfrac{p_1}{2{,}5} = \dfrac{24{,}5 \cdot 10^5\,\dfrac{N}{m^2}}{2{,}5} = 9{,}8 \cdot 10^5\,\dfrac{N}{m^2}$

$p_2 = 9{,}8 \cdot 10^5$ Pa = 9,8 bar

c) $q = R_i T\,\dfrac{p_1}{p_2}$

$q = 287\,\dfrac{J}{kg\,K}\;773{,}15\;K\,\ln\dfrac{24{,}5 \cdot 10^5\,\dfrac{N}{m^2}}{9{,}8 \cdot 10^5\,\dfrac{N}{m^2}}$

$q = 203\,320\,\dfrac{J}{kg}$

d) Die zugeführte spezifische Wärme q wird vollständig in spezifische Volumenänderungsarbeit w_v umgewandelt.
$w_v = -203\,320$ J/kg.

e) Die spezifische technische Arbeit w_t ist gleich der spezifischen Volumenänderungsarbeit w_v. Daraus folgt
$w_t = -203\,320$ J/kg.

f) Da T = konst., ist $\Delta u = 0$.

g) $\Delta s = \dfrac{q}{T} = \dfrac{203\,320\,\dfrac{J}{kg}}{773{,}15\;K} = 263\,\dfrac{J}{kg\,K}$

3.6 Isentrope Zustandsänderung

Während der reversiblen Zustandsänderung wird *Wärme weder zu- noch abgeführt* (adiabates System). Die Entropie bleibt konstant (Isentrope).

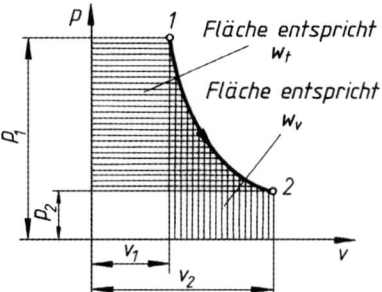

Bild 10. Isentrope Zustandsänderung im p, v-Diagramm (hier Expansion)

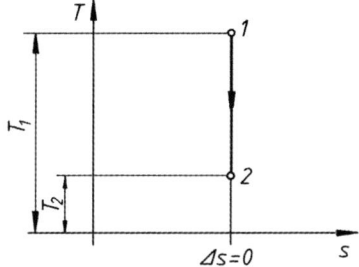

Bild 11. Isentrope Zustandsänderung im T, s-Diagramm (hier Expansion)

Aus der thermischen Zustandsgleichung $p\,v/T = R_i$ und den Gleichungen für Δu und Δh (1. Hauptsatz) folgt

$$\dfrac{p_1}{p_2} = \left(\dfrac{v_2}{v_1}\right)^{\kappa} = \left(\dfrac{T_1}{T_2}\right)^{\frac{\kappa}{\kappa-1}}$$

p	v	T	κ
$\dfrac{N}{m^2}$	$\dfrac{m^3}{kg}$	K	1

(24)

In dieser Formel ist κ das Verhältnis der spezifischen Wärmekapazitäten c_p/c_v (Isentropenexponent). Die Kurve der Zustandsänderung erscheint im p, v-Diagramm als eine ungleichseitige Hyperbel (Hyperbel höherer Ordnung). Die Steilheit des Kurvenverlaufs nimmt mit größer werdenden κ-Werten zu.
Eine Zufuhr oder Abfuhr von Wärme findet nicht statt. Es ist also die *zugeführte (oder abgeführte) spezifische Wärme*:

$q = 0$

Die Änderung der spezifischen inneren Energie Δu entspricht dem Betrage nach der Volumenänderungsarbeit.

$\Delta u = c_v\,(T_2 - T_1)$

u	c	T
$\dfrac{J}{kg}$	$\dfrac{J}{kg\,K}$	K

(25)

Änderung der spezifischen Enthalpie Δh:

$$\Delta h = c_p (T_2 - T_1) \qquad (26)$$

$$\Delta h = \frac{\kappa}{\kappa-1} p_1 v_1 \left(\frac{T_2}{T_1} - 1\right) \qquad (27)$$

h	c	κ	p	v	T
$\frac{J}{kg}$	$\frac{J}{kg\,K}$	1	$\frac{N}{m^2}$	$\frac{m^3}{kg}$	K

$$\Delta h = \frac{\kappa}{\kappa-1} p_1 v_1 \left[\left(\frac{p_2}{p_1}\right)^{\frac{\kappa-1}{\kappa}} - 1\right] \qquad (28)$$

$$\Delta h = \frac{\kappa}{\kappa-1} p_1 v_1 \left[\left(\frac{v_1}{v_2}\right)^{\kappa-1} - 1\right] \qquad (29)$$

Da $q = 0$ ist, ändert sich die Entropie nicht. Es ist also die *Änderung der spezifischen Entropie*:

$$\Delta s = 0$$

Die *spezifische Volumenänderungsarbeit* w_v entspricht der Änderung der spezifischen inneren Energie:

$$w_v = c_v (T_2 - T_1) \qquad (30)$$

$$w_v = \frac{1}{\kappa-1} (p_2 v_2 - p_1 v_1) \qquad (31)$$

w	c	κ	p	v	T
$\frac{J}{kg}$	$\frac{J}{kg\,K}$	1	$\frac{N}{m^2}$	$\frac{m^3}{kg}$	K

$1\,J = 1\,Nm = 1\,Ws$

$$w_v = \frac{p_1 v_1}{\kappa-1} \left(\frac{T_2}{T_1} - 1\right) \qquad (32)$$

$$w_v = \frac{p_1 v_1}{\kappa-1} \left[\left(\frac{p_2}{p_1}\right)^{\frac{\kappa-1}{\kappa}} - 1\right] \qquad (33)$$

$$w_v = \frac{p_1 v_1}{\kappa-1} \left[\left(\frac{v_1}{v_2}\right)^{\kappa-1} - 1\right] \qquad (34)$$

Die *spezifische technische Arbeit* w_t entspricht der Änderung der spezifischen Enthalpie:

$$w_t = c_p (T_2 - T_1) \qquad (35)$$

$$w_t = \frac{\kappa}{\kappa-1} (p_2 v_2 - p_1 v_1) \qquad (36)$$

w	c	κ	p	v	T
$\frac{J}{kg}$	$\frac{J}{kg\,K}$	1	$\frac{N}{m^2}$	$\frac{m^3}{kg}$	K

$1\,J = 1\,Nm = 1\,Ws$

$$w_t = \frac{\kappa}{\kappa-1} p_1 v_1 \left(\frac{T_2}{T_1} - 1\right) \qquad (37)$$

$$w_t = \frac{\kappa}{\kappa-1} p_1 v_1 \left[\left(\frac{p_2}{p_1}\right)^{\frac{\kappa-1}{\kappa}} - 1\right] \qquad (38)$$

$$w_t = \frac{\kappa}{\kappa-1} p_1 v_1 \left[\left(\frac{v_1}{v_2}\right)^{\kappa-1} - 1\right] \qquad (39)$$

$$w_t = \kappa w_v \qquad (40)$$

■ **Beispiel:**

Ein Kompressor saugt Luft von $\vartheta_1 = 20\,°C$ und einem Druck von $p_{abs\,1} = 1{,}025$ bar an und verdichtet sie isentropisch auf einen Druck von $p_{abs\,2} = 5{,}89$ bar.
a) Wie groß ist die Temperatur T_2 nach erfolgter Verdichtung?
b) Wie groß ist die spezifische Volumenänderungsarbeit w_v?
c) Wie groß ist die Änderung der spezifischen inneren Energie Δu?
d) Wie groß ist die spezifische technische Arbeit w_t?
e) Wie groß ist die Änderung der spezifischen Enthalpie Δh?
f) Wie groß ist die Entropieänderung Δs?

Lösung:

a) $\dfrac{p_1}{p_2} = \left(\dfrac{T_1}{T_2}\right)^{\frac{\kappa}{\kappa-1}}$ $\quad p_1 = 1{,}025 \cdot 10^5 \,\frac{N}{m^2} \quad p_2 = 5{,}89 \cdot 10^5 \,\frac{N}{m^2}$

$T_2 = \dfrac{T_1}{\left(\dfrac{p_1}{p_2}\right)^{\frac{\kappa-1}{\kappa}}} \quad T_1 = \vartheta_1 + 273{,}15 = 20 + 273{,}15 = 293{,}15\,K$

$T_2 = \dfrac{239{,}15\,K}{\left(\dfrac{1{,}025 \cdot 10^5 \,\frac{N}{m^2}}{5{,}98 \cdot 10^5 \,\frac{N}{m^2}}\right)^{\frac{1{,}4-1}{1{,}4}}} = 483\,K$

b) $w_v = \dfrac{p_1 v_1}{\kappa-1} \left[\left(\dfrac{p_2}{p_1}\right)^{\frac{\kappa-1}{\kappa}} - 1\right]$

$v_1 = \dfrac{R_i T_1}{p_1} = \dfrac{287\,\frac{Nm}{kg\,K} \cdot 293{,}15\,K}{10{,}25 \cdot 10^4 \,\frac{N}{m^2}} = 0{,}821\,\dfrac{m^3}{kg}$

$w_v = \dfrac{10{,}25 \cdot 10^4 \,\frac{N}{m^2} \cdot 0{,}821\,\frac{m^3}{kg}}{1{,}4-1} \left[\left(\dfrac{58{,}9 \cdot 10^4 \,\frac{N}{m^2}}{10{,}25 \cdot 10^4 \,\frac{N}{m^2}}\right)^{\frac{1{,}4-1}{1{,}4}} - 1\right]$

$w_v = 136\,000 \,\dfrac{Nm}{kg} = 136\,000 \,\dfrac{J}{kg}$

c) Da bei einer isentropen Zustandsänderung Wärme weder zu- noch abgeführt wird, geht die Volumenänderungsarbeit als innere Energie auf das Gas über. Die Zunahme an spezifischer innerer Energie entspricht also dem Betrage nach der spezifischen Volumenänderungsarbeit.

$\Delta u = 136\,000 \,\dfrac{J}{kg}$

d) $w_t = \kappa w_v = 1{,}4 \left(136\,000 \,\dfrac{J}{kg}\right) = 191\,000 \,\dfrac{J}{kg}$.

e) Da bei einer isentropen Zustandsänderung Wärme weder zu- noch abgeführt wird, entspricht die Änderung der spezifischen Enthalpie der spezifischen technischen Arbeit.

$\Delta h = 191\,000 \dfrac{\text{J}}{\text{kg}}$

f) Da bei einer isentropen Zustandsänderung Wärme weder zu- noch abgeführt wird, ist die Entropieänderung gleich null.

3.7 Polytrope Zustandsänderung

Die Zustandsänderung verläuft unter *beliebiger Wärmezufuhr bzw. beliebigem Wärmeentzug*. Als Polytrope im engeren Sinne werden die Zustandsänderungen bezeichnet, bei denen Wärmezufuhr oder Wärmeentzug nach der Gesetzmäßigkeit $p\,v^n$ = konst. ablaufen. Dabei kann der Exponent n jeden beliebigen Wert annehmen ($-\infty < n < +\infty$).

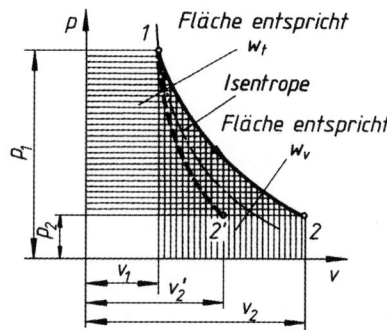

Bild 12. Polytrope Zustandsänderung im p,v-Diagramm (hier Expansion)
1 – 2 Polytrope mit Wärmezufuhr ($n < \kappa$)
1 – 2' Polytrope mit Wärmeentzug ($n > \kappa$)

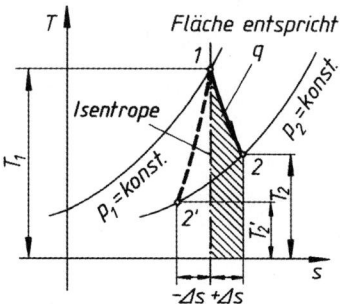

Bild 13. Polytrope Zustandsänderung im T,s-Diagramm (hier Expansion)
1 – 2 Polytrope mit Wärmezufuhr ($n < \kappa$)
1 – 2' Polytrope mit Wärmeentzug ($n > \kappa$)

Für die polytrope Zustandsänderung gilt

$$\dfrac{p_1}{p_2} = \left(\dfrac{v_2}{v_1}\right)^n = \left(\dfrac{T_1}{T_2}\right)^{\frac{n}{n-1}} \tag{41}$$

p	v	T	n
$\dfrac{\text{N}}{\text{m}^2}$	$\dfrac{\text{m}^3}{\text{kg}}$	K	1

Die Kurve der Zustandsänderung erscheint im p,v-Diagramm als Hyperbel höherer Ordnung. Die Steilheit des Kurvenverlaufes nimmt mit größer werdenden n-Werten zu. Die als Wärme zugeführte (oder abgeführte) Energie zusammen mit der Änderung der inneren Energie des Gases entspricht der Volumenänderungsarbeit. Es ist die *zugeführte (oder abgeführte) spezifische Wärme*:

$$q = c_v \dfrac{n-\kappa}{n-1}(T_2 - T_1)$$

q	c	$n(\kappa)$	T	
$\dfrac{\text{J}}{\text{kg}}$	$\dfrac{\text{J}}{\text{kg K}}$	1	K	(42)

Änderung der spezifischen inneren Energie:

$$\Delta u = c_v (T_2 - T_1)$$

u	c	T	
$\dfrac{\text{J}}{\text{kg}}$	$\dfrac{\text{J}}{\text{kg K}}$	K	(43)

Änderung der spezifischen Enthalpie Δh:

$$\Delta h = c_p (T_2 - T_1)$$

h	c	$n(\kappa)$	p	v	T	
$\dfrac{\text{J}}{\text{kg}}$	$\dfrac{\text{J}}{\text{kg K}}$	1	$\dfrac{\text{N}}{\text{m}^2}$	$\dfrac{\text{m}^3}{\text{kg}}$	K	(44)

$$\Delta h = \dfrac{\kappa}{\kappa-1} p_1 v_1 \left(\dfrac{T_2}{T_1} - 1\right) \tag{45}$$

$$\Delta h = \dfrac{\kappa}{\kappa-1} p_1 v_1 \left[\left(\dfrac{p_2}{p_1}\right)^{\frac{n-1}{n}} - 1\right] \tag{46}$$

$$\Delta h = \dfrac{\kappa}{\kappa-1} p_1 v_1 \left[\left(\dfrac{v_1}{v_2}\right)^{n-1} - 1\right] \tag{47}$$

Änderung der spezifischen Entropie Δs:

$$\Delta s = c_v \dfrac{n-\kappa}{n-1} \ln \dfrac{T_2}{T_1}$$

s, c	$n(\kappa)$	T	
$\dfrac{\text{J}}{\text{kg K}}$	1	K	(48)

Die *spezifische Volumenänderungsarbeit* w_v bei einer polytropen Zustandsänderung ergibt sich aus entsprechenden Gleichungen für die Isentrope, wenn für κ der Wert n gesetzt wird:

$$w_v = c_v \frac{\kappa - 1}{n - 1}(T_2 - T_1) \quad (49)$$

$$w_v = \frac{1}{n-1}(p_2 v_2 - p_1 v_1) \quad (50)$$

w	c	κ	n	p	v	T
$\dfrac{J}{kg}$	$\dfrac{J}{kg\,K}$	1	1	$\dfrac{N}{m^2}$	$\dfrac{m^3}{kg}$	K

1 J = 1 Nm = 1 Ws

$$w_v = \frac{p_1 v_1}{n-1}\left(\frac{T_2}{T_1} - 1\right) \quad (51)$$

$$w_v = \frac{p_1 v_1}{n-1}\left[\left(\frac{p_2}{p_1}\right)^{\frac{n-1}{n}} - 1\right] \quad (52)$$

$$w_v = \frac{p_1 v_1}{n-1}\left[\left(\frac{v_1}{v_2}\right)^{n-1} - 1\right] \quad (53)$$

Die *spezifische technische Arbeit* w_t bei einer polytropen Zustandsänderung ergibt sich aus entsprechenden Gleichungen für die Isentrope, wenn für κ der Wert n gesetzt wird:

$$w_t = c_v \frac{n(\kappa - 1)}{n - 1}(T_2 - T_1) \quad (54)$$

$$w_t = \frac{n}{n-1}(p_2 v_2 - p_1 v_1) \quad (55)$$

w	c	κ	n	p	v	T
$\dfrac{J}{kg}$	$\dfrac{J}{kg\,K}$	1	1	$\dfrac{N}{m^2}$	$\dfrac{m^3}{kg}$	K

$$w_t = \frac{n}{n-1} p_1 v_1 \left(\frac{T_2}{T_1} - 1\right) \quad (56)$$

$$w_t = \frac{n}{n-1} p_1 v_1 \left[\left(\frac{p_2}{p_1}\right)^{\frac{n-1}{n}} - 1\right] \quad (57)$$

$$w_t = \frac{n}{n-1} p_1 v_1 \left[\left(\frac{v_1}{v_2}\right)^{n-1} - 1\right] \quad (58)$$

$$w_t = n\, w_v \quad (59)$$

Ist eine polytrope Zustandsänderung als Bestandteil eines Maschinendiagramms (p,v-Diagramm) ermittelt worden, so ergibt sich der Exponent n für jeden beliebigen Kurvenpunkt P (bei spezifischem Volumen v) als Verhältnis v/s (Bild 14). Dabei muss die in cm gemessene Subtangente s im Maßstab des spezifischen Volumens M_v umgerechnet werden. Damit ergibt sich der Exponent im Punkte P einer polytropen Zustandsänderung (Bild 14) nach:

$$n = \frac{v}{s M_v} \quad (60)$$

	n	v	s	M_v
1		$\dfrac{m^3}{kg}$	cm	$\dfrac{\frac{m^3}{kg}}{cm} = \dfrac{m^3}{kg\,cm}$

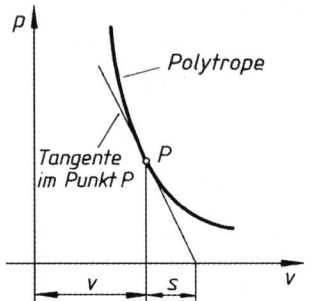

Bild 14. Ermittlung des Exponenten n im Punkte P einer Polytrope (s = Subtangente)

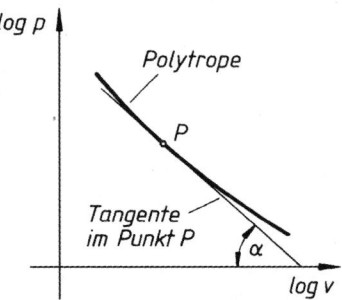

Bild 15. Darstellung der Polytrope im p,v-Diagramm mit logarithmisch geteilten Achsen für die Ermittlung der Änderung des Exponenten n

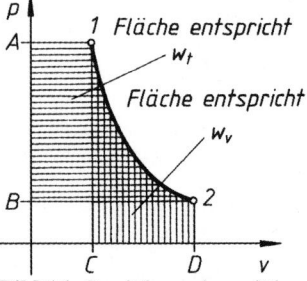

Bild 16. Ermittlung des mittleren Exponenten n als Verhältnis der technischen Arbeit w_t (Fläche 12 BA) zur Volumenänderungsarbeit w_v (Fläche 12 DC)

Wird das p,v-Diagramm in ein Schaubild mit logarithmisch geteilten Achsen übertragen, so kann man erkennen, ob n im Verlaufe der Zustandsänderung konstant bleibt oder veränderlich ist (Bild 15; tan $\alpha \hat{=} n$).

Bei veränderlichen Exponenten n kann ein Mittelwert (mittlerer Exponent) aus der Beziehung $w_t = n \, w_v$ gefunden werden (Bild 16); n = Fläche 12 BA/Fläche 12 DC.

Sämtliche Zustandsänderungen können durch die Polytropengleichung $p \, v^n$ = konst. dargestellt werden. Dabei ergeben sich folgende Exponenten:

$n = 0$; p = konstant ; Isobare Zustandsänderung
$n = 1$; $p \, v$ = konstant ; Isotherme Zustandsänderung
$n = \kappa$; $p \, v^\kappa$ = konstant ; Isentrope Zustandsänderung
$n = \infty$; v = konstant ; Isochore Zustandsänderung

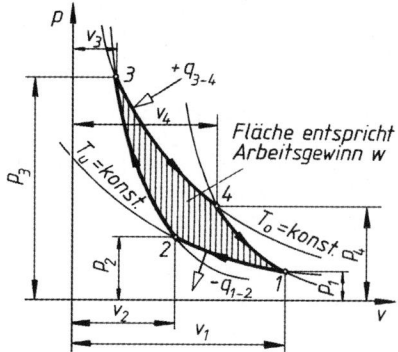

Bild 19. Carnot-Prozess im p, v-Diagramm

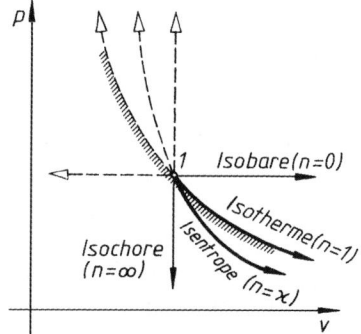

Bild 17. Zustandsänderungen im p, v-Diagramm als Sonderfälle der Polytrope $p \, v^n$ = konst.

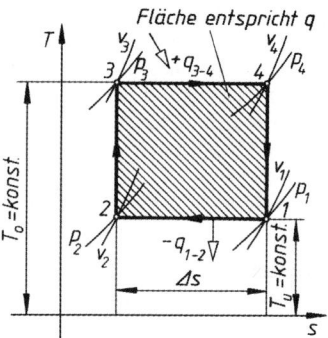

Bild 20. Carnot-Prozess im T, s-Diagramm

a) Isotherme Kompression von 1 nach 2:
Volumenänderungsarbeit w_{v1-2} wird als Kompressionsarbeit zugeführt. Die äquivalente Wärme q_{1-2} wird abgegeben.
Die Temperatur T_u bleibt dabei konstant.

b) Isentrope Kompression von 2 nach 3:
Volumenänderungsarbeit w_{v2-3} wird als Kompressionsarbeit zugeführt. Wärme wird weder abgegeben noch zugeführt.
Die Temperatur nimmt von T_u auf T_o zu ($T_o > T_u$).

c) Isotherme Expansion von 3 nach 4:
Volumenänderungsarbeit w_{v3-4} wird als Expansionsarbeit abgegeben. Die äquivalente Wärme q_{3-4} wird zugeführt.
Die Temperatur T_o bleibt dabei konstant.

d) Isentrope Expansion von 4 nach 1:
Volumenänderungsarbeit w_{v4-1} wird als Expansionsarbeit abgegeben. Wärme wird weder abgegeben noch zugeführt.
Die Temperatur nimmt von T_o auf T_u ab ($T_u < T_o$).

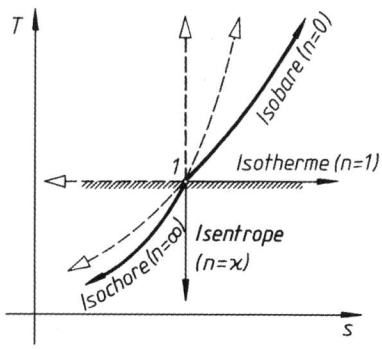

Bild 18.
Zustandsänderungen im T, s-Diagramm als Sonderfälle der Polytrope $p \, v^n$ = konst.

3.8 Carnot-Prozess

Der *Carnot-Prozess* (Kreisprozess nach Sadi Carnot, 1796 – 1832) besitzt den günstigsten thermischen Wirkungsgrad. Der Prozess setzt sich aus zwei *isothermen* und zwei *isentropen* Zustandsänderungen zusammen (Bilder 19 und 20).

Das Verhältnis des hierbei erzielten Arbeitsgewinns $w \, (\stackrel{\wedge}{=} q = q_{3-4} - q_{1-2})$ zur zugeführten Wärme q_{3-4} ist der *maximal erzielbare thermische Wirkungsgrad* $\eta_{th\,max}$. Er ist nur von den Grenztemperaturen T_o und T_u abhängig und ergibt sich aus

$$\eta_{th\,max} = \frac{|w|}{q_{3-4}} = \frac{T_o - T_u}{T_o} = 1 - \frac{T_u}{T_o} \quad (61)$$

Der thermische Wirkungsgrad des Carnot-Prozesses wird auch als Carnotfaktor η_c bezeichnet.
Der Carnot-Prozess lässt sich technisch nicht verwirklichen. Als Idealprozess ist er ein Vergleichsablauf zur Bewertung anderer technischer Prozesse.

3.9 Drosselung

Die Drosselung ist eine Zustandsänderung, bei der der Druck eines Gases bei gleichzeitiger Volumenvergrößerung abnimmt. Es erfolgt weder ein Wärmeaustausch noch eine Verrichtung von Arbeit. Da $p_1 v_1 = p_2 v_2 =$ konst., ist auch die Änderung der Enthalpie gleich null (Isenthalpe). Bei *idealen* Gasen bleibt die Temperatur während der Drosselung konstant. Der Drosselvorgang ist nicht umkehrbar (irreversibel). Ein Druckabfall durch Drosselung tritt auf, wenn in einem Rohr eine plötzliche Querschnittsverkleinerung vorgesehen wird (Drosselklappe, Drosselventil usw.) und ein strömendes Gas diese Drosselstelle überwinden muss (Bild 21).

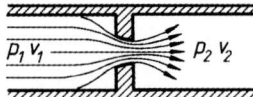

Bild 21. Drosselstelle in einer Rohrleitung

Bei *realen* Gasen tritt während der Drosselung eine geringe Temperaturabnahme auf. Diese Erscheinung spielt bei der Verflüssigung von Gasen eine wichtige Rolle (Thomson-Joule-Effekt).

3.10 Gasmischungen

Die thermische Zustandsgleichung ist sinngemäß auch für Gasgemische (Index Mi) gültig. Nach dem Gesetz von Dalton verhält sich jedes Einzelgas mit der Masse m innerhalb der Gasmischung so, als würde es das Volumen V_{Mi} des Gemisches bei der Mischungstemperatur ϑ_{Mi} (T_{Mi}) allein einnehmen. Damit stellt sich für jedes Teilgas ein entsprechender Teildruck p (Partialdruck) ein. Sind n Gase an der Gasmischung beteiligt, so gilt für jedes der Einzelgase:

$p_1 V_{Mi} = m_1 R_{i\,1} T_{Mi}$
$p_2 V_{Mi} = m_2 R_{i\,2} T_{Mi}$ usw. bis
$p_n V_{Mi} = m_n R_{i\,n} T_{Mi}$

Der *Gesamtdruck* p_{Mi} des Gasgemisches ist gleich der Summe der Partialdrücke $p_1 \, p_2 \ldots p_n$ der Einzelgase:

$$p_{Mi} = p_1 + p_2 + \ldots p_n \quad (62)$$

p	
$\dfrac{N}{m^2}$	$1\,\dfrac{N}{m^2} = 1\,Pa$

Die *Gesamtmasse* m_{Mi} des Gasgemisches ist gleich der Summe der Massen $m_1 \, m_2 \ldots m_n$ der Einzelgase:

$$m_{Mi} = m_1 + m_2 + \ldots m_n$$

m
kg

(63)

Das Verhältnis der Masse des Einzelgases (z.B. m_1) zur Gesamtmasse m_{Mi} der Mischung ist der *Massenanteil* μ (z.B. für Gas 1):

$$\mu_1 = \frac{m_1}{m_{Mi}}$$

μ	m
1	kg

(64)

Die Summe aller Massenanteile μ ist gleich 1.
Werden die Teilgase aus der Mischung herausgelöst und bei der Temperatur ϑ_{Mi} (= Mischungstemperatur) auf den Mischungsdruck p_{Mi} gebracht, so werden die Volumen $V_1 \, V_2 \ldots V_n$ der Einzelgase kleiner als V_{Mi}. Die Summe dieser Einzelvolumen ergibt das *Gesamtvolumen* des Gasgemisches:

$$V_{Mi} = V_1 + V_2 + \ldots V_n$$

V
m^3

(65)

Das Verhältnis des Volumens des Einzelgases (z.B. V_1) zum Gesamtvolumen V_{Mi} der Mischung ist der *Raumanteil* r (z.B. für Gas 1):

$$r_1 = \frac{V_1}{V_{Mi}}$$

r	V
1	m^3

(66)

Die Summe aller Raumanteile r ist gleich 1.
Die *spezielle Gaskonstante* der Gasmischung ergibt sich durch Addition der Zustandsgleichungen der Einzelgase:

Herleitung: $\quad p_1 V_{Mi} = m_1 R_{i\,1} T_{Mi}$
$\qquad\qquad\qquad + p_2 V_{Mi} = m_2 R_{i\,2} T_{Mi}$
$\qquad\qquad\qquad + p_n V_{Mi} = m_n R_{i\,n} T_{Mi}$

$\overline{\qquad(p_1 + p_2 + \ldots p_n)\,V_{Mi} =\qquad}$
$(m_1 R_{i\,1} + m_2 R_{i\,2} + \ldots m_n R_{in})\,T_{Mi}$

$\dfrac{(p_1 + p_2 + \ldots p_n)\,V_{Mi} =}{m_{Mi}\,(m_1 R_{i\,1} + m_2 R_{i\,2} + \ldots m_n R_{i\,n})\,T_{Mi}}$
$\qquad\qquad\qquad m_{Mi}$

3 Zustandsänderungen idealer Gase

$$p_{Mi} V_{Mi} = m_{Mi}\left(\frac{m_1}{m_{Mi}}R_{i\,1} + \frac{m_2}{m_{Mi}}R_{i\,2} + \ldots \frac{m_n}{m_{Mi}}R_{i\,n}\right)T_{Mi}$$

$$p_{Mi} V_{Mi} = m_{Mi}\left(\mu_1 R_{i\,1} + \mu_2 R_{i\,2} + \ldots \mu_n R_{i\,n}\right)T_{Mi}$$
$$p_{Mi} V_{Mi} = m_{Mi} R_{i\,Mi} T_{Mi}$$

$$R_{i\,Mi} = \mu_1 R_{i\,1} + \mu_2 R_{i\,2} + \ldots \mu_n R_{i\,n}$$

μ	R_i
1	$\frac{J}{kg\,K}$

(67)

Die Partialdrücke $p_1\,p_2\,\ldots\,p_n$ ergeben sich aus dem Gesamtdruck p_{Mi} der Mischung, wenn die Massenanteile μ oder die Raumanteile r der Einzelgase gegeben sind. *Partialdruck* (z.B. für Gas 1):

$$p_1 = \mu_1 \frac{R_{i\,1}}{R_{i\,Mi}} p_{Mi} = r_1 p_{Mi}$$

p	μ	R_i	r	
$\frac{N}{m^2}$	1	$\frac{J}{kg\,K}$	1	$1\,J = 1\,Nm = 1\,Ws$

(68)

Weiterhin gelten für die Gasgemische folgende Gleichungen. Für die *spezifische Wärmekapazität* des Gasgemisches:

$$c_{p\,Mi} = \mu_1 c_{p1} + \mu_2 c_{p2} + \ldots \mu_n c_{pn} \quad (69)$$
$$c_{v\,Mi} = \mu_1 c_{v1} + \mu_2 c_{v2} + \ldots \mu_n c_{vn} \quad (70)$$

c	μ
$\frac{J}{kg\,K}$	1

$c_{p1}\,\ldots\,c_{pn}$ und $c_{v1}\,\ldots\,c_{vn}$ sind die spezifischen Wärmekapazitäten der Einzelgase.
Die *Dichte* des Gasgemisches wird:

$$\rho_{Mi} = r_1 \rho_1 + r_2 \rho_2 + \ldots r_n \rho_n$$

ρ	r
$\frac{kg}{m^3}$	1

(71)

$\rho_1\,\ldots\,\rho_n$ sind die Dichten der Einzelgase.
Die *relative Molekülmasse* des Gasgemisches wird:

$$M_{r\,Mi} = r_1 M_{r\,1} + r_2 M_{r\,2} + \ldots r_n M_{r\,n}$$

M	r
1	1

(72)

$M_{r\,1}\,\ldots\,M_{r\,n}$ sind die relativen Molekülmassen der Einzelgase.
Temperatur eines Gasgemisches siehe unter Kapitel 1.4.

■ **Beispiel:**
Atmosphärische Luft enthält etwa 23,2 Gewichtsprozente Sauerstoff und 76,8 Gewichtsprozente Stickstoff. Dabei sind geringe Mengen Argon, Wasserdampf und Kohlendioxid (zusammen etwa 1 %) vernachlässigt.
Die Luft steht unter einem Druck von 1,013 25 bar und besitzt eine Temperatur von 0 °C.
a) Wie groß sind die Massenanteile μ_1 und μ_2?
b) Wie groß ist die spezielle Gaskonstante $R_{i\,Mi}$ der Mischung?
c) Wie groß ist die wahre spezifische Wärmekapazität $c_{p\,Mi}$ der Mischung?
d) Wie groß sind die Partialdrücke p_1 und p_2 der Teilgase?
e) Wie groß sind die Raumanteile r_1 und r_2 der Teilgase und damit die Volumenprozente?
f) Wie groß ist die relative Molekülmasse $M_{r\,Mi}$ der Mischung?
g) Wie groß ist die Dichte ρ_{Mi} der Mischung?

Lösung:

a) μ_1 (Sauerstoff) $= \frac{23,2}{100} = 0,232$

μ_2 (Stickstoff) $= \frac{76,8}{100} = 0,768$

b) $R_{i\,Mi} = \mu_1 R_{i\,1} + \mu_2 R_{i\,2}$

$R_{i\,1} = 260\,\frac{J}{kg\,K}$ (für Sauerstoff)

$R_{i\,2} = 297\,\frac{J}{kg\,K}$ (für Stickstoff)

$R_{i\,Mi} = 0{,}232 \cdot 260\,\frac{J}{kg\,K} + 0{,}768 \cdot 297\,\frac{J}{kg\,K}$

$= 288\,\frac{J}{kg\,K}$

c) $c_{p\,Mi} = \mu_1 c_{p\,1} + \mu_2 c_{p\,2}$

$c_{p\,1} = 913\,\frac{J}{kg\,K}$

$c_{p\,2} = 1038\,\frac{J}{kg\,K}$

$c_{p\,Mi} = 0{,}232 \cdot 913\,\frac{J}{kg\,K} + 0{,}768 \cdot 1038\,\frac{J}{kg\,K}$

$= 1\,009\,\frac{J}{kg\,K}$

d) $p_1 = \mu_1 \frac{R_{i\,1}}{R_{i\,Mi}} p_{Mi}; \quad p_{Mi} = 1{,}013 \cdot 10^5\,\frac{N}{m^2}$

$p_1 = 0{,}232\,\frac{260\,\frac{J}{kg\,K}}{288\,\frac{J}{kg\,K}}\,1{,}013 \cdot 10^5\,\frac{N}{m^2}$

$= 0{,}212 \cdot 10^5\,\frac{N}{m^2} = 0{,}212 \cdot 10^5\,Pa$

$= 0{,}212\,bar$

$p_2 = \mu_2 \frac{R_{i\,2}}{R_{i\,Mi}} p_{Mi}$

$p_2 = 0{,}768\,\frac{297\,\frac{J}{kg\,K}}{288\,\frac{J}{kg\,K}}\,1{,}013 \cdot 10^5\,\frac{N}{m^2}$

$= 0{,}8 \cdot 10^5\,\frac{N}{m^2} = 0{,}8 \cdot 10^5\,Pa$

$= 0{,}8\,bar$

e) $r_1 = \frac{p_1}{p_{Mi}} = \frac{0{,}212 \cdot 10^5\,\frac{N}{m^2}}{1{,}013 \cdot 10^5\,\frac{N}{m^2}} = 0{,}21$

(21 Volumenprozente Sauerstoff)

$r_2 = \dfrac{p_2}{p_{Mi}} = \dfrac{0{,}8 \cdot 10^5 \frac{N}{m^2}}{1{,}013 \cdot 10^5 \frac{N}{m^2}} = 0{,}79$

(79 Volumenprozente Stickstoff)

f) $M_{r\,Mi} = r_1 M_{r1} + r_2 M_{r2}$
  $M_{r1} = 32$, für Sauerstoff (O_2)
  $M_{r2} = 28$, für Stickstoff (N_2)
  $M_{r\,Mi} = 0{,}21 \cdot 32 + 0{,}79 \cdot 28$
  $M_{r\,Mi} = 28{,}8$

g) $\rho_{Mi} = r_1 \rho_1 + r_2 \rho_2$
  $\rho_1 = 1{,}429$ kg/m³, für Sauerstoff bei 0 °C und 1,01325 bar
  $\rho_2 = 1{,}251$ kg/m³, für Stickstoff bei 0 °C und 1,01325 bar
  $\rho_{Mi} = 0{,}21 \cdot 1{,}429$ kg/m³ $+ 0{,}79 \cdot 1{,}251$ kg/m³
  $\rho_{Mi} = 1{,}288$ kg/m³

4 Wärmeübertragung

4.1 Allgemeines

Nach dem Zweiten Hauptsatz kann Energie in Form von Wärme nur dann von einem kälteren auf einen wärmeren Stoffbereich übergehen, wenn dieser Vorgang durch mechanische Arbeit erzwungen wird. Eine *selbsttätige Wärmeübertragung* kann nur von einer Zone höherer Temperatur ausgehen und in Richtung auf weniger warme Bereiche ablaufen. Voraussetzung für jede selbsttätige Wärmeübertragung ist also das Vorhandensein eines *Temperaturgefälles*. Der Energieaustausch zwischen Stoffen verschiedener Temperatur ist beendet, wenn sich ein energetischer Gleichgewichtszustand eingestellt hat und nach dem Wärmeaustausch überall die gleiche Temperatur herrscht (Temperaturausgleich).
Energie in Form von Wärme wird durch *Wärmeleitung*, *Wärmeübergang* (*Wärmekonvektion*) und *Wärmestrahlung* übertragen.

4.2 Wärmeleitung

Unter *Wärmeleitung* versteht man den Energietransport innerhalb eines Stoffes. Dieser Wärmestrom kommt in der Weise zustande, dass stärker erwärmte Stoffbereiche so lange Energie an benachbarte und nicht so warme Stoffteilchen abgeben, bis sich nach erfolgtem Energieausgleich überall die gleiche Temperatur einstellt.
Das Wärmeleitvermögen der einzelnen Stoffe ist unterschiedlich. Es wird ausgedrückt durch die *Wärmeleitfähigkeit* λ. Die Wärmeleitfähigkeit wird experimentell für die verschiedenen Stoffe ermittelt und ist von der Temperatur abhängig. Bei Gasen zeigt sich außerdem eine Druckabhängigkeit.
Für eine *ebene Wand* (Bild 1) mit der Fläche A und der Dicke s (Leitweglänge) ergibt sich bei einer Temperaturdifferenz $\vartheta_1 - \vartheta_2$ in der Zeit t folgende, durch Wärmeleitung *übertragene Wärme*

$$Q_1 = \lambda \dfrac{A}{s} (\vartheta_1 - \vartheta_2)\, t \qquad (1)$$

Q_1	λ	A	s	ϑ	t
J	$\dfrac{W}{mK}$	m²	m	°C	s

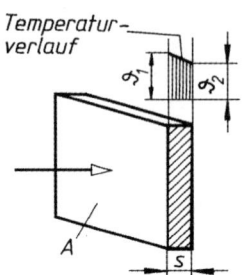

Bild 1. Wärmeleitung durch eine ebene Wand

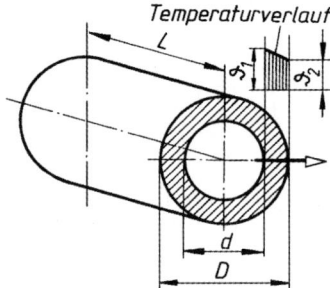

Bild 2. Wärmeleitung durch ein dickwandiges Rohr

Bei *dickwandigen Rohren* mit den Durchmessern d und D (Bild 2) und einer Länge L ergibt sich bei einer Temperaturdifferenz $\vartheta_1 - \vartheta_2$ in der Zeit t folgende, durch Wärmeleitung *übertragene Wärme*

$$Q_1 = \dfrac{\lambda\, 2\pi L}{\ln \dfrac{D}{d}} (\vartheta_1 - \vartheta_2)\, t \qquad (2)$$

Q_1	λ	L, D, d	ϑ	t
J	$\dfrac{W}{mK}$	m	°C	s

Dünnwandige Rohre können wie ebene Flächen behandelt werden. Als Fläche ist hier die innere Mantelfläche $d\,\pi L$ in Rechnung zu setzen.
Stoffe mit geringem elektrischen Widerstand, d. h. gutem elektrischen Leitvermögen, sind auch gute Wärmeleiter. Sie erwärmen sich schnell und kühlen ebenso schnell wieder ab. Gute Wärmeleiter sind alle Metalle. Das Wärmeleitvermögen von Glas und porösen Stoffen ist nur gering. Luft und Wasser sind, wie alle Gase und Flüssigkeiten, schlechte Wärmeleiter, wenn eine Zirkulationsbewegung innerhalb des Stoffes verhindert wird. Der beste Wärmeisolator ist das Vakuum.

4 Wärmeübertragung

Tabelle 1. Wärmeleitfähigkeit λ für feste, flüssige und gasförmige Stoffe bei 20 °C

	$\dfrac{W}{mK}$			$\dfrac{J}{h\,mK}$		
Aluminium	209,3			753 624		
Beton	1,28			4 605		
Erde (trocken)	0,349			1 256		
Erde (feucht)	0,465	...	0,698	1 675	...	2 512
Glas	1,16			4 176		
Glaswolle	0,035	...	0,046	126	...	167
Gusseisen	40,71	...	63,97	146 538	...	230 274
Holz (quer zur Faser)	0,093	...	0,163	335	...	586
Holz (längs zur Faser)	0,349			1 256		
Kesselstein	0,465	...	2,33	1 675		8 374
Kupfer	407,1			1 465 380		
Luft	0,026			92		
Mauerwerk	0,698	...	0,872	2 512	...	3 140
Messing	93,0			334 800		
Öle	0,128	...	0,174	461	...	628
Papier	0,139			502		
Porzellan	0,930	...	1,05	3 349	...	3 768
Quecksilber	9,30			33 480		
Silber	418,7			1 507 248		
Stahl (0,1 %C)	53,50			192 593		
Stahl (0,6 % C)	41,87			150 725		
Wasser	0,581			2 093		
Zink	112,8			406 120		
Zinn	66,29			238 648		

■ **Beispiel:**
Welche Wärme wird im 1 Minute durch eine Aluminiumplatte hindurchgeleitet, wenn die Plattenfläche $A = 3$ m² und die Materialdicke $s = 12$ mm beträgt? Der Temperaturunterschied zwischen den beiden Plattenflächen ist 350 °C = 350 K.

Lösung:

$\lambda = 209\,\dfrac{W}{mK}$

$Q_1 = \lambda \dfrac{A}{s}(\vartheta_1 - \vartheta_2)\,t$

$= 209\,\dfrac{W}{mK} \cdot \dfrac{3\,m^2}{0{,}012\,m} \cdot 350\,K \cdot 60\,s$

$= 1{,}1 \cdot 10^9\,J$

■ **Beispiel:**
Wie groß ist die Wärme, die stündlich durch jedes Quadratmeter einer 38 cm dicken, unverputzten Außenwand aus Ziegelsteinen hindurchgeleitet wird, wenn die Temperatur auf der Innenfläche der Wand 22 °C und auf der Außenfläche – 20 °C beträgt (Wärmeleitfähigkeit $\lambda = 0{,}872$ W/mK)?

Lösung:

$Q_1 = \lambda \dfrac{A}{s}(\vartheta_1 - \vartheta_2)\,t$

$\vartheta_1 - \vartheta_2 = 22\ °C - (-20\ °C) = 42\ °C = 42\ K$

$Q_1 = 0{,}872\,\dfrac{W}{mK} \cdot \dfrac{1\,m^2}{0{,}38\,m} \cdot 42\,K \cdot 3600\,s$

$= 0{,}347 \cdot 10^6\,J$

4.3 Wärmeübergang (Wärmekonvektion)

Unter *Wärmeübergang* versteht man den Energietransport zwischen verschiedenen Stoffen mit unterschiedlicher Temperatur. Die Energieübertragung findet in der Berührungszone der beiden Stoffe statt und setzt ein Temperaturgefälle voraus. Nach erfolgtem Wärmeaustausch besitzen beide Stoffe in der Berührungszone die gleiche Temperatur ϑ (Bilder 3 und 4).

Bei Flüssigkeiten oder Gasen (Fluide) wird die Energieübertragung durch Strömungsvorgänge unterstützt. Werden z.B. Flüssigkeits- oder Gasteilchen an der heißen Außenfläche eines festen Körpers erwärmt, so dehnen sie sich aus und erfahren einen Auftrieb (Bild 4). Auf der Gas- oder Flüssigkeitsseite setzt im Bereich der heißen Wand eine Auftriebsströmung ein, bei der die durch Wärmeleitung übertragene Energie mitgeführt wird (Mitführung = *Konvektion*). Durch diesen Strömungsvorgang werden immer wieder neue Flüssigkeits- oder Gasteilchen mit der mittleren Temperatur ϑ_m an die heiße (ϑ) Außenfläche des festen Körpers herangeführt und damit das Temperaturgefälle $\Delta\vartheta$ an der Übergangsfläche dauernd wirksam. Wird die Zirkulation und Konvektion durch geeignete Maßnahmen verhindert, so wirken Flüssigkeiten und Gase wegen ihres geringen Wärmeleitvermögens als Wärmeisolatoren. Der Wärmeübergang kann verstärkt werden, wenn man die Strömungsbewegung durch ein Druckgefälle erzwingt.

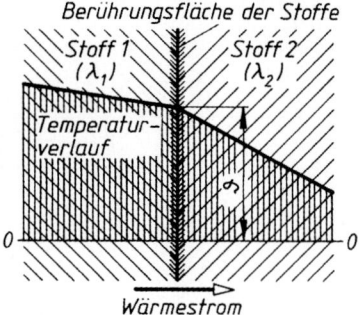

Bild 3. Wärmeübergang zwischen zwei festen Stoffen

Beträgt die Temperatur an der Außenwand eines festen Körpers ϑ Grad und ist ϑ_m die mittlere Temperatur des Gases oder der Flüssigkeit, so ergibt sich bei einer Berührungsfläche A in der Zeit t folgende *übergehende Wärme*

$$Q_\mathrm{ü} = \alpha A (\vartheta - \vartheta_\mathrm{m}) t$$

$Q_\mathrm{ü}$	α	A	ϑ	t
J	$\dfrac{\mathrm{W}}{\mathrm{m}^2 \mathrm{K}}$	m²	°C	s

(3)

In dieser Gleichung ist α der *Wärmeübergangskoeffizient*.
Der Wärmeübergangskoeffizient fasst eine Reihe von Einflüssen zusammen, die von der Wärmeleitung und von der Wärmekonvektion her den Wärmeübergang beeinflussen. Hierbei wirken sich neben der Temperaturdifferenz insbesondere die Strömungsgeschwindigkeit und die Art der Strömung (laminar oder turbulent) aus. Auch die Lage der Übergangsfläche zur Strömungsrichtung der Flüssigkeit oder des Gases ist von Einfluss.

Die Bestimmung des Wärmeübergangskoeffizienten α erfolgt entweder durch Rechnung mit Hilfe empirischer Formeln, oder unter Verwendung ausführlicher Tabellen, in denen die versuchsmäßig ermittelten Einflussgrößen zusammengetragen sind. Beispielsweise gelten für den Wärmeübergang zwischen einer Metallwand und Luft oder Wasser für α die Mittelwerte in Tabelle 2.

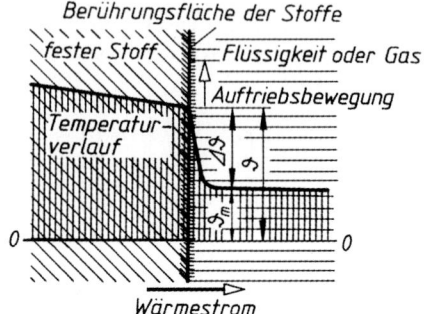

Bild 4. Wärmeübergang von einem festen Stoff auf eine Flüssigkeit oder ein Gas

4.4 Wärmedurchgang

Sind Flüssigkeiten oder Gase von unterschiedlicher Temperatur durch eine feste Wand voneinander getrennt, so findet eine Energieübertragung statt, die sich aus Wärmeleitung und Wärmeübergang zusammensetzt. Diese kombinierte Form der Wärmeübertragung wird als *Wärmedurchgang* bezeichnet.
Betragen die mittleren Temperaturen der Flüssigkeiten oder Gase zu beiden Seiten der Trennwand ϑ_1 und ϑ_2, so ergibt sich bei einer ebenen Wandfläche A in der Zeit t folgende *durchgehende Wärme*

Tabelle 2. Wärmeübergangskoeffizienten α (mittlere Werte) zwischen einer Metallwand und Luft bzw. Wasser

	$\dfrac{\mathrm{W}}{\mathrm{m}^2 \mathrm{K}}$		$\dfrac{\mathrm{J}}{\mathrm{h\,m}^2 \mathrm{K}}$	
Ruhende Luft	5,82	... 9,30	20 934	... 33 494
Bewegte Luft mit Strömungsgeschwindigkeit				
10 m/s	46,52	... 69,78	167 472	... 251 208
20 m/s	93,04	... 116,3	334 944	... 418 680
40 m/s	157,0	... 191,9	565 218	... 690 822
50 m/s	174,5	... 209,3	628 200	... 753 624
Ruhendes Wasser	581,5		2 093 400	
Bewegtes Wasser mit Strömungsgeschwindigkeit				
bis zu 1 m/s	1 744,5	... 3 721,6	6 280 200	... 13 397 760

4 Wärmeübertragung

$Q_d = kA(\vartheta_1 - \vartheta_2)t$

Q_d	k	A	ϑ	t
J	$\dfrac{W}{m^2 K}$	m^2	°C	s

(4)

In dieser Gleichung ist k der *Wärmedurchgangskoeffizient* (kurz: k-Wert).
Der Wärmedurchgangskoeffizient k wird aus den Wärmeübergangskoeffizienten α und der Wärmeleitfähigkeit λ des festen Stoffes berechnet.
Für eine *einschichtige, ebene Wand* (Bild 5) gilt:

Herleitung:
Übergehende Wärme von Stoff 1 auf Wand

$Q_{1-W} = \alpha_1 A(\vartheta_1 - \vartheta_{W1})t$

durchgeleitete Wärme durch Wand

$Q_W = \lambda \dfrac{A}{s}(\vartheta_{W1} - \vartheta_{W2})t$

übergehende Wärme von Wand auf Stoff 2

$Q_{W-2} = \alpha_2 A(\vartheta_{W2} - \vartheta_2)t$

Die Wärmemengen sind untereinander gleich
$(Q_{1-W} = Q_W = Q_{W-2} = Q_d)$.

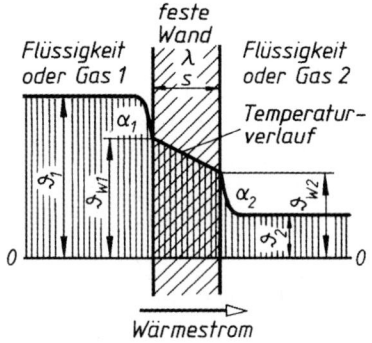

Bild 5. Wärmedurchgang durch eine einschichtige, ebene Wand

$\vartheta_1 - \vartheta_{W1} = \dfrac{Q_d}{\alpha_1 A t}$ $\quad$ $\vartheta_{W1} - \vartheta_{W2} = \dfrac{Q_d \, s}{\lambda A t}$

$\vartheta_{W2} - \vartheta_2 = \dfrac{Q_d}{\alpha_2 A t}$

$\sum \Delta \vartheta = \vartheta_1 - \vartheta_2 = \dfrac{Q_d}{A t}\left(\dfrac{1}{\alpha_1} + \dfrac{s}{\lambda} + \dfrac{1}{\alpha_2}\right)$

$\vartheta_1 - \vartheta_2 = \dfrac{Q_d}{A t \dfrac{1}{\dfrac{1}{\alpha_1} + \dfrac{s}{\lambda} + \dfrac{1}{\alpha_2}}} = \dfrac{Q_d}{A t k}$

Aus dieser Herleitung folgt der Wärmedurchgangskoeffizient für eine einschichtige, ebene Wand

$k = \dfrac{1}{\dfrac{1}{\alpha_1} + \dfrac{s}{\lambda} + \dfrac{1}{\alpha_2}}$ (5)

k, α	λ	s
$\dfrac{W}{m^2 K}$	$\dfrac{W}{mK}$	m

Setzt sich die ebene Wand aus mehreren Schichten mit unterschiedlichem Wärmeleitvermögen zusammen, so kann die Berechnungsgleichung für k entsprechend erweitert werden. Wird die Trennwand aus zwei Schichten gebildet (Bild 6), so folgt der Wärmedurchgangskoeffizient für eine zweischichtige, ebene Wand

$k = \dfrac{1}{\dfrac{1}{\alpha_1} + \dfrac{s_1}{\lambda_1} + \dfrac{s_2}{\lambda_2} + \dfrac{1}{\alpha_2}}$ (6)

k, α	λ	s
$\dfrac{W}{m^2 K}$	$\dfrac{W}{mK}$	m

Diese Gleichung kann durch Hinzufügen weiterer Glieder s/λ (im Nenner) auf eine beliebige Schichtanzahl erweitert werden.

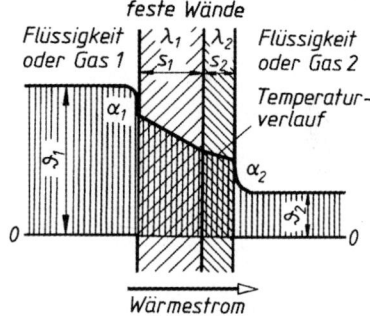

Bild 6. Wärmedurchgang durch eine zweischichtige, ebene Wand

Betragen die mittleren Temperaturen der Flüssigkeiten oder Gase auf der Innen- oder Außenseite eines *Rohres* ϑ_i und ϑ_a, so ergibt sich bei einer Rohrlänge L in der Zeit t folgende *durchgehende Wärme*

$Q_d = kL(\vartheta_i - \vartheta_a)t$

Q_d	k	A	ϑ	t
J	$\dfrac{W}{mK}$	m	°C	s

(7)

In dieser Gleichung ist k der auf 1 m Rohrlänge bezogene Wärmedurchgangskoeffizient.
Der Wärmedurchgangskoeffizient k wird aus den Wärmeübergangskoeffizienten α und der Wärmeleitfähigkeit λ des festen Rohrwerkstoffes berechnet.
Für ein *einschichtiges Rohr* (Bild 7) gilt:

Herleitung:
Übergehende Wärme von Stoff 1 (innen) auf Rohrwand

$$Q_{1-R} = \alpha_i A (\vartheta_1 - \vartheta_{Ri}) t$$
$$Q_{1-R} = \alpha_i d \pi L (\vartheta_1 - \vartheta_{Ri}) t$$

durchgeleitete Wärme durch Rohrwand

$$Q_R = \frac{\lambda 2 \pi L}{\ln \frac{D}{d}} (\vartheta_{Ri} - \vartheta_{Ra}) t$$

übergehende Wärme von Rohrwand auf Stoff 2 (außen)

$$Q_{R-2} = \alpha_a A (\vartheta_{Ra} - \vartheta_a) t$$
$$Q_{R-2} = \alpha_a D \pi L (\vartheta_{Ra} - \vartheta_a) t$$

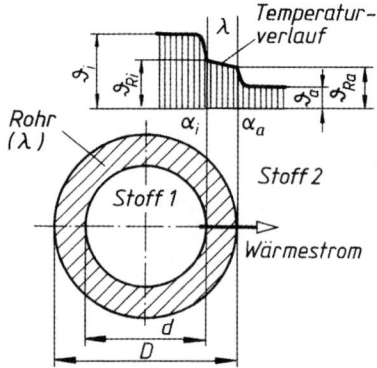

Bild 7. Wärmedurchgang durch ein einschichtiges Rohr

Die Wärmemengen sind untereinander gleich
$(Q_{1-R} = Q_R = Q_{R-2} = Q_d)$.

$$\vartheta_1 - \vartheta_{Ri} = \frac{Q_d}{\alpha_i d \pi L t}$$

$$\vartheta_{Ri} - \vartheta_{Ra} = \frac{Q_d \ln \frac{D}{d}}{\lambda 2 \pi L t}$$

$$\vartheta_{Ra} - \vartheta_a = \frac{Q_d}{\alpha_a D \pi L t}$$

$$\sum \Delta \vartheta = \vartheta_1 - \vartheta_{Ri} + \vartheta_{Ri} - \vartheta_{Ra} + \vartheta_{Ra} - \vartheta_a = \vartheta_1 - \vartheta_a$$

$$\sum \Delta \vartheta = \vartheta_1 - \vartheta_a = \frac{Q_d}{\pi L t} \left(\frac{1}{\alpha_i d} + \frac{1}{2\lambda} \ln \frac{D}{d} + \frac{1}{\alpha_a D} \right)$$

$$\vartheta_1 - \vartheta_a = \frac{Q_d}{L t \frac{\pi}{\frac{1}{\alpha_i d} + \frac{1}{2\lambda} \ln \frac{D}{d} + \frac{1}{\alpha_a D}}} = \frac{Q_d}{L t k}$$

Aus dieser Herleitung folgt für den Wärmedurchgangskoeffizienten für ein einschichtiges Rohr

$$k = \frac{\pi}{\frac{1}{\alpha_i d} + \frac{1}{2\lambda} \ln \frac{D}{d} + \frac{1}{\alpha_a D}} \quad (8)$$

k	α	D, d	λ
$\frac{W}{mK}$	$\frac{W}{m^2 K}$	m	$\frac{W}{mK}$

Setzt sich das Rohr aus mehreren Schichten mit unterschiedlichem Wärmeleitvermögen zusammen, so kann die Berechnungsformel für k entsprechend erweitert werden. Wird das Rohr aus zwei Schichten gebildet (Bild 8), so folgt für den Wärmedurchgangskoeffizienten für ein zweischichtiges Rohr

$$k = \frac{\pi}{\frac{1}{\alpha_i d_i} + \frac{1}{2\lambda_1} \ln \frac{d}{d_i} + \frac{1}{2\lambda_2} \ln \frac{d_a}{d} + \frac{1}{\alpha_a D_a}} \quad (9)$$

k	α	d	λ
$\frac{W}{mK}$	$\frac{W}{m^2 K}$	m	$\frac{W}{mK}$

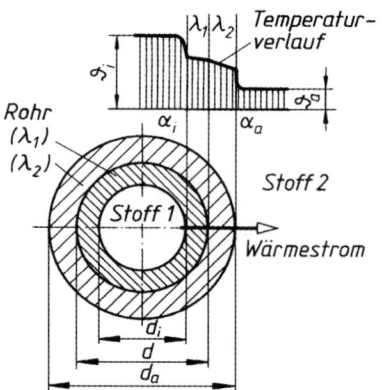

Bild 8. Wärmedurchgang durch ein zweischichtiges Rohr

■ **Beispiel:**
Ein Büroraum besitzt ein Fenster von 3 m² Glasfläche. Die Lufttemperatur im Innern des Raumes beträgt $\vartheta_1 = 22$ °C. Temperatur der Außenluft $\vartheta_2 = -10$ °C.
Welche Wärme tritt in jeder Stunde durch dieses Fenster hindurch, wenn der Wärmedurchgangskoeffizient $k = 5{,}81$ W/m² K beträgt?

Lösung:
$Q_d = k A (\vartheta_1 - \vartheta_2) t$
$\vartheta_1 - \vartheta_2 = 22$ °C $- (-10$ °C$) = 32$ °C $= 32$ K
$Q_d = 5{,}81 \frac{W}{m^2 K} \cdot 3 \text{ m}^2 \cdot 32 \text{ K} \cdot 3600 \text{ s}$
$Q_d = 2\,008\,000$ J $= 2\,008$ kJ

■ **Beispiel:**
Wie groß ist der Wärmedurchgangskoeffizient für eine 38 cm dicke Ziegelstein-Außenwand ($\lambda_2 = 0{,}872$ W/mK), die innen und außen mit einer Putzschicht von je 1,5 cm Dicke versehen ist (Innenputz $\lambda_1 = 0{,}697$ W/mK; Außenputz $\lambda_3 = 0{,}872$ W/mK)?
Wärmeübergang innen $\alpha_1 = 8{,}14$ W/m²K
Wärmeübergang außen $\alpha_2 = 23{,}2$ W/m²K

4 Wärmeübertragung

Lösung:

$$k = \cfrac{1}{\cfrac{1}{\alpha_1} + \cfrac{s_1}{\lambda_1} + \cfrac{s_2}{\lambda_2} + \cfrac{s_3}{\lambda_3} + \cfrac{1}{\alpha_2}}$$

$$k = \cfrac{1}{\cfrac{1}{8{,}14\,\frac{W}{m^2 K}} + \cfrac{0{,}015\,\text{m}}{0{,}697\,\frac{W}{mK}} + \cfrac{0{,}38\,\text{m}}{0{,}872\,\frac{W}{mK}} + \cfrac{0{,}015\,\text{m}}{0{,}872\,\frac{W}{mK}} + \cfrac{1}{23{,}2\,\frac{W}{m^2 K}}}$$

$$= 1{,}56\,\frac{W}{m^2 K}$$

■ **Beispiel:**
Durch ein 20 m langes Stahlrohr von d = 100 mm Innendurchmesser und 5 mm Wanddicke strömt Dampf mit einer mittleren Temperatur von ϑ_i = 180 °C.
Die mittlere Temperatur der umgebenden Luft beträgt ϑ_a = 20 °C.

a) Welche Wärme tritt in 1 Stunde von innen durch die Rohrwand hindurch nach außen?
 $\alpha_i = 1{,}163 \cdot 10^4$ W/m²K
 $\lambda_1 = 48{,}9$ W/mK
 $\alpha_a = 12{,}8$ W/m²K

b) Welche hindurchtretende Wärme ergibt sich, wenn das Rohr außen durch eine 50 mm dicke Kieselgurschicht (λ_2 = 0,1 W/mK) isoliert ist?
 $\alpha_a = 10{,}48$ W/m²K.

Lösung:

a) $Q_d = k L (\vartheta_i - \vartheta_a)\, t$

$$k = \cfrac{\pi}{\cfrac{1}{\alpha_i d} + \cfrac{1}{2\lambda_1}\ln\cfrac{D}{d} + \cfrac{1}{\alpha_a D}}$$

$$k = \cfrac{3{,}14}{\cfrac{1}{1{,}163\cdot 10^4\,\frac{W}{m^2 K}\cdot 0{,}1\,\text{m}} + \cfrac{1}{2\cdot 48{,}9\,\frac{W}{mK}}\ln\cfrac{0{,}11\,\text{m}}{0{,}1\,\text{m}} + \cfrac{1}{12{,}8\,\frac{W}{m^2 K}\cdot 0{,}11\,\text{m}}}$$

$$= 4{,}41\,\frac{W}{mK}$$

$Q_d = 4{,}41\,\frac{W}{mK} \cdot 20\,\text{m} \cdot 160\,\text{K} \cdot 3\,600\,\text{s}$

$Q_d = 50{,}8 \cdot 10^6$ J

b) $Q_d = k L (\vartheta_i - \vartheta_a)\, t$

$$k = \cfrac{\pi}{\cfrac{1}{\alpha_i d} + \cfrac{1}{2\lambda_1}\ln\cfrac{d}{d_i} + \cfrac{1}{2\lambda_2}\ln\cfrac{d_a}{d} + \cfrac{1}{\alpha_a d_a}}$$

$$k = \cfrac{3{,}14}{\cfrac{1}{1{,}163\cdot 10^4\,\frac{W}{m^2 K}\cdot 0{,}1\,\text{m}} + \cfrac{1}{2\cdot 48{,}9\,\frac{W}{mK}}\ln\cfrac{0{,}11}{0{,}1} + \cfrac{1}{2\cdot 0{,}1\,\frac{W}{mK}}\ln\cfrac{0{,}21}{0{,}11} + \cfrac{1}{10{,}48\,\frac{W}{m^2 K}\cdot 0{,}21}} = 0{,}852\,\frac{W}{mK}$$

$Q_d = 0{,}852\,\frac{W}{mK} \cdot 20\,\text{m} \cdot 160\,\text{K} \cdot 3\,600\,\text{s} = 9{,}82 \cdot 10^6$ J

4.5 Wärmestrahlung

Zwischen Körpern verschiedener Temperatur wird Wärme nicht nur durch Wärmeleitung oder Wärmekonvektion, sondern stets auch gleichzeitig durch *Wärmestrahlung* übertragen. Überall dort, wo Vorgänge der Wärmeübertragung ablaufen, wird die Bewegungsenergie der Stoffteilchen zum Teil auch in Strahlungsenergie umgewandelt und abgestrahlt. Der Anteil der Strahlungswärme an der gesamten Energieübertragung ist bei niedrigen Temperaturen gering. Die *Wärmestrahlen* gehören zu den elektromagnetischen Wellen und liegen nur bei hohen Temperaturen im sichtbaren Frequenzbereich. Ausbreitung, Reflexion und Brechung erfolgen nach den für Lichtstrahlen geltenden Gesetzmäßigkeiten.

Die auf einen bestrahlten Körper auftreffende Strahlungsenergie kann absorbiert, reflektiert oder hindurchgelassen werden. Der absorbierte Teil der Strahlungsenergie wird wieder in Bewegungsenergie der Teilchen umgewandelt und erwärmt den angestrahlten Körper, der damit in verstärktem Maße zu einer Quelle eigener Ausstrahlung (*Emission*) wird.

Ein Körper, der die gesamte auftreffende Strahlungsenergie absorbiert, wird *absolut schwarzer Körper* genannt. Absorption und Emission sind hier am größten.

Die von einem absolut schwarzen Körper mit der Fläche A in der Zeit t ausgestrahlte Wärme Q_s ist von der Körpertemperatur T abhängig und ergibt sich aus dem *Gesetz von Stefan und Boltzmann*:

$$Q_s = \sigma A T^4 t$$

Q	σ	A	T	t	ϵ
J	$\dfrac{W}{m^2 K^4}$	m²	K	s	1

(10)

In dieser Formel ist σ die *Stefan-Boltzmann-Konstante*. Sie beträgt $5{,}67 \cdot 10^{-8}$ W m^{-2} K^{-4}.
Den absolut schwarzen Körper gibt es in Wirklichkeit nicht. Die Wärme Q_s wird nur durch *Hohlraumstrahlung* annähernd erreicht. Das Ausstrahlungsvermögen wirklicher Körper ist geringer und wird durch den *Emissionsgrad* ϵ ausgedrückt. Damit ergibt sich die abgestrahlte Wärme eines wirklichen Körpers

$$Q = \epsilon Q_s \qquad (11)$$

Der Emissionsgrad (< 1) ist von der Stoffart und der Temperatur des strahlenden Körpers, sowie von seiner Oberflächenbeschaffenheit abhängig. Er wird bei Metallen mit zunehmender Temperatur größer und ist bei nicht metallischen Stoffen im Allgemeinen etwas kleiner.

Das Strahlungsvermögen und das Absorptionsvermögen wirklicher Körper stehen zu den Werten des absolut schwarzen Körpers im gleichen Verhältnis (kirchhoffsches Gesetz). Der Emissionsgrad kennzeichnet deshalb nicht nur das Ausstrahlungsvermögen, sondern auch die Absorptionsfähigkeit eines angestrahlten Körpers. Liegt ein Emissionsgrad $\epsilon = 0{,}28$ vor, so werden 28 % der auftreffenden Strahlung absorbiert und 72 % reflektiert.

Tabelle 3. Emissionsgrad ϵ

	ϵ
Absolut schwarzer Körper	1
Aluminium (unbehandelt)	0,07 ... 0,09
Aluminium (poliert)	0,04
Glas	0,93
Gusseisen (ohne Gusshaut)	0,42
Kupfer (poliert)	0,045
Messing (poliert)	0,05
Öle	0,82
Porzellan (glasiert)	0,92
Stahl (poliert)	0,28
Stahlblech (verzinkt)	0,23
Stahlblech (verzinnt)	0,06 ... 0,08
Dachpappe	0,91

Wirkliche Körper mit dunklen und matten Oberflächen absorbieren den größten Teil der auftreffenden Strahlungsenergie und sind selbst auch entsprechend strahlungsintensiv. Der Emissionsgrad ϵ ist hier also relativ groß. Körper mit hellen und glatten Oberflächen zeigen nur ein geringes Absorptions- und Emissionsvermögen.

Findet zwischen zwei sich gegenüberstehenden Körpern 1 und 2 mit den Temperaturen T_1 und T_2 ($< T_1$) ein Energieaustausch durch Wärmestrahlung statt, so ergibt sich für zwei parallel gegenüberliegende ebene Flächen gleicher Größe A in der Zeit t in Richtung des Temperaturgefälles folgende durch Wärmestrahlung *ausgetauschte Wärme* $Q_{1,2}$

Herleitung:

Gesamtstrahlung von Körper 1 nach Körper 2

$$Q_{1-2} = Q_1 + Q_{r1} = Q_1 + (1 - \epsilon_1) Q_{2-1}$$
$$Q_{1-2} = Q_1 + (1 - \epsilon_1) [Q_2 + (1 - \epsilon_2) Q_{1-2}]$$

Auflösung nach Q_{1-2} ergibt

$$Q_{1-2} = \frac{Q_1 + (1 - \epsilon_1) Q_2}{\epsilon_1 + \epsilon_2 - \epsilon_1 \epsilon_2}$$

Gesamtstrahlung von Körper 2 nach Körper 1

$$Q_{2-1} = \frac{Q_2 + (1 - \epsilon_2) Q_1}{\epsilon_1 + \epsilon_2 - \epsilon_1 \epsilon_2}$$

durch Wärmestrahlung ausgetauschte Wärme

$$Q_{1,2} = Q_{1-2} - Q_{2-1} = \frac{\epsilon_2 Q_1 - \epsilon_1 Q_2}{\epsilon_1 + \epsilon_2 - \epsilon_1 \epsilon_2}$$

mit $Q_1 = \epsilon_1 Q_{s1}$ und $Q_2 = \epsilon_2 Q_{s2}$ erhält man

$$Q_{1,2} = \frac{\epsilon_2 \epsilon_1 Q_{s1} - \epsilon_1 \epsilon_2 Q_{s2}}{\epsilon_1 + \epsilon_2 - \epsilon_1 \epsilon_2}$$

$$= \frac{\epsilon_1 \epsilon_2 (Q_{s1} - Q_{s2})}{\epsilon_1 + \epsilon_2 - \epsilon_1 \epsilon_2}$$

$$Q_{1,2} = \frac{\sigma}{\dfrac{1}{\epsilon_1} + \dfrac{1}{\epsilon_2} - 1} A (T_1^4 - T_2^4) t$$

In dieser Gleichung ist der erste Faktor die *Strahlungsaustauschzahl* $C_{1,2}$

$$C_{1,2} = \frac{\sigma}{\dfrac{1}{\epsilon_1} + \dfrac{1}{\epsilon_2} - 1} \tag{12}$$

damit ergibt sich für die ausgetauschte Wärme

$$Q_{1,2} = C_{1,2} A (T_1^4 - T_2^4) t$$

Q	C	A	T	t	ϵ	(13)
J	$\dfrac{W}{m^2 K^4}$	m^2	K	s	1	

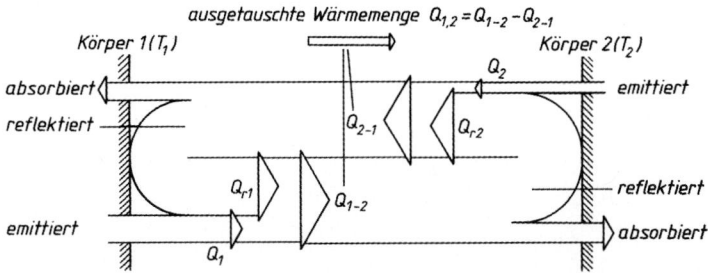

Bild 9. Schematische Darstellung der Wärmestrahlung zwischen zwei parallelen ebenen Flächen bei $\epsilon_1 = \epsilon_2 = 0{,}28$ und $T_1 > T_2$

4 Wärmeübertragung

■ **Beispiel:**
Zwei verzinkte Stahlbleche mit gleichen Flächen von je 2,5 m² stehen sich parallel gegenüber. Die Bleche sind unterschiedlich warm. Die Temperatur des heißeren Bleches (1) beträgt 80 °C, die des weniger warmen Bleches (2) 10 °C.
Welche Wärme wird in 30 min zwischen den beiden Blechen durch Wärmestrahlung ausgetauscht?

Lösung:

$Q_{1,2} = C_{1,2} \, A \, (T_1^4 - T_2^4) \, t$

$T_1 = 353 \text{ K}, \quad T_2 = 283 \text{ K}$

$C_{1,2} = \dfrac{\sigma}{\dfrac{1}{\epsilon_1} + \dfrac{1}{\epsilon_2} - 1} = \dfrac{5{,}67 \cdot 10^{-8} \, \frac{W}{m^2 K^4}}{\dfrac{1}{0{,}23} + \dfrac{1}{0{,}23} - 1}$

$C_{1,2} = 0{,}74 \cdot 10^{-8} \, \dfrac{W}{m^2 K^4}$

$Q_{1,2} = 0{,}74 \cdot 10^{-8} \, \dfrac{W}{m^2 K^4} \cdot 2{,}5 \text{ m}^2 \cdot [353^4 - 283^4] \text{ K}^4 \cdot 1\,800 \text{ s}$

$Q_{1,2} = 303\,468 \text{ J}$

Literatur

Baehr, H.D.: Thermodynamik, Springer Verlag Berlin
Cerbe, G./Hoffmann, H.-J.: Einführung in die Thermodynamik, Verlag Carl Hanser München
Dietzel, F.: Technische Wärmelehre, Vogel Verlag Würzburg
Geller, W.: Thermodynamik für Maschinenbauer, Springer Verlag Berlin
Herr, H.: Wärmelehre, Verlag Europa-Lehrmittel Haan
Langeheinecke, K./Jany, P./Sapper, E.: Thermodynamik für Ingenieure, Verlag Vieweg Braunschweig/Wiesbaden
Windisch, H.: Thermodynamik, Verlag Oldenbourg München

DIN-Normen

DIN 1304	Formelzeichen, Allgemeine Formelzeichen
DIN 1341	Wärmeübertragung, Begriffe, Kenngrößen
DIN 1345	Thermodynamik, Grundbegriffe

G Elektrotechnik

Gert Böge, Karl-Heinz Röthke

Formelzeichen und Einheiten

c	$\dfrac{J}{kgK}$	spezifische Wärmekapazität
f	$\dfrac{1}{s} = Hz$	Frequenz
i	A	Momentanwert des Wechselstromes
n	min^{-1}	Drehzahl
p	1	Polpaarzahl
q (oder S)	mm^2	Querschnittsfläche, Querschnitt (Leitungsquerschnitt)
u	V	Momentanwert der Wechselspannung
A	mm^2, cm^2, dm^2, m^2	Flächeninhalt, Oberfläche
B	$T = \dfrac{Vs}{m^2}$	Flussdichte des magnetischen Feldes, Induktion
C	$F = \dfrac{As}{V}, \mu F, pF$	Kapazität eines Kondensators
C	$\dfrac{g}{Ah}$	spezifische elektrolytische Stoffmenge
D	$\dfrac{C}{m^2} = \dfrac{As}{m^2}$	elektrische Flussdichte
E_f	$\dfrac{V}{m}$	Feldstärke des elektrischen Feldes
E_V	lx	Beleuchtungsstärke
F	$N = \dfrac{kgm}{s^2}$	Kraft
H	$\dfrac{A}{m}$	magnetische Feldstärke
I	A	elektrischer Strom
I_V	cd	Lichtstärke
J	$\dfrac{A}{mm^2}$	elektrische Stromdichte
L	$H = \dfrac{Vs}{A}$	Induktivität
L_V	$\dfrac{cd}{m^2}$	Leuchtdichte
N	1	Windungszahl, Anzahl
P	W = VA, kW	elektrische Leistung, Wirkleistung
Q	var = VA, kvar	elektrische Blindleistung
Q, Q_e	C = As, Ah	elektrische Ladung
R	$\Omega = \dfrac{V}{A}$	elektrischer Widerstand
R_m	$\dfrac{A}{Vs}$	magnetischer Widerstand

Symbol	Unit	Description
R_ϑ	$\Omega = \dfrac{V}{A}$	Widerstand bei Betriebstemperatur
S	VA	elektrische Scheinleistung
S	mm²	Querschnittsfläche, Querschnitt (Leitungsquerschnitt)
U	V	elektrische Spannung
U_g	V	Gegenspannung
U_q	V	Quellenspannung
W_e	Ws, Wh, kWh	elektrische Arbeit
W_m	Nm	mechanische Arbeit
X	$\Omega = \dfrac{V}{A}$	elektrischer Blindwiderstand
Z	$\Omega = \dfrac{V}{A}$	elektrischer Scheinwiderstand
α	$\dfrac{1}{°C} = \dfrac{1}{K}$	Temperaturkoeffizient des Widerstandes
$\gamma = \dfrac{1}{\rho}$	$\dfrac{m}{\Omega mm^2} = \dfrac{Sm}{mm^2}, \dfrac{1}{\Omega cm}$	elektrische Leitfähigkeit
ϵ	$\dfrac{As}{Vm} = \dfrac{F}{m}$	Permittivität
ϵ_0	$\dfrac{As}{Vm} = \dfrac{F}{m}$	elektrische Feldkonstante
ϵ_r	1	Permittivitätszahl
η	1	Wirkungsgrad
η_{La}	$\dfrac{lm}{W}$	Lichtausbeute
ϑ	°C, K	Temperatur
μ	$\dfrac{Vs}{Am}$	Permeabilität
μ_0	$\dfrac{Vs}{Am}$	magnetische Feldkonstante
μ_r	1	Permeabilitätszahl
$\rho = \dfrac{1}{\gamma}$	$\dfrac{\Omega mm^2}{m}, \Omega m$	spezifischer elektrischer Widerstand
ρ_m	$\dfrac{g}{cm^3}, \dfrac{kg}{dm^3}$	Dichte der Masse
φ	V	elektrisches Potential
φ	rad = 1	Phasenwinkel
ω	$\dfrac{1}{s}$	Kreisfrequenz
ω	sr = 1	Raumwinkel
Θ	A	elektrische Durchflutung, magnetische Gesamtspannung
Λ	$\dfrac{Vs}{A} = H$	Kernfaktor der Induktivität
Φ	Wb = Vs	magnetischer Fluss
Φ_V	lm	Lichtstrom
Ψ	C = As	elektrischer Fluss

1 Grundlagen

1.1 Elektrischer Stromkreis

1.1.1 Elektrische Ladung

Ursprünglicher Sitz der Elektrizität ist das Atom. Das Wasserstoffatom z.B. besteht aus einem Proton als Kern und einem Elektron, das diesen Kern auf einer bestimmten Bahn umkreist. Das Proton bezeichnet man als elektrisch positiv, – das Elektron als negativ geladen. Zwischen beiden befindet sich die „Elektrizität" in Form eines besonderen Raumzustandes, der als elektrisches Feld bezeichnet wird. Normalerweise erscheint ein Stoff nach außen hin elektrisch neutral, weil ebenso viele positive wie negative Ladungen in ihm enthalten sind.

> **Kraftwirkungsregel bei elektrischen Ladungen**
> Ungleichnamige elektrische Ladungen ziehen sich an, gleichnamige stoßen sich ab.

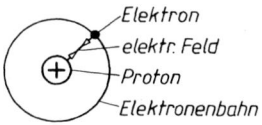

Bild 1. Elektrische Ladungen im Wasserstoffatom

Der elektrische Leiter hat die Eigenschaft, dass in ihm elektrische Ladungen frei verschiebbar sind. Der *metallische* Leiter enthält frei bewegliche Elektronen (Leitungselektronen), die nicht an bestimmte Atome gebunden sind (alle Metalle). Der *Flüssigkeitsleiter* (elektrolytischer –) hat positive und negative Ladungsträger, die in einer Flüssigkeit frei verschoben werden können (Säuren, Laugen, Salzlösungen, siehe 1.4.2).

Im Nichtleiter dagegen ist jedes Elektron an einen ganz bestimmten Atomkern gebunden und daher nicht ohne Gewalt verschiebbar (*Beispiele*: Porzellan, Glas, Glimmer, Öl usw.).

Halbleiter (z.B. Silizium, Germanium) mit ihren 4 festen Bindungselektronen (Valenzelektronen) leiten weniger gut als Leiter aber besser als Nichtleiter (Isolatoren). Gegenüber den Metallen besitzen Halbleiterkristalle keine freien Ladungsträger (Atombindung). Bei Licht- oder Wärmezuführung zerreißen jedoch diese Bindungen und es bilden sich frei bewegliche Elektronen.

Am ursprünglichen Sitz der Elektronen sind Defektelektronen (Löcher) entstanden, die immer positiv geladen sind. Diese Löcher werden wiederum durch Elektronen geschlossen, wobei wieder Löcher entstehen. Durch diesen Austauschkreislauf entsteht eine sehr kleine Eigenleitung des Kristalls, die von der Temperaturhöhe abhängt. Schon bei Zimmertemperatur ist diese hier unerwünschte Art der Leitfähigkeit vorhanden.

Zur Herstellung von Halbleiterbauelementen braucht man Material, das temperaturunabhängig ist und eine hohe Leitfähigkeit besitzt. Das wird durch Hinzufügen (Dotieren) von Fremdatomen mit entweder 5 Bindungselektronen (z.B. Arsen) oder 3 Bindungselektronen (z.B. Indium) erreicht. Fügt man Siliziumkristallen Arsen zu, wird der regelmäßige Kristallaufbau gestört (Störstellen). Es entsteht ein Überschuss freier Elektronen, das Material ist N- (negativ) leitend. Wird dem Siliziumkristall Indium zugefügt, entsteht ein Löcherüberschuss, das Material ist P- (positiv) leitend. Diese Arten der Leitfähigkeit werden als Störstellenleitung bezeichnet.

Die eigentliche Schaltzone eines Halbleiters ist die Verbundstelle der beiden eng zusammengefügten P- und N-Materialien. Die Löcher im P-Material wandern (diffundieren) in das N-Material, die Elektronen im N-Material wandern in das P-Material (PN-Übergang). Löcher und Elektronen vereinigen sich (rekombinieren) und es entsteht ein Zone ohne frei bewegliche Elektronen, durch die kein Strom fließen kann (Sperrschicht).

In dieser Schicht wird durch die Wanderung der Ladungsträger das P-Material negativ und das N-Material positiv. Die dadurch entstandene Spannung (Diffusionsspannung) verhindert die weitere Ausbreitung der Sperrschicht. Verbindet man nun den positiven Pol einer Spannungsquelle mit dem P-Material und den negativen Pol mit dem N-Material, wird die Sperrschicht abgebaut und es kann Strom fließen. Das Bauelement ist in Durchlassrichtung (Flussrichtung) geschaltet. Bei umgekehrter Polung ist das Bauelement in Sperrrichtung geschaltet. Es fließt kein Strom. Das einfachste Bauelement hierfür ist die Diode, denn sie besitzt nur einen PN-Übergang.

1.1.2 Elektrische Spannung

Jede Art von Elektrizitätserzeugung beruht auf der Störung des im Atom vorhandenen elektrischen Gleichgewichts. Trennt man ein Elektron von seinem Atomkern, entsteht zwischen beiden ein elektrischer Spannungszustand, der bestrebt ist, das Gleichgewicht wiederherzustellen, d.h. das Elektron wieder auf seine Bahn um den Kern zurückzubringen. Die Spannung wird um so höher, je weiter man die Ladungen voneinander entfernt.

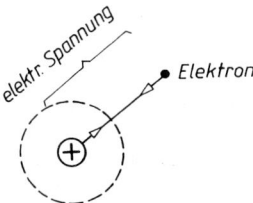

Bild 2. Elektrische Spannung als Folge der Trennung eines Elektrons von seiner positiven Ladung

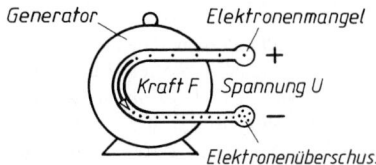

Bild 3. Spannung einer Spannungsquelle

Als **elektrische Spannungsquelle** kommt vorwiegend der Generator in Frage. Dieser enthält eine Wicklung aus Kupferdraht, auf deren frei verschiebbare Elektronen beim Antreiben der Maschine eine Kraft F ausgeübt wird (siehe 1.1). Durch die Kraft werden die Elektronen im unteren Teil der Wicklung zusammengedrängt (Elektronenüberschuss, Minuspol), im oberen Teil entsteht Elektronenmangel (Pluspol). Zwischen beiden Polen liegt eine elektrische Spannung:

Die elektrische Spannung U ist der Elektronendruckunterschied zwischen zwei Punkten.

Zur Fortleitung eines elektrischen Spannungszustandes, z.B. vom Generator zur Steckdose, sind zwei Drähte nötig: Elektronenüberschuss- und Elektronenmangelleiter.

Die Einheit der elektrischen Spannung U ist das Volt V (1 V = 1 J/As = 1 kgm²/(s³A).

1.1.3 Elektrischer Strom

Überbrückt man die Klemmen einer Spannungsquelle mit einem Leiter (z.B. Drahtbügel), dann sucht sich das gestörte elektrische Gleichgewicht wiederherzustellen, indem die überschüssigen Elektronen des Minuspols durch den Leiter hindurch zum Pluspol fließen. Zur Widerherstellung des Gleichgewichts kommt es jedoch nicht, weil der Generator die am Pluspol ankommenden Elektronen immer wieder zum Minuspol drückt, so dass ein dauernder Elektronenkreislauf entsteht.

Als elektronischen Strom I bezeichnet man die Bewegung elektrischer Ladungen.

1 Volt V ist die elektrische Spannung U zwischen zwei Punkten eines Leiters, in dem bei einem Strom von 1 Ampere A die Leistung 1 Watt W umgesetzt wird.

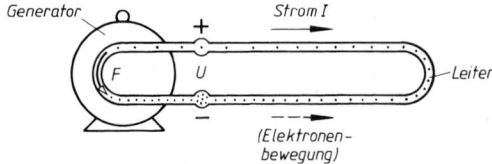

Bild 4. Elektrischer Strom

Die technische Stromrichtung wurde entgegen der Elektronenbewegungsrichtung festgesetzt: Der Strom I fließt außerhalb einer Spannungsquelle vom Pluspol zum Minuspol.

Die Einheit des elektrischen Stroms I ist das Ampere A.
Ein Ampere ist die Stärke eines zeitlich unveränderlichen elektrischen Stroms durch zwei geradlinige, parallele, unendlich lange Leiter, die einen Abstand von einem Meter haben und zwischen denen im leeren Raum je ein Meter Doppelleitung eine Kraft von $2 \cdot 10^{-7}$ N wirkt.

Als **elektrische Stromdichte J** bezeichnet man den Quotienten aus der Stromstärke I in A und der Querschnittsfläche S eines Leiters in mm²: $J = I/S$ in A/mm²; sie ist ein wichtiges Maß für die Belastbarkeit elektrischer Leitungen.

1.1.4 Elektrischer Widerstand

Beim Strömen tritt zwischen den Elektronen und dem Leitermaterial Reibung auf; das ist der *elektrische Widerstand R*. Dieser ist um so höher, je größer der spezifische elektrische Widerstand ρ und die Leiterlänge l sind. R ist um so kleiner, je größer die Querschnittsfläche S des Leiters ist.

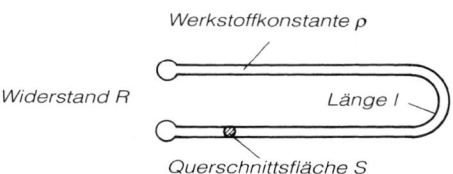

Bild 5. Elektrischer Widerstand

$$R = \frac{\rho l}{S} = \frac{l}{\gamma S}$$

R	ρ	l	S	κ	(1)
$\frac{V}{A} = \Omega$	$\frac{\Omega \text{mm}^2}{\text{m}}$	m	mm	$\frac{\text{m}}{\Omega \text{mm}^2}$	

Der Kehrwert des spezifischen Widerstandes ρ ist die elektrische Leitfähigkeit $\kappa = 1/\rho$ in m/(Ω mm²).

Die Einheit des elektrischen Widerstandes ist das Ohm Ω. Es ist: 1 Ω = 1 V/A, d.h. wenn die Spannung 1 V den Strom 1 A treibt, dann hat der Widerstand 1 Ω.

Der spezifische elektrische Widerstand ρ gibt an, wieviel Ω Widerstand ein Draht von 1 m Länge und 1 mm² Querschnitt aus einem bestimmten Material besitzt. Anstelle von ρ wird auch die elektrische Leitfähigkeit $\kappa = 1/\rho$ gebraucht. (Tabelle 1).

Temperaturabhängigkeit des Widerstandes: ρ und damit auch R ändern sich mit der Temperatur. Bei reinen Metallen nimmt ρ mit steigender Temperatur zu, bei Kohle und einigen Legierungen sowie Flüssigkeitsleitern dagegen ab. Der Widerstand R_ϑ bei der

1 Grundlagen

Betriebstemperatur ϑ lässt sich errechnen aus der folgenden Gleichung, die in ihrem Aufbau der Längenausdehnungsformel entspricht:

$$R_\vartheta = R_{20}(1 + \alpha_L \Delta\vartheta) \quad \begin{array}{c|c|c} R_\vartheta, R_{20} & \alpha_L & \Delta\vartheta \\ \hline \Omega & \dfrac{1}{°C} & °C \end{array} \quad (2)$$

(gilt im Temperaturbereich von etwa $-50\,°C$ bis $+150\,°C$)
Darin ist α_L der Längenausdehnungskoeffizient des Materials und $\Delta\vartheta$ die Temperaturdifferenz, beides bezogen auf $20\,°C$. Bei Temperaturen $> +150\,°C$ nimmt der Widerstand stärker zu, als die obige Gleichung angibt.
Bei einigen Stoffen sind die Werte sehr stark abhängig von Reinheitsgrad, Wärmebehandlung und mechanischer Vorbehandlung. Die dafür gemachten Angaben sind grobe Richtwerte.

■ **Beispiel:**
Eine Spule enthält 320 m Kupfer-Lackdraht von 0,3 mm Ø (blank).
a) Welchen Widerstand hat sie bei $20\,°C$
b) Wie groß ist ihr Widerstand bei $95\,°C$

Lösung:

a) $R = \dfrac{\rho l}{S} = \dfrac{0{,}0178\,\dfrac{\Omega\,\text{mm}^2}{\text{m}} \cdot 320\,\text{m}}{0{,}0707\,\text{mm}^2} = 80{,}6\,\Omega$

b) $R_\vartheta = R_{20}(1 + \alpha_L \Delta\vartheta) =$

$= 80{,}6\,\Omega \cdot \left(1 + 0{,}0039\dfrac{1}{°C} \cdot 75\,°C\right) = 104\,\Omega$

1.1.5 Ohm'sches Gesetz

Für den Zusammenhang zwischen den elektrischen Größen Stromstärke I, Spannung U und dem materialabhängigen elektrischen Widerstand R gilt für den Stromkreis nach Bild 6 das Grundgesetz der Elektrotechnik bei Gleichspannung, das Ohm'sche Gesetz:

$$U = R\,I \quad \begin{array}{c|c|c} U & I & R \\ \hline V & A & \Omega \end{array} \quad (3a)$$

(Ohm'sches Gesetz)

Bei Wechselspannung gilt mit Z = Scheinwiderstand:

$$U = Z\,I \quad \begin{array}{c|c|c} U & I & Z \\ \hline V & A & \Omega \end{array} \quad (3b)$$

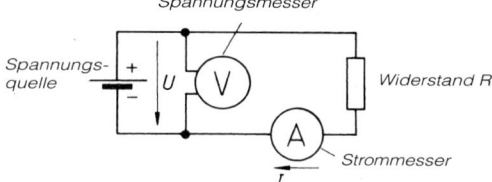

Bild 6. Schaltbild eines elektrischen Stromkreises

Ist im Ohm'schen Gesetz der Quotient $R = U/I$ konstant, wird der Widerstand R als ohm'scher Widerstand bezeichnet.

Tabelle 1. Leiterwerkstoffe. Zusammensetzung, spezifischer Widerstand ρ, elektrische Leitfähigkeit κ und Längenausdehnungskoeffizient α_L der verschiedenen Leiterwerkstoffe. Die angegebenen Werte gelten bei einer Temperatur von $20\,°C$.

Leiterwerkstoff	Zusammensetzung	ρ $\dfrac{\Omega\,\text{mm}^2}{\text{m}}$	$\kappa = \dfrac{1}{\rho}$ $\dfrac{\text{m}}{\Omega\,\text{mm}^2}$	α_L $\dfrac{1}{K}$
Silber	Ag	0,016	62,5	0,0038
Kupfer	Cu	0,0178	56	0,0039
Aluminium	Al	0,0286	35	0,0038
Wolfram	W	0,055	18	0,0041
Zink	Zn	0,063	16	0,0037
Messing	Cu, Zn	≈ 0,08	≈ 12,5	0,0015
Nickel	Ni	≈ 0,1	≈ 10	≈ 0,005
Platin	Pt	≈ 0,1	≈ 10	≈ 0,0025
Zinn	Sn	0,11	9,1	0,0042
Eisen (WM 13)	Fe	≈ 0,13	≈ 7,7	≈ 0,005
Blei	Pb	0,21	4,8	0,0042
Quecksilber	Hg	0,95	1,05	0,00092
Neusilber (WM 30)	Cu, Ni, Zn	0,30	3,3	0,00025
Gold-Chrom	Au, Cr	0,33	3,0	0,000001
Manganin (WM 43)	Cu, Mn, Ni	0,43	2,3	± 0,00001
Konstantan (WM 50)	Cu, Ni, Mn	0,50	2,0	− 0,00003
Chromnickelstahl (WM 100)	Cr, Ni, Fe	1,0	1,0	0,00025
Chromnickel (WM 110)	Ni, Cr, Mn	1,1	0,91	0,0001
Chromnickel (WM 120)	Ni, Cr, Mn	1,2	0,83	0,0001
Stahlchromaluminium (WM 140)	Fe, Cr, Al	1,4	0,71	0,0002
Kohle	C	50 ... 100	0,02 ... 0,01	≈ − 0,0005
Silit (Siliciumcarbid)	SiC	1000	0,001	≈ − 0,0005

■ **Beispiel:**
Ein elektrischer Heizofen hat einen Widerstand von 36 Ω. Welcher Strom fließt, wenn er an eine Spannung von 220 V geschaltet wird?

Lösung:
$$I = \frac{U}{R} = \frac{220\,\text{V}}{36\,\Omega} = 6{,}1\,\text{A}$$

Als Spannungsfall bezeichnet man die von einem Strom an einem Widerstand hervorgerufene Spannung. Der Spannungsfall ergibt sich aus der Auflösung des Ohm'schen Gesetzes nach $U = I\,R$.

■ **Beispiel:**
Ein Strom von 0,3 A fließt durch einen Widerstand von 200 Ω. Welcher Spannungsfall entsteht dadurch am Widerstand?

Lösung:
$U = I\,R = 0{,}3\,\text{A} \cdot 200\,\Omega = 60\,\text{V}$. Das ist genau die gleiche Spannung die nötig ist, um durch einen Widerstand $R = 200\,\Omega$ einen Strom $I = 0{,}3\,\text{A}$ zu treiben.
Der elektrische Widerstand lässt sich auch ausdrücken als Quotient aus Spannung und Strom. Fließt trotz großer Spannung wenig Strom, ist der Widerstand groß. Das gleiche ergibt sich aus der Auflösung des Ohm'schen Gesetzes $R = U/I$.

■ **Beispiel:**
Durch einen Widerstand fließt bei einer angelegten Spannung von 6 V ein Strom von 0,5 A. Wie groß ist der Widerstand?

Lösung:
$$R = \frac{U}{I} = \frac{6\,\text{V}}{0{,}5\,\text{A}} = 12\,\Omega$$

1.1.6 Reihenschaltung

Bei der Reihenschaltung von Spannungsquellen (Bild 7) verbindet man den Minuspol der einen mit dem Pluspol der nachfolgenden Spannungsquelle. Dabei drücken beide in der gleichen Richtung, so dass sich bei Reihenschaltung die Gesamtspannung U_{ges} als Summe der Einzelspannungen ergibt:

$U_{\text{ges}} = U_1 + U_2 + \ldots$ gilt für beliebig viele

Die Reihenschaltung von Spannungsquellen wird angewendet, wenn mehr Spannung erforderlich ist, als die Einzelquelle hat.

■ **Beispiel:**
Beim 6-V-Akkumulator sind 3 Einzelreihen zu je 2 V in Reihe geschaltet, d. h. der Minuspol der einen ist jeweils mit dem Pluspol der nachfolgenden Zelle verbunden. Die Gesamtspannung beträgt $3 \cdot 2\,\text{V} = 6\,\text{V}$.

Die Gegeneinanderschaltung von Spannungsquellen ergibt sich aus der Reihenschaltung, wenn gleichnamige Pole zweier aufeinander folgender Quellen miteinander verbunden werden. Da die Quellen in diesem Fall gegeneinander drücken, erhält man die Gesamtspannung bei Gegeneinanderschaltung als Differenz der Einzelspannungen:

$U_{\text{ges}} = U_1 - U_2$ (5)

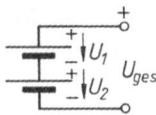

Bild 7.
Reihenschaltung von Spannungsquellen

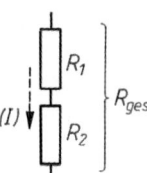

Bild 8.
Reihenschaltung von Widerständen

Reihenschaltung von Widerständen liegt vor, wenn nach Anlegen einer Spannung derselbe Strom I der Reihe nach durch beide hindurchfließt.
Bei Reihenschaltung addieren sich die Widerstände. Gesamtwiderstand (Ersatzwiderstand R_{ges}) bei Reihenschaltung:

$R_{\text{ges}} = R_1 + R_2 + \ldots$ gilt für beliebig viele (6)

■ **Beispiel:**
$R_1 = 3\,\Omega$ und $R_2 = 6\,\Omega$ in Reihe ergibt $R_{\text{ges}} = 3\,\Omega + 6\,\Omega = 9\,\Omega$

1.1.7 Parallelschaltung

Bei der Parallelschaltung von Spannungsquellen sind die gleichnamigen Pole der verschiedenen Quellen miteinander verbunden. Sie wird angewendet, wenn mehr Strom erforderlich ist, als die Einzelquelle hergeben darf. Die gesamte Strombelastbarkeit ist gleich der Summe der Belastbarkeiten der Einzelquellen. Parallelschaltung ist nur bei gleichen Spannungsquellen zweckmäßig, da bei ungleichen Quellenspannungen ein nutzloser Ausgleichsstrom fließt. Bei gleichen Spannungsquellen ist die Spannung der Parallelschaltung gleich der Spannung der Einzelquelle.

■ **Beispiel:**
Eine normale Taschenlampenbatterie von 4,5 V Spannung darf mit höchstens 0,3 A belastet werden. Wenn z.B. ein Widerstand von 10 Ω angeschlossen werden soll, reicht ihre Strombelastbarkeit nicht aus, denn es ist

$$I = \frac{U}{R} = \frac{4{,}5\,\text{V}}{10\,\Omega} = 0{,}45\,\text{A} > 0{,}3\,\text{A}$$

Schaltet man zwei gleiche Batterien parallel, beträgt ihre gemeinsame Spannung ebenfalls 4,5 V. Der erforderliche Strom $I = 0{,}45\,\text{A}$ verteilt sich dann je zur Hälfte auf beide Batterien:

$$\frac{I}{2} = \frac{0{,}45\,\text{A}}{2} = 0{,}225\,\text{A} < 0{,}3\,\text{A}$$

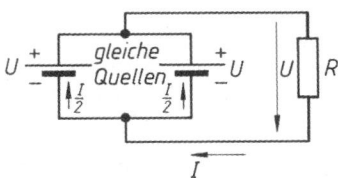

Bild 9.
Parallelschaltung von Spannungsquellen

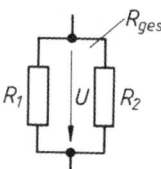

Bild 10. Parallelschaltung von Widerständen

Parallelschaltung von Widerständen liegt vor, wenn sie an derselben Spannung U liegen und der Strom unter Verzweigung in Teilströme alle gleichzeitig durchfließt. Dabei ergibt sich deren elektrischer Gesamtleitwert G_{ges} als Summe der Einzelleitwerte (Leitwert $G = 1/$Widerstand $= 1/R$ in $1/\Omega = S$ (Siemens).

Gesamt*leitwert* bei Parallelschaltung:

$$\frac{1}{R_{ges}} = \frac{1}{R_1} + \frac{1}{R_2} + \ldots G_{ges} =$$

$$= G_1 + G_2 + \ldots \text{ gilt für beliebig viele} \quad (7)$$

Gesamt*widerstand* (Ersatzwiderstand) bei Parallelschaltung:

$$R_{ges} = \frac{R_1 R_2}{R_1 + R_2} \text{ gilt nur für zwei Widerstände!} \quad (8)$$

■ **Beispiel:**
$R_1 = 3\,\Omega$ und $R_2 = 6\,\Omega$ parallel ergibt

$$R_{ges} = \frac{3\,\Omega \cdot 6\,\Omega}{9\,\Omega} = 2\,\Omega$$

1.1.8 Stromverzweigung, 1. Kirchhoff'sche Gesetz

Bei einer Parallelschaltung (Bild 11) verzweigt sich der Gesamtstrom I in den Knotenpunkten in die Teilströme I_1 und I_2. Dabei gelten die folgenden allgemeinen Strömungsgesetze:
Summe der zufließenden Ströme = Summe der abfließenden Ströme. Die Ströme verhalten sich *umgekehrt* wie die Widerstände.

Ströme bei Parallelschaltung
(1. Kirchhoff'sche Gesetz):
hier $I = I_1 + I_2$; allgemein $\Sigma I_{zu} = \Sigma I_{ab}$ und

$$\frac{I_1}{I_2} = \frac{R_2}{R_1}$$

■ **Beispiel:**
An eine Spannung $U = 6\,V$ werden nach Bild 11 die Widerstände $R_1 = 3\,\Omega$ und $R_2 = 6\,\Omega$ geschaltet. a) Wie groß sind die Teilströme I_1 und I_2 b) Wie groß ist der Gesamtstrom I c) Für die Ergebnisse von a) und b) sind geeignete Proben zu machen.

Lösung:

a) $I_1 = \dfrac{U}{R_1} = \dfrac{6\,V}{3\,\Omega} = 2\,A$; $I_2 = \dfrac{U}{R_2} = \dfrac{6\,V}{6\,\Omega} = 1\,A$

b) $I = I_1 + I_2 = 2\,A + 1\,A = 3\,A$

c) $\dfrac{I_1}{I_2} = \dfrac{R_2}{R_1}$; $\dfrac{2\,A}{1\,A} = \dfrac{6\,\Omega}{3\,\Omega}$; $2 = 2$

$I = \dfrac{U}{R_{ges}}$ | $R_{ges} = 2\,\Omega$ aus 1.1.7, zweites Beispiel

$I = \dfrac{6\,V}{2\,\Omega} = 3\,A$

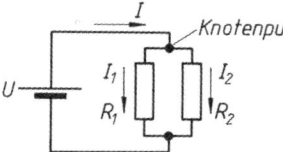

Bild 11. Stromverzweigung

1.1.9 Spannungsbilanz im Stromkreis, 2. Kirchhoff'sche Gesetz

Bei einer Reihenschaltung (Bild 12) erzeugt der Strom an den Widerständen die Spannungsfälle $U = IR$. Dabei gelten die folgenden allgemeinen Strömungsgesetze:

Summe der Quellenspannungen = Summe der Spannungsfälle. Die Spannungsfälle verhalten sich wie die Widerstände.
Spannungen bei Reihenschaltung
(2. Kirchhoff'sche Gesetz):
hier $\quad U_{q1} + U_{q2} = IR_1 + IR_2$
allgemein $\quad \Sigma U_q = \Sigma IR$

und $\quad \dfrac{U_1}{U_2} = \dfrac{R_1}{R_2}$

Man unterscheidet demnach die Spannungen nach ihrer Herkunft in *Quellenspannungen* U_q und *Spannungsfälle* U. U_q ist auch dann vorhanden, wenn kein Strom fließt, während $U = IR$ erst durch den Strom an einem Widerstand entsteht. Sowohl U_q als auch U sind Elektronendruckunterschiede zwischen zwei Punkten und werden beide in Volt gemessen.

■ **Beispiel:**
An zwei in Reihe geschaltete Spannungsquellen $U_{q1} = 10\,V$ und $U_{q2} = 8\,V$ werden nach Bild 12 die beiden Widerstände $R_1 = 3\,\Omega$ und $R_2 = 6\,\Omega$ geschaltet. a) Wie groß ist der Strom I b) Wie groß sind die Spannungsfälle U_1 und U_2, die der Strom an R_1 und R_2 erzeugt. c) Für die Ergebnisse von a) und b) sind geeignete Proben zu machen.

Lösung:

a) $I = \dfrac{U_{q\,ges}}{R_{ges}} = \dfrac{U_{q1} + U_{q2}}{R_1 + R_2} = \dfrac{10\,V + 8\,V}{3\,\Omega + 6\,\Omega} = \dfrac{18\,V}{9\,\Omega} = 2\,A$

b) $U_1 = IR_1 = 2\,A \cdot 3\,\Omega = 6\,V$
$U_2 = IR_2 = 2\,A \cdot 6\,\Omega = 12\,V$

c) $U_{q1} + U_{q2} = U_1 + U_2$
$10\,V + 8\,V = 6\,V + 12\,V$
$18\,V = 18\,V$

$\dfrac{U_1}{U_2} = \dfrac{R_1}{R_2}$; $\dfrac{6\,V}{12\,V} = \dfrac{3\,\Omega}{6\,\Omega}$; $\dfrac{1}{2} = \dfrac{1}{2}$

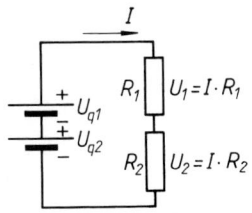

Bild 12. Spannungsbilanz im Stromkreis

1.2 Leistung, Arbeit, Energieumrechnungen

1.2.1 Elektrische Leistung

Ein elektrischer „Verbraucher" setzt elektrische Energie in eine andere Form um, z.B. in mechanische Energie oder in Wärme. Die zugeführte elektrische Leistung P ist das Produkt aus der wirksamen Spannung U in Volt und dem fließenden elektrischen Strom I in Ampere:

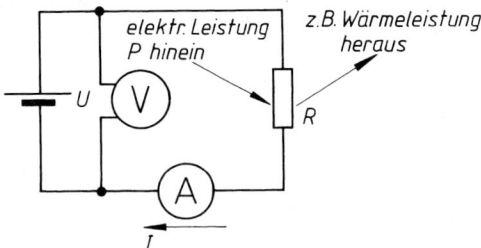

Bild 13. Elektrische Leistung

Elektrische Leistung P

$$P = UI \qquad \begin{array}{c|c|c} P & U & I \\ \hline \text{Watt} = \text{W} & \text{V} & \text{A} \end{array} \qquad (11)$$

Die Einheit der elektrischen Leistung ist das Watt:

$$1\,\text{W} = 1\,\text{V} \cdot 1\,\text{A} = 1\,\text{VA} = 1\frac{\text{J}}{\text{s}} = 1\frac{\text{Nm}}{\text{s}} = 1\frac{\text{kgm}^2}{\text{s}^3}$$

■ **Beispiel:**
Ein elektrischer Heizofen nimmt bei 220 V Spannung einen Strom von 13,64 A auf. Wie groß ist seine Leistungsaufnahme?

Lösung:
$P = UI = 220\,\text{V} \cdot 13{,}64\,\text{A} = 3\,000\,\text{W} = 3\,\text{kW}$

Aus **Strom und Widerstand** R ergibt sich die Leistung P, indem man $P = UI$ für die Spannung $U = IR$ einsetzt. Leistung P aus Strom und Widerstand:

$$P = I^2 R \qquad \begin{array}{c|c|c} P & I & R \\ \hline \text{W} & \text{A} & \Omega \end{array} \qquad (12)$$

■ **Beispiel:**
Ein elektrischer Heizofen hat einen Widerstand von 16,13 Ω und nimmt einen Strom von 13,64 A auf. Wie groß ist seine Leistung?

Lösung:
$P = I^2 R = 13{,}64^2\,\text{A}^2 \cdot 16{,}13\,\Omega = 3\,000\,\text{W} = 3\,\text{kW}$

Aus **Spannung und Widerstand** ermittelt man die Leistung P, indem man in $P = UI$ für den Strom $I = U/R$ einsetzt. Leistung P aus Spannung und Widerstand:

$$P = \frac{U^2}{R} \qquad \begin{array}{c|c|c} P & U & R \\ \hline \text{W} & \text{V} & \Omega \end{array} \qquad (13)$$

■ **Beispiel:**
Ein elektrischer Heizofen hat den Widerstand 16,13 Ω. Welche Leistung nimmt er bei der Spannung 220 V auf?

Lösung:
$P = \dfrac{U^2}{R} = \dfrac{220^2\,\text{V}^2}{16{,}13\,\Omega} = 3000\,\text{W} = 3\,\text{kW}$

1.2.2 Elektrische Arbeit

Bei gegebener Leistung P lässt sich die Arbeit W ermitteln nach dem Satz:

Arbeit W = Leistung P · Zeitdauer t der Leistung

$$W = Pt = UIt \qquad \begin{array}{c|c|c|c} W & P & U & I & t \\ \hline \text{Wh} & \text{W} & \text{V} & \text{A} & \text{h} \end{array} \qquad (14)$$

■ **Beispiel:**
Eine 100-W-Lampe brennt 24 Stunden. Welche elektrische Arbeit wird von ihr dabei umgesetzt?

Lösung:
$W = Pt = 100\,\text{W} \cdot 24\,\text{h} = 2\,400\,\text{Wh} = 2{,}4\,\text{kWh}$ (Kilowattstunden)

Die Stromkosten K (ohne Grundgebühr) werden vom E-Werk für die gelieferte elektrische Arbeit W erhoben:

$$K = kW \qquad \begin{array}{c|c|c} K & k & W \\ \hline \text{€} & \dfrac{\text{€}}{\text{kWh}} & \text{kWh} \end{array} \qquad (15)$$

■ **Beispiel:**
Welche Stromkosten sind beim vorigen Beispiel zu zahlen, wenn der Stromtarif $k = 0{,}15$ €/kWh beträgt und die Grundgebühr unberücksichtigt bleibt?

Lösung:
$K = kW = 0{,}15\,\dfrac{\text{€}}{\text{kWh}} \cdot 2{,}4\,\text{kWh} = 0{,}36\,\text{€}$

Die wirklichen Kosten liegen wegen Grundgebühr und der Steuern höher.

1.2.3 Energieformen und Umwandlungen

Energie ist das Vermögen eines Körpers, Arbeit zu verrichten (siehe B Physik, Abschnitt 11. C Mechanik Abschnitt 2.2 und F Thermodynamik, Abschnitte 1.5 und 1.6).

Wärme Q, Arbeit W und Energie E sind gleichwertige physikalische Größen. Je nach Herkunft unterscheidet man mechanische Energie E_{mech} (potentielle Energie

1 Grundlagen

E_{pot} und kinetische Energie E_{kin}), elektrische Energie E_{el} und Wärme Q. Jede Energieform kann in eine andere umgewandelt werden. Wegen der Gleichartigkeit haben alle Arbeits- und Energieformen im Internationalen Einheitensystem (SI-System) die gleiche Einheit, das Joule (J), und es gilt die Eins-zu-Eins-Beziehung:

$1\,J = 1\,Ws = 1\,Nm = 1\,kgm^2/s^2$
für Arbeit W und Energie E

$1\,J/s = 1\,W = 1\,Nm/s = 1\,kgm^2/s^3$
für Leistung P

Für die Umwandlung von elektrischer Energie E_{el} in mechanische Energie gelten u.a. die Gleichungen

$$E_{el} = E_{pot} = m\,g\,h$$
$$E_{el} = E_{kin} = m\,v^2/2 \qquad (16)$$

Für die Umwandlung von elektrischer Energie E_{el} in Wärme Q gilt u.a. die Gleichung

$$E_{el} = \Delta Q = m\,c\,\Delta T = m\,c\,\Delta\vartheta \qquad (17)$$

Für die Berechnungen muss meist der Wirkungsgrad η berücksichtigt werden (siehe C Mechanik, Abschnitt 2.3).

Beachte:
Da $1\,K = 1\,°C$ ist, sind die Temperaturdifferenzen gleich: ΔT in Kelvin $K = \Delta\vartheta$ in °C.

Bei elektrischen Maschinen und Geräten unterscheidet man zwischen der Leistungsaufnahme (Anschlusswert) und der Leistungsabgabe. Bei Elektromotoren wird die Leistungsabgabe in kW als Nennleistung auf dem Typenschild angegeben, d.h. dem Motor darf für die entsprechende kW-Zahl mechanische Leistung an seiner Welle abgenommen werden. Bei Haushaltsgeräten wird nur die Leistungsaufnahme (Anschlusswert) angegeben. Bei Elektrowerkzeugen gibt man sowohl die Leistungsabgabe als auch die Leistungsaufnahme an.

■ **Beispiel:**
Welche mechanische Leistung in Nm/s darf man einem Motor von 2,2 kW Nennleistung an seiner Welle entnehmen und wieviel Watt nimmt er dabei aus dem Netz auf, wenn der Motorwirkungsgrad $\eta = 0,8$ beträgt.

Lösung:

$$P_{nenn} = 2200\,W = 2200\,\frac{Nm}{s}$$

darf man dem Motor an seiner Welle entnehmen.

$$P = \frac{P_{nenn}}{\eta} = \frac{2,2\,kW}{0,8} = 2,75\,kW$$

nimmt der Motor bei Nennlast aus dem Netz auf.

Die Motorzuleitung ist nach dieser Aufnahmeleistung bei Nennlast zu bemessen.

■ **Beispiel:**
2 Liter Wasser sollen in 7,5 min von 10 °C auf 60 °C erwärmt werden.
a) Welche elektrische Arbeit muss der Tauchsieder dabei umsetzen bei 93 % Wirkungsgrad?
b) Welchen Anschlusswert muss er haben?

Lösung:

a) $W_{nutz} = cm\,\Delta\vartheta = 4188\,\dfrac{J}{kg\,°C} \cdot 2\,kg \cdot 50\,°C$

$W_{nutz} = 418\,800\,J$

müssen dem Wasser zugeführt werden

$$W = \frac{W_{nutz}}{\eta} = \frac{418\,800\,J}{0,93} = 450\,323\,J = 450\,323\,Ws$$

$$W = \frac{450\,323\,Ws}{3,6 \cdot 10^6\,\dfrac{Ws}{kWh}} = 0,125\,kWh$$

sind einschließlich Verluste zur Erwärmung des Wassers notwendig

b) $P = \dfrac{W}{t} = \dfrac{0,125\,kWh}{\dfrac{7,5}{60}\,h} = 1\,kW$

Anschlusswert des Tauchsieders

1.3 Grundschaltungen der Praxis

1.3.1 Schaltung von Verbrauchern

Normalerweise sind Elektrogeräte für eine bestimmte Spannung gebaut und werden alle parallel an das Netz geschaltet: Parallelspeisung. Entnommener Gesamtstrom $I_{ges} = \Sigma$ Einzelströme.
Nur selten werden Verbraucher in Reihe geschaltet. Ihre Stromaufnahme muss in diesem Fall gleich sein (*Beispiel*: Christbaumbeleuchtung). Erforderliche Gesamtspannung $U_{ges} = \Sigma$ Einzelspannungsfälle.

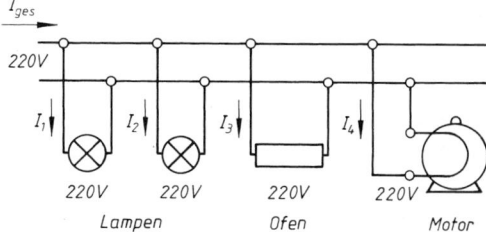

Bild 14.
Parallelspeisung von Verbrauchern

1.3.2 Vorwiderstand

Ein Vorwiderstand R_v wird angewendet, wenn man einen Verbraucher betreiben will, der für eine niedrigere Spannung gebaut ist als die vorhandene. Er hält den Spannungsüberschuss vom Verbraucher fern. Nachteil: R_v erzeugt nutzlos Wärme (Verluste).

Beispiel:
(Bild 15) Eine Lampe für 60 V und 40 W soll über einen Vorwiderstand an der Netzspannung 220 V betrieben werden. Welchen Ohmwert muss der Vorschaltwiderstand haben?

Lösung:

$$R_v = \frac{U_v}{I} \quad \bigg| \quad I = \frac{P_{nenn}}{U_{nenn}} = \frac{40\text{ W}}{60\text{ V}} = 0{,}667\text{ A}$$

$$\quad\quad\quad \bigg| \quad U_v = U_q - U = 220\text{ V} - 60\text{ V} = 160\text{ V}$$

$$R_v = \frac{160\text{ V}}{0{,}667\text{ A}} = 240\ \Omega \text{ müssen vorgeschaltet werden}$$

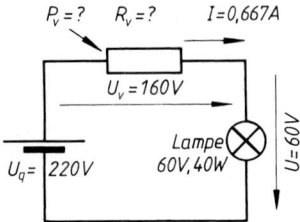

Bild 15. Schaltung eines Vorwiderstandes

1.3.3 Belastbarkeit eines Widerstandes

Die thermische Belastung eines Widerstandes wird durch die elektrische Verlustleistung P_v hervorgerufen, die in ihm in Wärme umgesetzt wird. Die Belastung eines Widerstandes wird daher in Watt angegeben. Sie ergibt sich als Produkt aus Spannungsfall U_v am betreffenden Widerstand und der Stromstärke I. Die Baugröße des Widerstandes muss so gewählt werden, dass er bei der Belastung P_v auch im Dauerbetrieb nicht zu heiß wird. Die Belastbarkeit wird aus Sicherheitsgründen etwas höher gewählt als die Belastung.

Beispiel:
Welcher Belastung ist der Vorwiderstand nach Bild 15 ausgesetzt?

Lösung:
R_v wird von der Verlustleistung $P_v = U_v I = 160\text{ V} \cdot 0{,}667\text{ A} = 107$ W erwärmt. Er muss also so groß gebaut sein, dass er mindestens 107 W in Wärme umsetzen kann, ohne dass er im Dauerbetrieb zu heiß wird. Gewählt: 120 W Belastbarkeit.

1.3.4 Nebenwiderstand

Ein Nebenwiderstand wird angewendet, wenn man Verbraucher mit ungleicher Stromaufnahme in Reihe schalten will. Er wird dem Verbraucher mit der kleineren Stromaufnahme parallel geschaltet und leitet die überschüssige Stromstärke um diesen herum. Nachteil: R_n erzeugt ebenso wie R_v nutzlos Wärme (Verluste).

Beispiel:
(Bild 16) Zwei Lampen, 110 V 60 W und 110 V 40 W, sollen in Reihe an der Netzspannung 220 V betrieben werden.

a) Welchen Ohmwert muss der Nebenwiderstand haben?
b) Mit wieviel Watt wird er belastet?

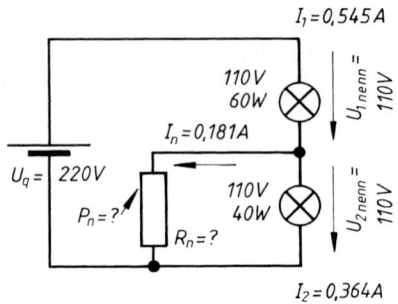

Bild 16. Schaltung eines Nebenwiderstandes

Lösung:

a) $R_n = \dfrac{U_{2\,nenn}}{I_n}$ $\quad\bigg|\quad \begin{array}{l} U_{2\,nenn} = 110\text{V} \\ I_n = I_1 - I_2 \end{array}$

$\quad R_n = \dfrac{110\text{ V}}{0{,}181\text{ A}}$ $\quad\bigg|\quad I_1 = \dfrac{P_{1\,nenn}}{U_{1\,nenn}} = \dfrac{60\text{ W}}{110\text{ V}} = 0{,}545\text{ A}$

$\quad = 608\ \Omega$ $\quad\bigg|\quad I_2 = \dfrac{P_{2\,nenn}}{U_{2\,nenn}} = \dfrac{40\text{ W}}{110\text{ V}} = 0{,}364\text{ A}$

$\quad\quad\quad\quad\quad\quad\quad\quad\quad I_n = 0{,}545\text{ A} - 0{,}364\text{ A} = 0{,}181\text{ A}$

b) $P_n = U_{2\,nenn} I_n = 110\text{ V} \cdot 0{,}181\text{ A} = 19{,}9\text{ W} \approx 20\text{ W}$

1.3.5 Spannungsteiler

Ein Spannungsteiler wird angewendet, wenn man von einer vorhanden Spannung U_{ges} einen Teil U abgreifen will. Der Querstrom I_q erzeugt am Teilwiderstand R_2 den gewünschten Spannungsfall U. Der als Spannungsteiler verwendete Widerstand hat drei Anschlüsse (Bild 17). Nachteil: Der Querstrom erzeugt an R_{ges} nutzlos Wärme (Verluste).
Bei Belastung des Teilers mit einem Verbraucherwiderstand R sinkt die Spannung auf den Wert U'. Damit die Spannung bei Belastung nicht zu stark zurückgeht, macht man $R_{ges} \leq 2R$.

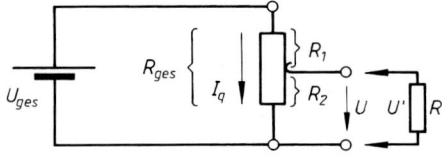

Bild 17.
Schaltung eines Spannungsteilers

1.3.6 Innenwiderstand einer Spannungsquelle

Bei Belastung einer Spannungsquelle geht deren Klemmenspannung U um den inneren Spannungsfall $U_i = IR_i$ zurück. Grund: Die strömenden Elektronen

1 Grundlagen

reiben sich auch im Inneren der Quelle an deren *Innenwiderstand* R_i, wobei dort der innere Spannungsverlust auftritt (Bild 18a).

Im Ersatzschaltbild (Bild 18b) denkt man sich die Quellenspannung U_q (Urspannung) mit dem Innenwiderstand R_i in Reihe geschaltet. Eine nach dem Ersatzschaltbild aufgebaute Ersatzschaltung würde die gleichen Eigenschaften zeigen wie die wirkliche Schaltung (a). Klemmenspannung bei Belastung einer Spannungsquelle:

$$U = U_q - U_i = U_q - IR_i \qquad (18)$$

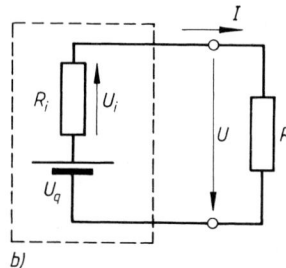

Bild 18. Innenwiderstand einer Spannungsquelle
a) Schaltung
b) Ersatzschaltbild

Bei Leerlauf der Spannungsquelle ist $IR_i = 0$ und daher $U = U_q$. Bei Belastung mit dem Verbraucher R ist $U < U_q$ um den inneren Spannungsfall U_i.
Bei *Kurzschluss* $(R \approx 0)$ ist $U \approx 0$ und daher $I_k \approx U_q/R_i$.

■ **Beispiel:**
Ein Generator nach Bild 18 hat 25 V Quellenspannung und 0,5 Ω Innenwiderstand.
a) Wie groß ist seine Klemmenspannung im Leerlauf?
b) Wieviel Spannung geht im Innern des Generators bei Anschalten eines Verbrauchers von 12 Ω Widerstand verloren?
c) Welche Klemmenspannung gibt er an den Verbraucher ab?
d) Welche Leistung geht dabei im Innern des Generators verloren?
e) Welche Leistung gibt er dabei an den Verbraucher ab?
f) Wie groß wird der Kurzschlussstrom beim Kurzschließen der Generatorklemmen mit einem Draht von vernachlässigbar kleinem Widerstand?

Lösung:
a) $U = U_q - IR_i | I = 0$; weil kein Strom entnommen wird (Leerlauf)
$U = U_q = 25$ V Leerlaufspannung

b) $U_i = IR_i \bigg| I = \dfrac{U_q}{R_{ges}} = \dfrac{U_q}{R+R_i} = \dfrac{25\text{ V}}{12\,\Omega + 0{,}5\,\Omega} = 2$ A

$U_i = 2$ A $\cdot$ 0,5 Ω = 1 V Spannungsrückgang bei dieser Belastung

c) $U = U_q - U_i = 25$ V $- 1$ V $= 24$ V Klemmenspannung bei dieser Belastung

d) $P_i = U_i I = 1$ V $\cdot$ 2A $= 2$ W innere Verlustleistungen erwärmen den Generator

e) $P = UI = 24$ V $\cdot$ 2 A $= 48$ W gibt der Generator an den Verbraucher ab

f) $I_k \approx \dfrac{U_q}{R_i} = \dfrac{25\text{ V}}{0{,}5\,\Omega} = 50$ A Kurzschlussstrom

1.3.7 Leitungswiderstand

Bei Belastung einer Leitung ist die Spannung U an ihrem Ende um den Spannungsfall ΔU kleiner als die Speisespannung U_{ges} am Anfang. Grund: Beim Durchfließen des Leitungswiderstandes R_l tritt dort durch Reibung der Elektronen am Leitermaterial der elektrische Spannungsverlust ΔU auf. An jeder Leitungsader tritt dabei der halbe Spannungsfall $\Delta U/2$ auf (Bild 19a).

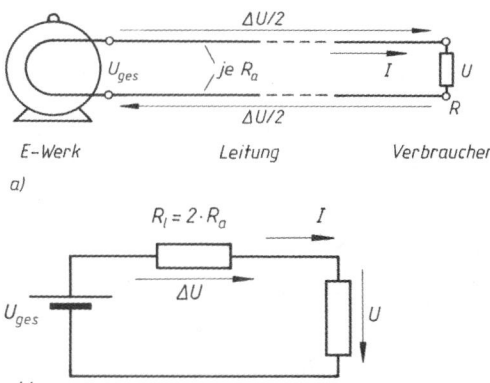

Bild 19. Leitungswiderstand,
a) Schaltung, b) Ersatzschaltbild

Im Ersatzschaltbild (19b) denkt man sich beide Aderwiderstände R_a zum gesamten Leitungswiderstand R_l zusammengefasst. Spannung am Leitungsende bei Belastung:

$$U = U_{ges} - \Delta U = U_{ges} - IR_l \qquad (19)$$

■ **Beispiel:**
Eine zweiadrige Leitung nach Bild 19a hat 0,5 Ω Widerstand je Ader. Sie wird mit 230V gespeist und ist am Ende mit einem Widerstand von 22 Ω belastet.
a) Wie groß ist bei dieser Belastung der Spannungsfall auf der Leitung?
b) Welche Spannung erhält der Verbraucher?
c) Welche Leistung geht auf der Leitung verloren?

Lösung:

a) $\Delta U = IR_l \bigg| \begin{array}{l} R_l = 2R_a = 2 \cdot 0{,}5\,\Omega = 1\,\Omega \\ I = \dfrac{U_{ges}}{R_{ges}} = \dfrac{U_{ges}}{R+R_l} = \dfrac{230\text{ V}}{22\,\Omega + 1\,\Omega} = 10\text{ A} \end{array}$

$\Delta U = 10$ A $\cdot$ 1 Ω $= 10$ V gehen bei dieser Belastung auf der Leitung verloren, je Ader also 5 V.

b) $U = U_{ges} - \Delta U = 230$ V $- 10$ V $= 220$ V erhält der Verbraucher

c) $P_v = \Delta U I = 10$ V $\cdot$ 10 A $= 100$ W Verlustleistung erwärmen die Leitung

1.4 Elektrochemie

1.4.1 Ionen

Löst man Salze, Säuren oder Basen in *Wasser*, dann gehen Sie aus dem molekularen Zustand in den ionisierten über. Das Wasser spaltet die elektrisch neutralen Moleküle (z.B. HCl) auf in elektrisch positiv geladene Teilchen (H^+), denen ihre zugehörigen Elektronen fehlen, und negative (Cl^-), die diese Elektronen als Überschuss-Ladungen mit sich führen. Dabei entstehen stets ebenso viele positive wie negative Ionenladungen. Mehrwertige Atome bilden mehrwertige Ionen (z.B. Cu^{++}, SO_4^{--}, Al^{+++}).

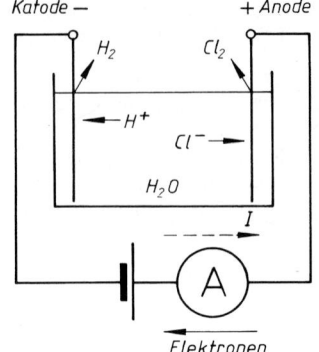

Bild 21. Elektrolytische Zerlegung von Salzsäure

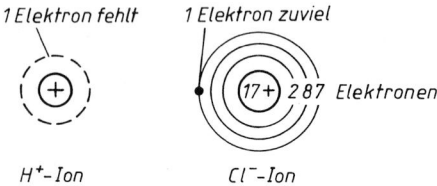

Bild 20. Ionen

In den Drähten des Stromkreises fließt der Strom I als normaler Elektronenstrom, im elektrolytischen Bad dagegen in Form von zwei sich gegensinnig bewegenden Ionenströmen, wobei der elektrolytische Leiter durch den elektrischen Stromfluss chemisch verändert wird. Die Lösung wird immer ärmer an HCl.

> **Ionenladungsregel**
> Metalle und Wasserstoff bilden positive, Nichtmetalle, Säurereste und die OH-Gruppe negative Ionen.

Wasser selbst ist kaum ionisiert, sondern es existiert in Form von H_2O-Molekülen.

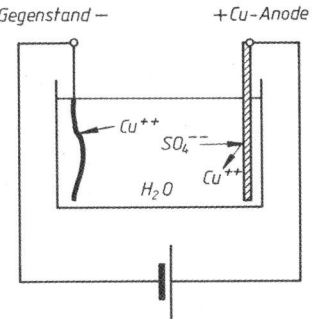

Bild 22. Verkupfern eines Metallgegenstandes

1.4.2 Elektrolyse

Als Elektrolyse bezeichnet man die Trennung chemischer Verbindungen auf elektrischem Weg. Die wässrige Elektrolyse nimmt folgenden Verlauf:
Das Wasser spaltet Säuren, Basen oder Salze physikalisch in elektrisch geladene Teilchen auf (Ionen). Man bezeichnet diesen Vorgang als Dissoziation. Der elektrische Strom zerlegt die Verbindung chemisch in ihre Bestandteile, indem er die Ionen in Atome umwandelt. Die positiven Ionen (H^+) wandern zur Kathode (−), weil + und −Ladungen einander anziehen. Dort entnimmt jedes H^+ Ion dem Elektronenüberschuss der negativen Elektrode ein Elektron und wird dadurch wieder zurückverwandelt in ein neutrales H-Atom. Die Cl^- Ionen wandern nach +, geben dort ihren Elektronenüberschuss an die Anode ab und werden damit zu neutralen Cl Atomen. An der Anode steigen Chlorgas-, an der Kathode Wasserstoffbläschen auf. Die Gleichspannungsquelle drückt die vom Cl^- abgelieferten Elektronen zur Kathode, wo sie von den H^+ Ionen aufgenommen werden.

1.4.3 Galvanische Überzüge

Galvanische Überzüge werden durch elektrolytische Zerlegung von Metallsalzlösungen hergestellt. *Beispiel*: Ein Kupferüberzug auf einem Metallgegenstand lässt sich herstellen, indem man den Gegenstand als Kathode in eine Kupfersulfatlösung hängt und als Anode eine Kupferplatte verwendet. Die Cu^{++} Ionen wandern zum negativ geladenen Gegenstand und bilden dort den Überzug, während die Säurerest-Ionen SO_4^{--} aus der Cu-Anode neue Cu^{++} Ionen herauslösen, so dass die Konzentration der Lösung erhalten bleibt. Die Stromdichte muss genügend klein gehalten werden, weil sonst der Cu-Überzug porös und schwammig wird.
Elektrolytkupfer wird in gleicher Weise durch elektrolytische Raffination (Reinigung) des Hütten-Rohkupfers hergestellt.
Für Überzüge aus anderen Metallen verwendet man in ähnlicher Weise entsprechende Salze und Anoden. So lassen sich Überzüge herstellen aus Gold, Silber, Nickel, Chrom, Zink, Kadmium, Zinn, Blei und sogar Messing und Bronze.

1 Grundlagen

1.4.4 Schmelzflusselektrolyse

Die Schmelzflusselektrolyse wird angewendet zur Herstellung von Kalium, Natrium und Aluminium. Bei diesen Stoffen ist wässerige Elektrolyse nicht möglich, weil entweder das hergestellte Metall sofort mit H_2O chemisch reagieren würde (K, Na), oder das Ausgangsmaterial nicht in Wasser löslich ist (Al). Man schmilzt das Ausgangsmaterial (KOH, NaOH, Kryolith + Tonerde) bei hoher Temperatur, wobei die Wärme die Moleküle in Ionen aufspaltet. Der über Elektroden in die Schmelze eingeführte Strom trennt die betreffende Verbindung chemisch.

1.4.5 Elektrolytische Mengenrechnung, Faraday'sches Gesetz

Die elektrolytisch abgeschiedene Stoffmasse m ist um so größer, je höher die zur Umwandlung von Ionen in Atome verbrauchte Ladung (Elektrizitätsmenge) $Q = It$ in Ah und je größer die Stoffkonstante C ist, die angibt, welche Stoffmasse in g von einer Ah abgeschieden wird (Tabelle 2.).

$$m = CQ = CIt \quad \begin{array}{|c|c|c|c|} \hline m & C & I & t \\ \hline g & \dfrac{g}{Ah} & A & h \\ \hline \end{array} \quad (20)$$

(*Faraday'sches Gesetz*)

In der Praxis ergibt sich bei einigen Stoffen weniger Menge, als nach dem Faraday'schen Gesetz errechnet wird. Grund: Unerwünschte Zersetzungen. Dies lässt sich berücksichtigen durch Multiplikation der rechten Gleichungsseite mit der Stromausbeute η.

Tabelle 2. Durch 1 Ah elektrolytisch abgeschiedene Stoffmasse C

Stoff Zeichen, Wertigkeit	Silber Ag 1	Gold Au 3	Kupfer Cu 2	Nickel Ni 2	Chrom Cr 3	Zinn Sn 2	Zink Zn 2
C in g/Ah	4,025	2,445	1,185	1,095	0,647	2,214	1,22
Stoff Zeichen, Wertigkeit	Cadmium Cd 2	Aluminium Al 3	Blei Pb 2	Wasserstoff H 1	Sauerstoff O 2		
C in g/Ah	2,096	0,335	3,863	0,0375	0,299		

■ **Beispiel:**
Ein Metallgegenstand von 250 cm² Gesamtoberfläche soll mit einer 0,1 mm dicken Silberschicht überzogen werden. Die zulässige Stromdichte beträgt bei Silber 0,5 A/dm², die Stromausbeute ≈ 100 %.
a) Wie groß darf die Stromstärke höchstens gewählt werden?
b) Wie lange muss der Teller im Bad hängen?

Lösung:

a) $I = SA = 0{,}5 \dfrac{A}{dm^2} \cdot 2{,}5\,dm^2 = 1{,}25\,A$ sind zulässig, ohne dass die Silberschicht porös wird.

b) $m = CIt$

$t = \dfrac{m}{CI} \quad \Bigg| \begin{array}{l} m = V\rho_d = 250\,cm^2 \cdot 0{,}01\,cm \cdot 10{,}5 \dfrac{g}{cm^3} = 26{,}25\,g \\[4pt] C = 4{,}025 \dfrac{g}{Ah} \text{ aus Tabelle 2.} \end{array}$

$t = \dfrac{26{,}25}{4{,}025 \dfrac{g}{Ah} \cdot 1{,}25\,A} = 5{,}22\,h$ muss der Gegenstand im Bad hängen.

1.4.6 Batterie-Elemente

Die Quellenspannung eines Batterie-Elementes kommt dadurch zustande, dass die verschiedenen Stoffe ein mehr oder weniger starkes Bestreben haben, in Lösung zu gehen. Als Beispiel das am häufigsten verwendete Trocken-, Leclanché- oder Braunsteinelement: Bei diesem befindet sich ein Kohlestab in einem Beutel, der mit einem Gemisch aus Braunstem und Kohlepulver gefüllt ist. Beide stecken in einem Becher aus Zink, der einen eingedickten Elektrolyten enthält. Das Zink hat ein starkes Lösungsbestreben und schickt soviele Zn^{++} Ionen in die Flüssigkeit, bis es sich gegenüber dieser auf etwa –0,77 V aufgeladen hat. Diese Aufladung entsteht durch die von den Zn^{++} Ionen zurückgelassenen Elektronen.
Die Zn^{++} Ionen verdrängen die $(NH_4)^+$ Ionen aus der Lösung. Von diesen zieht die Kohle soviele an sich, bis sie sich auf etwa +0,73 V gegenüber der Flüssigkeit aufgeladen hat. Die beiden in Reihe geschalteten Berührungsspannungen des Zinks (–0,77 V) und der Kohle (+ 0,73 V) ergeben die Quellenspannung U_q der Batterie von etwa 1,5 V.

Bei Belastung des Elements schickt der Strom laufend Zn^{++} Ionen in Lösung, wodurch sich der Zinkbecher allmählich auflöst. Dabei wird der Elektrolyt in $ZnCl_2$ verwandelt, so dass auch er sich erschöpft. Der Braunstein verhindert, dass sich auf der Kohle eine Wasserstoffhaut bildet, die die Klemmenspannung stark herabsetzen würde (Polarisation; Braunstein = Depolarisator). Eine nennenswerte Wiederaufladung ist nicht möglich.

Die Spannungsreihe gibt die Berührungsspannungen an, auf die sich ein Metall gegenüber einer Flüssigkeit auflädt. Je unedler das Metall ist, desto stärker ist sein Lösungsbestreben und seine negative Berührungsspannung.

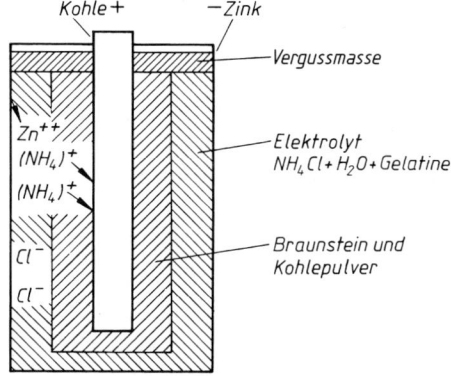

Bild 23.
Trockenelement einer Taschenlampenbatterie

Tabelle 3. Reihe der Berührungsspannungen in V (Spannungsreihe)

Kalium	− 2,9
Natrium	− 2,7
Magnesium	− 1,55
Aluminium	− 1,28
Zink	− 0,77
Eisen	− 0,44
Cadmium	− 0,40
Nickel	− 0,25
Zinn	− 0,14
Blei	− 0,13
Wasserstoff	**± 0,00**
Kupfer	+ 0,34
Silber	+ 0,81
Quecksilber	+ 0,86
Gold	+ 1,38

1.4.7 Blei-Akkumulator

Beim Blei-Akkumulator befinden sich Blei- als Minusplatten und Bleisuperoxyd- als Plusplatten in einem Isoliergefäß, das mit verdünnter Schwefelsäure gefüllt ist. Die Quellenspannung U_q von etwa 2 V je Zelle ist wieder durch die Verschiedenartigkeit der Stoffe gegeben (siehe 1.4.6).

Bei Entladung bildet sich auf beiden Plattenarten Bleisulfat, wobei Schwefelsäure verbraucht wird: der Elektrolyt wird leichter. Der Ladezustand der Batterie lässt sich aus der Säuredichte bestimmen. Bei 1,83 V Zellenspannung (unter Last gemessen) ist mit der Entladung aufzuhören.

Zur Ladung wird der Sammler an ein Ladegerät angeschlossen, dessen Spannung höher sein muss als die der Batterie, so dass wegen der Gegeneinanderschaltung (+ an +,− an −, siehe 1.1.6) ein Strom in umgekehrter Richtung wie bei Entladung hindurchgetrieben wird: Ladestrom. Das Bleisulfat wird wieder in Blei bzw. Bleisuperoxyd zurückverwandelt, die Säure wird schwerer. Die Akkumulatoren lassen sich also wieder aufladen. Bei 2,7 V Zellenspannung ist mit der Ladung aufzuhören.

Die Kapazität eines Sammlers ist das Produkt aus Nennstrom mal Entladedauer It in Ah. Als Nenndauer der Entladung werden meist 3, 10 oder 20 Stunden angegeben. Die entnehmbare Kapazität hängt von der Entladedauer (und damit auch vom Entladestrom) ab nach:

Tabelle 4. Entnehmbare Kapazität eines Bleisammlers

Entladedauer	t in h	20	10	7,5	5	3	1	0,5
Zulässige Entnahme	It in % der 10stdg. Kapazität	110	100	95	85	75	50	40

Der Innenwiderstand des Bleisammlers ist sehr niedrig (etwa 0,15 Ω Ah je Zelle). Bei Kurzschlüssen ergeben sich daher gefährlich hohe Ströme (siehe 1.3.6).

Infolge Selbstentladung verliert die Batterie durch chemische Umwandlung der Plattenmasse in Bleisulfat im Laufe einiger Monate ihre Ladung. Um Sulfatieren der Platten zu vermeiden (sie nimmt dann keine Ladung mehr an), ist alle 4 bis 8 Wochen nachzuladen, auch wenn die Batterie nicht benutzt wird.

Nur destilliertes Wasser nachfüllen (mit sauberen Glasgefäßen), weil sonst durch fremde Ionen starke Selbstentladung eintritt: die Batterie hält dann die Ladung nur kurze Zeit.

Der Wirkungsgrad (Wh-Wirkungsgrad) liegt bei 75 %, der Gütegrad (Ah-Wirkungsgrad) bei 90 %. Das Speichervermögen des Bleisammlers beträgt bei ortsfesten Batterien 10 Wh/kg, bei Fahrzeugbatterien 20 ... 30 Wh/kg.

1.4.8 Nickel-Akkumulator

Die alkalischen Sammler (Nickel-Eisen, Nickel-Cadmium) enthalten als + Platten Nickel und als − Platten Eisen bzw. Cadmium. Diese befinden sich in einem Stahlblechgefäß mit Kalilauge, deren Dichte (1,2 g/cm^3) nicht vom Ladezustand abhängt. Vorteile gegenüber dem Bleisammler: Unempfindlich, lange Lebensdauer, geringe Selbstentladung, stehen im leeren Zustand schadet nicht, keine Säuredämpfe, gasdichte Bauart bei kleinen Zellen möglich. Nachteile gegenüber dem Bleisammler: Niedrigere Zellenspannung (≈ 1,2 V), stärkerer Spannungsrückgang bei Entladung (1,4 ... 1 V), Wh-Wirkungsgrad 50 %, Ah-Gütegrad 70 %, Innenwiderstand größer, teurer in der Anschaffung.

Das Speichervermögen ist nur wenig größer als das von Bleisammlern, so dass ein alkalischer Sammler kaum leichter ist als ein Bleisammler gleichen Wh-Inhalts.

1.5 Magnetismus

1.5.1 Magnetfeld

Das Magnetfeld ist ein besonderer Zustand des Raumes, der sich in Kraftwirkungen äußert, so dass Eisenfeilspäne sich zu Linien zusammenketten und Magnetnadeln (Kompasse) sich in einer bestimmten Zeigerichtung innerhalb dieser Linien einstellen. Der Raum in und um einen Magneten ist lückenlos mit Linien- und Zeigerichtung durchsetzt: Magnetfeld = Vektorfeld. Hängt man einen Magneten so auf, dass er sich in einer horizontalen Ebene drehen kann, dann zeigt das eine Ende ungefähr zum geographischen Nordpol der Erde, das andere zum Südpol. Das nach Nord zeigende Ende nennt man Nordpol, das andere Südpol.

1 Grundlagen

Magnetische Zeigerichtungsregel
Laut Festsetzung zeigt das Magnetfeld außerhalb eines Magneten von dessen Nordpol zu dessen Südpol.

Die magnetischen Feldlinien sind in sich geschlossen. Sie zeigen demnach im Inneren des Magneten vom Süd- zum Nordpol. Obwohl der Raum lückenlos mit Linien- und Zeigerichtung durchsetzt ist, bedient man sich zur Veranschaulichung des Magnetfeldes einzelner Feldlinien. Überlagern sich mehrere Magnetfelder, so addieren sich ihre Feldlinien wegen des Vektorcharakters der Linien geometrisch zu einem resultierenden Feld.

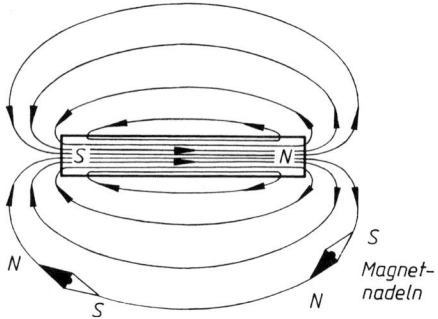

Bild 24. Magnetfeld eines Stabmagneten

Magnetische Kraftwirkungsregel
Ungleichnamige Pole ziehen sich an, gleichnamige stoßen sich ab.

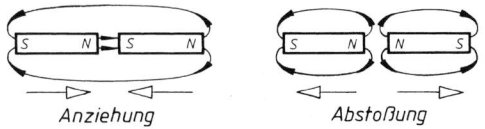

Bild 25. Gegenseitige Kraftwirkung zweier Magnete

1.5.2 Magnetismus in Eisen und Stahl

Das Zustandekommen der besonderen magnetischen Eigenschaften der sogenannten ferromagnetischen Werkstoffe Eisen, Stahl, Nickel und Kobalt kann man sich auf grobe Weise durch das Vorhandensein von „Molekularmagneten" erklären. Nach dieser Theorie bildet jeder aus einigen Millionen Atomen bestehende Mikrokristall einen winzigen Magneten, der unter Reibung im Gefüge drehbar gelagert ist. Im nicht magnetisierten Zustand (Bild 26a) liegen diese Molekularmagnete wirr durcheinander, so dass der von Natur aus im Material steckende Magnetismus nicht nach außen in Erscheinung tritt. Im magnetisierten Zustand (Bild 26b) zeigen die Molekularmagnete überwiegend in die gleiche Richtung, so dass magnetische Feldlinien aus dem Material austreten.

Man unterscheidet magnetisch weichen Stahl, hier kurz „Eisen" genannt, und magnetisch harten Stahl, hier kurz „Stahl" genannt. Eisen bleibt nur solange magnetisiert, wie ein äußeres Richtfeld die Molekularmagnete ausgerichtet hält. Nach Fortfall dieses äußeren Feldes verliert Eisen seinen Magnetismus sofort wieder. Stahl dagegen behält einen großen Teil des Magnetismus auch nach Fortfall des Richtfeldes. Grund: Die Gefügereibung, die beim Ausrichten der Molekularmagnete überwunden werden muss, ist in Stahl groß, in Eisen klein. Die Molekularmagnete fallen bei Stahl also nicht von selbst wieder in eine wirre Lage zurück.

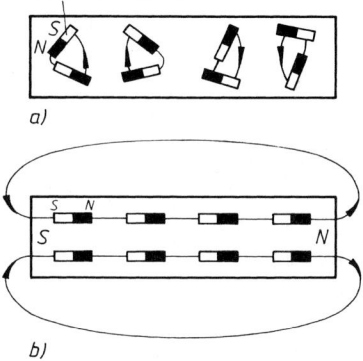

Bild 26. Molekularmagnete in Eisen und Stahl
a) im nicht magnetisierten
b) im magnetisierten Zustand

Für Elektromagnete und elektrische Maschinen verwendet man ein magnetisch möglichst weiches Eisen, für Dauermagnete dagegen einen magnetisch möglichst harten Stahl.
Die Stärke des Magnetismus hängt vom Grad der Ausrichtung der Molekularmagnete ab. Bei vollständiger Ausrichtung spricht man von magnetischer Sättigung, das Material lässt sich nicht stärker magnetisieren.

1.5.3 Magnetfeld eines Leiters, Rechtsschraubenregel

Ein stromdurchflossener Leiter umgibt sich in Ebenen rechtwinklig zur Stromrichtung mit kreisförmigen magnetischen Feldlinien (Bild 27).

Rechtsschraubenregel
Strom- und Magnetfeldrichtung bilden eine Rechtsschraube.

Die Stärke des Magnetfeldes ist proportional der Stromstärke I und umgekehrt proportional dem Abstand r vom Leiter.

Die Ursache jedes Magnetfeldes ist eine Bewegung elektrischer Ladungen. Im stromdurchflossenen Leiter z.B. bewegen sich Elektronen und verursachen durch ihre Bewegung den Magnetismus um den Draht herum. Beim Dauermagneten wird jeder Molekularmagnet in einer bestimmten Ebene von Elektronen umkreist, die seinen Magnetismus erzeugen. Auch das magnetische Feld der Erde wird durch positive elektrische Ladungen, die die Erdkugel umkreisen, herbeigeführt.

> **Ursache des Magnetfeldes**
> Bewegte elektrische Ladungen (z.B. Elektronen) umgeben sich in Ebenen rechtwinklig zur Bewegungsrichtung mit einem Magnetfeld.

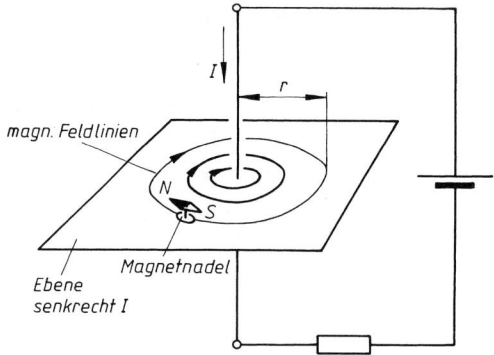

Bild 27. Magnetfeld eines stromdurchflossenen geraden Leiters

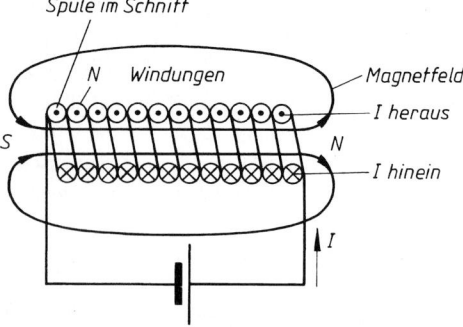

Bild 28. Magnetfeld einer stromdurchflossenen Spule

1.5.4 Magnetfeld einer Spule

Wickelt man einen Leiter als Spule N-mal um den zu magnetisierenden Raum, dann wird dieser bei Stromfluss von der N-fachen Elektronenmenge pro Zeit umkreist, und man erhält im Inneren der Spule einen Magnetismus von N-facher Stärke (Bild 28).
Die Stärke des Magnetfeldes einer Spule ist proportional ihrer Amperewindungszahl NI (Durchflutung). Bei Niederspannung erzeugt man die erforderliche AW-Zahl mit wenigen Windungen dicken Drahtes bei großer Stromstärke, bei hoher Spannung mit vielen Windungen dünnen Drahtes bei kleinem Strom.

1.5.5 Spule mit Eisenkern

Durch Einführung eines Eisenkerns in eine stromdurchflossene Spule wird der erzeugte Magnetismus erheblich verstärkt. Der durch die Spule fließende Strom erzeugt ein Raumfeld, das auch den Eisenkern durchsetzt und dessen Molekularmagnete ausrichtet (Ausrichtung = Polarisation). Dadurch kommt der von Natur aus im Eisen steckende Magnetismus als kräftiges Polarisationsfeld zusätzlich zur Wirkung. Polarisationsfeld und Raumfeld ergeben zusammen das starke Gesamtfeld. Das Magnetfeld ist umso stärker, je vollständiger der Eisenschluss des Feldlinienweges ist. Man macht aus diesem Grund bei Elektromagneten und Maschinen den Luftspalt so klein wie möglich.

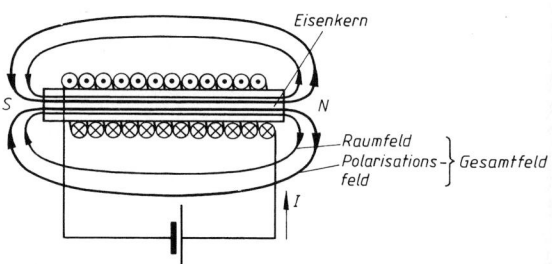

Bild 29. Spule mit Eisenkern

1.5.6 Magnetischer Kreis

Man spricht vom „Magnetkreis", weil die Feldlinien des Magnetfeldes in sich geschlossen sind. Die rechnerische Behandlung des Magnetfeldes ähnelt formal stark der des elektrischen Stromkreises. Obgleich es beim Magnetfeld keine Strömung magnetischer Teilchen gibt, die mit der Elektronenströmung beim Stromkreis vergleichbar wäre, gelten doch die allgemeinen Strömungsgesetze, wie z.B. das Ohm'sche Gesetz und die Kirchhoff'schen Gesetze. Formal sieht es so aus, als ob die „magnetische Gesamtspannung" $\Theta = NI$ (Durchflutung = Amperewindungszahl) den „magnetischer Fluss" Φ durch den Kreis mit dem „magnetischen Widerstand" R_m triebe (siehe 1.5.7).

1.5.7 Größen des Magnetfeldes

Entsprechend dem Vergleich mit dem elektrischen Stromkreis (siehe 1.5.6) unterscheidet man magnetische Fluss-, Spannungs- und Widerstandsgrößen.

a) Magnetische Flussgrößen

Magnetischer Fluss Φ. Nach Bild 30 ist

1 Grundlagen

$$\Phi = \frac{\text{magnetische Gesamtspannung } \Theta}{\text{magnetischen Widerstand } R_m}$$

$$\Phi = \frac{\Theta}{R_m} = \frac{NI}{R_m} \quad \begin{array}{c|c|c} \Phi & \Theta = NI & R_m \\ \hline Vs & A & \dfrac{A}{Vs} \end{array} \quad (21)$$

(Ohm'sches Gesetz des Magnetkreises)

Dem magnetischen Fluss Φ entspricht im elektrischen Stromkreis der Strom I. Der magnetische Fluss Φ hat die Einheit

1 Voltsekunde (Vs) = 1 Weber = 1 Wb

Die Einheit Voltsekunde ergibt sich aus dem Induktionsgesetz (siehe 1.6.1).

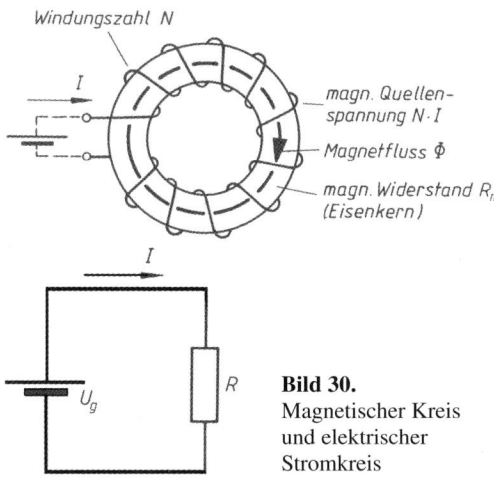

Bild 30. Magnetischer Kreis und elektrischer Stromkreis

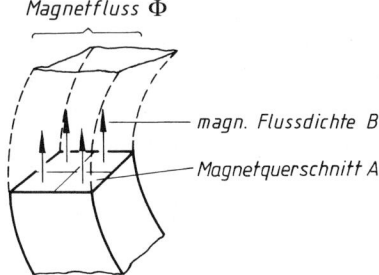

Bild 31. Magnetischer Fluss Φ und magnetische Flussdichte B

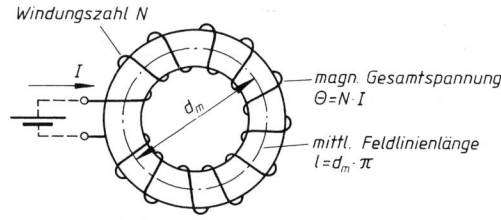

Bild 32. Magnetische Spannung Θ und Feldstärke H

Magnetische Flussdichte B. Bild 31 stellt einen Ausschnitt aus dem Ring von Bild 30 dar. Demnach ist:

$$\text{magnetische Flussdichte } B = \frac{\text{magnetischer Fluss } \Phi}{\text{Magnetquerschnitt } A}$$

$$B = \frac{\Phi}{A} \quad \begin{array}{c|c|c} B & \Phi & A \\ \hline \dfrac{Vs}{m^2} = 1\,T & Vs = 1\,Wb & m^2 \end{array} \quad (22)$$

Die magnetische Flussdichte B wird als magnetische Induktion bezeichnet. Sie ist vergleichbar mit der Stromdichte J des elektrischen Stromkreises (siehe 1.1.3). B hat die Einheit:

$$1\,\frac{Vs}{m^2} = 1\,\text{Tesla} = 1\,T$$

b) Magnetische Spannungsgrößen

Magnetische Gesamtspannung Θ (Durchflutung). Nach Bild 32 ist:

magnetische Gesamtspannung Θ = Amperewindungszahl

$$\Theta = NI \quad \begin{array}{c|c|c} \Theta & N & I \\ \hline A & 1 & A \end{array} \quad (23)$$

Magnetische Feldstärke H. Nach Bild 32 ist:

$$\text{magnetische Feldstärke } H = \frac{\text{magnetische Spannung } (NI)}{\text{Feldlinienlänge } l}$$

$$H = \frac{NI}{l} \quad \begin{array}{c|c|c} H & N & I & l \\ \hline \dfrac{A}{m} & 1 & A & m \end{array} \quad (24)$$

Die magnetische Feldstärke H ist vergleichbar mit der elektrischen Feldstärke E_f im elektrischen Stromkreis (siehe 1.8.2). H stellt die magnetische Spannung dar, die auf ein Feldlinienstück von 1 m Länge entfällt. H hat die Einheit:

$$1 \text{ Amperewindung pro Meter} \left(\frac{A}{m}\right)$$

c) Magnetische Widerstandsgrößen

Magnetischer Widerstand R_m. Entsprechend dem elektrischen Widerstand $R = 1/(\kappa A)$ ist der magnetische Widerstand

$$R_m = \frac{l}{\mu A} \quad \begin{array}{c|c|c|c} R_m & l & \mu & A \\ \hline \dfrac{A}{Vs} & m & \dfrac{Vs}{Am} & m^2 \end{array} \quad (25)$$

Der magnetische Widerstand R_m entspricht dem Widerstand R des elektrischen Stromkreises. R_m hat die Einheit A/Vs.

Die Permeabilität μ ist die magnetische Leitfähigkeit eines „Leiters" magnetischer Feldlinien. Ihr entspricht im elektrischen Stromkreis die elektrische Leitfähigkeit κ (siehe 1.1.4).

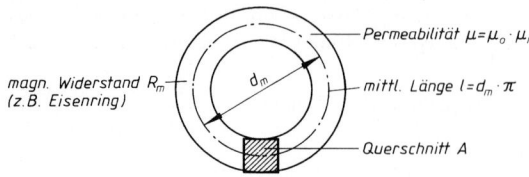

Bild 33. Magnetischer Widerstand R_m und Permeabilität μ

Permeabilität

$$\mu = \mu_0 \mu_r \qquad \begin{array}{c|c} \mu, \mu_0 & \mu_r \\ \hline \dfrac{Vs}{Am} & 1 \end{array} \qquad (26)$$

Die magnetische Feldkonstante μ_0 (Induktionskonstante) ist das Verhältnis der im *leeren Raum* erzeugten Flussdichte B_0 zur erregenden Feldstärke H:

$$\mu_0 = \dfrac{B_0}{H} \qquad \begin{array}{c|c|c} \mu_0 & B_0 & H \\ \hline \dfrac{Vs}{Am} & \dfrac{Vs}{m^2} & \dfrac{A}{m} \end{array} \qquad (27)$$

Ihre Größe ist $\mu_0 = 1{,}256 \cdot 10^{-6}$ Vs/Am, d.h. die Feldstärke $H = 1$ A/m erzeugt *im Vakuum* die Flussdichte $B_0 = 1{,}256 \cdot 10^{-6}$ Vs/m² $= 1{,}256 \cdot 10^{-6}$ T.

Die Permeabilitätszahl μ_r ist das Verhältnis der *im Stoff* erzeugten Flussdichte B zur Flussdichte B_0 im leeren Raum:

$$\mu_r = \dfrac{B}{B_0} \qquad \begin{array}{c|c} \mu_r & B, B_0 \\ \hline 1 & \text{gleiche Einheit} \end{array} \qquad (28)$$

Für *Vakuum* und *Luft* ist $\mu_r \approx 1$, d.h. die im Stoff „Luft" erzeugte Flussdichte B ist ebenso groß wie B_0 im leeren Raum.
Bei den *ferromagnetischen Werkstoffen* ist $\mu_r \gg 1$, d.h. die in diesen Stoffen erzeugte Flussdichte B ist wegen der Ausrichtung der Molekularmagnete viel größer als B_0, das erzeugt würde, wenn der gleiche Raum nicht mit polarisierbarem Stoff ausgefüllt wäre (siehe 1.5.5).

1.5.8 Magnetisierungskurven

Die Permeabilität der ferromagnetischen Werkstoffe ist nicht konstant, so dass man deren magnetische Eigenschaften durch *Magnetisierungskurven* angibt. Diese stellen die Abhängigkeit der im Stoff erzeugten Flussdichte B von der erregenden Feldstärke H dar. Sie sind je nach Material verschieden. Die Magnetisierungskurve für magnetisch weiches Eisen (Bild 34) zeigt, dass man im Berich von 0 bis etwa 1,2 T mit wenigen Amperewindungen/m bereits große B-Werte erzielen kann. Oberhalb dieses sogenannten „Knicks" der Magnetisierungskurve ist ein erheblicher Aufwand an Amperewindungen (elektrische Leistung, Spulenerwärmung) erforderlich, um B noch ein wenig höher zu treiben. Aus diesem Grund wählt man bei Weicheisen B selten höher als 1,5 T. Die Magnetisierungskurven werden meist so benutzt, dass man ihnen für die gewählte Flussdichte B die erforderliche Feldstärke $H =$ notwendige Amperewindungszahl je m Feldlinienlänge entnimmt.

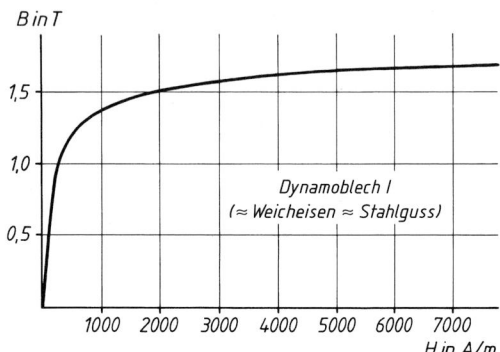

Bild 34. Magnetisierungskurve von Dynamoblech *I*

■ **Beispiel:**
Der in den Bildern 32 und 33 dargestellte Ring besteht aus Weicheisen. Er hat $d_m = 318$ mm mittleren Durchmesser, einen Querschnitt von 50 mm · 50 mm und trägt eine Spule von $N = 800$ Windungen.
a) Welche magnetische Feldstärke ist erforderlich, um den Ring auf 1,2 T zu magnetisieren?
b) Welche Amperewindungszahl (magnetische Gesamtspannung) muss dafür aufgewendet werden?
c) Welcher Strom muss fließen?
d) Wie groß ist der im Ring erzeugte Magnetfluss?
e) Wie groß ist die Permeabilitätszahl des Eisens bei dieser Flussdichte?

Lösung:
a) Aus der Magnetisierungskurve von Weicheisen (Bild 34) ergibt sich für $B = 1{,}2$ T: $H = 500$ A/m erforderliche Feldstärke.

b) $H = \dfrac{NI}{l}$; $NI = Hl = 500 \dfrac{A}{m} \cdot 0{,}318 \text{ m} \cdot \pi =$
$= 500$ A erforderliche AW-Zahl

c) $I = \dfrac{NI}{N} = \dfrac{500 \text{ A}}{800} = 0{,}625$ A erforderliche Stromstärke

d) $B = \dfrac{\Phi}{A}$; $\Phi = BA = 1{,}2 \dfrac{Vs}{m^2} \cdot 25 \cdot 10^{-4} \text{ m}^2 = 3 \cdot 10^{-3}$ Vs

e) $\mu_r = \dfrac{B}{B_0}$ $\quad$ $B_0 = \mu_0 H$ aus Gl. (27)

$$\mu_r = \dfrac{B}{\mu_0 H} = \dfrac{1{,}2 \dfrac{Vs}{m^2}}{1{,}256 \cdot 10^{-6} \dfrac{Vs}{Am} \cdot 500 \dfrac{A}{m}} = 1910$$

d.h. bei Ausfüllung des Spuleninneren mit dem Eisenring ergibt sich bei 1,2 T eine 1910mal so große Flussdichte wie bei leerer Spule.

1.5.9 Magnetische Zugkraft

Die Zug- bzw. Haltekraft F eines Magnetpols ist um so höher, je stärker die magnetische Flussdichte B im Luftspalt und je größer der Polquerschnitt A ist:

Magnetische Zugkraft

$$F = \frac{1}{2\mu_0} B^2 A \quad \begin{array}{|c|c|c|c|} \hline F & \mu_0 & \mu_r & A \\ \hline \frac{\text{Ws}}{\text{m}} = N & \frac{\text{Vs}}{\text{Am}} & \frac{\text{Vs}}{\text{m}^2} = T & \text{m}^2 \\ \hline \end{array} \quad (29)$$

Induktionsregel
Ändert sich in einer Spule der Magnetfluss Φ, dann wird in ihr während der Dauer der Flussänderung eine elektrische Spannung induziert.

Die Größe der induzierten Spannung U_g ist proportional der Spulenwindungszahl N und der Änderungsgeschwindigkeit $\Delta\Phi/\Delta t$ des Magnetflusses:

$$U_g = -N \frac{\Delta\Phi}{\Delta t} \quad \begin{array}{|c|c|c|} \hline U_g & \Phi & t \\ \hline V & \text{Vs} & s \\ \hline \end{array} \quad (30)$$

(Induktionsgesetz bei Flussänderung)

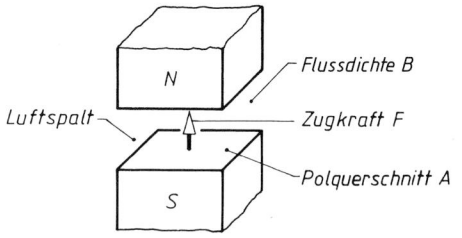

Bild 35. Zugkraft eines Magnetpols

■ **Beispiel:**
Welche Tragkraft entwickelt der skizzierte Lasthebemagnet von 1 m Außendurchmesser, wenn seine Pole je 1 000 cm² Querschnitt haben und im Luftspalt zwischen Magnet und Block eine Flussdichte von 1,2 T herrscht?

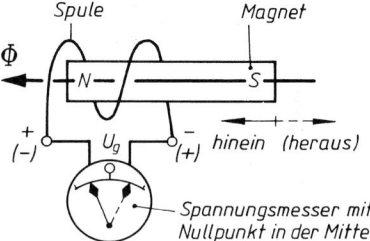

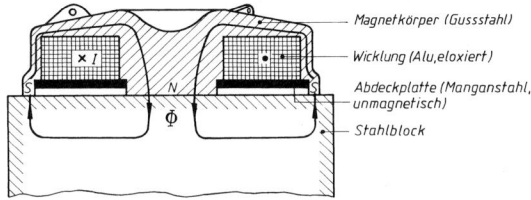

Bild 36. Runder Lasthebemagnet

Lösung:

$$F = \frac{1}{2\mu_0} B^2 A \quad \bigg| \quad A = 2 A_{pol} = 2 \cdot 1\,000 \text{ cm}^2 = 2\,000 \text{ cm}^2 = 0,2 \text{ m}^2$$

$$F = \frac{1}{2 \cdot 1{,}256 \cdot 10^{-6} \frac{\text{Vs}}{\text{Am}}} \cdot 1{,}2^2 \frac{\text{V}^2 \text{s}^2}{\text{m}^4} \cdot 0{,}2 \text{ m}^2 = 114\,650 \frac{\text{Ws}}{\text{m}} = 114\,650 \text{ N}$$

Das entspricht einer Tragfähigkeit von 11,5 t bei 1 m Außendurchmesser.

1.6 Induktion und Kraftwirkung im Magnetfeld

1.6.1 Induktion durch Bewegung, Induktionsgesetz

Bewegt man einen Magneten in eine Spule hinein oder heraus, dann beobachtet man am Spannungsmesser während der Dauer der Relativbewegung zwischen Magnet und Spule eine Spannung U_g. Diese ist um so höher, je stärker der Magnet und je rascher die Bewegung ist. Bei „heraus" ist die Polarität von U_g umgekehrt wie bei „hinein" (Bild 37).

Bild 37. Induzierung einer Spannung durch Relativbewegung zwischen Magnet und Spule

$\Delta\Phi = \Phi_{end} - \Phi_{anfang}$ Magnetflussänderung; Δt zur Magnetflussänderung $\Delta\Phi$ gehörende Zeitspanne.

■ **Beispiel:**
Ein Magnet wird in 0,5 s aus einer Spule mit 200 Windungen herausgezogen. Er induziert dabei eine mittlere Spannung von 80 mV. Wie groß ist der Fluss Φ des Magneten?

Lösung:

$$U_g = -N \frac{\Delta\Phi}{\Delta t} = -N \frac{\Phi_{end} - \Phi_{anfang}}{\Delta t}$$

$\Phi_{end} = 0$ weil, Magnet draußen
$\Phi_{anfang} = \Phi$ weil, Magnet drinnen

$$U_g = -N \frac{-\Phi}{t}$$

$$\Phi = \frac{U_g t}{N} = \frac{80 \cdot 10^{-3} \text{V} \cdot 0{,}5 \text{ s}}{200} = 0{,}2 \cdot 10^{-3} \text{Vs}$$

d.h. der Magnet ist so stark, dass er beim Herausziehen in 1 s in jeder einzelnen Windung der Spule eine Spannung von 0,2 mV während dieser Sekunde induziert (Einheit „Volt Sekunde" des Magnetflusses!).

Angewendet wird die Induktion durch Bewegung beim Generator. Bei diesem wird eine Spule im Magnetfeld oder ein Magnet in einer Spule so gedreht, dass sich der Magnetfluss in der Spule ändert (siehe 1.8.1).

1.6.2 Gegenseitige Induktion

Zwei Spulen sind elektrisch voneinander isoliert, jedoch magnetisch miteinander gekoppelt, d. h. das Magnetfeld, das die stromdurchflossene Spule (1) erzeugt, durchsetzt auch die andere (2). Der gemeinsame Eisenkern ergibt eine besonders feste magnetische Kopplung. Lässt man den Strom I in Spule 1 durch Stellen am Widerstand R zu- oder abnehmen, ändert sich der Fluss Φ in gleicher Weise. Da Φ auch Spule 2 durchsetzt, induziert die Flussänderung in ihr die Spannung U_g, deren Polarität verschieden ist je nach Zu- oder Abnahme von Φ (Wechselspannung!). Angewendet wird die gegenseitige Induktion z.B. beim Transformator, der zum Umspannen von Wechselspannungen benutzt wird (siehe 4).

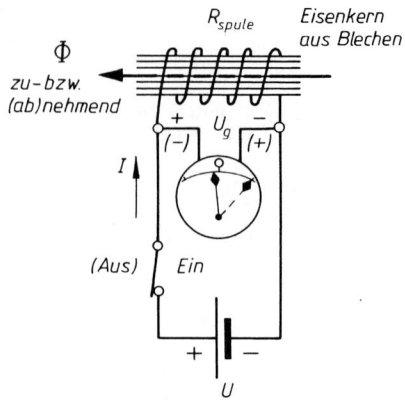

Bild 39. Ein- und Ausschaltung einer Selbstinduktionsspule

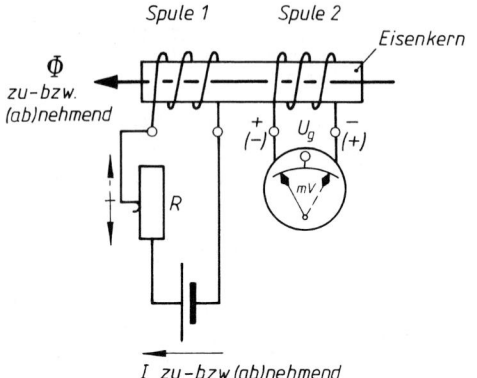

Bild 38. Gegenseitige Induktion

1.6.3 Selbstinduktion, Induktivität

Beim Einschalten der Spannung an einer Spule erzeugt der Strom I in ihr einen Magnetfluss, der vom Wert null auf Φ ansteigt. Die dadurch bedingte Flussänderung induziert in der Spule eine Spannung U_g, die der angelegten Spannung U entgegengerichtet ist (Gegeneinanderschaltung, siehe 1.1.6). I und Φ steigen verhältnismäßig langsam an, weil im ersten Augenblick $U_g = U$ und daher $I = (U - U_g) / R_{spule} = 0$ ist. I und Φ steigen so langsam an, dass $U_g = -N\Delta\Phi/\Delta t$ im ersten Augenblick nach dem Einschalten nicht größer als U wird. Je mehr sich I und Φ ihren Endwerten nähern, desto kleiner wird ihre Änderungsgeschwindigkeit und die davon abhängige Selbstinduktionsspannung U_g. Wenn I und Φ ihren Endwert praktisch erreicht haben, ändern sie sich nicht mehr, es wird $U_g = 0$ und $I = U/R_{spule}$.

Beim Ausschalten gehen I und Φ sehr rasch auf null, $\Delta\Phi/\Delta t$ ist dabei sehr groß und induziert kurzzeitig eine sehr hohe Abschaltspannung U_g. Diese kann so hohe Werte annehmen, dass die Spulenisolation durchschlägt, besonders, wenn die Spule auf einem dicken geblechten Eisenkern sitzt und viele Windungen hat.

Als Induktivität L bezeichnet man die Fähigkeit einer Spule, auf Stromänderungen mit Selbstinduktionsspannung U_g zu reagieren. Je höher U_g bei gegebener Stromänderungsgeschwindigkeit $\Delta I/\Delta t$ ist, desto größer ist L. Bei Stromänderungen gilt:

$$U_g = -L \frac{\Delta I}{\Delta t} \quad \begin{array}{c|c|c|c} U_g & L & I & t \\ \hline V & \dfrac{Vs}{A} = H & A & s \end{array} \quad (31)$$

(*Induktionsgesetz bei Stromänderung*)

$\Delta I = I_{end} - I_{anfang}$ Stromänderung; Δt zur Stromänderung ΔI gehörende Zeit.

Die Größe der Induktivität L lässt sich aus der Windungszahl N der Spule und dem magnetischen Widerstand R_m (siehe 1.5.7) bzw. dem magnetischen Leitwert $\Lambda = 1/R_m$ ihres Feldlinienweges ermitteln:

$$L = \frac{N^2}{R_m} = N^2 \Lambda \quad \begin{array}{c|c|c|c} L & N & R_m & \Lambda \\ \hline \dfrac{Vs}{A} = H & 1 & \dfrac{A}{Vs} & \dfrac{Vs}{A} \end{array} \quad (32)$$

Die Einheit der Induktivität L ist das Henry (H):

$$1\,H = 1\,\frac{Vs}{A}$$

■ **Beispiel:**
Ein aus Blechen bestehender ringförmiger Eisenkern (vgl. Bilder 32. und 33.) hat 100 mm mittleren Durchmesser und 8 cm² Eisenquerschnitt (Material: Dyn.Bl.I). Er trägt eine Spule von 2 200 Windungen und 14 Ω Widerstand, die an einer Spannung von 1 V liegt.
a) Wie groß ist die Induktivität L der Spule, wenn die Flussdichte im Eisenkern 1,2 T beträgt?
b) Wie groß wird die Selbstinduktionsspannung beim Abschalten, wenn der Strom in 1/100 s auf null absinkt?

Lösung:

a) $L = \dfrac{N^2}{R_m} \bigg| R_m = \dfrac{l}{\mu A} = \dfrac{l}{\mu_0 \mu_r A}$ aus (25) und (26)

$$L = \frac{N^2 \cdot \mu_0 \cdot \mu_r \cdot A}{l}$$

$$\mu_0 \mu_r = \frac{B_0}{H} \cdot \frac{B}{B_0} = \frac{B}{H} \quad \text{aus (27) und (28)}$$

1 Grundlagen

darin $H = 500 \frac{A}{m}$ für $B = 1{,}2$ T
aus der Magnetisierungskurve Bild 34.

$$\mu_0\mu_r = \frac{1{,}2 \cdot 10^{-6} \frac{Vs}{m^2}}{500 \frac{A}{m}} = 2400 \cdot 10^{-6} \frac{Vs}{Am}$$

$$L = \frac{2\,200^2 \cdot 2\,400 \cdot 10^{-6} \frac{Vs}{Am} \cdot 8 \cdot 10^{-4} m^2}{0{,}314 \text{ m}} = 29{,}6 \text{ H beträgt die}$$

Induktivität der Spule

b) $U_g = -L \frac{\Delta I}{\Delta t}$

$\Delta I = I_{end} - I_{anfang}$ $\quad I_{anfang} = \frac{U}{R} = \frac{1\,V}{14\,\Omega}$

$\quad\quad\quad\quad\quad\quad\quad\quad\quad\quad I_{anfang} = 0{,}0715$ A

$\Delta I = 0 - 0{,}0715$ A $= -0{,}715$ A

$$U_g = -29{,}6 \frac{Vs}{A} \cdot \frac{-0{,}0715\,A}{0{,}01\,s} = 212 \text{ V Abschaltspannung}$$

Angewendet wird die hohe Abschaltspannung einer Selbstinduktionsspule z.B. bei der Kraftfahrzeugzündung (Zündspule). Beim Öffnen des Unterbrecherkontakts entsteht eine Zündspannung von etwa 15 000 V.
Bei Wechselstrom wirkt die Selbstinduktionsspule als „Drosselspule". Der langsame Stromanstieg bewirkt, dass der Strom I wegen des raschen Wechselns der Polarität nicht auf seinen Endwert ansteigen kann. I bleibt daher stets unter dem Wert U/R_{Spule}, d.h. die Spule hat bei Wechselspannung scheinbar einen höheren Widerstand als bei Gleichspannung. Sie wirkt auf den Wechselstrom „drosselnd" (siehe 1.8.5).

1.6.4 Induktionsstrom, Lenz'sche Regel

Bewegt man einen Magneten in einer kurzgeschlossenen (oder mit einem Verbraucher belasteten) Spule, dann treibt die induzierte Spannung einen Strom I (Induktionsstrom). Dieser erzeugt ebenfalls ein Magnetfeld, den Spulenfluss Φ_{sp}.

Beim Hineinbewegen (Bild 40a) steigt der Magnetfluss in der Spule durch das Eindringen von Φ_m an. Der vom Induktionsstrom erzeugte Spulenfluss Φ_{sp} ist ein Gegenfluss, der entgegengesetzt zum eindringenden Fluss Φ_m zeigt. Der Gegenfluss sucht die Induktionsursache, das Ansteigen des Magnetflusses zu behindern.

Beim Herausbewegen (Bild 40b) geht der Magnetfluss in der Spule durch das Herausnehmen von Φ_m zurück. Die Polarität der induzierten Spannung und damit die Richtung des Induktionsstromes I und des Spulenflusses Φ_{sp} kehren sich um. Φ_{sp} wird dadurch zum Mitfluss, der ebenso zeigt wie der herausbewegte Fluss Φ_m. Der Mitfluss sucht die Induktionsursache, den Rückgang des Magnetflusses, zu behindern.

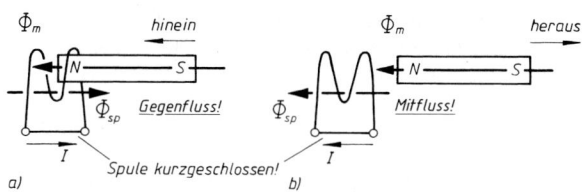

Bild 40. Induktionsstrom bei Induktion durch Bewegung
a) beim Ansteigen
b) beim Rückgang des Magnetflusses

Behinderungsregel (Lenz'sche Regel)
Induzierte Größen suchen ihre Ursache, d. h. den Flussanstieg bzw. -rückgang, zu behindern.

Die Behinderungsregel gilt wegen des Energieprinzips: bei Unterstützung statt Behinderung würde Energie aus dem Nichts entstehen.

Bei gegenseitiger Induktion nach Bild 38 würde bei kurzgeschlossener Spule 2 von der induzierten Spannung U_g ebenfalls ein Induktionsstrom I getrieben, der den Flussanstieg bzw. -rückgang durch Bildung eines Gegen- bzw. Mitflusses behindern würde.

Als Wirbelstrom bezeichnet man einen Induktionsstrom, der durch Magnetflussänderung in einer geschlossenen Metallmasse entsteht. Wenn z.B. eine von Wechselstrom durchflossene Wicklung (Spule 1) einen massiven Eisenkern magnetisiert, dann induziert die dauernde Änderung des Magnetflusses $\Phi_\sim$ in dem als kurzgeschlossene Spule 2 wirkenden Eisenkern einen starken Wirbelstrom I_i, der das Eisen erwärmt und somit Verluste hervorruft. Durch Zusammensetzen des Kerns aus einzelnen durch Papier oder Lack elektrisch voneinander isolierten Blechen (Bild 41) wird die Wirbelstrombahn unterbrochen und die Wirbelstromverlustleistung auf etwa $1/N^2$ herabgesetzt (N Blechanzahl). Genormte Blechstärken sind 1,0; 0,75; 0,5 und 0,35 mm. Eine weitere Herabsetzung der Wirbelströme in Eisen wird durch Legierung mit Silicium (Si) erreicht (Dyn. Bl. II ... IV).

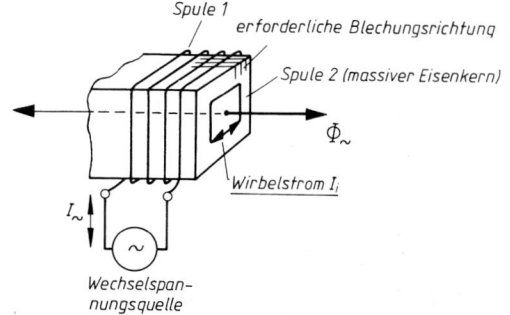

Bild 41. Wirbelstrom in einem massiven Eisenkern

Durch Si wird außerdem das dauernde Umklappen der Molekularmagnete erleichtert, das bei Wechselstrom ebenfalls Verluste und Erwärmung hervorruft (Gefügereibung, siehe 1.5.2).

Angewendet wird der Wirbelstrom z.B. bei der induktiven Erwärmung (Induktionsofen). Das zu erwärmende Metall wird in ein Magnetfeld von höherer Frequenz (z.B. 1 000 kHz) gebracht, das in ihm starke Wirbelströme induziert und das Metall erhitzt. Bei kurzer Aufheizdauer und sofortiger Abschreckung ist Oberflächenhärtung möglich, weil der Wirbelstrom praktisch nur in der Oberflächenzone fließt und diese zuerst erwärmt (Stromverdrängungseffekt).

1.6.5 Spannungserzeugung im geraden Leiter

Regel: Kraftwirkung zwischen Magnetfeld und bewegter elektrischer Ladung
Auf jede elektrische Ladung (z.B. Elektron), die quer zum Magnetfeld bewegt wird, übt das Feld eine Kraft aus, die rechtwinklig auf der Bewegungs- und der Magnetfeldrichtung steht.

Bewegt man einen geraden Leiter durch ein Magnetfeld von der Flussdichte B mit der Geschwindigkeit v, tritt zwischen seinen Enden eine elektrische Spannung U_g auf. Grund: Die im Leiter vorhandenen Leitungselektronen nehmen an der Bewegung des Leiters teil, wobei auf sie vom Magnetfeld eine Kraft F rechtwinklig zur Bewegungs- und Magnetfeldrichtung, also in Längsrichtung des Leiters, ausgeübt wird. Da die Elektronen im Leiter frei verschiebbar sind, wird die Elektronendichte an dem einen Leiterende größer, am anderen kleiner: Spannung U_g.

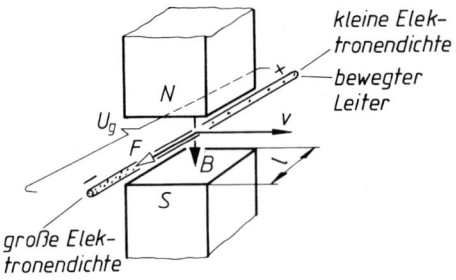

Bild 42. Spannungserzeugung im geraden Leiter

Regel: „Feldlinienschneiden"
„Schneidet" ein Leiter magnetische „Feldlinien", dann wird in ihm eine Spannung induziert.

„Feldlinienschneiden" bedeutet: Bewegung durchs Magnetfeld rechtwinklig zu dessen Linienrichtung.

$$U_g = Blv$$

U_g	B	l	v
V	$\dfrac{Vs}{m^2}$	m	$\dfrac{m}{s}$

(33)

(Induktionsgesetz beim „Feldlinienschneiden")

l wirksame Länge des Leiters im Magnetfeld; v Relativgeschwindigkeit zwischen Feld und Leiter.

■ **Beispiel:**
Ein Leiter befindet sich auf einer Länge von 60 cm in einem Magnetfeld von der Flussdichte 1,2 T. Er wird mit einer Geschwindigkeit von 5 m/s rechtwinklig zur Feldrichtung bewegt. Welche Spannung entsteht dabei im Leiter?

Lösung:
$$U_g = Blv = 1{,}2\,\frac{Vs}{m^2}\cdot 0{,}6\,m\cdot 5\,\frac{m}{s} = 3{,}6\,V \quad \text{Spannung zwischen den Leiterenden.}$$

Angewendet wird das Induktionsgesetz in dieser Form z.B. beim Gleichstromgenerator, bei dem die Ankerdrähte von der Länge l mit der Geschwindigkeit v im Magnetfeld B gedreht werden, wobei die Spannung U_g induziert wird (siehe 2.5.1).

1.6.6 Kraft auf geraden Leiter im Magnetfeld, Feldlinienballung

Bewegt man die Elektronen in einem ruhenden Leiter durch ein Magnetfeld, indem man einen Strom I hindurchschickt, dann übt das Feld auf jedes bewegte Elektron eine Kraft rechtwinklig zur Bewegungs- und Feldrichtung aus. Da die Elektronen den Leiter nicht quer zu dessen Längsachse verlassen können, drücken sie alle zusammen auf die Leiterwand mit der Gesamtkraft F. Kraft F auf stromdurchflossenen geraden Leiter im Magnetfeld:

$$F = BlI$$

F	B	l	I
N	$\dfrac{Vs}{m^2}$	m	A

(34)

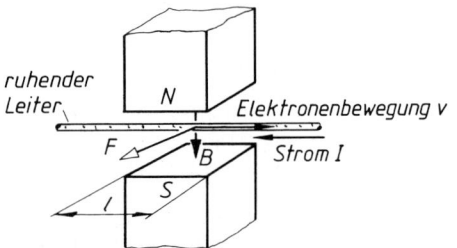

Bild 43. Kraft auf stromdurchflossenen geraden Leiter im Magnetfeld

l wirksame Länge des Leiters im Magnetfeld; F Kraft zwischen Leiter und Feld.

■ **Beispiel:**
Ein Leiter befindet sich auf einer Länge von 60 cm in einem Magnetfeld von der Flussdichte 1,2 T. Er wird vom Strom 25 A durchflossen. Wie groß ist die Kraftwirkung zwischen Feld und Leiter?

1 Grundlagen

Lösung:

$$F = BIl = 1{,}2 \, \frac{Vs}{m^2} \cdot 0{,}6 \, m \cdot 25 \, A = 18 \, N$$

Angewendet wird diese Kraftwirkungsgleichung z.B. beim Gleichstrommotor, bei dem die Kraft F auf die vom Strom I durchflossenen Ankerdrähte von der Länge l im Magnetfeld B ausgeübt wird. Aus Kraft F und Hebelarm (Wirkabstand) r ergibt sich das Drehmoment $M = Fr$ des Motors (siehe 2.6.1).

Die Richtung der Kraft ergibt sich aus der Strom- und der Magnetfeldrichtung nach der

Ballungsregel
Der stromdurchflossene Leiter sucht der Feldlinienballung auszuweichen.

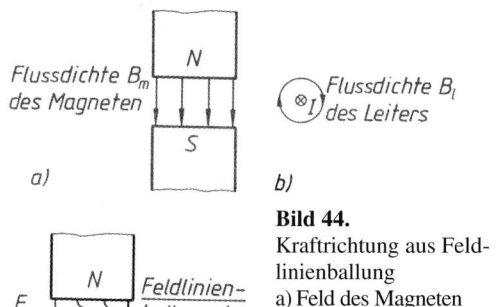

Bild 44. Kraftrichtung aus Feldlinienballung
a) Feld des Magneten allein
b) Feld des Leiters allein
c) Gesamtfeld mit Ballung

Das Feld des Magneten (a) und das Feld des stromdurchflossenen Leiters (b) setzen sich zusammen zum resultierenden Gesamtfeld (c), das rechts vorn Leiter Feldlinienballung zeigt. Der Leiter sucht nach links auszuweichen.

Das gleiche Ergebnis liefert die

Rechtehandregel
Hält man die rechte Hand so, dass die Magnetfeldlinien in ihre Innenfläche eintreten und der abgespreizte Daumen in Stromrichtung zeigt, dann geben die gestreckten Finger die Richtung der Kraft an.

1.7 Elektrisches Feld

1.7.1 Kondensator, Kapazität

Ein Kondensator besteht im einfachsten Fall aus zwei voneinander isolierten Metallplatten, die einander gegenüberstehen (Bild 45).

a) Im ungeladenen Zustand haben beide Platten gleiche Elektronendichte.
b) Die Aufladung erfolgt durch eine Batterie, die das elektrische Gleichgewicht zwischen beiden Platten stört, indem sie Elektronen von der einen in die andere Platte drückt. Der Ladestrom hört auf, wenn die Kondensatorspannung U gleich der Quellenspannung U_q geworden ist.
c) Im geladenen Zustand speichert der Kondensator elektrische Energie, weil der Elektronendruckunterschied $U = U_q$ zwischen beiden Platten sich wegen der Isolation nicht ausgleichen kann.
d) Die Entladung erfolgt z.B. über einen Kurzschluss. Die Überschusselektronen der Minusplatte strömen wieder zurück, bis beide Platten wieder gleiche Elektronendichte haben.

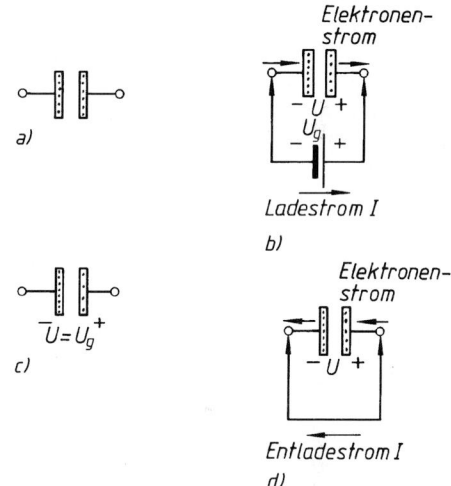

Bild 45. Kondensator bei Gleichspannung
a) ungeladen
b) Aufladung
c) geladen
d) Entladung

Als Kapazität C eines Kondensators bezeichnet man den Quotienten aus der elektrischen Ladung Q und der elektrischen Spannung U:

$$C = \frac{Q}{U} = \frac{It}{U} \qquad \begin{array}{c|c|c|c} C & Q & U & I \\ \hline \frac{As}{V} = F & As & V & A \end{array} \qquad (35)$$

$Q = It$ ist die elektrische Ladung (= Elektrizitätsmenge), die von der einen in die andere Platte geschoben wird.

Die Einheit der Kapazität C ist: $1 \, \frac{As}{V} = 1 \, Farad = 1 \, F$.

■ **Beispiel:**
Bei einem Kondensator fließt ein Ladestromstoß von 24 μAs, wenn eine Spannung von 6 V angelegt wird.

a) Welche Kapazität hat der Kondensator?
b) Welche elektrische Energie speichert er dabei?

Lösung:

a) $C = \dfrac{Q}{U} = \dfrac{24 \cdot 10^{-6} \text{ As}}{6 \text{ V}} = 4 \cdot 10^{-6} \text{ F} = 4\mu\text{ F}$ Kapazität

b) $W = U_{\text{mittel}} I t$

$U_{\text{mittel}} = \dfrac{U}{2}$ weil die Spannung bei der Entladung vom Anfangswert U auf null absinkt

$W = \dfrac{6}{2}$ V $\cdot$ 24 $\cdot$ 10^{-6} As = 72 $\cdot$ 10^{-6} Ws = 72 μWs gespeicherte Energie bei 6 V Spannung

Bei Parallelschaltung von Kondensatoren ist die Gesamtkapazität C_{ges} gleich der Summe der Einzelkapazitäten:

$$C_{\text{ges}} = C_1 + C_2 + \ldots \text{ beliebig viele} \quad (36)$$

Bei Reihenschaltung von Kondensatoren ist der Kehrwert $1/C_{\text{ges}}$ der Gesamtkapazität gleich der Summe der Kehrwerte der Einzelkapazitäten:

$$\dfrac{1}{C_{\text{ges}}} = \dfrac{1}{C_1} + \dfrac{1}{C_2} + \ldots \text{ beliebig viele} \quad (37)$$

Gesamtkapazität bei 2 Kondensatoren in Reihe:

$$C_{\text{ges}} = \dfrac{C_1 C_2}{C_1 + C_2} \quad (38)$$

Bei Reihenschaltung verhalten sich die einzelnen Spannungsfälle umgekehrt wie die Kapazitätswerte, d. h. am kleinsten Kondensator liegt der größte Teil der Gesamtspannung.

1.7.2 Größen des elektrischen Feldes

Das elektrische Feld ist ein Zustand des Raumes zwischen den beiden Platten eines geladenen Kondensators, der sich z.B. durch Kraftwirkungen auf elektrisch geladene Teilchen äußert. Zwischen den positiven Ladungen der + Platte und den negativen Ladungen der – Platte verlaufen „elektrische Feldlinien", d.h. der Raum ist lückenlos durchsetzt mit Linien- und Zeigerichtung (vgl. Magnetfeld 1.5.1). Elektrisches und magnetisches Feld sind von völlig verschiedener Art. Sie haben jedoch *formal* große Ähnlichkeit miteinander (siehe 1.5.1 und 1.5.7).

Der elektrische Fluss Ψ lässt sich als „Gesamtzahl aller elektrischen Feldlinien" zwischen den voneinander getrennten elektrischen Ladungen auffassen. Seine Größe lässt sich angeben durch die Anzahl der verschobenen Elektronen, d.h. durch die Größe der elektrischen Ladung $Q = It$:

Elektrischer Fluss Ψ = verschobene elektrische Ladung Q

$\Psi = Q = It$

Ψ	Q	It
	As	

(38)

Die Einheit der elektrischen Ladung ist das Coulomb C : 1 C = 1 As.

Die elektrische Flussdichte D lässt sich als „Anzahl der elektrischen Feldlinien je m^2 Feldraumquerschnitt" auffassen.

$$\text{Elektrische Flussdichte } D = \dfrac{\text{elektrischer Fluss } \Psi}{\text{Fläche } A}$$

$D = \dfrac{\Psi}{A}$

D	Ψ	A
$\dfrac{\text{As}}{\text{m}^2}$	As	m^2

(40)

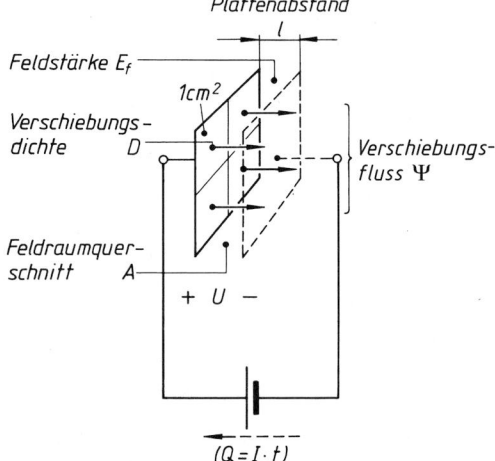

Bild 46. Elektrische Feldgrößen am Beispiel des Plattenkondensators

Die elektrische Feldstärke E_f lässt sich als „elektrische Spannung je m Feldlinienweg" auffassen.

$$\text{Elektrische Feldstärke} = \dfrac{\text{Spannung } U}{\text{Feldlinienlänge } l}$$

$E_f = \dfrac{U}{l}$

E_f	U	l
$\dfrac{\text{V}}{\text{m}}$	V	m

(41)

l Feldlinienlänge = Abstand der Plattenoberflächen.

Die Permittivität ϵ verknüpft Feldstärke und elektrische Flussdichte:

elektrische Flussdichte D = Permittivität ϵ · Feldstärke E_f

$D = \epsilon E_f = \epsilon_0 \epsilon_r E_f$

D	ϵ, ϵ_0	ϵ_r	E_f
$\dfrac{\text{As}}{\text{m}^2}$	$\dfrac{\text{As}}{\text{Vm}}$	1	$\dfrac{\text{V}}{\text{m}}$

(42)

1 Grundlagen

Die elektrische Feldkonstante ϵ_0 (Influenzkonstante) ist das Verhältnis der elektrischen Flussdichte D_0 im leeren Raum zur Feldstärke E_f:

$$\epsilon_0 = \frac{D_0}{E_f} = 8{,}86 \cdot 10^{-12} \, \frac{As}{Vm}$$

Die Permittivitätszahl ϵ_r ist das Verhältnis der elektrischen Flussdichte D in Material und Raum zu D_0 im leeren Raum:

$$\epsilon_r = \frac{D}{D_0} \quad \text{(reine Vergleichszahl)}$$

Eine Gegenüberstellung der elektrischen und der magnetischen Feldgrößen zeigt die *formale* Ähnlichkeit beider Feldarten:

elektrisch			magnetisch
elektrischer Fluss	Ψ in As	Φ in Vs	magnetischer Fluss
elektrische Flussdichte	D in $\frac{As}{m^2}$	B in $\frac{Vs}{m^2}$	magnetische Flussdichte
elektrische Feldstärke	E_f in $\frac{V}{m}$	H in $\frac{A}{m}$	magnetische Feldstärke
Permittivität	ϵ in $\frac{As}{Vm}$	μ in $\frac{Vs}{Am}$	Permeabilität
elektrische Feldkonstante	ϵ_0 in $\frac{As}{Vm}$	μ_0 in $\frac{Vs}{Am}$	magnetische Feldkonstante
Permittivitätszahl	ϵ_r in $\frac{As}{Vm}$	μ_r in $\frac{Vs}{Am}$	Permeabilitätszahl
Kapazität	C in $\frac{As}{V}$	L in $\frac{Vs}{A}$	Induktivität

Beispiel für Größen des elektrischen Feldes siehe 1.7.3.

1.7.3 Kapazität in Abhängigkeit von Isoliermaterial und Baugröße

Im Isoliermaterial ruft die elektrische Feldstärke eine Ausrichtung der „molekularen Dipole" (Teilchen mit + und – Pol) hervor, die der Ausrichtung der Molekularmagnete im Magnetfeld entspricht. Diese als „elektrische Polarisation" bezeichnete Erscheinung geht ebenfalls unter Gefügereibung vor sich (vgl. 1.5.2). Bei Wechselspannung verursacht dies Erwärmung durch die sogenannten „dielektrischen Verluste" (vgl. Verluste durch dauerndes Umklappen der Molekularmagnete, 1.5.2).

Tabelle 5. Permittivitätszahl ϵ_r und Durchschlagsfestigkeit $E_{f\max}$ von Isolierstoffen (mittlerer Wert bei 50 Hz)

Stoff	ϵ_r	$E_{f\max}$ $\frac{kV}{mm}$
Aluminiumoxid	8,5	1 000
Aceton	21	–
Clophen	5	20
Epsilan	bis 7 000	–
Glas	6	20 ... 40
Glimmer	7	25
Hartgewebe	6	18
Kondensa C und F	70	15
Kondensa N	40	–
Luft	1	3
Mineralöl	2,2	8
Papier, getränkt für Kondensatoren	2 ... 5	20 ... 200
Trolitax	5	15
Polystrol (Styroflex)	2,4	100
Porzellan	6	32
Schellack	3	–
Silicone	3 ... 9	–
Steatit	6	25
Tempa S	15	15
Vakuum	1	–
Wasser destilliert	80	–

Durch Ausfüllen des Feldraumes zwischen den Kondensatorplatten mit Isolier*material* (statt Luft) ergibt sich eine größere Kapazität bei gleicher Baugröße, weil die Isolierstoffe höhere Permittivitätszahlen ϵ_r haben als Luft. Außerdem wird die zulässige Spannung höher, weil die Isolierstoffe eine größere Durchschlagsfestigkeit $E_{f\max}$ haben als Luft.

Die Kapazität C eines Kondensators ist um so größer, je größer seine Plattenfläche A, je kleiner sein Plattenabstand l und je größer die Permittivität ϵ seines Isoliermaterials ist (siehe Bild 46); sie hängt also von Baugröße und Isoliermaterial ab:

$$C = \frac{\epsilon_0 \epsilon_r A}{l} \qquad \frac{C}{\frac{As}{V} = F} \; \frac{\epsilon_0 \; \epsilon_r}{\frac{As}{Vm} \; 1} \; \frac{A}{m^2} \; \frac{l}{m} \qquad (43)$$

A Plattenfläche = Feldraumquerschnitt zwischen den Platten; l Plattenabstand = Abstand der Plattenoberflächen.

■ **Beispiel:**
Ein Kondensator besteht aus zwei Metallfolien von je 4,5 m Länge und 40 mm Breite, die durch zwei Lagen mit Clophen getränkten Papiers von je 8 μm Dicke getrennt sind (Wickelkondensator, siehe 1.7.4).

a) Wie groß ist die Kapazität des Kondensators, wenn die Permittivitätszahl des Papiers $\epsilon_r = 5$ beträgt?
b) Wie groß ist die elektrische Beanspruchung des Papiers, wenn 160 V Gleichspannung angelegt werden?
c) Welche elektrische Flussdichte und welcher elektrischer Fluss stellen sich bei dieser Spannung ein?
d) Welche Kapazität ergibt sich aus elektrischem Fluss und Spannung?

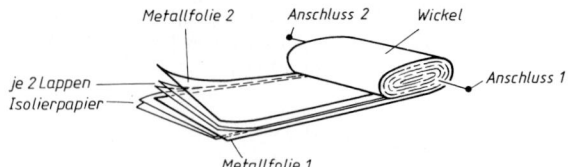

Bild 47. Wickelkondensator

Der MP-Kondensator (Metallpapier-K.) hat keine Metallfolien, sondern der Metallbelag wird durch eine nur etwa 0,07 μm dicke Zinkschicht gebildet, die auf das lackierte Isolierpapier im Vakuum einseitig aufgedampft ist. Durch Aufeinanderwickeln zweier metallisierter Papierbahnen wird meist unter Zwischenlegen einer oder mehrerer Lagen metallfreien Papiers ein Wickel ähnlich Bild 47 hergestellt. Der Hauptvorteil des MP-Kondensators ist seine „Selbstheilung", d.h. bei einem Durchschlag brennt die äußerst dünne Metallschicht rund um die Durchschlagsstelle weg, so dass kein Kurzschluss zurückbleibt und der Kondensator weiterhin einwandfrei ist. Ein Metallfolienkondensator dagegen hat nach einem Durchschlag Kurzschluss und ist damit unbrauchbar. Der MP-Kondensator verträgt bei Wechselspannung 50 Hz knapp die Hälfte der angegebenen Betriebsgleichspannung.
Anwendung, wenn es auf hohe Betriebssicherheit ankommt.

Lösung:

a) $C = \dfrac{\epsilon_0 \epsilon_r A}{l}$

$A = 2 \cdot 4,5 \text{ m} \cdot 0,04 \text{ m} = 0,36 \text{ m}^2$ (Faktor 2 wegen *beidseitiger* Ausnutzung der Plattenflächen beim Wickel!)

$C = \dfrac{8,86 \cdot 10^{-12} \dfrac{\text{As}}{\text{Vm}} \cdot 5 \cdot 0,36 \text{ m}^2}{16 \cdot 10^{-6} \text{m}} = 1 \cdot 10^{-6} \text{F} = 1\mu\text{F}$ Kapazität

b) $E_f = \dfrac{U}{l} = \dfrac{160 \text{ V}}{16 \cdot 10^{-6} \text{m}} = 1000 \dfrac{\text{kV}}{\text{m}} = 10 \dfrac{\text{kV}}{\text{mm}}$

elektrische Beanspruchung = Feldstärke

c) $D = \epsilon_0 \epsilon_r E_f = 8,86 \cdot 10^{-12} \dfrac{\text{As}}{\text{Vm}} \cdot 5 \cdot 1000 \cdot 10^3 \dfrac{\text{V}}{\text{m}}$

$D = 443 \cdot 10^{-6} \dfrac{\text{As}}{\text{m}^2}$ elektrische Flussdichte

$D = \dfrac{\Psi}{A}$; $\Psi = D A = 443 \cdot 10^{-6} \dfrac{\text{As}}{\text{Vm}} \cdot 0,36 \text{ m}^2$

$\Psi = 0,16 \cdot 10^{-3}$ As
elektrischer Fluss = verschobene Ladung

d) $C = \dfrac{Q}{U}$

$Q = \Psi = 0,16 \cdot 10^{-3}$ As

$C = \dfrac{0,16 \cdot 10^{-3} \text{As}}{160 \text{ V}} = 1 \cdot 10^{-6} \dfrac{\text{As}}{\text{V}} = 1\mu\text{F}$

Kapazität wie bei a)

Beim ML-Kondensator (Metall-Lack-K.) wird der eine Belag durch eine beidseitig lackierte Aluminium-Trägerfolie gebildet. Auf die Lackschichten sind wie beim MP-Kondensator dünne Metallschichten aufgedampft, die miteinander verbunden den zweiten Belag bilden. Vorteile: selbstheilend, hohe zeitliche Konstanz des Kapazitäts- und Isolationswertes, Baugröße nur etwa ein Drittel vom MP.

Der Kondensator mit Kunststoffisolation hat anstelle von Papierbahnen solche aus Polystyrol zwischen den Aluminiumfolien. Vorteil: besonders hoher Isolationswiderstand und nur kleine dielektrische Verluste (siehe 1.7.3). Angewendet bei hochohmigen Schaltungen und höheren Frequenzen.

1.7.4 Wickelkondensatoren

Der Papierkondensator mit Metallfolien (gewöhnlicher Papierkondensator) wird als Wickelkondensator aus zwei dünnen Aluminiumfolien hergestellt, die durch mindestens je zwei Lagen Isolierpapier getrennt sind. Das Papier ist mit Öl, Clophen oder Wachs getränkt (höhere Durchschlagsfestigkeit, größeres ϵ). Papier-Doppellagen wegen Fehlerstellen des Papiers. Für größere Kapazitätswerte werden mehrere Wickel parallel geschaltet und in einem gemeinsamen Metallbecher untergebracht. Angewendet wird der Papierkondensator bei Gleich- und Wechselspannung (siehe 1.8.8 und 2.10.3). Zu beachten ist, dass bei Wechselspannung 50 Hz nur etwa ein Drittel der angegebenen Betriebsgleichspannung zulässig ist.

1.7.5 Elektrolytkondensatoren

Beim Elektrolytkondensator werden zwei Aluminiumfolien aufgewickelt, zwischen denen je eine Bahn verhältnismäßig dicken saugfähigen Papiers liegt. Das Papier ist mit einer elektrolytisch leitenden Flüssigkeit getränkt. Bei Anlegen einer Gleichspannung bildet sich auf der positiven Folie eine sehr dünne Aluminiumoxidschicht (Al_2O_3), die eine hohe Durchschlagsfestigkeit (1 000 kV/mm) und eine große Permittivität ($\epsilon_r = 8,5$) hat (siehe Tabelle 5). Die Isolierschicht wird dabei nicht durch das (elektrolytisch leitende) Papier gebildet, sondern durch die sehr dünne Al_2O_3-Schicht mit großem ϵ; große Kapazität

1 Grundlagen

bei kleiner Baugröße. Beim Anschließen ist die Polarität zu beachten, sonst Zerstörung des Kondensators! Beim *bipolaren* Elektrolytkondensator ist die Polarität gleichgültig. Der sogenannte NV-Elko (Niedervolt-Elektrolytkondensator) wird bis etwa 100 V$_\sim$, der HV-Elko (Hochvolt-) bis etwa 550 V$_\sim$ hergestellt. Anwendung, wenn ein billiger Kondensator hoher Kapazität bei kleiner Baugröße erforderlich ist. Für Wechselspannung nur in Ausnahmefällen und bei sehr niedriger Spannung brauchbar. Der *Tantal-Kondensator* ist ebenfalls ein Elektrolytkondensator, bei dem Tantal anstelle von Aluminium verwendet wird. Noch erheblich kleiner, aber viel teurer.

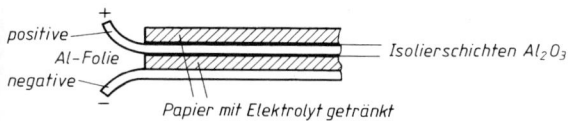

Bild 48. Anordnung der Folien beim Elektrolytkondensator

1.7.6 Sonstige Kondensatoren

Keramische Kondensatoren bestehen aus Scheiben, Röhrchen oder Töpfen aus einer keramischen Masse, die auf beiden Seiten je einen Silberbelag tragen. Die Massen haben entweder kleine dielektrische Verluste bei niedrigeren ε-Werten (Tempa, Calit) oder große ε-Werte bei höheren Verlusten (Kondensa, Epsilan), so dass mit ihnen entweder besonders verlustfreie Kondensatoren oder solche besonders kleiner Baugröße hergestellt werden können. Anwendung in der Hochfrequenztechnik.

Als einstellbare Kondensatoren werden *Drehkondensatoren* zur Kapazitätsänderung im Betrieb, und *Trimmerkondensatoren* zur einmaligen Einstellung mittels Werkzeug verwendet.

1.7.7 Körper-, Leitungs- und Wicklungskapazität

Jeder Körper hat eine Kapazität gegen Erde, Zimmerwände usw. Eine Metallkugel z.B. hat eine Kapazität gegen Erde, die um so höher ist, je größer die Kugel und je näher sie der Erde (Fußboden, Wasserleitung usw.) ist. Kapazität bedeutet auch hier, dass man je Volt angelegter Spannung eine bestimmte Elektronenmenge (Ladung Q) auf die Kugel bringen oder von ihr abziehen kann (– bzw. + Ladung). Die Adern einer Leitung haben gegeneinander und gegen Erde eine bestimmte Kapazität. Sie wirken wie die voneinander isolierten Platten eines Plattenkondensators: Leitungskapazität. Man kann eine nicht belastete Leitung mit einer Spannung aufladen. Sie hält diese Ladung je nach Güte ihrer Isolation mehr oder weniger lange (Vorsicht: abgeschaltete Leitung kann noch geladen sein).
Die Drähte einer Spule haben ebenfalls gegeneinan-

der eine Kapazität, die sich jedoch meist erst bei höheren Frequenzen bemerkbar macht.

1.8 Wechselstrom

1.8.1 Erzeugung einer sinusförmigen Wechselspannung

Eine Wechselspannung hat die Eigenschaft, dass sie dauernd ihre Polarität ändert. Bei der *periodischen* Wechselspannung sieht der nächste Kurvenzug wieder genau so aus, wie der vorhergehende. Die *sinusförmige* Wechselspannung wird in der Praxis am häufigsten verwendet, weil sie die geringsten Verluste in elektrischen Maschinen und Transformatoren hervorruft.

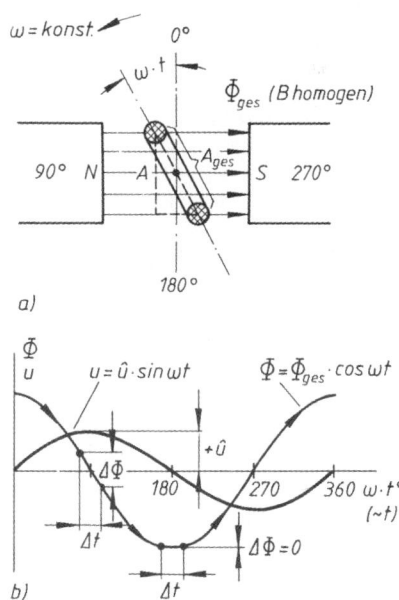

Bild 49. Theoretische Erzeugung einer sinusförmigen Wechselspannung
a) Schnittbild einer im Magnetfeld gedrehten Spule,
b) Magnetfluss- und Spannungsverlauf in der Spule

Dreht man eine Spule von der Fläche A_{ges} nach Bild 49 im homogenen Magnetfeld B, dann ändert sich der von der Spule umfasste Teil Φ des Gesamtflusses Φ_{ges} cosinusförmig mit dem Drehwinkel ωt, weil die Projektionsfläche $A = A_{ges} \cos \omega t$ und $BA = BA_{ges} \cos \omega t = \Phi_{ges} \omega t$ ist. Bei Drehung mit konstanter Winkelgeschwindigkeit ω induziert die cosinusförmige Magnetflussänderung in der Spule die sinusförmige Wechselspannung $u = \hat{u} \sin \omega t$. Bei 90° Drehwinkel ist die Flussabnahme $\Delta\Phi/\Delta t$ am größten, die induzierte Spannung u hat dabei ihren Scheitelwert $+\hat{u}$. Bei 270° maximaler Zunahme von Φ, daher $-\hat{u}$. Bei 0°, 180° und 360° ist $\Delta\Phi/\Delta t = 0$ (horizontaler Flussverlauf) und daher $u = 0$.

Bei Drehung einer Spule im Magnetfeld wird in denjenigen Stellungen die höchste Spannung induziert, in denen der Magnetfluss in der Spule durch null geht. Dort werden die meisten Feldlinien geschnitten.

1.8.2 Frequenz und Drehzahl

Frequenz f = Periodenzahl pro Sekunde (Bild 50)

$$\text{Einheit}: 1\frac{\text{Periode}}{\text{Sekunde}} = 1\,\text{Hertz} = 1\,\text{Hz} = \frac{1}{s}$$

Gebräuchliche Frequenzen der Elektrotechnik:
$16\tfrac{2}{3}$ Hz für elektrische Bahnen; 50 Hz für Licht- und Kraftnetze; 50 Hz ... 20 kHz tonfrequente Wechselströme; 100 kHz ... 100 MHz Funksender; 100 MHz bis über 30000 MHz für Fernsehen, drahtloses Fernsprechen, Radar usw.

Günstigste Frequenz für Licht- und Kraftnetze:
Bei der Frequenz 50 Hz des technischen Wechselstroms lässt sich die elektrische Energie am wirtschaftlichsten übertragen.

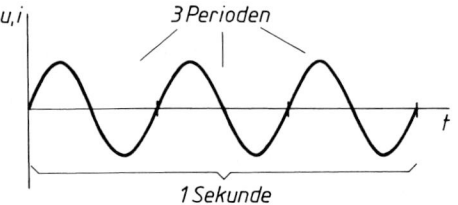

Bild 50. Sinusförmiger Verlauf mit der Frequenz 3 Hertz

Für die praktische Erzeugung sinusförmigen Wechselstroms verwendet man die schematisch dargestellten Wechselstromgeneratoren. Ein über Schleifringe mit dem Erregergleichstrom I_e erregtes Polrad wird in der Ständerwicklung durch mechanischen Antrieb gedreht. Dadurch wird in dieser die Wechselspannung U mit der Frequenz f induziert.
Zwischen der *Drehzahl n* und der *Frequenz f* besteht bei Wechselstrom die konstante Beziehung:

$$n = \frac{60\,\dfrac{s}{\min}\,f}{p} \qquad \begin{array}{c|c|c} n & f & p \\ \hline \min^{-1} & \text{Hz}=\dfrac{1}{s} & 1 \end{array} \qquad (44)$$

(gilt für Wechsel- und Drehstrommaschinen)
p Pol*paar*zahl der Maschine

Die Maschine mit $p = 1$ (Bild 51a) muss als Generator mit $n = 3000$ 1/min angetrieben werden, wenn sie die Frequenz $f = 50$ Hz liefern soll, die mit $p = 2$ (Bild 51b) mit $n = 1500$ 1/min für $f = 50$ Hz. Bei Verwendung als Motoren liefern diese Maschinen Drehzahlen von 3000 bzw. 1500 1/min, wenn sie in das Wechselstromnetz von der Frequenz 50 Hz angeschlossen werden. *Drehzahlreihe* normaler Wechsel- und Drehstrommaschinen bei $f = 50$ Hz: 3000, 1500, 1000, 750, 600, 500 1/min usw. je nach Polpaarzahl.

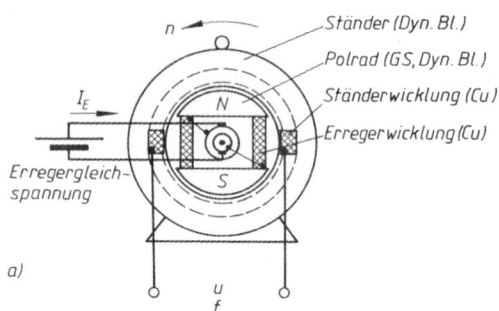

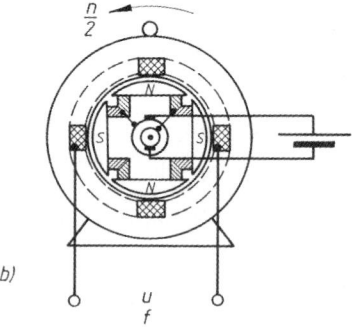

Bild 51. Schematischer Aufbau von Wechselstromgeneratoren
a) Maschine mit 1 Polpaar,
b) mit 2 Polpaaren

1.8.3 Effektivwert

Da sich die *Momentanwerte* u, i bei Wechselstrom dauernd ändern zwischen den *Scheitelwerten* $\pm\hat{u}$, $\pm\hat{\imath}$, gibt man die Volt- bzw. Amperezahl für den *Effektivwert* U, I an.
Der Effektivwert ist der Wirkungs- oder Leistungsmittelwert (quadratischer Mittelwert). Eine Wechselspannung bzw. -strom vom *Effektivwert* U bzw. I übt auf einen Ohm'schen Verbraucher die gleiche Wirkung aus wie eine Gleichspannung bzw. -strom U_- bzw. I_- von gleicher Volt- bzw. Amperezahl.

■ **Beispiel:**
Brennt eine Glühlampe bei der unbekannten Wechselspannung U genauso hell wie z.B. bei 220 V Gleichspannung, dann ist der Effektivwert dieser Wechselspannung $U = U_- = 220$ V. Entsprechendes gilt für I. *Effektivwert und Scheitelwert bei Sinusverlauf*:

$$\hat{u} = \sqrt{2}\,U \quad \text{bzw.} \quad \hat{\imath} = \sqrt{2}\,I \qquad (45)$$

$\sqrt{2}$ Scheitelfaktor der *Sinus*kurve.

1 Grundlagen

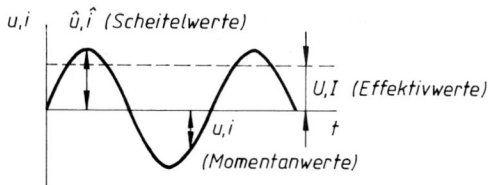

Bild 52. Bezeichnungen von Wechselstrom- und Spannungsgrößen

■ **Beispiel:**
Wie groß ist der Scheitelwert einer Wechselspannung von 220 V?

Lösung:
$\hat{u} = \sqrt{2}\,U = \sqrt{2} \cdot 220\text{ V} = 310\text{ V}$ Scheitelwert bei 220 V Effektivwert und sinusförmigem Verlauf.

1.8.4 Zeigerdiagramm

Anstelle des Sinusdiagramms wird in der Wechselstromtechnik meist das *Zeigerdiagramm* zur Darstellung sinusförmiger Verläufe benutzt. Man denkt sich dabei den Zeiger von der Länge $\hat{u}$ (bzw. $\hat{\imath}$) mit der konstanten Winkelgeschwindigkeit ω entgegen dem Uhrzeiger kreisend. Die Projektion des Zeigers $\hat{u}$ auf die u-Achse ergibt im Sinusdiagramm die jeweiligen Momentanwerte u, die über dem Drehwinkel ωt aufgetragen werden. Anstelle von $\hat{u}$ und $\hat{\imath}$ benutzt man fast immer die Effektivwerte U und I (Maßstabsänderung um den Faktor $\sqrt{2}$).

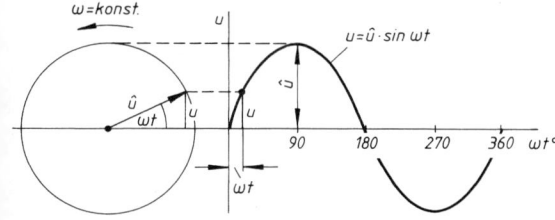

Bild 53. Zusammenhang zwischen Zeiger- und Sinusdiagramm

Die Winkelgeschwindigkeit ω (Kreisfrequenz), mit der der Zeiger kreist, ist proportional der Frequenz f:

$$\omega = 2\pi f \qquad \begin{array}{c|c} \omega & f \\ \hline \dfrac{1}{\text{s}} & \text{Hz} = \dfrac{1}{\text{s}} \end{array} \qquad (46)$$

Der vom Zeiger in 1 s überstrichene Winkel (Winkelgeschwindigkeit ω) beträgt also f mal 2π.

■ **Beispiel:**
Wie groß ist die Kreisfrequenz bei $f = 50$ Hz?

Lösung:
$\omega = 2\pi f = 2\pi \cdot 50\text{ Hz} = 314\,\dfrac{1}{\text{s}} = 314$ rad (siehe Mechanik 2.1.3).

1.8.5 Wechselstromwiderstände

Bei Wechselstrom gibt es außer dem *Wirkwiderstand* R (z.B. Ohm'scher Widerstand wie Glühlampe, Heizofen u. dgl.) noch den *induktiven Blindwiderstand* X_L (Spule) und den *kapazitiven Blindwiderstand* X_C (Kondensator). Die Zusammenschaltung von X und R ergibt den *Scheinwiderstand* Z.

Beim Wirkwiderstand R sind Spannung und Strom in Phase, d.h. beide gehen im gleichen Augenblick gleichsinnig durch null. Der Wirkwiderstand gibt alle aufgenommene elektrische Leistung in einer anderen Energieform wieder ab, z.B. als Wärme, Licht oder mechanische Energie.

Beim induktiven Blindwiderstand X_L eilt der Strom der Spannung um den Phasenwinkel $\varphi = 90°$ nach (Nacheilung: $+ 90°$), d.h. der Strom geht um 90° später gleichsinnig durch null als die Spannung. Der *Blind*widerstand gibt die aufgenommene elektrische Energie *nicht* in anderer Form wieder ab, sondern speichert sie nur in der einen Viertelperiode, um sie in der nächsten wieder als elektrische Energie an das Netz zurückzuliefern. Der *induktive* Blindwiderstand speichert in Form von magnetischer Energie, die beim Flussrückgang über den Induktionsvorgang wieder in elektrische Energie zurückverwandelt wird. Die induktive Phasenverschiebung ist bedingt durch das Induktionsgesetz (30). Zwischen dem cosinusförmig verlaufenden Magnetfluss Φ und der induzierten sinusförmigen Spannung e liegt ein Winkelunterschied von $\varphi = 90°$ (Bild 49b).
Der Betrag des induktiven Blindwiderstandes X_L ist das Produkt aus der Kreisfrequenz ω und der Induktivität L der Spule.

$$X_L = \omega L \qquad \begin{array}{c|c|c} X_L & \omega & L \\ \hline \Omega & \dfrac{1}{\text{s}} & \text{H} = \dfrac{\text{Vs}}{\text{A}} \end{array} \qquad (47)$$

X_L steigt mit wachsender Frequenz ($\omega = 2\pi f$, siehe Gl. (46)).

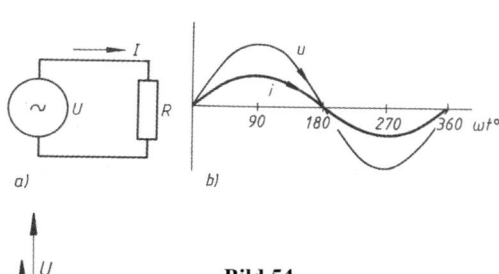

Bild 54.
Spannungs- und Stromverlauf beim Wirkwiderstand R
a) Schaltbild,
b) Sinusdiagramm,
c) Zeigerdiagramm

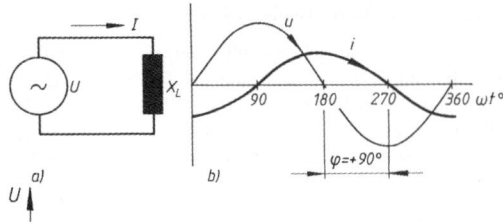

Bild 55.
Spannungs- und Stromverlauf beim induktiven Blindwiderstand X_L
a) Schaltbild,
b) Sinusdiagramm,
c) Zeigerdiagramm

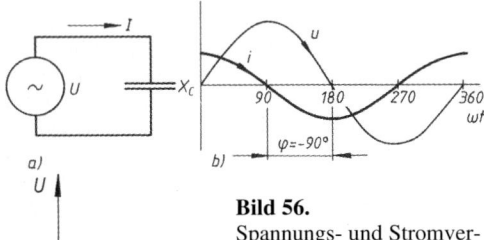

Bild 56.
Spannungs- und Stromverlauf beim kapazitiven Blindwiderstand X_C
a) Schaltbild,
b) Sinusdiagramm,
c) Zeigerdiagramm

■ **Beispiel:**
Wie groß ist der induktive Blindwiderstand einer Spule von 3 H Induktivität
a) bei 50 Hz,   b) bei 250 Hz?

Lösung:

a) $X_L = \omega L \mid \omega = 2\pi f = 2\pi \cdot 50 \text{ Hz} = 314 \frac{1}{\text{s}}$

$X_L = 314 \frac{1}{\text{s}} \cdot 3 \frac{\text{Vs}}{\text{A}} = 942 \, \Omega$ Blindwiderstand bei 50 Hz

b) $\omega = 2\pi \cdot 250 \text{ Hz} = 1570 \frac{1}{\text{s}}$

$X_L = 1570 \frac{1}{\text{s}} \cdot 3 \frac{\text{Vs}}{\text{A}} = 4710 \, \Omega$ Blindwiderstand bei 250 Hz

Beim kapazitiven Blindwiderstand X_C eilt der Strom der Spannung um den Phasenwinkel $\varphi = 90°$ voraus (Voreilung: $-90°$), d. h. der Strom geht um 90° früher gleichsinnig durch null als die Spannung. Als Blindwiderstand speichert der Kondensator die aufgenommene elektrische Energie in Form von elektrischer Feldenergie und gibt sie in der nächsten Viertelperiode beim Rückgang der Netzspannung wieder als elektrische Energie an das Netz zurück. Die kapazitive Phasenverschiebung kommt dadurch zustande, dass der Kondensatorstrom immer dann seinen Höchstwert $\hat{\imath}$ hat, wenn die Spannung sich am stärk-

sten ändert, also in den Nulldurchgängen von u (Bild 56b).
Der Betrag des kapazitiven Blindwiderstandes X_C ergibt sich aus der Kreisfrequenz ω und der Kapazität C des Kondensators:

$$X_C = \frac{1}{\omega C}$$

X_C	ω	C
Ω	$\frac{1}{\text{s}}$	$F = \frac{\text{As}}{\text{V}}$

(48)

X_C nimmt mit wachsender Frequenz ab ($\omega = 2\pi f$, siehe Gl. (46)).

■ **Beispiel:**
Welchen Blindwiderstand hat ein Kondensator von 8 μF
a) bei 50 Hz,   b) bei 250 Hz?

Lösung:

a) $X_C = \frac{1}{\omega C} \mid \omega = 314 \frac{1}{\text{s}}$ (siehe voriges Beispiel)

$X_C = \frac{1}{314 \frac{1}{\text{s}} \cdot 8 \cdot 10^{-6} \frac{\text{As}}{\text{V}}} \approx 400 \, \Omega$ Blindwiderstand bei 50 Hz

b) $\omega = 1570 \frac{1}{\text{s}}$ (siehe voriges Beispiel)

$X_C = \frac{1}{1570 \frac{1}{\text{s}} \cdot 8 \cdot 10^{-6} \frac{\text{As}}{\text{V}}} \approx 80 \, \Omega$ Blindwiderstand bei 250 Hz

Bei Reihenschaltung eines Blindwiderstandes X (z.B. induktiv) und eines Wirkwiderstandes R erzeugt der gemeinsame Strom I an X den Blindspannungsfall U_b und an R den Wirkspannungsfall U_w. Nach Bild 57b addieren sich beide geometrisch zur Gesamtspannung U:

$$U = \sqrt{U_w^2 + U_b^2}$$

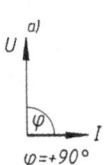

Bild 57.
Scheinwiderstand bei Reihenschaltung von X_L und R
a) Schaltbild,
b) Zeigerdiagramm

Entsprechend den Spannungen addieren sich auch der Wirkwiderstand R und der Blindwiderstand X geometrisch zum *Scheinwiderstand Z*:

$$Z = \sqrt{R^2 + X^2} \tag{50}$$

1 Grundlagen

■ **Beispiel:**
Ein Ohm'scher Widerstand von 40 Ω und ein Blindwiderstand (z.B. induktiv) von 30 Ω liegen in Reihe an 100 V Wechselspannung.
a) Wie groß ist der Scheinwiderstand der Reihenschaltung?
b) Wie groß sind Wirk- und Blindspannungsfall an den Einzelwiderständen?

Lösung:

a) $Z = \sqrt{R^2 + X_L^2} = \sqrt{40^2 + 30^2}\ \Omega = 50\ \Omega$

Scheinwiderstand (nicht 70 Ω!)

b) $I = \dfrac{U}{Z} = \dfrac{100\ \text{V}}{50\ \Omega} = 2\ \text{A}$

$U_w = IR = 2\ \text{A} \cdot 40\ \Omega = 80\ \text{V}$ Wirkspannungsfall
$U_b = IX_L = 2\ \text{A} \cdot 30\ \Omega = 60\ \text{V}$ Blindspannungsfall

Probe: $U = \sqrt{U_w^2 + U_b^2} = \sqrt{80^2 + 60^2}\ \text{V} = 100\ \text{V}$

Gesamtspannung (nicht 140 V!)

Bei Parallelschaltung eines Blindwiderstandes X (z.B. kapazitiv) und eines Wirkwiderstandes R treibt die gemeinsame Spannung U durch X den Blindstrom I_b und durch R den Wirkstrom I_w. Nach Bild 58b addieren sich beide geometrisch zum Gesamtstrom I:

$$I = \sqrt{I_w^2 + I_b^2} \tag{51}$$

Entsprechend den Strömen addieren sich auch der Wirkleitwert $1/R$ und der Blindleitwert $1/X$ geometrisch zum Scheinleitwert $1/Z$:

$$\dfrac{1}{Z} = \sqrt{\left(\dfrac{1}{R}\right)^2 + \left(\dfrac{1}{X}\right)^2} \tag{52}$$

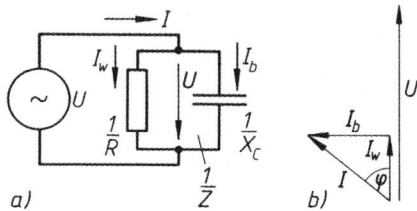

Bild 58.
Scheinwiderstand bei Parallelschaltung von X_C und R
a) Schaltbild, b) Zeigerdiagramm

■ **Beispiel:**
Ein Ohm'scher Widerstand von 40 Ω und einem Blindwiderstand von 30 Ω liegen parallel an 120V Wechselspannung.

a) Wie groß ist der Scheinwiderstand der Parallelschaltung?
b) Wie groß ist der Gesamtstrom?
c) Wie groß sind Wirk- und Blindstrom?

Lösung:

a) $\dfrac{1}{Z} = \sqrt{\left(\dfrac{1}{R}\right)^2 + \left(\dfrac{1}{X}\right)^2} = \sqrt{\dfrac{1}{40^2} + \dfrac{1}{30^2}}\ \dfrac{1}{\Omega} = 0{,}0417\ \dfrac{1}{\Omega}$

Scheinleitwert

$Z = \dfrac{1}{0{,}0417\ \frac{1}{\Omega}} = 24\ \Omega$ Scheinwiderstand

b) $I = \dfrac{U}{Z} = \dfrac{120\ \text{V}}{24\ \Omega} = 5\ \text{A}$ Gesamtstrom

c) $I_w = \dfrac{U}{R} = \dfrac{120\ \text{V}}{40\ \Omega} = 3\ \text{A}$ Wirkstrom

$I_b = \dfrac{U}{X_C} = \dfrac{120\ \text{V}}{30\ \Omega} = 4\ \text{A}$ Blindstrom

Probe: $I = \sqrt{I_w^2 + I_b^2} = \sqrt{3^2 + 4^2}\ \text{A} = 5\ \text{A}$ wie unter b)
(und nicht 7 A!)

1.8.6 Leistung bei Wechselstrom

Entsprechend dem Widerstandscharakter des Verbrauchers unterscheidet man bei Wechselstrom die Wirkleistung, die vom Verbraucher restlos in eine andere Energie verwandelt und nach außen abgegeben wird, die Blindleistung, die nur während einer Viertelperiode gespeichert und in der nächsten wieder als elektrische Energie an das Netz zurückgeliefert wird, und die Scheinleistung, die sich aus beiden geometrisch zusammensetzt.

Die Wirkleistung P ist nach Bild 57 bei Reihenschaltung $P = U_w I$ bzw. nach Bild 58 bei Parallelschaltung $P = U I_w$. Bei Reihenschaltung ist meist nur die Gesamtspannung U gegeben, bei Parallelschaltung nur der Gesamtstrom I. Aus den Zeigerdiagrammen Bild 57b bzw. 58b ergibt sich, dass $U_w = U \cos \varphi$ bzw. $I_w = I \cos \varphi$ ist. Nach Einsetzen in die Gleichungen für P erhält man für die Wirkleistung P bei Wechselstrom:

$$P = UI \cos \varphi \qquad \begin{array}{c|c|c|c} P & U & I & \cos\varphi \\ \hline W & V & A & 1 \end{array} \tag{53}$$

U Gesamtspannung am Verbraucher; I Gesamtstrom durch den Verbraucher; cos φ Leistungsfaktor des Verbrauchers (siehe 1.8.7).
Die Einheit der Wirkleistung P ist 1 Watt = 1 W = = 1 V · 1 A.

Die Blindleistung Q ist nach Bild 57 bzw. 58 $Q = U_b I$ bzw. $Q = U I_b$. Setzt man nach den Zeigerdiagrammen $U_b = U \sin \varphi$ bzw. $I_b = I \sin \varphi$ ein, so erhält man für die Blindleistung Q bei Wechselstrom:

$$Q = UI \sin \varphi \qquad \begin{array}{c|c|c|c} Q & U & I & \sin\varphi \\ \hline \text{var} & V & A & 1 \end{array} \tag{54}$$

sin φ Blindfaktor des Verbrauchers.

Die Einheit der Blindleistung Q wird willkürlich anders bezeichnet als die der Wirkleistung. Sie ist: 1 Voltampere-Reaktanz = 1 var = 1 V · 1 A.

Die Scheinleistung S ergibt sich sowohl bei Reihen- als auch bei Parallelschaltung zu:

$$S = UI \qquad \begin{array}{c|c|c} S & U & I \\ \hline \text{VA} & V & A \end{array} \tag{55}$$

Die Einheit der Scheinleistung S wird ebenfalls willkürlich anders bezeichnet als die der Wirkleistung. Sie ist: 1 Voltampere = 1 VA.

Beispiel:

Nach Bild 58 liegen ein Wirkwiderstand von 40 Ω und ein kapazitiver Blindwiderstand von 30 Ω parallel an der Wechselspannung 120V.

a) Welche Wirkleistung,
b) welche Blindleistung,
c) welche Scheinleistung nimmt die Schaltung auf,
d) wie groß ist ihr Leistungsfaktor,
e) wie groß ihr Blindfaktor?

Lösung:

a) $P = UI_w$

$$I_w = \frac{U}{R} = \frac{120\,V}{40\,\Omega} = 3\,A$$

$P = 120\,V \cdot 3\,A = 360\,W$ Wirkleistung

b) $Q = UI_b$

$$I_b = \frac{U}{X_C} = \frac{120\,V}{30\,\Omega} = 4\,A$$

$Q = 120\,V \cdot 4\,A = 480\,var$ Blindleistung

c) $S = UI$

$I = \sqrt{I_w^2 + I_b^2} = \sqrt{3^2 + 4^2}\,A = 5\,A$

$S = 120\,V \cdot 5\,A = 600\,VA$ Scheinleistung

Probe: $S = \sqrt{P^2 + Q^2} = \sqrt{360^2 + 480^2}\,VA = 600\,VA$

d) $P = UI\cos\varphi$

$$\cos\varphi = \frac{P}{UI} = \frac{P}{S} = \frac{360\,W}{600\,VA} = 0{,}6 \quad \text{Leistungsfaktor}$$

e) $Q = UI\sin\varphi$

$$\sin\varphi = \frac{Q}{UI} = \frac{Q}{S} = \frac{480\,var}{600\,VA} = 0{,}8 \quad \text{Blindfaktor}$$

1.8.7 Leistungsfaktor cos φ

Nach Bild 58b und 57b ist der Leistungsfaktor

$$\cos\varphi = \frac{\text{Wirkleistung}}{\text{Scheinleistung}} = \frac{P}{S} = \frac{I_w}{I} = \frac{U_w}{U} = \frac{R}{Z} \quad (56)$$

Der Leistungsfaktor cos φ ist das Verhältnis der Wirkleistung zur Scheinleistung (allgemein: des Wirkanteils zur Gesamtgröße).

cos $\varphi = 0{,}8$ bedeutet demnach: Von je 1 A Gesamtstrom sind 0,8 A Wirkanteil. Die restlichen 0,6 A sind Blindanteil, denn:

$$I = \sqrt{I_w^2 + I_b^2} = \sqrt{0{,}8^2 + 0{,}6^2}\,A = 1\,A$$

Nicht verwechseln darf man:

$$\cos\varphi = \frac{\text{Wirkleistung}}{\text{Scheinleistung}} \quad \text{und}$$

$$\eta = \frac{\text{abgegebene Wirkleistung}}{\text{zugeführte Wirkleistung}}$$

Der Leistungsfaktor eines Motors ist normalerweise kleiner als 1, weil der Motor außer der von ihm umgesetzten Wirkleistung zu seiner Magnetisierung eine zwischen Netz und Maschine hin- und herpendelnde Blindleistung benötigt. Im vereinfachten Ersatzschaltbild 59a kann man den Motor als Parallelschaltung eines konstanten Magnetisierungsblindwiderstandes X_L und eines mit wachsender Last kleiner werdenden Wirkwiderstandes R auffassen (kleineres R nimmt größeren Wirkstrom I_w auf!). Das Zeigerdiagramm 59b zeigt, dass der Leerlaufwirkstrom I_{w0} nur klein und daher der Leerlauf-Gesamtstrom I_0 stark induktiv verschoben ist: Winkel φ groß, cos φ klein bei Leerlauf eines Motors! Bei Vollast (Bild 59c) ist die Wirkstromaufnahme I_w bei gleich großem Magnetisierungsstrom I_b groß und damit der Winkel φ klein, der Winkel cos φ groß bei Vollast.

Der auf dem Typenschild eines Motors angegebene Leistungsfaktor cos φ gilt nur für Vollast. Bei Leerlauf oder Teillast ist der cos φ eines Motors erheblich schlechter.

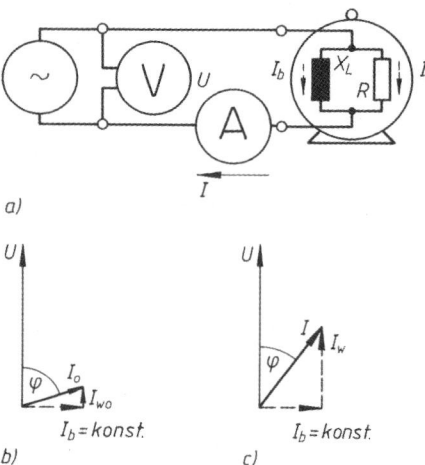

Bild 59. Leistungsfaktor eines Motors
a) vereinfachtes Ersatzschaltbild,
b) Zeigerdiagramm bei Leerlauf,
c) bei Vollast

1.8.8 Phasenkompensation

Bei schlechtem Leistungsfaktor nimmt ein Verbraucher mehr Strom auf, als für seine Leistungsabgabe erforderlich wäre (Gesamtstromaufnahme I, dagegen für Leistungsabgabe nur I_w erforderlich). Durch den Blindstrom werden im Generator und auf dem Übertragungsweg der elektrischen Leistung (Leitungen, Transformatoren) *zusätzliche Verluste* hervorgerufen, die vermeidbar sind. Zur Vermeidung der Zusatzverluste durch Blindstrom veranlasst das E-Werk seine Abnehmer durch Vorschriften oder Einbau von Blindstromzählern, den Übertragungsweg von Blindstrom freizuhalten; der Abnehmer soll also, den Leistungsfaktor seines Verbrauchs ungefähr auf cos $\varphi = 1$ bringen, weil er sonst hohe Blindstromgebühren bezahlen müsste oder ihm der Strom gesperrt würde.

1 Grundlagen

Zur Phasenkompensation (Leistungsfaktorverbesserung) wird meist ein Phasenschieberkondensator parallel zum Verbraucher geschaltet. Die Kapazität C dieses Kondensators wird so groß gewählt, dass seine Aufnahme an voreilendem Blindstrom I_{bc} ebensogroß ist, wie die Aufnahme des Motors an nacheilendem I_{bm} (Bild 60b). Der Kondensator gibt in derjenigen Viertelperiode Blindleistung zurück, in der der Motor solche aufnimmt und umgekehrt. Die zur Magnetisierung des Motors erforderliche Blindleistung pendelt also nur noch auf der kurzen Verbindungsleitung zwischen Motor und Kondensator hin und her, so dass die lange Zuleitung vom E-Werk frei bleibt von Blindstrom.

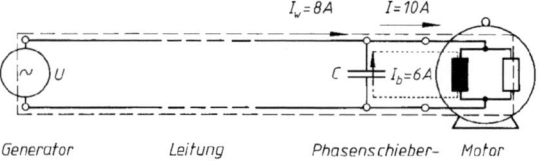
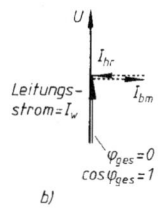

Bild 60. Phasenkompensation bei einem Motor mittels Phasenschieberkondensator
a) Schaltbild,
b) Zeigerdiagramm bezogen auf die Leitung

Diese Leitung führt nur noch den Wirkstrom I_w (Bild 60a und b). Der Leistungsfaktor der gesamten Anlage (Motor + Kondensator) ist $\cos \varphi_{ges} = 1$. Zur Einsparung an Kapazität begnügt man sich in der Praxis mit $\cos \varphi_{ges} \approx 0{,}95$.

Die Phasenkompensation bewirkt entweder eine Verringerung der Verluste auf dem Übertragungsweg oder eine bessere Ausnutzbarkeit der Leitungen, Transformatoren und Generatoren.

■ **Beispiel:**
Der Motor nach Bild 60 hat bei 10 A Stromaufnahme einen Leistungsfaktor von 0,8. Durch Phasenschieberkondensator wird der Blindstrom von 6 A von der Leitung ferngehalten, so dass auf ihr nur der Wirkstrom von 8 A fließt. Die Leitung hat 1 Ω Widerstand.

a) Welche Verlustleistung ergibt sich auf der Leitung bei nichtkompensiertem Verbraucher?
b) Welche ergibt sich bei Phasenkompensation?
c) Auf wieviel % ist die Verlustleistung zurückgegangen infolge Kompensation?
d) Mit welchem Wirkstrom könnte der Generator bei Kompensation zusätzlich belastet werden, wenn er mit max. 10 A belastet werden darf?

Lösung:
a) $P_v = I^2 \cdot R_l = 10^2 \, A^2 \cdot 1 \, \Omega = 100 \, W$
Verlustleistung ohne Kompensation
b) $P'_v = I_w^2 \cdot R_l = 8^2 \, A^2 \cdot 1 \, \Omega = 64 \, W$
Verlustleistung mit Kompensation

c) Die Verlustleistung ist nach a) und b) auf 64 % zurückgegangen
d) $\Delta I = I_{max} - I_w = 10 \, A - 8 \, A = 2 \, A$
zusätzliche Belastung zulässig

1.9 Drehstrom (Dreiphasenwechselstrom)

1.9.1 Erzeugung von Drehstrom

Der Drehstromgenerator ist ebenso aufgebaut wie der Wechselstromgenerator (Bild 51), hat jedoch drei gleiche Wicklungen, die gegeneinander um 120° versetzt sind. In diesen induziert das Polrad drei Wechselspannungen gleicher Größe und Frequenz, die gegeneinander um 120° phasenverschoben sind. Bild 61b zeigt den zeitlichen Verlauf der Spannungen, aufgetragen über der Abwicklung der Maschine (Ständer aufgeschnitten und geradegebogen). Bei Verkettung der drei Wicklungen in Stern ($\curlywedge$) oder Dreieck (Δ) entsteht Drehstrom. Die Vorteile des Drehstroms sind Transformierbarkeit (siehe 2.1.4), Leitungsmaterialersparnis bei Verkettung in $\curlywedge$ (siehe 2.1.3) und Drehfelderzeugung im Motor (siehe 2.7.1).

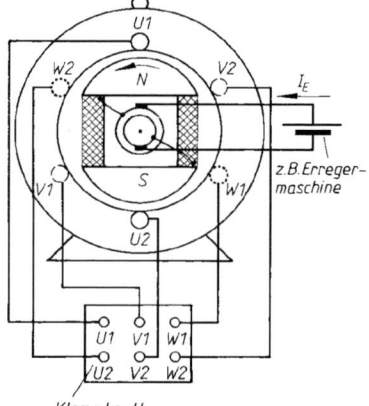

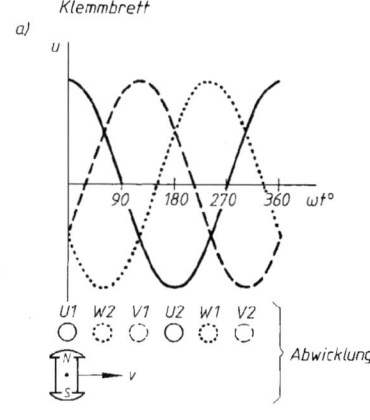

Bild 61.
a) Aufbauschema und Klemmbrett eines Drehstromgenerators,
b) Spannungsverlauf über der Abwicklung der Maschine aufgetragen

1.9.2 Verkettungsarten ⋏ und Δ

Der Drehstromanschluss besteht aus den drei Außenleitern L1, L2, L3 und dem Neutralleiter N.
Bild 62 zeigt, wie die drei Wicklungen eines Drehstromgerätes am Klemmbrett in ⋏ oder Δ verkettet werden und wie sie dabei geschaltet sind. Die zyklische Vertauschung W2/U2/V2 gestattet eine kreuzungsfreie Verkettung in Δ.
Bei Drehstrom unterscheidet man Leiter- und Stranggrößen (Bild 62). Die Leitergrößen (U, I) beziehen sich auf die drei Leitungsadern L1/L2/L3. Die Leiterspannung U ist die Spannung zwischen zwei Leitungsadern, der Leiterstrom I der Strom in einer Ader. Die Stranggrößen (U_{str}, I_{str}) beziehen sich auf die drei Stränge (Wicklungen) des Gerätes.

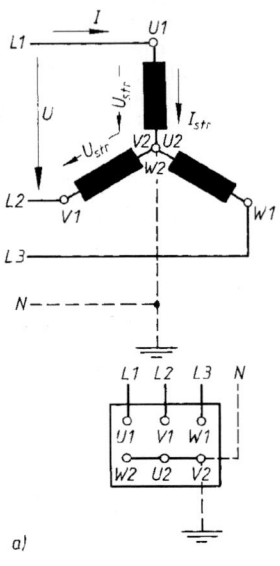

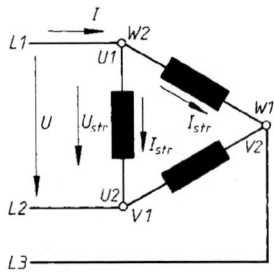

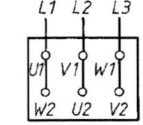

Bild 62.
a) Sternverkettung eines Drehstromgerätes
b) Dreiecksverkettung eines Drehstromgerätes

Die Strangspannung U_{str} ist die Spannung zwischen Anfang und Ende einer Wicklung, der Strangstrom I_{str} der Strom in einer Wicklung des Gerätes. Zwischen den Leiter- und Stranggrößen bestehen je nach Verkettung folgende Beziehungen:

Spannung und Strom bei ⋏

$$U = \sqrt{3}\, U_{str} \qquad I = I_{str} \qquad (57)$$

Spannung und Strom bei Δ

$$U = U_{str} \qquad I = \sqrt{3}\, I_{str} \qquad (58)$$

Der Verkettungsfaktor $\sqrt{3}$ des Drehstromes ergibt sich aus der geometrischen Aneinandersetzung zweier gleicher Stranggrößen unter einem Winkel von 120°.

■ **Beispiel:**
Bei einem Drehstromgenerator liefert eine Wicklung eine Spannung von 220V. Welche Leiterspannung ergibt sich a) bei Stern-, b) bei Dreiecksverkettung der Wicklungen?

Lösung:

a) $U = \sqrt{3}\, U_{str} = \sqrt{3} \cdot 220\,V = 381\,V$ Leiterspannung (verkettete Spannung) bei ⋏
b) $U = U_{str} = 220\,V$ Leiterspannung bei Δ

Die erforderliche Verkettungsart für ein Drehstromgerät richtet sich nach der Spannung U des Netzes und der Spannung U_{str}, die für eine Wicklung des Gerätes zulässig ist. Bei der üblichen Netzspannung 220/380 V muss ein Gerät, dessen Nennspannung a) mit 220/380 V (oder 220 VΔ) angegeben ist, in ⋏ ans Netz geschaltet werden, ein Gerät b) mit der Angabe 380/660 V (oder 380 VΔ) dagegen in Δ. Im Fall a) wird es bei Δ überlastet, im Fall b) gibt es bei ⋏ nur ein Drittel der Leistung (Heizgerät) bzw. darf nur mit etwa 60 % der Nennleistung belastet werden (Motoren).

1.9.3 Leistung bei Drehstrom

Bei beliebiger Belastung ergibt sich die *Wirkleistung* P bei Drehstrom als Summe der einzelnen Strangleistungen:

$$\begin{aligned}P &= P_{str\,1} + P_{str\,2} + P_{str\,3} \\ P_{str} &= U_{str}\, I_{str} \cos \varphi_{str}\end{aligned} \qquad (59)$$

Bei symmetrischer Belastung (gleiche Belastung jedes Stranges) ist die *Drehstrom-Wirkleistung*

$$P = \sqrt{3}\, U I \cos \varphi \qquad \begin{array}{|c|c|c|} \hline P & U & I & \cos\varphi \\ \hline W & V & A & 1 \\ \hline \end{array} \qquad (60)$$

U Leiterspannung = Spannung zwischen zwei Außenleitern; I Leiterstrom = Strom auf einem Außenleiter; $\cos \varphi$ Leistungsfaktor des Verbrauchers.
Die Gleichung gilt unabhängig davon, ob der Verbraucher in ⋏ oder Δ geschaltet ist. Die *Größe der Leistung* ist bei ⋏ oder Δ Schaltung desselben Verbrauchers jedoch *verschieden* (siehe zweites Beispiel).

2 Anwendungen

■ **Beispiel:**
Ein Drehstrommotor für 380 V hat 11 kW Nennleistung bei einem Wirkungsgrad von 0,87 und einem Leistungsfaktor von 0,84. Wie groß ist der Strom, der in jeder seiner drei Zuleitungsadern fließt?

Lösung:

$P = \sqrt{3}\, UI \cos \varphi$

$I = \dfrac{P}{\sqrt{3} \cdot U \cdot \cos \varphi}$

$P = \dfrac{P_{nenn}}{\eta} = \dfrac{11\,\text{kW}}{0{,}87} = 12{,}64\,\text{kW}$ Leistungs*aufnahme*

$I = \dfrac{12\,640\,\text{W}}{\sqrt{3} \cdot 380\,\text{V} \cdot 0{,}84} = 22{,}9\,\text{A}$ entnimmt der Motor jeder Ader

■ **Beispiel:**
Die drei Heizwendeln eines Drehstromheizgerätes haben je 38 Ω Widerstand.

a) Welche Leistung nimmt das Gerät bei Δ,
b) welche bei ⋏ Schaltung an 380 V auf?
c) In welchem Verhältnis stehen die beiden Leistungen zueinander?

Lösung:

a) $P_\Delta = \sqrt{3}\, UI \cos \varphi$

$I = \sqrt{3}\, I_{str\Delta}$ nach Bild 62b und Gl. (58)

darin: $I_{str\Delta} = \dfrac{U}{R} = \dfrac{380\,\text{V}}{38\,\Omega} = 10\,\text{A}$

$I = \sqrt{3} \cdot 10\,\text{A} = 17{,}3\,\text{A}$

cos φ = 1 weil Heizwendel rein ohmisch

$P_\Delta = \sqrt{3} \cdot 380\,\text{V} \cdot 17{,}3\,\text{A} \cdot 1 = 11\,400\,\text{W} =$
$= 11{,}4\,\text{kW}$ bei Δ

b) $P_\lambda = \sqrt{3}\, UI \cos \varphi$

$I = I_{str\lambda}$ nach Bild 62a und Gl. (57)

darin: $I_{str\lambda} = \dfrac{U_{str}}{R} = \dfrac{220\,\text{V}}{38\,\Omega} = 5{,}78\,\text{A} = I$

$P_\lambda = \sqrt{3} \cdot 380\,\text{V} \cdot 5{,}78\,\text{A} \cdot 1 = 3\,800\,\text{W} =$
$= 3{,}8\,\text{kW}$ bei ⋏

c) $P_\Delta : P_\lambda = 11{,}4\,\text{kW} : 3{,}8\,\text{kW} = 3 : 1$

In Δ nimmt ein Ohm'scher Verbraucher die dreifache Leistung auf als in ⋏.

2 Anwendungen

2.1 Verteilung der elektrischen Energie

2.1.1 Berechnung des Leitungsquerschnitts

Der Querschnitt A einer Leitung muss so groß gewählt werden, dass die Leitung erstens keinen zu hohen Spannungs- bzw. Leistungsverlust verursacht und zweitens nicht zu heiß wird. Als Leitermaterial wird fast immer Kupfer, bei Freileitungen auch Aluminium verwendet. Die Leitungen werden in 3 Gruppen eingeteilt: Bei Gruppe 1 handelt es sich um Rohrdrähte oder Rohrverlegung (bis zu 3 Drähte in einem Rohr), bei Gruppe 2 um Kabel oder kabelähnliche Leitungen, bei Gruppe 3 um einadrige Leitungen (frei in Luft). Die genormten Querschnitte A, ihre zugeordneten Sicherungen und die zulässigen Stromstärken I_{zul} für Dauerbetrieb sind zusammengestellt in Tabelle 1.

Der Bau von elektrischen Leitungen setzt die Kenntnis der Vorschriften VDE 0100 voraus.

Bei zweiadrigen Leitungen für Gleich- oder Wechselstrom (cos $\varphi \approx 1$) wird der erforderliche Querschnitt A entweder auf zulässigen Spannungsfall ΔU (siehe 1.3.7) berechnet (bei längerer Leitung) oder nach Tabelle 1 auf zulässige Stromstärke I_{zul} gewählt (bei kurzen Zuführungskabeln).

Tabelle 1. Leitungsquerschnitte A. Der Praxis folgend wird hier der Buchstabe A verwendet, siehe DIN VDE 0298.

A mm²	Kupfer (Cu)					
	Gruppe 1		Gruppe 2		Gruppe 3	
	I_{zul} A	Sich. A	I_{zul} A	Sich. A	I_{zul} A	Sich. A
0,75	–	–	12	6	15	10
1	11	6	15	10	19	10
1,5	15	10	18	10	24	20
2,5	20	16	26	20	32	25
4	25	20	34	25	42	35
6	33	25	44	35	54	50
10	45	35	61	50	73	63
16	61	50	82	63	98	80
25	83	63	108	80	129	100
35	103	80	135	100	158	125
50	132	100	168	125	198	160
70	165	125	207	160	245	200
95	197	160	250	200	292	250
120	235	200	292	250	344	315
150	–	–	5	250	391	315
185	–	–	382	315	448	400
240	–	–	453	400	528	400
300	–	–	504	400	608	500
400	–	–	–	–	726	630
500	–	–	–	–	830	630

A mm²	Aluminium (Al)					
	Gruppe 1		Gruppe 2		Gruppe 3	
	I_{zul} A	Sich. A	I_{zul} A	Sich. A	I_{zul} A	Sich. A
0,75	–	–	–	–	–	–
1	–	–	–	–	–	–
1,5	–	–	–	–	–	–
2,5	15	10	20	16	26	20
4	20	16	27	20	33	25
6	26	20	35	25	42	35
10	36	25	48	35	57	50
16	48	35	64	50	77	63
25	65	50	85	63	103	80
35	81	63	105	80	124	100
50	103	80	132	100	155	125
70	–	–	163	125	193	160
95	–	–	197	160	230	200
120	–	–	230	200	268	200
150	–	–	263	200	310	250
185	–	–	301	250	353	315
240	–	–	357	315	414	315
300	–	–	409	315	479	400
400	–	–	–	–	569	500
500	–	–	–	–	649	500

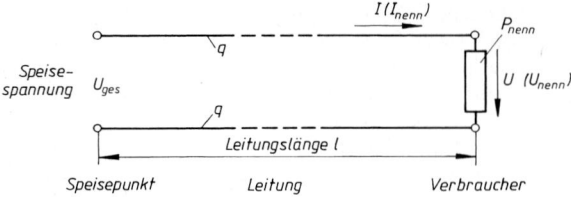

Speisepunkt Leitung Verbraucher

Bild 1. Zweiadrige Leitung mit einem Speisepunkt und einem Verbraucher

Längere Leitung auf Spannungsfall (Bild 1)

$$A = \frac{2\rho}{\Delta U} I l$$

A	ρ	I	l	ΔU
mm²	$\frac{\Omega mm^2}{m}$	A	m	V

(1)

A Querschnitt einer Leitungsader; $\Delta U = U_{ges} - U =$
$= \frac{p}{100} U_{nenn}$ Spannungsfall auf der Leitung; p prozentualer Spannungsfall bezogen auf die Nennspannung;
l Leitungslänge = Länge einer Ader.
Aus dem errechneten Querschnitt wählt man nach Tabelle 1. den nächsthöheren genormten Wert und vergewissert sich, ob dessen zulässige Stromstärke ausreicht.
Kurze Leitung auf zulässige Stromstärke:
A gewählt nach Tabelle 1 für

$$I_{zul} > I = \frac{P}{U}$$

I, I_{zul}	P	U
A	W	V

(2)

Im Zweifelsfall prüft man die als „länger" angenommene Leitung auf zulässige Stromstärke, die als „kurz" angenommene auf zulässigen Spannungsfall. Als zulässig betrachtet man im allgemeinen 3 ... 5 % Spannungsfall (entsprechend 97 ... 95 % Übertragungswirkungsgrad der Leitung).

■ **Beispiel:**
Ein 120 m entfernter Verbraucher soll über eine zweiadrige Leitung bei der Nennspannung 220 V_ mit 4 kW gespeist werden. Welcher Kupferquerschnitt A ist erforderlich, wenn der zulässige Spannungsfall 5 % beträgt?

Lösung:
Die Leitung wird als länger betrachtet und auf Spannungsfall berechnet:

$$A = \frac{2\rho}{\Delta U} I l$$

$$I = \frac{P}{U} = \frac{4000\,W}{220\,V} = 18{,}2\,A$$

$$\Delta U = \frac{p}{100} \cdot U_{nenn} = \frac{5}{100} \cdot 220\,V = 11\,V$$

$$A = \frac{2 \cdot 0{,}0178 \frac{\Omega mm^2}{m} \cdot 18{,}2\,A \cdot 120\,m}{11\,V} = 7{,}06\,mm^2$$

rechnerischer Querschnitt

Gewählt werden nach Tabelle 1 zwei Adern zu je 100 mm² Kupfer, die nach Gr. 2 mit $I_{zul} = 61\,A$ (> 18,2 A) belastbar sind.

■ **Beispiel:**
Ein Heizofen 220 V 3 kW soll zweiadrig über ein 4 m langes Zuführungskabel angeschlossen werden. Welcher Kupferquerschnitt A ist zu wählen?

Lösung:
Die Leitung wird als kurz betrachtet und auf zulässige Stromstärke gewählt.

$$I = \frac{P}{U} = \frac{3000\,W}{220\,V} = 13{,}6\,A$$

Gewählt werden nach Tabelle 1. zwei Adern zu je 1 mm² Kupfer, die nach Gr. 2 mit $I_{zul} = 15\,A$ (> 13,6 A) belastbar sind.

Längere Drehstromleitungen werden meist auf zulässigen prozentualen Leistungsverlust p_p berechnet (seltener auf Spannungsfall):

$$A = \frac{100\,\rho\,l\,P}{p_p U^2 \cos^2 \varphi}$$

(3)

A	ρ	l	P	p_p	U	$\cos \varphi$
mm²	$\frac{\Omega mm^2}{m}$	m	W	%	V	1

A Querschnitt einer Ader; l Länge einer Ader;

$$p_p = \frac{P_{zu} - P_{ab}}{P_{zu}} \cdot 100\,\%$$ prozentualer Leistungsverlust;

$\cos \varphi$ Leistungsfaktor des Verbrauchers.
Die Gleichung gilt nur für rein ohm'sche Leitung.

Kurze Drehstrom-Zuleitungen werden ebenfalls auf zulässige Stromstärke gewählt:
A gewählt nach Tabelle 1. für

$$I_{zul} > I = \frac{P}{\sqrt{3}\,U \cos \varphi}$$

I, I_{zul}	P	U
A	W	V

(4)

Im Zweifelsfall wieder auf zulässige Stromstärke oder Spannungsfall prüfen.

■ **Beispiel:**
Ein Drehstromverbraucher 500V, 20 kW, $\cos \varphi = 0{,}8$ soll über eine 150 m lange Leitung angeschlossen werden. Der zulässige Leistungsverlust beträgt 5 %. Welcher Kupferquerschnitt A ist zu verlegen?

Lösung:
Die Leitung wird als länger betrachtet und auf Leistungsverlust berechnet:

$$A = \frac{100\,\rho\,l\,P}{p_p U^2 \cos^2 \varphi} =$$

$$= \frac{100 \cdot 0{,}0178 \frac{\Omega mm^2}{m} \cdot 150\,m \cdot 20\,000\,W}{5 \cdot 500^2\,V^2 \cdot 0{,}8^2} = 6{,}7\,mm^2$$

Gewählt werden nach Tabelle 1 drei Adern zu je 10 mm² Kupfer, die nach Gr. 2 mit I_{zul} = 61 A belastbar sind. Der auf der Leitung fließende Strom beträgt:

$$I = \frac{P}{\sqrt{3}\,U\cos\varphi} = \frac{20\,000\,\text{W}}{\sqrt{3}\cdot 500\,\text{V}\cdot 0{,}8} = 29\,\text{A} < I_{zul}$$

■ **Beispiel:**
Ein Drehstrommotor 380V 11 kW hat den Wirkungsgrad 0,87 und den Leistungsfaktor 0,84. Er soll über eine kabelähnliche Leitung von 12m Länge angeschlossen werden. Welcher Kupferquerschnitt A ist erforderlich?

Lösung:
Die Leitung wird als kurz betrachtet und auf zulässige Stromstärke gewählt:

$$P = \sqrt{3}\,U I \cos\varphi$$

$$I = \frac{P}{\sqrt{3}\,U\cos\varphi}$$

$$P = \frac{P_{nenn}}{\eta} = \frac{11\,\text{kW}}{0{,}87} = 12{,}64\,\text{kW Leistungsaufnahme}$$

$$I = \frac{12\,640\,\text{W}}{\sqrt{3}\cdot 380\,\text{V}\cdot 0{,}84} = 22{,}9\,\text{A Stromaufnahme des Motors}$$

Gewählt werden nach Tabelle 1 drei Adern zu je 2,5 mm² Kupfer, die nach (2) mit I_{zul} = 26 A (> 22,9 A) belastbar sind.

2.1.2 Gleichstrom-Dreileitersystem

Licht- und Kraftsysteme werden in der Praxis 3- oder 4adrig verlegt. Das Mehrleiternetz erfordert trotz höherer Leiteranzahl geringeren Kupferaufwand als das gleichwertige Zweileiternetz.

Beim Gleichstrom-Dreileitersystem sind zwei Generatoren von z.B. 220 V Nennspannung in Reihe geschaltet und nach Bild 2 an drei Leitungsadern angeschlossen, von denen der Mittelpol geerdet ist. Der Vorteil dieser Schaltung liegt darin, dass man die elektrische Leistung bei doppelter Spannung überträgt, ohne dass in der Lichtanlage (z.B. Haushalt) die nach VDE höchstzulässige Spannung von 250 V überschritten wird (sonst Lebensgefahr). Man legt die Lichtverbraucher an 220 V (zwischen L+ und N oder L− und N). Wegen der Erdung von N tritt auch gegenüber Erde keine höhere Spannung als 250 V (hier 220 V) auf. Die Kraftverbraucher schaltet man zwischen L+ und L− an die volle Spannung 440 V, weil in Kraftanlagen höhere Spannungen zulässig sind. Bei höherer Spannung und gegebener Leistung ist der Strom auf der Leitung (und damit der erforderliche Leitungsquerschnitt) kleiner, wie das Leistungsgesetz zeigt: $P = UI$ = niedrige Spannung · großer Strom = hohe Spannung · kleiner Strom. Bei doppelter Spannung ist der für gegebene Leistung erforderliche Strom halb so groß. Bei halbem Strom und gegebenen prozentualem Spannungsfall beträgt der erforderliche Aderquerschnitt A nur ¼ desjenigen, der bei 1facher Spannung nötig wäre (siehe Beispiel).

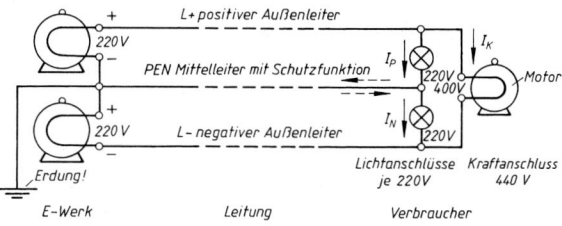

Bild 2. Gleichstrom-Dreileitersystem 220/440 V

Bei symmetrischer Belastung (Lichtverbraucherleistungen auf beide Netzhälften gleichmäßig verteilt) heben sich die beiden Lichtströme I_P und I_N auf dem Mittelleiter auf, so dass dann auch die beiden Lichtverbrauchergruppen in Reihe an 440V liegen. Bei Unsymmetrie fließt nur der kleine Differenzstrom $I_P − I_N$ auf N, so dass PEN dünner mitgeführt werden kann als L+ oder L−. Eine möglichst symmetrische Verteilung der Lichtlasten erreicht man dadurch, dass man z.B. bei Einfamilienhäusern abwechselnd das eine an L+ und PEN, das nächste an L− und PEN anschließt usw. In größeren Häusern legt man das eine Stockwerk an L+ und PEN, das nächste an L− und N usw. Die Kraftanschlüsse (zwischen L+ und L−) sind bereits in sich symmetrisch.

■ **Beispiel:**
Eine gegebene Leistung von 25 kW soll über 400m Entfernung bei der für Lichtanlagen zulässigen Nennspannung von 220V übertragen werden. Der zulässige Spannungsfall beträgt 3 %, die Belastung ist symmetrisch.
a) Wie groß ist der erforderliche Gesamt-Kupferquerschnitt beim Zweileitersystem 220 V?
b) Wie groß ist er beim gleichwertigen Dreileitersystem 220/440 V?
c) Wieviel % Kupfer lassen sich durch das Dreileitersystem einsparen, wenn PEN voll mitgeführt wird?

Lösung:
a) $A = \dfrac{2\rho}{\Delta U} I l$

$\Delta U = \dfrac{p}{100} U_{nenn} = \dfrac{3}{100}\cdot 220\,\text{V} = 6{,}6\,\text{V}$

$I = \dfrac{P}{U} = \dfrac{25\,000\,\text{W}}{220\,\text{V}} = 114\,\text{A}$

$A = \dfrac{2\cdot 0{,}0178\,\frac{\Omega\,\text{mm}^2}{\text{m}}\cdot 114\,\text{A}\cdot 400\,\text{m}}{6{,}6\,\text{V}} = 246\,\text{mm}^2$ rechnerischer Aderquerschnitt

$A_{ges} = 2A = 2\cdot 246\,\text{mm}^2 = 492\,\text{mm}^2$
Gesamtquerschnitt beim Zweileitersystem

b) Bei symmetrischer Belastung kann man das Dreileitersystem wie ein Zweileitersystem doppelter Spannung berechnen:

$A = \dfrac{2\rho}{\Delta U} I l$

$\Delta U = \dfrac{3}{100}\cdot 440\,\text{V} = 13{,}2\,\text{V}$

$I = \dfrac{25\,000\,\text{W}}{440\,\text{V}} = 57\,\text{A}$

$$A = \frac{2 \cdot 0{,}0178 \frac{\Omega \mathrm{mm}^2}{\mathrm{m}} \cdot 57\,\mathrm{A} \cdot 400\,\mathrm{m}}{13{,}2\,\mathrm{V}} = 62\,\mathrm{mm}^2$$

rechnerischer Aderquerschnitt

$A_{ges} = 3\,A = 3 \cdot 62\,\mathrm{mm}^2 = 186\,\mathrm{mm}^2$
Gesamtquerschnitt beim Dreileitersystem, PEN voll mitgeführt

c) $p_a = \dfrac{496\,\mathrm{mm}^2 - 186\,\mathrm{mm}^2}{496\,\mathrm{mm}^2} \cdot 100\,\% \approx 60\,\%$

(Mindestkupferersparnis durch Dreileitersystem)

2.1.3 Drehstrom-Vierleitersystem

Beim Drehstrom-Vierleitersystem sind an den in $\curlywedge$ geschalteten Generator oder Transformator vier Leitungen angeschlossen: die drei Außenleiter L1, L2, L3 und der geerdete Neutralleiter N (siehe 1.9.2). Drehstrom hat gegenüber Gleichstrom den Vorteil, dass er transformierbar ist (siehe 2.1.4). Daher ist das Drehstrom-Vierleitersystem 220/380 V das am meisten verbreitete Licht- und Kraftsystem, während das Gleichstrom-Dreileitersystem zur Licht- und Kraftübertragung kaum noch verwendet wird. Die Lichtanschlüsse werden an 220 V Wechselstrom geschaltet, die Kraftanschlüsse in $\curlywedge$ oder Δ an 380 V Drehstrom. Für die Wirkungsweise und die Kupferersparnis gilt sinngemäß das entsprechende wie beim Gleichstrom-Dreileitersystem (siehe 2.1.2).

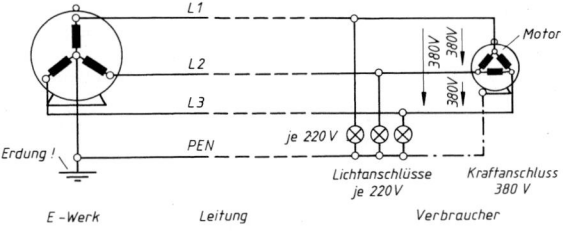

Bild 3. Drehstrom-Vierleitersystem 220/380 V

2.1.4 Hochspannungs-Fernleitung

Eine Fernübertragung elektrischer Leistung ist nur bei Hochspannung möglich wegen $P = UI$ = hohe Spannung · kleiner Strom. Bei kleinem Strom ergeben sich technisch und wirtschaftlich tragbare Leitungsquerschnitte (siehe Beispiel).
Das Kraftwerk steht möglichst dort, wo Energieträger vorhanden sind (Kohle, Wasserkraft). Die elektrische Energie wird bei etwa 10 kV Spannung erzeugt und in der Umspannstation des Kraftwerks auf eine Spannung von 60 ... 380 kV hochgespannt, bei der die Leistung über die Fernleitung geschickt wird. In der Bezirks-Umspannstation werden die 60 ... 380 kV der Fernleitung heruntertransformiert auf 6 ... 30 kV für die Bezirksleitungen, die zu den einzelnen Orten und Fabriken führen. Dort werden die 6 ... 30 kV der Bezirksleitung im Orts- oder Werkstransformator herabgesetzt auf 220/380 V für das Drehstrom-Vierleitersystem, das zu den einzelnen Verbrauchern führt (siehe 2.1.3).

■ **Beispiel:**
Die Leistung 10 MW soll bei Drehstrom über eine Entfernung von 200 km übertragen werden. Welcher Kupferquerschnitt ist erforderlich, wenn 5 % Leistungsverlust zulässig sind und der Leistungsfaktor 0,85 beträgt:

a) bei Hochspannung 100 kV, b) bei Niederspannung 380 V?

Lösung:

a) $A = \dfrac{100\,\rho\,l\,P}{p_p U^2 \cos^2 \varphi} =$

$= \dfrac{100 \cdot 0{,}0178 \frac{\Omega \mathrm{mm}^2}{\mathrm{m}} \cdot 200 \cdot 10^3 \mathrm{m} \cdot 10 \cdot 10^6\,\mathrm{W}}{5 \cdot (100 \cdot 10^3)^2\,\mathrm{V}^2 \cdot 0{,}85^2}$

$A = 98{,}5\,\mathrm{mm}^2$

Gewählt werden 3 Adern zu je 120 mm² Kupfer.

b) $A = \dfrac{100 \cdot 0{,}0178 \frac{\Omega \mathrm{mm}^2}{\mathrm{m}} \cdot 200 \cdot 10^3 \mathrm{m} \cdot 10 \cdot 10^6\,\mathrm{W}}{5 \cdot 380^2\,\mathrm{V}^2 \cdot 0{,}85^2}$

$A = 6{,}82 \cdot 10^6\,\mathrm{mm}^2 = 6{,}82\,\mathrm{m}^2$

Bei Niederspannung 380 V müsste jede Ader etwa 7 m² Querschnitt haben: Technisch und wirtschaftlich unmöglich.

2.1.5 Hausinstallationsschaltung

Bild 4 zeigt die übliche Schaltung einer Hausinstallation für 220 V Wechselspannung, die aus dem Drehstrom-Vierleitersystem 220/380 V gespeist wird (siehe 2.1.3). Die Sicherungen liegen nur im Außenleiter, damit nach einem Kurzschluss die Anlage nicht nur stromlos, sondern auch spannungslos wird (gegen Erde) und auch ein Erdschluss durch die Sicherung abgeschaltet wird. Die Schalter sind je nach Verwendungszweck verschieden: Aus-, Serien-, Wechsel- und Kreuzschalter. Die Lampen sollen direkt am Mittelleiter liegen, der Außenleiter soll über den Schalter geführt werden, damit bei „Aus" keine Spannung zwischen Lampe und Erde liegt (sonst Elektrisieren möglich). Am Zähler lässt sich die verbrauchte Wirkarbeit in kWh ablesen. Zur Prüfung, welche Ader einer Anlage Außenleiter, geschalteter Außenleiter oder Neutralleiter ist, dürfen nur Spannungsmesser oder 2-polige Spannungsprüfer verwendet werden. Beim nicht erlaubten einpoligen sogenannten „Phasenprüfer", fließt ein sehr geringer Strom über den Menschen. Steht dieser auf einer gut isolierten Unterlage, ist es möglich, dass trotz vorhandener Spannung keine Anzeige erfolgt. Für die Hausinstallation gelten die VDE-Vorschriften 0100.

2 Anwendungen

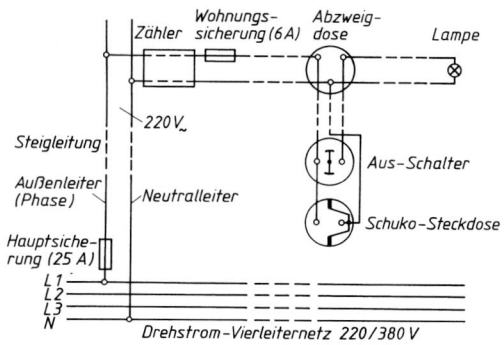

Bild 4. Allpoliges Schaltbild einer Hausinstallation mit Brennstelle in Aus-Schaltung und Steckdose

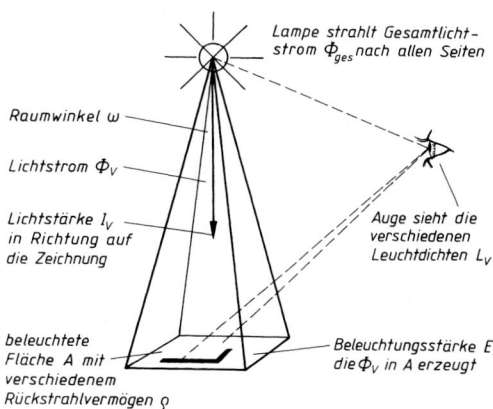

Bild 5. Lichttechnische Größen und Begriffe

2.2 Beleuchtungstechnik

2.2.1 Lichttechnische Größen

Der Gesamtlichtstrom $\Phi_{V\,ges}$ ist die gesamte optisch wirksame Strahlungsleistung, die von einer Lichtquelle ausgestrahlt wird. Für elektrische Lampen wird $\Phi_{V\,ges}$ in Tabellen angegeben (siehe 2.2.4 und 2.2.5). Der Lichtstrom Φ_V ist ein Teil von $\Phi_{V\,ges}$ z.B. der Teil, der die Fläche A der Zeichnung trifft (Bild 5). Die Einheit des Lichtstromes ist das Lumen (lm).

Der Raumwinkel ω wird von den äußersten Strahlen eines Lichtbündels beliebiger Form begrenzt, das von einer in seinem Scheitelpunkt sitzenden punktförmigen Lichtquelle ausgeht. ω wird an der Kugel in ähnlicher Weise definiert, wie der ebene Winkel α = Bogenlänge/Radius am Kreis:

Raumwinkel

$$\omega = \frac{A}{r^2} \qquad \begin{array}{c|c|c} \omega & A & r^2 \\ \hline \text{sr} & \text{gleiche Einheit} \end{array} \qquad (5)$$

A von ω ausgeschnittener Teil der Kugeloberfläche, wobei der Scheitelpunkt von ω in der Kugelmitte liegt; r Radius dieser Kugel.
Die Einheit des Raumwinkels ist der Steradiant sr. $\omega = 1$ sr schneidet auf der Einheitskugel die Kugelschalenfläche 1 m² aus.

Der Wert des vollen Raumwinkels ist 4π sr, entsprechend dem Vollwinkel 2π rad in der Ebene.

Die Lichtstärke I_V gibt an, wieviel Lichtleistung auf die verschiedenen Strahlrichtungen entfällt (Lichtverteilungskurve einer Lampe). Ihre Einheit ist die Candela (cd). Lichtstärke I_V als Lichtstromdichte im Raumwinkel:

$$I_V = \frac{\Phi_V}{\omega} \qquad \begin{array}{c|c|c} I_V & \Phi_V & \omega \\ \hline \text{cd} & \text{lm} & \text{sr} \end{array} \qquad (6)$$

Φ Lichtstrom, der auf den Raumwinkel ω entfällt.

Lichtstärke und Leuchtdichte:

$$I_V = L_V A \cos\beta \qquad \begin{array}{c|c|c|c} I_V & L_V & A & \cos\beta \\ \hline \text{cd} & \dfrac{\text{cd}}{\text{m}^2} & \text{m}^2 & 1 \end{array} \qquad (7)$$

L_V Leuchtdichte der selbstleuchtenden oder fremdbeleuchteten Fläche A (siehe Gl. (10) und (11)); β Strahlungswinkel gemessen gegen das Flächenlot.

Die Beleuchtungsstärke E_V wird vom Lichtstrom Φ_V in einer beleuchteten Fläche A erzeugt. Ihre Einheit ist das Lux (lx). Beleuchtungsstärke E als Lichtstromdichte in einer Fläche:

$$E_V = \frac{\Phi_V}{A} \qquad \begin{array}{c|c|c} E_V & \Phi_V & A \\ \hline \text{lx} & \text{lm} & \text{m}^2 \end{array} \qquad (8)$$

A Kugelschalenfläche mit Lichtquelle als Mittelpunkt, bei genügendem Abstand jedoch ≈ ebene Fläche.

Beleuchtungsstärke E aus Lichtstärke und Abstand:

$$E_V = \frac{I_V \cos i}{l^2} \qquad \begin{array}{c|c|c|c} E_V & I_V & \cos i & l \\ \hline \text{lx} & \text{cd} & 1 & \text{m} \end{array} \qquad (9)$$

$I_V \cos i$ Lichtstärke, die rechtwinklig auf die beleuchtete Fläche trifft; i Inzidenzwinkel = Lichteinfallswinkel gemessen gegen das Flächenlot; l Abstand der Fläche von der Lichtquelle.

Die Leuchtdichte L_V einer fremdbeleuchteten Fläche ergibt sich aus der Beleuchtungsstärke E_V mal dem Reflexionsvermögen ρ dividiert durch π.
Die Einheit der Leuchtdichte ist die Candela pro m² (cd/m²).

Leuchtdichte L_V einer fremdbeleuchteten Fläche:

$$L_V = \frac{E_V \rho}{\pi} \qquad (10)$$

L_V	E_V	ρ
$\frac{cd}{m^2}$	lx	1

Bei einer selbstleuchtenden (auch fremdbeleuchteten) Fläche kann man die Leuchtdichte L_V auffassen als Flächen-Lichtstärkedichte.

Leuchtdichte L_V als Lichtstärkedichte einer Fläche:

$$L_V = \frac{I_{V\epsilon}}{A\cos\epsilon} \qquad (11)$$

L_V	$I_{V\epsilon}$	A	$\cos\epsilon$
$\frac{cd}{m^2}$	cd	m²	1

$I_{V\epsilon}$ Lichtstärke, die in Betrachtungsrichtung ausgesendet wird (aus Lichtverteilungskurve); A leuchtende (oder fremdbeleuchtete) Fläche; ϵ Betrachtungswinkel gemessen gegen das Flächenlot.

2.2.2 Erforderliche Beleuchtung

Zum Lesen und Arbeiten muss der Arbeitsplatz eine ausreichende Beleuchtungsstärke E_V erhalten:

Tabelle 2. Erforderliche Beleuchtungsstärken E_V, Richtwerte nach DIN 5035

Ansprüche, Arbeit	Allgemeinbeleuchtung $E_{V\,mittel}$ in lx	zusätzliche Arbeitsplatzbeleuchtung E_V in lx
sehr gering, –	30	–
gering, grob	60	–
mäßig, mittelfein	120	250
hoch, fein	250	500
sehr hoch, sehr fein	600	1 000 ... 4 000

Die Werte der zusätzlichen Arbeitsplatzbeleuchtung gelten für ein Arbeitsgut mittlerer Helligkeit und mittleren Kontrastes.
Die Beleuchtungsstärke E_V trifft auf Stellen mit verschieden großem Rückstrahlvermögen ρ (schwarzer Buchstabe oder weißes Blatt, Bild 5):

Tabelle 3. Rückstrahlvermögen ρ (ungefähre Werte)

Silber, poliert	0,9	Anstrich, weiß	0,75
Aluminium, poliert	0,7	Anstrich, gelb	0,5
Messing, poliert	0,6	Anstrich, schwarz	0,05
Emaille, weiß	0,7	Papier, weiß	0,75

Als Berechnungsgrundlage wird meist ein mittlerer Reflexionsgrad von 0,25 bis 0,3 angenommen. Auf dem beleuchteten Papier entstehen je nach Rückstrahlvermögen der getroffenen Stellen verschieden große Leuchtdichten L_V (Leuchtdichteunterschied = Kontrast).

Tabelle 4. Erforderliche Mindestleuchtdichte

Arbeit	grob	mittel	fein	sehr fein
L_V in $\frac{cd}{m^2}$	10	20	40	80

bei mittlerem Kontrast des Arbeitsgutes

Zum Vergleich die Leuchtdichte von Lichtquellen:

Tabelle 5. Ungefähre Leuchtdichte von Lichtquellen

Quelle	Glimmlampe	Mond	Leuchtstofflampe	Kerze	Glühlampe matt
Leuchtdichte L_V in $\frac{cd}{m^2}$	200	2 500	2 000 ... 5 000	7 500	$(5 ... 40) \cdot 10^4$

Quelle	Glühlampe klar	Glühlampe für Projektor	Bogenlampe	Sonne
Leuchtdichte L_V in $\frac{cd}{m^2}$	$(8 ... 17) \cdot 10^6$	$30 \cdot 10^6$	$150 \cdot 10^6$	$1\,000 \cdot 10^6$

■ **Beispiel:**
Auf einer Arbeitsfläche von 25 % mittlerem Reflexionsvermögen soll die nach Tafel 4 erforderliche Mindestleuchtdichte von 80 cd/m² mit einer Glühlampe erzeugt werden, die 50 cm über der Fläche angebracht ist. Der Reflektor der Leuchte verstärkt den in Richtung Arbeitsfläche ausgestrahlten Lichtstrom um 30 %. Welche Leistung muss die zu wählende Glühlampe haben, wenn der Lichteinfall gegen das Flächenlot um 30° geneigt ist?

Lösung:

$$L_V = \frac{E_V \rho}{\pi}$$

$$E_V = \frac{L_V \cdot \pi}{\rho} = \frac{80\frac{cd}{m^2} \cdot \pi}{0,25} \approx 1000 \text{ lx}$$

erforderliche Beleuchtungsstärke in der Arbeitsfläche

$$E_V = \frac{I_V \cos i}{l^2}$$

$$I_V = \frac{E_V l^2}{\cos i} = \frac{1000 \text{ lx} \cdot 0,5^2 \text{ m}^2}{0,866} = 289 \text{ cd}$$

muss die Leuchte in Richtung Arbeitsfläche ausstrahlen

$$I_{V\,mittel} = \frac{I_V}{1,3} = \frac{289 \text{ cd}}{1,3} = 222 \text{ cd}$$

mittlere Lichtstärke, die die Lampe nach allen Seiten abstrahlen müsste

$$I_{V\,mittel} = \frac{\Phi_{Vges}}{\omega_{ges}}$$

$$\Phi_{V\,ges} = I_{V\,mittel} \cdot \omega_{ges} = 222 \text{ cd} \cdot 4\pi$$

$\Phi_{V\,ges} = 2\,788$ lm Gesamtlichtstrom, den die Lampe geben muss. Nach Tabelle 6. muss eine Glühlampe von 200 W Leistung mit 2 950 lm Gesamtlichtstrom gewählt werden.

■ **Beispiel:**
Welche Beleuchtungsstärke erzeugt eine Leuchtstofflampe von 65 W Leistung, wenn sie in 2 m Höhe rechtwinklig über einem Arbeitsplatz hängt?

Lösung:

Nach Tabelle 7 gibt die 65-W-Röhre den Gesamtlichtstrom
$\Phi_{V\,ges} = 4\,000$ lm

$$I_{V\,mittel} = \frac{\Phi_{V\,ges}}{\omega_{ges}} = \frac{4000\,\text{lm}}{4\pi} = 318\,\text{cd}$$

mittlere Lichtstärke, die die Lampe nach allen Richtungen ausstrahlt

$$E_V = \frac{I_V \cos i}{l^2} \quad \cos i = 1$$

weil Lichteinfall rechtwinklig ($i = 0°$ gegen das Flächenlot)

$$E_V = \frac{318\,\text{cd} \cdot 1}{2^2\,\text{m}^2} = 79{,}5\,\text{lx}$$

Beleuchtungsstärke am Arbeitsplatz, nach Tabelle 2 ausreichend für grobe Arbeit

2.2.3 Lampen und Leuchten

Am häufigsten angewendet werden Glühlampen und Leuchtstofflampen bis 220 V Nennspannung. Außerdem werden Hochspannungs-Leuchtröhren (z.B. Lichtreklame), Quecksilberdampflampen (bläulich-grünes Licht auf Straßen und Plätzen z.B.) sowie Natriumdampflampen (gelbes Licht) verwendet.

Bei der Glühlampe wird ein dünner Wolframdraht durch Strom zum Glühen gebracht (um 2500 °C). Dabei entsteht viel Wärme, so dass die Lichtausbeute nicht sehr hoch ist.

Bei der Niederspannungs-Leuchtstofflampe erzeugt eine Glimmentladung in einem Gemisch aus Quecksilberdampf und Edelgas hauptsächlich ultraviolettes Licht, das nicht sichtbar ist. Dieses UV-Licht regt die innen auf der Rohrwand sitzende Leuchtstoffschicht zu optisch wirksamem Licht an, das von der Lampe abgestrahlt wird. Dabei entsteht weniger Wärme als bei Glühlampen, so dass die Lichtausbeute von Leuchtstofflampen höher ist.

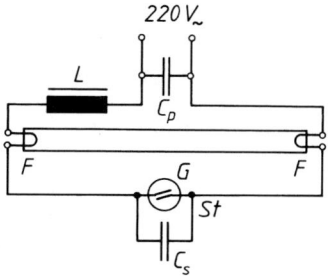

Bild 6.
Schaltung einer Niederspannungs-Leuchtstofflampe

Die Leuchten dienen zur Aufnahme der Lampen. Sie haben den Zweck, das Licht unter Vermeidung von Blendung dorthin zu werfen, wo es gebraucht wird. Man unterscheidet die Leuchten nach der Art der Lichtverteilung: direkt, vorwiegend direkt, gleichförmig, vorwiegend indirekt und indirekt. Bei den Direkt-Leuchten gibt es solche für Breit-, Weit-, Tief-, Schräg- und Flutlichtstrahlung.

Die Leuchte zur Aufnahme einer Leuchtstofflampe enthält eine Vorschaltdrossel L, einen Glimmzünder G, einen Phasenkompensationskondensator C_p (siehe 1.8.8) und einen Funk-Entstörkondensator C_s. G und C_s sind meist vereinigt zum auswechselbaren Starter St. G, L und die in beiden Lampenenden angebrachten Heizfäden F dienen zum Zünden der Röhre. Im Betrieb begrenzt L den Strom durch die Lampe, der sonst zu hohe Werte annehmen und die Lampe zerstören würde.

Tabelle 6. Normale Glühlampen für 220 V, Gesamtlichtstrom und Lichtausbeute

Leistung P in W	15	25	40	60	75	100	150	200	300	500	1000	2000
Gesamtlichtstrom $\Phi_{V\,ges}$ in lm	120	220	400	730	950	1380	2100	2950	4800	8300	18500	38400
Lichtausbeute η_{La} in lm/W	8	8,8	10	12,2	12,7	13,8	14	14,7	16	16,5	18,5	19,2

Tabelle 7. Leuchtstofflampen 220V, Gesamtlichtstrom und Lichtausbeute

Leistungsaufnahme der Lampe allein	P in W	10	16	20	25	40	65
Leistungsaufnahme einschl. Drossel	P in W	13	20	25	31	49	75
Lichtstrom	$\Phi_{V\,ges}$ in lm	390 440	730 820	770 950	1150 1300	1850 2400	3100 4000
Lichtausbeute	η_{La} in lm/W	30 34	37 40	31 38	37 42	38 49	41 53

2.3 Elektrischer Unfall und Schutzmaßnahmen

2.3.1 Elektrisieren

Man kann sich elektrisieren, indem man nach Bild 7a beide Adern einer unter Spannung stehenden Leitung berührt, oder nach Bild 7b an den Außenleiter (L1, L2 oder L3) kommt und gleichzeitig Erdberührung hat z.B. durch nasse Schuhe oder Anfassen einer Wasserleitung. Der elektrische Schlag ist um so stärker, je größer der Strom ist, der dabei durch den Körper fließt. Die Stärke des Elektrisierungsstromes I_e hängt nach dem Ohm'schen Gesetz von der berührten Spannung U und dem Widerstand R_{mensch} des menschlichen Körpers ab:

$$I_e = \frac{U}{R_{mensch}}$$

Der *elektrische Widerstand* R_{mensch} des menschlichen Körpers ist um so kleiner, je größer und feuchter die Berührungsflächen sind. Als grobe Richtwerte können gelten (gemessen zwischen beiden Handflächen): R_{mensch} trocken ≈ 10 kΩ; R_{mensch} nass ≈ 2 kΩ. Als lebensgefährlich gilt ein Elektrisierungsstrom von $I_e > 100$ mA (grober Richtwert!).

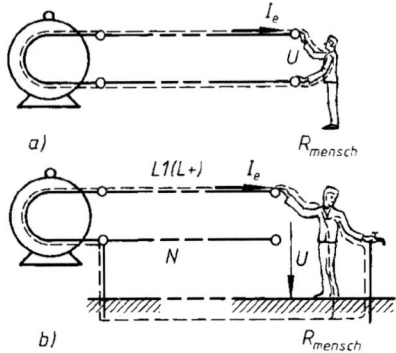

Bild 7. Elektrisieren

■ **Beispiel:**
Welcher maximale Elektrisierungsstrom fließt durch den Körper, wenn man mit beiden Handflächen die Netzwechselspannung 220 V berührt
a) bei trockenen, b) bei nassen Händen?

Lösung:

a) $\hat{i}_e = \frac{\hat{u}}{R_{mensch\ trocken}} = \frac{\sqrt{2} \cdot 220\ V}{10\ k\Omega} = 31$ mA

kräftiger Schlag

b) $\hat{i}_e = \frac{\hat{u}}{R_{mensch\ nass}} = \frac{\sqrt{2} \cdot 220\ V}{2\ k\Omega} = 155$ mA

lebensgefährlicher Schlag!

2.3.2 Gehäuseschluss (Masseschluss)

Gehäuseschluss oder Körperschluss liegt vor, wenn die Arbeitswicklung eines Elektrogerätes infolge schadhafter Isolation das Metallgehäuse berührt. Im Bild 8 ist das Metallgehäuse des Gerätes über den Schluss mit dem Außenleiter verbunden, so dass die Spannung U zwischen Gehäuse und Erde auftritt. Bei Berühren des Gerätes erhält man einen elektrischen Schlag. Um zu vermeiden, dass ein Gerät das Herstellerwerk mit Gehäuseschluss verlässt, prüft man es, indem man eine Prüfspannung (z.B. 1 500 V) zwischen Arbeitswicklung und Gehäuse legt. Wenn die Isolation in Ordnung ist, fließt dabei kein Strom.

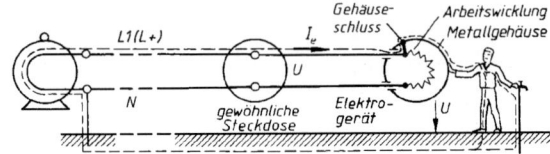

Bild 8. Gehäuseschluss eines Elektrogerätes

2.3.3 Schutzmaßnahmen

Nach den VDE-Bestimmungen (DIN VDE 0100) sind zur Vermeidung elektrischer Unfälle unter anderem folgende Schutzmaßnahmen erlaubt:

Schutz durch Schutzleiter PE (protect earth): Der Schutzleiter PE führt eigenständig, am Zähler vorbei, durch die gesamte Anlage. Nur im Fehlerfall führt er Strom. Dieser ist dann so groß, dass der Überstromschutz (Sicherung) anspricht. Die zulässigen Abschaltzeiten sind in VDE 0100, Teil 410, vorgeschrieben, z.B. 0,2 s für Steckdosenstromkreise bis 35 A Nennstrom.

Wirkungsweise: Das Metallgehäuse eines Gerätes wird z.B. über die Schuko-Steckvorrichtung mit dem Schutzleiter PE verbunden, der wiederum mit dem Neutralleiter N verbunden ist.
Bei Masseschluss führt nun der Schutzleiter PE zwischen Gehäuse und Erde zu einem Kurzschluss.

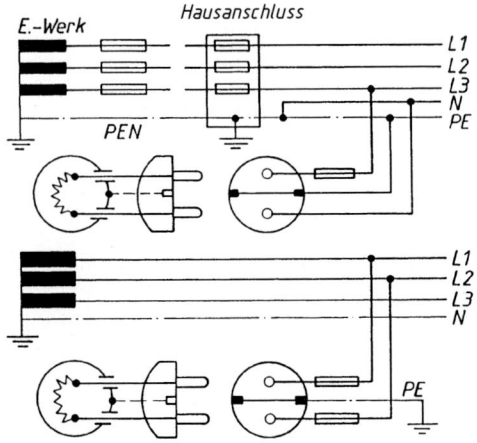

Bild 9.
a) Schutz durch Schutzleiter PE im TN-S-Netz
b) Schutz durch Schutzerdung im TT-Netz

2 Anwendungen

Im TN-S-Netz (Bild 9a) wird immer der unabhängige Schutzleiter PE mitgeführt.
Die Leitungen bei Wechselstrom bestehen aus drei Adern, die beim Dreiphasenwechselstrom aus fünf Adern.

Schutz durch Schutzerdung: Hierbei werden die Schutzkontakte der Steckdose nach Bild 9b mit Erde verbunden. Als Erder ist die Wasserleitung nicht mehr zulässig. Vielmehr ist ein besonderer Erder z.B. in Form eines in die Erde eingegrabenen verzinkten Stahlbandes erforderlich. Der Erdungswiderstand bei Schutzerdung muss genügend klein sein, damit die Sicherung bei Gehäuseschluss auslöst oder zwischen Gehäuse und Erde keine höhere Spannung als 65 V auftritt. Bis zu 16 A Sicherungs-Nennstrom genügen etwa 2 Ω Erdungswiderstand. Bei größeren Strömen wäre eine umfangreiche und teure Erdungsanlage erforderlich, so dass stattdessen eine andere Schutzmaßnahme, z.B. der Fehlerstrom-Schutzschalter gewählt wird.

Die Wirkungsweise beider Schutzarten beruht darauf, dass ein Gehäuseschluss zum Kurzschluss führt. Die Sicherung löst aus und trennt das schadhafte Gerät vom Außenleiter.

2.3.4 Sonstige Schutzmaßnahmen

Die Fehlerspannungs-Schutzschaltung hat den Vorteil, dass sie *auch bei unzureichender Erdung* (bis 800 Ω Erdungswiderstand) ein Gerät mit Gehäuseschluss allpolig abschaltet. Bei einem solchen Schluss tritt an der Auslösespule A eine Spannung auf (Fehlerspannung). Wenn diese einen bestimmten Wert übersteigt, wird der Schalter S elektromagnetisch geöffnet.

Die Fehlerstrom-Schutzschaltung hat ebenfalls den Vorteil, dass sie *auch bei unzureichender Erdung* (bis 800 Ω) ein Gerät allpolig abschaltet, wenn Gehäuseschluss auftritt. Solange kein solcher Schluss vorliegt, fließt durch die beiden gegensinnigen Primärspulen des Differential-Stromwandlers D der gleiche Strom I hin und zurück. In der Sekundärspule wird dabei keine Spannung induziert, weil die Magnetflächen der Primärspulen sich kompensieren. Bei Schluss dagegen fließt ein Teil des zufließenden Stromes über Erde ab. Die im N-Zweig liegende Wicklung von D erhält weniger Strom, so dass in der Sekundärspule eine Spannung induziert wird. Diese wird der Auslösespule A zugeführt, die den Schalter S allpolig öffnet.

Bei Schutzisolierung kann kein Gehäuseschluss auftreten, weil das Gehäuse nicht aus Metall, sondern aus Isolierstoff besteht.

Beim Trenn- und beim Schutztransformator wird der Verbraucher über einen Transformator (siehe 2.4) angeschlossen, dessen Sekundärwicklung nicht geerdet und gegen die Primärwicklung (Außenleiter) besonders zuverlässig isoliert ist. Der Trenntransformator übersetzt im Verhältnis 1 : 1 (z.B. 220/220 V), der Schutztransformator setzt die Netzspannung herab auf eine Kleinspannung von maximal 42 V.

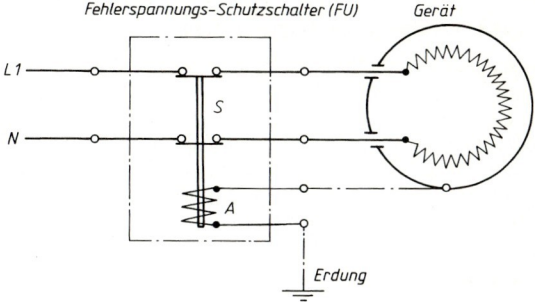

Bild 10. FU-Schutzschaltung

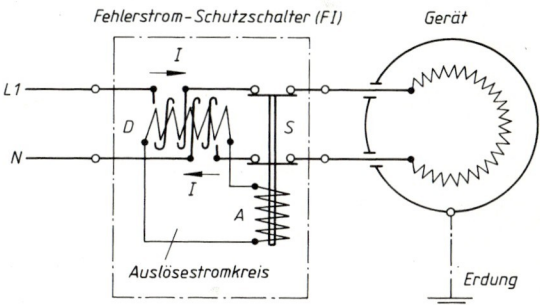

Bild 11. FI-Schutzschaltung

2.3.5 Unfall durch Verbrennung

In Anlageteilen, die mit besonders starken Sicherungen abgesichert sind (z.B. 600-A-Sicherung), ist das Hantieren nicht nur wegen des Elektrisierens gefährlich, sondern auch wegen der Möglichkeit von Verbrennungen durch Lichtbögen. Diese können als Folge eines Kurzschlusses entstehen, z.B. durch unbeabsichtigtes Überbrücken zweier blanker Leitungsadern mittels Metallwerkzeug. Besonders gefährlich ist das Arbeiten in Mittelspannungsanlagen, bei denen sowohl Spannungen als auch Ströme groß sind. Man unterlasse daher jegliches Arbeiten an Anlagen, die unter Spannung stehen, sowohl wegen der Elektrisierung- als auch wegen der Verbrennungsgefahr!
Für die Schutzmaßnahmen gegen elektrische Unfälle gelten die *VDE-Vorschriften* 0100.

2.4 Transformatoren

Transformatoren dienen zur Wandlung von Spannungen und Strömen auf höhere oder niedrigere Werte. Sie entsprechen den Getrieben der Mechanik, die Drehmomente und Drehzahlen herauf- oder herabsetzen. Ebenso wie dasselbe Getriebe sowohl zur Über- als auch zur Untersetzung verwendet werden kann, lässt sich derselbe Transformator sowohl zum Herab- als auch zum Heraufspannen benutzen. Der Wirkungsgrad liegt bei 95 %.

2.4.1 Leerlauf eines Transformators

Schaltet man die Primärwicklung mit der Windungszahl N_1 an die Wechselspannung U_1 dann fließt in ihr der Leerlaufstrom I_0. Dieser erzeugt in dem geblechten Eisenkern (siehe 1.6.4) den magnetischen Wechselfluss Φ, der auch die Sekundärwicklung mit der Windungszahl N_2 durchsetzt und dort die Spannung U_2 induziert (siehe 1.6.2). Dabei entsteht sowohl in N_1 als auch in N_2 die *gleiche* Spannung pro Einzelwindung (Windungsspannung), so dass sowohl die primäre Gegenspannung U_1 (siehe 1.6.3) als auch die Sekundärspannung U_2 jeweils die Summe der einzelnen Windungsspannungen von N_1 bzw. N_2 darstellt. Es gilt daher das Verhältnis der Spannungen beim leerlaufenden Transformator:

$$\frac{U_1}{U_2} = \frac{N_1}{N_2} \qquad (13)$$

Beim Transformator verhalten sich die *Spannungen wie die Windungszahlen*.

■ **Beispiel:**
Bei einem Kleintransformator für 220V Primärspannung misst man im Leerlauf 6,3V Sekundärspannung. Eine Zählung der Windungszahl der außen liegenden Sekundärwicklung ergibt 27 Windungen.

a) Wie groß ist die primäre Windungszahl N_1?
b) Wie groß ist die Windungsspannung U_w?

Lösung:

a) $\dfrac{U_1}{U_2} = \dfrac{N_1}{N_2}$

$N_1 = \dfrac{U_1 N_2}{U_2} = \dfrac{220 \text{ V} \cdot 27}{6{,}3 \text{ V}} = 943$

Windungen hat die Primärwicklung

b) $U_2 = N_2 U_w$; $U_w = \dfrac{U_2}{N_2} = \dfrac{6{,}3 \text{ V}}{27} = 0{,}233$ V

je Einzelwindung

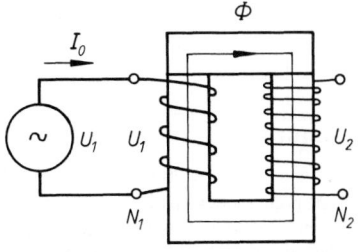

Bild 12. Wirkungsschema eines Transformators bei Leerlauf

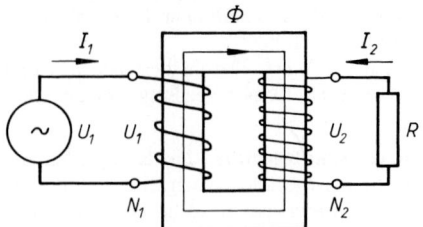

Bild 13. Wirkungsschema eines Transformators bei Belastung

2.4.2 Belastung eines Transformators

Bei Belastung entnimmt der Verbraucher R dem Transformator den Sekundärstrom I_2 und damit die Leistung $P_2 = U_2 I_2$. Nach dem Energieprinzip muss er eine entsprechende Primärleistung $P_1 = U_1 I_1$ aus dem Netz aufnehmen (Blindleistung vernachlässigt), d.h. seine Stromaufnahme steigt von I_0 auf I_1.

Bei Belastung eines Transformators steigt dessen Stromaufnahme aus dem Netz.

Verhältnis der Ströme beim belasteten Transformator:

$$\frac{I_1}{I_2} = \frac{N_2}{N_1} \qquad (14)$$

Beim Transformator verhalten sich die *Ströme umgekehrt* wie die Windungszahlen.
Dabei sind Blindleistung und Verluste vernachlässigt!
Für die Belastung eines Transformators ist die Scheinleistung S des Verbrauchers maßgebend, weil die Größen der Ströme, die den Transformator erwärmen, von S abhängen. Die Belastung wird daher in VA angegeben.

■ **Beispiel:**
Einem Transformator 220/24 V werden bei 24 V 5 A entnommen.

a) Wie groß ist der Primärstrom, wenn Blindleistung und Verluste des Transformators vernachlässigt werden?
b) Wie groß ist die Belastung des Transformators?
c) Was ist über die erforderlichen Drahtquerschnitte für die Primär- und Sekundärwicklung zu sagen?

Lösung:

a) $\dfrac{I_1}{I_2} = \dfrac{N_2}{N_1}$; $I_1 = I_2 \dfrac{N_2}{N_1}$

$\dfrac{N_2}{N_1} = \dfrac{E_2}{E_1} = \dfrac{24 \text{ V}}{220 \text{ V}} = 0{,}109$

$I_1 = 5 \text{ A} \cdot 0{,}109 = 0{,}545$ A

Primärstrom mindestens

b) $S = U_2 I_2 = 24 \text{ V} \cdot 5 \text{ A} = 120$ VA

Belastung (übertragene Scheinleistung)

c) Der Drahtquerschnitt der Primärwicklung wird wegen des niedrigeren Stromes (0,545 A) kleiner gewählt als der der Sekundärwicklung (für 5 A).

2.4.3 Bauformen von Transformatoren

Bei Emphasen-Transformatoren werden hauptsächlich UI-, Mantel- und EI-Kerne (ähnl. Mantelkern) verwendet. Daneben kommen auch Ring- und Schnittbandkerne vor. Sie werden zur Verringerung der Ummagnetisierungsverluste aus legierten Blechen (mit Si, siehe 1.6.4) aufgeschichtet.

Die Wicklung wird meist als Röhrenwicklung ausgeführt (primär 1, sekundär 2), die beim UI-Schnitt in je zwei in Reihe geschaltete Hälften aufgeteilt wird (weniger Kupfer, höherer Wirkungsgrad). Die Scheibenwicklung hat besonders geringe magnetische Streuung und wird bei besonders harten Transformatoren angewendet (hart: Spannung geht bei Belastung nur wenig zurück). Bei Transformatoren für höhere Spannung wird die Oberspannungs-Röhrenwicklung meist in Scheibenspulen aufgeteilt (keine Scheibenwicklung!).

2.4.4 Drehstromtransformator

Bild 14a zeigt den Kern eines Drehstrom-Kerntransformators mit Röhrenwicklung. Für jede Phase L1, L2, L3 ist je eine Primär- bzw. Sekundärwicklung (1 bzw. 2) vorhanden. Bild 14b zeigt einen Transformator, der die Mittelspannung der Bezirksleitung (siehe 2.1.4) umspannt in die Niederspannung für das Drehstrom-Vierleitersystem (siehe 2.1.3). Die Stern-Zickzackschaltung dient dazu, die unvermeidbaren Unsymmetrien der Lichtverbraucher für die Primärseite zu symmetrieren. Die Leerlaufspannung 231/400 V wird zur Deckung des Spannungsfalls auf der Leitung höher gewählt als die Nennspannung 220/380 V.
Die Kühlung erfolgt bei kleineren Typen mit Luft, bei größeren mit Öl oder Clophen (nicht brennbar).

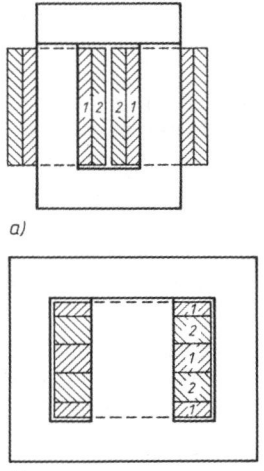

Bild 14. Bauformen von Transformatoren
a) UI-Kern (hier mit Röhrenwicklung)
b) Mantelkern (hier mit Scheibenwicklung)

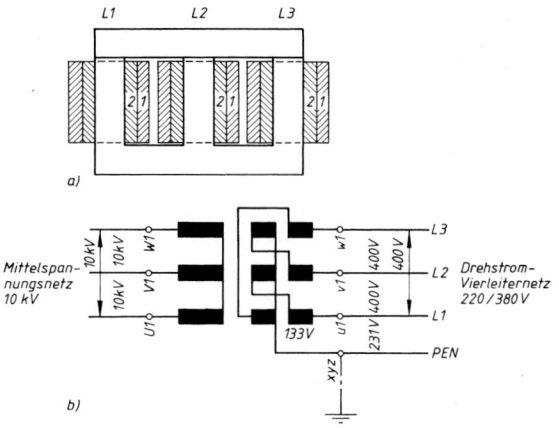

Bild 15. Drehstromtransformator
a) Aufbau,
b) Schaltbild eines in Stern-Zickzack geschalteten Verteilungstransformators zur Speisung des Drehstrom-Vierleitersystems

2.4.5 Spartransformator

Der Spartransformator bringt bei kleinen Unterschieden zwischen Primär- und Sekundärspannung (z.B. 250/220 V) große Ersparnisse an Baugröße, Eisen und Kupfer. Seine Wicklung besteht aus einem Teil mit dickem Querschnitt (zwischen a und b) und einem Teil mit schwächerem Draht (zwischen b und c). Der Hauptnachteil des Spartransformators besteht darin, dass der Sekundärkreis nicht vom Außenleiter getrennt ist.

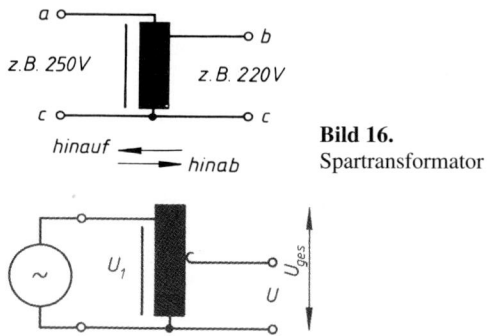

Bild 16. Spartransformator

Bild 17. Stelltransformator (hier in Sparschaltung)

2.4.6 Stelltransformator

Der Stelltransformator gestattet eine fast stufenlose Änderung von null bis U_{ges}, auch über die Primärspannung U_1, hinaus. Ähnlich wie beim Schiebewiderstand gleitet ein Schleifer auf der blank gekratzten Wicklung. Wenn Trennung vom Außenleiter erforderlich ist, verwendet man anstelle des im Bild dargestellten billigeren Spartransformators einen mit getrennter Primär- und Sekundärwicklung.

2.4.7 Streufeldtransformatoren

Im Gegensatz zum Normaltransformator, bei dem man belastungsabhängige Spannungsverluste durch Belastungszunahme vermeiden möchte, sollen beim *Streufeldtransformator* möglichst starke Streufelder auftreten, um den Innenwiderstand zu vergrößern; denn das ist die Vorraussetzung für eine unbedingte Kurzschlussfestigkeit. (Kurzschlussspannung $u_{k\%} \leq 100\%$). Im Kurzschlussfall und bei großer Belastung fließen nur kleine Ströme. Dadurch wird eine Zerstörung des Transformators unterbunden. Mit Hilfe eines Streujochs besteht die Möglichkeit, die Höhe der Kurzschlussspannung einzustellen.

Anwendung finden Streufeldtrafos als Klingel-, Spielzeug-, Schutz- und Zündtransformator. Außerdem werden sie wegen der erforderlichen Hochspannung für Leuchtröhrenanlagen eingesetzt. In der Praxis sind das meist Streufeldtransformatoren für 7 500 V mit geerdetem Mittelpunkt $2 \cdot 3750$ V. Hier haben sie auch die Aufgabe, nach der Röhrenzündung den Strom zu begrenzen. Prinzip des Streufeldtransformators:

Kleine Streuung, hohe Lastspannung, großer Laststrom.

Große Streuung, kleine Lastspannung, kleiner Laststrom.

2.4.8 Messwandler

Der Spannungswandler (Bild 18) trennt den Messkreis von der Hochspannung. Er erzeugt sekundär die Messspannung (max. 100 V), die proportional der zu messenden Hochspannung ist. Der Messkreis muss geerdet sein, damit gefahrloses Hantieren am Instrument gewährleistet ist.

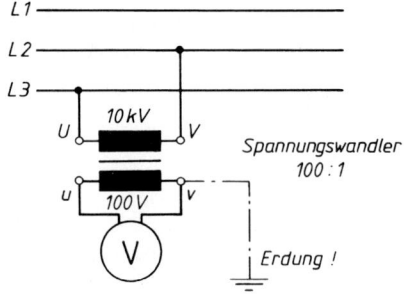

Bild 18. Spannungswandler

Der Stromwandler (Bild 19) kann zur Trennung des Messkreises von Hochspannung und zur Herabsetzung sehr hoher Ströme (auf max. 5 A) verwendet werden. Auch hierbei muss der Messkreis geerdet sein. Beim Auswechseln des Instrumentes muss der Stromwandler sekundär kurzgeschlossen werden, weil er sonst zu heiß wird.

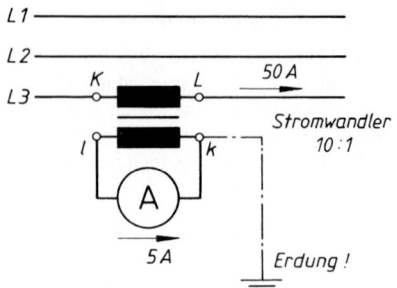

Bild 19. Stromwandler

Die besonderen Eigenschaften, die ein Wandler haben muss, sind:
1. Möglichst kleiner Betragsfehler, d.h. konstantes und genau bekanntes Übersetzungsverhältnis bei allen Spannungen bzw. Strömen.
2. Möglichst kleiner Winkelfehler, d.h. kein Phasenunterschied (bzw. genau 180° Verschiebung) zwischen Primär- und Sekundärspannung bzw. -strom.

2.5 Gleichstrommaschine als Generator

2.5.1 Spannungserzeugung in der Gleichstrommaschine

Die Gleichstrommaschine (Bild 20a) ist eine Außenpolmaschine, bei der die Ankerwicklung im Magnetfeld der feststehenden Pole gedreht wird (Generatorbetrieb) oder sich dreht (Motorbetrieb). Dieselbe Maschine ist zugleich Generator als auch Motor.

Die Gleichspannung U_g an den Bürstenklemmen *A1*, *A2* (Bild 20b) kommt folgendermaßen zustande: In der Ankerwicklung wird durch Drehung im Magnetfeld eine Wechselspannung induziert (siehe 1.8.1). Diese wird durch den Stromwender (Kollektor, Kommutator) in Bezug auf die Bürsten gleichgerichtet, indem sich die Stege des Stromwenders jeweils in dem Augenblick unter die andere Bürste schieben, in dem die Spulenwechselspannung U_{gsp} ihre Polarität ändert (Bild 20c). Dadurch entsteht an den Bürstenklemmen *A1*, *A2* die Gleichspannung U_g, die bei einem Anker mit nur einer einzigen Spule allerding sehr stark pulsiert.

Zur Verringerung des Pulsierens bringt man auf dem Anker viele Spulen unter und gibt dem Stromwender entsprechend viele Stege. Die Ankerspulen werden alle in Reihe geschaltet, indem das Ende der einen und der Anfang der nächsten gemeinsam an den gleichen Stromwendersteg gelötet werden.

Die Größe der induzierten Spannung U_g hängt ab von der Ankerwindungszahl N der Maschine, ihrer magnetischen Erregung Φ und ihrer Drehzahl n:

2 Anwendungen

$U_g = k_g \Phi n$

(Generatorgleichung)

k_g Generatorkonstante der Maschine (abhängig von Ankerwindungszahl und Bauabmessungen der Maschine).

Die Spannungseinstellung im Betrieb erfolgt durch Ändern der Erregung Φ, indem man den Erregerstrom durch einen Feldstellwiderstand ändert (siehe Bild 21).

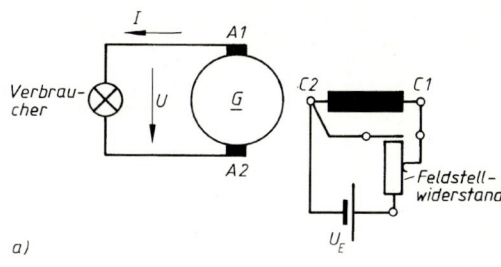

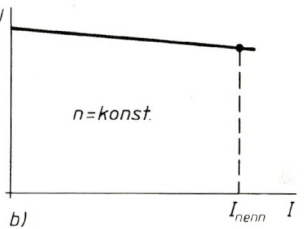

Bild 21. Fremderregter Generator
a) Schaltbild,
b) Belastungskennlinie

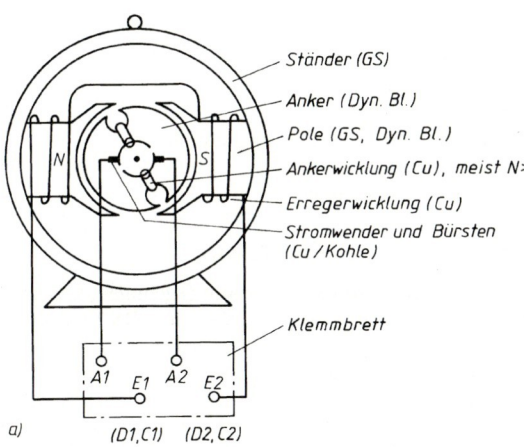

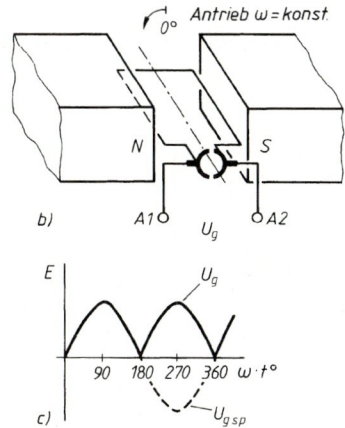

Bild 20. Gleichstrommaschine
a) Aufbauschema,
b) Wirkungsschema,
c) Spannungsverlauf

2.5.2 Fremderregter Generator

Beim fremderregten Generator (Klemmenbezeichnung $A1$, $A2$, $C1$, $C2$) wird die Erregerwicklung von einer besonderen Erregerspannungsquelle (z.B. Batterie, Gleichstromnetz oder Erregermaschine) magnetisch erregt (Bild 21a). Die Erregerwicklung muss für die Erregerspannung U_e bemessen sein.
Bei Belastung der Maschine bis zum Nennstrom I_{nenn} sinkt ihre Klemmenspannung U nur wenig ab (Bild 21b). Dieser Spannungsrückgang lässt sich am Feldsteller durch Erhöhen des Erregerstromes I_e wieder ausgleichen. Angewendet wird die Fremderregung dort, wo Unabhängigkeit der Erregung von der Belastung erwünscht ist (siehe 2.5.3 und 2.5.6).

2.5.3 Nebenschluss-Generator

Beim Nebenschluss-Generator (Klemmen $A1$, $A2$, $E1$, $E2$) ist die hochohmige Erregerwicklung $E1$, $E2$ (viele Windungen, dünner Draht) über einen Feldsteller an die Bürstenklemmen $A1$, $A2$ der Maschine gelegt. Die Gleichspannung U der Maschine wird also zur Selbsterregung benutzt. Diese kommt dadurch zustande, dass die Ankerwicklung beim Antreiben des Generators zunächst im Restmagnetismus des Stahlgussständers gedreht wird. Die dabei induzierte kleine Spannung verstärkt die Erregung, so dass der Generator auf die Klemmenspannung U kommt.

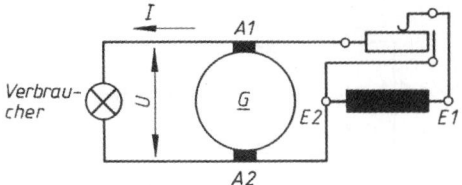

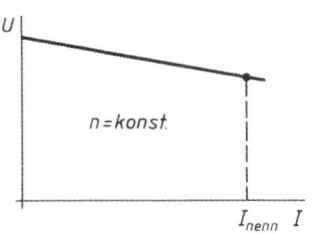

Bild 22. Nebenschluss-Generator
a) Schaltbild
b) Belastungskennlinie

Bei Belastung geht die Klemmenspannung U stärker zurück als bei Fremderregung, weil der Erregerstrom I_e von U abhängt und somit bei Belastung auch die Erregung etwas geschwächt wird. Ausgleich des Spannungsrückganges ist wieder durch den Feldsteller möglich. Angewendet wird der Nebenschlussgenerator bei kleinen bis mittleren Leistungen (z.B. Auto-Lichtmaschine, Erregermaschine für fremderregten Generator).

2.5.4 Reihenschluss-Generator

Beim Reihenschluss-Generator (Klemmen $A1$, $A2$, $D1$, $D2$) sind Anker- und Erregerwicklung in Reihe geschaltet mit dem Verbraucher. Der Verbraucherstrom I dient gleichzeitig zur Erregung der Maschine. Die Erregerwicklung $D1$, $D2$ ist niederohmig (wenige Windungen, dicker Draht), damit I an ihr nur wenig Spannungsfall verursacht. Die Selbsterregung tritt beim RS-Generator erst nach Anschluss eines Verbrauchers auf. Ohne Belastung wird in der leerlaufenden Maschine vom Restmagnetismus nur die sehr geringe Spannung U_0 induziert.

Bei Belastung steigt die Klemmenspannung U sehr stark an, weil der Verbraucherstrom I die Maschine erregt. Wegen des starken Spannungsanstiegs bei Belastung wird die Reihenschlusserregung beim Generator nur selten allein angewendet. Sie kommt jedoch häufig in Verbindung mit der Nebenschluss-Erregung vor (siehe 2.5.5).

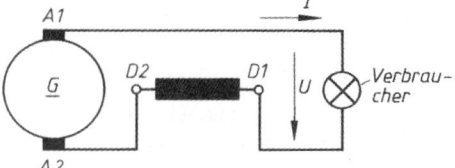

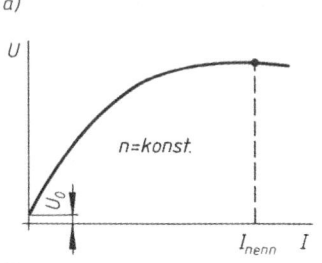

Bild 23. Reihenschluss-Generator
a) Schaltbild
b) Belastungskennlinie

2.5.5 Doppelschluss-Generator

Beim Doppelschluss-Generator (Klemmen $A1$, $A2$, $D1$, $D2$, $E1$, $E2$) werden NS- und RS-Erregung gleichzeitig angewendet (Verbundmaschine). Die RS-Wicklung gleicht bei Belastung den Spannungsrückgang der NS-Kennlinie wieder aus, so dass die Klemmenspannung U praktisch unabhängig ist von der Belastung I (Bild 24b). Der Feldsteller dient zur Festlegung der richtigen Größe von U. Angewendet wird der DS-Generator dort, wo die Spannung trotz starker Belastungsschwankungen konstant bleiben soll (Gleichstromnetze) oder wo kurzzeitige Überlastungen vorkommen (Speisung der Gleichstrommotoren für Walzenantriebe).

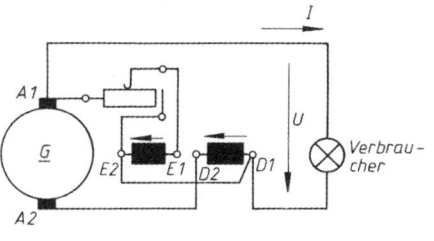

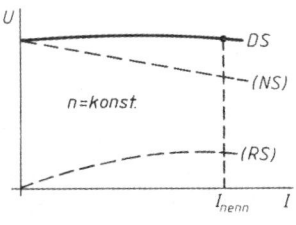

Bild 24. Doppelschluss-Generator
a) Schaltbild
b) Belastungskennlinie

2.5.6 Gleichstrom-Schweißgenerator

Beim Gleichstrom-Schweißgenerator kann man die Fremderregung mit einer Gegen-Reihenschlusserregung verbinden (Klemmen *A1, A2, D1, D2, C1, C2*). Dadurch erreicht man, dass der Schweißstrom begrenzt wird, auch wenn man die Schweißelektroden beim Ziehen des Lichtbogens kurzschließt.

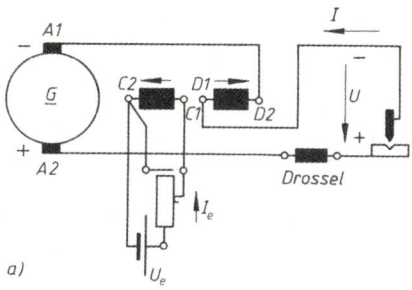

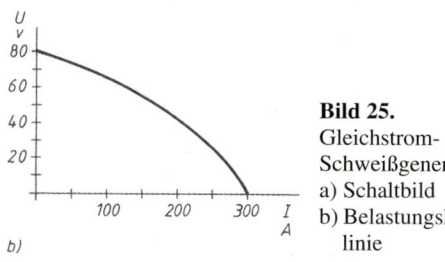

Bild 25. Gleichstrom-Schweißgenerator
a) Schaltbild
b) Belastungskennlinie

Je stärker der Schweißstrom *I* ist, desto mehr schwächt er durch die Wicklung *D1, D2* die Fremderregung der Maschine. Dadurch ergibt sich ein starkes Absinken der Klemmenspannung *U* bei Belastung (Bild 25b). Am Feldsteller lässt sich die gewünschte Schweißstromstärke einstellen. Die Drossel erleichtert das Ziehen des Lichtbogens.

2.6 Gleichstrommaschine als Motor

Dieselbe Maschine, die bei mechanischem Antrieb als Generator elektrische Leistung abgibt, liefert als Motor bei Anschluss an eine Spannungsquelle mechanische Leistung. Aufbau der Gleichstrommaschine siehe Bild 20a.

2.6.1 Wirkungsweise eines Motors

Das Drehmoment *M* kommt beim Motor folgendermaßen zustande: Man schickt Strom durch die Ankerwicklung, die sich dadurch mit magnetischen Feldlinien umgibt. Diese erzeugen in Bild 26a zusammen mit denen des Erregerfeldes *Φ* links oben und rechts unten Ballung (siehe 1.6.6).

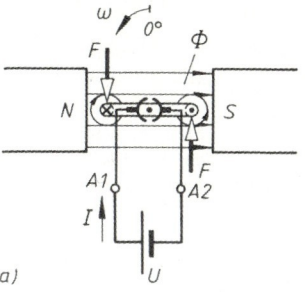

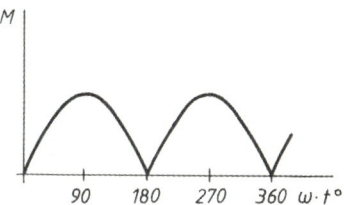

Bild 26. Gleichstrommotor
a) Wirkungsschema
b) Verlauf des Drehmoments

Auf die stromdurchflossenen Ankerdrähte wird vom Erregerfeld das Kräftepaar *F* ausgeübt, das ein linksdrehendes Moment *M* ergibt und den Anker mit der Winkelgeschwindigkeit *ω* treibt. Der Stromwender bewirkt eine fortlaufende Drehung des Ankers, indem er den Strom in den Ankerdrähten jeweils im richtigen Augenblick umpolt. Wenn nur eine einzige Ankerwicklung vorhanden ist, dann pulsiert das Drehmoment sehr stark (Bild 26b). Das Pulsieren von *M* wird wieder durch Anordnen vieler Spulen auf dem Anker und entsprechende Unterteilung des Stromwenders verringert (siehe 2.5.1).

Die Größe des Drehmoments *M* hängt ab von der Ankerwindungszahl *N* der Maschine, ihrer magnetischen Erregung *Φ* und dem Ankerstrom *I*:

$$M = k_m \, \Phi \, I$$
(*Motorgleichung*)

k_m Motorkonstante der Maschine (abhängig von der Ankerwindungszahl und den Bauabmessungen).

Die Belastung eines Motors ist gegeben durch das Drehmoment, das man an seiner Welle abnimmt. Je größer das Drehmoment ist, das dem Motor von der anzutreibenden Arbeitsmaschine abgefordert wird, desto größer muss nach (15) seine Stromaufnahme *I* sein.

2.6.2 Anlassen eines Motors

Beim Anlassen werden Motoren von mehr als 2 kW Nennleistung über einen Anlasswiderstand R_v ans Netz geschaltet. Bei Direkt-Einschaltung (ohne R_v) würde die Sicherung durchschmelzen, weil der Einschaltstrom wegen des niedrigen Ankerwiderstandes R_i der Maschine sehr groß wäre. Bei Einschaltung über den Anlasser R_v wird die Höhe des Einschaltstromes begrenzt und der Motor läuft an, ohne dass die Sicherung auslöst oder die Netzspannung zu stark absinkt (Lichtschwankungen!). Wenn der Motor läuft, dann wird in seiner Ankerwicklung genau wie beim Generator die Spannung U_g induziert. Diese ist der angelegten Spannung U entgegengerichtet und wird daher als innere Gegenspannung U_g bezeichnet. Je schneller der Motor läuft, desto höher wird die Gegenspannung U_g, desto kleiner die Spannungsdifferenz $U - U_g$ (Gegeneinanderschaltung!) und desto kleiner die Stromaufnahme des Ankers. *Ankerstrom I_a eines Motors:*

$$I_a = \frac{U - U_g}{R_i + R_v} \qquad (17)$$

U angelegte Netzspannung; U_g im Motor induzierte Gegenspannung; R_v Widerstand des Ankerstromzweiges; R_v Anlasswiderstand.

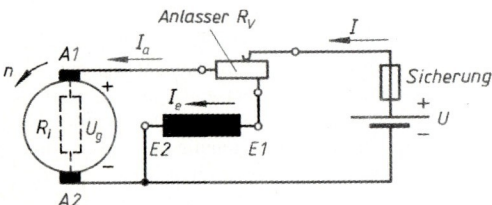

Bild 27. Anlassen eines Gleichstrommotors

In Betrieb wird der Anlasswiderstand R_v kurzgeschlossen ($R_v = 0$), so dass der Motor dann direkt am Netz liegt. Bei Leerlauf steigt die Drehzahl auf einen Wert n_0 an, bei dem $U_g = U$ und damit I_0 sehr klein wird. Bei Nennlast bremst die angetriebene Maschine den Motor, so dass seine Drehzahl und seine Gegenspannung etwas zurückgehen und die Stromaufnahme auf I_{nenn} ansteigt. Bei Überlastung (zuviel Drehmoment abgefordert) sinken n und U_g zu stark, so dass I zu groß und die Wicklung zu heiß wird.

Der Anlasser besteht meistens aus mehreren in Reihe geschalteten Einzelwiderständen, die über Schaltkontakte geschaltet werden. Zur Steuerung der Drehzahl darf der normale Anlasser nicht verwendet werden, weil er zu heiß wird.
Für diesen Zweck ist ein Steueranlasser mit besonders großer Kühlfläche zu verwenden. Auch für häufiges Schalten reicht der normale Anlasser nicht aus.

2.6.3 Nebenschlussmotor

Beim Nebenschlussmotor (*A1, A2, E1, E2*) ist die hochohmige Erregerwicklung *E1, E2* über den Anlasser an die Netzspannung U angeschlossen (Bild 28a). Diese treibt einen kleinen Erregerstrom durch *E1, E2*, der nicht von der Belastung des Motors abhängt. Die Erregung ist also konstant.

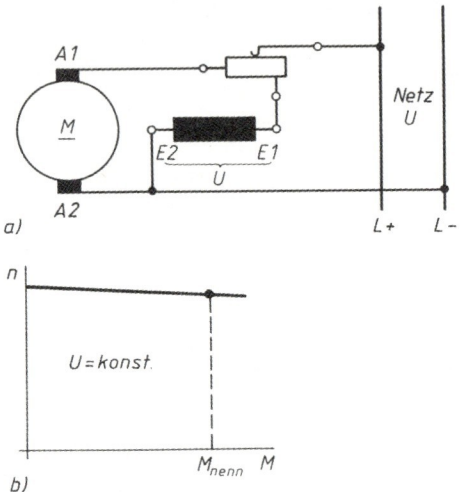

Bild 28. Nebenschlussmotor
a) Schaltbild
b) Belastungskennlinie

Bei Belastung bis zum Nennmoment geht die Drehzahl nur wenig zurück, weil die Erregung konstant bleibt (Bild 28b). Angewendet wird der Nebenschlussmotor dort, wo die Drehzahl unabhängig von der Belastung sein soll, z.B. bei Werkzeugmaschinen.

Zur Drehzahlsteuerung ist der Nebenschlussmotor besonders geeignet (siehe 2.11.2). Die vollkommenste Steuerung von Drehmoment und Drehzahl ermöglicht der Gleichstrom-Nebenschlussmotor in Verbindung mit einer Steuerung der Gleichstromversorgung (siehe 2.11.3).

2.6.4 Reihenschlussmotor

Beim Reihenschlussmotor (*A1, A2, D1, D2*) wird die niederohmige Erregerwicklung *D1, D2* vom Motorstrom I durchflossen.
Dieser hängt von der jeweiligen Belastung des Motors ab (siehe 2.6.2) und erzeugt eine lastabhängige Erregung. Dadurch sinkt die Drehzahl mit wachsender Belastung stark ab (Bild 29b). Bei niedriger Drehzahl ergibt sich ein kräftiges Drehmoment (siehe (15)), weil dann sowohl I als auch Φ groß sind. Angewendet wird der Reihenschlussmotor als Fahrzeug- und Bahnmotor wegen seines weiten Drehzahlbereichs und seines kräftigen Anfahrmoments. Bei Leerlauf geht der Reihenschlussmotor durch!

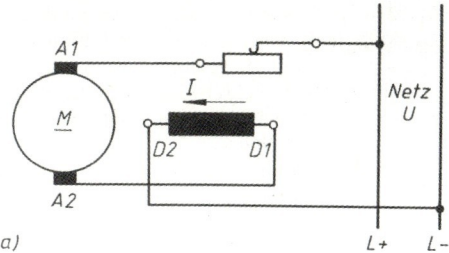

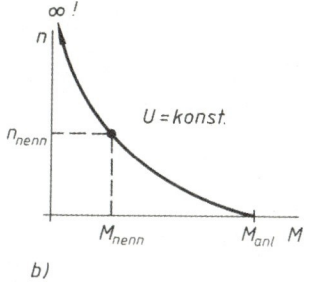

Bild 29. Reihenschlussmotor
a) Schaltbild
b) Belastungskennlinie

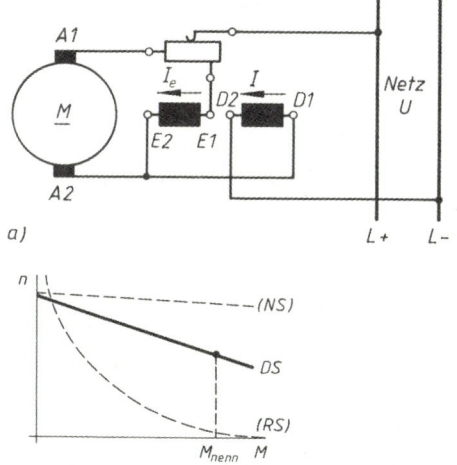

Bild 30. Doppelschlussmotor
a) Schaltbild
b) Belastungskennlinie

2.6.5 Doppelschlussmotor

Beim Doppelschlussmotor ($A1$, $A2$, $D1$, $D2$, $E1$, $E2$) werden NS- und RS-Erregung gleichzeitig angewendet (Verbundmaschine). Die RS-Wicklung liefert bei Belastung des Motors eine stärkere Erregung, so dass die Drehzahl etwas stärker zurückgeht. Gleichzeitig wird das Anlaufdrehmoment verbessert. Angewendet wird der Doppelschlussmotor dort, wo kurzzeitige Überlastungen mit Leerlauf abwechseln, wie z.B. beim Antrieb von Walzen. Bei Überlastung zieht der Motor wegen der RS-Erregung kräftig durch, bei Leerlauf geht er wegen der NS-Erregung nicht durch.

2.6.6 Umkehr der Drehrichtung

Zur Umkehr der Drehrichtung polt man die Bürstenklemmen $A1$, $A2$ um, ohne dass die Erregung umgepolt wird. Bei Vertauschen der Netzanschlüsse würde der Motor die gleiche Drehrichtung beibehalten.

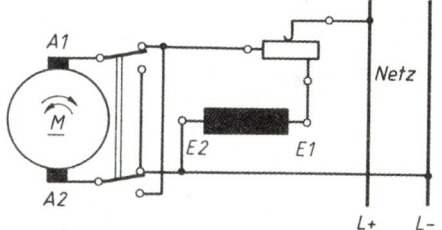

Bild 31. Umkehr der Drehrichtung beim Gleichstrommotor

2.6.7 Ankerrückwirkung

Als Ankerrückwirkung bezeichnet man bei allen elektrischen Maschinen (Gleichstrom-, Wechselstrom-, -motor, -generator) die magnetische Rückwirkung des stromdurchflossenen Ankers (Ankerquerfeld) auf das Gesamtfeld der Maschine. Bei der Gleichstrommaschine verursacht die Ankerrückwirkung unter anderem ein starkes Feuern der Bürsten (starker Verschleiß). Beim Generator ergibt sich außerdem ein stärkerer Spannungsrückgang.

Zur Verringerung der Ankerrückwirkung bzw. ihrer unerwünschten Folgen wendet man bei kleineren Maschinen und konstanter Last die Bürstenverschiebung an, bei der die Bürsten um einen bestimmten Winkel verdreht werden, beim Generator in Drehrichtung, beim Motor entgegen.

Bei größeren Maschinen und veränderlicher Last ordnet man zur Aufhebung der Ankerrückwirkung *Wendepole* an. Diese sitzen in den Lücken zwischen den Hauptpolen und tragen niederohmige Wicklungen aus wenigen Windungen dicken Drahtes, die vom Ankerstrom durchflossen werden. Der Wickelsinn der Wendepole ist entgegengesetzt wie der des Ankers, so dass bei Gleichheit beider AW-Zahlen das Ankerquerfeld vom Wendepolfeld aufgehoben wird. Ähnlich wirkt auch eine *Kompensationswicklung*, die in Nuten der Erregerpole liegt.

Das Vorhandensein von Wendepolen erkennt man daran, dass in der Klemmenbezeichnung irgendwo der Buchstabe $B1$ oder $B2$ auftaucht.

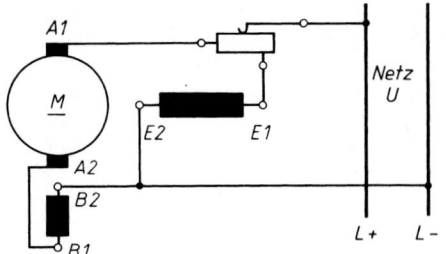

Bild 32.
Gleichstrom-Nebenschlussmotor mit Wendepolen

2.7 Drehstrommaschine als Motor

2.7.1 Drehfeld

Der Ständer des normalen Drehstrommotors ist der gleiche wie der beim Drehstromgenerator beschriebene (siehe 1.9.1). Schaltet man die drei Ständerwicklungen in $\curlywedge$ oder Δ an das Drehstromnetzt, dann erzeugen die drei um 120° phasenverschobenen Ströme in den drei um 120° versetzten Wicklungen ein Drehfeld. Dieses hat in jedem Augenblick die gleiche Größe (ist also ein Gleichfeld), ändert aber seine Lage in der Maschine mit der synchronen Drehzahl n_s. (In Gl. (44) setzt man $n = n_s$). Die Drehung kommt bei den verschiedenen Drehstrommotoren dadurch zustande, dass deren Läufer vom Drehfeld mitgenommen werden, beim Synchronmotor mit der gleichen Drehzahl, mit der das Drehfeld umläuft, beim Käfig-, Stromverdrängungs- und Schleifringläufer etwas langsamer (Asynchronmotoren).

2.7.2 Synchronmotor

Als **Synchronmotor** wird dieselbe Maschine verwendet, die in 1.9.1 als Drehstromgenerator beschrieben worden ist (Bild 61a). Verkettet man deren Wicklungen in $\curlywedge$ oder Δ und schaltet die Wicklungsanfänge U1, V1, W1 an das Drehstromnetz, dann entsteht im Ständer ein Drehfeld (Bild 33), das das Polrad mitnimmt, nachdem dieses irgendwie auf die synchrone Drehzahl gebracht worden ist. Das Polrad läuft dann „synchron", d.h. seine Drehzahl ist gleich der des Drehfeldes. Der Synchronmotor *läuft nicht von selbst an*. Er muss daher ohne Belastung von einer besonderen Antriebsmaschine auf die synchrone Drehzahl gebracht werden, z.B. dadurch, dass man seine angeflanschte kleine Erregermaschine über Gleichrichter aus dem Drehstromnetz als Motor betreibt und damit die Hauptmaschine hochfahrt. Bei größeren Maschinen ist zur Vermeidung von Kurzschlüssen eine besondere Synchronisierschaltung erforderlich, die den richtigen Augenblick für das Anschalten des Ständers an das Drehstromnetz anzeigt. Selbstanlaufende Synchronmotoren haben in Nuten des Polrades einen sogenannten Dämpferkäfig, mit dem sie asynchron hochlaufen (wie Käfigläufer) und dann von selbst in Synchronismus fallen. Der Käfig dämpft zugleich Drehschwingungen des Polrades, die bei plötzlicher Laständerung auftreten können.

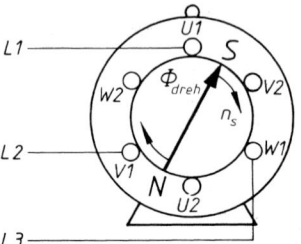

Bild 33. Ständer einer Drehstrommaschine

Der Synchronmotor hat eine völlig belastungsunabhängige Drehzahl, die ebenso konstant ist wie die Netzfrequenz. Bei Überlastung fällt er „außer Tritt" und bleibt stehen. Durch Übererregen des Polrades nimmt er kapazitiven Blindstrom aus dem Netz und lässt sich daher zur Phasenkompensation benutzen (siehe 1.8.8). Angewendet wird er dort, wo es auf besonders starre Drehzahl ankommt oder wo bei konstanter mechanischer Dauerlast gleichzeitig Phasenkompensation für andere Verbraucher erzielt werden soll.

2.7.3 Käfigläufer

Beim Käfigläufer wird als Läufer ein in sich kurzgeschlossener Käfig aus Kupfer (Messing) oder Aluminium (eingegossen) verwendet, der in Nuten des aus Blechen bestehenden Läufereisens liegt. Das Drehfeld Φ_{dreh} läuft durch diesen Kurzschlusskäfig hindurch und induziert darin den Läuferstrom I_l (Induktionsmotor). Φ_{dreh} übt auf I_l ein Drehmoment aus, das den Läufer in Drehrichtung des Feldes mitnimmt (siehe 1.6.5 und 1.6.6). Die Läuferdrehzahl n ist dabei stets etwas niedriger als die Drehfeldzahl n_s (Schlupf). Ohne Schlupf würde Φ_{dreh} den Läufer nicht Überholen. Er könnte dann auch keinen Strom induzieren und kein Drehmoment auf ihn ausüben (siehe Gl. (15)).

Schlupf s eines *Asynchronmotors*:

$$s = \frac{n_s - n}{n_s} \cdot 100\,\% \tag{18}$$

Je stärker der Motor belastet wird, desto größer sind Schlupf, induzierter Strom und Drehmoment. Bei *Nennlast* liegt der Schlupf zwischen 10 % (bei kleinen) und 3 % (bei großen Maschinen). Die Nenndrehzahlen von Asynchronmotoren liegen daher etwas unter den Drehzahlen der Reihe 3 000, 1 500 und 1 000 1/min usw. Wegen des nur geringen Drehzahlrückgangs bei Belastung gilt als Belastungskennlinie des Asynchronmotors etwa die des Gleichstrom-Nebenschlussmotors (siehe Bild 28b). Man spricht daher vom Nebenschlusscharakter der Asynchronmotoren.

Man kann den Käfigläufermotor als *sekundär kurzgeschlossenen Transformator* betrachten, dessen Sekundärwicklung der Flussänderung ausweichen kann, indem sie mitläuft. Bei *Belastung* geht die Läuferdrehzahl etwas zurück (größerer Schlupf), das Drehfeld überholt rascher und induziert stärkeren Strom im Läufer (Sekundärwicklung), und der Ständer (Primärwicklung) nimmt mehr Strom aus dem Netz.

Die Hauptvorteile des Käfigläufers sind niedriger Preis und hohe Betriebssicherheit (keine Schleifringe). Nachteilig ist der hohe Einschaltstrom, sowie bei Motoren über 2,2 kW, die über ⋏ Δ angelassen werden müssen, das geringe Anlaufmoment (siehe 2.7.5). Diese sind höchstens für Halblast-Anlauf geeignet.

Einfachkäfigläufer bei Direktanlauf: bei ⋏ Δ-Anlauf

$I_{ein} \approx 7 \; I_{nenn}$ $I_{ein} \approx 2,3 \; I_{nenn}$
$M_{anl} \approx 1,5 \; M_{nenn}$ $M_{anl} \approx 0,5 \; M_{nenn}$

Anwendung des Käfigläufers überall dort, wo ein Motor mit lastunabhängiger Drehzahl bei Leichtanlauf (unter 2,2 kW auch bei Volllastanlauf) gebraucht wird.

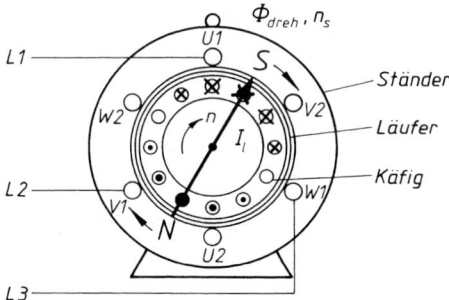

Bild 34. Aufbau- und Wirkungsschema des Käfigläufers

2.7.4 Stromverdrängungsläufer

Die Stromverdrängungsläufer haben einen kleineren Einschaltstrom als der Einfach-Käfigläufer. Sie unterscheiden sich von diesem durch die Anordnung bzw. die Form der Käfigstäbe. Beim Doppelkäfigläufer befinden sich zwei Kurzschlusskäfige im Läufer, innen der Arbeitskäfig mit dicken Stäben, außen der Anlaufkäfig mit dünnen Stäben.

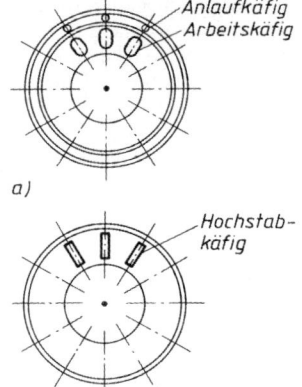

Bild 35. Läufer von Stromverdrängungsläufermotoren
a) Doppelkäfigläufer   b) Hochstabläufer

Bei Anlauf tritt der Stromverdrängungseffekt auf, der bewirkt, dass der Strom fast nur im außenliegenden Anlaufkäfig mit verhältnismäßig hohem Widerstand fließt und daher klein bleibt (gute Anlaufeigenschaften). Bei Betrieb verteilt sich der Strom mit gleicher Dichte über beide Käfige (niedriger Widerstand, hoher Wirkungsgrad).

Doppelkäfigläufer bei Direktanlauf:
$I_{ein} \approx 5 \; I_{nenn}$
$M_{anl} \approx 2,3 \; M_{nenn}$

bei ⋏ Δ-Anlauf:
$I_{ein} \approx 1,7 \; I_{nenn}$
$M_{anl} \approx 0,75 \; M_{nenn}$

Der Doppelkäfigläufer ist für mittelschweren Anlauf und Hochfahren kleinerer Schwungmassen geeignet. Auch beim Hochstabläufer (Tiefnut-, Wirbelstromläufer) tritt die Stromverdrängung auf (I fließt bei Anlauf hauptsächlich in den äußeren Stabteilen), so dass er ähnliche Anlaufeigenschaften hat wie der Doppelkäfigläufer.

Hochstabläufer bei Direktanlauf:
$I_{ein} \approx 4,8 \; I_{nenn}$
$M_{anl} \approx 1,5 \; M_{nenn}$

bei ⋏ Δ-Anlauf:
$I_{ein} \approx 1,6 \; I_{nenn}$
$M_{anl} \approx 0,5 \; M_{nenn}$

2.7.5 Stern-Dreieck-Anlauf

In Lichtnetzen schreiben die E-Werke bei Einfachkäfigläufern von 2,2 bis 4 kW und bei Stromverdrängungsläufern von 4 bis 5,5 kW das Anlassen über Stern-Dreieckschalter vor. Bei noch größeren Leistungen ist ein Statoranlasser oder ein Anlasstransformator vorgeschrieben. Der Grund für diese

Vorschriften liegt darin, dass die hohen Einschaltstromstöße der Käfigläufermotoren (siehe 2.7.3 und 2.7.4) kurzzeitige Spannungsschwankungen im Lichtnetz verursachen würden und dadurch die Helligkeit des Lichts schwankte.

> Für λΔ-Anlauf muss die Nennspannung des Motors eine Gruppe höher gewählt werden als die des Netzes, z.B. Motor 380/660 V für Netze 220/380 V.

Zum Anlaufen wird der Motor in λ ans Netz gelegt (Bild 36a). Jede seiner Wicklungen, die z.B. für 380V bemessen sind, erhält dabei nur 220V, so dass der Motor mit verringerter Spannung ($U/\sqrt{3}$) und kleinerem Einschaltstrom ($I_{ein}/3$) anläuft. Nachteilig ist dabei der Rückgang des Anlaufdrehmoments M_{anl} auf ein Drittel.

Zum Betrieb wird der Motor mit dem λΔ-Schalter auf Δ umgeschaltet und erhält damit die volle Spannung, so dass er dann voll belastet werden darf.

Der Läuferstrom wird wie beim Käfigläufer vom Drehfeld induziert (Induktions-, Asynchronmotor). Beim Anlaufen sind die drei ohm'schen Widerstände R voll in den Läuferstromkreis eingeschaltet, so dass der Einschaltstrom klein bleibt. R kann so groß gewählt werden, dass $I_{ein} = I_{nenn}$ wird und damit kein hoher Einschaltstromfluss auftritt. Trotzdem ist dabei $M_{anl} = M_{nenn}$, so dass der Motor für Volllastanlauf geeignet ist. In Betrieb ist der Anlasser kurzgeschlossen, so dass der Läufer auch beim Schleifringläufer im Kurzschluss arbeitet. Er verhält sich daher in Betrieb genauso, wie der Käfigläufer (Nebenschlusscharakter). Für Dauerbetrieb werden die drei Wicklungen mittels Hebels oder Fliehkraftschalters im Läufer kurzgeschlossen und die Bürsten abgehoben. Angewendet wird der Schleifringläufer dort, wo entweder Volllastanlauf bei größeren Leistungen vorliegt (M_{anl} bis 2,5 M_{nenn}) oder weiches Anfahren erwünscht ist (großer Anlasswiderstand) oder große Schwungmassen hochgefahren werden müssen oder häufig geschaltet wird (Anlaufwärme tritt außerhalb des Motors im Anlasser auf). Anwendungsbeispiele: Lastaufzug, Kran, Kolbenpumpe (Volllastanlauf); Fahrstuhl (weiches Anfahren); Zentrifuge, Gebläse (große Schwungmassen); Fahrstuhl, Kran (häufiges Schalten). Der Hauptnachteil des Schleifringläufers ist der Anlassvorgang von Hand oder über eine Automatik sowie sein höherer Preis.

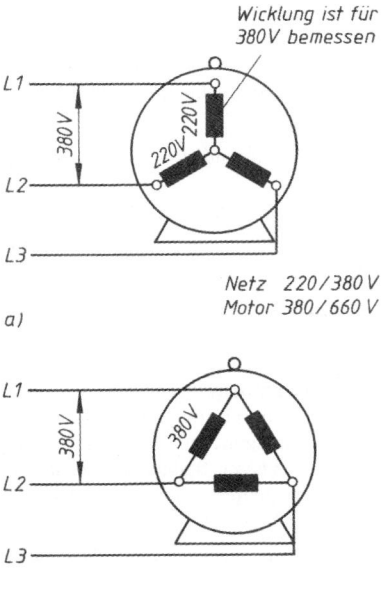

Bild 36. Stern-Dreieck-Anlauf
a) Anlassschaltung Stern
b) Betriebsschaltung Dreieck

2.7.6 Schleifringläufer

Beim Schleifringläufer liegt auch in den Läufernuten eine meist dreiphasige Wicklung, die in Stern geschaltet ist. Die Anfänge *u1*, *v1*, *w1* dieser Wicklung sind an Schleifringe geführt, die über die Bürsten mit einem dreiphasigen Anlasswiderstand verbunden sind.

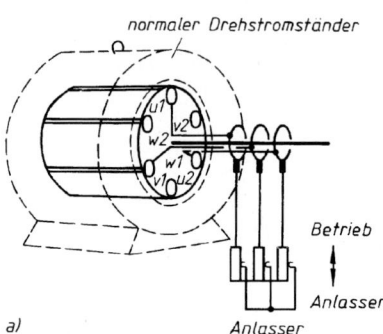

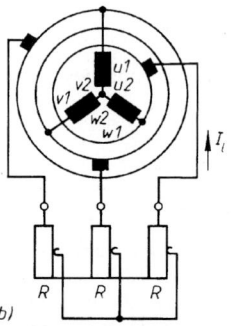

Bild 37. Schleifringläufer
a) Aufbauschema
b) Schaltbild des Läuferstromkreises

2.7.7 Umkehr der Drehrichtung

Zur Umkehr der Drehrichtung vertauscht man am Klemmbrett des Ständers zwei Leitungsanschlüsse nach Bild 38.

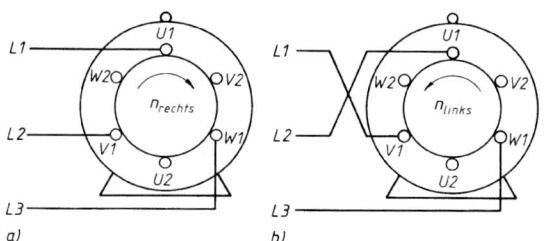

Bild 38. Anschaltung des Ständers
a) bei Rechtslauf
b) bei Linkslauf eines Drehstrommotors

2.8 Einphasen-Wechselstrommotoren

2.8.1 Einphasen-Reihenschlussmotor

Der Einphasen-Reihenschlussmotor ist eine Kollektormaschine und ist ebenso geschaltet, wie der für Gleichstrom (Bild 29). Sein Ständer besteht jedoch nicht aus Gussstahl, sondern zur Verringerung der Wirbelströme aus Dynamoblechen. Angewendet wird er bei kleinen Leistungen als Universalmotor ($\cong$) z.B. für Haushaltsgeräte (Staubsauger), und bei großen Leistungen z.B. als Lokomotivmotor (meist für $16\frac{2}{3}$ Hz).

Der Repulsionsmotor ist ähnlich aufgebaut und hat ebenfalls Reihenschlusscharakter. Er unterscheidet sich vom Reihenschlussmotor dadurch, dass nur seine Erregerwicklung am Netz liegt, seine Bürsten kurzgeschlossen und gegenüber dem Kollektor verdrehbar sind.

2.8.2 Einphasen-Käfigläufer

Beim Einphasenkäfigläufer mit Hilfswicklung befindet sich im Ständer die Hauptwicklung $U1$, $U2$ und die dagegen um 90° versetzte Hilfswicklung $Z1$, $Z2$. Diese wird mit dem Hilfsstrom I_2 gespeist, der mit Hilfe eines zusätzlichen Schaltelements (meist Kondensator, aber auch Drossel oder ohm'scher Widerstand) gegenüber dem Hauptstrom I_1 um möglichst 90° in der Phase verschoben wird. Dadurch bildet sich ein Drehfeld, das den Käfig mitnimmt. Der Kondensator kann in Anlauf- und Betriebskondensator unterteilt sein (siehe 2.8.3), wobei der Anlaufkondensator in Betrieb abgeschaltet werden muss.

Die Hilfswicklung muss bei manchen Motoren in Betrieb abgeschaltet werden (wenn ihr Drahtquerschnitt nur für den kurzen Anlaufvorgang bemessen ist). Der Motor läuft dann trotzdem weiter, weil das übrigbleibende Wechselfeld als Resultierende aus zwei gegensinnig umlaufenden Drehfeldern aufgefasst werden kann, wovon das eine den Läufer mitnimmt.

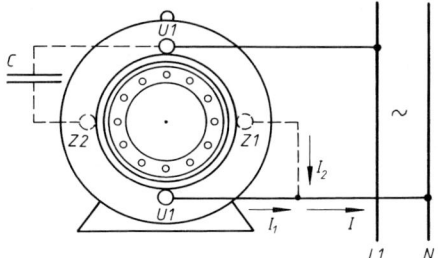

Bild 39. Einphasenkäfigläufer

Beim Anwurfmotor (ohne Hilfswicklung) muss der Läufer in der gewünschten Drehrichtung angeworfen werden, weil er nicht von selbst anläuft. Er wird dann von dem in Anwurfrichtung laufenden Drehfeld mitgenommen. Umkehr der Drehrichtung beim Motor mit Hilfswicklung durch Verbindung von $Z2$ mit $V2$ und $U1$ mit $Z1$ über Kondensator. Beim Spaltpol-Motor, der für kleinste Leistungen (unter 100 W) angewendet wird, sind die Erregerpole gespalten und zur Hälfte mit Kurzschlussringen aus Kupfer umgeben, mit deren Hilfe ein Drehfeld erzeugt wird. Als Läufer dient ebenfalls ein Käfig. Die Eigenschaften der Einphasen-Käfigläufer sind ebenso wie beim entsprechenden Drehstrommotor (siehe 2.7.3). Angewendet werden sie bei kleineren Leistungen am Einphasenwechselstromnetz (z.B. Haushaltsgeräte).

2.8.3 Einphasenbetrieb von Drehstrommotoren

Die normalen Drehstrommotoren lassen sich nach Bild 40 am einphasigen Wechselstromnetz betreiben, indem man den Strom in einer Wicklung durch einen Betriebskondensator C_b, in seiner Phasenlage verschiebt, so dass ein Drehfeld entsteht. Der Motor darf dabei bis zu 80 % seiner Drehstromnennleistung abgeben. Bei Volllastanlauf ist ein Anlaufkondensator C_a erforderlich, der in Betrieb abgeschaltet werden muss. Als Richtwert für die erforderlichen Kapazitätswerte gilt:

bei 220 V 50 Hz $C_b \approx 75\ \mu F$ je kW Drehstrom-Nennleistung

bei 380 V 50 Hz $C_b \approx 25\ \mu F$ je kW Drehstrom-Nennleistung

Als Anlaufkondensator nimmt man $C_a = 2\ C_b$. Die Betriebsspannung der Kondensatoren muss $1,25\ U$ sein. Drehrichtungsumkehr durch Vertauschen der Zuleitungen an $V1$ und $W1$. Anwendung bei Geräten, die vorwiegend für Drehstrom ausgelegt werden, bei denen aber auch einphasiger Anschluss vorkommen kann.

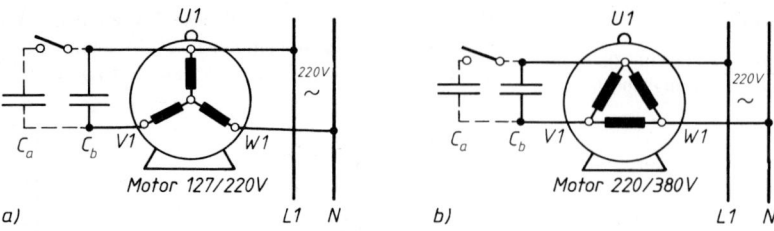

Bild 40. Einphasenbetrieb von Drehstrommotoren
a) in Sternschaltung, b) in Dreieckschaltung

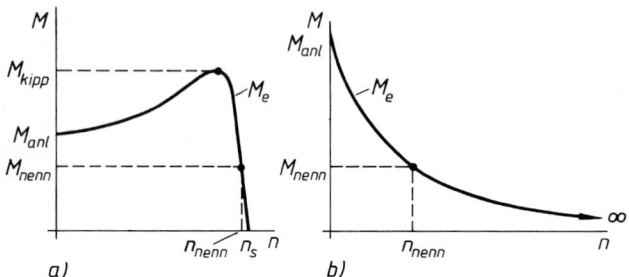

Bild 41. Drehmomentenkennlinien von Elektromotoren
a) Nebenschlusskennlinie (eines Käfigläufers), b) Reihenschlusskennlinie

2.9 Wechselwirkung zwischen Elektromotor und Arbeitsmaschine

2.9.1 Drehmomentenkennlinien von Motoren

Beim Elektromotor hängt das entwickelte Drehmoment M_e von seiner jeweiligen Drehzahl n ab.

Nebenschlusscharakter (Bild 41) haben der Gleich- und Drehstromnebenschlussmotor, alle Käfig- und der Schleifringläufer. Bei steigender Drehzahl nimmt dabei das Drehmoment vom Anlaufmoment M_{anl} (bei $n = 0$) zunächst zu bis zum Kippmoment M_{kipp} (~ 2 ... 2,5 M_{nenn}), und sinkt dann steil ab über das Nennmoment M_{nenn} (bei n_{nenn}) auf $M_e = 0$ (bei $n = n_s$, Reibungsverluste vernachlässigt).

Reihenschlusscharakter (Bild 41b) haben der Gleich-, Wechsel- und Drehstrom-Reihenschlussmotor sowie der Repulsionsmotor. Bei diesen ist das Anlaufmoment M_{anl} am größten ($\approx 3\, M_{nenn}$). M_e nimmt mit steigender Drehzahl ab, wobei $n \to \infty$ geht (theoretisch), d. h. der Motor geht im Leerlauf durch (Zerstörung des Motors, weil die Ankerwicklung durch Fliehkraft herausfliegt).

2.9.2 Drehmomentenkennlinien von Arbeitsmaschinen

Bei jeder Drehzahl gleichbleibendes Antriebsmoment (Bild 42a) ist erforderlich bei Aufzügen, Kranen, Kolbenpumpen und Getrieben sowie bei Hobel-, Dreh- und Fräsmaschinen bei konstantem Spanquerschnitt und Drehdurchmesser. Das Antriebsmoment M_t setzt sich zusammen aus dem Reibungsmoment M_r und dem Nutzmoment M_1. Das Reibungsmoment wird bei Anlauf von der Ruhereibung bestimmt (M_{r0}) und ist größer als in Betrieb. Die erforderliche Antriebsleistung P steigt bei diesen Maschinen linear mit der Drehzahl n.

Mit der Drehzahl quadratisch ansteigendes Antriebsmoment (Bild 42b) ist erforderlich bei Lüftern, Gebläsen, Kreiselpumpen und Rührwerken sowie beim Luftwiderstand von Fahrzeugen, Bahnen und Fördermaschinen hoher Geschwindigkeit. Das Antriebsmoment M_t für diese Maschinen setzt sich zusammen aus dem drehzahlunabhängigen Reibungsmoment M_r (bzw. M_{r0}) und einem Moment $M_1 \sim n^2$. Die erforderliche Antriebsleistung P steigt bei diesen Maschinen mit der dritten Potenz der Drehzahl n.

Mit der Drehzahl linear abnehmendes Antriebsmoment ist erforderlich bei Wickelantrieben, bei denen Materialzug und -geschwindigkeit konstant gehalten werden, sowie beim Plandrehen mit konstantem Spanquerschnitt. Die erforderliche Antriebsleistung P bleibt dabei konstant.

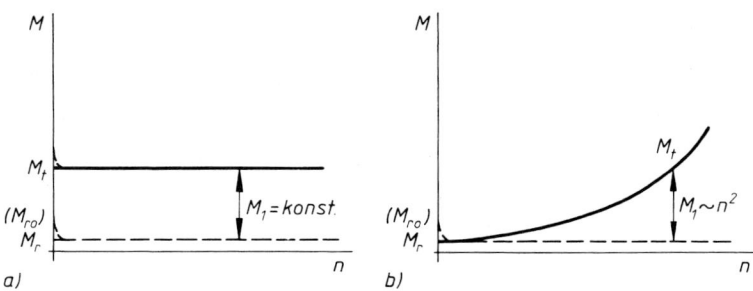

Bild 42. Drehmomentenkennlinie von Arbeitsmaschinen
a) erforderliches Antriebsmoment unabhängig von der Drehzahl
b) erforderliches Antriebsmoment steigt mit n^2

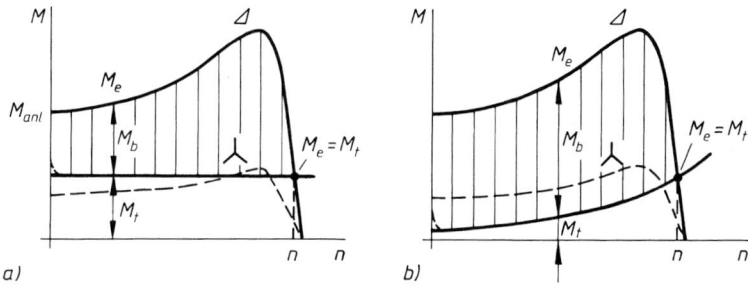

Bild 43. Anlaufvorgang in den Drehmomentenkennlinien
a) Käfigläufer und Arbeitsmaschine mit konstantem Antriebsmoment
b) Käfigläufer und Arbeitsmaschine mit quadratisch ansteigendem Antriebsmoment

2.9.3 Anlaufvorgang

Bei Leeranlauf wird das ganze vom Motor entwickelte Drehmoment dazu benutzt, die Schwungmassen des Motors zu beschleunigen. Die Motordrehzahl steigt dabei rasch auf die Leerlaufdrehzahl. Der Anlaufvorgang mit seinem hohen Anlaufstrom dauert nur kurze Zeit und im Motor entsteht nur wenig Wärme.

Beim Hochfahren einer Arbeitsmaschine mit konstantem Antriebsmoment (Bild 43a) wird der Motor schon im Stillstand mit dem vollen Drehmoment M_t belastet. Die Differenz M_b zwischen dem vom Motor entwickelten Moment M_e und dem von der anzutreibenden Maschine geforderten Moment M_t dient zur Beschleunigung der Schwungmassen von Motor und Maschine. Wegen des kleineren Beschleunigungsmoments M_b und der zusätzlichen Schwungmassen der Maschine dauert der Anlaufvorgang länger und der Motor wird daher wärmer als bei Leeranlauf. In Betrieb stellt sich diejenige Betriebsdrehzahl n ein, bei der $M_e = M_t$ ist. λΔ-Anlauf wäre im dargestellten Fall (etwa Vollastanlauf) nicht möglich, weil der Motor in λ (gestrichelte Drehmomentenkennlinie) nicht genügend Anlaufmoment entwickelt. Wenn das erforderliche Antriebsmoment der Maschine *quadratisch* mit n ansteigt (Bild 43b), ist bei niedrigen Drehzahlen das beschleunigende Differenzmoment M_b größer. Bei nicht zu großen Schwungmassen dauert der Anlaufvorgang nicht zu lange, so dass der Motor nicht zu heiß wird. Auch λΔ-Anlauf ist dabei möglich. Die Betriebsdrehzahl n ergibt sich wieder bei $M_e = M_t$.

2.9.4 Verhalten bei Betrieb

Die Größe des von einem Motor abgegebenen Drehmoments wird nur von der angetriebenen Arbeitsmaschine bestimmt.

Das Drehmoment, das zum Betrieb der Arbeitsmaschine erforderlich ist, wirkt auf den Motor bremsend. Dadurch geht die Drehzahl zurück, und das damit verbundene Absinken der inneren Gegenspannung (siehe 2.6.2) verursacht eine erhöhte Strom- und Leistungsaufnahme.

Beim Motor mit Nebenschlussverhalten (Bild 44a) ist der Drehzahlrückgang bei Belastung nur gering, bei Reihenschlussverhalten dagegen zeigt sich bei gleicher Laständerung ein starker Drehzahlrückgang. Stromaufnahme und Leistung steigen dabei nicht so stark an wie bei Nebenschlusscharakter.

Bei Überlastung des Motors (z.B. mit 1,75 M_nenn) bleibt dieser nicht stehen, sondern gibt (bis zum Kippmoment) das geforderte Überlastmoment an die angetriebene Maschine ab. Er nimmt dabei mehr Strom auf, als für seine Wicklungen zulässig ist und wird dadurch im Dauerbetrieb zu heiß (Wicklungsisolation wird zerstört). Um zu starke Erwärmung der

Motoren infolge mechanischer Überlastung zu vermeiden, werden sie über Motorschutzschalter angeschlossen, die genau auf den zulässigen Dauerstrom I_{nenn} des Motors eingestellt werden. Bei länger andauernder Überschreitung von I_{nenn} wird z.B. ein Bimetallstreifen so stark aufgeheizt, dass er infolge seiner Durchbiegung den Schalter allpolig öffnet. Dieser lässt sich erst nach einiger Zeit wieder einschalten, wenn Bimetall und Motor sich genügend abgekühlt haben.

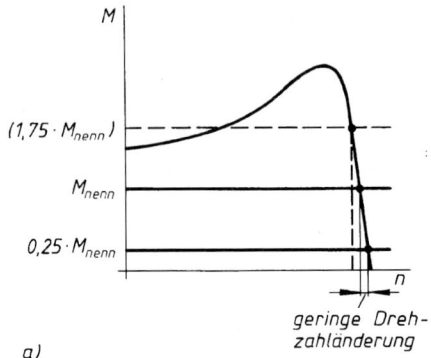

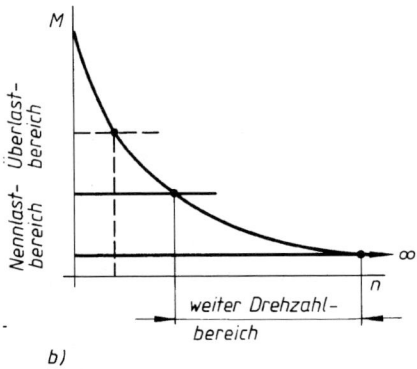

Bild 44. Betriebsverhalten von Motoren bei verschiedenen Belastungen
a) Motor mit Nebenschlusscharakter
b) mit Reihenschlusscharakter

2.9.5 Bremsung

Die Stillsetzung von Motor und Arbeitsmaschine erfolgt am einfachsten durch Abschalten des Motors. Das Aggregat läuft dann von selbst aus. Wenn besonders rasches Stillsetzen erwünscht ist, kann elektrisch gebremst werden, wobei allerdings meist der letzte Rest mechanisch weggebremst werden muss, weil die Wirksamkeit der elektrischen Bremsung mit fallender Drehzahl abnimmt (Induktionsvorgang). Folgende Arten des elektrischen Bremsens sind gebräuchlich:

Widerstandsbremsen: *Gleichstrommotoren* werden vom Netz getrennt und auf Lastwiderstände geschaltet. Die kinetische Energie der Schwungmassen treibt die Maschine dabei als Generator an. Die mechanische Energie wird unter Abbremsung der Massen in elektrische verwandelt, die den Lastwiderstand erwärmt.

■ Beispiel:
Straßenbahn.
Drehstrommotoren (z.B. Käfigläufer) werden vom Drehstromnetz getrennt und ihre Ständerwicklung wird an Gleichspannung gelegt. Das dabei entstehende magnetische Gleichfeld induziert im Käfig Wirbelströme, die die kinetische Energie aufzehren und im Läufer in Wärme verwandeln.

Gegenstrombremsen: Der Motor wird vom Netz getrennt, auf Drehrichtungsumkehr geschaltet und unter Einschaltung eines Vorwiderstandes (beim Schleifringläufer in den Läuferkreis) wieder ans Netz gelegt. Das Gegendrehmoment des Motors wirkt dabei bremsend.

■ Beispiele:
Gegenstrombremsen bei Straßenbahn, Senkbremsen bei Hebezeugen.

Nutzbremsen: *Kollektormotoren* (für Gleich-, Wechsel- und Drehstrom) werden durch die kinetische Energie der abzubremsenden Massen auf eine Drehzahl gebracht, bei der die elektromotorische Gegenspannung höher ist als die angelegte Netzspannung. Die Stromrichtung kehrt dabei um und die Maschine liefert als Generator elektrische Energie ins Netz zurück.

■ Beispiel:
Talfahrt von Bahnen.
Asynchronmotoren werden mit übersynchroner Drehzahl von den Massen angetrieben und wirken dabei unter Rücklieferung von elektrischer Energie als *Asynchrongeneratoren*.
Diese Art der Nutzbremsung wird häufig bei polumschaltbaren Motoren (siehe 2.11.4) angewendet, indem man sie fortlaufend auf die nächst niedrigere Drehzahlstufe schaltet und somit durch die abzubremsende Arbeitsmaschine übersynchron antreiben lässt.

■ Beispiel:
Stillsetzen von Zentrifugen.

2.9.6 Betriebs- und Schutzarten, Kühlung und Bauformen

Dauerbetrieb DB: Die Betriebsdauer bei Nennleistung ist so lang, dass der Motor auf seine zulässige Endtemperatur kommt.

Kurzzeitbetrieb KB: Die Betriebsdauer bei KB-Nennleistung ist so kurz, dass die zulässige Endtemperatur nicht erreicht wird. Die Pausen zwischen den Einschaltungen sind so lang, dass der Motor sich wieder auf die Temperatur seiner Umgebung (Lufttemperatur) abkühlt.

Aussetzbetrieb AB: Die Betriebsdauer bei AB-Nennleistung ist so kurz, dass die zulässige Endtemperatur nicht erreicht wird. Die Pausen sind ebenfalls kurz, so dass die Maschine sich nicht auf die Umgebungstemperatur abkühlen kann.

Durchlaufbetrieb mit Kurzzeitbelastung DKB: Der Unterschied zu KB liegt darin, dass die Maschine in den Pausen nicht abgeschaltet ist, sondern leerläuft. Sie kühlt sich in den Pausen auf ihre Leerlauftemperatur ab.

Durchlaufbetrieb mit Aussetzbelastung DAB: Der Unterschied zu AB liegt ebenfalls im Leerlauf während der Belastungspausen.

Für KB, AB, DKB und DAB kann die Maschine kleiner gebaut werden als für DB.

Die *prozentuale Einschaltdauer* (ED in %) bezieht sich normalerweise auf eine Spieldauer von 10 min. ED = 40 % bedeutet dabei: Die Maschine oder das Gerät darf höchstens 4 min eingeschaltet und muss anschließend mindestens 6 min ausgeschaltet bleiben. Bei großen Maschinen kann die maximale Spieldauer länger, bei sehr kleinen Geräten auch kürzer sein.

Für den Schaltbetrieb, bei dem sehr häufig ein- und ausgeschaltet wird, muss die Maschine größer bemessen werden, als ihrer DB-Nennleistung entsprechen würde.

Die *Schutzarten* gegen Berührung gefährlicher Spannungen und gegen Eindringen von Fremdkörpern (Staub, Wasser) sowie Explosions- und Schlagwetterschutz sind nach DIN 40050 genormt.

Die *Kühlung* erfolgt als Selbstkühlung (kein Lüfter) oder Mantelkühlung (bei geschlossenen Bauarten), besser und häufiger jedoch durch Eigenbelüftung (eigener Lüfter) oder Fremdbelüftung (besonderes Lüfteraggregat).

Die *Bauformen* der Motoren (Art der Befestigung, der Lager, der Anordnung) sind nach DIN EN 60034 genormt.

2.10 Stromrichter

Stromrichter gibt es als Gleichrichter, Wechselrichter und Umrichter. Gleichrichter formen Wechsel- oder Drehstrom in Gleichstrom um. Wechselrichter formen Gleichstrom in Wechsel- oder Drehstrom um. Umrichter(-schaltungen) erzeugen aus einem vorhandenem Wechselstromsystem ein anderes mit gleicher oder geänderter Phasenzahl, Frequenz und Spannung.

2.10.1 Halbleiterbauelemente

2.10.1.1 Diode

Dieses Bauelement hat als Anschlüsse Anode und Kathode. Die Diode besitzt einen PN-Übergang und kann Strom nur in einer Richtung übertragen (Ventilwirkung).

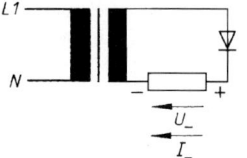

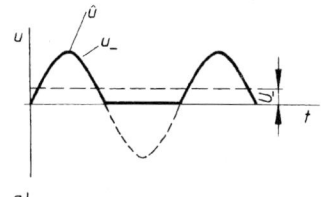

a)

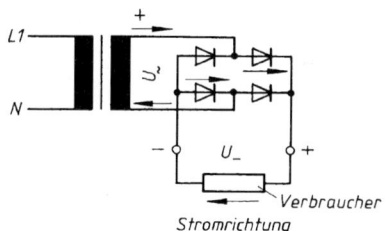

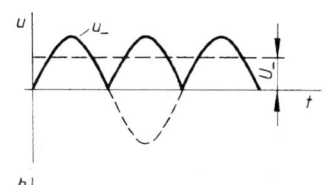

b)

Bild 45.
Beispiele für Gleichrichterschaltungen und Verlauf der gleichgerichteten Spannung
a) Einphaseneinwegschaltung
b) Brückenschaltung

Wird an die Anode eine positive und an die Kathode eine negative Spannung angelegt, ist die Diode in Durchflussrichtung geschaltet. Bei Umpolung der angelegten Spannung ist sie in Sperrrichtung geschaltet (siehe Halbleiter G3). Eingesetzt wird die Diode z.B. in Stromrichterschaltungen und Transistorschaltungen. Sie wird auch als Gleichrichter oder Überspannungsschutz verwendet. Die gebräuchlichsten Gleichrichterschaltungen sind Einweg,- Mittelpunkt- und Brückenschaltung für kleinere Leistungen und Sechsphasenschaltung für größere Leistungen. Bei der Einwegschaltung pulsieren die Momentanwerte u_- der gleichgerichteten Spannung mit der Netzfrequenz f zwischen null und u (Scheitelwert). Der Mittelwert U_- der Gleichspannung ist dabei $U_- = 0{,}45\ U_\sim$.
Bei der Brückenschaltung und der Mittelpunktschaltung pulsiert u_- mit der doppelten Netzfrequenz $2f$. Der Mittelwert ist $U_- = 0{,}9\ U_\sim$ (0,45 und 0,9 sind Tabellenwerte nach DIN VDE 0558). Bild 45b zeigt

die Wirkungsweise dieser Schaltung, die auch als Grätz-Schaltung bekannt ist. Die beiden in den Bildern 45a und 45b angegebenen Grundschaltungen lassen sich entsprechend auch bei Drehstrom anwenden.

2.10.1.2 Transistor

Gegenüber einer Diode ist ein Transistor (transfer-übertragen, resistor-Widerstand) über die Basis (B) steuerbar. Der Emitter (E) sendet die Ladungsträger und der Kollektor (C) sammelt sie.

Bipolare Transistoren haben 2 PN-Übergänge und arbeiten nur mit Gleichstrom. Zwischen Basis und Emitter wird der PN-Übergang in Durchlassrichtung und der zwischen Basis und Kollektor in Sperrrichtung geschaltet.

Berechnungen: $I_E = I_B + I_C$

$U_{CE} = U_{CB} + U_{BE}$

$B\text{(Gleichstromverstärkung)} = I_C/I_B$

In der Leistungselektronik, in der mit Hilfe von Halbleiterbauelementen Ströme gesteuert, geschaltet und umgeformt werden, wird der NPN-Transistor (Silizium) hauptsächlich als schneller Schalter genutzt, da er mit einem geringen Steuerstrom einen sehr großen Strom steuern kann. Mit einem schwachen Steuerstrom kann man Stromdurchgang oder Sperrzustand hervorrufen (I_B steuert I_C):

Keine Spannung zwischen Basis und Emitter → großer Transistorwiderstand → Transistor als Schalter geöffnet. Spannung zwischen Basis und Emitter → minimaler Widerstand → Schalterzustand geschlossen.

Verstärkerverhalten: Ein kleiner Basisstrom führt zu einem hohen Kollektorstrom (Schaltströme bis 500 A). Die jeweiligen Kenndaten entnimmt man aus den mitgelieferten Datenblättern.

Von den drei Transistorgrundschaltungen (Basis-, Emitter-, Kollektorschaltung) wird die Emitterschaltung (Bild 46) am häufigsten gebraucht. Der Emitter liegt gemeinsam an Ein- und Ausgang. Spannung-, Strom- und Leistungsverstärkung sind sehr hoch.

Außerdem ist der Transistor in dieser Schaltung der einfachste Inverter (Wechselrichter).

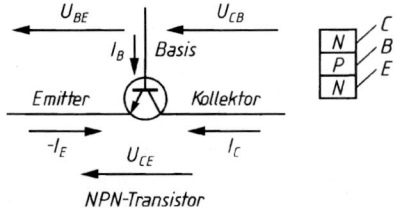

NPN-Transistor

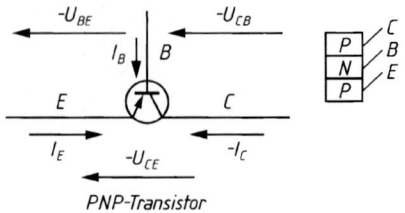

PNP-Transistor

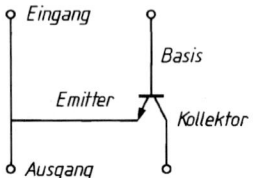

Bild 46. Emitterschaltung

2.10.1.3 Thyristor

Das steuerbare Halbleiterbauelement Thyristor hat mindestens 4 unterschiedliche Halbleiterzonen und damit 3 PN-Übergänge (Sperrschichten). Am häufigsten wird der PNPN-Thyristor wegen seiner Leistungsstärke (Schalten von Strömen bis 1 000 A) gebraucht. Thyristoren können als Wechsel-, Gleich- und Umrichter genutzt werden.

Soll z.B. ein Gleichstrommotor mit Drehstrom gespeist werden, können Thyristoren die Steuerung und das Gleichrichten übernehmen.

Rückwärtssperre: 2 PN-Übergänge in Sperrrichtung geschaltet.
Vorwärtssperre: 1 PN-Übergang in Sperrrichtung geschaltet.

Funktionsweise: Liegt am Gate keine Spannung (Steueranschluss offen), zündet der Thyristor bei der Nullkippspannung $U_{(B0)0}$. Mit Steuerspannung zündet er vor $U_{(B0)0}$. Steuerstrom und Steuerspannung sind abhängig von der Spannung U_{AK} (Bild 48).

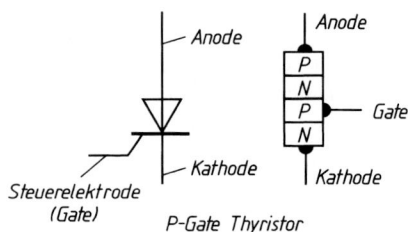

Bild 47. Thyristoraufbau

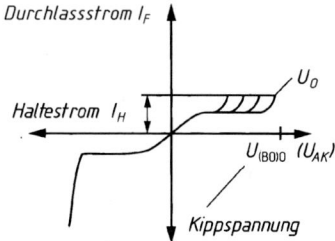

Bild 48. Thyristorkennlinie

Zündung: Ohne Steuerstrom sperrt der Thyristor. Liegt aber eine Steuerspannung am Gate, bekommt der mittlere PN-Übergang durch den Steuerstrom soviel freie Ladungsträger, dass die Sperrschicht abgebaut wird und der Thyristor zünden kann. Er sperrt erst wieder, wenn der entstandene Haltestrom I_H unterschritten wird oder bei Wechselstrom während jeder negativen Halbperiode. Erst bei erneuter Zündung kann die Sperrung aufgehoben werden und auch wieder Strom fließen. Ein Thyristor kann durch Gleich- und Wechselstrom und durch Impulse gezündet werden. Nur bei Impulszündung arbeitet er exakt.

2.10.1.4 Triac (Zweirichtungsthyristor)

Zwei gegeneinander parallel geschaltete Thyristoren ergeben einen Triac (Triode ac – Triodenwechselstromschalter). Der Triac kann im Gegensatz zum Thyristor in beiden Richtungen zünden (vorwärts und rückwärts). Die negative Halbperiode wird also auch durchgelassen. Die Zündung erfolgt mit positivem oder negativem Gatestrom. Kein Steuerstrom ergibt eine Sperrung in beiden Richtungen. Verwendung z.B. beim Dimmer und bei der Leistungssteuerung von Motoren.

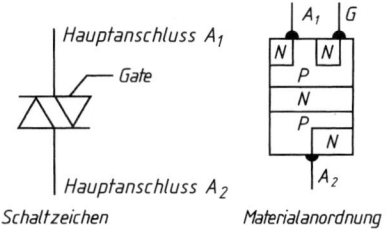

Schaltzeichen — Materialanordnung

2.11 Steuerung von Drehzahl und Drehmoment bei Motoren

2.11.1 Steueranlasser

Eine Herabsetzung der Drehzahl lässt sich am einfachsten durch einen Anlasswiderstand erreichen, der so groß gebaut sein muss, dass er während der Dauer der Drehzahlverringerung nicht zu heiß wird: *Steueranlasser*. Beim Gleichstrommotor wird dieser nach Bild 28 und 29 in den Ankerstromkreis eingeschaltet. Die Spannung am Anker ist dabei um den Spannungsfall am Anlasswiderstand geringer als die Netzspannung, so dass innere Gegenspannung und Drehzahl kleiner sind als bei voller Spannung. Beim *Käfigläufer* wird ein dreiphasiger Steueranlasser im Ständerstromkreis verwendet, der den Schlupf des Läufers (siehe 2.7.3) bei Belastung vergrößert (Schlupfsteuerung). Auch beim *Schleifringläufer* kann man eine Schlupfsteuerung durch Steueranlasser im Läuferstromkreis erzielen. Die Vorteile des Steueranlassers sind: kleiner Aufwand und niedriger Preis. Als Nachteile ergeben sich schlechter Wirkungsgrad durch Erwärmung des Anlassers und starke Lastabhängigkeit der Drehzahl.

2.11.2 Feldstellwiderstand

Eine Erhöhung der Drehzahl ist beim Gleichstrommotor durch Schwächung der Erregung mittels Feldstellwiderstand zu erreichen. Bei verringerter Erregung muss der Motor schneller laufen, damit seine elektromotorische Gegenspannung wieder ungefähr gleich der angelegten Netzspannung wird. Bei Nennlast lässt sich auf diese Weise die Drehzahl etwa zwischen $0{,}9 \ldots 1{,}2\, n_{nenn}$ steuern. Bei geringer Belastung oder gar Leerlauf lässt sich n auf ein Mehrfaches von n_{nenn} bringen, weil das Drehmoment dabei trotz Feldstellwiderstand Erregungsschwächung noch ausreicht. Beim Gleichstrom-Reihenschlussmotor wird der Feldsteller parallel zur Erregerwicklung $E1$, $E2$ geschaltet.

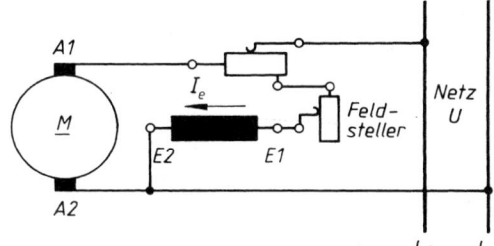

Bild 49. Gleichstrom-Nebenschlussmotor mit Feldstellwiderstand

2.11.3 Gleichstrom-Nebenschlussmotor mit gesteuerter Gleichstromversorgung

Der Gleichstrom-Nebenschlussmotor (oder fremderregte Maschine) bietet besonders in Verbindung mit einer Steuerung der Gleichstromversorgung eine sehr weite Steuermöglichkeit der Drehzahl. Der Motor wird dabei aus dem Wechsel- oder Drehstromnetz entweder über Gleichrichter oder über Umformer gespeist. Dabei sind folgende Steuerungsarten der Stromversorgung gebräuchlich:
Steuertransformatoren (Bild 50) versorgen sowohl den Anker- als auch den Feldgleichrichter mit je einer

getrennt einstellbaren Wechselspannung $U_{a\sim}$ bzw. $U_{e\sim}$. Dadurch entstehen hinter den betreffenden Gleichrichtern die Anker- und die Erregergleichspannung U_{a-} bzw. U_{e-}, die in einem starren Verhältnis zu den angelegten Wechselspannungen stehen (siehe 2.10.3). Der *Ankergleichrichter* gestattet ähnlich wie der Steueranlasser (siehe 2.11.1) eine Herabsetzung der Drehzahl unter n_{nenn} (Ankersteuerbereich), vermeidet jedoch dessen Nachteile (den schlechten Wirkungsgrad und die starke Lastabhängigkeit der Drehzahl). Der *Feldgleichrichter* steuert ähnlich wie der Feldstellwiderstand (siehe 2.11.2) oberhalb n_{nenn} durch Feldschwächung (Feldsteuerbereich).

Transduktoren werden oft anstelle der Steuertransformatoren zur Versorgung der Gleichrichter mit steuerbaren Wechselspannungen $U_{a\sim}$ bzw. $U_{e\sim}$ verwendet. Die Wirkungsweise des Transduktors ist die einer Eisenkerndrossel (Blind-Vorwiderstand X_L), deren Induktivität L (und damit auch X_L) mit einem schwachen Hilfsgleichstrom durch Vormagnetisierung des Eisenkerns gesteuert wird (auch automatisch bei Regelschaltungen).

Gesteuerte Gleichrichter werden mit festen Wechselspannungen $U_{a\sim}$ bzw. $U_{e\sim}$ gespeist. Gesteuert wird dabei die Durchlassdauer der Gleichrichter, so dass die Mittelwerte der Gleichspannungen U_{a-} bzw. U_{e-} mehr oder weniger hoch sind. In Gebrauch sind gesteuerte Halbleitergleichrichter (Thyristoren), bei denen die Dauer der Durchlässigkeit durch eine Spannung an einer dritten Elektrode gesteuert wird. Mit gesteuerten Gleichrichtern lassen sich bei konstanter Ankerspannung lastunabhängige Drehzahlkennlinien verschiedener Höhe einstellen (z.B. für Werkzeugmaschinen), bei konstantem Ankerstrom auch drehzahlunabhängige Drehmomentenkennlinien (z.B. für Wickelantriebe).

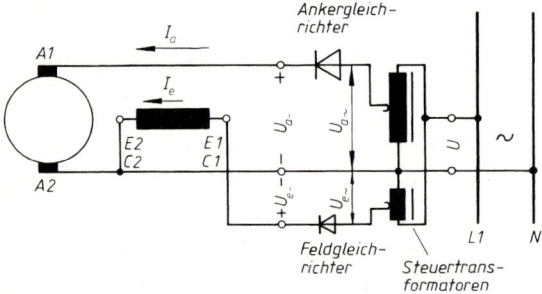

Bild 50.
Prinzipschaltbild für den Betrieb eines drehzahlgesteuerten Gleichstrom-Nebenschlussmotors über Gleichrichter aus dem Wechselstromnetz

Bei der Leonard-Schaltung treibt ein beliebiger Antriebsmotor 1 (meist ein Drehstrommotor) den kleinen Erregergenerator 2 (Nebenschlussmaschine) und den Generator 3 (fremderregte Maschine). Dieser versorgt den Motor 4 (Nebenschluss- oder fremderregte Maschine) mit der Ankergleichspannung U_a. Der Feldstellwiderstand R_g des Generators kann eine Mittelanzapfung haben, so dass sich damit nicht nur die Größe, sondern auch die Richtung des Generator-Erregerstromes I_{eg} verändern lässt. Dadurch ändern sich Größe und Polung der Ankerspannung U_a und damit auch Drehzahl und Drehrichtung des Motors 4 (Ankersteuerung). Eine Drehzahlerhöhung über n_{nenn} hinaus ergibt sich durch Feldschwächung mittels Feldstellwiderstand R_m des Motors (Feldsteuerung). Die Größe der Erregerspannung U_e wird am Feldstellwiderstand R_e des Erregergenerators eingestellt. Für selbsttätige Regelung der Drehzahl lässt sich als Erregergenerator eine Amplidyne-(Verstärker-)Maschine verwenden, deren Hilfswicklung zur Regelung herangezogen wird.

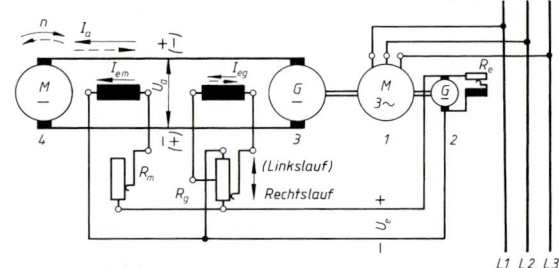

Bild 51.
Leonard-Schaltung

2.11.4 Polumschaltbare Motoren

Eine stufenweise Drehzahlsteuerung ist bei polumschaltbaren Motoren möglich. Diese sind Drehstrom-Käfigläufer mit mehreren Ständerwicklungen je Strang, die so verkettet werden, dass sich ein oder mehrere Polpaare im Ständer bilden (siehe Gl. (G 28 (44))). Bei der Dahlander-Schaltung lassen sich folgende Drehzahlstufen des Drehfeldes mit je zwei Ständerwicklungen erreichen (in U/min): a) 500–1000–1500, b) 750–1000–1500, c) 1000–1500–3000, d) 500–750–1000–1500. Wegen des Schlupfes liegen die Nenndrehzahlen etwas darunter. Polumschaltbare Motoren haben meist einen schlechteren Wirkungsgrad und Leistungsfaktor als andere.

2.11.5 Drehstrom-Kommutatormaschinen

Eine stufenlose Drehzahlsteuerung ist bei den Drehstrom-Kommutatormotoren möglich. Diese haben im Ständer eine dreiphasige Wicklung und im Anker eine Gleichstromwicklung, die an einen Kollektor angeschlossen ist. Auf dem Kollektor schleifen 3 oder 6 Bürsten, die zwecks Anlauf und Drehzahlsteuerung gegenüber dem Kollektor verdrehbar angeordnet sind. Der Drehstrom-Reihenschlussmotor hat Reihenschlusscharakter wie die entsprechende Gleichstromtype, der Drehstrom-Nebenschlussmotor hat Nebenschlusscharakter (siehe 2.9.1). Angewendet werden sie dort, wo eine gute Steuerbarkeit der Drehzahl erforderlich ist und andere Steueranordnungen (gesteuerte Gleichrichter oder Maschinensätze) noch teurer wären als die an sich schon nicht besonders billigen Kommutatormaschinen.

2.12 Sondererscheinungen der Elektrizität

2.12.1 Thermoelektrizität

Thermoelektrizität tritt auf, wenn sich 2 verschiedene Leiterwerkstoffe berühren und zwischen der Berührungsstelle (z.B. verlötet, verschweißt) und den Anschlusspunkten ein Temperaturunterschied herrscht. Die Größe der Thermospannung U hängt ab von dieser Temperaturdifferenz und von der Art der Leiterwerkstoffe. Die gebräuchlichsten Werkstoffkombinationen für Thermoelemente sind Kupfer-Konstantan (bis 400 °C), Eisen-Konstantan (bis 700 °C), Nickelchrom-Nickel (bis 1 000 °C) und Platinrhodium-Platin (bis 1 300 °C). Bei den drei erstgenannten beträgt die Thermospannung etwa 5 mV/100 K, beim letztgenannten etwa $1/10$ davon.

Ein Kühl-Effekt tritt an der Berührungsstelle auf, wenn man einen Strom in der gleichen Richtung durch ein Thermoelement schickt, wie er bei heißer Berührungsstelle und Belastung mit einem Widerstand fließen würde. Anwendung beim Halbleiter-Kühlelement zur Kühlung auf kleinem Raum.

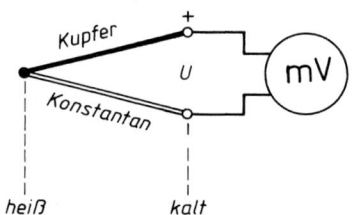

Bild 52. Thermoelement

2.12.2 Optoelektronische Bauelemente

2.12.2.1 Fotowiderstand

Eine spezielle Halbleiterschicht ermöglicht diesem Bauelement, das im Gegensatz zu Fotoelementen eine Außenspannung benötigt, bei Lichteinfall seinen Widerstand zu ändern: Mit wachsender Beleuchtungsstärke E nimmt der Widerstand ab. Trifft Licht (UV bis IR-Bereich) auf das Halbleitermaterial, zerreißen die festen Bindungen im Kristallgitter. Dadurch entstehen frei bewegliche Ladungsträger (Elektronen und Löcher), die zur Erhöhung der Leitfähigkeit beitragen. Da sie innerhalb des Materials bleiben, wird dieser Vorgang auch innerer Fotoeffekt genannt. Genutzt werden diese Eigenschaften beim lichtabhängigen Steuern, z.B. Ein-Aus-Transistorschal-

tungen und Dämmerungsschalter. Vorteilhaft ist die sehr hohe Lichtempfindlichkeit, nachteilig das träge Verhalten bei Helligkeitsänderung. Fotowiderstände werden auch als LDR (Light Dependant Resistor – lichtabhängiger Widerstand) bezeichnet.

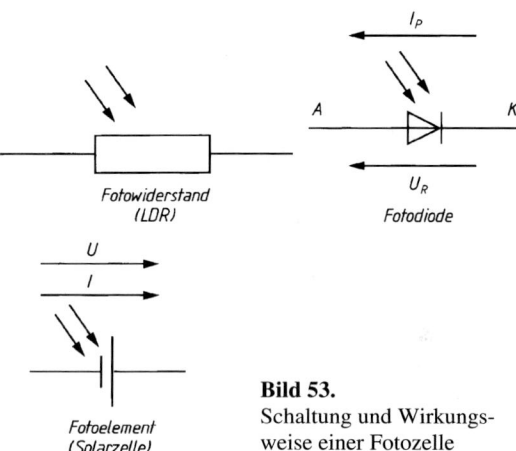

Bild 53. Schaltung und Wirkungsweise einer Fotozelle

2.12.2.2 Fotodiode, Fotoelement, Solarzelle

Der Aufbau der Fotodiode ähnelt dem normaler Halbleiterdioden. Fällt Licht auf die Sperrschicht, entstehen frei bewegliche Ladungsträger (Elektronen und Löcher). In Sperrrichtung betrieben erfolgt eine starke Erhöhung des Sperrstroms. Dieser Fotostrom I_P verhält sich annähernd proportional zur Beleuchtungsstärke E. Vorteilhaft ist das schnelle Reagieren bei Helligkeitsänderungen im Gegensatz zum Fotowiderstand U_R. Nachteilig sind die geringe Lichtempfindlichkeit und die Abhängigkeit des Fotostroms von der Temperatur der Sperrschicht.

Als Fotoelement wird eine Fotodiode ohne Außenspannung bezeichnet. Lichtenergie wird in elektrische Energie umgewandelt. Trifft Licht auf die N-dotierte Schicht des Bauteils, zerreißen feste Bindungen im Kristallgitter. Es entstehen frei bewegliche Elektronen und Löcher. Die Diffusionsspannung treibt die Elektronen zur N-Schicht (Material ist negativ aufgeladen) und die Löcher zur P-Schicht (Material ist positiv aufgeladen). Dadurch entsteht zwischen den Anschlüssen der Diode eine Spannung. Spannung und Stromstärke sind abhängig von der Beleuchtungsstärke. Durch Zusammenschalten mehrerer Fotoelemente erhält man eine Solarzelle, z.B. zur Energiegewinnung aus Sonnenlicht.

2.12.3 Kristallelektrizität

An einigen Kristallen (z.B. Quarz und Seignettesalz) treten bei mechanischem Druck, Zug oder Biegung elektrische Ladungen an gegenüberliegenden Flächen auf (Piezo-Effekt). Bei *wechselndem* Druck, Zug oder Biegung lassen sich zwischen den metallisierten Flächen Wechselspannung und -strom abnehmen (kapazitiver Generator). Entnahme von Dauergleichstrom ist nicht möglich, da der Innenwiderstand des Kristalls unendlich groß ist (theoretisch). Anwendung als mechanisch elektrischer Druckwandler für Steuer- und Regelschaltungen, für Tonabnehmer und Mikrofone. Der Piezo-Effekt ist umkehrbar: Bei Anlegen einer Spannung verformt sich der Kristall (Kristall-Lautsprecher).

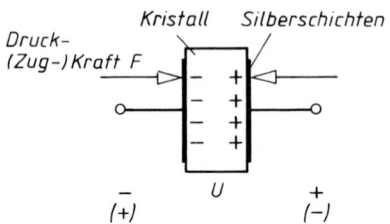

Bild 54. Kristallelektrizität

2.13 Elektrische Messgeräte

2.13.1 Allgemeines über elektrische Messgeräte

Ein Messgerät besteht aus dem eigentlichen Messwerk und den Zusatzeinrichtungen (Vor- und Nebenwiderstände, Messbereichschalter usw.). Die meisten elektrischen Messwerke arbeiten nach dem Prinzip der Federwaage. Ein von den zu messenden elektrischen Größen Strom oder Spannung abhängiges Drehmoment wird durch eine Drehmomenten-Federwaage ausgewogen und angezeigt.
Die Angaben auf der Skala eines Messgerätes kennzeichnen a) die *Art* des Messwerks durch ein Sinnbild (Drehspul-, Dreheisen- usw.), b) die *Gebrauchslage* durch ein Zeichen (senkrecht, waagerecht, schräg usw.), c) die *Güteklasse* durch Angabe der prozentualen Messunsicherheit bezogen auf Vollausschlag (± 0,1 ... ± 2,5 %), d) die *Prüfwechselspannung* in kV in einem Stern (ohne Zahl 500 V, sonst Angabe 2 bis 50 kV).

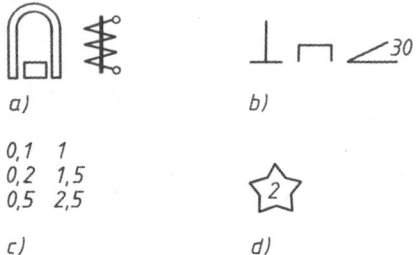

Bild 55.
Angaben auf der Skala eines Messgerätes

2.13.2 Drehspul-Messgerät

Beim Drehspulmesswerk wird eine drehbare Spule bei Stromfluss im Feld eines Dauermagneten abgelenkt. Den Aufbau zeigt Bild 56, das Sinnbild zeigt

Bild 55a. Die Eigenschaften des Drehspul-Instruments sind: nur für Gleichstrom und -Spannung; geringer Eigenverbrauch; sehr empfindlich und sehr genau herstellbar; Skala linear geteilt. Angewendet wird es zur Gleichstrom- und -spannungsmessung sowie unter Vorschaltung eines Gleichrichters auch zur Wechselstrom- und -Spannungsmessung (Gleichrichterinstrument). Die sehr verbreiteten Vielfach-Instrumente enthalten ein Drehspulmesswerk und einen Gleichrichter, Vor- und Nebenwiderstände (siehe 2.14.1 und 2.), sowie einen Messbereichumschalter, mit dem die verschiedenen Gleich- und Wechselstrom- und -spannungsmessbereiche eingestellt werden.

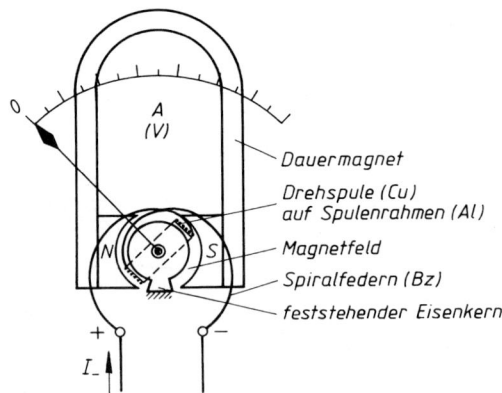

Bild 56. Aufbau eines Drehspulmesswerks

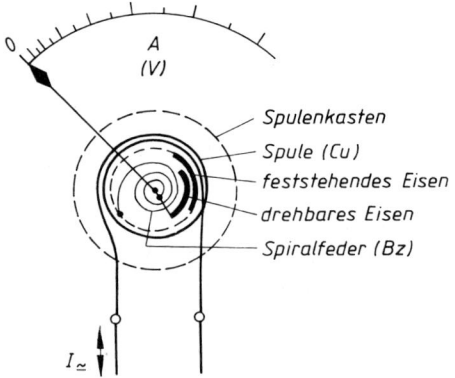

Bild 57. Aufbau eines Dreheisen-Messwerks

2.13.3 Dreheisen-Messgerät

Beim Dreheisenmesswerk stoßen sich ein feststehendes und ein drehbares Eisen in einer feststehenden Spule ab. Den Aufbau zeigt Bild 57, das Sinnbild zeigt Bild 55a. Die Eigenschaften des Dreheisen-Instruments sind: für Gleich- und Wechselstromspannung; billig herstellbar; mechanisch und elektrisch besonders robust; größerer Eigenverbrauch; geringere Empfindlichkeit; Skala quadratisch geteilt. Angewendet wird es wegen seiner Überlastbarkeit und seines niedrigen Preises als Betriebs- und Schalttafelinstrument, aber auch als genaues Laborinstrument.

2.13.4 Elektrodynamisches Messgerät

Beim Dynamometer wird eine drehbare Spule im Magnetfeld einer feststehenden Spule abgelenkt. Den Aufbau und das Sinnbild zeigt Bild 58.

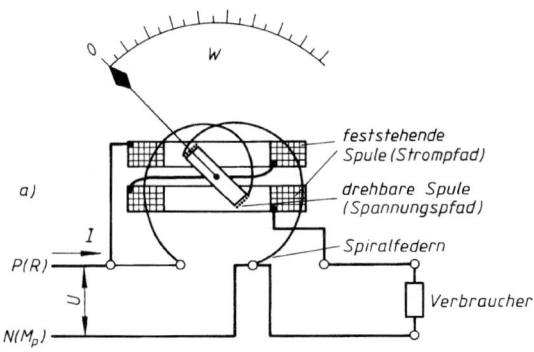

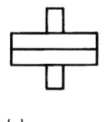

Bild 58.
Elektrodynamisches Messwerk
a) Aufbau und Schaltung als Leistungsmesser
b) Sinnbild

Die Schaltung als Leistungsmesser wird in 2.14.4 erläutert. Die Eigenschaften des Dynamometers sind: für Gleich- und Wechselstrom, -Spannung und -Leistung; Produktenmesswerk (multipliziert z.B. UI, daher als Leistungsmesser geeignet); größerer Eigenverbrauch und geringere Empfindlichkeit; sehr genau herstellbar; Skala bei U- und I-Messung quadratisch, bei P-Messung linear. Angewendet hauptsächlich als Leistungsmesser bei Gleich- und Wechselstrom, aber auch als Strom- und Spannungsmesser.

2.13.5 Sonstige Messwerke

Beim elektrostatischen Messwerk (Bild 59a) wird bei angelegter Spannung eine bewegliche Kondensatorplatte von einer feststehenden angezogen. Eigenschaften: Echtes Spannungsmessgerät (kein Umweg über Strommessung, siehe 2.14.2); kein Stromverbrauch bei Gleichspannung. Angewendet besonders bei hohen Gleich- und Wechselspannungen, aber auch als Sonderausführung für niedrige Spannungen.

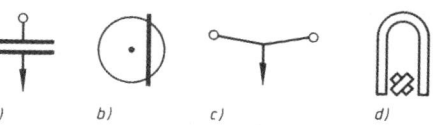

Bild 59. Sinnbilder von Messwerken
a) elektrostatisches Messwerk
b) Induktionsmesswerk
c) Hitzdrahtmesswerk
d) Kreuzspulmesswerk

Beim Induktionsmesswerk (Bild 59b) wird eine Aluminiumscheibe oder -trommel durch ein Drehfeld abgelenkt (U-, I-, P-Messgeräte) oder angetrieben (Zähler), das von zwei um 90° versetzten Spulen erzeugt wird. Eigenschaften: nur für Wechselstrom, -Spannung und -Leistung (Produktenmesswerk). Angewendet hauptsächlich beim Wechselstromzähler (Induktionszähler).

Beim Hitzdrahtmesswerk (Bild 59c) verlängert sich ein vom Messstrom durchflossener Draht durch Stromwärme. Besonders schlechte Eigenschaften, daher selten verwendet.

Beim Kreuzspulmesswerk (Bild 59d) befinden sich zwei von Gleichstrom durchflossene Spulen im Feld eines Dauermagneten. Haupteigenschaft und -Anwendung: Quotientenmesswerk (bildet z.B. Quotienten $U:I$), daher besonders geeignet zur Widerstandmessung ($R = U:I$).

2.14 Elektrische Messungen

2.14.1 Strommessung

Zur Strommessung wird der Verbraucherstromkreis aufgetrennt und ein Strommesser mit dem Verbraucher in Reihe geschaltet (Bild 60a).

Der Strommesserwiderstand muss so klein wie möglich sein.

Wenn der Strommesserwiderstand r nur etwa 1 % des Verbraucherwiderstandes R beträgt, wird der Strom bereits um etwa 1 % zu klein gemessen!
Zur Messbereicherweiterung (Bild 60b) wird bei Strommessern meist ein Nebenwiderstand R_n verwendet (siehe 1.3.4). *Nebenwiderstand R_n zur Erweiterung des Strommessbereichs*:

$$R_n = \frac{i_{max}\, r}{I_{max} - i_{max}} \qquad (19)$$

R_n Nebenwiderstand zur Messbereicherweiterung; r Widerstand des Messwerkzweiges; I_{max} Höchststrom des gewünschten Messbereichs; i_{max} Vollausschlagstrom des Messwerks.

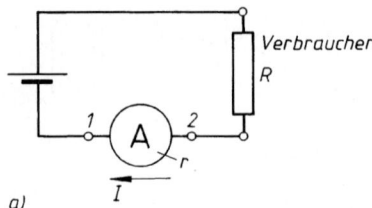

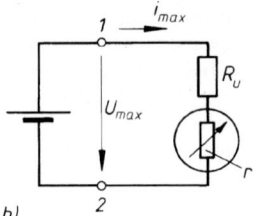

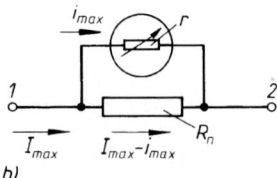

Bild 60.
a) Schaltung zur Strommessung
b) Messbereicherweiterung bei Strommessung

■ **Beispiel:**
Ein Messwerk hat $r = 50\,\Omega$ Widerstand und schlägt bei $i_{max} = 3$ mA voll aus. Sein Messbereich soll auf $I_{max} = 5$ A erweitert werden. Welcher Nebenwiderstand R_n ist zu verwenden.

Lösung:

$$R_n = \frac{i_{max}\, r}{I_{max} - i_{max}} = \frac{0{,}003\,\text{A} \cdot 50\,\Omega}{4{,}997\,\text{A}} \approx 0{,}03\,\Omega$$

Bei Wechselstrom wird der Messbereich auch oft durch Stromwandler erweitert (siehe 2.4.8).

2.14.2 Spannungsmessung

Zur Spannungsmessung wird der Spannungsmesser an die beiden Messpunkte angelegt, zwischen denen die Spannung gemessen werden soll (Bild 61a).

Der Spannungsmesserwiderstand muss so groß wie möglich sein.

Bei zu kleinem Spannungsmesserwiderstand R_u geht die zu messende Spannung U zurück infolge zu starker Stromentnahme durch das Voltmeter, und der angezeigte Wert ist zu niedrig.

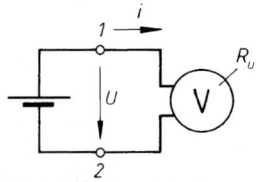

Bild 61.
a) Schaltung zur Spannungsmessung
b) Messbereicherweiterung bei Spannungsmessung

Als Spannungsmesser werden meist Strommesswerke mit kleinem Stromverbrauch verwendet, die über einen größeren Vorwiderstand R_v an die zu messende Spannung angelegt werden (Bild 61b). Nach dem Ohm'schen Gesetz ist die angezeigte Stromstärke $i = U/(R_v + r)$, so dass das Messgerät direkt in Volt geeicht werden kann. Der *Vorwiderstand R_v* (siehe 1.3.2) wird zur Messbereicherweiterung beim Spannungsmesser verwendet. *Vorwiderstand R_v zur Erweiterung des Spannungsmessbereichs*:

$$R_v = \frac{U_{max}}{i_{max}} - r \qquad (20)$$

R_v Vorwiderstand zur Messbereicherweiterung; U_{max} Höchstspannung des gewünschten Messbereichs; r Widerstand des Messwerks; i_{max} Vollauschlagstrom des Messwerks.

■ **Beispiel:**
Ein Strommesswerk mit $r = 60\,\Omega$ Widerstand und $i_{max} = 1$ mA Vollauschlagstrom soll mittels Vorwiderstand zur Spannungsmessung bis $U_{max} = 150$ V eingerichtet werden. Welcher Vorwiderstand muss verwendet werden?

Lösung:

$$R_v = \frac{U_{max}}{i_{max}} - r = \frac{150\,\text{V}}{0{,}001\,\text{A}} - 60\,\Omega = 149\,940\,\Omega$$

Bei *Wechselspannung* wird der Messbereich auch oft durch Spannungswandler erweitert (siehe 2.4.8).

Die Größe des Spannungsmesserwiderstandes R_u ist abhängig vom jeweils eingestellten Messbereich U_{max}. Sie ergibt sich aus dem für das betreffende Voltmeter angegebenen Wert r_u *in Ohm pro Volt*, der für alle Messbereiche gleich ist. *Spannungsmesserwiderstand*

$$R_u = U_{max}\, r_u \qquad (21)$$

R_u Gesamtwiderstand des Spannungsmessers; U_{max} Höchstspannung des eingestellten Messbereichs; r_u Widerstand pro Volt Messbereich.

■ **Beispiel:**
Ein Spannungsmesser wird mit $1\,000\,\Omega/\text{V}$ angegeben. Wie groß ist sein Widerstand R_u beim Messbereich $U_{max} = 150\,\text{V}$?

Lösung:

$$R_u = U_{max}\, r_u = 150\,\text{V} \cdot 1\,000\,\frac{\Omega}{\text{V}} = 150\,000\,\Omega$$

2.14.3 Widerstandsmessung

Bei der Strom-Spannungsmethode (Bild 62a) legt man den zu messenden Widerstand R_x an die Spannung U und misst diese sowie den dabei fließenden Strom I. Bei kleinen Widerständen R_x legt man den Spannungsmesser an Messpunkt 1, bei großen an Punkt 2 (bei 1 : Voltmeterstrom mitgemessen, bei 2 : Amperemeterspannungsfall). In beiden Fällen ergibt sich die Größe des zu messenden Widerstandes zu $R_x \approx U/I$.

Bei der Widerstands-Messbrücke (Wheatstone-, Schleifdrahtbrücke) gleicht man z.B. durch Verschieben eines Schleifers auf einem Schleifdraht von der Länge $a + b$ den Strom i, der durch das Nullinstrument fließt, auf null ab (Bild 62b). Bei abgeglichener Brücke gilt $R_x = R_N \cdot a/b$. Bei handelsüblichen Brücken wird der Schleifdraht als Dreh-Spannungsteiler ausgeführt und in Verhältniswerten a/b geeicht. Der Normalwiderstand R_N ist dekadisch umschaltbar (z.B. 1, 10, 100, 1 000 Ω), so dass sich der Wert R_x aus dem abgelesenen Verhältnis a/b mal dem eingestellten R_N ergibt.

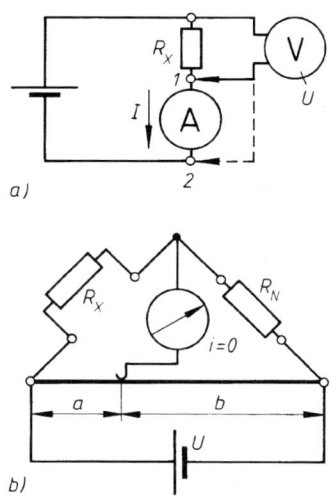

Bild 62. Widerstandsmessung
a) nach der Stromspannungsmethode
b) mit der Messbrücke

Beim Ohmmeter wird R_x als zusätzlicher Vorwiderstand zu einem Drehspulspannungsmesser eingeschaltet. Dadurch geht der Strom, der durch das Anzeigeinstrument fließt, zurück und es zeigt weniger an. Die Skala ist dabei in Ohm geeicht, so dass R_x direkt abgelesen werden kann.

Bei der Stromvergleichsmethode wird der Strom I_N, der durch einen veränderbaren geeichten Normalwiderstand R_N fließt, durch Einstellen von R_N und Ablesen eines Strommessers auf den gleichen Wert I_x eingestellt, der bei Einschaltung von R_x anstelle von R_N fließt. Wenn $I_N = I_x$ eingestellt ist, dann ist $R_x = R_N$, d.h. ebenso groß wie der abgelesene Ohmwert des Normalwiderstandes.

2.14.4 Leistungsmessung

Bei Gleichstrom lässt sich die Leistung P entweder durch Strom- und Spannungsmessung nach $P = UI$ bestimmen oder durch einen elektrodynamischen Leistungsmesser (vgl. auch Bild 58a), der selbsttätig U mit I multipliziert und damit P anzeigt (Schaltung entsprechend Bild 63).

Bei Wechselstrom (Bild 63) ergibt das Produkt aus Spannungs- und Strommessung die *Scheinleistung* $S = UI$ in VA. Zur Messung der Wirkleistung P in Watt verwendet man einen elektrodynamischen Leistungsmesser, der selbsttätig die Spannung U mit dem Wirkstrom $I \cos \varphi$ multipliziert und damit P anzeigt. Dabei wird U an den Spannungspfad gelegt (drehbare Spule) und I durch den Strompfad geschickt (feststehende Spule) (siehe Bild 58a). Auch der Leistungsfaktor $\cos \varphi$ lässt sich nach Bild 63 aus der Wirk- und der Scheinleistungsmessung bestimmen zu

$$\cos \varphi = \frac{P}{S} = \frac{P}{UI}$$

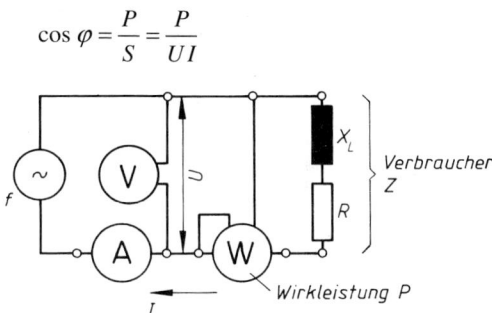

Bild 63. Schaltung zur Wirk- und Scheinleistungsmessung bei Wechselstrom

2.14.5 Arbeitsmessung

Zur Messung der elektrischen Arbeit werden *Zähler* verwendet. Diese registrieren auf einem Zählwerk die Arbeit $W_e = Pt$, indem sie die Leistung $P = U_{--} I_{--}$ bzw. $P = UI \cos \varphi$ mit der Zeit t multiplizieren. Der Zähler hat wie das elektrodynamische Messwerk einen *Strom-* und einen *Spannungspfad* und wird daher ebenso geschaltet, wie der in den Bildern 58a und 63 gezeigte Leistungsmesser. Die Wirkungsweise der am häufigsten verwendeten Wattstundenzähler beruht darauf, dass auf den Läufer des Zählers ein Triebmoment M_t ausgeübt wird, das proportional der Leistung P des Verbrauchers ist. Der Läufer wird durch eine Wirbelstrombremse mit dem Bremsmoment $M_b \sim n$ gebremst, so dass er jeweils diejenige Drehzahl n annimmt, bei der $M_b = M_t$ ist. Damit ist auch $n \sim P$, und die ausgeführte Anzahl z der Umdrehungen ist $\sim Pt$ bzw. $\sim W_e$. Die vom Verbraucher entnommene elektrische Arbeit W_e lässt sich am Zählwerk ablesen oder bei kleineren Beträgen aus der Anzahl z der Zählerscheibenumdrehungen und der *Zählerkonstante C* ermitteln. *Elektrische Arbeit W_e aus Zählerkonstante*

$$W_e = \frac{z}{C}$$

W_e	C	z
kWh	$\dfrac{1}{\text{kWh}}$	1

(22)

C Zählerkonstante = Anzahl der Umdrehungen, die die Zählerscheibe bei 1 kWh macht.

Beim Gleichstrom-Motorzähler wird das Triebmoment wie bei einem Gleichstrommotor erzeugt, wobei der Strompfad des Zählers die feststehende Erregerwicklung und der Spannungspfad die drehbare Ankerwicklung darstellt, die über Kollektor und Bürsten mit Strom versorgt wird. Das für $n \sim P$ erforderliche Bremsmoment wird durch eine Wirbelstrombremse (Aluminiumscheibe im Feld eines Dauermagneten) erzeugt.

Beim Wechselstrom-Induktionszähler wird das Triebmoment ähnlich wie beim Käfigläufermotor durch ein Drehfeld erzeugt, das eine drehbare Aluminiumscheibe (statt Käfig) mitnimmt (Induktionsmotor). Das Bremsmoment wird auch hier durch Wirbelströme geliefert, die ein Bremsmagnet in der gleichen Aluminiumscheibe erzeugt. Der Induktionszähler lässt sich so schalten, dass er entweder nur die Wirkarbeit Pt in kWh registriert, oder nur die Blindarbeit Qt in kvar (sogenannter „Blindstromzähler").

Bei Drehstrom wird ebenfalls der Induktionszähler verwendet, indem man entweder nur ein Triebwerk (bei symmetrischer Last) oder zwei Triebwerke (Aron-Schaltung bei unsymmetrisch belasteten Dreileiteranlagen) oder aber meist drei Triebwerke (bei unsymmetrischer Last und Drei- oder Vierleiteranlagen) verwendet. Bei mehreren Triebwerken wirken diese alle auf die gleiche Welle; das Zählwerk ist dann in Gesamtarbeit aller drei Stränge geeicht.

Literatur

[1] *Herhahn / Winkler*, Elektroinstallation nach DIN VDE 0100, Vogel Verlag 1998
[2] *Krämer*, Elektrotechnik im Maschinenbau, Vieweg Verlag 1991
[3] *Reih, Kruschwitz*, Grundlagen der Elektrotechnik, Vieweg Verlag 1989
[4] *Zastrow*, Elektrotechnik, Vieweg Verlag 1997

H Grundlagen der Mechatronik

Werner Roddeck

1 Einleitung

1.1 Begriffsbildung

Der Begriff Mechatronik ist ein Kunstwort, welches durch Eindeutschung des englischen Wortes „Mechatronics" entstanden ist. Dieses ist wiederum eine Zusammenziehung der englischen Bezeichnungen für „**Mecha**nics" (Maschinenbau) und „Elec**tronics**" (Elektrotechnik). Der Begriff wurde durch einen japanischen Ingenieur 1969 geprägt und durch eine japanische Firma bis 1972 als Warenzeichen gehalten.
In der IEEE/ASME Transactions on Mechatronics (1996) wird Mechatronik wie folgt definiert: „Mechatronics is the synergetic integration of mechanical engineering with electronic and intelligent computer control in the design and manufacture of industrial products and processes".
Im deutschen Sprachraum wird der Begriff Mechatronik neben anderen Definitionen durch eine Zusammenziehung der drei Kerndisziplinen **Mecha**nik, Elek**tron**ik und Informat**ik** erklärt. Dies bedeutet, dass Mechatronik ein interdisziplinäres Gebiet ist, in dem die in Bild 1 dargestellten Disziplinen zusammenfließen.

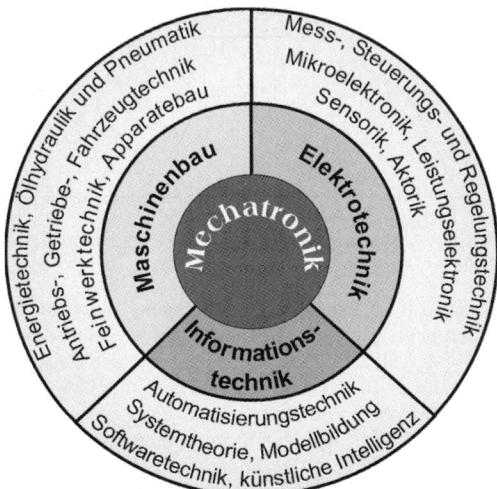

Bild 1. Darstellung der Mechatronik als Synergie verschiedener Disziplinen

Da die Mechatronik als neuer technischer Ansatz fast alle Technologien des Maschinenbaus und der Elektrotechnik sowie die Echtzeit-Datenverarbeitung umspannt, können Themen hier nur angerissen und exemplarisch aufgezeigt, aber nicht umfassend behandelt werden. Der Schwerpunkt liegt dabei auf der Darstellung allgemein gültiger Prinzipien.

1.2 Mechatroniker

In den letzten 30 Jahren sind typische Produkte des Maschinenbaus wie Werkzeugmaschinen, Kraftfahrzeuge und feinmechanische Geräte mit zunehmender Geschwindigkeit von elektrotechnischen Komponenten und Computern durchdrungen worden. Diese Entwicklung hat häufig, wegen der relativ strikten Aufgabenteilung und Abgrenzung zwischen den Disziplinen Maschinenbau und Elektrotechnik, zu entsprechenden Schnittstellenproblemen geführt.
Im weiteren Verlauf entstand das Bewusstsein, dass die Probleme moderner Technik nicht mehr allein mit Hilfe einer der klassischen Ingenieurdisziplinen wie Maschinenbau oder Elektrotechnik lösbar sind. Zu dieser Zeit fand die Entwicklung von Produkten meist sequentiell statt. Zuerst konstruierte ein Maschinenbauer die mechanischen Komponenten eines Produktes, dann ergänzte ein Elektrotechniker die elektrischen oder elektronischen Komponenten (Bild 2). Dieses Vorgehen führte oft nur zu suboptimalen Lösungen.

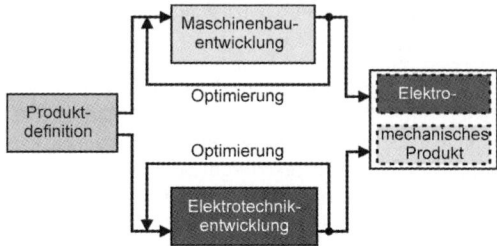

Bild 2. Entwicklungszyklus ohne Mechatronik

Auch eine interdisziplinäre Zusammenarbeit der beiden Fachdisziplinen in Projektteams löste das Problem nicht vollends. Es war und ist oft Zufall, ob die beteiligten „Fach"-Ingenieure willens oder fähig sind, sich in ein Team einzuordnen und sich, bei der Suche nach optimalen Lösungen, vom Denkansatz der eigenen Disziplin zu lösen.
Als weiteres wesentliches Element trat im Laufe der Entwicklung der Computer als Teil vieler Automatisierungsaufgaben hinzu. Solche Computer sind meist Mikrorechner oder programmierbare Steuerungen, die es ermöglichen, Systeme in Betriebszuständen sicher zu betreiben, die im physikalischen Grenzbereich liegen.

Ein Beispiel hierfür ist das mittlerweile in den meisten Autos eingebaute Anti-Blockier-System (ABS). Aufgrund der physikalischen Gesetze tritt beim Bremsvorgang dann die optimale Bremswirkung auf, wenn der Reifen auf der Fahrbahn gerade noch abrollt und nicht blockiert, d.h. zum Stillstand gekommen ist. Dazu müsste der Fahrer sehr gefühlvoll und doch bestimmt auf das Bremspedal treten, was unter Stress in einer Gefahrensituation oft nicht möglich ist. Der Normalfall bei Notbremsungen ist, dass durch Vollbremsung die Räder blockieren, was besonders bei kritischem Straßenzustand (Nässe, Eis) zu deutlichen Verlängerungen des Bremswegs führt.

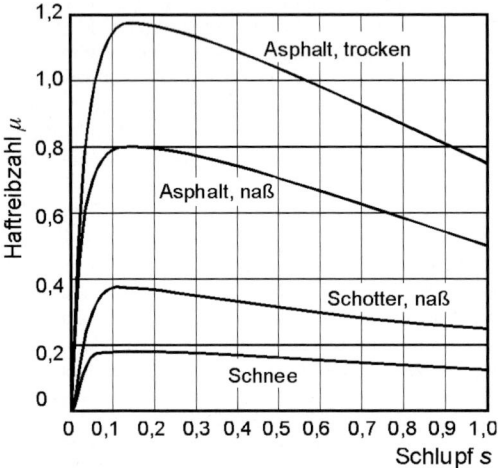

Bild 3. Haftreibzahl μ in Abhängigkeit vom Radschlupf s und vom Fahrbahnzustand

Dieses Bremsverhalten kann man quantitativ durch die Reibzahl für den jeweiligen Bremsvorgang charakterisieren. Bild 3 zeigt die unterschiedlichen Reibzahlen μ für Bremsvorgänge auf verschiedenen Untergründen in Abhängigkeit vom Schlupf s der Räder. Der Schlupf beim Bremsen ist die Differenz zwischen der Drehgeschwindigkeit des Rades v_R und der Geschwindigkeit des Radkontaktpunktes zur Straße v_K, bezogen auf v_K. Blockiert das Rad, so ist der Schlupf $s = 1$, nähert sich die Raddrehgeschwindigkeit v_R der Horizontalgeschwindigkeit v_K, so sinkt der Schlupf und nimmt kleine Werte an. Bei einem Schlupf von ca. 0,15 tritt dann der optimale Reibwert, d. h. die bestmögliche Bremsverzögerung auf. Diese ist auf trockenem Asphalt besser als auf nassem und diese wiederum besser als auf Schnee. Die unterschiedlichen Situationen zu beherrschen und den optimal kurzen Bremsweg zu ermöglichen ist Aufgabe eines ABS-Systems. Diese für den Mechatroniker typische Aufgabenstellung umfasst Teilaufgaben maschinenbaulicher und elektrotechnischer Natur und auch informationstechnische Aufgabenstellungen.

Für ein ABS-System werden die Räder mit Raddrehzahl-Sensoren ausgestattet, deren Messwerte einer Steuerelektronik zugeleitet werden. Stellt diese aufgrund der Messwerte fest, dass gebremst wird, die Räder aber nicht rollen, so wird automatisch die Bremse unabhängig vom Pedaldruck wieder gelöst und zwar so weit, dass die Räder sich gerade wieder zu drehen beginnen. Das Stellsignal zur Erzeugung des Bremsdrucks wird daher nicht nur durch den Druck auf das Bremspedal, sondern auch durch ein Steuersignal beeinflusst, das aus dem Signal des Raddrehzahlsensors abgeleitet wird. Der genaue Regelvorgang ist in Bild 4 dargestellt. Zur Steuerung des Bremsdrucks wird ein Stellventil verwendet, das es erlaubt, den Bremsdruck zu halten, zu erhöhen oder zu erniedrigen. Als eigentliche Steuergröße wird die Raddrehverzögerung a_R (negative Beschleunigung) benutzt, die rechnerisch aus der Raddrehgeschwindigkeit v_R bestimmt wird.

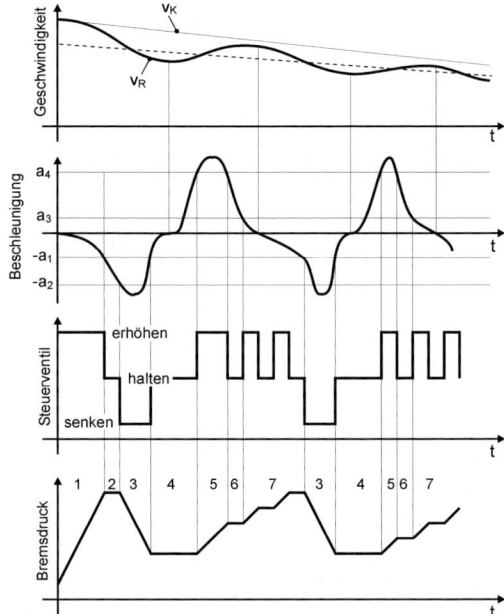

Bild 4. Ablauf eines Bremsvorgangs bei einem ABS-System

Zuerst tritt bei einer starken Bremsung durch maximalen Pedaldruck ein stark ansteigender Bremsdruck auf (Intervall 1). Wird a_R kleiner als der negative Schwellwert a_1, so wird die maximal mögliche Reibung zwischen Rad und Strasse unterschritten. Im Intervall 2 wird dann zur Störungsunterdrückung bis zum Unterschreiten des negativen Schwellwerts a_2 der Bremsdruck konstant gehalten. Sinkt a_R unter den Schwellwert a_2, so wird der Bremsdruck vermindert, wodurch das Rad wieder schneller werden kann (3). Zu Beginn von Intervall 4 überschreitet a_R wieder den Schwellwert a_1 und die Abnahme des Bremsdrucks wird beendet. Nun wird der Bremsdruck vorerst konstant gehalten. Dadurch beschleunigt das Rad wieder und der Radschlupf nimmt ab, d.h. der Reibbeiwert und die Bremswirkung nehmen zu. Im Intervall 5 wird beim Überschreiten des positiven Schwellwertes a_4 der Radbeschleunigung durch Erhöhen des Bremsdrucks das Rad erneut abgebremst, damit die Bremswirkung aufgrund zu kleinen Radschlupfes nicht zu klein wird. Im Intervall 6 zwischen den Schwellwerten a_4 und a_3 wird der Bremsdruck wieder konstant gehalten, im Intervall 7, nach Unterschreiten von Schwellwert a_3, wird der Bremsdruck leicht erhöht.

Wenn a_R den Schwellwert a_1 erneut unterschreitet beginnt ein zweiter Regelungszyklus. Nun wird jedoch der Bremsdruck sofort erniedrigt, ohne auf das Unterschreiten des Schwellwerts a_2 zu warten (zweites Intervall 3). Beim Durchlaufen weiterer Bremszyklen wird die Radrehverzögerung in einem Bereich gehalten, in dem der Schlupf die maximal mögliche Reibung zwischen Rad und Straße erlaubt und dadurch der Bremsweg minimiert.

Dieses Bremssystem leistet etwas, wozu der Mensch nicht in der Lage wäre, nämlich einen physikalischen Vorgang im Grenzbereich des Möglichen zu betreiben. Hatten schon die Maschinenbauer und die Elektrotechniker Mühe, sich zu verständigen und gemeinsam optimale Problemlösungen zu finden, so kam durch solche Entwicklungen nun noch der Informatiker ins Spiel, der noch dazu kein klassischer Ingenieur ist. Dadurch wurden die Verständigungs- und Schnittstellenprobleme noch größer.

Bei Technologien wie der Mikro- und Nanosystemtechnik lassen sich die physikalischen Effekte sogar nicht mehr eindeutig nach elektrotechnischen und mechanischen Phänomenen trennen.

Dies beantwortet auch die Frage, wo denn ein ausgebildeter Mechatronik-Ingenieur arbeitet, nämlich an der Schnittstelle zwischen Maschinenbau, Elektrotechnik und Informatik. Mechatronische Produktentwicklung läuft mit Mechatronik-Ingenieuren anders ab als in Bild 2 dargestellt. Wie in Bild 5 gezeigt, wird die Optimierung des mechatronischen Produkts in einem Regelkreis von Mechatronik-Ingenieuren wahrgenommen.

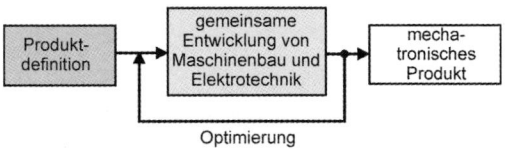

Bild 5. Entwicklungszyklus mit Mechatronik

Dabei ist der Mechatronik-Ingenieur kein Spezialist auf allen drei Gebieten, sondern ein Generalist, der die Kenntnisse an den Schnittstellen der Fachdisziplinen zusammenbringt und so synergetisch und fachgebietsübergreifend arbeitet. Dieser Typ von Ingenieur ist also nicht Ersatz für einen Ingenieur der drei Fachgebiete, oder gar ein neuartiger Ingenieurtyp, der alle anderen ersetzen kann, sondern seine Stärken liegen in der Interdisziplinarität. Stark konstruktiv geprägte Problemstellungen oder energietechnische Problemstellungen des Maschinenbaus erfordern weiterhin Ingenieure des klassischen Ausbildungstyps. Ebenso können die elektronische Schaltungsentwicklung oder die Nachrichtentechnik der Elektrotechnik nicht Kernaufgabengebiet des Mechatronik-Ingenieurs sein.

In Deutschland wurde der erste Studiengang Mechatronik im Wintersemester 1992/93 an der Fachhochschule Bochum eingerichtet, sodass bereits einige dieser Ingenieure auf dem Arbeitsmarkt sind. Inzwischen sind viele andere Hochschulen gefolgt, aber auch die Ausbildung von Facharbeitern mit der Berufsbezeichnung „Mechatroniker" wird in einer zunehmenden Zahl von Industriebetrieben durchgeführt. Dieser Ausbildungsberuf wurde 1999 etabliert, nachdem viele Betriebe die Notwendigkeit sahen, hochkomplexe automatisierte Fertigungssysteme beispielsweise in der Instandhaltung nicht mehr nur traditionell ausgebildeten Facharbeitern anzuvertrauen. Durch diese Entwicklungen ist die Mechatronik inzwischen ein anerkanntes Technikfach geworden. Im folgenden wird der Begriff „Mechatroniker" für alle in der Technik mit Mechatronik befassten Personen verwendet.

1.3 Mechatronische Systeme

Allgemein betrachtet sind „Systeme" von ihrer Umgebung in beliebiger Weise abgegrenzte Gegenstände. Die Abgrenzung ist dabei weniger durch die äußeren physikalischen Grenzen sondern durch die Fragestellung gegeben, die mit der gewählten Systemdarstellung behandelt werden soll. Eine typische Systemdarstellung in der Technik ist die Darstellung als so genannte „Black Box", einem Kasten, in den physikalische Größen (Input) hineingehen und aus dem physikalische Größen (Output) herauskommen (Bild 6). Jedes System zeigt gegenüber der Umgebung gewisse Kennzeichen, Merkmale und Eigenschaften, die Attribute genannt werden. Attribute, die weder Eingangsgrößen (Input) noch Ausgangsgrößen (Output) sind, sondern die Verfassung des Systems beschreiben, werden Zustände genannt.

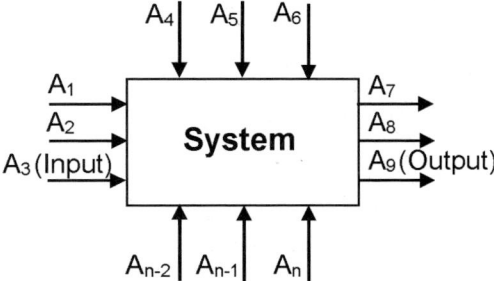

Bild 6. Systemdarstellung als „Black Box" mit Attributen

Die Systemtheorie befasst sich vor allem damit, den Funktionszusammenhang zwischen den Attributen, der sozusagen der Inhalt der Black Box ist, zu identifizieren und in mathematische Gleichungen zu fassen. Diesen Vorgang nennt man Modellbildung.

Die Mechatronik beschäftigt sich mit so genannten mechatronischen Systemen.

Entsprechend der systemischen Betrachtungsweise stehen dabei nicht so sehr die phänomenologischen, d. h. die äußerlich sichtbaren, sondern die systemischen Gesichtspunkte im Vordergrund. Eine typische Definition für diesen Begriff lautet:

„Ein typisches mechatronisches System nimmt Signale auf, verarbeitet sie und gibt Signale aus, die es z.B. in Kräfte und Bewegungen umsetzt".

Bild 7 zeigt den typischen strukturellen Aufbau eines mechatronischen Systems, an dem man ablesen kann, welche Fachgebiete ein Mechatroniker beherrschen muss.

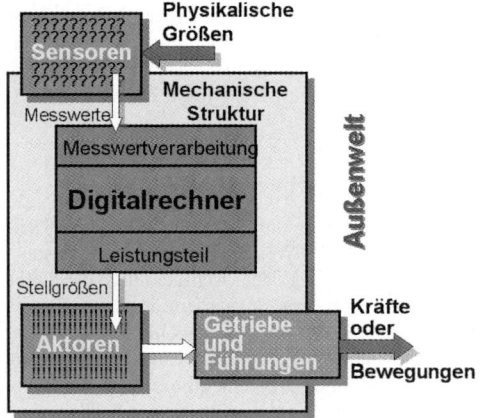

Bild 7. Struktur eines mechatronischen Systems und seine Baugruppen

Eine der häufigsten Aufgabenstellungen eines mechatronischen Systems beinhaltet ein gewisses Maß von Unkenntnis über den Zustand der Außenwelt. Daher muss das System über Sensoren Informationen aus der Außenwelt aufnehmen und sie mit Hilfe eines Digitalrechners so verarbeiten, dass der Zustand des Systems in der Außenwelt für seine Aufgabenstellung bekannt ist. *Sensor* ist ein Sammelbegriff für die unterschiedlichsten Messwertaufnehmer, die in der Regel beliebige physikalische Größen in elektrische Größen wandeln. In miniaturisierter Form können diese auch bereits Teile der Signalverarbeitung enthalten.

Zusätzliche Informationen über seinen inneren Zustand erhält das System aus den Rückmeldungen der Aktoren. Mit Hilfe im Rechner vorhandener Algorithmen können bei Kenntnis des Zustandes der Außenwelt und bei Kenntnis des eigenen inneren Zustandes, Stellsignale für die Aktoren erzeugt werden,

deren Bewegungen dann als Kräfte, Kraftmomente oder Bewegungen nach außen wirken. *Aktor* ist ein Sammelbegriff für Stellglieder mit den unterschiedlichsten physikalischen Wirkprinzipien, wie beispielsweise Elektromotoren, Hydraulik- oder Pneumatikzylinder, oder neuartige Aktoren aus Piezomaterialien und Formgedächtnislegierungen.

Ein typisches Beispiel für ein mechatronisches System ist der heute in den meisten PKW's vorhandene Airbag (Bild 8). Ein Beschleunigungssensor misst die jeweilige Bremsverzögerung. Die Verzögerungsinformation darf aber nicht in jedem Fall zum Auslösen des Airbags führen, sondern nur in bestimmten Fahrzuständen. Möglicherweise werden auch noch weitere Sensorsignale wie beispielsweise das Gewicht der Person registriert, die sich auf dem zum Airbag zugehörigen Sitz befindet. Dadurch kann man die Menge des in den Airbag strömenden Gases beeinflussen, um zu verhindern, dass eine sehr leichte Person, wie beispielsweise ein Kind, vom Airbag selbst geschädigt wird. All diese Informationen bewertet ein eingebauter Mikrorechner in Abhängigkeit weiterer Fahrzeuginformationen. Nur wenn alle Umstände auf einen Aufprall des Fahrzeugs auf ein Hindernis schließen lassen, wird der Gasgenerator (Aktor) ausgelöst, der den Airbag aufbläst.

Bild 8. Mechatronisches System „Airbag"

Eine andere nicht direkt an die strukturelle Darstellung mit körperlichen Baugruppen (Sensor, Aktor, Mikrorechner) angelehnte Form der Darstellung ist die mit Hilfe der Funktionen eines mechatronischen Systems wie in Bild 9.

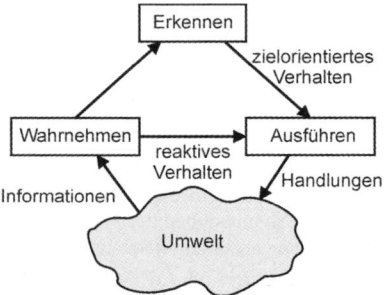

Bild 9. Modellstruktur eines mechatronischen Systems aufgrund von Funktionen

1 Einleitung

Dies ist gleichzeitig die allgemeine Darstellung einer intelligenten Maschine, die Informationen aus der Umgebung aufnimmt (Wahrnehmen), um darauf entweder umgehend zu reagieren (reaktives Verhalten), oder aufgrund eines intelligenten Erkennungsapparates (Erkennen) sinnvoll und seiner Aufgabe entsprechend zu handeln (zielorientiertes Verhalten).
Diese Art der Betrachtung eines mechatronischen Systems nach seinen Funktionalitäten ist typisch für die Mechatronik. Um eine optimale Lösung für eine intelligente Maschine zu finden, betrachtet man in der Entwicklungsphase nicht physikalische Baugruppen, sondern Systemeigenschaften. So kann beispielsweise die Funktionalität *Wahrnehmen* körperlich in mehreren Bauteilen realisiert sein, etwa bei einem Bildverarbeitungssystem. Dort findet die Wahrnehmung eines bestimmten Gegenstandes in der Außenwelt durch eine Kamera (Sensor) in Verbindung mit einem Digitalrechner statt, der die Bilderkennungssoftware enthält. Die Funktion ist also nicht nur in *einer* körperlichen Baueinheit konzentriert.
Das Denken in Systemen und die Ermittlung von Modellen sowie die Entwicklung von Algorithmen, mit denen solche Systeme quasi intelligentes Verhalten entwickeln, sind demnach Kernaufgaben der Mechatronik. Gute Kenntnisse der am Markt zur Verfügung stehenden Sensoren (elektrische Messfühler, Messsysteme), Aktoren (Motoren, Stellelemente) und Rechnersysteme (Mikroprozessoren, Mikrocontroler) sind wichtige Voraussetzungen für die Behandlung mechatronischer Systeme in Entwicklung, Betrieb und Instandhaltung von Geräten, Maschinen und Anlagen.

1.4 Unterschiede zwischen Maschinenbau, Elektrotechnik und Mechatronik

An einem Beispiel aus dem Bereich der Zerspanungstechnik soll nun noch einmal die unterschiedliche Herangehensweise der drei Ingenieurdisziplinen an eine Aufgabenstellung schlaglichtartig verdeutlicht werden.
Bei Zerspanungsprozessen auf Werkzeugmaschinen kann das Phänomen des regenerativen Ratterns auftreten. Diese Bezeichnung wird für einen Schwingungsvorgang zwischen Werkzeug (Drehmeißel) und Werkstück verwendet, der unter ungünstigen Umständen während der Bearbeitung auftreten kann und sich als lautes Geräusch äußert. Gleichzeitig ruft dieser Vorgang Rattermarken auf der Oberfläche des Werkstückes hervor.
In Bild 10 sind die Bearbeitungssituation und die unterschiedlichen Bewegungen beim Drehvorgang dargestellt. Das Werkstück ist im Spannfutter der Hauptspindel eingespannt und wird mit der Hauptbewegung gedreht. Gleichzeitig wird das Werkzeug am Werkstück durch eine Überlagerung von Vorschub- und Zustellbewegung entlanggeführt. Dabei wird ein Span abgetrennt, der einen durch die Vorschub- (Vorschub f) und Zustellbewegung (Schnitttiefe a_p) festgelegten Spanungsquerschnitt A besitzt. Die direkt am Spanungsquerschnitt messbaren Größen Spanungsdicke h und Spanungsbreite b ergeben sich aus den Maschineneinstellungen f, a_p und durch den Einstellwinkel κ des Werkzeuges.
Der Rattervorgang beim Zerspanen, der die Qualität des erzeugten Werkstückes negativ beeinflusst, hat folgende Ursachen.
In Bild 11 ist die Schnittkraft F_c dargestellt, die sich aufgrund der Hauptbewegung (Drehung des Werkstücks mit Schnittgeschwindigkeit v_c) ergibt:

$$F_c = k_c \cdot A \qquad (1)$$

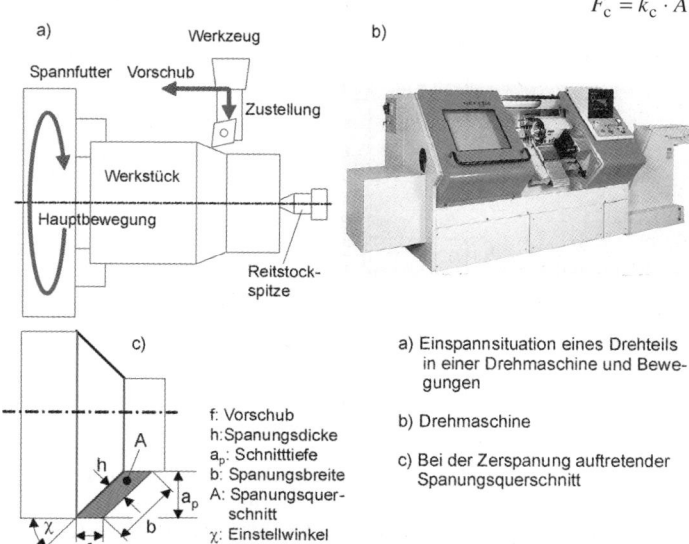

a) Einspannsituation eines Drehteils in einer Drehmaschine und Bewegungen

b) Drehmaschine

c) Bei der Zerspanung auftretender Spanungsquerschnitt

Bild 10. Drehverfahren

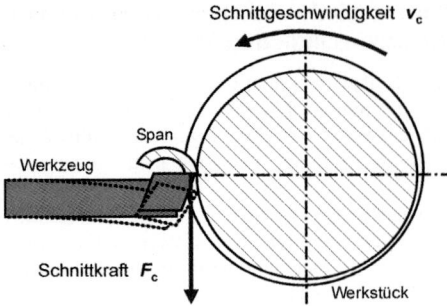

Bild 11. Verbiegung des Drehwerkzeugs unter der Schnittkraft F_c

Deren Größe ist proportional zum Spanungsquerschnitt A, wobei der Proportionalitätsfaktor k_c spezifische Schnittkraft genannt wird. Diese Größe ist vor allem vom Werkstoff, aber auch von weiteren Größen wie beispielsweise Schnittgeschwindigkeit v_c und Spanungsdicke h abhängig. Für den Spanungsquerschnitt gilt (Bild 10):

$$A = a_p \cdot f = b \cdot h \qquad (2)$$

Unter der Schnittkraft verformt sich das Werkzeug, das man in erster Näherung als Biegebalken betrachten kann und dessen Verformung dem Hooke'schen Gesetz $F = c \cdot x$ gehorcht. Dabei ist c die Steifigkeit, Federkonstante oder auch Federrate und x der Betrag, um den sich das Werkzeug in Richtung der Kraft verformt.

Aufgrund der Verformung (Bild 11) wird das Werkzeug aus dem Schnitt gedrängt. Das führt zu einer Verringerung der Schnitttiefe a_p, was wiederum zu einer Verkleinerung des Spanungsquerschnittes A führt. Da die Schnittkraft F_c dem Spanungsquerschnitt proportional ist, sinkt diese ab, wodurch wiederum die Verformung des Werkzeugs abnimmt und die Schnitttiefe erneut ansteigt. Dieser Vorgang wiederholt sich ständig. Entsprechend dem Hooke'schen Gesetz führt die ständige Veränderung der Kraft zu einer ständigen Veränderung der Verformung: es liegt eine Schwingung vor. Diese Schwingung kann, wie in Bild 11 gezeigt, durch eine sich im Laufe einer Werkstückumdrehung ändernde Schnitttiefe angefacht werden und sie kann sich weiter aufschaukeln, da bei weiteren Umdrehungen die Schnitttiefe durch die davor liegenden Schwankungen phasenrichtig mit den aktuellen Schwankungen zusammentreffen kann. Es liegt dann regeneratives Rattern vor.

Ist die Werkzeugmaschine manuell bedient, kann der Maschinenbediener durch Variieren der Einstelldaten (Schnittgeschwindigkeit, Vorschub, Schnitttiefe) versuchen, die Ratterschwingung zu vermindern. Für automatisch arbeitende Maschinen muss man schon in der Konstruktions- und Entwicklungsphase Vorkehrungen treffen, um das Auftreten von Ratterschwingungen zu vermeiden oder zu beseitigen. Wie würden nun Konstrukteure der unterschiedlichen Ingenieurdisziplinen Maschinenbau, Elektrotechnik und Mechatronik vorgehen?

Eine der Ursachen für das Auftreten von Ratterschwingungen ist eine zu geringe Steifigkeit von Werkzeug und Werkzeughalterung. Dies entspricht im Hooke'schen Gesetz einer zu kleinen Federkonstante c. Diese wiederum ist vom Werkstoff und von den Materialquerschnitten abhängig, sodass ein Maschinenbauingenieur an dieser Stelle Verbesserungen vornehmen würde und z.B. einen Drehmeißel mit größerem Schaftquerschnitt aus festerem Werkstoff wählt, der zusätzlich noch günstiger im Halter abgestützt wird.

In Bild 12 ist eine schematische Aufsicht auf eine Drehmaschine mit den wichtigsten im Kraftfluss der Maschine liegenden Baugruppen dargestellt. Teilbild a) zeigt *die* Baugruppen grau unterlegt, die der Maschinenbauingenieur beeinflussen würde. Ob eine Schwingung angefacht wird, hängt auch von der Größe der Dämpfung in der Maschine, vor allem in den im Kraftfluss liegenden Bauteilen ab. Hier haben verschiedene Werkstoffe verschiedene Dämpfungseigenschaften. So hat beispielsweise Gusseisen, aus dem häufig Gestellbauteile von Werkzeugmaschinen gefertigt werden, eine höhere innere Dämpfung als Stahl; spezieller im Werkzeugmaschinenbau eingesetzter Polymerbeton hat eine noch wesentlich höhere Dämpfung als Gusseisen. Dies beruht auf der inhomogenen inneren Struktur des Werkstoffs. So kann der Maschinenbauingenieur die Eigenschaften der Maschine, hier speziell die Neigung zum Rattern, durch die Werkstoffwahl positiv beeinflussen. Schaut man sich im Bild 12a die Baugruppen an, die grau unterlegt sind, so sieht man, dass es Baugruppen im Kraftfluss gibt, die nicht durch maschinenbauliche Maßnahmen beeinflusst werden.

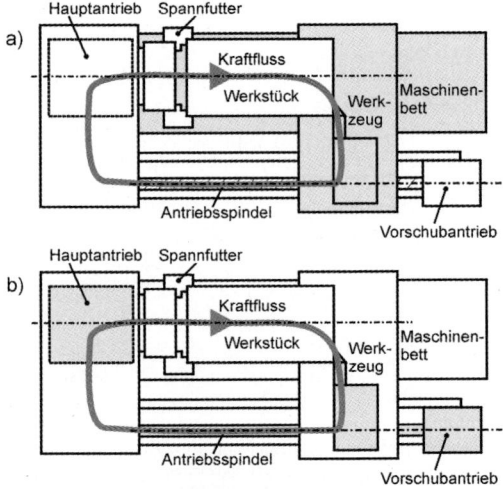

Bild 12. Schematische Draufsicht einer Drehmaschine mit Baugruppen im Kraftfluss
a) grau unterlegt: maschinenbauliche Maßnahmen
b) grau unterlegt: elektrotechnische Maßnahmen

Die Antriebe von Werkzeugmaschinen sind heute grundsätzlich elektrische Antriebe, die zusätzlich meist noch elektronisch drehzahlregelbar sind. Ein Elektroingenieur würde deshalb hier ansetzen, um mögliche Ratterschwingungen zu bekämpfen.
So könnte man mit Hilfe von Sensoren, beispielsweise Beschleunigungssensoren, eventuell auftretende Schwingungen erfassen und mit gezielten Strategien über die elektronische Maschinensteuerung den Hauptantrieb und damit die Schnittgeschwindigkeit oder den Vorschubantrieb und damit die Vorschubgeschwindigkeit beeinflussen, um eine Ratterschwingung zu unterdrücken. Dies ist die Vorgehensweise, die ein Maschinenbediener im manuellen Betrieb auch anwenden würde. Auch hier sieht man in Bild 12b, dass nur ein Teil der im Kraftfluss liegenden Baugruppen von diesen Maßnahmen betroffen wäre.
Kombiniert man nun beides, so sind alle Bereiche der Maschine, die am Entstehen einer Ratterschwingung beteiligt sind, einbezogen. Ist dies dann schon die mechatronische Lösung?
Der Mechatronik-Ingenieur untersucht diese Möglichkeiten und stellt fest, dass nun die Wahrscheinlichkeit des Auftretens einer Ratterschwingung minimiert worden ist, aber die eigentliche Ursache, nämlich eine Modulation (schwellende Veränderung) der Kraft gar nicht direkt beeinflusst wird. Die Ursache der Schwingung (veränderliche Kraft $\tilde{F}$) bewirkt eine entsprechend veränderliche Verformung $\tilde{x}$:

$$\tilde{F} = c \cdot \tilde{x}, \tag{3}$$

es liegt also ein dynamisches und kein statisches Problem vor.
Will man nun erreichen, dass die Federkraft F überhaupt nicht mehr schwankt, so muss man die Steifigkeit c der im Kraftfluss liegenden Baugruppen genau mit einer Frequenz modulieren, die gegenüber den Schwankungen der Kraft um 180° phasenverschoben ist. Ähnlich wie die Überlagerung von Lichtwellen an bestimmten Punkten durch Interferenz zur Auslöschung und damit Dunkelheit führen kann, sollten mechanische Schwingungen bei entsprechender Überlagerung ausgelöscht werden können. Bild 13 zeigt eine solche Auslöschung durch Interferenz. Der harmonischen Schwingung 1 mit bestimmter Frequenz f und einer Amplitude A wird eine Schwingung 2 überlagert d.h. dazuaddiert, die gleiche Frequenz, am Anfang und am Ende abweichende Amplitude und eine Phasenverschiebung von 180° gegenüber Schwingung 1 besitzt. Wie man sieht, findet durch Interferenz dort, wo die beiden Schwingungen den gleichen Absolutwert der Amplitude besitzen, eine komplette gegenseitige Auslöschung statt. Dies stellt der durchgezogene Kurvenverlauf in Bild 13 dar.
Wie wird dieses Prinzip zur Schwingungsauslöschung bei dem behandelten Beispiel des regenerativen Ratterns angewendet?

Hier kann man neuartige piezoelektrische Sensoren und Aktoren einsetzen, die in den Kraftfluss zwischen Werkzeug und Werkstück eingebaut werden. Deren Funktion beruht auf dem *piezoelektrischen* bzw. *reziproken piezoelektrischen Effekt*, den Stoffe wie Quarz (SiO_2), Bariumtitanat ($BaTiO_3$) oder Bleimetaniobat ($PbNb_2O_6$) zeigen.

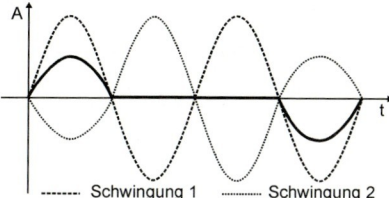

Bild 13. Interferenz zweier Schwingungen mit Auslöschung im mittleren Bereich

Der piezoelektrische (druckelektrische) Effekt beruht darauf, dass bei einer Belastung eines solchen Stoffes mit einer äußeren mechanischen Spannung elektrische Ladungen auf gegenüberliegenden Oberflächen getrennt werden. Man kann dann zwischen den Oberflächen eine elektrische Spannung messen. Dieser Prozess ist auch noch umkehrbar; d.h. es tritt auch ein reziproker piezoelektrischer Effekt auf. Bringt man den Stoff zwischen zwei Elektroden und legt an diese eine Spannung an, so reagiert das piezoelektrische Material mit einer Formänderung.
Der Piezoeffekt beruht auf den Eigenschaften der Elementarzellen des Materialgefüges eines solchen Stoffes. Eine Elementarzelle ist die kleinste Systemeinheit des Materials, aus deren Vervielfachung der Aufbau des makroskopischen Kristalls möglich ist. Voraussetzung für das Auftreten des Piezoeffektes ist eine sehr geringe elektrische Leitfähigkeit und das Fehlen eines Symmetriezentrums in der Elementarzelle. Der Vorgang der Ausbildung des Piezoeffektes ist in Bild 14 am Beispiel des Quarzes gezeigt. Wird das Material durch äußeren Druck deformiert, so deformieren sich auch die Elementarzellen, wodurch die Schwerpunkte der positiven und negativen Ladungen verschoben werden. Dadurch bilden die Elementarzellen elektrische Dipole aus, wobei aus energetischen Gründen sich alle Dipole benachbarter Elementarzellen in gleicher Richtung orientieren und so genannte Domänen bilden. Auf den äußeren Elektroden sammeln sich Ladungen an, sodass zwischen ihnen eine Spannung gemessen werden kann.
Der reziproke piezoelektrische Effekt tritt auf, wenn man an die Elektroden eines solchen Elementes eine elektrische Spannung anlegt. Im elektrischen Feld verformen sich die Elementarzellen, sodass beispielsweise bei einer Scheibe dieses Stoffes eine Dickenänderung auftritt.
Piezoelektrische Stoffe werden in der Technik vielfältig eingesetzt, wobei sowohl der normale als auch der reziproke Effekt ausgenutzt werden. Ein solches Pie-

zoelement wird beispielsweise als Kraftmesssensor benutzt, da durch den piezoelektrischen Effekt an einem solchen Element durch Druck oder Zug elektrische Spannungen erzeugt werden, die der Größe der Kraft proportional sind. Durch Nutzung des reziproken Effektes kann auch ein Aktor hergestellt werden, den man für kurzhubige, genaue Stellbewegungen nutzen kann.

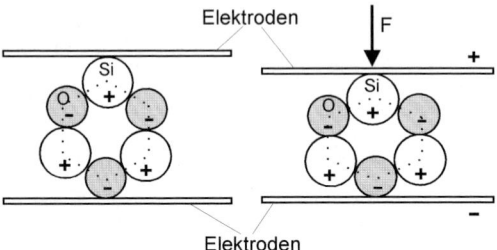

Bild 14. Elementarzelle des Quarzes ohne und mit äußerer Belastung

Im beschriebenen Beispiel können solche Piezoelemente unter Ausnutzung des piezoelektrischen Effektes als Sensor zur Registrierung von Schwingungen ausgenutzt werden, da sie ein kraftproportionales Spannungssignal liefern. Bringt man zusätzlich in den Kraftfluss ein Element ein, das den reziproken piezoelektrischen Effekt ausnutzt, so kann man eine Steifigkeitsmodulation durchführen, die gegenüber der registrierten Schwingung um 180° phasenverschoben verläuft. Das Anlegen einer Wechselspannung an ein solches Aktor-Element führt zu einer Dickenänderung des Elementes, die bei einem dünnen scheibenförmigen Element im Bereich weniger Mikrometer liegt. Legt man es zwischen Werkzeug und Werkzeughalter und legt eine Wechselspannung an, so ändert sich die Gesamtsteifigkeit der Anordnung in Kraftrichtung. Die Steifigkeitsmodulation muss natürlich von einem Rechner aufgrund der Sensorsignale exakt gesteuert werden. Als Ergebnis ist eine solche Einrichtung in der Lage, die Ratterneigung komplett zu unterdrücken, während die anderen Lösungen nur Teilaspekte in Betracht ziehen, ohne die eigentliche Ursache zu behandeln. In der Gleichung des Hooke'schen Gesetzes drückt sich dies so aus:

$$\tilde{\tilde{F}} = \tilde{\tilde{c}} \cdot x \qquad (4)$$

Die Bezeichnung $\tilde{\tilde{c}}$ deutet an, dass die Steifigkeit gegenphasig moduliert wird. Man sieht an der Gleichung (4), dass durch die gegenphasige Modulation der Steifigkeit $\tilde{\tilde{c}}$ zum Kraftverlauf $\tilde{\tilde{F}}$ die Verformung x konstant gehalten werden kann, d. h. die Schwingung verschwindet.

Durch den mechatronischen Denkansatz kann also eine generellere Lösung des Ratterproblems gefunden werden, die nicht nur einzelne Symptome behandelt und unter Umständen erheblich wirtschaftlicher arbeitet.

2 Modellbildung und Simulation

In Bild 7, Kap. 1, ist die Struktur eines mechatronischen Systems dargestellt worden. Es handelt sich in der Regel um Systeme, die rechnergesteuert unter Informationsaufnahme durch Sensoren bestimmte Bewegungen erzeugen oder Kräfte ausüben. Es geht dabei um dynamische Systeme, deren Bewegungen durch Rechneralgorithmen gesteuert und geregelt werden.

Um die Kinematik und die Dynamik eines komplexen Systems behandeln zu können und darauf aufbauend ein Steuerungs- und Regelungskonzept des Systems zu entwickeln, ist immer zuerst eine Modellbildung erforderlich. Dies ist eine in verschiedenen Schritten ablaufende Herausarbeitung der wesentlichen Systemeigenschaften, die am Ende auf die Bildung eines Satzes mathematischer Beschreibungen des Systemverhaltens (Bild 1) führt. Zu einer solchen Modellbildung gehören die Beschreibung der Lage und der Orientierung der einzelnen Körper zueinander und die Bestimmung der Geschwindigkeiten und Beschleunigungen.

Wie Bild 1 zeigt führt die Modellbildung von der verbalen zu einer mathematischen Beschreibung, die in der Regel durch Differentialgleichungen und Anfangsbedingungen gegeben ist. Differentialgleichungen sind Gleichungen, in denen neben physikalischen Größen auch deren Ableitungen vorkommen können. Dies sind, in den in der Mechatronik häufig vorkommenden Bewegungs-Differentialgleichungen, beispielsweise:

- der Weg x,

- die Geschwindigkeit $v = \dfrac{dx}{dt} = \dot{x}$,

- die Beschleunigung
$$a = \frac{dv}{dt} = \dot{v} = \frac{d}{dt}\left(\frac{dx}{dt}\right) = \frac{d^2 x}{dt^2} = \ddot{x}.$$

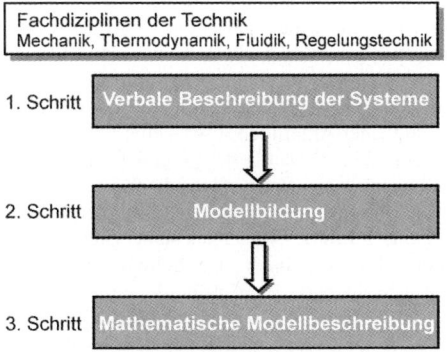

Bild 1. Vorgehensweise bei der Beschreibung physikalisch technischer Systeme

Die mathematische Modellbeschreibung ist dann zwar exakt und lässt genaue Aussagen für das Modell zu, aber die Gleichungen gelten nicht für das reale Objekt der Betrachtung, sondern für sein Modell. Dies bedeutet, dass das Modell häufig nicht exakt das reale Verhalten beschreibt und meist auch gar nicht soll.

2.1 Verfahren der Modellbildung

Modelle dienen zur Beschreibung der Eigenschaften und der Struktur eines Systems. Sie sind nie ein absolut vollständiges Abbild eines Systems. Je nachdem, welchen Zweck man mit der Modellbildung verfolgt, gibt es verschiedenartige Modelle mit unterschiedlichen Eigenschaften. In Bild 2 sind unterschiedliche Modelle aufgeführt. Dabei unterscheidet man physikalische und mathematische Modelle. Physikalische Modelle sind stets gegenständlich und maßstäblich, mathematische Modelle sind abstrakt und dienen einer formalen Beschreibung der Systemeigenschaften. Bei den physikalischen Modellen unterscheidet man folgende Arten:

- Prototypmodell
- Pilotmodell
- Ähnlichkeitsmodell

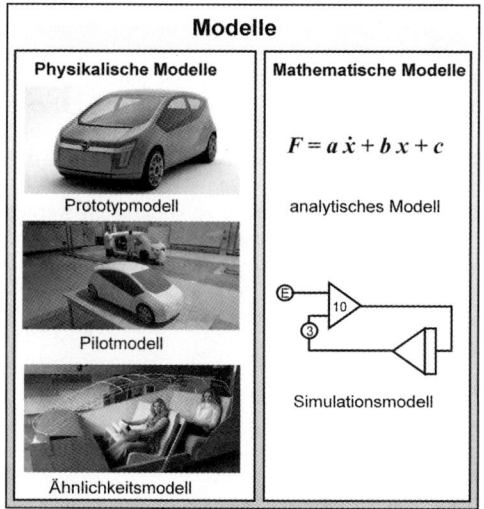

Bild 2. Unterschiedliche Arten von Modellen

Das Prototypmodell ist 1:1 maßstäblich und besitzt höchste qualitative und quantitative Ähnlichkeit. Wie im Beispiel (Bild 2) gezeigt, wird ein solcher Prototyp eines PKW vor der Serienherstellung angefertigt. Er ist ein weitestgehend mit den Serieneigenschaften ausgestatteter Originalaufbau, an dem alle Eigenschaften des späteren Originals direkt und konkret getestet werden können. Nachteile eines solchen Prototypmodells sind seine aufwändige und teuere Herstellung und geringe Flexibilität bei erforderlichen Änderungen. Die Erstellung eines solchen Modells wird daher nur der letzte Schritt vor Serienanlauf eines Massenproduktes sein.

Das Pilotmodell ist häufig maßstäblich unterschiedlich zum Original, z.B. 1:10. Es bildet daher nur wesentliche Eigenschaften genau ab. Seine Herstellung ist in der Regel mit reduziertem Aufwand möglich und lässt sich einfacher ändern. Häufig ist die Aufgabe eines solchen Modells nur die Visualisierung, um beispielsweise das Design beurteilen zu können.

Der geringste Aufwand zur Herstellung eines physikalischen Modells tritt beim Ähnlichkeitsmodell auf. Es werden hier nur noch Teile des Systems hergestellt, an denen man ein eingeschränktes Spektrum von Untersuchungen vornehmen kann. So könnten unter Berücksichtigung der Ähnlichkeitsverhältnisse an einem solchen Modell Untersuchungen im Windkanal über das Strömungsverhalten der Karosserie gemacht werden, d. h. es handelt sich um Untersuchungen während des Entwicklungsprozesses.

Deutlich flexibler und mit geringem Aufwand herstellbar sind abstrakte mathematische Modelle. Dafür muss man die analytischen Zusammenhänge zwischen den Attributen eines Systems bestimmen, was einen Satz von Gleichungen liefert, die eine geschlossene, analytische Lösung besitzen. Dies ist in der Regel ohne Rechnereinsatz nur für sehr einfache Systeme möglich. Für einige einfache Systeme werden im Folgenden die Vorgehensweise zur Erstellung eines mathematischen Modells und die dabei auftretenden Probleme beschrieben.

Komplexere Systeme kann man mit Hilfe eines Simulationsmodells behandeln. Dieses Modell wird auf einem Digitalrechner erstellt und mit Hilfe numerischer Rechenverfahren gelöst.

2.1.1 Mathematische Modellbildung

Um ein mathematisches Modell eines realen Systems zu bilden, stehen zwei verschiedene Vorgehensweisen zur Verfügung. Liegen relativ genaue Kenntnisse der inneren Zusammenhänge eines System vor, so liefert eine theoretische Systemanalyse ein *theoretisches Modell*. Sind kaum Kenntnisse über die Beziehung der Attribute zueinander und über die Struktur des Systems bekannt, so muss man experimentelle Methoden anwenden, die so genannten *Identifikationsverfahren*. Bei solchen Verfahren werden Testsignale mit genau festgelegten Eigenschaften auf die Eingänge des Systems gegeben und die Ausgangssignale gemessen. Aus deren zeitlichen Verlauf kann man unter Umständen auf die dynamischen Eigenschaften des Systems zurückschließen.

Eine häufig verwendete einfache Identifikationsmethode ist die Ermittlung der *Sprungantwort*. Wie in Bild 3 gezeigt, wird dabei auf den Eingang des zu identifizieren Systems (Black Box) von einem Signalgenerator ein sprungförmiges Signal gegeben und dieses auf dem ersten Kanal eines Zweikanalschreibers aufgezeichnet. Gleichzeitig wird mit dem zweiten Kanal das dabei auftretende Ausgangssignal registriert. Aus dem zeitlichen Vergleich der beiden Signalverläufe und der Amplituden der Signale kann auf das Übertragungsverhalten des Systems und auf seine Verstärkung geschlossen werden. Bild 4 zeigt ein Beispiel für eine solche Messung zur Identifikation des Übertragungsverhaltens eines Systems. Auf den Sprung des Eingangssignals $x_e(t)$ mit der Amplitude „1" reagiert das Ausgangssignal $x_a(t)$ mit Verzögerung und einer asymptotischen Annäherung an den Endwert mit der Amplitude K_p. Die Größe K_p wird auch als *Proportionalbeiwert* oder *Verstärkung* des Systems bezeichnet. Das zeitliche Übergangsverhalten zwischen Anfangs- und Endwert von $x_a(t)$ wird durch die *Zeitkonstante T* charakterisiert, die sich aus dem Schnittpunkt der Anfangstangente zu Beginn des Vorgangs und dem Wert der Amplitude im Beharrungszustand ergibt. Solche Systeme und ihr Verhalten werden ausführlicher in Kapitel 2.2 behandelt.

2.1.2 Das mathematische Modell

Das Verhalten der häufig behandelten kontinuierlichen Systeme lässt sich durch wenige physikalische Grundgesetze beschreiben. Solche Gesetze sind beispielsweise die Newton'schen Axiome der Mechanik, die Hebelgesetze, die Hauptsätze der Thermodynamik, das Ohm'sche Gesetz und die Kirchhoff'schen Regeln.

Häufig lassen sich mit Hilfe dieser Grundgesetze Bilanzgleichungen für gespeicherte Energien, Massen und Impulse herleiten (Bild 5), deren Formulierung in der Regel zu Differentialgleichungen führt, d. h. die behandelten Größen treten in der Gleichung auch in Form ihrer Ableitungen auf. Hängen die Zustandsgrößen des behandelten Systems nur von der Zeit t ab, so kann man die Systeme durch gewöhnliche Differentialgleichungen beschreiben, deren Lösung noch relativ einfach ist. Man spricht dann auch von Systemen mit *konzentrierten Parametern*.

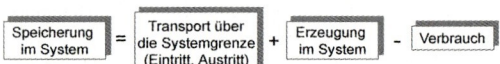

Bild 5. Bilanzgleichung zur Erstellung eines mathematischen Modells

Hängen die Zustandsgrößen außer von der Zeit t auch noch von anderen Größen wie beispielsweise dem Ort x oder dem Druck p ab, so sind für die mathematische Modellbeschreibung partielle Differentialgleichungen erforderlich, d. h. die Zustandsgrößen müssen partiell nach mehreren Variablen abgeleitet werden. Hierzu wird bereits ein erheblicher Rechenaufwand benötigt. Man spricht dann von Systemen mit *verteilten Parametern*.

Um die Bilanzgleichung nicht zu kompliziert werden zu lassen, führt man häufig Randbedingungen und Einschränkungen ein, die einerseits eine mathematische Lösung ermöglichen, aber andererseits die Gültigkeit des Modells auf bestimmte Aspekte und Fälle beschränken.

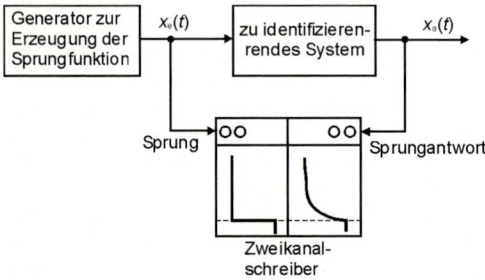

Bild 3. Messung der Sprungantwort eines zu identifizierenden Systems

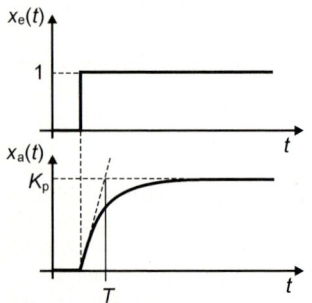

Bild 4. Verlauf der Sprungantwort $x_a(t)$ in Abhängigkeit eines Einheitssprungs $x_e(t)$

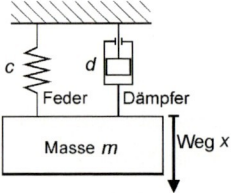

Bild 6. Einmassenschwinger,
c Federkonstante, d Dämpfungskonstante

Dies wird am Beispiel des mechanischen Einmassenschwingers aus Bild 6 deutlich.
Ein solcher Einmassenschwinger besteht aus einer Einzelmasse m, bei der man sich die Eigenschaft „Masse" als vollständig im Schwerpunkt des Körpers konzentriert vorstellt. Sie ist an einer Feder aufge-

Um die prinzipielle Vorgehensweise darzustellen und einige dabei auftretende Probleme zu erläutern, wird im Folgenden ein einfaches Beispiel behandelt werden. Es handelt sich dabei um das einfache System des Einmassenschwingers mit viskoser Dämpfung.

hängt, die die Federkonstante c besitzt und als masselos angenommen wird. Außerdem ist die Masse über einen ebenfalls als masselos angenommenen viskosen Dämpfer (Stoßdämpfer) mit dem ruhenden Aufhängepunkt verbunden. Bewegungen dieses Systems sind nur in einer Ebene mit der Richtung x möglich.

Diese Beschreibung zeigt, dass eine große Anzahl von Einschränkungen und Vereinfachungen mit der Modellbildung verbunden sind. Würde man dies nicht tun, wäre die mathematische Behandlung des Modells bereits sehr komplex.

Dieses Modell steht beispielsweise für die Aufhängung eines PKW-Rades, die aus einer Feder/Dämpfer-Kombination aus Schraubenfeder und Stoßdämpfer besteht (Bild 7). Man erkennt, dass das sehr einfache Modell des viskos gedämpften Einmassenschwingers nur durch Vernachlässigung einer Anzahl realer Einflüsse auf dieses System Gültigkeit hat.

So ist eine wichtige Einschränkung des Modells, dass es nur einen Freiheitsgrad enthält, da es nur lineare Bewegungen in Richtung der Koordinate x zulässt (Bild 6). Im realen System ist der Stoßdämpfer an der Karosserie drehbar aufgehängt, wodurch Drehbewegungen des Gesamtsystems um die Aufhängung möglich sind. Diese treten auch auf, da die zeitlich veränderliche äußere Zwangskraft $F(t)$ nicht nur in Richtung von x als Reaktionskraft zwischen Reifen und Untergrund auftritt. Die Feder wird also nicht nur in x-Richtung verformt, sondern auch seitlich dazu. Außerdem wurde ein lineares Dehnungsverhalten der Feder im ganzen Arbeitsbereich vorausgesetzt. Schlägt diese bei extremen Stößen durch, verhält sie sich wegen der dann auftretenden Begrenzung stark nichtlinear.

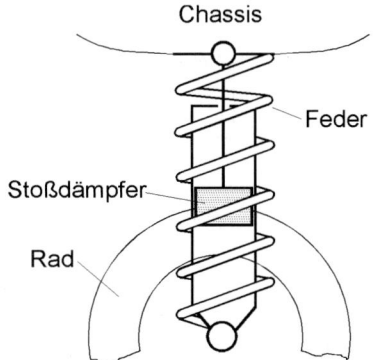

Bild 7. PKW-Federbein

Für den pneumatischen Stoßdämpfer wird eine viskose Dämpfung mit der Dämpfungskonstanten d angenommen, die geschwindigkeitsproportional ist:

$$F_d = d \cdot v = d \cdot \frac{dx}{dt} = d \cdot \dot{x}$$

Dies gilt für die hauptsächlich auftretende Dämpfung durch das Komprimieren und Abströmen der Luft im Dämpfer, jedoch nicht für die Reibung der Dichtung an der Außenwand. Hier liegt trockene Reibung vor ($F_R = \mu \cdot F_N$), die proportional zur Normalkraft F_N ist. Das Abklingverhalten von Schwingungsvorgängen ist in Abhängigkeit von diesen Reibungstypen mit dem entsprechenden Reibverhalten unterschiedlich. Bei trockener Reibung klingt die gedämpfte Schwingung linear ab (Bild 8 a), bei viskoser Reibung folgt das Abklingverhalten einer Exponentialfunktion (Bild 8 b).

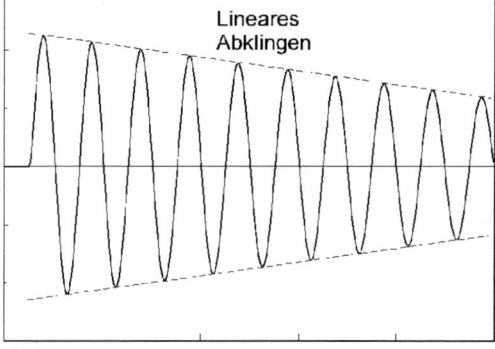

a)

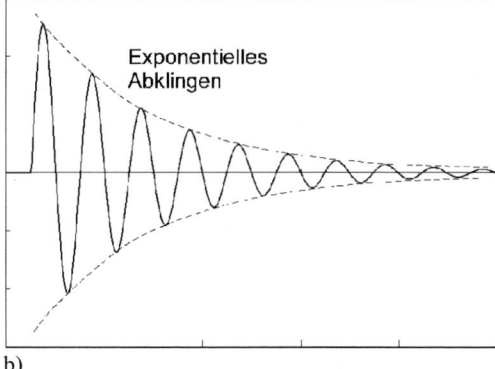

b)

Bild 8. Abklingen der Schwingung eines Einmassenschwingers mit Dämpfung durch
a) trockene und
b) viskose Reibung

Weiterhin werden bei der Modellbildung alle Massen zu einer Masse m zusammengefasst und in einem Punkt konzentriert angenommen, um den Angriffspunkt der Massenkräfte eindeutig festzulegen. Im realen System sind die Massen über das ganze System verteilt, weshalb der Schwerpunkt nur schwer zu bestimmen ist und seine Lage verändert sich auch noch. Schließlich wurden untergeordnete Kräfte wie beispielsweise der Luftwiderstand des Rades oder des Stoßdämpfers weggelassen.

Obwohl das reale System nur wenig mit dem einfachen Modell des Einmassenschwingers zu tun zu haben scheint, wird es trotzdem in Lehrbüchern häufig beispielhaft verwendet. Das Modell muss so einfach gestaltet werden, um mit klassischen Rechenmethoden die Ermittlung des Bewegungszustandes des Systems zu beliebigen Zeitpunkten vornehmen zu können. Erst die Verfügbarkeit leistungsfähiger Digitalrechner lässt heute das Durchrechnen komplexerer Modelle zu, die das reale Verhalten von Systemen noch besser und auch in Grenzbereichen beschreiben. Zum anderen kann man auch schon aus dem einfachen Modell mit einer in der Technik hinreichenden Genauigkeit bestimmte Kenngrößen ermitteln und das reale System dimensionieren. Größere Fehler treten ja nur auf, wenn die vernachlässigten Kräfte oder die vereinfachenden Annahmen durch Extremsituationen in solchen Bereichen liegen, in denen sie nicht mehr ohne weiteres vernachlässigt werden können.

Ein Beispiel für die Modellierung der Dynamik eines einfachen Systems, bei dem das Verlassen des Gültigkeitsbereichs der Modellannahmen zu starken Abweichungen zwischen Modell und Realität führt, ist das jedem bekannte Pendel. Das Bild 9 zeigt das Schema eines Pendels und außerdem die an der Masse angreifenden Kräfte. Wird die Masse aus der Ruhelage um den Winkel $\varphi = \varphi(t)$ ausgelenkt, so wirkt auf sie infolge der Massenkraft $F_G = m \cdot g$ in der zur Auslenkung entgegengesetzten Richtung die Rückstellkraft $F_R = m \cdot g \cdot \sin \varphi$. Die Bogenlänge beträgt dabei $s = l \cdot \varphi$, die Beschleunigung $a = l \cdot \ddot{\varphi}$. Durch Einsetzen in das Newton'sche Bewegungsgesetz ($F = m \cdot a$) erhält man:

$$m \cdot l \cdot \ddot{\varphi}(t) = -m \cdot g \cdot \sin \varphi(t)$$
oder
$$m \cdot l \cdot \ddot{\varphi}(t) + m \cdot g \cdot \sin \varphi(t) = 0 \qquad (1)$$

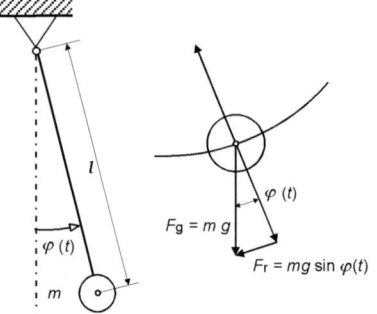

Bild 9. Pendel und angreifende Kräfte

Dies ist eine Differentialgleichung 2. Ordnung zu der noch zusätzlich die Anfangsbedingungen festgelegt werden müssen:

$$\varphi(t=0) = \varphi_0 \qquad \ddot{\varphi}(t=0) = \dot{\varphi}_0 = 0$$

Bei dieser Modellierung wurden wieder vereinfachende Annahmen getroffen, nämlich dass der Faden masselos und die Masse in einem Punkt – dem Schwerpunkt – konzentriert ist. Außerdem wurden Kräfte durch Luftwiderstand und Lagerreibung vernachlässigt.

Aus der Bewegungsgleichung und den Anfangsbedingungen lässt sich eine Lösung gewinnen, die die freien Schwingungen des Pendels beschreibt. Jedoch handelt es sich bei der Bewegungsgleichung, da φ sowohl als zweite Ableitung als auch als Argument der Sinusfunktion auftaucht, um eine nichtlineare Differentialgleichung, deren Lösung schwierig ist. Daher wird vorwiegend der Fall behandelt, dass das Pendel nur sehr kleine Ausschläge macht, d. h. unter dieser Voraussetzung gilt nämlich

$$\sin \varphi(t) \approx \varphi(t) \qquad (2)$$

Damit kann die Differentialgleichung folgendermaßen linearisiert werden, wodurch sie leichter lösbar ist:

$$m \cdot l \cdot \ddot{\varphi}(t) + m \cdot g \cdot \varphi(t) = 0 \qquad (3)$$

Dass dieses mathematische Modell für das Pendel aber nur sehr eingeschränkt gilt, kann man leicht an der folgenden Bildserie (Bild 10) erkennen, die durch Simulation des Modells mit einem numerischen Simulationssystem auf einem Rechner erstellt wurde.

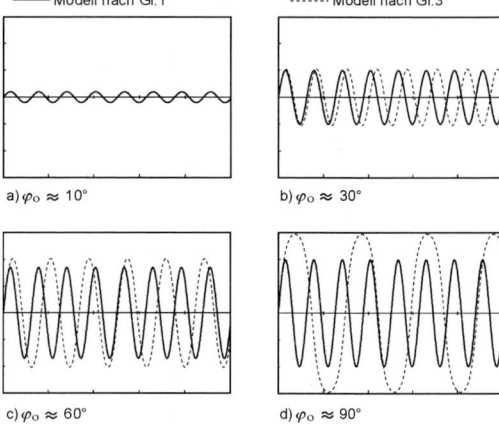

Bild 10. Simulation des Schwingungsverlaufs verschiedener Modelle eines Pendels für unterschiedliche Anfangsauslenkungen

Sie zeigt in jedem Teilbild die Schwingungsverläufe nach Loslassen aus einer ausgelenkten Stellung für beide Modellgleichungen (1) und (3). Alle Teilbilder haben den gleichen Amplituden- und Zeitmaßstab. Im Teilbild a) ist der Winkel noch sehr klein ($\varphi_0 \approx 10°$), sodass Gleichung (2) gilt und die beiden Schwingungsverläufe der unterschiedlichen Modelle kaum zu unterscheiden sind. In den Teilbildern b) - d) wird der Auslenkungswinkel schrittweise bis auf $\varphi_0 = 90°$ vergrößert. Bei $\varphi_0 = 30°$ weichen die beiden Modelle erst nach mehreren Schwingungen deutlich voneinander ab, bei $\varphi_0 = 60°$ wird die Abweichung in der Frequenz schon nach einer Schwingung sichtbar, bei $\varphi_0 = 90°$ tritt sofort eine starke Abweichung in Frequenz und Winkel auf. Das vereinfachte Modell nach Gleichung (3) liefert also nur für den kleinsten Bereich der möglichen Anfangsauslenkungen φ_0 den richtigen Wert für $\varphi(t)$. Trotzdem wäre der Aufwand für die rechnerische Behandlung des Modells nach Gleichung (1) unnötig hoch, wenn man ein technisches System untersuchen würde, in dem ein Pendel vorkommt, das nur Ausschläge geringer Amplitude ausführt und daher zur Beschreibung auch das Modell nach Gleichung (3) ausreicht.

Für die Erstellung des Modells eines technischen Systems gelten drei allgemeine Anforderungen:

- Die Modellelemente müssen klar definiert, eindeutig beschreibbar und in sich widerspruchsfrei sein (*physikalische Transparenz*).
- Die Folgerungen über das Verhalten, die man aus den Verknüpfungen der Modellelemente zu einem Gesamtmodell ziehen kann, müssen im Rahmen des Modellzwecks (*Gültigkeitsbereich*) dem realen Systemverhalten entsprechen (*Modellgültigkeit*).
- Gibt es verschiedene Möglichkeiten zur Darstellung des Systems, die alle den ersten beiden Forderungen genügen, so sollte man die einfachst mögliche auswählen (*Effizienz*).

Für die Herleitung eines einfachen, effizienten und gültigen Modells gibt es keine in allgemein gültige Regeln fassbare Vorgehensweise.

Das Modell eines mechanischen Systems, das beispielsweise alle nur denkbaren Bewegungsmöglichkeiten berücksichtigt, ist zwar physikalisch richtig, aber für die praktische Anwendung unübersichtlich, unhandlich und verliert für die meisten Fälle die physikalische Überschaubarkeit. Die Kunst bei der Modellbildung besteht daher darin, das Modell so einfach wie möglich zu gestalten, um es mit technisch und wirtschaftlich vertretbarem Aufwand untersuchen zu können. Dabei dürfen aber keine unzulässigen, das Systemverhalten zu stark verfälschenden Annahmen getroffen werden.

2.1.3 Modell des Einmassenschwingers

Am Beispiel des Fadenpendels wurde der Vorgang der Bildung des mathematischen Modells bereits einmal demonstriert. Ausgangspunkt war dabei eine Bilanzgleichung, hier das Newton'sche Bewegungsgesetz $F = m \cdot a = m \cdot \ddot{x}$.

Im Folgenden soll nun das mathematische Modell für den gedämpften Einmassenschwinger nach Bild 6 hergeleitet werden. Ziel ist es, bei einem mechanischen System eine Bewegungsgleichung zu ermitteln, aus der man den Bewegungszustand (x, $v = \dot{x}$, $a = \ddot{x}$) eines Punktes zu jedem Zeitpunkt t bestimmen kann. Will man nämlich ein technisches System und sein Bewegungsverhalten durch Mecha-

tronik verbessern, so muss man entsprechend der in Bild 7, Kap. 1 dargestellten Struktur eines mechatronischen Systems mit Hilfe eines Digitalrechners steuernd und regelnd auf das System einwirken. Die dazu erforderlichen Algorithmen können nur erstellt werden, wenn man das mathematische Modell des Systems kennt.

Entsprechend der Bilanzgleichung in Bild 5 stellt in der Mechanik die Verallgemeinerung des Newton'schen Bewegungsgesetzes, das *Prinzip von d'Alembert*, eine solche Bilanzgleichung zur Verfügung, die die Dynamik auf statische Betrachtungen zurückführt:

$$\sum F = F + F_\text{T} = 0 \,. \tag{4}$$

Es besagt nichts anderes, als dass die Summe aller Kräfte, die auf einen Körper einwirken, gleich Null sein muss. Dabei ist F eine von außen am Körper angreifende Kraft und F_T die Trägheitskraft des Körpers.

Um dieses Prinzip zum Aufstellen der Bewegungsgleichung eines Körpers anwenden zu können, muss man alle äußeren Kräfte ermitteln. Dazu wendet man das in Bild 11 dargestellte Schnittprinzip an, bei dem alle zum Körper bestehenden Verbindungen gedanklich aufgetrennt werden und durch die an den Schnittstellen entstehenden Reaktionskräfte ersetzt werden. Von außen auf den Körper wirkende Kräfte sind dann die Federkraft F_c und die Dämpferkraft F_d. Außerdem kann noch eine äußere Erregerkraft $F(t)$ auf die Masse wirken. Ebenfalls am Schwerpunkt der Masse greift die Trägheitskraft $F_\text{T} = m \cdot \ddot{x}$ an. Wegen der Annahme einer linearen Feder beträgt die Federkraft:

$$F_\text{c} = c \cdot x \,. \tag{5}$$

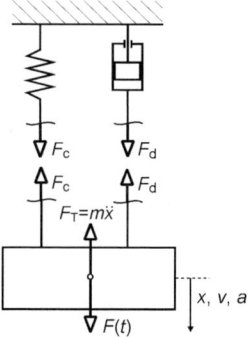

Bild 11. Anwendung des Schnittprinzips beim Einmassenschwinger

Die Dämpferkraft beträgt wegen der Annahme einer viskosen Dämpfung:

$$F_\text{d} = d \cdot \dot{x} \,. \tag{6}$$

Das Prinzip von d'Alembert besagt nun, dass die Summe aller am Körper angreifenden Kräfte gleich null sein muss:

$$F(t) - F_c - F_d - F_T = 0 \,. \tag{7}$$

Setzt man die Werte der Kräfte in die Gleichung ein, so erhält man die Bewegungsdifferentialgleichung des viskos gedämpften Einmassenschwingers mit äußerer Erregung:

$$m \cdot \ddot{x}(t) + d \cdot \dot{x}(t) + k \cdot x(t) = F(t) \tag{8}$$

Dies ist eine gewöhnliche, lineare Differentialgleichung 2. Ordnung, deren Lösung ohne Rechnerhilfe noch möglich ist.

Um die durch die äußere Erregungskraft $F(t)$ bedingte Unbestimmtheit des Systems zu eliminieren, betrachtet man häufig auch den Fall der freien Schwingung, d. h. die Erregungskraft ist null.

Die in der Gleichung (6) vorkommende Dämpfungskonstante d ist dimensionsbehaftet. Zur Charakterisierung des Bewegungsverhaltens schwingungsfähiger Systeme wie des Einmassenschwingers verwendet man daher meist den dimensionslosen, als *Lehr'sches Dämpfungsmaß* oder auch *Dämpfungsgrad* bezeichneten Wert D. Damit ergibt sich die Lösung $x(t)$ der Gleichung (8) für $F(t) = 0$:

$$x(t) = e^{-\omega_0 D t}\left(x_0 \cos \omega t + \left(\frac{\dot{x}_0 + D\omega_0 x_0}{\omega} \right) \sin \omega t \right) \tag{9}$$

Darin sind e die Euler'sche Zahl, $x_0 = x(t = 0)$, $\dot{x}_0 = \dot{x}(t = 0)$ und ω die *Kreisfrequenz* des Systems. Die Kreisfrequenz ω hängt auf folgende Art mit der Schwingfrequenz f zusammen und lässt sich aus den Kennwerten des schwingungsfähigen Systems berechnen:

$$\omega = 2\pi \cdot f = \sqrt{\frac{c}{m} - \left(\frac{d}{2m}\right)^2} \,. \tag{10}$$

Für den Fall, dass die Dämpfungskonstante d gleich null ist, das System also ungedämpft schwingen kann, wird aus der Kreisfrequenz die *Eigenkreisfrequenz*:

$$\omega_0 = 2\pi \cdot f_0 = \sqrt{\frac{c}{m}} \,. \tag{11}$$

Mit diesen Größen kann der Dämpfungsgrad D ausgedrückt werden:

$$D = \frac{d}{2m\omega_0} = \frac{d}{2\sqrt{mc}} \,. \tag{12}$$

Setzt man Gleichung (12) in Gleichung (10) ein, so erhält man:

$$\omega = \omega_0 \sqrt{1 - D^2} \,. \tag{13}$$

Anhand dieser Gleichung kann man unterschiedliche Fälle des Bewegungsverhaltens des Einmassenschwingers unterscheiden.

Ist $D < 1$, so schwingt das System mit einer Kreisfrequenz ω, die kleiner als ω_0 ist.

Ist $D = 1$, so wird der Wurzelausdruck in Gleichung (13) gleich null, es liegt keine Schwingung mehr vor; man spricht auch vom *aperiodischen Grenzfall*, da von diesem kritischen Dämpfungswert ab zu höheren Dämpfungsgraden hin keine Schwingung mehr auftritt.

Ist $D > 1$, so stellt der Wurzelausdruck keine reele Zahl sondern eine komplexe Zahl dar, es liegt eine überkritische Dämpfung mit einem Kriechvorgang vor.

Da mit der Differentialgleichung (8) das mathematische Modell des Systems „Einmassenschwinger" bekannt ist, kann man das System und sein Bewegungsverhalten auch mit Hilfe eines *Simulationssystems* auf einem Rechner simulieren. Wie dies gemacht wird, wird im Kapitel 2.5 eingehender beschrieben.

Um das Verhalten in den 3 oben aufgeführten Fällen zu verdeutlichen, wurde in der Simulation die Sprungantwort des Systems aufgenommen. Diese ist in der Bildfolge Bild 12 - 14 dargestellt.

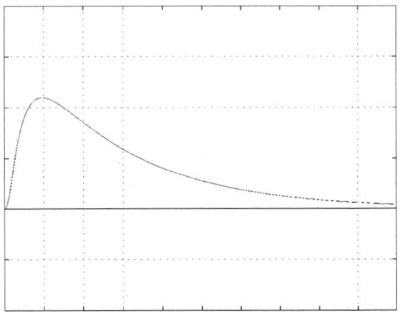

Bild 12. Darstellung der Amplitude über der Zeit (Simulation) nach Auslenkung eines Einmassenschwingers mit überkritischer Dämpfung ($D > 1$: Kriechvorgang)

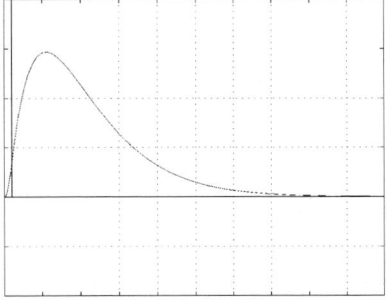

Bild 13. Darstellung der Amplitude über der Zeit (Simulation) nach Auslenkung eines Einmassenschwingers mit kritischer Dämpfung ($D = 1$: aperiodischer Grenzfall)

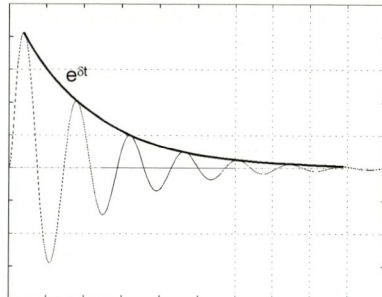

Bild 14. Darstellung der Amplitude über der Zeit (Simulation) nach Auslenkung eines Einmassenschwingers mit unterkritischer Dämpfung ($D < 1$: Schwingung)

In Bild 12 ist die Dämpfung überkritisch mit $D > 1$, weshalb aufgrund des Eingangssprungs (z. B. eine bestimmte Anfangsauslenkung x_0 des Schwingers, wobei zur Zeit $t = 0$ die Masse aus dieser Lage losgelassen wird) kein Schwingungsvorgang, sondern ein Zurückkriechen in die Ausgangslage stattfindet. In Bild 13 liegt die kritische Dämpfung mit $D = 1$ vor, der aperiodische Grenzfall, in dem gerade noch keine Schwingung auftritt. In Bild 14 ist $D < 1$, weshalb das System nach Aufgeben des Sprungs eine Schwingung mit der Kreisfrequenz ω ausführt. Diese Schwingung klingt nach einer bestimmten Exponentialfunktion $f(x) = e^{\delta \cdot t}$ ab, die ebenfalls vom Dämpfungsgrad D abhängt. Dieses Verhalten ist auch an der Lösungsgleichung (9) der Differentialgleichung (8) ablesbar. In dieser Gleichung wird ein Summenausdruck aus Cosinus- und Sinusfunktionen (Schwingung) mit einem Faktor $e^{-\omega_0 D t}$ multipliziert. Dies ist die exponentiell abklingende Dämpfungsfunktion mit $\delta = -\omega_0 D$. Bild 15 zeigt nochmals eine Zusammenstellung der unterschiedlichen Wegverläufe $x(t)$ des Einmassenschwingers für unterschiedliche Werte von D, nachdem das System um einen Anfangswert x_0 ausgelenkt wurde.

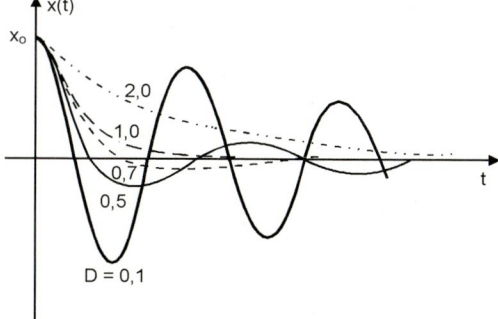

Bild 15. Darstellung des Schwingverhaltens eines Einmassenschwingers für verschiedene Werte des Lehr'schen Dämpfungsmaßes D

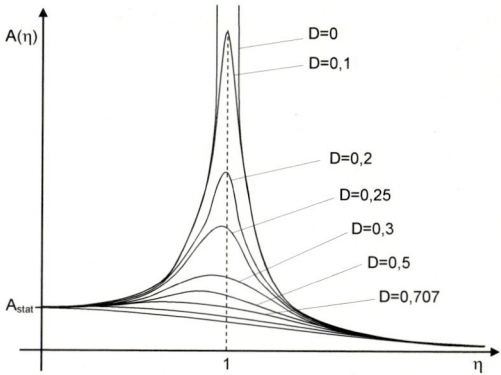

Bild 16. Amplitude eines harmonisch erregten Schwingers in Abhängigkeit des Lehr'schen Dämpfungsmaßes

In der Technik ist der zuletzt behandelte Fall der von außen angeregten Schwingung von großer Bedeutung. In einem solchen Fall spielt die Eigenfrequenz ω des schwingungsfähigen Systems eine besondere Rolle. Denkt man sich einen Einmassenschwinger, der beispielsweise durch eine harmonische Schwingung von außen mit der Frequenz Ω angeregt wird und trägt, wie in Bild 16 dargestellt, die Schwingamplitude $A(\eta)$ über dem Verhältnis

$$\eta = \frac{\Omega}{\omega} \qquad (14)$$

auf, so ergeben sich in Abhängigkeit des Lehr'schen Dämpfungsmaßes D die dargestellten unterschiedlichen Kurven. Die Kurven beginnen alle bei der statischen Auslenkung A_{stat}, derjenigen Verformung, die unter einer statischen Last ($\Omega = 0$) auftritt. Eine Extremstelle der Amplitudenfunktion tritt an der Stelle $\eta = 1$ auf, wobei die dynamischen Amplituden sehr unterschiedlich sein können. Die Amplituden bei kleinen Werten von D können sehr groß werden, man spricht von Resonanz. Für den Einmassenschwinger bedeutet das, dass bei harmonischer Anregung mit einer Anregefrequenz Ω, die der Eigenfrequenz ω des Schwingers entspricht, das System bei kleinen Dämpfungen in so starke Schwingungen versetzt werden kann, dass der Schwinger dadurch geschädigt oder sogar zerstört wird.

Um bei bekannter Anregefrequenz Ω, die z. B. durch eine rotierende Masse mit einer Unwucht hervorgerufen werden kann, eine Anregung im Bereich der Eigenfrequenz ω zu vermeiden, muss man ω durch Verändern von Masse oder Federkonstante so verschieben, dass die Eigenfrequenz weit oberhalb oder unterhalb der Anregefrequenz liegt. Dies verhindert zu große Schwingamplituden des durch die Unwucht angeregten Bauteils. Ist die Anregefrequenz nicht konstant, wie beispielsweise bei einem rotierenden PKW-Rad (unterschiedliche Drehzahlen) so muss das Rad genau ausgewuchtet werden, um die Unwuchtkräfte möglichst klein zu halten und damit eine Anregung der Eigenfrequenz des Rades im Resonanzpunkt zu vermeiden.

2.2 Unterschiedliche Modelltypen von technischen Systemen

Betrachtet man technische Systeme und ermittelt für diese mathematische Modelle, so stellt man fest, dass äußerlich sehr unterschiedliche Systeme den gleichen Typ von Übertragungsverhalten zeigen. Das bedeutet, dass solche Systeme, die den gleichen Typ von mathematischen Modell besitzen, auf statische und dynamische Eingangssignale mit vergleichbaren Änderungen der Ausgangssignale reagieren. Dies erleichtert generalisierte Verfahren zur Regelung von Systemen.

In mechatronischen Systemen findet immer eine Regelung der wesentlichen Ausgangsgrößen statt. Eine *Regelung* unterscheidet sich von einer *Steuerung* dadurch, dass anstelle der offenen Wirkkette von Systemen in einer Steuerung (Bild 17a), bei der Regelung ein geschlossener Regelkreis tritt (Bild 17b).

Die Aufgabe einer Regelung wird in DIN 19226 wie folgt definiert:

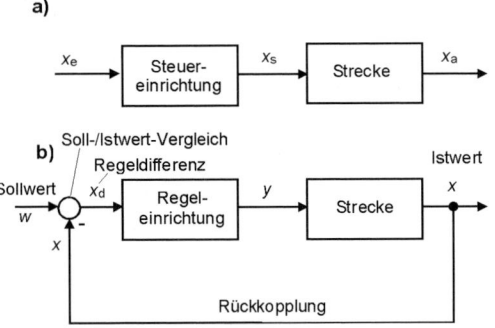

Bild 17. Wirkprinzipien von
a) Steuerung und
b) Regelung

Die Regelung ist ein Vorgang, bei dem der vorgegebene Wert einer Größe fortlaufend durch Eingriff aufgrund von Messungen dieser Größe hergestellt und aufrecht erhalten wird. Hierdurch entsteht ein Wirkungsablauf, der sich in einem geschlossenen Kreis (Regelkreis) vollzieht, denn der Vorgang läuft ab aufgrund von Messungen einer Größe, die durch den Vorgang selbst wieder beeinflusst wird. Dieser Wirkungskreis wird Regelkreis genannt. Eine selbsttätige Regelung (im folgenden kurz „Regelung" genannt) liegt vor, wenn dieser Vorgang ohne menschliches Zutun abläuft.

Im Hauptzweig einer Regelung liegt die *Regelstrecke*, ein beliebiges System, dessen Ausgangsgröße $x_a(t)$

geregelt werden soll. Um die Regeleinrichtung (Regler) auslegen zu können, muss man das Übertragungsverhalten der Regelstrecke und damit sein mathematisches Modell kennen.

Für viele technische Systeme kann ein lineares Übertragungsverhalten angenommen werden, oder die Systeme können für bestimmte Arbeitspunkte linearisiert werden. Ein *lineares System* verhält sich folgendermaßen. Reagiert das System auf das Eingangssignal $x_{e1}(t)$ mit dem Ausgangssignal $x_{a1}(t)$ und auf das Eingangssignal $x_{e2}(t)$ mit dem Ausgangssignal $x_{a2}(t)$ so ist es linear, wenn es auf eine Linearkombination der Eingangssignale $x_e(t) = A \cdot x_{e1}(t) + B \cdot x_{e2}(t)$ mit dem Ausgangssignal $x_a(t) = A \cdot x_{a1}(t) + B \cdot x_{a2}(t)$ reagiert. Dieses Verhalten wird auch als *Superpositionsprinzip* bezeichnet.

Es gibt eine relativ kleine Anzahl unterschiedlichen Typen von linearen Systemen, mit deren Kenntnis man schon viele Modelle für technische Systeme erstellen kann. Diese Grundtypen werden in den folgenden Kapiteln 2.2.1-2.2.4 behandelt.

2.2.1 Proportionalglieder

Proportionalglieder oder kurz *P-Glieder* erzeugen ein Ausgangssignal $x_a(t)$, das während der meisten Zeit proportional zum Eingangssignal $x_e(t)$ ist:

$$x_a(t) = K_p \cdot x_e(t) \tag{15}$$

Dabei heißt der Proportionalitätsfaktor K_p *Proportionalitätsbeiwert* oder auch *Verstärkungsfaktor*. Die letzte Bezeichnung wird auch dann verwendet, wenn $K_p < 1$ gilt, also eigentlich eine Abschwächung vorliegt.

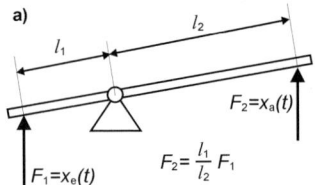

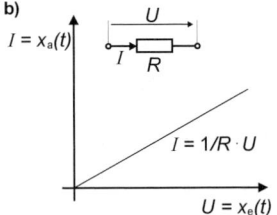

Bild 18. Beispiele für Proportionalglieder a) Hebel b) elektrischer Widerstand

Beispiele für solche Systeme sind ein mechanischer Hebel (Bild 18a) oder ein elektrischer Widerstand (Bild 18 b). Die mathematischen Modelle, die solche Syste-

2 Modellbildung und Simulation

me beschreiben, sind einfache Proportionalgesetze wie das Hebelgesetz oder das Ohm'sche Gesetz. Im Falle des Hebels ergibt sich aus dem Hebelgesetz $K_p = l_1/l_2$, beim elektrischen Widerstand, dessen Eingangsgröße die Spannung U und dessen Ausgangsgröße der Strom I ist, beträgt der Proportionalitätsbeiwert $K_p = 1/R$ entsprechend dem Ohm'schen Gesetz. Diese mathematischen Modelle beruhen aber auf Vereinfachungen, durch deren Hilfe man für die Mehrzahl der betrachteten Fälle mit niedrigerem Rechenaufwand auskommt. Solche Systeme werden als Proportionalglieder bezeichnet.

Komplexere Systeme stellt man häufig grafisch in Form eines *Blockschaltbildes* dar, in dem alle Einzelsysteme als Blöcke mit bekanntem oder zu ermittelndem Übertragungsverhalten zwischen Eingang und Ausgang dargestellt werden. Der entsprechende Block für ein P-Glied wird, wie in Bild 19a gezeigt, dargestellt. Die Symbolik im Block beruht auf dem Funktionsverlauf der Sprungantwort eines solchen Systems, die in Bild 19b dargestellt ist. Zum Zeitpunkt t eines auf den Eingang gegebenen Sprungsignals der Amplitude „1" reagiert das P-Glied unmittelbar mit einem Sprung der Amplitude K_p am Ausgang.

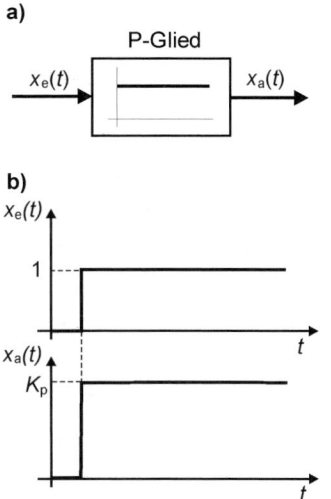

Bild 19. a) Symbol des P-Gliedes im Blockschaltbild
b) Sprungsantwort

Reale physikalische System reagieren in einem Zeitintervall nach dem Zeitpunkt t, dessen Länge als *Verzögerungszeit T* bezeichnet wird, abweichend von dem Verhalten einfacher P-Glieder. Dies beruht darauf, das reale Systeme in der Regel „Energiespeicher" enthalten, die nach einer dynamischen Änderung des Eingangs zuerst einmal aufgefüllt oder entleert werden müssen. Dies ruft ein entsprechendes dynamisches Verhalten von Systemen hervor, die als *Proportionalglieder mit Verzögerung* bezeichnet werden.

So gilt das einfache Hebelgesetz aus Bild 18a nur unter der Annahme, dass der Hebel ein starrer Körper ist. In Wirklichkeit ist er natürlich ein elastischer Körper, der bei Aufgeben eines Kraftsprungs elastisch nach dem Hooke'schen Gesetz verformt wird. Bis der mechanische Energiespeicher „Feder" des Hebelarms aufgefüllt ist, gilt nicht das einfache P-Verhalten. Da das System einen Speicher enthält, spricht man von PT_1-*Verhalten* oder von einem *Proportionalglied mit Verzögerung 1. Ordnung*. Den Verlauf der Sprungantwort und das Symbol für ein Blockschaltbild zeigt Bild 20. Diesen Verlauf kann man nach folgender Gleichung berechnen:

$$x_a(t) = K_p \left(1 - e^{-t/T}\right) \cdot x_e(t) \tag{16}$$

Für $t > T$ wird die e-Funktion schnell sehr klein, so das Gleichung (16) wieder mit Gleichung (15) übereinstimmt. In diesem Zustand beschreibt ein einfaches Gesetz wie das Hebelgesetz das System wieder korrekt als einfaches P-Glied.

Ebenso wie das System „Einmassenschwinger mit Dämpfung" besitzt das PT_1-Glied eine Eigenfrequenz ω_0. Diese steht mit der Verzögerungszeit T in folgendem Zusammenhang:

$$\omega_0 = 2\pi \cdot f_0 = 1/T \tag{17}$$

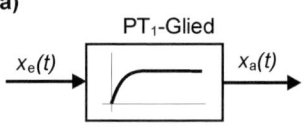

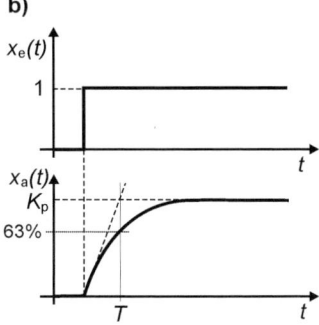

Bild 20. a) Symbol des PT_1-Gliedes im Blockschaltbild b) Sprungsantwort

Das gleiche Systemverhalten gilt auch für das Beispiel „elektrischer Widerstand", da hier bei Aufgabe eines Spannungssprungs auch erst ein Energiespeicher aufgefüllt werden muss. Weil der Strom ansteigt oder abfällt (je nach Richtung des Spannungssprungs), erwärmt sich der Widerstand oder kühlt sich ab. Der Proportionalbeiwert $1/R$ ist temperaturabhängig (Widerstand nimmt bei Erwärmung zu), dadurch reagiert das System ebenfalls mit PT_1-Verhalten.

In der Technik ist auch häufig die Reaktion eines Systems auf sinusförmige Eingangssignale von Bedeutung. Das PT_1-Glied antwortet auf ein solches Eingangssignal mit einem sinusförmigen Ausgangssignal. Beginnend bei niedrigen Frequenzen ω kann das Signal das PT_1-Glied fast unverändert passieren (Bild 21). Zu höheren Frequenzen hin wird die Ausgangsamplitude immer kleiner, da das Auffüllen und Entleeren des Energiespeichers dem schnellen Wechsel nicht mehr folgen kann. Das PT_1-Glied glättet daher ein stark welliges Signal hoher Frequenz. Da es tiefe Frequenzen nahezu ungehindert durchlässt und hohe Frequenzen stark schwächt, wird es auch als *Tiefpass* bezeichnet.

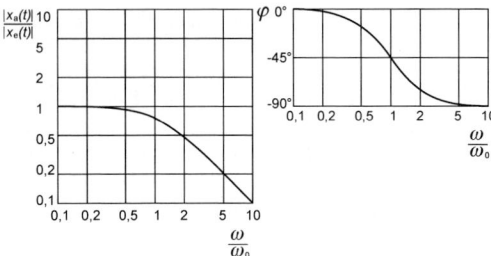

Bild 21. Bode Diagramm eines PT_1-Gliedes

Da das PT_1-Glied Eingangssignale verzögert, tritt zusätzlich zu der frequenzabhängigen Amplitudenschwächung auch noch eine frequenzabhängige Phasenverschiebung auf. Die Darstellung dieser Beeinflussung von sinusförmigen Signalen erfolgt beispielsweise mit Hilfe des *Bode-Diagramms*. Es besteht aus zwei Teilbildern, in denen das Amplitudenverhältnis zwischen Aus- und Eingang sowie die Phasenverschiebung in Abhängigkeit vom Verhältnis ω/ω_0 dargestellt werden (Bild 21). Wie dargestellt, nimmt beim PT_1-Glied für $K_p = 1$ die Ausgangsamplitude für $\omega = 10 \cdot \omega_0$ auf 10% der Eingangsamplitude ab, die maximal mögliche Phasenverschiebung beträgt $\varphi = -90°$.

Weitere Beispiele für Systeme mit PT_1-Verhalten sind das Füllen eines Druckbehälters durch eine Drosselstelle (Ventil) oder das Laden eines Kondensators über einen Widerstand. Wird auf das Einlassventil des Druckbehälters ein Drucksprung aufgegeben, so erhöht sich der Druck im Behälter entsprechend dem Zeitverhalten eines PT_1-Gliedes. Ebenso verhält es sich mit der Spannung am Kondensator, nachdem über den Widerstand ein Spannungssprung aufgegeben wurde.

Enthält ein lineares System n Energiespeicher, so wird das dynamische Verhalten in der Regel durch eine Differentialgleichung n-ter Ordnung beschrieben. Beim mathematischen Modell des in Kapitel 2.1.3 beschriebenen Einmassenschwingers ist dies eine lineare, gewöhnliche Differentialgleichung 2. Ordnung, weil das System zwei Energiespeicher in Form der Feder und des Dämpfers enthält. Dieses System ist ein Proportionalglied mit Verzögerung 2. Ordnung oder kurz PT_2-Glied, das man sich aus einer Reihenschaltung zweier PT_1-Glieder zusammengesetzt denken kann. In Bild 22 ist wieder das Blockschaltbildsymbol (Bild 22 a) und die Sprungantwort (Bild 22 b) dargestellt. Die Kurve beginnt mit einer waagerechten Tangente und läuft ebenfalls in einen neuen waagerechten Beharrungszustand. Dazwischen hat die Kurve einen Wendepunkt. Die Wendetangente bestimmt die zwei für das PT_2-Glied charakteristischen Zeitkonstanten, die *Verzugszeit* T_u und die *Ausgleichszeit* T_g.

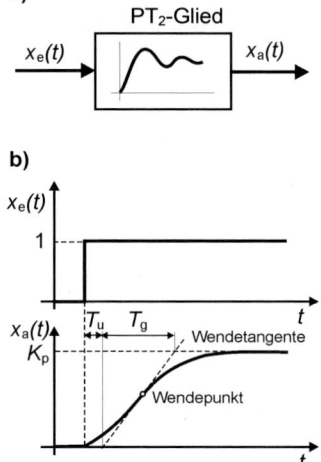

Bild 22. a) Symbol des PT_2-Gliedes im Blockschaltbild b) Sprungantwort

Wie bereits in Kapitel 2.1.3 erläutert wurde, hängt nun jedoch der prinzipielle Verlauf der Sprungantwort von dem Dämpfungsbeiwert D ab. Für $D \geq 1$ erfolgt der Übergang nach dem Eingangssprung aperiodisch (Bild 22b), bei $D < 1$ erfolgt der Übergang schwingend (Bild 15).

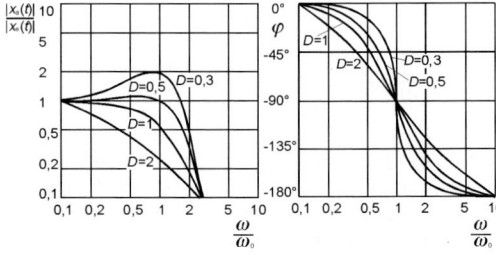

Bild 23. Bode Diagramm eines PT_2-Gliedes für unterschiedlichen Dämpfungsgrad D

Im Bild 23 ist das Bode-Diagramm für das PT_2-Glied dargestellt. Auch hierin müssen das Amplitudenverhältnis und die Phasenverschiebung in Abhängigkeit

2 Modellbildung und Simulation

vom Parameter D dargestellt werden. Vergleicht man diese Diagramme mit denen des PT_1-Gliedes, so sieht man, dass im aperiodischen Fall ($D \geq 1$) die Tiefpasswirkung (Amplitudenschwächung) des PT_2-Gliedes größer ist und das eine maximale Phasenverschiebung von $\varphi = -180°$ auftreten kann. Im Falle geringer Dämpfung ($D < 1$) tritt im Bereich der Frequenz ω_0 Resonanz auf, d. h. das Amplitudenverhältnis $x_a(t)/x_e(t)$ wird für $K_p = 1$ größer als eins.

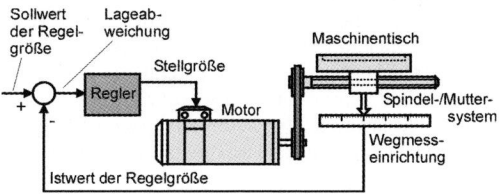

Bild 24. Lageregelkreis einer Werkzeugmaschine

Betrachtet man den Lageregelkreis des Werkzeugmaschinenschlittens in Bild 24, so verhält sich der Anteil aus Spindel-/Muttersystem, Maschinentisch und Führungsbahnen annähernd wie ein PT_2-Glied. Die Eingangsgröße dieses Teilsystems ist die Drehzahl der Spindel, die Ausgangsgröße die Geschwindigkeit des Maschinentisches. Das elastisch verformbare Spindel-/Muttersystem ist eine Feder, die viskose Reibung zwischen Maschinentisch und Führungsbahnen stellt einen Dämpfer dar und der Tisch mit einem eventuell darauf gespannten Werkstück bildet die Masse des Schwingers. Bei diesem technischen System erkennt man die Bedeutung der richtigen Abstimmung von Masse, Feder- und Dämpfungskonstante, weil bei einem Positioniervorgang (Abbremsen) die Gefahr bestehen würde, dass bei zu kleinem Dämpfungsbeiwert D der Schlitten über die Zielposition hinausschießt und sich dann schwingend der Endposition annähert. Dies würde, wenn bei dem Positioniervorgang das Werkzeug im Eingriff ist, zu einer Zerstörung der zu erzeugenden Geometrie führen.

Das Teilsystem Antriebsmotor (Gleichstrommotor) besitzt ebenfalls PT_2-Verhalten, da seine Drehzahl bei Aufgabe eines Sprunges der Motorspannung sich verzögert einem neuen Endwert annähert. Je nach Dämpfung kann dies wieder aperiodisch oder schwingend erfolgen.

Das PT_2-Verhalten kommt nur bei Beschleunigungsvorgängen zum Tragen; bewegt sich der Schlitten mit konstanter Geschwindigkeit, so liegt reines Proportionalverhalten der beiden Systemanteile aus Bild 24 vor. Das Verhalten des Gesamtsystems, einschließlich des Antriebsmotors, ist noch prinzipiell anders.

2.2.2 Integralglieder

Gibt man einen Spannungssprung auf den Antriebsmotor, so erhöht sich seine Drehzahl entsprechend dem zeitlichen Verhalten eines Verzögerungsgliedes. Betrachtet man jedoch das Gesamtsystem aus Motor,

Spindel-/Mutter und Maschinentisch mit der Ausgangsgröße „Position des Maschinentisches", so liegt ein anders Zeitverhalten vor (Bild 25). Ist die Motorspannung anfangs 0 und wird ein Spannungssprung mit der Amplitude 1 auf den Motor gegeben, so ändert sich die Position des Maschinentisches entsprechend einer linear ansteigenden Funktion. Der Vorgang führt anders als beim Verzögerungsglied nicht zu einem neuen Beharrungszustand, sondern der Ausgangswert ändert sich bis zum Erreichen physikalischer Grenzen (Endposition des Maschinentisches). Man nennt solche Systeme daher auch *Systeme ohne Ausgleich*.

Systeme mit entsprechendem Verhalten heißen *Integralglieder* oder *I-Glieder*, weil das Ausgangssignal dem Integral des Eingangssignals entspricht:

$$x_a(t) = K_I \cdot \int x_e(t) dt \qquad (18)$$

Die Konstante K_I heißt integrale Übertragungskonstante oder auch Integrationsbeiwert.
Für den Fall der Sprungantwort (Bild 25) kann man wegen des linearen Anstiegs die Ausgangsgröße $x_a(t)$ besonders einfach berechnen:

$$x_a(t) = K_I \cdot t = 1/T_I \cdot t \qquad (19)$$

a)

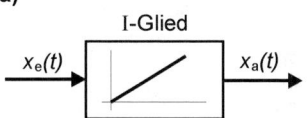

b)

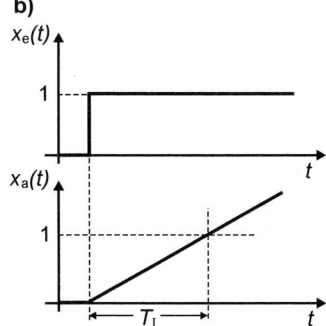

Bild 25. a) Symbol des I-Gliedes im Blockschaltbild
b) Sprungsantwort

T_I heißt Integrationszeitkonstante und gibt diejenige Zeit an, die vergeht, bis die Ausgangsgröße nach einem Eingangssprung der Amplitude „1" ebenfalls den Wert „1" hat.

Auf ein sinusförmiges Eingangssignal antworten I-Glieder ebenfalls mit einem sinusförmigen Ausgangssignal, das aber mit zunehmender Frequenz ω in der Amplitude geschwächt wird. Wie man am Bode-Diagramm des I-Glieds in Bild 26 sieht, hat das Amplitudenverhältnis für $\omega = \omega_0$, mit $\omega_0 = 1/T_I$, den Wert eins und fällt zu hohen Frequenzen im gleichen Maß ab wie beim PT$_1$-Glied. Für Amplitudenverhältnisse, die dimensionslos sind, verwendet man in der Regel das logarithmische Vergleichsmaß *Dezibel* (1/10 Bel) mit der Abkürzung dB und teilt die Achsen des Bode-Diagrams logarithmisch. Den Betrag des Amplitudenverhältnisses $|A|$ in dB erhält man durch Multiplikation mit dem Maßstabsfaktor 20:

$$|A| = 20 \cdot \log \frac{|x_a|}{|x_e|} \qquad (20)$$

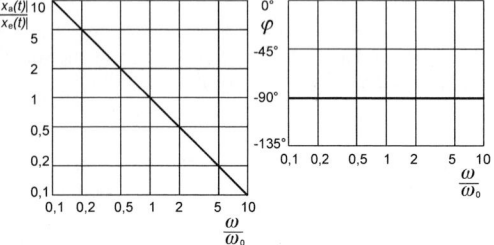

Bild 26. Bode Diagramm eines I-Gliedes

Entsprechend kann man den Amplitudenabfall beim I-Glied mit 20 dB/Dekade angeben, wobei sich *Dekade* auf das Frequenzverhältnis ω/ω_0 bezieht und zwar auf das Intervall zwischen zwei 10-er Potenzen. Die Phasenverschiebung des I-Glieds beträgt im ganzen Frequenzbereich $\varphi = -90°$.

Weitere Beispiele für integrierend wirkende Systeme sind das Auffüllen oder Entleeren eines Behälters oder das Zählen von Messimpulsen in einen elektronischen Zähler. Beim Behälter ist der zu- oder abfließende Volumenstrom die Eingangsgröße und der Füllstand die Ausgangsgröße, denn diese ist das Integral über den Volumenstrom (Aufsummierung). Beim Zähler sind die Messimpulse die Eingangsgröße und der Zählerstand die Ausgangsgröße.

Ebenso wie reines P-Verhalten in technischen Systemen in der Regel nicht auftritt, ist das I-Verhalten meist mit einem Verzögerungsverhalten verbunden, es liegen dann I/PT$_1$- oder I/PT$_2$-Glieder vor.

2.2.3 Differenzierglieder

Ein Differenzierglied oder kurz D-Glied erzeugt ein Ausgangssignal, das dem Differentialquotienten oder der Ableitung des Eingangssignals entspricht:

$$x_a(t) = K_D \cdot \dot{x}_e(t) \qquad (21)$$

Dies bedingt, dass der Verlauf des Ausgangssignals der Steigung des Eingangssignals entspricht. Gibt man daher einen Sprung als Eingangssignal auf ein D-Glied, so antwortet dieses am Ausgang mit einem kurzen nadelförmigen Impuls (Bild 27). Auch hier wird sofort deutlich, dass es in technischen Systemen

kein reines D-Verhalten geben kann, es ist immer auch mit einem Verzögerungsverhalten kombiniert. Andernfalls müsste bei einem Eingangssprung, dessen Steigung (Ableitung) zum Zeitpunkt des Sprungs ∞ ist, die Ausgangsamplitude unendlich groß werden. Anteiliges D-Verhalten findet man jedoch in technischen Systemen, was ein sehr schnelles Ansteigen oder Abfallen des Ausgangssignals bei Änderungen des Eingangssignals bewirkt. Dieses Verhalten wird auch als *Vorhalt* bezeichnet, ein Begriff der vom Schießen auf bewegte Ziele abgeleitet ist. Um ein bewegtes Ziel zu treffen, muss der Schütze die Bahn verfolgen und unter einem vorlaufenden Vorhaltwinkel den Schuss auslösen um das Ziel zu treffen. Dabei ist der Vorhaltwinkel der Geschwindigkeit (Ableitung des Weges) proportional, was genau dem D-Verhalten entspricht.

a)

b)
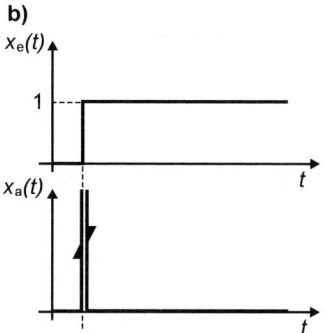

Bild 27. a) Symbol des D-Gliedes im Blockschaltbild
b) Sprungantwort

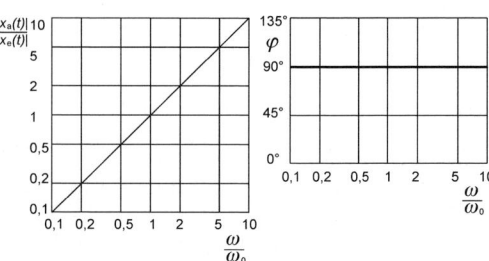

Bild 28. Bode Diagramm eines D-Gliedes

Auf sinusförmige Signale reagiert ein reines D-Glied wie im Bode-Diagramm in Bild 28 dargestellt. Das Amplitudenverhältnis steigt mit 20 dB/Dekade an, was zur Folge hat, das niedrige Frequenzen stark geschwächt, hohe Frequenzen jedoch sogar verstärkt werden. Aus diesem Grund werden D-Glieder auch als

Hochpässe bezeichnet. Die Phasenverschiebung zwischen Ausgangs- und Eingangssignal eines reinen D-Gliedes beträgt im ganzen Frequenzbereich $\varphi = 90°$.
Mit Kombinationen in Form von Reihen- oder Parallelschaltungen der Übertragungsglieder mit PT, I und D-Verhalten kann man dann viele technische Systeme modellieren. So lässt sich das Gesamtübertragungsverhalten der Positioniereinrichtung einer Werkzeugmaschine in Bild 24 als Reihenschaltung eines PT2-Gliedes und eines I-Gliedes modellieren.

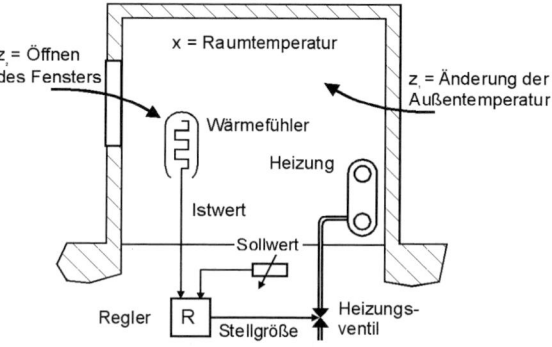

Bild 29. Temperaturregelung eines Raumes

2.2.4 Regler

In Bild 17 b ist ein vollständiger Regelkreis dargestellt. Die *Strecke* ist ein System, dessen Ausgangsgröße x geregelt werden soll. Dazu wird dem Regelkreis ein Sollwert w vorgegeben. Aufgabe des Regelkreises kann es sein, die Ausgangsgröße x der Strecke konstant zu halten und zwar beim durch die Sollwertvorgabe festgelegten Wert. Dies ist beispielsweise bei einer normalen Temperaturregelung wie in Bild 29 der Fall. Der Temperatursollwert wird dem Regelkreis mit einem Potentiometer vorgegeben, die Regelstrecke ist ein Raum mit einem Heizkörper. Äußere *Störgrößen* z wie das Öffnen von Fenstern oder der Wärmestrom durch die Wände lassen die Raumtemperatur (Istwert x) absinken. Die Temperatur wird ständig durch einen Sensor gemessen und der Messwert mit dem Sollwert verglichen, indem der Sollwert vom Istwert abgezogen wird. Das Ergebnis ist die *Regeldifferenz* x_d. Weicht x_d von null ab, so erhält die Regeleinrichtung oder kurz *Regler* ein Eingangssignal, das durch die Übertragungseigenschaften des Reglers in die Stellgröße y umgeformt wird. Dies ist die Eingangsgröße in die Strecke, die aus dem Heizköper und einem Stellglied (Ventil) besteht. Die Stellgröße öffnet das Ventil wodurch mehr heißes Wasser durch den Heizkörper fließt. Dies wiederum erhöht die Raumtemperatur (Istwert), wodurch die Regelabweichung aufgrund des ständigen Soll-Istwert-Vergleichs langsam wieder auf null absinkt. Dadurch wird das Stellventil erneut gedrosselt, so dass sich ein Gleichgewicht einstellt.

Der Regler kann nun alle Systemeigenschaften aus den Kapiteln 2.2.1-2.2.3 besitzen. Im einfachsten Fall kann dies ein P-Regler sein, d. h. ein Regler mit der Eigenschaft eines P-Gliedes. In Bild 30 ist dargestellt wie eine Strecke mit PT2-Verhalten ohne und mit verschiedenen Reglercharakteristiken auf einen Störungssprung reagiert. Ohne Regler ist der Ausgangswert der Strecke die typische Sprungantwort eines PT2-Systems, was zur Folge hat, dass der Ausgangswert sich dauerhaft ändert. Unter Verwendung eines geschlossenen Regelkreises mit P-Regler steigt der Ausgangswert nur auf einen Bruchteil des Wertes ohne Regler, d. h. die dauerhafte Abweichung vom Sollwert ist deutlich geringer. Es ist aber festzustellen, dass die Störung nicht vollständig kompensiert wird, es entsteht eine *bleibende Regelabweichung*.

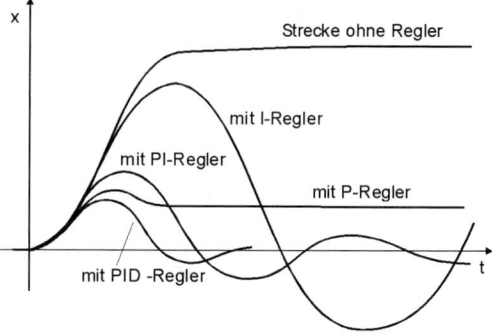

Bild 30. Vergleich des Regelverhaltens verschiedener Reglertypen

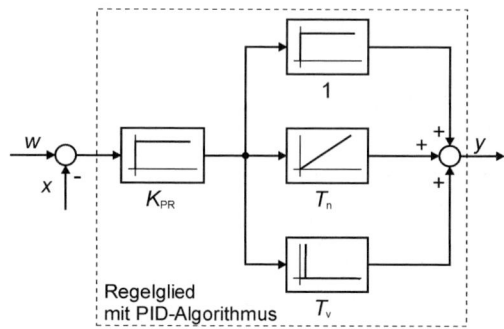

Bild 31. Blockschaltbild eines PID-Reglers

Ist der Regler ein I-Glied, so sieht man in Bild 30, dass dieser zwar keine bleibende Regelabweichung erzeugt und nach vielen Zyklen einer Regelschwingung die Regelabweichung zu Null macht, aber die starken dynamischen Veränderungen bis zum Ausgleich können sehr störend wirken. Kombiniert man die P- und I-Eigenschaften in einem PI-Regler, so haben die Regelschwingungen deutlich kleinere Amplituden und der Ausgleich erfolgt nach kürzerer Zeit. Fügt man dem Regler dann noch einen D-Anteil hinzu, so entsteht ein PID-Regler, der nochmals deutliche Verbesserungen des Regelverhaltens zur Folge hat. Im Bild 31 ist als Blockschaltbild dargestellt wie man aus der Zusammenschaltung verschiedener Systeme mit dem geforderten P-, I-, und D-Verhalten einen PID-Regler erhält. Entsprechend lautet die Übertragungsfunktion:

$$x_a(t) = K_{PR}\left(x_e(t) + \frac{1}{T_n}\int x_e(t)dt + T_v\frac{dx_e(t)}{dt}\right) \quad (22)$$

Nach diesem Regelalgorithmus arbeiten viele kommerzielle Regeleinrichtungen. Die Parameter K_{PR} (Verstärkung des P-Anteils), T_n (Nachstellzeit des I-Anteils) und T_v (Vorhaltezeit des D-Anteils) sind in der Regel einstellbar und dienen zur Optimierung des dynamischen Regelverhaltens.

Es gibt jedoch auch Strecken, deren Ausgangsgröße (Istwert) nicht konstant gehalten werden soll, sondern sich nach einem Sollwertsprung konstant ändern soll. Ein Beispiel hierfür ist der Lageregelkreis aus Bild 24. Hierbei ist der Istwert die aktuelle Position des Maschinentisches, die ständig durch ein Wegmesssystem erfasst wird. Wird ein neuer Lagesollwert auf den Regler gegeben, so liegt eine Lageabweichung vor, die eine Stellgröße für den Motor hervorruft. Der sich drehende Motor verschiebt den Maschinentisch, wodurch sich dessen Istwert kontinuierlich ändert. Deshalb muss der Regler hier ein P-Regler sein, da dieser eine bleibende Regelabweichung besitzt, die den Motor kontinuierlich antreibt. Erst wenn Soll- und Istwert gleich sind, die gewünschte Position also erreicht wurde, wird die Regeldifferenz annähernd null und der Schlitten bleibt in dieser Position. Da das Regelverhalten des P-Reglers aber ungünstig ist, muss man mit weiteren Maßnahmen, deren Behandlung hier zu weit führen würde, das Regelverhalten eines Lageregelkreises optimieren.

2.3 Modelle mechanischer Systeme

Die mechanischen Eigenschaften von mechatronischen Systemen sind im Wesentlichen durch Trägheit, Elastizität und Reibungsvorgänge gekennzeichnet, die den durch äußere Kräfte und Stellkräfte und Momente hervorgerufenen Bewegungszustand beeinflussen. Diese Merkmale der Bauelemente des Systems werden durch idealisierte Modelle repräsentiert. Dabei werden Körpermodelle in der Regel als mit Masse und Trägheit behaftet angenommen, jedoch solche Elemente wie Federn und Dämpfer als masse- und trägheitslos. Sich translatorisch oder rotatorisch zueinander bewegende Körper sind durch Gelenke oder Führungen miteinander verbunden, wobei die Einschränkung des Freiheitsgrades der Bewegung von Körpern Reaktionskräfte und -momente zur Folge hat. Bild 32 zeigt eine Zusammenstellung wichtiger verwendeter Ersatzmodelle und die ihnen zugeordneten Eigenschaften.

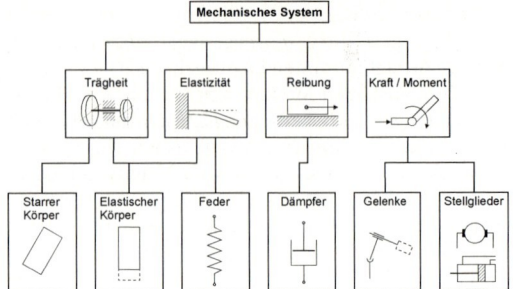

Bild 32. Elemente für Modelle von mechanischen Systemen

Zur Bildung des Modells eines mechatronischen Systems versucht man, die einzelnen realen Objekte durch die in Bild 32 dargestellten Ersatzmodelle zu beschreiben und damit eine kinematische Struktur aufzubauen. Dabei muss man immer beachten, welche Fragen man mit dem Modell beantworten will. Ein kompliziertes technisches System wie beispielsweise ein Personenkraftwagen auf welliger Straße hat nicht einfach eine bestimmte Zahl von Freiheitsgraden, sondern die Anzahl der Freiheitsgrade, die man notwendigerweise einführen muss, hängt davon ab, welche Informationen man benötigt.

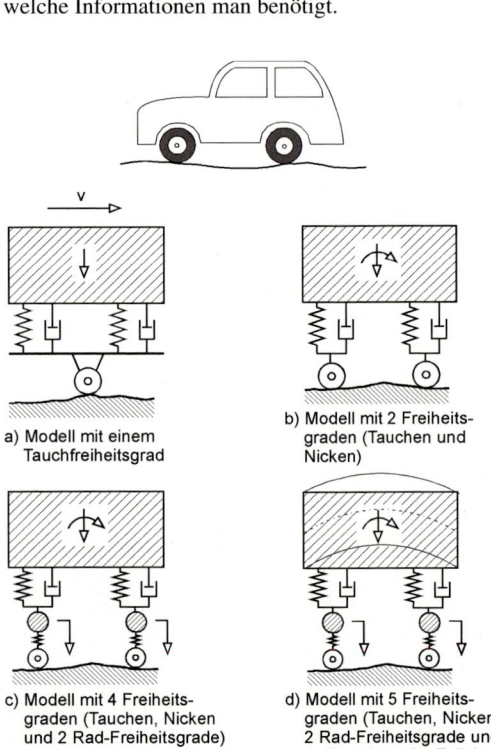

a) Modell mit einem Tauchfreiheitsgrad

b) Modell mit 2 Freiheitsgraden (Tauchen und Nicken)

c) Modell mit 4 Freiheitsgraden (Tauchen, Nicken und 2 Rad-Freiheitsgrade)

d) Modell mit 5 Freiheitsgraden (Tauchen, Nicken, 2 Rad-Freiheitsgrade und 1. Eigenform der Zelle)

Bild 33. Ebene mechanische Modelle mit unterschiedlicher Anzahl von Freiheitsgraden für einen Personenkraftwagen

2 Modellbildung und Simulation

In Bild 33 ist ein Beispiel für die Modellierung eines Personenkraftwagens gegeben, wobei von Stufe zu Stufe immer mehr Freiheitsgrade eingeführt werden. Im sehr einfachen Modell aus Einzelmassen, Federn und Dämpfern in Bild 33 a) mit einem Freiheitsgrad wurde die Reifenfederung und -dämpfung mit der Federung und Dämpfung zwischen Rad und Aufbau zusammengefasst. Das Rad ist als starrer Körper idealisiert. Dieses Modell, das dem Einmassenschwinger entspricht, liefert bezüglich des Tauch-Freiheitsgrades vernünftige Aussagen für die Abstimmung des Systems, die im Allgemeinen so erfolgt, dass die Taucheigenfrequenz ω_0 bei etwa 1 bis 2 Hz und der Dämpfungsgrad D bei 0,2 bis 0,3 liegt. Man kann daraus, da die gefederte Masse m bekannt ist, die Dämpfungskonstante d des Dämpfers und die Federkonstante c der Feder bestimmen. Hat beispielsweise ein PKW eine Masse $m = 600$ kg, so entfällt auf ein Federbein eine zu federnde Masse von 150 kg. Sollen die Taucheigenfrequenz des Federbeins bei 2 Hz und der Dämpfungsgrad bei 0,3 liegen, so lassen sich d und c aus den Gleichungen (11) und (12) wie folgt berechnen:

$$c = m \cdot \omega_0^2 = 150 \text{kg} \cdot 4\frac{1}{\text{s}^2} = 600\frac{\text{N}}{\text{m}}$$

$$d = 2D\sqrt{m \cdot c} = 0,6\sqrt{150\text{kg} \cdot 600\text{N/m}} = 180\frac{\text{Ns}}{\text{m}}$$

Für eine genauere Untersuchung des Fahrkomforts muss zumindest der Nick-Freiheitsgrad (Drehung um die horizontale Querachse) wie in Bild 33 b mit einbezogen werden. Erst durch ihn kommt der Zeitunterschied, der zwischen Vorder- und Hinterrad beim Überfahren einer Bodenwelle auftritt, zur Geltung. Dieses Modell gibt aber nur unzureichend Auskunft darüber, ob beim Überfahren von Hindernissen Radentlastungen bis hin zu kurzzeitigem Abheben auftreten. Darüber kann erst das in Bild 33 c dargestellte Modell Aussagen machen, das die Vertikal-Freiheitsgrade der Achsmassen berücksichtigt. Mit diesem Modell erfasst man den Frequenzbereich bis 15 Hz schon sehr gut. Ein Modell, das bis 25 Hz gute Aussagen liefert, muss der Annahme einer starren Karosserie aufgeben und als zusätzlichen Freiheitsgrad die 1. Biegeschwingungseigenform der Karosserie einbeziehen (Bild 33 d).

Das letzte benutzte Modell ist aber immer noch kein allgemein gültiges Modell des realen Systems, da es zweidimensional ist und nur die Untersuchung von Vertikalschwingungen zulässt. Ein entsprechendes räumliches Modell wird noch über erheblich mehr Freiheitsgrade verfügen müssen. Man sieht an diesem Beispiel jedoch gut, dass die Komplexität des Modells nicht unabhängig von der Fragestellung an das Modell ist.

Ein Beispiel dafür, wie man mit Hilfe solcher mechanischer Modelle ein mechatronisches System mit verbesserten Eigenschaften gegenüber einem konventionellen rein mechanischen System entwerfen und realisieren kann, ist das im Folgenden beschriebene *aktive Kraftfahrzeug-Fahrwerk*.

Die heute bei Kraftfahrzeugen im Einsatz befindlichen passiven Feder-/Dämpfersysteme haben einen Entwicklungsstand erreicht, der die Möglichkeiten für die gleichzeitige Verbesserungen von Fahrsicherheit und Fahrkomfort nahezu ausschöpft. Jede gewählte Fahrwerksabstimmung stellt dabei immer einen Kompromiss zwischen diesen beiden Kriterien dar, je nach dem, ob eine mehr sportlich-sicherheitstechnische oder eine komfortbetonte Fahrphilosphie beim Fahrzeug im Vordergrund steht. Zusätzlich ändert sich das Federverhalten in Abhängigkeit der Personenzahl. Wie wir im obigen Auslegungsbeispiel für Feder und Dämpfer gesehen haben, sind die optimalen Werte stark von der gefederten Masse abhängig, die sich zwischen Leerzustand und Vollbeladung ohne weiteres um 40 % vergrößern kann.

Eine wesentliche auch vom Fahrzeugnutzer spürbare Verbesserung der Eigenschaften Sicherheit und Komfort über das Optimum der passiven Abstimmung hinaus kann nur durch eine sich aktiv an die äußeren Randbedingungen anpassende Feder-/Dämpfercharakteristik erreicht werden.

Bei konventionellen Fahrwerken verrichten Feder-/Dämpferelemente die Aufgabe, Rad und Karosserie zu führen und zu dämpfen. Bei einem aktiven Fahrwerk werden die Feder-/Dämpferelemente durch aktive Kraftstellglieder, in der Regel Hydraulikzylinder mit elektrohydraulischem Ventil, ersetzt. Um einen geschlossenen Regelkreis herzustellen, benötigt das System außerdem Sensoren zur Erfassung der Federwege und Zylinderdrücke. Diese und weitere Informationen werden dann im Regler zu Stellsignalen für die Ventile in der Art verknüpft, dass Fahrkomfort und Fahrsicherheit des Fahrzeugs in jeder Fahrsituation optimal sind. Bild 34 a) zeigt ein einzelnes Rad mit konventionellem Feder-/Dämpfer-Element (McPershon Federbein) und Bild 34 b) ein Rad mit aktivem Federungssystem.

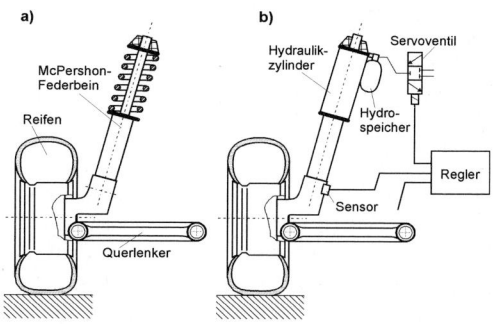

Bild 34. Verschiedenartig gefederte Fahrwerke
a) konventionell mit Feder-/Dämpfer-Kombination
b) aktive Federung mit Hydraulikzylinder und Servoventil

Um die Auswirkung der aktiven Federung zu untersuchen, wurde ein Viertel des gesamten Fahrwerks und des Federungssystems auf einem Simulationssystem (s. Kap. 2.5) modelliert. Bild 35 zeigt das Modell des Viertelfahrzeugs, in dessen Zentrum zwischen Aufbaumasse und Radmasse das aktive Federungssystem eingefügt werden kann.

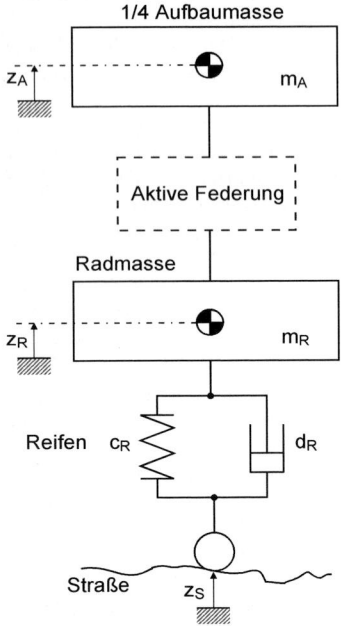

Bild 35. Ersatzmodell eines Viertelfahrzeugs

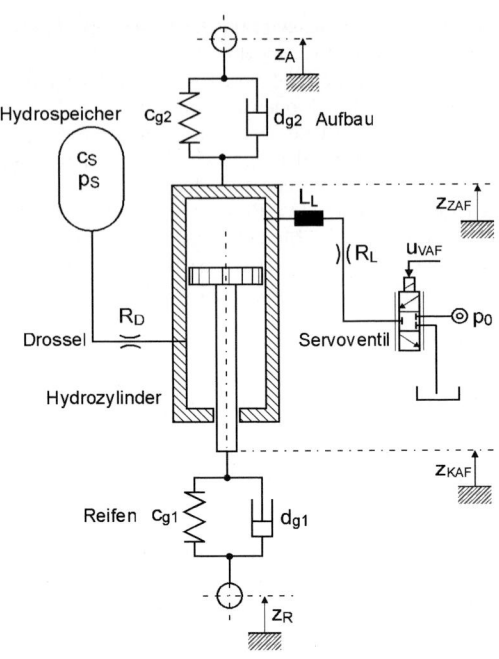

Bild 36. Simulationsmodell des aktiven Federungssystems

Das aktive Federungssystem besteht aus einem Hydraulikzylinder in Plungerbauweise, der von einem Servoventil mit Drucköl versorgt wird. Bild 36 zeigt eine schematische Darstellung des Systems und die für die Simulation erforderlichen Größen. Mit dem elektrisch angesteuerten Servoventil kann durch Zu- oder Abführung von Hydrauliköl ein vorgegebener Druck im Hydraulikzylinder und damit eine gewünschte Zylinderkraft eingestellt werden. Der Hydrospeicher übernimmt bei hohen Kolbengeschwindigkeiten die Ölströme, die nicht vom Ventil geliefert werden können und wirkt somit entlastend für das Ventil. Die Kombination Hydrospeicher/Drossel bestimmt die Grundsteifigkeit, also die Federsteifigkeit bei ausgeschaltetem Regler und geschlossenen Ventilen. Diese Federsteifigkeit ist entscheidend für das Systemverhalten außerhalb des Regelbereichs und wird deshalb hydraulisch weich und komfortabel gewählt. Mit einer weichen Grundabstimmung weist das System auch Notlaufeigenschaften auf, sodass bei Reglerausfall das Fahrzeug weiterhin gute Fahreigenschaften behält. Komfort und Sicherheit sind dann so abgestimmt wie bei einem Fahrzeug mit konventioneller Federung, wodurch ein problemloses Weiterfahren auch ohne Reglerbetrieb möglich ist.

Gegenüber einem konventionell gefederten Vergleichsfahrzeug können Fahrkomfort und Fahrsicherheit durch folgende Eigenschaften der aktiven Federung verbessert werden:
- Erhöhung der Aufbaudämpfung,
- Senkung der Aufbaubeschleunigung bis zu 38%,
- Kompensation von Wank- und Nickbewegungen.

Unter *Wanken* versteht man Schwingungen um die Fahrzeuglängsachse, unter *Nicken* Schwingungen um die Querachse.

Das Federungssystem wurde im Labor mittels einer *Hardware-in-the-loop-Simulation* (Kapitel 2.5) erprobt. Dabei werden die Hardware der aktiven Federung auf einem Prüfstand aufgebaut und alle anderen Komponenten simuliert. Zwei zusätzliche Hydraulikzylinder bewegen im Simulationsaufbau den Federungszylinder so, als wäre er im Fahrzeug eingebaut. Über einen der Zusatzzylinder werden die vom Rad weitergeleiteten Stöße des Straßenprofils simuliert.

In Bild 37 sind die Amplitudenverläufe verschiedener Federungssysteme über der Anregungsfrequenz aufgetragen. Die mit AF bezeichnete Kurve stellt das Ergebnis der Simulation der aktiven Federung, die mit PF bezeichnete Kurve die Simulation eines konventionellen Fahrwerks dar. An diesen Kurven sieht man, dass die Karosserie mit der konventionellen Federung unterhalb der Radresonanz, die bei etwa 12 Hz liegt, bei gleicher Anregung deutlich höhere Amplituden aufweist. Oberhalb der Radresonanzstelle verlaufen beide Kurven gleich, sodass sich hier keine Verbesserung durch das aktive Fahrwerk mehr ergibt.

Weitere Verbesserungen sind nur noch mit aktiven Schwingungstilgern zu erreichen.

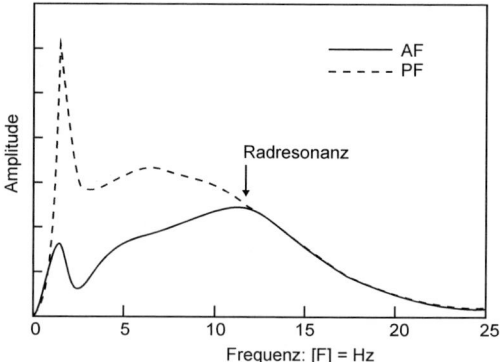

Bild 37. Amplitudenverlauf von aktiver und konventioneller (passiver) Federung AF: aktiv PF: passiv

Das hier vorgestellte aktive Federungssystem ist inzwischen auch schon erfolgreich in Kraftfahrzeugen eingebaut und erprobt worden.

2.4 Modelle elektrischer Systeme

Um ein mathematisches Modell eines elektrischen Systems herzuleiten, benutzt man in der Regel die bekannten Bilanzgleichungen der Elektrotechnik, die Kirchhoff'schen Gesetze. Bild 38 zeigt einen Schaltkreis aus einem Widerstand R, einer Spule mit der Induktivität L und einem Kondensator der Kapazität C. Eine erste Gleichung liefert ein Maschenumlauf nach dem 2. Kirchhoff'schen Gesetz:

$$U_R(t) + U_L(t) + U_C(t) - U_e(t) = 0 \quad (23)$$

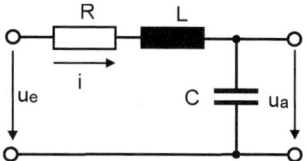

Bild 38. Elektrischer Schaltkreis aus konzentrierten Bauelementen (Schwingkreis)

Unter der Annahme, dass kein Strom aus dem elektrischen System herausfließt ($I_a = 0$), kann man für den Knoten, an dem Spule und Kondensator miteinander verbunden sind, nach dem 1. Kirchhoff'schen Gesetz eine Knotengleichung aufstellen:

$$I_C = I + I_a \;\Rightarrow\; I_C = I \quad (24)$$

Für die Spannungen an den verschiedenen Bauteilen gilt:

$U_R = R \cdot I$ R: ohmscher Widerstand

$U_L = L \cdot \dot{I}$ L: Induktivität

$U_C = 1/C \cdot \int I\, dt$ C: Kapazität

Da die Ausgangsspannung gleich der Spannung am Kondensator ist, gilt:

$$U_a(t) = U_C(t) = 1/C \cdot \int I\, dt$$

$$\Rightarrow \dot{U}_a(t) = 1/C \cdot I,\; \ddot{U}_a(t) = \frac{1}{C} \cdot \dot{I}$$

Unter Verwendung dieser Beziehungen kann man dann Gleichung (23) folgendermaßen schreiben:

$$LC\ddot{U}_a(t) + RC\dot{U}_a(t) + U_a(t) = U_e(t) \quad (25)$$

Dies ist wieder eine gewöhnliche Differentialgleichung 2. Ordnung, wie in Gleichung (8) für den Einmassenschwinger.
Das dynamische Verhalten eines solchen Systems muss daher genauso sein wie bei einem Einmassenschwinger. Vergleicht man die Koeffizienten vor den Ableitungen der entsprechenden Zustandsgröße in den Gleichungen (8) und (25), so kann man sogar folgende Analogie aufstellen:

mechanisches System   **elektrisches System**

Masse m $\;\hat{=}\;$ Induktivität L
Dämpfungskonstante d $\;\hat{=}\;$ ohmscher Widerstand R
Nachgiebigkeit $k = 1/c$ $\;\hat{=}\;$ Kapazität C

Das elektrische System ist auch als Schwingkreis bekannt, was schon andeutet, dass auch dieses System schwingungsfähig ist. Wie schon beim Einmassenschwinger festgestellt, führen solche Systeme in Abhängigkeit des Lehr'schen Dämpfungsmaßes eine Schwingung oder einen Kriechvorgang aus. Analog zum mechanischen Dämpfungsmaß (Gleichung (12)) beträgt die Dämpfung für das elektrische System:

$$D = \frac{R}{2\sqrt{L/C}}.$$

Wegen der gleichen Analogien beträgt die Kreisfrequenz entsprechend Gleichung (10):

$$\omega = \sqrt{\frac{1}{LC} - \left(\frac{R}{2L}\right)^2}.$$

Man sieht, dass elektrische und mechanische Systeme auf der Ebene der Systembeschreibung mit mathematischen Modellen durchaus gleich behandelt werden können und dass kein prinzipieller Unterschied zwischen ihnen besteht.

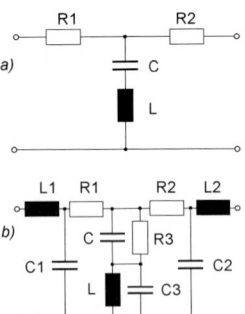

Bild 39. Verschiedene Modelle eines elektrischen Vierpols a) für niedrige Frequenzen b) für hohe Frequenzen

Bei elektrischen Systemen scheint auf den ersten Blick die Modellbildung einfacher vonstatten zu gehen, als bei mechanischen Systemen. Betrachtet man in Bild 39 a) den elektrischen Vierpol aus zwei Widerständen, einem Kondensator und einer Spule, so entspricht diese Darstellung exakt den körperlich vorhandenen Bauteilen und ihren Verbindungen. Die Bauteile selber können durch einfache, bekannte, elektrische Grundgleichungen beschrieben werden. Man darf sich aber nicht darüber täuschen lassen, dass auch diese Darstellung nicht einfach ein Lageplan (Schaltplan) der elektrischen Komponenten ist, sondern ein Modell des realen Systems. Dieses Modell hat nämlich nur Gültigkeit, solange in das System eingehende Signale niedrige Frequenz besitzen. Bei hohen Frequenzen kann ein aussagefähiges Modell nicht mehr die Einflüsse gewisser Eigenschaften der Bauteile und vor allem der Verbindungen vernachlässigen. So besitzen die Drahtverbindungen Koppelkapazitäten und Leitungsinduktivitäten, die Spule Windungskapazitäten und der Kondensator dielektrische Verluste oder auch Eigeninduktivität. Ein gültiges Modell des gleichen Vierpols muss daher wie in Bild 39 b) dargestellt aussehen. Hier sind die unerwünschten, parasitären Eigenschaften elektrischer Bauelemente als zusätzliche parallel und in Reihe geschaltete konzentrierte Bauelemente eingezeichnet. Die daraus folgenden Modellgleichungen sind entsprechend komplizierter. Bei höchsten Frequenzen sind dann nochmals andere Modellstrukturen erforderlich.

2.5 Simulation

In der Entwicklungs- und Planungsphase mechatronischer Systeme ist es heute vielfach üblich, solche Systeme nicht an körperlich vorhandenen Prototypeneinrichtungen zu erproben und zu optimieren,

sondern sie auf einem Digitalrechner zu simulieren. Die dazu erforderliche Software wird als Simulationssystem bezeichnet. Solche Simulationssysteme gibt es zur Bewegungssimulation der Kinematik (Beispiel Robotersimulationssystem), zur Simulation dynamischer Vorgänge (Beispiel regelungstechnisches Simulationssystem) oder auch zur Belastungssimulation und Ermittlung der Spannungsverteilung in statisch und dynamisch beanspruchten Bauteilen (Beispiel Finite-Element-System, FEM). Auch für die Simulation des elektrischen Verhaltens von Schaltungen und Bewegungssystemen ist entsprechende Software verfügbar.

2.5.1 Simulationssysteme

In den vorherigen Kapiteln wurde schon häufiger die Simulation dynamischer Vorgänge auf Digitalrechnern angesprochen und damit ermittelte Ergebnisse solcher Vorgänge gezeigt. Die Technik der numerischen Simulation bezieht sich auf die mathematischen Modelle realer Systeme, die im Modellbildungsverfahren (s. Kap. 2.1) ermittelt wurden. Hat man als mathematisches Modell eine lineare Differentialgleichung gefunden, so ist die geschlossene Lösung mit konventionellen Methoden ohne Rechnereinsatz möglich, aber sehr zeitaufwändig. Insbesondere, wenn man verschiedene Fälle ausrechnen will oder die Auswirkungen von Parameteränderungen studieren möchte, kann der Einsatz eines Simulationssystems auf einem Digitalrechner mit grafischer Ausgabe viel Zeit und Mühe sparen und die Visualisierung der Ergebnisse sehr gut unterstützen.

Eine an die in der Regelungstechnik durchgeführte Modellbildung angelehnte Simulationstechnik ist der Blockschaltbild-Editor. Hier werden auf einer grafischen Oberfläche die in der Regelungstechnik üblichen Blöcke in einem Gesamtschaltbild erfasst. Bei Kenntnis der Übertragungsfunktionen der Blöcke vom Eingang zum Ausgang kann direkt eine Simulation durchgeführt werden. Eines der bekanntesten Systeme in diesem Bereich ist das Programm SIMULINK, dass wiederum eine Untermenge der Programmiersprache MATLAB[1] ist.

Im Bild 40 ist das Simulations-Blockschaltbild von SIMULINK für den bereits mehrfach angesprochenen Einmassenschwinger dargestellt. Zu dieser Darstellung gelangt man, wenn man die Gl. (7) wie folgt umschreibt:

$$F_T = F(t) - F_c - F_d = m \cdot \ddot{x} \quad .$$

Auf der linken Seite des Blockschaltbildes befindet sich ein Summierer (Sum), der die Summenbildung aus Erregungskraft (Pulse Generator), Federkraft und Dämpferkraft vornimmt und dabei die Trägheitskraft

---
[1] Produkt der Firma The Math Works Inc.

errechnet. Teilt man diese durch die Masse m, so erhält man die Beschleunigung $\ddot{x}$. Mit Integratoren wird diese danach zweifach integriert und liefert am Ausgang den Weg x. Die Multiplikation des Weges mit der Federkonstante c ergibt die Federkraft, die vom ersten Integrator gelieferte Geschwindigkeit $\dot{x}$ multipliziert mit der Dämpfungskonstanten d die Dämpferkraft. Diese beiden Kräfte kann man dann wieder direkt für die Summenbildung auf der linken Seite des Bildes benutzen. Bild 41 zeigt die Scopeanzeige des simulierten Wegverlaufs des Einmassenschwingers aus Bild 40 für unterschiedliche Werte des Dämpfungsgrades D. Durch Eintragen neuer Werte für m, c und d ins Blockschaltbild und erneute Simulation kann man so leicht die Änderungen im Systemverhalten studieren.

Der Nachteil solcher Blockschaltbild-Editoren ist, dass man sie nur verwenden kann, wenn man das mathematische Modell schon kennt. So genannte objektorientierte Simulationssysteme verwenden direkt die realen Bauelemente (deren einzelnes mathematisches Modell jeweils auch bekannt ist), die man dann so zusammenfügen kann, wie sie untereinander körperlich verbunden sind. Dies erleichtert den Aufbau größerer Simulationsstrukturen.

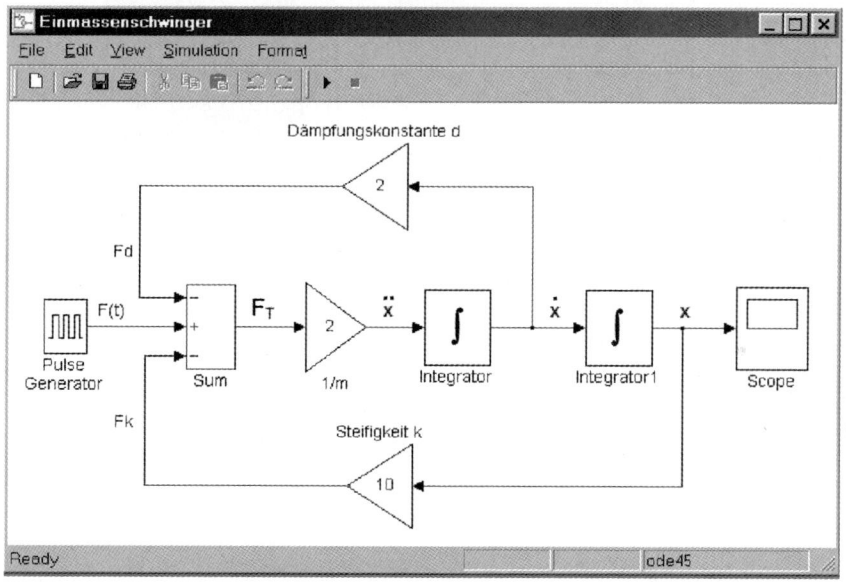

Bild 40. Simulationsblockschaltbild des Einmassenschwingers in SIMULINK

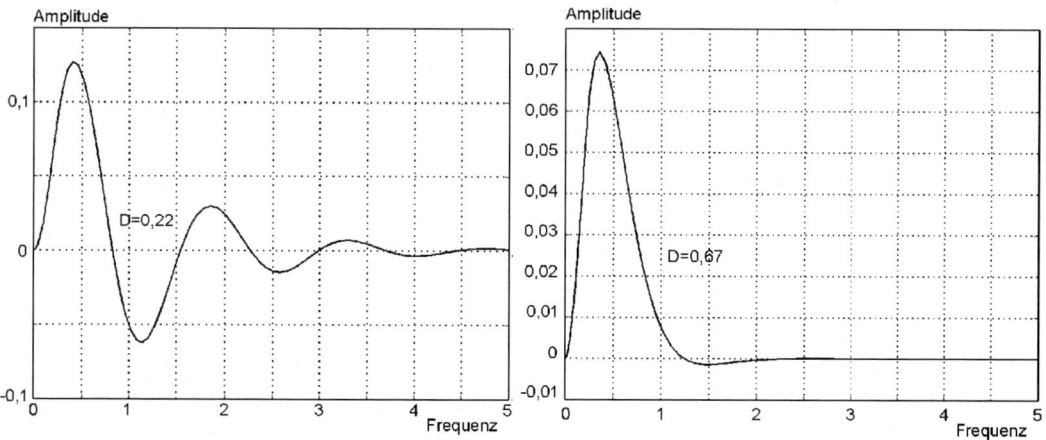

Bild 41. Scopeanzeige des Wegverlaufs bei dem simulierten Einmassenschwinger für unterschiedliches Dämpfungsmaß D

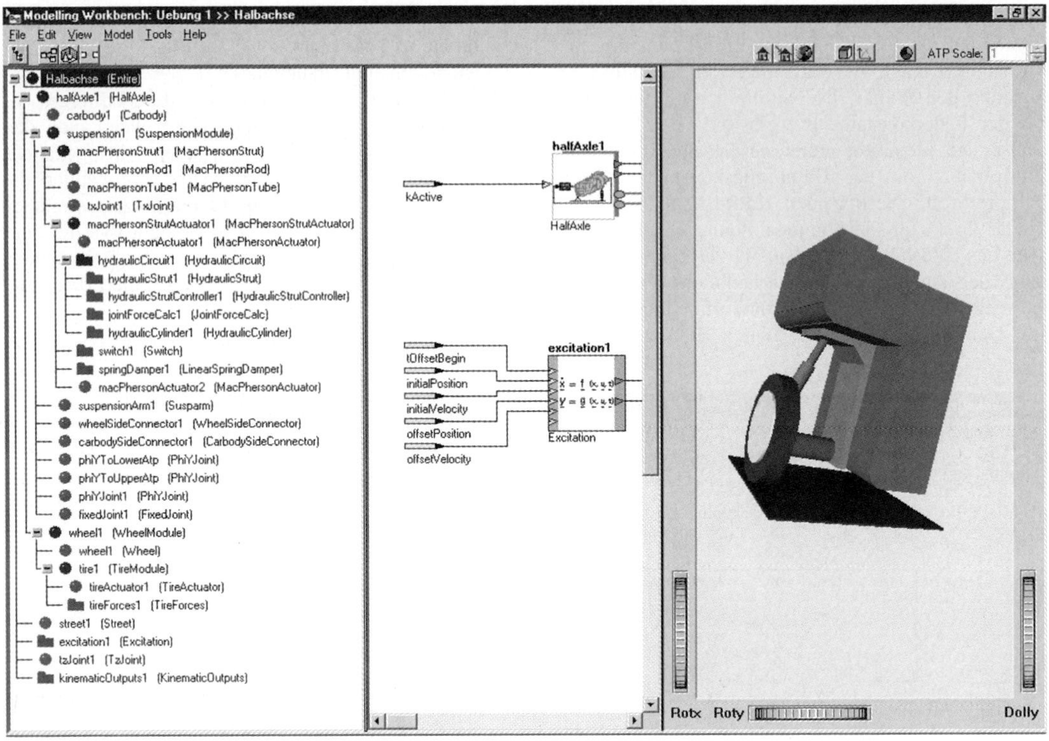

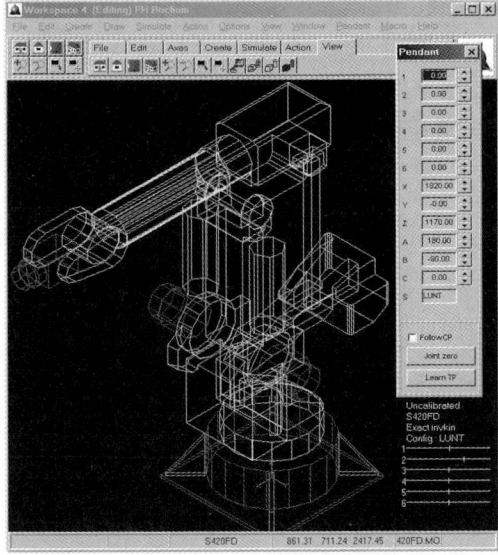

Bild 42. Simulationsumgebung für das Modell „Halbachse" des Simulationssystems CAMeL-View

Solche objektorientierten Simulationssysteme sind DYMOLA und CAMeL-View[2]. Bild 42 zeigt die Simulationsumgebung von CAMeL-View und das Modell „Halbachse", das die Hälfte einer PKW-Achse darstellt. Die Modellierung des Mehrkörpersystems erfolgt so, dass aus einer Bibliothek einfache Elemente wie Stäbe, Federn, Gelenke, usw. entnommen werden, die so zusammengefügt werden können, wie sie im richtigen Fahrzeug räumlich miteinander verbunden sind. Das Generieren des Rechenmodells für die Simulation erfolgt dann mehr oder weniger automatisch. Auf der linken Seite des Bildes ist die Gesamtstruktur des Modells „Halbachse" dargestellt.

Für ausschließlich elektrische Systeme ist vor allem das Simulationssystem SPICE und die daraus abgeleiteten Varianten entwickelt worden.

Für spezielle Simulationsaufgaben gibt es außerdem spezielle, zugeschnittene Simulationssysteme. So ist bei Anwendungen von Industrierobotern vor allem eine Simulation der Kinematik ohne Berücksichtigung elastischer Eigenschaften des mechanischen Systems von Bedeutung. Daher kann man in einem Roboter-Simulationssystem wie beispielsweise WORKSPACE wie in einem CAD-System ein kinematisches Robotermodell erstellen und dieses in seiner Applikationsumgebung bewegen. So können Kollisionsbetrachtungen durchführt und Zykluszeiten ermittelt werden, ohne die Roboterzelle schon zur Verfügung zu haben. Bild 43 zeigt ein Robotermodell eines solchen Simulationssystems.

Bild 43. Drahtmodell eines Industrieroboters, der auf dem Simulationssystem Workspace modelliert wurde

---

[2] Produkt der Firma iXtronics GmbH, Paderborn

2.5.2 Simulationstechniken

Im Laufe des Entwicklungsprozesses von mechatronischen Systemen wird man nicht alle Baugruppen ausschließlich auf einem Digitalrechner simulieren wollen, da dies aufgrund stets notwendiger Modellvereinfachungen in komplexen Systemen zu falschen Aussagen führen kann. Daher benutzt man auch die Möglichkeiten, entweder körperlich Hardwarekomponenten in eine Simulation einzubeziehen (Hardware-in-the-Loop: HIL) oder eine entwickelte Simulation in ein mechatronisches System einzubinden (Software-in-the-Loop: SIL).

Unter *Hardware-in-the-Loop* versteht man die Integration von realen Komponenten (Bauteilen und Systemmodellen) in eine gemeinsame Simulationsumgebung. Die HIL-Nachbildung (Simulation) dynamischer Systeme durch physikalische und mathematische Modelle muss dabei in Echtzeit und unter Nachbildung der physikalischen Randbedingungen erfolgen. Ein Beispiel ist die Simulation eines Gesamtfahrzeuges am Rechner mit der Anbindung eines realen Steuergerätes und der Aktorik für eine Funktionsregelung zur Fahrstabilitätsregelung. Ein entscheidender Vorteil der HIL ist der Funktionstest des Steuergerätes unter realen Bedingungen bei gleichzeitiger Einsparung von zeit- und kostenintensiven Fahrmanövern. Simulationssysteme, die diese Art der Echtzeit-Simulation erlauben, sind CAMeL-View und dSPACE. Das letztgenannte System verwendet MATLAB/SIMULINK Modelle und erzeugt einen echtzeitfähigen Code, der auf spezieller Hardware lauffähig ist.

Unter *Software-in-the-Loop* versteht man die Integration von Systemmodellen in eine gemeinsame Simulationsumgebung mit dem modellierten Prozess (Regelstrecke); sowohl die zu entwickelnde Funktion als auch der Prozess, auf den die Funktion einwirkt, werden modelliert. Die SIL-Nachbildung (Simulation) dynamischer Systeme durch physikalische und mathematische Modelle muss dabei nicht in Echtzeit erfolgen. Ein entscheidender Vorteil der SIL ist der Funktionstest unter simulierten Bedingungen bei gleichzeitiger Einsparung von zeit- und kostenintensiven Experimenten (z.B. Fahrmanöver). Ausgehend von der SIL-Umgebung können entweder die Funktion, der Prozess oder beide Teile physikalisch realisiert und im geschlossenen Kreis hinsichtlich ihres Verhaltens analysiert werden.

Will man eine Komponente eines mechatronischen Systems unter Verwendung von HIL und SIL entwickeln, so muss man verschiedene Arbeitsschritte durchlaufen und die Eigenschaften der zu entwickelnden Komponente absichern. In Bild 44 sind die einzelnen Arbeitsschritte am Beispiel der Entwicklung eines Steuergerätes für einen PKW dargestellt.

Dies sind im Einzelnen:

1.) **Funktionsnachweis:** Eine neue oder veränderte Funktionalität eines Steuergerätes wird als Modell in einem geschlossenen Regelkreis mit einem Streckenmodell (Prozessmodell) getestet. Diese Untersuchung wird als Software-in-the-Loop bezeichnet.
2.) **Adaption:** Die am Streckenmodell überprüfte Funktion kann dann an dem realen Prozess abgestimmt werden (so genannte Applikation).
3.) **Zielsoftware-/Schnittstellennachweis:** Durch die Kopplung des realen Steuergerätes mit dem Streckenmodell in einer HIL-Umgebung kann die Fehlerfreiheit der Zielsoftware und der Schnittstellenkommunikation überprüft werden.
4.) **Integration:** Die Integration des mit einer neuen Funktionalität ausgestatteten Steuergerätes in den realen Prozess erlaubt die Erprobung des Gesamtsystems und die Anpassung aller relevanten Signal- und Steuerdaten.

Eine solche Kombination aus virtuellen und realen Tests neuer Komponenten eines mechatronischen Systems verkürzt die früher notwendigen langen Entwicklungs- und Erprobungszeiten erheblich.

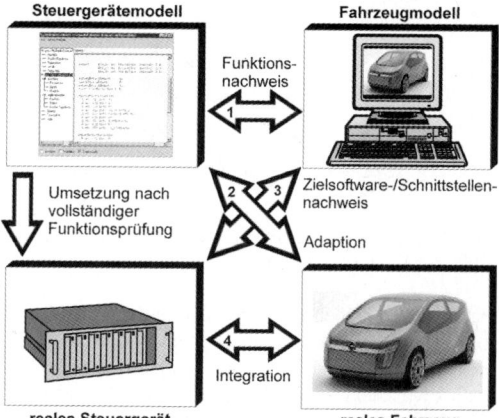

Bild 44. Arbeitsschritte der Eigenschaftsabsicherung einer als Simulationsmodell entwickelten Komponente am Beispiel eines Steuergerätes für ein Kraftfahrzeug

3 Industrieroboter als mechatronisches System

Anfänglich tauchte der Begriff Mechatronik vor allem im Zusammenhang mit Industrierobotern und anderen autonomen Robotersystemen auf. Eine der ersten Buchveröffentlichungen aus dem Jahr 1991 trägt den Titel „Mechatronics & Robotics" und ist eine Sammlung von Vorträgen einer internationalen Konferenz. Die Robotertechnologie ist seitdem ein wichtiges Anwendungsfeld der Mechatronik.

Ein „normaler" Industrieroboter, wie er in Bild 1 dargestellt ist, ist nicht von vornherein ein mechatronisches System. Vergleicht man ein solches Gerät, das eine universelle Handhabungseinrichtung für Werkstücke und Werkzeuge darstellt, mit dem Strukturbild eines mechatronischen Systems (Bild 7, Kap. 1), so sieht man, dass alle wesentlichen Bestandteile vorhanden sind bis auf Sensoren, die Informationen aus der Umwelt aufnehmen. Für Standard-Handhabungsaufgaben ist dies auch nicht erforderlich, da man hier von festen Positionen der Handhabungsobjekte ausgehen kann, die dem Roboter bei der Erstellung des Bewegungsprogramms gezeigt (geteacht) und abgespeichert oder als berechnete Positionen vorgegeben werden. Ein solches Bewegungsprogramm kann dann immer wieder automatisch abgefahren werden. Dies entspricht auch im Wesentlichen der Vorgehensweise bei der NC-Programmierung.

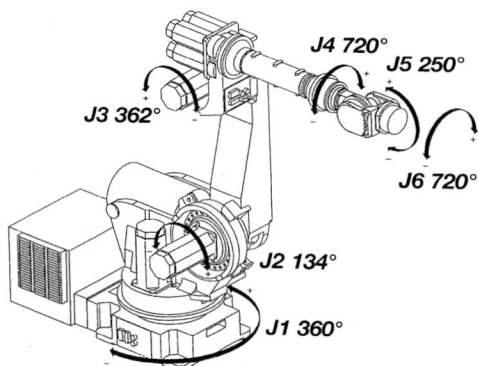

Bild 1. 6-achsiger Vertikal-Knickarmroboter Typ S430 der Fa. Fanuc Robotics

Häufig treten jedoch Umstände auf, die eine mehr oder weniger große Unbestimmtheit in einen Handhabungsprozess einbringen. Die daraus resultierenden Probleme können durch einfaches Zeigen der Positionen und anschließendes automatisches Abfahren der Bewegungsbahnen nicht gelöst werden. Einfache Problemstellungen dieser Art liegen vor, wenn Objekte, die gehandhabt werden sollen, nicht immer reproduzierbar an der gleichen Position dem Roboter zur Handhabung übergeben werden. Um trotzdem eine automatische Handhabung zu ermöglichen, benötigt der Roboter zusätzliche Sensoren, die die erforderlichen Informationen über Abweichungen in Lage, Form, Gewicht oder Ähnlichem erfassen und daraufhin eine zielgerichtete Beeinflussung des Bewegungsprogramms vornehmen. Dies entspricht dem oberen Zweig in dem Strukturbild über Funktionalitäten von mechatronischen Systemen in Bild 9, Kap.1, in dem aufgenommene Informationen aus der Umwelt so interpretiert werden, dass ein zielorientiertes Verhalten für die Ausführung der Handlungen vorliegt.

Die Entwicklung eines Sensorsystems zur Erfassung von Unbestimmtheiten in einem Werkzeug-Handhabungsprozess und die dazu erforderliche Korrektursoftware wurde in einem studentischen Projekt im Rahmen der Lehrveranstaltung „Industrieroboter" für Studierende der Mechatronik durchgeführt. Dies wird im nachfolgenden Kapitel beispielhaft dargestellt, indem nochmals alle Komponenten und Aspekte eines mechatronischen Systems behandelt werden.

3.1 Sensorkorrektur von Bewegungsdaten

Automatisierungsaufgaben, bei denen ein Industrieroboter (IR) ein Werkzeug handhaben soll, beinhalten oft die Aufgabe, das Werkzeug entlang einer ebenen oder räumlichen Kontur mit konstantem Abstand zum Werkstück zu bewegen. Beispiele hierfür sind das Laser- und Wasserstrahlschneiden oder das Auftragen einer Kleberaupe. Im Normalfall wird der Verlauf der erforderlichen Werkzeugbahn durch Teachen von Bahnstützpunkten dem IR mitgeteilt. Vielfach sind bei solchen Verfahren die Werkstücke (Blechteile, Kunststoffteile) aufgrund der inneren Instabilität oder durch Toleranzen in ihrer Geometrie nicht sehr genau. Reagiert dann das Bearbeitungsverfahren empfindlich auf Abstandsveränderungen zwischen Werkzeug und Werkstück, so ist häufiges Nachteachen der Bahnstützpunkte erforderlich oder die Verfahrensqualität schwankt sehr stark. Bild 2 zeigt eines der Strahlverfahren. Da der Schneidstrahl (Laser, Wasser) nicht zylindrisch, sondern konisch ist, kommt es bei Abstandsänderungen der Schneiddüse zum Werkstück zu Veränderungen des Schneidspaltes.

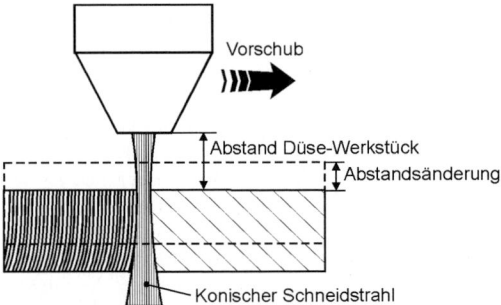

Bild 2. Veränderungen des Schneidspaltes bei Abstandsänderungen zwischen Werkzeug und Werkstück aufgrund des konischen Schneidstrahls

3.2 Nachführen eines Roboterarms an einer Freiformfläche

Das genannte Problem könnte gelöst werden, wenn der Roboter aufgrund von Abstandsmessdaten einer Sensorik den Bahnverlauf in Abhängigkeit von den aktuellen Werkstückschwankungen selbsttätig korrigieren würde. Die Projektidee für das Entwicklungsprojekt bestand darin, eine Sensorik zu entwickeln und mit der Steuerung des Roboters zu verbinden. Die Messwerte sollten in die Steuerung übernommen, ausgewertet und die Bahndaten eines Bewegungsprogramms aufgrund dieser Messwerterfassung automatisch korrigiert werden.

Da das Problem *Abstandsänderung* bei den oben genannten Bearbeitungsverfahren seit längerem bekannt ist, gibt es kommerzielle Produkte, die das Problem lösen. Beispielsweise wird beim Laserschneiden eine kapazitive Abstandssensorik benutzt, aufgrund deren Messwert ein Stellsignal für eine separate Zustellachse erzeugt wird. Wegen dieses Aufwandes und verschiedener technologischer Zusatzfunktionen ist ein solches System sehr teuer und liegt in einem Kostenrahmen von ca. 40.000 Euro. Die zusätzliche Stellachse in z-Richtung des Koordinatensystems ist beispielsweise bei einer Laser-Bearbeitungsanlage für ebene Bleche ohnehin erforderlich, da die Bewegungskinematik einer solchen Anlage nur Bewegungen in der xy-Ebene vorsieht. Hierdurch wird die Welligkeit einer ansonsten ebenen Blechtafel ausgeglichen. Wendet man das Verfahren an räumlich gekrümmten Oberflächen an, indem man den Laserschneidkopf von einem 6-achsigen Industrieroboter (Bild 1) führen lässt, so enthält die Bewegungskinematik schon alle Freiheitsgrade (ein Handhabungsobjekt hat maximal 6 Freiheitsgrade), die erforderlich wären, um Abweichungen von Form und Lage auszugleichen. Trotzdem verwendet man in kommerziellen Produkten ein komplettes Regelungssystem mit zusätzlicher Stellachse, um vom Robotertyp und seinen steuerungstechnischen Fähigkeiten unabhängig zu sein.

3.2.1 Projektdurchführung

Die Aufgabe des Entwicklungsprojektes bestand darin, mit Hilfe einer preiswerten Sensorik Abstand und Orientierung des Handgelenkes eines IR, das über eine beliebige unbekannte Freiformfläche geführt wird, konstant zu halten. Dies lässt sich dadurch erreichen, dass man versucht, den Abstand und die Orientierung des Werkzeug-Koordinatensystems des Roboters, das seinen Ursprung in der Flanschplatte des Roboter-Handgelenks hat und dessen z-Achse (Bild 3) senkrecht aus dem Handflansch herauszeigt, konstant zu der Freiformfläche zu halten. Die Flanschplatte ist das Ende der kinematischen Kette des Roboterarms, an der Greifer oder Werkzeuge befestigt werden.

Um den Abstand zu der Freiformfläche zu messen, reicht eine Abstandsmessung in einem Punkt aus. Um jedoch die Orientierung des Roboterhandgelenkes und damit die des Werkzeug-Koordinatensystems konstant senkrecht zur Fläche zu halten, müssen die beiden Neigungswinkel α_x und α_y der Achsen x und y des Koordinatensystems zur Freiformfläche erfasst und in einer Korrekturstrategie berücksichtigt werden. Im Soll-Zustand müssen die beiden Winkel den Wert null haben.

Um den Neigungswinkel zwischen zwei Geraden (Tangente an die Freiformfläche/Koordinatenachse) zu bestimmen, muss man von zwei Punkten einer Parallelen zur Koordinatenachse aus eine Abstandsmessung zur Tangente an die Freiformfläche vornehmen (Bild 4).

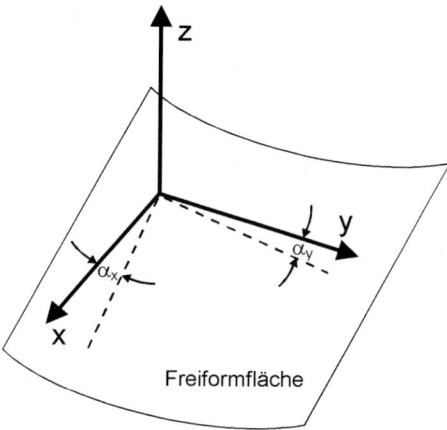

Bild 3. Neigungswinkel des Koordinatensystems gegenüber der Freiformfläche

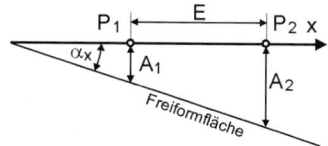

Bild 4. Winkelbestimmung zwischen Koordinatenachse und Freiformfläche

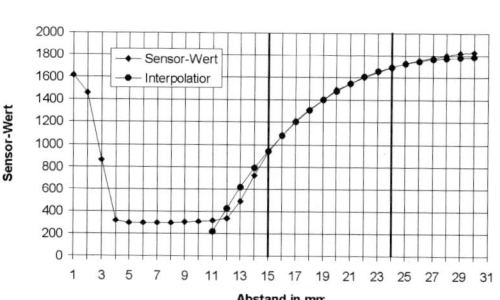

Bild 5. Amplitudenkennlinie des Abstandsensors SY113 und Verlauf der interpolierten Funktion

Sind die beiden Punkte P_1, P_2 nicht zu weit voneinander entfernt und die Fläche nicht zu stark gekrümmt, so kann die Freiformfläche zwischen den beiden Messpunkten durch eine Gerade ersetzt werden und der Winkel α_x ergibt sich dann zu:

$$\alpha_x = \arctan\left(\frac{A_2 - A_1}{E}\right) \quad (1)$$

Die minimale Anzahl von Sensoren für die Messung von zwei Winkeln beträgt drei, da man den Punkt P_1 für beide Winkelmessungen gleich wählen kann und dadurch einen Sensor einspart. Ordnet man die Sensoren symmetrisch auf einem Kreis an, so sollte eine Messung der Neigung der xy-Ebene des Werkzeugkoordinatensystems gegenüber der Freiformfläche immer möglich sein.

Für die Abstandsmessung sollen preiswerte integrierte Lichttaster, die eine Infrarot-Leuchtdiode als Sender und einen Fototransistor als Empfänger enthalten, verwendet werden. Die Vermessung der Kennlinie mit Hilfe eines 12-Bit A/D-Wandlers (Wertebereich 0-2047) in der Robotersteuerung ergab die in Bild 5 dargestellte Kennlinie. Wie zu erwarten, lässt sich ein stark nichtlineares Messverhalten im Bild ablesen. Als Erstes kann man erkennen, dass sich deutlich unterscheidbare Messwertänderungen nur im Bereich zwischen 12 mm und 30 mm ergeben. Um die dort messbaren Werte zur Berechnung der Entfernung auswerten zu können, müssen sie jedoch linearisiert werden oder die nichtlineare Kennlinie muss durch eine bekannte rationale Funktion approximiert werden. Dies kann man durch die Newton'sche Interpolation der Kennlinienfunktion im interessierenden Bereich berechnen. Hier ergab sich folgende interpolierte Funktion:

$$W = -0{,}158(32{,}5 - A)^3 + 1789 \quad (2)$$

wobei W der Messwert am Ausgang des A/D-Wandlers und A der wahre Abstand in mm ist.

Die Anschmiegung dieses Polynoms dritter Ordnung an die Kennlinie des Sensors passt nur im Bereich zwischen 15 mm und 25 mm, da hier die Abweichung als Fehler in mm berechnet kleiner oder gleich 0,1 mm beträgt. Man könnte durch Einbeziehung von mehr Stützstellen und einem daraus resultierenden Polynom höherer Ordnung zwar eine bessere Anschmiegung in einem größeren Intervall erreichen, würde aber dadurch den Rechenaufwand bei der späteren Positionskorrektur stark erhöhen. Der brauchbare Messbereich beträgt demnach 10 mm, der Sollabstand für die Abstandsregelung sollte in der Mitte des Messbereichs bei 20 mm Abstand von der Oberfläche liegen. Um noch genügend Sicherheit für die Regelung zu haben, wurde daher eine maximale Regelabweichung von ±3 mm festgelegt. Die drei erforderlichen Sensoren wurden dann in einen nach unten in Tastrichtung offenen Sensorhalter (Bild 6) eingebaut, der so an der Flanschplatte befestigt wurde, dass die z-Achse des Werkzeug-Koordinatensystems in Tastrichtung zeigt.

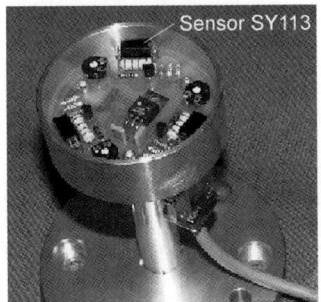

Bild 6. Sensorhalter mit drei Sensoren SY113

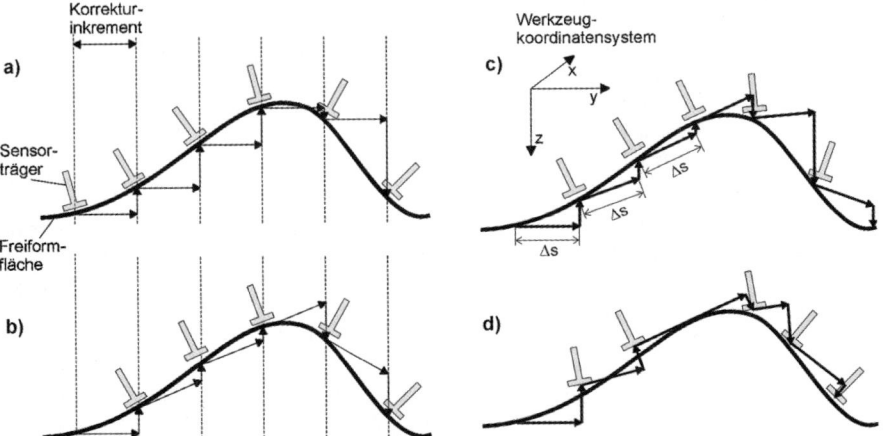

Bild 7. Verschiedene Möglichkeiten des Verfahrens entlang einer Freiformfläche mit den zugehörigen Korrekturverfahren

Will man das geplante Abstands-Korrektursystem bei einer Werkzeughandhabung über einer Freiformfläche einsetzen, so gibt es eine Soll-Werkzeugbahn, die auf übliche Art und Weise geteacht wurde. Um nun Korrekturen beim Abfahren dieser Bahn zu berücksichtigen, sind die in Bild 7 dargestellten unterschiedlichen Strategien möglich.

Prinzipiell gibt es die beiden folgenden Möglichkeiten:
- Ereignisüberwachung beim Abfahren der Soll-Bahn und Korrektur bei Bedarf
- Inkrementelles Fortschreiten auf der Soll-Bahn und Korrektur nach jedem Weginkrement.

Die in Teilbild 7 a) dargestellte Vorgehensweise geht davon aus, dass der Soll-Weg in der xy-Ebene in feste Inkremente aufgeteilt wird. Der Verfahrbefehl für das Zurücklegen des Weges wird nur in der xy-Ebene ausgeführt. Nach dem Verfahren eines solchen Weginkrementes erfolgt eine Messung des Abstandes und der Orientierung mit anschließender Korrektur des Abstandes in z-Richtung und der Orientierung des an der Roboterflanschplatte montierten Sensorhalters normal (senkrecht) zur Fläche. Bei dieser Vorgehensweise treten Probleme bei großen positiven oder negativen Steigungen der Freiformfläche auf, weil die Abstands- und Orientierungsänderungen in den Korrekturpunkten sehr groß werden können. Wie oben gesagt ist aber nur ein Arbeitsbereich von 10 mm mit einer maximalen Regelabweichung von ±3 mm vorgesehen, sodass es bei dieser Methode leicht zum Verlassen des Arbeitsbereichs kommen kann.
In Teilbild 7 b) wird, wie bei der Vorgehensweise in Teilbild a), der Weg über der Fläche in Inkremente zerlegt. Das Verfahren erfolgt dann jedoch nicht nur in der xy-Ebene, sondern an den Korrekturpunkten wird eine neue z-Koordinate für den nächsten Verfahrweg berechnet. In den Korrekturpunkten wird dann auch die Orientierung korrigiert. Bei gleichmäßigen Steigungen unter einem beliebigen Winkels erreicht man eine recht geringe Abweichung von der Freiformfläche. Jedoch treten hier Probleme bei kleinen Krümmungsradien nach großen Steigungen auf.
Bei der Vorgehensweise in Teilbild 7 c) erfolgt eine Zerlegung des Weges in feste Weginkremente Δs im Raum. Der Abstand und die Orientierung werden nach jedem Schritt korrigiert. Probleme treten hierbei auch nach kleinen Krümmungsradien der Fläche auf.
Bei der Methode in Teilbild 7 d) wird auf die Ereignisüberwachung innerhalb von Fahrbefehlen zurückgegriffen, d. h. die Sensoren kontrollieren während eines Fahrbefehls ständig Abstand und Orientierung und korrigieren gegebenenfalls. Hierbei besteht das Problem, dass man insbesondere bei geringen Krümmungen der Fläche kaum eine Aussage machen kann, wann und wie stark korrigiert werden muss.

3.2.2 Projektergebnisse

Im Projekt fiel die Entscheidung für die Korrekturmethode in Teilbild 7 c), da sie bei nicht zu kleinen Krümmungsradien die besten Korrekturergebnisse liefern sollte. In Bild 8 ist nun die genaue geometrische Anordnung der Sensoren im Sensorhalter dargestellt. Die eigentliche Abstands- und Orientierungskorrektur an den Stützpunkten der Soll-Bewegungsbahn erfolgt dann so, dass man drei Drehachsen S1, S2 und S3 durch jeweils 2 der Sensoren definiert, um die eine Drehung des Sensorkopfes ausgeführt wird. Diese Drehung erfolgt abgeleitet vom Abstandsmesswert, den der jeweils dritte Sensor liefert. Der Winkel, um den jeweils der Sensorkopf gedreht werden muss, kann aus der Geometrie der Sensoranordnung (Bild 4) und dem Abstandsmesswert berechnet werden. Der Wert des Korrekturwinkels beträgt $\Delta\alpha = 1{,}324°$ je mm Abweichung vom Soll-Abstand. Führt man hintereinander für alle drei Messpunkte eine Drehung um die gegenüberliegende Drehachse aus, so ist an allen drei Punkten wieder der Soll-Abstand eingestellt und die z-Achse des Tool-Koordinatensystems muss wieder senkrecht zur Freiformfläche orientiert sein. Aus den Messwerten wird auch der neue Verfahrvektor im Raum Δs mit Hilfe einer Koordinatentransformation, die Bestandteil des Sprachumfangs der Roboter-Software ist, durchgeführt.

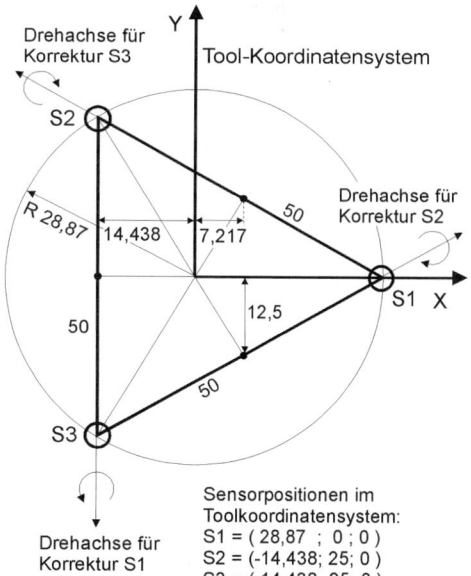

Bild 8. Geometrische Anordnung der drei Abstandssensoren im Sensorträger

Mit Hilfe dieses Konzeptes war es möglich, wie in Bild 9 gezeigt, in der Größenordnung der Prozessgeschwindigkeit einer Strahlbearbeitung mit konstantem

Abstand und stets senkrechter Orientierung des Schneidstrahls über einer beliebig geformten Freiformfläche mit Krümmungsradien < 100 mm eine vorgegebene geschlossene Sollbahn abzufahren. Veränderungen von Lage und Form der Freiformfläche können dabei vollständig ausgeglichen werden, wodurch der IR zu einer „intelligenten" Maschine geworden ist, die die Bezeichnung „mechatronisches System" zu Recht trägt.

Bild 9. Fahren eines Industrieroboters über eine Freiformfläche mit Sensorführung

Dabei wurden alle in der Mechatronik üblichen Konzepte und Methoden berücksichtigt (Bild 7, Kap. 1):
- Unbekannte Umgebungsbedingungen werden messtechnisch erfasst.
- Die Messwerte werden in einem Digitalrechner aufbereitet.
- Vorgegebene Bewegungsdaten werden mit Hilfe eines Korrekturalgorithmus verändert.
- Die korrigierten Bewegungsdaten werden von der Aktorik in Bewegungen umgesetzt.

Dieses mechatronische Konzept ist in ein „normales" Steuerungs- und Regelungskonzept innerhalb der Robotersteuerung eingebettet, das für sich alleine genommen noch nicht als Mechatronik bezeichnet werden kann. Dies ist dem ABS-System vergleichbar, das sich im Kern eines normalen Bremssystem bedient, aber durch die Erfassung von Sensordaten und Berechnung von Bremskorrekturwerten optimierend in den Bremsvorgang eingreifen kann.

Besonders das letzte Beispiel zeigt, was Mechatronik ist:

das Zusammenwirken von Maschinenbau, Elektrotechnik und Informatik.

Literatur

Heimann, B./Gerth, W./Popp, K.: Mechatronik, Karl Hanser Verlag, München, Wien, 1998

Isermann, R.: Mechatronische Systeme, Springer-Verlag, Berlin-Heidelberg-New York, 1999

Reichert, Ruf, Vogt: Mechatronik 1+2, Vogel Verlag, Würzburg, 2002

Roddeck, W.: Einführung in die Mechatronik, B.G.Teubner Verlag, Stuttgart, 2. Aufl. 2002

VDI-Richtlinie 2206: Entwicklungsmethodik mechatronischer Systeme

I Maschinenelemente

Alfred Böge
Wolfgang Böge
Ulrich Borutzki

1 Normzahlen, Toleranzen, Passungen

Normen (Auswahl)

DIN 323	Normzahlen, Hauptwerte, Genauwerte, Rundwerte
DIN 4760	Begriffe für die Gestalt von Oberflächen
DIN 4766	Herstellverfahren und Rauheit von Oberflächen, Richtlinien für Konstruktion und Fertigung
DIN 5425	Toleranzen für den Einbau von Wälzlagern
DIN 7150	ISO-Toleranzen und ISO-Passungen
DIN 7154	ISO-Passungen für Einheitsbohrung
DIN 7155	ISO-Passungen für Einheitswelle
DIN 7157	Passungsauswahl, Toleranzfelder, Abmaße, Passtoleranzen
DIN 58700	Toleranzfeldauswahl für die Feinwerktechnik

1.1 Normzahlen

Vor allem wegen der Kosten ist es sinnvoll, sich beim Festlegen von Maßen aller Art auf Vorzugszahlen zu beschränken (Baugrößen, Drehzahlen, Drehmomente, Leistungen, Drücke usw.). Man verwendet dazu eine geometrisch gestufte Zahlenfolge (siehe Abschnitt Mathematik). Bild 1 zeigt, dass bei der geometrischen Stufung die Werte im unteren Bereich fein, im oberen grob gestuft sind. Das ist nicht nur technisch sinnvoll. Bei den *Normzahlen* (DIN 323) sind die Dezimalbereiche nach *vier Grundreihen* geometrisch gestuft. Der *Stufensprung q* ist das konstante Verhältnis einer Normzahl zur vorhergehenden. Der Buchstabe R weist auf *Renard* hin, der die Normzahlen entwickelt hat.

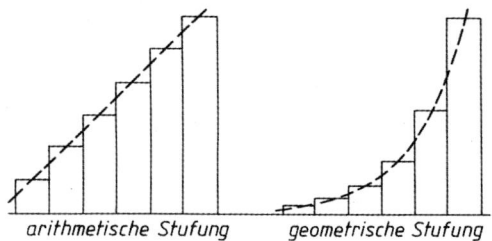

Bild 1. Schematische Darstellung von arithmetischer und geometrischer Stufung

Tabelle 1. Stufensprung der vier Grundreihen

Reihe	Stufensprung	Rechenwert	Genauwert	Mantisse
R 5	$q_5 = \sqrt[5]{10}$	1,58	1,5849 ...	200
R 10	$q_{10} = \sqrt[10]{10}$	1,26	1,2589 ...	100
R 20	$q_{20} = \sqrt[20]{10}$	1,12	1,1220 ...	050
R 40	$q_{40} = \sqrt[40]{10}$	1,06	1,0593 ...	025

Die Abkürzungen bei den DIN-Nummern haben folgende Bedeutung:

E	Entwurf,
Bbl	Beiblatt,
EN	Europäische Norm, deren deutsche Fassung den Status einer Deutschen Norm erhalten hat.
ISO	Deutsche Norm, in die eine Internationale Norm der ISO unverändert übernommen wurde.
EN ISO	Europäische Norm, in die eine Internationale Norm (ISO-Norm) unverändert übernommen wurde und deren deutsche Fassung den Status einer Deutschen Norm hat.

Tabelle 2. Normzahlen

Reihe R 5	1,00	1,60	2,50	4,00	6,30	10,00				
Reihe R 10	1,00	1,25	1,60	2,00	2,50	3,15	4,00	5,00	6,30	8,00	10,00
Reihe R 20	1,00	1,12	1,25	1,40	1,60	1,80	2,00	2,24	2,50	2,80	3,15	3,55
	4,00	4,50	5,00	5,50	6,30	7,10	8,00	9,00	10,00		
Reihe R40	1,00	1,06	1,12	1,18	1,25	1,32	1,40	1,50	1,60	1,70	1,80	1,90
	2,00	2,12	2,24	2,36	2,50	2,65	2,80	3,00	3,15	3,35	3,55	3,75
	4,00	4,25	4,50	4,75	5,00	5,30	5,60	6,00	6,30	6,70	7,10	7,50
	8,00	8,50	9,00	9,50	10,00						

Die Zahlen sind gerundete Werte. Die Wurzelexponenten 5, 10, 20, 40 geben die Anzahl der Glieder im Dezimalbereich an, z.B. hat die Reihe R5 (Wurzelexponent 5) fünf Glieder: 1 1,6 2,5 4,0 6,3. Für Dezimalbereiche unter 1 und über 10 wird das Komma jeweils um eine oder mehrere Stellen nach links oder rechts verschoben, z.B. für die Reihe R5:
0,01 0,016 0,025 0,04 0,063 0,1 oder
10   16   25   40   63   100.

1.2 ISO-Passungen

1.2.1 Grundbegriffe

Bezeichnungen:
N Nennmaß, G_0 Höchstmaß, G_u Mindestmaß, I Istmaß, ES, es oberes Grenzabmaß, EI, ei unteres Grenzabmaß, T Maßtoleranz, P_s Spiel, $P_ü$ Übermaß, P_0 Höchstpassung, P_u Mindestpassung.
E, e, ES, EI, ei sind die französischen Bezeichnungen mit der Bedeutung: E (Abstand, écart), ES (oberer Abstand, écart supérieur), EI (unterer Abstand, écart inférieur). Große Buchstaben für Bohrungen (Innenmaße), kleine für Wellen (Außenmaße).

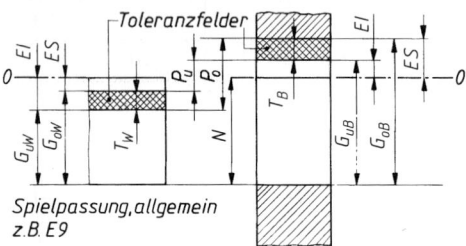

Bild 2. Darstellung der wichtigsten Passungsgrundbegriffe an Welle und Bohrung

Berechnungen
oberes Grenzabmaß = Höchstmaß − Nennmaß
$$ES = G_0 - N$$
unteres Grenzabmaß = Mindestmaß − Nennmaß
$$EI = G_u - N$$
Höchstpassung = Höchstmaß Bohrung − Mindestmaß Welle
$$P_o = G_{oB} - G_{uW}$$
$$P_o = ES - ei$$
Mindestpassung = Mindestmaß Bohrung − Höchstmaß Welle
$$P_u = G_{uB} - G_{oW}$$
$$P_u = EI - es$$

Spiel P_s (positive Passung) liegt vor, wenn die Differenz der Maße von Innen- und Außenpassfläche positiv ist.

Übermaß $P_ü$ (negative Passung) liegt vor, wenn die Differenz der Maße von Innen-und Außenpassfläche negativ ist.

1.2.2 Toleranzsystem

1.2.2.1 Toleranzeinheit. Ein genaues Einhalten des Nennmaßes ist aus Herstellungsgründen nicht möglich und meistens auch nicht erforderlich. Die Toleranzgröße (Qualität) ist abhängig von der Abmessung des Werkstücks und dem Verwendungszweck und ist ein Vielfaches der Toleranzeinheit i:

$$i = 0{,}45 \sqrt[3]{D} + 0{,}001 D \qquad (1)$$
$$D = \sqrt{D_1 \cdot D_2}$$

i	D
μm	mm

D geometrisches Mittel des Nennmaßbereichs nach Tabelle 3.

Nach DIN 7151 sind 20 ISO-Qualitäten vorgesehen: IT 01 (kleinste Toleranz = größte Genauigkeit) bis IT 18 (größte Toleranz = kleinste Genauigkeit), IT = ISO-Toleranz.
Jeder Qualität entspricht eine bestimmte Anzahl Toleranzeinheiten, deren Zunahme ab IT 5 nach der geometrischen Reihe R5 mit dem Stufungsfaktor $q_s \approx 1{,}6$ erfolgt (Tabelle 3.).

■ **Beispiel:**
Nennmaßbereich 50 mm bis 80 mm
$$D = \sqrt{D_1 \cdot D_2} = \sqrt{(50 \cdot 80)}\,\text{mm}$$
$$i = 0{,}45 \sqrt[3]{D} + 0{,}001 \cdot D =$$
$$= (0{,}45 \cdot \sqrt[3]{63{,}245\ldots} + 0{,}001 \cdot 63{,}245\ldots)\,\mu\text{m}$$

Grundtoleranz T für IT 10: $T = 64 \cdot i = 64 \cdot 1{,}856 \ldots$ μm = 118,793 ... μm
$T \approx 120$ μm (siehe Tabelle 3)

Tabelle 3. Grundtoleranzen der Nennmaßbereiche in μm

Quali-tät	ISO Toleranz	1 bis 3	über 3 bis 6	über 6 bis 10	über 10 bis 18	über 19 bis 30	über 30 bis 50	über 50 bis 80	über 80 bis 120	über 120 bis 180	über 180 bis 250	über 250 bis 315	über 315 bis 400	über 400 bis 500	Toleranzen in i
01	IT 01	0,3	0,4	0,4	0,5	0,6	0,6	0,8	1	1,2	2	2,5	3	4	
0	IT 0	0,5	0,6	0,6	0,8	1	1	1,2	1,5	2	3	4	5	6	
1	IT 1	0,8	1	1	1,2	1,5	1,5	2	2,5	3,5	4,5	6	7	8	
2	IT 2	1,2	1,5	1,5	2	2,5	2,5	3	4	5	7	8	9	10	−
3	IT 3	2	0,5	2,5	3	4	4	5	6	8	10	12	13	15	−
4	IT 4	3	4	4	5	6	7	8	10	12	14	16	18	20	−
5	IT 5	4	5	6	8	9	11	13	15	18	20	23	25	27	≈ 7
6	IT 6	6	8	9	11	13	16	19	22	25	29	32	36	40	10
7	IT 7	10	12	15	18	21	25	30	35	40	46	52	57	63	16
8	IT 8	14	18	22	27	33	39	46	54	63	72	81	89	97	25
9	IT 9	25	30	36	43	52	62	74	87	100	115	130	140	155	40
10	IT 10	40	48	58	70	84	100	120	140	160	185	210	230	250	64
11	IT 11	60	75	90	110	130	160	190	220	250	290	320	360	400	100

1 Normzahlen, Toleranzen, Passungen   I 3

| Quali-tät | ISO Tole-ranz | Nennmaßbereich in mm ||||||||||||| Toleranzen in i |
		1 bis 3	über 3 bis 6	über 6 bis 10	über 10 bis 18	über 18 bis 30	über 30 bis 50	über 50 bis 80	über 80 bis 120	über 120 bis 180	über 180 bis 250	über 250 bis 315	über 315 bis 400	über 400 bis 500	
12	IT 12	90	120	150	180	210	250	300	350	400	460	520	570	630	160
13	IT 13	140	180	220	270	330	390	460	540	630	720	810	890	970	250
14	IT 14	250	300	360	430	520	620	740	870	1 000	1 150	1 300	1 400	1 550	400
15	IT 15	400	480	580	700	840	1 000	1 200	1 400	1 600	1 850	2 100	2 300	2 500	640
16	IT 16	600	750	900	1 100	1 300	1 600	1 900	2 200	2 500	2 900	3 200	3 600	4 000	1 000
17	IT 17	–	–	1 500	1 800	2 100	2 500	3 000	3 500	4 000	4 600	5 200	5 700	6 300	1 600
18	IT 18	–	–	–	2 700	3 300	3 900	4 600	5 400	6 300	7 200	8 100	8 900	9 700	2 500

1.2.2.2 Lage der Passtoleranzfelder. Die Passtoleranzfeldlage wird durch Buchstaben gekennzeichnet: Große Buchstaben für Innenmaße, kleine Buchstaben für Außenmaße.

Für Bohrungen:
A B C D E F G H I J K L M N O P Q R S T U V W X Y Z ZA ZB ZC

Für Wellen:
a b c d e f g h i j k l m n o p q r s t u v w x y z za zb zc

Nach Bild 3 haben die A(a)-Felder bzw. Z(z)-Felder den größten Abstand zur Nulllinie, wobei für Bohrungen das A-Feld oberhalb, das Z-Feld unterhalb der Nulllinie liegt. Die Toleranzfelder für Wellen liegen entsprechend umgekehrt.
Die Abstände der Passtoleranzfelder von der Nulllinie sind nach DIN 7150 festgelegt. Eine Auswahl nach DIN 7157 zeigt Tabelle 4.

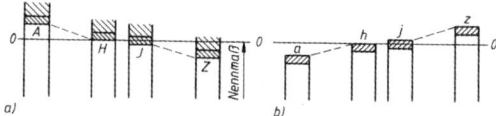

Bild 3. Lage der Passtoleranzfelder (schematisch)
a) bei Bohrungen (Innenmaße)
b) bei Wellen (Außenmaße)

1.2.3 Passsysteme Einheitsbohrung und Einheitswelle

1.2.3.1 Einheitsbohrung. Im Passsystem Einheitsbohrung (EB) ist das *untere* Abmaß aller Bohrungen gleich null ($EI = 0$).
Die verschiedenen Passungen ergeben sich durch die Wahl verschiedener Toleranzfeldlagen der Wellen und der oberen Abmaße der Bohrungen (*ES*).
Passungsbeispiele: H7/s6, H8/f7, H8/e8.
Beachte: EB ist erkennbar am Buchstaben H; die untere Begrenzung des Passtoleranzfeldes der Bohrung deckt sich mit der Nulllinie.

1.2.3.2 Einheitswelle. Im Passsystem Einheitswelle (EW) ist das *obere* Abmaß aller Wellen gleich null ($es = 0$).

Die verschiedenen Passungen ergeben sich durch die Wahl verschiedener Toleranzfeldlagen der Bohrungen und der unteren Abmaße der Wellen (*ei*).
Passungsbeispiele: G7/h6, F8/h6, D10/h9.
Beachte: EW ist erkennbar am Buchstaben h; die obere Begrenzung des Toleranzfeldes der Welle deckt sich mit der Nulllinie.

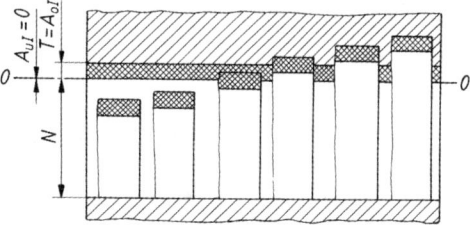

Bild 4. Passtoleranzfeldlagen im Passsystem Einheitsbohrung

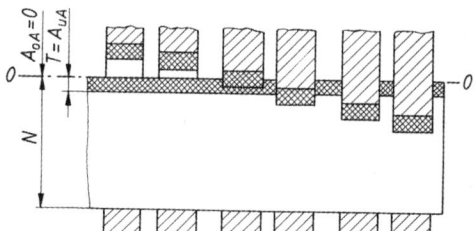

Bild 5. Passtoleranzfeldlagen im Passsystem Einheitswelle

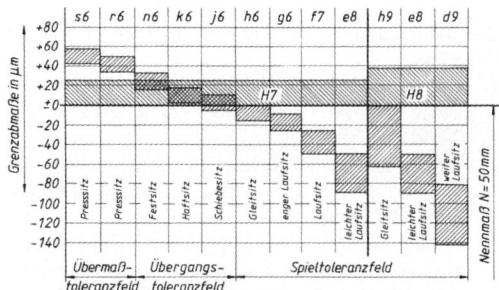

Bild 6. Toleranzfeldauswahl für Einheitsbohrung, dargestellt für das Nennmaß 50 mm

1.3 Maßtoleranzen

Grundsätzlich lässt sich jedes Maß mit einem Passungskurzzeichen versehen. Dies ist jedoch unzweckmäßig bei Maßen, die keine große Genauigkeit erfordern, in keiner Beziehung zu anderen Teilen stehen oder sich mit Rachenlehren oder Grenzlehrdornen nicht messen lassen. In diesen Fällen werden Maßtoleranzen vorgesehen. Hierbei werden zum Nennmaß die Grenzabmaße in mm hinzugefügt. Beispiele zeigt Bild 7. Maße ohne Toleranzangabe unterliegen den Vorschriften nach DIN 7168 über Freimaßtoleranzen (nicht für Neukonstruktionen).

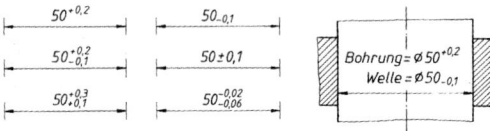

Bild 7. Eintragung von Grenzabmaßen

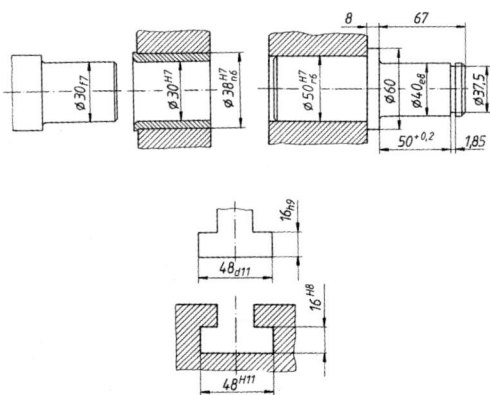

Bild 8. Beispiele zur Eintragung von Toleranzklassen

1.4 Eintragung von Toleranzen in Zeichnungen

Die Maßeintragung in Zeichnungen ist in DIN 406 festgelegt:
1. Grenzabmaße und Toleranzklassen sind hinter der Maßzahl des Nennmaßes einzutragen (Bilder 7 und 8).
2. Bei Grenzabmaßen stehen das obere Grenzabmaß und das untere Grenzabmaß über der Maßlinie hinter dem Nennmaß.
3. Toleranzklassen für Bohrungen (Innenmaße) werden mit Großbuchstaben und Zahl angegeben, z.B. H7; für Wellen (Außenmaße) mit Kleinbuchstaben und Zahl z.B. f7. Sie stehen hinter dem Nennmaß über der Maßlinie.

1.5 Verwendungsbeispiele für Passungen

Passungs-bezeichnung	Kennzeichnung, Verwendungsbeispiele, sonstige Hinweise
H 8 / x8 H 7 / s6 H 7 / r6	**Übermaß– und Übergangstoleranzfelder** *Presssitz:* Teile unter großem Druck mit Presse oder durch Erwärmen/Kühlen fügbar; Bronzekränze auf Zahnradkörpern, Lagerbuchsen in Gehäusen, Radnaben, Hebelnaben, Kupplungen auf Wellenenden; zusätzliche Sicherung gegen Verdrehen nicht erforderlich.
H 7 / n6	*Festsitz:* Teile unter Druck mit Presse fügbar; Radkränze auf Radkörpern, Lagerbuchsen in Gehäusen und Radnaben, Laufräder auf Achsen, Anker auf Motorwellen, Kupplungen und Wellenenden; gegen Verdrehen sichern.
H 7 / k6	*Haftsitz:* Teile leicht mit Handhammer fügbar; Zahnräder, Riemenscheiben, Kupplungen, Handräder, Bremsscheiben auf Wellen; gegen Verdrehen zusätzlich sichern.
H 7 / j6	*Schiebesitz:* Teile mit Holzhammer oder von Hand fügbar; für leicht ein- und auszubauende Zahnräder, Riemenscheiben, Handräder, Buchsen; gegen Verdrehen zusätzlich sichern.
H 7 / h 6 H 8 / h 9	**Spieltoleranzfelder** *Gleitsitz:* Teile von Hand noch verschiebbar; für gleitende Teile und Führungen, Zentrierflansche, Wechselräder, Stellringe, Distanzhülsen.
H 7 / g6 G 7 / h6	*Enger Laufsitz:* Teile ohne merkliches Spiel verschiebbar; Wechselräder, verschiebbare Räder und Kupplungen.
H 7 / f7	*Laufsitz:* Teile mit merklichem Spiel beweglich; Gleitlager allgemein, Hauptlager an Werkzeugmaschinen, Gleitbuchsen auf Wellen.
H 7 / e8 H 8 / e8 E 9 / h9	*Leichter Laufsitz:* Teile mit reichlichem Spiel; mehrfach gelagerte Welle (Gleitlager), Gleitlager allgemein, Hauptlager für Kurbelwellen, Kolben in Zylindern, Pumpenlager, Hebellagerungen.
H 8 / d9 F 8 / h9 D 10 / h9 D 10 / h11	*Weiter Laufsitz:* Teile mit sehr reichlichem Spiel; Transmissionslager, Lager für Landmaschinen, Stopfbuchsenteile, Leerlauf Scheiben.

1 Normzahlen, Toleranzen, Passungen

Tabelle 4. Ausgewählte Passtoleranzfelder und Grenzabmaße (in μm) für das System Einheitsbohrung (H)

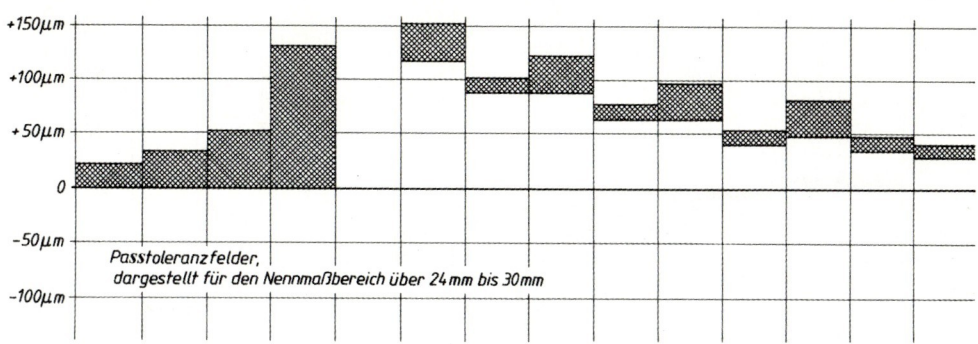

Passtoleranzfelder, dargestellt für den Nennmaßbereich über 24 mm bis 30 mm

Nennmaßbereich mm	H 7	H 8	H 9	H 11	za 6	za 8	z 6	z 8	x 6	x 8	u 6¹⁾ / t 6	u 8	s 6	r 6
über 1 bis 3	+10 0	+14 0	+25 0	+60 0	+38 +32	–	+32 +26	+40 +26	+26 +20	+34 +20	+24 +18	–	+20 +14	+16 +10
über 3 bis 6	+12 0	+18 0	+30 0	+75 0	+50 +42	–	+43 +35	+53 +35	+36 +28	+46 +28	+31 +23	–	+27 +19	+23 +15
über 6 bis 10	+15 0	+22 0	+36 0	+90 0	+61 +52	+74 +52	+51 +42	+64 +42	+43 +34	+56 +34	+37 +28	–	+32 +23	+28 +19
über 10 bis 14	+18 0	+27 0	+43 0	+110 0	+75 +64	+91 +64	+61 +50	+77 +50	+51 +40	+67 +40	+44 +33	–	+39 +28	+34 +23
über 14 bis 18					+88 +77	+104 +77	+71 +60	+87 +60	+56 +45	+72 +45				
über 18 bis 24	+21 0	+33 0	+52 0	+130 0	–	+131 +98	+86 +73	+106 +73	+67 +54	+87 +54	+54 +41	–	+48 +35	+41 +28
über 24 bis 30						+151 +118	+101 +88	+121 +88	+77 +64	+97 +64	+54 +41	+81 +48		
über 30 bis 40	+25 0	+39 0	+62 0	+160 0	–	+187 +148	+128 +112	+151 +112	+96 +80	+119 +80	+64 +48	+99 +60	+59 +43	+50 +34
über 40 bis 50						+219 +180	–	+175 +136	+113 +97	+136 +97	+70 +54	+109 +70		
über 50 bis 65	+30 0	+46 0	+74 0	+190 0	–	+272 +226	–	+218 +172	+141 +122	+168 +122	+85 +66	+133 +87	+72 +53	+60 +41
über 65 bis 80						+320 +274		+256 +210	+165 +146	+192 +146	+94 +75	+148 +102	+78 +59	+62 +43
über 80 bis 100	+35 0	+54 0	+87 0	+220 0	–	+389 +335	–	+312 +258	+200 +178	+232 +178	+113 +91	+178 +124	+93 +71	+73 +51
über 100 bis 120								+364 +310	+232 +210	+264 +210	+126 +104	+198 +144	+101 +79	+76 +54
über 120 bis 140	+40 0	+63 0	+100 0	+250 0	–	–	–	+428 +365	+273 +248	+311 +248	+147 +122	+233 +170	+117 +92	+88 +63
über 140 bis 160								+478 +415	+305 +280	+343 +280	+159 +134	+253 +190	+125 +100	+90 +65
über 160 bis 180								+335 +310	+373 +310	+171 +146	+273 +210	+133 +108	+93 +68	
über 180 bis 200	+46 0	+72 0	+115 0	+290 0	–	–	–	+379 +350	+422 +350	+195 +166	+308 +236	+151 +122	+106 +77	
über 200 bis 225								+414 +385	+457 +385		+330 +258	+159 +130	+109 +80	
über 225 bis 250								+454 +425	+497 +425	–	+356 +284	+169 +140	+113 +84	
über 250 bis 280	+52 0	+81 0	>130 0	+320 0	–	–	–	+507 +475	+556 +475		+396 +315	+190 +158	+126 +94	
über 280 bis 315								+557 +525	+606 +525		+431 +350	+202 +170	+130 +98	
über 315 bis 355	+57 0	+89 0	+140 0	+360 0	–	–	–	+626 +590	+679 +590	–	+479 +390	+226 +190	+144 +108	
über 355 bis 400								+696 +660	–		+524 +435	+244 +208	+150 +114	

¹⁾ u 6 bei Nennmaß bis 24 mm, t 6 darüber

Tabelle 4. (Fortsetzung)

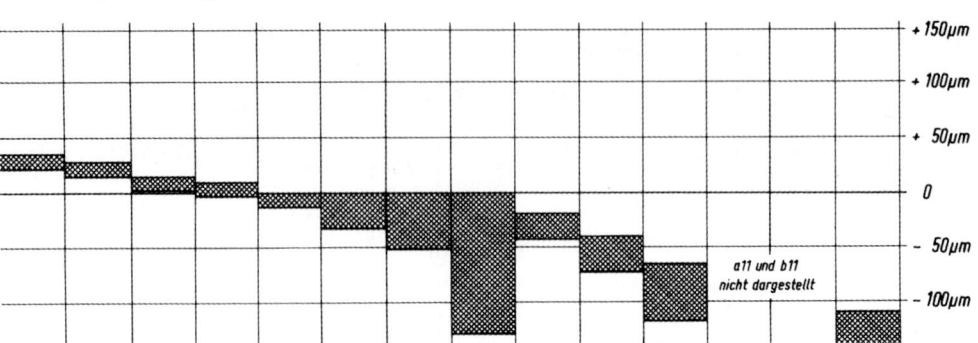

a11 und b11 nicht dargestellt

p 6	n 6	k 6	j 6	h 6	h 8	h 9	h 11	f 7	e 8	d 9	a 11	b 11	c 11	Nennmaß-bereich mm
+ 12	+ 10	+ 6	+ 4	0	0	0	0	− 6	− 14	− 20	− 270	− 140	− 60	über 1
+ 6	+ 4	0	− 2	− 6	− 14	− 25	− 60	− 16	− 28	− 45	− 330	− 200	− 120	bis 3
+ 20	+ 16	+ 9	+ 6	0	0	0	0	− 10	− 20	− 30	− 270	− 140	− 70	über 3
+ 12	+ 8	+ 1	− 2	− 8	− 18	− 30	− 75	− 22	− 38	− 60	− 345	− 215	− 145	bis 6
+ 24	+ 19	+ 10	+ 7	0	0	0	0	− 13	− 25	− 40	− 280	− 150	− 80	über 6
+ 15	+ 10	+ 1	− 2	− 9	− 22	− 36	− 90	− 28	− 47	− 76	− 370	− 240	− 170	bis 10
+ 29	+ 23	+ 12	+ 8	0	0	0	0	− 16	− 32	− 50	− 290	− 150	− 95	über 10 bis 14
+ 18	+ 12	+ 1	− 3	− 11	− 27	− 43	− 110	− 34	− 59	− 93	− 400	− 260	− 205	über 14 bis 18
+ 35	+ 28	+ 15	+ 9	0	0	0	0	− 20	− 40	− 65	− 300	− 160	− 110	über 18 bis 24
+ 22	+ 15	+ 2	− 4	− 13	− 33	− 52	− 130	− 41	− 73	− 117	− 430	− 290	− 240	über 24 bis 30
+ 42	+ 33	+ 18	+ 11	0	0	0	0	− 25	− 50	− 80	− 310 / − 470	− 170 / − 330	− 120 / − 280	über 30 bis 40
+ 26	+ 17	+ 2	− 5	− 16	− 39	− 62	− 160	− 50	− 89	− 142	− 320 / − 480	− 180 / − 340	− 130 / − 290	über 40 bis 50
+ 51	+ 39	+ 21	+ 12	0	0	0	0	− 30	− 60	− 100	− 340 / − 530	− 190 / − 380	− 140 / − 330	über 50 bis 65
+ 32	+ 20	+ 2	− 7	− 19	− 46	− 74	− 190	− 60	− 106	− 174	− 360 / − 550	− 200 / − 390	− 150 / − 340	über 65 bis 80
+ 59	+ 45	+ 25	+ 13	0	0	0	0	− 36	− 72	− 120	− 380 / − 600	− 220 / − 440	− 170 / − 390	über 80 bis 100
+ 37	+ 23	+ 3	− 9	− 22	− 54	− 87	− 220	− 71	− 126	− 207	− 410 / − 630	− 240 / − 460	− 180 / − 400	über 100 bis 120
+ 68	+ 52	+ 28	+ 14	0	0	0	0	− 43	− 85	− 145	− 460 / − 710 / − 520 / − 770	− 260 / − 510 / − 280 / − 530	− 200 / − 450 / − 210 / − 460	über 120 bis 140 / über 140 bis 160
+ 43	+ 27	+ 3	− 11	− 25	− 63	− 100	− 250	− 83	− 148	− 245	− 580 / − 830	− 310 / − 560	− 230 / − 480	über 160 bis 180
+ 79	+ 60	+ 33	+ 16	0	0	0	0	− 50	− 100	− 170	− 660 / − 950 / − 740 / − 1030	− 340 / − 630 / − 380 / − 670	− 240 / − 530 / − 260 / − 550	über 180 bis 200 / über 200 bis 225
+ 50	+ 31	+ 4	− 13	− 29	− 72	− 115	− 290	− 96	− 172	− 285	− 820 / − 1110	− 420 / − 710	− 280 / − 570	über 225 bis 250
+ 88	+ 66	+ 36	+ 16	0	0	0	0	− 56	− 110	− 190	− 920 / − 1240 / − 1050 / − 1370	− 480 / − 800 / − 540 / − 860	− 300 / − 620 / − 330 / − 650	über 250 bis 280 / über 280 bis 315
+ 56	+ 34	+ 4	− 16	− 32	− 81	− 130	− 320	− 108	− 191	− 320				
+ 98	+ 73	+ 40	+ 18	0	0	0	0	− 62	− 125	− 210	− 1200 / − 1560 / − 1350 / − 1710	− 600 / − 900 / − 680 / − 1040	− 360 / − 720 / − 400 / − 760	über 315 bis 355 / über 355 bis 400
+ 62	+ 37	+ 4	− 18	− 36	− 89	− 140	− 360	− 119	− 214	− 350				

Tabelle 5. Passungsauswahl, empfohlene Passtoleranzen, Spiel-, Übergangs- und Übermaßtoleranzfelder in µm nach DIN ISO 286

Nennmaßbereich mm	H8/x8 u8 [1)	H7 s6	H7 r6	H7 n6	H7 k6	H7 j6	H7 h6	H8 h9	H11 h9	H11 h11	G7 H7 h6 g6
über 1 bis 3	− 6 − 34	− 4 − 20	− 0 − 16	+ 6 − 10	—	+ 12 − 4	+ 16 0	+ 39 0	+ 85 0	+120 0	+ 18 + 2
über 3 bis 6	− 10 − 46	− 7 − 27	− 3 − 23	+ 4 − 16	—	+ 13 − 7	+ 20 0	+ 48 0	+105 0	+150 0	+ 24 + 4
über 6 bis 10	− 12 − 56	− 8 − 32	− 4 − 28	+ 5 − 19	+ 14 − 10	+ 17 − 7	+ 24 0	+ 58 0	+126 0	+180 0	+ 29 + 5
über 10 bis 14	− 13 − 67	− 10 − 39	− 5 − 34	+ 6 − 23	+ 17 − 12	+ 21 − 8	+ 29 0	+ 70 0	+153 0	+220 0	+ 35 + 6
über 14 bis 18	− 18 − 72										
über 18 bis 24	− 21 − 87	− 14 − 48	− 7 − 41	+ 6 − 28	+ 19 − 15	+ 25 − 9	+ 34 0	+ 85 0	+182 0	+260 0	+ 41 + 7
über 24 bis 30	− 15 − 81										
über 30 bis 40	− 21 − 99	− 18 − 59	− 9 − 50	+ 8 − 33	+ 23 − 18	+ 30 − 11	+ 41 0	+101 0	+222 0	+320 0	+ 50 + 9
über 40 bis 50	− 31 − 109										
über 50 bis 65	− 41 − 133	− 23 − 72	− 11 − 60	+ 10 − 39	+ 28 − 21	+ 37 − 12	+ 49 0	+120 0	+264 0	+380 0	+ 59 + 10
über 65 bis 80	− 56 − 148	− 29 − 78	− 13 − 62								
über 80 bis 100	− 70 − 178	− 36 − 93	− 16 − 73	+ 12 − 45	+ 32 − 25	+ 44 − 13	+ 57 0	+141 0	+307 0	+440 0	+ 69 + 12
über 100 bis 120	− 90 − 198	− 44 − 101	− 19 − 76								
über 120 bis 140	− 107 − 233	− 52 − 117	− 23 − 88	+ 13 − 52	+ 37 − 28	+ 51 − 14	+ 65 0	+163 0	+350 0	+500 0	+ 79 + 14
über 140 bis 160	− 127 − 253	− 60 − 125	− 25 − 90								
über 160 bis 180	− 147 − 273	− 68 − 133	− 28 − 93								
über 180 bis 200	− 164 − 308	− 76 − 151	− 31 − 106	+ 15 − 60	+ 42 − 33	+ 59 − 16	+ 75 0	+187 0	+405 0	+580 0	+ 90 + 15
über 200 bis 225	− 186 − 330	− 84 − 159	− 34 − 109								
über 225 bis 250	− 212 − 356	− 94 − 169	− 38 − 113								
über 250 bis 280	− 234 − 396	− 106 − 190	− 42 − 126	+ 18 − 66	+ 48 − 36	+ 68 − 16	+ 84 0	+211 0	+450 0	+640 0	+101 + 17
über 280 bis 315	− 269 − 431	− 118 − 202	− 46 − 130								
über 315 bis 355	− 301 − 479	− 133 − 226	− 51 − 144	+ 20 − 73	+ 53 − 40	+ 75 − 18	+ 93 0	+229 0	+500 0	+720 0	+111 + 18
über 355 bis 400	− 346 − 524	− 151 − 244	− 57 − 150								

[1)] bis Nennmaß 24 mm: x 8; über 24 mm Nennmaß: u 8

Tabelle 5. (Fortsetzung)

H 7 / f 7	F 8 / h 6	H 8 / f 7	F 8 / h 9	H 8 / e 8	E 9 / h 9	H 8 / d 9	D 10 / h 9	H 11 / d 9	D 10 / h 11	C 11 / h 9	C 11 H 11 / h 11 c 11	A 11 H 11 / h 11 a 11
+ 26 + 6	+ 28 + 6	+ 30 + 6	+ 47 + 6	+ 42 + 14	+ 64 + 14	+ 59 + 20	+ 85 + 20	+105 + 20	+120 + 20	+145 + 60	+ 180 + 60	+ 390 + 270
+ 34 + 10	+ 36 + 10	+ 40 + 10	+ 58 + 10	+ 56 + 20	+ 80 + 20	+ 78 + 30	+108 + 30	+135 + 30	+153 + 30	+175 + 70	+ 220 + 70	+ 420 + 270
+ 43 + 13	+ 44 + 13	+ 50 + 13	+ 71 + 13	+ 69 + 25	+ 97 + 25	+ 98 + 40	+134 + 40	+166 + 40	+188 + 40	+206 + 80	+ 260 + 80	+ 460 + 280
+ 52 + 16	+ 54 + 16	+ 61 + 16	+ 86 + 16	+ 86 + 32	+118 + 32	+120 + 50	+163 + 50	+203 + 50	+230 + 50	+248 + 95	+ 315 + 95	+ 510 + 290
+ 62 + 20	+ 66 + 20	+ 74 + 20	+105 + 20	+106 + 40	+144 + 40	+150 + 65	+201 + 65	+247 + 65	+279 + 65	+292 +110	+ 370 + 110	+ 560 + 300
+ 75 + 25	+ 80 + 25	+ 89 + 25	+126 + 25	+128 + 50	+174 ++50	+181 + 80	+242 + 80	+302 + 80	+340 + 80	+342 +120 +352 +130	+ 440 + 120 + 450 + 130	+ 630 + 310 + 640 + 320
+ 90 + 30	+ 95 + 30	+106 + 30	+150 + 30	+152 + 60	+208 + 60	+220 +100	+294 +100	+364 +100	+410 +100	+404 +140 +414 +150	+ 520 + 140 + 530 + 150	+ 720 + 340 + 740 + 360
+106 + 36	+112 + 36	+125 + 36	+177 + 36	+180 + 72	+246 + 72	+261 +120	+347 +120	+427 +120	+480 +120	+477 +170 +487 +180	+ 610 + 170 + 620 + 180	+ 820 + 380 + 850 + 410
+123 + 43	+131 + 43	+146 + 43	+206 + 43	+211 + 85	+285 + 85	+308 +145	+405 +145	+495 +145	+555 +145	+550 +200 +560 +210 +580 +230	+ 700 + 200 + 710 + 210 + 730 + 230	+ 960 + 460 +1020 + 520 +1080 + 580
+142 + 50	+151 + 50	+168 + 50	+237 + 50	+244 +100	+330 +100	+357 +170	+470 +170	+575 +170	+645 +170	+645 +240 +665 +260 +685 +280	+ 820 + 240 + 840 + 260 + 860 + 280	+1240 + 660 +1320 + 740 +1400 + 820
+160 + 56	+169 + 56	+189 + 56	+267 + 56	+272 +110	+370 +110	+401 +190	+530 +190	+640 +190	+720 +190	+750 +300 +780 +330	+ 940 + 300 + 970 + 330	+1560 + 920 +1690 +1050
+176 + 62	+187 + 62	+208 + 62	+291 + 62	+303 +123	+405 +125	+439 +210	+580 +210	+710 +210	+800 +210	+860 +360 +900 +400	+1080 + 360 +1120 + 400	+1920 +1200 +2070 +1350

2 Festigkeit und zulässige Spannung

Die Begriffe Festigkeit, Dauerfestigkeit, Gestaltfestigkeit und Kerbwirkung werden ausführlich im Abschnitt D Festigkeitslehre behandelt, ebenso die Ermittlung der zulässigen Spannung für ruhende (statische) und schwingende (dynamische) Belastung (siehe 1.8 und 1.9) im Abschnitt D Festigkeitslehre).
Dort sind auch Festigkeitswerte für verschiedene Werkstoffe und Anhaltswerte für Kerbwirkungszahlen zu finden.
Zusätzliche Informationen zum Thema Festigkeit und zulässige Spannung bringt der Abschnitt E Werkstofftechnik – Prüfung metallischer Werkstoffe –, zum Beispiel über Zugversuch, Spannungs-Dehnungs-Diagramm, Werkstoffkennwerte, Kerbschlagversuch, Dauerschwingversuch und Dauerfestigkeitsdiagramm.

3 Klebverbindungen

Normen (Auswahl)

DIN 16920	Klebstoffe, Klebstoffverarbeitung, Begriffe
DIN 53281	T1 Behandlung der Klebflächen
	T2 Herstellung der Proben
	T3 Kenndaten des Klebvorganges
DIN 53282	Winkelschälversuch
DIN 53283	Zugscherversuch
DIN 53284	Zeitstandsversuch
DIN 53287	Beständigkeit gegenüber Flüssigkeiten
DIN 53289	Rollenschälversuch
DIN 54452	Druckschälversuch
DIN 54455	Torsionsschälversuch

(Vornorm DIN V 54461 Biegeschälversuch)

3.1 Allgemeines

Unter **Kleben** versteht man das Verbinden von Teilen aus gleichen oder verschiedenartigen Werkstoffen mit nichtmetallischen Klebstoffen. Normalerweise entsteht eine Klebverbindung bei Raumtemperatur ohne Druckeinwirkung. Die Verarbeitung einiger Klebstoffe setzt jedoch auch höhere Drücke und Temperaturen bis ca. 150 °C voraus.
Die Festigkeit einer Klebverbindung wird durch die Haftung eines Klebstoffes an der Werkstückoberfläche (Adhäsion) und seine Bindekräfte zwischen den Klebstoffmolekülen (Kohäsion) bestimmt.
Durch Entwicklung von Klebern hoher Bindefestigkeit wird das Kleben als Verbindungsart auch metallischer Bauteile im zunehmenden Maße verwendet, insbesondere im Leichtmetallbau, im Flugzeugbau für Tragflächen, Rumpfblechversteifungen, Tür- und Fensterrahmen, in der Elektrotechnik für magnetische Spannplatten, Transformatoren- und Statorbleche, Geräte und Apparate, im Kraftfahrzeugbau für Reibbeläge bei Kupplungen und Bremsen, ferner in der Kunststoffindustrie, bei Spiel-, Leder- und Verpackungswaren und im Bauwesen für Wand- und Fußbodenplatten.
Vorteile gegenüber anderen Verbindungselementen: Verbinden verschiedenartigster Werkstoffe; keine Werkstoffbeeinflussung; keine Schwächung der Bauteile durch Niet- oder Schraubenlöcher.
Nachteile: Geringere spezifische Festigkeit gegenüber Schweißen oder Nieten; geringe Schälfestigkeit; Stumpfstöße kaum möglich; teilweise längere Aushärtungszeiten.

3.2 Klebstoffe

Klebstoffe werden hauptsächlich auf Kunstharzbasis in der Form von Phenol- und Epoxydharzen oder auf Kautschukbasis als Lösungsmittelklebstoffe hergestellt. Nach DIN 16920 und der VDI-Richtlinie 2229 teilt man sie nach der Art des Abbindens ein:
Physikalisch abbindende Klebstoffe sind Klebstoffe mit Lösungsmitteln, die vor dem Fügen oder Erstarren der Klebstoffschmelze zum größten Teil ablüften (verdunsten). Diese Klebstoffe sind zur Verbindung von Metallen mit porösen Werkstoffen wie z.B. Kork, Holz, Leder oder auch durchlässigen Kunststoffen geeignet. Zu den physikalisch abbindenden Klebstoffen gehören Kontakt-Schmelzklebstoffe sowie Plastisole.
Kontaktklebstoffe (Basis Kautschuk) werden beidseitig auf die zu klebenden Flächen aufgetragen, abgelüftet und unter kurzem starken Druck gefügt.
Schmelzklebstoffe werden auf ca. 150 °C erhitzt und in geschmolzenem Zustand vor dem Erstarren des Klebstoffes gefügt.
Plastisole (Basis Polyvinilchlorid) sind lösungsmittelfrei und werden in teigigem Zustand aufgetragen. Sie binden bei Temperaturen zwischen 140 °C und 200 °C ab.
Chemisch abbindende Klebstoffe (Reaktionsklebstoffe) sind Klebstoffe auf Kunstharzbasis, die nur durch geeignete Reaktionsstoffe (Katalysatoren) hohe Haftfestigkeit und innere Festigkeit erreichen. Sie werden auch als Zwei-Komponenten-Klebstoffe (Bindemittel-Härter) bezeichnet. Abbindereaktionen werden durch den Härter, erhöhte Temperaturen, Luftfeuchtigkeit oder Entzug von Sauerstoff (anaerob) herbeigeführt. Da bei chemisch abbindenden Klebstoffen oft große Abbindezeiten (bis zu mehreren Tagen) einzuhalten sind, wird als dritte Komponente vielfach ein Beschleuniger zur Verkürzung der Abbindezeit zugegeben.
Es gibt kalt- und warmabbindende Klebstoffe. **Kalthärtende** Klebstoffe (Kalthärter) härten bei Raumtemperatur oder erhöhten Temperaturen aus. **Warmhärtende** Klebstoffe (Warmhärter) härten nur bei

erhöhten Temperaturen aus. Tabelle 1 zeigt eine Zusammenstellung einiger kalt- und warmabbindender Klebstoffe.

3.3 Herstellung der Klebverbindung

3.3.1 Vorbehandlung

Nur wenn die zu verklebenden Flächen sauber und fettfrei sind, kann eine Klebverbindung die erforderliche Festigkeit und Beständigkeit erreichen.
Säubern von Schmutz, Farbresten, Oxidschichten usw. geschieht meist mechanisch durch Bürsten, Schmirgeln oder Strahlen.
Entfetten von Öl-, Fett- öder Wachsresten erfolgt durch organische Lösungsmittel wie Perchloräthylen, Methylchlorid oder Aceton
Beizen (Ätzen) vor allem von Metallklebeflächen in verdünnter Schwefelsäure und - bei Leichtmetallen - nachfolgende anodische Oxidation.

Niedrige Beanspruchung für Zugscherfestigkeit bis 5 N/mm². Kein Kontakt mit Wasser; Einsatz in geschlossenen Räumen. Anwendungsgebiete: Modellbau, Möbelbau, Elektrotechnik/Elektronik.
Mittlere Beanspruchung für Zugscherfestigkeit bis 10 N/mm². Kontakt mit Öl und Treibstoffen zulässig. Anwendungsgebiete: Maschinen- und Fahrzeugbau.
Hohe Beanspruchung für Zugscherfestigkeit über 10 N/mm². Kontakt mit Lösungsmitteln, Ölen und Treibstoffen zulässig. Anwendungsgebiete: Schiffbau, Behälterbau, Flugzeugbau.
Vorschläge für Oberflächenbehandlungen verschiedener zu klebender Werkstoffe nach Tabelle 2.

3.3.2 Klebvorgang

Beim Auftragen des Klebstoffes müssen Herstellerangaben genau eingehalten werden. Wichtig ist ein gleichmäßig dicker Auftrag mit Pinsel oder Zahnspachtel auf die Klebflächen.

Tabelle 1. Auswahl von Kalt- und Warmklebern

Kalthärter	Basis	Aushärtung	Zugscherfestigkeit τ_{KB} in N/mm²	temperaturbeständig bis	Anwendung
Agomet M	Acrylharz	20 °C ... 24 h 50 °C ... 1 h	22 ... 32	80 °C	Stahl, Leichtmetalle, Hartkunststoffe
Araldit AV 138	Epoxidharz	20 °C ... 30 h 120 °C ... 1 h 150 °C ... 0,5 h	22 ... 32	60 °C	Metalle, Glas, Keramik, Duroplaste
Sicomet 85	Cyanacrylat	23 °C 5s ... 5 min	18 ... 26	110 °C	Metalle, nichtporöse Stoffe
Bostik 788	Polyesterharz	20 °C 48 h ... 170 h	15 ... 18	80 °C	Metalle

Warmhärter	Basis	Aushärtung	Zugscherfestigkeit τ_{KB} in N/mm²	temperaturbeständig bis	Anwendung
Araldit AT1	Epoxidharz	110 °C ... 30 h 200 °C ... 0,5 h	17 ... 32	150 °C	Metalle, Keramik, Glas, gehärte Kunststoffe
Redux 64	Phenolharz/Polyvinilformal	145 °C ... 0,5 h 180 °C ... 0,1 h	30 ... 40	300 °C	Metalle, Bremsbeläge
Scotch Klebefilm AF 42	Nylon-Epoxidharz	175 °C ... 1 h 230 °C ... 30 s	13 ... 30	120 °C	Metalle, Keramik, Glas, glasfaserverstärkter Kunststoff

Der Umfang der erforderlichen Oberflächenbehandlung richtet sich nach der Beanspruchung der Klebverbindung:

Tabelle 2. Vorbehandlung von Klebflächen

Werkstoff	Behandlungsfolgen für		
	niedrige Beanspruchung	mittlere Beanspruchung	hohe Beanspruchung
Stahl	Reinigen, Entfetten, Spülen, Trocknen	Reinigen, Schleifen, Entfetten, Spülen, Trocknen	Reinigen, Strahlen, Entfetten, Spülen, Trocknen
Stahl, verzinkt	Reinigen, Entfetten, Spülen, Trocknen	Reinigen, Entfetten, Spülen, Trocknen	Reinigen, Entfetten, Spülen, Trocknen
Titan	Reinigen, Entfetten, Spülen, Trocknen	Reinigen, Schleifen, Entfetten, Spülen, Trocknen	Reinigen, Strahlen, Entfetten, Spülen, Trocknen
Gusseisen	Gusshaut entfernen	Schleifen, Bürsten	Strahlen
Aluminiumlegierung	Reinigen, Entfetten, Spülen, Trocknen	Reinigen, Beizen, Schleifen, Spülen, Trocknen	Reinigen, Strahlen, Beizen, Spulen, Trocknen
Magnesium	Reinigen, Entfetten, Spülen, Trocknen	Reinigen, Entfetten, Schleifen, Spülen, Trocknen	Reinigen, Strahlen, Entfetten, Beizen, Spülen, Trocknen
Kupferlegierung	Reinigen, Entfetten, Spülen, Trocknen	Reinigen, Schleifen, Entfetten, Spülen, Trocknen	Reinigen, Strahlen, Entfetten, Spülen, Trocknen

Bei **Lösungsmittelklebstoffen** ist der richtige Zeitpunkt des Fügens unter Druck nach dem Verdunsten des Lösungsmittels und Abbinden des Klebstoffes entscheidend für die Festigkeit der Verbindung.

3 Klebverbindungen

Bei **Reaktionsklebstoffen** wird nur eine der Klebflächen durch Streichen, Spachteln, Aufstreuen oder Auflegen von Klebefolien beschichtet. Danach können die Teile sofort gefügt werden.

3.4 Berechnung

Eine Klebverbindung sollte nur auf Schub und/oder Druck beansprucht werden (Bild 1). Biege- und Zugbeanspruchungen sollten vermieden werden. Lässt sich eine Schälbeanspruchung nicht vermeiden, kann durch zusätzliches Nieten, Punktschweißen oder Falzen eine Abschwächung der Schälbeanspruchung erreicht werden.
Die wichtigste Kenngröße zur Berechnung von Klebverbindungen ist die Bindefestigkeit τ_{KB} (Zugscherfestigkeit). Sie wird an Prüfkörpern (Bild 2) mit einschnittiger Überlappung in Abhängigkeit von Klebstoff, Klebschichtdicke und Oberflächen- oder Temperatureinflüssen ermittelt.

$$\tau_{KB} = \frac{F}{A_{Kl}} = \frac{F}{l_{ü}\, b} \quad \begin{array}{c|c|c|c} \tau_{KB} & F & A_{Kl} & l_{ü},\, b \\ \hline \frac{N}{mm^2} & N & mm^2 & mm \end{array} \quad (1)$$

F Zugkraft
A_{Kl} Klebfugenfläche
$l_{ü}$ Überlappungslänge
b Klebfugenbreite

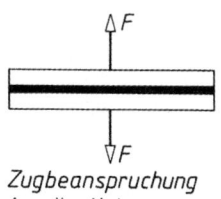

*Zugbeanspruchung
(ungünstig)*

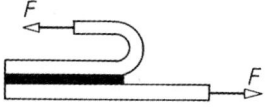

*Schälbeanspruchung
(sehr ungünstig)*

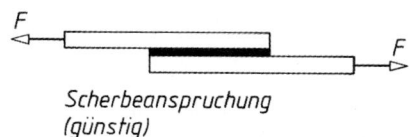

*Scherbeanspruchung
(günstig)*

Bild 1. Beanspruchungsarten von Klebverbindungen

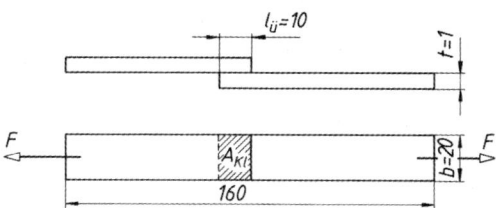

Bild 2. Prüfkörper zur Ermittlung der Bindefestigkeit

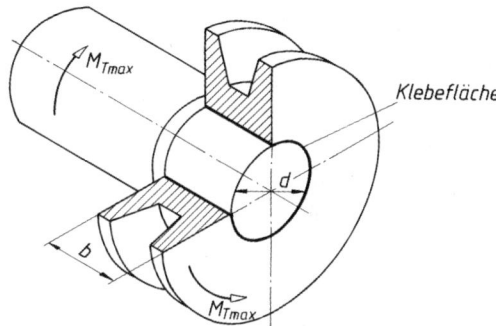

Bild 3. Torsionsbeanspruchung der Klebschicht

Zugscherfestigkeiten einiger Klebstoffe nach Tabelle 1. Mit der Sicherheit S ergibt sich als zulässige Spannung

$$\tau_{K\,zul} = \frac{\tau_{KB}}{S} \quad \begin{array}{c|c|c} \tau_{K\,zul} & \tau_{KB} & S \\ \hline \frac{N}{mm^2} & \frac{N}{mm^2} & 1 \end{array} \quad (2)$$

$S \approx 4 \ldots 5$ bei wechselnder Beanspruchung
$S \approx 3$ bei schwellender Beanspruchung
$S \approx 2$ bei ruhender Beanspruchung

Die maximale **Scherkraft** ergibt sich mach Bild 2 aus

$$F_{max} \leq A_{Kl}\, \tau_{K\,zul} = b\, l_{ü}\, \tau_{K\,zul} \quad (3)$$

$$\begin{array}{c|c|c|c} F_{max} & A_{Kl} & \tau_{Kzul} & b,\, l_{ü} \\ \hline N & mm^2 & \frac{N}{mm^2} & mm \end{array}$$

Das maximale **Torsionsmoment** nach Bild 3 aus

$$M_{T\,max} \leq 0{,}5\, \pi d^2\, b\, \tau_{K\,zul} \quad (4)$$

$$\begin{array}{c|c|c} M_{T\,max} & \tau_{K\,zul} & b,\, d \\ \hline Nmm & \frac{N}{mm^2} & mm \end{array}$$

■ **Beispiel:**
Zwei mit Araldit AV 138 verklebte Stahlrohre (Bild 4) übertragen wechselnd ein Torsionsmoment M_{Tmax} = 32 Nm. Im Betrieb tritt höchstens eine Umgebungstemperatur von 25 °C auf. Es soll nachgerechnet werden, ob die vorgesehene Überlappungslänge b = 25 mm ausreicht.

Gegeben:

Überlappungslänge	b	= 25 mm
Torsionsmoment	M_T	= 32 Nm
Rohrdurchmesser	d	= 30 mm
Bindefestigkeit	τ_{KB}	= 18 N/mm²

(gewählt nach Tabelle 1)
Sicherheit S
bei wechselnder Beanspruchung = 4 (gewählt)

Lösung:
Zulässige Spannung nach Gleichung (2)

$$\tau_{K\,zul} = \frac{\tau_{KB}}{S} = \frac{18\ \text{N/mm}^2}{4} = 4\ \text{N/mm}^2$$

$$b \geq \frac{M_{T\,max}}{0{,}5\,\pi\,d^2\,\tau_{K\,zul}} = \frac{32\,000\ \text{Nmm}}{0{,}5\cdot\pi\cdot 30^2\ \text{mm}^2\cdot 4{,}5\ \text{N/mm}^2} = 5{,}03\ \text{mm}$$

Die Überlappungslänge $b = 25$ mm kann also noch reduziert werden, wenn nicht andere Gründe dagegen sprechen.

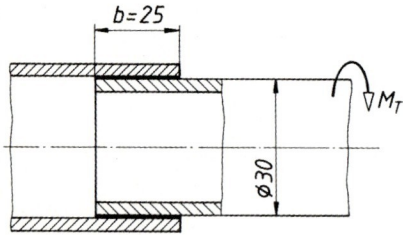

Bild 4. Verdrehbeanspruchte, geklebte Rohrverbindung

3.5 Gestaltungshinweise

Eine klebgerechte Konstruktion sollte sich nach folgenden Gestaltungsregeln richten: Stumpfstöße können wegen der zu kleinen Klebfläche nicht angewendet werden. Eine geschäftete Verbindung ist möglich, aber teuer in der Herstellung.
Genügend große Klebflächen erhält man durch Überlappungsverbindungen. Dabei sind gefalzte oder doppelte Überlappungen der einfachen oder abgesetzten Doppellaschenverbindung vorzuziehen.
Bei Rohrverbindungen sollten die Rohre ineinander gesteckt oder mit Muffen versehen werden (größere Klebfläche).

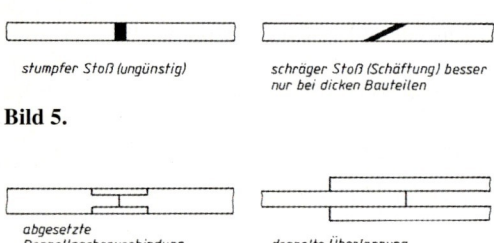

Bild 5.

Bild 6.

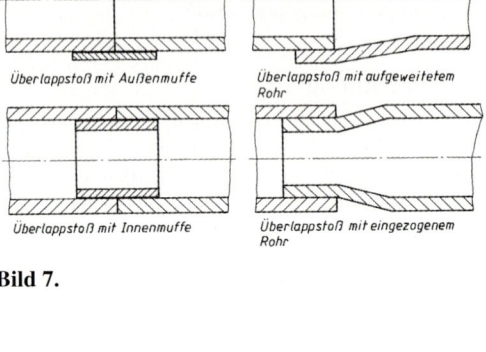

Bild 7.

4 Lötverbindungen

Über Lotarten, Lötverfahren, Festigkeitseigenschaften und die Gestaltung von Lötverbindungen wird im Abschnitt M Spanlose Fertigung – Verbindende Fertigungsverfahren – berichtet. Weitere Angaben über Lote sind im Abschnitt E Werkstofftechnik zu finden.

5 Schweißverbindungen

5.1 Grundsätze

Werden beim Fügen von Einzelteilen zu Baugruppen die Verbindungen durch Schweißen gefertigt, so ist der Konstrukteur weit reichenden Festlegungen unterworfen, wenn die Erzeugnisse dem durch staatliche Normen geregelten Bereich zuzuordnen sind (geregelter Bereich). Hierzu zählen Stahl-, Schienenfahrzeug-, Eisenbahnbrücken-, Schiff-, Behälter- und Rohrleitungsbau sowie Erzeugnisse im Bereich der Wehrtechnik. Weit gehend eigenverantwortlich und nur den „anerkannten Regeln der Technik" verpflichtet ist dagegen der Maschinenbauer in seinen Entscheidungen bei der Wahl von Werkstoff, Schweißverfahren und der Berechnung der Schweißverbindungen (nicht geregelter Bereich).

5.1.1 Darstellung und Begriffe

Unabhängig vom Anwendungsbereich wird in DIN EN 12345 die mittelbare Anordnung der zu schweißenden Teile als Stoßart bezeichnet (Tabelle 1). Die Stoßart übt bei schwingender Beanspruchung einen wesentlichen Einfluss auf die Gestaltfestigkeit eines Schweißbauteils wegen der verschiedenartigen Kraftumlenkungen aus.
Stumpfnähte sind wegen ihres weit gehend ungestörten Kraftflusses gegenüber Kehlnähten aus dieser Sicht vorteilhafter, Kehlnähte dagegen wegen ihrer

5 Schweißverbindungen

einfacheren Vorbereitung und Ausführung kostengünstiger. Weitere konstruktive Empfehlungen siehe Abschnitt 5.1.4. Die unmittelbare Gestaltung an der Schweißstelle vor dem Schweißen (Fugenform) nimmt der Konstrukteur in Abhängigkeit von Stoßart, Blechdicke, Werkstoff und Schweißverfahren nach DIN EN 22553 vor. Handelt es sich um in der Norm erfasste Schweißnähte, so kann ihre Bezeichnung in symbolischer Form nach Tabelle 2 erfolgen. Bei nicht genormten Schweißnähten sind die Schweißnahtvorbereitung und die fertige Schweißnaht vollständig zu zeichnen, zu bemaßen und hinsichtlich der geforderten Qualitäten zu tolerieren. Erfordern es die Qualität oder die Herstellungsbedingungen, so legt der Konstrukteur die Ausführungsrichtung des Schweißens durch Eintragen der Schweißposition in die Schweißnahtbezeichnung fest. Die Schweißposition muss dann in der Fertigung gegebenenfalls durch Vorrichtungen oder Werkstückmanipulatoren eingehalten werden (Bild 1).

Tabelle 1. Schweißnahtbegriffe und Anwendungsbereiche nach DIN EN 12345 und DIN EN 22553 (Abkürzungen siehe Tabelle 2)

Stoßart	Sinnbild	Fugenform	Name	Blechdicke mm	Schweißverfahren
Stumpfstoß			I - Naht	bis 4 einseitig bis 8 einseitig 2 bis 15 bis 20 bis 100 bis 8 beidseitig 4 bis 40 beidseitig	G, E, WIG MAG, MIG, WP UP LA EB G, E, WIG, MAG, MIG UP
			V - Naht	3 bis 10 einseitig 3 bis 40 beidseitig	G E, WIG, MAG, MIG
			DV - Naht	über 10 16 bis 50	E, MAG, MIG UP
			Steilflankennaht	über 16 über 20	E, MAG, MIG UP
Parallelstoß			Stirnfugennaht	konstruktiv	E, WIG, MAG, MIG
			Stirnflachnaht	bis 4	G, WIG, WP, LA, EB (ohne Schweißzusatz)
Überlappstoß			Kehlnaht	über 3 max. $a = 0{,}7 \cdot t$	E, MAG, MIG, UP
T - Stoß			Doppelkehlnaht		
			HV - Naht	3 bis 40	E, MAG, MIG, UP
			DHV - Naht	über 10	E, MAG, MIG, UP
Eckstoß			HV - Naht	3 bis 40	E, MAG, MIG, UP
			Kehlnaht	konstruktiv	E, MAG, MIG

Tabelle 2. Darstellung von Schweißnähten nach DIN EN 22553 und DIN EN ISO 4063

Symbolische und bildliche Schweißnahtbezeichnung

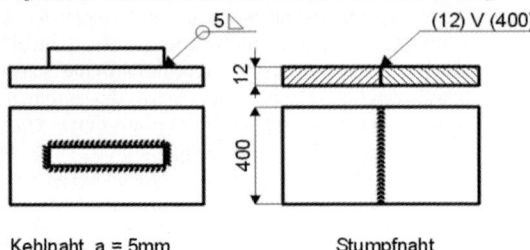

Kehlnaht, a = 5mm   Stumpfnaht   V - Naht

Schweißnähte werden auf Zeichnungen symbolisch (oben) oder bildlich (unten) dargestellt. Nicht benutzt wird in einer Ansicht die symbolische *und* die bildliche Darstellung.

In Vorbereitung und Ausführung sind Schweißnähte zu zeichnen und zu bemaßen, wenn für sie keine genormten Symbole existieren.

Vollständige Schweißnahtbezeichnung nach DIN EN 22553

- 12   Nahtdicke, kann bei durchgeschweißten Stumpfnähten entfallen
- 400 Schweißnahtlänge, entfällt, wenn Naht- gleich Bauteillänge
- 111 Kennzahl des Schweißverfahrens nach DIN ISO 4063
- BS   Qualitätsangabe: Bewertungsgruppe B einer Stumpfnaht
- PA   Schweißposition (vergl. Bild 1)

E 43 22 RR6: Schweißelektrode

V-Naht mit Zusatzsymbol

12 ⌴ 400   111 / BS / PA / E 43 22 RR6

Ausgewählte Zusatzsymbole für die Schweißnahtausführung

Symbol	Bedeutung	Symbol	Bedeutung	Symbol	Bedeutung	Symbol	Bedeutung
Wurzel ausgearbeitet u. Gegenlage ausgeführt *)		Nahtübergänge kerbfrei, gegebenenfalls bearbeitet		Naht eingeebnet durch zusätzliche Bearbeitung		Beilage benutzt	M
gewölbt konvex / konkav		flache Nahtoberfläche		Unterlage benutzt	MR	*) Schwärzung, Schraffur oder Punktmuster zulässig	

Anwendungsbeispiele für Zusatzsymbole

flache V-Naht, von der oberen Werkstückseite durch zusätzliche Bearbeitung eingeebnet

flache V-Naht mit flacher Gegennaht

 *)

Y-Naht mit ausgearbeiteter Wurzel und Gegennaht

Kehlnaht mit kerbfreiem (ggf. bearbeitetem) Übergang

Kennzahlen nach DIN ISO 4063

111	Lichtbogenhandschweißen	(E)	21	Widerstandspunktschweißen	(RP)
12	Unterpulverschweißen	(UP)	3	Gasschmelzschweißen	(G)
131	Metall-Inertgasschweißen	(MIG)	41	Ultraschallschweißen	(US)
135	Metall-Aktivgasschweißen	(MAG)	42	Reibschweißen	(FR)
141	Wolfram-Inertgasschweißen	(WIG)	751	Laserstrahlschweißen	(LA)
15	(Wolfram-) Plasmaschweißen	(WP)	76	Elektronenstrahlschweißen	(EB)

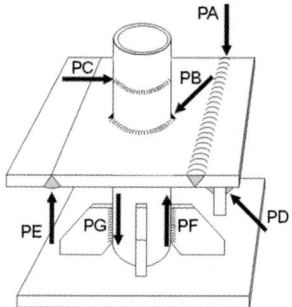

Bild 1. Schweißpositionen
PA waagerecht, PB horizontal, PC quer, PD halb über Kopf,
PE über Kopf, PF senkrecht steigend, PG senkrecht fallend

5.1.2 Werkstoffwahl

Geschweißt werden vorzugsweise plastifizierungsfähige Stähle, die eine Wärmeschrumpfung von ca. 2% durch örtliches Fließen gestatten. Als allgemein schweißgeeignet gelten unlegierte Stähle mit einem Kohlenstoffgehalt unter 0,22%. Ebenfalls geschweißt und hinsichtlich der Tragfähigkeit berechnet werden niedrig legierte Stähle und Feinkornbaustähle, wenn deren Schweißeignung nachgewiesen ist. Dieser Nachweis lässt sich mit Hilfe der $t_{8/5}$-Zeit (Abkühlzeit von 800°C auf 500°C), von ZTU-Schaubildern oder durch das Berechnen des Kohlenstoffäquivalents CEV (1) nach DIN 10025

$$CEV = \%\,C + \frac{\%\,Mn}{6} + \frac{\%\,Cr + \%\,Mo + \%\,V}{5} + \frac{\%\,Ni + \%\,Cu}{15} \qquad (1)$$

erbringen. Das Ziel besteht darin, möglichst ohne Vorwärmen risssicher zu schweißen. Dies kann in der Regel erreicht werden, wenn der Werkstoff ein Kohlenstoffäquivalent $CEV < 0{,}35$ aufweist.

Berechnet und geschweißt werden auch Verbindungen an Aluminium und seinen Legierungen. Bei nicht aushärtendem kaltverfestigtem Aluminium gestattet der Härte- und Festigkeitsabfall im Bereich der Wärmeeinflusszone nur das Rechnen mit den Festigkeitswerten des weichen Zustands. Auch bei aushärtbaren Aluminiumlegierungen fallen nach dem Schweißen zunächst die mechanischen Gütewerte ab. Gezielte Wärmebehandlung nach dem Schweißen gestattet jedoch das Einstellen verlässlicher Festigkeitswerte und das Berechnen von Aluminium-Schweißverbindungen [01].

5.1.3 Wahl von Schweißverfahren und Bewertungsgruppe

Die Eigenschaften der Schweißung werden durch mehr oder weniger starke Abweichungen der fertigen Schweißnaht von der Idealgeometrie beeinflusst. In DIN EN 25817 „Lichtbogenschweißen an Stahl; Richtlinie für Bewertungsgruppen von Unregelmäßigkeiten (Imperfektionen)" sind Grenzwerte für die Stahlschweißung festgelegt (Bild 2). Neben dieser Norm gelten weitere für andere Schweißverfahren und Werkstoffe. Geringfügige Unregelmäßigkeiten der Nahtgeometrie haben auf die statische Beanspruchbarkeit einen vernachlässigbar kleinen Einfluss, während das dynamische Tragverhalten signifikant von Schweißnaht- und Bauteilgeometrie bestimmt wird. Mit dem Festlegen der Bewertungsgruppe fällt der Konstrukteur ein zusammenfassendes Qualitätsurteil über alle inneren und äußeren Schweißnahtimperfektionen. Die Bewertungsgruppe wird in die Konstruktionszeichnung eingetragen (Tabelle 2). Von DS nach BS sinken die Toleranzen, gleichzeitig steigen die Fertigungskosten. Während für den geregelten Bereich oft Zusammenhänge zwischen der Qualität und der Tragfähigkeit vorgeschrieben sind, bestehen für den nicht geregelten Bereich keine Festlegungen zur Wahl der Bewertungsgruppe. Das DVS-Merkblatt 0705 [02] enthält Empfehlungen zur Wahl der Bewertungsgruppe nach:

1. dem Sicherheitsbedürfnis (Schutz von Personen, Anlagen oder der Umwelt)
   Druckbehälter → Bewertungsgruppe B
   Wehrtechnik   → Bewertungsgruppe D

2. der Beanspruchung
   niedrig 50%
   Ausnutzung der zulässigen Spannung
   → Bewertungsgruppe D
   mittel 75%
   Ausnutzung der zulässigen Spannung
   → Bewertungsgruppe C
   hoch 100%
   Ausnutzung der zulässigen Spannung
   → Bewertungsgruppe B

3. Zusatzkriterien
   z.B. Öldichtheit prüfen.

5.1.4 Gestaltung von Schweißverbindungen

Unterliegen Schweißbaugruppen verschiedenen Beanspruchungen, so erweisen sich ebenso verschiedene Gestaltungen als beanspruchungsgerecht, Bild 3. Die Lösung unter a) wird wegen der Schweißnahtanhäufung vielfach als ungünstig angesehen. Schweißnahtanhäufung bewirkt Konzentration von Schrumpfspannungen, hier entsteht eine dreiachsige Zugspannung. Die am Schweißnahtende auftretende Kerbwirkung ist dagegen bei Variante a) geringer und nimmt in Richtung c) zu. Bei schwingender Beanspruchung und fehlender Sprödbruchgefahr wird der Konstrukteur daher der Lösung a) gegenüber b) und c) wegen deutlich besserer Schwingfestigkeitswerte den Vorzug geben. Weitere konstruktive Empfehlungen zeigt Tabelle 3.

Die Qualitätsbewertung von Schweißnahtgüten mit Hilfe der DIN EN 25817

Gültigkeitsbereich	Merkmalsgruppen	Umfang der zerstörungsfreien Prüfung von Schweißverbindungen der Bewertungsgruppen für den nichtgeregelten Bereich (nach DVS-M 0705) und Gütebeiwert b_2 für Gleichung (8)			
* Schmelzschweißen an un- und legiertem Stahl * Schweißverfahren: Metalllichtbogenschweißen ohne Gasschutz, UP-Schweißen, MSG-Schweißen, Plasmaschweißen * t = 3 bis 63mm	* Risse * Hohlräume * feste Einschlüsse * Bindefehler und ungenügende Durchschweißung * Formfehler * sonstige Fehler, z.B. Zündstellen, Schweißspritzer, Anlauffarben, u.a.		Bewertungsgruppen für Stumpfnähte		
			BS	CS	DS
		Volumenprüfung	100%	-	-
		Sichtprüfung	100%	100%	100%
		Gütebeiwert b_2	1	0,8	0,5
			Bewertungsgruppen für Kehlnähte		
			BK	CK	DK
		Sichtprüfung	100%	100%	100%
		Gütebeiwert b_2	0,8	0,5	0,3

Unregelmäßigkeit	Darstellung	Grenzwert in der Bewertungsgruppe		
		B	C	D
Einbrandkerben	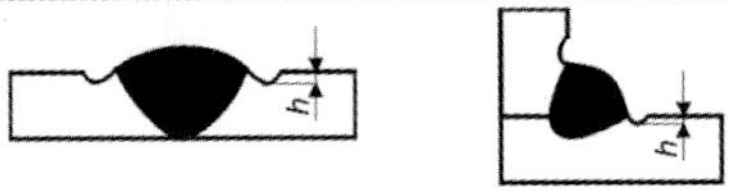	$h \leq 0,5$ mm	$h \leq 1,0$ mm	$h \leq 1,5$ mm
Nahtüberhöhung (weiche Übergänge sind gefordert)	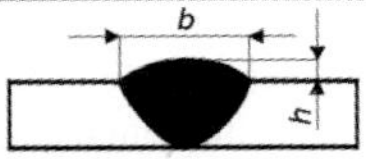	$h \leq 1$mm$+0,1 \cdot b$ max. 5mm	$h \leq 1$mm$+0,15 \cdot b$ max. 7mm	$h \leq 1$mm$+0,25 \cdot b$ max. 10mm
	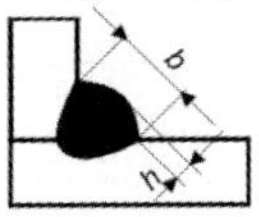	$h \leq 1$mm$+0,1 \cdot b$ max. 3mm	$h \leq 1$mm$+0,15 \cdot b$ max. 4mm	$h \leq 1$mm$+0,25 \cdot b$ max. 5mm

Bild 2. Bewertungsgruppen für das Lichtbogenschweißen von Stahl nach DIN 25817

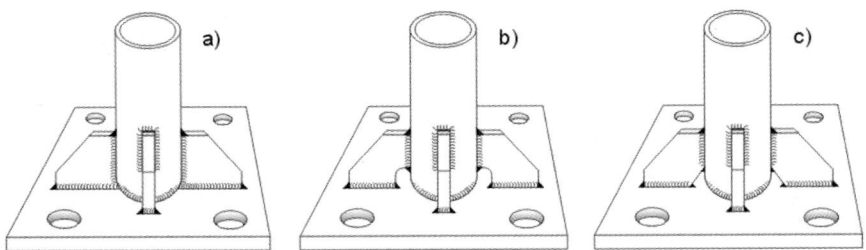

Bild 3. Anschlussformen und Beanspruchbarkeit

5.2 Berechnung von Schweißverbindungen

5.2.1 Spannungen in Schweißnähten

Kräfte und Momente rufen in Schweißnähten Spannungen hervor, die sich mit Hilfe vereinfachter Annahmen nach den Regeln der Technischen Mechanik berechnen lassen. Das zeitlich veränderliche Wirken der Kräfte kann durch Betriebsfaktoren, Teilsicherheits- oder Schwingungsbeiwerte oder andere, in den Regelwerken vorgeschriebene Lastannahmen berücksichtigt werden. Charakteristische Schweißnahtspannungen (Bild 4) sind

$\sigma_\perp$ Normalspannungen quer zur Nahtrichtung: Charakteristische Schweißnahtspannung, die zur Auslegung von Stumpf- und Kehlnähten herangezogen wird.

$\sigma_\parallel$ Normalspannungen in Nahtrichtung: Von untergeordneter Bedeutung. Wird in der Regel nicht berechnet. Die Tragfähigkeit wird bei ruhender Beanspruchung in diesem Fall durch den angrenzenden Grundwerkstoff bestimmt.

$\tau_\parallel$ Schubspannungen in Nahtrichtung: Charakteristische Schweißnahtspannung in Hals- und Flankenkehlnähten. Tritt auch als Querkraftschub in biegebeanspruchten Trägern auf (5).

$\tau_\perp$ Schubspannungen quer zur Nahtrichtung: Möglichst vermeiden. Bei Stirnkehlnähten in Stabanschlüssen jedoch übliche Schweißnaht (Tabelle 6, Nr. 2-4).

5 Schweißverbindungen

Tabelle 3. Gestaltungsempfehlungen für Schweißkonstruktionen

Nr.	Variante 1	Variante 2	Erklärung
	Montagegerechtes Gestalten		
1			Beim Verschließen von Behältern kann bei Variante 1 mit Robotern/Automaten ohne Wenden einseitig geschweißt werden, der Deckel ist zentriert. Bei Variante 2 bestimmt bereits die Bauteilhöhe die Deckellage.
2			Das Einschweißen ohne Zentrierbund (V1) reduziert die Zerspanungsarbeit, empfohlen bei großen Stückzahlen. Der Zentrierbund bei V2 gestattet das präzise Einschweißen der Nabe ohne Zentriervorrichtung.
	Verfahrensgerechtes Gestalten		
3	Schmelzschweißen	Reibschweißen	V1: Mit geringem Vorbereitungsaufwand beanspruchungsgerechte Gabel schmelzgeschweißt. V2: Bei höherer Stückzahl Gabel biegen (ggf. warm) und Tragzapfen stumpf durch Reibschweißen anschließen.
4	Lichtbogenschweißen	Laserschweißen	V1: T-Stöße, hier bei Schottwänden im Schiffbau, verursachen erhebliche Winkelschrumpfung beim Schmelzschweißen und deutliche Deformation. V2: Mit dem Laserstrahl bleiben die Stöße verzugsarm und nachbearbeitungsfrei - Bewertungsgruppen für Laser- u. Elektronenstrahlschweißnähte nach DIN EN ISO 13919-2.
	Beanspruchungsgerechtes Gestalten		
5			V1: Bei ruhender Beanspruchung werden die Flansche mit HV-Nähten und der ausgeklinkte Steg mit Kehlnähten angeschlossen. V2: Bei schwingender Beanspruchung alle Anschlüsse ausrunden (Gesonderte Flanschbleche fertigen und einbinden).
6			V1: Rohr-Flansch-Verbindung bei niedriger Beanspruchung. V2: Steife Ausführung, für schwingende Beanspruchung geeignet.
	Prüfgerechtes Gestalten		
7			V1: Kehlnähte lassen sich nur auf äußere Merkmale hin zerstörungsfrei prüfen. V2: Ist die innere Fehlerfreiheit am T-Stoß durch Ultraschallprüfung nachzuweisen, dann DHV-Naht anwenden.
	Kostengerechtes Gestalten		
8			V1: Unterbrochene Kehlnähte bringen weniger Schweißgut und Wärme in das Bauteil und reduzieren die Fertigungszeit. V2: Durchgehende Kehlnähte sind korrosionssicherer und besitzen keine Kerbstellen an den Nahtenden.

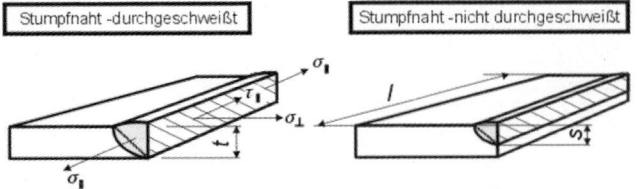

a - rechnerische Kehlnahtdicke: zum Berechnen wird *a* in die Beanspruchungsebene gedanklich umgeklappt (*a**). Bei Stumpfnähten wird die rechnerische Nahtdicke mitunter auch mit *s* bezeichnet. Für durchgeschweißte Stumpfnähten gilt $a = t = s$.

Bild 4. Schweißnahtspannungen an Stumpf- und Kehlnähten

Bei Schweißnähten, die durch eine Längs- oder Querkraft beansprucht werden, gilt für die in der Schweißnaht vorhandene Spannung

$$\begin{array}{c} \sigma_\perp \\ \tau_\perp \\ \tau_\| \end{array} = \frac{F}{A_W} = \frac{F}{\sum(al)} \quad \begin{array}{c|c|c} \sigma_\perp, \tau_\perp, \tau_\| & F & A_W & a, l \\ \hline \dfrac{N}{mm^2} & N & mm^2 & mm \end{array}$$

(2)

mit Schweißnahtdicke a und Schweißnahtlänge l nach Bild 4. Erfolgt die Beanspruchung durch ein Biegemoment, so wirkt in der Schweißnaht die Normalspannung $\sigma_\perp$ (3). Mit y wird der Abstand des Nachweisortes von der Schwereachse der Schweißnahtfläche bezeichnet. Bei Kehlnähten wird die Schwereachse im „theoretischen Wurzelpunkt" liegend angenommen, der in der Regel dem Schnittpunkt der geschweißten Bauteilkanten zugeordnet ist (Bild 4).

$$\sigma_\perp = \frac{M_b}{I_W} y \quad \begin{array}{c|c|c|c} \sigma_\perp & M_b & I_w & y \\ \hline \dfrac{N}{mm^2} & Nmm & mm^4 & mm \end{array}$$

(3)

Werden Zapfen, Wellen, Zahnräder mit Kehlnähten angeschlossen und durch ein Torsionsmoment M_T beansprucht (Bild V. 5), so gilt:

$$\tau_\| = \frac{M_T}{W_{wp}} = \frac{M_T \cdot 5D}{D^4 - d^4} \quad \begin{array}{c|c|c|c} \tau_\| & M_T & D & d \\ \hline \dfrac{N}{mm^2} & Nmm & mm & mm \end{array}$$

(4)

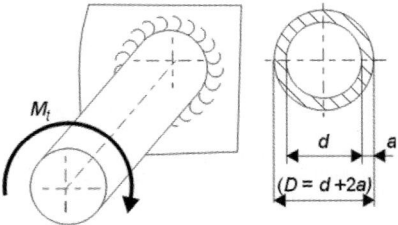

a - Kehlnahtdicke, *d* - Zapfendurchmesser

Bild 5. Zapfen mit Kehlnahtanschluss und Torsion

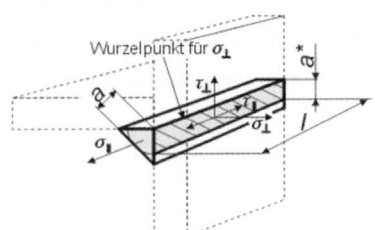

Bild 6. Querkraftschub in Schweißnähten am Biegeträger

Bei querkraftbelasteten Biegeträgern (Bild 6) tritt in den Längsnähten und auch im Stegblech selbst eine Schubspannung (Querkraftschub) auf. Neben der Querkraft F_q gehen in die Berechnung von $\tau_\|$ das Flächenmoment 1. Grades H der angeschlossenen Querschnittsflächen (H erhält man durch Multiplikation der Querschnittsfläche mit dem Abstand y ihres Schwerpunktes zur Schwerlinie nach Bild 6), das Flächenmoment 2. Grades I des Gesamtquerschnitts sowie die Summe der anschließenden Schweißnahtdicken a ein. Werden die in Bild 6 unterbrochen dargestellten Kehlnähte durchgeschweißt, dann entfällt der Ausdruck $(e+l)/l$ in Gleichung (5).

$$\tau_\| = \frac{F_q H}{I \sum a} \cdot \frac{(e+l)}{l} \quad \begin{array}{c|c|c|c|c} \tau_\| & F_q & I & H & a, e, l \\ \hline \dfrac{N}{mm^2} & N & mm^4 & mm^3 & mm \end{array}$$

(5)

5.2.2 Nachweis von Schweißnähten im Maschinenbau

Die nach 5.2.1 ermittelten Nennspannungen werden mit zulässigen Spannungen in der Form

$$\sigma_\perp, \tau_\|, \tau_\perp \leq \sigma_{w\,zul}, \tau_{w\,zul} \qquad (6)$$

als Einzelspannungsnachweis verglichen. Beanspruchen mehrere dieser Nennspannungen die Schweißnaht gleichzeitig, so werden sie, ebener Spannungszustand vorausgesetzt, unter Berücksichtigung ihrer Wirkrichtung zusammengefasst, z.B. Addition von

5 Schweißverbindungen

$\sigma_\perp$ aus Normalkraft und Biegung oder $\tau_\parallel$ aus Abscherung und Torsion. Wirken in den Schweißnähten jedoch gleichzeitig Normal- und Schubspannungen, so wird eine Vergleichsspannung σ_{wv} gebildet, wobei im Maschinenbau häufig mit der Gestaltänderungsenergiehypothese gerechnet wird. Es ist getrennt voneinander für ruhende und schwingende Beanspruchungen zu ermitteln:

$$\sigma_{wv} = \sqrt{\sigma_\perp^2 + 3(\alpha_0 \tau_\parallel)^2} \leq \sigma_{w\,zul} \quad (7)$$

Das Anstrengungsverhältnis α_0 (siehe Abschnitt D, Festigkeitslehre) kann bestimmt werden aus $\alpha_0 = \sigma_D/(1{,}7\tau_D)$ mit σ_D und τ_D nach 5.2.2.2.

5.2.2.1 Ruhende (statische) Beanspruchung

Für *ruhende Beanspruchungen* wird $\alpha_0 = 0$, siehe Abschnitt D. Das DVS-Merkblatt 0705 [02] empfiehlt zur Wahl zulässiger Spannungen im nicht geregelten Bereich:
- $\sigma_{w\,zul}$ für Stumpfnähte gleich der zulässigen Spannung des Grundwerkstoffs (bei Stahl)
- $\sigma_{w\,zul}$ für Kehlnähte (Quer- und Längskehlnähte) gleich 65% der zulässigen Spannungen des Grundwerkstoffs

bei hinreichend vorhandener Schweißeignung (Kapitel 5.1.2). Für die Konstruktionsstähle S235 und S355 können konkrete Werte der Tabelle 4 entnommen werden.

Tabelle 4. Zulässige Spannungen für Stumpf- und Kehlnähte an Stahl der Bewertungsgruppen B, C und D bei vorwiegend ruhender (statischer) Beanspruchung nach DVS M-0705, Beiblatt 1

Nahtart	Bewertungsgruppe nach DIN EN 25817	Beanspruchungsart	$\sigma_{w\,zul}$ [N/mm²] S 235	$\sigma_{w\,zul}$ [N/mm²] S 355
Stumpfnähte (durchgeschweißt)	alle Nahtgüten	Druck	160	240
	B	Zug	160	240
	C		120	180
	D		80	120
Kehlnähte	B	Druck	150	190
	C	Zug	110	145
	D	Schub	75	95

5.2.2.2 Schwingende (dynamische) Beanspruchung

Bei der im Maschinenbau oft auftretenden *schwingenden Beanspruchung* kann die stark geometrieabhängige zulässige Schweißnahtspannung $\sigma_{w\,zul}$ in Abhängigkeit von der Dauerfestigkeit σ_D und τ_D des geschweißten Bauteilwerkstoffs ermittelt werden. Alle, die Tragfähigkeit der Naht beeinflussenden Größen wie Nahtform, Beanspruchungsart, Kerbwirkung und dergleichen lassen sich durch den Minderungsbeiwert b_1 (Tabelle 5), alle die Güte der Schweißnaht betreffenden Faktoren durch den Gütebeiwert b_2 (Bild 2) überschlägig bestimmen. Mit dieser Vorgehensweise können auf der Grundlage von Erfahrungswerten zulässige Schweißnahtspannungen berechnet werden nach:

Tabelle 5. Minderungsbeiwerte b_1 zum Ermitteln zulässiger Spannungen für schwingend beanspruchte Schweißnähte im nicht geregelten Bereich

Zeile	Nahtart	Fugenform	Nahtbild	Zug Druck	Biegung	Schub Torsion
1	Stumpfnähte	I-Naht		0,45	0,55	0,40
2		V- und HV-Naht		0,55	0,65	0,50
3		DV-Naht		0,65	0,75	0,55
4		Y- und U-Naht		0,60	0,70	0,55
5	Kehlnähte	Flachkehlnaht		0,35	0,20	0,35
6		Hohlkehlnaht		0,40	0,20	0,40
7		Doppel-Flachkehlnaht (auch umlaufende Flachkehlnaht)		0,55	0,70	0,55
8		Doppel-Hohlkehlnaht (auch umlaufende Hohlkehlnaht)		0,65	0,80	0,65
9		HV- und DHV-Naht		0,70	0,90	0,70
10		Ecknaht		0,35	0,20	0,35
11		Ecknaht mit Kehlnaht		0,55	0,70	0,55

$$\sigma_{\text{w zul}} = \frac{\sigma_D \, b_1 \, b_2}{v} \qquad \begin{array}{c|c|c} \sigma_{\text{w zul}}, \sigma_D & b_1, b_2 & v \\ \hline \dfrac{N}{mm^2} & - & - \end{array} \qquad (8)$$

σ_D und τ_D sind die Dauerfestigkeitswerte des Grundwerkstoffs; entsprechend der Beanspruchungs- und Belastungsart setzt man σ_{zSch}, σ_{bW}, τ_{tSch} aus Dauerfestigkeitsschaubildern ein (Abschnitt D Festigkeitslehre). Je nach Häufigkeit der Höchstlast wählt man für die Sicherheit v:

bei 100% $v \approx 2{,}5$;
bei 50% $v \approx 2$;
bei 25% $v \approx 1{,}5$.

Bei gleichzeitigem Auftreten mehrerer Beanspruchungen wird der zur überwiegenden Beanspruchung gehörende σ_D (τ_D)- und b_1-Wert gewählt. Bei eingeebneten und allseitig bearbeiteten Schweißnaht- und Bauteiloberflächen kann b_1 um bis zu 10% erhöht werden, ebenso bei Stumpfnähten der Bewertungsgruppe BS.
Die geschilderte Vorgehensweise liefert mit hinreichender Genauigkeit rasche Ergebnisse. Allgemeingültige Aussagen zur Beanspruchbarkeit schwingend beanspruchter Schweißnähte lassen sich derart jedoch nicht ermitteln, weil deren Tragfähigkeit neben der Schweißnaht stark von der Bauteilgeometrie sowie von Richtung und Fluss der angreifenden Beanspruchungen abhängt. Ein weiter reichender Nachweis kann unter Anwendung der DIN 15018 [03] oder der FKM-Richtline [04] erfolgen.
Für Schweißnähte an Maschinenbauteilen wird empfohlen, die Grenzabmessungen nach Abschnitt 5.2.3.2 einzuhalten.

5.2.3 Nachweis von Schweißnähten im Stahlbau

5.2.3.1 Allgemeine Richtlinien

Im Stahlbau werden die Einzelheiten zum Bemessen und Konstruieren, beim Herstellen und im Besonderen beim Schweißen durch die DIN 18800 (11.90) geregelt. Anders als im Maschinenbau ist die Verwendung von Stählen auf wenige Werkstoffarten begrenzt. Dies geschieht vor allem, weil höherfeste Stähle, wenn ein Dauerfestigkeits- oder Stabilitätsnachweis erforderlich wird, nur geringfügige oder keine Vorteile in ihrer Tragfähigkeit aufweisen. Dagegen erfordern sie z.B. bei der Baustellenmontage einen deutlich höheren schweißtechnischen Aufwand. Uneingeschränkt anwendbar sind in Schweißkonstruktionen die Baustähle S235 und S355 nach DIN EN 10025, in der DIN 18800 (11.90) noch als St37-2 und St52-3 nach DIN 17100 bezeichnet, und auch die schweißgeeigneten Feinkornbaustähle StE355, WStE355, TStE355 und EStE355 nach DIN EN 17102.

Sollen andere Stahlsorten in Schweißkonstruktionen des Stahlbaus Verwendung finden, so müssen dafür speziell geregelte Zulassungen vorliegen.

5.2.3.2 Grenzabmessungen von Schweißnähten

Neben den einschränkenden Regelungen bei den Werkstoffen sind auch dem Gestaltungsermessen folgende Grenzen für rechnerisch nachgewiesene Schweißnähte gesetzt:

Zur Nahtdicke

- Bei durchgeschweißten Nähten, das sind nach Tabelle 5 Stumpfnaht (Zeile1-4) sowie HV und DHV-Naht (Zeile 9), ist die rechnerische Nahtdicke a gleich der kleinsten angeschlossenen Blechdicke t_{min}.
- Die rechnerische Nahtdicke nicht durchgeschweißter Nähte entspricht dem Maß s nach Bild 4.
- Grenzmaße von Kehlnähten werden unabhängig von ihrer spannungsmäßigen Auslastung nach (9) und (10) eingeschränkt. Dabei sind $t_{min/max} = t$ bei gleichdicken Blechen. Über 30mm Blechdicke darf von dieser Bedingung abgewichen werden, wenn $a \geq 5mm$ eingehalten wird.

$$2\,\text{mm} \leq a \leq 0{,}7\, t_{min} \qquad \begin{array}{c|c} a & t_{min} \\ \hline mm & mm \end{array} \qquad (9)$$

$$a \geq \sqrt{t_{max}} - 0{,}5 \qquad \begin{array}{c|c} a & t_{min} \\ \hline mm & mm \end{array} \qquad (10)$$

Zur Nahtlänge

- Die rechnerische Nahtlänge ist gleich der geometrischen Nahtlänge. In diesem Bereich muss die Kehlnaht mit der geforderten Geometrie ausgeführt sein.
- Für geschweißte Stabanschlüsse mit oder ohne Knotenbleche empfiehlt DIN 18800 Lösungen nach Tabelle 6. Für diese Fälle darf Außermittigkeit rechnerisch vernachlässigt werden.
- Bei Kehlnähten muss die Nahtlänge mit 30 mm $\leq l \geq 6a$ eingehalten werden.
- Die Nahtlänge unmittelbarer Laschen- und Stabanschlüsse ist mit max. $l \leq 150a$ zu bemessen.

Sonstige Regeln

- Kaltverformte Bleche ohne nachträgliches Normalglühen dürfen im kaltverformten und angrenzenden Bereich nur unter Berücksichtigung der in Tabelle 7 angegebenen Grenzwerte geschweißt werden.
- Stumpf angeschlossene I-Träger müssen rechnerisch nicht nachgewiesen werden, wenn die konstruktiven Bedingungen nach Tabelle 7 erfüllt sind.

5 Schweißverbindungen

- Stumpf gestoßene Bleche unterschiedlicher Dicke werden nach Tabelle 7 gestaltet. In den rechnerischen Nachweis geht als Schweißnahtdicke t_{min} ein.
- Auf Druck beanspruchte Stumpfnähte werden nicht berechnet, wenn sie voll durchgeschweißt sind. Dies gilt auch für Zugbeanspruchung bei nachgewiesener Schweißnahtqualität (zerstörungsfreie Prüfung).
- Der Festigkeitsnachweis für Normalspannungen $\sigma_\parallel$ (vergl. Bild 4) kann entfallen.

Tabelle 6. Rechnerische Schweißnahtlängen nach DIN 18800

Nr.	Nahtart	Bild	Rechnerische Nahtlängen Σl
1	Flankenkehlnähte		$\Sigma l = 2\, l_1$
2	Stirn- und Flankenkehlnähte	Endkrater unzulässig	$\Sigma l = b + 2\, l_1$
3	Rings umlaufende Kehlnaht - Schwerachse näher zur längeren Naht		$\Sigma l = l_1 + l_2 + 2b$
4	Ringsumlaufende Kehlnaht - Schwerachse näher zur kürzeren Naht		$\Sigma l = 2 l_1 + 2b$
5	Kehlnaht oder HV-.Naht bei geschlitztem Winkelprofil	z.B. 1/2 IPE A-B	$\Sigma l = 2\, l_1$

Tabelle 7. Sonstige Grenzabmessungen

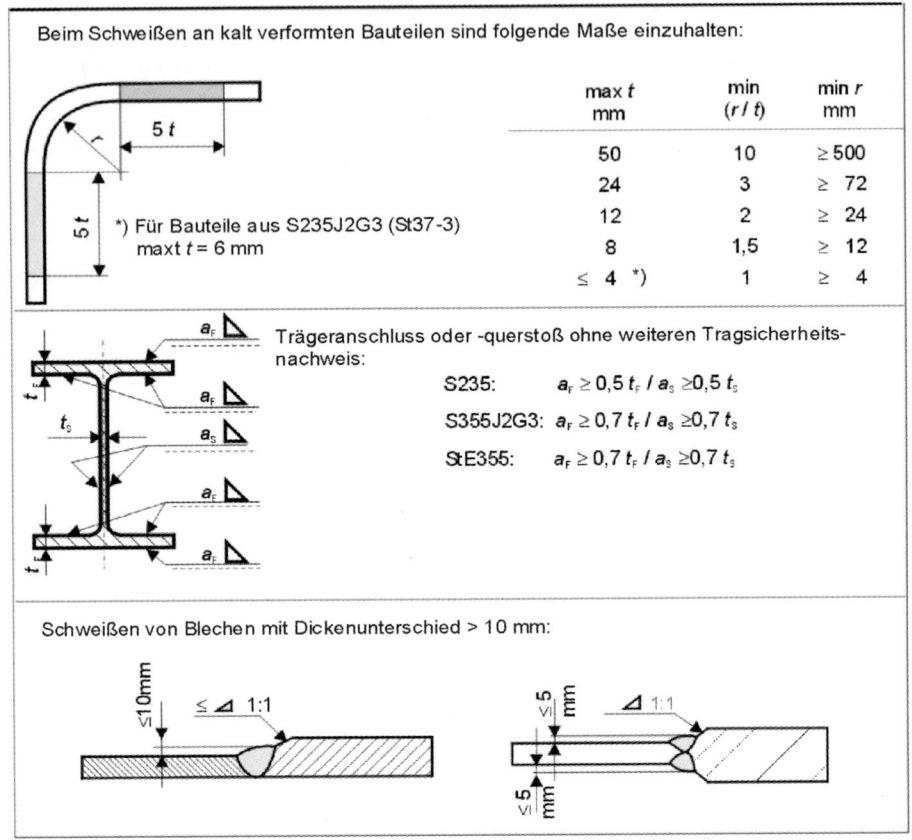

5.2.3.3 Zulässige Spannungen im Stahlbau

Die nach 5.2.1. ermittelten Nennspannungen werden auch im Stahlbau einer zulässigen Spannung gegenübergestellt. Diese, in DIN 18800 Grenzschweißnahtspannung $\sigma_{w,R,d}$ genannt, wird aus der um die Faktoren α_w und γ_M geminderten Streckgrenze einheitlich für Normal- und Schubspannungen ermittelt:

$$\sigma_{w,R,d} = \frac{\alpha_w \cdot f_{y,k}}{\gamma_M} \quad \begin{array}{c|c|c|c} \sigma_{w,R,d} & f_{y,k} & \alpha_w & \gamma_M \\ \hline \dfrac{N}{mm^2} & \dfrac{N}{mm^2} & - & - \end{array} \quad (11)$$

Für die in DIN 18800 mit $f_{y,k}$ bezeichneten Werte der Streckgrenze werden bei Blechdicken $t \leq 40$ mm 240 N/mm² für den Stahl S235 sowie 360 N/mm² jeweils für den S355 und den StE355 eingesetzt. Im Bereich 40 mm $< t \leq 80$ mm betragen die Werte 215 N/mm² bzw. 325 N/mm². Der Teilsicherheitsbeiwert γ_M wird mit 1,1 angesetzt.
In Abhängigkeit von Werkstoff, Nahtform, Beanspruchungsart und besonders der Art des Gütenach-

weises nimmt der Schweißnahtfaktor α_w einen Wert von 0,55 bis 1,0 an (Bild 7).
Mit der Grenzschweißnahtspannung $\sigma_{w,R,d}$ ist nach DIN 18800 der Schweißnahtnachweis für Stumpf- und Kehlnähte zu führen in der Form $\dfrac{\sigma_{w,v}}{\sigma_{w,R,d}} \leq 1$ mit

$$\sigma_{w,v} = \sqrt{\sigma_\perp^2 + \tau_\perp^2 + \tau_\parallel^2}\ .$$

5.3 Berechnungsbeispiele

■ **Beispiel 1: Schwingende Beanspruchung im Maschinenbau**
Ein gebrochener Wellenzapfen aus E355 ist durch einen neuen, geschweißten Zapfen zu ersetzen, Bild 8. Angeschlossen wird der Zapfen mit einer nicht durchgeschweißten HV-Naht. Die Schweißnaht wird nach Bild 2 mit BK ($b_2 = 0,8$) und Tabelle 5, Ziffer 8 wegen des verbleibenden Spaltes mit $b_1 = 0,8$ eingestuft. Nach dem Schweißen wird die Naht wärmebehandelt und blecheben bearbeitet (Lagersitz) und erhält daher den 10%igen Aufschlag. Zu überlegen ist der Austausch des E355 durch den schweißgeeigneten S355J2G3. Beansprucht wird die Schweißnaht durch eine Lagerkraft $F = 22$kN und das zu übertragende Drehmoment $M_T = 1,1 \cdot 10^6$ Nmm (schwellend). Häufigkeit der Höchstbelastung 50%.

5 Schweißverbindungen

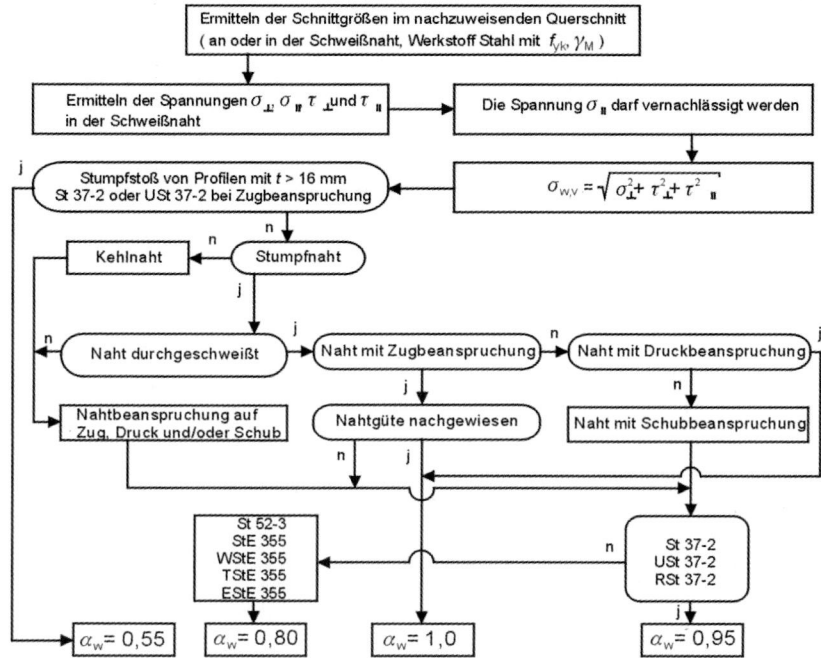

Bild 7. Ermitteln des Faktors α_w für die Schweißnahtberechnung im Stahlbau

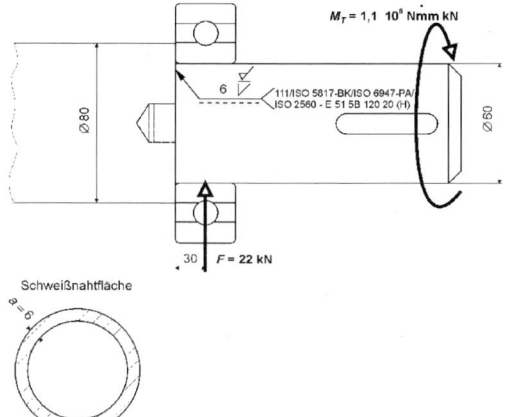

Bild 8. Geschweißter Wellenzapfen

Schweißnahtnachweis:
Die Schweißnaht wird durch die Lagerkraft wechselnd auf Biegung und Schub, durch das Drehmoment M = Torsionsmoment M_T schwellend auf Torsion beansprucht. Schub kann erfahrungsgemäß vernachlässigt werden. Es liegt also eine dynamische Beanspruchung vor. Nachweis nach Gleichung (6):

$$\sigma_{wv} = \sqrt{\sigma_\perp^2 + 3(\alpha_0 \tau_\parallel)^2} \leq \sigma_{w\,zul}$$

Vorhandene Biegespannung $\sigma_\perp = \sigma_{wb} = M_b/W_w$; $M_b = Fl = 22$ kN $\cdot$ 30 mm = 660 $\cdot$ 10³ Nmm. Die kreisringförmige Schweißnaht (Bild 7) hat ein axiales Widerstandsmoment von

$$W_w = \frac{D^4 - d^4}{10D} = \frac{60^4 \text{ mm}^4 - 48^4 \text{ mm}^4}{10 \cdot 60 \text{ mm}} \approx 12750 \text{ mm}^3 \,.$$

Damit wird

$$\sigma_{wb} = \frac{660 \cdot 10^3 \text{ Nmm}}{12{,}75 \cdot 10^3 \text{ mm}^3} \approx 52 \, \frac{\text{N}}{\text{mm}^2} \,.$$

Vorhandene Torsionsspannung $\tau_\parallel = \tau_{wt} = M_T / W_{wp}$; das polare Widerstandsmoment der Schweißnaht beträgt

$$W_{wp} = \frac{D^4 - d^4}{5D} = \frac{60^4 \text{ mm}^4 - 48^4 \text{ mm}^4}{5 \cdot 60 \text{ mm}} \approx 25500 \text{ mm}^3 \,.$$

Damit wird

$$\tau_{wt} = \frac{1{,}1 \cdot 10^6 \text{ Nmm}}{25{,}5 \cdot 10^3 \text{ mm}^3} \approx 43 \, \frac{\text{N}}{\text{mm}^2} \,.$$

In der Gleichung für σ_{wv} steht das Anstrengungsverhältnis α_0. Nach 5.2.2 ist $\alpha_0 = \sigma_D/(1{,}7 \cdot \tau_D)$. σ_D entspricht hier der Biegewechselfestigkeit σ_{bW} = 260 N/mm² nach Tabelle 8, Abschnitt D. τ_D entspricht der Torsionsschwellfestigkeit τ_{tSch} = 210 N/mm². Damit wird

$$\alpha_0 = \frac{\sigma_D}{1{,}71 \cdot \tau_D} = \frac{\sigma_{bW}}{1{,}7 \cdot \tau_{tSch}} = \frac{260 \text{ N/mm}^2}{1{,}7 \cdot 210 \text{ N/mm}^2} = 0{,}73$$

und

$$\sigma_{ww} = \sqrt{(52 \text{ N/mm}^2)^2 + 3(0{,}73 \cdot 43 \text{ N/mm}^2)^2} \approx 75 \, \frac{\text{N}}{\text{mm}^2} \,.$$

Die zulässige Schweißnahtspannung ist nach Gleichung (8) $\sigma_{w\,zul} = \sigma_D b_1 b_2 / v$.
Mit Sicherheit $v = 2$; $b_1 = 0{,}8 + 10\% = 0{,}88$; $b_2 = 0{,}8$ wird

$$\sigma_{w\,zul} = \frac{260 \text{ N/mm}^2 \cdot 0{,}88 \cdot 0{,}8}{2} = 91{,}5 \, \frac{\text{N}}{\text{mm}^2} > \sigma_{wv} = \frac{\text{N}}{\text{mm}^2} \,.$$

Die Schweißnaht ist dauerbruchsicher.

■ **Beispiel 2:** Ruhende Beanspruchung im Stahlbau
Ein Seilspanner, Werkstoff S235J2G3, ist mit Kehlnähten an eine Stahlstütze mit Horizontalnähten a_F am Flansch und Doppelkehl-

nähten a_S an den Stegen angeschlossen. Alle Nähte werden rundum geschweißt (verriegelt). Die kurzen der Blechdicke entsprechenden Nähte werden in der Berechnung nicht berücksichtigt. Die Länge der Stegnaht ist mit $h_S = 70$ mm konstruktiv ausgelegt. Alle weiteren Angaben zeigt Bild 9.

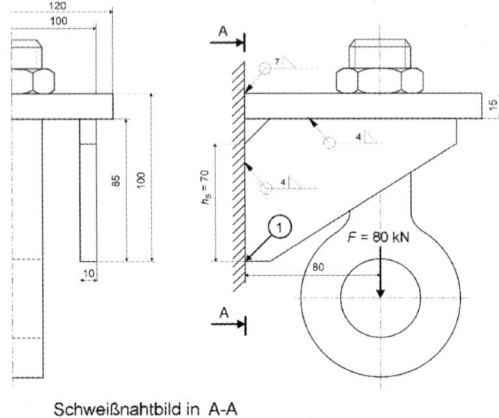

Bild 9. Geschweißte Konsole mit Seilspanner

Schweißnahtnachweis:
Der Schweißnahtanschluss A-A wird unter Vernachlässigung der Eigenlast durch das Biegemoment $M_b = Fl = 80$ kN $\cdot 80$ mm $= 6,4 \cdot 10^6$ Nmm und abscherend durch die Querkraft 80 kN beansprucht. Die Grenzschweißnahtspannung $\sigma_{w,R,d}$ beträgt

$$\sigma_{w,R,d} = \alpha_w \frac{f_{y,k}}{\gamma_M} = 0,95 \frac{240 \text{ N/mm}^2}{1,1} \approx 207 \frac{\text{N}}{\text{mm}^2} \ .$$

Die Maximalspannung tritt im Punkt ① auf (Bild 9). Die Normalspannung $\sigma_\perp$ wird vom gesamten Schweißnahtanschluss getragen, nach (3) gilt:

$$\sigma_\perp = \frac{M_b}{I_W} y_0$$

Zur Berechnung von y_0 und I_w werden zunächst die Kehlnahtdicken am Flansch und am Steg vordimensioniert. Dafür können die Grenzabmessungen nach Tabelle 7 benutzt werden:

$a_F \geq 0,5 \ t_F = 0,5 \cdot 15$mm $= 7,5$mm   gewählt: $a_F = 7$mm
$a_S \geq 0,5 \ t_S = 0,5 \cdot 10$mm $= 5,0$mm   gewählt: $a_S = 5$mm

Wegen des nichtsymmetrischen Anschlusses wird zunächst der Schwerpunktabstand der Gesamtschweißnahtfläche A-A von der x-Achse mit den Einzelschweißnahtflächen $A_1 = A_2 = 7$ mm $\cdot 120$ mm $= 840$ mm² und $A_{3...6} = 5 \cdot 70$ mm $= 350$ mm² bestimmt, siehe Abschnitt D, Festigkeitslehre. y_1 und y_2 reichen von der x-Achse zum theoretischen Wurzelpunkt, $y_{3...6}$ zum Flächenschwerpunkt der Schweißnähte.

$$y_0 = \frac{A_1 y_1 + A_2 y_2 + ... + A_6 y_6}{\sum A_{1-6}}$$

$$y_0 = \frac{840 \text{ mm}^2 \cdot 100 \text{ mm} + 840 \text{ mm}^2 \cdot 85 \text{ mm} + 4 \cdot 35 \text{ mm} \cdot 350 \text{ mm}^2}{3080 \text{ mm}^2} \approx$$

$$\approx 66,4 \text{ mm}$$

Damit kann das Flächenmoment I_w 2. Grades im Querschnitt A-A ermittelt werden:

$$I_w = A_1 \cdot l_1^2 + A_2 \cdot l_2^2 + A_3 \cdot l_3^2 + A_4 \cdot l_4^2 + A_5 \cdot l_5^2 + A_6 \cdot l_6^2 + \frac{a_S \cdot h_S^3}{3}$$

$$I_w = 840 \text{ mm}^2 \left[(100 \text{ mm} - 66,4 \text{ mm})^2 + (85 \text{ mm} - 66,4 \text{ mm})^2 \right] +$$
$$+ 4 \cdot 350 \text{ mm}^2 \cdot (35 \text{ mm} - 66,4 \text{ mm})^2 + ... 0,33 \cdot 5 \cdot 70^3 \text{ mm}^4$$

$$I_w = 31,9 \cdot 10^5 \text{ mm}^4$$

Maximale Normalspannung $\sigma_\perp$ im Punkt ① :

$$\sigma_\perp = \frac{F \cdot l}{I_W} y_0 = \frac{80 \text{ kN} \cdot 80 \text{ mm}}{31,9 \cdot 10^5 \text{ mm}^4} \cdot 66,4 \text{ mm} \approx 133 \frac{\text{N}}{\text{mm}^2}$$

Schubspannung $\tau_\parallel$ im Punkt ① :
Zur Berechnung der Schubspannung $\tau_\parallel = F/A_w$ wird nur die Fläche der in Kraftwirkungsrichtung liegenden Stegnähte $A_{3...6}$ herangezogen.

$$\tau_\parallel = \frac{F}{A_w} = \frac{80 \text{ kN}}{1400 \text{ mm}^2} \approx 57 \frac{\text{N}}{\text{mm}^2}$$

Vergleichsspannung im Punkt ① :

$$\sigma_{w,v} = \sqrt{\sigma_\perp^2 + \tau_\parallel^2} = \sqrt{(133 \text{ N/mm}^2)^2 + (57 \text{ N/mm}^2)^2} \approx 145 \frac{\text{N}}{\text{mm}^2}$$

Schweißnahtnachweis:

$$\frac{\sigma_{w,v}}{\sigma_{w,R,d}} = \frac{145 \text{ N/mm}^2}{207 \text{ N/mm}^2} \leq 1 \ .$$

Die Tragfähigkeit des Schweißnahtanschlusses im Querschnitt A-A ist nachgewiesen. Das Verringern der Kehlnahtdicken und erneutes Nachrechnen ist ratsam, um Schweißelektrodenverbrauch und Fertigungszeit zu senken.

Literatur

[1] Behnisch, H.: Kompendium der Schweißtechnik, Band 4: Berechnung und Gestaltung von Schweißkonstruktionen. DVS-Verlag, Düsseldorf 1997.
[2] DVS-Merkblatt 0705: Empfehlungen zur Auswahl von Bewertungsgruppen nach DIN EN 25817 und ISO 5817 – Stumpfnähte und Kehrnähte an Stahl. DVS Düsseldorf, März 1994.
[3] DIN 15018 Krane, Grundsätze für Stahltragwerke, 1984.
[4] Forschungskuratorium Maschinenbau FKM (Hrsg): Rechnerischer Festigkeitsnachweis für Maschinenbauteile. FKM-Richtlinie 154. 3. Aufl. Frankfurt, 1998.

6 Nietverbindungen

6.1 Allgemeines

Nietverbindungen sind unlösbare Verbindungen von Bauteilen aus beliebigen Werkstoffen. Je nach Verwendungsart unterscheidet man: feste Verbindungen (Stahlbau), feste und dichte Verbindungen (Kesselbau) und dichte Verbindungen (Behälterbau). Außer im Leichtmetallbau werden heute Nietverbindungen häufig durch Schweißverbindungen ersetzt.

Die Niete schrumpfen in Längs- und Querrichtung, es entstehen Zug- und Schubspannungen im Niet. Die Längskraft presst die Bauteile zusammen. Der bei Betriebsbelastung in den Berührungsflächen der Bauteile entstehende Reibungswiderstand verhindert das Verschieben der Bauteile gegeneinander. Durch die Querschrumpfung steht der Niet berührungsfrei im Nietloch, solange die äußeren Querkräfte kleiner sind als der Reibungswiderstand. Werden die Querkräfte größer als der Reibungswiderstand, liegt der Nietschaft an der Lochwand an (*Setzen* der Verbindung) und es treten Zug- und Schubspannungen auf. Die nach dem Schrumpfen im Niet auftretende Zugspannung ist rechnerisch nicht zu erfassen, daher werden Nietverbindungen mit stark verminderter zulässiger Spannung auf Abscheren berechnet (siehe auch Abschnitt D Festigkeitslehre).

Vorteile, besonders gegenüber dem Schweißen: Keine Werkstoffbeeinflussung; kein Verzug der Bauteile; Verbindungen von Teilen aus verschiedenartigen Werkstoffen; leichte Herstellung auf Baustellen; sichere Kontrollmöglichkeiten. *Nachteile:* Schwächung der Bauteile durch Nietlöcher, dadurch größere Querschnitte; keine Stumpfstöße sondern nur Überlappungs- oder Laschenverbindungen; im Allgemeinen höherer Arbeitsaufwand.

Tabelle 1. Die gebräuchlichen Nietformen

Bild	Bezeichnung	DIN	Abmessungen in mm	Verwendungsbeispiele
	Halbrundniet	124	$d = 10 \ldots 36$ $D \approx 1{,}8\,d$	Kessel- und Großbehälterbau
			$d = 10 \ldots 36$ $D \approx 1{,}6\,d$	Stahlbau
		660	$d = 1 \ldots 9$ $D \approx 1{,}75\,d$	Leichtmetallbau
	Senkniet	302	$d = 10 \ldots 36$ $D \approx 1{,}5\,d$	Stahlbau, Kesselbau, Behälterbau
		661	$d = 1 \ldots 9$ $D \approx 1{,}75\,d$	Leichtmetallbau
	Linsenniet	662	$d_1 = 1{,}7 \ldots 8$ $D = 2\,d_1$	für Leisten, Beschläge, Schilder, als Zierniet, im Leichtmetallbau
	Flachrundniet	674	$d_1 = 1 \ldots 8$ $D \approx 2{,}25\,d_1$	für Beschläge, Feinbleche, Leder, Pappen

6.2 Nietformen

Man unterscheidet die Niete nach ihrer Kopfform: Halbrundniete, Senkniete, Linsenniete usw. (Tabelle 1). Sonderformen wie Sprengniete oder Blindniete werden dort verwendet, wo die Nietstelle schwer oder nur von einer Seite zugänglich ist.

6.3 Nietwerkstoffe

Im Stahlbau, Metall- und Fahrzeugbau werden Niete aus Q St 36-3 für Bauteile aus S 235 JR verwendet. Außer Stahl kommen als Nietwerkstoffe noch Kupfer, Aluminium und deren Legierungen in Frage, z.B. CuZn 37 für Niete in Flugzeugbau.

6.4 Herstellen der Nietverbindungen

Niete im Stahl- und Kesselbau werden bei Hellrot- bis Weißglut geschlagen; dadurch fast vollkommene Lochausfüllung und hoher Reibungsschluss zwischen den Bauteilen nach Erkalten und Schrumpfen der Niete. Stahlniete unter 8 ... 10 mm Durchmesser und solche aus Nichteisenmetallen werden kalt geschlagen; dabei nur geringer Reibungsschluss erreichbar.

Die *Rohniet-Schaftlänge l* ist abhängig von den Dicken s der vernieteten Bauteile, vom Nietdurchmesser d und der Form des Schließkopfes (Bild 1):

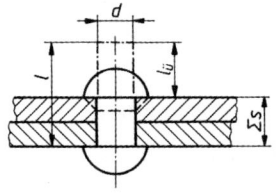

Bild 1. Rohnietlängen

$l = \Sigma s + l_{\ddot{u}}$ (1)

Überstand $l_{\ddot{u}} \approx 1{,}4 \ldots 1{,}6\,d$ für Halbrundkopf; $l_{\ddot{u}} \approx 0{,}6 \ldots 1\,d$ für Senkkopf. Die höheren Werte für $l_{\ddot{u}}$ bei größeren Klemmlängen Σs. Als endgültige Schaftlänge ist die nächstliegende Normlänge zu wählen (Tabelle 2).

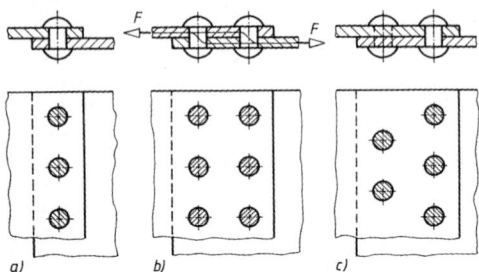

Bild 2. Überlappungsnietungen
a) einreihig, b) zweireihig-parallel,
c) zweireihig zick-zack

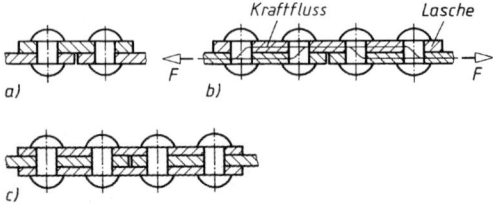

Bild 3. Laschennietungen, a) einseitig, einreihig, b) einseitig, zweireihig, c) Doppellaschen, zweireihig

6.5 Verbindungsarten, Schnittigkeit

Man unterscheidet *Überlappungsnietungen* (Bild 2), angewendet vorwiegend im Stahlbau, und *Laschennietungen* (Bild 3) hauptsächlich für Kessel- und Behälterbau. Für die Berechnung ist die Anzahl der Kraft übertragenden Nietreihen wichtig, worunter man die rechtwinklig zur Kraftrichtung stehenden versteht. Sie sind sicher mit Hilfe des „Kraftflusses" zu erkennen: Bild 3b ist danach eine zweireihige (*nicht* vierreihige) Verbindung, d.h., die Kraft wird von zwei (nicht von vier) Reihen übertragen.
Ferner ist die *Schnittigkeit* zu beachten. Das ist die Anzahl der von *einem* Niet beanspruchten Querschnitte. Die Nietverbindung Bild 2 ist damit einschnittig, die in Bild 3c ist zweischnittig. Besteht jede Nietreihe aus fünf Nieten, tragen in der Verbindung (Bild 3c) zwei Reihen mit je fünf zweischnittigen Nieten also 20 Nietquerschnitte.

6.6 Nietverbindungen im Stahlbau

6.6.1 Allgemeine Richtlinien

Für Berechnung und Konstruktion sind im *Stahlhochbau* die Richtlinien nach DIN 18 800, für den *Kranbau* nach DIN 15 018 und für den *Straßen-, Wege-* und *Brückenbau* nach DIN 1072 maßgebend. Für die Lastannahme sind die *Lastfälle* H und HZ vorgesehen: Lastfall H erfasst die Summe aller Hauptlasten, das sind ständige Last (Eigengewichtskraft), Verkehrslast, Schneelast, Lagerstoffe, Massenkräfte von Maschinen. Lastfall HZ erfasst Haupt- und Zusatzlasten wie Windkräfte, Wärmewirkungen und Bremskräfte.

Maßgebend ist der Lastfall, der die größten Stabquerschnitte ergibt. Er ist durch Proberechnungen zu ermitteln, wenn er nicht schon erfahrungsgemäß erkannt wird:

Lastfall H, wenn $\dfrac{F_H}{\sigma_{H\,zul}} > \dfrac{F_{HZ}}{\sigma_{HZ\,zul}}$;

Lastfall HZ, wenn $\dfrac{F_{HZ}}{\sigma_{HZ\,zul}} > \dfrac{F_H}{\sigma_{H\,zul}}$

Zeiger H und HZ kennzeichnen die dem betreffenden Lastfall zugeordneten Größen. Belastungsänderungen, Stöße und dergl. werden durch Erhöhung der äußeren Lasten um Stoßzahlen (zwischen 1,1 … 2) und Schwingungsbeiwerte (zwischen 1,02 … 1,64) berücksichtigt. Die zulässigen Spannungen bleiben unverändert.

6.6.2 Berechnung der Niete

6.6.2.1 Nietdurchmesser. Bei Form- und Stabstählen, wie ∟-, U-, I-Stählen usw. ist der Nietdurchmesser d nach DIN 124 zu wählen. Bei Blechen und Breitflachstählen rechnet man erfahrungsgemäß: $d \approx \sqrt{50s-2}$ in mm, oder bei mittleren Dicken $s \approx 5 \ldots 10$ mm: $d \approx s + 8 \ldots 10$ mm (siehe auch Tabelle 2).

6.6.2.2 Nietzahl. Die Niete werden auf *Abscheren* und *Lochleibungsdruck* berechnet, da der Reibungsschluss zwischen den Bauteilen nicht sicher ist. Unter der Annahme einer gleichmäßigen Kraftverteilung auf alle Niete muss für die Nachprüfung einer Nietverbindung (Bild 4) die *vorhandene Scherspannung* sein:

$$\tau_a = \frac{F}{A_1\,n\,m} \leq \tau_{a\,zul} \qquad (2)$$

τ_a	F	A_1	n, m
$\dfrac{N}{mm^2}$	N	mm²	1

und der *vorhandene Lochleibungsdruck*

$$\sigma_1 = \frac{F}{d_1\,s\,n} \leq \sigma_{1\,zul} \qquad (3)$$

σ_1	F	d_1, s	n
$\dfrac{N}{mm^2}$	N	mm	1

6 Nietverbindungen

Tabelle 2. Niete für Stahl- und Kesselbau nach DIN 124

Rohnietdurchmesser d	mm	10	12	(14)	16	(18)	20	22	24	27	30	(33)	36
Durchmesser des geschlagenen Nietes, Nietlochdurchmesser d_1	mm	11	13	15	17	19	21	23	25	28	31	34	37
Nietquerschnitt $A_1 = \dfrac{d_1^2 \pi}{4}$	mm²	95	133	177	227	284	346	415	491	616	755	908	1080
Blechdicken s mm		4 ... 6		> 6 ... 8		> 8 ... 12		> 12 ... 18		> 18			
zugehörige Sechskantschrauben nach DIN 7990		M10	M12	–	M16	–	M20	M22	M24	M27	M30	M33	M36

Größen in ( ) möglichst vermeiden
Stufung der Nietlänge l: 10 12 14 usw. bis 40, dann 42 45 48 50 usw. bis 80, dann 85 90 95 usw. bis 150 mm

F von der Nietverbindung aufzunehmende Kraft; $A_1 = d_1^2 \pi/4$ Nietquerschnitt (siehe auch Tabelle 2); n Nietzahl; m Schnittigkeit; d_1 Durchmesser des geschlagenen Nietes gleich Lochdurchmesser (Tabelle 2); s Dicke des spezifisch am stärksten beanspruchten Bauteils, bei einschnittigen Verbindungen Dicke des schwächsten Bauteils.

$\tau_{a\,zul}$, $\sigma_{l\,zul}$, zulässige Scherspannung und zulässiger Lochleibungsdruck nach DIN 18800 und DIN 15018 (siehe auch Abschnitt D Festigkeitslehre, Knickungsberechnung im Stahlbau).

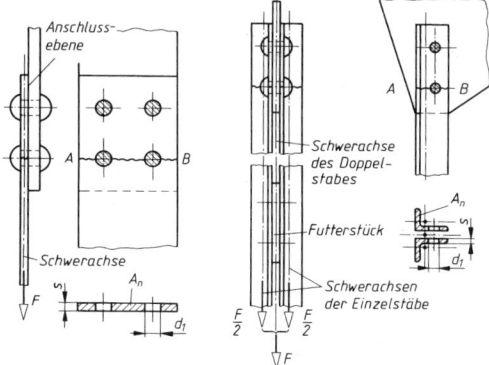

Bild 4. Mittig angeschlossene Zugstäbe

Aus den Gleichungen (2) und (3) ergibt sich nach Umformen die erforderliche *Nietzahl auf Grund der zulässigen Scherspannung*

$$n_a = \dfrac{F}{A_1 \, \tau_{a\,zul} \, m} \qquad \begin{array}{c|c|c|c} F & A_1 & \tau_{a\,zul} & m \\ \hline N & mm^2 & \dfrac{N}{mm^2} & 1 \end{array} \qquad (4)$$

und die erforderliche Nietzahl auf Grund des zulässigen Lochleibungsdrucks

$$n_1 = \dfrac{F}{d_1 \, s \, \sigma_{l\,zul}} \qquad \begin{array}{c|c|c} F & d_1, s & \sigma_{l\,zul} \\ \hline N & mm & \dfrac{N}{mm^2} \end{array} \qquad (5)$$

Es ist die aus beiden Gleichungen sich ergebende größere, stets aufzurundende Nietzahl zu wählen. Je Stabanschluss sind sicherheitshalber mindestens zwei Niete vorzusehen. In Kraftrichtung hintereinander sollen nicht mehr als fünf Niete gesetzt werden, weil sonst die Kraftverteilung zu ungleichmäßig wird.

6.6.3 Berechnung genieteter Bauteile

6.6.3.1 Mittig angeschlossene Zugstäbe. Die Schwerachse des Stabes geht durch die Anschlussebene hindurch oder fällt nur wenig aus dieser heraus wie bei Flachstahlanschlüssen oder Doppelstäben (Bild 4). Seitliches Ausbiegen der Stäbe ist vernachlässigbar klein oder wird durch Futterstücke oder Laschen verhindert. Beanspruchung praktisch nur auf Zug.

Für den geschwächten Querschnitt $A - B$ muss die *vorhandene Zugspannung* sein

$$\sigma_z = \dfrac{F}{A_n} \leq \sigma_{z\,zul} \qquad \begin{array}{c|c|c} \sigma_z & F & A_n \\ \hline \dfrac{N}{mm^2} & N & mm^2 \end{array} \qquad (6)$$

F Zugkraft, $A_n = A - (d_1 \, s \, z)$ nutzbarer Stabquerschnitt, A ungeschwächter Stabquerschnitt, d_1 Lochdurchmesser, s Stabdicke, z Anzahl der den Querschnitt schwächenden Löcher; $\sigma_{z\,zul}$ zulässige Zugspannung, siehe Abschnitt D Festigkeitslehre.

Für die *Vorwahl des Stabes* wird der erforderliche Querschnitt ermittelt aus $A = F/(v, \sigma_{zul})$; $v \approx 0{,}8$ Verschwächungsverhältnis zur Berücksichtigung der zunächst nicht erfassbaren Schwächung des Querschnitts durch Nietlöcher.

6.6.3.2 Außermittig angeschlossene Zugstäbe.
Bei diesen fällt die Stab-Schwerachse erheblich aus der Anschlussebene heraus wie bei einseitig angeschlossenen Profilstählen (Bild 5). Durch Moment $M_b = F\,e$ biegt der Stab seitlich aus. Neben Zugspannung entsteht zusätzliche Biegespannung. Die maximale Zugspannung tritt in der Biegezugfaser auf, in der sich Zugspannung und Biegezugspannung addieren.

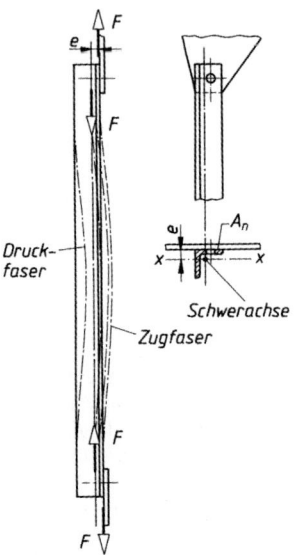

Bild 5. Außermittig angeschlossener Zugstab

Es ist nachzuweisen, dass die maximale, *resultierende Spannung*

$$\sigma_{max} = \sigma_z + \sigma_b = \frac{F}{A_n} + \frac{F\,e^2}{I} \leq \sigma_{zul} \qquad (7)$$

σ	F	A_n	e	I
$\frac{N}{mm^2}$	N	mm²	mm	mm⁴

e Schwerachsenabstand von der Zugfaser;
I Flächenmoment 2. Grades für die Biegeachse $x-x$.

Vorwahl des Stabes wie bei mittig angeschlossenen Stäben, jedoch mit Verschwächungsverhältnis $v \approx 0{,}5$ ... 0,6 (siehe Abschnitt D Festigkeitslehre).

6.6.3.3 Druckstäbe.
Berechnung nach DIN 18 800 (siehe auch Abschnitt D Festigkeitslehre).

6.6.4 Gestaltung der Nietverbindungen

Darstellung der Nietverbindungen in Zeichnungen durch Sinnbilder nach DIN ISO 5845.
Bei Profilstählen ist die Anordnung der Niete nach DIN 997 bis DIN 999 zu wählen oder auch der Tabelle 3 zu entnehmen.
Bei Stabfachwerken sollen sich die Netzlinien (Systemlinien) mit den Schwerachsen der Stäbe decken (Bild 7). Nur bei kleineren Fachwerken können die Netzlinien mit den Lochrisslinien zusammenfallen, wodurch sich günstigere Knotenpunktgestaltungen ergeben.

Tabelle 3. Richtwerte für Niet -(und Schrauben-) Abstände im Stahlbau (Bild 6), Maße in mm

Nietdurchmesser d	Lochdurchmesser d_1	Randabstand rechtwinklig in der zur Kraftrichtung e_1	Randabstand übl. e_2	Kraftnieten max. Abstand	bei Stäben	Nietabstand a bei Heftnieten (max. Abstand) bei Blechen mit Dicke 4...6	6...8	>8...12	>12...18
10	11	25	20	35	80	130	120	–	–	–
12	13	30	20	45	100	150	120	–	–	–
16	17	35	25	55	135	200	120	150	200	–
20	21	45	35	65	165	250	–	150	200	250
22	23	50	35	70	180	270	–	–	250	270
24	25	50	40	75	200	300	–	–	–	300
27	28	60	45	85	220	330	–	–	–	330
30	31	60	45	95	245	370	–	–	–	–
36	37	75	55	115	300	440	–	–	–	–

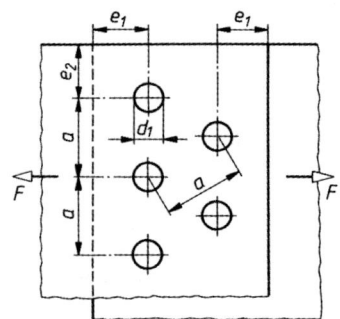

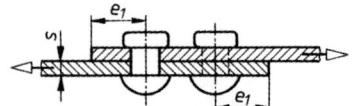

Bild 6. Anordnung der Niete

■ **Beispiel:**
Der Stab S_1 eines Hochbau-Fachwerks hat eine Zugkraft $F_1 = 104\,000$ N (Lastfall H) aufzunehmen (Bild 7). Bauteile aus S 355 J0. Zu berechnen: a) erforderlicher ungleichschenkliger Winkelstahl für Stab S_1; b) Vernietung des Stabes mit dem 8 mm dicken Knotenblech.

6 Nietverbindungen

Lösung:
a) Der Stab wird auf Zug und wegen einseitigen Anschlusses zusätzlich auf Biegung beansprucht; es handelt sich also um einen außermittig angeschlossenen Zugstab.
Vorwahl des Stabes mit $A \approx F_1/(\sigma_{z\,zul}\,v)$; $\sigma_{z\,zul} = 240$ N/mm² für S 355 JO, Lastfall H; Verschwächungsverhältnis $v = 0{,}5$ geschätzt (D Festigkeitslehre), damit $A \approx 104\,000$ N/(240 N/mm² · 0,5) $A \approx$ 870 mm². Hierfür wird zunächst gewählt: ∟ 100 × 50 × 6 mit A = 873 mm² (fehlende Größen siehe Abschnitt D Festigkeitslehre).
Der Winkel wird nun nach Gleichung (7) auf Zug und Biegung überprüft.

$$\sigma_{max} = \sigma_z + \sigma_b = \frac{F_1}{A_n} + \frac{F_1\,e^2}{I} \leq \sigma_{zul}$$

Nutzbarer Stabquerschnitt $A_n = A - d_1\,s$; für die Schenkelbreite 100 mm – der breite Schenkel wird zweckmäßig angeschlossen, um die Biegung klein zu halten – wird gewählt: Nietdurchmesser $d = 22$ mm, Lochdurchmesser $d_1 = 23$ mm; mit $s = 6$ mm wird A_n = 873 mm² – 23 mm · 6 mm = 735 mm². Randabstand $e \triangleq e_y$ = 10,4 mm. Flächenmoment $I \triangleq I_y = 15{,}3 \cdot 10^4$ mm⁴. Damit wird

$$\sigma_{max} = \frac{104\,000\text{ N}}{735\text{ mm}^2} + \frac{104\,000\text{ N} \cdot (10{,}4\text{ mm})^2}{15{,}3 \cdot 10^4\text{ mm}^4} =$$

$$= 141{,}5\,\frac{\text{N}}{\text{mm}^2} + 73{,}5\,\frac{\text{N}}{\text{mm}^2} = 215\,\frac{\text{N}}{\text{mm}^2} < \sigma_{zul} = 240\,\frac{\text{N}}{\text{mm}^2}$$

Damit wird endgültig gewählt: ∟ 100 × 50 × 6.

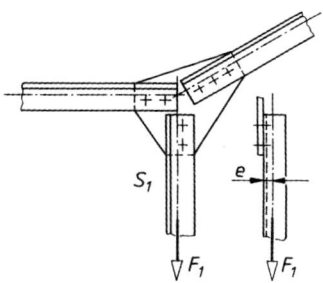

Bild 7. Knotenpunkt eines Traggerüstes

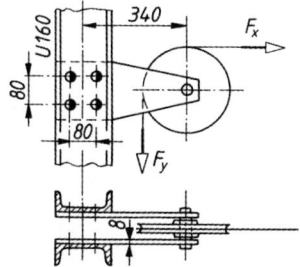

Bild 8. Lagerbleche für eine Seilrolle

b) Nietdurchmesser bereits unter a) gewählt: $d = 22$ mm, $d_1 = 23$ mm. Erforderliche Nietzahl auf Grund der zulässigen Scherspannung nach Gleichung (4):

$$n_a = \frac{F_1}{A_1\,\tau_{a\,zul}\,m}$$

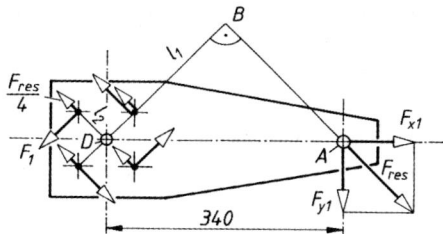

Bild 9. Kräfte am Lagerblech

Querschnitt des geschlagenen Nietes nach Tabelle 2: A_1 = 415 mm²; $\tau_{a\,zul} = 210$ N/mm² und $m = 1$, da Verbindung einschnittig, damit

$$n_a = \frac{104\,000\text{ N}}{415\text{ mm}^2 \cdot 210\,\frac{\text{N}}{\text{mm}^2} \cdot 1} = 1{,}19$$

Erforderliche Nietzahl auf Grund des zulässigen Lochleibungsdrucks nach Gleichung (5):

$$n_1 = \frac{F_1}{d_1\,s\,\sigma_{1\,zul}}$$

Durchmesser des geschlagenen Nietes $d_1 = 23$ mm; Dicke des schwächsten Bauteils gleich Stabdicke $s = 6$ mm; $\sigma_{1\,zul} = 420$ N/mm²; damit ist

$$n_1 = \frac{104\,000\text{ N}}{23\text{ mm} \cdot 6\text{ mm} \cdot 420\,\frac{\text{N}}{\text{mm}^2}} = 1{,}8$$

Gewählt: 2 Niete mit $d = 22$ mm.

■ **Beispiel:**
Zur Vernietung der Lagerbleche einer Umlenk-Seilrolle an der Säule eines Wanddrehkrans sind je vier Niete $d = 16$ mm vorgesehen (Bild 8). Höchste Seilzugkraft $F_x = F_y = 22\,000$ N. Bauteile aus S 235 JR.

Lösung:
Die Nietverbindung ist *exzentrisch* belastet, d.h. die äußere Kraft geht nicht durch den Schwerpunkt der Nietverbindung, die damit auf Biegung (Drehung) und Schub beansprucht wird. Anstelle von F_x und F_y wird mit deren Resultierenden F_{res}, angreifend im Mittelpunkt A der Rollenachse, gerechnet. Die Nietkräfte müssen F_{res} das Gleichgewicht halten (Bild 9).

Für *ein* Lagerblech wird

$$F_{res} = F_{x1}\sqrt{2} = 11\,000\text{ N} \cdot \sqrt{2} \approx 15\,560\text{ N}.$$

Der Schwerpunkt des Nietsystems liegt im Punkt D in Bild 9. Dazu hat die Wirklinie der Resultierenden F_{res} den Wirkabstand l_1. Aus dem gleichschenkligen Dreieck DAB erkennt man

$$l_1 = \frac{l}{\sqrt{2}} = \frac{340\text{ mm}}{\sqrt{2}} = 240\text{ mm}.$$

Ebenso ergibt sich aus den gleichschenkligen Dreiecken am Punkt D

$$l_2 = 40\text{ mm} \cdot \sqrt{2} = 56{,}6\text{ mm}.$$

Die Nietkraft F_1 kann nun aus der Momentengleichgewichtsbedingung berechnet werden:

$$\Sigma M_{(D)} = 0 = 4\,F_1\,l_2 - F_{res}\,l_1$$

$$4\,F_1\,l_2 = F_{res}\,l_1$$

$$F_1 = \frac{F_{res}\,l_1}{4\,l_2} = \frac{15\,560\text{ N} \cdot 240\text{ mm}}{4 \cdot 56{,}6\text{ mm}} = 16\,495\text{ N}.$$

Aus der Bedingung $\Sigma F = 0$ folgt, dass an jedem Niet noch die Kraft $F_{res}/4 = 15\,560\text{ N}/4 = 3890\text{ N}$ entgegen F_{res} angreifen muss. Die größte resultierende Nietkraft ergibt sich, wie aus Bild 9 ersichtlich, für den rechten oberen Niet

$$F = F_1 + \frac{F_{res}}{4} = 16\,495\text{ N} + 3890\text{ N} = 20\,385\text{ N}.$$

Mit $A_1 = 227\text{ mm}^2$ nach Tabelle 2 wird die vorhandene Abscherspannung für den rechten oberen Niet

$$\tau_a = \frac{F}{A_1} = \frac{20\,385\text{ N}}{227\text{ mm}^2} = 89{,}8\frac{\text{N}}{\text{mm}^2}.$$

Für den angenommenen Lastfall H beträgt die zulässige Abscherspannung $\tau_{a\,zul} = 112\text{ N/mm}^2$ (siehe Abschnitt D Festigkeitslehre). Es ist also

$$\tau_a = 89{,}8\frac{\text{N}}{\text{mm}^2} < \tau_{a\,zul} = 112\frac{\text{N}}{\text{mm}^2}.$$

Mit $d_1 = 17\text{ mm}$ und $s = 7{,}5\text{ mm}$ Stegdicke für den Profilstahl U160 wird der vorhandene Lochleibungsdruck

$$\sigma_1 = \frac{F_1}{d_1 s} = \frac{20\,385\text{ N}}{17\text{ mm} \cdot 7{,}5\text{ mm}} = 160\frac{\text{N}}{\text{mm}^2}.$$

Da der zulässige Lochleibungsdruck $\sigma_1 = 280\text{ N/mm}^2$ beträgt, ist auch hier

$$\sigma_1 = 160\frac{\text{N}}{\text{mm}^2} < \sigma_{1\,zul} = 280\frac{\text{N}}{\text{mm}^2}.$$

7 Schraubenverbindungen

Normen (Auswahl) und Bezugsliteratur

DIN 13   Metrisches ISO-Gewinde
DIN 74   Senkungen
DIN 78   Gewindeenden, Schraubenüberstände
DIN 103 Metrisches ISO-Trapezgewinde
DIN 475 Schlüsselweiten

[1] VDI-Richtlinie 2230; Systematische Berechnung hoch beanspruchter Schraubenverbindungen. VDI, 1986

[2] *Kübler, K.-H.*: Vereinfachtes Berechnen von Schraubenverbindungen. Mitteilung aus den KAMAX-Werken, „Verbindungstechnik" (1978)

[3] *Illgner, K.-H.* und *Blume, D.*: Schraubenvademecum. Bauer & Schaurte Karcher GmbH, Neuß 1988

[4] *Galwelat, M.* und *Beitz, W.*: Gestaltungsrichtlinien für unterschiedliche Schraubenverbindungen. Konstruktion 33 (1981) Heft, 6, S. 213-218

7.1 Allgemeines

Schrauben werden nach ihrem Verwendungszweck eingeteilt in *Befestigungsschrauben* für lösbare Verbindungen von Bauteilen, *Bewegungsschrauben* zur Umwandlung von Drehbewegungen in Längsbewegungen, *Dichtungsschrauben* für Ein- und Auslauföffnungen z.B. bei Ölwannen, *Einstellschrauben*, *Spannschrauben*.

7.2 Gewinde

Die Gewinde werden durch ihr Profil (Dreieck, Trapez), die Steigung, Gangzahl (ein- oder mehrgängig) und den Windungssinn (rechts- oder linkssteigend) bestimmt. Die gebräuchlichsten Profilformen zeigt Bild 1.

7.2.1 Gewindearten

Metrisches ISO-Gewinde, DIN 13 Blatt 1; Gewindedurchmesser von 1 mm bis 68 mm; Anwendungen für Befestigungsschrauben und Muttern aller Art; Abmessungen siehe Tabelle 7.
Metrisches ISO-Feingewinde, DIN 13. Blätter 2 bis 12; Gewindedurchmesser von 1 mm bis 300 mm; Anwendung als Befestigungsgewinde, als Dichtungsgewinde, für Mess- und Einstellschrauben.
Metrisches ISO-Trapezgewinde, DIN 103; Gewindedurchmesser von 8 mm bis 300 mm; Anwendung als Bewegungsgewinde bei Spindeln an Drehmaschinen, Schraubstöcken, Ventilen, Pressen usw.; Abmessungen siehe Tabelle 8.
Rundgewinde, DIN 405; Anwendung als Bewegungsgewinde bei rauem Betrieb, z.B. Kupplungsspindeln.
Metrisches Sägengewinde, DIN 513: Anwendung als Bewegungsgewinde bei hohen einseitigen Belastungen, z.B. bei Hubspindeln.

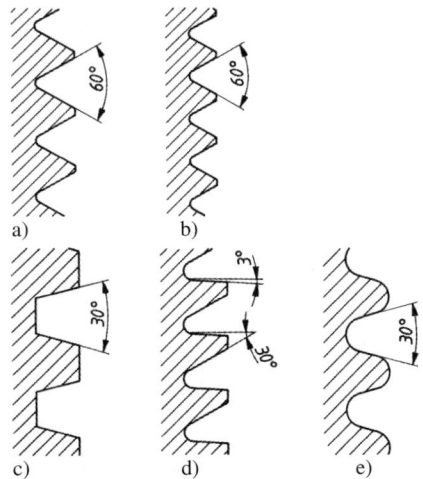

Bild 1. Grundformen der gebräuchlichsten Gewinde a) metrisches Regelgewinde, b) metrisches Feingewinde, c) Trapezgewinde, d) Sägengewinde, e) Rundgewinde

7.2.2 Gewindeabmessungen

Aus der Abwicklung eines Gewindegangs (Bild 2) ergibt sich der *Steigungswinkel* α, bezogen auf den Flankendurchmesser d_2 aus dem rechtwinkligen Dreieck:

$$\alpha = \arctan \frac{P}{d_2 \pi} \qquad (1)$$

P Gewindesteigung, für die bei mehrgängigem Gewinde $P = z\, P$ zu setzen ist. Dann ist *P* die Gewindeteilung (Abstand zweier Gänge im Längsschnitt), *z* Gangzahl (siehe Tabelle 8).

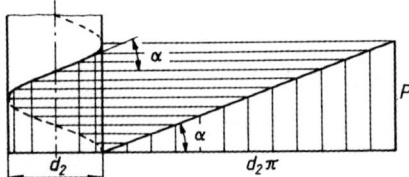

Bild 2. Entstehung der Schraubenlinie

7.3 Schrauben und Muttern

7.3.1 Schraubenarten

Sie unterscheiden sich hauptsächlich durch die Form ihres Kopfes. Ausführliche Übersicht siehe DIN-Taschenbuch 10 des Deutschen Normenausschuss. Gebräuchliche Schraubenarten siehe Bild 3; Hauptabmessungen von Sechskantschrauben siehe Tabelle 12.

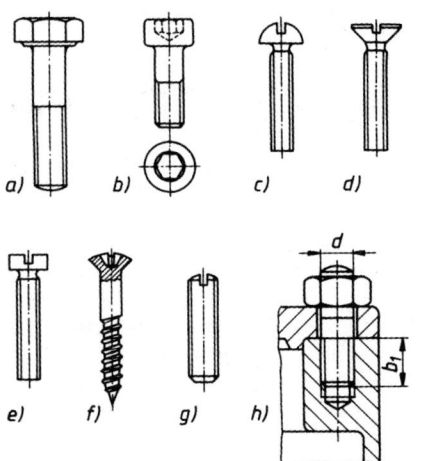

Bild 3. Schraubenarten. a) Sechskantschraube, b) Innensechskantschraube, c) Halbrundschraube, d) Senkschraube, e) Zylinderschraube, f) Linsensenkholzschraube mit Kreuzschlitz, g) Gewindestift mit Kegelkuppe, h) Stiftschraube (Einbauspiel)

Sechskantschrauben DIN 931, 7990, sind die am häufigsten verwendeten; Ausführung mit metrischem Regelgewinde, teilweise auch mit metrischem Feingewinde. *Innensechskantschrauben,* DIN 912, DIN 6912 Zylinderschrauben, Platz sparend durch versenkten Kopf mit Innensechskant; gefälliges Aussehen; Ausführung vielfach aus hochfesten Stählen. *Halbrund-, Senk-, Zylinder-* und *Linsenschrauben* mit Schlitz oder Kreuzschlitz werden vielseitig im Maschinen-, Fahrzeug-, Apparate- und Gerätebau verwendet. *Stiftschrauben,* DIN 835 und DIN 938 bis 940 dienen vorwiegend zu Verschraubungen vom Gehäuseteilen bei Getrieben, Turbinen, Motoren, usw.

Einschraubende b_1 (Bild 3) richtet sich nach dem Werkstoff, in den eingeschraubt ist: $b_1 \approx d$ bei Stahl, Stahlguss und Bronze, $b_1 \approx 1{,}25\, d$ bei Gusseisen, $b_1 \approx 2\, d$ bei Al-Legierungen, $b_1 \approx 2{,}5\, d$ bei Weichmetallen. *Gewindestifte* mit Zapfen, Ringschneide, Spitze oder Kegelkuppe werden zum Befestigen von Naben, Buchsen, Radkränzen und dergleichen verwendet.

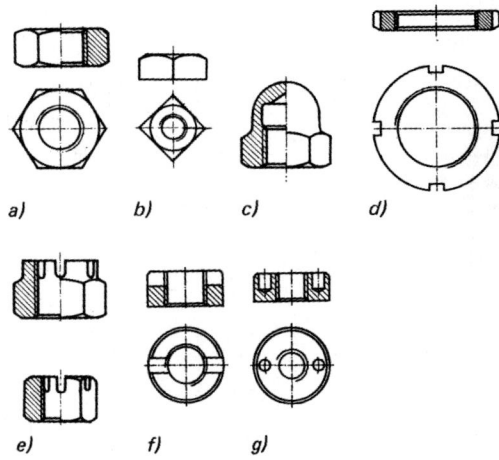

Bild 4. Muttern. a) Sechskantmutter, b) Vierkantmutter, c) Hutmutter (hohe Form), d) Nutmutter, e) Kronenmutter, f) Schlitzmutter, g) Zweilochmutter

7.3.2 Mutterarten

Einige gebräuchliche Arten zeigt Bild 4. Am häufigsten verwendet werden *Sechskantmuttern* mit normaler Höhe ($m \approx 0{,}8\, d$), DIN 934, flache Sechskantmuttern ($m \approx 0{,}5\, d$), DIN 439 und 936, bei kleineren Schrauben und metrischem Feingewinde. *Vierkantmuttern,* DIN 557 und 562, werden vorwiegend mit Flachrundschrauben (Schlossschrauben) zum Verschrauben von Holzteilen verwendet. *Hutmuttern,* DIN 917 und 1587, schützen das Schraubengewinde vor Beschädigungen und verhüten Verletzungen. *Nut-* und *Kreuzlochmuttern,* DIN 1804 und 1816, mit Feingewinde dienen vielfach zum Befestigen von Wälzlagern auf Wellen. *Schlitz-* und *Zweilochmuttern* werden als Senkmuttern verwendet. *Kronenmuttern,* DIN

935, *Sicherungsmuttern* und *selbstsichernde Muttern* dienen der Sicherung von Schraubenverbindungen, siehe auch 7.4.2.

7.3.3 Ausführung und Werkstoffe

Für Maßgenauigkeit, Oberflächenbeschaffenheit, Werkstoffeigenschaften und Prüfung sind die Bedingungen nach DIN 267 maßgebend.

Toleranzklassen: fein (f) für große Genauigkeit bei geringem Spiel, mittel(m) für normale Verwendung, grob (g) für rauen Betrieb. Die Toleranzklasse m braucht bei Bestellungen nicht angegeben zu werden. Als Werkstoff kommen insbesondere Stahl, Messing und Al-Legierungen in Frage. Bezeichnungen und Festigkeitseigenschaften der Schraubenstähle siehe Tabelle 1. Werkstoff-Kennzeichen z.B. 5.8 bedeutet: 5 Kennzahl der Mindestzugfestigkeit (500 N/mm^2); 8 Kennzahl für das Verhältnis (R_e/R_m) · 10. Hochfeste Schrauben (und Muttern) ab 6.6 sind auf dem Schraubenkopf entsprechend gekennzeichnet, einschließlich Firmenzeichen.

Tabelle 1. Festigkeitseigenschaften der Schraubenstähle nach DIN EN 20898

Kennzeichen (Festigkeitsklasse)	4.6	4.8	5.6	5.8	6.6	6.8	6.9	8.8	10.9	12.9
Mindest-Zugfestigkeit R_m in N/mm^2	400		500		600			800	1 000	1 200
Mindest-Streckgrenze R_e oder $R_{p\,0,2}$-Dehngrenze in N/mm^2	240	320	300	400	360	480	540	640	900	1 080
Bruchdehnung A_5 in %	25	14	20	10	16	8	12	12	9	8

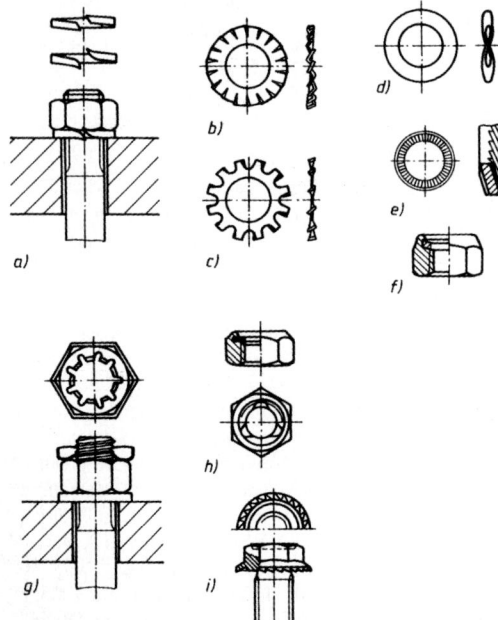

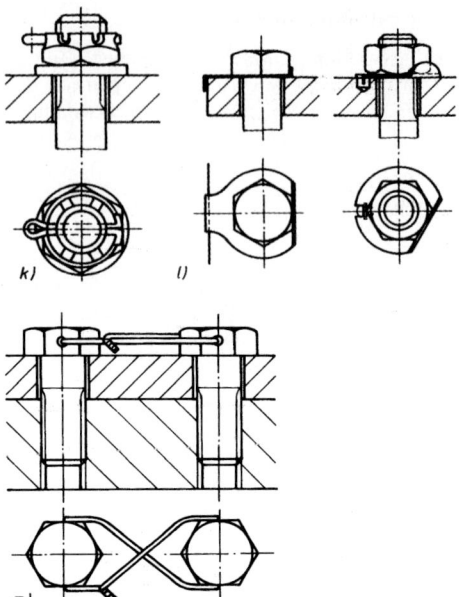

Bild 5. Schraubensicherungen, a) Federring, b) Fächerscheibe, c) Zahnscheibe, d) Federscheibe, e) Schnorr-Sicherung, f) selbstsichernde Sechskantmutter, g) Sicherungsmutter, h) Spring-Stopp Sechskantmutter, i) TENSILOCK Sicherungsschraube, k) Kronenmutter mit Splint, l) Sicherungsbleche, m) Drahtsicherung

7.4 Schraubensicherungen

7.4.1 Kraft-(reib-) schlüssige Sicherungen

Gebräuchliche Sicherungen siehe Bild 5a bis 5f. *Federring* DIN 128; *Fächerscheibe,* DIN 6798; *Zahnscheibe,* DIN 6797 und *Federscheibe,* DIN 137 erzeugen durch ihre Federwirkung hohe Reibung im Gewinde und an der Auflagefläche und durch Eindrücken in die Oberflächen noch zusätzlichen Formschluss. Zu beachten ist, dass damit wohl die Mutter, nicht unbedingt die Schraube und damit die Verbindung, ausreichend gesichert ist. Reine Reibschlusssicherungen sind die *Gegenmutter,* heute meist durch die wirksamere und Platz sparende *Sicherungsmutter,* DIN 7967, ersetzt; ferner die *selbstsichernde Mutter,* DIN 986, mit einem sich in das Schraubengewinde einpressenden Fiber- oder Kunststoffring und *die geschlitzte Mutter,* bei der sich die an der Schlitzstelle versetzten Gewindegänge beim Aufschrauben federnd in das Schraubengewinde pressen.

7.4.2 Formschlüssige Sicherungen

Als häufigste Sicherung gegen Lösen und Verlieren dient die *Kronenmutter,* DIN 935 und 979, mit Splint (Bild 5k), bei der Schraube *und* Mutter gleichzeitig gesichert sind. *Sicherungsbleche* verschiedener Ausführung (Bild 5) sind als Muttersicherung nicht unbedingt ausreichend für die ganze Verbindung. Dicht zusammensitzende Schrauben können gegenseitig durch *Drahtbügel* gesichert werden. Hochfeste Schraubenverbindungen (ab Festigkeitsklasse 8.8) erhalten keine Sicherungen.

7.5 Scheiben

Sie sollen nur dann verwendet werden, wenn die Oberfläche der verschraubten Teile weich oder uneben ist oder auch zum Beispiel poliert ist und nicht beschädigt werden soll.

7.6 Berechnung von Befestigungsschrauben

7.6.1 Kräfte und Verformungen in vorgespannten Schraubenverbindungen bei axial wirkender Betriebskraft F_A (Verspannungsdiagramm)

Eine Schraubenverbindung besteht aus der Schraube, der Mutter und den aufeinander zu pressenden Teilen (Platten), zum Beispiel zwei Flanschen. Diese Verbindung kann im Betrieb eine axial wirkende *Betriebskraft* F_A oder eine Querkraft F_Q oder beide gemeinsam aufzunehmen haben. Beispiele: Die Schraubenverbindungen am Zylinderkopf haben eine in Achsrichtung wirkende Betriebskraft F_A aufzunehmen, hervorgerufen durch den Gasdruck im Zylinder. Die Schraubenverbindung am Tellerrad des Ausgleichsgetriebes dagegen muss ein Drehmoment übertragen, dessen Kräftepaar quer zur Schraubenachse wirkt.

Das Kräftespiel mit den Formänderungen bei axial wirkender Betriebskraft F_A macht man sich mit dem *Verspannungsdiagramm* klar (Bild 6). Es entsteht, wenn über den elastischen Formänderungen (Verlängerung und Verkürzung) der Schraube und der verspannten Teile die axial wirkenden Kräfte aufgetragen werden.

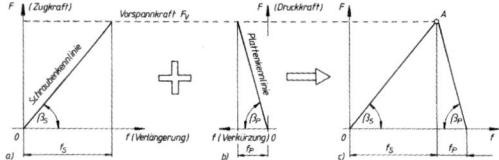

Bild 6. Verspannungsdiagramme a) der Schraube, b) der Platten (der verspannten Teile), c) der Schraubenverbindung

Das Anziehen der Schraubenverbindung bewirkt eine Zugkraft F in der Schraube und eine gleich große Druckkraft in den Flanschen. Die Schraube verlängert sich wie eine Zugfeder entsprechend dem Hooke'schen Gesetz (siehe D Festigkeitslehre). Zugleich verkürzen sich die Platten wie eine Druckfeder. Beim Erreichen der Vorspannkraft F_V nach dem Anziehen hat sich die Schraube um f_S verlängert, die Platten haben sich um f_P verkürzt. Das zeigen die Verspannungsdiagramme 6a) und b). Die „Druckfläche" der Platten ist größer als die „Zugfläche" in der Schraube, daher ist stets $f_P < f_S$ und $\beta_P > \beta_S$. Man kann auch sagen: Die „Zugfeder" Schraube ist weicher als die „Druckfeder" Platten. Es fördert das Verständnis für die Formänderungsvorgänge, wenn man sich die Schraube als Schraubenzugfeder, die Platten als Schraubendruckfeder vorstellt, die beide parallel geschaltet ineinander greifen (Federmodell der Verbindung, siehe auch 9.2.4). Das übliche Verspannungsdiagramm einer Schraubenverbindung (Bild 6c) entsteht durch Zusammenfügen der beiden Diagramme a) und b) für Schraube und Platten. Die Winkel β_S und β_P sind die Neigungswinkel der beiden Kennlinien (Federkennlinien, siehe Kap. 9.2).

Nach dem Anziehen der Schraubenverbindung wirkt die Vorspannkraft F_V als Zugkraft in der Schraube, als Druckkraft in den verspannten Platten (Flanschen). Im Betrieb hat die Verbindung die axiale Betriebskraft F_A aufzunehmen, hervorgerufen beispielsweise durch den ansteigenden Druck der Verbrennungsgase im Zylinder eines Verbrennungsmotors. Sie bewirkt Folgendes (Bild 7): Die Schraube wird zusätzlich zugbelastet und um den Längenbetrag Δf verlängert.

Dabei steigt die Zugkraft in der Schraube von der Vorspannkraft F_V (Punkt A) längs der Schraubenkennlinie auf die Schraubenkraft F_S an (Punkt B). Wenn die Schraube um Δf verlängert wird, können sich die Platten um den gleichen Längenbetrag wieder ausdehnen (Vorstellung: Federmodell). Dabei sinkt die Druckkraft in den Platten vom Betrag der Vorspannkraft F_V (Punkt A) längs der Plattenkennlinie auf die theoretisch übrig bleibende Klemmkraft F_{K1} (Punkt C). Sinkt nun die axiale Betriebskraft auf null ab, dann stellt sich der ursprüngliche Kraft-Verformungszustand wieder ein (Punkt A).

Die Oberflächenrauigkeiten der zusammengepressten Flächen einer Schraubenverbindung (Gewindegänge, Kopf- und Mutterauflage, Trennfugen der Platten) verformen sich schon beim Anziehen plastisch (bleibend). Dieses „Setzen" vermindert die elastische Längenänderung $f_S + f_P$ um den Setzbetrag f_Z, auch wenn es sich nur um wenige μm handelt. Damit vermindert sich auch die tatsächlich wirksame Vorspannkraft F_V um die *Setzkraft* F_Z (Bild 7). Im Betrieb steht dann auch nicht mehr die theoretische Klemmkraft F_{K1} zur Verfügung, sondern die *Klemmkraft* $F_K = F_{K1} - F_Z$, zum Beispiel als Dichtkraft.

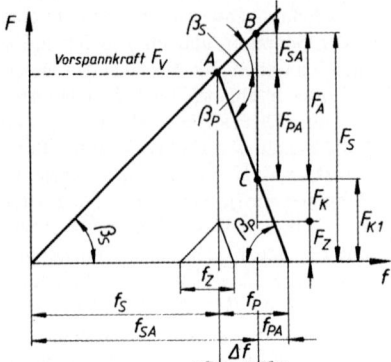

F_V Vorspannkraft der Schraube
F_A axiale Betriebskraft
F_K Klemmkraft (Dichtkraft)
F_{K1} theoretische Klemmkraft
F_Z Vorspannkraftverlust durch Setzen während der Betriebszeit
F_S Schraubenkraft
F_{SA} Axialkraftanteil (Betriebskraftanteil der Schraube
F_{PA} Axialkraftanteil der verspannten Teile
f_S Verlängerung der Schraube nach der Montage
f_P Verkürzung der verspannten Teile nach der Montage
f_{SA}, f_{PA} entsprechende Formänderungen nach Aufbringen der Betriebskraft F_A
f_Z Setzbetrag (bleibende Verformung durch „Setzen")
Δf Längenänderung nach dem Aufbringen von F_A
β_S, β_P Neigungswinkel der Kennlinie

Bild 7. Verspannungsdiagramm einer vorgespannten Schraubenverbindung nach dem Aufbringen der axialen Betriebskraft F_A

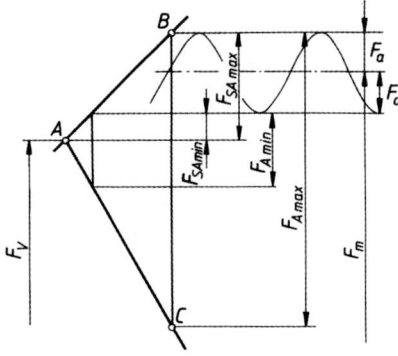

Bild 8. Ausschnitt aus dem Verspannungsdiagramm

Im allgemeinen Betriebskraft wird die axiale Betriebskraft nach Bild 8 bis zu einem Maximalwert $F_{A\,max}$ aufgebaut und fällt dann auf den kleineren Wert $F_{A\,min}$ ab und so fort (dynamisch schwellende Belastung). Die Schraubenbelastung schwingt also mit der *Ausschlagkraft* F_a um eine gedachte Mittelkraft F_m.

$F_{SA\,max}$ und $F_{SA\,min}$ sind die Axialkraftanteile in der Schraube.

7.6.2 Herleitung der Kräfte- und Formänderungsgleichungen

Zur Herleitung der Gleichungen für die Berechnung einer Schraubenverbindung bei axial wirkender Betriebskraft wird das Verspannungsdiagramm 9 ausgewertet. Die Betriebskraft F_A ist durch die Betriebsbedingungen bekannt (z B. über den Öldruck in einem Hydraulikzylinder). Außerdem muss eine Mindestklemmkraft F_{Kerf} bekannt sein oder angenommen werden, zum Beispiel als erforderliche Dichtkraft.
Betriebskraft F_A und erforderliche Klemmkraft F_{Kerf} sind daher die Ausgangsgrößen für die Berechnung vorgespannter Schraubenverbindungen.

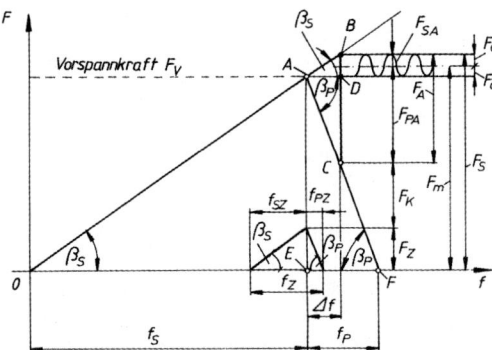

Bild 9. Verspannungsdiagramm der vorgespannten und durch eine axial wirkende Betriebskraft F_A belasteten Schraubenverbindung

Zunächst wird als Hilfsgröße die *Nachgiebigkeit* δ definiert:. Sie ist das Verhältnis der Längenänderung (Verlängerung, Verkürzung) zur jeweiligen Zug- oder Druckkraft und damit zugleich der Kehrwert der Federsteifigkeit $C = 1/\delta$ (früher: Federrate C, siehe auch 9.2.2). Es gilt also für die Schraube $\delta_S = f_S/F_V$ und $\delta_P = f_P/F_V$. Dieser Quotient ist in den rechtwinkligen Dreiecken, O, E, A und A, D, B sowie E, F, A und A, C, D der Kotangens (= 1 /Tangens) der Neigungswinkel und β_S und β_P. Damit lassen sich Gleichungen für die *Nachgiebigkeiten* δ_S und δ_P aufstellen:

$$\delta_S = \frac{f_S}{F_V} = \frac{\Delta f}{F_{SA}} = \frac{1}{C_S} \qquad (2)$$

Nachgiebigkeit der Schraube

$$\delta_P = \frac{f_P}{F_V} = \frac{\Delta f}{F_{PA}} = \frac{\Delta f}{F_A - F_{SA}} = \frac{1}{C_P} \qquad (3)$$

Nachgiebigkeit der Platten
nach Aufbringen der Vorspannkraft F_V

7 Schraubenverbindungen

Beide Gleichungen können nach Δf aufgelöst und gleichgesetzt werden. Daraus lässt sich eine Gleichung für *den Axialkraftanteil* F_{SA} in der Schraube entwickeln:

$$\Delta f = \delta_S F_{SA} = \delta_P (F_A - F_{SA})$$
$$\delta_S F_{SA} = \delta_P F_A - \delta_P F_{SA}$$
$$F_{SA}(\delta_S + \delta_P) = \delta_P F_A$$

$$F_{SA} = F_A \frac{\delta_P}{\delta_P + \delta_S} \text{ und mit } \frac{\delta_P}{\delta_P + \delta_S} = \Phi$$

$$F_{SA} = \Phi F_A \quad \text{Axialkraft in der Schraube} \quad (4)$$

Der Quotient $\delta_P/(\delta_P + \delta_S)$ aus den Nachgiebigkeiten spielt als Kenngröße bei Schraubenberechnungen eine Rolle. Nach Gleichung (4) ist er das Verhältnis des Axialkraftanteils F_{SA} zur Axialkraft (Betriebskraft) F_A. Er heißt daher *Kraftverhältnis* Φ.

$$\Phi = \frac{\delta_P}{\delta_P + \delta_S} = \frac{F_{SA}}{F_A} \quad (5)$$

Kraftverhältnis der Schraubenverbindung (siehe auch 7.6.3.3)

Das Verspannungsdiagramm zeigt $F_{PA} = F_A - F_{SA}$. Nach Gleichung (5) ist $F_{SA} = F_A \Phi$. Das ergibt eine Gleichung für *den Axialkraftanteil* F_{PA} in den verspannten Platten (Flanschen):

$$F_{PA} = F_A (1 - \Phi) \quad \text{Axialkraftanteil in den Platten} \quad (6)$$

Die Neigungswinkel β_S und β_P der Kennlinien treten auch in den beiden kleinen rechtwinkligen Dreiecken mit der Setzkraft F_Z auf. Analog zu den Gleichungen (2) und (3) wird damit:

$$\delta_S = \frac{f_{SZ}}{F_Z} \text{ und } \delta_P = \frac{f_{PZ}}{F_Z} \Rightarrow f_{SZ} = \delta_S F_Z \text{ und}$$
$$f_{PZ} = \delta_P F_Z$$

Die Summe der beiden Teilsetzbeträge ist gleich dem *Setzbetrag* F_Z, also wird

$$f_Z = f_{SZ} + f_{PZ}$$
$$f_Z = \delta_S F_Z + \delta_P F_Z = F_Z (\delta_P + \delta_S)$$

Die Summe der Nachgiebigkeiten $(\delta_P + \delta_S)$ kann nach Gleichung (5) durch δ_P/Φ ausgedrückt und damit eine Gleichung für die *Setzkraft* F_Z entwickelt werden. Die Setzkraft F_Z ist der Vorspannungskraftverlust durch Setzen während der Betriebszeit:

$$F_Z = F_Z \frac{\Phi}{\delta_P} \quad \text{Setzkraft} \quad (7)$$

Nach Bild 9 ist die *Klemmkraft* $F_K = F_V - F_Z - F_{PA}$. In Verbindung mit Gleichung (6) wird dann:

$$F_K = F_V - F_Z - F_A (1 - \Phi) \quad \text{Klemmkraft} \quad (8)$$

Kann die Klemmkraft als bekannt vorausgesetzt werden, zum Beispiel durch die Annahme einer notwendigen Dichtkraft, dann lässt sich die *Vorspannkraft* F_V ermitteln:

$$F_V = F_Z + F_K + F_A (1 - \Phi) \quad \text{Vorspannkraft} \quad (9)$$

Zur Bestimmung der größten Zugbeanspruchung in der Schraube wird die größte Zugkraft, die *Schraubenkraft* F_S, gebraucht. Unter Zuhilfenahme des Verspannungsdiagramms Bild 9 und der Gleichungen (4) und (9) ergibt sich:

$$F_S = F_V + F_{SA} \quad (10)$$
$$F_S = F_V + \Phi F_A \quad (11)$$

$$F_S = \overbrace{F_Z + F_K}^{\text{Vorspannkraft } F_V} + (1 - \Phi) F_A + \Phi F_A \quad (12)$$

Schrauben-kraft | Setz-kraft | Klemm-kraft | Axialkraft-anteil der verspannten Teile | Axialkraft-anteil der Schraube

axiale Betriebskraft F_A

In dynamisch schwellend belasteten Schraubenverbindungen muss die Dauerfestigkeit der Schraube bestätigt werden. Ausgangsgröße für diese Berechnungen ist die *Ausschlagkraft* F_a, die um die *Mittelkraft* F_m schwingt. Im Hinblick auf die axiale Betriebskraft F_A können zwei unterschiedliche Betriebsbedingungen auftreten:
Fällt die Betriebskraft F_A immer wieder auf den Wert null zurück, dann gilt nach Bild 9 in Verbindung mit Gleichung (4):

$$F_a = \frac{F_{SA}}{2} \quad (13)$$

$$F_a = \frac{\Phi}{2} F_A \quad \text{Ausschlagkraft} \quad (14)$$

$$F_m = F_V + F_a \quad \text{Mittelkraft} \quad (15)$$

Schwankt die axiale Betriebskraft dagegen zwischen einem Größtwert $F_{A\,max}$ und einem Kleinstwert $F_{A\,min} \neq 0$, dann lässt sich aus Bild 8 ablesen:

$$F_a = \frac{F_{SA\,max} - F_{SA\,min}}{2} \quad (16)$$

Nach Gleichung (4) ist $F_{SA} = \Phi F_A$. Folglich gilt auch $F_{SA\,max} = \Phi F_{A\,max}$ und $F_{SA\,min} = \Phi F_{A\,min}$. Dies in Gleichung (16) eingesetzt und das Kraftverhältnis Φ ausgeklammert führt zu

$$F_a = \frac{\Phi}{2}(F_{A\,max} - F_{A\,min}) \quad \text{Ausschlagkraft} \quad (17)$$

$$F_m = F_V + \Phi F_{A\,min} + F_a \quad \text{Mittelkraft} \quad (18)$$

7.6.3 Berechnung der Nachgiebigkeit δ und des Kraftverhältnisses Φ

Für die elastische Formänderung vor Zug- und Druckstäben gilt das Hooke'sche Gesetz, also auch für die Schraube und die Platten (Flansche) einer vorgespannten Schraubenverbindung (siehe D Festigkeitslehre). Schreibt man das Hooke'sche Gesetz in der Form $\Delta l / F = l_0/(A\,E)$ und setzt anstelle der allgemeinen die speziellen Bezeichnungen für die Schraubenverbindung ein, erhält man zwei Gleichungen für die *Nachgiebigkeit* δ_S und δ_P:

$$\sigma = \epsilon E$$

$$\frac{F}{A} = \frac{\Delta l}{l_0} E$$

$$\frac{\Delta l}{F} = \frac{l_0}{A E} = \delta$$

Nachgiebigkeit (allgemein) der Schraube

$$\delta_S = \frac{f_{SV}}{F_V} = \frac{l_S}{A_S E_S} \quad (19)$$

Nachgiebigkeit (allgemein) der Platten

$$\delta_P = \frac{f_{PV}}{F_V} = \frac{l_P}{A_P E_P} \quad (20)$$

F Zug- oder Druckkraft $\triangleq F_V$
A Zug- oder Druckfläche $\triangleq A_S$ und A_P
Δl elastische Verlängerung oder Verkürzung $\triangleq f_V$ und f_P
E Elastizitätsmodul
l_0 federnde Länge $\triangleq l_S$ und l_P

Die Gleichungen für die Nachgiebigkeit δ_S und δ_P enthalten noch Größen, die eine genauere Betrachtung erfordern. Das soll für Schraube und Platten gesondert geschehen.

7.6.3.1 Nachgiebigkeit δ_S der Schraube

An einer Sechskantschraube (Bild 10) gibt es die Dehnlänge l_1 mit dem *Schaftquerschnitt* A und die Dehnlänge l_2 mit dem *Spannungsquerschnitt* A_S nach Tabelle 7. Als zusätzliche Dehnlänge im Mutter- und Kopfbereich legt man aus der Erfahrung heraus $l_3 = 0{,}4d$ fest und als zugehörigen Querschnitt vereinfachend den Spannungsquerschnitt A_S.

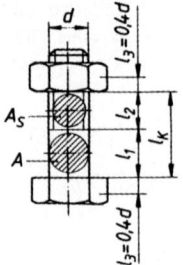

Bild 10.
Dehnquerschnitte und Dehnlängen an der Sechskantschraube

Das entsprechende Federmodell besteht also aus drei hintereinander geschalteten Zugfedern, deren Einzel-Nachgiebigkeiten sich addieren: $\delta_S = \delta_{S1} + \delta_{S2} + \delta_{S3}$. Entsprechend Gleichung (19) ist $\delta_{S1} = l_1/(AE_S)$, $\delta_{S2} = l_2/(A_S E_S)$ und $\delta_{S3} = 2l_3/(A_S E_S) = 2 \cdot 0{,}4\,d/(A_S E_S)$. Damit kann eine zusammenfassende Gleichung für die *Nachgiebigkeit* δ_S für die Sechskantschraube entwickelt werden

$$\delta_S = \delta_{S1} + \delta_{S2} + 2 \cdot \delta_{S3}$$

$$\delta_S = \frac{l_1}{A\,E_S} + \frac{l_2}{A_S E_S} + 2 \cdot \frac{0{,}4\,d}{A_S\,E_S}$$

$$\delta_S = \frac{\frac{l_1}{A} + \frac{l_2 + 0{,}8\,d}{A_S}}{E_S} \quad (21)$$

Nachgiebigkeit einer Sechskantschraube

δ_S	l_1, l_2, d	A, A_S	E_S
$\frac{mm}{N}$	mm	mm²	$\frac{N}{mm^2}$

Die Nachgiebigkeit einer *Dehnschraube* wird auf die gleiche Art ermittelt. Konstruktionsformen, Verhalten, Vor- und Nachteile von Dehnschrauben werden eingehend in der Bezugsliteratur [3] behandelt.

7.6.3.2 Nachgiebigkeit der verspannten Platten (Flanschen)

Die federnde Länge l_P der druckbelasteten Plattenzonen ist die Klemmlänge l_K der Schrauben Verbindung ($l_P = l_K$).
Die Nachgiebigkeit δ_S der Schraube konnte mit (21) leicht ermittelt werden, weil die federnden Teile der Schraube eindeutig begrenzte Kreiszylinder sind. Innerhalb der verspannten Platten dagegen nimmt die Druckbeanspruchung im Klemmbereich radial nach außen hin ab. Näherungsweise arbeitet man mit der Vorstellung eines Doppel-Hohlkegels, in dessen Einzelquerschnitten die Druckbeanspruchung gleichmäßig verteilt ist. Für den Ersatzquerschnitt A_{ers} (Ersatzdurchmesser D_{ers}) wird in der Literatur [1]) für die Verbindungskonstruktion nach Bild 11 mit der Bedingung $d_w + l_K < D_A$ die folgende Gleichung (22a) angegeben:

---

[1] DUBBEL (2000) Taschenbuch für den Maschinenbau, 20. Auflage, Springer Berlin Heidelberg New York, VDI-Richtlinie 2230 (1986), VDI-Verlag Düsseldorf

7 Schraubenverbindungen

$$A_{ers} = \frac{\pi}{4}(d_w^2 - d_h^2) + \frac{\pi}{8} d_w l_K \left[\left(\sqrt[3]{\frac{l_K d_w}{(l_K + d_w)^2}} + 1 \right)^2 - 1 \right]$$

(22a)

Ersatzquerschnitt (Ersatz-Hohlzylinder) A_{ers} der Platten für $d_w + l_K < D_A$

D_A Außendurchmesser der verspannten Teile
d_w Außendurchmesser der Kopfauflage, bei Sechskantschrauben (Bild 11) Durchmesser des Telleransatzes, sonst Schlüsselweite, bei Zylinderschrauben Kopfdurchmesser
d_h Durchmesser der Durchgangsbohrung nach Tabelle 5
l_k Klemmlänge

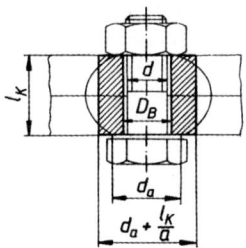

Bild 11. Ersatz-Hohlzylinder in den verspannten Platten

Für zwei Verbindungskonstruktionen mit anderen als in Bild 11 eingetragenen Abmessungen werden die folgenden Gleichungen angegeben:

$$A_{ers} = \frac{\pi}{4}(d_w^2 - d_h^2) + \frac{\pi}{8} d_w (D_A - d_w) \left[\left(\sqrt[3]{\frac{l_K d_w}{D_A^2}} + 1 \right)^2 - 1 \right]$$

(22b)

Ersatzquerschnitt (Ersatz-Hohlzylinder) A_{ers} der Platten für $d_w \leq D_A \leq d_w + l_k$

$$A_{ers} = \frac{\pi}{4}(D_A^2 - d_h^2)$$

(23)

Ersatzquerschnitt (Ersatz-Hohlzylinder) A_{ers} der Platten für $D_A \leq d_w$

Nach Gleichung (20) kann nun mit den Bezeichnungen $l_P = l_K$ und $A_P = A_{ers}$ die Gleichung zur Berechnung der *Nachgiebigkeit* δ_P der Platten (Flansche) geschrieben werden:

$$\delta_P = \frac{l_K}{A_{ers} E_P}$$

(24)

Nachgiebigkeit der Platten (Flansche)

Mit den beiden Nachgiebigkeiten δ_S und δ_P, der Vorspannkraft F_V und der axialen Betriebskraft F_A lässt sich das Verspannungsdiagramm maßstäblich aufzeichnen.

7.6.3.3 Berechnung des Kraftverhältnisses Φ

Mit den Gleichungen für Nachgiebigkeit und Ersatzquerschnitt (21), (22), (23) lässt sich eine Gleichung zur Berechnung des *Kraftverhältnisses* Φ für Sechskantschrauben nach Bild 10 entwickeln:

$$\Phi = \frac{\delta_P}{\delta_P + \delta_S} = \frac{F_{SA}}{F_A}$$

(25)

$$\Phi = \frac{\dfrac{l_K}{A_{ers} E_P}}{\dfrac{l_K}{A_{ers} E_P} + \dfrac{\dfrac{l_1}{A} + \dfrac{l_2 + 0{,}8\ d}{A_S}}{E_S}}$$

(26)

$$\Phi = \frac{l_K}{l_K + \dfrac{A_{ers} E_P}{E_S}\left(\dfrac{l_1}{A} + \dfrac{l_2 + 0{,}8\ d}{A_S}\right)}$$

l_K Klemmlänge nach Bild 10
E_P Elastizitätsmodul der Platten (siehe D Festigkeitslehre)
E_S Elastizitätsmodul der Schraube, für Stahl ist $E_S = 21 \cdot 10^4$ N/mm^2
A_{ers} Ersatzquerschnitt nach (22a, 22b oder 23)
l_1, l_2 Teillängen der Schraube nach Tabelle 5
d Gewindenenndurchmesser nach Tabelle 7
A Schaftquerschnitt der Schraube nach Tabelle 7
A_S Spannungsquerschnitt der Schraube nach Tabelle 7

7.6.3.4 Berechnungsbeispiele für das Kraftverhältnis Φ

■ **Beispiel 1.**
Für eine bereits ausgelegte Schraubenverbindung nach Bild 11 (Gewinde M12) soll das Kraftverhältnis Φ berechnet werden. Der Ersatzquerschnitt A_{ers} soll nach (22b) berechnet werden mit $D_A = 50$ mm.

Gegeben:
l_K = 60 mm
E_P = $E_S = 21 \cdot 10^4$ N/mm^2
d_w = 19 mm
d_h = 13,5 mm
l_1 = 50 mm
l_2 = 10 mm
d = 12 mm
A = 113 mm^2
A_S = 84,3 mm^2

Lösung:

Da die Elastizitätsmoduln gleich groß sind ($E_P = E_S = 21 \cdot 10^4$ N/mm² für Stahl), können die beiden Größen in Gleichung (25) gekürzt werden:

$\Phi = 0{,}115$ mit $A_{ers} = 682$ mm²

■ **Beispiel 2.**
Das Kraftverhältnis Φ soll für den Fall berechnet werden, dass die Flansche der Schraubenverbindung aus Gusseisen bestehen ($E_P = 10^5$ N/mm²).

Lösung:

Mit der geänderten Größe $E_P = 10^5$ N/mm² wird

$\Phi = 0{,}215 > 0{,}115$

Das Kraftverhältnis ist bei Gusseisenflanschen größer als bei Stahlflanschen. Das Φ einerseits das Verhältnis F_{SA}/F_A ist, andererseits aber die Ausschlagkraft $F_a = F_{SA}/2$ ist, bedeutet ein größeres Kraftverhältnis auch eine größere Ausschlagkraft F_a. Das lässt sich am Verspannungsdiagramm erkennen (Bild 8). Die Sicherheit gegen Dauerbruch wird kleiner.

■ **Beispiel 3.**
Es soll untersucht werden, wie sich das Kraftverhältnis Φ gegenüber dem Ergebnis im Beispiel 1 ändert, wenn eine Schraube mit dem Gewinde M10 unter sonst gleichen Bedingungen verwendet wird.

Lösung:

Für die Schraube mit dem Gewinde M10 lassen sich folgende Größen ermitteln:

$d\ = 10$ mm
$A\ = 78{,}5$ mm²
$A_S = 58$ mm²
$d_w = 17$ mm
$d_h = 11$ mm

Die Rechnung ergibt $\Phi = 0{,}09 < 0{,}115$

Das Kraftverhältnis $\Phi = F_{SA}/F_A$ für die Schraube mit dem Gewinde M10 ist demnach kleiner als im Beispiel 1 mit M12, weil die Querschnitte A und A_S kleiner sind und damit die Nachgiebigkeit δ_S größer wird. Die Kennlinie der Schraube ist flacher geneigt. Nach den Erläuterungen im Beispiel 2 wird die Sicherheit gegen Dauerbruch hier größer.

7.6.4 Krafteinleitungsfaktoren n (Tabelle 2) und Kraftverhältnis Φ_n

Bei der Besprechung der Kräfte und Formänderungen in einer vorgespannten Schraubenverbindung (Kap. 7.6.1) war angenommen worden, dass die axiale Betriebskraft F_A unter dem Schraubenkopf und in der Mutterauflagefläche angreift. Das Verspannungsdiagramm 7 zeigt die dadurch hervorgerufene Längenänderung Δf, um die sich die Schraube zusätzlich dehnt. Um den gleichen Betrag können sich die zusammengedrückten Platten wieder entspannen, und zwar auf der gesamten Klemmlänge l_k.

Untersuchungen an ausgeführten Schraubenverbindungen zeigen dagegen, dass die Betriebskraft F_A häufiger zwischen zwei Punkten *innerhalb* der Klemmlänge l_K angreift, wodurch sich die Kraft- und Formänderungsverhältnisse ändern. Tabelle 2 zeigt schematisiert vier angenommene Fälle für die Einleitung der Betriebskraft F_A (I, II, III und IV).

Im Unterschied zum Einleitungsfall I, bei dem sich die Platten über der ganzen Klemmlänge l_K entspannen, federn sie in den anderen Fällen nur in den *längs gezeichneten* Bereichen der Klemmlänge zurück (Bilder in der Tabelle 2). Diese Teillänge wird mit $l_{K1} = n\, l_K$ bezeichnet, wobei n der *Krafteinleitungsfaktor* ist. Er ist stets kleiner als eins ($n < 1$, z.B. $n = \tfrac{1}{2}$ im Einleitungsfall III).

Im Bereich der *quer gezeichneten* Plattenzonen dagegen bewirkt die dort eingeleitete Betriebskraft F_A kein Entspannen, sondern ein weiteres Zusammenpressen.

Daraus folgt:

Der Schraube sind beim allgemeinen Krafteinleitungsfall (II, III oder IV) federnde Plattenzonen vorgeschaltet. Ein entsprechendes Schraubenfedermodell besteht aus zwei hintereinander geschalteten Schraubenfedern, die die gleiche Kraft zu übertragen haben, die Betriebskraft F_A, allerdings einmal als Druckkraft (in den quer gezeichneten Plattenzonen) und einmal als Zugkraft (in der Schraube). Der „Zugfeder" Schraube ist eine „Druckfeder" entsprechend den quer gezeichneten Plattenzonen vorgeschaltet. In Kapitel 9 wird nachgewiesen, dass zwei hintereinander geschaltete Federn „weicher" sind als jede der beiden Einzelfedern. Die Kennlinie eines solchen Federsystems verläuft flacher, weil bei gleicher Belastung der Federweg größer ist. Im Verspannungsdiagramm in der Tabelle 2 ist das an der gestrichelten Kennlinie zu sehen. Die Nachgiebigkeit δ zweier hintereinander geschalteter Federn ist also in den Fällen II, III, IV größer als im Einleitungsfall I. Man nennt die Nachgiebigkeit unter diesen Betriebsbedingungen die Betriebsnachgiebigkeit δ_{SB}. Gegenüber dem Krafteinleitungsfall I mit der Nachgiebigkeit δ_S ist also stets $\delta_{SB} > \delta_S$.

Für die längs gezeichneten Plattenzonen (Tabelle 2), die sich beim allgemeinen Krafteinleitungsfall teilweise entspannen, ist die federnde Länge kürzer als im Einleitungsfall I mit den Angriffspunkten unter dem Schraubenkopf und der Mutterauflage ($n\, l_K < l_K$). Nach Gleichung (20) ergibt diese Änderung auch eine Verringerung der Nachgiebigkeit der Platten. Es ist also stets die Betriebsnachgiebigkeit $\delta_{PB} < \delta_P$. Im Verspannungsdiagramm verläuft die Kennlinie der Platten steiler. Es gilt die gestrichelte Linie im Verspannungsdiagramm in Tabelle 2. Die Veränderung $\delta_{SB} > \delta_S$ der Schraube führt zu $f_{SB} < f_{SV}$. Entsprechend folgt aus $\delta_{PB} < \delta_P$ der Platten $f_{PB} < f_{PV}$. Abschließend ist darauf hinzuweisen, dass die Betriebskräfte in Schraubenverbindungen ebenso wie in anderen technischen Bauteilen nie punktförmig angreifen. Vielmehr werden sie durch ein räumliches Spannungs- und Formänderungssystem in den Teilen weitergeleitet.

7 Schraubenverbindungen

Mit dem Krafteinleitungsfaktor $n < 1$ wird die Klemmlänge l_K entsprechend den Bildern in Tabelle 2 aufgeteilt

in die Teillänge $l_{K1} = n\, l_K$ für die Plattenzonen, die durch die axiale Betriebskraft etwas entlastet werden und

in die restliche Teillänge l_{K2} für die Plattenzonen, die noch stärker zusammengedrückt werden, als sie es nach dem Anziehen schon waren.

Die Summe beider Teillängen ergibt die Schraubenklemmlänge $l_K = l_{K1} + l_{K2}$. Daraus folgt mit

$$l_{K1} = n\, l_K$$
$$l_{K2} = l_K - n\, l_K \quad (27)$$
$$l_{K2} = l_K(1-n) = (1-n)\, l_K \quad (28)$$

Wie die Gleichungen (19) und (20) zeigen, ist die Nachgiebigkeit δ von Zug- oder Druckfedern bei sonst gleich bleibenden Größen der federnden Länge proportional (größere Federlänge ergibt größere Nachgiebigkeit und umgekehrt).

Für *die Betriebsnachgiebigkeit* δ_{PB} der entlasteten Plattenzonen mit der federnden Länge $l_{K1} = n\, l_K$ gilt daher die Proportion

$$\frac{\delta_P}{\delta_{PB}} = \frac{l_K}{n\, l_K} \Rightarrow \delta_{PB} = n\, \delta_P \quad (29)$$

Für die *Betriebsnachgiebigkeit* $\delta_{PB\,rest}$ der restlichen Plattenzonen mit der federnden Länge $l_{K2} = (1-n)\, l_K$ wird

$$\frac{\delta_P}{\delta_{PB\,rest}} = \frac{l_K}{(1-n)\, l_K} \Rightarrow \delta_{PB\,rest} = (1-n)\, \delta_P \quad (30)$$

Tabelle 2. Krafteinleitungsfaktoren n

Krafteinleitungsfall	I	II	III	IV
entlastete Klemmlänge	$l_k;\ n=1$	$\tfrac{3}{4}l_k;\ n=\tfrac{3}{4}$	$\tfrac{1}{2}l_k;\ n=\tfrac{1}{2}$	$\tfrac{1}{4}l_k;\ n=\tfrac{1}{4}$
Krafteinleitung Durchsteckschraube				
Krafteinleitung Kopfanziehschraube				
schematisiertes Konstruktionsbeispiel	seltener Fall			
Kraftverhältnisse $\Phi_n = n\cdot\Phi$	$1\cdot\Phi$	$\tfrac{3}{4}\cdot\Phi$	$\tfrac{1}{2}\cdot\Phi$	$\tfrac{1}{4}\cdot\Phi$
Verspannungsdiagramme ohne Berücksichtigung der Setzkraft	$F_{SA}=F_A\,\dfrac{\delta_P}{\delta_P+\delta_S}=F_A\Phi$; $F_{PA}=F_A\left(1-\dfrac{\delta_P}{\delta_P+\delta_S}\right)$; $F_{PA}=F_A(1-\Phi)$	$\delta_{SB}=\delta_S+(1-n)\,\delta_P$; $\delta_{PB}=n\,\delta_P$	$F_{SA}=F_A\,\dfrac{\delta_{PB}}{\delta_{PB}+\delta_{SB}}=F_A n\Phi$; $F_{PA}=F_A\left(1-\dfrac{\delta_{PB}}{\delta_{PB}+\delta_{SB}}\right)=F_A(1-n\Phi)$	δ_{SB} Betriebsnachgiebigkeit der spannenden Teile; δ_{PB} Betriebsnachgiebigkeit der durch die Betriebskraft entlasteten Teile. Die gestrichelten Kennlinien für Schraube und Teile kennzeichnen die Krafteinleitungsfälle für $n<1$
Längenänderungen f	$f_S=F_V\,\delta_S$; $f_P=F_V\,\delta_P$		$f_{SB}=F_V\,\delta_{SB}$; $f_{PB}=F_V\,\delta_{PB}$	

Anmerkung: Das Produkt $n \cdot l_K$ gibt an, in welchem Klemmlängenanteil die verspannten Teile von der Axialkraft entlastet sind. Im Fall III beispielsweise ist die Hälfte der Flanschendicke entlastet, d.h. der Abstand der axialen Betriebskräfte beträgt $n = l_K/2$.

Die tatsächliche Lage der Krafteinleitungsebenen kann nur durch Messungen an der ausgeführten Konstruktion ermittelt werden. Zur Berechnung einer Schraubenverbindung wird $n = \frac{1}{2}$ empfohlen. Vorteilhaft sind Konstruktionen mit Krafteinleitungsebenen, die in Höhe der Trennebene liegen (Fall IV). Weitere Gestaltungsrichtlinien in [4].

Die *Betriebsnachgiebigkeit* δ_{SB} der Schraube ist die Summe aus der Nachgiebigkeit δ_S der Schraube nach Gleichung (21) und der Betriebsnachgiebigkeit $\delta_{PB\,rest}$, weil sich die Nachgiebigkeiten hintereinander geschalteter Federn addieren (siehe Federn, Kapitel 9.2.4:

$$\delta_{SB} = \delta_S + \delta_{PB\,rest}$$
$$\delta_{SB} = \delta_S + (1-n)\delta_P \qquad (31)$$

Das *Betriebskraftverhältnis* Φ_n für den allgemeinen Krafteinleitungsfall wird aus den Betriebsnachgiebigkeiten δ_{SB} und δ_{PB} ermittelt, wie das bereits für den Einleitungsfall I in Gleichung (5) geschehen ist:

$$\Phi_n = \frac{\delta_{PB}}{\delta_{PB} + \delta_{SB}} = \frac{F_{SA}}{F_A} \qquad (32)$$

Mit Hilfe der Gleichungen (29) und (30) erhält man außerdem eine Beziehung zwischen dem Betriebskraftverhältnis Φ_n und dem Kraftverhältnis Φ nach Gleichung (5):

$$\Phi_n = \frac{n\,\delta_P}{n\,\delta_P + \delta_S + (1-n)\,\delta_P} =$$

$$\Phi_n = \frac{n\,\delta_P}{n\,\delta_P + \delta_S + \delta_P - n\,\delta_P} =$$

$$\Phi_n = n\,\frac{\delta_P}{\delta_P + \delta_S} = n\,\Phi = \frac{F_{SA}}{F_A} \qquad (33)$$

Aus der vorstehenden Gleichung lässt sich in Verbindung mit dem gestrichelt gezeichneten Verspannungsdiagramm in Tabelle 2 ablesen:
Wird der Krafteinleitungsfaktor n kleiner, verringert sich entsprechend das Kraftverhältnis F_{SA}/F_A, das Verhältnis der zusätzlich von der Schraube aufzunehmenden Kraft (Axialkraftanteil) zur axialen Betriebskraft F_A. Im Falle $n = 0$ hat die Schraube überhaupt keine Zusatzkraft F_{SA} aufzunehmen, wenn die Betriebskraft wirkt. Die höchste Zugkraft in der Schraube, die Schraubenkraft F_S, ist dann gleich der Vorspannkraft $F_V = F_S$. Krafteinleitungsfaktor $n = 0$ bedeutet, dass die Krafteinleitungsebenen mit der Teilungsebene der Flansche (Platten) zusammenfallen. In diesem Sinne sind die Konstruktionsbeispiele in Tabelle 2 zu verstehen. In der Bezugsliteratur [3] wird empfohlen, mit dem Krafteinleitungsfaktor $n = \frac{1}{2}$ zu rechnen.

7.6.5 Zusammenstellung der Berechnungsformeln für vorgespannte Schraubenverbindungen bei axial wirkender Betriebskraft F_A

Die Schraubenverbindung hat äußere Kräfte aufzunehmen, die zu einer statisch oder dynamisch auftretenden Betriebskraft F_A in der Schraube führen. Die Betriebskraft wirkt als Schraubenlängskraft (axial). Die Verbindung wird mit einer Montagevorspannkraft F_{VM} angezogen, die in der Schraubenachse wirkt. Die Funktion der Verbindung soll durch eine erforderliche Klemmkraft F_{Kerf} sichergestellt werden. Eine rechtwinklig zur Schraubenachse wirkende Querkraft F_Q (Betriebskraft) tritt nicht auf.

Gegebene Größen:
- axiale Betriebskraft F_A
- erforderliche Klemmkraft F_{Kerf}
- Festigkeitsklasse der Schraube

Die zu wählenden oder anzunehmenden Größen werden in den folgenden Abschnitten besprochen.

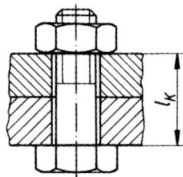

Bild 12.

7.6.5.1 Spannungsquerschnitt A_S und Festlegen des Gewindes

Beim Anziehen wird die Schraube durch die Vorspannkraft F_V auf Zug, durch das Gewindereibmoment M_{RG} auf Torsion beansprucht. Beide Größen können erst später berechnet werden. Aus diesem Grund wird zunächst reine Zugbeanspruchung angenommen, hervorgerufen durch die Zugkraft (Schraubenkraft) $F_S = F_{Kerf} + F_A$ (siehe Verspannungsdiagramm Tabelle 2).
Die zulässige Zugspannung $\sigma_{z\,zul}$ setzt man gleich dem ν-fachen (mit $\nu < 1$) der 0,2-Dehngrenze des Schraubenwerkstoffs ($\sigma_{z\,zul} = \nu\,R_{p0,2}$). Die Zug-Hauptgleichung führt dann mit dem Anziehfaktor α_A zu der Gleichung für den *erforderlichen Spannungsquerschnitt* A_S der Schraube:

$$\sigma_z = \frac{F}{A} = \frac{(F_{Kerf} + F_A)}{A_S} = \nu\,R_{p0,2}$$

7 Schraubenverbindungen

$$A_{S\,erf} = \frac{\alpha_A (F_{K\,erf} + F_A)}{v\, R_{p\,0,2}} \qquad (34)$$

$A_{S\,erf}$	$F_{K\,erf}, F_A$	α_A, v	$R_{p\,0,2}$
mm²	N	1	N/mm²

$A_{S\,erf}$ erforderlicher Spannungsquerschnitt nach Tabelle 7
α_A Anziehfaktor
$F_{K\,erf}$ erforderliche Klemmkraft (zum Beispiel Dichtkraft)
F_A axiale Betriebskraft
v Ausnutzungsbeiwert für die Streckgrenze R_e oder für die 0,2-Dehngrenze $R_{p0,2}$, zweckmäßig wird $v = 0{,}6 \ldots 0{,}8$ gesetzt (Erfahrungswert)
$R_{p0,2}$ 0,2-Dehngrenze nach Tabelle 1

Mit dem *Anziehfaktor* α_A wird die Streuung der Vorspannkraft bei den verschiedenen Anziehverfahren berücksichtigt. In der Bezugsliteratur werden Richtwerte angegeben:

$\alpha_A = 1$ bei genauesten Anziehverfahren (geringste Streuung des Anziehdrehmoments M_A) wie beim Winkelanziehverfahren (Drehwinkel ist Maß für Schraubenverlängerung)

$\alpha_A = 1{,}25 \ldots 1{,}8$ beim Anziehen mit Drehmomentenschlüssel [1]) oder Drehschrauben

$\alpha_A = 1{,}6 \ldots 2$ beim Anziehen mit Schlagschrauber mit Einstellkontrolle [1])

$\alpha_A = 3 \ldots 4$ beim Anziehen mit Schlagschrauber ohne Einstellkontrolle

[1]) kleinere Werte für kleinere, größere Werte für größere Reibzahlen

Aus der Gewindetabelle 7 wählt man das metrische ISO-Gewinde mit einem Spannungsquerschnitt, der annähernd so groß ist wie der berechnete erforderliche Spannungsquerschnitt ($A_{S.\,Tabelle} \approx A_{S\,erf}$). Nach der Festlegung des Gewindes sollten alle Größen aus den Tabelle 5 und 7 zusammengestellt werden, die für die weiteren Berechnungen erforderlich sind. Dazu kann man nach der folgenden Aufstellung vorgehen:

7.6.5.2 Zusammenstellung geometrischer Größen der Schraube

Aus Tabelle 5
Bezeichnung der Schraube
Außendurchmesser der Mutter- oder Kopfauflage d_a
Schraubenlänge l
Gewindelänge b
Durchgangsbohrung D_B
Kopfauflagefläche A_p

Aus Tabelle 7
Gewindedurchmesser d
Flankendurchmesser d_2
Steigungswinkel α
Spannungsquerschnitt A_S
Schaftquerschnitt A
polares Widerstandsmoment W_{pS}

7.6.5.3 Nachgiebigkeit δ_S der Schraube

Zur Berechnung der *Nachgiebigkeit* δ_S einer Sechskantschraube wird die in 7.6.3.1 hergeleitete Gleichung (21) verwendet:

$$\delta_S = \frac{\dfrac{l_1}{A} + \dfrac{l_2 + 0{,}8\,d}{A_S}}{E_S} \qquad (35)$$

δ_S	E_S	A, A_S	l_1, l_2
mm/N	N/mm²	mm²	mm

E_S Elastizitätsmodul des Schraubenwerkstoffs nach Abschnitt D Festigkeitslehre Kapitel 1, Tabelle 2 ($E_{Stahl} = 21 \cdot 10^4$ N/mm²)
A Schaftquerschnitt der Schraube nach Tabelle 7
l_1, l_2 Spannungsquerschnitt nach Tabelle 7
A_S federnde Teillängen an der Schraube nach Tabelle 5

Mit den Angaben in Tabelle 5 gilt für Durchsteckschrauben:

$$l_1 = l - b \quad \text{und} \quad l_2 = l_k - l_1$$

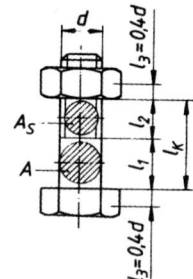

Bild 13. Schraubenlängen und Schraubenquerschnitte

7.6.5.4 Querschnitt A_{ers} des Ersatz-Hohlzylinders der Platten (Flansche)

Für *den Ersatzquerschnitt* A_{ers}, der zur Berechnung der Nachgiebigkeit δ_P der Platten gebraucht wird, stehen die in 7.6.3.2 hergeleiteten Gleichungen zur Verfügung.

7.6.5.5 Nachgiebigkeit δ_P der Platten (Flansche)

Es gilt die in 7.6.3.2 hergeleitete Gleichung für *die Nachgiebigkeit* δ_P der aufeinander gepressten Flansche:

$$\delta_P = \frac{l_K}{A_{ers}\, E_P} \qquad (36)$$

δ_P	E_P	A_{ers}	l_k
mm/N	N/mm²	mm²	mm

E_P Elastizitätsmodul der verspannten Teile (siehe Abschnitt D Festigkeitslehre, Kap. 1, Tab. 2 und 3
l_K Klemmlänge
A_{ers} Querschnitt des Ersatz- Hohlzylinders

7.6.5.6 Kraftverhältnis Φ und $\Phi_n = n\,\Phi$

$$\Phi = \frac{\delta_P}{\delta_P + \delta_S}$$

$$\Phi_n = n\,\Phi$$

n Krafteinleitungsfaktor nach Tabelle 2, empfohlener Richtwert: $n = 0{,}5$

Zur Kontrolle des Kraftverhältnisses Φ kann für Sechskantschrauben auch die in 7.6.3.3 hergeleitete Gleichung (26) verwendet werden. Mit dieser Gleichung wurden die folgenden Überschlagswerte für Stahlflansche mit $E_P = 21 \cdot 10^4$ N/mm^2 und Flansche aus EN-GJL-300 (Klammerwerte) mit $E_P = 12 \cdot 10^4$ N/mm^2 in Abhängigkeit von l_K/d berechnet:

$l_K/d =$	1	2	3	4	5
$\Phi =$	0,21 (0,31)	0,23 (0,32)	0,22 (0,30)	0,20 (0,28)	0,19 (0,26)

$l_K/d =$	6	7	8	9	10
$\Phi =$	0,18 (0,24)	0,16 (0,22)	0,15 (0,20)	0,14 (0,19)	0,13 (0,17)

$l_K/d =$	11	12	13	14	15
$\Phi =$	0,12 (0,16)	0,11 (0,15)	0,10 (0,14)	0,097 (0,13)	0,091 (0,12)

$l_K/d =$	16	17	18	20	-
$\Phi =$	0,086 (0,11)	0,081 (0,105)	0,076 (0,099)	0,068 (0,088)	-

Berechnet nach Gleichung (26) mit den Vereinfachungen: $d_a = 1{,}6\,d$; $D_B = 1{,}1\,d$; $d_S = 0{,}85\,d$ (für A_S); $l_1 = 0{,}7\,l_K$; $l_2 = 0{,}3\,l_K$

7.6.5.7 Setzkraft F_Z

Es gilt die in Kapitel 7.6.2 hergeleitete Gleichung (7). Mit dem Setzbetrag f_Z (bleibende Verformung durch Setzen), dem Kraftverhältnis Φ und der Nachgiebigkeit δ_P der Platten wird die Setzkraft F_Z (Vorspannkraftverlust durch Setzen):

$$F_Z = \frac{\Phi}{\delta_P}\,f_Z \qquad (38)$$

Richtwerte für den *Setzbetrag* f_Z in mm in Abhängigkeit vom Klemmlängenverhältnis l_K/d sind zum Beispiel in der Bezugsliteratur [2] für drei bis sieben Trennfugen zu finden:

$l_K/d =$	1	2,5	5	10
$f_Z =$	0,003	0,005	0,006	0,008

7.6.5.8 Montagevorspannkraft F_{VM}

Wie das Verspannungsdiagramm 9 zeigt, ist die Vorspannkraft F_V die Summe aus der Setzkraft F_Z, der Klemmkraft F_K und dem Axialkraftanteil $F_{PA} = F_A (1 - \Phi)$ nach Gleichung (6). Es ist also $F_V = F_Z + F_K + F_A (1 - \Phi)$. Die *Montagevorspannkraft* F_{VM} ist gegenüber der (theoretischen) Vorspannkraft F_V um den *Anziehfaktor* $\alpha_A > 1$ größer ($F_{VM} = \alpha_A\,F_V$), um bei den unterschiedlichen Anziehverfahren sicherzugehen, dass die gewünschte Vorspannkraft tatsächlich erreicht wird. Entsprechend den Erläuterungen in Kapitel 7.6.4 in Verbindung mit Tabelle 2 muss anstelle des Kraftverhältnisses Φ mit dem *Krafteinleitungsfaktor n* gerechnet werden, also mit $\Phi_n = n\,\Phi$.

$$F_{VM} = \alpha_A \left[F_Z + F_{K\,erf} + F_A (1 - n\,\Phi) \right] \qquad (39)$$

α_A Anziehfaktor nach 7.6.5.1 einsetzen
n Krafteinleitungsfaktor nach Tabelle 2; empfohlen wird $n = 0{,}5$.

7.6.5.9 Schraubenkraft F_S

Die Schraubenkraft F_S ist die größte Zugkraft in der Schraube (siehe Verspannungsdiagramm 9 und andere). Sie ist um den Axialkraftanteil $F_{SA} = \Phi\,F_A$ größer als die Montagekraft F_V (siehe Gleichungen (4) und (12)). Gleichung (39) für die Montagevorspannkraft F_{VM} muss daher ebenfalls den Summanden $n\,\Phi F_A = F_{SA}$ erhalten:

$$F_S = F_{VM} + \overbrace{n\,\Phi\,F_A}^{F_{SA}} \qquad (40)$$

$$F_S = \alpha_A \left[F_Z + F_{K\,erf} + F_A (1 - n\,\Phi) \right] + n\,\Phi\,F_A \qquad (41)$$

7.6.5.10 Kräftevergleich $F_S \leq F_{0,2}$

Zur ersten Festigkeitskontrolle wird die größte Schraubenzugkraft, die Schraubenkraft F_S, der *Streckgrenzkraft* $F_{0,2}$ gegenübergestellt. Das ist diejenige Zugkraft in der Schraube, bei der die Zugspannung σ_z im Spannungsquerschnitt A_S die Streckgrenze R_e oder die 0,2-Dehngrenze $R_{p\,0,2}$ nach Tabelle 1 erreicht. Mit $F_{0,2} = A_S\,R_{p\,0,2}$ muss dann gewährleistet sein:

$$F_S \leq A_S\,R_{p\,0,2} \qquad (42)$$

A_S Spannungsquerschnitt nach Tabelle 7
$R_{p\,0,2}$ 0,2-Dehngrenze nach Tabelle 1

Ist diese Bedingung nicht erfüllt, muss die Rechnung mit dem nächstgrößeren Schraubendurchmesser d wiederholt werden.

7.6.5.11 Anziehdrehmoment M_A

Um die Montagevorspannkraft F_{VM} nach Gleichung (39) aufzubringen, ist es erforderlich, zum Beispiel mit dem Drehmomentenschlüssel ein entsprechendes *Anziehdrehmoment* M_A einzuleiten. Die Gleichung für M_A wird im Abschnitt C Mechanik 1.8.7.4 eingehend hergeleitet.

$$M_A = F_{VM}\left[\frac{d_2}{2}\tan(\alpha+\rho') + \mu_A \cdot 0{,}7d\right] \quad (43)$$

M_A	F_{VM}	d_2, d	μ_A
Nmm	N	mm	1

F_{VM} Montagevorspannkraft
d_2 Flankendurchmesser am Gewinde nach Tabelle 7
d Gewindedurchmesser nach Tabelle 7
α Steigungswinkel am Gewinde nach Tabelle 7
ρ' Reibwinkel am Gewinde
μ_A Gleitreibzahl der Kopf- oder Mutterauflagefläche nach Abschnitt C Mechanik, Kap. 1 Statik, Tabelle 2
$\mu_A \approx 0{,}1$ für Stahl/Stahl, trocken ($\approx 0{,}05$ geölt)
$\mu_A \approx 0{,}15$ für Stahl/Gusseisen, trocken ($\approx 0{,}05$ geölt)

Richtwerte für Reibzahlen μ' und Reibwinkel ρ' für metrisches ISO-Regelgewinde

Reibungs-verhältnisse	trocken		geschmiert		MoS$_2$-Paste	
Behandlungsart	μ'	ρ'	μ'	ρ'	μ'	ρ'
ohne Nachbehandlung	0,16	9°	0,14	8°		
phosphatiert	0,18	10°	0,14	8°		
galvanisch verzinkt	0,14	8°	0,13	7,5°	0,1	6°
galvanisch verkadmet	0,1	6°	0,09	5°		

7.6.5.12 Montagevorspannung σ_{VM}

Beim Anziehen der Schraubenverbindung tritt im Spannungsquerschnitt A_S die *Montagevorspannung* σ_{VM} auf. Sie ist der Quotient aus der Montagevorspannkraft F_{VM} und dem Spannungsquerschnitt A_S:

$$\sigma_{VM} = \frac{F_{VM}}{A_S} \quad (44)$$

σ_{VM}	F_{VM}	A_S
$\frac{N}{mm^2}$	N	mm^2

7.6.5.13 Torsionsspannung τ_t

Das Anziehdrehmoment M_A nach Gleichung (43) setzt sich zusammen aus dem Gewindemoment $M_{RG} = F_{VM}\, d_2 \tan(\alpha+\rho')/2$ und dem Mutterauflagereibmoment $M_{RA} = F_{VM}\,\mu_A \cdot 0{,}7d$ (siehe Abschnitt C Mechanik, Kapitel 1.8.7.4). Das Gewindereibmoment M_{RG} ruft in der Schraube die *Torsionsspannung* τ_t hervor:

$$\tau_t = \frac{M_{RG}}{W_{ps}}$$

$$\tau_t = \frac{F_{VM} d_2 \tan(\alpha+\rho')}{2\, W_{ps}} \quad (45)$$

τ_t	F_{VM}	d_2	W_{ps}
$\frac{N}{mm^2}$	N	mm	mm^3

M_{RG} Gewindereibmoment
d_2 Flankendurchmesser
$W_{ps} = \frac{\pi}{16} d_S^3$ polares Widerstandsmoment der Schraube
d_S Durchmesser des Spannungsquerschnitts A_S nach Tabelle 7
α Steigungswinkel des Gewindes aus $\tan\alpha = P/\pi\, d_2$
P Gewindesteigung
ρ' Reibwinkel nach 7.6.5.11

7.6.5.14 Vergleichsspannung σ_{red} (reduzierte Spannung)

Das beim Anziehen in der Schraube auftretende räumliche Spannungssystem wird ersetzt durch die *Vergleichsspannung* σ_{red} entsprechend der Hypothese der größten Gestaltänderungsenergie (siehe Abschnitt D Festigkeitslehre 3.3.1):

$$\sigma_{red} = \sqrt{\sigma_{VM}^2 + 3\tau_t^2} \leq 0{,}9 \cdot R_{p\,0{,}2} \quad (46)$$

$R_{p\,0{,}2}$ 0,2-Dehngrenze nach Tabelle 1

Ist die Bedingung $\sigma_{red} \leq 0{,}9 \cdot R_{p\,0{,}2}$ nicht erfüllt, muss die Schraubenberechnung mit einem größeren Schraubendurchmesser d oder mit einer höheren Festigkeitsklasse wiederholt werden.

7.6.5.15 Ausschlagkraft F_a

Zur Ermittlung der bei dynamisch wirkender Betriebskraft F_A in der Schraube auftretenden Ausschlagspannung σ_a wird die *Ausschlagkraft* F_a gebraucht. Hierzu können die in Kapitel 7.6.2 entwickelten Gleichungen verwendet werden:

$$F_a = \frac{F_{SA\,max} - F_{SA\,min}}{2} =$$

$$F_a = \frac{F_{A\,max} - F_{A\,min}}{2} n\,\Phi \qquad (47)$$

$$F_a = \frac{F_{SA}}{2} = F_{SA\,min} = 0 \qquad (48)$$

Beachte: Nach Gleichung (40) ist $F_{SA} = n\,\Phi F_A$.

7.6.5.16 Ausschlagspannung σ_a

Die *Ausschlagspannung* σ_a ist der Quotient aus der Ausschlagkraft F_a und dem Spannungsquerschnitt A_S. Sie soll gleich oder kleiner sein als 90 % der *Ausschlagfestigkeit* σ_A des Schraubenwerkstoffs:

$$\sigma_a = \frac{F_a}{A_S} \leq 0{,}9 \cdot \sigma_A \qquad (49)$$

Ausschlagfestigkeit ± σ_A in N/mm²

Festigkeits-klasse	Gewinde			
	< M 8	M 8 ... M 12	M 14 ... M 20	> M 20
4.6 und 5.6	50	40	35	35
8.8 bis 12.9	60	50	40	35
10.9 und 12.9 schlussgerollt	100	90	70	60

Eingehende Betrachtungen und Untersuchungen zur Dauerhaltbarkeit von Schraubenverbindungen in [3].

7.6.5.17 Flächenpressung p

In der Kopf- und Mutterauflagefläche tritt Flächenpressung auf. Daher ist der Nachweis erforderlich, dass die *Flächenpressung p* in der gepressten *Auflagefläche* A_p (Tabelle 5) gleich oder kleiner ist als die *Grenzflächenpressung* p_G. Maßgebend ist die größte Zugkraft in der Schraube, die Schraubenkraft F_S:

$$p = \frac{F_a}{A_S} \leq p_G \qquad (50)$$

p, p_G	F_S	A_p
$\frac{N}{mm^2}$	N	mm²

Richtwerte für die Grenzflächenpressung p_G

	Grenzflächenpressung p_G in N/mm² bei Werkstoff der Teile					
Anziehart	S235JO	E 335	C 45 E	Stahl, vergütet	Stahl, einsatz-gehärtet	EN-GJL-250 EN-GJL-300	AlSiCu-Leg.
motorisch	200	350	600	–	–	500	120
von Hand	300	500	900	ca. 1 000	ca. 1 500	750	180
(drehmomentgesteuert)							

7.6.6 Berechnungsbeispiel einer dynamisch belasteten Flanschverschraubung mit Schaftschraube

Die beiden Flansche einer dynamisch axial belasteten, vorgespannten Schraubenverbindung sollen mit Durchsteckschrauben verbunden würden (Schaftschrauben mit metrischem ISO-Regelgewinde). Die Berechnung soll dem vorhergehenden Kapitel 7.6.5 folgen.

Gegeben:

axiale Betriebskraft	$F_{A\,max} = 6$ kN
	$F_{A\,min} = 0$
Mindestklemmkraft	$F_{Kerf} = 6$ kN
Belastungsart	dynamisch Schwellend
Krafteinleitungsfaktor	$n = 0{,}5$ (angenommen)
Festigkeitsklasse	8.8
Flanschwerkstoff EN-GJL-300	$E_P = 12 \cdot 10^4$ N/mm²
mit Schraubenwerkstoff Stahl	$E_S = 21 \cdot 10^4$ N/mm²
mit Klemmlänge	$l_K = 40$ mm

Anziehen der Schraube mit Drehmomentenschlüssel (Anziehfaktor $\alpha_A = 1{,}4$ angenommen), Gewinde ohne Nachbehandlung, trocken.

Lösung:

Erforderlicher Spannungsquerschnitt $A_{S\,erf}$ und Gewindedurchmesser d

$$A_{S\,erf} = \frac{\alpha_A (F_{Kerf} + F_A)}{v\,R_{p\,0{,}2}}$$

$$A_{S\,erf} = \frac{1{,}4\,(6000\,N + 6000\,N)}{0{,}7 \cdot 660 \frac{N}{mm^2}}$$

$$A_{S\,erf} = 36{,}4\,mm^2$$

α_A	= 1,4 (angenommen)
F_A	= 6 000 N
$F_{K\,erf}$	= 6 000 N
v	= 0,7 (gewählt)
$R_{p\,0{,}2}$	= 660 N/mm² nach Tabelle 1

Nach Tabelle 7 wird das Gewinde M8 gewählt mit $A_S = 36{,}6\,mm^2 \approx A_{S\,erf} = 36{,}4\,mm^2$.

Zusammenstellung geometrischer Größen der Schraube (Tabellen 5 und 7)

Gewindedurchmesser	d	= 8 mm
Flankendurchmesser	d_2	= 7,188 mm
Steigungswinkel	α	= 3,17°
Spannungsquerschnitt	A_S	= 36,6 mm²
Schaftquerschnitt	A	= 50,3 mm²
polares Widerstandsmoment	W_{pS}	= 62,46 mm³
Bezeichnung der Schraube:		M8 × 50 DIN 13 – 8.8
Durchmesser der Kopfauflage	d_w	= 13 mm
Schraubenlänge (gewählt)	l	= 50 mm
Gewindelänge	b	= 22 mm
Durchgangsbohrung	d_h	= 9 mm
Kopfauflagefläche	A_p	= 69,1 mm²
Außendurchmesser der verspannten Teile	D_A	= 25 mm

7 Schraubenverbindungen

Nachgiebigkeit δ_S der Schraube

$$\delta_S = \frac{\frac{l_1}{A} + \frac{l_2 + 0{,}8\,d}{A_S}}{E_S} = \frac{\frac{28\text{ mm}}{50{,}3\text{ mm}^2} + \frac{12\text{ mm} + 0{,}8 \cdot 8\text{ mm}}{36{,}6\text{ mm}^2}}{21 \cdot 10^4\text{ N/mm}^2} =$$

$$= 5 \cdot 10^{-6}\,\frac{\text{mm}}{\text{N}}$$

$l_1 = l - b = (50 - 22)\text{ mm} = 28\text{ mm}$
$l_2 = l_K - l_1 = (40 - 28)\text{mm} = 12\text{ mm}$
$A = 50{,}3\text{ mm}^2$
$A_S = 36{,}6\text{ mm}^2$
$E_S = 21 \cdot 10^4\text{ N/mm}^2$

Querschnitt A_{ers} des Ersatz-Hochzylinders der Flansche nach (22b)
$A_{\text{ers}} = 239\text{ mm}^2$

Nachgiebigkeit δ_P der Flansche

$$\delta_P = \frac{l_K}{A_{\text{ers}} E_P} = \frac{40\text{ mm}}{239\text{ mm}^2 \cdot 12 \cdot 10^4\,\frac{\text{N}}{\text{mm}^2}} = 1{,}39 \cdot 10^{-6}\,\frac{\text{mm}}{\text{N}}$$

Kraftverhältnis Φ

$$\Phi = \frac{\delta_P}{\delta_P + \delta_S} = \frac{1{,}39 \cdot 10^{-6}\,\frac{\text{mm}}{\text{N}}}{(1{,}39 + 5) \cdot 10^{-6}\,\frac{\text{mm}}{\text{N}}} = 0{,}218$$

$\Phi_n = n\,\Phi = 0{,}5 \cdot 0{,}218 = 0{,}109$

Setzkraft F_Z

$$F_Z = f_Z\,\frac{\Phi}{\delta_P} = 0{,}006\text{ mm}\,\frac{0{,}218}{1{,}39 \cdot 10^{-6}\,\frac{\text{mm}}{\text{N}}} = 941\text{ N}$$

Für $l_K/d = 40\text{ mm} / 8\text{ mm} = 5$ ist nach 7.6.5.7 der Setzbetrag $f_Z = 0{,}006$ mm.

Montagevorspannkraft F_{VM}
$F_{VM} = \alpha_A[F_Z + F_{K\,\text{erf}} + F_A(1 - n\,\Phi)] =$
$F_{VM} = 1{,}4\,[941\text{N} + 6\,000\text{N} + 6\,000\text{N}(1 - 0{,}5 \cdot 0{,}218)]$
$F_{VM} = 17\,202\text{ N}$

Schraubenkraft F_S
$F_S = F_{VM} + n\,\Phi F_A =$
$F_S = 17\,202\text{ N} + 0{,}5 \cdot 0{,}218 \cdot 6\,000\text{ N}$
$F_S = 17\,856$

Kräftevergleich $F_S \leq F_{0,2}$
$F_{0,2} = A_S\,R_{p\,0,2} =$
$F_{0,2} = 36{,}6\text{ mm}^2 \cdot 660\,\frac{\text{N}}{\text{mm}^2} = 24\,156\text{ N} \approx 24{,}2\text{ kN}$
$F_S = 17{,}7\text{ kN} < 24{,}2\text{ kN}$ (Bedingung erfüllt)

Anziehdrehmoment M_A

$$M_A = F_{VM}\left[\frac{d_2}{2}\tan(\alpha + \rho') + \mu_A \cdot 0{,}7\,d\right]$$

$$M_A = 17\,202\text{ N}\left[\frac{7{,}188\text{ mm}}{2}\tan(3{,}17° + 9°) + 0{,}1 \cdot 0{,}7 \cdot 8\text{ mm}\right]$$

$M_A = 22\,962\text{ Nmm} \approx 3\text{ Nm}$

$d_2 = 7{,}188\text{ mm}$
$\alpha = 3{,}17°$
$\rho' = 9°$
$\mu_A = 0{,}1$
$d = 8\text{ mm}$

Montagevorspannung σ_{VM}

$$\sigma_{VM} = \frac{F_{VM}}{A_S} = \frac{17\,202\text{ N}}{36{,}6\text{ mm}^2} = 470\,\frac{\text{N}}{\text{mm}^2}$$

Torsionsspannung τ_t

$$\tau_t = \frac{F_{VM}\,d_2\,\tan(\alpha + \rho')}{2\,W_{pS}} = \frac{17\,202\text{ N} \cdot 7{,}188\text{ mm}\,\tan(3{,}17° + 9°)}{2 \cdot 62{,}46\text{ mm}^3} =$$

$$= 213\,\frac{\text{N}}{\text{mm}^2}$$

Vergleichsspannung σ_{red}

$$\sigma_{\text{red}} = \sqrt{\sigma_{VM}^2 + 3\tau_t^2} = \sqrt{\left(470\,\frac{\text{N}}{\text{mm}^2}\right)^2 + 3\left(210\,\frac{\text{N}}{\text{mm}^2}\right)^2} =$$

$$= 594\,\frac{\text{N}}{\text{mm}^2}$$

$$\sigma_{\text{red}} = 594\,\frac{\text{N}}{\text{mm}^2} < 0{,}9 R_{p\,0,2} = 0{,}9 \cdot 660\,\frac{\text{N}}{\text{mm}^2} = 594\,\frac{\text{N}}{\text{mm}^2}$$
(Bedingung annähernd erfüllt)

Ausschlagkraft F_a

$$F_a = \frac{F_{SA}}{2} = \frac{n\,\Phi\,F_A}{2} \qquad F_{SA} = n\,\Phi F_A \text{ nach Gleichung (40)}$$

$$F_a = \frac{0{,}5 \cdot 0{,}218 \cdot 6000\text{ N}}{2} = 327\text{ N}$$

Ausschlagspannung σ_a

$$\sigma_a = \frac{F_a}{A_S} = \frac{327\text{ N}}{36{,}6\text{ mm}^2} = 8{,}93\,\frac{\text{N}}{\text{mm}^2}$$

$$\sigma_a = 8{,}93\,\frac{\text{N}}{\text{mm}^2} < 0{,}9\,\sigma_A = 0{,}9 \cdot 50\,\frac{\text{N}}{\text{mm}^2} = 45\,\frac{\text{N}}{\text{mm}^2}$$
(Bedingung erfüllt)

Flächenpressung p

$$p = \frac{F_S}{A_p} = \frac{17\,856\text{ N}}{69{,}1\text{ mm}^2} = 258\,\frac{\text{N}}{\text{mm}^2}$$

$$p = 258\,\frac{\text{N}}{\text{mm}^2} < p_G = 750\,\frac{\text{N}}{\text{mm}^2}\text{ (Bedingung erfüllt)}$$

7.6.7 Berechnung vorgespannter Schraubenverbindungen bei Aufnahme einer Querkraft

Die Schraubenverbindung überträgt die gesamte statisch oder dynamisch wirkende Querkraft $F_{Q\,ges}$ allein durch Reibungsschluss: Reibkraft $F_R = F_{Q\,ges}$. Die erforderliche Vorspannkraft F_V (Schraubenlängskraft) setzt sich zusammen aus der erforderlichen Klemmkraft $F_{K\,erf}$ und der Setzkraft F_Z. Eine axiale Betriebskraft F_A tritt nicht auf ($F_A = 0$).

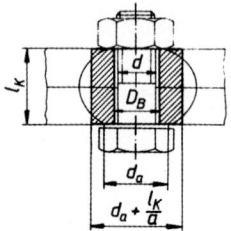

Bild 14. Querbeanspruchte Schraubenverbindung

7.6.7.1 Erforderliche Klemmkraft $F_{K\,erf}$ je Schraube

Die Reibkraft F_R zwischen den verspannten Platten (Flansche) muss gleich oder größer sein als die gesamte Querkraft $F_{Q\,ges}$, die von der Verbindung zu übertragen ist ($F_R \geq F_{Q\,ges}$). Ist n die *Anzahl der Schrauben*, dann hat jede Schraube $F_{Q\,ges}/n$ aufzunehmen. Die dazu erforderliche Reibkraft ist das Produkt aus der Normalkraft (hier Vorspannkraft F_V) und der Reibzahl μ (siehe C Mechanik Kapitel 1.8). Wie das Verspannungsdiagramm 7 zeigt, setzt sich bei $F_A = 0$ die Vorspannkraft F_V aus der Klemmkraft F_K und der Setzkraft F_Z zusammen. Diese lässt sich aber erst ermitteln, wenn der Gewindedurchmesser und die Nachgiebigkeit δ_P der Platten bekannt sind, wie Gleichung (38) zeigt. Daher wird zunächst nur die erforderliche Klemmkraft $F_{K\,erf}$ berechnet und auch zur Ermittlung des erforderlichen Spannungsquerschnitts $A_{S\,erf}$ verwendet (7.6.7.3). Als Reibzahl wird zur Sicherheit mit der *Gleitreibzahl* μ_A zwischen den Bauteilen gerechnet.

Mit $F_{K\,erf}\,\mu_A \geq F_{Q\,ges}/n$ ergibt sich die *erforderliche Klemmkraft* $F_{K\,erf}$:

$$F_{K\,erf} \geq \frac{F_{Q\,ges}}{n\,\mu_A} \tag{51}$$

$F_{K\,erf}, F_{Q\,ges}$	n, μ_A
N	1

μ_A Gleitreibzahl
n Anzahl der Schrauben

Hat die Schraubenverbindung ein *Drehmoment M* zu übertragen (siehe Berechnungsbeispiel 7.6.8), gelten die gleichen physikalischen Überlegungen wie bei der Herleitung der Gleichung (1). Darüber hinaus hilft die Annahme, dass das Drehmoment M durch die am Lochkreis tangential wirkende Querkraft $F_{Q\,ges}$ weitergeleitet wird. Der Wirkabstand ist der Lochkreisradius $r_L = d_L/2$ und damit $M = F_{Q\,ges}\,d_L/2$. Löst man diese Gleichung nach $F_{Q\,ges}$ auf und setzt den gefundenen Ausdruck in Gleichung (51) ein, erhält man auch für den Fall der Drehmomentenübertragung eine Gleichung für die *erforderliche Klemmkraft* $F_{K\,erf}$:

$$F_{K\,erf} \geq \frac{2\,M}{n\,\mu_A\,d_L} \tag{52}$$

$F_{K\,erf}$	M	d_L	n, μ_A
N	Nmm	mm	1

7.6.7.2 Spannungsquerschnitt A_S und Festlegen des Gewindes

Grundsätzlich gelten die im Kapitel 7.6.5.1 angestellten Überlegungen und damit auch die Gleichung (33), wenn berücksichtigt wird, dass bei der vorliegenden Schraubenverbindung keine axiale Betriebskraft auftritt ($F_A = 0$). Damit ergibt sich für den *erforderlichen Spannungsquerschnitt* $A_{S\,erf}$:

$$A_{S\,erf} = \frac{\alpha_A\,F_{K\,erf}}{v\,R_{p\,0,2}} \tag{53}$$

Erläuterungen und Tabellenhinweise in Kapitel 7.6.5.1

7.6.7.3 Fortgang der Berechnung

Die gewählte Schraube (Gewindenenndurchmesser d und Festigkeitsklasse) wird nun nach Kapitel 7.6.5 überprüft. Wegen der fehlenden axialen Betriebskraft gelten die Gleichungen mit $F_A = 0$. Beispielsweise wird die Montagevorspannkraft nach Gleichung (39): $F_{VM} = \alpha_A\,(F_Z + F_{K\,erf})$; siehe auch nachfolgendes Berechnungsbeispiel.

7.6.8 Berechnungsbeispiel einer querbeanspruchten Schraubenverbindung

Das Tellerrad an einem Ausgleichsgetriebe soll mit Schaftschrauben mit metrischem ISO-Regelgewinde befestigt werden. [1]

Gegeben:

zu übertragendes Drehmoment	$M = 2300$ Nm
Lochkreisdurchmesser	$d_L = 130$ mm
Anzahl der Schrauben	$n = 12$ (angenommen)
Klemmlänge	$l_K = 20$ mm
Festigkeitsklasse	12.9
Werkstoff der verspannten Teile	Stahlguss

---

[1] Aufgabe entnommen: A. Böge, Arbeitshilfen und Formeln für das technische Studium, Band 2, Konstruktion, Vieweg

Anziehen der Schrauben von Hand mit Drehmomentenschlüssel. Gesucht sind alle wichtigen Größen der vorgespannten Schraubenverbindung unter der Bedingung, dass eine axial wirkende Betriebskraft nicht auftritt ($F_A = 0$).

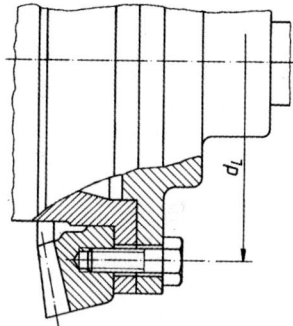

Bild 15. Tellerradverbindung am Kraftfahrzeug

Lösung:

Erforderliche Klemmkraft $F_{K\,erf}$ je Schraube

$$F_{K\,erf} = \frac{2M}{n\,\mu_A\,d_L}$$

$$F_{K\,erf} = \frac{2 \cdot 2300 \cdot 10^3 \text{ Nmm}}{12 \cdot 0{,}1 \cdot 130 \text{ mm}} = 29\,490 \text{ N}$$

$M = 2\,300 \cdot 10^3$ Nmm
$n = 12$
$d_L = 130$ mm
$\mu_A = 0{,}1$ für Stahl/Stahl (angenommen)

Erforderlicher Spannungsquerschnitt $A_{S\,erf}$ und Schraubendurchmesser d

$$A_{S\,erf} \geq \frac{\alpha_A F_{K\,erf}}{v\,R_{p\,0{,}2}}$$

$$A_{S\,erf} \geq \frac{1{,}6 \cdot 29\,490 \text{ N}}{0{,}6 \cdot 1100 \frac{\text{N}}{\text{mm}^2}} = 71{,}5 \text{ mm}^2$$

$\alpha_A = 1{,}6$ nach 7.6.5.1
$R_{p\,0{,}2} = 1\,100$ N/mm² (Tabelle 1)
$v = 0{,}6$ nach 7.6.5.1 (angenommen)

Nach Tabelle 7 wird das Gewinde M12 gewählt mit $A_S = 84{,}3$ mm² $> A_{S\,erf} = 71{,}5$ mm².

Nachgiebigkeit δ_S der Schraube

$$\delta_S = \frac{\frac{l_1}{A} + \frac{l_2 + 0{,}8\,d}{A_S}}{E_S}$$

$$\delta_S = \frac{\frac{15 \text{ mm}}{113 \text{ mm}^2} + \frac{5 \text{ mm} + 0{,}8 \cdot 12 \text{ mm}}{84{,}3 \text{ mm}^2}}{21 \cdot 10^4 \frac{\text{N}}{\text{mm}^2}} =$$

$$\delta_S = 1{,}46 \cdot 10^{-6} \frac{\text{mm}}{\text{N}}$$

$l_1 = 15$ mm (angenommen)
$l_2 = 5$ mm
$A = 113$ mm²

Querschnitt A_{ers} des Ersatz-Hohlzylinders nach (22b)

$A_{ers} = 259$ mm²

mit dem Größen
$E_p = E_S = 21 \cdot 10^4$ N/mm²
$d = 12$ mm
$l_1 = 15$ mm
$l_2 = 5$ mm
$A = 113$ mm²
$A_S = 84{,}3$ mm²
$D_A = 25$ mm
$d_W = 19$ mm
$d_h = 13$ mm
$l_K = 20$ mm

Nachgiebigkeit δ_p der verspannten Teile

$$\delta_p = \frac{l_K}{A_{ers} E_p} = \frac{20 \text{ mm}}{259 \text{ mm}^2 \cdot 21 \cdot 10^4 \frac{\text{N}}{\text{mm}^2}} =$$

$$\delta_p = 0{,}368 \cdot 10^{-6} \frac{\text{mm}}{\text{N}}$$

Kraftverhältnis Φ

$$\Phi = \frac{\delta_p}{\delta_p + \delta_S} = \frac{0{,}368 \cdot 10^{-6} \frac{\text{mm}}{\text{N}}}{(0{,}368 + 1{,}46) \cdot 10^{-6} \frac{\text{mm}}{\text{N}}}$$

$\Phi = 0{,}201$

Setzkraft F_Z

$$F_Z = f_Z \frac{\Phi}{\delta_p}$$

$$F_Z = 0{,}004 \text{ mm} \cdot \frac{0{,}201}{0{,}368 \cdot 10^{-6} \frac{\text{mm}}{\text{N}}}$$

$F_Z = 2185$ N

f_Z in Abhängigkeit von l_K/d nach 7.6.5.7

$$\frac{l_K}{d} = \frac{20 \text{ mm}}{12 \text{ mm}} = 1{,}7 \Rightarrow f_Z \approx 0{,}004 \text{ mm}$$

Montagevorspannkraft F_V

$F_{VM} = \alpha_A\,[F_{K\,erf} + F_Z + (1 - n\,\Phi)\,F_A]$
$F_{VM} = 1{,}6 \cdot (29\,490 \text{ N} + 2\,185 \text{ N}) = 50\,680$ N
Beachte: $F_A = 0$!

Schraubenkraft F_S

$F_S = F_{VM} + n \, \Phi \, F_A$ mit $F_A = 0$ wird daraus
$F_S = F_{VM} = 50\,680$ N

Kraftnachweis zur ersten Kontrolle

Mit $F_S = F_{VM}$ sowie $R_{p\,0,2} = 1\,100$ N/mm² erhält man:

$F_{0,2} = A_S \, R_{p\,0,2}$
$= 84,3 \text{ mm}^2 \cdot 1\,100 \dfrac{\text{N}}{\text{mm}^2}$
$= 92\,730$ N

$F_S = F_{VM} = 50\,680 \text{ N} < F_{0,2} = 92\,730 \text{ N}$

Die Rechnung zeigt, dass die größte Schraubenzugkraft $F_S = F_{VM}$ kleiner ist als die Streckgrenzkraft $F_{0,2}$ für die Festigkeitsklasse 12.9 der Schraube. Das gewählte Gewinde M 12 kann also beibehalten werden.

Erforderliches Anziehdrehmoment M_A

$M_A = F_{VM} \left[\dfrac{d_2}{2} \tan(\alpha + \rho') + \mu_A \cdot 0{,}7 \, d \right]$

$M_A = 50\,680 \text{ N} \left[\dfrac{10{,}863 \text{ mm}}{2} \cdot \tan(2{,}94° + 9°) + 0{,}1 \cdot 0{,}7 \cdot 12 \text{ mm} \right] =$
$= 100\,780$ Nmm

$M_A \approx 100$ Nm

Spannungen und Flächenpressung

Die folgenden Größen werden wie im Beispiel 7.6.6 berechnet. Man erhält:

Montagevorspannung	$\sigma_{VM} =$	$601 \dfrac{\text{N}}{\text{mm}^2}$
Torsionsspannung	$\tau_t =$	$262 \dfrac{\text{N}}{\text{mm}^2}$
Vergleichsspannung	$\sigma_{red} =$	$753 \dfrac{\text{N}}{\text{mm}^2} < 0{,}9 \, R_{p\,0,2}$
	$=$	$990 \dfrac{\text{N}}{\text{mm}^2}$
Flächenpressung	$p =$	$362 \dfrac{\text{N}}{\text{mm}^2} < p_G$
	$=$	$500 \dfrac{\text{N}}{\text{mm}^2}$

Die Rechnung zeigt, dass unter den gegebenen Bedingungen die gewählte Schraube M12 beibehalten werden kann.

7.7 Berechnung der Bewegungsschrauben

7.7.1 Überschlägige Berechnung

Für *kurze* Bewegungsschrauben (Spindeln) mit überwiegender Zug- oder Druckbeanspruchung ergibt sich der *erforderliche Kernquerschnitt*

$$A_3 = \dfrac{F}{\sigma_{z(d)zul}} \qquad \begin{array}{c|c|c} A_3 & F & \sigma_{z(d)zul} \\ \hline \text{mm}^2 & \text{N} & \dfrac{\text{N}}{\text{mm}^2} \end{array} \qquad (54)$$

F Zug-(Druck-)kraft in der Spindel
$\sigma_{z(d)zul}$ zulässige Zug-(Druck-)spannung

Man setzt

bei vorwiegend ruhender Belastung $\sigma_{z(d)zul} \approx \dfrac{R_e}{1{,}5}$

bei Schwellbelastung $\sigma_{z(d)zul} \approx \dfrac{\sigma_{z(d)Sch}}{2}$

bei Wechselbelastung $\sigma_{z(d)zul} \approx \dfrac{\sigma_{z(d)W}}{2}$

Bei *langen druckbeanspruchten Spindeln,* bei denen die Gefahr des Ausknickens besteht, ergibt sich aus der Euler-Knickformel der *erforderliche Kerndurchmesser*

$$d_{3\,erf} = \sqrt[4]{\dfrac{64 \, v \, F \, l_k^2}{E \, \pi^3}} \qquad (55)$$

$$\begin{array}{c|c|c|c} d_3, l_k & F & E & v \\ \hline \text{mm} & \text{N} & \dfrac{\text{N}}{\text{mm}^2} & 1 \end{array}$$

F Druckkraft
v $\approx 8 \dots 10$ Sicherheit
l_k freie Knicklänge, je nach Knickfall, siede D Festigkeitslehre Kapitel 2.3
E Elastizitätsmodul des Spindelwerkstoffs (für Stahl: $E \approx 21 \cdot 10^4$ N/mm²)

7.7.2 Spannungsnachweis

Die mit den Gleichungen (54) und (55) berechneten Schrauben (Spindeln) sind auf Zug oder Druck und Torsion nachzuprüfen. Es ist nachzuweisen, dass die *Vergleichsspannung*

$$\sigma_{red} = \sqrt{\sigma_{z(d)}^2 + 3\tau_t^2} \leq \sigma_{zul} \qquad (56)$$

$\sigma_{z(d)} = F/A_3$ vorhandene Zug-(Druck-)spannung.
$\tau_t = M_T/W_p$ vorhandene Torsionsspannung mit $M_T = M_{RG}$ nach 7.6.5.13 und $W_p \approx 0{,}2 \, d_3^3$

σ_{zul} zulässige (Normal-)Spannung, bei überwiegend ruhender Belastung wird
$\sigma_{zul} \approx R_e/1{,}5$; bei Schwellbelastung
$\sigma_{zul} \approx \sigma_{zSch}/2$; bei Wechselbelastung
$\sigma_{zul} \approx \sigma_{z(d)W}/2$

7.7.3 Nachprüfung auf Knicksicherheit

Lange, knickgefährdete Spindeln sind zusätzlich auf Knicksicherheit zu prüfen (siehe auch Kapitel Knickung im Abschnitt D Festigkeitslehre). Für den *elastischen Knickbereich*, d.h. für den Schlankheitsgrad $\lambda > 105$ für S235JO und $\lambda > 89$ für E295 ist die *Knickspannung nach Euler*

$$\sigma_K = \frac{E \pi^2}{\lambda^2} \qquad \begin{array}{c|c} \sigma_K, E & \lambda \\ \hline \dfrac{N}{mm^2} & 1 \end{array} \qquad (57)$$

$\lambda = l_k/i$, mit Trägheitsradius $i = \sqrt{I/A_3}$ wird, für $I = \pi d_3^4/64$ und $A_3 = d_3^2 \pi/4$ gesetzt, der *Schlankheitsgrad* für Spindeln

$$\lambda = \frac{4\, l_K}{d_3} \qquad \begin{array}{c|c} \lambda & l_K, d_3 \\ \hline 1 & mm \end{array} \qquad (58)$$

Die vorhandene *Knicksicherheit* v soll sein

$$v = \frac{\sigma_K}{\sigma_V} \approx 3\ldots 6 \qquad \text{mit zunehmendem Schlankheitsgrad } \lambda \qquad (59)$$

Für den *unelastischen Knickbereich* ergibt sich für S235JO bei $\lambda < 105$ und für E295 bei $\lambda < 89$ die *Knickspannung nach Tetmajer*

$$\sigma_K = 310 - 1{,}14\, \lambda \ \text{(für S235JO)} \qquad (60)$$

$$\sigma_K = 335 - 0{,}62\, \lambda \ \text{(für E295)}$$

$$\begin{array}{c|c} \sigma_K & \lambda \\ \hline \dfrac{N}{mm^2} & 1 \end{array}$$

Vorhandene Knicksicherheit nach Gleichung (59) soll hier $v \approx 4 \ldots 2$ mit abnehmendem λ sein.

7.7.4 Spindelführung

Die *Länge der Spindelführung* ergibt sich auf Grund einer zulässigen Flächenpressung der Gewindeflanken aus

$$l_1 = \frac{F P}{p_{zul}\, d_2\, \pi\, H_1} \qquad \begin{array}{c|c|c} l_1, P, d_2, H_1 & F & p_{zul} \\ \hline mm & N & \dfrac{N}{mm^2} \end{array} \qquad (61)$$

F Längskraft in der Spindel
P Gewindeteilung (Steigung bei eingängigem Gewinde)

p_{zul} zulässige Flächenpressung nach (Tabelle 3: d_2 Flankendurchmesser
H_1 Tragtiefe des Gewindes bei ISO-Regelgewinde und ISO-Trapezgewinde (Tabelle 7 und 8)

Tabelle 3. Richtwerte für die zulässige Flächenpressung bei Bewegungsschrauben

Werkstoff		p_{zul} in N/mm²
Schraube (Spindel)	Mutter (Spindelführung)	
Stahl	Stahl	8
Stahl	Gusseisen	5
Stahl	CuZn und CuSn - Legierung	10
Stahl, gehärtet	CuZn und CuSn - Legierung	15

Tabelle 4. Reibungszahlen und Reibungswinkel für Trapezgewinde

Gewinde	trocken		geschmiert	
	μ'	ρ'	μ'	ρ'
Spindel aus Stahl, Mutter aus Gusseisen	0,22	12°		
Spindel aus Stahl, Mutter aus CuZn- und CuSn -Legierungen	0,18	10°		
Aus vorstehenden Werkstoffen	–	–	0,1	6°

7.7.5 Berechnungsbeispiel einer Bewegungsschraube

Die Spindel der Handspindelpresse (Bild 16) ist zu berechnen, die Länge der Führungsmutter festzulegen. Maximale Druckkraft $F = 120\,000$ N, Spindellänge $l = 1\,250$ mm. Werkstoff: E295 für die Spindel, CuZn-Legierung für die Führungsmutter.

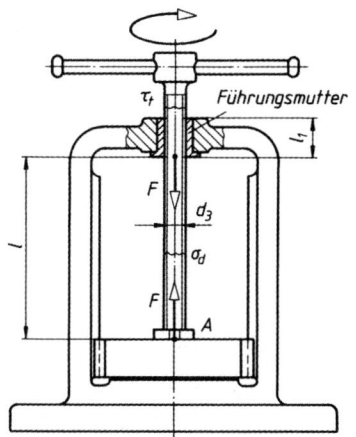

Bild 16. Handspindelpresse

Lösung:
Die Spindel soll ein nicht-selbsthemmendes, mehrgängiges metrisches ISO-Trapezgewinde erhalten. Die Vorwahl des Gewinde-Kerndurchmessers der auf Druck und damit auch auf Knickung beanspruchten Spindel erfolgt nach Gleichung (55):

$$d_{3\text{erf}} = \sqrt[4]{\frac{64\, v\, F\, l_k^2}{E\, \pi^3}}$$

Mit Sicherheit $v = 9$, Knicklänge $l_K \approx 0{,}75\, l = 0{,}75 \cdot 1\,250$ mm = 937,5 mm, $E = 21 \cdot 10^4$ N/mm² wird

$$d_{3\text{erf}} = \sqrt[4]{\frac{64 \cdot 9 \cdot 120000\ \text{N} \cdot 937{,}5^2\ \text{mm}^2}{21 \cdot 10^4\, \frac{\text{N}}{\text{mm}^2} \cdot \pi^3}}$$

$d_{3\text{erf}} = 55$ mm

Nach Tabelle 8 hat der nächstliegende Kerndurchmesser $d_3 = 54$ mm, bei einem Gewindedurchmesser $d = 65$ mm, die Bezeichnung: Tr 65 × 30 P10 bei dreigängigem Gewinde, Kernquerschnitt $A_3 = 2\,290$ mm².

Der Spannungsnachweis wird mit Gleichung (56) geführt:

$$\sigma_{\text{red}} = \sqrt{\sigma_d^2 + 3\, \tau_t^2} \leq \sigma_{\text{zul}}$$

$$\sigma_d = \frac{F}{A_3} = \frac{120\,000\ \text{N}}{2\,290\ \text{mm}^2} \approx 52{,}4\, \frac{\text{N}}{\text{mm}^2}$$

ist die vorhandene Druckspannung,

$$\tau_t = \frac{M_{\text{RG}}}{W_p} \quad \text{die auftretende Torsionsspannung.}$$

Das Gewindereibmoment nach Gleichung (45) errechnet sich mit $d_2 = 60$ mm, $\alpha = 3 \cdot 3{,}04° = 9{,}12°$ (bei drei Gängen) und $\rho' = 6°$ nach Tabelle 4 zu: $M_{\text{RG}} = F\, r_2\, \tan(\alpha + \rho') = 120\,000$ N $\cdot$ 30 mm $\cdot$ tan 15,12° = 972 703 Nmm und das polare Widerstandsmoment zu $W_p \approx 0{,}2\, d_3^3 = 0{,}2 \cdot 54^3$ mm³ = 31 493 mm³; damit ist

$$\tau_t = \frac{972\,703\ \text{Nmm}}{31\,493\ \text{mm}^3} \approx 31\, \frac{\text{N}}{\text{mm}^2}$$

$$\sigma_{\text{red}} = \sqrt{52{,}4^2 \left(\frac{\text{N}}{\text{mm}^2}\right)^2 + 3 \cdot 31^2 \left(\frac{\text{N}}{\text{mm}^2}\right)^2}$$

$$\sigma_{\text{red}} \approx 75\, \frac{\text{N}}{\text{mm}^2}$$

Bei überwiegend ruhender Belastung wird

$$\sigma_{\text{zul}} \approx \frac{R_e}{1{,}5} = \frac{300\, \frac{\text{N}}{\text{mm}^2}}{1{,}5} = 200\, \frac{\text{N}}{\text{mm}^2} > \sigma_{\text{red}}$$

Die Nachprüfung auf Knicksicherheit beginnt mit der Berechnung des Schlankheitsgrades der Spindel nach Gleichung (58). Danach ist

$$\lambda = \frac{4\, l_K}{d_3} = \frac{4 \cdot 937{,}5\ \text{mm}}{54\ \text{mm}} \approx 69$$

Für E295 beträgt der Grenzschlankheitsgrad $\lambda_0 = 89$. Da $\lambda < \lambda_0$, handelt es sich um unelastische Knickung, die Knickspannung ist nach Tetmajer (Gleichung (60)) zu ermitteln. Damit wird
$\sigma_K = 335 - 0{,}62\, \lambda$

$$\sigma_K = (335 - 0{,}62 \cdot 69)\, \frac{\text{N}}{\text{mm}^2} = 292\, \frac{\text{N}}{\text{mm}^2}$$

und nach Gleichung (59) die vorhandene Knicksicherheit

$$v = \frac{\sigma_K}{\sigma_{\text{red}}} = \frac{292\, \frac{\text{N}}{\text{mm}^2}}{75\, \frac{\text{N}}{\text{mm}^2}} = 3{,}89$$

Nach Gleichung (59) soll die Knicksicherheit im unelastischen Bereich $v \approx 4 \ldots 2$ betragen. Diese Forderung ist erfüllt und damit können die vorgewählten Spindeldaten als endgültig angesehen werden.

Die Berechnung der Länge l_1 der Führungsmutter erfolgt nach Gleichung (61)

$$l_1 = \frac{F\, P}{p_{\text{zul}}\, d_2\, \pi\, H_1}$$

Für eine CuZn-Legierung beträgt die zulässige Flächenpressung bei Bewegungsschrauben nach Tabelle 3 $p_{\text{zul}} \approx 10$ N/mm², Flankendurchmesser $d_2 = 60$ mm, Tragtiefe $H_1 = 5$ mm, damit wird

$$l_1 = \frac{120\,000\ \text{N} \cdot 10\ \text{mm}}{10\, \frac{\text{N}}{\text{mm}^2} \cdot 60\ \text{mm} \cdot \pi \cdot 5\ \text{mm}} = 127\ \text{mm}$$

gewählt: $l_1 = 130$ mm.

7 Schraubenverbindungen

Tabelle 5. Geometrische Größen an Sechskantschrauben
Bezeichnung einer Sechskantschraube M10, Länge l = 90 mm,
Festigkeitsklasse 8.8:
Sechskantschraube M10 × 90 DIN 931–8.8

Maße in mm, Kopfauflagefläche A_p in mm²

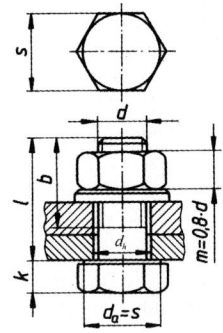

Gewinde	$d_a \triangleq s$	k	l-Bereich [1]	b 2)	b 3)	d_h fein	d_h mittel	A_p 4)	A_p 5)
M 5	8	3,5	22 … 80	16	22	5,3	5,5	26,5	30
M 6	10	4	28 … 90	18	24	6,4	6,6	44,3	41
M 8	13	5,5	35 … 110	22	28	8,4	9	69,1	64
M 10	17	7	45 … 160	26	32	10,5	11	132	100
M 12	19	8	45 … 180	30	36	13	13,5	140	93
M 14	22	9	45 … 200	34	40	15	15,5	191	134
M 16	24	10	50 … 200	38	44	17	17,5	212	185
M 18	27	12	55 … 210	42	48	19	20	258	244
M 20	30	13	60 … 220	46	52	21	22	327	311
M 22	32	14	60 … 220	50	56	23	24	352	383
M 24	36	15	70 … 220	54	60	25	26	487	465
M 27	41	17	80 … 240	60	66	28	30	613	525
M 30	46	19	80 … 260	66	72	31	33	806	707

1) gestuft: 18, 20, 25, 28, 30, 35, 40,
2) für $l \leq 125$ mm
3) für $l > 125$ mm … 200 mm
4) für Sechskantschrauben
5) für Innen-Sechskantschrauben

Anmerkung: Die Kopfauflagefläche A_p für 4) wurde als Kreisringfläche berechnet mit $A_p = \pi/4 \, (d_a^2 - d_{h\,\text{mittel}}^2)$, für 5) aus den Maßen nach DIN. Aussenkungen der Durchgangsbohrungen (d_h) verringern die Auflagefläche A_p unter Umständen erheblich.

Tabelle 6. Maße an Senkschrauben mit Schlitz und an Senkungen für Durchgangsbohrungen

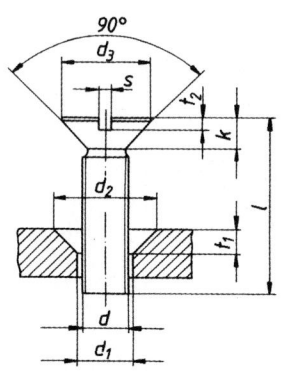

Bezeichnung einer Senkschraube M10
Länge l = 20 mm, Festigkeitsklasse 5.8:

Senkschraube M10 × 20 DIN 962 – 58

Bezeichnung der zugehörigen Senkung der Form A mit Bohrungsausführung mittel (m):

Senkung A m 10 DIN 74

Maße in mm

Gewindedurchmesser $d = M$ …	1	1,2	1,4	1,6	2	2,5	3	4	5	6	8	10	12	16	20
k_{max}	0,6	0,72	0,84	0,96	1,2	1,5	1,65	2,2	2,5	3	4	5	6	8	10
d_3	1,9	2,3	2,6	3	3,8	4,7	5,6	7,5	9,2	11	14,5	18	22	29	36
$t_{2\,max}$	0,3	0,35	0,4	0,45	0,6	0,7	0,85	1,1	1,3	1,6	2,1	2,6	3	4	5
s	0,25	0,3	0,3	0,4	0,4	0,5	0,6	0,8	1	1,2	1,6	2	2,5	3	5
d_1	1,2	1,4	1,6	1,8	2,4	2,9	3,4	4,5	5,5	6,6	9	11	14	18	22
d_2	2,4	2,8	3,3	3,7	4,6	5,7	6,5	8,6	10,4	12,4	16,4	20,4	24,4	32,4	40,4
t_1	0,6	0,7	0,8	0,9	1,1	1,4	1,6	2,1	2,5	2,9	3,7	4,7	5,2	7,2	9,2

Tabelle 7. Metrisches ISO-Gewinde nach DIN 13

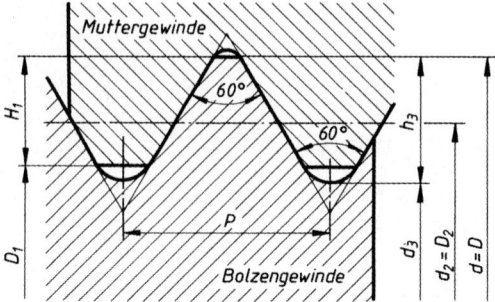

Bezeichnung des metrischen Regelgewindes z.B.
M 12 Gewinde-Nenndurchmesser
$d = D = 12$ mm

Maße in mm

Gewinde-Nenndurchmesser $d = D$		Steigung	Steigungswinkel	Flankendurchmesser	Kerndurchmesser		Gewindetiefe [1])		Spannungsquerschnitt	polares Widerstandsmoment
Reihe 1	Reihe 2	P	α in Grad	$d_2 = D_2$	d_3	D_1	h_3	H_1	A_S mm²	W_{ps} mm³
3		0,5	3,40	2,675	2,387	2,459	0,307	0,271	5,03	3,18
	3,5	0,6	3,51	3,110	2,764	2,850	0,368	0,325	6,78	4,98
4		0,7	3,60	3,545	3,141	3,242	0,429	0,379	8,73	7,28
	4,5	0,75	3,40	4,013	3,580	3,688	0,460	0,406	11,3	10,72
5		0,8	3,25	4,480	4,019	4,134	0,491	0,433	14,2	15,09
6		1	3,40	5,350	4,773	4,917	0,613	0,541	20,1	25,42
8		1,25	3,17	7,188	6,466	6,647	0,767	0,677	36,6	62,46
10		1,5	3,03	9,026	8,160	8,376	0,920	0,812	58,0	124,6
12		1,75	2,94	10,863	9,853	10,106	1,074	0,947	84,3	218,3
	14	2	2,87	12,701	11,546	11,835	1,227	1,083	115	347,9
16		2	2,48	14,701	13,546	13,835	1,227	1,083	157	554,9
	18	2,5	2,78	16,376	14,933	15,294	1,534	1,353	192	750,5
20		2,5	2,48	18,376	16,933	17,294	1,534	1,353	245	1082
	22	2,5	2,24	20,376	18,933	19,294	1,534	1,353	303	1488
24		3	2,48	22,051	20,319	20,752	1,840	1,624	353	1871
	27	3	2,18	25,051	23,319	23,752	1,840	1,624	459	2774
30		3,5	2,30	27,727	25,706	26,211	2,147	1,894	561	3748
	33	3,5	2,08	30,727	28,706	29,211	2,147	1,894	694	5157
36		4	2,18	33,402	31,093	31,670	2,454	2,165	817	6588
	39	4	2,00	36,402	34,093	34,670	2,454	2,165	976	8601
42		4,5	2,10	39,077	36,479	37,129	2,760	2,436	1120	10574
	45	4,5	1,95	42,077	39,479	40,129	2,760	2,436	1300	13222
48		5	2,04	44,752	41,866	42,587	3,067	2,706	1470	15899
	52	5	1,87	48,752	45,866	46,587	3,067	2,706	1760	20829
56		5,5	1,91	52,428	49,252	50,046	3,374	2,977	2030	25801
	60	5,5	1,78	56,428	53,252	54,046	3,374	2,977	2360	32342
64		6	1,82	60,103	56,639	57,505	3,681	3,248	2680	39138
	68	6	1,71	64,103	60,639	61,505	3,681	3,248	3060	47750

[1]) H_1 ist die Tragtiefe (siehe D Festigkeitslehre: Flächenpressung im Gewinde)

7 Schraubenverbindungen

Tabelle 8. Metrisches ISO-Trapezgewinde

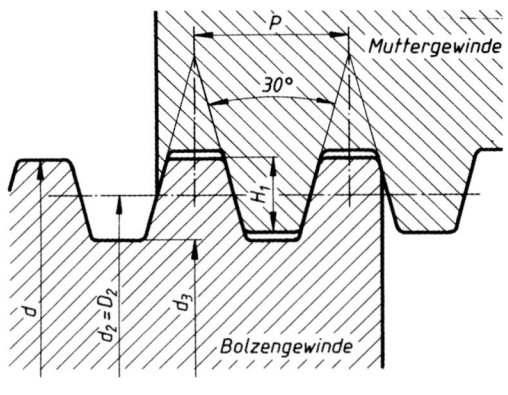

Bezeichnung für
a) eingängiges Gewinde z.B.
   Tr 75 × 10   Gewindedurchmesser
               $d = 75$ mm,
               Steigung $P = 10$ mm = Teilung

b) zweigängiges Gewinde z.B.
   Tr 75 × 20 P 10   Gewindedurchmesser
                    $d = 75$ mm,
                    Steigung $P_h = 20$ mm,
                    Teilung $P = 10$ mm

$$\text{Gangzahl } z = \frac{\text{Steigung } P_h}{\text{Teilung } P} = \frac{20\text{ mm}}{10\text{ mm}} = 2$$

Maße in mm

Gewinde-durchmesser	Steigung	Steigungs-winkel	Tragtiefe	Flanken-durchmesser	Kern-durchmesser	Kern-querschnitt	polares Wider-standsmoment
d	P	α in Grad	H_1 $H_1 = 0{,}5\,P$	$D_2 = d_2$ $D_2 = d - H_1$	d_3	$A_3 = \frac{\pi}{4}d_3^2$ mm²	$W_p = \frac{\pi}{16}d_3^3$ mm³
8	1,5	3,77	0,75	7,25	6,2	30,2	46,8
10	2	4,05	1	9	7,5	44,2	82,8
12	3	5,20	1,5	10,5	9	63,6	143
16	4	5,20	2	14	11,5	104	299
20	4	4,05	2	18	15,5	189	731
24	5	4,23	2,5	21,5	18,5	269	1 243
28	5	3,57	2,5	25,5	22,5	398	2 237
32	6	3,77	3	29	25	491	3 068
36	6	3,31	3	33	29	661	4 789
40	7	3,49	3,5	36,5	32	804	6 434
44	7	3,15	3,5	40,5	36	1 018	9 161
48	8	3,31	4	44	39	1 195	11 647
52	8	3,04	4	48	43	1 452	15 611
60	9	2,95	4,5	55,5	50	1 963	24 544
65	10	3,04	5	60	54	2 290	30 918
70	10	2,80	5	65	59	2 734	40 326
75	10	2,60	5	70	64	3 217	51 472
80	10	2,43	5	75	69	3 739	64 503
85	12	2,77	6	79	72	4 071	73 287
90	12	2,60	6	84	77	4 656	89 640
95	12	2,46	6	89	82	5 281	108 261
100	12	2,33	6	94	87	5 945	129 297
110	12	2,10	6	104	97	7 390	179 203
120	14	2,26	7	113	104	8 495	220 867

8 Bolzen, Stiftverbindungen, Sicherungselemente

8.1 Allgemeines

Bolzen und Stifte dienen der gelenkigen oder festen Verbindung von Bauteilen, der Lagesicherung, Zentrierung, Führung usw. Bei losen Verbindungen müssen die Bolzen, Stifte oder Bauteile gegen Verschieben gesichert werden, z.B. durch Stellringe, Splinte und Querstifte. Formen und Abmessungen dieser Verbindungselemente sind weitgehend genormt.

8.2 Bolzen

8.2.1 Formen und Verwendung

Bolzen ohne Kopf, DIN EN 22 340, Bolzen mit kleinem oder großem Kopf, DIN 22 341, werden als Gelenkbolzen verwendet, zum Beispiel bei Laschenketten, Stangenverbindungen und Ketten.
Bolzen mit Gewindezapfen, DIN 1445 (Bild 1c) und Senkbolzen mit Nase, (Bild 1d) werden als festsitzende Lager- und Achsbolzen z.B. bei Laufrollen und Türscharnieren benutzt.
Für die Bolzen wird als Toleranz h11, für die Bohrung H 8 bis H 11 empfohlen, andere Toleranzen sind jedoch für besondere Fälle zulässig.

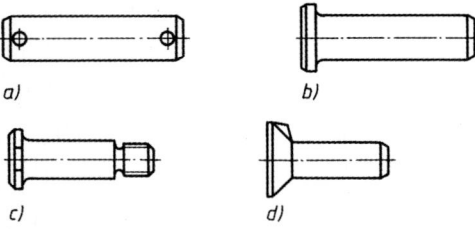

Bild 1. Bolzen, a) Bolzen ohne Kopf (mit Splintlöchern) b) Bolzen mit Kopf c) Bolzen mit Gewindezapfen d) Senkbolzen mit Nase

8.2.2 Berechnung der Bolzenverbindungen

Bolzenverbindungen werden normalerweise auf Biegung und Flächenpressung berechnet, die Abscherbeanspruchung ist meist vernachlässigbar klein.
Im gefährdeten Querschnitt $A - B$ des Bolzens (Bild 2) muss die *vorhandene Biegespannung* sein:

$$\sigma_b = \frac{M_b}{W} \leq \sigma_{b\,zul} \quad \begin{array}{c|c|c} p & F & A_{proj} \\ \hline \frac{N}{mm^2} & N & mm^2 \end{array} \quad (1)$$

M_b maximales Biegemoment für den Bolzen, das sich im vorliegenden Fall bei Streckenlast ergibt aus $M_b = F/2(s/2 + l/4)$; $W = \pi\, d^3/32$ axiales Widerstandsmoment; $\sigma_{b\,zul}$ zulässige Biegespannung (siehe D Festigkeitslehre 1.9).

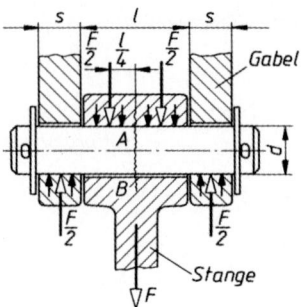

Bild 2. Kraftwirkungen am Bolzen

Ferner darf die *vorhandene Flächenpressung* die zulässige nicht überschreiten:

$$p = \frac{F}{A_{proj}} \leq p_{zul} \quad \begin{array}{c|c|c} p & F & A_{proj} \\ \hline \frac{N}{mm^2} & N & mm^2 \end{array} \quad (2)$$

F Stangenzug-(druck-)Kraft; A_{proj} projizierte Bolzenfläche, für den Stangenkopf: $A_{proj} = d\, l$, für die Gabel: $A_{proj} = 2\, d\, s$, für die Nachprüfung ist die kleinere Fläche maßgebend; p_{zul} zulässige Flächenpressung nach Tabelle 1 oder Kap. 9, Tabelle 1.

Tabelle 1. Richtwerte für zulässige Beanspruchungen bei Bolzen- und Stiftverbindungen bei annähernd ruhender Beanspruchung (Werte gelten für nicht gleitende Flächen oder nur geringe Bewegungen)

Werkstoff	Art des Bolzens, Stiftes, Bauteils	zulässige Beanspruchungen in N/mm²		
		p_{zul}	$\sigma_{b\,zul}$	$\tau_{a\,zul}$
(S235JR...E295, 10S 20K	Kegel-, Zylinderstifte, Bolzen, Wellen	160	130	90
E335, E360	Bolzen, Kerbstifte, Wellen	240	200	140
Federstahl	Spannstifte, Spiralstifte	–	–	300
Gussstahl	Naben	120	–	–
Gusseisen	Naben	90	–	–

Bei Schwellbelastung sind die Werte mit ≈ 0,7, bei Wechselbelastung mit 0,4 zu multiplizieren. Für gleitende Flächen siehe Tabelle 8.

8.3 Stifte

8.3.1 Kegelstifte

Kegelstife, DIN EN 22 339 (Bild 3a), werden hauptsächlich zur Lagesicherung und Zentrierung von Bauteilen, zum Beispiel im Vorrichtungsbau verwendet. Die Verbindung ist form- und reibschlüssig. Sie ist teuer, da Löcher aufgerieben und Stifte eingepasst werden müssen, hat aber den Vorteil, dass auch bei häufigem Ausbau die Lagezentrierung wieder genau hergestellt wird.

Kegelstifte mit Gewindezapfen und Lösemutter, DIN EN 28 737 (Bild 3b), werden bei Sacklöchern verwendet. Werkstoff: martensitischer nicht rostender Stahl.

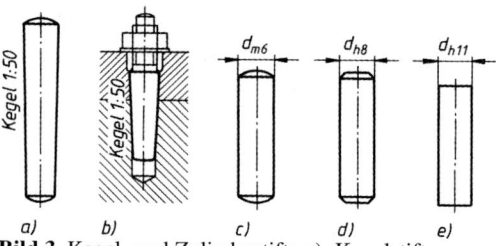

a) b) c) d) e)
Bild 3. Kegel- und Zylinderstifte a) Kegelstift
b) Kegelstift mit Gewindezapfen
c) bis e) Zylinderstifte

8.3.2 Zylinderstifte

Zylinderstifte werden ähnlich wie Kegelstifte verwendet. Ungehärtete Stifte, DIN EN ISO 2338 (Bilder 3c bis 3e), sind mit Toleranz m6 für feste Verbindungen, mit h8 und h11 für lose Verbindungen vorgesehen (beachte Kuppenform). Gehärtete Zylinderstifte, DIN EN ISO 8734, mit Toleranz m6 werden hauptsächlich bei hochbeanspruchten Teilen im Werkzeugmaschinen- und Vorrichtungsbau verwendet. Werkstoffe wie für Kegelstifte.

8.3.3 Kerbstifte, Kerbnägel

Kerbstifte haben am Umfang mehrere Wulstkerben und ermöglichen dadurch einen festen Sitz auch in normal gebohrten Löchern. Verschiedene Ausführungen zeigen die Bilder 4a bis 4e. Anwendung wie Kegel- und Zylinderstifte bei geringeren Ansprüchen an Genauigkeit, vielfach auch als Lager- und Gelenkbolzen.

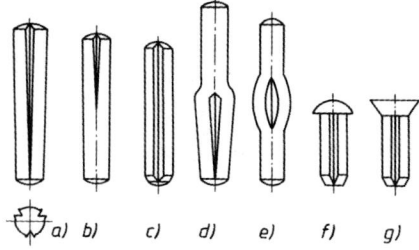

a) b) c) d) e) f) g)

Bild 4. Kerbstifte and Kerbnägel
a) Kegelkerbstift DIN EN ISO 8744 b) Passkerbstift DIN EN ISO 8745 c) Zylinderkerbstift DIN EN ISO 8739/40 d) Steckkerbstift DIN EN ISO 8741
e) Knebelkerbstift DIN EN ISO 8742/43
f) Halbrundkerbnagel DIN EN ISO 8746
g) Senkkerbnagel DIN EN ISO 8747

Kerbnägel (Bilder 4f und 4g) dienen zur einfachen und schnellen Befestigung von Teilen wie Rohrschellen und Schilde.
Als Werkstoff ist für Kerbstifte: Austenitischer nicht rostender Stahl.

8.3.4 Spannstifte

Spannstifte (Spannhülsen), DIN EN ISO 8752 (schwere Ausführung) und DIN EN ISO 13 337 (leichte Ausführung), sind längs geschlitzte Hülsen aus Federstahl (Bild 5a) und ergeben durch größeres Übermaß ($\approx 0{,}2 \ldots 0{,}5$ mm) einen kräftigen Festsitz in normalen Bohrungen. Anwendung ähnlich wie Kerbstifte, besonders zur Aufnahme hoher Scherkräfte.

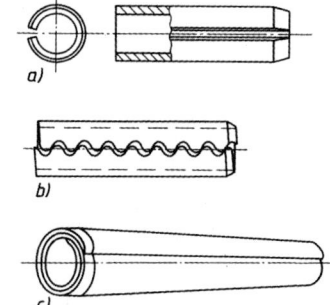

Bild 5. Spannstifte, a) Spannstift, b) Connex-Stift, c) Spiral-Stift

Sonderformen stellen der *Connex-Spannstift* [1)] (Bild 5b), der sich durch härtere Federung auszeichnet und der *Spiral-Stift* [2)] (Bild 5c) dar, der sich durch seine Federeigenschaften zur Aufnahme hoher dynamischer Stoßbelastungen eignet.

8.4 Bolzensicherungen

Sicherungsringe für Wellen, DIN 471, und für Bohrungen, DIN 472 (Bilder 6a und 6b), dienen zur Sicherung von Bauteilen gegen axiales Verschieben, z.B. von Wälzlagern, Naben und Buchsen. Durch ihre besondere Form bleiben die aus Federstahl bestehenden Ringe beim Einbau (Auf- oder Zusammenbiegen) rund und pressen sich in die Nuten gleichmäßig fest ein. Wegen hoher Kerbwirkung durch die Nuten möglichst nur an Bolzen- oder Wellenenden anordnen.
Sprengringe, DIN 5417 und DIN 7993 (Bild 6c), werden dort verwendet, wo ein gleich bleibender Ringquerschnitt aus Einbaugründen erforderlich ist, z.B. bei Kugellageraußenringen (Bild 11).

[1)] Hersteller: Gebr. Eberhardt, Ulm
[2)] Hersteller: W. Prym GmbH, Stollberg (Rhld.)

Bei kleinen Bolzen in der Feinmechanik werden *Sicherungsscheiben,* DIN 6799 (Bild 6d), bevorzugt, z.B. bei Plattenspielern.
Splinte, DIN EN ISO 1234 (Bild 6e), werden besonders bei losen Bolzenverbindungen und zur Sicherung von Kronenmuttern verwendet.

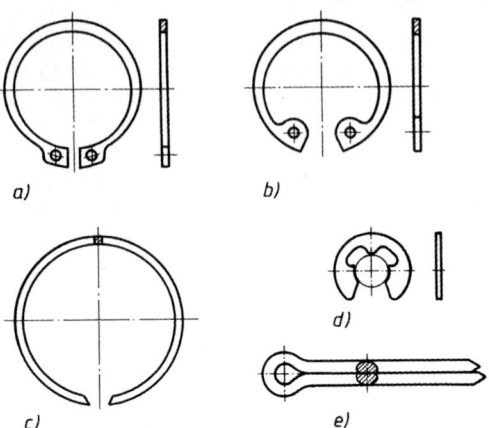

Bild 6. Sicherungselemente, a) Außersicherung, b) Innensicherung, c) Sprengring, d) Sicherungsscheibe, e) Splint

Stellringe (Bild 7) sollen das axiale Spiel von Bolzen und Wellen begrenzen oder bewegliche Teile (Hebel, Räder) seitlich führen. Befestigung durch Gewindestift oder bei schweren Ringen durch Kegelstift.
Achshalter sichern Achsen und Bolzen gleichzeitig gegen Verschieben und Drehen (siehe Bild 8).

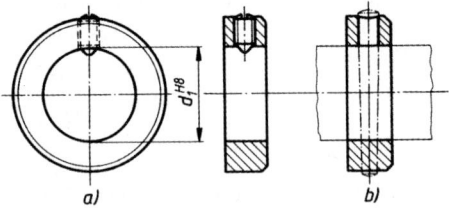

Bild 7 Stellringe
a) Stelking mit Gewindestift, b) mit Kegelstift

8.5 Gestaltung der Bolzen- und Stiftverbindungen

Rollenlagerung (Bild 8): Bolzensicherung durch beidseitige Achshalter, entgegen der Kraftübertragungsstelle angeordnet. Toleranzen z.B.: Bolzen d9, Bohrungen H8.
Hebellagerung (Bild 9): Bolzensicherung durch Stellringe mit Kegelstift. Der Bolzen sitzt in beiden Teilen lose. Passung z.B. H9/h11.

Laufradlagerung (Bild 10): Der Knebelkerbstift sitzt fest in der Nabenbohrung und lose in der Gabel. Alle Bohrungen können ohne Nacharbeit mit Spiralbohrer gebohrt werden.
Wälzlagerung (Bild 11): Der Sprengring sichert das Kugellager gegen axiales Verschieben im Gehäuse. Der Innenring ist auf der Welle durch einen Sicherungsring festgelegt.

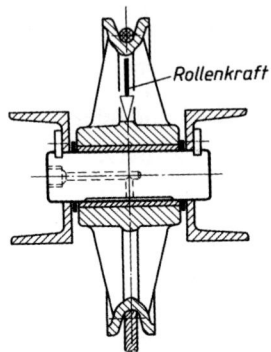

Bild 8. Gleitlagerung einer Seilrolle

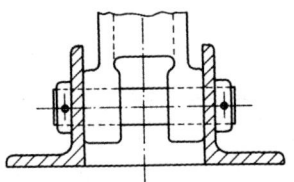

Bild 9. Hebellagerung

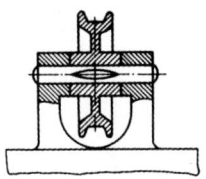

Bild 10. Laufradlagerung

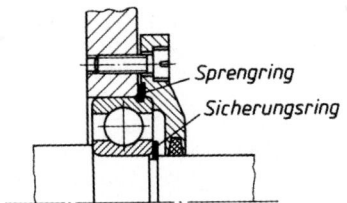

Bild 11. Wälzlagerung

BENZING
SICHERUNGSRINGE | FORMFEDERN | PRÄZISIONSTEILE

...über 100 Milliarden
hergestellte Sicherungselemente sprechen für sich...

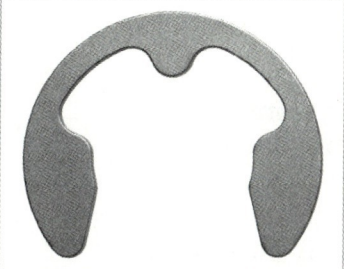

DIN 6799
BENZING-SICHERUNGSSCHEIBE

FEDERNDE VERBINDUNG
KAT/TURBOLADER

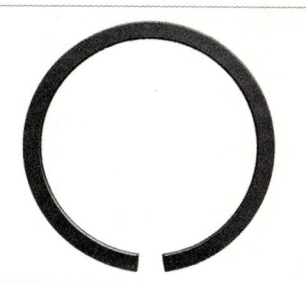

DIN 5417
SPRENGRING

KOLBENBOLZEN-SICHERUNG

SPEZIALSCHEIBE
KUPPLUNG

FEINSTANZTEIL "GESCHLIFFEN"
ZUM TOLERANZAUSGLEICH

BESCHICHTETE SCHEIBE
REIBWERTERHÖHEND

DIN 471
SICHERUNGSRING

DIN 472
SICHERUNGSRING

Original Benzing-Sicherungen®

HUGO BENZING GMBH & CO. KG
POSTFACH 40 01 20 | D-70401 STUTTGART
TEL.: +49 (0)711 - 80 00 6-0 | FAX: +49 (0)711 - 80 00 6-29
info@hugobenzing.de | www.hugobenzing.de

Standardlehrwerke des Maschinenbaus

Alfred Böge
Technische Mechanik
Statik - Dynamik -
Fluidmechanik - Festigkeitslehre
26., überarb. u. erw. Aufl. 2003.
XX, 428 S. mit 569 Abb.,
21 Arbeitsplänen, 16 Lehrbeisp.,
40 Übungen und 15 Tafeln.
(Viewegs Fachbücher der Technik)
Geb. € 26,00
ISBN 3-528-15010-6

Alfred Böge,
Walter Schlemmer
**Aufgabensammlung
Technische Mechanik**
17., überarb. u. erw. Aufl. 2003.
ca. 212 S. mit 521 Abb. und
924 Aufg. (Viewegs Fachbücher der
Technik) Br. € 21,00
ISBN 3-528-15011-4

Weißbach, Wolfgang
**Werkstoffkunde und
Werkstoffprüfung**
Ein Lehr- und Arbeitsbuch für das
Studium
15., überarb. u. erw. Aufl. 2004.
XVI, 430 S. mit über 300 Abb. u.
300 Taf. (Viewegs Fachbücher der
Technik). Br. € 26,00
ISBN 3-528-11119-4

Weißbach, Wolfgang /
Dahms, Michael
**Aufgabensammlung
Werkstoffkunde und
Werkstoffprüfung**
Fragen - Antworten
5., vollst. überarb. Aufl. 2002.
XII, 147 S. (Viewegs Fachbücher der
Technik) Br. € 19,90
ISBN 3-528-44038-4

Abraham-Lincoln-Straße 46
65189 Wiesbaden
Fax 0611.7878-420
www.vieweg.de

Stand Juli 2004.
Änderungen vorbehalten.
Erhältlich im Buchhandel oder im Verlag.

9 Federn

Normen (Auswahl) und Richtlinien

DIN 2088   Zylindrische Schraubenfedern aus runden Drähten und Stäben, Berechnung und Konstruktion von kaltgeformten Drehfedern (Schenkelfedern)

DIN 2089   Zylindrische Schraubenfedern aus runden Drähten und Stäben, Berechnung und Konstruktion von Druck- und Zugfedern

DIN 2090   Zylindrische Schraubendruckfedern aus Flachstahl, Berechnung

DIN 2091   Drehstabfedern mit rundem Querschnitt, Berechnung und Konstruktion

DIN 2092   Tellerfedern, Berechnung

DIN 2093   Tellerfedern, Maße und Güteeigenschaften

DIN 2094   Blattfedern für Straßenfahrzeuge, Anforderung, Prüfung

DIN 2095   Zylindrische Druckfedern aus Runddraht, kaltgeformt

DIN 2097   Zylindrische Zugfedern aus Runddraht

9.1 Allgemeines

Mit Federn werden elastische Verbindungen hergestellt. Sie verformen sich unter Einwirkung äußerer Kräfte, speichern dabei Energie und geben diese bei Entlastung durch Rückfederung wieder ab. Anwendung als Arbeitsspeicher, zur Stoß- und Schwingungsdämpfung, als Rückholfedern, zur Kraftmessung und als Spannelemente. Nach ihrer Gestalt unterscheidet man Blatt-, Schrauben-, Teller-, Stab-, Spiral-, Ring-, Hülsen- und Scheibenfedern, nach der Beanspruchung wird in Zug-, Druck-, Biege- und Drehfedern unterteilt.

9.2 Kenngrößen an Federn

9.2.1 Federkennlinien

Die Federeigenschaften werden nach Kennlinien beurteilt. Diese zeigen die Abhängigkeit des Federweges f (oder des Verdrehwinkels φ) von der Federkraft F (oder dem Federdrehmoment M) und können progressiv (ansteigend gekrümmt), gerade oder degressiv (abfallend gekrümmt) verlaufen (Bilder 1 und 2). Bei torsionsbeanspruchten Federn (z.B. Drehstabfedern im Fahrzeugbau) entspricht der Federkraft F das Federdrehmoment M und dem Federweg f der Verdrehwinkel φ.
Federn aus Werkstoffen, für die das Hooke'sche Gesetz gilt, zeigen bei reibungsfreier Federung lineare (gerade) Kennlinien; Federweg f und Federkraft F sind proportional (siehe D Festigkeitslehre 2.1.2).

Die Fläche unter der Kennlinie stellt die *Federungsarbeit W* dar.

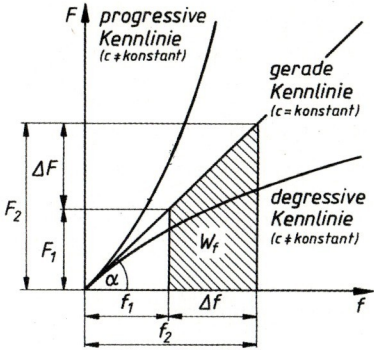

F Federkraft, f Federweg

Bild 1. Federkennlinien und Federungsarbeit W von zug-, druck- oder biegebeanspruchten Federn

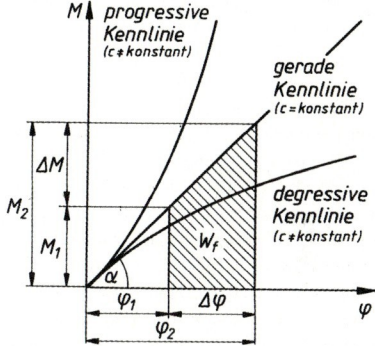

M Federdrehmoment, φ Verdrehwinkel

Bild 2. Federkennlinien und Federungsarbeit W_t von torsionsbeanspruchten Federn

9.2.2 Federsteifigkeit c (Federrate), Federnachgiebigkeit δ und Federungsarbeit W

Das Steigungsmaß der Federkennlinie ist der Tangens ihres Neigungswinkels α, also der Quotient aus der Federkraft F (oder dem Federdrehmoment M) und dem Federweg f (oder dem Verdrehwinkel φ). Für Federn mit *gerader* Kennlinie gilt daher: $\tan\alpha = F/f = F_1/f_1 = F_2/f_2$ oder $\tan\alpha = M/\varphi = M_1/\varphi_1 = M_2/\varphi_2$ (siehe Bilder 1 und 2). Dieser Quotient heißt *Federsteifigkeit c* (nach DIN 2089 Federrate c). Sie hat die Einheit N/mm oder N/m.

Der Kehrwert der Federsteifigkeit wird als *Nachgiebigkeit* $\delta = 1/c$ bezeichnet; sie hat daher die Einheit mm/N.

$$c = \frac{F}{f} = \frac{F_1}{f_1} = \frac{F_2}{f_2} = \frac{F_2 - F_1}{f_2 - f_1} = \frac{\Delta F}{\Delta f} \qquad (1)$$

$$\delta = \frac{1}{c} = \frac{f}{F} = \frac{f_1}{F_1} = \frac{f_2}{F_2} = \frac{f_2 - f_1}{F_2 - F_1} = \frac{\Delta f}{\Delta F} \quad (2)$$

c Federsteifigkeit (Federrate)
δ Federnachgiebigkeit für Zug-, Druck- und Biegefedern

$$c_t = \frac{M}{\varphi} = \frac{M_1}{\varphi_1} = \frac{M_2}{\varphi_2} = \frac{M_2 - M_1}{\varphi_2 - \varphi_1} = \frac{\Delta M}{\Delta \varphi} \quad (3)$$

$$\delta_t = \frac{1}{c_t} = \frac{\varphi}{M} = \frac{\varphi_1}{M_1} = \frac{\varphi_2}{M_2} = \frac{\varphi_2 - \varphi_1}{M_2 - M_1} = \frac{\Delta \varphi}{\Delta M} \quad (4)$$

c_t Federsteifigkeit (Federrate)
δ_t Federnachgiebigkeit für Drehfedern

Definitionsgemäß gibt die Federsteifigkeit c an, welche äußere Belastung (Federkraft F oder Federdrehmoment M) für eine bestimmte Formänderungsdifferenz (Federweg f oder Verdrehwinkel φ) zwischen zwei Angriffsstellen der Belastung erforderlich ist.
Beispielsweise bedeutet $c = 50$ N/mm, dass sich eine zug-, druck- oder biegebeanspruchte Feder bei einer Federkraft $F = 50$ N um $f = 1$ mm zwischen zwei Kraftangriffsstellen verformt.
Von zwei Federn mit den Federsteifigkeiten $c_1 = 50$ N/mm und $c_2 = 20$ N/mm ist die erste Feder „härter" (steilere Kennlinie), die zweite Feder „weicher" (flachere Kennlinie). Es ist hier $c_1 = \tan \alpha_1 > c_2 = \tan \alpha_2$.
Die Federungsarbeit W entspricht der Fläche unter der Federkennlinie (Bilder 1 und 2). Sie ist ein Maß für das Vermögen der Feder, mechanische Arbeit aufzunehmen oder abzugeben. Für die Federungsarbeit zwischen zwei Belastungszuständen (F_1 und F_2 oder M_1 und M_2) lässt sich dann für die in Bild 1 schraffierte Trapezfläche ablesen:

$$W = \frac{F_1 + F_2}{2} \Delta f \quad F_1 = cf_1;\ F_2 = cf_2;\ \Delta f = f_2 - f_1$$

eingesetzt, ergibt:

$$W = \frac{cf_1 + cf_2}{2}(f_2 - f_1)$$

$$W = \frac{c}{2}(f_2 + f_1)(f_2 - f_1)$$

und wegen $(f_2 + f_1)(f_2 - f_1)$, siehe A Mathematik 2.5.2.1:

$$W = \frac{c}{2}(f_2^2 + f_1^2) \quad \begin{array}{c|c|c} W & c & f_1, f_2 \\ \hline \text{Nmm} & \frac{\text{N}}{\text{mm}} & \text{mm} \end{array} \quad (5)$$

Federungsarbeit einer Zug-, Druck- oder Biegefeder

Entsprechend ergibt die Entwicklung nach Bild 2:

$$W_t = \frac{c_t}{2}(\varphi_2^2 - \varphi_1^2) \quad \begin{array}{c|c|c} W_t & c_t & \varphi_1, \varphi_2 \\ \hline \text{Nmm} & \frac{\text{Nmm}}{\text{rad}} & \text{rad} \end{array} \quad (6)$$

Federungsarbeit einer Drehfeder

Soll die Federungsarbeit W vom entlasteten Federzustand aus berechnet werden, dann vereinfachen sich die Gleichungen. Die Fläche unter der Kennlinie ist dann eine Dreieckfläche:

$$W = \frac{Ff}{2} = \frac{F^2}{2c} = \frac{c}{2} f^2 \quad (7)$$

$$W_t = \frac{M\varphi}{2} = \frac{M^2}{2\,c_t} = \frac{c_t}{2} \varphi^2 \quad (8)$$

9.2.3 Nutzungsgrad η_A der Feder

Im Abschnitt D Festigkeitslehre 2.1.2.3 wird für Zug- oder Druckstäbe die Gleichung für die Formänderungsarbeit $W = \sigma^2 V / 2\,E$ hergeleitet. Sie gilt allgemein für Stäbe mit *gleichmäßiger* Spannungsverteilung in den Querschnitten der federnden Länge. Entsprechend gilt für *Zug- und Druckfedern mit gleichmäßiger* Spannungsverteilung für die *Federungsarbeit W*:

$$W = \frac{\sigma^2 V}{2E} \quad (9)$$

Federungsarbeit für Zug- und Druckfedern

Auf dem gleichen Weg wie für Zug- und Druckstäbe wird im Abschnitt D Festigkeitslehre 2.5.1.3 die Gleichung $W = \tau_t^2 V / 4\,G$ für torsionsbeanspruchte Stäbe mit Kreisquerschnitt hergeleitet. Die Torsionsspannung ist *nicht* gleichmäßig über dem Querschnitt verteilt, sondern linear (siehe D Festigkeitslehre 2.5.1.2). Im Nenner der Formänderungsarbeit W erscheint hier eine 4 anstelle der 2 in Gleichung (9) für Stäbe mit gleichmäßiger Spannungsverteilung im Querschnitt. Solche Abweichungen von Gleichung (9) ergeben sich auch bei Federn anderer Gestalt, zum Beispiel Dreieckblattfedern.
Zum Federvergleich hat man daher als Kenngröße den *Nutzungsgrad* η_A (Ausnutzungsgrad) definiert und schreibt die Gleichungen für die Federungsarbeit bei Federn mit *ungleichmäßiger* Spannungsverteilung über den Querschnitten und der federnden Länge in der Form:

$$W = \eta_A \frac{\sigma^2 V}{2E} \quad (10)$$

Federungsarbeit für Biegefedern

$$W_t = \eta_A \frac{\tau_t^2 V}{2 G} \quad (11)$$

Federungsarbeit für Drehstabfedern

In den vorstehenden Gleichungen ist σ die Normalspannung (Zug-, Druck- oder Biegespannung), τ_t die Torsionsspannung, V das Volumen der Feder, E der Elastizitätsmodul, G der Schubmodul und η_A der Nutzungsgrad.
Für Zug- und Druckfedern nach Gleichung (9) ist der Nutzungsgrad $\eta_A = 1$.
Als weitere Kenngröße zum Vergleich von Federn verwendet man die *volumenbezogene* Federungsarbeit:

$$\frac{W}{V} = \eta_A \frac{\sigma^2}{2E} \quad (12)$$

$$\frac{W_t}{V} = \eta_A \frac{\tau_t^2}{2G} \quad (13)$$

W, W_t	V	σ, τ_t	η_A
Nmm	mm^3	$\dfrac{\text{N}}{\text{mm}^2}$	1

9.2.4 Resultierende Federsteifigkeit c_0 und Federnachgiebigkeit δ_0 bei parallel und hintereinander geschalteten Federn

Bei bestimmten federungstechnische Aufgaben kann es zweckmäßig sein, zwei oder mehr Federn parallel oder hintereinander zu schalten (meist Schraubenfedern). Die Kennlinien in den Bildern 3 und 4, zeigen, wie aus den gegebenen Federsteifigkeiten c_1 und c_2 zweier Federn die resultierende Federsteifigkeit c_0 einer gedachten „Ersatzfeder" ermittelt werden kann. Wie in der Statik die resultierende Kraft hat hier die Ersatzfeder die gleiche Wirkung wie die Einzelfedern zusammen.

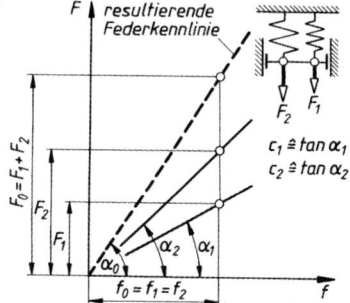

Bild 3. Federkennlinien von zwei parallel geschalteten Federn und deren Ersatzfeder

Beim Federsystem aus zwei *parallel geschalteten* Federn (Bild 3) ist die *resultierende Federkraft* F_0 die Summe der Einzelfederkräfte, also $F_0 = F_1 + F_2$. Dagegen sind die Federwege f_1 und f_2 für die beiden Einzelfedern und der Federweg f_0 der gedachten Ersatzfeder gleich groß: $f_0 = f_1 = f_2$. Mit diesen Bedingungen wird die *resultierende Federsteifigkeit* c_0 mit Gleichung (1):

$$c_0 = \frac{F_0}{f_0} = \frac{F_1 + F_2}{f_0} = \frac{F_1}{f_1} + \frac{F_2}{f_2} = c_1 + c_2$$

$$c_0 = c_1 + c_2 = \tan \alpha_0 \quad (14)$$

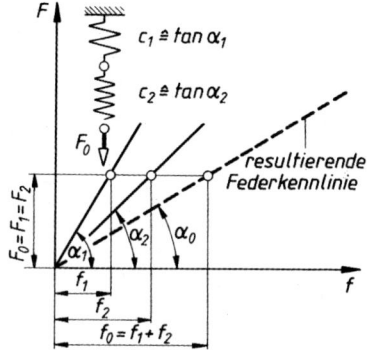

Bild 4. Federkennlinien von zwei hintereinander geschalteten Federn und deren Ersatzfeder

Demnach ist die resultierende Federsteifigkeit c_0 die Summe der Einzelfedersteifigkeiten. Parallel geschaltete Federn wirken also „härter" als die härteste der beiden Einzelfedern.
Werden mehr als zwei Federn parallel geschaltet, gilt in Erweiterung von Gleichung (14):

$$c_0 = c_1 + c_2 + \dots + c_n \quad (15)$$

Mit $\delta = 1/c$ nach Gleichung (2) wird für die *resultierende Federnachgiebigkeit* δ_0 von zwei *parallel geschalteten* Federn:

$$\frac{1}{\delta_0} = \frac{1}{\delta_1} + \frac{1}{\delta_2} \quad \text{oder} \quad (16)$$

$$\delta_0 = \frac{\delta_1 \delta_2}{\delta_1 + \delta_2} \quad (17)$$

Beim Federsystem aus zwei *hintereinander geschalteten* Federn (Bild 4) ändert sich der physikalische Sachverhalt. In jedem Schnitt rechtwinklig zur Federachse wirkt die *resultierende Federkraft* $F_0 = F_1 = F_2$, während der Federweg f_0 der Ersatzfeder die Summe der Einzelfederwege ist: $f_0 = f_1 + f_2$. Die resultierende Federsteifigkeit c_0 ergibt sich daher aus:

$$c_0 = \frac{F_0}{f_0} = \frac{F_0}{f_1 + f_2} \quad \frac{1}{c_0} = \frac{f_1 + f_2}{F_0} = \frac{f_1}{F_1} + \frac{f_2}{F_2}$$

$$\frac{1}{c_0} = \frac{1}{c_1} + \frac{1}{c_2} \quad \text{oder} \quad (18)$$

$$c_0 = \frac{c_1 c_2}{c_1 + c_2} = \tan\alpha_0 \qquad (19)$$

Da $1/c = \delta$ ist, wird mit Gleichung (18) die *resultierende Federnachgiebigkeit* δ_0 hintereinander geschalteter Federn:

$$\delta_0 = \delta_1 + \delta_2 \qquad (20)$$

Werden mehr als zwei Federn hintereinander geschaltet, gilt in Erweiterung von Gleichung (20):

$$\delta_0 = \delta_1 + \delta_2 + \ldots + \delta_n \qquad (21)$$

Beim parallel geschalteten Federsystem war die resultierende *Federsteifigkeit* c_0 die Summe der Einzelsteifigkeiten ($c_0 = c_1 + c_2 + \ldots c_n$). Entsprechend ist beim hintereinander geschalteten Federsystem die resultierende *Federnachgiebigkeit* δ_0 die Summe der Einzelnachgiebigkeiten ($\delta_0 = \delta_1 + \delta_2 + \ldots + \delta_n$). Nach Bild 4 wirken hintereinander geschaltete Federn „weicher" als die weichste Einzelfeder allein.

Eine Analogiebetrachtung zeigt formale Übereinstimmung der Gleichungen (14) und (18) mit den Gleichungen für kapazitive Widerstände in der Elektrotechnik, die Gleichungen (16) und (20) dagegen mit denen für ohmsche Widerstände.

Die Gleichungen (18) und (21) werden bei den Formänderungsbetrachtungen an vorgespannten Schraubenverbindungen gebraucht (Kap. 7.6.2).

9.3 Federwerkstoffe

Federwerkstoffe sind meist hochlegierte Stähle, DIN 17221, 17222, 17224 und DIN 2077, DIN 1570, DIN 4620, siehe Tabelle 1.

Nichteisenmetalle nur bei besonderen Anforderungen, zum Beispiel an Korrosionsbeständigkeit oder magnetische Eigenschaften, DIN 17741 (Ni-Be-Legierung). Nichtmetallische Federn, hauptsächlich aus Gummi, zur Schwingdämpfung, als Kupplungsglieder oder in Schnittwerkzeugen.

9.4 Zug- und druckbeanspruchte Metallfedern

9.4.1 Zug- oder Druckstäbe

Mit dem Hooke'schen Gesetz lässt sich eine Gleichung für die *Federsteifigkeit* c von Zug- oder Druckstäben entwickeln:

$$\sigma = \varepsilon E \rightarrow \frac{F}{A} = \frac{\Delta l}{l_0} E$$

(Hooke'sches Gesetz) l_0 Federlänge l, Δl Federweg f

$$c = \frac{AE}{l} \qquad \begin{array}{|c|c|c|} A & E & l \\ \hline \mathrm{mm}^2 & \frac{\mathrm{N}}{\mathrm{mm}^2} & \mathrm{mm} \end{array} \qquad (22)$$

Darin ist A Federquerschnitt, E Elastizitätsmodul (für Stahl ist $E = 21 \cdot 10^4$ N/mm²) und l Federlänge.

Wegen der sehr großen Federsteifigkeit werden Zug- oder Druckstäbe als Federn nur in wenigen speziellen Fällen verwendet.

9.4.2 Ringfedern

Ringfedern bestehen aus abwechselnd zug- und druckbeanspruchten Ringen mit konischen Pressflächen. Infolge der elastischen Verformung schieben sich die Ringe ineinander, wobei im Außenring Zugspannungen, im Innenring Druckspannungen auftreten. Wegen der Reibungsarbeit beim Aufeinandergleiten der Ringe ist die Dämpfung sehr groß (bis 70 %).

Die Kennlinie verläuft als Gerade, aber bei Belastung anders als bei Entlastung. Die Rückfederung beginnt erst bei einer bestimmten Federkraft F_E. Die Berechnung erfolgt zweckmäßig nach Herstellerangaben. Wegen der hohen Dämpfung sind Ringfedern besonders als Pufferfedern und zur Stoßdämpfung bei Pressen geeignet.

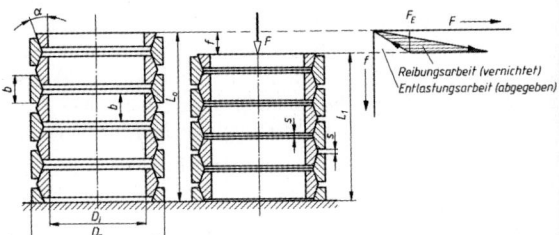

Bild 5. Ringfeder
a) unbelastet
b) belastet, mit Kennlinie

9.5 Biegebeanspruchte Metallfedern

9.5.1 Rechteck- und Dreieckfedern

Die einfache Rechteckfeder wird als Freiträger mit Höchstbeanspruchung an der Einspannstelle betrachtet. Die Werkstoffausnutzung ist schlecht. Anwendung als Kontakt- oder Rastfeder usw. Die Dreieckfeder als Träger gleicher Spannung (siehe im Abschnitt D Festigkeitslehre 2.2.5 und Tabelle 3) bietet bessere Werkstoffausnutzung, lässt sich aber praktisch schlecht ausführen; besser ist die Trapezfeder und die aus dieser entwickelte Mehrschicht-Blattfeder. Die Kennlinie ist eine Gerade.

9 Federn

Berechnung: Für die Federn nach Bild 6 gilt für die *Biegespannung*

$$\sigma_b = \frac{M_b}{W} = \frac{6\,Fl}{b\,h^2} \leq \sigma_{b\,zul} \quad (23)$$

σ_b	F	l, b, h
$\dfrac{N}{mm^2}$	N	mm

Durchbiegung f bei Federkraft F und *maximale Durchbiegung* f_{max} ergeben sich aus

$$f = q_1 \frac{l^3 F}{b\,h^3 E} \quad (24)$$

$$f_{max} = q_2 \frac{l^2 \sigma_b}{h\,E} \quad (25)$$

f, l, b, h	F	E, σ_b	q_1, q_2
mm	N	$\dfrac{N}{mm^2}$	1

Die *maximale Federungsarbeit* wird

$$W = q_3\,V\,\frac{\sigma_b^2}{E} \quad (26)$$

V	σ_b	E	q_3
mm^3	$\dfrac{N}{mm^2}$	$\dfrac{N}{mm^2}$	1

Für Rechteckfeder: $q_1 = 4$, $q_2 = \dfrac{2}{3}$, $q_3 = \dfrac{1}{18}$;

für Dreieckfeder: $q_1 = 6$, $q_2 = 1$, $q_3 = \dfrac{1}{6}$;

für Trapezfeder: $q_1 \approx 4\,\dfrac{3}{2 + b'/b}$

$q_2 \approx \dfrac{2}{3}\,\dfrac{3}{2 + b'/b}$

$q_3 \approx \dfrac{1}{9}\,\dfrac{3}{2 + b'/b}\,\dfrac{1}{1 + b'+b}$

l Federlänge, h Federblattdicke; E Elastizitätsmodul des Federwerkstoffs nach Tabelle 1; $V = b\,h\,l$, $V = b\,h\,l/2$, $V = \tfrac{1}{2}\,b\,h\,l\,(1 + b'/b)$ Federvolumen für Rechteck-, Dreieck bzw. Trapezfeder nach Bild 6. $\sigma_{b\,zul}$ zulässige Biegespannung nach Tabelle 1.

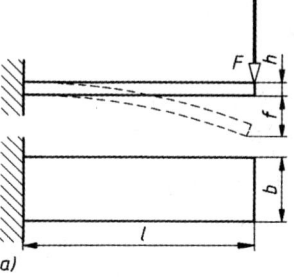

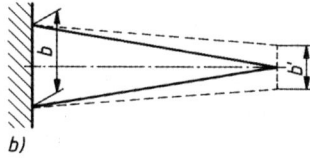

Bild 6. Blattfedern
a) Rechteckblattfeder
b) Dreieck-(Trapez-)blattfeder

Tabelle 1. Festigkeits-Richtwerte von Federwerkstoffen in N/mm²

Federart	Werkstoff und Behandlungszustand	E-Modul G-Modul	statische Festigkeitswerte	dynamische Festigkeitswerte
Blattfedern Kegelfedern	Federstahl, warmgewalzt, DIN 17221, vergütet 38Si7, 51Si7, 55Si7, 65Si7 50Mn7, 60SiCr7, 55Cr5 50CrV4, 51CrMoV4	$E = 210\,000$	R_m R_e 1 300 ... 15 000 1 100 $\sigma_{bzul} \approx 0{,}7\,R_m$	$\sigma_m + \sigma_A$ $\sigma_{b\,zul} = \sigma_m + 0{,}75\,\sigma_A$
	Walzhaut			$\sigma_{bD} = 500 \pm 120\,...\,300$
	Walzhaut entfernt, vergütet			$\sigma_{bD} = 500 \pm 300$
	geschliffen			$\sigma_{bD} = 500 \pm 400$
Drehfedern Schenkelfedern	Federstahl DIN 17221 s.o. Stahldraht für Federn DIN EN 10270 -1 unlegiert -2 ölschlussvergütet -3 nicht rostender Stahl	$E = 210\,000$ $G = 81\,500$ $E = 200\,000$	abhängig vom Drahtdurchmesser d (siehe Bild 9)	nach Herstellerangaben

Federart	Werkstoff und Behandlungszustand	E-Modul G-Modul	statische Festigkeitswerte		dynamische Festigkeitswerte	
Spiralfedern Uhrwerkfedern	Kaltband aus Stahl, f. Wärmebeh. DIN EN 10132-4: C55E ... C101E, 55Si7, 67SiCr5, 71Si7	$E = 210\,000$	R_m 1800 ... 2400 1900 ... 2400	R_e 1700 1800	nach Herstellerangaben	
Drehstabfedern	Federstahl DIN 17221 vergütet 66Si7 für $d < 25$ mm	$G = 80\,000$	τ_B 850 ... 950	τ_S 700	$\tau_m + \tau_A$ $\tau_{tD} = 500 \pm 150$	
	67SiCr5 für $d < 40$ mm 50CrV4		900 ... 1000 800 ... 1000	800 700	$\tau_{tD} = 500 \pm 200$	
			$\tau_{tzul} \approx 0{,}5\,\tau_B$		$\tau_{t\,zul} \approx 500 + 0{,}75\,\tau_A$	
Schraubenfedern Druckfedern	Stahldraht für Federn DIN EN 10 270 Draht für allg. Zwecke (Cu-Leg.) DIN EN 12136	$G = 80\,000$ $G = 35\,000$ bis 46 000	τ_{tzul} siehe Bild 16		τ_{tzul} siehe Bilder 16 ... 18	
unmagnetische Federn	DIN 17660 NiBe2	$E = 200\,000$ $G = 75\,000$	$R_m = 1500 ... 1800$ $\sigma_{b\,zul}$ und $\tau_{t\,zul}$		nach Herstellerangaben	
Federn aus Cu-Leg.	DIN EN 1254 Federbänder CuZn36 (Ms63), CuSn6 (SnBz6)	$E = 100\,000$ $G = 35\,000$	$R_m = 1500 ... 1800$ $\sigma_{b\,zul} \approx 250$ $\tau_{t\,zul} \approx 150$		schwellend, $\sigma_{b\,zul} \approx 150$ $\tau_{t\,zul} \approx 80$	wechselnd 80 40
korrosionsbeständig	DIN EN 12166 Drähte CuNi18Zn20 (Neusilber)	$E = 120\,000$ $G = 45\,000$	$R_m \approx 620$ $\sigma_{b\,zul} \approx 350$ $\tau_{t\,zul} \approx 250$		schwellend, $\sigma_{b\,zul} \approx 250$ $\tau_{t\,zul} \approx 150$	wechselnd 100 80
Gummifedern	Weichgummi Shore-Härte 40 ... 70	$E = 2 ... 8$ $G = 0{,}4 ... 1{,}4$ R_m 5 ... 30	$\sigma_{z\,zul} \approx 1 ... 2$ $\sigma_{d\,zul} \approx 3 ... 5$ $\tau_{zul} \approx 1 ... 2$		$\sigma_{z\,zul} \approx 0{,}5 ... 1$ $\sigma_{d\,zul} \approx 1 ... 1{,}5$ $\tau_{zul} \approx 0{,}3 ... 0{,}8$	

9.5.2 Mehrschicht-Blattfedern

Die Entwicklung aus der doppelseitigen Trapezfeder zeigt Bild 7. Die Feder wird in gleich breite Streifen zerlegt, diese werden aufeinander geschichtet und in der Mitte durch Spannbügel, Bunde oder ähnliche Elemente zusammengehalten. Verwendung hauptsächlich zur Federung von Kraft- und Schienenfahrzeugen.

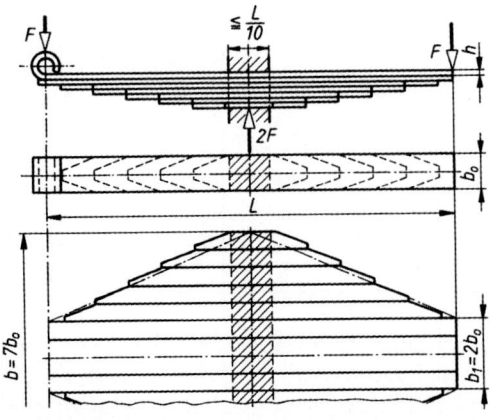

Bild 7. Mehrschicht-Blattfeder. Entwicklung aus der Trapezfeder

Die Kennlinie ist wegen der Reibung zwischen den Blättern nur angenähert eine Gerade. Die abgegebene Arbeit ist kleiner als die aufgenommene (Dämpfung!).
Eine genaue *Berechnung* ist wegen der kaum erfassbaren Reibung zwischen den Blättern nicht möglich. Unter Vernachlässigung der Reibung wird die *Breite der Mehrschichtfeder* $b_0 = b/z$, worin b die maximale Breite der Trapezfeder, z die Blattzahl bedeutet. Erfahrungsgemäß ist jedoch die tatsächliche Tragkraft je nach Blattzahl $\approx 2 ... 12\,\%$ höher als die rechnerische.

9.5.3 Drehfedern (Schenkelfedern)

Verwendung vorwiegend als Rückhol- oder Andrückfedern in der Feinmechanik (Bild 8). Die Kennlinie ist eine Gerade.
Das Moment soll so wirken, dass sich die Windungen zusammenziehen. Dabei verändern sich Windungszahl, Federdurchmesser und Schenkelstellung. Unter Berücksichtigung der Spannungserhöhung durch Drahtkrümmung und Schenkeldurchbiegung gelten bei eingespannten Federenden für die *Biegespannung* und den *Verdrehwinkel*

$$\sigma_b = \frac{k\,M_b}{W} \approx \frac{k\,F\,r}{0{,}1\,d^3} \leq \sigma_{b\,zul} \qquad (27)$$

$$\alpha° = \frac{180°}{\pi} \cdot \frac{M_b\, l}{E\, I} \approx 3700 \frac{F r\, D_m\, i_f}{E\, d^4} \quad (28)$$

σ_b	F	r, d, D_m	α	E	i_f, k
$\frac{N}{mm^2}$	N	mm	°	$\frac{N}{mm^2}$	1

9.5.4 Spiralfedern

Die meist aus rechteckigem Federstahl hergestellten Spiralfedern (Bild 10) werden hauptsächlich als Rückstellfedern bei Instrumenten, als Uhrwerkfedern und bei drehelastischen Kupplungen verwendet.

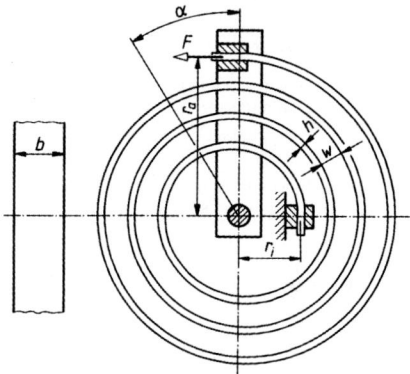

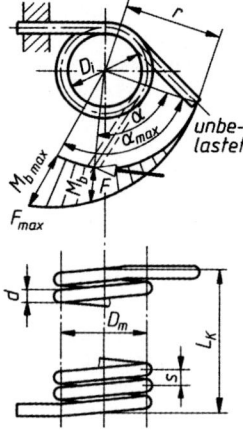

Bild 10. Spiralfeder

Bild 8. Drehfeder

Berechnung ähnlich wie bei Drehfedern. Für die *Biegespannung* und den *Verdrehwinkel* gelten

Die *gestreckte Länge der Windungen* ergibt sich aus

$$l \approx i_f \sqrt{(D_m\, \pi)^2 + s^2} \quad \begin{array}{c|c} l, s, D_m & i_f \\ \hline mm & 1 \end{array} \quad (29)$$

Die Länge des unbelasteten Federkörpers ist
$L_k \approx (i_f\, s) + d$

F Federkraft; r Hebelarm der Federkraft; d Drahtdurchmesser; D_m mittlerer Windungsdurchmesser; i_f Anzahl der federnden Windungen; s Windungssteigung; E Elastizitätsmodul des Federwerkstoffs nach Tabelle 1; zulässige Biegespannung $\sigma_{b\,zul}$ nach dem Diagramm in Bild 9; k Beiwert zur Berücksichtigung der Spannungserhöhung durch die Drahtkrümmung nach Bild 18.

$$\sigma_b = \frac{M_b}{W} = \frac{6 F r_a}{b\, h^2} \leq \sigma_{b\,zul} \quad (30)$$

$$\alpha° = \frac{180°}{\pi} \cdot \frac{M_b\, l}{E\, I} \approx 690 \frac{F r_a\, l}{E\, b\, h^3} \quad (31)$$

σ_b	F	r_a, b, h, l	E	α
$\frac{N}{mm^2}$	N	mm	$\frac{N}{mm^2}$	°

Bei überall gleichem Windungsabstand w, dem äußeren Radius r_a und inneren Radius r_i wird die *gestreckte Federlänge*

$$i \approx \frac{\pi (r_a^2 - r_i^2)}{h + w} \quad (32)$$

Die von der Feder aufzuspeichernde maximale *Federungsarbeit* ist

$$W = \frac{1}{6} V \frac{\sigma_b^2}{E} \quad (33)$$

W_f	V	σ_b, E
Nmm	mm³	$\frac{N}{mm^2}$

$V = b\, h\, l$ Federvolumen; zulässige Biegespannung $\sigma_{b\,zul} \approx 1100$ N/mm² bei $h \leq 1$ mm, ≈ 950 N/mm² bei $h \approx 1 \ldots 3$ mm, ≈ 800 N/mm² bei $h > 3$ mm.

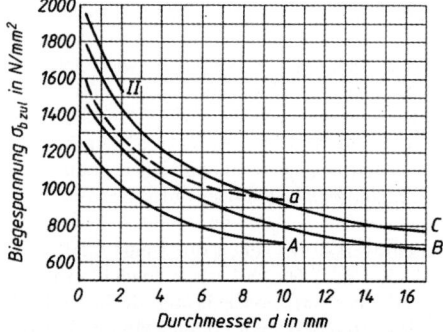

Bild 9. Zulässige Biegespannung für kaltgeformte Drehfedern (Schenkelfedern) aus Federstahldraht II, A, B und C nach DIN 2088 und ölschlussvergütetem Federstahl (Kurve a) nach DIN EN 10270.

9.5.5 Tellerfedern

Normen
DIN 2092 Tellerfedern, Berechnung
DIN 2093 Tellerfedern, Maße, Qualitätsforderungen

Formelzeichen und Einheiten

D_a, D_i	mm	Außen-, Innendurchmesser des Federtellers
D_0	mm	Durchmesser des Stülpmittelpunktkreises
E	N/mm²	Elastizitätsmodul (für Federstahl $E = 206\,000$ N/mm²)
F	N	Federkraft des Einzeltellers
L_0	mm	Länge von Federsäule oder Federpaket, unbelastet
L_C	mm	berechnete Länge von Federsäule oder Federpaket, platt gedrückt
N		Anzahl der Lastspiele bis zum Bruch
R	N/mm	Federrate
W	Nmm	Federungsarbeit
$h_0 = l_0 - t, h'_0$	mm	lichte Tellerhöhe des unbelasteten Einzeltellers (Rechengröße = Federweg bis zur Plananlage) bei Tellerfedern ohne Auflagefläche, mit Auflagefläche
$s (s_1, s_2, s_3...)$	mm	Federweg des Einzeltellers (bei F_1, F_2, F_3...)
$s_{0,75}$	mm	Federweg des Einzeltellers beim Federweg $s = 0,75\, h_0$
t, t'	mm	Tellerdicke, reduzierte Dicke bei Tellern mit Auflagefläche (Gruppe 3)
μ		Poisson-Zahl ($\mu = 0,3$ für Stahl)
$\sigma(\sigma_I, \sigma_{II}, \sigma_{III}, \sigma_{OM})$	N/mm²	rechnerische Normalspannung (für die Querschnitte nach Bild 11)
σ_h	N/mm²	Hubspannung bei Dauerschwingbeanspruchung der Feder
σ_o, σ_u	N/mm²	rechnerische Oberspannung, Unterspannung bei Schwingbeanspruchung
σ_O, σ_U	N/mm²	Ober-, Unterspannung der Dauerschwingfestigkeit
$\sigma_H = \sigma_O - \sigma_U$ N/mm²		Dauerhubfestigkeit

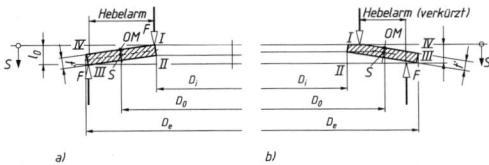

Bild 11. Maße der Einzeltellerfeder a) ohne Auflagefläche, b) mit Auflagefläche und Lage der Berechnungspunkte (I, II, II, IV, OM), I und II sind Punkte der Krafteinleitungskreise, S ist der sog. Stülpmittelpunkt, ein Punkt des Stülpmittelpunktkreises mit dem Durchmesser $D_0 = (D_e - D_i)/(\ln D_e/D_i)$.

9.5.5.1 Beschreibung, Bauarten, Reihen, Gruppen

Tellerfedern sind kegelschalenförmig geprägte, ungeschlitzte (meist verwendet) oder geschlitzte Ringscheiben aus Federstahl. Sie werden in Achsrichtung federnd durch die Federkraft F (Stülpkraft) belastet und dadurch biegebeansprucht. Sie werden dort eingesetzt, wo kleine bis sehr große Kräfte, elastisch bei geringem Raumbedarf, auf kleinen Federwegen Formänderungsarbeit aufzunehmen haben, z.B. zur Stoßdämpfung bei Puffern, in Presswerkzeugen und Vorrichtungen, zum Spielausgleich bei Kugellagern. Wegen des kleinen Federwegs des Einzeltellers werden sie meist zu Säulen geschichtet. Zur Berechnung, Gestaltung und Verwendung der Tellerfedern sind neben den Angaben der Hersteller die Vorschriften der DIN 2092 und DIN 2093 zu berücksichtigen. Man unterscheidet drei *Reihen* (A, B, C) und drei *Gruppen* (1, 2, 3):

Reihe A für kaltgeformte, harte (steife) Federn,
Reihe B für kaltgeformte, mittelharte und
Reihe C für warmgeformte, weiche Federn.

Für jede Reihe gibt es drei Fertigungsgruppen:

Gruppe 1 mit Tellerdicke $t < 1,25$ mm, kaltgeformt,
Gruppe 2 mit $t = 1,25$ mm bis 6 mm, kaltgeformt, D_e und D_i spanabhebend bearbeitet (Drehen),
Gruppe 3 mit $t > 6$ mm bis 14 mm, kalt- oder warmgeformt, allseits spanabhebend bearbeitet.

Tellerfedern der Gruppe 3 über 6 mm Dicke werden spanabhebend mit kleinen Auflageflächen an den Stellen I und III (Bild 11) gefertigt. Die dadurch beim Stülpvorgang entstehende Verkürzung des Hebelarms der Krafteinleitung wird durch Verringern der Tellerdicke auf $t' \approx 0,94 \cdot t$ ausgeglichen, sodass die Federkennlinie annähernd den Verlauf der Fertigungsgruppe 2 hat. Die Federkraft soll bei dem Federweg $s = 0,75\, h_0$ die gleiche wie bei der nicht reduzierten Feder sein.

Die Teller werden gestanzt, kalt- oder warmgeformt, gedreht oder feingeschnitten, die Kanten sind gerundet.

Die *Werkstoffe* für Tellerfedern müssen hohe Zugfestigkeit und Elastizitätsgrenze bei ausreichendem plastischen Formänderungsvermögen aufweisen (Kaltverformung).

Als Standardwerkstoffe gelten die Stähle C60, C75, Ck67, Ck75, Ck85, 50CrV4 für besondere Ansprüche, z.B. erhöhte Korrosionsbelastung X12CrNi17 7, hohe Betriebstemperaturen X22CrMoV12 1. Bei Nichteisenmetallen wie Kupferlegierungen ist für die Festigkeitsberechnungen zu beachten, dass der Elastizitätsmodul E erheblich kleiner ist als der von Stahl (50 – 60 %).

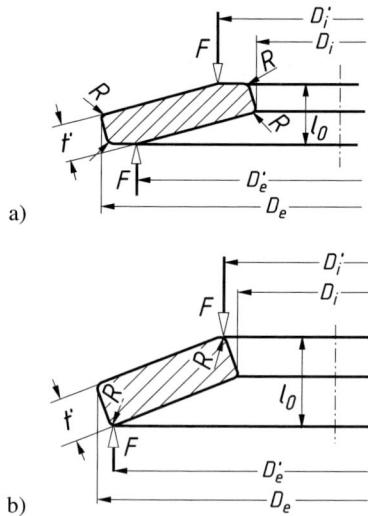

Bild 12. Querschnitt (schematisch) einer Tellerfeder a) ohne Auflagefläche, b) mit Auflagefläche

Tellerfedern aus üblichem Federstahl werden zur Erhöhung der Zähigkeit bei gleichzeitig optimaler Dauerschwingfestigkeit vergütet. Nach dieser Wärmebehandlung werden die Federteller mindestens einmal platt gedrückt (plastisch verformt).
Bei diesem *Vorsetzen* verringert sich die Bauhöhe und an der Oberseite entstehen Zugeigenspannungen, die bei Belastung der Feder den Lastspannungen entgegenwirken und damit Spannungsspitzen abbauen.
Für Tellerfedern mit schwingender Belastung hat sich die Oberflächenverfestigung durch *Kugelstrahlen* bewährt Dabei werden an ihrer Oberfläche Druckspannungen aufgebaut, die den Zugeigenspannungen beim Vorsetzen entgegenwirken und sie teilweise wieder abbauen, sodass sich kugelgestrahlte Federn etwas stärker setzen. Daher wird bei statischen Federbelastungen eine durch Kugelstrahlen hervorgerufene Oberflächenverfestigung nicht empfohlen.
Korrosionsschutz wird vom Hersteller in verschiedenen Arten angeboten, z.B. durch Phosphatieren, Brünieren oder metallische Überzüge. Angewandt werden galvanische Verfahren, mechanische Metallbeschichtung, Metallspritzen, galvanische Vernickelung, Dacromet, eine anorganische, metallisch silbergraue Beschichtung aus Zink- und Aluminiumlamellen in einer Chromatverbindung.
Die Bezeichnung einer Tellerfeder enthält neben der Angabe des DIN-Blattes den Buchstaben für die Reihe (A, B, C), den Außendurchmesser D_e und falls gewünscht, einen Buchstaben für das Herstellverfahren (G für gedreht oder F für feingeschnitten). Beispiel: Tellerfeder DIN 2093-A45G. Für das Verspannen von Kugellagern der üblichen Baureihen EL, R, 62 und 63 werden Tellerfedern mit der Bezeichnung

„K" (SCHNORR) für spielfreien Lauf und Geräuschminderung eingesetzt. Gleiches gilt für die Tellerfedern als Schraubensicherung.
Vorschriften zu Werkstoffen, Ausführungen, Wärme- und Oberflächenbehandlung sowie zulässigen Spannungen bei ruhender oder schwingender Beanspruchung enthält DIN 2093.

9.5.5.2 Kennlinien für Einzelfedern und Federkombinationen

Federkennlinien zeigen den Verlauf der Federkraft F in Abhängigkeit vom Federweg s.
Die Grundlagen zum Verständnis von Federkennlinien stehen in Kap. 9.2 Kenngrößen an Federn (Federkennlinie, Federrate, Steifigkeit, Nachgiebigkeit und Federungsarbeit). Diese Größen lassen sich bei der Einzeltellerfeder durch Wahl der Tellerhöhe h_0 und Tellerdicke t erheblich verändern, wie Bild 13 zeigt.

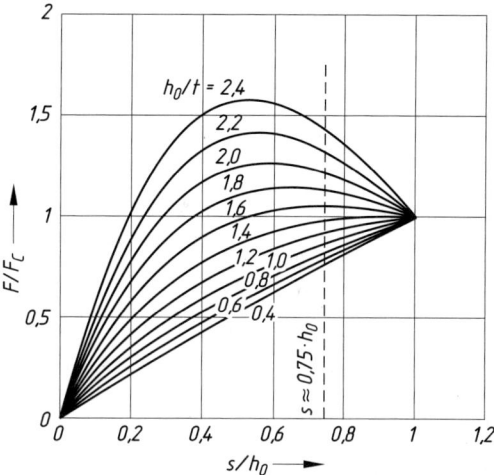

Bild 13. Federkennlinien von Einzeltellern mit verschiedenen Verhältnissen $h_0/t =$ lichte Tellerhöhe h_0/Tellerdicke t, gestrichelte Ordinate gilt für Werte nach DIN 2093 (siehe auch Tabelle 2).

Das Diagramm zeigt in den meisten Fällen von h_0/t Kennlinien, die nicht gerade, sondern weniger oder mehr degressiv gekrümmt sind. Die Federrate R, siehe Gleichung (57), wird mit zunehmender Federkraft (zunehmender Einfederung) kleiner. Nur bei sehr kleinen Verhältnissen $h_0/t < 0,6$ ergeben sich fast gerade ansteigende Kennlinien, in bestimmten Bereichen des Federwegs s auch annähernd waagerechte und abfallende Kennlinien. Daher können Einzeltellerfedern entwickelt werden, bei denen die Federkraft über einen längeren Federweg konstant bleibt.
Bei Federwegen $s > 0,75\ h_0 = s_{0,75}$ verschieben sich die Krafteinleitungspunkte an den Tellern so, dass

sich kleinere Hebelarme für die elastische Verformung beim Stülpvorgang einstellen. Entsprechend steigt die Federkraft stärker als berechnet an. Deshalb werden in DIN 2093 die kennzeichnenden Größen wie Federkraft $F_{0,75}$, Federweg $s_{0,75}$ und die entsprechenden Spannungen nur für den Federweg $s \approx 0,75$ h_0 angegeben (siehe Tabelle 2).

Häufig reichen Einzeltellerfedern für die vorgesehenen Beanspruchungen nicht aus. Dann schichtet man die Einzelteller zu *Federpaketen* mit mehreren ($n = 2$ bis 3) gleichsinnig geschichteten Einzeltellern oder als *Federsäule,* einer Kombination aus $i < 30$ wechselsinnig aneinander gereihten Einzeltellern oder $i < 20$ Federpaketen (z.B. $n = 2$, $i = 4$). Federsäulen werden durch oberflächengehärtete, geschliffene Führungsbolzen oder -hülsen gehalten. Belastet ändern sich Außen-und Innendurchmesser der Teller. Beim Einbau sind die Vergrößerung ΔD_e des Außen- und die Verkleinerung ΔD_i des Innendurchmessers zu berücksichtigen. Bei dynamischer Belastung sollen die Teller mit einem Federweg $s_V = (0,15 - 0,2) \cdot h_0$ vorgespannt werden, um beim Einfedern Zug-/Druck-Wechselspannungen und damit Anrisse im Bereich des Querschnitts I zu vermeiden.

In Bild 14 sind mögliche Kombinationen von Einzeltellerfedern dargestellt, dazu (schematisiert) das jeweilige Federkraft-Federweg-Diagramm (F, s-Diagramm).

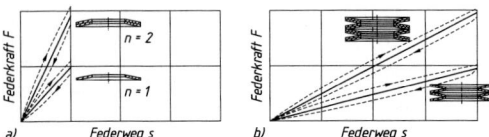

Bild 14. Kombinationen geschichteter Tellerfedern
a) Federpaket, b) Federsäule

Sind die Teller gleichsinnig geschichtet, spricht man auch hier von Parallelschaltung, bei gegensinnig geschichteten von Hintereinanderschaltung der Einzelteller. Es gelten dann die bereits in Kap. 9.2.4 hergeleiteten Gesetze für parallel und hintereinander geschaltete Federn.

Die zwei Tellerfedern in Bild 14a sind parallel geschaltet, bei gleichem Federweg addieren sich die Federkräfte. Bei hintereinander geschalteten Einzelfedern dagegen addieren sich bei gleicher Federkraft die Federwege. Über die resultierende Federrate c_0 und Federnachgiebigkeit δ_0 siehe Kap. 9.2.4.

Wegen der Reibung zwischen den Tellern bei gleichsinnig geschalteten Einzelfedern wird ein Teil der Federungsarbeit in Wärme umgesetzt (3 % – 6 %). Das Federpaket hat damit auch größere Dämpfung. Bei Berechnungen kann dann die Reibung nicht mehr vernachlässigt werden (siehe DIN 2092, Abschnitt 7.4).

Durch Kombinieren von Schichtung, Tellerdicke t oder/und Telleranzahl n erhält man einen degressi-

ven, waagerechten oder progressiven Kennlinienverlauf, z.B. ergeben sich stark oder schwach und längs des Federwegs unterschiedlich ansteigende Federkennlinien durch Schichtung unterschiedlich dicker Teller oder durch Pakete aus gleich dicken Tellern verschiedener Anzahl.

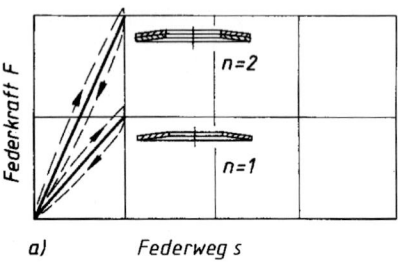

a)

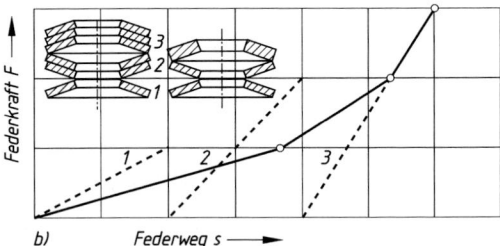

b)

Bild 15. Progressiver Kennlinienverlauf durch Schichtung f (SCHNORR)

Als Beispiel zeigt Bild 15a schematisch den Kennlinienverlauf bei Hintereinanderschaltung einer Einfach-, Zweifach- und Dreifachschichtung. Dabei werden bei Belastung die Teller nacheinander platt gedrückt. Die resultierende Federkennlinie (Ersatzkennlinie) ergibt sich aus der Addition der Einzelkennlinien (siehe auch 9.2.4). Zum gleichen Ergebnis führt die Anordnung als Säule nach Bild 15b mit Tellern unterschiedlicher Dicke. Eine Überbeanspruchung der dünneren Federn kann konstruktiv durch Distanzhülsen oder Ringe zur Hubbegrenzung vermieden werden.

9.5.5.3 Berechnungen

a) Federkraft F, Federweg s und Länge L bei Federpaketen und Federsäulen

Die Berechnung für den federnd belasteten Einzelteller ist in DIN 2092 vorgeschrieben. DIN 2093 enthält dazu unter anderem drei Tabellen mit Abmessungen, Federkräften, Federwegen und den entsprechenden Spannungen für die Reihen A, B, C und die Gruppen 1, 2, 3. Die wichtigsten Größen daraus sind hier in Tabelle 2 zusammengefasst. Für die Kombinationen von Einzeltellern zu Federpaketen und Federsäulen gelten bei angenommen reibungsfreiem Verhalten die folgenden Gleichungen: *Federpaket* mit n Anzahl der gleichsinnig geschichteten Einzelteller:

Gesamtfederkraft $\quad F_{ges} = n \cdot F$ (34)
Gesamtfederweg $\quad s_{ges} = s$ (35)
Pakethöhe (unbelastet) $\quad L_0 = l_0 + (n-1) \cdot t$ (36)
Pakethöhe (belastet) $\quad L = L_0 - s_{ges}$ (37)

Federsäule mit Anzahl i der wechselsinnig aneinander gereihten Pakete und je n Einzelteller:

Gesamtfederkraft $\quad L_{ges} = n \cdot F$ (38)
Gesamtfederweg $\quad s_{ges} = i \cdot s$ (39)
Säulenlänge $\quad L_0 = i \cdot [l_0 + (n-1) \cdot t]$ (40)
(unbelastet) $\quad = i \cdot (h_0 + n \cdot t)$ (41)
Säulenlänge $\quad L = L_0 - s_{ges}$ (42)
(belastet) $\quad = i \cdot (h_0 + n \cdot t - s)$ (43)
F, s, l_0, t, h_0 siehe Tabelle 2.

b) Berechnungsgleichungen für die Einzeltellerfeder

Die hier verwendeten Berechnungsgleichungen aus DIN 2092 werden für Größen gebraucht, die nicht in Tabelle 2 oder in DIN 2093 enthalten sind (Zwischengrößen), zur Bestimmung der Dauerschwinghaltbarkeit oder bei der Berechnung nicht genormter Tellerfedern. Die diesbezüglichen Veröffentlichungen werden in DIN 2092 genannt, angeführt von den 1936 erschienenen Arbeiten der beiden Amerikaner J.O. Almen und A. László.

Kennwerte K:

$$\delta = \frac{D_e}{D_i} \quad \text{Durchmesserverhältnis}$$

$$K_1 = \frac{1}{\pi} \cdot \frac{\left(\frac{\delta-1}{\delta}\right)^2}{\frac{\delta+1}{\delta-1} - \frac{2}{\ln \delta}} \quad (44)$$

$$K_2 = \frac{6}{\pi} \cdot \frac{\frac{\delta-1}{\ln \delta} - 1}{\ln \delta} \quad (45)$$

$$K_3 = \frac{3}{\pi} \cdot \frac{\delta-1}{\ln \delta} \quad (46)$$

$$K_4 = \sqrt{-\frac{C_1}{2} + \sqrt{\left(\frac{C_1}{2}\right)^2 + C_2}} \quad (47)$$

$K_4 = 1$ bei Federteller ohne Auflagefläche

$$C_1 = \frac{\left(\frac{t'}{t}\right)^2}{\left(\frac{1}{4} \cdot \frac{l_0}{t} - \frac{t'}{t} + \frac{3}{4}\right)\left(\frac{5}{8} \cdot \frac{l_0}{t} - \frac{t'}{t} + \frac{3}{8}\right)} \quad (48)$$

$$C_2 = \frac{C_1}{\left(\frac{t'}{t}\right)^3} \left[\frac{5}{32}\cdot\left(\frac{l_0}{t}-1\right)^2 + 1\right] \quad (49)$$

Federkraft F bei beliebigem Federweg s des Einzeltellers ($s_1, s_2, s_3 \ldots$):

$$F = \frac{4E}{1-\mu^2} \cdot \frac{t^4}{K_1 D_e^2} \cdot K_4^2 \frac{s}{t} \left[K_4^2 \left(\frac{h_0}{t} - \frac{s}{t}\right)\left(\frac{h_0}{t} - \frac{s}{2t}\right) + 1\right]$$
(50)

Beachte: Für Tellerfedern der Gruppe 3 mit Auflagefläche und reduzierter Dicke t' ist in allen Gleichungen t durch t' und h_0 durch $h'_0 = l_0 - t'$ zu ersetzen.

Federkraft F_C bei platt gedrückter Tellerfeder ($s = h_0$):

$$F_C = F h_0 = \frac{4E}{1-\mu^2} \cdot \frac{t^3 h_0}{K_1 D_e^2} \cdot K_4^2 \quad (51)$$

Für Federstahl kann mit dem Faktor $\frac{4E}{1-\mu^2} =$ 905 495 N/mm² gerechnet werden (Elastizitätsmodul $E = 206\,000$ N/mm² und Poisson-Zahl $\mu = 0{,}3$).

Rechnerische Spannungen (negative Beträge sind Druckspannungen):

$$\sigma_{0M} = -\frac{4E}{1-\mu^2} \cdot \frac{t^2}{K_1 D_e^2} \cdot K_4 \cdot \frac{s}{t} \cdot \frac{3}{\pi} \leq \sigma_{zul} \quad (52)$$

$$\sigma_I = -\frac{4E}{1-\mu^2} \cdot \frac{t^2}{K_1 D_e^2} \cdot K_4 \cdot \frac{s}{t} \cdot$$
$$\cdot \left[K_4 \cdot K_2 \left(\frac{h_0}{t} - \frac{s}{2t}\right) + K_3\right] \leq \sigma_{zul} \quad (53)$$

$$\sigma_{II} = -\frac{4E}{1-\mu^2} \cdot \frac{t^2}{K_1 D_e^2} \cdot K_4 \cdot \frac{s}{t} \cdot$$
$$\cdot \left[K_4 \cdot K_2 \left(\frac{h_0}{t} - \frac{s}{2t}\right) - K_3\right] \leq \sigma_{zul} \quad (54)$$

$$\sigma_{III} = -\frac{4E}{1-\mu^2} \cdot \frac{t^2}{K_1 D_e^2} \cdot K_4 \cdot \frac{1}{\delta} \cdot \frac{s}{t} \cdot$$
$$\cdot \left[K_4 \cdot (K_2 - 2K_3) \cdot \left(\frac{h_0}{t} - \frac{s}{2t}\right) - K_3\right] \leq \sigma_{zul} \quad (55)$$

$$\sigma_{IV} = -\frac{4E}{1-\mu^2} \cdot \frac{t^2}{K_1 D_e^2} \cdot K_4 \cdot \frac{1}{\delta} \cdot \frac{s}{t} \cdot$$
$$\cdot \left[K_4 \cdot (K_2 - 2K_3) \cdot \left(\frac{h_0}{t} - \frac{s}{2t}\right) + K_3\right] \leq \sigma_{zul} \quad (56)$$

Federrate R:

$$R = \frac{4E}{1-\mu^2} \cdot \frac{t^3}{K_1 D_e^2} \cdot K_4^2 \cdot$$

$$\cdot \left[K_4^2 \cdot \left\{ \left(\frac{h_0}{t}\right)^2 - 3 \cdot \frac{h_0}{t} \cdot \frac{s}{t} + \frac{3}{2}\left(\frac{s}{t}\right)^2 \right\} + 1 \right] \quad (57)$$

Federungsarbeit W:

$$W = \frac{2E}{1-\mu^2} \cdot \frac{t^5}{K_1 D_e^2} \cdot K_4^2 \left(\frac{s}{t}\right)^2 \left[K_4^2 \cdot \left(\frac{h_0}{t} - \frac{s}{2t}\right)^2 + 1 \right]$$

$$(58)$$

c) Festigkeitsnachweis bei statischer Belastung
Für diese und die so genannte quasistatische Belastung bei $N < 10^4$ Lastspielen wählt man die Tellerfeder aus Tabelle 2 so aus, dass die vorhandene größte Federkraft F kleiner ist als die in der Tabelle angegebene zulässige Federkraft $F_{0,75}$ bei dem Federweg $s_{0,75} = 0,75 \cdot h_0$. Die im Querschnitt I auftretende Druckspannung σ_I soll 2400 N/mm² bei dem Federweg $s = 0,75 \cdot h_0 = s_{0,75}$ nicht überschreiten.

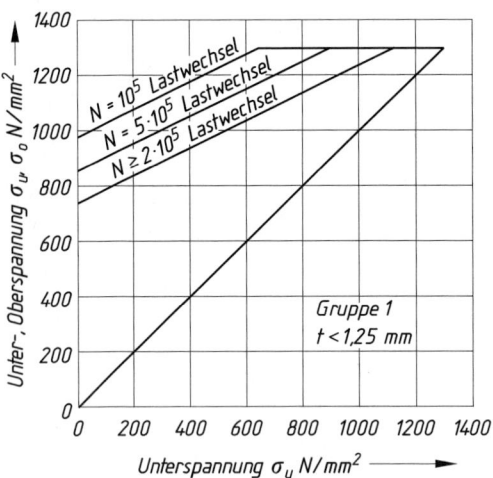

Bild 16. Dauer- und Zeitfestigkeitsdiagramm der Tellerfedergruppe 1 mit $t < 1,25$ mm

d) Nachweis bei schwingender Belastung (Dauerfestigkeit)
Grundlage für den Nachweis der Dauer- oder Zeitfestigkeit (siehe Berechnungsbeispiel) sind die in den Bildern 16 bis 18 dargestellten Dauerfestigkeitsdiagramme (*Goodman*-Diagramme). Zur Auswertung werden die vorhandenen rechnerischen oberen und unteren Zugspannungen σ_{IIo} σ_{IIu} σ_{IIIo} σ_{IIIu} in den Querschnitten II und III mit den Gleichungen (54) und (55) ermittelt. Diese Werte müssen kleiner sein als die Spannungshubgrenzen in den Dauerfestig-

keitsdiagrammen der Bilder 16 bis 18 (siehe Beispiel).

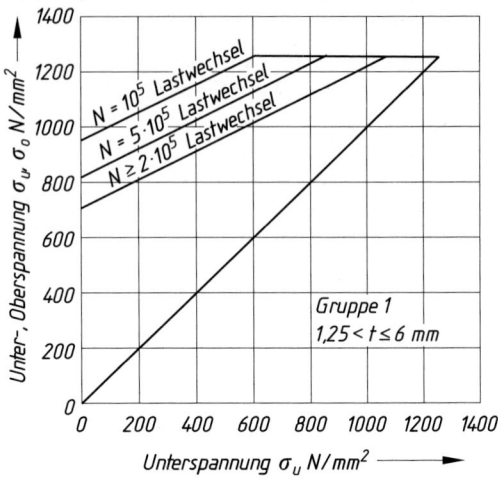

Bild 17. Dauer- und Zeitfestigkeitsdiagramm der Tellerfedergruppe 2 mit 1,25 mm $\leq t \leq$ 6 mm

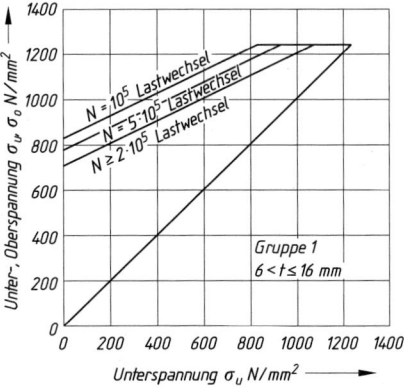

Bild 18. Dauer und Zeitfestigkeitsdiagramm der Tellerfedergruppe 3 mit 6 mm $< t <$ 14 mm

9.5.5.4 Berechnungsbeispiel (Nachrechnung) einer Tellerfeder

Für eine dynamische Belastung mit oberer Federkraft $F_0 = 7000$ N und unterer Federkraft $F_u = 4000$ N wurde gewählt: Tellerfeder DIN 2093 – A 50 mit den Werten aus Tabelle 2:

Außendurchmesser	$D_e = 50$ mm
Tellerdicke	$t = 3$ mm
Federkraft	$F_{0,75} = 12000$ N
Federweg	$s_{0,75} = 0,83$ mm
Innendurchmesser	$D_i = 25,4$ mm
lichte Tellerhöhe	$h_0 = 1,1$ mm
rechn. Druckspg.	$\sigma_{0M} = -1250$ /mm²
größte rechn. Zugspg.	$\sigma_{II} = 1430$ N/mm²
Länge	$l_0 = 4,1$ mm

9 Federn

Gesucht:
a) maximaler Federweg s_0,
b) obere und untere rechnerische Spannung in den gefährdeten Querschnitten nach Bild 11,
c) Schwing-Festigkeitsnachweis für $N = 10^5$ Lastspiele.

Lösung:
a) Mit dem Durchmesserverhältnis

$$\delta = \frac{D_e}{D_i} = \frac{50 \text{ mm}}{25,4 \text{ mm}} = 1,9685$$

werden zuerst die Kennwerte K_1, K_2, K_3, K_4 mit den Gleichungen (44) bis (47) berechnet:
$K_1 = 0,688$; $K_2 = 1,213$; $K_3 = 1,366$; $K_4 = 1$ (Teller ohne Auflagefläche).
Für die bis zur Plananlage durchgedrückte Tellerfeder ist der Federweg s_C gleich der lichten Höhe h_0 am unbelasteten Einzelteller: $s_C = h_0 = 1,1$ mm.
Damit kann die Federkraft F_C für die platt gedrückte Tellerfeder nach (51) berechnet werden: $F_C = 15\,640$ N.

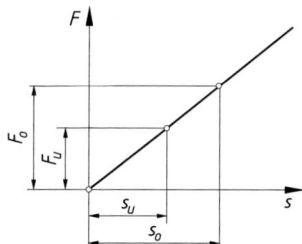

Linearer Kennlinienverlauf

Mit den beiden Größen F_C und s_C lässt sich bei Annahme eines linearen Kennlinienverlaufs das Federdiagramm zeichnen. Das Diagramm zeigt die Proportion $F_C/F_0 = s_C/s_0$. Damit und mit der gegebenen oberen und unteren Federkraft $F_0 = 7000$ N und $F_u = 4000$ N lassen sich die zugehörigen Federwege berechnen:

$$s_0 = s_C \cdot \frac{F_o}{F_C} = 1,1 \text{ mm} \cdot \frac{7000 \text{ N}}{15\,640 \text{ N}} = 0,492 \text{ mm};$$

$$s_u = s_C \cdot \frac{F_u}{F_C} = 1,1 \text{ mm} \cdot \frac{4000 \text{ N}}{15\,640 \text{ N}} = 0,281 \text{ mm}$$

Zu annähernd gleichen Federwegbeträgen muss die Rechnung führen, wenn anstelle der berechneten Federkraft F_C und dem Federweg s_C die Federkraft $F_{0,75}$ bei $s_{0,75}$ nach Tabelle 2 eingesetzt wird:

$$s_0 = s_{0,75} \cdot \frac{F_o}{F_{0,75}} = 0,83 \text{ mm} \cdot \frac{7000 \text{ N}}{12\,000 \text{ N}} = 0,484 \text{ mm};$$

$$s_u = s_{0,75} \cdot \frac{F_u}{F_{0,75}} = 0,83 \text{ mm} \cdot \frac{4000 \text{ N}}{12\,000 \text{ N}} = 0,25 \text{ mm}$$

Die Rechnung ergibt den maximalen Federweg $s_0 = 0,492$ mm $< s_{0,75} = 0,75 \cdot h_0 = 0,75 \cdot 1,1$ mm $= 0,825$ mm.

b) Mit den berechneten Federwegen s_0, s_u lassen sich die Spannungen in den gefährdeten Querschnitten ermitteln.
Die Prüfung im Querschnitt I ist nicht erforderlich, weil $s_0 = 0,492$ mm $< s_{0,75} = 0,75 \cdot h_0 = 0,75 \cdot 1,1$ mm $= 0,825$ mm ist.
Die Rechnung für die Querschnitte II und III ergibt mit den Gleichungen (54) und (55) die Zugspannungen:

$\sigma_{IIo} = 794 \text{ N/mm}^2$;
$\sigma_{IIu} = 435 \text{ N/mm}^2$
$\sigma_{IIIo} = 710 \text{ N/mm}^2$;
$\sigma_{IIIu} = 418 \text{ N/mm}^2$

c) Die im Schwingspiel auftretende Hubspannung σ_{hII} im Querschnitt II beträgt
$\sigma_{hII} = \sigma_{IIo} - \sigma_{IIu} = (794 - 435)$ N/mm$^2 = 359$ N/mm^2. Aus dem Dauerfestigkeitsdiagramm für Tellerfedern der Gruppe 2 kann mit der vorhandenen Unterspannung $\sigma_{IIu} = 435$ N/mm^2 die zulässige Oberspannung $\sigma_{o\,zul} = 1160$ N/mm^2 abgelesen werden. Die Hubfestigkeit ist dann $\sigma_H = \sigma_{o\,zul} - \sigma_{IIu} = (1160 - 435)$ N/mm$^2 = 725$ N/mm^2.
Die vorhandene Hubspannung ist mit $\sigma_{hII} = 359$ N/mm^2 wesentlich kleiner als die Hubfestigkeit $\sigma_H = 725$ N/mm^2 der Tellerfeder; der Dauerfestigkeitsnachweis ist erbracht.

Tabelle 2. Original-SCHNORR [1)] Tellerfedern (nach DIN 2093), erweitert

D_e Außendurchmesser
D_i Innendurchmesser
t Tellerdicke des Einzeltellers
l_0 Bauhöhe des unbelasteten Federtellers
$h_0 = l_0 - t$ Federweg bis zur Plananlage der Tellerfeder ohne Auflagefläche
    = lichte Höhe am unbelasteten Einzelteller
$F_{0,75}$ Federkraft am Einzelteller bei Federweg $s_{0,75} = 0,75 \cdot h_o$

$s_{0,75}$ Federweg am Einzelteller bei $s = 0,75 \cdot h_o$
σ_{OM}[2)], σ_{II}[3)], σ_{III} Rechnerische Spannung an der Stelle OM, II, III (Bild 11)

[1)] t' ist die verringerte Tellerdicke der Gruppe 3 (Grenzabmaße nach DIN 2093, Abschnitt 6.2).
[2)] rechnerische Druckspannung am oberen Mantelpunkt OM (Bild 11).
[3)] größte rechnerische Zugspannung an der Tellerunterseite,
[*)] Werte gelten für die Stelle II, sonst für Stelle III (Bild 11).

Reihe	D_e	D_i	$t\,(t')$[1)]	l_0	h_0	h_0/t	bei $s = 0,75 \cdot h_0$					bei $s \approx 1,0 \cdot h_0$
							$F_{0,75}$	$s_{0,75}$	σ_{OM}	σ_{II}[*)], σ_{III}[*)]		σ_{OM}
	mm	mm	mm	mm	mm		N	mm	N/mm²	N/mm²		N/mm²
C	8	4,2	0,2	0,45	0,25	1,25	39	0,19	−762	1040		−1000
B	8	4,2	0,3	0,55	0,25	0,83	119	0,19	−1140	1330		−1510
A	8	4,2	0,4	0,6	0,2	0,50	210	0,15	−1200	1220		−1610
C	10	5,2	0,25	0,55	0,3	1,20	58	0,23	−734	980		−957
B	10	5,2	0,4	0,7	0,3	0,75	213	0,23	−1170	1300		−1530
A	10	5,2	0,5	0,75	0,25	0,50	329	0,19	−1210	1240		−1600

Reihe	D_e mm	D_i mm	$t\,(t')^{1)}$ mm	l_0 mm	h_0 mm	h_0/t	bei $s=0{,}75\cdot h_0$ $F_{0{,}75}$ N	$s_{0{,}75}$ mm	σ_{OM} N/mm²	$\sigma_{II}^{*)},\sigma_{III}^{*)}$ N/mm²	bei $s\approx 1{,}0\cdot h_0$ σ_{OM} N/mm²
C	12,5	6,2	0,35	0,8	0,45	1,29	152	0,34	−944	1280	−1250
B	12,5	6,2	0,5	0,85	0,35	0,70	291	0,26	−1000	1110	−1390
A	12,5	6,2	0,7	1	0,3	0,43	673	0,23	−1280	1420	−1670
C	14	7,2	0,35	0,8	0,45	1,29	123	0,34	−769	1060	−1020
B	14	7,2	0,5	0,9	0,4	0,80	279	0,3	−970	1100	−1290
A	14	7,2	0,8	1,1	0,3	0,38	813	0,23	−1190	1340	−1550
C	16	8,2	0,4	0,9	0,5	1,25	155	0,38	−751	1020	−988
B	16	8,2	0,6	1,05	0,45	0,75	412	0,34	−1010	1120	−1330
A	16	8,2	0,9	1,25	0,35	0,39	1000	0,26	−1160	1290	−1560
C	18	9,2	0,45	1,05	0,6	1,33	214	0,45	−789	1110	−1050
B	18	9,2	0,7	1,2	0,5	0,71	572	0,38	−1040	1130	−1360
A	18	9,2	1	1,4	0,4	0,40	1250	0,3	−1170	1300	−1560
C	20	10,2	0,5	1,15	0,65	1,30	254	0,49	−772	1070	−1020
B	20	10,2	0,8	1,35	0,55	0,69	745	0,41	−1030	1110	−1390
A	20	10,2	1,1	1,55	0,45	0,41	1530	0,34	−1180	1300	−1560
C	22,5	11,2	0,6	1,4	0,8	1,33	425	0,6	−883	1230	−1180
B	22,5	11,2	0,8	1,45	0,65	0,81	710	0,49	−962	1080	−1280
A	22,5	11,2	1,25	1,75	0,5	0,40	1950	0,38	−1170	1320	−1530
C	25	12,2	0,7	1,6	0,9	1,29	601	0,68	−936	1270	−1240
B	25	12,2	0,9	1,6	0,7	0,78	868	0,53	−938	1030	−1240
A	25	12,2	1,5	2,05	0,55	0,37	2910	0,41	−1210	1410	−1620
C	28	14,2	0,8	1,8	1	1,25	801	0,75	−961	1300	−1280
B	28	14,2	1	1,8	0,8	0,80	1110	0,6	−961	1090	−1280
A	28	14,2	1,5	2,15	0,65	0,43	2850	0,49	−1180	1280	−1560
C	31,5	16,3	0,8	1,85	1,05	1,31	687	0,79	−810	1130	−1080
B	31,5	16,3	1,25	2,15	0,9	0,72	1920	0,68	−1090	1190	−1440
A	31,5	16,3	1,75	2,45	0,7	0,40	3900	0,53	−1190	1310	−1570
C	35,5	18,3	0,9	2,05	1,15	1,28	831	0,86	−779	1080	−1040
B	35,5	18,3	1,25	2,25	1	0,80	1700	0,75	−944	1070	−1260
A	35,5	18,3	2	2,8	0,8	0,40	5190	0,6	−1210	1330	−1610
C	40	20,4	1	2,3	1,3	1,30	1020	0,98	−772	1070	−1020
B	40	20,4	1,5	2,65	1,15	0,77	2620	0,86	−1020	1130	−1360
A	40	20,4	2,25	3,15	0,9	0,40	6540	0,68	−1210	1340	−1600
C	45	22,4	1,25	2,85	1,6	1,28	1890	1,2	−920	1250	−1230
B	45	22,4	1,75	3,05	1,3	0,74	3660	0,98	−1050	1150	−1400
A	45	22,4	2,5	3,5	1	0,40	7720	0,75	−1150	1300	−1530
C	50	25,4	1,25	2,85	1,6	1,28	1550	1,2	−754	1040	−1010
B	50	25,4	2	3,4	1,4	0,70	4760	1,05	−1060	1140	−1410
A	50	25,4	3	4,1	1,1	0,37	12000	0,83	−1250	1430	−1660
C	56	28,5	1,5	3,45	1,95	1,30	2620	1,46	−879	1220	−1170
B	56	28,5	2	3,6	1,6	0,80	4440	1,2	−963	1090	−1280
A	56	28,5	3	4,3	1,3	0,43	11400	0,98	−1180	1280	−1570
C	63	31	1,8	4,15	2,35	1,31	4240	1,76	−985	1350	−1320
B	63	31	2,5	4,25	1,75	0,70	7180	1,31	−1020	1090	−1360
A	63	31	3,5	4,9	1,4	0,40	15000	1,05	−1140	1300	−1520
C	71	36	2	4,6	2,6	1,30	5140	1,95	−971	1340	−1300
B	71	36	2,5	4,5	2	0,80	6730	1,5	−934	1060	−1250
A	71	36	4	5,6	1,6	0,40	20500	1,2	−1200	1330	−1590
C	80	41	2,25	5,2	2,95	1,31	6610	2,21	−982	1370	−1310
B	80	41	3	5,3	2,3	0,77	10500	1,73	−1030	1140	−1360
A	80	41	5	6,7	1,7	0,34	33700	1,28	−1260	1460	−1680
C	90	46	2,5	5,7	3,2	1,28	7680	2,4	−935	1290	−1250

Reihe	D_e mm	D_i mm	$t\,(t')^{1)}$ mm	l_0 mm	h_0 mm	h_0/t	bei $s = 0{,}75 \cdot h_0$		σ_{OM} N/mm²	$\sigma_{II}^{*)}, \sigma_{III}^{*)}$ N/mm²	bei $s \approx 1{,}0 \cdot h_0$ σ_{OM} N/mm²
							$F_{0{,}75}$ N	$s_{0{,}75}$ mm			
B	90	46	3,5	6	2,5	0,71	14200	1,88	−1030	1120	−1360
A	90	46	5	7	2	0,40	31400	1,5	−1170	1300	−1560
C	100	51	2,7	6,2	3,5	1,30	8610	2,63	−895	1240	−1190
B	100	51	3,5	6,3	2,8	0,80	13100	2,1	−926	1050	−1240
A	100	51	6	8,2	2,2	0,37	48000	1,65	−1250	1420	−1660
C	112	57	3	6,9	3,9	1,30	10500	2,93	−882	1220	−1170
B	112	57	4	7,2	3,2	0,80	17800	2,4	−963	1090	−1280
A	112	57	6	8,5	2,5	0,42	43800	1,88	−1130	1240	−1510
C	125	64	3,5	8	4,5	1,29	15400	3,38	−956	1320	−1270
B	125	64	5	8,5	3,5	0,70	30000	2,63	−1060	1150	−1420
A	125	64	8	10,6	2,6	0,41	85900	1,95	−1280	1330	−1710
C	140	72	3,8	8,7	4,9	1,29	17200	3,68	−904	1250	−1200
B	140	72	5	9	4	0,80	27900	3	−970	1110	−1290
A	140	72	8	11,2	3,2	0,49	85300	2,4	−1260	1280	−1680
C	160	82	4,3	9,9	5,6	1,30	21800	4,2	−892	1240	−1190
B	160	82	6	10,5	4,5	0,75	41100	3,38	−1000	1110	−1330
A	160	82	10	13,5	3,5	0,44	139000	2,63	−1320	1340	−1750
C	180	92	4,8	11	6,2	1,29	26400	4,65	−869	1200	−1160
B	180	92	6	11,1	5,1	0,85	37500	3,83	−895	1040	−1190
A	180	92	10	14	4	0,49	125000	3	−1180	1200	−1580
C	200	102	5,5	12,5	7	1,27	36100	5,25	−910	1250	−1210
B	200	102	8	13,6	5,6	0,81	76400	4,2	−1060	1250	−1410
A	200	102	12	16,2	4,2	0,44	183000	3,15	−1210	1230	−1610
C	225	112	6,5	13,6	7,1	1,19	44600	5,33	−840	1140	−1120
B	225	112	8	14,5	6,5	0,93	70800	4,88	−951	1180	−1270
A	225	112	12	17	5	0,51	171000	3,75	−1120	1140	−1490
C	250	127	7	14,8	7,8	1,21	50500	5,85	−814	1120	−1090
B	250	127	10	17	7	0,81	119000	5,25	−1050	1240	−1410
A	250	127	14	19,6	5,6	0,50	249000	4,2	−1200	1220	−1600

[1] Adolf Schnorr GmbH + Co. KG, 71050 Sindelfingen

9.6 Drehbeanspruchte Metallfedern

9.6.1 Drehstabfedern

Drehstabfedern sind gerade, auf Torsion (Verdrehung) beanspruchte Stäbe mit meist rundem, seltener quadratischem Querschnitt oder auch Bündel von Federbändern. Verwendung bei Kraftfahrzeugen zur Achsfederung (Bild 19), für Drehmoment-Schraubenschlüssel und zur Drehkraftmessung.

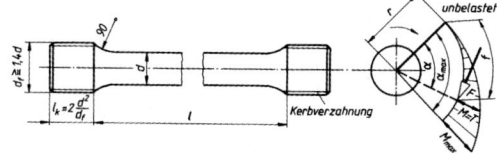

Bild 19. Drehstabfedern mit allgemeinem Maßen

Berechnung: Genormt nach DIN 2091. Für die durch ein Torsionsmoment M_T beanspruchte Stabfeder mit Durchmesser d nach Bild 19 gilt für die *Torsionsspannung*

$$\tau_t = \frac{M_T}{W_p} = \frac{M_T}{0{,}2\,d^3} \leq \tau_{t\,zul} \qquad (59)$$

τ_t	M_T	d
$\dfrac{N}{mm^2}$	Nmm	mm

im Abstand l ergibt sich ein *Verdrehwinkel*

$$\alpha = \frac{180°}{\pi} \cdot \frac{M_T\,l}{I_p\,G} \qquad (60)$$

α	M_T	l, d	G
°	Nmm	mm	$\dfrac{N}{mm^2}$

Zulässige Torsionsspannung $\tau_{t\,zul}$ und Schubmodul G siehe Tabelle 1. Mit $M_T = F\,r$ ergibt sich ein *Feder-*

weg gleich der von F beschriebenen Bogenlänge $f = r\, \alpha$. Darin ist $\alpha = M_T l / (I_p G)$. Für die *Federsteifigkeit* c gilt bei Drehstabfedern $c = M_T / \alpha$.

9.6.2 Schraubenfedern

9.6.2.1 Allgemeines. Schraubenfedern als Zug- und Druckfedern sind die am meisten verwendeten Federn. Sie sind als schraubenförmig gewundene Drehstabfedern aufzufassen, meist aus Rund-, seltener aus Quadrat- oder Rechteckstäben hergestellt. Verwendete Federstähle siehe Tabelle 1. Drahtdurchmesser für kaltgeformte Federn: $d = 0{,}5\ 0{,}56\ 0{,}63\ 0{,}7\ 0{,}8\ 0{,}9\ 1{,}0\ 1{,}25\ 1{,}4\ 1{,}6\ 1{,}8\ 2{,}0\ 2{,}25\ 2{,}5\ 2{,}8\ 3{,}2\ 3{,}6\ 4{,}0\ 4{,}5\ 5{,}0\ 5{,}6\ 6{,}3\ 7{,}0\ 8{,}0\ 9{,}0\ 10\ 11\ 12{,}5\ 14\ 16$ mm; für warmgeformte Federn: $d = 16\ 18\ 20\ 22{,}5\ 25\ 28\ 32\ 36\ 40\ 45\ 50$ mm
Anwendung sehr vielseitig, z.B. als Ventilfedern, Spannfedern, Achsfedern bei Fahrzeugen, Polsterfedern usw.

9.6.2.2 Ausführung der Schraubenfedern mit Kreisquerschnitt

Zugfedern, Richtlinien für die Ausführung nach DIN 2097. Zugfedern werden allgemein rechtsgewickelt und bis $d = 17$ mm kaltgeformt mit aneinander liegenden Windungen (Vorspannung).
Federn mit $d > 17$ mm werden warmgeformt, wobei die Windungen einen vom Wickelverhältnis $w = D_m/d$ abhängigen Abstand haben. Ösenformen nach DIN 2097; die gebräuchlichste „ganze deutsche Öse" zeigt Bild 20.

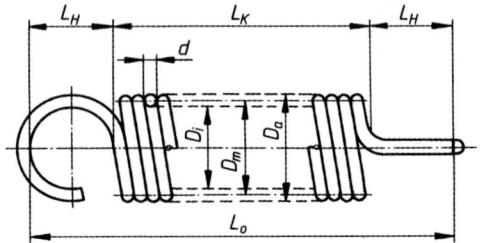

Bild 20. Ausführung einer Schrauben-Zugfeder

Druckfedern. Ausführungsrichtlinien für kaltgeformte Federn ($d \leq 17$ mm) nach DIN 2095, für warmgeformte nach DIN 2096. Druckfedern werden normal rechtsgewickelt. Die Drahtenden werden bei $d > 0{,}5$ mm plan geschliffen (Bild 21).

Tabelle 3. Ermittlung der Summe der Mindestabstände nach DIN 2095 bei kaltgeformten Druckfedern

Drahtdurchmesser d in mm	Berechnungsformel für S_a in mm	x-Werte in 1/mm bei Wickelverhältnis w			
		4...6	>6...8	>8...12	>12
0,07 ... 0,5	$S_a = 0{,}5 \cdot d + x \cdot d^2 \cdot i_f$	0,50	0,75	1,00	1,50
über 0,5 ... 1,0	$0{,}4 \cdot d + x \cdot d^2 \cdot i_f$	0,20	0,40	0,60	1,00
über 1,0 ... 1,6	$0{,}3 \cdot d + x\text{-} d^2 \cdot i_f$	0,05	0,15	0,25	0,40
über 1,6 ... 2,5	$0{,}2 \cdot d + x\text{-} d^2 \cdot i_f$	0,035	0,10	0,20	0,30
über 2,5 ... 4,0	$1 + x \cdot d^2 \cdot i_f$	0,02	0,04	0,06	0,10
über 4,0 ... 6,3	$1 + x \cdot d^2 \cdot i_f$	0,015	0,03	0,045	0,06
über 6,3 ... 10	$1 + x \cdot d^2 \cdot i_f$	0,01	0,02	0,030	0,04
über 10 ... 17	$1 + x \cdot d^2 \cdot i_f$	0,005	0,01	0,018	0,022

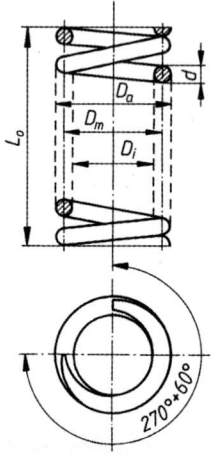

Bild 21. Ausführung einer Schrauben-Druckfeder

Die Windungssteigung ist so zu wählen, dass auch bei Höchstlast noch ein Mindestabstand zwischen den Windungen vorhanden ist, der vom Drahtdurchmesser d und Wickelverhältnis w abhängig ist. Die Summe der Mindestabstände S_a errechnet sich bei kaltgeformten Federn nach Tabelle 3, bei warmgeformten Druckfedern beträgt die Summe der Mindestabstände nach DIN 2096 $S_a \approx 0{,}17\, d\, i_f$.
Für die Festlegung der Bauabmessungen ist die Länge der Feder bei aneinander liegenden Windungen, die Blocklänge L_{Bl} und die Länge der unbelasteten Feder L_0 wichtig. Bei kaltgeformten Federn mit plan geschliffenen Enden beträgt:

$$L_{Bl} \approx (i_f + 1{,}5)\, d + 0{,}5\, d \approx i_g\, d \tag{61}$$

L_{Bl}, d	i_f, i_g
mm	1

9 Federn

Bei warmgeformten Federn, deren Enden ausgeschmiedet und geschliffen werden, ist:

$$L_{Bl} \approx (i_f + 1)\, d + 0{,}2\, d \approx (i_g - 0{,}3)\, d \tag{62}$$

L_{Bl}, d	i_f, i_g
mm	1

i_g Gesamtzahl der Windungen:
für Gleichung (61) $i_g = i_f + 2$
für Gleichung (62) $i_g = i_f + 1{,}5$

$$L_0 = L_{Bl} + f_n + S_a \tag{63}$$

Unter f_n ist der Federweg zu verstehen, der zur maximalen Federkraft F_n gehört.

9.6.2.3 Berechnung der Schrauben-Zugfedern.

Die Berechnung ist nach DIN 2089 genormt. Ohne Berücksichtigung der Spannungserhöhung durch die Drahtkrümmung ergibt sich die *ideelle Torsionsspannung*

$$\tau_i = \frac{8\, F\, D_m}{\pi\, d^3} \leq \tau_{i\,zul} \tag{64}$$

τ_i	F	d, D_m
$\frac{N}{mm^2}$	N	mm

D_m mittlerer Windungsdurchmesser
$\tau_{i\,zul}$ zulässige ideelle Torsionsspannung nach Diagramm Bild 22

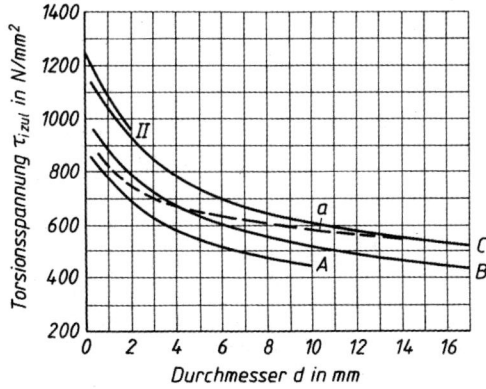

Bild 22. Zulässige Torsionsspannung für kaltgeformte Zugfedern aus Federstahldraht und ölvergütetem Federstahl (Kurve a) nach DIN EN 10270

Überschlägige Ermittlung des Drahtdurchmessers d nach Leiter, Bild 29.
Bei Federn, die ohne innere Vorspannung gewickelt sind, ergibt sich der *Federweg*

$$f = \frac{8 D_m^3\, i_f\, F}{G\, d^4} \tag{65}$$

f, D_m, d	F	G	i_f
mm	N	$\frac{N}{mm^2}$	1

i_f Anzahl der federnden Windungen, G Schubmodul des Federwerkstoffs nach Tabelle 1.
Bei Federn mit innerer Vorspannung ist für F die Differenz $F - F_0$ zu setzen. Die zum Öffnen der aneinander liegenden Windungen bei vorgespannten Federn erforderliche *innere Vorspannkraft* ergibt sich aus

$$F_0 = F - \frac{G\, d^4\, f}{8 D_m^3\, i_f} \tag{66}$$

F_0, F	G	d, f, D_m	i_f
N	$\frac{N}{mm^2}$	mm	1

Hiermit ist nachzuweisen, dass die *innere Torsionsspannung*

$$\tau_{i0} \approx \frac{F_0\, D_m}{0{,}4\, d^3} \leq \tau_{i0\,zul} \tag{67}$$

τ_{i0}	F_0	D_m, d
$\frac{N}{mm^2}$	N	mm

Werte für $\tau_{i0\,zul}$ nach Tabelle 4.

Tabelle 4. Richtwerte für die innere Torsionsspannung $\tau_{i0\,zul}$ für Federstahldraht nach DIN EN 10270

Herstellungsverfahren		Wickelverhältnis	
		$w = \frac{D_m}{d}$ $=4\ldots10$	$w = \frac{D_m}{d}$ $=$ über $10\ldots15$
kaltgeformt	auf Wickelbank	$0{,}25\, \tau_{i\,zul}$	$0{,}14\, \tau_{i\,zul}$
	auf Automat	$0{,}14\, \tau_{i\,zul}$	$0{,}07\, \tau_{i\,zul}$

Die *Federsteifigkeit c* ergibt sich aus

$$c = \frac{F}{f} = \frac{F - F_0}{f} = \frac{G\, d^4}{8 D_m^3\, i_f} \tag{68}$$

c	F, F_0	f, d, D_m	G	i_f
$\frac{N}{mm}$	N	mm	$\frac{N}{mm^2}$	1

Die *Gesamtzahl der Windungen* bei Federn mit aneinander liegenden Windungen wird

$$i_g = \frac{L_K}{d} - 1 \tag{69}$$

i_g	L_K, d
1	mm

L_K Länge des unbelasteten Federkörpers.

Bei Federn ohne bzw. mit innerer Vorspannung ist die *Federungsarbeit*

$$W_f = \frac{F f}{2} \quad \text{bzw.} \quad W_f = \frac{(F + F_0) f}{2} \tag{70}$$

W_f	F, F_0	f
Nmm	N	mm

Die vorstehende Berechnung gilt für vorwiegend ruhend belastete, kaltgeformte Federn. Bei warmgeformten Federn soll $\tau_{izul} \approx 600$ N/mm² nicht überschreiten. Schwingend belastete Zugfedern sind zu vermeiden, da deren Dauerfestigkeit weit gehend von der Ösenform und deren Übergang zum Federkörper abhängt und nur schwer zu erfassen ist.

9.6.2.4 Berechnung der Schrauben-Druckfedern

Die Berechnung ist wie die der Zugfedern nach DIN 2089 genormt. Es gelten die gleichen Berechnungsgleichungen, da Zug- und Druckfedern im Federungs- und Festigkeitsverhalten weit gehend übereinstimmen, Die im Folgenden benutzten Formelzeichen stimmen mit denen für die Berechnung der Zugfedern überein.

Für überwiegend *ruhend* belastete Druckfedern gilt für die *ideelle Torsionsspannung*

$$\tau_i \approx \frac{F D_m}{0.4 d^3} \leq \tau_{izul} \tag{71}$$

Werte für $\tau_{i\,zul}$ nach Diagramm Bild 23. Überschlägige Ermittlung des Drahtdurchmessers d nach Leiter Bild 29.
Bei überwiegend *schwingend* belasteten Federn wird unter Berücksichtigung der durch die Drahtkrümmung entstehenden Spannungserhöhung die

$$\text{Torsionsspannung} \quad \tau_k \approx k \frac{F D_m}{0.4 d^3} \leq \tau_{kzul} \tag{72}$$

und die

$$\text{Hubspannung} \quad \tau_{kh} \approx k \frac{\Delta F D_m}{0.4 d^3} \leq \tau_{kH} \tag{73}$$

Beiwert k berücksichtigt die Spannungserhöhung durch die Drahtkrümmung; Werte, abhängig vom Wickelverhältnis $w = D_m/d$ nach Diagramm Bild 24. Werte für $\tau_{k\,zul}$ und τ_{kH} nach Dauerfestigkeitsdiagrammen Bild 25 bis 27.

Der *Federweg f,* die *Federsteifigkeit c* und die *Federungsarbeit W* ergeben sich aus:

$$f = \frac{8 D_m^3 i_f F}{G d^4} \tag{74}$$

$$c = \frac{F}{f} = \frac{\Delta F}{\Delta f} = \frac{G d^4}{8 D_m^3 i_f} \tag{75}$$

$$W = \frac{F f}{2} \tag{76}$$

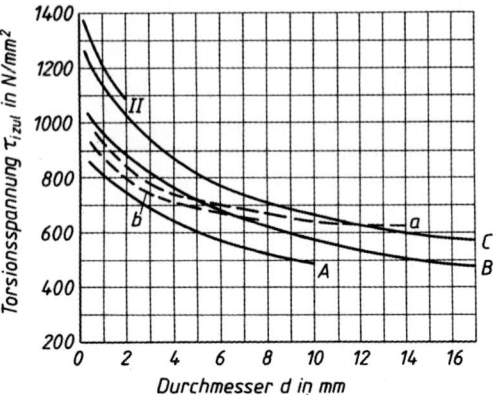

Bild 23. Zulässige Torsionsspannung für kaltgeformte Druckfedern aus Federstahldraht und ölvergütetem Federstahl (Kurve a) und ölvergütetem Ventilfederdraht (Kurve b) nach DIN EN 10270

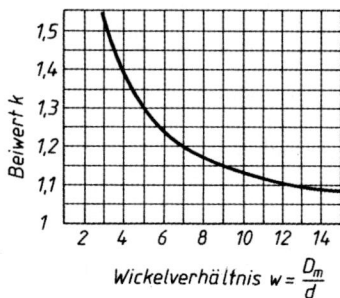

Bild 24. Beiwert k in Abhängigkeit vom Wickelverhältnis w

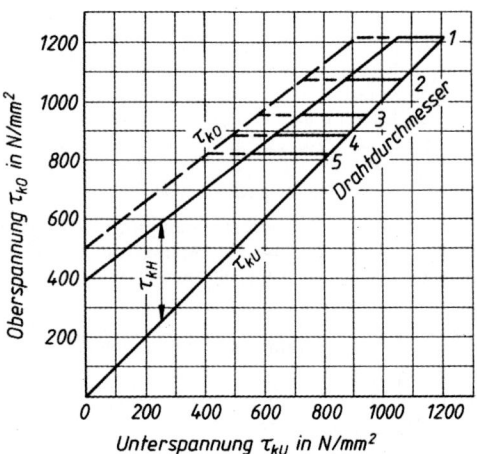

Bild 25. Dauerfestigkeitsdiagramm für kaltgeformte Druckfedern aus Federstahldraht C, nicht gestrahlt (ausgezogene Linien), gestrahlt (gestrichelte Linien)

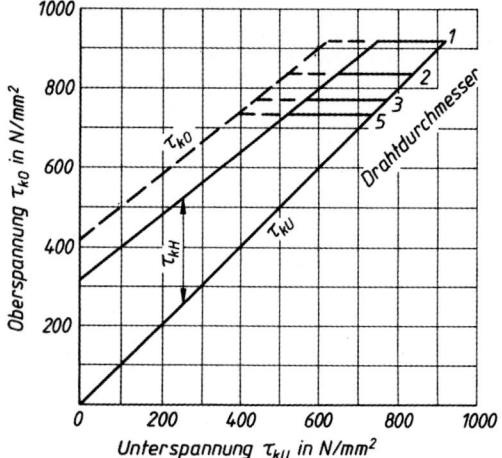

Bild 26. Dauerfestigkeitsdiagramm für kaltgeformte Druckfedern aus ölvergütetem Federstahldraht nach DIN EN 10270 nicht gestrahlt (ausgezogene Linien), gestrahlt (gestrichelte Linien)

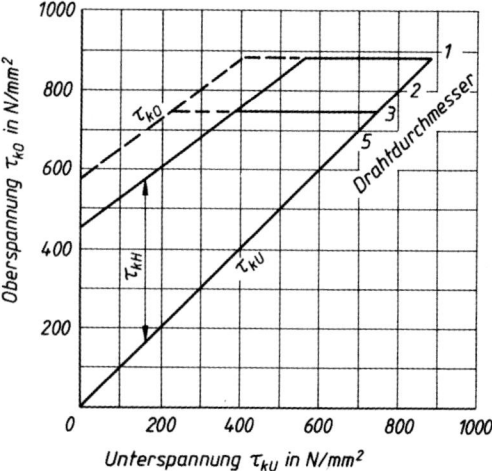

Bild 27. Dauerfestigkeitsdiagramm für kaltgeformte Druckfedern aus ölvergütetem Ventilfederdraht nach DIN EN 10270 nicht gestrahlt (ausgezogene Linien), gestrahlt (gestrichelte Linien)

Bei längeren Federn ist die Knicksicherheit zu prüfen. Ein seitliches Ausknicken tritt nicht ein, wenn die Kurven im Diagramm Bild 28 nicht überschritten werden. Maßgebend sind der Schlankheitsgrad L_0/D_m und die Federung (f_{max}/L_0) 100 in %.
Längere Federn sind in einer Hülse oder auf einem Dorn zu führen.

■ **Beispiel:**
Es ist eine zylindrische Schrauben-Druckfeder (Ventilfeder) mit unbegrenzter Lebensdauer aus ölvergütetem, gestrahltem Ventilfederdraht nach DIN EN 10270 für die Federkräfte $F_1 = 350$ N, $F_2 = 700$ N bei einem Hub $h \triangleq \Delta f = 12$ mm zu berechnen. Der innere Windungsdurchmesser D_i darf 20 mm nicht unterschreiten.

Lösung:
Berechnung auf Dauerfestigkeit, Belastung: allgemein dynamisch, schwellend. Bei der Betrachtung des Dauerfestigkeitsdiagramms Bild 27 stellt man fest, dass die ertragbare Hubspannung τ_{kH} nahezu konstant und von der Vorspannung $\tau_{k1} \triangleq \tau_{kv}$ fast unabhängig ist. $\tau_{kH} \approx 500$ N/mm², gewählt: $\tau_{kH\,zul} = 325$ N/mm², die Wahl des Wickelverhältnisses w ist für die Größe der Spannungserhöhung an der Innenseite durch dem Faktor k entscheidend; $w = D_m/d = 6 \triangleq k = 1{,}27$ nach Bild 24.

Mit diesen Voraussetzungen lässt sich der Drahtdurchmesser d nach den Gleichungen (72) und (73) wie folgt berechnen:

Aus $\tau_k \approx k \dfrac{F\,D_m}{0{,}4\,d^3}$ wird $\tau_{kh} \approx k \dfrac{\Delta F\,D_m}{0{,}4\,d^3} \approx k \dfrac{\Delta F\,6\,d}{0{,}4\,d^3} \leq \tau_{kH\,zul}$

$$d \approx \sqrt{1{,}27 \dfrac{(700\,\text{N} - 350\text{N}) \cdot 6}{0{,}4 \cdot 325 \dfrac{\text{N}}{\text{mm}^2}}} = 4{,}53\text{ mm, gewählt: } d = 4{,}5 \text{ mm}$$

$D_m = 6\,d = 6 \cdot 4{,}5$ mm $= 27$ mm, $D_i = D_m - d = 27$ mm $- 4{,}5$ mm $= 22{,}5$ mm

Überprüfung auf Dauerhaltbarkeit:

$$\tau_{k1} \approx 1{,}27 \dfrac{350\,\text{N} \cdot 27\,\text{mm}}{0{,}4 \cdot 4{,}5^3\,\text{mm}^3} = 329{,}3 \dfrac{\text{N}}{\text{mm}^2}$$

$$\tau_{k2} = \tau_{k1} \cdot \dfrac{F_2}{F_1} = 329{,}3 \dfrac{\text{N}}{\text{mm}^2} \dfrac{700\,\text{N}}{350\,\text{N}} = 658{,}6 \dfrac{\text{N}}{\text{mm}^2}$$

$$\tau_{kh} = \tau_{k2} - \tau_{k1} = 658{,}6 \dfrac{\text{N}}{\text{mm}^2} - 329{,}3 \dfrac{\text{N}}{\text{mm}^2} = 329{,}3 \dfrac{\text{N}}{\text{mm}^2}$$

nach Bild 27 liegen alle Werte im zulässigen Bereich.

Festlegung der Federsteifigkeit c, der federnden Windungen i_f und der Gesamtwindungszahl i_g.

Nach Gleichung (75) ist:

$$c = \dfrac{\Delta F}{\Delta f} = \dfrac{G\,d^4}{8\,D_m^3\,i_f}$$

$$c = \dfrac{F_2 - F_1}{\Delta f} = \dfrac{700\,\text{N} - 350\,\text{N}}{12\,\text{mm}} = 29{,}17 \dfrac{\text{N}}{\text{mm}}$$

$$c\,i_f = \dfrac{G\,d^4}{8\,D_m^3} = \dfrac{83\,000 \cdot 4{,}5^4\,\text{mm}^4}{8 \cdot 27^3\,\text{mm}^3} = 216{,}2 \dfrac{\text{N}}{\text{mm}}$$

$$i_f = \dfrac{216{,}2\,\dfrac{\text{N}}{\text{mm}}}{29{,}17\,\dfrac{\text{N}}{\text{mm}}} = 7{,}4$$

gewählt: $i_f = 7{,}5$ und damit $i_g = i_f + 2 = 7{,}5 + 2 = 9{,}5$ Windungen nach Gleichung (61).

$$c_{vorh} = \dfrac{216{,}2\,\dfrac{\text{N}}{\text{mm}}}{7{,}5} = 28{,}83 \dfrac{\text{N}}{\text{mm}}$$

die endgültigen Federwege betragen:

$$f_1 = \dfrac{F_1}{c_{vorh}} = \dfrac{350\,\text{Nmm}}{28{,}83\,\text{N}} = 12{,}1 \text{ mm}$$

$$f_2 = \dfrac{F_2}{c_{vorh}} = \dfrac{700\,\text{Nmm}}{28{,}83\,\text{N}} = 24{,}3 \text{ mm}$$

$\Delta f \approx 12{,}2$ mm

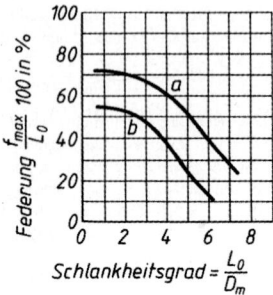

Die Blocklänge der Feder wird nach Gleichung (61): $L_{B1} \approx i_g\, d = 9{,}5 \cdot 4{,}5$ mm $= 42{,}8$ mm. Unter Berücksichtigung eines Mindestabstands zwischen den einzelnen Windungen wird die Länge der unbelasteten Feder: $L_0 = L_{B1} + f_2 + S_a$; S_a nach Tabelle 3:

$S_a \approx 1 + x\, d^2\, i_f = 1 + 0{,}015 \cdot 4{,}5^2 \cdot 7{,}5 = 3{,}3$ mm

$L_0 \approx 42{,}8$ mm $+ 24{,}3$ mm $+ 3{,}3$ mm

$L_0 \approx 70{,}0$ mm

Abschließend ist die Knicksicherheit zu prüfen:

Schlankheitsgrad $\dfrac{L_0}{D_m} = \dfrac{70\text{ mm}}{27\text{ mm}} = 2{,}6$

Federung $\dfrac{f_2}{L_0} \cdot 100\,\% = \dfrac{24{,}3\text{ mm}}{70\text{ mm}} \cdot 100\,\% = 35\,\%$

Mit diesen Werten wird keine der Kurven in Bild 28 erreicht, d.h., die Feder ist knicksicher.

Bild 28. Ausknickung von Schrauben-Druckfedern
Kurve a: für Federn mit geführten Einspannenden
Kurve b: für Federn mit veränderlichen Auflagebedingungen

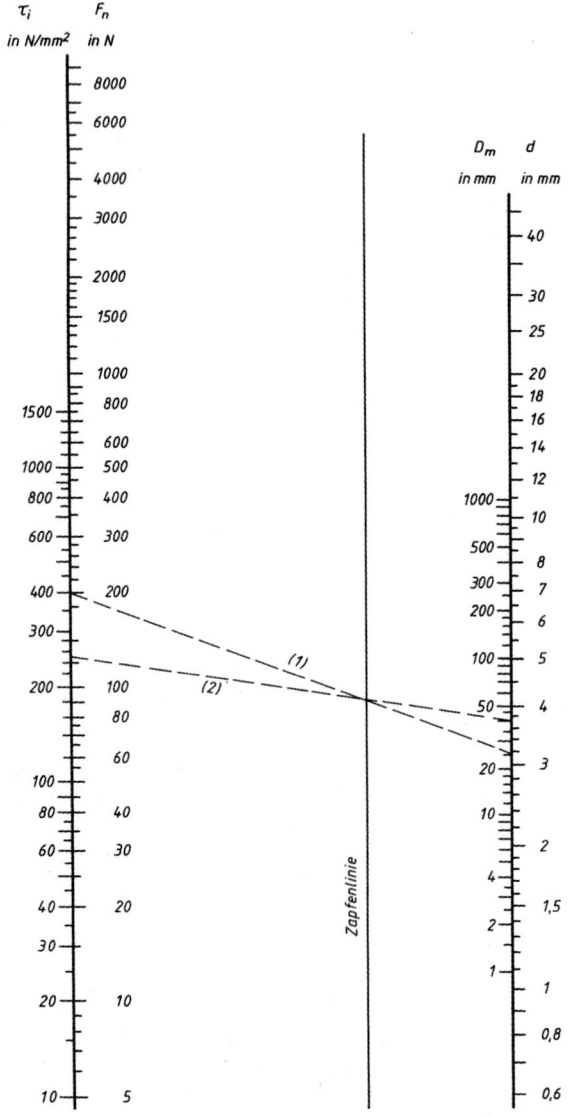

Gegeben: F_n, τ_i

Gewählt: D_m

Linie (1) von D_m zu F_n ergibt Schnittpunkt auf Zapfenlinie.
Linie (2) durch diesen Schnittpunkt zu τ_i ergibt d.

Beispiel: $F_n = 600$ N,
$\tau_i = 700$ N/mm², $D_m = 25$ mm
Linie (1) von 25 mm zu 600 N,
Linie (2) durch Schnittpunkt der Linie (1) mit Zapfenlinie zu 700 N/mm² ergibt $d \approx 3{,}8$ mm

Bild 29. Leitertafel zur Entwurfsberechnung zylindrischer Schrauben-Druckfedern

10 Achsen, Wellen und Zapfen

Normen (Auswahl)

DIN 509	Freistiche
DIN 668, 670, 671	Blanker Rundstahl
DIN 669	Blanke Stahlwellen,
DIN 743	Tragfähigkeitsberechnung von Wellen und Achsen
DIN 748	Zylindrische Wellenenden
DIN 1448, 1449	Kegelige Wellenenden mit Außen-, Innengewinde

10.1 Allgemeines

Achsen dienen zum Tragen und Lagern von Laufrädern, Seilrollen, Hebeln usw. und werden hauptsächlich auf Biegung beansprucht. Sie übertragen kein Drehmoment. *Feststehende Achsen* werden nur ruhend oder schwellend auf Biegung beansprucht. Sie sind festigkeitsmäßig günstiger als *umlaufende Achsen*, bei denen die Biegung wechselnd auftritt. *Wellen* laufen ausschließlich um. Sie übertragen über Riemenscheiben, Zahnräder, Kupplungen usw. Drehmomente, werden also auf Verdrehung und meist zusätzlich auf Biegung beansprucht.
Zapfen sind die zum Tragen und Lagern, meist abgesetzten Achsen- und Wellenenden oder auch Einzelelemente (Spurzapfen, Kurbelzapfen).

10.2 Werkstoffe, Normen

Für normal beanspruchte Achsen und Wellen von Getrieben, Hebezeugen, Werkzeugmaschinen usw. werden die Baustähle, DIN EN 10025, z.B. E 335 verwendet; für höhere Beanspruchungen, bei Kraftfahrzeugen, Motoren., Turbinen, schweren Werkzeugmaschinen usw., die Vergütungsstähle, DIN EN 10084 z.B. C 22, 18 CrNiMo 13-4. Gegebenenfalls sind bei der Werkstoffwahl noch zu beachten: Schweißbarkeit, Schmiedbarkeit, Korrosionsverhalten, magnetische Eigenschaften und Lieferform (Blöcke, Stangen), siehe auch Abschnitt Werkstofftechnik.
Normen: Rundstähle nach DIN 668 mit Toleranz h11, nach DIN 670 mit Toleranz h8 und DIN 671 mit Toleranz h9; Oberfläche kaltgezogen und geschält oder geschliffen. Stahlwellen, DIN 669, mit Toleranz h9, Oberfläche kaltgezogen und poliert. Bei anderen Toleranzen und teils unbearbeiteter Oberfläche wird warmgewalzter Rundstahl, DIN EN 10278, verwendet.
Achsen und Wellen größerer Abmessungen oder besonderer Formen, zum Beispiel Achsen von Kraftfahrzeugen oder Kurbelwellen, werden gepresst, vorgeschmiedet oder auch gegossen.

10.3 Berechnung der Achsen

Beanspruchung auf Biegung; zusätzliche Schubbeanspruchung ist meist gering und wird vernachlässigt. Für die vorhandene *Biegespannung* σ_b gilt

$$\sigma_b = \frac{M_b}{W} \leq \sigma_{b\,zul} \quad (1)$$

σ_b	M_b	W
$\frac{N}{mm^2}$	Nmm	mm^3

M_b Biegemoment; W axiales Widerstandsmoment; mit $W \approx 0{,}1\,d^3$ wird der erforderliche *Durchmesser d* für Vollachsen:

$$d \geq \sqrt[3]{\frac{M_b}{0{,}1\,\sigma_{b\,zul}}} \quad (2)$$

d	M_b	σ_{bzul}
mm	Nmm	$\frac{N}{mm^2}$

Zulässige Biegespannung σ_{bzul} je nach Belastungsfall, siehe Festigkeitslehre

10.4 Berechnung der Wellen

10.4.1 Torsionsbeanspruchte Wellen

Reine Torsionsbeanspruchung tritt selten auf, z.B. bei direkt mit einem Motor gekuppelte Wellen von Lüftern oder Kreiselpumpen. Vorhandene *Torsionsspannung*

$$\tau_t = \frac{M_t}{W_p} \leq \tau_{t\,zul} \quad (3)$$

τ_t	M_t	W_p
$\frac{N}{mm^2}$	Nmm	mm^3

M_t zu übertragendes Torsionsmoment; bei gegebener Leistung P in kW und Drehzahl n in min^{-1} ist $M_t = 9{,}55 \cdot 10^6\ P/n$, W_p polares Widerstandsmoment, mit $W_p \approx 0{,}2d^3$ wird der erforderliche *Wellendurchmesser*

$$d \geq \sqrt[3]{\frac{M_t}{0{,}2\,\tau_{t\,zul}}} \quad (4)$$

d	M_t	τ_{zul}
mm	Nmm	$\frac{N}{mm^2}$

Zulässige Torsionsspannung $\tau_{t\,zul}$ je nach Belastungsfall, siehe Festigkeitslehre.

10.4.2 Torsions- und biegebeanspruchte Wellen

Gleichzeitige Torsions- und Biegebeanspruchung liegt bei Wellen am häufigsten vor, z.B. bei Wellen mit Zahnrädern, Riemenscheiben und Hebeln. Durch die Zahnrad-, Riemenzug- und sonstigen Kräfte treten Biegespannungen und noch meist vernachlässigbar kleine Schubspannungen auf (Bild 1). Häufig ist das Biegemoment vorerst nicht bekannt. Der *Wellendurchmesser* wird dann überschlägig berechnet aus

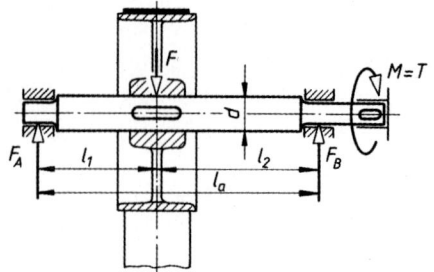

Bild 1. Welle mit gleichzeitiger Torsions- und Biegebeanspruchung

$$d \approx c_1 \sqrt[3]{M_t} \approx c_2 \sqrt[3]{\frac{P}{n}} \qquad (5)$$

d	c_1, c_2	M_t	P	n
mm	1	Nmm	kW	min^{-1}

Beiwerte c_1 und c_2 abhängig von der zulässigen Torsionsspannung; man setze: $c_1 = 0{,}69$ bzw. $c_2 = 146$ bei S 235 JR, S 275 JR, $c_1 = 0{,}625$ bzw. $c_2 = 133$ bei E295, E335 und jeweils vergleichbaren Stählen, $c_1 = 0{,}58$ bzw. $c_2 = 123$ für Stähle höherer Festigkeit.

Nach überschlägiger Berechnung nach (5) lassen sich die erforderlichen Abmessungen (Radabstände, Lagerabstände usw.) genügend genau festlegen, und damit die Biegemomente und Biegespannungen ermitteln. Die Welle wird dann auf Biegung und Torsion nachgeprüft. Dabei muss die *Vergleichspannung* σ_v sein:

$$\sigma_v = \sqrt{\sigma_b^2 + 3(\alpha_0\,\tau_t)^2} \leq \sigma_{b\,zul} \qquad (6)$$

$\sigma_v, \sigma_b, \sigma_t$	α_0
$\frac{N}{mm^2}$	1

σ_b vorhandene Biegespannung,
τ_t vorhandene Torsionsspannung;

Anstrengungsverhältnis $\alpha_0 = \dfrac{\sigma_{b\,zul}}{1{,}73\,\tau_{t\,zul}}$

Man setzt $\alpha_0 \approx 1{,}0$, wenn σ_b und τ_t im gleichen Belastungsfall (z.B. beide wechselnd) auftreten, $\alpha_0 \approx 0{,}7$ wenn σ_b wechselnd und τ_t schwellend oder ruhend auftritt (häufigster Fall). $\sigma_{b\,zul}$ zulässige Biegespannung je nach Belastungsfall, siehe Abschnitt Festigkeitslehre.

Sind Torsionsmoment und Biegemoment bekannt, dann lässt sich der Wellendurchmesser mit dem *Vergleichsmoment* M_v berechnen:

$$M_v = \sqrt{M_b^2 + 0{,}75(\alpha_0 M_t)^2} \qquad (7)$$

M_v, M_b, M_t	α_0
Nmm	1

Mit M_v ergibt sich der *Wellendurchmesser*

$$d \geq \sqrt[3]{\frac{M_v}{0{,}1\,\sigma_{b\,zul}}} \qquad (8)$$

d	M_v	$\sigma_{b\,zul}$
mm	Nmm	$\frac{N}{mm^2}$

10.4.3 Lange Wellen

Bei langen Wellen, zum Beispiel bei Transmissionswellen und Fahrwerkwellen von Kranen ist meist die *Formänderung* für die Berechnung maßgebend. Erfahrungsgemäß soll der Verdrehwinkel $\varphi = 0{,}25 \ldots 0{,}5°$ je m Wellenlänge nicht überschreiten. Ein größerer Verdrehwinkel ergibt eine kleine kritische Drehzahl und führt damit leicht zu Schwingungen. Aus der Berechnungsgleichung für den *Verdrehwinkel*

$$\varphi = \frac{180°}{\pi} \cdot \frac{l\,\tau_t}{r\,G} \leq 0{,}25° \qquad (9)$$

ergibt sich für $\varphi = 0{,}25°$, $l = 1000$ mm, $r = \dfrac{d}{2}$,

$\tau_t = \dfrac{M_t}{0{,}2\,d^3}$ und $G = 80\,000\,\dfrac{N}{mm^2}$ der *Wellendurchmesser*

$$d \approx 2{,}33 \sqrt[4]{M_t} \approx 130 \sqrt[4]{\frac{P}{n}} \qquad (10)$$

d	M_t	P	n
mm	Nmm	kW	min^{-1}

M_t zu übertragendes Torsionsmoment; P zu übertragende Leistung; n Drehzahl der Welle. Die mit Gleichung (10) berechnete Welle ist zweckmäßig auf Festigkeit mit den Gleichungen (3) bzw. (6) zu prüfen Die Verwendung eines Stahles hoher Festigkeit zum Erreichen eines kleinen Verdrehwinkels bringt keinen Gewinn, da die Formänderung vom Schubmodul G abhängig ist, der für alle Stähle annähernd gleich groß ist. Der *Lagerabstand* bei langen Wellen wird erfahrungsgemäß gewählt: $l_a \approx 300 \sqrt{d}$ in mm, d Wellendurchmesser in mm.

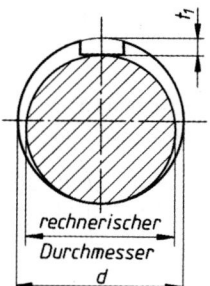

Bild 2. Rechnerischer Wellendurchmesser

10.5 Auszuführende Achsen- und Wellendurchmesser

Die endgültigen Durchmesser der nach vorstehenden Gleichungen berechneten Achsen und Wellen sind nach Normzahlen (Tabelle 2) festzulegen. Dabei sind genormte Abmessungen von Lagern, Stellringen, Dichtungen usw. sowie etwaige Nuten, Eindrehungen und sonstige Querschnittsverminderungen zu berücksichtigen.
Der endgültige Durchmesser ist so zu wählen, daß nach Abzug der zugehörigen Nut- und Eindrehungstiefen der berechnete Durchmesser als „Kerndurchmesser" übrigbleibt (Bild 2). Wellennuttiefe t_1 nach Tabelle 9.6.

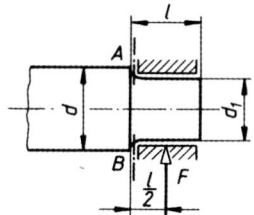

Bild 3. Achszapfen

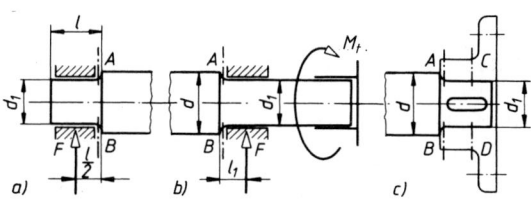

Bild 4. Wellenzapfen, a) biegebeansprucht, b) torsions- und biegebeansprucht, c) torsionsbeansprucht

10.6 Berechnung der Zapfen

10.6.1 Achszapfen

Achszapfen werden auf Biegung beansprucht, und zwar Lagerzapfen umlaufender Achsen wechselnd, Tragzapfen feststehender Achsen ruhend oder schwellend. Zapfendurchmesser werden meist konstruktiv festgelegt und dann nachgeprüft. Für den gefährdeten Querschnitt $A - B$ (Bild 3) muss die *Biegespannung* σ_b sein:

$$\sigma_b = \frac{M_b}{W} = \frac{F \frac{l}{2}}{0{,}1 \, d_1^3} \leq \sigma_{b\,zul} \qquad (11)$$

σ_b	F	$l, d_1,$
$\dfrac{\text{N}}{\text{mm}^2}$	N	mm

zulässige Biegespannung $\sigma_{b\,zul}$ je nach Belastungsfall, siehe Abschnitt Festigkeitslehre

10.6.2 Wellenzapfen

Die zur Lagerung dienenden Wellenzapfen (*Lagerzapfen,* Bild 4a) werden fast ausschließlich wechselnd auf Biegung beansprucht; Berechnung wie Achszapfen nach (11). *Antriebszapfen* nach Bild 4b werden auf Biegung und Verdrehung beansprucht; für den gefährdeten Querschnitt A-B ist die Vergleichsspannung sinngemäß nach (6) nachzuprüfen. Antriebszapfen nach Bild, 4c übertragen nur ein Drehmoment; gefährdete Querschnitte sind $A - B$ und $C - D$; Nachprüfung auf Verdrehung sinngemäß nach (3) praktisch nur für nutgeschwächten Querschnitt $C - D$; beachte „Kerndurchmesser" (Bild 2).

Normen: Zylindrische Wellenenden nach DIN 748; kegelige Wellenenden mit langem Kegel (1:10) und Gewindezapfen nach DIN 749, mit kurzem Kegel und Gewindezapfen nach DIN 1448 Tabelle 9.

10.7 Gestaltung

10.7.1 Allgemeine Richtlinien

Gedrängte Bauweise mit kleinen Rad-und Lagerabständen anstreben, dadurch kleine Biegemomente und kleinere Wellendurchmesser.
Zapfenübergänge gut runden: $r \approx d/10 \ldots d/20$ (Bild 5a). Nuten nicht bis an Übergänge heranführen (Kerbwirkung!). Festigkeitsmäßig am günstigsten sind Korbbogen-Übergänge: $r \approx d/20$, $R \approx d/5$ (Bild 5b). Bei geschliffenen Flächen Freistiche vorsehen (Bilder (5c und 5d).

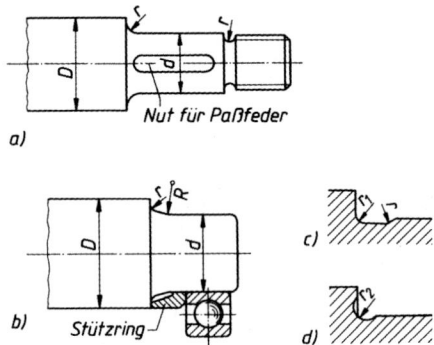

Bild 5. Gestaltung der Zapfenübergänge
a) normaler Übergang
b) Korbbogenübergang
c) und d) Freistiche

Räder und Scheiben gegen axiales Verschieben durch Distanzhüllen oder Wellenschultern sichern (Bilder 5a und 5b), nicht durch Sicherungsringe (Kerbwirkung!). Nuten immer kürzer als Naben (Abstand a), wegen Ausgleich von Einbauungenauigkeiten und im Zusammenfallen der „Kerbebenen" zu vermeiden. Möglichst Fertigwellen verwenden (siehe unter 2.), um Bearbeitung zu ersparen.

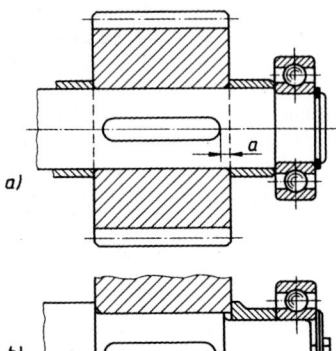

Bild 6. Festlegung von Rädern und Scheiben
a) durch Distanzhülsen, b) durch Wellenschultern

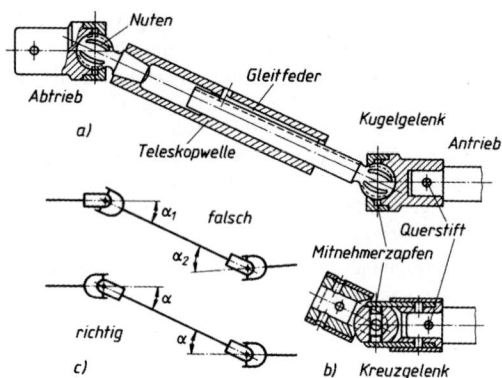

Bild 7. Gelenkwelle, a) mit Kugelgelenken, b) Kreuzgelenk, c) falsche und richtige Anordnung der Gelenke

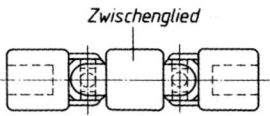

Bild 8. Doppel-Gelenk

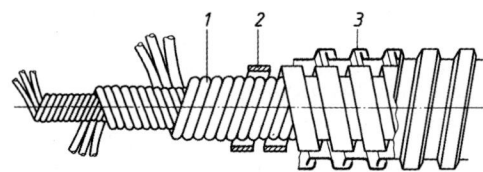

Bild 9. Biegsame Welle mit Metallschutzschlauch

10.7.2 Sonderausführungen

Gelenkwellen: Anwendung zum Verbinden von nicht fluchtenden, in der Lage veränderlichen Wellenteilen, z.B. bei Fräsmaschinen, Mehrspindelbohrmaschinen, Kraftfahrzeugen. Für kleinere Drehmomente Ausführung mit Kugelgelenken (Bilder 7a und 7b). Richtige Anordnung der Gelenke beachten (Bild 7c), um ungleichförmigen Lauf der Abtriebswelle zu vermeiden. Zum Verbinden zweier zueinander geneigter Wellen dienen Doppelgelenke (Bild 8). Das Zwischenglied hat dabei die Funktion der Zwischenwelle.
Normen: Einfach- und Doppel-Kreuzgelenke, DIN 7551, mit Ablenkwinkel bis 45° bzw. 90° für allgemeine Zwecke; Wellengelenke, DIN 808, vorwiegend für Werkzeugmaschinen. Ausführung ähnlich den in Bild 7 dargestellten.
Biegsame Wellen: Anwendung hauptsächlich zum Antrieb ortsveränderlicher Elektrowerkzeuge mit kleineren Leistungen (Bild 9). Schraubenförmig in mehreren Lagen gewickelte Stahldrähte (1) sind vielfach noch durch gewundenen Flachstahl (2) verstärkt und von beweglichem Metallschutzschlauch (3) umhüllt.
Normen: Biegsame Wellen, DIN 44 713; Anschlüsse (Lötmuffen), DIN 42 995.

10 Achsen, Wellen und Zapfen

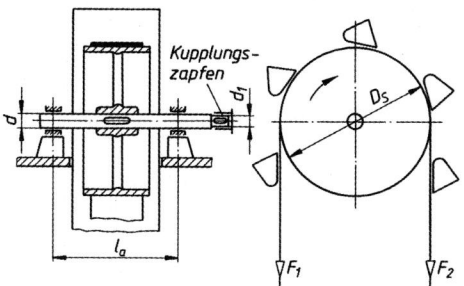

Bild 10. Antriebswelle eines Becherwerkes

■ **Beispiel:**
Der Durchmesser der Antriebswelle eines Becherwerkes, Bild 10, ist zu berechnen.
Antriebsleistung $P = 6{,}6$ kW
Drehzahl $n = 80$ min^{-1} Gurtscheibendurchmesser $D_S = 800$ mm
Lagerabstand $l_a = 580$ mm
Zugkraft im aufsteigenden Trumm $F_1 = 12\,000$ N
Zugkraft im absteigenden Trumm $F_2 = 10\,000$ N
Welle aus E295

Lösung:
Welle wird schwellend auf Verdrehung und wechselnd auf Biegung beansprucht. Drehmoment und Biegemoment können bestimmt werden, Berechnung daher mit Vergleichsmoment nach (7):

$$M_v = \sqrt{M_b^2 + 0{,}75(\alpha_0 \, M_t)^2}$$

Maximales Biegemoment tritt in Mitte Gurtscheibe auf.
Scheibenkraft $F = F_1 + F_2 = 12\,000$ N $+ 10\,000$ N $= 22\,000$ N;
Lagerkräfte $F_A = F_B = F/2 = 11\,000$ N (Bild 11).
Hiermit $M_b = F_A\, l_a/2 = 11\,000$ N $\cdot 290$ mm $= 319 \cdot 10^4$ Nmm.
Drehmoment $M = 9{,}55 \cdot 10^6 \, P/n = 78{,}8 \cdot 10^4$ Nmm.
Anstrengungsverhältnis $\alpha_0 \approx 0{,}7$ für M_b wechselnd und M_t schwellend.
Damit wird

$$M_v = \sqrt{(319 \cdot 10^4 \text{ Nmm})^2 + 0{,}75\,(0{,}7 \cdot 78{,}8 \cdot 10^4 \text{ Nmm})^2} =$$
$$= 323{,}5 \cdot 10^4 \text{ Nmm}$$

Hiermit Wellendurchmesser nach Gleichung (8):

$$d = \sqrt[3]{\frac{M_v}{0{,}1\,\sigma_{b\,zul}}}$$

Zulässige Biegespannung bei dynamischer Belastung und bekannter Kerbwirkung:

$$\sigma_{b\,zul} = \frac{\sigma_G}{v} = \frac{\sigma_{bW}}{\beta_k\,v} b_1\, b_2$$

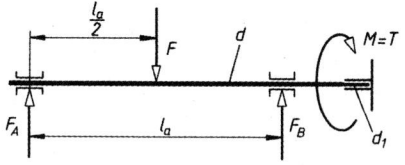

Bild 11. Kräfte an dar Antriebswelle

Für E295 nach Dauerfestigkeitschaubild: $\sigma_{bw} = 260$ N/mm^2; Sicherheit $v = 1{,}5$ gewählt; Oberflächenbeiwert für gezogene (entspricht etwa geschliffene) Oberfläche: $b_1 \approx 0{,}9$; Größenbeiwert für geschätzten Durchmesser ≈ 80 mm: $b_2 \approx 0{,}75$; Kerbwirkungszahl für Passfedernut: $\beta_k \approx 1{,}7$; damit wird

$$\sigma_{b\,zul} = \frac{260\,\dfrac{\text{N}}{\text{mm}^2}}{1{,}7 \cdot 1{,}5} \cdot 0{,}9 \cdot 0{,}75 \approx 68\,\frac{\text{N}}{\text{mm}^2} \quad \text{und hiermit}$$

$$d = \sqrt[3]{\frac{323{,}5 \cdot 10^4 \text{ Nmm}}{0{,}1 \cdot 68\,\dfrac{\text{N}}{\text{mm}^2}}} = \sqrt[3]{476{,}4 \cdot 10^3 \text{ mm}^3} \approx 78 \text{ mm}$$

Unter Berücksichtigung der Nuttiefe wird nach Gleichung (5) gewählt: $d = 90$ mm. Hierfür beträgt die Nuttiefe nach Tabelle 9.4: $t_1 = 9$ mm.
Der „Kerndurchmesser" wird damit $d - t_1 = 90$ mm $- 9$ mm $= 81$ mm > 78 mm (rechnerischer Durchmesser).

Tabelle 1. Zylindrische Wellenenden nach DIN 748 Maße in mm

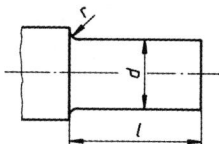

Durchmesser d		6	7	8	9	10	11	12	14	16	19	20	22	24	25	28
Länge l	lang	16		20		23		30		40		50		60		
	kurz					15		18		28		36		42			
Toleranz [1])		k6														
Rundungsradius r [2])		0,6														
Durchmesser d		30	32	35	38	40	42	45	48	50	55	60	65	70	75	80
Länge l	lang		80				110					140				170
	kurz		58				82					105				130
Toleranz		k6								m6						
Rundungsradius r		1								1,6						

[1]) Die Rundungsradien sind maximale Werte; an Stelle der Rundungen können auch Freistiche nach DIN 509 vorgesehen werden.
[2]) Andere Toleranzen sind in der Bezeichnung anzugeben.

Bezeichnung eines Wellenendes mit $d = 40$ mm Durchmesser und $l = 110$ mm Länge: Wellenende DIN 748 oder z.B. Wellenende 40 r6 × 110 DIN 748

Tabelle 2. Sicherungsringe für Wellen und Bohrungen

Maße für den Sicherungsring

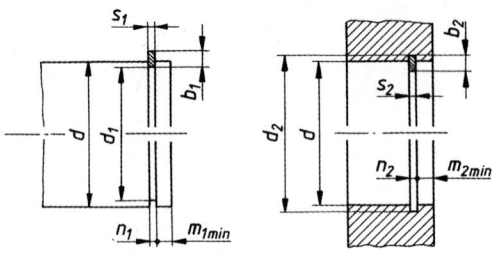

Maße für die Nut

Bezeichnung eines Sicherungsringes für Wellendurchmesser $d = 50$ mm und Dicke $s_1 = 2$ mm:
Sicherungsring 50 X 2 DIN 471
Bezeichnung eines Sicherungsringes für Bohrungsdurchmesser $d = 50$ mm und Dicke $s_2 = 2$ mm:
Sicherungsring 50 X 2 DIN 472
Der Nutgrund ist scharfkantig auszuführen

d	d_1		d_2		s_1 (h11)	s_2	b_1 ≈	b_2 ≈	n_1 (H13)	n_2			größte Axialkraft[1] in kN (Welle)	(Bohrung)
10	9,6		10,4				1,8	1,4			0,6	0,6	1,5	1,6
12	11,5	h11	12,5	H11	1	1	1,8	1,7	1,1		0,75	0,75	2,3	2,4
15	14,3		15,7				2,2	2		1,1	1,1	1,1	4	4,2
20	19		21		1,2		2,6	2,3			1,5	1,5	7,7	7,8
25	23,9		26,2			1,2	3	2,7	1,3		1,7	1,8	10,6	12
30	28,6		31,4				3,5	3		1,3	2,1	2,1	16,2	13,7
35	33		37		1,5	1,5	3,9	3,4	1,6		3	3	26,7	26,9
40	37,5		42,5				4,4	3,9		1,6			38,1	40,5
45	42,5		47,5		1,75	1,75	4,7	4,3	1,85	1,85	3,8	3,8	43	43,1
50	47		53				5,1	4,6					57	60,7
55	52	h12	58	H12	2	2	5,4	5	2,15	2,15			63	63,5
60	57		63				5,8	5,4					69	62,1
65	62		68				6,3	5,8			4,5	4,5	75	78,2
70	67		73				6,6	6,2					80,5	84,2
75	72		78		2,5	2,5	7	6,6	2,65	2,65			86	90
80	76,5		83,5				7,4	7					107	112
90	86,5		93,5				8,2	7,6			5,3	5,3	121	126
100	96,5		103,5				9	8,4					135	140
110	106		114		3	3	9,6	9	3,15	3,15			170	176
120	116		124				10,2	9,7			6	6	185	192
140	136		144				11,2	10,7	4,15	4,15			217	223
160	155	h13	165	H13	4	4	12,2	11,6					310	319
180	175		185				13,5	13,2			7,5	7,5	345	345
200	195		205				14	14					319	325

[1] für schwellende Belastung (ohne Sicherheit), scharfkantig anliegendes Bauteil und Wellen- oder Bohrungswerkstoff mit $R_e > 300$ N/mm^2

Tabelle 3. Zusammenstellung wichtiger Normen für den Konstruktionsentwurf einer Getriebewelle

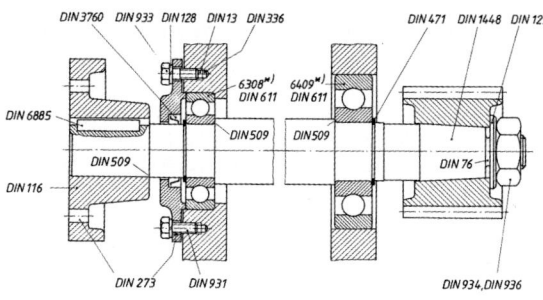

*) 6308 und 6409 sind die Bezeichnungen für die Wälzlager

DIN 13 Teil 1	Metrisches ISO-Gewinde, Regelgewinde
DIN 76 Teil 1	Gewindeausläufe; Gewindefreistiche für Metrisches ISO-Gewinde
DIN 116	Antriebselemente; Scheibenkupplungen, Maße, Drehmomente, Drehzahlen
DIN 125	Scheiben
DIN 128	Federringe
ISO 273	Durchgangslöcher für Schrauben
DIN 336 Teil 1	Durchmesser für Bohrwerkzeuge für Gewindekernlöcher
DIN 471 Teil 1	Sicherungsringe für Wellen
DIN 509	Freistiche
DIN 611	Wälzlagerteile, Wälzlagerzubehör und Gelenklager
DIN 931, DIN 933	Sechskantschrauben
DIN 1448 Teil 1	Kegelige Wellenenden mit Außengewinde
DIN 3760	Radial-Wellendichtringe
DIN 6885 Teil 1	Passfedern, Nuten

10.8 Tragfähigkeit für Wellen und Achsen

Schäden an Wellen und Achsen werden hauptsächlich hervorgerufen durch Dauerbrüche, also Ermüdungs- und Schwingungsbrüche. Um solche Schäden möglichst auszuschließen, sollte neben der konstruktiven Gestaltung und der Dimensionierung von Wellen und Achsen nach dem Nennspannungsprinzip (s. Abschnitt D) die Berechnung der Sicherheiten gegen das Auftreten von Dauerbrüchen und gegen bleibende Verformung bzw. Anriss durchgeführt werden. Die Tragfähigkeitsberechnung nach DIN 743 gliedert sich auf in zwei Sicherheitsnachweise: Den Nachweis der rechnerischen Sicherheit gegen Überschreiten der Dauerfestigkeit und den Nachweis der rechnerischen Sicherheit gegen Überschreiten der Fließgrenze. Für beide Sicherheitsnachweise muss die rechnerische Sicherheit S gleich oder größer der Mindestsicherheit S_{min} sein. Bei der Dimensionierung von Wellen und Achsen beträgt die anzunehmende Mindestsicherheit $S_{min} = 1{,}2$. Mögliche Unsicherheiten in der Größe und der Art der Belastung erhöhen die Mindestsicherheit. Rechnerische Sicherheit S:

$$S > S_{min}$$

10.8.1 Sicherheitsnachweis gegen Dauerfestigkeit

Treten bei Wellen und Achsen die Beanspruchungen Zug, Druck, Biegung und Torsion gleichzeitig auf, errechnet sich die Sicherheit gegen Überschreiten der Dauerfestigkeit aus der Gleichung:

$$S = \frac{1}{\sqrt{\left(\frac{\sigma_{z,d}}{\sigma_{z,dADK}} + \frac{\sigma_b}{\sigma_{bADK}}\right)^2 + \left(\frac{\tau_t}{\tau_{tADK}}\right)^2}} \quad (12)$$

S	$\sigma_{z,d}$	σ_b	τ_t	$\sigma_{z,dADK}$	σ_{bADK}	τ_{tADK}
1	$\frac{N}{mm^2}$	$\frac{N}{mm^2}$	$\frac{N}{mm^2}$	$\frac{N}{mm^2}$	$\frac{N}{mm^2}$	$\frac{N}{mm^2}$

$\sigma_{z,d}$, σ_b, τ_t vorhandene Zug-, Druck-, Biege- und Torsionsspannungen (3 ... 6).
$\sigma_{z,dADK}$, σ_{bADK}, τ_{tADK} Gestalt- oder Bauteil-Ausschlagfestigkeit
Die Indizes σ und τ fassen jeweils die Beanspruchungen Zug, Druck, Biegung (σ) bzw. Abscheren und Torsion (τ) zusammen.
Bei reiner Biegebeanspruchung wird die Sicherheit S:

$$S = \frac{\sigma_{bADK}}{\sigma_b} \quad \begin{array}{c|c|c} S & \sigma_b & \sigma_{bADK} \\ \hline 1 & \frac{N}{mm^2} & \frac{N}{mm^2} \end{array} \quad (13)$$

Bei reiner Torsionsbeanspruchung wird die Sicherheit S:

$$S = \frac{\tau_{tADK}}{\tau_t} \quad \begin{array}{c|c|c} S & \tau_t & \tau_{bADK} \\ \hline 1 & \frac{N}{mm^2} & \frac{N}{mm^2} \end{array} \quad (14)$$

10.8.1.1 Ermittlung der Gestaltfestigkeit

Die Gestaltfestigkeitswerte $\sigma_{z,dADK}$, σ_{bADK}, τ_{tADK} für Wellen und Achsen errechnen sich aus der Festigkeit glatter Probestäbe. Die Gestaltfestigkeit gibt die höchste ertragbare Spannung einer Welle oder Achse an. Dabei werden folgende Faktoren berücksichtigt:

Technologischer Größeneinflussfaktor K_1

Dieser Faktor berücksichtigt, dass die Streckgrenze und Ermüdungsfestigkeit beim Vergüten oder Einsatzhärten mit steigendem Durchmesser d_{eff} abnimmt (d_{eff} ist der für die Wärmebehandlung maßgebende Durchmesser; $d_{eff} = d +$ Schleifaufmaß).
Für *Nitrierstähle* und die *Zugfestigkeit* allgemeiner und höherfester Baustähle (nicht vergütet) errechnet sich K_1 aus:

$$K_1 = 1 - 0{,}23 \cdot \lg\left(\frac{d_{eff}}{10\ mm}\right) \quad \begin{array}{c|c} K_1 & d_{eff} \\ \hline 1 & mm \end{array} \quad (15)$$

Für die *Streckgrenze* allgemeiner und höherfester Baustähle im nicht vergüteten Zustand:

$$K_1 = 1 - 0{,}26 \cdot \lg\left(\frac{d_{\text{eff}}}{2 \cdot d_B}\right) \quad \begin{array}{c|c|c} K_1 & d_{\text{eff}}, d_B \\ \hline 1 & \text{mm} \end{array} \quad (16)$$

d_B Probestab-Bezugsdurchmesser, d_B = 16 mm

Für Vergütungsstähle und Baustähle im vergüteten Zustand, CrNiMo-Einsatzstähle im gehärteten Zustand:

$$K_1 = 1 - 0{,}26 \cdot \lg\left(\frac{d_{\text{eff}}}{d_B}\right) \quad \begin{array}{c|c|c} K_1 & d_{\text{eff}}, d_B \\ \hline 1 & \text{mm} \end{array} \quad (17)$$

Für Einsatzstähle im gehärteten Zustand außer CrNiMo-Einsatzstähle:

$$K_1 = 1 - 0{,}41 \cdot \lg\left(\frac{d_{\text{eff}}}{d_B}\right) \quad \begin{array}{c|c|c} K_1 & d_{\text{eff}}, d_B \\ \hline 1 & \text{mm} \end{array} \quad (18)$$

Geometrischer Einflussfaktor K_2
Dieser Faktor berücksichtigt, dass bei größer werdendem Durchmesser die Biegewechselfestigkeit in die Zug/Druckwechselfestigkeit übergeht und die Torsionswechselfestigkeit sinkt.
Für die Zug- und Druckbeanspruchung ist $K_2 = 1$.
Für Biegungs- und Torsionsbeanspruchungen berechnet sich K_2 aus:

$$K_2 = 1 - 0{,}2 \cdot \lg\left(\frac{\lg\left(\dfrac{d}{7{,}5 \text{ mm}}\right)}{\lg 20}\right) \quad \begin{array}{c|c} K_2 & d \\ \hline 1 & \text{mm} \end{array} \quad (19)$$

Bei Kreisringquerschnitten ist d der Außendurchmesser.

Einflussfaktor der Oberflächenrauheit $K_{F\sigma}, K_{F\tau}$
Dieser Faktor berücksichtigt den Einfluss der Oberflächen-Rauheit auf die Dauerfestigkeit von Wellen und Achsen.
Für die Zug-, Druck- oder Biegebeanspruchung gilt:

$$K_{F\sigma} = 1 - 0{,}22 \cdot \lg\left(\frac{R_Z}{\mu m}\right) \cdot \left[\lg\left(\frac{R_m}{20 \frac{N}{\text{mm}^2}}\right) - 1\right] \quad (20)$$

$$\begin{array}{c|c|c} K_{F\sigma}, K_{F\tau} & R_m & R_Z \\ \hline 1 & \frac{N}{\text{mm}^2} & \mu m \end{array}$$

R_m Zugfestigkeit, $R_m \leq 2000 \frac{N}{\text{mm}^2}$; R_Z gemittelte Rautiefe

Für die Torsionsbeanspruchung gilt:

$$K_{F\tau} = 0{,}575\, K_{F\sigma} + 0{,}425 \quad (21)$$

Einflussfaktor der Oberflächenverfestigung K_V
Dieser Faktor berücksichtigt in Abhängigkeit vom Wellen- bzw. Achsendurchmesser bei einem *gekerbten* Probestab Veränderungen von Spannung und Härte, z.B. durch Nitrieren oder Kugelstrahlen, an der Wellen- oder Achsenoberfläche (siehe DIN 743-2, Seite 13).

Nitrieren:
Für d = 8 mm bis 25 mm: K_V = 1,15 ... 1,25
Für d = 25 mm bis 40 mm: K_V = 1,10 ... 1,15
Einsatzhärten:
Für d = 8 mm bis 25 mm: K_V = 1,20 ... 2,10
Für d = 25 mm bis 40 mm: K_V = 1,10 ... 1,50
Kugelstrahlen:
Für d = 8 mm bis 25 mm: K_V = 1,10 ... 1,30
Für d = 25 mm bis 40 mm: K_V = 1,10 ... 1,20

Einflussfaktor Kerbwirkung $\beta_{\sigma, \tau}$
Richtwerte für Kerbwirkungszahlen siehe Festigkeitslehre. Genauere und umfangreichere Werte in DIN 743-2.
Kerbwirkungszahlen für Welle-Nabe-Verbindungen werden errechnet aus

$$\beta_\sigma \approx 3{,}0 \cdot \left(\frac{R_m}{1000 \frac{N}{\text{mm}^2}}\right)^{0{,}38} \quad \begin{array}{c|c} \beta_{\sigma, \tau} & R_m \\ \hline 1 & \frac{N}{\text{mm}^2} \end{array} \quad (22)$$

$$\beta_\sigma \approx 0{,}56 \cdot \beta_\sigma + 0{,}1 \quad (23)$$

Aus den vier Einflussfaktoren K_V, K_2, K_F und β wird je nach Beanspruchungsart ein Gesamteinflussfaktor $K_{\sigma,\tau}$ gebildet.
Für Zug-, Druck- oder Biegebeanspruchung gilt:

$$K_\sigma = \left(\frac{\beta_\sigma}{K_2} + \frac{1}{K_{F\sigma}} - 1\right) \cdot \frac{1}{K_V} \quad (24)$$

Für Torsionsbeanspruchung gilt:

$$K_\tau = \left(\frac{\beta_\tau}{K_2} + \frac{1}{K_{F\tau}} - 1\right) \cdot \frac{1}{K_V} \quad (24)$$

Mit den Gleichungen für die Bauteil-Wechselfestigkeiten $\sigma_{z,d,bWK}$ und τ_{tWK} können nun die Gleichungen für die Gestaltfestigkeit definiert werden:

Bauteil-Wechselfestigkeit für Zug- und Druckbeanspruchung $\sigma_{z,dWK}$:

$$\sigma_{z,dWK} = \frac{0{,}4 \cdot R_m \cdot K_1}{K_\sigma} \qquad (26)$$

Bauteil-Wechselfestigkeit für Biegebeanspruchung σ_{bWK}:

$$\sigma_{bWK} = \frac{0{,}5 \cdot R_m \cdot K_1}{K_\sigma} \qquad (27)$$

$\sigma_{z,dWK}$, σ_{bWK}	R_m	$K_1, K_{\sigma,\tau}$
$\frac{N}{mm^2}$	$\frac{N}{mm^2}$	1

Bauteil-Wechselfestigkeit für Biegebeanspruchung τ_{tWK}:

$$\sigma_{tWK} = \frac{0{,}3 \cdot R_m \cdot K_1}{K_\tau} \qquad (28)$$

Bei der Berechnung der Bauteil-Wechselfestigkeit ist der Größeneinflussfaktor K_1 nach Gleichung (15) zu bestimmen.

Die Gestaltfestigkeit (Gleichungen (34) bis (36)) ergibt sich als Funktion aus der Bauteil-Wechselfestigkeit (Gleichungen (26) bis (28)), den Einflussfaktoren der Mittelspannungsempfindlichkeit $\psi_{z,d,b,\tau K}$ nach den Gleichungen (29) bis (31) und der Vergleichsmittelspannung σ_{mv} bzw. τ_{mv} nach den Gleichungen (32) und (33).

Faktor der Mittelspannungsempfindlichkeit für Zug- und Druckbeanspruchung $\psi_{z,dK}$:

$$\psi_{z,d,K} = \frac{\sigma_{z,dWK}}{2 \cdot K_1 \cdot R_m - \sigma_{z,dWK}} \qquad (29)$$

$\sigma_{z,dWK}$, σ_{bWK}, $\psi_{z,d,b,\tau K}$	R_m	$K_1, K_{\sigma,\tau}$
$\frac{N}{mm^2}$	$\frac{N}{mm^2}$	1

Faktor der Mittelspannungsempfindlichkeit für Biegebeanspruchung ψ_{bK}:

$$\psi_{b,K} = \frac{\sigma_{bWK}}{2 \cdot K_1 \cdot R_m - \sigma_{bWK}} \qquad (30)$$

Faktor der Mittelspannungsempfindlichkeit für Torsionsbeanspruchung $\psi_{\tau K}$:

$$\psi_{tK} = \frac{\tau_{tWK}}{2 \cdot K_1 \cdot R_m - \tau_{tWK}} \qquad (31)$$

Die Vergleichsmittelspannung σ_{mv} bzw. τ_{mv} ergibt sich als Funktion aus der Bauteil-Fließgrenze und der Mittelspannungsempfindlichkeit.

Vergleichsmittelspannung σ_{mv}:

$$\sigma_{mv} = \frac{(K_1 \cdot K_{2F} \cdot \gamma_F \cdot R_e) - \sigma_{z,d,bWK}}{1 - \psi_{z,d,bWK}} \qquad (32)$$

Vergleichsmittelspannung τ_{mv}

$$\sigma_{mv} = \frac{\frac{(K_1 \cdot K_{2F} \cdot \gamma_F \cdot R_e)}{\sqrt{3}} - \tau_{tWK}}{1 - \psi_{tWK}} \qquad (33)$$

K_1 Technologischer Größeneinflussfaktor nach Gleichung (16)
K_{2F} Faktor für die statische Stützwirkung; bei einer Vollwelle für Biegung und Torsion ist K_{2F} = 1,2, bei einer Hohlwelle für Biegung und Torsion ist K_{2F} = 1,05
γ_F Erhöhungsfaktor der Fließgrenze R_e; für Biegebeanspruchung ist γ_F = 1,1, für Torsionsbeanspruchung ist γ_F = 1,0

Gestaltfestigkeit für Zug- und Druckbeanspruchung $\sigma_{z,d,ADK}$:

$$\sigma_{z,d,ADK} = \sigma_{z,dWK} - \psi_{z,dK} \cdot \sigma_{mv} \qquad (34)$$

Gestaltfestigkeit für Biegebeanspruchung σ_{bADK}:

$$\sigma_{bdADK} = \sigma_{bWK} - \psi_{bK} \cdot \sigma_{mv} \qquad (35)$$

Gestaltfestigkeit für Torsionsbeanspruchung τ_{tADK}:

$$\tau_{tADK} = \tau_{tWK} - \psi_{tK} \cdot \tau_{mv} \qquad (36)$$

10.8.2 Sicherheitsnachweis gegen Fließgrenze

Treten Zug-, Druck-, Biege- und Torsionsbeanspruchungen gleichzeitig auf, ergibt sich die vorhandene Sicherheit S aus:

$$S = \frac{1}{\sqrt{\left(\frac{\sigma_{z,d\,max}}{\sigma_{z,dFK}} + \frac{\sigma_{b\,max}}{\sigma_{bFK}}\right)^2 + \left(\frac{\tau_{t\,max}}{\tau_{tFK}}\right)^2}} \qquad (37)$$

$\sigma_{z,dmax}$, σ_{bmax}, τ_{tmax} vorhandene Maximalspannungen infolge der Betriebsbelastung. $\sigma_{z,dFK}$, σ_{bFK}, τ_{FK} Bauteil-Fließgrenze für die jeweilige Beanspruchung. Bei reiner Biegebeanspruchung wird die Sicherheit S:

$$S = \frac{\sigma_{bFK}}{\sigma_{bmax}}$$

S	σ_{bmax}	σ_{bFK}
1	$\frac{N}{mm^2}$	$\frac{N}{mm^2}$

(38)

Bei reiner Torsionsbeanspruchung wird die Sicherheit S:

$$S = \frac{\tau_{t\,FK}}{\tau_{t\,max}}$$

S	$\tau_{t\,max}$	$\tau_{t\,FK}$
1	$\frac{N}{mm^2}$	$\frac{N}{mm^2}$

(38)

10.8.2.1 Ermittlung der Bauteil-Fließgrenze $\sigma_{z,b,dFK}$ und $\tau_{t\,FK}$:

Da man nicht davon ausgehen kann, dass die auf das konkrete Bauteil bezogene Streckgrenze bekannt ist, kann die Bauteil-Fließgrenze aus der für den verwendeten Werkstoff abgeleiteten Streckgrenze R_e bzw. $R_{po,2}$ und einem Größenfaktor K_1 bestimmt werden. Bauteil-Fließgrenze für Zug-, Druck- und Biegebeanspruchung $\sigma_{z,bFK}$:

$$\sigma_{z,b,dFK} = K_1 \cdot K_{2F} \cdot \gamma_F \cdot R_e \quad (40)$$

Bauteil-Fließgrenze für Torsionsbeanspruchung $\tau_{t\,FK}$

$$\tau_{tFK} = \frac{(K_1 \cdot K_2 \cdot \gamma_F \cdot R_e)}{\sqrt{3}}$$

$\sigma_{z,d,bFK}$, $\tau_{t\,FK}$	R_e	K_1, K_{2F}, γ_F
$\frac{N}{mm^2}$	$\frac{N}{mm^2}$	$\frac{N}{mm^2}$

(41)

K_1 Technologischer Größeneinflussfaktor K_1 nach Gleichung (16)
K_{1F} Faktor für die statische Stützwirkung; bei einer Vollwelle für Biegung und Torsion ist $K_{2F} = 1{,}2$ bei einer Hohlwelle für Biegung und Torsion ist $K_{2F} = 1{,}05$
γ_F Erhöhungsfaktor der Fließgrenze R_e, für Biegebeanspruchung ist $\gamma_F = 1{,}1$, für Torsionsbeanspruchung ist $\gamma_F = 1{,}0$
R_e Streckgrenze nach DIN 743-3. Bei gehärteter Randschicht gelten die Werte für den weicheren Kern.

■ **Beispiel**
Für das Beispiel der Berechnung der Antriebswelle eines Becherwerkes auf (Unterkapitel 7.2) sollen die Sicherheiten gegen Überschreiten der Dauerfestigkeit und der Fließgrenze ermittelt werden.

Wellenwerkstoff E295 mit $R_m = 490 \frac{N}{mm^2}$ und $R_e = 295 \frac{N}{mm^2}$ nicht vergütet; errechneter Wellendurchmesser $d_{eff} = d = 90$ mm (keine Wärmebehandlung vorgesehen) Nuttiefe $t_1 = 9$ mm
Oberflächenrauheit $R_Z = 6{,}3$ μm
Beanspruchungsarten Biegung und Torsion

Ermittlung der Sicherheit gegen Überschreiten der Dauerfestigkeit

1. Schritt – Berechnung des Größeneinflussfaktors K_1 nach Gleichung (15):

$$K_1 = 1 - 0{,}23 \cdot \lg\left(\frac{d_{eff}}{100\ mm}\right) =$$

$$= 1 - 0{,}23 \cdot \lg\left(\frac{90\ mm}{100\ mm}\right) = 1{,}011 \approx 1$$

2. Schritt – Berechnung des geometrischen Einflussfaktors K_2 nach Gleichung (19):

$$K_2 = 1 - 0{,}2 \cdot \lg\left(\frac{\lg\left(\frac{d}{7{,}5\ mm}\right)}{\lg 20}\right) = 1 - 0{,}2 \cdot \lg\left(\frac{\lg\left(\frac{90\ mm}{7{,}5\ mm}\right)}{\lg 20}\right) =$$

$$= 0{,}834$$

3. Schritt – Ermittlung des Einflussfaktors der Oberflächenverfestigung K_V:
Da die Antriebswelle des Becherwerkes nicht oberflächenbehandelt wird, entfällt K_V ($K_V = 1$ gesetzt).

4. Schritt – Ermittlung des; Einflussfaktors der Oberflächenrauheit K_F nach Gleichung (20) und (21):

$$K_{F\sigma} = 1 - 0{,}22 \cdot \lg\left(\frac{R_Z}{\mu m}\right) \cdot \left[\lg\left(\frac{R_m}{20\frac{N}{mm^2}}\right) - 1\right] =$$

$$= 1 - 0{,}22 \cdot \lg\left(\frac{6{,}3\mu m}{\mu m}\right) \cdot \left[\lg\left(\frac{490\frac{N}{mm^2}}{20\frac{N}{mm^2}}\right) - 1\right] = 0{,}93$$

$$K_{F\tau} = 0{,}575 \cdot K_{F\sigma} + 0{,}425 = 0{,}575 \cdot 0{,}93 + 0{,}425 = 0{,}96$$

5. Schritt – Ermittlung des Einflussfaktors Kerbwirkung β für Welle-Nabe-Verbindungen nach den Gleichungen (22) und (23):

$$\beta_\sigma \approx 3{,}0 \left(\frac{R_m}{1000\frac{N}{mm^2}}\right)^{0{,}38} \approx 3{,}0 \cdot \left(\frac{490\frac{N}{mm^2}}{1000\frac{N}{mm^2}}\right)^{0{,}38} = 2{,}3$$

$$\beta_\tau = 0{,}56 \cdot 2{,}3 + 0{,}1 = 1{,}4$$

6. Schritt – Ermittlung des Gesamteinflussfaktors $K_{\sigma,\tau}$ nach den Gleichungen (24) und (25):

$$K_\sigma = \left(\frac{\beta_\sigma}{K_2} + \frac{1}{K_{F\sigma}} - 1\right) \cdot \frac{1}{K_V} = \left(\frac{2{,}3}{0{,}834} + \frac{1}{0{,}93} - 1\right) \cdot \frac{1}{1} = 2{,}83$$

$$K_\tau = \left(\frac{\beta_\tau}{K_2} + \frac{1}{K_{F\tau}} - 1\right) \cdot \frac{1}{K_V} = \left(\frac{1{,}4}{0{,}834} + \frac{1}{0{,}86} - 1\right) \cdot \frac{1}{1} = 1{,}72$$

7. Schritt – Berechnung der Bauteil-Wechselfestigkeit σ_{bWK} und τ_{tWK} nach den Gleichungen (27) und (28):

$$\sigma_{bWK} = \frac{0,5 \cdot R_m \cdot K_1}{K_\sigma} = \frac{0,5 \cdot 490 \frac{N}{mm^2} \cdot 1}{2,83} = 86,6 \frac{N}{mm^2}$$

$$\tau_{tWK} = \frac{0,3 \cdot R_m \cdot K_1}{K_\tau} = \frac{0,3 \cdot 490 \frac{N}{mm^2} \cdot 1}{1,72} = 85,5 \frac{N}{mm^2}$$

8. Schritt – Berechnung des Faktors der Mittelspannungsempfindlichkeit $\psi_{b,tK}$ den Gleichungen (30) und (31):

$$\psi_{bK} = \frac{\sigma_{bWK}}{2 \cdot K_1 \cdot R_m - \sigma_{bWK}} = \frac{86,6 \frac{N}{mm^2}}{2 \cdot 1 \cdot 490 \frac{N}{mm^2} - 86,6 \frac{N}{mm^2}} = 0,1$$

$$\psi_{tK} = \frac{\tau_{tWK}}{2 \cdot K_1 \cdot R_m - \tau_{tWK}} = \frac{85,5 \frac{N}{mm^2}}{2 \cdot 1 \cdot 490 \frac{N}{mm^2} - 85,5 \frac{N}{mm^2}} = 0,1$$

9. Schritt – Berechnung der Vergleichsmittelspannungen σ_{mv} und τ_{mv} nach den Gleichungen (32) und (33):

$$\sigma_{mv} = \frac{(K_1 \cdot K_{2F} \cdot \gamma_F \cdot R_e) - \sigma_{z,d,b,WK}}{1 - \psi_{z,d,bWK}} =$$

$$= \frac{\left(1 \cdot 1,2 \cdot 1,1 \cdot 295,5 \frac{N}{mm^2}\right) - 86,6 \frac{N}{mm^2}}{1 - 0,1} = 336 \frac{N}{mm^2}$$

$$\tau_{mv} = \frac{\frac{(K_1 \cdot K_{2F} \cdot \gamma_F \cdot R_e)}{\sqrt{3}} - \tau_{tWK}}{1 - \psi_{tWK}} =$$

$$= \frac{\left(1 \cdot 1,2 \cdot 1,1 \cdot 295,5 \frac{N}{mm^2}\right) - 85,5 \frac{N}{mm^2}}{1 - 0,1} = 132 \frac{N}{mm^2}$$

10. Schritt – Berechnung der tatsächlich wirkenden Biege- und Torsionsspannungen σ_{vorh} und τ_{tvorh}:

$$\sigma_{vorh} = \frac{M_b}{W} = \frac{319 \cdot 10^4 \, Nmm}{0,1 \cdot 90^3 \, mm^3} = 43,8 \frac{N}{mm^2}$$

$$\tau_{tvorh} = \frac{M_t}{W_p} = \frac{78,8 \cdot 10^4 \, Nmm}{0,2 \cdot 90^3 \, mm^3} = 5,4 \frac{N}{mm^2}$$

11. Schritt – Berechnung der vorhandenen Sicherheit S nach Gleichung (12):

$$S = \frac{1}{\sqrt{\left(\frac{\sigma_b}{\sigma_{bADK}}\right)^2 + \left(\frac{\tau_t}{\tau_{tADK}}\right)^2}} =$$

$$= \frac{1}{\sqrt{\left(\frac{43,8 \frac{N}{mm^2}}{53 \frac{N}{mm^2}}\right)^2 + \left(\frac{5,4 \frac{N}{mm^2}}{72,3}\right)^2}} = 1,21$$

$S = 1,21 > S_{min} = 1,15$

Ermittlung der Sicherheit gegen Überschreiten der Bauteil-Fließgrenze $S_{min} = 3$ (Vereinbarung)

1. Schritt – Berechnung der Bauteil-Fließgrenze für Biege- und Torsionsbeanspruchung σ_{bFK} und τ_{tFK} nach den Gleichungen (40) und (41):

$$\sigma_{bFK} = K_1 \cdot K_{2F} \cdot \gamma_F \cdot R_e = 1 \cdot 1,2 \cdot 1,1 \cdot 295 \frac{N}{mm^2} =$$

$$= 389,4 \frac{N}{mm^2}$$

$$\tau_{tFK} = \frac{(K_1 \cdot K_{2F} \cdot \gamma_F \cdot R_e)}{\sqrt{3}} = 1 \cdot 1,2 \cdot 1 \cdot 295 \frac{N}{mm^2} =$$

$$= 204,4 \frac{N}{mm^2}$$

2. Schritt – Berechnung der vorhandenen Sicherheit S nach Gleichung (37):

$$S = \frac{1}{\sqrt{\left(\frac{43,8 \frac{N}{mm^2}}{389,4 \frac{N}{mm^2}}\right)^2 + \left(\frac{5,4 \frac{N}{mm^2}}{204,4 \frac{N}{mm^2}}\right)^2}} = 8,65$$

$S = 8,65 > S_{min} = 3$

11 Nabenverbindungen

11.1 Übersicht

Die Hauptaufgabe einer Welle ist das Weiterleiten von Drehmomenten. Das geschieht über aufgesetzte Maschinenelemente wie Zahnräder, Riemenscheiben, Kupplungsscheiben, Hebel aller Art und andere Bauteile. Das Verbindungssystem zwischen der Welle und dem angeschlossenen Maschinenelement zur Weiterleitung des Drehmoments heißt *Nabenverbindung*. Die Nabe ist der Teil des Zahnrads, der Scheibe oder des Hebels, der die Drehmomentenübernahme von der Welle zu gewährleisten hat. Technische Bauteile können Kräfte und Drehmomente durch den Reibungseffekt zwischen festen Körpern, durch das Ineinandergreifen der beteiligten Bauteile oder durch einen verbindenden Stoff erhalten (Klebstoffe aller Art). Lässt man die Klebverbindungen außer Acht, kann man die Vielzahl der inzwischen gängigen Elemente zum Verbinden von Welle und Nabe in zwei Gruppen.

Die eine Gruppe umfasst alle Nabenverbindungen, die durch *Haftreibung* zwischen Welle und Nabe das zu übertragende Drehmoment weiterleiten. Das sind die *kraftschlüssigen* oder reibschlüssigen Verbindungen. Zur zweiten Gruppe gehören diejenigen Nabenverbindungen, bei denen Welle und angeschlossenes Bauteil ineinander greifen. Das sind *die formschlüssigen* Verbindungen.

Die bekanntesten *kraftschlüssigen* Nabenverbindungen sind: zylinderische oder keglige Pressverbindungen (Presssitzverbindungen), Klemmsitzverbindungen, Keilsitzverbindungen und Spannverbindungen.

Zu den *formschlüssigen* Nabenverbindungen gehören: Stiftverbindungen, Passfederverbindungen und Profilwellenverbindungen.
Eine Übersicht mit Anwendungsbeispielen geben die Tabellen 1 und 2.

Tabelle 1. Kraftschlüssige (reibschlüssige) Nabenverbindungen (Beispiele)

Hauptvorteil; Spielfreie Übertragung wechselnder Drehmomente		
zylindrischer Pressverband	Pressverband (Presssitzverbindung)	Vorwiegend für nicht zu lösende Verbindung und zur Aufnahme großer, wechselnder und stoßartiger Drehmomente und Axialkräfte: *Verbindungsbeispiele:* Riemenscheiben, Zahnräder, Kupplungen, Schwungräder im Großmaschinenbau, aber auch in der Feinwerktechnik. Ausführung als Längs- und Querpressverband (Schrumpfverbindung). Besonders wirtschaftliche Verbindungsart.
kegliger Pressverband (Wellenkegel) / kegliger Pressverband (Kegelbuchse)	Pressverband (Presssitzverbindung)	Leicht lösbare und in Drehrichtung nachstellbare Verbindung auf dem Wellenende zur Aufnahme großer, wechselnder und stoßartiger Drehmomente. *Verbindungsbeispiele:* Wie beim zylindrischen Pressverband, außerdem bei Werkzeugen und in den Spindeln von Werkzeugmaschinen und bei Wälzlagern mit Spannhülse und Abziehhülse. Wegen der Herstellwerkzeuge und der Lehren möglichst genormte Kegel verwenden (siehe keglige Wellenenden mit Kegel 1 : 10. Die Naben werden durch Schrauben oder Muttern aufgepresst, die Werkzeuge durch die Axialkraft beim Fertigen (zum Beispiel Bohrer). Kegelbuchsen sind meist geschlitzt.
geteilte Nabe	Klemmsitzverbindung	Leicht lösbare und in Längs- und Drehrichtung nachstellbare Verbindung zur Aufnahme wechselnder kleinerer Drehmomente. Bei größerer Drehmomentenaufnahme werden zusätzlich Passfedern oder Tangentkeile angebracht. *Verbindungsbeispiele:* Riemen- und Gurtscheiben, Hebel auf glatten Wellen. Die Nabe ist geschlitzt oder geteilt.
Einlegekeil	Keilsitzverbindung	Lösbare Verbindung zur Aufnahme wechselnder Drehmomente. Kleinere Drehmomentenaufnahme beim Flach- und Hohlkeil, große und stoßartige Drehmomentenaufnahme beim Tangentkeil. Die Keilneigung beträgt meistens 1 : 100. *Verbindungsbeispiele:* Schwere Scheiben, Räder und Kupplungen im ger- und im Landmaschinenbau, insgesamt bei schwererem und rauem Betrieb. Die Verbindung mit dem Hohlkeil ist nachstellbar.
Ringfederspannelement	Ringfederspannverbindung	Leicht lösbare und in Längs- und Drehrichtung nachstellbare Verbindung zur Aufnahme großer, wechselnder und stoßartiger Drehmomente. Das übertragbare Drehmoment ist abhängig von der Anzahl der Spannelemente. Hierzu sind die Angaben der Herstellerfirmen zu beachten, zum Beispiel Fa. Ringfeder GmbH, Krefeld-Uerdingen.

Tabelle 2. Formschlüssige Nabenverbindungen (Beispiele)

Hauptvorteil: Lagesicherung		
Querstiftverbindung / Längsstiftverbindung	Stiftverbindung	Lösbare Verbindung zur Aufnahme meist richtungskonstanter kleinerer Drehmomente. *Verbindungsbeispiele:* Bunde an Wellen, Stellringe, Radnaben, Hebel, Buchsen. Verwendet werden Kegelstifte nach DIN 1 mit Kegel 1 : 50, Zylinderstifte nach DIN 7, für hochbeanspruchte Teile auch gehärtete Zylinderstifte nach DIN 6325. Hinzu kommen Kerbstifte und Spannhülsen.
Einlegepassfeder	Passverbindung	Leicht lösbare und verschiebbare Verbindung zur Aufnahme richtungskonstanter Drehmomente. *Verbindungsbeispiele:* Riemenscheiben, Kupplungen, Zahnräder. Gagen axiales Verschieben ist eine zusätzliche Sicherung vorzusehen (Wellenbund, Axialsicherungsring). *Gleitpassfedern* werden zum Beispiel bei Verschieberädern in Getrieben verwendet.
Polygonprofil / Kerbzahnprofil / Vielnutprofil	Profilwellenverbindung	Profil Wellenverbindungen sind Formschlussverbindungen für hohe und höchste Belastungen. Das *Polygonprofil* ist nicht genormt. Hierzu sind die Angaben der Hersteller zu verwenden, zum Beispiel: Fortuna-Werke, Stuttgart-Bad Cannstadt oder Fa. Manurhin, Mühlhausen (Elsaß). Das *Kerbzahnprofil* ist nach DIN 5481 genormt. Die Verbindung ist leicht lösbar und feinverstellbar. Verwendung zum Beispiel bei Achsschenkeln und Drehstabfedern an Kraftfahrzeugen. Ein Sonderfall ist die Stirnverzahnung (Hirthverzahnung) als Plan-Kerbverzahnung. Hersteller: A. Hirth AG, Stuttgart-Zuffenhausen. Das *Vielnutprofil* ist als „Keilwellenprofil" genormt. Die Bezeichnung „Keilwellenprofil" ist irreführend, weil die Wirkungsweise der Passfederverbindung (Formschluss) entspricht, nicht aber der Keilverbindung. Die Verbindung ist leicht lösbar und verschiebbar. Verwendung zum Beispiel bei Verschieberädergetrieben, bei Kraftfahrzeugkupplungen und Antriebswellen von Fahrzeugen.

11.2 Zylindrische Pressverbände

Normen (Auswahl)

DIN 7190   Berechnung und Anwendung von Pressverbänden
DIN 4766   Ermittlung der Rauheitsmessgrößen R_a, R_z, R_{max}

11.2.1 Begriffe bei Pressverbänden

Der Pressverband ist eine kraftschlüssige (reibschlüssige) Nabenverbindung ohne zusätzliche Bauteile wie Passfedern und Keile.
Außenteil (Nabe) und Innenteil (Welle) erhalten eine Presspassung, sie haben also vor dem Fügen immer ein Übermaß $P_ü$ Nach dem Fügen stehen sie unter einer Normalspannung σ mit der Fugenpressung p_F in der Fuge.
Bei der Presspassung ist stets ein Übermaß $P_ü$ vorhanden. Das Höchstmaß der Bohrung G_o ist also stets kleiner als das Mindestmaß der Welle G_u ($G_o < G_u$). Zur Presspassung zählt auch der Fall $P_ü = 0$.

Herstellen von Pressverbänden (Fügeart)

- durch Einpressen (Längseinpressessen des Innenteils): Längspressverband
- durch Erwärmen des Außenteils (Schrumpfen des Außenteils) ⎫
- durch Unterkühlen des Innenteils (Dehnen des Innenteils) ⎬ Querpressverbände
- durch hydraulisches Fügen und Lösen (Dehnen des Außenteils) ⎭

Durchmesserbezeichnungen und Fugenlänge l_F

d_F Fugendurchmesser (ungefähr gleich dem Nenndurchmesser der Passung)
d_{Ii} Innendurchmesser des Innenteils I (Welle)
d_{Ia} Außendurchmesser des Innenteils I, $d_{Ia} \approx d_F$
d_{Aa} Außendurchmesser des Außenteils A
d_{Ai} Innendurchmesser des Außenteils A (Nabe), $d_{Ai} \approx d_F$
l_F Fugenlänge ($l_F < 1{,}5\, d_F$)

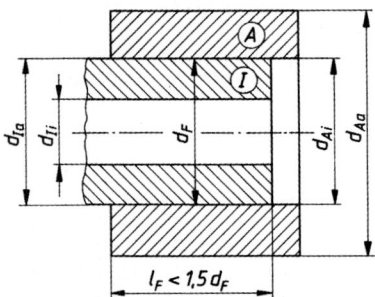

Durchmesserverhältnis Q

$$Q_A = \frac{d_F}{d_{Aa}} < 1$$

$$Q_I = \frac{d_{Ii}}{d_F} < 1$$

Übermaß $P_ü$ ist die Differenz des Außendurchmessers des Innenteils I und des Innendurchmessers des Außenteils A:

$$P_ü = d_{Ia} - d_{Ai}$$

Glättung G ist der Übermaß Verlust $\Delta P_ü = G$, der beim Fügen durch Glätten der Fugeflächen auftritt:

$$G \approx 0{,}8\,(R_{zAi} + R_{zIa}) \qquad R_z \text{ gemittelte Rautiefe nach DIN 4768 Teil 1}$$

Wirksames Übermaß Z (Haftmaß) ist das um $G = \Delta P_ü$ verringerte Übermaß, also das Übermaß nach dem Fügen:

$$Z = P_ü - G$$

Fugenpressung p_F ist die nach dem Fügen in der Fuge auftretende Flächenpressung.

Fasenlänge l_e **und Fasenwinkel** φ

$$l_e = \sqrt[3]{d_F}$$

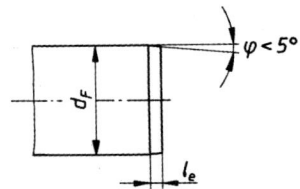

11.2.2 Zusammenstellung der Berechnungsformeln für zylindrische Pressverbände

11.2.2.1 Erforderliche Fugenpressung p_F

Die Fugenpressung p_F zwischen Außenteil (Nabe) und Innenteil (Welle) ist gleichmäßig über der Fugenfläche $A_F = \pi\, d_F\, l_F$ verteilt. Wie bei der Flächenpressung p (Abschnitt D Festigkeitslehre 2.6) ergibt sich die Normalkraft $F_N = p_F A_F = p_F\, \pi\, d_F\, l_F$. Im Hinblick auf die Haftkraft F_H kann sie an jedem beliebigen Punkt des Kreisumfangs angesetzt werden, beispielsweise so, wie es das folgende Bild zeigt.

11 Nabenverbindungen

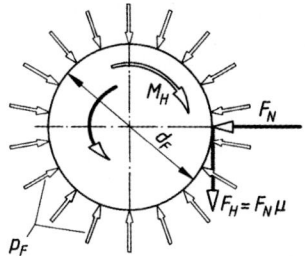

M Drehmoment, M_H Haftmoment
F_N Normalkraft, F_H Haftkraft (Reibkraft)

Als Reibkraft ist die Haftkraft $F_H = F_N \mu = p_F \pi d_F l_F \mu$

Das Haftmoment ergibt sich aus $M_H = F_H d_F/2$. Es wirkt dem eingeleiteten Drehmoment M entgegen und muss mindestens gleich dem zu übertragenden Drehmoment sein ($M_H \geq M$). Zusammenfassend führt diese Entwicklung zu einer Gleichung für die erforderliche Fugenpressung p_F:

$$M_H = F_H \frac{d_F}{2} = \frac{\pi}{2} p_F d_F^2 l_F \mu \geq M$$

$$p_F \geq \frac{2M}{\pi d_F^2 l_F \mu} \leq p_{zul} \qquad (1)$$

p_F	M	d_F, l_F	μ
$\frac{N}{mm^2}$	Nmm	mm	1

Das Drehmoment M in Nmm kann aus der Wellenleistung P in kW und der Wellendrehzahl n in min^{-1} berechnet werden. Die zulässige Flächenpressung p_{zul} wird aus der Elastizitätsgrenze R_e, der 0,2-Dehngrenze $R_{p\,0,2}$ oder der Zugfestigkeit R_m ermittelt. Sie kann ebenso wie der Haftbeiwert μ den folgenden Zusammenstellungen entnommen werden:

Anhaltswerte für p_{zul}

Belastung	Stahl	Gusseisen
ruhend und schwellend	$p_{zul} = \frac{R_e}{1,5}$	$p_{zul} = \frac{R_e}{3}$
wechselnd und stoßartig	$p_{zul} = \frac{R_e}{2,5}$	$p_{zul} = \frac{R_e}{4}$

R_e (oder $R_{p\,0,2}$) sowie R_m aus den Dauerfestigkeitsdiagrammen (Abschnitt D-Festigkeitslehre Tabelle 7).

Haftbeiwert μ und Rutschbeiwert μ_e (Mittelwerte)

Der Rutschbeiwert μ_e wird zur Berechnung der Einpresskraft F_e gebraucht.

Längspressverband

Werkstoffe Welle/Nabe	Haftbeiwert μ trocken	Rutschbeiwert μ_e geschmiert
Stahl/Stahl Stahl/Stahlguss	0,1 (0,1)	0,08 (0,06)
Stahl/Gusseisen	0,12 (0,1)	0,06
Stahl/Guss	0,07 (0,03)	0,05

Querpressverband

Werkstoffe, Fügeart, Schmierung		Haftbeiwert μ
Stahl/Stahl	hydraulisches Fügen, Mineralöl	
Stahl/Stahl	hydraulisches Fügen, entfettete Fügeflächen,	0,12
Stahl/Stahl	Glyzerin aufgetragen	0,18
Stahl/Gusseisen	Schrumpfen des Außenteils	0,14
Stahl/Gusseisen	hydraulisches Fügen, Mineralöl	0,1
	hydraulisches Fügen, entfettete Fügeflächen	0,16

11.2.2.2 Formänderungs-Hauptgleichung für Pressverbände

Die folgende Gleichung beschreibt die Formänderung von zwei Hohlzylindern unterschiedlicher Werkstoffe (Hohlwelle und Nabe), die durch Presssitz miteinander verbunden sind.

$$Z = p_F d_F \left[\frac{1}{E_A}\left(\frac{1+Q_A^2}{1-Q_A^2} + v_A\right) + \frac{1}{E_I}\left(\frac{1+Q_I^2}{1-Q_I^2} - v_I\right) \right]$$

(2)

Z, d_F	p_F, E_A, E_I	Q_A, Q_I, v_A, v_I
mm	$\frac{N}{mm^2}$	1

Z \qquad wirksames Übermaß nach dem Fügen (auch Haftmaß genannt)
p_F \qquad Fugenpressung (Flächenpressung in den Fügeflächen)
l_F \qquad Fugenlänge
E_A, E_I \qquad Elastizitätsmodul des Außenteil; A (Nabe) und des Innenteils I (Welle)
v_A, v_I \qquad Querdehnzahl des Außenteils A (Nabe) und des Innenteils I (Welle)
Q_A, Q_I, \qquad Durchmesserverhältnis: $Q_A = d_F/d_{Aa} < 1$
$Q_I = d_{Ii}/d_F < 1$

Die Querdehnzahl v ist das Verhältnis der Querdehnung ε_q eines zugbeanspruchten Stabes zur Längsdehnung ε ($v = \varepsilon_q/\varepsilon$) und hat somit die Einheit 1 (siehe Festigkeitslehre 1.5). Die Querdehnung ist stets kleiner als die Längsdehnung, folglich ist stets $v < 1$ (Beispiel: $v_{stahl} \approx 0,3$). Nach DIN 1304 steht der griechische Buchstabe μ sowohl für die Querdehnzahl als auch für die Reibungszahl an erster Stelle. Zur Unterscheidung wird hier der Buchstabe v für die Querdehnzahl verwendet. Er wird in DIN 1304 als zweites Formelzeichen vorgeschlagen.

Elastizitätsmodul E und Querdehnzahl v (Mittelwerte):

Werkstoff	Elastizitätsmodul E $\frac{N}{mm^2}$	Querdehnzahl v Einheit 1
Stahl	210 000	0,3
EN-GJL-200	105 000	0,25
EN-GJS-500-7	150 000	0,28
Bronze, Cu-Leg.	80 000	0,35
Al.-Legierungen	70 000	0,33

11.2.2.3 Formänderungsgleichungen für Pressverbände mit Vollwelle

Setzt sich der Pressverband aus *Vollwelle* und Nabe zusammen, dann wird das Durchmesserverhältnis $Q_I = d_{Ii}/d_F = 0$, weil der Innendurchmesser du des Innenteils (Welle) gleich null ist. Bei unterschiedlichen Werkstoffen beider Verbindungselemente vereinfacht sich Gleichung (2) mit $Q_{Ii} = 0$ und man erhält für das *wirksame Übermaß Z* die Form:

$$Z = p_F d_F \left[\frac{1}{E_A}\left(\frac{1+Q_A^2}{1-Q_A^2} + v_A \right) + \frac{1}{E_I}(1-v_I) \right] \quad (3)$$

Z, d_F	p_F, E_A, E_I	Q_A, Q_I, v_A, v_I
mm	$\frac{N}{mm^2}$	1

Bestehen *Vollwelle* und Nabe aus gleich elastischen Werkstoffen, zum Beispiel aus Stahl, dann sind die Elastizitätsmoduln gleich groß ($E_A = E_I = E$) und die Formänderungs-Hauptgleichung (2) für das *wirksame Übermaß Z* vereinfacht sich weiter:

$$Z = \frac{2 p_F d_F}{E(1-Q_A^2)} \quad (4)$$

Z, d_F	p_F, E	Q_A
mm	$\frac{N}{mm^2}$	1

11.2.2.4 Übermaß $P_ü$ und Glättung G

Mit den Gleichungen (2) bis (4) kann je nach vorliegendem Fall das Übermaß Z errechnet werden, mit dem die zur Drehmomentenübertragung erforderliche Fugenpressung p_F erreicht wird. Nun wird beim Einpressen (Fügen;) der beiden Fügeteile die Oberfläche von Welle und Nabenbohrung geglättet, was zu einem Übermaßverlust $\Delta P_ü$ führt. Diese nur schätzbare *Glättung G* muss also dem gewünschten wirksamen Übermaß Z hinzugezählt werden, um das erforderliche *Übermaß P* einzuhalten:

$$P_ü = Z + G \quad (5)$$

gemessenes Übermaß vor dem Fügen = wirksames Übermaß (Haftmaß) + Glättung (Übermaßverlust $\Delta P_ü$ beim Fügen der Teile)

$$G = 0{,}8\,(R_{zAi} + R_{zIa}) \quad (6)$$

R_z gemittelte Rautiefe nach DIN 4166

Beispiele für G (Mittelwerte):

polierte Oberfläche $\quad G = 0{,}002$ mm = 2 µm
feingeschliffene Oberfläche $\quad G = 0{,}005$ mm = 5 µm
feingedrehte Oberfläche $\quad G = 0{,}010$ mm = 10 µm

11.2.2.5 Einpresskraft F_e

Beim Fügen des Pressverbands muss die Reibung F_R zwischen Innen- und Außenteil überwunden werden. Die Gleichungen für die Fugenfläche A-p und für die Reibkraft F_R wurden bereits in Kapitel 11.2.2.1 hergeleitet. Damit wird für die *Einpresskraft F_e*:

$$F_e = p_{Fg}\,\pi\,d_F\,l_F\,\mu_e \quad (7)$$

F_e	p_F	d_F, l_F	μ_e
N	$\frac{N}{mm^2}$	mm	1

p_{Fg} größte vorhandene Fugenpressung
d_F Fugendurchmesser
l_F Fugenlänge
μ_e Rutschbeiwert nach 11.2.2.1

Herleitung der Gleichung:
$F_R = F_N\,\mu_e$;
$F_N = p_{Fg}\,A_F$
$A_F = \pi\,d_F\,l_F$
$F_e = F_R = p_{Fg}\,\pi\,d_F\,l_F\,\mu_e$

11.2.2.6 Spannungsverteilung und Spannungsgleichungen

Das Spannungsbild zeigt die tatsächliche und die vereinfachte Spannungsverteilung im Innen- und Außenteil eines Pressverbands aus Hohlwelle und Nabe. Für Überschlagsrechnungen reicht es aus, eine gleichmäßige Spannungsverteilung über den Querschnitten anzunehmen.

11 Nabenverbindungen

Tangentialspannung σ_t		Radialspannung σ_r	
Außenteil	Innenteil	Außenteil	Innenteil
$\sigma_{t\,Ai} = p_F \dfrac{1+Q_A^2}{1-Q_A^2}$	$\sigma_{t\,Ii} = p_F \dfrac{2}{1-Q_I^2}$	$\sigma_{r\,Ai} = p_F$	$\sigma_{r\,Ii} = 0$
$\sigma_{t\,Aa} = p_F \dfrac{2Q_A^2}{1-Q_A^2}$	$\sigma_{t\,Ia} = p_F \dfrac{1+Q_A^2}{1-Q_A^2}$	$\sigma_{r\,Aa} = 0$	$\sigma_{r\,Ia} = p_F$

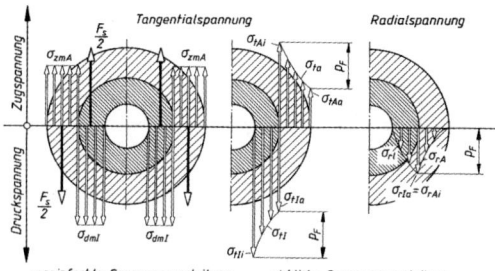

Spannungsbild eines Pressverbandes

σ_{zmA} mittlere tangentiale Zugspannung im Außenteil
σ_{dmI} mittlere tangentiale Druckspannung im Innenteil
F_S Nabensprengkraft
σ_{tA} Tangentialspannung im Außenteil
σ_{rA} Radialspannung im Außenteil
σ_{tI} Tangentialspannung im Innenteil
σ_{rI} Radialspannung im Innenteil

11.2.2.7 Mittlere tangentiale Zugspannung σ_{zmA} und Druckspannung σ_{dmI}

Bei Annahme einer gleichmäßigen Spannungsverteilung gilt die Zug- und die Druck-Hauptgleichung. Mit den Gleichungen für den jeweiligen Querschnitt und der Nabensprengkraft $F_S = p_F\, d_F\, l_F$ ergeben sich die folgenden Spannungsgleichungen:

$$\sigma_{zmA} = \frac{F_S}{A_{Nabe}} = \frac{p_F d_F l_F}{(d_{Aa} - d_{Ai}) l_F}$$

$$\sigma_{zmA} = \frac{p_F d_F}{d_{Aa} - d_{Ai}} \approx \frac{p_F d_F}{d_{Aa} - d_F} \qquad (9)$$

$$\sigma_{zmI} = \frac{F_S}{A_{Welle}} = \frac{p_F d_F l_F}{(d_F - d_{Ii}) l_F}$$

$$\sigma_{zmI} = \frac{p_F d_F}{d_F - d_{Ii}} \qquad (10)$$

Für die Vollwelle gilt mit $d_{Ii} = 0$:

$$\sigma_{zmI} = \frac{p_F d_F}{d_F - 0} = p_F \qquad (11)$$

11.2.2.8 Fügetemperatur Δt für Schrumpfen

$$\Delta t = \frac{P_{\ddot{u}} + P_S}{\alpha\, d_F} \qquad (12)$$

$$P_S \geq \frac{d_F}{1000} \qquad (13)$$

$P_{\ddot{u}}$ Größtübermaß in mm
P_S erforderliches Fügespiel in mm
α Längenausdehnungskoeffizient des Werkstoffs:
$\quad \alpha_{Stahl} = 11 \cdot 10^{-6}\ 1/°C$
$\quad \alpha_{Gusseisen} = 9 \cdot 10^{-6}\ 1/°C$

Herleitung einer Gleichung:
Mit dem Längenausdehnungskoeffizienten α in m/(m °C) = 1/°C beträgt die Verlängerung Δl eines Metallstabs der Ursprungslänge l_0 bei seiner Erwärmung um die Temperaturdifferenz Δt:

$$\Delta l = \alpha\, \Delta t\, l_0.$$

Für den Außenteil (Nabe) eines Pressverbands ist $\Delta l = P_{\ddot{u}} + P_S$ und $l_0 = d_F$. Damit wird analog zu $\Delta l = \alpha\, \Delta t\, l_0$:

$$P_{\ddot{u}} + P_S = \alpha\, \Delta t\, d_F$$

und daraus die obige Gleichung für Δt.

11.2.2.9 Festlegen der Presspassung

Bei Einzelfertigung führt man die Nabenbohrung aus und fertigt nach deren Istmaß die Welle für das errechnete Übermaß $P_{\ddot{u}}$. Bei Serienfertigung müssen größere Toleranzen zugelassen werden. Man muss also eine Presspassung festlegen. Eine Auswahl der ISO-Toleranzlagen und -Qualitäten zeigt Kapitel 1, Tabelle 4 für das im Maschinenbau übliche System der Einheitsbohrung.
Da sich kleinere Toleranzen bei Wellen leichter einhalten lassen als bei Bohrungen, wählt man zweckmäßig:

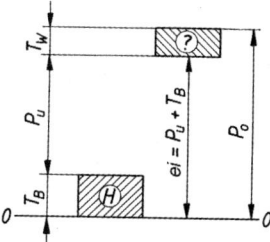

Bohrung H7 mit Wellen der Qualität 6
Bohrung H8 mit Wellen der Qualität 7 usw.

Liegt ein Toleranzfeld für die Bohrung fest zum Beispiel H7, findet man das Toleranzfeld für eine Welle folgendermaßen:

Das errechnete Übermaß wird gleich dem Kleinstübermaß P_u gesetzt und die Toleranz der Bohrung T_B addiert. Damit hat man das vorläufige untere Abmaß ei der Welle:

$ei = P_u + T_B$
$P_u = P_ü$

Mit diesem Wert geht man in der Tabelle 4, Kap. 1 die Zeile für den vorliegenden Nennmaßbereich und wählt dort für die vorher festgelegte Qualität ein Toleranzfeld für die Welle, bei dem das angegebene untere Abmaß dem errechneten am nächsten kommt (siehe Beispiele).

■ **Beispiel:**

Nennmaßbereich	35 mm
Toleranzfeld für die Bohrung	H7
Qualität für die Welle	6
Toleranz der Bohrung T_B	= 25 µm
errechnetes Übermaß $P_ü$	= 60 µm = P_u
unteres Abmaß der Welle:	$ei = P_u + T_B = 60$ µm + 25 µm = 85 µm
Toleranzfeld der Welle:	× 6 mit $ei = 80$ µm und $es = 96$ µm

Damit können die Höchstpassung P_O und die Mindestpassung P_u berechnet werden:

$P_O = Ei - es = 25$ µm $- 80$ µm $= -55$ µm
$P_u = ES - ei = 0 - 96$ µm $= -96$ µm

11.2.3 Berechnungsbeispiel eines zylinderischen Pressverbands

In einem Getriebe sollen Vollwelle and Zahnrad als Längspressverband gefügt werden. Der Konstrukteur soll dazu die erforderliche Freilassung festlegen. Es ist schwellende Belastung zu erwarten. Die Rechnungen werden nach Kapitel 11.2.2 durchgeführt.

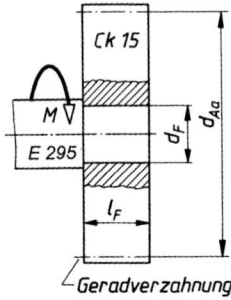

Gegeben:

Wellendrehmoment	$M =$	2000 Nm
Fugendurchmesser	$d_F =$	63 mm
Fugenlänge	$l_F =$	50 mm
Außendurchmesser des Außenteils	$d_{Aa} =$	160 mm

Wellenwerkstoff: E 295
Zahnradwerkstoff: Einsatzstahl Ck 15
Fügeflächen mit den gemittelten Rautiefen
$R_{zAi} = R_{z\,Ia} = 6$ µm

Lösung:

1. *Erforderliche Fugenpressung p_F*

$$p_F = \frac{2M}{\pi d_F^2 \, l_F} \leq p_{zul}$$

$M = 2000$ Nm $= 2 \cdot 10^3$ Nm
$M = 2 \cdot 10^6$ Nmm
$d_F = 63$ mm
$l_F = 50$ mm
μ Stahl / Stahl = 0,08
angenommen nach 11.2.2.1 für geschmierte Oberflächen

$$p_{zul,\,E\,295} = \frac{R_{e(E\,295)}}{1,5} = \frac{300 \frac{N}{mm^2}}{1,5} = 200 \frac{N}{mm^2}$$

$$p_F = \frac{2 \cdot 2 \cdot 10^6 \text{ Nmm}}{\pi \cdot 63^2 \text{ mm}^2 \cdot 50 \text{mm} \cdot 0,08} = 80,2 \frac{N}{mm^2}$$

$$p_F = 80,2 \frac{N}{mm^2} < p_{zul,E\,295} = 200 \frac{N}{mm^2}$$

2. *Durchmesserverhältnis Q_A*

$$Q_A = \frac{d_F}{d_{Aa}} = \frac{63 \text{ mm}}{160 \text{ mm}} = 0,394 \approx 0,4$$

3. *Wirksames Übermaß Z (nach Gleichung (4))*

$$Z = \frac{2 p_F \, d_F}{E(1-Q_A^2)} = \frac{2 \cdot 80,2 \frac{N}{mm^2} \cdot 63 \text{ mm}}{21 \cdot 10^4 \frac{N}{mm^2}(1-0,394^2)} =$$

$Z = 0,057$ mm $= 57$ µm

4. *Übermaß $P_ü$*
Das erforderliche Übermaß P_u setzt sich zusammen aus dem wirksamen Übermaß Z und der Glättung G:
$P_ü = Z + G$
$P_ü = 57$ µm $+ 10$ µm $= 67$ µm
$G = 0,8 \, (R_{zAi} + R_{zIa}) = 0,8 \, (6 \text{ µm} + 6 \text{ µm})$
$G = 9,6$ µm ≈ 10 µm

Mit dem berechneten Übermaß $P_ü = 67$ µm kann der Pressverband das Drehmoment $M = 2000$ Nm übertragen.
Nach den Erläuterungen in Kap. 11.2.2.9 wird aus Tabelle 4 die Presspassung H7/ × 6 gewählt.

$EI = 0$ $ei = 122$ µm
$ES = 30$ µm $es = 141$ µm

Damit ergeben sich:

Mindestpassung
$P_u = EI - es = 0 - 141$ µm $= -141$ µm

Höchstpassung
$P_o = 30$ µm $- 122$ µm $= -92$ µm

11 Nabenverbindungen

Die Höchstpassung $P_o = 92$ μm liegt um ca. 37 % über dem errechneten Übermaß $P_ü = 67$ μm. Folglich kann bei Vorliegen der Höchstpassung der Pressverband das Drehmoment $M = 2750$ Nm übertragen, immer vorausgesetzt, alle Annahmen waren richtig.

6. *Spannungsnachweise* (siehe 11.2.2.6. Spannungsbild)

Den hier verwendeten Formänderungsgleichungen (2) und (4) liegt das Hookesche Gesetz $\sigma = \varepsilon E$ zugrunde. Sie gelten also nur im sogenannten elastischen Bereich. Die größte vorhandene Normalspannung σ_{vorh} darf also die Proportionalitätsgrenze nicht überschreiten. Praktisch kann als Grenzspannung die Streckgrenze R_e oder die 0,2-Dehngrenze $R_{p\,0,2}$ (bei Werkstoffen ohne ausgeprägte Streckgrenze, z.B. bei Vergütungsstählen) herangezogen werden. Für die Werkstoffe E 295 für die Welle und C 15 E + H für die Nabe (Zahnrad) zeigen die Dauerfestigkeitsdiagramme gleiche Werte an:

$R_{e\,(E\,295)} = 300 \dfrac{N}{mm^2}$

$R_{e\,(C\,15\,E+H)} = 300 \dfrac{N}{mm^2}$

Ausgangsgrößen für die Berechnung der vorhandenen Spannungen sind das größte wirksame Übermaß Z_g und die sich dabei einstellende größte Fugenpressung p_{FG}.

6.1. *Größtes wirksames Übermaß* Z_g
$Z_g = P_u - G = 141$ μm $- 10$ μm
$= 131$ μm $= 0{,}131$ mm

6.2. *Größte Fugenpressung* p_{Fg}

$p_{Fg} = \dfrac{Z_g\,E(1-Q_A^2)}{2\,d_F}$

$p_{Fg} = \dfrac{0{,}131\text{ mm} \cdot 210\,000\,\dfrac{N}{mm^2} \cdot (1-0{,}394^2)}{2 \cdot 63\text{ mm}}$

$p_{Fg} = 184 \dfrac{N}{mm^2} < p_{zul} = 200 \dfrac{N}{mm^2}$

$Z_g = 0{,}131$ mm
$E = 210\,000$ N/mm^2
$Q_A = 0{,}394$
$d_F = 63$ mm

6.3. *Tangentialspannungen* σ_t *und Radialspannungen* σ_r

$\sigma_{tAi} = p_{Fg} \dfrac{1+Q_A^2}{1-Q_A^2} = 184 \dfrac{N}{mm^2} \cdot \dfrac{1+0{,}294^2}{1-0{,}394^2} = 252 \dfrac{N}{mm^2}$

$\sigma_{tAa} = p_{Fg} \dfrac{2Q_A^2}{1-Q_A^2} = 184 \dfrac{N}{mm^2} \cdot \dfrac{2 \cdot 0{,}294^2}{1-0{,}394^2} = 68 \dfrac{N}{mm^2}$

$\sigma_{tIi} = p_{Fg} \dfrac{2}{1-Q_I^2} = p_{Fg} \dfrac{2}{1-0} = 2\,p_{Fg} = 2 \cdot 184 \dfrac{N}{mm^2} =$

$= 368 \dfrac{N}{mm^2} > R_{e(I)} = 300 \dfrac{N}{mm^2}$

$\sigma_{tIa} = p_{Fg} \dfrac{1+Q_I^2}{1-Q_I^2} = p_{Fg} \dfrac{1+0}{1-0} = p_{Fg} = 184 \dfrac{N}{mm^2}$

$\sigma_{rAi} = p_{Fg} = 184 \dfrac{N}{mm^2}$

$\sigma_{rAa} = 0 \quad \sigma_{rIi} = 0$

$\sigma_{rIa} = p_{Fg} = 184 \dfrac{N}{mm^2}$

6.4. *Mittlere tangentiale Zugspannung* σ_{zmA}

$\sigma_{zmA} = \dfrac{p_{Fg}\,d_F}{d_{Aa}-d_F} = \dfrac{184\,\dfrac{N}{mm^2} \cdot 63\text{ mm}}{160\text{ mm} - 63\text{ mm}}$

$\sigma_{zmA} = 120 \dfrac{N}{mm^2}$

6.5. *Mittlere tangentiale Druckspannung* σ_{dmI}

$\sigma_{dmI} = p_{Fg} = 184 \dfrac{N}{mm^2}$

7. *Spannungsvergleiche und festigkeitstechnische Anmerkungen*

a) Die größten Tangentialspannungen treten an den Innenseiten der Fügeteile auf:

tangentiale Zugspannung

$\sigma_{tAi} = 252 \dfrac{N}{mm^2} > \sigma_{tAa} = 68 \dfrac{N}{mm^2}$

tangentiale Druckspannung

$\sigma_{tIi} = 368 \dfrac{N}{mm^2} > \sigma_{tIa} = 184 \dfrac{N}{mm^2}$.

b) Die Spannung σ_{tIi} ist größer als die Streckgrenze $R_e = 300$ N/mm^2 für die Werkstoffe von Welle und Nabe. Die Werkstoffteilchen in den entsprechenden Ringzonen der Fügeteile verformen sich also nicht mehr nach dem Hookeschen Gesetz elastisch sondern plastisch.

c) Die hier errechneten Spannungen treten bei Größtübermaß auf. In diesem Fall sind Überschreitungen der Streckgrenze zulässig, solange der Werkstoff in diesen Ringzonen nicht geschädigt wird. Das ist hier nicht der Fall, dann es ist

$\sigma_{tIi} < R_m \approx 500 \dfrac{N}{mm^2}$

8. *Größte Einpresskraft* F_e

$F_e = p_{Fg}\,\pi\,d_F\,l_F\,\mu_e$
$p_{Fg} = 184$ N/mm^2
$d_F = 63$ mm
$l_F = 50$ mm
$\mu_e = 0{,}06$ (nach 11.2.2.1 für Stahl/ Stahl, geschmiert)

$F_e = 184 \dfrac{N}{mm^2} \cdot \pi \cdot 63\text{ mm} \cdot 50\text{ mm} \cdot 0{,}06$

$F_e = 109\,252$ N ≈ 109 kN

11.3 Kegelige Pressverbände (Kegelsitzverbindungen)

Normen (Auswahl)

DIN 254   Kegel
DIN 1448,1449 Kegelige Wellenenden
DIN 7178   Kegeltoleranz- und Kegelpasssystem
ISO 3040   Eintragung von Maßen und Toleranzen für Kegel

11.3.1 Begriffe am Kegel

Kegelmaße:
Kegel im technischen Sinne sind keglige Werkstücke mit Kreisquerschnitt (spitze Kegel und Kegelstümpfe).
Bezeichnung eines Kegels mit dem Kegelwinkel
   $\alpha = 30°$: Kegel 30°
Bezeichnung eines Kegels mit dem Kegelverhältnis
   $C = 1 : 10$: Kegel 1 : 10

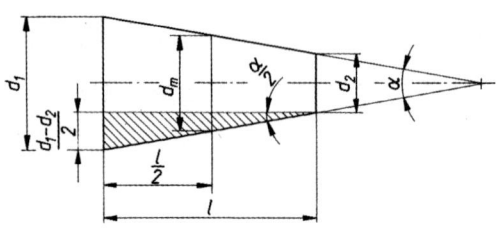

d_1, d_2 Kegeldurchmesser
$d_m = \dfrac{d_1 + d_2}{2}$ mittlerer Kegeldurchmesser

     l Kegellänge
     α Kegelwinkel
     $\alpha/2$ Einstellwinkel zum Fertigen und Prüfen des Kegels

d_1, d_2 Kegeldurchmesser
$d_m = \dfrac{d_1 + d_2}{2}$ mittlerer Kegeldurchmesser

     l Kegellänge
     α Kegelwinkel
     $\alpha/2$ Einstellwinkel zum Fertigen und Prüfen des Kegels

Kegelverhältnis C:

$$C = \frac{d_1 - d_2}{l}$$

$$C = 1 : x = \frac{1}{x}$$

$$d_2 = d_1 - C\,l$$

Das Kegelverhältnis C wird in der Form $C = 1 : x$ angegeben, zum Beispiel $C = 1 : 5$

Kegelwinkel α und Einstellwinkel $\alpha/2$:
Aus dem schraffierten rechtwinkligen Dreieck lässt sich ablesen:

$$\tan\frac{\alpha}{2} = \frac{d_1 - d_2}{2\,l} \Rightarrow C = 2\tan\frac{\alpha}{2}$$

$$\frac{\alpha}{2} = \arctan\frac{C}{2}$$

$$\alpha = 2\arctan\frac{C}{2}$$

$$d_2 = d_1 - 2\,l\,\tan\frac{\alpha}{2}$$

Vorzugswerte für Kegel:

Kegelverhältnis $C = 1 : x$	Kegelwinkel α	Einstellwinkel $\dfrac{\alpha}{2}$
1 : 0,2886751	120°	60°
1 : 0,5	90°	45°
1 : 1,8660254	30°	15°
1 : 3	18°55'29" ≈ 18,925°	9°27'44"
1 : 5	11°25'16" ≈ 11,421°	5°42'38"
1 : 10	5°43'29" ≈ 5,725°	2°51'45"
1 : 20	2°51'51" ≈ 2,864°	1°25'56"
1 : 50	1° 8'45" ≈ 1,146°	34'23"
1 : 100	34'22" ≈ 0,573°	17'11"

Werkzeugkegel und Aufnahmekegel an Werkzeugmaschinenspindeln, die so genannten Morsekegel (DIN 228), haben ein Kegelverhältnis von ungefähr 1 : 20.

11.3.2 Zusammenstellung der Berechnungsformeln für keglige Pressverbände

Die erforderliche Fugenpressung p_F wird durch das Anziehen der Mutter hervorgerufen. Für die Untersuchung des Kräftegleichgewichts in der Pressverbindung ist es erlaubt, sich einen einzigen Angriffspunkt A an der Welle oder an der Nabe herauszugreifen, weil auch die Reibkraft $F_R = F_N\,\mu$ von Größe und Form der Berührungsfläche unabhängig ist (siehe Abschnitt C Mechanik 1.8). Es sind zwei Zustände zu untersuchen: Beim Aufpressen der Nabe auf das keglige Wellenende, bei dem sich am frei gemachten Wellenteilchen W das Kräftesystem an der schiefen Ebene einstellt (siehe Abschnitt C Mechanik 1.8.6) und der Betriebszustand, bei dem die Reibkraft $F_{Ru} = F_R$ in tangentialer Richtung wirkt.

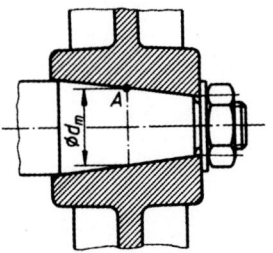

Kegliges Wellenende

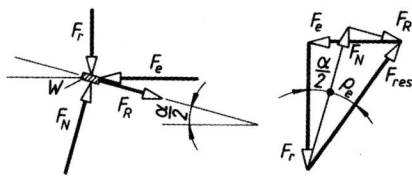

Kräftesystem und Krafteck beim Einpressen
(ρ_e Reibwinkel)

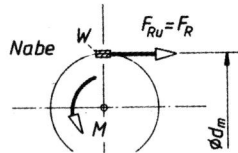

Reibkraft F_{Ru} im Betriebszustand

Das am Wellenteilchen W angreifende zentrale Kräftesystem beim Einpressen besteht aus der Normalkraft F_N, der Reibkraft F_R, der Radialkraft F_R und der Einpresskraft F_e. Aus den rechtwinkligen Dreiecken im Krafteck können die Beziehungen abgelesen werden:

$$\sin\left(\frac{\alpha}{2}+\rho_e\right) = \frac{F_e}{F_{res}} \Rightarrow F_e = F_{res}\sin\left(\frac{\alpha}{2}+\rho_e\right)$$

$$\cos\rho_e = \frac{F_N}{F_{res}} \Rightarrow F_{res} = \frac{F_N}{\cos\rho_e}$$

Daraus:

$$F_e = F_N \cdot \frac{\sin\left(\frac{\alpha}{2}+\rho_e\right)}{\cos\rho_e}$$

Im Betriebsfall wird an Stelle des Rutschbeiwerts μ_e der Haftbeiwert μ wirksam. Sicherheitshalber wird aber auch hier mit dem Rutschbeiwert μ_e gerechnet, also mit $F_R = F_N \mu_e$

$$M = F_R \frac{d_m}{2} = F_N \mu_e \frac{d_m}{2} \Rightarrow F_N = \frac{2M}{\mu_e d_m}$$

$$F_e = \frac{2M}{\mu_e d_m} \cdot \frac{\sin\left(\frac{\alpha}{2}+\rho_e\right)}{\cos\rho_e}$$

Für übliche Reibwinkel ρ_e wird $\cos\rho_e \approx 1$, sodass vereinfacht werden kann:

$$F_e = \frac{2M}{\mu_e d_m} \cdot \sin\left(\frac{\alpha}{2}+\rho_e\right)$$

Mit der Fugenpressung p_F und der Fugenfläche A_F wird die Normalkraft $F_N = p_F A_F$. Die Fugenfläche A_F kann nach der Guldinschen Regel ausgedrückt werden durch

$$A_F = 2\pi \frac{d_m}{2} \cdot \frac{l_F}{\cos\left(\frac{\alpha}{2}\right)} = \frac{\pi d_m l_F}{\cos\left(\frac{\alpha}{2}\right)}$$

Bringt man außerdem $F_N = 2M/\mu_e d_m$ ein, dann ergibt sich:

$$\frac{2M}{\mu_e d_m} = \frac{p_F \pi d_m l_F}{\cos\left(\frac{\alpha}{2}\right)}$$

und daraus die Gleichung für die Fugenpressung

$$p_F = \frac{2M\cos\left(\frac{\alpha}{2}\right)}{\pi \mu_e d_m^2 l_F}$$

Beachte: Für den Fall $\cos(\alpha/2) = 0$ liegt der zylindrische Pressverband vor. Dann ergibt sich mit $\cos 0° = 1$ und $d_m = d_F$ die Gleichung (1).
Die Herleitung führt zu folgenden Gleichungen für die Berechnung von kegligen Pressverbänden:
Erforderliche Einpresskraft F_e

$$F_e = \frac{2M}{d_m \mu_e} \cdot \sin\left(\frac{\alpha}{2}+\rho_e\right) \qquad (14)$$

$$M = 9{,}55 \cdot 10^6 \frac{P}{n} \qquad (15)$$

F_e	M	d_m, l_F	μ_e	P	n	p
N	Nmm	mm	1	kW	min^{-1}	$\frac{N}{mm^2}$

vorhandene Fugenpressung p_F

$$F_e = \frac{2M\cos\left(\frac{\alpha}{2}\right)}{\pi \mu_e d_m^2 l_F} \leq p_{zul} \qquad (16)$$

Einpresskraft F_e für eine bestimmte Fugenpressung p_F

$$F_e = \pi p_F d_m l_F \cdot \sin\left(\frac{\alpha}{2}+\rho_e\right) \qquad (17)$$

M Drehmoment
P Wellenleistung
n Drehzahl
$\frac{\alpha}{2}$ Einstellwinkel
ρ_e Reibwinkel aus $\tan\rho_e = \mu_e$
    $\rho_e = \arctan\mu_e$
μ_e Rutschbeiwert aus 11.2.2.1
d_m mittlere Kegeldurchmesser
l_F Fugenlänge
p_{zul} nach 11.2.2.1

11.3.3 Berechnungsbeispiel eines kegeligen Pressverbands

Die skizzierte Kegelverbindung eines Zahnrads mit dem Wellenende einer Getriebewelle ist zu berechnen. Es ist schwellende Belastung anzunehmen.

Gegeben:
Wellendrehmoment $M = 2000$ Nm
Wellendurchmesser $d_t = 63$ mm
Fugenlänge $l_F = 50$ mm
Wellenwerkstoff C45E+H
Zahnradwerkstoff C15E+H
Kegelverhältnis $C = 1 : 10$

Lösung:

1. Wellendurchmesser d_2

$$d_2 = d_1 - Cl = d1 - C\,l_F = 63\text{ mm} - \frac{1}{10} \cdot 50\text{ mm}$$

$$d_2 = 58\text{ mm}$$

2. Mittlerer Kegeldurchmesser d_m

$$d_m = \frac{d_1 + d_2}{2} = \frac{63\text{ mm} + 58\text{ mm}}{2} = 60{,}5\text{ mm}$$

3. Einstellwinkel $\frac{\alpha}{2}$

$$\frac{\alpha}{2} = \arctan\frac{C}{2} = \arctan\frac{1}{10\cdot 2} = 2{,}862405226° = 2°51'45''$$

4. Einpresskraft F_e

$$F_e = \frac{2M}{d_m\,\mu_e}\cdot\sin\left(\frac{\alpha}{2} + \rho_e\right)$$

Für den Rutschbeiwert μ_e wird nach 2.2.1 festgelegt: $\mu_e = 0{,}1$.
Damit wird der Reibwinkel ρ_e ermittelt:
$\rho_e = \arctan\mu_e = \arctan 0{,}1 = 5{,}7°$

$$F_e = \frac{2\cdot 2000\cdot 10^3\text{ Nmm}}{60{,}5\text{ mm}\cdot 0{,}1}\cdot\sin(2{,}9°+5{,}7°)$$

$F_e = 98\,866$ N $= 98{,}6$ kN
(Ausgangsgröße zur Berechnung des Anziehdrehmoments M_A für die Mutter)

5. Fugenpressung p_F

$$p_F = \frac{2M\cos(\frac{\alpha}{2})}{\pi\,\mu_e\,d_m^2\,l_F}$$

$$p_F = \frac{2\cdot 2000\cdot 10^3\text{ Nmm}\cdot\cos 2{,}9°}{\pi\cdot 0{,}1\cdot 60{,}5^2\text{ mm}^2\cdot 50\text{ mm}} = 69\,\frac{\text{N}}{\text{mm}^2}$$

6. Pressungsvergleich

Der Werkstoff mit der niedrigeren Streckgrenze R_e oder 0,2-Dehngrenze $R_{p\,0{,}2}$ hier der Zahnradwerkstoff C15E+H mit $R_e = 300$ N/mm² (siehe Dauerfestigkeitdiagramm für Zug-Druck-Beanspruchung in Abschnitt Festigkeitslehre, Tabelle 7). Die zulässige Flächenpressung wird mach 11.2.2.1 für schwellende Belastung angenommen:

$$p_{\text{zul, C15E+H}} = \frac{R_{e,\text{C15E+H}}}{1{,}5} = \frac{300\,\frac{\text{N}}{\text{mm}^2}}{1{,}5} = 200\,\frac{\text{N}}{\text{mm}^2}\ ;\ \text{folglich ist}$$

$$p_F = 69{,}5\,\frac{\text{N}}{\text{mm}^2} < p_{\text{zul}} = 200\,\frac{\text{N}}{\text{mm}^2}$$

Tabelle 3. Maße für keglige Wellenenden mit Außengewinde

Bezeichnung eines langen kegeligen Wellenendes mit Passfeder und Durchmesser $d_1 = 40$ mm:
Wellenende 40 × 82 DIN 1448

Maße in mm

Durchmesser d_1		6	7	8	9	10	11	12	14	16	19	20	22	24	25	28
Kegellänge l_1	lang	10		12		15		18		28		36			42	
	kurz	–		–		–		–		16		22			24	
Gewindelänge l_2		6		8		8		12		14			18			
Gewinde		M4		M6		M8 × 1		M10 × 1,25		M12 × 1,25			M16 × 1,5			
Passfeder [1] Nuttiefe t_1	$b × h$					2 × 2		3 × 3		4 × 4		5 × 5				
	lang			–		1,6	1,7	2,3	2,5	3,2		3,4	3,9		4,1	
	kurz			–		–	–	–	2,2	2,9		3,1	3,6		3,6	
Durchmesser d_1		30	32	35	38	40	42	45	48	50	55	60	65	70	75	80
Kegellänge l_1	lang	58						82				105				130
	kurz	36						54				70				90
Gewindelänge l_2		22						28				35				40
Gewinde		M 20 × 1,5		M 24 × 2		M 30 × 2		M 36 × 3		M 42 × 3		M 48 × 3		M 56 × 4		
Passfeder Nuttiefe t_1	$b × h$	5 × 5		6 × 6		10 × 8		12 × 8		14 × 9		16 × 10		18 × 11		20 × 12
	lang	4,5		5				7,1		7,6		8,6		9,6		10,8
	kurz	3,9		4,4				6,4		6,9		7,8		8,8		9,8

[1] Passfeder nach Tabelle 6.

Tabelle 4. Richtwerte für Nabenabmessungen

Verbindungsart	Nabendurchmesser d_{Aa} Naben aus		Nabenlänge l	
	Gusseisen	Stahl oder Stahlguss	Gusseisen	Stahl oder Stahlguss
zylindrische und keglige Pressverbände und Spannverbindungen	2,2 ... 2,6 d	2 ... 2,5 d	1,2 ... 1,5 d	0,8 ... 1 d
Klemmsitz- und Keilsitzverbindungen	2 ... 2,2 d	1,8 ... 2 d	1,6 ... 2 d	1,2 ... 1,5 d
Keilwelle, Kerbverzahnung	1,8 ... 2 d	1,6 ... 1,8 d_1	0,8 ... 1 d_1	0,6 ... 0,8 d_1
Passfederverbindungen	1,8 ... 2 d	1,6 ... 1,8 d	1,8 ... 2 d	1,6 ... 1,8 d
längs bewegliche Naben	1,8 ... 2 d	1,6 ... 1,8 d	2 ... 2,2 d	1,8 ... 2 d
lose sitzende (sich drehende) Naben	1,8 ... 2 d	1,6 ... 1,8 d	2 ... 2,2 d	

d Wellendurchmesser

Die Werte für Keilwelle und Kerbverzahnung sind Mindestwerte (d_1 „Kerndurchmesser"). Bei größeren Scheiben oder Rädern mit seitlichen Kippkräften ist die Nabenlänge noch zu vergrößern.
Allgemein gelten die größeren Werte bei Werkstoffen geringerer Festigkeit, die kleineren Werte bei Werkstoffen höherer Festigkeit.

11.4 Klemmsitzverbindungen

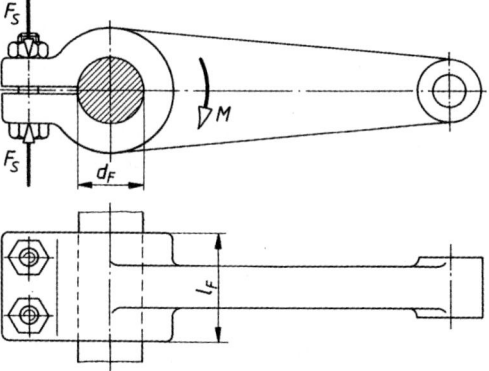

Klemmsitzverbindungen werden mit geteilter oder geschlitzter Nabe hergestellt. Mit Schrauben, Schrumpfringen oder Kegelringen werden die beiden Nabenhälften so auf die Welle gepresst, dass ohne Rutschen ein gegebenes Drehmoment M übertragen werden kann. Die dazu erforderliche Verspannkraft wird hier *Sprengkraft F_S* genannt. Die in der Fugenfläche entstehende Flächenpressung heißt *Fugenpressung p_F*. Der errechnete Betrag ist mit der zulässigen Flächenpressung für den Werkstoff mit der geringeren Festigkeit zu vergleichen.
Die beiden folgenden Gleichungen gelten unter der Annahme, dass die Spannungsverteilung bei der Klemmsitzverbindung die gleiche ist wie beim zylindrischen Pressverband. Insbesonders wird von einer gleichmäßigen Verteilung der Fugenpressung in der Fugenfläche ausgegangen. Die Berechnungsgleichungen ergeben sich dann aus der Herleitung in 11.2.2.1 in Verbindung mit der Gleichung für die Nabensprengkraft in 11.2.2.7.
Vor allem bei der geschlitzten Nabe ist eine gleichmäßige Verteilung der Fugenpressung kaum zu erzielen. Die zulässige Flächenpressung p_{zul} sollte daher kleiner angesetzt werden als beim zylindrischen Pressverband.
Sicherheitshalber ist in der Gleichung für die Sprengkraft F_S der Rutschbeiwert μ_e (siehe 11.2.2.1) zu verwenden, der kleiner ist als der Haftbeiwert μ, der in den Gleichungen für den zylindrischen Pressverband verwendet wird.

Sprengkraft F_S (gesamte Verspannkraft):

$$F_S = \frac{2M}{\pi \mu_e d_F} \quad (18)$$

$$M = 9,55 \cdot 10^6 \frac{P}{n} \quad (19)$$

F_S	p_F, p_{zul}	M	$d_F\, l_F$	μ_e	P	n
N	$\frac{N}{mm^2}$	Nmm	mm	1	kW	min^{-1}

Vorhandene Fugenpressung p_F:

$$p_F = \frac{F_S}{d_F\, l_F} \leq p_{zul} \quad (20)$$

$$p_F = \frac{2M}{2\pi d_F^2\, l_F} \leq p_{zul} \quad (21)$$

Zulässige Flächenpressung p_{zul}:

für Stahl-Nabe:

$$p_{zul} = \frac{R_e}{3} \text{ oder } \frac{R_{p,0,2}}{3} \quad (22)$$

für Gusseisen-Nabe:

$$p_{zul} = \frac{R_m}{3} \quad (23)$$

Passfeder DIN 6885

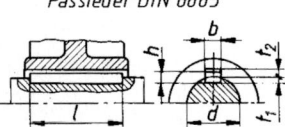

Keil DIN 6886

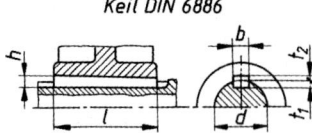

Nasenkeil DIN 6887

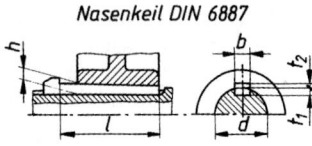

Flachkeil DIN 6883   **Nasenflachkeil DIN 6884**

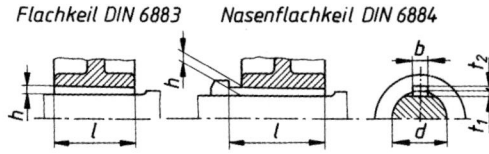

Hohlkeil DIN 6881   **Nasenhohlkeil DIN 6889**

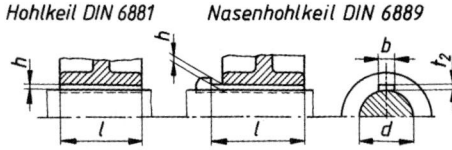

11.5 Keilsitzverbindungen

Keilsitzverbindungen werden in der Praxis nicht berechnet, weil die Eintreibkraft, von der die Zuverlässigkeit des Reibschlusses abhängt, rechnerisch kaum erfasst werden kann.

Für bestimmte Wellen- und Nabenabmessungen sind die Abmessungen der Keile den Normen zu entnehmen, die in der folgenden Darstellung angegeben sind. Die Passfeder ist hier zur Vervollständigung noch einmal aufgenommen worden:

11.6 Ringfederspannverbindungen

Ringfederspannverbindungen werden in der Praxis nicht berechnet. Die Hersteller liefern Tabellen für die Abmessungen und die übertragbaren Drehmomente, die aus Versuchsergebnissen zusammengestellt worden sind.

Man verwendet *Ringfederspannelemente* und *-spannsätze*. Die Kraftumsetzung von Axial- in Radialspannkräfte an den kegelig aufeinandergeschobenen Ringen erfolgt wie bei Keilen. Die Neigungswinkel der kegeligen Flächen sind so groß, daß keine Selbsthemmung auftritt. Wird die Verbindung gelöst, lässt sich die Spannverbindung leicht ausbauen.

11.6.1 Einbau und Einbaubeispiel für Ringfederspannverbindungen

Ringfederspannelemente bestehen aus den Spannelementen 1, das sind keglige Stahlringe, dem Druckring 2, den Spannschrauben 3 und den Distanzhülsen 4. Welle und Nabe brauchen eine zusätzliche Zentrierung Z. Zum Aufeinanderschieben der kegeligen Spannelemente (Ringpaare) ist ein ausreichender Spannweg s vorzusehen. Er wird in den Tabellen der Herstellerfirmen angegeben. Wegen der exponential abfallenden Wirkung können nur bis zu $n = 4$ Spannelemente hintereinandergeschaltet werden.

Spannsätze bestehen aus dem Außenring 1, dem Innenring 2, den beiden Druckringen 3 und den gleichmäßig am Umfang verteilten Spannschrauben 4, mit denen die Druckringe 3 axial verspannt werden. Dadurch wird der Innenring elastisch zusammengepresst (Wellensitz), der Außenring gedehnt (Nabensitz). Auch für Spannsätze ist eine zusätzliche Zentrierung von Welle und Nabe erforderlich.

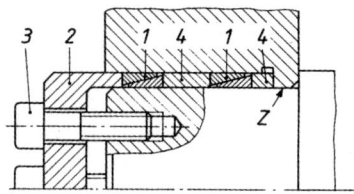

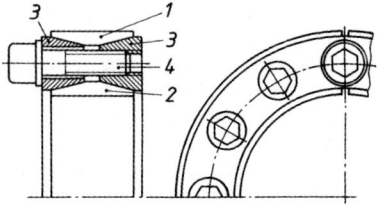

11 Nabenverbindungen

Tabelle 5. Ringfederspannverbindungen, Maße, Kräfte und Drehmomente (nach Ringfeder GmbH, Krefeld-Uerdingen)

Spannelement

Maße			Kräfte			Drehmoment	Spannweg s in mm bei n			
$d \times D$ mm	l_1 mm	l_2 mm	F_0 kN	$F_{(100)}$ kN	$F_{ax(100)}$ kN	$M_{(100)}$ Nm	1	2	3	4
10 × 13	4,5	3,7	6,95	6,30	1,40	7,0	2	2	3	3
12 × 15	4,5	3,7	6,95	7,50	1,67	10,0	2	2	3	3
14 × 18	6,3	5,3	11,20	12,60	2,80	19,6	3	3	4	5
16 × 20	6,3	5,3	10,10	14,40	3,19	25,5	3	3	4	5
18 × 22	6,3	5,3	9,10	16,20	3,60	32,4	3	3	4	5
20 × 25	6,3	5,3	12,05	18,00	4,00	40	3	3	4	5
22 × 26	6,3	5,3	9,05	19,80	4,40	48	3	3	4	5
25 × 30	6,3	5,3	9,90	22,50	5,00	62	3	3	4	5
28 × 32	6,3	5,3	7,40	25,20	5,60	78	3	3	4	5
30 × 35	6,3	5,3	8,50	27,00	6,00	90	3	3	4	5
35 × 40	7	6	10,10	35,60	7,90	138	3	3	4	5
40 × 45	8	6,6	13,80	45,00	9,95	199	3	4	5	6
45 × 57	10	8,6	28,20	66,00	14,60	328	3	4	5	6
50 × 57	10	8,6	23,50	73,00	16,20	405	3	4	5	6
55 × 62	12	10,4	21,80	80,00	17,80	490	3	4	5	6
60 × 68	12	10,4	27,40	106,00	23,50	705	3	4	5	7
63 × 71	12	10,4	26,30	111,00	24,80	780	3	4	5	7
65 × 73	14	12,2	25,40	115,00	25,60	830	3	4	5	7
70 × 79	14	12,2	31,00	145,00	32,00	1120	3	5	6	7
75 × 84	17	15	34,60	155,00	34,40	1290	3	5	6	7
80 × 91	17	15	48,00	203,00	45,00	1810	4	5	6	8
85 × 96	17	15	45,60	216,00	48,00	2040	4	5	6	8
90 × 101	17	15	43,40	229,00	51,00	2290	4	5	6	8
95 × 106	17	15	41,20	242,00	54,00	2550	4	5	6	8
100 × 114	21	18,7	60,70	317,00	70,00	3520	4	6	7	9

$M_{(100)}$ ist das von einem Spannelement übertragbare Drehmoment bei $p = 100 \frac{N}{mm^2}$ Flächenpressung. Entsprechendes gilt für $F_{(100)}$ und $F_{ax(100)}$. Ermittlung der Anzahl hintereinander geschalteter Elemente in 11.6.2.

Spannsätze

Maße				Kraft F_{ax} kN	Drehmoment M Nm	Flächenpressung		Schrauben DIN 912		
$d \times D$ mm	l_1 mm	l_2 mm	l mm			p_{Welle} N/mm²	p_{Nabe} N/mm²	Anzahl	Gewinde d_1	M_A Nm
30 × 55	20	17	27,5	33,4	500	175	95	10	M 6 × 18	14
35 × 60	20	17	27,5	40	700	180	105	12	M 6 × 18	14
40 × 65	20	17	27,5	46	920	180	110	14	M 6 × 18	14
45 × 75	24	20	33,5	72	1610	210	125	12	M 8 × 22	35
50 × 80	24	20	33,5	71	1770	190	115	12	M 8 × 22	35
55 × 85	24	20	33,5	83	2270	200	130	14	M 8 × 22	35
60 × 90	24	20	33,5	83	2470	180	120	14	M 8 × 22	35
65 × 95	24	20	33,5	93	3040	190	130	16	M 8 × 22	35
70 × 110	28	24	39,5	132	4600	210	130	14	M 10 × 25	70
75 × 115	28	24	39,5	131	4900	195	125	14	M 10 × 25	70
80 × 120	28	24	39,5	131	5200	180	120	14	M 10 × 25	70
85 × 125	28	24	39,5	148	6300	195	130	16	M 10 × 25	70
90 × 130	28	24	39,5	147	6600	180	125	16	M 10 × 25	70
95 × 135	28	24	39,5	167	7900	195	135	18	M 10 × 25	70
100 × 145	30	26	44	192	9600	195	135	14	M 12 × 30	125
110 × 155	30	26	44	191	10500	180	125	14	M 12 × 30	125
120 × 165	30	26	44	218	13100	185	135	16	M 12 × 30	125
130 × 180	38	34	52	272	17600	165	115	20	M 12 × 35	125

Bei zwei Spannsätzen verdoppeln sich die Beträge des übertragbaren Drehmoments M und der übertragbaren Axialkraft F_{ax}.

11.6.2 Ermittlung der Anzahl n der Spannelemente und der axialen Spannkraft Fa

Anzahl n für gegebenes Drehmoment M in Nm:

$$n = f_p f_n \frac{M}{M_{(100)}} \qquad (24)$$

$M_{(100)}$ übertragbares Drehmoment M in Nm nach Tabelle 5 für ein Spannelement und eine Flächenpressung von $p = 100$ N/mm²
f_p Pressungsfaktor nach Gleichung (25)
f_n Anzahlfaktor, abhängig von der Anzahl der hintereinandergeschalteten Elemente:
für $n = 2$ ist $f_n = 1,55$,
für $n = 3$ ist $f_n = 1,85$ und
für $n = 4$ ist $f_n = 2,02$.

Pressungsfaktor f_p:

$$f_n = \frac{p_w}{p_{(100)}} \qquad p = 100 \frac{\text{N}}{\text{mm}^2} \qquad (25)$$

p_w Grenzwert der Flächenpressung für den Wellen- oder Nabenwerkstoff
p_w $= 0,9\,R_e$ (oder $R_{p\,0,2}$) für (Stahl und Stahlguss
p_w $= 0,6\,R_m$ für Gusseisen
R_e Streckgrenze, $R_{p\,0,2}$ 0,2-Dehngrenze
R_m Zugfestigkeit alle Werte aus den Dauerfestigkeitsdiagramm

Anzahl n für gegebene Axialkraft F_{ax} in kN:

$$n = f_p f_n \frac{F}{F_{ax(100)}} \qquad (26)$$

$F_{ax(100)}$ Axialkraft in kN nach (Tabelle 5 für ein Spannelement und eine Flächenpressung von $p = 100$ N/mm²)
f_p Pressungsfaktor nach Gleichung (25)
f_n Anzahlfaktor, abhängig von der Anzahl der hintereinander geschalteten Elemente:
für $n = 2$ ist $f_n = 1,55$,
für $n = 3$ ist $f_n = 1,85$ und
für $n = 4$ ist $f_n = 2,02$.

Erforderliche axiale Gesamtspannkraft F_a in kN:

$$F_a = F_0 + F_{(100)} f_p \qquad (27)$$

F_0 axiale Spannkraft in kN nach Tabelle 5 zur Überbrückung des Passungsspiels bei h6/H7 und einer gemittelten Rautiefe $R_z \approx 6$ µm
$F_{(100)}$ axiale Spannkraft in kN nach Tabelle 5 bei einer Flächenpressung $p = 100$ N/mm²
f_p Pressungsfaktor nach Gleichung (25)

11.7 Längsstiftverbindung

Bauverhältnisse (Anhaltswerte):

$$\frac{d_S}{d} = 0,13 \dots 0,16$$

$$\frac{l}{d} = 1,0 \dots 1,5$$

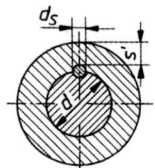

l Nabenlänge

Nabendicke s' in mm (M in Nm einsetzen):

$$s' = (3,2 \dots 3,9)\sqrt[3]{M}$$

$$s' = (2,4 \dots 3,2)\sqrt[3]{M}$$

$$M = 9550\frac{P}{n}$$

für Gusseisen-Nabe
für Stahl- und Stahlguss-Nabe

M	P	n
Nm	kW	min⁻¹

Übertragbares Drehmoment M:

$$M \leq \frac{d_S\,d\,l_S}{4} p_{\text{zul(Nabe)}} \qquad (28)$$

p_{zul} nach 11.8, l_S Stiftlänge

M	d_S, d, l_S	p_{zul}
Nmm	mm	$\frac{\text{N}}{\text{mm}^2}$

11.8 Querstiftverbindung

Bauverhältnisse (Anhaltswerte):

$$\frac{d_S}{d} = 0,2 \dots 0,3$$

$$\frac{d_a}{d} = 2,5 \qquad \text{für Gusseisen-Nabe}$$

$$\phantom{\frac{d_a}{d}} = 2,0 \qquad \text{für Stahl- und Stahlguss-Nabe}$$

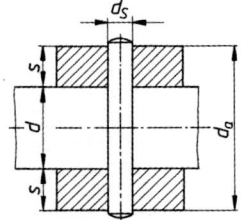

11 Nabenverbindungen

Übertragbares Drehmoment M:

$$M \leq \frac{d \, d_S^2 \, \pi}{4} \tau_{a\,zul} \quad (29)$$

$$M \leq d_S \, s (d + s) \, p_{zul} \text{ (Nabe)} \quad (30)$$

$$M = 9{,}55 \cdot 10^6 \, \frac{P}{n}$$

M	d, d_S, s	τ_{zul}, p_{zul}	P	n
Nmm	mm	$\frac{N}{mm^2}$	kW	min^{-1}

Übertragbare Längskraft F_l:

$$F_l \leq \frac{\pi \, d_S^2}{2} \tau_{a\,zul} \quad (31)$$

Tabelle 6. Maße für zylindrische Wellenenden mit Passfedern und übertragbare Drehmomente

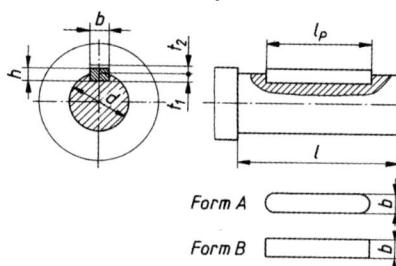

Bezeichnung der Passfeder Form A
für $d = 40$ mm, Breite $b = 12$ mm
Höhe $h = 8$ mm, Passfederlänge $l_P = 70$ mm:

Passfeder A12 × 8 × 70 DIN 6885

Bezeichnung eines zylindrischen Wellenendes
von $d = 40$ mm und $l = 110$ mm:

Wellenende 40 × 110 DIN 748

Maße in mm

Wellen-durchmesser d	l kurz	l lang	Toleranzfeld	Passfedermaße [1] Breite mal Höhe $b \times h$	Wellennut-tiefe t_1	Nabennut-tiefe t_2	Richtwerte für das übertragbare Drehmoment M in Nm reine Torsion [2]	Torsion und Biegung [3]
6	–	16		–	–	–	1,7	0,7
10	15	23		4 × 4	2,5	1,8	7,9	3,3
16	28	40		5 × 5	3	2,3	32	14
20	36	50		6 × 6	3,5	2,8	63	26
25	42	60	k6/H7	8 × 7	4	3,3	120	52
30	58	80					210	89
35	58	80		10 × 8	5	3,3	340	140
40	82	110		12 × 8	5	3,8	500	210
45	82	110		14 × 9	5,5	3,8	720	300
50	82	110					980	410
55	82	110		16 × 10	6	4,3	$1{,}3 \cdot 10^3$	550
60	105	140		18 × 11	7	4,4	$1{,}7 \cdot 10^3$	710
70	105	140		20 × 12	7,5	4,9	$2{,}7 \cdot 10^3$	$1{,}1 \cdot 10^3$
80	130	170		22 × 14	9	5,4	$4 \cdot 10^3$	$1{,}7 \cdot 10^3$
90	130	170		25 × 14	9	5,4	$5{,}7 \cdot 10^3$	$2{,}4 \cdot 10^3$
100	165	210		28 × 16	10	6,4	$7{,}85 \cdot 10^3$	$3{,}3 \cdot 10^3$
120	165	210	k6/H7	32 × 18	11	7,4	$13{,}6 \cdot 10^3$	$5{,}7 \cdot 10^3$
140	200	250		36 × 20	12	8,4	$21{,}5 \cdot 10^3$	$9{,}1 \cdot 10^3$
160	240	300		40 × 22	13	9,4	$32{,}2 \cdot 10^3$	$13{,}5 \cdot 10^3$
180	240	300		45 × 25	15	10,4	$45{,}8 \cdot 10^3$	$19{,}2 \cdot 10^3$
200	280	350		50 × 28	17	11,4	$62{,}8 \cdot 10^3$	$26{,}4 \cdot 10^3$
220	280	350		56 × 32	20	12,4	$83{,}6 \cdot 10^3$	$35{,}1 \cdot 10^3$
250	330	410					$123 \cdot 10^3$	$51{,}6 \cdot 10^3$

[1] Passfederlänge l_p in mm:
8/10/12/14/16/18/20/22/25/28/32/36/40/45/50/56/63/70/80/90/100/110/125/140/160/180/200/220/250/280/315/355/401

[2] berechnet mit $M = 7{,}85 \cdot 10^{-3} \cdot d^3$ aus $\tau_t = \dfrac{M_t}{W_p} = \dfrac{M_t}{(\pi/16)d^3} = \tau_{t\,zul} = 40 \text{ N/mm}^2$

[3] berechnet mit $M = 3{,}3 \cdot 10^{-3} \cdot d^3$ aus $\sigma_b = \dfrac{M}{W} = \dfrac{M}{(\pi/32)d^3} = \sigma_{b\,zul} = 70 \text{ N/mm}^2$ sowie mit $M = M_v = \sqrt{M_b^2 + 0{,}75 \cdot (\alpha_0 \, M_t)^2}$ für $S_0 = 0{,}7$ und $M_b = 2 \, M_t$ (Biegemoment = 2 × Torsionsmoment)

Zulässige Beanspruchungen:

$$p_{zul(Nabe)} = (120 \ldots 180)\,\frac{N}{mm^2}$$

$$= (90 \ldots 120)\,\frac{N}{mm^2}$$

$$\tau_{a\,zul} = (90 \ldots 130)\,\frac{N}{mm^2}$$

$$= (140 \ldots 170)\,\frac{N}{mm^2}$$

für Stahl und Gusseisen
für Gusseisen
für S235JR ... E295, 10S20K der Kegel- und Zylinderstifte
für E335 und E360 der Kerbstifte
bei Schwellbelastung 70 %, bei Wechselbelastung 50 % der zulässigen Beanspruchung ansetzen.

11.9 Passfederverbindungen (Nachrechnung)

Die beiden letzten Spalten der Tabelle 6 enthalten Richtwerte für das übertragbare Drehmoment. Im Normalfall ist das zu übertragende Drehmoment M bekannt oder kann über die gegebene Leistung P und die Wellendrehzahl n errechnet werden. Mit dem Drehmoment M werden der Wellendurchmesser d und die zugehörige Passfeder ($b \times h$) festgelegt. Abgesehen von der Gleitfeder muss die Passfederlänge l_p etwas kleiner sein als die Nabenlänge l. Werden für die Nabenlänge l die in Tabelle 4 angegebenen Richtwerte verwendet, erübrigt es sich, die Flächenpressung p zu überprüfen ($p \le p_{zul}$). Nur bei kürzeren Naben ist die folgende Nachrechnung erforderlich.

Vorhandene Flächenpressung p_W an der Welle:

$$p_W = \frac{2M}{d\,l_t\,t_1} \le p_{zul} \qquad (32)$$

$$M = 9{,}55 \cdot 10^6\,\frac{P}{n}$$

P	M	d, l_t, t_1	P	n
$\dfrac{N}{mm^2}$	Nmm	mm	kW	min^{-1}

Vorhandene Flächenpressung p_N an der Nabe:

$$p_N = \frac{2M}{d\,l_t\,(h-t_1)} \le p_{zul}$$

d Wellendurchmesser
t_1 Wellennuttiefe
l_t tragende Länge an der Passfeder
$l_t = l_p$ bei den Passfederformen A und B für die Wellennut
$l_t = l_p - b$ bei Passfederform A für die Nabennut

Zulässige Flächenpressung p_{zul}

Mit Sicherheit v_S gegenüber der Streckgrenze R_e oder $R_{p\,0{,}2}$ (0,2-Dehngrenze) und v_B gegenüber der Bruchfestigkeit R_m des Wellen- oder Nabenwerkstoffs setzt man je nach Betriebsweise (Stoßanfall):

$$p_{zul} = \frac{R_e}{v_S} \quad \text{für Stahl und Stahlguss mit } v_S = 1{,}3 \ldots 2{,}5$$

$$p_{zul} = \frac{R_m}{v_B} \quad \text{für Gusseisen mit } v_B = 3 \ldots 4$$

Herleitung der Gleichungen für die Flächenpressung p_W, p_N

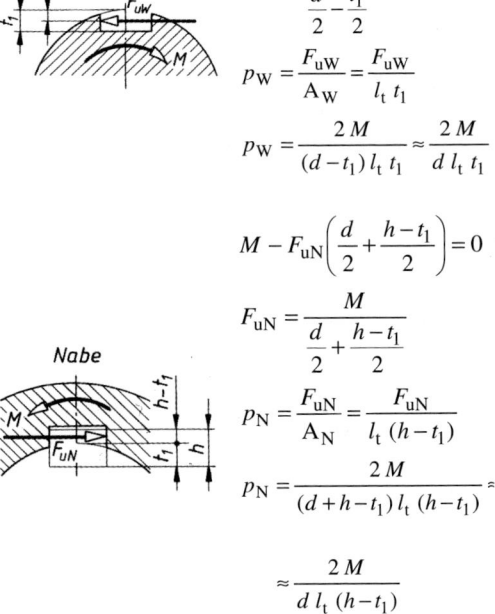

$$-M + F_{uW}\left(\frac{d}{2} - \frac{t_1}{2}\right) = 0$$

$$F_{uW} = \frac{M}{\dfrac{d}{2} - \dfrac{t_1}{2}}$$

$$p_W = \frac{F_{uW}}{A_W} = \frac{F_{uW}}{l_t\,t_1}$$

$$p_W = \frac{2M}{(d-t_1)\,l_t\,t_1} \approx \frac{2M}{d\,l_t\,t_1}$$

$$M - F_{uN}\left(\frac{d}{2} + \frac{h-t_1}{2}\right) = 0$$

$$F_{uN} = \frac{M}{\dfrac{d}{2} + \dfrac{h-t_1}{2}}$$

$$p_N = \frac{F_{uN}}{A_N} = \frac{F_{uN}}{l_t\,(h-t_1)}$$

$$p_N = \frac{2M}{(d+h-t_1)\,l_t\,(h-t_1)}$$

$$\approx \frac{2M}{d\,l_t\,(h-t_1)}$$

11.10 Keilwellenverbindung

Nennmaße für Welle und Nabe
(Auswahl aus ISO 14: Keilwellenverbindung mit geraden Flanken, Übersicht)

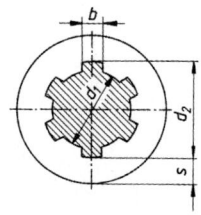

Innendurch-messer d_1 mm	Außendurch-messer d_2 mm	Anzahl der Keile z	Keilbreite b mm
18	22	6	5
21	25	6	5
23	28	6	6
26	32	6	6
28	34	6	7
32	38	8	6
36	42	8	7
42	48	8	8
46	54	8	9
52	–	–	–
62	72	8	12
82	–	–	–
92	102	10	14
102	112	10	16
112	125	10	18

Nabendicke s in mm (M in Nm einsetzen):

$s = (2{,}6 \ldots 3{,}2) \sqrt[3]{M}$
für Gusseisen-Nabe

$s = (2{,}2 \ldots 3) \sqrt[3]{M}$
für Stahl und Stahlguss-Nabe

$M = 9550 \dfrac{P}{n}$

M	P	n
Nm	kW	min^{-1}

Nabenlänge l in mm (M in Nm einsetzen):

$l = (4{,}5 \ldots 6{,}5) \sqrt[3]{M}$
für Gusseisen-Nabe

$l = (2{,}8 \ldots 4{,}5) \sqrt[3]{M}$
für Stahl und Stahlguss-Nabe

Flächenpressung p:

$$p = \dfrac{2M}{0{,}75\, z\, h_1\, l\, d_m} \leq p_{zul} \qquad (33)$$

$h_1 = 0{,}8 \dfrac{d_2 - d_1}{2}$

P	M	h_1, l, d_m	z
$\dfrac{N}{mm^2}$	Nmm	mm	1

Faktor 0,75 (nach Versuchen tragen nur etwa 75 % der Mitnehmerflächen)

Zulässige Flächenpressung p_{zul}:

$p_{zul} = \dfrac{R_{e(Nabe)}}{S}$ für Stahl-Nabe

$p_{zul} = \dfrac{R_{e(Nabe)}}{S}$ für Gusseisen-Nabe

R_e ($R_{p\,0{,}2}$) und R_m aus den Dauerfestigkeitsdiagramm für stoßfrei wechselnde Betriebslast wird bei Befestigungsnaben: $S = 2{,}5$ (1,7)
für unbelastet verschobene Verschiebenaben: $S = 8$ (5)
für unbelastet verschobene Verschiebenaben $S = (15)$ für Stahl-Nabe und (3) für Gusseisen-Nabe
Klammerwerte bei gehärteten oder vergüteten Sitzflächen der Welle

12 Kupplungen

Normen und Richtlinien

DIN 115 Schalenkupplungen
DIN 116 Scheibenkupplungen
DIN 740 Nachgiebige Wellenkupplungen
VDI-Richtlinie 2240: Wellenkupplungen, systematische Einteilung nach ihren Eigenschaften, VDI-Verlag, Düsseldorf

12.1 Allgemeines

Hauptaufgabe der Kupplungen ist das Weiterleiten von Rotationsleistung $P = M\omega$. Als zusätzlich kann das Schalten des Drehmoments M hinzukommen oder die Verbesserung bestimmter dynamischer Eigenschaften. Entsprechend unterteilt man die Kupplungen:
Feste Kupplungen (drehstarre K.) dienen der starren, fluchtenden Verbindung von Wellen und anderen Getriebeelementen.
Bewegliche Kupplungen (drehelastische K.) verbinden die Elemente elastisch oder unelastisch, können Fluchtfehler ausgleichen und stoß- und schwingungsdämpfend wirken.
Schaltkupplungen ermöglichen durch Unterbrechung und Wiederherstellung der Verbindung das Schalten des Drehmoments.
Sicherheitskupplungen unterbrechen die Verbindung bei Überlastung.
Anlaufkupplungen werden bei schwer anlaufenden Maschinen eingesetzt.
Freilauf- und Überholkupplungen verbinden die Elemente nur bei Gleichlauf und lösen die Verbindung, wenn das antreibende Element langsamer als das getriebene umläuft.
Steuerbare Kupplungen ermöglichen Drehmoment- und Drehzahländerungen während des Betriebs.

12.2 Feste Kupplungen

12.2.1 Scheibenkupplung

Anwendung und Ausführung: Bei starrer Verbindung von Wellen zu langen, durchgehenden Wellensträngen, zum Beispiel Transmissionswellen, Fahrwerkwellen von Kranen. Geeignet für einseitige und wechselseitige Drehmomente.

Beide Scheiben werden möglichst durch Passschrauben reibschlüssig verschraubt. Nach DIN 116 sind Bohrungsdurchmesser, Länge und Ausführungsform genormt: Form A mit Zentrieransatz (1), bei der zum Lösen der Verbindung die Wellen axial verschoben werden müssen (Bild 1a).

Form B ermöglicht nach dem Herausnehmen der zweiteiligen Zwischenscheibe (2) ein Lösen ohne Axialverschiebung der Welle (Bild 1b). Die Befestigung auf der Welle erfolgt bei einseitigen Drehmomenten durch Passfedern, bei wechselseitigen durch Keile.

Vorteile gegenüber Schalenkupplungen: Bei gleicher Nenngröße (Bohrungsdurchmesser) sind größere und auch wechselnde Drehmomente übertragbar.

Nachteile: Ein- und Ausbau schwieriger, geteilte Lager erforderlich.

Werkstoffe: im Allgemeinen Gusseisen, in Sonderfällen auch Stahlguss.

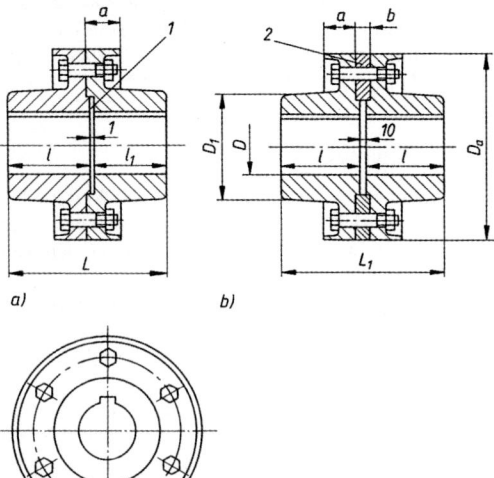

Bild 1. Scheibenkupplungen nach DIN 116
a) Form A mit Zentrieransatz, b) Form B mit zweiteiliger Zwischenscheibe. Abmessungen siehe Tabelle 1.

Berechnung: Drehmoment soll durch Reibungsschluss der Scheibenflächen übertragen werden. Reibungsmoment $M_R \geq$ Drehmoment M. Mit Reibungskraft F_R, angreifend am Lochkreis D_S (gleich mittlerer Reibungsflächendurchmesser), wird nach Bild 2:

$$M = \frac{F_R D_S}{2} = \frac{F_N \mu D_S}{2}$$

Anpresskraft $F_N = F_S n$ gesetzt, ergibt das *übertragbare Drehmoment*

$$M = \frac{F_S \, n \, \mu \, D_S}{2} \qquad (1)$$

M	F_S	n, μ	D_S
Nmm	N	1	mm

F_S = Anpresskraft gleich Zugkraft einer Schraube, n Schraubenzahl; μ Reibungszahl, sicherheitshalber Gleitreibungszahl einsetzen (siehe Abschnitt C Mechanik).

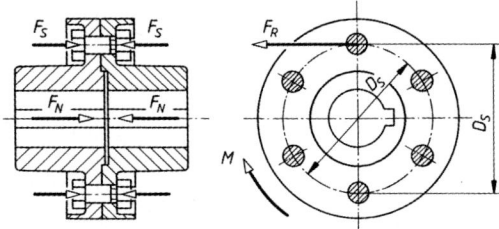

Bild 2. Berechnung der Scheibenkupplungen

12.2.2 Schalenkupplung

Anwendung und Ausführung: Verwendung wie Scheibenkupplungen, jedoch vorwiegend bei einseitigen Drehmomenten.

Schalen werden auf Wellenenden geklemmt, sodass das Drehmoment durch Reibungsschluss übertragen wird. Meist zusätzliche Sicherung durch Passfeder, nicht durch Keil, da Keilkräfte der Klemmkraft entgegenwirken.

Einfacher Ein- und Ausbau ohne gleichzeitigen Ausbau von Wellenteilen. Genormt sind nach DIN 115 Bohrungsdurchmesser, Länge und Form. Gegen Unfälle Ausführung häufig mit Schutzmantel (Bild 3).

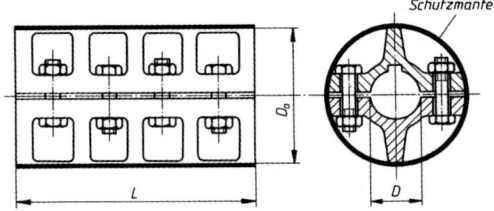

Bild 3. Schalenkupplung nach DIN 115 Abmessungen siehe Tabelle 1

Berechnung: Die Verbindung entspricht der Klemmverbindung einer geteilten Scheibennabe. In Abwandlung der Gleichung (1) ergibt sich das *übertragbare Drehmoment*

$$M = F_S \, n \, \mu \, D \qquad (2)$$

M	F_S	n, μ	D
Nmm	N	1	mm

F_S, n, μ wie zu (1), D Bohrungsdurchmesser. Übertragbare Drehmomente meist nach Angabe der Hersteller, siehe Tabelle 1.

Tabelle 1. Hauptabmessungen und übertragbare Drehmomente von festen Kupplungen (nach Elender, Bocholt)
a) Scheibenkupplungen nach Bild 1   b) Schalenkupplungen Bild 3

D mm	M in 10^4 Nmm	D_a mm	D_1 mm	a mm	b mm	L mm	L_1 mm	l mm	Gewichtskraft Form A N	Gewichtskraft Form B N	D mm	M in 10^4 Nmm	D_a mm	L mm	Gewichtskraft N
25	4,75	125	58			101	110	50	43	55	20	2,5	85	110	19
30	9	125	58	31	16	101	110	50	42	53	25	4	100	130	45
35	15	140	72			121	130	60	59	73	30	5,8	100	130	42
40	24,3	140	72			121	130	60	56	70	35	8	110	160	65
45	36,5	160	95	34		141	150	70	97	115	40	10,2	110	160	62
50	53	160	95		16	141	150	70	93	110	45	12,5	120	190	85
55	75	180	110	37		171	180	85	140	160	50	15	130	190	90
60	100	180	110			171	180	85	135	155	55	50	150	220	130
											60	85	150	220	125
70	175	200	130	41		201	210	100	210	240	65	125	170	250	185
80	272	224	145		18	221	230	110	280	320	70	170	170	250	170
90	412	250	164	54		241	250	120	410	450	80	250	190	280	270
100	600	280	180			261	270	130	530	580	90	380	215	310	410
											100	540	250	350	630
110	850	300	200	60		281	290	140	680	730	110	750	250	390	700
125	1280	335	225		18	311	320	155	910	980	125	1100	275	430	960
140	1950	375	250	70		341	350	170	1300	1350	140	1500	325	490	1600
160	3070	425	290	75		401	410	200	1900	2000	160	2300	365	560	2550
180	4620	450	325	80	20	451	460	225	2500	2650	180	3200	420	630	3200
200	6300	500	360			501	510	250	3350	3500	200	4000	500	700	5500

12.3 Bewegliche, unelastische Kupplungen

Sie finden dort Verwendung, wo mit axialen, radialen oder winkligen Wellenverlagerungen gerechnet werden muss. Die bekanntesten dieser drehstarren Kupplungen sind die *Bogenzahnkupplungen*. Bild 4 zeigt die Bowex-Kupplung (Hersteller: F. Tacke KG., (Rheine/Westf.). Kupplungshülse (1) hat zwei Innenverzahnungen, in die ballige Zähne der Naben (2) eingreifen; dadurch allseitige Beweglichkeit. Die Hülse besteht aus Kunststoff (Polyamid), Naben werden wahlweise aus Kunststoff oder Stahl gefertigt.

12.4 Elastische Kupplungen

12.4.1 Anwendung

Elastische Kupplungen dienen zur stoß- und schwingungsdämpfenden Verbindung bei Antrieben, z. B. von Motor- und Getriebewelle, Getriebe- und Maschinenwelle oder auch direkt von Welle und Riemenscheibe oder Zahnrad. Die meisten Bauarten können gleichzeitig kleinere radiale, axiale und winklige Wellenverlagerungen ausgleichen.

12.4.2 Elastische Stahlbandkupplung (Malmedie-Bibby-Kupplung)

Die *Bibby-Kupplung* ist eine nicht dämpfende Ganzmetallkupplung (Bild 5). Kupplungsnaben (1 und 2) sind durch ein schlangenförmig gewundenes Stahlband (4) verbunden. Bei Normallast liegt das Band außen an den sich nach innen erweiterten Nuten an.

Mit wachsendem Drehmoment verdrehen sich die Kupplungshälften gegeneinander, die Bandanlage verschiebt sich nach innen, wodurch die Stützweite der Feder verringert und die Federung härter wird (Bild 5b). Die Kupplung zeigt damit eine progressive Federkennlinie (siehe 9.2). Anwendung für Antriebe mit starken Drehmomentschwankungen, z.B. Walzwerkantriebe.

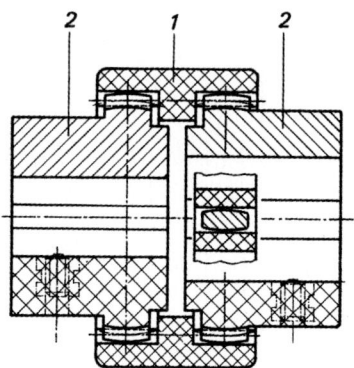

Bild 4. Bo-Wex-Bogenzahnkupplung

12.4.3 Elastische Bolzenkupplung

Allgemein gebräuchlichste elastische Kupplung für Antriebe aller Art. *Die RUPEX-Kupplung* hat als Dämpfungsglieder auf Stahlbolzen sitzende Kunststoffbuchsen (Perbunan ölfest). Sie sind zur Erhöhung der Elastizität und Winkelbeweglichkeit ballig ausgebildet (Bild 6).

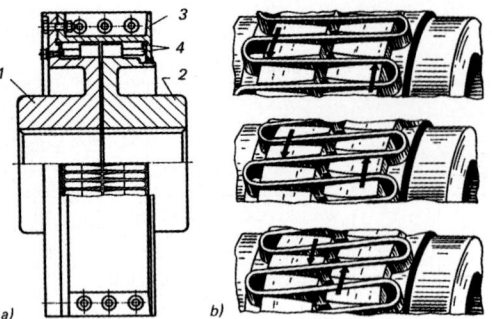

Bild 5. Malmedie-Bibby-Kupplung (Werkbild Malmedie Antriebstechnik GmbH, Solingen)

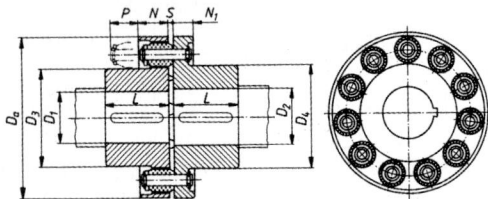

Bild 6. RUPEX-Kupplung (Werkbild Flender AG, Bocholt)

12.4.4 Hochelastische Kupplungen

Bei diesen ist Gummi der vorherrschende Werkstoff der Verbindungsglieder zwischen dien Kupplungshälften. Sie finden Anwendung dort, wo starke stoßartige Belastungen gedämpft werden müssen, z.B. bei Antrieben von Hobel- und Stoßmaschinen, Kranhubwerken

Bei der *Radaflex-Kupplung* Bild 7 werden beide Kupplungshälften (1) durch einen zweiteiligen Gummireifen (2) mit den Metallträgern (4) mit Schrauben (3) verbunden. Die Kupplung ist dadurch leicht 'einzubauen und Verbindung der Wellen ohne Axialverschiebung durch Abschrauben des Reifens leicht zu lösen.

Diese Kupplung ist für Drehmomente von $1{,}6 \cdot 10^4$ ... $100 \cdot 10^4$ Nmm ausgelegt.

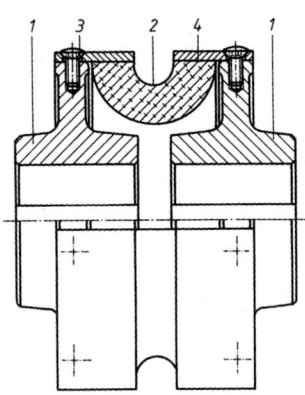

Bild 7. Radaflex-Kupplung Rexnord Antriebstechnik, Dortmund

Tabelle 2. Hauptabmessungen und übertragbare Drehmomente von elastischen Kupplungen (RUPEX-Kupplung nach Bild 6, Flender, Bocholt)

Bauart REWN	Bohrungen		Maße									max. Drehzahl	Nenn-Drehmoment	Trägheitsmoment	Gewichtskraft
	von	bis	D_1	D_2	D_a	D_3	D_4	L	N	N_1	p	S	n	M_{max}	J	F_G
Größe	mm	mm	mm	mm	mm	mm	mm	mm	mm	mm	mm	mm	min^{-1}	$\cdot 10^{-3}$ Nmm	kgm^2	N
0,6	14	25	30	96	44	50	35	24	18	25	2 ... 6	7200	43	0,0018	18,0
1	14	30	38	104	52	60	40	24	18	25	2 ... 6	6600	72	0,0028	23,0
1,6	20	35	42	112	62	68	45	24	18	25	2 ... 6	6100	115	0,004	30,0
2,5	20	40	48	125	65	75	50	28	20	30	2 ... 6	5500	180	0,0068	42,0
4	25	45	55	140	76	88	55	28	20	30	2 ... 6	4900	290	0,0115	58,0
6,3	25	50	60	160	85	95	60	38	22	35	2 ... 6	4300	450	0,023	85,0
10	30	60	70	180	102	112	70	38	22	35	2 ... 6	3800	720	0,0405	125,0
14	35	70	80	200	120	128	80	38	22	40	2 ... 6	3400	1000	0,0728	170,0
20	40	80	90	225	134	144	90	42	28	40	4 ... 10	3000	1440	0,1235	240,0
28	45	90	100	250	154	164	100	42	28	40	4 ... 10	2700	2000	0,2025	330,0
40	50	100	110	285	166	176	110	54	35	50	4 ... 10	2400	2900	0,375	460,0
56	55	110	120	320	190	195	125	54	35	60	4 ... 10	2100	4000	0,65	650,0
80	65	120	130	360	205	210	140	68	44	60	6 ... 14	1900	5800	1,2	900,0
110	75	130	140	400	218	230	160	80	52	75	6 ... 14	1700	7900	2,025	1250,0
160	85	140	160	450	240	260	180	80	52	75	6 ... 14	1500	11500	3,375	1700,0
220	95	160	180	500	270	290	200	102	62	90	6 ... 14	1350	15800	6,125	2450,0

12.5 Schaltkupplungen

12.5.1 Mechanisch betätigte Schaltkupplungen

Eine im Stillstand schaltbare *Formschlusskupplung* ist die *Zahnkupplung* (Bild 8). Beide Kupplungsnaben (1 und 2) haben Außenverzahnungen, die über eine Innenverzahnung der Hülse (3) verbunden werden. Das Einkuppeln erfolgt durch Verschieben der Hülse (im Bild nach links) mit dem Schaltring (4). Zähne werden durch Schmierkopf (5) mit Fett geschmiert. Anwendung z.B. zum Kuppeln von Zahnrädern in Werkzeugmaschinen und Kfz-Getrieben.

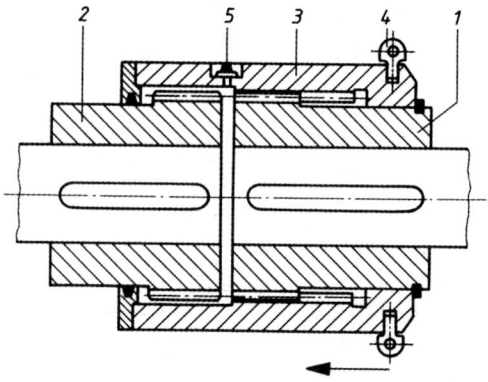

Bild 8. Schaltbare Zahnkupplung

Während des Betriebs ein- und ausschaltbar sind die *Reibungskupplungen*. Bei der ALMAR-Kupplung (Bild 9) wird das Drehmoment über mehrere im Mitnehmerring (3) sitzende Reibklötze (23) übertragen, die zwischen zwei mit Kupplungsteil (1) durch Gleitfeder (19) verbundene Druckringe (4 und 5) gepresst werden. Auskuppeln durch Verschieben des Schaltrings (6) mit Schaltmuffe (7) nach links. Dadurch wird der Winkelhebel (10) frei und beide Druckringe werden durch Druckfedern (18) auseinandergedrückt, sodass der Reibungsschluss und damit die Verbindung der beiden Kupplungsnaben (1 und 2) gelöst sind. Verwendung für häufig ein- und ausschaltbare Antriebe, z.B. von Förderelementen.

Eine häufig verwendete Bauform schaltbarer Reibungskupplungen ist die dem Prinzip der Scheibenkupplung entsprechende *Lamellenkupplung*. Eine der bekanntesten dieser Art ist die *Sinus-Lamellenkupplung* (Bild 10). Die auf treibender Welle sitzende Nabe (1) trägt Außenverzahnung, in die die Zähne der gewellten „Sinus"-Innenlamellen (3) eingreifen. Die plan geschliffenen Außenlamellen (4) greifen mit Außenzähnen in die Innenverzahnung des Mantels der Nabe (2) ein. Einkuppeln erfolgt durch Verschieben der Schaltmuffe (5) nach links, wodurch Winkelhebel (6) die axial verschiebbaren Federstahl-Lamellen aufeinander pressen. Weiches Anlaufen durch allmähliche Abflachung der Lamellen bis zur Plananlage. Beim Ausschalten (Verschieben der Schaltmuffe nach rechts) federn Lamellen durch ihre Wellenform von selbst auseinander. Die Anpresskraft und damit das übertragbar Drehmoment ist durch die Ringmutter (7) einstellbar, sodass die Kupplung auch als Sicherheitskupplung verwendbar ist.

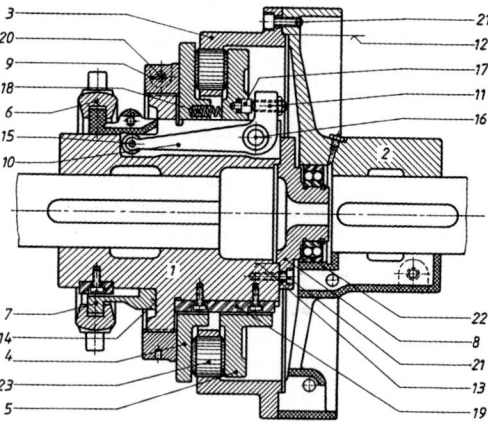

Bild 9. ALMAR-Kupplung (Werkbild Elender AG, Bocholt)

1 Kupplungsteil, 2 Mitnehmerteil, 3 Mitnehmerring,
4 Zwischenring, 5 Druckring, 6 Schaltring, 7 Schaltmuffe,
8 Zentrierzapfen, 9 Nachstellring, 10 Winkelhebel,
11 Gewindestift, 12 Zentrierung a, 13 Zentrierung b,
14 Anschlag, 15 Rolle mit Bolzen, 16 Bolzen, 17 Druckstück,
18 Druckfeder, 19 Gleitfeder, 20 Feststellschraube,
21 Innensechskantschraube, 22 Kugellager (Zentrierung),
23 Reibklotz

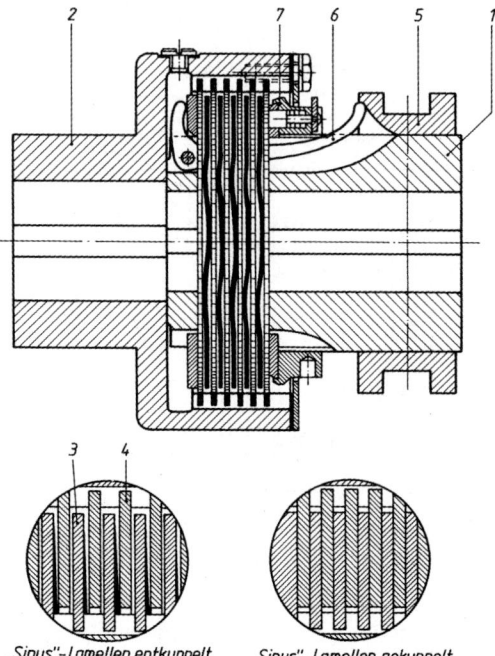

Bild 10. Sinus-Lamellenkupplung (Werkbild Ortlinghaus-Werke GmbH, Wermelskirchen)

Lamellenkupplungen zeichnen sich durch kleine Baudurchmesser aus und sind besonders zum Einbau in Bauteile wie Trommeln und Riemenscheiben geeignet.

12.5.2 Elektrisch betätigte Schaltkupplungen

Vorteile gegenüber mechanisch betätigen sind: kleinere Bauabmessungen bei gleichem Drehmoment, Fernschaltung möglich, Schaltgestänge und Verschleißstellen entfallen, einfache Steuerung durch Endschalter oder Schaltwalzen. Nachteile: dauernder Stromverbrauch, während des Betriebs Leistungsverlust durch Reibungs- und Stromwärme.
Anwendung vorwiegend bei Werkzeugmaschinen.

■ **Beispiel:**
Elektromagnetische Einscheibenkupplung (Bild 11). Über Schleifringe (9) wird der Spule (3) Gleichspannung .zugeführt. Durch das magnetischen Kraftfeld wird die auf der abtriebsseitig Nabe (4) axial verschiebbare Ankerscheibe (1) mit dem Reibbelag (6) angezogen; wird der Strom unterbrochen, drücken federn (11) die Ankerscheibe zurück.

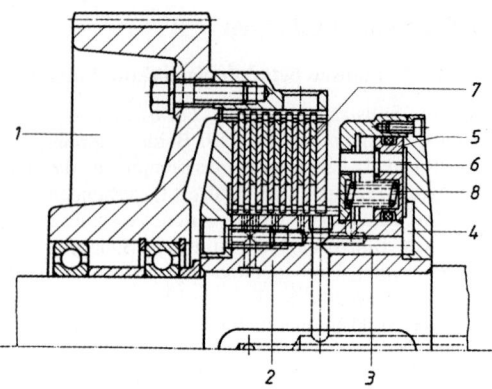

Bild 12. Drucköl- (oder druckluft) gesteuerte Lamellenkupplung (Werkbild Stromag, AG Unna)

12.5.3 Hydraulisch und pneumatisch betätigte Schaltkupplungen

Vorteile gegenüber mechanisch oder elektrisch betätigten sind: Übertragbares Drehmoment durch Ändern des Öl- oder Luftdruckes leicht zu variieren; Nachstellen bei Verschleiß entfällt, Ausgleich: durch größere Kolbenwege. Nachteile: Besondere Pumpen- und Steuerungsanlagen sind erforderlich; Gefahr von Druckverlusten durch Undichtigkeiten. Anwendung hauptsächlich bei Werkzeugmaschinen.

■ **Beispiel:**
Drucköl-(oder druckluft-) gesteuerte Lamellenkupplung (Bild 12). Das durch die Welle zugeführte Treibmittel tritt durch die Bohrung (3) in den Druckraum (4) und schiebt den Kolben (5) mit Bolzen (6) gegen die Lamellen (7), wodurch die Kupplungsteile (1 und 2) reibschlüssig verbunden werden. Hört die Druckwirkung auf, wird der Kolben durch die Feder (8) wieder abgedrückt und die Verbindung gelöst.

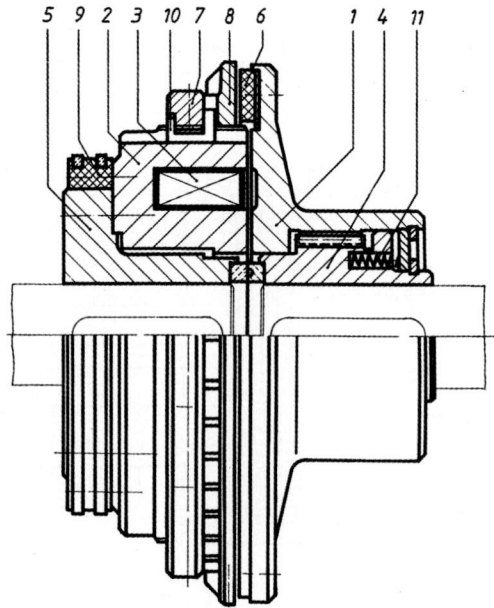

Bild 11. Elektromagnetische Einscheibenkupplung (Werkbild Stromag AG, Unna)

1 Ankerscheibe, 2 Spulenkörper, 3 Spule,
4 abtriebsseitige Nabe, 5 antriebsseitige Nabe,
6 Reibbelag, 7 Nutmutter, 8 Reibring (verstellbar)
9 Schleifringkörper, 10 Einstellkeil, 11 Abdrückfeder

13 Lager

Normen (Auswahl) und Richtlinien

DIN-Taschenbuch 24:	Wälzlager-Normen, Beuth-Vertrieb GmbH, Berlin
DIN 611	Übersicht Wälzlager
DIN 1850	Buchsen für Gleitlager
DIN 31652	Hydrodynamische Radial-Gleitlager im stationären Betrieb
DIN 51519	ISO-Viskositätsklassifikation für flüssige Industrieschmierstoffe
VDI-Richtlinie 2202:	Schmierstoffe und Schmiereinrichtungen für Gleit- und Wälzlager
VDI-Richtlinie 2204:	Blatt 1: Auslegung von Gleitlagerungen; Grandlagen; Blatt 2: Berechnung; Blatt 3: Kennzahlen und Beispiele für Radiallager; Blatt 4. Kennzahlen und Beispiele für Axiallager.

13 Lager

13.1 Allgemeines

Man unterscheidet nach Art der Bewegungsverhältnisse *Gleitlager,* bei denen eine Gleitbewegung zwischen Lager und gelagertem Teil stattfindet und *Wälzlager,* bei denen die Bewegung durch Wälzkörper übertragen wird. Nach der Richtung der Lagerkraft unterteilt man in *Radiallager* (Querlager) und *Axiallager* (Längslager), Bild 1.

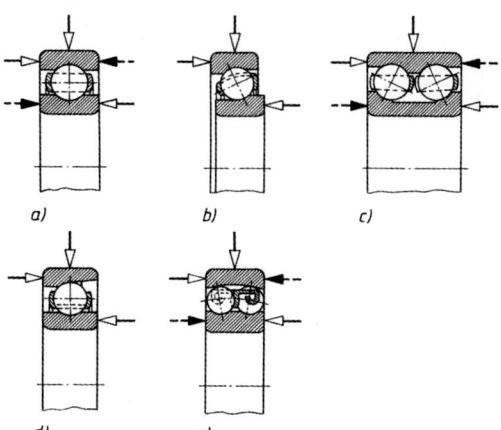

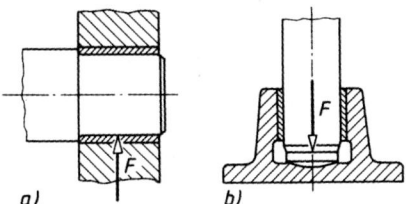

Bild 1. Grundformen der Lager
a) Radiallager, b) Axiallager

Bild 2. Kugellager, a) Rillenkugellager, b) einreihiges und c) zweireihiges Schrägkugellager, d) Schulterkugellager, e) Pendelkugellager

13.2 Wälzlager

13.2.1 Eigenschaften, Verwendung

Wälzlager zeichnen sich durch kleines Anlauf-Reibungsmoment, geringen Schmierstoffverbrauch und Anspruchslosigkeit in Pflege und Wartung aus. Nachteilig ist die Empfindlichkeit gegen Stöße und Erschütterungen sowie gegen Verschmutzung; die Höhe der Lebensdauer und der Drehzahl ist begrenzt. Verwendung für möglichst wartungsfreie und betriebssichere Lagerungen bei normalen Anforderungen, z.B. bei Werkzeugmaschinen, Getrieben, Motoren, Fahrzeugen, Hebezeugen.

13.2.2 Bauformen

Rillenkugellager, DIN 625 (Bild 2a): Radial und axial in beiden Richtungen belastbar, bei liegenden Wellen und hohen Drehzahlen für Axialkräfte sogar besser geeignet als Axialrillenkugellager. Es erreicht von allen Lagern die höchsten Drehzahlen und ist von allen belastungsmassig vergleichbaren das preiswerteste.

Einreihiges Schrägkugellager, DIN 628 (Bild 2b); für größere Axialkräfte in einer Richtung geeignet; Einbau nur paarweise und spiegelbildlich zueinander.

Zweireihiges Schrägkugellager, DIN 628 (Bild 2c): Entspricht einem Paar spiegelbildlich zusammengesetzter einreihiger Schrägkugellager; radial und axial in beiden Richtungen hoch belastbar.

Schulterkugellager, DIN 615 (Bild 2d): Zerlegbares Lager mit abnehmbarem Außenring mit ähnlichen Eigenschaften wie das einreihige Schrägkugellager.

Pendelkugellager, DIN 630 (Bild 2e): Durch kugelige Außenringlaufbahn unempfindlich, gegen winklige Wellenverlagerungen; radial und axial belastbar; dort verwendet, wo mit unvermeidlichen Einbauungenauigkeiten gerechnet werden muss.

Zylinderrollenlager, DIN 5412 (Bild 3): Wegen linienförmiger Berührung zwischen Rollen und Laufbahnen radial hoch, axial jedoch nicht oder nur sehr gering belastbar. Nach Anordnung der Borde unterscheidet man Bauarten N und NU mit bordfreiem Außen- bzw. Innenring und NJ und NUP als Führungslager zur axialen Wellenführung.

Nadellager, DIN 617 (Bildt 4) Zeichnet sich durch kleinen Baudurchmesser aus; nur radial belastbar; unempfindlich gegen stoßartige Belastung. Verwendung vorwiegend bei kleineren Drehzahlen und Pendelbewegungen (Pleuellager, Kipphebellager).

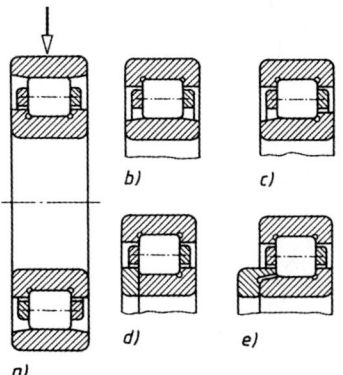

Bild 3. Zylinderrollenlager
a) Bauart N (Innenbordlager)
b) Bauart NU (Außenbordlager)
c) Bauart NJ (Stützlager)
d) Bauart NUP (Führungslager)
e) Bauart NJ mit Stützring (Führungslager)

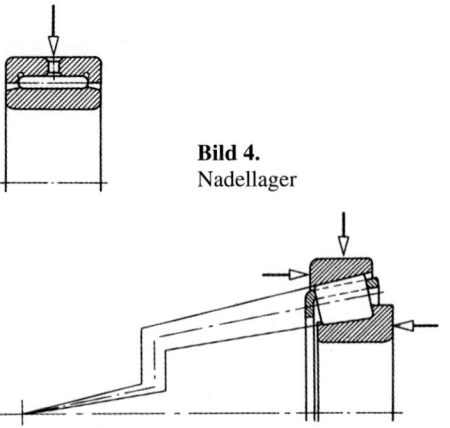

Bild 4. Nadellager

Bild 5. Kegelrollenlager

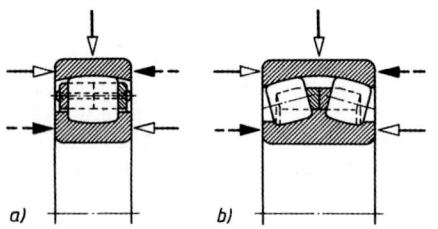

Bild 6. Tonnenlager
a) Tonnenlager, b) Pendelrollenlager

Kegelrollenlager, DIN 720 (Bild 5): Radial und axial hoch belastbar; Einbau nur paarweise und spiegelbildlich zueinander; Lagerspiel kann ein- und nachgestellt werden. Verwendung für Radlagerungen bei Fahrzeugen, Seilrollenlagerungen, Spindellagerungen.

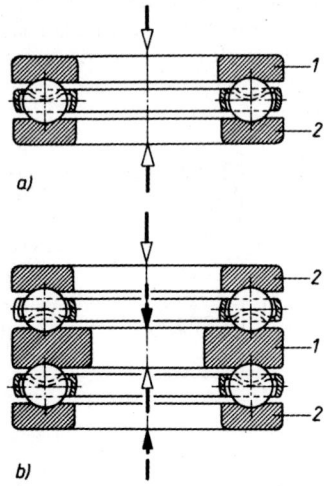

Bild 7. Axial-Rillenkugellager a) einseitig wirkend b) zweiseitig wirkend

Tonnen- und Pendelrollenlager, DIN 635 (Bild 6): Ermöglichen durch kugelige Außenringlaufbahnen und tonnenförmige Wälzkörper den Ausgleich von winkligen Wellenverlagerungen. Anwendung wie Pendelkugellager bei höchsten Radialkräften, Pendelrollenlager auch bei hohen Axialkräften.

Axial-Rillenkugellager, DIN 711 (Bild 7) nehmen nur Axialkräfte bei möglichst senkrechten Wellen auf, zweiseitig wirkende übertrögen Kräfte in beiden Richtungen.

Axial-Pendelrollenlager, DIN 728 (Bild 8) sind Fluchtfehler ausgleichende Axiallager; tonnenförmige Wälzkörper übertragen die Kraft unter $\approx 45°$ zur Lagerachse auf beide Scheiben.

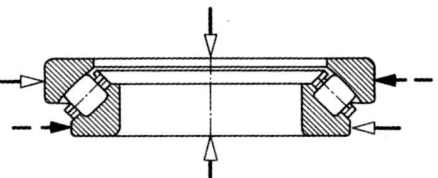

Bild 8. Axial-Pendelrollenlager

13.2.3 Baumaße, Kurzzeichen

Jeder Lagerbohrung sind mehrere Außendurchmesser (Durchmesserreihen 0, 2, 3 und 4) und Breiten (Breitenreihen 0, 1, 2 und 3) zugeordnet, um möglichst großen Belastbarkeitsbereich bei Lagern gleicher Bohrung zu erreichen. Das Lagerkurzzeichen setzt sich aus Ziffern oder Buchstaben und Ziffern zur Kennzeichnung der Bauform, Breitenreihe und Durchmesserreihe zusammen. Die letzte Zifferngruppe stellt die Bohrungskennziffer dar. Bei Bohrungen ≥ 20 mm ergibt sich deren Größe durch Multiplikation der Kennziffer mit 5.

■ **Bezeichnungsbeispiel:**

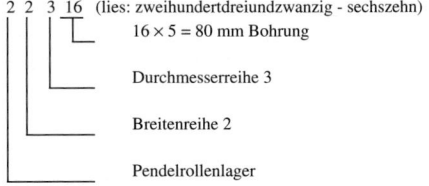

Die wichtigsten Lagerabmessungen enthalten die Tabelle 9 bis 19.[1]

---

[1] Sämtliche Angaben in den Tabellen zur Wälzlagerbestimmung wurden mit Genehmigung der FAG Kugelfischer Georg Schäfer & Co., Schweinfurt, dem Katalog FAG Standardprogramm Supplement 41 ST 500 D entnommen.

13.2.4 Berechnung umlaufender Wälzlager

13.2.4.1 Dynamisch äquivalente Lagerbelastung

Unter dynamisch äquivalenter (gleichwertiger) Lagerbelastung versteht man die rein, radiale, bei Axiallagern axiale Belastung, die das Lager unter den tatsächlich vorliegenden Betriebsverhältnissen auch erreicht.

Wird das Radiallager allein durch eine *Radialkraft* F_r belastet, wird die dynamisch *äquivalente Lagerbelastung*

$$P = F_r \qquad \frac{P \;|\; F_r}{N \;|\; N} \qquad (1)$$

Für radial mit einer *Radialkraft* F_r und axial mit einer *Axialkraft* F_a belastete Radiallager beträgt die dynamisch *äquivalente Lagerbelastung*

$$P = X F_r + Y F_a \qquad \frac{P, F_r, F_a \;|\; X, Y}{N \;|\; 1} \qquad (2)$$

Diese Gleichung gilt nur bei annähernd konstanter Lagerbelastung (Drehmoment M und Drehzahl n konstant). Bei wechselnden Belastungsgrößen M und n sind die Herstellerangaben zu beachten.

Für nur axial belastete Axial-Rillenkugellager und Axial-Pendelrollenlager wird $P = F_a$. Für radial und axial belastete Axial-Pendelrollelager ist

$$P = F_a + 1{,}2\, F_r \quad \text{für} \quad F_r \leq 0{,}55\, F_a \qquad (3)$$

F_r Radialkraft; F_a Axialkraft; X Radialfaktor, berücksichtigt Verhältnis Radial- zur Axialkraft; Y Axialfaktor zum Umrechnen der Axialkraft in eine gleichwertige (äquivalente) Radialkraft; Werte für X und Y siehe Tabelle 2.

13.2.4.2 Lebensdauer, dynamische Tragzahl

Die Lebensdauer eines Lagers ist die Anzahl der Umdrehungen oder Stunden, bevor sich erste Anzeichen einer Oberflächenbeschädigung (Risse, Poren) bei Wälzkörpern und Rollbahnen zeigen. Da die Werte in weiten Grenzen schwanken, ist für die Berechnung die *nominelle Lebensdauer* maßgebend, die mindestens 90 % einer größeren Zahl gleicher Lager erreichen oder überschreiten.

Die dynamische Tragzahl C ist die Belastung, die eine nominelle Lebensdauer $L = 10^6$ Umdrehungen bzw. $L_h = 500$ h bei $n = 33$ min^{-1} erwarten lässt.

Die Lebensdauer eines Lagers ergibt sich aus

$$f_L = \frac{C}{P} f_n f_t \qquad \frac{f_L, f_n, f_t \;|\; C, P}{1 \;|\; N} \qquad (4)$$

f_L dynamische Kennzahl Lebensdauerfaktor (siehe Tabelle 7 und 8)
f_n Drehzahlfaktor (siehe Tabelle 7)
f_t Temperaturfaktor (siehe Tabelle 1)

Tabelle 1. Temperaturfaktor f_t

Betriebstemperatur	Temperaturfaktor
°C	f_t
< 150	1,0
200	0,73
250	0,42
300	0,22

Tabelle 2. Radial- und Axialfaktoren für Rillenkugellager

F_a / C_0	e	$F_a/F_r \leq e$		$F_a/F_r > e$	
		X	Y	X	Y
0,025	0,22	1	0	0,56	2
0,04	0,24	1	0	0,56	1,8
0,07	0,27	1	0	0,56	1,6
0,13	0,31	1	0	0,56	1,4
0,25	0,37	1	0	0,56	1,2
0,5	0,44	1	0	0,56	1

Die statische Tragzahl C_0 wird der Tabelle 9 für Rillenkugellager entnommen.

13.2.4.3 Höchstdrehzahlen.
Vorstehende Berechnungsgleichungen gelten für „normal" ausgeführte Lager, solange bestimmte Höchstdrehzahlen nicht überschritten werden. Höhere Drehzahlen fuhren zu Schwingungen und gefährden durch zu hohe Fliehkräfte das einwandfreie Abwälzen der Wälzkörper.

13.2.5 Berechnung stillstehender oder langsam umlaufender Lager

Die Berechnung gilt für Wälzlager im Stillstand, bei Pendelbewegungen oder bei kleinen Drehzahlen etwa $n \leq 20$ min^{-1}.

13.2.5.1 Statisch äquivalente Lagerbelastung.
Die statisch äquivalente Lagerbelastung ist die radiale, bei Axiallagern axiale Belastung, die an Rollbahnen und Wälzkörpern die gleiche Verformung hervorruft, wie sie bei den vorliegenden Verhältnissen auch auftritt. Für ein- und zweireihige *Rillenkugellager* gilt für die *statisch äquivalente Lagerbelastung* P_0:

$$P_0 = F_r \qquad \text{für} \quad \frac{F_a}{F_r} \leq 0{,}8 \qquad (5)$$

$$P_0 = 0{,}6 \cdot F_r + 0{,}5 \cdot F_a \qquad \text{für} \quad \frac{F_a}{F_r} > 0{,}8 \qquad (6)$$

Für die anderen Wälzlagerarten sind die Gleichungen in den Tabellen 10, 12, 14, 16, 18, und 19 zu verwenden.

13.2.5.2 Statische Tragzahl. Die statische Tragzahl ist die rein radiale, bei Axiallagern axiale Lagerbelastung, die bei stillstehenden Lagern eine bleibende Verformung von 0,01 % des Wälzkörperdurchmessers an der Berührungsstelle zwischen Wälzkörper und Rollbahn hervorruft.

Unter Berücksichtigung der Betriebsverhältnisse ergibt sich die *statische Höchstbelastung*

$$P_0 = \frac{C_0}{f_s} \qquad \begin{array}{c|c} P_0, C_0 & f_s \\ \hline N & 1 \end{array} \qquad (7)$$

und hieraus die erforderliche *statische Tragzahl*

$$C_0 = P_0 f_s \qquad (8)$$

f_s Betriebsfaktor; man setzt $f_s \geq 2$ bei Stößen und Erschütterungen, $f_s = 1$ bei normalem Betrieb, $f_s = 0,5$ ... 1 bei erschütterungsfreiem Betrieb. Werte für C_0 siehe Wälzlagertabellen 9 und folgende.

13.2.6 Gestaltung der Lagerstellen

13.2.6.1 Passungen. Für die Wahl der Passung zwischen Innenring und Welle bzw. Außenring und Gehäuse sind Größe und Bauform der Lager, Belastung, axiale Verschiebemöglichkeit bei Loslagern (siehe 13.2.6.2) und besonders die *Umlaufverhältnisse* entscheidend. Hierunter versteht man die relative Bewegung eines Lagerrings zur Lastrichtung. Man unterscheidet
Umfangslast, bei der der Ring relativ zur Lastrichtung umläuft, und *Punktlast*, bei der der Ring relativ zur Lastrichtung stillsteht.
Einbauregel: Der Ring mit Umfangslast muss fest sitzen, der Ring mit Punktlast kann lose (oder auch fest) sitzen.
Geeignete Passungen für häufig vorkommende Betriebsfälle siehe Tabelle 4 und 5.

13.2.6.2 Ein- und Ausbau. Bei mehrfacher Wellenlagerung darf insbesondere wegen verspannungsfreien Einbaues und Wärmedehnungen nur ein Lager, das Festlager (2), die Welle in Längsrichtung führen, die anderen Lager, die Loslager (1), müssen sich axial frei einstellen können (siehe Bild 13).
Möglichkeiten des Einbaus von Innen- und Außenring bei Festlagern zeigen die Bilder 9 und 10. Einbaumaße für Rillenkugellager nach Tabelle 3.

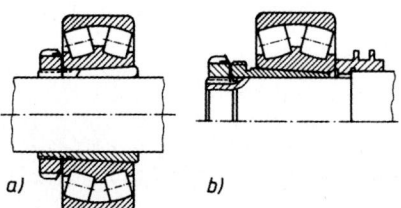

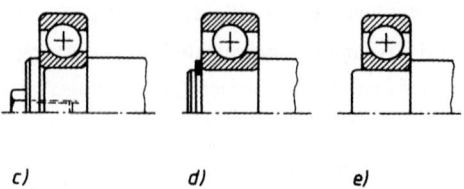

Bild 9. Befestigung der Lager auf Wellen
a) durch Spannhülse b) durch Abziehhülse c) durch Spannscheibe d) durch Sicherungsring e) durch Presssitz

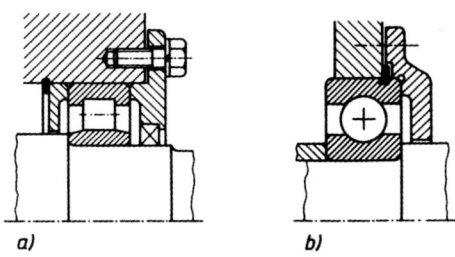

Bild 10. Befestigung von Außenringen in Gehäusebohrungen
a) durch Zentrieransatz des Lagerdeckels
b) durch Ringnut und Sprengring

Für den Ausbau der Lager sind, besonders bei ungeteilten Lagerstellen, geeignete konstruktive Maßnahmen zu treffen, z.B. Vorsehen von Gewindelöchern für Abdrückschrauben. Bei schweren Lagern mit Kegelsitz (Spannhülse) hat sich der hydraulische Ausbau bewährt.

13.2.7 Schmierung der Wälzlager

Allgemein wird *Fettschmierung* bevorzugt. Sie erfordert nur geringe Wartung und schützt gleichzeitig gegen Verschmutzung. Verwendet werden Wälzlagerfette. Die Lager selbst werden eingestrichen und der Gehäuseraum etwa zur Hälfte gefüllt, um Walkarbeit und Erwärmung zu vermeiden. Eigenschaften und Verwendung der Wälzlagerfette nach Empfehlung der Hersteller.

Ölschmierung kommt nur bei sehr hohen Drehzahlen und dort in Frage, wo Öl zur Schmierung anderer Elemente, z.B. der Zahnräder in Getriebegehäusen ohnehin vorhanden ist. Ölgeschmierte Lager erfordern einen höheren Aufwand an Dichtungen als fettgeschmierte. Verwendet werden Mineralöle nach DIN 51519.

Tabelle 3. Einbaumaße in mm für Kugellager (Kantenabstände nach DIN 620, Rundungen und Schulterhöhen nach DIN 5418)

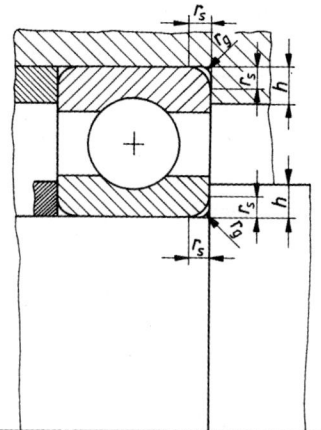

Kantenabstand r_{smin}	Hohlkehlenradius r_{gmax}	Schulterhöhe h_{min} Lagerreihe	
		618 160 161 60	62 63 42 43
0,15	0,15	0,4	0,7
0,2	0,2	0,7	0,9
0,3	0,3	1	1,2
0,6	0,6	1,6	2,1
1	1,	2,3	2,8
1,1	1	3	3,5
1,5	1,5	3,5	4,5
2	2	4,4	5,5
2,1	2,1	5,1	6
3	2,5	6,2	7
4	3	7,3	8,5
5	4	9	10

13.2.8 Lagerdichtungen

Dichtungen sollen in erster Linie die Lager gegen Eindringen von Schmutz schützen, zum anderen das Austreten des Schmiermittels verhindern.

13.2.8.1 Nicht schleifende Dichtungen. Bei diesen wird die Dichtwirkung enger Spalten ausgenutzt. Sie arbeiten verschleißfrei und haben dadurch eine fast unbegrenzte Lebensdauer.
Spaltdichtungen werden vorwiegend bei fettgeschmierten Lagern verwendet und vielfach bei starkem Schmutz- und Staubanfall den spaltlosen, schleifenden Dichtungen vorgeschaltet.
Bei geringer Verschmutzungsgefahr genügen einfache *Spalt-* oder *Rillendichtungen Bilder* 11a und 11b). Am wirksamsten sind die *Labyrinthdichtungen,* deren Gänge meist noch mit Fett gefüllt werden. Bei ungeteilten Gehäusen muss das Labyrinth axial (Bild 11c) gestaltet werden, bei geteilten wird die radiale Labyrinthdichtung (Bild 11d) bevorzugt, die das Fett besser hält.

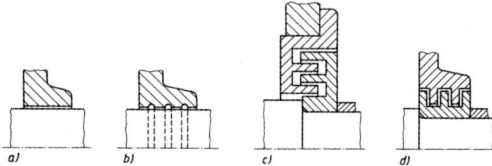

Bild 11. Nicht schleifende Dichtungen (nach Kugelfischer)
a) einfache Spaltdichtung, b) Rillendichtung, c) axiale Labyrinthdichtung, d) radiale Labyrinthdichtung

13.2.8.2 Schleifende Dichtungen. Diese schließen das Lager spaltlos ab. Sie haben dadurch eine bessere Dichtwirkung als Spaltdichtungen und sind bei Fett- und Ölschmierung gleich gut geeignet. Schleifende Dichtungen erfordern sorgfältig bearbeitete Gleitflächen; sie haben wegen des Verschleißes jedoch eine begrenzte Lebensdauer.
In vielen Fällen genügt der *Filzring,* DIN 5419 (Bild 12a), der vielfach auch als Feindichtung hinter Labyrinthen verwendet wird. Am häufigsten wird der *Radialdichtring* eingesetzt. Die Ausführung mit Gehäuse wird bevorzugt, wenn der Ring von außen zum Beispiel in einen Lagerdeckel eingeführt wird (Bild 12b).

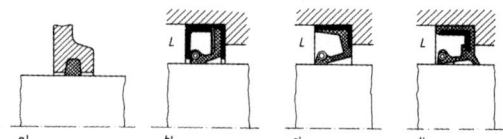

Bild 12. Schleifende Dichtungen
a) Filzring, b) bis d) Radialdichtringe verschiedener Form (L Lager-Innenraum)

13.2.9 Einbau-Beispiele

Lagerung einer Schneckenwelle (Bild 13): Es treten Radialkräfte und eine hohe Axialkraft auf. Bei Ausführung a) nimmt das zweireihige Schrägkugellager (2) als *Fest*lager sowohl die Radialkraft als auch die Axialkraft auf, das Rillenkugellager als Loslager nur die Radialkraft.
Bei Ausführung b) reichen Radiallager zur Aufnahme der Axialkraft nicht mehr aus. Es wird dann ein Zylinderrollenlager (4) mit einem zweiseitig wirkenden Axialrillenkugellager (3) kombiniert und mit dem Passring (5) spielfrei eingestellt. In Bild 13b zeigt die obere Hälfte den axialen Kraftfluss von links nach rechts, die untere den Kraftfluss von rechts nach links. Geschmiert wird mit Fett. Der Filzring verhindert das Eindringen von Abriebteilchen in das Gehäuseinnere.

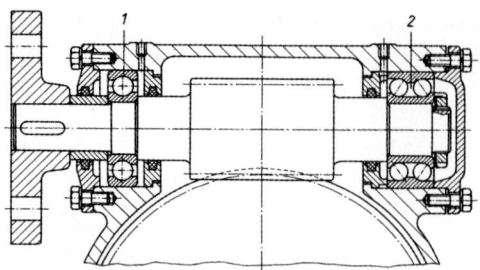

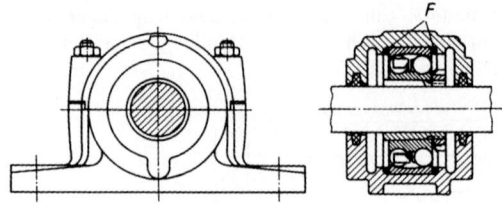

Bild 15. Normal-Stehlager

12.2.10 Berechnungsbeispiele für Wälzlager

■ **Beispiel 1:**
Für das Festlager einer Kegelradwelle wird entsprechend dem vorher ermittelten Wellendurchmesser $d = 45$ mm das Rillenkugellager 6209 vorläufig festgelegt. An der Lagerstelle wirken die Stützkräfte: Radialkraft $F_r = 2200$ N und Axialkraft $F_a = 1400$ N. Die Wellendrehzahl beträgt $n = 260$ min^{-1}. Die Betriebstemperatur liegt unter 150 °C.
Es ist zu prüfen, ob das Lager für eine geforderte Lebensdauer von $L_h \geq 20000$ h ausreicht.

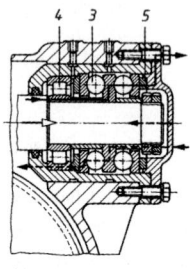

b)

Bild 13. Lagerung einer Schneckenwelle (nach Kugelfischer)

Vorderradlagerung eines Kraftwagens (Bild 14): Aufzunehmen sind hohe Radial- und normale Axialkräfte. Ausführung mit spiegelbildlich zueinander eingebauten Kegelrollenlagern, die durch Kronenmutter (K) ein- und nachgestellt werden. Es liegt hier „Punktlast für den Innenring" vor, daher sitzen Innenringe lose und verschiebbar auf Achse. Vorratsschmierung mit Fett; Abdichtung durch Radial-Dichtring.

Normal-Stehlager (Bild 15): Es treten Radial- und normalerweise geringere Axialkräfte auf. Gehäuse ist geteilt und fast nur mit Pendelkugellager mit Spannhülse ausgeführt. Das Bild zeigt Ausbildung als Festlager; bei Loslager werden Futterringe (F) weggelassen, Außenring ist dann frei verschiebbar. Vorratsschmierung mit Fett.

Lösung:
Für das gewählte Lager 6209 liest man aus Tabelle 9 ab:

dynamische Tragzahl $\quad C = 32{,}5$ kN $= 32500$ N
statische Tragzahl $\quad C_0 = 17{,}6$ kN $= 17600$ N
Zur Bestimmung der Faktoren X und Y muss nach Tabelle 2 vorgegangen werden:

$$\frac{F_a}{C_0} = \frac{1400 \text{ N}}{2200 \text{ N}} = 0{,}0795$$

Der nächstliegende Wert in Tabelle 2 für e beträgt $e = 0{,}27$.
Nun wird der Quotient F_a/F_r berechnet und mit dem Wert $e = 0{,}27$ verglichen.

$$\frac{F_a}{F_r} = \frac{1400 \text{ N}}{2200 \text{ N}} = 0{,}636 > e = 0{,}27$$

Für den Radialfaktor X und für den Axialfaktor Y ergeben sich nach Tabelle 2 die Werte:

Radialfaktor $\quad X \quad = 0{,}56$
Axialfaktor $\quad Y \quad = 1{,}6$

Damit kann die dynamisch äquivalente Lagerbelastung P errechnet werden:

$P = X F_r + Y F_a = 0{,}56 \cdot 2200 \text{ N} + 1{,}6 \cdot 1400 \text{ N}$
$P = 3472 \text{ N} = 3{,}472 \text{ kN}$

Es sind nun alle Größen zur Berechnung der dynamischen Kennzahl f_L bekannt. Nach Gleichung (4) gilt:

$$f_L = \frac{C}{P} f_n$$

$$f_L = \frac{32{,}5 \text{ kN}}{3{,}472 \text{ kN}} \cdot 0{,}504 = 4{,}72$$

$C = 32{,}5$ kN
$P = 3{,}472$ kN
$f_n = 0{,}504$ nach Tabelle 7 für $n = 260$ min^{-1}

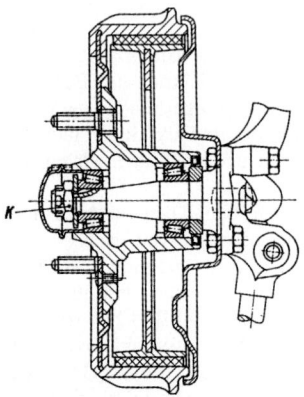

Bild 14. Vorderradlagerung eines Kraftwagens (nach Kugelfischer)

Nach Tabelle 7 beträgt für $f_L = 4{,}72$ die nominelle Lebensdauer $L_h \approx 53\,000\,\text{h}$. Diese Lebensdauer ist allerdings nur dann zu erwarten, wenn nicht andere Einflussgrößen dagegen sprechen, zum Beispiel Wellendurchbiegung und Fremdstoffe im Lagerbereich. Da die Betriebstemperatur unter 150 °C liegen soll, ist eine Verkleinerung der nominellen Lebensdauer nicht erforderlich (siehe Tabelle 1).

■ **Beispiel 2:**
Die Festlagerstelle einer Schneckenradwelle wird durch die Radialkraft $F_r = 1340$ N und durch die Axialkraft $F_a = 4300$ N belastet. Die Wellendrehzahl beträgt $n = 750\,\text{min}^{-1}$, die Betriebstemperatur liegt unter 150 °C.
Es ist anzunehmen, dass die relativ hohe Axialkraft von einem Rillenkugellager mit zweckmäßigem Wellendurchmesser nicht aufgenommen werden kann. Deshalb wird zunächst ein zweireihiges Schrägkugellager vorgesehen, und zwar für eine Lebensdauer von $L_h \geq 15\,000$ h.

Lösung:
In der Tabelle 10 sind für die dynamisch äquivalente Lagerbelastung jeweils zwei Gleichungen für die Druckwinkel von 25° und von 35° angegeben. Entscheidet man sich für die Standardausführung B mit Polyamidkäfig und dem Druckwinkel $\alpha = 25°$, dann gelten die beiden ersten Gleichungen. In beiden Fällen ist zunächst das Verhältnis F_a/F_r zu bestimmen:

$$\frac{F_a}{F_r} = \frac{4300\,\text{N}}{1340\,\text{N}} = 3{,}2 > 0{,}68$$

Zu verwenden ist also die Gleichung
$P = 0{,}67 + 1{,}41\,F_a$
$P = 0{,}67 \cdot 1340\,\text{N} + 1{,}41 \cdot 4300\,\text{N}$
$P = 6961\,\text{N} = 6{,}96\,\text{kN}$

Nun kann mit der Gleichung nach Tabelle 10 weitergerechnet werden. Sie wird zur Berechnung der erforderlichen dynamischen Tragzahl C_{erf} umgestellt:

$$f_L = \frac{C}{P} f_n \qquad C_{erf} = \frac{f_L}{f_n}$$

Die dynamische Kennzahl f_L beträgt nach Tabelle 7 für die geforderte Lebensdauer $L_h > 15\,000$ h:

$$f_L = 3{,}11$$

Ebenfalls aus Tabelle 7 wird der Drehzahlfaktor $f_n = 0{,}354$ abgelesen. Damit kann die erforderliche dynamische Tragzahl berechnet werden:

$$C_{erf} = P \frac{f_L}{f_n} = 6{,}96\,\text{kN} \cdot \frac{3{,}11}{0{,}354} = 61{,}1\,\text{kN}$$

Geht man nun in der Tabelle 11 die Spalte für die dynamische Tragzahl C von oben nach unten durch, erkennt man als erstes Lager, mit dem die Bedingung $C_{erf} \leq C$ erfüllt werden kann, das zweireihige Schrägkugellager 3308 B mit $C = 62$ kN und mit dem Wellendurchmesser $d = 40$ mm.
Im Hinblick auf die nominelle Lebensdauer gelten auch hier die Anmerkungen am Schluss von Beispiel 1.

Tabelle 4. Wellentoleranzen

Radiallager mit zylindrischer Bohrung

Belastungsart	Lagerart	Wellendurchmesser	Verschiebbarkeit Belastung	Toleranzfeld
Punktlast für den Innenring	Kugellager, Rollenlager und Nadellager	alle Größen	Loslager mit verschiebbarem Innenring	g6 (g5) h6 (h5)
			Schrägkugellager und Kegelrollenlager mit angestelltem Innenring	h6 (j6)
Umfangslast für den Innenring oder unbestimmte Last	Kugellager	bis 40 mm	normale Belastung	J6 (j5)
		bis 100 mm	kleine Belastung	J6 (J5)
			normale und hohe Belastung	k6 (k5)
		bis 200 mm	kleine Belastung	k6 (k5)
			normale und hohe Belastung	m6 (m5)
		über 200 mm	normale Belastung	m6 (m5)
			hohe Belastung, Stöße	n6 (n5)
	Rollenlager und Nadellager	bis 60 mm	kleine Belastung	J6 (J5)
			normale und hohe Belastung	k6 (k5)
		bis 200 mm	kleine Belastung	k6 (k5)
			normale Belastung	m6 (m5)
			hohe Belastung	n6 (n5)
		bis 500 mm	normale Belastung	m6 (n6)
			hohe Belastung, Stöße	p6
		über 500 mm	normale Belastung	n6 (p6)
			hohe Belastung	p6

Axiallager

Belastungsart	Lagerart	Wellendurchmesser	Betriebsbedingungen	Toleranzfeld
Axiallast	Axial-Rillenkugellager	alle Größen		j6
	Axial-Rillenkugellager zweiseitig wirkend	alle Größen		k6
	Axial-Zylinderrollenlager oder Axial-Nadelkranz mit Wellenscheibe	alle Größen		h6 (j6)
	Axial-Zylinderrollenkranz oder Axial-Nadelkranz mit Lauf- oder Axialscheibe	alle Größen		h 10
	Axial-Zylinderrollenkranz oder Axial-Nadelkranz	alle Größen		h8
Kombinierte Belastung	Axial-Pendelrollenlager	alle Größen	Punktlast für die Wellenscheibe	j6
		bis 200 mm	Umfangslast für die Wellenscheibe	j6 (k6)
		über 200 mm		k6 (m6)

Tabelle 5. Gehäusetoleranzen

Radiallager

Belastungsart	Verschiebbarkeit Belastung	Betriebsbedingungen	Toleranzfeld
Punktlast für den Außenring	Loslager mit leicht verschiebbarem Außenring	Die Qualität der Toleranz richtet sich nach der notwendigen Laufgenauigkeit	H7 (H6)
	Außenring meist verschiebbar, Schrägkugellager und Kegelrollenlager mit angestelltem Außenring	hohe Laufgenauigkeit notwendig	H6 (J6)
		normale Laufgenauigkeit	H7 (J7)
		Wärmezufuhr von der Welle	G7
Umfangslast für den Außenring oder unbestimmte Last	kleine Belastung	Bei hohen Anforderungen an die Laufgenauigkeit K6, M6, N6 und P6	K7 (K6)
	normale Belastung, Stöße		M7 (M6)
	hohe Belastung, Stöße		N7 (N6)
	hohe Belastung, starke Stöße, dünnwandige Gehäuse		P7 (P6)

Axiallager

Belastungsart	Lagerart	Betriebsbedingungen	Toleranzfeld
Axiallast	Axial-Rillenkugellager	normale Laufgenauigkeit hohe Laufgenauigkeit	E8 H6
	Axial-Zylinderrollenlager oder Axial-Nadelkranz mit Gehäusescheibe		H7 (K7)
	Axial-Zylinderrollenkranz oder Axial-Nadelkranz mit Lauf- oder Axialscheibe		H11
	Axial-Zylinderrollenkranz oder Axial-Nadelkranz		H10
	Axial-Pendelrollenlager	normale Belastung hohe Belastung	E8 G7
kombinierte Belastung Punktlast für die Gehäusescheibe	Axial-Pendelrollenlager		H7
kombinierte Belastung Umfangslast für die Gehäusescheibe	Axial-Pendelrollenlager		K7

Tabelle 6. Richtwerte für die dynamische Kennzahl f_L (Lebensdauerfaktor)

Einbaustelle	anzustrebender f_L-Wert	Einbaustelle	anzustrebender f_L-Wert
Kraftfahrzeuge		**Werkzeugmaschinen**	
Motorräder	0,9 ... 1,6	Drehspindeln, Frässpindeln	3 ... 4,5
Leichte Personenwagen	1,4 ... 1,8	Bohrspindeln	3 ... 4
Schwere Personenwagen	1 ... 1,6	Schleifspindeln	2,5 ... 3,5
Leichte Lastwagen	1,8 ... 2,4	Werkstückspindeln von Schleifmaschinen	3,5 ... 5
Schwere Lastwagen	2 ... 3	Werkzeugmaschinengetriebe	3 ... 4
Omnibusse	1,8 ... 2,8	Pressen/Schwungrad	3,4 ... 4
Verbrennungsmotor	1,2 ... 2	Pressen/Exzenterwelle	3 ... 3,5
		Elektrowerkzeuge und Druckluftwerkzeuge	2 ... 3
Schienenfahrzeuge			
Achslager von		**Holzbearbeitungsmaschinen**	
Förderwagen	2,5 ... 3,5	Frässpindeln und Messerwellen	3 ... 4
Straßenbahnwagen	3,5 ... 4	Sägegatter/Hauptlager	3,5 ... 4
Reisezugwagen	3 ... 3,5	Sägegatter/Pleuellager	2,5 ... 3
Güterwagen	3 ... 3,5		
Abraumwagen	3 ... 3,5	**Getriebe im Allg. Maschinenbau**	
Triebwagen	3,5 ... 4	Universalgetriebe	2 ... 3
Lokomotiven/Außenlager	3,5 ... 4	Getriebemotoren	2 ... 3
Lokomotiven/Innenlager	4,5 ... 5	Großgetriebe, stationär	3 ... 4,5
Getriebe von Schienenfahrzeugen	3 ... 4,5		
		Fördertechnik	
Schiffbau		Bandantriebe/Tagebau	4,5 ... 5,5
Schiffsdrucklager	3 ... 4	Förderbandrollen/Tagebau	4,5 ... 5
Schiffswellentraglager	4 ... 6	Förderbandrollen/allgemein	2,5 ... 3,5
Große Schiffsgetriebe	2,5 ... 3,5	Bandtrommeln	4 ... 4,5
Kleine Schiffsgetriebe	2 ... 3	Schaufelradbagger/Fahrantrieb	2,5 ... 3,5
Bootsantriebe	1,5 ... 2,5	Schaufelradbagger/Schaufelrad	4,5 ... 6
		Schaufelradbagger/Schaufelradantrieb	4,5 ... 5,5
Landmaschinen		Förderseilscheiben	4 ... 4,5
Ackerschlepper	1,5 ... 2		
selbst fahrende Arbeitsmaschinen	1,5 ... 2	**Pumpen, Gebläse, Kompressoren**	
Saisonmaschinen	1 ... 1,5	Ventilatoren, Gebläse	3,5 ... 4,5
		Kreiselpumpen	4 ... 5
Baumaschinen		Hydraulik-Axialkolbenmaschinen und Hydraulik-Radialkolbenmaschinen	1 ... 2,5
Planierraupen, Lader	2 ... 2,5	Zahnradpumpen	1 ... 2,5
Bagger/Fahrwerk	1 ... 1,5	Verdichter, Kompressoren	2 ... 3,5
Bagger/Drehwerk	1,5 ... 2		
Vibrations-Straßenwalzen, Unwuchterreger	1,5 ... 2,5	**Brecher, Mühlen, Siebe u.a.**	
Rüttlerflaschen	1 ... 1,5	Backenbrecher	3 ... 3,5
		Kreiselbrecher, Walzenbrecher	3 ... 3,5
Elektromotoren		Schlägermühlen	3,5 ... 4,5
E-Motoren für Haushaltsgeräte	1,5 ... 2	Hammermühlen	3,5 ... 4,5
Serienmotoren	3,5 ... 4,5	Prallmühlen	3,5 ... 4,5
Großmotoren	4 ... 5	Rohrmühlen	4 ... 5
Elektrische Fahrmotoren	3 ... 3,5	Schwingmühlen	2 ... 3
		Mahlbahnmühlen	4 ... 5
Walzwerke, Hütteneinrichtungen		Schwingsiebe	2,5 ... 3
Walzgerüste	1 ... 3		
Walzwerksgetriebe	3 ... 4		
Rollgänge	2,5 ... 3,5		
Schleudergießmaschinen	3,5 ... 4,5		

Tabelle 7. Lebensdauer L_h, Lebensdauerfaktor f_L und Drehzahlfaktor f_n für Kugellager

f_L-Werte für Kugellager

L_h h	f_L	L_h h	f_L	L_h h	f_L	L_h h	f_L	L_h h	f_L
100	0,585	420	0,944	1 700	1,5	6 500	2,35	28 000	3,83
110	0,604	440	0,958	1 800	1,53	7 000	2,41	30 000	3,91
120	0,621	460	0,973	1 900	1,56	7 500	2,47	32 000	4
130	0,638	480	0,986	2 000	1,59	8 000	2,52	34 000	4,08
140	0,654	500	1	2 200	1,64	8 500	2,57	36 000	4,16
150	0,669	550	1,03	2 400	1,69	9 000	2,62	38 000	4,24
160	0,684	600	1,06	2 600	1,73	9 500	2,67	40 000	4,31
170	0,698	650	1,09	2 800	1,78	10 000	2,71	42 000	4,38
180	0,711	700	1,12	3 000	1,82	11 000	2,8	44 000	4,45
190	0,724	750	1,14	3 200	1,86	12 000	2,88	46 000	4,51
200	0,737	800	1,17	3 400	1,89	13 000	2,96	48 000	4,58
220	0,761	850	1,19	3 600	1,93	14 000	3,04	50 000	4,64
240	0,783	900	1,22	3 800	1,97	15 000	3,11	55 000	4,79
260	0,804	950	1,24	4 000	2	16 000	3,17	60 000	4,93
280	0,824	1 000	1,26	4 200	2,03	17 000	3,24	65 000	5,07
300	0,843	1 100	1,3	4 400	2,06	18 000	3,3	70 000	5,19
320	0,862	1 200	1,34	4 600	2,1	19 000	3,36	75 000	5,31
340	0,879	1 300	1,38	4 800	2,13	20 000	3,42	80 000	5,43
360	0,896	1 400	1,41	5 000	2,15	22 000	3,53	85 000	5,54
380	0,913	1 500	1,44	5 500	2,22	24 000	3,63	90 000	5,65
400	0,928	1 600	1,47	6 000	2,29	26 000	3,73	100 000	5,85

f_n-Werte für Kugellager

n min^{-1}	f_n	n min^{-1}	f_n	n min^{-1}	f_n	n min^{-1}	f_n	n min^{-1}	f_n
10	1,49	55	0,846	340	0,461	1 800	0,265	9 500	0,152
11	1,45	60	0,822	360	0,452	1 900	0,26	10 000	0,149
12	1,41	65	0,8	380	0,444	2 000	0,255	11 000	0,145
13	1,37	70	0,781	400	0,437	2 200	0,247	12 000	0,141
14	1,34	75	0,763	420	0,43	2 400	0,24	13 000	0,137
15	1,3	80	0,747	440	0,423	2 600	0,234	14 000	0,134
16	1,28	85	0,732	460	0,417	2 800	0,228	15 000	0,131
17	1,25	90	0,718	480	0,411	3 000	0,223	16 000	0,128
18	1,23	95	0,705	500	0,405	3 200	0,218	17 000	0,125
19	1,21	100	0,693	550	0,393	3 400	0,214	18 000	0,123
20	1,19	110	0,672	600	0,382	3 600	0,21	19 000	0,121
22	1,15	120	0,652	650	0,372	3 800	0,206	20 000	0,119
24	1,12	130	0,635	700	0,362	4 000	0,203	22 000	0,115
26	1,09	140	0,62	750	0,354	4 200	0,199	24 000	0,112
28	1,06	150	0,606	800	0,347	4 400	0,196	26 000	0,109
30	1,04	160	0,593	850	0,34	4 600	0,194	28 000	0,106
32	1,01	170	0,581	900	0,333	4 800	0,191	30 000	0,104
34	0,993	180	0,57	950	0,327	5 000	0,188	32 000	0,101
36	0,975	190	0,56	1 000	0,322	5 500	0,182	34 000	0,0993
38	0,957	200	0,55	1 100	0,312	6 000	0,177	36 000	0,0975
40	0,941	220	0,533	1 200	0,303	6 500	0,172	38 000	0,0957
42	0,926	240	0,518	1 300	0,295	7 000	0,168	40 000	0,0941
44	0,912	260	0,504	1 400	0,288	7 500	0,164	42 000	0,0926
46	0,898	280	0,492	1 500	0,281	8 000	0,161	44 000	0,0912
48	0,886	300	0,481	1 608	0,275	8 500	0,158	46 000	0,0898
50	0,874	320	0,471	1 700	0,27	9 000	0,155	50 000	0,0874

Tabelle 8. Lebensdauer L_h, Lebensdauerfaktor f_L und Drehzahlfaktor f_n für Rollenlager und Nadellager

f_L-Werte für Rollenlager und Nadellager

L_h h	f_L	L_h h	f_L	L_h h	f_L	L_h h	f_L	L_h h	f_L
100	0,617	420	0,949	1 700	1,44	6 500	2,16	28 000	3,35
110	0,635	440	0,962	1 300	1,47	7 000	2,21	30 000	3,42
120	0,652	460	0,975	1 300	1,49	7 500	2,25	32 000	3,48
130	0,668	480	0,988	1 900	1,52	8 000	2,3	34 000	3,55
140	0,683	500	1	1 200	1,56	8 500	2,34	36 000	3,61
150	0,697	550	1,03	2 400	1,6	9 000	2,38	38 000	3,67
160	0,71	600	1,06	1 500	1,64	9 500	2,42	40 000	3,72
170	0,724	650	1,08	2 800	1,68	10 000	2,46	42 000	3,78
180	0,736	700	1,11	3 000	1,71	11 000	2,53	44 000	3,83
190	0,748	750	1,13	3 200	1,75	12 000	2,59	46 000	3,88
200	0,76	800	1,15	3 400	1,78	13 000	2,66	48 000	3,93
220	0,782	850	1,17	3 600	1,81	14 000	2,72	50 000	3,98
240	0,802	900	1,19	3 800	1,84	15 000	2,77	55 000	4,1
260	0,822	950	1,21	4 000	1,87	16 000	2,83	60 000	4,2
280	0,84	1000	1,23	4 200	1,89	17 000	2,88	65 000	4,31
300	0,858	1100	1,27	4 400	1,92	18 000	2,93	70 000	4,4
320	0,875	1200	1,3	4 600	1,95	19 000	2,98	80 000	4,58
340	0,891	1300	1,33	4 800	1,97	20 000	3,02	90 000	4,75
360	0,906	1400	1,36	5 000	2	22 000	3,11	100 000	4,9
380	0,921	1500	1,39	5 500	2,05	24 000	3,19	150 000	5,54
400	0,935	1600	1,42	6 000	2,11	26 000	3,27	200 000	6,03

f_n-Werte für Kugellager

n min^{-1}	f_n	n min^{-1}	f_n	n min^{-1}	f_n	n min^{-1}	f_n	n min^{-1}	f_n
10	1,44	55	0,861	340	0,498	1 800	0,302	9 500	0,183
11	1,39	60	0,838	360	0,49	1 900	0,297	10 000	0,181
12	1,36	65	0,818	380	0,482	2 000	0,293	11 000	0,176
13	1,33	70	0,8	400	0,475	2 200	0,285	12 000	0,171
14	1,3	75	0,784	420	0,468	2 400	0,277	13 000	0,167
15	1,27	80	0,769	440	0,461	2 600	0,271	14 000	0,163
16	1,25	85	0,755	460	0,455	2 800	0,265	15 000	0,16
17	1,22	90	0,742	480	0,449	3 000	0,259	16 000	0,157
18	1,2	95	0,73	500	0,444	3 200	0,254	17 000	0,154
19	1,18	100	0,719	550	0,431	3 400	0,25	18 000	0,151
20	1,17	110	0,699	600	0,42	3 600	0,245	19 000	0,149
22	1,13	120	0,681	650	0,41	3 800	0,242	20 000	0,147
24	1,1	130	0,665	700	0,401	4 000	0,238	22 000	0,143
26	1,08	140	0,65	750	0,393	4 200	0,234	24 000	0,139
28	1,05	150	0,637	800	0,385	4 400	0,231	26 000	0,136
30	1,03	160	0,625	850	0,378	4 600	0,228	28 000	0,133
32	1,01	170	0,613	900	0,372	4 800	0,225	30 000	0,13
34	0,994	180	0,603	950	0,366	5 000	0,222	32 000	0,127
36	0,977	190	0,593	1 000	0,36	5 500	0,216	34 000	0,125
38	0,961	200	0,584	1 100	0,35	6 000	0,211	36 000	0,123
40	0,947	220	0,568	1 200	0,341	6 500	0,206	38 000	0,121
42	0,933	240	0,553	1 300	0,333	7 000	0,201	40 000	0,119
44	0,92	260	0,54	1 400	0,326	7 500	0,197	42 000	0,117
46	0,908	280	0,528	1 500	0,319	8 000	0,193	44 000	0,116
48	0,896	300	0,517	1 600	0,313	8 500	0,19	46 000	0,114
50	0,885	320	0,507	1 700	0,307	9 000	0,186	50 000	0,111

Tabelle 9. Rillenkugellager, einreihig, Maße und Tragzahlen

- d Wellendurchmesser
- D Lageraußendurchmesser
- B Lagerbreite
- r_s Kantenabstand *)
- C dynamische Tragzahl
- C_0 statische Tragzahl

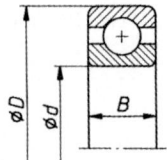

| Maße in mm | | | | Tragzahlen in kN | | Kurzzeichen | Maße in mm | | | | Tragzahlen in kN | | Kurzzeichen |
| | | | | dyn. | stat. | | | | | | dyn. | stat. | |
d	D	B	r_{smin}	C	C_0		d	D	B	r_{smin}	C	C_0	
3	10	4	0,15	0,71	0,23	623	25	37	7	0,3	3,8	2,45	61805
4	9	2,5	0,15	0,64	0,2	618/4	25	47	8	0,3	7,2	4,05	16005
4	13	5	0,2	1,29	0,41	624	25	47	12	0,6	10	5,1	6005
4	16	5	0,3	1,9	0,59	634	25	52	15	1	14,3	6,95	6205
5	16	5	0,3	1,9	0,59	625	25	62	17	1,1	22,4	10	6305
5	19	6	0,3	2,45	0,9	635	25	80	21	1,5	36	16,6	6405
6	13	3,5	0,15	1,06	0,38	618/6	30	42	7	0,3	4,15	2,9	61806
6	19	6	0,3	2,45	0,9	626	30	55	9	0,3	11,2	6,4	16006
7	14	3,5	0,15	0,88	0,36	618/7	30	55	13	1	12,7	6,95	6006
7	19	6	0,3	2,45	0,9	607	30	62	16	1	19,3	9,8	6206
7	22	7	0,3	3,25	1,18	627	30	72	19	1,1	29	14	6306
8	16	4	0,2	1,6	0,62	618/8	30	90	23	1,5	42,5	20	6406
8	22	7	0,3	3,25	1,18	608	35	47	7	0,3	4,3	3,25	61807
9	24	7	0,3	3,65	1,43	609	35	62	9	0,3	12,2	7,65	16007
9	26	8	0,6	4,55	1,7	629	35	62	14	1	16,3	9	6007
10	19	5	0,3	1,83	0,8	61800	35	72	17	1,1	25,5	13,2	6207
10	26	8	0,3	4,55	1,7	6000	35	80	21	1,5	33,5	16,6	6307
10	28	8	0,3	5	1,86	16100	35	100	25	1,5	55	26,5	6407
10	30	9	0,6	6	2,24	6200	40	52	7	0,3	4,65	3,8	61808
10	35	11	0,6	8,15	3	6300	40	68	9	0,3	13,2	9	16008
12	21	5	0,3	1,93	0,9	61801	40	68	15	1	17	10,2	6008
12	28	8	0,3	5,1	2,04	6001	40	80	18	1,1	29	15,6	6208
12	30	8	0,3	5,6	2,24	16101	40	90	23	1,5	42,5	21,6	6308
12	32	10	0,6	6,95	2,65	6201	40	110	27	2	63	31,5	6408
12	37	12	1	9,65	3,65	6301	45	58	7	0,3	6,4	5,1	61809
15	24	5	0,3	2,08	1,1	61802	45	75	10	0,6	15,6	10,6	16009
15	32	8	0,3	5,6	2,36	16002	45	75	16	1	20	12,5	6009
15	32	9	0,3	5,6	2,45	6002	45	85	19	1,1	32,5	17,6	6209
15	35	11	0,6	7,8	3,25	6202	45	100	25	1,5	53	27,5	6309
15	42	13	1	11,4	4,65	6302	45	120	29	2	76,5	39	6409
17	26	5	0,3	2,24	1,27	61803	50	65	7	0,3	6,8	5,7	61810
17	35	8	0,3	6,1	2,75	16003	50	80	10	0,6	16	11,6	16010
17	35	10	0,3	6	2,8	6003	50	80	16	1	20,8	13,7	6010
17	40	12	0,6	9,5	4,15	6203	50	90	20	1,1	36,5	20,8	6210
17	47	14	1	13,4	5,6	6303	50	110	27	2	62	32,5	6310
17	62	17	1,1	23,6	9,65	6403	50	130	31	2,1	86,5	45	6410
20	32	7	0,3	3,45	1,96	61804	55	72	9	0,3	9	7,65	61811
20	42	8	0,3	6,95	3,55	16004	55	90	11	0,6	19,3	14,3	16011
20	42	12	0,6	9,3	4,4	6004	55	90	18	1,1	28,5	18,6	6011
20	47	14	1	12,7	5,7	6204	55	100	21	1,5	43	25,5	6211
20	52	15	1,1	17,3	7,35	6304	55	120	29	2	76,5	40,5	6311
20	72	19	1,1	30,5	12,9	6404	55	140	33	2,1	100	53	6411

*) siehe Tabelle 3

Fortsetzung →

Maße in mm				Tragzahlen in kN		Kurzzeichen	Maße in mm				Tragzahlen in kN		Kurzzeichen
				dyn.	stat.						dyn.	stat.	
d	D	B	r_{smin}	C	C_0		d	D	B	r_{smin}	C	C_0	
60	78	10	0,3	9,3	8,15	61812	105	160	18	1	54	46,5	16021
60	95	11	0,6	20	15,3	16012	105	160	26	2	71	56	6021
60	95	18	1,1	29	20	6012	105	190	36	2,1	132	90	6221
60	110	22	1,5	52	31	6212	105	225	49	3	173	127	6321
60	130	31	2,1	81,5	45	6312	110	140	16	1	24,5	24,5	61822
60	150	35	2,1	110	60	6412	110	170	19	1	57	49	16022
65	85	10	0,6	11,6	10	61813	110	170	28	2	80	62	6022
65	100	11	0,6	21,2	17,3	16013	110	200	38	2,1	143	102	6222
65	100	19	1,1	30,5	22	6013	110	240	50	3	190	143	6322
65	120	23	1,5	60	36	6213	120	150	16	1	25	26	61824
65	140	33	2,1	93	52	6313	120	180	19	1	61	56	16024
65	160	37	2,1	118	68	6413	120	180	28	2	83	68	6024
70	90	10	0,6	12,5	11,2	61814	120	215	40	2,1	146	108	6224
70	110	13	0,6	28	22	16014	120	260	55	3	212	163	6324
70	110	20	1,1	39	27,5	6014	130	165	18	1,1	32,5	34	61826
70	125	24	1,5	62	38	6214	130	200	22	1,1	78	71	16026
70	150	35	2,1	104	58,5	6314	130	200	33	2	104	86,5	6026
70	180	42	3	143	88	6414	130	230	40	3	166	127	6226
75	95	10	0,6	12,9	12	61815	130	280	58	4	228	186	6326
75	115	13	0,6	28,5	23,2	16015	140	175	18	1,1	34	36,5	61828
75	115	20	1,1	40	30	6015	140	210	22	1,1	80	76,5	16028
75	130	25	1,5	65,5	42,5	6215	140	210	33	2	108	93	6028
75	160	37	2,1	114	67	6315	140	250	42	3	176	143	6228
75	190	45	3	153	98	6415	140	300	62	4	255	212	6328
80	100	10	0,6	12,9	12,5	61816	150	190	20	1,1	42,5	44	61830
80	125	14	0,6	32	27,5	16016	150	225	24	1,1	91,5	86,5	16030
80	125	22	1,1	47,5	34,5	6016	150	225	35	2,1	122	108	6030
80	140	26	2	72	45,5	6216	150	270	45	3	176	146	6230
80	170	39	2,1	122	75	6316	150	320	65	4	285	260	6330
80	200	48	3	163	108	6416	160	200	20	1,1	44	48	61832
85	110	13	1	18,3	16,3	61817	160	240	25	1,5	102	100	16032
85	130	14	0,6	34	29	16017	160	240	38	2,1	140	122	6032
85	130	22	1,1	50	37,5	6017	160	290	48	3	200	176	6232
85	150	28	2	83	55	6217	160	340	68	4	300	280	6332
85	180	41	3	125	76,5	6317	170	215	22	1,1	54	58,5	61834
85	210	52	4	173	118	6417	170	260	28	1,5	122	118	16034
90	115	13	1	21,6	19,3	61818	170	260	42	2,1	170	150	6034
90	140	16	1	41,5	34,5	16018	170	310	52	4	212	196	6234
90	140	24	1,5	58,5	43	6018	170	360	72	4	325	315	6334
90	160	30	2	96,5	62	6218	180	225	22	1,1	56	63	61836
90	190	43	3	134	81	6318	180	280	31	2	140	129	16036
90	225	54	4	196	140	6418	180	280	46	2,1	186	170	6036
95	120	13	1	22	20,4	61819	180	320	52	4	224	212	6236
95	145	16	1	40	35,5	16019	180	380	75	4	355	355	6336
95	145	24	1,5	60	46,5	6019	190	240	24	1,5	67	73,5	61838
95	170	32	2,1	108	71	6219	190	290	31	2	150	146	16038
95	200	45	3	143	98	6319	190	290	46	2,1	196	186	6038
100	125	13	1	23,6	22,8	61820	190	340	55	4	255	245	6238
100	150	16	1	44	39	16020	190	400	78	5	375	380	6338
100	150	24	1,5	60	47,5	6020	200	250	24	1,5	68	76,5	61840
100	180	34	2,1	122	80	6220	200	310	34	2	170	166	16040
100	215	47	3	163	116	6320	200	310	51	2,1	212	208	6040
							200	360	58	4	270	270	6240

Tabelle 10. Schrägkugellager, zweireihig, äquivalente Belastung

dynamisch äquivalente Lagerbelastung P	für Druckwinkel $\alpha = 25°$ (Standardausführung B): $P = F_r + 0{,}92\, F_a$ $P = 0{,}67\, F_r + 1{,}41\, F_a$ für Druckwinkel $\alpha = 35°$: $P = F_r + 0{,}66\, F_a$ $P = 0{,}6\, F_r + 1{,}07\, F_a$	für $\dfrac{F_a}{F_r} \leq 0{,}68$ für $\dfrac{F_a}{F_r} > 0{,}68$ für $\dfrac{F_a}{F_r} \leq 0{,}95$ für $\dfrac{F_a}{F_r} > 0{,}95$	F_r Radialkraft F_a Axialkraft
statisch äquivalente Lagerbelastung P_0	für Druckwinkel $\alpha = 25°$: $P_0 = F_r + 0{,}76\, F_a$	für Druckwinkel $\alpha = 35°$: $P_0 = F_r + 0{,}58\, F_a$	

Tabelle 11. Schrägkugellager, zweireihig, Maße und Tragzahlen

d Wellendurchmesser r_s Kantenabstand *)
D Lageraußendurchmesser C dynamische Tragzahl
B Lagerbreite C_0 statische Tragzahl

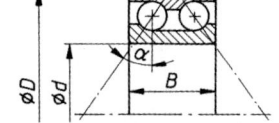

Maße in mm				Tragzahlen in kN		Kurzzeichen	Maße in mm				Tragzahlen in kN		Kurzzeichen
d	D	B	r_{smin}	dyn. C	stat. C_0		d	D	B	r_{smin}	dyn. C	stat. C_0	
10	30	14	0,6	7,8	3,9	3200B	60	110	36,5	1,5	69,5	72	3212
12	32	15,9	0,6	10,6	5,1	3201B	60	130	54	2,1	114	112	3312
15	35	15,9	0,6	11,8	6,1	3202B	65	120	38,1	1,5	73,5	83	3213
15	42	19	1	16,3	8,65	3302B	65	140	58,7	2,1	129	129	3313
17	40	17,5	0,6	14,6	7,8	3203B	70	125	39,7	1,5	81,5	91,5	3214
17	47	22,2	1	20,8	10,6	3303B	70	150	63,5	2,1	143	146	3314
20	47	20,6	1	19,6	10,8	3204B	75	130	41,3	1,5	85	98	3215
20	52	22,2	1,1	23,2	12,9	3304B	75	160	68,3	2,1	163	166	3315
25	52	20,6	1	21,2	12,7	3205B	80	140	44,4	2	95	110	3216
25	62	25,4	1,1	30	17,3	3305B	80	170	68,3	2,1	176	186	3316
30	62	23,8	1	30	18,3	3206B	85	150	49,2	2	112	132	3217
30	72	30,2	1,1	41,5	24,5	3306B	85	180	73	3	190	200	3317
35	72	27	1,1	39	25	3207B	90	160	52,4	2	125	146	3218
35	80	34,9	1,5	51	30	3307B	90	190	73	3	216	240	3318
40	80	30,2	1,1	48	31,5	3208B	95	170	55,6	2,1	140	163	3219
40	90	36,5	1,5	62	39	3308B	95	200	77,8	3	220	245	3319
45	85	30,2	1,1	48	32	3209B	100	180	60,3	2,1	160	196	3220
45	100	39,7	1,5	71	67	3309	100	215	82,6	3	240	280	3320
50	90	30,2	1,1	51	36,5	3210B	105	190	65,1	2,1	176	208	3221
55	100	33,3	1,5	54	58,5	3211	110	200	69,8	2,1	190	228	3222
55	120	49,2	2	98	95	3311	110	240	92,1	3	280	345	3322

*) siehe Tabelle 3

13 Lager

Tabelle 12. Pendelkugellager, äquivalente Belastung

dynamisch äquivalente Lagerbelastung P	$P = F_r + Y F_a$	für $\frac{F_a}{F_r} \leq e$	F_r F_a	Radialkraft Axialkraft
	$P = 0{,}65 \cdot F_r + Y F_a$	für $\frac{F_a}{F_r} > e$	Y, Y_0 e	Axialfaktoren nach Tabelle 13 siehe Tabelle 13
statisch äquivalente Lagerbelastung P_0	$P_0 = F_r + Y_0 F_a$			

Tabelle 13. Pendelkugellager Maße Tragzahlen und Faktoren

d	Wellendurchmesser	C dynamische Tragzahl
D	Lageraußendurchmesser	C_0 statische Tragzahl
B	Lagerbreite	Y, Y_0 Axialfaktoren
r_s	Kantenabstand*)	

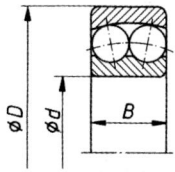

Maße in mm				dynamische		$\frac{F_a}{F_r} \leq e$	$\frac{F_a}{F_r} > e$	statische		Kurzzeichen
d	D	B	r_{smin}	C	e	Y	Y	C_0	Y_0	
5	19	6	0,3	2,5	0,35	1,8	2,8	0,62	1,9	135
6	19	6	0,3	2,5	0,35	1,8	2,8	0,62	1,9	126
7	22	7	0,3	2,65	0,33	1,9	3	0,73	2	127
8	22	7	0,3	2,65	0,33	1,9	3	0,73	2	128
9	26	8	0,6	3,8	0,32	2	3	1,06	2,1	129
10	30	9	0,6	5,5	0,32	2	3	1,53	2,1	1 200
10	30	14	0,6	7,2	0,66	1	1,5	2,04	1	2 200
10	35	11	0,6	7,2	0,34	1,9	2,9	2,08	1,9	1 300
12	32	10	0,6	5,6	0,37	1,7	2,6	1,66	1,8	1 201
12	32	14	0,6	7,5	0,58	1,1	1,7	2,24	1,1	2 201
12	37	12	1	9,5	0,35	1,8	2,8	2,8	1,9	1 301
15	35	11	0,6	7,5	0,34	1,9	2,9	2,28	1,9	1 202
15	35	14	0,6	7,65	0,51	1,2	1,9	2,4	1,3	2 202
15	42	13	1	9,5	0,35	1,8	2,8	3	1,9	1 302
15	42	17	1	12	0,51	1,2	1,9	3,75	1,3	2 302
17	40	12	0,6	8	0,33	1,9	3	2,65	2	1 203
17	40	16	0,6	9,8	0,51	1,2	1,9	3,15	1,3	2 203
17	47	14	1	12,5	0,32	2	3	4,15	2,1	1 303
17	47	19	1	14,3	0,53	1,2	1,8	4,55	1,2	2 303
20	47	14	1	10	0,28	2,2	3,5	3,45	2,4	1 204
20	47	18	1	12,5	0,5	1,3	2	4,3	1,3	2 204
20	52	15	1,1	12,5	0,29	2,2	3,4	4,4	2,3	1 304
20	52	21	1,1	18	0,51	1,2	1,9	6,1	1,3	2 304
25	52	15	1	12,2	0,27	2,3	3,6	4,4	2,4	1 205
25	52	18	1	12,5	0,44	1,4	2,2	4,65	1,5	2 205
25	62	17	1,1	18	0,28	2,2	3,5	6,7	2,4	1 305
25	62	24	1,1	24,5	0,48	1,3	2	8,5	1,4	2 305
30	62	16	1	15,6	0,25	2,5	3,9	6,2	2,6	1 206
30	62	20	1	15,3	0,4	1,6	2,4	6,1	1,6	2 206
30	72	19	1,1	21,2	0,26	2,4	3,7	8,5	2,5	1 306
30	72	27	1,1	31,5	0,45	1,4	2,2	11,4	1,7	2 306
35	72	17	1,1	16	0,22	2,9	4,4	6,95	3	1 207
35	72	23	1,1	21,6	0,37	1,7	2,6	8,8	1,8	2 207
35	80	21	1,5	25	0,26	2,4	3,7	10,6	2,5	1 307
35	80	31	1,5	39	0,47	1,3	2,1	14,6	1,4	2 307

*) siehe Tabelle 3

Fortsetzung →

Maße in mm				dynamische		$\frac{F_a}{F_r} \leq e$	$\frac{F_a}{F_r} > e$	statische		Kurzzeichen
d	D	B	r_{smin}	C	e	Y	Y	C_0	Y_0	
40	80	18	1,1	19,3	0,22	2,9	4,4	8,8	3	1 208
40	80	23	1,1	22,4	0,34	1,9	2,9	10	1,9	2 208
40	90	23	1,5	29	0,25	2,5	3,9	12,9	2,6	1 308
40	90	33	1,5	45	0,43	1,5	2,3	17,6	1,5	2 308
45	85	19	1,1	22	0,21	3	4,6	10	3,1	1 209
45	85	23	1,1	23,2	0,31	2	3,1	11	2,1	2 209
45	100	25	1,5	38	0,25	2,5	3,9	17	2,6	1 309
45	100	36	1,5	54	0,43	1,5	2,3	22	1,5	2 309
50	90	20	1,1	22,8	0,2	3,1	4,9	11	3,3	1 210
50	90	23	1,1	23,2	0,29	2,2	3,4	11,6	2,3	2 210
50	110	27	2	41,5	0,24	2,6	4,1	19,3	2,7	1 310
50	110	40	2	64	0,43	1,5	2,3	26,5	1,5	2 310
55	100	21	1,5	27	0,19	3,3	5,1	13,7	3,5	1 211
55	100	25	1,5	26,5	0,28	2,2	3,5	13,4	2,4	2 211
55	120	29	2	51	0,24	2,6	4,1	24	2,7	1 311
55	120	43	2	75	0,42	1,5	2,3	31,5	1,6	2 311
60	110	22	1,5	30	0,18	3,5	5,4	16	3,7	1 212
60	110	28	1,5	34	0,29	2,2	3,4	17,3	2,3	2 212
60	130	31	2,1	57	0,23	2,7	4,2	28	2,9	1 312
60	130	46	2,1	86,5	0,41	1,5	2,4	37,5	1,6	2 312
65	120	23	1,5	31	0,18	3,5	5,4	17,3	3,7	1 213
65	120	31	1,5	44	0,29	2,2	3,4	22,4	2,3	2 213
65	140	33	2,1	62	0,23	2,7	4,2	31	2,9	1 313
65	140	48	2,1	95	0,39	1,6	2,5	43	1,7	2 313
70	125	24	1,5	34,5	0,19	3,3	5,1	19	3,5	1 214
70	125	31	1,5	44	0,27	2,3	3,6	23,2	2,4	2 214
70	150	35	2,1	75	0,23	2,7	4,2	37,5	2,9	1 314
70	150	51	2,1	110	0,38	1,7	2,6	50	1,7	2 314
75	130	25	1,5	39	0,17	3,7	5,7	21,6	3,9	1 215
75	130	31	1,5	44	0,26	2,4	3,7	24,5	2,5	2 215
75	160	37	2,1	80	0,23	2,7	4,2	40,5	2,9	1 315
75	160	55	2,1	122	0,38	1,7	2,6	56	1,7	2 315
80	140	26	2	40	0,16	3,9	6,1	23,6	4,1	1 216
80	140	33	2	51	0,25	2,5	3,9	28,5	2,6	2 216
80	170	39	2,1	88	0,22	2,9	4,4	45	3	1 316
80	170	58	2,1	137	0,37	1,7	2,6	64	1,8	2 316
85	150	28	2	49	0,17	3,7	5,7	28,5	3,9	1 217
85	150	36	2	58,5	0,26	2,4	3,8	32	2,5	2 217
85	180	41	3	98	0,22	2,9	4,4	51	3	1 317
85	180	60	3	140	0,37	1,7	2,6	68	1,8	2 317
90	160	30	2	57	0,17	3,7	5,7	32	3,9	1 218
90	160	40	2	71	0,27	2,3	3,6	39	2,4	2 218
90	190	43	3	108	0,22	2,9	4,4	58,5	3	1 318
90	190	65	3	153	0,39	1,6	2,5	76,5	1,7	2 318
100	180	34	2,1	69,5	0,18	3,5	5,4	41,5	3,7	1 220
100	180	46	2,1	98	0,27	2,3	3,6	55	2,4	2 220
100	215	47	3	143	0,23	2,7	4,2	76,5	2,9	1 320
100	215	73	3	193	0,38	1,7	2,6	104	1,7	2 320
110	200	38	2,1	88	0,17	3,7	5,7	53	3,9	1 222
120	215	42	2,1	120	0,2	3,2	4,9	72	3,3	1 224
130	230	46	3	125	0,19	3,3	5,1	76,5	3,5	1 226
140	250	50	3	163	0,21	3	4,6	100	3,1	1 228
150	270	54	3	183	0,22	2,9	4,4	118	3	1 230

Tabelle 14. Zylinderrollenlager, äquivalente Belastung

dynamisch äquivalente Lagerbelastung P	$P = F_r$	F_r Radialkraft
statisch äquivalente Lagerbelastung P_0	$P_0 = F_r$	

Tabelle 15. Zylinderrollenlager, einreihig, Maße in Tragzahlen

d Wellendurchmesser
D Lageraußendurchmesser
B Lagerbreite
C dynamische Tragzahl
C_0 statische Tragzahl

Maße in mm			Tragzahlen in kN		Kurzzeichen	Maße in mm			Tragzahlen in kN		Kurzzeichen
			dyn.	stat.					dyn.	stat.	
d	D	B	C	C_0		d	D	B	C	C_0	
15	35	11	9	6,95	NU202	70	125	24	120	137	NU214E
17	40	12	17,6	14,6	NU203E	70	150	35	204	220	NU314E
17	47	14	25,5	21,2	NU303E	70	180	42	224	232	NU414
20	47	14	27,5	24,5	NU204E	75	130	25	132	156	NU215E
20	52	15	31,5	27	NU304E	75	160	37	240	265	NU315E
						75	190	45	260	270	NU415
25	52	15	29	27,5	NU205E	80	140	26	140	170	NU216E
25	62	17	41,5	37,5	NU305E	80	170	39	255	275	NU316E
25	80	21	52	46,5	NU405	80	200	48	300	310	NU416
30	62	16	39	37,5	NU206E	85	150	28	163	193	NU217E
30	72	19	51	48	NU306E	85	180	41	290	325	NU317E
30	90	23	71	64	NU406	85	210	52	335	355	NU417
35	72	17	50	50	NU207E	90	160	30	183	216	NU218E
35	80	21	64	63	NU307E	90	190	43	315	345	NU318E
35	100	25	75	69,5	NU407	90	225	54	365	390	NU418
40	80	18	53	53	NU208E	95	170	32	220	265	NU219E
40	90	23	81,5	78	NU308E	95	200	45	335	380	NU319E
40	110	27	93	86,5	NU408	95	240	55	390	430	NU419
45	85	19	64	68	NU209E	100	180	34	250	305	NU220E
45	100	25	98	100	NU309E	100	215	47	380	425	NU320E
45	120	29	106	100	NU409	100	250	58	440	490	NU420
50	90	20	64	68	NU210E	110	200	38	290	365	NU222E
50	110	27	110	114	NU310E	110	240	50	440	510	NU322E
50	130	31	129	124	NU410	110	280	65	540	610	NU422
55	100	21	83	95	NU211E	120	215	40	335	415	NU224E
55	120	29	134	140	NU311E	120	260	55	520	600	NU324E
55	140	33	140	137	NU411	120	310	72	670	780	NU424
60	110	22	95	104	NU12E	130	230	40	360	450	NU226E
60	130	31	150	156	NU312E	130	280	58	610	720	NU326E
60	150	35	166	170	NUJ412	130	340	78	815	930	NU426
65	120	23	108	120	NU213E						
65	140	33	180	190	NU313E						
65	160	37	183	186	NU413						

Tabelle 16. Kegelrollenlager, einreihig, äquivalente Belastung

dynamisch äquivalente Lagerbelastung P	$P = F_r$	für $\dfrac{F_a}{F_r} \leq e$	F_r	Radialkraft
	$P = 0{,}4\,F_r + YF_a$	für $\dfrac{F_a}{F_r} > e$	F_a	Axialkraft
			Y, Y_0	Axialfaktoren nach Tabelle 17
statisch äquivalente Lagerbelastung P_0	$P = F_r$	für $\dfrac{F_a}{F_r} \leq e$		
	$P = 0{,}4\,F_r + YF_a$	für $\dfrac{F_a}{F_r} > e$		

Tafel 17. Kegelrollenlager, einreihig, Maße, Tragzahlen und Faktoren

- d Wellendurchmesser
- D Lageraußendurchmesser
- B_i Breite des Innenrings
- B_a Breite des Außenrings
- B Lagerbreite
- C dynamische Tragzahl
- C_0 statische Tragzahl
- Y, Y_0 Axialfaktoren

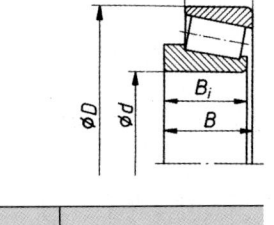

Maße in mm					Tragzahlen in kN und Faktoren					Kurzzeichen
					dynamische			statische		
d	D	B_i	B_a	B	C	e	Y	C_0	Y_0	
15	35	11	10	11,75	12	0,46	1,3	12	0,7	30202
20	47	14	12	15,25	26,5	0,35	1,7	29	0,9	30204A
25	47	15	11,5	15	25	0,43	1,4	34,5	0,8	32005X
30	55	17	13	17	36	0,43	1,4	46,5	0,8	32006X
35	62	18	14	18	36	0,42	1,4	50	0,8	32007XA
40	68	19	14,5	19	50	0,38	1,6	69,5	0,9	32008XA
45	75	20	15,5	20	57	0,39	1,5	85	0,8	32009XA
50	80	20	15,5	20	58,5	0,42	1,4	93	0,8	32010X
55	90	23	17,5	23	75	0,41	1,5	118	0,8	32011X
60	95	23	17,5	23	76,5	0,43	1,4	122	0,8	32012X
65	100	23	17,5	23	78	0,46	1,3	127	0,7	32013X
70	110	25	19	25	98	0,43	1,4	160	0,8	32014X
75	115	25	19	25	100	0,46	1,3	166	0,7	32015X
80	125	29	22	29	129	0,42	1,4	212	0,8	32016X
85	130	29	22	29	134	0,44	1,4	228	0,7	32017X
90	140	32	24	32	156	0,42	1,4	260	0,8	32018XA
95	145	32	24	32	163	0,44	1,4	280	0,7	32019XA
100	150	32	24	32	166	0,46	1,3	290	0,7	32020X
105	160	35	26	35	193	0,44	1,4	335	0,7	32021X
110	170	38	29	38	228	0,43	1,4	390	0,8	32022X
120	180	38	29	38	236	0,46	1,3	425	0,7	32024X
130	200	45	34	45	315	0,43	1,4	570	0,8	32026X
140	210	45	34	45	325	0,46	1,3	610	0,7	32028X
150	225	48	36	48	365	0,46	1,3	695	0,7	32030X

Tabelle 18. Axial-Rillenkugellager, einseitig wirkend

- d Wellendurchmesser
- D Lageraußendurchmesser
- H Lagerhöhe
- C dynamische Tragzahl
- C_0 statische Tragzahl

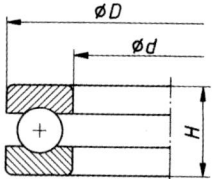

Anmerkung: Die dynamisch und die statisch äquivalente Belastung ist gleich der Axialkraft:

$P = F_a$ und $P_0 = F_a$

Maße in mm			Tragzahlen in kN		Kurzzeichen	Maße in mm			Tragzahlen in kN		Kurzzeichen
d	D	H	dyn. C	stat. C_0		d	D	H	dyn. C	stat. C_0	
10	24	9	10	11,8	51100	65	90	18	38	85	51113
10	26	11	12,7	14,3	51200	65	100	27	64	125	51213
12	26	9	10,4	12,9	51101	65	115	36	106	186	51313
12	28	11	13,2	16	51201	65	140	56	224	390	51413
15	28	9	10,6	14	51102	70	95	18	40	93	51114
15	32	12	16,6	20,8	51202	70	105	27	65,5	134	51214
17	30	9	11,4	16,6	51103	70	125	40	137	250	51314
17	35	12	17,3	23,2	51203	70	150	60	240	440	51414
20	35	10	15	22,4	51104	75	100	19	44	104	51115
20	40	14	22,4	32	51204	75	110	27	67	143	51215
25	42	11	18	30	51105	75	135	44	163	300	51315
25	47	15	28	42,5	51205	75	160	65	265	510	51415
25	52	18	34,5	46,5	51305	80	105	19	45	108	51116
25	60	24	45,5	57	51405	80	115	28	75	160	51216
30	47	11	19	33,5	51106	80	140	44	160	300	51316
30	52	16	25,5	40	51206X	80	170	68	275	550	51416
30	60	21	38	55	51306	85	110	19	45,5	114	51117
30	70	28	69,5	95	51406	85	125	31	98	212	51217
35	52	12	20	39	51107X	85	150	49	190	360	51317
35	62	18	35,5	57	51207	85	177	72	320	655	51417
35	68	24	50	75	51307	90	120	22	45,5	118	51118
35	80	32	76,5	106	51407	90	135	35	120	255	51218
40	60	13	27	53	51108	90	155	50	196	390	51318
40	68	19	46,5	83	51208	90	187	77	325	695	51418
40	78	26	61	95	51308	100	135	25	61	160	51120
40	90	36	96,5	143	51408	100	150	38	122	270	51220
45	65	14	28	58,5	51109	100	170	55	232	475	51320
45	73	20	39	67	51209	100	205	85	400	915	51420
45	85	28	75	118	51309	110	145	25	65,5	186	51122
45	100	39	122	186	51409	110	160	38	129	305	51222
50	70	14	29	64	51110	110	187	63	275	610	51322
50	78	22	50	90	51210	110	225	95	465	1120	51422
50	95	31	88	146	51310	120	155	25	65,5	193	51124
50	110	43	137	216	51410	120	170	39	140	335	51224
55	78	16	30,5	63	51111	120	205	70	325	765	51324
55	90	25	61	114	51211	120	245	102	520	1320	51424
55	105	35	102	176	51311	130	170	30	90	255	51126
55	120	48	166	265	51411	130	187	45	183	455	51226
60	85	17	41,5	95	51112	130	220	75	360	880	51326
60	95	26	62	118	51212	130	265	110	570	1400	51426
60	110	35	102	176	51312	140	178	31	98	285	51128
60	130	51	200	325	51412	140	197	46	190	475	51228
						140	235	80	400	1020	51328
						140	275	112	585	1560	51428

Tabelle 19. Axial-Rillenkugellager, zweiseitig wirkend

d Wellendurchmesser
D Lageraußendurchmesser
H Lagerhöhe

C dynamische Tragzahl
C_0 statische Tragzahl

Anmerkung: Die dynamisch und die statisch äquivalente Belastung ist gleich der Axialkraft:
$P = F_a$ und $P_0 = F_a$

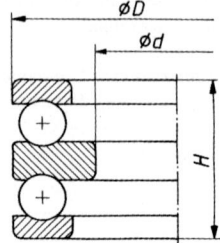

Maße in mm			Tragzahlen in kN		Kurzzeichen	Maße in mm			Tragzahlen in kN		Kurzzeichen
			dyn.	stat.					dyn.	stat.	
d	D	H	C	C_0		d	D	H	C	C_0	
10	32	22	16,6	20,8	52202	55	100	47	64	125	52213
15	40	26	22,4	32	52204	55	115	65	106	186	52313
15	60	45	45,5	57	52405	55	105	47	65,5	134	52214
						55	125	72	137	250	52314
20	47	28	28	42,5	52205	55	150	107	240	440	52414
20	52	34	34,5	46,5	52305	60	110	47	67	143	52215
20	70	52	69,5	95	52406	60	135	79	163	300	52315
25	52	29	25,5	40	52206X	60	160	115	265	510	52415
25	60	38	38	55	52306	65	115	48	75	160	52216
25	80	59	76,5	106	52407	65	140	79	160	300	52316
30	62	34	35,5	57	52201	65	170	120	275	550	52416
30	68	44	50	75	52307	70	125	55	98	212	52217
30	68	36	46,5	83	52208	70	150	87	190	360	52217
30	78	49	61	95	52308	70	180	135	325	695	52418
30	90	65	96,5	143	52408	75	135	62	120	255	52218
35	73	37	39	67	52209	75	155	88	196	390	52318
35	85	52	75	118	52309	80	210	150	400	915	52420
35	100	72	122	186	52409	85	150	67	122	270	52220
40	78	39	50	90	52210	85	170	97	232	475	52320
40	95	58	88	146	52310	95	160	67	129	305	52222
40	110	78	137	216	52410	95	190	110	275	610	52322
45	90	45	61	114	52211	100	170	68	140	335	52224
45	105	64	102	176	52311	100	210	123	325	765	52324
45	120	87	166	265	52411	110	190	80	183	455	52226
50	95	46	62	118	52212	110	225	130	360	880	52326
50	110	64	102	176	52312						
50	130	93	200	325	52412						

13.3 Gleitlager

13.3.1 Eigenschaften, Verwendung

Gleitlager sind wegen großer, dämpfender Trag- und Schmierfläche unempfindlich gegen Stöße und Erschütterungen; geräuscharmer Lauf; unempfindlich gegen Verschmutzung; unbegrenzt hohe Drehzahlen; im Gebiet der Flüssigkeitsreibung praktisch verschleißfreier Lauf und unbegrenzte Lebensdauer. Nachteilig sind hohes Anlaufmoment wegen anfangs trockener Reibung, hoher Schmierstoffverbrauch und laufende Überwachung.

Verwendung: Bei hohen Drehzahlen und Belastungen für „Dauerläufer", z.B. Wasser- und Dampfturbinen, Generatoren, Kreiselpumpen; für einfache Lagerungen bei geringen Ansprüchen, z.B. Haushalts- und Büromaschinen, Klein-Hebezeuge, Winden, Landmaschinen.

13.3.2 Schmierungs- und Reibungsverhältnisse

Die Gleitflächen sollen durch zusammenhängende Schmierschicht voneinander getrennt sein. Voraussetzungen hierfür sind nach der hydrodynamischen Schmiertheorie:

1. ein in Bewegungsrichtung sich verengender Spalt,
2. relative Bewegung der Gleitflächen zueinander,
3. Haftfähigkeit des Schmiermittels zu den Gleitflächen.

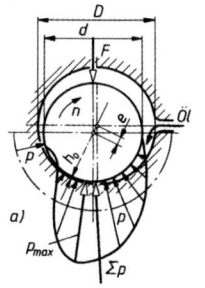

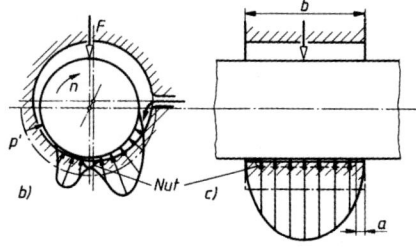

Bild 16. Öldruckverlauf im Radial-Gleitlager
a) ungestört
b) durch Nut gestörter Druckverlauf
c) im Längsschnitt

Im Radial-Gleitlager entsteht ein keilförmiger Spalt durch die exzentrische Lage e des Zapfens in der Bohrung (Bild 16). Beim Anlauf ist noch kein Schmierfilm zwischen den Gleitflächen wirksam, es liegt *Trockenreibung* vor (Festkörperreibung). Bei steigender Drehzahl geht diese in *Mischreibung* über; die Gleitflächen werden teilweise durch eine Flüssigkeitsschicht getrennt. Bei weiter steigender Drehzahl wächst der Flüssigkeitsdruck im Spalt und hebt den Lagerzapfen an, bis bei der *Übergangsdrehzahl* $n_{\ü}$ die Gleitflächen vollkommen getrennt werden: *Flüssigkeitsreibung* (Schwimmreibung). Die Lagerreibung ist am geringsten, nimmt aber dann wegen innerer Flüssigkeitsreibung wieder langsam zu.

Den Druckverlauf bei Flüssigkeitsreibung zeigt Bild 16. Höchster Öldruck herrscht kurz vor dem engsten Spalt h_0, dessen Weite mindestens gleich der Summe der Oberflächenrauhtiefen sein muss. Der gleichmäßig um die belastete Lagerhälfte verteilt gedachte Druck ist der mittlere Lagerdruck, die mittlere Flächenpressung, Sie wird als spezifische Lagerbelastung p bezeichnet.

Eine in der belasteten Lagerhälfte angebrachte Nut stört den Druckverlauf erheblich. An der Nutstelle fällt der Druck praktisch auf null ab, da das Öl in der Nut ausweichen kann und wegen des geringen Widerstands (Abstand a im Bild 16c) seitlich ausströmt. Der Lagerdruck sinkt auf p', die Tragfähigkeit wird geringer, die Schwimmreibung kann in Mischreibung übergehen.

13.3.3 Gleitlagerwerkstoffe

Als *Wellenwerkstoff* kommt praktisch nur Stahl in Frage: Baustähle, Vergütungsstähle und Einsatzstähle je nach Anforderung und Beanspruchung. Der Wellenwerkstoff soll immer härter sein als der Lagerwerkstoff, damit die Welle nicht angegriffen wird und sich in den Lagerwerkstoff einbettet.

Die *Lagerwerkstoffe* sind wegen der vielseitigen Anforderungen sehr verschiedenartig hinsichtlich ihrer stofflichen Zusammensetzung, Eigenschaften und Verwendung. Tabelle 20 gibt einen Überblick über die wichtigsten Eigenschaften gebräuchlicher Lagerwerkstoffe. Mit diesen Angaben kann eine Werkstoffauswahl getroffen werden (siehe auch Abschnitt E Werkstofftechnik).

Gusseisen EN-GJL-150 und EN-GJL-200 ist nur für geringe, EN-GJL-250 und EN-GJL-300 to für höhere Belastungen und Gleitgeschwindigkeiten geeignet. Verwendung für gering belastete Transmissionslager, Haushaltsmaschinen, einfache Lagerungen.

Sintermetalle haben gute Notlaufeigenschaften. Feinporiges Gefüge nimmt bis 25 % seines Volumens Öl auf und führt es infolge Erwärmung und Saugwirkung den Gleitflächen zu. Bei Stillstand nehmen die Poren das Öl wieder auf. Verwendung bei Haushaltsmaschinen, Büromaschinen, Pumpen, Plattenspieler, Tonbandgeräten.

Tabelle 20. Eigenschaften gebräuchlicher Gleitlagerwerkstoffe

Forderung nach	Gleitlagerwerkstoffe und ihre Eignung								
	Guss-eisen	Sinter-metall	Cu Sn-Leg./Cu Zn-Leg.	Cu Sn-Pb-Leg.	Pb Sn -	Kunst-stoffe	Holz	Gummi	Kohle Graphit
Gleiteigenschaften	◐	◐	◕	●	●	●	●	●	●
Notlaufeigenschaften	○	●	◕/◐	●	◕	●	◔	○	●
Verschleißfestigkeit	●	◐	●	◐	◔	◐	◔	○	◔
stat. Tragfähigkeit	●	◐	◕	◔	◔	◔	○	○	◔
dyn. Belastbarkeit	◕	◔	◕	◔	◔	◔	○	○	○
hohe Gleitgeschwindigkeit	◔	○	◕/◐	●	●	○	○	○	◕
Unempfindlichkeit gegen Kantenpressung	○	○	◕	◕	●	●	◕	●	◐
Bettungsfähigkeit	○	○	◕	◕	●	◕	◕	●	◕
Wärmeleitfähigkeit	◐	◐	◕	◐	◔	○	○	○	◕
kleine Wärmedehnung	●	●	◕	◐	◐	○	○	◔	●
Beständigkeit gegen hohe Temperaturen	◐	◐	◐	○	○	○	○	○	●
Öl-(Fett-) Schmierung	●	●	●	●	●	●	●	◐	●
Wasserschmierung	○	○	○	○	○	●	●	●	●
Trockenlauf	○	○	○	○	○	○	◐	○	●

● sehr gut ◕ gut ◐ ausreichend ◔ mäßig ○ mangelhaft

Tabelle 21. Gleitlagerwerkstoffe (Normen, Belastungswerte, Verwendung); 1 MPa = 1 N/mm²

Werkstoff Kurzzeichen	Ältere + Handels-bezeichg.	Kennwerte, σ_{dB} Härte, p_{zul} in Mpa oder p, v-Werte				Schmierung Wellen	Allgemeine Hinweise, Beispiele
Gusseisen DIN EN 1561							
GJL-150...200 GJL-250	GG-10 GG-15 GG-25	Druckfestigkeit σ_{dB} 500...700 800...900				Öl, Fett feinbearbeitet gehärtet	Lager mit geringen Ansprüchen an Gleiteigenschaften; Hebezeuge, Landmaschinen
Blei-Zinn-Gusslegierungen für Verbundgleitlager DIN ISO 4381; 7 Sorten (im Entwurf von 1999 nur 5)							
	$\sigma_{p0,2}$ Mpa 20° 100°C	σ_{bW} MPa	Dichte kg/dm³	λ ²⁾ W/mK		Wellen Härte	
PbSb15SnAs	39 25	±24	9,7	25			Gut einbettungsfähige Sorten für reine Gleitbean-spruchung, geringe bis mittlere Belastung und -geschwindigkeit
PbSb15Sn10	43 30	±25	9,9	24			
PbSb10Sn6	39 27	±25	10,3	25		160	
SnSb12Cu6Pb	61 36	±28	7,4	22,7		HB	Hoher Verschleißwiderstand bei rauen Zapfen. Für Schlag- und Biegewechselbeanspruchung
SnSb8Cu4	47 27	±31	7,3	23,9			
Kupfer-Gusslegierungen für Massiv- und dickwandige Verbundgleitlager DIN ISO 4382-1; 10 Sorten							
Massivlager	$\sigma_{p0,2}$ Mpa GS GZ/GC	A %	α_l ¹⁾ 10⁻⁶/K	λ ²⁾ W/mK		Wellen Härte	
CuPb8Pb2	130 130	3/5		47		250	
CuPb5Sn5Zn5	90 100	13	18	71		HB	
CuSn10Pb	130 150	3/6		50		55	
CuSn12Pb2	130 170	7/7		54		HRC	
Massiv- und dickwandige Verbundlager							
CuPb9Sn5	60 130	7/9		71		250	
CuPb10Sn10	80 110	7/6	18	47		HB	
CuPb15Sn8	80 100	5/8		47			
CuAl10Fe5Ni5						55HRC	

13 Lager

Werkstoff Kurzzeichen	Ältere + Handelsbezeichg.	Kennwerte, σ_{dB}, Härte, p_{zul} in Mpa oder p, v-Werte				Schmierung Wellen	Allgemeine Hinweise, Beispiele
Kupfer-Knet-Legierungen für Massivgleitlager DIN ISO 4382-1; 4 Sorten							
	w / h[3)]	w / h					
CuSn8P	200	480	55/10	17	59		Gerollte Buchsen, Gleitscheiben
CuZn37Mn2Al2Si	300	----	15	19	65	55 HRC	für hohe statische Belastung, Druckmuttern
CuAl9Fe4Ni4	400	----	15	16	27		

Verbundwerkstoffe für dünnwandige Gleitlager DIN ISO 4383; 4 PbSb- und SnSb-Sorten wie DIN ISO 4381 5 CuPb-Sorten, Al-Sorten und 2 polymerimprägnierte CuSn-Sorten				
	Härte		Min.-Härte der Welle	
CuPb-Sorten	gegossen	gesintert		Für ständige Beanspruchung im Mischreibungsgebiet,
CuPb10Sn10	70...130 HB	60...90	53 HRC	Kolbenbolzenbuchsen, Gleitscheiben,
CuPb24Sn4	60...90 HB	45...70	48 HRC	gerollte Buchsen, Haupt und Pleuellager.
CuPb30	----------	30...45	270 HB	Auch für ungehärtete Wellen geeignet.
Al-Sorten	gewalzt			
AlSn20Cu	30...40 HB		250 HB	Korrosionsbeständig, mit hoher Dauerfestigkeit, gute
AlSi11Cu	45...60 HB		50 HRC	Wärmeleitung, meist mit Gleitschicht versehen.
AlZn5Si1,5Cu1 PbIMg	45...70 HB		45 HRC	Haupt- und Pleuellager in Verbrennungsmotoren
Gleitschichten PBSn10, PbSn10Cu2, PbIn7			Galvanisch aufgebrachte Gleitschichten zum Einlaufen (ca. =,02 mm) PbIn7 angewandt bei CuPb- und hochfesten Al-Legierungen	

Sintermetalle Porenraum mit Schmierstoff gefüllt, selbstschmierend				
Sintereisen, < 0,3 %C, 1-5% Cu Sinterbronze, Cu + 9...11 % Sn	SKF	$p_{zul} \approx 10\,Mpa$, $v < 0,5\,m/s$ $p_{zul} \approx 50\,Mpa$, stat. $\approx 10\,Mpa$, $v > 0,01$	ölgetränkt feinbearbeitet $R_a < 1\,\mu m$, 300 HB	Lager mit kleinen Gleitgeschwindigkeiten (<3 m/s), Haushalt- und Büromaschinen, Ventilatoren, Pumpen, Tonbandgeräte
Trockengleitlager: DIN ISO 4383: Stahlrücken mit CuSn10-, oder CuPb10Sn10-Schicht (0,2...0,4 mm), Poren mit PFTE oder POM und Festschmierstoffen gefüllt als Einlaufschicht 5...30 µm oder dicker mit Schmiertaschen				
	Glycodur Permaglide DU-Trockenlager	statisch $p_{zul} = 250\,Mpa$, dynamisch 80..120 $v_{max} < 2\,m/s$	trocken (Initialschmierung)	niedrige Reibzahl, nicht zu schmierende Lager von Textil-, Druckereiund Haushaltmaschinen, Lichtmaschinen, Spurstangenlager

Thermoplastische Polymere für Gleitlager DIN ISO 6691 6 Sorten			
Polyamid PA PA6; PA66; Pa11; PA12 Polyoxymethylen POM Polytetrafluorethylen PFTE Polyimid PI	Ultramid, Sustamid, Durethan Delrin, Hostaform Teflon Kinel, Kerimid	Öl, Fett, Festschmierstoffe, Wasser gehärtet, geschliffen	Zähhart, stoß- und verschleißfest, für schwingbeanspruchte Lager, Kupplungen. Für Mischreibung geeignet, Zahnräder. Weich, niedrige Reibzahl, kaltzäh. Hart, wärmebeständig bis 350 °C.

[1)] Längenausdehnungskoeffizient [2)] Wärmeleitzahl [3)] weich/hart

Guss-Zinnbronzen, Guss-Bleibronzen, Blei-Zinn-Lagermetalle sind hochwertigste Lagerwerkstoffe mit besten Gleiteigenschaften. Geeignet für höchste Anforderungen bei Hebezeugen, Motoren, Turbinen, Pumpen, Werkzeugmaschinen.

Kunststoffe haben gute Notlaufeigenschaften, Ausführung meist als Kunststoff-Verbundlager mit Stützschale aus Stahl, Gusseisen oder CuSn-Leg., Zwischenschicht aus CuSn-Leg. und Überzug aus Kunststoff als Laufschicht, z.B. Polytetrafluoräthylen (Teflon) mit eingelagertem pulverförmigen Füllstoff (z.B. Zinnbronze). Sie laufen als „Trockenlager" u.U. längere Zeit ohne Schmierung. Verwendung bei Haushalts- und Büromaschinen, Textilmaschinen und sonstigen schwer zugänglichen, nicht zu schmierenden Lagerungen.

Gummi hat sich bei wassergeschmierten Lagern z.B. in Pumpen bewährt.

Kohle, *Graphit* sind für selbstschmierende Lager bei hohen Temperaturen und aggressiven Flüssigkeiten (Säuren, Laugen) geeignet.

Normen:

DIN ISO 4378
  -1 Gleitlager - Lagerwerkstoffe u. Eigenschaften
  -2 Reibung und Verschleiß
  -3 Schmierung
  -4 Berechnungskennwerte und Kurzzeichen

DIN ISO 4381   Blei- und Blei-Zinn-Verbundlager

DIN ISO 4382-1   Cu-Gusslegierungen für dickwandige Verbund- und Massivgleitlager

DIN ISO 4382-2   Cu-Knetlegierungen für Massivgleitlager

DIN ISO 8483   Verbundwerkstoffe für dünnwandige Gleitlager

DIN 1495-3   Gleitlager aus Sinterwerkstoff -1 und -2 sind Maßnormen

DIN ISO 6691   Thermoplastische Polymere für Gleitlager

13.3.4 Zusammenstellung der Berechnungsformel n für hydrodynamisch tragende Radialgleitlager

Die folgende Zusammenstellung ist zugleich der Arbeitsplan für die Ermittlung der Daten des Radialgleitlagers. Damit wird auch die Aufstellung eines Rechnerprogramms erleichtert (siehe Berechnungsbeispiel 13.3.9).

13.3.4.1 Gegebene oder angenommene Größen

Wellendrehzahl $\qquad n$ in $\dfrac{U}{s} = \dfrac{1}{s} = s^{-1}$

dynamische Viskosität
(Zähigkeit) des verwen- η in Pa s $= \dfrac{Ns}{m^2}$
deten Öls

Lagerkraft $\qquad F$ in N
Lagerbreite $\qquad b$ in m
Lagerdurchmesser $\qquad d$ in m
Lagerwerkstoff $\qquad$ siehe 13.3.4.3
Umgebungstemperatur $\qquad \vartheta_U$ in °C

Wärmeabfuhrzahl $\qquad \alpha$ in $\dfrac{J}{m^2 s\, K} = \dfrac{W}{m^2\, K}$

(siehe Abschnitt F Thermodynamik 4.3)

Wärmeabfuhrzahl für
ca. 1,25 m/s Geschwin- $\alpha = 20 \dfrac{W}{m^2\, K} = 20 \dfrac{Nm}{s\, m^2\, K}$
digkeit der umgebenden
Luft $\qquad$ (1 K = 1 °C)

13.3.4.2 Viskosität des Öls.
Wenn bei der Berechnung hydrodynamisch tragende Gleitlager (Radial- und Axiallager) von der „Viskosität" oder „Zähigkeit" des Öls gesprochen wird, dann ist stets die *dynamische* Viskosität η des Öls gemeint. Sie ist stark von der Temperatur abhängig und nimmt mit abnehmender Temperatur zu. Bestimmungen über das Viskosität-Temperaturverhalten (V-T-Verhalten) enthält DIN 51 563.

Die SI-Einheit der dynamischen Viskosität ist Pa s (Pascal-Sekunde). Mit 1 Pa = 1 N/m² gilt also 1 Pa s = 1 Ns/m². Beziehungen zu anderen Einheiten (Poise P und Zentipoise cP) und zwischen der dynamischen Viskosität η und der kinematischen Viskosität $v = \eta/\rho$ sind:

für die *dynamische Zähigkeit* η das *Poise* (P):

$1 \dfrac{Ns}{m^2} = 10$ P (Poise) $\quad = 1\,000$ cP (Zentipoise)

1 P $\quad = 0{,}1 \dfrac{Ns}{m^2} \quad = 100$ cP (Zentipoise)

für die *kinematische Zähigkeit* v das *Stokes* (St):

$1 \dfrac{m^2}{s} = 10^4$ St (Stokes)

1 St $\quad = 10^{-4} \dfrac{m^2}{s} \quad = 100$ cSt (Zentistokes)

1 P $\quad = 0{,}1$ Pa · s $\quad = 0{,}1 \dfrac{N \cdot s}{m^2} = 0{,}1 \dfrac{kg}{m \cdot s}$

1 Pa · s $= 10$ P $\quad 1$ cP $= 10^{-3} \dfrac{N \cdot s}{m^2}$

13 Lager

Umrechnungen °E in cSt

°E	cSt	°E	cSt
1	1	4,5	33,4
1,5	6,25	5	37,4
2	11,8	5,5	41,4
2,5	16,7	6	45,2
3	21,2	6,5	49,0
3,5	25,4	8	60,5
4	29,6	10	76,0

Umrechnung aus Englergraden in $\frac{m^2}{s}$:

$$v = (7{,}32\,E - 6{,}31/°E)\,10^{-6} \text{ in } \frac{m^2}{s}$$

13.3.4.3. Spezifische Lagerbelastung p. Die spezifische Lagerbelastung p ist die mittlere Flächenpressung, hervorgerufen in der Lagerfläche durch die Lagerkraft F (siehe 13.3.2 und Abschnitt D Festigkeitslehre 2.6.2).

$$p = \frac{F}{b\,d} \leq p_{zul} \quad \begin{array}{c|c|c} F & b, d & p, p_{zul} \\ \hline N & m & \frac{N}{m^2} \end{array} \quad (9)$$

Richtwerte für die zulässige spezifische Lagerbelastung p_{zul}:

Lagerwerkstoff	p_{zul} in N/m² ( ) in N/mm²	Längenausdehnungskoeffizient α_L in 1/K = 1/°C	Temperaturgrenze in °C	E-Modul in N/m²
Pb Sn-Lagermetall	$12{,}5 \cdot 10^6$ (12,5)	$24 \cdot 10^{-6}$	110	$3{,}1 \cdot 10^{10}$
Cu Sn7 Zn4 Pb7-C	$20 \cdot 10^6$ (20)	$17 \cdot 10^{-6}$	250	$9 \cdot 10^{10}$
Cu Sn12-C	$25 \cdot 10^6$ (25)	$17 \cdot 10^{-6}$	250	$10{,}5 \cdot 10^{10}$

13.3.4.4 Relative Lagerbreite β. Der Wellendurchmesser d ist aus der vorausgegangenen Festigkeitsberechnung bekannt. Die Lagerbreite b wird aus *der relativen Lagerbreite β* (Bauverhältnis) festgelegt; man wählt $\beta = b/d \approx 0{,}5 \ldots 1$.
Verhältnisse $b/d < 0{,}5$ sind ungünstig, da die Seitenströmung zu groß wird und der hydrodynamische Druck sinkt; $b/d > 1$ ist wegen der Gefahr zu großer Kantenpressung zu vermeiden (Bild 17):

$$\beta = \frac{b}{d} = 0{,}5 \ldots 1 \quad (10)$$

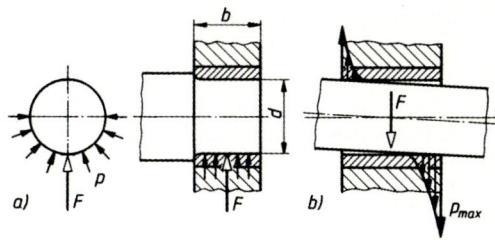

Bild 17. Berechnung der Radiallager
a) Flächenpressung, Bauverhältnis,
b) Kantenpressung

13.3.4.5 Umfangsgeschwindigkeit v des Lagerzapfens

$$v = \pi\,d\,n \quad \begin{array}{c|c|c} v & d & n \\ \hline \frac{m}{s} & m & \frac{1}{s} = s^{-1} \end{array} \quad (11)$$

13.3.4.6 Wärme abgebende Oberfläche A_G des Lagergehäuses. Durch die Reibung im Lager erhöht sich die Lagertemperatur ϑ_L in Abhängigkeit von der auftretenden Reibleistung P_R nach Gleichung (25). Die Wärme abgebende Oberfläche A_G des Lagergehäuses kann bei der Nachrechnung eines Radialgleitlagers aus der Konstruktionszeichnung entnommen werden, zum Beispiel durch Ausplanimetrieren. Bei Entwurfsrechnungen wird sie aus den Richtwerten für die Oberflächen A_L und A_w ermittelt:

$$A_G = A_L + A_w \quad \begin{array}{c|c} A_G, A_L, A_w & b, d \\ \hline m^2 & m \end{array} \quad (12)$$

A_L Wärme abgebende Oberfläche des Lagers
A_w Wärme abgebende Oberfläche der Welle

Richtwerte

	A_L	A_w
$d \leq 0{,}1$ m	$(25 \ldots 20)\,d\,b$	$(15 \ldots 10)\,d^2$
$d > 0{,}1$ m	$(20 \ldots 15)\,d\,b$	$(10 \ldots 5)\,d^2$

13.3.4.7 Mittleres relatives Betriebslagerspiel ψ_B. Bei der effektiven Schmierstofftemperatur ϑ_{eff} stellt sich das Lagerspiel P_{sB} ein. Ah Kenngröße für weitere Rechnungen hat man das mittlere *relative* Lagerspiel ψ_B definiert. Es ist das auf den Lagerdurchmesser d bezogene Lagerspiel:

$$\psi_B = \frac{P_{sB}}{d} \qquad \begin{array}{c|c|c} \psi_B & P_{sB}, d & v \\ \hline 1 & m & \dfrac{m}{s} \end{array} \qquad (13)$$

Als erste Annahme rechnet man mit der Zahlenwertgleichung nach *Vogelpohl*:

$$\psi_B = 0{,}8 \sqrt[4]{v} \cdot 10^{-3} \qquad (14)$$

Danach ist ψ_B abhängig von der Umfangsgeschwindigkeit v nach Gleichung (11).
Die bestimmten relativen Betriebslagerspielen entsprechenden Passungen für verschiedene Lagerdurchmesser sind dem Diagramm zu entnehmen:

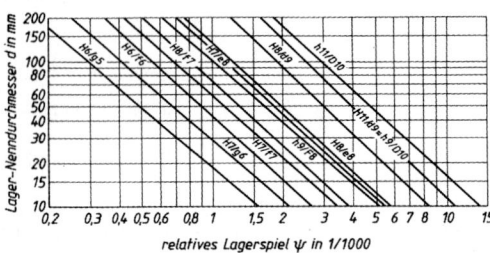

13.3.4.8 Lagerspiel P_{sB} bei Betriebstemperatur

$$P_{sB} = \psi_B\, d \qquad (15)$$

13.3.4.9 Richtungskonstante m.
Im Viskosität-Temperatur-Diagramm haben die verschiedenen Schmieröle unterschiedlich geneigte Gerade mit unterschiedlichen *Richtungskonstanten m*. Sie werden als Kenngröße für die Berechnung des Hilfsfaktors W_X nach Gleichung (19) gebraucht.
Richtwerte für ISO-Schmieröle nach DIN 51 519), gültig für den Viskositätsindex VI = 50 und Dichte ρ = 900 kg/m³ bei 50 °C:

	VG2	VG3	VG5	VG7	VG10
m	3,723	3,941	4,065	4,136	4,084
$\eta \cdot 10^{-3}\,\dfrac{Ns}{m^2}$	1,67	2,35	3,26	4,63	6,59

	VG15	VG22	VG32	VG46	VG68
m	4,076	4,026	4,064	4,072	4,048
$\eta \cdot 10^{-3}\,\dfrac{Ns}{m^2}$	9,46	13,5	18,7	25,8	36,7

	VG100	VG150	VG220	VG320
m	3,996	3,920	3,872	3,806
$\eta \cdot 10^{-3}\,\dfrac{Ns}{m^2}$	51,9	75,2	106	150

	VG460	VG680	VG1000	VG1500
m	3,776	3,735	3,710	3,684
$\eta \cdot 10^{-3}\,\dfrac{Ns}{m^2}$	208	297	420	606

Ablesebeispiel: Für die Ölsorte ISO-VG 100 DIN 51 519 beträgt die Richtungskonstante m = 3,996 und die Viskosität η bei 50 °C:

$$\eta = 51{,}9 \cdot 10^{-3}\,\frac{Ns}{m^2}$$

13.3.4.10 Hilfsfaktor W_M.
Mit der nach 13.3.4.9 ermittelten Viskosität η wird der Hilfsfaktor W_M ermittelt (Zahlenwertgleichung). Er wird in der Zahlenwertgleichung (19) gebraucht. Index M siehe 13.3.4.12.

$$W_M = \lg \lg \left(\frac{\eta}{\rho} \cdot 10^6 + 0{,}8 \right) \qquad (16)$$

η siehe Richtwerte für 50 °C in 13.3.4.9
ρ = 900 kg/m³ (Dichte des Öls bei 50 °C)

13.3.4.11 Sommerfeldkonstante C_{So}.
Mit der nach Gleichung (9) berechneten spezifischen Lagerbelastung p, dem mittleren relativen Lagerspiel ψ_B nach Gleichung (14) und der noch zu berechnenden Winkelgeschwindigkeit ω wird die Sommerfeldkonstante C_{So} ermittelt:

$$\omega = 2\pi n \qquad (17)$$

$$C_{So} = \frac{p\,\psi_B^2}{\omega} \qquad (18)$$

ω, n	C_{So}	p	ψ_B
$\dfrac{1}{s} = s^{-1}$	$\dfrac{Ns}{m^2}$	$\dfrac{N}{m^2}$	1

Für die nun folgenden Rechnungen muss eine Betriebstemperatur ϑ_{eff} angenommen werden, zum Beispiel ϑ_{eff} = 60 °C. Kommt am Schluss der Rechnung keine annähernde Übereinstimmung zustande, muss die Rechnung von hier ab wiederholt werden, bis sich diese gewünschte Übereinstimmung ergibt (Iteration).

Erster Iterationsschritt:

13.3.4.12 Hilfsfaktor W_X.
Die Gleichung für den Hilfsfaktor W_X ist eine von *Ubbelohde* und *Walther* empirisch ermittelte Zahlenwertgleichung zur Beschreibung des V-T-Verhaltens (Viskosität-Temperatur-Verhalten) des Schmieröls. Der Index M kennzeichnet die gemessene Größe, der Index X die gesuchte Größe.

$$W_X = m \, (\lg T_M - \lg T_X) + W_M \tag{19}$$

m Richtungskonstante nach 13.3.4.9
$T_M = 50\,°C + 273{,}15\,K = 323{,}15\,K$
$T_X = \vartheta_{eff} + 273{,}15\,K$
    (bei Iterationsbeginn $\vartheta_{eff} \approx 60\,°C$ annehmen)
W_M siehe 13.3.4.10

13.3.4.13 Effektive Viskosität η_{eff} des Öls

$$\eta_{eff} = \rho \, [10^{(10 w_X)} - 0{,}8] \cdot 10^{-6} \tag{20}$$

$\rho = 900\,\text{kg/m}^3$
(Dichte des
Öls bei 50 °C)

	η_{eff}	ρ
	$\dfrac{\text{Ns}}{\text{m}^2}$	$\dfrac{\text{kg}}{\text{m}^3}$

13.3.4.14 Sommerfeldzahl So.
Die Gleichung für die Sommerfeldzahl erfasst insbesondere die Zusammenhänge von Belastung und Reibungsverhalten (siehe auch. 13.3.4.15). Mit der Sommerfeldzahl kann man die Lager dem Schnelllaufbereich ($So \leq 1$) und dem Schwerlastbereich ($So > 1$) zuordnen.

$$So = \frac{C_{So}}{\eta_{eff}} \tag{21}$$

So	C_{So}	η_{eff}	p	ψ_B	ω, n	F	b, d
1	$\dfrac{\text{Ns}}{\text{m}^2}$	$\dfrac{\text{Ns}}{\text{m}^2}$	$\dfrac{\text{N}}{\text{m}^2}$	1	$\dfrac{1}{\text{s}}$	N	m

$$So = \frac{p\,\psi_B^2}{\eta_{eff}\,\omega} = \frac{F\,\psi_B^2}{b\,d\,\eta_{eff}\,\omega} = \frac{F\,\psi_B^2}{2\,\pi\,n\,b\,d\,\eta_{eff}} \tag{22}$$

$So \leq 1$: Lager liegt im Schnelllaufbereich
$So > 1$: Lager liegt im Schwerlastbereich

13.3.4.15 Reibzahl μ.
Mit der Sommerfeldzahl So als Kenngröße und mit dem nach Gleichung (13) ermittelten relativen Betriebslagerspiel ψ_B wird die Reibzahl μ berechnet:

$$So \leq 1: \quad \mu = \frac{k\,\psi_B}{So} \tag{23}$$

k Gestaltfaktor
k = 3 als Mittelwert (nach *Vogelpohl*) für voll umschlossene Lager

$$So > 1: \quad \mu = \frac{k\,\psi_B}{\sqrt{So}} \tag{24}$$

Zur Kontrolle kann der berechnete Wert mit den Werten in der folgenden Tabelle verglichen werden.

13.3.4.16 Wärmestrom P_R (Reibleistung).
Im Betriebszustand tritt im Lager Reibung auf (siehe 13.3.2). Die Reibkraft F_R ist das Produkt aus der Lagerkraft F und der Reibzahl μ ($F_R = F\,\mu$), die entsprechende Reibleistung ist das Produkt aus der Reibkraft F_R und der Umfangsgeschwindigkeit v. Diese Reibleistung wird als Wärmestrom P_R bezeichnet:

$$P_R = F\,\mu\,v$$
$1\,W = 1\,\text{Nm/s} = 1\,\text{J/s}$

P_R	F	μ	v
W	N	1	$\dfrac{\text{m}}{\text{s}}$

(25)

Erfahrungswerte für Gleitlager-Reibzahlen μ

Lagerart und Schmierung	Werkstoff von		mittlere Werte für μ		
	Welle	Lager	Anlaufreibung	Mischreibung	Flüssigkeitsreibung
Radiallager					
Fett		Cu Sn-Leg.	0,12	0,05 ... 0,1	–
Öl		Cu Sn-Leg.	0,14	0,02 ... 0,1	0,003 ... 0,005
Öl		Cu Sn Pb-Leg.	0,24	–	0,002 ... 0,003
Öl	Stahl	Pressstoff	0,14	0,01 ... 0,03	0,003 ... 0,006
Öl		Sintermetall	0,17	–	0,002 ... 0,014
trocken		Kunstharz-verbund	bei Gleitgeschwindigkeit < 0,1 m/s: 0,2 ... 6 m/s:		0,05 ... 0,1 0,1 ... 0,16
Axiallager Spurlager					
Fett		Cu Sn-Leg.	0,15	–	–
Öl	Stahl	Cu Sn-Leg.	0,25	0,03	–
Segmentlager Öl		Cu Sn-Leg	0,25	–	0,002

13.3.4.17 Lagertemperatur ϑ_L. Die Lagertemperatur ϑ_L entspricht der mittleren Temperatur, die sich im Lager einstellt, wenn der thermische Gleichgewichtszustand erreicht ist, also das Gleichgewicht zwischen entstehender und abgeführter Wärme. Sie ist die für den gesamten bisherigen Rechnungsgang wichtigste Kenngröße, denn sie darf den für Lagerwerkstoff und Schmierstoff zulässigen Wert nicht überschreiten. Geht man davon aus, dass die gesamte entstehende Wärme durch Wärmeübergang (Wärmekonvektion) vom Lagergehäuse an die umgebende Luft übertragen wird, dann gelten die Gesetze des Wärmeübergangs nach Abschnitt F Thermodynamik. An die Stelle des dort eingeführten Wärmeübergangskoeffizienten tritt hier die *Wärmeabfuhrzahl* α (siehe 13.3.4.1). Es gilt dann mit Gleichung (3):

$$P_R = \alpha A_G (\vartheta_L - \vartheta_U) \qquad (26)$$

A_G ist die Wärme abgebende Oberfläche des Lagergehäuses nach 13.3.4.6, ϑ_L die Lagertemperatur und ϑ_U die Temperatur der umgebenden Luft.
Gleichung (26) wird nach ϑ_L aufgelöst:

$$\vartheta_L = \vartheta_U + \frac{P_R}{\alpha \, A_G}$$

ϑ_L, ϑ_U	P_R	A_G	α
°C	W	m²	$\frac{W}{m^2 \, °C}$

(27)

Die Umgebungstemperatur wird mit $\vartheta_U = 20$ °C angenommen, die Wärmeabfuhrzahl mit $\alpha = 20$ W/(m² °C). Diese Annahme gilt für eine Luftgeschwindigkeit $w_{Luft} = 1{,}2$ m/s (Windstärke null). Für andere Luftgeschwindigkeiten kann nach Tabelle 2 im Abschnitt F Thermodynamik vorgegangen werden.

13.3.4.18 Temperaturvergleich. Den Rechnungen ab 13.3.4.12 liegt die Annahme zugrunde, dass der Schmierstoff eine effektive Temperatur von $\vartheta_{eff} = 60$ °C annimmt (siehe Gleichung (19)). Folglich muss nun die nach Gleichung (27) berechnete Lagertemperatur ϑ_L mit ϑ_{eff} verglichen werden, weil es nur bei annähernder Übereinstimmung beider Werte sinnvoll ist, die Rechnung weiterzuführen. Sonst ist die Rechnung ab 13.3.4.12 mit dem *zweiten Iterationsschritt* zu wiederholen (siehe Berechnungsbeispiel 13.3.9). Die Rechnung kann erst dann nach 13.3.4.20 fortgesetzt werden, wenn der Betrag der

Temperaturdifferenz
$$\Delta \vartheta = |\vartheta_L - \vartheta_{eff}| \leq 2 \, °C \qquad (28)$$

ist. Ist die Temperaturdifferenz $\Delta \vartheta$ größer als 2 °C, muss Iterationsbeginn nach Gleichung (28) die neue effektive Schmierstofftemperatur $\vartheta_{eff.\,neu}$ ermittelt werden (siehe Berechnungsbeispiel 13.3.9).

13.3.4.19 Neue effektive Schmierstofftemperatur ϑ_{eff}. Man berechnet die neue effektive Schmierstofftemperatur ϑ_{eff} neu als arithmetisches Mittel aus der zu Beginn des ersten Iterationsschritts angenommenen effektiven Schmierstofftemperatur $\vartheta_{eff} = \vartheta_{eff.\,alt}$ und der mit Gleichung (27) ermittelten Lagertemperatur ϑ_L:

$$\vartheta_{eff,\,neu} = \frac{\vartheta_{eff,\,alt} + \vartheta_L}{2} \qquad (29)$$

Mit $\vartheta_{eff.\,neu}$ ist die Iteration ab 13.3.4.12 aufzunehmen, bis die Bedingung

$$\Delta \vartheta = |\vartheta_L - \vartheta_{eff,\,neu}| \leq 2 \, °C \text{ erfüllt ist.}$$

13.3.4.20 Kleinste Spalthöhe h_0 **(Schmierspalthöhe).** Die kleinste Spalthöhe (kleinste Schmierschichtdicke) wird nach empirischem Gleichungen in Abhängigkeit von der Sommerfeldzahl nach 13.3.4.14 ermittelt:

für $So \leq 1$:

$$h_0 = \frac{P_{sB}}{2}\left[1 - \frac{So}{2} \cdot \frac{1+\beta}{2\beta}\right] > h_{0\,min} \qquad (30)$$

h_0, P_{sB}	β, So
m	1

für $So > 1$:

$$h_0 = \frac{P_{sB}}{4\,So} \cdot \frac{2\beta}{1+\beta} > h_{0\,min} \qquad (31)$$

Die rechnerisch ermittelte kleinste Spalthöhe h_0 soll größer sein als ein bestimmter *Grenzrichtwert* $h_{0\,min}$ und mindestens gleich der Summe der Oberflächenrautiefen R_{tw} und R_{tL} für Welle und Lager ($h_0 \geq R_{tw} + R_{tL}$). Siehe dazu Beispiel 2 in 13.3.9.
Grenzrichtwerte $h_{0\,zul}$ in Mm = 10^{-6} m in Abhängigkeit vom Wellendurchmesser d und von der Umfangsgeschwindigkeit v des Lagerzapfens:

d in mm	v in m/s			
	≤ 1	$>1\ldots3$	$>3\ldots10$	$>10\ldots30$
20 ... 60	3	4	5	7
> 60 ... 160	4	5	7	10
> 160 ... 400	6	7	10	13

13.3.4.21 Erforderlicher Schmierstoffdurchsatz $\dot{V}_s$. Nach 13.3.2 wird durch die Relativbewegung zwischen Welle und Lager der Schmierstoff unter Druckaufbau durch den Schmierspalt gepresst. Der Durchsatzquerschnitt ist das Produkt aus Lagerbreite b und kleinster Schmierspalthöhe h_0 (Rechteckquerschnitt $b\,h_0$). Überschlägig ist dann:

$\dot{V}_s = \varphi\, h_0\, b\, v$ (32)

$\dot{V}_s$	h_0, b	v	φ
$\dfrac{m^3}{s}$	m	$\dfrac{m}{s}$	1

φ Durchsatzfaktor
$\varphi \approx 0{,}75$ einsetzen

13.3.4.22 Erforderlicher Kühlöldurchsatz $\dot{V}_k$. Bei schnell laufenden, hoch belasteten Lagern können sich Lagertemperaturen $\vartheta_L \geq 80$ °C ergeben. Dann ist zusätzliche Kühlung erforderlich, zum Beispiel durch Umlaufschmierung. Vernachlässigt man in diesen Fällen die Wärmeabgabe durch das Lagergehäuse, wird der thermische Gleichgewichtszustand durch die Gleichung beschrieben:

entstehende Wärme = abzuführende Wärme
(Wärmestrom P_R)

$P_R = \dot{V}_k\, \rho_{\text{Öl}}\, c_{\text{Öl}}\, (\vartheta_1 - \vartheta_2)$ (33)

$\dot{V}_k$ Kühldurchsatz; $\rho_{\text{Öl}}$ Dichte des Öls; $c_{\text{Öl}}$ spezifische Wärmekapazität des Öls (siehe auch Abschnitt F Thermodynamik 1.6); ϑ_1, ϑ_2 Ein- und Austrittstemperatur des Öls.
Das Produkt $\dot{V}_k\, \rho_{\text{Öl}}$ ist der Massendurchsatz $\dot{m}_{\text{Öl}}$. Der Punkt über dem Formelzeichen für die physikalische Größe bedeutet, dass es sich um die zeitbezogene Größe handelt, also $\dot{V}_k$ in m³/s und $\dot{m}_{\text{Öl}}$ in kg/s.
Gleichung (33) kann nun nach dem Kühlöldurchsatz $\dot{V}_k$ aufgelöst werden:

$\dot{V}_k = \dfrac{P_R}{c_{\text{Öl}}\, \rho_{\text{Öl}}\, (\vartheta_2 - \vartheta_1)}$ (34)

$\dot{V}_k$	P_R	$c_{\text{Öl}}$	$\rho_{\text{Öl}}$	ϑ_1, ϑ_2
$\dfrac{m^3}{s}$	$W = \dfrac{Nm}{s} = \dfrac{J}{s}$	$\dfrac{J}{kg\,K}$	$\dfrac{kg}{m^3}$	°C

$\vartheta_2 - \vartheta_1 = 15$ °C

Beachte: 1 K = 1 °C

Die Temperaturdifferenz $\Delta \vartheta = \vartheta_2 - \vartheta_1$ soll 15 °C nicht überschreiten, um Viskositätsänderungen des Schmierstoffes in Grenzen zu halten. Die spezifische Wärmekapazität des Öls kann den Tabellen im Abschnitt F Thermodynamik entnommen werden, zum Beispiel ist für Maschinenöl $c_{\text{Öl}} = 1675$ J/(kg K), die Dichte des Öls kann mit $\rho_{\text{Öl}} = 900$ kg/m³ angesetzt werden.

13.3.4.23 Übergangsdrehzahl $n_ü$ *(nach Vogelpohl)*

$n_ü = 10^{-7}\, \dfrac{F}{\eta_{\text{eff}}\, V}$ (35)

$n_ü$	F	η_{eff}	V
min⁻¹	N	$\dfrac{Ns}{m^2}$	m³

η_{eff} nach 13.2.4.13
$V = \pi\, d^2\, b/4$
(Lagerzapfenvolumen)

Bei $n_ü$ geht Flüssigkeitsreibung in Mischreibung über. Die Betriebsdrehzahl n soll mindestens zwei- bis dreimal größer sein als die Übergangsdrehzahl: $n = (2 \ldots 3)\, n_ü$.

13.3.4.24 Hertz'sche Pressung p_0. Wird das Lager auch im Stillstand mit der Lagerkraft F belastet, dann ist die Hertz'sche Pressung p_0 (Walze gegen Walze) zu bestimmen und mit p_{zul} für den Lagerwerkstoff nach 13.3.4.3 zu vergleichen. Näherungsweise gilt:

$p_0 = 0{,}591\, \sqrt{E\, p\, \psi_B}$ (36)

p nach 13.3.4.3
ψ_B nach 13.3.4.7

$E = \dfrac{2\, E_L\, E_W}{E_L + E_W}$

E_L, E_W Elastizitätsmodul von Lagerwerkstoff (nach 13.3.4.3) und Wellenwerkstoff (bei Stahl $E_W = 21 \cdot 10^{10}$ N/m²)

Der maximale Flüssigkeitsdruck kann das Zwei- bis vierfache der mittleren Flächenpressung p_m betragen (örtlich bis zum Zehnfachen).

13.3.5 Berechnung der Axial-Gleitlager

13.3.5.1 Voll-Spurlager, Ring-Spurlager. Beim *Voll-Spurlager* mit ebener Spurplatte ist die Pressung beim Lauf hyperbolisch über der Spurfläche (Vollkreis) verteilt. Durch die in der Mitte theoretisch unendlich große Pressung tritt hier starker Verschleiß auf, der beim Ring-Spurlager durch eine zentrische Aussparung vermieden wird (Bild 18).
Diese Lager haben praktisch nur geringe Bedeutung. Anwendung bei kleinen Dreh- oder Pendelbewegungen oder bei mittleren Drehzahlen und geringen Belastungen, Schwimmreibung ist wegen fehlender Anstellflächen nicht erreichbar.

Tabelle 22. Spiel- und Toleranzberechnungen

Spieländerung ΔP_S durch Wärmedehnung im Betrieb (nach *Gersdorfer*)	$\Delta P_S = d \left(\alpha_W \, \Delta\vartheta_W - \dfrac{A_L \, E_L \, \alpha_L + A_G \, E_G \, \alpha_G \, \Delta\vartheta_G}{A_L \, E_L + A_G \, E_G} \right)$ $\begin{array}{c\|c\|c\|c\|c\|c} \Delta P_S & d & \alpha & \Delta\vartheta & A & E \\ \hline \text{mm} & \text{mm} & \dfrac{1}{°C} & °C & \text{mm}^2 & \dfrac{N}{\text{mm}^2} \end{array}$ d Wellendurchmesser; α_W, α_L, α_G Längenausdehnungs-Koeffizienten von Wellen-, Lager- und Gehäusewerkstoff; $\Delta\vartheta_W = \Delta\vartheta_L = \vartheta_B - \vartheta_O$ mit mittlerer Betriebstemperatur des Lagers ϑ_B und Umgebungstemperatur ϑ_O; $\Delta\vartheta_G = \vartheta_G - \vartheta_O$ mit angenommener Gehäusetemperatur ϑ_G; A_L, A_G Querschnittsfläche von Lagerbuchse(-schale) und Gehäusewandung; E_L, E_G die entsprechenden Elastizitätsmodulen.
Einbauspiel P_{SE}	$P_{SE} = P_{SB} + \Delta P_S$ P_{SB} Lagerspiel bei Betriebstemperatur im Lager
mittleres Einbauspiel $P_{SE\,mittel}$	$P_{SE\,mittel} = \dfrac{P_{SE\,gr} + P_{SE\,kl}}{2}$ $P_{SE\,gr}$ größtes Einbauspiel $P_{SE\,kl}$ kleinstes Einbauspiel $P_{SE\,gr}$ und $P_{SE\,kl}$ nach dem Festlegen der Passung aus 13.1.8 $P_{SE\,mittel}$ muss etwa gleich P_{SE} werden
mittleres relatives Einbauspiel $\psi_{E\,mittel}$	$\psi_{E\,mittel} = \dfrac{P_{SE\,mittel}}{d}$ $\begin{array}{c\|c\|c} \psi & P_{SE} & d \\ \hline 1 & \text{mm} & \text{mm} \end{array}$
Richtwerte für das mittlere relative Einbauspiel für einige Lagerwerkstoffe	Pb Sn-Leg. $(0{,}4 \ldots 1) \cdot 10^{-3}$ Cu Pb-Leg.[1]) $(2 \ldots 3) \cdot 10^{-3}$ Al-Leg.[1]) $(1{,}5 \ldots 1{,}7) \cdot 10^{-3}$ Sintermetall $(1{,}5 \ldots 1{,}7) \cdot 10^{-3}$ Kunststoff $(3 \ldots 4) \cdot 10^{-3}$ Gusseisen $(1 \ldots 2) \cdot 10^{-3}$ größere Werte für größere Durchmesser [1]) Schleuderguss
größtes und kleinstes Betriebsspiel P_{SB}	$P_{SB\,gr} = P_{SE\,gr} - \Delta P_S$ $P_{SB\,kl} = P_{SE\,kl} - \Delta P_S$ alle Maße in mm oder in μm
Richtwerte R_{tW} und R_{tL} (größere Werte für größere Durchmesser)	feingedreht $2 \ldots 10 \, \mu$m feinstgeschliffen $0{,}15 \ldots 0{,}6 \, \mu$m feinstgedreht $1 \ldots 3 \, \mu$m feinstgerieben $0{,}4 \ldots 1 \, \mu$m geschliffen $4 \ldots 10 \, \mu$m geläppt $0{,}3 \ldots 0{,}6 \, \mu$m feingerieben $1 \ldots 3 \, \mu$m poliert $0{,}08 \ldots 0{,}25 \, \mu$m R_{tW}, R_{tL} Rautiefe von Welle und Lagerbuchse oder -schale
relatives Betriebsspiel ψ_B	$\psi_{B\,gr} = \dfrac{1}{d}\left[P_{SE\,mess\,gr} - \Delta P_S + (R_{tW} + R_{tL})\right]$ alle Maße in mm $\psi_{B\,kl} = \dfrac{1}{d}\left[P_{SE\,mess\,kl} - \Delta P_S + (R_{tW} + R_{tL})\right]$
messbares Einbauspiel $P_{SE\,mess}$ (weil P_{SE} auf Mitten der Rautiefen bezogen ist)	$P_{SE\,mess\,gr} = P_{SE\,gr} - (R_{tW} + R_{tL})$ $P_{SE\,mess\,kl} = P_{SE\,kl} - (R_{tW} + R_{tL})$ alle Maße in mm

Anmerkung: Das Fertigungsspiel wird durch Presssitz der Lagerbuchse verringert. Richtwert: Verkleinerung des Bohrungsdurchmessers ca. 70 % des Passungsübermaßes.

Berechnung der Flächenpressung:

$$p_m = \frac{F_a}{\frac{\pi}{4}(D^2 - d^2)} \qquad (37)$$

p_m	F_a	D, d
$\dfrac{N}{mm^2}$	N	mm

F_a Axialkraft; D Außen-, d Innendurchmesser der Ringspurplatte; man wählt Bauverhältnis $d/D \approx 0{,}5 \ldots 0{,}6$. $p_{m\,zul}$ nach Tabelle 23.

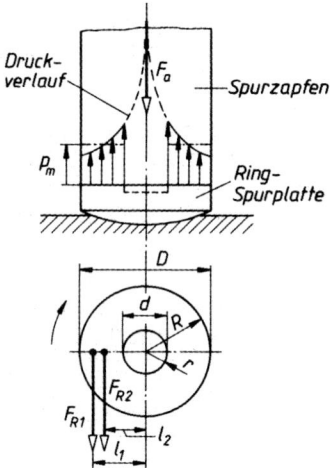

Bild 18. Berechnung des Ring-Spurlagers

Tabelle 23. Richtwerte für die zulässige mittlere Flächenpressung $p_{m\,zul}$ bei kleinen Gleitgeschwindigkeiten

Werkstoff für		$p_{m\,zul}$-Werte N/mm²
Welle	Lager	
Stahl gehärtet	Stahl gehärtet	15
	Cu Sn-Leg.	10
	Gusseisen	8
E295, E335, Stahlguss	Cu Sn-Leg.	8
Stahl ungehärtet	Gusseisen	5
	Sintermetall	3
	Cu Sn-Leg.	3
	Kunststoff	2,5

Beim ruhenden Zapfen ist die Flächenpressung gleichmäßig verteilt; Reibkraft F_{R1} greift im Schwerpunkt der Ringfläche an, beim drehenden Zapfen verschiebt sich der Angriffspunkt der Reibkraft F_{R2} zur Mitte der Ringfläche ($l_2 = (D + d)/4$).

13.3.5.2 Segment-Spurlager.
Durch Aufteilung der Ringfläche in Segmente mit „angestellten" Flächen wird Schwimmreibung ermöglicht. Druckverlauf über den Segmentflächen zeigt Bild 19.

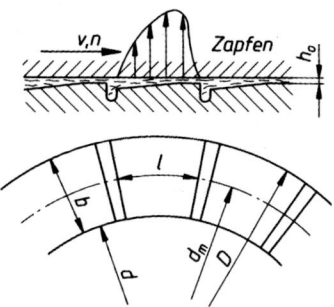

Bild 19. Berechnung des Segment-Spurlagers

Nach *Schiebel* ergibt sich die *Tragkraft* bei Flüssigkeitsreibung

$$F_a \approx 16 \cdot 10^{-4} d_m b^2 n \eta \qquad (38)$$

F_a	d_m, b	n	η
N	mm	min^{-1}	P

d_m mittlerer Spurflächendurchmesser; b Spurflächenbreite, es soll sein $b \approx 0{,}3\, d_m$; n Drehzahl; η Ölviskosität.

13.3.6 Schmierung der Gleitlager

13.3.6.1 Schmierungsarten

Ölschmierung: Vorherrschend bei kleinen bis höchsten Drehzahlen und Belastungen. Geschmiert wird vorwiegend mit Mineralölen. Zusätze von Molybdänsulfid oder auch Graphit verbessern die Schmiereigenschaften durch Erhöhung der Haftfähigkeit und Glättung der Gleitflächen.

Fettschmierung: Vorwiegend bei kleinen Drehzahlen und Pendelbewegungen, stoßartigen Belastungen oder wenn Schwimmreibung nicht erreichbar ist, zum Beispiel bei einfachen Lagerungen von Pressen, Hebezeugen, Landmaschinen, bei Gelenken und Führungen. Verwendet werden Gleitlagerfette.

Wasserschmierung hat sich bei Holz-, Kunststoff- und Gummilagern (Walzenlagern, Pumpenlagern) bewährt.

Trockenschmierung mit Trockenschmiermitteln wie Molybdänsulfid oder Graphit wird bei hohen Temperaturen, zur Notlauf- und einmaligen Schmierung verwendet, zum Beispiel bei langsam laufenden, schwer oder nicht zugänglichen Lagern, Gelenken, Führungen.

13.3.6.2 Schmierverfahren, Schmiervorrichtungen

Durchlaufschmierung: Das Schmiermittel durchläuft die Gleitstelle nur einmal und wird meist nicht wieder verwendet. Anwendung nur bei gering beanspruchten, einfachen Lagern (Haushalts-, Büromaschinen) oder wo andere Schmierung nicht möglich ist (schwingende Lagerstellen, Gelenke).

13.3.8 Gestaltung der Gleitlager

13.3.8.1 Lagerbuchsen, Lagerschalen. Lagerwerkstoff ist meist als Buchsen oder Schalen im Gehäuse untergebracht. Buchsen (Bild 21a) werden in ungeteilte Lagergehäuse eingepresst; Abmessungen: $d_1 \approx 1{,}1\,d + 5$ mm; Passungen: Außendurchmesser r6, Gehäusebohrung H7, genormte Lagerschalen siehe DIN 1850.

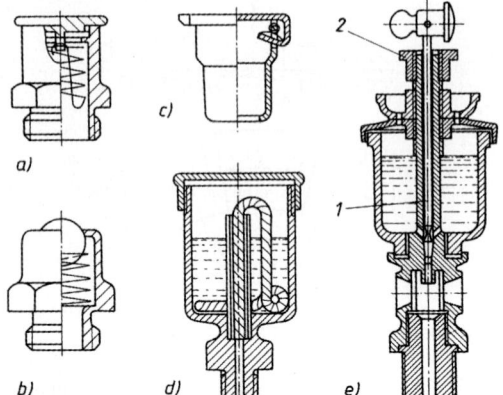

Bild 20. Öl-Schmiervorrichtungen
a) Einschraub-Deckelöler
b) Einschraub-Kugelöler
c) Einschlag-Klappdeckelöler
d) Dochtöler
e) Tropföler

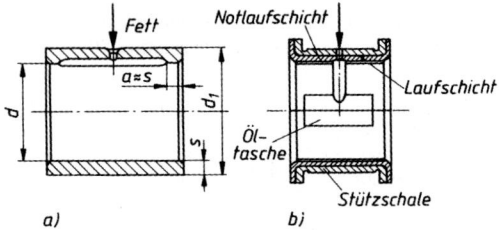

Bild 21. Lagerbuchsen, Lagerschalen
a) Buchse für Fettschmierung
b) Dreistoff-Lagerschale

Vorrichtungen: Offene Öllöcher oder Öler verschiedener Ausführungen, DIN 3410 für Handschmierung. Selbsttätige Schmierung durch Tropföler mit sichtbarer, regulierbarer Ölabgabe (Bild 20), ferner durch Dochtöler mit tropfenweiser Ölabgabe. Fettschmierung von Hand durch Staufferbüchse oder Schmierköpfe oder selbsttätig durch Fettbüchse, bei der eine federbelastete Scheibe das Fett nachdrückt.

Umlaufschmierung: Gebräuchlichste Schmierverfahren für Gleitlager aller Art. Ständiger Umlauf des gleichen Öls durch Förderorgan. Vorwiegend wird Ringschmierung bei Steh- und Flanschlagern mit waagerechten Wellen verwendet: feste mit Welle umlaufende Schmierringe bei höheren Drehzahlen und größeren Lagern (Bild 22) oder lose Schmierringe bei kleineren Drehzahlen.

Bei *Tauchschmierung* tauchen zu schmierende Teile in Öl ein, z. B. bei Kurbellagern in Kurbelgehäusen oder Zahnradgetrieben. *Umlaufschmierung durch Pumpe* ist am sichersten und leistungsfähigsten; Anwendung bei hoch belasteten Lagern von Turbinen, Generatoren, Werkzeugmaschinen, auch als Zentralschmierung für ganze Maschinen.

Das Schmiermittel ist stets der unbelasteten Lagerhälfte zuzuführen.

Lagerschalen werden in Bohrungen geteilter Gehäuse eingelegt. Ausführung meist als Verbundlager, d. h. Zweistoff- oder Dreistofflager, zum Beispiel Dreistofflager (Bild 21b) mit Stützschale aus Stahl, Notlaufschicht aus PbSn-Leg. und Laufschicht aus Blei-Zinn-Lagermetall.

13.3.8.2 Ausführungsbeispiele für Radiallager. Für einfache Lagerungen genügen Augenlager, DIN 504, oder Flanschlager, DIN 502, mit oder ohne Buchse, meist für Fettschmierung vorgesehen.

Ein starres Stehlager mit Ringschmierung durch festen Schmierring zeigt Bild 22. Öl wird durch den mit Welle umlaufenden Schmierung (1) durch Ölabstreifer (2) in Seitenräume (3) gefördert und tritt durch Löcher (4) zwischen Gleitflächen. Seitlich austretendes Öl wird durch Ölfangrillen (5) abgefangen und in den Vorratsraum zurückgeführt.

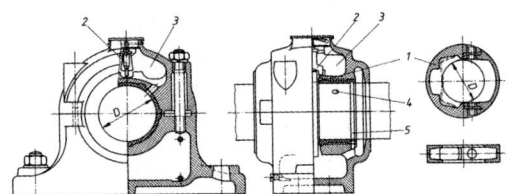

Bild 22. Starres Stehlager mit festem Schmierring

Zum Ausgleich von Fluchtfehlern und zur Vermeidung von Kantenpressungen (Transmissionen) werden Pendellager verwendet, bei denen die Lagerschalen pendelnd im Lagergehäuse angebracht sind.

13.3.7 Lagerdichtungen

Dichtungen bei Gleitlagern vorwiegend gegen Austreten von Öl; häufig genügen Ölfangrillen an den Lagerenden (Bild 22), sonst werden die unter 13.2.8 beschriebenen Dichtungen verwendet.

Die Forderung nach geringstem, ein- und nachstellbarem Lagerspiel ist durch Mehrgleitflächenlager (MF-Lager) zu erfüllen. Das MGF-Lager nach Malcus (Bild 23) hat vier durch elastischen Ring verbundene Gleitklötze (1) mit Anstellflächen. Ein- und Nachstellen durch Schrauben (2). Umlaufschmierung durch Pumpe; Öleintritt bei (3), Ölaustritt bei (4). Schmierkeile halten Welle auch bei richtungsveränderlichen Lagerkräften in zentrischer Lage.

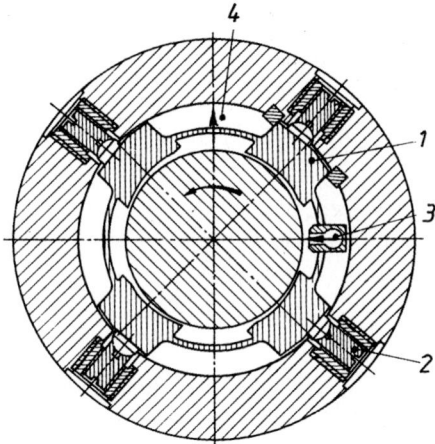

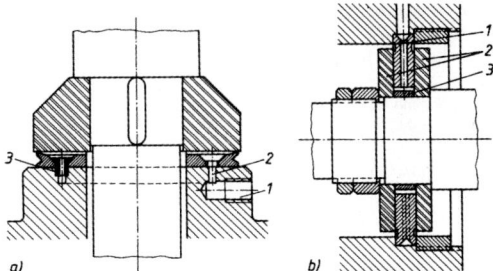

Bild 25. Einbau von Axial-Druckringen
a) bei senkrechter
b) bei waagerechter Welle

Bild 23. Mehrgleitflächenlager nach Malcus

13.3.8.3 Ausführungsbeispiele für Axiallager.

Ring-Spurlager, im Prinzip nach Bild 18, haben wegen fehlender Anstellflächen praktisch keine große Bedeutung. Anwendung nur bei kleinen Drehzahlen oder Schwenkbewegungen, zum Beispiel bei Säulen kleiner Wanddrehkrane. Für höhere Drehzahlen und Belastungen kommen Segmentlager infrage. Einen einbaufertigen Axial-Druckring aus (Caro-)Bronze zeigt Bild 24. Hydrodynamisch wirksame, feinkopierte Keilflächen (2) ermöglichen Schwimmreibung; Öl tritt in Nuten (1) ein, Rastflächen (3) stützen Welle bei Stillstand ab.
Einbaubeispiel bei senkrechter Welle zeigt Bild 25a, Ölzufuhr bei (1) über Ringnut (2) durch Hohlschrauben (3). Einbau eines doppelseitigen Axial-Druckrings bei waagerechter Welle nach Bild 25b; Druckring (1) sitzt zwischen den mit Welle fest verbundenen Stahl-Laufringen (2), die durch Distanzring (3) auf Abstand gehalten werden.

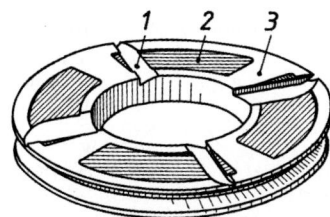

Bild 24. Axial-Druckrichtung für eine Drehrichtung

13.3.9 Berechnungsbeispiele für ein Radialgleitlager

■ **Beispiel 1:**
Mit den gegebenen Größen ist die Entwurfsberechnung nach 13.3.4 durchzuführen.

Gegeben:
Lagerkraft $F = 190\,000$ N
Lagerdurchmesser $d = 0{,}38$ m
Lagerbreite $b = 0{,}3$ m
Wellendrehzahl $n = 3\,\text{s}^{-1} = 180\,\text{min}^{-1}$
Umgebungstemperatur $\vartheta_U = 20\,°\text{C}$

Wärmeabfuhrzahl $\alpha = 20\,\dfrac{\text{W}}{\text{m}^2\text{K}} = 20\,\dfrac{\text{Nm}}{\text{s}\,\text{m}^2\text{K}}$

Werkstoffpaarung: Stahl/Lg Pb Sn nach 13.3.4.3.
Ölsorte: ISO VG 100 DIN 51 519, mit VI = 50 nach 13.3.4.9.

Lösung:

1. Spezifische Lagerbelastung p

$p = \dfrac{F}{b\,d} \leq p_{\text{zul}}$ F, b, d und p_{zul} sind gegebene Größen

$p = \dfrac{190\,000\,\text{N}}{0{,}3\,\text{m} \cdot 0{,}38\,\text{m}} = 1{,}67 \cdot 10^6\,\dfrac{\text{N}}{\text{m}^2} < p_{\text{zul}} = 12{,}5 \cdot 10^6\,\dfrac{\text{N}}{\text{m}^2}$

2. Relative Lagerbreite β

$\beta = \dfrac{b}{d} = \dfrac{0{,}3\,\text{m}}{0{,}38\,\text{m}} = 0{,}789 \approx 0{,}8$

3. Umfangsgeschwindigkeit v

$v = \pi\,d\,n = \pi \cdot 0{,}38\,\text{m} \cdot 3\,\dfrac{1}{\text{s}} = 3{,}58\,\dfrac{\text{m}}{\text{s}}$

4. Wärme abgebende Lageroberfläche A_G

$A_G = A_L + A_W$ $A_L = 20\,d\,b$ gewählt
$A_G = 3{,}724\,\text{m}^2$ $A_W = 10\,d^2$ gewählt

5. Relatives Lagerspiel ψ_B

$\psi_B = 0{,}8 \cdot \sqrt[4]{v} \cdot 10^{-3} = 0{,}8 \cdot \sqrt[4]{3{,}58} \cdot 10^{-3} = 0{,}0011$

$\psi_B = 1{,}1 \cdot 10^{-3}$

6. Lagerspiel P_{sB}

$P_{sB} = \psi_B d = 1{,}1 \cdot 10^{-3} \cdot 0{,}38 \text{ m} =$
$= 0{,}418 \cdot 10^{-3} \text{ m} = 0{,}418 \text{ mm}$

7. Richtungskonstante m

$m = 3{,}996$

8. Hilfsfaktor W_M

$W_M = \lg \lg \left(\dfrac{\eta_M}{\rho} \cdot 10^6 + 0{,}8 \right)$

$\eta_M = 51{,}9 \cdot 10^{-3} \dfrac{\text{Ns}}{\text{m}^2}$

$W_M = 0{,}2472$

$\rho = 900 \dfrac{\text{kg}}{\text{m}^3}$

9. Sommerfeldkonstante C_{So}

$C_{So} = \dfrac{p \, \psi_B^2}{\omega} = \dfrac{1{,}67 \cdot 10^6 \frac{\text{N}}{\text{m}^2} \cdot (1{,}1 \cdot 10^{-3})^2}{18{,}85 \frac{1}{\text{s}}} = 0{,}107 \dfrac{\text{Ns}}{\text{m}^2}$

Erster Iterationsschritt:

10. Hilfsfaktor W_x mit $\vartheta_{eff} = 60\ °\text{C}$

$W_x = m \, (\lg T_M - \lg T_x) + W_M$
$W_x = 3{,}996 \, (\lg 323{,}15 - \lg 333{,}15) + 0{,}2472$
$W_x = 0{,}1943$

$m = 3{,}996$
$T_M = 50\ °\text{C} + 273{,}15 \text{ K} = 323{,}15 \text{ K}$
$T_x = \vartheta_{eff} + 273{,}15 \text{ K} = 60\ °\text{C} + 273{,}15 \text{ K}$
$T_x = 333{,}15 \text{ K}$
$W_M = 0{,}2472$

11. Effektive Viskosität η_{eff}

$\eta_{eff} = \rho \, [10^{(10^{W_x})} - 0{,}8] \cdot 10^{-6}$ $\qquad \rho = 900 \dfrac{\text{kg}}{\text{m}^3}$

$\eta_{eff} = 900 \cdot [10^{(10^{0{,}1943})} - 0{,}8] \cdot 10^{-6}$ $\qquad W_x = 0{,}1943$

$\eta_{eff} = 32{,}3 \cdot 10^{-3} \dfrac{\text{Ns}}{\text{m}^2}$

12. Sommerfeldzahl So

$So = \dfrac{C_{So}}{\eta_{eff}} = \dfrac{0{,}107 \frac{\text{Ns}}{\text{m}^2}}{32{,}3 \cdot 10^{-3} \frac{\text{Ns}}{\text{m}^2}} = 3{,}3 > 1$

13. Reibzahl μ

$\mu = \dfrac{k \, \psi_B}{\sqrt{So}} = \dfrac{3 \cdot 1{,}1 \cdot 10^{-3}}{\sqrt{3{,}3}} = 1{,}8 \cdot 10^{-3}$

$k = 3$ angenommen

14. Wärmestrom (Reibleistung) P_R

$P_R = F \mu v = 190\,000 \text{ N} \cdot 1{,}8 \cdot 10^{-3} \cdot 3{,}58 \dfrac{\text{m}}{\text{s}} =$

$= 1\,224 \dfrac{\text{Nm}}{\text{s}} = 1\,224 \text{ W}$

15. Lagertemperatur ϑ_L

$\vartheta_L = \vartheta_U + \dfrac{P_R}{\alpha \, A_G} =$

$\vartheta_L = 20\ °\text{C} + \dfrac{1\,224 \frac{\text{Nm}}{\text{s}}}{20 \frac{\text{Nm}}{\text{sm}^2 \text{K}} \cdot 3{,}724 \text{ m}^2}$

$\vartheta_L = 36{,}4\ °\text{C}$
$\vartheta_U = 20\ °\text{C}$ (gegeben)
$\alpha = 20 \text{ Nm/sm}^2 \text{ K}$ (gegeben)

Der Betrag der Temperaturdifferenz $|\vartheta_L - \vartheta_{eff}|$ wird also
$|\Delta \vartheta| = |36{,}4\ °\text{C} - 60\ °\text{C}| = 23{,}6\ °\text{C} \gg 2\ °\text{C}$,
das heißt, es muss mit einer neuen effektiven Lagertemperatur ϑ_{eff} gerechnet werden.

16. Neue effektive Lagertemperatur ϑ_{eff}

$\vartheta_{eff\ neu} = \dfrac{\vartheta_{eff\ alt} + \vartheta_L}{2} = \dfrac{60\ °\text{C} + 36{,}4\ °\text{C}}{2} =$
$= 48{,}2\ °\text{C}$

Zweiter Iterationsschritt:

Hilfsfaktor W_x mit $\vartheta_{eff} = 48{,}2\ °\text{C}$

$W_x = m \, (\lg T_M - \lg T_x) + W_M$
$W_x = 3{,}996 \cdot [\lg 323{,}15 - \lg (48{,}2 + 273{,}15)] + 0{,}2472$
$W_x = 0{,}257$

Effektive Viskosität η_{eff}

$\eta_{eff} = \rho \, [10^{(10^{W_x})} - 0{,}8] \cdot 10^{-6}$
$\eta_{eff} = 900 \cdot [10^{(10^{0{,}257})} - 0{,}8] \cdot 10^{-6} =$
$= 57 \cdot 10^{-3} \dfrac{\text{Ns}}{\text{m}^2}$ (vorher $32{,}3 \cdot 10^{-3} \dfrac{\text{Ns}}{\text{m}^2}$)

Sommerfeldzahl So

$So = \dfrac{C_{So}}{\eta_{eff}} = \dfrac{0{,}107 \frac{\text{Ns}}{\text{m}^2}}{57 \cdot 10^{-3} \frac{\text{Ns}}{\text{m}^2}} = 1{,}88 > 1$ (vorher $3{,}3$)

Reibzahl μ

$\mu = \dfrac{k \psi_B}{\sqrt{So}} = \dfrac{3 \cdot 1{,}1 \cdot 10^{-3}}{\sqrt{1{,}88}} = 2{,}4 \cdot 10^{-3}$ (vorher $1{,}8 \cdot 10^{-3}$)

Wärmestrom (Reibleistung) P_R

$P_R = F \mu v = 190\,000 \text{ N} \cdot 2{,}4 \cdot 10^{-3} \cdot 3{,}58 \dfrac{\text{m}}{\text{s}} =$

$= 1\,632 \dfrac{\text{Nm}}{\text{s}} = 1\,632 \text{ W}$

Lagertemperatur ϑ_L

$\vartheta_L = \vartheta_U + \dfrac{P_R}{\alpha \, A_G} =$

$\vartheta_L = 20\ °\text{C} + \dfrac{1632 \frac{\text{Nm}}{\text{s}}}{20 \frac{\text{Nm}}{\text{sm}^2 \text{K}} \cdot 3{,}724 \text{ m}^2} = 42\ °\text{C}$

Der Betrag der Temperaturdifferenz
$|\Delta \vartheta| = |\vartheta_L - \vartheta_{eff}|$ wird jetzt
$|\Delta \vartheta| = |42\ °\text{C} - 48{,}2\ °\text{C}| = 6{,}2\ °\text{C}$.

Diese Temperaturdifferenz liegt noch über 2 °C, also muss noch einmal gerechnet werden.

Der dritte Iterationsschritt ergibt die folgenden Größen:

Hilfsfaktor W_x	$= 0{,}2737$ mit $\vartheta_{eff} = 45{,}1\ °\text{C}$
Effektive Viskosität η_{eff}	$= 67{,}2 \cdot 10^{-3} \text{ Ns/m}^2$
Sommerfeldzahl So	$= 1{,}59 > 1$
Reibzahl μ	$= 2{,}6 \cdot 10^{-3}$
Reibleistung P_R	$= 1\,780 \text{ W}$
Lagertemperatur ϑ_L	$= 43{,}9\ °\text{C} \approx 44\ °\text{C}$
Temperaturdifferenz $|\Delta \vartheta|$	$= 1{,}2\ °\text{C}$

Anmerkung: Das Lager läuft im Schwerlastbereich ($So > 1$). Die Rechnung kann nun weitergeführt werden:

Kleinste Schmierspalthöhe h_0

$$h_{0\,(So>1)} = \frac{P_{sB}}{4\,So} \cdot \frac{2\beta}{1+\beta} = \frac{0{,}418 \cdot 10^{-3}\,\text{m}}{4 \cdot 1{,}59} \cdot \frac{2 \cdot 0{,}789}{1+0{,}789}$$

$h_0 = 58 \cdot 10^{-6}$ m $= 58\,\mu\text{m} > h_{0\,zul} \approx 10\,\mu\text{m}$

Die Bedingung $h_{0\,vorh} > h_{0\,zul}$ ist erfüllt.

Erforderlicher Schmierstoffdurchsatz $\dot{V}_s$

$\dot{V}_s = \varphi\, h_0\, b\, v$

$\dot{V}_s = 0{,}75 \cdot 58 \cdot 10^{-6}$ m $\cdot\, 0{,}3$ m $\cdot\, 3{,}58\,\frac{\text{m}}{\text{s}}$

$\dot{V}_s = 46{,}7 \cdot 10^{-6}\,\frac{\text{m}^3}{\text{s}}$

$\dot{V}_s = 46{,}7 \cdot 10^{-6}\,\dfrac{10^3\,l}{\frac{1}{3600}\,\text{h}} = 168\,\dfrac{l}{\text{h}}$

Übergangsdrehzahl $n_ü$

$n_ü = 10^{-7} \cdot \dfrac{F}{\eta_{eff}\, V} = \dfrac{190000 \cdot 10^{-7}}{67{,}2 \cdot 10^{-3} \cdot 0{,}034}\,\text{min}^{-1} =$
$= 8{,}3\,\text{min}^{-1} \ll 180\,\text{min}^{-1}$

■ **Beispiel 2:**
Spiel- und Toleranzberechnungen nach Tabelle 22.

Gegeben:
Betriebs-Lagerspiel $P_{sB} = 0{,}418$ mm $= 418\,\mu$m aus Beispiel 1, ebenso Durchmesser $d = 380$ mm und Betriebstemperatur $\vartheta_B = 44\,°$C.

Lösung:
Spieländerung durch Wärmedehnung

$d = 380$ mm

$\alpha_W = 12 \cdot 10^{-6}\,\frac{1}{K}$ für Stahl
$\alpha_G = 9 \cdot 10^{-6}\,\frac{1}{K}$ für Gusseisen
} nach Abschnitt F Thermodynamik, Tabelle 3.

$\alpha_L = 24 \cdot 10^{-6}\,\frac{1}{K}$

$\Delta\vartheta_W = \vartheta_B - \vartheta_0 = 44\,°\text{C} - 20\,°\text{C} = 24\,°\text{C}$

$\Delta\vartheta_L = \Delta\vartheta_W = 24\,°\text{C}$

$\Delta\vartheta_G = \vartheta_G - \vartheta_0 = 15\,°$C angenommen

$E_L = 3{,}1 \cdot 10^4\,\frac{\text{N}}{\text{mm}^2}$

$E_L = 12 \cdot 10^4\,\frac{\text{N}}{\text{mm}^2}$ für Gusseisen

Annahmen:
Außendurchmesser der Lagerbuchse = 390 mm
Außendurchmesser des Lagergehäuses = 450 mm

Damit ergeben sich die Querschnittsflächen

$A_L = \dfrac{\pi}{4}\,(390^2 - 380^2)\,\text{mm}^2 \approx 0{,}6 \cdot 10^4\,\text{mm}^2$

$A_G = \dfrac{\pi}{4}\,(450^2 - 390^2)\,\text{mm}^2 \approx 3{,}96 \cdot 10^4\,\text{mm}^2$

Mit diesen Größen kann die Spieländerung ΔP_s berechnet werden:

$\Delta P_s = 0{,}052$ mm $= 52\,\mu$m

Die Spieländerung ΔP_s ist stark abhängig von den vorhandenen und angenommenen Temperaturdifferenzen. So wird zum Beispiel

bei $\Delta\vartheta_G = 10\,°$C $\Rightarrow \Delta P_s = 68\,\mu$m
bei $\Delta\vartheta_G = 5\,°$C $\Rightarrow \Delta P_s = 85\,\mu$m

Hier soll mit $\Delta P_s = 52\,\mu$m weitergerechnet werden.

Einbauspiel P_{sE}:
$P_{sE} = P_{sB} + \Delta P_s = 418\,\mu\text{m} + 52\,\mu\text{m} = 470\,\mu\text{m}$

Mittleres Einbauspiel $P_{sE\,mittel}$: Es lassen sich mehrere Spieltoleranzfelder zusammenstellen. Bei der Auswahl muss versucht werden, mit dem mittleren Einbauspiel $P_{sE\,mittel}$ möglichst nahe an das berechnete Einbauspiel heranzukommen. So ergibt sich beispielsweise für das Spieltoleranzfeld H9/d9 mit den Abmaßen nach Tabelle 4 und der Rechnung nach 1.4.1

$P_{sE\,gr} = ES - ei$ $\quad ES = +140\,\mu$m $\quad es = -210\,\mu$m
$P_{sE\,kl} = EI - es$ $\quad EI = 0$ $\quad ei = -350\,\mu$m

$P_{sE\,gr} = 140\,\mu$m $- (-350\,\mu$m$) = 490\,\mu$m
$P_{sE\,kl} = 0 \quad\; - (-210\,\mu$m$) = 210\,\mu$m

Das mittlere Einbauspiel wird damit für die Passung H9/d9:

$$P_{sE\,mittel} = \dfrac{P_{sE\,gr} + P_{sE\,kl}}{2} = \dfrac{(490 + 210)\,\mu\text{m}}{2} =$$
$= 350\,\mu$m $< P_{sE} = 470\,\mu$m

Die Passung H11/d9 in Tabelle 5 führt im Gegensatz zu H9/d9 zu einem mittleren Einbauspiel, das dicht beim Einbauspiel $P_{sE} = 470\,\mu$m liegt:

$P_{sE\,gr} = 710\,\mu$m
$P_{sE\,kl} = 210\,\mu$m

$P_{sE\,mittel} = \dfrac{(710 + 210)\,\mu\text{m}}{2} = 460\,\mu$m $\approx P_{sE} = 470\,\mu$m

Mit diesem mittleren Einbauspiel soll die Rechnung nach Tabelle 22 weitergeführt werden. Mittleres relatives Einbauspiel $\psi_{E\,mittel}$:

$\psi_{E\,mittel} = \dfrac{P_{sE\,mittel}}{d} = \dfrac{0{,}460\,\text{mm}}{380\,\text{mm}} = 1{,}2 \cdot 10^{-3}$

Dieser Wert liegt an der oberen Grenze der in Tabelle 22 angegebenen Richtwerte für das Lagermetall Lg Pb Sn.

Betriebsspiele P_{sE}:
$P_{sE\,gr} = 710\,\mu$m $- 52\,\mu$m $= 658\,\mu$m
$P_{sE\,kl} = 210\,\mu$m $- 52\,\mu$m $= 158\,\mu$m

Messbares Einbauspiel $P_{sE\,mess}$: Mit den angenommenen Rautiefen $R_{tW} = R_{tL} = 8\,\mu$m für feingedrehte Oberflächen nach Tabelle 22 wird

$P_{sE\,mess\,gr} = (710 - 16)\,\mu$m $= 694\,\mu$m
$P_{sE\,mess\,kl} = (210 - 16)\,\mu$m $= 194\,\mu$m

Relatives Betriebsspiel ψ_B:

$\psi_{B\,gr} = \dfrac{1}{d}\,[P_{sE\,mess\,gr} - \Delta P_s + (R_{tW} + R_{tL})]$

$\psi_{B\,gr} = \dfrac{1}{380\,\text{mm}}\,[0{,}710\,\text{mm} - 0{,}052\,\text{mm} + 0{,}016\,\text{mm}] = 1{,}8 \cdot 10^{-3}$

$\psi_{B\,kl} = \dfrac{1}{d}\,[P_{sE\,mess\,kl} - \Delta P_s + (R_{tW} + R_{tL})]$

$\psi_{B\,kl} = \dfrac{1}{380\,\text{mm}}\,[0{,}194\,\text{mm} - 0{,}052\,\text{mm} + 0{,}016\,\text{mm}] = 0{,}4 \cdot 10^{-3}$

Mit den angenommenen Rautiefen ist auch die Bedingung nach 13.3.4.19 erfüllt:

$h_0 \geq R_{tW} + R_{tL}$
$58\,\mu$m $> 16\,\mu$m

14 Zahnräder

Normen (Auswahl)

DIN 3990 Tragfähigkeitsberechnung von Stirnrädern
DIN 3991 Tragfähigkeitsberechnung von Kegelrädern

14.1 Allgemeines

Zahnräder dienen der unmittelbaren formschlüssigen Übertragung von Drehmomenten und Drehbewegungen zwischen parallelen, sich kreuzenden oder sich schneidenden Wellen.

Je nach Verlauf der Zahnflanken unterscheidet man Geradzähne, Schrägzähne, Pfeilzähne, Kreisbogenzähne, Spiralzähne und Evolventenzähne.

Zahnradgetriebe-Grundformen: 1. Stirnradgetriebe (Bild 1a bis 1c) bei parallelen Wellen ($i_{max} \approx 8$ je Stufe), 2. Kegelradgetriebe (Bild 1d) bei sich schneidenden, auch sich kreuzenden Wellen ($i_{max} \approx 6$), 3. Schneckengetriebe (Bild 1e) bei sich kreuzenden Wellen ($i_{min} \approx 5$ bis $i_{max} \approx 60$, Ausnahme: $i \geq 100$), 4. Schraubradgetriebe (Bild 1f) ebenfalls bei sich kreuzenden Wellen ($i_{max} \approx 5$).

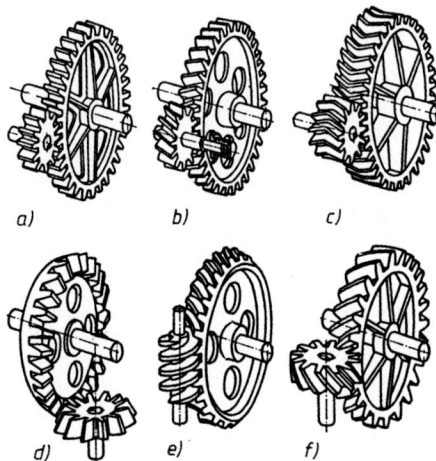

Bild 1. Grundformen der Zahnradgetriebe
a) bis
c) Stirnradgetriebe,
d) Kegelradgetriebe,
e) Schneckengetriebe,
f) Schraubradgetriebe

14.2 Verzahnungsgesetz

Die Übersetzung eines Zahnradpaares ist $i = n_1/n_2 = \omega_1/\omega_2 = r_2/r_1 = z_2/z_1$; n Drehzahl, ω Winkelgeschwindigkeit, r Teilkreisradius, z Zähnezahl; Index 1 bezogen auf antreibendes, Index 2 auf angetriebenes Rad. Gleichmäßiger Lauf beider Räder setzt i = konstant voraus (Ausnahme: Ellipsenräder, die Getriebe mit veränderlichem i ergeben).

Nach Bild 2 ist B der augenblickliche Berührungspunkt zweier zunächst beliebig geformter Zahnflanken. B läuft als Punkt des Rades 1 mit der Umfangsgeschwindigkeit v_1 um Mittelpunkt M_1 als Punkt des Rades 2 mit der Umfangsgeschwindigkeit v_2 um M_2 ($v_1, v_2, \perp r'_1, r'_2$). Die beiden Zahnflanken haben in B gemeinsam die Tangente t und die Normale n. Die Umfangsgeschwindigkeiten v_1 und v_2 werden in die Tangentialkomponenten w_1, w_2 und in die Normalkomponenten c_1, c_2 zerlegt. Sollen die Zahnflanken sich immer berühren, d.h. sich weder voneinander entfernen noch ineinander eindringen, dann muss $c_1 = c_2$ sein.

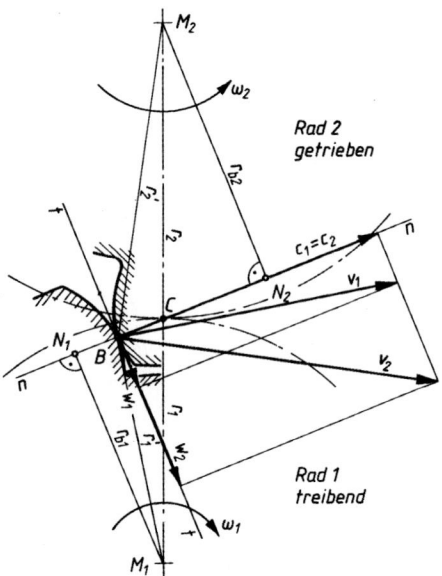

Bild 2. Verzahnungsgesetz

Aus $c_1 = \omega_1 \, r_{b1}$ bzw. $c_2 = \omega_2 \, r_{b2}$ folgt mit Hilfe der ähnlichen Dreiecke CM_1N_1 und CM_2N_2 (Bild 2):

$$\frac{r_{b2}}{r_{b1}} = \frac{r_2}{r_1}$$

und mit $c_1 = c_2$ auch:

$$\frac{\omega_1}{\omega_2} = \frac{r_2}{r_1} = i = \text{konstant}$$

Das *Verzahnungsgesetz* lautet:

Zwei Zahnflanken sind nur dann brauchbar, wenn die Normale auf den jeweiligen Berührungspunkt B die Verbindungslinie der beiden Mittelpunkte M_1M_2 im umgekehrten Verhältnis der Winkelgeschwindigkeiten teilt.

Kurz: Die jeweilige Eingriffsnormale muss stets durch den Punkt C gehen.

In Punkt C ist mit $c_1 = c_2$ auch $\omega_1\,r_1 = \omega_2\,r_2$, d. h. die Kreise mit den Radien r_1, r_2 rollen ohne zu gleiten aufeinander ab: *Wälzkreise*. Der gedachte Berührungspunkt beider Kreise ist der *Wälzpunkt C*.
Bei Zahnradgetrieben mit veränderlicher Übersetzung (Ellipsenräder) wandert der Wälzpunkt C auf der Verbindungslinie der beiden Mittelpunkte auf und ab.
Folgerungen: Die unterschiedliche Größe von w_1 und w_2 besagt, dass neben Wälzbewegung gleichzeitige Gleitbewegung der Flanken aufeinander erfolgt. Dadurch ist die Voraussetzung für hydrodynamische Flüssigkeitsreibung gegeben: keilförmiger Spalt und Relativbewegung ($w = w_2 - w_1$) zueinander (siehe auch 13.3.2).
Fällt B auf C, dann ist die Relativgeschwindigkeit w gleich null, d. h. in dieser Zone tritt kurzzeitig reine Wälzbewegung auf, der Schmierfilm wird hier unterbrochen und damit die Zerstörung der Flanken eingeleitet.

14.3 Begriffe, allgemeine Verzahnungsmaße

Folgende Angaben beziehen sich auf evolventenverzahnte Geradstirnräder als Nullräder (Bild 3). Nach DIN 867, 868 und 3960 sind festgelegt:
Teilkreisteilung p_t: Bogenlänge auf Teilkreis zwischen zwei aufeinander folgende Rechts- oder Linksflanken der Zähne.
Teilkreis: Bezugskreis für Teilung p_t gleich Herstellungswälzkreis, auf dem das Werkzeug bei der Zahnradherstellung; im Abwälzverfahren abwälzt. Aus Teilkreisumfang $d\,\pi = p_t\,z$ folgt $d = p_t\,z/\pi$, $p_t/\pi = m$ (Modul) gesetzt, ergibt den *Teilkreisdurchmesser*

$$d = m\,z \qquad \begin{array}{c|c} d,\,m & z \\ \hline \mathrm{mm} & 1 \end{array} \qquad (1)$$

Modulwerte für Stirn- und Kegelräder nach DIN 780 siehe Tabelle 1.

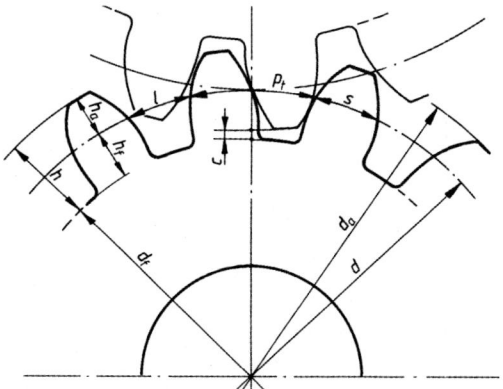

Bild 3. Allgemeine Verzahnungsmaße

Tabelle 1. Modulreihe für Stirn- und Kegelräder, Auszug aus DIN 780 (in mm)

Reihe 1:	0,1	0,12	0,16	0,20	0,25	0,3	0,4	0,5	0,6	0,7	0,8
	0,9	1		1,25	1,5	2		2,5	3	4	5	6	8
	10	12		16	20	25		32	40	50
Reihe 2:	0,11	0,14	0,18	0,22	0,28	0,35	0,45	0,55	0,65	0,75	0,85
	0,95	1,125	1,375	1,75	2,25	2,75	3,5	4,5	5,5	7	9
	11	14	18	22	28	36	45	55	70

Die Moduln gelten im Normalschnitt; Reife 1 ist gegenüber Reihe 2 zu bevorzugen.

Zahnabmessungen: Kopfhöhe $h_a = m$; Fußhöhe $h_f = 1{,}16\ldots 1{,}3\,m$, normal $h_f = 1{,}25\,m$; Zahnhöhe $h = 2{,}25\,m$; damit ergeben sich *Kopfkreisdurchmesser* d_a und *Fußkreisdurchmesser* d_f

$$d_a = d \pm 2\,h_a = d \pm 2\,m \qquad (2)$$
$$d_f = d \mp 2\,h_f = d \mp 2{,}5\,m \qquad (3)$$

obere Vorzeichen gelten bei Außen-, untere bei Innenverzahnung.
Kopfspiel c: Abstand zwischen Kopfkreis des einen und Fußkreis des anderen Rades.

$$c = h_f - h_a = 0{,}25\,m$$

Flankenspiel: Wegen Einbauungenauigkeiten, Wärmedehnung und Schmierung erforderliches Spiel zwischen den Zahnflanken zweier Räder.

Normalflankenspiel j_n: Abstand der Zahnflanken zweier Räder auf der Eingriffslinie (Bild 4).

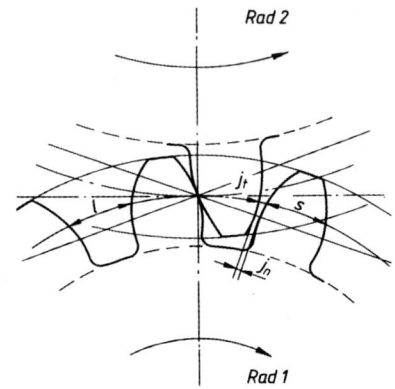

Bild 4. Flankenspiel der Zähne

Drehflankenspiel j_t: Auf den Teilkreis bezogenes Flankenspiel (Bogenstück), um das sich Rad 1 bei fest stehendem Rad 2 verdrehen lässt.
Der *Achsabstand* a_d eines Nullradpaares oder eines V-Null-Getriebes mit $d = mz$ ergibt sich aus

$$a_d = \frac{d_1 + d_2}{2} = \frac{m\,(z_1 + z_2)}{2} \qquad (4)$$

14.4 Verzahnungsarten

14.4.1 Zykloidenverzahnung

Die Zykloidenverzahnung, deren Zahnflanken sich aus Epizykloide (Kopfflanke) und Hypozykloide (Fußflanke) zusammensetzen, wird nur in Sonderfällen z. B. für Uhrenzahnräder, Zahnstangenwinden oder als Triebstockverzahnung verwendet. Die Herstellung ist teurer und schwieriger als die der Evolventenverzahnung; die Verzahnung ist empfindlich gegen ungenauen Achsenabstand. Eingriffs- und Verschleißverhältnisse sind jedoch günstiger als bei Evolventenzähnen. Im Maschinenbau wird praktisch nur die Evolventenverzahnung verwendet.

14.4.2 Evolventenverzahnung

14.4.2.1 Eigenschaften und Verwendung.
Die Zahnflankenform wird durch eine Evolvente gebildet, das ist die Kurve, die ein Punkt einer Geraden beschreibt, die auf einem Kreis (dem Grundkreis) abwälzt. Im Maschinenbau wird fast ausschließlich die Evolventenverzahnung verwendet. Sie lässt sich mit einfachen (geradflankigen) Werkzeugen im Abwälzverfahren herstellen, auch für die häufig erforderliche Profilverschiebung. Nachteilig gegenüber Zykloidenverzahnung sind größerer Verschleiß und geringere Belastbarkeit.

14.4.2.2 Bezugsprofil, Konstruktion der Zahnflanken.
Form und Abmessungen sind durch Bezugsprofil nach DIN 867 festgelegt (Bild 5). Es entspricht dem Profil der Zahnstange und der Herstellungswerkzeuge (Kamm-Meißel, Schneckenfräser). Halber Flankenwinkel gleich Eingriffswinkel $\alpha_n = 20°$.

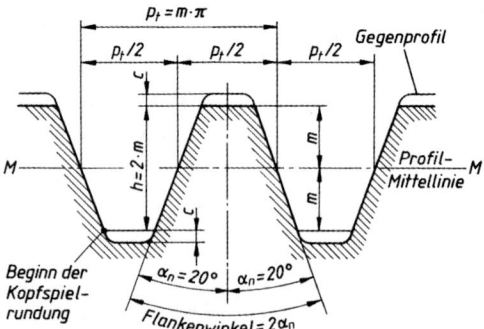

Bild 5. Bezugsprofil der Evolventenverzahnung

Konstruktion des Zahnstangengetriebes (Bild 6): Zahnstange mit Bezugsprofil Kopfhöhe $h_a = m$ und Fußhöhe $h_f = 1{,}25\ m$. Eingriffslinie n durch Wälzpunkt C unter $\alpha_n = 20°$ zur Profilmittellinie zeichnen. Um Mittelpunkt M des Ritzels mit $d = m\,z$ Grundkreis mit Radius $r_b = r \cos \alpha_n$ an Eingriffslinie legen. Vom Normalpunkt N die Punkte 1, 2, 3 usw. in beliebigen Abständen auf n nach beiden Seiten abtragen.

Die gleichen Abstände, auf Grundkreis übertragen, ergeben 1', 2', 3' usw. Durch schrittweises Abwälzen der Eingriffslinie auf Grundkreis erhält man die durch C gehende Evolvente. Verlauf der Fußflanke vom Grundkreis bis Fußkreis wird durch relative Kopfbahn des erzeugenden Werkzeugs bestimmt (siehe Bild 9); bei $z > 20$ ist diese angenähert eine radial verlaufende Gerade. Fußrundung wird ebenfalls durch Werkzeug bestimmt. Zugehörige Gegenflanke wird zweckmäßig durch spiegelbildliches Übertragen von Zahnmittellinie gezeichnet. Vorher wird Zahndicke $s = p_t/2$ auf Teilkreis abgetragen.

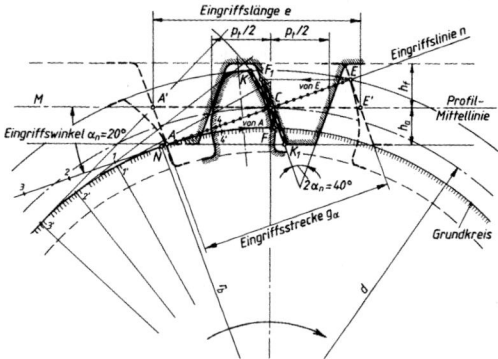

Bild 6. Evolventen-Zahnstangengetriebe

14.4.2.3 Eingriffsstrecke, Eingriffslänge, Profilüberdeckung.
Bei Rechtsdrehung des Ritzels in Bild 6 beginnt der Eingriff, die Berührung zweier Zähne, in A (Schnittpunkt der Eingriffslinie mit Kopflinie der Zahnstange) und endet in E (Schnittpunkt von n mit Kopfkreis des Ritzels). Der Eingriff verläuft längs der Eingriffsstrecke AE (Punktlinie). Die Zahnstange verschiebt sich dabei um die Eingriffslänge $e = \overline{A'E} = \overline{AE}/\cos \alpha_n$. Damit mindestens ein Zahnpaar ständig im Eingriff steht, muss $e > p_t$ oder die *Profilüberdeckung* $\epsilon_\alpha = e/p_t > 1$ sein;

$$\epsilon_\alpha = \frac{\overline{AE}}{p_t \cos \alpha_n} = \frac{\overline{AE}}{\pi\,m \cos \alpha_n} > 1 \tag{5}$$

Eine Gefährdung der Eingriffsverhältnisse ($\epsilon_\alpha < 1$) ergibt sich für Außenverzahnung bei Zähnezahlen $z < 14$. Dann ist Profilverschiebung erforderlich (siehe 14.4.2.8). $\epsilon_\alpha < 1{,}25$ sollte vermieden werden.
Die Profilüberdeckung ϵ_α wird zweckmäßig *zeichnerisch* bestimmt durch maßstäbliches Aufzeichnen der Kopf- und Grundkreise und Abgreifen der Strecke $\overline{AE}$ (Bild 7). Rechnerisch lässt sich ϵ_α bei unterschnittfreien Geradzahnrädern ermitteln aus:

$$\epsilon_\alpha = \frac{\sqrt{r_{a1}^2 - r_{b1}^2} \pm \sqrt{r_{a2}^2 - r_{b2}^2} \mp a_d \sin \alpha_n}{\pi\,m \cos \alpha_n} \tag{6}$$

obere Vorzeichen gelten bei Außen-, untere bei Innenverzahnung.

r_a Kopfkreisradius; r_b Grundkreisradius; $r_b = r \cos \alpha_n$; a_d Achsabstand; $\pi m = p_t$ Teilung; α_n Eingriffswinkel.

Gleichung gilt für Null- und V-Null-Getriebe. Für V-Getriebe ist statt a_d der Achsabstand a und für sin α_n ist sin α_w, einzusetzen (siehe Tabelle 4).

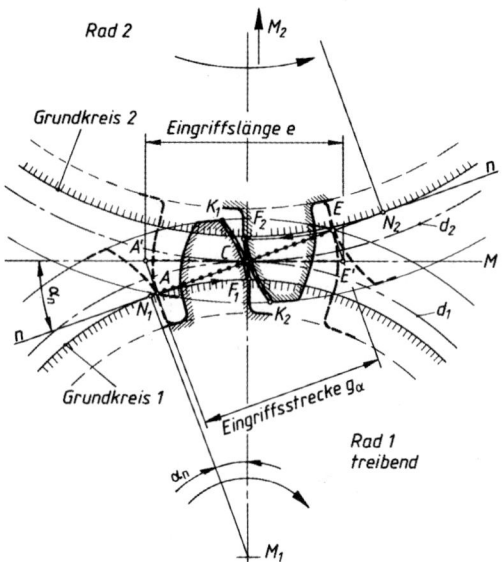

Bild 7. Evolventen-Außenverzahnung

14.4.2.4 Abwälzverhältnisse. Bei Eingriffsbeginn fallen Fußpunkt F und Kopfpunkt K_1 in A zusammen (Bild 6). Währen der erster Eingriffsphase wälzen die Flankenteile $\overparen{FC}$ und $\overparen{K_1C}$, während der zweiter Phase $\overparen{CK}$ und $\overparen{CF_1}$ aufeinander ab. Aus deren unterschiedlichen Längen geht hervor, dass neben Abwälzbewegung noch Gleitbewegung stattfindet (siehe auch unter 14.2). Die außerhalb der durch Doppellinien gekennzeichneten „Arbeitsflanken" liegenden Flankenteile sind also am Eingriff nicht beteiligt. Die Lage der Zähne am Beginn und Ende des Eingriffes ist durch Strichlinien dargestellt.

14.4.2.5 Außenverzahnung. Die Konstruktion der Zahnflanken erfolgt im Prinzip wie beim Zahnstangengetriebe, unter 14.4.4.2 beschrieben. Durch Abwälzen der Eingriffslinie auf den Grundkreisen 1 und 2 entstehen die Flanken der Zähne des Rades 1 und 2 (Bild 7). Eingriff erfolgt längs der Eingriffsstrecke $\overline{AE}$, der die Eingriffslänge e auf der Profilmittellinie M entspricht. Flankenteil $\overparen{F_1C}$ wälzt mit $\overparen{K_2C}$, Flankenteil $\overparen{CK_1}$ mit $\overparen{CF_2}$ ab.

14.4.2.6 Innenverzahnung. Zähne des Ritzels entstehen, wie unter 14.4.2.2 beschrieben, Zähne des Hohlrades werden mit Schneidrad gleichen Bezugsprofils hergestellt. Deren Flankenform gleicht der eines außenverzahnten Rades gleicher Zähnezahl (Bild 8). Der Eingriff beginnt in A (Schnittpunkt der Eingriffslinie n mit Kopflinie des gemeinsamen Bezugsprofils) und endet in E (Schnittpunkt von n mit Kopfkreis des Ritzels). Bei Eingriffsbeginn fallen Fußpunkt F_1 des Ritzels und Kopfpunkt K_2 des Hohlrades in A zusammen, beim Eingriffsende fallen K_1 und F_2 in E zusammen. Flankenteile außerhalb dieser Punkte sind also am Eingriff nicht beteiligt. Das Kopfstück des Hohlzahnes von K_2 bis zum Kopfkreis könnte wegfallen oder muss mit $r = l$ (Länge des Kopfstücks) gerundet werden, um Eingriffsstörungen zu vermeiden.

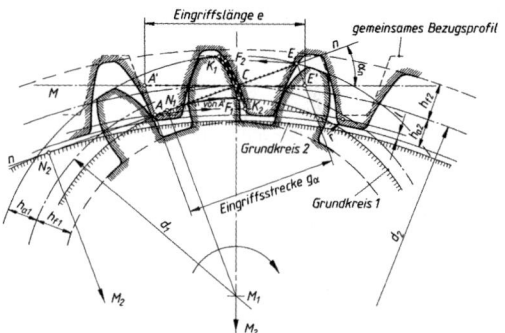

Bild 8. Innenverzahnung, Konstruktion und Eingriffsverhältnisse

14.4.2.7 Zahnunterschnitt, Grenzzähnezahl. Beim Unterschreiten einer *Grenzzähnezahl* z_g tritt so genannte *Unterschneidung* der Zähne ein, d. h. die relative Kopfbahn des abwälzenden Zahnstangenwerkzeugs schneidet die Evolvente außerhalb des Grundkreises in F (Bild 9). Die Fußflanke von F bis Fußkreis ist daher am Eingriff nicht beteiligt. Dem Punkt F entspricht Punkt A auf der Eingriffslinie. Der Eingriff beginnt in A und endet in E. Die Eingriffslänge e ist gegenüber „normaler" Verzahnung verkürzt. Gleichzeitig wird die Zahnwurzel geschwächt und damit die Bruchgefahr erhöht.

Zahnunterschnitt beginnt, wenn Normalpunkt N innerhalb der Kopflinie des Bezugsprofils liegt; der Grenzfall liegt vor, wenn N auf Kopflinie in A_1 fällt, d. h. $h_a = m = h$ ist. Aus der Ähnlichkeit des schraffierten Dreiecks mit Dreieck CMN folgt $h = \overline{NC} \sin \alpha_n = r \sin^2 \alpha_n$. Mit $r = mz/2$ und $h = m$ wird die *theoretische Grenzzähnezahl*

$$z_g = \frac{2}{\sin^2 \alpha_n} \qquad (7)$$

Für den genormten Eingriffswinkel $\alpha_n = 20°$ wird $z_g = 17$. Der Unterschnitt wird durch Verminderung der Profilüberdeckung jedoch erst unterhalb der *praktischen Grenzzähnezahl* $z_g' = 14$ schädlich.

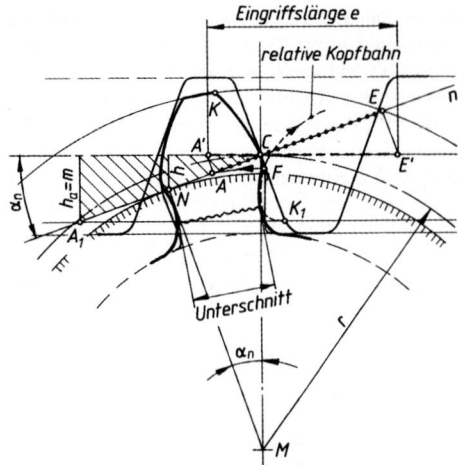

Bild 9. Entstehung von Zahnunterschnitt

14.4.2.8 Profilverschiebung bei Geradverzahnung.

Profilverschiebung v wird angewendet: 1. zur Vermeidung von Zahnunterschnitt, wobei v positiv sein muss, 2. zum Erreichen eines bestimmten Achsabstands, wobei v auch negativ sein kann. Bei *positiver Profilverschiebung* wird das Werkzeug gegenüber seiner Normallage abgerückt, bei *negativer Verschiebung* dagegen eingerückt. Man unterscheidet danach: 1. *Nullräder*, bei denen keine Profilverschiebung vorgenommen worden ist, 2. *V-Räder* mit Profilverschiebung; dabei haben *V-Plus-Räder* positive, *V-Minus-Räder* negative Profilverschiebung.
Je nach Paarung der Räder unterscheidet man: 1. *Nullgetriebe* bei Paarung zweier Nullräder, 2. *V-Null-Getriebe* bei Paarung von V-Plus- mit V-Minus-Rad gleicher positiver und negativer Verschiebung, 3. *V-Getriebe* bei Paarung von V-Rad mit Nullrad oder von V-Rädern untereinander. Zur *Vermeidung von Unterschnitt* ist nach Bild 9 eine *positive* Profilverschiebung um die Strecke $v = h_a - h$ erforderlich, sodass die Kopflinie des Bezugsprofils durch den Normalpunkt N geht.
Die *Profilverschiebung* v wird aus rechnerischen Gründen in den *Profilverschiebungsfaktor* x und den *Modul* m aufgespalten:

$$v = xm \qquad (8)$$

Mit $h = r \sin^2 \alpha_n = (zm/2) \sin^2 \alpha_n$ und $h_a = m$ wird $xm = h_a - h = m - (zm/2) \sin^2 \alpha_n$ und daraus mit $2/\sin^2 \alpha_n = z_g$ der Profilverschiebungsfaktor $x = (z_g - z)/z_g$.
Für das DIN-Rad ist $z_g = 17$, sodass sich der *Mindestprofilverschiebungsfaktor* x_{min} ergibt zu

$$x_{min} = \frac{17 - z}{17} \qquad (9)$$

Für die praktische Rechnung genügt es, mit der praktischen Grenzzähnezahl $z'_g = 14$ zu rechnen. Damit wird der *praktische Profilverschiebungsfaktor*

$$x_{min} = \frac{14 - z}{14} \qquad (10)$$

14.4.2.9 Zahnspitzengrenze. Bei positiver Profilverschiebung werden beide Flanken eines Zahnes weiter nach außen gezogen, d. h. die Zahnkopfdicke wird immer kleiner, bis sich bei einer bestimmten Profilverschiebung v bzw. bei einem bestimmten Profilverschiebungsfaktor x die beiden Evolventenflanken in einer Spitze vereinigen. Die Zahnspitzengrenze der DIN-Geradverzahnung liegt bei $z_{min} = 7$ Zähnen. In Bild 10 ist die Grenze des Unterschnitts und die Spitzengrenze in Abhängigkeit von Zähnezahl z und Profilverschiebungsfaktor x aufgetragen.

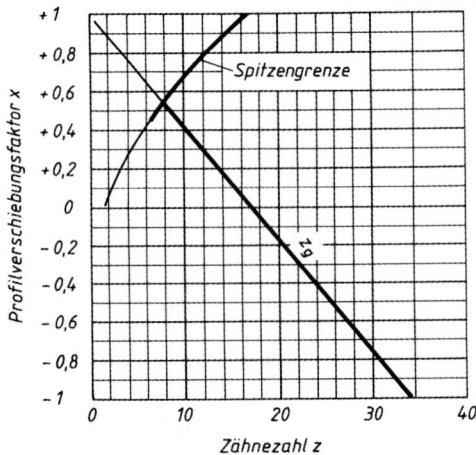

Bild 10. Grenzzähnezahlen und Spitzengrenze der DIN-Geradverzahnung

Ablesebeispiele:
1. Für $z = 10$ liegt nach Bild 10 der Faktor x etwa zwischen 0,23 und 0,68. Unterhalb $x = 0,23$ tritt schädlicher Unterschnitt auf, oberhalb $x = 0,68$ wird der Zahn spitz, bzw. die Zahnspitze liegt schon innerhalb des Kopfkreises.
2. Welche maximale positive Profilverschiebung v ist möglich für ein geradverzahntes Stirnrad mit $z = 15$ und $m = 3$ mm? Aus Bild 10 wird bei $x \approx 0,9$ der Zahn gerade spitz. Damit wird $v_{max} = x_{max} \, m = 0,9 \cdot 3$ mm $= 2,7$ mm.

14.4.2.10 Die geometrischen Größen bei V-Getrieben und V-Nullgetrieben

V-Plus-Räder: Teilkreisdurchmesser bleibt unverändert $d = mz$; ebenso Grundkreisdurchmesser $d_b = d \cos \alpha_n$. Kopf- und Fußkreisdurchmesser d_a, d_f vergrößern sich entsprechend der Profilverschiebung auf:

$$d_a = d + 2m + 2v \quad (11)$$
$$d_f = d - 2{,}5m + 2v \quad (12)$$

Die Zahndicke des Nullrades auf dem Teilkreis ist gleich der Zahnlücke: $s = p_t/2$. Beim V-Plus-Rad wird der Zahn im Fuß dicker, die *Zahndicke s* auf dem Teilkreis wächst um $2v \tan \alpha_n = 2xm \tan \alpha_n$:

$$s = \frac{p_t}{2} + 2xm \tan \alpha_n \quad (13)$$

Wegen der Verstärkung des Zahnfußes werden auch Räder mit mehr als 17 Zähnen positiv profilverschoben.
V-Minus-Räder: Teilkreisdurchmesser bleibt unverändert $d = mz$; ebenso Grundkreisdurchmesser $d_b = d \cos \alpha_n$. *Kopf-* und *Fußkreisdurchmesser* d_a, d_f verkleinern sich entsprechend der Profilverschiebung auf:

$$d_a = d + 2m + 2v \quad (14)$$
$$d_f = d - 2{,}5m + 2v \quad (15)$$

Der Zahn wird beim V-Minus-Rad im Fuß schwächer. Die *Zahndicke s* auf dem Teilkreis beträgt:

$$s = \frac{p_t}{2} + 2xm \tan \alpha_n \quad (16)$$

V-Nullgetriebe: die Herstellungsteilkreise berühren sich wie beim Nullgetriebe im Wälzpunkt C. Auch der Eingriffswinkel bleibt der gleiche. Damit bleibt auch beim V-Nullgetriebe der Achsabstand a_d des Nullgetriebes erhalten. Zusammenstellung der Berechnungsgleichungen für V-Null-getriebe siehe Tabelle 3.
V-Getriebe: die Herstellungsteilkreis berühren sich *nicht*. Teilkreis und Betriebswälzkreise sind verschieden. Der Achsabstand a ist daher gegenüber a_d verschieden. Eine rein rechnerische Vergrößerung des normalen Achsabstands v_1 um den Betrag $v_1 + v_2$, also $a = a_d + v_1 + v_2$ würde eine Vergrößerung des Flankenspiels ergeben. Daher müssen die Räder bis zum theoretisch flankenspielfreien Eingriff wieder zusammengerückt werden. Diese Zusammenrückung ist in den Berechnungsgleichungen nach Tabelle 4 schon enthalten.
Für den *Achsabstand a* des V-Getriebes bei flankenspielfreiem Zahneingriff gilt (siehe auch Bild 11):

$$a = r_{w1} + r_{w2} = \frac{m}{2}(z_1 + z_2)\frac{\cos \alpha_n}{\cos \alpha_w}$$

und mit der Rechengröße $a_d = \frac{m}{2}(z_1 + z_2)$: (17)

$$a = a_d \frac{\cos \alpha_o}{\cos \alpha_b}$$

Kopfkürzung: Bei genauer Einhaltung des Kopfspiels c (z. B. $c = 0{,}25\,m$) müssen die Zähne beider Räder um den Betrag der *Wiedereinrückung*

$$y = v_1 + v_2 - (a - a_d)$$

gekürzt werden. Hierauf kann verzichtet werden, wenn $z_1 + z_2 \geq 20$ ist, da die Kürzung dann vernachlässigbar klein bleibt.

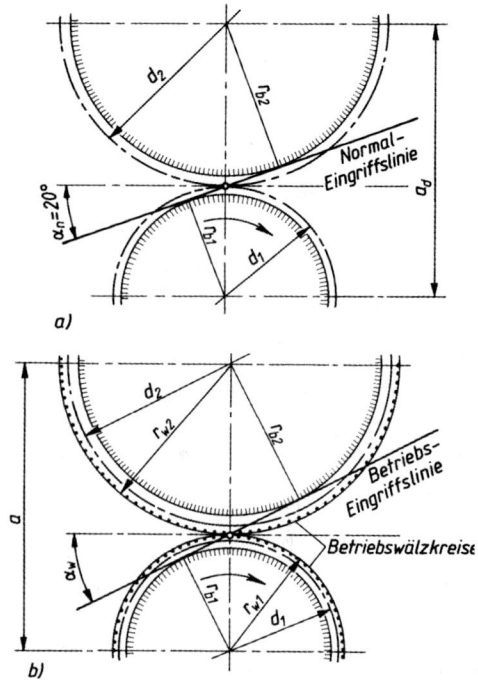

Bild 11. Eingriffswinkel und Achsabstand, a) bei Nullgetrieben, b) bei V-Getrieben

14.4.2.11 Die Evolventenfunktion und ihre Anwendung bei V-Getrieben

a) *Definition der Evolventenfunktion.* Die Evolventenfunktion ermöglich die genaue Berechnung der geometrischen Größen am Zahnrad, die für Konstruktion, Herstellung und Messung wichtig sind wie Zahndicke, Lückenweite, Achsabstand, Spitzenradius, Pressungswinkel, Sehnenmaße usw.
Nach Bild 12 ist der Pressungswinkel α der spitze Winkel zwischen einer Tangente t an das Zahnprofil und dem Mittelpunktsstrahl durch den Berührungspunkt B. Mit der Evolventenfunktion des Winkels α bezeichnet man den Polarwinkel $\varphi = \text{inv}\,\alpha = \beta - \alpha$ (sprich Involutα). Winkel φ, β, α im Bogenmaß.
Mit $\beta = \widehat{AT}/r_b$ und $\widehat{AT} = \overline{BT} = r_b \tan \alpha$ wird $\beta = r_b \tan \alpha/r_b = \tan \alpha$ und mit inv $\alpha = \beta - \alpha$ auch:

$$\text{inv}\,\alpha = \tan \alpha - \text{arc}\,\alpha \quad (18)$$

Der Zahlenwert von inv α ist also gleich der Radialprojektion der Evolventenkurve auf den Einheitskreis ($r = 1$). Diese Funktion lässt sich tabellarisieren (siehe Tabelle 2); zum Beispiel ist inv 20° = 0,014904. Die für praktische Rechnungen erforderliche Genauigkeit gibt allerdings nur der elektronische Rechner. Die Tafelwerte sollen nur der Kontrolle dienen.

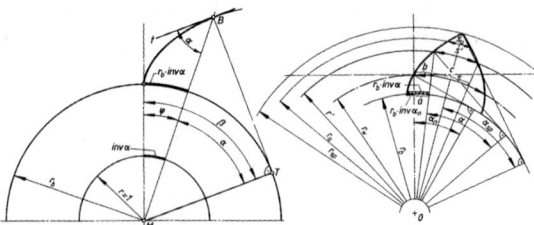

Bild 12. Darstellung und Anwendung der Evolventenfunktion

b) *Anwendung der Evolventenfunktion.* Bestimmung der *Zahndicke* s' auf beliebigem Radius r wie folgt: in Bild 12 ist Bogen $a = r_b$ (inv α - inv α_n), Bogen $b = a \, r_w/r_b$, Bogen $c = s - 2b$ und $s' = cr'/r_w$, sodass $s = (p_t/2) + 2 \, xm \tan \alpha_n$ nach (13) oder $s = (\pi m/2) + 2 \, x m \tan \alpha_n$ die Zahndicke s' auf beliebigem Radius r' wird:

$$s' = c \frac{r'}{r_w} = (s - 2b) \frac{r'}{r_w}$$

und nach einigen Umformungen: (19)

$$s' = 2 r' \left[\frac{1}{z} \left(\frac{\pi}{2} + 2 \, x \tan \alpha_n \right) - (\text{inv} \, \alpha - \text{inv} \, \alpha_n) \right]$$

Der *Pressungswinkel* α kann mit $r_w = r$ bestimmt werden aus

$$\cos \alpha = \frac{r_b}{r'} = \frac{r \cos \alpha_n}{r'} \quad (20)$$

Gleichung (19) für s' kann benutzt werden zur Berechnung der Zahndicke s_a auf dem Kopfkreis mit dem Radius r_a, indem für $s' = s_a$, für $r' = r_a$ eingesetzt und $\cos \alpha_a = r \cos \alpha_n / r_a$ berechnet wird.
Auf den Betriebswälzkreisen muss die Summe der Zahndicken s_{w1} und s_{w2} gleich der Teilung p_{tw} sein: $p_{tw} = s_{w1} + s_{w2}$. Damit ergeben sich die Gleichungen zur Bestimmung des Achsabstands a und der Summe der Profilverschiebungsfaktoren (23) und (24).

Mit Gleichung (19) wird

$$p_{tw} = 2 r_{w1} \left[\frac{1}{z_1} \left(\frac{\pi}{2} + 2 x_1 \tan \alpha_n \right) - (\text{inv} \, \alpha - \text{inv} \, \alpha_n) \right]$$

$$+ 2 r_{w2} \left[\frac{1}{z_2} \left(\frac{\pi}{2} + 2 x_2 \tan \alpha_n \right) - (\text{inv} \, \alpha - \text{inv} \, \alpha_n) \right]$$

Mit $2 \pi r_{w1} = z_1 p_{tw}$ und $2 \pi r_{w2} = z_2 p_{tw}$ wird

$$2 \frac{x_1 + x_2}{z_1 + z_2} \tan \alpha_n = \text{inv} \, \alpha - \text{inv} \, \alpha_n \quad (21)$$

Diese Gleichung liefert bei gegebenem Profilverschiebungsfaktoren x_1, x_2 den *Betriebs-Eingriffswinkel* α_w aus

$$\text{inv} \, \alpha_w = 2 \frac{x_1 + x_2}{z_1 + z_2} \tan \alpha_n + \text{inv} \, \alpha_n \quad (22)$$

α_w wird aus der Evolventenfunktionstabelle 2 abgelesen.
Der Betriebs-Wälzkreisradius r_w ergibt sich wieder aus der bekannten Beziehung $r_{w1} = r_{b1}/\cos \alpha_w$ oder $r_{w2} = r_{b2}/\cos \alpha_w$ und damit der *Achsabstand*

$$a = r_{w1} + r_{w2} = \frac{m}{2} (z_1 + z_2) \frac{\cos \alpha_n}{\cos \alpha_w} =$$

$$= a_0 \frac{\cos \alpha_n}{\cos \alpha_w} \quad (23)$$

Ist der Achsabstand $a = r_{w1} + r_{w2}$ gegeben, kann nach Gleichung (23) $\cos \alpha_w$ bestimmt und α_w aus der Funktionstabelle abgelesen werden. Über die Evolventen-Funktionstabelle ist damit auch inv α_w bekannt und mit (22) kann die Summe der Profilverschiebungsfaktoren bestimmt werden:

$$x_1 + x_2 = \frac{\text{inv} \, \alpha_w - \text{inv} \, \alpha_n}{2 \tan \alpha_n} (z_1 + z_2) \quad (24)$$

Für die Aufteilung der Summe $x_1 + x_2$ auf die beiden Räder gilt Bild 13 nach DIN 3992, Empfehlungen für die Wahl der Profilverschiebung.

Ablesebeispiel: Gegeben $z_1 = 24$, $z_2 = 108$, damit $i = 4,5$, Summe $x_1 + x_2 = + 0,5$. Man trägt über mittlerer Zähnezahl $z = (z_1 + z_2)/2 = (24 + 108)/2 = 66$ den mittleren Verschiebungswert $x = (x_1 + x_2)/2 = + 0,25$ von der Nulllinie auf. Die den benachbarten *L*-Linien angepasste Gerade ergibt für z_1 und z_2 die Werte $x_1 = + 0.36$ und $x_2 = + 0,14$.

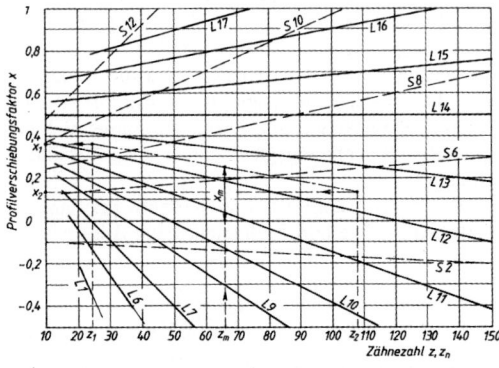

Bild 13. Aufteilung der Summe der Profilverschiebungsfaktoren: Paarungslinien *L* bei $i > 1$ (Übersetzung ins Langsame), *S* bei $i < 1$ (Übersetzung ins Schnelle)

14 Zahnräder

Tabelle 2. Evolventenfunktion inv $\alpha = \tan \alpha - \text{arc } \alpha$

Minuten	inv a für α^o												
	16	17	18	19	20	21	22	23	24	25	26	27	28
0	0,00749	0,00903	0,01076	0,01272	0,01490	0,01735	0,02005	0,02305	0,02635	0,02997	0,03395	0,03829	0,04302
1	751	905	1 079	1 275	1 494	1 739	2 010	2 310	2 641	3 004	3 402	3 836	4 310
2	754	908	1 082	1 278	1 498	1 743	2 015	2 315	2 646	3 010	3 408	3 844	4 318
3	757	911	1 085	1 282	1 502	1 747	2 019	2 321	2 652	3 017	3 416	3 851	4 326
4	759	913	1 088	1 285	1 506	1 752	2 024	2 326	2 658	3 023	3 423	3 859	4 335
5	661	916	1 092	1 289	1 510	1 756	2 029	2 331	2 664	3 029	3 429	3 867	4 343
6	764	919	1 095	1 292	1 514	1 760	2 034	2 336	2 670	3 036	3 436	3 874	4 351
7	766	922	1 098	1 296	1 518	1 765	2 039	2 342	2 676	3 042	3 443	3 882	4 359
8	769	924	1 101	1 299	1 522	1 769	2 044	2 347	2 681	3 048	3 450	3 889	4 368
9	771	927	1 104	1 303	1 525	1 773	2 048	2 352	2 687	3 055	3 457	3 897	4 376
10	774	930	1 107	1 306	1 529	1 778	2 053	2 358	2 693	3 061	3 464	3 905	4 384
11	776	933	1 110	1 310	1 533	1 782	2 058	2 363	2 699	3 068	3 471	3 912	4 393
12	779	936	1 113	1 313	1 537	1 786	2 063	2 368	2 705	3 074	3 478	3 920	4 401
13	781	938	1 117	1 317	1 541	1 791	2 068	2 374	2 711	3 081	3 486	3 928	4 410
14	783	941	1 120	1 320	1 545	1 795	2 073	2 379	2 717	3 087	3 493	3 935	4 418
15	786	944	1 123	1 324	1 549	1 799	2 078	2 385	2 723	3 094	3 499	3 943	4 426
16	788	947	1 126	1 327	1 553	1 804	2 082	2 390	2 728	3 100	3 507	3 951	4 435
17	791	949	1 129	1 331	1 557	1 808	2 087	2 395	2 734	3 107	3 514	3 959	4 443
18	793	952	1 132	1 335	1 561	1 813	2 092	2 401	2 740	3 113	3 521	3 966	4 452
19	796	955	1 136	1 338	1 565	1 817	2 097	2 406	2 746	3 119	3 528	3 974	4 460
20	798	958	1 139	1 342	1 569	1 822	2 102	2 411	2 752	3 126	3 535	3 982	4 468
21	801	961	1 142	1 345	1 573	1 826	2 107	2 417	2 758	3 133	3 542	3 990	4 477
22	803	964	1 145	1 349	1 577	1 831	2 112	2 422	2 764	3 139	3 549	3 997	4 486
23	806	967	1 148	1 353	1 581	1 835	2 117	2 428	2 770	3 146	3 557	4 005	4 494
24	808	969	1 152	1 356	1 585	1 840	2 122	2 433	2 776	3 152	3 564	4 013	4 502
25	811	972	1 155	1 360	1 589	1 844	2 127	2 439	2 782	3 159	3 571	4 021	4 511
26	813	975	1 158	1 363	1 593	1 849	2 132	2 444	2 788	3 165	3 578	4 029	4 519
27	816	978	1 161	1 367	1 597	1 853	2 137	2 450	2 794	3 172	3 585	4 037	4 528
28	818	981	1 164	1 371	1 601	1 858	2 142	2 455	2 800	3 178	3 592	4 044	4 537
29	821	984	1 168	1 374	1 605	1 862	2 147	2 461	2 806	3 185	3 599	4 052	4 545
30	823	987	1 171	1 378	1 609	1 867	2 151	2 466	2 812	3 192	3 607	4 060	4 554
31	826	989	1 174	1 382	1 613	1 871	2 156	2 472	2 818	3 198	3 614	4 068	4 562
32	829	992	1 178	1 385	1 617	1 876	2 161	2 477	2 824	3 205	3 621	4 076	4 571
33	831	995	1 181	1 389	1 621	1 880	2 167	2 483	2 830	3 212	3 629	4 084	4 579
34	834	908	1 184	1 393	1 625	1 885	2 171	2 488	2 836	3 218	3 636	4 092	4 588
35	836	0,01001	1 187	1 396	1 629	1 889	2 177	2 494	2 842	3 225	3 643	4 099	4 597
36	839	1 004	1 191	1 399	1 634	1 894	2 181	2 499	2 848	3 231	3 650	4 108	4 605
37	841	1 007	1 194	1 404	1 638	1 898	2 187	2 505	2 855	3 238	3 658	4 116	4 614
38	844	1 010	1 197	1 407	1 642	1 903	2 192	2 510	2 861	3 245	3 665	4 124	4 623
39	847	1 013	1 201	1 411	1 646	1 907	2 197	2 516	2 867	3 252	3 672	4 132	4 631
40	849	1 016	1 204	1 415	1 650	1 912	2 202	2 521	2 873	3 258	3 680	4 139	3 640
41	852	1 019	1 207	1 419	1 654	1 917	2 207	2 527	2 879	3 265	3 687	4 148	4 649
42	854	1 022	1 211	1 422	1 658	1 921	2 212	2 532	2 885	3 272	3 695	4 156	4 657
43	857	1 025	1 214	1 426	1 663	1 926	2 217	2 538	2 891	3 279	3 702	4 164	4 666
44	860	1 028	1 217	1 430	1 667	1 930	2 222	2 544	2 898	3 285	3 709	4 172	4 675
45	862	1 031	1 221	1 433	1 671	1 935	2 227	2 549	2 904	3 292	3 717	4 180	4 684
46	865	1 034	1 224	1 437	1 675	1 940	2 232	2 555	2 910	3 299	3 724	4 188	4 692
47	868	1 037	1 227	1 441	1 679	1 944	2 238	2 561	2 916	3 306	3 731	4 196	4 701
48	870	1 040	1 231	1 445	1 684	1 949	2 243	2 566	2 922	3 312	3 739	4 204	4 710
49	873	1 043	1 234	1 449	1 688	1 954	2 248	2 572	2 929	3 319	3 746	4 212	4 719
50	876	1 046	1 237	1 452	1 692	1 958	2 253	2 578	2 935	3 326	3 754	4 220	4 728
51	878	1 049	1 241	1 456	1 696	1 963	2 258	2 583	2 941	3 333	3 761	4 228	4 736
52	881	1 052	1 244	1 459	1 700	1 968	2 263	2 589	2 947	3 340	3 769	4 236	4 745
53	884	1 055	1 248	1 464	1 705	1 972	2 268	2 595	2 954	3 347	3 776	4 244	4 754
54	886	1 058	1 251	1 467	1 709	1 977	2 274	2 601	2 960	3 353	3 783	4 253	4 763
55	889	1 061	1 254	1 471	1 713	1 982	2 279	2 606	2 966	3 360	3 791	4 261	4 772
56	892	1 064	1 258	1 475	1 717	1 986	2 284	2 612	2 972	3 367	3 798	4 269	4 780
57	894	1 067	1 261	1 479	1 722	1 991	2 289	2 618	2 979	3 374	3 806	4 277	4 789
58	897	1 070	1 265	1 483	1 726	1 996	2 294	2 624	2 985	3 381	3 814	4 285	4 798
59	899	1 073	1 268	1 487	1 730	2 001	2 300	2 629	2 991	3 388	3 821	4 294	4 807

Tabelle 3. Rechenschema zur Bestimmung der geometrischen Größen beim Geradzahn-V-Nullgetriebe bei gegebenen Zähnezahlen z_1, z_2 und gegebenem Modul m (Außengetriebe)

geometrische Größe	Formelzeichen	Berechnungsgleichung
Übersetzung	i	$i = n_1/n_2 = z_2/z_1 = r_2/r_1 = M_2/M_1$
Teilkreisradius	r	$r = d/2 = m\,z/2$
Teilkreisteilung	p_t	$p_t = m\,\pi$
Grundkreisradius	r_b	$r_b = r \cos \alpha_n$
Grundkreisteilung	p_b	$p_b = p_t \cos \alpha_n$
Mindest-Profilverschiebungsfaktor bei $z_1 < 17$	x	$x = (17 - z_1)/17$
Profilverschiebung	v	$v_1 = x_1\,m;\ v_2 = -v_1$, wegen $x_2 = -x_1$
Kopfkreisradius	r_a	$r_{a1}\,r_1 + m + v_1$ $r_{a2}\,r_2 + m - v_2$
Fußkreisradius	r_f	$r_{f1} = r_1 - m\,(1{,}25 - x_1)$ für Zahnkrafthöhe des $r_{f2} = r_2 - m\,(1{,}25 + x_2)$ Werkzeugs $h_{fP} = 1{,}25\,m$
Achsabstand (Rechengröße)	a_d	$a_d = r_1 + r_2 = m\,(z_1 + z_2)/2$
Profilüberdeckung	ϵ_α	$\epsilon_\alpha = \dfrac{\sqrt{r_{a1}^2 - r_{b1}^2} \pm \sqrt{r_{a2}^2 - r_{b2}^2} \mp a_d \sin \alpha_n}{m\,\pi \cos \alpha_n}$

a_d ist „normaler" Achsabstand nach (4); x_1, x_2 Profilverschiebungsfaktoren nach (10); m Modul; z_1, z_2 Zähnezahlen; zu ϵ_α: obere Vorzeichen für Außenverzahnung, untere für Innenverzahnung

Tabelle 4. Rechenschema zur Bestimmung der geometrischen Größen beim Geradzahn-V-Getriebe (Außengetriebe)

geometrische Größe	Formelzeichen	Berechnungsgleichung
Übersetzung	i	$i = n_1/n_2 = z_2/z_1 = r_2/r_1 = r_{w2}/r_{w1} = M_2/M_1$
Teilkreisradius	r	$r = d/2 = m\,z/2$
Teilkreisteilung	p_t	$p_t = m\,\pi$
Grundkreisradius	r_b	$r_b = r \cos \alpha_n$
Grundkreisteilung	p_b	$p_b = p_t \cos \alpha_n$
Wälzkreisradius	r_w	$r_w = \dfrac{r_b}{\cos \alpha_w}$
Betriebseingriffswinkel	α_w	$\operatorname{inv} \alpha_w = 2\,\dfrac{x_1 + x_2}{z_1 + z_2} \tan \alpha_n + \operatorname{inv} \alpha_n;\ \cos \alpha_w = \cos \alpha_n \dfrac{a_d}{a}$
Mindest-Profilverschiebungsfaktor bei $z_1 < 17$	x	$x = (17 - z_1)/17$
Profilverschiebung	v	$v_1 = x_1\,m;\ v_2 = x_2\,m$
Summe der Profilverschiebungsfaktoren	$x_1 + x_2$	$x_1 + x_2 = \dfrac{\operatorname{inv} \alpha_w - \operatorname{inv} \alpha_n}{2 \tan \alpha_n}\,(z_1 + z_2)$
Achsabstand	a	$a = r_{w1} + r_{w2} = \dfrac{m(z_1 + z_2)}{2}\,\dfrac{\cos \alpha_n}{\cos \alpha_w};\ a = a_d\,\dfrac{\cos \alpha_n}{\cos \alpha_w}$
Rechengröße	a_d	$a_d = r_1 + r_2 = m\,(z_1 + z_2)/2$
Kopfkreisradius	r_a	$r_{a1} = a + m\,(1 - x_2) - r_2$ $r_{a2} = a + m\,(1 - x_1) - r_1$
Fußkreisradius	r_f	$r_{f1} = r_1 - m\,(1{,}25 - x_1)$ für Zahnkopfhöhe des $r_{f2} = r_2 - m\,(1{,}25 - x_2)$ Werkzeugs $h_{fP} = 1{,}25\,m$
Profilüberdeckung	ϵ_α	$\epsilon_\alpha = \dfrac{\sqrt{r_{a1}^2 - r_{b1}^2} \pm \sqrt{r_{a2}^2 - r_{b2}^2} \mp a \sin \alpha_w}{m\,\pi \cos \alpha_n}$

14.5 Geradstirnräder

14.5.1 Verwendung, Eigenschaften

Verwendung bei kleineren bis mittleren Umfangsgeschwindigkeiten ($v_{u0} < 20$ m/s) für Universalgetriebe, Hebezeuge, Winden, Verschieberädergetriebe in Werkzeugmaschinen. Geradstirnräder erzeugen im Gegensatz zu Schrägstirnrädern keine Axialkraft und damit keine zusätzlichen Lagerbelastungen, sind jedoch bei hohen Drehzahlen hinsichtlich Laufruhe und Geräuschbildung ungünstiger.

14.5.2 Allgemeine Abmessungen, geometrische Größen, Profilverschiebung

Allgemeine Abmessung und Verzahnungsmaße siehe unter 14.3; Eingriffsstrecke, Eingriffslänge, Profilüberdeckung siehe unter 14.4.2.3; Zahnunterschnitt, Grenzzähnezahl siehe unter 14.4.2.7; Profilverschiebung, Spitzengrenze siehe unter 14.4.2.8 und 14.4.2.9; geometrische Größen bei V- und V-Nullgetrieben siehe unter 14.4.2.10.

14.5.3 Kraftverhältnisse

Zahnkraft F_{bt} wirkt senkrecht zur Zahnflanke längs der Eingriffslinie. Komponenten sind die Umfangskraft F_t und die Radialkraft F_r (Bild 14). Aus Drehmoment M und Teilkreisdurchmesser d ergibt sich die *Umfangskraft* (Tangentialkraft).

$$F_t = \frac{2M}{d} \tag{27}$$

F_t	M	d
N	Nmm	mm

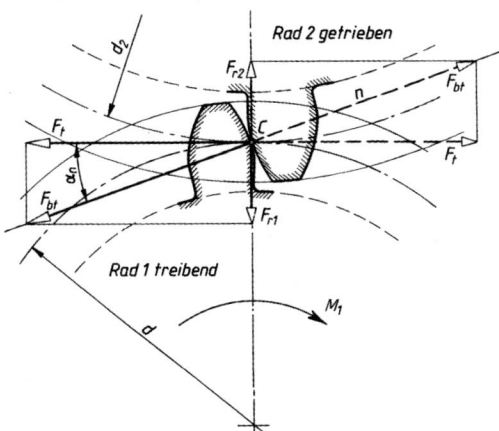

Bild 14. Kräfte am Geradzahn-Stirnrad

Bei Eingriffswinkel $\alpha_n = 20°$ werden hiermit die *Radialkraft* F_r und die *Zahnkraft* F_{bt}:

$$F_r = F_t \tan \alpha_n \approx 0{,}364\, F_t \tag{28}$$

$$F_{bt} = \frac{F_t}{\cos \alpha_n} \approx 1{,}065\, F_t \tag{29}$$

14.5.4 Berechnung der Zähne

Die genaue Berechnung der Tragfähigkeit der Zähne kann nur eine Nachprüfung sein, da alle Verzahnungsdaten bekannt sein müssen.

14.5.4.1 Vorwahl der Hauptabmessungen. Vor der Nachprüfung werden die Hauptabmessungen der Zahnräder (Modul, Zähnezahl, Teilkreisdurchmesser, Breite) zunächst überschlägig mit Erfahrungsdaten festgelegt. Man unterscheidet folgende Fälle:
a) Durchmesser d_r der Welle für das Ritzel ist aus vorhergegangener Festigkeitsberechnung gegeben oder überschlägig bestimmt nach Gl. 5 in Kap. 10 Der hierfür erforderliche, möglichst kleine *Ritzel-Teilkreisdurchmesser* ergibt sich aus:

$$d_1 \geq \frac{1{,}8\, d_r z_1}{z_1 - 2{,}5} \tag{30}$$

d_1, d_r	z_1
mm	1

Bei Ausbildung als Ritzelwelle (Welle und Ritzel aus einem Stück) wird

$$d_1 \approx \frac{1{,}1\, d_r z_1}{z_1 - 2{,}5} \tag{31}$$

Als *Ritzelzähnezahl* wählt man bei hohen Umfangsgeschwindigkeiten ($v > 5$ m/s): $z_1 \approx 20 \ldots 25$; bei mittleren Umfangsgeschwindigkeiten ($v = 1 \ldots 5$ m/s): $z_1 \approx 18 \ldots 22$; bei kleinen Umfangsgeschwindigkeiten ($v < 1$ m/s): $z_1 \approx 15 \ldots 20$.
Zur Ermittlung von $v = d_1 \pi n/60000$ wählt man zunächst $d_1 \approx 2\, d_r$ bzw. $\approx 1{,}25\, d_r$.
Der *Modul* ergibt sich dann aus $m = d_1/z_1$; gewählt wird der nächstliegende nach DIN 780, Tabelle 1.
Zur Festlegung der *Zahnbreite* nimmt man aus $b_1 \approx \psi_d\, d_1$ und $b_1\, \psi_m$ etwa den mittleren Wert. Breitenverhältnis $\psi_d = b_1/d_1$ nach Bild 15. Breitenverhältnis $\psi_m = b_1/m \approx 10$ bei gegossenen Zähnen; $\psi_m \approx 15$ bei geschnittenen Zähnen, Lagerung auf Trägern, Sockeln, Ritzel fliegend; $\psi_m \approx 25$ bei genau geschnittenen Zähnen, guter Lagerung in Getriebekästen; $\psi_m \geq 30$ bei bester Verzahnung und genauester starrer Lagerung.
Zur Vermeidung von „Radversetzungen" und zum Ausgleich von Einbauungenauigkeiten wählt man die Breite des Großrades $b_2 \approx b_1 - 5$ mm.

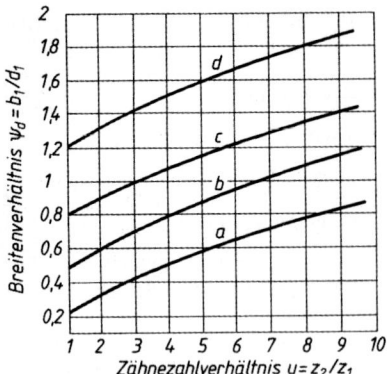

Bild 15. Breitenverhältnis ψ_d

Kurve a: Schaltgetriebe und Getriebe mit kleinen Drehzahlen; Verzahnung und Wellenlagerung in mittlerer Ausführung; bei „fliegendem" Ritzel

Kurve b: Getriebe mit mittleren Drehzahlen; Universalgetriebe; Verzahnung und Wellenlagerung in guter, handelsüblicher Ausführung

Kurve c: Schnelllaufende Getriebe mit hoher Lebensdauer; Verzahnung und Wellenlagerung mit hoher Genauigkeit

Kurve d: Schnelllaufende Getriebe mit höchster Lebensdauer; Verzahnung und Wellenlagerung mit höchster Präzision bei starr gelagerten Wellen

b) Wellendurchmesser sind noch unbekannt; nicht gebunden an bestimmten Achsenabstand; Übertragung größerer Leistungen.

Man bestimmt den *Teilkreisdurchmesser des treibenden Rades* (meist des Ritzels) aus

$$d_1 \approx \frac{950}{\sigma_{H\,lim}} \cdot \sqrt[3]{\frac{M_1\,\sigma_{H\,lim}}{\psi_d} \cdot \frac{i+1}{i}} \qquad (32)$$

bzw.

$$d_1 \approx \frac{20\,500}{\sigma_{H\,lim}} \cdot \sqrt[3]{\frac{P_1\,\sigma_{H\,lim}}{\psi_d\,n_1} \cdot \frac{i+1}{i}} \qquad (33)$$

d_1	M_1	P_1	$\sigma_{H\,lim}$	n_1	ψ_d, i
mm	Nm	kW	$\frac{N}{mm^2}$	min^{-1}	1

M_1 Drehmoment des teibenden Rades; P_1 zu übertragende Leistung; i Übersetzung des Radpaares; ψ_d Breitenverhältnis nach Bild 15; $\sigma_{H\,lim}$ Hertzsche Pressung des Ritzels nach Tabelle 5 (zur Vorwahl des Ritzelwerkstoffs Tabelle 6) n_1 Drehzahl des teibenden Rades.

Ritzelzähnezahl, *Modul* und *Zahnbreite* wählt man wie oben unter a). Bei der Wahl der Ritzelzähnezahl ist zu beachten, dass die Bedingungen nach (30) bzw. (31) erfüllt sind. Der Durchmesser der Ritzelwelle kann dabei überschlägig ermittelt werden aus $d_r \approx 0{,}65\,\sqrt[3]{M_1}$ in mm (M_1 in Nmm).

c) Achsenabstand a ist aus baulichen Gründen gegeben (häufig bei Feinmaschinen). Der *Teilkreisdurchmesser des treibenden Rades* (meist des Ritzels) wird dann

$$d_1 = \frac{2\,a}{i+1} \qquad \begin{array}{c|c} d_1, a & i \\ \hline mm & 1 \end{array} \qquad (34)$$

Bei Leistungsgetrieben sollen gleichzeitig die Bedingungen nach (32) bzw. (33) erfüllt sein. Gegebenenfalls ist der $\sigma_{H\,lim}$-Wert und damit der Werkstoff des Ritzels entsprechend zu wählen. Für die Festlegung von *Ritzelzähnezahl*, *Modul* und *Zahnbreite* gelten die Angaben wie oben zu a) und b). Vielfach lässt sich jedoch der verlangte Achsenabstand nur durch entsprechende Profilverschiebung erreichen (siehe unter 14.4.2.11).

14.5.4.2 Vorwahl der Zahnradwerkstoffe. Der Werkstoff des Ritzels soll mindestens eine um 50 N/mm² höhere Bruchfestigkeit haben als der des Rades. Gegebenenfalls ist der Werkstoff zu ändern, falls die Nachprüfung der Zähne dieses erfordert.

14.5.4.3 Wahl der Verzahnungsqualität. Für die Toleranzen und damit für die Genauigkeit der Verzahnung sind nach DIN 3960 zwölf (Qualitäten vorgesehen. Für deren Wahl sind insbesondere das Verwendungsgebiet und die Umfangsgeschwindigkeit maßgebend, Richtlinien für die Auswahl der Qualität siehe Bild 16.

Normen:

DIN 3961, Erläuterungen zu den Toleranzen für Stirnradverzahnungen;
DIN 3962, zulässige Einzelfehler der Verzahnungen;
DIN 3963, zulässige Sammelfehler;
DIN 3964, Toleranzen für die Einbaumaße.

Tabelle 5. Werkstoffe und Festigkeitswerte für Zahnräder (Empfehlungen nach DIN 3990)

Nr.	Werkstoff		Art der Behandlung	R_m N/mm²	Dauerfestigkeitswerte für Zahnfußspannung bei Schwelllast $\sigma_{F\,lim}$ N/mm²	Hertzsche Pressung $\sigma_{H\,lim}$ N/mm²
1	Gusseisen mit	EN-GJL-200		200	50	270
2	Lamellengraphit	EN-GJL-250		250	60	310
3		EN-GJL-350		350	80	360
4	Gusseisen mit	EN-GJS-400-15		800	200	360
5	Kugelgraphit	EN-GJS-500-7		900	210	420
6		EN-GJS-600-3		1 000	220	490
7		EN-GJS-700-2		1 100	230	525
8	Stahlguss	GE 240		410	130	280
9		GE 260		470	150	340
10		GE 300		520	170	420
11	allgemeiner			450	170	290
12	Baustahl,	E 295		550	190	340
13	unlegiert,	E 355		650	200	400
14	ungehärtet	E 360		800	220	460
15	Vergütungsstahl	C22 E	vergütet	600	170	440
16		C45 E	umlaufgehärtet	1 000	270	1 100
17		C45 E	badnitriert	1 100	350	1 100
18		C60 E	vergütet	900	220	620
19		34Cr4	vergütet	900	260	650
20		37Cr4	vergütet	950	270	650
21		37Cr4	umlaufgehärtet	1 150	310	1 280
22		42CrMo4	vergütet	1 100	290	670
23		42CrMo4	umlaufgehärtet	1 300	350	1 360
24		42CrMo4	badnitriert	1 450	430	1 220
25		34CrNiMo6	vergütet	1 300	320	770
26	Einsatzstahl	C15 E	einsatzgehärtet	900	230	1 600
27		16MnCr5		1 400	460	1 630
28		20MnCr5		1 500	480	1 630
29		20MoCr4		1 300	400	1 630
30		15CrNi6		1 600	500	1 630
31		18CrNi8		1 700	500	1 630
32		17CrNiMo6		1 700	500	1 630

Tabelle 6. Beispiele für den Betriebsfaktor c_s
Der Betriebsfaktor berücksichtigt die Betriebsart des Systems „Kraftmaschine – Getriebe – Arbeitsmaschine", insbesondere Drehmomentenschwankungen von der Antriebsseite her und Stöße aus der Arbeitsmaschine. Er wird im Einvernehmen mit dem Abnehmer des Getriebes festgelegt.

Kraftmaschine (Antrieb)	Arbeitsmaschine (Abtrieb)	Betriebsfaktor c_s
Turbine	Kreiselpumpe	1,1
Elektromotor	Werkzeugmaschine	1,25
Verbrennungsmotor	Schiffsschraube	1,4
Elektromotor	Walzwerksanlage	1,5

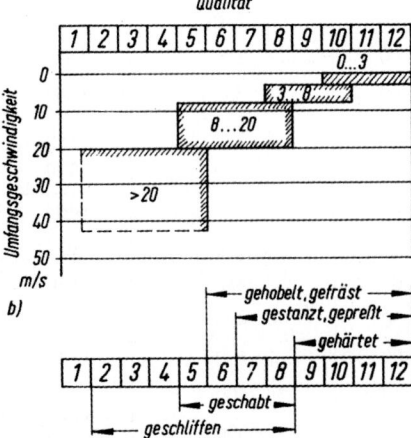

Bild 16. Richtlinien für die Wahl der Verzahnungsqualität. a) nach Verwendungsgebiet, b) nach Umfangsgeschwindigkeit, c) nach Herstellungsverfahren

14.5.4.4 Nachprüfung der Zähne. Nach Vorwahl und Festlegung der Verzahnungsdaten wird die Zahnfußbeanspruchung und die Flankenbeanspruchung (Hertzsche Pressung) nachgeprüft. Für umfangreichere Berechnungen zum Tragfähigkeitsnachweis bei Zahnrädern sind die Normen heranzuziehen, insbesondere die Empfehlungen aus DIN 3990 (für Stirnräder), 3991 (für Kegelräder), 3996 (Zylinder-Schneckengetriebe)

Nachprüfung der Zahnfußbeanspruchung. Der Zahnfuß ist am stärksten gefährdet, wenn die Zahnkraft F_{bt} am Kopfpunkt des Zahnes angreift (Bild 17). Gefährdeter Querschnitt $A - B$ wird durch Komponente F_d auf Druck, durch Moment $M_b = F_b \, l$ auf Biegung und zusätzlich durch F_b auf Schub (vernachlässigbar) beansprucht.

Werden F_d und F_b durch Umfangskraft F_t ausgedrückt und die konstanten bzw. wenig veränderlichen Verzahnungsdaten (α_n, β, l, s_f) in Y_F zusammengefasst, dann ergibt sich die *Zahnfußspannung*

$$\sigma_F = \frac{F_t}{b\,m} Y_F Y_\epsilon \leq \sigma_{FP}$$

σ_F, σ_{FP}	F_t	b, m	$Y_F Y_\epsilon$	(35)
$\dfrac{N}{mm^2}$	N	mm	1	

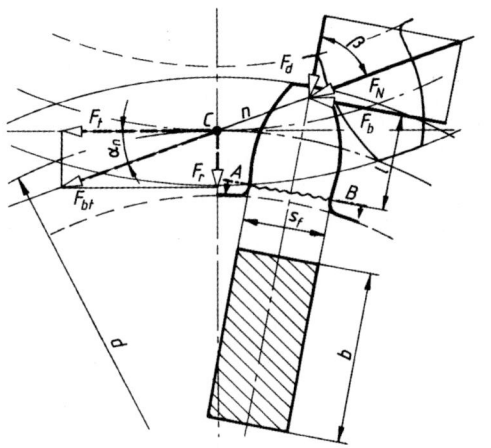

Bild 17. Kräfte am Zahn

Umfangskraft am Teilkreis $F_t = 2 M_1 c_S/d_1$, worin M_1 (Nenn-)Drehmoment des Ritzels in Nmm, c_S Betriebsfaktor nach Bild 6, Ritzel-Teilkreisdurchmesser in mm, b Zahnbreite; m Modul; Y_F Zahnformfaktor, abhängig von den Verzahnungsdaten, nach Bild 18; Y_ϵ Überdeckungsfaktor zur Berücksichtigung der Profilüberdeckung. Man setze $Y_\epsilon = 1$ bei „normaler" Verzahnung (Qualität 8 ... 12), rohen Zähnen und geringer Belastung, da hierbei nicht damit zu rechnen ist, dass mehrere Zahnpaare gleichzeitig die Um-

14 Zahnräder

fangskraft übertragen; $Y_\epsilon \approx 0{,}8$ bei genauer Verzahnung (Qualität 5 ... 7) und höherer Belastung. σ_{FP} ist die zulässige Zahnfußspannung; man setzt $\sigma_{FP} = R_m/v$ (bei langsam laufenden Rädern und handbetätigten Hebezeugen, Sicherheit $v \approx 2{,}5$), $\sigma_{FP} = \sigma_{F\,lim}/v$ (bei schnelllaufenden Rädern, $\eta \approx 2$). Entsprechende Festigkeitswerte siehe Tabelle 5.
Die Nachprüfung soll stets für beide Räder durchgeführt werden.

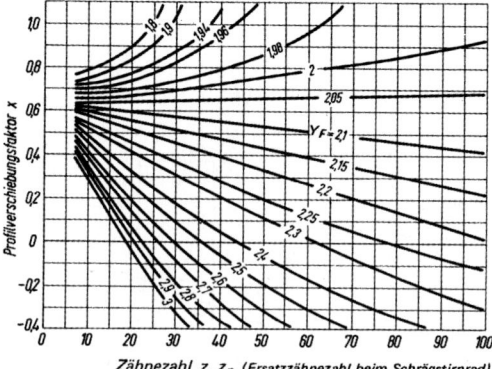

Bild 18. Ermittlung des Zahnformfaktors Y_F

Nachprüfung der Flankenbeanspruchung. Die an den Zahnflanken auftretende Flächenpressung ist für die Lebensdauer eines Getriebes) von entscheidender Bedeutung. Um eine fortschreitende „Grübchenbildung" an den Flächen sin vermeiden und die Lebensdauer der Zähne nicht zu gefährden, darf die im Wälzpunkt auftretende *Hertz'sche Pressung* einen zulässigen Wert nicht überschreiten:

$$\sigma_H = \sqrt{\frac{F_t}{b\,d}\,\frac{u+1}{u}}\,Z_E\,Z_\epsilon\,Z_H \le \sigma_{HP} \qquad (36)$$

p	F_t	b, d_1	u, z_H, Z_ϵ
$\dfrac{N}{mm^2}$	N	mm	$1 \quad \sqrt{\dfrac{N}{mm^2}}$

Umfangskraft am Teilkreis $F_t = 2\,M_1\,c_S/d_1$ wie zu (35); b Zahnbreite (von beiden Rädern die kleinere); d_1 Teilkreisdurchmesser des Ritzels, $u = z_2/z_1 > 1$ Zähnezahlverhältnis gleich Verhältnis der Zähnezahl des Großrades zur Zähnezahl des Ritzels, bei $i > 1$ ist $u = i$; Z_E Elastizitätsfaktor zur Berücksichtigung des E-Moduls der Werkstoffe der Räder nach Tabelle 7; Z_ϵ Überdeckungsfaktor zur Berücksichtigung der Länge der Berührungslinien: Bei „normaler" Verzahnung (Qualität 8 ... 12), rohen Zähnen und geringer Belastung ist mit gleichzeitiger Übertragung der Kraft durch mehrere Zahnpaare nicht zu rechnen, man setzt dann $Z_\epsilon = 1$; bei genauer Verzahnung und höherer Belastung kann $Z_\epsilon \approx 0{,}8$ gesetzt werden; Zonenfaktor

Z_H ist abhängig von den Verzahnungsdaten und erfaßt die Krümmung der Zahnflanken:

$$Z_H = \frac{1}{\cos\alpha_1}\sqrt{\frac{2\cos\beta_b}{\tan\alpha_{wt}}} \quad \text{für Zahnräder} \qquad (37)$$

$$Z_H = 2\sqrt{\frac{\cos\beta_b}{\sin(2\alpha_t)}} \quad \text{für Null-Kegelräder} \qquad (38)$$

Eingriffswinkel im Stirnschnitt α_t am Teilkreis nach $\tan\alpha_t = \tan\alpha_n/\cos\beta$ (bei Geradverzahnung ist $\beta = 0$ und damit $\alpha_t = \alpha_n = 20°$); Betriebseingriffswinkel im Stirnschnitt α_{wt} bei vorgeschriebenem Achsabstand a nach $\alpha_{wt} = \arccos\,a_d\,\alpha_t/a$ mit Achsabstand a_d ohne Profilverschiebung nach (42); Schrägungswinkel β_b am Grundkreis nach $\arctan\beta_b = (\tan\beta_b\cos\alpha_t)$ mit Schrägungswinkel β am Teilkreis siehe 14.6.2 Zulässige Hertz'sche Pressung aus $\sigma_{HP} = \sigma_{H\,lim}/v$, wobei $v \approx 1{,}5$ einzusetzen ist, $\sigma_{H\,lim}$ aus Tabelle 5.

Tabelle 7. Richtwerte für den Elastizitätsfaktor Z_E in $\sqrt{N/mm^2}$

Werkstoff des Ritzels	Werkstoff des Rades		Elastizitätsfaktor Z_E in $\sqrt{N/mm^2}$
Stahl	Stahl	GE 300	189,8
	Stahlguss	EN-GJS-500-7	188,9
	Kugelgraphitguss		181,4
		EN-GJL-250	163,5
	Grauguss	G-SnBz 14	155
	Guss-Zinn-Bronze		
Kugelgraphitguss	EN-GJS-500-7	Kugelgraphitguss	EN-GJS-400-15	173,9
Stahl	Duoplast-Schichtstoff (Hartgewebe)		57,2

14.6 Schrägstirnräder

14.6.1 Verwendung, Eigenschaften

Die Zähne sind auf dem Radzylinder schraubenförmig gewunden und bilden am Teilkreis mit der Radachse den Schrägungswinkel β. Bei Paarung zweier Räder zum Stirnradgetriebe müssen die Zähne des einen Rades rechts- die des anderen linkssteigend sein. Zwei Räder mit Zähnen gleichen Steigungssinnes ergeben ein Schraubradgetriebe. Verwendung bei höheren Drehzahlen und Belastungen, ruhiger, geräuscharmer Lauf; größerer Überdeckungsgrad gegenüber Geradstirnrädern; jedoch Axialschub, der durch Doppelschräg- oder Pfeilzähne aufgehoben werden kann.

14.6.2 Allgemeine Abmessungen

Schrägungswinkel üblich $\beta \approx 10° \ldots 20°$. Im Normalschnitt rechtwinklig zur Flankenrichtung zeigt sich die normale Evolventenverzahnung mit dem *Normaleingriffswinkel* α_n und *der Normalteilung* $p_n = m_n \pi$ (m_n Normalmodul gleich Normmodul). An der *Stirnfläche* des Rades wird die Stirnteilung $p_t = p_n/\cos \beta$ gemessen, entsprechend Stirnmodul $m_t = m_n/\cos \beta$ (Bild 19); Stirneingriffswinkel α_t aus $\alpha_t = (\arctan \alpha_n / \cos \beta)$. Teilkreisdurchmesser d, *Kopfkreisdurchmesser* d_a, *Grundkreisdurchmesser* d_b und *Achsabstand* a_d ergeben:

Der Sprung Sp ist die auf die Zahnbreite bezogene, am Teilkreis gemessene Schrägstellung der Zähne (Bild 19).

14.6.4 Ersatz-Geradstirnrad, Grenzzähnezahl

Man führt zweckmäßig das Schrägstirnrad mit der Zähnezahl z auf ein Geradstirnrad, das Ersatz-Geradstirnrad, zurück. Hierfür gelten dann sinngemäß die Angaben unter 14.4.2.7.

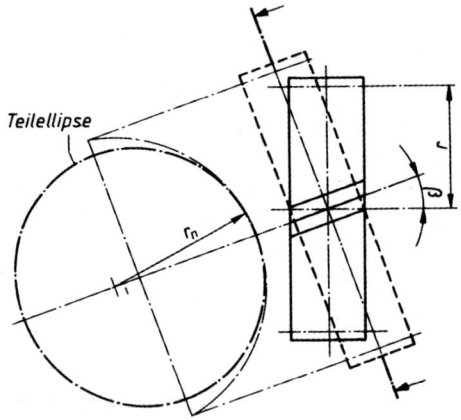

Bild 20. Ersatz-Geradstirnrad

Für das aus dem Normalschnitt entstehende Ersatzrad (Bild 20) ergibt sich die *Ersatzzähnezahl*

$$z_n = \frac{z}{\cos^3 \beta} \qquad (44)$$

Wird $z_n = z_g = 17$ gesetzt, dann ergibt sich die *Grenzzähnezahl* bei Schrägstirnrädern

$$z_{gS} = 17 \cos^3 \beta \qquad (45)$$

14.6.5 Profilverschiebung, Zahnspitzengrenze

Bei Zähnezahlen $z < z_{gS}$ ist zur Vermeidung von Unterschnitt Profilverschiebung erforderlich. Zur Ermittlung der Profilverschiebung v und der Profilverschiebungsfaktoren x_{th} und x gelten die unter 14.4.2.8 hergeleiteten Gleichungen (8), (9) und (10), wobei $m = m_n$ (Normalmodul) und $z = z_n$ zu setzen sind.
Ebenso wie die Grenzzähnezahl liegt auch die Spitzengrenze mit größer werdendem Schrägungswinkel β niedriger.
Grenzzähnezahlen und Spitzengrenze sind in Abhängigkeit vom Schrägungswinkel in Bild 21 dargestellt.

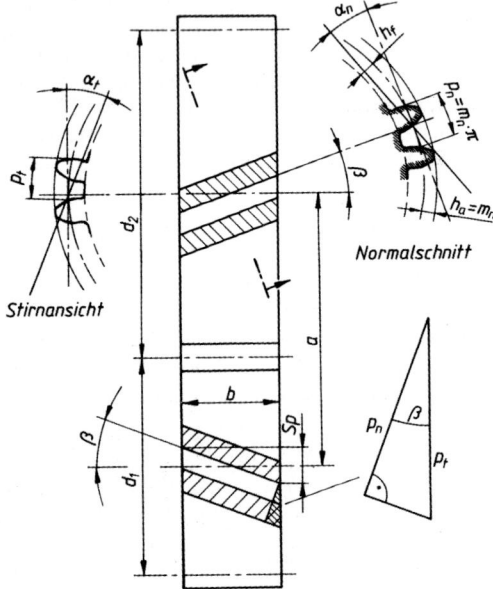

Bild 19. Abmessungen der Schrägzahn-Stirnräder

$$d = m_t z = \frac{m_n}{\cos \beta} z \qquad (39)$$

$$d_a = d + 2 m_n \qquad (40)$$

$$d_b = d \cos \alpha_t \qquad (41)$$

$$a_d = \frac{d_1 + d_2}{2} = \frac{m_n (z_1 - z_2)}{2 \cos \beta} \qquad (42)$$

14.6.3 Eingriffsstrecke, Eingriffslänge, Profilüberdeckung

Für die Eingriffsstrecke g_α und die Eingriffslänge e gelten sinngemäß die Angaben und Gleichungen unter 14.4.2.3 und in Tabelle 3, wobei $\alpha_n = \alpha_t$ zu setzen ist. Die *Gesamtüberdeckung* ϵ_{ges} ergibt sich aus der Profilüberdeckung ϵ_α nach (6), worin $\alpha_n = \alpha_t$ zu setzen ist, und der Sprungüberdeckung $\epsilon_\beta = Sp/p_t$ mit Sprung $Sp = b \tan \beta$:

$$\epsilon_{ges} = \epsilon_\alpha + \epsilon_\beta \qquad (43)$$

14 Zahnräder

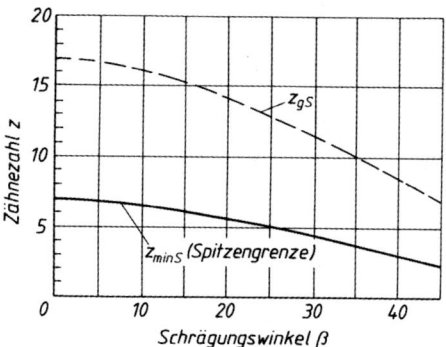

Bild 21. Grenz- und Mindestzähnezahlen bei Schrägverzahnung

14.6.6 Kraftverhältnisse

Die Schrägung der Zähne ergibt zusätzliche Axialkraft. Nach Bild 22 ergeben sich mit der Umfangskraft $F_t = 2\,T/d$ die *Axialkraft* F_a und die *Radialkraft* F_r:

$$F_a = F_t \tan \beta \qquad (46)$$

$$F_r = F_t \frac{\tan \alpha_n}{\cos \beta} \qquad (47)$$

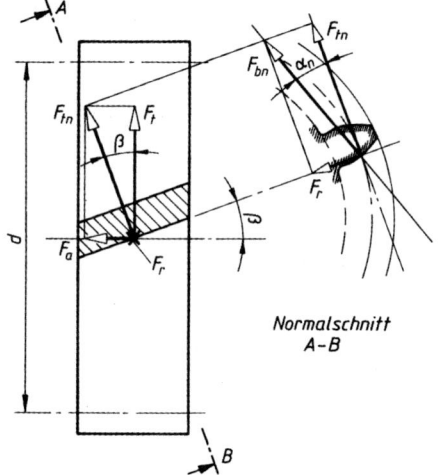

Bild 22. Kraftverhältnisse am Schrägzahn-Stirnradgetriebe

14.6.7 Berechnung der Zähne

Die Berechnung wird im Prinzip wie für Geradstirnräder unter 14.5.4 durchgeführt.

14.6.7.1 Vorwahl der Hauptabmessungen

a) Durchmesser d der Welle des Ritzels ist bekannt oder überschlägig bestimmt nach Gl. 5 in Kap. 10.

Man ermittelt den *Ritzel-Teilkreisdurchmesser* d_1 nach (30) bzw. (31). Als *Ritzelzähnezahl* wählt man ein bis zwei Zähne weniger als bei Geradzähnen (siehe unter 14.5.4.1a). Der *Stirnmodul* ergibt sich aus $m_t = d_1/z_1$. Die *Zahnbreiten* b_1 und b_2 wählt man wie für Geradstirnräder, jedoch soll $\psi_m = b_1/m_t \approx 30$ bei größeren Schrägungswinkeln ($\beta > 25°$) nicht überschreiten.

Den *Schrägungswinkel* β bestimmt: man so, dass die Sprungüberdeckung $\epsilon_\beta \approx 1 \ldots 1{,}2$ beträgt (günstig für Laufruhe, keine zu großem Axialkräfte). Aus

$$\epsilon_\beta = \frac{Sp}{p_t} = \frac{b_1 \tan \beta}{\pi\, m_t}$$

kann der *Schrägungswinkel* ermittelt werden aus

$$\beta = \arctan \frac{\pi\, m_t}{b_1}; \quad \epsilon_\beta \approx 3{,}5\, \frac{m_t}{b_1} \qquad (48)$$

Mit β ergibt sich dann der *Normalmodul* $m_n = m_t \cos \beta$. Für diesen wird der nächstliegende Norm-Modul nach Tabelle 1 gewählt und hiermit die endgültigen Radabmessungen nach 14.6.2 festgelegt.

b) Wellendurchmesser noch unbekannt; nicht gebunden an bestimmten Achsenabstand; Übertragung größerer Leistungen.

Man ermittelt den Ritzel-Teilkreisdurchmesser wie bei Geradstirnrädern nach (32) bzw. (33). Zur Ermittlung der sonstigen Baugrößen ist wie unter a) zu verfahren, gleichzeitig sind die Hinweise unter 14.5.4.1b zu beachten.

c) Achsenabstand ist aus baulichen Gründen gegeben. Bestimmung des Teilkreisdurchmessers des treibenden Rades nach (34). Für die Festlegung der sonstigen Baugrößen gelten sinngemäß die Angaben zu 14.5.4.1 c).

14.6.7.2 Werkstoffe, Verzahnungsqualität.
Für die Wahl der Werkstoffe und der Verzahnungsqualität sind die gleichen Gesichtspunkte wie für Geradstirnräder maßgebend, siehe unter 14.5.4.2 und 14.5.4.3.

14.6.7.3 Nachprüfung der Zähne.
Die Tragfähigkeit der Zähne der Schrägstirnräder wird genauso geprüft wie die der Geradstirnräder: Nachprüfung der Zahnfuß-Tragfähigkeit nach (35), der Flanken-Tragfähigkeit nach (36). An Stelle von m ist jeweils der Normalmodul m_n, an Stelle von z die Ersatzzähnezahl z_n zu setzen.

■ **Beispiel:**
Für den Spindelantrieb einer Fräsmaschine ist das Schrägstirnradpaar als Eingangsstufe zu berechnen. Antriebsleistung $P = 4$ kW, Antriebsdrehzahl $n = 700$ min^{-1}. Ritzel sitzt auf Motorwelle mit $d_r = 38$ mm Durchmesser. Übersetzung $i = 4{,}8$.

Lösung:

Zunächst werden Hauptabmessungen vorgewählt. Durchmesser d_r der Welle des Ritzels ist gegeben. Nach 14.6.7.1 unter a) wird der Ritzel-Teilkreisdurchmesser nach (30):

$$d_1 \geq \frac{1{,}8\, d_r\, z_1}{z_1 - 2{,}5}$$

Nach 1.4.5.4.1 unter a) wird Ritzelzähnezahl $z_1 = 20$ gewählt bei

$$v = \frac{d_1\, \pi\, n_1}{60} \approx \frac{2\, d_r\, \pi\, n}{60} \approx 2 \cdot 0{,}038 \cdot \pi \cdot \frac{700}{60} \approx 2{,}8\, \frac{m}{s}$$

hiermit und mit $d_r = 38$ mm wird

$$d_1 \geq \frac{1{,}8 \cdot 38\, \text{mm} \cdot 20}{20 - 2{,}5} \geq 78\, \text{mm} \approx 80\, \text{mm}$$

Der Stirnmodul ergibt sich aus (39): $m_t = d_1/z_1 = 80$ mm/20 = 4 mm. Ritzelbreite gleich Zahnbreite $b_1 \approx \psi_d\, d_1$; Breitenverhältnis nach Bild 15: $\psi_d \approx 0{,}9$ für Kurve b und $u = i = 4{,}8$; damit $b_1 \approx 0{,}9 \cdot 80$ mm ≈ 70 mm. Mit Breitenverhältnis $\psi_m \approx 15$ (geschnittene Zähne, Ritzel fliegend) wird $b_1 = \psi_m\, m_t \approx 15 \cdot 4$ mm ≈ 60 mm; gewählt wird $b_1 = 65$ mm als mittlerer Wert.
Ein günstiger Schrägungswinkel β ergibt sich aus (48):

$$\beta \approx \arctan 3{,}5\, \frac{m_t}{b_1} \approx 3{,}5\, \frac{4\, \text{mm}}{65\, \text{mm}} = 12{,}155°\,,$$

gewählt $\beta = 12°$

Hiermit wird der Normalmodul $m_n = m_t \cos \beta = 4$ mm $\cos 12° = 3{,}91$ mm, gewählt nach DIN 780, Tabelle 1: $m_n = 4$ mm. Damit werden nun die endgültigen Abmessungen der Räder festgelegt: Tatsächlicher Stirnmodul $m_t = m_n/\cos \beta = 4$ mm $/\cos 12° = 4{,}09$ mm. Teilkreisdurchmesser nach (39) für Ritzel: $d_1 = m_t/z_1 = 4{,}09$ mm $\cdot 20 = 81{,}8$ mm; für Rad mit $z_2 = i z_1 = 4{,}8 \cdot 20 = 96$; $d_2 = m_t/z_2 = 4{,}09 \cdot 96 = 392{,}64$ mm; Achsabstand a_d nach (42): $a_d = (d_1 + d_2)/2 = (81{,}8$ mm $+ 392{,}64$ mm$)/2 = 237{,}22$ mm; Breite des Ritzels $b_1 = 65$ mm, Breite des Rades $b_2 = 60$ mm.
Vorwahl der Werkstoffe. Nach Tabelle 6 werden vorläufig für das Ritzel Stahl E360, für das Rad Stahlguss GE260, gewählt.
Wahl der Verzahnungsqualität. Nach Bild 16a kommen für Werkzeugmaschinen Qualitäten bis 10 infrage; für Umfangsgeschwindigkeit

$$v = \frac{d_1\, \pi\, n_1}{60} = 0{,}0818 \cdot \pi \cdot \frac{760}{60}\, \frac{m}{s} \approx 3\, \frac{m}{s}$$

die Qualitäten 8 bis 10. Gewählt wird Qualität 8.

Nachprüfen der Zähne. Für die Zahnfußbeanspruchung gilt für das Ritzel nach (35):

$$\sigma_{F1} = \frac{F_{t1}}{b_1\, m_n}\, Y_F\, Y_\epsilon \leq \sigma_{FP}$$

Umfangskraft $F_{t1} = 2\, M_1\, c_S/d_1$; Drehmoment des Ritzels $M_1 = 9550\, P/n = 9550 \cdot 4/700 = 54{,}6 \cdot 10^3$ Nmm; Betriebsfaktor nach Bild 6: $c_S \approx 1{,}5$ (Elektromotor – Volllast, stoßfrei – Zahnrad (Bruch) – 8 h); damit $F_{t1} = 2 \cdot 54{,}6 \cdot 10^3$ Nmm $\cdot 1{,}5/81{,}8$ mm ≈ 2000 N; Zahnbreite $b_1 = 65$ mm. Normalmodul $m_n = 4$ mm. Zahnformfaktor nach Bild 18 für $z_{n1} = z_1/\cos^3 \beta = 20/\cos^3 12° = 21{,}3$ (nach Gleichung 44) und $x = 0$: $Y_F \approx 2{,}9$. Überdeckungsfaktor $Y_\epsilon = 1$ für Verzahnungsqualität 8. Damit wird

$$\sigma_{F1} = \frac{2000\, \text{N}}{65\, \text{mm} \cdot 4\, \text{mm}} \cdot 2{,}9 \cdot 1\, \frac{\text{N}}{\text{mm}^2} = 22{,}3\, \frac{\text{N}}{\text{mm}^2}$$

mit dem $\sigma_{F\,\text{lim}}$-Wert der Tabelle 5 wird nach (35) für Stahl E360

$$\sigma_{F\,P1} = \frac{\sigma_{F\,\text{lim}}}{v} = \frac{220\, \frac{\text{N}}{\text{mm}^2}}{2} = 110\, \frac{\text{N}}{\text{mm}^2}$$

Die Zahnfußbeanspruchung für das Ritzel ist weit ausreichend; es genügte zunächst ein schwächerer Stahl.
Für das Rad wird die Zahnfußbeanspruchung

$$\sigma_{F2} = \frac{F_{t2}}{b_2\, m_n}\, Y_F\, Y_\epsilon$$

$F_{t1} = F_{t2} = 2000$ N; $b_2 = 60$ mm; $m_n = 4$ mm; für $z_{n2} = z_2/\cos^3 \beta = 96/\cos^3 12° = 102$ wird nach Bild 18 $Y_F \approx 2{,}2$; $Y_\epsilon = 1$, damit

$$\sigma_{F2} = \frac{2000\, \text{N}}{60\, \text{mm} \cdot 4\, \text{mm}} \cdot 2{,}2 \cdot 1\, \frac{\text{N}}{\text{mm}^2} = 18{,}3\, \frac{\text{N}}{\text{mm}^2}$$

mit dem $\sigma_{F\,\text{lim}}$-Wert der Tabelle 5 wird nach (35) für Stahlguss GE260

$$\sigma_{F2} = \frac{\sigma_{F\,\text{lim}}}{v} = \frac{150\, \frac{\text{N}}{\text{mm}^2}}{2} = 75\, \frac{\text{N}}{\text{mm}^2}$$

Für die Flankentragfähigkeit gilt nach (36):

$$\sigma_H = \sqrt{\frac{F_t}{b\, d_1} \cdot \frac{u+1}{u}}\, Z_E\, Z_\epsilon\, Z_H$$

$F_t \triangleq F_{t1} = 2000$ N (w.o.); $b \triangleq b_2 = (50$ mm, kleinste Breite!); $d_1 = 81{,}8$ mm; $u \triangleq i = 4{,}8$; Zonenfaktor Z_H mit $a_d = 231{,}22$ mm, $\beta = 12°$ und $\alpha_t = 20{,}41°$ nach (37): $Z_H \approx 2{,}45$; Elastizitätsfaktor für Stahl gegen Stahlguss nach Tabelle 7: $Z_E \approx 188{,}9$; Überdeckungsfaktor $Z_\epsilon = 1$ gewählt.

$$\sigma_H = \sqrt{\frac{2000\, \text{N}}{60\, \text{mm} \cdot 81{,}8\, \text{mm}} \cdot \frac{4{,}8 + 1}{4{,}8}} \cdot$$
$$\cdot 2{,}45 \cdot 188{,}9\, \sqrt{\frac{\text{N}}{\text{mm}^2}} = 324\, \frac{\text{N}}{\text{mm}^2}$$

mit dem $\sigma_{H\,\text{lim}}$-Wert der Tabelle 5 wird nach (36) für Stahl E360

$$\sigma_{H\,P1} = \frac{\sigma_{H\,\text{lim}}}{v} = \frac{460\, \frac{\text{N}}{\text{mm}^2}}{1{,}5} = 307\, \frac{\text{N}}{\text{mm}^2}$$

und für Stahlguss GE 260

$$\sigma_{H\,P2} = \frac{340\, \frac{\text{N}}{\text{mm}^2}}{1{,}5} = 227\, \frac{\text{N}}{\text{mm}^2}$$

Sowohl beim Ritzel als auch beim Rad ist die Flankentragfähigkeit $\sigma_H > \sigma_{HP}$, es muss in beiden Fällen ein Werkstoff mit einem größeren $\sigma_{H\,\text{lim}}$-Wert gewählt werden.

14.7 Kegelräder

14.7.1 Allgemeines

Ausführung mit Geradzähnen (nur bei kleineren Drehzahlen und Belastungen), Schräg- und Bogenzähnen. Die Kegelradachsen schneiden sich normalerweise in einem Punkt (keine Achsversetzung), meist unter dem Achsenwinkel $\Sigma = 90°$.

14.7.2 Geradverzahnte Kegelräder

14.7.2.1 Geometrische Beziehungen.
Übersetzung $i = n_1/n_2 = z_2/z_1 = d_2/d_1 = r_2/r_1$. Mit den Teilkegelwinkeln δ_1 und δ_2 folgt aus Bild 23: sind $\delta_1 = r_1/R_a$ und sin $\delta_2 = r_2/R_a$, hiermit sin δ_2/sin $\delta_1 = (r_2 R_a)/(r_1 R_a) = r_2/r_1 = i$; damit wird die *Übersetzung*

$$i = \frac{n_1}{n_2} = \frac{z_2}{z_1} = \frac{d_2}{d_1} = \frac{\sin \delta_2}{\sin \delta_1} \qquad (49)$$

Bei $\Sigma = \delta_1 + \delta_2 = 900$ wird

$$i = \cot \delta_1 = \tan \delta_2 \qquad (50)$$

Äußerer Teilkreisdurchmesser $d = m_t z$; m_t (Außen-) Modul gleich Normmodul nach Tabelle 1. Teilkreisteilung $p_t = m_t \pi$, Kopfhöhe $h_a = m_t$, Fußhöhe $h_f = 1,2\ m_t$ gemessen an der Außenfläche (Bild 24). Teilkegellänge gleich Spitzenentfernung $R_a = d/(2 \sin \delta) \geq 3\ b$ (Bild 23). Kopfwinkel κ_a aus $\kappa_a = \arctan h_a/R_a = \arctan m_t/R_a$; Kopfkegelwinkel wird damit $\delta_a = \delta + \kappa_a$. Fußwinkel κ_f aus $\kappa_f = \arctan h_f/R_a = \arctan 1,2\ m_t/R_a$; Fußkegelwinkel wird damit $\delta_f = \delta - \kappa_f$. Kopfkreisdurchmesser gleich größter Durchmesser des Radkörpers wird $d_a = d + 2 h_a \cos \delta$; mittlerer Teilkreisdurchmesser $d_m = d - (b \sin \delta)$.

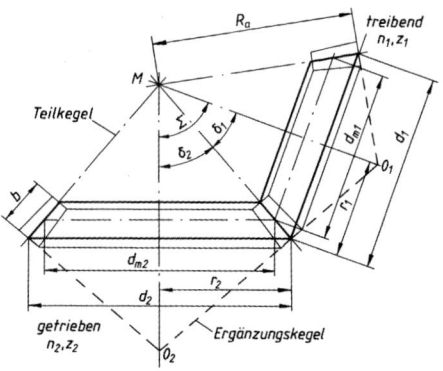

Bild 23. Geometrische Beziehungen am Kegelradgetriebe

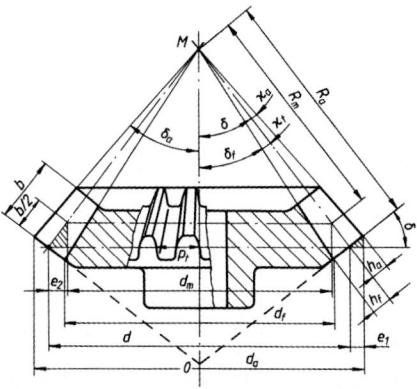

Bild 24. Abmessungen am Geradzahnkegelrad

14.7.2.2 Ersatzzähnezahl, Eingriffsverhältnisse.
Zur Untersuchung der Eingriffsverhältnisse und Ermittlung der Grenzzähnezahl wird das Kegelrad auf ein Ersatz-Stirnrad zurückgeführt mit dem Teilkreisradius gleich Mantellinienlänge des Ergänzungskegels $r_r = r / \cos \delta$; die zugehörige *Ersatz-Zähnezahl* ist entsprechend

$$z_n = \frac{z}{\cos \delta} \qquad (51)$$

Mit $z_n = z_g = 17$ wird die *Grenzzähnzahl* bei geradverzahnten Kegelrändern

$$z_{gK} = 17 \cos \delta \qquad (52)$$

14.7.2.3 Profilverschiebung, Zahnspitzengrenze.
Wird bei einer Ritzelzähnezahl $z_1 < z'_{gK}$ positive Profilverschiebung erforderlich, soll das Großrad möglichst die gleiche negative Verschiebung erhalten, also ein V-Null-Getriebe verwendet werden. Teilkegelwinkel und damit die Übersetzung bleiben dann unverändert. Bei $i \approx 1$ soll darum sein

$$z_1 > z'_{gK}$$

Profilverschiebung und Profilverschiebungsfaktor ergeben sich aus (8), (9) und (10), wobei $z = z_n$ zu setzen ist. Die Zahnspitzengrenze liegt bei $z_{\min K} = 7 \cos \delta$.

14.7.2.4 Kraftverhältnisse.
Die an dem Rädern angreifenden Kräfte werden auf die Mitte der Zähne bezogen (Bild 25). Für das Ritzel ergeben sich die *Umfangskraft* F_{tm}, die *Axialkraft* F_{a1} und die *Radialkraft* F_{r1} bei Achsenwinkel $\Sigma = 90°$.

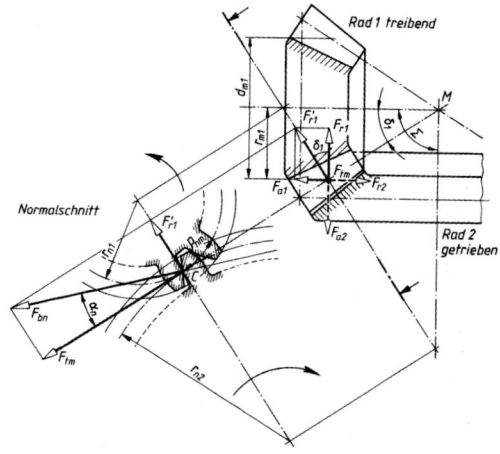

Bild 25. Kraftverhältnisse am Geradzahn-Kegelradpaar $\Sigma = 90°$

$$F_{tm\,1} = \frac{M_1}{r_{m1}} \qquad (53)$$

$$F_{a\,1} = F_{tm\,1} \tan \alpha_n \sin \delta_1 \qquad (54)$$

$$F_{r\,1} = F_{tm\,1} \tan \alpha_n \sin \delta_1 = F_{a\,1} \qquad (55)$$

M_1 Drehmoment des Ritzels; Eingriffswinkel $\alpha_n = 20°$; δ_1 Teilkreiswinkel des Ritzels; i Übersetzung.
Die am Gegenrad wirkenden Kräfte sind, wie aus Bild 25 ersichtlich:

$$F_{tm\,2} = F_{tm\,1};\ F_{a\,2} = F_{r\,1}\ \text{und}\ F_{r\,2} = F_{a\,1}$$

14.7.2.5 Berechnung der Zähne

Die Kegelräder werden zweckmäßig auf Ersatz-Geradstirnräder mit der Ersatz-Zähnezahl z_n zurückgeführt und sinngemäß wie diese berechnet. Nachfolgende Berechnung gilt für den Achsenwinkel $\Sigma = 90°$.

a) Der Durchmesser d_r der Welle für das Ritzel ist bekannt oder überschlägig bestimmt nach (5). Für das aufzusetzende Ritzel bzw. bei Ausführung als Ritzelwelle wählt man den *mittleren Teilkreisdurchmesser*

$$d_{m\,1} \approx 2{,}5\,d_r\ \text{bzw.}\ \approx 1{,}25\,d_r \qquad (56)$$

b) Bei unbekanntem Wellendurchmesser und größeren Drehmomenten bzw. Leistungen bestimmt man den *mittleren Teilkreisdurchmesser des treibenden Rades* (meist des Ritzels) aus

$$d_{m\,1} \approx \frac{950}{\sigma_{H\,lim}} \sqrt[3]{\frac{M_1\,\sigma_{H\,lim}\cos^2\delta_1}{\psi_d} \cdot \frac{i^2+1}{i^2}} \approx$$

$$\approx \frac{20\,500}{\sigma_{H\,lim}} \sqrt[3]{\frac{P_1\,\sigma_{H\,lim}\cos^2\delta_1}{\psi_d\,n_1} \cdot \frac{i^2+1}{i^2}} \qquad (57)$$

$d_{m\,1}, d_r$	M_1	P_1	$\sigma_{H\,lim}$	ψ_d, i	n_1	δ_1
mm	Nmm	kW	$\dfrac{N}{mm^2}$	1	min^{-1}	°

M_1 Drehmoment, P_1 Leistung des treibenden Rades; δ_1 Teilkegelwinkel, i Übersetzung; ψ_d Breitenverhältnis nach Tabelle 8; $\sigma_{H\,lim}$ Flankenfestigkeit nach Tabelle 5; n_1 Drehzahl des treibenden Rades.
Mit $d_{m\,1}$ ergibt sich der *äußere Teilkreisdurchmesser*

$$d_1 = d_{m\,1} + (b \sin \delta_1) \qquad (58)$$

Breite der Zähne $b = \psi_d\,d_{m\,1} \le 0{,}4\,R_a$.
Der Außenmodul wird damit $m_t = d_1/z_1$ mit z_1 nach Tabelle 8. Für m_t wird der nächstliegende Norm-Modul nach Tabelle 1 gewählt und hiermit die Rad-abmessungen endgültig nach 14.7.2.1 festgelegt. Für die Wahl des Werkstoffes und der Verzahnungsqualität gelten die Angaben unter 14.5.4.2 und 14.5.4.3.
Nachprüfung der Zahnfußbeanspruchung. Für die Nachprüfung werden die Ersatz-Geradstirnräder zugrunde gelegt. Kräfte und Verzahnungsdaten beziehen sich auf den mittleren Teilkreisdurchmesser d_m. Eingehende Tragfähigkeitsberechungen nach DIN 3991-1 ... 4.

Für die *Zahnfußbeanspruchung* gilt:

$$\sigma_F = \frac{F_{tm}}{b\,m_{nm}}\,Y_F\,Y_{\in v} \le \sigma_{FP}$$

σ_F, σ_{FP}	F_{tm}	b, m_{mn}	y
$\dfrac{N}{mm^2}$	N	mm	1

(59)

Umfangskraft am mittleren Teilkreis $F_{tm} = 2\,M_1\,c_S/d_{m\,1}$; c_S Betriebsfaktor nach Bild 6; b Zahnbreite; m_{nm} mittlerer Modul; Y_F Zahnformfaktor, abhängig von z_n, nach Bild 18; $Y_{\in v} = 1$ Überdeckungsfaktor der Ergänzungsverzahnung, üblich ist $Y_{\in v} = 1$, zulässige Biegespannung σ_{FP} wie zu Gleichung (35); $m_{nm} = d_m/z$. Die Nachprüfung ist für beide Räder durchzuführen.

Nachprüfung der Flankenbeanspruchung. Für die im Wälzpunkt auftretende *Hertz'sche Pressung* gilt

$$\sigma_H = \sqrt{\frac{F_{tm}}{b\,d_{m1}} \cdot \frac{\sqrt{u^2+1}}{u}}\,Z_{Hv}\,Z_E\,Z_{\in v} \le \sigma_{HP}$$

σ_H, σ_{HP}	F_{tm}	$b, d_{m\,1}$	$u, Z_{Hv}\,Z_{\in v}$	Z_E
$\dfrac{N}{mm^2}$	N	mm	1	$\dfrac{N}{mm^2}$

(60)

F_{tm} und b wie zu (59); $d_{m\,1}$ mittlerer Teilkreisdurchmesser des Ritzels; Zähnezahlverhältnis $u = z_2/z_1$; Z_{Hv} Zonenfaktor nach (38); Z_E Elastizitätsfaktor nach Tabelle 7; $Z_{\in v}$ Überdeckungsfaktor für Kegelräder wie zu (36); σ_{HP} zulässige Pressung wie zu Gleichung (36).

Tabelle 8. Erfahrungswerte zur Kegelradberechnung

Übersetzung i	1	2	3	4	5	≥ 6
Ritzelzähnezahl z_1	30 ... 20	25 ... 18	22 ... 16	18 ... 14	14 ... 12	12 ... 10
Breitenverhältnis $\psi_d = b/d_{m\,1}$	0,25	0,4	0,55	0,7	0,85	0,85

Für geradverzahnte Räder mehr die oberen Werte für zt, für schräg- und bogenverzahnte die unteren wählen.

14.7.3 Schräg- und bogenverzahnte Kegelräder

14.7.3.1 Flankenformen, Eigenschaften.
Verlauf der Flankenlinien an der aus der Abwicklung des Kegelmantels entstandenen Planverzahnung zeigt Bild 26. Schrägungswinkel β_m gleich Winkel zwischen Radiale und Zahnflankentangente in Zahnmitte. Äußere Stirnteilung $p_{ta} = m_{ta}\,\pi$, mittlere Stirnteilung $p_{tm} = m_{tm}\,\pi$, mittlere Normalteilung im Normalschnitt durch Zahnmitte $p_{nm} = m_{nm}\,\pi$, wobei mittlerer Normalmodul meist gleich Normmodul m ist. φ Sprungwinkel.

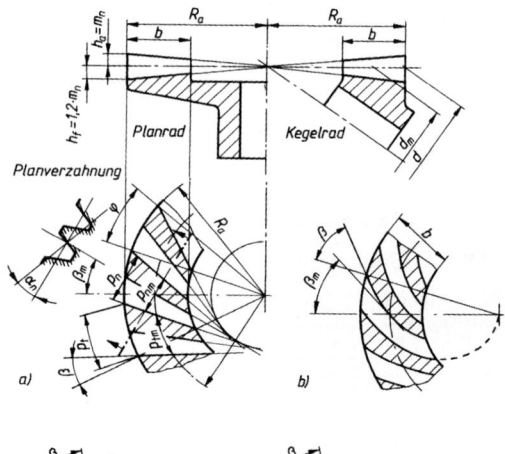

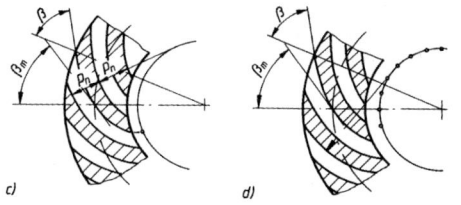

Bild 26. Flankenformen schräg- und bogenverzahnter Kegelräder

a) Schrägzähne; b) Spiralzähne; c) Evolventenzähne; d) Kreisbogenzähne

Schräg- und bogenverzahnte Kegelräder laufen ruhiger, haben einen größeren Überdeckungsgrad und eine etwas höhere Zahnfestigkeit als geradverzahnte.

14.7.3.2 Ersatz-Zähnezahl, Eingriffsverhältnisse.
Die Kegelräder werden auf Ersatz-Schrägstirnräder mit der Ersatz-Zähnezahl $z_n = z/(\cos\delta \cos^3\beta_m)$ zurückgeführt. Die Gesamtüberdeckung setzt sich aus der Profilüberdeckung ϵ_α der Ersatz-Schrägstirnräder und der Sprungüberdeckung zusammen:

$$\epsilon_\beta = R_a\,\varphi\,\pi/(180° \cdot t_{sm})$$

$$\epsilon_{ges} = \epsilon_\alpha + \epsilon_\beta.$$

14.7.3.3 Grenzzähnezahl, Profilverschiebung.
Für schrägverzahnte Kegelräder ergibt sich die *Grenzzähnezahl*

$$z_{g\,KS} - 17\cos\delta\cos^3\beta \tag{61}$$

Bei Bogenzähnen liegen je nach Herstellungsverfahren unterschiedliche Verhältnisse vor. Profilverschiebung zur Vermeidung von Zahnunterschnitt kommt praktisch kaum in Frage, da $z_{g\,KS}$ fast nie unterschritten wird.

14.7.3.4 Berechnung der Zähne.
Sinngemäß wie unter 14.7.2.5. Dabei ist z_{ns} anstelle von z_n und m_{nm} anstelle von m_m zu setzen.

14.8 Schneckengetriebe

14.8.1 Eigenschaften, Ausführungsformen

Getriebe besteht aus meist treibender Schnecke und getriebenem Schneckenrad. Übersetzung fast nur ins Langsame: $i_{min} \approx 5$, $i_{max} \ldots 100$. Kreuzungswinkel der Achsen meist 90°. Schnecke und Schneckenrad können zylindrische oder globoide Form haben; Getriebe-Ausführungsformen zeigt Bild 27.
Je nach Herstellungsverfahren unterscheidet man A- und N-Schnecken als gebräuchlichste Formen: A-Schnecke zeigt im Achsschnitt, N-Sehnecke im Normalschnitt ein geradflankiges Trapezprofil.

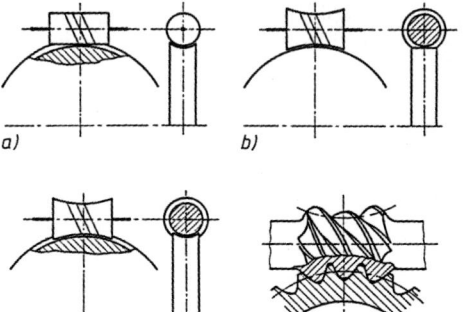

Bild 27. Schneckengetriebe
a) Zylinderschneckentrieb
b) Globoidschnecken-Zylinderradtrieb
c) Globoidschneckentrieb

14.8.2 Geometrische Beziehungen

14.8.2.1 Übersetzung. Übersetzung $i = n_1/n_2 = z_2/z_1 = M_2/(M_1\,\eta_g)$; Index 1 für Schnecke, Index 2 für Schneckenrad, η_g Gesamtwirkungsgrad des Getriebes (siehe 8.4). Günstige Bauverhältnisse ergeben sich bei i und z_1:

i	5 ... 10	> 10 ... 15
z_1	4	3
i	> 15 ... 30	> 30
z_1	2	1

14.8.2.2 Abmessungen der Schnecke. Aus der Abwicklung eines Schneckenganges ergibt sich der Steigungswinkel γ_m gleich Winkel zwischen Zahnflankentangente am Mittenkreis und Senkrechter zur Achse aus $\tan \gamma_m = H/(d_{m1} \pi)$, Steigung $H = z_1 t_a$ (Bild 28).
Im Achsschnitt wird Achsteilung $p_a = m_a \pi$, im Normalschnitt Normalteilung $p_n = m_n = p_a \cos \gamma_m$.
Der *Mittenkreisdurchmesser der Schnecke* ergibt sich aus

$$d_{m1} = \frac{z_1 m_a}{\tan \gamma_m} = \frac{z_1 m_n}{\sin \gamma_m} \quad (62)$$

m_a Achsmodul, meist gleich Norm-Modul; m_n Normal-Modul; Steigungswinkel $\gamma_m \approx 15° ... 25°$ üblich. Eingriffswinkel im Achsschnitt aus $\tan \alpha_a = \tan \alpha_n/\cos \gamma_m$ mit Normaleingriffswinkel $\alpha_n = 20°$.

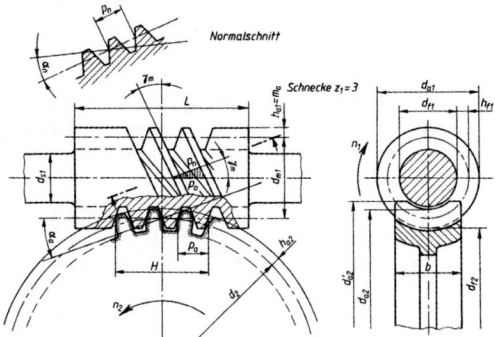

Bild 28. Geometrische Beziehungen am Schneckengetriebe

Bei Ausführung als Schneckenwelle (Bild 28) soll bei einem Wellendurchmesser d_{s1} etwa sein: $d_{m1} \approx 1,4 \; d_{s1} + 2,5 \; m_a$, bei aufgesetzter Schnecke $d_{m1} \geq 1,8 \; d_1 + 2,5 \; m_a$. Überschläglich rechnet man $d_{s1} \approx 0,65 \; \sqrt[3]{M_1}$ in mm; M_1 Drehmoment der Schnecke in Nmm. Mit Zahnkopfhöhe $h_{a1} = m_a$ und Zahnfußhöhe $h_{f1} = 1,2 \; m_a$ ergeben sich Kopf- und Fußkreisdurchmesser d_{a1} und d_{f1} (Bild 28). Damit möglichst alle Schneckengänge in der ganzen Länge zum Tragen kommen, soll die *Schneckenlänge* ausgeführt werden:

$$L \approx 2 \; m_s \sqrt{2 \; z_2 - 4} \quad \begin{array}{c|c} L, m_s & z_2 \\ \hline \mathrm{mm} & 1 \end{array} \quad (63)$$

14.8.2.3 Abmessungen des Schneckenrades. Das Schneckenrad entspricht einem globoiden Schrägstirnrad. Schrägungswinkel $\beta = \gamma_m$, Stirnteilung $p_t = p_a$ entsprechend Stirnmodul $m_s = m_a$ bei Kreuzungswinkel 90°. *Teilkreisdurchmesser*

$$d_2 = m_s z_s = \frac{m_n z_2}{\cos \beta} \quad (64)$$

Zahnkopfhöhe, Zahnfußhöhe und damit Kopfkreis- und Fußkreisdurchmesser wie bei Schrägstirnrädern. Außendurchmesser $d'_{a2} \approx d_2 + 3 \; m_s$ bzw. konstruktiv festlegen. Radbreite, normalerweise gleich Zahnbreite, $b = 0,8 \; d_{m1}$ bzw. konstruktiv festlegen. *Achsabstand* $a = (d_{m1} + d_2)/2$.

14.8.3 Eingriffsverhältnisse

Wird Übersetzung $i \approx 5$ bei $z_2 \approx 20 ... 30$ nicht unterschritten, besteht keine Unterschnittgefahr und Gefährdung der Eingriffsverhältnisse. Profilverschiebung daher nur ausnahmsweise, z. B. zum Erreichen eines bestimmten Achsenahstands.

14.8.4 Wirkungsgrad

Bei treibender Schnecke ist der *Wirkungsgrad der Verzahnung*

$$\eta_Z = \frac{\tan \gamma_m}{\tan (\gamma_m + \rho')} \quad (65)$$

(Keil-) Reibungswinkel ρ' aus $\tan \rho' = \mu' = \mu/\cos \alpha_n$; bei Stahl-Schnecke und Gusseisen-Rad bei Fettschmierung: $\rho' \approx 6°$ ($\mu' \approx 0,1$), sonst gilt bei Ölschmierung:

v_g	0,5	1	2	4	$\geq 6 \; \frac{m}{s}$
$\rho' \approx$	3	2,3	2	1,4	1,1

v_g Gleitgeschwindigkeit der Zahnflanken ($v_g = \pi d_{m1} n_1$). Der Gesamtwirkungsgrad des Schneckengetriebes wird $\eta_g = \eta_Z \eta_L$ mit Lagerungswirkungsgrad $\eta_L \approx 0,95$ bei Wälzlagerung, $\eta_L \approx 0,9$ bei Gleitlagerung der Wellen. Für Entwurf wählt man bei

$z_1 = 1 : \eta_g \approx 0,7; z_1 = 2 : \eta_g \approx 0,8;$
$z_1 = 3 : \eta_g \approx 0,85; z_1 = 4 : \eta_g \approx 0,9$

Selbsthemmung bei $\gamma_m < \rho'$.

14.8.5 Kraftverhältnisse

Die Kraftwirkungen bei treibender Schmecke zeigt Bild 29. Mit der Umfangskraft am Teilkreis der Schnecke $F_{t1} = 2 M_1 c_S/d_{m1}$, worin c_S Betriebsfaktor nach Bild 6 ist, ergeben sich aus dem Kräfteplan, Bild 29 die *Axialkraft der Schnecke*:

$$F_{a1} = \frac{F_{t1}}{\tan(\gamma_m + \rho')} \qquad (66)$$

Aus Normalschnitt folgt $F_{r1} = F'_{N1} \tan \alpha_n$. Wird F'_{N1} dem nach, Kräfteplan durch F_{t1} ausgedrückt, ergibt sich die *Radialkraft*

$$F_{r1} = \frac{F_{t1} \cos \rho' \tan \alpha_n}{\sin(\gamma_m + \rho')} \qquad (67)$$

Die Umfangskraft am Schneckenrad ist gleich, aber entgegengerichtet der Axialkraft an der Schnecke: $F_{t2} = F_{a1}$. Ebenso ist $F_{r2} = F_{r1}$. Aus Bild 29 ergibt sich die *Axialkraft am Schneckenrad* $F_{a2} = F_{t1}$

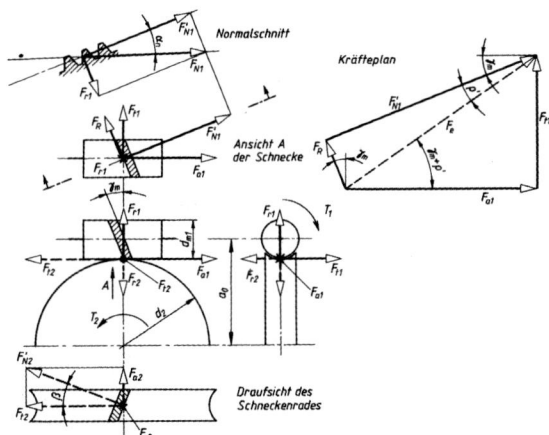

Bild 29. Kraftverhältnisse am Schneckengetriebe

14.8.6 Berechnung der Zähne

Wegen der anders gearteten Bewegungsverhältnisse der Zahnflanken aufeinander kann die Berechnungsweise für Stirn- und Kegelräder nicht ohne weiteres für Schneckengetriebe angewandt werden. Man ermittelt auf Grund der Wälzfestigkeit der Zahnflanken den Teilkreisdurchmesser *des Schneckenrades* aus

$$d_2 \approx 1{,}1 \cdot \sqrt[3]{\frac{M_2 \, z_2}{k_s}} \approx 240 \cdot \sqrt[3]{\frac{P_2 \, z_2}{k_s \, n_2}}$$

d_2	M_2	P_2	k_s	n_2	z_2
mm	Nmm	kW	$\dfrac{N}{mm^2}$	min^{-1}	1

(69)

Drehmoment des Schneckenrades $M_2 = M_1 \, i \, \eta_g$; vom Schneckenrad zu übertragende Leistung $P_2 = P_1 \, \eta_g$; z_2 Zähnezahl des Schneckenrades; n_2 Drehzahl des Schneckenrades; k_s Wälzfestigkeit nach Tabelle 9. Mit d_2 wird Stirnmodul gleich Achsmodul $m_s = m_a = d_2/z_2$ ermittelt und nächstliegender Norm-Modul gewählt. Nach DIN 780 sind für Schneckengetriebe vorgesehen:

$m_a = m_s =$ 1 1,25 1,6 2 2,5 3,15 4 5 6,3 8 10 12,5 16 20 mm

Mittenkreisdurchmesser d_{m1} der Schnecke in Abhängigkeit vom Wellendurchmesser d_1 nach 14.8.2.2 festlegen und damit Steigungswinkel γ_m aus (62). Sonstige Schnecken- und Schneckenradabmessungen nach 14.8.2.2 und 14.8.2.3 bestimmen. Vorwahl der Werkstoffe nach 14.8.7.
Nach Vorwahl der Getriebeabmessungen wird die Flanken-Tragfähigkeit, d. h. die *Wälzpressung*, geprüft:

$$k = \frac{2 M_2 \, (c_S)}{d_2^2 \, b_2 \, y_z} = \frac{19{,}5 \cdot 10^6 \, P_2 \, (c_S)}{d_2^2 \, b_2 \, y_z \, n_2} \leq k_{zul}$$

k	b_2	y_z	M_2, P_2, d_2, n_2	c_S
$\dfrac{N}{mm^2}$	mm	1	wie zu (67)	1

(70)

Die *zulässige Wälzpressung* ergibt sich, aus:

$$k_{zul} = \frac{k_s \, y_v \, y_L}{v}$$

k_{zul}, k_s	y_v, y_L, v
$\dfrac{N}{mm^2}$	1

(71)

b_2 Zahnbreite des Schneckenrades; y_z Zahnformfaktor nach Bild 30; k_s Wälzfestigkeit nach Tabelle 9; y_v Geschwindigkeitsfaktor nach Bild 31; y_L Lebensdauerfaktor nach Bild 32; v Sicherheit, bei gleichmäßigem Lauf: $v \approx 1{,}25$, bei Wechsel- und stoßhaftem Betrieb: $v \approx 1{,}5$.

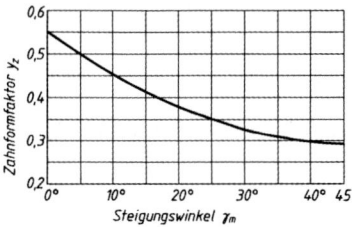

Bild 30. Zahnformfaktor y_z

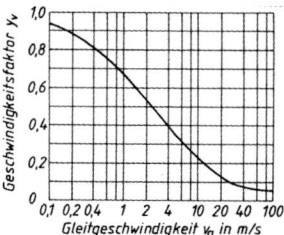

Bild 31. Geschwindigkeitsfaktor y_v

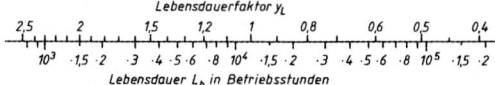

Bild 32. Lebensdauerfaktor zur Berechnung der Schneckengetriebe

Tabelle 9. Richtwerte für die Wälzfestigkeit k_s von Schneckengetrieben

Werkstoff		Wälz-festigkeit k_s in N/mm²
der Schnecke	der Zähne des Schneckenrades	
Stahl, gehärtet und geschliffen, z.B. E355, E360, C15, 16MnCr5	CuSn-Leigerungen, z. B. CuSn12Ni2-C	8
	Al-Leigerungen, z. B. CuZn25Al5MnFe3-C	4
	Perlitguss	12
Stahl, vergütet (nicht geschliffen), z.B. E355, E360 42CrMo4	CuSn-Leigerungen (w.o.)	5
	Al-Leigerungen (w.o.)	2,5
	Zn-Leigerungen (w.o.)	2
	Gusseisen, z. B. EN-GJL-150	4
Gusseisen EN-GJL-200	CuSn-Leigerungen (w.o.)	4
	Al-Leigerungen (w.o.)	2
	Gusseisen, z. B. EN-GJL-150	3,5

Nachprüfung auf Bruchfestigkeit der Zähne ist normalerweise nicht erforderlich.

14.8.7 Werkstoffe für Schnecke und Schneckenrad

Bei mäßiger Geschwindigkeit und Belastung für Schnecke: E335 und E360, für Schneckenrad: EN-GJL-200 und CuSn-Leg. Bei hohen Drehzahlen und Belastungen für Schnecke: Einsatzstähle und Vergütungsstähle wie C16E und 16Cr3 für Schneckenrad: CuSn-Leg. wie CuSn12Ni2-C, für korrosionsbeständige Getriebe bei geringen Belastungen auch Al-Leg. wie CuZn25, Al5MnFe3-C und Kunststoffe bei gehärteter Schnecke.

■ **Beispiel:**
Für Abtriebsleistung $P_2 = 11$ kW und Übersetzung $n_1/n_2 = 960/75$ ist ein Schneckengetriebe für eine Lebensdauer von ≈ 8000 Stunden zu berechnen.

Lösung:
Zunächst Festlegung der *Zähnezahlen*. Mit $i = n_1/n_1 = 960/75 = 12,8$ wird nach 14.8.2.1 für Schnecke $z_1 = 3$ (3 gängig) gewählt. Zähnezahl des Schneckenrades $z_2 = i\, z_1 = 12,8 \cdot 3 = 38,4$; festgelegt $z_2 = 38$.
Teilkreisdurchmesser des Schneckenrades nach (69):

$$d_2 \approx 240 \sqrt[3]{\frac{P_2\, z_2}{k_s\, n_2}}$$

Leistung des Schneckenrades $P_2 = 11$ kW; Zähnezahl $z_2 = 38$; Drehzahl $n_2 = 75$; Wälzfestigkeit $k_s = 5$ N/mm²; für vorgewählten Schneckenwerkstoff E355 (Vergütungsstahl) und Radwerkstoff CuSn12Ni2-C bei vorliegender mäßiger Belastung.

$$d_2 \approx 240 \sqrt[3]{\frac{11 \cdot 38}{5 \cdot 75}}\,\text{mm} \approx 250\,\text{mm}$$

Hiermit wird *Stirnmodul* $m_s = d_2/z_2 = 250$ mm/38 $\approx 6,6$ mm; gewählt nach 14.8.6: $m_s = m_a = 6,3$ mm.
Mittenkreisdurchmesser der Schnecke nach 14.8.2.2 bei Ausführung als Schneckenwelle: $d_{m1} \approx 1,4\, d_{s1} + 2,5\, m_a$; Wellendurchmesser überschlägig $d_{s1} \approx 0,65 \sqrt[3]{M_1}$ nach 14.8.2.1 wird $M_1 = M_2/(i\ \eta_g)$; $M_2 = 9\,550 \cdot 10^3\ P/n = 9\,550 \cdot 10^3 \frac{11}{75} = 1\,400 \cdot 10^3$

Nmm; für $z_1 = 3$ wird nach 14.8.4 geschätzt $\eta_g \approx 0,85$; damit $M_1 = 1\,400 \cdot 10^3$ Nmm/12,8 $\cdot$ 0,85 $\approx 129 \cdot 10^3$ Nmm und $d_1 \approx 0,65 \sqrt[3]{129 \cdot 10^3} \approx 35$ mm; hiermit $d_{m1} \approx 1,4 \cdot 5$ mm + $2,5 \cdot 6,3$ mm = 64,8 mm gewählt $d_{m1} = 65$ mm.

Steigungswinkel gleich *Schrägungswinkel* aus (62):

$$\gamma_m = \arctan \frac{z_1\, m_a}{d_{m1}} = \arctan 3 \cdot \frac{6,3\,\text{mm}}{65\,\text{mm}} = 16°13' = \beta_0$$

Schneckenlänge nach (63):

$$L \approx 2\,m_s\, \sqrt{2\, z_2 - 4} \approx 2 \cdot 6,3\,\text{mm} \cdot \sqrt{2 \cdot 38 - 4} = 107\,\text{mm}$$
$$\approx 110\,\text{mm}$$

Teilkreisdurchmesser des Schneckenrades nach (64):

$$d_2 = m_s\, z_2 = 6,3\,\text{mm} \cdot 38 = 239,4\,\text{mm}$$

Radbreite gleich *Zahnbreite* $b \approx 0,8\, d_{m1} \approx 0,8 \cdot 65$ mm = 52 mm, ausgeführt $b = 50$ mm.
Mit den vorgewählten Daten wird *die Flanken-Tragfähigkeit* nach (70) geprüft:

$$k = \frac{2\, M_2}{d_2^2\, b_2\, y_z} \leq k_{zul}$$

$M_2 = 1,4 \cdot 10^6$ Nmm, $d_2 = 239,4$ mm, $b_2 \triangleq b = 50$ mm (s.o.); Zahnformfaktor $y_z \approx 0,4$ für $\gamma_m \approx 16°$ nach Bild 30; damit wird

$$k = \frac{2 \cdot 1,4 \cdot 10^6}{239,4^2 \cdot 50 \cdot 0,4}\,\frac{N}{\text{mm}^2} \approx \frac{N}{\text{mm}^2}$$

Zulässige Wälzpressung nach (71);

$$k_{zul} = k_s\, y_v\, y_L / v.$$

Wälzfestigkeit $k_s = 5$ N/mm² (s.o.); Geschwindigkeitsfaktor $y_v \approx 0,42$ nach Bild 31 für $v_g = d_{m1}\, \pi\, n_1/(60\, \cos\, \gamma_m) = 0,065\, \pi \cdot 960/(60 \cdot 0,9602) = 3,4$ m/s; Lebensdauerfaktor $y_L \approx 1,15$ nach Bild 32 für $L_h = 800$ h; Sicherheit $v = 1,25$ gewählt bei angenommenem gleichmäßigem Lauf; damit wird

$$k_{zul} = 5\,\frac{N}{\text{mm}^2} \cdot 0,42 \cdot \frac{1,15}{1,25} \approx 2\,\frac{N}{\text{mm}^2} < k = 2,5\,\frac{N}{\text{mm}^2}$$

Mit vorbestimmten Getriebedaten genügt die angenommene Werkstoffpaarung nicht.
Für die Schnecke neu gewählt: Einsatzstahl C15E, gehärtet und geschliffen; mit Schneckenrad aus Cu-Sn12Ni2-C wird dann $k_s = 8$ N/mm² und damit

$$k_{zul} \approx 3,1\,\frac{N}{\text{mm}^2} > k = 2,5\,\frac{N}{\text{mm}^2}$$

Achsenabstand $a = (d_{m1} + d_2)/2 = (65$ mm $+ 239,4)/2 = 152,2$ mm.

14.9 Gestaltung der Zahnräder aus Metall

Ritzel werden durchweg als Vollräder ausgeführt. Ritzelzahne möglichst etwas breiter als Radzähne, um „Versetzungen" zu vermeiden (siehe auch unter 14.5.4.1). Bruchempfindliche Zahnenden seitlich abschrägen. *Großräder* werden meist als Gusskonstruktionen, bei Einzelstücken auch als Schweißkonstruktionen ausgeführt, und zwar mit Teilkreisdurchmesser bis $d \approx 8\,d$ (d Wellendurchmesser) als Scheibenräder, größere mit Armen. Ausführungsbeispiele zeigt Bild 33.
Anzahl der Arme $z_A \approx 1/8\,\sqrt{d} \geq 4$; Armquerschnitt: $b_1 \approx 1,8\,m$, $b_2 \approx 1,5\,m$ (Modul), $h_1 \approx 5\,b_1$, $h_2 \approx 4\,b_1$; Kranzdicke $e \approx 4\,m$.

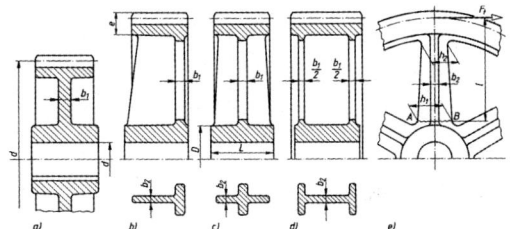

Bild 33. Ausführung der Großräder
a) Scheibenrad; b) bis c) Räder mit Armen

14.10 Schmierung der Zahnradgetriebe

Die Schmierung soll die unvermeidbare Zahnflankenreibung und damit Geräuschbildung, Erwärmung und Verschleiß verringern und den Getriebewirkungsgrad erhöhen. Vielfach genügen reine Mineralöle. Bei höheren Belastungen (Stoß, unterbrochener Betrieb, Bogenverzahnung) sind EP- Zusätze üblich (EP-Öle, EP: Extreme Pressure).
Eine Auswahl von Schmierstoffen für Zahnradgetriebe gibt DIN 51509 Bl. 1 und 2 (Schmieröle und plastische Schmierstoffe).

14.11 Zahnräder aus Kunststoff

14.11.1 Vor- und Nachteile, Verwendung

Vorteile gegenüber den Zahnrädern aus Metall: geräusch- und schwingungsdämpfender Lauf, große Abriebfestigkeit und Zähigkeit, kleine Reibungswerte und geringe Wichte, gute Notlaufeigenschaften, Korrosionsbeständigkeit, elastischer Ausgleich von Eingriffsteilungsfehlern, leichte Bearbeitbarkeit.
Nachteile: geringere Belastbarkeit, höhere Werkstoffkosten, teilweise starke Quellung durch Feuchtigkeit.
Einsatzgebiete der Kunststoff-Zahnräder: Büromaschinen, Textil- und Druckereimaschinen, Haushaltsmaschinen, Spielzeuge.

14.11.2 Kunststoffsorten

Pressschichtstoffe zeichnen sich durch hohe Festigkeit gegenüber den anderen Kunststoffen aus, empfindlich gegen Feuchtigkeit. Gegenrad aus Metall, da Gefahr von „Fressen" besteht. *Hartgewebe* ist unempfindlich gegen Feuchtigkeit, Festigkeit ca. 50 % geringer als Pressschichtholz. Gegenrad aus *Polyamide* besitzen hohe Elastizität und niedrige Dichte, hohe Geräuschdämpfung, da Polyamid-Räder gepaart werden können.

14.11.3 Berechnung der Kunststoff-Zahnräder

Teilkreisdurchmesser des auf die Welle zu setzenden Ritzels $d_1 \approx 2{,}5 \ldots 3\,d$ (d Wellendurchmesser); Ritzelzähnezahl z_1 um 4 bis 6 höher gegenüber der zu Glei-

chung (30); Zahnbreite b über ψ_d für Kennlinien a und b nach Bild 15. Überschlägig kann für die so vorgewählten Hauptabmessungen nach Bild 34 die übertragbare Leistung P in kW je mm Zahnbreite b für eine Ritzelzähnezahl $z_1 = 20$ ermittelt werden. Die übertragbare Leistung eines Rades wird dann

$$P = y\left(\frac{P}{b}\right)b \tag{72}$$

P	y	b
kW	1	mm

$$y = 2 - \frac{30}{z+10} \tag{73}$$

y Zähnezahlfaktor zur Berücksichtigung anderer Ritzelzähnezahlen als 20, die dem P/b-Wert nach Bild 34 zugrunde gelegt wurden. Eine genaue Berechnung sollte stets nach Angaben des Kunststoff-Herstellers erfolgen.

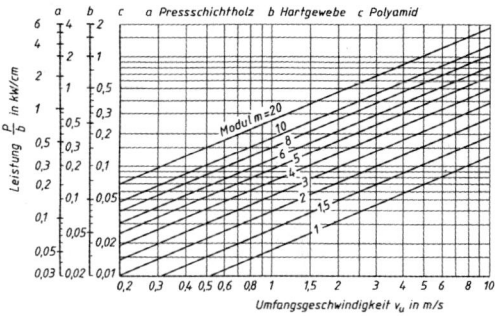

Bild 34. Ermittlung der Leistung P in kW je cm Zahnbreite für Zahnräder aus Kunststoffen

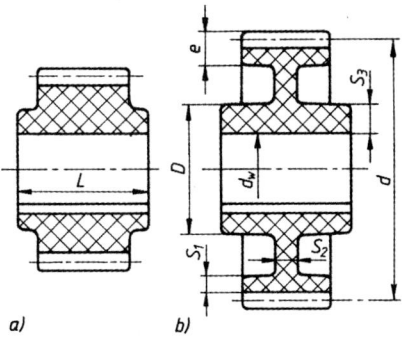

Bild 35. Ausführung und Abmessungen von Polyamid-Zahnrädern a) Vollrad, b) Scheibenrad

14.11.4 Gestaltung der Polyamid-Zahnräder

Vollräder für $d < 3\,d_w$ (d_w Wellendurchmesser)
Scheibenräder für $d \geq 3\,d_w$
Zahnkranzdicke $s_1 \approx 2 \ldots 2{,}5\,m$; $e \approx 4{,}2 \ldots 4{,}7\,m$
Nabendurchmesser $D \approx 1{,}6 \ldots 1{,}8\,d_w$
Wanddicke $s_3 \approx 0{,}3 \ldots 0{,}4\,d_w$

Nabenlänge $L \approx 1{,}8 \ldots 2\, d_w$

Kanten und Übergänge gut runden. Befestigung kleiner Räder mit Welle durch Kleben oder Aufspritzen (Bild 36). In die Nabe eingesetzte Metallbuchse erhöht Nabenfestigkeit.

14.11.5 Schmierung der Kunststoff-Zahnräder

Pressschichtstoffe: Fett- oder Trockenschmiermittel (z. B. Molybdänsulfid).
Hartgewebe: Öl-, Fett- oder Trockenschmiermittel.
Polyamide: Öl, Fett- oder Trockenschmiermittel

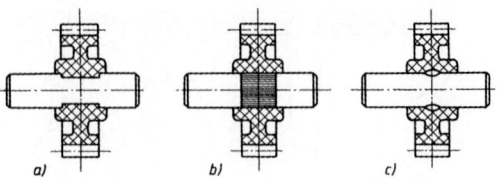

Bild 36. Auf Wellen aufgespritzte Polyamid-Zahnräder

a) mit angefrästen Flächen
b) mit Rändel
c) mit angestauchten Lappen

K Fördertechnik

Johannes Sebulke

Formelzeichen und Einheiten

Symbol	Einheit	Bedeutung
A	m^2, cm^2, mm^2	Fläche
E	$\frac{N}{m^2}$	Elastizitätsmodul
F	N	Kraft
G	N	Gewichtskraft
J	kgm^2	Trägheitsmoment (Massenmoment 2. Grades)
L	h	Lebensdauer
M	Nm	Drehmoment
P	W, kW	Leistung
S	N	Seilzugkraft
T	s	Periodendauer
V	m^3, cm^3, mm^3	Volumen
W	J = Nm = Ws	Arbeit, Energie
a	$\frac{m}{s^2}$	Beschleunigung
d	m, cm, mm	Durchmesser
f	$\frac{1}{s}$	Frequenz
g	$\frac{m}{s^2}$	Fallbeschleunigung
i	1	Übersetzung
l	m, cm, mm	Länge
m	kg, t	Masse, Fördermenge
$\dot{m}$	$\frac{kg}{s}$, $\frac{kg}{h}$, $\frac{t}{h}$	Förderstrom (Massendurchsatz) = Masse pro Zeiteinheit
m'	$\frac{kg}{m}$, $\frac{t}{m}$	Masse pro Längeneinheit
n	min^{-1}	Drehzahl
p	1	Polpaarzahl
r	m, cm, mm	Radius
s	m, cm, mm	Weg
t	s, h	Zeit
t_k	m, mm	Kettenteilung
v	$\frac{m}{s}$, $\frac{km}{h}$	Geschwindigkeit
w	1	Widerstandsbeiwert
x	m	Weggröße
α	°	Steigungswinkel Förderrichtung
ϵ	1	Dehnung
η	1	Wirkungsgrad
μ	1	Reibzahl
ρ	$\frac{kg}{m^3}$, $\frac{t}{m^3}$	Dichte
φ	1	Stufensprung, Beiwert
ψ	1	Beiwert
< >		Zahlen in eckigen Klammern sind Hinweise auf weiterführende Literatur, die am Ende dieses Abschnitts aufgeführt ist.

1 Überblick über das Gesamtgebiet der Fördertechnik

1.1 Begriffsbestimmung und Abgrenzung

Die Fördertechnik befasst sich mit allen Fragen innerbetrieblicher Materialtransporte sowie mit der Organisation des gesamten betrieblichen Materialflusses. Die Hebetechnik ist ein Teilgebiet der Fördertechnik. Die Materialflusstechnik in der Produktion und die eng damit verbundene Warenlager- und -Verteiltechnik (auch Kommissionier- oder Distributionstechnik genannt) sind wichtige Teilgebiete. Die Umschlagtechnik in Häfen und Güterbahnhöfen sowie die Beförderung von Bergbauprodukten auf Förderbändern manchmal über mehrere 100 Kilometer sind weitere Beispiele.

Nicht mehr zur Fördertechnik gehören die ausserbetriebliche Güterbeförderung, wie z.B. durch Eisenbahn und Lkw, sowie die gesamte Personenbeförderung (Tabelle 1).

Die Abgrenzungen sind jedoch fließend, und es gibt Überschneidungen, wie z.B. die Aufzugstechnik oder ein sogenanntes „integriertes Transportsystem", d.h. die Verwendung von genormten Behältern („Containern") *und* entsprechende organisatorische Maßnahmen, um diese auf Schiff, Bahn, Lkw *und* innerbetrieblich gleich rationell verwenden zu können.

Die Lagertechnik, bei der es auf das organische Ein- und Auslagern von Fertig- und Halbfertigprodukten ankommt, und die Logistik, die den gesamten Warenfluss vom Lieferanten bis zur Einbaustelle in der Produktion optimiert, sind verwandte Fachgebiete, bei denen sehr viel Fördertechnik zur Anwendung kommt.

1.2 Häufig gestellte Fragen („FAQ's - Frequently Asked Questions")

- *Was unterscheidet die Fördertechnik vom allgemeinen Maschinenbau?*
  Die Fördertechnik integriert viele Gebiete des Maschinenbaus bezüglich des **organisierten Transports von Gütern über kurze Strecken**.
  So vielfältig wie die transportierten Güter – von Kohle bis zu Flughafengepäck –, so vielfältig ist auch die Fördertechnik.
  Eng verbunden mit der Fördertechnik ist die Logistik, die Lehre von der zeitlich und örtlich genauen Bereitstellung von Gütern. Die Fördertechnik deckt dabei mehr den maschinenbaulichen Teil ab, die Logistik mehr den Bereich der Optimierung der der Warenströme.
  Um trotz der Vielfalt nicht jede Förderanlage neu konstruieren zu müssen, wird in der Fördertechnik das **Baukastenprinzip** eingesetzt, wenn immer möglich: kombinieren statt konstruieren.

Tabelle 1. Gliederung der Fördertechnik und angrenzende Bereiche

Transporttechnik				
Verkehrstechnik		**Fördertechnik**		
Personenverkehr	Güterverkehr	Komponententechnik – Fördertechnische Bausteine	Anlagentechnik – Gesamtheit d. Fördermittel	Systemtechnik – Planung u. Ausführung komplexer Gesamtanlagen
		Bauelemente	Unstetigförderer: Krane, Hängebahnen, Regalförderzeuge, Flurförderer, Verladeanlagen	„software": Materialflusstechnik, Organisationstechnik, Operations research, Datentechnik, Prozesssteuerungen
		Lastaufnahmeeinrichtungen		
		Antriebe		
		Übersetzungsgetriebe	Stetigförderer: Bandförderer, Becherwerke, Rutschförderer, Pneumat. Förderer, Rollenförderer	„hardware" (Beispiele): Warenlager u. -verteilzentren, Automat. Materialflusssysteme in d. Fertigung, Flughafen-Gepäcktransportsysteme, Paketsortieranlagen, Containerterminals
		Bremsen		
		Hebezeuge		

1 Überblick über das Gesamtgebiet der Fördertechnik

In der Fördertechnik ist der **Bereitstellungs- oder Aussetzbetrieb** häufig. So heben z.B. Krane Lasten, wenn dies gebraucht wird. Dies kann selten sein (z.B. bei Montagekranen in Kraftwerken), oder es kann häufig sein (z.B. bei Kranen im Stahlhandel oder bei Verladeanlagen). Wegen dieser grossen Unterschiede in der Belastung pro Zeiteinheit ist das Denken in **Beanspruchungsgruppen und Lastkollektiven** typisch für die Fördertechnik.

Der Transport bewegter, oft schwerer Güter birgt eine hohe Unfallgefahr in sich. Deshalb gibt es in der Fördertechnik neben Unfallverhütungsvorschriften und Vorschriften der Berufsgenossenschaften (UVV, VBG) auch detaillierte **genormte Berechnungs- und Gestaltungsvorschriften,** die bindend einzuhalten sind. Die wichtigsten sind in den Deutschen Industrie Normen (DIN) enthalten <15,16,17,18>.

- *Welche Vorkenntnisse braucht man für das Gebiet der Fördertechnik?*
  Antriebstechnik – Maschinenelemente, – Stahlbau – Steuerungstechnik – Materialflusstechnik – Systemtechnik <11,12>.

- *Was ist der besondere Nutzen der Fördertechnik für Technistudenten?*
  Die Wirkungen von Kräften, Momenten und Energien sind in der Fördertechnik noch sehr anschaulich und unmittelbar: ein fehlerhaft berechneter Baukran knickt eben ein, ein falsch gesteuertes Förderband einer Verladeanlage versenkt eben den Lastkahn, den es beladen soll! Wegen dieser Anschaulichkeit ist die Fördertechnik ein ideales Lerngebiet für Technikstudenten: man erhält auf anschauliche Weise ein Gefühl für die mechanischen Auswirkungen von technischen Massnahmen.

- *Welche Hilfen bietet das Internet bezüglich der Fördertechnik?*
  Das Internet ist für Literatur- Patent- und Normenrecherchen (z.B. http://www2.beuth.de) geeignet. Daneben sind die homepages von Spezialfirmen hilfreich, die spezielle marktfähige Produkte beschreiben.

1.3 Einteilung der Fördermittel

a) Nach der zeitlichen Arbeitsweise der Fördermittel unterscheidet man: *aussetzend arbeitende Förderer* (Unstetigförderer), wie z.B. Krane, Bagger; *stetig arbeitende Förderer* (Stetig- oder Dauerförderer), z.B. Förderbänder.

b) Nach den bedienten Freiheitsgraden unterscheidet man:
- *linienbedienende Fördermittel* (1 Freiheitsgrad), z.B. Schachtförderanlage, Förderbänder, Kreisförderer, Hängebahn;
- *flächenbedienende Fördermittel* (2 Freiheitsgrade), z.B. Elektrokarren (waagerechte Fläche), Regalförderzeuge (senkrechte Fläche);
- *raumbedienende Fördermittel* (3 Freiheitsgrade), z.B. Laufkrane mit Katze, Turmdreh- und -Wippkrane, Gabelstapler.

c) Nach Lastweg und Förderrichtung unterscheidet man:
- waagerechte und schwach geneigte Förderer;
- stark geneigte Förderer;
- senkrechte (seigere) Förderer oder Hubförderer.

Nach Umfang und Schwierigkeitsgrad unterscheidet man nach Tabelle 1:
Komponenten (Bauteile oder Baugruppen für Fördermittel, die in Serie hergestellt werden können, aber für sich allein meist noch keine Förderaufgaben erfüllen können;
Anlagen (große, umfangreiche Fördermittel, wie z.B. Verladeanlagen, die nicht mehr in Serie gefertigt werden können);
Fördertechnische Systeme (umfangreiche Fördermittel, bei denen neben dem reinen Fördervorgang eine organisatorische Funktion – z.B. Sortieren, Verteilen, Kommissionieren, Lagern von Stückgut eine maßgebliche Bedeutung hat). Bei Fördersystemen ist praktisch immer vorab eine Untersuchung des Materialflusses und der jeweiligen Zusatzfunktionen erforderlich, um das geeignetste Fördermittel oder die günstigste Kombination von Fördermitteln zu finden.

1.4 Transportarbeit, Transportleistung

Physikalische Transportarbeit
Mit Transportarbeit W wird diejenige Arbeit bezeichnet, die aufzuwenden ist, um eine bestimmte Last von einem Punkt im Raum zu einem anderen zu bewegen:

$$W = F s = F v t$$

W	F	s	v	t	P
Nm = J	N	m	$\frac{m}{s}$	s	$\frac{Nm}{s}$ = W

Für die Leistung gilt entsprechend:

$$P = \frac{W}{t} = F v$$

Die Kraft F setzt sich zusammen aus
a) der Kraft F_R zur Überwindung der Roll- und Gleitreibung
$$F_R = m g \mu \cos \alpha$$

b) der Kraft F_H für die Überwindung von Steigungen
$$F_R = m g \sin \alpha$$

F_R, F_H, F_B	m	g, a	μ
N	kg	$\frac{m}{s^2}$	1

$\alpha > 0$ Steigung; $\alpha = 0$ Ebene; $\alpha < 0$ Gefälle; $\alpha = 90°$, d.h. $\sin \alpha = 1$ Senkrechtförderung

c) der Beschleunigungskraft

$$F_B = m\,a$$

Die Transportleistung P wird dann

$$P = (F_R + F_H + F_B)\,v$$

In der Regel sind die drei Kraftanteile während des Fördervorganges nicht konstant. So tritt z.B. die Beschleunigungskraft nur beim Anfahren und Bremsen auf. Dann kann man für überschlägige Rechnungen die Förderstrecke in Abschnitte aufteilen, für die man die Teilkräfte kennt, und die Transportarbeit bzw. -leistung stückweise ermitteln. Oft überwiegt auch eine Teilkraft so stark, dass man die anderen vernachlässigen kann.

Technische Transportleistung
Bei stetigen und unstetigen Fördermitteln wird unter Transportleistung meist diejenige Menge an Fördergut verstanden, die das Fördermittel unter den vorgesehenen Betriebsbedingungen umschlagen bzw. befördern kann, z.B. t/h bei Gurtförderern oder Verladeanlagen. Anstelle der Fördergutmenge können auch andere charakteristische Größen treten, z.B. Paletten/h (Rollenförderer), Arbeitsspiele/h (Krane, Regalförderzeuge).

Arbeitsphysiologische Transportarbeit
Arbeitsphysiologische Transportarbeit ist die bei Handtransporten vom Körper aufzuwendende Energie. Bei der Schaufelarbeit haben z.B. die Einsticharbeit, die Beschaffenheit des Schaufelgutes und die Wurfhöhe den größten Einfluss.
Handtransporte sind in Industrieländern weitgehend auf Lasten unter 10 kg und kurze Wege beschränkt. Beispiele dieser Handtransporte sind das Einspannen von Werkstücken in Werkzeugmaschinen, das Heben von Kisten auf Werktische und das Verladen und Verpacken von Kartons, soweit dieser Bereich durch Kleinhebezeuge, Manipulatoren oder Industrieroboter noch nicht mechanisiert oder automatisiert ist.

2 Die Baukastensystematik in der Fördertechnik

2.1 Begriffsbestimmungen

In der Fördertechnik wird kaum ein größerer Einsatzfall so dem anderen gleichen, dass man zwei Anlagen nach denselben Zeichnungen fertigen kann. Konstruktionszeiten, Rüst- und Umstellungszeiten der Fertigung sind hoch; der Kunde muss bei Einzelanfertigung lange Lieferzeiten in Kauf nehmen. In der Fördertechnik haben sich daher Baukastenprinzip, Standardisierung und die Konstruktion von Erzeugnisreihen weitgehend durchgesetzt.

Baukastenprinzip heißt, dass ein Erzeugnis so lange nach Bild 1 in Baugruppen, Untergruppen und Einzelteile „aufgelöst" wird, bis die Erzeugnisteile genügend oft verwendet und daher in Serie gefertigt werden können. Natürlich müssen die einzelnen Baugruppen miteinander kombinierbar sein. Der Konstrukteur kann dann die vom Kunden gewünschte Lösung weitgehend aus vorhandenen „Bausteinen" zusammensetzen.

Standardisierung von Erzeugnissen oder Bauteilen bedeutet, dass man nicht mehr das Erzeugnis oder das Bauteil für jeden speziellen Einsatzfall neu auslegt, sondern das Erzeugnis nur in einigen häufig vorkommenden, oft genormten Größen fertigt. Der Kunde kann sich dann z.B. ein kostengünstiges, in Serie gefertigtes Laufrad nach Liste aussuchen, und braucht sich kein teures in Einzelfertigung „maßschneidern" zu lassen.

Eine *Reihenbildung* von Erzeugnissen oder Bauteilen liegt vor, wenn die Standardisierung in gesetzmäßigen Abstufungen erfolgt (Bild 2). Der Faktor, mit dem man die maßgebliche Größe (z.B. Hauptmaße, Drehmomente, Leistungen) einer Stufe multiplizieren muss, um die nächste Stufe zu erhalten, heißt Stufensprung φ. Als Zahlenwerte für den Stufensprung nimmt man Normzahlen nach DIN 323.

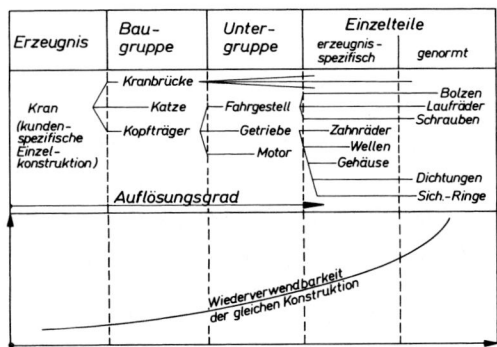

Bild 1.
Auflösung eines Kranes in Baugruppen, Untergruppen und Einzelteile
(Dematik)

3 Bauelemente der Fördertechnik

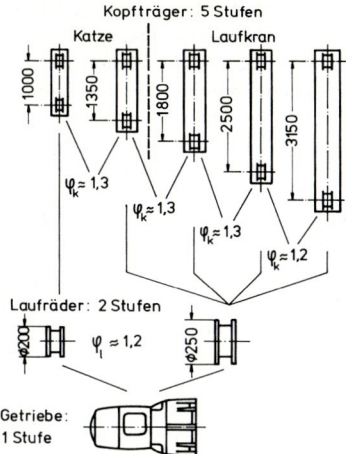

Bild 2.
Kopfträgerreihe für Laufkatzen und Laufkrane;
Stufensprunge φ_k und φ_p;
(Dematik)

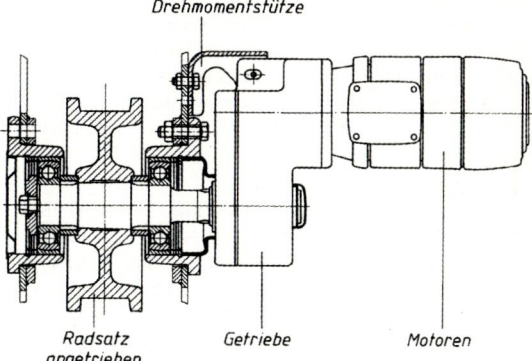

genhersteller konzentriert sich in diesem Fall auf kundenspezifische Auslegung, Konstruktion und Lieferung der neuen Gesamtanlage.

2.2 Nutzen des Baukastenprinzips für die Betreiber und Hersteller fördertechnischer Anlagen

Der Betreiber bekommt eine auf seinen Bedarf zugeschnittene Anlage, deren Bauteile aber in der Serie erprobt und bewährt sind. Die Ersatzteilhaltung ist wegen hoher Mehrfachverwendbarkeit der Bauteile geringer, die Austauschbarkeit ist größer, Kundendienst und Reparatur werden einfacher.

Anwendungsbeispiel für einen fördertechnischen Baukasten:
Das Bild 3 zeigt Baugruppen eines Elektrozugbaukastens, die sich zu den verschiedensten kundenspezifischen Elektrozügen zusammensetzen lassen. Die Baugruppen selbst sind wieder in einfache Wiederholteile aufgelöst.

2.3 Komponenten der Fördertechnik

Dem Baukastenprinzip eng verwandt ist das Arbeiten mit Komponenten. Komponenten sind in der Fördertechnik maschinenbauliche und elektrotechnische Bauteile und Baugruppen, die der Hersteller fördertechnischer Anlagen komplett beziehen und für seine speziellen Zwecke einsetzen kann.
So können z.B. Hersteller von Kranen oder sonstigen schienenbeweglichen Fördermitteln den Fahrantrieb nach Bild 3, bestehend aus speziell für Fahrantriebe ausgelegtem Motor und Getriebe, komplett beziehen und einfach auf die Laufradwelle aufflanschen.
Für eine Greifer-Umschlagsanlage können der Greifer, Umlenkrollen, das komplette Hubwerk und die Fahrantriebe als Komponenten bezogen werden. Der Anla-

Bild 3. Beispiel eines kompletten Fahrantriebes, der in einer gestuften Baureihe zum Einbau in beliebige fördertechnische Anlagen zur Verfügung steht. (Dematik)

3 Bauelemente der Fördertechnik

Es sind dies im wesentlichen Elemente der Seiltriebe, der Kettentriebe und Lastaufnahmeeinrichtungen.
Seile und Ketten können nur Zugkräfte aufnehmen. In den meisten Fällen wählt man als Zugorgane Seile wegen ihrer hohen Zugfestigkeit, Preisgünstigkeit und Sicherheit gegen plötzlichen Bruch. Ketten kommen als Huborgan wegen ihres hohen Eigengewichts nur für begrenzte Hubhöhen (bis ca. 10 m) in Frage. Man verwendet sie, wo Seile zu empfindlich sind (z.B. beim Eintauchen von Lasten in Bäder, bei starker Verschmutzung wie in Kettenkratzförderern), oder wo es auf geringe Umlenkradien ankommt (kompakte Kleinhebezeuge). Das Hauptanwendungsgebiet der Ketten in der Fördertechnik ist die Zugübertragung beim Antrieb von Fördermaschinen (z.B. Kreisförderer, Plattenförderer).

3.1 Bauelemente der Seiltriebe

3.1.1 Seile

Die Sicherheit gegen Lastabsturz, ein störungsfreier Betrieb und eine befriedigende Aufliegezeit (= „Lebensdauer") der Seile setzen sachgemäße Behandlung, sorgfältige Pflege und regelmäßige Überwachung voraus. Nach Möglichkeit werden alle schädlichen Einwirkungen, wie z.B. Wasser, Dämpfe, Säuren, von den Seilen ferngehalten.

Konstruktion der Drahtseile
In den DIN 3051–3071 sind alle Normen über Drahtseile zusammengefaßt. Die Normen gelten für Hebezeuge und Fördermittel, für die Schiffahrt und für den Bergbau (außer Förderseile). Die Bruchkräfte und die zulässigen Zugkräfte werden mittels verschiedener empirisch festgestellter Faktoren vom Seildurchmesser abgeleitet.

Die Normen „Drahtseile aus Stahldrähten" sind in folgender Weise gegliedert. DIN 3051 Teil 1 gibt eine Übersicht über die genormten Seile und ihre Aufteilung auf die einzelnen Normblätter.
DIN 3051 Teil 2 erläutert die Seilarten und die in der Seiltechnik vorkommenden Begriffe. In DIN 3051 Teil 3 sind die Berechnungsgrundlagen sowie die anzuwendenden Faktoren zusammengestellt. Es sind die Faktoren des metallischen Querschnitts (Füllfaktor), für den Verseilverlust (Verseilfaktor) und für das Seilgewicht (Gewichtsfaktor) angegeben, getrennt nach Seilkonstruktionen sowie danach, ob die Seile eine Faserseele oder eine Stahleinlage haben. DIN 3051 Teil 4 enthält die Technischen Lieferbedingungen für Drahtseile.
Die Normen DIN 3052 bis DIN 3071 sind die Maßnormen der Seile; sie enthalten die Seil-Nenndurchmesser, die Seilgewichte, die rechnerischen Bruchkräfte und die Mindestbruchkräfte. Die rechnerische Bruchkraft ist auf Draht-Nennfestigkeiten von 1570 N/mm^2 und 1770 N/mm^2 bezogen. Es können auch nichtgenormte Sonderseile angefertigt und geliefert werden. Eine Übersicht über vorwiegend gebräuchliche Seilkonstruktionen, Normen, wesentliche Merkmale und Durchmesser gibt Tabelle 1. Die wichtigste Gruppe sind Rundlitzenseile, bei denen die aus Stahldrähten gefertigten Litzen links- oder rechtsgängig um eine in Fett getränkte Fasereinlage geschlagen werden. Haben die Drähte in den Litzen dieselbe Schlagrichtung wie die Litzen im Seil, nennt man das Seil Gleichschlagseil (Bild 1), bei entgegengesetzter Schlagrichtung Kreuzschlagseil (Bild 2).

Das Seil wird handelsüblich blank in Kreuzschlag (K) und rechtsgängig (Z) geliefert. Wird das Seil verzinkt, im Gleichschlag (G), linksgängig (S) oder spannungsarm benötigt, so muss das in der Bestellung angegeben werden.

Gleichschlagseile sind biegsamer und liegen in den Rillen der Rollen und Trommeln besser auf. Die Flächenpressung ist deshalb geringer, die Aufliegezeit größer. Da aber das Gleichschlagseil sich in belastetem Zustand leichter aufdreht, wird es nur für geführte Lasten (z.B. Aufzug) verwendet. Im Kranbau werden Kreuzschlagseile – in der Regel rechtsgängig – verwendet.

Es stehen mehrere Seilmacharten zur Verfügung, insbesondere Filler (= Fülldraht)-, Seale-, Warrington- und Standardmachart (Bild 3). Die Skizzen in Bild 3 Nr. 1 – 20 sind in Tabelle 1, Zeile 1 – 20 beschrieben und erläutert.

Tabelle 1. Übersicht über gebräuchliche Seilkonstruktionen, Normen, wesentliche Konstruktionsmerkmale und Seildurchmesserbereiche nach DIN 3051

Seilarten	DIN	Anzahl der Litzen	Anzahl der Drähte in 1 Litze	Anzahl aller Drähte	Bezeichnung der Verseilungsart der Litzen	Art der Einlage	Seil-Nenndurchmesser von	bis	Bild 3 Nr.
Spiralseile (Rundlitzen)	3052	–	–	7	–	–	0,6	16	1
	3053	–	–	19	–	–	1	25	2
	3054	–	–	37	–	–	3	36	3
	3055	6	7	42	–	1 Faser- oder 1 Stahleinlage	2	40	4
	3056	8	7	56	–	1 Faser- oder 1 Stahleinlage	4	24	5
	3057	6	19+6F	114	Filier	1 Faser- oder 1 Stahleinlage	8	44	6
	3058	6	19	114	Seale	1 Faser- oder 1 Stahleinlage	6	36	7
	3059	6	19	114	Warrington	1 Faser- oder 1 Stahleinlage	6	36	8
	3060	6	19	114	Standard	1 Faser- oder 1 Stahleinlage	3	56	9
Einlagige Rundlitzenseile	3061	8	19+6F	152	Filier	1 Faser- oder 1 Stahleinlage	10	56	10
	3062	8	19	152	Seale	1 Faser- oder 1 Stahleinlage	10	44	11
	3063	8	19	152	Warrington	1 Faser- oder 1 Stahleinlage	10	44	12
	3064	6	36	216	Warrington-Seale	1 Faser- oder 1 Stahleinlage	12	56	13
	3065	6	35	210	Warrington gedeckt	1 Faser- oder 1 Stahleinlage	8	56	14

3 Bauelemente der Fördertechnik K 7

	3066	6	37	222	Standard	1 Faser- oder 1 Stahleinlage	6	64	15
	3067	8	36	288	Warrington-Seale	1 Faser- oder 1 Stahleinlage	16	68	16
	3068	6	24	144	Standard	7 Fasereinlagen	6	56	17
Mehrlagige	3069	18	7	126	drehungsarm	1 Faser- oder 1 Stahleinlage	4	28	18
Rundlitzenseile	3071	36	7	252		1 Faser- oder 1 Stahleinlage	12	40	19
Flachlitzenseil	3070	10	10	100	drehungsfrei	1 Faser- oder 1 Stahleinlage	12	32	20

Bild 1.
Gleichschlagseil, rechtsgängig

Bild 2.
Kreuzschlagseil, rechtsgängig

Die Konstruktion eines Drahtseiles wird im allgemeinen durch eine Kurzbezeichnung entsprechend den Haupttiteln der Normen DIN 3052 bis DIN 3071 beschrieben, die folgende Angaben enthält:
a) Seilart (z.B. Rundlitzenseil).
b) Produkt aus Anzahl der Litzen im Seil und Anzahl der Drähte in einer Litze (z.B. 6 × 19).
c) Bezeichnung der Verseilungsart der Litzen, soweit erforderlich (z.B. Seale).
d) Hinweis auf besondere Eigenschaften, soweit zutreffend (z.B. drehungsarm).
e) Hinweis auf Art und Anzahl der Einlagen, soweit erforderlich (z.B. + 7 Fasereinlagen).

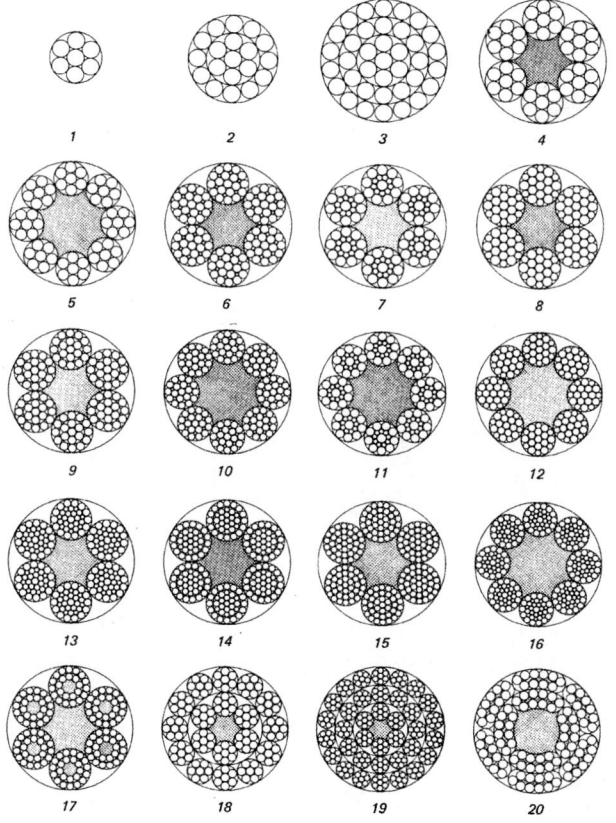

Bild 3.
Übersicht zu gängigen Seilkonstruktionen nach DIN 3051/Blatt 1
Fillermachart Nr. 6 – 10, Sealermachart Nr. 7 und 11, Warringtonmachart Nr. 8, 12, 14, Standardmachart Nr. 9, 15, 17
Weitere Erläuterungen siehe Tabelle 1, Zeile 1 – 20.

3.1.2 Seilrollen und Seiltrommeln

Seilrollen (Tabellen 2 und 3) dienen zum Leiten und Umlenken der Seile. Die Rillenprofile sind nach DIN 15 061 Teil 1 genormt.
Geschmiedete oder gegossene Seilrollen werden in Baureihen (siehe Kap. 2) serienmäßig hergestellt. Sie haben fast ausschließlich Wälzlagerung. Geschweißte Seilrollen in Ronden-(A) oder Speichenausführung (B) werden, mit Gleit- oder Wälzlagerung, hauptsächlich für Sonderkonstruktionen verwendet.

Tabelle 2. Seilrollen in Graugussausführung mit Rillenkugellager (Beispiele)

Ausführung	d	d_1	d_2	l	l_1	r		Seil-Ø	
A	30	112	131	20	20	3,5		6,5	
	45	160	186	32	34,5	3,5	4,8	6,5	9
	50	225	263	43	43	4,8	6,8	9	13
	60	280	328	48	48	6,8	8,4	13	16
B	70	355	415	65	65	8,4		16	

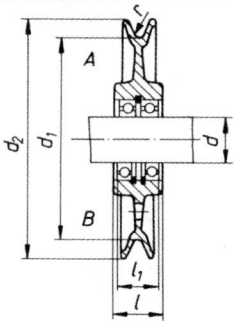

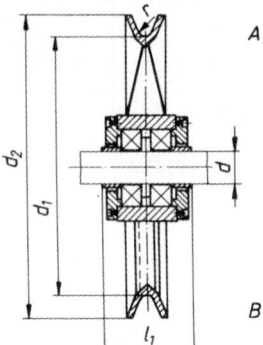

Seiltrommeln dienen dem Antrieb und dem Speichern des Seils. In die Trommel sind in der Regel Rillen nach DIN 15 061 Teil 2 zur besseren Führung und Schonung des Seils eingefräst (Bild 3 in Kap. 7). Die Trommel wird also nur in einer Lage bewickelt. Ausnahmen bilden nur Handwinden, Schrapper oder sonstige Maschinen, bei denen eine geringe Aufliegezeit des Seils in Kauf genommen wird. Berechnung von Trommeln nach 3.2.3.

3.1.3 Seilendverbindungen

Für die Verbindung zweier Drahtseilenden oder das Anschließen eines Drahtseiles an ein festes Konstruktionsteil wurden im Hebezeugbau unterschiedliche Seilverbindungen entwickelt. Die älteste Art ist das Spleißen, die einfachste Art ist das Zusammenklemmen mit Drahtseilklemmen.

Tabelle 3. Seilrollen in Schweißausführung mit Rillenkugellager (Beispiele)

Ausführung	d	d_1	d_2	l_1	$r^{1)}$	Seil-Ø
A	70	355	410	100	9	14 ... 17
	70	400	460	100	10	16 ... 19
	80	450	520	105	11	18 ... 21
	90	500	575	110	12,5	20 ... 24
	100	560	640	120	14	22 ... 27
	140	560	640	120	14	22 ... 27
	110	630	715	130	16	26 ... 30
	150	630	715	125	16	26 ... 30
	120	710	800	135	18	30 ... 34
	170	710	800	140	18	30 ... 34
B	130	800	905	135	20	32 ... 38
	180	800	905	145	20	32 ... 38
	200	900	1020	155	22,5	37 ... 43
	220	1000	1135	165	25	40 ... 48
	240	1120	1255	165	25	40 ... 48
	260	1250	1385	190	25	40 ... 48

[1)] Kranz, kalibriert, daher Radius maßhaltig und geglättet

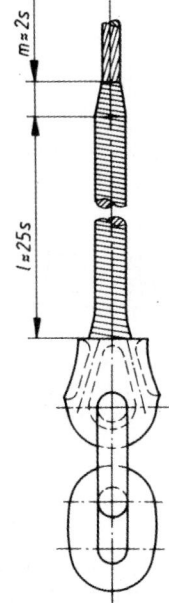

Bild 4. Gespleißtes Seilende (Dematik)

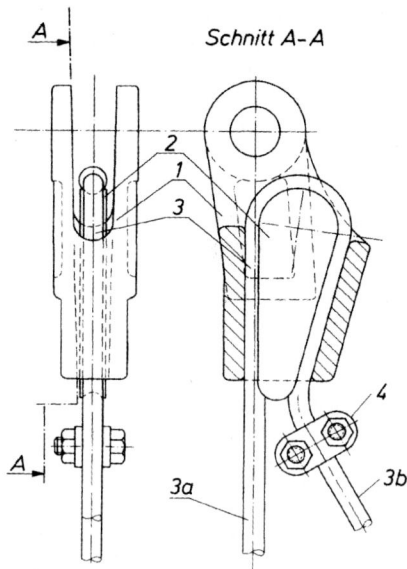

Bild 5. Seilschloss mit Keil (Keilschloss)

1 Seilschlossmantel
2 Klemmkeil
3 Seil
3a Last tragendes Seilende
3b loses Seilende
4 Sicherheitsklemme

(Dematik)

Diese Klemme verhindert den Verlust des Klemmkeils und damit das Lösen der Klemmverbindung, wenn das Seilende 3a auf Grund von Betriebsstörungen einmal ohne Vorspannung sein sollte.

Beide Arten werden jedoch nur für untergeordnete Einsätze verwendet. Meist kommt es auf hohe Festigkeit an, auf schnelle und leichte Lösbarkeit der Verbindung, auf gleichmäßige Krafteinleitung und auf Rollengängigkeit der Verbindung. In diesen Fällen sind Keilschloss- und Vergussbirnenverbindungen vorteilhaft.

Keilschloss (Bild 5). Mit dem Keilschloss werden Seile mit tragenden Konstruktionsteilen verbunden. Unter Belastung zieht sich das um den Keil geführte Seil in die Tasche hinein und ergibt eine feste Verbindung. Durch einfaches Herausschlagen des Keils kann diese Verbindung wieder gelöst werden.

Vergussbirnen. In Vergussbirnen werden die Seilenden nach von den Herstellern genau angegebenen Verfahren aufgefächert und mit Spezialmaterial vergossen. Die Vergussbirnen zweier Seilenden werden mit Seilschäkeln nach Bild 7 verbunden und so ausgelegt, dass die Verbindungsstelle auch über Seilrollen laufen kann (Bild 6).

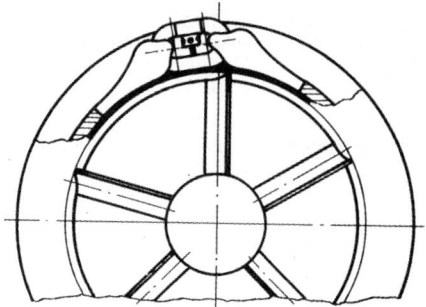

Bild 6. Rollengängige Seilverbindung mit Vergussbirnen und Schäkel
(Dematik)

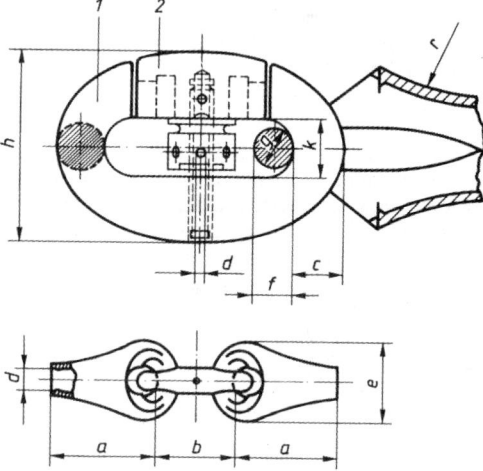

Bild 7. Schäkel für Seilverbindung mit Vergussbirnen 1 Bügel, 2 Schäkelschloss mit Federmutter
$a, b, c, d, e, f, g, h, k$ Baumaße nach Herstellertabelle für verschiedene Seilrollendurchmesser r
(Dematik)

3.1.4 Berechnung von Seiltrieben

3.1.4.1 Flaschenzugübersetzung. Ein Flaschenzug besteht aus einer Kombination „fester" und „loser" Rollen, wobei die festen Rollen zur „festen Flasche" und die losen Rollen zur „losen Flasche" zusammengefasst werden.
Wesentlich ist, dass die Last an mehr Strängen hängt, als angezogen werden (Bild 8). Die Flaschenzugübersetzung errechnet sich abhängig von der Lastaufhängung zu

$$i_{Fl} = \frac{n_L}{n_A} = \frac{\text{Anzahl der Stränge, an denen die Last hängt}}{\text{Anzahl der angezogenen Stränge}}$$

Ein Beispiel zeigt Bild 8.
Die erforderliche Geschwindigkeit der Zugseile beträgt:

$$v_A = v_H \, i$$

v_A Geschwindigkeit der angezogenen Seile, v_H Geschwindigkeit des Hakens.

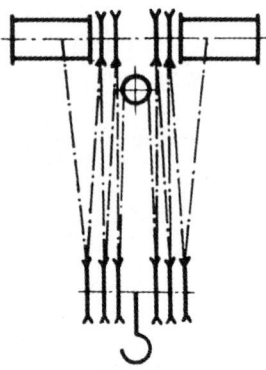

Bild 8. Doppelflaschenzug, bestehend aus zwei jeweils 6-strängigen Flaschenzügen $n = 6$ mit je drei losen Rollen, je zwei festen Rollen, je einer Trommel sowie einer festen Ausgleichsrolle zwischen den beiden Flaschenzügen. Zwischen Trommel und Flaschenzug befindet sich hier keine feste Seilrolle ($i = 0$)

$$i_{Fl} = \frac{\text{Last an 12 Strängen}}{2 \text{ angezogene Stränge}}$$

2 oder je Einzelflaschenzug:

$$i_{Fl} = \frac{6}{1} = 6$$

(Dematik)

Die Seilzugkraft F der angezogenen Seile beträgt, wenn G die Gewichtskraft an der Unterflasche aus deren Eigengewicht sowie der Nutzlast ist,

$$F = \frac{G}{i_{Fl}} \cdot \frac{1}{\eta_S}$$

η_S ist der nach DIN 15 020 Blatt 1 zu errechnende Wirkungsgrad des Seiltriebes. Nach dieser Norm gilt:

$$\eta_S = (\eta_R)^i \cdot \frac{1}{n} \cdot \frac{1-(\eta_R)^n}{1-\eta_R}$$

i   Anzahl der festen Seilrollen zwischen Seiltrommel und Flaschenzug bzw. Last (z.B. bei Hubwerken von Auslegerkranen).

n   Anzahl der Seilstränge in *einem* Flaschenzug. *Ein* Flaschenzug ist die Gesamtheit aller Seilstränge und Seilrollen für *ein* auf eine Seiltrommel auflaufendes Seil (siehe Bild 8).

η_F Wirkungsgrad des Flaschenzuges

$$\eta_F = \frac{1}{n} \cdot \frac{1-(\eta_R)^n}{1-\eta_R}$$

η_R Wirkungsgrad *einer* Seilrolle
η_S Wirkungsgrad des Seiltriebes

Der Wirkungsgrad einer Seilrolle ist außer von der Art ihrer Lagerung (Gleitlagerung oder Wälzlagerung) auch vom Verhältnis Seilrollendurchmesser: Seildurchmesser ($D : d$), von der Seilkonstruktion und der Seilschmierung abhängig. Sofern keine genaueren Werte durch Versuche nachgewiesen sind, soll gerechnet werden

bei Gleitlagerung mit $\eta_R = 0{,}96$
bei Wälzlagerung mit $\eta_R = 0{,}98$

Mit diesen Werten sind die Wirkungsgrade nach Tabelle 4 errechnet.
Für Ausgleichrollen braucht kein Wirkungsgrad berücksichtigt zu werden.

Tabelle 4. Wirkungsgrad von Flaschenzügen

	n	2	3	4	5	6	7
η_F	Gleitlagerung	0,98	0,96	0,94	0,92	0,91	0,89
	Wälzlagerung	0,99	0,98	0,97	0,96	0,95	0,94

	n	8	9	10	11	12	13	14
η_F	Gleitlagerung	0,87	0,85	0,84	0,82	0,81	0,79	0,78
	Wälzlagerung	0,93	0,92	0,91	0,91	0,90	0,89	0,88

Soll die Nutzlast mit einer Hubgeschwindigkeit v angehoben werden, so ist die an den angezogenen Seilen aufzubringende Leistung

$$P = \frac{1}{\eta_S} \cdot G \cdot v$$

P	G	v	η_S
$W = \dfrac{\text{Nm}}{\text{s}}$	N	$\dfrac{\text{m}}{\text{s}}$	1

G = Gewichtskraft = $m \cdot g$

Um die erforderliche Motorleistung zu ermitteln, ist diese Leistung noch durch die Wirkungsgerade von Trommel und Getriebe zu dividieren und mit einem Sicherheitsfaktor für dynamische Beanspruchungen zu multiplizieren.

3.1.4.2 Berechnung der Seiltriebe nach DIN 15020. Der folgende Rechengang gilt für Krane und Serienhebezeuge aller Art, bei denen die Seile über Seilrollen geführt und auf Seiltrommeln aufgewickelt werden. Für besondere Betriebsverhältnise (z.B. Baggerbetrieb, Aufzüge, Schiffskrane, Bergwerke, Abspannseile) gelten besondere Rechenvorschriften.
Die Einzeldrähte der Seile werden bei der Herstellung und im Betrieb auf Zug, Biegung und Verdrillung (Torsion) beansprucht. Die Berechnungsverfahren haben sich aus Versuchen und aus der Praxis entwickelt.
Tragkraft und Aufliegezeit von Drahtseilen hängen im Wesentlichen ab

1. von der Zugfestigkeit der Einzeldrähte,
2. von der Betriebsweise des Seiltriebes,
3. von dem Durchmesser der Seiltrommeln, Seilrollen und Ausgleichsrollen,
4. von der Bemessung der Seilrillen.

3 Bauelemente der Fördertechnik

Die Lebensdauer der Seile hängt ferner ab von der Anzahl der Biegewechsel. Ein Biegewechsel liegt vor, wenn das Seil einmal von der Geraden in eine gekrümmte Bahn gelenkt wird und umgekehrt, z.B. Auflauf des Seiles auf eine Seilrolle = 1 Biegewechsel, Ablauf des Seils von einer Seilrolle = 1 Biegewechsel.

Zu 1: Die Zugfestigkeit der Einzeldrähte von in der Fördertechnik verwendeten Seilen ist in Tabelle 5 angegeben. Die Zugfestigkeit der Förderseile beträgt wegen Biegungen und Quetschungen nur etwa 90 % der genannten Werte.

Zu 2: Der erforderliche Seildurchmesser errechnet sich zu

$$d \geq c\sqrt{F_S}$$

d	c	F_S
mm	$\dfrac{\text{mm}}{\sqrt{\text{N}}}$	N

d Seildurchmesser, c Beiwert für die Betriebsweise, F_S Seilzugkraft

Die Triebwerksgruppe wird nach Tabelle 6 abhängig von der mittleren Laufzeit pro Tag (Zeile 2) und der durchschnittlichen Belastung (= Lastkollektiv) ermittelt. Man erkennt, dass ein Triebwerk, dass z.B. nur ca. 2 ... 4 Std. am Tag in Betrieb ist und nahezu ständig die höchstzulässige Last transportiert, in die gleiche Triebwerksgruppe 3 m eingestuft wird, wie ein Triebwerk, was viel länger in Betrieb ist (z.B. 8 ... 16 Std.), aber dafür nur selten Höchstlast transportiert. Mit dem aus Tabelle 6 ermittelten Triebwerksgruppenwert kann man aus Tabelle 5 den Beiwert c für verschiedene Seile entnehmen und damit den Seildurchmesser nach obiger Gleichung berechnen.

Zu 3: Eine ausreichende Aufliegezeit des Seils wird erreicht, wenn Seiltrommeln, Seilrollen und Ausgleichsrollen zumindest den Durchmesser haben:

$$D_{min} = h_1 \, h_2 \, d_{min}$$

D_{min}, d_{min}	h_1, h_2
mm	1

D_{min} Rollen- und Trommeldurchmesser
h_1 Beiwert nach Tabelle 7, abhängig von der Machart des Seils und von der Triebwerksgruppe
h_2 Beiwert, abhängig von der Anordnung der Seiltriebe; $h_2 = 1$ für Seiltrommeln, $h_2 = 1$ ... 1,25 für Flaschenzüge je nach Anzahl und Gegen- oder Gleichsinnigkeit der Umlenkrollen. Für Seilrollen in Greifern und Serienhebezeugen kann stets $h_2 = 1$ gesetzt werden
d_{min} Seildurchmesser

Zu 4: Der Seilrillenradius r soll dem Seildurchmesser d möglichst gut angepasst sein; empfohlen wird die Berechnung durch die Gleichung

$$r = 0{,}525$$

r	d
mm	mm

Bei den Triebwerksgruppen 1 E_m, 1 D_m und 1 C_m ist durch Auflegen entsprechender Seile dafür zu sorgen, dass zusätzlich das Verhältnis der rechnerischen Seilbruchkraft zur rechnerischen Seilzugkraft nicht kleiner ist als 3,0.

Tabelle 5. Beiwerte c zur Berechnung des zulässigen Seildurchmesser nach DIN 15 020

Triebwerks-gruppe	c in mm/$\sqrt{\text{N}}$ für												
	übliche Transporte und							gefährliche Transporte[2] und					
	nicht drehungsfreie Drahtseile					drehungsfreie bzw. drehungsarme Drahtseile [1]			nicht drehungsfreie Drahtseile			drehungsfreie bzw. drehungsarme Drahtseile [1]		
	Nennfestigkeit der Einzeldrähte in N/mm²												
	1570	1770	1960	2160[3]	2450[3]	1570	1770	1960	1570	1770	1960	1570	1770	1960
1 E_m	–	0,0670	0,0630	0,0600	0,0560	–	0,0710	0,0670	–			–		
1 D_m	–	0,0710	0,0670	0,0630	0,0600	–	0,0750	0,0710	–			–		
1 C_m	–	0,0750	0,0710	0,0670		–	0,0800	0,0750	–			–		
1 B_m	0,0850	0,0800	0,0750	–		0,0900	0,0850	0,0800	–			–		
1 A_m	0,0900	0,0850		–		0,0950		0,0900	0,0950				0,106	
2$_m$		0,0950		–			0,106			0,106			0,118	
3$_m$		0,106		–			0,118			0,118			–	
4$_m$		0,118		–			0,132			0,132			–	
5$_m$		0,132		–			0,150			0,150			–	

[1] Bei Serienhebezeugen dürfen für drehungsfreie bzw. drehungsarme Drahtseile die gleichen Beiwerte c benutzt werden wie für nicht drehungsfreie Drahtseile, wenn durch die Wahl der Seilkonstruktion eine ausreichende Aufliegezeit erreicht wird.

[2] Z.B. Befördern feuerflüssiger Massen, Befördern von Reaktor-Brennelementen.
Bei Serienhebezeugen kann auf diese Einstufung verzichtet werden, wenn unter Beibehaltung von Drahtseil-, Seiltrommel- und Seilrollen Durchmesser die Seilzugkraft auf $\frac{2}{3}$ des Wertes für übliche Transporte herabgesetzt wird.

[3] Besonders Drahtseile von 2 160 und 2 450 N/mm² Nennfestigkeit müssen von solcher Konstruktion sein, dass sie für den vorliegenden speziellen Anwendungsfall geeignet sind.

Tabelle 6. Triebwerkgruppen nach Laufzeitklassen und Lastkollektiven nach DIN 15020

Lauf-klasse-zeit"		Kurzzeichen		V_{006}	V_{012}	V_{025}	V_{05}	V_1	V_2	V_3	V_4	V_5
		mittlere Laufzeit je Tag in h, bezogen auf 1 Jahr		bis 0,125	über 0,125 bis 0,25	über 0,25 bis 0,5	über 0,5 bis 1	über 1 bis 2	über 2 bis 4	über 4 bis 8	über 8 bis 16	über 16
	Nr.	Benennung	Erklärung	Triebwerkgruppe								
Last-kollektiv	1	leicht	geringe Häufigkeit der größten Last	$1 E_m$	$1 E_m$	$1 D_m$	$1 C_m$	$1 B_m$	$1 A_m$	2_m	3_m	4_m
	2	mittel	etwa gleiche Häufigkeit von kleinen, mittleren und größten Lasten	$1 E_m$	$1 D_m$	$1 C_m$	$1 B_m$	$1 A_m$	2_m	3_m	4_m	5_m
	3	schwer	nahezu ständig größte Lasten	$1 D_m$	$1 C_m$	$1 B_m$	$1 A_m$	2_m	3_m	4_m	5_m	5_m

[1]) Bei einer Dauer eines Arbeitsspieles von 12 Minuten oder mehr darf der Seiltrieb um 1 Triebwerkgruppe niedriger gegenüber der Triebwerkgruppe eingestuft werden, die aus Laufzeitklasse und Lastkollektiv ermittelt wird.

Tabelle 7. Beiwerte h_1 zur Berechnung von Mindestrollen- und -trommeldurchmessern für Seiltriebe nach DIN 15020

Trieb-werk-gruppe	Seiltrommel und		h_1 für Seilrolle		Ausgleichsrolle und	
	nicht drehungsfreie Drahtseile	drehungsfreie bzw. drehungsarme [1]) Drahtseile	nicht drehungsfreie Drahtseile	drehungsfreie bzw. drehungsarme [1]) Drahtseile	nicht drehungsfreie Drahtseile	drehungsfreie bzw. drehungsarme [1]) Drahtseile
$1 E_m$	10	11,2	11,2	12,5	10	12,5
$1 D_m$	11,2	12,5	12,5	14	10	12,5
$1 C_m$	12,5	14	14	16	12,5	14
$1 B_m$	14	16	16	18	12,5	14
$1 A_m$	16	18	18	20	14	16
2_m	18	20	20	22,4	14	16
3_m	20	22,4	22,4	25	16	18
4_m	22,4	25	25	28	16	18
5_m	25	28	28	31,5	18	20

[1]) Seilrollen in Greifern dürfen unabhängig von der Einstufung des übrigen Seiltriebes nach Triebwerkgruppe $1 B_m$ bemessen werden.
Bei Serienhebezeugen dürfen für drehungsfreie bzw. drehungsarme Drahtseile die gleichen Beiwerte h_1 benutzt werden wie für nicht dehnungsfreie Drahtseile, wenn durch die Wahl der Seilkonstruktion eine ausreichende Aufliegezeit erreicht wird.

3.2 Bauelemente für Kettentriebe

Ketten haben den Vorteil der Handlichkeit, Beweglichkeit und Anpassungsfähigkeit nach allen Richtungen. Als Nachteil stehen gegenüber: großes Gewicht, geringe Elastizität, Empfindlichkeit gegen Stoß und Schlag. Man unterscheidet Rundgliederketten und Gelenkketten.

3.2.1 Rundgliederketten (Bild 9)

Tabelle 8 gibt eine Übersicht der wichtigsten Normblätter.
Werkstoff: Ketten der Normalgüte aus S235 (einsatzgehärtet in verschleißfester Ausführung). Hochfeste Ketten aus Stählen mit Zusätzen von Mangan, Chrom, Nickel, Molybdän, Vanadin. – Ketten mit besonderen Werkstoffeigenschaften aus Sonderstählen (z.B. säure-, hitze-, korrosionsbeständig, antimagnetisch).

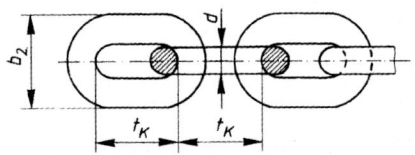

Bild 9. Kenngrößen des Kettengliedes
b Breite, d Drahtdurchmesser, t_K Teilung

Berechnung des Kettengliedes: Jedes Kettenglied wird über seinen ganzen Umfang durch einen mehrachsigen Spannungszustand beansprucht, da es nicht nur aus geraden, sondern auch aus gebogenen Abschnitten besteht.
Ähnlich wie bei den Drahtseilen wurden daher die zulässigen Beanspruchungen in Forschung und Praxis ermittelt und als Erfahrungswerte in den DIN festgelegt.

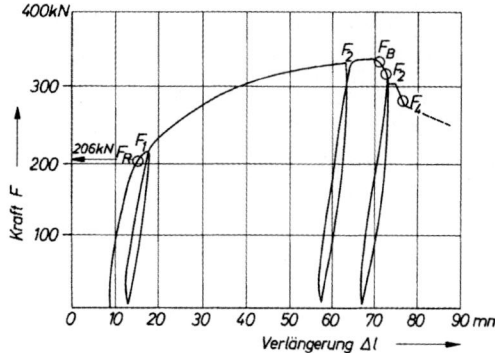

Bild 10. Kraft-Verlängerungsschaubild einer 17-mm-Rundstahlkette

Tabelle 8. Übersicht über die wichtigsten Normblätter für Rundstahlketten

DIN	Verwendungsart
685	Rundstahlketten, Anforderungen, Prüfungen
766	Rundstahlketten für allgemeine Zwecke und Hebezeuge
5684	hochfeste Rundstahlketten für Hebezeuge
762	Rundstahlketten für Stetigförderer – langgliedrig
764	Rundstahlketten für Stetigförderer – halblanggliedrig
22252	hochfeste Rundstahlketten für den Bergbau
5685	Rundstahlketten halb- und langgliedrig nicht geprüft
691	Spannketten
695, 5688	Anschlagketten, Hakenketten, Ringketten

Die Grenze der elastischen Verformung ist von der Recklast abhängig, an den folgenden Entlastungskurven kann man erkennen, dass der Bereich der elastischen Verformung durch Erhöhung der Recklast z.B. auf $F_1 = 220$ kN bzw. auf $F_2 = 332$ kN erhöht wird.
Die Bruchlast beträgt $F_B = 338$ kN und als Bruchdehnung wird bei der Einspannlänge von $l_0 = 840$ mm, $\delta = \Delta l / l_0 = 70/840 = 0{,}083 = 8{,}3$ % ermittelt.
In den DIN wurden die Anforderungen, denen Rundstahlketten in bezug auf Werkstoffe, Bruchdehnung, Bruchkraft, Oberflächenhärte und Maßhaltigkeit genügen müssen, festgelegt. Die Aufliegezeit (= Lebensdauer) wird durch die höchstzulässige Längung durch Verschleiß begrenzt. Diese beträgt z.B. für Hebezeugketten maximal 5 % über eine Teilung t_K nach DIN 685 und maximal 2 % über eine Länge von 11 t_K bei motorischem Antrieb, bei Handantrieb 3 %.

Kettencharakteristik (Bild 10). Für die Beurteilung einer Kette werden folgende Kriterien herangezogen:
Recklast. Das Kraft-Verlängerungsschaubild lässt durch den Knick in der Kraftkurve die Kraft F_R ablesen, mit der Ketten nach dem Vergüten belastet werden, damit sie maßhaltig bleiben. Bis zu dieser Belastung ist die Kette auch bei wiederholten Belastungen praktisch nur elastisch verformbar.
Bruchdehnung. Die Bruchdehnung ist die relative Verlängerung $\Delta l / l$ der Kette, bei der sie bricht.
Verfestigungsfähigkeit. Sie drückt sich im Bereich der plastischen Verformung durch den Anstieg der Kraft von F_R auf F_B aus.
In Bild 10 ist eine Kette von 17 mm Rundstahldurchmesser und 840 mm Länge mit einer Recklast von $F_R = 206$ kN wiedergegeben, bis zu der sie sich nur elastisch verformt. Näherungsweise gilt in diesem Bereich das Hookesche Gesetz, d.h. mit Einführung eines ideellen Moduls der Kette E_K kann gesetzt werden:

$$\sigma = \epsilon \, E_K = \frac{\Delta l}{l_0} E_K$$

ϵ Dehnung
Δl Verlängerung
l_0 Ausgangslänge der Kette

3.2.2 Gelenkketten (Bilder 11 und 12)

Die Gelenk- oder Laschenketten werden nach ihrem Erfinder auch Gallsche Ketten genannt. Gall-Ketten nach DIN 8150. Sie werden aus geraden oder gekröpften Laschen gefertigt, die durch Bolzen gelenkig miteinander verbunden sind (Bild 11). Die Bolzen sind an beiden Enden abgesetzt und werden entweder vernietet oder versplintet. Sie laufen auf verzahnten Kettenrädern.

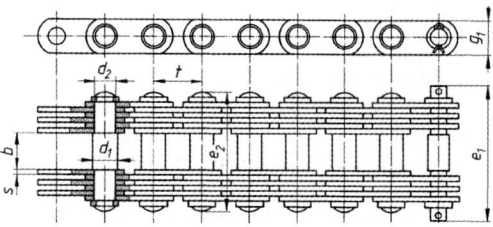

Bild 11.
Gallkette nach DIN 8150, 90 mm Teilung

garantierte Tragkraft	Mindest-Bruchkraft	Teilung	lichte Weite	Bolzen-Ø	Zapfen-Ø	Breite über Verbindungs-bolzen	Breite über Nietbolzen	Plattenbreite	Plattenstärke	Anzahl der Platten pro Glied
		t_k	b	d_1	d_2	e_1	e_2	g_1	s	
kN	kN	mm	mm	mm	mm	mm	mm	mm	mm	
150	750	90	70	40	36	199	183	70	7	6

$$D = \sqrt{\left(\frac{t_k}{\sin\frac{90°}{z}}\right)^2 + \left(\frac{d}{\cos\frac{90°}{z}}\right)^2}$$

D, t_k, d	z
mm	1

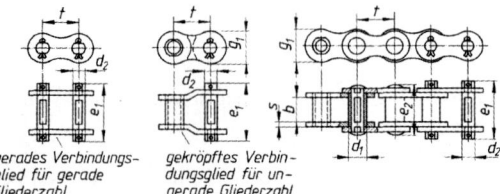

gerades Verbindungs-
glied für gerade
Gliederzahl

gekröpftes Verbin-
dungsglied für un-
gerade Gliederzahl

Bild 12.
Buchsenkette nach DIN 8164, 90 mm Teilung

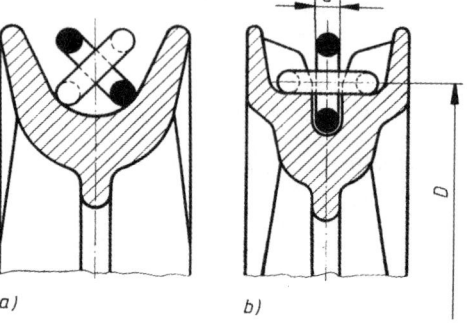

Bild 13. Ausführung von Kettenrollen
a) als Umlenkrolle,
b) als Umlenkrolle und als Antriebsrolle

Bei $z \geq 6$ und $d \geq 16$ mm kann das zweite Glied unter der Wurzel vernachlässigt werden.
Kettentrommeln für Gliederketten haben nur eine untergeordnete Bedeutung. Die Oberfläche erhält eingedrehte Rillen für einlagiges Aufwickeln. Zwei Sicherheitswindungen müssen zusätzlich Platz haben. Werkstoff ist Grauguss, seltener Stahlguss oder S235JR61 für geschweißte Ausführungen.

Mindest-Bruchkraft	Teilung	lichte Weite	Buchsen-Ø	Bolzen-Ø	Breite über Ver-bindungsbolzen	Breite über Niet-bolzen	Plattenbreite	Plattenstärke
	t	b	d_1	d_2	e_1	e_2	g_1	s
kN	mm	mm	mm	mm	mm	mm	mm	mm
400	90	80	50	36	160	144	85	12

Förderketten im schweren Einsatz bedürfen einer sorgfältigen Wartung und Verschleißkontrolle.

Eine mindestens 5fache Sicherheit wird bei der angegebenen Tragkraft garantiert. Kettengeschwindigkeiten von 0,3 m/s bis 4,0 m/s, je nach Kettentyp.

Als Kraftübertragungsketten für höhere Geschwindigkeiten ($v > 4$ m/s) sind Stahlgelenkketten in der Form von Buchsenketten nach DIN 8164 und Rollenketten nach DIN 8081–8088 verfügbar.

3.2.3 Kettenrollen und Kettentrommeln

Kettenrollen für unkalibrierte Gliederketten werden unverzahnt ausgeführt, wenn sie zur Umlenkung dienen. Der Rollendurchmesser – von Mitte bis Mitte Kette gemessen – beträgt $D = 20 - 25\ d$ (d Kettendrahtdurchmesser). Die kalibrierten Ketten erfordern verzahnte Antriebsrollen, deren Durchmesser klein gewählt werden können, jedoch soll die Zähnezahl mindestens 5 betragen. Bezeichnet t_k die Teilung, z die Zähnezahl, d die Kettendrahtdurchmesser, dann wird der Teilkreisdurchmesser D:

3.3 Lastaufnahmeeinrichtungen und Ladehilfsmittel

Hier werden alle Konstruktionsteile, Hilfsgeräte oder Hilfsmittel zusammengefasst, die der geeigneten Verbindung des Transportgutes mit dem Fördermittel und der guten Transportierbarkeit dienen.
Der Begriff „Lastaufnahmeeinrichtungen" ist in DIN 15003 festgelegt. Die Lastaufnahmeeinrichtungen gliedern sich danach in Tragmittel, Lastaufnahmemittel und Anschlagmittel.
Tragmittel sind zum Hebezeug gehörende Hubeinrichtungen zum Aufnehmen der Last einschließlich der Seil- und Kettentriebe, wie z.B. Lasthaken, Unterflasche, Seile.
Lastaufnahmemittel sind nicht zum Hebezeug gehörende, zum Aufnehmen der Last dienende Einrichtungen, die ohne besondere Um- oder Einbaumaßnahmen mit dem Tragmittel verbunden werden können, wie z.B. Magnete, Greifer, Zangen oder Kübel.

3 Bauelemente der Fördertechnik

Anschlagmittel sind nicht zum Hebezeug gehörende, die Verbindung zwischen Tragmittel und Nutzlast herstellende Einrichtungen, wie z.B. Anschlagseile, -ketten oder -gurte.

Ladehilfsmittel sind Einrichtungen, mit deren Hilfe besonders Stückgut zu transportfreundlichen, meist genormten Ladeeinheiten zusammengefasst werden kann, wie z.B. Paletten, Container.

Von der zweckmäßigen Konstruktion der Lastaufnahmeeinrichtungen und Ladehilfsmittel für die jeweiligen Einsatzfälle hängt die schonende Behandlung des Transportgutes, die Sicherheit und die Wirtschaftlichkeit der Fördereinrichtung weitgehend ab. Bei der Konstruktion sind Art, Form, Größe, Gewicht, Oberflächenbeschaffenheit des Gutes bzw. der Verpackung von besonderer Bedeutung, außerdem die Lagerung (stehend – liegend – geordnet – ungeordnet – verpackt – in Behältern) und die Umschlagmenge.

Die Last wird durch Kraftschluss oder Formschluss aufgenommen, gelegentlich auch durch Haftschluss. Beim Kraftschluss werden Klemm- oder Spreizkräfte erzeugende Geräte benutzt. Beim Anheben der Last schließen sich die Backen des Gerätes fest um das Gut. Sobald der Gegenstand abgesetzt wird, öffnen sich die Backen. Beim Formschluss wird das Gut allein durch Auflegen oder Anschlagen aufgenommen, wobei die Aufnahmemittel der jeweiligen Form weitgehend angepasst sein müssen[1]. Bei den Haftgeräten handelt es sich um Lasthebemagnete und Vakuumheber. Bei Hebemagneten werden die Haftkräfte elektro-magnetisch erzeugt, beim Vakuumheber pneumatisch.

3.3.1 Lasthaken

Eine einfache und schnelle Lastaufnahme geschieht durch Einhängen der Lasthaken in Ösen der Anschlagmittel oder der zu transportierenden Güter. Anschlagketten in der Ausführung als Ring-, Haken-Kranz- oder Spreizketten sind dabei gebräuchliche Hilfsmittel, ebenso werden Anschlagseile aus Stahldraht als Öse-, Haken- oder Schlingseile verwendet. Abmessungen für Einfach- und Doppelhaken, Ösenhaken und Haken für Lastketten, sowie Angaben über Beanspruchung, Werkstoffe und Prüfungen siehe DIN 15401–15407.

Berechnungsgrundlage: Der Haken wird im Zapfenquerschnitt auf Zug, in den stark gekrümmten Teilen auf Biegung und Zug berechnet. Der Hakenquerschnitt wird als Trapez mit abgerundeten Ecken ausgeführt. Der Haken ist drehbar gelagert. Als Gewinde wählt man Rundgewinde, Sägen- oder Trapezgewinde. Die Hakenmutter ist zu sichern.

Um bei etwaiger Schlaffseilbildung ein Herausspringen der Anschlagseile aus dem Haken zu vermeiden, kann dieser karabinerartig mit einer Sperrklinke versehen werden.

Bei Lasten über 15 t überwiegen Doppelhaken. In Verbindung mit einem Flaschenzug nimmt man Hakengeschirre oder Hakenflanschen (Bild 14).

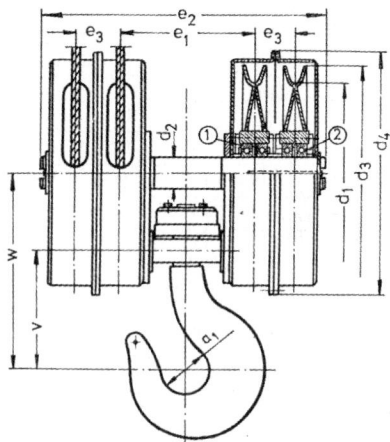

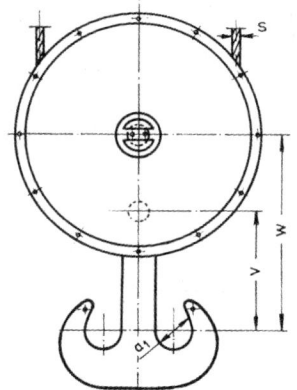

Bild 14.
Vierrollige Unterflasche für Einfach- oder Doppelhaken für 40 ... 160 t. Seildurchmesser s 22 ... 48 mm, Rollendurchmesser d_3 575 ... 1385 mm. Buchstaben sind kennzeichnende Abmessungen nach Herstellertabelle für die verschiedenen Größen der Baureihe. (Dematik)

---

[1] Unter Anschlagen versteht man die Tätigkeit, mit normalen oder speziellen Anschlagmitteln die zu transportierende Last sicher an die Hebemaschine anzuhängen.

Tabelle 9. Ausführungen von Lasthaken

a) Maße für den einfachen Haken nach DIN 15401 (Maße in mm)

Traglast (Masse) in $t = 10^3$ kg	Schaftdurchmesser			Maul- weite	Querschnitte								
	d	d_1	d_2	a	h	b_1	b_2	h'	b_1'	b_2'	f_1	f_2	f
5	45	48	53	90	90	78	30	75	60	30	85	55	200
7,5	58	60	65	100	110	95	40	95	75	45	105	70	245
10	64	67	72	120	130	110	45	110	90	55	115	75	260
15	70	73	78	140	160	135	50	140	110	60	130	80	315
20	83	86	95	160	170	145	55	150	120	65	150	95	370
25	96	98	105	180	190	160	65	165	135	75	160	110	410
30	103	106	116	200	205	170	70	180	145	80	170	115	430
40	118	120	130	220	230	200	70	205	170	90	210	130	500
50	128	130	140	240	255	220	80	225	190	160	220	145	525

b) Maße für den Doppelhaken nach DIN 15402 (Maße in mm)

Traglast (Masse) in $t = 10^3$ kg	Schaft- durch- messer	Maul- weite						
	d_3	a	h	b_1	b_2	h'	b_1'	b_2'
5	53	80	89	60	25	70	55	25
7,5	65	95	103	70	30	80	65	30
10	72	110	116	90	35	90	80	35
15	78	130	143	100	40	115	95	40
20	105	150	158	110	45	120	105	45
25	115	160	180	130	50	140	115	50
30	125	180	194	140	55	150	125	55
40	140	200	218	150	60	170	135	60
50	155	220	244	170	65	190	150	65
60	170	240	268	185	75	210	165	75
75	195	270	306	215	85	240	185	85
100	225	300	345	240	100	270	210	100

Masse d, d_1, d_2, f, f_1, f_2 wie beim einfachen Haken

 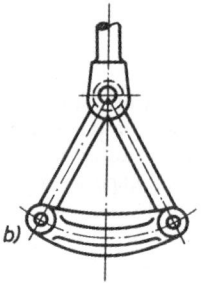

Bild 15.
Ausführungen von Schäkeln
a) einfacher Lastbügel
b) mehrteiliger Lastbügel

Schäkel (Bild 15). Für größere Lasten ($m \geq 50$ t) werden auch geschlossene Lastbügel (Schäkel) benutzt, die entweder aus einem Stück geschmiedet oder aus Zugbändern mit Querstück zusammengesetzt sind. Alle Schäkel erschweren das Anschlagen der Last durch Seile oder Ketten, dafür haben sie den Vorteil, dass sie bei gleicher Tragkraft leichter sind als Haken.

3.3.2 Anschlagmittel, Brooken, Zangen (Bild 16)

Anschlagmittel sind Anschlagseile (DIN 3088) und -ketten. Zangen, Kübel, Gehänge sind einfache *Lastaufnahmemittel*. Diese gibt es in den verschiedensten Formen. Für Behälter und Kübel eignen sich selbstzentrierende Gehänge. Gehänge mit beweglichen Greifarmen werden oft mit einem Antrieb zur Ausführung der Greifbewegung gebaut.

Bei den Klemmen und Zangen wirken die Klemmkräfte zwischen zwei gegeneinander beweglichen Armen, an denen Klemmbacken angebracht sind. Für ein sicheres Arbeiten ist ein genügend großer Reibwert zwischen Klemmbacken und Last erforderlich, dieser Wert μ kann durch entsprechende Reibbeläge verbessert werden. Durch das Gewicht der Zange schließen sich die Backen, und durch das Gewicht der Last werden sie über eine Hebelübersetzung fest an das Fördergut gepresst. Es ist möglich, durch Einrasten die geöffnete Maulstellung festzusetzen. Für die verschiedenen Industriezweige gibt es Spezialausführungen, so dass für jeden Transportfall die optimale Konstruktion ausgewählt werden kann.

3 Bauelemente der Fördertechnik

Während des Füllens bleibt der Schließwiderstand, den das aufzunehmende Gut den Schalen entgegengesetzt, nicht konstant: bei Beginn des Schließvorganges ist er am kleinsten, mit zunehmender Füllung wird er größer. Die Greifer werden nach ihrem Verwendungszweck in Baureihen aufgeteilt (Tabelle 10).
Das Füllgewicht der genormten Greifer aller Baureihen ist ungefähr gleich dem Greifereigengewicht.
Die örtlichen Verhältnisse machen es notwendig, dass der Greifer entweder in Richtung des Auslegers oder quer dazu öffnet. Mit Rücksicht auf eine ausreichende Standfestigkeit wird eine tiefe Schwerpunktslage angestrebt, daher schwere Greiferschalen und große Greiferbreite. Der Zweischalengreifer ist der ideale Mehrzweckgreifer für alle Schüttgüter.
Im Entladen von Schiffen hat sich der Trimmgreifer bewährt. Für den Umschlag von gestapeltem Rundholz, Getreide, Schrott usw. sind Sondergreifer entwickelt worden. Mehrschalengreifer werden z.B. für Stahlspäne und Müll eingesetzt.

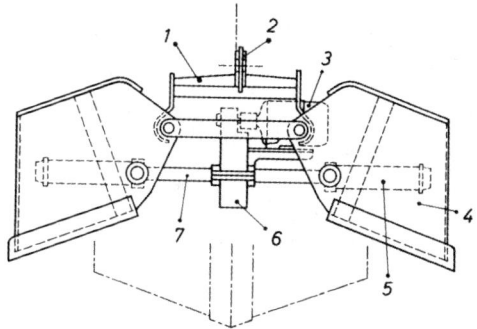

Bild 16. Gehänge zur Lastaufnahme
a) Anschlagketten;
b) Anschlagseile;
c) Anschlagkette, Anschlagband, Netzbrooke;
d) Zangen

Bild 17.
Motorgreifer mit Spindelantrieb
1 Greiferkopf
2 Aufhängung
3 Verschiebeläufer-Motor (siehe Kap. 6, Bild 4)
4 Schale
5 Rohr mit Trapez-Innengewinde
6 Getriebekasten
7 Spindelwelle

3.3.3 Greifer

Greifer dienen dem Umschlag von Schüttgütern. Sie lassen sich auf Grund ihrer Wirkungsweise in zwei Hauptgruppen einordnen.
a) *Einseilgreifer* hängen nur an einem Seil an einer Eintrommelwinde. Das Öffnen und Schließen erfolgt mit einem im Greifer eingebauten Motor (Motorgreifer).
b) *Mehrseilgreifer* haben getrennte Schließ- und Halteseile, die eine Winde mit zwei Seiltrommeln erfordern.
Ein bestimmtes Mindestgewicht des Greifers darf nicht unterschritten werden, damit der Greifer das Fördergut beim Aufsetzen noch trennen kann. Die erforderliche Schließkraft – die von der Schalenschneide ausgeübte Horizontalkraft – wird vom Trennwiderstand und der Verlagerungsarbeit des Gutes im Greifer bestimmt.

Motorgreifer benötigen kein zweites Schließseil, sondern lediglich eine Stromzuführung. Motorgreifer können daher mit Kranen oder Elektrozügen betrieben werden. Der Motorgreifer (Bild 17) wird am Greiferkopf in den Lasthaken gehängt. Gehoben und gesenkt wird der Greifer durch das vom Eintrommelwindwerk ablaufende Hubseil, geöffnet und geschlossen durch den eingebauten Motor. Die Schließkraft des Motorgreifers ist nicht wie bei den Mehrseilgreifern von der Seilkraft und damit vom Greifergewicht abhängig, sondern allein von der Motorkraft. Die Kraft vom Motor zu den Greiferschalen kann über eine Flaschenzugwinde, über eine Spindel oder hydraulisch übertragen werden.

Tabelle 10. Beispiel von Baureihen von Zweischalen-Stangengreifern (Dematik)

Eigengewicht in t		Fassungsvermögen ($V_1 + V_2$) in m³ (Auswahl nach Normreihe)								
		0,63	1	1,6	2,5	4	5	6,5	8	10	12,5
	Baureihe I	–	1,4	1,7	2,1	2,8	4,25	–	4,85	6,5	8,0
	Baureihe II	–	1,5	2,05	3,4	4,35	5,2	8,0	–	–	–
	Baureihe III	1,8	2,6	4,0	6,3	9,5	–	–	–	–	–
	Baureihe IV	–	–	5,5	8,1	–	–	–	–	–	–

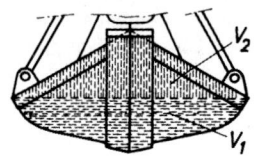

Schüttgewichte von Massengütern für Baureihe I

Material	t/m³	Material	t/m³
Kohle	0,8	Braunkohle – Briketts	0,8
Fein- und Nusskohle	0,85 ... 1,0	Holzkohle	0,2
		Koks, bis Faustgröße	0,45
Schlammkohle, lose und trocken	1,0	Koksasche	0,7 ... 0,9
		Kesselasche	1,0
Lignit und Braunkohle	0,75	Schlackensand	0,9
Staubkohle	0,7		

u.a. bis zu einem Schüttgewicht von ca. 1,2 t/m³

Schüttgewichte von Massengütern für Baureihe II

Material	t/m³	Material	t/m³
Sand und Kies	1,6 ... 1,8	Gips	1,25
Kalkstein, kleinstückig bis 30 mm	1,6 ... 2,0	Steinsalz, lose geschüttet	1,2
Zement	1,7	Rohphosphat	1,5
Zement-Klinker	1,8	Amoniak	0,9
Kalk, gebr. stückig	1,2	Kali	1,2
Kalk, gelöscht	1,2	Soda	1,0
Formsand	1,6	Kunstdünger	1,0

u.a. bis zu einem Schüttgewicht von ca. 2,0 t/m³

Schüttgewichte von Massengütern für Baureihe III

Material	t/m³	Material	t/m³
Minette	1,8	Martinschlakke ohne Eisen	2,1
Erze fein bis mittelgrob	2,0 ... 2,5	Kalkstein über 50 mm	2,0
Steinschotter	1,8	Gipsstein	1,9
Basaltschotter	2,0	Quarz	1,8 ... 2,4

u.a. bis zu einem Schüttgewicht von ca. 2,6 t/m³

Schüttgewichte von Massengütern für Baureihe IV

Material	t/m³	Material	t/m³
Erze schwer	2,5 ... 3,5	Magnesit	2,2
Schwefelkies, grob	3,5	Schwerspat	2,5 ... 3,0
Basaltsplit	3,2	Zinkblende	1,8 ... 2,0
Kalkstein, grob	2,0		

u.a. bis zu einem Schüttgewicht von ca. 4,0 t/m³

3.3.4 Lasthebemagnete

Zum Heben und Bewegen von Stahl- und Eisenteilen bieten sich die Lasthebemagnete als selbsttätige Lastaufnahmemittel an. Zeitraubendes Anschlagen entfällt. In Walz- und Hüttenwerken und in der Maschinen- und Stahlindustrie werden Lasthebemagnete für Umschlagarbeiten auch größerer und sperriger Stücke verwendet. Auch zur Förderung von Spänen sind Magnete gut geeignet.

Bauarten: Rundmagnet mit 700 ... 1000 mm ϕ mit einer Traglast von 4 ... 30 t. Zum Transport von Blechen werden 2 ... 50 Kleinmagnete in 1-, 2- oder 3teiliger Anordnung an entsprechende Traversen gehängt. Heiße Stahlstücke werden noch bis 500 °C aufgenommen, bei 700 °C ist Stahl nicht mehr magnetisierbar, ebenfalls nicht kalter Stahl mit 7 % Mn-Gehalt.

Die Leistungsfähigkeit von Lasthebemagneten hängt nicht nur von der gemessenen Abreißkraft, sondern auch stark vom Luftspalt zwischen Magnet und Last, und damit von der Art und der Zusammensetzung des Fördergutes ab (z.B. Bleche, Rohre, Schrott, Kleineisen, Gussrauben).

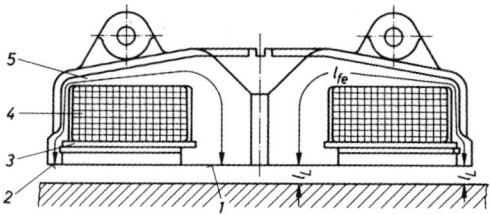

Bild 18. Lasthebemagnet (schematisch)
1 Innenpol
2 Außenpol
3 Abdeckplatte
4 Spule
5 Gehäuse
l_{Fe} Eisenlänge des Magnetfeldes
l_L Luftspaltlänge

Einzelmagnete und Magnettraversen können an jeden Elektrozug oder Kran mit ausreichender Tragfähigkeit angehängt werden (Bild 19).

3.3.5 Vakuumheber

Vakuumheber (= Saugheber) sind Haftgeräte, bei denen die Haftkräfte pneumatisch erzeugt werden. Im Heber wird durch eine Pumpe ein Vakuum zwischen Saugteller und Last erzeugt. Der atmosphärische Druck bewirkt dann, dass der Heber gegen das Gut gepresst wird.

Vakuumheber sind besonders zur Aufnahme von Glas, Holzplatten und Kunststoffen geeignet, aber auch für Metalle, die durch Magnete nicht aufnehmbar sind.
Eine exakte Aussage, ob ein bestimmtes Gut, z.B. Schaumgummi, durch Vakuumheber aufgenommen werden kann, ist nur nach Probeversuchen möglich.

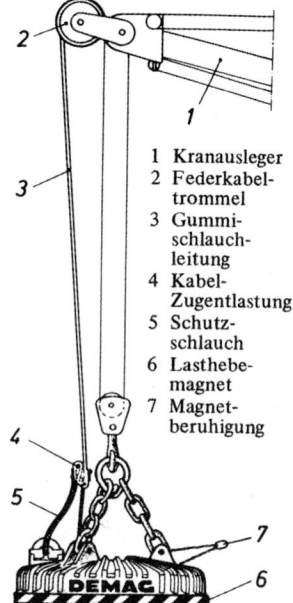

1 Kranausleger
2 Federkabeltrommel
3 Gummischlauchleitung
4 Kabel-Zugentlastung
5 Schutzschlauch
6 Lasthebemagnet
7 Magnetberuhigung

Bild 19. Anordnungsschema für einen Lasthebemagneten am Kranausleger

3.3.6 Frachtbehälter, Paletten, Container

Seit langem werden Schüttgüter und flüssige Stoffe in genormten Behältern, wie z.B. Fässern, transportiert. Man ist aber auch bestrebt, Stückgüter der verschiedensten Arten in oder auf genormten Ladehilfsmitteln zu transportieren. Die Ladeeinheit soll sich für den innerbetrieblichen Transport, für die Lagerung und für den außerbetrieblichen Transport auf Lkw, Bahn oder Schiff eignen. Kleinere Ladeeinheiten sollen miteinander zu größeren kombinierbar sein (Modulsystem). Förder-, Transport- und Umschlagseinrichtungen braucht man dann nicht mehr für die sehr vielen verschiedenen Fördergüter zu konzipieren, sondern nur noch für die genau festgelegten Behältergrößen. Man erzielt dadurch einen großen Rationalisierungseffekt und eine Vereinfachung und Beschleunigung aller Lager- und Transportvorgänge.
Man kann die Behälter unterteilen in
Stapelbare Behälter für Stückgut, Paletten, Container, Schüttgutbehälter.

Stapelbehälter sind so konstruiert, dass sie formschlüssig aufeinander gestellt werden können. Größere Stapelbehälter dienen in der Fertigung dem Transport und der Lagerung von Kleinteilen (Zahnräder,

Wellen, Rohteile u.a.). Die Behälter werden von Gabelstaplern oder Kranen aufgenommen und von einer Bearbeitungsstelle zur anderen transportiert.

Paletten (Bild 20) sind Plattformen genormter Größen (DIN 15 141–42 bis 15 146–47 und 15 155), die stapelbare Güter aufnehmen können. Paletten haben stets Füße mit einer Höhe von ca. 100 mm, so dass sie von den Gabeln von Flurförderzeugen, Krangehängen oder Regalförderzeugen leicht unterfahren und angehoben werden können. Die häufigsten Grundflächenmaße von Paletten sind 800 × 1 000 mm, 800 × 1 200 mm und 1 000 × 1 200 mm.

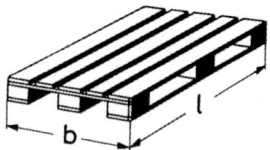

Bild 20.
Flachpalette; dargestellt ist eine „Vierwegpalette", die ihren Namen daher hat, dass sie von allen vier Seiten durch die Gabeln eines Förderzeuges aufgenommen werden kann, im Gegensatz zur „Zweiwegpalette"

Die Größe 1 000 × 1 200 mm passt am besten in die meisten bisher gebauten Transport- und Lagersysteme sowie in die Verkehrsträger Bahn-, Lkw und Schiff.

Flachpaletten lassen sich in beladenem Zustand nur dann aufeinanderschichten, wenn das Fördergut dem Druck der darübergestapelten Paletten standhält, ansonsten werden sie zweckmäßig in Regalen untergebracht.

Sonderpaletten sind solche mit Zusatzeinrichtungen, wie z.B. Seitenwänden für nicht stapelfähige Kleinteile, Stahlrungen für Stangenmaterial oder Spezialhalterungen z.B. für die Aufnahme von Pkw-Austauschmotoren. Sonderpaletten werden meist stapelbar ausgeführt. Paletten sind meist aus Holz, oft aber auch aus Stahl, Aluminium, Presspappe oder Kunststoff.

Container sind Großfrachtbehälter, die in allen Einzelheiten und Abmessungen den ISO-Empfehlungen entsprechen, und in der Reihe 1 der DIN 15190, in Bezug auf ihre Abmessungen und die konstruktive Ausführung festgelegt wurden. Der größte Container hat die Außenmaße $b \cdot l \cdot h = 2435 \times 12190 \times 2435$ mm und 30,48 t zulässige Bruttomasse. Der nächstkleinere Container hat 25,4 t zulässige Bruttomasse und den gleichen Querschnitt 2435 × 2435 mm; er ist aber nur halb solang, so dass zwei kleinere Container den gleichen Platzbedarf haben wie ein großer.
Container sind robust gebaut und genügend widerstandsfähig, um wiederholte Verwendung durch mehrere Verkehrs- und Fördermittel ohne Umladen des

Inhalts zu gestatten. Sie haben Einrichtungen zum leichten Umschlagen von einem Beförderungsmittel in das andere. Für bestimmte Fördergüter gibt es Spezialcontainer, so z.B.

Isoliercontainer mit wärmedämmenden Schichten an den Wänden, jedoch ohne Kühlaggregat.

Kühlcontainer mit ein- oder angebauten Kühlaggregaten mit eigenem Antrieb.

Open-Top-Container, oben offener Container zum Beladen mit schwerem Stückgut von oben. Er kann mit Planen abgedeckt werden.

Pa-Behälter sind Container, die auch ohne Krane durch Rollböcke umgesetzt und verladen werden können. Sie eignen sich besonders für den kombinierten Verkehr Bahn-Lkw.

Tank-Container zum Transport von Flüssigkeiten oder Gasen.

4 Antriebe

Alle Antriebsarten, wie

– Handantrieb
– Elektromotoren
– Pneumatische Antriebe
– Hydraulische Antriebe
– Verbrennungsmotoren
– Dampfmaschinen

werden in der Fördertechnik verwendet. Ihre Auswahl richtet sich nach den jeweiligen Betriebsbedingungen und den lokalen Möglichkeiten (z.B. Stromanschluss).

Zwischen Antriebsmotor und der angetriebenen Welle ist in der Regel ein mechanisches Getriebe oder ein hydraulischer Drehmomentwandler zwischengeschaltet, um die Drehzahl zu mindern und das Antriebsmoment zu erhöhen (Hand-, Elektro-, Verbrennungsmotor-, pneumatische Antriebe). Bei Verbrennungsmotoren muss zusätzlich eine betriebsmäßig lösbare Kupplung zwischengeschaltet werden, da diese Motoren nicht aus dem Stand heraus unter Last anlaufen können. Dampfmaschinen arbeiten in der Regel direkt auf die anzutreibende Welle. Bei hydrostatischen Antrieben sind die drehzahl- und drehmomentwandelnden Systemteile (Regelpumpe, Hydraulikleitungen, Ventile) *vor* dem eigentlichen Hydraulikmotor angeordnet.

4.1 Handantrieb

Handantrieb wird bei seltenem Betrieb und bei kleinen Betätigungskräften bzw. -momenten verwendet. Typische Anwendungen sind Lauf- und Hubwerksantriebe von Kleinhebezeugen und Antriebe von Winden und Hebeböcken.

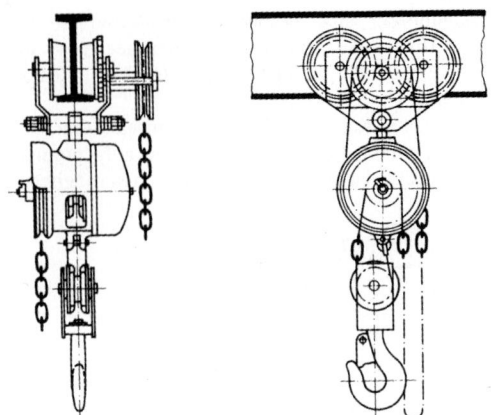

Bild 1. Kettenhebezeug für Traglasten bis 10 t; Hub- und Fahrantrieb durch Haspelketten (GEDI)

Handantriebselemente sind Kurbeln, Ratschen, Handräder und für über Flur befindliche Fördergeräte Haspelketten. Die aufzubringende Handkraft an der Kurbel oder Haspelkette soll 350 N nicht überschreiten. Bild 1 zeigt ein Kettenhebezeug mit Handantrieb (siehe auch Kap. 7, Bild 2).

4.2 Elektrische Antriebe

Elektromotoren sind einfach, robust und betriebssicher. Energiezufuhr und Steuerung ist meist durch Kabel leicht möglich. Elektromotoren kann man wirtschaftlich als Einzelantriebe einsetzen, d.h. Laufräder, Drehwerk und Hubwerke erhalten separate Motoren. E-Motoren sind besonders umempfindlich gegenüber dem in der Fördertechnik häufigen Aussetzbetrieb, können gut regelbar hergestellt werden und können unterschiedliche, für die jeweiligen Einzsatzfälle besonders geeignete Drehzahl-Drehmoment-Charakteristiken erhalten.

Der E-Motor ist stets sofort betriebsbereit. Er ist leicht umsteuerbar und hat einen guten Wirkungsgrad in allen Lastbereichen. Der E-Motor lässt sich einfach mit anderen Funktionselementen, wie Bremsen oder Getrieben, kombinieren.

In der Fördertechnik verwendet man Drehstrom-Motoren mit und ohne Schleifringläufer, Gleichstrom-Reihenschlussmotoren und Gleichstrom-Nebenschlussmotoren.

Nach Möglichkeit wird der Drehstrom-Asynchronmotor mit Kurzschlussläufer eingesetzt, da dieser am einfachsten gebaut ist und das für ihn erforderliche Drehstromnetz fast überall zur Verfügung steht.

Ein geeigneter Antrieb für schwere Hubwerke ist der Gleichstrom-Reihenschlussmotor, da dieser seine Drehzahl der Momentenbelastung selbsttätig anpasst. Der Antrieb ist aber nur wirtschaftlich, wenn sich wegen einer größeren Anzahl von Gleichstromverbrauchern der Aufbau eines eigenen Gleichstromnetzes lohnt (Hütten- und Walzwerke, Großhäfen).

4.2.1 Drehstrom-Asynchronmotoren

Drehstrommotoren haben eine feste Nenndrehzahl, die von der Netzfrequenz und der Polpaarzahl des Motors abhängt

$$n_\text{n} = \frac{60\,f}{p}$$

n_n	f	p
min^{-1}	Hz	1

n_n Nenndrehzahl, f Frequenz, p Polpaarzahl

Drehstrommotoren können polumschaltbar gemacht werden, wodurch man verschiedene Abtriebsdrehzahlen erhält.

Die wirkliche Drehzahl liegt um den Schlupf unter der Nenndrehzahl. Dieser beträgt, abhängig vom Motormoment, bis etwa 7 %.

Beim Einschalten haben die Motoren eine sehr hohe Stromaufnahme. Das Anzugsmoment beträgt dann etwa das 1,5 ... 3,5fache des Nennmoments. Bei übersynchronen Drehzahlen infolge durchziehender Last wirkt der Motor als Bremse. Drehstromasynchronmotoren werden überall eingesetzt, wo es nicht auf eine feine Drehzahlregelung ankommt, und wo die Drehzahl unabhängig vom abverlangten Moment konstant sein soll. Beispiele sind der Aufzugbau, Antrieb von Stetigförderern, Elektrozügen, Kranfahrantrieben.

Oft ist es wirtschaftlicher, ein unter Umständen störendes ruckartiges Anlaufverhalten durch mechanische Maschinenelemente (Rutschkupplungen, Beschleunigungsmassen) auszugleichen, als teurere Regelantriebe zu verwenden.

Bei Drehstromasynchronmotoren mit Schleifringläufern kann die Drehzahl-Momentenkennlinie durch abgestufte Widerstände verändert werden. Der Motor kann weich anlaufen und ist ähnlich robust wie der Kurzschlussläufer, er ist daher als Fördermittelantrieb sehr umfassend verwendbar.

4.2.2 Gleichstrommotoren

Beim *Gleichstrom-Reihenschlussmotor* ist die Drehzahl stark vom abverlangten Moment abhängig:
– hohes Moment ergibt niedrige Drehzahl,
– kleines Moment ergibt hohe Drehzahl.
(Bei völlig fehlender Momentenbelastung wird die Drehzahl theoretisch ∞, d.h. der Motor „geht durch".)
Der Gleichstrom-Reihenschlussmotor wird dort eingesetzt, wo dieses Regelverhalten erwünscht ist. Bei Hafenkranen z.B. werden durch einen Gleichstrom-Reihenschlussmotor leichtere Lasten schneller gehoben, die Spielzeit verkürzt sich.
Wo es auf momentunabhängige Geschwindigkeiten ankommt, oder wo eine bestimmte Drehzahl nicht überschritten werden soll, kann der Gleichstrom-Reihenschlussmotor nur mit zusätzlichen Regel- bzw. Sicherheitsmaßnahmen betrieben werden.
Beim *Gleichstrom-Nebenschlussmotor* bleibt die Drehzahländerung auch bei größeren Schwankungen des abverlangten Momentes klein. Der Motor kann nicht unzulässig hohe Drehzahlen annehmen („durchgehen"). Der Motor wird ebenfalls mit Widerständen geregelt.
Die Drehmoment-Drehzahlcharakteristik ist dem oberen Ast der Kennlinie des Drehstrom-Asynchronmotors ähnlich.
Anwendung findet der Gleichstrom-Nebenschlussmotor in Fällen, bei denen es auf eine möglichst momentunabhängige gleichmäßige Drehzahl ankommt, wie z.B. bei Einzelfahrantrieben von Kranen in Werken mit Gleichstromnetz.

3.2.3 Getriebemotoren

Elektromotoren, besonders die häufigen Drehstrom-Asynchronmotoren, geben bei wirtschaftlicher Auslegung nur ganz bestimmte, eng begrenzte Drehzahlen und Drehmomente an den Motorwellen ab. Der Motor wird daher oft mit einem Zahnradgetriebe und gegebenenfalls auch mit einer Bremse zu einer kompletten Einheit kombiniert.
Als Bremse empfiehlt sich eine Kegelreibungsbremse oder eine elektrisch gelüftete Scheiben- oder Doppelbackenbremse.
Die Hersteller bauen Getriebe- und Getriebebremsmotoren nach der Baukastensystematik. Dem Konstrukteur fördertechnischer Maschinen steht auf diese Weise eine variantenreiche Vielzahl an Antriebseinheiten zur Verfügung, aus der er entsprechend dem speziellen Einsatzfall die geeignetste nach
– Motor- und Getriebetyp
– Leistung, Einschaltdauer und Betriebsverhältnissen
– Drehmoment und Drehzahl
– Konstruktions- und Befestigungselementen (Füße, Flansch u.a.) auswählt.

4.3 Pneumatische Antriebe

Druckluftantriebe werden in zwei Formen in der Fördertechnik eingesetzt.
a) Druckluft dient als Fördermedium (siehe Kap 9.6), d.h. sie wird in feinkörniges Fördergut (z.B. Getreide) eingeblasen, um dieses fließfähig zu machen. Das Luft-Fördergutgemisch wird dann durch Rohre geleitet, wodurch ein schneller und sauberer Umschlag erzielt wird.
b) Druckluft dient nur zur Energieübertragung und treibt über Turbinen Fördermaschinen für vielfältige Zwecke an.

Der Antrieb erfolgt weich; die Antriebsmaschinen sind sehr kompakt. Pneumatische Antriebe werden bevorzugt in explosionsgefährdeten Räumen eingesetzt, wo man Elektromotoren wegen der Gefahr der Funkenbildung bei Beschädigung der Stromleitungen vermeiden möchte, wie z.B. im Bergbau oder beim Umgang mit gefährlichen Chemikalien.

4.4 Hydrostatische Antriebe

Hydrostatische Antriebe bestehen aus einer Hydraulikpumpe (die von einer nicht hydraulischen Kraftmaschine angetrieben werden muss), den Übertragungsleitungen und dem eigentlichen Hydraulikmotor. Hydrostatische Antriebe sind feinfühlig regelbar. Die Motore sind sehr kompakt.

Die Leitungen lassen sich leicht verlegen, die Pumpe kann, wo gerade Platz ist, angeordnet werden. Rücklaufventile in den Leitungen ersparen separate Standbremsen. Nachteilig sind Dichtungsprobleme und der gegenüber einfachen Elektromotoren erhöhte Aufwand bei der Fertigung, bei den Anschaffungskosten und bei der Wartung.

Hydrostatische Antriebe treten oft an die Stelle mechanischer Kraftübertragungssysteme mit Getrieben und Kardanwellen, wie z.B. bei hydrostatischen Fahrantrieben von Baggern und Autokranen.

Hydraulikzylinder werden eingesetzt wo die Förderhöhen noch mit diesen bewältigt werden können (Hubtische, Hubstapler, kleine Autokrane), oder wo die feinfühlige Regelbarkeit den Ausschlag gibt.

4.5 Verbrennungsmotoren und Dampfmaschinen

Dampfmaschinen werden wegen der Nachteile, Unsauberkeit, lange Anlaufzeit, großer Raumbedarf, kaum verwendet. Ausnahmen sind, wo Kohle billig zur Verfügung steht, wo Arbeitskräfte billig sind, oder wo Mangel an sonstigen Energiequellen dazu zwingt.

Verbrennungsmotoren werden hauptsächlich in mobilen Fördergeräten eingebaut, die unabhängig von ortsgebundenen Energiequellen arbeiten sollen (Autokrane, mobile Förderbänder). Wegen ihrer schlechten Regelbarkeit (Gefahr des Abwürgens) werden Verbrennungsmotoren bei größeren Fördergeräten oft nur zum Antrieb von Hydraulikpumpen oder Generatoren eingesetzt, die dann besser regelbare hydraulische oder elektrische Einzelantriebe mit Energie versorgen.

5 Steuerungen in der Fördertechnik

Direkte Steuerungen durch elektrische Drucktaster oder Hydraulikhebel werden in einfachen Fällen angewandt, so z.B. bei Kranen in der Endmontage im Maschinenbau oder bei Ladekranen an LKW.

In vielen Fällen sind die Förderelemente oder -maschinen in Fördersysteme eingebunden, so dass die einzelnen Förderbewegungen aufgrund vielfältiger Bedingungen und Sensorsignale erfolgen müssen. Deshalb ist die elektronische Steuerung bei einer Förderanlage die Regel. Der Einsatz der Elektronik kann dabei zwei verschiedene Schwerpunkte haben, und zwar:

a) die genaue *Vorgabe der Förderbewegung* für jedes zu fördernde Teil. Beispiele sind Warensortieranlagen oder automatische Regallager (Bild 8 in Kap. 10), bei denen die Förderbewegungen je Teil von einem Leitrechner nach bestimmten Kriterien vorbestimmt werden. Hier *werden Ablaufsteuerungen* eingesetzt.

b) die *gute Dosierbarkeit der Förderbewegung* durch den Bediener. Dies ist besonders in der Mobilhydraulik wichtig. Der Bediener eines Autokrans will die Förderbewegung z.B. eines zu montierenden Windkraftpropellers selbst millimetergenau bestimmen. Er will dies feinfühlig und sicher tun, ohne sich um den Kran, den Motor oder Einzelheiten der Hydraulik kümmern zu müssen. Hier kommen spezielle *Microprozessorsteuerungen* zum Einsatz.

5.1 Ablaufsteuerungen

Bild 1 zeigt als Beispiel das Prinzip einer ausgeführten Steuerung einer Anlage, die aus einem Stahlstablager, einer automatischen Förderanlage und einem Sägeautomat besteht. Bei dieser Anlage kann man „just in time" Sägezuschnitte aus Stabstahl „bestellen".

Bei diesem Beispiel ist die gesamte Steuerung auf einem Industrie-PC realisiert.

Den Kern bilden drei Softwareteile:

a) die *Vorverarbeitungssoftware* speichert die Maße der pro Auftrag gewünschten Abschnitte und sortiert diese nach einer vorgegebenen Strategie (z.B. so, dass möglichst wenig Stangenreste verbleiben).

b) die *Maschinensoftware* umfasst die maschinentypischen Abläufe und Parameter, wie z.B. die Sägetechnologie, Vorschubgeschwindigkeiten je nach Stahlfestigkeit und Querschnittsform, typische Förderabläufe der Rollenförderer und des Regalförderzeuges.

c) die *SPS-Software* (SPS siehe Abschnitt Q Steuerungstechnik) steuert den Ablauf, wenn der Befehl erteilt wird, einen ganz bestimmten Stahlstab aus einem ganz bestimmten Fach zu holen, die Teile Nr. 1 – x abzusägen, in eine vorgewählte Box zu legen und den Stab wieder in das Fach zurückzulegen.

Neben dem Echtzeitkern des Rechners gibt es die Ebene der *Aussenkommunikation* (Aus- und Eingabedisplay, Speichermedien, Schnittstellen) und die Ebene der *Innenkommunikation* des Rechners (zu Säge, Förderer, Lager, Sensoren, Stellglieder, hier realisiert durch einen Lichtleiter-Feldbus).

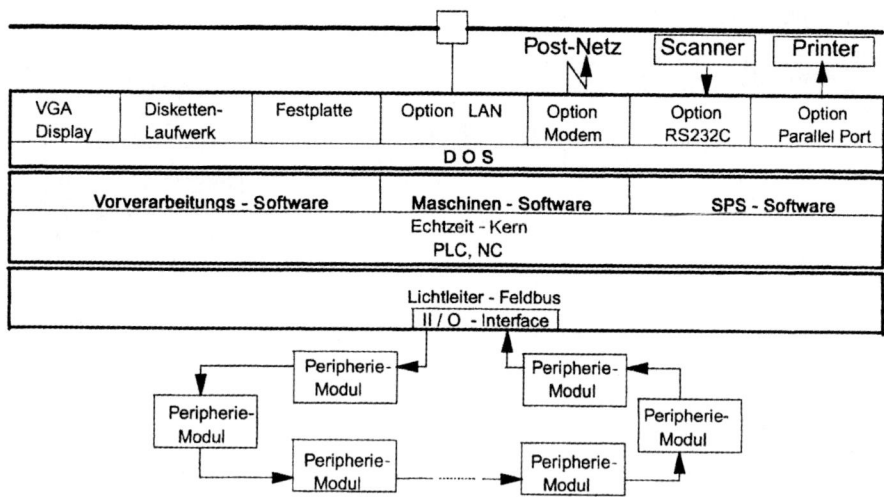

Bild 1. Prinzipbild der Steuerung einer automatischen Anlage zur Herstellung von Stahlstababschnitten, die aus Einzelstablager, Regalförderzeug, Rollenförderer und Sägeautomat und Abschnittsortieranlage besteht.
Die Datenvorverarbeitung, die Bedieneroberfläche und der SPS-Teil werden über einen schnellen Industrie-PC abgewickelt. Die Datenübertragung erfolgt hier über einen störungssicheren Lichtleiter-Feldbus.

5.2 Microprozessorsteuerungen

Die Bilder 2 und 3 zeigen als Beispiel eine Microprozessorsteuerung, wie sie im Mobilbereich für Autokrane, Gabelstapler, Radlader und Forstspezialfahrzeuge mit Rückekran typisch ist. Diese Fahrzeuge haben einen einzigen Dieselmotor sowohl für den Fahrantrieb als auch für den Antrieb der Arbeitsgeräte gemeinsam. Wegen der guten Möglichkeiten der Regelung und der Leistungsverzweigung sind diese Fahrzeuge mit hydrostatischen Pumpen und Motoren ausgestattet. Der Microprozessor erhält über Fahr- und Bremspedal, Potenziometer oder Joysticks proportionale Signale über die gewünschte Motordrehzahl, Fahrtrichtung, und den momentanen Leistungsbedarf der einzelnen Arbeitsbewegungen, wie z.B. Kranarm, Greifer, Drehwerk, die der Bediener im Moment gerade betätigt. Zusätzlich erhält er vom Dieselmotor dessen Istdrehzahl. Die Leistungskennlinie des Dieselmotors ist in den Rechner bereits eingegeben, meist durch „Teach In", d.h. Aufnahme der Kennlinie durch den Rechner direkt an der Maschine bei der Inbetriebnahme.

Ausgabegrössen des Microprozessors sind proportionale Signale an die Stellglieder der Hydraulikpumpen und Hydraulikmotoren, und an Hydraulikventile für die einzelnen Arbeitszylinder des Krans. Die Anfahrrampen und andere Einstellwerte werden im Prozessor pro Fahrzeugtyp (oder auch pro Fahrer) hinterlegt. Wesentlich ist die Funktion der *Grenzlastregelung*. Sinkt die Drehzahl des Dieselmotors durch zu hohe Lastabnahme über ein vorher festgesetztes Maß, so werden die Fahr- und/oder Arbeitsgeschwindigkeiten zurückgeregelt, bevor der Motor überlastet wird und stehenbleibt („abwürgt"). So werden gefährliche Situationen sicher vermieden.

Oft sind zwei spezialisierte Microprozessorsteuerungen vorgesehen, die über einen CAN-Bus kommunizieren und sich die Arbeit wie folgt teilen:

Steuerung I: Antriebsmanagement,
Steuerung II: Regelung der Arbeitsbewegungen über Joysticks und Elektro-Proportionalventile.

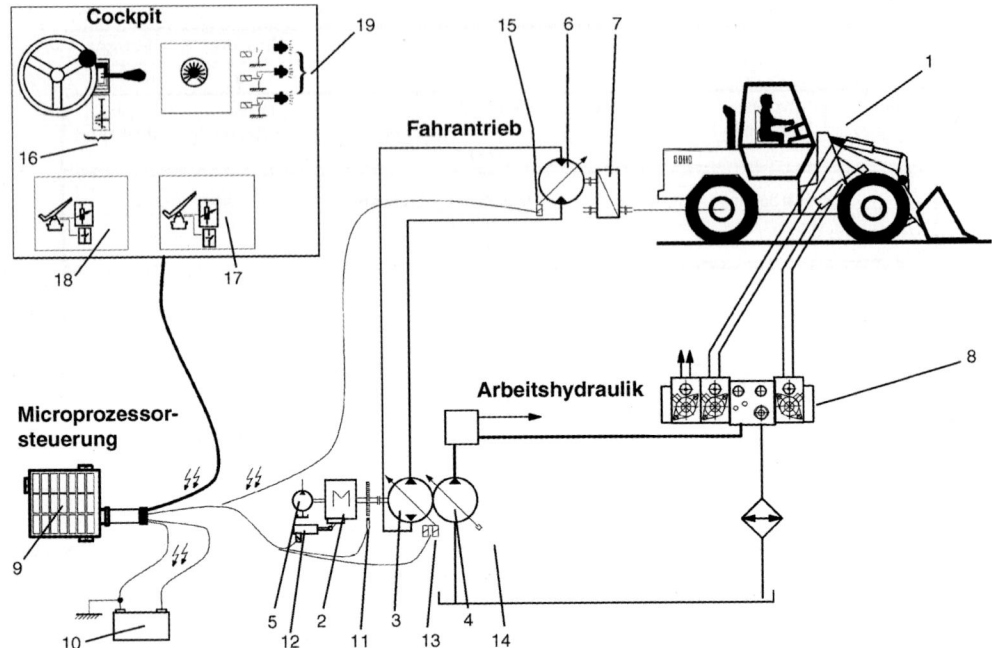

Bild 2. Typische Microprozessorsteuerung für mobile Fördergeräte wie Flurförderzeuge, Autokrane und Forstspezialfahrzeuge.

1 Mobiles Förderzeug mit vollhydrostatischem Antrieb, hier: Radlader.

Antrieb:

2 Dieselmotor zum Antrieb von drei hydrostatischen Regelpumpen
3 Hydrostatische Loadsensing-Regelpumpe für den Fahrantrieb (geschlossener Kreislauf)
4 Hydrostatische Loadsensing-Regelpumpe für die Arbeitshydraulik (offener Kreislauf)
5 Hydrostatische Konstantpumpe für Lenkung, Servobremse, Steuerhydraulik
6 Hydrostatischer Regelmotor für den Fahrantrieb
7 Fahrgetriebe mit Gangschaltung für Arbeitsbetrieb (langsam) und Überführungsfahrten (schnell) und Gelenkwellenabtrieb zu Vorder- und Hinterachse
8 Ventilsteuerblock für die Arbeitshydraulik (Krane, Schaufeln, Sondergeräte). Betätigung durch (hier nicht dargestellte) elektronische Proportionalsteuerung

Steuerung:

9 Microprozessorsteuerung für Fahr- und Arbeitshydraulik, mit Grenzlastregelung des Dieselmotors
10 Stromversorgung über Fahrzeugbatterie 12 oder 24 V

Ein/Ausgangsgrössen der Steuerung:

11 Digitaler Drehzahlsensor am Anlasserzahnkranz
12 Stellglied Motor („elektronisches Gaspedal")
13 Lagesensor sowie Verstellmagnet Pumpe Fahrantrieb
14 Lagesensor sowie Verstellmagnet Pumpe Arbeitsgeräte-Antrieb
15 Lagesensor sowie Verstellmagnet Motor Fahrantrieb

Fahrerhaus /Cockpit:

16 Fahrtrichtungs-Vorwahl Vorwärts – Neutral – Rückwärts
17 Fahrpedal (Gaspedal) mit Geberpoti und Leerlaufschalter
18 Inchpedal (Bremspedal) mit Geberpoti und Leerlaufschalter
19 Kontrollleuchten: Bremsen – Rückwärtsfahrt – Störung
20 Mode-Steuerung; Vorwahl der maximalen Geschwindigkeit, min für Feinarbeiten, Max für lange Transportwege

Linde AG

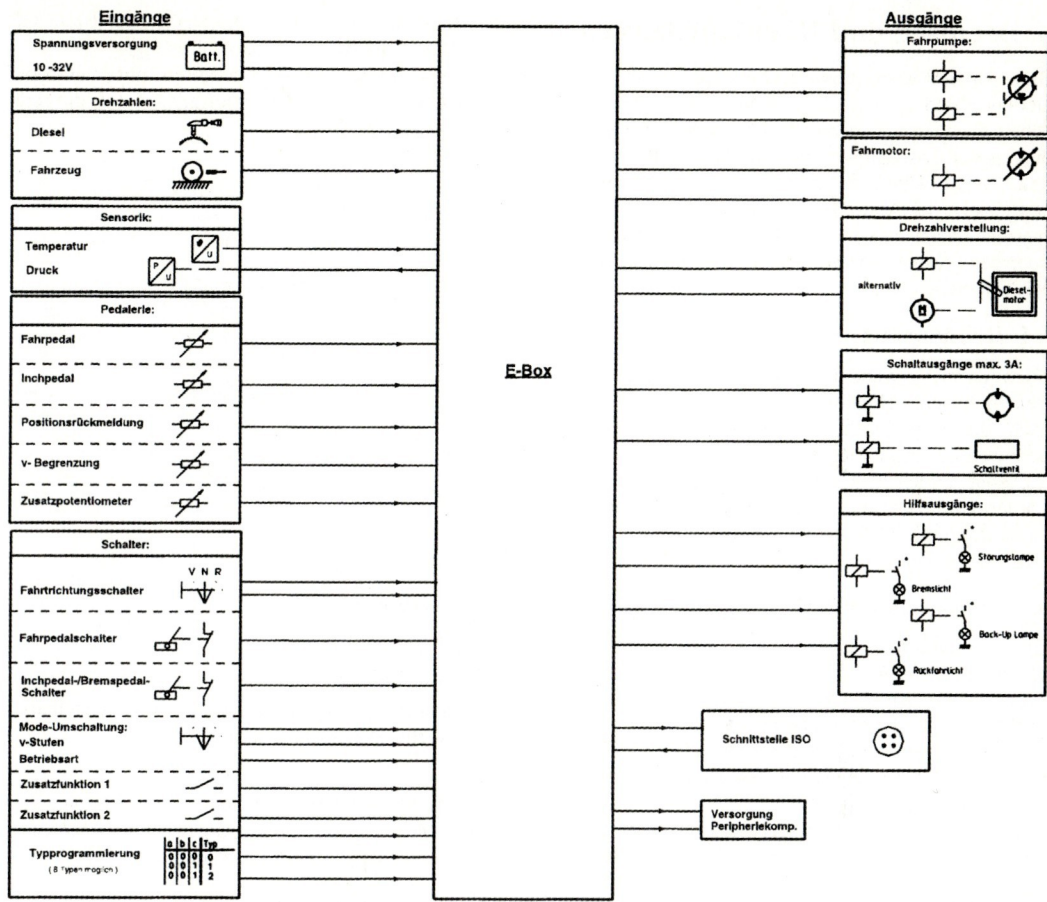

Bild 3. Blockschaltbild für die Projektierung und Programmierung der Microprozessorsteuerung nach Bild 2.

Mitte: E-Box mit Microprozessor

Links: Eingangsgrössen:
Spannungsversorgung – Drehzahlen – Sensorsignale – Pedalerie – Schalter

Rechts: Ausgangsgrössen:
Fahrpumpenverstellung – Fahrmotorverstellung –
Dieseldrehzahlverstellung – Schaltventile – Hilfsausägänge
(z.B. Kontrollleuchten);
Schnittstelle ISO, z.B. für CAN-Bus;
Versorgung Peripheriekomponenten, wie Schreiber, Drucker, Service-PC.

Linde AG

6 Bremsen und Rücklaufsperren

Bremsen sind in der Fördertechnik Geräte zur Reduzierung der Fördergeschwindigkeit. In Hebezeugen haben *Bremsen* z.B. die Aufgabe, die Senkgeschwindigkeit der Last auf den gewünschten Wert zu vermindern (Stillstand oder begrenzte Senkgeschwindigkeit), wenn der Antrieb abgeschaltet wird. Rücklaufsperren haben die Aufgabe, ein Rückdrehen der Sperrwelle gegen Antriebsrichtung von vornherein auszuschließen.

6.1 Reibungsbremsen

Nach dem Verwendungszweck unterscheidet man Regelbremsen, Haltebremsen und Stoppbremsen, nach der Bauart Trommelbremsen, Bandbremsen, Scheibenbremsen und Lamellenbremsen.

Bremsen bilden einen wichtigen Bestandteil aller Fördermaschinen und sind besonders sorgfältig zu entwerfen und auf Sicherheit zu berechnen, um Unfälle im Betrieb zu vermeiden.

6.1.1 Trommelbremsen (Bild 1)

Hinweis: Trommel- und Scheibenbremsen siehe DIN 15430 – 31; 15434 – 37

Trommelbremsen werden in der Fördertechnik mit außenliegenden Bremsbacken gebaut. Die Bremsbacken sind mit einem meist aufgeklebten Bremsbelag ($\mu \approx 0{,}3...0{,}4$) für eine zulässige Temperatur von mindestens 150 °C ausgerüstet.

Die Konstruktion der Norm-Bremsen erlaubt die Kombination mit allen auf dem Markt befindlichen Bremslüftgeräten. Die Bremskraft wird durch eine Feder – innen- oder außenliegend – hervorgerufen. Beim Lüften heben sich die Bremsbacken um einen Lüftweg von der Bremsscheibe ab. Beim Abschalten des Bremslüfters schließt die Bremse wieder selbsttätig.

Meistens werden Trommelbremsen mit elektrohydraulisch arbeitenden Bremslüftgeräten („Eldrogeräten") eingesetzt (Bild 1).

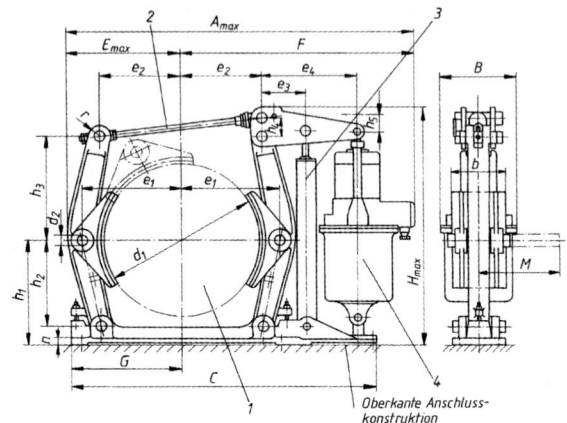

1 Bremstrommel
2 Zugstab
3 Bremsfeder
4 Bremslüftgerät

Buchstaben: Konstruktionsmaße nach unten stehender Tabelle bzw. Herstellertabelle

Bild 1.
Trommelbremse nach DIN 1543 mit außenliegenden Bremsbacken und selbsttätigen Bremsbelagverschleiß-Nachstellung für Fördereinrichtungen.

(Siegerland-Bremsen)

	Alle Maße in mm								Momente in Nm
Bremstrommel-durchmesser	Hebellängen				Umrissmasse				Bremsmomente bei einem Reibwert von $\mu \approx 0{,}3$
d_1	h_2	h_3	h_4	e_4	A_{max}	A_{max}	B	M	M_B
200	125	230	49	218	585 ... 608	475	160	120	0 ... 155
250	150	274	42	218	689 ... 703	520 ... 580	160 ... 190	135	0 ... 325
315	185	240 ... 308	48	245	780 ... 817	565 ... 615	160 ... 190	185 ... 817	0 ... 250 ... 100 ... 700
400	230	276 ... 415	55 ... 70	280	907 ... 967	645 ... 800	190 ... 216	230	100... 1 420
500	283	340	61	318	1 109 ... 1 132	780	225	285	300 ... 2 850
630	354	425	69	348	1 295 ... 1 302	960	265	345	700... 5 000
710	398	478	73	375	1 420 ... 1 427	1072	300	390	800 ... 5 720

6 Bremsen und Rücklaufsperren

Das Gerät besteht im Prinzip aus der Bremsfeder, die die Bremse im Ruhezustand geschlossen hält, sowie einem gegen die Federkraft arbeitenden Hubkolben mit zugehöriger Fliehkraftpumpe mit elektrischem Antriebsmotor. Nach Einschalten des Motors drückt die Pumpe das über dem Hubkolben befindliche Öl unter den Kolben. Sobald die hydraulische Druckkraft am Kolben größer geworden ist als die Kraft der Bremsfeder, hebt sich der Kolben und lüftet über das Bremsgestänge die Bremse. Wird der Motor abgeschaltet, gleitet der Kolben in seine Ausgangsstellung zurück. Das Öl fließt wieder zurück und dämpft dabei den Rückgang des Kolbens so, dass die Bremse zwar sofort, aber sanft und stoßfrei schließt.

Berechnung von Doppelbackenbremsen (Bild 2)
Stets muss das abzubremsende Moment M_B an der Welle kleiner sein als das größtmögliche Bremsmoment:

$$M_B < 2 F_B \frac{d}{2} \mu = F_B \, d \, \mu$$

$$F_B = F_H \frac{l_2}{l_1}$$

$$F_H = F_z \frac{l_4}{l_3}$$

$$F_z > \frac{M_B}{d} \cdot \frac{1}{\mu} \cdot \frac{l_1}{l_2} \cdot \frac{l_3}{l_4}$$

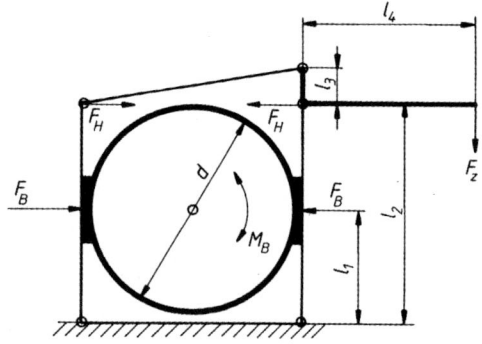

Bild 2.
Berechnungsskizze für Trommelbremsen M_B abzubremsendes Moment; F_B, F_N, F_z Kräfte; l_1, l_2, l_3, l_4 Hebellängen; d Bremsscheibendurchmesser

F_z	M_B	μ	d, l_1, l_2, l_3, l_4
N	Nm	1	m

F_z erforderliche Kraft der Bremsfeder; M_B abzubremsendes Moment an der Bremswelle, μ Reibzahl ($\mu \approx$ 0,3...0,4 bei der Paarung Bremsbelag-Stahl); $l_{1,2,3,4}$ Hebellängen nach Bild 2. Das abzubremsende Moment M_B muss aus den statischen und dynamischen Kräften und Momenten der Förderanlage oder -maschine berechnet werden.
Nach DIN 15434 Teil 1 sind ferner nachzuprüfen

- die Flächenpressung p an den Bremsbelägen,
- die Gleitgeschwindigkeit v_1 an den Bremsbelägen,
- der im speziellen Einsatzfall erreichbare Reibwert μ.

Alle drei Größen werden zum Parameter $(p \, v_1 \, \mu)_{zul}$ zusammengefasst. Als Richtwert gilt nach DIN 15434:

Bremsscheibendurchmesser d_1 in mm	Zulässiger Wert $(p \, v_1 \, \mu)_{zul}$ $\frac{N}{mm^2} \cdot \frac{m}{s} \cdot 1 = \frac{W}{mm^2}$
200	0,75
250	0,8
315	0,9
400	1,0
500	1,1
630	1,25
710	1,35

■ **Beispiel:**
Für eine Förderanlage wird eine Trommelbremse nach DIN 15434 mit außenliegenden Bremsbacken mit elektrohydraulischer Bremsbelüftung (Eldrogerät) für ein Bremsmoment von 4000 Nm benötigt. Reibwert $\mu = 0,3$. Technische Daten nach Bild 1.

Frage:
1. Welcher Bremsscheibendurchmesser wird benötigt?
2. Welche Bremskraft muss die im Bremslüftgerät eingebaute Bremsfeder mindestens haben?

Lösung:
Nach der Leistungstabelle Bild 1 muss zur Übertragung eines Bremsmomentes von 4000 Nm ein Bremsscheibendurchmesser von 630 mm gewählt werden. Dann gilt mit den Bildern 1 und 2 für die Bremsfederkraft F_2:

$l_1 = h_2 = 354$ mm
$l_2 = h_2 + h_3 = 354 + 425 = 779$ mm
$l_3 = h_4 = 69$ mm
$l_4 = e_4 = 348$ mm

$$F_2 \geq \frac{4000}{0,630} \cdot \frac{1}{0,3} \cdot \frac{0,354}{0,779} \cdot \frac{0,069}{0,348} = 1906 \text{ N} \approx 2000 \text{ N}$$

Die Bremsfeder muss also für eine Zugkraft von mindestens 2000 N ausgelegt sein.
Die Lösekraft des Eldrogerätes muss ca. 20 % über der max. Bremsfederkraft liegen.

Das für eine Fördermaschine erforderliche Bremsmoment ist sorgfältig entsprechend dem jeweiligen Einsatzfall aus Lastmoment und Verzögerungsmomenten nach DIN 15434 Teil 1 zu berechnen. Es gilt

$$M_{Berf} = M_L + M_R + M_T$$

M_{Berf}, erforderliches Bremsmoment in Nm; ML Moment der ruhenden Last und der Widerstände, z.B. aus Reibung (−) und Wind (+), bezogen auf die Bremswelle, in Nm; M_R, M_T, Verzögerungsmomente aus umlaufenden Massen (Rotation) und aus geradlinig bewegten Massen (Translation) in Nm.

Bei Hubwerksbremsen gilt für das Lastmoment

$$M_L = \frac{S \, d_T \, \eta}{2 \, i}$$

mit

- S Summe der an der Seiltrommel angreifenden Seilkräfte nach DIN 15020 (Kap 8 Bild 3), in N
- d_T Trommeldurchmesser in m
- i Gesamtübersetzung zwischen Bremse und Trommel; sind Trommel und Bremse auf derselben Achse fest verbunden, gilt $i = 1$
- η mechanischer Wirkungsgrad des Getriebes zwischen Trommel und Bremse. Der Wirkungsgrad steht im Zähler und vermindert das rechnerische Lastmoment, da die durch den Wirkungsgrad berücksichtigten Widerstände beim Bremsen helfen.

Für das Verzögerungsmoment M_R für die rotierenden Massen und M_T für die geradlinig bewegten Massen gilt:

$$M_R = \Sigma J \cdot \frac{\Delta \omega}{t_B}$$

$$M_T = \frac{S}{g} \cdot \frac{\Delta v}{t_B} \cdot \frac{d_T}{2} \cdot \frac{\eta}{i}$$

mit

- ΣJ Summe der Trägheitsmomente aller rotierenden Massen, die mit abzubremsen sind, reduziert auf die Bremsenwelle in kgm² (siehe Teil Mechanik, Reduktion von Trägheitsmomenten).
- $\Delta \omega$ Winkelgeschwindigkeitsdifferenz in 1/s bzw.
- Δv Hubgeschwindigkeitsdifferenz in m/s vor und nach dem Bremsvorgang. Bei Bremsungen bis zum Stillstand ist für $\Delta \omega$ die Winkelgeschwindigkeit der Bremstrommelwelle bei Beginn des Bremsvorganges und für Δv die Senkgeschwindigkeit der Last einzusetzen.
- t_B Bremszeit in s. Man erkennt, dass das Verzögerungsmoment M_R um so größer ist, je kürzer die zulässige Bremszeit ist.

6.1.2 Bandbremsen

Bandbremsen sind weich steuerbar und einfach im Aufbau. Ihr Nachteil ist eine Biegebelastung der Welle. Bandbremsen werden hauptsächlich als Haltebremsen eingesetzt. Als Betriebsbremse wird meist die Scheibenbremse eingesetzt, die eine bessere Abführung der Reibungswärme ermöglicht. Der Bandzug vergrößert sich, wie in Bild 3a dargestellt, über den Umschlingungswinkel von F_1 auf F_2. Für die Zugkräfte F_1 und F_2 gelten die Beziehungen

$$F_1 = \frac{2 M_B}{d} \cdot \frac{1}{(e^{\mu \alpha} - 1)}$$

$$F_2 = \frac{2 M_B}{d} \cdot \frac{e^{\mu \alpha}}{(e^{\mu \alpha} - 1)}$$

F_1, F_2	M_B	d	e, μ	α
N	Nm	m	1	rad

- M_B abzubremsendes Moment
- e Basis der natürlichen Logarithmen (e = 2,718)
- μ Reibzahl
- α Umschlingungswinkel im Bogenmaß

Werte für $e^{\mu \alpha}$ siehe Abschnitt Mechanik (Statik).

Aus dem Momentengleichgewicht um den Drehpunkt P ergibt sich für die Zugkraft F_z am Handhebel

$$F_z = \frac{2 M_B}{d} \cdot \frac{1}{l_4} \cdot \frac{1}{(e^{\mu \alpha} - 1)} (l_3 \mp x \, e^{\mu \alpha})$$

mit $x = 0$ für Bild 3a, (−) Minuszeichen für Bild 3b und (+) Pluszeichen für Bild 3c.
F_z Handzugkraft, d Bremsscheibendurchmesser, l_4, l_3, x Hebellängen nach Bild 3.

Man kann den Abstand x nach Bild 3b so groß wählen, dass die Bremse selbsttätig sperrt, ohne dass noch eine Zugkraft Z aufgebracht werden muss.

Wenn die Bremse in beiden Drehrichtungen gleich gut arbeiten soll, so wird eine Anordnung nach Bild 3c mit $x = l_3$ gewählt, bei der F_1 und F_2 an gleichen Hebelarmen angreifen.

6.1.3 Kegelbremsen, Scheibenbremsen (Bild 4)

Hinweis: Scheibenbremsen siehe DIN 15433 – 34; 15436; 25607 – 3.
Bei diesen Bremsen werden stets drehende, mit der Bremswelle drehfest verbundene Bremsscheiben axial gegen stehende, mit dem Gehäuse verbundene Gegenflächen gedrückt. Bei Kegelreibungsbremsen wird die Welle samt Bremsteller axial verschoben und in einen Innenkegel gepresst. Die Kegelreibungsbremse erreicht bei sonst gleichen Abmessungen ein größeres Bremsmoment als eine Flachscheibenbremse, da der Kegelwinkel die axiale Bremskraft verstärkt.
Bei Scheibenbremsen wird eine mit der Bremswelle fest verbundene Scheibe durch eine oder mehrere Bremszangen gehalten. Die Bremszangen werden zweckmäßig symmetrisch angeordnet, um die Welle nicht mit Biegemomenten zu belasten. Scheibenbremsen sind vergleichsweise unempfindlich, einfach in ihrem Aufbau und haben eine große, die Reibungswärme ableitende Fläche. Sie eignen sich daher auch zum Betrieb im Freien und zu Dauerbremsungen.

6 Bremsen und Rücklaufsperren

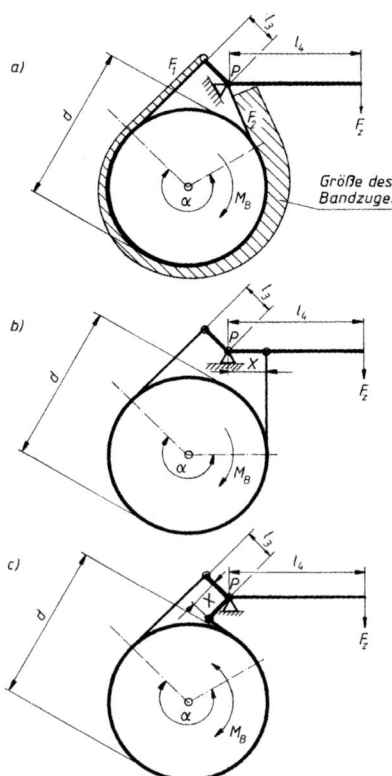

Bild 3. Skizzen verschiedener Bandbremsen
a) einfache Bandbremse
b) Differentialbandbremse
c) drehrichtungsunabhängige Bandbremse

M_B abzubremsendes Moment; α Umschlingungswinkel; F_1, F_2 Bremsbandzugkräfte; F_3 Handhebelzugkraft; d, l_3, l_4, x geometrische Abmessungen

Die axiale Anpresskraft F, die durch die Bremsfedern z zwischen Bremsbelägen und Reibflächen erzeugt wird, muss sein:

$$F \geq \frac{2 M_B}{d} \cdot \frac{1}{\mu} \cdot \frac{1}{n} \cdot \sin \alpha$$

F	M_B	d	μ, n	α
N	Nm	m	1	°

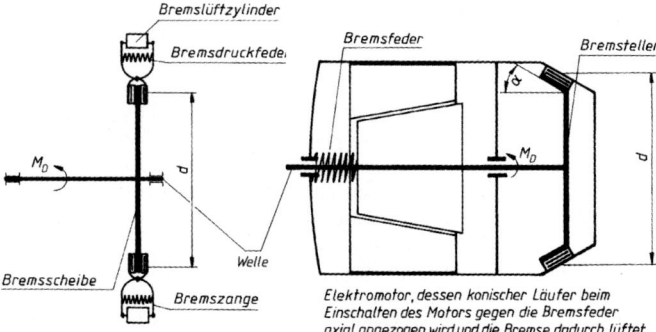

M_B abzubremsendes Gesamtmoment
d mittlere Reibflächendurchmesser
μ Reibzahl an den Bremsflächen
n Anzahl der Reibflächen; bei Scheibenbremsen $n = 2$ je Bremszange, bei Kegelreibungsbremsen stets $n = 1$
α Kegelwinkel; $\alpha = 90°$, $\sin \alpha = 1$ bei Scheibenbremsen; $\alpha \approx 20°$, $\sin \alpha \approx 0{,}34$ bei Kegelreibungsbremsen

6.2 Rücklaufsperren

Rücklaufsperren sind mechanische, selbsttätig eingreifende Maschinenteile, die ein Zurückdrehen der Sperrwelle unter dem Einfluss eines Lastmomentes verhindern, wenn der Antrieb abgeschaltet oder unterbrochen wird. Nach ihrer Wirkungsweise unterscheidet man Zahn(Klinken-)-Gesperre und stufenlos arbeitende Freiläufe.

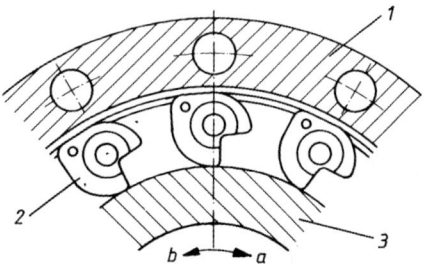

Bild 5. Klemmkörper-Freilauf als Rücklaufsperre für Fördereinrichtungen

1 Außenring (drehfest mit dem Gehäuse des Getriebes oder der Fördereinrichtung verbunden)
2 Klemmkörper; die Klemmkörper sind in Leerlaufposition gezeichnet, bei der sie unter Einwirkung der Fliehkraft vom stillstehenden Außenring abheben. Bei Stillstand gelangen sie unter der Einwirkung der nicht gezeichneten Anfederung wieder in Eingriff, so dass ein Zurückdrehen der Welle in Richtung a ausgeschlossen ist.
3 Innenring, mit der zu sperrenden Welle verbunden
a) gesperrte Drehrichtung
b) freie Drehrichtung
(RINGSPANN)

Bild 4. Berechnungsskizze für Scheiben- und Kegelreibungsbremsen

Die *Zahngesperre* haben besonders geformte Zahnräder, in deren Lücken die Sperrklinke einrastet. Zahngesperre arbeiten formschlüssig, aber naturgemäß nicht stufenlos. Weiterhin verursachen sie während der gesamten Leerlaufzeit ein störendes Klickergeräusch. Sie werden daher nur für Handantriebe sowie für langsame untergeordnete Einsatzfälle verwendet.
Bei den reibschlüssigen Rücklaufsperren unterscheidet man Klemmkörperfreiläufe (Bild 5) und Rollenfreiläufe (Bild 6).

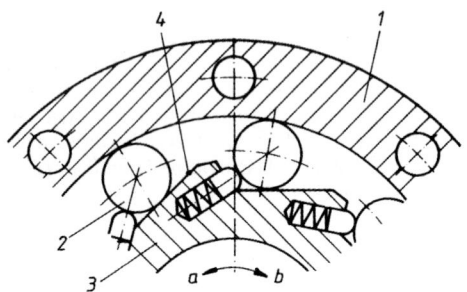

Bild 6. Rollenfreilauf als Rücklaufsperre für Fördereinrichtungen
1 Außenring
2 Klemmrollen
3 Innenring mit Klemmrampen (Innenstern)
4 Klemmrampen
a) gesperrte Drehrichtung
b) freie Drehrichtung
(RINGSPANN)

Die Klemmkörperfreiläufe werden aus den konzentrisch angeordneten Innen- und Außenringen und den dazwischen befindlichen, leicht angefederten Klemmkörpern gebildet. Letztere gleiten bei „Freilaufbetrieb" auf dem Innenring. Im „Mitnahmebetrieb" verklemmen sie sich zwischen Innen- und Außenring, so dass Drehmoment übertragen werden kann.
Damit der Freilauf auch klemmt und nicht durchrutscht, muss der Tangens des Abstützwinkels der Klemmkörper („Klemmwinkel ϵ") stets kleiner sein als der Reibwert μ.

$$\tan \epsilon < \mu$$

Da Rücklaufsperren an Fördereinrichtungen den größten Teil ihrer Betriebszeit in Freilaufrichtung laufen, spielen die Maßnahmen zur Vermeidung von Verschleiß und damit zur Erhöhung der Lebensdauer eine große Rolle. Bei Rücklaufsperren ist meist Fliehkraftabhebung möglich. Man unterscheidet:
– Fliehkraftabhebung bei umlaufendem Außenring. Der Schwerpunkt der Klemmkörper ist so gelegt, dass sie unter der Einwirkung der Fliehkraft vom stillstehenden Innenring abheben. Dadurch wird Gleitverschleiß unterbunden.
– Fliehkraftabhebung bei umlaufendem Innenring (Bild 5). Die Klemmkörper laufen mit dem Innenring um und stützen sich an einem speziell ausgebildeten Käfig so ab, dass sie vom stillstehenden Außenring abheben. Diese Konstruktion ermöglicht eine elegantere Bauweise, da der drehende Innenring direkt mit der Welle und der stehende Außenring direkt mit dem Gehäuse verbunden werden kann.

Wo Fliehkraft, z.B. wegen geringer Drehgeschwindigkeit im Leerlauf, nicht angewandt werden kann, wird der Außenring nicht rund, sondern leicht polygonal geschliffen. Die Klemmkörper stehen dadurch bei ihrem langsamen Wandern am Umfang manchmal „steiler", manchmal „flacher". Die Berührungslinie wandert dadurch auf dem Klemmkörper, das Verschleißvolumen wird größer, die Lebensdauer erheblich länger.
Bei Rollenfreiläufen verklemmt sich eine Rolle zwischen dem runden Außenring und dem mit „Klemmrampen" versehenen Innenring („Innenstern") (Bild 6). Klemmrollenfreiläufe werden eingesetzt, wenn Fliehkraftabhebung nicht möglich ist, oder wenn umfangreiche Branchenerfahrungen mit dieser Bauart vorliegen.

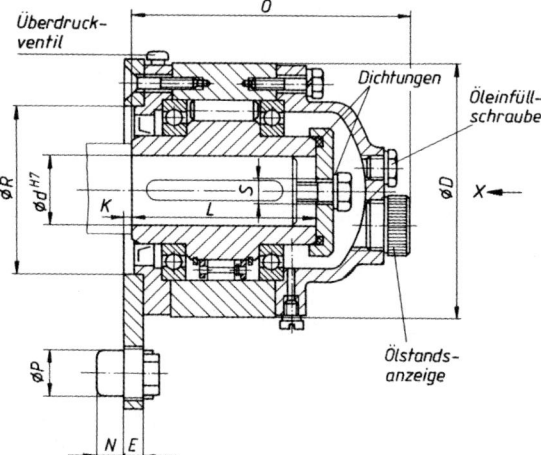

Bild 7. Rücklaufsperre in Aufsteckbauweise mit Drehmomentabstützung.

Obere Bildhälfte: Ausführung mit Rollenfreilauf nach Bild 6. Untere Bildhälfte: Ausführung mit Klemmkörpern nach Bild 5.

Die Buchstaben sind für den Einbau wichtige Baugrößenmaße nach Herstellertabelle.
Die hier gezeigte Ausführung verfügt über eine eigene Lagerung, eigene Dichtungen und damit über eine eigene Ölversorgung mit Ölstandschauglas. Sie ist daher besonders für Sonderkonstruktionen geeignet.
Für den Anbau an Seriengetriebe gibt es eine anflanschbare Bauform, bei der die Lagerung und der Ölkreislauf des Getriebes mitbenutzt werden. Dadurch kann dann die Funktion: „Rücklauf sperren" kostengünstiger realisiert werden.
(RINGSPANN)

7 Hebezeuge

7.1 Handhebezeuge

Unter dem Sammelbegriff „Handhebezeuge" werden solche Kleinhebezeuge zusammengefasst, die meist Handantrieb haben, aber auch mit Motorantrieb ausgeführt sein können. Handhebezeuge erfüllen vielfätige Aufgaben in Montage, Reparatur und in Fällen, wo große Lasten nur selten zu heben sind (Kap. 4.1).
Die gebräuchlichsten Kleinhebezeuge einfacher Art sind Winden:
Zahnstangenwinden – genormte Bauweise für 1,5 t, 3 t, 5 t, 10 t, 15 t und 25 t Tragfähigkeit (Bild 1).
Schraubenwinden – die Last wird durch eine Schraubenspindel gehoben.
Die Betätigung erfolgt mit einem Handhebel, oft unter Zwischenschaltung einer Ratsche. Bei Teleskopwinden sind mehrere Schraubenspindeln ineinandergebaut. Die Tragfähigkeit beträgt bis ca. 6000 kg.
Hebeböcke – für schwere Lasten von 20 ... 300 t. Die Last wird hydraulisch oder durch Spindeln angehoben bei Hubhöhen bis zu ca. 3 m.
Handhebezeuge sind ferner Kettenhebezeuge mit Flaschenzügen nach Bild 2. In allen Fällen, in denen Kettenhebezeuge häufiger gebraucht werden, werden Elektroantriebe verwendet.

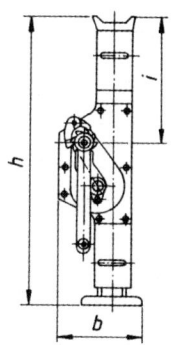 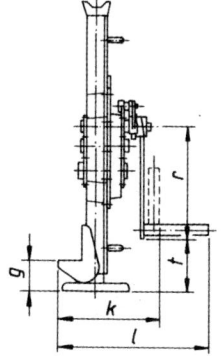

Bild 1.
Zahnstangenwinde für 1,5 ... 10 t Traglast, Hub ca. 300 ... 350 mm, Kurbeldruck 250 N, bei 10 t Traglast 500 N, g, k, l, t, r Abmessungen je nach Baugröße der Baureihen

(Gebr. Dickertmann)

7.2 Elektroseilzüge

Elektroseilzüge sind Hebemaschinen nach Bild 3, bei denen die Baugruppen Seiltrommel, Getriebe, Antriebsmotor und Bremse in einer kompakten Einheit kombiniert sind.

Elektrozüge werden durchweg nach dem Baukastenprinzip in vielen Varianten hergestellt (Bild 4), und werden angepasst an die geforderte Traglast, Hubgeschwindigkeit und die Betriebsbedingungen geliefert (vgl. 7.2.2).
Der Elektrozug wird für Traglasten von 160 ... 80000 kg hergestellt. Er kann auch mit einem Feingang ausgerüstet werden.
Größere Elektrozüge werden über Schütze gesteuert. Sie sind das Herzstück vieler Anlagen, wie z.B. Standard-Laufkrane, Hängekrane und Hängebahnen.

7.2.1 Prinzip eines Elektroseilzuges (Bild 3)

Der Antrieb ist als Aggregat aus Elektromotor und Bremse nach dem Verschiebeläufer-Prinzip gebaut. Im abgeschalteten Zustand (untere Hälfte) drückt die Bremsfeder (14) den konischen Verschiebeläufer (13) mit der Kegelbremsscheibe (15) gegen die Bremshaube (17), im eingeschalteten Zustand (obere Bildhälfte) bewirkt die Axialkraft des Läufers eine Lüftung der Bremse. Die Rippen des Gehäuses werden von der Bremsscheibe, die hier gleichzeitig als Lüfter ausgebildet ist, angeblasen, um die entstehende Wärme nach außen abzuführen.
Die kegelige Bremsscheibe ist durch Verzahnung mit der Motorwelle verbunden. Das Drehmoment des Elektromotors wird durch eine axialelastische Kupplung (18) auf das Getriebe übertragen. Ein geschlossenes Getriebegehäuse (1) nimmt alle Zahnräder auf, die im Ölbad laufen. Die Getriebestufen sind teilweise schrägverzahnt. Die tragende Verbindung zwischen Motor und Getriebe wird durch Trageflansche und ein Mantelgehäuse aus Stahlblech (10) hergestellt.
Der Elektrozug kann auch mit einem Feinhubwerk nach Bild 3 ausgerüstet werden. In diesem Fall wirkt die Bremse des Haupthubmotors als Kupplung zum Feingang.
Eine aus dem Getriebe herausgeführte Hohlwelle (4) treibt die Seiltrommel (5) an. Durch verschiedene Seilabläufe kann der Elektrozug praktischen Betriebsfällen angepasst werden.
Als Hubmotor für Elektrozüge im unteren Traglastbereich wird vorwiegend der Drehstrom-Asynchron-Kurzschlussläufer verwendet. Über etwa 10 kW Nennleistung werden die Elektrozüge oft mit Schleifringläufermotoren ausgestattet, um das Stromnetz nicht durch zu hohe Anlaufströme zu belasten.

7.2.2 Einteilung der Elektroseilzüge nach FEM und DIN 15020[1]

Die Berechnungsregeln nach DIN 15020 bezwecken eine Dimensionierung aller Bauteile nach der späteren betrieblichen Beanspruchung, die durch Traglast und Laufzeit charakterisiert wird.

---

[1] DIN 15020 – Berechnung von Seiltrieben, und FEM - Elektrozug-Regeln machen vergleichbare Aussagen.
DIN 15020 erfasst zusätzlich noch landwirtschaftliche und sonstige Winden, während die FEM-Regeln nicht nur die Seiltriebe, sondern den gesamten Elektrozug behandeln.

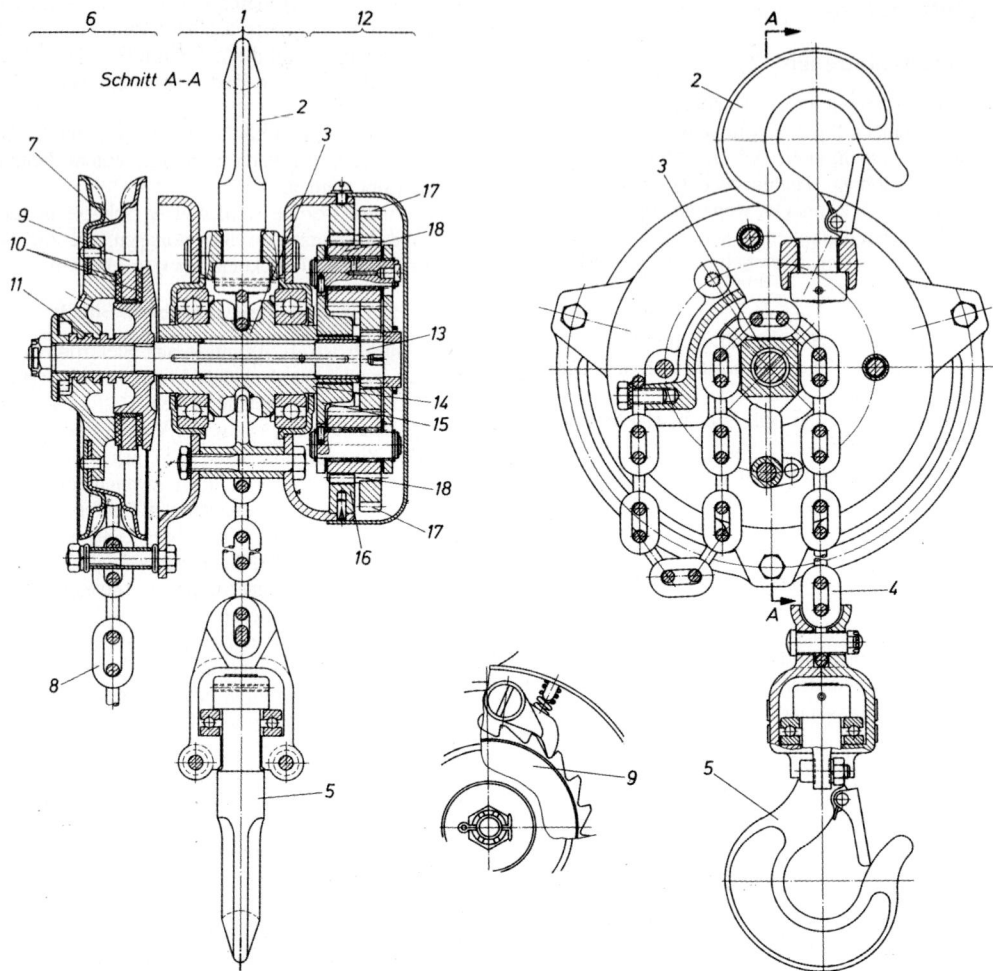

Bild 2. Kettenzug mit Handantrieb
1 Lasttragende Baugruppe, bestehend aus:
2 oberer Aufhängehaken
3 kugelgelagertes Kettenrad für Rundstahlkette
4 lasttragende Rundstahlkette
5 Lasthaken mit Axialkugellager, damit sich die Last frei drehen kann, ohne die Rundstahlkette zu verdrillen.
6 Baugruppe mit Haspelantrieb und Lastdruckbremse, mit:
7 Abtriebskettenrad für Haspelkette
8 Haspelkette für Heben und Senken von Hand
9 Klinkenrad mit Sperrklinke
10 Reibbeläge
11 Lastdruckgewinde. Im Ruhezustand erzeugt das Lastmoment durch das Gewinde einen lastabhängigen Druck auf die Reibbeläge 10 und das gesperrte Klinkenrad 9. Dadurch wird die Last gehalten.
Beim Heben dreht sich das Klinkenrad 9 mit, die Sperrklinke ratscht durch.
Beim Senken wird das Haspelrad gegen das Reibmoment am gesperrten Klinkenrad in Senkrichtung gedreht.

Das Lastdruckgewinde wird dadurch etwas gelöst. Ist der Druck an den Reibbelägen dadurch so gering geworden, dass das Gesamttreibmoment kleiner ist als das Lastmoment, so dreht das Lastmoment „nach", – wobei die Last sinkt, bis das Reibmoment wieder gleich oder größer wie das Lastmoment ist.
12 Planetengetriebe zur Erzielung hoher Übersetzungen bei geringem Raumbedarf mit:
13 Antriebwelle mit Antriebsritzel
14 Abtriebshohlwelle mit Kettenrad 3
15 Planetenradträger, drehfest mit der Abtriebshohlwelle verbunden.
16 Sonnenrad, mit dem Gehäuse drehfest verbunden.
17, 18 Planetenräder
Bei Verdrehung des Planetenrades 17 durch das Antriebsritzel 13 muss sich das Planetenrad 18 am stillstehenden Sonnenrad 16 abwälzen. Dabei wird der Planetenradträger 15 mit dem Lastkettenrad 3 verdreht. Die Räder 17 und 18 laufen also um („Planetenräder").

(Yale)

7 Hebezeuge

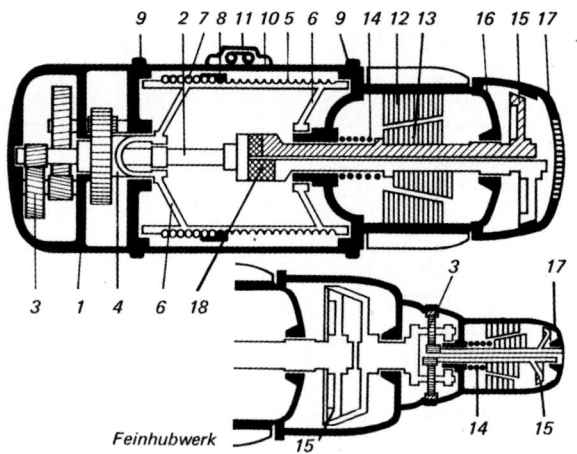

Bild 3. Prinzipskizze eines Elektroseilzuges (Dematik)

1 Getriebegehäuse
2 Antriebswelle
3 Getrieberäder
4 Hohlwelle
5 Seiltrommel
6 Trommelstege
7 Drahtseil
8 Seilführung
9 Tragflansche mit Füßen
10 Mantel
11 Mantelseiltaschen mit Seilkeil
12 Ständer mit Wicklung
13 Verschiebeläufer
14 Bremsfeder
15 Brems- und Lüfterscheibe
16 Lagerschilde
17 Bremshaube
18 Dreh- und axialelastische Kupplung

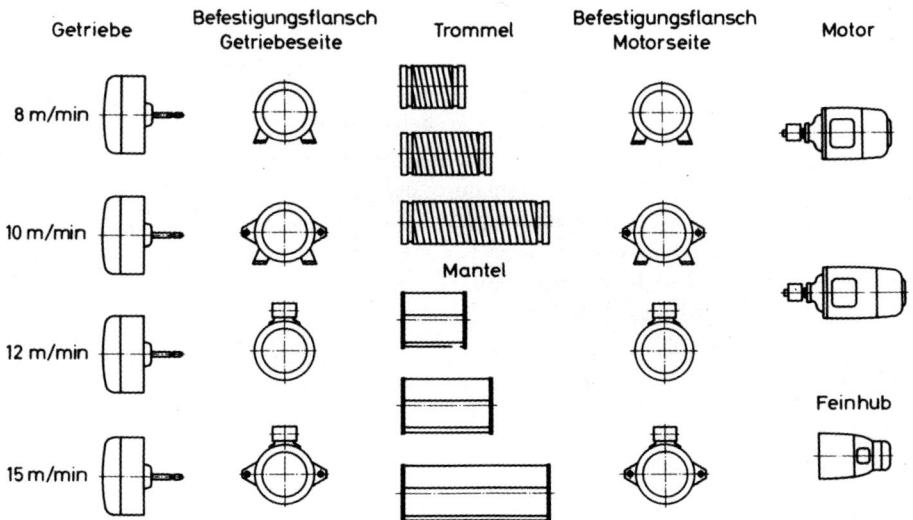

Bild 4. Verschiedene, jeweils miteinander kombinierbare Baugruppen eines Serienelektrozugs, die eine gute Anpassung des Hebezeuges an die jeweiligen Einsatzfälle ermöglichen.
(Dematik)

Diese wichtigen Einflüsse auf die Nutzungsdauer, *mittlere Traglast* und *Laufzeit*, müssen daher sowohl bei der Herstellung als auch bei der Auswahl durch den Betreiber berücksichtigt werden. Nur so erhält man für den jeweiligen Einsatzfall den wirtschaftlichsten Elektrozug mit ausreichender Sicherheit und Lebensdauer.

Harter Dauereinsatz – schwerer Elektrozug; seltener, leichter Einsatz – leichter Elektrozug. Derartige „Betriebsfestigkeitsüberlegungen" sind für die gesamte Fördertechnik von Bedeutung.

Zwischen den wichtigsten Einflüssen auf die Lebensdauer besteht näherungsweise folgender rechnerischer Zusammenhang

$$L \sim \frac{1}{q^3 t}$$

L	q	t
Jahre	kg	$\frac{h}{Jahr}$

L Lebensdauer, q mittlere Belastung, t Laufzeit pro Jahr
Ein Elektrozug, der jedes Jahr nur die halbe Zeit t im Einsatz ist als ein anderer, wird also auch entsprechend weniger verschleißen und kann also bei gleicher Lebensdauer ($L = 10$) entsprechend leichter konstruiert und damit billiger sein. Andererseits braucht man die mittlere Belastung q nur um 20 % (d.h. auf das 0,8-fache) zu senken, um einen sonst gleichen Zug doppelt solang benützen zu können ($0{,}8^3 = 0{,}5$).

Definition der Elektroseilzuggruppen nach Laufzeitklassen und Belastungskollektiven

Laufzeitklassen $V_{0,25} ... V_5$. Tabelle 1 zeigt in den einzelnen Spalten, welche Zeit ein Elektroseilzug im Mittel je Tag, Jahr oder 10-Jahres-Zeitraum laufen muss, um der entsprechenden Laufzeitklasse zugeordnet zu werden. Meist wird die mittlere Laufzeit je Tag geschätzt und danach die Laufzeitklasse bestimmt.
Belastungskollektive, 1 leicht – 2 mittel – 3 schwer (Tabelle 2).
Leicht: Elektroseilzüge, die selten die höchstzulässige Last, und meistens kleinere Lasten heben, z.B. im Kraftwerks- oder Montagebetrieb (Belastungskennzahl $k \leq 0{,}53$).
Mittel: Elektroseilzüge, die etwa gleichmäßig die höchste Traglast sowie größere und kleinere Traglasten heben, beispielsweise im Stückgutbetrieb ($0{,}53 < k \leq 0{,}67$).
Schwer: Elektroseilzüge, die hauptsächlich Lasten in der Nähe der höchstzulässigen Last (Traglast) heben, beispielsweise Greiferbetrieb ($0{,}67 < k$).

Tabelle 1. Bestimmung der Laufzeitklasse für Serienhebezeuge

Laufzeitklasse	$V_{0,25}$	$V_{0,5}$	V_1	V_2	V_3	V_4	V_5
mittl. Laufzeit je Tag (Stunden)	bis 0,5	0,5 bis 1	1 bis 2	2 bis 4	4 bis 8	8 bis 16	über 16
Rechenwert	0,32	0,63	1,25	2,5	5,0	10	20
mittl. Laufzeit je Jahr (Stunden)	80	160	320	630	1 250	2 500	5 000
Laufzeit in 10 Jahren (Std.)	800	1 600	3 200	6 300	12 500	25 000	50 000

Tabelle 2. Gruppenstufung $I_b ... V$ der Triebwerke von Elektroseilzügen nach DIN 15020 abhängig von Laufzeitklasse und Belastungskollektiv

Belastungskollektiv		Laufzeitklasse					
		$V_{0,25}$	$V_{0,5}$	V_1	V_2	V_3	V_4	V_5
	kubischer Mittelwert k	mittlere Laufzeit je Tag in Stunden					
		$\leq 0{,}5$	≤ 1	≤ 2	≤ 4	≤ 8	≤ 16	> 16
1	$k \leq 0{,}53$			I_b	I_a	II	III	IV
2	$0{,}53 < k \leq 0{,}67$		I_b	Ia	II	III	IV	V
3	$0{,}67 < k \leq 0{,}85$	I_b	I_a	II	III	IV	V	V

Kann man die Belastungsart nicht schätzen, so muss man aus Messwerten das „Lastkollektiv" des entsprechenden Einsatzfalles ermitteln und daraus die Belastungskennzahl k (kubischer Mittelwert der Belastung) errechnen. Ein Lastkollektivdiagramm gibt an, wie häufig, verteilt auf die gesamte Laufzeit, die Belastung des Hebezeugs mit Höchstlast, mittlerer bzw. kleiner Last ist.
Elektroseilzuggruppen (*FEM–Gruppen*). Mit den nunmehr ermittelten Laufzeitklassen bzw. Belastungsarten kann man nach Tabelle 2 die Elektroseilzeug-Gruppe bestimmen. Die Hersteller geben für jeden Elektroseilzugtyp die zulässigen Traglasten in den einzelnen Gruppen an. Die Betreiber sind in der Lage, je nach Laufzeit und Betriebsbedingungen den jeweils wirtschaftlichsten aus dem Programm auszuwählen (Tabelle 3).

7.2.3 Windwerke

Windwerke sind Hebemaschinen nach Bild 5 bei denen die Hauptbaugruppen Antriebsmotor – Bremse – Getriebe – Seiltrommel nicht in einer Maschine kombiniert, sondern „offen" hintereinander geschaltet sind. Windwerke werden nicht serienmäßig hergestellt, sondern stets für Sonderfälle gebaut, die in bezug auf Traglast, Hubgeschwindigkeit, Hakenweg oder Lebensdauer von den Elektroseilzügen nicht abgedeckt werden (Bild 6).

7 Hebezeuge

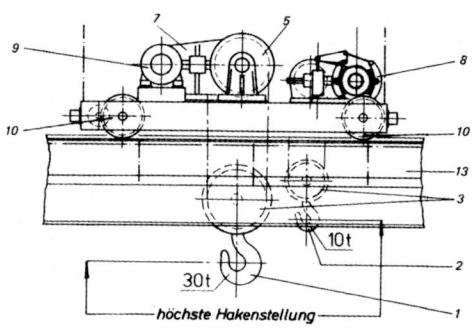 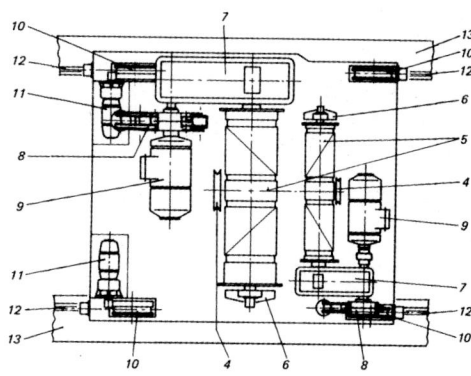

Bild 5.
Laufkatze mit offenem Windwerk
1 Haupthub, z.B. 30 t
2 Hilfshub, z.B. 10 t
3 Unterflaschen
4 Oberflaschen
5 Seiltrommeln
6 Trommellager
7 Hubgetriebe
8 Doppelbackenbremsen
9 Hubmotore
10 Katzlaufräder
11 Fahrmotore
12 Fahrschiene
13 Kranträger

Tabelle 3. Beispiel eines Elektroseilzugprogramms aus 8 Baureihen (Dematik)
Die Baugröße ist bestimmt durch Belastungskollektiv, mittlere Laufzeit, Traglast und Einscherungsart.

Belastungskollektiv:	2 mittel	3 schwer	4 sehr schwer
1 leicht Hubwerke, die selten die höchste Traglast und meistens kleinere Teillasten heben.	Hubwerke, die etwa gleichmäßig die höchste Traglast sowie größere und kleinere Teillasten heben	Hubwerke, die hauptsächlich Lasten in der Nähe der höchsten Traglast heben.	Hubwerke, die nur Lasten der höchsten Traglast mit sehr großer Totlast heben.

Aus Laufzeit und Belastungskollektiv wird die Gruppe bestimmt.

Belastungsart		Mittlere Laufzeit je Arbeitstag in Stunden					
1	leicht	bis 2	2–4	4–8	8–16	über 16	–
2	mittel	bis 1	1–2	2–4	4–8	8–16	über 16
3	schwer	bis 0,5	0,5–1	1–2	2–4	4–8	8–16
4	sehr schwer (FEM)	bis 0,25	0,25–0,5	0,5–1	1–2	2–4	4–8
Gruppe nach FEM/DIN 15020		$1 B_m$	$1 A_m$	2_m	3_m	4_m	5_m

Einscherungsart [1]) bei einrilliger Trommel   Baureihe Elektroseilzug-Baugrößen

1/1	2/1	4/1	6/1	8/1					
Traglast in kg									
160	320	630	–	–					P 116
200	400	800	–	–				P 120	
250	500	1000	–	–			P 125		
320	630	1250	–	–		P 132			P 203
400	800	1600	–	–	P 140			P 204	
500	1000	2000	–	–	100	P 150		P 205	
630	1250	2500	–	–		P 206			P 406
800	1600	3200	–	–	P 208			P 408	
1000	2000	4000	6300	8000	200	P 210		P 410	P 610
1250	2500	5000	8000	10000		P 212	P 412	P 612	
1600	3200	6300	10000	12500		P 416	P 616		P 1016
2000	4000	8000	12500	16000	400	P 420	P 620	P 1020	
2500	5000	10000	16000	20000		P 425	P 625	P 1025	P 1225 P 1625
3200	6300	12500	20000	25000	600	P 632	P 1032	P 1232	P 1632
4000	8000	16000	25000	32000		P 1040	P 1240	P 1640	P 2040
5000	10000	20000	32000	40000	1000	P 1050	P 1250	P 1650	P 2050
6300	12500	25000	40000	50000	1200	P 1263	P 1663	P 2063	
8000	16000	32000	50000	63000	1600	P 1680	P 2080		
–	20000	40000	63000	80000	2000	P 2100			

[1]) Der Fachbegriff „Einscherungsart" sagt aus, an wieviel Seilen die Last hängt, und wieviel Seile durch ein Hubwerk direkt angezogen werden. So sagt beispielsweise die Einscherungsart 4/1 aus, dass die Last an 4 Seilen hängt, wovon eines motorisch angezogen wird. Die Traglast ist also 4 mal so groß wie bei Einscherungsart 1/1, die Hubgeschwindigkeit aber nur 1/4 derjenigen bei Einscherungsart 1/1.

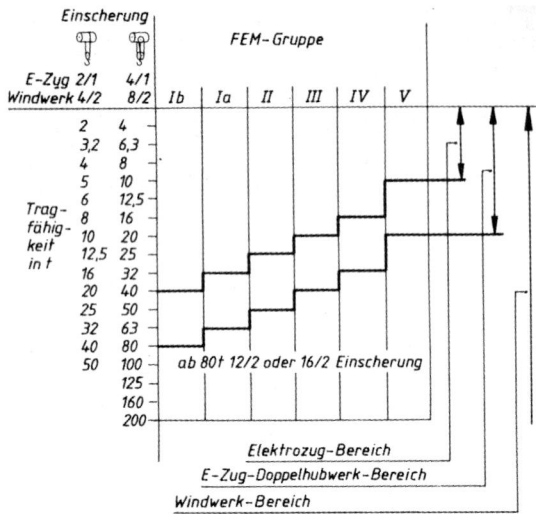

Bild 6. Traglastbereiche für Elektroseilzüge und Windwerke in dem einzelnen Gruppen nach FEM bzw. DIN 15020 (Dematik)

Bild 6 zeigt die Traglastbereiche abhängig von der FEM- Gruppe, die
a) von Elektroseilzügen
b) von Elektroseilzugdoppelhubwerken
c) von Windwerken
überstrichen werden.
Im Überschneidungsbereich sind bei normalen Einsatzfällen meist Elektroseilzüge wirtschaftlicher. Es können aber auch hier besondere Einsatzbedingungen, wie Mehrseilgreiferbetrieb, den Einsatz eines Windwerkes erzwingen. Die Baugruppen eines Windwerks sind:

Hubmotor. Als Hubmotor des Windwerkes wird bevorzugt ein Drehstrom-Schleifringläufermotor verwendet. Bei Antriebsleistungen über 20 kW ist deren Einsatz aus Gründen der Netzbelastung (niedrigere Anlaufströme) unvermeidlich. Der Vorteil des Windwerkes liegt aber auch darin, dass alle anderen Bauarten von Elektromotoren eingesetzt werden können, z.B. Gleichstrommotoren.

Hubgetriebe. In der Regel sind alle Getriebestufen im gemeinsamen Gehäuse im Ölbad zusammengefasst. Das Hubgetriebe ist über eine Kupplung mit Bremse und Motor verbunden. Es lässt einen weiten Spielraum bei der Auswahl der gewünschten Hubgeschwindigkeiten durch verschiedene Übersetzungsverhältnisse der Getriebestufen und manchmal auch durch fernbetätigte Umschaltstufen zu.

Hubwerksbremse. Die Hubwerksbremse ist meist eine Doppelbackenbremse mit elektromechanischem oder elektrohydraulischem Bremslüftgerät (siehe Kap. 6).
Bei einigen speziellen Bedarfsfällen wird aus Sicherheitsgründen die Forderung nach Einbau einer zweiten Bremse erhoben, z.B. beim Heben feuerflüssiger Massen. Diese Bremsen müssen unabhängig voneinander wirken und die Last aus der Aufwärtsbewegung stoßfrei abfangen können.

Seiltrieb. Dieser besteht aus Trommel und Trommellagerung, Rollen (Unter- und Oberflaschen) und Drahtseil mit verschiedenen Einscherungen.
Die Seiltrommel kann dem speziellen Einsatzfall hinsichtlich besonders großer Hakenwege, mehrrilliger Ausführung für das Anhängen von Traversen oder auch Mehrseilgreifern und ähnlichen Lastaufnahmemitteln angepasst werden.

7.2.4 Seilwinden für den Forsteinsatz

Seilwinden sind neben dem spezialisierten Kran („Rückekran") das Hauptarbeitsgerät an modernem Forstspezialmaschinen („Rückeschleppern"). Auch für diese Winden gilt grundsätzlich die DIN 15020. Die wichtigste gemeinsame *Unfallverhütungsvorschrift* (*VBG*) 8 sieht aber wegen der grundverschiedenen Einsatzbedingungen auch sehr abweichende Sicherheitsvorschriften vor. Deshalb sind im Folgenden die Hauptunterschiede aufgeführt:

Elektroseilzüge, Windwerke	Seilwinden für den Forsteinsatz
sind *Hebezeuge*	sind primär *Bodenzugwinden, also keine Hebezeuge*
stationärer Einsatz	mobiler Einsatz in schwierigem, oft steilem Gelände
Seilwicklung *einlagig* auf einer Trommel (Bild 3) Dadurch bei gleichem Antriebsmoment auch gleiche Seilkraft über die gesamte	Seilwicklung *mehrlagig* auf einer Trommel ohne Rillen. Dadurch bei gleichem Antriebsmoment höchste Seilkraft nur in der ersten Seillage, dann sinkende Seilkraft, je mehr Seillagen aufgewickelt werden, da der wirksame Trommelradius steigt. (*Ausnahme: Konstantzugwinde*, bei der das Antriebsmoment proportional zum Füllgrad der Trommel hochgeregelt wird.)
Antrieb immer unlösbar gekuppelt mit der Seiltrommel, Seil immer fest verbunden mit Seiltrommel. *Die Last darf auf keinen Fall abrauschen.*	*Antrieb muss vollständig lösbar von der Seiltrommel sein*. Seil ist nur leicht an der Seiltrommel angeklemmt. *Bei Gefahr soll eher der Baumstamm samt Seil abrauschen, als dass der Schlepper oder gar der Bediener mitgerissen wird.*
Trommel *mit Rillen* (Bild 3) Dadurch geringer Seilverschleiss	Trommel *ohne Rillen*, Aufhaspelung. Höherer Seilverschleiss, aber geringerer Platzbedarf pro Meter Seillänge.
Seilstärke- und Seilqualität liegen definitiv fest, nach Auswahl der Gruppe nach FEM/DIN 15 020. Erstabnahme und dann nur noch Verschleissprüfungen durch den Service	Seilstärke und -qualität kann vom Betreiber bei Bedarf geändert werden. Änderung und neue Windeneinstellung muss nach UVV-Regeln vorgenommen werden und im Windenprüfbuch dokumentiert werden.

8 Krane und Hängebahnen

Fest aufgehängte Hebezeuge können die Last nur auf einer senkrechten *Linie* zwischen oberster und unterster Hakenstellung befördern. Hebezeuge, die an einer verfahrbaren Katze befestigt sind, können die senkrechte *Fläche* unter der Fahrschiene bedienen. Krane der verschiedensten Bauarten können einen *dreidimensionalen Raum* bedienen.
Durch den Wandschwenkkran nach Bild 1 z.B. kann eine Last gehoben, sowie zu jedem Punkt innerhalb des gezeichneten Halbkreisraumes transportiert werden, der nach oben von der obersten Hakenstellung begrenzt wird.

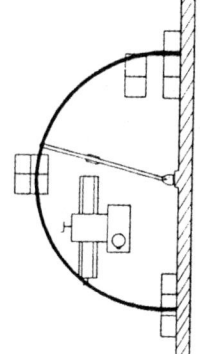

Bild 1.
Arbeitsraum eines Wandschwenkkranes, der durch den Schwenkradius und die oberste Hakenstellung begrenzt wird.

8.1 Berechnung nach DIN 15018

Prüffähige Berechnungen von Kranen müssen nach DIN 15018 ausgeführt werden.
Im Folgenden sollen deren Grundzüge aufgezeigt werden.
Die DIN 15018 gibt Hilfen zur Bestimmung aller Belastungen eines Krans und schreibt genau vor, wie dann bei der Berechnung vorzugehen ist:
⇒ Die konkrete Festlegung der Belastungen, die bei dem gerade betrachteten Kran wirklich vorliegen werden, ist und bleibt in der Verantwortung des Technikers.
    Hier ist eine genaue Kenntnis der späteren Betriebsbedingungen sowie – Technische Mechanik gefragt!
Die DIN schreibt die Punkte 8.1.1 – 8.1.9 vor:

8.1.1 Mindestinhalt der Berechnungen

Hier sind alle für die Berechnung erforderlichen technischen Angaben zu machen, so z.B.
- Art und Arbeitsweise des Krans,
- vorgesehene Schwere und Häufigkeit der Beanspruchung und daraus abgeleitet Festlegung der Lastannahmen, der Hubklasse und der Beanspruchungsgruppe
- Zeichnung des Krans mit allen Hauptmassen
- Zeichnung tragender Querschnitte an der Stelle der höchsten Beanspruchung, mit Werkstoffangaben
- Berechnung der vorgeschriebenen Lastfälle
- Im einzelnen gilt:

8.1.2 Lastannahmen

Unterschieden werden
Hauptlasten (diese wirken im normalen Betrieb immer):
- Hublasten (Nutzlast und alle an den Seilen hängende Lasten von Unterflaschen, Greifern, Traversen u.ä.)
- Lasten aus Eigengewicht und ggf. Lasten von Schüttgütern auf Stetigförderern und Aufprallkräfte von Schüttgut
- Beschleunigungs- und Verzögerungskräfte
- Fliehkräfte bei Drehkranen oder Dreheinrichtungen

Zusatzlasten (diese wirken mit grosser Wahrscheinlichkeit nie alle gleichzeitig)
- Wind- und Schneelasten, Kräfte aus Schräglauf von Kranen und Katzen
- Lasten auf Laufstegen, Treppen, Wartungspodesten u.ä.

Sonderlasten (diese kommen nicht bei jedem Kran vor)
- Kippkräfte bei Kranen mit Lastführung
- Pufferkräfte
- Prüflasten

8.1.3 Hubklassen und Beanspruchungsgruppen

Die Hubklasse berücksichtigt die zusätzlichen Massenkräfte beim Anheben der Last. Je ruckartiger das Anheben der Last erfolgt, desto größer die zu wählende Hubklasse.
Die Beanspruchungsgruppe berücksichtigt die Benutzungshäufigkeit des Krans. („Spannungsspielbereich") und, ob am häufigsten leichte, mittlere oder schwere Lasten zu heben sein werden („Spannungskollektiv").
Tabelle 1 dient zur Festlegung der Beanspruchungsgruppe B1 ... B6 abhängig vom jeweils vorhandenen Spannungsspielbereich N1 (gelegentliche Nutzung) bis N4 (angestrengter Dauerbetrieb) sowie dem Spannungskollektiv S0 (sehr leicht) bis S3 (schwer).
Tabelle 2 gibt Anhaltswerte für die Wahl der Hubklasse und der Beanspruchungsgruppe häufiger Krantypen.

⇒ Hinweis: Die Lastannahmen, Hubklassen und Beanspruchungsgruppen sind vom Techniker oder Ingenieur vor Beginn der eigentlichen Berechnung sorgfältig zu ermitteln und festzuschreiben

8.1.4 Lastfälle

Würde man alle Haupt-, Zusatz- und Sonderlasten nach 8.1.2 gleichzeitig in eine einzige Rechnung einbeziehen, so würden die Krane viel zu schwer werden. In DIN 15018 wurden daher die Lastkombinationen, die gleichzeitig auftreten können, in Tabelle 3 zu Lastfällen zusammengefasst. Jede Spalte ist ein Lastfall. Beispiel: die Hauptlast „4.1.4.3 Fallenlassen oder plötzliches Aufsetzen der Last", (berücksichtigt in Lastfall H, Spalte 2), wird nicht gleichzeitig mit der Hauptlast „4.1.6 Fliehkräfte", (berücksichtigt in Lastfall H, Spalte 1) auftreten.

8.1.5 Berechnungsgrundsätze

Für jeden der 8 Lastfälle (4 Regellastfälle + 4 Sonderlastfälle) ist ein gesonderter rechnerischer Nachweis zu führen. Die Eigenlasten sind dabei mit dem Eigenlastbeiwert („Stoßfaktor") nach Tabelle 4 zu multiplizieren. Die Hublasten sind dabei mit dem Hublastbeiwert („Faktor lotrechte Massenkräfte") nach Tabelle 5 zu multiplizieren.

⇒ Die Berechnungen müssen den anerkannten Regeln der Statik, Dynamik und Festigkeitslehre entsprechen. Die einzelnen Lasten müssen in der für das gerade berechnete Bauteil ungünstigsten Stellung angesetzt werden.

8.1.6 Spannungsnachweis

Spannungsnachweise sind für jeden Lastfall für alle gefährdeten Querschnitte für Stahlträger, Schweissnähte Schraubverbindungen zu ermitteln (siehe z.B. DIN 15018 – zulässige Spannungen –, DIN 4132 Stahltragwerke, DIN 6914 – 6918 Hochfeste HV-Schraubverbindungen).

8.1.7 Stabilitätsnachweis

Dieser ist für Knicken bei Stäben, für Beulen bei Kastenträgern (siehe DIN 18800), für Kippen bei kippgefährdeten Kranen (z.B. Baukrane) und für Vertikalschwingungen (dies besonders bei Kranen mit grosser Spannweite) zu führen.

8.1.8 Betriebsfestigkeitsnachweis (Dauerfestigkeitsnachweis)

Der Betriebsfestigkeitsnachweis braucht nur für den Lastfall H und nur für diejenigen Bauteile durchgeführt werden, für die mehr als 2×10^4 Lastspiele zu erwarten sind (z.B. Kranträger bei Verladekranen).

Tabelle 1. Beanspruchungsgruppen nach DIN 15018, abhängig von der Schwere (Spannungskollektiv S) und Häufigkeit (Spannungsspielbereich N) der Beanspruchung

Spannungsspielbereich	N1	N2	N3	N4
Anzahl der vorgesehenen Spannungsspiele max A	über $2 \cdot 10^4$ bis $2 \cdot 10^5$ Gelegentliche nicht regelmäßige Benutzung mit langen Ruhezeiten	über $2 \cdot 10^5$ bis $6 \cdot 10^5$ Regelmäßige Benutzung bei unterbrochenem Betrieb	über $6 \cdot 10^5$ bis $2 \cdot 10^6$ Regelmäßige Benutzung im Dauerbetrieb	über $2 \cdot 10^6$ Regelmäßige Benutzung in angestrengtem Dauerbetrieb
Spannungskollektiv	Beanspruchungsgruppe			
S 0 sehr leicht	B 1	B 2	B 3	B 4
S 1 leicht	B 2	B 3	B 4	B 5
S 2 mittel	B 3	B 4	B 6	B 6
S 3 schwer	B 4	B 5	B 6	B 6

8 Krane und Hängebahnen

Tabelle 2. Beispiele für die Einstufung von Kranarten in Hubklassen und Beanspruchungsgruppen nach DIN 15 018

Lfd. Nr.	Kranarten		Hub-klassen	Beanspru-chungsgruppen
1	Handkrane		H1	B1, B2
2	Montagekrane		H1, H2	B1, B2
3	Maschinenhauskrane		H1	B2, B3
4	Lagerkrane	unterbrochener Betrieb	H2	B4
5	Lagerkrane, Traversenkrane, Schrottplatzkrane	Dauerbetrieb	H3, H4	B5, B6
6	Werkstattkrane		H2, H3	B3, B4
7	Brückenkrane, Fallwerkkrane	Greifer- oder Magnetbetrieb	H3, H4	B5, B6
8	Gießkrane		H1, H2	B5, B6
9	Tiefofenkrane		H3, H4	B6
10	Stripperkrane, Chargierkrane		H4	B6
11	Schmiedekrane		H4	B5, B6
12	Verladebrücken, Halbportalkrane, Vollportalkrane mit Laufkatze oder Drehkran	Greifer- oder Magnetbetrieb	H3, H4	B5, B6
13	Verladebrücken, Halbportalkrane, Vollportalkrane mit Laufkatze oder Drehkran	Hakenbetrieb	H2	B4, B5
14	Fahrbare Bandbrücken mit fest eingebautem oder verschiebbaren Band (Bänder)		H1	B3, B4
15	Dockkrane, Hellingkrane. Ausrüstungskrane	Hakenbetrieb	H2	B3, B4
16	Hafenkrane, Drehkrane, Schwimmkrane, Wippdrehkrane	Hakenbetrieb	H2	B4, B5
17	Hafenkrane, Drehkrane, Schwimmkrane, Wippdrehkrane	Greifer- oder Magnetbetrieb	H3, H4	B5, B6
18	Schwerlast-Schwimmkrane, Bockkrane		H1	B2, B3
19	Bordkrane	Hakenbetrieb	H2	B3, B4
20	Bordkrane	Greifer- oder Magnetbetrieb	H3, H4	B4, B5
21	Turmdrehkrane für den Baubetrieb		H1	B3
22	Montagekrane, Derrickkrane	Hakenbetrieb	H1, H2	B2, B3
23	Schienendrehkrane	Hakenbetrieb	H2	B3, B4
24	Schienendrehkrane	Greifer- oder Magnetbetrieb	H3, H4	B4, B5
25	Eisenbahnkrane in Zügen zugelassen		H2	B4
26	Autokrane. Mobilkrane	Hakenbetrieb	H2	B3, B4
27	Autokrane, Mobilkrane	Greifer- oder Magnetbetrieb	H3, H4	B4, B5
28	Auto-Schwerlastkrane, Mobil-Schwerlastkrane		H1	B1, B2

Tabelle 3. Von DIN 15 018 vorgesehene Lastfälle. Jede senkrechte Spalte umfasst einen Lastfall. Die Lastfälle H setzen sich nur aus Hauptlasten zusammen, die Lastfälle HZ umfassen Haupt- und Zusatzlasten, die Sonderlastfälle umfassen Haupt- und Sonderlasten

		Lasten		Zeichen	Regellastfälle							Sonderlastfälle			
					Lastfälle H			Lastfälle HZ							
4.1. Hauptlasten	4.1.1.	Eigenlast		G	φG		φG		G	φG	G	G	φG		G
	4.1.4.1.	Eigenlastbeiwert		φ					–		–	–			
	4.1.2.	Lasten von Schüttgütern in Bunkern und auf Stetigförderern.		Gm	φGm		φGm		Gm	φGm	–	Gm	–		–
	4.1.3.	Hublast		P	ψP		–		$P \cdot \psi$	P	P	–			–
	4.1.4.2.	Hublastbeiwert		ψ					–	–	–	–			
	4.1.4.3.	Fallenlassen oder plötzliches Absetzen von Nutzlasten		$-0,25\ \psi P$	–		$-0,25\ \psi P$		–	–	–	–			–
	4.1.3.	Hublasten ohne Wirkung der Nutzlast		Po											
	4.1.5.	Massenkräfte aus Antrieben	Katzfahren	Ka	Ka	–	–	–	Ka	–	–	–	–	Ka		–
			Katzfahren	Kr	–	Kr	–	–	–	Kr	Kr	–	–	–	Kr	–
			Drehen	Dr	Dr	Dr	Dr	Dr	Dr	Dr	Dr	–	–	–	Dr	–
			Wippen	Wp	–	–	Wp	–	–	–	Wp	–	–	–	Wp	–
4.2. Zusatzlasten	4.1.6.	Fliehkräfte		Z	–	–	–	Z	–	–	–	–	–	–	Z	–
	4.2.1.	Windlast	in Betrieb	Wi		Wi		Wi	–	Wi	–	–		–		–
			außer Betrieb	Wa		–		–	Wa	–	–	–		–		–
	4.2.2.	Kräfte aus Schräglauf		S		–		–		S	–	–		–		–
4.3. Sonderlasten	4.3.1.	Kippkraft bei Laufkatzen mit Hublastführung		Ki		–		–		–	Ki	–		–		–
	4.3.2.	Pufferkräfte		Pu		–		–		–	–	Pu		–		–
	4.3.3.	Prüflasten	klein	Pk		–		–		–	–	–	$\dfrac{1+\psi}{2} \cdot Pk$			–
			groß	Pg		–		–		–	–	–		–		Pg

Tabelle 4. Eigenlastbeiwerte nach DIN 15 018, für Krane mit ungefederten Laufrädern, abhängig von der Fahrgeschwindigkeit und der Fahrbahnbeschaffenheit.

Für gefederte Laufräder darf stets $\varphi = 1,1$ gesetzt werden.

Fahrgeschwindigkeit v_F in m/min		Eigenlastbeiwert φ
Fahrbahnen		
mit Schienenstößen oder Unebenheiten (Straße)	ohne Schienenstöße oder mit geschweißten, bearbeiteten Schienenstößen	
bis 60	bis 90	1,1
über 60 ... 200	über 90 ... 300	1,2
über 200		$\geq 1,2$

Tabelle 5. Hublastbeiwerte ψ abhängig von der Hubgeschwindigkeit und der Hubklasse nach DIN 15 018. Zur Hubklassenermittlung vgl. Tabelle 2.

Hubklasse	Hublastbeiwert ψ bei Hubgeschwindigkeit in v_H m/min	
	bis 90	über 90
H 1	$1,1 + 0.0022\ v_H$	1,3
H 2	$1,2 + 0.0044\ v_H$	1,6
H 3	$1,3 + 0,0066\ v_H$	1,9
114	$1,4 + 0.0088\ v_H$	2,2

8.2 Kranbauformen

Krantragewerke werden heute fast ausschließlich nicht mehr als Fachwerke, sondern in Vollwandbauweise ausgeführt („Kastenträger"). Für das Schweißen von Kranen sind DIN 15018, DIN 8563 und DIN 4100 maßgebend.
Bild 2 zeigt die gebräuchlichsten in Industriebetrieben und Werkstätten verwendeten Kranbauformen. Sie haben geringe Bauhöhen und kurze seitliche Anfahrmaße der Katzen. Die Krane werden als Ein- und Zweiträgerkrane gebaut.

8.3 Laufkrane

Bild 3 zeigt einen modernen Kran in Kastenbauweise. Maschinelle Schweißverfahren ermöglichen die Serienfertigung von Standard-Kastenträgerkranen, die sich durch folgende Vorteile auszeichnen: geringes Leistungsgewicht, dadurch geringe Belastung des Gebäudes, geringer Aufwand für Wartung und formschönes Aussehen.
Zweiträger-Laufkrane werden für Traglasten bis zu 63 t und Spannweiten bis zu 30 m mit Zweischienenkatzen ausgeführt. Die Hubgeschwindigkeit wird durch das eingebaute Hubwerk bestimmt. Die Kranfahrgeschwindigkeit beträgt in der Regel 10 ... 80 m/min. Meist wird je ein Laufrad auf jeder Kranseite durch je einen Getriebe-Bremsmotor separat angetrieben (Bild 3).
Wenn die Anforderungen an das Hubwerk über die Leistungen des Elektrozuges hinausgehen, werden die Krane mit Windwerken ausgerüstet (Kap. 7, Bilder 5 und 6). Die Hubmotoren können bei Bedarf mit einem Feingang oder regelbar ausgeführt werden. Krane haben Flur- oder Führerhausbedienung. Sie können auch mit einer Fernsteuerung oder mit einer automatischen Steuerung ausgerüstet werden.

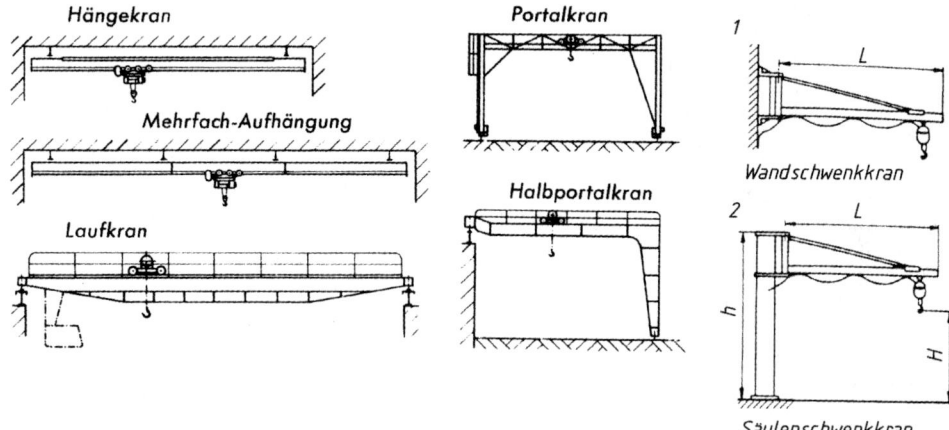

Bild 2. Kranbauformen (schematisch)

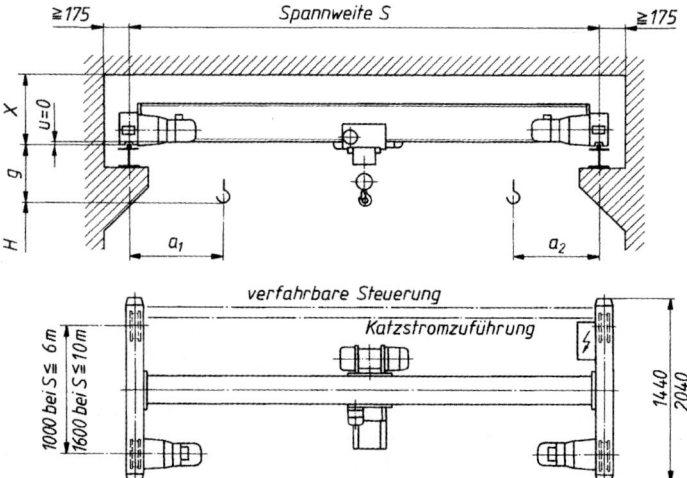

Bild 3. Einträger-Laufkran mit Vollwand-Kastenträger und Hängekatze.

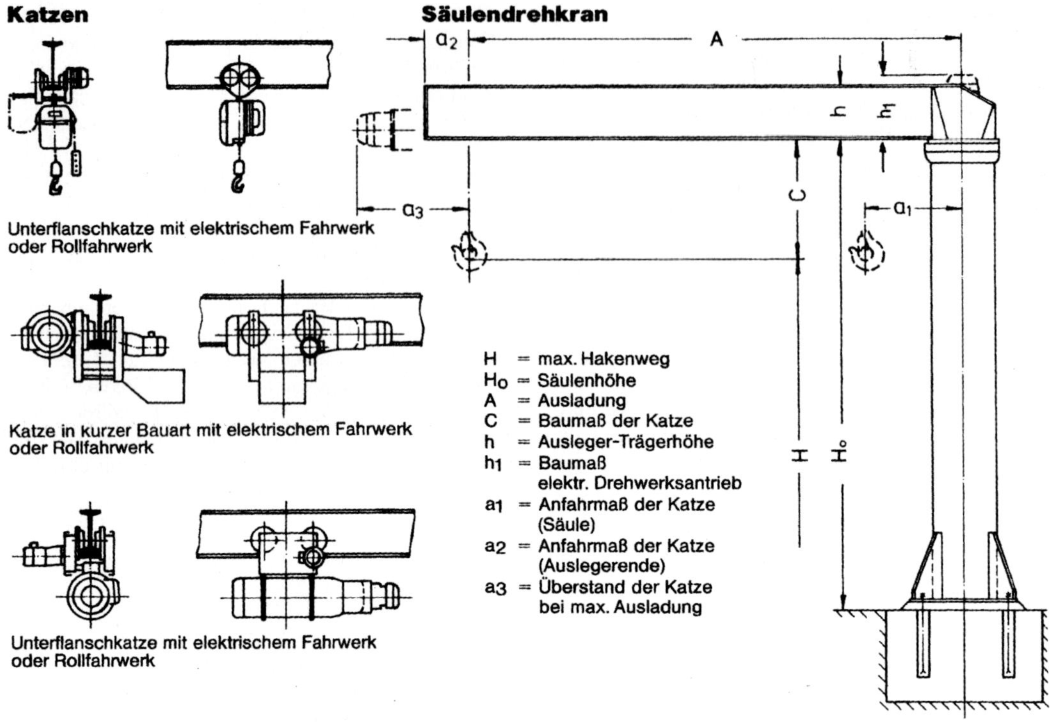

Katzen   **Säulendrehkran**

H = max. Hakenweg
H_0 = Säulenhöhe
A = Ausladung
C = Baumaß der Katze
h = Ausleger-Trägerhöhe
h_1 = Baumaß elektr. Drehwerksantrieb
a_1 = Anfahrmaß der Katze (Säule)
a_2 = Anfahrmaß der Katze (Auslegerende)
a_3 = Überstand der Katze bei max. Ausladung

Unterflanschkatze mit elektrischem Fahrwerk oder Rollfahrwerk

Katze in kurzer Bauart mit elektrischem Fahrwerk oder Rollfahrwerk

Unterflanschkatze mit elektrischem Fahrwerk oder Rollfahrwerk

Bild 4. Säulendrehkran für ein Lastmoment von ca. 200 kNm, maximale Ausladung A = 8 m, maximale Traglast 6.3 t
(Dematik)

8.4 Konsolkrane, Säulendrehkrane, Wandschwenkkrane

Zur Entlastung der Laufkrane werden oft Konsolkrane eingesetzt, die unterhalb der Laufkrane arbeiten, dadurch bleibt die Halle von Stützen frei. Konsolkrane werden in Vollwandträgerbauweise ausgeführt. Zur Bedienung von Werkzeugmaschinen und ähnlichen Einsatzzwecken eignen sich auch Wandschwenkkrane (Bild 1) und Säulendrehkrane (Bild 4).

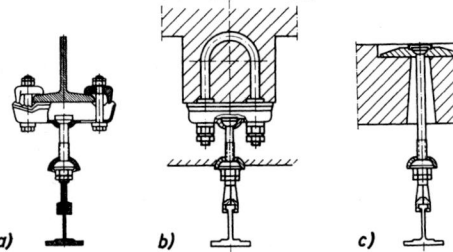

8.5 Hängekrane, Hängebahnen

Charakteristisch ist die Aufhängung der Hängekrane und Hängebahnen an der Hallenkonstruktion nach Bild 5. Durch die Kombination von Hängebahnen mit Hängekranen lassen sich ausgedehnte Förderanlagen zusammenbauen. Einen besonderen Vorteil bietet die Überfahrmöglichkeit von Katzen auf Krane und Anschlussbahnen (Bild 7). Die Hängebahnen lassen sich an Deckenkonstruktionen der verschiedensten Art anbringen. Bewährte Aufhängungen sind Klemmbefestigungen für I-Profile; (Bild 5a).
Bügelschrauben (Bild 5b) und Bodenplatten (Bild 5c) für Betondecken und Schaubbügel für Stahl- und Betonkonstruktionen (Bild 6).

Bild 5. Hängebahnaufhängungen
a) Klemmbefestigung für I-Profile,
b) Bügelschrauben
c) Bodenplatte für Betondecken
(Dematik)

Die Hängebahn wird in Abständen von 1 ... 10 m mit Hängestangen an der Decke befestigt Die Hängestange ermöglicht eine allseitige Pendelbewegung, sie wird nur auf Zug beansprucht. Man kann die Hängebahn aber auch ohne Hängestange direkt an die Obergurtkonstruktion oder Betondecke schrauben (Deckenkrane); dies kommt vor allem für leichtere Einsatzfälle in Frage.

8 Krane und Hängebahnen

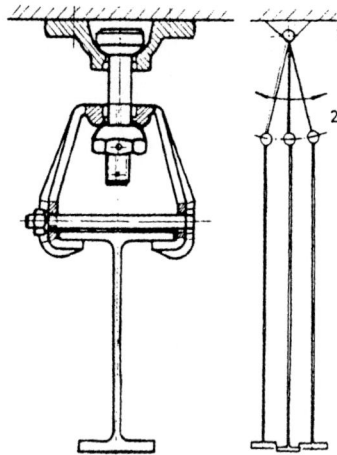

Bild 6. Doppelkardanische Aufhängung für Hängebahnträger. Durch die doppelkardanischen Bahnaufhängungen mit je einem oberen und unteren Kugelgelenk werden die eigentlichen Verbindungselemente, die Hängestangen, nur auf Zug beansprucht.
(Dematik)

Die Hängebahnträger werden in geometrisch abgestuften Größen gebaut. Sie sind Schweißkonstruktionen oder Spezial-Walzprofile. Bis zu einer Geschwindigkeit von 63 m/min ist das Steuern von Laufkatzen vom Flur erlaubt, während bei höheren Geschwindigkeiten die Unfallverhütungsvorschriften eine Führerhausbedienung vorschreiben.

Gegenüber anderen flurfreien Fördermitteln können Hängekatzen von einem Hauptförderstrang über Schiebeweichen in andere Bahnen verfahren, so dass ein System entsteht, mit dem beliebig viele Ziele außerhalb der Kranfahrbahn erreichbar sind (Bilder 7 und 8).

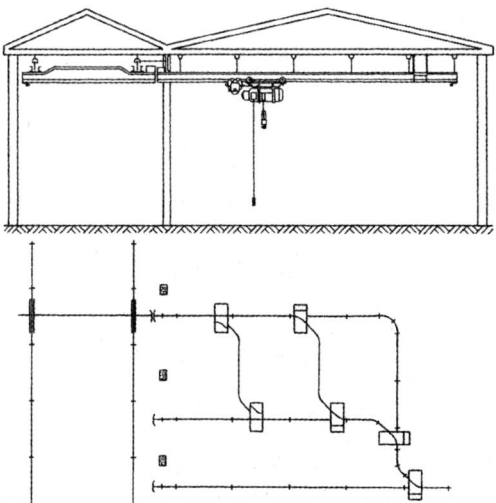

Bild 7. Skizze eines Hängekran-Hängebahn-Systems

Mit Hängebahnen und Hängekranen kann :in vollautomatisierter Förderablauf unter Anwendung von Programmsteuerungen erreicht werden (z.B. Bekohlungsanlagen).

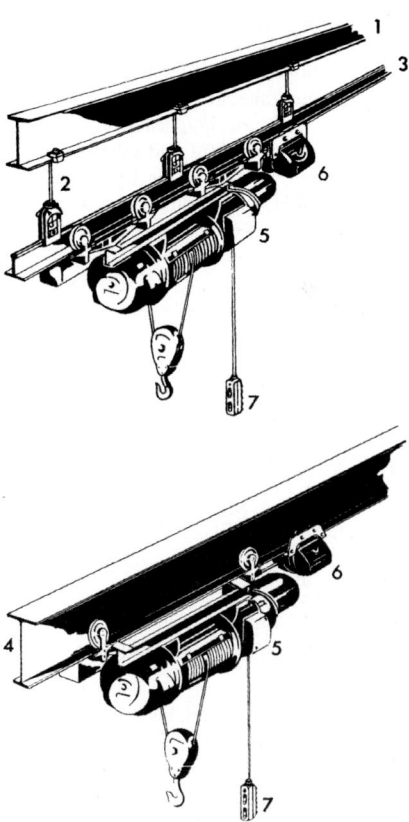

Bild 8. Elektroseilzuglaufkatze für Hängerkrane: und Hängebahnen.
(Dematik)
1 Obergurt
2 Fahrbahnaufhangung
3 Fahrbahn („Wulstschiene")
4 Fahrbahn (Walzprofil)
5 Hängekatze
6 Reibradfahrantrieb
7 Druckknopftaster

8.6 Portalkrane

Portalkrane werden hauptsächlich in Außenbereichen eingesetzt. Bild 2 zeigt einen Portalkran und einen Halbportalkran. Halbportalkrane kommen für die Maschinen- und Arbeitsplätze der seitlichen Hallenbereiche in Frage. Ihre Anordnung unterhalb der Hallenkrane schließt eine gegenseitige Behinderung aus. Sie werden meistens in Vollwandträger-Konstruktion ausgeführt.

8.7 Fahrzeugkrane

Man unterscheidet hier die Mobilkrane, welche zum Verladen und Stapeln, bei Montagen und Kurztransporten für die Lasten bis ca. 10 t bei ca. 5 m Hubhöhe (verfahrbar) oder 30 t und ca. 33 m Hubhöhe bei Lastmomenten 84 tm (abgestützt) eingesetzt werden, hauptsächlich in Fabrikhallen und Lagerplätzen an den Stellen, an denen kein ortsfester Kran zur Verfügung steht, sowie Autokrane, die nur abgestützt arbeiten, die in Baureihen bis zu Traglasten von 1 000 t und bis zu Hubhöhen von 180 m und Lastmomenten von 20 000 tm gebaut werden. (Der Einsatzbereich dieser Großkrane sind Häfen, Containerterminals und Großbaustellen (z.B. Windkraftanlagen).

Autokrane haben ein gelände- und straßengängiges mehrachsiges Fahrwerk, welches in Arbeitsstellung des Kranes durch vier hydraulische Ausleger abgestützt wird. Sie haben entweder Gittermastausleger die sich zu verschiedenen Höhen aufbauen lassen (Bild 9) oder hydraulisch ausfahrbare Ausleger. Die Tragkraft beträgt:

$$F \le \frac{M_L}{a}$$

F	M_L	a		F	M_L	a
kN	kNm	m	oder	t	tm	m

F Tragkraft, M_L typbedingtes maximales Lastmoment des Fahrzeugkranes, a Ausladung des Auslegers.

Meist sind zwei unabhängig voneinander arbeitende Hubwerke, ein Haupt- und ein Hilfshubwerk, vorhanden. Die Bedienung erfolgt über elektronisch angesteuerte Proportionalventile, wodurch alle Bewegungsabläufe gleichzeitig feinfühlig gesteuert werden können (vergl. Kap 5).

8.8 Verladeanlagen und Hafenkrane

Für den Umschlag von Rohstoffen, wie Erz, Kalk, Kies, Kohle, Koks u.a. mehr oder zum Verladen von Fertigprodukten und Containern sind große Verladebrücken konstruiert worden. Sie können Straßen, Flüsse, Eisenbahngleise und Lagerplätze überspannen und sind je nach Einsatzfall mit Greifern, Becherwerken oder pneumatischen Förderern ausgerüstet.

Konstruktionsmerkmale
Die tragenden Stahlbauteile werden als geschweißte Vollwandkonstruktionen ausgeführt.
Die Brückenlast ruht im allgemeinen auf Laufrädern, die sich auf Räder der Pendelstütze und Räder der festen Stütze verteilen. Jede Stütze hat ihren eigenen Fahrantrieb, der meist die Hälfte aller Räder antreibt (Bilder 10 bis 12).

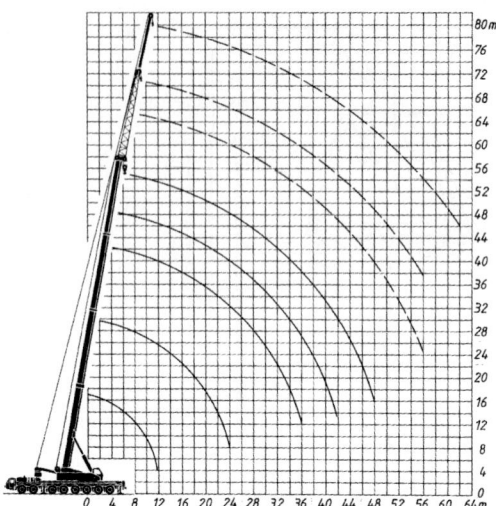

Bild 9. Arbeitsbereich eines Autokranes mit einem Hubmoment von 744 tm (= 85 % des Kippmomentes) und dementsprechend abhängig von der Ausladung und der Auslegerlänge einem Traglastbereich von 200 ... 3,3 t
(Liebherr)

Die größeren Verladebrücken sind mit einer Sicherung gegen Schrägfahren ausgerüstet. Die Schrägstellung der Brücke tritt durch das Zurückbleiben einer Stütze dann auf, wenn der Kran oder die Laufkatze über einer Stütze steht und diese stärker belastet als die andere, oder wenn beim Abschalten unterschiedliche Massenkräfte auf beiden Leiten abzubremsen sind.

Jede Brückenstütze hat Sturmsicherungen, die automatisch einfahren und sich an der Fahrschiene festklemmen, wenn der Sturm die Brücke abzutreiben droht.

Bild 10 a – d zeigt ausgeführte Verladeanlagen.
Da Kastenträger nicht nur auf Biegung, sondern auch auf Verdrehung (Torsion) beansprucht werden können, wurden Einträger-Winkelkatzen (Bild 12) entwickelt. Die Brücke besteht nur noch aus einem einzigen Träger in Kastenbauweise, der mit der festen Stütze dreh- und biegesteif und mit der losen Pendelstütze durch ein Kugelgelenk verbunden ist, so dass sich ein statisch bestimmtes System ergibt. Bei Verladebrücken für Schiffe ist der über Wasser befindliche Teil der Verladebrücke meist klappbar, um Masten und Schornsteine der Schiffe ohne Ummanövrieren überfahren zu können (Bild 10 d).

Die Winkelkatze hat zwei oben angetriebene Laufräder mit Führungsrollen und zwei untere Laufräder. Sie verfährt seitlich neben dem Träger. Die Oberseite des Trägers bleibt so für den Anbau des senkrechten Pfeilers (Pylon), für elektrische Leitungen und für Begehungen zu Wartungszwecken frei. Der Greifer

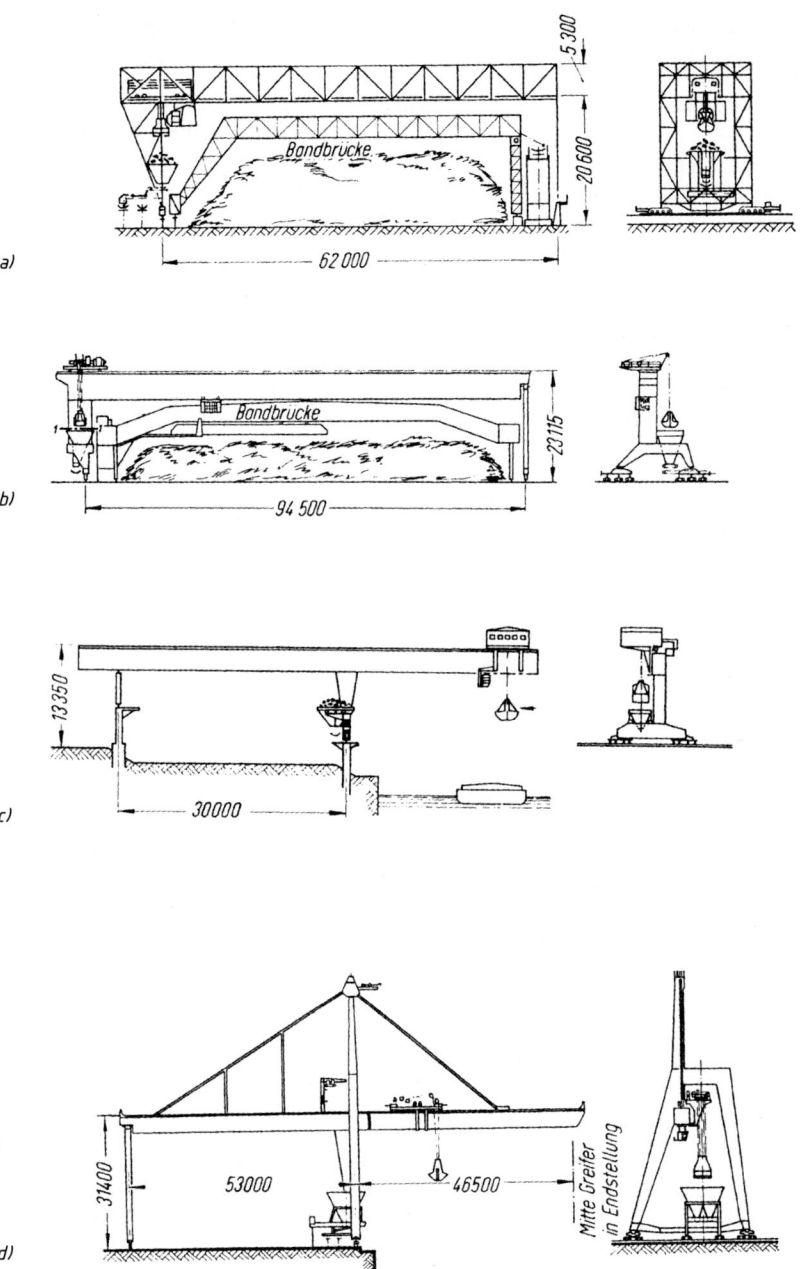

Bild 10. Verladeanlagen
a) Erzverladebrücke in Fachwerkbauart mit innenlaufender Katze, Tragfähigkeit 16 t
b) Erzverladebrücke in Einträgerbauweise mit obenlaufender Katze (ohne Kragarm), Tragfähigkeit 20 t
c) Erzverladebrücke mit festem Kragarm in Einträgerbauweise mit Zweischienen-Winkelkatze, Tragfähigkeit 12 t
d) 32-t-Verladebrücke in Einträgerbauweise mit hochklappbarem Ausleger und Zweischienen-Winkelkatze, Tragfähigkeit 32 t
(MAN)

kann mit einer Drehvorrichtung für Längs- und Quergreifen ausgestattet werden. Die Verladeanlagen sind mit Fahrwerks-, Katz und Hubantrieben mit geregelten Gleichstromantrieben (Ward-Leonhard-Satz) ausgerüstet.

Das Führerhaus ist eine Vollsichtkanzel, die unter der Unterkante des Trägers angeordnet werden kann, um dem Bedienungsmann eine bessere Übersicht über den Arbeitsbereich des Greifers zu geben. Verladebrücken werden bis etwa 80 t Tragfähigkeit gebaut.

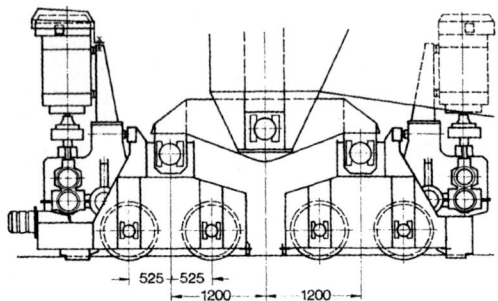

Bild 11.
Teilansicht des Fahrantriebes einer Verladeanlage (MAN)

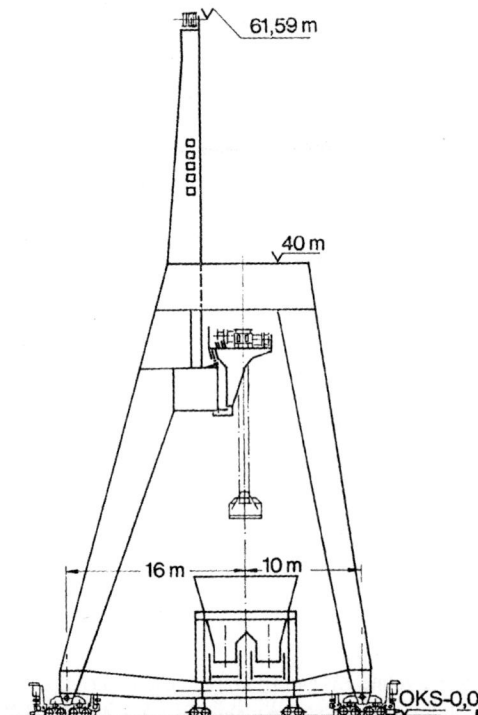

Bild 12. Feste Stütze mit Pylon und Winkellaufkatze der Verladebrücke nach Bild 10 d
(MAN)

Die in Bild 12 gezeigte Verladeanlage hat eine Umschlagkapazität von 1 200 t/h.

Hafenkrane
Unter Hafenkranen versteht man für Be- und Entladung von Schiffen mit Stückgütern allgemeiner Art vorgesehene Krane, die mit einem Hubseil mit Haken arbeiten.
Der Hafenkran besteht aus den Hauptbaugruppen Portal mit Fahrwerk, Drehwerk, Ausleger und Hubwerk.
Das Portal kann auf Schienen verschiedener Höhe fahren, um Lkw oder Eisenbahn die Durchfahrt zu gestatten. Die Laufräder sind einzeln angetrieben und können durch Schienenzangen gegen Windkräfte gesichert werden.
Für das Drehwerk werden Kugeldrehkränze großen Durchmessers verwendet.
Die Ausleger sind meist mit einer Vorrichtung ausgestattet, die bei Veränderung der Ausladung einen waagerechten Lastweg gewährleistet (Wippausleger, Schwinghebelseilausgleich).
Als Antriebsmotoren für Fahr-, Dreh- und Windwerk dienen Gleichstromreihenschluss- oder auch Drehstrommotoren.

8.9 Stapelkrane und Regalförderzeuge

Stapelkrane und Regalförderzeuge sind Fördergeräte, die an spezielle Aufgaben in der Lager- und Materialflusstechnik angepasst sind. Sie dienen dem Zweck, spezielle Fördergüter, wie z.B. Drahtbunde, oder Ladeeinheiten, wie z.B. Paletten oder Langgutkassetten, in die Lagerplätze von Regallagern ein- und auszulagern.

Stapelkrane (Bild 13) sind in Bezug auf die Kranträger und das Kranlaufwerk entweder wie ein Zweiträger-Laufkran oder wie ein Zweiträger-Hängekran ausgebildet. Die Katze (Stapelkatze) ist jedoch mit einer starren oder teleskopierbaren Säule zur Führung des Hubwagens ausgerüstet. Am Hubwagen ist ein auf den entsprechenden Einsatzfall zugeschnittenes Lastaufnahmemittel angebracht. Bild 13 zeigt als Beispiel einen Stapelkran mit Hubgabel zum Transport von Drahtbunden. Die Katze verfährt auf den (im Bild geschnittenen) Trägern eines Zweiträger-Laufkranes. Der an der Hubsäule der Katze geführte Hubwagen ist hier mit einer Krankanzel ausgerüstet.
Regalförderzeuge oder **Regalbediengeräte** sind in der Lagertechnik verwendete Geräte, die es gestatten, hohe Regallager („Hochregallager") zu bauen und die Regale zu beschicken („zu bedienen").
Bild 14 zeigt schematisch die erhebliche Vergrößerung der nutzbaren Regalflächen bei Einsatz von Regalbediengeräten.

8 Krane und Hängebahnen

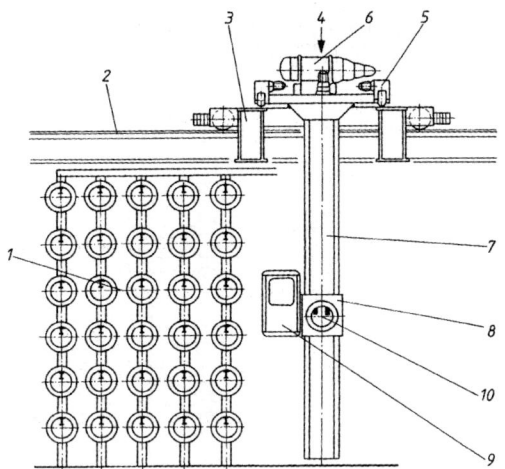

Bild 13.
Stapelkran, aufgebaut aus Zweiträger-Laufkran und Stapelkatze mit Führungsrohr, Bedienungskanzel und Lastaufnahmegabel, als Lager- und Transportmittel in einer Drahtbeizerei
- 1 Drahtbundlager
- 2 Kranfahrbahn
- 3 Zweiträger-Laufkran
  (die Träger sind im Bild geschnitten)
- 4 Stapelkatze mit
- 5 Katzfahrwerk
- 6 Katzhubwerk
- 7 Führungssäule
- 8 Hubwagen
- 9 Krankanzel
- 10 Hubgabel mit Drahtbund

Regalförderzeuge verfahren auf einer Bodenschiene zwischen den Regalen. Sie werden im oberen Regalbereich an einer Schiene geführt. Sie bestehen je nach Einsatzzweck aus einer oder zwei Säulen (Bild 15) und einem Hubwagen. Der Hubwagen trägt bei den Regalförderzeugen eine seitlich ausschiebbare Teleskopgabel. Mit dieser werden die Ladeeinheiten in die Regale eingelagert bzw. diesen entnommen. In der Regel ist der Hubwagen, auch bei automatischen Geräten, mit einem Fahrerstand ausgerüstet, um das Regalbediengerät auch manuell steuern zu können (z.B. bei Servicebetrieb).

Bild 15 zeigt einige Beispiele von ausgeführten Regalbediengeräten und die zugehörigen Leistungsdaten.

Kommissioniergeräte sind Regalbediengeräte, die der Zusammenstellung von bestimmten Lageraufträgen („Kommissionen") für Kunden oder Fertigungsstellen dienen.

Der Bedienungsmann fährt gemäß Bild 16 mit dem Hubwagen zu den Regalfächern, denen er dann die angeforderte Warenmenge entnimmt. Wenn alle gewünschten Regale abgefahren sind, erscheint der Bedienungsmann mit dem Regalbediengerät und der komplett zusammengestellten Kommission wieder am Regalausgang. Einsäulen-Regalbediengeräte dienen meist nicht der direkten Kommissionierung, sondern der Beschickung von Hochregallagern. Diese bestehen aus meist mehreren Regalgängen mit Regalfächern für bestimmte Ladehilfsmittel, meist Paletten. Regalbediengeräte übernehmen die Ladeeinheiten am Regaleingang und befördern sie zu dem vorbestimmten Regalplatz. Anschließend können sie einem beliebigen anderen Regalplatz eine auszulagernde Palette entnehmen und wieder zum Regalausgang befördern.

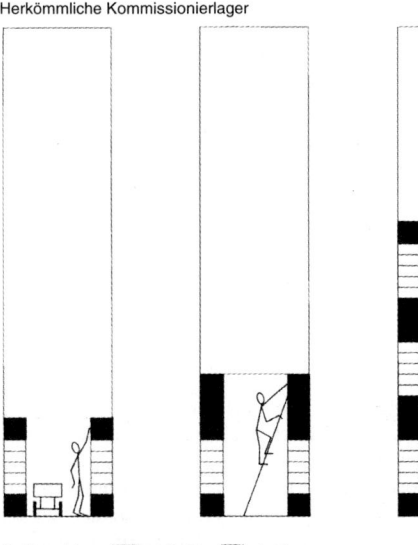
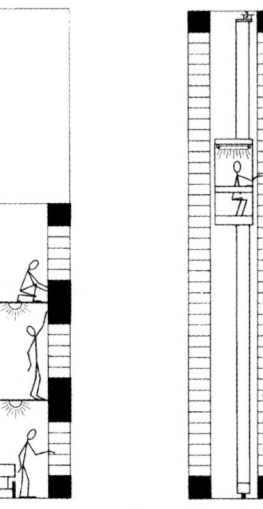

Bild 14. Nutzbare Regalhöhen bei Verwendung eines Flurregals, eines Leiterregals, bei mehrgeschossiger Bauweise sowie im Vergleich dazu bei Benutzung eines Regalbediengerätes

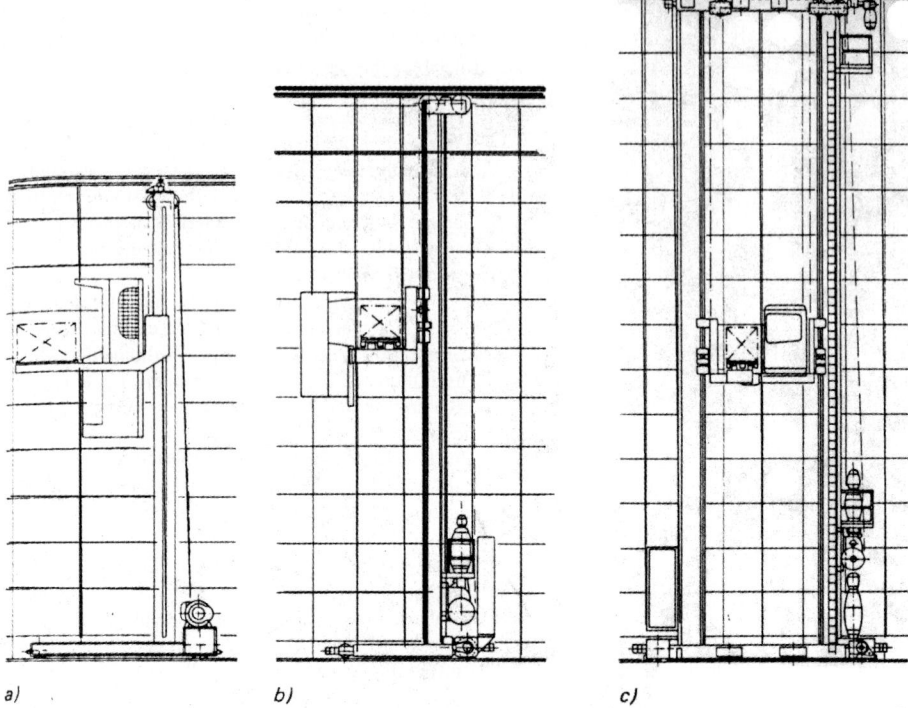

a)   b)   c)

Bild 15.
Beispiele aus einer Baureihe von Regalförderzeugen (= Regalbediengeräten)
a) Kommissioniergerät mit manueller Steuerung von der Führerkabine aus
   Traglast: 500 kg
   Gerätehöhe: bis 12 m
   Hubgeschwindigkeit: bis 16 m/min
   Fahrgeschwindigkeit: 10 ... 80 m/min

b) Einsäulengerät und

c) Zweisäulengerät zum Aus- und Einlagern von Ladeeinheiten für automatischen und manuellen Betrieb
   Traglast: bis 4 000 kg
   Gerätehöhe: bis 40 m
   Hubgeschwindigkeit: bis 40 m/min
   Fahrgeschwindigkeit: bis 160 m/min
(Dematik)

Zweisäulen-Regalförderzeuge kommen hauptsächlich zum Einsatz, wenn großvolumige, lange Fördergüter, wie z.B. Stangenmaterial in Langgutkassetten, aus- und eingelagert werden müssen.
Regalförderzeuge können bei Bedarf über Umsetzbrücken vor dem Regal von einem Regalgang in den anderer, umgesetzt werden.
Regalförderzeuge werden meist automatisch online gesteuert, d.h. sie erhalten ihre Fahrbefehle direkt von einem zentralen Prozessrechner.
Bild 16 zeigt ein Hochregallager für Paletten mit vier Regalgängen, in denen Einsäulen- Regalförderzeuge vollautomatisch verfahren. Das Bild zeigt ferner die Rollenfördersysteme, welche das Palettenlager mit Produktionsbereichen, Zwischenlagern, Kommissionierlagern, Eingangszonen und Versandplätzen je nach Bedarf verbinden.

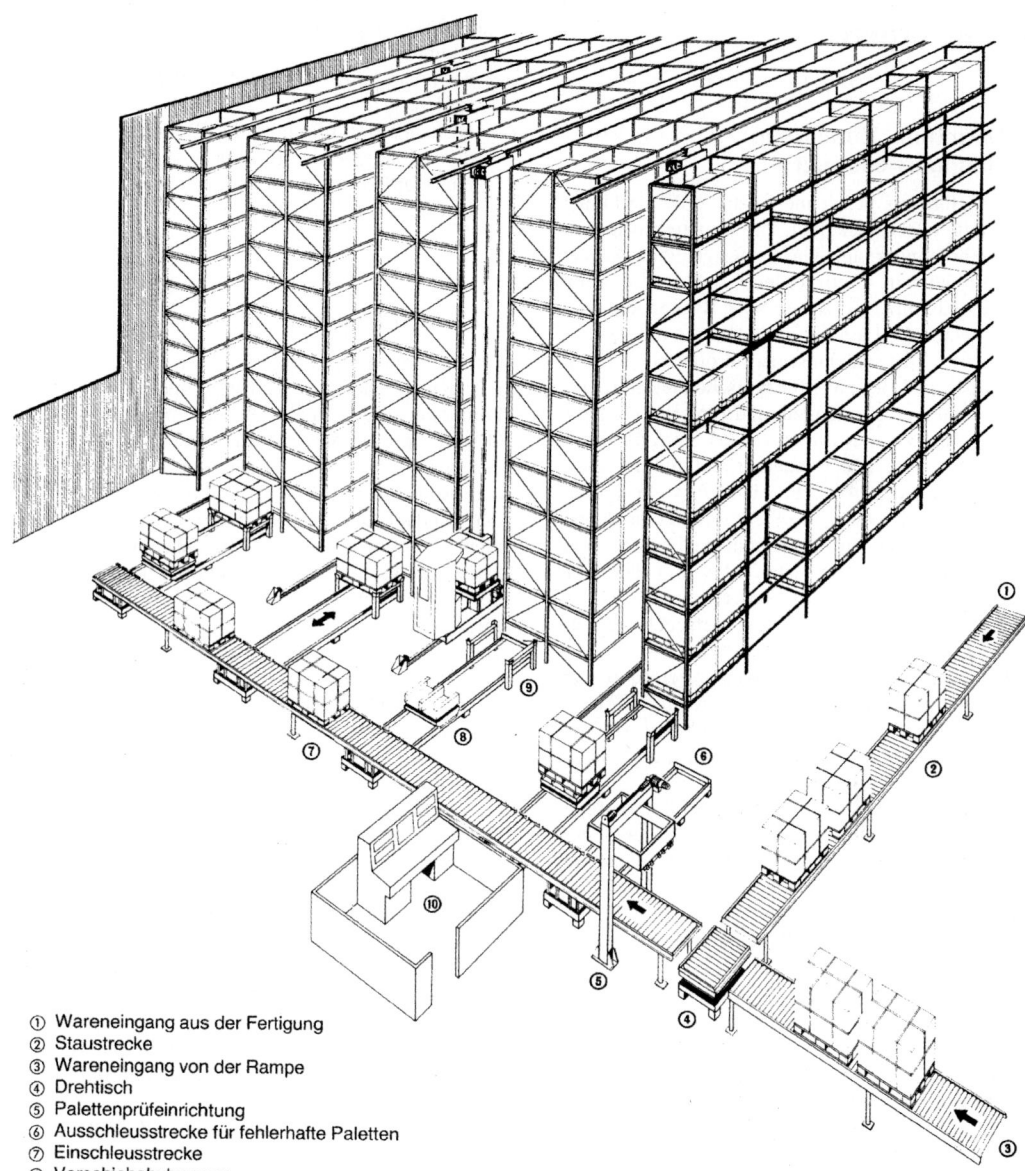

① Wareneingang aus der Fertigung
② Staustrecke
③ Wareneingang von der Rampe
④ Drehtisch
⑤ Palettenprüfeinrichtung
⑥ Ausschleusstrecke für fehlerhafte Paletten
⑦ Einschleusstrecke
⑧ Verschiebehubwagen
⑨ Übernahmebereich
⑩ Steuerpult

Bild 16.
Vollautomatisches Hochregallager mit Regalbediengeräten und Fördereinrichtungen (Dematik)

9 Stetigförderer

9.1 Definition, Einteilung, Hauptanwendungen

Als Stetigförderer bezeichnet man Fördermaschinen für Schütt- oder Stückgüter, die ununterbrochen (= stetig) Fördergüter auf vorher festgelegten Wegen befördern können. Stetigförderer haben also keine Arbeitsspiele, wie z.B. Krane oder Bagger, die nach dem Absetzen der Last leer zurückfahren müssen, um die nächste Last aufzunehmen. Förderbänder und Rolltreppen sind Beispiele für typische Stetigförderer, Greifer- und Aufzugsanlagen sind typische Unstetigförderer. Becherwerke zählen zu den Stetigförderern, da sie durch den engen Becherabstand und die kontinuierlich laufenden Antriebe einen fast gleichmäßigen Förderstrom erzeugen. Stetigförderer sind aber auch alle Förderer, die Rohrleitungen benutzen, um flüssige, gasförmige oder feste Stoffe zu fördern, wie Pipelines oder pneumatische Förderer.

Stetigförderer finden überall dort wirtschaftlich Verwendung, wo große Mengen etwa gleichartiger Fördergüter auf gleichbleibenden Wegen gefördert werden müssen. Die Fördermenge je Zeiteinheit (Förderstrom) ist bei Stetigförderern unabhängig von der Förderlänge, wenn der Anlaufvorgang einmal abgeschlossen ist.

Stetigförderer übernehmen neben der Förderaufgabe oft auch Zusatzfunktionen, wie z.B. Trocknen, Mischen (Bandförderer, Schneckenförderer pneumatische Förderer), Zwischenlagern durch Aufstau des Fördergutes und Verteilen auf verschiedene Förderziele (Stückgutförder- und Verteilanlagen). Stetigförderer werden in großer Vielfalt für die verschiedensten Einsatzgebiete gebaut. Im Tage- und Untertagebergbau übernehmen die Stetigförderer weitgehend den Abtransport des Abbaugutes zu den Lager- oder Verteilplätzen. Bei großen Schüttgutumschlagsanlagen machen Stetigförderer den Greiferanlagen Konkurrenz.

Bei der Fließbandfertigung werden Stetigförderer für den Materialfluss eingesetzt. In großen Lageranlagen für Schütt- oder Stückgut sind Stetigförderer wesentliche Systembestandteile.

Stückgutstetigförderer werden auch für Förder- und Verteilungsaufgaben, wie z.B. Paket-Sortieranlagen der Post, Kommissionierzentren für den Großhandel oder Aktenförderung in Verwaltungsgebäuden eingesetzt.

Einteilung der Stetigförderer

Im Folgenden werden die Stetigförderer nach ihren kennzeichnenden Konstruktionselementen eingeteilt (Gurtförderer – Gliederbandförderer – Rutschförderer – Becherwerke – Schaufelradanlagen – pneumatische Förderer – Rollenförderer).

Außerdem sind folgende Einteilungen manchmal zweckmäßig:
– nach dem Fördergut (Schüttgutförderer – Stückgutförderer),
– nach der Beförderungsart, z.B. tragend (Gurtförderer, Plattenförderer), schiebend (Rutschförderer, Kratzförderer), in Fremdmedien (pneumatische und fluidische Förderer).

9.2 Gurtförderer

Gurtförderer transportieren meist Schüttgüter, wie z.B. Kohle oder Erz. Gurtbandanlagen werden für Förderlängen von wenigen Metern bis zu Längen von über 100 km gebaut; letztere werden aus Einzelanlagen von bis zu 12 km Länge zusammengesetzt. Förderleistungen bis zu etwa 50 000 t/h sind möglich.

Gurtbandanlagen werden immer eingesetzt, solange nicht besonders rauhe Betriebsbedingungen oder heiße oder scharfkantige Fördergüter den Einsatz von aufwändigereren Gliederbandförderern (Kap. 9.3) erfordern.

Die Bänder laufen endlos über die Antriebstrommeln und Umlenkrollen mit einer Spannvorrichtung. Die Lagerung erfolgt auf einem Rahmen aus Stahlprofilen. Das Oberband wird von in gleichmäßigen Abständen verteilten mehrteiligen Bandrollen getragen, während der Rücklauf des abgedeckten Unterbandes über breite Tragrollen erfolgt. Die Anwendung dieser Bänder ist auf gradlinige Förderwege bis 18° aufwärts und etwa 8° abwärts beschränkt.

Der Förderer besteht aus dem eigentlichen Gurt, den Antriebsstationen sowie dem Bandgestell mit Tragrollen und Umkehre. Zur Schonung der Bänder ist eine sorgfaltige Ausrichtung aller Rollen erforderlich.

Kraftübertragung auf den Gurt. Die von der Antriebstrommel auf den Gurt übertragbare Kraft ist abhängig
a) vom Trommeldurchmesser,
b) von der Größe des umspannten Bogens auf der Antriebstrommel,
c) von der Reibzahl zwischen Gurt und Antriebstrommel,
d) von der Spannung des auflaufenden Gurtbandes.

Wenn der Trommeldurchmesser durch die Konstruktion vorgegeben ist, so kann der Umschlingungswinkel μ an der Antriebstrommel vergrößert und der Reibungswert n durch Reibbeläge erhöht werden, um die notwendige Spannkraft zu erzeugen. Ferner kann eine geeignete Spannanlage – besonders beim Anfahren – den Schlappgurt aus dem Antrieb ziehen und für die richtige Vorspannung sorgen. Lässt sich trotz dieser Überlegungen die nötige Umfangskraft mit einer Antriebstrommel (Bild 1) nicht mehr übertragen, so werden zwei oder drei Antriebstrommeln verwendet (Bilder 2 und 3).

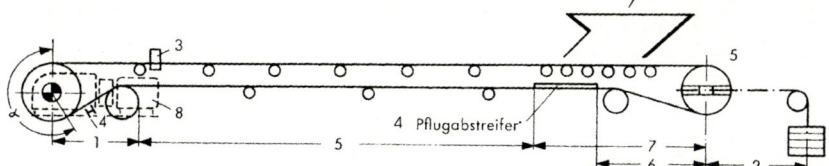

Bild 1. Gummigurtförderer, waagerecht gelagert
1 Antrieb   3 Gurtgeradlauf-Einrichtung   5 Traggerüst   7 Aufgabestelle
2 Gurtspannanlage   4 Gurtreinigung   6 Bandumkehre

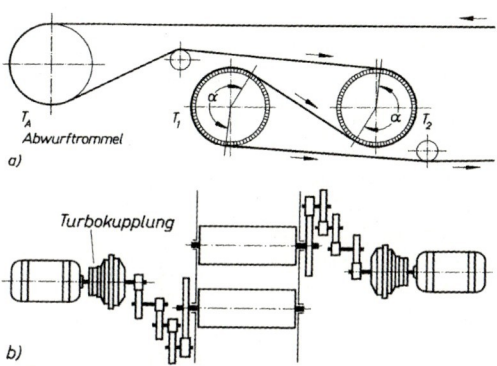

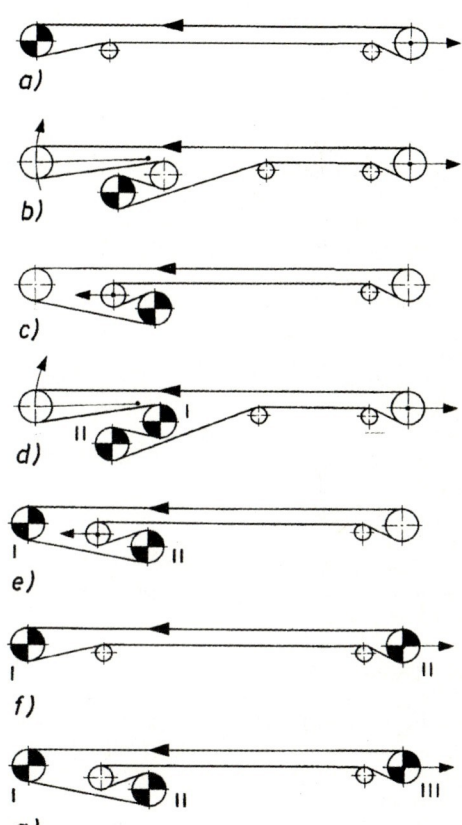

Bild 2. Doppeltrommelantrieb
a) Schema der Seitenansicht
b) Schema mit Einzelantrieb der Trommeln über Getriebe und Elektromotor, hier unter Zwischenschaltung einer Turbokupplung

Bei Zwei- oder Mehrtrommelantrieb genügen Gurte geringerer Zugfestigkeit, Antriebstrommeln mit kleinerem Durchmesser und kleinere Getriebeeinheiten. Besonders haben sich Zweitrommelantriebe mit gleichen Einzelantriebsleistungen durch ihre Robustheit und ihre einfache elektrische Installation bewährt. Unterschiede der Umfangsgeschwindigkeiten der beiden Trommeln je nach dem verschieden großen Dehnschlupf des Bandes beim Umlauf um die Trommeln werden durch die Turbokupplung oder durch den Schlupf des Elektromotors abgebaut. Elektromotor und Getriebe können auch raumsparend in den Trommeln untergebracht werden. Diese Trommeln nennt man dann Elektrotrommeln.
Vor dem Auflauf des Gurtes auf die erste Antriebstrommel sind meist Reinigungseinrichtungen erforderlich.

Fördergurte (Bild 4) müssen zugfest, verschleißarm und unfallsicher sein.
Synthetische Fasern oder Stahleinlagen werden mit einem festen Stoffgewebe verbunden, so dass ein Zerreißen der einzelnen Lagen oder ein Zersetzen des Materials praktisch ausgeschlossen ist.
Die Tragdecke der Fördergurte wird auf die spezifischen Erfordernisse des jeweiligen Einsatzfalls abgestimmt.

Bild 3. Arten bewährter Gurtführung
a) Eintrommel-Antrieb mit direktem Abwurf
b) Eintrommel-Antrieb mit Schwenkarm und Abwurfausleger
c) Eintrommel-Antrieb mit Abwurfausleger
d) Zweitrommel-Kopfantrieb mit Schwenkarm und Abwurfausleger
e) Zweitrommel-Kopfantrieb mit direktem Abwurf
f) Eintrommel-Kopfantrieb mit Eintrommel-Umkehrantrieb
g) Zweitrommel-Kopfantrieb mit Eintrommel-Umkehrantrieb

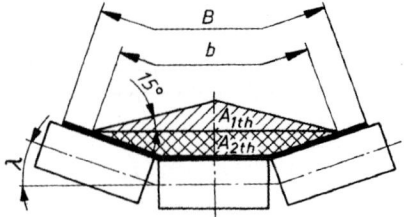

Bild 4. Gurtausführungen
a) Gurt mit Gewebezugträger;
b) Gurt mit Stahlseilzugträger

Die Gummi-Industrie liefert Fördergurte

a) *mit Gewebezugträger* (nach DIN 22 102) vorwiegend mit vollsynthetischen Polyester/Polyamid-Gewebeeinlagen
- in Normalausführung,
- in temperaturbeständiger Ausführung (–200 °C),
- in ölbeständiger Ausführung,
- in lebensmittelverträglicher Ausführung,

für den Steinkohlenbergbau in
- schwerentflammbarer (nach; DIN 22 103) und
- selbstverlöschender (nach DIN 22 109) Ausführung;
- mit aufvulkanisierten Profilen für die Steilförderung,
- als Elevatorgurte.

b) *mit Stahlseilzugtrager* (nach DIN 22 131) für Anlagen mit großen Achsabständen und hohen Förderleistungen.

Berechnungsgrundlagen
Die Berechnungsgrundlagen für Bandförderer sind in DIN 22 101 festgelegt. Die wichtigsten Gesichtspunkte sind die Ermittlung der Förderleistung, der Antriebsleistung und der Bauteildimensionierung (Festigkeitsrechnung).
Der theoretische Füllquerschnitt A_{th} errechnet sich aus den schraffierten Vieleckflächen nach den Bildern 5 und 6. Für Muldungswinkel $20° \leq \lambda \leq 40°$ und Gurtbreiten $650 \text{ mm} \leq B \leq 3000 \text{ mm}$ kann der theoretische Füllquerschnitt A_{th} direkt aus DIN 22 101 entnommen werden.

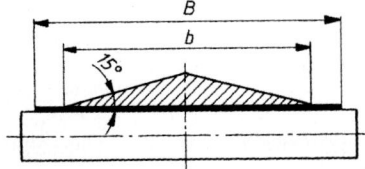

Bild 5.
Theoretischer Füllquerschnitt eines flachen Gurtes

Bild 6.
Theoretischer Füllquerschnitt eines gemuldeten Gurtes $A_{th} = A_{1\,th} + A_{2\,th}$. Für die nutzbare Gurtbreite b in Abhängigkeit der Gurtbreite B gilt:
$b = 0{,}9 \cdot B - 50$ mm für $B \leq 2000$ mm
$b = B - 250$ mm für $B \leq 2000$ mm

Dann ergibt sich
theoretischer Volumenstrom $\quad Q_{V\,th} = A_{th}\,v$
Nennvolumenstrom $\quad Q_{VN} = \varphi \varphi_{St}\,Q_{V\,th}$
Nennmassenstrom $\quad Q_{mN} = \varphi \varphi_{St}\,\rho\,Q_{V\,th}$

Nennstreckenlast infolge
aufliegender Förderlast $\quad q_{LN} = \varphi \varphi_{St}\,\rho\,g\,A_{th}$
(= Gewichtskraft je Längeneinheit!)

$Q_{V\,th}$ in m³/s, $\quad Q_{mN}$ in kg/s
q_{LN} in N/m
v Fördergeschwindigkeit in m/s
ρ Schüttdichte der Förderlast in kg/m³
g Fallbeschleunigung in m/s²
φ Füllungsgrad
φ_{St} Abminderungsfaktor bei Steigung

Der Füllungsgrad φ ist eine von den Eigenschaften der Förderlast (z.B. Stückigkeit, max. Kantenlänge) und den Betriebsverhältnissen der Gurtförderanlage (Gleichmäßigkeit der Materialaufgabe, Geradlauf des Bandes, Reservekapazität i bestimmte Größe. (Meist ist $0{,}7 \leq \varphi \leq 1{,}1$). Der Abminderungsfaktor φ_{St} berücksichtigt die verminderte Fördermenge bei steigender oder fallender Förderung. Die von den Trommeln auf den Fördergut zu übertragende Umfangskraft F wird wie folgt errechnet

$$F = (F_H + F_N) + F_{St} + F_S$$

$(F_H + F_N)$ Bewegungswiderstandskraft zur Überwindung der Reibung der Anlage in N
F_{St} Steigungswiderstandskraft bei geneigter Förderung in N.
F_S Sonderwiderstandskraft in N

Die Bewegungswiderstandskräfte $(F_H + F_N)$ errechnen sich zu

$$(F_H + F_N) = L\,Cf\,[q_R + (2\,q_G + q_L)\cos\delta]$$

L Förderlänge in m
q_R Streckenlast infolge der drehenden Tragrollenteile von Ober- und Untertrum *gemeinsam* in N/m

9 Stetigförderer

q_G — Streckenlast infolge Fördergurt in N/m
q_L — Streckenlast infolge Förderlast bei gleichmäßiger Verteilung auf der Förderstrecke in N/m (normalerweise ist $q_L = q_{LN}$, siehe oben)
$\cos \delta$ — Neigungsfaktor. Bei einer Anlagenneigung $\delta < 15°$ kann $\cos \delta \approx 1$ gesetzt werden.
f — fiktiver Reibungswert
$f \approx 0{,}020$ (normal), $f \approx 0{,}017$ bei günstigen und $f \approx 0{,}027$ bei schweren Betriebsbedingungen
C — Beiwert zur globalen Berücksichtigung von Nebenwiderstanden (falls diese nicht in Einzelrechnung erfasst werden) nach Bild 7.

Bei Steigungen oder Gefalle kommt die Hangabtriebskraft $\pm F_{St}$ dazu:

$$F_{St} = q_L \, H$$

H Hubhöhe in m, $+H$ bei Steigungen, $-H$ bei Gefalle.
Ferner können noch Sonderwiderstande F_S an den seitlichen Tragrollen auftreten. Diese sind ggf.

Nach DIN 22 101 zu berechnen.

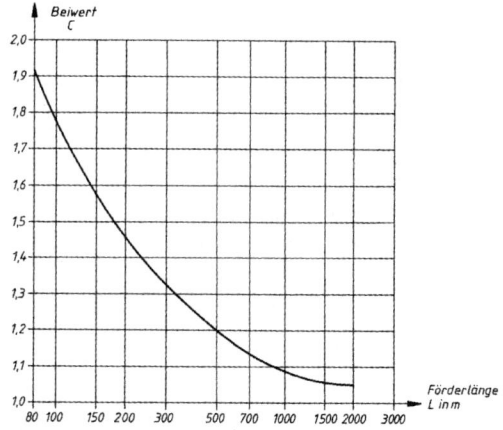

Bild 7.
Beiwert C nach DIN 22 101

Die erforderliche Antriebsleistung beträgt dann

$$P = F\,v$$

P	F	v
$W = \dfrac{Nm}{s}$	N	$\dfrac{m}{s}$

■ **Beispiel:**
Berechnung der Antriebsleistung eines steigend verlegten Gurtförderers mit einem Eintrommelantrieb am Kopf der Bandanlage.

Für die Rechnung werden folgende Daten zugrunde gelegt:

Förderlänge $L = 250$ m

Schüttdichte der Förderlast $\rho = 1\,800\ \dfrac{kg}{m^3}$

Förderhöhe $H = 20$ m

Fiktiver Reibwert der Rollen $f = 0{,}027$

Nennmassenstrom $Q_{vN} = 116{,}67\ \dfrac{kg}{m^3}$

Mechanischer Wirkungsgrad des Antriebs $\eta = 0{,}82$
Gemuldeter Gurt $B = 0{,}8$ m, 20° Muldenwinkel

Bandgeschwindigkeit $v_F = 1{,}2\ \dfrac{m}{s}$

Gurtmasse $14{,}5\ \dfrac{kg}{m}$ daraus $q_g = 14{,}5\ \dfrac{kg}{m} \cdot 9{,}81\ \dfrac{m}{s^2} = 142{,}25\ \dfrac{N}{m}$

Masse einer Rolle im Obertrum 24,6 kg
Rollenabstand im Obertrum 0,8 m
Masse einer Rolle im Untertrum 11,8 kg
Rollenabstand im Untertrum 2,5 m
Sonderwiderstände sollen nicht auftreten.

Lösung:
Beiwert C nach Bild 7: $C = 1{,}38$
Streckenlast aus Tragrollen:

Obertram: $q_{RO} = \dfrac{24{,}6\ kg}{0{,}8\ m} \cdot 9{,}81\ \dfrac{m}{s^2} = 301{,}67\ \dfrac{N}{m}$

Untertrum: $q_{RU} = \dfrac{11{,}8\ kg}{2{,}5\ m} \cdot 9{,}81\ \dfrac{m}{s^2} = 46{,}30\ \dfrac{N}{m}$

Summe: $q_R = 347{,}97\ \dfrac{N}{m}$

Streckenlast infolge Fördergut:

$$q_L \approx \dfrac{Q_{vN}}{v} = \dfrac{116{,}67\ \tfrac{kg}{s}}{1{,}2\ \tfrac{m}{s}} \cdot 9{,}81\ \dfrac{m}{s^2} = 953{,}77\ \dfrac{N}{m}$$

Die Bewegungswiderstandskräfte betragen:

$(F_H + F_N) = 250 \cdot 1{,}38 \cdot 0{,}027 \cdot [347{,}97 + (2 \cdot 142{,}25 + 953{,}77)] \cdot 1 = 14'776'\ N$

Die Hubkraft beträgt

$$F_{St} = 953{,}77\ \dfrac{N}{m} \cdot 20\ m = 19'075{,}4\ N$$

Die erforderliche Umfangskraft an der Antriebstrommel ist
$F = 14'776\ N + 19'075\ N = 33'851\ N$
Die erforderliche Antriebsleistung beträgt

$$P_{erf} = F\,v\,\dfrac{1}{\eta} = 33'851\ N \cdot 1{,}2\ \dfrac{m}{s} \cdot \dfrac{1}{0{,}82} = 49'538{,}6\ W \approx 50\ kW$$

$P_{erf} = 50\ kW$

9.3 Gliederbandförderer

Während die bisher beschriebenen Gurtbänder sowohl für die Kraftübertragung als auch für die Aufnahme des Fördergutes das gleiche Bauteil, den Gurt, benutzen, besitzen Gliederbandförderer hierfür zwei verschiedene, miteinander verbundene Bauteile. Stahlgelenkketten oder Rundstahlketten übernehmen die Kraftübertragung, während an den Ketten befestigte Transportglieder das Fördergut tragen.

Transportglieder sind Stahlplatten (Großplattenbänder, Kurzplattenbänder, Wandertische), Stahlplatten mit seitlich hochgezogenen Wänden (Trogbandförderer) und Querstegen zur Steilförderung. Die konstruktive Ausführung von Gliederbandförderern ist je nach dem speziellen Einsatzfall außerordentlich mannigfaltig.

Anwendungsgebiete für Gliederbandförderer sind besonders:

1. Transport von schwierigem Fördergut z.B. scharfkantige Stücke (Schrott. Stahlblechabschnitte), verschleißendes Fördergut (Schlacken, Koks), heißes Feingut (Sinterrückgut, Schwefelkiesabbrände). glühendes Material (Sinteragglomerat, geschäumte Schlacke), schwere Einzelteile (Gussstücke. Knüppel, Masseln) mit Großplattenbändern.
2. Massenguttransport mit großen Förderleistungen in Aufwärtsförderung bei mehr als 18° Neigung, wofür übliche Gurtförderanlagen nicht ausreichen.
3. Steilförderung bis zu 60° Neigung mit Kastenbandförderern. Auch sehr feinkörniges und staubartiges Fördergut kann kontinuierlich in gut dichtenden Zellen aufwärts gefördert werden.
4. Bunkeraustragevorrichtungen bei üblichen Bunkerverschlüssen oder zum Abziehen des Materials aus langen Schlitzbunkern, wobei die Förderanlage für die starken Belastungen des sich auf der Austragevorrichtung abstützenden Fördergutes ausgelegt werden muss.
5. Rundförderung an Materialbearbeitungsplätzen, gegebenenfalls mit zwischengeschaltetem, automatischem Abwurf.
6. Erfüllung von Sonderaufgaben durch Spezialbänder, beispielsweise gleichzeitige, gegenläufige Förderung im Über- und Untertrum zur Einsparung einer zweiten, zusätzlichen Förderanlage. Einschaltung einer oder mehrerer Zwischenentladungen in der Förderstrecke. Vorübergehende Bunkerung von Material als Pufferung bei kontinuierlicher Zuförderung und stockender Abförderung im Untertagebetrieb. Materialkühlung während des Transportes.
7. Förderung unter sehr rauhen Betriebsbedingungen (im Bergbau)), wo Robustheit und Unempfindlichkeit die wichtigsten Betriebseigenschaften des Fördermittels sein müssen. Feuerungsanlagen.

Berechnung des Förderstromes von Gliederbandförderern (DIN 22200)

$\dot{m} = A v \rho_S$

$\dot{m}$	A	v	ρ_S
$\frac{kg}{s}$	m^2	$\frac{m}{s}$	$\frac{kg}{m^3}$

A Füllquerschnitt des Tragbandes. Dieser kann bei Steigungswinkeln bis $\alpha = 15°$ als Produkt aus der lichten Breite B und der lichten Höbe h des Tragbandes berechnet werden, also $A = B h$.

V Fördergeschwindigkeit (0,6 ... 0,8 m/s bei Laschenketten; 1,2 ... 1,5 m/s bei Rundgliederketten).

ρ_S Schüttdichte des Fördergutes ($\approx$ 0,85 ... 0,9) t/m³ bei Steinkohle).

Ist mit einer ungleichförmigen Beladung zu rechnen, so ist dies durch einen Ausnutzungsfaktor $\varphi = 0,5$ ... 1,0 zu berücksichtigen. Steigungen von $\alpha°$ werden durch Term 0,02 (65°–$\alpha°$) rücksichtigt.

Damit wird

$\dot{m} = B h \varphi v \rho_S$

für $\alpha = 0° ... 15°$ Steigung

$\dot{m} = 0,02(65° - \alpha°) B h \varphi v \rho_S$

für $\alpha = 15°... 40°$ Steigung

Bei Gliederbandförderern für Stückgut muss der Förderstrom aus den Abmessungen und dem Gesamtgewicht der je Zeiteinheit transportierten Stücke oder Ladeeinheiten aufsummiert werden.

Antriebsstationen

Für die Anordnung der Motoren gilt das gleiche wie bei den Gurtförderern, d.h. die Antriebe werden so vorgesehen, dass die Bänder gezogen werden. Bei waagerechten und ansteigenden Bandanlagen kommen die Antriebe an das Abwurfende. Bei Abwärtsbetrieben in Bandanlagen wird der Antrieb so lange am Abwurfende aufgestellt, als die Bewegungswiderstände größer sind als die Hangabtriebskraft. Überwiegt letztere, so muss der Förderer abgebremst werden, und der Antrieb wird am Aufgabenende angeordnet. Im Gegensatz zu den Gurtförderern ist bei Gliederbandförderern das Eigengewicht und damit die belastungsunabhängige Leerlaufleistung von erheblicher Bedeutung.

Als Antriebsmotoren benutzt man Drehstrom-Kurzschlussläufermotoren mit einer elektronischen, hydraulischen oder mechanischen Sanftanlaufschaltung. Der weiche Anlauf schont Band und Getriebe und setzt die Stromspitzen herab. Bei längeren Gliederbandförderern baut man oft Zwischenantriebe ein. Dies ermöglicht, die Zugkettenstränge schwächer zu dimensionieren.

Die Antriebsleistung wird nach DIN 22200 analog den Gleichungen für Gurtbandförderer aufgestellt und erfasst Leerlauf-, Transport- und Hubleistung.

9.3.1 Trogbandförderer

Das Hauptanwendungsgebiet des Trogbandförderers ist die Streckenförderung unter Tage. Er ist unempfindlicher und in der horizontalen und vertikalen Richtung wendiger und anpassungsfähiger als der Gummigurtförderer. Im Gegensatz zu Kratzerförderern, bei denen das Fördergut auf einer stillstehenden Rinne gleitet, wird das Fördergut beim Trogbandförderer auf einer aus einzelnen Stahltrögen gebildeten gelenkigen, endlosen Bandmatte transportiert. Die Fördergeschwindigkeit beträgt 0,6 ... 2,0 m/s .

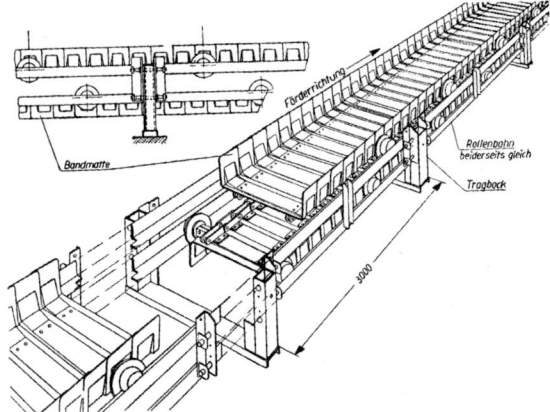

Bild 8. Trogbandförderer mit mitlaufenden Rollen

9.3.2 Plattenbandförderer und Wandertische

Der Plattenbandförderer unterscheidet sich in seinem konstruktiven Aufbau vom Trogbandförderer dadurch, dass er als Tragelemente Stahlplatten verwendet.
Diese werden der Form und der äußeren Beschaffenheit des Fördergutes angepasst. Dadurch ist es möglich, mit diesem Förderer Kisten, Fässer, Ballen, Säcke, Werkstücke oder auch Gepäck zu transportieren. Vollkommen glatte Platten werden hei waagerechtem Verlauf der Förderstrecke verwendet. Bei ansteigender Förderung über eine begrenzte Neigung werden Mitnehmer (Bleche, Stege quer zur Förderrichtung) auf den Tragplatten befestigt. Der Plattenbandförderer wird nicht nur zum Transport der verschiedenen oben genannten Güter eingesetzt, sondern er kann auch als Fließband in der Produktion verwendet werden. Im letzten Falle können Vorrichtungen, die zur Bearbeitung von Werkstücken notwendig sind, auf den Stahlplatten befestigt werden. Bei entsprechender Konstruktion laufen diese Vorrichtungen unter dem Fördergerüst wieder an den Ausgang des Förderweges zurück und stehen zur neuen Werkstückaufnahme zur Verfügung.

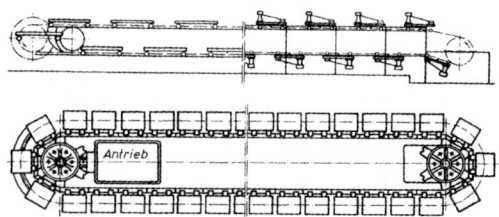

Bild 9. Prinzipskizze von Wandertischen
a) vertikal umlaufend
b) horizontal umlaufend

Die Aufnahme des Fördergutes kann an jeder beliebigen Stelle der Transportstrecke erfolgen. Unter Berücksichtigung entsprechender Sicherheitsvorschriften lässt sich der Plattenbandförderer auch in einem Kanal verlegen, so dass Plattenoberkante und Fußboden auf gleicher Höhe sind. Dieser längs laufende Transporteur kann dann überschritten und bei besonders stabiler Konstruktion auch überfahren werden.
Für Schüttgüter aller Art können Plattenbandförderer als Abzugsbänder für die Entleerung von Bunkern eingesetzt werden. Das Abzugsband beschränkt sich in seiner Länge nur auf die Funktion des Abziehens und übergibt anschließend das Fördergut nachgeschalteten Fördereinrichtungen leichterer Bauart. Durch den Einbau eines einstellbaren Absperrschiebers im Bunkerauslauf und bei Verwendung eines stufenlos regelbaren Getriebes am Förderer lässt sich die Fördermenge den betrieblichen Bedingungen entsprechend regulieren.
Soll der Plattenbandförderer z.B. einen Ofen zum Trocknen des Fördergutes durchlaufen, so werden für die auftretenden maximalen Temperaturen entsprechende Spezialkonstruktionen für Ketten- und Tragelemente verwandt.
Wandertische werden hauptsächlich in der Fließfertigung zum Fortbewegen der Arbeitsstücke von einem Arbeitsplatz zum anderen in Bearbeitungs-, und Montagewerkstätten, in Gießereien (als Form-, Gieß-, Kühl- und Ausklopfstrecke) und für viele andere Fertigungszwecke z.B. in der Automobilindustrie, Elektro-Industrie usw. verwendet. Es gibt horizontal und vertikal umlaufende Wandertische.
Die Wahl der Bauart eines Wandertisches richtet sich nach den örtlichen Verhältnissen. Senkrecht umlaufende Wandertische zeichnen sich durch eine gedrungene Ausführung aus. Dabei können je nach Anwendungsfall nur ein Trum (umlaufender Teil des Förderers zwischen den Umkehren) oder auch beide Trums in entgegengesetzter Förderrichtung ausgenutzt werden.
Waagerecht umlaufende Wandertische ermöglichen die Ausnutzung der gesamten Tischlänge, und die Linienführung kann an die Fertigungsbedingungen genau angepasst werden. Entsprechend ausgelegte Aufgabe- und Abgabestationen erlauben es, andere Förderer an Wandertische anzuschließen. Durch die mögliche Bewegung des Fördergutes im geschlossenen Kreislauf lassen sich diese Wandertische bei relativ kleiner Gesamtlänge auch für langwierige Fertigungsvorgänge (z.B. beim Abkühlen oder Trocknen der Arbeitsstücke auf dem Tisch) sowie als bewegliche Lager verwenden.

9.3 Becherwerke

Becherwerke haben als Zugelemente meist angetriebene Ketten und benutzen als Tragelemente pendelnd oder drehfest mit den Zugketten verbundene Becher.
Pendelbecherwerke (Bild 10) finden Anwendung, wenn die Förderstrecke teils waagerecht, teils senkrecht verläuft. Ein typischer Einsatzfall ist der Kohle- und Schlackentransport zwischen Heizkessel und Halden bei Heizkraftwerken.

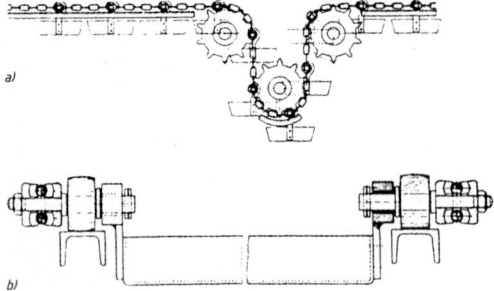

Bild 10.
Prinzipskizze eines Pendelbecherwerkes (Schaukel-Doppelkettenförderer) mit Rundstahlketten als Zugelement
a) Prinzipanordnung
b) Flanschmitnehmer
(RUD-Kettenfabrik)

Becherwerke mit von der Zugkette fest geführten Bechern dienen ausschließlich der Senkrecht- oder Steilförderung. Es werden staubende Güter (Kohlenstaub, Mehl), feinkörnige (Korn, Granulate) und grob körnige (Erz, Stückkohle) gefördert. Die Becher sind nach DIN 15 231-36 genormt.

Zur Schiffsentladung können Becherwerke an Auslegern in die Schiffe abgesenkt werden. Sie bilden eine Alternative zum (unstetigen) Greiferbetrieb. Je größer und je gleichartiger die zu entladenden Mengen sind, desto wirtschaftlicher wird man in der Regel ein Becherwerk einsetzen.

9.4 Schaufelradlader

Schaufelradlader sind stetig arbeitende Massengutumschlaggeräte, die an Lagerplätzen und im Braunkohlenbergbau eingesetzt werden; sie arbeiten stets im Verbund mit anderen Stetigförderern, meist mit Gurtförderern.

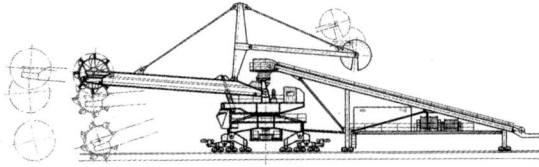

Bild 11. Beispiel eines Standard-Schaufelradladers
Auslegerlänge: 22 m
Schaufelrad: Zellenrad
Schaufel-Inhalt: 250 l
Durchmesser des Schaufelrades: 5,0 m
Rückladeleistung für Erz und Kohle: 800 t/h
Beladeleistung für Erz und Kohle: 2 000 t/h
Bandbreite: 1 200 mm
Installierte Leistung: 250 kW

(MAN)

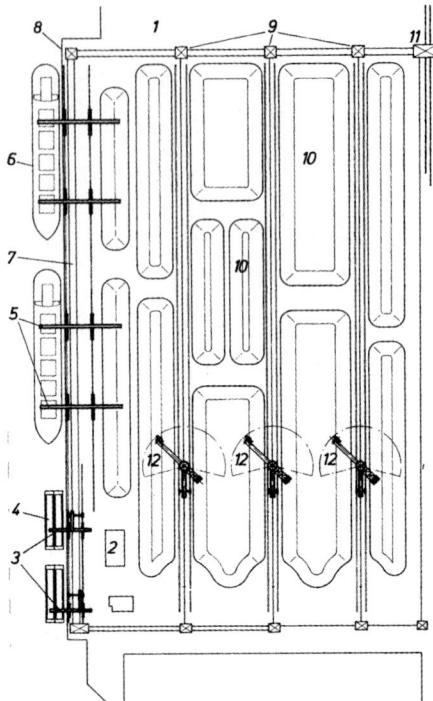

Bild 12.
Beispiel einer Massengutumschlagsanlage für Erz, Kohle, Bauxit, Phosphat o.ä. mit Schaufelradladern
1 Förderband
2 Trafostation
3 Schiffsbelader
4 Schubschiff
5 Schiffsentlader
6 Seeschiff
7 Kaiförderband
8 Kaimauer
9 Förderbandübergabe
10 Lagerplatz
11 Waggonbeladestation
12 Kombinierter Schaufelradlader
(MAN)

Schaufelradlader können auf Gleisen oder auf Raupenfahrwerken verfahren werden. Als Lastaufnahmegerät dient ein kontinuierlich umlaufendes Rad mit ca. 5 ... 15 m Durchmesser, welches an seinem Umfang Schürfkübel („Schaufeln") trägt. Das Schaufelrad ist an einem Ausleger angebracht, der gehoben, gesenkt und nach links und rechts geschwenkt werden kann. Das Schaufelrad übergibt das aufgenommene Schüttgut an Gurtförderer, die es über den Ausleger an ein fest installiertes, von der Auslegerstellung unabhängiges Gurtbandsystem zum Weitertransport übergeben.

Schaufelradgeräte leisten bis zu 10 000 t/h; Sie zeichnen sich trotz dieser hohen Leistung durch niedrigen Wartungsaufwand und geringen Personalbedarf aus.

Bild 12 zeigt eine Massengutumschlagsanlage für Schüttgüter, bei der Schaufelradlader. Förderbandsysteme sowie Be- und Entladeanlagen Verwendung finden.

Die Seeschiff-Entlader geben das Schüttgut auf die Bandanlage, die zu den Halden oder den Binnenschiff-Beladern führt, so dass beide Förderwege bedient werden können. Die kombinierten Schaufelradgeräte, auf Schienen verfahrbar, sind so ausgelegt, dass sie zum Einlagern und Rückverladen jeden Punkt der Halde erreichen.

Man kann durch eine zusätzliche Schiebebühne oder Quergleise die Anzahl der Lagerplatzgeräte auf ein Minimum beschränken.

9.5 Rutschförderer

Bei Rutschförderern wird das Fördergut nicht getragen, sondern es gleitet auf einer Förderbahn. Das Fördergut wird von der Schwerkraft oder von Mitnahmeelementen einer Zugkette vorwärtsbewegt.

Verschleiß und erforderliche Antriebskraft sind wegen der Gleitreibung hoch. Trotzdem sind Rutschen die einfachsten Fördermittel und daher in vielen Fällen wirtschaftlich.

Rutschen werden eingesetzt

- wenn starkes Gefälle überwunden werden muss, man das Fördergut jedoch wegen der Aufprallwucht nicht einfach fallen lassen kann (z.B. Wendelrutschen für Stück- und Schüttgut),
- wenn bei einer durch eine Bremskette kontrollierten Abwärtsförderung die Reibung erwünscht ist, um die Bremsleistung herabzusetzen (Bremsförderer),
- bei rauhem Betrieb und kurzen Förderlängen, wie z.B. die Abbaustreckenförderung im Kohlebergbau.

Schwerkraftrutschen sind auf abfallende Förderstrecken beschränkt.

Nachteilig ist dass die Rutschgeschwindigkeit nicht genau kontrolliert werden kann. Sie ist außer vom Gefällewinkel auch noch abhängig von dem Reibwert μ zwischen Fördergut und Rutsche; dieser schwankt mit dem Material, dem Feuchtigkeitsgrad und der Rutschgeschwindigkeit. Er kann nur durch Versuche bestimmt wenden. Schwerkraftrutschen finden meist nur als Zubringer von oder zu anderen Stetigförderern Verwendung.

■ **Beispiel:**
Eine Stückgutrutsche für würfelförmige Pakete mit der Masse $m = 30$ kg habe einen Gefällewinkel von $\alpha = 25°$ und überwinde eine Höhe von $h = 3$ m. Die mittlere Reibzahl zwischen Paketen und Rutsche wurde bei normalen Betriebsbedingungen zu $\mu = 0,25$ gemessen.

1. Welche maximale Geschwindigkeit erreicht das Paket?
2. Wieweit rutscht es über das Ende der Gefällestrecke hinaus?
3. Mit welcher Energie prallen die Pakete höchstens aufeinander, falls sich ein Stau bildet und immer neue Pakete; nachrutschen?

Lösung:
1. Die das Paket beschleunigende Kraft F ist gleich der Hangabtriebskraft minus Reibkraft $F = g\,m\,(\sin \alpha - \mu \cdot \cos \alpha) = m\,g \cos \alpha\,(\tan \alpha - \mu)$.
Es tritt also nur dann ein Rutschen ein, wenn die Rutschbedingung $\mu < \tan \alpha$ erfüllt ist. Die maximale Geschwindigkeit v_{max} tritt dann am Ende der Rutsche auf. Aus den Fallgesetzen kann dafür die Beziehung abgeleitet werden:

$$v_{max} = \sqrt{2\,g\,h\left(1 - \frac{\mu}{\tan \alpha}\right)}$$

$$v_{max} = \sqrt{2 \cdot 9,81\frac{m}{s^2} \cdot 3\,m \cdot \left(1 - \frac{0,25}{0,465}\right)} = 5,2\frac{m}{s}$$

2. Das Paket rutscht soweit, bis die Bewegungsenergie ($\frac{m}{2}v^2$) durch die Reibkraft ($m\,g\,\mu$) aufgezehrt ist.

$$\frac{m}{2}v_{max}^2 = m\,g\,\mu\,x$$

$$x = \frac{v_{max}^2}{2\,g\,\mu} = \frac{(5,2\frac{m}{s})^2}{2 \cdot 9,81\frac{m}{s^2} \cdot 0,25} = 5,5\,m$$

3. Die Aufprallenergie beträgt $W = \frac{m}{2}v^2$. Sie ist dann am größten, wenn das herabrutschende Paket im Augenblick seiner größtmöglichen Geschwindigkeit auf das vorhergehende aufprallt. Dies ist der Fall, wenn der Rückstau gerade das Ende der Rutsche erreicht hat. Die Aufprallenergie beträgt dann

$$W_{max} = \frac{30\,kg}{2} \cdot \left(5,2\frac{m}{s}\right)^2 = 406\,Nm = 406\,J$$

Das Anwendungsgebiet für *Kratzförderer* in Doppel- und Einkettenausführung ist hauptsächlich die Grundstoffindustrie. Eine feststehende Stahlblechrinne (Trog) dient als Unterlage für das Fördergut, das sich auf dieser gleitend bewegt, geschoben oder durch Querrippen gebremst wird. Die Querrippen, oder Stege sind in regelmäßigen Abständen an einer oder zwischen zwei Stahlketten befestigt, die endlos zwischen der Antriebstrommel und der Umkehrtrommel der Anlage laufen. Meist ist das Obertrum im Eingriff mit dem Fördergut, während das Untertrum leer zurückläuft. Es kann aber auch umgekehrt sein (Bild 13).

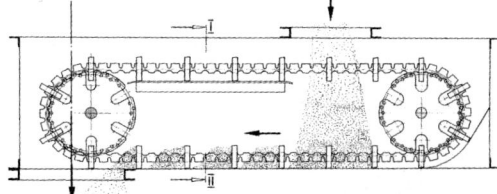

Bild 13. Beispiel eines Kettenkratzerförderers (Trogkettenförderers) für Förderleistungen von 28 ... 56 m³/h, für den Transport von staubförmigen und körnigen Gütern in der verfahrenstechnischen Industrie. Eine Besonderheit sind die Gummiförderketten mit Stahleinlagen und Mitnehmern aus Kunststoff, die eine gelenklose Bauweise, Korrosionsfreiheit, Geräuscharmut und staubdichte Förderung ermöglichen. (Wiese-Förderanlagen)

Die Geschwindigkeit von Kratzförderern beträgt ca. 0.4 ... 0,8 m/s.

Bremsförderer finden Verwendung, wenn eine Abwärtsförderung von Schüttgütern dosiert und kontrolliert geschehen muss. Es werden – hauptsächlich Stauscheiben – bzw. Einkettenförderer verwendet. Das Fördertrum der endlosen Stahlgliederkette gleitet in einer muldenförmigen Rinne. Der Rückführung des Leertrums dient ein geschlossenes Rückführungsrohr. Dieses ist seitlich mit der Rinne fest verbunden. Die Antriebstrommel mit ihrer vertikalen Achse liegt am oberen Ende des Förderers, die Umkehrtrommel mit Spannvorrichtung wird unten vorgesehen. Auf der Kette sind in regelmäßigen Abständen Stauscheiben außermittig quer zur Förderrichtung befestigt. An diesen Tellern staut sich das abrutschende Fördergut. Die Förderkette mit den Stauscheiben muss nun vom Antrieb gebremst werden, wenn der Hangabtrieb des Fördergutes größer ist als der Reibungswiderstand von Fördergut und Kette. Bei großen Bremsmomenten empfiehlt sich der Einbau eines selbsthemmenden Schnecken-Vorgeleges als erste Übersetzungsstufe in den Antrieb, damit die Förderkette den Antriebsmotor nicht treiben kann. Wenn die Hangabtriebskraft des Fördergutes kleiner ist als die Reibkraft, das heißt, wenn die Bedingung

$$g\, m_F \sin \alpha \leq (m_K\, \mu_K + m\, \mu_B) \cos \alpha \cdot g$$

m, m_K	g	μ	α
kg	$\dfrac{m}{s^2}$	1	°

m Fördergutmasse, m_K Kettenmasse. μ_B, μ_K zugeordnete Reibwerte

– erfüllt ist, muss die Stauscheibenkette vom Motor angetrieben werden. Dies ist etwa bei einem Neigungswinkel von $\alpha \leq 20 \ldots 25°$ je nach Größe der Reibwerte μ_K und μ_B der Fall. Die Fördergeschwindigkeit beträgt etwa 0,5 ... 0,7 m/s. Die Förderleistung liegt bei ca. 50 ... 100 t/h.

Eine *Schwingrinne* besteht aus einem trog- oder röhrenförmigen Behälter, der das zu fördernde Schüttgut aufnimmt, aus der pendelnden Abstützung unter dem Winkel β (Bild 14), aus dem Schwingantrieb und den Schwingfedern. Manchmal übernehmen die Federn auch die Abstützung, so dass die Pendelstützen entfallen. Als Schwingantriebe findet man Unwucht-Motoren, elektromagnetische Schwinger und gelegentlich auch Kurbelantriebe.
Der Schwingantrieb versetzt die Rinne in der in Bild 7b eingezeichneten Richtung in Schwingungen, wodurch das in der Rinne befindliche Fördergut (meist Schüttgut) in Förderrichtung in Bewegung versetzt wird.

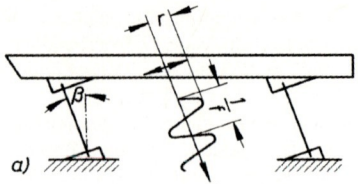

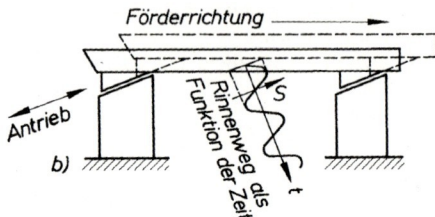

Bild 14. Wirkungsweise einer Schwingrinne,
a) Bewegungsprinzip,
b) Rinnenweg β Anstellwinkel der Rinne,
  r Schwingungsamplitude, f Frequenz, s Rinnenweg

Wirkungsweise
Aus der Schwingfrequenz f, dem Schwingweg s und dem Winkel β lässt sich die vertikale Komponente a_v der Schwingbeschleunigung ermitteln.
Während des Vorschwingens erteilt die Rinne dem Fördergut den vertikalen Impuls $m\, a_v\, \Delta t$ (Δt = Vorschwingzeit). Sie „wirft" das Fördergut nach oben. Gleichzeitig wird das Fördergut mit der Kraft $F_{1v} = m\,(g + a_v)$ an den Rinnenboden gepresst. Daher kann dem Fördergut gleichzeitig aufgrund der Reibkraft

$$F_R = \mu\, F_{1v} = \mu\, m\,(g + a_v)$$

der waagerechte Impuls in Förderrichtung $\mu\, m\,(g + a_v)\, \Delta t$ erteilt werden. Das Fördergut wird also insgesamt schräg in Förderrichtung hochgeworfen.
Beim Zurückschwingen wirkt auf das Fördergut nur die Fallbeschleunigung g, wenn die Rinne schneller zurückgezogen wird, als das Fördergut in freiem Fall folgen kann ($a > g$); dies ist bei allen modernen Schwingrinnen der Fall (im Gegensatz zu den älteren Schüttelrutschen). Das Fördergut fliegt also wie ein geworfener Stein ein kleines Stück frei nach einer Wurfparabel. Die Frequenz der Schwingrinne wird so gewählt, dass das Fördergut dann wieder auf den Rinnenboden auftrifft, wenn die Rinne in unterster Stelle ist und der nächste Wurfvorgang beginnt.
Heute werden fast nur noch Schwingrinnen mit ($g > a_v$) gebaut, bei denen das Fördergut in Mikro-Würfen vorwärts bewegt wird, da diese das Fördergut schonender behandeln und der Verschleiß geringer ist als bei Schüttelrutschen ($g < a_v$).

Schwingrinnen werden für kurze Förderstrecken gebaut, meist bis 20 m, max. bis 100 m Förderlänge. Ihr Haupteinsatzgebiet liegt dort, wo die Schwingbewegung gleichzeitig für Zusatzaufgaben ausgenutzt werden kann, wie Sieben, Mischen oder Lockern des Fördergutes.

Pneumatische Rinnen (Bild 15) sollen hier den Rutschen zugezählt werden, da sie nur abwärts fördern können und die Luft hier nur eine – wenn auch wichtige – Hilfsfunktion ausübt. Bei pneumatischen Rinnen befindet sich unter dem siebartig ausgebildeten Rinnenboden ein Kanal, in den Luft geblasen wird. Die Luft durchdringt das feinkörnige Fördergut von unten und setzt die innere und äußere Reibung so stark herab, dass das Fördergut wie eine Flüssigkeit fließt.

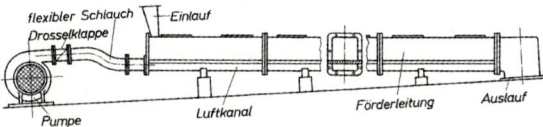

Bild 15. Pneumatische Förderrinne

9.6 Pneumatische Förderanlagen

Pneumatische Förderer nennt man Anlagen, bei denen das Fördergut in Rohrleitungen vom Luft- oder Gasstrom frei fliegend mitgerissen oder vorwärtsgeschoben wird. Befördert wird meist staub-förmiges, feinkörniges oder mittelkörniges Gut bis etwa 10 mm Korndurchmesser, seltener gröbere Korngrößen.

Pneumatische Förderer werden in der Zementindustrie, in der Bauindustrie, in der chemischen Industrie, in der Stahlindustrie, in der Glasindustrie und in der Lebensmittelindustrie verwendet.

Ein besonderer Vorteil der pneumatischen Förderanlagen besteht darin, dass es einfach möglich ist, Verzweigungen vorzunehmen, d.h. das Fördergut mit Hilfe von Weichen zu verschiedenen Bunkern oder Verarbeitungsstellen zu leiten. Bei aggressiven Fördergütern kann die Förderleitung aus Edelstahl, Kunststoff, Glas oder anderen Stoffen hergestellt werden. Die pneumatische Förderung ist ferner wegen ihrer geschlossenen Rohrleitungen sauber und staubfrei, was besonders bei feinkörnigem Fördergut sehr wichtig ist. Dazu kommt, dass pneumatische Förderanlagen elegant an die verschiedenen Räume angepasst werden können. Rohrleitungen kann man problemlos waagerecht, senkrecht, gekrümmt, gerade, über oder unter Flur verlegen und hat damit größere Gestaltungsfreiheit als bei anderen Fördersystemen. In der verfahrenstechnischen Industrie werden Schüttstoffe in Straßen- oder Bahntankfahrzeugen oder Containern angeliefert, die durch pneumatische Förderer leicht und sauber be- und entladen werden können. Bei pneumatischen Förderern ist es auch in einfacher Weise möglich, noch zusätzlich einen Teilprozess des Verfahrens in die Förderanlage zu legen, wie z.B. Kühlen, Aufheizen, Trocknen, Mahlen oder Sieben des Fördergutes.

9.6.1 Grundlagen der pneumatischen Förderung

Für die in den Rohren strömende Luft gelten die Gesetze der Strömungs- und Thermodynamik kompressibler Medien. Werden Schüttgüter in den Luftstrom eingebracht, so ändern sich diese Gesetze abhängig von den Schüttguteigenschaften, der Aufgabeart, Förderart und Fördermenge auf vielschichtige Weise. Das Fließverhalten von Schüttgütern hängt nämlich von sehr viel mehr Einflussgrößen ab. als es bei Flüssigkeiten der Fall ist. Von Einfluss sind:

a) Korngröße, Kornform, Korngrößenverteilung; je kleiner die Korngröße, desto größer ist das Verhältnis der angeblasenen Fläche zum Gewicht (da das Gewicht mit der dritten, die angeblasene Fläche aber nur mit der zweiten Potenz steigt), desto besser ist die Förderbarkeit; je kugelähnlicher und glatter die Kornform, desto geringer gegenseitiges Verhaken; je länglicher (= fischiger), desto schlechter, da die Anblasfläche des Kornes bei Längslage im Rohr so klein werden kann, dass es liegenbleibt; je gleichmäßiger die Korngrößen des gesamten Fördergutes, desto genauer lassen sich die gewünschten Strömungsverhältnisse herstellen.

b) Das Schüttgewicht; es bestimmt die je Volumeneinheit zu überwindenden Massen- und Gewichtskräfte.

c) Die Härte der Körner; sie erlaubt eine Abschätzung, ob sich die Körner des Schüttgutes durch Zerkleinern und Verformen während des Fördervorganges ändern werden.

d) Sondereigenschaften, z.B. elektrostatische Aufladung bei Kunststoffen, hygroskopisches (= feuchtigkeitsanziehendes) Verhalten, chemische Instabilität wie Oxydationsneigung u.a.m.

In einem Druckverlust-Geschwindigkeitsdiagramm werden die Zustände dargestellt, die das Schüttgut-Luftgemisch haben kann (Bild 16). Das Diagramm ändert sich sofort, wenn man eine der oben beschriebenen Einflussgrößen ändert. Trotzdem kann man grundsätzlich erkennen: die Leerlaufkennlinie entspricht dem Bernoullischen Gesetz, dem die *Freiflugförderung* (Bild 17) desto besser gehorcht, je größer die Fördergeschwindigkeit ist. Mit hohem Druckabfall, aber niedriger Geschwindigkeit, arbeiten die Schubförderungen. Dazwischen sind verschiedene Zustände möglich.

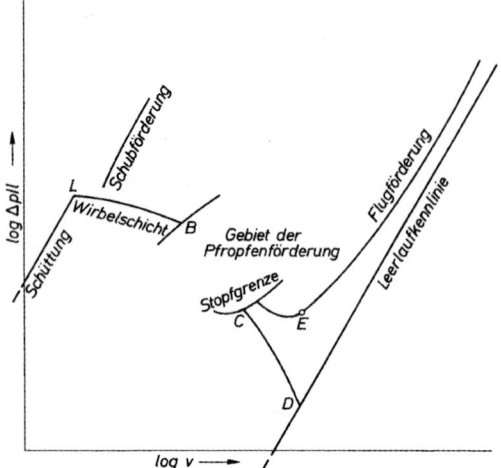

Bild 16.
Zustandsdiagramm eines Schüttgut-Gasgemisches nach Zenz

v Fördergeschwindigkeit
$\frac{\Delta p}{l}$ Druckverlust je Längeneinheit der Rohrleitung
(Rotzinger Pneumatik)

logarithmisch aufgetragen

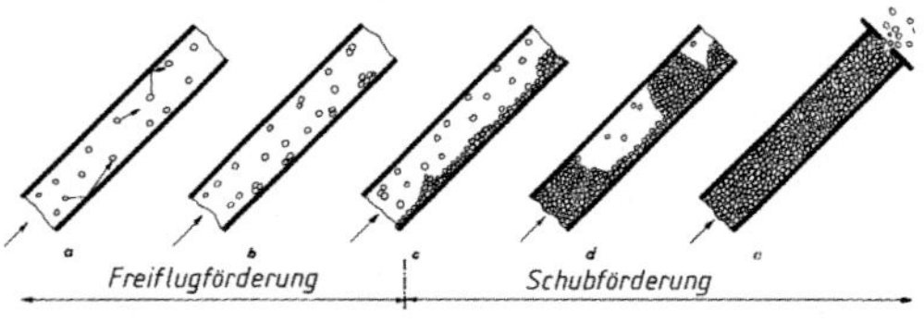

Bild 17. Verschiedene Strömungszustände in pneumatischen Förderleitungen (Rotzinger Pneumatik)

9.6.2 Einteilung der pneumatischen Förderer

Aufbau und Betrieb pneumatischer Förderanlagen lassen sich nach verschiedenen Gesichtspunkten gliedern:

a) nach dem Fördergut, z.B. Zementförderer, Blasversatzförderer, Rohrpost,
b) nach der Art der Materialaufgabe in Saugförderung und Druckförderung. Bild 18 zeigt schematisch verschiedene Fördersysteme nach Gliederung b,
c) nach dem Betriebsdruck in Förderer mit
   Niederdruck   bis 0,2 bar
   Mitteldruck   0,2 ... 0,5 bar
   Hochdruck   über 0,5 bar
d) nach dem Förderprinzip in Freiflugförderer und Schubförderer (Bild 17).

Bei der Freiflugförderung bewegen sich die Gutteilchen einzeln oder in Form von Gutwolken bei hoher Geschwindigkeit des Fördermittels durch die Rohrleitung. Bei Schubförderung wird das Gut in dichter Packung, durch die das Fördermittel strömt, durch die Leitung geschoben.

9.6.3 Ausgeführte Anlagen

Ausgeführte Anlagen arbeiten in der Regel nach den in Bild 18 gezeigten Prinzipien. Bei der Saugförderung (Bild 18 a) erzeugt ein Saugventilator in der Nähe des Förderzieles die Luftströmung in der Förderleitung. Die Materialauf- und -abgabe erfolgt über Zellschleusen.

Bei Druckförderanlagen, Bild 18 b, entfallen die Zellschleusen bei den Empfangerbunkern. Wenn Schutzgasbetrieb erforderlich ist, wird nach Bild 18 c ein geschlossener Kreislauf ausgeführt. Beim Schutzgaseintrittstutzen werden nur noch Leckverluste ausgeglichen.

Wenn ankommende Silofahrzeuge entladen werden müssen, empfiehlt sich eine kombinierte Saug-Druckanlage nach Bild 18 d, um das Silofahrzeug durch einen Schlauch auf einfache Weise an das Fördersystem anschließen zu können.

Abweichend von den bisher beschriebenen Vefahren arbeiten *Druckgefäßförderer* mit einem „pneumatischen Sender", der die Aufgaben der Zellradschleuse, das Fördergut in die Förderleitung zu schleusen, und die Druckversorgung der Förderleitung zeitlich nacheinander übernimmt. Druckgefäßförderer arbeiten also nicht mehr im strengen Sinne stetig, sondern befördern das Fördergut chargenweise.

Funktionsweise: Der „pneumatische Sender" besteht aus einem Druckgefäß, welches durch Steuerungen verschließbare Öffnungen zur Förderleitung (unten), zur Einfülleitung (oben) und zur Druckluftversorgung (meist oben; bei backenden Fördergütern unten am Ausfließkegel zur Auflockerung des Fördergutes) hat. Während des Einfüllvorganges sind Förder- und Druckluftöffnung geschlossen. Wenn das Gefäß voll ist, wird automatisch die Einfüllöffnung geschlossen, die Föderöffnung geöffnet und Druckluft in den Sender eingeblasen. Dadurch wird der Behälterinhalt durch die Förderleitungen gedrückt. Um, insbesondere bei langen Förderleitungen, Verstopfungen zu vermeiden, kann an mehreren Stellen der Förderleitung über Luftdosierstellen zusätzliche Luft in das Fördergut eingeblasen werden. Diese löst etwaige Pfropfenbildungen wieder auf und erhöht dadurch die Fördergeschwindigkeit bei gleichzeitiger Senkung des Energieverbrauchs.

Blasversatzanlagen bestehen aus einem Drucklufterzeuger, den Blasleitungen und einer Blasversatzmaschine zur Aufgabe des Versatzgutes.

Blasversatzanlagen werden im Untertagebergbau eingesetzt, um abgebaute Strecken und Stollen wieder mit Steinen und Geröll (= den Bergen) anzufüllen (= zu versetzen). Die Steine werden durch die Blasversatzmaschine in den Blastrog geschleust und von der mit hoher Geschwindigkeit durch den Blastrog und die Blasleitung strömenden Luft beschleunigt.

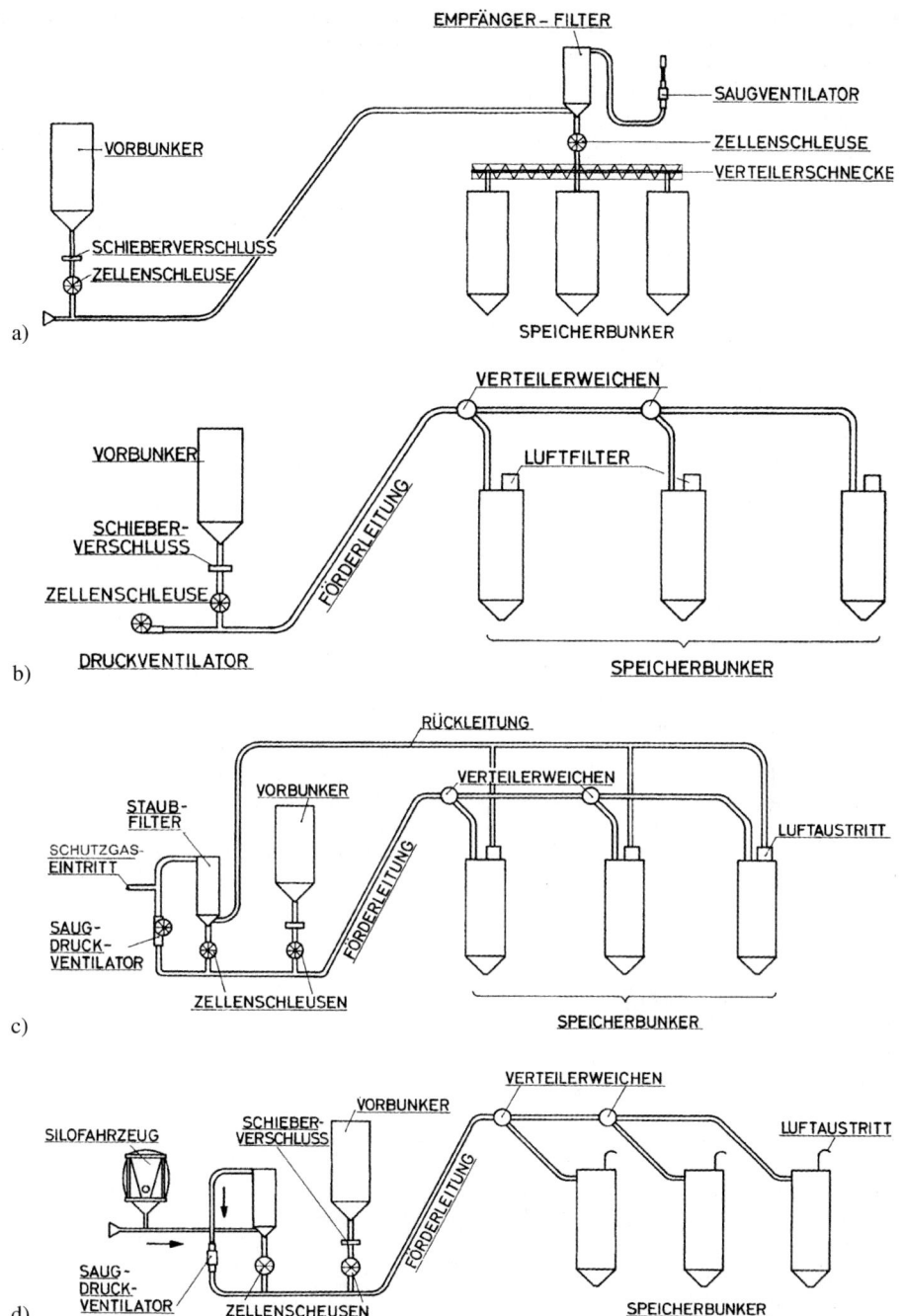

Bild 18. Schemata verschiedener pneumatischer Fördersysteme
a) einfache Saugförderanlage
b) einfache Druckförderanlage
c) Druckförderanlage mit geschlossenem Kreislauf für Schutzgasbetrieb
d) Kombinierte Saug-Druck-Förderanlage

(Rotzinger Pneumatik)

10 Stetigförderer für Stückgut

Stetigförderer, mit denen Stückgüter befördert werden können, sind Rutschen und Gliederbandförderer (Kap. 9.3 und 9.5) sowie Rollenförderer und Kreisförderer. Hier sollen nur die letzteren gesondert angesprochen werden.

10.1 Rollenförderer

Rollenförderer sind Förderanlagen, bei denen in gleichmäßigen Abständen Rollen angebracht sind, über die das (rollenlose) Stückgut gefördert wird. Man unterscheidet einfache Rollgänge, über die das Stückgut geschoben werden muss Gefällerollbahnen und angetriebene Rollenbahnen. Für leichtere Stückgüter werden Röllchenbahnen und Kugelrolltische eingesetzt.

Auf Rollenförderern und den kleineren Röllchenbahnen werden Fördergüter meist in Ladehilfsmitteln, wie Paletten, Behältern oder Kisten befördert. Die Beladung von Paletten soll stabil sein und durch Umreifungen, Schrumpffolien o.a. gesichert werden.

Bauart. Rollenförderer werden fast ausschließlich nach dem Baukastensystem gefertigt und in kompletten Baugruppen geliefert. Das ermöglicht eine einfache Anpassung der Förderanlage an den speziellen Einsatzfall.

Bild 1 zeigt als Beispiel ein Rollenbahnstück für DIN-Paletten, das als komplette Baugruppe in Serie hergestellt wird. Es kann leicht abgewandelt mit und ohne Antrieb, als Gefällestrecke, als Gefällestrecke mit Bremse und als Stauförderer Verwendung finden.

Mit anderen Baugruppen, wie z.B. Drehtischen und Verschiebehubwagen lassen sich umfangreiche Fördersysteme aufbauen. Bild 2 zeigt Baugruppen eines Palettenförderbaukastens, die zu einem Demonstrationsmodell zusammengestellt wurden.

Anwendung. Palettenförderer finden hauptsächlich in der Lager- und Warenverteiltechnik Verwendung. Leichte Rollenförderer und Röllchenförderer kommen z.B. beim innerbetrieblichen Materialfluss in der Fertigung und in Versandhäusern zum Einsatz. Schwere Rollenbahnen werden z.B. in der Schwerindustrie zur Beförderung von Brammen und Walzwerkserzeugnissen eingesetzt.

10.2 Kreisförderer

Kreisförderer sind meist in Fertigungsbetrieben und Sortieranlagen anzutreffen. Sie bestehen aus einer über Flur angebrachten endlosen, in einer Schiene mit Fahrwerken geführten Zugkette, und den Lastgehängen, die entweder an denselben Fahrwerken angebracht sind (Einschienenkreisförderer), oder aber an gesonderten, in einer zweiten Schiene laufenden Fahrwerken („Power and free"-Kreisförderer, Schleppkettenkreisförderer).

Kreisförderer sind endlos verlegt. Jedes Gehänge kommt also nach einer bestimmten Zeit wieder an den Ausgangsort zurück, es wird „im Kreis herum gefördert". Es kann grundsätzlich an jeder Stelle der Förderstrecke eine Be- oder Entladestelle vorgesehen werden.

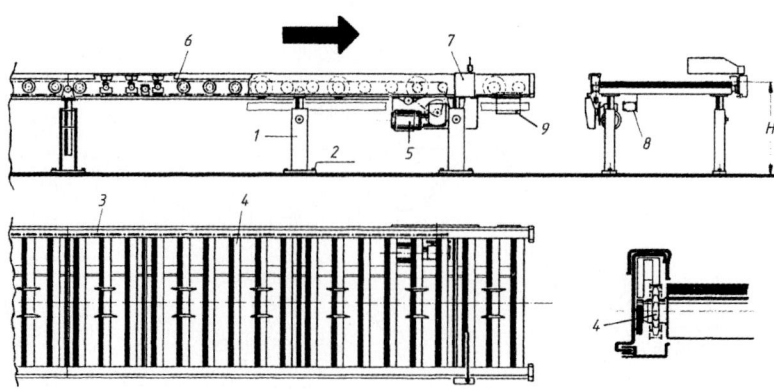

Bild 1. Rollenbahnstück als Beispiel einer kompletten Baugruppe für Rollenfördersysteme

Bauteile
1 Ständer
2 Dübel
3 Wange
4 Tragrolle mit Kettenrad
5 Antrieb
6 Rollenkette
7 Endschalter
8 Kabelführungskanal, Klemmbefestigung
9 Klemmkasten

10 Stetigförderer für Stückgut   K 63

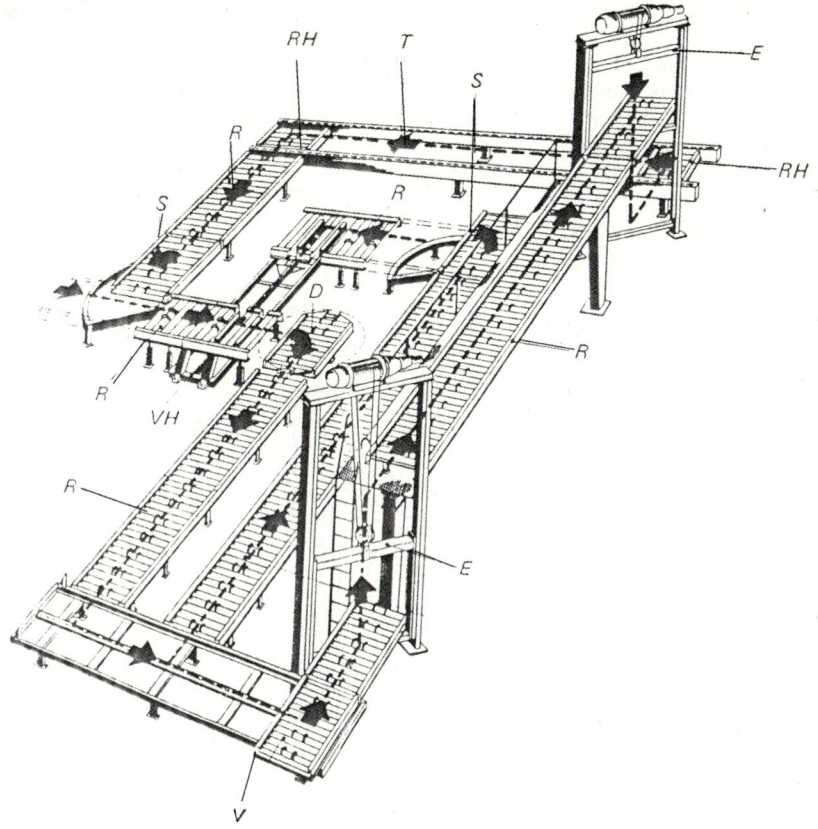

Bild 2.
Baugruppen eines Rollenfördererbaukastens, welche zu einem Demonstrationsmodell zusammengestellt wurden.
D Drehtisch   S Schwenktisch
E Etagenförderer   T Tragkettenförderer
R angetriebene Rollenbahn V Verschiebewagen
   oder Rollenstandförderer VH Verschiebehubwagen
RH Rollenhubtisch   (Dematik)

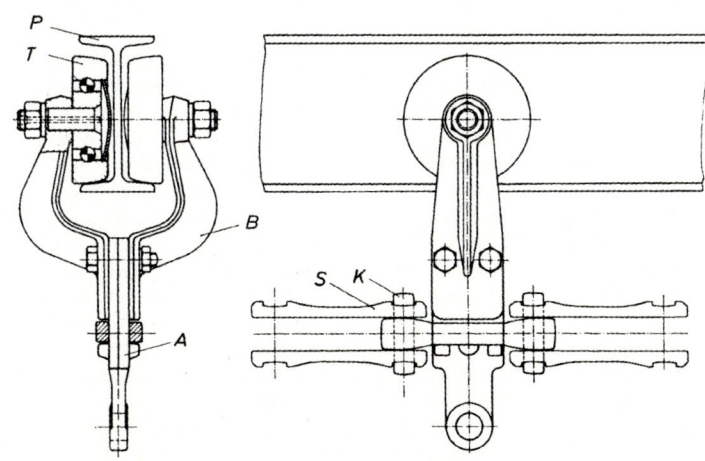

Bild 3.

Fahrwerk für Einschienenkreisförderer mit Steckkette

Tragrolle (T); Rollenbügel (B); das Anschlussstück (A) steckt in einem Innenglied der Kette und wird mit den Rollenbügeln verschraubt. Ein Auge an der Unterseite des Anschlussstückes ermöglicht die Befestigung des Lastaufnahmemittels (Lastenträger).

(Dematik)

Beim *Einschienenkreisförderer* (Bilder 3 und 4) sind Lastfahrwerk und Zugkette fest verbunden. Einschienenkreisförderer eignen sich für gleichmäßig anfallende Förderaufgaben mit stets gleichen Wegen wie z.B. das Durchfahren von Tauchbädern und Lackierstraßen oder das Beschicken von Montagestraßen. Die Fördergeschwindigkeit beträgt ca. 0,25 m/s.

Bei Schleppkreisförderern ("Power and free" Förderern) (Bild 5) läuft nur die Zugkette allein mit eigenen Fahrwerken und eigener Schiene dauernd um. Die Lastgehänge laufen mit gesonderten Fahrwerken in darunter angeordneten Schienen und können daher beliebig angekoppelt oder gelöst und auf Nebenbahnen geschoben werden.

Der Schleppkreisförderer ist also eine Kombination von Kreisförderketten (Power) und Rollgehängen (Free) und gestattet besonders freizügige, kombinierte Förderwege. Er fördert Stückgüter jeder Art und ist durch die in eigener Bahn (Freebahn) laufenden Lastgehänge besonders für hohe Nutzlasten bis ca. 1 t (je nach Zahl der tragenden Achsen) geeignet.

Mitnehmernocken an der Kette, die in Mitnehmerklinken der Freewagen eingreifen, stellen eine formschlüssige, trennbare Verbindung zwischen Schleppkreisförderer (Powerbahn) und Lastengehänge (Freewagen) her.

Führungsbahn: Die Führungsbahn des Schleppkreisförderers (Powerbahn) besteht je nach Ausführungsart aus einem I-Profil (T), aus zwei Winkelschienen oder einem Schlitzrohr.
Als Führungsbahn (Bild 5) (F) für den Förderwagen (W) des Lastengehänges dienen meist in geringem Abstand zueinander laufende, mit ihren Schenkeln nach innen gekehrte U-Profile. Beide U-Profile werden durch Bügel miteinander verbunden.

Rollengehänge (Bild 5): Das Mitnehmergehänge besteht aus zwei Steckkreisförderer-Rollengehängen, zwischen denen ein Spezialglied mit Mitnehmernocken (N) sitzt, das in die Mitnehmerklinken (M) des Freewagens (W) eingreift.
An der Unterseite des Förderwagens erlaubt ein Auge (A) den gelenkigen Anschluss des Lastaufnahmemittels.
Der Förderer kann horizontale und vertikale Bögen durchlaufen. Der kleinste Radius hierfür ist ca. 3,0 m. Die Freebahn hat alle Möglichkeiten einer antriebslosen Hängebahn, wie z.B. Abzweigen in beliebiger Richtung mit Kurven und Drehscheiben oder Absenken von Teilstrecken der Freebahn einschließlich Gehängen. Wiegen des Fördergutes, ohne es vom Gehänge abzunehmen, auch lassen sich Lastengehänge in Freebahnen speichern und durch geeignete Zielsteuerungen wieder wahlweise in den Förderkreislauf einbeziehen.

Die Lastaufnahmemittel werden dem jeweiligen Fördergut und dem Einsatzzweck angepasst und können jede beliebige Form annehmen z.B. Haken, mehrstöckige, plattformähnliche Traggestelle, Regale, Aufhängerahmen u.ä.

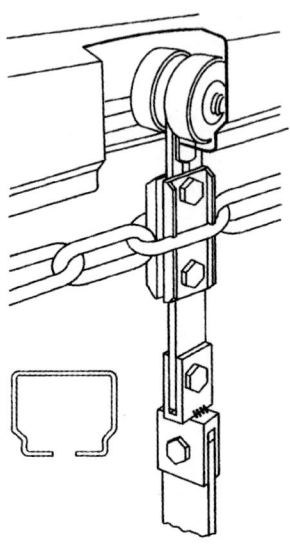

Bild 4.

Fahrwerk eines Einschienenkreisförderers mit einer Rohrschiene und einer Rundstahlkette als Zugelement (Dematik)

Ohne Überlastung des einzelnen Antriebe, bzw. der Förderkette lassen sich beliebig lange Förderwege dadurch erzielen, dass in den Kreisförderer mehrere Antriebe eingebaut werden, oder dass die Gehänge über eine Freebahn von einem Schleppkreisförderer auf einen oder mehrere andere Schleppkreisförderer mit eigenen Antrieben übergeben werden (Bild 6).
Eine interessante Sonderkonstruktion ist der *Schalenkreisförderer* nach den Bildern 7 und 8, der in Kommissionier- und Sortieranlagen eingesetzt wird. Er ist im Prinzip ein Einschienenkreisförderer, der aber statt eines Gehänges oben offene, kippbare Schalen trägt. Wesentlicher Bestandteil des Schalenkreisförderers ist eine automatische Zielsteuerung, mittels der man jeder Schale, in welche man in der Greifzone (Bild 7) eine Ware legt, gleich den Befehl mitgeben kann, diese Ware an einer ganz bestimmten Packrutsche des Versandes (Bild 7) abzukippen.

10 Stetigförderer für Stückgut

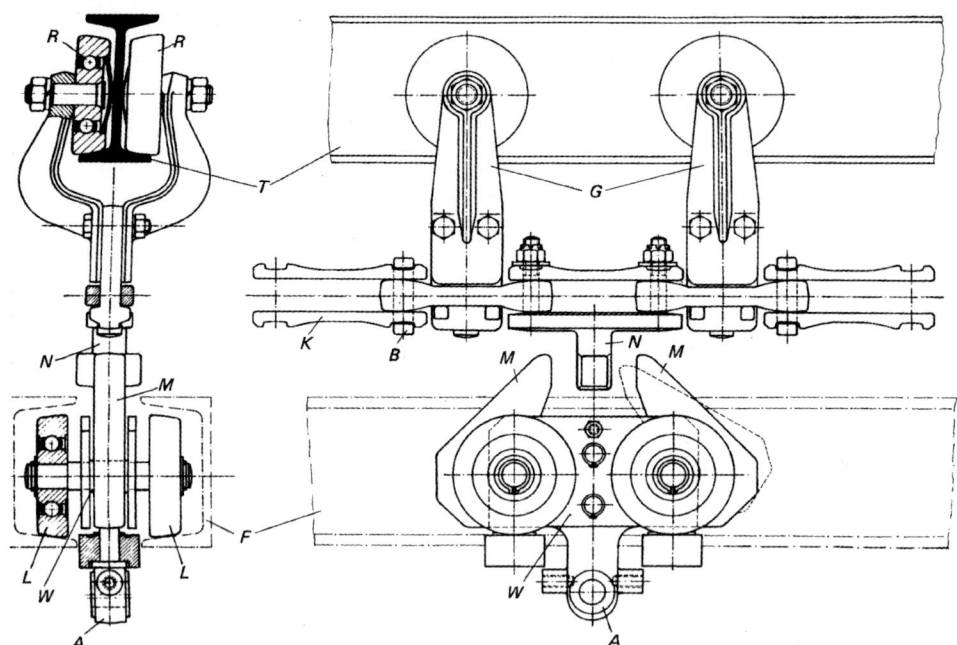

Bild 5. Schleppkreisförderer mit separaten Fahrwerken und Schienen für Schleppkette und Fahrwerk

R Rollen des Schleppkettenfahrwerkes; T Schleppkettenschiene; N Mitnehmernocken; M Mitnehmerklinke; L Laufrollen; W Förderwagen (Freewagen); G Fahrwerk der Schleppkette; K Schleppkette; B Bolzen; A Auge zum Anbringen des Lastaufnahmemittels   (Dematik)

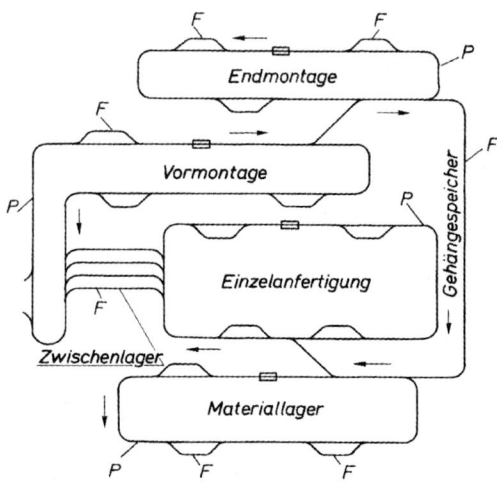

Bild 6.
Schematische Darstellung des Materialflusses durch Schleppkreisförderer (Power an Free)
P   angetriebene Strecke
F   Warteschleife ohne Antrieb
(Dematik)

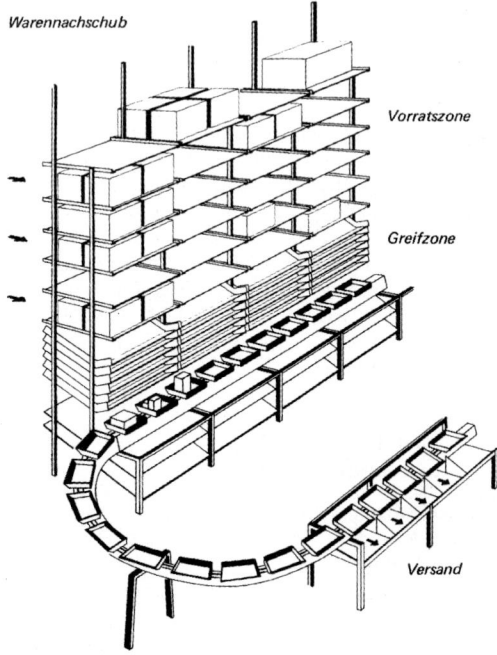

Bild 7.
Schalenkreisförderer in einer Kommissionieranlage
(Dematik)

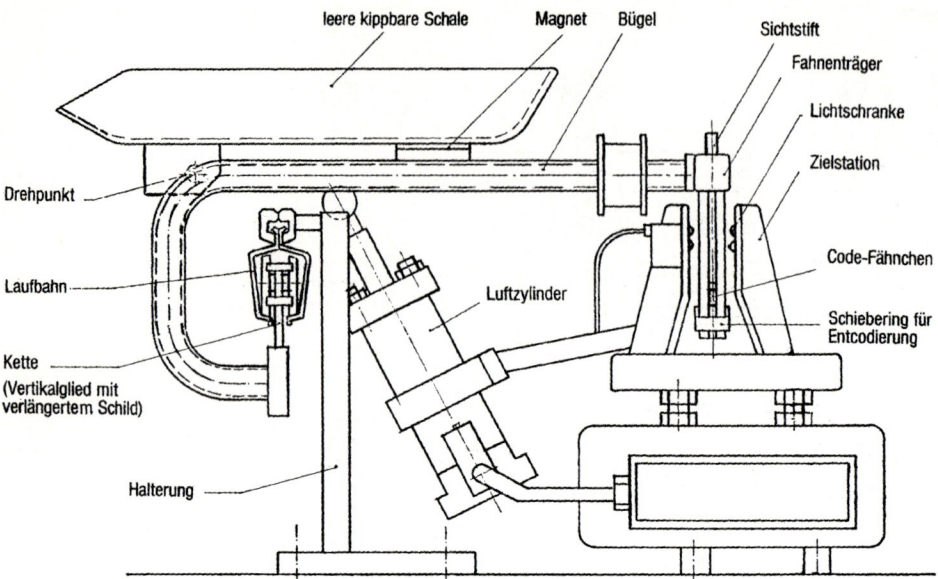

Bild 8. Schale eines Schalenkreisförderers mit Zieladressenträger, Leseeinrichtung und pneumatischem Kippzylinder (Dematik)

Schleppkettenförderer verfügen wie Schleppkreisförderer über eine stetig umlaufende Zugkette. Die Zugkette kann je nach Verwendungszweck unterflur, seitlich oder Überflur angebracht werden. Die geschleppten Lasten können flurverfahrbare Wagen, Baumstämme oder Brammen auf Rollgängen oder Gleisfahrzeuge sein.

Schleppketten können in flexibler Weise gerade, in Bogenstücken, auf Gefälle- und Steigungsstrecken verlegt werden. Bei Stichbahnen muss die Kette seitlich oder unterhalb des Obertrums zurückgeführt werden.

Das System kann mit Weichen, Staustrecken und einer automatischen Zielsteuerung versehen werden, so dass jeder Wagen an jeder Stelle des Systems angekuppelt werden kann und dann selbsttätig das vorgewählte Ziel anläuft.

10.3 Zielsteuerungen für Stückgutfördersysteme

Zielsteuerungen werden in vielfältiger Weise in den verschiedensten Fördersystemen eingesetzt. Sie sollen am Beispiel von Stückgutfördersystem hier erläutert werden. Bei Stückgutfördersystemen gibt es immer mehrere Ausschleusstellen und meist mehrere Einschleusstellen. Es sind dies z.B. mehrere Verladerampen, mehrere Regalgänge, mehrere Fertigungsmaschinen, die beschickt werden müssen, oder mehrere Packtische. Die Anzahl der möglichen Aus- und Einschleusstellen ist unbegrenzt. Eine Paketsortieranlage kann 100 Ausschleusstellen bei einer Sortierleistung von ca. 3 000 Paketen/Stunde haben. Die Förderwege haben dann eine Vielzahl von Weichen, Verzweigungen, Übergängen, an denen ein Fördergut gesteuert in eine andere Bahn gelenkt werden kann. Bei Plattenbändern und Schalenkreisförderern geschieht die Ablenkung meist durch Kippen der Platten oder Schalen (Bild 8). Bei Rollenfördern kommen Querförderer, Drehtische, Hubwagen und Verschiebewagen (Bild 2) in Frage.

Durch die Zielsteuerungen werden diese Ausschleuselemente im richtigen Augenblick in Bewegung versetzt.

Grundfunktion

Eine Zielsteuerung besteht stets aus dem Codeträger (Code = verschlüsselte Zielangabe, Zieladresse), dem Codeleser und dem Impulsgeber, der den abgelesenen Code in einen Steuerimpuls für eine Weiche o.a. verwandelt. Man unterscheidet grundsätzlich folgende Systeme:

Direkte Zielsteuerungen
Die Zieladresse befindet sich direkt am Stückgut oder Lastaufnahmemittel.
Bei diesem System ist es gleichgültig, an welcher Stelle des Förderweges die Zieladresse aufgebracht wird. Die Schale wird immer bei der vorgesehenen Ausschleusstelle gekippt werden.

11 Flurförderzeuge

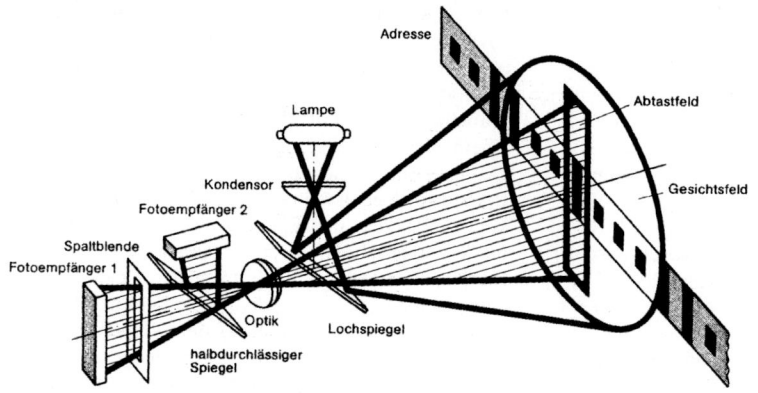

Bild 9.
Funktionsschema einer Adressenerkennung mit einem optischen Lesegerät (AEG)

Derartige Zielsteuerungen gibt es in großer Mannigfaltigkeit. Der Zieladressenträger kann aus mehreren Riegeln, aus einer Reflektorleiste oder aus einem Magnetband bestehen. Es kann aber auch gegebenenfalls eine natürliche Eigenschaft des Fördergutes, wie z.B. die Pakethöhe oder -farbe, zur Steuerung herangezogen werden, wenn der Sortierzweck es gestattet. Der Zieladressenleser kann je nach Art der Zieladresse optisch, mechanisch, magnetisch oder pneumatisch arbeiten.
Sie gestatten eine automatische „Codierung" durch Aufkleben oder Aufdrucken der codierten Zieladresse. Ein optisches Lesesystem zeigt Bild 9.

Indirekte Zielsteuersysteme
Bei indirekten Zielsteuersystemen erhält das Stuckgut keine direkte Zieladresse mit auf den Weg.
Es gibt zwei Möglichkeiten:

1. Beim Einschleusen erhalten bereits die Ausschleusstellen den Befehl, in einer bestimmten Zeit t eine Ausschleusung vorzunehmen. Die Zeit t wird aus der Fördergeschwindigkeit so bemessen, dass sich dann das vorgesehene Stückgut genau an der Ausschleusstelle befindet. Wegen des möglichen Schlupfes zwischen Fördergut und Fördermittel findet diese Version nur für begrenzte Förderlängen Verwendung.
2. Die Steuerung erfolgt über Prozessrechner. In diesem Fall wird das gesamte Fördersystem im Rechner nachgebildet und ähnlich wie in einem Stellwerk der Eisenbahn in Abschnitte eingeteilt. Am Anfang und Ende jedes Streckenabschnittes sind Messstellen, die den Durchlauf jeder Ladeeinheit dem Rechner melden. Beim Einschleusen der Ladeeinheit in das Fördersystem wird dem Rechner die Zieladresse mitgeteilt. Der Rechner verfolgt den Förderweg der Ladeeinheit anhand der Messimpulse und stellt die „Weichen" nach der Zieladresse.
Der Prozessrechner bietet auch die Möglichkeit, gleichzeitig auch noch Optimierungsaufgaben zu übernehmen, wie z.B. gleichmäßige Auslastung aller Verladerampen.

11 Flurförderzeuge

Als Flurförderzeuge bezeichnet man Fahrzeuge wie Karren oder Schlepper und Gabelstapler, die keine eigene Transportebene besitzen, wie z.B. Krane oder Kreisförderer sondern die auf dem normalen Fußboden (= Flur) verfahren werden. Flurförderer verlangen daher meist nur vergleichsweise geringe Anlageinvestitionen.
Flurförderzeuge kann man einteilen in angetriebene und nichtangetriebene, in gleisgebundene und gleislos verfahrbare, in Flurförderzeuge für reine Transportaufgaben (Wagen) und solche mit eigenen Lastaufnahmeeinrichtungen und Zusatzfunktionen (Gabelstapler), in handbediente (z.B. Elektrowagen) und automatisch gesteuerte (z.B. durch im Boden verlegte Induktionsleitungen).
Die Flurförderzeuge ohne Eigenantrieb können durch Hand- oder Schleppkettenantrieb oder durch Schlepper fortbewegt werden. Für kurze Entfernungen (bis 50 m Förderweg), kleine Lasten (bis 1 t) und zeitlich ungeregelt anfallende Transporte verwendet man von Hand gezogene oder geschobene Fahrzeuge. Nach DIN 4902 unterscheidet man Karren, Wagen und Roller.

11.1 Flurförderer ohne Lastaufnahmeeinrichtung

Karren sind von Hand bewegte Förderzeuge, mit einem Rad (Schubkarren) oder mit zwei Rädern z.B. „Sackkarren" für Säcke, Kisten, Sauerstoffflaschen.
Handwagen sind Flurförderzeuge mit drei oder vier Rädern, die für kleine Lasten (bis 1 t) und für Gelegenheitsbetrieb (z.B. in der Werkstattinstandhaltung) oder für Schleppzüge (Gepäcktransport auf Bahnhofbahnsteigen) Verwendung finden. Die Lenkung erfolgt meist durch Deichsel und Drehschemmel. Die Ladefläche ist meist eben, als seitliche Begrenzungen können je nach Einsatztall Klappen, Gitter oder feststehende Wände angebracht sein.
Elektrowagen sind vierrädige Plattformwagen mit oder ohne Zusatzaufbau mit Fahrerstand oder Fahrer-

sitz für Lasten bis 5 t. Elektrowagen werden meist für innerbetriebliche, unregelmäßig anfallende Transportaufgaben herangezogen. Seltener werden „fahrplanmäßige" Materialflussaufgaben übernommen Wegen der Abgasfreiheit können Elektrowagen auch in geschlossenen Räumen eingesetzt werden. Die Transportentfernung sollte durchschnittlich mindestens etwa 100 m betragen: darunter arbeiten Gabelstapler wirtschaftlicher.
Dieselwagen sind grundsätzlich genauso aufgebaut, wie die eben beschriebenen Elektrowagen. Der Dieselwagen (mit Schaltgetriebe oder mit stufenlosem hydrostatischen Getriebe) findet hauptsächlich im Transportverkehr auf freiem Werksgelände Verwendung.
Elektroschlepper sind kleine, wendige, vier- oder dreirädrige Fahrzeuge ohne nennenswerte eigene Ladefläche. Sie werden dort eingesetzt, wo es wegen großen Transportaufkommens zweckmäßig ist, Schleppzüge zu bilden. Beispiel: Gepäckförderung auf Bahnhöfen mit handgelenkten Schleppern, oder Stückguttransport in Flurfördersystemen in Lagerzentren durch automatisch gesteuerte Schlepper.

11.2 Flurförderer mit eigener Lastaufnahmeeinrichtung

Flurförderer mit eigener Lastaufnahmeeinrichtung sind Gabelhubwagen, Gabelstapler und Portalhubwagen Die eigene Lastaufnahmeeinrichtung kann eine heb- und senkbare Ladefläche sein, die ein Unterfahren der Last erlaubt, aber auch eine Gabel, ein Dorn, eine Zange, ein Manipulator oder ein drehbarer Schüttkübel.
Flurförderzeuge mit eigener Lastaufnahmeeinrichtung finden Verwendung, wenn die Be- und Entladezeiten gegenüber den reinen Transportzeiten erheblich ms Gewicht fallen. Dies ist in der Regel bei Transportwegen unter 100 m der Fall (Bild 1). Ferner, wenn neben der Transportaufgabe auch andere Funktionen erfüllt wenden sollen, wie z.B. Stapeln von Behältern, Paletten und sonstigen Ladeeinheiten. Be- und Entladen von anderen Fördermitteln oder Fahrzeugen.

Die große Mannigfaltigkeit derartiger Flurförderer sowie ihre Fertigung nach dem Baukastenprinzip und in Baureihen ermöglichen eine gute Anpassung des Flurförderzeuges an den jeweiligen Einsatzfall.
Gabelhubwagen mit Handbedienung bestehen aus einem Kopfteil, welches den Hubmechanismus, die Deichsel und ein lenkbares Rad enthält, sowie einer flachen, rollenunterstützten Gabel. Mit dieser Gabel können Paletten und geeignet konstruierte Behälter bis 2 t unterfahren werden. Anschließend wird die Gabel durch Heben und Senken der Deichsel über eine mechanische oder hydraulische Kraftübertragung gehoben, so dass die Last auf dem Gabelhubwagen verfahren und an anderer Stelle wieder abgesenkt werden kann. Für Hub- und Fahrbewegung kann auch ein batteriegespeister, elektromotorischer Antrieb vorgesehen werden (Elektro-Geh-Gabelhubwagen).
Gabelstapler (Bild 2) sind Flurförderer mit drei oder vier Rädern, bei denen die Last außerhalb der durch die Räder begrenzten Stützfläche des Fahrzeugs aufgenommen wird. Die Last verursacht also ein Kippmoment um die Tragachse. Die Tragachse ist wegen der hohen Belastung daher meist angetrieben und nicht lenkbar. Über den Lenkrädern sind Gegengewichte angebracht, die der Last das Gleichgewicht halten. Die Gabel bzw. die sonstige Lastaufnahmeeinrichtung ist an einem senkrechten Hubgerüst angebracht, welches um durchschnittlich 5° nach vorn (zum leichteren Last-Unterfahren) und 12° nach hinten (zur Verbesserung der Schwerpunktlage der Last beim Fahren) geneigt werden kann. Das Hubgerüst ist oft teleskopartig nach oben ausfahrbar, so dass Hubhöhen von 5 m und mehr erreicht werden. Gabelstapler werden durch Dieselmotoren oder durch batteriegespeiste Elektromotoren angetrieben. Die Kraftübertragung zum Fahrwerk erfolgt durch Getriebe oder hydrostatisch, das Hubwerk arbeitet mit Zugketten oder mit Hydraulikzylindern.
Portalhubwagen sind doppelportalartige, vierrädrige Fahrzeuge, die Container oder andere schwere, große Ladeeinheiten aufnehmen und verfahren können. Sie werden auf Container-Umschlagsplätzen (= Containerterminals) und Lagerplätzen eingesetzt.

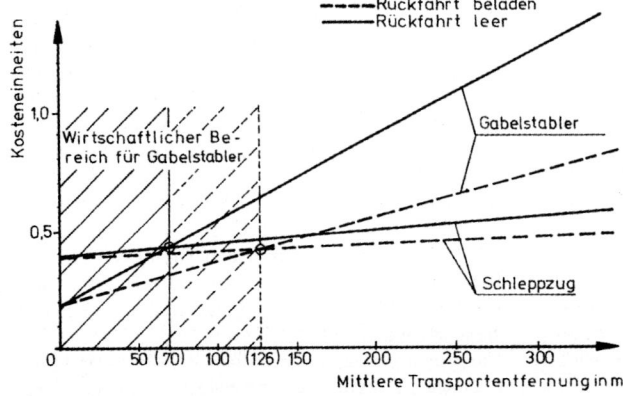

Bild 1.
Gegenüberstellung der Kosten für einen Gabelstapler- bzw. Schleppzugbetrieb (BKS)

11 Flurförderzeuge

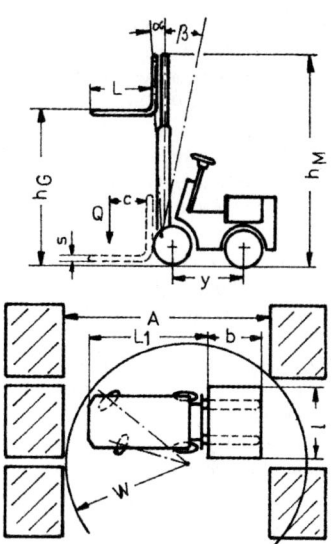

Bild 2.
Charakteristische Größen eines Gabelstaplers
Q Traglast
c max. Schwerpunktabstand der Last
L Gabellänge
s Gabeldicke
h_G max. Hubhöhe
α, β Neigungswinkel des Mastes
h_M max. Höhe des ausfahrbaren Mastes
b, l Lademittelmaße
A Gangbreite
W kleinster Wendekreis
y L_1 Wagenmaße

11.3 Automatisch gesteuerte Flurförderer

Im allgemeinen ist für jedes Flurförderzeug oder für jeden Schleppzug ein Fahrer erforderlich. Flurförderzeuge sind deshalb wesentlich schwerer automatisierbar als gleisgebundene Förderanlagen. Trotzdem gibt es automatische Anlagen.
Ein Beispiel ist ein automatisch gesteuertes Flurfördersystem, bei dem unterhalb der vorgesehenen Fahrwege Induktionsleitungen verlegt sind. Ein Schlepper (Traktor) wird mit dem Antriebsmotor ausgestattet sowie mit der erforderlichen elektronischen Steuerung, um sich an den Induktionsleitungen entlang zum vorprogrammierten Ziel zu tasten. An den Schlepper werden mehrere Anhänger angekuppelt.

11.4 Flurförderzeuge im Untertagebergbau

Im Bergbau gibt es neben Stetigförderern, wie Gurt- oder Trogbandförderern, auch Gleislosfahrzeuge und schienengebundene Lokomotiven mit Förderwagen. Im Folgenden soll nur auf letztere kurz eingegangen werden.

Förderwagen
Nach der Normung unterscheidet man Kleinförderwagen, Mittelförderwagen und Großförderwagen, siehe Tafel 1. Im Einsatz sind fast nur noch Großförderwagen.

Tabelle 1. Förderwagen im Bergbau

Wagengröße	Rauminhalt in l bei Roh-Steinkohle $\rho_{RH} = 1 \dfrac{t}{m^3}$
Kleinförderwagen	bis 1 000
Mittelförderwagen	1 000 ... 3 000
Großförderwagen	über 3 000

Kleinförderwagen haben einen vollständig geschweißten Kasten mit Randversteifung, starre Puffer mit Hakenkupplungen und wälzgelagerte Radsätze. Der *Mittelförderwagen* hat folgende Merkmale: Wagenkasten wie bei Kleinförderwagen, gefederte Puffer mit Laschenkupplungen, Kegelrollenlagerradsätze. *Großförderwagen* werden in Schachtanlagen überwiegend verwendet. Die Merkmale dieser Wagen sind: geschweißter Kasten mit Randversteifung und seitlich angeordneten Bremsleisten, Puffer gefedert, Kegellagerradsätze mit Blattfederung. Als Radsätze werden im Gegensatz zur Bundesbahn Losradsätze verwendet, bei denen sich die Räder unabhängig voneinander bewegen. Das erlaubt das Durchfahren enger Kurven. Bei allen Wagengrößen beträgt der normale Raddurchmesser 350 mm. Die Normspurbreite beträgt 600 mm oder 700 mm.

Lokomotiven
Verwendung finden elektrische Fahrdraht- oder Batterie-, sowie Diesel-, Druckluft- und Verbundlokomotiven.

Elektrische Lokomotiven haben meist Gleichstromreihenschlussmotoren (oft ein Motor je Achse), die über eine große Anzugskraft verfügen.

Der *Fahrdrahtlokomotive* wird der Strom über eine Oberleitung zu- und von ihr über die Schienen zurückgeführt. Wegen der nicht vollständig vermeidbaren Funkenbildung am Fahrdraht sind Fahrdrahtlokomotiven für schlagwettergefährdete Gruben nicht geeignet.

Batterielokomotiven sind schlagwettergeschützt. Der Fahrbereich der Lokomotiven hängt von der Batteriekapazität ab, die für mindestens eine Schicht ausreichen soll.

Verbundlokomotiven besitzen neben der Anlage für Fahrdrahtbetrieb noch eine Batterie. In den Bereichen der Grube, in denen Fahrdrahtbetrieb nicht zulässig ist, wird im Batteriebetrieb gefahren. Auf diese Weise lässt sich die Leistungsfähigkeit der Fahrdrahtlokomotive mit der Schlagwettersicherheit der Batterielokomotive verbinden.

Diesellokomotiven werden durch kompressorlose Diesel-Vorkammermotoren angetrieben. Der verwendete Kraftstoff muss den Bedingungen des Oberbergamts entsprechen. Die Kraftübertragung erfolgt durch Strömungs- und Zahnradgetriebe oder durch stufenlos regelbare hydrostatische Getriebe. Die Auspuffgase müssen aus Sicherheitsgründen durch eine Wasservorlage geleitet werden, wo die Auspuffgase auf 70 °C abgekühlt werden.

Druckluftlokomotiven führen als Energie hochgespannte Druckluft von 160 ... 225 bar in 1 ... 3 Hochdruckflaschen mit sich. Der hohe Druck wird vor der Arbeitsverrichtung durch ein Druckminderventil auf 12 ... 25 bar in der Arbeitsflasche reduziert, wobei durch die Drosselung allerdings ein Teil der Spannungsenergie verlorengeht. Die Entspannung erfolgt in zwei- bis dreistufigen Arbeitsturbinen. Da der Fahrbereich der Druckluftlokomotive beschränkt ist, müssen Hochdruckleitungen ins Feld geführt werden. An den Füllstellen wird zweckmäßig in Luftspeicherflaschen ein größerer Druckluftvorrat untergebracht, damit das Füllen beschleunigt wird.

12 Weiterführende Literatur:

(1) Scheffler, Martin: Grundlagen der Fördertechnik, – Elemente und Triebwerke.
Friedr. Vieweg & Sohn Verlagsgesellschaft mbH, Braunschweig / Wiesbaden, 1994. ISBN 3 – 528 – 06558 – 3.

(2) Scheffler, Martin; Feyrer, Klaus:
Matthias, Karl: Fördermaschinen, – Hebezeuge, Aufzüge, Flurförderzeuge.
Friedr. Vieweg & Sohn Verlagsgesellschaft mbH, Braunschweig / Wiesbaden, 1998. ISBN 3 – 528 – 06626 – 1.

(3) Pfeifer, Heinz; Kabisch, Gerald; Lautner, Hans: Fördertechnik – Konstruktion und Berechnung. Friedr. Vieweg & Sohn Verlagsgesellschaft mbH, Braunschweig / Wiesbaden. 7. Auflage 1998. ISBN 3 – 528 – 64061 – 8.

(4) Stahl im Hochbau. Handbuch für Entwurf, Berechnung und Ausführung von Stahlbauten. Verlag Stahleisen mbH., Düsseldorf.

(5) Zillich, E.: Fördertechnik, Band 1 – 3. Werner-Verlag, Düsseldorf

(6) Aumund, H.: Hebe- und Förderanlagen. Springer-Verlag, Berlin.

(7) Hanfstengel, G.: Die Förderung von Massengütern. Springerverlag, Berlin.

(8) Meyercordt, W.: Stetigfördererfibel. Verlag Hagemeier, Heidelberg.

(9) Salzer, G.: Stetigförderer, Band I und II. Krausskopf-Verlag, Mainz.

(10) Siegel, W.: Pneumatische Förderung. Vogel-Verlag, Würzburg.

(11) VDI-Reihe: Materialfluss und Fördertechnik. VDI-Verlag, Düsseldorf.

(12) Jünemann, R.: Systemplanung für Stückgutläger. Springer-Verlag, Berlin.

(13) Franke, G.: Flurförderzeuge. Hanser- Verlag, München.

(14) ABC des Gabelstaplers. VDI-Verlag, Düsseldorf.

(15) DIN-Taschenbuch 44. Krane und Hebezeuge 1. (DIN 536 bis DIN 15 030). Normen. (Fördertechnik 1)

(16) DIN-Taschenbuch 185 Krane und Hebezeuge 2. (ab DIN 15 049). Normen. (Fördertechnik 2)

(17) DIN-Taschenbuch 64. Aufzüge, Stetigförderer, Flurförderzeuge, Lagertechnik. Normen. (Fördertechnik 3)

(18) DIN-Taschenbuch 59. Drahtseile

Herausgeber der DIN-Taschenbücher: DIN Deutsches Institut für Normung e.V. Vertrieb über Beuth Verlag GmbH Berlin Wien Zürich

L Kraft- und Arbeitsmaschinen

Wolfgang Böge, Manfred Ristau

Formelzeichen und Einheiten

A	m², mm²	Fläche, Querschnitt		s	kJ/kgK	spezifische Entropie
a	1	Hubverhältnis		s	m, mm	Wanddicke, Kolbenhub
B	kg/h	Kraftstoffverbrauch		T_c	K	Verdichtungsendtemperatur
b_{eff}	g/kWh	spezifischer Kraftstoffverbrauch		t	°C	Temperatur
				t	s	Ventilöffnungszeit, Unterbrecherkontakt-Schließzeit
c	kJ/kgK	spezifische Wärmekapazität				
c	m/s	Wassergeschwindigkeit		u	m/s	Umfangsgeschwindigkeit (Kreisbahn)
d	mm	Zylinderdurchmesser				
f	l/min	Zündfunkenfrequenz		V	cm³	Volumen
g	m/s²	Fallbeschleunigung		V	m³/s	Volumenstrom, Durchsatz
H_o, H_u	kJ/kg	Verbrennungswärme, unterer Heizwert		V_c	cm³	Verdichtungsraum
				V_h	cm³	Zylinderhubraum
H, h	m	Fallhöhe		V_b	cm³	Verbrennungsraum
h	kJ/kg	spezifische Enthalpie		V_H	cm³	Motorhubraum
k	kJ/m² h K	Wärmedurchgangskoeffizient		v	m³/kg	spezifisches Volumen
L	m³/kg	Luftbedarf		v_m	m/s	mittlere Kolbengeschwindigkeit
L_r	kg/m² h	Rostbelastung				
l	mm	Kanalhöhe, radiale Schaufelhöhe		w	m/s	relative Geschwindigkeit
				z	1	Anzahl, Stückzahl, Zylinderzahl
M	kg/kmol	Molekülmasse				
M	Nm	Motordrehmoment		z	l/min	Schmieröl- oder Kühlwasserumlaufzahl
m	kg	Masse, Ladungsmasse				
$\dot{m}$	kg/s	Massenstrom, Ladungsdurchsatz		α	°	Winkel
				α	kJ/m² h K	Wärmeübergangskoeffizient
$\dot{m}_B$	kg/h	Brennstoffdurchsatz		β	°	Winkel
n	1	Polytropenexponent, Luftüberschusszahl		τ	°	Zündabstandswinkel
				η	1	Wirkungsgrad, Liefergrad
O_{min}	m³/kg	Sauerstoffmindestbedarf		η_{eff}	1	Nutzwirkungsgrad
P	kW, W	Leistung		η_g	1	Gütegrad
P_H	kW/dm³	Hubraumleistung		η_m	1	mechanischer Motorwirkungsgrad
p	Pa, bar	Druck				
p_{eff}	bar	effektiver Kolbendruck		η_i	1	indizierter Wirkungsgrad
p_i	bar	indizierter Druck		κ	1	Adiabatenexponent
Q	kJ, J	Wärmemenge		ϵ	1	Verdichtungsverhältnis
$\dot{Q}$	kJ/s, W, kW	Wärmestrom		λ	1	Luftverhältnis
q_r	kJ/m² h	Rostwärmebelastung		λ	kJ/m² h K	Wärmeleitfähigkeit
q_f	kJ/m³ h	Feuerraumwärmebelastung		π_c	1	Ladedruckverhältnis
r	kJ/kg	spezifische Verdampfungswärme		Φ	kJ/kg	Wärmemengenverbrauch
				σ	1	Thomasche Kavitationszahl
r	m, mm	Kurbelradius		φ	1	Düsenreibwert
S	kJ/K	Entropie		φ	1	Kanal- oder Schaufelreibwert

1 Feuerungstechnik

1.1 Brennstoffe

Brennstoffe werden fest, flüssig und gasförmig genutzt. Festbrennstoffe werden gefunden als Holz, Torf, Braun- und Steinkohle, Flüssigbrennstoff als Erdöl und Gasbrennstoff als Erdgas. Aus diesen natürlichen Brennstoffen lassen sich durch Veredelung hochwertigere Brennstoffe erzeugen.

1.1.1 Feste Brennstoffe

Feste Brennstoffe enthalten neben den brennbaren Elementen Kohlenstoff (C), Wasserstoff (H) und Schwefel (S) die unbrennbaren Ballaststoffe Wasser und Asche. Durch Elementaranalysen, deren Untersuchungsmethoden nach DIN 51 701 bis 51 729 genormt sind, können die brennbaren und unbrennbaren Massenanteile fester Brennstoffe ermittelt werden.
Kohle wird im Feuerraum erwärmt. Feuchtigkeit und flüchtige Bestandteile entweichen, wobei sich Form und Zustand des Kohlekörpers verändern. Es entsteht so Schrumpfung, Aufblähung, Zusammenbacken und Kokung. Steinkohlen werden nach dem Gehalt an flüchtigen Bestandteilen im Brennbaren in zehn Klassen unterteilt.

Klasse	0	1	2	3	4
fl. B, %	0 ... 3	3 ... 10	10 ... 14	14 ... 20	20 ... 28
Benennung	Meta Anthrazit	Anthrazit	Magerkohle	gering-bituminöse Kohle	mittel-bituminöse Kohle
(früher)	Anthrazit		Mager-	Ess-	Fett-
Klasse	5	6	7	8	9
fl. B. %	28 ... 33	33 ... 41	33 ... 44	35 ... 50	42 ... 50
Benennung	hochbituminöse Kohle				
(früher)	Gas-		Gasflammkohle		

Mittelwerte von Asche- und Feuchtigkeitsgehalt einiger Kohlensorten zeigt Tabelle 1.

Tabelle 1. Feste Brennstoffe

Sorte	Brennstoff hat	
	Asche %	Wasser %
Anthrazit	3 ... 6	1 ... 3
Magerkohle	8 ... 10	1 ... 3
Esskohle	8 ... 10	1 ... 3
Fettkohle	8 ... 10	1 ... 3
Gas- und Gasflammkohle	8 ... 10	1 ... 3
Koks	7 ... 11	3 ... 8
Braunkohle	3 ... 8	45 ... 60
Brikett	5 ... 11	15

Bei der Braunkohle unterscheidet man zwischen Rohkohle und Brikett. Briketts sind wasserärmer und aschereicher als Rohbraunkohle.

1.1.2 Flüssige Brennstoffe

Das Rohöl (Erdöl, Teer u.a.) wird gereinigt und durch Destillation in Benzine (bis 180 °C), Leuchtöle (150 bis 300 °C), Gasöle (300 bis 350 °C) und Heiz- und Schweröle (über 300 °C) getrennt.
Sie sind Gemische aus Kohlenwasserstoffmolekülen, also Verbindungen der Elemente Kohlenstoff (C) und Wasserstoff (H). Reihen sich die Kohlenstoffatome eines Kohlenwasserstoffmoleküls kettenförmig aneinander, spricht man von Paraffinen (Methan CH_4, Äthan C_2H_6, usw.). Sind dagegen die Kohlenstoffatome eines Moleküls ringförmig angeordnet, wie z.B. beim Benzol C_6H_6, spricht man von Aromaten (vgl. E Werkstofftechnik, Grundlagen der Kohlenstoffchemie).
Große Paraffin- und Aromatenmoleküle werden durch das Cracken in kleinere Moleküle „zerbrochen". Beim Cracken verarbeitet man vorwiegend mittelschwere und schwere Destillate, z.B. Heizöle, durch Behandlung bei erhöhter Temperatur und erhöhtem Druck zu Benzinen.
Flüssige Brennstoffe werden unter Zerstäubung in den Feuerraum eingebracht. Hierfür ist die Dichte und die Zähigkeit des Brennstoffes maßgebend. Durch die Feuerraumwärme wird der zerstäubte Brennstoff verdampft, mit Luft vermischt, gezündet und verbrannt. Kennzeichnend für die Brenneigenschaften flüssiger Brennstoffe sind die Siedeverläufe und die Flammpunkte.

Tabelle 2 zeigt in einer Übersicht die Mittelwerte von Elementanteilen und die Eigenschaften der wichtigsten flüssigen Brennstoffe.

1.1.3 Gasförmige Brennstoffe

Als natürliches Gas wird Erdgas oft bei Erdölbohrungen mit erbohrt. Durch Entgasung wird aus Kohle Schwelgas, Stadtgas und Koksofengas gewonnen. Durch Vergasung von Koks, Halbkoks, Anthrazit, wird je nach Vergasungsmittel Luftgas, Generatorgas und Wassergas hergestellt. Beim Hochofenbetrieb entsteht Gichtgas. Gase sind Mischungen aus Wasserstoff (H), Kohlenoxid (CO), schweren Kohlenwasserstoffen (C_nH_m), Kohlendioxid (CO_2), Sauerstoff (O_2) und Stickstoff (N_2). Davon ist CO_2, O_2 und N_2 Ballast. Tabelle 3 zeigt die Zusammensetzungen der technisch wichtigsten Gase.

1 Feuerungstechnik

Tabelle 2. Flüssige Brennstoffe

		Benzin	Gasöl (Diesel)	Heizöl L (leicht)	Heizöl M (mittel)	Heizöl S (schwer)	
Elemente	C	86	87	86 ...87	85 ... 87	84 ... 88	%
	H	14	13	13... 14	12 ... 13	11 ... 12	%
	O + N	–	–	–	1 ... 2	1 ... 3	%
Zähigkeit	bei 20 °C	–	2 ... 10	10 ... 17	–	–	cSt [1]
	bei 50 °C	–	–	–	20 ... 75	80 ... 700	cSt [1]
Siedeverlauf							
Erwärmung bis:		200	350	300	300	300	°C
bringt Destillatmenge:		95	95	90	70 ... 85	40 ... 70	Vol.- %
Flammpunkt		20	55 ...60	55 ... 70	65 ... 80	65 ... 100	°C

Die Heizöle M und S erfordern Vorwärmung
[1] cSt = Zentistokes (kinematische Viskosität) nach DIN 51 603

Tabelle 3. Gasbrennstoffe

Gasart	Raumprozente						
	CO	H_2	CH_4	C_2H_6	C_2H_4	CO_2	(O + N)
Erdgas	–	–	93 ... 96	1 ... 4	–	–	2 ... 6
Koksofengas	5,5	57	24	–	1,5	2	10
Mischgas	22	51	17	–	2	4	4
Wassergas	40	50	–	–	–	5	5
Generatorgas	29	11	–	–	–	5	55
Gichtgas	31	2	–	–	–	9	58

1.2 Verbrennungswärme (Heizwert) und Verbrennungsluft

1.2.1 Verbrennungswärme und unterer Heizwert

Die Verbrennungswärme H_o (oberer Heizwert) ist die Wärme (Wärmemenge), die bei einer vollständigen Verbrennung von 1 kg Brennstoff unter Abkühlung der entstehenden Brenngase auf Ausgangstemperatur abgegeben wird.

Die Bestimmung der Verbrennungswärmen verschiedener Brennstoffe erfolgt im Kalorimeter.

Da jedoch bei der Verbrennung Wasserdampf entsteht, der mit den Abgasen entweicht, muss zur Ermittlung der tatsächlich verwertbaren Wärme die Verbrennungswärme H_o um die Verdampfungswärme r des Wasserdampfes gekürzt werden. Die Verdampfungswärme von 1 kg Wasserdampf bei 20 °C Bezugstemperatur beträgt r = 2450 kJ/kg. Hat der Brennstoff h % Wasserstoff, so entstehen daraus bei der Verbrennung 9 h % Wasserdampf und w % Feuchtigkeit (Wasser). Damit ergibt sich der untere Heizwert H_u für feste und flüssige Brennstoffe aus

$$H_u = H_o - r(w + 9h) \quad \begin{array}{c|c} H_u, H_o, r & h, w \\ \hline \dfrac{kJ}{kg} & \% \end{array} \quad (1)$$

Verbrennungswärme H_o und Heizwert H_u gasförmiger Brennstoffe errechnen sich als Summe der Heizwertanteile H'_u der im Gasgemisch enthaltenen Gassorten. Alle Verbrennungswärme- bzw. Heizwertangaben vom Gasen beziehen sich auf das Normvolumen 1 m³ (0 °C; 1,01325 bar nach DIN 1343). Damit ergibt sich der untere Heizwert H_u aus

$$H_u = H'_u \cdot CO + H'_u \cdot H_2 + \Sigma (H'_u \cdot C_nH_m)$$

$$\begin{array}{c|c} H_u & CO, H_2, C_nH_m \\ \hline \dfrac{kJ}{m^3} & \dfrac{m^3}{m^3} \end{array} \quad (2)$$

Verbrennungswärmen H_o und untere Heizwerte H_u einiger fester, flüssiger und gasförmiger Brennstoffe sind in Tabelle 4 zusammengefasst.

Tabelle 4. Verbrennungswärme H_o und unterer Heizwert H_u in kJ/kg bzw. kJ/m³

Feste Brennstoffe	H_o	H_u	Flüssige Brennstoffe	H_o	H_u	Gasförmige Brennstoffe	H_o	H_u
Anthrazit	$33{,}4 \cdot 10^3$	$32{,}5 \cdot 10^3$	Benzin	$46{,}1 \cdot 10^3$	$43{,}5 \cdot 10^3$	Erdgas	$40{,}2 \cdot 10^3$	$36{,}4 \cdot 10^3$
Magerkohle	$32{,}2 \cdot 10^3$	$31{,}4 \cdot 10^3$	Gasöl (Diesel)	$44{,}8 \cdot 10^3$	$41{,}9 \cdot 10^3$	Koksofengas	$18{,}8 \cdot 10^3$	$16{,}7 \cdot 10^3$
Esskohle	$32{,}2 \cdot 10^3$	$31{,}2 \cdot 10^3$	Heizöl (leicht)	$44{,}8 \cdot 10^3$	$41{,}9 \cdot 10^3$	Mischgas	$17{,}4 \cdot 10^3$	$15{,}5 \cdot 10^3$
Fettkohle	$32{,}1 \cdot 10^3$	$31{,}0 \cdot 10^3$	Heizöl (mittel)	$44{,}0 \cdot 10^3$	$41{,}0 \cdot 10^3$	Wassergas	$11{,}6 \cdot 10^3$	$10{,}5 \cdot 10^3$
Gasflammkohle	$31{,}1 \cdot 10^3$	$29{,}9 \cdot 10^3$	Heizöl (schwer)	$43{,}1 \cdot 10^3$	$39{,}8 \cdot 10^3$	Generatorgas	$5{,}2 \cdot 10^3$	$4{,}9 \cdot 10^3$
Koks	$28{,}4 \cdot 10^3$	$28{,}1 \cdot 10^3$				Gichtgas	$4{,}3 \cdot 10^3$	$4{,}2 \cdot 10^3$
Braunkohle	$10{,}7 \cdot 10^3$	$9{,}8 \cdot 10^3$						
Brikett	$21{,}4 \cdot 10^3$	$20{,}1 \cdot 10^3$						

1.2.2 Verbrennungsluft

Die Verbrennung ist die vollständige Oxydation der Elemente Kohlenstoff (C), Wasserstoff (H) und Schwefel (S). Die Oxydationsvorgänge werden durch die Verbrennungsgleichungen (3) deutlich gemacht.
Die Rechnungen werden über die Mengeneinheit kmol durchgeführt. Die eingesetzten Zahlenwerte stehen für das Molvolumen in m³ bei Gasen bzw. die Atom- oder Molekülgewichte in kg bei festen Stoffen. Für C, S, H_2 und O_2 gelten abgerundet (vgl. E Werkstofftechnik):

$M_c = 12$ kg; $M_s = 32$ kg; $M_h = 2$ kg; $M_o = 32$ kg;
Molvolumen für Sauerstoff $V_{Mo} = 22{,}4$ m³

$$\begin{aligned}
C + O_2 &= CO_2 \rightarrow 12 \text{ kg C} + 22{,}4 \text{ m}^3 O_2 = 22{,}4 \text{ m}^3 CO_2 \\
S + O_2 &= SO_2 \rightarrow 32 \text{ kg S} + 22{,}4 \text{ m}^3 O_2 = 22{,}4 \text{ m}^3 SO_2 \\
H_2 + O &= H_2O \rightarrow 2 \text{ kg } H_2 + 22{,}4 \text{ m}^3 O_2 = 22{,}4 \text{ m}^3 H_2O
\end{aligned} \quad (3)$$

1 kg C verlangt demnach
$$\frac{22{,}4}{12} \text{ m}^3 = 1{,}87 \text{ m}^3 \text{ Sauerstoff}$$

1 kg S verlangt demnach
$$\frac{22{,}4}{32} \text{ m}^3 = 0{,}7 \text{ m}^3 \text{ Sauerstoff}$$

1 kg H verlangt demnach
$$\frac{22{,}4}{4} \text{ m}^3 = 5{,}6 \text{ m}^3 \text{ Sauerstoff}$$

Damit benötigt 1 kg Brennstoff zur Verbrennung seiner Anteile C %, H %, S % und O % den Sauerstoffmindestbedarf

$O_{min} = 1{,}87$ C % $+ 5{,}6$ H % $+ 0{,}7$ S % $- 0{,}7$ O %

O_{min}	V_{Mo}	M_c, M_s, M_h, M_o	C, H, S, O	
$\dfrac{\text{m}^3}{\text{kg}}$	m³	kg	%	(4)

Wird als Verbrennungsluft trockene Luft normaler Zusammensetzung mit 21 Vol.-% Sauerstoff vorausgesetzt, ergibt sich für 1 kg Brennstoff der Luftmindestbedarf

$$L_{min} = 4{,}67 \cdot O_{min} \quad \begin{array}{c} L_{min}, O_{min} \\ \hline \dfrac{\text{m}^3}{\text{kg}} \end{array} \quad (5)$$

In der Praxis reicht der Luftmindestbedarf zur vollständigen Verbrennung des Brennstoffes nicht aus, da es je nach Verbrennungsart mehr oder weniger schwierig ist, Brennstoff und Verbrennungsluft optimal miteinander zu vermischen. Der Luftmindestbedarf L_{min} muss also noch mit der Luftüberschusszahl n multipliziert werden. Dann ergibt sich der tatsächliche Luftbedarf

$$L = L_{min} \cdot n \quad \begin{array}{c|c} L, L_{min} & n \\ \hline \dfrac{\text{m}^3}{\text{kg}} & 1 \end{array} \quad (6)$$

Richtwerte für die Luftüberschusszahl n sind
bei Handfeuerung $n = 1{,}5$ bis $1{,}8$
bei mechanischer Rostfeuerung $n = 1{,}4$ bis $1{,}6$
bei Kohlenstaub- und Ölfeuerungen $n = 1{,}2$ bis $1{,}4$
bei Gasfeuerung $n = 1{,}1$ bis $1{,}2$

1.3 Verbrennungskontrolle

Die beste Brennstoffnutzung erfolgt dann, wenn mit dem kleinsten Luftüberschuss alles Brennbare des Brennstoffs vollständig verbrannt wird. Dies erkennt man an den Abgasen. Sie sollen kein brennbares H_2- oder CO-Gas enthalten. Durch genügend Luftüberschuss wird dies erreicht. Noch größerer Luftüberschuss vergrößert die abziehende Abgasmenge und dadurch auch die darin enthaltene Wärmeenergie. Außerdem sinkt die Verbrennungstemperatur. Man misst die Gasanteile im abziehenden Schornsteingas. Es sollen die CO % und die H_2 % Nullwert sein. Bei diesem Nullwerteintritt hat dann der CO_2-Gasanteil seinen Größtwert und der Sauerstoffanteil seinen Kleinstwert (kleinster Luftüberschuss) Bei derartiger vollkommener Verbrennung mit Luftüberschuss lässt sich die Zusammensetzung der abziehenden Rauch-

1 Feuerungstechnik

gase aus den Verbrennungsgleichungen und dem Luftbedarf errechnen. Kohle- und Schwefelgehalt des Brennstoffs erzeugen CO_2- und SO_2-Gas. Ihr Molvolumen ist $V_M' = 22,26\ m^3$ für CO_2 und $V_M'' = 21,89\ m^3$ für SO_2-Gas. Die Feuchtigkeit des Brennstoffs und sein Wasserstoffgehalt erzeugen Wasserdampf, der $V_{Md} = 22,4\ m^3$ und $M_d = 18,016$ kg hat. Gebundener Stickstoffgehalt im Brennstoff wird durch die Verbrennung gasförmig frei und hat $V_{Mn} = 22,4\ m^3$ mit $M_n = 28,016$ kg. Jedes kg Brennstoff erzeugt bei Vollverbrennung den Rauchgasanteil

$$V_R' = \underbrace{\frac{V_M'}{A_c}C\% + \frac{V_M''}{A_s}S\% + \frac{V_{Mn}}{M_n}N\%}_{\text{trockenes Rauchgas}} + \underbrace{\frac{V_{Md}}{M_h}H\% + \frac{V_{Md}}{M_d}F\%}_{\text{Wasserdampf}} \quad (7)$$
$$\begin{array}{c|c|c|c}
V_R' & V_M', V_M'', V_{Mn}, V_{Md} & M_c, M_s, M_n, M_h, M_d & C, S, N, H, F \\
\hline
\frac{m^3}{kg} & m^3 & kg & \%
\end{array}$$

Insgesamt entweicht bei Vollverbrennung je kg Brennstoff das *Rauchgasvolumen*

$$V_R = V_R' + L - O_{min} \quad \begin{array}{c} V_R, V_R', L, O_{min} \\ \hline \frac{m^3}{kg} \end{array} \quad (8)$$

Es enthält den überschüssigen Sauerstoff $O_2 = (n-1)\,O_{min}$ und den Stickstoffanteil der Luft $N_2 = 0,79\,L$ in m³/kg. (Genauere Anteile sind: 78,05 % Stickstoff, 0,92 % Argon und 0,03 % Kohlendioxid). Alle Gastanteile können in % vom Rauchgasvolumen V_R umgerechnet werden.

Da bei Überwachungsmessung der Rauchgase die Gasprobe abkühlt, zeigt die Messung nur die Prozentwerte des trockenen Rauchgases, also ohne den Wasserdampfanteil von V_R'. Bei Messung mit dem Orsatapparat wird wegen der gleichzeitigen Absorption des SO_2-Gases mit dem CO_2-Gas ihr gemeinsamer Prozentanteil vom trockenen Rauchgas gemessen.

Sinkt die Temperatur der Heizgase unter den Taupunkt, so schlägt sich der Wasserdampf an den Heizflächen nieder und kann konzentrierte Säurelösungen bei Schwefelgehalt im Brennstoff bilden, die starke Korrosionswirkung zur Folge haben. Deshalb ist die Mindesttemperatur der Heizgase während des Heizganges zu beachten und zu überwachen.

1.4 Feuerungsarten

Die Brennstoffe verbrennen im Feuerraum. Man unterscheidet liegende Verbrennung auf Rostanlagen für stückige Festbrennstoffe oder schwebende Verbrennung bei Kohlenstaub, Öl und Gas.

1.4.1 Rostanlagen

Die tragende Rostfläche A_r wird von auswechselbaren Roststäben gebildet. Sie liegen mit Spaltabstand nebeneinander und bilden eine Stabgruppe, mehrere Stabgruppen ergeben den Rost. Durch die Spaltabstände entsteht die Spaltfläche A_s für die Unterluftzufuhr. Die Roststäbe können Plan- oder Formstäbe sein (siehe Bild 1). Die Spaltlänge beim Formstab ist größer als seine Stablänge, so dass bei kleiner Spaltweite doch ausreichende Spaltfläche entsteht, wodurch feinkörnige Brennstoffe ohne großen Durchfallverlust getragen werden können. Das Spaltverhältnis A_s/A_r kennzeichnet die Zufuhr der Unterluft. Auf der Rostfläche A_r werden stündlich $\dot{m}_B$ kg Brennstoff vom Heizwert H_u kJ/kg verbrannt. Die Rostbelastung $L_r = \dot{m}_B/A_r$ in kg/m² h und die Rostwärmebelastung $q_r = \dot{m}_B H_u/A_r$ in kJ/m² h kennzeichnen die Leistung einer Rostanlage.

1.4.2 Planrost im Flammrohr

Nach Bild 2 liegen die Stabgruppen im vorderen Teil eines gewellten Flammrohres zwischen der Schürplatte und der Brücke, die den Rost und den Aschenraum nach hinten begrenzt und abschließt. Der Brennstoff wird entweder von Hand oder durch Wurfschaufelmechanik mit Motorantrieb zugeführt. Die Rostbelastung ist 80 bis 100 kg/m² h und das Spaltverhältnis je nach Brennstoffart 0,2 bis 0,5 m²/m². Die Rostbreite ist vom Flammrohrdurchmesser abhängig. Es werden nicht mehr als drei Roststabgruppen hintereinander im Flammrohr verbaut.

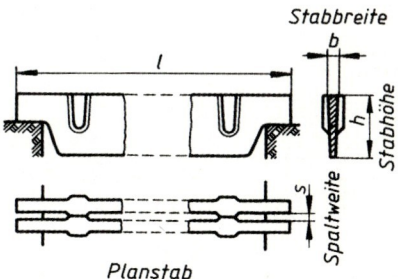

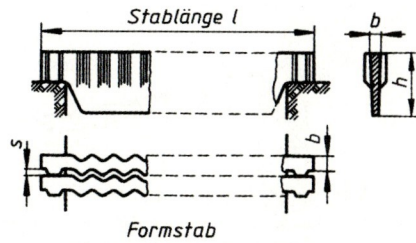

Bild 1. Roststäbe

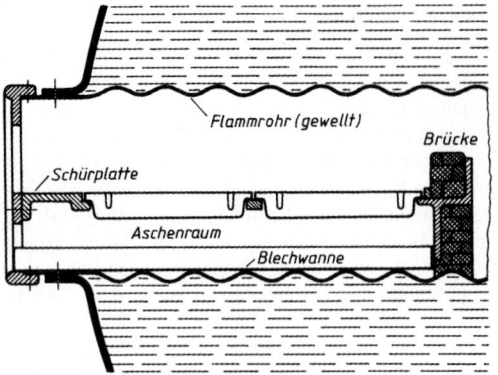

Bild 2. Planrost im Flammrohr

1.4.3 Unterschubrost

Er besteht aus Mittel- und Seitenrostflächen. Sie werden von schmalen Rostplatten gebildet, die mit senkrechtem Spaltabstand unter gegenseitiger Stufenüberdeckung liegen. Die waagerechten Luftspalte können weit gebaut werden, große Spaltflächen sind möglich. Nach Bild 3 wird der Brennstoff durch eine Konusschnecke mit Motorantrieb unter die Mittelrostglut geschoben, wo seine Entgasung sofort beginnt. Diese Gase durchströmen mit der zugeführten Brennluft die darüber liegende Glutschicht und werden dadurch sicher gezündet. Durch den nachfolgenden Brennstoffschub quillt der fast entgaste Brennstoff auf die schwach geneigten Seitenrostflächen, wo er schließlich als Koksrest ausbrennt.

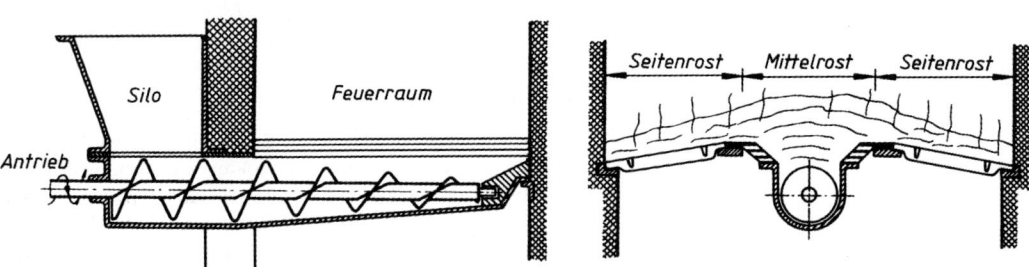

Bild 3. Unterschubrost

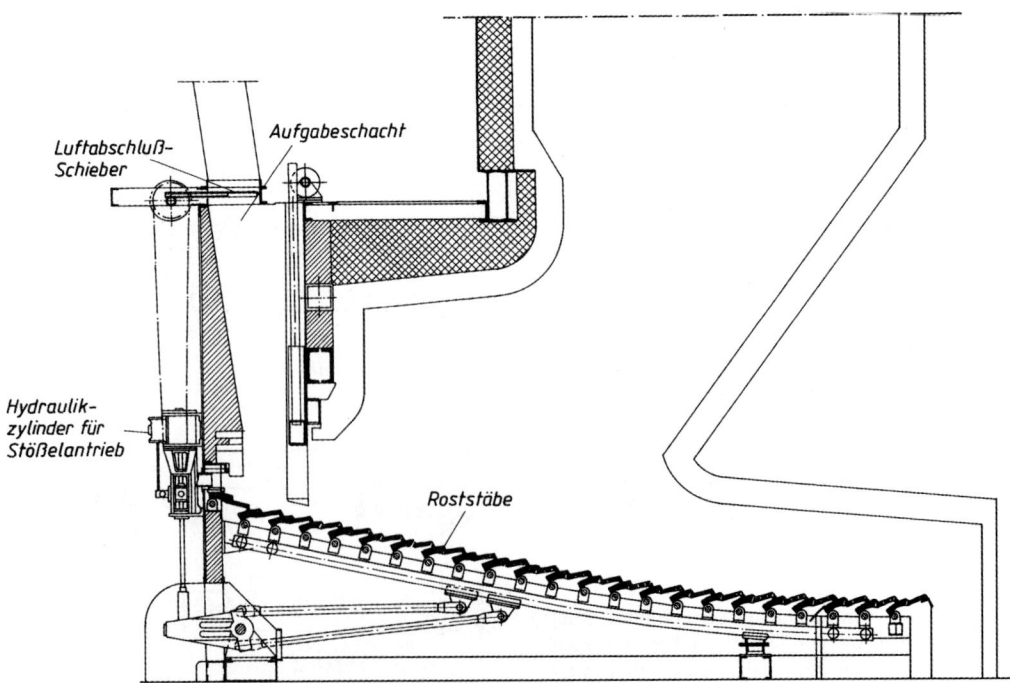

Bild 4. Gegenschubrost

Die Rostbelastung ist bei Flammrohranlagen ähnlich wie beim Planrost. Bei Anlagen mit größerem Feuerraum kann sie aber je nach Brennstoffart bis zu 250 kg/ m² h gesteigert werden, weil die waagerechte Luftspaltart großes Spaltverhältnis bis 0,7 m²/m² und damit große Unterluftzufuhr für dicke Brennstoffschichten zulässt.

1.4.4 Gegenschubrost

Ein Gegenschubrost nach Bild 4 besteht aus zwei parallelen Rostplattenreihen. Eine Rostplattenreihe bewegt sich zum Rostende hin., die andere bewegt sich in Gegenrichtung. Der Antrieb erfolgt über bewegliche Rostrahmen, die sich auf Wälzlagern abstützen. Durch die Gegenschubbewegung wird eine sehr gute Schürwirkung erreicht. Der Raum unter dem Rost ist in mehrere, voneinander getrennte Zonen unterteilt, um – je nach Abbrand – mehr oder weniger Verbrennungsluft zugeben zu können. Als Brennstoffe werden Braunkohle, Holzabfälle, Torf oder Müll eingesetzt.

1.4.5 Zonenwanderrost

Die Flanken seiner Roststäbe sind gerillt, damit eine große Kühlfläche entsteht. Die Stabgruppen bilden aneinandergekettet ein endloses Band (siehe Bild 5).

Das Oberband trägt auf Schienen laufend den Brennstoff in den Feuerraum. Ein Motorantrieb wirkt auf die Vorderwelle, deren Kettenräder das Rostband bewegen. Am hinteren Umlenkende des Bandes befindet sich oft keine Welle mit Radkörper, sondern nur eine Umlenkbahn der Laufschienen. Die Stabgruppen klaffen hier auseinander, Schlacken- und Aschenreste fallen ab (u.U. Abklopfer). Das Staupendel am Feuerbahnende staut den Brennstoff und zwingt zum Ausbrand. Der Schuppenwanderrost hat kippbare Rostplatten, die schuppenartig mit Luftspalt einander überdecken. Am Umlenkende kippen sie auseinander und werfen die Rückstände ab. Lange Rostbahnen verlangen Unterluftzufuhr, aufgeteilt in Zonen für unterschiedliche Unterluftmenge, die dem Brennablauf bei der Schichtwanderung angepasst wird. Die einzelnen Zonen werden durch seitlich austragende Transportschnecken von Asche entleert. Auf Wanderrosten können mindere als auch hochwertige Brennstoffe verbrannt werden. Die Rostwärmebelastung beträgt je nach Brennstoffgüte $q_r = (2,9$ bis $5,9) \cdot 10^9$ kJ/m² h $= (0,81$ bis $1,64) \cdot 10^9$ W/m².

Für mittel- und hochflüchtige Kohlensorten mit hohem Feinkornanteil werden Wanderrostfeuerungen mit Wurfbeschickung gebaut. Die Wurfbeschickung sorgt bei sonst gleicher Bauweise des Rostes für eine wesentlich größere Laststeigerungsgeschwindigkeit als bei der herkömmlichen Bauweise.

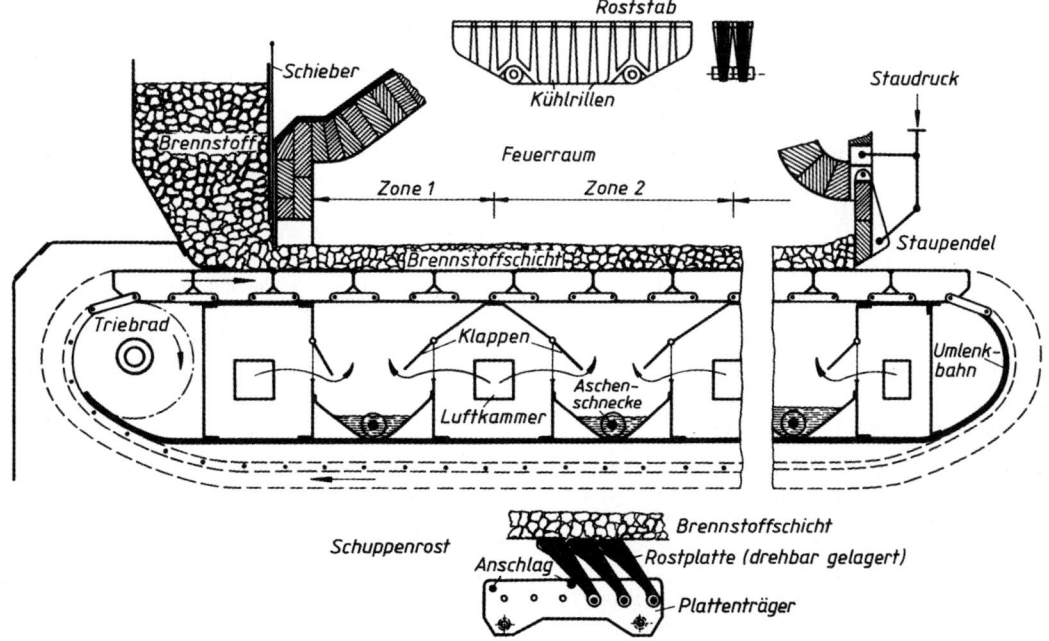

Bild 5. Zonenwanderrost

1.4.6 Kohlenstaubfeuerung

Der Brennstoffstaub verbrennt schwebend im Feuerraum V_f ohne Rost. Die Feuerraum-Wärmebelastung $q_f = \dot{m}_B H_u / V_f$ in kJ/m³ drückt die Anlageleistung aus. Richtwerte sind q_f = (0,63 bis 1,2) 10^9 kJ/m² h = (0,18 bis 0,33) 10^9 W/m². Der Feuerraum ist mit senkrechten Wasserrohrwänden ausgekleidet, die von der frei brennenden Flamme bestrahlt und nicht berührt werden (vgl. Strahlungskessel). Braunkohle wird nach Bild 6 durch schnellläufige Einblasmühlen (Schlagrad mit Ventilator) gemahlen, durch rückgesaugtes Rauchgas getrocknet (Mahltrocknung), gesichtet, eingeblasen und mit vorgewärmter Zweitluft verbrannt. Zündluftzugabe zur Mühle sichert die Staubzündung beim Eintritt in den Feuerraum. Steinkohle wird ähnlich verarbeitet. Langsame Trommel- und Kugelmühlen verlangen stärkere Windleistung für Trägerluft zum Staubtransport. Bei wasserreichem Brennstoff wird in einem Zwischenbunker der Brüden abgesogen, damit das Staub-Luftgemisch zündfähig wird. Die Asche sinkt aus der Flamme teigig (oder als Tropfen) nach unten, wird von den unteren Wasserrohrwänden abgeschreckt und sammelt sich im Aschentrichter des Feuerraums.

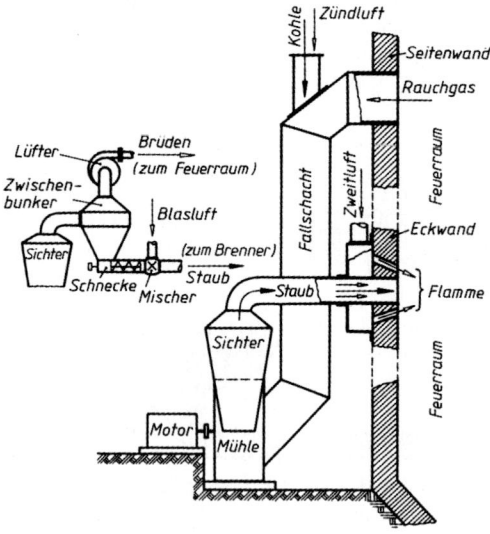

Bild 6. Kohlenstaubfeuerung

1.4.7 Schmelzfeuerung

Bei hoher Feuerraumtemperatur wird die Schlacke flüssig in einer Schmelzkammer gesammelt. Sie besteht aus bestifteten Wasserrohren mit Schamottenmantel und ist gegen den Hauptfeuerraum durch einen Fangrost aus Stiftrohren abgegrenzt. Die Kammertemperatur liegt über dem Aschenschmelzpunkt, so dass sie hier größtenteils flüssig abgeschieden wird. Am Fangrost bleibt der letzte Rest hängen und tropft in den Schlackensumpf. Bei der Zyklonfeuerung wird in eine Schmelzkammer tangential eingeblasen, wodurch ein langer Spiralweg der Flamme mit guter Wandberührung entsteht und 80 % flüssige Schlacke bereits hier, der Rest im Fangrost abgeschieden wird. Das Bild 7 zeigt diese Bauart.

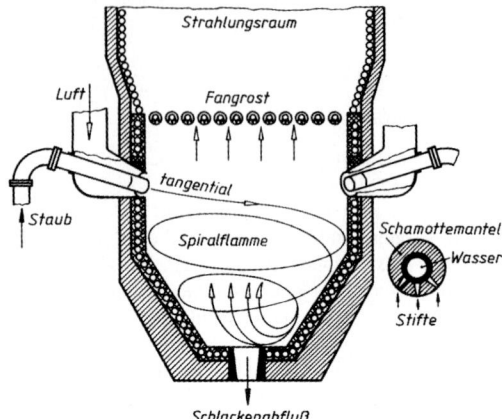

Bild 7. Zyklonfeuerung

1.4.8 Druckölfeuerung

Das über Vorwärmer erwärmte Heizöl wird unter Druck der verschiebbaren Druckölllanze zugeführt (Bild 8). Hier wird das Öl vernebelt, mit der Verbrennungsluft verwirbelt und gezündet. Es entsteht ein Feuerwirbel in Form eines Kegelmantels. Die Rauchgase konzentrieren sich im Innern des Wirbels und werden aus dem Feuerraum abgesaugt.

1.4.9 Wirbelschichtfeuerung

Beim Wirbelschichtverfahren (Bild 9) strömt Verbrennungsluft über eine Verteilerplatte in die Brennkammer und verwirbelt das Bettmaterial aus Kohlenstoff, Asche und Kalkstein. Die Kohlenstoffkonzentration liegt unter 1 %. Im Wirbelbett reagiert der Kohlenstoff der eingebrachten Kohle mit dem Sauerstoff der Verbrennungsluft. Die Temperatur im Wirbelbett wird zwischen 800 °C und 900 °C gehalten. In das Wirbelbett tauchen Wärmetauscher ein, die einen großen Teil der frei werdenden Wärme aufnehmen. Konvektive Heizflächen werden nachgeschaltet, um die Rauchgastemperatur zu senken.
Als Brennstoffe kommen Kohlenarten geringer Qualität mit hohem Asche- und Schwefelgehalt, Ölschiefer, Petrolkoks und Abfälle in Frage. Durch die niedrige Verbrennungstemperatur entsteht kein Stickoxid (NO_x) und die meisten Schadstoffe bleiben in der Asche enthalten.
Wird die Luft mit Kohlenstaub durchsetzt, erhält man Kombinationsbrenner für Staub-Öl-Feuerungen. Werden die Rohr- und Düsenquerschnitte für Gasbrennstoff und seinen Betriebsdruck umgestaltet (vergrößert), so arbeitet diese Brennart als Gasbrenner für Gasfeuerungen.

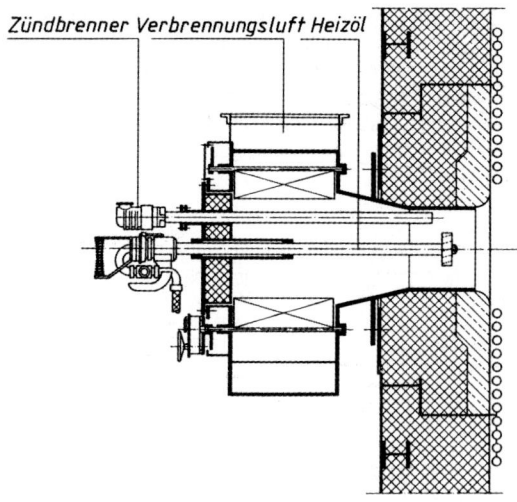
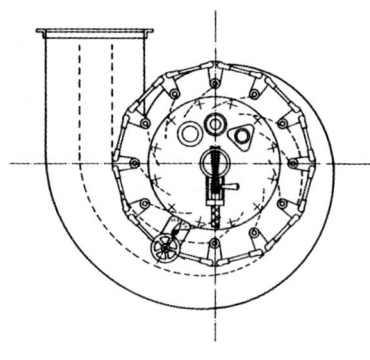

Bild 8. Druckölbrenner (VKW)

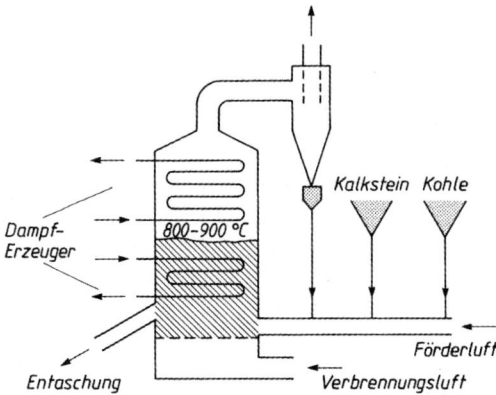

Bild 9. Wirbelschichtfeuerung

2 Dampferzeugung

Im Dampferzeuger (Dampfkessel) wird Wasser durch die heißen Feuergase auf Siedetemperatur erwärmt und verdampft. Es entsteht Sattdampf, der sich im Dampfraum über dem siedenden Wasser sammelt. Die Siedetemperatur ist vom Druckzustand abhängig. Der eingeschlossene Dampf hat Überdruck und damit Druckenergie.

2.1 Dampfarten

Die Vorgänge bei der Dampferzeugung gliedern sich in Wassererwärmung auf Siedetemperatur im Wasservorwärmer, Verdampfung im Kessel und danach Erwärmung über Siedetemperatur im Überhitzer. Die VDI-Wasserdampftafeln geben eine Übersicht der Zusammenhänge von Siededruck, Siedetemperatur, Wärmeaufwand, Dichte und Wichte von Wasser und Dampf bei der Dampferzeugung. Die Tabelle 1 ist ein Auszug daraus mit abgerundeten Werten. Neben Siededruck und -temperatur ist das spezifische Volumen und der Wärmeinhalt oder die Enthalpie des Sattdampfes angegeben. Dieser Wärmeinhalt enthält die Wasserwärme h' und die Verdampfwärme r. Sattdampf hat die Enthalpie $h'' = h' + r$ in kJ/kg. Meist durchströmt der erzeugte Sattdampf die beheizten Rohre eines Überhitzers, wo er bei gleichbleibendem Druck über Siedetemperatur erwärmt und als überhitzter Dampf oder Heißdampf entnommen wird. Sein Wärmeinhalt ist um $h_ü$ auf den Wert $h_h = h'' + h_ü$ angestiegen. Diese Werte sind in den VDI-Tafeln enthalten und auch in Tabelle 1 aufgeführt. Bei Wärmeverlust wird Sattdampf durch Teilkondensation seiner Moleküle feucht und heißt dann Nassdampf. Dies geschieht meist bei gleichbleibendem Druck ohne Temperaturveränderung. Ist pro kg Sattdampf der Wärmeverlust h_v, so hat der entstandene Nassdampf die Enthalpie $h_n = h'' - h_v$ in kJ/kg. Die Wärmemenge h_v wurde der Verdampfwärme r entzogen. Also ist der Feuchtigkeitsanteil im Dampf $f = h_v/r$ oder in Prozent ausgedrückt: $f\% = (h_v/r)\,100$.

2.2 Kesselwirkungsgrad, Verdampfziffer

Verarbeitet eine Kesselfeuerung den Brennstoffdurchsatz $\dot m_B$ in kg/s und hat der Brennstoff den unteren Heizwert H_u in kJ/kg, so entsteht die Feuerwärme $\dot m_B \cdot H_u$ in kJ/s (kW).
Sie erzeugt aus Wasser vom Wärmeinhalt h_w die Dampfmenge $\dot m_D$ in kg/s bei dem Betriebsdruck p in bar meist als Heißdampf vom Wärmeinhalt h_h. Damit wird der Anlage die Nutzwärme $\dot m_D\,(h_h - h_w)$ in kJ/s (kW) entnommen. Aus dem Verhältnis Nutzen/Aufwand erhält man den Kesselwirkungsgrad

$$\eta_K = \frac{\dot{m}_D (h_h - h_w)}{\dot{m}_B H_u}$$

$\dot{m}_B, \dot{m}_D$	h_h, h_w	η_K
$\frac{kg}{s}$	$\frac{kJ}{kg}$	1

(1)

Die pro kg Brennstoff erzeugte Dampfmenge ist die Bruttoverdampfziffer $d = \dot{m}_D/\dot{m}_B$ der Anlage. Sie kennzeichnet die Betriebsart unter bestimmten Betriebsbedingungen. Zum Vergleich der Anlagen untereinander wird auf Normaldampfbetrieb bezogen.

Darunter versteht man Sattdampferzeugung bei 1 bar Betriebsdruck aus Eiswasser von 0 °C mit dem Wärmeinhalt $h'' = 2675$ kJ/kg. Wird diese Dampfart erzeugt, so ergibt das die Nettoverdampfziffer $d_N = \dot{m}_{DN}/\dot{m}_B$. Jedes kg Brennstoff erzeugt die Nutzwärme $d (h_h - h_w) = d_N \cdot 2675$; also gilt auch als Wirkungsgrad

$$\eta_K = \frac{d (h_h - h_w)}{H_u} = \frac{d_N \, 2675}{H_u}$$

Tabelle 1. Dampftafel (Auszug)

p	t	\multicolumn{4}{c}{Sattdampf}	\multicolumn{9}{c}{Heißdampf (h_h in kJ/kg)}
		h'	r	h''	v''									
bar	°C	kJ/Kg	kJ/kg	kJ/kg	m³/kg	250°C	290°C	330°C	370°C	400°C	400°C	440°C	460°C	480°C	500°C
1	99,1	415	2257	2675	1,725	2973	3052	3132	3211	3274	3316	3358	4000	3442	3483
2	120	502	2202	2705	0,902	2968	3048	3128	3211	3274	3312	3354	4000	3442	3483
3	133	557	2165	2721	0,617	2964	3048	3128	3207	3270	3312	3354	3396	3437	3483
4	143	599	2135	2734	0,471	2964	3044	3123	3207	3270	3312	3354	3396	3437	3479
5	151	636	2110	2747	0,382	2960	3040	3123	3207	3266	3308	3349	3396	3437	3479
6	158	666	2089	2755	0,321	2956	3040	3119	3203	3266	3308	3349	3391	3437	3479
7	164	691	2068	2759	0,278	2952	3035	3119	3203	3266	3308	3349	3391	3433	3479
8	170	716	2051	2768	0,245	2948	3031	3115	3199	3262	3303	3349	3391	3433	3475
9	175	737	2035	2772	0,219	2948	3031	3115	3199	3262	3303	3345	3387	3433	3475
10	179	759	2018	2776	0,198	2943	3027	3111	3195	3257	3303	3345	3387	3429	3475
11	183	779	2001	2780	0,181	2939	3023	3111	3195	3257	3299	3345	3387	3429	3475
14	194	825	1964	2788	0,144	2927	3014	3102	3190	3253	3295	3341	3383	3425	3471
21	214	917	1884	2801	0,0968	2901	2998	3086	3178	3241	3287	3329	3375	3416	3463
26	225	963	1838	2801	0,0785	2885	2981	3077	3165	3232	3278	3324	3366	3412	3458
30	233	1005	1800	2805	0,0680	2860	2968	3065	3161	3228	3274	3316	3362	3408	3454
35	241	1043	1758	2801	0,0582	2834	2952	3056	3149	3220	3266	3312	3358	3404	3446
40	249	1080	1721	2801	0,0508	–	2931	3040	3156	3211	3257	3303	3349	3395	3442
50	263	1147	1645	2793	0,0402	–	2897	3015	3119	3195	3241	3291	3337	3383	3433
60	274	1206	1578	2784	0,0331	–	2847	2985	3098	3174	3228	3278	3324	3370	3421
70	284	1260	1511	2772	0,0279	–	2800	2956	3077	3157	3211	3262	3312	3362	3408
80	294	1311	1449	2759	0,0240	–	–	2918	3052	3140	3195	3245	3295	3349	3396
90	302	1357	1390	2747	0,0210	–	–	2885	3027	3119	3178	3232	3283	3337	3387
100	310	1398	1327	2726	0,0185	–	–	2839	3002	3098	3161	3216	3270	3324	3375
150	341	1599	1017	2617	0,0107	–	–	–	2839	2981	3061	3132	3195	3257	3316
200	364	1809	632	2441	0,0062	–	–	–	2554	2835	2939	3031	3111	3182	3253

2.3 Heizteile

Dampferzeugung aus Wasser gliedert sich in Wassererwärmung, Verdampfung und Überhitzung. Deshalb ist eine Kesselanlage in mehrere Heizteile aufgeteilt. Der Wasservorwärmer erwärmt das Wasser auf fast Siedetemperatur. Er besteht aus Blöcken in Reihe geschalteter Wasserrohre mit oder ohne Rippen, durch die das Wasser gegen Betriebsdruck gepumpt wird und die von außen durch die Feuergase turbulent berührt und beheizt werden. Bild 1 zeigt ein Baubeispiel.

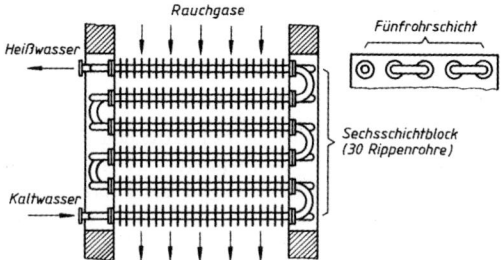

Bild 1. Wasservorwärmer

Im Verdampfer, der Hauptheizfläche, wird das Wasser unter Betriebsdruck bei Siedetemperatur verdampft und der Dampf im Dampfraum gesammelt. Im Überhitzer wird der entstandene Sattdampf auf Heißdampftemperatur erwärmt. Er besteht aus Gruppen paralleler Rohrschlangen, wie Bild 2 als Baubeispiel zeigt. Sie werden vom Dampf durchströmt und durch die Feuergase beheizt. Verdampfer und Überhitzer werden je nach Feuerungsanlage mit Berührungs- oder Strahlungsheizung betrieben.

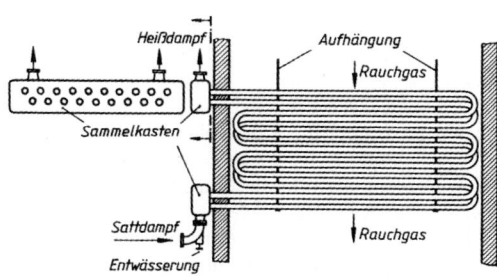

Bild 2. Dampfüberhitzer

Der Luftvorwärmer nutzt den letzten Teil der Feuerwärme aus und erwärmt die Brennluft. Er besteht meist aus Gruppen paralleler Blechkanäle von schmalem Rechteckquerschnitt, die mit Berührungsheizung unter Kreuzströmung von Luft und Feuergas betrieben werden. Bild 3 zeigt als Beispiel den Plattenlufterhitzer.

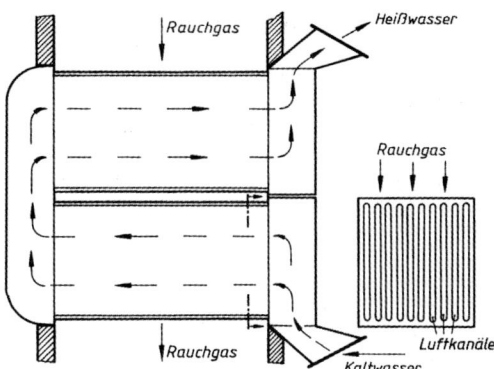

Bild 3. Luftvorwärmer

2.4 Wärmeaustausch

Energie (Wärme) kann durch Wärmeleitung, Wärmeübergang oder Wärmestrahlung übertragen werden.
Wärmeleitung kennzeichnet den Energietransport (Wärmestrom) innerhalb eines Stoffes mit unterschiedlichen Temperaturen (vgl. F Thermodynamik). Wärmeleitfähigkeit λ in J/hmK oder in W/(m · K) für einige feste, flüssige und gasförmige Stoffe siehe F Thermodynamik.
Wärmeübergang kennzeichnet den Energietransport zwischen verschiedenen Stoffen mit unterschiedlichen Temperaturen (vgl. F Thermodynamik).
Wärmeübergangskoeffizienten α in J/hm² K und in W/(m² · K) für Dampferzeuger bei normalen Betriebsbedingungen sind in Tabelle 2 zusammengefasst.

Tabelle 2. Wärmeübergangskoeffizienten α

	$\dfrac{J}{h\,m^2\,K}$	$\dfrac{W}{m^2\,K}$
Wasservorwärmer: zwischen Feuergas und Rohrwand	$6{,}3 \dots 12{,}6 \cdot 10^4$	$17{,}5 \dots 35$
zwischen Rohrwand und Wasser	$2{,}1 \dots 3{,}3 \cdot 10^7$	$5\,830 \dots 9\,170$
Verdampfer: zwischen Feuergas und Wand	$8{,}4 \dots 20{,}9 \cdot 10^4$	$23 \dots 58$
zwischen Wand und Wasser	$2{,}1 \dots 4{,}2 \cdot 10^7$	$5\,830 \dots 11\,700$
Überhitzer: zwischen Rohrwand und Feuergas oder Dampf	$12{,}6 \dots 20{,}9 \cdot 10^4$	$35 \dots 58$
Lufterhitzer: zwischen Blechwand und Luft oder Feuergas	$4{,}2 \dots 8{,}4 \cdot 10^4$	$12 \dots 23$

Weitere Mittelwerte für den Wärmeübergangskoeffizienten α siehe F Thermodynamik.
Wärmedurchgang kennzeichnet den Energietransport von durch Wände getrennten Flüssigkeiten oder Gasen unterschiedlicher Temperatur. Bei Heizwand-

oberflächen als Trennwände wird die Energie zwischen dem Heiz- und dem Wärmgut durch Wärmeleitung und Wärmeübergang transportiert (vgl. F Thermodynamik).
Wärmedurchgangskoeffizient k wird aus dem Wärmeübergangskoeffizienten α und der Wärmeleitfähigkeit λ bestimmt. Mit der Dicke s für eine einschichtige, ebene Trennwand wird k:

$$k = \frac{1}{\frac{1}{\alpha_1} + \frac{s}{\lambda} + \frac{1}{\alpha_2}} \quad \begin{array}{c|c|c} k, \alpha & \lambda & s \\ \hline \dfrac{J}{h\,m^2 K} & \dfrac{J}{h\,m\,K} & m \end{array} \quad (2)$$

Sind die Heizwände auf der Heizseite durch Asche, Flugkoks und Ruß oder auf der Wasser- bzw. Dampfseite durch Kesselstein verschmutzt, treten mehrere Leitvorgänge auf. Der Wärmedurchgang wird schlechter als bei reiner (einschichtiger) Heizwand, weil nun die Energie durch mehrere Wandschichten transportiert werden muss und Ruß, Kohle und Kesselstein schlechte Wärmeleiter sind. Für mehrschichtige Trennwände wird $k = 1/(1/\alpha_1 + 1/\alpha_2 + \sum s/\lambda)$.

Tabelle 3. Wärmedurchgangskoeffizient k

	$\dfrac{J}{h\,m^2 K}$	$\dfrac{W}{m^2 K}$
Wasservorwärmer	$4{,}1 \ldots 12{,}6 \cdot 10^4$	$11{,}4 \ldots 35$
Verdampferheizfläche	$8{,}4 \ldots 20{,}9 \cdot 10^4$	$23{,}3 \ldots 58$
Überhitzer	$8{,}4 \ldots 25{,}1 \cdot 10^4$	$23{,}3 \ldots 69{,}7$

Die Größe der Heizflächen eines Dampferzeugers lässt sich aus der Wärmeleistung $\dot{Q}$ (Wärmemenge/Zeit), dem Wärmedurchgangskoeffizienten k und der Temperaturdifferenz Δt errechnen. Die Heizfläche A ergibt sich aus der Gleichung:

$$A = \frac{\dot{Q}}{k\,\Delta t} \quad \begin{array}{c|c|c|c} A & \dot{Q} & k & \Delta t \\ \hline m^2 & kW & \dfrac{J}{h\,m^2 K} \,;\, \dfrac{W}{m^2 K} & K \end{array} \quad (3)$$

Die gesamte Wärmeleistung teilt sich auf in die Wasservorwärmleistung $\dot{Q}_{VW}$, die Verdampferwärmeleistung $\dot{Q}_V$ und die Überhitzerwärmeleistung $\dot{Q}_{\ddot{U}}$.

Die Teilwärmeleistungen errechnen sich aus

$$\begin{aligned}\dot{Q}_{VW} &= \dot{m}_D\,(h' - h_w) \\ \dot{Q}_V &= \dot{m}_D\,r \\ \dot{Q}_{\ddot{U}} &= \dot{m}_D\,(h_h - h'')\end{aligned} \quad (4)$$

$\dot{Q}_{VW},\dot{Q}_V,\dot{Q}_{\ddot{U}}$	h',h'',h_w,h_h,r	$\dot{m}_D$
$\dfrac{kJ}{s} = kW$	$\dfrac{kJ}{kg}$	$\dfrac{kg}{s}$

2.5 Kesselbauarten

Von den heute noch häufig anzutreffenden Großwasserraum-Kesseln wie den Flammrohr-, Heizrohr- und Rauchrohrkesseln wird nur noch der Dreizugkessel als Kombination aus Flamm- und Rauchrohrkessel gebaut. Daneben kommen Naturumlauf- und Zwangsumlaufkessel zur Anwendung. Die wichtigsten Bauformen sind:

2.5.1 Dreizugkessel

Der Dreizugkessel (Bild 4) setzt sich zusammen aus dem Grundrahmen mit Kesselstühlen, Öl- oder Gasbrenner mit Verbrennungsluftgebläse, Flammrohren und Rauchrohren, hinterer und vorderer Wendekammer und dem Überhitzer.
Das Flammrohr als Brennkammer hat gewellte oder glatte Rohre und eignet sich gut zum Einbau von Drucköl- oder Gasbrennern. Es ist im unteren Teil des Wasserraumes untergebracht. Dadurch werden Wärmeaustausch und Wasserumlauf gefördert.
Kesselleistungen über 9 MW erfordern den Einbau von zwei Flammrohren.
In der hinteren Wendekammer werden die Rauchgase umgelenkt und auf die Rauchrohre des zweiten Kesselzuges verteilt. Das Gleiche geschieht in der vorderen Wendekammer, die die Rauchgase vom zweiten in den dritten Kesselzug umleitet.
Im Überhitzer wird die vom Betriebsdruck abhängige Sattdampftemperatur bis auf maximal 450 °C erhöht. Die Lage des Verdichters richtet sich nach der erforderlichen Dampftemperatur. Möglich ist der Einbau des Überhitzers in der vorderen Wendekammer, in einem vergrößerten Rauchrohr des zweiten Kesselzuges (Bypass-Überhitzer) oder direkt hinter dem Flammrohr.
Dreizugkessel werden eingesetzt zur Erzeugung von Warm- oder Heißwasser und in Heizkraftwerken zur Erzeugung von Heißdampf.

2 Dampferzeugung

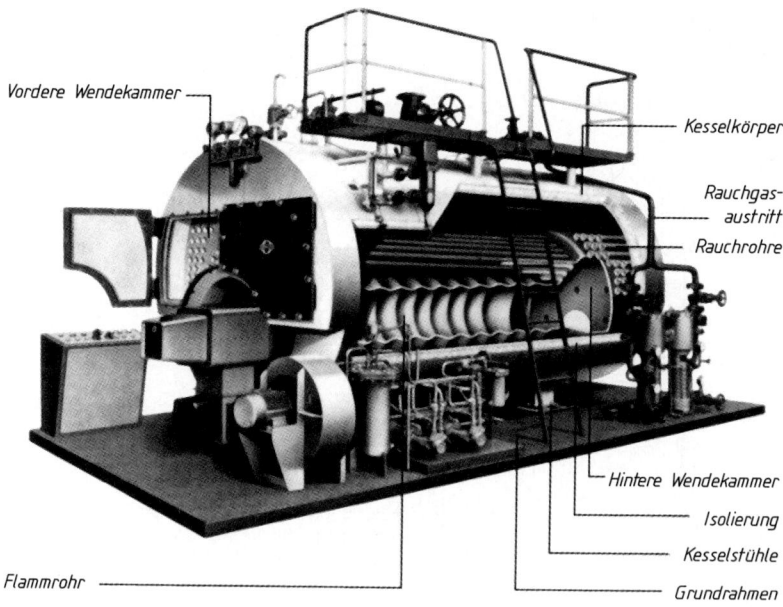

Bild 4. Dreizugkessel
(Omnical)

2.5.2 Naturumlauf-Dampferzeuger

Bei dem natürlichen Umlauf des Wassers bilden sich in den beheizten Siederohren Dampfblasen. Die Dichte des Wasser-Dampfgemisches sinkt gegenüber der Wasserdichte in den Fallrohren. Deshalb entsteht am unteren Ende der Fallrohre ein Überdruck, der das Wasser-Dampfgemisch in den Siederohren nach oben drückt.

2.5.2.1 Steilrohrkessel. Die Wasserrohre münden in eine Obertrommel, in der sich der aufsteigende Dampf sammelt und in eine unbeheizte, durch das Wasser der Fallrohre gefüllte Untertrommel (Bild 5). Überhitzer-, Wasser- und Luftvorwärmer liegen in den Temperaturzonen der Brenngase. Die Trommeln sind unbeheizt, aber gegen Wärmeverlust isoliert.

2.5.2.2 Strahlungskessel. Der Feuerraum ergibt durch großflächige Rostanlagen eine starke Strahlungswirkung. Deshalb wird er mit Wasserrohrwänden ausgekleidet, die, wie die nachgeschalteten Verdampferheizflächen des Strahlraumes, ihre Wärme hauptsächlich durch Strahlung aufnehmen. Der Überhitzer wird als Strahlungs- und Berührungsheizteil ausgeführt. Dazwischen ist eine Wassereinspritzung zur Temperaturregelung des Heißdampfes vorgesehen.
Strahlungskessel werden als Einzug-, Eineinhalbzug- und Zweizugdampferzeuger gebaut.

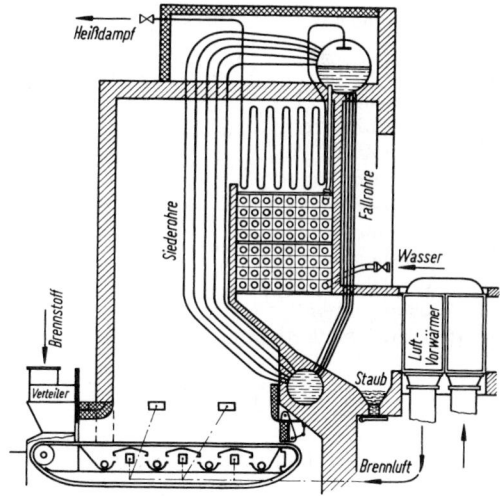

Bild 5. Steilrohrkessel

Bei Zweizugdampferzeugern (Bild 6) befindet sich der Rauchgasaustritt unten. Sie benötigen mehr Platz als Einzugdampferzeuger, bauen jedoch niedriger. Naturumlauf-Dampferzeuger erreichen Dampfleistungen bis zu 380 kg/s bei Dampfdrücken bis zu 195 bar. Als Brennstoffe werden Steinkohle, Braunkohle, Gicht- und Erdgas und Schweröl eingesetzt.

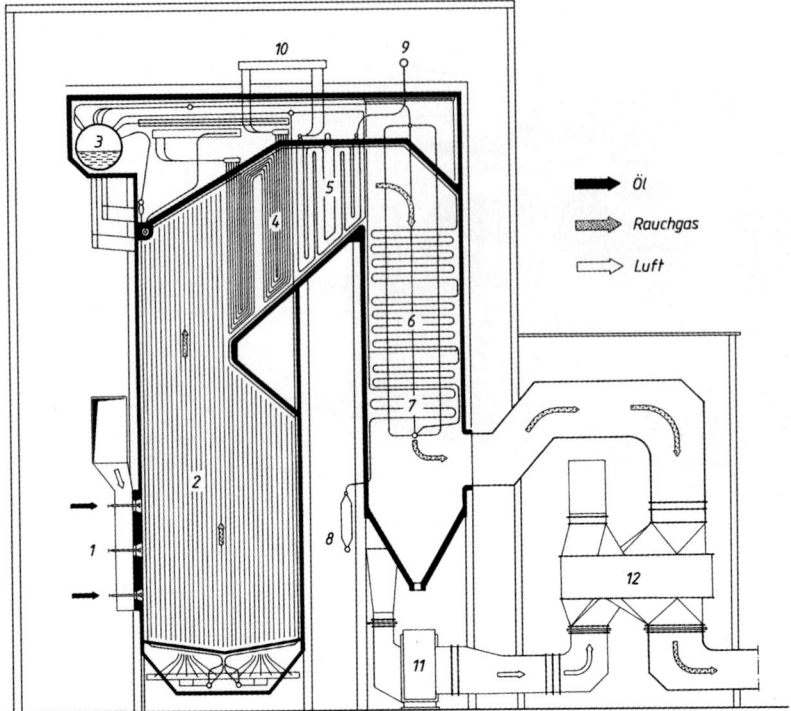

Bild 6. Naturumlaufkessel mit Schwerölfeuerung (VKW)
1 Ölbrenner
2 Strahlteil
3 Kesseltrommel
4 Schottenüberhitzer
5 Endüberhitzer
6 Vorüberhitzer
7 Speisewasservorwärmer
8 Wassereintritt
9 Heißdampfaustritt
10 Einspritzkühler
11 Frischluftgebläse
12 Regenerativluftüberhitzer

2.5.3 Zwangsdurchlauf-Dampferzeuger

Bei einem Dampfdruck über 100 bar wird der Unterschied zwischen Dampf- und Wasserdichte so gering, dass der natürliche Wasserkreislauf träge wird. Dann werden Umlaufpumpen zwischen die Fall- und Steigrohre gesetzt, die das Wasser durch die Steigrohre pumpen. Nun können auch engere Wasserrohre (32 mm Innendurchmesser) verwendet werden. Steigrohre können in starken Windungen auf- und abwärtsgeführt werden. Man spricht dann von einer Mäanderbandwicklung.

Die bekannteste Bauart ist der Bensonkessel (Bild 7). Er hat keine Dampfscheidetrommel, sondern man schaltet nach dem strahlungsbeheizten Verdampfer einen Nachverdampfer in den Kreislauf, der vor der Dampfüberhitzung liegt. Die Speisepumpen drücken das Kondensat durch den Wasservorwärmer zum Verdampfer bis zum Nachverdampfer. Die Pumpen arbeiten gegen den Betriebsdruck und müssen auch die beträchtlichen Strömungswiderstände überwinden. Da bei Dampflastabnahme die Strömung in allen Heizteilen abnimmt, muss die Heizwärme durch Brennstoffregelung angepasst werden.

Bensonkessel erreichen Dampfleistungen bis 550 kg/s und Dampfdrücke von 220 bar. Die Brennstoffe entsprechen denen der Feuerungen von Naturumlaufkesseln.

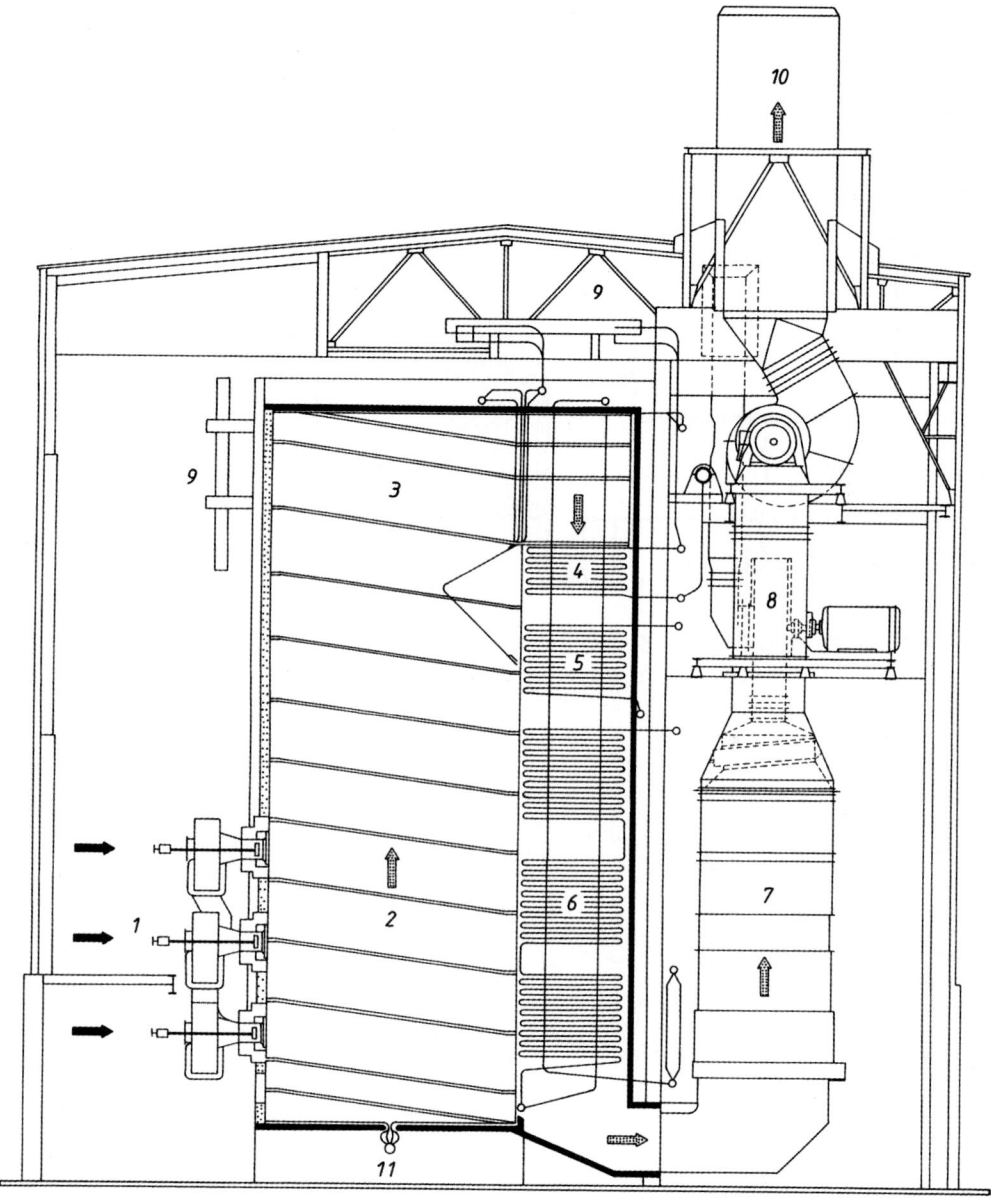

Bild 7. Bensonkessel mit Schwerölfeuerung (VKW)
1 Druckölbrenner
2 Verdampfer
3 Vorüberhitzer
4 Endüberhitzer
5 Vorüberhitzer
6 Speisewasservorwärmer
7 Luftvorwärmer
8 Frischluftgebläse
9 Einspritzkühler
10 Kamin
11 Feuerraumboden

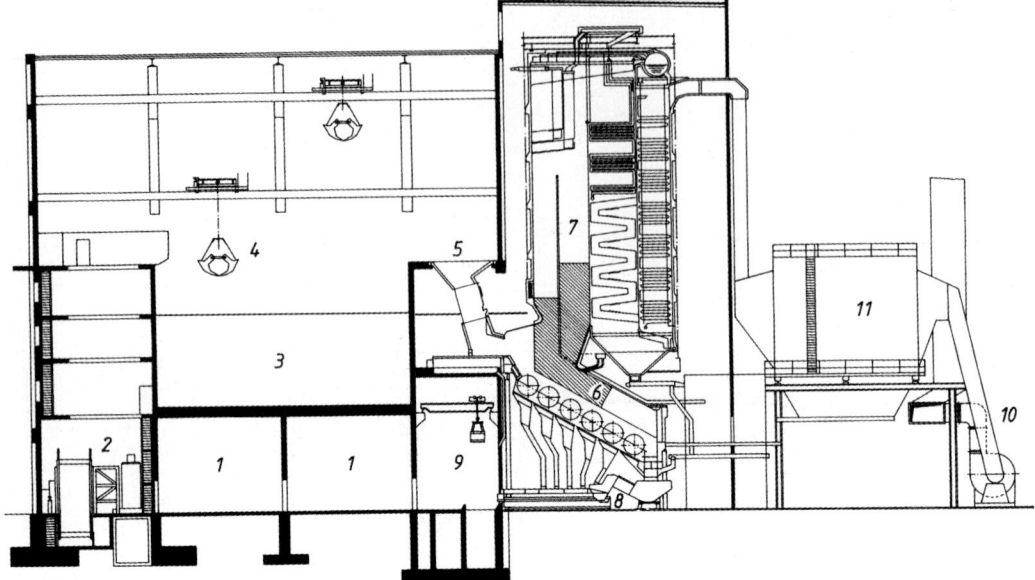

Bild 8. Müllverbrennungsanlage Hameln (VKW)

1 Fahrzeugschleuse
2 Sperrmüllschere
3 Müllbunker
4 Müllkran
5 Müllaufgabetrichter
6 Walzenrost
7 Dampferzeuger
8 Entschlacker
9 Aschebunker
10 Saugzug
11 Elektro-Entstauber

2.5.4 Dampferzeugung durch Müllverbrennung

Der Abfall wird auf Rostfeuerungen (Walzen- oder Treppenroste) verbrannt. Die starke Verschmutzung der Roste wird durch große Ausbrandräume vermindert. Der Dampferzeuger im Bild 8 ist ein Steilrohr-Strahlrohrkessel mit natürlichem Wasserumlauf. Die Dampfleistung der Anlage beträgt 8 kg/s bei einem Dampfdruck von 49 bar und einer Dampftemperatur von 450 °C.

Der erzeugte Dampf von Müllverbrennungsanlagen wird meistens in das Dampfnetz von Kraftwerken eingespeist.

3 Dampfturbinen

3.1 Erzeugung der kinetischen Energie

3.1.1 Dampfgeschwindigkeit

Der im Dampferzeuger unter Druck stehende Dampf besitzt potentielle Energie. Dieser Dampf strömt unter Druckminderung durch düsenförmige Leiteinrichtungen, wobei die potentielle Energie des Dampfes in kinetische Energie umgesetzt wird. Die Druckminderung von p_1 auf p_2 entspricht einer Enthalpieänderung von $\Delta h = h_1 - h_2$ in kJ/kg. Aus

3 Dampfturbinen

der Beziehung $E_\text{pot} = E_\text{kin}$ erhält man mit $m = 1$ kg die Gleichung $\Delta h = c_s^2/2$ und daraus die theoretische Dampfgeschwindigkeit am Düsenaustritt $c_s = \sqrt{2\,\Delta h}$ in m/s. Die Reibung des Dampfes an den Düsenwandungen verringert die Dampfgeschwindigkeit. Düsenreibzahl $\varphi = 0{,}93$ bis $0{,}98$. Zusammengefasst wirkt am Düsenaustritt die Dampfgeschwindigkeit

$$c = \varphi\sqrt{2\,\Delta h} \quad \begin{array}{c|c|c} c & \Delta h & \varphi \\ \hline \dfrac{\text{m}}{\text{s}} & \dfrac{\text{J}}{\text{kg}} = \dfrac{\text{Nm}}{\text{kg}} = \dfrac{\text{m}^2}{\text{s}^2} & 1 \end{array} \quad (1)$$

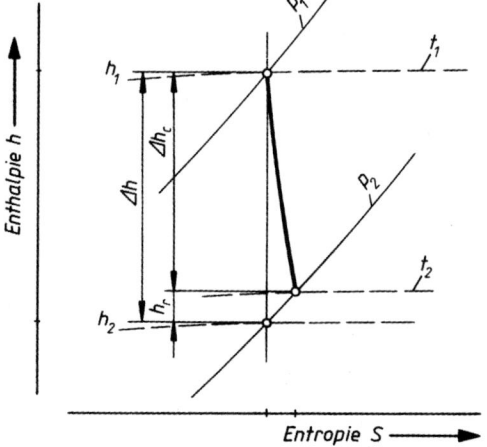

Bild 1. Energiegefälle Δh

Die Enthalpiewerte h_1 und h_2 entnimmt man der Dampftafel (L10, Tabelle 1), nämlich h_1 für p_1, T_1 und h_2 für p_2, $T_2 = T_1\,(p_1/p_2)^{\frac{\kappa-1}{\kappa}}$.

Einfacher wird das Energiegefälle Δh aus der Entropietafel (Tabelle 1) als Differenz zwischen den beiden Drucklinien p_1 und p_2 abgelesen, beginnend mit der Temperatur t_1 und dem Druck p_1 wie auch Bild 1 zeigt. Die Dampfreibung innerhalb der Düse bedeutet Erwärmung und damit Entropiezunahme des Dampfes, wodurch sich die Enthalpiedifferenz Δh um $h_r = (1 - \varphi^2)\,\Delta h$ verkleinert und das Nutzgefälle $\Delta h_c = (\varphi^2\,\Delta h)$ ist (Bild 1).

3.1.2 Kritisches Druckgefälle

Solange die Dampfströmung in der Düse nicht die Schallgeschwindigkeit für Dampf erreicht, darf der Düsenkanal stetige Querschnittsverkleinerung bis zum Dampfaustritt aufweisen, wie im Bild 2 für Einfachdüsen dargestellt ist. Bei großem Energiegefälle wird aber die Schallgrenze überschritten. Dann muss eine erweiterte Düse (Lavaldüse) angewandt werden, deren Erweiterungswinkel höchstens 10° sein soll (siehe Bild 2, Lavaldüse). Bis zum engsten Querschnitt A_min wird das kritische Druckverhältnis p_k/p_1 verarbeitet und danach im Erweiterungsteil das restliche Druckgefälle von p_k auf p_2. Das kritische Druckverhältnis ist für Heißdampf 0,546 und für Sattdampf 0,577. Man erkennt, dass Lavaldüsen nötig sind, wenn das verarbeitete Druckverhältnis p_1/p_2 bei Heißdampf größer als 1,83 ist.

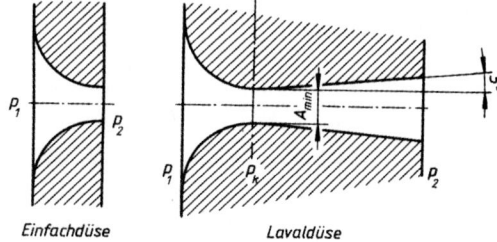

Bild 2. Düsenarten

3.1.3 Düsenquerschnitt

Düsenkanäle haben meist Rechteckquerschnitt und werden nebeneinander als Düsensegment in die Gehäusewand der Turbine vor dem Laufrad eingebaut. Das Bild 3 lässt erkennen, wie die mittlere Bogenstrecke B des Segmentes durch z Kanäle in die Teilungsstrecke $t = B/z$ aufgeteilt ist. Der Dampfeintritt in die Kanäle erfolgt unter 90° zur Gehäusewand (… axial).

Die Kanalverengung entsteht durch Abwinkelung der Kanalwände auf den Austrittswinkel α_1 (15° bis 22°). Unter diesem Winkel strömt der Dampf gegen die Schaufeln des Laufrades. Er gilt daher auch als Zuströmwinkel α_1. Mit der Kanalwanddicke s entsteht am Düsenende die Austrittweite $b_a = t \sin \alpha_1 - s$. Bei einer Kanalhöhe l ergeben z Düsenkanäle den Austrittsquerschnitt

$$A = l\,b_a\,z \quad \begin{array}{c|c|c} A & l,\ b_a & z \\ \hline \text{mm}^2 & \text{mm} & 1 \end{array} \quad (2)$$

Tabelle 1. Entropietafel für Wasserdampf

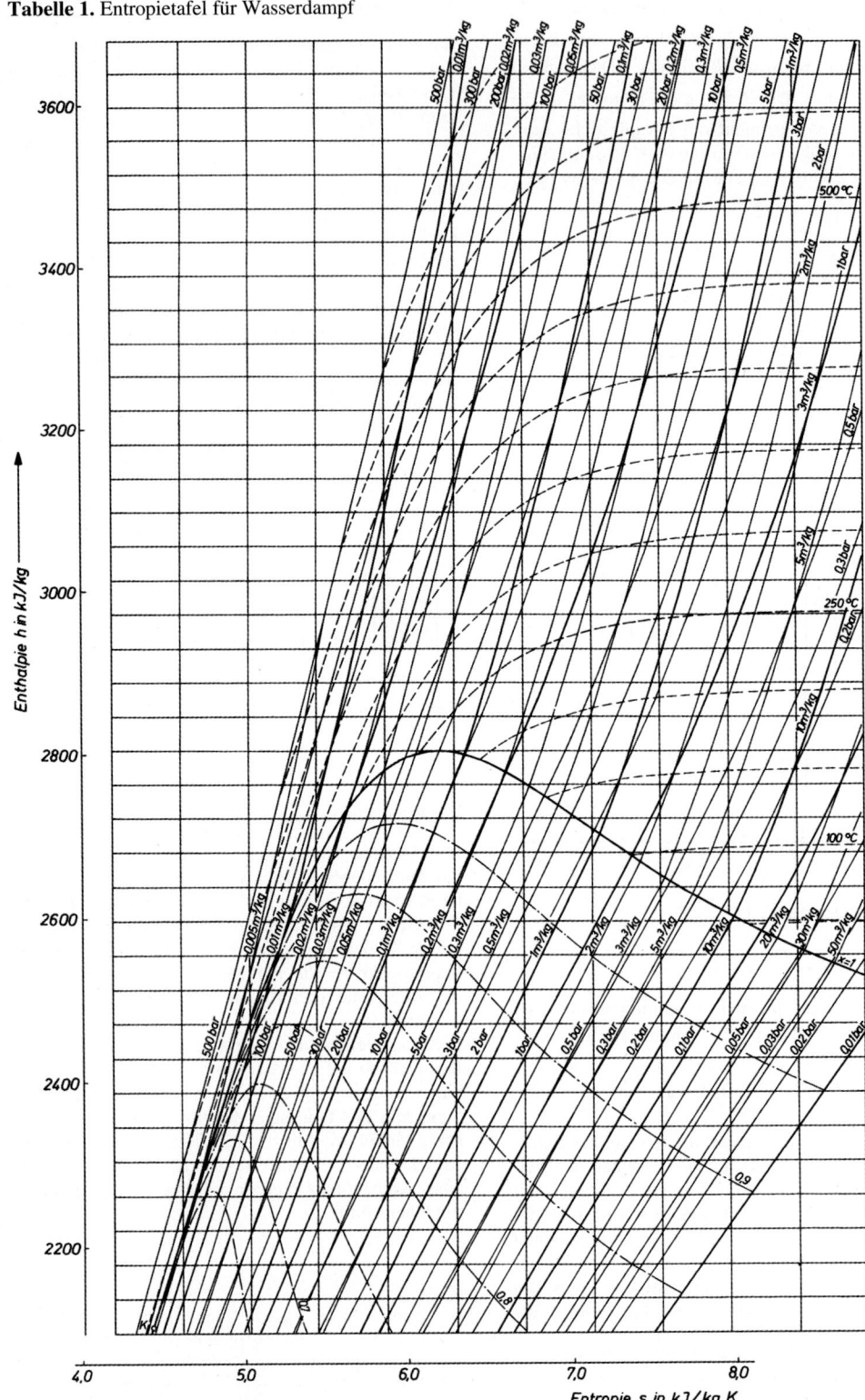

3 Dampfturbinen

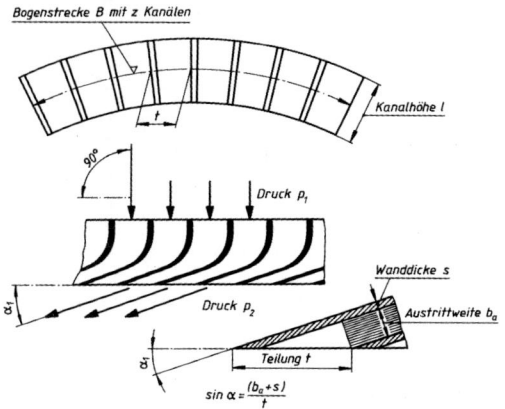

Bild 3. Einfachdüsensegment

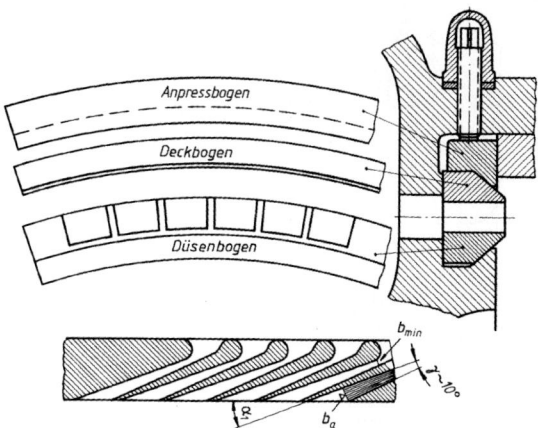

Bild 4. Lavaldüsensegment (dreiteilig)

3.1.4 Düsenbauart

Düsensegmente werden gegossen oder bei großem Druckgefälle aus Düsenbogen, Deckbogen und Anpressbogen zusammengebaut. Im Düsenbogen sind die Kanäle aus dem Vollen herausgefräst, so dass die Kanalwände stehen bleiben, die der Deckbogen abdeckt. Düsen- und Deckbogen werden in die Gehäusewand vom Anpressbogen durch Pressschrauben dampfdicht eingebaut. Das Bild 4 zeigt diese Bauart als Lavaldüsen mit Kleinstweite b_{min} und dem Erweiterungswinkel.

Da Düsensegmente nur einen Teil des Laufradumfangs mit Dampf beströmen, spricht man von Teilbeaufschlagung. Ihr Nachteil ist, dass die nicht beströmten Schaufeln den Umgebungsdampf verwirbeln und Verlustarbeit entsteht (Ventilationsverluste). Wenn irgend möglich, sollen Laufräder vollbeaufschlagte Dampfströmung erhalten. Erreichbar ist dies, indem sich mehrere Einzelbögen zum Vollumfang ergänzen, beispielsweise durch acht Einzelbögen zu je 45° Bogenwinkel. Bei unterkritischem Druckgefälle sind Einfachdüsen auf dem Vollumfang angeordnet, die dann auch Leitkanäle in den Zwischenböden mehrstufiger Turbinen genannt werden (vgl. Zoellyturbinen). Als Kanalwände dienen hier eingegossene Ni-St-Bleche zwischen Innen- und Außenring des Zwischenbodens oder eingesetzte Profilschaufeln mit Fuß. Um bei der Endmontage die Turbinenwelle mit den Laufrädern einlegen zu können, werden alle vollbeaufschlagten Düsenwände und Zwischenböden zweiteilig ausgeführt und in die beiden Gehäusehälften der Turbine eingebaut.

3.1.5 Dampfdurchsatz

Der Austrittsquerschnitt bestimmt mit der Dampfgeschwindigkeit das sekundlich durchströmende Dampfvolumen $\dot{V} = A c_1$ in m³/s. Hat der Dampf beim Ausströmdruck p_2 das spezifische Volumen v, so ist die sekundlich verarbeitete Dampfmasse $\dot{m}_D = V_s/v$ in kg/s. Man erhält pro Stunde den Dampfdurchsatz

$$\dot{m}_{Dh} = \frac{3600\, A\, c_1}{v} \qquad \begin{array}{|c|c|c|c|} \hline \dot{m}_{Dh} & A & c_1 & v \\ \hline \dfrac{\text{kg}}{\text{h}} & \text{m}^2 & \dfrac{\text{m}}{\text{s}} & \dfrac{\text{m}^3}{\text{kg}} \\ \hline \end{array} \qquad (3)$$

3.2 Nutzung der kinetischen Energie

Der aus den Düsen austretende Dampf strömt auf die Schaufeln des Laufrades. Die Schaufeln bilden gekrümmte Kanäle mit konstanter Kanalweite, in denen die durchströmende Dampfmasse abgelenkt wird. Um konstante Kanalweite zu erhalten, werden Profilschaufeln verwendet, wie es in Bild 5 dargestellt ist. Der erzeugte Ablenkdruck wirkt als Triebkraft F am Radumfang und treibt die Radschaufeln mit der Umlaufgeschwindigkeit u an, wodurch sich die Triebleistung $P = Fu$ ergibt. Der Druckzustand des Dampfes ist vor und hinter dem Laufrad gleich groß. Das Laufrad arbeitet als Gleichdruckrad, die Turbine gilt als Gleichdruckturbine. Der im Bild 5 aufgezeigte Geschwindigkeitsverlauf der Dampfströmung im Radkanal lässt die Energienutzung erkennen.

3.2.1 Dampfeintritt

Vor dem Radkanal hat der Dampf die Geschwindigkeit c_1 und den Zuströmwinkel α_1 zur Umlaufrichtung der Radkanäle, deren Eintrittskanten (Schaufelkanten) die Umlaufgeschwindigkeit u haben. Aus beiden Geschwindigkeiten ergibt sich die relative Geschwindigkeit w_1 unter dem Richtungswinkel β_1, die der Dampf gegenüber der umlaufenden Eintrittskante des Radkanals hat. Die Kanalwand (Schaufelwand) muss baumäßig diesen Richtungswinkel β_1 am Kanalanfang haben, damit der Dampf ohne Strömungsstörung an die Wand mit w_1 angleitet und stoßfreier Dampfeintritt in den Radkanal erfolgt.

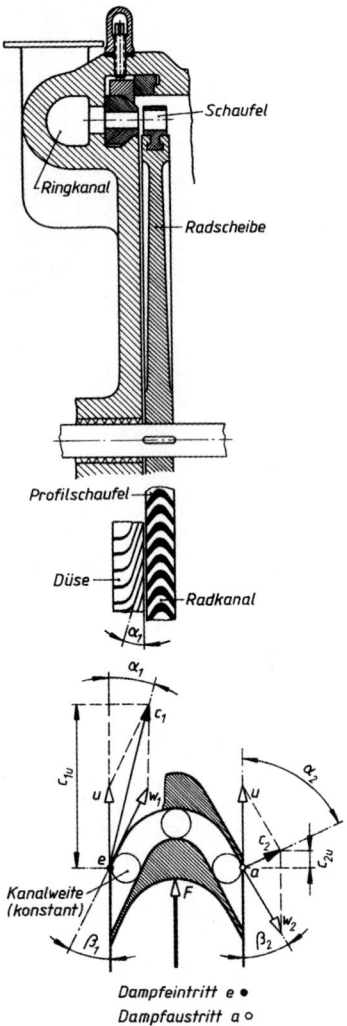

Bild 5.
Energienutzung im Radkanal

3.2.2 Dampfaustritt

Im umlaufenden Radkanal wird der Dampf durch die Wandkrümmung abgelenkt. Während dieser Ablenkung sinkt die relative Dampfgeschwindigkeit durch Reibung der Dampfmoleküle auf $w_2 = \psi w_1$, Schaufelbeiwert $\psi = 0{,}95$ bis $0{,}8$ (je nach Größe des Ablenkungsgrades). Mit dieser Geschwindigkeit w_2 verlässt der Dampf die umlaufende Kanalwand unter Wandneigungswinkel β_2. Da die Kanalwand die Geschwindigkeit u hat, entsteht aus w_2 und u hinter dem Radkanal die absolute Dampfgeschwindigkeit c_2 unter dem Abströmwinkel α_2 zur Umlaufrichtung geneigt, wie es die Austrittseite am Laufrad im Bild 5 zeigt. Tabelle 2 zeigt Reibzahlwerte ψ abhängig vom Ablenkgrad.

Tabelle 2. Schaufelbeiwerte

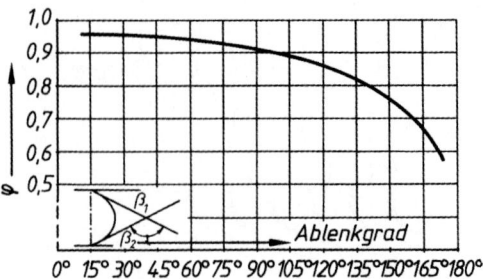

3.2.3 Triebkraft und Leistung am Radumfang

Die Geschwindigkeiten am Ein- und Austritt des Radkanals zeigen zwei Geschwindigkeitsdreiecke, die zusammengefasst den Geschwindigkeitsplan der Energienutzung ergeben, der im Bild 6 dargestellt ist, wobei oft beide Dreiecke nebeneinander gezeichnet werden. Betrachtet man in diesem Plan die Komponenten der Dampfströmung in Radlaufrichtung, so ist vor Radkanal $c_{1u} = c_1 \cos \alpha_1$ und nachher $c_{2u} = c_2 \cos \alpha_2$ als Komponente zu erkennen. Die in Radlaufrichtung wirkende Triebgeschwindigkeit des Dampfes nimmt während der Ablenkung im Radkanal um $\Delta c_u = c_{1u} - c_{2u}$ ab. Damit entsteht der Triebimpuls $Ft = m \Delta c_u$ in Ns und mit der sekundlich durchströmenden Dampfmasse $\dot{m}_D$ ist am Radumfang die Triebkraft

$$F = \dot{m}_D \, \Delta c_u = \dot{m}_D \, (c_{1u} - c_{2u})$$

F	$\dot{m}_D$	c_{1u}, c_{2u}
N	$\dfrac{\text{kg}}{\text{s}}$	$\dfrac{\text{m}}{\text{s}}$

(4)

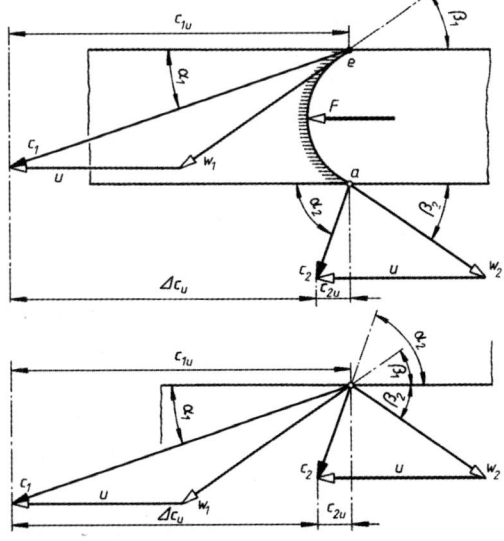

Bild 6. Geschwindigkeitsplan

3 Dampfturbinen

Bei der Umlaufgeschwindigkeit u des Radkanals (Schaufel) ist dann als sekundliche Triebarbeit des Dampfes am Radumfang die Umfangsleistung

$$P_u = Fu = \dot{m}_D\, u\, (c_{1u} - c_{2u})$$

| $\dfrac{P}{W}$ | $\dfrac{\dot{m}_D}{\text{kg}/\text{s}}$ | $\dfrac{u, c_{1u}, c_{2u}}{\text{m}/\text{s}}$ | (5) |

3.2.4 Turbinengleichung, Bestnutzung

Jedes kg Dampfmasse gibt im Radkanal den Energiebetrag $E = u\,(c_{1u} - c_{2u})$ in J/kg an das Laufrad der Turbine ab. Diese Gesetzmäßigkeit wird als allgemeine Turbinengleichung $\dot{E} = u\,(c_1 \cos \alpha_1 \pm c_2 \cos \alpha_2)$ bezeichnet. Hierbei ist zu beachten, dass die Komponenten c_{1u} und c_{2u} gleiche oder gegensinnige Richtung haben, denn ihr Änderungsbetrag bestimmt die Größe des Triebimpulses und damit Radtriebkraft und Radleistung. Die beste Energienutzung am Laufrad entsteht dann, wenn der Zuströmwinkel α_1 möglichst klein gehalten wird und der Abströmwinkel $\alpha_2 = 90°$ beträgt, damit der Abströmdampf keine Rotationsenergie enthält. Setzt man vereinfacht $w_2 = w_1$ und baut gleiche Wandwinkel $\beta_1 = \beta_2$, so erreicht man 90° Abströmwinkel, wenn $u = w_2 \cos \beta_2 = \cos \beta_1\, w_1$ ist. Dann wird auch $c_{1u} = 2u$, wie es im Bild 7 der Geschwindigkeitsplan für Bestnutzung zeigt. Man erkennt, dass dafür die Umlaufgeschwindigkeit $u = c_{1u}/2 = (c_1/2) \cos \alpha_1$ die Bestlaufbedingung ist.

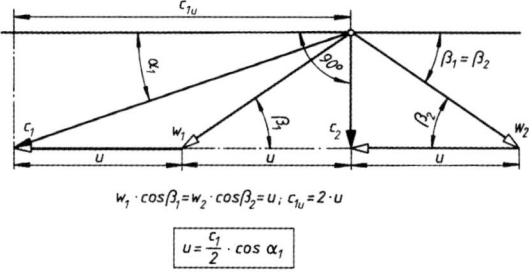

$w_1 \cdot \cos\beta_1 = w_2 \cdot \cos\beta_2 = u;\ c_{1u} = 2 \cdot u$

$$u = \frac{c_1}{2} \cdot \cos \alpha_1$$

Bild 7. Bestlaufregel

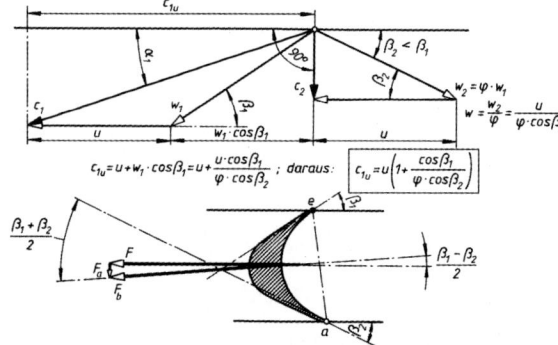

Bild 8. Unsymmetrische Schaufel (β_2 kleiner β_1)

3.2.5 Schaufelprofile

Durch die Dampfreibung im Radkanal wird $w_2 < w_1$. Soll der Abströmwinkel 90° erreicht werden, so baut man vielfach unsymmetrisches Schaufelprofil mit $\beta_2 < \beta_1$, um gute Laufbedingung $c_{1u} = u\,[1 + \cos \beta_1/(\psi \cos \beta_2)]$ zu erhalten, wie es Bild 8 erkennen lässt. Hierbei wirkt die Bahnkraft F_b unter Winkelneigung $(\beta_1 - \beta_2)/2$ zur Radlaufrichtung und hat neben der Triebkomponente F eine kleine Axialkomponente $F_a = F \tan [(\beta_1 - \beta_2)/2]$.

Diesen Nachteil vermeidet man bei symmetrischem Schaufelprofil mit $\beta_1 = \beta_2$ nach Bild 9. Der dort aufgestellte Geschwindigkeitsplan zeigt, dass dann für den Bestnutzungslauf die Umlaufgeschwindigkeit

$$u = c_{1u}\, \frac{\psi}{\psi + 1} \quad \text{sein muss.}$$

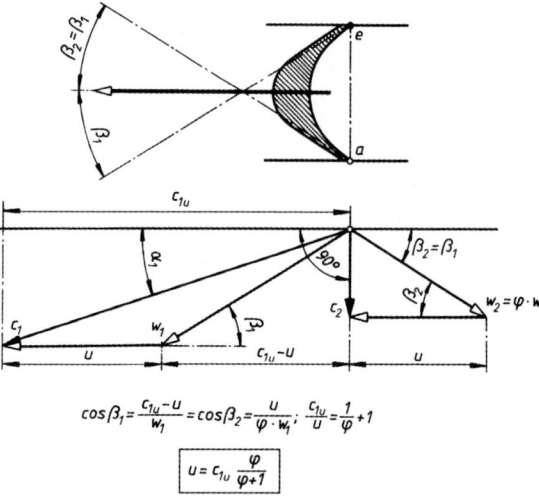

$\cos\beta_1 = \dfrac{c_{1u} - u}{w_1} = \cos\beta_2 = \dfrac{u}{\varphi \cdot w_1};\ \dfrac{c_{1u}}{u} = \dfrac{1}{\varphi} + 1$

$$u = c_{1u}\, \frac{\varphi}{\varphi + 1}$$

Bild 9. Symmetrische Schaufel ($\beta_2 = \beta_1$)

Eine weitere Maßnahme für Bestnutzung ist bei vollbeaufschlagten Rädern die Anwendung eines kleinen Druckgefälles im Laufradkanal, dessen Energiebetrag gerade die Reibverluste aufhebt, wodurch $w_2 = w_1$ erhalten wird und mit Symmetrieschaufel ($\beta_1 = \beta_2$) nach Bild 7 die Umlaufgeschwindigkeit $u = (c_1/2) \cos \alpha_1$ sein muss. Derartige Radkanäle haben Düsenform mit Verengungskanal, das Rad hat Überdruckschaufeln, wie es Bild 10 zeigt. Der Schaufelkranz des Rades erhält dann Labyrinthdichtung gegen Gehäusewand durch Laufkämme am Deckband, damit der am Rad wirkende Überdruck sich dort nicht ausgleicht (Spaltverluste werden klein gehalten). Der Überdruck auf die Radfläche A_R erzeugt eine Axialkraft $F_a = (p_2 - p_2')\, A_R$, die zu berücksichtigen ist. Die Radkanalhöhe (Schaufellänge l) muss am Dampfaustritt größer als am Eintritt sein, da bei p_2' das spezifische Volumen v_2' größer als v_2 beim Druckzustand p_2

ist und die sekundlich durchströmende Dampfmasse $\dot{m}_D = V_{se}/v_2 = V_{sa}/v_2'$ beträgt. Mit der Radkanalzahl z und $w_1 = w_2$ muss dann $\frac{b_1 l_1}{v_2} = \frac{b_2 l_2}{v_2'}$ sein und demnach das Höhenverhältnis $\frac{l_2}{l_1} = \frac{b_1 v_2'}{b_2 v_2}$. Am Dampfaustritt sorgt das geradflankige Kanalende für gute Dampfabströmung.

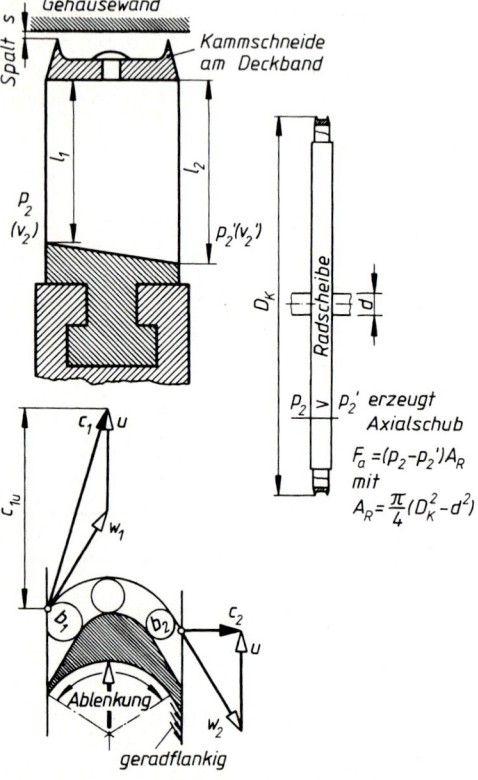

Bild 10. Überdruckschaufel (b_1 größer b_2)

3.3 Geschwindigkeitsstufung (Curtisrad)

Die Umlaufgeschwindigkeit bestimmt die Fliehkraftwirkung auf die Schaufeln und deren Festigkeitsbeanspruchung. Für bestes Schaufelmaterial gilt als erträglicher Höchstwert $u = 300$ m/s. Dafür kann die Dampfgeschwindigkeit $c_1 = 2u = 600$ m/s durch ein Energiegefälle $\Delta h = (600^2/2) = 180$ kJ/kg in der Düse erzeugt werden. In Lavaldüsen werden aber meist mehr als 419 kJ/kg als Energiegefälle verarbeitet, dessen Energiebetrag dann nur mehrstufig am Rad ausgenutzt werden kann. Man verwendet ein mehrkränziges Laufrad, das Curtisrad (Curtisturbine). Praktisch werden hauptsächlich zweikränzige Räder (2C-Räder) angewandt, selten dreikränzige. Zwischen den beiden Radkränzen greift der am Gehäuse befestigte Leitschaufelkranz ein, dessen Kanäle den Austrittsdampf des ersten Radkranzes wieder in Laufrichtung zum zweiten Radkranz umleiten. Als Nachteil entsteht in drei Kanälen mehr Reibverlust als bei einstufiger Energienutzung, wodurch Curtisräder einen schlechten Wirkungsgrad aufweisen. Es treten drei verschiedene Kanalreibzahlen ψ', ψ_m und ψ'' auf, deren Gesamtprodukt $\psi_g = \psi' \psi_m \psi''$ ist. Für Symmetrieschaufeln erhält man durch ähnliche Überlegungen wie am Einkranzrad nach Bild 9 hier beim 2 C-Rad die Bestlaufbedingung $c_{1u}/u = f(\psi', \psi'', \psi_g)$. Vorläufig geschätzte Reibzahlen bestimmen nach dieser Bestlaufbedingung die Umlaufgeschwindigkeit des 2 C-Rades für dessen Betriebswerte $\dot{m}_D$, Δh, φ, α_1. Die Schaufelprofile der Kränze werden unter Beachtung der wirklichen Kanalreibzahlen durch den Geschwindigkeitsplan ermittelt und der Strömungsverlauf im 2 C-Rad erkannt. Das Beispiel vom Bild 11 (Kleinturbine; $n = 6000$ 1/min) zeigt die Anwendung der erkannten Zusammenhänge.

3.3.1 Übungsbeispiel (2 C-Rad)

Betriebswerte:
Dampfmenge je Sekunde am Düsenausgang
$$\dot{m}_D = 1 \frac{\text{kg}}{\text{s}}$$

Spezifisches Volumen
$$v = 0{,}9 \frac{\text{m}^3}{\text{kg}}$$

Enthalpiedifferenz
$$\Delta h = 419 \frac{\text{kJ}}{\text{kg}}$$

Lavaldüsen mit Düsenreibzahl $\varphi = 0{,}95$
Zuströmwinkel $\alpha_1 = 17°$
Drehzahl $n = 6000$ min^{-1}

Düsensegment:
Ausströmvolumen je Sekunde
$$\dot{V} = \dot{m}_D\, v = 0{,}9 \frac{\text{m}^3}{\text{s}}$$

Düsenaustrittsgeschwindigkeit
$$c_1 = \varphi \sqrt{2 \Delta h} = 869 \frac{\text{m}}{\text{s}}$$

Gesamte Düsenaustrittsfläche
$$A_d = \frac{\dot{V}}{c_1} = 1035 \text{ mm}^2$$

Düsenzahl $z = 15$
Kanalwanddicke $s = 2$ mm } (gewählt)

Kanalquerschnitt $\dfrac{A_d}{z} = 69$ mm²;

Kanalhöhe $l_d = 7{,}2$ mm
Kanalweite $b_a = 9{,}6$ mm

3 Dampfturbinen

Düsenteilung $t = \dfrac{b_a + s}{\sin \alpha_1} = 39{,}8$ mm

Bogenlänge $B = zt = 597$ mm (vgl. Bilder 3 und 4)

Laufkranz I:
Zuströmgeschwindigkeit

$c'_{1u} = 869 \dfrac{m}{s} =$ Düsenaustrittsgeschwindigkeit c_1

Umlaufkomponente

$c'_{1u} = c'_1 \cos \alpha'_1 = 831 \dfrac{m}{s}$

Axialkomponente

$c'_{1a} = c'_1 \sin \alpha'_1 = 254 \dfrac{m}{s}$

Kanalreibzahl der Laufkränze (geschätzt)
$\psi' = 0{,}8, \ \psi'' = 0{,}9$
Kanalreibzahl im Leitkranz $\psi_m = 0{,}85$

Umlaufgeschwindigkeit

$u = \dfrac{c'_{1u}}{f(\psi', \psi'', \psi_g)}$ mit $\psi_g = \psi' \psi_m \psi''$ und

$f(\psi', \psi'', \psi_g) = 5{,}35$

$u = 155 \dfrac{m}{s}$

Umfang $U = \dfrac{u}{n} = 1{,}55$ m

Laufdurchmesser $D = \dfrac{U}{\pi} = 0{,}494$ m

Beaufschlagung $\dfrac{B}{U} = \dfrac{0{,}597}{1{,}55} = 0{,}385 \triangleq 38{,}5\ \%$

Profilwinkel (Symmetrieschaufel)

$\beta'_1 = \beta'_2$ aus $\tan \beta'_1 = \dfrac{c'_{1a}}{c'_{1u} - u}$

$\tan \beta'_1 = \dfrac{254}{831 - 155} = 0{,}376; \quad \beta'_1 = 20{,}6°$

Profilwinkel $\beta'_1 = \beta'_2 = 20{,}6°$ ergibt mit Umlenkung um $139{,}2°$ nach Tabelle 2 die Kanalreibzahl $\psi' = 0{,}8$ (wie geschätzt)
Relative Geschwindigkeiten

$w'_1 = \dfrac{c'_{1a}}{\sin \beta'_1} = 721 \dfrac{m}{s}$

$w'_2 = w'_1 \psi' = 577 \dfrac{m}{s}$

Umlaufkomponente

$c'_{2u} = w'_2 \cos \beta'_2 - u = 385 \dfrac{m}{s}$

Abströmwinkel α'_2 aus

$\tan \alpha'_2 = \dfrac{w'_2 \sin \beta'_2}{c'_{2u}} = 0{,}53; \quad \alpha'_2 = 28°$

Abströmgeschwindigkeit

$c'_2 = \dfrac{c'_{2u}}{\cos \alpha'_2} = 436 \dfrac{m}{s}$

Triebkraft $F' = \dot{m}_D (c'_{1u} - c'_{2u}) = 446$ N
Ablenkbreite $a = 10$ min,
Kranzbreite $k = 1{,}1 \cdot a = 11$ mm (gewählt)
Schaufel- bzw. Kanalzahl

$z = \dfrac{U}{t} = \dfrac{4 U \sin \beta \cos \beta}{a} = 204{,}3$, gewählt

$z' = 205$ mit $t' = \dfrac{U}{z'} = 7{,}56$ mm Teilung

Kanaleintritt:
Kanaleintrittsquerschnitt

$\dfrac{\dot{V}}{w'_1 \left(\dfrac{B}{t'}\right)} = 21{,}16$ mm^2

Kanalhöhe $l'_1 = 8$ mm, Kanalweite $b' = 2{,}65$ mm, Endwanddicke $s = 0{,}3$ mm

Kanalaustritt:

Kanalhöhe $l'_2 = l'_1 \left(\dfrac{w'_1}{w'_2}\right)\left(\dfrac{v'}{v}\right) = 11$ mm

Leitkranz:
Profilwinkel $\beta_m = \alpha'_2 = 28°$ ergibt mit Umlenkung um $124°$ nach Tabelle 2 Kanalreibzahl $\psi_m = 0{,}85$ (wie geschätzt)

Zuströmgeschwindigkeit $c_e = c'_2 = 436 \dfrac{m}{s}$

Abströmgeschwindigkeit $c_a = \psi_m c_e = 370 \dfrac{m}{s}$

Schaufelzahl $z_m = f(U, \beta_m, a) = 257{,}3$, gewählt
$z_m = 250$ mit $t_m = 6{,}2$ mm Teilung

Kanaleintritt:
Kanalhöhe $\quad l_{1m} = 11{,}8$ mm
Kanalweite $\quad b_m = 2{,}65$ mm
Endwanddicke $s_m = 0{,}5$ mm

Kanalaustritt:

Kanalhöhe $l_{2m} = \left(\dfrac{l_{1m}}{\psi_m}\right)\left(\dfrac{v''}{v'}\right) = 14{,}3$ mm

$\dot{V}' = 0{,}99 \dfrac{m^3}{s}$ am Eintritt nimmt durch Erwärmung

zu auf $\dot{V}'' = 1{,}015 \dfrac{m^3}{s}$

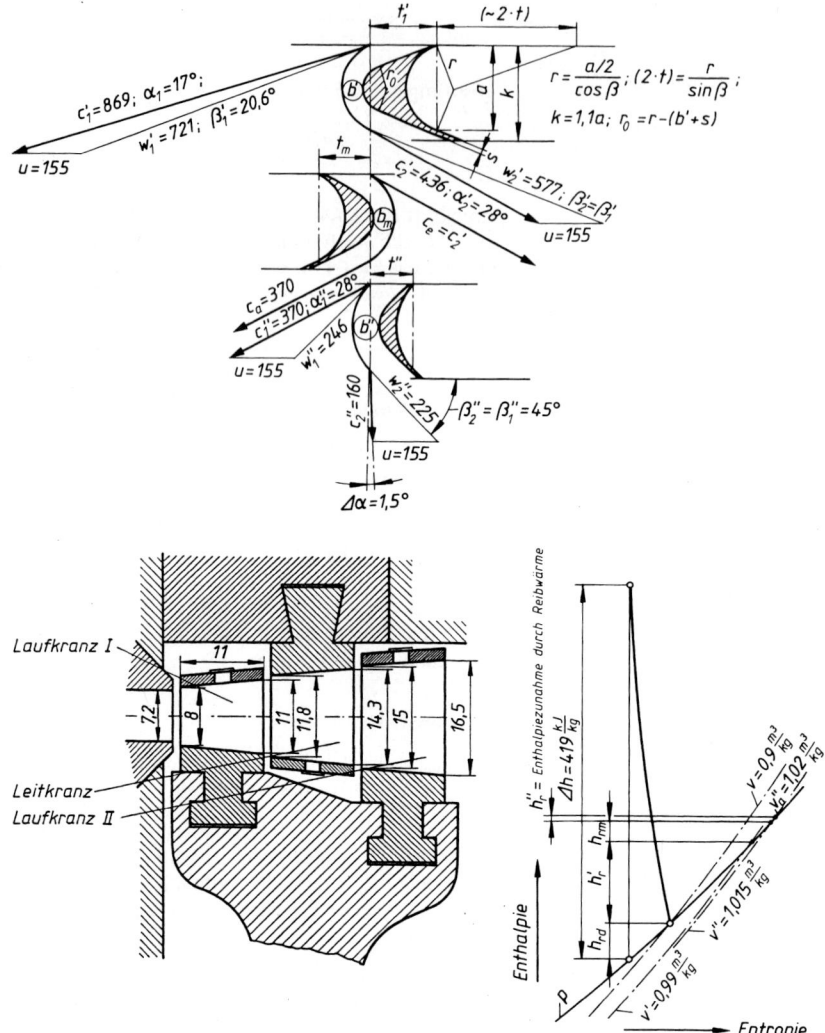

Bild 11. Zweikränziges Curtisrad zum Übungsbeispiel

Laufkranz II:

Zuströmgeschwindigkeit $c_1'' = c_a = 370 \, \frac{m}{s}$

Zuströmwinkel $\alpha_1'' = \alpha_2' = 28°$

Umlaufkomponente $c_{1u}'' = c_1'' \cos \alpha_1'' = 327 \, \frac{m}{s}$

Axialkomponente $c_{1a}'' = c_1'' \sin \alpha_1'' = 174 \, \frac{m}{s}$

Profilwinkel $\beta_1'' = \beta_2''$ aus $\tan \beta_1'' = \dfrac{c_{1a}''}{c_{1u}'' - u} = 1{,}01$

$\beta_1'' = 45°$ ergibt mit Ablenkung von 90° nach Tabelle 2 die Kanalreibzahl $\psi'' = 0{,}915$ (statt wie geschätzt $\psi'' = 0{,}9$!)

Relative Geschwindigkeiten $w_1'' = \dfrac{c_{1a}''}{\sin \beta_1''} = 246 \, \dfrac{m}{s}$

und $w_2'' = \psi'' \, w_1'' = 225 \, \dfrac{m}{s}$

Umlaufkomponente $c_{2a}'' = w_2'' \cos \beta_2'' - u = 4{,}07 \, \dfrac{m}{s}$

(gegen Triebrichtung)

Abweichwinkel

$\Delta \alpha$ von 90° aus $\tan \Delta \alpha = \dfrac{c_{2u}''}{w_2'' \sin \beta_2''} = 0{,}026$,

$\Delta \alpha = 1{,}5°$

Abströmwinkel $\alpha_2'' = 90° - \Delta \alpha = 88{,}5°$

3 Dampfturbinen

Abströmgeschwindigkeit $c_2'' = \dfrac{c_{2u}''}{\sin \Delta \alpha} = 157 \,\dfrac{\text{m}}{\text{s}}$

Triebkraft $F'' = \dot{m}_D \,(c_{1u}'' - c_{2u}'') = 331$ N
Schaufelzahl $z'' = f(U, \beta', a) = 310$ mit $t'' = 5$ mm Teilung

Kanaleintrittsquerschnitt $\dfrac{\dot{V}''}{w_1'' \left(\dfrac{B}{t''}\right)} = 34{,}6 \text{ mm}^2$

Kanaleintritt:

Kanalhöhe $l_1'' = 15$ mm, Kanalweite $b'' = 2{,}3$ mm, Endwanddicke $s = 0{,}9$ mm

Kanalaustritt:

Kanalhöhe $l_2'' = 16{,}4$ mm

Austrittsvolumen $\dot{V}_a = 1{,}02 \,\dfrac{\text{m}^3}{\text{s}}$

Spezifisches Volumen $v_a = 1{,}02 \,\dfrac{\text{m}^3}{\text{kg}}$

Leistung $P_u = (F' + F'')\,u = 120\,435 \,\dfrac{\text{Nm}}{\text{s}} = 120{,}44$ kW

3.3.2 Wirkungsgrad

Die Dampfleistung wird ohne Berücksichtigung von Wärmeverlusten nach der Gleichung $P_0 = \dot{m}_D \,\Delta h = (\dot{m}_D /2)\,c_0^2$ ermittelt. Hinter der Düse ergibt sich die tatsächliche Dampfleistung aus $P_1 = (\dot{m}_D /2)\,c_1^2$. Daraus lässt sich der Düsenwirkungsgrad $\eta_d = P_1/P_0 = (c_1/c_0)^2 = \varphi^2$ bestimmen. Ebenso lässt sich der Kanal- oder Schaufelwirkungsgrad festlegen:

$$\eta_s = \dfrac{P_u}{P_1} = \dfrac{2\,P_u}{\dot{m}_D \,c_1^2}$$

η_s	P_u	$\dot{m}_D$	c_1
1	W	$\dfrac{\text{kg}}{\text{s}}$	$\dfrac{\text{m}}{\text{s}}$

(6)

Das Produkt beider Einzelwirkungsgrade ergibt den Gesamtwirkungsgrad am Radumfang, den Umfangswirkungsgrad $\eta_u = P_u/P_0 = P_u/\dot{m}_D\,\Delta h$. Teilbeaufschlagte Räder haben Leistungsverluste P_v durch Ventilation, die durch Schutzringe (Bild 13) gering gehalten werden können. Vollbeaufschlagte Räder mit Überdruckwirkung in den Kanälen (Bild 10) haben Spaltverluste P_s, weil Dampf durch die Laufspalte an den Kranzkanälen vorbeiströmt. Die Leistungsverluste $P_{v,s}$ betragen 3 bis 5 % von P_0 und verschlechtern den Umfangswirkungsgrad auf den Innenwirkungsgrad $\eta_i = (0{,}95$ bis $0{,}97)\,\eta_u$.

3.4 Druckstufung (Zoellyturbine)

Hohe Dampfgeschwindigkeit und großer Ablenkgrad im Radkanal erzeugt große Reibverluste und einen schlechten Wirkungsgrad (siehe 2 C-Rad). Wird ein großes Energiegefälle in mehrere Teilgefälle unterteilt verarbeitet, so erhält man kleinere Dampfgeschwindigkeiten, kleinere Reibverluste und einen besseren Wirkungsgrad. Derartige Energieverarbeitung heißt Druckstufung. Sie findet Anwendung in der Zoellyturbine, die als Reihenschaltung mehrerer Gleichdruckturbinen angesehen werden kann. In jeder Stufe wird möglichst das gleiche Teilgefälle Δh verarbeitet, das in den düsenförmigen Leitkanälen des Zwischenbodens Energie erzeugt, die im nachfolgenden Gleichdruckrad triebmäßig ausgenutzt wird. Die Leitkanäle jeder Folgestufe verarbeiten als Düse ihr Druckgefälle und die ungenutzte Abströmenergie der vorhergehenden Stufe. Bei gleichem Energierestbetrag in jeder Folgestufe ist die erzeugte Energie in diesen Folgestufen gleich groß. Einen Abströmverlust erhält nur die letzte Stufe. Das Übungsbeispiel nach Bild 12 zeigt die Zusammenhänge.

3.4.1 Übungsbeispiel (5 Gleichdruckstufen)

Betriebswerte:

Dampfmenge je Sekunde $\dot{m}_D = 20 \,\dfrac{\text{kg}}{\text{s}}$

Summe der Teilenergiegefälle $\Delta h_g = 419 \,\dfrac{\text{kJ}}{\text{kg}}$

Teilenergiegefälle $\Delta h = 83{,}8 \,\dfrac{\text{kJ}}{\text{kg}}$ (5 Stufen)

Turbinendrehzahl $n = 3\,000$ min^{-1}
Düsenreibzahl $\varphi = 0{,}96$ bei einem Zuströmwinkel $\alpha_1 = 17°$

Anfangsstufe:
Düsenaustrittsgeschwindigkeit

$c_1 = \varphi \,\sqrt{2\,\Delta h} = 394 \,\dfrac{\text{m}}{\text{s}}$

Umlaufkomponente $c_{1u} = c_1 \cos \alpha_1 = 376 \,\dfrac{\text{m}}{\text{s}}$

Axialkomponente $c_{1a} = c_1 \sin \alpha_1 = 115 \,\dfrac{\text{m}}{\text{s}}$

Profilwinkel β_1 mit $u < \dfrac{c_{1u}}{2}$ und mit

$\tan \beta_1 = \dfrac{c_{1a}}{c_{1u} - u}$, $\beta_1 = 30°$ (gewählt)

Umlaufgeschwindigkeit $u = c_{1u} - \dfrac{c_{1a}}{\tan \beta_1} = 176 \,\dfrac{\text{m}}{\text{s}}$

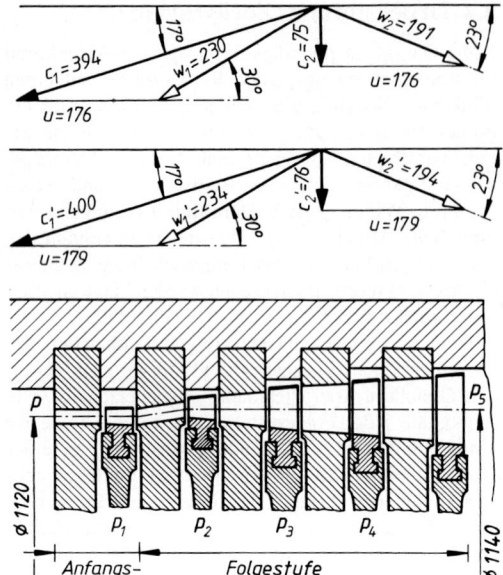
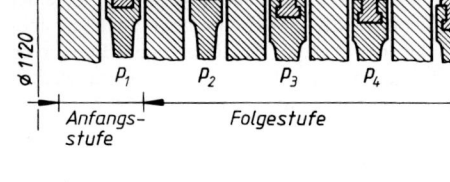
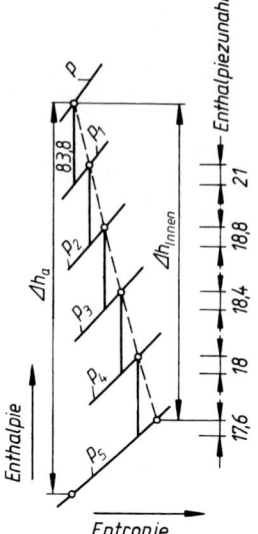

Bild 12. Fünfstufige Gleichdruckturbine

Laufdurchmesser $D = \dfrac{u}{\pi n} = 1{,}12$ m

Kanalreibzahl $\psi = 0{,}83$ (geschätzt)

Profilwinkel β_2 aus $\cos\beta_2 = \dfrac{\cos\beta_1\, u}{\psi\,(c_{1u}-u)} = 0{,}918$

$\beta_2 = 23°$ (Bestlaufregel nach Bild 8)
Ablenkung 127° nach Tabelle 2 für $\psi = 0{,}83$

Relative Geschwindigkeiten

$w_1 = \dfrac{c_{1a}}{\sin\beta_1} = 230\,\dfrac{\text{m}}{\text{s}}$

$w_2 = \psi w_1 = 191\,\dfrac{\text{m}}{\text{s}}$

Abströmgeschwindigkeit $c_2 = u\tan\beta_2 = 75\,\dfrac{\text{m}}{\text{s}}$

Abströmwinkel $\alpha_2 = 90°$

Restenergie $h_r = \dfrac{c_2^2}{2} = 2{,}81\,\dfrac{\text{kJ}}{\text{kg}}$ (aus $c_2 = \sqrt{2 h_r}$)

Triebkraft $F_I = \dot m_D\, c_{1u} = 7520$ N
Umfangsleistung $P_{uI} = F_I\, u = 1\,323\,520$ W

Folgestufen:

Austrittsgeschwindigkeit an der Zwischenbodendüse

$c_1' = \varphi\sqrt{2\,(\Delta h + h_r)} = 400\,\dfrac{\text{m}}{\text{s}}$

Umlaufkomponente $c_{1u}' = 382\,\dfrac{\text{m}}{\text{s}}$ $(\alpha_1 = 17°)$

Axialkomponente $c_{1a}' = 117\,\dfrac{\text{m}}{\text{s}}$

Umlaufgeschwindigkeit

$u' = c_{1u}' - \dfrac{c_{1a}'}{\tan\beta_1'} = 179\,\dfrac{\text{m}}{\text{s}}$ $(\beta_1' = 30°)$

Laufdurchmesser $D' = \dfrac{u'}{\pi n} = 1{,}14$ m

Profilwinkel $\beta_2' = 23°$ nach $f(\beta_1', \psi, u, c_{1u})$

Relative Geschwindigkeiten

$w_1' = \dfrac{c_{1a}'}{\sin\beta_1'} = 234\,\dfrac{\text{m}}{\text{s}}$

$w_2' = \psi w_1' = 194\,\dfrac{\text{m}}{\text{s}}$

Abströmgeschwindigkeit $c_2' = u\tan\beta_2' = 76\,\dfrac{\text{m}}{\text{s}}$

bei $\alpha_2 = 90°$

Triebkraft $F_{II} = c_{1u}'\, \dot m_D = 7640$ N
Umfangsleistung $P_{uII} = F_{II}\, u = 1\,367\,560$ W

Restenergie $h_r' = \dfrac{c_2'^2}{2} = 2{,}888\,\dfrac{\text{kJ}}{\text{kg}}$

Austrittsgeschwindigkeit aus der folgenden Zwischendüse

$c_1'' = \varphi\sqrt{2\,(\Delta h + h_r')} = 400\,\dfrac{\text{m}}{\text{s}}$

In den folgenden Stufen ergeben sich die gleichen Geschwindigkeiten!

3.4.2 Wirkungsgrad

Der Wirkungsgrad der Zoellyturbine wird mit den im Übungsbeispiel ermittelten Werten bestimmt. Die Anfangsstufe hat den Umfangswirkungsgrad η_u

$$\eta_u = \frac{P_{uI}}{\dot{m}_D \, \Delta h} = \frac{c_{1u} \, u}{\Delta h} = 0{,}79$$

In jeder Folgestufe beträgt der Umfangswirkungsgrad η_u'

$$\eta_u' = \frac{c_{1u}' \, u'}{\Delta h} = 0{,}816$$

Für alle Stufen erhält man den gesamten Umfangswirkungsgrad η_{ug}

$$\eta_{ug} = \frac{\Delta h \, (0{,}79 + 4 \cdot 0{,}816)}{\Delta h_g} = 0{,}8108$$

Für Spalte und Radscheiben werden Leistungsverluste von 3 % bis 4 % geschätzt, so dass mit einem Innenwirkungsgrad $\eta_{ig} = 0{,}78$ gerechnet werden kann. Zum Vergleich beträgt für das 2 C-Rad (Übungsbeispiel 3.3.1) der Innenwirkungsgrad $\eta_i = 0{,}54$. Damit ist erwiesen, dass durch Druckstufung eine bessere Energienutzung als bei Geschwindigkeitsstufung möglich ist. Allerdings ist der Bauaufwand der Druckstufung gegenüber C-Rädern wesentlich größer.

3.5 Überdruckstufung

Durch genügend große Stufenzahl wird der Druckunterschied an den Zwischenböden klein (ca. 20 bis 30 N/mm²). Dann können die Düsenkanäle ähnlich wie die Leitkanäle beim mehrkränzigen Curtisrad gebaut werden. Als düsenförmige Leitkränze greifen sie zwischen die Laufschaufelkränze, die alle auf einem gemeinsamen Trommelkörper sitzen.

Die Zwischenböden mit ihren Labyrinthdichtungen werden ebenso wie die vielen Radscheiben eingespart, wie es das Bild 13 zeigt. Der kräftige Trommelkörper gestattet kleine radiale Laufspalte der Leit- und Laufschaufeln, deren Enden ohne Abdeckband zugeschärft werden, damit beim möglichen Anstreifen an Gehäuse- oder Trommelumfang nur geringer Abschliff entsteht. Zweckmäßig wird in den Laufschaufelkränzen ebenfalls Druckgefälle verarbeitet, wodurch eine mehrstufige Überdruckturbine entsteht, die bei mehrteiligen Turbinenanlagen als Parsonsteil bezeichnet wird. Das Energiegefälle wird meist im Leit- und Laufkranz gleich groß, als Reaktionsgrad (vgl. Wasserturbinen) also $r = 0{,}5$ festgelegt. Als Bestlaufregel gilt für Überdruckturbinen $u = (0{,}8$ bis $1) \, c_{1u}$. Die Durchrechnung der Stufenprofile und Geschwindigkeitspläne ist ähnlich wie im Druckstufungsbeispiel 3.4.1, jedoch wird oft auf Abströmwinkel $\alpha_2 = 90°$ verzichtet und $\beta_2 = \alpha_1$ sowie $\beta_1 = \alpha_2$ angestrebt.

Der an jeder Laufkranzringfläche A_r wirkende Überdruck Δp erzeugt eine Kraft in Richtung des Druckgefälles.

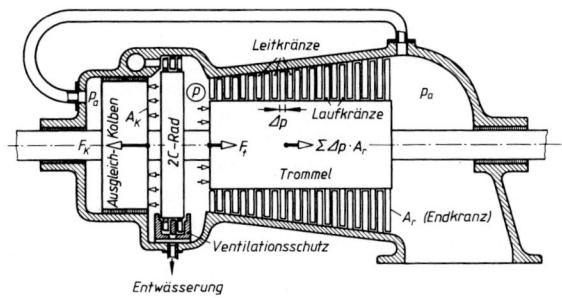

Bild 13. Trommelturbine (Überdruckstufung)

3.5.1 Ausgleichkolben

Der an jeder Laufkranzringfläche A_r wirkende Überdruck Δp erzeugt eine Kraft in Richtung des Druckgefälles. Die Summe dieser Kräfte und der Dampfkraftunterschied F_a auf die Ringflächen des Trommelkörpers wirken an der Welle als Axialkraft $F_a = F_t + \Sigma \, \Delta p \, A_r$. Diese Kraft wird durch einen Ausgleichkolben aufgehoben, dessen Labyrinthdichtung meist das ganze Überdruckgefälle $(p - p_a)$ absperrt. Seine wirksame Überdruckfläche F_k wird so bemessen, dass die Kolbenkraft $F_k = (p - p_a) \, A_k$ die Axialkraft F_a aufhebt, wie es im Bild 13 angedeutet ist. Vor dem Parsonsteil arbeitet ein teilbeaufschlagtes 2 C-Rad, dessen Ventilationsverluste durch einen Schutzring gemildert werden.

3.6 Labyrinthdichtung

Der Laufspalt zwischen Welle und Gehäuse (Zwischenboden) verlangt Abdichtung durch Labyrinthkammern. In die Welle werden Blechstreifen eingestemmt (Stemmdraht), deren zugeschärfte Kammschneiden in Ausdrehungen der Gehäusewand (oder Stopfbuchsenwand) hineinragen oder umgekehrt. Es entstehen viele Spaltkammern mit Dichtstellen. Aus dem Vollen hergestellte Dichtstellen sind sehr wirksam, aber teuer. Zwischenböden erhalten meist eingesetzte Kammschneiden gegenüber der glatten Laufradnabe. Kondensatorseitige Labyrinthdichtung wird mit Sperrdampf beschickt, der Außenluft nicht eintreten lässt (Vakuumhaltung des Kondensators). Das Bild 14 zeigt die wichtigsten Dichtungsbauformen.

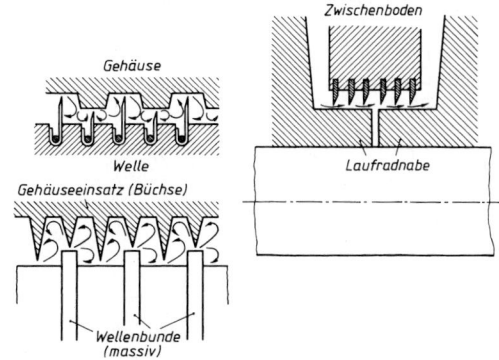

Bild 14. Labyrinthdichtungen

3.7 Regelung

Konstante Drehzahlhaltung bei Laständerung verlangt die Regelung der Energiezufuhr. Man unterscheidet Mengen- und Drosselregelung. Drosselung ist Dampfdruckabfall ohne Enthalpieänderung (vgl. Thermodynamik). Der Druckabfall entsteht in einem Drosselventil. Bild 15 zeigt den Vorgang als waagerechte Verlaufslinie in der i, s-Tafel. Das Energiegefälle der Turbine wird verkleinert, weil $\Delta h' < \Delta h$ wird. Sie ist unwirtschaftlich, denn der Energienutzungsgrad wird schlechter ($\eta_{th} = \Delta h'/h_1 < \Delta h/h_1$). Bei der Mengenregelung (Füllungsregelung) sind die Eintrittsdüsen in mehrere Kammern angeordnet, die ihre Dampfzufuhr je über ein Kammerventil (Düsenventil) erhalten (Bild 16). Bei Volllast sind alle Ventile offen (voller Dampfdurchsatz), bei Teillast nur so viel, dass die zur Teilleistung erforderliche Dampfmasse zuströmen kann. Mit vier Kammerventilen kann in Stufen zu je $\frac{1}{4}$ Volllast heruntergeregelt werden. Kleinere Lastschwankungen zwischen den Laststufen werden von einem der Kammerventile als Drosselventil geregelt. Die Steuerung der Kammerventile geschieht hydraulisch.

Bei plötzlicher Entlastung (Elektrizitätswerke) verhütet ein Sicherheitsregler unzulässige Drehzahlzunahme. Ein Fliehkraftbolzen (oder Ring) entriegelt die Sperrung des Hauptventils der Dampfzufuhr, das dann durch Federkraft zuschlägt (Bild 17).

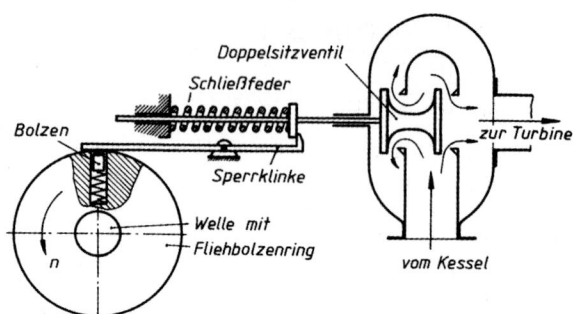

Bild 17. Sicherheitsregelung mit Schnellschlussventil

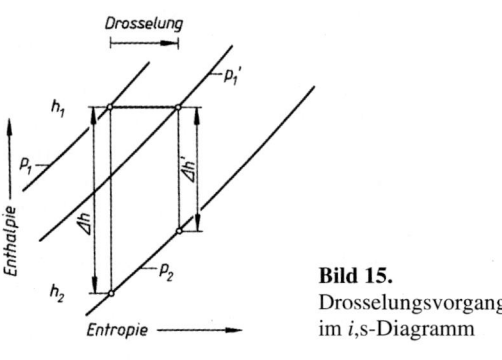

Bild 15. Drosselungsvorgang im i,s-Diagramm

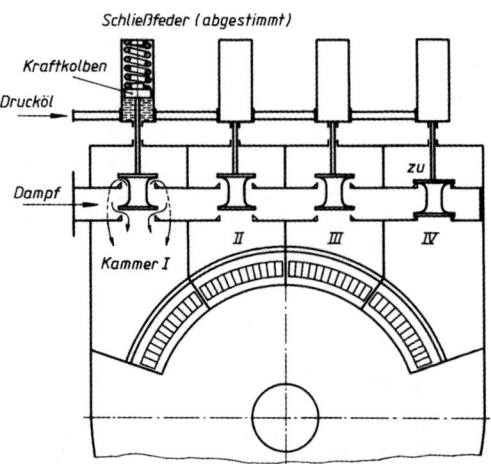

Bild 16. Düsenkammern mit Regel Ventilen

3.8 Radialturbinen

Die Dampfströmung ist radial senkrecht zur Welle gerichtet. Die mehrstufige Arbeitsart kann Gleichdruckstufung sein, ist aber meist als Überdruckstufung ausgeführt, weil dann die Zwischenböden fortfallen. Die Einfach-Radialturbine (Siemens) hat feststehende Leitkränze, die zwischen die Laufradkränze greifen. Die Durchströmung ist wechselnd innen- und außenläufig. Durch ein vorgeschaltetes Gleichdruckrad (oder 2 C-Rad) kann ein kleiner Betriebsdruck im Turbinengehäuse erreicht werden. Die Doppelt-Radialturbine (Ljungström) arbeitet mit gegenläufigen Radscheiben, deren Kränze gegenseitig ineinandergreifen. Beide Kranzgruppen sind gleichartig. Die Laufschaufeln einer Radscheibe sind gleichzeitig die Leitschaufeln für die andere Radscheibe. Durch den Gegenlauf der Scheiben verarbeiten zwei aufeinander folgende Kränze soviel Energiegefälle, wie sonst in vier Laufradkränzen üblicher Überdruckstufung verarbeitet werden. Man erkennt den wesentlichen Bauvorteil (Bild 18).

3.9 Turbinenanlagen

Großturbinen der Kraftwerke (Elektrizitätserzeugung) bestehen meist aus Hoch-, Mittel- und Niederdruckteil mit Kondensatoranlage und verarbeiten ein großes Energiegefälle. Erreicht der Dampf 8 % bis 10 % Dampfnässe, so muss vor weiterer Nutzung Zwischenüberhitzung einsetzen. Sie erfolgt in einem mit

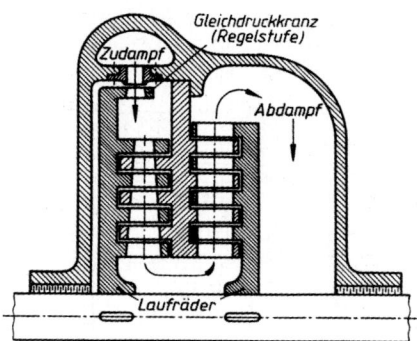

Einfach-Radialturbine

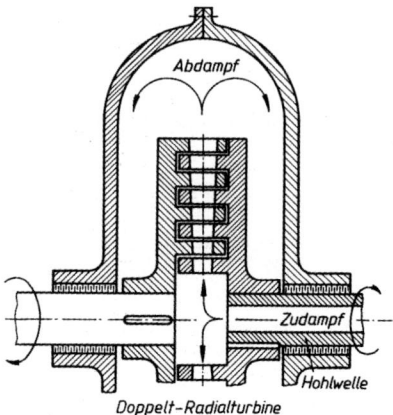

Doppelt-Radialturbine

Bild 18. Radialturbinen

Frischdampf beheizten Zwischenüberhitzer neben der Turbine oder im Zwischenüberhitzer des Kessels, wozu Hin- und Rücklaufrohre des Dampfes zwischen Turbine und Kessel erforderlich sind (Nachteil). Kondensatoranlagen entziehen durch Wasserrohrkühlung dem Abdampf die Verdampfwärme bei Unterdruck (Vakuum). Das entstehende Kondenswasser wird dem Dampferzeuger wieder zugeführt (Kreislaufbetrieb). Die Kühlwassermassen werden bei Frischwasserkühlung einem Flusslauf (oder Brunnen) entnommen. Ihre Kühlwirkung erreicht bis 0,03 bar Abdampfdruck im Kondensator. Bei Frischwassermangel muss das Kühlwasser in Kühltürmen rückgekühlt werden, wobei nur bis ca. 0,1 bar Abdampfdruck im Kondensator erreicht werden kann.

Für Industriezwecke sind Gegendruck-, Entnahme- und Abdampfturbinen gebräuchlich. Gegendruckturbinen verarbeiten nur das obere Energiegefälle, der Rest dient anderen industriellen Heiz- und Wärmezwecken. Bei Entnahmeturbinen wird vor dem Mittel- oder Niederdruckteil Dampfströmung für andere Zwecke abgezweigt. Abdampfturbinen werden mit Abdampf niederen Druckes anderer Energie- oder Industriedampfanlagen gespeist.

4 Wasserturbinen

4.1 Stauanlagen

Gestaut wird durch Wehr oder Staumauer, wodurch nutzbarer Höhenunterschied der Energielage des Wassers entsteht. Diese Höhendifferenz wirkt als Wasserdruckgefälle in der Turbinenanlage.

4.1.1 Niederdruckanlage

Flussanlagen haben meist kleine Höhendifferenz und sind daher Niederdruckanlagen. Das Wasser fließt vom Einstaugebiet oberhalb des Wehrs durch den Obergraben zur Turbine und danach in den Untergraben ab. Bei natürlichen Gräben wird je nach Bodenbeschaffenheit 0,2 bis 1,0 m/s Zulaufgeschwindigkeit im Obergraben gewählt. Gemauerte oder betonierte Kanäle gestatten größere Werte, jedoch ist dann der größere Fallhöhenverlust zu beachten. Rechen und Kiesfang sorgen für Wasserreinheit. Überläufe (Übereich) vermeiden Überschwemmung bei Hochwasseranfall. Turbine und Obergraben können für Reparatur oder Kontrolle durch Haupt- und Leerlaufschütze wasserfrei gemacht werden. Das Bild 1 zeigt ein Anlagebeispiel.

Bei Flussanlagen im Flachgelände liegt die Turbinenkammer direkt am Wehr ohne Obergraben. Wenn nötig, erhalten die Stauanlagen eine Schleusenkammer für den Schiffsverkehr mit Ober- und Unterkanal, wie im Anlagebeispiel vom Bild 2 zu erkennen ist.

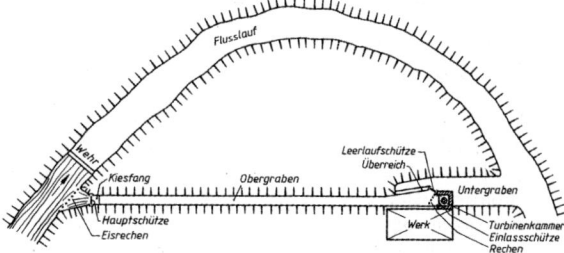

Bild 1. Niederdruckanlage mit Obergraben

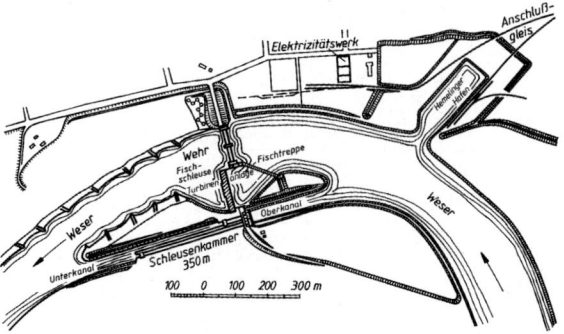

Bild 2. Niederdruckanlage am Wehr

4.1.2 Hochdruckanlage

Anlagen mit Staumauer als Talsperre erschaffen einen Stausee. Solche Stauseeanlagen haben große Höhendifferenz und gelten als Hochdruckanlagen. Vom Stausee führt ein Kanal oder Stollen das Wasser zum Wasserschloss. Von diesem fließt das Wasser durch Rohrleitungen zur Turbine und danach in den Untergraben ab. Das Bild 3 zeigt eine derartige Anlage. Absperrorgane der Rohrleitungen sind Absperrschieber. Der Rohrquerschnitt wird für 1 bis 3 m/s Wassergeschwindigkeit ausgelegt, wobei für lange Rohrstrecken der auftretende Strömungswiderstand (Verlusthöhe) zu beachten ist. Die Rohrwandstärke wird für den auftretenden Wasserdruck bemessen.

Gute Lagerung, Bettung und Verankerung der Rohre sind erforderlich, besonders an Steilhängen mit großem Baugefälle. Die Linienführung der Rohrstrecke soll möglichst gerade sein. Längenänderungen an langen Rohrsträngen durch Temperaturschwankungen werden von Rohrstopfbuchsen aufgefangen.

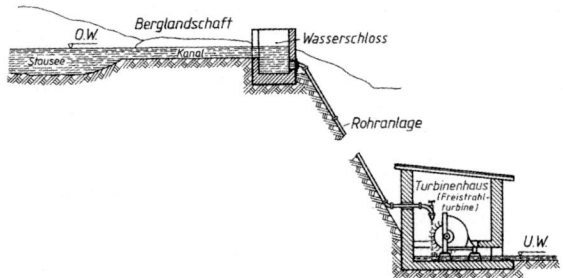

Bild 3. Hochdruckanlage

4.2 Durchfluss, Höhenwerte

Wasserturbinen sind als Strömungsmaschinen dadurch gekennzeichnet, dass bei Betrieb die Schaufelkanäle des Triebrades stetig vom Treibwasser durchströmt werden.

Das sekundlich durch die Turbine strömende Wasservolumen heißt Durchfluss oder Wasserstrom $\dot{V}$ und wird in m³/s gemessen.

Die Fallhöhe H ergibt sich aus der Bernoullischen Druckhöhengleichung.

$$\frac{p_1}{\rho g} + \frac{c_1^2}{2g} + z_1 = \frac{p_2}{\rho g} + \frac{c_2^2}{2g} + z_2 \qquad (1)$$

p	c	z	g	ρ
$\frac{N}{m^2} = Pa$	$\frac{m}{s}$	m	$\frac{m}{s^2}$	$\frac{kg}{m^3}$

Nach Bild 4 errechnet sich die Fallhöhe $H(p_1 = p_2)$ aus

$$H = z_1 + \frac{c_1^2}{2g} - z_2 - \frac{c_2^2}{2g}$$

$$H = z_1 - z_2 + \frac{c_1^2 - c_2^2}{2g}$$

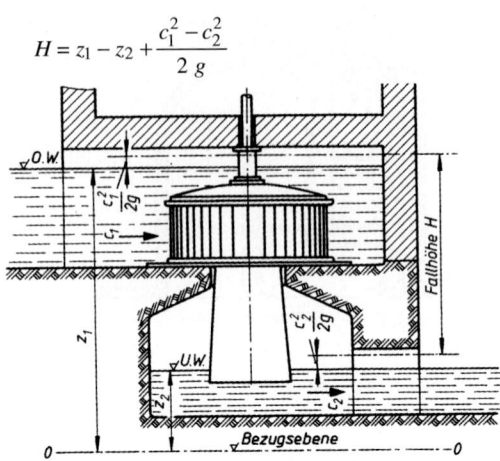

Bild 4. Turbine mit offenem Ober- und Unterwasserspiegel

Für die Spiralturbine nach Bild 5 errechnet sich die Fallhöhe $H(p_1 \neq p_2)$ aus

$$H = z_1 + \frac{p_1}{\rho g} + \frac{c_1^2}{2g} - z_2 - \frac{c_2^2}{2g}$$

$$H = z_1 - z_2 + \frac{p_1}{\rho g} + \frac{c_1^2 - c_2^2}{2g}$$

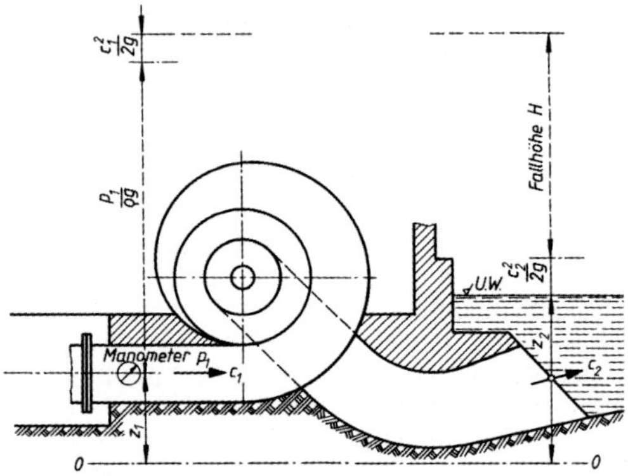

Bild 5. Spiralturbine mit Rohrzufluss

4.3 Freistrahlturbinen

Sie arbeiten an Hochdruckanlagen mit großer Fallhöhe. In den Rohranlagen wirkt am unteren Rohrende die ganze Energiehöhe als Druckenergie auf den Rohrabschluss Die dort angebaute Düse wandelt Druckenergie in Strömungsenergie um. Die Energie des so erzeugten freien Wasserstrahls wird durch Ablenkung an der umlaufenden Radschaufel ausgenutzt. Die Turbine arbeitet als Gleichdruckturbine, weil das Wasser vor und hinter der Schaufel gleichen Druck hat. Die Beaufschlagung ist partiell, weil nur einige Schaufeln vom Strahl gleichzeitig getroffen werden. Mehrdüsige Bauart ist möglich, wodurch größere Drehzahl und Beaufschlagung erhalten wird.

4.3.1 Turbinenleistung

Im Bild 6 ist die Betriebslage der Turbine zwischen Ober- und Unterwasserspiegel dargestellt.
Aus der Fallhöhe H und dem Durchfluss $\dot V$ erhält man die theoretische Wasserleistung $P_{th} = \dot V H \rho g$ in Watt. Der Turbinenwirkungsgrad berücksichtigt auftretende Verluste.

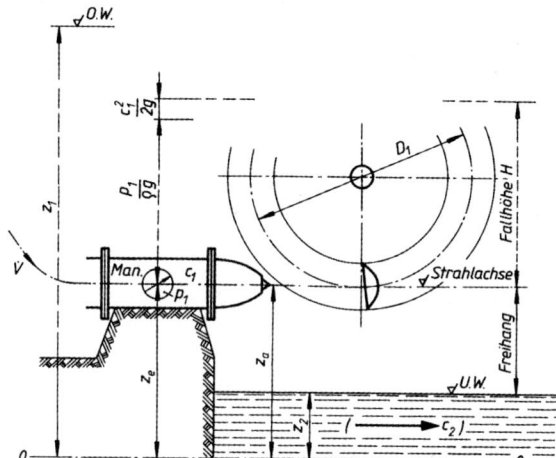

Bild 6. Freistrahlturbine

Damit ist die Turbinenleistung an der Welle

$P = \eta \dot V H \rho g$

P	$\dot V$	ρ	H	
W	$\dfrac{m^3}{s}$	$\dfrac{kg}{m^3}$	m	(2)

4.3.2 Düse, Düsennadel

Verarbeitet die Düse die Druckhöhe $h_D = p/\rho g$, so entsteht nach dem Energiesatz mit der Geschwindigkeitszahl $\varphi =$ ca. 0,98 die Strahlgeschwindigkeit

$c_1 = \varphi \sqrt{2 g h_D}$

c_1	g	h_D	φ	
$\dfrac{m}{s}$	$\dfrac{m}{s^2}$	m	1	(3)

Nach dem Strömungsgesetz wird mit dem Durchfluss $\dot V$ der Strahlquerschnitt

$A_1 = \dfrac{\dot V}{c_1}$

A_1	$\dot V$	c_1	
m^2	$\dfrac{m^3}{s}$	$\dfrac{m}{s}$	(4)

Aus $A_1 = d_1^2 \pi/4$ erhält man den Strahldurchmesser d_1. Die Düse enthält die Düsennadel. Sie regelt bei Lastschwankungen die Turbinenleistung und verhütet unzulässigen Drehzahlanstieg. Die Anordnung der Nadel in der Düse zeigt das Bild 7 im Längsschnitt ebenso wie die Profilierung von Nadel und Düsenwand. Wird die Nadel vorgeschoben, so verkleinert sich der Austrittsquerschnitt des Wassers am Düsenmund und damit auch der Strahlquerschnitt. Der Durchfluss wird kleiner und dadurch die Leistung durch Mengenregelung der Last angepasst. Bei Vollöffnung für Vollleistung ragt die Nadelspitze aus den Düsenmund, so dass ringförmiger Austrittsquerschnitt vorliegt und der Strahldurchmesser d_1 bei Volllast immer kleiner als der Munddurchmesser d_0 ist. Düsenwand- und Nadelkopfprofil sind so geformt, dass bei allen Nadelstellungen des Regelhubes in der Düse der Querschnitt in Fließrichtung abnimmt, das Wasser also stets beschleunigt wird. Die Nadelspitze hat meist Kegelform. Ihr größter Kegeldurchmesser d_k muss größer als der Munddurchmesser d_0 sein, dann sind obige Arbeitsbedingungen der Nadel erfüllt. Der Spitzenwinkel des Wandprofils beträgt ca. 60 bis 80°. Die Betätigung der Nadel erfolgt durch hydraulische Kräfte, die durch einen Fliehkraftregler eingeleitet und gesteuert werden.

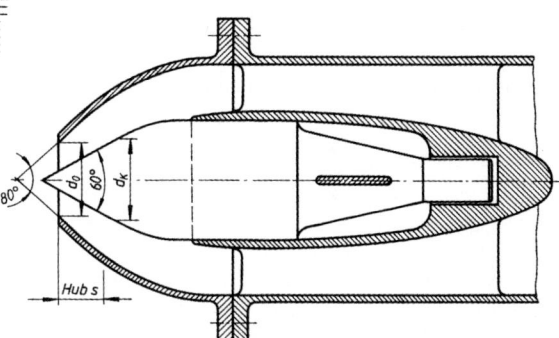

Bild 7. Düsen- und Nadelprofil einer Freistrahlturbine

4.3.3 Radschaufel

Der freie Wasserstrahl trifft die umlaufende Radschaufel. Sie hat Doppelschalenform mit Trennschneide und wird auch Doppellöffel, Doppelbecher genannt. Der Strahldurchmesser d_1 bestimmt die Schaufelgröße. Richtwerte sind: Breite $b =$ Länge $l \approx$ (3 bis 4) d_1; Tiefe $t \approx$ (0,9 bis 1,0) d_1; Ausschnittbreite $a \approx 1,2 \, d_1$. Die Schneide teilt den Strahl beim Wassereintritt. Das Bild 8 zeigt den dadurch auftretenden Geschwindigkeitswinkel β_1 beim Wassereintritt, der je nach Schneidenschärfe 6 bis 8° beträgt. Die Schaufelkrümmung erzeugt Wasserumlenkung. Wegen der nachfolgenden Schaufel am Rad wird nur auf 180° $- \beta_2$ umgelenkt. Der Winkel β_2 wird je nach Bedarf 8 bis 15°, jedoch so klein wie möglich gestaltet.

turbinen wird im Geschwindigkeitsplan die Komponentendifferenz $\Delta c_u = c_{u1} - c_{u2}$ in Triebrichtung erkannt und mit der sekundlichen Durchflussmasse erhält man die Radtriebkraft

$$F = \dot{V} \rho \Delta c_u \qquad \begin{array}{|c|c|c|c|} \hline F & \dot{V} & \rho & \Delta c_u \\ \hline N & \dfrac{m^3}{s} & \dfrac{kg}{m^3} & \dfrac{m}{s} \\ \hline \end{array} \qquad (5)$$

Mit der Umlaufgeschwindigkeit u ist in allgemeiner Form die Radleistung

$$P_u = F u \qquad \begin{array}{|c|c|c|} \hline P_u & F & u \\ \hline W & N & \dfrac{m}{s} \\ \hline \end{array} \qquad (6)$$

Die Radscheibengröße wird durch den Strahlkreisdurchmesser D_1 festgelegt. Als Kleinstwert hierfür kann $D_{1\,min} \approx 10\,d_1$ gebaut werden. Im Geschwindigkeitsplan gilt als Umlaufgeschwindigkeit der Schaufel $u = D_1 \pi n /60$ bei der Raddrehzahl n.

4.3.5 Strahlablenker

Im Bild 10 ist die Wirkungsweise der Strahlablenker dargestellt. Bei plötzlicher Entlastung auf Leerlauf darf die Düsennadel nicht schlagartig den Durchfluss sperren, da hierdurch Wasserdruckstöße im Zuflussrohr und Düse entstehen und sie gefährden. Der sofort einschwenkende Ablenker leitet den Strahl (oder Teilstrahl) aus seiner Richtung derart ab, dass die Schaufeln nicht mehr getroffen werden. Nachfolgend regelt die Nadel langsam auf Neulast ein, wobei der Strahl allmählich vom Ablenker wieder frei gegeben wird. Nadel und Ablenker sind mechanisch oder hydraulisch gekoppelt und aufeinander abgestimmt.

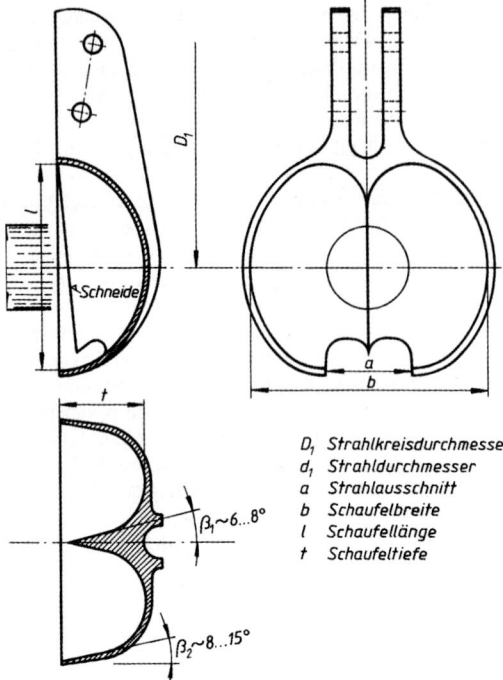

D_1 Strahlkreisdurchmesse
d_1 Strahldurchmesser
a Strahlausschnitt
b Schaufelbreite
l Schaufellänge
t Schaufeltiefe

Bild 8. Radschaufel der Freistrahlturbine

4.3.4 Energienutzung

Der Geschwindigkeitsplan im Bild 9 zeigt die Verhältnisse der Energienutzung. Der Wassereintritt hat den Zuströmwinkel $\alpha_1 = 0°$ und den kleinen Ablenkwinkel β_1 durch die Schneidenschärfe. Die Schaufelschneide und das Strahlwasser haben gleiche Bewegungsrichtung. Das Wasser verlässt die Schalenwand mit kleinem Winkel β_2 gegen u-Richtung. Die Komponenten w_{u1} und w_{u2} unterscheiden sich wenig von w_1 und w_2. Vereinfacht betrachtet wird dann $w_1 = c_1 - u$ und mit $w_1 = w_2$ (ohne Reibzahl ψ) auch $c_2 = u - w_1 = c_1 - 2w_1$.

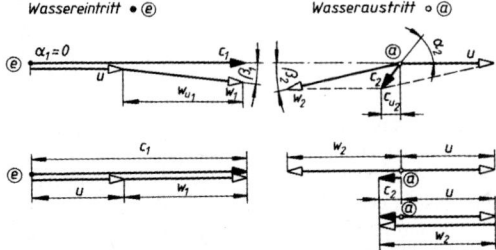

Bild 9. Geschwindigkeitsplan der Freistrahlturbine

Die beste Energienutzung entsteht dann, wenn (vereinfacht) $w = u = c_1/2$ wird mit $c_2 = 0$ (genauer mit c_2 als Kleinstwert bei Winkel $\alpha_2 = 90°$). Wie bei Dampf-

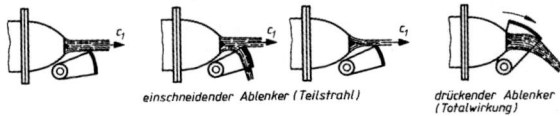

einschneidender Ablenker (Teilstrahl)   drückender Ablenker (Totalwirkung)

Bild 10. Strahlablenker der Freistrahlturbine

4.3.6 Betriebsverhalten

Jede Ent- oder Überlastung der Turbine bei Vollstrahlbetrieb erzeugt eine Drehzahländerung und damit schlechtere Energienutzung des Strahlwassers am Rad. Bei Kleinturbinen für mechanische Arbeitsleistung wird dieser Nachteil manchmal geduldet und nur für längere Minderlastfahrt die Wassermenge durch Handverstellung der Nadel der Last angepaßt. Bei Großanlagen, vor allem bei Elektrizitätserzeugung, muss eine gleichbleibende Drehzahl bei Laständerung gehalten werden.

4 Wasserturbinen

4.3.6.1 Regelbetrieb. Die Mengenregelung des Strahlwassers hält die Turbine für jede Last zwischen Leerlauf und Volllast auf konstanter Drehzahl. Die Strahl- und Umlaufgeschwindigkeit bleibt dabei erhalten, so dass im Geschwindigkeitsplan bei bester Energienutzung auch die Komponentendifferenz Δc_u gleich bleibt Die Triebkraft am Radumfang $F = \dot{V} \rho \, \Delta c_u$ nimmt nur proportional mit dem Durchfluss $\dot{V}$ ab. Die Regelung zeigt Triebmomentanpassung bei gleichbleibender Winkelgeschwindigkeit.

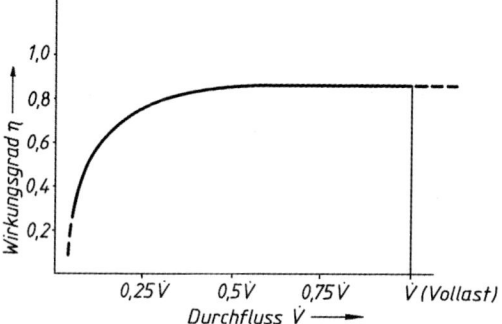

Bild 11. Wirkungsgradverlauf der Freistrahlturbine

Da hierbei kein zusätzlicher Energieverlust des Wassers auftritt, haben Freistrahlturbinen über weiten Lastbereich einen guten, fast gleichbleibenden Wirkungsgradverlauf, wie das Beispiel in Bild 11 erkennen lässt.

4.3.6.2 Überlastung. Bei Überlastung durch größeres Lastmoment M' als das Vollastmoment M sinkt die Drehzahl und die Leistung. In der Schaufel entsteht nicht mehr die beste Energienutzung. Das austretende Wasser hat noch Bewegungsenergie, c_2' hat keinen Kleinstwert, wie der vereinfachte Geschwindigkeitsplan im Bild 12 erkennen lässt Das Verhältnis Überlast- zu Vollastmoment M'/M entspricht dem Triebkraftverhältnis F'/F und dem Verhältnis der Komponentendifferenz $\Delta c_u'/\Delta c_u$ im Geschwindigkeitsplan. Mit dieser vereinfachten Betrachtung ($w_2 = w_1$ und $\beta_1 = \beta_2 = 0$) erhält man für das Drehzahl- und Leistungsverhältnis in Abhängigkeit vom Momentverhältnis nach Bild 13 die Gesetzmäßigkeiten:

$$\frac{n'}{n} = 2 - \frac{M'}{M} \tag{7a}$$

$$\frac{P'}{P} = M'M\left(2 - \frac{M'}{M}\right) \tag{7b}$$

Man erkennt, dass bei zweifachem Vollastmoment Drehzahl und Leistung null wird. Praktisch tritt dieser Stillstand bereits bei $M'/M = 1,9$ ein.

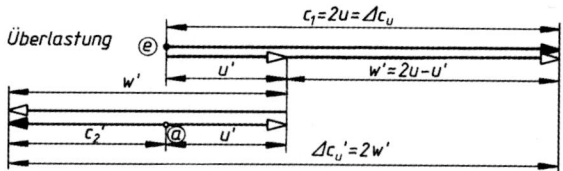

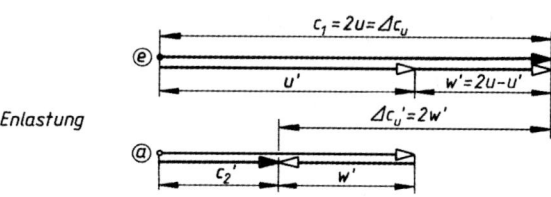

Auswertung: $\dfrac{M'}{M} = \dfrac{\Delta c_u'}{\Delta c_u} = \dfrac{w'}{w} = 2 - \dfrac{u'}{u} = 2 - \dfrac{n'}{n}$

Bild 12. Geschwindigkeitsplan für ungeregelte Über- und Entlastung einer Freistrahlturbine

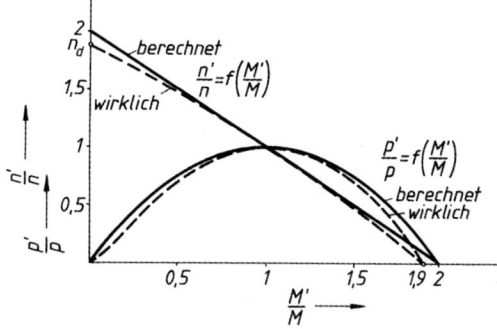

Bild 13. Schaubild für ungeregelte Über- und Entlastung einer Freistrahlturbine

4.3.6.3 Durchgangsdrehzahl. Wird die Turbine ohne Regelung entlastet, so entsteht ein Drehzahlanstieg mit Leistungs- und Triebmomentabnahme. Die Strahlenergie wird nur teilweise am Rad ausgenutzt, das vom Rad ablaufende Wasser hat noch Bewegungsenergie. Die Betriebsverhältnisse und deren Gesetzmäßigkeiten sind hierbei ähnlich wie bei Überlastung, wie in den Bildern 12 und 13 dargestellt wird. Die bei ungeregelter Entlastung auftretende Höchstdrehzahl heißt Durchgangsdrehzahl n_d. Sie liegt praktisch bei 1,9 facher Vollastdrehzahl, rechnerisch nach den vereinfachten Gesetzmäßigkeiten bei zweifachem Wert. Aus Sicherheitsgründen muss die Turbine (und der Generator) diese Drehzahl ertragen können, auch wenn eine Regelanlage vorhanden ist.

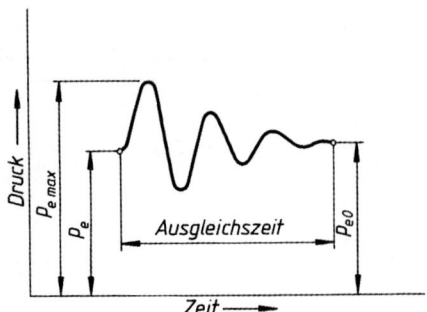

Bild 14. Druckverlauf bei Abschaltung einer Freistrahlturbine

4.3.6.4 Abschaltdruck. Jede Durchflussänderung der Wasserströmung erzeugt Druckänderung im Wasser. Beim Abschaltvorgang entsteht Druckanstieg. Der Übergang vom Strömungsdruckzustand p_e bis zum Ruhedruckzustand p_{e0} verläuft als Druckschwingung (Bild 14). Der größte hierbei auftretende Abschaltdruck $p_{e\,max}$ ist für Rohr- und Düsenfestigkeit maßgebend.

4.3.7 Übungsbeispiel (Freistrahlturbine)

Betriebswerte:

Wasserdurchfluss $\dot{V} = 18\,\dfrac{m^3}{s}$ über 6 Düsen

Druckgefälle in den Düsen 54 bar
Drehzahl des Laufrades $n = 360\,\text{min}^{-1}$

Düsenwerte:

Wasserstrom je Düse $\dot{V}_1 = \dfrac{\dot{V}}{6} = 3\,\dfrac{m^3}{s}$

Düsenreibzahl $\varphi = 0{,}97$
Strahlgeschwindigkeit

$$c_1 = \varphi\sqrt{2\,g\,h_D} = 0{,}97\,\sqrt{19{,}6\cdot 540}\,\dfrac{m}{s} = 100\,\dfrac{m}{s}$$

Strahlquerschnitt $A_1 = \dfrac{\dot{V}}{c_1} = 30\,000\,\text{mm}^2$,

Strahldurchmesser $d_1 = 196$ mm

Laufradwerte:

Umlaufgeschwindigkeit $u = \dfrac{c_1}{2} = 50\,\dfrac{m}{s}$

Strahlkreisdurchmesser $D_1 = 2{,}653$ m
Löffelbreite $b = 3{,}5\,d_1 = 686$ mm
Außenranddurchmesser
$D_a = D_1 + l = 3\,339$ mm ($l = b$)

Radleistung:

Relative Geschwindigkeiten

$$w_1 = (c_1 - u)\sin 82° = 50{,}5\,\dfrac{m}{s}\ \ (\beta_1 = 8°)$$

$$w_2 = \varphi'\,w_1 = 49{,}5\,\dfrac{m}{s}\ \ (\varphi' = 0{,}98)$$

$$w_{u\,2} = w_2\cos\beta_2 = 48{,}8\,\dfrac{m}{s}\ \ (\beta_2 = 10°)$$

Umlaufkomponente $c_{u\,2} = u - w_{u\,2} = 1{,}2\,\dfrac{m}{s}$

Umlaufkomponentendifferenz

$$\Delta c = c_1 - c_{u\,2} = 98{,}8\,\dfrac{m}{s}$$

Leistung am Radumfang

$$P_u = \dot{m}\,\Delta c u = \dot{V}\rho\,\Delta c u$$
$$P_u = 18\,000 \cdot 98{,}8 \cdot 50\,\text{W} = 88\,920\,000\,\text{W}$$

Wirkungsgrad $\eta = \dfrac{P_u}{\dot{V}\rho g h_D} = 0{,}933$

4.4 Francisturbinen

Sie arbeiten an Hoch- und Niederdruckanlagen bis zu kleinen Fallhöhen herunter ($H = 1$ bis 400 m) bei großem Durchfluss $\dot{V}$. An Hochdruckanlagen mündet der Rohrzufluss im Spiralgehäuse der Turbine, bei Niederdruck hat man einen offenen Zufluss (Bilder 4 und 15).

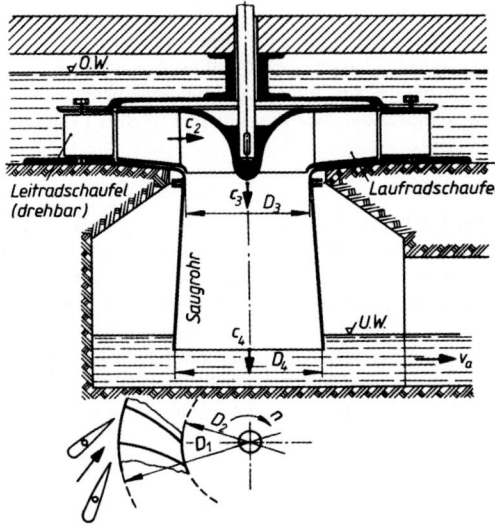

Bild 15. Francisturbine, Langsamläufer

4.4.1 Leitrad

Vor dem Laufrad durchströmt das Wasser drehbare Leitschaufeln, die für die Zuströmrichtung unter Winkel α_1 sorgen und zur Regelung der Durchflussmenge $\dot{V}$ dienen. Ihre Kanäle zeigen schwache Düsenform, um den Fallhöhenanteil h_1 in Strömungsenergie umzuwandeln ($c_0 = \sqrt{2\,g\,h_1}$). Die Zuströmung ist vollbeaufschlagt.

4.4.2 Laufrad

Im Laufrad wird der größere Fallhöhenanteil $h_ü$ verarbeitet. Die Laufradschaufeln bilden düsenförmige Strömungskanäle mit Ablenkkrümmung, so dass gleichzeitig Energie erzeugt und genutzt wird. Am Laufrad wirkt Überdruck, der den Fliehkraftdruck überwindet und Energiezunahme um $\dot V \rho/2$ $(w_2^2 - w_1^2)$ erzeugt. Das Verhältnis $h_ü/H$ heißt Reaktionsgrad. Die Turbine arbeitet als Überdruckturbine.

4.4.3 Saugrohr

Durch das Saugrohr kann die Turbine über den Unterwasserspiegel hochgesetzt werden, ohne dass die wirksame Fallhöhe verloren geht. Es dient auch zum Rückgewinn hoher Austrittsenergie des Laufradwassers. Das Wasser wird von c_3 auf c_4 verlangsamt, indem der Rohrquerschnitt von A_3 auf A_4 erweitert wird. Für gute Strömung und gute Rückgewinnwirkung muss der Erweiterungswinkel kleiner als 12° sein. Große Querschnittsänderung $A_4/A_3 = c_3/c_4$ verlangt dann große Baulängen des Rohres, wodurch bei kleiner Saughöhe abgekrümmte Rohre mit langem waagerechten Auslaufteil notwendig sind (Bild 16). Als Saughöhe H_s gilt die Entfernung vom Unterwasserspiegel bis zur Leitradunterkante oder bis zur Mitte vom Spiralgehäuse.

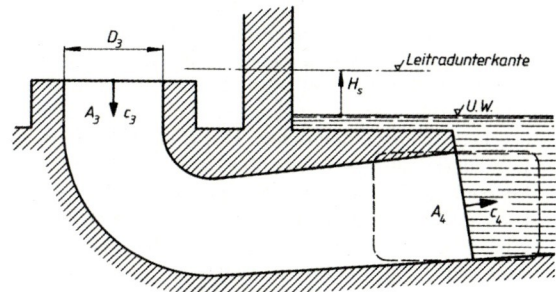

Bild 16. Abgekrümmtes Saugrohr

4.4.4 Energienutzung, Turbinengleichung

Im Bild 17 ist ein Laufradkanal mit den Verhältnissen der Wasserströmung dargestellt. Der Wassereintritt am Rad erfolgt mit c_1 unter den Zuströmwinkel α_1. Stoßfreier Wassereintritt verlangt Winkel β_1 bei Umlaufgeschwindigkeit u_1. Am Wasseraustritt wird wieder eine optimale Energienutzung erreicht, wenn das Wasser mit einem Kleinstwert c_2 unter dem Winkel $\alpha_2 = 90°$ austritt. Winkel β_2 ist ca. 20° bis 30° bei normaler Bauart.
Die im Radkanal zwischen Ein- und Austritt auftretenden Energiedifferenzen der sekundlichen Wassermasse ergeben summiert die Radleistung P_u. Es gilt:

$$P_u = \frac{\dot m}{2} \cdot [(c_1^2 - c_2^2) + (u_1^2 - u_2^2) + (w_2^2 - w_1^2)] \quad (7)$$

oder umgestellt

$$P_u = \frac{\dot m}{2} \cdot [(c_1^2 + u_1^2 - w_1^2) - (c_2^2 + u_2^2 - w_2^2)]$$

Eintritt $\qquad$ Austritt

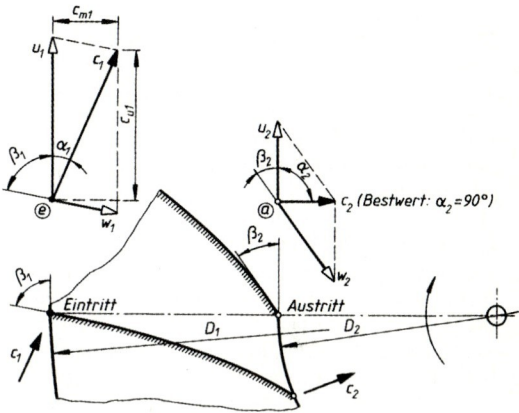

Bild 17. Geschwindigkeitsplan der Francisturbine (Langsamläufer)

Das Austrittsdreieck zeigt $c_2^2 + u_2^2 - w_2^2 = 0$; am Eintrittsdreieck ist nach dem Cosinussatz $c_1^2 + u_1^2 - w_1^2 = 2 u_1 c_1 \cos \alpha_1$; dann ist mit $c_1 \cos \alpha_1 = c_{u1}$ eingesetzt die Radleistung

$$P_u = \dot m \, u_1 \, c_{u1} \quad \begin{array}{c|c|c} \dot m & u, c_{u1} & P_u \\ \hline \dfrac{\text{kg}}{\text{s}} & \dfrac{\text{m}}{\text{s}} & \dfrac{\text{Nm}}{\text{s}} = W \end{array} \quad (8)$$

Wird P_u und ηP_{th} gleichgesetzt, so ist $\dot m u_1 c_{u1} = \dot m g H \eta$ und gekürzt entsteht die allgemein gebräuchliche Turbinengleichung

$$g H \eta = u_1 c_{u1} \quad \begin{array}{c|c|c|c} H & g & u_1, c_{u1} & \eta \\ \hline \text{m} & \dfrac{\text{m}}{\text{s}^2} & \dfrac{\text{m}}{\text{s}} & 1 \end{array} \quad (9)$$

Sie zeigt, dass bei vorliegender Fallhöhe H um so größere Umlaufgeschwindigkeit am Rad auftritt, je kleiner der Wert $c_{u1} = c_1 \cos \alpha_1$ wird. Dies erreicht man durch eine kleine Druckhöhe h_1 im Leitrad und einen großen Überdruck $h_ü$ im Laufrad. Man erkennt: Überdruck erzeugt Schnellläufigkeit der Turbinen. Ist am Wasseraustritt der Abströmwinkel nicht 90°, so entsteht die Geschwindigkeitskomponente c_{u2} und es gilt als Turbinengleichung $g h \eta = u_1 c_{u1} - u_2 c_{u2}$. Für die Durchströmung im Rad gilt $\dot V = A_1 c_{m1} = A_2 c_{m2}$, wobei A_1 und A_2 der Eintritts- bzw. Austrittsquerschnitt des Rades ist und c_{m1} bzw. c_{m2} die radialen Geschwindigkeitskomponenten (d.h. in Meridianrichtung) von c_1 und c_2 sind. Bei Anströmwinkel $\alpha_2 = 90°$ wird $c_{m2} = c_2$ und $c_{u2} = 0$.

4.4.5 Radformen

Je näher die Schaufelflächen zur Radmitte gebaut werden, um so größere Raddrehzahl kann erreicht werden. Man unterscheidet drei Typen. Liegen die Flächen nur im radialen Strömungsgang, so spricht man vom Langsamläufer. Hier ist D_1 größer als D_2, wie es Bild 15 bereits aufzeigt und wie auch im Bild 18 dargestellt ist. Beim Normalläufer liegen die Schaufelflächen im Umlenkteil der Strömung mit radialer Zuströmungsebene zur Eintrittskante der Schaufel (c_{m1}) und mit axialer Abströmung c_{m2} von der Austrittskante.

Die Raddurchmesser D_1, D_2 und D_3 sind annähernd gleich groß. Die Schaufelflächen sind doppelt gekrümmt, also schwerer herstellbar als beim Langsamläufer. Wird nur der untere Umlenkteil der Strömung durch Schaufelflächen besetzt, so entsteht der Schnellläufer. Die Eintritts- und Austrittskante der Schaufelflächen haben fast gleichen mittleren Durchmesser D_m. Sämtliche drei Bautypen sind im Bild 18 zum Vergleich dargestellt.

Wird bei den Rädern der Austrittsquerschnitt A_2 klein gestaltet, so erhält man kleine Raddurchmesser und damit eine hohe Drehzahl der Turbine. Aus $A_2 = \dot V /c_{m2}$ oder bei $\alpha_2 = 90°$ auch $A_2 = \dot V/c_2$ folgt, dass man kleine Durchmesser durch große c_2-Werte erreichen kann. Deshalb wird die Austrittsenergie des Wassers relativ groß gewählt, die dann im Saugrohr durch Verlangsamen wiedergewonnen wird. Richtwerte sind: $c_2^2/2g = H/10$ für Normalläufer, $c_2^2/2g = H/5$ für Schnellläufer und $c_2^2/2g = H/20$ für Langsamläufer.

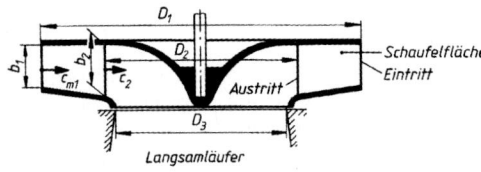

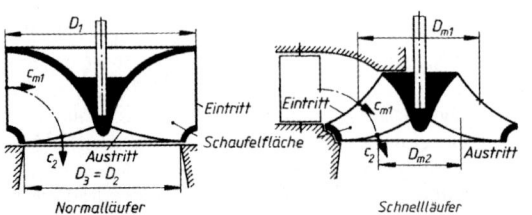

Bild 18. Radformen der Francisturbinen

4.4.6 Regelung

Die Verdrehung der Leitschaufeln verkleinert den Austrittsquerschnitt des Leitrades und damit auch den Durchfluss $\dot V = c_0 A_0$. Hierdurch entsteht Mengenregelung für die Lastanpassung. Dabei wird die Richtung von c_1 zum Laufrad geändert und am Wassereintritt entsteht bei gleicher Raddrehzahl (u_1 = konstant) eine kleinere Relativgeschwindigkeit w_1' mit der Stoßkomponente w_s, die entweder Bremswirkung hat oder Turbulenz im Radkanal erzeugt. Auch der Wasseraustritt erfolgt unter anderem Winkel α_2', wodurch c_2' eine Rotationskomponente c_{u2}' erhält. Diese Rotationsenergie des Austrittswassers lässt sich im Saugrohr nicht zurückgewinnen und ist Energieverlust. Das Bild 19 zeigt obige Folgeerscheinungen der Regelung. Die Nachteile sind: Stoßeintritt und Turbulenz oder Bremswirkung, größere Austrittsverluste durch Rotationsenergieminderung, Wirkungsgradverschlechterung der Turbine.

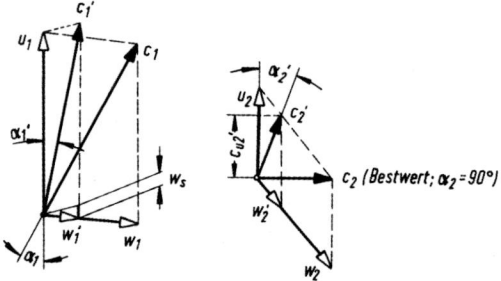

Bild 19. Geschwindigkeitsplan der Francisturbine bei Regelung für konstante Drehzahl

4.4.7 Betriebsverhalten

Lastschwankungen im praktischen Betrieb verlangen Regelung der Turbine für konstante Betriebsdrehzahl. Die geschilderten Regelungsnachteile ergeben einen schlechteren Wirkungsgradverlauf bei Francisturbinen als bei Freistrahlturbinen. Das Bild 20 zeigt das Betriebsverhalten bei Durchflussregelung zwischen Leerlauf bis 1,5 fachen Volllastdurchfluss bei n = konstant. Man erkennt einen brauchbaren Wirkungsgradverlauf im Regelbereich von 0,6 bis 1,4 $\dot V$ ($\dot V$ Volllastdurchfluss mit Bestnutzung).

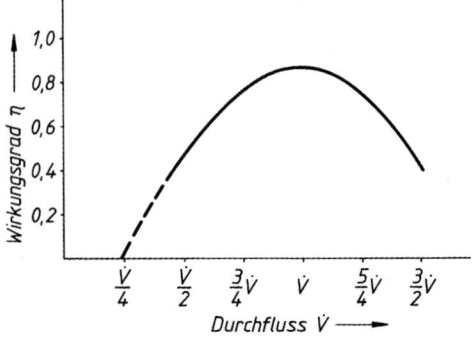

Bild 20. Wirkungsgradverlauf der Francisturbine

Für diesen Leistungsbereich werden Francisturbinen vorausgeplant und gebaut. Außerhalb dieses vorgesehenen Leistungsbereichs muss der schlechtere Wirkungsgrad geduldet werden.

4.4.8 Übungsbeispiel (Francisturbine)

Betriebswerte:

Wasserdurchfluss $\dot{V} = 2 \, \frac{m^3}{s}$

Druckgefälle 14 bar, Turbinendruckhöhe $h = 140$ m
Drehzahl des Turbinenrades $n = 750 \, \text{min}^{-1}$

Laufradumrisse:

Wandwinkel am Wasseraustritt $\beta_2 = 26°$ (gewählt)
Wasseraustrittsgeschwindigkeit

$$c_2 = \sqrt{0{,}08\,g\,h} = 10{,}5 \, \frac{m}{s} \left(\text{aus} \; \frac{c_2^2}{2g} = 0{,}04\,h \right)$$

Umlaufgeschwindigkeit

$$u_2 = \frac{c_2}{\tan \beta_2} = 21{,}5 \, \frac{m}{s}$$

Laufraddurchmesser

$$D_2 = \frac{u_2}{\pi\,n} = 0{,}548 \, m,$$

gewählt $D_2 = 550$ mm mit

$u_2 = 21{,}6 \, \frac{m}{s}$ und $c_2 = 10{,}54 \, \frac{m}{s}$

Wasseraustrittsquerschnitt $A_2 = \frac{\dot{V}}{c_2} = 0{,}189 \, m^2$

Austrittshöhe der Radkanäle $b_2 = \frac{1{,}15\,A_2}{D_2\,\pi} = 0{,}126 \, m,$

mit 15 % Schaufelwandeinfluss aus $1{,}15\,A_2 = D_2\,\pi\,b_2$ ermittelt

Relative Geschwindigkeit

$$w_2 = \frac{c_2}{\sin \beta_2} = 24{,}1 \, \frac{m}{s}$$

Geschwindigkeitszahl für die Leit- und Laufradkanäle $\varphi = 0{,}93$ (gewählt)
Umlaufgeschwindigkeit u_1 mit $\beta_1 = 90°$ und $u_1 = c_{u1}$ nach der Turbinengleichung $u_1\,c_{u1} = \varphi^2\,g\,h$

$u_1 = 34{,}5 \, \frac{m}{s}$

Laufraddurchmesser $D_2 = 0{,}878$ m

Zuströmwinkel $\alpha_1 = 16{,}8°$ nach $c_{m1} = c_2$ und

$$\tan \alpha_1 = \frac{c_{m1}}{u_1}$$

Wassereintrittsgeschwindigkeit

$$c_1 = \frac{c_{m1}}{\sin \alpha_1} = 36{,}3 \, \frac{m}{s}$$

Relative Geschwindigkeit $w_1 = c_{m1} = 10{,}5 \, \frac{m}{s}$

Eintrittshöhe der Radkanäle $b_1 = b_2 \, \frac{D_2}{D_1} = 79$ mm

Leistung am Radumfang:

$P_u = \dot{m}\,u_1\,c_{u1} = 2\,380\,500$ W

Wirkungsgrad am Radumfang

$$\eta = \frac{P_u}{\dot{V}\,\rho\,g\,h} = 0{,}867$$

Saugrohr:

Saugrohrdurchmesser $D_3 = 500$ mm (gewählt) mit $A_3 = 0{,}196 \, m^2$
Saugrohrquerschnitt $A_4 = 1 \, m^2$ (gewählt)
Saugrohrgeschwindigkeiten

$$c_3 = \frac{\dot{V}}{A_3} = 10{,}2 \, \frac{m}{s}$$

$$c_4 = c_3 \, \frac{A_3}{A_4} = 2 \, \frac{m}{s} \quad \text{(ohne Saugrohrwirkungsgrad)}$$

4.5 Kaplanturbinen

Um den nachteiligen Stoßeintritt und die Rotationskomponente c_{u2} der Francisturbine bei Regelung zu vermeiden, werden die Schaufeln des Laufrades verstellbar gebaut. Hohe Drehzahl des Laufrades erreicht man mit großer Austrittsenergie des Wassers aus dem Laufrad (L 50, 4.4.5). Es wird $c_2^2/2g = 0{,}3$ bis $0{,}4\,H$ gewählt, wodurch für Verlangsamung des Wassers große Baulängen des Saugrohres auftreten können.

4.5.1 Leitrad

Das Leitrad hat gleiche Bauart und Regelwirkung wie bei Francisturbinen. Die Leitschaufeln führen das Wasser tangential in den schaufelfreien Umlenkraum, wo es zusätzliche Fallströmung erhält.

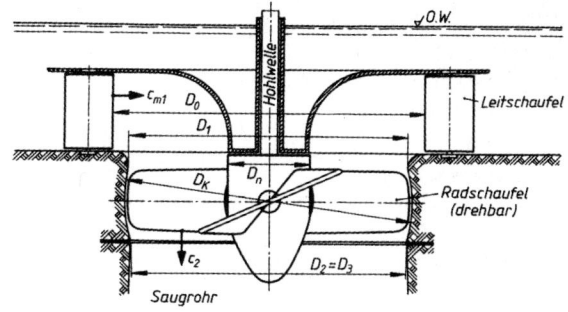

Bild 21. Kaplanturbine

Das Bild 21 lässt den Umlenkraum vor dem Laufrad erkennen.

4.5.2 Laufrad

Die flügelförmigen Schaufeln sind drehbar in der Radnabe gelagert. Ihr Verstelltrieb wird durch die hohle Radwelle zugeführt. Die Gehäusedurchmesser sind meist fast gleich dem Saugrohrdurchmesser $D_3 \sim D_2 \sim D_1$. Der Nabendurchmesser ist $D_n = 0{,}3$ bis $0{,}5\, D_k$, worin D_k = Kugeldurchmesser des mittleren Gehäuseteils ist.

4.5.3 Doppelregelung

Bei der Mengenregelung für Lastanpassung mit konstanter Drehzahl werden Leit- und Radschaufeln gleichzeitig verstellt. Der geringere Durchfluss $\dot{V}'$ verlangt am Rad bei konstantem u kleinere Werte c'_m und c'_2, weil $\dot{V}' = A_1 c'_m = A_2 c'_2$ kleiner ist als $\dot{V} = A_1 c_{m1} = A_2 c_2$. Hierbei soll der Abströmwinkel $\alpha_2 = 90°$ erhalten bleiben, wie es im Bild 22 dargestellt ist, damit im Saugrohr das Wasser keine Rotationsenergie aufweist, weil diese dort nicht zurückgewonnen werden kann. Die genaue Abstimmung beider Schaufelverstellungen auf diese guten Austrittsbedingungen ist anzustreben.

Ringfläche $A_2 = \dfrac{\pi}{4} \cdot (D_2^2 - D_n^2)$

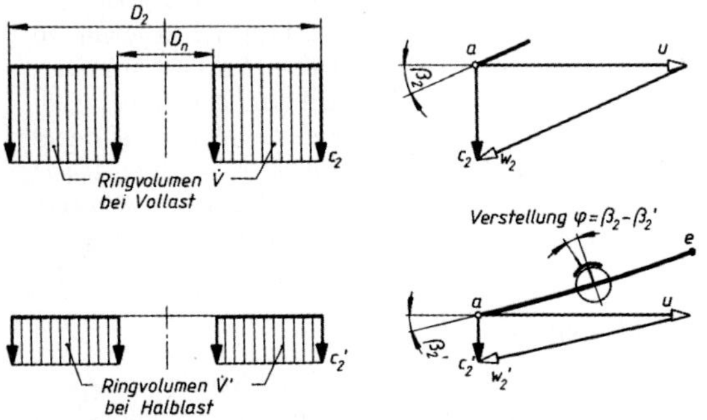

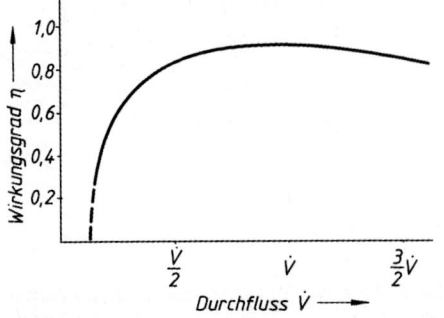

Bild 22. Radschaufelverstellung bei Regelung der Kaplanturbine

Durch diese Doppelregelung wird über weitem Lastbereich ein guter Wirkungsgradverlauf erzielt ähnlich wie bei Freistrahlturbinen. Das angeführte Beispiel im Bild 23 zeigt zwischen 0,3 bis 1,6 $\dot{V}$ brauchbaren Regelbereich mit guten Wirkungsgraden.

Bild 23. Wirkungsgradverlauf der Kaplanturbine

4.5.4 Übungsbeispiel (Kaplanturbine)

Betriebswerte:

Wasserdurchfluss
$$\dot{V} = 67\, \frac{m^3}{s}$$

Nutzgefälle
$h = 3{,}5\, m$

Laufradumrisse:

Wasseraustrittsgeschwindigkeit
$$c_2 = \sqrt{0{,}8\, g\, h} = 5{,}24\, \frac{m}{s} \quad (\text{aus } \frac{c_2}{2g} = 0{,}4\, h)$$

Wasseraustrittsquerschnitt
$$A_2 = \frac{\dot{V}}{c_2} = 12{,}79\, m^2$$

Bauverhältnisse
$D_1 = D_2 = D_3 = D_k$, $D_n = 0{,}444\, D_3$ (gewählt)

Gehäusedurchmesser
$$D_3 = \sqrt{\frac{4 A_2}{\pi\, 0{,}803}} = 4{,}5\, m \quad (\text{aus } A_2 = \frac{\pi}{4}(D_3^2 - D_n^2))$$

Nabendurchmesser
$D_n = 0{,}444\, D_3 = 2\, m$

Flügellänge
$$l_f = \frac{D_3 - D_n}{2} = 1{,}25\, m$$

Querschnittserweiterung auf
$A_3 = 15{,}9\, m^2$ über Baulänge $l_n = 2{,}2\, m$

Saugrohrgeschwindigkeiten
$$c_3 = \frac{\dot{V}}{A_3} = 4{,}21\, \frac{m}{s},\quad c_4 = 2\, \frac{m}{s} \text{ (gewählt)}$$

Saugrohraustrittsquerschnitt
$$A_4 = \frac{\dot{V}}{c_4} = 33{,}5\, \frac{m}{s}$$

Geschwindigkeiten in Flügelmitte:

Mittlerer Laufdurchmesser
$$D = \frac{D_3 + D_n}{2} = 3{,}25\, m$$

Flügelwinkel $\beta_2 = 24°$ (gewählt)

Umlaufgeschwindigkeit
$$u = \frac{c_2}{\tan \beta_2} = 11{,}78\, \frac{m}{s} \quad (\text{aus } \tan \beta_2 = \frac{c_2}{u})$$

Raddrehzahl
$$u = \frac{u}{\pi D} = 69\, \text{min}^{-1}$$

Geschwindigkeitszahl
$\varphi = 0{,}95$ (gewählt)

Umlaufkomponente
$$c_{u1} = \frac{30{,}9}{u} = 2{,}62\, \frac{m}{s}$$

4 Wasserturbinen

aus der Turbinengleichung

$$u\, c_{u1} = \varphi^2\, g\, h = 30{,}9\, \frac{m^2}{s^2}$$

Zuströmwinkel $\alpha_1 = 63{,}5°$ nach

$$c_{m1} = c_2 \text{ und } \tan \alpha_1 = \frac{c_{m1}}{c_{u1}}$$

Wassereintrittsgeschwindigkeit

$$c_1 = \frac{c_{m1}}{\sin \alpha_1} = 5{,}85\, \frac{m}{s}$$

Flügelwinkel

$$\beta_1 = 30° \text{ (nach } \tan \beta_1 = \frac{c_{m1}}{u - c_{u1}} = 0{,}572)$$

Relative Geschwindigkeiten

$$w_1 = \frac{c_{m1}}{\sin \beta_1} = 10{,}5\, \frac{m}{s},\ w_2 = \frac{c_2}{\sin \beta_2} = 12{,}9\, \frac{m}{s}$$

Leistung am Radumfang:

$$P_u = \dot{m}\, u\, c_{u1} = 2\,067\,861\, W$$

Wirkungsgrad am Radumfang

$$\eta = \frac{P_u}{\dot{V}\, \rho\, g\, h} = 0{,}899$$

4.6 Spezifische Drehzahl

Die Turbinenarten unterscheiden sich hauptsächlich durch die Radschaufelformen, die als Doppelschalen, einfach oder doppelt gekrümmte Blattflächen und als Flügel auftreten. Zur Kennzeichnung der Turbinenart benutzt man diejenige Drehzahl der Turbine, die an 1 m Fallhöhe mit einem Durchfluss $\dot{V} = 1$ m³/s arbeitet. Diese Drehzahl heißt spezifische Drehzahl n_q. Räder für andere Fallhöhen und anderen Durchfluss sind formähnlich, haben aber andere Abmessungen und andere Drehzahlen. Ihr Zusammenhang mit der spezifischen Drehzahl zeigt das Ähnlichkeitsgesetz, dem folgende Überlegungen zu Grunde liegen. Mit Abnahme der Fallhöhe H auf 1 m nimmt bei gleichbleibender Leitradöffnung der Turbine der Fallhöhenanteil h_1 proportional mit H auf $h_1' = h_1 / H$ ab. Der Geschwindigkeitsplan im Bild 24 lässt erkennen, dass dadurch alle Geschwindigkeitswerte im Verhältnis $1 : \sqrt{H}$ abnehmen und die Turbinendrehzahl auf $n' = n/\sqrt{H}$ absinkt.
Der Durchfluss sinkt ebenfalls auf $\dot{V}' = \dot{V}/\sqrt{H}$, weil c_m auf $c_m' = c_m / \sqrt{H}$ abnimmt. Die Leistung ändert sich ebenfalls und ergibt sich aus $P' = P/\sqrt{H}$. Soll nun an 1 m Fallhöhe bei gleichem c_m' der Durchfluss $\dot{V}$ auf den Wert $\dot{V}_q = 1$ m³/s abnehmen, müssen die Strömungsquerschnitte geändert werden. Für den Wassereintritt wird $A_0 = \dot{V}/c_m'$ auf $A_{0q} = \dot{V}_q/c_m'$ verändert. Aus $A_0/A_{0q} = D^2/D_q^2 = n_q^2/n'^2$ folgt $n_q = n/\sqrt{H}$ sowie $\dot{V}' = \dot{V}/\sqrt{H}$. Eingesetzt ergibt sich daraus das Ähnlichkeitsgesetz

$$n_q = \frac{n}{\sqrt{H}} \sqrt{\frac{\dot{V}}{\sqrt{H}}}\, \mu \quad \begin{array}{c|c|c} n_q, n & H & \dot{V} \\ \hline \min^{-1} & m & \frac{m^3}{s} \end{array} \quad (10)$$

Richtwerte sind:

Freistrahlturbine,	1 Düse	$n_q =$	0 ... 9; $H = 2\,000$ m
	4 Düsen	$n_q =$	9 ... 18;
Francisturbine, Langsamläufer		$n_q =$	15 ... 45; $c_2^2/2g = H/20$
Francisturbine, Normalläufer		$n_q =$	45 ... 75; $c_2^2/2g = H/10$
Francisturbine, Schnellläufer		$n_q =$	75 ... 120; $c_2^2/2g = H/4$
Kaplanturbine		$n_q =$	130 ... 300; $c_2^2/2g = H/2$

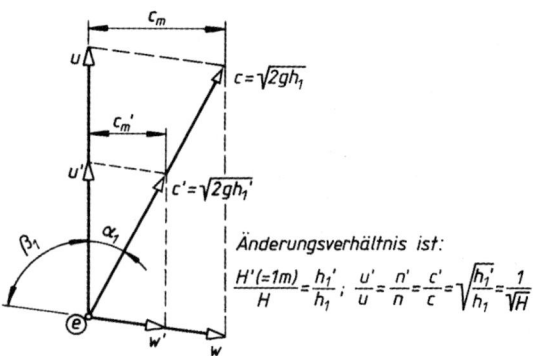

Bild 24. Geschwindigkeitsplan einer Francisturbine bei Fallhöhenänderung mit Bestnutzung

4.7 Kavitation

An kleinen Fallhöhen erhöht die Saugwirkung die Strömungsgeschwindigkeit, so dass ein kleiner Bauquerschnitt mit hoher Turbinendrehzahl erreicht wird. Für 2 m Fallhöhe ist ohne Saugwirkung $v = \sqrt{2g\cdot 2} = 6{,}3$ m/s, kann aber theoretisch auf $v' = \sqrt{2g(2+B)} = \sqrt{2g(2+10)} = 15{,}5$ m/s gesteigert werden, wenn der Luftdruck 1 bar beträgt.
Ausnutzungsgrenze der Saugwirkung ist der Dampfdruck p_D des Wassers, der von der Wassertemperatur abhängig ist.

Übersichtstabelle:

Temperatur ϑ in °C	0	10	20	30	40	50
Dampfdruck p_D in Pa	611	1 228	2 337	4 241	7 374	12 340

Sinkt durch Saugwirkung der Wasserdruck unter Dampfdruck, so entstehen Dampfblasen, die nachfolgend an Stellen mit höheren Druck in der Strömung schlagartig kondensieren und zusammenbrechen (Schlaggeräusch!). Diese Erscheinung heißt Hohlraumbildung oder Kavitation. Sie erzeugt Energieverlust und Wandzerstörung.

Die Stelle kleinsten Druckes in der Strömung liegt meist am Laufradaustritt. Hier muss der Druck noch so groß sein, dass sich die Strömung nicht von der Schaufel- oder Führungswand ablöst, weil sonst Kavitation entstehen würde. Dieser sogenannte Haftdruck h_0 wird für die Turbinenarten durch Versuch ermittelt. Auf 1 m Fallhöhe umgerechnet erhält man die Thomasche Kavitationszahl $\sigma = h_0/H$.

Übersichtstabelle (Richtwerte):

Spezifische Drehzahl n_q in min^{-1}	15	30	60	90	120	150	180	210	240	270
Kavitationszahl σ	0,03	0,05	0,1	0,2	0,3	0,4	0,6	0,8	1,0	1,2

Mit dem Luftdruck p_L, dem Saugdruck p_S und dem Dampfdruck p_D wird am Laufradaustritt der kleinstmögliche Druck $\sigma p_{min} = p_L - \rho g H_s - \rho g h_D$. Daraus ergibt sich die anwendbare Fallhöhe aus $H = p_L/\rho g - H_s - h_D$. Bei einem mittleren Luftdruck $p_L = 1$ bar und h_D sehr klein wird angenähert $\sigma H = 10 - H_s$. Daraus folgt, dass schnellläufige Turbinen mit großer Kavitationszahl nur für kleinere Fallhöhen geeignet sind.

■ **Beispiel:**
Kaplanturbine mit $n_q = 150$ min^{-1}, $\sigma = 0{,}4$ und $H_s = 0$ kann mit maximal $H = \frac{1}{\sigma} = 25$ m Fallhöhe arbeiten. Durch die Saughöhe H_s verringert sich die maximale Fallhöhe weiter.

5 Windkraftanlagen

5.1 Nutzung der kinetischen Energie

Windkraftanlagen können bei Windgeschwindigkeiten ab 5 m/s Strom erzeugen. Die Nennleistung wird bei Windgeschwindigkeiten in Nabenhöhe von 12 bis 16 m/s erreicht, was ungefähr der Windstärke 7 entspricht.

Probleme ergeben sich durch stark wechselnde Windgeschwindigkeiten. Dadurch ist das Energieangebot so unterschiedlich, dass die durch den Wind produzierte Energie meist nur in das vorhandene Stromnetz eingespeist werden kann. Ein gleichmäßigeres Energieangebot kann durch Zusammenfassung von Windkraftanlagen zu Windparks erreicht werden. Durch den Einfluss von Sturmwinden oder Böen können Windkraftanlagen schwer beschädigt werden. Deshalb erfolgt bei ca. 16 m/s ein Strömungsabriss an den Rotorblättern (Bild 1). Bei ca. 25 m/s wird der Rotor abgeschaltet. Die maximale Sicherheitsgeschwindigkeit der Winkraftanlage liegt bei ca. 60 m/s Windgeschwindigkeit.

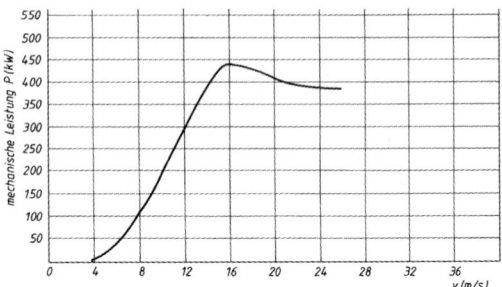

Bild 1. Windgeschwindigkeit in Nabenhöhe

5.2 Aufbau einer Windkraftanlage

5.2.1 Rotor

Bild 2 zeigt den Aufbau der Gondel, die den gesamten Triebwerkskopf aufnimmt.

Die Rotoren werden meist als Dreiblatt-Luvläufer ausgelegt. Bei Luvläufern befindet sich der Rotor – in Richtung dies anblasenden Windes gesehen – vor dem Turm der Anlage. Bei drehendem Wind erfolgt die Nachführung des Rotors automatisch.

Die Rotordurchmesser sind abhängig von der geplanten Nennleistung und den durchschnittlichen Windgeschwindigkeiten. Anhaltswerte für Rotordurchmesser (Bild 3).

Die Leistungsregelung erfolgt über die Verstellung der Rotorblätter.

Werkstoffe für Rotoren sind glasfaser- oder kohlefaserverstärkte Kunststoffe.

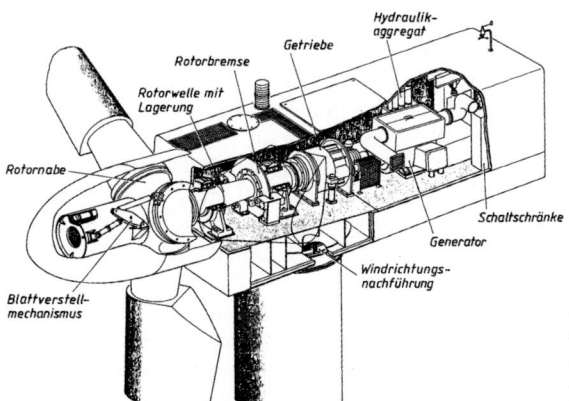

Bild 2. Gondel einer Windkraftanlage (MAN)

5 Windkraftanlagen

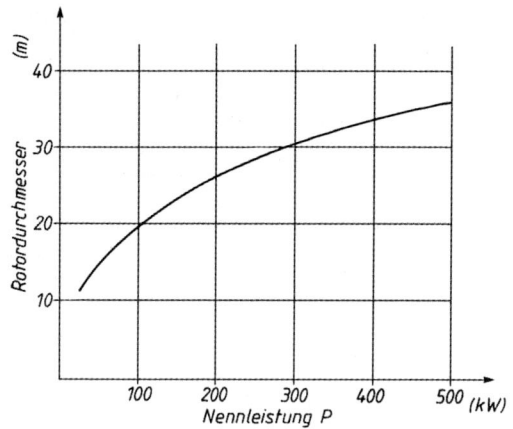

Bild 3. Rotordurchmesser in Abhängigkeit von der Nennleistung

5.2.2 Bremse

Die Rotorbremse begrenzt eine mögliche Rotor-Überdrehzahl z.B. durch Sturm oder durch Lastabwurf bei Netzstörungen. Sie wirkt über zwei voneinander unabhängig arbeitende hydraulische Bremssysteme.

5.3 Getriebe und Generator

Bei den Getrieben werden zwei- oder dreistufige Planetengetriebe mit elastischen Kupplungen zur Generatorseite hin eingesetzt. Bei den Generatoren handelt es sich hauptsächlich um asynchrone Wellengeneratoren, die bei Nennleistungen über 200 kW auch hintereinander geschaltet werden, um – je nach Windstärke – einen breiteren Leistungsbereich abdecken zu können.

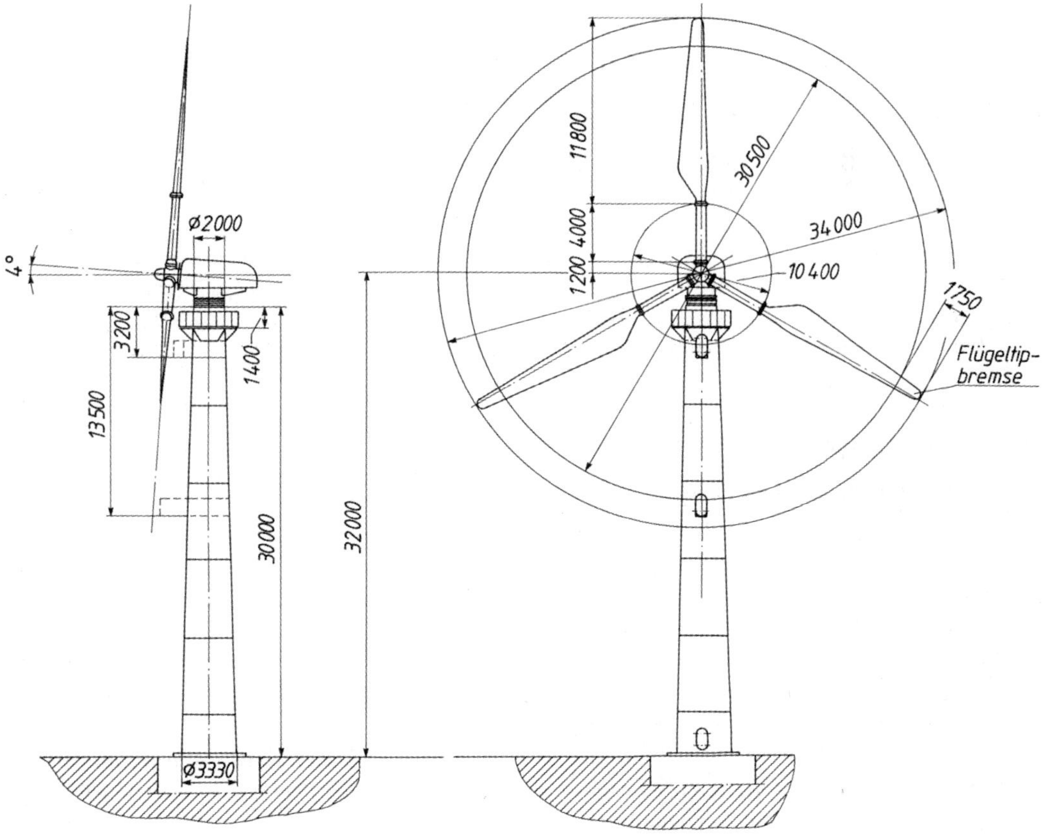

Bild 4. Windkraftanlage mit einer Nennleistung von 400 kW (Dorstener)

6 Pumpen

Pumpen fördern Flüssigkeiten auf ein höher gelegenes Niveau. Pumpen sind Arbeitsmaschinen, weil ihnen mechanische Energie zugeführt wird. Diese mechanische Energie wird umgewandelt in Druck- und kinetische Energie.

6.1 Fördermenge, Förderhöhe

Als Fördermenge (Förderstrom, Durchsatz) wird nur das nutzbare Flüssigkeitsvolumen je Zeiteinheit $\dot{V}$ in m^3/s bezeichnet.
Entlastungs-, Leck- und entnommene Kühlflüssigkeiten für die Pumpenanlage zählen nicht zum Förderstrom.
Die Förderhöhe h in m (Bild 1) wird als Nutzförderhöhe bezeichnet. Zunächst muss in der Saugleitung durch die Pumpe ein Unterdruck erzeugt werden, damit die Flüssigkeit aus der Lage z_1 über die Saugleitung bis zur Pumpe gelangen kann. Dann wird ein Überdruck erzeugt, damit die Flüssigkeit über die Druckleitung auf die Lage z_2 transportiert werden kann.

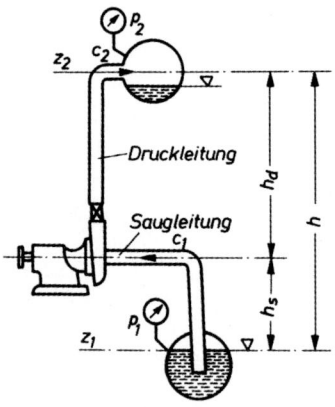

Bild 1. Pumpenanlage

Die Nutzförderhöhe setzt sich zusammen aus der Saughöhe h_s und der Druckhöhe h_d:

$$h = h_s + h_d \quad (1)$$

Ausschlaggebend für die Saugwirkung ist bei allen Pumpen der atmosphärische Druck bei offenem Saugbehälter oder der Druck p_1 bei geschlossenem Saugbehälter. Bei einem atmosphärischen Druck von ca. 1 bar könnte theoretisch die Saughöhe für Wasser als Förderflüssigkeit 10 m betragen. Die praktisch erreichbare Saughöhe ist allerdings wesentlich geringer, da der tatsächliche Barometerstand, die Wassertemperatur und die am Ende der Saugleitung vorhandene Geschwindigkeitsenergie des Wassers berücksichtigt werden muss Durch diese Umstände lässt sich für Wasser eine nutzbare Saughöhe von maximal 7 m erreichen.

Bei Wassertemperaturen über 70 °C muss auf das Ansaugen ganz verzichtet werden; man lässt in diesem Fall das Wasser der Pumpe zulaufen.
Neben der nutzbaren Saughöhe h_s und der Druckhöhe h_d müssen noch sämtliche Widerstände in der Saug- und Druckleitung, in Armaturen, Krümmern, Messgeräten und Filtern überwunden werden. Widerstände treten auch durch Geschwindigkeitsänderungen infolge Querschnittsunterschieden in den Leitungen auf.
Daraus ergibt sich die erforderliche Förderhöhe h_{erf} ($h_{erf} > h$):

$$h_{erf} = h + \frac{p_2 - p_1}{\rho g} + \frac{c_2^2 - c_1^2}{2g} + h_v \quad (2)$$

h_{erf}, h, h_v	p_1, p_2	ρ	g	c_1, c_2
m	$\dfrac{N}{m^2}$	$\dfrac{kg}{m^3}$	$\dfrac{m}{s^2}$	$\dfrac{m}{s}$

h	nutzbare Förderhöhe
$\dfrac{c_2^2 - c_1^2}{2g}$	Geschwindigkeitshöhe
$\dfrac{p_2 - p_1}{\rho g}$	Druckhöhe
h_v	Widerstandshöhe

6.2 Pumpenleistung und Wirkungsgrad

Die Nutzleistung einer Pumpe ergibt sich aus der Fördermenge $\dot{V}$ und der Förderhöhe h_{erf}:

$$P_n = \dot{V} h_{erf} \rho g$$

P_n	$\dot{V}$	h_{erf}	ρ	g
W, kW	$\dfrac{m^3}{s}$	m	$\dfrac{kg}{m^3}$	$\dfrac{m}{s^2}$

(3)

Die Wellenleistung P_a an der Kupplung muss größer sein, da Leck-, Wirbel-, Radreibungs-, Gleitflächen- und Spaltverluste auftreten können ($P_a > P_n$).
Durch das Verhältnis von P_a zu P_n wird der Wirkungsgrad η_p bestimmt:

$$\eta_p = \frac{P_n}{P_a} \quad (4)$$

η_p ist außerdem das Produkt aus mechanischem Wirkungsgrad η_m und hydraulischem Wirkungsgrad η_h:

$$\eta_p = \eta_m \eta_h \quad (5)$$

Der Gesamtwirkungsgrad η_{ges} ergibt sich als Produkt der Wirkungsgrade des Antriebsmotors η_{mot}, der Steigleitung η_l und der Pumpe η_p:

$$\eta_{ges} = \eta_{mot} \eta_l \eta_p \quad (6)$$

Der hydraulische Wirkungsgrad η_h schwankt je nach Druckhöhe in der Saug- und Druckleitung zwischen $\eta_h = 0{,}82$ bei niedrigen und $\eta_h = 0{,}97$ bei hohen Drücken.
Der Wirkungsgrad des Antriebsmotors beträgt $\eta_{mot} \approx 0{,}84$ bis $0{,}95$, je nach Antriebsart.
Der Wirkungsgrad der Saug- und Druckleitung η_l berücksichtigt die Widerstandshöhe h_v:

$$\eta_l = \frac{h}{h_{erf}} \qquad (7)$$

6.3 Kolbenpumpen

Die Saug- und Druckwirkung der Kolbenpumpen beruht auf dem Verdrängungsprinzip. Bild 2 zeigt schematisch den Aufbau einer einfachwirkenden Druckpumpe mit Tauchkolben in liegender Bauweise. Der Tauchkolben drückt beim Druckhub das Wasser durch das selbsttätig öffnende Druckventil (5) hindurch in die Druckleitung. Es wird nur bei jedem zweiten Hub (Druckhub) Wasser gefördert. Beim Saughub wird das Wasser infolge des atmosphärischen Druckes durch das sich selbsttätig öffnende Saugventil (7) dem Pumpenkolben nachgedrückt. Die durch die hin- und hergehende Bewegung des Tauchkolbens auftretende pulsierende Förderung kann durch Anordnung von mehreren phasenversetzt arbeitenden Tauchkolben weitgehend ausgeglichen werden. Bei Dreifachwirkung (mit 120° Phasenversetzung an der Kurbel) wird ein praktisch konstanter Förderstrom erzielt. Zum Ausgleich der Bewegungen der Druckwasser- und der Saugwassersäule dienen jedoch vor allem die Druckwindkessel (3) und Saugwindkessel (10). Der zum Teil mit Luft gefüllte Druckwindkessel nimmt beim Druckhub Wasser auf. Dabei wird die Luft zusammengedrückt; Wasserstand und Druck im Kessel steigen an. Bei Abnahme der Wassergeschwindigkeit und während des Hubwechsels gibt der Druckwindkessel wieder Wasser ab; Wasserstand und Druck sinken.
Das Luftkissen des Druckwindkessels wird vom Druckwasser laufend aufgezehrt und muss von Zeit zu Zeit ergänzt werden. Dies kann mit Hilfe des Schnüffelventils (13) geschehen. Bei Förderdrücken über 15 bar wird der Betrieb mit dem Schnüffelventil aber unwirtschaftlich. Der Druckwindkessel muss dann über einen entsprechenden Anschluss (2) immer wieder mit Druckluft aufgefüllt werden. Der unter dem Saugventil liegende Saugwindkessel (10) dient ebenfalls als Ausgleicher.
Mit Hilfe eines Ejektors (8) kann die Luft aus Saugwindkessel und Saugleitung abgesaugt werden, so dass die Pumpe auch trocken ansaugen kann. Zur Drucküberwachung sind am Saugwindkessel ein Vakuummeter und am Druckwindkessel ein Manometer angebracht. Die Sicherheitsventile (4) schützen die Pumpe vor zu hohem Druckanstieg. Würde z.B. ein in der Druckleitung befindliches Absperrorgan versehentlich abgesperrt und die Pumpe weiter angetrieben, könnte der entstehende hohe Druck die Pumpe sprengen. Auch der Druck im Saugwindkessel könnte beim Füllen mit Wasser unzulässig hoch ansteigen.

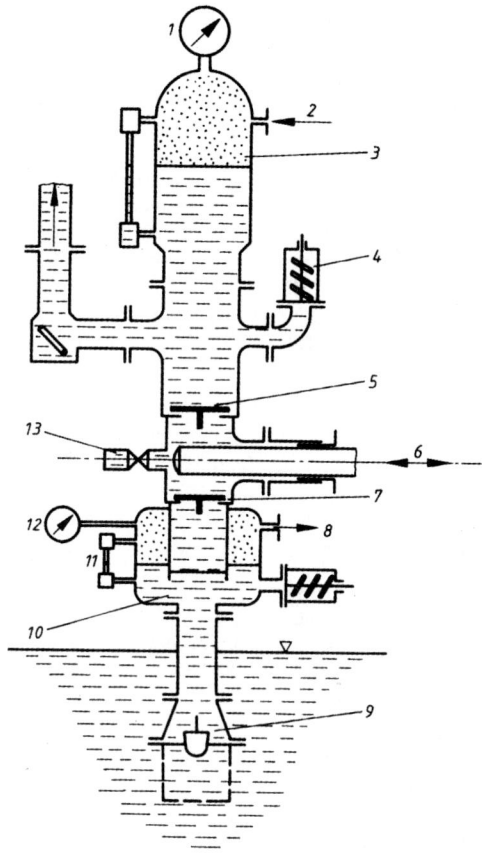

Bild 2. Schematischer Aufbau einer einfachwirkenden Druckpumpe mit Tauchkolben in liegender Bauweise

1. Manometer	8 Ejektor
2. Druckluftzufuhr	9 Filterventil
3. Druckwindkessel	10 Saugwindkessel
4. Sicherheitsventil	11 Wasserstandsmesser
5. Druckventil	12 Vakuummeter
6. Tauchkolben	13 Schnüffelventil
7. Saugventil	

Die theoretische Fördermenge $\dot{V}_{th}$ in m³/s kann ermittelt werden aus der Kolbenfläche A, dem Kolbenhub s und der Drehzahl n der Kurbelwelle:

$$\dot{V}_{th} = \frac{A\,s\,n}{60} \qquad \begin{array}{|c|c|c|c|} \hline \dot{V}_{th} & A & s & n \\ \hline \dfrac{m^3}{s} & m^2 & m & min^{-1} \\ \hline \end{array} \qquad (8)$$

Aus Gleichung (8) geht hervor, dass die Veränderung des Förderstromes am einfachsten über die Regelung der Drehzahl möglich ist.

6.3.1 Schwungradlose Pumpen

In wärmewirtschaftlichen und in explosionsgefährdeten Betrieben werden häufig schwungradlose Pumpen, Simplex- und Duplexpumpen verwendet.
Sie zeichnen sich durch Anspruchslosigkeit, geringen Raumbedarf, niedrige Anschaffungskosten und einfache Regelbarkeit aus. Bei diesen Pumpen, die durch Dampf oder Druckluft angetrieben werden, ist der Kolbenhub nicht zwangsläufig festgelegt; er wird durch besondere Steuerungen begrenzt. Bei den einachsigen Simplexpumpen wird der antreibende Dampf- (Druckluft-) Zylinder von seiner eigenen Kolbenstange gesteuert.

Duplexpumpen (Bild 3) sind Zwillingspumpen, bei denen Antriebs- und Pumpenkolben durch eine Kolbenstange verbunden sind und bei denen die Kolbenbewegung der einen Maschinenseite jeweils die Kolbenbewegung der anderen steuert. Simplex- und Duplexpumpen eignen sich auch zur Förderung von kalten und heißen Ölen sowie leicht verdampfenden Flüssigkeiten, besonders in gestängeloser Bauform, bei der die Steuerschieber durch Dampfdruckimpulse betätigt werden.

Bild 3 zeigt eine stehende Duplex-Dampfpumpe (Ruhrpumpen GmbH, Witten), die direkt und vierfach wirkend arbeitet. Die Pumpe ist mit einer außen liegenden Gelenksteuerung ausgerüstet.

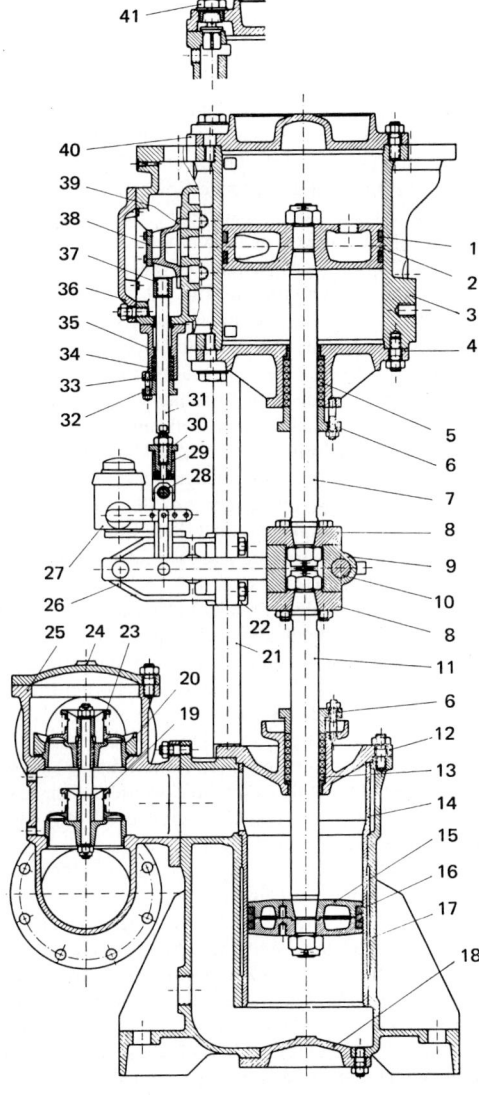

Bild 3. Stehende Duplex-Dampfpumpe
Typ RDV, Ruhrpumpen GmbH, Witten-Annen
 1 Kolbenring
 2 Dampfkolben
 3 Dampfzylinder
 4 Stopfbüchsdeckel mit Grundbüchse
 5 Stopfbüchspackung für Dampfkolbenstange
 6 Stopfbüchsbrille
 7 Dampfkolbenstange
 8 Kupplungsflansch
 9 Kreuzkopf
10 Steuerbolzen
11 Pumpenkolbenstange
12 Stopfbüchsdeckel mit Grundbüchse
13 Stopfbüchspackung für Pumpenkolbenstange
14 Laufbüchse
15 Pumpenkolben
16 Canvasring
17 Pumpenzylinder
18 Pumpenzylinderdeckel
19 Saugventil
20 Andrückflansch
21 Steuerstrebe
22 Steuerbockdeckel
23 Druckventil
24 Ventilkastendeckel
25 Ventilkasten
26 Steuerbock
27 Schmierpumpe
28 Lenkstange mit Büchse
29 Gabelkopf
30 Gewindebüchse mit Vierkantmutter
31 Schieberstange
32 Stopfbüchsbrille
33 Stopfbüchse mit Schieberstange
34 Stopfbüchspackung für Schieberstange
35 Grundbüchse
36 Schieberkastendeckel
37 Stangenkopf
38 Gleitstück mit Feder
30 Flachschieber
40 Dampfzylinderdeckel
41 Kompressionsventil

Als Steuerungselement dienen Dampfschieber, die als Flachschieber ausgebildet sind. Die übereinander liegenden Saug- und Druckventile der Pumpe (19 und 23) sind federbelastete Tellerringventile.

6.3.2 Membranpumpen

Die Membran- oder Diaphragmapumpen, die ähnlich wie die Kolbenpumpen arbeiten, besitzen an Stelle des Kolbens eine Membrane (Diaphragma) aus Gummi oder Kunststoff, die am äußeren Umfang dicht mit dem Pumpengehäuse verbunden ist. Die Membrane wird durch eine Kolbenstange auf und nieder bewegt und so die Verdrängungswirkung hervorgerufen. Die Membranpumpen werden sowohl als Saugpumpen wie auch als Druckpumpen gebaut. Die Maschinenteile kommen mit der Förderflüssigkeit nicht in Berührung, so dass ein Verschleiß und ein Verstopfen der Pumpe vermieden werden. Die Membranpumpen eignen sich daher besonders für die Förderung sand- und schlammhaltigen Wassers. Durch die gute Abdichtung der Pumpe können Saughöhen bis zu 7 m erreicht werden.

6.3.3 Schraubenspindelpumpen

Bei diesen werden durch zwei oder mehr ineinandergreifende Schraubenspindeln, die gegeneinander und gegen das Gehäuse abdichten, Kammern gebildet, die das Fördergut aufnehmen und in axialer Richtung bewegen. Die Schraubenspindelpumpen können mit hohen Drehzahlen gefahren werden und eignen sich daher für den direkten Antrieb durch schnelllaufende Antriebsmaschinen.

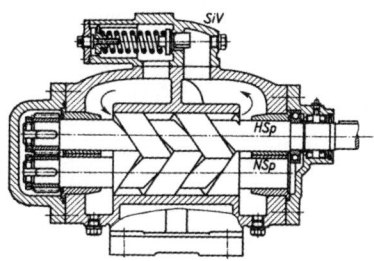

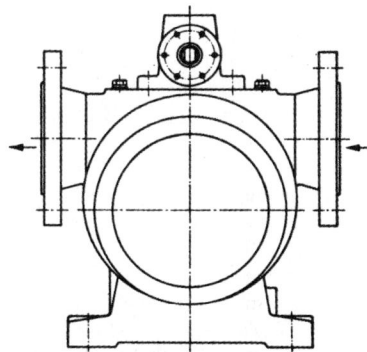

Bild 4. Schraubenspindelpumpe

Anwendung: Kühlmittel- und Schmierölpumpen sowie als Drucköllpumpen für ölhydraulische Antriebe (Bild 4).
Bei der Mohno-Pumpe (Pumpen- und Maschinenbau Abel GmbH & Co. KG) dreht sich der als eingängige Schnecke ausgebildete Läufer aus Spezialstahl in einem aus Gummi gefertigten, feststehenden Stator, der die Form einer zweigängigen Schnecke besitzt. Die Pumpe eignet sich besonders für die Förderung von aggressivem und schlammhaltigem Wasser. Die Schraubenspindelpumpen sind selbstansaugend.

6.3.4 Zahnradpumpen

Zahnradpumpen sind ebenso wie die Kolbenpumpen Verdrängerpumpen. Sie werden entweder als einfache Zahnradpumpen mit einem ineinander greifenden Zahnradpaar oder als Mehrfach-Zahnradpumpen mit außen- und innenverzahnten Rädern sowie als Zahnringpumpen gebaut. Im Saugraum der Pumpe werden die Zahnlücken mit der Förderflüssigkeit gefüllt; sie fördern entlang der Gehäusewand die Flüssigkeit auf die Druckseite, wo durch das Ineinandergreifen der Zähne die eigentliche Drucksteigerung erfolgt. Die Zahnradpumpen eignen sich für die Förderung von Drucköl, Schneid- und Bohröl und als Hydraulikpumpe.
Bild 5 zeigt eine Präzisions-Hochdruck-Zahnradpumpe der Firma Plessey Maschinen Elemente, Neuß/Rhein, die in verschiedenen Größen hergestellt wird: Förderströme 1,2 bis 19 l/min bei 1000 l/min, maximale Antriebsdrehzahl bis 3500 l/min, maximaler Betriebsdruck je nach Größe 105 bis 175 bar. Die Pumpe besitzt ein Leichtmetallgehäuse und selbstnachstellende Wellenlager, die durch eine Niederdruckschmierung mit Drucköl versorgt werden.

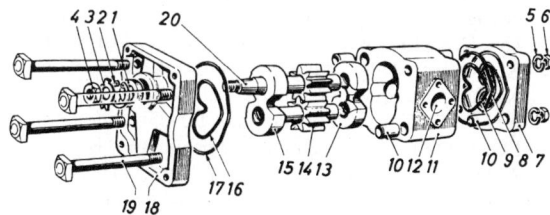

Bild 5. Hochdruckzahnradpumpe, Plessey (Deutschland) GmbH, Neuß/Rhein

1	Wellendichtring	11	Gehäuse
2	Sicherungsring	12	Einlassöffnung
3	Sicherungsblech	13	unteres Lager
4	Wellenmutter	14	getriebenes Zahnrad
5	Federring	15	oberes Lager
6	Deckelmutter	16	Wellendichtring (innerer)
7	Deckel	17	Wellendichtring (äußerer)
8	Wellendichtring (äußerer)	18	Flansch
		19	Schraube
9	Wellendichtring (innerer)	20	Antriebszahnrad X-Type
10	Zentrierhülse		

6.3.5 Axialkolbenpumpen

Je nach der Art der Erzeugung der Kolbenbewegung unterscheidet man Taumelscheibenpumpen, Schwenktrommelpumpen (Schrägtrommelpumpen), Schrägscheibenpumpen.

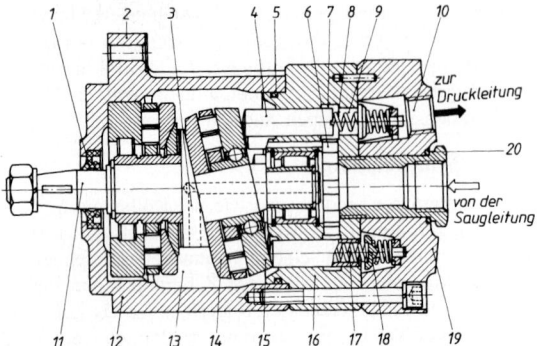

Bild 6. Taumelscheibenpumpe, Bosch, Hildesheim

1 Radial-Dichtring
2 Befestigungsflansch
3 Bohrungen für Schmierung und Kühlung
4 Kolben
5 Ring-Abdichtung des Gehäuses
6 Ringkanal (Saugraum)
7 Ringnut
8 Steuerkante
9 Kolben-Hubraum
10 Druckraum
11 Antriebswelle
12 Gehäuse
13 Lagerraum
14 Taumelscheibe
15 Druckscheibe
16 Pumpenkörper
17 Kolbenfeder
18 Druckventil
19 Anschlussplatte
20 Abdichtung des Saugstutzens

Bei der Taumelscheibenpumpe (Bild 6) sind die Kolben im feststehenden Pumpengehäuse gelagert und erhalten durch eine Taumelscheibe den Arbeitshub. Die Druckflüssigkeit wird beim Rückwärtshub der Kolben angesaugt. Beim Vorwärtshub schließt der Kolben mit seiner Oberkante seinen Füllraum und drückt die Flüssigkeit über das Druckventil in die Druckleitung. Die Taumelscheibenpumpe ist dem Aufbau nach die einfachste unter den Axialkolbenpumpen. Sie hat einen guten Wirkungsgrad und erreicht Drücke bis zu 250 bar. Die Fördermenge ist bei konstanter Drehzahl unveränderlich. Die Pumpe kann in beliebiger Richtung angetrieben werden, ohne dass sich die Richtung des Förderstromes ändert. Die Taumelscheiben-Axialkolbenpumpen können in entsprechender Bauweise auch als Motor verwendet werden.

Die Schwenktrommelmaschinen (Bild 7) sind ebenfalls sowohl als Pumpe als auch als Motor verwendbar. Hier werden die Kolben samt der Schwenktrommel von der Triebscheibe über die Kolbenstangen mitgenommen und erzeugen auf diese Weise die Pumpbewegung.

Gewöhnlich wird der Förderstrom bei dem größten Ausschwenkwinkel – im allgemeinen $\alpha_{max} = 25°$ – (siehe Bild 8) angegeben. Dann ergibt sich der Förderstrom bei einem beliebigen Schwenkwinkel α:

$$\dot{V} = \dot{V}_{max} \frac{\sin \alpha}{\sin 25°} \qquad (9)$$

Wird die Trommel nach beiden Seiten aus der Mittellage geschwenkt, so wird auch die Richtung des Ölstromes dabei umgekehrt. Die Schwenktrommelpumpe erzeugt Drücke bis zu 350 bar und wird in der Öl-Hydraulik angewendet.

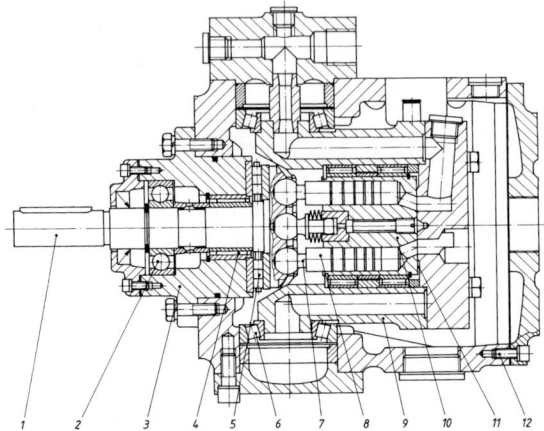

Bild 7. Schwenktrommelpumpe Fried. Krupp Hüttenwerke AG

1 Triebflansch
2 Stützlager
3 Lagerflansch
4 Triebflanschlager
5 Axial-Zylinderrollenlager
6 Schwenklager
7 Kolbenstange
8 Kolben
9 Zylindergehäuse
10 Zylinderblock
11 Steuerfläche
12 Gehäuse

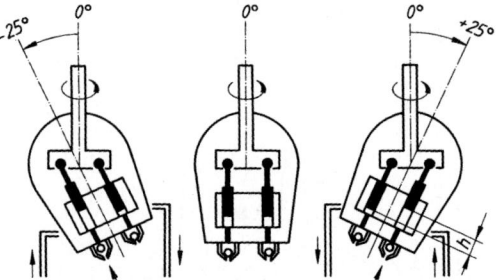

Bild 8. Schwenktrommelpumpe – Veränderung des Förderstromes

Auch mit der Schrägscheibenpumpe (Bild 9) können Drücke bis 300 bar bei sehr guten Wirkungsgraden erreicht werden. Ihre Wirkungsweise beruht darauf, dass die Kolben axial in einer Zylindertrommel angeordnet sind, die mit der Welle rotiert.

6 Pumpen

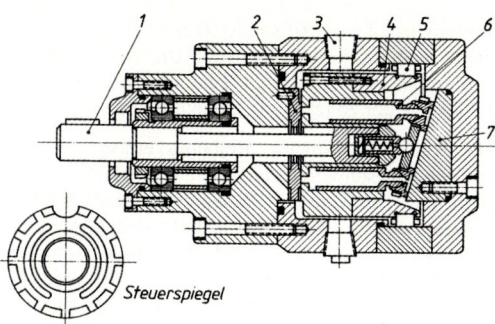

Bild 9. Schrägscheibenpumpe
1 Antriebswelle
2 Steuerspiegel
3 Leckölanschluss
4 Zylinderkörper
5 Rollenlager
6 Kolben
7 schräge Hubplatte

Die aus der Trommel herausragenden Kolbenstangenenden werden auf einer zur Welle schräg gestellten, nicht rotierenden Ebene geführt. Dadurch führt jeder Kolben bei einer vollen Umdrehung der Zylindertrommel einen Hin- und Rückhub aus, dessen Länge von der Schrägstellung der Ebene (bis 17°) und seinem Abstand von der Welle abhängt. Werden die Kolben in die Zylinderbohrung hineingedrückt, fördern sie die Flüssigkeit durch die nierenförmige Öffnung des Steuerspiegels in die Druckleitung. Werden die Kolben auf der anderen Seite unter dem in der Rückflussleitung herrschenden Druck (Speisedruck) herausgedrückt, so lassen sie durch die zweite nierenförmige Öffnung (Saugseite) des Steuerspiegels Flüssigkeit aus der Rückflussleitung in die Zylinderbohrungen einströmen. Durch Schwenken der Ebene in die zur Welle senkrechte Stellung können die Kolbenhübe auf null gebracht werden und durch Schwenken in die entgegengesetzte Schräglage Saug- und Druckseite vertauscht werden. Während bei Pumpen die Schwenkung der Ebene nach beiden Seiten erfolgen kann, wird bei Schrägscheibeneinheiten, die als Motor arbeiten sollen, die Schrägebene meist starr angeordnet.

6.3.6 Radialkolbenpumpen

Bei Radialkolbenpumpen sind die Zylinderbohrungen radial angeordnet. Durch eine Exzentrizität der Innentrommel gegenüber der Außentrommel wird eine Hubbewegung der Kolben in den radialen Zylinderbohrungen bewirkt. Eine Änderung der Exzentrizität hat bei konstanter Antriebsdrehzahl eine stufenlose Mengenregelung zur Folge. Bei manchen Ausführungen wird der Förderstrom von einem zentralen Steuerkörper, um den sich der Läufer dreht und der gleichzeitig die Saug- und Druckkanäle aufnimmt, geregelt.

6.3.7 Drehflügelpumpen (Flügelzellenpumpen)

Bild 10 zeigt den Aufbau einer Drehflügelpumpe. Danach ist das wesentliche Konstruktionsmerkmal dieser Pumpen der zylindrische, mit radial liegenden Schlitzen versehene Rotor, der in einer mit zwei sich gegenüber liegenden Erhebungskurven versehenen feststehenden Hubscheibe umläuft. In den Rotorschlitzen befinden sich Flügel, die sich auf der Hubkurve, von der Fliehkraft nach außen gedrückt, abstützen. In den den Arbeitsraum in axialer Richtung abschließenden Seitenscheiben sind Steuerschlitze angeordnet, durch die das Öl angesaugt und ausgepresst wird. Die beiden Druck- und Saugräume liegen einander diametral gegenüber, so dass sich die Radialdruckkräfte gegenseitig aufheben. Die Flügelzellenpumpen werden für Förderströme bis 60 l/min und kurzzeitig zulässige Spitzendrücke von 150 bar gebaut. Die Vorteile dieser Pumpenbauart liegen in ihren kleinen Abmessungen bei vergleichsweise hohen Förderleistungen, äußerst pulsationsarmen Förderströmen und einer weitgehenden Unempfindlichkeit gegen Schmutz und Fremdkörper.

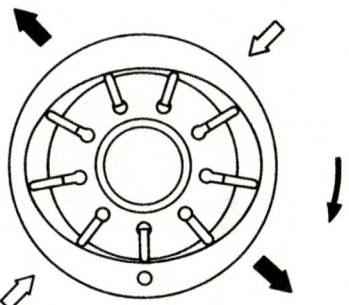

Bild 10. Drehflügelpumpe, Aufbau-Schema

6.3.8 Schwimmerpumpen

Schwimmerpumpen arbeiten als periodisch wirkende Druckluftpumpen nach dem Verdrängerprinzip. Bei der in Bild 11 gezeigten Saug- und Druckpumpe mit Magnetsteuerung wird das Wasser mit Hilfe eines Injektors in den Pumpenkessel gesaugt.

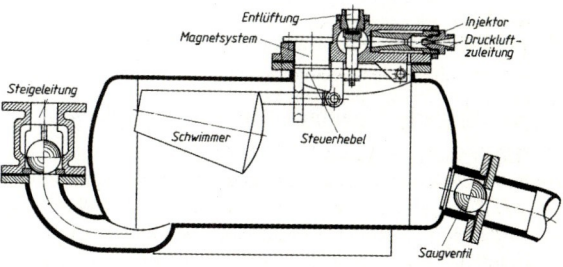

Bild 11. Saug- und Druckpumpe, Gründer & Hötten GmbH

Das einströmende Wasser hebt den Schwimmer und damit den Steuerhebel an. In der höchsten Schwimmerlage wird der Steuerhebel schlagartig vom Magnetsystem angezogen, wodurch die Entlüftungsleitung abgesperrt, die Druckluft in den Pumpenkessel geleitet und Wasser in die Steigleitung gedrückt wird. Mit fallendem Wasserspiegel wird in der tiefsten Schwimmerlage der Steuerhebel durch das Schwimmergewicht vom Magnetsystem abgerissen,. Dadurch wird die Entlüftung mit Hilfe des Injektors eingeleitet und wieder Wasser in den Kessel gesaugt.

6.3.9 Strahlpumpen

Bei Strahlpumpen erzeugt nach Bild 12 aus der Treibdüse (T) austretender Treibmittelstrahl vor der Mündung der Druck- oder Fangdüse (D) einen Unterdruck. Durch diesen Unterdruck wird dem Saugrohr (S) das Fördergut angesaugt und in der Mischkammer (M) mit dem Treibmittelstrahl vereinigt. Dabei gibt der Treibmittelstrahl einen Teil seiner Energie an das Fördergut ab. Das Gemisch aus Treibmittel und Fördergut verlässt durch den Diffusor (D_i) die Strahlpumpe.

Nach der Art des verwendeten Treibmittels unterscheidet man Wasserstrahlpumpen, Luftstrahlpumpen und Dampfstrahlpumpen. Bei den Dampfstrahlpumpen werden Ejektoren (Ausspritzer) und Injektoren (Einspritzer) unterschieden. Sie werden als Injektoren in mehrstufiger Bauart zur Förderung des Speisewassers in Dampfkessel benutzt.

Die stoßweise arbeitenden Wasserstrahlpumpen (Stoßheber oder hydraulische Widder) fördern durch Ausnutzung der Strömungsenergie einen Teil der Flüssigkeit auf größere Höhen.

Die Strahlpumpen arbeiten mit verhältnismäßig geringen Wirkungsgraden (bis ca. 35 %), sie bieten aber als Vorteile: geringe Anschaffungskosten, Wartungslosigkeit und Unempfindlichkeit gegen verschmutzte und sandhaltige Saug-Flüssigkeiten.

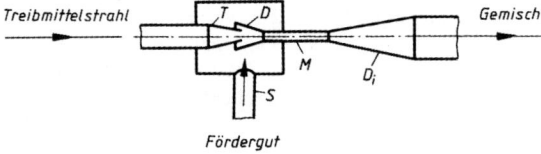

Bild 12.
Schema einer Wasserstrahlpumpe

6.3.10 Mammutpumpen (Mischluftwasserheber)

Durch diese können sehr große Wassermengen gefördert werden. Die Mammutpumpe besteht nach Bild 13 aus einem weiten Förderrohr, das in das Wasser eintaucht und einem parallel laufenden engeren Luftrohr, das etwas über dem unteren offenen Ende des Förderrohres in dieses einmündet. Die eindringende Druckluft mischt sich mit dem Wasser. Das Wasser-luftgemisch, das spezifisch leichter ist als das Wasser, steigt in dem Förderrohr hoch. Die zu erreichende Förderhöhe wird durch die Eintauchtiefe und durch die Menge der zugeführten Druckluft bestimmt.

Mit Rücksicht auf die Reibungsverluste soll die Strömungsgeschwindigkeit in der Förderleitung 2 m/s nicht überschreiten. Der Wirkungsgrad der Mammutpumpen, der je nach Eintauchtiefe und Förderhöhe zwischen 5 % und 20 % liegt, lässt die Verwendung der Mammutpumpe für ständige Wasserförderung nicht zu. Die Pumpen sind für die Förderung von verschmutztem und sandhaltigem Wasser gut geeignet; sie werden deshalb auch zur Sümpfung im Bergbau, bei Gründungsarbeiten und zur Kiesgewinnung aus Wasserläufen verwendet.

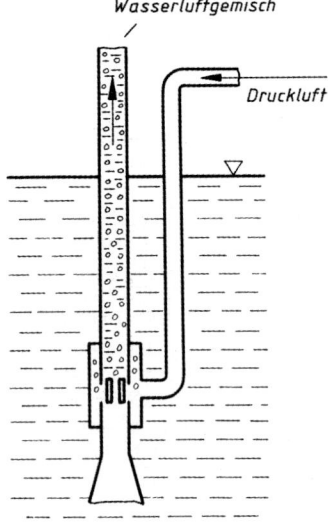

Bild 13. Schema einer Mammutpumpe

6.4 Kreiselpumpen

Bei Kreiselpumpen treten mit umgekehrtem Vorzeichen die gleichen Bewegungsverhältnisse wie bei Francisturbinen auf (vgl. Abschnitt 4, Wasserturbinen). Bei Francisturbinen wird die kinetische Energie des Wassers in mechanische Energie umgewandelt; bei Kreiselpumpen wird die zugeführte mechanische Energie in Druckenergie und kinetische Energie umgewandelt. Auch bei Kreiselpumpen unterscheidet man je nach Konstruktionsmerkmalen der Räder in Langsamläufer, Normalläufer und Schnellläufer.

Bild 14 zeigt den Aufbau einer Niederdruckkreiselpumpe mit Spiralgehäuse und einseitigem Einlauf. Bei dieser Pumpe tritt das Wasser axial in das Laufrad der Pumpe ein, durchströmt infolge der Fliehkraftwirkung nahezu radial von innen nach außen die Schaufelkanäle des Rades und wird am äußeren Umfang abgeschleudert.

6 Pumpen

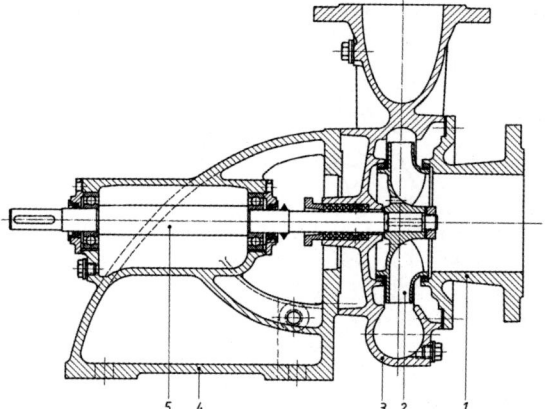

Bild 14. Niederdruckkreiselpumpe mit Spiralgehäuse, einflutig
1 Saugdeckel
2 Laufrad
3 Spiralgehäuse
4 Lagerstuhl
5 Welle

Das vom Laufrad mit hoher Geschwindigkeit abgeschleuderte Wasser wird im Leitrad oder im Spiralgehäuse (Diffusor) verzögert. Hierdurch wird Geschwindigkeitsenergie in Druckenergie verwandelt. Für die Aufrechterhaltung der Strömung in Pumpe und Leitung behält das Wasser aber noch einen Rest an kinetischer Energie.

6.4.1 Strömung im Laufrad

Die im wesentlichen radial verlaufenden Schaufelkanäle des Laufrades werden gegenseitig durch die Laufschaufeln abgegrenzt. Bei den Schaufeln sind die Eintritts- und Austrittskanten zu unterscheiden: Am Eintritt sind die Schaufeln so gekrümmt, dass sie beim Lauf des Rades im vorgesehenen Drehsinn in das zuströmende Wasser einschneiden. An der Austrittsstelle können die Schaufelenden grundsätzlich radial verlaufen (I), vorwärts gekrümmt (II) oder rückwärts gekrümmt (III) sein (Bild 15). Mit den im Bild 15 dargestellten Geschwindigkeitsverhältnissen und nach Abschnitt 4.4.4 errechnet sich die theoretische Förderhöhe h_{th} aus der Gleichung

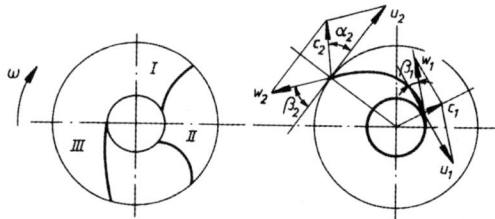

Bild 15. Laufradform und Geschwindigkeitsparallelogramm

$$h_{th} = \frac{u_2^2 - u_1^2 + w_1^2 - w_2^2 + c_2^2 - c_1^2}{2g}$$

Mit Hilfe des Cosinussatzes ergibt sich aus den Geschwindigkeitsdreiecken am Radeintritt und Radaustritt (Bilder 17 und 15):

$$w_1^2 = c_1^2 + u_1^2 - 2 c_1 u_1 \cos \alpha_1$$
$$w_2^2 = c_1^2 + u_2^2 - 2 c_2 u_2 \cos \alpha_2$$

Daraus folgt die Hauptgleichung der Kreiselpumpe

$$h_{th} = \frac{c_2 u_2 \cos \alpha_2 - c_1 u_1 \cos \alpha_1}{g} \tag{10}$$

Die Gestaltung der Schaufelaustrittsseite hängt von der Wahl des Winkels β_2 ab (Bild 15):

I. $\beta_2 = 90°$ Schaufelenden verlaufen radial,
II. $\beta_2 > 90°$ Schaufelenden sind vorwärts gekrümmt,
III. $\beta_2 < 90°$ Schaufelenden sind rückwärts gekrümmt.

Aus dem Geschwindigkeitsdreieck für den Laufrad-Austritt geht hervor, dass bei gleich bleibenden Werten für u_2 und w_2 die absolute Austrittsgeschwindigkeit c_2 bei $\beta_2 > 90°$ am größten, für $\beta_2 < 90°$ am kleinsten wird. Man erreicht also mit Laufrädern, die vorwärts gekrümmte Schaufelenden besitzen, eine größere Förderhöhe als bei Rädern mit rückwärts gekrümmten Schaufelenden.
Da aber bei Schaufelwinkeln $\beta_2 > 90°$ die Stromführung in den Laufkanälen verschlechtert und die Wirbelungs- und Reibungsverluste durch die Zunahme der absoluten Austrittsgeschwindigkeit erhöht werden, sinkt bei diesen Rädern der Wirkungsgrad. In der Praxis werden daher die Pumpen mit rückwärts gekrümmten Schaufelenden bevorzugt. (Übliche Werte: ($\beta_2 = 20 \dots 40°$)

6.4.2 Drosselkurve und Betriebsverhalten

Kreiselpumpen zeigen bei konstanter Drehzahl einen veränderlichen, mit zunehmender Förderhöhe abnehmenden Förderstrom. Dieses Verhalten wird durch die Drosselkurve ($\dot{V}$, h-Linie) dargestellt. Diese Kennlinie, die graphisch die Abhängigkeit der Fördermenge h von der Fördermenge $\dot{V}$ bei konstanter Drehzahl n zeigt, wäre unter der Voraussetzung einer reibungsfreien Strömung und für stoßfreien Eintritt des Förderstromes in die Verschaufelung eine waagerechte Gerade. Für $\beta_2 < 90°$, d.h. bei rückwärts gekrümmten Schaufelenden, fällt diese Gerade mit zunehmenden Werten für $\dot{V}$ ab (Bild 16).
Zur Berücksichtigung der Kanalreibung sind die entsprechenden Verlusthöhen abzuziehen. Sie steigen annähernd mit dem Quadrat der Geschwindigkeit, also mit dem Quadrat der Fördermenge (Bild 17).

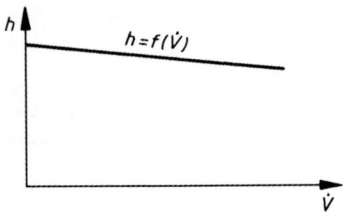

Bild 16. Förderhöhen in Abhängigkeit vom Förderstrom $\dot{V}$ bei rückwärts gekrümmten Schaufeln, stoßfreiem Laufrad-Eintritt und reibungsfreier Strömung

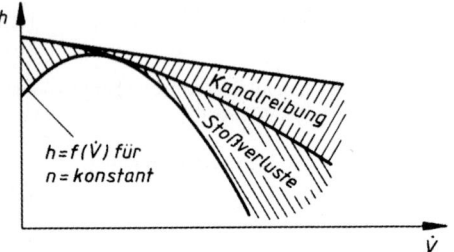

Bild 17. Entstehung der Drosselkurve

Stoßfreier Eintritt in das Laufrad bzw. Verringerung der Stoßverluste auf ein Minimum liegt nur bei tangentialer Einströmung vor. Dieser stoßfreie Eintritt ist nur für eine bestimmte Fördermenge $\dot{V}$ gewährleistet. Jede Abweichung von dieser Fördermenge lässt auch die Stoßverluste mit dem Quadrat der Änderung des Förderstromes anwachsen. Die entsprechenden Verlusthöhen sind ebenfalls in Abzug zu bringen. Die sich so ergebende Drosselkurve der Kreiselpumpe ist eine Parabel. Die gleiche Kreiselpumpe liefert bei verschiedenen Drehzahlen verschiedene Drosselkurven. Zeichnet man die Drehzahllinien im das Diagramm ein und verbindet außerdem die Punkte gleichen Wirkungsgrades durch entsprechende Kurven, so erhält man das Kennfeld der Kreiselpumpe (Bild 18). Zeichnet man zur Kennlinie einer Kreiselpumpe in gleicher Darstellungsweise die Kennlinie der zugehörigen Rohrleitung, so erhält man mit dem Schnittpunkt der beiden Kennlinien den Betriebspunkt der Pumpe. Eine engere Rohrleitung oder eine Verengung der Rohrleitung durch ein in die Leitung eingebautes regelbares Drosselventil ergibt bei kleineren Fördermengen größere Widerstände und damit steiler verlaufende Rohrleitungskennlinien.

Zwischen den Drosselkurven einer Kreiselpumpe, die verschiedenen Drehzahlen entsprechen, besteht eine Ähnlichkeit, die durch die Beziehungen zwischen den Größen $\dot{V}$, h und n gekennzeichnet ist:

$$\frac{\dot{V}_1}{\dot{V}_2} = \frac{n_1}{n_2}; \frac{h_1}{h_2} = \frac{n_1^2}{n_2^2}; \frac{P_1}{P_2} = \frac{n_1^3}{n_2^3} \qquad (11)$$

Diese Beziehungen gelten stets gleichzeitig und erlauben bei Vorliegen einer Kennlinie für eine Drehzahl n_1 die Ableitung der Kennlinien für andere Drehzahlen n_2, n_3 usw.

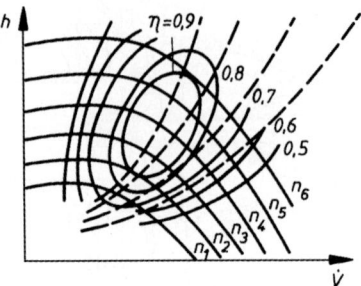

Bild 18. Kennfeld einer Kreiselpumpe für verschiedene Drehzahlen

Der vom Scheitelpunkt S nach links abfallende Teil der Kennlinie (Bild 19) ist labil und ist dadurch gekennzeichnet, dass hier bereits geringe Druckschwankungen unter Umständen große Änderungen und Schwingungen des Förderstroms bis zum Aussetzen der Förderung nach sich ziehen können. Der Betriebspunkt B der Pumpe (Schnittpunkt der $\dot{V}$, h-Linie mit der Rohrleitungskennlinie) sollte im stabilen Bereich, also rechts vom Scheitelpunkt S liegen. Die zu überwindende Förderhöhe besteht aus dem statischen, von der Fördermenge $\dot{V}$ unabhängigen Anteil h und der mit dem Quadrat der Fördermenge ansteigenden Widerstandshöhe h_v (Verlusthöhe). Arbeitet die Pumpe gegen einen veränderlichen statischen Druck, fördert sie also z.B. in einen Druckkessel, so wandert die Rohrleitungskennlinie bei zu geringer Entnahme aus diesem Kessel immer höher und tangiert schließlich in einem Punkt die $\dot{V}$, h-Linie (Punkt P). Hier setzt die Förderung der Pumpe aus und das Rückschlagventil hinter der Pumpe schließt sich. Sie arbeitet im toten Wasser leer weiter. Der gleiche Betriebszustand kann aber auch bei einem Absinken der Betriebsdrehzahl eintreten: Die Pumpe fällt dann ab und fördert nicht mehr, weil der Leitungsdruck den Pumpendruck übersteigt.

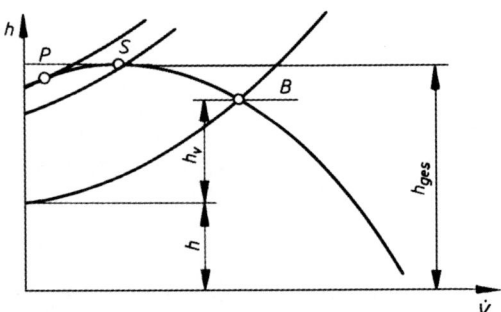

Bild 19. Labiler und stabiler Betriebsbereich

Der Einfluss der Betriebsbedingungen auf Fördermenge und Förderhöhe soll nachstehend an einigen wichtigen Betriebsfällen gezeigt werden:

6.4.2.1 Regelung der Fördermenge durch Drosselung (Bild 20). Jeder Stellung des Drosselschiebers der Rohrleitung entspricht eine neue Kennlinie der Rohrleitung. Damit ergibt sich bei gleich bleibender Drehzahl auch jeweils ein neuer Betriebspunkt. Eine zunehmende Drosselwirkung kann auch durch Inkrustierung der Rohre entstehen, was eine Abnahme der Fördermenge zur Folge hat.

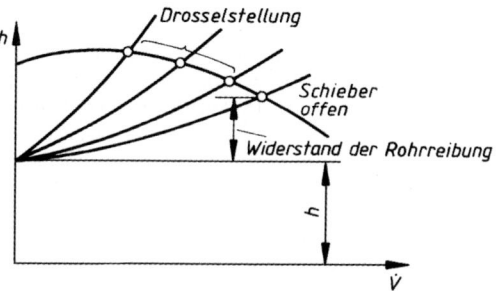

Bild 20. Drosselregelung

6.4.2.2 Drehzahlregelung (Bild 21). Den Schnittpunkten der $\dot{V}$, h-Linien für die verschiedenen Drehzahlen mit der Rohrleitungskennlinie entsprechen den einzelnen Betriebspunkten (B_1, B_2, B_3): Der Betriebspunkt wandert bei Drehzahländerung auf der Rohrleitungskennlinie.

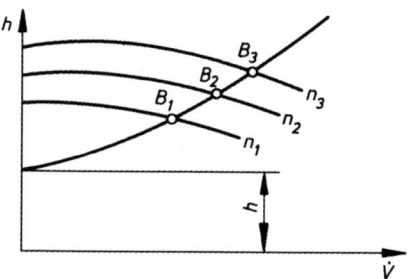

Bild 21. Drehzahlregelung

6.4.2.3 Änderung der Förderhöhe bei flacher und bei steiler $\dot{V}$, h-Linie (Bild 22). Flach verlaufende $\dot{V}$, h-Linien bedingen, dass bei Schwankungen der Förderhöhe die Fördermenge stark schwankt. Bei steilen $\dot{V}$, h-Linien können dagegen schwankende Förderhöhen nur geringe Veränderungen der Fördermenge nach sich ziehen. Die $\dot{V}$, h-Linie einer Pumpe ist um so flacher, je geringer ihre spezifische Drehzahl ist (siehe Abschnitt 4.4.3).

6.4.2.4 Parallelschaltung mehrerer Kreiselpumpen (Bild 23). Wenn mehrere Kreiselpumpen in die gleiche Rohrleitung fördern, ist aus den $\dot{V}$, h-Linien der einzelnen Pumpen zunächst die „gemeinsame" $\dot{V}$, h-Linie zu bilden: Man addiert dazu die Fördermengen der einzelnen Pumpen bei jeweils konstanter Förderhöhe. Der Schnittpunkt der „gemeinsamen" $\dot{V}$, h-Linie mit der Rohrleitungskennlinie ergibt den Betriebspunkt (B).

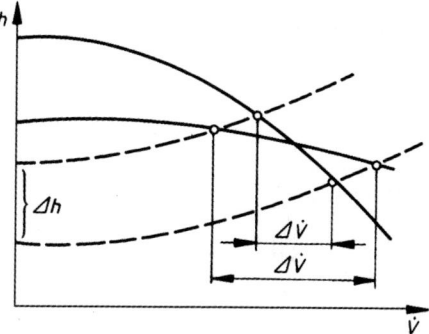

Bild 22. Flache und steile $\dot{V}$, h-Linie

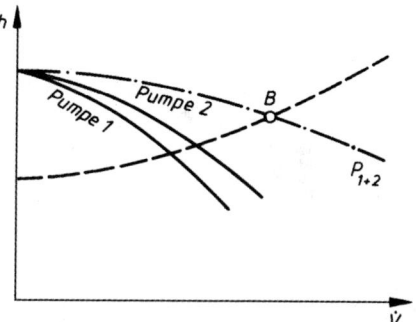

Bild 23. Parallelschaltung mehrerer Kreiselpumpen

6.4.2.5 Parallelschaltung von Kolbenpumpe und Kreiselpumpe (Bild 24). Die Kennlinie der Kolbenpumpe in $\dot{V}$, h-Diagramm ist eine Parallele zur h-Achse. Die „gemeinsame" $\dot{V}$, h-Linie wird hier wieder durch Addition der zur gleichen Förderhöhe gehörenden Fördermengen der beiden Pumpen gefunden.

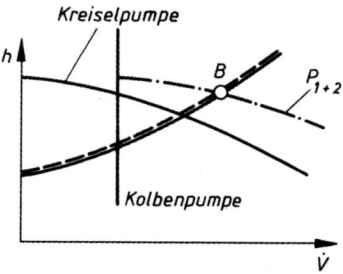

Bild 24. Parallelschaltung von Kolben- und Kreiselpumpe

6.4.2.6 Parallelschaltung von mehreren Rohrleitungen

(Bild 25). Wenn eine oder mehrere Pumpen in zwei oder mehr parallel geschaltete Rohrleitungen fördern, ist aus den einzelnen Rohrleitungskennlinien zunächst die „gemeinsame" Rohrleitungskennlinie zu bilden: Man addiert die Fördermengen der einzelnen Rohrleitungen bei jeweils gleicher Widerstandshöhe. Den Schnittpunkt der „gemeinsamen" Rohrleitungskennlinie mit der $\dot{V}$, h-Linie ergibt den Betriebspunkt (B).

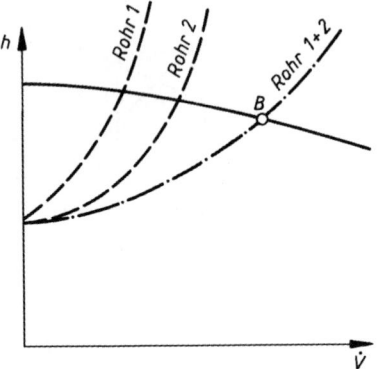

Bild 25. Parallelschaltung von mehreren Rohrleitungen

6.4.3 Spezifische Drehzahl

Zur Kennzeichnung der Pumpentypen benutzt man diejenige Drehzahl einer der aufgeführten Pumpe geometrisch ähnlichen ideellen Pumpe, die in einer Stufe auf 1 m Förderhöhe $\dot{V} = 1$ m³/s liefert. Diese Drehzahl heißt spezifische Drehzahl n_q der Pumpe.
Die spezifische Drehzahl folgt aus den Daten des ausgeführten Pumpenlaufrades:

$$n_q = n \frac{\sqrt{\dot{V}}}{h^{\frac{3}{4}}} = \sqrt[4]{\frac{\dot{V}^2}{h^3}} \qquad (12)$$

n_q, n	h	$\dot{V}$
min^{-1}	m	$\frac{m^3}{s}$

Zwischen den verschiedenen Laufradtypen und den spezifischen Drehzahlen besteht folgende Zuordnung:

Hochdruckräder	$n_q =$	25 ... 90 min^{-1}
Mitteldruckräder	$n_q =$	40 ... 145 min^{-1}
Niederdruckräder	$n_q =$	70 ... 225 min^{-1}
Schraubenräder	$n_q =$	150 ... 565 min^{-1}
Propellerräder	$n_q =$	300 ... 1 100 min^{-1}

Wasserhaltungs- und Kesselspeisepumpen werden vorwiegend als radiale Pumpen ausgeführt, Propellerräder zeigen dagegen ein stark labiles Betriebsverhalten und sind daher als Kesselspeisepumpen ungeeignet.

Die spezifische Drehzahl beeinflusst die $\dot{V}$, h-Linie: Sie wird um so steiler, je größer die spezifische Drehzahl ist.
Auch der erreichbare Wirkungsgrad ist stark von der spezifischen Drehzahl abhängig: Der Wirkungsgrad steigt mit zunehmender spezifischer Drehzahl. Im Interesse eines wirtschaftlichen Betriebes sind daher Pumpen mit extrem niedrigen spezifischen Drehzahlen zu vermeiden; dies führt zur Wahl mehrstufiger Pumpen.

6.4.4 Aufbau der Kreiselpumpen

6.4.4.1 Niederdruckpumpen.
Bild 26 zeigt den Aufbau einer einstufigen Niederdruck-Kreiselpumpe in einflutiger Bauart mit Lagerbock. Das fliegend auf der Welle angeordnete und sorgfältig ausgewuchtete Laufrad (2) ist durch Ausgleichsbohrungen hydraulisch entlastet, wodurch der Axialhub ausgeglichen wird. Die Pumpe hat keine Innenlager, die Welle ist so ausgeführt, dass der Läufer selbst bei den hierbei üblichen Drehzahlen bis 3 500 min^{-1} vibrationsfrei bleibt. Die Abdichtung im Gehäuse erfolgt durch auswechselbare Spaltringe (6).

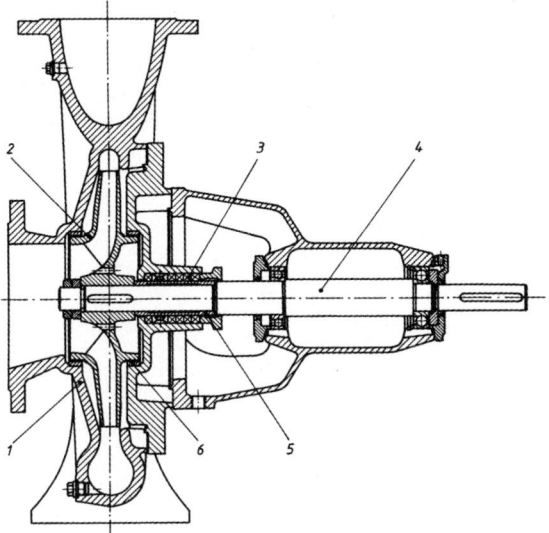

Bild 26. Einstufige, einflutige Kreiselpumpe mit Lagerbock (Normpumpe 50 nach DIN 24 255)

1 Gehäuse 4 Welle
2. Laufrad 5 Wellenschutzhülse
3. Packung 6 Spaltringe

Die Sperringbuchse kann mit Druckwasser, Fremdwasser oder Sperrfett beaufschlagt werden, um den Laufradraum vom Eindringen der Luft abzuriegeln, während gleichzeitig die Wellenschutzhülse an der Packungsstelle geschmiert wird. Niederdruckpumpen dieser Bauart sind für einen Druckbereich bis etwa

100 m und je nach Größe für Fördermengen von 100 bis 20 000 l/min zu verwenden; die erforderlichen Antriebsleistungen liegen zwischen 0,07 kW und 160 kW. Der weitgesteckte Bereich der Daten ermöglicht eine vielseitige Verwendbarkeit der Niederdruckpumpen, allerdings sind dabei Grenzen gesetzt hinsichtlich der zulässigen Temperatur, der Drücke, der Wellenabdichtung und der Art des Fördergutes.

Einstufige Kreiselpumpen, die bei großer Fördermenge einen möglichst hohen Wirkungsgrad besitzen und weitgehend axialschubfrei arbeiten sollen, werden in zweiflutiger Bauart ausgeführt.

6.4.4.2 Hochdruck-Kreiselpumpen. Bei Hochdruck-Kreiselpumpen wird der zu erzeugende Druck durch die Hintereinanderschaltung mehrerer Laufräder erreicht. Nach jedem Laufrad ist ein Nachleitapparat mit Rückführschaufeln angeordnet, durch die das Wasser radial nach innen, bis zum folgenden Laufradeintritt, geleitet wird. Durch diese mehrstufige Bauweise können Hochdruckpumpen mit verhältnismäßig kleinen Durchmessern und nicht allzu hohen Drehzahlen gebaut werden. Der Axialschub wird entweder durch eine Entlastungsscheibe ausgeglichen oder durch eine hydraulische Entlastung mittels Bohrungen in den Laufrädern. Um bei Höchstdrücken und bei großen Saughöhen eine sichere Abdichtung zu erzielen, werden die Stopfbüchsen auf der Druckseite entlastet und auf der Saugseite mit einem Druckwasserverschluss versehen. Auch die Zwischengehäuse sind beim Durchgang der Welle durch auswechselbare Drosselbüchsen abgedichtet. Die mehrstufigen Pumpen werden auch in zweiflutiger Bauart ausgeführt.

6.4.4.3 Sonderbauarten. Unterwasserpumpen sind vertikale Kreiselpumpen, die mit dem Unterwassermotor, einem wasserfesten Drehstrom-Kurzschlussmotor, gekuppelt sind. Das gesamte Aggregat hängt an der Steigrohrleitung und arbeitet unterhalb des Wasserspiegels. Der Motor erhält seine Energie durch ein Unterwasser-Spezialkabel, das am Steigrohr befestigt wird. Bei dem mit einem „Nassläufer" arbeitenden Motor wird auf jede Schutzeinrichtung gegen das Eindringen von Wasser in den Motor verzichtet. Der Motor wird vor dem Einsetzen des Pumpen-Aggregates in den Brunnen mit sauberem Wasser gefüllt. Die Spezialgleitlager werden durch dieses Wasser geschmiert, und die Wicklung mit nicht alternder, wasserabweisender Isolation wird von dem gleichen Wasser gekühlt. Verunreinigungen werden durch wartungslose, dauerhafte Vorrichtungen vom Motorinnern ferngehalten.

Da die Pumpe unter dem Wasserspiegel arbeitet, läuft ihr das zu fördernde Wasser zu, so dass Saugschwierigkeiten vermieden werden. Die Pumpe arbeitet praktisch wartungsfrei, da sie wassergeschmierte Lager besitzt und keine Stopfbuchse benötigt.

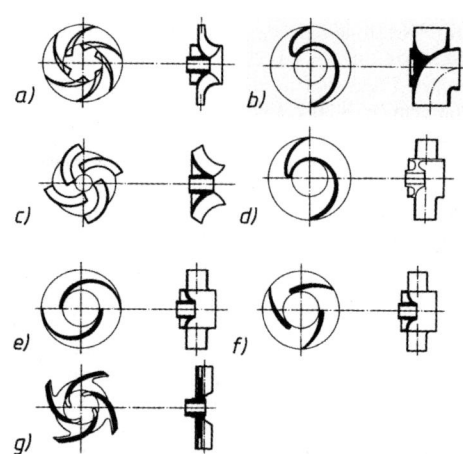

Bild 27. Einflutige Laufräder mit verschiedenen Schaufelformen
a) Mehrschaufeliges Laufrad zur Förderung reiner und leicht verschmutzter Flüssigkeiten;
b) Spiralschlauchrad mit freiem Durchgang für Spinn- und Faserstoffe, für Flüssigkeiten mit größeren Festteilen, z.B. Zuckerrüben;
c) beiderseits offenes, halbaxiales Schraubenrad für große Mengen reiner und leicht verschmutzter Flüssigkeiten;
d) Einkanalrad mit großem Durchgang für stark verunreinigte Flüssigkeiten;
e) Zweikanalrad für verunreinigte und viskose Flüssigkeiten;
f) Dreikanalrad für verunreinigte und viskose Flüssigkeiten, flache Kennlinie;
g) beiderseits offenes Kanalrad mit reduzierter Schaufelzahl für gashaltige und breiartige Stoffe.

Die Unterwasserpumpen finden vor allem dort Verwendung, wo unter Berücksichtigung der Wasserspiegelabsenkung die zulässige Saughöhe normaler Kreisel- oder Kolbenpumpen nicht mehr ausreicht. Sie dienen daher vornehmlich zur Wasserförderung aus tiefen Brunnen und können dank ihrer schlanken Bauweise auch in enge Bohrbrunnen eingesetzt werden.

Heute ist auch die einstufige, einflutige Kreiselpumpe ein vielseitiges Förderelement, das in vielen Fällen vor völlig verschiedenartige Aufgaben gestellt wird. Durch besondere Gestaltung des Laufrades wird die Pumpe den Verhältnissen angepasst. Bild 27 zeigt einflutige Laufräder mit verschiedenen Schaufelformen.

6.5 Vergleich zwischen Kolben- und Kreiselpumpen

Kolben- und Kreiselpumpen weisen grundlegende Unterschiede in ihren Betriebseigenschaften auf, wodurch sich verschiedene Verwendungsgebiete für die eine oder andere Pumpenart ergeben:

Bei Kolbenpumpen ist der Förderstrom pulsierend und begrenzt auf $\dot{V} \approx 0{,}055$ m³/s; sie erreichen auch bei großen Förderhöhen einen hohen Wirkungsgrad, der von dem Verhältnis $\dot{V}/h$ praktisch unabhängig ist; ihre Drehzahlen sind niedrig (bis 300 l/min) was bei der Auswahl des Antriebes berücksichtigt werden muss, ebenso die Tatsache, dass ihr Anfahrmoment fast ebenso groß wie das Betriebsdrehmoment ist; sie können selbst ansaugen; die Förderhöhe passt sich selbständig dem herrschenden Gegendruck an und ist unabhängig von einer Veränderung der Fördermenge.

Bei Kreiselpumpen erzielt man einen gleichbleibenden Förderstrom, der praktisch in der Größe nicht begrenzt ist; die Förderhöhe dagegen ist von der Drehzahl abhängig und nur mit größeren Stufenzahlen sind große Drücke erreichbar; dabei ist der Wirkungsgrad der Pumpe stark von Förderhöhe und Fördermenge abhängig: Bei kleinem Verhältnis $\dot{V}/h$ sind nur geringe Wirkungsgrade erreichbar; $\dot{V}$ und h beeinflussen sich wechselseitig (Kennlinie); bei normaler Bauweise kann die Luft aus der Saugleitung nicht abgesaugt werden. Sie muss vor der Inbetriebnahme entlüftet oder aufgefüllt werden; das Anfahrmoment ist gering und die Bauweise ermöglicht auch bei großen Leistungen die Verwendung von leichten, platzsparenden und relativ billigen Einheiten.

7 Verdichter

Verdichter fördern im Gegensatz zu den „Flüssigkeitspumpen" Gase, d.h. kompressible Medien; dabei ist eine Drucksteigerung der Gase mit einer Temperaturerhöhung oder einer Wärmeabgabe sowie mit einer Volumenverringerung verbunden.

Da Gase im Vergleich mit Flüssigkeiten eine weitaus geringere Dichte besitzen, können die Gasgeschwindigkeiten bei den Verdichtern viel höher liegen (bis ca. 100 m/s) als die Wassergeschwindigkeiten in Pumpen (bis ca. 2 m/s).

Theoretische Grundlagen über Zustandsänderungen von Gasen (isotherme, adiabatische, polytropische Verdichtung usw.) werden vorausgesetzt (vgl. Thermodynamik).

7.1 Mehrstufige Verdichtung und Kühlung

Um die isothermische Verdichtung zu erreichen, muss die Verdichtungsarbeit als Wärme abgeführt, d.h. die Maschine gekühlt werden. Die unvollkommene Kühlung der Kompressoren (kleine Wärmeübertragungsflächen, Schnelllläufigkeit) bewirkt, dass sich die Verdichtung der Adiabate nähert. Eine Verringerung der hierdurch entstehenden adiabatischen Mehrarbeit kann durch stufenweise Verdichtung mit Zwischenkühlung erreicht werden.

Im Beispiel der zweistufigen Luftkompression wird die Luft in der ersten Stufe von p_1 auf den Zwischendruck p_z adiabatisch verdichtet. Dabei steigt ihre Temperatur von T_1 auf T_2. Im Zwischenkühler wird die Luft bei nahezu konstant bleibendem Zwischendruck p_z abgekühlt – im Idealfall bis auf die Anfangstemperatur T_1. In der zweiten Stufe erfolgt die wiederum adiabatische Verdichtung vom Zwischendruck p_z auf den Enddruck p_2.

Durch mehrstufige Verdichtung mit Zwischenkühlung kann mit zunehmender Unterteilung des Verdichtungsvorganges dieser dem isothermischen Prozess genähert werden.

Außer der Verringerung der adiabatischen Mehrarbeit bietet die zwei- oder mehrstufige Verdichtung mit Zwischenkühlung den Vorteil einer Verringerung der Endtemperatur der Luft. Endtemperatur möglichst nicht über 200 °C!

Für den mehrstufigen Verdichter wird der Arbeitsbedarf am geringsten, wenn das Druckverhältnis in allem n-Stufen gleich groß gewählt wird:

$$\frac{p_2}{p_1} = \sqrt[n]{\frac{p}{p_1}} \tag{1}$$

p_1 Anfangsdruck, p_2 Zwischendruck (zwischen Stufe 1 und 2), p Enddruck, n Stufenzahl.

Bei Hochleistungsverdichtern bleibt man im allgemeinen mit dem Verdichtungsverhältnis in einer Stufe unter $\frac{1}{3}$; d.h. $p_2/p_1 = 3$.

Bei der Erzeugung von Druckluft ist die Feuchtigkeit der angesaugten atmosphärischen Luft zu berücksichtigen: Während der Verdichtung verringert sich die relative Feuchtigkeit der Luft infolge der starken Temperaturerhöhung. Bei der Abkühlung kann die relative Feuchtigkeit jedoch stark ansteigen und der Taupunkt überschritten werden. Zwischen- und Nachkühler sind daher mit Entwässerungseinrichtungen zu versehen.

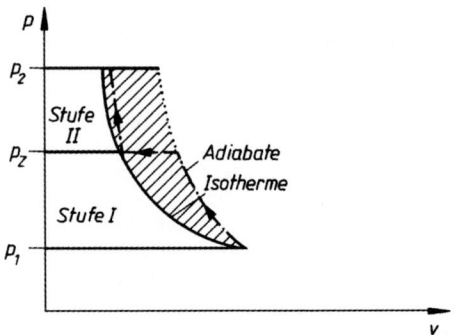

Bild 1. Zweistufige Kompression mit Zwischenkühlung

Die Kühlung der Luft – insbesondere im Nachkühler – verfolgt deshalb auch den Zweck, die erzeugte Druckluft zu entwässern bzw. zu trocknen.

7.2 Verdichterleistung und Wirkungsgrad

Die theoretische Verdichterleistung ergibt sich bei isothermischer bzw. adiabatischer Verdichtung aus der Gleichung

$$P_{is/ad} = \dot{V} \, W_{t\,is/ad}$$

$P_{is/ad}$	$\dot{V}$	$W_{t\,is/ad}$
kW	$\frac{m^3}{s}$	$\frac{Nm}{m^3}$

(2)

Der mechanische Wirkungsgrad η_m eines Verdichters vergleicht die innere Leistung P_i mit der zugeführten Leistung P_e und berücksichtigt Leistungsverluste durch Reibung an den Gleitflächen:

$$\eta_m = \frac{P_i}{P_e} \qquad (3)$$

Der isothermische Wirkungsgrad η_{is} vergleicht die theoretisch optimale Leistung P_{is} mit der Antriebsleistung des Verdichters P_e:

$$\eta_{is} = \frac{P_{is}}{P_e} \qquad (4)$$

7.3 Kolbenverdichter

Nach den Druckbereichen werden unterschieden:
Kompressoren mit Enddrücken bis ca. 10 bar Überdruck,
Hochdruckverdichter mit Enddrücken über 10 bar Überdruck,
Vakuumpumpen; ihr Ansaugdruck liegt unter 1 bar absolutem Druck.

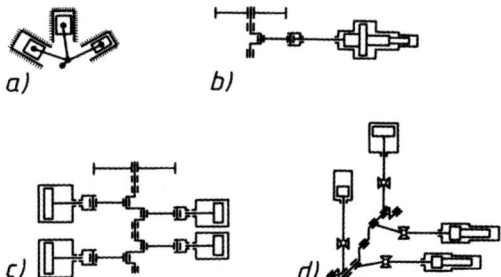

Bild 2. Gegenüberstellung verschiedener Triebwerksformen von Kolbenverdichtern
a) luftgekühlte Kolbenverdichter in W- oder V-Bauart
b) Kolbenverdichter in liegender Bauart
c) Kolbenverdichter in doppelter Boxerbauart
d) Kolbenverdichter in doppelter Winkelbauart

Die mehrstufige Kompression bedingt eine Mehrzylinderbauweise. Bei dieser setzt sich, insbesondere bei kleinen Maschinen, immer mehr die V- und W-Bauart gegenüber der Reihenmaschine durch. Die früher üblichen langsamlaufenden, liegenden Großkolbenmaschinen für große Liefermengen werden immer stärker durch schneller laufende, kleinere Maschinen in L- und Boxer-Bauart verdrängt (Bild 2).

7.3.1 Diagramm (Indikatordiagramm)

Der Druckverlauf im Zylinder eines Kolbenverdichters während eines Arbeitsspieles wird durch einen Indikator in Abhängigkeit vom Hub aufgezeichnet. Dieses Indikatordiagramm oder p,v-Diagramm (Bild 3) zeigt:

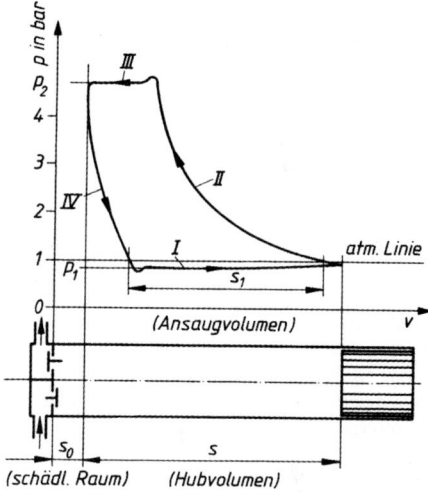

Bild 3. p,v-Diagramm (Indikatordiagramm)

I   Die Ansauglinie; sie liegt infolge der Druckverluste in den Saugleitungen und in den Ventilen unter dem Druck des Saugraumes bzw. der freien Atmosphäre.
II Die Kompressionslinie (Adiabate bzw. Polytrope, im „Idealfall" eine Isotherme).
III Die Ausschublinie; sie liegt entsprechend den zu überwindenden Leitungswiderständen über dem Druck des Leitungsnetzes bzw. des zu füllenden Druckluftbehälters.
IV Die Rückexpansionslinie; sie zeigt die Rückexpansion der im „schädlichen Raum" befindlichen Luft auf den atmosphärischen Druck.

7.3.1.1 Volumetrischer Wirkungsgrad η_V.
Das auf den Zustand des Saugraumes bezogene Ansaugvolumen $\dot{V}_a$ ist kleiner als das Hubvolumen $\dot{V}_h$. Dies ist bedingt durch
a) die Rückexpansion der im schädlichen Raum verdichteten Restluft,
b) die Unterexpansion der Luft während des Ansaugens,
c) die Erwärmung der Luft während des Ansaugens durch die heißen Zylinderwände.

Das Verhältnis des Ansaugvolumens $\dot{V}_a$ zum Hubvolumen V_h nennt man den volumetrischen Wirkungsgrad oder Füllungsgrad η_V:

$$\eta_V = \frac{\dot V_a}{\dot V_h} \quad (5)$$

Nach den VDI-Verdichterregeln kann der volumetrische Wirkungsgrad aus dem Indikatordiagramm eines Kolbenverdichters bestimmt werden:

$$\eta_V = \frac{s_1}{s} \quad (6)$$

Der volumetrische Wirkungsgrad kann zur Berechnung der angesaugten Luftmenge $\dot V_a$ benutzt werden:

$$\dot V_a = \frac{\eta_V\, A\, s\, n\, i}{60} \quad (7)$$

- A Kolbenfläche in m²
- s Hub in m
- n Drehzahl in min⁻¹
- i Zylinderanzahl
- $\dot V_a$ Luftmenge in $\frac{m^3}{s}$

7.3.1.2 Liefergrad λ. Die auf den Ansaugezustand bezogene tatsächliche Fördermenge eines Kolbenverdichters $\dot V_{eff}$ ist infolge der Undichtheiten (Kolben, Ventile usw.) geringer als die angesaugte Luftmenge. Mit dem Liefergrad λ gilt:

$$\dot V_{eff} = \lambda\, \dot V_h$$
$$\dot V_{eff} = \frac{\lambda\, A\, s\, n\, i}{60} \quad (8)$$

$\dot V_{eff}$	A	s	n
$\frac{m^3}{s}$	m²	m	m⁻¹

7.3.2 Aufbau der Kolbenkompressoren

Der Aufbau der Kolbenverdichter hat sich in den letzten Jahren stark gewandelt. Bei den Kleinkolbenverdichtern trat an Stelle der Reihenbauweise die V- und W-Bauart; bei den Großkolbenverdichtern haben die schnelllaufenden L- und Boxermaschinen die langsam laufenden, liegenden Maschinen abgelöst. Als Vorteile bieten die schnelllaufenden Maschinen ein günstigeres Leistungsgewicht, geringere freie Massenkräfte und damit leichtere Fundamente, eine Verringerung der erforderlichen Grundfläche und einen geringeren Anschaffungspreis.

Die Luftkühlung setzt sich, auch bei größeren Aggregaten, immer mehr durch. Ihr Hauptvorteil liegt in der geringeren Störanfälligkeit (keine Frostschäden, einfachere Wartung, kein Heißlaufen bei warmer Witterung).

Beim Kolbenkompressor ET 6 (Atlas Copco) erfolgt die Regelung in drei Stufen durch Entlastungskolben, die die Saugventile offen halten (Leerlauf-Halblast-Volllast). Die von dem Kühlgebläse des Zwischen- und Nachkühlers gelieferte Warmluft (ca. 50 °C) kann für Heizzwecke benutzt werden. Der Kompressor wird durch thermostatregulierte Öldruckschalter geschützt. Bei zu niedrigem Öldruck oder zu hoher Drucklufttemperatur wird der Kompressor automatisch stillgesetzt. Er liefert ca. 30 m³/min Druckluft von 7 bar Überdruck – höchster Betriebsdruck 8,8 bar –, seine Drehzahl liegt bei 485 l/min, die erforderliche Antriebsleistung beträgt 160 kW.

Bild 4 zeigt die schematischen Darstellungen der wichtigsten Bauarten der Hubkolbenverdichter.

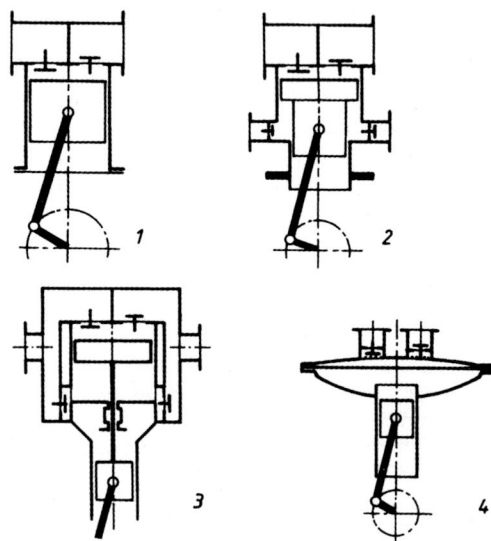

Bild 4. Schematische Darstellungen der wichtigsten Bauarten der Hubkolbenverdichter

1 einfachwirkender Hubkolbenverdichter
2 doppeltwirkender Hubkolbenverdichter mit Stufenkolben
3 doppeltwirkender Hubkolbenverdichter mit Scheibenkolben und Kreuzkopf
4 Membrane-Kolbenverdichter

7.3.3 Regelung der Kolbenverdichter

Ein konstanter Betriebsdruck im Druckluftnetz oder Druckluftbehälter, der aus betrieblichen Gründen angestrebt wird, bedingt bei konstanter Liefermenge des Kompressors eine gleichbleibende Entnahme. Da in den meisten Fällen aber die Entnahme unregelmäßig erfolgt, muss die Liefermenge des Kompressors geregelt werden. Dies kann erfolgen durch:

a) Drehzahlregelung: Ist nur bei hierfür geeigneten Antriebsmaschinen (z.B. Kolbenkraftmaschinen, regelbare Gleichstrommaschinen) möglich.
b) Stillsetzung: Wird meist bei elektrischen Antrieben in Verbindung mit einer Automatik verwendet, die den Kühlwasserstrom ab- und wieder anstellt und ein unbelastetes Anfahren des Verdichters durch Anheben der Saugventile ermöglicht.

c) Leerlaufregelung:
   Durch Offenhalten der Saugventile (angesaugte Luft wird wieder ausgeschoben).
   Durch Absperrung der Saugleitung (Kompressor arbeitet im Vakuum).
d) Zuschaltung von „schädlichen Räumen".
e) Stufenlose Mengenregelung: Die Saugventile werden über das Hubende hinaus während einer beliebig einstellbaren Zeit offen gehalten. Dadurch wird ein Teil der angesaugten Luft wieder in die Saugleitung zurück geschoben. Die Regelung der Liefermenge kann bis auf den Leerlauf hinunter erfolgen (gänzliches Offenhalten der Saugventile). Die Betätigung der Saugventile kann dabei durch Drucköl, Druckluft oder elektromagnetisch erfolgen.

7.3.4 Drehkolbenverdichter

Man unterscheidet einwellige und zweiwellige Drehkolbenverdichter.

Einwellige Drehkolbenverdichter. Bei diesen bilden die in einer exzentrisch gelagerten Walze verschiebbar angeordneten Schieber oder Lamellen einzelne Kammern, die bei der Walzendrehung ihr Volumen verändern (Bild 5). Die Verdichter besitzen ein kleines Schwungmoment und eignen sich daher besonders zur Ausrüstung mit selbsttätigen Anlass- und Stillsetzvorrichtungen.

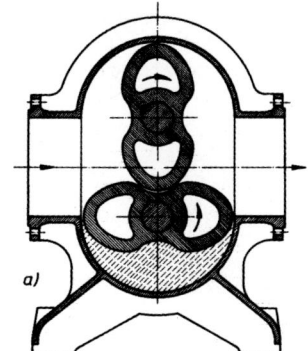

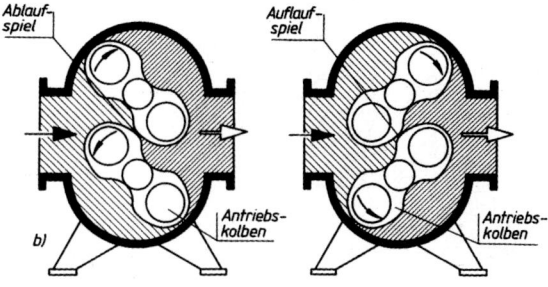

Bild 5. Drehkolbenverdichter, einwellige Bauart

Zweiwellige Drehkolbenverdichter. Das Roots-Gebläse (Bild 6) arbeitet nach dem Prinzip einer Zahnradpumpe. Die als Lemniskaten ausgebildeten gegenläufigen Rotoren werden zwangsläufig durch ein außerhalb des Druckraumes befindliches Zahnradpaar geführt. Die beiden Lemniskaten bewegen sich mit engem Spiel im Gehäuse und berühren sich gegenseitig gasdicht.
Ebenfalls nach dem Verdrängungsprinzip arbeiten die Kapselgebläse, bei denen ein Drehkörper das Drehmoment überträgt, der andere gegenläufige Drehkörper nur steuert.

Bild 6. Drehkolbenverdichter, Roots-Gebläse
a) Querschnitt durch ein Drehkolbengebläse
b) Ablauf- und Auflaufspiel der Drehkolben

Die Schraubenverdichter (Bild 7) sind besonders für die ölfreie Verdichtung von Gasen aller Art geeignet. Da bei leichten Gasen die untere Grenze des Anwendungsbereiches von Turbomaschinen über $\dot{V} = 2{,}8$ m³/s liegt und Kolben- und andere Rotationsverdichter normalerweise das Fördermedium mit Schmieröl in Verbindung bringen, bilden die Schraubenverdichter eine notwendige Ergänzung der Verdichterbauarten. Fördermengen liegen zwischen 0,14 m³/s und 7,5 m³/s.
Beim Schraubenverdichter besitzt der Hauptläufer vier, der Nebenläufer sechs Zähne. Der Synchronlauf wird durch ein Zahnradpaar mit entsprechendem Übersetzungsverhältnis erreicht. Das Gas tritt von unten in das Gehäuse und strömt axial in die Lückenräume ein. Mit der Drehung der Läufer öffnen sich die Zahnlückenräume fortschreitend von der Saugseite zur Druckseite hin. Dieser Vorgang gleicht dem Saughub des Kolbenverdichters. Nach Füllung der Zahnlücken wird durch weitere Drehung der Läufer der Ansaugraum abgeschlossen, die eingeschlossene Luft wandert weiter bis zur Oberseite der Stirnwand des Gehäuses. Durch den jetzt beginnenden Eingriff der Zähne werden die Zahnlückenräume verkürzt und das eingeschlossene Gas verdichtet. Diese Verdichtung hält an bis die Zahnspitzen und Zahnflanken die Steuerkanten am Druckstutzen überstreichen. Von da an wird das Gas durch weitere Verkürzung der Zahn-

lückenräume restlos durch den Druckstutzen ausgeschoben. Dieser Vorgang wiederholt sich in jeder aufeinander folgenden Zahnlücke der beiden Läufer.

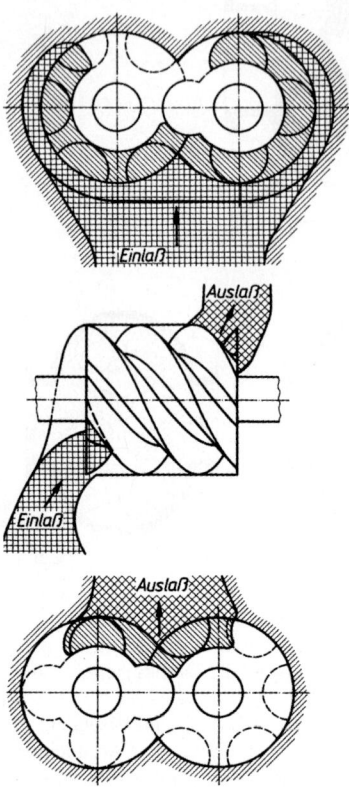

Bild 7. Schraubenverdichter, Ein- und Auslassquerschnitte

7.4 Kreiselverdichter (Turboverdichter)

Bei Kreiselverdichtern wird der Welle Energie zugeführt und über die Beschaufelung an das strömende Medium übertragen. Dementsprechend ähneln die Bauformen der Kreiselverdichter denen der Kreiselpumpen.
Nach dem erreichbaren Druck unterscheidet man:
a) Kompressoren: Vielstufige Verdichter mit hohen Enddrücken.
b) Gebläse: Sie erreichen mittlere Enddrücke und sind ein- bis dreistufig ausgeführt.
c) Ventilatoren oder Lüfter: Sie dienen der Förderung sehr großer Luftmengen bei kleinen Drucksteigerungen, die meist nur die Strömungswiderstände überwinden sollen.

Im Gegensatz zu der unmittelbaren Drucksteigerung der nach dem Verdrängerprinzip arbeitenden Kolbenverdichter arbeiten die Turboverdichter mit einer doppelten Energieumwandlung:

1. Die an der Verdichterwelle zugeführte mechanische Energie wird im Laufrad teils als Druckenergie infolge der Fliehkraftwirkung, teils als kinetische Energie auf das Gas oder die Luft übertragen.
2. In der dem Laufrad nachgeschalteten Leitvorrichtung wird die kinetische Energie in Druckenergie umgesetzt.

Infolge der doppelten Energieumwandlung haben die Turbokompressoren größere Verluste und schlechtere isothermische Wirkungsgrade als die Kolbenverdichter. Die Turboverdichter sind für große Fördermengen besonders gut geeignet, weniger für die Erzielung hoher Drücke.

7.4.1 Radialverdichter

Der Aufbau der Radialverdichter entspricht dem der Kreiselpumpen. Die zur Druckerzeugung notwendigen hohen Umfangsgeschwindigkeiten erfordern hohe Drehzahlen. Dabei haben hochtourige Läufer mit entsprechend geringen Durchmessern den Vorteil, dass sie geringeren Fliehkräften ausgesetzt sind. Sie werden meist mit Schaufeln, die aus dem vollen Laufradmaterial herausgefräst sind, versehen; hierdurch lassen sich besonders steife Läufer bauen, die unter Umständen unterkritisch laufen können.
Die theoretisch erreichbare Förderhöhe und Drucksteigerung ist aus der Hauptgleichung der Strömungsmaschinen zu errechnen (Gleichung 10).
Bei drallfreiem Eintritt in das Laufrad ist c_1 radial gerichtet, also $\alpha_1 = 90°$ bzw. $\cos \alpha_1 = 0$:

$$h_{th} = \frac{c_2 \, u_2 \cos \alpha_2}{g} \quad \begin{array}{c|c|c} h_{th} & u_2, c_2 & g \\ \hline m & \dfrac{m}{s} & \dfrac{m}{s^2} \end{array} \quad (9)$$

Radiale Schaufeln werden nur auf Zug beansprucht; es können Umfangsgeschwindigkeiten bis 400 m/s erreicht werden. Dabei wird wegen der hohen Fliehkräfte vielfach die Deckscheibe der Laufräder weggelassen, was allerdings an dem zwischen Verschaufelung und Gehäuse bestehenden Spalt zu Leckverlusten und Rückströmung vom Druckraum zum Saugraum führen kann. Rein radiale Schaufeln werden bei Fahrzeugverdichtern, z.B. Flugmotorenaufladern, wo es auf hohe Drücke und geringe Abmessungen ankommt, verwendet.

Die Luft wird im Verdichter einmal „adiabatisch" (bzw. polytropisch), entsprechend dem Verdichtungsvorgang erwärmt, zum anderen aber auch durch die Wärme, die durch die Strömungsverluste (Luft- und Radreibung) erzeugt wird. Diese Wärme erhöht unmittelbar, noch während der Zustandsänderung, die Temperatur der Luft und vergrößert ständig das zu verdichtende Volumen. Hierdurch wird die erforderliche Antriebsleistung erhöht. Will man die Verdichtung dem isothermischen Vorgang annähern, so ist eine weitaus stärkere Kühlung als bei den Kolbenkompressoren erforderlich.

Als Richtwerte können für den notwendigen Kühlwasserverbrauch bei Verdichtung von 1 bar auf 6 bar gelten:

Kolbenkompressor:
ca. 3 000 l Kühlwasser je 1 000 m³ Luft

Turboverdichter:
ca. 10 000 l Kühlwasser je 1 000 m³ Luft

Entsprechend der relativ geringen Drucksteigerung in einer Stufe erfordert der Turboverdichter eine höhere Stufenzahl als der Kolbenkompressor. Um z.B. von $p_1 = 1$ bar auf $p_e = 6$ bar zu verdichten, muss der Turbokompressor bereits mit vier Stufen arbeiten, wenn die Umfangsgeschwindigkeiten begrenzt bleiben sollen. Die mehrstufige Bauart erfordert hinter jeder Stufe eine Umlenkung des Fördermittels, was eine Verringerung des Wirkungsgrades zur Folge hat. Die Kennlinie des Radialverdichters – im Prinzip gleicht sie der Kennlinie einer Kreiselpumpe – verläuft flach; bei Rädern mit radial verlaufenden Schaufeln ist sie flacher als bei Rädern mit rückwärts gekrümmten Schaufeln.

Die flache Kennlinie des Radialverdichters ergibt einen größeren stabilen Betriebsbereich, allerdings bei mäßigeren Wirkungsgraden als beim Axialverdichter, der eine steilere Kennlinie, kleineren stabilen Betriebsbereich und höheren Wirkungsgrad besitzt. Ob danach in einem Bedarfsfall die radiale oder axiale Bauart vorteilhafter ist, hängt von dem Verlauf der Betriebswiderstandslinie (vgl. Rohrleitungskennlinien der Kreiselpumpenanlagen), dem erforderlichen Regelbereich und von den Herstellungskosten der verschiedenen Verdichter ab. Dabei ist zu beachten, dass mit wachsendem Ansaugvolumen der Kapitalaufwand für den Axialverdichter im Vergleich zu dem für den Radialverdichter geringer wird.

Die mechanischen Reibungsverluste der Radialverdichter sind, wie bei allen Turboverdichtern, sehr gering; sie erreichen einen hohen mechanischen Wirkungsgrad (bis 99 %).

Der isothermische Wirkungsgrad, der wie bei den Kolbenverdichtern das Verhältnis der isothermischen Kompressorleistung zur tatsächlichen Antriebsleistung darstellt, ist wegen der hohen Radreibungs- und Wirbelungsverluste in der Luft schlechter als bei Kolbenverdichtern. Je nach Größe und Ausführung der Maschine kann mit $\eta_{is} = 0{,}6$ bis $0{,}73$ gerechnet werden.

Bei niedrigen Druckverhältnissen – bis 1 : 3 – werden Radialkompressoren auch als ungekühlte Maschinen gebaut. Als Vergleich dient dann der adiabatische Wirkungsgrad, der je nach Größe und Ausführung der Maschine $\eta_{ad} = 0{,}75$ bis $0{,}9$ beträgt.

7.4.1.1 Regelung. Bei der Regelung der Turboverdichter wird in den meisten Fällen ein gleichbleibender Betriebsdruck angestrebt, da zum Betrieb von Druckluftwerkzeugen und Maschinen ein möglichst gleichbleibender Luftdruck erwünscht ist.

Drehzahlregelung. Bei veränderlicher Fördermenge kann der Druck durch entsprechende Veränderung der Drehzahl konstant gehalten werden. Dabei ist aber zu berücksichtigen, dass mit zunehmender Fördermenge die Luftgeschwindigkeit wächst und der Rohrleitungswiderstand mit dem Quadrat der Strömungsgeschwindigkeit zunimmt. Der Verdichter muss also mit zunehmender Fördermenge einen höheren Druck liefern, was auch mit einer Drehzahlerhöhung und daher mit einer Einengung des Regelbereiches verbunden ist. Die Drehzahlregelung erfordert Antriebsmaschinen mit veränderlicher Drehzahl. Sie ist dann eine sehr einfach und wirtschaftlich durchführbare Regelungsart.

Drosselregelung. Von ihr wird Gebrauch gemacht, wenn mit Rücksicht auf den Antrieb eine Drehzahlregelung nicht möglich ist. Man drosselt entweder in der Saug- oder in der Druckleitung Die Drosselregelung ist unwirtschaftlicher als die Drehzahlregelung, da eine Drosselung stets mit Energieverlusten verbunden ist, die bei der Drosselung der Saugleitung allerdings geringer sind als bei der Drosselung der Druckleitung.

Aussetzerregelung. Der Verdichter wird bei steigendem Druck selbsttätig abgeschaltet und bei abgesunkenem Druck wieder eingeschaltet. Dabei lassen sich kleinere oder größere Druckschwankungen nicht vermeiden; ihre Größe und Dauer hängt von der Speicherfähigkeit des Netzes und der Größe der Veränderung der Entnahme ab. Die Druckschwankungen sind um so kleiner, je flacher die Verdichterkennlinie verläuft. Die Aussetzer- oder Leerlaufregelung wird oft bei Turbokompressoren, die an der Pumpgrenze arbeiten, angewendet.

Abblaseverfahren. Dabei wird die zuviel erzeugte Druckluft durch ein von Hand betätigtes oder druckgesteuertes Ventil ins Freie abgeblasen, wenn durch Absinken des Druckluftverbrauches die Gefahr eintritt, dass die Pumpgrenze unterschritten wird. Da das Verfahren durch den Verlust der überschüssig erzeugten Druckluft unwirtschaftlich ist, sollte es nur dort angewendet werden, wo die Pumpgrenze tief liegt und entsprechend den Betriebsverhältnissen mit einem nur kurzzeitigen Absinken des Luftverbrauches unter die Pumpgrenze zu rechnen ist.

7.4.1.2 Aufbau. Turbokompressoren erfordern für höhere Drücke, insbesondere bei leichten Gasen, höhere Stufenzahlen. Bei großen Stufenzahlen werden die Turboverdichter auch mehrgehäusig gebaut. Der einseitige Einlauf ergibt einen Axialschub, der ausgeglichen oder durch entsprechende Lager aufgenommen werden muss. Der Ausgleich des Axialschubes kann durch einen Ausgleichkolben, der auf der Innenseite unter dem Druck der letzten Stufe, auf der Außenseite unter dem Atmosphärendruck steht, erfolgen. Die von Stufe zu Stufe dichtere Luft bedingt, dass die Laufräder ebenfalls von Stufe zu Stufe schmaler ausgeführt sind. Auch die Raddurchmesser der letzten Stufen werden verringert, um die Radreibung der in der hochverdichteten Luft laufenden Räder zu verkleinern.

Turboverdichter mit durchgehender Laufradwelle ergeben bei höheren Enddrücken nur dann günstigere Wirkungsgrade, wenn sie für große Fördermengen ausgelegt sind. Bei kleineren Fördermengen ergeben die mit gleicher Drehzahl laufenden Räder der mehrstufigen Verdichter mit durchgehender Laufradwelle in den letzten Stufen ungünstige Strömungsverhältnisse. Dieser Nachteil wird durch abgestufte Drehzahl der Laufräder der einzelnen Stufen vermieden, wie dies z.B. bei dem vierstufigen Getriebe-Turboverdichter der DEMAG (Bild 8) der Fall ist. Hier werden die erforderlichen hohen Drehzahlen durch eine Rädervorlage erzielt, wobei die Ritzel der 1. und 2. Stufe eine kleinere Drehzahl der Laufräder, die Ritzel der 3. und 4. Stufe eine größere Drehzahl bewirken. Die vier Laufräder sind fliegend eingebaut, wodurch ein strömungstechnisch günstiger Einlauf erzielt werden kann. Durch die paarweise entgegenwirkenden Laufräder wird deren Axialschub aufgehoben. Die Verdichterspiralgehäuse dienen der Druckumsetzung hinter den Laufrädern. Wegen des großen Verdichtungsverhältnisses der einzelnen Stufen ist nach jeder Stufe ein Zwischenkühler angeordnet; Zwischenkühler bilden mit Kompressor und Getriebe eine Baueinheit.

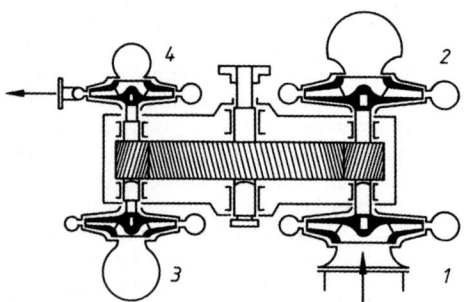

Bild 8. Schema eines vierstufigen DEMAG-Getriebe-Turboverdichters

Der vierstufige DEMAG-Getriebe-Turboverdichter wird serienmäßig zur Verdichtung von Luft und ähnlichen Gasen, wie z.B. Stickstoff, gebaut. Durch elf geometrisch gestufte Baugrößen wird ein Ansaugemengenbereich zwischen 2,7 m³/s und 27 m³/s überdeckt, wobei die Enddrücke zwischen 5 bar und 10 bar betragen. Der Verdichter kann direkt mit dem Elektromotor gekuppelt werden.

7.4.2 Axialverdichter

Beim Axialverdichter verläuft die Strömung hauptsächlich parallel zur Welle des Laufrades. Jede Stufe des Axialverdichters besteht aus einer Laufschaufelreihe und einer Leitschaufelreihe (Bild 9). In der Laufschaufelreihe wird die Strömung in Umfangsrichtung abgelenkt und in der Leitschaufelreihe wird diese Ablenkung wieder zurückgeführt. Im Laufrad wird die Relativströmung, im Leitrad die Absolutströmung verzögert und dadurch eine Drucksteigerung bewirkt. Da die Druckerzeugung nur durch Umlenkungen hervorgerufen wird, treten Verluste nur vor der ersten Stufe als „Zuströmverluste" und hinter der letzten Stufe als „Austrittsverluste" auf.

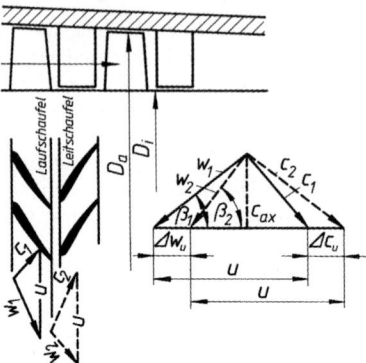

Bild 9. Axialverdichter, Beschaufelung (schematisch) und Geschwindigkeitsdreiecke

Die in einer Stufe erreichbare Druckerhöhung ist beim Axialverdichter nur gering. Aus der Hauptgleichung der Strömungsmaschinen folgt die in einer Stufe bei verlustloser Verdichtung theoretisch erreichbare Druckhöhe:

$$h_{th} = \frac{u_m}{g}(c_{2u} - c_{1u}) \text{ oder}$$

$$h_{th} = \omega \frac{D_m}{2g}(c_{2u} - c_{1u}) \tag{10}$$

h_{th}	D_m	ω	c_{1u}, c_{2u}, u_m
m	m	$\frac{1}{s}$	$\frac{m}{s}$

Zur Erzielung höherer Drücke müssen daher viele Stufen vorgesehen werden. Dabei wirkt sich, im Gegensatz zum Radialverdichter, die Zwischenkühlung nachteilig aus. Mit jeder Zwischenkühlung wird die axiale Strömung unterbrochen und der Wirkungsgrad durch die zusätzlichen Ein- und Austrittsverluste verschlechtert. Der Nutzen einer mehrfachen Zwischenkühlung wird durch die mehrfachen Ein- und Austrittsverluste zum großen Teil wieder aufgezehrt. Diese Verluste können nur durch eine mehrgehäusige Bauart mit strömungsgünstig gestalteten Stutzen verringert werden.

Der ungekühlte Axialverdichter ist dem Radialverdichter im Wirkungsgrad überlegen. Die Abmessungen des Gehäuses des Axialverdichters sind nur wenig größer als der äußere Durchmesser des Laufrades. Dadurch sind die Abmessungen des Axialverdichters sowie sein Gewicht und sein Preis, besonders bei großem Ansaugvolumen, günstiger als bei der radialen Bauart. Die höhere Drehzahl ermöglicht als Antrieb schnelllaufende Turbinen, die ebenfalls kleiner und billiger sind. Axialverdichter werden daher besonders für größere Ansaugvolumen (ab. ca. 5,5 m³/s) gebaut.

Die Axialverdichter werden mit verschiedenen Schaufelwinkeln ausgeführt, die eine unterschiedliche Aufteilung der Druckerhöhung auf Laufschaufelkranz und fest stehenden Leitschaufelkranz bedingen. Diese Aufteilung ist durch den Reaktionsgrad gekennzeichnet, das ist das Verhältnis der Druckerhöhung im Laufrad zur Druckerhöhung der aus Lauf- und Leitrad gebildeten Stufe.

Die verschiedenen Bauarten unterscheiden sich auch durch die weiteren wichtigen Kennzahlen der Verdichter:

a) die Umfangsgeschwindigkeit der Laufschaufeln u_i bezogen auf den Nabendurchmesser D_i;

b) die Durchflusszahl $v = \dfrac{\dot{V}}{A\,u_i}$ ($\dot{V}$ sekundliche Durchflussmenge; A Durchflussquerschnitt);

c) die Druckzahl $\mu = \dfrac{H}{u_i^2}$;

d) den Wirkungsgrad.

Durchflusszahl und Druckzahl bestimmen die Kennlinie des Verdichters.

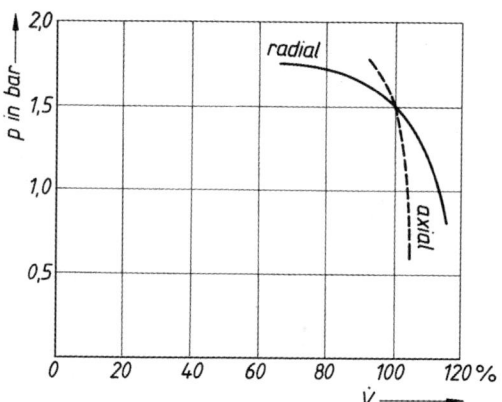

Bild 10. Kennlinien des Axial- und des Radialverdichters

Die Kennlinie des Axialverdichters zeigt die Abhängigkeit des Förderdruckes h vom Fördervolumen $\dot{V}$.
Die Kennlinie des Axialverdichters verläuft steiler als die des Radialverdichters; demzufolge ist der stabile Arbeitsbereich gering (Bild 10).
Arbeitet der Verdichter mit einem Ansaugvolumen, das unter dem Auslegungspunkt liegt, so tritt ein Ablösen der Strömung von der Profiloberfläche der Schaufel ein. Diese Erscheinung kann beim Axialverdichter bereits bei einer Verminderung des Fördervolumens auf ca. 90 % des Auslegungswertes auftreten. Die Folgen können Schaufelbrüche und die Zerstörung des Verdichters sein. Die Ablösung der Strömung tritt dann ein, wenn der relative Anstellwinkel der Strömung zum Flügelprofil zu groß wird. Diese Vergrößerung des Anstellwinkels α folgt aus der Verzögerung der Fördermenge und der sich daraus ergebenden Verkleinerung der Axialgeschwindigkeit (Bild 11). Die Abreißgrenze macht sich durch plötzliches Absinken der Förderhöhe und des Wirkungsgrades bemerkbar (Bild 12).

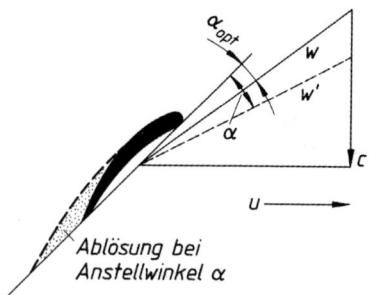

Bild 11. Anströmung des Schaufelprofils bei verschiedenen Durchsatzmengen

Eine größere Verringerung der Fördermenge sollte beim Axialverdichter daher nur durch Änderung der Drehzahl vorgenommen werden.
Die Steilheit der Kennlinie des Axialverdichters hängt von der Druckzahl μ ab: Je kleiner diese ist, um so steiler verläuft im Bestpunkt die Kennlinie. Eine Erhöhung der Druckzahl und damit eine flachere Kennlinie kann durch eine stärkere Wölbung der Schaufelprofile erreicht werden.
Der steile Kennlinienverlauf kann allerdings nicht als grundsätzlicher Nachteil des Axialverdichters angesehen werden: In Sonderfällen kann es nämlich erwünscht sein, dass die Änderung des Gegendruckes nur kleine Änderungen der Fördermenge nach sich zieht.

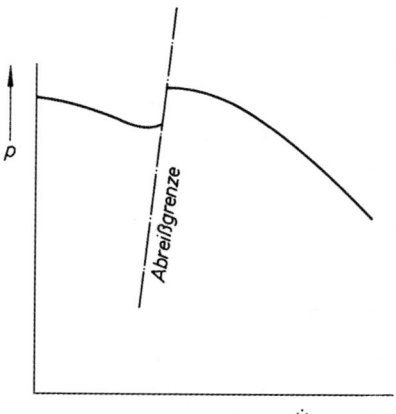

Bild 12. Axialverdichter, Abreißgrenze

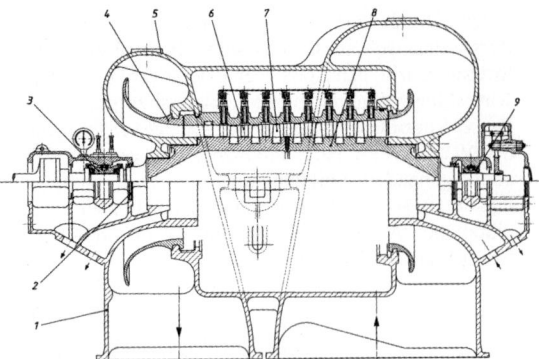

Bild 13. BBC-Axialgebläse mit verstellbaren Leitschaufeln in allen Reihen

1 Gehäuseunterteil
2 Ölabstreifbleche
3 Kannenlager
4 Diffusor
5 Gehäuseoberteil
6 verstellbare Leitschaufel
7 Laufschaufel
8 Welle
9 Traglager

7.4.2.1 Regelung. Wegen der steilen Kennlinie und der hohen Pumpgrenze eignet sich der Axialverdichter nur in einem sehr engen Bereich zur Mengenregelung, besonders bei konstanter Antriebsdrehzahl, z.B. bei elektrischem Antrieb. Bei niedriger Entnahme kann man sich dann durch Abblasen der überschüssigen Luftmenge helfen, deren Energie in Expansionsturbinen genützt werden kann.
Eine ideale Regelung des Axialgebläses mit konstant bleibender Antriebsdrehzahl wird durch die Ausführung mit verstellbaren Leitschaufeln erzielt.

7.4.2.2 Aufbau. Bei der mehrstufigen Bauweise besteht der Axialverdichter aus dem Rotor, der die Laufschaufeln trägt und dem Stator, der zu jeder Laufschaufelreihe eine Leitschaufelreihe besitzt. Am Eintritt wird der ersten Laufschaufelreihe eine Leitschaufelreihe vorgeschaltet.
Bild 13 zeigt das Schnittbild eines BBC-Axialgebläses mit verstellbaren Leitschaufeln in allen Reihen.

8 Verbrennungsmotoren

8.1 Grundlagen

Verbrennungsmotoren sind Wärmekraftmaschinen, die als Energiequelle Flüssigkraftstoff oder Gas verwenden. Die Umsetzung der im Kraftstoff enthaltenen chemischen Wärmeenergie wird durch Verbrennung im Zylinderraum vor dem Kolben vorgenommen (innere Verbrennung) und durch Expansion sofort über ein Kurbeltriebwerk in mechanische Energie umgesetzt. Die expandierten Verbrennungsgase werden durch Frischgase ausgetauscht (Ladungswechsel) und der Prozess zyklisch fortgeführt. Wegen des kürzeren Energieweges vom Kraftstoff bis zur Triebwerkswelle, der hohen Prozesstemperaturen und Druckverhältnisse, arbeiten Verbrennungsmotoren mit besserem thermischen Wirkungsgrad als andere Wärmekraftmaschinen.
Die Ausführungsformen und Bauarten der Verbrennungsmotoren sind vielfältig. Sie lassen sich nach verschiedenen Kriterien einteilen:

- nach der Art des Ladungswechsels (Zweitakt-, Viertaktmotoren)
- nach der Gemischbildung (Ottomotoren- äußere, Dieselmotoren- innere)
- nach der Verbrennungseinleitung des Kraftstoff-Luft-Gemisches (Ottomotor-Fremdzündung, Dieselmotor- Selbstzündung)
- nach der Anordnung der Motorzylinder (Reihen-, V-, Boxer-, Gegenkolben-, Sternmotoren)
- nach der Kühlung (Flüssigkeits-, Luftkühlung)
- nach dem Bewegungsablauf (Hubkolben-, Kreiskolbenmotor, Gasturbine)
- nach der Drehrichtung
- nach dem Drehzahlbereich
- nach der Frischgaszufuhr (Saug-, Ladermotoren)

8.1.1 Thermodynamische Grundlagen

Während eines Arbeitsspiels durchläuft der Gasinhalt des Zylinders immer wieder dieselben thermodynamischen Zustandsänderungen (Kreisprozess).
Für Ottomotoren kann dazu als Idealprozess der *Gleichraumprozess* (**Bild 1a**) mit adiabatischer (isentroper) Verdichtung, isochorer Wärmezufuhr Q_z adiabater Expansion und isochorer Wärmeabgabe Q_a herangezogen werden. Für Dieselmotoren wird als Idealprozess der *Gleichdruckprozess* (**Bild 1b**) mit adiabater Verdichtung und Expansion, isobarer Wärmezufuhr Q_z und isochorer Wärmeabgabe Q_a, verwendet.
In der Praxis arbeiten weder der Ottomotor, noch der Dieselmotor nach diesen Idealprozessen, da die Verbrennung des eingespritzten Kraftstoffes im Dieselmotor nicht bei gleich bleibendem Druck erfolgt und auch die beim Gleichraumprozess vorausgesetzte, unendlich große Verbrennungsgeschwindigkeit nicht auftritt.
Der *Seiligerprozess* (**Bild 1c**), als Überlagerung von Gleichdruck- und Gleichraumprozess, berücksichtigt noch am besten die realen Arbeitsprozesse von Otto- und Dieselmotor.
Die thermodynamische Wärmebilanz der Vergleichsprozesse zeigt den theoretisch erreichbaren *Idealwirkungsgrad* η_V des vollkommenen Motors. Mit den im **Bild 1** gezeigten Idealdiagrammen werden die Idealwirkungsgrade:

8 Verbrennungsmotoren

$$\eta_v = 1 - \frac{\Delta t_a}{\Delta t_z} \quad \text{für den Gleichraumprozess} \quad (1)$$

$$\eta_v = 1 - \frac{\Delta t_a}{\kappa \Delta t_z} \text{ für den Gleichdruckprozess, } \kappa \text{ Adiabatenexponent} \quad (2)$$

$$\eta_v = 1 - \frac{\Delta t_a}{\Delta t_{z1} + \kappa \Delta t_{z2}} \quad \text{für den Seiligerprozess} \quad (3)$$

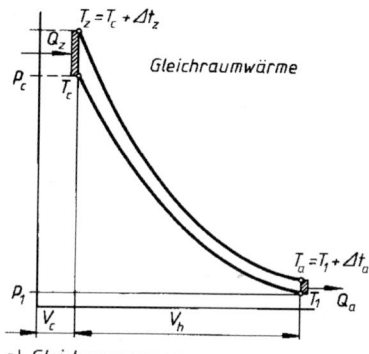

a) Gleichraumprozess

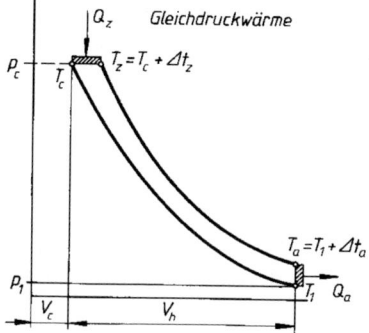

b) Gleichdruckprozess

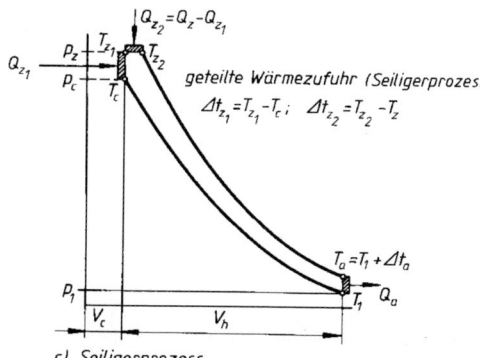

c) Seiligerprozess

Bild 1. Vergleichsprozesse
V_h = Zylinderhubraum
V_c = Verdichtungsraum

p_1 = Anfangsdruck
T_1 = Anfangstemperatur
P_c = Verdichtungsenddruck
T_c = Verdichtungsendtemperatur
p_z = Druck nach Wärmezufuhr Q_z
T_z = Temperatur nach Wärmezufuhr Q_z
T_a = Temperatur bei Wärmeabgabe Q_a
Δt_z = Temperaturerhöhung durch Wärmezufuhr Q_z
Δt_a = Temperaturverringerung durch Wärmeabgabe Q_a
Q_a = Wärmeabgabe
Q_z ○ = Wärmezufuhr

Der *innere (indizierte) Wirkungsgrad* η_i des wirklichen Motors ist jedoch geringer, da Strömungs- und Ladungsverluste, unvollkommene Verbrennung und Wärmeverluste an den Wandungen auftreten.
Der *Gütegrad* η_g kennzeichnet das Verhältnis des praktischen zum idealen Wirkungsgrad η_v

$$\eta_g = \frac{\eta_i}{\eta_v} \quad (4)$$

Richtwerte: $\eta_g = 0{,}7 \ldots 0{,}9$

Durch die Berücksichtigung der mechanischen Reibungsverluste im Motor (Triebwerk, Öl-, Wasserpumpe, Generator, Gebläse usw.) ergibt sich der mechanische Motorwirkungsgrad

$$\eta_m = \frac{P_{\text{eff}}}{P_i} \quad (5)$$

P_{eff} Effektivleistung (Kupplungsleistung)
P_i Innenleistung

Richtwerte: für Ottomotoren $\quad \eta_m = 0{,}80 \ldots 0{,}92$
für Dieselmotoren $\quad \eta_m = 0{,}75 \ldots 0{,}85$

Die Innenleistung P_i unterscheidet sich von der Effektivleistung P_{eff} durch die Reibleistung $P_r (P_i = P_{\text{eff}} + P_r)$.
Der *effektive-* oder *Nutzwirkungsgrad* η_{eff} des Verbrennungsmotors beträgt

$$\eta_{\text{eff}} = \eta_i \eta_m \text{ oder } \eta_{\text{eff}} = \eta_v \eta_g \eta_m \quad (6)$$

8.1.2 Grundlegende Berechnungen und Bezeichnungen am Hubkolbenmotor

Mit dem Zylinderdurchmesser d und dem Kolbenhub s errechnet sich der Hubraum V_h eines Zylinders

$$V_h = \frac{d^2 \pi s}{4} \quad \begin{array}{|c|c|c|} \hline V_h & d & s \\ \hline \text{cm}^3 & \text{cm} & \text{cm} \\ \hline \end{array} \quad (7)$$

Mit z Zylindern beträgt der Motorhubraum

$$V_H = V_h z \quad (8)$$

Der Raum über dem Kolben im oberen Totpunkt (einschließlich der Nebenbrennräume bei Dieselmotoren) ist der Verdichtungsraum V_c.
Das Verhältnis von Verbrennungsraum $V_b = V_h + V_c$ zum Verdichtungsraum V_c ist das *Verdichtungsverhältnis* ε

$$\varepsilon = \frac{V_h + V_c}{V_c} \quad \begin{array}{c|c|c} V_h & V_c & \varepsilon \\ \hline cm^3 & cm^3 & 1 \end{array} \quad (9)$$

Richtwerte: für Ottomotoren $\varepsilon = 7 \ldots 11$
für Dieselmotoren $\varepsilon = 14 \ldots 24$

ε ist ein wichtiger Kennwert für Leistung und thermischen Wirkungsgrad eines Motors. Verdichtungserhöhung ergibt höheren Arbeitsdruck und höhere Motorleistung.
Grenzen der Verdichtungserhöhung sind durch die thermische Belastung und die Klopffestigkeit des Kraftstoffes gegeben.
Der Verdichtungsenddruck p_c der Luft oder des Kraftstoff-Luft-Gemisches ergibt sich mit dem Ausgangsdruck der Zylinderfüllung p_0, dem Verdichtungsverhältnis ε und dem Polytropenexponenten n (1,35 ... 1,38 für Luft).

$$p_c = p_0 \varepsilon^n \quad \begin{array}{c|c|c} p_c & p_0 & \varepsilon \\ \hline bar & bar & 1 \end{array} \quad (10)$$

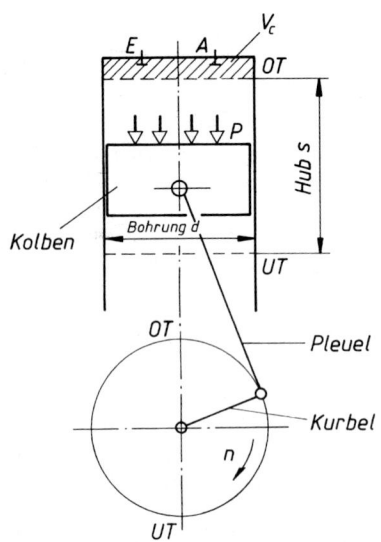

OT Oberer Totpunkt
UT Unterer Totpunkt
E Einlassventil
A Auslassventil
V_c Verdichtungsraum
p Innendruck

Bild 2. Bezeichnungen am Zylinder

Richtwerte: für Ottomotoren $p_c = 10 \ldots 15$ bar
für Dieselmotoren $p_c = 24 \ldots 50$ bar

Die *Verdichtungsendtemperatur* T_c ergibt sich mit der Ausgangstemperatur T_0 der Luft oder des Gemisches

$$T_c = T_0 \varepsilon^{n-1} \quad \begin{array}{c|c|c} T_0 & T_c & \varepsilon \\ \hline K & K & 1 \end{array} \quad (11)$$

Richtwerte: mit $t_c = T_c - 273{,}15$ K
für Ottomotoren $t_c = 400 \ldots 500$ °C
für Dieselmotoren $t_c = 700 \ldots 900$ °C

Das Hubverhältnis

$$a = \frac{s}{d} \quad \begin{array}{c|c|c} a & s & d \\ \hline 1 & mm & mm \end{array} \quad (12)$$

kennzeichnet die Motoren als Kurzhub- ($a < 1$), Langhub- ($a > 1$) oder Quadrathubmotoren ($a = 1$). Übliche Werte bei Otto- und Dieselmotoren liegen bei $a = 0{,}75 \ldots 1{,}25$.
Aus Kurbelwellendrehzahl n und dem Kolbenhub s wird die *mittlere Kolbengeschwindigkeit* v_m nach der Zahlenwertgleichung

$$v_m = \frac{sn}{30} \quad \begin{array}{c|c|c} v_m & s & n \\ \hline m/s & m & 1/min \end{array} \quad (13)$$

Die *maximale Kolbengeschwindigkeit* v_{max} beträgt ca. 1,62 v_m bei einem Pleuelstangenverhältnis $\lambda_{PL} = 0{,}25$ nach Gleichung (28).

Richtwerte: für Ottomotoren $v_m = 9 \ldots 15$ m/s
für Dieselmotoren $v_m = 8 \ldots 14$ m/s

Der *Liefergrad* λ_L kennzeichnet das Verhältnis der angesaugten Ladung m_z zur theoretisch möglichen Ladung m_{th}

$$\lambda_L = \frac{m_z}{m_{th}} \quad \begin{array}{c|c|c} \lambda_L & m_z & m_{th} \\ \hline 1 & kg & kg \end{array} \quad (14)$$

Richtwerte: für Saugmotoren $\lambda_L = 0{,}7 \ldots 0{,}9$
für Ladermotoren $\lambda_L = 1{,}2 \ldots 1{,}6$

Die angesaugte Gemischmasse und damit die Größe von λ_L ist abhängig von der Drosselung und Erwärmung beim Ansaugen und von der Motordrehzahl. Durch Aufladung (Kap. 8.13), Mehrventiltechnik und lange Ventilöffnung kann λ_L verbessert werden.
Die praktischen Verhältnisse beim Lauf eines Verbrennungsmotors lassen sich in einem p-V-Diagramm (Indikatordiagramm) aufzeigen. Durch einen Indikator (piezo-elektrischer Druckschreiber) wird der tatsächliche Druckverlauf im Zylinder während eines Arbeitsspiels (2- oder 4-Takte) bei laufendem Motor ermittelt und aufgezeichnet.

8 Verbrennungsmotoren

Bild 3 zeigt das Indikatordiagramm für einen Viertakt-Dieselmotor.
Beim Arbeitshub wirkt am Kolben der Expansionsdruck p und die Kolbenkraft $F_K = pA$. Während des Hubes s ändern sich p und damit auch die Kolbenkraft F_K ständig. Man rechnet daher mit einem mittleren Kolbendruck p_m.

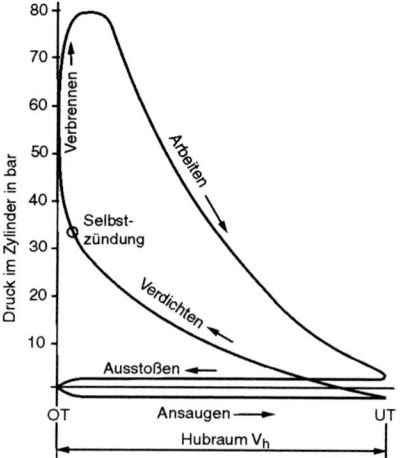

Bild 3. p-V-Diagramm (Indikatordiagramm) eines Viertakt-Dieselmotors

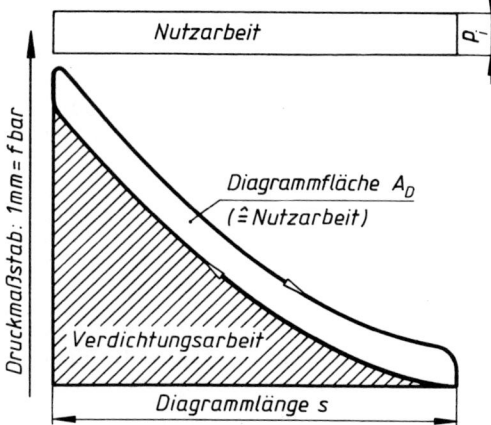

Bild 4. Indikatordiagramm

Die Kolbenarbeit während des Hubes beträgt $W = P_m A s = P_m V_h$, die im Druckverlaufsdiagramm als Rechteckfläche inhaltsgleich der Diagrammfläche erscheint. Der Verdichtungshub benötigt einen Teil dieser Dehnarbeit, der Rest wirkt als Nutzarbeit am Kolben.
Das *Indikatordiagramm* zeigt die innere Nutzarbeit am Kolben als Diagrammfläche. Der sich daraus ergebende mittlere Nutzdruck heißt *indizierter Druck* p_i (Bild 4).

Die Diagrammfläche wird mit dem Planimeter ausgemessen oder durch Streifenrechnung ermittelt. Den Druckmaßstab liefert die Indikatorfeder (1 mm Diagrammhöhe entspricht f bar). Die durch den Gasdruck p_i an den Kolben abgegebene Leistung ist die indizierte Leistung P_i (Innenleistung). Setzt man in $P = F v$ für $F = A p_i$ und für v die mittlere Kolbengeschwindigkeit $v_m = s n / 30$, so wird $P_i = A p_i s n / 30$. Bei z Zylindern und unter Berücksichtigung, dass beim Viertaktmotor jeder vierte, beim Zweitaktmotor jeder zweite Takt ein Arbeitstakt ist, beträgt die *indizierte Leistung* eines Motors

$$P_i = \frac{A s z p_i n}{2} \quad \text{für Viertaktmotoren}$$

$$P_i = A s z p_i n \quad \text{für Zweitaktmotoren}$$

P_i	A	s	p_i	n	z	
W	m^2	m	$\dfrac{N}{m^2}$	$\dfrac{1}{s}$	1	(15)

als Zahlenwertgleichung:

$$P_i = \frac{A s z p_i n}{x}$$

P_i	A	s	n	p_i	z	
kW	cm^2	m	1/min	bar	1	(16)

$x = 12\,000$ für Viertaktmotoren und $x = 6000$ für Zweitaktmotoren

Fasst man Asz zum Motorhubraum V_H in dm^3 zusammen, so ergibt sich

$$P_i = \frac{V_H p_i n}{y}$$

P_i	V_H	p_i	n	
kW	dm^3	bar	1/min	(16a)

$y = 1200$ für Viertaktmotoren und $y = 600$ für Zweitaktmotoren

Richtwerte für den mittleren indizierten Druck p_i (Saugmotoren):
für Ottomotoren $p_i = 9 \dots 14$ bar
für Dieselmotoren $p_i = 7 \dots 10$ bar

Die Nutzleistung oder *Effektivleistung* P_{eff} eines Motors wird durch Bremsmessungen auf dem Motorenprüfstand (Wasserströmungsbremse oder elektrische Bremse) ermittelt. Sie ist um die Reibleistung P_r geringer als die Innenleistung P_i. Den Unterschied drückt der mechanische Wirkungsgrad $\eta_m = P_{eff} / P_i$ aus, siehe Gleichung (5).
Die Nutzleistung eines Verbrennungsmotors (DIN 1940) ist die Kupplungsleistung, die bei einer bestimmten Drehzahl abgegeben werden kann. Die zum Motorbetrieb notwendigen Hilfseinrichtungen (Öl- und Wasserpumpe, Kühlergebläse, Generator usw.) werden dabei vom Motor angetrieben. SAE-Leistungsangaben (USA) liegen höher als diese DIN-

Angaben, da bei ihrer Ermittlung die Nebenaggregate nicht vom Motor selbst angetrieben werden.
Die Ermittlung der Leistungen von Kraftfahrzeugmotoren erfolgt nach ISO 1585 bei den Versuchsbedingungen: Lufttemperatur T_0 = 298 K, Luftdruck p_0 = 1 000 mbar und rel. Luftfeuchte 30 %.
Aus dem Motordrehmoment M und der Winkelgeschwindigkeit ω der Kurbelwelle wird die effektive Leistung $P_{eff} = M\omega$. Gebräuchlich ist die Zahlenwertgleichung mit der Motordrehzahl n:

$$P_{eff} = \frac{Mn}{9550} \quad \begin{array}{c|c|c} P_{eff} & M & n \\ \hline kW & Nm & 1/min \end{array} \qquad (17)$$

Tafel 1. Auslegungswerte und Anwendungsgebiete für Verbrennungsmotoren (Kolbenschmidt)

Anwendungsgebiet	Arbeitsverfahren[1]	Zylinder-⌀ d mm	Leistung P_{eff} kW	Drehzahl n min⁻¹	Hubraumleistung P_H kW/dm³	mittlere Kolbengeschwindigkeit v_m m/s bei $P_{eff\,max}$	Mitteldruck p_m bar	Verdichtungsverhältnis ε 1	Zünddruck p_z bar
Motorrad	2-T O	40...80	5...40	5000...12000	50...150	10...20	5...10	7[2]	40
	4-T O	40...80	5...80	5000...10000	50...100	15...20	7...12[3]	9...11	70
Personenwagen	4-T O	60...100	30...180	5000...7000	40...60[3]	9...15	7...11[3]	8...11	70
	4-T IDI (ATL)	80...95	30...85	4000...5000	25 (31)	11...14	6...7 (8,5)	20...23	85 (120)
Lieferwagen[4]	4-T IDI/DI (ATL)	80...110	30...75	2200...4500	15...25 (31)	7...13	7 (10)	20 (16)	85 (120)
Lastwagen[5]	4-T DI (ATL/LLK)	90...150	75...300	2000...4000	15...20 (25)	7...12	6...9 (14)[5]	17 (15)	95 (140)
Lokomotive/ Schnellboot[6]	2/4-T DI ATL/LLK	140...280	500...5000	1000...2000	10...33	8...10	13...25	12...15	140
Seeschiffe/ Kraftstationen	4-T DI ATL/LLK	250...620	...11000	400...1000	7...15	8...10	15...23	10...12	140
	2-T DI ATL/LLK	400...1000	...40000	60...300	2...5	5...7	12...18	12	120

[1] Abkürzungen: 2-T = Zweitakt, 4-T = Viertakt, O = Otto, IDI = Kammerdiesel, DI = Direkteinspritz-Diesel, ATL = Abgasturboaufladung (wenn eingeklammert: häufig, aber nicht grundsätzlich eingesetzt), LLK = Ladeluftkühlung.

[2] Effektives Verdichtungsverhältnis bei Zweitaktmotoren (entspricht 10 ... 14 geometrischem Verdichtungsverhältnis je nach Steuerzeiten).

[3] Hohe Werte gelten für 4-Ventil-Motoren.

[4] Große Spanne für Auslegungsdaten, da Lieferwagenmotoren von PKW- oder LKW-Motoren abgeleitet sein können.

[5] Bei M_{max} bis zu 20 % (Höchstleistungsmotoren) bzw. 50 % (Konstantleistungsmotoren) p_m-Überhöhung gegenüber Wert bei $P_{eff\,max}$.

[6] Große Spanne für Auslegungsdaten je nach Wartungsanspruch, Lebensdaueranforderung usw.

Aus dieser Leistung kann durch Umstellen von (16a) mit geänderten Indizes der *mittlere effektive Kolbendruck* p_{eff} berechnet werden. Er wird häufig als Vergleichsgröße zur Motorenbeurteilung herangezogen.

$$p_{eff} \frac{yP_{eff}}{V_H n} \quad \begin{array}{c|c|c|c|c} p_{eff} & P_{eff} & V_H & m \\ \hline bar & kW & dm^3 & 1/min \end{array} \qquad (18)$$

y = 1200 für Viertaktmotoren, y = 600 für Zweitaktmotoren

Richtwerte (Saugmotoren):
für Ottomotoren $\quad p_{eff}$ = 9 ... 13 bar
für Dieselmotoren $\quad p_{eff}$ = 6 ... 9 bar

Ein weiterer Motorvergleichswert ist der *spezifische Kraftstoffverbrauch* b_{eff}, der die leistungs- und zeitbezogene Kraftstoffverbrauchsmenge angibt. Mit dem zeitbezogenen *Kraftstoffverbrauch* B und der effektiven Leistung P_{eff} wird

$$b_{eff} = \frac{B1000}{P_{eff}} \quad \begin{array}{c|c|c} b_{eff} & B & P_{eff} \\ \hline \frac{g}{kWh} & \frac{kg}{h} & kW \end{array} \qquad (19)$$

Wird die Nutzleistung mit dem Wärmeenergieaufwand verglichen, der in dem zugeführten Kraftstoff enthalten ist, so erhält man für den Nutzwirkungsgrad

$$\eta_{eff} = \frac{3600\, P_{eff}}{B H_u} \quad \begin{array}{c|c|c|c} P_{eff} & B & H_u & \eta_{eff} \\ \hline kW & \frac{kg}{h} & \frac{kJ}{kg} & 1 \end{array} \qquad (20)$$

Für H_u wird der *spezifische Kraftstoffheizwert* eingesetzt. (Nach DIN 6271 beträgt der Kraftstoff-Bezugsheizwert H_u = 42000 kJ/kg.).

Richtwerte: für Normalbenzin $\quad H_u$ = 42700 kJ/kg
Richtwerte: für Superbenzin $\quad H_u$ = 43300 kJ/kg
Richtwerte: für Diesel $\quad H_u$ = 42500 kJ/kg

Mit dem spezifischen Kraftstoffverbrauch b_{eff} wird

8 Verbrennungsmotoren

$$\eta_{eff} = \frac{3600/1000}{b_{eff}H_u} \quad \begin{array}{c|c|c} b_{eff} & H_u & \eta_{eff} \\ \hline \frac{g}{kWh} & \frac{kJ}{kg} & 1 \end{array} \quad (21)$$

Richtwerte: für Ottomotoren
$\eta_{eff} = 0{,}20 \ldots 0{,}28$, $b_{eff} = 250 \ldots 380$ g/kWh

Richtwerte: für Großdiesel
$\eta_{eff} = 0{,}36 \ldots 0{,}43$, $b_{eff} = 170 \ldots 250$ g/kWh

Richtwerte: für Fahrzeugdiesel
$\eta_{eff} = 0{,}27 \ldots 0{,}34$, $b_{eff} = 190 \ldots 290$ g/kWh

Als Motorvergleichswert wird oft die *Hubraumleistung* P_H (Literleistung) verwendet.

$$P_H = \frac{P_{eff}}{V_H} \quad \begin{array}{c|c|c} P_H & P_{eff} & V_H \\ \hline \frac{kW}{dm^3} & kW & dm^3 \end{array} \quad (22)$$

■ **Beispiel:**
Von einem 6-Zylinder Viertakt-Dieselmotor sind folgende Daten bekannt:
Bohrung 98 mm, Hub 127 mm, $V_c = 56{,}3$ cm³ (durch Auslitern ermittelt), mittlerer innerer Kolbendruck (aus Indikatordiagramm ermittelt) $p_i = 8{,}4$ bar, mechanischer Wirkungsgrad (mittlerer Wert angenommen) $\eta_m = 0{,}87$, Motornenndrehzahl $n = 2660$ 1/min, spezifischer Kraftstoffverbrauch $b_{eff} = 230$ g/kWh bei der Nenndrehzahl.
Zu ermitteln sind:
a) Zylinderhubraum
b) Motorhubraum
c) Verdichtungsverhältnis
d) mittlere Kolbengeschwindigkeit
e) mittlere Kolbenkraft bei p_i
f) Motorinnenleistung P_i
g) Motornutzleistung P_{eff}
h) Verlustleistung P_r
i) Motordrehmoment bei Nenndrehzahl
j) Hubverhältnis
k) Nutzwirkungsgrad
l) Innenwirkungsgrad

Lösung:

a) $V_h = \dfrac{d^2 \pi s}{4} = \dfrac{(9{,}8\,cm)^2 \cdot \pi \cdot 12{,}7\,cm}{4} =$
 $= 957{,}47$ cm³ Zylinderhubraum

b) $V_H = V_h z = 957,$ cm³ · 6 Zyl = 5744,92 cm³ Motorhubraum

c) $\varepsilon = \dfrac{V_h + V_c}{V_c} = \dfrac{957{,}47\,cm^3 + 56{,}3\,cm^3}{56{,}3\,cm^3} =$
 = 18 geschrieben 18 : 1

d) $v_m = \dfrac{sn}{30} = \dfrac{0{,}127 \cdot 2660}{30} = 11{,}26\,\dfrac{m}{s}$
(Mittlere Kolbengeschwindigkeit bei der Nenndrehzahl)

e) Mit $F = p_i A$ wird
$F = \dfrac{9{,}81\,N/cm^2}{bar} \cdot 8{,}4\,bar \cdot \dfrac{(9{,}8\,cm)^2 \pi}{4} = 6225{,}24\,N$

f) $p_i = \dfrac{V_H p_i n}{1200} = \dfrac{5{,}74 \cdot 8{,}4 \cdot 2660}{1200} = 106{,}88$ kW

g) Mit (5) $\eta_m = \dfrac{P_{eff}}{P_i}$ wird $P_{eff} = P_i \eta_m =$
 $= 106{,}88$ kW · 0,87 = 92,99 kW

h) Da $P_i = P_{eff} + P_r$ (5) ist, wird $P_r = P_i - P_{eff} =$
 $= 106{,}88$ kW $- 92{,}99$ kW $= 13{,}89$ kW

i) Aus (17) $P_{eff} = \dfrac{Mn}{9550}$ wird $M = \dfrac{P_{eff} 9550}{n} =$
 $= \dfrac{92{,}99 \cdot 9550}{2660} = 333{,}85$ Nm

j) $a = \dfrac{s}{d} = \dfrac{127\,mm}{98\,mm} =$
 = 1,29 (typischer LKW-Langhubmotor)

k) Aus (21) wird mit dem gewählten Heizwert (Diesel) $H_u = 42\,000\,\dfrac{kJ}{kg}$

 $\eta_{eff} = \dfrac{3600 \cdot 1000}{230 \cdot 42000} = 0{,}37$ – ein sehr guter Wirkungsgrad

l) $\eta_i = \dfrac{\eta_{eff}}{\eta_m} = \dfrac{0{,}37}{0{,}87} = 0{,}43$

8.1.3 Motorkennlinien und Verbrauchskennfelder

Motorkennlinien sind graphische Darstellungen der auf einem Motorprüfstand (Wasserströmungsbremse, Wirbelstrombremse u.a.) ermittelten Motorkennwerte. Durch Diagrammanalyse lassen sich Aussagen über die Motorcharakteristik ableiten.
Vollastkennlinien (Bild 5) stellen Effektivleistung (Nutzleistung) P_{eff}, Motordrehmoment M und spezifischen Kraftstoffverbrauch b_{eff} in Abhängigkeit von der Motordrehzahl n dar.
Leistungsentwicklung, Drehmomentverlauf und spezifischer Kraftstoffverbrauch bei zugeordneter Motordrehzahl können mit anderen Motortypen verglichen werden.

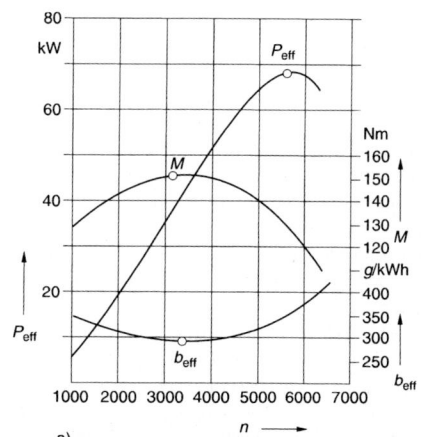

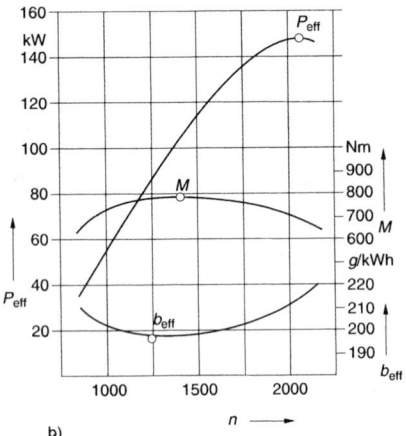

b)

Bild 5. Volllastkennlinien über der Motordrehzahl
a) Ottomotor
b) Dieselmotor

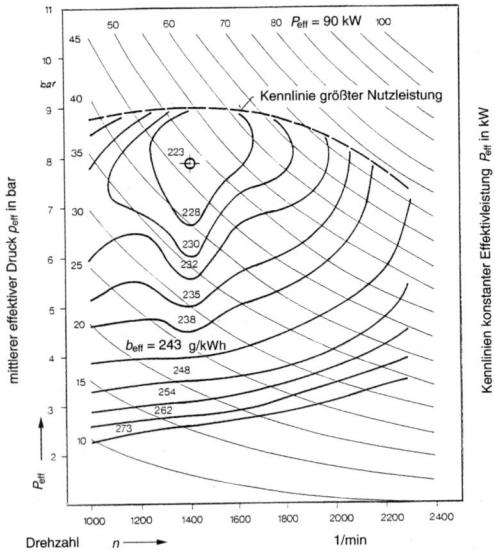

Bild 6. Kennfelder eines Dieselmotors

Verbrauchskennfelder zeigen Kennlinien derselben Abhängigkeit unter dem Einfluss eines veränderlichen Parameters. Das Kennfeld des Dieselmotors in Bild 6 zeigt Kennlinien des konstanten spezifischen Kraftstoffverbrauchs b_{eff} (Muschellinien) in Abhängigkeit von der Motordrehzahl n und dem mittleren effektiven Druck p_{eff}, sowie Linien konstanter Effektivleistung P_{eff} (Hyperbeln) mit der Volllastkurve. Kennfelder dienen zur Darstellung der Betriebszustände unter denen ein Motor arbeiten kann. Die Kennlinie für die größte Nutzleistung (Volllastkurve) zeigt die Dauerleistung, die ein Motor bei einer Dreh-

zahl abgeben kann. Aus den Hyperbeln der konstanten Effektivleistung kann man z.B. ablesen, dass der Motor eine bestimmte Nutzleistung bei unterschiedlichen spezifischen Kraftstoffverbräuchen erbringen kann.

Ablesebeispiel: P_{eff} 50 kW bei ca. 2300 1/min →
b_{eff} 248 g/kWh

    oder P_{eff} 50 kW bei ca. 1550 1/min →
b_{eff} 228 g/kWh

8.2 Bauteile der Verbrennungsmotoren

Verbrennungsmotoren bestehen aus den Hauptbaugruppen *Motorgehäuse, Kurbeltriebwerk* und *Motorsteuerung*. Hinzu kommen die Baugruppen und Aggregate, die für den Betrieb erforderlich sind, wie *Kraftstoffsystem, Abgasanlage, Motorelektrik, Kühl-* und *Schmiersystem*.

8.2.1 Motorgehäuse

Motorgehäuse bestehen aus dem Zylinderblock oder aus Einzelzylindern, dem Zylinderkopf, der Zylinderkopfhaube, der Zylinderkopfdichtung und der Ölwanne.

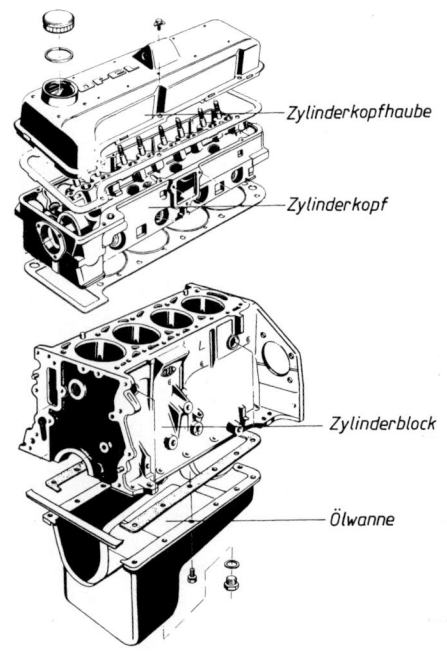

Bild 7. Motorgehäuse (Opel)

Zylinder führen den Kolben, leiten die Verbrennungswärme ab und nehmen den Verbrennungsdruck auf. Das Kurbelgehäuseoberteil mit der Kurbelwellenlagerung wird bei wassergekühlten Motoren mit dem Zylinderblock meist in einem Stück gegossen (Zylinderkurbelgehäuse). Es dient als Anbauteil für die Motoraufhängung und die Nebenaggregate (Starter, Generator usw.). Die verschraubte Ölwanne bildet den unteren Abschluss. Nach oben bildet der Zylinderkopf mit dem Zylinder den Verbrennungsraum.

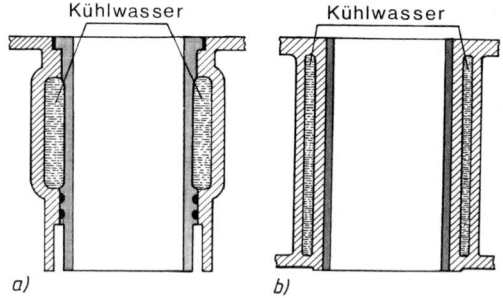

Bild 8. Zylinderlaufbuchsen
a) nasse Laufbuchse
b) trockene Laufbuchse

Einzelzylinder von luftgekühlten Motoren sind mit Kühlrippen versehen und werden mit dem Kurbelgehäuse einzeln verschraubt. Als Werkstoff werden entweder AlSi- Legierungen oder Gusseisenwerkstoffe verwendet. Zur Verbesserung der Gleit- und Verschleißeigenschaften sind spezielle Laufflächenbehandlungen (Hartverchromen) oder eingegossene Buchsen erforderlich. Man verwendet Eisen-Aluminium-Verbundguss (Alfin) oder besondere Laufflächenbehandlungen wie ALUSIL-, NIKASIL- und LOKASIL-Verfahren.
Beim ALUSIL-Verfahren wird der Zylinder aus AlSi-Legierung nach dem Honen an der Lauffläche durch elektrochemisches Ätzen behandelt. Die harten Si-Kristalle wirken als verschleißfester Laufbahnschutz.
Beim NIKASIL-Verfahren wird die Kolbenlaufbahn der AlSi- Legierung galvanisch mit Ni beschichtet.
Beim LOKASIL-Verfahren wird ein hochporöser Formkörper aus Si mit keramischem Bindemittel (Preform) in einem speziellen Druckgussverfahren von der Al-Schmelze durchdrungen.
Zylinderkurbelgehäuse mit flüssigkeitsgekühlten Zylindern aus Gusseisen- oder AlSi-Legierungen werden meist in *Closed-Deck-Ausführung* (Bild 7) hergestellt. Die Abdichtfläche der Zylinder zum Zylinderkopf ist um die Zylinderbohrung herum geschlossen. Bei der *Open-Deck-Ausführung* ist der Kühlflüssigkeitsmantel an der Zylinderkopfdichtfläche um die Zylinderbohrungen herum offen. Sie erfordern Metall-Zylinderkopfdichtungen. Man verwendet eingearbeitete Bohrungen und nasse oder trockene Zylinderlaufbuchsen als Kolbenlauffläche.
Nasse *Laufbuchsen* (Wanddicke 5 ... 8 mm) werden direkt vom Kühlwasser umspült und sind bei Laufflä-

chenverschleiß ohne Motorausbau leicht zu wechseln (Bohrung fertig bearbeitet). Die Abdichtung zum Wasserraum erfolgt über Gummidichtringe, zum Zylinderkopf über die Zylinderkopfdichtung (Buchsenüberstand 0,05 ... 0,1 mm).
Trockene Laufbuchsen (Wanddicke 1,5 ... 2 mm) werden in die Zylinderbohrung eingepresst und sind nicht vom Kühlwasser umspült. Die Lauffläche muss oft noch bearbeitet werden. Als Werkstoff wird Schleuderguss verwendet. Durch Honen der Laufflächen werden Motoreinlaufzeit und Verschleiß verringert.
Die **Kurbelgehäuseentlüftung** verhindert ein Entweichen von am Kolben vorbeistreichenden unverbrannten Kohlenwasserstoffen, Leckageströmungen an den Kolbenringen (Blow-by-Gase) bei aufgeladenen Dieselmotoren und von Öldämpfen (Kurbelwangenmitriß) in die Atmosphäre. Das Öldampf-Gasgemisch wird aus dem Kurbelgehäuse angesaugt, der Ölanteil in einem Ölabscheider (Zyklon) getrennt und die Gase dem Ansaugsystem zugeführt.
Die **Ölwanne** nimmt beim Viertaktmotor die Ölfüllung auf und bildet den unteren Abschluss des Kurbelgehäuses. Sie wird aus Stahlblech oder Al-Guss hergestellt. Bei Zweitaktmotoren bildet sie den Vorverdichtungsteil.
Der **Zylinderkopf** enthält bei Ottomotoren die Zündkerzen, die Ein- und Auslassventile (Viertakt) mit den Ventilsteuersystemen und bei Dieselmotoren Vor- oder Wirbelkammer, Glühkerzen und Einspritzdüsen. Er bildet den oberen Teil des Verbrennungsraumes, enthält die Gaswechselkanäle und trägt durch die Brennraumgestaltung entscheidend zur Verbrennungsbeeinflussung und Gemischbildung bei. Brennräume werden kugel-, keil- oder wannenförmig ausgebildet (von der Ventilanordnung abhängig). Beim Heron-Brennraum befindet sich der größte Brennraumteil in einer Kolbenmulde (gute Gemischverwirbelung). Beim *Querstromzylinderkopf* liegen Ein- und Auslasskanal einander gegenüber, der Kopf wird quer durchströmt.
Beim *Gegenstromzylinderkopf* liegen Ein- und Auslaß auf derselben Kopfseite untereinander (kurze Gaswechselwege). Als Werkstoffe werden bei Otto- und PKW-Dieselmotoren wegen der besseren Wärmeleitfähigkeit und der geringeren Masse vorwiegend Al-Legierungen, bei LKW Grauguss, verwendet.
Die *Zylinderkopfdichtung* verhindert Brennraum-Druckverluste sowie Schmier- und Kühlmittelverluste. Zylinderkopfdichtungen aus Metall-Asbest-Geweben werden nicht mehr verwendet. Bei *Metall-Weichstoff-Zylinderkopfdichtungen* ist auf einem Metallgitter als Trägerblech beidseitig eine Weichstoffauflage aus wärmebeständigem Kunststoff aufgebracht. Metalleinfassungen verstärken die Durchgangsöffnungen für Brennraum, Wasser- und Ölkanäle und Verschraubungen. *Metall - Mehrschicht - Zylinderkopfdichtungen* werden oft bei aufgeladenen Dieselmotoren verwendet. Sie bestehen aus mehreren Lagen Stahlblech, haben ein geringeres Setzverhalten

und bessere Dauerhaltbarkeit als Metall-Weichstoffdichtungen. Sie ermöglichen eine geringere Vorspannung der Zylinderkopfverschraubung (geringerer Verzug).

8.2.2 Kurbeltriebwerk

Das Kurbeltriebwerk besteht aus Kolben, Kolbenringen, Kolbenbolzen, Pleuelstange und Kurbelwelle mit Lagern und Schwungrad. Das Triebwerk formt die hin- und hergehende Kolbenbewegung in eine Drehbewegung an der Kurbelwelle um.

Kräfte und Bewegungsverhältnisse am Kurbeltriebwerk

Durch den Verbrennungsdruck p (veränderlich mit der Kolbenstellung) wird die sich ständig ändernde Kolbenkraft F_K erzeugt. Mit dem mittleren effektiven Druck p_{eff} und der Kolbenfläche A wird die *mittlere Kolbenkraft* berechnet:

$$F_K = p_{eff} A \qquad \begin{array}{|c|c|c|} \hline F_K & p_{eff} & A \\ \hline N & \dfrac{N}{cm^2} & cm^2 \\ \hline \end{array} \qquad (23)$$

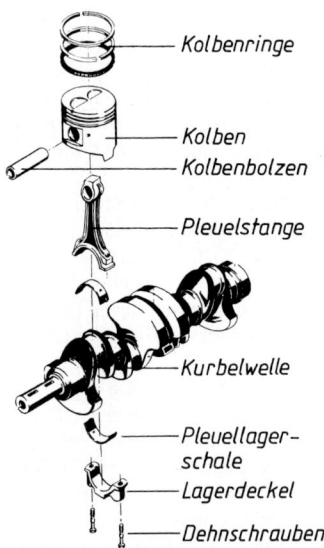

Bild 9. Kurbelgetriebe (Opel)

Sie wird über den Kolbenbolzen in eine *Pleuelstangenkraft* F_S und eine senkrecht zur Zylinderwand wirkende *Kolbenseitenkraft* F_N zerlegt. Mit dem Kurbelwinkel α und dem Pleuelstangenwinkel β wird

$$F_S = \frac{F_K}{\cos \beta} \qquad (24a)$$

$$F_N = F_K \tan \beta \qquad (24b)$$

Die Pleuelstangenkraft F_S greift am Pleuelzapfen der Kurbelwelle an und kann in die *Tangentialkraft* F_T und die *Radialkraft* F_R zerlegt werden.

$$F_T = F_K \frac{\sin(\alpha+\beta)}{\cos\beta} \quad \text{und mit } F_S$$

$$F_T = F_S \sin(\alpha+\beta) \qquad (25)$$

sowie

$$F_R = F_K \frac{\cos(\alpha+\beta)}{\cos\beta} \quad \text{und mit } F_S$$

$$F_R = F_S \cos(\alpha+\beta) \qquad (26)$$

Die Tangentialkraft F_T erzeugt am Pleuelzapfen der Kurbelwelle das Motordrehmoment

$$M = F_T \, r \qquad \begin{array}{|c|c|c|} \hline M & F_T & r \\ \hline Nm & N & m \\ \hline \end{array} \qquad (27)$$

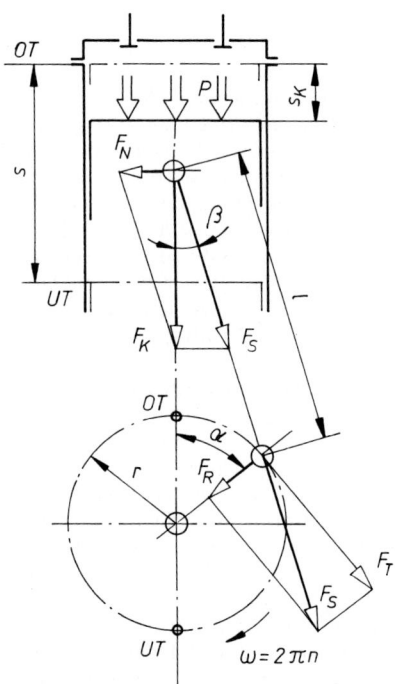

Bild 10. Kräfte am Kurbeltrieb

p = Verbrennungsdruck
r = Kurbelradius
s = Kolbenhub ($s = 2r$)
l = Pleuelstangenlänge
α = Kurbelwinkel = ωt
β = Pleuelstangenwinkel
s_K = Kolbenweg
n = Kurbelwellendrehzahl

8 Verbrennungsmotoren

Mit dem *Pleuelstangenverhältnis* $\lambda_{PL} = r/l$
(Richtwerte: PKW-Motoren $\lambda_{PL} = 0{,}26 \ldots 0{,}36$
               LKW-Motoren $\lambda_{PL} = 0{,}23 \ldots 0{,}33$)
kann aus dem jeweiligen *Kurbelwinkel* α der *Pleuelstangenwinkel* β berechnet werden:

$$\sin \beta = \lambda_{PL} \sin \alpha \qquad (28)$$

$$\cos \beta = \sqrt{1 - (\lambda_{PL} \sin \alpha)^2} \qquad (29)$$

Der jeweils zurückgelegte Weg s_K kann mit einer Näherungsformel berechnet werden:

$s_K = r(1 - \cos \alpha) \pm l(1 - \cos \beta)$
+ Kolbenbewegung von OT nach UT
− Kolbenbewegung von UT nach OT

sowie: (30)

$$s_K = r\left(1 - \cos \alpha \pm \frac{1}{2}\lambda_{PL} \sin^2 \alpha\right)$$

Die Kolbenbewegung ist ungleichmäßig beschleunigt und verzögert. Die *Kolbengeschwindigkeit* v ergibt aus $\omega = 2\pi n$ = konst. (Winkelgeschwindigkeit des Kurbelzapfens), Kurbelwellendrehzahl n und Umfangsgeschwindigkeit der Kurbelwelle $v_u = r\omega$

$$v = v_u\left(\sin \alpha \pm \frac{1}{2}\lambda_{PL} \sin 2\alpha\right) \text{ sowie mit } \alpha = \omega t$$

(31)

$$v = r \cdot \omega\left(\sin \omega t \pm \frac{1}{2}\lambda_{PL} \sin 2\omega t\right) \quad t \text{ Zeit in s}$$

Für Überschlagsrechnungen verwendet man die mittlere Kolbengeschwindigkeit $v_m = s\,n/30$ (13).

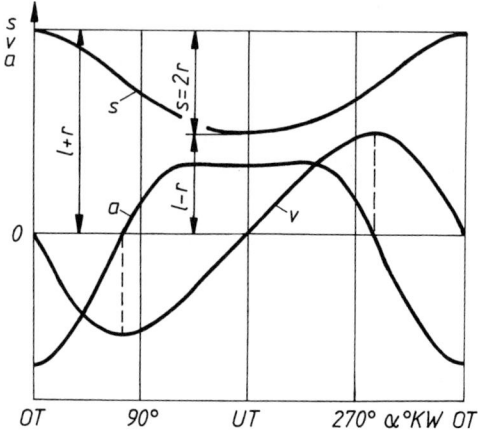

Bild 11. Verlauf von Kolbenweg s, Kolbengeschwindigkeit v und Kolbenbeschleunigung a über dem Kurbelwinkel α (Kolbenschmidt)
s Kolbenhub
v Kolbengeschwindigkeit
a Kolbenbeschleunigung
°kW Grad Kurbelwinkel

Die *Kolbenbeschleunigung* a beträgt:

$$a = \frac{v_u^2}{r}(\cos \alpha \pm \lambda_{PL} \cos 2\alpha)$$

sowie

$$a = r\omega^2 (\cos \omega t \pm \lambda_{PL} \cos 2\omega t) \qquad (32)$$

a	v_u	r	ω	t	t	λ_{PL}
$\dfrac{m}{s^2}$	$\dfrac{m}{s}$	m	$\dfrac{1}{s}$	s	s	1

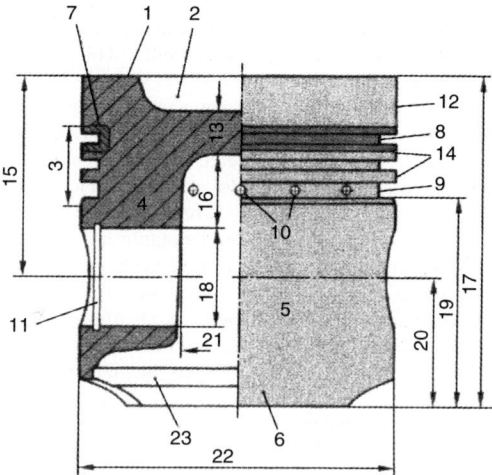

Bild 12. Bezeichnungen und Abmessungen am Kolben (Mahle)
1 Kolbenboden   13 Bodendicke
2 Bodenmulde,   14 Ringsteg
   Verbrennungsmulde 15 Kompressionshöhe
3 Ringpartie   16 Dehnlänge
4 Bolzennabe   17 Gesamtlänge
5 Schaft   18 Bolzenlochdurch-
6 Schaftlapen   messer
7 Ringträger   19 Schaftlänge
8 Verdichtungsnut   20 untere Länge
9 Ölringnut   21 Nabenabstand
10 Ölrücklaufbohrungen 22 Kolbendurchmesser
11 Bolzensicherungsnut 23 Einpass
12 Feuersteg

Der Kolben überträgt den Druck des Arbeitsgases auf das Triebwerk. Er steuert beim Zweitaktmotor den Gaswechsel und trägt bei Otto- und Dieselmotoren durch die Einbeziehung als Brennraumbestandteil wesentlich zur Gemischaufbereitung und zum Verbrennungsablauf bei.

Anforderungen an den Kolben: Geringe Masse (Trägheitskräfte), bei gleichzeitig hoher Belastbarkeit, gute Abdichtung, geringer Verschleiß und Ölverbrauch, geringe Reibung.
Den Kolbenaufbau, eingeteilt nach Bauzonen, zeigt Bild 12.

Auf dem Kolbenboden sind neben Kolbendurchmesser und Einbauspiel auch die Einbaurichtung eingeschlagen.

Kolbenbauarten
Eine Auswahl oft verwendeter Kolbenbodenformen zeigt Bild 13. Die erste Reihe zeigt Kolben für Ottomotoren, die zweite für PKW- und LKW-Dieselmotoren.
Gegossene *Einmetallkolben* aus eutektischen AlSi-Legierungen, auf die oft eine 0,02 mm Eisen- oder Chromschicht aufgebracht wird (anschließend verzinnt), werden für Ottomotoren mit Al-Zylindern verwendet. Für höchste Beanspruchungen werden im Warmfließpress-Verfahren hergestellte Kolben eingebaut.
Zur Erfüllung der Forderungen nach geringem Gewicht, geringer Reibung und geringem Ölverbrauch, werden *Regelkolben* eingesetzt. Sie erhalten eingegossene Stahlstreifen im Bolzenaugenbereich oder eingegossene Stahlringe im Schaftbereich. Dadurch gelingt es, die durch hohe Temperaturen in Laufrichtung auftretenden Ausdehnungen zu verringern und in Richtung der Bolzenachse umzulenken. Weiterhin erzielt man durch besondere Kolbenformgebung (Kopf konisch, Schaft ballig, Durchmesserform oval) wesentlich kleinere Laufspiele als bei ungeregelten Kolben.
Gegen die hohen mechanischen und thermischen Beanspruchungen im Kolbenbodenbereich wird bei hochbelasteten Dieselmotoren ein Ringträger aus austenitischem Gusseisen eingegossen und die Kolbenkühlung durch *Kühlkanalkolben* mit Ölspritzdüsen vorgenommen (Bild 72).
Insbesondere während der Start- und Warmlaufphase kommt es oft zu Mischreibungszuständen zwischen Kolben und Zylinderwand. Notlaufeigenschaften erhalten Kolben durch dünne (1 ... 10 µm) Beschichtungen (verbleien, verzinnen, phosphatieren, graphitieren).

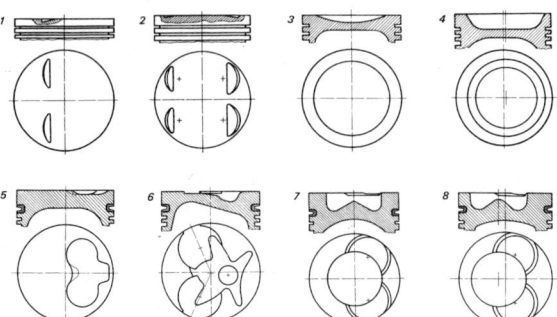

Bild 13. Kolbenbodenformen
1 ..... 4 für Ottomotoren
5 und 6 für Vor-Wirbelkammer-Dieselmotoren
7 und 8 für Direkteinspritzer-Dieselmotoren
(Kolbenschmidt)

Neuere Entwicklungen verwenden Kolben mit *Klopfschutzschichten* für Ottomotoren, und mit Verstärkungen aus Aluminiumoxid-Fasern für Kolbenboden und Ringpartie. Für Dieselmotoren werden *Kolbenbodeneinsätze* aus Keramik oder Aluminiumtitanat verwendet.

Kolbenringe sollen die Gas- und Ölabdichtung des Verbrennungsraumes gegenüber dem Kurbelgehäuse (Kompressionsringe), das Abstreifen des Schmieröls von den Laufflächen (Ölabstreifringe), sowie den Wärmetransport vom Kolben an die gekühlte Zylinderwand vornehmen. Die Ringe liegen unter radialer Vorspannung an der Zylinderwandung an. Zum Dehnungsausgleich muss im eingebauten Zustand ein Stoßspiel von 0,2 ... 0,7 mm vorhanden sein. Zweitaktmotoren mit Mischungsschmierung erhalten keine Ölabstreifringe. Verdichtungsringe werden hier mit einer Stiftsicherung gegen Verdrehen versehen.

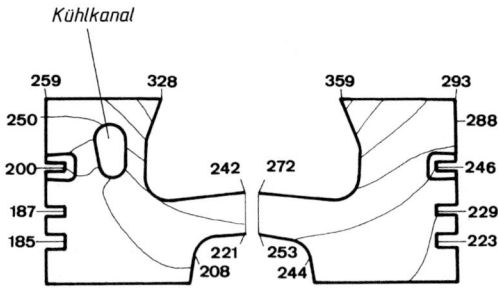

Bild 14. Temperaturfelder (°C) eines NKW-Kolbens mit (links) und ohne Kühlkanal (rechts) bei gleicher Belastung (Kolbenschmidt)

In der ersten Kolbenringnut werden meist *Rechteck*- oder *Minutenringe* (Bild 15) eingesetzt, die oft mit beschichteten Laufflächen (Molybdän, verchromt, phosphatiert, ferrooxidiert) versehen sind. Als Werkstoff verwendet man Gusseisen oder hochlegierten CrMo-Stahl. Für den zweiten Ring werden unbeschichtete Trapez- oder *Nasenminutenringe* verwendet. Als Ölabstreifringe kommen *Dachfasen*-, *Ölschlitz*-, *Schlauchfeder*- und *Lamellenringe* zum Einsatz. Die Ölabstreifringnut ist mit Bohrungen versehen, durch die das Öl auf die Kolbenschaftinnenseite gedrückt wird (Kolbenbolzenschmierung).

Kolbenbolzen übertragen die Kräfte vom Kolben auf das Pleuel. Sie werden auf Flächenpressung, Biegung und Ovalverformung (Durchmesservergrößerung quer zur Belastungsrichtung) beansprucht. Nach der Bolzenlagerung unterscheidet man Klemmpleuel und schwimmende Lagerung, bei der sich der Bolzen frei in der Bolzenaugen- und Pleuelbohrung drehen kann. Sicherungs- oder Drahtsprengringe sichern in axialer Richtung (Bild 16a). Die Lagerung ist fresssicher und verschleißarm. Die Schmierung erfolgt über die Ölbohrung im Pleuel.

8 Verbrennungsmotoren

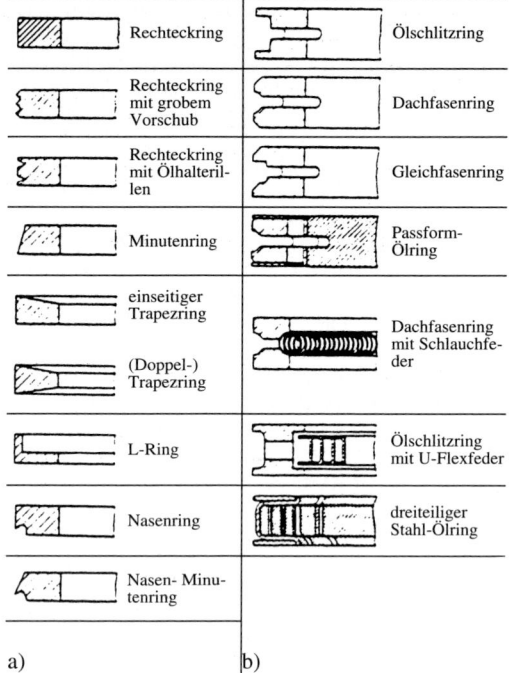

a) b)

Bild 15. Kolbenringbauarten
a) Verdichtungsringe
b) Ölabstreifringe

Beim Klemmpleuel (Bild 16b) sitzt der Kolbenbolzen mit Schrumpfsitz in der Pleuelstange und hat eine Spielpassung in der Bolzennabe. Axiale Sicherungselemente können entfallen. Zur Verringerung ihrer Masse werden Kolbenbolzen hohl ausgeführt (Ausnahme: bei Zweitaktmotoren zur Vermeidung von Spülverlusten, einseitig oder mittig geschlossen). *Werkstoffe*: Einsatz- und Nitrierstähle (z.B. 15Cr3; 41CrAlMo7), die nach dem Oberflächenhärten durch Schleifen und Kurzhubhonen (Superfinish) feinbearbeitet werden.

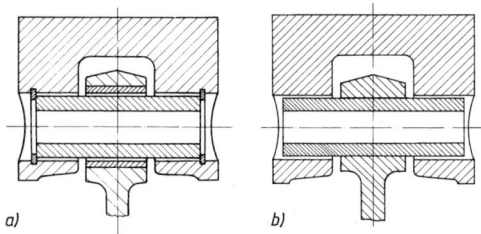

Bild 16. Kolbenbolzenlagerung
(Spiel übertrieben dargestellt)
a) Schwimmende Lagerung
b) Klemmpleuel (Kolbenschmidt)

Die Pleuelstange (Bild 17) wird durch den Verbrennungsdruck auf Knickung und Druck, durch die Massenträgheitskräfte des Kolbens im oberen Totpunkt auf Zug und durch die Fliehkräfte bei höheren Drehzahlen auf Biegung beansprucht. Sie besteht aus dem Pleuelkopf mit Gleitlagerbuchse für den Kolbenbolzen (bei Zweitaktmotoren meist Nadellager), I-förmigem Pleuelschaft und dem gerade- oder schräg geteilten (große Diesel) Pleuelfuß mit Pleueldeckel. *Ungeteilte Pleuel* werden für Einzylindermotoren mit zusammengesetzter Kurbelwelle verwendet. Sie erhalten *Wälzlager*.

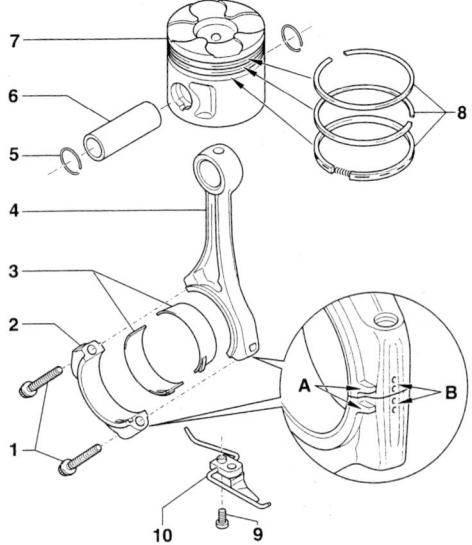

Bild 17. Aufbau von Pleuelstange und Kolben für einen Motor mit Vierventiltechnik (Audi)
1   Dehnschraube
2   Pleuellagerdeckel
3   Pleuellagerschalen
4   Pleuelschaft
5   Sicherungsring
6   Kolbenbolzen
7   Kolben
8   Kolbenringe
9   Schraube für Ölspritzdüse
10 Ölspritzdüse
A, B Markierungen für verwechslungssichere Montage

Die Schmierung der Pleuelbuchse wird entweder durch Tropföl (Senkung im Pleuelauge) oder durch Druckölschmierung über längs durchbohrte Pleuel oder Ölspritzdüsen ausgeführt (Hochleistungsmotoren). Pleuelstangen werden aus legiertem Vergütungsstahl (gesenkgeschmiedet), aus schmiedegesinterten legiertem Stahlpulver oder Temperguß und Kugelgraphitguss hergestellt.
Der Pleuellagerdeckel wird mittels *Passdehnschrauben*, *Dehnschrauben* und *Passhülsen* oder durch *Kerbverzahnung* zwischen Lagerdeckel und Pleuelfuß

passgenau verschraubt. Der Pleuelfuß von sintergeschmiedeten Pleuelstangen wird durch eine spezielle Bruchtechnik hydraulisch an einer Sollbruchstelle abgesprengt (fractale splitting). Die körnige Struktur der Bruchstelle liefert einen unverwechselbaren Passsitz mit gutem Verzahnungseffekt.

Dehnschrauben an Zylinderköpfen, Pleuel- und Kurbelwellenlagern werden nach dem Streckgrenzverfahren (Drehmomentschlüssel) oder/und Drehwinkelverfahren angezogen.

Die **Kurbelwelle** ist im Kurbelgehäuse gelagert. Die Gestalt wird von der Zylinderanordnung (Reihen-, V-, Boxermotor), der Zylinderanzahl, der Lage- und Anzahl der Hauptlager, vom Kolbenhub und der Zündfolge (Einspritzfolge) des Motors bestimmt. Kurbelwellen werden auf Torsion, Biegung (Massenträgheits- und Pleuelstangenkräfte) und durch Wechselbeanspruchung der mechanischen Drehschwingungen beansprucht. Diese setzen sich aus den umlaufenden Massenkräften von Kurbelwange und Kurbelzapfen, den oszillierenden Massenkräften des Kolbens und der Pleuelstange und durch den Pleuelstangenanteil an den rotierenden und oszillierenden Massenkräften zusammen.

Die Größe der verbleibenden Massenkräfte und -momente ist von der Anordnung der Kurbelwellenkröpfungen und der Zündabstände abhängig. Ein vollkommener Massenausgleich ergibt sich bei 6-Zylinder-Reihen-, 6-Zylinder-Boxer- und V12-Viertaktmotoren.

Kurbelwellen von 4-Zylinder-Reihenmotoren sind durch die um 180° KW versetzten Kröpfungen, durch die gegenläufige Bewegung der Kolbenpaare 2 und 3 sowie 1 und 4 und durch die Ausgleichsgewichte mit statischer und dynamischer Auswuchtung für Kräfte und Momente 1. Ordnung ausgeglichen.

Massenkräfte 2. Ordnung werden durch die oszillierenden Massen des Kurbeltriebwerks und durch die ungleichförmigen Gaskräfte des Viertaktverfahrens hervorgerufen. Die Massenkräfte 2. Ordnung laufen mit der doppelten Kurbelwellendrehzahl um und können nicht durch Auswuchten oder Ausgleichsgewichte an der Kurbelwelle beseitigt werden (Bild 18).

Bei 6-Zylinder V-Motoren führen diese unausgeglichenen Momente in Abhängigkeit vom V-Winkel der Zylinderbänke zu einer unerwünschten Taumelbewegung des Motors, die bei Dieselmotoren größer ist, als bei Ottomotoren (größere Kolben- und Pleuelmasse).

Zum Ausgleich von Massenkräften dienen vereinzelt verwendete Ausgleichssysteme mit Ausgleichswellen, die mit entgegengesetzter Drehrichtung und doppelter Kurbelwellendrehzahl umlaufen.

Kurbelwellenlager liegen bei Otto- und Dieselmotoren meist hinter jeder Kurbelwellenkröpfung. Die Kurbelwangen können so angeordnet sein, dass für jeden Zapfen ein- oder zwei Gegengewichte vorhanden sind (Bild 19). Zur Ölversorgung sind Pleuellagerzapfen und Kurbellagerzapfen durch diagonale Bohrungen miteinander verbunden.

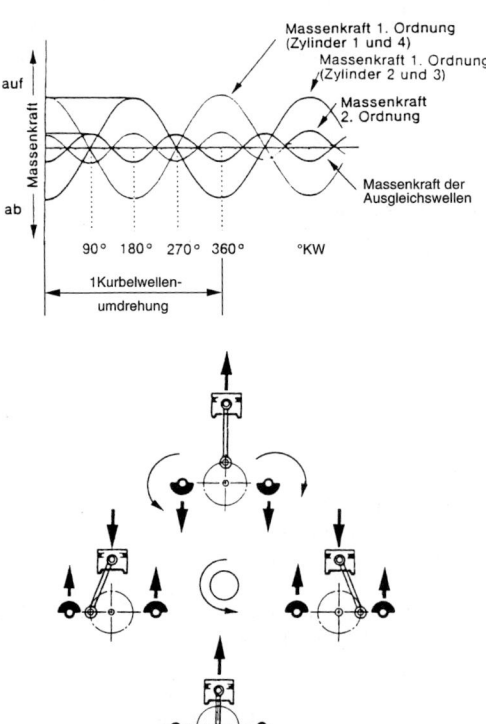

Bild 18. Verteilung der Massenkräte 1. und 2. Ordnung bei einem Vierzylindermotor (Honda)

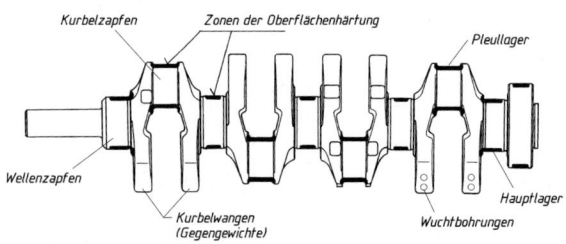

Bild 19. Kurbelwelle eines Ottomotors mit zwei Ausgleichsgewichten pro Kurbelzapfen

Durch die Ungleichförmigkeit des Verbrennungsablaufs wird die Kurbelwelle in Drehschwingungen versetzt, die sich bei den kritischen Drehzahlen aufschaukeln und zum Bruch der Kurbelwelle führen können. Auf der dem Schwungrad gegenüberliegenden Seite sind *Drehschwingungsdämpfer* angeordnet, die als Viskose-, Feder- oder Gummidämpfer in Riemenscheibe oder Steuerzahnrad integriert sind. Durch die Trägheit ihrer Dämpfungsmassen werden die Drehschwingungen der Kurbelwelle gedämpft, indem die Dämpfungselemente elastisch verformt werden.

Statisches- und dynamisches Auswuchten der Kurbelwelle erfolgt durch Anbohren der Ausgleichsgewichte. Die Lagerzapfen werden induktiv oberflächengehärtet und geschliffen. Die Radien zwischen Lagerzapfen und Kurbelwangen, werden zur Erhöhung der Gestalt- und Dauerfestigkeit durch Rollieren oberflächenverdichtet. Kurbelwellen werden im Gesenk oder bei Großmotoren durch Freiformschmieden (günstiger Faserverlauf) hergestellt. Als Werkstoff wird Vergütungsstahl oder Nitrierstahl (z.B. 40CrNiMo4 oder 36CrAlMo7) verwendet. Gegossene Kurbelwellen werden aus Kugelgraphitguss (Schwingungsdämpfend) hergestellt. Kurbelwellen von Einzylindermotoren werden oft aus Einzelteilen gefügt (Schrumpfverbindungen oder Hirth-Verzahnung).

Während eines Arbeitsspiels treten an der Kurbelwelle ungleichförmige Geschwindigkeiten durch Überwindung der Totpunktlagen und Leertakte auf, die durch das Schwungrad als Energiespeicher gemindert werden. Es dient weiter zur Aufnahme der Kupplung und des Starterzahnkranzes und enthält meist Markierungen für die Motorsteuerung (Totpunktlagen, Zündungs- oder Förderbeginn). Die Einbaulage ist durch Passstifte fixiert. Massenausgleich erfolgt durch gemeinsames statisches und dynamisches Auswuchten mit der Kurbelwelle.

Getriebe und Aufbau (Dröhngeräusche). Das Schwungrad ist hierzu in eine Primärmasse (Motorseite) und Sekundärmasse (Getriebeseite) aufgeteilt, die über ein Feder-Dämpfer-System drehbar miteinander verbunden sind. Weil die Resonanzfrequenzen dieses Systems nicht im Betriebsbereich des Motors liegen, werden vom Motor erzeugte Drehschwingungen nicht auf das Getriebe übertragen.

Für **Kurbelwellen-** und **Pleuellager** werden bei Viertakt-Otto- und Dieselmotoren geteilte Axial- und Radialgleitlager verwendet. Axiallager (Pass- oder Führungslager) mit seitlichen Anlaufscheiben oder Bund übernehmen die Axialkräfte, die durch Kupplungsbetätigung auftreten. Radial- und Axiallager werden meist als *Dreistoff-* bzw. *Mehrschicht-Gleitlager* ausgeführt. Aufbau: Stützschale aus Stahl, Tragschicht aus Bleibronze oder Al-Legierung (ca. 0,3 … 0,7 mm) mit Notlaufeigenschaften, Laufschicht aus Weißmetall (PbSn- Legierung, ca. 0,02 mm). Zur Vermeidung von Diffusion ist zwischen Trag- und Laufschicht eine Nickelschicht (ca. 0,002 mm) aufgalvanisiert. Lagerschalen erhalten Haltenasen als Verdrehsicherung. Kurbelwellenlager besitzen Ringnuten zur Ölaufnahme und Ölbohrungen zum Öltransport in das Lager.

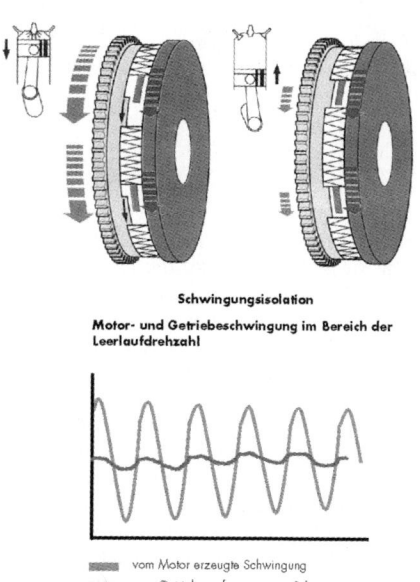

Bild 20. Schwingungsisolation durch Zweimassenschwungrad (Volkswagen)

Zweimassenschwungräder entkoppeln Drehschwingungen von Kurbelwelle und Schwungrad zum Getriebe und vermeiden Resonanzschwingungen an

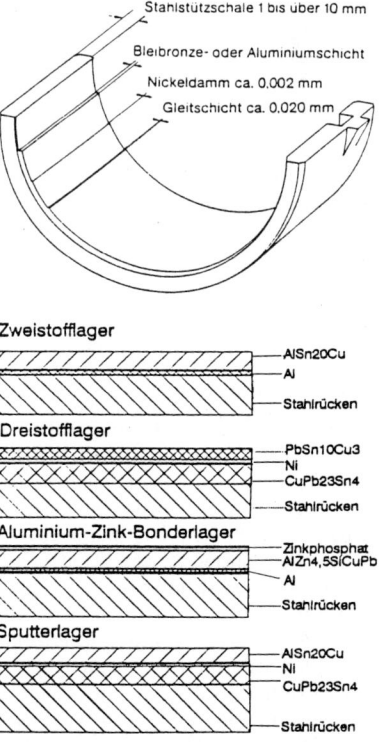

Schematischer Aufbau von Lagerschalen für Kurbelwellen- und Pleuellager

Bild 21. Aufbau eines Mehrschichtlagers (Glyco)

Wegen der extrem hohen spezifischen Belastungen der Kurbelwellen- und Pleuellager in neueren Dieseldirekteinspritzer-Konstruktionen (Verbrennungshöchstdrücke >150 bar), werden herkömmliche Dreistofflager durch Sputterlager ersetzt. Statt der bisherigen Laufflächen-Beschichtungsverfahren Walzplattieren, Galvanisieren oder Aufgießen wird durch Kathodenstrahlzerstäubung (Sputtern) eine Verbesserung in der Feinkörnigkeit der Lager-Oberflächenschichten erzielt, indem feinste weiche Sn-Einlagerungen in eine feinkörnige, härtere Al-Grundstruktur eingebettet werden. In einer Vakuumkammer wird die Lagerschale als Anode, das Lagermetall als Kathode angeordnet. Beim Sputtervorgang (Bild 22) schlagen positiv geladene Argon-Gasionen mit hoher Energie auf das negativ geladene Lagermaterial auf. Die dadurch herausgetrennten Lagermetallpartikel werden hochverdichtet auf das Trägermaterial der Lagerschale übertragen.

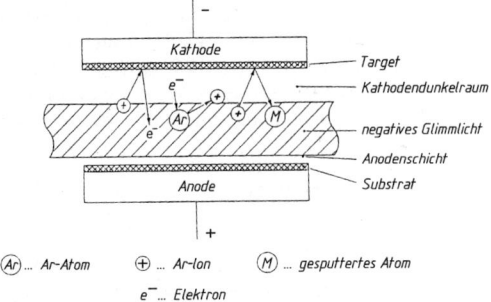

Bild 22. Schematische Darstellung des Sputterprozesses (Kolbenschmidt)

Vorteil: Beschichtungsverfahren für fast alle Werkstoffe möglich, hohe Tragfähigkeit und Verschleißfestigkeit der Laufflächenschicht.
Nachteil: deutlich höhere Verfahrenskosten als bei herkömmlichen Lagern.

8.2.3 Bauteile der Motorsteuerung

Die Motorsteuerung vollzieht die Gaswechselsteuerung der Frischgase und Abgase. Sie besteht aus den Ein- und Auslassventilen mit Federn, den Betätigungselementen und der Nockenwelle mit Übertragungsteilen (Bild 23). Nach der Ventil-Schließbewegung unterscheidet man obengesteuerte (Bild 23b-f) und untengesteuerte Motoren (Bild 23a).
Nach der Lage der Nockenwelle:
a) *sv-Motoren* (side valve) – untengesteuert, mit stehenden Ventilen; ist nicht mehr gebräuchlich
b) *ohv-Motoren* (overhead valves) – mit untenliegender Nockenwelle und Stößelstangen zu den Kipphebeln (Nutzfahrzeug-Dieselmotoren und ältere Ottomotorkonstruktionen)
c) und d) *ohc-Motoren* (overhead camshaft) – mit obenliegender Nockenwelle und Ventilbetätigung über Schwinghebel (c), Kipphebel (d) oder Tassenstößel – durch geringe Massenbeschleunigungen schnelle Betätigung möglich
e) *dohc-Motoren* (double overhead camshaft) – mit je einer Nockenwelle für Ein- und Auslassventilreihe, direkte Ventilbetätigung über Tassenstößel, für Hochleistungsmotoren mit Drei-, Vier- oder Fünf-Ventiltechnik pro Zylinder
f) *cih-Motoren* (cam in head) – mit seitlich im Zylinderkopf gelagerter Nockenwelle

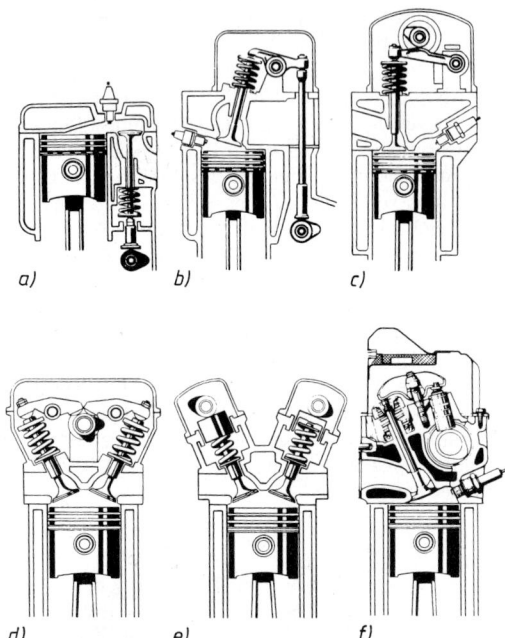

Bild 23. Bauarten der Motorsteuerung (Opel)

Die *Nockenwelle* bestimmt Öffnen und Schließen der Ventile zum richtigen Zeitpunkt, die Dauer der Öffnung und den Öffnungshub (Bild 24).
Sie läuft bei Viertakt Otto- und Dieselmotoren mit der halben Kurbelwellendrehzahl um und besitzt entsprechend der Zündfolge angeordnete Ein- und Auslassnocken. Untenliegende Nockenwellen enthalten Antriebsexzenter, oder Ritzel zum Antrieb von Kraftstofförderpumpe, Zündverteiler, Ölpumpe und Diesel-Einspritzpumpe. Der Antrieb von der Kurbelwelle erfolgt über *Steuerzahnräder* (ohv). *Einfach-* oder *Doppelrollenketten* (Bild 25) mit Kettenspannern (hydraulisch oder federbelastet) oder Zahnriemenantrieb (geräuscharm) für obenliegende Nockenwellen. Nockenwellen sind zur Ölversorgung ihrer Lagerstellen (Gleitlager) längsdurchbohrt. Sie werden aus legiertem Stahl geschmiedet oder aus Schalenhartguss, Temperguss und Kugelgraphitguss hergestellt. Lagerstellen und Nocken sind oberflächengehärtet.

8 Verbrennungsmotoren

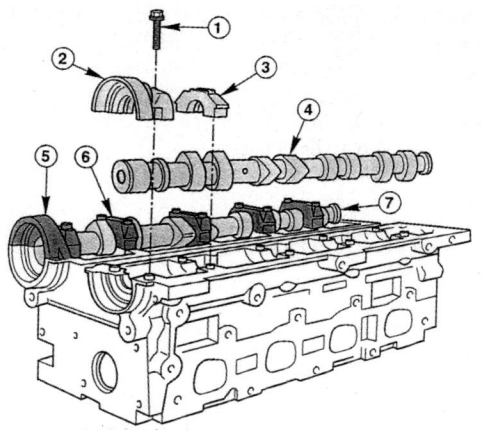

1 Lagerdeckelschraube
2 Vorderer Lagerdeckel (Auslassseite)
3 Lagerdeckel (Auslassseite)
4 Auslass-Nockenwelle
5 Vorderer Lagerdeckel (Einlassseite)
6 Lagerdeckel (Einlassseite)
7 Einlass-Nockenwelle

Bild 24. Zylinderkopf mit Nockenwellen für einen dohc-Motor (Ford)

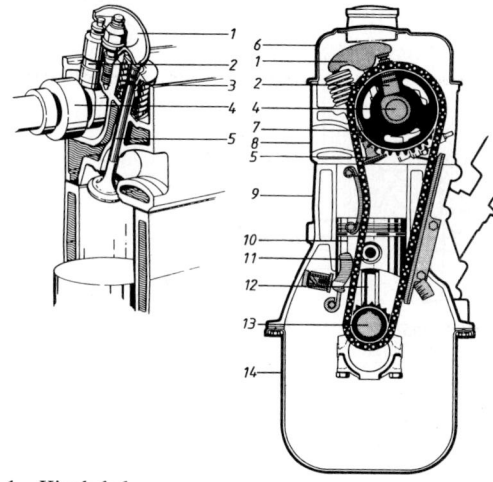

1 Kipphebel
2 Ventilstößel
3 Ventilfeder
4 Nockenwelle
5 Tellerventil
6 Zylinderkopfhaube
7 Zahnrad des Steuergetriebes
8 Zylinderkopf
9 Zylinderblock
10 Kolben
11 Kolbenbolzen
12 Pleuelstange
13 Kurbelwelle
14 Ölwanne

Bild 25. Bauteile der Motorsteuerung (Opel)

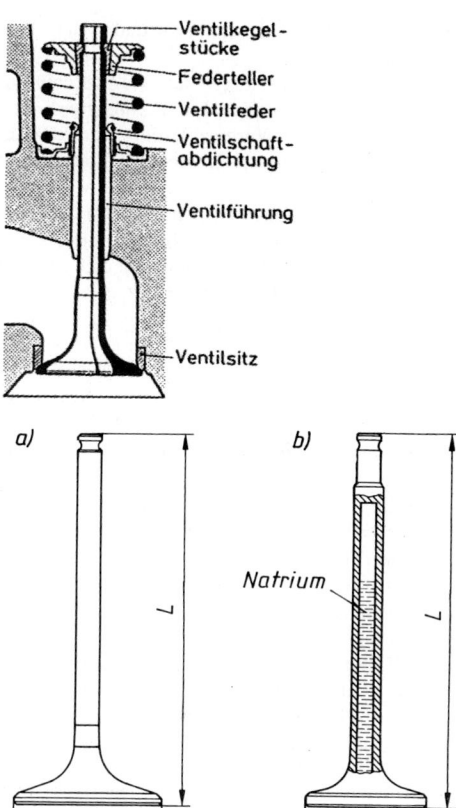

Bild 26. Ventile
a) Baueinheit Ventil
b) Einmetallventil
c) Hohlventil mit Natriumfüllung

Von der Nockenform werden der Ventilhub und die Steuerung der Öffnungs- und Schließvorgänge bestimmt. *Harmonische, flache Nocken* ergeben langsame Ventilbetätigungen bei kürzeren Öffnungszeiten (Normalmotoren), *Tangentennocken* ergeben lange Ventilöffnungszeiten und gute Zylinderfüllungen bei hoher Ventilbeschleunigung (Hochleistungsmotoren). Die Bauteile der Ventilsteuerung zeigt Bild 25. Das Öffnen der Ventile erfolgt, über die Nockenwelle gesteuert, durch *Schwinghebel, Kipphebel* oder *Tassenstößel*. Zunehmend eingesetzte *Rollenschwinghebel* oder *Rollenkipphebel* reduzieren deutlich die Reibleistung im Ventiltrieb. Geschlossen werden die Ventile kraftschlüssig durch eine oder zwei *Ventilfedern*. Jeder Zylinder ist mit je einem Ein- und Auslassventil versehen, deren Anordnung entscheidend die Brennraumform beeinflusst.

Mehrventiltechnik verbessert die Zylinderfüllung und den Gaswechsel. Die am meisten verwendete Vierventiltechnik verwendet zwei Einlass- und zwei Auslassventile je Zylinder. Die Bauart erfordert meist zwei obenliegende Nockenwellen (dohc). Fünfventil-

technik arbeitet mit drei Einlass- und zwei Auslassventilen.
Austauschbare *Ventilführungen* aus CuZn-Legierungen werden in Al-Zylinderköpfen eingepresst und ermöglichen eine gute Wärmeableitung. Eine *Ventilschaftabdichtung* verhindert zu großen Öltransport in den Verbrennungsraum.
Einlassventile (Betriebstemperatur ca. 500 °C) werden meist als *Einmetallventil* aus hochlegierten CrSi-Stählen mit gehärteten Sitzflächen und Schaftenden hergestellt. Der Tellerdurchmesser ist größer als bei Auslassventilen (bessere Zylinderfüllung). Auslassventile werden thermisch hoch belastet (Betriebstemperatur ca. 800 °C) und sind als *Bimetallventile* (Kopfstück warmfester CrMn- Stahl mit Schaft aus CrSi-Stahlstumpf verschweißt) oder als innengekühlte, natriumgefüllte *Hohlventile* ausgeführt. Die geschmolzene Natriumfüllung senkt durch Wärmetransport die Betriebstemperatur um ca. 100 °C. Auslassventil-Sitzflächen werden oft mit Hartmetall gepanzert. Der Ventilsitzwinkel beträgt 45°, selten 30°. Ventilteller sollen so groß wie möglich gestaltet werden, um die Gasdurchtrittsgeschwindigkeit niedrig zu halten und die Füllung zu verbessern. Bei ca. 70 m/s tritt merkliche Drosselung des Gasstromes ein.
Nach der Kontinuitätsgleichung berechnet sich mit der Kolbenfläche A, der mittleren Kolbengeschwindigkeit v_m und der Ventilöffnungsfläche A_V, die *mittlere Gasgeschwindigkeit im Ventilquerschnitt*

$$v_G = \frac{A v_m}{A_V} \qquad \begin{array}{c|c} A, A_V & v_m, v_m \\ \hline cm^2 & \frac{m}{s} \end{array} \qquad (33)$$

Richtwerte für mittlere Gasgeschwindigkeiten:

Einlassventil v_G ca. 70 m/s
Auslassventil v_G ca. 110 m/s

Für Entwurfsberechnungen kann zur Berechnung des Ventilöffnungsquerschnitts A_V näherungsweise mit dem Ventiltellerdurchmesser d, anstatt des Gaskanaldurchmessers gerechnet werden (Bild 27). Mit dem Ventilhub l (0,1 ... 0,25 d) und dem Ventilsitzwinkel a wird näherungsweise der *Ventilöffnungsquerschnitt*

$$A_V \approx d \pi l \sin \alpha \qquad \begin{array}{c|c|c} A_V & d & l \\ \hline cm^2 & cm & cm \end{array} \qquad (34)$$

Die Ventilsitzfläche wird je nach Betriebstemperatur breiter oder schmaler ausgeführt. Schmale Flächen (Einlassventil) ergeben dichten Sitz (hohe Flächenpressung), aber geringere Wärmeableitung als breite Ventilsitze (Auslassventil).
Ventilsitzringe aus Gusseisen oder Sintermetall, werden in Al-Zylinderköpfe eingeschrumpft. Ventilfedern müssen die Ventile bei Unterdruck (Ansaugen ca. 0,9 bar) dicht schließen, die Reibung des Stößels

beim Schließen überwinden und während der Ventilöffnungszeit die Trägheitskräfte der beschleunigten Ventil- und Steuerungsteilmassen abfangen. Die maximale Federkraft F_{max} wird mit der Masse m von Ventil- und Steuerungsteilen sowie der Ventilbeschleunigung a_{max} berechnet:

$$F_{max} = 1 \ldots 1{,}5 \, m a_{max} \qquad \begin{array}{c|c|c} F_{max} & m & a_{max} \\ \hline N & kg & \frac{m}{s^2} \end{array} \qquad (35)$$

Die Ventilbeschleunigung hängt von der Nockenform ab. Federschwingbruch wird durch veränderliche Federsteigung vermieden.
Die Steuerzeiten werden als Öffnungs- und Schließwinkel der Ventile, bezogen auf die Totpunkte, im *Steuerdiagramm* dargestellt.
Der Zündzeitpunkt, die Öffnungs- und Schließpunkte der Ventile, sowie beim Dieselmotor der Förderbeginn, werden in Grad Kurbelwinkel (°KW) angegeben und als Steuermarkierung auf Schwungrad oder Riemenscheibe eingeschlagen. Nach Bild 28 errechnet sich der *Öffnungswinkel* a_E des *Einlassventils*:

$$a_E = E\ddot{o}° + 180° + Es° \qquad (36)$$

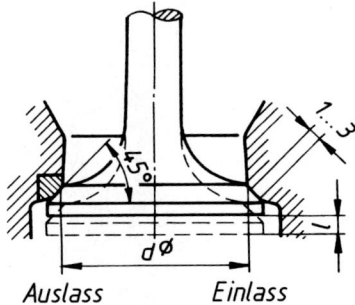

Bild 27. Ventil und Ventilsitz

der *Öffnungswinkel* a_A des Auslassventils:

$$a_A = A\ddot{o}° + 180° + As° \qquad (37)$$

und der Ventilüberschneidungswinkel $a_{\ddot{U}}$:

$$a_{\ddot{U}} = E\ddot{o}° + As° \qquad (38)$$

Der Abstand l_B der Markierungspunkte auf der Schwungscheibe von OT beträgt

$$l_B = \frac{d \pi \alpha}{360°} \qquad \begin{array}{c|c} l_B & \alpha \\ \hline mm & °KW \end{array} \qquad (39)$$

Die *Öffnungszeit t* der Ventile je Arbeitsspiel ist abhängig vom Öffnungswinkel α und von der Motordrehzahl n:

$$t = \frac{\alpha \, 60}{n \, 360°}$$

t	n	α
s	$\frac{1}{\min}$	KW

(40)

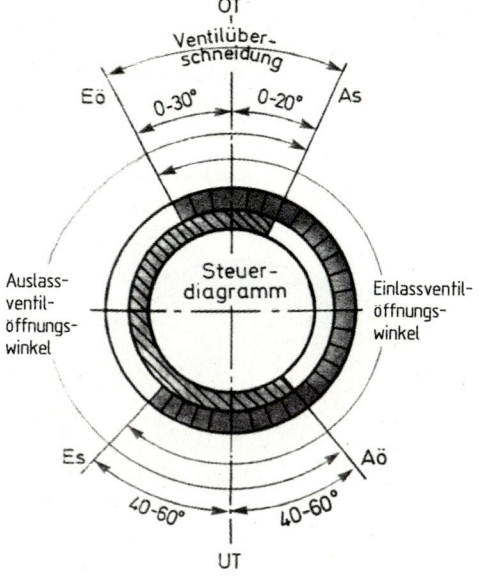

Aö   Auslass öffnet
As   Auslass schließt
Eö   Einlass öffnet
Es   Einlass schließt
OT   oberer Totpunkt
UT   unterer Totpunkt

Bild 28. Steuerdiagramm des Viertaktmotors

Im Betrieb dehnen sich die Ventile aus. Mit der Temperaturdifferenz ϑ, der Ausgangslänge l_0 und dem Ausdehnungskoeffizienten α des Ventilwerkstoffes beträgt die *Längenausdehnung*

$$\Delta l = l_0 \, \alpha \, \vartheta$$

$\Delta l, l_0$	α	ϑ
mm	$\frac{1}{K}$	K

(41)

Damit sicheres Schließen gewährleistet wird, muss die Längenänderung durch ein Ventilspiel oder durch hydraulischen Spielausgleich kompensiert werden.
Ist das *Ventilspiel* zu *klein*, so schließt das Ventil nicht bei Betriebstemperatur (Leistungsverlust, Verbrennen des Ventiltellers, Flammenrückschlag in den Ansaugkanal).
Ist das *Ventilspiel* zu *groß*, so wird infolge kürzerer Öffnung die Füllung verschlechtert (Leistungsverlust, geräuschvoller Lauf). Das Ventilspiel wird durch Einstellschrauben (Schwing- und Kipphebelbetätigung) oder Ausgleichsscheiben zwischen Tassenstößel und Nockenwelle, eingestellt.

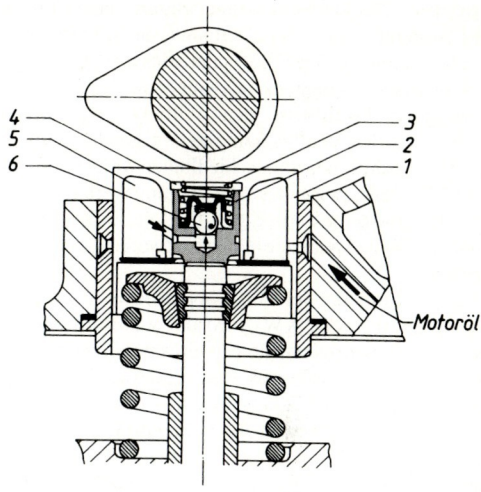

1 Stößel
2 Kolben
3 Rückstellfeder
4 Hochdruckraum
5 Vorratsraum
6 Rückschlagventil

Bild 29. Tassenstößel mit hydraulischem Ventilspielausgleich (Porsche)

Ventilstößel werden durch seitliches Versetzen von Nocken- und Stößelmitte in geringe Drehung versetzt (gleichmäßige Belastung). *Stößelstangen* (Stahlrohr) sind am Ende als Kugelkopf (Stößel) und als Kugelpfanne (Kipphebel), ausgebildet.
Hydraulische Stößel (Bild 29) ermöglichen eine spielfreie Ventilsteuerung ohne Ventilspielnachstellen und sie gleichen die Längenausdehnung selbsttätig aus. Hydrostößel, Hydrotassenstößel und Spielausgleichselemente (Schwinghebelauflager) sind an den Motorölkreislauf angeschlossen und gleichen über ein Öldrucksystem mit Spielausgleichsfeder das Spiel aus. *Kipp-* und *Schwinghebel* werden aus Stahlblech oder Leichtmetall gepresst oder geschmiedet. Tassenstößel aus Stahl werden durch Kalt- oder Warmfließpressen hergestellt. Ventildrehvorrichtungen versetzen Ventile bei jeder Betätigung in eine kleine Drehung. Die thermische Belastung sinkt, Ablagerungen durch Verbrennungsrückstände (Öl, Kraftstoff) werden vermindert.

8.2.4 Variable Motorsteuerung

Um Drehmomenterhöhung, Leistungsverstärkung, Schadstoffminderung im Abgas und Kraftstoffverbrauchssenkung durch Optimierung der Zylinderfüllung bei verschiedenen Betriebszuständen des Motors zu realisieren, verwendet man zunehmend Systeme zur Beeinflussung der Ventilsteuerzeiten und/oder Ventilhubveränderung.

Variable Nockenwellensteuerungen beeinflussen den Öffnungs- und Schließzeitpunkt der Einlassventile und damit die Ventilüberschneidung. Die mit unterschiedlicher Frequenz schwingende Gassäule im Ansaugtakt beeinflusst den Füllungsgrad. Durch Anpassung der Ventilöffnungszeiten an die schwingende Gassäule bei unterschiedlicher Motordrehzahl und Motorlast, wird das Schwingungsverhalten zur Füllungsgradverbesserung genutzt. Die Einlassventile sollen öffnen, wenn die Gasdruckwelle die Ventile erreicht.

Durch Verdrehung der Einlass-Nockenwelle zur Kurbelwelle (20 ... 35 °KW) wird die Ventilüberschneidung bei niedrigen Motordrehzahlen vermindert, bzw. beseitigt. Dies verhindert, dass sich verbrannte Gase mit der Frischladung mischen oder Frischgase in den Auspuff gelangen. Bei höheren Motordrehzahlen und Volllast sollen die Einlassventile zur Erhöhung des Füllungsgrades möglichst lange geöffnet bleiben.

wellenantriebsrad. Das Antriebsrad ist mit innerer und äußerer Schrägverzahnung versehen. Die äußere Schrägverzahnung ist mit dem Nockenwellenrad, die innere mit der Nockenwelle verbunden. Aus Grad und Richtung der axialen Verschiebung resultiert der Drehwinkel der Nockenwelle relativ zum Nockenwellenantriebsrad.

Als Steuergrößen für den Verstellwinkel werden Motordrehzahl, Motorlast und andere Motorkenngrößen herangezogen.

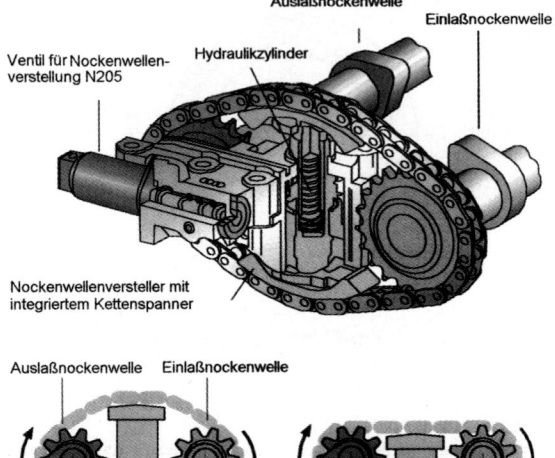

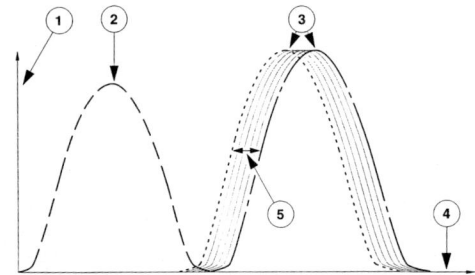

1 Ventilhub
2 Auslassventilerhebung
3 Einlassventilerhebung
4 Kurbelwellenwinkel
5 Verstellbereich

Bild 30. Ventilerhebungskurven (Ford)

Bild 31. Prinzip der Nockenwellenverstellung (Volkswagen)

a) Verstelleinheit
b) Leistungserhöhung – unteres Kettenstück kurz, oberes lang – EV schließt spät
c) Drehmomenterhöhung – unteres Kettenstück lang, oberes kurz – EV schließt früh

Die Nockenwellenverstellung kann über verstellbare Kettenspanner (VarioCam) oder durch Verdrehung der Nockenwelle gegenüber dem Nockenwellenantriebsrad erfolgen (Vanos – nur Einlassnockenwellenverdrehung, Doppel-Vanos – Verdrehung von Einlass- und Auslassnockenwelle). Die Verdrehung der Einlassnockenwelle durch die Antriebskette nach Bild 31 wird durch einen hydraulisch betätigten Nockenwellensteller vorgenommen. Bei hohen Motordrehzahlen (Leistungsstellung) wird durch spätes Schließen des Einlassventils (bessere Zylinderfüllung) Leistungssteigerung erzielt. Im unteren und mittleren Drehzahlbereich wird die Einlassnockenwelle gegenüber der Auslassnockenwelle verdreht (Drehmomentsteigerung). Das Einlassventil schließt früh. Die Auslassnockenwelle wird nicht verdreht, da sie durch Ketten- oder Zahnriemenantrieb festgehalten wird.

Ein anderes System verdreht die Einlassnockenwelle hydraulisch über einen Verstellkolben im Nocken-

Bei Systemen mit **variablem Ventiltrieb** wird neben der Verschiebung der Ventilöffnungszeiten auch eine *Ventilhubverstellung* vorgenommen. Die Nockenwelle setzt für jedes Ventilpaar einen Hauptnocken und zwei schmalere Nebennocken ein. Die Ventile werden über drei hydraulisch entriegelbare Schwinghebel betätigt. Bei niedrigen bis mittleren Motordrehzahlen liefern die Nebennocken einen kleineren Ventilhub und kurze Ventilöffnungszeiten. Bei höheren Drehzahlen und Volllast werden die Schwinghebel hydraulisch verriegelt und vom Hauptnocken mit großem Ventilhub und langer Ventilöffnungszeit betätigt. Die Nebennocken berühren die Schwinghebel nun nicht mehr.

Zylinderindividuelle, elektromechanische oder elektrohydraulische Ventiltriebsteuerungen ohne Nockenwellen sind in der Erprobung.

8.3 Kraftstoffe

Verbrennungsmotoren beziehen ihre Energie aus der chemischen Energie des Kraftstoffes. Neben Otto- und Dieselkraftstoff werden heute Alkohole, Flüssiggase und Wasserstoff als alternative Kraftstoffe verwendet. Die herkömmlichen Kraftstoffe sind Kohlenwasserstoffverbindungen und werden fast ausschließlich aus Erdöl hergestellt.

Anforderungen an die Kraftstoffe: Einfache und schnelle Bildung eines brennbaren Gemisches, schnelle und sichere Zündung, rückstandsfreie Verbrennung, hoher Heizwert und sichere Transportmöglichkeiten.

Ottokraftstoffe bestehen aus Kohlenwasserstoffen mit 4 ... 11 C-Atomen im Siedebereich zwischen 30 ... 215 °C. Für den motorischen Betrieb sind Klopffestigkeit, Flüchtigkeit (Siedeverhalten), Reinheit (Wassergehalt, feste Fremdstoffe), Kraftstoffzusammensetzung und Zusätze von Bedeutung.

Die *Klopffestigkeit* wird durch die *Oktanzahl* ausgedrückt und kennzeichnet die Widerstandsfähigkeit gegenüber Selbstzündung. Unter klopfender Verbrennung (Bild 32) versteht man die ungesteuerte Zündung im verdichteten, aber noch nicht brennenden Gemischrest. Der Druck steigt schlagartig steil an. Das Gemisch hat eine hohe Verbrennungsgeschwindigkeit (300 ... 500 m/s gegenüber 20 m/s). Folge: Hohe thermische und mechanische Triebwerksbelastung.
Unterschieden werden *Beschleunigungsklopfen* und *Hochgeschwindigkeitsklopfen*. Die Oktanzahl wird in einem Prüfmotor durch Vergleichen des Kraftstoffes mit einem Bezugsgemisch aus Iso-Octan C_8H_{18} (Oktanzahl = 100) und n-Heptan C_7H_{16} (Oktanzahl = 0) bis zur Klopfgrenze, durch fortlaufendes Verändern der Verdichtung gemessen.

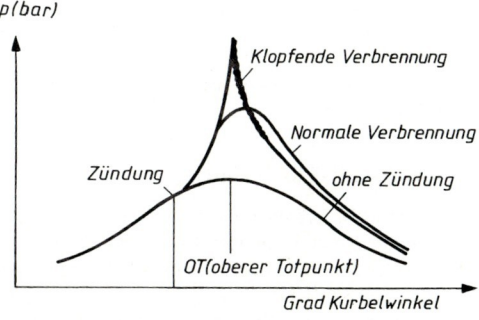

Bild 32. Verbrennung im Ottomotor (Shell)

Ermittelt wird nach der ROZ (Research-Methode, n = 600 1/min, keine Gemischvorwärmung) und der MOZ (Motor-Methode, n = 900 1/min, Gemischvorwärmung 150° C), vorgenommen. Nach der Oktanzahl werden Normal- und Superkraftstoffe unterschieden. Wegen des Einsatzes von Abgaskatalysatoren werden in der Bundesrepublik nur sogenannte bleifreie Benzinsorten abgegeben (Bleigehalt < 0,013 g/Liter). Die Bleireduzierung erfordert die Zugabe von Klopfbremsen (Benzol, Tuluol, Methyl-Tertiär-Buthylether) zum Kraftstoff.
Ottokraftstoffe haben als Kohlenwasserstoff- Gemische keinen Siedepunkt, sondern einen *Siedeverlauf*. Die Siedekurve in Bild 33 stellt den Anteil der verdampften Kraftstoffmenge (in Vol. -%) bei bestimmten Temperaturen dar. Lage und Charakteristik der Siedekurve geben Aufschluss über das Motor-Kraftstoffverhalten. Neben Siedebeginn und -ende sind für den motorischen Betrieb die 10, 50 und 90 Vol. - % - Punkte von Bedeutung. Sie geben die Anteile der verdampften Kraftstoffmengen bei bestimmten Temperaturen an (Flüchtigkeit). Die Flüchtigkeit muss so beschaffen sein, dass möglichst in allen Betriebssituationen ein zündfähiges Gemisch zur Verfügung steht (kritisch bei besonders kaltem und besonders heißem Motor). Die *Siedekennziffer* ist ein vereinfachtes Maß für die Vergasbarkeit des Kraftstoffs (mittlere Temperatur zwischen 5 Vol. -% und 95 Vol. -%). Sie liegt bei Ottokraftstoffen bei etwa 120 °C.

Tafel 2. Kennwerte von Kraftstoffen (Aral)

Kennwert	Normalbenzin DIN EN 228	Superbenzin DIN EN 288	Super Plus DIN EN 228	Diesel DIN EN 590
Klopffestigkeit (Oktanzahl) ROZ MOZ	91 83	95 85	98 88	– –
Zündwilligkeit (Cetanzahl CZ)	14	8	8	55...55
Dichte bei 15° C in kg/dm³	0,725..0,780	0,725..0,780	0,725..0,780	0,820..0,860
Verdampfungswärme in kJ/kg	370...500	419	419	544...790
Heizwert H_u in kJ/kg	ca. 42 700	ca. 43 300	ca. 43 500	ca. 42 500
Siedebeginn in °C	ca. 30	ca. 30	ca. 30	ca. 180
Siedeende in °C	ca. 220	ca. 220	ca. 220	ca. 370
Zündtemperatur in °C	220	220	220	450
Schwefelgehalt in Gew.-%	0,05	0,05	0,05	0,05
Bleigehalt in g/dm³	0,013	0,013	0,013	–
Kohlenstoffgehalt in Gew.-%	ca. 86,7	ca. 87,0	ca. 86,5	ca. 86.5

Dieselkraftstoffe bestehen aus Kohlenwasserstoffen mit 11 ... 18 C-Atomen im Siedebereich von 170 ... 370 °C. Für den Einsatz in Verbrennungsmotoren sind insbesondere Zündwilligkeit, Kälteverhalten, Reinheit und Schwefelgehalt von Bedeutung. Die *Zündwilligkeit* kennzeichnet beim Dieselmotor die Kraftstoffgüte. Sie ist die Bereitwilligkeit des Kraftstoffes zur Selbstentzündung während der Einspritzung in den Brennraum. Als Maß für die Zündwilligkeit wird die *Cetanzahl* CZ im CFR (BASF)-Prüfmotor bestimmt. Dies geschieht durch *Messen* des *Zündverzugs* (Zeit zwischen Einspritzung und Verbrennungsbeginn ca. 0,001 s) gegenüber einem Bezugskraftstoff.

Dieselmotoren verlangen einen leicht siedenden, zündwilligen Kraftstoff. Bei großem Zündverzug ist bereits eine größere Menge Kraftstoff eingespritzt, die dann unter großer Triebwerksbelastung verbrennt. Damit sind Verbrauchserhöhung, Leistungseinbußen und große Geräuschemission, verbunden (Bild 34). Cetanzahl CZ und Oktanzahl OZ laufen in ihrer Wirkung einander entgegen. Sie können berechnet werden mit:

$$ROZ \approx 120 - 2\,CZ$$

sowie: (42)

$$CZ \approx 60 - 0{,}5\,ROZ$$

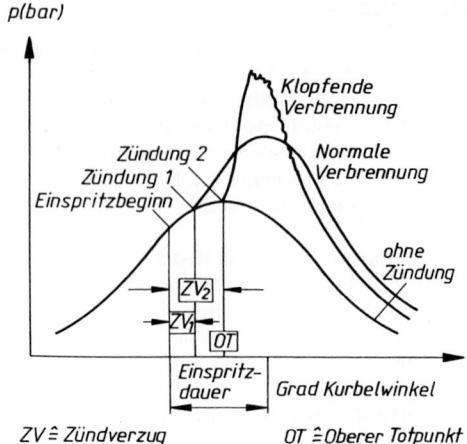

Bild 34. Verbrennung im Dieselmotor (Shell)

Der für den Betrieb in Verbrennungsmotoren verwendete Bereich liegt zwischen 45 ... 55 CZ.

Für den Winterbetrieb ist das Kälteverhalten von Dieselkraftstoff von Bedeutung, da Paraffinausscheidungen zu Filterverstopfungen führen können. Winterdiesel ist bis –15 °C filtrierbar. Der Trübungspunkt oder Cold Filter Plugging Point (CFPP) ist der Grenzwert der Filtrierbarkeit. Bei tieferen Temperaturen ist für ungestörten Betrieb der Zusatz von Fließverbesserern, Benzin oder Petroleum erforderlich. Diese Mischungen setzen meist die Zündwilligkeit herab.

Der Schwefelgehalt von Dieselkraftstoff ist zur Verminderung der SO_2-Emission auf max. 0,05 % begrenzt.

Der *Flammpunkt* eines Kraftstoffes ist die Temperatur, bei der sich unter festgelegten Bedingungen, Dämpfe in solchen Mengen entwickeln, dass eine Fremdzündquelle das über dem Flüssigkeitsspiegel befindliche Kraftstoffdampf-Luft-Gemisch entflammen kann. Nach dem Flammpunkt werden Kraftstoffe in Gefahrengruppen/-klassen (für Transport, Lagerung) eingeteilt.

Beispiele: Ottokraftstoff Gruppe A I (Flammpunkt < 21°C). Dieselkraftstoff Gruppe A III (Flammpunkt 55 ... 110°C).

8.4 Kraftstoff-Förderanlage

Die Kraftstoffförderanlage hat den Vergaser oder die Einspritzanlage mit Kraftstoff zu versorgen. Sie besteht aus Kraftstoffbehälter, Kraftstoffförderpumpe, Leitungen und Kraftstofffilter.

Kraftstoffbehälter werden aus korrosionsbeständig behandeltem Stahlblech oder aus Kunststoff hergestellt. Sie sind mit einem Be- und Entlüftungssystem ausgestattet. Verdampfende Kraftstoffanteile werden bei Motorstillstand in einen Aktivkohlebehälter geleitet, wo die gasförmigen Kohlenwasserstoffe fest-

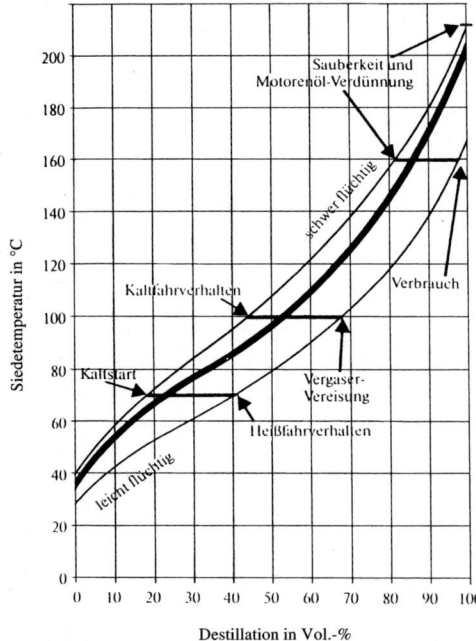

Bild 33. Siedeverlauf von Ottokraftstoff und dessen Einfluss auf das motorische Verhalten (Aral)

gehalten werden. Bei laufendem Motor werden die Dämpfe abgesaugt und dem Luftansaugrohr zugeführt.

Kraftstofffilter sind meist Papierfilter, die vor der Schwimmerkammer des Vergasers, oder der Druckregeleinrichtung der Einspritzanlage angebracht sind. Als *Kraftstoffförderpumpen* werden mechanisch, elektrisch oder pneumatisch angetriebene Pumpen verwendet.

Mechanische Membranpumpen mit Siebfilter, werden von der Motornockenwelle angetrieben. Elektrische angetriebene Kraftstoffpumpen (meist verwendet) werden als Inline- oder Intankpumpe eingesetzt. Man unterscheidet Rollenzellen-, Zahnring-, Schrauben- und Seitenkanalpumpen. Pneumatische Pumpen werden durch die Druckdifferenz im Kurbelgehäuse von Zweitaktmotoren zwischen Vorverdichten und Überströmen angetrieben.

8.5 Luftfilter

Die im Verbrennungsmotor benötigte Luft kann mit Staubanteilen von unterschiedlicher Konzentration belastet sein. Richtwerte: 1 mg Staub/m^3 Ansaugluft im Straßenbetrieb, bis 35 mg/m^3 in Baumaschinen und Mähdrescher.

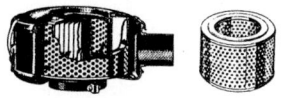

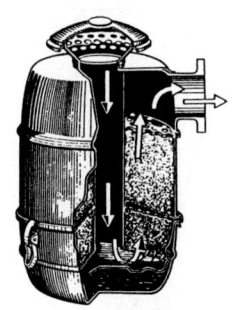

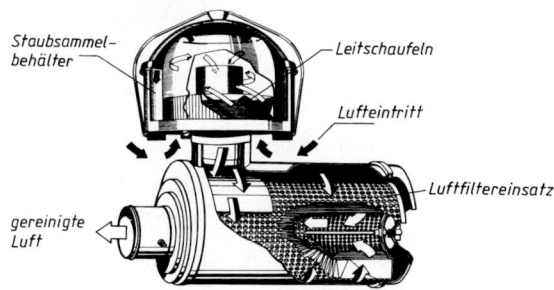

Bild 35. Luftfilterbauarten (Mann)
a) Trockenluftfilter mit Papiereinsatz
b) Ölbadluftfilter
c) Luftfilter mit Zyklon-Vorabscheider (Kombinationsluftfilter)

Dieser Staubanteil würde den Verschleiß von Kolben und Zylinder erheblich erhöhen. Luftfilter übernehmen neben der Ansaugluftreinigung die Dämpfung der Ansauggeräusche sowie die Regulierung der Ansauglufttemperatur. *Trockenluftfilter* haben auswechselbare Papier-Feinfilterpatronen. Mit zunehmender Verschmutzung steigt der Durchflusswiderstand, so dass die Standzeit von den Einsatzbedingungen abhängt.

Für Nutzfahrzeuge werden bei hohem Staubanteil *Zyklon-Vorabscheider* vorgeschaltet.

Die angesaugte Luft wird durch Leitbleche in Drehung versetzt und die schweren Staubteilchen durch die Fliehkraft entweder ins Freie oder in einen Staubsammelbehälter getragen (Bild 35). *Kombinationsluftfilter* für Nutzfahrzeuge (Vorabscheider und Feinfilterpatrone in einem Gehäuse) erreichen auch bei hohem Staubanteil gute Standzeiten. Sie sind oft mit einer Sicherheitspatrone versehen. Sie soll Staubeintritt während des Filterwechsels oder bei beschädigtem Hauptfilter vermeiden.

Beim *Ölbadluftfilter* (für Nutzfahrzeuge meist in Verbindung mit Zyklon-Vorabscheider) strömt die angesaugte Luft über ein Ölbad, wird umgelenkt und durch Fliehkraftwirkung vorgereinigt. Die aufwärtsströmende Luft reißt Öltröpfchen mit, die den Filtereinsatz benetzen und damit den Staub binden. Die gesättigten Tropfen fallen in das Ölbad zurück. Der Staub sinkt als Schlamm ab. Zur Wartung muss der Filtereinsatz in Kraftstoff ausgewaschen und die Ölfüllung erneuert werden. Ölbadluftfilter werden zunehmend durch die wartungsfreundlicheren Trockenluftfilter verdrängt.

Nassluftfilter werden bei geringem Staubanteil (z.B. für Stationärmotoren und Schiffsdiesel) verwendet. Die Luft durchströmt einen ölbenetzten Einsatz aus Metallwolle oder Naturfasern, an dem sich die Staubteilchen ablagern.

8.6 Gemischbildung bei Ottomotoren

8.6.1 Arbeitsspiel des Otto-Viertaktmotors

Das Arbeitsspiel des Viertaktmotors umfasst zwei KW-Umdrehungen oder vier Kolbenhübe (Takte). Beim Zweitaktmotor eine KW-Umdrehung und zwei Kolbenhübe. Im *ersten Takt* saugt der Kolben durch Bewegung von OT nach UT Gemisch an. Um eine gute Füllung zu erreichen (Liefergrad), öffnet das EV bereits 10 ... 30° vor OT und schließt erst ca. 30 ... 60° nach UT. Im *zweiten Takt* wird die Zylinderfüllung auf 10 ... 16 bar verdichtet, wodurch die Temperatur auf 400 ... 500 °C ansteigt. Etwa 40 ... 0° vor OT wird das Gemisch gezündet. Der Verbrennungsdruck steigt bis ca. 60 bar an. Es wird eine Verbrennungstemperatur von ca. 2500 °C erreicht.

Durch die Expansion *im dritten Takt* wird Arbeit verrichtet. Bereits 40 ... 60° vor UT öffnet das AV und lässt die Abgase mit hoher Strömungsgeschwindigkeit und ca. 600 ... 900 °C in das Auspuffsystem ausströmen (Voröffnung vermeidet Staudruck in UT). Im *vierten Takt* ist zum Ausschieben der Abgase zwischen UT und OT nur noch ein geringer Spüldruck notwendig. Das Auslassventil schließt erst 5 ... 30° nach OT. Dies ergibt eine Ventilüberschneidung durch gemeinsame Öffnung von EV und AV zwischen dem vierten und ersten Takt.

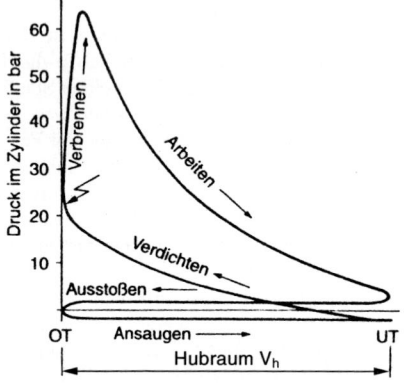

Bild 36. *p-V*-Diagramm (Arbeitsdiagramm) eines Viertakt-Ottomotors

8.6.2 Gemischbildung beim Otto-Viertaktmotor

Das Gemischbildungssystem des Ottomotors soll für zündfähiges Kraftstoff-Luftgemisch sorgen. Ein zündfähiges Gemisch ist nur innerhalb bestimmter Mischungsverhältnisse zu erzielen.
Die vollständige Verbrennung von 1 kg Kraftstoff (Normalbenzin) erfordert ca. 14,7 kg Luft (stöchiometrisches Verhältnis).
Das *Luftverhältnis* λ kennzeichnet das Verhältnis des tatsächlichen zum theoretischen Luftbedarf

$$\lambda = \frac{\text{zugeführte Luftmenge}}{\text{theoretischer Luftbedarf}} = \frac{L}{L_{min}} \quad (43)$$

λ	L, L_{min}
1	kg

$\lambda = 1 \rightarrow$ stöchiometrisches Verhältnis
$\lambda < 1 \rightarrow$ fettes Gemisch, weniger Luftanteil
$\lambda > 1 \rightarrow$ mageres Gemisch, Luftüberschuss

Zum Kaltstart wird ein sehr fettes Gemisch (Anreicherung), im Teillastbereich ein mageres Gemisch (für geringen Verbrauch) benötigt. Vollast und Leerlauf erfordern ein fettes Gemisch. Die Abhängigkeit der Schadstoffemissionen, der Leistung und des spezifischen Kraftstoffverbrauchs zeigt Bild 37a). Da kein Luftverhältnis in der Lage ist, alle Faktoren zu optimieren, muss man versuchen, über eine genau dosierte Kraftstoffmenge und eine genaue Mengenermittlung der Ansaugluft, den für die Praxis zweckmäßigsten Wert ($\lambda = 1$) in engen Grenzen einzuhalten. Zur Realisierung der Forderungen werden vorwiegend Benzin-Einspritzsysteme verwendet.

8.6.3 Vergaser

Beim *Vergaser* wird das Kraftstoff-Luftgemisch durch Zerstäubung im Saugrohr des Vergasers gebildet. In den gasförmigen Zustand gelangt der Kraftstoff durch Verwirbelung im Zylinder während der Verdichtung und durch die Wandungswärme von Saugrohr und Zylinder.

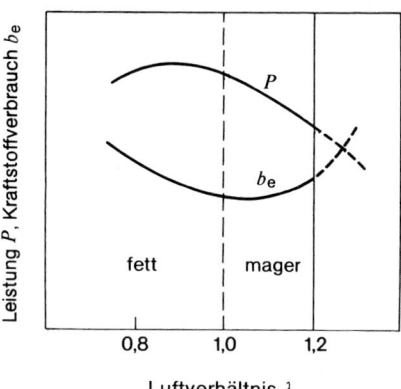

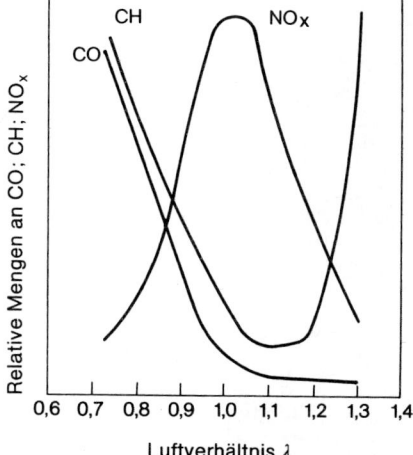

Bild 37. Luftverhältnis λ und motorisches Verhalten
a) Einfluss von λ auf Leistung, Verbrauch und Abgaszusammensetzung
b) Einfluss von λ auf die Schadstoffzusammensetzung im Abgas (Bosch)

Durch Öffnen und Schließen der Drosselklappe wird der Luftstrom und damit Leistung und Drehzahl entsprechend der Belastung (Leerlauf, Teillast, Vollast) variiert.

Nach der Anzahl der Mischkammerbohrungen werden Einfach-, Doppel-, Mehrfach-, Stufen- oder Registervergaser und Doppelregistervergaser unterschieden. Membran- und Schiebervergaser werden bei Zweitakt-Kleinmotoren verwendet.

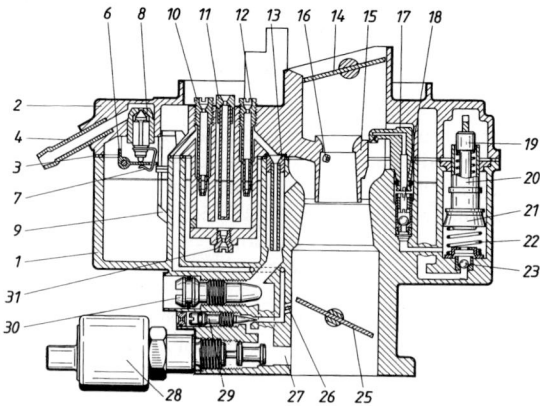

1 Vergasergehäuse
2 Vergaserdeckel
3 Vergaserdeckeldichtung
4 Kraftstoffanschluss
6 Schwimmerhebel
7 Drahtbügel
8 Schwimmernadelventil
9 Schwimmer
10 Leerlaufkraftstoff-Luftdüse
11 Luftkorrekturdüse mit Mischrohr
12 Zusatzkraftstoff-Luftdüse
13 Mischrohr für Zusatzgemisch
14 Starterklappe
15 Vorzerstäuber
16 Hauptgemischaustritt
17 Spritzrohr
18 Pumpendruckventil
19 Pumpenstößel
20 Pumpenkolben
21 Pumpenmanschette
22 Pumpenfeder
23 Pumpensaugventil
25 Drosselklappe
26 Übergangsbohrungen
27 Leerlaufgemischaustritt
28 Leerlaufabschaltventil
29 Grundleerlauf-Gemischregulierschraube
30 Zusatzgemisch-Regulierschraube
31 Hauptdüse

Bild 38. Hauptschema eines Fallstromvergasers (Pierburg)

Die Hauptbaugruppen des Einfachvergasers (Fallstromvergaser) zeigt Bild 38.

Schwimmereinrichtung: Die Schwimmereinrichtung besteht aus Schwimmer und Schwimmernadel, sowie Schwimmerkammer mit innerer, äußerer und umschaltbarer Belüftung. Sie reguliert den Kraftstoffzulauf von der Kraftstoffförderpumpe zur Schwimmerkammer, hält das Kraftstoffniveau in der Schwimmerkammer konstant (durch Schwimmer und Schwimmernadelventil) und belüftet die Schwimmerkammer (Druckausgleich zwischen Mischrohr und Schwimmergehäuse).

Starteinrichtung: Bei kaltem Motor kondensiert Kraftstoff an der Saugleitung und Zylinderwand. Das Gemisch magert ab und zündet nicht mehr. Die Starteinrichtung stellt beim Kaltstart des Motors ein fettes Kraftstoff-Luft-Gemisch ($\lambda > 1$) her, magert während des Motorwarmlaufs das fette Kaltstartgemisch langsam ab und schaltet bei betriebswarmem Motor die Starteinrichtung aus. Man verwendet Tupfer (Kleinmotoren), Starterklappen (Choke = Starterzug mit Handbetrieb, Startautomatik) und Startvergaser.

Leerlaufsystem: Beim Leerlauf ist die Drosselklappe fast geschlossen. Das Leerlaufgemisch wird aus dem Grundleerlaufgemisch und dem Zusatzgemisch gebildet, da der Unterdruck nicht ausreicht, um aus dem Hauptdüsensystem anzusaugen. Der Kraftstoff wird über den Leerlaufgemischaustritt angesaugt. Die Leerlaufdrehzahl kann mit der Zusatzgemisch-Regulierschraube eingestellt werden. Mit dem *Leerlaufabschaltventil* wird nach Ausschalten der Zündung ein Nachlaufen des Motors verhindert.

Übergangssystem: Beim Übergang von Leerlauf auf Teillast wird die Drosselklappe über das Fahrpedal etwas geöffnet, so dass die Übergangsbohrungen frei werden (Bypassbohrungen) und zusätzlich Kraftstoff aus den Bypassbohrungen angesaugt wird, bis bei weiterer Drosselklappenöffnung das Hauptdüsensystem wirksam wird.

Beschleunigungseinrichtung: Beim Beschleunigen muss dem Motor zusätzlich Kraftstoff über die Beschleunigungspumpe zugeführt werden. Die mechanisch betätigte Beschleunigungspumpe wird als Kolbenpumpe (Bild 38) oder als Membranpumpe ausgeführt. Bei hoher Teillast oder bei Volllast (Drosselklappe ganz geöffnet) sorgt ein zusätzliches Volllastanreicherungsrohr für zusätzliche Kraftstoffanreicherung.

Vergaserzusatzeinrichtungen sind Höhenkorrektur (luftdruckabhängige Kraftstoffdrosselung durch eine Druckdose) und Gemischvorwärmung (gegen Vereisung).

Sind der Hubraum V_h eines Zylinders, die maximale Motordrehzahl n und die Zylinderanzahl bekannt, so kann der erforderliche *Vergaserdurchmesser d* (Saugrohrdurchmesser) berechnet werden (Pierburg):

$$d = k\sqrt{V_h n} \qquad \begin{array}{|c|c|c|c|} \hline d & V & k & n \\ \hline \text{cm} & \text{cm}^3 & 1 & \dfrac{1}{\text{min}} \\ \hline \end{array} \qquad (44)$$

mit $k = 0{,}0026$ für 1 bis 4 Zylinder je Vergaser
$k = 0{,}031$ für 6 Zylinder je Vergaser
$k = 0{,}036$ für 8 Zylinder je Vergaser

Fallstrom-Registervergaser

Der Register(Stufen)-Vergaser verfügt über zwei Mischkammern, die zwei verschiedene Querschnitte aufweisen und in ein gemeinsames Ansaugrohr münden. Stufe I arbeitet als Vergaser mit den zuvor beschriebenen Teilsystemen. Die zweite Vergaserstufe (größerer Querschnitt) wird über ihre Drosselklappe belastungsabhängig durch eine Unterdruckdose zugeschaltet.

Doppelregistervergaser vereinen zwei Registervergaser zu einem Vergaser mit meist gemeinsamer Schwimmerkammer (Motoren mit 6 … 8 Zylindern).
Doppelvergaser verwenden zwei Mischkammern gleichen Querschnitts. Die Drosselklappen werden gemeinsam betätigt. Je eine Mischkammer versorgt die Hälfte der Zylinder (Motoren mit großem V_H).
Gleichdruckvergaser arbeiten mit konstantem Unterdruck in der Mischkammer. Sie haben einen veränderlichen Kraftstoffdüsen- und einen variablen Lufttrichterquerschnitt und werden durch eine Drosselklappe gesteuert (Kraftradvergaser).
Membranvergaser arbeiten als schwimmerlose Vergaser lageunabhängig (Kleinmotoren, z.B. Kettensägen).
Der **elektronisch geregelte Vergaser** ist ein elektronisches Gemischbildungssystem. Er besteht aus einem bis auf seine Grundsysteme reduzierten Vergaser (Fallstrom-Register) mit Stellelementen, einem elektronischen Steuergerät und Sensoren zur Messwerterfassung. Das Steuergerät verarbeitet Signale der Drosselklappenstellung, der Kühlmitteltemperatur, der Motordrehzahl und der Lambdasonde. Die Signale werden vom Steuergerät verarbeitet und als Steuergrößen den Vergaseranbaukomponenten zur Gemischbeeinflussung zugeführt.
Vergasersysteme sind weitgehend von Einspritzanlagen abgelöst worden.

8.6.4 Einspritzanlagen für Ottomotoren

Durch Benzineinspritzsysteme werden die Anforderungen an geringe Schadstoffemissionen durch genaue Kraftstoffzumessung (geringe Abweichungen von $\lambda = 1$) erfüllt. Darüber hinaus werden bei geringerem spezifischem Kraftstoffverbrauch ein höheres Motordrehmoment bei niedriger Drehzahl und größere Hubraumleistungen erzielt.
Man unterscheidet Anlagen mit Saugrohreinspritzung (Indirekte Einspritzung) und Zylindereinspritzung (Direkteinspritzung – GDI = Gasoline Direct Injection).

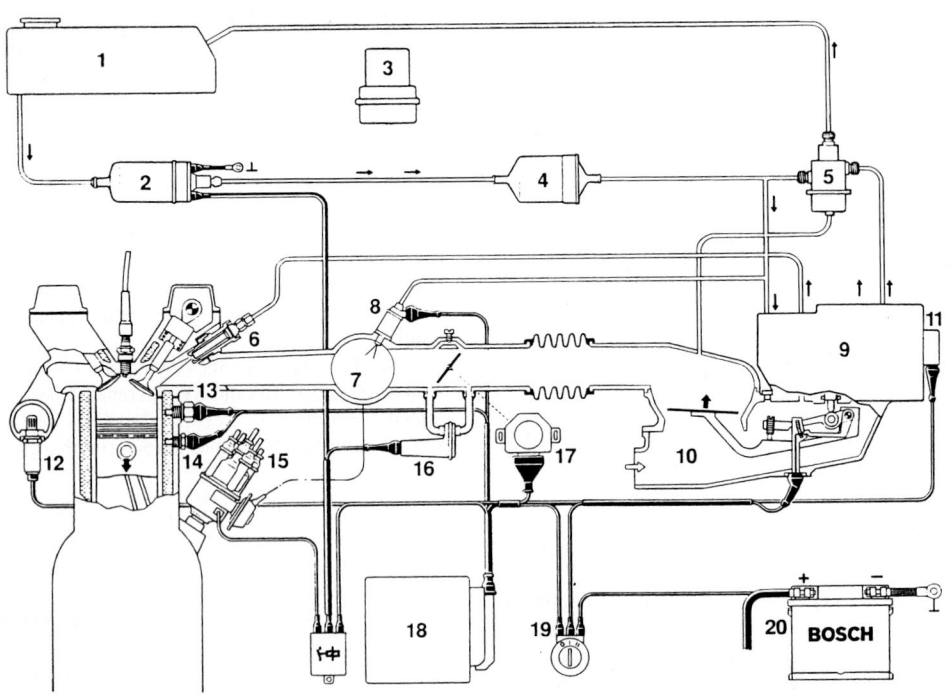

1 Kraftstoffbehälter
2 Elektrokraftstoffpumpe
3 Kraftstoffspeicher
4 Kraftstofffilter
5 Systemdruckregler
6 Einspritzventil
7 Sammelsaugrohr
8 Kaltstartventil
9 Kraftstoffmengenteiler
10 Luftmengenmesser
11 elektrohydraulischer Drucksteller
12 Lambda-Sonde
13 Thermozeitschalter
14 Motortemperatursensor
15 Zündverteiler
16 Zusatzluftschieber
17 Drosselklappenschalter
18 Steuergerät
19 Zünd-Start-Schalter
20 Batterie

Bild 39. Schema einer KE-Jetronic-Anlage mit Lambda-Regelung (Bosch)

Bei der indirekten Einspritzung wird der Kraftstoff vor das Einlassventil oder in das Drosselklappengehäuse gespritzt. Es werden Anlagen mit Mehrpunkteinspritzung MPI (Multi-Point-Injection; jeder Zylinder hat ein Einspritzventil) und Zentraleinspritzung SPI (Single-Point-Injection; ein zentrales Einspritzventil für alle Zylinder) eingesetzt. Nach dem Einspritzvorgang unterscheidet man kontinuierliche- und intermittierende Einspritzung. Kontinuierliche Einspritzanlagen sind K-Jetronic und KE-Jetronic. Intermittierend arbeitende Anlagen sind L-Jetronic, LH-Jetronic, Motronic und Mono-Jetronic. Mehrpunkteinspritzung besitzen K-, KE-, L-, LH-Jetronic und Motronic. Die Mono-Jetronic arbeitet mit Zentraleinspritzung.

Die Einspritzung bei Mehrpunktanlagen kann *sequentiell* (Einspritzung erfolgt nach der Zündfolge unmittelbar vor dem Ansaugtakt), *simultan* (Einspritzung erfolgt für alle Zylinder gleichzeitig und taktunabhängig) oder durch *Gruppeneinspritzung* (Einspritzung erfolgt gleichzeitig für Zylindergruppen, z.B. 1. und 3. sowie 2. und 4. Zylinder) erfolgen.

Die **K-Jetronic** ist eine mechanisch-hydraulisch arbeitende Einspritzanlage für Ottomotoren. Der Kraftstoff wird in Abhängigkeit von der angesaugten Luftmenge kontinuierlich vor die Einlassventile gespritzt. Zum Betrieb eines geregelten Katalysators ist das System nicht genau genug, daher durch die KE-Jetronic abgelöst.

Die **KE-Jetronic** ist die Weiterentwicklung der K-Jetronic (Bild 39). Das mechanisch-hydraulische Grundprinzip der K-Jetronic bleibt erhalten. Zur Verbesserung der Gemischanpassung, insbesondere während der Warmlaufphase und beim Lastwechsel werden von einem *elektronischen Steuergerät* zusätzliche, von Sensoren erfasste Daten verarbeitet.

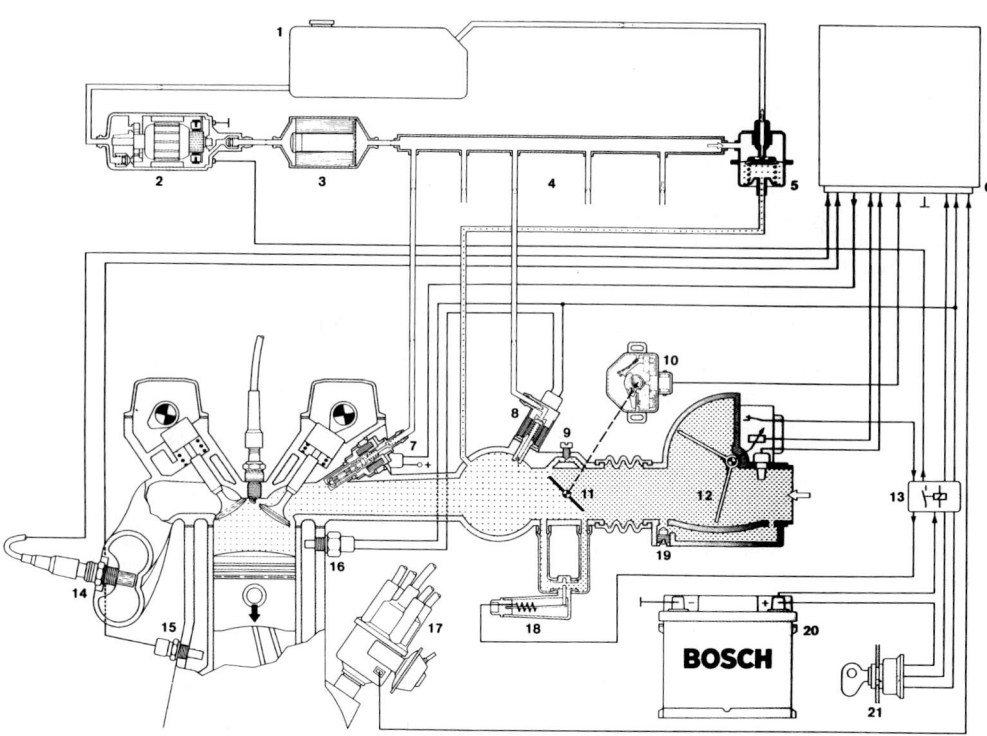

1 Kraftstoffbehälter
2 Elektrokraftstoffpumpe
3 Kraftstofffilter
4 Verteilerrohr
5 Druckregler
6 Steuergerät
7 Einspritzventil
8 Kaltstartventil
9 Leerlaufdrehzahl - Einstellschraube
10 Drosselklappenschalter
11 Drosselklappe
12 Luftmengenmesser
13 Relaiskombination
14 Lambda-Sonde
15 Motortemperaturfühler
16 Thermozeitschalter
17 Zündverteiler
18 Zusatzluftschieber
19 Leerlaufgemisch-Einstellschraube
20 Batterie
21 Zünd-Start-Schalter

Bild 40. L-Jetronic-Anlagenschema (Bosch)

Der wesentliche Unterschied besteht im Wegfall des Warmlaufreglers. Dessen Aufgabe und zusätzliche Steuerfunktionen übernimmt der elektrohydraulische Drucksteller. Das Steuergerät verarbeitet die Signale, die von der Zündung (Motordrehzahl), Motortemperaturfühler, Stauscheiben-Potentiometer (angesaugte Luftmenge), Drosselklappenschalter (Gaspedalstellung), Starterschalter und Lambda-Sonde kommen und gibt sie als Steuersignale an den elektrohydraulischen Drucksteller weiter. Damit können neben Start-, Vollast- und Beschleunigungsanreicherung, Schubabschaltung, Drehzahlbegrenzung, Lambdaregelung und Höhenkorrektur verwirklicht werden.

Die **L-Jetronic** ist eine *elektronisch* gesteuerte Benzineinspritzung mit Luftmengenmessung und *intermittierender* Einspritzung (Bild 40).

Der Kraftstoff wird von der Pumpe aus dem Tank gesaugt und über das Filter und dem Verteilerrohr dem Druckregler zugeführt. Der sorgt für gleichmäßigen Kraftstoffdruck (2,5 ... 3 bar) an den elektromagnetisch betätigten Einspritzventilen. Jeder Zylinder ist mit einem Einspritzventil versehen, die alle gleichzeitig, unabhängig von der Einlassventilstellung, je Kurbelwellenumdrehung einmal betätigt werden (intermittierend). Die Einspritzmenge wird über die Öffnungsdauer der Einspritzventile vom Steuergerät beeinflusst. Die Ansaugluft bewegt eine federbelastete Stauklappe im Luftmengenmesser. Die Winkelstellung der Stauklappe wird über ein Potentiometer als Signal für die angesaugte Luftmenge an das Steuergerät weitergeleitet. Vom Steuergerät werden weiterhin die Ansauglufttemperatur im Luftmengenmesser, die Motordrehzahl und der Einspritzzeitpunkt über die Zündanlage, die Motortemperatur über den Temperaturfühler und die Stellung der Drosselklappe über den Drosselklappenschalter (Belastungssignal), verarbeitet.

Als weitere Funktionen sind Schubabschaltung im Schiebebetrieb, sowie Drehzahlbegrenzung bei maximaler Motordrehzahl möglich. Die Signale der Lambda-Sonde werden vom Steuergerät zur Gemischänderung über die Öffnungsdauer der Einspritzventile verarbeitet.

Die **LH-Jetronic** ist die Weiterentwicklung der L-Jetronic. Zur Messung der angesaugten Luftmenge wird statt des Klappen-Luftmengenmessers ein Luftmassenmesser verwendet.

Beim *Hitzdraht-Luftmassenmesser* (Bild 41) wird die Ansaugluft über einen beheizten Platindraht geleitet, der auf konstanter Temperatur gehalten wird. Die Veränderung des Heizstromes zur Temperaturkonstanthaltung wird als Lastsignal für die angesaugte Luftmasse im elektronischen Steuergerät verwendet und in Signale für die einzuspritzende Kraftstoffmenge umgeformt. Der Platindraht wird durch Nachheizen nach dem Motorabstellen von Verunreinigungen freigebrannt.

Bei der Verwendung von *Heißfilm-Luftmassenmessern* (Bild 42) erfolgt die Bestimmung der dem Motor zugeführten Frischluftmasse über eine im Ansaugstrom angeordnete, beheizte Sensorfläche (Heißfilm-Widerstandsfolie auf einer Keramikplatte), die auf konstante Temperatur geregelt wird. Der zur Temperaturkonstanthaltung des Heißfilms notwendige Strom dient als Maß für die angesaugte Luftmasse. Sensoren zur Erfassung von Lufttemperatur und -druck entfallen. Heißfilm-Luftmassenmesser haben einen geringeren Strömungswiderstand als Hitzdraht-Luftmassenmesser. Ausführungen mit Rückströmerkennung erfassen und berücksichtigen Pulsationsfehler (Rückströmungen von Teilluftmassen), die durch das Öffnen und Schließen der Ventile hervorgerufen werden. Sie ermöglichen eine noch höhere Erfassungsgenauigkeit.

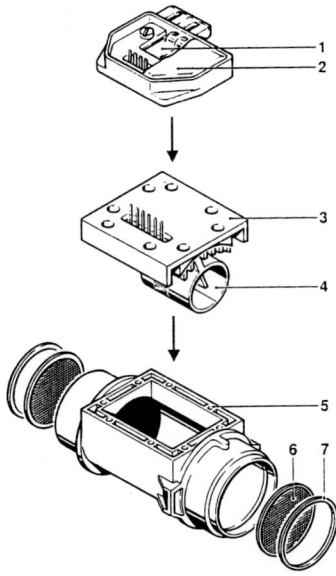

Bild 41. Hitzdraht Luftmassenmesser (Bosch)
1 Hybridschaltung   5 Gehäuse
2 Deckel   6 Schutzgitter
3 Metalleinsatz   7 Haltering
4 Innenrohr mit Hitzdraht

Das digitale Steuergerät steuert das Gemisch über ein Last-Drehzahl-Motorkennfeld. Gemischbeeinflussender Faktor ist die Einspritzdauer der Einspritzventile. Statt des Zusatzluftschiebers besitzt die LH-Jetronic einen Leerlaufsteller, mit dem eine Leerlauffüllungsregelung zur Regelung und Stabilisierung der Leerlaufdrehzahl erreicht wird. Zur Verbesserung der Gemischaufbereitung werden oft elektromagnetische *Einspritzventile mit Luftumfassung* verwendet. Vom Saugrohr angesaugte Luft wird den einzelnen Einspritzventilen zugeführt, mit dem einspritzenden Kraftstoff vermischt und zusammen in das Saugrohr gespritzt. Sie verbessern Kraftstoffzerstäubung und Verbrennung und reduzieren die Schadstoffemission.

8 Verbrennungsmotoren

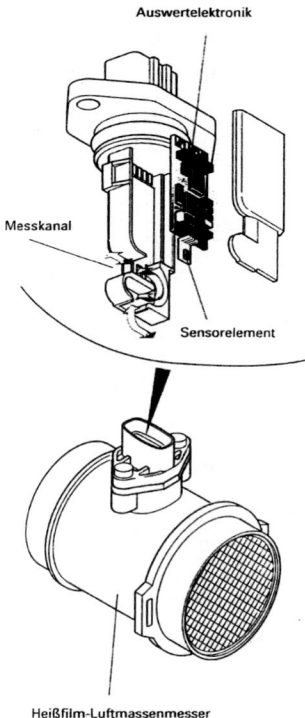

Bild 42. Heißfilm-Luftmassenmesser (Volkswagen)

Die **Zentraleinspritzung** ist eine elektronische Einspritzanlage, die nur ein Einspritzventil zur intermittierenden Einspritzung (synchron zum Ansaugtakt) vor der Drosselklappe verwendet (SPI = Single Point Injection). Durch die hohe Luftgeschwindigkeit und die Spritzkegelausformung wird eine gute Gemischaufbereitung erzielt. Die Gemischverteilung erfolgt wie bei Vergasersystemen über das Saugrohr zu den einzelnen Zylindern.

Die **Mono-Jetronic** ist eine intermittierende Einzelpunkteinspritzung mit elektronischer Steuerung. Das digitale Steuergerät mit Mikrocomputer und Kennfeldspeicher, verarbeitet Signale des Lufttemperaturfühlers, des Drosselklappenpotentiometers, des Motortemperaturfühlers, der Lambda-Sonde, sowie der Zündung und berechnet hieraus die Einspritzdauer des zentralen Einspritzventils als Maß für die jeweilige Gemischzusammensetzung.

Hauptsteuergrößen für die Grundeinspritzmenge sind die *Drosselklappenstellung* und die *Motordrehzahl*. Zur Kaltstartanreicherung und zum Warmlauf erfolgt Mehreinspritzung. Leerlauf-Drehzahlsteuerung erfolgt über den Drosselklappenstellmotor (Mehrluftmengenzufuhr). Teillast, Vollast, Beschleunigung und Schiebebetrieb werden aus dem Drosselklappensignal erkannt und auf die Einspritzdauer umgerechnet.

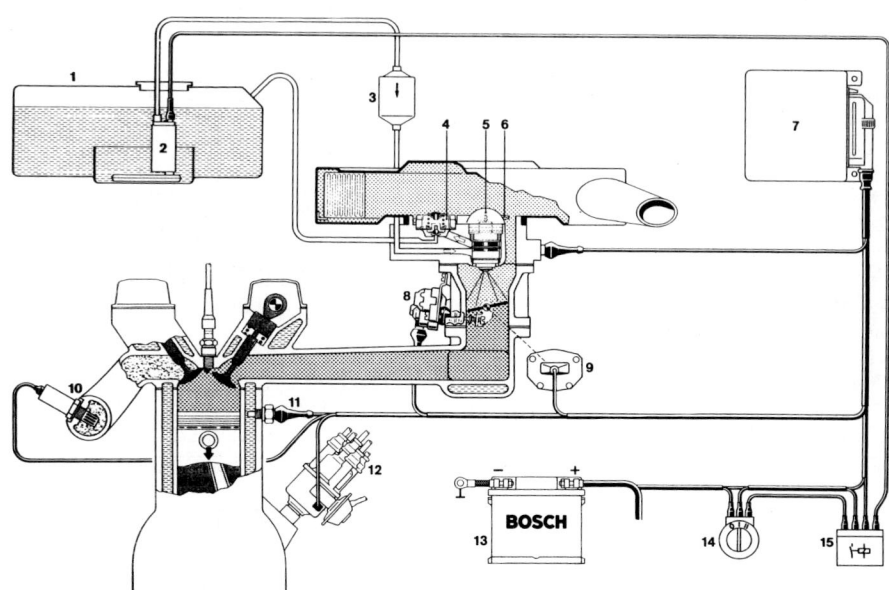

1 Kraftstoffbehälter
2 Elektrokraftstoffpumpe
3 Kraftstofffilter
4 Systemdruckregler (1 bar)
5 Einspritzventil
6 Luft-Temperaturfühler
7 Steuergerät
8 Drosselklappenstellmotor
9 Drosselklappenpotentiometer
10 Lambda-Sonde
11 Motor-Temperaturfühler
12 Zündverteiler
13 Batterie
14 Zünd-Start-Schalter
15 Relais

Bild 43. Zentraleinspritzung Mono-Jetronic (Bosch)

Die **Multec-Zentraleinspritzung** ist eine digitale Einzelpunkteinspritzung mit elektronischer Steuerung von Einspritzung und Zündung. Die Kraftstoffeinspritzung erfolgt vor der zentralen Drosselklappe im Atmosphärendruckbereich. Die Kraftstoffverteilung erfolgt im Sammelsaugrohr. Das digitale Steuergerät wertet Signale der wichtigsten Motorkenngrößen aus und verarbeitet sie kennfeldgesteuert zu Steuersignalen für Einspritzzeit, Einspritzdauer und Zündzeitpunktbeeinflussung.

Die KE- und L-Jetronic-Systeme, einschließlich der Zentraleinspritzung optimieren im weitesten Sinne nur die Gemischzusammensetzung.

Die **Motronic** verbindet die Einzelsysteme der Benzineinspritzung und der elektronischen Zündung zu einem digitalen Motorsteuerungssystem.

Diese Steuerung basiert auf gespeicherten *Kennfeldern* (Zünd-, Einspritz-, Schließwinkel-, Lambdaregelungs- und Warmlaufkennfeld), deren Parameter z.B. abhängig von Drehzahl, Belastung und Batteriespannung sind.

In einem Mikrocomputer werden die durch Sensoren übermittelten Daten in Steuergrößen für den günstigsten Zündzeitpunkt (Zündwinkel, Schließwinkel), die optimale Kraftstoffeinspritzmenge (λ = 1-Regelung über Einspritzdauer) und Leerlaufregelung (Leerlaufsteller) umgerechnet und über Leistungsendstufen verstärkt an die entsprechenden Stellglieder angelegt (Bild 45). Der Mikrocomputer kann die Einspritzmenge und den Zündzeitpunkt genau an die verschiedenen Betriebszustände anpassen. Vorteil: Geringe Schadstoffemission, geringer Kraftstoffverbrauch und hohe Hubraumleistung.

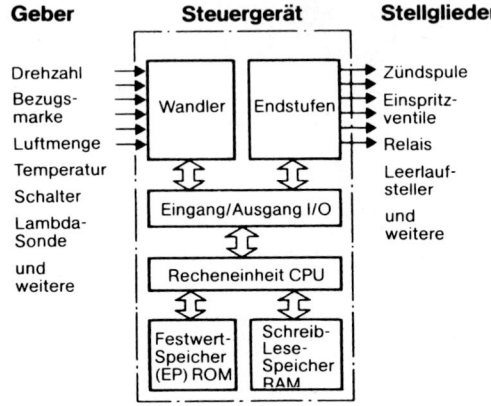

Bild 44. Steuergrößen des Motronic-Steuergerätes (Bosch)

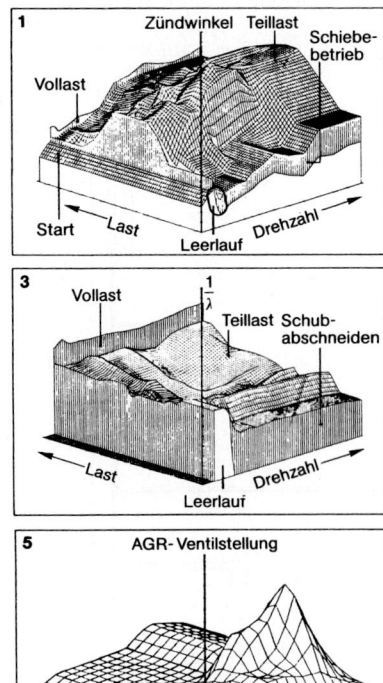
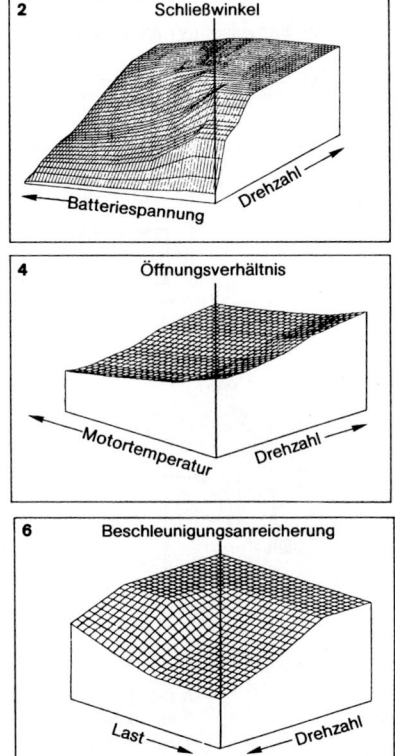

Bild 45. Kennfelder des Motronic-Systems (Bosch)
1 Zündwinkel 2 Schließwinkel 3 Lambda-Kehrwert 4 Öffnungsverhältnis des Leerlaufstellers 5 Ventilstellung der Abgasrückführung 6 Beschleunigungsanreicherung

8 Verbrennungsmotoren

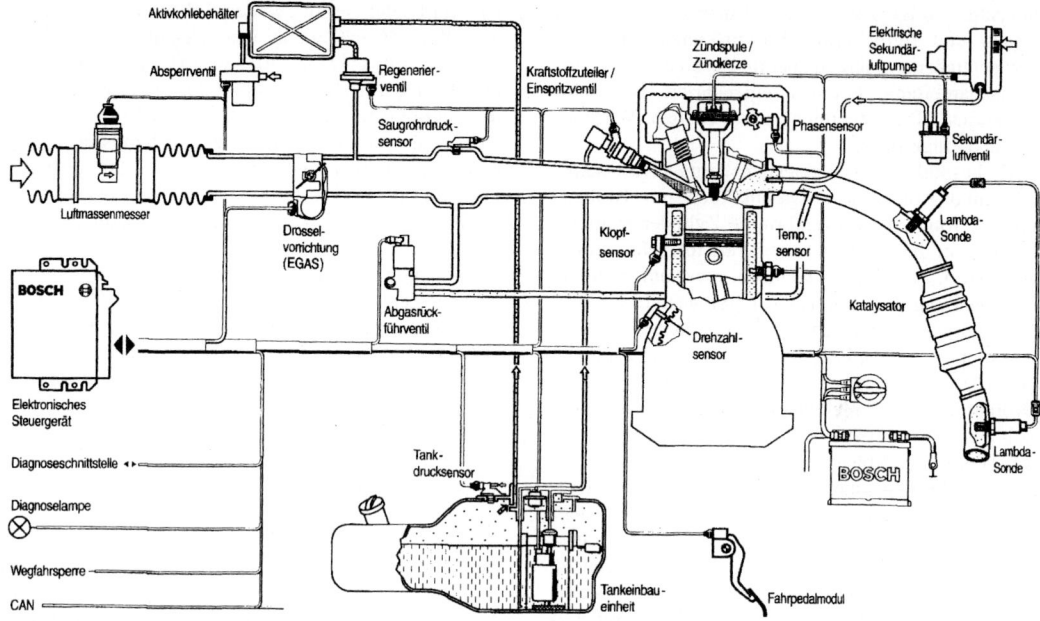

Bild 46. Anlagenschema der ME-Motronic (Bosch)

Die Motronic ermöglicht die *Eigendiagnose*, indem die im Fahrbetrieb gespeicherten Daten beim Service ausgegeben werden können. Bei Bedarf werden Drehzahlbegrenzung, Klopfregelung, Ladedruckregelung bei Turbomotoren, Start-Stop-Betrieb, Getriebesteuerung bei Automatikgetrieben, Zylinderabschaltung und Geschwindigkeitsregelung mit der Motronic realisiert.

Das Motormanagementsystem **ME-Motronic** ist eine Weiterentwicklung der Motronic. Es verwendet neben der Steuerung von Einspritzung und Zündung eine elektronische Motorfüllungssteuerung durch eine *elektronische Drosselvorrichtung* (EGAS). Das Fahrpedal hat keine mechanische Verbindung mehr mit der Motordrosselklappe. Die Fahrpedalstellung wird durch Sensoren erfasst und dem Motorsteuergerät zugeführt. Unter Berücksichtigung weiterer Motorbetriebsdaten wird dieses Fahrerwunschsignal zur Drehmomenterhöhung oder -reduzierung in eine motorische Verstellung in der Drosselklappensteuereinheit umgewandelt.

Neben den von der Motronic her bekannten Grundfunktionen ermöglicht die ME-Motronic vielfältige Zusatzfunktionen zur Zündungssteuerung, Abgasreinigung (Sekundärlufteinblasung, Abgasrückführung), Fahrgeschwindigkeits- und Fahrdynamikregelung (über CAN-Datenbus mit elektronischer Getriebesteuerung, Antriebsschlupfregelung, elektronisches Stabilitätsprogramm - ESP, Fahrgeschwindigkeitsbegrenzung u.a.). Der Lambda-Regelkreis wird durch eine zweite Sonde, die hinter dem Katalysator liegt, erweitert. Sie dient zur Überprüfung der Katalysatorfunktion.

Zur Überwachung der strenger werdenden Abgasgrenzwerte ist ein On-Board-Diagnose-System (OBD) eingebunden, das alle Abgaskomponenten des Motors überwacht, auftretende Fehler speichert und durch eine Abgas-Warnleuchte (Check-Engine-Lamp) anzeigt. Gespeicherte Fehlfunktionen können werkstattseitig und herstellertunabhängig über ein OBD-Auslesegerät abgefragt werden.

Direkteinspritzung für Ottomotoren

Bei der Benzin Direkteinspritzung (GDI = Gasoline Direct Injection) erfolgt die Kraftstoffeinspritzung direkt in den Verbrennungsraum (innere Gemischbildung). Die damit verbundene Innenkühlung bewirkt einen höheren thermischen Wirkungsgrad und ermöglicht ein größeres Verdichtungsverhältnis ε. Gegenüber Motoren mit herkömmlicher Saugrohreinspritzung kann eine Kraftstoffverbrauchssenkung von ca. 20 %, eine Leistungserhöhung von ca. 10 % und eine deutliche Reduzierung der CO_2-Emissionen erzielt werden. Die Hochdruck-Verwirbelungseinspritzdüsen erhalten den Kraftstoff über eine mechanisch angetriebene Einkolben-Hochdruckpumpe. Sie können ihr Strahlbild über Drallscheiben je nach Motorbetriebsart (Leistungs- oder Sparmodus) verändern. Für effektive Verbrennung ist eine intensive Ladungsbewegung erforderlich, die last- und drehzahlabhängig angepasst werden muss. Dies unterstützt die Zerstäubung und Vermischung mit dem rotierenden Ansaug-Luftstrom. Im Leistungsmodus erfolgt die Einspritzung im oberen Leistungsbereich des Motors bereits im Ansaugtakt des Motors (Innenkühlung mit Liefergradvergrößerung). Bei hoher Last und niedriger

Drehzahl erfolgt zweimaliges Einspritzen (in den Ansaug- und Verdichtungstakt) um Zündungsklopfen auszuschließen, während beim Beschleunigen zur Gemischanfettung zweimal eingespritzt wird. Im Sparmodus (Teillastbereich) wird in den Verdichtungstakt eingespritzt.

Durch besondere Ansaugkanalgestaltung (fast senkrecht) und Kolbenform (Nasenkolben mit Kolbenmulde) erfolgt eine walzenförmige Zylinderströmung (Tumble) in die der gerichtete Kraftstoffnebel eingespritzt wird. Zündfähiges Gemisch muss nur in direkter Umgebung der Zündkerze bereitgestellt werden. Im Brennraumrest entstehen Schichtladungen, die ein extrem mageres Gemisch mit $\lambda = 2{,}8 \ldots 3{,}2$ ermöglichen (Kraftstoffverbrauchssenkung). Durch magere Verbrennung der Schichtladungen im Teillastbereich bei hohem O_2-Überschuss erhöhen sich allerdings die NO_x-Werte im Abgas. Diese müssen durch hohe Abgasrückführungsraten (bis 30 %), Vorschaltung eines selektiven Reduktions-Katalysator vor dem Dreiwege-Katalysator oder durch NO_x-Speicher-Katalysatortechnik (Denox-Kat) reduziert werden (s. Kap. 8.8.1). Weiterentwicklungen des GDI-Systems mit Schichtladungsbetrieb erfordern die Bereitstellung von schwefelfreien Kraftstoffen durch die Mineralölindustrie.

8.7 Gemischbildung bei Dieselmotoren

8.7.1 Arbeitsweise des Dieselmotors

Fahrzeug-Dieselmotoren arbeiten nach dem Viertaktverfahren, Großdiesel (z.B. Schiffsdiesel) vorwiegend nach dem Zweitaktverfahren. Der Dieselmotor arbeitet mit innerer Gemischbildung und Selbstzündung. Er saugt im ersten Takt über den Luftfilter Luft an und verdichtet sie im zweiten Takt mit $\varepsilon = 14 \ldots 24$ auf $28 \ldots 50$ bar, wobei sie sich auf $750 \ldots 900\,°C$ erwärmt. Etwa $15 \ldots 30°$ vor OT wird mit einem Druck von $100 \ldots 150$ bar (Vor- und Wirbelkammermotoren) und $200 \ldots 350$ ($\ldots 2050$) bar (Direkteinspritzung) in die verdichtete Luft Kraftstoff eingespritzt. Der Einspritzvorgang endet $5 \ldots 20°$ nach OT. Die Zeit, in der sich der Kraftstoff dabei mit der Luft vermischt, verdampft und dann selbstentzündet, wird als Zündverzug bezeichnet. Er beträgt ca. $0{,}001$ s. Er ist abhängig von der Cetanzahl, der Lufttemperatur und der Zerstäubungsintensität. Größerer Zündverzug ist unerwünscht und macht sich als harte, geräuschvolle Verbrennung (oft als Nageln bezeichnet – Kaltstart) bemerkbar. Der Druck steigt im Arbeitstakt auf $60 \ldots 80$ bar an, wobei die Verbrennungstemperatur $2000 \ldots 2500\,°C$ erreicht. Durch die Gasexpansion wird Arbeit verrichtet.

8.7.2 Einspritzverfahren

Dieselmotoren arbeiten mit Direkteinspritzung (luftverteilende und wandverteilende Einspritzung) und mit indirekter Einspritzung nach dem Vor- und Wirbelkammerverfahren.

Bei der **luftverteilenden Direkteinspritzung** wird der Kraftstoff über eine Mehrlochdüse direkt in den durch Kolbenmulde und Zylinderkopf gebildeten Brennraum gespritzt. Die Luft wird durch den drallförmigen Einlasskanal und die Kolbenmuldenform stark verwirbelt (gute Gemischbildung, geringer spezifischer Kraftstoffverbrauch, gutes Kaltstartverhalten), Einsatz in den meisten PKW- und NKW-Motoren.

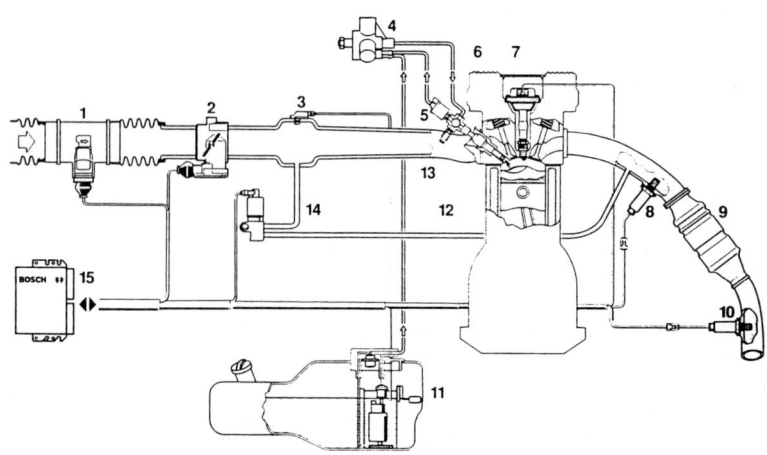

1 Luftmassensensor mit Temperatursensor	5 Drucksteuerventil	9 NO_x-Katalysator	12 Einspritzventil
2 Drosselklappe (EGAS)	6 Kraftstoffverteiler	10 Lambda Sonde (LSF)	13 Drucksensor
3 Saugrohrdrucksensor	7 Zündspule	11 Fördermodul einschließlich Vorförderpumpe	14 Abgasrückführventil
4 Hochdruckpumpe	8 Lambda Sonde (LSU)		15 elektronisches Steuergerät

Bild 47. Anlagenschema Direkteinspritzung bei Ottomotoren (Bosch)

8 Verbrennungsmotoren

Die **wandverteilende** Direkteinspritzung nach dem MAN-M-Verfahren (Bild 48), hat einen kugelförmigen, im Kolbenboden eingelassenen Brennraum, in den Kraftstoff über eine Mehrlochdüse eingespritzt wird. Nur etwa 5 % des Kraftstoffs zerstäuben und zünden (Zündstrahl); 95 % treffen auf die Brennraumwand, wo sie als Kraftstofffilm schichtweise abdampfen, sich mit der Luft vermischen und vom Zündstrahl entzündet werden (weiche, zeitlich kontrollierte Verbrennung, geringer Kraftstoffverbrauch). Beide Verfahren benötigen keine Glühkerzen als Kaltstarthilfe.

Vorkammerverfahren: Der Kraftstoff wird mit einer Zapfendüse in die durch Bohrungen (Schusskanäle) mit dem Brennraum verbundene Vorkammer (länglicher Nebenbrennraum im Zylinderkopf) eingespritzt. Durch die geringe Luftmenge in der Kammer (0,3 V_c) verbrennt nur ein kleiner Kraftstoffanteil mit starkem Druckanstieg. Verdampfender Kraftstoff wird mit hoher Geschwindigkeit in den Hauptbrennraum gedrückt, wo er sich mit der Luft vermischt und verbrennt. Kaltstarthilfe durch Glühkerzen erforderlich.

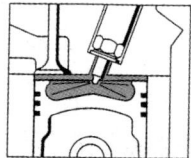 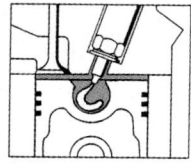 

Bild 48. Direkteinspritzung
a) Luftverteilende Einspritzung
b) Wandverteilende Einspritzung nach dem MAN-M-Verfahren

Wirbelkammerverfahren: Dieselkraftstoff wird über eine Zapfendüse in die Wirbelkammer (kugelförmiger Nebenbrennraum im Zylinderkopf, ca. 0,5 V_c) eingespritzt. Sie ist durch einen großen tangentialen Schusskanal mit dem Verbrennungsraum verbunden. Der Kraftstoff entzündet sich an der stark verwirbelten Luft in der Wirbelkammer. Durch Druckanstieg geht die Verbrennung über den Schusskanal in den Hauptbrennraum über. Kaltstarthilfe durch Glühkerzen erforderlich.

Kennzeichen: Hohe Drehzahlen möglich, Starthilfe durch Glühkerzen nötig, relativ weicher Motorlauf.
Die Komponenten einer Dieseleinspritzanlage zeigt Bild 50.

Die **Kraftstoffförderpumpe** fördert den Kraftstoff aus dem Tank durch ein Vorreinigungssieb über das Filter zur Einspritzpumpe. Bei Falltankanlagen kann die Förderpumpe entfallen. Je nach Förderleistung werden einfach- oder doppeltwirkende Kolbenförderpumpen verwendet, die meist an der Reihen-Einspritzpumpe befestigt sind. Über einen Exzenter werden sie von der Einspritzpumpennockenwelle angetrieben. Förderhub und Fördermenge stellen sich je nach Druck in der Förderleitung über die Kolbenfeder von selbst ein. Die Handpumpe dient zum Füllen und Entlüften der Einspritzanlage. Vereinzelt werden Membranförderpumpen (von der untenliegenden Motornockenwelle angetrieben), Zahnradförderpumpen oder elektrisch angetriebene Rollenzellenpumpen verwendet.

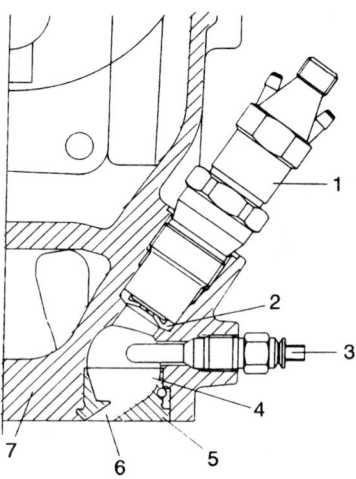

1 Einspritzdüse
2 Wärmeschutzdichtung
3 Glühkerze
4 Wirbelkammer
5 Wirbelkammereinsatz
6 Schusskanal
7 Zylinderkopf

Bild 49. Zylinderkopf mit Wirbelkammer (BMW)

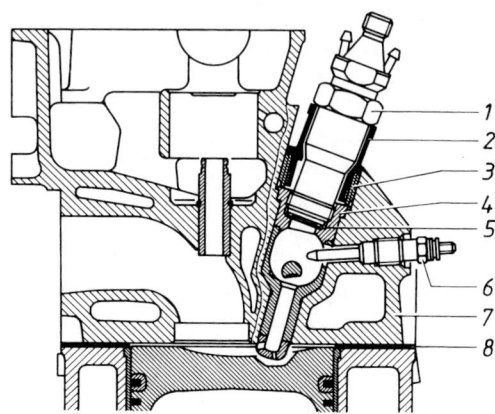

1 Düsenhalter
2 Abdichthülse
3 Gewindering
4 Vorkammereinsatz
5 Dichtplatten
6 Glühkerze
7 Zylinderkopf
8 Zylinderkopfdichtung

Bild 50. Vorkammerverfahren (Daimler-Benz)

Kraftstofffilter sollen Schmutzpartikel und Wasser aus dem Dieselkraftstoff ausscheiden. Es werden Wechselfilter oder Filtereinsätze aus Filz, meist aber Papier verwendet (Filterbox mit Filterdeckel). Filterdeckel können mit einer Handpumpe versehen sein. Einspritzpumpenelemente und Einspritzdüsen sind mit hoher Genauigkeit gefertigt. Hohe Filterqualität (Filtrierfähigkeit ca. 0,015 mm) und Einhaltung der Wechselintervalle tragen entscheidend zur Funktionsfähigkeit und Lebensdauer der Einspritzanlage bei. Eine Überströmdrossel am Filter sichert einen gleichbleibenden Druck im Saugraum der Einspritzpumpe und entlüftet gleichzeitig den Filter und den Saugraum der Einspritzpumpe. Filterdeckel können mit elektrischen Heizelementen zur Kraftstoffvorwärmung (gegen Paraffinausscheidung) versehen werden. Box- oder Stufenboxfilter sind meist mit Wasserspeichern zur Kondenswasserausscheidung und -sammlung ausgerüstet. Warnschalter werden zum Anzeigen eines zu hohen Wasserstandes im Filter eingebaut.

der Pumpennockenwelle über Rollenstößel gehoben und durch eine Feder gesenkt. Der Kolben ist mit ca. 0,003 mm Spiel ohne Dichtelement in den Zylinder eingepasst. Feinabdichtung und Schmierung erfolgt nur durch den Kraftstoff. Da der Kolbenhub unveränderlich ist, wird die Fördermenge durch Drehen des Kolbens verändert. Die über das Fahrpedal betätigte Regelstange verdreht über einen Zahnkranz und eine Regelhülse alle Kolben der Einspritzpumpe. Der Kolben ist mit einer Längsnut und einer schrägen Steuerkante versehen. Durch die Längsnut ist der Druckraum über dem Kolben mit dem Raum unterhalb der Steuerkante verbunden (Bild 53).

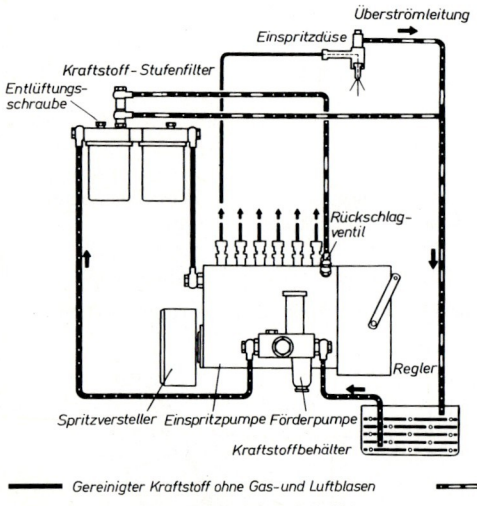

Bild 51. Übersicht über den Kraftstoffumlauf in einer Diesel-Einspritzanlage (Bosch)

8.7.3 Einspritzanlage mit Reiheneinspritzpumpe

In der Einspritzpumpe wird der Kraftstoff belastungs- und drehzahlabhängig auf den Einspritzdruck verdichtet. Über die Einspritzleitungen wird er zu den Einspritzdüsen gefördert, die ihn in den Verbrennungsraum einspritzen. Die Reiheneinspritzpumpe wird über Zahnräder, Zahnriemen oder Steuerketten mit Nockenwellendrehzahl (Viertaktmotor) von der Kurbelwelle angetrieben. Zur Schmierung der Pumpennockenwelle ist entweder eine eigene Ölversorgung oder der Anschluss an den Motorölkreislauf vorgesehen.
Aufbau: Die **Reiheneinspritzpumpe** (Bild 52) hat für jeden Zylinder des Motors ein Pumpenelement, das aus einem Pumpenzylinder (meist Zweilochelement mit Zulauf- und Steuerbohrung) und einem Pumpenkolben besteht. Der Kolben wird durch einen Nocken

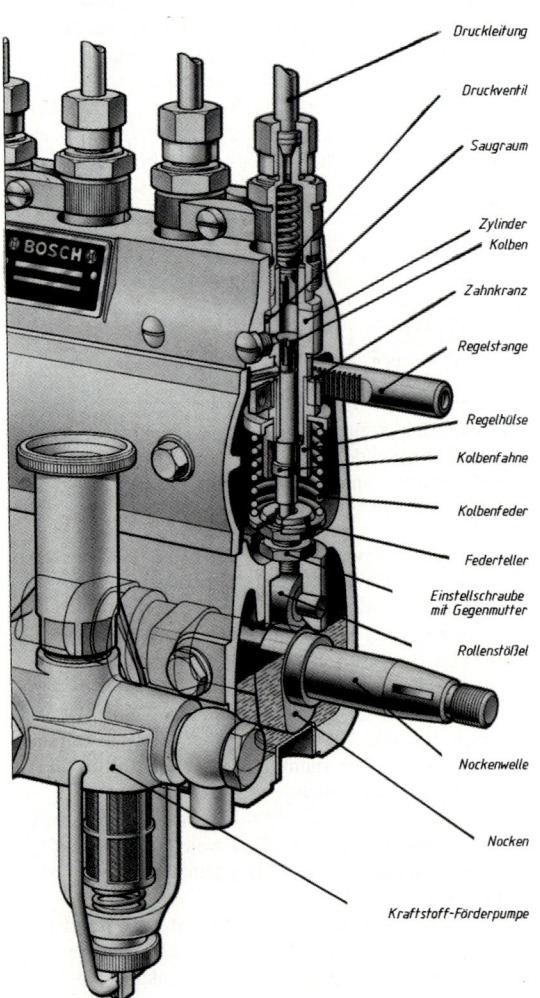

Bild 52. Reiheneinspritzpumpe für einen 4-Zylinder-Motor (Bosch)

Sobald die Kolbenoberseite die Zulaufbohrung verschließt, beginnt die Förderung. Sie endet, wenn die Steuerkante die Steuerbohrung freigibt. Je nach Drehung des Kolbens (Fahrpedalstellung) geschieht dies

8 Verbrennungsmotoren

früher oder später (Teillast oder Volllast). Förderbeginn ist immer im gleichen Zeitpunkt, das Förderende ist variabel. Das Abstellen des Motors (Nullförderung) wird durch Kolbenverdrehung in die Stellung vollzogen, in der die Längsnut vor der Steuerbohrung steht. Ein Regelstangenanschlag begrenzt den Weg der Regelstange und damit die Volllastmenge. Zusätzliche Anpasseinrichtungen wie z.B. atmosphärendruckabhängiger- oder ladedruckabhängiger Volllastanschlag ermöglichen eine zusätzliche Angleichung der Kraftstoff-Fördermenge an spezielle Betriebsbedingungen des Motors.

Um bei Förderende ein schnelles Schließen der Einspritzdüse zu erreichen und ein Nachtropfen von Kraftstoff in den Verbrennungsraum zu verhindern, muss der Druck in der Druckleitung etwas sinken. Das *Druckventil* schließt bei Förderende den Druckraum gegenüber der Einspritzleitung ab und sorgt für ein sicheres Schließen der Einspritzdüse ohne Nachtropfen.

Drehzahlregler

Dieselmotoren sollen entweder eine bestimmte Drehzahl unabhängig von der jeweiligen Belastung einhalten oder einen Drehzahlbereich nicht über- oder unterschreiten. Die Anforderung wird durch Verändern der Einspritzmenge mittels Regelstangenverschiebung erfüllt. In Fahrzeugmotoren (PKW, NKW) dient der Regler zur Sicherung der Leerlauf- und Höchstdrehzahl. *Alldrehzahlregler* wirken über den gesamten Drehzahlbereich (Schlepper, LKW mit Nebenantrieben, Schiffsantriebe). Fliehkraftregler arbeiten drehzahlabhängig, pneumatische Regler sind Alldrehzahlregler und arbeiten in Abhängigkeit vom Unterdruck im Ansaugrohr.

Der *Fliehkraftregler* wird von der Pumpennockenwelle angetrieben (Bild 54). Er besitzt zwei umlaufende Fliehgewichte, die über ein Hebelsystem mit der Regelstange verbunden sind. Jedes Fliehgewicht arbeitet gegen eine Leerlauf- und Endregelfeder (Regelfedern). Zwischen den Grenzdrehzahlen wird die Regelstange nur über das Fahrpedal verschoben. Bei Erreichen der Höchstdrehzahl wird die Regelstange über das Hebelsystem unabhängig von der Fahrpedalstellung in Richtung Stop verschoben (Fliehgewichte in äußerster Stellung).

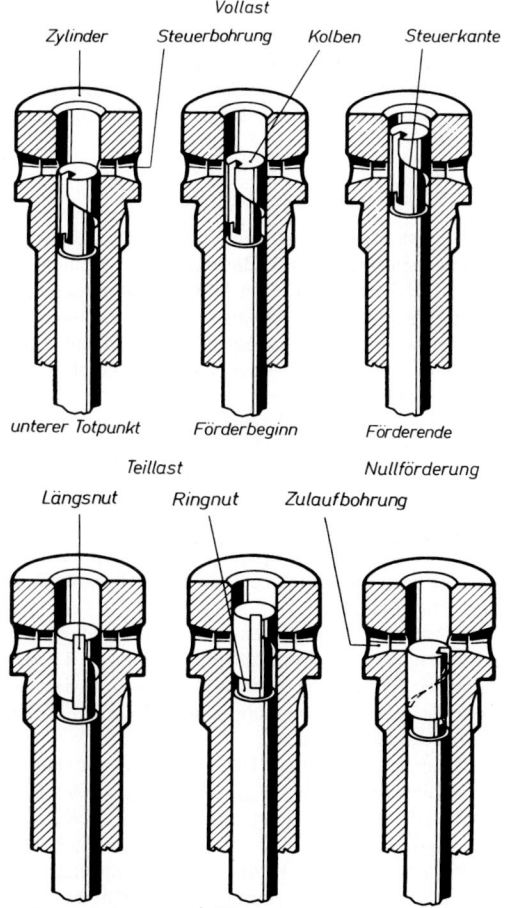

Bild 53. Kraftstoffregelung durch Drehkolben (Bosch)

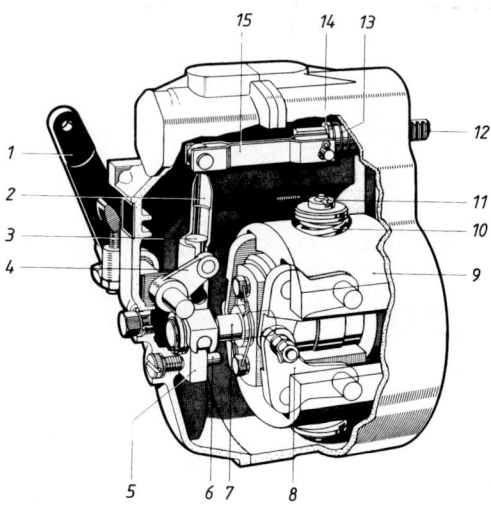

Bild 54. Fliehkraftregler einer Reiheneinspritzpumpe (Bosch)
1 Verstellhebel
2 Regelhebel
3 Kulissenstein
4 Lenkhebel
5 Gleitstein
6 Führungsbolzen
7 Verstellbolzen
8 Winkelhebel
9 Fliehgewichte
10 Regelfedern
11 Einstellmutter
12 Regelstange
13 Spielausgleichsfeder
14 Federteller
15 Gelenkgabel

Automatische mechanische **Spritzversteller** verlegen den Einspritzbeginn drehzahlabhängig bis 16 °KW vor, um den leistungsmindernden Zündverzug besonders bei höheren Drehzahlen auszugleichen. Dazu wird die Pumpennockenwelle durch Exzenter-Spritzversteller (fliehkraftgesteuert) verdreht.

8.7.4 Einspritzanlage mit Verteilereinspritzpumpe

Die Verteilereinspritzpumpe verteilt über ein einzelnes Pumpenelement den Kraftstoff auf die Zylinder. Verwendung in PKW, Schleppern und leichten Nutzfahrzeugen. Schmierung und Kühlung erfolgt nur durch Kraftstoff. Die Baugruppen einer Axialkolben-Verteilereinspritzpumpe zeigt Bild 55. Die Kraftstoffförderpumpe (Flügelzellenpumpe) ist im Gehäuse der Verteilerpumpe untergebracht. Sie fördert den Kraftstoff in den Pumpeninnenraum. Über ein Drucksteuerventil wird der Pumpeninnendruck drehzahlabhängig reguliert und nicht benötigter Kraftstoff zum Tank zurück befördert. Vereinzelt wird zusätzlich eine Vorförderpumpe (Membranpumpe von Motornockenwelle angetrieben) eingesetzt. An der angetriebenen Hubscheibe ist der Verteilerkolben befestigt. Die Nockenzahl der Hubscheibe entspricht der Zylinderzahl. Die Nocken wälzen sich auf dem Rollenring ab und bewirken über eine Dreh-Hubbewegung des Verteilerkolbens, die Verteilung und Förderung des Kraftstoffs zu den einzelnen Einspritzdüsen.

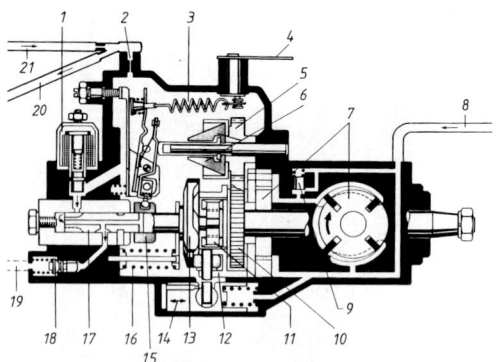

1 Magnetventil (Abstellventil)
2 Überströmdrossel
3 Regelfeder
4 Verstellhebel
5 Reglergruppe
6 Fliegewichte
7 Förderpumpe (Flügelzellenpumpe)
8 vom Filter
9 Drucksteuerventil
10 Reglerantrieb
11 Klauenkupplung
12 Rollenring
13 Hubscheibe
14 Spritzversteller
15 Regelschieber
16 Kolbenrückholfeder
17 Verteilerkolben
18 Druckventil
19 zur Einspritzdüse
20 Überstromleitung
21 zum Tank

Bild 55. Verteilereinspritzpumpe mit Fliehkraftregler (Volkswagen)

Der Verteilerkolben besitzt Verteilernuten (Anzahl = Zylinderzahl), der Verteilerkopf Auslassbohrungen, die zu den Druckventilen führen. Während der Dreh-Hubbewegung überschneiden die Verteilernuten während des Druckhubs die Auslassbohrungen (Förderbeginn). Das Förderende und damit die Einspritzmenge wird durch die Stellung des beweglichen Regelschiebers bewirkt, der die Absteuerbohrung freigibt.

Die Verteilerpumpe ist mit einem *Fliehkraftregler* (Leerlauf-Enddrehzahlregler oder Alldrehzahlregler) ausgerüstet, der von der Antriebswelle über einen Zahntrieb angetrieben wird. Die Fliehgewichte verschieben über einen federbelasteten Hebelmechanismus die Position des Regelschiebers auf dem Verteilerkolben. Motorabstellen erfolgt entweder durch ein Magnetventil (Kraftstoffzufuhr sperren) oder durch einen mechanischen Absteller (Regler betätigen). Der *hydraulische Spritzversteller* verdreht in Abhängigkeit vom Pumpeninnendruck mit steigender Drehzahl den Rollenring entgegen der Hubscheibendrehrichtung auf Früheinspritzung. Anpasseinrichtungen wie z.B. Kaltstartbeschleuniger oder ladedruckabhängiger Vollastanschlag ermöglichen eine zusätzliche Angleichung der Kraftstoff-Fördermenge an spezielle Betriebsbedingungen des Motors.

8.7.5 Elektronische Dieselregelung

Um die strenger werdenden gesetzlichen Abgasbestimmungen für Fahrzeugdieselmotoren erfüllen zu können und um gleichzeitig höhere Motorleistungen bei geringerem spezifischem Kraftstoffverbrauch zu realisieren, werden Dieseleinspritzanlagen mit elektronischer Regelung (EDC: Electronic - Diesel - Control) ausgeführt.

Dazu werden über Sensoren Fahrzeugbetriebsdaten wie Fahrpedalstellung, Motordrehzahl, Motor- und Ansauglufttemperatur, Ladedruck usw. erfasst, im elektronischen Steuergerät mit gespeicherten Kennfeldern verglichen und in Ausgangssignale zur elektronischen Regelung von z.B. Einspritzbeginn, Einspritzmenge, Ladedruckregelung und Abgasrückführung umgewandelt.

EDC-Anlagen ermöglichen die Speicherung von Betriebsfehlern, die werkstattseitig von einem Testgerät abgerufen werden können. Gespeicherte Ersatzwerte lassen einen eingeschränkten Motorbetrieb bei Ausfall der Elektronik zu.

Kraftstoffseitig arbeiten EDC-Anlagen mit Hochdruck-Einspritzpumpen (p_{max} 2050 bar). Hoher Einspritzdruck in Verbindung mit elektronischer Regelung ergibt eine feinere Kraftstoffzerstäubung, bessere Verbrennung des Kraftstoff-Luftgemisches und verminderte Schadstoffemissionen bei höherem Motordrehmoment und Motorleistung.

8 Verbrennungsmotoren

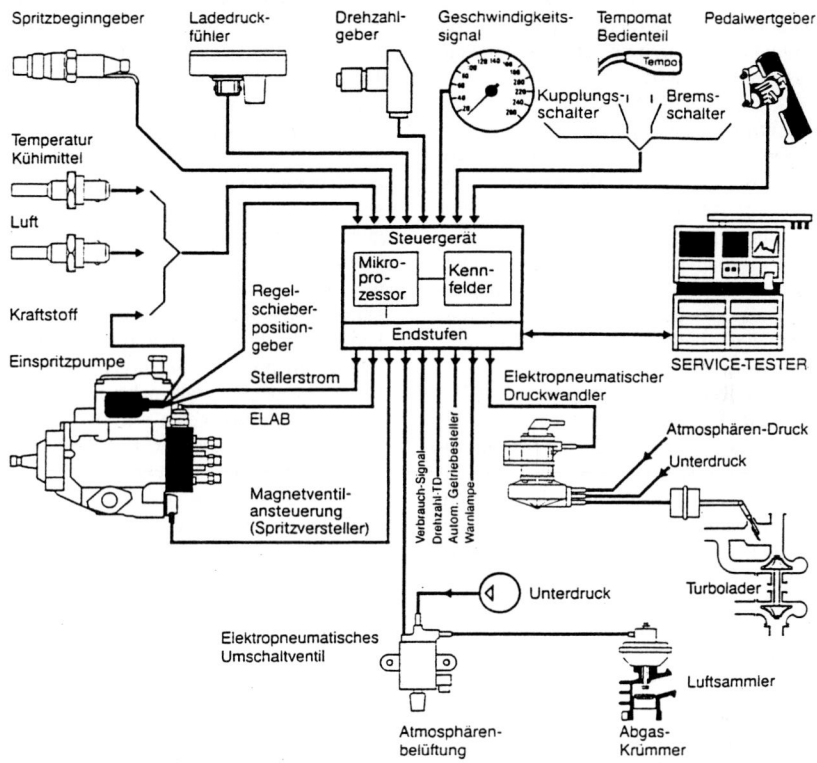

Bild 56. Komponenten der elektronischen Dieselregelung (BMW)

Man setzt elektronische Dieselregelung in Anlagen mit Axialkolben- Verteilereinspritzpumpen, Radialkolben-Verteilereinspritzpumpen, Reiheneinspritzpumpen, Hubschieber-Reiheneinspritzpumpen sowie in Pumpe-Düse-, Pumpe-Leitung-Düse- und in Common-Rail-Systemen ein.

Die Axialkolben-Verteilereinspritzpumpe mit EDC entspricht im mechanischen Antrieb und Hydraulikteil (Flügelzellenförderpumpe, Rollenring, Verteilerkolben usw.) weitgehend der mechanischen Verteilereinspritzpumpe. Die Regelung von Einspritzmenge und Einspritzbeginn erfolgen elektronisch. Über den Fahrpedalgeber wird der Lastwunsch des Fahrers und über weitere Sensoren die Motorbetriebsbedingungen an das Steuergerät gemeldet. Durch Kennfeldabgleich werden das elektromagnetische Mengenstellwerk (ersetzt mechanischen Fliehkraftregler) und der Regelschieber-Positionsgeber zur Einspritzmengenregulierung angesteuert. Durch Regelschieberverstellung wird die Solleinspritzmenge angeglichen. Ein Magnetventil im Spritzversteller ersetzt den hydraulischen Spritzversteller. Durch Nadelbewegungsfühler (induktiver Spritzbeginngeber) wird der Istwert des Spritzbeginns der Einspritzdüsen vom Steuergerät erfasst und über das Magnetventil im Spritzversteller an den Sollwert angeglichen.

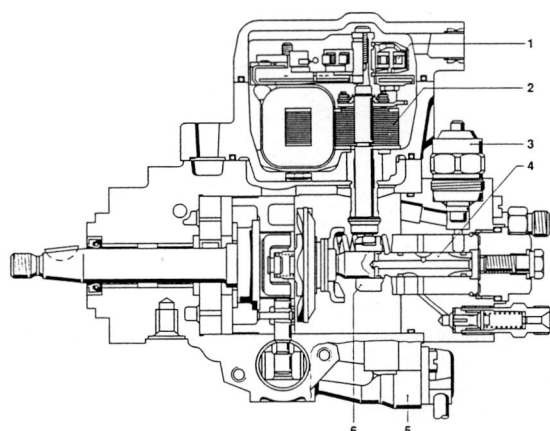

1 Regelschieberweggeber
2 Magnetstellwerk für Einspritzmenge
3 elektromagnetisches Abstellventil
4 Förderkolben
5 Magnetventil für Einspritzbeginnverstellung
6 Regelschieber

Bild 57. Verteilereinspritzpumpe für elektronische Dieselregelung (Bosch)

Eine Weiterentwicklung stellt die elektronisch gesteuerte Axialkolben-Verteilereinspritzpumpe mit **Hochdruckmagnetventil** dar. Das schnellschaltende Hochdruckmagnetventil ersetzt als elektronisch gesteuertes Zumesssystem die Aufgaben der Kraftstoffzuteilung des elektromagnetischen Mengenstellwerks mit Regelschieber-Positionsgeber, indem es den Pumpenelementraum verschließt. Die Anlagen sind mit einem eigenen elektronischen Pumpensteuergerät ausgestattet, das über ein serielles Bussystem mit dem Motorsteuergerät verbunden ist. Ein zusätzlicher Drehwinkelsensor leitet die Signale der Rollenringstellung an das Pumpensteuergerät. Die Druckerzeugung erfolgt wie bei der herkömmlichen Verteilereinspritzpumpe über Rollenring und Hubscheibe.

Radialkolben-Verteilereinspritzpumpen mit EDC erzeugen bis zu 1500 bar Einspritzdruck an den Düsen (feine Zerstäubung, weniger Schadstoffe im Abgas). Auf der Pumpenantriebswelle ist ein Drehwinkelsensor angebracht, der Signale über die Stellung der Pumpenantriebswelle zur Motorkurbelwelle und die Pumpendrehzahl an das Pumpensteuergerät leitet. Einspritzmengen- und Förderbeginnregelung werden elektronisch für jede Einspritzung über das pumpeneigene Steuergerät beeinflusst, das über einen CAN-Datenbus mit dem Motorsteuergerät zusammenarbeitet.

Das Pumpensteuergerät gibt hierzu nach abgelegten Kennfeldern Steuerimpulse an das Hochdruck-Magnetventil (Einspritzmengenregelung) und das Taktventil für den Spritzversteller (Einspritzzeitpunkt). Die Bauart ermöglicht ein höheres Motordrehmoment und geringere Abgasemissionen als herkömmliche Verteilereinspritzpumpen.

Bei **Reiheneinspritzpumpen** mit EDC werden Einspritzdrücke bis ca. 1200 bar erreicht. Ein elektromagnetisches Stellwerk ersetzt den mechanischen Fliehkraftregler. Die Regelstange der Einspritzpumpe ist mechanisch nicht mit dem Fahrpedal gekoppelt. Durch Sensoren werden die Eingangsgrößen wie Fahrpedalstellung, Motordrehzahl und weitere Korrekturgrößen an das Steuergerät geleitet. Die errechneten Ausgangssignale nehmen über das elektromagnetische Stellwerk die erforderlichen Verschiebungen der Regelstange vor. Ein Regelstangenweggeber meldet die aktuellen Regelstangenpositionen an das Steuergerät, bis die Verstellimpulse zum Sollwert angeglichen sind. Fehlerspeicherfunktion und Notlaufprogramme greifen bei Systemfehlern ein und ermöglichen einen eingeschränkten Weiterfahrbetrieb.

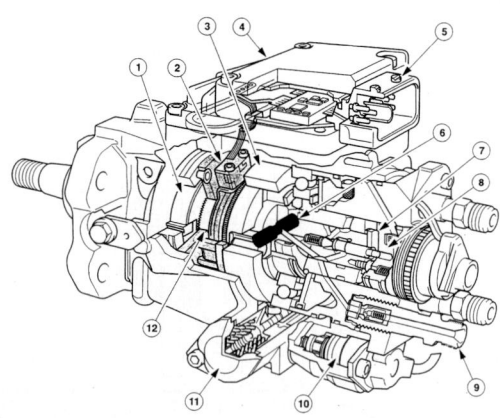

1 Flügelzellenpumpe
2 Drehwinkel-Sensor
3 Nockenring
4 Pumpen-Steuergerät (PCU)
5 Steckeranschluss PCU
6 Radialkolben-Hochdruckpumpe
7 Verteilerwelle
8 Hochdruck-Magnetventil
9 Druckventil
10 Spritzversteller-Magnetventil
11 Spritzversteller
12 Impulsgeberrad

Bild 58. Aufbau der Radialkolben-Verteilerspritzpumpe (Ford)

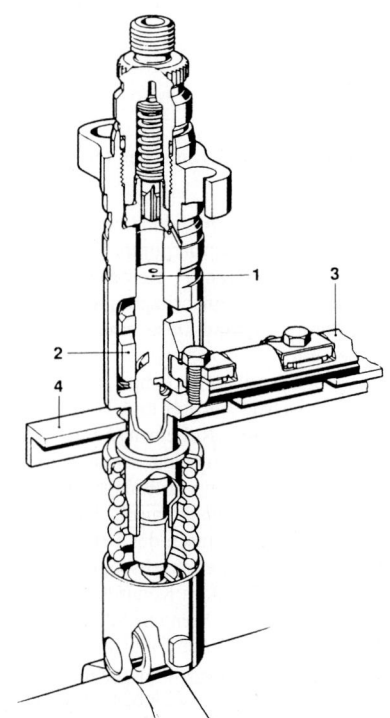

1 Pumpenkolben
2 Hubschieber
3 Hubschieber-Verstellwelle
4 Regelstange

Bild 59. Hubschieber-Verstellmechanik (Bosch)

Hubschieber-Reiheneinspritzpumpen mit EDC erzielen bei Dieselmotoren für Nutzfahrzeuge verminderte Schadstoffemissionen und geringeren spezifischen Kraftstoffverbrauch in allen Betriebszuständen. Es werden Einspritzdrücke bis ca. 1200 bar erreicht. Der Grundaufbau entspricht weitgehend der konventionellen Reiheneinspritzpumpe. Die Förderbeginnverstellung erfolgt jedoch nicht über einen Spritzversteller, sondern über einen axial beweglichen Hubschieber mit Absteuerbohrung, der auf jedem Pumpenkolben angeordnet ist. Durch eine Verstellwelle können alle Hubschieber gemeinsam in Förderrichtung über ein elektromagnetisches Stellwerk verschoben werden. Förderbeginn und Einspritzmenge werden in einem geschlossenen Regelkreis in Abhängigkeit von erfassten Betriebsdaten des Motors abgeglichen. Das System arbeitet mit Fehlerspeicherfunktion und Notlaufprogramm.

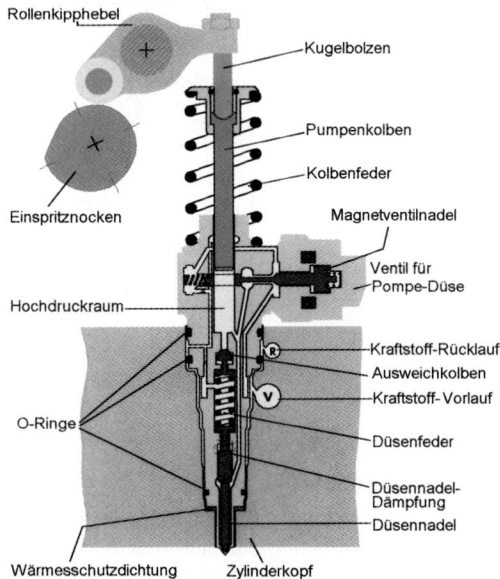

Bild 60. Aufbau des Pumpe-Düse-Einspritzsystems (Volkswagen)

Bei Dieselmotoren mit elektronisch geregelter **Pumpe-Düse-Einheit** (Direkteinspritzmotoren für PKW-Motoren mit obenliegender Nockenwelle) hat jeder Motorzylinder eine Einzylinder-Hochdruckeinspritzpumpe mit Magnetventilsteuerung, Einspritzdüse und Einspritzventil in einem Gehäuse vereint. Die sonst üblichen Hochdruckleitungen entfallen. Die Einheit wird in den Zylinderkopf über dem Brennraum eingebaut. Die obenliegende Motornockenwelle treibt über Kipphebel die Pumpenkolben der Pumpe-Düse-Einheiten an. Durch eine mechanische Kraftstoffförderpumpe werden alle Einheiten aus einem gemeinsamen Verteilerrohr versorgt. Nicht benötigter Kraftstoff wird über einen Kühler zum Tank zurück befördert. Ein elektronisches Steuergerät steuert die Magnetventile der Einheiten an und bestimmt damit Einspritzbeginn und Einspritzmenge nach gespeicherten Kennfeldern für jeden Betriebspunkt des Motors. Durch Voreinspritzung einer kleinen Kraftstoffmenge mit geringerem Druck vor der Haupteinspritzung wird ein ruhigerer Verbrennungsablauf erreicht. Die Haupteinspritzung erfolgt nach kurzer Spritzpause mit hohem Einspritzdruck (p_{max} 2050 bar) und feiner Zerstäubung. Das Verfahren ermöglicht einen hohen thermischen Wirkungsgrad bei geringem spezifischen Kraftstoffverbrauch.

Das **Pumpe-Leitung-Düse-Verfahren** ist wie das Pumpe-Düse-Verfahren ein Direkteinspritzsystem mit Einzelpumpenelementen für jeden Motorzylinder. Es wird bei Motoren mit untenliegender Motornockenwelle (ohv) in Nutzfahrzeugen eingesetzt. Die konventionellen Düsenhalter mit Einspritzdüsen (Lochdüsen) sind im Zylinderkopf eingebaut und mit einer kurzen Einspritzleitung mit den seitlich am Motorblock angebrachten Hochdruckeinspritzpumpen mit Magnetventil verbunden. Ein elektronisches Steuergerät errechnet in Abhängigkeit von Sensordaten die Steuerimpulse für die Magnetventile (Beeinflussung von Einspritzverlauf und -menge). Die hohen Einspritzdrücke (p_{max} ca. 1800 bar), Mehrventiltechnik, Auflage und die elektronische Regelung (Voreinspritzung, Zylinderabschaltung) ermöglichen einen geringen spezifischen Kraftstoffverbrauch und Reduzierung der Schadstoffemissionen bei höherer Motorleistung.

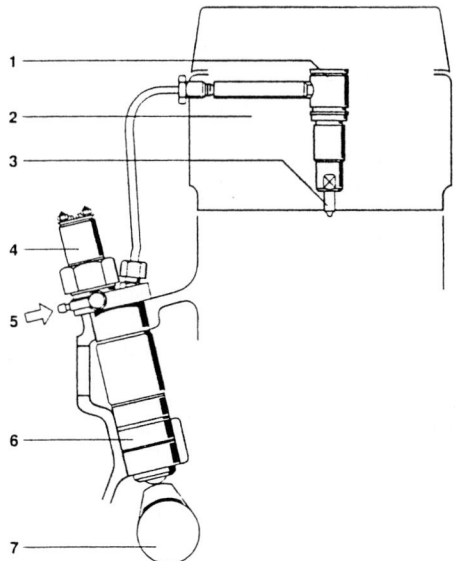

Bild 61. Aufbau des Pumpe-Leitung-Düse-Einspritzsystems (Bosch)
1 Düsenhalter 4 Magnetventil
2 Motor 5 Zulauf
3 Düse 6 Hochdruckpumpe
7 Einspritznocken auf Nockenwelle

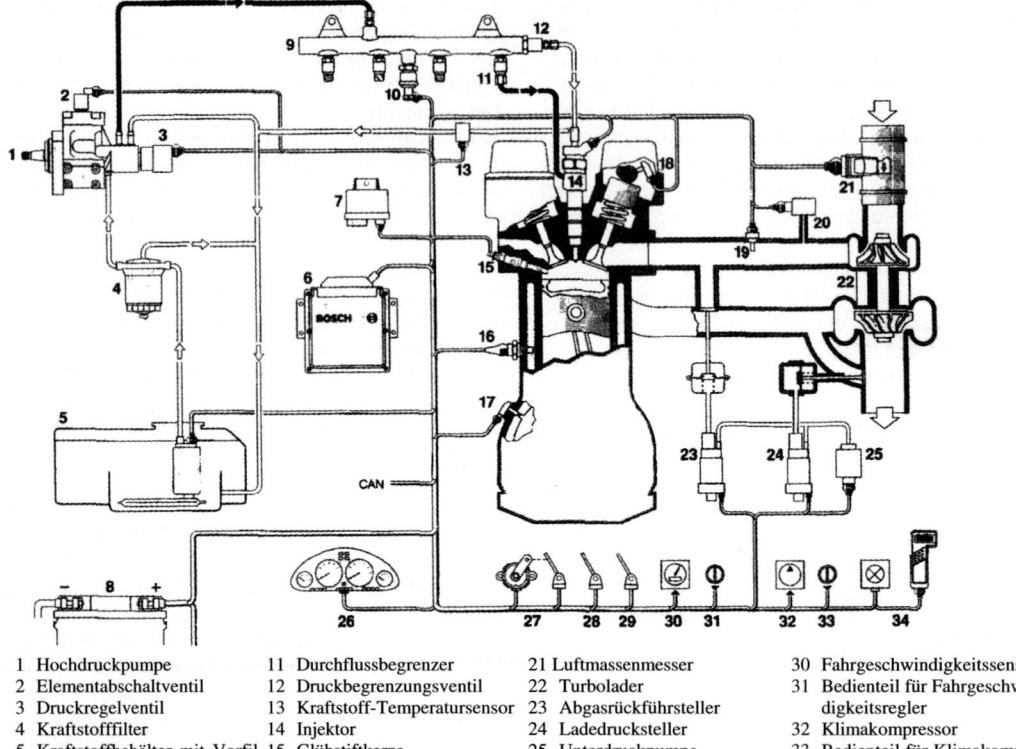

1 Hochdruckpumpe	11 Durchflussbegrenzer	21 Luftmassenmesser	30 Fahrgeschwindigkeitssensor
2 Elementabschaltventil	12 Druckbegrenzungsventil	22 Turbolader	31 Bedienteil für Fahrgeschwindigkeitsregler
3 Druckregelventil	13 Kraftstoff-Temperatursensor	23 Abgasrückführsteller	32 Klimakompressor
4 Kraftstofffilter	14 Injektor	24 Ladedrucksteller	33 Bedienteil für Klimakompressor
5 Kraftstoffbehälter mit Vorfilter und Vorförderpumpe	15 Glühstiftkerze	25 Unterdruckpumpe	34 Diagnoseanzeige mit Anschluss für Diagnosegerät
6 Steuergerät	16 Kühlmittel-Temperatursensor	26 Instrumentenfeld mit Signalausgabe für Kraftstoffverbrauch, Drehzahl usw.	
7 Glühzeitsteuergerät	17 Kurbelwellen-Drehzahlsensor	27 Fahrpedalsensor	
8 Batterie	18 Nockenwellen-Drehzahlsensor	28 Bremskontakte	
9 Hochdruckspeicher (Rail)	19 Ansaugluft-Temperatursensor	29 Kupplungsschalter	
10 Raildrucksensor	20 Ladedrucksensor		

Bild 62. Anlagenschema der Common-Rail-Direkteinspritzung (Bosch)

Das **Common-Rail-Verfahren** ist ein elektronisch geregeltes Hochdruck-Speichereinspritzsystem mit Direkteinspritzung. Hochdruckerzeugung und Kraftstoffeinspritzung werden voneinander getrennt ausgeführt. Eine Radialkolben-Hochdruckpumpe erzeugt kontinuierlich und motordrehzahlunabhängig den Kraftstoff-Systemdruck (p_{max} 1600 bar), der in einem Hochdruck-Verteilerrohr (Common-Rail) gespeichert und über kurze Einspritzleitungen den magnetventilgesteuerten Einspritzeinheiten (Injektoren) zur Verfügung gestellt wird. Das Steuergerät ermittelt aus den Sensordaten die Einspritzmenge und den Einspritzzeitpunkt und taktet die magnetventilgesteuerten Einspritzinjektoren. Kennfelder optimieren durch flexible Einspritzung mit Vor-, Haupt-, Nach- und Mehrfacheinspritzung die Motorcharakteristik für jeden Betriebspunkt. Durch das System werden Abgas- und Geräuschemission und der spezifische Kraftstoffverbrauch reduziert. Motordrehmoment und -leistung liegen deutlich über den Werten konventioneller Anlagen.

8.7.6 Einspritzdüsen

Durch die *Einspritzdüse* wird der Kraftstoff fein zerstäubt und gerichtet im Brennraum verteilt. Über den *Düsenhalter* wird die Einspritzdüse im Zylinderkopf befestigt. Er besitzt Anschlüsse für den Zulauf (Pumpe) und Rücklauf (Lecköl). Über den Druckbolzen wird die Düsennadel mit einer vorgespannten Druckfeder (Vorspannung bestimmt Öffnungsdruck) gegen die Dichtfläche des Düsenkörpers gepresst.
Einspritzbeginn: Die Düsennadel hebt gegen den Federdruck von ihrem Sitz ab.
Förderende: Die Federkraft übersteigt die Druckkraft an der Düsennadel und schließt das Ventil. Der Düsenöffnungsdruck wird durch Ausgleichsscheiben oder Einstellschrauben eingestellt.
Lochdüsen werden für Direkteinspritzmotoren, *Zapfendüsen* für Vor- und Wirbelkammermotoren verwendet. Drosselzapfendüsen ermöglichen durch besondere Spritzzapfenausformung Voreinspritzung für weicheren Verbrennungsablauf. Angeschliffene Flächen am Drosselzapfen beugen bei Flächenzapfendüsen Verkokung vor.

Wärmeschutzhülsen sorgen bei hochbelasteten Direkteinspritzmotoren für eine Temperaturreduktion am Düsensitz (verlängert Düsenstandzeit, beugt Verkokung vor).

Zweifeder-Düsenhalter ermöglichen durch die Verwendung von zwei Druckfedern mit unterschiedlicher Federkennung eine Voreinspritzung bei Direkteinspritzmotoren (weichere Verbrennung mit geringeren Verbrennungsgeräuschen). Nadelbewegungssensoren (induktive Impulsgeber) in Verbindung mit Zweifeder-Düsenhaltern geben beim Öffnen der Düsennadel ein Signal an das Steuergerät der EDC zur genauen Spritzbeginnauswertung.

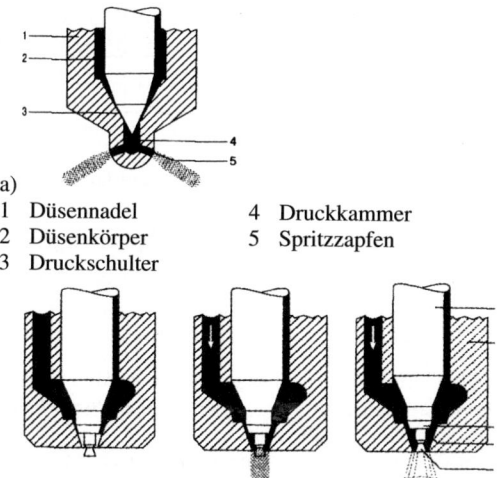

a)
1 Düsennadel 4 Druckkammer
2 Düsenkörper 5 Spritzzapfen
3 Druckschulter

b)
1 Düsenkörper 4 Sackloch
2 Düsennadel   5 Spritzloch
3 Düsensitz

Bild 63. Einspritzdüsenbauarten
a) Lochdüse
b) Drosselzapfendüse

8.7.7 Starthilfseinrichtungen für Dieselmotoren

Bei niedrigen Temperaturen reicht die Verdichtungswärme zur Kraftstoffselbstentzündung nicht aus (Wärmeleitverluste). Motoren mit Direkteinspritzung zeigen ein besseres Kaltstartverhalten als Vor- und Wirbelkammermotoren.

Bei Direkteinspritzmotoren von Nutzfahrzeugen erwärmt vereinzelt ein *Heizflanschelement* mit elektrisch beheizten Drähten (900 ... 1100°C) im Saugrohr zwischen Luftfilter und Zylinderkopf die beim Start angesaugte Luft.

Bei *Flammstartanlagen* wird die Ansaugluft durch Verbrennen von Kraftstoff erwärmt. Der Kraftstoff wird vom Filter- oder dem Einspritzpumpenrücklauf über ein Magnetventil einer Flammglühkerze im Ansaugrohr zugeführt. Hier verdampft er an einem Verdampferrohr, entzündet sich an einem Glühstift und wärmt die Ansaugluft an. Zur Verbesserung der Warmlaufeigenschaften werden Einrichtungen mit temperaturgesteuertem Nachflammen verwendet (Nutzfahrzeuge).

Bei Vor- und Wirbelkammermotoren und bei Direkteinspritzmotoren für PKW werden Glühkerzen (Draht-, überwiegend Stiftglühkerzen) verwendet, die in den Nebenbrennraum ragen, die Luft darin erwärmen und beim Startvorgang den auf sie gespritzten Kraftstoff verdampfen und entzünden. Selbstregelnde Stiftglühkerzen erreichen die Entflammungstemperatur bereits nach 5 ... 10 s (Heizwendel in der Spitze aus CrAlFe-Legierung, Regelwendel aus Nickel in Reihe geschaltet) ohne die maximal zulässige Temperatur zu überschreiten.

Durch *Nachglüheinrichtungen* werden die Verbrennungsgeräusche gemindert, die Leerlaufqualität verbessert und Kohlenwasserstoff-Emission reduziert. Die Dauer der Nachglühphase wird vom Motorsteuergerät bestimmt. Sie kann mehrere Minuten betragen. Bei Überschreiten einer Schwellendrehzahl wird das Nachglühen außerdem unterbrochen.

Stiftglühkerzen sind einpolig und parallel zueinander geschaltet (Drahtglühkerzen in Reihe). Der Vorglühvorgang wird durch Relaisschaltungen oder elektronisch gesteuert. Die Startbereitschaft wird nach dem Vorglühen durch eine Kontrollampe angezeigt.

Zündwilliger Kraftstoff, der in das Ansaugrohr gesprüht wird, ergibt eine sichere Starthilfe für alle Dieselmotorbauarten (Startpilot).

8.8 Maßnahmen zur Verminderung der Abgasschadstoffe bei Verbrennungsmotoren

Bei der theoretischen, vollständigen motorischen Verbrennung der Kraftstoffe (CH-Verbindungen) entstehen Wasserdampf und CO_2 als Verbrennungsprodukte. Bei der praktischen, unvollkommenen Verbrennung beim *Ottomotor* enthalten die Abgase noch schädliche Bestandteile wie Kohlenmonoxid (CO), unverbrannte Kohlenwasserstoffe (HC) und Stickoxide (NO_x). CO entsteht durch unvollständige Verbrennung (Luftmangel), HC- bei schlechter Gemischbildung und verzögerter Verbrennung, NO_x bei Luftüberschuss und hohen Verbrennungstemperaturen. CO_2 ist zwar ein ungiftiges Gas, trägt jedoch zum sog. Treibhauseffekt (Erwärmung der Erdatmosphäre) bei.

Da Dieselmotoren mit Luftüberschuss arbeiten (λ = 1,2 ... 10) sind CO- und HC-Emissionen geringer als bei Ottomotoren. Bei den NO_x-Emissionen ergeben sich etwa gleiche Konzentrationen wie beim Ottomotor. Trotz Luftüberschuss entsteht eine nicht unerhebliche Rußpartikel- und Rauchemission, da durch innere Gemischbildung keine optimale Kraftstoff-Luftvermischung erreicht wird. Rußpartikel bestehen aus einem Kohlenstoffkern mit angelagerten Schwefelverbindungen, Kohlenwasserstoffen und Wasser (gesundheitsschädlich). Schwefeldioxid (SO_2) ist im Dieselabgas, in geringen Mengen auch im Ottomotorabgas enthalten.

Tafel 3. Abgasbestandteile von Otto- und Dieselmotoren (gemittelte Werte)

Abgasbestandteile		Ottomotor	Dieselmotor
Stickstoff	N_2	72 %	67 %
Sauerstoff	O_2	0,5 %	10 %
Wasserdampf	H_2O	13 %	11 %
Kohlendioxid	CO_2	14 %	12 %
Kohlenmonoxid	CO	0,85 %	0,05 %
Stickoxide	NO_x	0,085 %	0,15 %
Kohlenwasserstoffe	HC	0,05 %	0,03 %
Schwefeldioxid	SO_2	0,005 %	0,02 %
Rußpartikel		0,005 %	0,05 %

Tafel 4. Abgasgrenzwerte für PKW/Kombi mit Ottomotor in Europa (Auszug)

Stufe	Einführungstermin	CO g/km	HC g/km	NO_x g/km	HC+NO_x g/km
Euro I	07.1992	2,72	–	–	0,97
Euro II	01.1996	2,2	–	–	0,5
Euro III	01.2000	2,3	0,2	0,15	–
Euro IV	01.2005	1,0	0,1	0,08	–

Tafel 5. Abgasgrenzwerte für PKW mit Dieselmotor in Europa (Auszug)

Regelung	Einführungstermin	Motorbauart	CO g/km	HC+NO_x g/km	Partikel g/km
91/441/EWG Stufe 1	Typprüfung/ 07.1992 Erstzulassung 01.1993	IDI [1]	2,72 3,16	0,97 1,13	0,14 0,18
94/12/EU Stufe 2	Typprüfung/ 07.1996 Erstzulassung 01.1991	IDI [1] DI [2]	1,0 1,0	0,7 0,9	0,08 0,1
98/69 EU Stufe 3	Typprüfung/ 01.2000 Erstzulassung 01.2001	IDI [1] DI [2]	0,64	0,56 0,5	0,05
Vorschlag Stufe 4	Typprüfung/ 01.2005 Erstzulassung	IDI [1] DI [2]	0,5	0,3 0,25	0,025

[1] Kammermotoren, [2] Direkteinspritzmotoren

Die Verminderung der Abgasschadstoffe bei Otto- und Dieselmotoren und die dabei zugelassenen Grenzwerte für Abgasemissionen, sind durch gesetzliche Regelungen der verschiedenen Länder gekennzeichnet.
Zur Ermittlung der vom Gesetzgeber festgelegten Abgasgrenzwerte von Fahrzeugmotoren werden zur Typprüfung genormte Testzyklen, meist auf Rollenprüfständen, durchgeführt. Für Europa gilt der am 1.1.2000 eingeführte, verschärfte NEFZ-Fahrzyklus (Neuer Europäischer Fahrzyklus – 11,007 km, mittlere Geschwindigkeit 33,6 km/h, maximale Geschwindigkeit 120 km/h im City- und Außerortszyklus). Die Messung beginnt mit Motorkaltstart. Die vorher übliche 40 Sekunden- Motorwarmlaufphase entfällt. Weitere wichtige Abgasgrenzwerte werden durch den USA-FTP75-Testzyklus und Japan-Testzyklus ermittelt.
In der Bundesrepublik wurden freiwillig schärfere Grenzwerte gegenüber den EU-Normen eingeführt.

Tafel 6. Abgasgrenzwerte für PKW mit Ottomotor in der Bundesrepublik

Regelung	CO g/km	HC g/km	NO_x g/km
D3-Norm	1,5	0,17	0,14
D4-Norm	1,0	0,1	0,08

Tafel 7. Abgasgrenzwerte für PKW mit Dieselmotor in der Bundesrepublik

Regelung	CO g/km	HC+NO_x g/km	NO_x g/km	Partikel g/km
D3-Norm	0,6	0,56	0,5	0,05
D4-Norm	0,5	0,3	0,25	0,025

Durch Abgasuntersuchungen (AU) werden in der Bundesrepublik für den Verkehr zugelassene Fahrzeuge regelmäßig überprüft.
Abweichungen der Abgaszusammensetzung, die durch Motor-Fehlfunktionen aufgetreten sind, werden durch On-Board-Diagnose-Systeme (OBD) gespeichert. Durch Kontrollanzeigen werden die Betreiber der Fahrzeuge veranlasst, die Fehlfunktionen beheben zu lassen. OBD-Systeme sind seit 1.1.2000 für die Typprüfung von Neufahrzeugen vorgeschrieben.

8.8.1 Katalysatortechnik für Ottomotoren

Durch den Katalysator im Abgassystem werden vereinfacht gesehen Kohlenwasserstoffe und Kohlenmonoxid durch *Oxidation* umgewandelt,

$$2\,CO + O_2 \rightarrow 2\,CO_2$$
$$2\,C_2H_6 + 7\,O_2 \rightarrow 4\,CO_2 + 6\,H_2O$$

während die Beseitigung der Stickoxide durch *Reduktion* über das CO als Reduktionsmittel erfolgt:

$$2\,NO + 2\,CO \rightarrow N_2 + 2\,CO_2.$$

Von den technisch ausgeführten Katalysatorsystemen (Bild 64) stellt der Dreiwege-Katalysator (Dreiweg, weil alle drei Schadstoffgruppen verringert werden) in Verbindung mit einer $\lambda = 1$ Regelung, das wirksamste System dar, das jedoch nur mit unverbleitem Kraftstoff betrieben werden darf. Der Wirkungsgrad der Schadstoffreduzierung (Konvertierungsgrad) beträgt > 95 %.

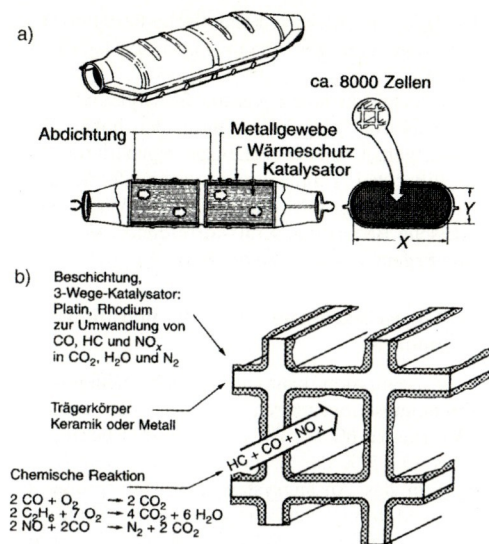

Bild 64. Keramik-Monolith-Katalysator (Opel)
a) Aufbau des Katalysators
b) Wirkungsweise des Katalysators

Der *Keramik-Monolith-Katalysator* (von allen europäischen Herstellern verwendet), besteht aus einem Blechgehäuse und dem zylindrischen oder ovalen Körper aus hochtemperaturbeständigem MgAl-Silikat der in Strömungsrichtung von parallelen Kanälen durchzogen ist (Bild 64). Die katalytisch wirkende Beschichtung des Trägerkörpers besteht aus Platin und Rhodium, die auf einer Zwischenschicht (washcoat) aus Al_2O_3 eingebettet ist, um eine größere spezifisch wirksame Oberfläche (Vergrößerungsfaktor 7000) zu erhalten. Platin ist für die Oxidation der CO und HC-Konzentration, Rhodium für die NO_x-Reduktion erforderlich. *Schüttgut* oder *Granulat Katalysatoren*, sowie *Metall-Monolith Katalysatoren* sind ohne Bedeutung.
Selektive NO_x-*Reduktions-Katalysatoren* oder NO_x-*Speicher-Katalysatoren* werden bei Motoren mit Benzin-Direkteinspritzung (Magerbetriebkonzept und Schichtladung) vor den Dreiwege-Katalysator gelegt, da im Betrieb mit $\lambda > 1$ erhöhte NO_x-Emissionen im Abgas auftreten, die im Dreiwege-Katalysator nicht abgebaut werden können.
Im NO_x Speicherkatalysator werden die hohen NO_x-Anteile während der Magerlaufphase des Motors in Form von Nitraten vorübergehend an der Katalysatoroberfläche angelagert (z.B. Bariumnitrat). Bei Erreichen der Speichergrenze muss zur Regeneration kurzzeitig auf fetten Motorbetrieb umgeschaltet werden (Sauerstoffmangel), wobei die Nitratablagerungen durch den CO- und CH-Anteil zu N_2 reduziert werden. Speicher-Katalysatoren benötigen für ihren Betrieb extrem schwefelarmen Kraftstoff, der erst noch von der Mineralölindustrie bereitgestellt werden muss.

Wichtigste Voraussetzung für den hohen Konvertierungsgrad des Dreiwege-Katalysators ist die Einhaltung einer Gemischzusammensetzung, die eng um $\lambda = 1$ liegt. Die Einhaltung dieses engen Bereiches, wird durch den Lambda-Regelkreis (Bild 65) realisiert, bei dem durch die Messung des Restsauerstoffgehaltes im Abgas mittels Lambda-Sonde, die Kraftstoffzufuhr ständig angepasst wird.

Die in die Abgasleitung vor dem Katalysator eingebaute Sonde arbeitet nach dem Prinzip einer galvanischen Sauerstoffkonzentrationszelle mit einem Festkörperelektrolyten (Zirkonoxid) und ist beidseitig mit porösen Platinelektroden versehen. Eine Seite befindet sich im Abgasstrom, die andere Seite steht mit der Außenluft in Verbindung (Bild 65). Die Differenz des O_2-Partialdrucks an den beiden Elektroden erzeugt ein Spannungssignal, das als Regelimpuls an das Steuergerät einer elektronischen Einspritzanlage weitergegeben wird. Von dort wird es als Signal zur Gemischanfettung bzw. -abmagerung verarbeitet. Unter 250 °C Sondentemperatur werden keine Signale abgegeben. Die erforderliche Arbeitstemperatur liegt bei ca. 600 °C.

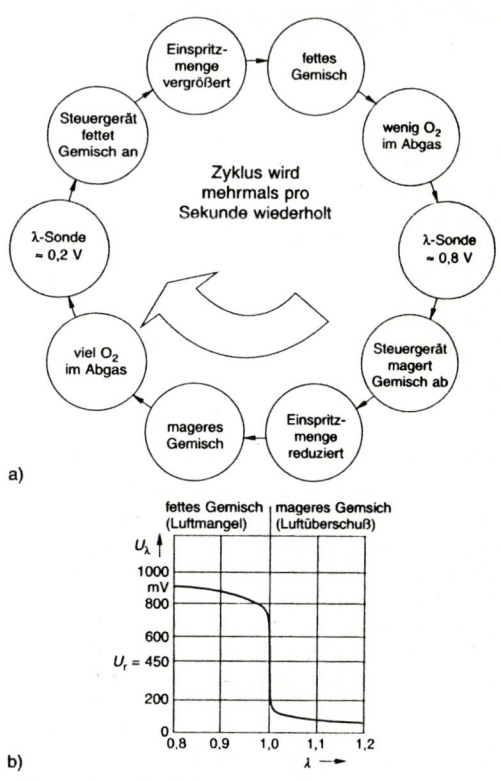

Bild 65. Lambda-Regelkreis (BMW)
a) Zeitlicher Ablauf
b) Lambdasondenspannung in Abhängigkeit vom Luft-Kraftstoffgemisch

Um die ungeregelte Zeit (Motorwarmlaufphase) kurz zu halten, werden neben ihrer motornahen Montage beheizte Sonden verwendet, die bereits wenige Sekunden nach dem Kaltstart des Motors eine Regelung zulassen.

Bei *planaren Lambdasonden* besteht der Festkörperelektrolyt aus keramischen Folien, die durch ein doppelwandiges Schutzrohr vor hohen thermischen Belastungen geschützt werden. Neuere Anlagen setzen eine Sonde vor und eine hinter den Katalysator zur Gemischkontrolle ein. Die *Nachkat-Sonde* soll die Arbeit des Katalysators (Alterungsprozesse) und der *Vorkat-Sonde* überprüfen und ihre Regelung bei Bedarf anpassen (OBD = On Board Diagnose-Systeme). *Breitband-Lambda-Sonden* liefern statt des Sprungsignals bei $\lambda = 1$ ein stetiges Signal an das Steuergerät. Die Regelung bei 6-, 8- und 12-Zylinder-V-Motoren kann als sogenannte Stereo- oder Quattroausführung erfolgen (je Zylinderbank eine oder zwei Lambdasonden mit getrennten Regelkreisen und Katalysatoren).

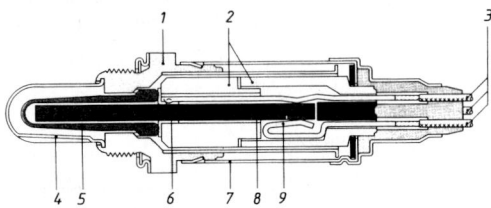

1 Sondengehäuse
2 keramisches Stützrohr
3 Anschlusskabel
4 Schutzrohr mit Schlitzen
5 aktive Sondenkeramik
6 Kontaktteil
7 Schutzhülse
8 Heizelement
9 Klemmanschlüsse für Heizelemente

Bild 66. Beheizte Lambda-Sonde (Bosch)

8.8.2 Katalysatortechnik für Dieselmotoren

Da der Dieselmotor mit Sauerstoffüberschuss arbeitet, ist ein Lambda-Regelkreis nicht erforderlich. Ein Oxidations-Katalysator in der Abgasanlage übernimmt die Oxidation der HC- und CO-Abgasanteile. Der Oxidations-Katalysator gleicht dem vom Ottomotor bekannten Dreiwege-Katalysator. Der Keramikkörper ist als Trägerschicht mit Aluminiumoxid beschichtet, auf dem als Katalysator für CO und HC Platin aufgedampft ist. Die Oxidation der an den Rußpartikeln angelagerten HC-Bestandteile verringert zusätzlich die Partikelemission.

NO_x-Bestandteile können nur durch zusätzliche konstruktive Maßnahmen reduziert werden.

Durch kontinuierliche Zugabe eines Reduktionsmittels (z.B. Harnstoff-Wasserlösung) werden beim *SCR-Verfahren* (selektive katalytische Reduktion) die NO_x-Bestandteile vor einem Oxidationskatalysator reduziert.

Zur Partikelabscheidung werden Rußabbrennfilter in den Abgasstrom eingebaut. Durch den hohen Restsauerstoffgehalt im Dieselabgas regenerieren sich diese Filter bei Temperaturen von > 550 °C durch Nachverbrennung selbsttätig. Durch Wärmezufuhr (elektrische Beheizung, Kraftstoffbrenner) kann auch Zwangsregeneration erzielt werden.

8.8.3 Abgasrückführung für Otto- und Dieselmotoren

Die NO_x-Emission kann auch durch Senkung der Verbrennungstemperaturen im Zylinder reduziert werden (bis zu 60 %). Dies wird durch Rückführung von bis zu 15 % der Abgasmenge (oft über Abgaskühler) in das Ansaugsystem des Motors über ein Abgasrückführungsventil erreicht (äußere Abgasrückführung im Teillastbetrieb). Durch das Steuergerät muss das Aufschalten des Ventils den Betriebsbedingungen angepasst werden (sonst schlechter Motorlauf, hoher Verbrauch usw.). Grenzen der Rückführungsrate sind durch Ansteigen der CO-, HC- und Partikelemissionen gegeben.

Unerwünschte innere Abgasrückführung erfolgt durch schlechte Zylinderspülung infolge Ventilüberschneidung (zwischen dem vierten und ersten Takt) bei niedrigen Motordrehzahlen. Abhilfe schaffen hier Systeme mit variabler Nockenwellensteuerung (Kap. 8.2.4).

8.8.4 Sekundärluftsysteme

Durch Einblasen von Frischluft vor den Katalysator in der Kaltstartphase des Motors wird das Abgas mit Luftsauerstoff angereichert. Durch thermische Nachverbrennung werden die in der Kaltlaufphase noch enthaltenen unverbrannten CO- und HC-Bestandteile reduziert und der Katalysator erreicht schneller seine Betriebstemperatur. Steuergrößen für die Aufschaltung der Sekundärluftpumpe durch das Motorsteuergerät sind Kühlmitteltemperatur und Lambdasondensignale.

8.9 Zweitaktmotoren

Zweitakt-Ottomotoren werden als Einzylindermotoren für Zweiräder, Bootsmotoren, Rasenmäher und Kettensägen, als Mehrzylindermotoren in Krafträdern, selten in PKW verwendet. Großmotoren werden als Zweitakt-Dieselmotoren gebaut.

Zweitakt-Ottomotoren arbeiten ohne Ventilsteuerung. Der Gaswechsel erfolgt durch Einlass-, Auslass- und Überströmkanäle in den Zylinderwandungen. Bei Zweitakt-Dieselmotoren werden zur Abgassteuerung Ventile verwendet.

8.9.1 Arbeitsspiel des Zweitaktmotors

Das Arbeitsspiel umfasst eine Kurbelwellenumdrehung oder zwei Kolbenhübe (2 Takte).

1. Takt (Kolben von UT nach OT, Überströmen-Verdichten-Voransaugen): Durch den offenen *Überströmkanal* 3 (Bild 67) strömt das im Kurbelgehäuse vorverdichtete Kraftstoff-Luft-Ölgemisch ein und spült Restgase durch eine gerichtete Strömung über die offenen Auslassschlitze 1 heraus (Frischgasverluste). Die Spülung dauert solange an, bis bei der Bewegung des Kolbens in Richtung OT zuerst der Überströmkanal 3 und danach die *Auslassschlitze* 1 geschlossen werden und die Verdichtung beginnt ($p = 8 \ldots 12$ bar, $\varepsilon = 6 \ldots 11$). Im Kurbelgehäuse entsteht unterhalb des Kolbens durch Volumenvergrößerung ein Unterdruck ($p = 0{,}6 \ldots 0{,}8$ bar). Nach Öffnen der *Einlassschlitze* 2 durch die Kolbenunterkante strömt das Kraftstoff-Luft-Ölgemisch unter dem Kolben in das Kurbelgehäuse (Mischungsschmierung).

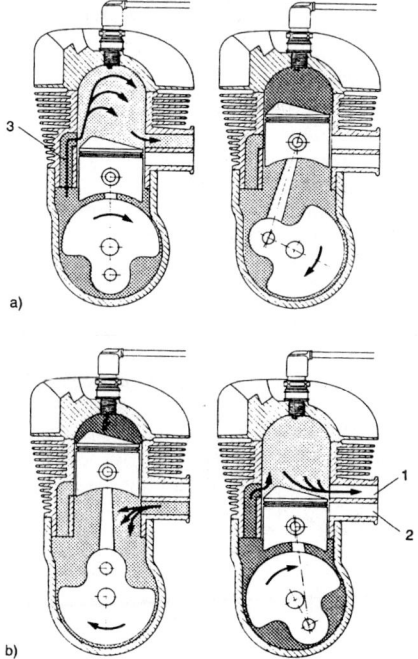

Bild 67. Zweitaktverfahren
a) 1. Takt (Überstromen-Verdichten-Voransaugen)
b) 2. Takt (Arbeiten – Auslassen – Vorverdichten)
 1 Auslassschitze
 2 Einlassschlitze
 3 Überströmkanal

2. Takt (Kolben von OT nach UT, Arbeiten-Auslassen-Vorverdichten): Kurz vor OT erfolgt die Fremdzündung des verdichteten Gemisches (Ottomotor) oder Selbstzündung durch Einspritzung beim Dieselmotor. Der Gasdruck bewegt den Kolben in Richtung UT, er verrichtet Arbeit. Durch Verschließen der Einlassschlitze 2 durch die Kolbenunterseite erfolgt Vorverdichtung des im Kurbelgehäuse befindlichen Gemischs ($p = 0{,}3 \ldots 0{,}7$ bar). Zum Ende der Abwärtsbewegung öffnet der Kolben die Auslassschlitze 1 und kurz danach die Überströmkanäle 3.

Der Zweitaktmotor hat im Gegensatz zum Viertaktmotor einen *offenen Gaswechsel*, d.h. Auslass- und Überströmschlitz sind über weite Bereiche des Gaswechsels gleichzeitig offen. Es treten besonders bei geringen Drehzahlen Ladungsverluste und Vermischungen von Frisch- und Abgas auf, was den Wirkungsgrad mindert. Der *Spülgrad* λ_S beeinflusst die Leistung des Zweitaktmotors. Er errechnet sich als Verhältnis der Frischladung $\dot{m}_z$ im Zylinder zur gesamten Ladungsmasse (Frischgase $\dot{m}_z$ + Restgase $\dot{m}_r$) zu

$$\lambda_S = \frac{\dot{m}_z}{\dot{m}_z + \dot{m}_r} \quad \begin{array}{c|c|c} \dot{m}_z & \dot{m}_r & \lambda_S \\ \hline \frac{kg}{s} & \frac{kg}{s} & 1 \end{array} \quad (45)$$

Bei günstigen Spülverhältnissen lassen sich Spülgrade von $\lambda_S = 0{,}8 \ldots 0{,}9$ bei Ottomotoren und $\lambda_S = 1$ bei Dieselmotoren mit Spülgebläsen (Rootsgebläse) erzielen.

8.9.2 Spülverfahren bei Zweitaktmotoren

Die Art des Spülverfahrens beeinflusst die Frischgasverluste. Man unterscheidet **Gleichstromspülung** mit gleicher Strömungsrichtung von Frisch- und Abgas durch den Zylinder (Zweitakt-Dieselmotoren) und **Gegenstromspülung** mit unterschiedlicher Strömungsrichtung von Frisch- und Abgas innerhalb des Zylinders. Hierbei werden Querstrom- und Umkehrspülung unterschieden.

8.9.2.1 Gleichstromspülung

Bei der *Gleichstromspülung* (Bild 68a) durchströmen Frischgase und Abgas den Zylinder in einer Richtung. Zur Spülung strömen die Frischgase durch den Einlasskanal in den Zylinder und schieben die Abgase in den Auslasskanal oder durch gesteuerte Auslassventile (Dieselmotor) aus. Gleichstromspülung ergibt unsymmetrische Steuerdiagramme.

8.9.2.2 Gegenstromspülung

Bei der *Umkehrspülung* münden zwei Überströmkanäle rechts und links vom Auslasskanal (Bild 68b1 – Prinzip Schnürle-Umkehrspülung,) in den Zylinder. Die beiden Frischgasströme münden tangential in den Zylinderraum, stoßen am Umfang des Zylinders zusammen, kehren im Zylinderkopf um und drücken die Altgasreste aus dem Auslasskanal. Hoher Spülgrad, gute Füllung, geringer Kraftstoffverbrauch, meist angewendetes Verfahren. Bei der Mehrkanalspülung werden mehrere Überströmkanäle mit unterschiedlicher Winkelstellung eingesetzt.

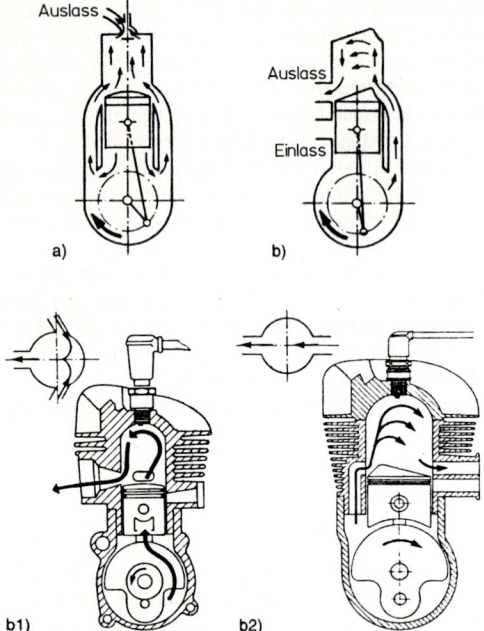

Bild 68. Spülverfahren bei Zweitaktmotoren
a) Gleichstromspülung   b) Gegenstromspülung
b1) Umkehrspülung   b2) Querstromspülung

Bei der *Querstromspülung* liegen Überström- und Auslassschlitz einander gegenüber (Bild 68b2). Die Frischgase werden durch einen Nasenkolben abgelenkt und strömen quer durch den Zylinder. Hoher Restgasanteil, hoher Kraftstoffverbrauch, einfacher Aufbau. Wegen der schlechten Wirkungsgrade kaum noch eingesetzt.

Gaswechselsteuerungen werden durch Steuerdiagramme dargestellt. Bild 69 zeigt das *symmetrische Steuerdiagramm* mit Schlitzsteuerung durch den Kolben (Steuerwinkel für Einlass-, Auslass- und Überströmen liegen symmetrisch zu OT bzw. UT). Die Vorgänge im Verbrennungsraum werden im äußeren, Vorgänge unterhalb des Kolbens im inneren Kreisring dargestellt. Symmetrische Steuerwinkelverteilung führt durch die Frischladungsverluste zu einem höheren spezifischen Kraftstoffverbrauch und Leistungsminderung.

Unsymmetrische Steuerdiagramme weisen verschieden große Öffnungs- und Schließwinkel der Kanäle auf, die unsymmetrisch zu OT bzw. UT liegen können. Durch Überschneidung von Überströmwinkel und Auslass erfolgt infolge Massenträgheit Nachströmen der Frischgase. Dadurch Füllungsverbesserung, hoher Spülgrad und geringerer spezifischer Kraftstoffverbrauch.

Moderne Zweitakt-Ottomotoren erzielen Nachladeeffekte mit unsymmetrischen Steuerdiagrammen durch kolbenunabhängige *Membransteuerungen* (Flatterventile) oder von der Kurbelwelle angetriebene Plat-

ten- oder *Walzendrehschieber-Steuerungen* (gesteuertes Öffnen und Schließen des Einlasskanals).

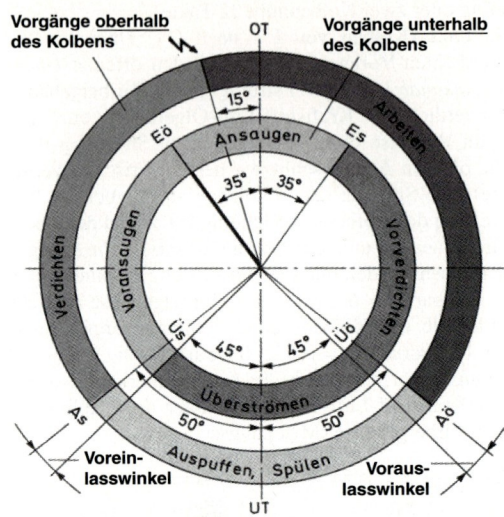

OT – Oberer Totpunkt
UT – unterer Totpunkt
Aö – Auslass öffnet
As – Auslass schließt
Eö – Einlass öffnet
Es – Einlass schließt
Üs – Überströmkanal schließt
Üö – Überströmkabel öffnet

Bild 69. Symmetrisches Steuerdiagramm eines Zweitaktmotors

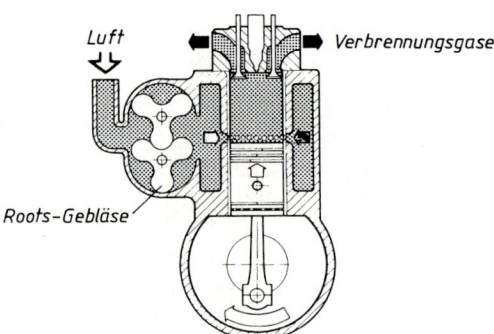

Bild 70. Zweitakt-Dieselmotor mit Aufladung (Opel)

Zweitakt-Dieselmotoren (Großdiesel) arbeiten bei Gleichstromspülung mit gesteuerten Auslassventilen (unsymmetrisches Steuerdiagramm) und Spülgebläsen (Bild 70).
Durch den vom Drehkolbengebläse (Rootsgebläse) aufgebrachten tangentialen Spülstromeintritt richtet sich eine rotierende Luftströmung aus, in die Dieselkraftstoff (bei Schiffsmotoren meist Schweröl oder Rohöl) direkt eingespritzt wird. Die Motoren können

zum Rechts- und Linkslauf umgesteuert werden. Spülverluste sind ohne Bedeutung, da nur mit Luft gespült wird. Das Kurbelgehäuseunterteil ist meist als Ölwanne ausgebildet.

Zur Erhöhung der Leistungsausbeute verwendet man auch Doppelkolbenmotoren mit gabelförmiger Pleuelstange und Gegenkolbenmotoren mit zwei übereinanderliegenden Kurbelwellen.

Durch die stoßartigen Gaswechselvorgänge beim Zweitaktmotor werden die Gassäulen in den Überström-, Ansaug- und Abgasleitungen zu Schwingungen angeregt. Gasschwingungen können zur Frischgas- oder Abgasrückströmung führen (schlechtere Füllung). Abgas- und Ansaugleitungen müssen genau aufeinander abgestimmt sein um Leistungsverlust zu vermeiden.

Zweitaktmotoren verwenden Mischungs- und Frischölschmierung (s. Kap. 8.10).

8.10 Motorschmierung

Das Motoröl hat die Aufgabe:
– die Reibung und den Verschleiß zwischen den bewegten Motorteilen zu verringern,
– die Reibungswärme der Lager und ein Teil der Verbrennungswärme abzuführen,
– die Feinabdichtung zwischen Kolben, Kolbenringen und Zylinderwandung vorzunehmen,
– den Motor vor Korrosion zu schützen,
– metallische Abriebteile von den Lagern abzuführen,
– Ruß und Fremdstoffe in Schwebe zu halten.

Die **Viskosität** (Zähflüssigkeit) des Schmiermittels ist für die Wirksamkeit der Schmierung von Bedeutung. Das Öl darf bei niedrigen Temperaturen nicht zu zähflüssig sein (hoher Startwiderstand), bei hohen Temperaturen jedoch noch zähflüssig genug sein, damit der Schmierfilm nicht unterbrochen wird.

Nach ihrer Viskosität werden Motor- und Getriebeöle von der *SAE* (Society of Automotive Engineers) in Viskositätsklassen eingeteilt (0W ... 60 für Motoröle, 70W ... 240 für Getriebeöle):

Tafel 8. SAE-Viskositätsklassen der Motoröle (Aral – Auszug nach DIN 51511)

SAE-Viskositätsklasse	max. scheinbare Viskosität in mPa s bei Temperatur in °C	max Grenzpumptemperatur in °C	kinematische Viskosität bei 100 °C in mm²/s min.	max.
0 W	3250 bei – 30	– 35	3,8	–
5 W	3500 bei – 25	– 30	3,8	–
10 W	3500 bei – 20	– 25	4,1	–
15 W	3500 bei – 15	– 20	5,6	–
20 W	4500 bei – 10	– 15	5,6	–
25 W	6000 bei – 5	– 10	9,3	–
20	–	–	5,6	< 9,3
30	–	–	9,3	< 12,5
40	–	–	12,5	< 16,3
50	–	–	16,3	< 21,9

Abhängig von der SAE-Klasse liegen die Bezugstemperaturen im kalten Zustand bei –5 ... –30 °C. Bei warmen Motor bei 100 °C, obwohl höhere Öltemperaturen auftreten können. Die max. Grenzpumptemperatur ist der Wert, bei der das Öl noch von selbst durch die Ölpumpe läuft.

SAE-Klassen, deren Grenzwerte bei tiefen Temperaturen und bei 100 °C festgelegt sind, tragen zum unteren Wert den Zusatz W (W = Winter).

Das Kälteverhalten von Motorölen (Erreichen der Fließgrenze) wird durch den Pourpoint (ähnlich dem früher verwendeten Stockpunkt) angegeben. Durch Zugabe von Fließverbesserern wird der Pourpoint herabgesetzt.

Mehrbereichsöle decken durch die Zugabe von Viskosität-Index-Verbesserern mehrere Viskositätsbereiche ab.

■ **Beispiel:**
Das Öl SAE 15 W – 40 erfüllt bei –18 °C die Viskositätsanforderung des Einbereichsöls SAE 15 W und bei 100 °C die Viskosität des Einbereichsöls SAE 40. Sie werden als ganzjährig zu verwendende Öle eingesetzt.

Neben der SAE-Viskositätseinteilung werden Motorenöle durch das *API-Klassifizierungssystem* und nach *ACEA-Spezifikationen* (früher CCMC) nach ihrer Einsatzart gekennzeichnet.

Nach dem API-Klassifizierungssystem (American Petroleum Institute) werden Motoröle nach ihrem Leistungsvermögen in Qualitätsstufen und Einsatzarten eingeteilt. Man unterscheidet S-Klassen (Service-Klasse: Öle für Ottomotoren) und C-Klassen (Commercial-Klasse: Öle für Dieselmotoren). Die unterschiedlichen Qualitätsstufen für Motoren werden durch einen zweiten Buchstaben kenntlich gemacht. So gilt API SA als kleinste, API SH als größte Anforderungsklasse bei Motoröl für Ottomotoren und API CA bis API CG4 für Dieselmotoren.

■ **Beispiele:**
von Klasse *API-SA* bis *API-SH* (S = Service-Klasse, überwiegend für Ottomotoren) z.B. *API-SH*: Service Klasse H für Ottomotoren ab Baujahr 1993, höherer Schutz gegen Temperaturablagerungen und Korrosion als in den Klassen SF oder SG.

oder *API-CA* bis *API-CG4*: (C = Commercial Klasse überwiegend für Dieselmotoren) z.B. *API-CD*: Commercial Klasse D. Öl für aufgeladene Dieselmotoren für schwere Belastungen. Schutz gegen Verschleiß, Ablagerungen und Lagerkorrosion.

Die zugesicherten Anforderungen steigen von der Klasse SA bis SH bzw. CA bis CG4 an. Sie werden ständig angepasst.

Die für USA-Verhältnisse festgelegten API-Klassifikationen berücksichtigen nur ungenügend die Einsatzanforderungen europäischer Motoren. Die 1983 aufgestellten CCMC-Spezifikationen (Committee of Common Market Automobile Constructors) stellen an ein Motoröl höhere Anforderungen, als die durch die

API-Klassen vorgegebenen. Sie wurden 1996 durch die *ACEA-Spezifikation* (Association des Constructeurs Européen de l'Automobile) im Rahmen der EU abgelöst. Die ACEA-Spezifikationen berücksichtigen die speziellen Anforderungen moderner europäischer Motoren in Bezug auf Literleistung, längere Ölwechselintervalle, höheres Drehzahlniveau und Schlammbildung. Die Spezifikation setzt sich zusammen aus Buchstabe, Zahl und Einführungsjahr. Für Ottomotoren gilt der Buchstabe A, Für PKW-Dieselmotoren B und für LKW-Dieselmotoren E.

■ **Beispiel:**
ACEA A2-96 / B2-96: Das Hochleistungsöl erfüllt beim Einsatz im PKW-Ottomotor die Anforderungen der Klasse A2-1996 und beim Einsatz im PKW-Dieselmotor der Klasse B2-1996.

Auf Gebinden für Motoröle werden neben SAE-Klasse, API-Klassifikation und ACEA (CCMC)-Spezifikation auch die Freigabevermerke (Werksnormen) einzelner Motorenhersteller angegeben.

Schmiersysteme

Die *Druckumlaufschmierung* ist die meistverwendete bei Viertaktmotoren. Das Öl wird von der Ölpumpe über den Ölsaugkorb aus der Ölwanne angesaugt. Das Überdruckventil innerhalb des Pumpengehäuses begrenzt den maximalen Öldruck (4 ... 8 bar) und leitet das überschüssige Öl in den Ansaugkanal der Pumpe zurück.

Das Öl gelangt zum Ölfiltergehäuse. Wenn das System mit thermostatisch gesteuertem Ölkühler (Luftölkühler oder Kühlwasserwärmetauscher) versehen ist, so leitet der Thermostat bei zu warmen Öl zunächst zum Ölkühler um, bevor der Filter durchlaufen wird. Wenn infolge Filterverstopfung oder zu kaltem Öl der Differenzdruck zwischen Filterzulauf und -ablauf zu groß wird, öffnet das Umgehungsventil und leitet das Öl unter Filterumgehung zum Ölhauptkanal im Motorgehäuse. Hier ist ein Öldruckschalter angebracht, der abfallenden Öldruck über eine Warnleuchte anzeigt oder ein Öldruckgeber gibt über eine Öldruckanzeige den Öldruck an. Vom Hauptkanal gelangt das Öl durch Querbohrungen zu den Kurbelwellenhauptlagern und über die Kurbelwellenschrägbohrungen zu den Pleuellagern. Hier tritt das Öl meist seitlich aus und das Schleuderöl schmiert die Zylinderwandungen und die Kolbenbolzenlager. Hochleistungsmotoren erhalten längs durchbohrte Pleuel (Bild 71) oder Ölspritzdüsen (Bild 72), die für die Schmierung und die Kolbenkühlung sorgen.

Vom Hauptölkanal führt ein Ölkanal zum Zylinderkopf und schmiert dort die Nockenwellenlagerstellen und die Stößel (Hydrostößel) oder Kipphebellagerstellen. Ventile und Ventilführungen werden durch Spritzöl der Nockenwellenschmierung versorgt. Vom Steigkanal werden Ölströme für die Kettenspanner, Steuerketten oder Steuerräder abgezweigt.

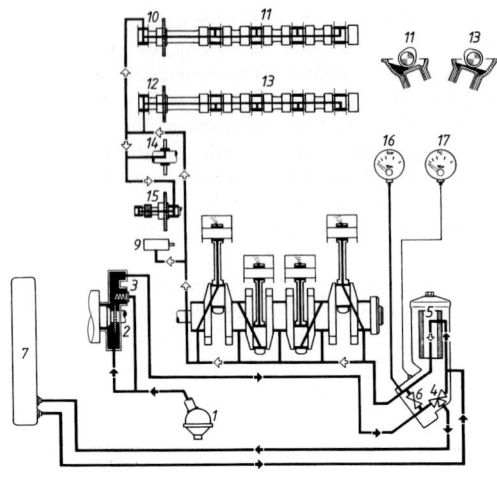

1 Ölsaugkorb
2 Ölpumpe
3 Ölüberdruckventil
4 Thermostat im Filtergehäuse
5 Ölfiltereinsatz
6 Umgehungsventil
7 Luftölkühler
9 Kettenspanner
10 Nockenwellenrad-Auslass
11 Nockenwelle-Auslass
12 Nockenwellenrad-Einlass
13 Nockenwelle-Einlass
14 Umlenkrad
15 Zwischenradwelle
16 Öldruckanzeige
17 Öltemperaturanzeige

Bild 71. Druckumlaufschmierung für einen 4-Zylinder-Ottomotor (Daimler-Benz)

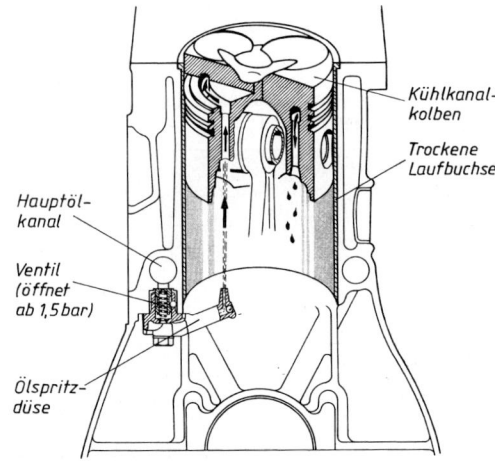

Bild 72. Ölspritzdüse zur Kolbenkühlung für einen aufgeladenen PKW-Dieselmotor (Daimler-Benz)

Reiheneinspritzpumpen von Dieselmotoren und Abgasturbolader sind meist in den Kreislauf einbezogen. Ein Kugelrückschlagventil im Steigkanal verhindert Ölrückfluss nach dem Motorabstellen.

Bei der *Trockensumpfschmierung* befindet sich das Öl in einem separatem Öltank außerhalb des Motors. Durch eine Rückförderpumpe wird das von den Schmierstellen zurückfließende Öl sofort in den Tank geleitet. Eine Druckölpumpe saugt aus diesem Behälter an und arbeitet weiter wie bei der Druckumlaufschmierung. Verwendung bei Sportwagen, Motorrädern und Geländefahrzeugen, um bei schnellen Kurvenfahrten oder starker Schräglage des Motors ausreichende Schmierung zu gewährleisten.

Mischungsschmierung wird bei Zweitaktmotoren durch den Zusatz von Schmieröl zum Kraftstoff im Verhältnis 1 : 25 ... 1 : 100 verwendet. Im Vergaser entsteht ein Kraftstoff-Luft-Ölgemisch. Das Öl benetzt die Zylinderwandungen und die Motorteile im Kurbelgehäuse. Nachteil: Umweltbelastung durch unverbranntes Öl, hoher Ölverbrauch.

Frischölschmierung (Getrenntschmierung): Kraftstoff und Öl befinden sich in getrennten Behältern. Das Öl wird im Vergaser, direkt nach der Hauptdüse, durch eine Dosierpumpe, drehzahl- und lastabhängig, dem Kraftstoff Luftgemisch zugeführt. Der Schmierölverbrauch wird bei Zweitaktmotoren dadurch beträchtlich gesenkt.

Ölpumpen dienen zur Förderung des Ölstroms und zum Aufbau des Öldrucks im Motorschmiersystem. Die Fördermenge der Ölpumpen liegt je nach Motorgröße zwischen 8 ... 60 l/min, bei mittlerer Motordrehzahl.

Die *Fördermenge* $\dot{m}$ einer Motorölpumpe wird mit der Ölfüllmenge V des Motors, der Dichte ρ des Öls und der Zeit t für einen Schmierölumlauf:

$$\dot{m} = \frac{60 V \rho}{t} \quad \begin{array}{|c|c|c|c|} \hline \dot{m} & V & \rho & t \\ \hline \frac{\text{Kg}}{\text{min}} & \text{dm}^3 & \frac{\text{Kg}}{\text{dm}^3} & \text{s} \\ \hline \end{array} \quad (46)$$

Die *Umlaufzahl* z des Schmieröls gibt an, wie oft der gesamte Motorölinhalt pro Minute umgewälzt wird

$$Z = \frac{\dot{m}}{V \rho} \quad \begin{array}{|c|c|c|c|} \hline z & \dot{m} & V & \rho \\ \hline \frac{1}{\text{min}} & \frac{\text{kg}}{\text{min}} & \text{dm}^3 & \frac{\text{Kg}}{\text{dm}^3} \\ \hline \end{array} \quad (47)$$

Richtwerte: $z = 2{,}5 \ldots 5$

Der *Schmierölverbrauch* B_S eines Verbrennungsmotors wird durch Fahrversuche oder auf dem Prüfstand ermittelt.

Der *spezifische Schmierölverbrauch* b_S ist die leistungs- und zeitbezogene, verbrauchte Schmierölmenge:

$$b_S = \frac{V_p \rho}{P_{\text{eff}}\, t_p} \quad \begin{array}{|c|c|c|c|c|} \hline b_S & V_p & \rho & P_{\text{eff}} & t_p \\ \hline \frac{\text{g}}{\text{kWh}} & \text{cm}^3 & \frac{\text{g}}{\text{cm}^3} & \text{kW} & \text{h} \\ \hline \end{array} \quad (48)$$

Richtwerte:
Otto-Viertaktmotoren: 1,1 ... 2,0 g/kWh
Otto-Zweitaktmotoren: 4,2 ... 6,5 g/kWh
Diesel-Viertaktmotoren: 1,4 ... 3,2 g/kWh

V_p ist die verbrauchte Ölmenge, ρ die Öldichte, P_{eff} die Motornutzleistung und t_p die Prüfzeit des Versuchsmotors.

■ **Beispiel:**

Die Ölfüllmenge eines 66 kW-Dieselmotors beträgt 5,5 Liter ($\rho_{\text{Öl}} = 0{,}91$ kg/dm³). Der Motor verbraucht bei einem 30 Minuten Volllast-Testlauf (mit Nennleistung) 72 cm³ Öl. Zu ermitteln sind:
a) Die Fördermenge der Ölpumpe
b) Die Zeit für einen Schmierölumlauf, wenn das Öl ca. 4,5 l/min umgewälzt werden soll
c) Der spezifische Schmierölverbrauch

Lösung:

a) $\dot{m} = z V \rho = 4{,}5 \ \text{1/min} \cdot 5{,}5\,\text{dm}^3 \cdot 0{,}91 \dfrac{\text{kg}}{\text{dm}^3} = 22{,}52 \dfrac{\text{kg}}{\text{min}}$

b) $t = \dfrac{60 V \rho}{\dot{m}} = \dfrac{60 \cdot 5{,}5 \cdot 0{,}91}{22{,}52} = 13{,}33\ \text{s}$

c) $b_S = \dfrac{V_p \rho}{P_{\text{eff}}\, t_p} = \dfrac{72\,\text{cm}^2 \cdot 0{,}91\,\text{g/cm}^3}{66\,\text{kW} \cdot 0{,}5\,\text{h}} = 1{,}99 \dfrac{\text{g}}{\text{kWh}}$

Ölpumpenbauarten

Zahnradpumpen werden über Ketten oder Stirnräder von der Kurbelwelle angetrieben. Das Öl wird durch die Rotation der Zahnräder in den Zahnlücken an der Gehäusewand entlang von der Saug- zur Druckseite befördert. Die Berührungslinie der Zahnflanken bildet die Abdichtung zwischen Saug- und Druckraum. Einfacher, preiswerter Aufbau, meist verwendete Bauart.

Zahnradsichelpumpen besitzen ein innenverzahntes Zahnrad, das mit einem exzentrisch angeordneten außenverzahntem Zahnrad arbeitet. Dieses wird über die Kurbelwelle angetrieben. Der Saug- und Druckraum wird durch eine sichelförmige Gehäusescheibe getrennt. In den Zahnlücken ober- und unterhalb der Sichelscheibe wird das Öl transportiert. Geräuscharmer Lauf und hohe Förderleistung schon bei niedrigen Drehzahlen.

Rotorpumpen. Im Gehäuse arbeitet ein angetriebener, exzentrischer Außenrotor mit einem Innenrotor zusammen, der einen Zahn weniger als der Außenrotor aufweist. Rotorpumpen arbeiten geräuscharm und sind für hohe Drücke geeignet.

Ölfilter entfernen Metallabrieb, Verbrennungsrückstände und Verunreinigungen aus dem Ölstrom. Nach der Anordnung der Filter im Ölstrom unterscheidet man zwischen Hauptstrom-, Nebenstrom- sowie Kombinationen von Haupt- und Nebenstromfiltern (Bild 73).

Hauptstromfilter filtern den gesamten von der Ölpumpe kommenden Ölstrom bei jedem Umlauf. Sichere und am häufigsten angewendete Filteranordnung mit mittelfeiner Filterwirkung. Umgehungsventil notwendig.

Nebenstromfilter filtern nur etwa 5 ... 15 % der umlaufenden Ölmenge. Der Rest geht ungefiltert zu den Schmierstellen. Das gesamte Öl wird erst im Verlauf mehrerer Umläufe gefiltert, daher ist sehr feine Filterung möglich.

Kombinationen von Haupt- und Nebenstromfiltern werden gerade im Nutzfahrzeugbereich verwendet und erzielen die beste Filterwirkung. Ein Teil des Ölstroms wird vor dem Hauptstromfilter abgezweigt und durch das als Feinfilter arbeitende Nebenstromfilter geleitet. Bei mehreren Umläufen wird das gesamte Öl feingefiltert.

Ölfilter-Bauarten: Zur Anwendung kommen hauptsächlich *Wechselfilter* im Hauptstrom, bei denen Filtergehäuse und Filterpatrone fest miteinander verbunden sind. *Siebfilter* und *Spaltfilter* werden im Fahrzeugbau nur noch selten verwendet.

Freistrahlzentrifugen werden als Nebenstromfilter in Nutzfahrzeugen bei schweren Belastungen verwendet. Der Öldruck versetzt den Rotor in Drehung. Die im Öl enthaltenen schwereren Schmutzteile setzen sich an der Rotorwandung ab.

Mit Permanentmagnet versehene Ölablassschrauben für magnetischen Metallabrieb dienen zur Unterstützung der vorhandenen Filterelemente.

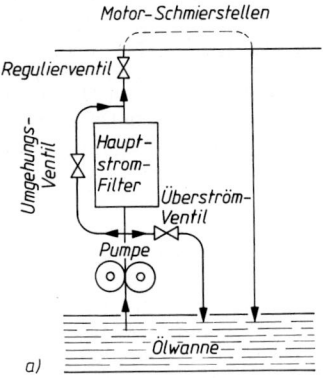

a)

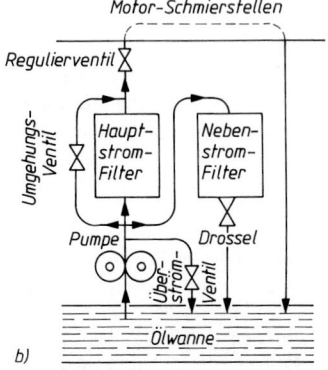

b)

Bild 73. Ölfilteranordnung (Mann)
a) Hauptstromfilter
b) Haupt- und Nebenstromfilter

Ölkühler (meist im Hauptstrom) haben die Aufgabe, bei thermisch hochbelasteten Motoren (z.B. mit Abgasturbolader), für die Erhaltung der Schmierfähigkeit durch ausreichende Kühlung zu sorgen. Im Normalfall ist die Ölwanne durch ihre Anordnung im Fahrtwind zur Kühlung ausreichend.

Ölkühler werden als *Luftölkühler* (Öffnung für Öldurchlass zum Kühler ab ca. 100 °C thermostatisch geregelt) (Bild 71) oder als *Wärmetauscher* (kühlwassergekühlt) gebaut. In der Warmlaufphase wird dadurch die Betriebstemperatur des Motors schneller erreicht. Nach Öffnung des Kühlwasserthermostates findet eine Umkehrung des Wärmeaustausches (Kühlung des Schmiermittels durch das Kühlmittel) statt.

Kontrolleinrichtungen: Zur Kontrolle der ausreichenden Ölmenge werden *Peilstäbe* oder in der Ölwanne angebrachte *elektrische Ölstandsgeber* verwendet (Schwimmer mit Permanentmagnet öffnet bei Minimalstand einen Reedkontakt, der eine Kontrolleuchte schaltet).

Der Öldruck wird entweder über einen *Öldruckmesser* angezeigt oder über einen Öldruckschalter in Verbindung mit einer Kontrollleuchte überwacht. Die Öltemperatur kann über einen *Temperaturfühler* (NTC-Widerstand) an einem Meßinstrument angezeigt werden.

8.11 Motorkühlung

Die Motorkühlung hat die Aufgabe, einen Teil der Verbrennungswärme abzuführen, um die Schmierfähigkeit des Öls zu erhalten, die Warmfestigkeit der Motorbauteile nicht zu überschreiten und um den Verbrennungsprozess kontrolliert ablaufen zu lassen. Durch die Notwendigkeit der Prozesskühlung werden ca. 28 ... 34 % ($f = 0{,}28$ ... $0{,}34$) der im Kraftstoff enthaltenen Energie abgeführt. Die Wärme wird entweder indirekt über eine Wasserkühlung oder direkt an die Außenluft abgegeben. Die im Motor erzeugte *Wärmemenge* Φ berechnet sich mit dem Kraftstoffverbrauch B und dem spezifischem Heizwert des Kraftstoffes H_u:

$$\Phi = B\,H_u \quad \begin{array}{c|c|c} \Phi & B & H_u \\ \hline \dfrac{kJ}{h} & \dfrac{kg}{h} & \dfrac{kJ}{kg} \end{array} \quad (49)$$

Mit dem spezifischen Kraftstoffverbrauch b_{eff} und der Motornutzleistung P_{eff} wird

$$\Phi = \dfrac{b_{eff} H_u P_{eff}}{1000} \quad \begin{array}{c|c|c|c} \Phi & b_{eff} & H_u & P_{eff} \\ \hline \dfrac{kJ}{h} & \dfrac{g}{kWh} & \dfrac{kJ}{kg} & kW \end{array} \quad (50)$$

Von dieser erzeugten Wärmemenge wird unter Berücksichtigung des Wärmeflussfaktors f ($f = 0{,}28$ ... $0{,}34$) die über den Kühler *abzuführende Wärmemenge*:

8 Verbrennungsmotoren

$$\Phi_{ab} = \Phi f \qquad \begin{array}{|c|c|c|} \Phi_{ab} & \Phi & f \\ \hline \dfrac{kJ}{h} & \dfrac{kJ}{h} & 1 \end{array} \qquad (51)$$

Der *Kühlflüssigkeitsdurchsatz* $\dot{m}$ ist die auf die Leistung bezogene, zeitabhängige Kühlflüssigkeitsmenge, die notwendig ist, um die Wärmemenge über den Kühler abzuleiten. Mit der abzuführenden Wärmemenge Φ_{ab}, der Temperaturdifferenz ΔT zwischen Kühltemperatur-Eintritt (T_1) und -Austritt (T_2) und der spezifischen Wärmekapazität c des Kühlmediums (Wasser-Frostschutz-Mischungen), wird

$$\dot{m} = \dfrac{\Phi_{ab}}{\Delta T c} \qquad \begin{array}{|c|c|c|c|} \dot{m} & \Delta T & c & \Phi_{ab} \\ \hline \dfrac{kg}{h} & K & \dfrac{kJ}{kg \cdot K} & \dfrac{kJ}{h} \end{array} \qquad (52)$$

Richtwerte: $\Delta T = 5 \ldots 10$ K

Die *Kühlmittel-Umlaufzahl* z gibt an, wie oft die vorhandene Kühlmittelmenge m_K je Zeiteinheit umzuwälzen ist, um die erforderliche Wärmemenge Φ_{ab} abzuführen:

$$z = \dfrac{\Phi_{ab}}{\Delta T c m_K} = \dfrac{\dot{m}}{m_K} \qquad \begin{array}{|c|c|c|c|c|c|} z & \Phi_{ab} & \Delta T & c & m_K & \dot{m} \\ \hline \dfrac{1}{h} & \dfrac{kJ}{h} & K & \dfrac{kJ}{kg\,K} & kg & \dfrac{kg}{h} \end{array} \qquad (53)$$

Mit $t = 60/z$ ergibt sich die Zeit für einen Kühlmittelumlauf in Minuten.

■ **Beispiel:**
Ein Ottomotor hat bei einer Nennleistung von 74 kW einen mittleren spezifischen Kraftstoffverbrauch b_{eff} = 310 g/kWh. Für den Wärmeflussfaktor wird als mittlerer Wert $f = 0{,}31$ gewählt. Für H_u ist 42 000 kJ/kg und für die spezifische Wärmekapazität des Wassers $c = 4{,}18$ kJ/kgK anzunehmen. Zu ermitteln sind:
a) Die über den Kühler abzuführende Wärmemenge
b) Die Kühlflüssigkeitsmenge $\dot{m}$, die für eine Abkühlung von $\Delta T = 7$ K notwendig ist.
c) Die Anzahl der Kühlwasserumläufe je Stunde, bei 8 Liter Kühlsysteminhalt.

Lösung

a) $\Phi_{ab} = \Phi f = \dfrac{b_{eff} H_u P_{eff} f}{1000} =$

$= \dfrac{310 \cdot 42000 \cdot 74 \cdot 0{,}31}{1000} = 298\,678{,}8 \dfrac{kJ}{h}$

b) $\dot{m} = \dfrac{\Phi_{ab}}{\Delta T c} = \dfrac{298\,678{,}8\,kJ/h}{7\,k \cdot 4{,}18\,kJ/kg\,K} = 10\,207{,}75 \dfrac{kg}{h}$

c) $z = \dfrac{\dot{m}}{m_K} = \dfrac{10\,207{,}75\,kg/h}{8\,kg} = 1275{,}97$ Kühlwasserumläufe pro Stunde

Wasserkühlung: Zylinderblock und Zylinderkopf sind gießtechnisch mit Hohlräumen versehen, durch das Kühlwasser zur Wärmeabfuhr geleitet wird. Bei der pumpenlosen *Wärmeumlaufkühlung* (Thermosyphon-Kühlung) wird der Strömungsvorgang durch den Dichteunterschied des wärmeren Kühlwassers gegenüber dem abgekühlten Kühlwasser hervorgerufen. Wegen des langsamen Umlaufs und der erforderlichen Kühlergröße keine Bedeutung mehr.

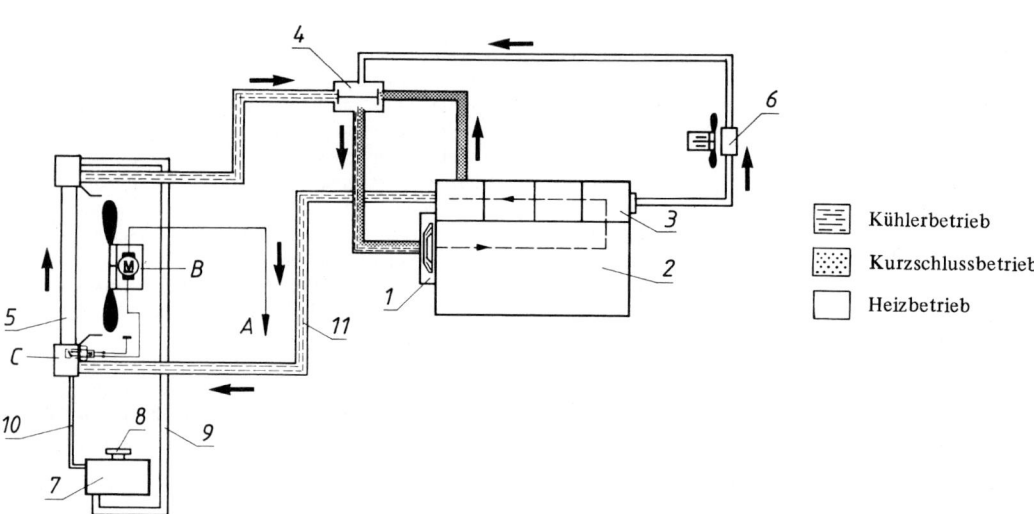

Bild 74. Pumpenumlaufkühlung (Porsche)
1 Wasserpumpe, 2 Kurbelgehäuse, 3 Zylinderkopf, 4 Thermostat (öffnet bei 83 °C), 5 Kühler, 6 Wärmetauscher (Wagenheizung), 7 Ausgleichsbehälter, 8 Einfüllstutzen mit Ventil, 9 Auffüllleitung, 10 Entlüftungsleitung, 11 Rücklaufleitung, A Relais (T) für Elektrolüfter, B Elektrolüfter, C Temperaturschalter für Elektrolüfter (z.B. Ein 92 $^{+3}_{-2}$ °C/Aus 89 $^{+3}_{-2}$ °C)

Bei der *Pumpenumlaufkühlung* (Bild 74) wird das Kühlwasser von der meist riemengetriebenen (Keil- oder Zahnriemen) Kühlwasserpumpe, thermostatisch gesteuert, in zwei Kreisläufen umgepumpt. Damit der kalte Motor schnell seine Betriebstemperatur erreicht, wird das Wasser ungekühlt nur innerhalb des Motors umgepumpt (Kurzschlusskreislauf). Das Thermostatventil schließt den Kühlerzulauf solange ab, bis das Wasser die Betriebstemperatur (≈ 80 °C) erreicht hat. Dann öffnet sich das Ventil langsam und gibt den Kühlerkreislauf frei. Bei vollständiger Öffnung ist der Kurzschlusskreislauf geschlossen. Als Kühler verwendet man Lamellen- oder Röhrenkühler (CuZn-Rohre mit Kühlrippen aus Cu- oder Al-Legierungen, Wasserkästen aus Stahlblech oder Kunststoff). Bei Querstromkühlern fließt die Flüssigkeit nicht von oben nach unten (Normalfall), sondern durch waagerechte Röhren zu den seitlichen Wasserkästen. Der Kühlerverschlussdeckel ist zum Druckausgleich mit einem Überdruck- (höhere Wassertemperaturen) und Unterdruckventil (Abkühlungsausgleich) ausgestattet. *Thermostatventile* enthalten Dehnstoffelemente oder sie werden als Faltenbalgthermostate (nicht für Überdrucksysteme geeignet) gebaut.

Der übliche Regelbereich (Öffnungsbereich) der Kühlwasserthermostate liegt bei 10 ... 15 °C. Geschlossene *Kühlanlagen* haben einen im Nebenstrom angeordneten Überdruckausgleichsbehälter (Bild 74), um Ausdehnung ohne Wasserverluste und die Entlüftung des Kühlsystems zu ermöglichen. Durch den Überdruck wird die Siedetemperatur des Wassers heraufgesetzt. Die Kühlwirkung wird wesentlich von der den Kühler durchströmenden Luftmenge bestimmt. Starr angetriebene Lüfter sind meist auf der Wasserpumpenwelle befestigt. Energieverlust (ca. 5 %) und oft zu große Kühlwirkung bei hoher Drehzahl, bringen zuschaltbare Lüfter zum Einsatz, die neben dem Leistungsgewinn die Betriebstemperatur schneller erreichen lassen.

Elektronische Kühlsysteme regeln die Kühlmitteltemperatur in Abhängigkeit vom jeweiligen Motorlastzustand. Ein elektrisch beheizter Thermostat und gesteuerte Kühlerlüfterstufen regeln kennfeldgesteuert im gesamten Last- und Leistungszustand des Motors eine optimale Betriebstemperatur. Vorteile: Verbrauchsreduzierung im Teillastbereich, Reduzierung der Schadstoffe im Abgas, Leistungserhöhung bei Volllast (angesaugte Luft wird weniger erwärmt).

Lüfter mit thermostatisch geregelter Ein- und Ausschaltung werden als Elektromotor-Lüfter, als Lüfter mit elektromagnetischer Lüfterkupplung oder als Lüfter mit Hydromotorantrieb gebaut. Thermostatisch geregelte, stufenlose Lüfterleistung wird durch Lüfter mit Viskose-Kupplung erzielt.

Kühlermodule besitzen zwei Lüfter. Der zweite Lüfter übernimmt bei Bedarf zusätzliche Kühlaufgaben für Nebenaggregate (Generator, Klimaanlage usw.).

Stationäre Großmotoren werden mit Durchflusskühlung (ständiger Wasserzulauf oft ohne Rückkühlung), Schiffsmotoren mit Seewasser direkt (Einkreiskühlung) oder indirekt über einen durch Seewasser gekühlten, geschlossenen Süßwasserkreis gekühlt.

Luftkühlung

Bei der Luftkühlung wird die Wärme an die den Zylinder umströmende Luft direkt abgegeben. Hierzu wird die Oberfläche von Zylinderkopf und Zylinder durch Kühlrippen vergrößert. Durch Verwendung von Werkstoffen mit großer Wärmeleitfähigkeit wird die Wärmeabführung verbessert. Der Luftstrom kann durch *Fahrtwind* (Zweiräder) oder durch Gebläse an den Zylinder herangeführt werden. Bei der *Gebläsekühlung* (Leistungsaufwand ca. 5 ... 7 % der Motorleistung) führen riemengetriebene Radial- oder Axialgebläse die Kühlluft über Leitbleche zu den einzelnen Zylindern. Um schneller die Betriebstemperatur zu erreichen, kann die Luftzufuhr thermostatisch geregelt verändert werden. Dies wird über Drosselringe oder durch Regelung der Gebläseleistung über eine hydraulische Strömungskupplung (Nutzfahrzeuge) vorgenommen.

Nachteile der Luftkühlung: Größere Geräuschentwicklung, höhere Motortemperaturen, schwankende Betriebsbedingungen, daher meist Ölkühler erforderlich.

Vorteile: Einfacherer Aufbau, große Betriebssicherheit und Unempfindlichkeit in unterschiedlichen Klimazonen.

8.12 Abgasanlagen

Die Abgasanlage (auch Schalldämpfer genannt) soll die austretende Gasströmung bei geringem Leistungsverlust (Strömungswiderstand) auf einen niedrigen Schallpegel dämpfen. In der StVZO und in EU-Richtlinien sind Grenzwerte für die Außengeräuschemissionen von Kraftfahrzeugen festgelegt. Im Betrieb unterliegen Schalldämpferanlagen hohen thermischen-, mechanischen- und chemischen Beanspruchungen (schnelle Temperaturwechsel, Vibrationen und Schwingungen, Innen- und Außenkorrosion). Die üblichen Schalldämpferanlagen beruhen auf der Absorption (Schallschlucken) oder der Reflexion (Schallbrechen).

Beim *Absorptionsdämpfer* wird der Schall durch Reibung an schallabsorbierenden, wärmebeständigen Stoffen, auf Silicium- oder Metallbasis in Wärme umgewandelt. Absorptionsdämpfer sind für hohe Schallfrequenzen geeignet (> 500 Hz).

Beim *Reflexionsdämpfer* wird der Schall ohne Wärmeerzeugung durch in Reihe oder seitlich angeordnete Schallwellenwiderstände gedämpft. Reihenwiderstände dämpfen die Schallfrequenzen oberhalb ihrer Eigenfrequenz und lassen die tiefen Frequenzen durch. Abzweigfilter (seitlich) dämpfen den Schall in seinem Eigenfrequenzbereich und lassen die hohen Frequenzen durch. Die KFZ-Schalldämpferanlagen

bestehen oft aus *kombinierten Absorptions-Reflexions-Schalldämpfern*, welche die Vorzüge der einzelnen Systeme in sich zu vereinen suchen. Mehrzylinder-Viertaktmotoren besitzen meist Zweitopfanlagen mit Vorschalldämpfer (für Leistungsabstimmung des Motors) und Hauptschalldämpfer (Schalldämpfung). Als Werkstoffe werden Al-beschichtete, verzinkte oder nichtrostende CrNi-Stähle verwendet.
Zur Entkopplung von Schwingungen zwischen Motor und Abgasanlage und zur Geräuschreduzierung werden Entkopplungselemente (Wellrohre, flexible Schläuche usw.) eingebaut.
Leistungsverluste treten bei Mehrzylindermotoren durch Strömungsverluste (ca. 4 %), bei Einzylinder-Zweitaktmotoren durch Strömungs- und Trägheitswiderstände (ca. 2 % bei richtigem Gegendruck, sonst Spülverluste) auf. Bei richtiger Abstimmung der Abgasanlage herrscht ein Schwingungsunterdruck in der Abgasleitung, der bis zu 5 % Leistungsgewinn durch Unterstützung der Zylinderentleerung ergibt.

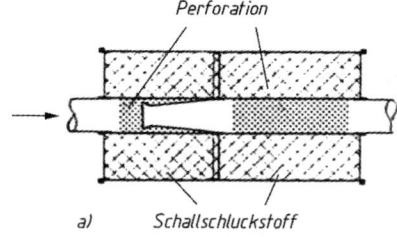

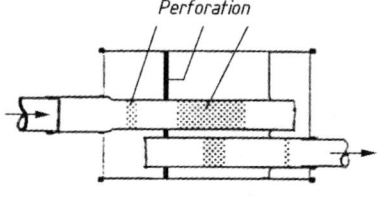

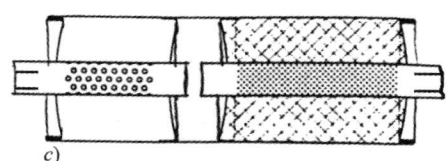

Bild 75. Bauarten von Abgasschalldämpfern (Eberspächer)

a) Absorptions-Schalldämpfer
b) Reflexions-Schalldämpfer
c) kombinierter Reflexions-Absorptions-Schalldämpfer

8.13 Aufladung von Verbrennungsmotoren

Nach Gl. (16a) $P_i = V_H\, p_i\, n\, /\, y$ ist die Innenleistung eines Verbrennungsmotor proportional zum mittleren indizierten Druck, zum Hubraum und zur Motordrehzahl.
Eine Leistungserhöhung durch Erhöhung der Motordrehzahl hat gleichzeitig eine Erhöhung der mittleren Kolbengeschwindigkeit v_m zur Folge. Durch die damit steigende Triebwerksbelastung (Massenkräfte, Drosselverluste, Verschleiß) sind jedoch Grenzen auferlegt ($v_{m\,max}$. ca. 16 m/s). Eine Hubraumvergrößerung führt zu größeren und damit teureren Motoren. Die Erhöhung des mittleren indizierten Druckes p_i kann durch die Erhöhung des Verdichtungsverhältnisses ε (Grenzen durch klopfende Verbrennung beim Ottomotor und zulässige Spitzendrücke beim Dieselmotor) oder durch die Erhöhung der Zylinderfüllung mittels Aufladung erzielt werden.
Durch Füllung des Zylinders mit Ladeluft (Gemisch) vom Ladedruck p größer als Atmosphärendruck, wird die Füllluftmasse vergrößert. Die Ladeluftmasse $m = V\rho$ ist größer als die Ansaugluftmasse $m_h = V_h\,\rho$ mit Atmosphärendruck. Der Liefergrad $\lambda_L = m\,/\,m_h$ (bei aufgeladenen Motoren ($\lambda_L = 1{,}2 \ldots 1{,}6$) kennzeichnet die Verbesserung. Im Zylinder steht mit größerer Luftmasse auch mehr Sauerstoff zur Verfügung. Durch Aufladung werden Motorleistung und Drehmoment erhöht, der spezifische Kraftstoffverbrauch und die Schadstoffemissionen verringert. Wird λ_L zu groß, so wird bei Ottomotoren der Verdichtungsdruck zu hoch (Schäden durch klopfende Verbrennung). Abhilfe erfolgt durch kleineres Verdichtungsverhältnis ε gegenüber Saugmotoren.

Mit dem Ladedruckverhältnis

$$\pi_c = \frac{p_2}{p_1} \qquad \begin{array}{c|c} p_1, p_2 & \pi_c \\ \hline \text{bar} & 1 \end{array} \qquad (54)$$

(Index 2 = Ladedruck, Index 1 = Atmosphärendruck, π_c-Werte bis 3,5 möglich) steigen beim Verdichten auch die Lufttemperaturen, die wiederum den Liefergrad verschlechtern und die thermische Motorbelastung steigern. Die Verdichtung führt zu einem Anstieg der *Ladelufttemperatur* auf

$$T_2 = T_1 \left(\frac{p_2}{p_1}\right)^{(n-1)/n} \qquad (55)$$

mit T_1 der Atmosphärenlufttemperatur, T_2 der Ladelufttemperatur, p_1 dem Atmosphärenluftdruck, p_2 dem Ladeluftdruck und n dem Polytropenexponent (1,35 ... 1,37 für Luft).
Man unterscheidet dynamische Aufladung, Abgasturboaufladung und mechanische Aufladesysteme.

8.13.1 Dynamische Aufladung

Bei der dynamischen Aufladung durch Schalt- oder Schwingsaugrohre (Register-Saugrohrumschaltung bei V-Motoren) wird die Bewegungsenergie der schwingenden Frischgassäule im Saugrohr zur Verbesserung der Zylinderfüllung genutzt. Neben Leistungssteigerung wird die Beeinflussung des Drehmomentverlaufs bei unterschiedlichen Motordrehzahlen angestrebt (vorwiegend bei Ottomotoren eingesetzt).

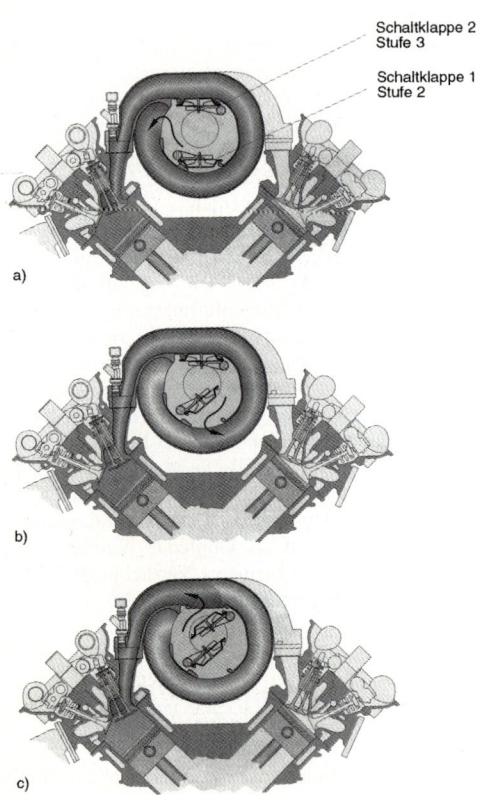

Bild 76. Prinzip der Register-Saugrohrumschaltung (Volkswagen)

a) Stufe 1: lange Saugrohrlänge – Leerlauf und unterer Drehzahlbereich
   (Klappe 1 und 2 geschlossen)
b) Stufe 2: mittlere Saugrohrlänge – mittlerer Drehzahlbereich
   (Klappe 1 offen)
c) Stufe 3: Kurze Saugrohrlänge – oberer Drehzahlbereich
   (Klappe 1 und 2 offen)

Für jeden Zylinder steht ein Ansaugrohrsystem mit unterschiedlichen Rohrquerschnitten und variablen Saugrohrlängen bereit. Durch Aufschaltung von pneumatisch- oder elektrisch betätigten Schaltklappen werden bedarfsgerecht unterschiedliche Saugrohrlängen realisiert. Bei niedriger Motordrehzahl wird für höheres Drehmoment ein langer Saugrohrweg mit engem Querschnitt geschaltet (höhere Strömungsgeschwindigkeit). Bei höherer Motordrehzahl wird zur Leistungssteigerung kurze wirksame Saugrohrlänge mit großem Querschnitt (Füllungsverbesserung) eingesetzt.

Bei *Resonanzaufladung* wird die abgekühlte Luft vor Motoreintritt in Resonanzrohre oder -kammern geleitet. Infolge periodischer Erregung durch die Ansaugtakte werden im Resonanzsystem periodische Druckschwingungen erzeugt. Diese führen zu einer weiteren Ladungserhöhung in einem bestimmten Drehzahlbereich (z.B. zur Drehmomentsteigerung bei LKW-Dieselmotoren).
Die Kombination von Resonanz- und Schwingsaugrohr in Verbindung mit Abgasturboaufladung und Ladeluftkühlung ermöglicht großen Drehmoment- und Leistungsgewinn über ein breites Drehzahlband (LKW-Dieselmotoren).

8.13.2 Abgasturboaufladung

Abgasturbolader bestehen aus dem Verdichter und der Gasturbine, die auf einer Welle mit der gleichen Drehzahl rotieren. Die Gasturbine setzt die Strömungsenergie der Abgase in Rotationsenergie um und treibt den Verdichter an, der Gemisch oder Frischluft ansaugt und vorverdichtet zu den einzelnen Zylindern fördert. Das Turbinenrad wird aus einer hochwarmfesten Ni-Legierung, die Welle aus Vergütungsstahl und das Verdichterrad aus einer Al-Legierung hergestellt. Die Laufeinheit wird in schwimmenden Gleitlagerbuchsen gelagert, die Schmierung erfolgt durch Anschluss an den Motorölkreislauf. Verdichtergehäuse werden aus Al-Legierungen, Turbinengehäuse aus GGG hergestellt.
Bei der *Stauaufladung* werden die Abgase aller Zylinder zu einem Sammelrohr geleitet, von wo aus sie mit nahezu konstantem Druck die Turbine antreiben. Bei der *Stoßaufladung* werden die Abgase der einzelnen Zylinder durch getrennte Leitungen oder je nach Zündfolge zusammengefasste Leitungen (6-Zylinder und mehr), zur Turbine geführt, wodurch die Abgasenergie durch Druckwellenbildung besser ausgenutzt wird.
V-Motoren können zur Realisierung großer Hubraumleistungen je Zylinderbank einen Turbolader (Biturbo) erhalten.
Da mit steigender Turbinendrehzahl (n bis 150 000 l/min) auch der Ladedruck ansteigt, muss der Ladedruck zur Vermeidung von thermischer- und mechanischer Motorüberlastung geregelt werden. Man unterscheidet mechanische- und elektronische Ladedruckregelung und Abgasturbolader mit verstellbaren Leitschaufeln.

8 Verbrennungsmotoren

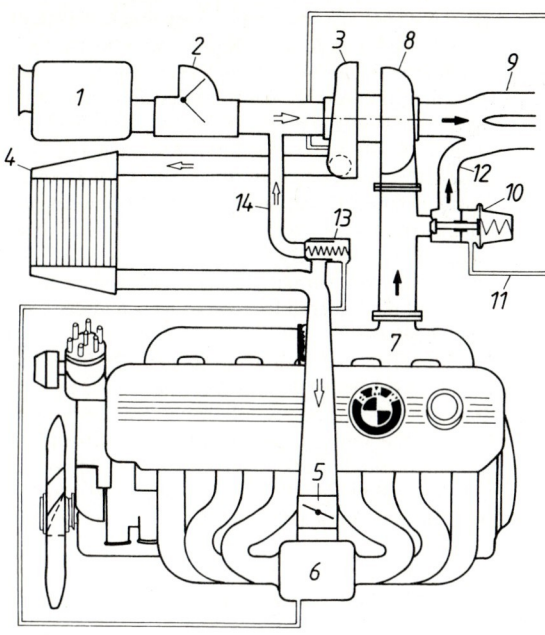

Bild 77.
Funktionsschema der Abgasturboaufladung für einen Ottomotor (BMW)

1 Luftfilter
2 Luftmengenmesser
3 Verdichter
4 Ladeluftkühler
5 Drosselklappe
6 Luftverteiler
7 Auspuffkrümmer
8 Abgasturbine
9 vordere Auspuffrohre
10 Ladeluftregelventil
11 Steuerleitung
12 Abgas-Bypassleitung
13 Umluftventil
14 Umluft-Bypassleitung

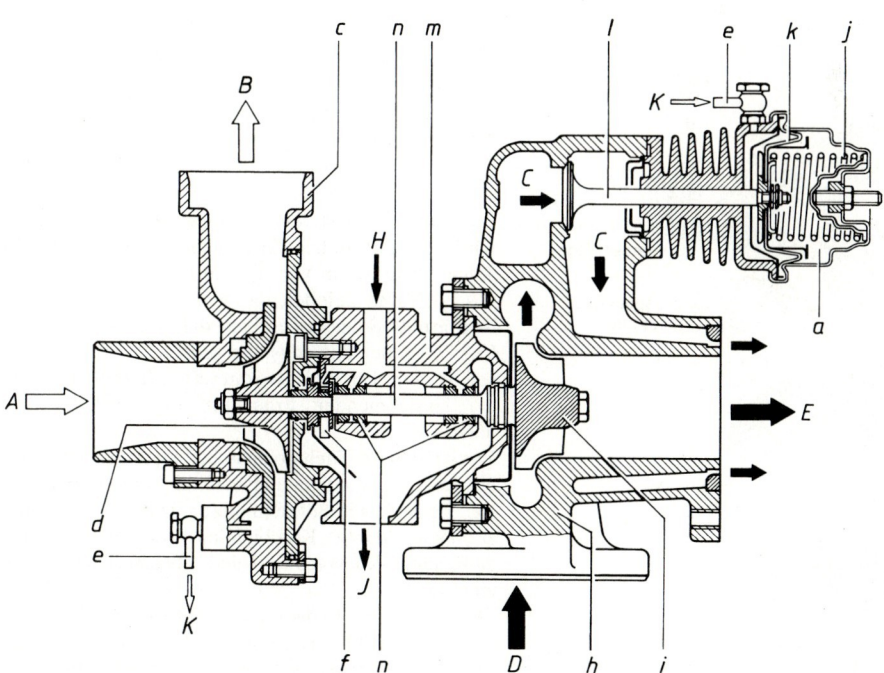

Bild 78. KKK-Abgasturbolader mit Ladedruckregelventil für einen PKW-Dieselmotor (Daimler-Benz)

a Ladedruckregelventil
c Verdichtergehäuse
d Verdichterrad
e Steuerleitung
f Axiallager
g Lagerbuchse
h Turbinengehäuse
i Turbinenrad
j Membranfeder
k Membran
l Ventil
m Ladergehäuse
n Welle

A Frischlufteintritt (vom Luftfilter)
B Verdichtete Luft (zum Motor)
C Bypasskanal/Ladedruckregelventil
D Abgaseintritt
E Abgasaustritt
H Motorölzulauf
J Ölablauf
K Steuerdruck

Bei *mechanischer Ladedruckregelung* kann mit steigender Motordrehzahl der Ladedruck durch ein *Ladedruckregelventil* (Bypass-Ventil) konstant gehalten werden. Dabei wird ein Teil des Abgasstroms (Ladedruck öffnet Regelventil) an der Turbine vorbei geleitet (Bild 78). Als weitere Sicherheitseinrichtung befindet sich am Ansaugkrümmer ein *Umluftventil* (Waste-Gate), das bei Überschreiten des Ladedruckes öffnet und Ansaugluft zur Ansaugseite des Laders zurückführt.

Bei der *elektronischen Ladedruckregelung* steuert das Motorsteuergerät in Abhängigkeit von Motorbetriebsgrößen Magnetventile für die Ladedruckbegrenzung an. Neben Ladedruckregelung kann auch Luftmassenregelung realisiert werden.

Abgasturbolader mit verstellbarer Turbinengeometrie verwenden zur Ladedruckregelung anstelle des Bypass-Ventils verstellbare Leitschaufeln in der Abgasturbine. Dabei wird die Intensität des Abgasstroms auf das Turbinenrad beeinflusst. Man erreicht hohe Ladedrücke bereits bei niedrigen Drehzahlen und reduziert den Ladedruck bei hohen Motordrehzahlen. Die Leitschaufeln sind über einem Trägerring an einem drehbaren Verstellring gekoppelt (Bild 79).

Motordrehzahl ist ein hoher Ladedruck erwünscht (sonst sog. Turboloch beim Motorhochdrehen). Durch eine flache Leitschaufelanstellung (enger Eintrittsquerschnitt der Abgase) erfolgt über die Abgasstrombeschleunigung eine Erhöhung der Turbinendrehzahl (Ladedrucksteigerung). Mit steigender Motordrehzahl (zunehmende Abgasmenge) werden die Leitschaufeln geöffnet und damit der Strömungsquerschnitt der Abgase vergrößert. Die gesamte Abgasmenge kann ohne Bypass-Ventil durch den Lader geleitet werden. Durch die steile Leitschaufelanstellung wird die Laderdrehzahl verringert und der Ladedruck begrenzt.

Für schnelles Beschleunigen können die Leitschaufeln auch bei hoher Drehzahl zur kurzfristigen Ladedrucküberhöhung flach gestellt werden (Overboost). Das Motorsteuergerät beeinflusst die Leitschaufelverstellung im gesamten Drehzahlbereich des Motors zur Leistungserhöhung, Drehmomentsteigerung und Verringerung des Kraftstoffverbrauchs.

8.13.3 Mechanische Aufladung

Bei *mechanischen Aufladesystemen* wird der Lader über Riemen- oder Zahntrieb über ein festes Übersetzungsverhältnis vom Motor angetrieben (Leistungsverlust, vorwiegend bei Großdieselmotoren). Es werden Sternkolbengebläse, Drehkolbengebläse (Rootsgebläse, KKK-Ro-Lader) und Verdrängerlader (VW-G-Lader) verwendet.

Vorteil: Einfacher Aufbau ohne Eingriff in das Abgassystem.

Bei der *Druckwellenaufladung* (Comprex-Lader) wird der mit hoher Geschwindigkeit pulsierende Abgasstrom in ein von der Kurbelwelle angetriebenes Zellenrad geleitet, das viele achsparallele, wabenförmige Schächte enthält, die von den seitlichen Kapselwänden abwechselnd geöffnet und verschlossen werden. Der Abgasstrom reflektiert mehrfach an der einströmenden Frischluft und verdichtet sie dabei.

Vorteil: Hohes Drehmoment bei niedriger Drehzahl.
Nachteil: Aufwendiger und teurer als Abgasturbolader.

Bei Zweitakt-Großdieselmotoren wird oft Verbundaufladung durch Kombination von mechanischer Aufladung (Rootsgebläse) und Abgasturboaufladung eingesetzt.

Mit steigendem Ladedruck erhöht sich die Ladelufttemperatur (Luftmasse nimmt ab, Liefergrad sinkt, Motorwärmebelastung steigt an, Klopfneigung nimmt zu). Durch *Ladeluftkühler* (Intercooler) wird die verdichtete Luft (ca. 110 °C) hinter dem Verdichter auf ca. 30 °C ... 50 °C zurückgekühlt. Damit wird eine zusätzliche Leistungssteigerung durch Dichterückgewinn, eine Kraftstoffverbrauchssenkung und eine Minderung der thermischen Belastung durch Innenkühlung, erzielt. Man verwendet luftgekühlte- oder wassergekühlte Wärmetauscher.

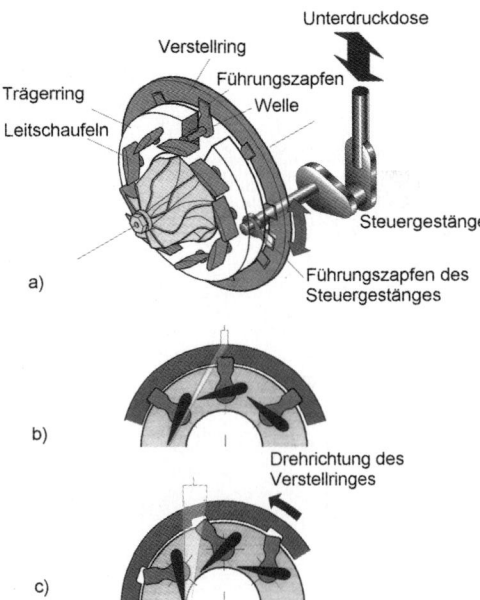

Bild 79. Prinzip der Leitschaufelverstellung (Volkswagen)

a) Anlagenschema Abgasturbine
b) flache Leitschaufelstellung
c) steile Leitschaufelstellung

Die Verdrehung des Verstellringes bewirkt gleichzeitiges und gleichmäßiges Verdrehen der Leitschaufeln. Sie erfolgt über eine Unterdruckdose. Bei niedriger

8 Verbrennungsmotoren

8.14 Zündanlagen

Bei Ottomotoren muss die Verbrennung des verdichteten Kraftstoff-Luft-Gemisches durch Fremdzündung über einen Zündfunken eingeleitet werden. Der Zündfunken muss von hinreichender Temperatur und Brenndauer und zum richtigen Zeitpunkt (Zündzeitpunkt) von der Zündanlage bereitgestellt werden (um Klopfen zu verhindern, Kraftstoffverbrauch und Schadstoffemissionen gering zu halten und um eine hohe Leistung zu erzielen (Bild 81)). Man unterscheidet konventionelle Spulenzündung, Transistorzündung, elektronische Zündung, vollelektronische Zündung und Magnetzündanlagen.

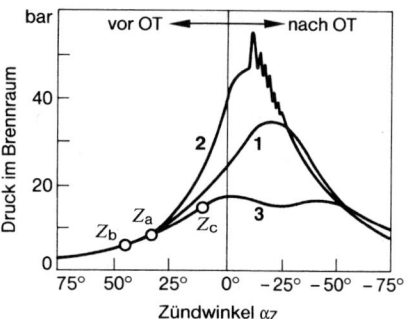

Bild 81. Druckverlauf im Brennraum bei unterschiedlicher Frühzündung (Bosch)

1 Zündung (Z_a) im richtigen Zündzeitpunkt
2 Zündung (Z_b) zu früh
3 Zündung (Z_c) zu spät

8.14.1 Konventionelle Spulenzündanlage
(Bild 82)

Bei betätigtem Zünd-Start-Schalter und geschlossenem Unterbrecherkontakt wird durch den Batterie- oder Generatorstrom in der Primärwicklung der Zündspule ein starkes Magnetfeld aufgebaut. Der Primärstromkreis wird zum Zündzeitpunkt durch Öffnen des Unterbrecherkontaktes unterbrochen. Das Magnetfeld induziert in der Sekundärwicklung der Zündspule einen Hochspannungsimpuls, der als Zündspannung über den Verteiler zur jeweiligen Zündkerze geleitet wird. Durch den erzeugten Zündfunken sinkt die Sekundärspannung rasch auf Null ab. Der Unterbrecherkontakt schließt wieder, lädt die Zündspule erneut auf und der sich drehende Verteilerläufer überträgt entsprechend der Motorzündfolge einem anderen Zylinder (Zündkerze) die Zündenergie. Um zu verhindern, dass am sich öffnenden Unterbrecherkontakt ein Lichtbogen entsteht (Abbrand), wird ein Zündkondensator parallel geschaltet, der durch den Primärstrom aufgeladen wird.

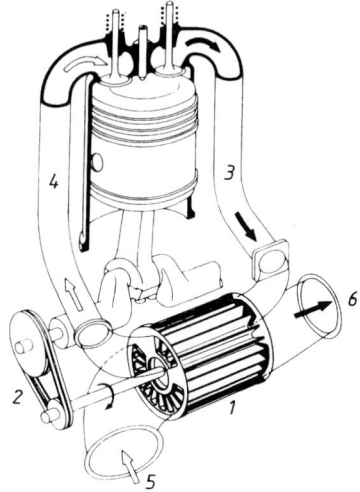

Bild 80. Compres-Lader (Opel)

1 walzenförmiges Zellenrad
2 Rotorantrieb
3 pulsierende Auspuffgase
4 verdichtete Frischladung
5 unverdichtete Ansaugluft
6 Abgasleitung

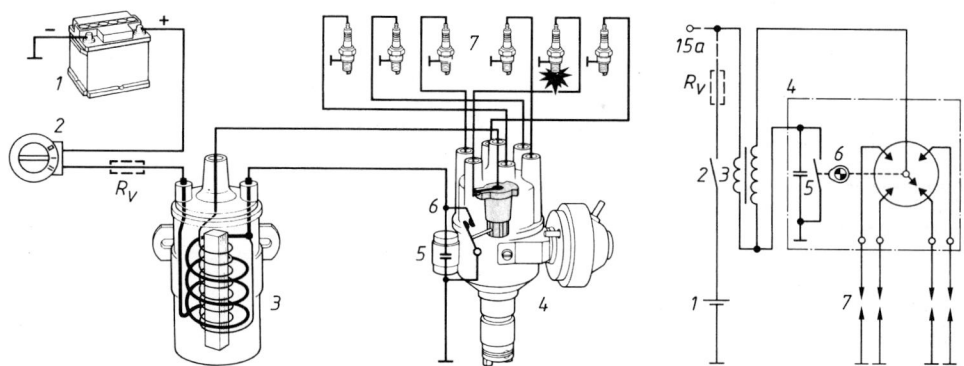

Bild 82. Funktionsschema und Schaltplan einer Spulenzündanlage (Bosch)
1 Batterie 2 Zünd-Start-Schalter 3 Zündspule 4 Zündverteiler 5 Zündkondensator 6 Unterbrecher 7 Zündkerzen, R_V Vorwiderstand zur Startspannungsanhebung (nicht generell eingebaut)

Aufgaben und Aufbau der Bauteile

Die Zündspule besitzt einen Eisenkern mit aufgewickelter Sekundärwicklung (10 000 ... 30 000 Windungen). Darüber ist im Windungsverhältnis von ca. 1 : 100 die Primärwicklung (100 ... 300 Windungen) aufgebracht. Je ein Ende ist miteinander verbunden und als Anschluss an den Unterbrecherkontakt gelegt.

Das freie Ende der Sekundärwicklung wird zum Hochspannungsanschluss an den Zündverteiler, das der Primärwicklung an den Eingangsanschluss geführt. Zur Isolierung der Wicklungen untereinander ist die Zündspule ausgegossen.
Hochleistungszündspulen sind für höhere Zündspannungen ausgelegt als Standardspulen (15 ... 25 kV). *Vorwiderstände* zur Start-Spannungsanhebung werden beim Starten überbrückt, so dass trotz vorübergehenden Absinkens der Batteriespannung eine ausreichende Zündspannung ansteht. Der **Zündverteiler** für Mehrzylindermotoren besteht aus dem Verteilerläufer, der Verteilerwelle (von Nockenwelle angetrieben) mit Unterbrechernocken, dem Unterbrecherkontakt, dem Fliehkraft- und Unterdruckversteller, dem Zündkondensator und der Verteilerkappe mit Anschlüssen für die Hochspannungsleitungen.

Der *Unterbrecherkontakt* wird vom Unterbrechernocken (Nockenzahl = Zylinderzahl) betätigt. Er unterbricht und schließt den Primärstromkreis.
Der *Schließwinkel* α gibt den Verteilerwellendrehwinkel mit geschlossenem, der *Öffnungswinkel* β den Verdrehwinkel mit geöffneten Kontakten an. Der Abstand zwischen zwei Zündungen ist der *Zündabstandswinkel* γ der Verteilerwelle:

$$\gamma = \alpha + \beta \qquad (56)$$

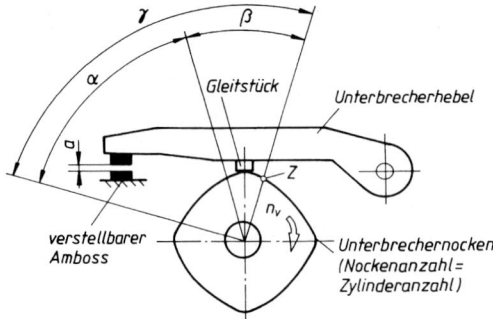

Bild 83. Unterbrecherkontakt
a Kontaktabstand
α Schließwinkel
β Öffnungswinkel
γ Zündabstandswinkel
n_V Verteilerwellendrehzahl
Z   Zündzeitpunkt

Bei Viertaktmotoren erfordert ein Arbeitsspiel zwei Kurbelwellenumdrehungen (720°) und eine Verteilerwellenumdrehung (360°). Mit z Zylindern wird der *Zündabstand der Verteilerwelle*:

$$\gamma = \frac{360°}{z} \qquad (57)$$

Der Schließwinkel α wird auch in Prozent von γ als *relativer Schließwinkel* angegeben (γ = 100 %):

$$\alpha\% = \frac{100\% \cdot z\alpha}{360°} \qquad (58)$$

Die erforderliche *Funkenanzahl* f pro Minute, ist abhängig von der Zylinderzahl z und Verteilerwellendrehzahl n_V:

$$f = n_V z \qquad \begin{array}{c|c|c} f, n_v & z \\ \hline \frac{1}{\min} & 1 \end{array} \qquad (59)$$

Bei Viertaktmotoren: $n_V = 0{,}5\,n$ (Motordrehzahl); bei Zweitaktmotoren: $n_V = n$.
Der verstellbare Kontaktabstand a beeinflusst Schließwinkel und Zündzeitpunkt. Vergrößerung von a ergibt kleineren Schließwinkel α und späteren Zündzeitpunkt, Verkleinerung größeren Schließwinkel α und früheren Zündzeitpunkt. Durch Verschleiß am Gleitstück verringert sich der Kontaktabstand, durch Kontaktfeuer entsteht Kontaktverschleiß (Kraterbildung).
Mechanische Zündunterbrecher werden durch Transistorzündanlagen mit kontaktlosen Zündimpulsgebern abgelöst.
Die *Schließzeit* t des Unterbrecherkontaktes ist vom Schließwinkel α und der Motordrehzahl n abhängig. Aus $t = 2\,\alpha\,60\,/\,n360°$ wird nach dem Kürzen die Zahlenwertgleichung

$$t = \frac{\alpha}{3° n} \text{ für Viertaktmotoren}$$

$$t = \frac{\alpha}{6° n} \text{ für Zweitaktmotoren} \qquad \begin{array}{c|c} t & n \\ \hline s & \frac{1}{\min} \end{array} \quad (60)$$

■ **Beispiel:**
Für einen 4-Zylinder-Viertaktmotor sind für die Motornenndrehzahl n = 5280 1/min und einem Schließwinkel α = 54° folgende Werte zu ermitteln.

a) Der Zündabstand γ der Verteilerwelle,
b) Öffnungswinkel β,
c) Funkenfrequenz f,
d) Schließzeit t in s,
e) relativer Schließwinkel α in %.

Lösung:

a) $\gamma = \dfrac{360°}{z} = \dfrac{360°}{4} = 90°$

b) $\beta = \gamma - \alpha = 90° - 54° = 36°$

c) $f = n_V z = 0{,}5\,n \cdot 4 = 5280$ 1/min $\cdot\ 0{,}5 \cdot 4 = 10560$ l/min

d) $t = \dfrac{\alpha}{3° \, n} = \dfrac{54°}{3° \cdot 5280} = 0{,}0034\,\text{s}$

e) $\alpha\,\% = \dfrac{100\,\% \cdot z\alpha}{360°} = \dfrac{100\,\% \cdot 4 \cdot 54°}{360°} = 60\,\%$

Mechanische **Zündversteller** sorgen für die belastungsabhängige (Unterdruckversteller) und drehzahlabhängige (Fliehkraftversteller) Verstellung des Zündzeitpunktes in bezug auf den OT, gemessen in Grad Kurbelwinkel (°KW); Frühzündung liegt vor OT, Spätzündung nach OT.
Fliehkraftversteller verdrehen drehzahlabhängig über Fliehgewichte den Unterbrechernocken in Drehrichtung der Verteilerwelle. Der Verdrehwinkel entspricht der Zündzeitpunktvorverlegung.
Unterdruckversteller verdrehen belastungsabhängig (Saugrohrunterdruck wirkt auf eine oder zwei Membrandosen) die Unterbrecherscheibe mit Unterbrecherkontakt gegen die Drehrichtung der Verteilerwelle.
Unterdruck- und Fliehkraftversteller arbeiten unabhängig voneinander.
Die *Verteilerwelle* wird meist über ein Schneckenrad oder eine Kupplung direkt von der Motornockenwelle angetrieben. In der Verteilerkappe wird die Zündspannung durch eine gefederte Schleifkohle (Mittenanschluss) über den von der Verteilerwelle angetriebenen Verteilerläufer (Läuferelektrode), auf die Festelektroden geführt. Von hier werden über Zündleitungen die Zündkerzen versorgt.

Zündkerzen (Bild 84) zünden das Gemisch im Verbrennungsraum durch Funkenübersprung an den Elektroden ($U > 10000$ V). Sie sind im Betrieb hohen elektrischen, thermischen und mechanischen Belastungen ausgesetzt. Die Werkstoffauswahl für die hochbelasteten Teile trägt diesen Beanspruchungen Rechnung. Der Isolator besteht aus Aluminiumoxid und die Elektroden aus Nickel-, Silberlegierungen oder Platin, oft mit Kupferkern zur besseren Wärmeableitung. Der Wärmewert einer Zündkerze ist ein Vergleichswert (Wärmewertkennzahl) für die thermische Belastbarkeit. Elektroden und Isolatorfuß müssen im Betrieb die Selbstreinigungstemperatur (400 ... 850 °C) erreichen, um Verbrennungsrückstände (Ölkohle, Ruß) auf dem Isolatorfuß wegbrennen zu können. Oberhalb 850 °C können Glühzündungen auftreten. Hohe Wärmewertkennzahlen bedeuten großes Wärmeaufnahmevermögen und geringe Wärmeableitung. Niedrige Kennzahlen bedeuten großen Widerstand gegen Glühzündungen (großes Wärmeableitungsvermögen).
Mehrbereichskerzen mit Mittelelektroden aus Platin oder Nickel mit Kupferkern passen sich unterschiedlichsten Betriebsbedingungen auch bei mageren, zündunwilligen Gemischen besser an.
Motoren mit *Doppelzündung* verwenden pro Zylinder zwei Zündkerzen zur Zündungsoptimierung.
Die elektrische und mechanische Schaltleistung der Unterbrecherkontakte (Verschleiß durch Abbrand mit Zündzeitpunktverstellung) in der konventionellen Spulenzündung ist den hohen Anforderungen bezüglich Zündenergie und Hochspannung in modernen Motoren nicht mehr gewachsen. Als Leistungsschalter zur Primärstromunterbrechung werden statt des Unterbrechers daher *Transistoren* (Transistorzündung) verwendet.

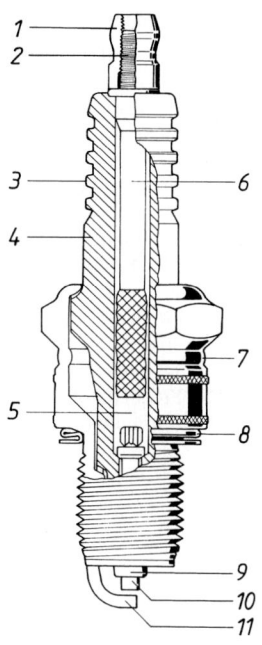

Bild 84. Aufbau der Zündkerze (Bosch)

1 Anschlussmutter
2 Anschlussgewinde
3 Kriechstrombarriere
4 Isolator (Al_2O_3)
5 elektrisch leitende Glasschmelze
6 Anschlussbolzen
7 Stauch- und Warmschrumpfzone
8 unverlierbarer äußerer Dichtring (bei Flachdichtsitz)
9 Isolatorfussspitze
10 Mittelelektrode
11 Masseelektrode

8.14.2 Transistorzündanlagen

Kontaktgesteuerte Transistorzündungen wurden vorübergehend zur Nachrüstung von konventionellen Spulenzündanlagen eingesetzt.

Kontaktlose Transistorzündungen (TSZ) ersetzen den nockenbetätigten Unterbrecher, durch kontaktlos arbeitende (verschleißfrei), elektronische Zündauslöser. Es werden erheblich höhere Zündspannungen und Zündenergien erreicht, die über die Endstufen des Steuergerätes verschleißfrei geschaltet werden.

Schließwinkelregelung und Primärstrombegrenzung werden in Abhängigkeit von der Batteriespannung und der Motordrehzahl durchgeführt. Nach der Steuergeräteansteuerung unterscheidet man Anlagen mit induktiver (TSZ-I)-Auslösung und Anlagen mit Auslösung nach dem Hallprinzip (TSZ-H). Fliehkraft- und Unterdruckverstellung bleiben erhalten.

Transistorzündung mit Induktionsgeber (TSZ-I)

Der Induktionsgeber ist entweder im Verteiler (Bild 85) oder am Schwungrad des Motors untergebracht (Kap. 8.6.4. Motronic). Durch Drehung des Rotors (Impulsgeberrad) auf der Verteilerwelle, wird der Luftspalt zwischen dem Rotor und dem Stator mit Induktionswicklung periodisch verändert. Die magnetische Feldänderung induziert eine einphasige Wechselspannung in der Induktionswicklung (Bild 85), deren Scheitelspannung von der Drehzahl abhängt ($U = 0{,}5 \ldots 100$ V). Der Spannungsimpuls wird vom Steuergerät zur kontaktlosen Zündungsauslösung verarbeitet. Entfernen sich Rotor und Stator voneinander, so wechselt die Spannung sprunghaft ihre Richtung (= Zündzeitpunkt). Die Frequenz der Spannung entspricht der Funkenzahl pro Minute (59).

impulse erzeugt. Taucht die Blende in den Luftspalt ein, fließt der Primärstrom, verlässt die Blende den Luftspalt, so wird der Primärstrom unterbrochen (= Zündzeitpunkt). Das erzeugte Geberspannungssignal wird im Steuergerät zur Primärstromschaltung und damit zur Zündungsauslösung verwendet.

TSZ-I und TSZ-H-Anlagen werden durch Transistorzündanlagen ersetzt, bei denen das Steuergerät in Hybridtechnik aufgebaut ist (TZ-I und TZ-H – geringere Abmessungen und Gewicht). Die Zündspule ist oft mit dem Steuergerät zu einer Einheit verbaut und zur besseren Wärmeableitung direkt mit der Karosserie verbunden. Es lassen sich elektronische Schließwinkelregelung, Primärstrombegrenzung und Ruhestromabschaltung realisieren.

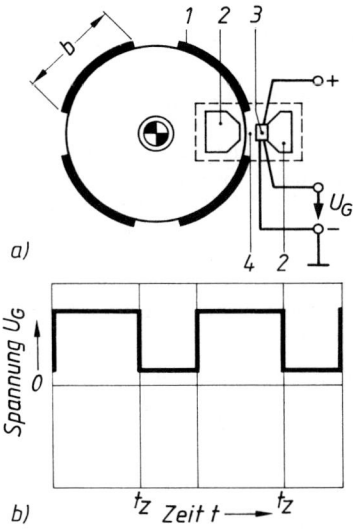

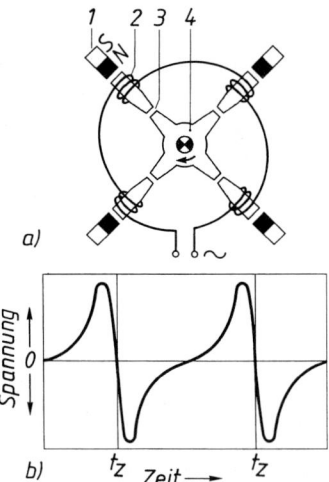

Bild 85. Zündverteiler mit Induktionsgeber (Bosch)
a) Funktionsprinzip
  1 Dauermagnet
  2 Induktionswicklung mit Kern
  3 unveränderlicher Luftspalt
  4 Rotor
b) Verlauf der Induktionsspannung

Transistorzündung mit Hallgeber (TSZ-H)

Der von der Verteilerwelle angetriebene Blendenrotor bewegt sich durch eine feststehende Magnetschranke mit Hall-IC. Durch das Ein- und Austauchen der Blende in die Magnetschranke, werden Spannungs-

Bild 86. Zündverteiler mit Hallgeber (Bosch)
a) Funktionsprinzip
  1 Blende mit Breite b
  2 weichmagnetische Leitstücke mit Dauermagnet
  3 Hall-IC
  4 Luftspalt
b) Verlauf der Geberspannung U_G
  (umgeformte Hallspannung)

8.14.3 Elektronische Zündanlagen

Elektronische Zündanlagen (EZ) werden zusammen mit elektronischen Benzineinspritzanlagen eingesetzt und ersetzen die fliehkraft- und unterdruckgesteuerte Zündzeitpunktverstellung durch gemeinsame Signalgeber für Motordrehzahl (induktiv am Schwungrad) und Kurbelwellenstellung (OT-Bezugsmarkengeber). Die Motorbelastung wird durch Luftmengen- oder Luftmassenmessung im Saugrohr ermittelt. Weitere Signale sind die Drosselklappenstellung, die Motor- und Ansauglufttemperatur und die Batteriespannung. Diese Signale werden im Steuergerät nach Zündkenn-

feldern in Impulse zur Zündzeitpunktverstellung umgewandelt.
Die gewünschte Motorcharakteristik kann bei Steuergeräten mit austauschbaren Datenspeichern (EPROM) durch Umprogrammieren angepasst werden. Einsatz besonders in Motorentwicklung und Rennsport.
Der rotierende Hochspannungsverteiler (nur noch ein Verteilerläufer vorhanden) wird meist direkt von der Nockenwelle angetrieben.
Zur Vermeidung von Motorklopfen (s. Kap. 8.3) wird Klopfregelung realisiert. Einrichtungen zur **Klopfregelung** bestehen aus einem oder mehreren Klopfsensoren (piezokeramische Signalgeber) und gespeicherten Zündkennfeldern (Steuergerät) zur elektronischen Zündzeitpunktverstellung.

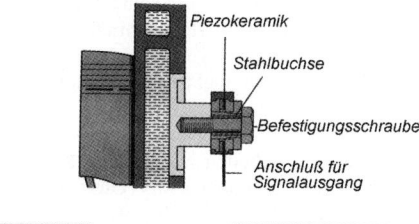

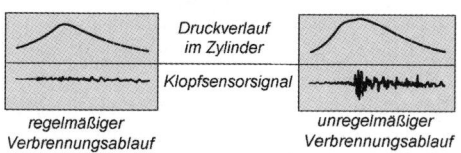

Bild 87. Klopfsensor und Klopfsensorsignale (Volkswagen)

Der Sensor wird am Motorblock befestigt. Er enthält eine piezokeramische Scheibe, die durch klopfende Verbrennung hervorgerufene mechanische Motorschwingungen in Spannungssignale an das Steuergerät umwandelt. Tritt Klopfen auf, wird der Zündwinkel kennfeldgesteuert in Winkelschritten zurückgenommen (nach „Spät" verstellt) und nach kurzer Zeit wieder an die Klopfgrenze herangeführt (Kennfeldpunkt). Der Zündzeitpunkt wird ständig an der Klopfgrenze entlanggeführt.
Motoren mit Klopfregelung können vorübergehend mit Kraftstoffen geringerer Oktanzahl betrieben werden (statt Super- mit Normalbenzin).
Bei *zylinderselektiver Klopfregelung* kann der Zündzeitpunkt jedes Zylinders beeinflusst werden (vorwiegend bei vollelektronischen Zündanlagen mit Einzelfunken-Zündspule).
Bei Turbomotoren kann kombinierte Klopf- und Ladedruckregelung realisiert werden.
Durch Klopfregelung werden der Motorwirkungsgrad und der spezifische Kraftstoffverbrauch optimiert.
Bei dem System Motronic werden Einspritzsystem und elektronische Zündung zentral gesteuert.
Bei **vollelektronischen Zündanlagen** entfällt die mechanische Zündspannungsverteilung (Verteilerläufer). Die Zündspannungsverteilung (ruhende Hochspannungsverteilung) wird elektronisch vorgenommen. Hierzu werden Doppelfunkenzündspulen (eine Zündspule für je zwei Zylinder) oder Systeme mit je einer Zündspule und Endstufe pro Zündkerze verwendet. Der übrige Aufbau entspricht den Anlagen mit elektronischer Zündung.

8.14.4 Magnetzündanlagen

Magnetzündanlagen erzeugen den Zündstrom unabhängig von Batterie oder Generator selbst. Verwendung in Zweitakt- und Viertakt-Ottomotoren für leichte Zweiräder, Rasenmäher, Bootsmotoren, Kettensägen.
Eingesetzt werden Magnetzünder-Generatoranlagen mit kontaktgesteuertem und kontaktlos gesteuertem Zündimpulsgeber. Ein umlaufendes Polrad, mit Permanentmagneten an der Kurbelwelle befestigt, dient gleichzeitig als Teil der Motorschwungmasse. Die feststehende Ankerplatte enthält den Zündanker (mit Primär- und Sekundärwicklung), den Generatoranker, sowie Kondensator, Unterbrecher und Hochspannungsanschluss. Durch den Polradumlauf wird in der Primärwicklung des Zündankers eine Spannung induziert, die bei geschlossenen Unterbrecherkontakten ein wechselndes Magnetfeld erzeugt. Wenn das Magnetfeld sein Maximum aufweist, unterbricht der Unterbrecherkontakt. Durch die schnelle Feldänderung wird in der Sekundärwicklung eine hohe Spannung induziert, die den Zündfunken auslöst. Zur Lichtstromerzeugung wird ein zusätzlicher Generatoranker (Wechselstromerzeugung) eingebaut. Es sind auch Anlagen mit Zündanker, Generatoranker und außenliegender Zündspule üblich. Zum Motorabstellen dient ein Kurzschlussschalter.

8.15 Generator

Verbrennungsmotoren benötigen zu ihrem Betrieb eine Stromversorgung, die beim Start von der Batterie (Starterbatterie als Blei-Schwefelsäure-Akkumulatoren) und bei laufendem Motor von dem angetriebenen Generator geliefert wird. Der Generator lädt gleichzeitig die Batterie auf.
Früher verwendete Gleichstromgeneratoren sind durch leistungsfähigere Drehstromgeneratoren abgelöst worden. Merkmale: Leistungsabgabe schon bei Leerlaufdrehzahl, verschleißarm, kleines Leistungsgewicht, elektronische Gleichrichtung durch Dioden.
Der Generator wird meist über Keilriemen von der Motorkurbelwelle angetrieben, oft gemeinsam mit der Wasserpumpe. Da Generatoren Wechselspannungen erzeugen, muss diese durch Gleichrichter und Regler auf eine drehzahlunabhängige, konstante Gleichspannung gebracht werden, damit die Batterie aufgeladen werden kann. Es werden Klauenpol-Synchrongeneratoren (für PKW und LKW) (Bild 87) und Einzelpolgeneratoren (für Großfahrzeuge mit hohem

Leistungsbedarf) für 12 V und 24 V Bordnetzspannungen gebaut.

Aufbau und Funktion des Drehstromgenerators:

In dreiphasigen, um 120° versetzten Ständerwicklungen (Stern- oder Dreieckschaltung), wird bei Drehung des Läufers ein Dreiphasen-Wechselstrom (Drehstrom) induziert. Der Läufer trägt die Antriebsriemenscheibe und das Lüfterrad und ist mit Magnetpolen, der Erregerwicklung und zwei Schleifringen für die Erregerstromzufuhr versehen. Ein Teil des erzeugten Drehstroms wird abgezweigt (Erregerstromkreis), über Erregerdioden gleichgerichtet und durch Kohlebürsten über die Schleifringe zur Erregerwicklung geführt (Regelung der induzierten Wechselspannung).

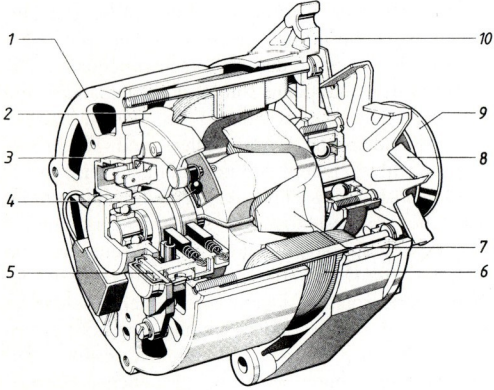

1 Schleifringlagerschild
2 Gleichrichter
3 Leistungsdiode
4 Erregerdiode
5 Regler, Bürstenhalter und Kohlebürsten
6 Ständer
7 Läufer
8 Lüfter
9 Riemenscheibe
10 Antriebslagerschild

Bild 88. Drehstromgenerator (Bosch)

Beim Anlauf muss über die Ladekontrolllampe mit Batteriestrom erst vorerregt werden (Vorerregerstromkreis; nach Verlöschen der Lampe Selbsterregung). Der Hauptstromanteil wird durch die Leistungsdioden gleichgerichtet und in das Bordnetz für Batterie und Verbraucher abgegeben. Die Generatorspannung ist von der Erregerstromhöhe, der Drehzahl und der Belastung durch Verbraucher abhängig. Durch die Regelung des Erregerstromes (Ein- und Ausschalten über Z-Dioden, Steuer- und Leistungstransistor), wird die Generatorspannung drehzahl- und belastungsunabhängig gleich hoch gehalten, der Ladestrom dem Ladezustand der Batterie angepasst und der Generator vor Überlastung geschützt.

Als *Regler* werden elektronische Feld- oder Transistorregler, früher Kontaktregler verwendet.

Flüssigkeitsgekühlte *Kompaktgeneratoren* sind Weiterentwicklungen des lüftergekühlten Drehstromgenerators. Durch Lüfterwegfall und Gehäusekapselung arbeiten sie leiser. Konstantes Temperaturniveau auch bei höchster Leistungsentwicklung ergibt längere Lebensdauer. Sie arbeiten ohne Kohlebürsten und Schleifringe und geben die Verlustwärme direkt an das Kühlmittel ab.

8.16 Starter

Verbrennungsmotoren können nicht aus eigener Kraft anlaufen (innere Reibung, Verdichtungswiderstände). Sie benötigen eine Startanlage, um die Mindeststartdrehzahl (Ottomotor 60 ... 110 l/min, Dieselmotor 70 ... 200 l/min) zu erreichen. Kleinere Motoren werden mittels Seilzug oder Hebeleinrichtungen, größere Motoren (Kraftfahrzeuge, Eisenbahn- und Kleinschiffsdiesel) durch elektrische Startermotoren und Großdieselmotoren (Schiffsanlagen) durch direkte Druckluftbeaufschlagung gestartet.

Startermotoren arbeiten wegen des hohen Anlaufwiderstand-Drehmomentes als Gleichstrom-Reihenschluss-, Doppelschluss- oder als *permanenterregte Motoren* mit 12V bei PKW Anlagen. Nutzfahrzeuge arbeiten mit 24V, Bahn- und Schiffsdieselanlagen bis 110V Nennspannung.

Bei Betätigung des Startschalters führt ein *Einspursystem* das Starterritzel in den Zahnkranz des Schwungrades ($i = 9 : 1 ... 18 : 1$), um das Anlaufdrehmoment und die Startdrehzahl aufzubringen. Da nach dem Anspringen des Motors mit eingespurtem Ritzel der Läufer mit hoher Drehzahl angetrieben werden würde, schützt ein *Freilaufsystem* den Startermotor vor Zerstörung. Nach Öffnen des Startschalters wird das Ritzel durch Federkraft aus dem Zahnkranz gespurt. Nach der Art des Einspursystems werden Starteranlagen unterschieden in:

– *Schraubtriebstarter* für Motorräder. Das Ritzel wird über ein Steilgewinde mit voller Drehzahl eingespurt. Kein Freilauf, Ausspuren erfolgt über das Steilgewinde.
– *Schub-Schraubtriebstarter* für PKW und kleine Nutzfahrzeuge, mit und ohne Planetenvorgelege zur Drehmomenterhöhung. Das Ritzel wird durch ein Einrückrelais (Magnetschalter) bei gleichzeitiger Schraubbewegung über ein Steilgewinde in den Zahnkranz geschoben (Schub-Schraub-Bewegung). Erst nach dem Einspuren erfolgt volle Ankerdrehung. Rollenfreilauf als Überlastungsschutz, Rückstellen von Anker und Ritzel erfolgt über Rückstellfeder und Steilgewinde.
– *Schubankerstarter* für LKW und Busse. Das Ritzel wird über das Einrückrelais mit dem Anker langsam drehend in den Zahnkranz eingespurt, bevor der Starter durchdreht. Lamellenkupplung als Freilauf, Rückspuren erfolgt über eine Feder.

8 Verbrennungsmotoren

– *Schubtriebstarter* für große Leistungen (6 ... 21 kW) mit mechanischer- und elektromotorischer Ritzelverdrehung, Einspuren über Einrückrelais bei langsamer Ankerdrehung zur Einspurerleichterung bevor der Starter durchdreht. Lamellenkupplung als Freilauf.

Batterieumschaltrelais schalten bei Nutzfahrzeugen mit 24V Startanlage und 12V Bordspannung die 12V Fahrzeugbatterien zum Startvorgang in Reihe und bei Motorlauf parallel. Startsperrelais verhindern ein Starten bei schon laufendem oder angelaufenem Motor.

Bei Kleinmotoren mit Magnetzündanlage werden Starter-Generator-Kombinationen verwendet, die direkt an die Kurbelwelle angeflanscht sind (Seilzug- und Kickstarter, Schwunglicht-Starter).

Ein *Schwungrad-Starter-Generator* für Kraftfahrzeuge vereint die Funktionen der beiden Aggregate in einer Einheit. Der Läufer (Teil der Schaltkupplung) bildet gleichzeitig die Schwungmasse, der Ständer ist in die Fahrzeugkupplung integriert. Zum Starten ist neben der Fahrzeugkupplung eine separate Kupplung für den Startermotor erforderlich. Das System befindet sich in der Erprobung.

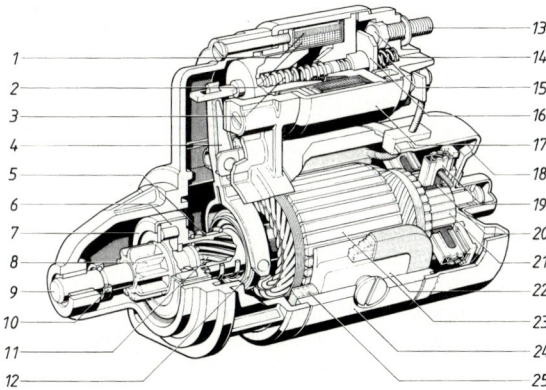

1 Haltewinkel
2 Einzugswicklung
3 Rückstellfeder
4 Einrückhebel
5 Einspurfeder
6 Mitnehmer
7 Rollenfreilauf
8 Ritzel
9 Ankerwelle
10 Anschlagring
11 Steilgewinde
12 Führungsring
13 Elektrischer Anschluss
14 Kontakt
15 Kontaktabschaltfeder
16 Kontaktbrücke
17 Einrückrelais
18 Kommutatorlage
19 Bürstenhalter
20 Kohlebürste
21 Kommutator
22 Polhschuh
23 Anker
24 Polgehäuse
25 Erregerwicklung

Bild 89. Schub-Schraubtrieb-Starter (Bosch)

8.17 Alternative Verbrennungsmotoren

Strenger werdende Abgasbestimmungen in Europa und den USA und Forderungen nach geringerem Kraftstoffverbrauch bei weniger Abgasemissionen gehören neben der Suche nach alternativen Kraftstoffen aus nichtfossilen Primärenergien zu den zentralen Anliegen der Motorenentwickler.

8.17.1 Alternative Kraftstoffe

Alternative Energiequellen sind nur dann für den Betrieb in Verbrennungsmotoren von Bedeutung, wenn sie bestimmte Mindestanforderungen in Bezug auf Transportfähigkeit, ausreichender Energiedichte und Verfügbarkeit erfüllen können. Langfristiges Ziel ist die ausschließliche Abhängigkeit von Erdölprodukten zu reduzieren und den Einsatz nichtfossiler Energieträger mit geringen Schadstoffemissionen und einer positiven Primärenergiebilanz bei der Herstellung voranzutreiben.

Flüssiggas (Autogas) ist ein Gemisch aus den bei der Erdölverarbeitung anfallenden Gasen Butan und Propan, die bei 5 ... 15 bar flüssig werden (LPG = Liquefied Petroleum Gas). Flüssiggas ist hochklopffest (ROZ > 100) und verbrennt sehr schadstoffarm. Gegenüber Benzin etwas erhöhter Verbrauch bei geringerer Leistung. Flüssiggas erfordert einen Druckbehälter als Tank und wird oft als Kombination mit Benzinbetrieb verwendet (bivalent = von Gas auf Benzin umschaltbarer Betrieb).

Erdgas für den Einsatz im Verbrennungsmotor besteht je nach Herkunft in erster Linie aus Methan (CH_4). Es ist in sehr großen Mengen verfügbar und verursacht bei der motorischen Verbrennung (Benzinersatz) sehr geringe Schadstoffemissionen (z.B. CO- und CO_2-Emission um 40 ... 70 % niedriger). Der Betrieb ist wie bei Autogas bivalent, der Trend geht jedoch (bei zunehmender Tankinfrastruktur) zum monovalenten Erdgasbetrieb. Da der Gemischheizwert niedriger liegt, ist die spezifische Leistung etwas geringer als bei Benzin- oder Dieselbetrieb. Die größere Klopffestigkeit (ROZ ≈ 130) ermöglicht im monovalenten Betrieb zur Kompensation ein deutlich höheres Verdichtungsverhältnis ε (verbrauchssenkend). Für den Fahrzeugeinsatz ist eine spezielle Speichertechnik erforderlich. Hochdrucktanks mit ca. 200 bar (Compressed Natural Gas-CNG) Speicherdruck oder verflüssigtes Liquefied Natural Gas (LNG) von ca. − 160 °C in aufwendigen Thermotankanlagen (Kryogentank) sind im Einsatz. Für die Betankung an normalen Zapfsäulen wird die CNG-Druckgasvariante bevorzugt, da an Tankstellen auf normale Erdgasleitungen mit zusätzlichen Druckerhöhungseinrichtungen zurückgegriffen werden könnte. Für den motorischen Betrieb in Kraftfahrzeugen sind Systemeinbauten zur Gasdruckreduktion und Gemischbildung erforderlich.

Wegen der insgesamt positiven Energie- und Umweltbilanz wird Erdgas als Alternativkraftstoff gefördert. Erdgas betriebene Anlagen sind im Stationärbetrieb zur Elektrizitätserzeugung (z.B. Gasturbinen/Generator mit Kraft-Wärme-Kopplung) verbreitet, als

Fahrzeugantriebe (Busse und PKW) in zunehmenden Kleinserien auf dem Markt.

Methanol und **Ethanol** (Bioalkohol) können aus kohlenstoffhaltigen Rohstoffen CO_2-neutral hergestellt werden (großtechnisch jedoch noch kostspielig). Technisch ausgeführt wird oft auch die Herstellung auf Erdgasbasis. Großversuche wurden in Kraftfahrzeugen im Mischkraftstoffbetrieb (Benzin/Methanol oder Benzin/Ethanol – 80 % / 20 %) ohne nennenswerte Änderungen an den Motoren durchgeführt. Die Kraftstoffmischung besitzt im Vergleich zu Benzin höhere Klopffestigkeit, einen besseren thermischen Wirkungsgrad und erzeugt geringere Schadstoffemissionen. Methanol hat einen geringeren spezifischen Heizwert H_u (ca. 49 % von Benzin), daher volumetrischer Mehrverbrauch. Nachteilig wirken sich der niedrige Dampfdruck, der höhere Siedepunkt und Korrosionsprobleme gegenüber bestimmten Legierungen aus. Der Einsatz von reinem Alkohol als Kraftstoff erfordert umfangreichere Motoranpassungen (z.B. an das veränderte Zündverhalten).

Wasserstoff ist als Kraftstoff technisch erprobt und gilt als Energiequelle der Zukunft, auch wenn die Herstellung nur mit schlechtem Wirkungsgrad möglich ist. H_2 wird aus Wasser, Biomasse oder Erdgas unter Energieeinsatz gewonnen (katalytisches Dampfreforming). Für den Fahrzeugeinsatz besteht die Möglichkeit, H_2 an Metallegierungen (TiFe oder Mg) gebunden als Metallhydrid zu speichern, oder im verflüssigten Zustand in Fahrzeug-Druckbehältern (– 250 °C) zu transportieren. Die motorische Verbrennung ist mit einigen Anpassungen problemlos, sie arbeitet praktisch emissionsfrei. Der geringere volumenspezifische Heizwert erfordert für den Fahrzeugbetrieb größere Tankanlagen für vergleichbare Reichweiten. Wasserstoff wird als Kraftstoff weiterhin in der Wärmetechnik, in der Elektrizitätserzeugung bei Motor/Generator-Einheiten (Kraft-Wärme-Kopplung) und bei Gasturbine/Generator-Einheiten in Spitzenkraftwerken wirtschaftlich eingesetzt.

Als Alternative zur Wasserstoffverbrennung gilt die Erzeugung elektrischer Energie mit hohem Wirkungsgrad (55 ... 65 %) in einer **Brennstoffzelle**. Sie wandelt chemische Energie eines Brennstoffs (Wasserstoff, Erdgas usw.) auf elektrochemischem Weg in Elektrizität um. Die erzeugte Energie kann zum Antrieb von Elektromotoren, bei Mischbetrieb mit Verbrennungsmotor zur Bord-Stromversorgung genutzt werden. Brennstoffzellen sind Einheiten aus PEM-Elektrolyten (Polymer-Elektrolyt-Membranen = protonenleitende Elektrolytfolien aus Kunststoff mit katalytischer Platinbeschichtung), auf deren Seiten je eine gasdurchlässige Bipolarplatte für H_2 und Luft zugeordnet ist. In der Zelle wird durch Oxidation von H_2 und O_2 aus der Luft Strom mit einer Spannung von ca. 0,6V erzeugt. Durch Reihenschaltung der Zellen (Stacks) sind beliebige Spannungen möglich. Bei der Reaktion entsteht Wasserdampf. Der Wasserstoff für den Brennstoffzellenbetrieb wird in Druckbehältern mitgeführt oder durch Methanol-Reformierung auf direktem Weg an Bord erzeugt.

Biodiesel wird aus Rapsölmethylester (RME) hergestellt. Bei der motorischen Verbrennung entstehen in Verbindung mit einem Oxidationskatalysator weniger Rußpartikel, weniger unverbrannte Kohlenwasserstoffe und geringerer CO-Ausstoß gegenüber fossilem Dieselkraftstoff. Wegen des etwas geringeren spezifischen Heizwerts volumetrischer Mehrverbrauch von ca. 10 %. Die Abgase sind frei von Schwefelverbindungen. Als nachwachsender Rohstoff besteht ein geschlossener CO_2-Kreislauf bei der motorischen Verbrennung. Wegen der geringen baulichen Veränderungen für den Einsatz in herkömmlichen Dieselmotoren und als Schmieröl bereits weit verbreitet.

8.17.2 Alternative Antriebe

Der **Hybridantrieb** ist eine Mischantriebsart, bei der zumeist die Kombination Elektromotor-Verbrennungsmotor zum Antrieb von Fahrzeugen verwendet wird.

Man unterscheidet seriellen und parallelen Hybridantrieb.

Beim *seriellen Hybridantrieb* treibt ein ständig arbeitender Verbrennungsmotor einen Generator an, der Strom für den Antriebs-Elektromotor und zur Batterieladung erzeugt. Der konstant arbeitende Verbrennungsmotor kann im schadstoffarmen, wirkungsgradgünstigen Betriebsbereich betrieben werden.

Beim *parallelen Hybridantrieb* werden der Verbrennungsmotor und die Generator-Elektromotor-Kombination einzeln, bei höherem Leistungsbedarf auch zusammen eingesetzt. Elektromotor und Generator sind oft als Stator/Rotor-Einheit zwischen Verbrennungsmotor und Getriebe angeordnet. Es wird z.B. im Stadtbereich und zum Anfahren Elektrobetrieb über Batteriepakete und bei Überlandfahrt Verbrennungsmotorbetrieb eingesetzt. Der Verbrennungsmotor lädt hier gleichzeitig die Batterien auf (Elektromotor als Generator betrieben). Zur Abdeckung von Leistungsspitzen werden beide Motorarten zusammen geschaltet.

Für vertretbare Fahrzeugreichweiten sind schwere Batteriepakete (z.B. NiCd- oder Nickel-Metall-Hydrid-Batterien) erforderlich, deren Speichervermögen noch nicht zufriedenstellend ist. Hybridantriebe sind bei vielen Fahrzeugherstellern in Kleinserien im Einsatz.

Elektromotoren für Elektrofahrzeuge erzeugen im Straßeneinsatz keine Schadstoffe, sind leiser als Verbrennungsmotoren und lassen sich ohne Schaltgetriebe betreiben. Die strenge kalifornische Gesetzgebung fordert von den Fahrzeugherstellern die Entwicklung und den praktischen Einsatz von sogenannten ZEV-Fahrzeugen (Zero Emission Vehicle). Sie schreibt diese Antriebsart ab 2003 für Kalifornien mit einem 10 %-Anteil im Verkaufsprogramm vor. Der

Schwerpunkt der Entwicklungen in der Fahrzeugindustrie liegt bei Batteriesystemen, die hohe Speicherkapazität bei geringer Masse und Bauvolumen, hohen Lade-/Entladewirkungsgrad bei langer Lebensdauer und großen Aktionsradius ohne Aufladen aufweisen müssen und sich ohne große Veränderungen in vorhandene Modellreihen einbauen lassen. Natrium-Schwefel (Na/S)-, Natrium-Nickelchlorid (Na/NiCl$_2$)- und Lithium-Polymer-Batterien sind als bedeutend leistungsfähigere Alternativen zum Bleiakku in der Erprobung.

Der Wankel-**Kreiskolbenmotor** arbeitet nach dem Viertaktprinzip und hat keine hin- und hergehenden Massen. Ein exzentrisch gelagerter Kreiskolben übernimmt die Funktion des Hubkolben-Kurbeltriebwerks beim Ottomotor.

Die Steuerung des Gaswechsels geht im Vergleich zum Hubkolbenmotor einfacher vor sich. Während der einzelnen Arbeitstakte bewegt sich die Gasfüllung im Gehäuse und kommt ständig mit gekühlten Wandungsflächen in Berührung (geringe Klopfneigung). Der Läufer (Kreiskolben) hat die Querschnittsform eines Bogendreiecks. Er ist auf einer Exzenterwelle gelagert und rotiert mit 2/3 der Wellendrehzahl in entgegengesetzter Richtung, also mit 1/3 der Wellendrehzahl bezogen auf das feststehende Gehäuse. Hierdurch ergeben sich geringere Gleitgeschwindigkeiten. Bei der Drehbewegung bleiben die drei Dichtkanten (A, B, C) dauernd mit der Wand des bogenförmigen Gehäuses (Epitrochoide) in Berührung und erzeugen dabei Hubräume wechselnder Größe für die einzelnen Arbeitstakte. Ein vollständiges Viertakt-Arbeitsspiel ergibt sich bei einer Kreiskolbendrehung oder drei Exzenterwellenumdrehungen. Durch Aneinanderreihen der Kreiskolben und Gehäusemantelteile (durch Zwischenteile getrennt) auf einer verlängerten Exzenterwelle lassen sich Mehrscheibenmotoren bauen.

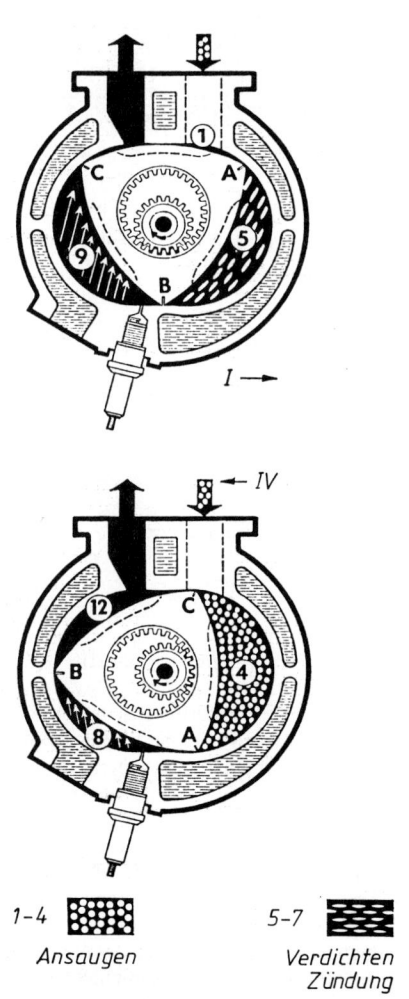
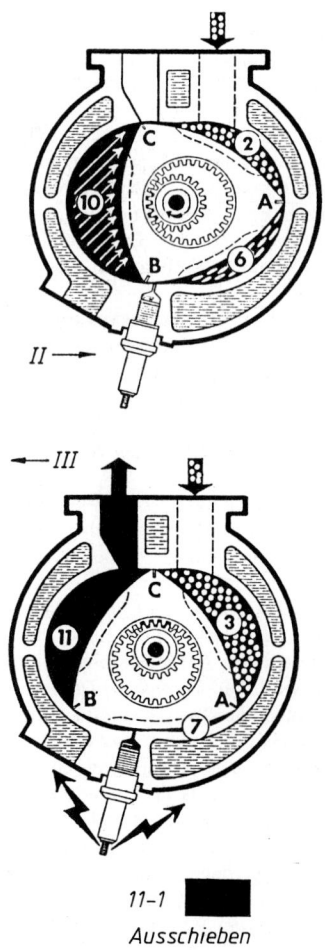

1–4 Ansaugen   5–7 Verdichten Zündung   8–10 Arbeitshub (Verbrennung)   11–1 Ausschieben

Bild 90. Wirkungsweise des Kreiskolbenmotors

Arbeitsweise (Bild 90): Das Volumen 1 wächst während des Ansaugens in der Läuferstellung 2 bis 3, wobei der Ansaugkanal geöffnet ist. In Stellung 4 ist der Ansaugtakt beendet. Anschließende Verdichtung erfolgt in den Stellungen 5, 6 und 7. In Stellung 7 wird das Gemisch gezündet. Die Arbeitsabgabe an die Welle geschieht während des Ausdehnungshubes in Stellung 8, 9 und 10. Der Auslasskanal wird bei 10 geöffnet. Das Ausschieben der verbrannten Gase erfolgt während der Stellung 11 bis 12. Bei 1 beginnt das Arbeitsspiel wieder.

Neuere Konzeptionen verwenden zwei nebeneinander liegende Zündkerzen. Elektronische Benzineinspritzung, Dreiwege-Katalysator und Abgasturboaufladung sind genauso üblich wie bei Hubkolbenmotoren.
Vorteile: Gedrungene, leichte Bauweise, wenig Bauelemente, ruhiges schwingungsarmes Laufverhalten.
Nachteile: Höherer Kraftstoffverbrauch, höherer Bauaufwand und ungünstige Brennraumform.

Gasturbinen sind wegen des schlechten Wirkungsgrades und des hohen Kraftstoffverbrauchs, besonders im Teillastbereich, im Vergleich zu den Hubkolbenmotoren, kaum für den Einsatz im Fahrzeugbereich geeignet. Man unterscheidet Gasturbinen für Flugtriebwerke (Hubschrauber, Propellerflugzeuge), Industrieturbinen zur Stromerzeugung mit Kraft-Wärmekopplung und Fahrzeugturbinen. Sie treten im Kraftwerksbetrieb in Konkurrenz zum stationären Dieselmotor. Ihr Einsatz erfolgt vorwiegend für große Triebwerksleistungen. Der Grundaufbau (Verdichter, Brennkammer, Turbine) ist bei den Ausführungen gleich.

Während beim Hubkolbenmotor der Kreisprozess im Zylinder zeitlich nacheinander abläuft, laufen die Zustandsänderungen bei der Gasturbine räumlich getrennt gleichzeitig ab.
Einwellen-Gasturbinen sind wegen ihres ungünstigen Drehmomentverhaltens nicht zum Fahrzeugantrieb geeignet.
Bei der *Zweiwellen-Fahrzeuggasturbine* (Bild 91) wird Luft vom Radialverdichter angesaugt und in die Brennkammer geleitet (3 ... 10 bar). Dort wird kontinuierlich eingespritzter Brennstoff (Gas, Diesel oder beides im Dualbetrieb) verbrannt. Das Heißgas (ca. 900 °C) expandiert unter Energieabgabe in den Leitschaufeln der Antriebsturbine, die in Drehung versetzt wird. Die *Verdichterturbine* zum Verdichterantrieb und die *Antriebsturbine* zum Fahrzeugantrieb sind nicht durch Wellen verbunden (n Antrieb bis 50 000 1/min). Die Abgase werden vor dem Ausstoßen einem Wärmetauscher zugeführt, in dem die angesaugte Luft vorgewärmt und damit der Wirkungsgrad erhöht wird. Die Antriebsdrehzahl wird in einem Zwischengetriebe untersetzt. Durch die über das Fahrpedal verstellbaren *Leitschaufeln* kann im Teillastbereich der Verbrauch gesenkt werden. Fahrzeuggasturbinen konnten über Versuchsanlagen nicht hinaus kommen.

Der **Stirlingmotor** (Heißgasmotor) ist ein Hubkolbenmotor. Er arbeitet in einem geschlossenen Kreisprozess (Sterling), da das Arbeitsgas (Wasserstoff oder Helium) ständig im Kreislauf verbleibt. Dem Arbeitsgas wird über die äußere Verbrennung eines Kraftstoff-Luft-Gemisches Wärme zugeführt, wodurch es sich ausdehnt und über einen Arbeitskolben Arbeit an das Kurbeltriebwerk abgibt. Durch den Verdrängerkolben wird das Arbeitsgas zyklisch über Kühler und Regenerator in den Erhitzer zurückbefördert. Arbeits- und Verdrängerkolben sind über einen Rhombentrieb zwangsgesteuert (Einzylindermotor). Mehrzylindermotoren arbeiten doppeltwirkend. Der Kolben eines Zylinders ist gleichzeitig Verdrängerkolben des benachbarten Zylinders.

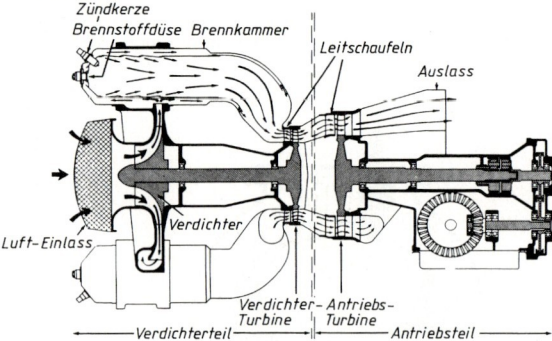

Bild 91. Schnitt durch eine Gasturbine (Opel)

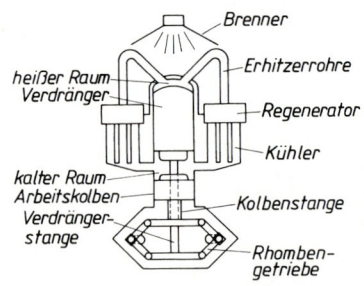

Bild 92. Prinzip des Stirlingmotors (Opel)

Dem leisen Lauf und Vielstoffeigenschaften bei hohem Wirkungsgrad stehen seine aufwendige Bauweise einer größeren Verbreitung gegenüber.

Arbeitsweise

1. Der Verdrängerkolben bleibt in OT-Lage, der Arbeitskolben verdichtet durch Bewegung nach oben kaltes Gas.
2. Der Arbeitskolben bleibt stehen, der Verdrängerkolben schiebt das Gas über Kühler, Regenerator und Erhitzer in den heißen Raum.

3. Das Gas expandiert und schiebt den Verdichter- und Arbeitskolben nach unten, wobei Arbeit aufgebracht wird.
4. Der Verdrängerkolben bewegt sich nach oben (Arbeitskolben bleibt unten) und schiebt das heiße Gas über Erhitzer, Regenerator und Kühler in den kalten Raum. Der Prozess beginnt neu.

Literatur

Bosch (Hrsg.), Dieselmotor-Management, Vieweg-Verlag, Wiesbaden 1998

Bosch (Hrsg.), Ottomotor-Management, Vieweg-Verlag, Wiesbaden 1998

Bosch (Hrsg.), Autoelektrik/Autoelektronik, Vieweg-Verlag, Wiesbaden 1998

Henneberger G., Elektrische Motorausrüstung, Vieweg-Verlag, Wiesbaden 1990

Kraemer/Jungbluth, Bau und Berechnung von Verbrennungsmotoren, Springer-Verlag, Berlin 1993

Kraftfahrtechnisches Taschenbuch, Bosch (Hrsg.), Vieweg-Verlag, Wiesbaden 2000

Köhler E., Verbrennungsmotoren, Vieweg-Verlag, Wiesbaden 1998

Küttner, K H., Kolbenmaschinen, Teubner-Verlag, Stuttgart 1994

Staudt, W., Kraftfahrzeugtechnik, Vieweg-Verlag, Wiesbaden 1995

Schriftenreihe Technische Unterrichtung, Hrsg. Robert Bosch GmbH, Stuttgart, div. Jahrgänge

Wagner, H., Strömungs- und Kolbenmaschinen, Vieweg-Verlag, Wiesbaden 1993

Waldmann/Seidel, Kraft- und Schmierstoffe, Sonderdruck der ARAL-AG Bochum aus dem Automobiltechnischen Handbuch, de Gruyter-Verlag, Berlin 1979

M Spanlose Fertigung

Wolfgang Böge/Ulrich Borutzki

1 Urformen

Unter Urformen versteht man das Fertigen eines festen Körpers aus formlosem Stoff. Formlose Stoffe sind Gase, Flüssigkeiten, Pulver, Granulate und Späne.

Einzelne Urformverfahren:

Gießen:
Stoff in flüssigem oder breiigem Zustand wird in eine geometrische Form gebracht.

Sintern:
Formloser Stoff in festem Zustand (Pulver) wird gemischt und durch Pressen und nachfolgende Wärmebehandlung in eine geometrische Form gebracht.

1.1 Gießverfahren

Beim Gießen wird ein Hohlraum – die Form – mit flüssigem oder teigig-plastischem Metall gefüllt. Der Hohlraum entspricht in allen Einzelheiten der beabsichtigten äußeren Körperform des Gussstückes. Um das zu erreichen, ist zu beachten:

a) Das flüssig vergossene Metall zieht sich beim Erkalten zusammen, es schwindet. Deshalb muss die Form um die *Abkühlungsschwindung* größer sein als das kalte Werkstück (Tabelle 1).

b) Flächen des Gussteiles, die nachfolgend spanebend zu bearbeiten sind, erhalten eine *Bearbeitungszugabe* (Tabelle 2).

c) Wanddicken des Gussteiles sollen so gleichmäßig dick gewählt werden, dass eine gleichschnelle Abkühlung des Werkstückes an allen Stellen gewährleistet ist. Bei ungleichmäßiger Abkühlung können erhebliche Spannungen und Hohlstellen (Lunker) im zuletzt abgekühlten Teil entstehen.

d) Die Form muss steigend zu füllen sein, denn bei Kaskadensprüngen zerstört das fallende Metall die Formwandungen.

Die formbildende Masse kann mineralisch (Sandform) oder metallisch (Kokille) sein.

Die gießfertige Form wird gefüllt:

a) Beim Standguss durch die Schwerkraft des flüssigen Metalls,

b) beim Schleuderguss durch die Fliehkraft des flüssigen Metalls,

c) beim Druckguss durch äußeren Druck auf das flüssige oder teigige Metall.

Tabelle 1. Abkühlungsschwindung gegossener Metalle

Gusswerkstoff	Abkühlungsschwindung in %	Gießtemperatur in °C
GJL	1	1 300 ... 1 500
GJS ungeglüht	1,2	1 300 ... 1 450
GJS geglüht	0,5	1 300 ... 1 450
GS	2	1 500 ... 1 700
G-Al	0,5 ... 1,3	650 ... 830
G-Mg	0,4 ... 1,4	620 ... 740
G-Zn	0,5 ... 1,2	390 ... 430
G-Cu	1 ... 2	920 ... 1 300

Tabelle 2. Bearbeitungszugaben für Gussstücke

Werkstoff	Schleifen	Zugabe in mm zum Drehen, Fräsen bis 800 mm	über 800 mm
GG	0,1 ... 1	2 ... 5	6 ... 20
GT	0,3 ... 1	2 ... 3	–
GS	–	3 ... 8	3 ... 30 [1]
Metallguss	0,3	2 ... 3	4 ... 10

[1] Zusätzlich sind die Maßabweichungen nach Tabelle 4 zu berücksichtigen

1.2 Modelle und Kokillen

Modelle werden aus leicht bearbeitbaren Werkstoffen hergestellt. Sie sollen glatte Oberflächen mit Aushebeschrägen haben und müssen als Modell erkennbar sein (DIN 1511). Diesen Anforderungen genügen:
Gipsmodelle für ein- bis dreimaliges Einformen mittelgroßer Teile oder für wiederholtes Einformen kleiner Massenteile.
Holzmodelle, je nach Modellqualität bis zu 50 Einformungen ohne Instandsetzung.
Metallmodelle für häufig wiederholtes Einformen (Serienfertigung).
Styropormodelle für Einzelabguss. Der Formwerkstoff verbrennt beim Einguss ohne Rückstand.

1.2.1 Holzmodelle

Verwendete Hölzer sollten gesunden Wuchs mit wenigen Ästen haben. Mittlere Holzqualität ist ausreichend, wenn der Härteunterschied zwischen Frühjahrs- und Herbstringen klein ist. Vor dem Verleimen soll das Holz auf 6 bis 10 % Feuchtigkeitsgehalt getrocknet sein. Die Auswahl der Holzqualität und fasergerechtes Verleimen bestimmen die Modellgüteklasse. DIN 1511 unterscheidet drei Güteklassen:

Güteklasse I:
Sehr gute Holzmodelle für serienweise Abgüsse
Güteklasse II:
Gute Holzmodelle für 10 bis 30 Abgüsse
Güteklasse III:
Brauchbare Holzmodelle für 1 bis 5 Abgüsse

Dicke Holzklötze bekommen beim Austrocknen *Schwindrisse*, deshalb werden dickwandige Modelle *abgesperrt* verleimt. Einzelbrettdicke abgesperrter Klötze 12 bis 40 mm. Im Modell ist so viel Hohlraum vorzusehen, wie die Festigkeit des Modells zulässt.
Abzurundende Körperkanten lassen sich gut einformen, deshalb werden am Modell alle scharfen Übergänge gerundet. Hohlkehlen bis $R = 8$ mm lassen sich billig aus Kitt herstellen, Hohlkehlradien $R = 8\text{-}12$ mm formt man am Modell durch Leder- oder Kunststoffeinlagen. Hohlradien $R \geq 12$ mm lassen sich nur durch Holzleisten formen; sie sollten wegen der hohen Herstellungskosten für das Modell möglichst vermieden werden.

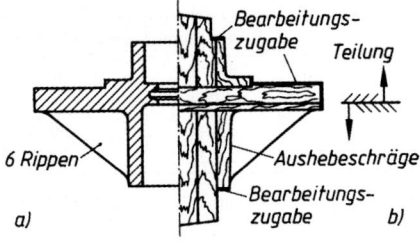

Bild 1. Geteiltes Kernmodell
a) Werkstattzeichnung
b) Modell-Vorderansicht
 Teilfuge liegt außerhalb der Scheibenmitte, Rippen verstärken den Flansch der unteren Modellhälfte

Nach der Werkstattzeichnung wird eine Modell-Vorderansicht gefertigt (Bild 1), aus dem die Modellteilung und der Verleimungsaufbau ersichtlich sind. Es wird unterschieden nach Naturmodell und Kernmodell.

Ein *Naturmodell gleicht* dem Gusskörper. Es ist nur um die Abkühlungsschwindung und die Bearbeitungszugabe größer.
Hohlräume im Gusskörper werden durch *Kerne* geformt. Kernmodelle können ungeteilt oder geteilt (Bild 1) ausgeführt sein.

1.2.2 Kerne

Zylindrische Kerne werden von langen, auf einer Kerndrehmaschine hergestellten Kernstangen abgeschnitten (billigstes Herstellverfahren). Nicht zylindrische Kerne, auch solche, die nur einen dünneren Teil haben, müssen im Kernkasten geformt werden. Für jeden nicht zylindrischen Hohlraum im Gussteil ist ein besonderer Kernkasten zu bauen.

1.2.3 Schablonen

Rotationssymmetrische Körper oder lange Körper gleichen Querschnittes werden mit profilierten Brettern – *Schablonen* genannt – eingeformt, um teure Modelle zu sparen. Bild 2 zeigt die Formherstellung eines rotationssymmetrischen Körpers mittels Schablone, die an einer Säule (Rohr oder Stahlwelle) drehbar befestigt ist.

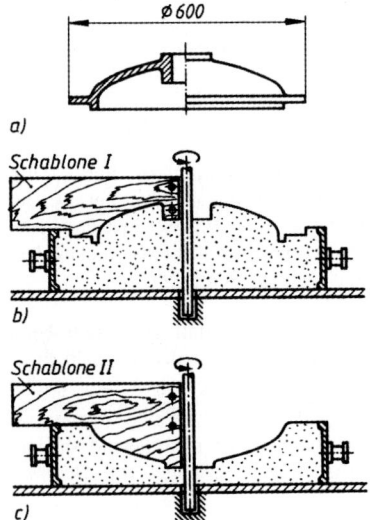

Bild 2. Schablonenformerei für Rotationskörper.
a) Werkstattzeichnung,
b) mit Schablone I geformte Innenkontur im Unterkasten,
c) mit Schablone II geformte Außenkontur im Oberkasten

Zur Herstellung langer Körper gleicher Querschnitte wird die Schablone – hier Ziehbrett genannt – an Ziehleisten geführt (Bild 3). Werden statt der geraden Ziehleisten gebogene verwendet, können auch Rohrkrümmer oder ähnliche Formen aus der Formmasse herausgearbeitet werden.

1 Urformen

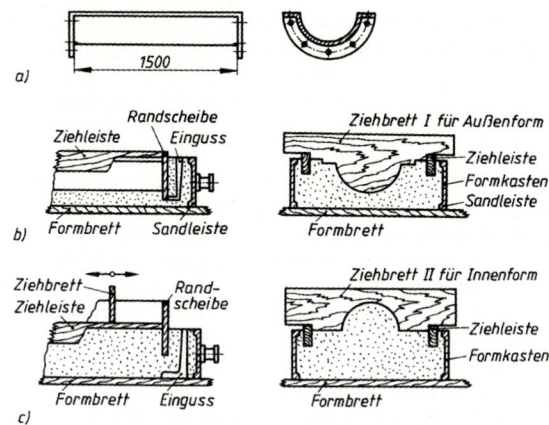

Bild 3. Schablonenformerei mit Ziehleisten.
a) Werkstattzeichnung
b) Einformen der Außenkonturen mit Ziehbrett I, Ziehleisten und Randscheiben
c) Einformen der Innenkonturen mit Ziehbrett II, Ziehleisten und Randscheiben

Vorgesehene Verrippungen müssen mit *Hilfsmodellen* – das sind keine vollen Modelle – von Hand eingeformt werden.

1.2.4 Metallmodelle

Metallmodelle werden nach *Muttermodellen* aus Holz oder Gips gegossen und allseitig auf Modellmaß mit Bearbeitungszugabe spangebend bearbeitet, damit das *Tochter-* oder *Arbeitsmodell* den Einformforderungen in allen Einzelheiten entspricht. Bei der Herstellung der Muttermodelle ist die Schwindung des Modellwerkstoffes *und* die Schwindung des Fertigungsgusses zu berücksichtigen.

Für die Modellherstellung sind alle gießbaren Metalle geeignet. Bevorzugt werden Aluminium-Gusslegierungen, die für alle Modellgrößen geeignet sind. Sie sind leicht, stabil und gut bearbeitbar. Gusseisen wird verwendet für kleine Modelle, wenn die Modelloberflächen maschinell zu bearbeiten sind, Stahlguss für Maschinenformerei größerer Modelle.

1.2.5 Kokillen

Kokillen eignen sich gut zur Hartgussherstellung, weil die Gießmasse außen schnell abkühlt. Bild 4 zeigt die Herstellung einer Hartgusswalze in einer Stahlkokille, meist wassergekühlt. Auch ohne Wasserkühlung bildet sich eine dünne, harte Haut am Gussstück, die durch nachträgliches Erwärmen und anschließende langsame Abkühlung normalisiert werden muss, falls sie die weitere Bearbeitung stört.

Vorteile des Kokillengusses: Maßgenaue Werkstücke mit kleinen Bearbeitungszugaben, glatte saubere Oberflächen ohne *anhaftende Sandkörner*, wichtig für hydraulische Bremsanlagen z. B. in Fahrzeugen.

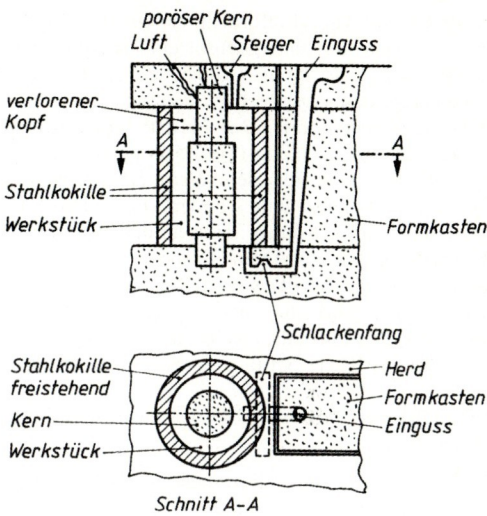

Bild 4.
Kokillenguss, Stahlkokille für eine Hartgusswalze

1.3 Formerei

Die in der Formerei hergestellte Sandform muss *standfest* gegen den Druck des flüssigen Metalles, *beständig* gegen die hohen Gießtemperaturen, *gasdurchlässig* für die Luft aus dem Formraum und sich entwickelnde Gase sein.

Zur Formherstellung werden Form- und Formhilfsstoffe zum *Modellsand* (Formmasse) gemengt. Der Modellsand soll *bildsam und feinkörnig* sein. Bildsamer Modellsand passt sich gut der Modellform an, feinkörniger Modellsand liefert glatte Gussstückoberflächen (Korngröße 0,5 mm für allgemeine Zwecke; 0,2 mm und kleiner für glatte Gussstückoberflächen). *Kernsand* für Hohlräume muss den Anforderungen wie Modellsand entsprechen und zusätzlich nach dem Guss rieselförmig zerfallen.

Formstoffe sind: feuerfester Sand (Quarzsand), Ton und Lehm. Formhilfsstoffe sind: Steinkohlenstaub, Holzkohlenstaub, Graphit und Formpuder.

Zum Modellsand der Graugießerei wird 35 % Neusand, 8 bis 30 % Ton, 5 bis 15 % Steinkohlenstaub, Rest aufbereiteter Altsand, mit Wasser erdfeucht angemengt.

Für Kleinteile wählt man Modellsand mit Tongehalt bis 15 % und gießt, wenn die Form noch feucht ist, *Guss in grüne Formen* oder *Nassguss*. Formen für große Gussstücke müssen wegen des hohen Tongehalts trocken sein: *Trockenguss*. Die normale Trockenzeit von 8 bis 10 Tagen wird auf 4 bis 6 Stunden abgekürzt durch Trocknen in Trockenöfen oder mittels Warmluft. Beim schnellen Trocknen wird die Form rissig und gasdurchlässig, behält aber ihre Standfestigkeit.

Herdformerei zum Einformen einteiliger Modelle für Gussstücke mit untergeordnetem Verwendungszweck z. B. Roststäbe in Großkesseln, Maschinenfundamentplatten, Ausgleichsgewicht u.a.
a) *Offene Herdformerei.* Das Modell formt man in der Formsandaufschüttung (bis 1,5 m hoch) auf dem Fußboden der Gießerei, dem *Herd* ein, formt von Hand einen Einguss und Überlauf und gießt. Die Oberfläche der Gussstücke kühlt an der Luft schnell ab, wird dabei hart, blasig und uneben.
b) *Geschlossene Herdformerei.* Die im Herd eingedrückte Form wird mit einem sandgefüllten Kasten abgedeckt. Das Gussstück kühlt gleichmäßig ab, die Gussstückoberfläche wird brauchbar, enthält aber Blasen.
Vorteil der Verfahren a) und b): kostengünstige Gussstücke.

Kastenformerei zum Einformen geteilter Modelle mit und ohne Kerne, für saubere Abgüsse, bequemer durchführbar als Herdformerei.
Formkästen sind Rahmen ohne Deckel und Boden aus Gusseisen gegossen oder aus Stahlblech gefertigt, in Sonderfällen auch Holzrahmen (Brandgefahr). Sandleisten halten die Formmasse im Kasten fest. Für jede Modellhälfte ist ein Formkasten nötig, weil die Modellteilfuge in der Trennebene der Kästen liegen muss. Das Einformen von Einguss, Steiger und Schlackenfang bedingt zusätzliche Formerarbeit (Bild 3).

Gussputzerei. Von den *ausgepackten* Gussstücken werden in der Gussputzerei Steiger und Einguss abgeschlagen; anhaftender Formsand und vorhandener Gießgrat wird entfernt.

1.3.1 Zementformerei

Der Modellsand wird aus Quarzsand und 12 % Portlandzement unter Zugabe von etwa 10 % Wasser erdfeucht angemengt. Diese Formmasse trägt man etwa 3 cm dick auf das Modell auf. Die Former müssen mit Gummihandschuhen arbeiten, weil Zement ätzt.
Vorteile der Zementformerei: Die Gussstücke haben sehr glatte, sandfreie Oberflächen, modellgetreue Maße, die Bearbeitungszugaben können kleiner gehalten werden als beim Sandformguss (Zementmasse legt sich gut an das Modell, quillt wenig auf). Schadstellen der Form lassen sich leichter ausbessern als bei Sandformen, Füllsand braucht nicht aufgestampft werden, mischen der Formmasse dauert nur 5 Minuten.

1.3.2 Maskenformerei (Croning-Verfahren)

Dieses Verfahren wird angewendet, wenn bei Serienabgüssen hohe Anforderungen an die Werkstückoberfläche bezüglich Gestalttreue und Oberflächengüte gestellt werden oder wenn kleine Bearbeitungszugaben und kleine Maßtoleranzen einzuhalten sind, z. B. bei Werkzeugmaschinengehäusen, Bremstrommeln für Kraftfahrzeuge, Armaturengehäusen, Kühlrippenzylinder für Motoren.
Um eine Formmaske herzustellen (Bild 5), sind Metallmodelle nötig, die mit den Einlaufkanälen auf eine metallische Modellplatte verschraubt sind (bei kleinen Modellen wird die Modellplatte mit Einlaufkanälen und Modellen aus einem Stück gearbeitet). Mittels Pressstempel und Pressrahmen wird die Formmaskenmasse – das ist feingemahlener Quarzsand mit feinkörnigem Kunststoff – fest gegen die beheizte Modellplatte gedrückt. Infolge der Wärmewirkung verklebt die Kunststoffmasse den Quarzsand zu einer scharf ausgeprägten, formhaltenden Schicht von etwa 5 mm Dicke zur Formmaske. Nicht verklebte Formmaskenmasse wird vor dem Herausnehmen der Formmaske aus dem Pressrahmen abgeschüttet und wieder verwendet. Die verklebte Formmaske wird im Ofen getrocknet, damit die Kunststoffmaske feuerfest gasdurchlässig wird.

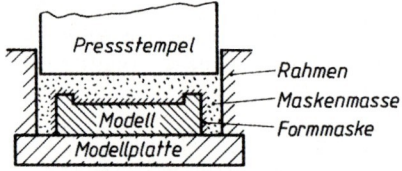

Bild 5. Herstellen einer Formmaske.
Modell und Modellplatte müssen heizbar sein.

Soll das Gussstück in einem allseitig maskengeformten Hohlraum gegossen werden, sind mindestens zwei Formmasken nötig. Hohlräume im Gussstück können durch Formmaskenkerne gestaltet werden.
Es lassen sich kleine Bearbeitungszugaben (< 1 mm) und enge Maßtoleranzen einhalten (± 0,5 mm bei Teilen bis etwa 100 mm Länge).

1.4 Herstellung der Schmelze

Um eine Schmelze in geforderter Zusammensetzung zu erhalten, werden die Feststoffe für die Beschickung des Schmelzofens *gattiert* (art- und mengenmäßig ausgewählt). Beimengungen der Feststoffe (z. B. Phosphor und Schwefel im Roheisen oder Aschenteile im Koks), die nicht in die Schmelze gelangen dürfen, werden im Ofen *abgebaut* (verbrannt) oder *gebunden*. Sie schmelzen und sammeln sich als flüssige Schlacke auf dem geschmolzenen Metall oder gehen in die Ausmauerung des Ofens über.
Für die Gießereien verwendet man folgende Schmelzöfen:
Kupolöfen (Bild 6) sind einfache, feuerfest ausgemauerte Schachtöfen mit Koks- oder Ölfeuerung. Zusätzliche Luftvorwärmung oder Vorherd erhöhen die Leistung.

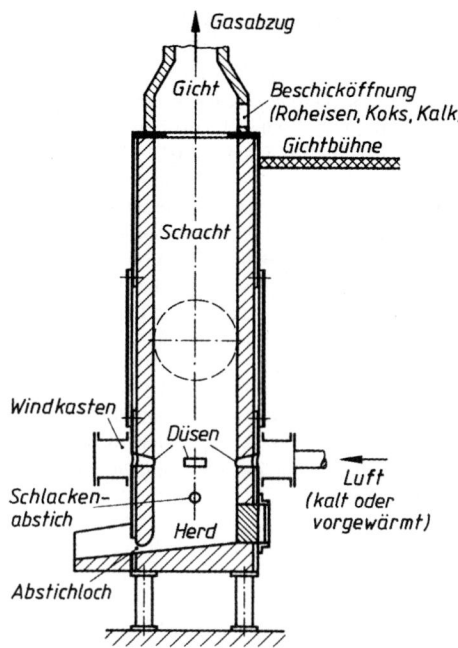

Bild 6. Kupolofen ohne Vorherd

Elektroofen mit Widerstandserwärmung (Bild 7). Elektroden (große Kohlestäbe, an denen eine elektrische Spannung liegt) ragen in die Füllmasse (Charge) des Ofens (Roheisen, Stahlschrott und Gangarten, das sind erdige Silicium- und Manganverbindungen).

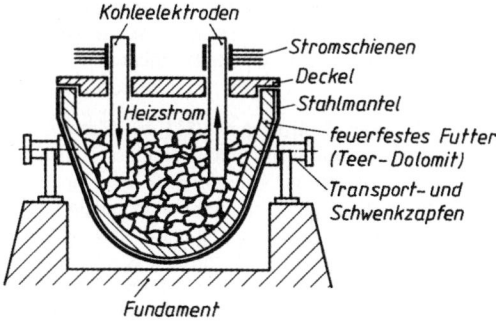

Bild 7. Elektroofen mit Widerstandserwärmung

Der von Elektrode zu Elektrode fließende elektrische Strom findet in der Füllmasse großen Widerstand, so dass die elektrische Energie in Wärme umgewandelt wird. Der Strom bleibt so lange eingeschaltet, bis die ganze Ofenfüllung geschmolzen ist.
Elektro-Lichtbogen-Öfen (Bild 8). Unter elektrischer Spannung stehende Kupfer-Graphitstäbe (Elektroden) berühren die Füllmasse des Ofens. Durch vorsichtiges Abheben der Elektroden wird ein Lichtbogen zwischen Füllmasse und Elektrode gezogen, in dessen hoher Temperatur die Füllmasse nach und nach schmilzt. Der Lichtbogen wird durch Nachschieben der Elektroden gehalten, bis die Füllmasse restlos geschmolzen und die Gießtemperatur erreicht ist.

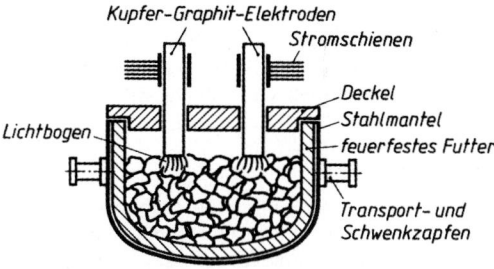

Bild 8. Elektro-Lichtbogen-Ofen

Hochfrequenz-Elektro-Öfen (Bild 9). Durch eine Kupferdrahtspule fließt ein Wechselstrom hoher Frequenz. Jede Spannungsänderung in der Spule erzeugt in der Ofenfüllmasse eine Spannung, die einen Stromfluss innerhalb der Füllmasse hervorruft. Es treten Wirbelströme auf, deren elektrische Energie in Wärme umgesetzt wird. Hochfrequenz-Elektro-Öfen eignen sich besonders zum Schmelzen feinkörniger Füllmassen (Gusseisenspäne, Granulat).
Tiegelöfen werden hauptsächlich zum Schmelzen von Qualitätsguss eingesetzt. Die Füllmasse wird in *Tiegeln* (erdige, feuerfeste, etwa eimergroße Gefäße) eingesetzt. Koks-, Gas- oder Ölbrenngase streichen an den verdeckten Tiegeln vorbei und erwärmen die Füllmasse auf Gießtemperatur. Man erhält eine besonders schwefelarme Schmelze, weil die Heizgase mit dem Schmelzgut nicht in Berührung kommen. Der Wirkungsgrad dieser Öfen ist schlecht, so dass überhöhter Brennstoffverbrauch nötig ist.

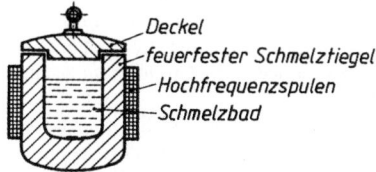

Bild 9. Hochfrequenz-Elektro-Ofen

1.4.1 Gusseisen

Ausgangswerkstoff: Mit Zuschlägen gattiertes Hütten- oder Koksroheisen.
Zuschläge: Gussbruch, Stahlschrott, Ferrosilicium, Ferromangan, Spiegeleisen u.a.
Schmelzöfen: Kupolöfen mit Koksheizung, heute Hochfrequenz-Elektro-Öfen zum Schmelzen von Gusseisenspänen.
Die Schmelze erstarrt in der gießfertigen Form normalerweise unter lamellenartiger Ausscheidung des Kohlenstoffs. Soll der Kohlenstoff *Kugelgraphit* im Gusseisen bilden (Sphäroguss), wird die Schmelze nach dem Abstich in der Gießpfanne *geimpft* (Magnesiumzusatz).

Zur Erzielung von blasenfreiem und gefügedichtem Guss setzt man Ferrosilicium und Ferromangan erst in der Gießpfanne zu und schüttelt anschließend den Inhalt der Pfanne gut durch. Während des Schüttelvorganges verbrennen die Zusätze unter starker Wärmeentwicklung. Die Schmelze kocht brodelnd, wird gut durchgemischt und völlig gasfrei.

1.4.2 Stahlguss

Ausgangswerkstoffe: Stahlschrott, Stahlroheisen.
Schmelzöfen: Meist Elektro-Öfen mit Widerstands- oder Lichtbogenerwärmung, seltener werden Tiegelöfen eingesetzt.
Beim Schmelzen brennt der Kohlenstoff um etwa 5 % ab. Unerwünschte Beimengungen in der Füllmasse mindern die Qualität des Stahlgusses erheblich. Um die Verunreinigungen und die gelösten Gase aus der Schmelze zu treiben, muss sie brodelnd kochen. Dies tritt ein, wenn Silicium und (oder) Aluminium zugesetzt werden. Die Schmelze ist dann *beruhigt*.
Die hohen Gießtemperaturen des Stahles verlangen besonders hitzebeständige Formen. Abweichend vom Gusseisen wird die Formmasse für Stahlguss aus reinem Quarzsand mit frischem Ton oder Lehm und Graphit oder Kaolin (Porzellanerde) als Magerungs- und Bindemittel hergestellt. Kein Kohlezusatz, da Gefahr der Aufkohlung.
Gute mechanische Eigenschaften bei feinkörnigem Gefüge im Stahl erzielt man durch gesteuerte Abkühlung.
Steiger- und Eingussquerschnitte sind 15 bis 25 mal so groß auszubilden wie beim Gusseisen, weil Stahl stark *nachzieht*. Durch die 5 %ige Erstarrungsschwindung des Stahles entstehen in den gegossenen Wandungen Hohlräume (Lunker), die durch nachfließenden Stahl gefüllt werden müssen. Im Steiger muss Stahl noch flüssig sein, wenn die Gusswandung schon erstarrt ist.
In den Oberflächen der Stahlgussteile eingebettete Sandkörner, erhebliche Unebenheiten der Stahlgussflächen und das Einebnen der Steiger- und Eingusstrennflächen (Brennschnittflächen) verteuern die spangebende Bearbeitung der Stahlgussstücke.
Soll der aufgenommene Wasserstoff schnell aus dem Gussstück entfernt werden (wenn die natürliche Alterung zeitlich nicht abgewartet werden kann), muss man bei 100 bis 400 °C künstlich altern (glühen).

1.4.3 Metallguss

Alle Nichteisen- und Leichtmetalle sind sowohl in Sand als auch in Kokillen gießbar. Gießtemperaturen: Messing 1000 bis 1050 °C, Bronze (Rotguss) 1100 bis 1200 °C; Aluminium-Legierungen 680 bis 780 °C; Neusilber (Cu-Ni-Zn) 1200 bis 1250 °C.
Die Metalle werden in Tiegelöfen oder in Elektroöfen mit induktiver Erwärmung (z. B. Hochfrequenz-Elektro-Öfen) geschmolzen.
Die Schmelzvorgänge sind für die einzelnen Legierungen unterschiedlich. So können schwer schmelzende Legierungsbestandteile vor dem Einbringen des übrigen Metalls im Schmelzofen oder in einem Sonderofen geschmolzen werden, die Oxydationszugaben müssen der Legierung angepasst sein. Phosphorbronze ist z. B. eine mit Phosphor *desoxydierte* Bronze. Der Phosphor verbrennt restlos in der gießfertigen Schmelze, bringt sie zum brodelnden Kochen, wobei alle Verunreinigungen an die Oberfläche der Schmelze steigen und die eingeschlossenen Gase entweichen.
Die Oxidhäute der fertigen Gussstücke beizt man mit Salpeter- oder Schwefelsäure ab (Blankbrennen); sie würden die nachfolgende spangebende Bearbeitung empfindlich stören. Die Beizgase sind gesundheitsschädlich (Lungengifte).

1.4.4 Temperguss (GT)

Zum Tempern – das ist eine Warmbehandlung zur Verbesserung der Werkstoffeigenschaften – eignen sich nur solche Gusseisenteile, deren Werkstoffgefüge weiß erstarrt ist, also ohne Graphitausscheidungen. Soll weiss erstarrtes Gefüge erzielt werden, muss die Schmelze vorwiegend aus *Temperroheisen* gattiert sein. Werden weiss erstarrte Gusseisen nach dem Erkalten langzeitig (4 bis 6 Tage) bei 850 bis 1000 °C geglüht (*getempert*), steigert sich die Dehnfähigkeit des Werkstoffes. Der Werkstoff kann dann Zug- und Biegespannungen aufnehmen und ist in geringen Grenzen sogar schmied- und kaltformbar.

1.4.4.1 Weißer Temperguss (GTW). Zum Glühvorgang werden die weiss erstarrten Gusseisenstücke in Sauerstoff abgebende Glühmittel (Erze) eingepackt und 4 bis 6 Tage auf Glühtemperatur gehalten. Der vom Glühmittel abgegebene Sauerstoff verbindet sich mit dem ausscheidenden kristallinen Kohlenstoff zu gasförmigem Kohlenoxid oder -dioxid. Die Gase müssen entweichen können. Nur kristallin gebundener Kohlenstoff – nicht der als Graphit ausgeschiedene – verbindet sich mit dem Sauerstoff des Glühmittels. Die Entkohlung beginnt an der Werkstückoberfläche und dringt langsam zur Mitte vor. In der Mitte dicker Wandungen (bei dünnwandigen, wenn der Glühvorgang vorzeitig abgebrochen wurde) ist unzerlegtes Ledeburit (Gussgefüge) vorhanden, das an der großschuppigen Bruchfläche zu erkennen ist. Um diesen Kern hat sich ein Mantel aus Perlit mit Temperkohle ausgebildet, sein Bruchgefüge sieht grau aus. Die weiss schillernden Außenränder zeigen deutlich den ferritischen Gefügeaufbau.
Dünnwandige Werkstücke mit reinem ferritischen Querschnitt sind schweißbar.

1.4.4.2 Schwarzer Temperguss (GTS).

Die weiß erstarrten Gusseisenstücke werden in neutralen Sand eingepackt, 4 bis 6 Tage geglüht. Während des Glühens spalten sich die harten Eisencarbide (Fe_3C) in Eisen-(Fe_2) und Kohlenstoffmoleküle (C_2). Der gesamte Kohlenstoff verbleibt im Gefüge. Die Bruchflächen des schwarzen Tempergusses sind über den ganzen Querschnitt gleich bleibend schwarz, aber feinkörnig. Aus der Struktur der Bruchflächen des GTS kann man nicht in allen Fällen eine sichere Grundlage für Beanstandungen herleiten.

GTS ist *nicht* schweißbar, da beim Erwärmen auf Schweißtemperatur die Temperkohle *ausfällt*, d.h. die Temperkohle wandert, bedingt durch die sehr hohen Temperaturen, an die Korngrenzen, kristallisiert dort lammelar aus oder oxydiert unter Luft- oder Schweißsauerstoffaufnahme.

GTW und GTS sind vergütbar. Erreichbare Grenzwerte: Bruchfestigkeit R_m = 600 N/mm², Dehnung δ = 5 bis 30 %, von der Wanddicke abhängig. Genaue Angaben enthält DIN 1692. *Konstruktionsmerkmale für Tempergussstücke.* Nach dem Ergebnis einer sorgfältig durchgeführten Festigkeitsberechnung entwirft man unter Berücksichtigung der gießtechnischen Belange. Blasenfreies Füllen der Form muss gewährleistet sein, die Aushebeschräge und die Kerne müssen so ausgebildet werden, dass keine unterschiedlichen Wanddicken auftreten können und die Mindestwanddicke – allgemein 5 mm – nicht unterschritten wird. Zu fordern sind möglichst dünnwandige Gussstücke unter Vermeidung einseitiger Massenanhäufung und scharfer Übergänge.

Dünnwandige Stücke von gleicher Wanddicke erhalten in kurzer Glühzeit ein einwandfreies Tempergefüge, für das eine hohe zulässige Spannung in die Festigkeitsrechnung aufgenommen werden darf. Große Abrundungen und große Hohlkehlen an Stelle scharfer Übergänge mindern die Rissbildung beim Anwärmen zum Glühen.

Modelle und Kerne, die diesen Anforderungen entsprechen, sind oft erheblich teurer als für einfache Abgüsse. Auch die Kosten für das Tempern sind schon bei der Konstruktion zu berücksichtigen (koksbeheizte Glühöfen verbrauchen das 1,2 bis 1,8fache Gewicht des eingesetzten Gusseisens an Koks, für gasbeheizte Glühöfen rechnet man: erforderliches Gasgewicht etwa Einsatzgewicht des Gusseisens. Die Tempergussstücke weichen beachtlich von den Sollmaßen ab, vgl. Tabelle 3.

1.5 Strangguss

Mit Strangguss bezeichnet man die Herstellung von profiliertem Stangenmaterial aus flüssigem Metall durch Gießen.

1.5.1 Stahlstrangguss (Lotrechtguss)

Stranggießbar sind nur beruhigte Stähle. Bei unberuhigten Stählen treten während des Stranggießens Lunker im Inneren des Werkstoffes und Blasen an den Werkstückoberflächen auf.

Tabelle 3. Maßabweichungen für Tempergussstücke

Toleranz-gruppe	Maßgruppe	Nennmaß in mm					
		bis 6	6 ... 18	18 ... 50	50 ... 180	180 ... 500	über 500
A	Außenmaße	–	+ 2 ... – 1	+ 3 ... – 2	+ 5 ... – 3,5	+ 7 ... – 5	+ 9 ... – 7
	Innenmaße	–	+ 1 ... – 2	+ 2 ... – 3	+ 3,5 ... – 5	+ 5 ... – 7	+ 7 ... – 9
	Mittenabstände Dicken der Wände, Rippen und Stege	± 1,5	± 2,5	± 3,5	± 4,5	–	–
B	Außenmaße	–	+ 1,2 ... – 1	+ 2 ... – 3	+ 4 ... – 2,5	+ 6 ... – 3,5	+ 8 ... – 5
	Innenmaße	–	+ 1 ... – 1,2	+ 1,5 ... – 2	+ 2,5 ... – 4	+ 3,5 ... – 6	+ 5 ... – 8
	Mittenabstände Dicke der Wände, Rippen und Stege	± 1	± 2	± 2,5	± 3,5	–	–
			bis 18	18 ... 30	50 ... 80	120 ... 200	über 200
C	Außenmaße	–	+ 0,9 ... – 0,7	+ 1,1 ... – 1,8	+ 1,5 ... – 1,2	+ 2,1 ... – 1,9	+ 3,8 ... – 3
	Innenmaße	–	+ 0,7 ... – 0,9	+ 0,8 ... – 1,1	+ 1,2 ... – 1,5	+ 1,9 ... – 2,1	+ 3 ... – 3,8
	Mittenabstände Dicke der Wände, Rippen und Stege	+ 0,9 ... – 0,8	+ 1,4 ... – 1,1	+ 1,7 ... – 1,3	–	–	–

Unebenheiten, Unrunden und Verzug der Tempergussstücke sollen innerhalb dieser Abweichungen liegen.
Toleranzgruppe A: Nach Holzmodellen der Güteklasse II handgeformte Gussstücke.
Toleranzgruppe B: Nach Holzmodellen der Güteklasse I oder nach Metallmodellen hand- oder maschinengeformte Gussstücke.
Toleranzgruppe C: Nach besten Metall- oder Kunststoffmodellen maschinell geformte Massenteile unter Verwendung von teuren Sonderformmitteln.
Die Toleranzen verlangen genaue Nennmaßkennzeichnung nach DIN 1511, ob Aushebeschräge positiv, negativ oder gemittelt zum Nennmaß liegen soll.

Ablauf des Verfahrens (Bild 10). Aus einer 10 bis 100 t fassenden Gießpfanne wird flüssiger Stahl in einen Zwischenbehälter gegossen und fließt von dort durch die eigene Schwere formgebenden Kokillen zu. Da gleichmäßiger Durchsatz in den Kokillen einzuhalten ist, arbeitet man auch mit 2 Zwischenbehältern oder 2 Stopfenpfannen auf Dreh- oder Schiebevorrichtungen. Die wassergekühlten Kokillen bewegen sich sehr schnell auf und ab, um Haften des Stranges an den Kokillenwänden zu verhindern. Bis zu 8 Kokillen können nebeneinander angeordnet sein. In den Kokillen erstarrt eine etwa 20 mm dicke Randschicht, während das Innere noch flüssig ist. Unter den Kokillen durchlaufen die Stahlstränge eine 2 bis 10 m hohe Kühlkammer, in der sie durch Wasserbrausen entsprechend den Abkühlungsgesetzen für Stahl bis zum völligen Erstarren abkühlen. Stützrollen führen den rotwarmen Strang unter Verhinderung jeglichen Verzuges, damit keine inneren Strangschäden auftreten können. Außerhalb der Kühlkammer sorgt ein Rollengang für gleichmäßige und richtige Stranggeschwindigkeit. Die rotwarmen Stränge werden mittels Trennvorrichtung (Pendelsäge, Brennschneidmaschine o.a.) abgelängt. Dem Gießen kann sich sofort der erste Walzvorgang anschließen.

Dieses Verfahren hat das Blockgießverfahren fast völlig verdrängt. Es hat folgende Vorteile: geringerer Abstand während der Weiterverarbeitung (95 % statt etwa 85 %), geringerer Energieaufwand, steuerbare Abkühlungsgeschwindigkeit, Kokillenverschleiß ist billiger als Blockwalzenverschleiss, größerer Werkstoffdurchsatz, der den Stoßbetrieb des Stahlwerkes glatt auffängt, Personaleinsparung.

1.5.2 Gusseisenstränge (Horizontalguss)

Bild 11. Zur Herstellung langer Gusseisenstangen gleichbleibender Qualität fließt aus einem Warmhalteofen flüssiges Gusseisen durch zwei kurze wassergekühlte Kokillen. Der Warmhalteofen wird alle 20 min mit flüssigem Gusseisen nachgefüllt und durch eine Heizanlage auf gleiche Temperatur gehalten. Die Kokillen formen volle Querschnitte der Stränge (meist rund oder quadratisch, in Sonderfällen auch beliebig), dabei wird der Werkstoff auf 900 °C abgekühlt. Die Stränge werden mit einem Rollengang oder durch Zangen aus den Kokillen herausgezogen, um einen gleichmäßigen und schnellen Gießfluss einzuhalten. Gießgeschwindigkeit bei 25 mm Stangendurchmesser etwa 50 m/h, bei dem z.Z. größten gießbaren Durchmesser 205 mm etwa 6 m/h. Hohlprofile können noch nicht stranggegossen werden (Kühlungsschwierigkeiten bei den innenformgebenden Werkzeugen).

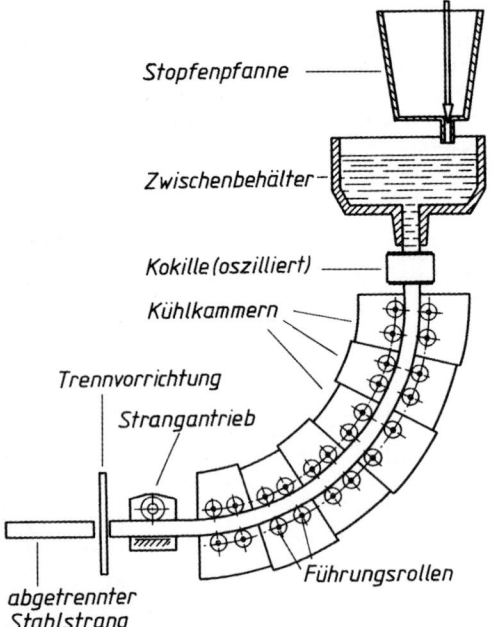

Bild 10. Schematische Darstellung einer Strahlstrang-Gießanlage

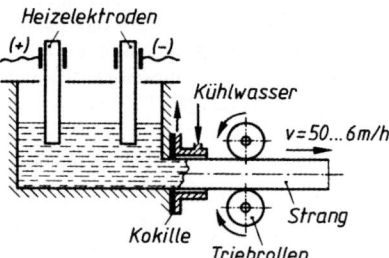

Bild 11. Schematische Darstellung einer Horizontal-Gießanlage

Die Stränge werden in gewünschter Stangenlänge (meist 4 m) ohne Unterbrechung des Gießvorganges abgetrennt.

Die harten Außenwandungen der runden Stangen werden vom Stangenhersteller abgeschält, quadratische oder beliebig geformte Stangen gehobelt oder gefräst.

Maßabweichungen der gegossenen Stangen + 1 mm, der geschälten oder gefrästen Stangen ± 0,05 mm vom Sollmaß. Diese kleinen Abmaße gewährleisten sicheres Spannen in den Spannzeugen der Stangenautomaten.

Werkstoffqualität der Gusseisenstangen: Zugfestigkeit 320 N/mm^2; Biegefestigkeit 560 N/mm^2; Härte 210 ± 20 HB; E-Modul $1,3 \cdot 10^5$ N/mm^2; Durchbiegung 14 mm des 600 mm langen Stabes von 30 mm Durchmesser; im Querschnitt und in der Länge der Stange gleichbleibend.

Stranggegossene Stahlstäbe haben Rechteckquerschnitt von maximal 140 × 250 mm. Diese Vorbrammen, 500 bis 1 500 mm lang, verarbeitet man auf Feinstahlstraßen, in Großschmieden oder in Strangpresswerken.

1.6 Schleuderguss

Schleudergießbar sind alle in feste Formen gießbaren Metalle, wenn der zu gießende Körper einen rotationssymmetrischen Hohlraum hat, der den Einguss des flüssigen Metalls gestattet. Rotationssymmetrische Körperform ist anzustreben, aber nicht Bedingung für die Schleudergießbarkeit des Werkstückes. Nur für Massenteile wirtschaftlich. Hergestellt in Schleuderguss werden aus *Gusseisen*: Versorgungsrohre für Be- und Entwässerungsnetze bis 200 mm Innendurchmesser, Zylinder für Kraftfahrzeugmotoren und Kompressoren mit und ohne Kühlrippen, Kolbenringe, Seil- und Bremstrommeln.
Stahl: Radkörper für Zahn- und Kegelräder.
NE-Metall: Buchsen, Lagerschalen, Schneckenräder und Schneckenradkränze.
Ablauf des Verfahrens: In eine rotierende Kokille mit waagerecht oder senkrecht angeordneter Rotationsachse wird flüssiger Werkstoff eingegossen. Durch die Reibung an der glatten Kokillenwand wird der Werkstoff nach und nach auf die Drehfrequenz der Kokille beschleunigt. Bei waagerecht angeordneter Rotationsachse muss die Fliehkraft des rotierenden flüssigen Metalls größer sein als die Erdanziehung (Gewichtskraft), sonst tropft in der höchsten Stellung Werkstoff aus. Waagerecht angeordnete Kokillenachsen sind für lange Gusskörper günstig, weil sich eine gleichmäßige Wanddicke von selbst einstellt. Dabei ist zu beachten, dass beim Rotieren schlanker Massen dynamische Unwuchten besonders stark hervortreten, zu deren Dämpfung sehr kräftig ausgebildete Gießmaschinen nötig sind. Schematische Darstellung einer Schleuderkokille mit waagerechter Achse zeigt Bild 12.

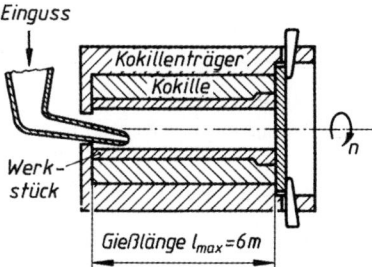

Bild 12. Schleudergießverfahren mit waagerechter Rotationsachse

In Kokillen mit senkrecht angeordneter Rotationsachse steigt das rotierende flüssige Füllgut an der glatten Kokillenwand hoch, wodurch im *Freischleuderverfahren* nach oben dünner werdende Wanddicken entstehen.
Im *Begrenzungsschleuderverfahren* gewährleisten Steigbegrenzer eine Mindestwanddicke des oberen Werkstoffrandes. Schleudergegossene Werkstücke haben keine Lunker (sie werden durch die Fliehkraft der Werkstoffteilchen zugedrückt) und keine Schlakkeneinschlüsse (die leichtere Schlacke wird zum Innenradius zurückgedrängt, wo sich eine dünne Schlackenhaut bildet). Eine dünne Schlackenhaut auf den Innenwandungen schleudergegossener Rohre ist dann erwünscht, wenn hohe Korrosionsbeständigkeit gefordert wird. Im Schleudergussverfahren können Gussstücke bis zu einer Masse von 5 000 kg gefertigt werden.
Bei zu erwartenden großen Unwuchten schleudert man mit der Drehfrequenz ω_{min}, bei der *Austropfen* sicher vermieden wird:

$$\omega_{min} = \sqrt{\frac{g}{r}}$$

ω_{min}	g	r
$\dfrac{1}{s}$	$\dfrac{m}{s^2}$	m

g Fallbeschleunigung, r Innenradius

Wenn möglich, schleudert man mit großer Drehfrequenz, um dichte Gussgefüge mit feinkörniger, korrosionsbeständiger und verschleißfester Außenhaut zu bekommen.

■ **Beispiel:**
Welche kleinste Drehfrequenz ω_{min} ist zum Schleudergießen von Rohren aus Gusseisen mit 180 mm Innendurchmesser bei waagerecht angeordneter Kokillenachse erforderlich?

Lösung:

$$\omega_{min} = \sqrt{\frac{g}{r}} = \sqrt{\frac{9{,}81 \text{ m/s}^2}{0{,}09 \text{ m}}} = 10{,}44 \frac{1}{s} \approx 626^{-1}.$$

1.6.1 Schleuderverbundguss dient zum Ausgießen von vorgefertigten Lagerschalen (meist aus Stahl) mit Lagermetall.
Das Lagermetall wird in Lagerschalen ohne Haltenuten oder Schwalbenschwänze
a) bei großer Drehfrequenz der vorgewärmten zylindrischen Lagerkörper im flüssigen Zustand eingegossen oder
b) als feste Metallzugabe (Granulat, also Metall in Körnerform) vor dem Schleudern in die Lagerschale gegeben (Bild 13). Die Lagerschale und mit ihr das Granulat erwärmt man während des Schleuderns mittels Brenner oder elektro-induktiv. Ist das Lagermetall geschmolzen, wird die Wärmezufuhr unterbrochen und so lange geschleudert, bis Erstarrung eintritt.

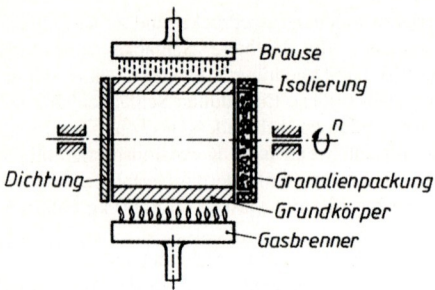

Bild 13. Schleuderverbundguss mit Granalienpackung

In beiden Fällen kann das Lagefutter sehr dünn gehalten werden (3 mm). Das Lagermetall ist durch den Schleudervorgang besonders verschleißfest geworden und so fest mit dem Grundmetall verbunden, dass es auch bei starken, betriebsverursachten Formänderungen nicht reißt oder ausbröckelt. Das Verfahren verlangt viel Erfahrung, so dass es ratsam ist, mit der Ausführung Hersteller zu beauftragen, die über entsprechende Sonderwerkstätten verfügen.

1.7 Druckguss

Beim *Druckguss-Verfahren* wird flüssiges Metall unter hohem Druck in geteilte Metallformen gedrückt, wobei während des Erstarrungsvorganges des gegossenen Metalls der Druck aufrechterhalten bleibt. Durch dieses Verfahren können dünnwandige Werkstücke mit komplizierten Formen mit hoher Oberflächengüte und engen Toleranzen hergestellt werden.

Das *Spritzguss-Verfahren* ist dem Druckguss-Verfahren sehr ähnlich. Hier wird jedoch Kunststoff unter Druck gegossen (siehe Werkstofftechnik, Abschnitt 6.6.2). *Druckgusswerkstoffe* (siehe Werkstofftechnik, Abschnitt 5.10).
Druckgussteile können nach dem Warmkammer- und dem Kaltkammerverfahren hergestellt werden.
Beim *Warmkammerverfahren* befinden sich Presskolben und Zylinder in dem mit flüssigem Metall gefüllten Werkstoffbehälter.
Fertigungsdaten:

Arbeitsdruck	(100 bis 3 500) bar
Einströmquerschnitt	(0,5 bis 8) mm
Strömungsgeschwindigkeit	(10 bis 70) m/s
Formfüllzeit	(0,1 bis 0,3) s

Mit Hilfe dieses Verfahrens können nur solche Materialien gegossen werden, die Presskolben und Zylinder nicht angreifen, also z. B. Magnesium-, Zinn- oder Zinklegierungen.
Beim *Kaltkammerverfahren* befinden sich Presskolben und Zylinder außerhalb des mit flüssigem Metall gefüllten Werkstoffbehälters.
Fertigungsdaten:

Arbeitsdruck	(20 bis 100) bar
Einströmquerschnitt	(0,1 bis 1) mm
Strömungsgeschwindigkeit	(12 bis 70) m/s
Formfüllzeit	(0,05 bis 0,2) s

Mit Hilfe dieses Verfahrens können nun solche Materialien gegossen werden, die Presskolben und Zylinder angreifen würden, also z. B. Aluminium- und Kupferlegierungen.

Gussteile aus Aluminiumlegierungen können bis zu einer Masse von ca. 45 kg hergestellt werden. Bei anderen Werkstoffen liegt die wirtschaftliche Obergrenze bei ca. 25 kg.

Konstruktionshinweise für Druckgussteile: Wanddicken sollten zwischen 0,5 mm und 4 mm ausgelegt werden (Tabelle 4). Übergänge werden zur Vermeidung von Kerbrissen abgerundet ($R \approx 1$ bis 1,5 mm). Hinterschneidungen sollten ganz vermieden werden. Zur Stabilität von Druckgussteilen können Verrippungen eingeplant werden. Kerne, die für den Mitguss von Bohrungen eingearbeitet werden, müssen einen Mindestdurchmesser von 1 mm (Zink), 2 mm (Mg-Leg.) oder 2,5 mm (Al-Leg.) haben.

Vorteile der Druckgussfertigung:
– große mengenmäßige Leistung
– wirtschaftliche Ausnutzung des Werkstoffes
– gute Maßhaltigkeit
– geringe Bearbeitungszugaben
– sehr gute Oberflächen
– durch große Stückzahlen geringe Herstellungskosten

Nachteile der Druckgussfertigung:
– kleine Lufteinschlüsse im Abguss sind unvermeidlich
– Lebensdauer der Druckgussformen ist durch starke Erosion begrenzt
– Schwingungsbeanspruchung während des Abgusses kann zu einer größeren Sprödigkeit der Druckgusswerkstücke führen

Tabelle 4. Toleranz- und Wanddickenrichtwerte

Legierung Festigkeit im Teil Gießtemperatur	kleinste Wanddicke in mm	Toleranz für die Wanddicke Maßtoleranz der Längen	kleinste Bohrungsdurchmesser d größte Tiefe t bei Grundlöchern	kleinste Gewinde	
				außen	innen
Blei $R_m = 50$ N/mm² ≈ 260 °C	0,7 ... 2	0,7 ... 5 mm ≈ 0,005 mm über 5 mm ≈ 0,1 %	$d = 0,6$ mm $t = 3\,d$	M 5	M 12
Zinn D Sn Al 4 $R_m = 250$ N/mm² ≈ 400 °C	0,5 ... 2	0,5 ... 10 mm ≈ 0,005 mm über 10 mm ≈ 0,05 %	$d = 0,6$ mm $t = 3\,d$	M 5	M 12
Aluminium DIN 1725 (T2) $R_m = 250$ N/mm² ≈ 700 °C	0,8 ... 3	0,8 ... 15 mm ≈ 0,03 mm über 15 mm ≈ 0,2 %	$d = 2$ mm $t = 3\,d$	M 12	M 20
Magnesium DIN 1729 (T2) $R_m = 140 ... 170$ N/mm² ≈ 770 °C	0,8 ... 3	0,8 ... 12 mm ≈ 0,02 mm über 12 mm ≈ 0,15 %	$d = 2$ mm $t = 3\,d$	M 10	M 15
Kupfer R_m abhängig von der Kaltverfestigung ≈ 1000 °C (teigig)	1,5 ... 4	1,5 ... 15 mm ≈ 0,15 mm über 15 mm ≈ 0,4 %	$d = 4$ mm $t = 2\,d$	M 15	vermeiden

1.8 Feinguss (Schalenformverfahren)

Modellherstellung: Die verlorenen Modelle für den Feinguss bestehen aus Wachs oder Thermoplasten und werden im Spritzgussverfahren hergestellt. Sehr kleine Modelle werden zu Modelltrauben zusammengesetzt (Bild 14).

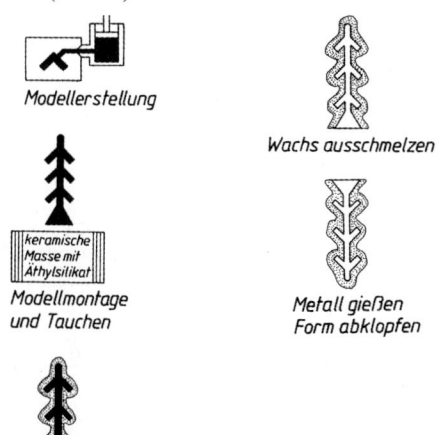

Bild 14. Fertigungsablauf von Feinguss-Werkstücken

Fertigungsablauf:

Das Modell wird in eine zähflüssige keramische Masse mit Äthylsilikat getaucht und sofort anschließend besandet. Dieser Vorgang wird solange wiederholt, bis sich eine selbsttragende Keramikform gebildet hat. Anschließend wird die Wachs- oder Kunststoffmasse mit Heißdampf bei einer Temperatur von 170 °C und einem Druck von ungefähr 6 bar ausgeschmolzen. Nach dem Brennen der Form bei 1 000 °C (Brennzeit ca. 10 bis 12 h) muss sie eventuell durch Hinterfüllen mit Sand oder Zement verstärkt werden.

Die so entstandene Form wird meistens durch statisches Gießen (Gießen unter Schwerkraft) ausgegossen. Zur Steigerung des Formfüllungsvermögens und zur Vermeidung gasförmiger Einschlüsse kann auch bei Unterdruck oder im Vakuum gegossen werden.

Nach der Abkühlung des Metalls wird die Form zerstört und die Gusswerkstücke vom Speisungssystem durch Schleifen abgetrennt. *Grenzen und Genauigkeiten des Verfahrens*: Abmessungen der Gusswerkstücke bis zu 500 mm, bei Teilen aus Leichtmetall bis 800 mm. Gießmassen sind von 0,5 g bis 50 kg möglich. Die Maßabweichungen sind für gegossene Werkstücke sehr gering (Tabelle 5).

Tabelle 5. Toleranzen von Feingusswerkstücken

Nennmaß in mm	Maßabweichung in %
bis 10	± 1
bis 100	± 0,6
bis 500	± 0,4

Als *Gusswerkstoffe* können alle Werkstoffe mit einer genügend hohen Fließfähigkeit verwendet werden. Beispiele hierfür sind unlegierte und legierte Vergütungs- und Werkzeugstähle, Kupferlegierungen und Leichtmetalllegierungen auf Magnesium-, Aluminium- oder Titanbasis.
Anwendungsbeispiele für Feingussteile sind Dampfturbinenschaufeln, Turboladerrotoren, medizinische Geräte, Werkzeugbau, Luft- und Raumfahrt.

2 Trennen und Umformen

Aus den Halbzeugen *Blech* und den ähnlichen Halbzeugen *Blechband* und *Flachmaterial* lassen sich vielgestaltige Maschinen- und Gerätebauteile herstellen. Die gewünschte Größe der Bauteile erhält man durch *Zerteilen* (Trennen). Man zerteilt durch: Scherschneiden, Keilschneiden mit den Untergruppen Messerschneiden und Beißschneiden, Reißen, Brechen (Tabelle 1). In der industriellen Fertigung wird Scher- und Messerschneiden zum Abschneiden mit offener Schnittlinie, Auschneiden, Lochen mit geschlossener Schnittlinie am häufigsten angewendet. Durch *Umformen* werden Form, Oberfläche und Werkstoffeigenschaften eines Werkstücks gezielt verändert. Dabei bleiben Masse und Stoffzusammenhang bestehen (Übersicht über Umformverfahren in Tabelle 4).
DIN 8588 [1] legt fest: *Scherschneiden* (kurz Schneiden) ist Zerteilen von Werkstoff zwischen zwei Schneiden, die sich aneinander vorbeibewegen und bei dem der Werkstoff voneinander abgeschert wird. *Messerschneiden* ist Keilschneiden mit *einer* Schneide, deren Keil den Werkstoff auseinanderdrängt.

2.1.1 Abschneiden

Abschneidbar sind: Pappe, Papier, Leder, Textilien, Dichtungsstoffe, alle gewalzten Halbzeuge der Metalle und Kunststoffe. Größte schneidbare Stahlblechdicke 120 mm, größte schneidbare Walzdicke 230 mm im Quadrat, schneidbare Qualitäten bis R_m = 1 200 N/mm².
Abschneiden ist vollständiges Trennen des Werkstückes vom Rohteil längs einer offenen (d.h. einer in sich nicht geschlossenen) Schnittlinie. Die Schnittlinie braucht nicht gerade zu sein. Die Schnittflächen sind uneben, schuppig und wenig maßhaltig (kleinste Maßtoleranz ± 0,2 mm), die Werkstücke durch den Schneidvorgang verbogen.

2.1.1.1 Der Schneidvorgang. Durch Druck auf den Werkstoff werden so hohe Scherspannungen im Werkstoff erzeugt, dass ein Quetschriss eintritt. Diese Scherspannungen lassen sich nicht auf die Trennlinie begrenzen, sondern pflanzen sich, schnell abnehmend, einige Millimeter tiefer in den Werkstoff fort. Scharfe Schneiden halten den Streifen erhöhter Scherspannungen schmal. Das ist wichtig, weil erhöhte Scherspannungen Werkstoffversprödungen hervorrufen.

2.1 Trennverfahren

Tabelle 1. Übersicht über Trennverfahren (Auszug)

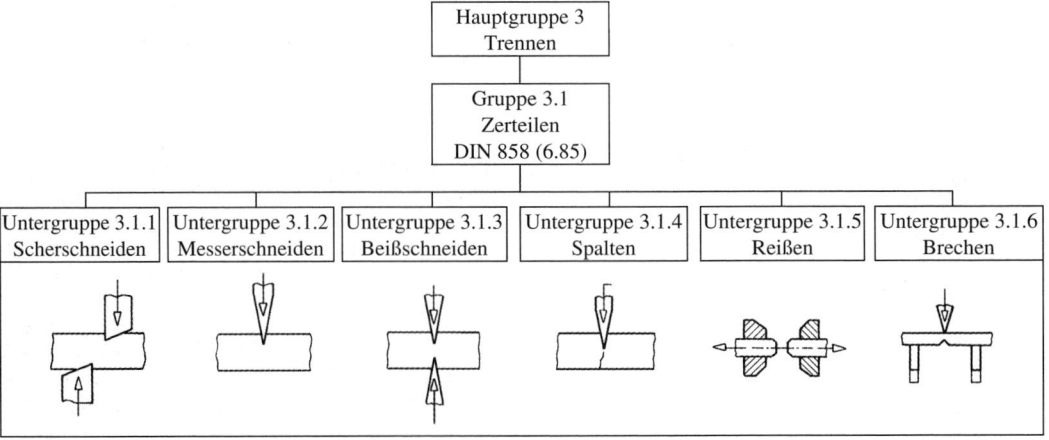

---

[1] Entsprechend DIN 8588 sind alle Begriffe am Werkzeug mit Schneid, alle Begriffe am Werkstück mit Schnitt bezeichnet.

Schneiden mit Keilmesser (Messerschneiden) zum Trennen weicher Werkstoffe wie: Pappe, Papier, Textilien, Dichtungsstoffe oder dünn ausgewalztes Metall in Form von Blei-, Aluminium-, Zinn- oder Messingfolien. Beim Messerschneiden wird der *ideale Spannungszustand* nahezu erreicht (d.h. die Scherspannungen treten nur in der Scherebene auf), wenn die Schneidkeilmitten rechtwinklig zur Werkstoffoberfläche angeordnet sind.

Scherschneiden zum Trennen von Blechen und Profilen aller knetbaren Metalle, Platten und Stangen aus Kunststoff mit hoher Dehnung (in besonderen Fällen kann Erwärmen der Werkstoffe nötig sein). Beim Scherschneiden erzielt man im Werkstoff einen *technisch günstigen* Spannungsverlauf dadurch, dass nicht die Keilmitte – wie beim Messerschneiden – sondern eine Schneidfläche (meist die Druckfläche im Bild 3) rechtwinklig in den zu trennenden Werkstoff eindringt. Dabei bildet sich eine Ebene maximaler Scherspannungen heraus, die schräg zur Werkstückoberfläche liegt. Die Schräglage dieser Ebene größter Scherspannungen ist von der Kaltverformbarkeit und der Dicke des Werkstoffes, sowie von der Güte der Schneiden abhängig. Die Lage der Ebene größter Scherspannungen bestimmt die Größe des Schneidspalts u zwischen unterer und oberer Schneide.

Zum Schneiden mittelharter und weicher Stähle wählt man:

$$\text{Schneidspalt } u \approx \frac{\text{Blechdicke}}{25} \approx \frac{s}{25} \text{ Blechdicke in mm}$$

Die Größe des Schneidspalts ist richtig gewählt, wenn die von beiden Schneiden ausgehenden Quetschrisse in einer Ebene liegen (stulpenfreie Schnittflächen), Bild 1.

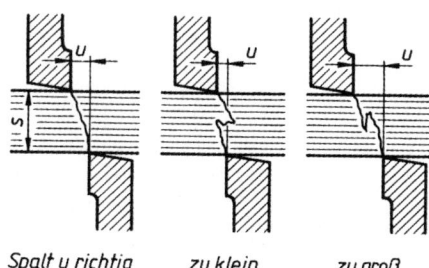

Bild 1. Einfluss des Schneidspalts u der Schneiden auf die Güte der Schnittflächen

Die Schnittkräfte F_s (Bild 2) rufen im gedrückten Werkstoff *Spannungsfelder* hervor. Diese Spannungsfelder sind klein, aber aus großen Spannungen aufgebaut in harten Werkstoffen; groß, aber aus kleinen Spannungen aufgebaut in weichen Werkstoffen.

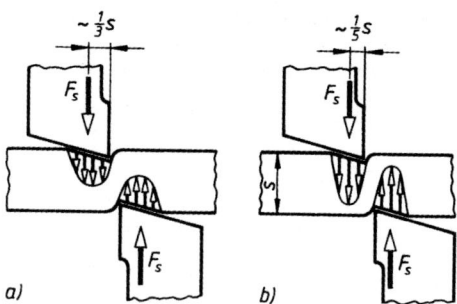

Bild 2. Spannungsfelder im Werkstoff
a) im weichen Stahl, b) im harten Stahl

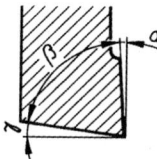

α Freiwinkel 0 bis 6°
β Keilwinkel 77 bis 85°
γ Druckwinkel 0 bis 10° entspricht dem Spanwinkel der spangebenden Fertigung

Bild 3. Winkel am Schneidmesser, $\alpha + \beta + \gamma = 90°$

Je größer der Druckwinkel γ gewählt wird, um so eindeutiger bildet sich die Trennbruch- oder Scherebene heraus bei schmaler Spannungs-(Versprödungs-)zone. Keilwinkel β so groß wie möglich gewählt, ergibt kräftige Schneidwerkzeuge für große Schnittkräfte und lange Standzeiten der Schneide.

Schnittkraft beim Schneiden: Das bewegliche Messer einer Schere wird durch die *Schnittkraft* F_s belastet. Ihre erforderliche Größe wird bestimmt durch die Größe des *Schnitt-Querschnitts* S und der *größten Scherfestigkeit* $\tau_{aB\,max}$ des zu trennenden Werkstoffes:

$$F_s = S\,\tau_{aB\,max} \quad \begin{array}{c|c|c} F_s & S & \tau_{aB\,max} \\ \hline N & mm^2 & \dfrac{N}{mm^2} \end{array} \quad (1)$$

Schnitt-Querschnitt S ist:

a) ein *Rechteck*, wenn die Schneidkanten parallel sind (Bild 4)

$$S = s\,l \quad (2)$$

b) ein *Dreieck*, wenn die Schneidkanten einen Öffnungswinkel λ, bilden und große Längen zu schneiden sind (Bild 5), und beim Schneiden mit Rollenscheren (Messer sind kreisförmig, vereinfachte Berechnung, Bild 6).

$$S = 0{,}5\,s^2 \cot\lambda \quad \begin{array}{c|c|c} S & s & \cot\lambda \\ \hline mm^2 & mm & 1 \end{array} \quad (3)$$

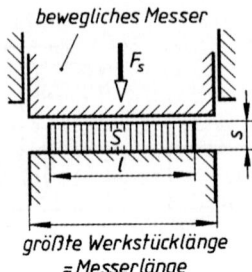

Bild 4. Trennen mit parallelen Schneiden

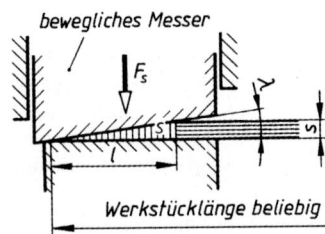

Bild 5. Die Schneiden bilden den Messeröffnungswinkel λ, der *Schnitt-Querschnitt* ist ein Dreieck

c) ein *Trapez*, wenn die Schneidkanten einen Öffnungswinkel λ bilden und kurze Längen (Flachstahl) zu schneiden sind (Bild 7)

$$S = sl - 0{,}5\, l^2 \tan \lambda \quad \begin{array}{c|c|c} S & s, l & \tan \lambda \\ \hline \mathrm{mm}^2 & \mathrm{mm} & 1 \end{array} \quad (4)$$

Der Schnitt-Querschnitt ist ein Trapez für die *Schnittlänge*

$$l < s \cot \lambda \quad (5)$$

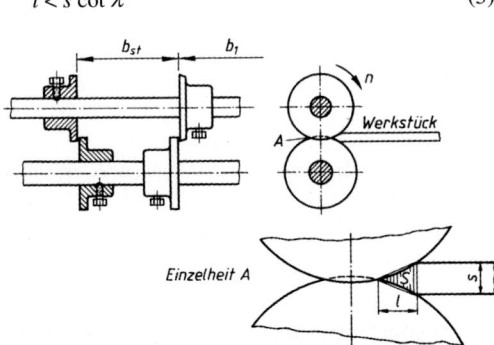

Bild 6. Trennen mit kreisförmigen Schneiden (Rollenscheren), Streifenbreite b_{st}, Abfallbreite b_1 ... einstellbar durch Verschieben der Rollenmesser. Schnitt-Querschnitt $S = sl/2$ vereinfacht als Dreieck angenommen.

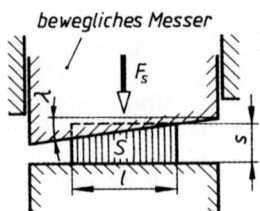

Bild 7. Die Schneiden bilden den Messeröffnungswinkel λ. der *Schnitt-Querschnitt* ist ein *Trapez*

Diese Werte schwanken um ± 15 % je nach Walzhärte und Oberflächenbeschaffenheit. Sie gelten nur für scharfe Schneiden.

Scherfestigkeit $\tau_{\mathrm{aB\,max}}$ bezeichnet die Scherfestigkeit der am schwersten zu trennenden Werkstoffteile, die beim Schneiden sicher getrennt werden müssen.

Tabelle 2. Richtwerte für Scherfestigkeit verschiedener Werkstoffe beim Zerteilen

Werkstoff	$\tau_{\mathrm{aB\,max}}$ N/mm²	Werkstoff	$\tau_{\mathrm{aB\,max}}$ N/mm²
Stahl S235JR	300	Cu, weich	250
	350	Pb, weich	25
S355J2G3 (0,2 % C)	400	Al-Cu-Legierungen	250
E295 (0,3 % C)	450	Al-Mg-Legierungen	200
E355	550	Al 99,5, weich	80
E360	650	Al 99,5, hart gewalzt	150
hart gewalzt		Pappe, weich	20
mit 0,8 % C	900	Pappe, hart, holzfrei	40
nicht rostend		Papier in 20 Lagen	20
weich	550	in 10 Lagen	25
Ms 58, weich	280	in 5 Lagen	50
Ms 63, weich	400	in 1 Lage	150

Es ist zu unterscheiden zwischen der garantierten Scherfestigkeit τ_{aB} für Festigkeitsberechnungen und der größten Scherfestigkeit $\tau_{\mathrm{aB\,max}}$ für Schneiden und Trennen. Größenangaben für $\tau_{\mathrm{aB\,max}}$ sind selten in Normen und Lieferbedingungen aufgeführt.
Tabelle 2 enthält Richtwerte der Scherfestigkeit $\tau_{\mathrm{aB\,max}}$, die aus Schnittkraftversuchen ermittelt wurden.

■ **Beispiel:**
Zwischen parallelen Messern soll Flachstahl 5 mm dick, 32 mm breit aus S235JR rechtwinklig zur Walzrichtung geschnitten werden. Zu ermitteln ist die erforderliche Schnittkraft F_s.

Lösung:
Schnitt-Querschnitt
$S = s\,l = 5\text{ mm} \cdot 32\text{ mm} = 160\text{ mm}^2$.
Mit $\tau_{\mathrm{aB\,max}} = 300\text{ N/mm}^2$ aus Tabelle 2 ist die erforderliche Schnittkraft
$F_s = S\,\tau_{\mathrm{aB\,max}} = 160\text{ mm}^2 \cdot 300\text{ N/mm}^2 = 48\,000\text{ N}$.

■ **Beispiel:**
Auf einer Tafelschere, deren Messer einen Messeröffnungswinkel von 4° bilden, soll 6 mm dickes Stahlblech der Qualität E335 geschnitten werden. Zu ermitteln ist die erforderliche Schnittkraft F_s.

2 Trennen und Umformen

Lösung:
Schnitt-Querschnitt
$S = 0.5 \, s^2 \cot \lambda = 0.5 \cdot 6 \text{ mm}^2 \cdot \cot 4° = 258 \text{ mm}^2$.
Mit $\tau_{aB \, max} = 550 \text{ N/mm}^2$ aus Tabelle 2 ist die erforderliche Schnittkraft
$F_s = S \, \tau_{aB \, max} = 258 \text{ mm}^2 \cdot 550 \text{ N/mm}^2 = 141\,900 \text{ N}$.

■ **Beispiel:**
Der Öffnungswinkel der Schermesser einer Handhebelschere beträgt 10°. Die Schere ist für eine maximale Schnittkraft von 62 000 N ausgelegt. Auf dieser Schere soll Flachstahl 8 mm dick der Qualität E295 verschiedener Breiten geschnitten werden. Bis zu welcher Breite ist ein sicheres Trennen möglich?

Lösung:
Für Stahl E295 ist nach Tabelle 2: $\tau_{aB \, max} = 450 \text{ N/mm}^2$. Damit wird der trennbare Schnitt-Querschnitt

$$S = \frac{F_s}{\tau_{aB \, max}} = \frac{62\,000 \text{ N}}{450 \, \frac{\text{N}}{\text{mm}^2}} = 137.8 \text{ mm}^2$$

Ist der Schnitt-Querschnitt ein Dreieck entsprechend Bild 5, so ergibt sich für die gegebenen geometrischen Bedingungen:

$S = 0.5 \, s^2 \cot \lambda = 0.5 \cdot 8^2 \text{ mm}^2 \cdot \cot 10° =$
$= 181.5 \text{ mm}^2$.

Eine Dreieckfläche ist zu groß, folglich liegen die Schnittbedingungen nach Bild 7 vor (Trapez). Die größtmögliche Schnittlänge l ist nach Umstellen von (4):

$$l_{1,2} = \frac{s}{\tan \lambda} \pm \sqrt{\frac{s^2}{\tan^2 \lambda} - \frac{2S}{\tan \lambda}} =$$

$$= \frac{8 \text{ mm}}{\tan 10°} \pm \sqrt{\frac{64 \text{ mm}^2}{\tan^2 10°} - \frac{2 \cdot 138 \text{ mm}^2}{\tan 10°}}$$

$l_1 = 67.6 \text{ mm}; \quad l_2 = 23.2 \text{ mm}$.
Welche der beiden Längen schneidbar ist, ergibt sich nach (5):

$l < s \cot \lambda < 8 \text{ mm} \cdot \cot 10° < 45.4 \text{ mm}$.

Danach ist die größte schneidbare Breite der Flachstähle 23,2 mm.

2.1.2 Ausschneiden und Lochen

Zum Ausschneiden und Lochen eignen sich alle Werkstoffe, die durch Zerteilen (hier vorwiegend Scher- und Messerschneiden) trennbar sind. Größte Werkstoffdicken: *Lochen* bis 45 mm Walzstahldicke, aber nicht dicker als Schneidstempeldurchmesser; *Ausschneiden* bis 15 mm Walzstahldicke, wenn Schneidstempel und Schneidplatte ausreichend stabil gebaut werden können.
Ausschneiden und Lochen ist Schneiden in einem beliebig geformten, aber geschlossenem Linienzug. *Ausschneiden* dient zur Herstellung der Außenform am Werkstück, *Lochen* zur Herstellung der Innenform am Werkstück.
Vorteile des Ausschneidens gegenüber dem Abschneiden: Der Schnittgrat liegt nur auf einer Seite des Schnittteils, das Schnittteil nimmt die Oberflächengüte der Druckfläche des Schneidstempels an. Nachteile: Es entsteht höherer Werkstoffverschnitt, das ist der durch den Ausschnittrand bedingte Werkstoffverlust (Bild 8). Für Ausschneiden und Lochen benötigt man ein Schneidwerkzeug (früher Schnitt genannt, z. B. Plattenführungs*schnitt*). Schneidwerkzeuge sind nur zur Herstellung des Werkstückes verwendbar, für das sie gebaut sind; sie können aber zum gleichzeitigen Ausschneiden und Lochen eingerichtet sein.

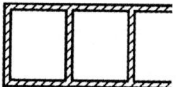

Bild 8. Werkstoffverlust durch Ausschnittrand

Die Schneiden eines Schneidwerkzeuges können ausgeführt sein in:

a) *Parallelanschliff* (Bild 9). Die Schneiden des Schneidstempels sind denen der Schneidplatte parallel. Häufigste Ausführungsart, da Herstellung und Nachschliff einfach sind; die Presse wird stoßartig belastet.
Beim Ausschneiden und Lochen mit Parallelanschliff ist die Größe des Schnitt-Querschnitts S abhängig vom Umfang U des oder der Schneidstempel und von der Werkstoffdicke s.
Schnitt-Querschnitt

$$S = s \, U \qquad \begin{array}{c|c|c|c} S & s, U & F_s & \tau_{aB \, max} \\ \hline \text{mm}^2 & \text{mm} & \text{N} & \frac{\text{N}}{\text{mm}^2} \end{array} \quad (6)$$

Schnittkraft für Parallelanschliff

$$F_s = s \, U \, \tau_{aB \, max} \tag{7}$$

b) *Schräganschliff der Schneidplatte* (Bild 10). Die größte erforderliche Schnittkraft sinkt auf das etwa 0,7 fache der Schnittkraft für Parallelanschliff.
Schnittkraft für Schräganschliff

$$F_{ss} = 0.7 \, s \, U \, \tau_{aB \, max} \tag{8}$$

Das Schneidwerkzeug schneidet weich an, die Presse wird geschont, aber die *gelochten Streifen sind verbogen, deshalb nur für Ausschneiden geeignet.*

c) *Schräganschliff der Schneidstempeldruckfläche* (Bild 11). Die erforderliche Schnittkraft erhält man durch (8). *Die herausfallenden Butzen sind verbogen, deshalb nur für Lochen geeignet.*

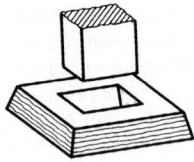

Bild 9. Schneidwerkzeug mit Parallelanschliff

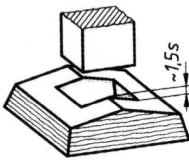

Bild 10. Schneidwerkzeug mit Schräganschliff der Schneidplatte

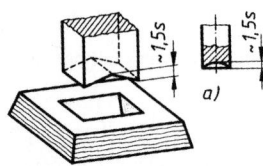

Bild 11. Schneidwerkzeug mit Schräganschliff des Schneidstempels
a) Hohlanschliff eines runden Schneidstempels

sein, dessen Größe bestimmt wird von der zu trennenden Werkstoffsorte (Richtwerte siehe Tabelle 3) und seiner Dicke.

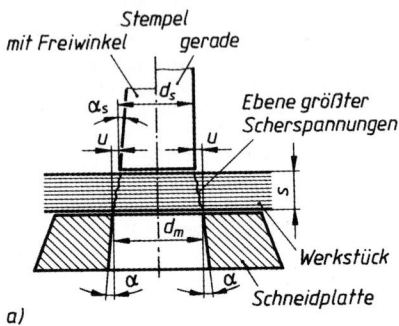

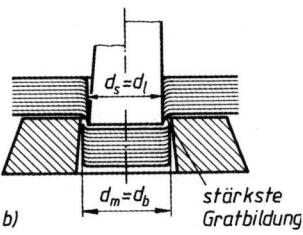

Bild 12. Schneiden mit Schneidwerkzeugen
a) vor dem Schnitt, b) nach dem Schnitt
d_s Schneidstempelmaß (Durchmesser)
d_m Maß des Schneidplattendurchbruchs (Durchmesser)
u Schneidspalt
$d_m = d_s + 2u$
α Freiwinkel im Schneidplattendurchbruch ⎤
α_s Freiwinkel am Schneidstempel ⎦ 0,5 bis 2°
d_b Butzenmaß (Durchmesser)
d_l Lochmaß (Durchmesser)
s $\leq d_s$

Tabelle 3. Schneidspalte bei Schneidwerkzeugen ($2 \times u$, Bild 12)

Werkstoffdicke s	Stahlblech Kupfer Messing weich	Stahlblech mittelhart	Stahlblech hart	Aluminium	Aluminiumlegierungen
mm	mm	mm	mm	mm	mm
0,25	0,01	0,015	0,02	0,02	0,02
0,5	0,025	0,03	0,035	0,05	0,08
0,75	0,04	0,045	0,05	0,07	0,1
1,0	0,05	0,06	0,07	0,1	0,15
1,25	0,06	0,075	0,09	0,12	0,18
1,5	0,075	0,09	0,1	0,15	0,2
1,75	0,09	0,1	0,12	0,17	0,3
2,0	0,1	0,12	0,14	0,2	0,35
2,5	0,13	0,15	0,18	0,25	0,4
3,0	0,15	0,18	0,21		
4,0	0,2	0,24	0,28		
5,0	0,25	0,3	0,36		

Schneidplattendurchbruch und Schneidstempel (Bild 12).
Zwischen den Schneiden von Schneidplatte und Schneidstempel muss ein Schneidspalt u vorhanden

2.1.3 Aufbau der Schneidwerkzeuge

Die Schneidwerkzeug-Ober- und Unterteile werden für die verschiedenen Schnittaufgaben unterschiedlich aufgebaut. Ihre Bauelemente sind genormt. Einspannzapfen DIN 9859; Stempelköpfe (Einspannzapfen mit Kopfplatte, Druckplatten und Stempelplatten) DIN 9866; Runde Schneidstempel, Seitenschneider und Anschläge dazu, runde Suchstifte DIN 9861 bis 9864; Schneidkästen DIN 9867 (dort als Schnittkästen bezeichnet); Säulengestelle DIN 9812 bis 9825. Die folgende Tabelle gibt einen Überblick über gebräuchliche Werkzeug-Werkstoffe:

Werkstoffe für Schneidplatten und -stempel

Werkstoff-Gruppe	Werkstoff Bezeichnung	Arbeitshärte (HRC)	einsetzbar für
Ölhärtende Stähle	100 Cr6 90 Mn Cr V8 105 W Cr6	54 ... 62	Stempel, Schneidplatten, schlanke Lochstempel, Suchstifte, Schneiden von Al- und Cu-Legierungen bei kleinen Fertigungsmengen.
	60 W Cr V7	50 ... 58	Wie oben, aber größere Zähigkeit für das Schneiden großer Wanddicken.
	X45 Ni Cr Mo4	48 ... 55	Für sehr große Wanddicken
Chromstähle	X210 Cr W 12	58 ... 63	Zusammengesetzte Stempel und Schneidstempel, Kaltfließpresswerkzeuge hohe Verschleissfestigkeit, geringer Maßverzug beim Härten.
	X155 CrVMo121	56 ... 62	Wie X210 Cr W 12, aber mit größerer Zähigkeit
Schnellarbeitsstähle	S 6-5-2 S 18-1-2-5 S 18-1-2-15	60 ... 66	Kaltfließpressstempel, dünne Lochstempel, hohe Verschleissfestigkeit und Zähigkeit, für Feinschneiden geeignet.
Hartmetalle	GT 20 GT 30 GT 40	1100 ... 1400 HV	Hochleistungs-Stanztechnik für große Serien mit hartmetalltauglichen Pressen. Stahl bis 3 mm Blechdicke ohne Schnittschlagdämpfung schneidbar. Sehr hohe Verschleissfestigkeit, geringe Zähigkeit.

2.1.3.1 Messerschneidwerkzeuge (Bild 13) zum Ausschneiden und Lochen von Pappe, Papier, Dichtungsstoffen, Gummi, plastischen Kunststoffen, Textilien, Metallfolien. Messerschneidwerkzeuge können für Lochen, Ausschneiden und Lochen mit Ausschneiden gebaut sein.

2.1.3.2 Freischneidwerkzeuge (Bild 14) zum Ausschneiden und Lochen von Papier in dickeren Lagen, starker Pappe, Kunststoffen und Metallen. Kleinste erreichbare Maßabweichungen ± 0,2 mm vom Nennmaß der Lochweiten und Außenlängen.

Freischneidwerkzeuge können nur in Pressen verwendet werden, deren Stößel eng geführt sind und deren Rahmen sich unter der Wirkung der Schnittkraft nur wenig aufbiegen. Entspricht die Presse diesen Anforderungen nicht, kann der Schneidstempel auf die Schneidplatte aufsetzen, wobei der Schneidstempel, die Schneidplatte oder beide ausbröckeln (Totalverlust des Werkzeuges).
Freischneidwerkzeuge sind mit Auswerfern und Abstreifern (Bild 14) auszurüsten.

2.1.3.3 Plattenführungsschneidwerkzeuge (Bild 15) zum Ausschneiden *und* Lochen von Kunststoffen und Metallen. Kleinste erreichbare Maßabweichungen ± 0,1 mm vom Nennmaß der Lochweiten und Außenlängen.
Die geschlossene Bauweise der *Schneidkästen* lässt keine Beobachtung der Schneidkanten zu. Schneidkästen sind jedoch unfallsicher. In Plattenführungsschneidwerkzeugen können nur genau zugeschnittene Blechstreifen oder -bänder verarbeitet werden.

2.1.3.4 Säulenführungsschneidwerkzeuge Schnittaufgaben und erreichbare Maßgenauigkeit wie bei Plattenführungsschneidwerkzeugen.
Das Auswechseln der Schneidelemente und ihre Funktionsprüfung kann außerhalb der Presse vorgenommen werden. Säulengestelle verlangen keine genauen Stößelführungen.

2.1.4 Mehrzweckschneidwerkzeuge

Setzt man mehrere Schneid- und Biegestempel in Platten- oder Säulenführungsschneidwerkzeuge ein, wird je Pressenhub ein Werkstück gelocht, ausgeschnitten und geformt. Man unterscheidet Folge- und Gesamtschneidwerkzeuge.

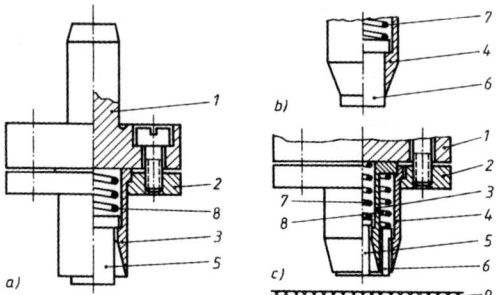

Bild 13. Aufbau der Messerschneidwerkzeuge
a) für Lochen
b) für Ausschneiden
c) für Ausschneiden und Lochen

1 Stempelkopf
2 Stempelplatte
3 Schneidstempel für Lochen
4 Schneidstempel für Ausschneiden
5 Auswerfer für Lochen
6 Auswerfer für Ausschneiden
7 und 8 Auswerferfedern
9 Schneidplatte (Hartpappe, Vulkanfiber)

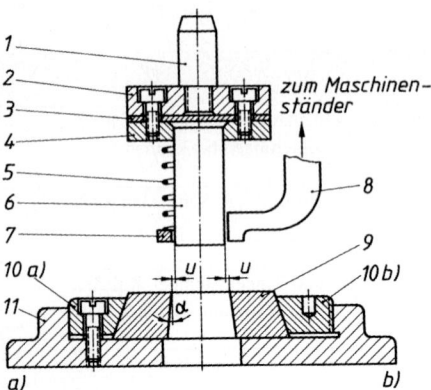

Bild 14. Aufbau eines Freischneidwerkzeuges
a) mit federbelastetem Abstreifer
b) mit festem Abstreifer

1 Einspannzapfen,
2 Kopfplatte,
3 Druckplatte,
4 Stempelplatte,
5 Abstreiferfeder,
6 Schneidstempel,
7 federbelasteter Abstreifer,
8 fester Abstreifer,
9 Schneidplatte,
10a Spannring oder
10b Spannmutter,
11 Einspannplatte

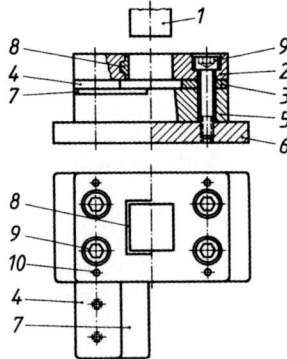

Bild 15. Aufbau eines Schneidkastens für Plattenführungsschneidwerkzeug

1 Schneidstempel (bleibt beim Schneiden in 2 geführt),
2 Führungsplatte,
3 kurze Zwischenlage,
4 lange Zwischenlage,
5 Schneidplatte,
6 Einspannplatte,
7 Auflageblech,
8 eingegossene Schneidstempelführung (nur für große Stückzahlen wirtschaftlich),
9 Innensechskantschraube,
10 Stift

2.1.4.1 Folgeschneidwerkzeuge führen in zwangsweiser Folge zuerst das Lochen, dann das Ausschneiden und zuletzt das Verformen, meist nur Biegen, aus. Lochen und Biegen kann in mehrere Stufen aufgeteilt sein. Getrennt gefertigte Lochgruppen können sowohl gegeneinander als auch gegenüber dem Werkstoffrand um die Vorschubtoleranz versetzt sein (kleinste Maßtoleranz ± 0,1 mm). Vorschubbegrenzung ist durch Einhängestifte (Bild 16), Seitenschneideranschläge (Bild 17), oder Suchstifte (Bild 18), möglich.
Die Stempelköpfe dürfen beim Schneiden nicht einseitig belastet werden, um den Einspannzapfen nicht auf Biegung zu beanspruchen.

2.1.4.2 Gesamtschneidwerkzeuge. Lochen und Ausschneiden wird im Gesamtschneidwerkzeug ohne Vorschub des Streifens an gleicher Stelle ausgeführt, um genaue Lage der Lochungen zueinander und im Stück zu bekommen. Die Maßtoleranzen sind kleiner als 0,05 mm.

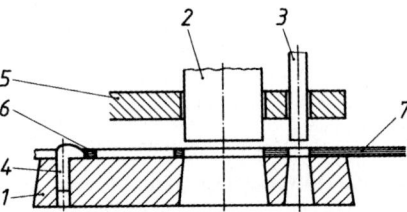

Bild 16. Vorschubbegrenzung durch Einhängestift

1 Schneidplatte,
2 Schneidstempel,
3 Lochstempel,
4 Einhängestift,
5 Führungsplatte,
6 Anschlagsteg für Vorschubbegrenzung,
7 Blechstreifen

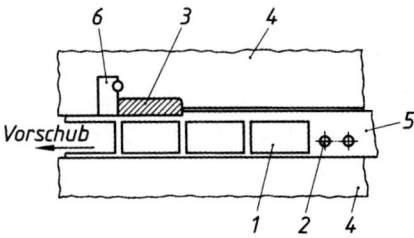

Bild 17. Vorschubbegrenzung durch Seitenschneider

1 Werkstückausschnitt,
2 Vorlochung,
3 Seitenschneider,
4 Führungsplatte,
5 Blechstreifen,
6 Seitenschnittanschlag

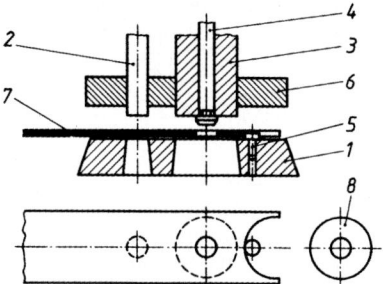

Bild 18. Vorschubbegrenzung durch Suchstift

1 Schneidplatte,
2 Lochstempel,
3 Schneidstempel,
4 Suchstift,
5 Einhängestift zur ungefähren Vorschubbegrenzung,
6 Führungsplatte,
7 Blechstreifen,
8 Werkstück

2.1.5 Sonderschneidverfahren

2.1.5.1 Trennschneiden mit Schneidwerkzeugen
(Bild 19). Anwendbar zum gleichzeitigen Lochen und Trennen solcher Werkstücke aus Blechband oder flachen Walzprofilen, deren Seitenkanten roh bleiben können.

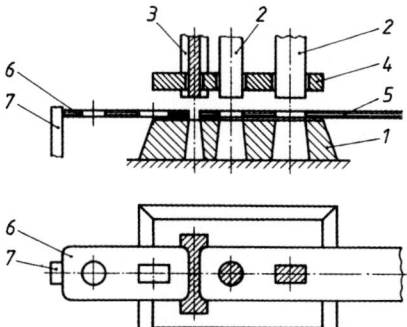

Bild 19. Trennschneiden mit Schneidwerkzeug im Folgeschneidwerkzeug

1 Schneidplatte,
2 Lochstempel,
3 Trennstempel,
4 Führungsplatte,
5 Werkstoffstreifen,
6 Werkstück,
7 Anschlag

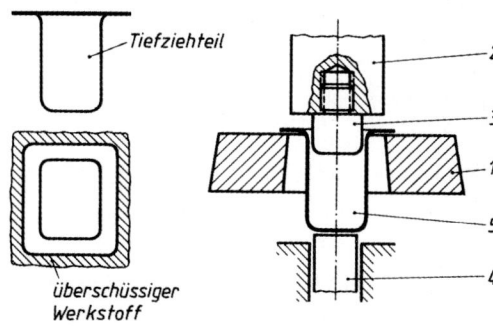

Bild 20. Beschneiden von Werkstücken

1 Schneidplatte,
2 Schneidstempel,
3 Werkstückzentrierung,
4 Auswerfer,
5 Werkstück (Tiefziehteil)

2.1.5.2 Beschneiden (Bild 20). Durch Beschneiden wird überschüssiger Werkstoff an Biege- oder Tiefziehteilen abgetrennt. Die Lage des Werkstückes im Werkzeug bestimmt eine Ziehkante oder eine Lochung.

2.1.5.3 Feinstanzen (Bild 21). Durch Feinstanzen erhält man Schnittflächen mit hoher Oberflächengüte (Profilrautiefe $R_z = 3\ \mu m$).

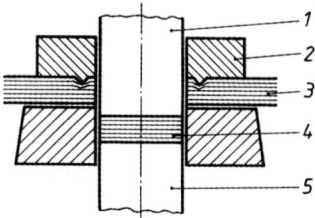

Bild 21. Feinstanzen

1 Schneidstempel,
2 Druckring,
3 Werkstoffstreifen,
4 Werkstück,
5 Gegendruckstempel zugleich Auswerfer

Der Streifen oder das für ein Werkstück zugeschnittene Rohteil wird durch einen Druckring mit so großer Kraft auf die Schneidplatte gedrückt, dass der Werkstoff kaltverfestigt wird. Die Kaltverfestigung wirkt sich günstig auf die Oberflächengüte der Schnittkanten aus.

Die Pressen müssen mit Zusatzeinrichtungen für die Druckringbetätigung ausgerüstet sein. Die erforderliche Schnittkraft muss 2,5 bis 3 mal so groß sein wie beim herkömmlichen Ausschneiden. Feinstanzen eignet sich gut für das Durchsetzen, also Werkstoffverlagerung ohne Trennung mittels Stempel (Bild 22).

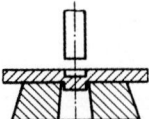

Bild 22. Durchsetzen mit Schneidstempel und Schneidplatte

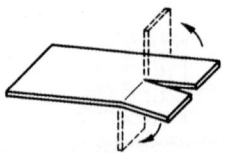

Bild 24. Einschneiden zum Biegen

2.1.5.4 Nachschneiden (Bild 23) ist ein spangebendes Fertigungsverfahren mit Schneidwerkzeug (auch Schaben genannt).
Mit geringem Übermaß (etwa 10 % der Werkstoffdicke) ausgeschnittene Werkstücke oder entsprechend kleiner gelochte werden durch die Schneidkanten des Stempels oder der Schneidplatten auf genaues Maß geschnitten.

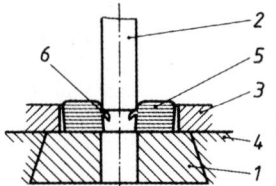

Bild 23. Nachschneiden einer Bohrung mit Schneidstempel

1 Schneidplatte, 2 Schneidstempel,
3 Werkstückaufnahme (beweglich, arretierbar),
4 Einspannplatte, 5 Werkstück, 6 Span

Zum Umformen auf Pressmaschinen eignen sich alle plastisch verformbaren Metalle und Kunststoffe.
Werkstoffumformungen mittels Ober- und Unterstempel sind nach DIN 6932 mit Stanzen zu bezeichnen.
Die erforderliche Zuschnittlänge (gestreckte Länge) umzuformender Werkstücke wird für einfache Ausführungen berechnet, für genaue Ausführungen (Längentoleranzen < + 0,2 mm) durch Versuche ermittelt. Beschneiden auf Maß wird wegen der hohen Kosten selten angewendet.

2.2.1 Biegen und Abkanten

Je nach Härte des Werkstoffes wendet man freies, halbfreies oder zwangsweises Biegen an. Gebogene Werkstücke federn zurück. Anhaltswerte für die Rückfederung gibt Tabelle 5.
Löcher in Nähe der Abkantung – Entfernung etwa $r + s/2$ – werden elliptisch mit großer Achse rechtwinklig zur Biegelinie.

2.2 Umformverfahren

Tabelle 4. Übersicht über Umformverfahren (Auszug)

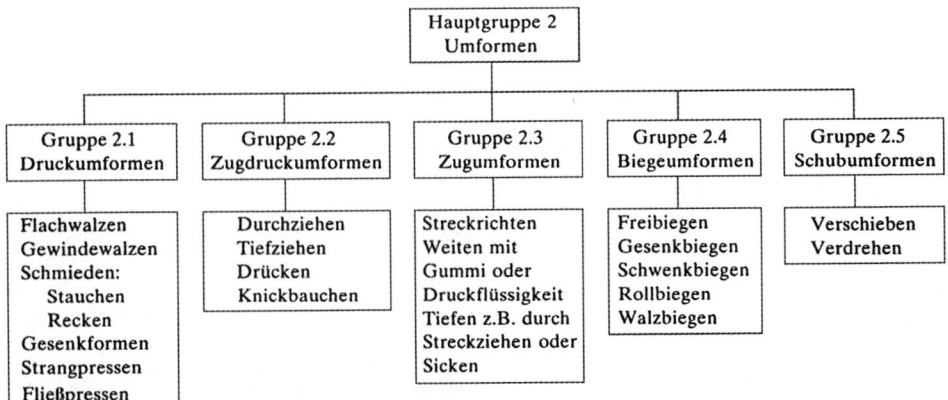

Die Unterteilung der Umformverfahren in den Gruppen 2.1 bis 2.5 ergibt sich aus den in der Umformzone überwiegend wirksamen Spannungen.

a) *Biegestanzen.* Abkantungen bis 200 mm Länge biegt man in Biegewinkel von 0 bis 179° im *Stanzwerkzeug* (Bild 25). Beim Biegen unter hartem Schlag (mit Exzenter-, Kniehebel- oder hydraulischen Pressen) ist für die Auswahl der Pressmaschinengröße die Größe der gepressten Fläche, nicht die erforderliche Biegekraft nach (17) maßgebend.

b) *Abkanten.* Die Herstellung von Abkantungen über 200 mm bis 6 m Abkantlänge wird auf Abkantbänken (Handbetätigung für Blechdicken bis 1 mm und Abkantlängen bis 1 m) und Abkantmaschinen (elektrischer Antrieb für Blechdicken bis 20 mm und Abkantlängen bis 6 m) ausgeführt.

Tabelle 5. Rückfederung nach dem Kaltbiegen zum Winkel von 90°

Werkstoff		Rückfederung bei einem Innenradius		
Werkstoffsorte	Werkstoffdicke s in mm	$r = s$ in °	$1 \ldots 5\,s$ in °	über $5\,s$ in °
Stahlblech bis $R_m = 400$ N/mm²	0,5	5	6	8
	1	3	4	7
	1,5	2	3	6
	2	2	2	4
	2,5	1	2	4
	3	1	1	3
	4	0	1	3
	5	0	1	3
Stahlblech $R_m = 400 \ldots 550$ N/mm²	0,5	6	9	12
	1	5	7	9
	1,5	4	5	7
	2	3	5	7
	2,5	2	4	6
	3	2	4	6
	4	2	3	4
	5	2	3	4
Messingblech Ms 63 weich geglüht	0,5	4	5	6
	1	2	4	5
	1,5	2	3	4
	2	2	3	4
	2,5	1	2	3
	3	1	2	3
	4	0	1	2
	5	0	1	2

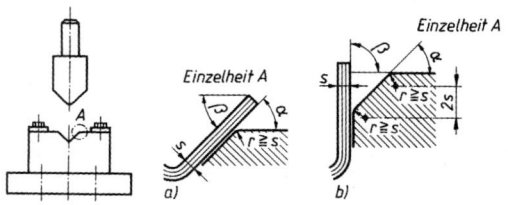

Bild 25. Biegestanze und Ausführung der Einlaufkante bei A
a) Einlaufkante für Biegewinkel $\beta \leq \alpha$
b) Einlaufkante für Biegewinkel $\beta > \alpha$
$\alpha = 30°$ bis $45°$

2.2.1.1 Berechnung der Zuschnittlänge. Die Schicht im Werkstoff, die beim Biegen weder gereckt noch gestaucht wird, heißt neutrale Faser. Sie ist nicht immer die Schwerachse des Werkstückquerschnitts, weil beim Biegen in kleinen Radien plastische Werkstoffe mehr gereckt als gestaucht werden. Dieses Verhalten des Werkstoffes muss man beim Bemessen der Zuschnittlängen berücksichtigen.

a) *Einfache Winkel.* Nach Bild 26 ist Zuschnittlänge L, *Bogenlänge* l_b und *Fertigungsradius* r_f

$$L = l_1 + l_b + l_2 \quad (9)$$

$$l_b = \frac{\pi r_f \, \alpha°}{180°} \quad (10)$$

$$r_f = r + x \quad (11)$$

l_1, l_2 gegebene Fertigungslängen; x Abstand der neutralen Faser vom Innenradius; $x = s/2$, wenn Biegewinkel $\alpha \leq 30°$; $x = s/3$, wenn Biegewinkel $\alpha > 30°$; r Innenbiegeradius $\geq$ Blechdicke s; β Innenwinkel = $180° - \alpha$.

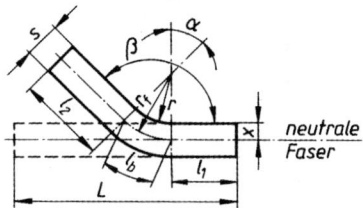

Bild 26. Zuschnittlänge L für Biegeteile

Wenn die Bemaßung vom *Winkelscheitel* bis zu den Werkstückenden (Bild 27) angegeben ist, wird die *Zuschnittlänge*

$$L = l_3 + l_4 - v_1 \quad (12)$$

l_3, l_4 gegebene Fertigungsmaße vom Winkelscheitel bis zu den Werkstückenden; v_1 Verkürzung der gegebenen Maßsumme $l_3 + l_4$.

$$v_1 = \frac{2(r+s)}{\tan(\beta/2)} - \pi r \left(1 \frac{\beta°}{180°}\right) \quad (13)$$

Fertigungsradius r_f nach (11), $x = s/2$, wenn $\beta \geq 150°$; $x = s/3$, wenn $\beta < 150°$.

Wenn die Bemaßung von den *Bogentangenten* bis zu den Werkstückenden (Bild 28) angegeben ist, wird die *Zuschnittlänge*

$$L = l_5 + l_6 - v_2 \quad (14)$$

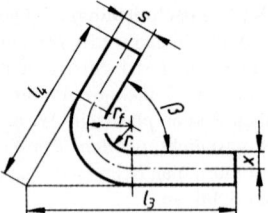

Bild 27. Biegeteil mit Maßangabe bis Winkelscheitel

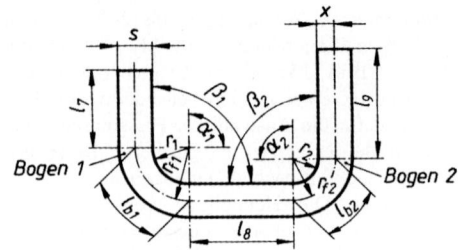

Bild 29. Doppelbiegeteil

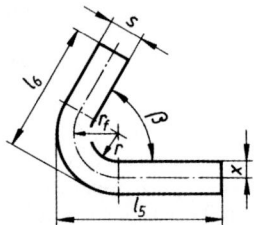

Bild 28. Biegeteil mit Maßangabe bis Bogentangente

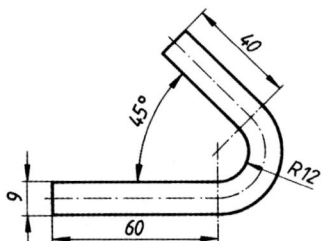

Bild 30. Biegeteil

l_5, l_6 gegebene Fertigungsmaße von den Bogentangenten bis zu den Werkstückenden; v_2 Verkürzung der gegebenen Maßsumme $l_5 + l_6$,

$$v_2 = 2(r+s) - \pi r_f \left(1 - \frac{\beta°}{180°}\right) \qquad (15)$$

Fertigungsradius r_f nach (11), $x = s/2$, wenn $\beta \geq 150°$; $x = s/3$, wenn $\beta < 150°$.

b) *Doppelbiegeteil* (U-Stanzen). Nach Bild 29 beträgt die *Zuschnittlänge*

$$L = l_7 + l_{b1} + l_8 + l_{b2} + l_9 \qquad (16)$$

l_7, l_8, l_9 gegebene Fertigungslängen; l_{b1} Länge des Bogens 1; l_{b2} Länge des Bogens 2. *Bogenlänge* l_b nach (10), *Fertigungsradius* r_f nach (11), aber $x = s/3$, wenn $\beta > 90°$; $x = s/4$, wenn $\beta \leq 90°$.

■ **Beispiel:**

Für das skizzierte Biegeteil nach Bild 30, ist die Zuschnittlänge L zu berechnen.

Lösung:

Es liegt ein einfaches Biegeteil mit einem Biegewinkel $\alpha = 180° - 45° = 135°$ vor. Die neutrale Faser liegt $s/3$ vom Innenradius entfernt, weil $\alpha > 30°$ ist.
Nach (11) wird Fertigungsradius $r_f = r + x = r + s/3 = (12 + 9/3)$ mm = 15 mm.
Die Bogenlänge l_b wird nach (10):

$$l_b = \frac{\pi r_f \alpha°}{180°} = \frac{\pi \cdot 15 \text{ mm} \cdot 135°}{180°} = 35,4 \text{ mm}$$

und die Zuschnittlänge nach (9):

$L = l_1 + l_b + l_2 = (40 + 35,4 + 60)$ mm =
 $= 135,4$ mm.

■ **Beispiel:**

Das skizzierte Biegeteil im Bild 31 ist vom Winkelscheitel bis zu den Werkstückenden bemaßt. Zu berechnen ist die Zuschnittlänge L.

Lösung:

Aus der Bemaßung ist zu schließen, dass die Lage des Biegeteils zum Winkelscheitel wichtig ist, folglich muss nach (12) gerechnet werden. Die neutrale Faser liegt in $s/3$, da $\beta < 150°$. Nach (11) wird der Fertigungsradius

$r_f = r + x = r + s/3 = (12 + 9/3)$ mm = 15 mm.

Nach (13) ist die Verkürzung

$$v_1 = \frac{2(r+s)}{\tan(\beta/2)} - \pi r_f \left(1 - \frac{\beta°}{180°}\right) =$$

$$= \frac{2(12 \text{ mm} + 9 \text{ mm})}{\tan(135°/2)} - \pi \cdot 15 \text{ mm} \left(1 - \frac{45°}{180°}\right)$$

$= 65,8$ mm.

Zuschnittlänge
$L = l_4 + l_5 - v_1 = (90,6 + 110,6 - 65,8)$ mm =
 $= 135,4$ mm.

■ **Beispiel:**

Zu berechnen ist die Zuschnittlänge L für das im Bild 32 dargestellte Biegeteil.

Lösung:

Die Bemaßung ist von den Bogentangenten ausgehend vorgenommen, diese Maße sind unbedingt einzuhalten. Es muss nach (14) gerechnet werden. Die neutrale Faser liegt, da der Innenwinkel $\beta < 150°$ ist, im Abstand $s/3$ vom Innenradius. Nach (11) wird der Fertigungsradius

$r_f = r + s/3 = (12 + 9/3)$ mm = 15 mm.

Nach (15) wird die Verkürzung

2 Trennen und Umformen

$v_2 = 2(r+s) - \pi r_f \left(1 - \dfrac{\beta°}{180°}\right) =$

$= 2 \cdot 21 \text{ mm} - \pi \cdot 15 \text{ mm} \left(1 - \dfrac{45°}{180°}\right) =$

$= (42 - 35{,}4) \text{ mm} = 6{,}6 \text{ mm}.$

$L = l_5 + l_6 - v_2 = (61 + 81 - 6{,}6) \text{ mm} =$
$= 135{,}4 \text{ mm}$

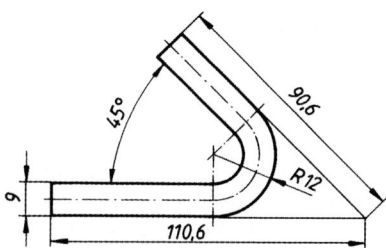

Bild 31. Biegeteil

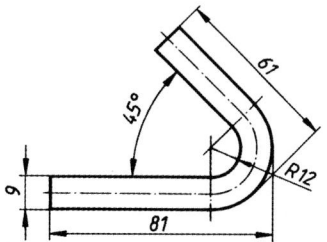

Bild 32. Biegeteil

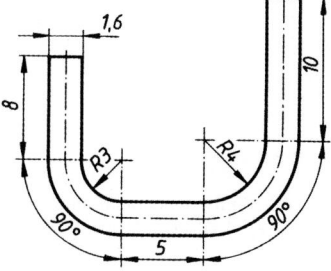

Bild 33. U-Stanzteil

■ **Beispiel:**
Welche Zuschnittlänge L ist für das U-Stanzteil des Bildes 33. erforderlich?

Lösung:
Da beide Biegewinkel 90° sind, liegt die neutrale Faser im Abstand $s/4$ vom Innenradius. Die beiden unterschiedlich großen Fertigungsradien r_{f1} und r_{f2} ergeben sich nach (11)

für Bogen 1:
$r_{f1} = r_1 + \dfrac{s}{4} = \left(3 + \dfrac{1{,}6}{4}\right) \text{mm} = 3{,}4 \text{ mm};$

für Bogen 2:
$r_{f2} = r_2 + \dfrac{s}{4} = \left(4 + \dfrac{1{,}6}{4}\right) \text{mm} = 4{,}4 \text{ mm}.$

Nach (10) erhält man

für Bogen 1:
$l_{b1} = \dfrac{\pi r_{f1} \alpha°}{180°} = \dfrac{\pi \cdot 3{,}4 \text{ mm} \cdot 90°}{180°} = 5{,}34 \text{ mm}$
$\approx 5{,}3 \text{ mm};$

für Bogen 2:
$l_{b2} = \dfrac{\pi r_{f2} \alpha°}{180°} = \dfrac{\pi \cdot 4{,}4 \text{ mm} \cdot 90°}{180°} = 6{,}92 \text{ mm}$
$\approx 6{,}9 \text{ mm}$
$L = l_7 + l_{b1} + l_8 + l_{b2} + l_9 =$
$= (8 + 5{,}3 + 5 + 6{,}9 + 10) \text{ mm} = 35{,}2 \text{ mm}.$

2.2.1.2 Berechnung der Biegekräfte.
Mit den Bezeichnungen nach Bild 34 wird die *Biegekraft*

$$F_b = \dfrac{2 l_b \, s^2 \, R_m \, \varepsilon}{3 \, l_a}$$

F_b	l_b	s	l_a	R_m	ε	(17)
N	mm			$\dfrac{N}{mm^2}$	1	

Der Beiwert ε berücksichtigt die Wirksamkeit des Schlages. Man wählt $\varepsilon = 2{,}5$ beim Biegen von Werkstücken mit geringen Dickentoleranzen ($\pm$ 0,1 mm) und $\varepsilon = 3{,}5$ beim Biegen warmgewalzten Flachmaterials oder bei abgenutzten Werkzeugen zum Biegen maßhaltiger Stücke.

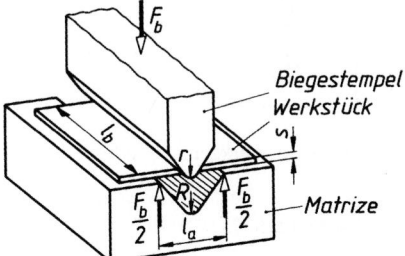

Bild 34. Die Größen für die Berechnung der Biegekraft F_b

$R_{min} = r + s$, $r_{min} = s$

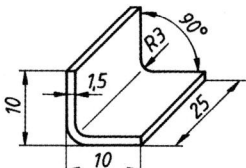

Bild 35. Biegeteil

■ **Beispiel:**
Zu berechnen ist die erforderliche Pressenkraft für das Biegen des im Bild 35 dargestellten Blechwinkels aus 1,5 mm dickem Ziehblech mit $R_m = 330$ N/mm² in einer vorhandenen Biegestanze mit einer Auflageweite $l_a = 30$ mm.

Lösung:

Die Dickenabweichung des Ziehbleches wird zu ± 0,1 mm angenommen. Dieser Wert ist den Lieferbedingungen zu entnehmen. Dann ist nach (17) mit ε = 2,5:

$$F_b = \frac{2\,l_b\,s^2\,R_m\,\varepsilon}{3\,l_a} =$$

$$= \frac{2 \cdot 25\text{ mm} \cdot 1{,}5^2\text{ mm}^2 \cdot 330\,\frac{N}{mm^2} \cdot 2{,}5}{3 \cdot 30\text{ mm}} = 1\,031\text{ N}$$

Nach Tabelle 5 sind 3° Aufbiegung zu erwarten.

2.2.2 Rollen (Bild 36)

Blechkanten werden gerollt, wenn man einen verstärkten Rand oder ein Scharnierauge fertigen will. Vor dem Rollen soll die Rollkante angekippt sein. Die neutrale Faser liegt in der Mitte des gerollten Teiles. Die Zuschnittlänge des Rollrandes wird nach (10) ermittelt. Die Größe des Biegewinkels ermittelt man nach genauer Zeichnung oder durch Versuche.

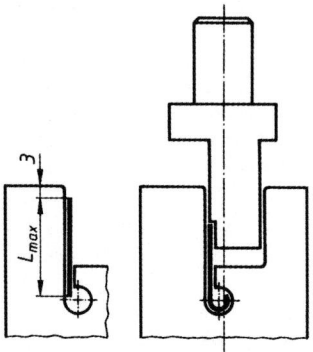

Bild 36. Rollstanzen im Werkzeug-Unterteil

2.2.3 Durchziehen (Bild 37)

Weiche Werkstoffe (Stahl bis 500 N/mm² Zugfestigkeit) werden zum Einschneiden von Gewinde oder zur Ausbildung einer Lagerstelle mit kleinem Durchmesser vorgelocht und dann der überschüssige Werkstoff aus der Blechebene herausgezogen.

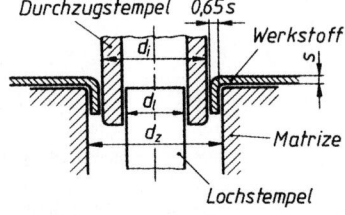

Bild 37. Durchziehen nach dem Lochen, d_l Lochdurchmesser, d_i Innendurchmesser = Stempeldurchmesser, d_z Durchzugdurchmesser = $d_i + 2 \cdot 0{,}65\,s$, s Werkstoffdicke
Durchziehen ohne Vorlochen ist möglich (Bild 38).

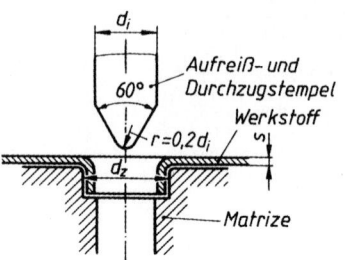

Bild 38. Durchziehen ohne Lochung, d_i Innendurchmesser, d_z Durchzugdurchmesser, s Werkstoffdicke

2.2.3.1 Stechen (Bild 39). Beim Stechen wird mit einseitig abgeschrägtem Schneidstempel das Blech in einem nicht geschlossenen Linienzug getrennt. Meist führt der Stempel gleichzeitig die Verformung des ausgetrennten Steges durch. Das Werkstück ist gegen Verschieben beim Schnitt zu sichern. Der Stempel muss sehr eng geführt sein, wenn ein Ausweichen, besonders bei dünnen Stempeln, vermieden werden soll.

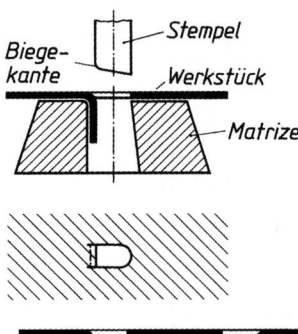

Bild 39. Stechen von Verbindungslappen und Verbinden zweier Bleche durch Lappen

2.2.4 Falzen (Bild 40)

Falzen ist das Verbinden dünner Bleche durch Ineinanderhaken umgebogener Ränder. Falzbar sind alle Bleche von 0,28 bis 1,25 mm Dicke, deren Werkstoff um 180° ohne Rissbildung zu biegen ist. Dabei darf der Abkantknick bei Zink- und Elektronblechen nicht parallel zur Walzrichtung liegen, bei Stahlblechen kann er beliebig zur Walzfaser liegen. Falzverbindungen sind staub- und regenwasserdicht (Dacheindeckungen). Durch Löten des fertigen Falzes oder durch Dichtungszwischenlagen aus Gummi oder Papier wird die Falzverbindung so dicht, dass sie höchsten Ansprüchen auf Luft- und Wasserdichtheit genügt (Konservendosen).
Falzverbindungen kann man von Hand, maschinell oder vollautomatisch herstellen.

2 Trennen und Umformen

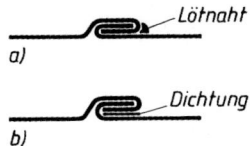

Bild 40. Falzverbindung
a) mit Lötnaht,
b) mit eingelegter Dichtung

2.2.5 Streckziehen (Bild 41)

Aus Blech zu formende Großteile geringer Stückzahl (etwa 200 im Monat) sind durch Streckziehen wirtschaftlich herstellbar (Lastwagenkotflügel bis 2 mm Blechdicke).

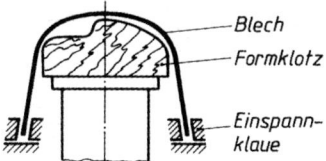

Bild 41. Streckziehen (schematisch)

Das in Klauen eingespannte Blech wird durch den Formklotz gestreckt, wenn er mit der Streckziehkraft F_Z nach oben bewegt wird. Beim Strecken passt sich das Blech den erhabenen Formen des Formklotzes an. Den Vertiefungen des Formklotzes wird das Blech durch Nachstrecken von außen oder durch Einpoltern von Hand angeformt.

Streckziehanlagen sind billig. Formklötze aus druckfestem Holz (Buche, Nussbaum), Einspannklauen und Aufspannrahmen können in einfach eingerichteten Werkstätten gefertigt werden, während man für die Erzeugung der Streckziehkraft handelsübliche Hydraulikzylinder und -pumpen mit Hand-, Fuß- oder elektrischem Antrieb verwendet. Es ist jedoch zu empfehlen, Streckzieharbeiten von geschulten Fachkräften ausführen zu lassen. Gute Schmierung zwischen Formklotz und Blech muss die Reibung niedrig halten, sonst reißt das Blech in den Zonen der größten Streckung.

Streckziehen wird in der Großserienfertigung auf Doppelpressen durchgeführt (Kraftwagenkarosserieteile). Die Einspannklauen sind hier durch Halteränder ersetzt (Bild 42).

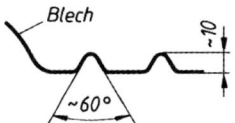

Bild 42. Halteränder zum Streckziehen in der Großserienfertigung

2.2.6 Tiefziehen

Durch Tiefziehen werden Blechzuschnitte aller Metalle, Plattenzuschnitte aus plastischen oder thermoplastischen Kunststoffen, Papier oder Pappe zu Hohlkörpern mit prismatischen Wandungen geformt (Bild 43).

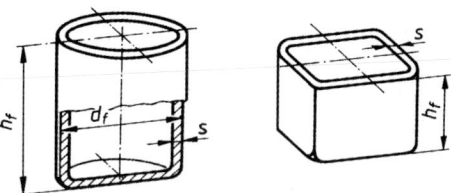

Bild 43. Tiefziehteile

Tiefziehen ist nur für Großserien (etwa ab 1 000 Stück) wirtschaftlich, weil immer ein Ziehsatz nach Bild 44 erforderlich ist. Tiefgezogenen Körpern gibt man durch *Ausbauchen* und *Einziehen* (Abschnitt 2.2.7) der prismatischen Wandung zweckvollere Formen.

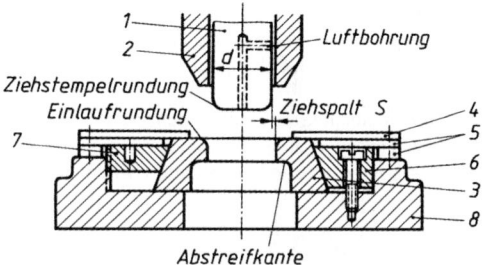

Bild 44. Aufbau eines Ziehsatzes

1 Ziehstempel aus gehärtetem Stahl, selten aus Hartmetall,
2 Faltenhalter aus Stahl,
3 Ziehring aus gehärtetem Stahl oder Hartmetall,
4 Aufnahme,
5 Ausfutterung,
6 Spannring mit Schrauben oder
7 Spannring als Spannringmutter,
8 Einspannplatte (Frosch) aus Baustahl oder Grauguss

Bei jedem Tiefziehen ist das *Zieh-* oder *Schlagverhältnis* einzuhalten, dessen Größe von der Ziehfähigkeit des Werkstoffs abhängt (Größe der Ziehverhältnisse siehe Tabelle 6). Der erste Umformvorgang eines ebenen Zuschnitts zu einem Topf heißt: *Anschlagzug*; die weiteren Umformungen zu Töpfen mit kleinerem Durchmesser, aber größerer Wandhöhe: *Weiterzug* oder *-schlag*.

Das *Ziehverhältnis* m für den Anschlagzug wird als Quotient „neuer Durchmesser" d zu „Ausgangsdurchmesser" D ausgedrückt:

Das *Weiterschlagverhältnis* m_1 kann für alle Durchmesserverkleinerungen gleichgroß angenommen werden (in Wirklichkeit wird das Weiterschlagverhältnis nach jeden Schlag größer und nähert sich dem Wert 1) und durch den Quotienten „neuer Durchmesser" zum „zugehörigen Ausgangsdurchmesser" ausgedrückt werden:

$$m_1 = \frac{d_1}{d} = \frac{d_2}{d_1} = \frac{d_3}{d_2} = \frac{d_4}{d_3} = \ldots$$

Weiterzüge können *mit* und *ohne* Faltenhalter erfolgen (Bild 45).

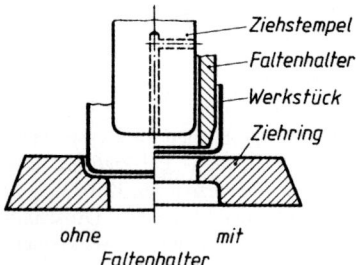

Bild 45. Weiterzug eines gezogenen Topfes, *ohne* und *mit* Faltenhalter
Zentrierung: ohne Faltenhalter im Ziehring, mit Faltenhalter durch den Faltenhalter

Um die Faltenhaltekraft F_f über den gesamten Ziehweg konstant zu halten, verwendet man Öldruck- oder luftkissengesteuerte Faltenhalter (Bild 46).

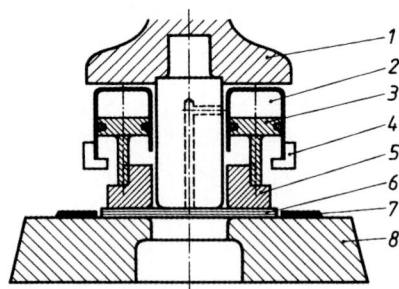

Bild 46. Luftkissen für konstante Faltenhaltekraft

1 Traverse für Ziehstempel und Luftkissenzylinder,
2 Luftkissen,
3 Luftkissenkolben,
4 Rückholbund,
5 Faltenhalter,
6 Werkstück,
7 Aufnahme,
8 Ziehring

Die drei Tiefziehverfahren

a) *Das Topfziehen* oder verlustlose Tiefziehen. Die gezogene Topfwandung hat die Dicke des Ausgangswerkstoffes (Bild 47), dadurch ergibt sich für das Topfziehen:

Oberfläche des Rohteils = Oberfläche des Fertigteils.

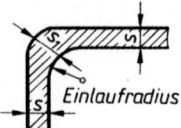

Bild 47. Werkstoffverdickung während des Zuges

s Ausgangswerkstoffdicke,
s_1 Werkstoffverdickung im Ziehbogen,
$s_1 = 1{,}5$ bis $1{,}66s$

Für einen Topf mit zylindrischer Hohlwandung nach Bild 48 errechnet sich der *Zuschnittdurchmesser D* für die Ausgangsronde (kreisrunde Blechscheibe) zum Ziehen eines Topfes mit dem Fertigdurchmesser d_f und der Fertighöhe h_f zu:

$$D = \sqrt{d_f^2 + 4\, d_f\, h_f} \qquad (20)$$

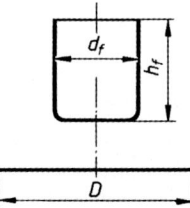

Bild 48. Zuschnittberechnung für verlustloses Tiefziehen

Die Zahl der erforderlichen Züge beeinflusst die Zuschnittberechnung nicht.
Die Größe der Ziehpresse bestimmt man nach überschlägig errechneter Zugkraft F_z und der ebenso bestimmten *Faltenhaltekraft* F_f:

$$F_z \approx s\, U\, R_m\, \kappa_z$$

F_z	s, U	R_m	κ_z
N	mm	$\dfrac{N}{mm^2}$	1

(21)

sU ist die in Umformung befindliche Fläche, vereinfacht aus Stempelumfang U und Blechdicke s ermittelt, R_m Zugfestigkeit, κ_z Tiefzieh-Korrekturfaktor, siehe Tabelle 7.

$$F_f \approx A_f\, p$$

F_f	A_f	p
N	mm	$\dfrac{N}{mm^2}$

(22)

A_f niederzuhaltende Fläche in mm², für den Anschlagzug $\pi/4\,(D^2 - d^2)$, D Rondendurchmesser, d Durchmesser des 1. Topfes, p Faltenhalterdruck, Werte für p siehe Tabelle 6.

Tabelle 6. Tiefziehverhältnisse und Faltenhalterdruck für Bleche bis 2 mm Dicke und Tiefziehen mit Faltenhalter

	Anschlagzug- verhältnis $m = \dfrac{d}{D}$	Weiterzugverhältnis $m_1 = \dfrac{d_1}{d} = \dfrac{d_2}{d_1} ...$	Anzuwendender Faltenhalterdruck p N/mm^2
Karosserieblech	0,55	0,75	2
Tiefziehblech	0,58	0,78	2,5
Ziehblech	0,6	0,8	2,8
Stahlblech bis R_m = 500 N/mm^2	0,6	–	3
nichtrostender Stahl mit 12 ... 14 % Cr	0,55	0,8	3
Weißblech	0,6	0,88	3
Kupferblech, weich	0,5	0,85	2
Messingblech Ms 63	0,55	0,8	2
Messingblech Ms 67	0,63	0,75	1,8
Zinkblech	0,65	0,85	1,5
Zink-Legierung Zn-Cu	0,6	0,85	1,5
Aluminium 99,5 %	0,53	0,8	1,2
Al-Cu-Legierungen	0,55	0,9	1,5
Al-Mg-Legierungen	0,5	0,8	1,2

Fehler beim Tiefziehen

Fehler	Ursachen	Änderungsvorschlag
Doppelungen im Werkstoff	Oxid- oder Sandeinschlüsse im Werkstoff	Vor dem Umformen Ultraschallprüfung durchführen. Blechqualität verbessern.
Betonte Walzstruktur (Textur) führt zu Zipfelungen	Walzen des Bleches ergibt Zeilenstruktur. Mechanische Eigenschaften des Werkstoffs stark abhängig von der Walzrichtung.	Normalglühen des Bleches bei 900 bis 950 °C ergibt sehr feines Gefüge. Walzstruktur geht verloren. Die mechanischen Eigenschaften des Werkstoffs sind nach dem Glühprozess richtungsunabhängig.
Blechdickenabweichungen	Abgenutzte Walzen	Gewünschte maximale Blechdickenabweichung vorschreiben
Bodenreißer (häufiger Fall)	Ziehverhältnis zu groß	Zugabstufung wählen: Durch größere Anzahl der Züge vermindert sich der Verformungsgrad pro Zug! Blechqualität verbessern.
Bodenabriss (seltener Fall)	Ziehwerkzeug falsch ausgelegt	Werkzeuggestaltung generell überarbeiten.
Ziehriefen in der Oberfläche des Ziehteils	Übermäßiger Verschleiß des Ziehwerkzeugs	Hartverchromen der dem stärksten Verschleiß ausgesetzten Werkzeugoberflächen (Stempel, Matrize).

Zugkraft F_z und Faltenhaltekraft F_f ergeben die von der Presse aufzubringende *Gesamtziehkraft*

$$F_{ges} = F_z + F_f \qquad (23)$$

Die Gesamtziehkraft F_{ges} wirkt nur während des *Nutzhubes* der Presse, also nur dann, wenn die Wandhöhe h geformt wird. Daraus ergibt sich die annähernd aufzubringende *Nutzarbeit W* zu:

$$W \approx F_{ges}\, h\, \kappa_p \quad \begin{array}{|c|c|c|c|} W & F_{ges} & h & \kappa_p \\ \hline \text{Nm} & \text{N} & \text{m} & 1 \end{array} \qquad (24)$$

κ_p Umform-Korrekturfaktor ist vom Ziehverhältnis m abhängig, Werte für κ_p siehe Tabelle 7.

Tabelle 7. Tiefziehkorrekturfaktoren für die Tiefziehverhältnisse m und m_1

Tiefziehverhältnis m oder m_1	Tiefziehfaktor κ_z	Umformfaktor κ_p
0,5	1	0,8
0,55	0,9	0,8
0,6	0,83	0,8
0,65	0,7	0,74
0,7	0,6	0,7
0,75	0,5	0,67
0,8	0,4	0,65
0,9	0,2	0,64
1,0	0,1	0,64

Für bestimmte Ziehaufgaben kann es nötig sein, den erforderlichen Kraftaufwand genau zu kennen, z. B. bei der Klärung von Beanstandungen nach aufgetretenen Bodenreißern. In solchen Fällen setzt man Messdosen zwischen Ziehstempel und Pressenstößel, die die Stößelkraft genau anzeigen.

■ **Beispiel:**
Zu berechnen ist der Zuschnittdurchmesser D der Ausgangsronde für verlustloses Tiefziehen eines Topfes aus 0,8 mm dickem Tiefziehstahlblech mit dem Fertigdurchmesser $d_f = 40$ mm und der Fertighöhe $h_f = 60$ mm.

Lösung:
Nach (20) ist unter Vernachlässigung der geringen Wanddicke $s = 0{,}8$ mm:

$$D = \sqrt{d_f^2 + 4 d_f h_f} = \sqrt{(40^2 + 4 \cdot 40 \cdot 60)} \text{ mm}^2$$
$$D = 105{,}8 \text{ mm}$$

Auszuführen ist der Zuschnittdurchmesser $D = 106$ mm.

■ **Beispiel:**
Aus 1 mm dickem Ziehblech mit $R_m = 320$ N/mm² Festigkeit sollen Töpfe mit einem Fertigdurchmesser $d_f = 25$ mm und einer Fertighöhe $h_f = 50$ mm tiefgezogen werden. a) Wieviel Züge (Schläge) sind erforderlich? b) Welche Stößelkraft F_{ges} muss die Presse haben?

Lösung:
a) Zur Ermittlung der Anzahl der Züge muss der Ausgangsdurchmesser D der Ronde bekannt sein. Er errechnet sich nach (20) zu:

$$D = \sqrt{d_f^2 + 4 d_f h_f} =$$
$$= \sqrt{(25^2 + 4 \cdot 25 \cdot 50)} \text{ mm}^2 = 75 \text{ mm}$$

Für den Anschlagzug kann nach Tabelle 6 für Ziehblech $m = 0{,}6$ gewählt werden. Damit wird der Topfdurchmesser d des Anschlagzuges nach (18):

$d = m D = 0{,}6 \cdot 75$ mm $= 45$ mm

Für die Weiterzüge wird aus Tabelle 6 mit dem für Ziehblech angegebenen Weiterzugverhältnis $m_1 = 0{,}8$ gerechnet. Damit ergeben sich nach (19):

$d_1 = m_1 d \;\; = 0{,}8 \cdot 45$ mm $= 36$ mm
$d_2 = m_1 d_1 = 0{,}8 \cdot 36$ mm $= 28{,}8$ mm
$d_3 = m_1 d_2 = 0{,}8 \cdot 29$ mm $= 23{,}2$ mm

Der geforderte Fertigdurchmesser d_f ist in vier Zügen zu fertigen mit den gerundeten Ziehdurchmessern 45, 36, 30, 25 mm.

b) Die aufzubringende Gesamtziehkraft F_{ges} ist nach (23): $F_{ges} = F_z + F_f$. Die Ziehkraft F_z wird nach (21) ermittelt, der fehlende Tiefzieh-Korrekturfaktor κ_z für das angewendete Anschlagziehverhältnis $m = 0{,}6$ aus Tabelle 7 entnommen zu: $\kappa_z = 0{,}83$.

$$F_z = U s R_m \kappa_z = 45 \text{ mm} \cdot \pi \cdot 1 \text{ mm} \cdot 320 \frac{\text{N}}{\text{mm}^2} \cdot 0{,}83 = 37\,548{,}3 \text{ N}$$

Nach (22) wird die Faltenhaltekraft $F_f \approx A_f p$ ermittelt. Die niederzuhaltende Fläche beträgt $A_f = \pi/4 \; (D^2 - d^2) = \pi/4 \; (7{,}5^2 - 4{,}5^2)$ cm² = 28,3 cm². Der Faltenhalterdruck ist in Tabelle 6 für Ziehblech mit $p = 2{,}8$ N/mm² ausgewiesen. Mit diesen Werten ergibt sich die Faltenhaltekraft

$$F_f \approx A_f p = 2830 \text{ mm}^2 \cdot 2{,}8 \frac{\text{N}}{\text{mm}^2} = 7924 \text{ N}$$

und
$F_{ges} = F_z + F_f = 37\,548{,}3 \text{ N} + 7924 \text{ N} = 45\,472{,}3 \text{ N}$

Für die Herstellung der verlangten Töpfe im Tiefziehverfahren ist eine Ziehpresse mit 50 000 N Stößelkraft einzusetzen.

a) *Polierziehen* wird angewendet, um im Tiefziehverfahren geformte Hohlwandungen zu glätten und maßhaltige Oberflächen zu bekommen. Die polierten Außenoberflächen der Hohlwandungen erhält man, wenn ein Ziehsatz verwendet wird, dessen Ziehspalt genau der Ausgangswanddicke des Werkstoffes entspricht.

b) *Tiefziehen mit Wandschwächung.* Aus gut ziehfähigen Metallen (Stahlblech in Tiefzieh- oder Karosseriegüte, Aluminium, weiches Messing, Kupfer) wird im verlustlosen Tiefziehen ein dickwandiger Topf mit niedriger Wandhöhe hergestellt. Die niedrige Wandhöhe zieht man durch einen Ziehsatz, dessen Ziehspalt kleiner als die Wanddicke s ist. Hierbei kann man beim ersten Zug die Wanddicke um 30 %, bei allen Weiterzügen um 25 % vermindern.

2.2.7 Ausbauchen und Einziehen

Die Hohlwandungen tiefgezogener Töpfe werden durch Ausbauchen oder Einziehen von der geraden Ausbildung in beliebige Gebrauchsformen gebracht.

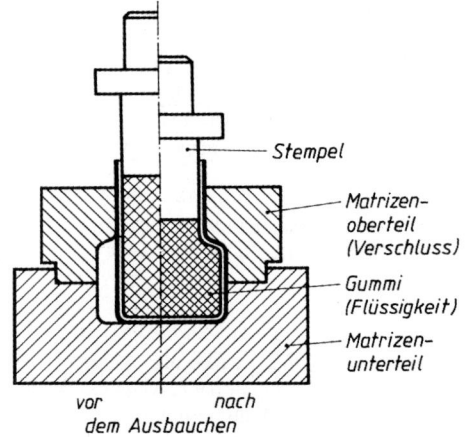

Bild 49. Ausbauchen mit Gummikissen oder Druckflüssigkeit

Man *baucht aus* mit Gummikissen oder Druckflüssigkeit (Bild 49) oder mit Spreizwerkzeugen (Bild 50). Man *zieht ein* mit Stempel und Einziehringen (Bild 51).

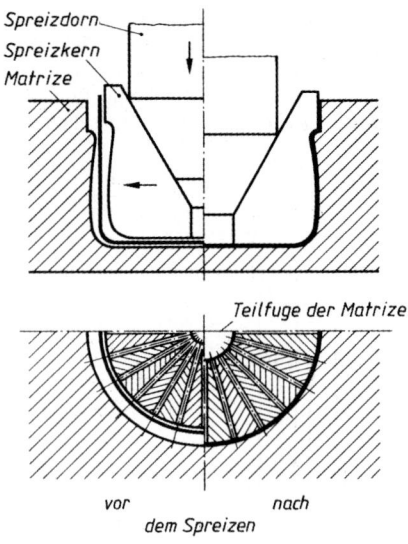

Bild 50. Ausbauchen mit Spreizkernen

Die formgebende Matrize ist geteilt, um das Auspacken der fertigen Werkstücke zu ermöglichen oder zu erleichtern. Ausbauchmatrizen sollen wegen des häufigen Bewegens von Hand so leicht wie möglich sein. Eingezogene Wandungen steigen am Einziehring hoch und vergrößern die Wandhöhe.

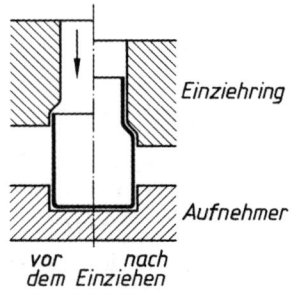

Bild 51. Einziehen tiefgezogener Töpfe

2.2.8 Drücken

Durch Drücken können nur kreisrunde, in Ausnahmefällen ovale Rotationskörper aus tiefziehfähigem Stahl- oder Weißblech (bis 1 mm dick), Aluminiumblech (bis 4 mm dick), Kupfer-, Messing- oder Zinkblech (bis 2 mm dick) hergestellt werden.

2.2.9 Sicken

Eine *Sicke* soll die Steifheit eines ebenen Bleches erhöhen. Sicken werden auf Sickenmaschinen eingewalzt (gesickt). Breite und Höhe der Sicken passt man dem Verwendungszweck und der Dehnung des Werkstoffes an.

2.2.10 Fließpressen

Beim Fließpressen wird Werkstoff unter hohem Druck zum Fließen gebracht und durch eine vom Pressstempel und Werkzeug gebildete Öffnung gepresst.

Kaltfließpressen liegt vor, wenn die Umformung unterhalb der Rekristallisationstemperatur stattfindet. Dabei verzerren sich die einzelnen Kristalle. Der Formänderungswiderstand des Werkstoffs vergrößert sich.

Warmfließpressen liegt vor, wenn die Umformung oberhalb der Rekristallisationstemperatur stattfindet. Dabei verzerren sich die Kristalle nicht und der Formänderungswiderstand bleibt gleich.

2.2.10.1 Fließpressverfahren

Beim *Rückwärtsfließpressen* – auch indirektes Fließpressen genannt – fließt der Werkstoff gegen die Bewegungsrichtung des Stempels (Bild 52). Er wird in Form einer Platine in das Werkzeugunterteil gelegt. Während der Stempel auf die Platine drückt, steigt der Werkstoff in entgegengesetzter Richtung empor. Die so erreichbaren Wanddicken sind im Verhältnis zum Durchmesser sehr klein.

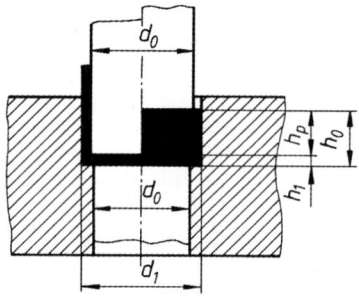

Bild 52. Rückwärtsfließpressen

Beim *Vorwärtsfließpressen* – auch direktes Fließpressen genannt – fließt der Werkstoff in Richtung der Stempelbewegung. Als Rohling ist ein Napf erforderlich. Der Stempel drückt auf die Stirnseite des Napfes und presst den Werkstoff durch die Matrizenöffnung (Bild 53).

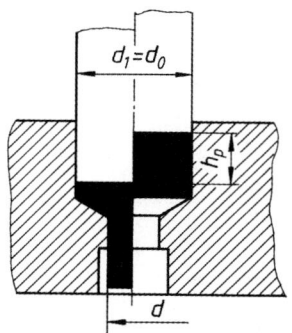

Bild 53. Vorwärtsfließpressen

Das *Koldflo-Verfahren* ist eine Kombination aus direktem und indirektem Fließpressen. Hier bewegen sich zwei Stempel gegeneinander. Als Rohlinge werden Näpfe eingelegt. Dieses Verfahren wird häufig beim Fließpressen von Stahl eingesetzt (Bild 54).

Beim *hydrostatischen Fließpressen* wird grundsätzlich vorwärts gepresst. Die Druckkraft wird über eine Flüssigkeit (Hydrauliköl in besonderer Zusammensetzung) auf das Werkstück übertragen.

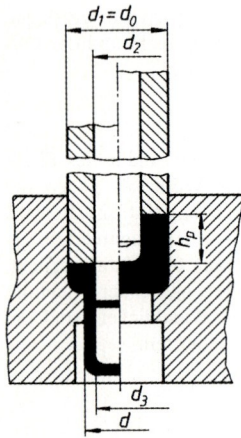

Bild 54. Fließpressen nach dem Koldflo-Verfahren

Vorteile gegenüber einer mechanischen Kraftübertragung: Geringere Reibung zwischen Werkstück und Werkzeug. Durch kleinere Matrizenöffnungswinkel verläuft der Umformprozess gleichmäßiger. Es können Rohlinge mit einem größeren Verhältnis von Länge zum Durchmesser umgeformt werden.

Nachteilig können sich die Abdichtungsschwierigkeiten an den Stempelführungen infolge der hohen Pressdrücke auswirken.

Müssen spröde Werkstoffe wie z. B. Chrom, Molybdän oder Beryllium verarbeitet werden, kann *hydrostatisch mit Gegendruck* fließgepresst werden. Da hier der Flüssigkeitsdruck allseits auf das Werkstück wirkt, ist die Gefahr des Aufreißens während des Umformvorganges geringer als beim normalen hydrostatischen Fließpressen.

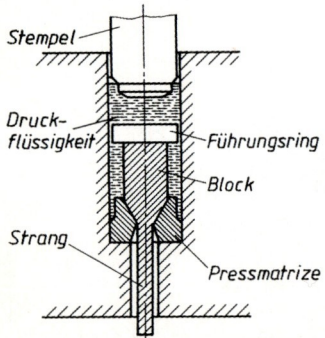

Bild 55. Hydrostatisches Fließpressen

Gegenüber der mechanischen Kraftübertragung macht die Bestimmung der erforderlichen Fließpresskraft große Schwierigkeiten. Die Druckflüssigkeit muss für jeden Fließpressvorgang neu eingefüllt werden und der Umformvorgang selbst läuft sehr langsam ab.

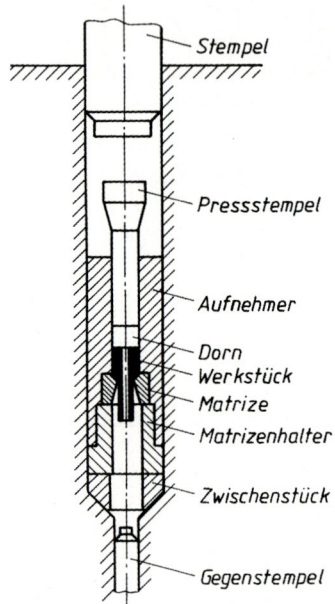

Bild 56. Hydrostatisches Fließpressen mit Gegendruck

2.2.10.2 Fließpressbare Werkstoffe

Alle Werkstoffe mit einem guten Formänderungsvermögen sind zum Fließpressen geeignet. Neben den Nichteisenmetallen lassen sich auch bestimmte Stahlsorten fließpressen. In der Praxis wird für jeden Werkstoff eine Fließkurve ermittelt. Als Kriterien werden neben der Härte, der Streckgrenze und der Bruchdehnung vor allem die Fließspannung k_f und der Umformgrad φ herangezogen (Bild 57).

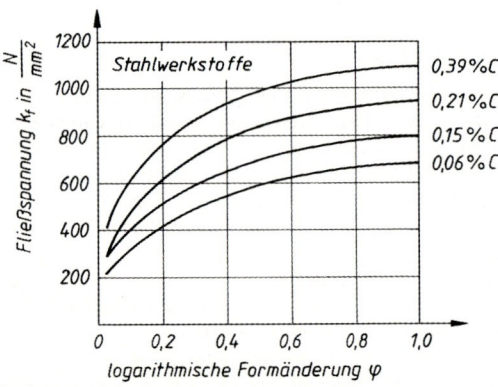

Bild 57. Fließkurven einiger Werkstoffe bei 20 °C

In einem Werkstoff wird die *Fließspannung* k_f erreicht, wenn eine bleibende Formänderung erzielt wird:

$$k_f = \frac{F}{A} \quad \begin{array}{c|c|c} k_f & F & A \\ \hline \dfrac{N}{mm^2} & N & mm^2 \end{array} \quad (25)$$

Der *Umformgrad* φ – auch logarithmische Formänderung genannt – ergibt sich aus dem logarithmischen Verhältnis der Ausgangs- zur Augenblickshöhe:

$$\varphi = \ln \frac{h_1}{h_0} \quad (26)$$

Grenzen des Verfahrens: Werkstoffe, bei denen die größte Formänderung unter 25 % liegt, sollten nicht fließgepresst werden. Werkstoffe, die Fließpresswerkzeuge mit einer Flächenpressung > 2 500 N/mm² belasten würden, sollten nicht fließgepresst werden, da die Wirtschaftlichkeit dieser Werkzeuge nicht mehr gegeben ist.

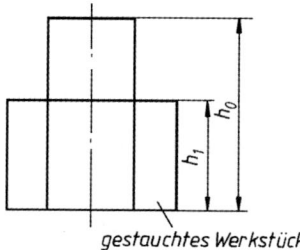

Bild 58. Stauchvorgang

2.2.10.2.1 Nichteisenmetalle

Das Fließpressen von NE-Metallen ist problemlos und sehr weit verbreitet. Hauptsächlich werden Werkstoffe wie Aluminium, Kupfer, Blei, Zinn, Zink und deren Legierungen verarbeitet.

2.2.10.2.2 Eisenmetalle

Stahl kann *unterhalb* der Rekristallisationstemperatur (kalt) fließgepresst werden, wenn die einzelnen Kristallite bei der auftretenden Druckbeanspruchung gleiten können, ohne dass der Zusammenhang der gleitenden Schichten verlorengeht. Spröde, also für das Fließpressen ungeeignete Werkstoffe lassen sich durch Kegelstauchproben aussondern.
Die chemische Zusammensetzung des Stahles hat einen großen Einfluß auf seine Kaltverformbarkeit. Mit steigendem Kohlenstoffgehalt und zunehmenden Legierungsbestandteilen nimmt das Formänderungsvermögen ab. Die Umformgrenze liegt bei einem Kohlenstoffgehalt von 0,45 %.

Bei *warmfließpressbaren* Stählen wird die Warmformänderungsfähigkeit durch den gleichen Versuchsablauf wie bei den kaltfließpressbaren Stählen festgestellt: Stauchprobe, Warmfließkurve und Analyse der chemischen Zusammensetzung. Niedriglegierte Nickel- und Manganstähle sowie Stähle mit geringem Kohlenstoffgehalt haben gegenüber hochlegierten Stählen eine gute Warmformbarkeit.

2.2.10.3 Rechnerische und praktische Fließkraftermittlung

Eine rechnerische Kraftermittlung ist nur bei sehr einfachen Fließvorgängen möglich. Für kompliziert geformte Fließpressteile werden auf Versuchsmaschinen Kraft-Weg-Diagramme erstellt und ausgewertet.

2.2.10.3.1 Rechnerische Kraftermittlung

Fließpresskraft für das *Rückwärtsfließpressen* (siehe Bild 52):

$$F = A_{d1} \frac{k_f \varphi_{rm}}{\eta_F} \quad \begin{array}{c|c|c|c} F & k_f & A & \varphi_{rm}, \varphi_g, \eta_F \\ \hline N & \dfrac{N}{mm^2} & mm^2 & 1 \end{array} \quad (27)$$

Fließpresskraft für das *Vorwärtsfließpressen* (siehe Bild 53):
von Vollkörpern

$$F = A_{d1} \frac{k_f \varphi_g}{\eta_F} \quad (28)$$

von Hohlkörpern

$$F = (A_{d1} - A_{d2}) \frac{k_f \varphi_g}{\eta_F} \quad (29)$$

φ_g logarithmische Formänderung

$$\varphi_g = \ln \frac{A_{d1}}{A_{d2}} \quad (30)$$

φ_{rm} mittlerer radialer Formänderungsgrad

$$\varphi_{rm} = \ln \frac{d_0}{d_1 - d} - 0{,}16 \quad (31)$$

η_F Formänderungswirkungsgrad
 für Rückwärtsfließpressen $\eta_F = 0{,}3$ bis $0{,}7$
 für Vorwärtsfließpressen $\eta_F = 0{,}4$ bis $0{,}6$

2.2.10.3.2 Praktische Kraftermittlung

Zunächst muss der für die Fertigung eines bestimmten Fließpresswerkstücks zweckmäßigste Pressentyp festgelegt werden. Anschließend wird die maximal auftretende Fließpresskraft und ihr Kraftangriffspunkt auf dem Stempelweg ermittelt. Die so aufgenomme-

nen Werte werden mit der Presskraftkennlinie der vorher festgelegten Presse überlagert.
Das Kraft-Weg-Diagramm (Bild 59) zeigt dass die maximale Presskraft innerhalb der Grenzkurve der Pressenkennlinie liegt. Da jedoch ungefähr 50° vor dem unteren Totpunkt des Stempels eine Kraftspitze auftritt, die über die Grenzkurve der Presse hinausgeht, kommt eine Verwendung dieses Pressentyps nicht in Betracht.

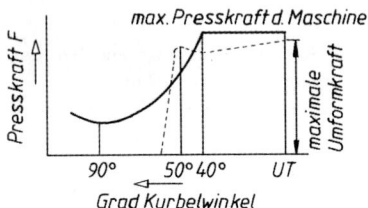

Bild 59. Pressenkennlinie und Fließpresskraft

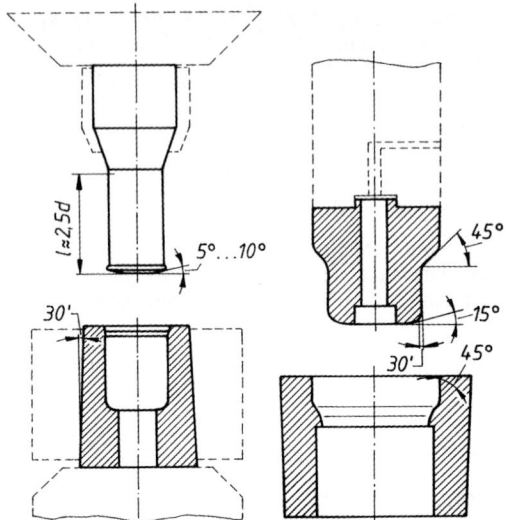

Bild 60. Stempel- und Matrizenkonstruktion

2.2.10.4 Werkzeugkonstruktion

2.2.10.4.1 Werkzeug-Werkstoffe

Beim Fließpressen mit den unter 2.2.10.2 beschriebenen Werkstoffen ist eine Druckspannung $\sigma_{d\ zul} \leq 2500\ N/mm^2$ zulässig. Diese zulässige Druckspannung kann noch erhöht werden, wenn durch Pressvorgänge wie Setzen, Stauchen oder Kalibrieren eine Verfestigung der Werkzeug-Werkstoffe auftritt.
Auswahl geeigneter Werkzeug-Werkstoffe:

Stempeldruckplatte	X210Cr12
Fließpressstempel	X210Cr46
Pressbüchse	X210Cr46
	oder 50NiCr13
Gegenstempel	X210Cr46
Pressbüchsen-Druckplatte	X145Cr6

2.2.10.4.2 Stempel- und Matrizenkonstruktion

Durch hohe Druckkräfte besteht für den Stempel Knickgefahr. Deshalb sollte die Napftiefe oder die abzusteckende Länge nicht größer als das 2,5 bis 3fache des Stempeldurchmessers sein. Der zylindrische Teil des Stempels wird beim Rückwärtsfließpressen möglichst kurz gehalten und geht über einen Kegel in den Schaft über (Bild 60).
Beim Vorwärtsfließpressen werden Stempel und Schaft getrennt gefertigt, da der Stempel als eigentliches Verschleißteil sehr oft ausgewechselt werden muss. Um ein optimales Fließen des Werkstoffes erreichen zu können, beträgt der Pressbüchsenwinkel mindestens 45°. Für beide Verfahren wird die Pressbüchse mit ungefähr 30' konisch geschliffen, um Armierungen besser aufpressen zu können.

2.2.10.4.3 Vorspannung von Fließpresswerkzeugen

Bei der Umformung durch Fließpressen treten sehr hohe Drücke in axialer und in radialer Richtung auf. Der axiale Druck wird von der Presse aufgenommen, der radiale Druck wirkt auf die Pressbüchse. Bei schwer pressbaren Werkstoffen wird die nach außen wirkende positive Radialspannung so groß, dass eine entgegengesetzt gerichtete negativ wirkende Radialspannung geschaffen werden muss. Die Resultierende beider Spannungen darf während des Fließvorganges eine positive Radialspannung von $2500\ N/mm^2$ nicht überschreiten. Eine negative Radialspannung (Vorspannung) kann durch Teilung der Matrize und Aufschrumpfen äußerer Ringe auf die Pressbüchse erreicht werden (Bild 61).

2.2.10.5 Schmierung

Der Schmierung kommt beim Fließpressen große Bedeutung zu. Günstige Schmierverhältnisse lassen die Umformkräfte sinken, die Standzeit vergrößern und die Oberfläche des Werkstückes verbessern. Normale Öle und Fette können nicht verwendet werden, weil die große Flächenpressung den Öl- oder Fettfilm abquetscht, so dass sich die Wirkflächen berühren können. Auch Ölzusätze, meist Sulfid-, Phosphid- oder Nitridverbindungen, die bei hohen Temperaturen Salze bilden und so ein Verschweißen von Metallen verhindern, sind nicht sehr wirkungsvoll.
Molybdändisulfid MoS$_2$ ist eine chemische Verbindung von Molybdän und Schwefel. MoS$_2$ wird wegen seiner besonders guten Schmiereigenschaften auch beim Fließpressen von Stahl verwendet.

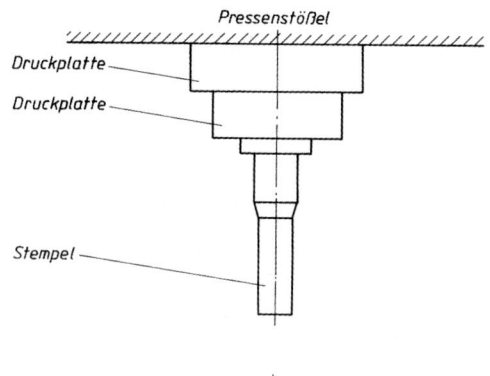

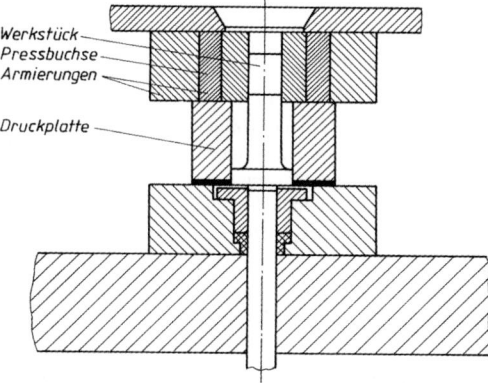

Bild 61. Fließpresswerkzeuge mit Armierungen

2.2.11 Schmieden

Durch Schmieden können Werkstücke getrennt, umgeformt und auch gefügt werden.
Zum Trennen gehören die Verfahren Abschneiden, Lochen, Abschroten, Einschroten und Schlitzen.
Durch Dornen, Durchlochen, Hohldornen oder Massivlochen werden Hohlräume erzeugt.
Querschnittsveränderungen erreicht man durch Rekken, Breiten, Stauchen oder Anstauchen.
Mehrere Schmiedeteile einer Baugruppe können durch Schrumpfen oder Schweißen gefügt werden.
Beim Warmschmieden werden die Rohteile so weit erwärmt, dass nach dem Schmieden keine bleibende Verfestigung des Werkstoffs auftritt. Bei Stahl muss bis oberhalb der Rekristallisationstemperatur (850 bis 1 200 °C) erwärmt werden.
Kaltgeschmiedet wird beim Kalibrieren, Prägen oder Stauchen. Die Umformung von meist kleineren Teilen aus Stahl oder Nichteisenmetallen findet bei Raumtemperatur statt.

2.2.11.1 Freiformschmieden

Frei geformte Schmiedewerkstücke haben sehr große Fertigungstoleranzen und müssen meist spanend nachbearbeitet werden. Durch das Freiformen werden nur einzelne Werkstücke hergestellt oder Gesenkschmiedeteile vorgeformt. Freiformschmiedeteile können Massen zwischen 1 kg und 250 t haben.

2.2.11.2 Gesenkschmieden

Beim Gesenkschmieden wird der Werkstoff über mehrere Stufen in eine allseitig geschlossene Form geschlagen. Die Form besteht aus einem Ober- und einem Untergesenk (Bild 62).

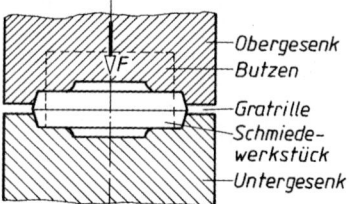

Bild 62. Ober- und Untergesenk

Der auf Schmiedetemperatur erwärmte Werkstoff des Rohlings wird umgeformt und fließt in die Richtung der Gratbahn wo er sehr schnell abkühlt. Dadurch wird verhindert, dass weiterer Werkstoff nachfließen kann. Also erhöht sich in der letzten Umformphase der Druck im Gesenk sehr stark und es können die letzten Feinheiten wie z. B. kleinere Radien ausgeformt werden.
Die Umformung kann durch Stauchen oder Steigen des Werkstoffs erfolgen (Bild 63).

2.2.11.3 Stauchkraft und Haucharbeit

Eine der wichtigsten Größen zur Ermittlung der für die Umformung erforderlichen Stauchkraft und Staucharbeit ist die Fließspannung k_f (siehe Abschnitt 2.2.10.2). Sie ist beim Schmieden abhängig vom Werkstoff des Schmiedeteils, der Umformtemperatur und der Werkzeuggeschwindigkeit

$$k_f = k_{f0}\left(\frac{v}{h_1}\right)^n \quad (32)$$

k_f, k_{f0}	v	h_1	n
$\dfrac{N}{mm^2}$	$\dfrac{m}{s}$	m	1

k_{f0} Fließspannung bei festgelegten Umformtemperaturen nach Tabelle 8.
v Werkzeuggeschwindigkeit (entspricht Umformgeschwindigkeit)
h_1 Endhöhe des Schmiedeteils nach der Stauchung
n Formänderungsexponent

Tabelle 8. Fließspannung k_{f0} und Verformungsexponent n

Fließspannung k_{f0} in $\frac{N}{mm^2}$ von C45 für $\frac{v}{h_0} = 1\,s^{-1}$ bei veränderlicher Temperatur in °C						
φ	700 °C	750 °C	800 °C	900 °C	1000 °C	1100 °C
0,05	250	180	179	106	79	56
0,1	252	209	203	132	95	66
0,2	256	239	234	160	108	74
0,3	255	251	249	173	111	76
0,4	259	256	249	174	109	76
Formänderungsexponent n bei veränderlicher Temperatur in °C						
0,05	0,078	0,102	0,08	0,089	0,1	0,175
0,1	0,085	0,103	0,082	0,103	0,125	0,168
0,2	0,086	0,099	0,086	0,108	0,128	0,167
0,3	0,083	0,097	0,083	0,11	0,162	0,18
0,4	0,083	0,103	0,105	0,134	0,173	0,188

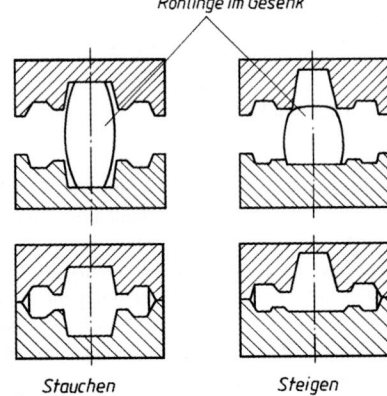

Bild 63. Füllvorgänge beim Gesenkschmieden

Wie die Tabelle 8 zeigt, ist k_{f0} abhängig von der Größe der Formänderung φ (Abschnitt 2.2.10.2). Die Fließspannungen für unterschiedliche Werkstoffe weichen stark voneinander ab. Deshalb können die Werte für C45 nicht auf andere Stähle übertragen werden.

Stauchkraft für einen kreisförmigen Querschnitt

$$F_{erf} = S\,k_{f0}\left(\frac{v}{h_1}\right)^n\left(1+\frac{1}{3}\frac{\mu\,d_1}{h_1}\right) \quad (33)$$

Stauchkraft für einen rechteckförmigen Querschnitt

$$F_{erf} = b_1\,l_1\,k_{f0}\left(\frac{v}{h_1}\right)^n\left(1+\frac{1}{3}\frac{\mu\,l_1}{h_1}\right) \quad (34)$$

k_f, k_{f0}	S	v	h_1, b_1, d_1, l_1	μ, n
$\frac{N}{mm^2}$	mm^2	$\frac{m}{s}$	m	1

F_{erf} Stauchkraft
S Querschnittsfläche des Werkstücks,
v Werkzeuggeschwindigkeit

h_1 Höhe nach dem Stauchvorgang
d_1 Durchmesser nach dem Stauchvorgang
b_1 Breite nach dem Stauchvorgang
l_1 Länge nach dem Stauchvorgang
n Formänderungsexponent
μ Gleitreibzahl

Staucharbeit für das Stauchen eines prismatischen Körpers mit Kreisquerschnitt

$$W_{erf} = \left(V\,k_{f0}\,\frac{v}{h_1}\right)^n\left[\ln\frac{h_0}{h_1} + \frac{\mu}{4,5}\left(\frac{d_1}{h_1} - \frac{d_0}{h_0}\right)\right] \quad (35)$$

W_{erf}	k_{f0}	V	v	h_0, h_1, d_0, d_1	μ, n
Nmm	$\frac{N}{mm^2}$	mm^3	$\frac{m}{s}$	m	1

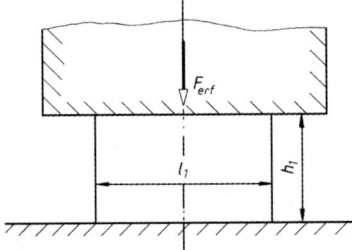

Bild 64. Stauchen eines Rohlings mit Rechteckquerschnitt

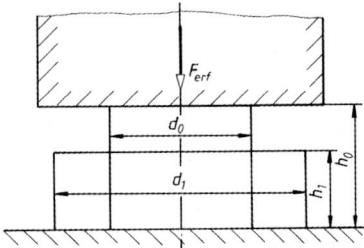

Bild 65. Stauchen eines Rohlings mit Kreisquerschnitt

Beispiel:

Ein zylindrisches Werkstück aus C45 soll durch Hammerschmieden von einer Ausgangshöhe von 13,5 cm auf eine Endhöhe von 10 cm gestaucht werden. Der Durchmesser des Rohlings beträgt 10 cm. Bei Stauchbeginn beträgt die Schmiedetemperatur 900 °C. Um die für diesen Schmiedevorgang erforderliche Pressmaschine auswählen zu können, müssen folgende Fragen gelöst werden:

1. Mit welcher Fließspannung muss bei einer Auftreffgeschwindigkeit von 5 m/s des Hammers und gleichbleibender Umformtemperatur gerechnet werden?
2. Wie groß ist die mittlere Werkzeuggeschwindigkeit bei einer Werkstückhöhe von 11,75 cm?
3. Welche erforderliche Umformarbeit ist bei einer geschätzten Reibzahl $\mu = 0{,}35$ für den Stauchvorgang aufzubringen?
4. Wie groß wird die erforderliche Stauchkraft?

Lösung:

1. Fließspannung k_f

Fließspannung k_f nach (32) bei $v = 5$ m/s und gleichbleibender Umformtemperatur:

$$k_f = k_{f0} \left(\frac{v}{h_1}\right)^n$$

mit $k_{f0} = 173$ N/mm² nach Tabelle 8
bei $\varphi = \ln(h_0/h_1) = \ln 1{,}35 = 0{,}3001$ und $\vartheta = 900$ °C
Formänderungsexponent $n = 0{,}11$ bei $\varphi = 0{,}3$

$$k_f = 173 \frac{N}{mm^2} \cdot \left(\frac{5 \, m/s}{0{,}135 \, m}\right)^{0{,}11} = 257{,}4 \, \frac{N}{mm^2}$$

2. Mittlere Werkzeuggeschwindigkeit v_m bei $h = 11{,}75$ cm

$$\varphi = \ln \frac{13{,}5 \, cm}{11{,}75 \, cm} = 0{,}1388$$

$k_{f0} = 140$ N/mm² bei $\varphi = 0{,}1388$ und $\vartheta = 900$ °C aus Tabelle 8

$$k_f = \frac{257{,}4 \, N/mm^2 \cdot 140 \, N/mm^2}{173 \, N/mm^2} = 208{,}3 \, N/mm^2$$

$$k_f = k_{f0} \left(\frac{v_m}{h}\right)^n ; \quad \left(\frac{v_m}{h}\right)^n = \frac{k_f}{k_{f0}}$$

$$\ln \frac{v_m}{h} = \frac{\ln k_f - \ln k_{f0}}{n} = 3{,}599 \, 05$$

$$\frac{v_m}{h} = 36{,}563 \, 54 \, m/s; \quad v_m = 4{,}3 \, m/s$$

3. Umformarbeit W_{erf} nach (35)

$$W_{erf} = V \, k_f \left[\ln \frac{h_0}{h_1} + \frac{\mu}{4{,}5} \left(\frac{d_1}{h_1} - \frac{d_0}{h_0}\right)\right]$$

Volumen des Schmiedeteils $V = S \, h_0 = 78{,}54 \, cm^2 \cdot 13{,}5 \, cm = 1060{,}3 \, cm^3$. Die Grundfläche S_1 des Werkstücks nach dem Stauchvorgang ergibt sich aus $S_1 = V/h_1 = 106{,}03 \, cm^2$. Damit lässt sich der dann wirksame Durchmesser d_1 berechnen:

$$d_1 = \sqrt{\frac{4 S_1}{\pi}} = 11{,}62 \, cm$$

Mit diesen Werten kann nun die erforderliche Umformarbeit errechnet werden:

$$W_{erf} = 1060{,}3 \, cm^3 \cdot 25 \, 740 \, N/cm^2 \cdot$$
$$\cdot \left[\ln \frac{13{,}5 \, cm}{10 \, cm} + \frac{0{,}35}{4{,}5} \cdot \left(\frac{11{,}62 \, cm}{10 \, cm} - \frac{10 \, cm}{13{,}5 \, cm}\right)\right]$$

$$W_{erf} = 9{,}085 \cdot 10^6 \, Ncm = 9{,}085 \cdot 10^4 \, Nm = 9{,}085 \cdot 10^4 \, J$$

4. Stauchkraft F_{erf} nach (33)

$$F_{erf} = S_1 \, k_{f0} \left(1 + \frac{\mu \, d_1}{3 \, h_1}\right)$$

$$F_{erf} = 106{,}03 \, cm^2 \cdot 25 \, 740 \, N/cm^2 \cdot \left(1 + \frac{0{,}35 \cdot 11{,}62 \, cm}{10 \, cm}\right) =$$
$$= 3{,}84 \cdot 10^6 \, N$$

2.2.11.4 Konstruktionshinweise

Stark unterschiedliche Wandstärken sollten vermieden werden, da sonst bei Abkühlung Spannungsrisse auftreten können.
Um Kerbrisse auszuschließen, müssen scharfe Übergänge vermieden werden.
Schmiedewerkstücke mit Rippen oder geringen Wanddicken können nur im Gesenk geschmiedet werden.
Gesenkschmiedewerkstücke müssen nach DIN 7523 mit Aushebeschrägen versehen werden.
Hinterschneidungen wegen der erheblichen höheren Werkzeugkosten vermeiden.

2.2.12 Oberflächenbehandlung von Umformwerkzeugen

Beim Umformen tritt Reib- und Adhäsionsverschleiß auf. Auf Werkzeugen und Werkstücken bilden sich Riefen. Die Riefenbildung kann verringert werden, wenn das Werkzeug mit einer verschleißfesten, eisenfreien Schicht überzogen wird. Je höher der Schmelzpunkt und die Härte der Schicht, desto geringer ist der abrasive Verschleiß bzw. die Neigung zur Riefenbildung.

Nitrieren (Gasnitrieren)
Bildung der Nitrierschicht bei 450 bis 550 °C.
Schichtdicken liegen zwischen 50 µm und 150 µm.
Härte der Nitrierschicht: 1 000 bis 1 400 HV 0,05.

Vorteile: Durch engen Verbund der Nitrierschicht mit dem Grundwerkstoff können auch Werkzeuge mit engen Radien oder Kanten behandelt werden. Nitrieren ist ein billiges Beschichtungsverfahren.

Nachteile: Änderungen oder Reparaturen an nitrierten Werkzeugen sind nur unter erhöhtem Aufwand möglich, z. B. muss nach Schweißarbeiten am Werkzeug nachnitriert werden.

Hartverchromen
Bildung der Chromschicht bei 50 °C.
Schichtdicken liegen zwischen 30 µm und 40 µm.
Härte der Chromschicht: 1 100 HV.

Vorteile: Beim Hartverchromen treten keinerlei Gefüge- oder Maßveränderungen auf. Das Verfahren ist fast unabhängig von der Größe und der Geometrie des Werkzeugs.

Nachteile: An kleinen Radien oder scharfen Kanten kann die Chromschicht abblättern. Nach Reparaturen oder Änderungen am Werkzeug kann – nach einer Entchromung – wieder verchromt werden.
Das Verfahren ist ungefähr 60 % teurer als das Nitrieren.

Titancarbidbeschichtung
Bildung der TiC-Schicht bei 1 100 °C.
Schichtdicken liegen zwischen 6 µm und 12 µm.
Härte der TiC-Schicht: 4 100 HV 0,05.

Vorteile: Sehr gute Haftung am Grundwerkstoff des Werkzeugs. Der Verschleiß ist durch die große Härte von Titancarbid sehr gering.

Nachteile: Es können nur kleine Werkzeuge oder Werkzeugeinsätze beschichtet werden (Ofengröße). Nach Reparaturen oder Werkzeugänderungen kann nicht nachbeschichtet werden; eine Neuanfertigung ist erforderlich.
Das Verfahren ist ungefähr 300 % teurer als das Nitrieren.

2.3 Stahlbleche und ihre Verarbeitung

2.3.1 Abmessungen der Stahlbleche

2.3.1.1 Walzdicke der Stahlbleche. Die drei Gütegruppen der Stahlbleche sind: *Grobbleche* (4,76 mm dick oder dicker), *Mittelbleche* (3 bis 4,75 mm dick), *Feinbleche* (unter 3 mm dick). Bleche unter 3 mm Dicke mit Walzmustern (Riffeln, Tonnen, Warzen) und bearbeitete Bleche (gepresste Böden, Rauchrohrböden und sonstige Teile für den Kessel- und Behälterbau) gelten als Mittelbleche.

2.3.1.2 Tafelgrößen der Stahlbleche. Stahlbleche *mit* und *ohne* Oberflächenschutz (verzinnt, verzinkt) werden in Lagergrößen (Lagerformaten) und in *festen Maßen* geliefert. Lagergrößen der Stahlbleche

530 mm · 760 mm	für Qualitäts- und Weißbleche ab 0,18 mm Dicke
500 mm · 1 000 mm 600 mm · 1 200 mm 700 mm · 1 400 mm	nach Anfrage lieferbare Zwischengrößen
800 mm · 1 600 mm	für Blechdicken bis 0,75 mm
1 000 mm · 2 000 mm	für Blechdicken 0,5 mm und darüber (Normalformat)
1 250 mm · 2 500 mm	für Blechdicken 0,75 mm und darüber (Mittelformat)
1 500 mm · 3 000 mm	für Blechdicken 1,0 mm und darüber (Großformat)

Bleche in *festen Maßen* werden vom Hersteller auf Bestellung zugeschnitten.

2.3.2 Blechaufteilung

Für die Herstellung von Werkstücken aus Blech werden die Blechtafeln in Streifen aufgeteilt. Aufteilung der Blechtafeln in lange Streifen ist wirtschaftlicher als in kurze, weil weniger Scherenarbeit nötig ist und das Ausschneiden auf Pressen flüssiger abläuft.
Zu beachten ist, dass in Stahlblechen die Walzfasern parallel zur langen Tafelkante verlaufen.
Werkstücke aus Blech sind wirtschaftlich günstig gefertigt, wenn die größte Stückzahl bei geringstem Blechverbrauch und den niedrigsten Werkzeug- und Lohnkosten erreicht wird.
Das Gewicht der Tafeln und die Länge der Streifen erschweren die Scherenarbeit. Zweckmäßig werden zwei Mann als Bedienung für die Tafelschere eingeteilt zum Schneiden von:

a) Blechtafeln über 3 mm dick in Streifen über 1 m lang,
b) Blechtafeln unter 0,5 mm dick in Streifen über 1,4 m lang.

Für Massenteile aus Blech wird kaltgewalztes Blechband bevorzugt, wenn die höheren Kosten für das Blechband durch Automatisierung des Fertigungsverfahrens auszugleichen sind. Über Lieferbedingungen (Preis, Breiten- und Dickenabweichungen, Oberflächengüte, Werkstoffeigenschaften am Bandanfang und am Bandende) geben die Bandhersteller Auskunft.

2.3.2.1 Verwendung der Reststreifen von Blechtafeln. Anfallende Reststreifen aus der Blechaufteilung oder herausfallende Ausschnittstücke beim Ausschneiden sind vor dem Entstehen in die Fertigung einzuplanen und sofort zu verarbeiten. Wenn aus der sofortigen Verarbeitung des Abfalls kein wirtschaftlicher Nutzen erzielt werden kann, ist es ratsam, die Reststreifen, Ausfallteile und Streifenreste sofort aus dem Betrieb zu entfernen (Schrottverkauf).

2.3.2.2 Werkstücke im Blechstreifen. Mehrere Werkstückreihen im Blechstreifen sind vorteilhaft in Bezug auf die Höhe des Verschnitts, aber die Streifenbreite b_{st} (Abschnitt 2.3.2.3) darf nicht zu groß gewählt werden, sonst wird die Weiterverarbeitung der Streifen durch schwierige Handhabung und große Werkzeuge verteuert.

Man unterscheidet:
1-Lochstreifen (Bild 66); 2-Loch- oder Wendestreifen (Bilder 67. und 68.), – Wendestreifen sind solche Streifen, die nach dem Ausschneiden der ersten Lochreihe gewendet werden müssen (umgeschlagen wie eine Buchseite), zum Ausschneiden der zweiten Werkstückreihe –; 3-Lochstreifen (Bild 69). Streifen für mehr als drei Werkstückreihen (Mehrlochstreifen) werden wegen ihrer schwierigen Verarbeitung selten verwendet.

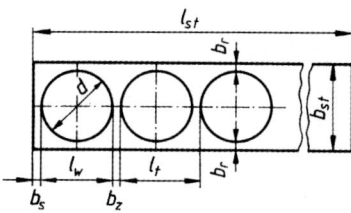

Bild 66. 1-Lochstreifen für Ronden
l_{st} Streifenlänge
l_w Länge des Werkstücks
l_t anteilige Streifenlänge für ein Werkstück $= l_w + b_z$
b_r Randstegbreite
b_s Seitenstegbreite
b_z Zwischenstegbreite
b_{st} Streifenbreite

Für Überschlagsrechnungen setzt man: $b_r = b_s = b_z = b$ (Bild 71).
Stegbreite
$\quad$ für $b_{st} \leq 70$ mm $\quad b = 0{,}4\,s + 0{,}8$ mm $\quad$ (36)
$\quad$ bei $s \geq 0{,}5$ mm
Stegbreite
$\quad$ für $b_{st} \leq 70$ mm $\quad b = 2$ mm $- 2\,s$ $\quad$ (37)
$\quad$ bei $s < 0{,}5$ mm
Stegbreite
$\quad$ für $b_{st} > 70$ mm $\quad b = 1{,}5\,(0{,}4\,s + 0{,}8$ mm$)$ $\quad$ (38)
$\quad$ bei $s \geq 0{,}5$ mm
Stegbreite
$\quad$ für $b_{st} > 70$ mm $\quad b = 1{,}5\,(2$ mm $- 2\,s)$ $\quad$ (39)
$\quad$ bei $s < 0{,}5$ mm

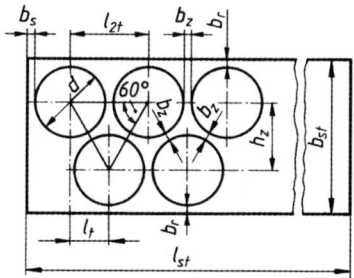

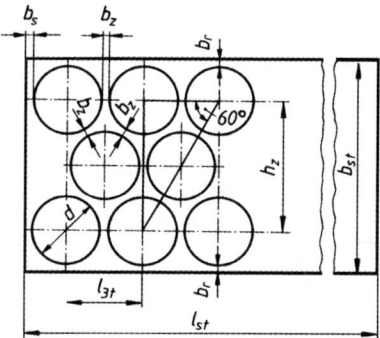

Bild 67. 2-Lochstreifen für Ronden l_s, l_t, b_r, b_s, b_z, b_{st}, siehe Bild 66.
l_{2t} anteilige Streifenlänge für zwei Werkstücke

$$h_z = \frac{d + b_z}{2}\sqrt{3} = \text{Zwischenhöhen der Werkstückreihen}$$

Voraussetzung für einen wirtschaftlich arbeitenden Stanzereibetrieb sind ausschneidegerecht konstruierte Werkstücke, wobei oft die spätere Verwendung zu beachten ist, Bild 70.

Bild 69. 3-Lochstreifen für Ronden. Zeichenerklärung siehe Bild 66, l_{3t} anteilige Streifenlänge für drei Werkstücke $h_z = (d + b_z)\sqrt{3} =$ Zwischenhöhe der äußeren Werkstückreihen

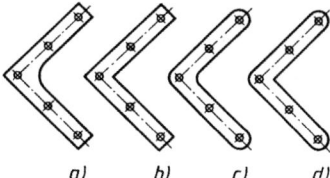

Bild 70. Fertigung von Eckenwinkel für Fensterrahmen
a) ungünstig; teures Werkzeug, viel Werkstoffverschnitt
a) möglichst vermeiden; scharfe Ecken begünstigen Härterisse in der Schneidplatte
c) günstig
d) besonders günstig für den Verbraucher, weil die Oberfräse der Tischlerei die innere Winkelkante scharfkantig ausschneidet

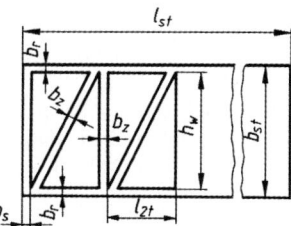

Bild 68. 2-Loch-Wendestreifen Zeichenerklärung siehe Bild 66 und 67, h_w Werkstückhöhe

2.3.2.3 Streifenbreite. Aus der Lage der Werkstücke im Blechstreifen, der Breite der Stege zwischen den Werkstücken und den Rändern sowie zwischen den Werkstückreihen ergibt sich die Streifenbreite b_{st}.

2.3.2.4 Anzahl der Werkstücke je Blechstreifen. An einem Blechstreifen der Länge l_{st} lassen sich n_{st} Werkstücke von der anteiligen Streifenlänge für 1 Werkstück $l_t = l_w + b$ ausschneiden (Bild 71). Anzahl der Werkstücke je Streifen

$$n_{st} = \frac{l_{st} - b}{l_t} \quad \begin{array}{c|c} n_{st} & l_{st}, b, l_1 \\ \hline \text{Werkstücke} & \\ \text{Streifen} & \text{mm} \end{array} \quad (40)$$

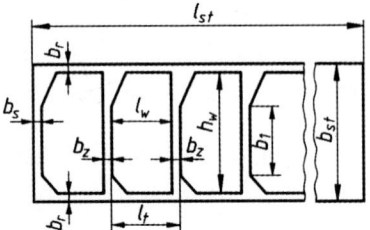

Bild 71. Streifenbreite b_{st} und Stückzahl pro Streifen n_{st}
l_{st}, l_w, b_r, b_s, b_z siehe Bild 66
h_w Werkstückhöhe
b_1 Trennsteglänge, wichtig für Bemessung von b_z

Die anteilige Streifenlänge l_t für ein oder bei Wendestreifen für zwei und mehr Werkstücke lässt sich durch Rechnung oft sehr schwer bestimmen. In solchen Fällen empfiehlt es sich, sie aus einer genauen Skizze in möglichst großem Maßstab abzumessen (Bild 72).

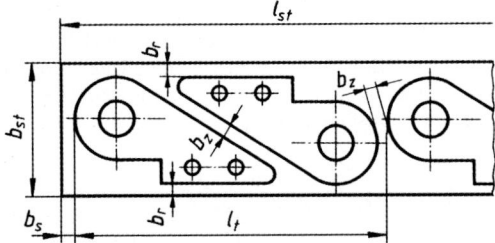

Bild 72. Anteilige Streifenlänge für zwei Werkstücke l_{st} nach Zeichnung ermittelt

2.3.2.5 Anzahl der Blechstreifen je Blechtafel.

Zum Ausschneiden von Werkstücken, die länger als breit sind, kann man eine Blechtafel *mit* oder *ohne* Anschnitt – Geradeschneiden der meist rauen Blechkante – entweder in lange schmale, in lange breite, in kurze schmale oder in kurze breite Streifen aufteilen. Sind die zu schneidenden Streifen schmaler als der Niederhalterabstand e der Tafelschere (Bild 73), bleibt von jeder Blechtafel ein nicht verwendbarer Reststreifen übrig, dessen Breite zwischen e und $e + b_{st}$ liegt.
Bei einer Aufteilung in lange schmale Streifen nach Bild 74 erhält man die Anzahl der Streifen je Blechtafel.

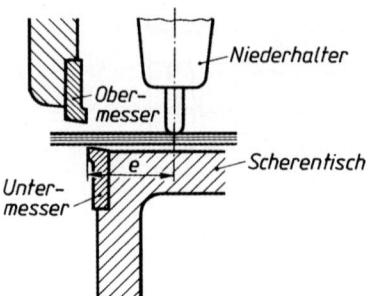

Bild 73. Niederhalterabstand e bei Tafelscheren

$$n_s = \frac{B_t - b_a - e}{b_{st}} \quad \begin{array}{c|c} n_s & B_t, b_a, e \\ \hline \text{Streifen} & \\ \text{Blechtafel} & \text{mm} \end{array} \quad (41)$$

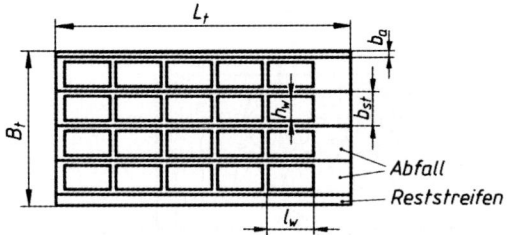

Bild 74. Blechtafel in lange schmale Streifen geteilt

Anschnittbreite b_a nur einsetzen, wenn die Blechtafel mit Anschnitt verarbeitet wird. Niederhalterabstand e der Tafelschere darf nur berücksichtigt werden, wenn die Streifenbreite $b_{st} < e$ ist.
Soll eine Blechtafel in eine andere Streifenart geteilt werden, verfährt man sinngemäß unter Ansatz der zugehörigen Maße.

2.3.3 Materialverschnitt bei Blechtafelaufteilungen

Blechtafelverschnitt ist nicht mehr verwendbarer Abfall in Form von Reststreifen, kleinen Abfallstücken und Ausfallteilen. Auf die hergestellten Werkstücke einer Blechtafel oder eines Auftrages wird zur Deckung der eigenen Werkstoffkosten der Anteil des Verschnitts prozentual aufgeschlagen. Bei gleicher Blechdicke erhält man den Materialverschnitt

$$m_v = \frac{\text{Bruttofläche} - \text{Nettofläche}}{\text{Nettofläche}} \cdot 100 \text{ in \%} \quad (42)$$

$$m_v = \frac{A_{\text{Brutto}} - A_{\text{Netto}}}{A_{\text{Netto}}} \cdot 100 =$$

$$= \left(\frac{A_{\text{Brutto}}}{A_{\text{Netto}}} - 1\right) \cdot 100 \text{ in \%}$$

3 Verbindende Verfahren

Einzelteile werden zu Baugruppen lösbar oder unlösbar gefügt. Zum lösbaren Fügen erforderliche Verbindungsmittel wie Schrauben, Bolzen oder Keile sind im Abschnitt I Maschinenelemente erläutert. In der Regel lassen sich lösbare Verbindungen ohne Schädigung der Einzelteile oder der Verbindungsmittel wiederholt trennen und fügen.

Durch Schweißen, Löten, Kleben, Nieten oder Falzen entstehen unlösbare Verbindungen, deren Trennen das Zerstören der Einzelteile oder Verbindungsmittel erfordert.

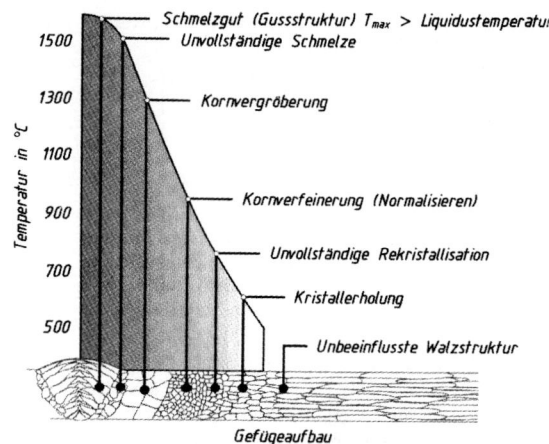

Bild 1. Gefügeaufbau einer einlagigen Schweißnaht an unlegiertem Stahl mit ca. 0,2 % Kohlenstoff

3.1 Schweißen

Beim Schweißen wird mit oder ohne Anwendung von Schweißzusätzen ein stofflicher Zusammenhalt geschaffen, der dem Fügeteilwerkstoff vergleichbare mechanische Gütewerte aufweist. Nach dem physikalischen Ablauf beim Schweißen unterscheidet DIN 1910 das Schmelzschweißen und das Pressschweißen.

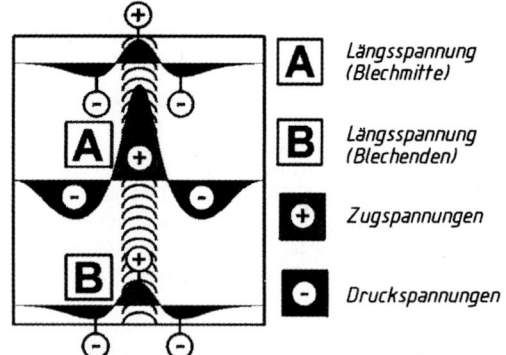

Bild 2. Längsspannungen an einer Stumpfnaht

3.1.1 Schmelzschweißen

3.1.1.1 Grundlagen

a) *Wärmewirkung und Schweißnahtbildung*
Durch Erwärmen der Fügestelle werden die Schweißteilkanten auf- und dann ineinander geschmolzen. An der Fügestelle erfolgt das Einformen des flüssigen Schweißgutes durch Oberflächenspannung, Schlacke oder Zwangsformung zur Schweißnaht, die vom festen Werkstoffufer ausgehend durch Kristallisation entsteht. Gleichzeitig mit der Nahtbildung bewirkt der Wärmeabfluss aus dem Schweißgut eine starke Wärmebeeinflussung des angrenzenden Grundwerkstoffs. Dadurch werden in dieser Wärmeeinflusszone Eigenschaftsänderungen verursacht, von denen die Gussstruktur und die Kornvergrößerung zu den unerwünschten Erscheinungen zählen (Bild 1). Auch können Kohlenstoffgehalte über 0,22 % bei den unlegierten Stählen in Verbindung mit raschem Auskühlen der Fügestelle zu erhöhtem Martensitanteil und damit zu verschlechterten Zähigkeitswerten führen.

Hinweise zur Schweißeignung ausgewählter Baustähle nach DIN EN 10025 enthält der Abschnitt E Werkstofftechnik, Tabelle 5. Die mit dem Kristallisieren und Abkühlen der Schweißnähte einhergehende Schrumpfung wird durch angrenzende Werkstoffbereiche behindert. Auf diese Weise stellen sich in der Schweißnaht erhebliche Zugspannungen ein (Bild 2).

Schweißgeeignete Werkstoffe bauen die Spannungen teilweise durch plastische Verformung ab. In dünnwandigen, schmelzgeschweißten Konstruktionen können die entstehenden Schrumpfspannungen erhebliche Verwerfungen bewirken. Mit der Wahl der Querschnittsform (z. B. X-Naht statt V-Naht), zweckmäßigem Nahtaufbau oder durch festes Einspannen beim Schweißen (plastischer Spannungsabbau) lassen sich die Schrumpfungen kontrollieren. Durch Richten können Verformungen korrigiert und durch Wärmebehandlung die beim Schweißen auftretenden Gefügeveränderungen eingeschränkt oder beseitigt werden.

Die sich in der Stumpfnaht einstellenden Zugspannungen rufen im angrenzenden Werkstoff Druckspannungen längs und quer zur Schweißnaht hervor. Im Bild 2 sind nur die Längsspannungen dargestellt. Die auch vorhandenen Dickenspannungen sind vernachlässigbar klein.

b) *Schweißnahtvorbereitung*
Das vollständige Durchschweißen stumpf gestoßener Bleche ist mit Verfahren geringerer Leistungsdichte (G, E) nur möglich, wenn die zu fügenden

Tabelle 1. Fugenformen zum Schmelzschweißen von Stahl

Bezeichnung	Symbol	Blechdicke t in mm	Schweißverfahren	Darstellung
I-Naht	II	$t \leq 4$	G, E, WIG	
		$t \leq 8$	MIG, MAG	
		$t \leq 20/100$	La / EB	
V-Naht	V	$3 \leq t \leq 10$	G, WIG	
		$3 \leq t \leq 40$	MIG, MAG	
DV-Naht	X	$t > 10$	E, MIG, MAG	

Werkstückkanten vollständig über die gesamte Blechdicke angeschmolzen werden. Wünschenswert ist das Schweißen einer I-Naht, weil dann oft ohne zusätzlichen Schweißzusatz und mit geringerer Wärmeeinbringung gearbeitet werden kann. Reicht die Prozessenergie für das Durchschweißen nicht aus, müssen die Werkstückkanten, auch Fugenflanken genannt, eine spezielle Form erhalten (Tabelle 1) und die Schweißnaht wird in mehreren Lagen gefertigt. Weitere Einzelheiten zur Wahl der Fugenformen enthält die DIN EN 29692.

c) *Energiequellen zum Schweißen*
Beim Gasschweißen wird heute fast ausschließlich als Brenngas Acetylen (C_2H_2) und als Oxidationsmittel Sauerstoff genutzt. Gelegentlich empfohlene andere Brenngase (H_2, Propan, Butan, Stadtgas und Gemische) haben punktuell Zweckmäßigkeit bewiesen, sich aber in der Breite nicht durchgesetzt. Alle Gase werden an Kleinabnehmer in Druckgasflaschen geliefert. Großabnehmer beziehen Acetylen in Flaschenbündeln oder Gascontainern, den Sauerstoff in flüssiger Form (Vergasung beim Nutzer).
Für das Lichtbogenschweißen werden Wandler benötigt, die aus der Netzenergie die hohen Spannungen und niedrigen Ströme zu schweißtechnisch geeigneten Kleinspannungen bei hohen Schweißströmen formen. Für das Wechselstromschweißen verwendet man fast ausschließlich Transformatoren, für das Gleichstromschweißen Transformatoren mit nachgeschaltetem Gleichrichter, als Kompakteinheit auch als Schweißgleichrichter bezeichnet. Das Steuern des Schweißstromes kann durch primär- oder sekundärseitig vom Transformator geschaltete Leistungstransistoren erfolgen (primär oder sekundär getaktete Schweißstromquellen). Die jüngste Generation am Markt, Inverterstromquellen, nutzen das in der Elektrotechnik bekannte Umrichterprinzip (Bild 3).

3.1.1.2 Gasschmelzschweißen (G)

Verfahrensprinzip
Beim Gasschmelzschweißen erwärmt eine Brenngas-Sauerstoffflamme die zu schweißenden Werkstoffe bis auf Schmelztemperatur und schützt gleichzeitig die Schweißzone vor dem Zutritt der atmosphärischen Gase Stickstoff und Sauerstoff (Bild 4). Als Brenngas wird vorzugsweise Acetylen (C_2H_2) verwendet. Beide Gase werden erst im Schweißbrenner zu einem brennbaren Gemisch zusammengeführt. Die Ausströmgeschwindigkeit des zündfähigen Gemisches aus der Düse des Mischrohres (Bild 5) muss größer als die Zündgeschwindigkeit eingestellt sein, um so das Zurückschlagen der Flamme in den Schweißbrenner zu unterbinden. Das Mischen von Acetylen und Sauerstoff zu etwa gleichen Teilen ergibt eine chemisch neutrale Flamme, die sich besonders zum Schweißen von Stahl und Stahlguss sowie zum Löten und Wärmebehandeln eignet. Mit reduzierender Atmosphäre (Acetylenüberschuss) schweißt man Aluminium und Gusseisen und die oxidierende Flamme (O_2-Überschuss) kann beim Werkstoff Messing vorteilhaft sein.

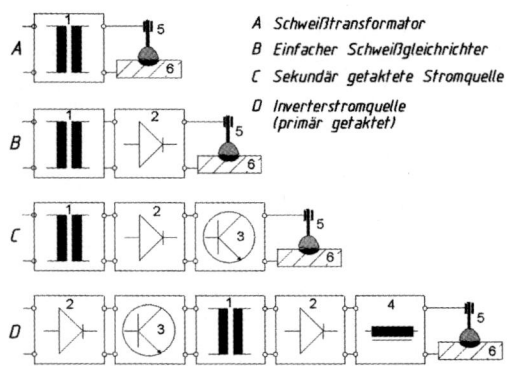

A Schweißtransformator
B Einfacher Schweißgleichrichter
C Sekundär getaktete Stromquelle
D Inverterstromquelle (primär getaktet)

Bild 3. Stromquellen für das Lichtbogenschweißen

1 Transformator
2 Gleichrichter
3 Schalttransistoren (bis 200 kHz)
4 Glättungsdrossel
5 Schweißlichtbogen
6 Werkstück

Anwendungsbereich
Abmessungen:
maximale Blechdicke $s = 6$ mm (bis 10 mm möglich, aber unwirtschaftlich)

3 Verbindende Verfahren

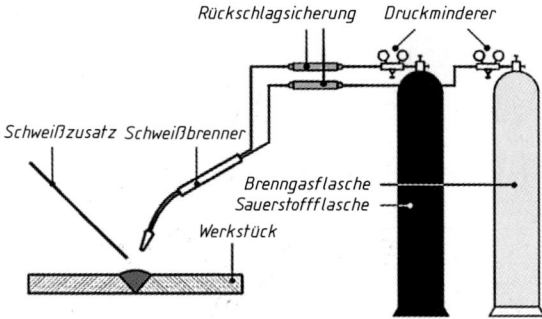

Bild 4. Gasschmelzschweißen

Das Acetylen ist in gelben und der Sauerstoff in blauen Gasflaschen gespeichert. Rückschlagsicherungen in den Gasleitungen verhindern mögliche Flammenrücktritte aus dem Brenner über die Schläuche bis zu den Gasflaschen. Der Zusatzwerkstoff (Schweißzusatz) wird manuell zugeführt.

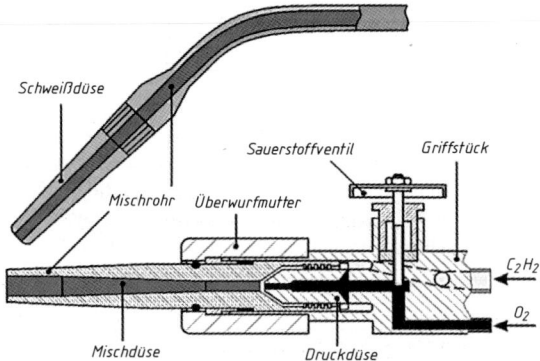

Bild 5. Aufbau eines Injektorbrenners

Das Sauerstoffventil wird zur Inbetriebnahme des Brenners zuerst geöffnet. Der aus der Druckdüse austretende Gasstrahl erzeugt einen Unterdruck und saugt das Acetylen an. Dann wird der Brenner gezündet. Das Schließen der Ventile erfolgt in umgekehrter Reihenfolge.

Werkstoffe:
unlegierter und niedrig legierter Stahl, Stahlguss, Gusseisen, Nichteisenmetalle

Erzeugnisse:
Dünnblechschweißen, Reparatursektor, Rohrleitungsbau, Installationstechnik, Baustellenarbeiten

Arbeitstechnik – Leistungskennwerte

Das Gasschweißen wurde aus wirtschaftlichen Gründen von neueren Schweißverfahren im Anwendungsumfang zurückgedrängt. Wesentliche Gründe dafür sind auch die mit der erheblichen Wärmeeinbringung verbundene Grobkornbildung, der Verzug der Werkstücke und die geringe Schweißgeschwindigkeit v_S (Tabelle 2).

Tabelle 2. Leistungsdaten beim Gasschweißen

Blechdicke s in mm	2	4	6
Fugenform (nach Tabelle 1)	I-Naht	V-Naht	V-Naht
v_S in cm/min	8,5	5,6	4,3
Abschmelzleistung an Stahl		0,3 kg / h	

3.1.1.3 Lichtbogenhandschweißen (E)

Verfahrensprinzip

Zwischen einer abschmelzenden Elektrode und dem Werkstück brennt ein elektrischer Lichtbogen, dessen Wärmeentwicklung die Elektrode ab- und die zu fügenden Werkstücke anschmilzt (Bild 6).

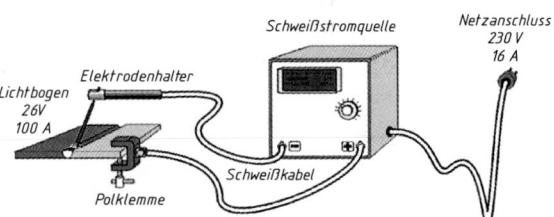

Bild 6. Lichtbogenhandschweißen

Das aus Werkstück- und Elektrodenwerkstoff gebildete Schweißgut kristallisiert beim Erkalten zur Schweißnaht. Das Lichtbogenhandschweißen wird fast ausschließlich manuell und überwiegend mit Gleichstrom ausgeführt, Wechselstromschweißen ist beim Verwenden geeigneter Schweißelektroden möglich. Zum Zünden des Lichtbogens wird die Elektrode kurzzeitig am Anfang der Schweißnaht auf das Werkstück „getupft". Dabei sinkt im Kurzschluss die Spannung auf nahe null ab und es fließt der Kurzschlussstrom. Alle Schweißstromquellen gestatten diesen Kurzschlussbetrieb zum Zweck des Zündens. Nach dem Abheben der Elektrode bildet sich der elektrische Lichtbogen aus. Die Höhe des einzustellenden Stromes wird hauptsächlich von der zu schweißenden Blechdicke und der konkreten Schweißaufgabe bestimmt. Kleinere Ströme stellt man bei dünnen Blechen, Wurzel-, Heft- und Zwangslagenschweißungen ein, höhere Werte gelten für dickere Bleche, Füll- und Decklagen oder für das Auftragsschweißen. Die Fülllagen können auch zur Wärmebehandlung genutzt werden. So kann z. B. die nächste Lage das Gefüge der vorhergehenden verfeinern (Bild 7). Der Werkstoffübergang erfolgt grundsätzlich von der Elektrode zum Werkstück (auch beim Überkopfschweißen). Die Tropfengröße und damit die Feinschuppigkeit der Naht steigt mit der Stromstärke an und wird darüber hinaus sehr stark von der chemischen Charakteristik der Elektrodenumhüllung und deren Dicke beeinflusst. Es werden vier Elektrodengrundtypen unterschieden (Tabelle 3):

Tabelle 3. Eigenschaften von Stabelektrodentypen

Merkmal	Elektrodentyp			
	(A) sauer umhüllt [1])	(R) Rutil umhüllt	(B) basisch umhüllt	(C) Zellulose umhüllt
Tropfengröße	sehr klein (d) bis klein (m)	klein (d) bis mittel (m)	mittel bis groß	mittelgroß
Schlackenentfernbarkeit	sehr gut	leicht	gut	keine Schlacke
Schweißguteigenschaft	mittel	gut	sehr hoch	gut
Nahtschuppung	glatt, feingezeichnet	glatt (d)	deutlich	gering überwölbt, mittelschuppig
Werkstofffluss	schnell fließend („heiß gehend")	geringer als A	zähflüssig („kalt gehend")	mittel bis zähflüssig
Stromart / Polung	= (+, −) / ~	= (−) / ~	= (+)	= (+, −) / ~
Vorzugseignung	leichte Handhabung bei Kehlnähten in w-Position	Universalelektroden mit guter Abschmelzcharakteristik	rissfeste, kaltzähe Nähte im Kessel-, Behälter- und Pipelinebau	Fallnahtschweißung
(m) mitteldick umhüllt, (d) dick umhüllt, [1]) werden als reiner A-Typ nicht mehr angeboten				

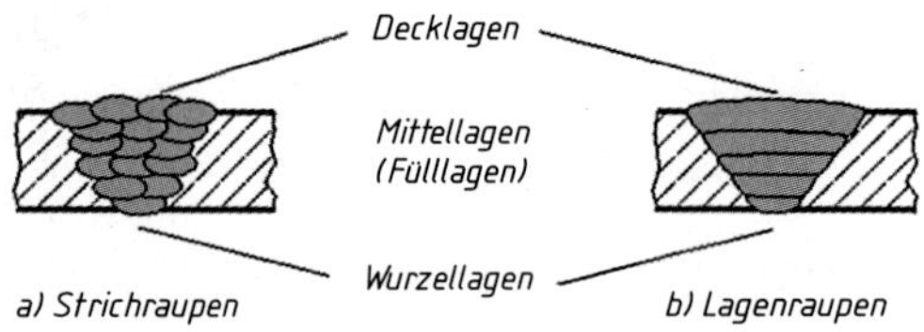

Bild 7. Lagentechniken beim Schmelzschweißen
a) Strichraupen — Decklagen, Mittellagen (Fülllagen), Wurzellagen
b) Lagenraupen

1. Sauer umhüllte Elektroden (Kennzeichnung **A**) sind durch sehr dünnflüssiges Schweißgut und hohe Abschmelzleistungen gekennzeichnet. Wegen der nur mäßigen Gütewerte des Schweißgutes und der Warmrissempfindlichkeit werden sie kaum noch angewendet.

2. Rutil umhüllte Elektroden (Kennzeichnung **R**) Ausgezeichnete Schweißeigenschaften bei zufrieden stellenden mechanischen Gütewerten. Allzweckelektrode.

3. Basisch umhüllte Elektroden (Kennzeichnung **B**) Beste mechanische Gütewerte. Aufwändigere Verarbeitung.

4. Zellulose umhüllte Elektroden (Kennzeichnung **C**) Gute Spaltüberbrückbarkeit, spezielle Fallnahtelektrode.

Anwendungsbereich
Abmessungen:
Blechdicke $s = 2$ bis 100 mm

Werkstoffe:
un-, niedrig und hoch legierter Stahl, Stahlguss, Gusseisen, bedingt Nichteisenmetalle

Erzeugnisse:
Verbindungs-, Auftrags- und Reparaturschweißungen in allen Bereichen der Metallverarbeitung

Arbeitstechnik – Leistungskennwerte
Das Lichtbogenhandschweißen wird heute vorzugsweise beim Schweißen hoch legierter Stähle angewendet. Es ist nach dem Metall-Schutzgasschweißen das wichtigste Schweißverfahren in der industriellen und besonders der handwerklichen Fertigung. Größere Anwendungsfelder sind der Schiffbau (Hellingfertigung), der Rohrleitungsbau (Pipelinebau), der Stahlbau (hohe Verfahrensflexibilität) und der Energieanlagenbau. Lichtbogenhandschweißen wird auch häufig dann bevorzugt, wenn auf der Baustelle Spalte zu überbrücken sind oder wenn verschlissene Schichten aufgetragen werden sollen (Auftragsschweißen).

Tabelle 4. Leistungsdaten beim Lichtbogenhandschweißen

Blechdicke s in mm	2	5	10
Fugenform (nach Tabelle 1)	II	V-Naht	V-Naht
Anzahl der Lagen (nach Bild 7)	1	2	3
v_S in cm/min	28	16 [1])	3 [1])
Abschmelzleistung an Stahl	bis maximal 4,0 kg / h		

[1]) Mittelwert aus den Lagenschweißungen

3.1.1.4 Schutzgasschweißen (SG)

Bei den Schutzgasschweißverfahren übernimmt ein Gas oder ein Gasgemisch den Schutz von Vorder- und ggf. auch Rückseite der Schweißstelle vor den Wirkungen der Atmosphäre (Stickstoffaufnahme, Oxidation). Verschiedene Gaszusammensetzungen sowie die Art der Schweißelektrode und die Brennerkonstruktion führten zur Entwicklung sehr leistungsfähiger Schweißverfahren (Bild 8).

a) *Metall-Schutzgas-Schweißen (MSG)*
Verfahrensprinzip
Beim Metall-Schutzgas-Schweißen (Bild 9) besteht der Schweißzusatz aus einem auf Korbspulen aufgewickelten Schweißdraht, den ein Vorschubmechanismus mit konstanter Elektrodenvorschubgeschwindigkeit v_E dem Lichtbogen zuführt.

Bild 8. Einteilung der Schutzgasschweißverfahren (vereinfacht nach DIN 1910 T4)

Unmittelbar vor dem Lichtbogen wird über einen Schleifkontakt (1) der Schweißstrom in den Schweißdraht geleitet. Typische Drahtdurchmesser sind d_E = 0,8 – 1,6 mm (2). Die konzentrisch zum Draht angeordnete Düse gewährleistet den Schutzgaskegel (3), vorzugsweise aus CO_2 + Ar-Mischgas, über dem Lichtbogen und dem Schweißbad (4) sowie über den schützenswerten Werkstückbereichen (5). Im Bild nicht dargestellte Prozesseinrichtungen wie Stromquelle oder Gasversorgung sind mit dem Schweißbrenner über Schutzgaszufuhr (6), Kühlwasserzu- und -abfuhr (7), Steuer- und Messleitungen (8), Schweißstromzufuhr (9), Prozess START/STOP (10) und Polklemme (11) verbunden. Wegen der bei einer Drahtvorschubgeschwindigkeit v_E um 9 m/min kurzen Verweilzeit des Drahtes im Bereich der Strom durchflossenen freien Elektrodenlänge l_E („stick out") ist dessen Erwärmung gering. Die dadurch möglichen hohen Schweißströme gestatten größere Abschmelzleistungen und ein tieferes Eindringen des Lichtbogens in das Werkstück als beim E-Schweißen. Das Schutzgas kann völlig oder in seiner wesentlichen Wirkung inert sein (MIG) oder mit dem Werkstoff reagieren (MAG). Aktive Gaskomponente ist vorzugsweise CO_2. Der O_2-Anteil im Schutzgas führt zur Oxidation von Legierungselementen. Dieser Verlust wird durch entsprechend hohe Legierungsgehalte im Schweißdraht kompensiert. Zum Schutzgasschweißen bewährte Gase und Gasgemische und ihre Wirkung beim Schweißen sind in DIN EN 439 aufgeführt.

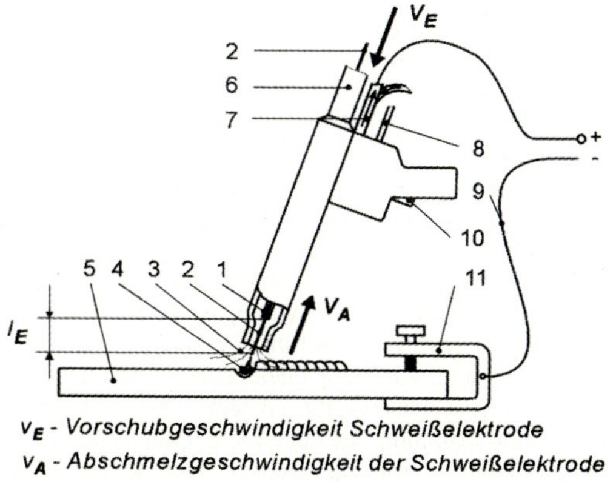

Dargestellt ist das teilautomatische Schweißen, bei dem der Schweißbrenner von Hand geführt wird. Das Verfahren wird verbreitet auch mit Schweißrobotern praktiziert.

Anwendungsbereich MAG
Abmessungen:
Blechdicke s = 0,8 bis 20 mm

Werkstoffe:
un- und niedrig legierte Stähle, Kessel-, Röhren und Schiffbaustähle, auch hoch legierte Stähle, keine Nichteisenmetalle

Erzeugnisse:
Gegenwärtig universellstes Schweißverfahren mit größtem Anwendungsumfang. Mit der Kurzlichtbogentechnik können Karosseriebleche repariert, mit der Impulstechnik Maschinenbauteile, Fahrzeugrahmen oder Stahlbauten spritzerfrei geschweißt werden. Mit dem Hochleistungsschweißen lassen sich wirtschaftlich dicke Bleche z.B. für Erdbaumaschinen, Chemieanlagen oder Meerestechnik verbinden.

Anwendungsbereich MIG
Abmessungen:
Blechdicke s = 3 bis 20 mm

Werkstoffe:
niedrig und hoch legierte Stähle, Aluminium, Magnesium, Kupfer, Nickel und andere Nichteisenmetalle

Erzeugnisse:
Charakteristisches Verfahren für Hochleistungsschweißungen an Leichtmetallkonstruktionen im Schienenfahrzeug- und Schiffbau

Arbeitstechnik – Leistungskennwerte
Aus dem Schutzgasschweißen ging eine Vielzahl von Verfahrensvarianten mit ganz speziellen Anwendungsbereichen hervor. Dazu zählen:

Kurzlichtbogentechnik (MAG) für das Schweißen dünner Bleche (s = 0,8 mm – 3 mm), Wurzel- und Zwangslagenschweißen. Ein stetiger Wechsel von Kurzschluss und Lichtbogenausbildung gestattet einen stabilen Lichtbogen bei Arbeitswerten bis herunter zu 19 V und 100 A.

Impulstechnik (MAG und MIG) nutzt einen geringen Grundstrom, kombiniert mit überlagerten Schweißstromimpulsen. Wichtigste Ziele der Impulstechnik sind das spritzerfreie Schweißen und ein gesteuerter Wärmeeintrag. Die Impulstechnik erfordert spezielle Schweißstromquellen.

v_E - Vorschubgeschwindigkeit Schweißelektrode
v_A - Abschmelzgeschwindigkeit der Schweißelektrode

Bild 9. MAG-Schweißen

„T.I.M.E."-Schweißen (MAG) ist ein patentiertes Verfahren, bei dem die Elektrodenvorschubgeschwindigkeit bis 45 m/min gesteigert wird und der Lichtbogen mit Schweißstromstärken I_S über 400 A und Schweißspannungen $U_S > 40$ V unter Verwendung spezieller Mischgase (Ar-He-CO_2-O_2) brennt. Das sehr leistungsfähige Verfahren empfiehlt sich für dicke Bleche an Maschinen-, Schiff- und Stahlbaukonstruktionen.

Fülldrahtschweißen (MAG) nutzt mit Pulver gefüllte Schweißdrähte. Die Pulver übernehmen den Umhüllungen beim E-Schweißen vergleichbare Funktionen. Eine neuere, zukunftsträchtige Variante ist das Fülldrahtschweißen ohne Schutzgas (selbstschützende Drähte). Das Schweißen ohne Gasversorgung ist vor allem auf Baustellen von Bedeutung.

Tabelle 5. Leistungsdaten beim MAG-Schweißen von Stahl

Blechdicke s in mm	2	5	10
Fugenform (nach Tabelle 1)	II	II	V - Naht
Anzahl der Lagen (nach Bild 7)	1	1	2
v_S in cm/min	40	100	16 [1)]
Abschmelzleistung an Stahl	bis maximal 4,0 kg / h		

[1)] Mittelwert aus den Lagenschweißungen

b) *Wolfram-Inertgas-Schweißen (WIG)*
 Verfahrensprinzip

Beim Wolfram-Inertgas-Schweißen (Bild 10) brennt ein elektrischer Lichtbogen unter inertem Gasschutz zwischen einer nicht abschmelzenden Wolframelektrode (5) und dem Werkstück (7). Der Lichtbogen schmilzt die zu schweißenden Werkstückkanten auf und den ggf. seitlich zugeführten Schweißzusatz (6) ab. Das Inertgas (2) zum Schutz von Wolframelektrode und Schweißnaht entströmt einer konzentrisch um die Elektrode angeordneten Düse und wird dem Brenner über ein Schlauchpaket ebenso zugeführt wie Kühlwasser (3) und Schweißenergie (4). Ist die Elektrode verschmutzt oder angeschmolzen, wird sie gewechselt (1). Zuverlässiges berührungsfreies Zünden des Lichtbogens erreicht man durch dem Schweißprozess überlagerte Hochspannungsimpulse und Elektroden mit geringem Thoriumoxidgehalt (radioaktiv). Die DIN EN 26848 enthält thoriumfreie Wolframelektroden mit vergleichbaren Schweißeigenschaften.

Das WIG-Schweißen wird mit Gleichstrom (Stahlschweißung) oder Wechselstrom (Al, Mg) ausgeführt. Manuelles Schweißen und maschinelle Techniken sind in Gebrauch.

Anwendungsbereich
Abmessungen:
Verbindungsschweißen an Blechen mit $s = 0,5$ bis 10 mm, Wurzelschweißen an dicken Blechen

Werkstoffe:
un-, niedrig und hoch legierte Stähle, Al, Mg, Cu, Ni, Ti und andere NE-Metalle

Erzeugnisse:
Verfahren für Präzisionsschweißungen in allen Bereichen der Metallverarbeitung, Luft- und Raumfahrt, Schienen- und Straßenfahrzeuge, Behälterbau, Schankanlagen, Elektroanlagen, Haushaltgeräte

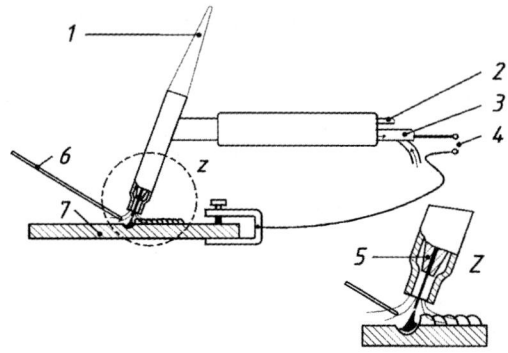

Bild 10. WIG-Schweißen

Dargestellt ist das manuelle Schweißen, bei dem der Schweißbrenner von Hand geführt wird. Die Zufuhr des Schweißzusatzes erfolgt von der Seite. Maschinelle Brennerführung und Zufuhr des Schweißzusatzes werden bei langen Schweißnähten und Präzisionsschweißungen praktiziert.

Arbeitstechnik – Leistungskennwerte

1. Schweißen von Al, Mg und deren Legierungen

Diese Werkstoffe sind wegen der ihrer Oberfläche stets anhaftenden Oxidschicht für die Lichtbogenausbildung nicht hinreichend leitfähig. Erforderlich ist daher

– vorherige mechanische und/oder chemische Oxidbeseitigung,
– spezielle Fugen- und Elektrodenform,
– Schweißen mit Wechselstrom.

Beim Wechselstromschweißen reißen die aus dem Schmelzbad austretenden Elektronen während der positiven Halbwelle die Oxidhäute auf, belasten dabei aber thermisch die Elektrode. Diese ist daher nicht spitz, sondern abgerundet (Bild 11). Geschweißt wird mit einfach aufgebauten Schweißtransformatoren (preiswert) oder transistorisierten Stromquellen (Abschnitt 3.1.1.3) mit rechteckförmigem Stromverlauf und ggf. einstellbarer Phasenbalance, die kleinere positive Halbwellen ermöglicht. Dadurch können die thermische Elektrodenbelastung gesenkt und der Schweißprozess stabiler geführt werden.

Vereinzelt wird auch mit Gleichstrom unter Helium als Schutzgas geschweißt. Wegen dessen höherer Ionisationsspannung wird der Lichtbogen heißer und die Oxidhaut thermisch zerstört. Die schwierigere Prozessführung begrenzt das Verfahren auf das mechanisierte Schweißen.

Bild 11. Technologische Angaben zum WIG-Schweißen

Stromart und Polung der Elektrode beim WIG-Schweißen

Werkstoff	Gleichstrom + Pol	Gleichstrom - Pol	Wechselstrom
Stahl (un- und niedrig legiert)	0	2	1
Rost-, säure- und hitzebeständige Stähle	0	2	1
Kupfer und Kupferlegierungen	0	2	1
Nickel und Nickellegierungen	0	2	1
Aluminiumbronze	0	1	2
Aluminium und Aluminiumlegierungen	(1)	0	2
Magnesium und Magnesiumlegierungen	(1)	0	2

2 - gut geeignet; 1 - bedingt anwendbar; ( ) - bis max 0,5mm; 0 - nicht geeignet

Einbrandpolung (-)   Reinigungspolung (+)   Wechselstrom (~)

Fugenvorbereitung beim WIG-Schweißen von Al und Aluminiumlegierungen

Falsch:
Die in der Schweißfuge haftenden Oxidschichten werden nicht vollständig ausgeschwemmt und bilden eine Wurzelkerbe

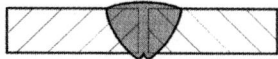

Richtig:
Angefaste Kanten führen zur korrekten Ausbildung der Nahtrückseite

Arbeitstechnik

Nach-links-Schweißen beim WIG-Verfahren

---

2. Schweißen von hoch legiertem Stahl

Zum Schweißen hoch legierter Stähle, vorzugsweise der Chrom-Nickel-Stähle, ist das WIG-Schweißen seit seiner Entwicklung das bevorzugte Verfahren. Der inerte Argonschutz, verbunden mit zusätzlichem Schutz der Nahtrückseite (Wurzel), ermöglicht in weiten Grenzen anlauffarbenfreie Schweißnähte. Geschweißt wird mit Gleichstrom, Elektrode am Minuspol.

Zumischen von Wasserstoff mit 2 % bis 5 % wird in einigen Fällen des maschinellen Schweißens praktiziert. Wasserstoff wirkt als Wärmeträger, fördert die Benetzung und damit das zuverlässige Schweißen dünner Bleche (z.B. beim Längsnahtschweißen dünnwandiger Rohre) und gestattet metallisch blanke Nähte durch seine reduzierende Wirkung.

3. Schweißen der NE-Metalle

Nichteisenmetalle und ihre Legierungen, die schmelzmetallurgisch hergestellt wurden, lassen sich in der Regel auch mit dem WIG-Verfahren schweißen. Zu diesen Werkstoffen zählen Cu und seine Legierungen, Ni und Ni-Legierungen, Titan und Tantal. Dabei gilt, dass der inerte Gasschutz besonders bei den reaktionsfreudigen Werkstoffen durch zusätzliche Maßnahmen sicher gewährleistet werden muss. Das können Vor- und Nachlaufbrausen, gasdurchströmte Vorrichtungen, Schweißzelte oder Vakuumkammern sein, die nach dem Evakuieren mit dem Schutzgas gefüllt werden. Das Beschicken der Kammern erfolgt durch Schleusen und das Schweißen über Manipulatoren.

Die Geräteentwicklung zum an sich sehr einfachen Verfahren hat heute ein Anspruchsniveau, zu dem folgende Merkmale zählen:

– wahlweise HF- oder Liftarc-Zündung (HF: Hochfrequente Hochspannungsimpulse zünden berührungsfrei, Liftarc: selbständiges Zurückziehen der Elektrode bei Kurzschlusszündung)

– programmierbare Schweißparameter
Startstromwahl mit Anstieg zum Nennstrom (Up-Slope-Zeit)
Absenkstrom bei Schweißende zur Kraterfüllung (Down-Slope-Zeit)
Gasvor- und -nachströmzeit (Schutz von Werkstück und Elektrode)

– Kontrolle weiterer Prozessfunktionen
Schutzgaswahl und Durchflusskontrolle
Kühlwasserüberwachung

Tabelle 6. Leistungsdaten beim WIG-Schweißen von Stahl

Blechdicke s in mm	2	5	10
Fugenform (nach Tabelle 1)	II	II	V
Anzahl der Lagen (Bild 7)	1	1	3
v_S in cm/min	20	12	2 [1]
Abschmelzleistung an Stahl	bis maximal 0,5 kg / h		

[1] Mittelwert aus den Lagenschweißungen

3.1.1.5 Plasmaschweißen (Pl)

Verfahrensprinzip
Wird ein elektrischer Lichtbogen in den Randzonen gekühlt, verliert er dort seine Leitfähigkeit, der Strompfad wird eingeschnürt und der Lichtbogen nadelförmig. In der Schweißtechnik bezeichnet man dieses Phänomen als Plasmalichtbogen. Er erzeugt beim Schweißen sehr schmale Nähte. Bild 12 zeigt schematisch die konstruktiven Details des Plasmabrenners. Die Wolframelektrode sitzt hinter der Plasmadüse (3) und zwischen beiden brennt permanent ein Hilfslichtbogen kleiner Energie. Dieser erzeugt ein Hilfsplasma, das durch das Plasmagas aus der Düse gedrückt wird und die Lichtbogenstrecke vorionisiert. So kann das Arbeitsplasma durch Zuschalten des Hauptschweißstromes jederzeit berührungsfrei gezündet werden. Als Plasmagas wird Argon verwendet.

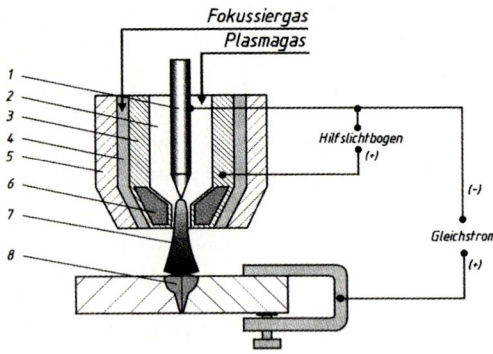

Bild 12. Plasmaschweißen
1 Wolframelektrode
2 Kanal für Plasmagas
3 Plasmadüse
4 Kanal für Fokussier-Schutzgas
5 Schutzgasdüse
6 Wasserkühlung
7 Plasmastrahl
8 Schweißnaht im Werkstück

Das Fokussierungsgas, das gleichzeitig den Schutz der Schweißstelle übernimmt, kann bei der Stahlschweißung ein Ar + H_2-Mischgas sein. Andere Brennerkonstruktionen und Gaskompositionen sind in Gebrauch. Das Plasmaschweißen wurde aus dem WIG-Verfahren heraus entwickelt und gestattet schmalere Schweißnähte und höhere Schweißgeschwindigkeiten. Wegen der hohen Präzision und den hohen Schweißgeschwindigkeiten wird überwiegend maschinell geschweißt.

In der Regel kommt das Plasmaschweißen ohne Zusatzwerkstoff aus, die Fugenflanken werden als I-Naht vorbereitet. Das Verwenden von Schweißzusatz, z.B. zum Ausgleich von Toleranzen, ist möglich.

Anwendungsbereich
Abmessungen:
Verbindungsschweißen an Blechen mit $s = 0,1$ bis 10 mm

Werkstoffe:
un-, niedrig und hoch legierte Stähle, Cu, Ni, Ti und andere NE-Metalle; Al, Mg und deren Legierungen ungebräuchlich

Erzeugnisse:
Längs- und Rundnahtschweißungen an Rohren und Blechsektionen, Behälterbau

Arbeitstechnik – Leistungskennwerte
Der Plasmalichtbogen lässt sich mannigfaltig variieren. So gingen aus dem klassischen Verfahren Varianten hervor wie

Mikroplasmaschweißen
Beim Mikroplasmaschweißen lassen stabile Lichtbögen von 1 A Stromstärke Präzisionsschweißungen an Feinblechen und Folien bis unter 0,1 mm Dicke zu. Mit dem Verfahren werden Hüllrohre für Kernbrennstäbe oder Schlitzrohre mit 0,15 mm Wanddicke geschweißt sowie Wellrohrkompensatoren und Druckmessdosen hergestellt. Ferner können auch Erzeugnisse aus Draht wie Zahnprothesen, Drahtnetze (Papierindustrie) oder Thermoelemente mit dem Verfahren gefertigt werden.

Plasmaschweißen mit Bogenablenkung
Der Plasmalichtbogen übt bei steigender Energie, die für höhere Schweißgeschwindigkeiten gebraucht wird, auch einen höheren Druck auf das Schmelzbad aus und durchbricht dieses. Um das zu vermeiden und bei hohen Geschwindigkeiten dünne Bleche zu schweißen, lenkt man den Lichtbogen in Schweißrichtung magnetisch aus (Schweißen von Blechsektionen im Schienenfahrzeugbau).

Plasmaschweißen mit Stichlocheffekt
Ab etwa 3 mm Blechdicke kann durch Energiesteigerung der Plasmastrahl das Werkstück durchstechen, es bildet sich ein schlüssellochförmiger Durchbruch, der mit dem Plasmastrahl in Schweißrichtung wandert und hinter dem die Fugenflanken zusammenfließen. Die Wärme wird vom Plasmastrahl nicht an die Blechoberfläche, sondern an die Stichlochflanken

abgegeben. Dadurch kann die Schweißgeschwindigkeit gegenüber dem Wärmeleitungsschweißen (WIG, Mikroplasma) deutlich gesteigert werden.

Plasmaauftragsschweißen
Durch seitlich zugeführten Schweißdraht oder direkt durch den Brenner geförderte Pulver lassen sich verschlissene Schichten auftragen oder spezielle Hartstoffschichten (Ni-Basis mit Cr, Co, W oder Wolframcarbid) erzeugen.

Tabelle 7. Leistungsdaten beim Plasmaschweißen

Blechdicke s in mm	2	5	10
Fugenform (nach Tabelle 1)	II	II	II
Anzahl der Lagen (nach Bild 7)	1	1	2
v_S in cm/min	90	50	40 [1)]
Abschmelzleistung an Stahl [2)]	bis maximal 0,5 kg / h		

1) Mittelwert aus den Lagenschweißungen
2) bei Kaltdrahtzufuhr, Steigerung durch Heißdraht möglich

3.1.1.6 Laserschweißen (La)

Verfahrensprinzip
Beim Laserschweißen wird die in einem Lasermedium (Kristall, Gasentladung, Halbleiter) erzeugte energiereiche Strahlung durch ein Linsensystem auf die Schweißstelle gebündelt. Das Laserlicht ist monochromatisch, kohärent und parallel und gestattet daher bei seiner Fokussierung Energiedichten über 10^6 W/cm^2. Damit können alle technischen Werkstoffe geschmolzen oder verdampft werden. In jedem Fall muss die Energie des Laserstrahls zunächst einmal als elektrische Energie dem Lasergenerator zugeführt werden. Im Fall des Festkörperlasers (Bild 13) erfolgt die erste Umwandlung in Licht über die Blitzlampen und schließlich die zweite Umwandlung in das Laserlicht. Die bei diesem Vorgang entstehende erhebliche Verlustwärme muss durch ein wirksames Kühlsystem abgeführt werden und ist Ursache für den durchweg sehr schlechten Verfahrenswirkungsgrad aller Laser. Während bislang die geometrischen Abmessungen der Laserresonatoren vom klassischen Kristallstab beim Festkörperlaser (rund) oder Entladungsrohr (rund) beim Gaslaser bestimmt waren, gewinnen kompakte Konstruktionen, genannt Slab-Laser (Slab = Platine, Platte), an Bedeutung.
Von den heute existierenden zahlreichen Lasertypen werden zum Schweißen CO$_2$-Gaslaser, Neodym: YAG-Laser und Halbleiterlaser verwendet. Diese drei Lasertypen haben außerordentlich verschiedene Eigenschaften, woraus auch ganz spezifische Einsatzfelder resultieren (Tabelle 8). Wegen der hohen Präzision des Laserstrahls wird das Verfahren fast ausschließlich mechanisiert ausgeführt, andere Entwicklungen (Kehlnahtschweißen mit handgeführtem Schweißkopf an Leichtbauprofilen oder manuelles Laserpunktschweißen in der Dentaltechnik) sind bekannt.

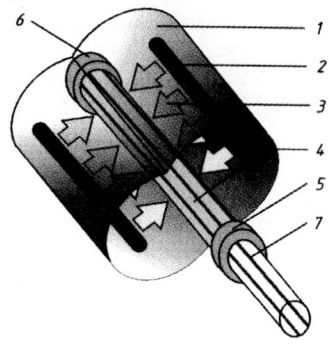

Bild 13. Laserschweißen

1 elliptische Reflektoren
2 Blitz- oder Bogenlampen strahlen die Energie als anregendes Licht in den Resonator
3 in den Laserkristall eingestrahltes Licht
4 Laserstab (Nd:YAG-Kristall)
5 halb durchlässiger Auskoppelspiegel
6 hinterer Resonatorspiegel
7 ausgekoppelter Laserstrahl (vor der Optik noch ungebündelt)

Anwendungsbereich
Abmessungen:
Verbindungsschweißen an Blechen mit s = 0,1 bis 10 mm nach oben gegenwärtig durch Laserleistung und die damit verbundenen Anlagenkosten begrenzt

Werkstoffe:
un-, niedrig und hoch legierte Stähle, Mg, Cu, Ni, Ti und andere Nichteisenmetalle. Metall-Keramik-Verbindungen. Für Al, Mg und deren Legierungen nach jüngsten Erkenntnissen besonders geeignet.

Erzeugnisse:
Präzisionsschweißungen im Feingerätebau, Maschinenbauteile, Behälter- und Anlagenbau, Straßen- und Schienenfahrzeugbau, neuerlich auch Stahl- und Schiffbau mit dem Schweißen von Dickblechen und Schweißnahtlängen über 10 m.

Arbeitstechnik – Leistungskennwerte
Die Anwendungsgrenzen für das Laserschweißen sind wegen der schnellen Geräteweiterentwicklung unscharf. Bei Präzisionsbauteilen ist das Verfahren meist durch mechanische Grenzwerte eingeschränkt. So beträgt die zulässige Abweichung von der spaltfreien Anlage beim Stumpfschweißen etwa 10 % der Blechdicke, das sind bei einem 0,1 mm dicken Blech 10 µm. Im oberen Leistungsbereich beträgt die maximale Schweißgeschwindigkeit etwa 10 m/min (Tabelle 9).

Tabelle 8. Ausgewählte Verfahrensmerkmale von Laserschweißverfahren

Arbeitsgröße	Einheit	Diodenlaser	Nd:YAG	CO_2-Gaslaser
Wellenlänge	µm	0,32 ... 32	1,06	10,6
max. Ausgangsleistung	kW	4	6	25
max v_S	m / min	1	5	10
Energieübertragung	–	Lichtwellenleiter	Lichtwellenleiter	Spiegelsystem
schweißbare Blechdicke am Beispiel CrNi-Stahl	mm	1	4,0	10

Diodenlaser

Das schon seit längerem bekannte Prinzip des Diodenlasers konnte erst Ende der 90er Jahre zu nennenswerten Ausgangleistungen geführt und damit für schweiß- und schneidtechnische Aufgaben nutzbar gemacht werden. Der große Brennfleck von 2 mm × 4 mm schränkt seine Verwendbarkeit für Präzisionsaufgaben ein, die erzielbare Energiekonzentration von $5 \cdot 10^5$ W/cm^2 ist aber für das Schweißen vieler Aufgaben vollkommen ausreichend. Der Diodenlaser ist für das Kunststoffschweißen besonders geeignet, obwohl einige Kunststoffe (amorphe) von dem nahe dem Infrarot liegenden Strahl durchdrungen werden. Der Diodenlaser ist besonders klein und kompakt (so erzielt man 2 kW Strahlleistung aus einem 30 cm × 18 cm × 13 cm Gehäuse) und ist daher problemarm im technologischen Prozess integrierbar. Auch sein elektrischer Wirkungsgrad von 40-50 % (Nd:YAG 3 %) weist neue Wege in der Laserschweißtechnologie. Anwendung: Kleinteileschweißen, Schankanlagen, CrNi-Stahlbleche, Elektroblech, Behälter aus chromatiertem Al.

Nd:YAG-Festkörperlaser

Der YAG-Laser erfordert im Gegensatz zum CO_2-Laser kein Arbeitsgas und sein Licht lässt sich durch Lichtwellenleiter (LWL) an die Schweißstelle führen. Das Licht des YAG-Lasers mit 1,06 µm Wellenlänge wird von metallischen Werkstoffen wesentlich besser absorbiert als das des CO_2-Lasers. Daher wird er vor allem wegen des günstigen Strahlhandlings durch LWL für das Schweißen an kleineren Bauteilen bei geringstem Wärmeeintrag bevorzugt. Sein Wirkungsgrad ist wegen des lichtgepumpten Kristalls gering.

Tabelle 9. Leistungsdaten beim Laserschweißen

Blechdicke s in mm	2	5	10
Fugenform (nach Tabelle 1)	II	II	II
Anzahl der Lagen (nach Bild 7)	1	1	1
v_S in cm/min	750	100	1 000
Abschmelzleistung an Stahl [1]	bis maximal 0,5 kg / h		

[1] Bei Kaltdrahtzufuhr, Steigerung durch Heißdraht möglich

Tabelle 10. Weitere Schmelzschweißverfahren (Auswahl)

Verfahren	Prinzip	Anwendung
Aluminothermes Schweißen (AS)	Chemische Reaktion zwischen Al und Eisenoxid	Gieß-Schweißverfahren zum Schweißen von Schienen und Massivprofilen. In den mit speziellen Formteilen modellierten Schweißstoß fließt im Schmelztiegel erzeugter Stahl.
Elektroschlackeschweißen (ES)	Stromdurchflossene Schlacke schmilzt Draht und Werkstoff auf	$s \geq 12$ mm, alle Stähle und Stahlguss, steigende Nähte an Dickblechen im Stahl-, Behälter- und Schiffbau.
Elektronenstrahlschweißen (EB)	Freier Elektronenstrahl trifft im Vakuum auf Werkstück	Wenige µm $\leq s \leq 100$ mm. Alle Stähle, NE-Metalle außer solche mit Verdampfungsneigung (Zink). Höchste Präzisionsschweißungen auch an sehr dicken Bauteilen. Werkstücke müssen in eine Vakuumkammer. Einziges Verfahren zum Al-Schweißen bis 100 mm Dicke.
Magnetisch bewegter Lichtbogen (MBS)	Lichtbogen zwischen Werkstück und Hilfselektrode	$s \geq 2$ mm, alle Stähle, Cu und seine Legierungen. Spezielles Verfahren für das Schweißen von Massenteilen aus Dünnblech, automatischer Prozess bei sehr kurzer Schweißzeit.
Unterpulverschweißen (UP)	Lichtbogenschutz unter einer Pulverschicht	$s = 2$ bis 100 mm, alle Stähle und Stahlguss, höchste Abschmelzleistung aller Schweißverfahren, hoch produktiv bei dicken Blechen und Schweißnähten über 100 cm Länge.

CO₂-Gaslaser
Der CO₂-Laser gestattet wegen seiner energetisch günstigsten Konstruktion die höchsten Ausgangsleistungen. Das umgewälzte und zu kühlende Prozessgas muss anteilig erneuert werden, der Verbrauch beträgt z. B. bei einem 8 kW-Laser 60 l/h (80 % He, 26 % N_2, 2 % CO_2). Hinzu kommt technologisch bedingtes Gas zum Schutz der Schweißstelle. Da der CO₂-Laserstrahl nicht über LWL geführt werden kann, sind aufwändige Spiegelsysteme erforderlich. Zum Schweißen von Dicken über 5 mm ist der CO₂-Laser gegenwärtig die einzige lasertechnische Lösung (Tabelle 9). Trotz des günstigeren elektrischen Wirkungsgrades ist der Gesamtwirkungsgrad auch einer CO₂-Laserschweißanlage gering. So werden für 6 kW Laserstrahlleistung etwa 100 kW Anschlussleistung benötigt.

3.1.1.7 Weitere Schmelzschweißverfahren

Für besondere Bauteilgeometrien, z.B. sehr dick oder dünn, für spezielle Werkstoffe oder zum Schweißen mit besonders hoher Produktivität werden weitere Schmelzschweißverfahren in der industriellen und handwerklichen Praxis eingesetzt (Tabelle 10).

3.1.2 Pressschweißen

3.1.2.1 Widerstandspunktschweißen (RP)

Verfahrensprinzip
Das Widerstandspunktschweißen wird vorzugsweise zum Verbinden von überlappt angeordneten Blechen und auch Drähten genutzt (Bild 14). Zwei mechanisch betätigte Elektroden (2) pressen die Bleche (1) aufeinander, bis ein definierter Widerstand erreicht ist. Über diesen erzeugt ein kurzer Stromimpuls an der Schweißstelle die Widerstandswärme (Joule'sche Wärme), die durch Wärmestau vorwiegend zwischen den Blechen entsteht und dort zum Ausbilden der Schweißlinse (3) führt.

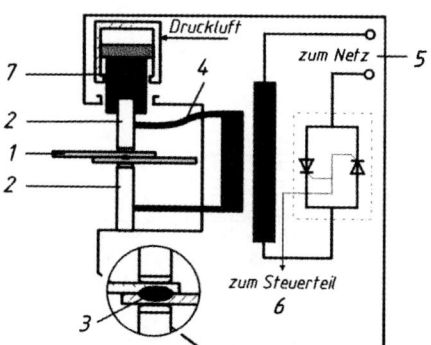

Bild 14. Widerstandspunktschweißen

Hinreichend große Elektrodenkräfte halten die Bleche bis zum Erkalten und Verfestigen der Schweißlinse unter Druck. Der Schweißstrom in Höhe mehrerer kA wird den beweglichen Elektroden über flexible Kupferbänder (4) zugeführt. Bei wachsender Bedeutung der Gleichstromschweißung wird heute noch fast ausschließlich mit Wechselstrom geschweißt, der von speziellen einphasig angeschlossenen Schweißtransformatoren bereitgestellt wird.

Der Verlauf von Schweißstrom I_S und Elektrodenkraft F_E beim Einzelpunktschweißen ist in Bild 15 dargestellt. Zum Schweißen werden stationäre Maschinen, prozessintegrierte Schweißstationen oder mobile Schweißzangen, besonders robotergeführte, benutzt. Die Schweißelektroden bestehen aus härtegesteigerten Cu-Legierungen (CuCrZr) und werden wassergekühlt.

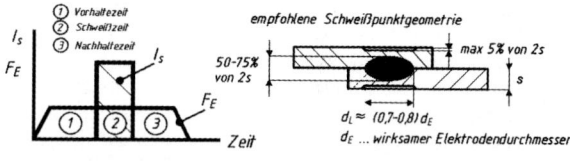

Arbeitswert für	hoch legierten Stahl	unlegierten Stahl	Al und Legierungen
d_E in mm	$4\sqrt{s}$	$5\sqrt{s}$	$10\sqrt{s}$
I_S in kA	$8\sqrt{s}$	10 s	30 s
t_S in Perioden	$5\sqrt{s}$	8 s	7 s
F_E in kN	5 s	2,5 s	2 s

Bild 15. Arbeitsgrößen beim Widerstandspunktschweißen

Anwendungsbereich
Abmessungen:
s = 0,4 bis 4 (8) mm Einzelblechdicke, Stumpf- oder Kreuzdrahtschweißungen mit Durchmessern von 3 bis 10 mm

Werkstoffe:
Stahl und Nichteisenmetalle, sehr viel Werkstoffkombinationen, unverträgliche Werkstoffe lassen sich mit zwischengelegter Folie schweißen

Erzeugnisse:
Fahrzeug- und Flugzeugbau, Universalverfahren in der Blechbearbeitung, Haushaltgeräte, Kreuzdrahtschweißen von Bewehrungsstahl im Bauwesen

Arbeitstechnik – Leistungskennwerte
Neben dem klassischen Punktschweißen mit gegenüberliegenden Elektroden sind bauteilbedingt Sonderkonstruktionen in Gebrauch, z.B. das einseitige Punktschweißen (Bild 16) oder das Kondensatorimpulsschweißen. Die hohen Schweißströme (1 bis 1 000 kA) werden heute überwiegend primärseitig durch Thyristoren geschaltet, beim Gleichstromschweißen wird das Umrichterprinzip angewendet (siehe Abschnitt G Elektrotechnik). Die Schweißspannungen im Bereich von 3 bis 10 V bleiben aus Sicherheitsgründen klein und werden als Einstellgröße nicht verändert. Die Schweißzeit, allgemein in Perioden der Netzfrequenz (Per) angegeben, wird sehr kurz eingestellt. Dadurch kann die Wärme aus

der Schweißzone nicht abwandern und die Elektrodeneindrücke bleiben klein. Neben dem zuverlässigen Einstellen der Elektrodenkräfte, blechdickenabhängig sind 0,5 bis 10 kN erforderlich, ist das Nachsetzverhalten der meist pneumatischen Kraftsysteme eine ganz wesentliche Maschineneigenschaft. Zu geringe Elektrodenkräfte oder zu langsames Nachsetzen führen zu ausspritzendem Werkstoff. Zu große Elektrodenkräfte bewirken anwachsende Eindrücke der Schweißelektroden. Saubere Werkstückoberflächen und gleichbleibende Werkstoffqualität sind Voraussetzung für eine hohe Schweißpunktqualität. Die Werkstücke müssen frei von Oxidschichten und Verunreinigungen sein, sonst besteht die Gefahr des Klebens (Anschweißens) der Elektroden an der Werkstückoberfläche. Weitere Verfahrensmerkmale zeigt Bild 16. Um das Abfließen des Schweißstromes über benachbarte Schweißpunkte (Nebenschluss) einzuschränken, sind Mindestabstände erforderlich. Punktschweißverbindungen werden überwiegend technologischen Prüfungen unterzogen, zu denen die so genannte „Ausknöpfprobe" zählt (ISO 1044). Über Abrollvorrichtungen oder mittels Meißel wird die Punktschweißung einer Schälbeanspruchung unterworfen. Knöpft dabei der Schweißpunkt aus einem Blech aus, so gilt die Verbindung als gut. Punktschweißverbindungen sollen vorzugsweise auf Schub, nicht auf Zug und niemals auf Abschälen beansprucht werden.

3.1.2.2 Widerstandsbuckelschweißen (RB)

Verfahrensprinzip
Das Widerstandsbuckelschweißen (Bild 17) wurde aus dem Widerstandspunktschweißen entwickelt. Der Schweißstrom wird an Stelle der punktförmigen Elektroden durch Plattenelektroden (1) vergleichbaren Werkstoffs dem Bauteil zugeführt und über im Bauteil ausgeprägte Buckel (2) auf mehrere Schweißstellen gleich verteilt. Die gleichzeitig zu schweißenden Buckel erfordern entsprechend höhere Ströme und Elektrodenkräfte bis zu 40 kN. Die Buckel werden beim Schweißen in die Bleche zurückgedrückt, daher sind hohe Anforderungen an trägheitsarme Elektrodenkraftsysteme (4) zum raschen Nachsetzen der Elektroden zu stellen. Der Schweißablauf wird über Prozesssteuerungen (5) koordiniert und überwacht. Für den Buckelabstand und den Randabstand der Buckel zur Werkstückkante gelten dem Punktschweißen vergleichbare Regeln (DVS-Merkblatt 2902).

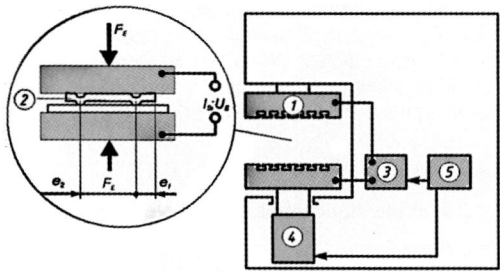

Bild 17. Buckelschweißen

Anwendungsbereich
Abmessungen:
s = 0,5 bis 5 mm Einzelblechdicke, Anschweißen massiver Teile an dünnere Bleche

Werkstoffe:
vorzugsweise Stahl und Aluminium, andere Werkstoffe möglich
Erzeugnisse:
Blechkonstruktionen, Anschweißteile im Fahrzeugbau

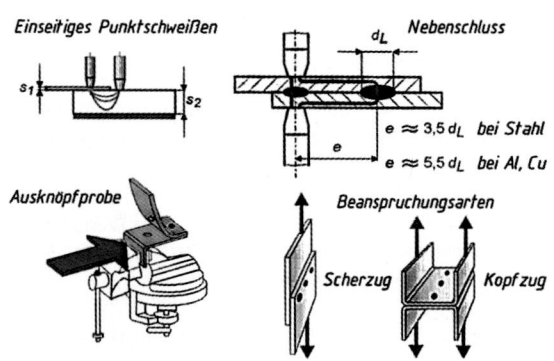

Bild 16. Verfahrensmerkmale beim Widerstandspunktschweißen

Tabelle 11. Leistungsdaten beim Widerstandspunktschweißen

Werkstoff	unlegierter Stahl C < 0,2 %		rost- und säurebeständiger Stahl		Aluminimum	
Blechdicke s in mm	0,4	3	0,4	3,0	0,5	3
Elektrodenkraft in kN	1	7,5	1,6	12	2,25	6,6
Schweißzeit in Per	4	21	4	17	6	11
Schweißstrom in kA	5	19	2,8	18	27	49

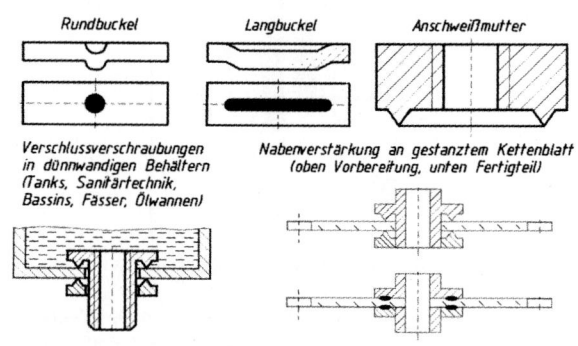

Bild 18. Konstruktionsformen beim Buckelschweißen

3 Verbindende Verfahren

Arbeitstechnik – Leistungskennwerte
Die Schweißbuckel (DIN 8519) werden in vorgelagerten umformtechnischen Arbeitsgängen hergestellt oder sind bei Zulieferteilen, z. B. Anschweißmuttern, Bestandteil der Teilegeometrie. Neben dem wirtschaftlichen Vorteil, dass beim Buckelschweißen der Vorschub von Punkt zu Punkt entfällt und die Buckel gleichzeitig geschweißt werden, sind auch besonders günstige Konstruktionen möglich (Bild 18). Ausrüstungen zum Teilehandling, koordiniert durch übergeordnete Prozesssteuerungen, komplettieren Buckelschweißmaschinen zu hocheffektiven Fertigungseinrichtungen. Buckelschweißen wird auch an beschichteten Blechen durchgeführt, sofern die Beschichtung leitfähig ist.

Tabelle 12. Leistungsdaten beim Buckelschweißen

Blechdicke s in mm	1	3	5
Buckelhöhe in mm	0,75	1,25	1,75
Elektrodenkraft in kN	1,0	3,0	5,8
Schweißstrom in kA	5,5	10	14
Schweißzeit in Per	8	25	40

3.1.2.3 Weitere Pressschweißverfahren

Das elektrische Widerstandsschweißen hat von allen Fügeverfahren die breiteste Variation erfahren und reicht vom Mikrokontaktieren (Bonden) in der Elektronik bis zum Abbrennstumpfschweißen von Ankerkettengliedern. Darüber hinaus sind auch die Grenzen zu anderen Fertigungsverfahren fließend. So bildet sich z. B. beim Aufschweißen elektrischer Silberkontakte auf kupferne Schaltmesser ein Eutektikum, das unter dem Schmelzpunkt beider Partner liegt. Definitionsgemäß ist dies ein eutektisches Löten und kein Schweißen. Den Anwendungsbereich weiterer Pressschweißverfahren mit nennenswerter praktischer Bedeutung für Bleche mit $s > 1$ mm zeigt Tabelle 13.

3.2 Thermisches und nichtthermisches Schneiden

3.2.1 Grundlagen

Alle Schmelzschweißverfahren können bei zweckentsprechender Parameterwahl den Werkstoff auch trennen. Aus dieser Tatsache heraus wurden durch spezielle Geräteentwicklungen die thermischen Schneidverfahren geschaffen. Nachfolgend wird auf die wesentlichsten Verfahren zum thermischen Schneiden nach DIN 2310-6 eingegangen.
Werkstoffe lassen sich thermisch trennen, indem gesteigerte Wärmezufuhr die strukturellen Bindungskräfte aufhebt. Die Prozessenergie kann durch das Verbrennen des zu trennenden Werkstoffs gewonnen werden (Gasbrennschneiden) oder sie wird von außen zugeführt (Plasma- oder Laserschneiden). Neben der thermischen Energie ist bei allen thermischen Schneidverfahren die mechanische Energie eines Gasstrahls erforderlich, um die abgetrennten Werkstoffpartikel aus der Schnittfuge zu treiben. Wird die mechanische Strahlenergie drastisch erhöht, so kann ohne nennenswerte Wärmewirkung ebenfalls sehr effektiv geschnitten werden. Industriell genutzt wird dieses Prinzip beim Wasserstrahlschneiden (Abschnitt 3.2.5).

3.2.2 Autogenes Brennschneiden

Verfahrensprinzip
Beim Gasbrennschneiden (autogenes Brennschneiden) wird der Werkstoff zunächst durch eine Acetylen-Sauerstoffflamme auf Entzündungstemperatur vorgeheizt. Ein zusätzlicher Sauerstoffstrahl aus der Zentrumsbohrung (Bild 19) trifft auf das Werkstück, verbrennt den Werkstoff und treibt die Verbrennungsprodukte aus der Schnittfuge. Im weiteren Prozessablauf übernimmt die aus der Verbrennung freigesetzte Wärme überwiegend das Vorheizen. Wird die Schneidgeschwindigkeit größer als der Wärmevorlauf, ist die Leistungsgrenze des Verfahrens erreicht.

Tabelle 13. Weitere Pressschweißverfahren

Verfahren	Prinzip	Anwendung
Pressstumpfsehweißen	Stoßstelle elektrisch oder durch Gasflamme erwärmt und durch Druck gefügt	Bedeutung hat nur noch das elektrische Stumpfschweißen, bei dem die Erwärmung über einen Lichtbogen erfolgt; Anwendung: 1. Anschweißen von Bolzen mit und ohne Gewinde 2. Fügen von Hohl- und Vollprofilen
Kaltpressschweißen	Fügen nur durch Druck ohne jegliche Wärme	Verfahren zum Herstellen schwieriger Werkstoffkombinationen, z.B. von Al-Cu- Verbindungen; Schweißen von Drähten in Drahtziehanlagen und Fügen von Fahrleitungsdrähten
Reibschweißen	Erwärmung durch rotierende und aneinander reibende Werkstücke	Hochproduktives Verfahren in der Massenfertigung von rotationssymmetrischen Teilen, z. B. geschmiedeter Gabelkopf mit Gelenkwelle, Reduzierung der Zerspanungsarbeit an Rundteilen
Ultraschallschweißen	Fügen ohne Wärme nur durch Ultraschallschwingungen	Anwendbar für Metalle und Kunststoffe (viele Werkstoffkombinationen), für kleinere Teile wegen begrenzter Energie, sehr verbreitet für Kunststoffteile, keine Beeinträchtigung der Werkstückoberfläche

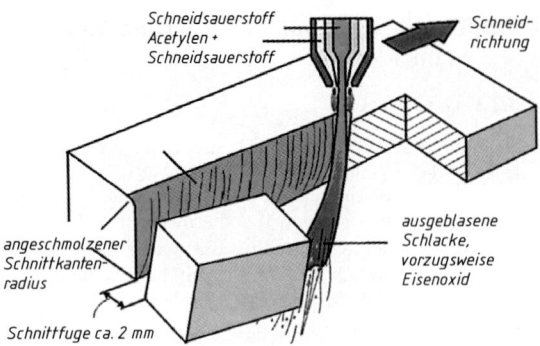

Bild 19. Autogenes Brennschneiden

Das Verfahren setzt folgende Eigenschaften des zu schneidenden Werkstoffs voraus:
1. Der Werkstoff muss brennbar sein
2. Entzündungstemperatur < Schmelztemperatur
3. Schmelztemperatur des Oxids < Schmelztemperatur des Werkstoffs
4. Möglichst große Verbrennungswärme
5. Möglichst kleine Wärmeleitfähigkeit

Anwendungsbereich
Abmessungen:
Blechdicke $s > 5$ mm (nach oben unbegrenzt)
Werkstoffe:
un- und niedrig legierter Stahl, Stahlguss
Erzeugnisse:
Schrott- und Qualitätsschnitte in allen Bereichen der Metallverarbeitung, Schweißkantenvorbereitung

Arbeitstechnik – Leistungskennwerte
Brennschneiden wird manuell, mechanisiert und auf CNC-gesteuerten Brennschneidmaschinen ausgeführt. Beim Zuschneiden großer Blechtafeln gewährleisten Brennschneidpläne (Bild 20) maximale Werkstoffausnutzung und maßgenaue Teile durch Berücksichtigung des Wärmeverzugs. Die dabei erreichbaren Schnittqualitäten werden durch Riefennachlauf (0,3 bis 25 mm), Riefentiefe (0,1 bis 2 mm), Unebenheit der Schnittflächen (0,1 bis 3 mm) und den Radius der angeschmolzenen Schnittkante (0,2 bis 4) mm beschrieben und in Gütestufen nach DIN EN 13920 klassifiziert.

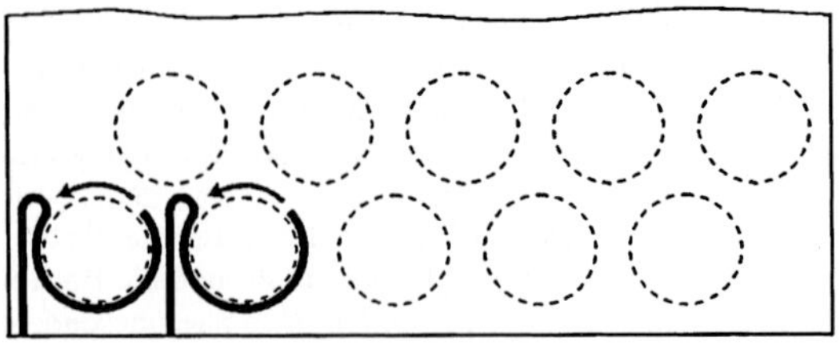

Bild 20. Brennschneidplan

1. Schnittteile lange mit schrumpfarmen Werkstückbereichen verbinden
2. Zusammenhängende, steife Materialreste fordern die Genauigkeit
3. Radien tangential anschneiden
4. Schnittteile sollen leicht aus dem Materialrest fallen
5. Wärme gleichmäßig in der Tafel verteilen
6. Einstechen vermeiden

Werden die Grenzen der Schneideignung nach Tabelle 14 überschritten, können Werkstoffe ggf. noch getrennt werden, indem mit Hilfe spezieller Schneidbrenner dem Sauerstoffstrahl mineralische Pulver oder Eisenpulver beigemischt werden. Diese unterstützen thermisch oder mechanisch den Trennvorgang und erweitern so den Einsatzbereich des Verfahrens.

3.2.3 Plasmaschneiden

Verfahrensprinzip
Beim Plasmaschneiden schmilzt ein gebündelter elektrischer Lichtbogen den zu schneidenden Werkstoff auf. Der aus dem Plasmabrenner zentrisch austretende Gasstrahl bläst das Schmelzgut aus der Schnittfuge. Mit dem Plasmaschneiden lassen sich alle elektrisch leitfähigen Werkstoffe trennen. Die an der Werkstückoberfläche durch den Plasmabogen entwickelte Wärme wird durch den Gasdruck in die Schnittfuge getrieben und mit deren Tiefe zunehmend an die Fugenflanken abgegeben. Dadurch ist beim Schneiden dickerer Bleche die Winkligkeit der Schnittfuge charakteristisch, Bild 21. Als Plasmagas wird bei hoch legierten Stählen vorzugsweise Argon, beim Schneiden von allgemeinen Baustählen und Aluminium Luft verwendet. Unter Anwesenheit von Luft verschleißen Plasmadüse und Kathode stärker als unter Argon und werden daher aus Kupfer gefertigt und leicht auswechselbar gestaltet.

Tabelle 14. Grenzwerte für das autogene Brennschneiden von Stahl

Werkstoff	Schneideignung			Bemerkung
	gut schneidgeeignet	bedingt schneidgeeignet	nicht schneidgeeignet	
C-Stähle	max. 0,3 % C	von 0,3-2 %C)*	über 3 % C	)* Vorwärmen 250-400 °C, Normalglühen
Mn-legierte Stähle	max. 1,3 %C max. 13 % Mn	max. 1,3 %C 13-18 % Mn)*	über 1,3 % C über 18 % Mn	)* Vorwärmen auf 300 °C
Si-legierte Stähle	max. 0,2 % C max. 2,5 % Si	max. 0,4 % C max. 3,8 % Si)*	max. 0,4 % C über 3,8 % Si	)* Verringern der Schneidgeschwindigkeit
Ni-legierte Stähle	max. 7 % Ni	max. 0,3 % C max. 35 % Ni)*	über 0,3 % C über 35 % Ni	)* Vorwärmen auf 260 °C bis 315 °C Wärmenachbehandlung
Cr-legierte Stähle	max. 1,5 %Cr	über 1,5 % Cr)*	über 8 % Cr bis 10 % Ni	)* Vorwärmen auf 300 °C und Wärmenachbehandlung, Cr-Stähle härten leicht

Tabelle 15. Leistungsdaten beim autogenen Brennschneiden

Blechdicke s in mm	3	5	10	300
Schneidgeschwindigkeit in m/min	0,8	0,8	0,70	0,1
Acetylenverbrauch in m³/h	0,4	0,4	0,4	0,9
Heizsauerstoffverbrauch in m³/h	0,5	0,5	0,5	1,1
Schneidsauerstoffverbrauch in m³/h	0,4	0,5	1,2	33
Schnittfugenbreite in mm	0,8	0,9	2,0	6,0

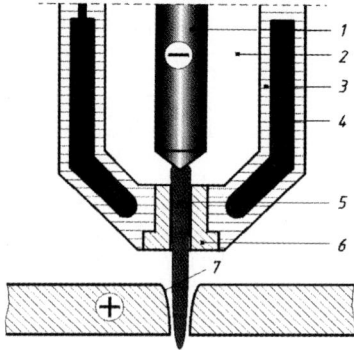

Bild 21. Plasmaschneiden
1 Wolframelektrode
2 Plasmagaskanal
3 Gasdüse
4 Wasserkühlung
5 Plasmastrahl (eingeschnürter Lichtbogen)
6 Plasmadüse (auswechselbares Verschleißteil)
7 winklige Schnittkanten mit Kantenradius

Anwendungsbereich
Abmessungen:
Blechdicke s = 1 bis 100 mm
Werkstoffe:
un-, niedrig und hoch legierter Stahl, Stahlguss, Gusseisen, Nichteisenmetalle

Erzeugnisse:
Schrott- und Qualitätsschnitte in allen Bereichen der Metallverarbeitung, Schweißkantenvorbereitung, einziges Schneidverfahren für Al und CrNi-Stahl bei Dicken über 20 mm

Arbeitstechnik – Leistungskennwerte:
Lichtbogenenergie und Gasausströmgeschwindigkeit sind beim Plasmaschneiden hoch und Lärm, UV-Strahlung sowie Gase, Rauche und Dämpfe wirken umweltbelastend. Daher werden industriell die zu schneidenden Bleche oft auf wassergefluteten Schneidtischen einige Zentimeter unter der Wasseroberfläche bearbeitet und so die Schadstoffe sowie Strahlung und Lärm gebunden. Das zunächst für nicht autogen schneidbare Werkstoffe genutzte Plasmaverfahren wird heute auch für dünnere unlegierte Stahlbleche wegen der gegenüber dem Gasbrennschneiden deutlich höheren Schneidgeschwindigkeit eingesetzt. Dem Gasbrennschneiden unterlegen ist die Schnittqualität des Plasmaverfahrens. Für die meisten Zuschnitte, besonders im Dünnblechbereich, kommt man jedoch ohne spanende Nachbearbeitung bei hinreichender Schnittqualität aus.

Tabelle 16. Leistungsdaten beim Druckluft-Plasmaschneiden an Baustahl, 40 kW Strahlleistung

Blechdicke s in mm	3	5	8	10
Schneidgeschwindigkeit in m/min	5	4	3,5	3,0
Schnittfugenbreite in mm	3,5	4,5	5,5	6,5

3.2.4 Laserschneiden

Verfahrensprinzip
Zum Schneiden werden Halbleiter-, Festkörper- und Gaslaser verwendet. Großtechnisch genutzt wird jedoch vorzugsweise der CO_2-Gaslaser, weil nur dieser gegenwärtig die zum Schneiden dickerer Bleche erforderlichen Leistungen ermöglicht. Zum Weiterleiten des CO_2-Laserstrahles erfordern CO_2-Laserschneidanlagen einen beträchtlichen mechanischen Aufwand für die mit den Vorschubmechanismen zu führenden Spiegelsysteme, Bild 22.

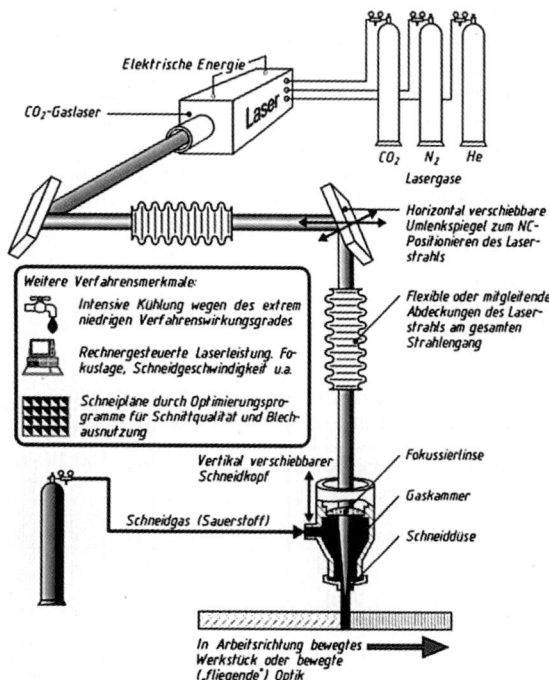

Bild 22. Laserschneiden

Der Laser schmilzt und verdampft den Werkstückwerkstoff und ein Gasstrahl bläst die Schnittfuge frei. Als Schneidgas ist Sauerstoff gebräuchlich, weil sich durch die exotherme Reaktion die Schneidgeschwindigkeit beträchtlich steigern lässt. Der Gasstrahl hat ferner die Aufgabe, die sehr empfindliche Laseroptik vor Spritzern und Metalldampf zu schützen. Sollen die Schnittkanten oxidfrei sein, müssen Edelgase oder Stickstoff als Schneidgas eingesetzt werden. Das so genannte Sublimierschneiden, bei dem der Werkstoff vom festen Zustand unmittelbar in den dampfförmigen übergeht, wird vorzugsweise beim Bearbeiten von Kleinstbauteilen oder zum Bohren bei impulsförmigem Energieeintrag genutzt.

Anwendungsbereich
Abmessungen:
Blechdicke $s = 0{,}1$ bis 20 mm

Werkstoffe:
Metalle, Nichtmetalle, Gläser, Kunststoffe, textile Werkstoffe

Erzeugnisse:
Präzisionsschnitte in allen Industriebereichen

Arbeitstechnik – Leistungskennwerte
Mit dem Laserstrahl lassen sich die meisten Konstruktionswerkstoffe schneiden. Einschränkungen bestehen bei einzelnen Kunststoffen, Natursteinen und Baustoffen sowie bei beschichteten und extrem wärmeempfindlichen Werkstoffen. Der universellen Nutzung stehen nur die hohen Anlagenkosten und gegenwärtig noch ab etwa 20 mm Blechdicke aufwärts die Leistungsgrenze des Laserstrahls entgegen. Das Laserschneiden wird fast ausnahmslos auf CNC-Anlagen ausgeführt, die technologische Kopplung mit mechanischen Trenn- und Umformverfahren (Stanzen, Nibbeln, Biegen) in Bearbeitungszentren ist gebräuchlich und gestattet die Komplettbearbeitung von Blechteilen auf einer Anlage. Geringe Schnittfugenbreite, hohe Schnittqualität und Schneidgeschwindigkeit favorisieren das Laserschneiden fast immer bei hohen Stückzahlen und dünnen bis mitteldicken Blechen gegenüber allen anderen Schneidverfahren.

Tabelle 17. Leistungsdaten beim Laserstrahlbrennschneiden an Baustahl, 1500 W Strahlleistung

Blechdicke s in mm	1	3	5	10
Schneidgeschwindigkeit in m/min	10	5	3	1
Schnittfugenbreite in mm	0,1	0,25	0,4	0,6

3.2.5 Wasserstrahlschneiden

Verfahrensprinzip
Wasserstrahlen, die bei Drücken bis 4000 bar aus einer Schneiddüse mit einem Durchmesser von 0,3 mm und Förderströmen von 4 l/min austreten, zerstören technische Werkstoffe am Auftreffpunkt mit scharf abgegrenzten Konturen. Bewegt man den Strahl über das Werkstück hinweg, entstehen präzise Schnittfugen mit etwa 1,2 mm Breite (Bild 23). Der Primärdruck einer Ölhydraulik (1) von etwa 200 bar wird im Druckübersetzer (2) auf den Arbeitsdruck gebracht. Der Druckspeicher (3) formt den diskontinuierlichen Druck aus dem Kolbenverdichter zu einem weitgehend stoßfreien Arbeitsdruck um. Üblich sind bewegte Schneidköpfe (4), die den Strahl entlang der Werkstückkontur führen. Kunststoffe werden mit reinem Wasser geschnitten. Zum Schneiden von Metallen erfolgt das Zumischen von abrasiv wirkenden Pulvern (4.1). Das hoch verdichtete Wasser (4.2) wird von der Schneiddüse (4.3) zum Strahl geformt, der in einer Mischkammer (4.4) nach dem Injektorprinzip das Abrasivmittel ansaugt und sich mit diesem zum Abrasivstrahl vereinigt (4.5). Ein Fokussierröhrchen (4.6) bündelt schließlich den Abrasivstrahl auf das Werkstück.

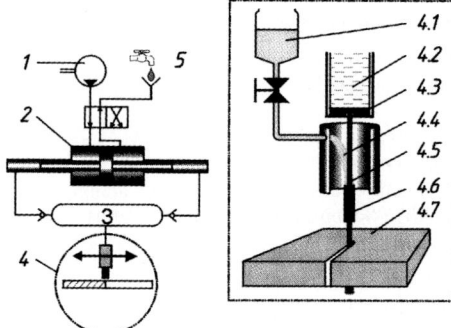

Bild 23. Wasserstrahlschneiden

Anwendungsbereich
Abmessungen:
Blechdicke $s = 1$ bis   40 mm an Stahl
             $s = 1$ bis 100 mm an Aluminium

Werkstoffe:
Metalle, Nichtmetalle, Gläser, Kunststoffe

Erzeugnisse:
Präzisionsschnitte an wärmeempfindlichen Werkstücken

Arbeitstechnik – Leistungskennwerte
Das Wasserstrahlschneiden ermöglicht an Metallen ein grat- und anlauffarbenfreies Schneiden mit nahezu rechtwinkligen Schnittkanten bis etwa $s = 10$ mm. Beim Schneiden mit Abrasivstrahlen sind die Schnittflächen charakteristisch rau, jedoch eben.
Neben dem „kalten Schnitt" ermöglicht das Verfahren scharfe Außenkonturen (kein Anschmelzen schmaler Kanten) und das verzugsfreie Schneiden gehärteter Werkstoffe.

Problematisch beim Wasserstrahlschneiden ist der entstehende Schneidschlamm, der sich im Arbeitstisch ansammelt und mit Umweltauflagen entsorgt werden muss. Neuere Anlagen verfügen über Schneidstoffaufbereitungseinrichtungen, die aus dem Schneidschlamm bis zu 80 % des Abrasivmittels zurückgewinnen und dem Prozess direkt wieder zuführen. An der Wasseraufbereitung mit dem Ziel geschlossener Prozesskreisläufe wird derzeit gearbeitet.

Tabelle 18. Leistungsdaten beim abrasiven Wasserstrahlschneiden

Blechdicke s in mm	1	3	5	10
Schneidgeschwindigkeit in m/min	0,5	0,3	0,2	0,15
Schnittfugenbreite in mm	1	1,0	1,2	1,2

Im Vergleich zu den thermischen Schneidverfahren hat das Wasserstrahlschneiden nur eine geringe Schneidleistung. An einem 10 mm dicken Baustahlblech lassen sich beim Trennen etwa 15 cm/min erzielen. Ist das Ziel ein nacharbeitsfreier Qualitätsschnitt, so sinkt die Schneidgeschwindigkeit auf 5 cm/min (Tabelle 18).

3.3 Löten

3.3.1 Grundlagen

Löten ist das Fügen von Werkstoffen durch ein Lot, dessen Schmelztemperatur unterhalb derjenigen beider Grundwerkstoffe liegt. Die zum Löten erforderliche Energie wird der Lötstelle von außen zugeführt oder durch Widerstandserwärmung an der Lötstelle erzeugt. Während der schmelzflüssigen Phase des Lotes bilden sich durch Diffusion von Lot- und Grundwerkstoffbestandteilen neue Legierungen im Lötspalt. Auf diese Weise kann die Festigkeit der Lötverbindung deutlich über der des Lotes liegen und beim Hartlöten jene des Grundwerkstoffs erreichen. Voraussetzung für einen sachgerechten Lötvorgang ist das zuverlässige Benetzen des Bauteilwerkstoffs durch das Lot. In Folge der Benetzung breitet sich das Lot aus, dringt vollständig in die Lötspalte ein und haftet an der Werkstoffoberfläche.
Neben dem richtigen Bemessen der Lötspalte (Bild 24) sind für das Benetzen metallisch reine Oberflächen (frei von Fetten und anderen Ablagerungen) sowie das Auflösen von Oxidschichten und das Absenken der Oberflächenspannung durch Flussmittel unerlässlich. Bei richtiger Kombination von Lot und Grundwerkstoff lassen sich fast alle metallischen Werkstoffe, auch Aluminium, löten. Typische Kombinationen sind in Tabelle 19 aufgeführt, Einzelheiten zu Loten für das Hart-, Weich- und Fugenlöten enthält DIN EN 677. Die DIN 8505 unterscheidet bei den Lötverfahren nach geometrischen, thermischen und technologischen Merkmalen. Die Unterscheidung nach der Löttemperatur in Weichlöten (≤ 450 °C), Hartlöten (> 450 °C) und Hochtemperaturlöten (≥ 1 200 °C) orientiert sich dabei an charakteristischen Werkstofftemperaturen des Stahls.

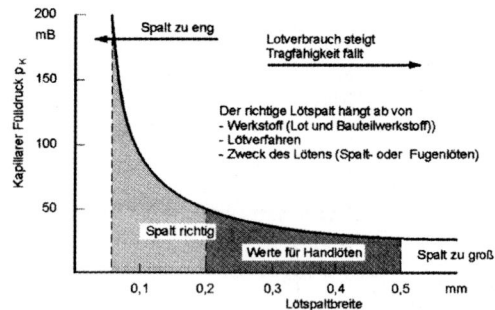

Bild 24. Lötspalte

3.3.2 Weichlöten

Umfangreich genutzt wird das Weichlöten in der Elektrotechnik und der Elektronik. Für die Massenfertigung gibt es automatisierte Verfahrensabläufe auf erzeugnisspezialisierten Anlagen. Hocheffiziente Technologien wie die SMD-Technik (surface mounted devices) zur Bestückung von Leiterplatten sind ebenso in Anwendung wie das traditionelle Kolbenlöten, vorzugsweise auf dem Reparatursektor. Weichlötverbindungen übertragen nur geringe Kräfte, sind bedingt temperaturbeständig und neigen unter Last zum Kriechen.
Wegen der einfachen Handhabung und der geringen Arbeitstemperatur ist das Weichlöten in der Installationstechnik (Wasserleitungen) und bei Klempnerarbeiten (Titanzink) ebenso verbreitet wie in der Dentaltechnik, bei der Herstellung von Schmuck und beim Bau wissenschaftlicher Geräte.

3.3.3 Hart- und Hochtemperaturlöten

Beim Löten über 450 °C muss die Löttemperatur besonders sorgfältig auf den Grundwerkstoff abgestimmt werden, da mit einer starken Gefügebeeinflussung zu rechnen ist. Mit dem Hartlöten werden Festigkeitswerte erzielt (Bild 25), die denen des Schweißens vergleichbar sind. Die mit dem Hochtemperaturlöten ausgeführten Verbindungen (Verwendung von Nickelbasisloten) sind zudem warmfest.

Tabelle 19. Lote zum Hart- und Weichlöten

Lotgrundtyp	→	Kombination von Grundwerkstoff / Flussmittel / Lot zum Fügen von Metallen			
		Zinnlot	Silberlot	Phosphorlot	Messinglot
Lot	→	LSn5050	LAg40Cd20	LCuPB	LMs60
geeignet für:					
Stahl	/ Hartmetall	+	+	–	+
	/ Cu	+	+	–	+
	/ Ms	+	+	–	–
Kupfer	/ Kupfer	+	+	+	+
	/ Ms	+	+	+	–
	/ Nickel	+	+	–	+
Ms	/ Ms	+	+	+	–
	/ Nickel	+	+	–	–

Zug- und Scherfestigkeit ausgewählter Hartlötverbindungen nach DIN 8525							Konstruktive Empfehlungen		
Hartlot nach DIN 8513	Arbeits- tempera- tur °C	Zugfestigkeit in N/mm² (Lötspalt 0,1 mm)				Abscherfestig- keit τ_{aB} in N/mm² (Lötspalt 0,1 mm)	Entlüftungsboh- rung zum Entwei- chen der Fluss- mitteldämpfe. Diese drücken so das einschießende Lot nicht zurück.		Bei Rohr-Rohr-Ver- bindungen selbstzen- trierend mit Normal- und Schubspannun- gen konstruieren. Ggf. mit Schäftung arbeiten
		S235JR	E295	E335	18/8-Stahl	S235JR E335			
LAg40Cd	610	410	540	640	520	190 280	Vom eingelegten Lotformteil steigt das Lot auf und verdrängt das Flussmittel. Sicht- kontrolle ist durch austretendes Lot möglich.		Lötgerecht gestalte- ter hoch beanspruch- barer Rohrflansch.
L-Ag30Cd	680	380	470	480	510	200 240			
LAg44	730	390	n.b.	520	530	205 280			
L-Ag20Cd	750	370	n.b.	440	500	170 260	Rohre in Steckver- bindungen nicht wesentlich tiefer als 1,5s wählen. Darüber hinaus kein Sicherheits- zuwachs		Universalkonstrukti- on für Ecken, Stüt- zen, Rippen, Gehäu- se. Nachteilig ist die Schälwirkung.
LAg12	830	370	460	480	440	170 200			
L-CuZn40	900	350-370	405	410	n.b.	200-240 260			

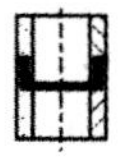

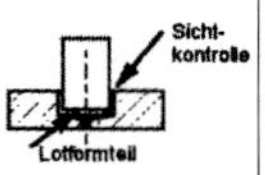

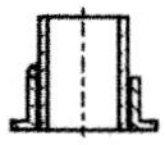

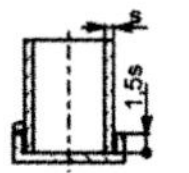

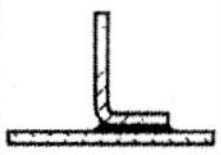

Bild 25. Konstruktive Empfehlungen für Hartlötverbindungen

Werden Flussmittel eingesetzt, so ist beim Hartlöten deren durchgängig korrodierende Wirkung zu beachten. Rückstände dieser Flussmittel müssen nach dem Löten durch geeignete Nachbehandlung entfernt werden. Techniken dazu sind Bürsten, Waschen in warmem Wasser oder Beizen in 5-10 %iger Schwefelsäure bei Schwermetallen bzw. in 10 %iger Salpetersäure bei Leichtmetallen. Flussmittelhersteller bieten zu diesem Zweck auch Reinigungsmittel an.

Unabhängig von Lot, Grundwerkstoff und Lötverfahren ist folgender Ablauf beim Löten charakteristisch:

1. Vorbereiten der Werkstücke (Rauheit, Lötspalt)
2. Säubern der Werkstücke von Fremdschichten (mechanisches Säubern, Bad- oder Dampfreinigen, Ultraschallbäder)
3. Fixieren der Werkstücke (Lagefixierung und Lotdeponie)
4. Erwärmen der Werkstücke auf Arbeitstemperatur
5. Aktivieren der Lötstelle durch Flussmittel
6. Zuführen, Fließen und Binden des Lotes
7. Abkühlen der Lötstelle (erschütterungsfreies Kristallisieren des Lotes)
8. Nachbehandeln und ggf. Prüfen

Als Wärmequellen werden zum Löten die klassische Gasflamme sowie Widerstands- und Induktionslötgeräte, Lötöfen, Lötbäder und zunehmend der Laserstrahl genutzt.

Literatur

Fahrenwaldt, H.-J., Schuler, V.: Praxiswissen Schweißtechnik. Vieweg Verlag, Braunschweig, 2003.

Behnisch, H.: Kompendium der Schweißtechnik. DVS-Verlag, Düsseldorf 1997.

Richter, H.: Fügetechnik-Schweißtechnik. DVS-Verlag, Düsseldorf 1995.

N Zerspantechnik

Alfred Böge

1 Drehen und Grundbegriffe der Zerspantechnik [1]

1.1 Bewegungen

Bei allen Zerspanvorgängen (Drehen, Hobeln, Fräsen ...) sind die Bewegungen *Relativbewegungen* zwischen Werkstück und Werkzeugschneide. Man unterteilt in Bewegungen, die unmittelbar die Spanbildung bewirken (*Schnitt-, Vorschub-* und resultierende *Wirkbewegung*) und solche, die nicht unmittelbar zur Zerspanung führen (*Anstell-, Zustell-* und *Nachstellbewegung*). Aue Bewegungen sind auf das ruhend gedachte Werkstück bezogen (Bild 1). Schnitt- und Vorschubbewegung können sich aus mehreren Komponenten zusammensetzen, z.B. die Vorschubbewegung beim Drehen eines Formstücks aus Längs- und Planvorschubbewegung.

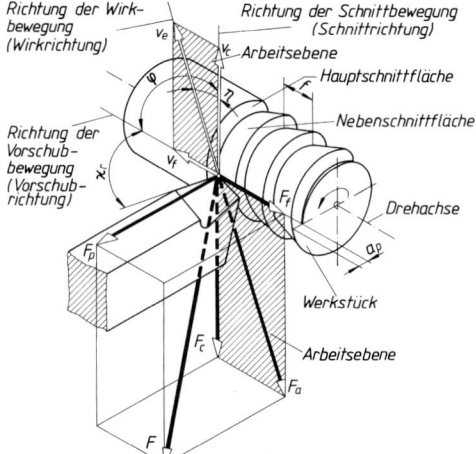

Bild 1. Bewegungen, Geschwindigkeiten und Kräfte beim Drehen; Größenverhältnisse willkürlich angenommen; Kräfte in Bezug auf das Werkzeug

- F Zerspankraft
- F_a Aktivkraft
- F_c Schnittkraft
- F_f Vorschubkraft
- F_p Passivkraft
- v_c Schnittgeschwindigkeit
- v_f Vorschubgeschwindigkeit
- v_e Wirkgeschwindigkeit
- f Vorschub
- a_p Schnitttiefe
- κ_r Einstellwinkel
- φ Vorschubrichtungswinkel (beim Drehen 90°)
- η Wirkrichtungswinkel

[1] Normen siehe Literaturhinweise am Ende des Abschnitts

Bei einem Einstellwinkel $\kappa = 45°$ ist das Verhältnis der Kräfte etwa $F_c : F_p : F_f = 5 : 2 : 1$.

Beim *Drehen* führt die umlaufende Bewegung des Werkstücks zur *Schnittbewegung*, die geradlinige (fortschreitende) Bewegung des Werkzeugs zur *Vorschubbewegung*. Die resultierende Bewegung aus Schnitt- und Vorschubbewegung heißt *Wirkbewegung*: sie führt zur Spanabnahme, beim normalen Drehen zur *stetigen* Spanabnahme. Die eingestellte Schnitttiefe a_p bleibt dann bei einem Arbeitsvorgang konstant und damit auch der eingestellte *Spanungsquerschnitt* $A = a_p f$ (Bild 2). Diese günstigen Schnittbedingungen führten zu umfangreichen Forschungsergebnissen, die zum großen Teil auch auf andere Zerspanvorgänge übertragen werden können. Drehen wird deshalb hier ausführlich behandelt.

Mit Hilfe der *Anstellbewegung* wird der Drehmeißel vor dem Zerspanen an das Werkstück herangeführt, durch die *Zustellbewegung* wird vor dem Schnitt die Dicke der abzunehmenden Werkstoffschicht festgelegt.

Durch die *Nachstellbewegung* lassen sich die während des Schnittes auftretenden Veränderungen korrigieren (z.B. Werkzeugverschleiß, zu groß oder zu klein gewordene Schnitttiefe usw.).

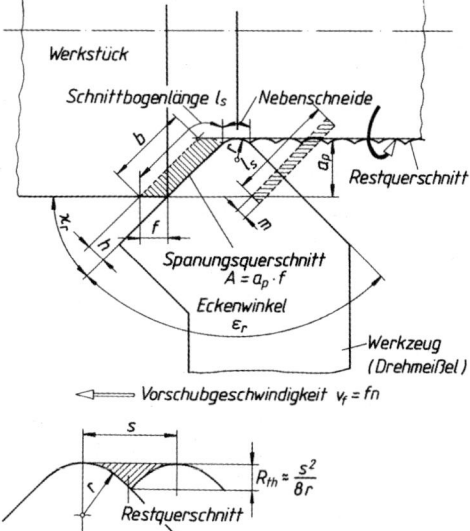

Bild 2. Schnittgrößen und Spanungsgrößen

f Vorschub, a_p Schnitttiefe, b Spanungsbreite, h Spanungsdicke, A Spanungsquerschnitt, l_s Schnittbogenlänge, m Bogenspandicke, R_{th} theoretische Rautiefe

Entsprechend der *Schnitt-*, der *Vorschub-* und der *Wirk*bewegung wird auch zwischen den zugehörigen Geschwindigkeiten unterschieden:
Die *Schnittgeschwindigkeit* v_c ist die momentane Geschwindigkeit des betrachteten Schneidenpunkts in Schnittrichtung (Bild 1). Beim Drehen ist v_c die Umfangsgeschwindigkeit eines Punktes am Werkstückumfang. Mit Werkstückdurchmesser d und Drehzahl n wird:

$$v_c = d\,\pi\,n \quad \begin{array}{c|c|c} v_f & f & n \\ \hline \dfrac{m}{min} & m & min^{-1} \end{array} \quad (1)$$

Die *Vorschubgeschwindigkeit* v_f ist die momentane Geschwindigkeit des betrachteten Schneidenpunkts in Vorschubrichtung. Beim Drehen stehen v_f und v_c rechtwinklig zueinander. Der Vorschubrichtungswinkel ist dann $\varphi = 90°$ (Bild 1). Mit Vorschub f und Drehzahl n wird

$$v_f = f n \quad \begin{array}{c|c|c} v_f & f & n \\ \hline \dfrac{mm}{min} & \dfrac{mm}{U} & min^{-1} \end{array} \quad (2)$$

Die *Wirkgeschwindigkeit* v_e ist die momentane Geschwindigkeit des betrachteten Schneidenpunkts in Wirkrichtung: sie ist die resultierende Geschwindigkeit aus Schnitt- und Vorschubgeschwindigkeit. In den meisten Fällen ist (wie beim Drehen) das Verhältnis v_f/v_c so klein, dass $v_e = v_c$ angesehen werden kann. So ist z.B. bei $v_c = 50$ m/min und $v_f = fn = 0,1$ mm/U · 500 min^{-1} = 0,050 m/min der *Wirkrichtungswinkel* $\eta \approx 3'$ (mit tan $\eta = v_f/v_c = 0{,}05/50 = 0{,}001$). Das Beispiel gilt für Drehen, also für $\varphi = 90°$, sonst siehe Gl. (1).

1.2 Zerspangeometrie

Wichtigste Bezugsebene für die Zerspangeometrie ist die so genannte *Arbeitsebene* (Bild 1). Es ist diejenige gedachte Ebene, die Schnitt- und Vorschubrichtung des betrachteten Schneidenpunkts enthält. In ihr vollziehen sich alle an der Spanbildung beteiligten Bewegungen. Alle in der Arbeitsebene liegenden Kraftkomponenten der Zerspankraft F sind an der Zerspanleistung beteiligt (siehe Zerspanleistung).

1.2.1 Schnitt- und Spanungsgrößen

Schnittgrößen sind z.B. *Vorschub f* und *Schnitttiefe* a_p, also solche Größen, die zur Spanabnahme unmittelbar oder mittelbar eingestellt werden müssen.
Spanungsgrößen sind z.B. *Spanungsbreite b*, *Spanungsdicke h* und *Spanungsquerschnitt A*. Im Gegensatz dazu nennt man diejenigen Größen, die die Abmessungen der tatsächlich entstehenden Späne enthalten, *Spangrößen*.

Spanungsquerschnitt A, Schnitttiefe a_p, Vorschub f, Spanungsdicke h, Spanungsbreite b und Einstellwinkel κ_r der Hauptschneide hängen nach Bild 2 beim *Drehen* in folgender Weise voneinander ab:

$$A = a_p f = b h = m l_s \quad (3)$$
$$h = f \sin \kappa_r \quad (4)$$
$$b = \frac{a_p}{\sin \kappa_r} \quad (5)$$

$$\begin{array}{c|c|c|c} A & f & a_p, h, b, m, l_s & \kappa_r \\ \hline mm^2 & \dfrac{mm}{U} & mm & ° \end{array}$$

Der *Spanungsquerschnitt A* ist der Querschnitt des abzunehmenden Spanes rechtwinklig zur Schnittrichtung.
Die im Schnitt befindliche *Schnittbogenlänge* l_s ist angenähert:

$$l_s = f + \frac{a_p}{\sin \kappa_r}$$

Denkt man sich die Schnittbogenlänge l_s einschließlich des Schneidenbogens mit Radius r gestreckt, so lässt sich ein rechteckiger Spanungsquerschnitt vorstellen, dessen Länge l_s und dessen Breite die sogenannte *Bogenspandicke m* ist (Bild 2):

$$m = \frac{A}{l_s} = \frac{a_p f}{l_s} \text{ in } \frac{mm^2 \text{ Spanungsquerschnitt}}{mm \text{ Schneidenlänge}}$$

Anders aufgefasst ist die Bogenspandicke $m = A/l_s$ in mm^2/mm die von 1 mm Schneidenlänge abgespante Fläche, vorstellbar als *spezifische Schneidenbelastung*.

■ **Beispiel:**
Berechne die Spanungsdicke h_1, h_2 für Vorschub $f = 1$ mm/U und $\kappa_{r1} = 60°$, $\kappa_{r2} = 10°$.

Lösung:

$$h_1 = f \sin \kappa_{r1} = 1\frac{mm}{U} \cdot \sin 60° = 0{,}866 \text{ mm}$$

$$h_2 = f \sin \kappa_{r2} = 1\frac{mm}{U} \cdot \sin 10° = 0{,}174 \text{ mm}$$

Beachte:
Das axiale Widerstandsmoment W des Spanungsquerschnitts wächst mit der Spanungsdicke h quadratisch ($W = b\,h^2/6$), d.h. bei 3fachem h entsteht 9facher Aufbiegungswiderstand.

■ **Beispiel:**
Berechne die Bogenspandicke m für Einstellwinkel $\kappa_{r1} = 90°$, $\kappa_{r2} = 45°$, $\kappa_{r3} = 5°$ bei Vorschub $f = 1$ mm/U und Schnitttiefe $a_p = 3$ mm.

Lösung:

$$l_{s1} = f + \frac{a_p}{\sin \kappa_{r1}} = 1\text{ mm} + \frac{3\text{ mm}}{\sin 90°} = 4\text{ mm}$$

$$l_{s2} = 1\text{ mm} + \frac{3\text{ mm}}{\sin 45°} = 5{,}24\text{ mm}$$

$$l_{s2} = 1\text{ mm} + \frac{3\text{ mm}}{\sin 5°} = 35{,}4\text{ mm}$$

Bogenspandicke

$$m_1 = \frac{A}{l_{s1}} = \frac{3\text{ mm}^2}{4\text{ mm}} = 0{,}75\frac{\text{mm}^2\text{ Spanungsquerschnitt}}{\text{mm Schneidenlänge}}$$

$$m_2 = \frac{A}{l_{s2}} = \frac{3\text{ mm}^2}{5{,}24\text{ mm}} = 0{,}57\frac{\text{mm}^2\text{ Spanungsquerschnitt}}{\text{mm Schneidenlänge}}$$

$$m_3 = \frac{A}{l_{s3}} = \frac{3\text{ mm}^2}{35{,}4\text{ mm}} = 0{,}0847\frac{\text{mm}^2\text{ Spanungsquerschnitt}}{\text{mm Schneidenlänge}}$$

Wird 0,75 mm²/mm =100 % gesetzt, ergibt sich für 0,57 mm²/min = 76 % und für 0,0847 mm²/min = 11,3 %, d.h. die spezifische Schneidenbelastung sinkt mit abnehmendem Einstellwinkel κ_r.

1.2.2 Schneiden, Flächen und Winkel am Drehmeißel[1]

Die geometrische Grundform der Schneide an spanenden Werkzeugen ist der *Keil*. Er erscheint sowohl bei Haupt- als auch bei Nebenschneiden. Schneiden und Flächen sind in Bild 3 dargestellt.

Hauptschneide ist jede Schneide, deren *Wirkfreiwinkel* (siehe unten) bei Vergrößerung des Vorschubs und damit Vergrößerung des Wirkrichtungswinkels η (Bild 1) kleiner wird. Der Keil der Hauptschneide weist während des Schnittes etwa in Richtung der Vorschubbewegung (Ausnahme z.B. beim Gleichlauffräsen).
Alle anderen Schneiden sind Nebenschneiden. Die Grenze zwischen Haupt- und Nebenschneide bei gekrümmter Schneide liegt dort, wo der Einstellwinkel κ_r gegen null geht.
Spanfläche ist die Fläche am Schneidkeil, über die der Span abläuft. Die Breite der Spanflächenfase wird mit $b_{f\gamma}$ bezeichnet (Bild 3).
Freiflächen sind die Flächen am Schneidkeil, die den entstehenden Schnittflächen zugekehrt sind. Die Breite der Freiflächenfase wird mit $b_{f\alpha}$ bezeichnet (Bild 3).
An der *Schneidenecke* treffen Haupt- und Nebenschneide zusammen. Sie ist bei Drehmeißeln meist mit Radius r gerundet (Bild 4). Die *Winkel an der Schneide* müssen in zwei verschiedenen Bezugssystemen gemessen werden. Man unterscheidet danach:

Wirkwinkel (im Wirkbezugssystem gemessen), sind von der Stellung Schneidwerkzeug zu Werkstück, den Schnittgrößen und der geometrischen Form des Werkstückes abhängig. Sie sind für die Beurteilung des Zerspanvorgangs wichtig.

Werkzeugwinkel (im Werkzeug-Bezugssystem gemessen) sind maßgeblich für Herstellung und Instandhaltung der Schneidwerkzeuge.

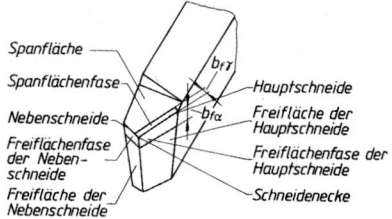

Bild 3. Bezeichnung der Schneiden und Flächen an einem Drehmeißel

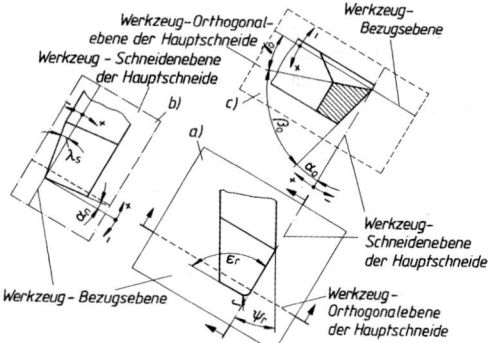

Bild 4. Lage der Werkzeugwinkel an einem Drehmeißel ohne Fase
——— Werkzeug-Bezugsebene (a)
—·—·— Werkzeug-Schneidenebene (b)
- - - - Werkzeug-Orthogonalebene (c)

Das *Wirk-Bezugssystem* hat als Hauptachse die *Wirkrichtung* (Bild 1) und besteht aus den drei rechtwinklig aufeinander stehenden Ebenen:
Die *Wirk-Bezugsebene* steht rechtwinklig zur Richtung der *Wirkbewegung* (Bild 1).
Die *Schnittebene* ist die Tangentialebene an die momentan entstehende *Schnittfläche*, z.B. Hauptschnittfläche in Bild 1.
Die *Wirk-Messebene* steht rechtwinklig auf den beiden Ebenen.
Das *Werkzeug-Bezugssystem* hat als Hauptachse die *Schnittrichtung* (Bild 1) und besteht aus den drei rechtwinklig auf einander stehenden Ebenen:
Die *Werkzeug-Bezugsebene* steht rechtwinklig zur Richtung der *Schnittbewegung* (Bilder 1 und 4); bei Dreh- und Hobelmeißeln liegt sie parallel zur Auflagefläche der Werkzeuge, bei Fräsern und Bohrern geht sie durch die Drehachse und den betrachteten Schneidenpunkt, bei Räumwerkzeugen rechtwinklig zur Längsachse des Werkzeugs; in anderen Fällen muss sie bezüglich der zu erwartenden Schnittrichtung besonders festgelegt werden.

---

[1] Nach DIN 6 581.

Werkzeug-Orthogonalkeilwinkelebene β_0 steht rechtwinklig auf den beiden anderen Elementen.

Die *Werkzeugwinkel an einem Drehmeißel ohne Fase* zeigt Bild 4. Werte für Wirkwinkel können nicht als allgemein gültig angesehen werden. Richtwerte nach den Angaben der Werkzeughersteller oder aus Forschungsarbeiten.

Die folgenden geometrischen Angaben beziehen sich auf die *Werkzeugwinkel* (Lage der Winkel) nach Bild 4, die physikalischen (technologischen) Hinweise dagegen auf die Winkel als *Wirk*winkel:

Orthogonalfreiwinkel α_0 (Bild 4) – Freiwinkel genannt – ist der Winkel zwischen der Freifläche und der Werkzeug-Schneidenebene, bestimmt in der Werkzeug-Orthogonalebene. Er muss als Wirkwinkel stets positiv sein und beeinflusst die Reibung zwischen Schnittfläche am Werkstück und Freifläche am Werkzeug. Er ist um so größer zu machen, je sauberer die Schnittfläche sein soll, desgleichen bei weichen, plastischen Werkstoffen und je größer Drehdurchmesser d und Vorschub f sind, $\alpha_0 \approx 4 \ldots 6°$ für Hartmetall und $6 \ldots 8°$ für Schnellschnittstahl (bei Stahlbearbeitung),

Orthogonalkeilwinkel β_0 (Bild 4) – Keilwinkel genannt – ist der Winkel zwischen Frei- und Spanfläche, gemessen in der Werkzeug-Orthogonalebene. Er beeinflusst die Schneidfähigkeit der Werkzeugschneide. Große Keilwinkel führen bei spröden Werkstoffen zu dicken Spänen. Kleinere Keilwinkel ergeben geringere Zerspankraft (Keil dringt leichter ein), schlechtere Wärmeabfuhr (Wärmestau), damit höhere Schneidentemperatur und geringere Standzeit, die Schneide hakt leichter ein. Deshalb: $\beta_0 \approx 40 \ldots 50°$ für weiche, dehnbare Werkstoffe; $\beta_0 \approx 55 \ldots 75°$ für zähfeste Werkstoffe (Baustahl); $\beta_0 \approx 75 \ldots 85°$ für spröde, hochfeste Werkstoffe.

Orthogonalspanwinkel γ_0 (Bild 4) – Spanwinkel genannt – ist der Winkel zwischen der Spanfläche und der Werkzeug-Bezugsebene, bestimmt in der Werkzeug-Orthogonalebene. Er ist der wichtigste Winkel an der Schneide und beeinflusst den Spanablauf, die Spanbildung (Reißspan, Fließspan) und die Zerspankraft. Je größer γ_0, um so besser läuft der Span ab (Vibrieren wird vermieden) und um so geringer ist die Zerspankraft. Kleine γ_0 ergeben mehr schabende Wirkung, verringern aber die Bruchgefahr an der Schneidenecke. Negative Spanwinkel nach Bild 5 (nur an Hartmetallschneiden) sind bei hohen Schnittgeschwindigkeiten und sogenanntem unterbrochenen Schnitt (z.B. bei Gusshaut) und bei festen Werkstoffen wie Mangan-Hartstahl oder Hartguss günstig. Sie erhöhen in diesen Fällen die Standzeit erheblich, setzen jedoch starre, kräftige Maschinen mit hoher Antriebsleistung voraus.

Wie die schematische Darstellung in Bild 5 zeigt, trifft der Span bei $-\gamma_0$ die Spanfläche in größerer Entfernung von der Schneidenspitze. Eine mögliche Auskolkung K ist weniger gefährlich.

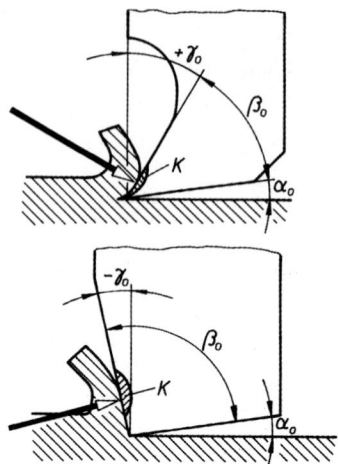

Bild 5. Positiver und negativer Spanwinkel γ_0 (schematisch dargestellt)

Für die Werkzeug-Winkel α_0, β_0, γ_0 gilt stets: $\alpha_0 + \beta_0 + \gamma_0 = 90°$.

Eckenwinkel ε_r (Bild 4) ist der Winkel zwischen zwei zusammengehörigen Haupt- und Nebenschneiden, bestimmt in der Werkzeug-Bezugsebene. Er beeinflusst die Standzeit. Bei kleinem ε_r kann die Wärme nicht genügend gut nach hinten abfließen, weil der Querschnitt zu klein ist. Die Temperatur der Schneidenecke kann unzulässig hoch ansteigen. $\varepsilon_r = 90°$ hat sich bei Vorschüben $f < 1$ mm/U bewährt. Bei größerem f kann ε_r entsprechend größer gewählt werden.

Schneidenwinkel ψ_r ist der Winkel zwischen der Werkzeug-Schneidenebene und der Hauptachse des Werkzeugs.

Einstellwinkel κ_r ist Winkel zwischen der Arbeitsebene und der Schnittebene, bestimmt in einer Ebene rechtwinklig zur Schnittrichtung (Bild 1). Beim Einstechmeißel ist $\kappa_r = 0°$, er beeinflusst die Verteilung der Zerspankraft-Komponente in der Ebene rechtwinklig zur Schnittrichtung (Bild 1), die Spanform und damit die Standzeit. Bild 6 soll schematisch, ohne Berücksichtigung der tatsächlichen Kraftgrößen, in Verbindung mit dem folgenden Beispiel die Verhältnisse erläutern.

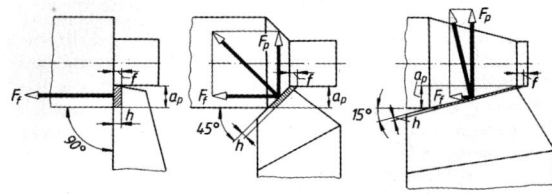

Bild 6. Vorschubkraft F_f und Passivkraft F_p in Abhängigkeit vom Einstellwinkel κ_r (schematisch dargestellt)

1 Drehen und Grundbegriffe der Zerspantechnik

■ **Beispiel:**
Gegeben: Schnitttiefe $a_p = 3$ mm, Vorschub $f = 1$ mm/U; damit Spanungsquerschnitt $A = a_p f = 3$ mm² = konstant für die drei Fälle des Bildes 6. $\kappa_{r1} = 90°$, $\kappa_{r2} = 45°$, $\kappa_{r3} = 15°$.
Gesucht: Spanungsdicke h, Schnittbogenlänge l_s, Bogenspandicke m, Spanungsbreite b und Widerstandsmoment W für die drei Spanungsquerschnittformen.

Lösung:

$h_1 = f \sin \kappa_{r1} = 1 \text{ mm} \cdot \sin 90° = 1 \text{ mm}$

$l_{s1} = f + \dfrac{a_p}{\sin \kappa_{r1}} = 1 \text{ mm} + \dfrac{3 \text{ mm}}{\sin 90°} = 4 \text{ mm}$

$m_1 = \dfrac{A}{l_{s1}} = 0{,}75 \dfrac{\text{mm}^2}{\text{mm}}$

$b_1 = \dfrac{a_p}{\sin \kappa_{r1}} = 3 \text{ mm}$

$W_1 = \dfrac{b_1 h_1^2}{6} = 0{,}5 \text{ mm}^3$

$h_1 = f \sin \kappa_{r2} = 1 \text{ mm} \cdot \sin 45° = 0{,}707 \text{ mm}$

$l_{s2} = f + \dfrac{a_p}{\sin \kappa_{r2}} = 1 \text{ mm} + \dfrac{3 \text{ mm}}{\sin 45°} = 5{,}24 \text{ mm}$

$m_2 = \dfrac{A}{l_{s2}} = 0{,}57 \dfrac{\text{mm}^2}{\text{mm}}$

$b_2 = \dfrac{a_p}{\sin \kappa_{r2}} = 4{,}24 \text{ mm}$

$W_2 = \dfrac{b_2 h_2^2}{6} = 0{,}35 \text{ mm}^3$

$h_1 = f \sin \kappa_{r3} = 1 \text{ mm} \cdot \sin 15° = 0{,}258 \text{ mm}$

$l_{s3} = f + \dfrac{a_p}{\sin \kappa_{r3}} = 1 \text{ mm} + \dfrac{3 \text{ mm}}{\sin 15°} = 12{,}6 \text{ mm}$

$m_3 = \dfrac{A}{l_{s3}} = 0{,}24 \dfrac{\text{mm}^2}{\text{mm}}$

$b_3 = \dfrac{a_p}{\sin \kappa_{r3}} = 11{,}6 \text{ mm}$

$W_3 = \dfrac{b_3 h_3^2}{6} = 0{,}13 \text{ mm}^3$

$\kappa_r = 90°$: Span ist dick und schmal, Schnittbogenlänge l_s klein, Widerstandsmoment W sehr groß und damit Verformungswiderstand groß, d.h. auch große Reibung auf der Spanfläche, hohe Erwärmung und geringere Standzeit. Da Passivkraft $F_p = 0$ ist (keine durchbiegende Komponente) wählt man große Einstellwinkel für dünne oder, dünnwandige Werkstücke, die sich leicht durchbiegen, jedoch *nur* für solche Fälle. Der Werkstattbrauch, immer mit großem κ_r zu arbeiten, führt zu hohen Werkzeugkosten, weil die spezifische Schneidenbelastung bei $\kappa_r = 90°$ am größten ist.

$\kappa_r = 15°$: Span ist dünn und breit, Schnittbogenlänge l_s also groß, Widerstandsmoment W klein (nur 26 % von $\kappa_r = 90°$) und damit Verformungswiderstand klein, d.h. geringere Reibung und Erwärmung und größere Standzeit. Durch die größere Trennlänge wird jedoch die Zerspankraft erhöht. Kleine Einstellwinkel deshalb z.B. für das Schruppdrehen von Hartgusswalzen ($\kappa_r \approx 5°$). Die Passivkraft F_p wird groß, dadurch größere Durchbiegung des Werkstückes möglich, eventuell Maßungenauigkeit, Rattermarken. Angenommen: 0,5 mm³ = 100 %, dann sind 0,35 mm³ = 70 % und 0,13 mm³ = 26 %.

Beachte: Nicht dargestellt und berücksichtigt wurde die Veränderung der Zerspankraft und damit der Schnittkraft, die ebenso wie die Passivkraft mit kleiner werdendem κ_r ansteigt. Die Vorschubkraft wird zwar mit kleiner werdendem Kr ebenfalls kleiner, sinkt aber nicht ganz auf Null ab. Vorteilhaft sind Einstellwinkel $\kappa_r = 45 \ldots 75°$.

Neigungswinkel λ_s ist der Winkel zwischen der Hauptschneide und der Werkzeug-Bezugsebene (Bild 4), bestimmt in der Werkzeug-Schneidenebene. λ_s ist positiv, wenn die Schneidenecke der Hauptschneide in Schnittrichtung vorauseilt, anderenfalls negativ. Eine geneigte Schneide beeinflusst die Spanablaufrichtung und vermindert durch Entstehung eines ziehenden Schnittes die Belastung des Schneidkeils.
Bei spanender Bearbeitung mit unterbrochenem Schnitt ist ein negativer λ_s sinnvoll, weil der immer wiederkehrende Anschnitt dann nicht an der Schneidenecke erfolgt. Geneigte Schneiden bewirken bei positivem λ_s eine Verringerung und bei negativem λ_s eine Vergrößerung der Passivkraft F_p.

1.2.3 Werkzeugstellung und Wirkwinkel

Gegenüber der Normalstellung verändert jede andere Stellung des Werkzeugs die Schneidenwinkel. Bild 7 zeigt den Einfluss einer *Schneidenüberhöhung* h auf Freiwinkel α_0 und Spanwinkel γ_0 beim Außendrehen (beim Innendrehen sind die Verhältnisse umgekehrt):

Meißelstellung über Mitte:

Wirk-Freiwinkel $\quad \alpha_0' = \alpha_0 - \varphi$

und $\quad \gamma_0' = \gamma_0 + \varphi$

Meißelstellung unter Mitte:

Wirk-Freiwinkel $\quad \alpha_0' = \alpha_0 + \varphi$

und $\quad \gamma_0' = \gamma_0 - \varphi$

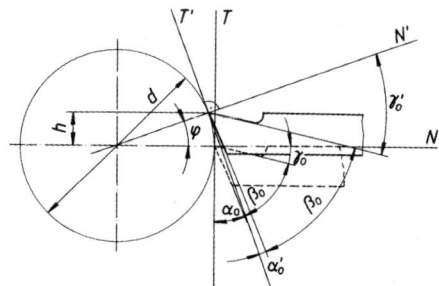

Bild 7. Einfluss der Schneidenüberhöhung h auf Freiwinkel α_0 und Spanwinkel γ_0

Beachte: Der über die Hauptschneide hinaus verlängerte Radius, die Normale N (bzw. N'), bildet mit der zugehörigen Tangente T (bzw. T') immer einen Winkel von 90°, der die Winkel $\alpha_0 + \beta_0 + \gamma_0 = 90°$ einschließt. Beim *Innendrehen* gilt: Meißel über Mitte: α'_0 größer, γ'_0 kleiner; Meißel unter Mitte: α' kleiner, γ' größer.

- **Beispiel:**
  Bei welcher Schneidenüberhöhung h wird der Wirk-Freiwinkel $\alpha'_0 = 0°$, wenn der Winkel $\alpha_0 = 5°$ in Normalstellung beträgt und Durchmesser $d = 15$ mm ist?

Lösung:
Bei $\alpha'_0 = 0°$ ist Winkel φ = Winkel α_0 und damit

$$h = \frac{d}{2}\sin \alpha_0 = \frac{15 \text{ mm}}{2} \cdot \sin 5° = 0{,}65 \text{ mm}$$

Meistens wird $h = 1$ bis $2\,d/100$ gemacht (über Mitte) und damit γ_0 um 1° bis 2° verkleinert und γ_0 um 1° bis 2° vergrößert. Beim Ein- und Abstechen ist die Schneide genau auf Mitte zu stellen.
Bei *Schrägstellung* des Drehmeißels nach Bild 8 ändern sich die Wirkwinkel trotz genauer Mittenstellung der Schneide in der angegebenen Weise.

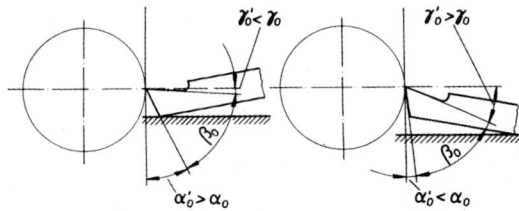

Bild 8. Einfluss der Schrägstellung des Drehmeißels auf Freiwinkel α_0 und Spanwinkel γ_0

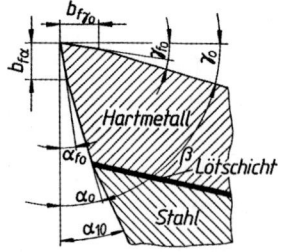

Bild 9. Winkel an einer Hartmetallschneide

1.2.4. Winkel an der Hartmetallschneide

Mit zunehmendem Spanwinkel γ_0 nehmen Schnittkraft und damit Antriebsleistung beträchtlich ab. Andererseits wird die Standzeit kleiner. Zur Standzeiterhöhung trotz größerer Spanwinkel wird deshalb der eigentliche Schneidkeil an der Spitze durch eine Fase verstärkt (Bild 9). Es wird $\gamma_{f0} < \gamma_0$ gemacht; bei zerspantechnisch schwierigen Arbeiten wird $\gamma_{f0} = 0°$ oder sogar negativ empfohlen, ebenso $\alpha_{f0} < \alpha_0$; gewöhnlich wählt man die 90°-Fase mit $\alpha_{f0} = 0°$ und $\gamma_{f0} = 0°$. Die Fase wird zweckmäßig geläppt. $b_{f\alpha_0} = 0{,}5 \dots 2\,f$; α_f etwa 2° kleiner als α_0. Für das Nachschleifen der Freifläche $\alpha_{10} \approx 2°$ größer als α_0.

1.3 Kräfte und Leistungen[1]

Die beim Schnitt auftretenden Widerstände (Verformung, Reibung) erzeugen die *Zerspankraft F*, die nach Bild 1 in Richtung auf das Werkzeug wirkend betrachtet wird.
Jede in einer beliebigen Richtung oder in einer beliebigen Ebene (Arbeitsebene, Wirk-Bezugsebene ...) gesuchte Komponente der Zerspankraft F ergibt sich durch Projektion von F auf diese Richtung oder auf diese Ebene. Für die Praxis sind besonders von Bedeutung die Komponenten in der Arbeitsebene und in der Ebene rechtwinklig zur Schnittrichtung (Bild 1): *Schnittkraft* F_c, *Vorschubkraft* F_f und *Passivkraft* F_p.
Beim Drehen ist F_c meist groß gegenüber F_f und F_p. Die Schnittkraft F_c wird mit Schnittkraftmessgeräten bestimmt und daraus für Vergleiche die *spezifische Schnittkraft* k_c angegeben.
Die *spezifische Schnittkraft* k_c ist diejenige Schnittkraft, die erforderlich ist, um einen Span mit der Spanungsdicke h abzuheben.
Daraus lässt sich mit k_c und Spanungsquerschnitt A bzw. Schnitttiefe a_p und Vorschub f die *Schnittkraft* F_c berechnen:

$$F_c = k_c A = a_p f \qquad (6)$$

F_c	k_c	A	a_p	f
N	$\dfrac{\text{N}}{\text{mm}^2}$	mm²	mm	$\dfrac{\text{mm}}{\text{U}}$

k_c wächst mit der Festigkeit des Werkstoffs, bei Stahl also mit zunehmendem C-Gehalt. Phosphor und Schwefel dagegen verringern k_c (Automatenstähle).
Von größtem Einfluss ist die Form der Schneide: Großer Spanwinkel γ_0 setzt k_c stark herab, Verringerung des Einstellwinkels κ_r vergrößert k_c wegen der wachsenden Trennlänge.
Zunehmende Schnittgeschwindigkeit verringert k_c etwas bis zu einem Grenzwert, umgekehrte Veränderung nur bei Magnesium- und Zinklegierungen.
Schmiermittel setzen k_c herab, im Gegensatz zu Kühlmitteln. Mit wachsendem Spanungsquerschnitt (Vorschub) fällt k_c bei den verschiedenen Werkstoffen verschieden stark ab (Bild 10). Auch das Verhältnis f/a_p beeinflusst k_c: Je kleiner f/a_p ist, um so größer wird k_c.
Beachte: Die angegebenen Veränderungen setzen voraus, dass alle anderen Einflußgrößen konstant gehalten werden.

---

[1] Siehe auch DIN 6584.

Tabelle 1. Richtwerte für die spezifische Schnittkraft k_c beim Drehen Die Richtwerte sind von der Firma Gebr. Boehringer in Göppingen aus Versuchswerten von Prof. Kienzle und allgemeinen Hinweisen aus dem Schrifttum abgeleitet worden.

Werkstoff	Zugfestigkeit R_m in N/mm²	spezifische Schnittkraft k_c in N/mm² bei Vorschub f in mm/U und Einstellwinkel κ_r																			
		0.063			0.1			0.16			0.25			0.4			0.63			1		
		45°	70°	90°	45°	70°	90°	45°	70°	90°	45°	70°	90°	45°	70°	90°	45°	70°	90°	45°	70°	90°
S275 JR	bis 500	3010	2860	2820	2760	2635	2600	2550	2435	2400	2360	2265	2240	2200	2085	2060	2030	1945	1920	1890	1810	1800
E 295	520	4470	4180	4100	3980	3690	3610	3500	3260	3190	3100	2880	2830	2740	2550	2500	2430	2280	2240	2180	2040	1990
E 335	620	3620	3430	3380	3300	3130	3080	3010	2870	2830	2780	2650	2620	2580	2470	2440	2400	2300	2270	2220	2130	2110
E 360	720	5680	5260	5150	4980	4610	4500	4350	4010	3920	3800	3500	3410	3300	3060	2990	2900	2670	2600	2520	2310	2260
C 45 E	670	3450	3300	3260	3200	3080	3040	2990	2870	2840	2800	2690	2660	2620	2530	2500	2460	2370	2340	2310	2240	2220
C 60 E	770	3690	3500	3450	3380	3200	3150	3100	2960	2920	2860	2730	2700	2650	2530	2490	2450	2330	2300	2260	2160	2130
16 Mn Cr 5	770	4720	4410	4320	4200	3910	3830	3720	3470	3400	3300	3090	3020	2930	2720	2660	2580	2410	2360	2300	2140	2100
16 Cr Ni 6	630	5680	5260	5150	4980	4610	4510	4350	4015	3920	3800	3505	3410	3300	3070	3000	2900	2665	2590	2520	2315	2260
34 Cr Mo 4	600	4300	4070	4000	3900	3670	3610	3530	3345	3290	3220	3055	3000	2940	2795	2750	2670	2505	2460	2400	2280	2240
42 Cr Mo 4	730	5450	5100	5000	4880	4580	4500	4370	4080	4000	3890	3620	3550	3450	3220	3150	3060	2860	2800	2720	2550	2500
50 Cr V 4	600	5000	4650	4560	4440	4170	4100	3980	3690	3610	3500	3260	3190	3100	2880	2820	2730	2550	2500	2430	2270	2220
15 Cr Mo 5	590	3880	3715	3660	3590	3430	3390	3320	3175	3130	3070	2935	2900	2850	2720	2680	2630	2505	2470	2420	2325	2290
Mn-, CrNi-,	850 … 1000	4530	4270	4200	4100	3870	3800	3710	3440	3450	3380	3200	3150	3080	2900	2850	2780	2640	2600	2550	2420	2380
CrMo- u.a.leg.St.	1000 … 1400	4780	4520	4450	4350	4120	4050	3960	3760	3700	3610	3410	3350	3280	3120	3100	3030	2890	2850	2800	2660	2620
Nichtrost. St.	600 … 700	4500	4270	4200	4120	3910	3850	3770	3580	3530	3460	3300	3250	3180	3040	3000	2940	2820	2780	2730	2610	2580
Mn-Hartstahl		6600	6210	6100	5950	5600	5500	5370	5060	4980	4860	4580	4500	4400	4150	4080	3980	3770	3700	3620	3410	3360
Hartguß		3720	3550	3500	3420	3240	3190	3130	2990	2940	2880	2730	2680	2620	2480	2450	2400	2280	2240	2200	2090	2060
GE 240	300 … 500	2720	2590	2560	2510	2390	2360	2320	2210	2180	2140	2030	2000	1960	1890	1860	1820	1740	1720	1690	1620	1600
GE 260	500 … 700	3010	2860	2820	2760	2630	2600	2550	2430	2400	2360	2270	2240	2200	2090	2060	2030	1950	1920	1890	1820	1800
EN-GJL-150		1800	1700	1670	1630	1530	1510	1480	1390	1370	1340	1270	1250	1220	1160	1140	1120	1050	1040	1020	960	950
EN-GJL-250		2570	2410	2360	2300	2150	2110	2060	1910	1870	1820	1690	1660	1610	1500	1470	1430	1320	1300	1280	1190	1160
Temperguss		2440	2280	2240	2180	2040	2000	1950	1830	1800	1750	1630	1600	1560	1490	1460	1420	1340	1320	1290	1220	1200
Gu Sn-Gussleg.		3010	2860	2820	2760	2630	2600	2550	2430	2400	2360	2270	2240	2200	2090	2060	2030	1950	1920	1890	1820	1800
CuSnZn-Gussleg.		1360	1270	1250	1220	1140	1120	1090	1020	1000	980	910	900	880	810	800	780	720	710	700	660	650
CuZn- knetleg.		1380	1310	1300	1280	1210	1200	1180	1110	1100	1080	1010	1000	980	930	920	900	860	850	840	790	780
Al - Gussleg	300 … 420	1360	1270	1250	1220	1140	1120	1090	1020	1000	980	910	900	880	810	800	780	710	710	700	660	650
Mg - Gussleg		490	475	470	455	435	430	420	405	400	390	365	360	350	335	330	320	305	300	285	285	280

Neben den Richtwerten aus Tabelle 1 kann die spezifische Schnittkraft k_c rechnerisch ermittelt werden:

$$k_c = \frac{k_{c1 \cdot 1}}{h^z} K_V K_\gamma K_{WV} K_{kS} K_f \qquad (7)$$

Darin sind: h Spanungsdicke nach (4), z Spanungsdickenexponent und K Korrekturfaktoren. $k_{c1 \cdot 1}$ heißt *Hauptwert der spezifischen Schnittkraft* und ist die spezifische Schnittkraft bei 1 mm² Spanungsquerschnitt (1 mm Spanungsdicke · 1 mm Spanungsbreite).

Richtwerte für $k_{c1 \cdot 1}$ und Spanungsdickenexponent z in Tabelle 2, Korrekturfaktoren K in Tabelle 3.

Tabelle 2. Richtwerte für spezifische Schnittkraft $k_{c1 \cdot 1}$ und Spanungsdickenexponent z für Spanungsdicke $h = 0,05 \ldots 2,5$ mm

Werkstoff	$k_{c1 \cdot 1}$ in N/mm²	z
S235JR	1 780	0,17
S275JR	1 990	0,26
E335	2 110	0,17
E360	2 260	0,30
C15, C15E	1 820	0,22
C35, C35E	1 860	0,20
C45, C45E	2 220	0,14
C60, C60E2 130	2 130	0,18
16MnCr5	2 100	0,26
34CrMo4	2 240	0.21
GE240	1 600	0,17
EN-GJL-200	1 020	0,25
EN-GJL-250	1 160	0,26

Tabelle 3. Korrekturfaktoren K

Schnittgeschwindigkeits-Korrekturfaktor K_V

$$K_V = \frac{2,023}{v_c^{0,153}} \text{ für } v_c \leq 100 \frac{m}{min}$$

$$K_V = \frac{1,380}{v_c^{0,070}} \text{ für } v_c \geq 100 \frac{m}{min}$$

für $v_c = 20 \ldots 600$ m/min $K_V = 100000$ für $v_c = 100 \frac{m}{min}$

Spanwinkel-Korrekturfaktor

$K_\gamma = 1{,}09 - 0{,}015\, \gamma_0$

K_γ für langspanende Werkstoffe wie Stahl

$K_\gamma = 1{,}03 - 0{,}015\, \gamma_0$

für kurzspanende Werkstoffe wie Gusseisen

Schneidstoff-Korrekturfaktor K_s

$K_s = 1{,}05$ für Schnellarbeitsstahl

$K_s = 1{,}0$ für Hartmetall

$K_s = 0{,}9 \ldots 0{,}95$ für Schneidkeramik

Werkzeugverschleiß-Korrekturfaktor K_{wv}

$K_{wv} = 1{,}3 \ldots 1{,}5$

für Drehen, Hobeln und Räumen

$K_{wv} = 1{,}25 \ldots 1{,}4$

für Bohren und Fräsen

$K_{wv} = 1$ bei scharfer Schneide

Kühlschmierungs-Korrekturfaktor K_{ks}

$K_{ks} = 1$ für trockene Zerspanung

$K_{ks} = 0{,}85$ für nicht wassermischbare Kühlschmierstoffe

$K_{ks} = 0{,}9$ für Kühlschmier-Emulsionen

Werkstückform-Korrekturfaktor K_f

$K_f = 1$ für konvexe Bearbeitungsflächen z.B. Außendrehen

$K_f = 0{,}85$ für ebene Bearbeitungsflächen z.B. Hobeln und Räumen

$K_f = 1{,}2$ für konkave Bearbeitungsflächen z.B. Innendrehen, Bohren und Fräsen

Nach der allgemeinen Leistungsdefinition ist Leistung $P = F \cdot v$. Damit ergibt sich für den Zerspanvorgang mit Schnittgeschwindigkeit v_c die *Schnittleistung*

$$P_c = \frac{F_c v_c}{60\,000} \qquad (8)$$

$$P_c = \frac{k_c A v_c}{60\,000} \qquad (9)$$

P_c	F_c	v_c	k_c	A
kW	N	$\frac{m}{min}$	$\frac{N}{mm^2}$	mm²

Ist die Motorleistung P_m in kW angegeben, rechnet man unter Berücksichtigung des *Wirkungsgrads* η der Drehmaschine ($\eta = 0{,}6 \ldots 0{,}95$) mit der zugeschnittenen Größengleichung:

$$P_m = \frac{k_c A v_c}{60\,000\, \eta} \qquad (10)$$

$$v_c = \pi\, d\, n \qquad (11)$$

P_m	k_c	A	v_c	d	n
kW	$\frac{N}{mm^2}$	mm²	$\frac{m}{min}$	m	min⁻¹

Beachte: Die sich als Produkt aus Vorschubkraft F_f und Vorschubgeschwindigkeit $v_f = f n$ ergebende *Vorschubleistung* P_f ist wegen der geringen Vorschubgeschwindigkeit v_f vernachlässigbar klein (siehe Beispiel).

1 Drehen und Grundbegriffe der Zerspantechnik

■ **Beispiel:**
Welche Schnitttiefe a_p kann maximal eingestellt werden, wenn auf einer Drehmaschine mit P_m = 5,5 kW Antriebsleistung bei 80 % Wirkungsgrad mit einer Schnittgeschwindigkeit von 140 m/min und einem Vorschub f = 0,16 mm/U und Einstellwinkel κ_r = 45° eine Welle aus E 360 und d = 180 mm Durchmesser bearbeitet werden soll?

Lösung:
Die an der Maschine einstellbare Drehzahl deckt sich meistens nicht mit der der gewählten Schnittgeschwindigkeit entsprechenden Drehzahl. Hier ist

$$n = \frac{v_c}{\pi d} = \frac{140 \text{ m}}{\min \cdot \pi \cdot 0{,}18 \text{ m}} = 248 \text{ min}^{-1}$$

Eingestellt wird die nächstniedere Drehzahl n = 224 min^{-1} (Lastdrehzahlen siehe Abschnitt O Werkzeugmaschinen). Damit wird die tatsächlich vorhandene Schnittgeschwindigkeit

$v_c = \pi d n = \pi \cdot 0{,}18 \text{ m} \cdot 224 \text{ min}^{-1}$ = 127 m/min

Die spezifische Schnittkraft beträgt nach Tabelle 1:
k_c = 4 350 N/mm².
Mit Spanungsquerschnitt $A = a_p f$ wird nach Gl. (10) die Schnitttiefe

$$a_p = \frac{P \eta \, 60\,000}{k_c \, v_c \, f} \text{mm} = \frac{5{,}5 \cdot 0{,}8 \cdot 60\,000}{4350 \cdot 127 \cdot 0{,}16} \text{mm} \approx 3 \text{ mm}$$

■ **Beispiel:**
Es wird angenommen, dass im vorhergehenden Beispiel die Vorschubkraft F_f etwa 50 % der Schnittkraft F_c beträgt. Zu berechnen ist die Vorschubleistung F_f.

Lösung:
Mit k_c = 4 300 N/mm², a_p = 3 mm, f = 0,16 mm/U, n = 224 min^{-1} wird die Schnittkraft $F_c = k_c a_p f$ = 4 300 N/mm² · 3 mm · 0,16 mm = 2088 N.

Vorschubkraft F_f = 0,5 F_c = 1 044 N.

Vorschubleistung $P_f = F_f \cdot v_f$ = 1 044 N · 224 min^{-1} · 0,16 mm/U = 37 417 Nmm/min

P_f = 0,00062 kW = 0,624 W ≈ 0,6 · 10^{-3} kW

Die Vorschubleistung ist demnach vernachlässigbar klein.

1.4 Wahl der Schnittgeschwindigkeit

Die Vielzahl der Einflussgrößen macht es unmöglich, allgemein gültige Angaben über die „richtige" Schnittgeschwindigkeit vorzulegen. Richtwerttafeln über einzustellende Schnittgeschwindigkeiten sind mit größter Umsicht auszuwerten, weil sie nur für ganz bestimmte Fälle gelten. Richtwerte siehe Tabelle 4, die für die verschiedenen Werkstoffe nach Vorschub gestufte Mittelwerte ohne Kühlung (keine Bestwerte) angibt. Darüber hinaus sollten die neuesten Richtwerttafeln der Schneidstoffhersteller ausgewertet werden.

$v_{c\,60}$ ist Schnittgeschwindigkeit bei 60 min Standzeit, entsprechend $v_{c\,240}$ für 240 min Standzeit. Man wählt $v_{c\,60}$ für einfache, leicht auswechselbare Drehmeißel; $v_{c\,240}$ für einfache Werkzeugsätze mit gegenseitiger Abhängigkeit (z.B. auf Revolvermaschinen); $v_{c\,480}$ für kompliziertere Werkzeugsätze, deren Auswechseln wegen der gegenseitigen Abhängigkeit und Genauigkeit der Schneiden längere Zeit erfordert (z.B. auf Vielschnittmaschinen, Drehautomaten). Gleiche Überlegungen gelten im Hinblick auf die Instandhaltung der Werkzeuge. Allgemein gilt: Höhere Schnittgeschwindigkeit gibt zeitgünstiges, niedrigere Schnittgeschwindigkeit kostengünstigeres Zerspanen.

1.4.1 Einflüsse auf die Schnittgeschwindigkeit v_c

Standzeit T ist die Zeitspanne in Minuten, in der die Schneide Schnittarbeit verrichtet, bis zum nötigen Wiederanschliff. Sie hat größte wirtschaftliche Bedeutung. T ist bei gleichem Werkstoff um so kleiner, je höher v_c gewählt wird, z.B. nur wenige Minuten bei v_c ≈ 2000 m/min. Verschiedenartige Werkstoffe erfordern zu gleicher Standzeit T verschiedene Schnittgeschwindigkeiten v_c. Alle Betrachtungen dieser Art setzen voraus, dass die übrigen Schnittbedingungen konstant gehalten werden (Werkstoff-, Werkzeug- und Einstellbedingungen). Ändert sich auch nur eine der Bedingungen, muss auch v_c geändert werden, um zur gleichen Standzeit T zu kommen.
Werkstoff: Bei bestimmter Standzeit ändert sich v_c für jeden Werkstoff in Abhängigkeit vom Spanungsquerschnitt unterschiedlich. Eine Verdoppelung des Spanungsquerschnitts setzt z.B. bei Cu Zn-Legierungen v_c stärker herab als bei Gusseisen. Schnittgeschwindigkeitstabellen für verschiedene Werkstoffe ohne Angabe der zugehörigen Spanungsquerschnitte sind also nutzlos.
Schneidstoff: Bei bestimmter Standzeit kann v_c vergrößert werden, wenn der Schneidstoff eine höhere zulässige Schneidentemperatur besitzt. Stufung: Werkzeugstahl, Schnellstahl, Hartmetall, Diamant. Siehe E Werkstofftechnik.
Spanungsquerschnitt A: Die Schnittgeschwindigkeit wird sowohl von der *Größe* als auch von der *Form* (Verhältniss f/a_p) des Spanungsquerschnitts beeinflusst. Je größer der Spanungsquerschnitt A, um so kleiner muss v_c werden, bei gleicher Standzeit T. Je kleiner f/a_p, um so größer kann bei gleicher Standzeit T die Schnittgeschwindigkeit v_c sein. Mit f/a_p hängt der Einstellwinkel κ_r zusammen. Bei gleicher Standzeit T kann v_c um so größer sein, je kleiner κ_r ist. Trotzdem wird häufig mit κ_r = 90° gearbeitet, was zu hohem Schneidstoffverbrauch führt.

Tabelle 4. Richtwerte für die Schnittgeschwindigkeit v_c beim Drehen. Die Richtwerte sind von der Firma Gebr. Boehringer in Göppingen aus Versuchswerten von Prof. Kienzle und allgemeinen Hinweisen aus dem Schrifttum abgeleitet worden.

Werkstoff	Zugfestigkeit R_m in N/mm²	Schneidstoff [3]		Schnittgeschwindigkeit v_c in m/min bei Vorschub f in mm/U und Einstellwinkel κ_r [1,2]																	
				0,063			0,1			0,16			0,25			0,4			1		
				45°	70°	90°	45°	70°	90°	45°	70°	90°	45°	70°	90°	45°	70°	90°	45°	70°	90°
E 295	500...600	HM	L	224	212	200	200	190	180	180	170	160	140	132	125	125	118	112	112	106	100
		HSS																		14	12,5
C 35		HM	W				475	450	425	400	375	355	300	265	250	236	224	212	200	190	180
		HSS						560			500			400	355		355					
		Keramik																				
E 335	600...700	HM	L	212	200	190	190	180	170	170	160	150	150	140	132	132	125	118	106	100	95
		HSS								35,5	25	22,4	28	18	16	25	18	16	20	14	10
C 45		HM	W				400	375	355	335	315	300	280	265	250	236	224	212	200	190	180
		HSS						500			450			400	355							
		Keramik																				150
E 360	700...850	HM	L	180	170	160	160	150	140	140	132	125	125	118	112	112	106	100	85	80	75
		HSS								28	20	18	25	18	16	20	14	12,5	16	10	8
C 60		HM	W				315	300	280	265	250	236	224	212	200	190	180	170	160	150	140
		HSS						450			400			355						132	125	118
		Keramik																				
Mn-, Cr Ni-, Cr Mo- und andere legierte Stähle	700...850	HM	L	180	170	160	160	150	140	140	132	125	118	112	106	106	100	95	85	80	75
		HSS								25	18	16	20	14	12,5	16	11,2	10	11	8	7
		HM	W				315	300	280	265	250	236	212	200	190	190	180	170	140	125	118
		HSS						450			400	355			315							
		Keramik																				
	850...1000	HM	L	140	132	125	125	118	112	100	90	90	90	80	80	71	67	63	56	53	50
		HSS						20		20	14	12,5	16	11,2	10	12,5	9	8	8	5,6	5
		HM	W				190	180	170	150	140	132	118	112	106	95	90	85	60	56	53
		HSS						400			355			315								
		Keramik						80	75	75	71	67	67	63	60	75	71	67	53	45	42,5
EN-GJL-150		HM	L	95	90	85	85	80	75	75	71	67	60	56	53	53	50	47,5	47,5	45	42,5
		HSS								28	22,4	20	16	11,2	10	11	9	8	9	7,1	6,3
EN-GJL-250		HM	L										125	118	112	106	100	95	90	85	80
		HSS																			
		HM	W				212	200	190	180	170	160	150	140	132	125	118	112	95	85	80
EN-GJL-600-15		HM	L				170	160	150	140	132	125	112	95	90	85	80	75	71	67	63
		HM	W																		
Leg. Gusseisen DIN EN 12513		HM	L	19	18	17	17	16	15	15	14	13,2	123	11,8	10,6	10,6	10	9,5	9	8,5	8
		Keramik											20	16	15	13,2	12,5	11,8	10,6	10	9,5
					125		112				100		90	80			71				
Cu Sn - Leg. DIN EN 1982		HM	L	315	300	280	280	265	250	250	236	224	212	190	180	180	170	160	160	150	140
		HSS						50		53	45	47,5	45	40	37,5	37,5	353	33,5	31,5	30	28
Cu Sn Zn - Leg. DIN EN 1982		HM	L	425	400	375	400	375	355	355	335	315	315	280	265	265	250	236	250	236	224
		HSS						75		67	71		60	47,5	45	40	37,5	35,5	31,5	30	28
Cu Sn - Leg. DIN EN 12 163		HM	L	500	475	450	475	450	425	450	425	400	400	355	335	335	300	300	300	280	265
		HSS						112		100	106		90	67	63	50	50	47,5	45	37,5	35,5	33,5
[1] Al- Gussleg. DIN EN 1 706	300...420	HM	L	250	236	224	224	212	200	200	190	180	170	150	140	140	132	125	125	118	112
		HSS		125	118	112	100	95	85	75	71	67	53	40	37,5	31,5	30	28	25	23,6	22,4
[2] Mg- Gussleg. DIN EN 1 753		HM	L	1600	1500	1400	1400	1320	1250	1250	1180	1120	1060	950	900	1000	900	900	800	750	710
		HSS		850	800	750	800	750	710	750	710	670	630	600	560	630	600	560	600	560	530

[1] Die eingetragenen Werte gelten für Schnittiefe a_p bis 2,24 mm. Über 2,24 bis 7,1 mm sind die Werte um 1 Stufe der Reihe R10 um angenähert 20 % und über 7,1 bis 22,4 mm um 1 Stufe der Reihe R5 angenähert 40 % zu kürzen. Bei Sandeinschlüssen um 30...50 % verringert werden.

[2] Die Werte v_c müssen beim Abdrehen einer Kruste, Gusshaut oder bei Sandeinschlüssen um 30...50 % verringert werden.

[3] Die Standzeit T beträgt für gelötete Drehmeißel (L) aus HM = 240 min; für Wendeschneidplatten (W) aus HM und Keramik = 15 min.

$\kappa_r = 90°$ ist nur dann zulässig, wenn bei kurzer Drehlänge anschließend ohne Umspannen plangedreht werden soll. In Richtwerttafeln werden die Schnittgeschwindigkeiten in Abhängigkeit vom Vorschub f aufgetragen, weil die Schnitttiefe im Allgemeinen die v_c-Werte weniger beeinflusst.

Maschinenleistung: Sie kann um so eher ausgenutzt werden, je niedriger v_c und je größer A gewählt werden, weil der geringeren v_c ein größerer A entspricht, der außerdem wegen der absinkenden spezifischen Schnittkraft k_c noch weiter vergrößert werden kann.

Kühlung und Schmierung erhöhen bei gleicher Standzeit T die nutzbare Schnittgeschwindigkeit unter Umständen erheblich.

a) *Schneidenkühlung* mit Kühlmittel wie Soda- und Seifenwasser sowie Bohrölemulsionen (bis 1:10 verdünnt, Menge ca. 10 l/min) erhöhen die Standzeit (5 ... 10fach) oder v_c (um 40 %) durch Einhaltung bestimmter Schneidentemperaturen; besonders beim Schruppen mit Schnellstahl zweckmäßig. Bei Hartmetallen besteht Gefahr der Rissbildung infolge ungleichmäßiger Abkühlung der Schneidflächen.

b) *Schmierung* und Kühlung mit Schneidölen (Rüböl, Sonderöle usw. verringern den Kraftbedarf und den Verschleiß an der Schneide, erhöhen die Oberflächengüte, schützen Werkstück und Maschine gegen Rosten, besonders zu empfehlen für harte und zähe Werkstoffe, für Schlichtarbeiten, für das Drehen mit Formstählen, für das Gewindeschneiden, für die Zahnflankenbearbeitung und für Arbeiten auf Automaten und Revolverdrehmaschinen.

Beachte: Unterbrochene Schnitte haben auch Kühlwirkung. Öle begünstigen die Bildung der Aufbauschneide. Für Kupfer und Kupferlegierungen dürfen wegen der hierbei auftretenden Fleckenbildung keine mit Schwefel behandelten Öle verwendet werden. Bei Magnesiumlegierungen darf wegen der Brandgefahr kein Wasser verwendet werden.

1.5 Berechnung der Hauptnutzungszeit

Die Hauptnutzungszeit ist reine Schnittzeit, Rücklaufzeiten werden als Nebenzeiten berücksichtigt.

Hauptnutzungszeit t_h *beim Langdrehen* (Bild 10)

$$t_h = \frac{L}{nf} i \qquad (12)$$

$$L = l_s + l_a + l_w + l_ü \qquad (13)$$

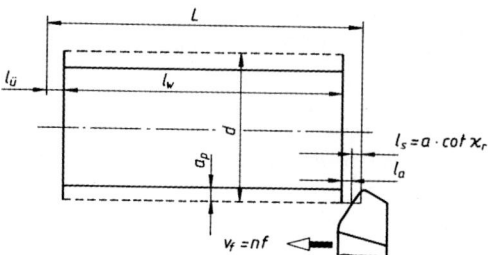

Bild 10. Zur Berechnung der Hauptnutzungszeit beim Langdrehen

Hauptnutzungszeit t_h beim Plandrehen (Bild 11)

$$t_h = \frac{L}{nf} i \qquad (14)$$

$$L = \frac{D_a - D_i}{2} = \frac{d_1 - d_2}{2} + l_a + l_s + l_ü \qquad (15)$$

d, d_1	Außendurchmesser	mm
d_2	Innendurchmesser	mm
v_c	Schnittgeschwindigkeit	m/min
n	Drehzahl = $318 \cdot v_c / D_a$	min^{-1}
f	Vorschub	mm/U
L	Vorschubweg	mm
l_a	Anlaufweg	mm
$l_ü$	Überlaufweg	mm
l_s	Schneidenzugabe	mm
i	Anzahl der Schnitte	mm

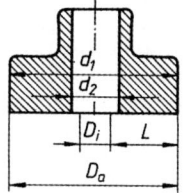

Bild 11. Zur Hauptnutzungszeitberechnung beim Plandrehen

■ **Beispiel:**
Eine Welle aus E 360 mit l_w = 350 mm, d = 90 mm soll mit Einstellwinkel κ_r = 60°, Vorschub f = 0,63 mm/U, Schnitttiefe a_p = 5 mm mit Schneidstoff HM (L) nach Tabelle 4 in einem Schnitt langgedreht werden. Der Wirkungsgrad beträgt η = 0,8.

Gesucht: Schnittgeschwindigkeit $v_{c\,240}$, einzustellende Drehzahl n, spezifische Schnittkraft k_c, Schnittkraft F_c, erforderliche Antriebsleistung P_m, Hauptnutzungszeit t_h.

Lösung:
Schnittgeschwindigkeit $v_{c\,240}$, κ = 70° nach Tabelle $v_{c\,240}$ = 90 m/min
Einzustellende Drehzahl

$$n = \frac{v_{c\,240}}{\pi d} = \frac{90 \text{ m}}{\min \cdot 0{,}09 \text{ m} \cdot \pi} = 318 \text{ min}^{-1}$$

eingestellt n_e = 315 min^{-1} nach Maschinenkarte.
Spezifische Schnittkraft k_c = 2 670 N/mm^2 nach Tabelle 1
Schnittkraft $F_c = k_c\, a_p\, f$ = 2 670 N/mm^2 · 5 mm · 0,63 mm F_c = 8 505 N

Erforderliche Antriebsleistung $P_m = \dfrac{k_c\, a_p\, f\, v_c}{\eta\, 60\,000}$

$$P_m = \dfrac{k_c\, a_p\, f\, d\, \pi\, n_e}{\eta \cdot 60\,000 \cdot 1000} = $$

$$= \dfrac{2670 \cdot 5 \cdot 0{,}63 \cdot 90 \cdot \pi \cdot 315}{0{,}8 \cdot 60\,000 \cdot 1000}\,\text{kW}$$

$P_m = 15{,}606\,\text{kW}$

Hauptnutzungszeit

$$t_h = \dfrac{L}{n\,f}\,i = \dfrac{l_s + l_a + l_w + l_\ddot{u}}{n_e\,s}\,i = \left(\dfrac{3+4+350+3}{315 \cdot 0{,}63} \cdot 1\right)\,\text{mm}$$

$t_h = 1{,}81\,\text{min}$

■ **Beispiel:**
Ein Flansch von 850 mm Außen- und 200 mm Innendurchmesser soll mit einer Drehzahl $n = 15\,\text{min}^{-1}$ und mit einem Vorschub $f = 0{,}25$ mm/U plangedreht werden. Die Schnitttiefe beträgt $a_p = 3$ mm, der Einstellwinkel $\kappa_r = 45°$. Zu bestimmen ist die Hauptnutzungszeit t_h für $l_a = 5$ mm und $l_\ddot{u} = 3$ mm!

$$L = \dfrac{d_1 - d_2}{2} + l_a + l_s + l_\ddot{u}$$

$$L = \left(\dfrac{850-200}{2} + 5 + 3 + 3\right)\,\text{mm} = 336\,\text{mm}$$

$$t_h = \dfrac{L}{n\,f}\,i = \left(\dfrac{336}{15 \cdot 0{,}25} \cdot 1\right)\,\text{min} = 89{,}6\,\text{min}$$

2 Hobeln und Stoßen

2.1 Bewegungen [1]

Im Gegensatz zum Drehen ist die Schnittbewegung bei Maschinen mit hin- und hergehender Bewegung *nicht gleichförmig* (Hobel-, Stoß- und Räummaschinen). Die *mittlere Rücklaufgeschwindigkeit* v_{mr} ist meist größer als die *mittlere Geschwindigkeit beim Arbeitshub* v_{ma}, z.B. beim Antrieb durch die schwingende Kurbelschleife (v_m: v_{ma} etwa 1,4 ... 1,8). Außerdem sind die Geschwindigkeiten in Hubmitte größer als gegen Ende des Hubes. Beschleunigung und Verzögerung durch Umsteuern und An- und Auslauf sind besonders bei kleinen Hublängen zu berücksichtigen. Es wird mit der *mittleren Geschwindigkeit* v_m gerechnet:

$$v_m = 2\,\dfrac{v_{ma}\,v_{mr}}{v_{ma} + v_{mr}} \qquad (1)$$

Mit n = Anzahl der Doppelhübe je min (DH/min) und L = Hublänge in mm ergeben sich außerdem die zugeschnittenen Größengleichungen:

$$v_m = \dfrac{2\,L\,n}{1000}$$

$$n = \dfrac{v_m\,1000}{2\,L} \qquad (2)$$

v_m	L	n
$\dfrac{\text{m}}{\text{min}}$	mm	min^{-1}

Herleitung der Gleichung: Mit t_a = Zeit für einen Arbeitshub in min, t_r = Zeit für einen Rückhub in min, t_L = Zeit für einen Doppelhub in min, L = Hublänge in mm wird:

$$t_a = \dfrac{L}{v_{ma}};\ t_r = \dfrac{L}{v_{mr}};\ t_L = \dfrac{2L}{v_m};\ t_L = t_a + t_r$$

$$t_L = \dfrac{L}{v_{ma}} + \dfrac{L}{v_{mr}} = \dfrac{2L}{v_m}\ \text{und daraus:}$$

$$v_m = 2\,\dfrac{v_{ma}\,v_{mr}}{v_{ma} + v_{mr}}$$

■ **Beispiel:**
Bestimme die mittlere Geschwindigkeit v_m einer Langhobelmaschine, wenn für einen Doppelhub eine Zeit von 14,6 s mit der Stoppuhr gemessen wurde (Zeit für einen Arbeitshub, einen Rücklauf und zwei Umsteuerungen). Hublänge $L = 2200$ mm.

Lösung:

$$t_L = \dfrac{14{,}6}{60}\,\text{min} = 0{,}243\,\text{min}$$

$$v_m = \dfrac{2\,L}{t_L\,1000} = \dfrac{2 \cdot 2200}{0{,}243 \cdot 1000}\,\dfrac{\text{m}}{\text{min}} = 18{,}1\,\dfrac{\text{m}}{\text{min}}$$

■ **Beispiel:**
Bestimme die mittlere Geschwindigkeit v_m, wenn mit der Stoppuhr die Anzahl der Doppelhübe in einer Minute aufgenommen wurde: $n = 4{,}1\,\text{min}^{-1}$, $L = 2200$ mm.

Lösung:

$$v_m = \dfrac{2\,L}{1000} = \dfrac{2 \cdot 2200 \cdot 4{,}1}{1000}\,\dfrac{\text{m}}{\text{min}} = 18\,\dfrac{\text{m}}{\text{min}}$$

2.2 Zerspangeometrie [2]

Die Spanabnahme ist beim Drehen, Hobeln und Stoßen gleichartig, es gelten daher die im entsprechenden Kapitel für Drehen gemachten Angaben. Zweckmäßige Winkelwerte: Freiwinkel $\alpha_0 = 8°$; Spanwinkel γ_0 meist 20°, Neigungswinkel $\lambda_0 = 10°$. Vorschübe beim Schruppen bis 3 mm/DH (bei SS-Stahl höher), beim Breitschlichten bis 10 mm/DH.

2.3 Kräfte und Leistungen [2]

Es gelten die entsprechenden Angaben unter 1 Drehen.

2.4 Wahl der Schnittgeschwindigkeit

Es gelten die entsprechenden Angaben unter 1 Drehen. Mit den üblichen Bauarten der Hobelmaschinen sind höhere Werte als $v_c = 60 ... 80$ m/min nicht erreichbar; bei Waagerecht- und Senkrechtstoßmaschinen etwa $v_c = 25 ... 30$ m/min.

---

[1] Siehe Fußnote S. N 1.
[2] Siehe allgemeine Hinweise über Bewegungen, Geschwindigkeiten, Schnitt- und Spanungsgrößen, Kräfte und Leistungen beim Drehen.

2 Hobeln und Stoßen

Tabelle 1. Richtwerte für die Schnittgeschwindigkeit v_c beim Hobeln

Die Richtwerte sind von der Firma Gebr. Boehringer in Göppingen aus Versuchswerten von Prof. Kienzle, und allgemeinen Hinweisen aus dem Schrifttum abgeleitet worden.

Werkstoff	Zugfestigkeit R_m 2) in N/mm²	Schneidsoff	Schnittgeschwindigkeit v_c in m/min bei Vorschub f in mm/d h und Einstellwinkel κ_r 1)												
			0,16		0,25		0,4		0,63		1		1,6		2,5	
			45°	60°	45°	60°	45°	60°	45°	60°	45°	60°	45°	60°	45°	60°
S 235 JR C 22	bis 500	P 30 S S			25	20	75 22	70 18	67 18	63 14	63 14	60 11	56 12	53 10	10	8
E 295 C 35	500 ... 600	P 30 S S			22	18	63 18	60 14	56 16	53 12	50 12	47 10	45 10	42 8	40 8	37 6
E 335 C 45	600 ... 700	P 30 S S			18	14	53 14	50 12	47 12	45 10	42 10	40 8	37 8	36 6	6	5
E 360 C 60	700 ... 850	P 30 S S			16	12	42 12	40 10	36 10	33 8	30 8	28 6	25 6	24 5	5	4
42 Cr Mo 4 50 Cr V 4 16 Cr Ni 6 34 Cr Mo 4 16 Mn Cr 5	600 ... 700 700 ... 850	P 30 S S			12	10	42 10	40 8	36 8	33 7	30 7	28 5,6	25 5,6	24 4,5	4,5	4
Mn-, Cr Ni-, Cr Mo- und	850 ... 1 000	P 30 S S			10	8	30 8	28 6	25 6	24 5	20 5	19 4,5	18 4,5	17 4		
andere leg. Stähle	1 000 ... 1 400	P 30 S S			7	5,6	18 5,6	17 4,5	16 4,5	15 3,6	14 3,6	12 3	12	11		
Nichtrost. Stahl	600 ... 700	P 30					18	17	16	15	14	12				
Mn-Hartstahl		P 30					8	7,5	7	6	6	5,6	5,3	5	4,5	4
GE 240	300 ... 500	P 30 S S			22	18	33 20	32 16	30 16	28 12	26 12	25 10	24 10	22 8	21 8	20 6
GE 260	500 ... 700	P 30 S S			16	12	26 12	25 10	24 10	22 8	21 8	20 7	19 7	18 6	16 6	15 4,5
EN-GJL-150		K 20 S S	53	50	50 20	47 18	47 14	45 12	45 11	42 10	42 8	40 7	40 7	37 6	5,6	5
EN-GJL-250		K 10 S S	36	33	32 12	30 11	28 9	26 8	26 7	25 6	25 5,6	24 5	22 5	20 4,5	4	3
EN-GJMB-350-10		K 10, K 20 P 10, S S		40	37 18	33 17	32 14	28 13	26 11	24 10	22 8	20 7,5	19 7	6	5,6	5
EN-GJMW-450-7		P 20 S S	50	47	45 18	42 17	40 14	37 13	36 11	33 10	32 8	30 7,5	7	6	5,6	5
Hartguß		K 10	15	14	12,5	12	12	11	10	9,5	9	8,5	8	7,5		
Cu Sn Zn- Leg.		K 20 S S	335	315	315 40	300 37	300 32	280 30	265 25	250 23	236 20	224 19	212 18	17	16	15
Al- Gussleg.		K 20 S S	200 47	190 45	180 36	170 33	160 26	150 25	140 20	132 19	125 16	118 15	112	106	100	95
Gu Sn- Leg.		K 20 S S	250 53	236 50	224 47,5	212 45	200 42,5	190 40	180 37,5	170 36	160 32	150 30	140 28	132 26,5	125 25	118 23

[1] Die v_c-Werte gelten für Schnitttiefen bis 2,24 mm. Über 2,24 ... 7,1 mm sind die Werte um 1 Stufe der Reihe R10 (d.h. um 20 %) und über 7,1 ... 22,4 mm um 1 Stufe der Reihe R 5 (d.h. um etwa 40 %) zu vermindern.

[2] Standzeit für Hartmetall (P 20, P 30, K 10 und K 20) 240 min und für Schnellarbeitsstahl (S S) 60 min.

Tabelle 2. Richtwerte für die spezifische Schnittkraft k_c beim Hobeln

Die Richtwerte sind von der Firma Gebr. Boehringer in Göppingen aus Versuchswerten von Prof. Kienzle und allgemeinen Hinweisen aus dem Schrifttum abgeleitet worden.

Werkstoff	Zugfestigkeit R_m in N/mm²	spezifische Schnittkraft k_c in N/mm² bei Vorschub f in mm/dh und Einstellwinkel κ_r											
		0,16		0,25		0,4		0,63		1		1,6		2,5
		45°	60°	45°	60°	45°	60°	45°	60°	45°	60°	45°	60°	45°	60°
S 235 JR	bis 500	3000	2800	2720	2650	2500	2430	2360	2240	2180	2120	2060	2000	1950	1900
E 295, C 35	500 ... 600	4000	3750	3650	3350	3150	3000	2800	2650	2500	2360	2240	2060	1950	1850
E 335	600 ... 700	3450	3350	3250	3150	3000	2900	2800	2650	2570	2430	2360	2300	2240	2180
C 45	600 ... 700	3450	3350	3250	3150	3070	3000	2900	2720	2650	2570	2500	2430	2360	2300
E 360	700 ... 850	5000	4750	4500	4120	3870	3550	3350	3150	2900	2720	2500	2360	2240	2060
C 60	700 ... 850	3550	3450	3350	3150	3070	3000	2800	2720	2570	2500	2430	2300	2240	2180
42 Cr Mo 4	600 ... 700	5000	4750	4500	4250	4000	3750	3550	3350	3150	3000	2800	2650	2500	2360
50 Cr V 4	600 ... 700	4620	4370	4120	3870	3650	3550	3150	3000	2800	2650	2500	2360	2240	2120
16 Cr Ni 6	600 ... 700	5000	4750	4500	4120	3870	3550	3350	3150	2900	2720	2500	2360	2240	2060
34 Cr Mo 4	700 ... 850	4120	3870	3750	3550	3450	3250	3070	3000	2800	2650	2500	2430	2300	2180
16 Mn Cr 5	700 ... 850	4370	4120	3870	3650	3350	3150	3000	2800	2650	2500	2360	2240	2120	2000
Mn-, Cr Ni-, Cr Mo- und andere leg. Stähle	850 ... 1000	4370	4000	3870	3650	3550	3350	3250	3070	3000	2800	2650	2570	2430	2360
	1000 ... 1400	4620	4370	4250	4000	3870	3650	3550	3350	3250	3070	3000	2900	2720	2650
Nichtrost. Stahl	600 ... 700	4370	4250	4000	3870	3650	3550	3450	3350	3150	3070	3000	2800	2720	2650
Mn-Hartstahl		6300	6000	5600	5300	5000	4870	4620	4500	4250	4000	3750	3650	3450	3350
GE 240	300 ... 500	2650	2570	2430	2360	2240	2180	2060	2000	1950	1900	1850	1800	1750	1700
GE 260	500 ... 700	3000	2800	2720	2650	2500	2430	2300	2240	2180	2120	2060	1950	1900	1850
EN-GJL-150		1750	1650	1600	1500	1400	1360	1280	1210	1180	1120	1060	1030	970	950
EN-GJL-250		2360	2240	2060	1950	1850	1750	1700	1600	1500	1400	1280	1210	1150	1090
EN-GJMB-350-10 EN-GJMW-450-7		2240	2120	2000	1900	1800	1750	1650	1600	1500	1450	1360	1280	1250	1180
Hartguß		3650	3450	3350	3150	3070	2900	2800	2650	2500	2430	2300	2240	2120	2060
Cu Sn Zn- Leg.		1250	1180	1170	1060	1000	950	900	850	820	780	750	710	690	650
Al- Gussleg. Cu Sn -Leg.		3000	2800	2720	2650	2500	2430	2300	2240	2180	2120	2060	1950	1900	1850

2.5 Berechnung der Hauptnutzungszeit t_h

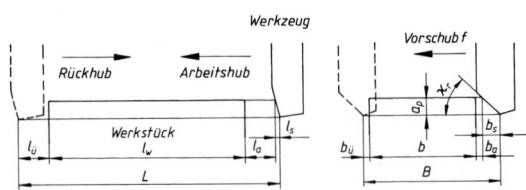

Bild 1. Kenngrößen zur Hauptnutzungszeitberechnung

$$t_h = \frac{2 LB}{1000 \, v_m \, f} i = \frac{B}{n f} i$$

$$L = l_w + l_a + l_s + l_ü$$

$$B = b_w + b_a + b_s + b_ü$$

$$v_m = 2 \frac{v_{ma} v_{mr}}{v_{ma} + v_{mr}}$$

$$l_a = (10 ... 30) \text{ mm}$$

$$l_s = \frac{a_p \tan \lambda_s}{\sin \kappa_r} \quad \text{für } \lambda_s < 0°$$

$$l_s = 0 \quad \text{für } \lambda_s \geq 0°$$

$$b_a = (3 ... 5) \text{ mm}$$

$$b_s = a_p \cot \kappa_r$$

L	Hublänge	mm
B	Hobelbreite (Vorschubweg)	mm
a_p	Schnitttiefe	mm
f	Vorschub	mm/DH
n	Anzahl der Doppelhube je min (min^{-1}), bei Stoßmaschinen gleich Drehzahl der Antriebskurbel	
v_m	mittlere Geschwindigkeit des Tisches oder Stößels	m/min
v_{ma}	mittlere Geschwindigkeit beim Arbeitshub	m/min
v_{mr}	mittlere Rücklaufgeschwindigkeit	m/min
i	Anzahl der Schnitte	

3 Räumen

■ **Beispiel:**
Auf einer Langhobelmaschine wird eine rechteckige Platte aus E 295 bearbeitet. $B = 1000$ mm, Hublänge des Tisches mit An- und Überlauf $L = 2200$ mm, Vorschub $f = 1,6$ mm/DH, Einstellwinkel $\kappa_r = 45°$ mittlere Arbeitsgeschwindigkeit $v_{ma} = 12$ m/min, mittlere Rücklaufgeschwindigkeit $v_{mr} = 36$ m/min, Schnitttiefe $a_p = 10$ mm, Schnittzahl $i = 2$. Zu bestimmen sind Schnittkraft, Schnittleistung und Hauptnutzungszeit.

Lösung:

a) Schnittkraft F_c wie beim Drehen aus der spezifischen Schnittkraft k_c und Spanungsquerschnitt
$A = a_p f;\ k_c = 2,24 \cdot 10^3$ N/mm²

Spanungsquerschnitt
$A = a_p f = 10$ mm $\cdot 1,6$ mm $= 16$ mm²

Schnittkraft
$F_c = k_c A = 2,24 \cdot 10^3$ N/mm² $\cdot 16$ mm² $=$
$= 35,84 \cdot 10^3$ N

b) Schnittleistung P_c aus der Schnittkraft F_c und der mittleren Geschwindigkeit

mittlere Geschwindigkeit $v_m = 2\dfrac{v_{ma} v_{mr}}{v_{ma} + v_{mr}}$

$v_m = 2\dfrac{12 \cdot 36}{12 + 36}\dfrac{m}{min} = 18\dfrac{m}{min}$

Schnittleistung

$P_c = F_c v_m = 35,84 \cdot 10^3$ N $\cdot \dfrac{18\ m}{60\ s}$

Hauptnutzungszeit

$t_h = \dfrac{2\ L\ B}{1000\ v_m f} i = \dfrac{2 \cdot 2200 \cdot 1000}{1000 \cdot 18 \cdot 1,5} \cdot 2$ min

$t_h = 326$ min

3 Räumen

3.1 Bewegungen[1]

Verzahnte stangenförmige (Innenräumer, Räumnadel) oder plattenförmige (Außenräumer) Werkzeuge, deren Zähne vom Anschnitt nach hinten ansteigen, werden durch die Bohrung des Werkstückes gezogen, gestoßen oder an der Außenfläche des Werkstücks vorbeibewegt. Dadurch wird am vorgearbeiteten Werkstück das gewünschte Innen- oder Außenprofil mit vorgeschriebener Maßtoleranz (meist ISO-Qualität 7) und Oberflächengüte hergestellt. Die Vorschubbewegung entfällt, sie liegt durch die Konstruktion des Werkzeugs fest. Das Profil wird meist in einem Hub gewonnen; nur bei sehr großer Spantiefe wird die gesamte Zerspanarbeit auf mehrere Werkzeuge aufgeteilt.
Bei schraubenförmigem Profil (Steigungswinkel = 45° ... 90°) kreisen Werkzeug oder Werkstück beim Durchziehen. Bei Steigungswinkeln von 45° ... 70° ist eine zwangsläufige Drehung erforderlich, darüber hinaus kann ohne zwangsläufige Drehung geräumt werden.

3.2 Zerspangeometrie[2]

Eine *Räumnadel* mit festen Zähnen nach DIN 1415 zeigt Bild 1. Das Werkzeug wird am Schaft vom Zugorgan der Räummaschine aufgenommen und in der Ringnute verriegelt. Der Zubringerkopf der Maschine nimmt das Endstück auf. Die Aufnahme am Werkzeug zentriert das Werkstück, das Führungsstück führt es beim Durchgang der letzten Schneiden.

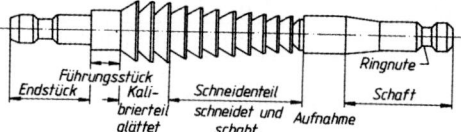

Bild 1. Räumnadel (schematisch) nach DIN 1415

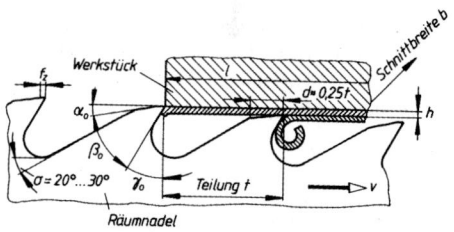

Bild 2. Zähne der Räumnadel, t Zahnteilung, l Räumlänge, h Spanungsdicke, f_z Fase, a_p Schnittbreite

Die *Zähne* der Räumnadel sind .wie Fräserzähne ausgebildet (Bild 2); ebenso wie dort müssen große, gut gerundete Spankammern die Aufnahme des Spanvolumens ohne Zwängen sichern, da freier Spanablauf selten möglich ist. Das Spanvolumen ist mindestens dreimal größer als das Ursprungsvolumen.
Die *Zahnteilung* t ist außer von Werkstoff, Profil und Zahntiefe hauptsächlich von der Räumlänge l abhängig. Erfahrungswert: $t = (1,7 ... 1,8)\sqrt{l}$; sonst $t = 3\sqrt{l h x}$ mit h Spanungsdicke in mm/Zahn, Räumlänge l in mm und Werkstofffaktor $x = 3 ... 5$ für bröckelige Späne, $x = 5 ... 8$ für langspanenden Werkstoff. Außerdem sollen mindestens zwei Zähne im Eingriff sein, mehrere Werkstücke können hintereinander gespannt werden, jedoch steigt die Durchzugskraft mit der Zähnezahl. Schräg zur Zugrichtung verlaufende Zähne arbeiten ruhiger.
Spannuten bei breiten Zähnen teilen die Späne auf. Beim Schruppen soll Zahnteilung gleichmäßig sein, beim Schlichten um ± 20 % schwankend.
Freiwinkel α_0 wird beim Schruppen 2° ... 3°, beim Schlichten 0,5° und für zylindrische Endzähne (Kalibrierzähne) ebenfalls 0,5° gewählt. *Spanwinkel* γ_0 siehe Tabelle 1.
Die *Fasenbreite* f_z beträgt für Schruppen 0 ... 0,1 mm, für Schlichten 0,1 mm, für zylindrische Endzähne 0,2... 0,3 mm.

---

[1] Siehe Fußnote S. N 1.
[2] Siehe allgemeine Hinweise über Bewegungen, Geschwindigkeiten, Schnitt- und Spanungsgrößen, Kräfte und Leistungen beim Drehen.

Tabelle 1. Mittelwerte für Räumen

Werkstoff	Spanungsdicke h in mm/Zahn für			Schnitt-geschwindig-keit in m/min	Spanwinkel	spezifische Schnittkraft k_c in N/mm²
	Räumen	Schlichträumen	Schruppräumen			
Stahl S 275 JR ... E 335	0,025 ... 0,06	0,004 ... 0,015	bis 0,1	4 ... 8	15 ... 20°	4 000
Stahl E 335 ... E 360	0,03 ... 0,065	0,004 ... 0,015	bis 0,12	3 ... 6	12 ... 15"	5 000
Gusseisen	0,05 ... 0,12	0,004 ... 0,015	bis 0,25	4 ... 8	4 ... 8°	2 300
Cu-Leg.	0,03 ... 0,1	0,004 ... 0,015	bis 0,2	5 ...10	0 ... 5°	2 000
Al-Leg.	0,025 ... 0,1	0,004 ... 0,015	bis 0,2	8 ...15	15 ... 25°	1 160

3.3 Schnittkraft (Räumkraft)

Die Schnittkraft F_c wird um so größer, je größer Spanungsquerschnitt A und spezifische Schnittkraft k_c sind. k_c- Werte in Tabelle 1.
Mit Spanungsdicke h (je Zahn), Schnittbreite b der Spanschicht und Anzahl der im Schnitt stehenden Zähne $z_e = l/t$ (= Räumlänge l/Teilung t) wird der *Spanungsquerschnitt*

$$A = b\, h\, z_e = bh\frac{l}{t} \qquad (1)$$

A	b, h, l, t	z
mm²	mm	1

Damit ergibt sich die Schnittkraft

$$F_c = A\, k_c = b\, h\, z_e\, k_c$$

$$F_c = b\, h\, k_c\, \frac{l}{t} \qquad (2)$$

F_c	A	k_c
N	mm²	$\dfrac{N}{mm^2}$

Die erforderliche *Durchzugskraft* F_{max} der Maschine ist um den Faktor 1,3 (für Fasenreibung) größer. Ergibt sich durch Kraftmessung ein größerer Faktor, ist das Werkzeug zu schärfen.

$$F_{max} = 1{,}3\, F_c \qquad (3)$$

Der *gefährdete Querschnitt* A_{gef} des Räumwerkzeuges wird auf Zug beansprucht. Mit $\sigma_z = F_{max}/A_{gef}$ und $F_{max} = 1{,}3\, b\, h\, z_e\, k_c$ wird die *Zugspannung*

$$\sigma_z = 1{,}3\frac{b\, h\, z_e\, k_c}{A_{gef}} \leq \sigma_{z\,zul} \qquad (4)$$

σ_z, k_c	b, h, l, t	z	A_{gef}
$\dfrac{N}{mm^2}$	mm	1	mm²

Da die *Zahnteilung* $t = l/z$ ist, wird auch

$$t_{erf} = 1{,}3\frac{b\, h\, k_c\, l}{A_{gef}\, \sigma_{z\,zul}} \qquad (5)$$

3.4 Wahl der Schnittgeschwindigkeit

Die Schnittgeschwindigkeit v_c ist wegen des schwierigen Zerspanvorgangs bei allen Werkstoffen niedrig und zwar um so niedriger, je geringer die Zerspanbarkeit des Werkstoffs, je verwickelter das zu räumende Profil und je größer die Räumlänge l ist. Richtwerte aus Tabelle 1.
Standzeit und Oberflächengüte werden durch geeignete Schneidflüssigkeit stark beeinflusst: Erprobung ist zweckmäßig. Schneidöle lassen höhere Standzeit, Emulsionen bessere Oberfläche erwarten. Für schwierige Profile und Werkstoffe werden geschwefelte Schneidöle empfohlen.
Räumwerkzeuge besitzen gegenüber anderen Zerspanwerkzeugen höhere Standzeit und Lebensdauer wegen der niedrigeren Schnittgeschwindigkeit und wegen des geringeren Arbeitsaufwands je Zahn.

3.5 Berechnung der Hauptnutzungszeit t_h

Mit Hublänge L und mittlerer Geschwindigkeit v_m wird die Hauptnutzungszeit

$$t_h = \frac{2\, L}{v_m\, 1\,000} \qquad (6)$$

t_h	L	v_m
min	mm	$\dfrac{m}{min}$

Ermittlung von v_m siehe Kap. 2, Hobeln und Stoßen.

■ **Beispiel:**
Die Innennute einer Gusseisen-Buchse (Schnittbreite b = 12 mm, Tiefe 3,7 mm, Länge l = 100 mm) wird auf einer Waagerecht-Räummaschine hergestellt. Hublänge L = 1 000 mm, v_a = 3 m/min, v_r = 4 m/min.
Zu bestimmen sind spezifische Schnittkraft k_c, Zahnteilung t, Schnittkraft F_c, Durchzugskraft F_{max} und Hauptnutzungszeit t_h.

Lösung:
a) Spezifische Schnittkraft k_c = 2 300 N/mm² nach Tabelle 1

b) Spanungsdicke h = 0,12 mm nach Tabelle 1

c) Zahnteilung $t = 3\sqrt{h\,l\,x} = 3\sqrt{0{,}12\,\text{mm} \cdot 100\,\text{mm} \cdot 4}$ = 20,8 mm

d) Zähnezahl z_e je Räumlänge l:

$$z_e = \frac{l}{t} = \frac{100 \text{ mm}}{20,8 \text{ mm}} = 100 \text{ mm} = 4$$

e) Spanungsquerschnitt $A = b\,h\,z_e = 12 \text{ mm} \cdot 0{,}12 \text{ mm} \cdot 4 = 5{,}76 \text{ mm}^2$

f) Schnittkraft $F_c = A\,k_c = 5{,}76 \text{ mm}^2 \cdot 2300 \text{ N/mm}^2 = 13{,}2 \cdot 10^3 \text{ N}$

g) Durchzugskraft $F_{max} = 1{,}3\,F_c = 1{,}3 \cdot 13{,}2 \cdot 10^3 \text{ N} = 17{,}2 \cdot 10^3 \text{ N}$

h) Mittlere Geschwindigkeit des Räumwerkzeuges

$$v_m = 2\frac{v_a v_r}{v_a + v_r} = 2 \cdot \frac{3 \cdot 4}{3+4} \text{ m/min} = 3{,}43 \text{ m/min}$$

i) Hauptnutzungszeit

$$t_h = \frac{2L}{v_m \cdot 1000} = \frac{2 \cdot 1000}{3{,}43 \cdot 1000} \text{ min} = 0{,}59 \text{ min}$$

4 Fräsen

4.1 Bewegungen[1)]

Es gelten die unter 1 Drehen dargelegten Grundbegriffe der Zerspantechnik in Verbindung mit den Bildern 1, 2 und 6. Beim *Fräsen* führt die umlaufende Bewegung des Werkzeugs (des Fräsers) zur *Schnittbewegung* mit der *Schnittgeschwindigkeit* v_c und die geradlinige (fortschreitende) Bewegung des Werkstücks (des Tisches) zur *Vorschubbewegung* mit der *Vorschubgeschwindigkeit* v_f. Die resultierende Bewegung ist wieder die *Wirkbewegung* mit der *Wirkgeschwindigkeit* v_e (Bild 6); sie führt zur Spanabnahme und ist die momentane Geschwindigkeit des betrachteten Schneidenpunkts in Wirkrichtung.

Im Gegensatz zum Drehen mit $\varphi = 90°$ ändert sich beim Fräsen der *Vorschubrichtungswinkel* φ während des Schneidvorganges des einzelnen Zahnes laufend (Bilder 1 und 2). Beim *Gegenlauffräsen* ist $\varphi < 90°$, beim *Gleichlauffräsen* dagegen ist $\varphi > 90°$, wie Bild 6 deutlich zeigt. Der *Wirkrichtungswinkel* η ist wieder der Winkel zwischen Wirk- und Schnittrichtung. Im allgemeinen Falle ($\varphi \lessgtr 90°$), wie beim Fräsen ist

$$\eta = \arctan \frac{\sin \varphi}{\frac{v_c}{v_f} + \cos \varphi} \qquad (1)$$

Beim Drehen ist $\varphi = 90°$ und damit $\eta = \arctan v_f/v_c$ (siehe Drehen). Auch beim Fräsen ist in den meisten Fällen das Verhältnis v_f/v_c so klein, dass mit $v_e = v_c$ gerechnet werden kann.

Mit Fräserdurchmesser d, Fräserdrehzahl n und Vorschub f je Fräserumdrehung, Zahnvorschub f_z und Zähnezahl z werden Schnitt- und Vorschubgeschwindigkeit errechnet:

$$v_c = \pi d n$$

v_c	d	n
$\dfrac{\text{m}}{\text{min}}$	m	min^{-1}

(2)

$$v_f = n f = n f_z z$$

v_f	f	f_z	z
$\dfrac{\text{mm}}{\text{min}}$	$\dfrac{\text{mm}}{\text{U}}$	$\dfrac{\text{mm}}{\text{Zahn}}$	1

(3)

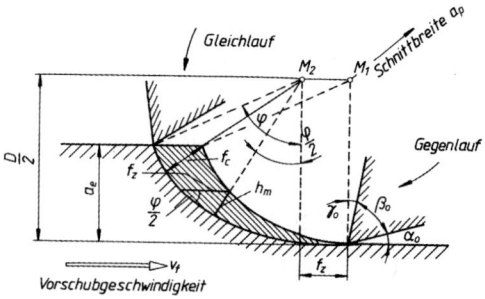

Bild 1. Walzen mit Walzenfräser, dargestellt in der Arbeitsebene

$\overline{M_1 M_2}$ ergibt Zahnvorschub f_z
h_m Mittenspanungsdicke beim halben Vorschubrichtungswinkel $\varphi/2$
a_e Schnitttiefe
f_c Schnittvorschub

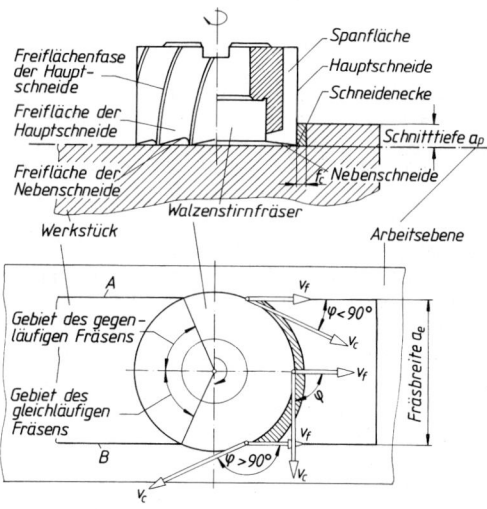

Bild 2. Stirnen mit Walzenstirnfräser bei symmetrischer Einstellung des Werkzeugs

a_p Schnitttiefe
a_e Schnittbreite
φ Vorschubrichtungswinkel
v_c Schnittgeschwindigkeit
v_f Vorschubgeschwindigkeit

[1)] Siehe Fußnote S. N 1.

4.2 Zerspangeometrie[1]

Es gelten grundsätzlich die beim Drehen angegebenen Begriffsbestimmungen. Wichtigste Bezugsebene ist auch hier die *Arbeitsebene*, in der sich alle an der Spanbildung beteiligten Bewegungen vollziehen.
Sowohl beim *Walzen* (mit Walzen-, Scheiben-, Schaft- und Formfräsern) als auch beim *Stirnen* (mit Walzstirnfräsern und Messerköpfen) wird die Zerspanarbeit durch die Umfangszähne aufgebracht, die Stirnzähne reiben und glätten nur. Walzenfräsen mit scheibenartigen Hartmetall bestückten Messerköpfen wird deshalb auch als *Umfangsfräsen* bezeichnet.
Beim *Walzen* (Bild 1) entsteht ein kommaförmiger Span mit ungleichförmiger Querschnittsbelastung der Schneide. Der Schnittwiderstand wächst im Gegensatz zum Drehen von null bis auf einen Höchstwert und fällt dann plötzlich wieder auf null ab, entsprechend dem laufend veränderten Vorschubrichtungswinkel φ (beim Drehen ist $\varphi = 90° =$ konstant). Die Schnittkraftschwankungen werden vermindert durch schräge Zähne, wenn zugleich mehrere Zähne im Eingriff stehen und Zähnezahl z, Fräserdurchmesser d und Neigungswinkel λ_s im bestimmten Verhältnis zur Schnittbreite a_p stehen. Der Neigungswinkel lässt sich bestimmen aus:

$$\cot \lambda_s = \frac{a_p z}{d \pi} \qquad \lambda_s = \operatorname{arccot} \frac{a_p z}{d \pi} \qquad (4)$$

Allgemein gilt:

Für harte Werkstoffe und Schlichten kleinere Schneidenwinkel und feinere Zahnteilung, für Maschinenbaustähle bis 700 N/mm² Zugfestigkeit größere Schneidenwinkel und größere Zahnteilung, für Leichtmetalle große Schneidenwinkel und große Zahnteilung.
Beim *Gegenlauffräsen* reibt der Zahn vor dem Eindringen in den Werkstoff, wodurch er leichter abstumpft. Die während des Reibweges entstehende erhebliche Wärmemenge muss durch reichliches Kühlen abgeführt werden.
Beim *Gleichlauffräsen* dringt der Zahn sofort in das volle Material ein. Moderne Walzfräsmaschinen arbeiten im Gleichlauf, besonders Verzahnungsmaschinen. Über die Kräfte beim Gegen- und Gleichlauffräsen orientiert Bild 6.
Der *Vorschubrichtungswinkel* φ beim *Walzfräsen* (Bild 1) lässt sich bestimmen aus:

$$\cos \varphi = \frac{d/2 - a_e}{d/2} = 1 - \frac{2 a_e}{d} \qquad (5)$$

oder mit Hilfe der geometrischen Beziehung

$$\sin \frac{\varphi}{2} = \frac{\sqrt{a_e(d - a_e)}}{\sqrt{a_e(d - a_e) + (d - a_e)^2}}$$

und nach einigen Umformungen aus

$$\sin \frac{\varphi}{2} = \sqrt{\frac{a_e}{d}} \qquad (6)$$

Für $\varphi \leq 60°$ ergibt sich der Vorschubrichtungswinkel φ in Grad auch aus

$$\varphi° = \frac{360°}{\pi} \sqrt{\frac{a_e}{d}} \qquad (7)$$

Beim *Stirnen* (Bild 2) ist der Spanungsquerschnitt wie beim Drehen ein Rechteck oder Parallelogramm. Auch der Schlankheitsgrad des abgenommenen Spanes ist ähnlich, sodass wesentliche Erkenntnisse vom Drehen übernommen werden können. Allerdings ändert sich beim Stirnfräsen wie beim Walzfräsen der Schnittvorschub f_c fortlaufend; beim Stirnfräsen jedoch geringfügiger als beim Walzfräsen. Daher ist beim Stirnen die Querschnittsbelastung der Schneide gleichmäßiger als beim Walzen.
Infolge des größeren Vorschubrichtungswinkels φ sind beim Stirnfräsen mehr Zähne im Eingriff. Die spezifische Spanungsleistung ist größer als beim Walzfräsen; Stirnen ist daher wirtschaftlicher.
Die Entscheidung zwischen Gegen- und Gleichlauffräsen ist beim Stirnfräsen nicht nötig, weil nach Bild 2 im gleichen Schnitt sowohl gegen- als auch gleichläufiges Fräsen auftritt, jedenfalls solange die Fräserachse zwischen Eintritts- und Austrittsebene $(A – B)$ liegt.
Der *Vorschubrichtungswinkel* φ beim symmetrischen *Stirnfräsen* lässt sich bestimmen aus:

$$\sin \frac{\varphi}{2} = \frac{a_e/2}{d/2} = \frac{a_e}{d} \qquad \frac{\varphi}{2} = \arcsin \frac{a_e}{d} \qquad (8)$$

4.2.1 Schnitt- und Spanungsgrößen

Zu den beim Drehen gemachten Angaben kommen noch folgende Begriffsbestimmungen hinzu:
Zahnvorschub f_z ist der Vorschubweg zwischen zwei unmittelbar nacheinander entstehenden Schnittflächen, also der Vorschub je Zahn oder je Schneide (Bild 1).

---

[1] Siehe Fußnote S. N 1.

Mit z Anzahl der Zähne des Fräsers und f Vorschubweg je Fräserumdrehung ist der *Zahnvorschub*

$$f_z = \frac{f}{z}$$ (9)

f_z	f	z
$\frac{\text{mm}}{\text{Zahn}}$	$\frac{\text{mm}}{\text{U}}$	1

Der *Schnittvorschub* f_c ist der Abstand zweier unmittelbar nacheinander entstehenden Schnittflächen, gemessen in der Arbeitsebene und rechtwinklig zur Schnittrichtung (Bilder 1 und 2).
Annähernd wird mit Zahnvorschub f_z und Vorschubrichtungswinkel φ der *Schnittvorschub*

$$f_c = f_z \cdot \sin \varphi$$ (10)

Beim Drehen und Hobeln ist $\varphi = 90°$ und damit auch $f_c = f_z$ und mit Gl. (9) mit $z = 1$ auch $f_c = f_z = f$.
Schnittiefe a_p bzw. *Schnittbreite* a_e ist die Tiefe bzw. Breite des Eingriffs der Hauptschneide rechtwinklig gedacht zur Arbeitsebene gemessen (Bilder 1 und 2). Arbeitsebene ist die gedachte Ebene, die Schnitt- und Vorschubbewegung des betrachteten Schneidenpunktes enthält (Bilder 1 und 6).
Beim *Walzenfräsen* entspricht a_p der *Breite* des Eingriffs (Schnittbreite) nach Bild 2. Beim *Stirnfräsen* entspricht a_p der *Tiefe* des Eingriffs (Schnittiefe) nach Bild 2. *Schnittbreite* a_e ist die Größe des Eingriffs der Schneide (des Zahnes) je Umdrehung, gemessen in der Arbeitsebene und rechtwinklig zur Vorschubrichtung (Bilder 1 und 2). *Spanungsquerschnitt* A ist der Querschnitt des abzunehmenden Spanes rechtwinklig zur Schnittrichtung. In den meisten Fällen gilt

$$A = a_p \cdot f_c = b\,h,$$ (11)

b Spanungsbreite,
h Spanungsdicke.

Beachte: Der Spanungsquerschnitt A ergibt sich stets als Produkt aus der Schnittiefe bzw. Schnittbreite a_p und dem Schnittvorschub f_c. Da f_c *in der Arbeitsebene* (bzw. parallel zu ihr) gemessen wird, muss die Schnittiefe senkrecht zur Arbeitsebene gemessen werden. Die Schnittbreite darf nicht mit der Schnittiefe verwechselt werden; sie steht rechtwinklig zur Schnittiefe und rechtwinklig zur Vorschubrichtung (siehe Bild 2).
Wichtige Bezugsgröße für die mittlere spezifische Schnittkraft k_c ist die so genannte *Mittenspanungsdicke* h_m (Bild 1). Für Walz- und Stirnfräsen gilt bei $a_e/d < 0{,}3$

$$h_m = f_z \sqrt{\frac{a_e}{d}} \sin \kappa_w$$ (12)

$$h_m = \frac{v_f}{n\,z} \sqrt{\frac{a_e}{d}} \sin \kappa_w$$ (13)

h_m, a_e, d	f_z	v_f	n	z	κ_w
mm	$\frac{\text{mm}}{\text{Zahn}}$	$\frac{\text{mm}}{\text{min}}$	min^{-1}	1	°

Darin ist beim Walzfräsen $\kappa_w = 90° - \lambda_s$, mit $\lambda_s =$ Neigungswinkel.
Die Mittenspanungsdicke lässt sich mit Gl. (10) als Schnittvorschub f_c berechnen, wenn für φ der maximale Vorschubrichtungswinkel eingesetzt wird (Bild 1):

$$h_m = f_c \sin \kappa_w = f_z \sin \frac{\varphi}{2} \sin \kappa_w$$ (14)

■ **Beispiel:**
Walzfräsen im Gleichlauf mit Fräserdurchmesser $d = 110$ mm ergibt nach Tabelle 3 die Zähnezahl 8. Für eine Schnittbreite $a_p = 60$ mm ergibt sich aus

$$\cot \lambda_s = \frac{a_p z}{d\,\pi} = \frac{60\,\text{mm} \cdot 8}{110\,\text{mm} \cdot \pi} = 1{,}4$$

ein Neigungswinkel $\lambda_s = 35°$.

Tabelle 2 gibt für Stahl den Zahnvorschub $f_z = 0{,}1 \ldots 0{,}25$ mm an; gewählt für Schnittiefe $a_e = 4$ mm wird Zahnvorschub $f_z = 0{,}2$ mm/Zahn.

Lösung:
Mittenspanungsdicke

$$h_m = f_z \sqrt{\frac{a_e}{d}} \sin \kappa_w = 0{,}2\,\text{mm} \sqrt{\frac{4\,\text{mm}}{110\,\text{mm}}} \sin 55° = 0{,}0312\,\text{mm}$$

Vorschubrichtungswinkel

$$\varphi = \frac{360°}{\pi} \sqrt{\frac{a_e}{d}} = \frac{360°}{\pi} \sqrt{\frac{4\,\text{mm}}{110\,\text{mm}}} \approx 22°;$$

aus $\cos \varphi = 1 - \dfrac{2\,a_e}{d} = 0{,}927;$

$\varphi = 22°$

Vorschubweg je Fräserumdrehung
$f = f_z \cdot z = 0{,}2$ mm $\cdot$ 8 = 1,6 mm/U

Spanungsquerschnitt bei $\dfrac{\varphi}{2}$:

$A = a_p \cdot f_c = a_p \cdot h_m =$
$= 60$ mm $\cdot$ 0,031 mm = 1,86 mm^2

4.2.2 Flächen und Winkel am Fräserzahn

Es gelten die unter 1.2.2 dargelegten Begriffe.
Beim Stirnfräsen lassen sich die Begriffe vom Drehmeißel leicht auf die Schneide des Zahnes übertragen. Grundsätzlich wird nach Bild 3 unterschieden zwischen Fräsern mit geschliffener oder gefräster Freifläche und Fräsern mit hinterdrehter Freifläche (Formfräser). Letztere haben vielfach Spanwinkel von 0°, der beim Scharfschleifen eingehalten werden muss, weil sonst Profilverzerrung auftritt.

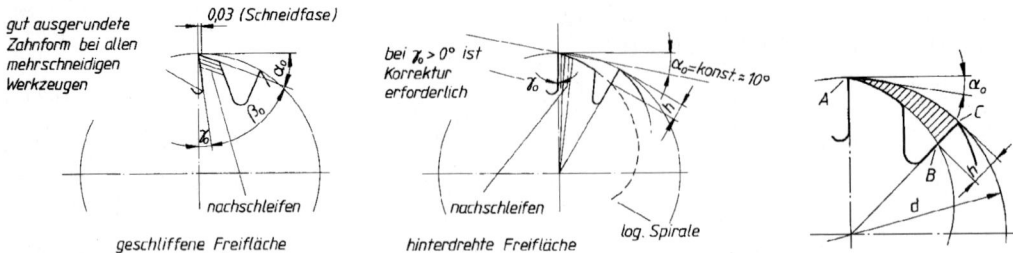

Bild 3. Fräser mit geschliffener und hinterdrehter Freifläche

Steigungshöhe h beim Formfräser ist die Höhe der Hinterdrehkurve, die wegen konstantem Steigungswinkel eine logarithmische Spirale ist. Nach Bild 3 ergibt sich aus dem Dreieck *ABC*: $\tan \alpha_0 = hz/d\pi$ und daraus

$$h = \frac{\pi d \tan \alpha_0}{z}$$

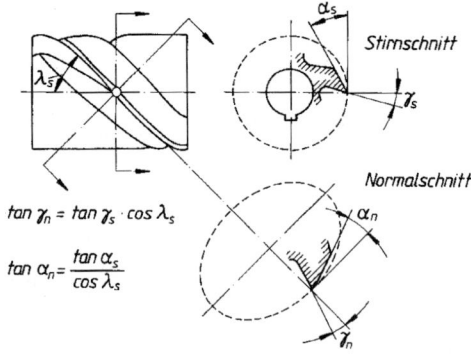

Bild 4. Neigungswinkel λ_s und Steigungswinkel κ_w beim schrägverzahnten Fräser

Bild 5. Freiwinkel α und Spanwinkel γ (Werkzeugwinkel) im Normal- und Stirnschnitt

Beim *schrägverzahnten Walzenfräser* sind die Zähne um den *Neigungswinkel* λ_s gegenüber der Fräserachse geneigt. Steigungswinkel $\kappa_w = 90° - \lambda_s$. Das Abwicklungsdreieck Bild 4 zeigt

$$\cot \lambda_s = \frac{h}{d \pi} \qquad (15)$$

$$\tan \kappa_w = \frac{h}{d \pi} \qquad (16)$$

Wegen der Neigung der Zähne ist zwischen den Schneidwinkeln im Normalschnitt (Index n) und im Stirnschnitt (Index s) zu unterscheiden (Bild 5). Für Spanwinkel γ und Freiwinkel α gilt:

$$\tan \gamma_n = \tan \gamma_s \cos \lambda_s$$

$$\tan \alpha_n = \frac{\tan \alpha_s}{\cos \lambda_s} \qquad (17)$$

Bei Fräsern mit geraden Zähnen ist $\lambda_s = 0°$.

4.2.3 Wahl der Werkzeugwinkel

Freiwinkel α_0 und *Spanwinkel* γ_0 hängen von zu bearbeitendem Werkstoff und Fräserart ab. Wirtschaftlich ist bei SS-Werkzeugen die Beschränkung auf Freiwinkel $\alpha_0 = 5° ... 8°$ und Spanwinkel $\gamma_0 = 10° ... 15°$. Beim Gleichlauffräsen etwa doppelt so große Werte.

Formfräser werden normal mit Spanwinkel $\gamma_0 = 0°$ ausgeführt. Zerspanungstechnisch besser ist ein kleiner positiver Spanwinkel $\gamma_0 = 2° ... 5°$ bei entsprechend korrigiertem Profil. Spanwinkel $\gamma_0 \neq 0°$ müssen auf dem Fräser vermerkt und beim Scharfschleifen eingehalten werden, um Profilverzerrungen zu vermeiden. Formfräser können so oft an der Spanfläche nachgeschliffen werden (Bild 3), solange sie festigkeitsmäßig den Schnittwiderstand aufnehmen.

Neigungswinkel $\lambda_s = 20° ... 40°$, je nach Werkstoff.

Für *Messerköpfe* mit Hartmetallschneiden $\alpha_0 = 3° ... 8°$, $\gamma_0 = 6° ... 15°$, Schneidenneigungswinkel $\lambda_s = 7°$ für leicht und 12° für schwer bearbeitbare Stähle.

Richtwerte für *Zahnvorschub* f_z siehe Tabelle 2, für *Zähnezahl* z siehe Tabelle 3. Je kleiner die Fräserzähnezahl, umso kleiner ist der Kraftaufwand, umso größer ist der Zahnvorschub f_z und umso niedriger ist die spezifische Schnittkraft.

4.3 Kräfte und Leistungen[1]

Bild 6 zeigt die in der Arbeitsebene liegenden Geschwindigkeiten und Kräfte am einzelnen Fräserzahn beim Gegenlauf- und Gleichlauffräsen mit Walzenfräser. Die Kräfte sind in Bezug auf das Werkzeug eingetragen. Ein Vergleich mit Bild 1 aus Kap. 1 zeigt den Unterschied zwischen Drehen und Fräsen.

---

[1] Siehe Fußnote S. N 1.

Beim *Drehen* ist der Vorschubrichtungswinkel $\varphi = 90° = $ konstant und damit die Stützkraft F_{st} identisch mit der der Schnittkraft F_c. Beim *Fräsen* dagegen ist $\varphi < 90°$ beim Gegenlauffräsen, $\varphi > 90°$ beim Gleichlauffräsen. Bei einem Zahneingriff ändert sich φ laufend während des Schneidens.

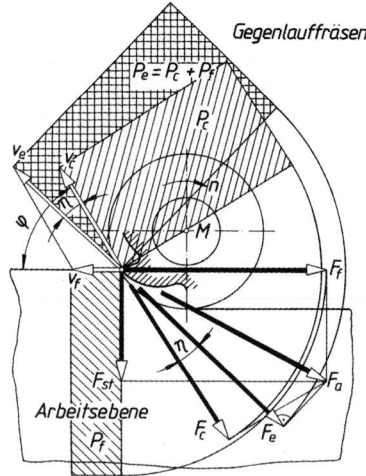

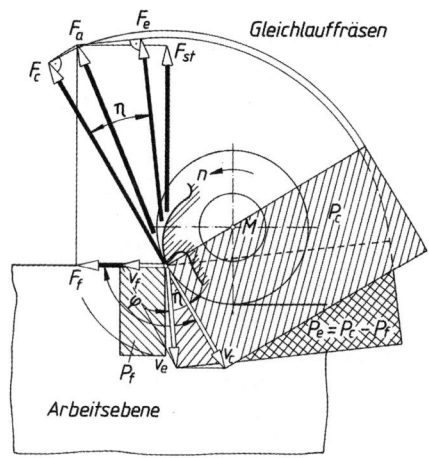

Bild 6. Kräfte, Leistungsflächen und Geschwindigkeiten in der Arbeitsebene beim Walzenfräsen im Gegen- und Gleichlauf; Kräfte in bezug auf den Fräser; Größenverhältnisse willkürlich angenommen; P_e Wirkleistung, P_c Schnittleistung, P_f Vorschubleistung

Es erscheint die *Stützkraft* F_{st} als Projektion der (meist räumlich liegenden) Zerspankraft F (siehe Bild 1 aus Kap. 1) auf eine in der Arbeitsebene liegende Senkrechte zur Vorschubrichtung *und* die *Schnittkraft* F_c als Projektion von F auf die Schnittrichtung.

Die Resultierende von Stütz- und Vorschubkraft ist die *Aktivkraft* F_a. Sie ist zugleich die Projektion der Zerspankraft F auf die Arbeitsebene. Die *Wirkkraft* F_e ist die Projektion der Zerspankraft F auf die Wirkrichtung, d.h. auf die in der Arbeitsebene liegende Wirklinie der Wirkgeschwindigkeit v_e, F_c und F_e sind zugleich Komponenten der Aktivkraft F_a (Bild 6). Die *Stützkraft* F_{st} versucht beim *Gegen*lauffräsen das Werkstück von seiner Unterlage abzuheben („Ansaugen" des Fräsers), beim *Gegen*lauffräsen dagegen presst die Stützkraft F_{st} das Werkstück auf den Tisch und den Tisch auf seine Führung. Der Fräser versucht dabei auf das Werkstück zu „klettern". Vorsicht bei dünnwandigen oder schlecht zu spannenden Werkstücken!

Die *Vorschubkraft* F_f wirkt beim Gegenlauffräsen der Vorschubrichtung entgegen, beim *Gegen*lauffräsen dagegen *in* Vorschubrichtung. Die Wirkleistung P_e ist damit auch beim Gegenlauffräsen gleich der *Summe* aus Schnittleistung P_c und Vorschubleistung P_f, beim Gleichlauffräsen dagegen ist die Wirkleistung P_e die *Differenz* der beiden Leistungen (Bild 6). Das ergibt beim Gleichlauffräsen eine Ersparnis bis zu 15 % von der Gesamtleistung. Der gleiche Richtungssinn von Vorschubkraft und Vorschubgeschwindigkeit beim Gleichlauffräsen macht spielfreie Anordnung der Tischvorschubspindel und wegen Keilwirkung („Klettern" des Fräsers) sicheres Festspannen von Werkstück und Spannvorrichtung erforderlich.

Zur *Bestimmung der Kräfte* werden Vorschubkraft F_f und Stützkraft F_{st} mit Messgeräten bestimmt. Sie können zur resultierenden *Aktivkraft* F_a zusammengesetzt werden:

$$F_a = \sqrt{F_f^2 + F_{st}^2} \qquad (18)$$

Obwohl der Betrag der Komponenten gemessen werden kann, ist der Angriffspunkt der Schnittkraft noch nicht bekannt. Dazu wird das Drehmoment M gemessen. Daraus ergibt sich mit dem Fräserdurchmesser d die mittlere Schnittkraft F_c (= Umfangskraft) zu

$$F_c = \frac{2M}{d} \qquad M = F_c \frac{d}{2} \qquad (19)$$

F_c	M	d
N	Nmm	mm

Aus der Schnittleistung P_c und der Schnittgeschwindigkeit v_c lässt sich F_c ebenfalls berechnen:

$$F_c = 60\,000 \frac{P_c}{v_c} \qquad (20)$$

F_c	P_c	v_c
N	kW	$\frac{m}{min}$

Damit lässt sich auch die auf den Fräsermittelpunkt M wirkende Radialkraft F_r berechnen (in Bild 6 nicht eingetragen):

$$F_r = \sqrt{F_a^2 - F_c^2} \qquad (21)$$

Bei Fräsern mit Neigung der Schneiden ergibt sich die Zerspankraft F aus den drei Komponenten in Richtung des räumlichen Achsenkreuzes

$$F = \sqrt{F_{st}^2 + F_f + F_p^2} \qquad (22)$$

Die *Passivkraft* F_p (siehe Bild 1) ist nach Bild 7 aus der Schnittkraft F_c und dem Neigungwinkel λ_s bestimmt:

$$F_p = F_c \tan \delta \qquad (23)$$

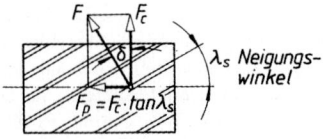

Bild 7. Passivkraft F_p (Axialkraft) und Neigungswinkel λ_s, beim Fräser mit schrägen Zähnen

Die mittlere *Schnittleistung* P_c an der Frässpindel ist abhängig von der spezifischen Schnittkraft k_c, von Schnittbreite a_e und Schnittiefe a_p sowie von der Vorschubgeschwindigkeit v_f:

$$P_c = \frac{k_c \, a_p \, a_e \, v_f}{6 \cdot 10^7} \qquad (24)$$

P_c	k_c	a_p, a_e	v_f
kW	$\dfrac{N}{mm^2}$	mm	$\dfrac{mm}{min}$

Die *Antriebsleistung* P_m ist um den Wirkungsgrad η größer als $P_c \cdot \eta = 0{,}6 \ldots 0{,}9$; $P_m = P_c/\eta$. Die *spezifische Schnittkraft* k_c ist abhängig vom zu fräsenden Werkstoff, von der Zerspangeometrie und von der Mittenspanungsdicke h_m.
Die spezifische Schnittkraft k_c kann mit Gleichung (11) in Kapitel 1 Drehen bestimmt, ebenso ein Mittelwert der Schnittkraft F_c nach Gleichung 8 in Kap. 1. Für den Spannungsquerschnitt A ist dann Gleichung (11) aus diesem Kapitel zu verwenden.
Es ist $h_m = f_z \sqrt{a_e/d}$ d.h. je größer d, um so kleiner h_m, damit aber auch k_c größer, also ungünstiger.
Eine *vereinfachte Berechnung der Schnittleistung* P_c ist möglich mit Richtwerten für das spezifische (zulässige) Spanungsvolumen V_{spez} in cm³/kW min. V_{spez} ist dasjenige Spanungsvolumen in cm³, das mit 1 kW Leistung in einer Minute erzielt werden kann:

$$V_{spez} = \frac{a_p \, a_e \, v_f}{1000 \cdot P_c} \qquad (25)$$

V_{spez}	a_p, a_e	v_f	P_c
$\dfrac{cm^3}{kW\,min}$	mm	$\dfrac{mm}{min}$	kW

Darin ist das *Spanungsvolumen V* je Minute:

$$V_{spez} = \frac{a_p \, a_e \, v_f}{1000} \qquad (26)$$

und damit die Schnittleistung

$$P_c = \frac{V}{V_{spez}} \qquad (27)$$

P_c	V	V_{spez}
kW	$\dfrac{cm^3}{min}$	$\dfrac{cm^3}{kW\,min}$

Richtwerte für das spezifische Spanungsvolumen V_{spez} siehe Tabelle 4.

4.4 Wahl der Schnittgeschwindigkeit und Grundregeln für Fräsen

Richtwerte siehe Tabelle 1 mit Bemerkungen. Durch zu hohe Schnittgeschwindigkeit v_c werden die Schneiden übermäßig erwärmt und die Standzeit vermindert.

Grundregeln: Schnittgeschwindigkeit v_c beim Schruppen klein, beim Schlichten größer (siehe Tabelle 1); Vorschubgeschwindigkeit v_f beim Schruppen stabiler Werkstücke durch Maschinenleistung und zulässige Schnittkräfte, beim Schlichten durch Oberflächengüte begrenzt, siehe Tabelle 2; Walzen möglichst vermeiden, Stirnen ist wirtschaftlicher, dem Drehen ähnlich; auf guten Rundlauf der Fräser achten; Fräser dicht am Spindelkopf oder am Fräsdornstützlager befestigen; mit Kühlflüssigkeit „schwemmen"; möglichst kleiner Fräserdurchmesser und großer Fräsdorndurchmesser; Schneidenwinkel richtig wählen; Fräser oft schärfen.

■ **Beispiel:**
Es soll Werkstoff E 335 mit Walzenfräser von 110 mm Durchmesser, $z = 8$ Zähne (Tabelle 3) gefräst werden. Gewählt:

$$v_c = 16\frac{m}{min} \quad \text{(Tabelle 1)},$$

$$f_z = 0{,}25\frac{mm}{Zahl} \quad \text{(Tabelle 2)}$$

Schnittiefe $a_e = 3$ mm, Schnittbreite $a_p = 120$ mm.

Lösung:

Fräserdrehzahl

$$n = \frac{v_c}{\pi d} = \frac{16\ \text{m}}{\text{min} \cdot \pi \cdot 0{,}11\ \text{m}} = 46{,}3\ \text{min}^{-1}$$

eingestellt $\quad n = 45\ \text{min}^{-1}$

Vorschub je Fräserumdrehung

$f = f_z\ z = 0{,}25 \cdot 8\ \text{mm} = 2\ \text{mm}$

Vorschubgeschwindigkeit

$$v_f = f\ n = 2 \cdot 45\ \frac{\text{mm}}{\text{min}} = 90\ \frac{\text{mm}}{\text{min}}$$

eingestellt $\quad v_f = 90\ \dfrac{\text{mm}}{\text{min}}$

Mittenspanungsdicke

$$h_m = f_z \sqrt{\frac{a_e}{d}} = 0{,}25 \cdot \sqrt{\frac{3}{110}}\ \text{mm}$$

$h_m = 0{,}0412\ \text{mm} \approx 0{,}040\ \text{mm}$

Spanungsvolumen

$$V = \frac{a_p\ a_e\ v_f}{1\,000} = \frac{3 \cdot 120 \cdot 90}{1\,000}\ \frac{\text{cm}^3}{\text{min}} = 32{,}4\ \frac{\text{cm}^3}{\text{min}}$$

Spezifisches Spanungsvolumen

$V_{spez} = 14\ \dfrac{\text{cm}^3}{\text{kW min}}\quad$ (Tabelle 4)

Schnittleistung

$$P_c = \frac{V}{V_{spez}} = \frac{32{,}4}{14}\ \text{kW} = 2{,}31\ \text{kW}$$

Antriebsleistung

$$P_m = \frac{P_c}{\eta} = \frac{2{,}31}{0{,}8}\ \text{kW} = 2{,}9\ \text{kW}$$

Mittlere Schnittkraft

$$F_c = 6 \cdot 10^4\ \frac{P_c}{\eta} = 6 \cdot 10^4 \cdot \frac{2{,}31}{16}\ \text{N} = 8680\ \text{N}$$

Tabelle 1. Richtwerte für Schnittgeschwindigkeiten v_c in m/min mit Schnellarbeitsstahl und Hartmetall beim Gegenlauffräsen

Werkzeug	Stahl	Werkstoffe Gusseisen	Al-Leg. ausgehärtet	Mg-Leg.
Walzen- und Walzenstirnfräser hinterdrehte Formfräser	10 ... 25	10 ... 22	150 ... 350	300 ... 500
Kreissägen	15 ... 24	10 ... 20	150 ... 250	300 ... 400
Messerkopf mit SS	35 ... 40	20 ... 30	200 ... 400	300 ... 500
Messerkopf mit HM	15 ... 30	12 ... 25	200 .. 300	400 ... 500
	100 ... 200	30 ... 100	300 ... 400	800 ... 1 000

Niedere Werte für Schruppen; für Stirnfräser etwas höhere Werte als für Walzenfräser zulässig; Frästiefe 3 mm bzw. 5 mm bei Walzen- bzw. Stirnfräser, bei Messerkopf bis 8 mm. Höhere Werte für Schlichten. Für Gewindefräsen: Langgewinde 1,3 × Wert für hinterdrehte Formfräser, Kurzgewinde 1,5 × Wert für hinterdrehte Formfräser. Für Gleichlauffräser Werte × 1,75.

Tabelle 2. Richtwerte für Zahnvorschub /z in mm/Zahn für Schnellarbeitsstahl und Hartmetall beim Gegenlauffräsen

Werkzeug	Stahl	Werkstoffe Gusseisen	Al-Leg. ausgehärtet	Mg-Leg.
Walzen- und Walzenstirnfräser hinterdrehte Formfräser	0,1 ... 0,25	0,1 ... 0,25	0,05 ... 0,08	0,1 ... 0,15
	0,03 ... 0,04	0,02 ... 0,04	0,02	0,03
Messerkopf mit SS	0,3	0,1 ... 0,3	0,1	0,1
Messerkopf mit HM	0,1	0,15 ... 0,2	0,06	0,06

Werte gelten für Frästiefen: 3 mm bei Walzenfräsern, 5 nun bei Walzenstirnfräsern, bis 8 mm bei Messerköpfen, bei Kreissägen für 3 mm Blattbreite bei 10 mm Schnitttiefe, Werte für Messerköpfe mit HM bei Stahl und Gusseisen verdoppeln, wenn die Maschinenleistung hoch genug ist.

Tabelle 3. Richtwerte für Zähnezahlen an Schnellstahlfräsern

Werkzeug	Fräserdurchmesser d in mm									
	10	40	50	60	75	90	110	130	150	200	300
Walzenfräser		6	6	6	6	8	8	10	10		
Walzenstirnfräser		8	8	8	10	12	12	14	16		
Scheibenfräser			8	8	10	12	12	14	16	18	
hinterdreht Formfräser		8	10	10	10	12	14	16	18		
Schaftfräser	4	6									
Messerköpfe						8	10	10	12	16	

Zähnezahlen gelten für normale Werkstoffe. Bei zähen und harten Werkstoffen obige Werte etwa × 1,5; bei Leichtmetallen etwa × 0,8

Tabelle 4. Richtwerte für spezifisches Spanungsvolumen V_{spez}

Werkstoff	V_{spez} in $\dfrac{\text{cm}^3}{\text{kW min}}$	Werkstoff	V_{spez} in $\dfrac{\text{cm}^3}{\text{kW min}}$
E 295	14 ... 18	EN-GJL-250	20 ... 30
E 335	12 ... 16	Sphäroguss	20 ... 25
E 360	10 ... 12	Cu Zn-Leg	35 ... 50
Ni-Stahl	10 ... 12	Al-Knetleg.	45 ... 65

4.5 Berechnung der Hauptnutzungszeit t_h

4.5.1 Walzfräsen und Stirnfräsen

$$t_h = \frac{L}{v_f}i = \frac{L}{nf}i \qquad (28)$$

$$v_f = nf$$

$$f = f_z z$$

$$i = \frac{h}{a_e} \text{ beim Walzen} \qquad (29)$$

$$i = \frac{h}{a_p} \text{ beim Stirnen}$$

$$n = 318\frac{v_c}{d}$$

a_e	Schnitttiefe	mm
a_p	Schnittbreite	mm
d	Fräserdurchmesser	mm
h	Werkstoffzugabe	mm
i	Anzahl der Schnitte	mm
l_a	Fräseranschnittweg	mm
$l_ü$	Fräserüberlaufweg	mm
L	Arbeitsweg $= l_a + l + l_ü$	mm
n	Fräserdrehzahl	min^{-1}
f	Vorschub	mm/U
f_z	Zahnvorschub	mm/Zahl
v_f	Vorschubgeschwindigkeit	mm/min
v_c	Schnittgeschwindigkeit	m/min
z	Zähnezahl des Fräsers	

$$l_a = \sqrt{a_e(d - a_e)} \qquad (30)$$

für Walzen nach Bild 9

$$l_a \geq 0{,}5\,(d - \sqrt{d^2 - a_p^2}\,) \qquad (31)$$

für Stirnen

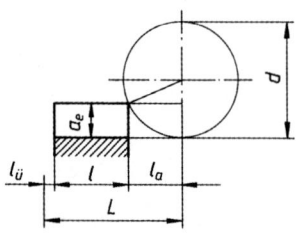

Bild 8. Fräseranschnittweg l_a beim Walzenfräsen

4.5.2 Nutenfräsen

$$t_n = \frac{t}{v_{f1}} + \frac{L}{v_{f2}}i \qquad (32)$$

$$i = \frac{t}{a_e}L \qquad (33)$$

$$L = l - d \qquad (34)$$

(33) und (34) für Schaftfräser, sonst wie beim Walzen

l	Nutenlänge (Außenmaß)	mm
v_{f1}	Tiefenvorschubgeschwindigkeit	mm/min
v_{f2}	Längsvorschubgeschwindigkeit	mm/min
t	Nutentiefe	mm

4.5.3 Rundfräsen

$$t_h = \frac{a_e}{v_{f1}} + \frac{\pi d_1}{v_{f2}} \approx \frac{(1{,}2 \ldots 1{,}25)\,\pi d_1}{v_{f2}} \qquad (35)$$

$$l_a = \sqrt{a_e(d - a_e)} \qquad (36)$$

für tangentialen Anschnitt

a_e	Schnitttiefe	mm
v_{f1}	Radialvorschubgeschwindigkeit	mm/min
v_{f1}	Rundvorschubgeschwindigkeit	
	(= Umfangsgeschwindigkeit des	
	Werkstücks)	mm/min
d_1	Werkstückdurchmesser	mm
l_a	Fräseranschnittweg	mm
d	Fräserdurchmesser	mm

4.5.4 Gewinde- und Schneckenfräsen

4.5.4.1 Langgewinde mit Scheibenfräser

$$t_h = \frac{L}{v_f}g \qquad (37)$$

$$L = \frac{\pi d_1 l}{h} \qquad (38)$$

d_1	Gewindedurchmesser	
(genauer mit d_2 = Flankendurchmesser)		mm
g	Gangzahl des Gewindes	
h	Steigung	mm

für kleine Steigung

$$L = \frac{\pi d_1 l}{\cos \alpha\, h} = \frac{l\sqrt{\pi^2 d_1^2 + h^2}}{h} \qquad (39)$$

für große Steigung

$$\tan \alpha = \frac{h}{d_1 \pi} \qquad (40)$$

l	Gewindelänge (Zeichnungsmaß)	mm
v_f	Umfangsvorschubgeschwindigkeit	
	am Durchmesser d	mm/min
L	Arbeitsweg (Länge der Schrauben-	
	linie)	mm
α	Steigungswinkel der Schraubenlinie	

4.5.4.2 Kurzgewinde mit Rillenfräser

t_h-Formel wie oben

$L = 3{,}7\, d_1$ (41)

L Arbeitsweg = 7/6 mal Schraubganglänge bei Berücksichtigung des Anschnittes mm

4.5.5. Zahnradfräsen

4.5.5.1 Teilverfahren, wie Langfräsen

4.5.5.2 Wälzfräsverfahren (wie Bild 9)

$$t_h = \frac{Lz}{fng} = \frac{Li}{fn} \quad (42)$$

$$l_a = \sqrt{h(d-h)} \quad (43)$$

$$n = 318\frac{v_c}{d} \quad (44)$$

d	Fräserdurchmesser	mm
g	Gangzahl des Fräsers	
h	Zahnhöhe	mm
l	Breite des Zahnrads	mm
l_a	Fräseranschnittweg	mm
L	Arbeitsweg des Wälzfräsers in Zahnrichtung	mm
m	Modul des Zahnrads	mm
n	Fräserdrehzahl	min^{-1}
f	Vorschub je Zahnradumdrehung	mm/U
$i =$	z/g = Übersetzungsverhältnis von Zahnradrohling / Frässchnecke	
v_c	Schnittgeschwindigkeit des Wälzfräsers	m/min
z	Zähnezahl des Zahnrads	

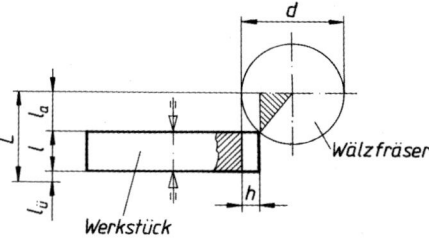

Bild 9. Fräseranschnittweg l_a beim Abwälzfräsen

4.5.6 Schneckenradfräsen (Wälzverfahren)

4.5.6.1 Radialfräsen (Tauchfräsen)

$$t_h = \frac{a_f z}{f_r ng} \quad (45)$$

4.5.6.2 Axialfräsen

$$t_h = \frac{a_w z}{f_a ng} \quad (46)$$

g	Gangzahl des Wälzfräsers	
l_a	Axialvorschub je Radumdrehung	mm/U
l_r	Radialvorschub je Radumdrehung	mm/U
a_f	Radialzustellung	mm
a_w	Axialzustellung	mm
l_a	Fräseranschnittweg	mm

■ **Beispiel:**
Eine Fläche von 600 mm Länge und 180 mm Breite (Fräsbreite) soll mit Stirnmesserkopf von 200 mm Durchmesser in drei Schnitten gefräst werden. Werkstoff EN-GJL-250. SS-Werkzeug. Schnitttiefe $a_p = 5$ mm. Gesucht: Hauptnutzungszeit t_h und erforderliche Schnittleistung P_c überschlägig.

Lösung:
Schnittgeschwindigkeit

$v_c = 20\,\dfrac{\text{m}}{\text{min}}$ nach Tabelle 1

Zahnvorschub

$f_z = 0{,}2\,\dfrac{\text{mm}}{\text{Zahl}}$ nach Tabelle 2

Drehzahl des Messerkopfes

$n = 318\,\dfrac{v_c}{d} = 318 \cdot \dfrac{20}{200} = 31{,}8\ \text{min}^{-1}$

Zähnezahl des Messerkopfes $z = 12$ nach Tabelle 3

Vorschub je Fräserumdrehung

$f_z = f_z\, z = 0{,}2 \cdot 12\ \dfrac{\text{mm}}{\text{U}} = 2{,}4\ \dfrac{\text{mm}}{\text{U}}$

Vorschubgeschwindigkeit

$v_f = nf = 31{,}8 \cdot 2{,}4\,\dfrac{\text{mm}}{\text{min}} = 76{,}3\,\dfrac{\text{mm}}{\text{min}}$

Fräseranschnittweg

$l_a = 0{,}5(d - \sqrt{d^2 - a_e^2}) =$
$= 0{,}5 \cdot (200 - \sqrt{200^2 - 180^2})\,\text{mm} = 56{,}5\ \text{mm}$

Arbeitsweg
$L = l_a + l + l_{\text{ü}} = 56{,}5\ \text{mm} + 600\ \text{mm} + 3{,}5\ \text{mm} = 660\ \text{mm}$

Hauptnutzungszeit

$t_h = \dfrac{L}{v_f} i = \dfrac{660}{76{,}3} \cdot 3\ \text{min} = 26\ \text{min}$

Spezifisches Spanungsvolumen

$V_{\text{spez}} = 30\ \dfrac{\text{cm}^3}{\text{kWmin}}$ nach Tabelle 4

Spanungsvolumen

$V = \dfrac{5 \cdot 180 \cdot 76{,}3}{1\,000}\ \dfrac{\text{cm}^3}{\text{min}} = 68{,}7\ \dfrac{\text{cm}^3}{\text{min}}$

Schnittleistung
$P_c = V/V_{\text{spez}} = (68{,}7/30)\ \text{kW} = 2{,}28\ \text{kW}$

5 Bohren

5.1 Bewegungen [1]

Die umlaufende Bewegung des Werkzeugs führt zur *Schnittbewegung*, seine in Achsrichtung fortschreitende Bewegung ergibt die *Vorschubbewegung*. Beide Bewegungen stehen wie beim Drehen unter dem *Vorschubrichtungswinkel* $\varphi = 90°$ (Bild 1). Beide Bewegungen ergeben wieder die unter dem *Wirkrichtungswinkel* η zur Schnittrichtung geneigte *Wirkbewegung*. Entsprechend der *Schnitt-*, *Vorschub-* und *Wirk*bewegung ist auch hier zu unterscheiden zwischen *Schnittgeschwindigkeit* v_c *Vorschubgeschwindigkeit* v_f *und Wirkgeschwindigkeit* v_e.
Mit Bohrerdurchmesser d, Drehzahl n und Vorschub f wird

$$v_c = \pi d n \tag{1}$$

$$v_f = n f \tag{2}$$

v_c	d	n	v_f	f
$\dfrac{m}{min}$	m	min^{-1}	$\dfrac{mm}{min}$	$\dfrac{mm}{U}$

Bei dem meist sehr kleinen Verhältnis v_f/v_c kann auch hier $v_e = v_c$ gesetzt werden.
Alle Bewegungen liegen wiederum in der sogenannten Arbeitsebene (Bild 1).
Bohren ist auch der Sammelbegriff für Senken, Reiben, Gewindeschneiden, Bohren mit Drehmeißel u.a., sodass eine Vielzahl von Werkzeugen und Maschinen zu diesem Zerspanvorgang gehören, z.B. Ständer-, Reihen-, Radial-, Koordinaten-, Gelenkspindel-, Vielspindel-, Sonderbohrmaschinen, Horizontalbohrwerke, Lehrenbohrwerke, Tieflochbohrmaschinen, CNC-Fräsmaschinen.

5.2 Zerspangeometrie[1]

Das Bohren mit dem *Spiralbohrer* ist Schruppen mit der Stirnseite eines zweischneidigen Werkzeugs ($z = 2$); daher sind nur geringe Anforderungen an Formgenauigkeit und Maßhaltigkeit der Bohrungen und an die Oberflächengüte möglich. Höhere Oberflächengüte wird durch anschließendes Reiben erreicht.
Die Bezeichnungen und Lage der Schneiden, Flächen, Werkzeugwinkel, Geschwindigkeiten und Kräfte zeigt Bild 1. Der Zerspanvorgang an den beiden Hauptschneiden ähnelt dem Drehen. Jede Hauptschneide wird bei vertikal stehendem Werkzeug schräg nach unten (in Wirkrichtung) unter dem Wirkrichtungswinkel η vorgeschoben.
Mit *Vorschub f* und *Werkzeug-Durchmesser d* wird tan $\eta = f/(d\,\pi)$. Der *Werkzeugspanwinkel* γ_0 des Spiralbohrers liegt durch den *Neigungswinkel* fest. Da dieser zur Bohrermitte hin abnimmt, wird auch γ_0 zur Seele hin kleiner. Der *Wirkspanwinkel* hängt außerdem vom *Wirkrichtungswinkel* η ab, wie bei jedem Zerspanvorgang. Mit kleiner werdendem Durchmesser d (zur Bohrermitte hin) wird η immer größer. Dadurch verändern sich *Wirkfreiwinkel* α_0 und *Wirkspanwinkel* γ_0. Sollen beide Winkel an jeder Durchmesserstelle gleich groß sein, muss der *Hinterschliffwinkel* an der Freifläche zur Mitte hin größer werden. Üblich ist ein Hinterschliffwinkel von 6° am Außendurchmesser, zur Spitze hin auf über 20° ansteigend. Exakte Ausführung ist daher nur auf Spiralbohrer-Schleifmaschinen möglich, nicht von Hand.
Spitzenwinkel und *Neigungswinkel* sind für die verschiedenen Werkstoffe aus der Erfahrung heraus festgelegt worden, z.B. für Stahl $\sigma = 118°$ Spitzenwinkel. Der *Querschneidenwinkel* ψ ist abhängig von der Art des Hinterschliffs. Günstig ist ein Winkel $\psi = 55°$. Jede andere Lage der Querschneide vergrößert die Vorschubkraft F_f, ohne das Drehmoment wesentlich zu verändern.
Die ungünstigen Zerspanverhältnisse unter der Querschneide (mehr „Reiben" als „Schneiden") erfordern bei Stahl und zähen Werkstoffen *Ausspitzen* der Bohrerspitze, sodass die Querschneide verkürzt wird. Dadurch kann die *Vorschubkraft* F_f (Axialkraft) bis auf ein Drittel verringert werden.
Für zähe und harte Werkstoffe ist Verjüngung des Bohrers zum Schaft hin nötig, etwa 0,1 ... 0,15 mm auf 100 mm Länge, sonst besteht Gefahr des Anfressens der Fasen, der Bohrer knirscht.
Der *Spanungsquerschnitt* A für *eine* Hauptschneide ergibt sich auch beim Bohren aus *Schnitttiefe* a_p und *Vorschub f*.

$$A = a_p f_s = \frac{d}{2} \cdot \frac{f}{2} = \frac{df}{4} \tag{3}$$

Die obige Gleichung ergibt sich wieder aus der für alle Zerspanvorgänge gültigen Begriffsbestimmung der Schnitttiefe als derjenigen Tiefe des Eingriffs der Hauptschneide, die *rechtwinklig zur Arbeitsebene gemessen* wird.
Nach Bild 1 ist demnach $a_p = d/2$, und mit $f_s = f_z \sin \varphi$ (Gl. (10)) wird bei $\varphi = 90°$, $f_c = f_z = f_2$ (siehe unter Fräsen).
Für beide Hauptschneiden wird dann $2A = df/2$.

---

[1] Siehe Fußnote S. N 1.

5 Bohren

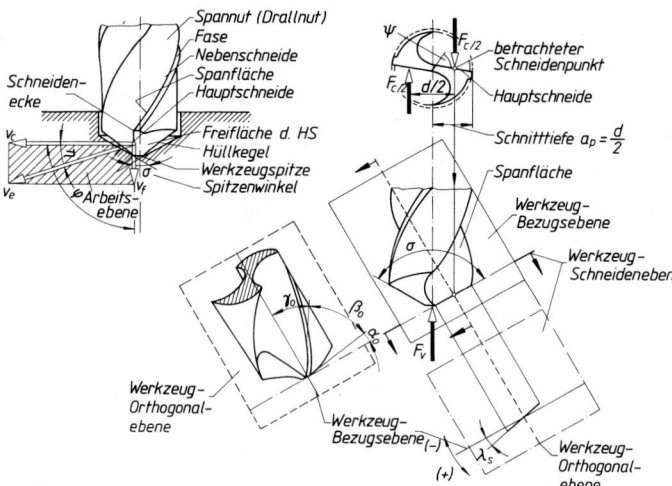

Bild 1.
Flächen, Schneiden, Werkzeugwinkel, Geschwindigkeiten und Kräfte am Spiralbohrer
φ Vorschubrichtungswinkel,
η Wirkrichtungswinkel,
v_c Schnittgeschwindigkeit,
v_f Vorschubgeschwindigkeit,
v_e Wirkgeschwindigkeit

Der *Spanungsquerschnitt A* je Hauptschneide ergibt sich auch aus der Berechnung des minutlich gebohrten Spanungsvolumens V. Mit Vorschubgeschwindigkeit $v_f = nf$ und Bohrerdurchmesser d ist das *Spanungsvolumen*

$$V = \frac{d^2\pi}{4} v_f = \frac{d^2\pi}{4} nf \quad (4)$$

Außerdem ist V auch das Produkt aus dem je Hauptschneide erzeugten Spanungsquerschnitt A und der am halben Bohrerdurchmesser herrschenden Schnittgeschwindigkeit v_{cm}.

$$V = 2 A v_{cm} = 2 A \frac{d}{2} \pi n \qquad v_{cm} = \frac{\pi d n}{2} \quad (5)$$

Werden beide Gleichungen gleichgesetzt, so ergibt sich für den *Spanungsquerschnitt A* je Hauptschneide:

$$\frac{\pi d^2}{4} nf = 2\pi A \frac{d}{2} n \qquad A = \frac{df}{4}$$

In Bild 1 wurden von der die Hauptschneide und die Bohrerachse enthaltenden Werkzeug-Bezugsebene ausgehend die Ansichten des Werkzeugs in den anderen Ebenen entwickelt. Siehe auch Bild 4, Kap 1 und Erläuterungen unter 1 Drehen.

5.3 Kräfte und Leistungen[1]

Für das Bohren ins Volle mit ausgespitzten Spiralbohrern geben die Bohrmaschinenhersteller die Bohrleistungen und Kräfte an. Drehmomente und Vorschubkräfte werden mit Hilfe besonderer Messeinrichtungen durch Versuche bestimmt. Der Berechnung liegen folgende vom Drehen hergeleitete Überlegungen zugrunde.
Mit der *spezifischen Schnittkraft k_c beim Bohren* wird wie beim Drehen die *Schnittkraft*

$$F_c = 2 A k_c = 2 \frac{df}{4} k_c \text{ und daraus}$$

$$F_c = \frac{df}{2} k_c$$

F_c	d	f	k_c
N	mm	$\frac{mm}{U}$	$\frac{N}{mm^2}$

(6)

Richtwerte für die spezifische Schnittkraft k_c beim Bohren siehe Tabelle 3.
Die *Vorschubkraft F_f* lässt sich nicht in gleicher Weise wie die *Schnittkraft F_c* bestimmen, weil der Spanungsquerschnitt unter der Querschneide geometrisch schwer zu erfassen ist und F_f stark von der Geometrie der Querschneide abhängt. Man rechnet deshalb mit versuchsmäßig aufgestellten Gleichungen, z.B. für E 295 in Abhängigkeit vom Bohrerdurchmesser d in mm nach (Gl. (11)): $F_f = 108\ d\ \sqrt[3]{d}$.
Greift die Schnittkraft F_c nach Bild 1 je zur Hälfte an der Mitte der Hauptschneiden an, so ergibt sich das für die Schnittleistung P_c maßgebende *Drehmoment* (Bohrmoment):

$$M = \frac{F_c}{2} \cdot \frac{d}{2} = \frac{F_c d}{4} \qquad \begin{array}{|c|c|c|} \hline M & F_c & d \\ \hline Nmm & N & mm \\ \hline \end{array} \quad (7)$$

Mit Gl (6) ergibt sich auch

$$M = \frac{df}{2} k_c \frac{d}{4} = \frac{d^2 k_c f}{8} \quad (8)$$

Aus der allgemeinen Beziehung: Leistung P = Drehmoment M × Winkelgeschwindigkeit ω kann die zugeschnittene Größengleichung für die *Schnittleistung P_c* entwickelt werden:

$$P_c = \frac{Mn}{9{,}55 \cdot 10^6} = \frac{F_c v_{cm}}{6 \cdot 10^4} \quad (9)$$

P_c	M	n	F_c	v_{cm}
kW	Nmm	min^{-1}	N	$\frac{m}{min}$

---
[1] Siehe Fußnote S. N 1.

Die *Vorschubleistung* P_f ergibt sich aus der Vorschubkraft F_f und der Vorschubgeschwindigkeit $v_f = nf$ zu

$$P_f = \frac{F_f nf}{6 \cdot 10^7} \quad (10)$$

P_f	F_f	n	f
kW	N	min^{-1}	$\frac{mm}{U}$

Da die Vorschubgeschwindigkeit $v_f = nf$ meist sehr klein ist, kann die Vorschubleistung P_f vernachlässigt werden. Die Antriebsleistung kann dann unter Berücksichtigung des Wirkungsgrads η allein aus der Schnittleistung berechnet werden ($P_{an} = P_c / \eta$).
Eine Übersicht über die prozentualen Anteile von Drehmoment M und Vorschubkraft F_f gibt die folgende Zusammenstellung:

	Anteil in % mit steigendem Vorschub	
	M	F_f
Hauptschneiden	70 ... 90	50 ... 40
Querschneiden	10 ... 5	45 ... 58
Fasen- und Spanreibung	20 ... 5	5 ... 2

Der erhebliche Anteil der Querschneide an der Vorschubkraft muss durch Ausspitzen oder Vorbohren vermindert werden.

5.4 Wahl von Schnittgeschwindigkeit und Vorschub

Richtwerte für allgemeine Bohrarbeiten werden Tabelle 1 und 2 entnommen.

5.5 Berechnung der Hauptnutzungszeit t_h (Maschinenlaufzeit)

$$t_h = \frac{L}{v_f} i = \frac{L}{nf} i \quad (11)$$

für gestufte Drehzahlreihe

$$t_h = \frac{d\pi}{v_c} \cdot \frac{L}{f} i \quad (12)$$

für stufenlosen Antrieb

L	Arbeitsweg = $l_a + l_w + l_ü$	
	(einschließlich An- und Überlauf)	mm
n	Drehzahl	min^{-1}
f	Vorschub	mm/U
v_c	Schnittgeschwindigkeit	m/min
d	Bohrerdurchmesser	m
i	Schnittzahl	
v_f	Vorschubgeschwindigkeit	mm/min

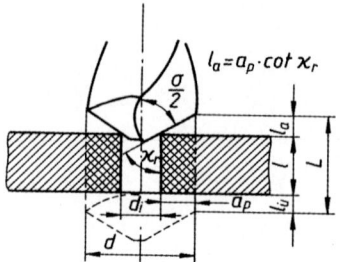

Bild 2. Zur Bestimmung des Arbeitsweges L sind folgende Zuschläge für An- und Überlaufweg bei durchgehenden Bohrungen zu machen:

Stoff	σ	κ_r	cot κ_r	$l_a = a_p \cot \kappa_r$
Stahl und Gusseisen	118°	59°	0,6	$\frac{1}{3}(d - d_i)$
Alu-Leg.	140°	70°	0,365	$\frac{1}{5}(d - d_i)$
Mg.-Leg.	100°	50°	0,839	$\frac{1}{2}(d - d_i)$
Marmor	80°	40°	1,192	$\frac{2}{3}(d - d_i)$
Hartgummi	30°	15°	3,732	$2(d - d_i)$

Arbeitsvorgang	An- und Überlaufweg
Bohren mit Spiralbohrer ins Volle	$\frac{1}{3}$ Bohrerdurchmesser + 2 mm
Senken oder Aufbohren	$\frac{1}{10}$ Werkzeugdurchmesser + 2 mm
Reiben mit Maschine Gewindeschneiden mit Maschine	Länge des Führungsteils der Reibahle
Ausbohren mit Meißel	Länge des Gewindeteils des Bohrers 3 ... 4 mm

■ **Beispiel:**
Mit einem Spiralbohrer (Einstellwinkel $\kappa_r = 60° \approx$ halber Spitzenwinkel $\sigma = 118°$) ist ein Sackloch von 30 mm Durchmesser und 45 mm Tiefe aus dem Vollen in Gusseisen EN-GJL-250 zu bohren. Der Vorschub soll $f = 0,4$ mm/U bei ca. 22 m/min Schnittgeschwindigkeit betragen.
Zu bestimmen sind Hauptnutzungszeit und Schnittleistung.

Lösung:

Drehzahl $n = 318 \cdot \frac{v_c}{d} = 318 \cdot \frac{22}{30}$ min^{-1} = 233 min^{-1},

einstellbar sind $n = 250$ min^{-1} nach Drehzahlreihe.

Arbeitsweg $L = l_a + l_w + l_ü = (10 + 45 + 2)$ mm = 57 mm

Hauptnutzungszeit $t_h = \frac{L}{nf} = \frac{57}{0,4 \cdot 250}$ min = 0,57 min $\approx$ 0,6 min

Die spezifische Schnittkraft beträgt nach Tabelle 3 für die gegebenen Größen: $k_c = 1529$ N/mm^2 und damit nach Gl.(6) die Schnittkraft

$$F_c = \frac{d \cdot f}{2} k_c = \frac{30 \text{ mm} \cdot 0,4 \text{ mm}}{2} \cdot 1520 \frac{N}{mm^2} = 9120 \text{ N}$$

Mit Gl.(7) beträgt das Drehmoment (Bohrmoment)

$$M = F_c \cdot \frac{d}{4} = 9120 \text{ N} \cdot \frac{30 \text{ mm}}{4} = 68\,400 \text{ Nmm}$$

und damit die Antriebsleistung

$$P_c = \frac{M \, n}{9,55 \cdot 10^6} \text{ kW} = \frac{68\,400 \cdot 250}{9,55 \cdot 10^6} \text{ kW} = 1,79 \text{ kW}$$

Tabelle 1. Richtwerte für allgemeine Bohrarbeiten (Werkzeuge aus Schnellarbeitsstahl)

Werkstoff	Arbeitsstufe	Art des Werkzeugs	Schnittgeschwindigkeit v_c in m/min	Vorschübe f in mm/U — Werkzeugdurchmesser in mm												
				5	6,3	8	10	12,5	16	20	25	31,5	40	50	63	80
Gusseisen bis EN-GJL-250	Bohren ins Volle	Spiralbohrer	28 … 18	0,16	0,18	0,2	0,22	0,25	0,28	0,32	0,36	0,4	0,45	0,5	0,56	0,63
	Senken	Senker	20 … 16	0,25	0,28	0,28	0,32	0,32	0,36	0,36	0,4	0,4	0,45	0,45	0,5	0,5
	Abflachen	Abflächmesser oder Zapfensenker	12,5 … 10	0,5	0,056	0,06	0,07	0,08	0,09	0,1	0,11	0,12	0,14	0,16	0,18	0,2
	Reiben	Reibahle	12,5 … 10	0,8	0,8	0,9	0,9	1,0	1,0	1,12	1,12	1,25	1,25	1,4	1,4	1,6
	Ausbohren, Schruppen	Bohrstange	20	—	—	—	—	—	—	—	—	—	0,32	0,32	0,36	0,36
	Ausbohren, Schlichten		25	—	—	—	—	0,18	0,2	0,22	0,25	0,28	0,32	0,36	0,4	0,45
	Feinbohren	mit eing. Stählen	31,5	—	—	—	—	0,16	0,18	0,18	0,2	0,2	0,22	0,22	0,25	0,25
E 335	Bohren ins Volle	Spiralbohrer	28 … 25	0,11	0,12	0,14	0,16	0,18	0,2	0,22	0,25	0,28	0,32	0,36	0,4	0,45
	Senken	Senker	22,4	0,36	0,36	0,4	0,4	0,45	0,45	0,5	0,5	0,56	0,56	0,63	0,63	0,7
	Abflachen	Abflächmesser oder Zapfensenker	12,5 … 10	0,05	0,056	0,06	0,07	0,08	0,09	0,1	0,11	0,12	0,14	0,16	0,18	0,2
	Reiben	Reibahle	8 … 6,63	0,4	0,45	0,5	0,56	0,63	0,71	0,8	0,9	1,0	1,1	1,25	1,4	1,6
	Ausbohren, Schruppen	Bohrstange	31,5	—	—	—	—	—	—	—	—	—	0,32	0,32	0,36	0,36
	Ausbohren, Schlichten		40	—	—	—	—	0,14	0,16	0,18	0,2	0,22	0,25	0,28	0,32	0,36
	Feinbohren	mit eing. Stählen	50	—	—	—	—	0,12	0,14	0,16	0,18	0,2	0,22	0,22	0,25	0,26
Cu Zn -, Cu Sn - Legierungen	Bohren ins Volle	Spiralbohrer	56 … 35,5	0,12	0,14	0,16	0,18	0,2	0,22	0,25	0,28	0,32	0,36	0,4	0,45	0,5
	Senken	Senker	31,5	0,36	0,36	0,4	0,4	0,45	0,45	0,5	0,5	0,56	0,56	0,63	0,63	0,63
	Abflachen	Abflächmesser oder Zapfensenker	25 … 20	0,05	0,056	0,06	0,07	0,08	0,09	0,1	0,11	0,12	0,14	0,16	0,18	0,2
	Reiben	Reibahle	14	0,8	0,8	0,9	1,0	1,0	1,12	1,12	1,25	1,25	1,25	1,4	1,4	1,6
	Ausbohren, Schruppen	Bohrstange	50	—	—	—	—	—	—	—	0,28	0,28	0,32	0,32	0,36	0,36

Tabelle 1. (Fortsetzung)

Werkstoff	Arbeitsstufe	Art des Werkzeugs	Schnittgeschwindigkeit v_c in m/min	Vorschübe f in mm/U Werkzeugdurchmesser in mm											
				5	6,3	8	10	12,5	16	20	25	31,5	40	50	63	80
Leichtmetall-Al-Leg.	Bohren ins Volle	Spiralbohrer	160 … 125	0,16	0,18	0,2	0,22	0,25	0,28	0,32	0,36	0,4	0,45	0,5	0,56	0,63
	Senken	Senker	80 … 63	0,25	0,28	0,28	0,32	0,32	0,36	0,36	0,4	0,4	0,45	0,45	0,5	0,5
	Abflächen	Abflächmesser oder Zapfensenker	50 … 28	0,05	0,056	0,06	0,07	0,08	0,09	0,1	0,11	0,12	0,14	0,16	0,18	0,2
	Reiben	Reibahle	25	0,8	0,8	0,9	0,9	1,0	1,0	1,12	1,12	1,25	1,25	1,4	1,4	1,6
	Ausbohren, Schruppen	Bohrstange	140 … 125	–	–	–	–	–	–	0,25	0,25	0,28	0,28	0,32	0,32	0,36
	Ausbohren, Schlichten		80 … 63	–	–	–	–	0,14	0,16	0,18	0,2	0,22	0,25	0,28	0,32	0,36
	Feinbohren	mit eing. Stählen	140 … 125	–	–	–	–	0,12	0,14	0,16	0,18	0,2	0,2	0,22	0,22	0,22

Bei der Drehzahlermittlung sind für die kleinen Bohrerdurchmesser die hohen, für die großen Bohrerdurchmesser die niedrigen Schnittgeschwindigkeiten zugrunde zu legen.
Beim Bohren tiefer Löcher sind die Vorschübe nach folgender Aufstellung herabzusetzen.

Bohrerdurchmesser	Bohrtiefe bis zum	Bohrtiefe vom	Bohrtiefe über
bis 20 mm	= 5fachen Bohrerdurchmesser	5 … 8fachen Bohrerdurchmesser	8fachen Bohrerdurchmesser
bis 32 mm	= 4fachen Bohrerdurchmesser	4 … 6,3fachen Bohrerdurchmesser	6,3fachen Bohrerdurchmesser
bis 50 mm	= 3,15fachen Bohrerdurchmesser	3,15 … 5fachen Bohrerdurchmesser	8fachen Bohrerdurchmesser
bis 80 mm	= 2,5fachen Bohrerdurchmesser	2,5 … 4fachen Bohrerdurchmesser	4fachen Bohrerdurchmesser
	(1facher Vorschubwert)	(0,8facher Vorschubwert)	(0,5facher Vorschubwert)

Tabelle 2. Richtwerte für die Schnittgeschwindigkeit v_c und den Vorschub f beim Bohren

Werkstoff	Zugfestigkeit R_m in N/mm²	Schneidwerkzeug	Schnittgeschwindigkeit v_c in m/min	Vorschub f in mm/U bei Bohrerdurchmesser			
				bis 4	> 4 ... 10	> 10 ... 25	> 25 ... 63
S 235 JR, C22 S 275 JQ	bis 500	S S P 30	35 ... 30 80 ... 75	0,18 0,1	0,28 0,12	0,36 0,16	0,45 0,2
E 295, C 35	500 ... 600	S S P 30	30 ... 25 75 ... 70	0,16 0,08	0,25 0,1	0,32 0,12	0,40 0,16
E 335, C 45	600 ... 700	S S P 30	25 ... 20 70 ... 65	0,12 0,06	0,2 0,08	0,25 0,1	0,32 0,12
E 360, C 60	700 ... 850	S S P 30	20 ... 15 65 ... 60	0,11 0,05	0,18 0,06	0,22 0,08	0,28 0,01
Mn-, Cr Ni- Cr Mo- und andere legierte Stähle	700 ... 850	S S P 30	18 ... 14 40 ... 30	0,1 0,025	0,16 0,03	0,02 0,04	0,25 0,05
	850 ... 1 000	S S P 30	14 ... 12 30 ... 25	0,09 0,02	0,14 0,025	0,18 0,03	0,22 0,04
	1 000 ... 1 400	S S P 30	12 ... 8 25 ... 20	0,06 0,016	0,1 0,02	0,16 0,025	0,2 0,03
GE 240	300 ... 500	S S P 30	30 ... 25 80 ... 60	0,16 0,03	0,22 0,05	0,32 0,08	0,45 0,12
GE 260	500 ... 700	S S P 30	25 ... 20 60 ... 40	0,12 0,025	0,18 0,04	0,25 0,06	0,36 0,1
EN-GJL-150		S S K 20	35 ... 25 90 ... 70	0,16 0,05	0,25 0,08	0,4 0,12	0,5 0,16
EN-GJL-250		S S K 10	25 ... 20 40 ... 30	0,12 0,04	0,2 0,06	0,3 0,1	0,4 0,12
Temperguß		S S K 10	25 ... 18 60 ... 40	0,1 0,03	0,16 0,05	0,25 0,08	0,4 0,12
Cu Sn Zn-Leg. Cu Sn-Guss-Leg.		S S K 20	75 ... 50 85 ... 60	0,12 0,06	0,18 0,08	0,25 0,1	0,36 0,12
Cu Zn-Guss-Leg.		S S K 20	60 ... 40 100 ... 75	0,1 0,06	0,14 0,08	0,2 0,1	0,28 0,12
Al-Guss-Leg.		S S K 20	200 ... 150 300 ... 250	0,16 0,06	0,25 0,08	0,3 0,1	0,4 0,12

SS Schnellarbeitsstahl
P 30, K 10, K 20 Hartmetalle
Die Richtwerte sind von der Firma Gebr. Boehringer in Göppingen aus „Betriebstechnisches Praktikum" von Thiele-Staelin abgeleitet worden.

Tabelle 3. Richtwerte für spezifische Schnittkraft beim Bohren

Die Richtwerte sind von der Firma Gebr. Boehringer in Göppingen aus Versuchswerten von Prof. Kienzle und allgemeinen Hinweisen aus dem Schrifttum abgeleitet worden.

Werkstoff	Zugfestigkeit R_m in N/mm²	spezifische Schnittkraft k_c in N/mm² bei Vorschub f in mm/U und Einstellwinkel κ_r																							
		0,063				0,1				0,16				0,25				0,4				0,63				1			
		30°	45°	60°	90°	30°	45°	60°	90°	30°	45°	60°	90°	30°	45°	60°	90°	30°	45°	60°	90°	30°	45°	60°	90°	30°	45°	60°	90°
S 275 JR	bis 500	3200	3010	2880	2820	2950	2760	2650	2600	2710	2550	2450	2400	2500	2360	2280	2240	2320	2200	2100	2060	2150	2030	1960	1920	2000	1890	1830	1800
E 295	520	4900	4470	4220	4100	4350	3980	3730	3610	3850	3500	3300	3190	3100	3100	2900	2830	3000	2740	2580	2500	2650	2430	2300	2240	2360	2180	2060	1990
E 335	620	3850	3620	3460	3380	3540	3300	3150	3080	3230	3010	2890	2830	2950	2780	2670	2620	2730	2580	2480	2440	2530	2400	2310	2270	2350	2220	2140	2110
E 360	720	6300	5680	5320	5150	5500	4980	4660	4500	4820	4350	4060	3920	4200	3800	3550	3410	3660	3300	3100	2990	3200	2900	2700	2600	2800	2520	2340	2260
C 45, C 45 E	670	3600	3450	3320	3260	3380	3200	3100	3040	3150	2990	2890	2840	2800	2800	2700	2660	2750	2620	2540	2500	2580	2460	2380	2340	2420	2310	2250	2220
C 60, C 60 E	770	3950	3690	3530	3450	3610	3380	3230	3150	3300	3100	2980	2920	3040	2860	2750	2700	2810	2650	2550	2490	2600	2450	2350	2300	2400	2260	2180	2130
16 Mn Cr 5	770	5150	4720	4450	4320	4590	4200	3950	3830	4080	3720	3500	3400	3610	3300	3120	3020	3210	2930	2750	2660	2840	2580	2440	2360	2510	2300	2160	2100
16 Cr Ni 6	630	6300	5680	5320	5150	5500	4980	4660	4500	4820	4350	4060	3920	4200	3800	3550	3410	3660	3300	3100	3000	3200	2900	2700	2590	2800	2520	2340	2260
34 Cr Mo 4	600	4650	4300	4100	4000	4200	3900	3700	3610	3800	3530	3370	3290	3450	3220	3080	3000	3150	2940	2820	2750	2880	2670	2530	2460	2600	2400	2300	2240
42 Cr Mo 4	730	6000	5450	5150	5000	5300	4880	4620	4500	4750	4370	4120	4000	4250	3890	3660	3550	3780	3450	3250	3150	3350	3060	2890	2800	2980	2720	2580	2500
50 Cr V 4	600	5460	5000	4700	4560	4850	4440	4210	4100	4330	3980	3730	4000	3860	3500	3300	3190	3400	3100	2910	2820	3000	2730	2580	2500	2650	2430	2290	2220
15 Cr Mo 5	590	4120	3880	3740	3660	3810	3590	3450	3390	3520	3320	3200	3130	3260	3070	2950	2900	3010	2850	2740	2680	2790	2630	2520	2470	2580	2420	2340	2290
Mn., Cr Ni	850...1000	4900	4530	4310	4200	4420	4100	3900	3800	4000	3710	3530	3450	3620	3380	3220	3150	3300	3080	2920	2850	3000	2780	2660	2600	2720	2550	2440	2380
Cr Mo - u.a leg.St.	1000...1400	5150	4780	4560	4450	4670	4350	4150	4050	4250	3960	3790	3700	3880	3610	3440	3350	3520	3280	3160	3100	3220	3030	2910	2850	2970	2800	2680	2620
Nichtrost. St.	600...700	4800	4500	4300	4200	4400	4120	3940	3850	4030	3770	3610	3530	3690	3460	3320	3250	3390	3180	3060	3000	3120	2940	2840	2780	2890	2730	2630	2580
Mn-Hartstahl		7150	6600	6270	6100	6440	5950	5650	5500	5800	5370	5100	4980	5240	4860	4620	4500	4740	4400	4180	4080	4290	3980	3800	3700	3890	3620	3440	3360
Hartguss		3950	3720	3570	3500	3640	3420	3270	3190	3340	3130	3010	2940	3070	2880	2750	2680	2810	2620	2500	2450	2560	2400	2300	2240	2350	2200	2110	2060
GE 240	300...500	2920	2720	2610	2560	2670	2510	2410	2360	2460	2320	2220	2180	2270	2140	2040	2000	2090	1960	1900	1860	1930	1820	1750	1720	1790	1690	1630	1600
GE 260	500...700	3200	3010	2880	2820	2950	2760	2650	2600	2710	2550	2450	2400	2500	2360	2280	2240	2320	2200	2100	2060	2150	2030	1960	1920	2000	1890	1830	1800
EN - GJL - 150		1940	1800	1710	1670	1760	1630	1550	1510	1590	1480	1400	1370	1440	1340	1280	1250	1310	1220	1170	1140	1200	1120	1060	1040	1090	1020	970	950
EN - GJL - 250		2800	2570	2430	2360	2500	2300	2180	2110	2240	2060	1930	1870	2000	1820	1710	1660	1760	1610	1520	1470	1560	1430	1340	1300	1380	1280	1200	1160
Temperguss		2650	2440	2300	2240	2370	2180	2060	2000	2120	1950	1850	1800	1900	1750	1650	1600	1700	1560	1500	1460	1530	1420	1350	1320	1390	1290	1230	1200
Cu Sn-Gussleg.		3200	3010	2880	2820	2950	2760	2650	2600	2710	2550	2450	2400	2500	2360	2280	2240	2320	2200	2100	2060	2150	2030	1960	1920	2000	1890	1830	1800
CuSnZn-Gussleg.		1480	1360	1280	1250	1320	1220	1150	1120	1180	1090	1030	1000	1060	980	920	900	950	880	820	800	850	780	730	710	750	700	670	650
Cu SnZn-Knetleg.		1500	1380	1320	1300	1350	1280	1220	1200	1250	1180	1120	1100	1150	1080	1020	1000	1050	980	940	920	960	870	850	820	880	840	800	780
Al-Gussleg.	300...420	1480	1360	1280	1250	1320	1220	1150	1120	1180	1090	1030	1000	1060	980	920	900	950	880	820	800	850	780	730	710	750	700	670	650
Mg-Gussleg.		520	490	475	470	480	455	435	430	440	420	405	400	410	390	370	360	380	350	335	330	340	320	305	300	310	300	285	280

6 Schleifen

6.1 Bewegungen

Ähnlich wie beim Fräsen führt auch beim Schleifen ein umlaufendes Werkzeug (die Schleifscheibe) die *Schnittbewegung* aus. Viele am Umfang der Scheibe verteilte, geometrisch nicht bestimmbare Schneiden (die Ecken der Schleifkörner) nehmen dabei vom Werkstück kleine kommaförmige Späne ab. Schleifen ist daher mit Fräsen vergleichbar. Tiefenzustellung und *Vorschubbewegung* werden je nach Bauart der Maschine vom Werkstück oder Werkzeug ausgeführt. Aufbau, Form der Schleifwerkzeuge, Körnung, Bindemittel und Kennzeichnung sind den Katalogen der Herstellerfirmen zu entnehmen.

6.2 Zerspangeometrie

Vereinfacht kann die Spanbildung nach Bild 1 erklärt werden. Die Schleifscheibe läuft mit der Drehzahl n_s, das Werkstück mit n_w um. Das momentan schneidende Umfangskorn der Scheibe besitzt die Umfangsgeschwindigkeit v_c (Schnittgeschwindigkeit). Es tritt im Punkt E (Bild 1) in das Werkstück ein und verlässt es wieder bei A. In der gleichen Zeit ist Punkt A nach B gewandert. Der abgeschliffene Span hat angenähert die Form ABE.

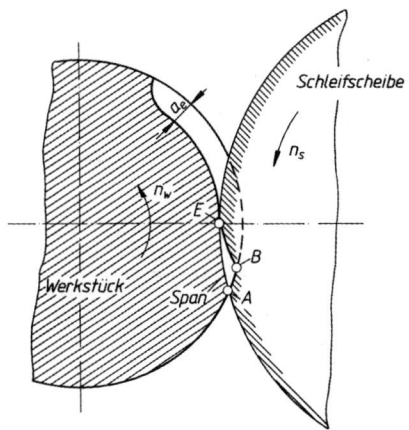

Bild 1. Spanbildung beim Rundschleifen (schematisch)

Er wird um so feiner sein, je höher *Schleifscheibengeschwindigkeit* v_c, je niedriger *Werkstückgeschwindigkeit* v_c und je kleiner die Schnitttiefe (Zustellung) a_e ist (Bild 1). Wichtig beim Schleifen ist demnach das *Geschwindigkeitsverhältnis* $q = v_c/v_w$.

Der momentane *Spannungsquerschnitt* A wächst beim Rundschleifen mit steigendem Längsvorschub f_l (Seitenvorschub), mit steigender Zustellung a_e, mit wachsender Umfangsgeschwindigkeit des Werkstücks v_w und mit fallender Umfangsgeschwindigkeit v_c der Schleifscheibe:

$$A = a_e f_l \frac{v_w}{v_c} \qquad (1)$$

A	a_e	f_l	$v_w\ v_c$
mm²	mm	mm/U	m/s

6.3 Schleifkraft und Schleifleistung

Bestimmende Größe ist die *Tangentialkraft* F_t an der Schleifscheibe. Sie wird aus der *spezifischen Schleifkraft* k_c in N/mm² und dem *Spanungsquerschnitt* A in mm² bestimmt:

$$F_t = k_c A = k_c a_e f_l \frac{v_w}{v_c} \qquad (2)$$

Die *spezifische Schleifkraft* k_c [1] in N/mm² lässt sich aus den folgenden Versuchsgleichungen berechnen:

$$\begin{aligned} k_c &= 8{,}55\ \tau_s A^{-0{,}55} \quad \text{für Schleifscheibe 80 K} \\ k_c &= 12\ \tau_s A^{-6} \quad \text{für Schleifscheibe 60 L} \\ k_c &= 18\ \tau_s A^{-0{,}73} \quad \text{für Schleifscheibe 46 L} \end{aligned} \qquad (3)$$

Darin ist τ_s die Schubfestigkeit des Werkstoffes in N/mm² und A der Spannungsquerschnitt in mm² nach Gl. (1).
Die *Schnittleistung* P_c ergibt sich damit aus der Zahlenwertgleichung:

$$P_c = \frac{F_t v_c}{1000} \qquad (4)$$

P_c	F_t	v_c
kW	N	m/s

---

[1] Nach *E. Salje*: Kennzahlen und Gesetzmäßigkeiten beim Schleifen, Forschungsbericht aus dem Institut für Werkzeugmaschinen und Betriebslehre der Technischen Hochschule Aachen.

6.4 Wahl von Geschwindigkeit, Vorschub und Zustellung

Die *Umfangsgeschwindigkeit* v_c der Schleifkörper ist wegen der Unfallgefahr nach oben begrenzt nach den Richtlinien des Deutschen Schleifscheibenausschusses (DSA). Richtwerte siehe Tabelle 1. Allgemein gilt: Außenrundschleifen von Stahl mit v_c = 35 m/s, bei Gusseisen v_c = 25 m/s. Bei Innenrundschleifen wird v_c begrenzt durch höchstmögliche Drehzahl der Schleifspindel, was ungünstige Verhältnisse ergeben kann. Höchstzulässige Umfangsgeschwindigkeit kann mit Genehmigung des DSA überschritten werden, der Schleifkörper muss dann einen festgelegten Vermerk tragen.

Mit wachsendem v_c wirkt jede Schleifscheibe härter, umgekehrt wirken harte Scheiben mit sinkender v_c weicher. Abnutzungsgrad und Schleifscheibengeschwindigkeit müssen daher aufeinander abgestimmt werden (Drehzahl ändern).

Die *Umfangsgeschwindigkeit* v_w des Werkstücks ist bei Außenrundschleifen und Schrupparbeiten möglichst hoch zu wählen; Zustellung a_e kann dann klein sein. Richtwerte siehe Tabelle 2.

Der *Längsvorschub* f_l (Seitenvorschub) richtet sich nach der *Schleifscheibenbreite b*:

für Schruppen (0,6 ... 0,75) *b*;

für Schlichten (0,25 ... 0,5) *b*.

Längsvorschub f_l, Tischgeschwindigkeit v_t und Werkstückdrehzahl n_w sind voneinander abhängig: $f_l = v_t/n_w$.

Die *Schnitttiefe* (*Zustellung*) a_e je Längshub oder je Umdrehung wird je nach Stabilität des Werkstücks, Körnung der Scheibe und geforderter Oberflächengüte und Passung ausgewählt:

für Schruppen 10 ... 30 μm;

für Schlichten 5 ... 25 μm.

Zu großes a_e gibt größeren Verschleiß der Scheibe. Bei grober Körnung der Scheibe und hartem Werkstoff kann großes a_e zum Ausbrechen der Körner führen. Große Werkstückdurchmesser erfordern wegen der größeren Flächenberührung kleineres a_e.

Tabelle 1. Richtwerte für Schleifscheibengeschwindigkeit v_c (Schnittgeschwindigkeit) in m/s

Schleifart	Stahl	Gusseisen	Hartmetall	Leichtmetall
Außenschleifen	30	25	8	35
Innenschleifen	25	25	8	20
Flächenschleifen	25	20	8	25
Werkzeugschleifen	25		22 von Hand 12 maschinell	

Tabelle 2. Richtwerte für Werkstückgeschwindigkeit v_w in m/min

Schleifart	Stahl weich	Stahl hart	Stahl eingesetzt	Stahl legiert	Gusseisen	Cu-Leg	Al-Leg
Rundschleifen Schruppen	12...15	14...18	15...18	14...18	12...15	18...21	30...40
Schlichten	8...12	8...12	10...13	10...14	9...12	15...18	24...30
Innenschleifen	18...21	21...24	21...24	20...25	21...24	21...27	30...40
Flächenschleifen			6...40			15...40	

6.5 Oberflächen-Rautiefen

Durch die Fertigungsverfahren Drehen, Hobeln, Räumen, Fräsen, Bohren und Schleifen lassen sich unterschiedliche Oberflächen-Rautiefen erreichen.

Unter Rautiefe R_t in μm versteht man den Abstand zwischen der Hülllinie und der Grundlinie innerhalb einer festgelegten Bezugsstrecke (Bild 2).

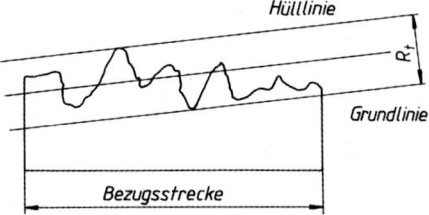

Bild 2. Rautiefe am Profilausschnitt

Tabelle 3. Richtwerte der Zuordnung von ISO-Toleranzreihe, Bearbeitungsverfahren und Rautiefe R_t

ISO-Toleranzreihe (II)	Bearbeitungsverfahren	etwa erreichbare Rautiefe in μm
IT 4	Feinstläppen, Schwingziehschleifen	0,06
IT 5	Polieren	0,06
IT 6	Läppen, Ziehschleifen, Feinstschleifen	0,12
IT 7 und IT 8	Rollieren, Feinziehen, Schleifen, Diamantdrehen, Feinräumen, Reiben	0,5 ... 1,0
IT 8 und IT 9	Feindrehen, Feinstfräsen, Ziehen, Kaltwalzen	1,0 ... 2,0
IT 10	Drehen, Fräsen, Räumen	4,0
IT 11	Schaben, Prägen	7,0 ... 9,0
IT 12 und IT 13	Hobeln, Senken, Sandstrahlen, Warmwalzen, Genauschmieden, Bohren	12,0
IT 14	Pressen	24,0

6 Schleifen

6.6 Berechnung der Hauptnutzungszeit t_h (Maschinenlaufzeit)

6.6.1 Längsschleifen (Außen- und Innenrundschleifen)

$$t_h = \frac{l}{n_w f_1} i \quad (5)$$

$$i = \frac{z}{2 a_e} \quad (6)$$

$$t_h = \frac{l z}{2 a_e\, n_w f_1} i \quad (7)$$

$$n_w = 318 \frac{v_w}{d} \quad (8)$$

t_h	Hauptnutzungszeit	min
a_e	Schnitttiefe	mm
b	Schleifscheibenbreite	mm
d	Werkstückdurchmesser	mm
i	Anzahl der Schnitte	
l	Arbeitsweg (Werkstücklänge)	mm
n_w	Werkstückdrehzahl	min^{-1}
f_1	Längsvorschub (Seitenvorschub)	mm/U
f_t	Tauchvorschub	mm/min
z	Schleifzugabe im Durchmesser	mm
B	Schleifbreite	mm
n	Anzahl Doppelhübe	min^{-1}

6.6.2 Rundschleifen (Einstechen)

$$t_h = \frac{z}{2 f_t} \quad (9)$$

6.6.3 Flachschleifen, längs

$$t_h = \frac{B}{n f_1} \quad (10)$$

Da das System Werkzeug/Maschine nicht starr ist, müssen Oberflächengüte und Genauigkeit des Werkstücks durch „Ausfeuern" verbessert werden, d.i. Schleifen ohne Zustellung. Für Ausfeuerhübe ist deshalb ein Zuschlag von 10 ... 20 % zu t_h zu geben.

■ **Beispiel:**
Längsschleifen eines Bolzens (τ_s = 500 N/mm^2) von 250 mm Länge und 80 mm Durchmesser mit Schleifscheibe 80 K von 40 mm Breite bei Schnitttiefe (Zustellung) a_e = 20 µm, Schleifscheibengeschwindigkeit v_c = 25 m/s und Werkstückgeschwindigkeit v_w = 10 m/min, Schleifzugabe z = 0,8 mm.
Gesucht: Schleifkraft (Umfangskraft), Schleifleistung, Hauptnutzungszeit.

Lösung:
Längsvorschub

$$f_1 = 0,6\, b = 0,6 \cdot 40 \frac{\text{mm}}{\text{U}} = 24 \frac{\text{mm}}{\text{U}}$$

Spannungsquerschnitt

$$A = a_e f_1 \frac{v_w}{v_c} = 0,02 \cdot 24 \text{ mm}^2 \frac{10 \text{ m/min}}{25 \cdot 60 \text{ m/min}} = 3,2 \cdot 10^{-3} \text{ mm}^2$$

Spezifische Schleifkraft $k_c = 8,55\, \tau_s$

$$A^{-0,55} = 8,55 \cdot 500 \left(\frac{1\,000}{3,2}\right)^{0,55} = 10^5 \frac{\text{N}}{\text{mm}^2}$$

Schleifkraft $F_t = k_c A = 105 \cdot 3,2 \cdot 10^{-3}$ N = 320 N

Schleifleistung $P_c = \dfrac{F_t v_c}{1\,000} = \dfrac{320 \cdot 25}{1\,000}$ kW = 8 kW

Anzahl der Schnitte $i = \dfrac{z}{2 a_e} = \dfrac{0,8 \text{ mm}}{2 \cdot 0,02 \text{ mm}} = 20$

Werkstückdrehzahl

$$n_w = 318 \frac{v_w}{d} = 318 \cdot \frac{10}{80} \text{ min}^{-1} = 40 \text{ min}^{-1}$$

Hauptnutzungszeit

$$t_h = \frac{l}{n_w f_1} i = \frac{250}{40 \cdot 24} \cdot 20 \text{ min} = 5,3 \text{ min}$$

Zuschlag für Ausfeuern ≈ 10 %, damit t_h ≈ 6 min

Literaturhinweise

Normen (Auswahl)[1])

DIN 6580	Begriffe der Zerspantechnik, Bewegungen und Geometrie des Zerspanvorganges
DIN 6581	Begriffe der Zerspantechnik, Bezugssysteme und Winkel am Schneidteil des Werkzeuges
DIN 6582	Begriffe der Zerspantechnik, Ergänzende Begriffe am Werkzeug, am Schniedkeil und an der Schneide
DIN 6584	Begriffe der Zerspantechnik, Kräfte, Energie, Arbeit, Leistungen
DIN 6589	Fertigungsverfahren Spanen, Schleifen mit rotierendem Werkzeug

Bücher

Zerspantechnik, E. Paucksch, Vieweg Verlag, Wiesbaden 1996

Formeln und Tabellen der Zerspantechnik, Th. Krist, Vieweg Verlag, Wiesbaden 1996

Praxis der Zerspantechnik, H. Tschätsch, Vieweg Verlag, Wiesbaden 1999

Spanende Formung, Theorie, Berechnung, Richtwerte, W. Degner, H. Lutze, E. Smejkal, Verlag Carl Hanser, München 2000

---

[1]) DIN-Bläter sind erhältlich bei Beuth Verlag Berlin, Wien, Zürich, nähere Angaben in http://www.beuth.de

O Werkzeugmaschinen

Werner Bahmann

1 Grundlagen

1.1 Definition

Die **Werkzeugmaschine** (*auch als Fertigungsmittel oder Fertigungseinrichtung bezeichnet*) dient der *Erzeugung von Werkstücken* mittels *Werkzeugen* entsprechend der gegebenen *Fertigungsaufgabe*.

Die **Werkzeugmaschine** gibt dem *Werkstoff* durch *urformende, umformende, trennende* und/oder *fügende Verfahren* die geforderte *geometrische Form* und *Oberflächengestalt* sowie die gewünschten *Abmessungen*.

Die Werkzeugmaschine hat sich heute zum *komplexen Fertigungssystem* mit meist hohem Automatisierungsgrad entwickelt. Sie ist vielgestaltig und komplex geworden. Dadurch ist die moderne, für die Anwendung progressiver Fertigungsverfahren geeignete Werkzeugmaschine einschließlich peripherer Einrichtungen, wie Speicher- und Handhabungstechnik für Werkstücke und Werkzeuge, Qualitätssicherungs- und Prozeßüberwachungssysteme sowie Möglichkeiten zur Integration in flexible Fertigungssysteme ein Maßstab für den Stand der Produktionstechnik eines Unternehmens.

1.2 Gebrauchswertparameter einer Werkzeugmaschine

Die Gebrauchswertparameter einer Werkzeugmaschine unterliegen dem technischen Fortschritt und müssen sich mit jeder Neuentwicklung erheblich erhöhen, um den Anforderungen der Werkzeugmaschinenanwender gerecht zu werden.

Die wesentlichen Gebrauchswertparameter der Werkzeugmaschine sind:

Produktivität P

Hauptfaktor des Gebrauchswertes bei vergleichbarer Arbeitsgenauigkeit zu vergleichbaren Erzeugnissen des Wettbewerbs. Es gilt:

$$P = \frac{W}{T \cdot A \cdot K} \qquad (1)$$

dabei ist
- W Anzahl der erzeugten Werkstücke
- T Zeiteinheit [Stunde (h), Kalendertag, Monat, Jahr]
- A Bruttogrundfläche der Werkzeugmaschine [m^2]
- K Anzahl Bedienkräfte, bei Bedienung von 4 Maschinen durch einen Bediener ist $K = 1/4$

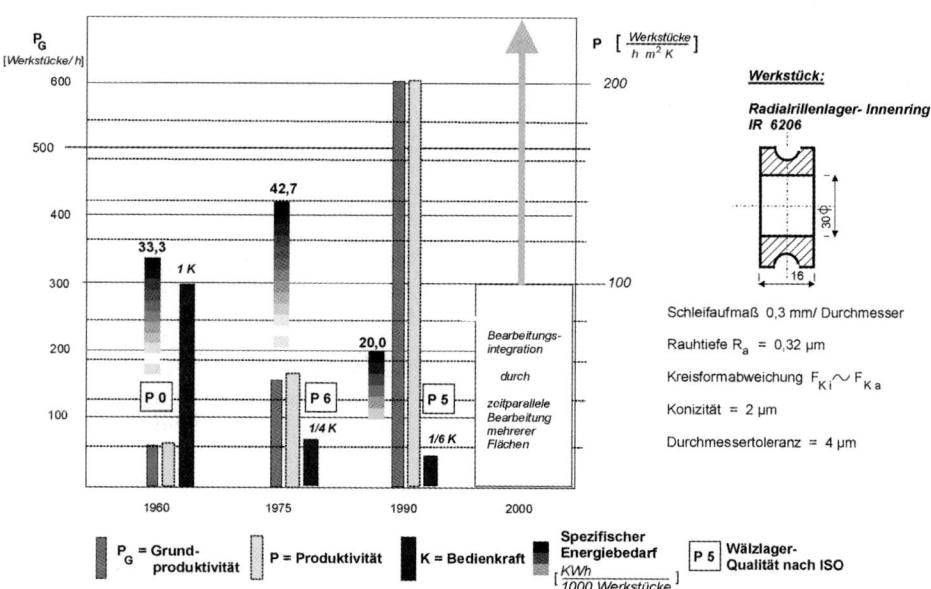

Bild 1. Entwicklung verschiedener Gebrauchswertparameter bei drei Erzeugnisgenerationen von Wälzlagerring-Schleifautomaten (Berliner Werkzeugmaschinenfabrik GmbH)

Dabei ist die Grundproduktivität

$$P_G = \frac{W}{T} \qquad (2)$$

W	T	A	K
1	h	m²	1

Sie wird für die erste Einschätzung des technischen Niveaus einer Werkzeugmaschine, z.B. im Vergleich zum Wettbewerb, herangezogen. Werden längere Zeiteinheiten zu Grunde gelegt, wie Monat oder Jahr, setzen vor allem Ausfälle die Produktivität P herab. Die Bruttogrundfläche A ist die Fläche, welche zusätzlich zur Maschinengrundfläche benötigt wird, um Bedienbarkeit und Wartung zu ermöglichen sowie für erforderliche periphere Einrichtungen, wie Werkstückspeicher u.a.

Je weniger Arbeitskräfte zum Einrichten und Bedienen einer Fertigungseinrichtung benötigt werden, desto höher ist deren Produktivität.

Die Entwicklung einer neuen Werkzeugmaschinen-Generation ist dann besonders erfolgreich, wenn gegenüber der Vorgängergeneration die Produktivität P erheblich gesteigert werden kann. Im Bild 1 ist eine solche Entwicklung dargestellt. Es handelt sich um Schleifautomaten zur Bohrungsbearbeitung von gehärteten Wälzlager-Innenringen. Das Diagramm bezieht sich auf die Innenringe der Kugellagertype 6206, also mit Bohrungsdurchmesser 30 mm.

Als Voraussetzung für eine hohe Produktivitätssteigerung mit einer neuen Erzeugnisentwicklung gilt der Grundsatz: Die Entwicklung von Fertigungsverfahren, Werkzeug, Werkzeugmaschine und Hilfsstoff ist eine Einheit.

Arbeitsgenauigkeit/Maschinenfähigkeit

Die Werkzeugmaschine muss dem Trend zur Erhöhung der Genauigkeitsanforderungen der Metall verarbeitenden Industrie bei günstigen Kosten gerecht werden.

Die wesentlichen, von der Werkzeugmaschine beeinflussbaren Genauigkeiten am Werkstück sind:

- *Durchmesser- und Längentoleranzen*
  beeinflussbar durch
  In- und Postprozessmesssteuerungen, hohe Achsverfahrgenauigkeit, besonders bei NC-Maschinen
- *Rundheit*
  beeinflussbar durch
  Rundlaufgenauigkeit der Arbeits- oder Werkstückspindel
- *Geradheit*
  beeinflussbar durch
  Führungsgenauigkeit der Werkstück- oder Werkzeugschlitten
- *Welligkeit*
  beeinflussbar durch
  Reduzierung oder Vermeidung von Relativschwingungen zwischen Werkstück und Werkzeug
- *Oberflächenrauigkeit*
  beeinflussbar durch
  Reduzierung oder Vermeidung von Relativschwingungen zwischen Werkstück und Werkzeug

Flexibilität

Diese gewinnt bei vielen Anwendern auch unter den Bedingungen hoher Produktivität wie z.B. im Fahrzeugbau durch häufige Produktveränderung zunehmend an Bedeutung. Hohe Flexibilität wird erreicht durch:

- kurze Rüst- und Umrüstzeiten, ermöglicht durch geeignete Konstruktion der beteiligten Baugruppen sowie teilweise automatisches Umrüsten in einer bedienerarmen dritten Schicht
- Werkzeugspeicher und flexible Werkzeugwechsler
- ablegbare und aus dem Speicher der Steuerung wieder abrufbare Technologien
- flexible Qualitätskontrolleinrichtungen

Verfügbarkeit (Funktionsicherheit)

Ziel: *Eine Fertigungseinrichtung sollte ohne Ausfall in seiner „Lebenszeit" ständig produzieren!*

Die Dauerverfügbarkeit V_D wird aus folgender Beziehung ermittelt:

$$V_D = \frac{\overline{T}_B}{\overline{T}_B + \overline{T}_A} \cdot 100 \qquad \begin{array}{c|c|c} V_D & \overline{T}_A & \overline{T}_B \\ \hline \% & h & h \end{array} \qquad (3)$$

dabei sind:

$$\overline{T}_B = \frac{T_{B\text{-akk}}}{z} \qquad \begin{array}{c|c|c} \overline{T}_B & T_{B\text{-akk}} & z \\ \hline h & h & - \end{array} \qquad (4)$$

der mittlere Ausfallabstand,

$T_{B\text{-akk}}$ die akkumulierte Betriebsdauer in Stunden,
z die Anzahl von Ausfällen im Betrachtungszeitraum, (T_B entspricht dem Begriff MTBF [mean time between fallures]),

$$\overline{T}_A = \frac{T_{A\text{-akk}}}{z} \qquad \begin{array}{c|c|c} \overline{T}_A & T_{A\text{-akk}} & z \\ \hline h & h & - \end{array} \qquad (5)$$

die mittlere Ausfalldauer,

$T_{A\text{-akk}}$ die akkumulierte Ausfalldauer in Stunden.

Der mittlere Ausfallabstand wird positiv beeinflusst durch:
- verschleißteillose oder -arme Konstruktion (z. B. berührungslose Dichtungen, Zahnriemen an Stelle von Keil- oder Flachriemen, berührungslose Näherungsinitiatoren an Stelle mechanisch betätigter Endschalter, schleifringlose Motoren, elektronische Steuerungen, Stelltechnik und Leistungstransistoren an Stelle Relais
- technische Diagnostik
- Dauertests der Werkzeugmaschinen beim Hersteller

Die mittlere Ausfalldauer wird positiv beeinflusst durch:

1 Grundlagen

- schnelle Erkennung und Behebung eines Ausfalls (z. B. Diagnoseeinrichtungen mit Klartextanzeige an der Steuerung, leichte Zugänglichkeit zur ausgefallenen Baugruppe, kompletter Baugruppenaustausch mit wenig Werkzeugen)

Zu beachten ist:

$$V_D = V_{D1} \cdot V_{D2} \cdot \ldots \cdot V_{Dn} \quad \frac{V_D}{h} \left| \frac{V_{Dn}}{h} \right. \quad (6)$$

$V_{D1 \ldots n}$ Dauerverfügbarkeit jeweils einer Baugruppe

Das heißt: Bei einer Dauerverfügbarkeit von 5 Baugruppen von je 99 % liegt die Dauerverfügbarkeit der Werkzeugmaschine nur noch bei 95 %. Um eine hohe Verfügbarkeit von 97 bis 98 % zu erreichen, müssen eine Reihe von Baugruppen möglichst eine solche von 100 % aufweisen, so beispielsweise die Steuerungselektronik und elektronische Antriebe.

Spezifischer Energie-Werkzeug- und Hilfsstoffverbrauch

Dieser bezieht sich immer auf die Anzahl der in dieser Bezugszeit erzeugten Werkstücke !

So ergibt sich der spezifische Energieverbrauch P_{Sp} pro 1000 erzeugter Werkstücke W zu:

$$P_{Sp} = \frac{P \cdot 1000}{W \cdot \frac{1}{h}}$$

$$\frac{P_{Sp}}{\text{KWh} / 1000\ \text{Werkstücke}} \left| \frac{P}{\text{KW}} \right. \quad (7)$$

dabei ist P die Leistung in KW.

Arbeits- und Umweltschutz

Besonders zu beachten sind Absaugeinrichtungen für Kühlschmierstoff, Schallpegelreduzierung durch geschlossene Arbeitsräume, geräuscharme Antriebstechniken, strenge Einhaltung der Arbeitsschutzvorschriften.

Formgestaltung und Ergonomie

Ist nicht nur ein gutes Verkaufsargument, sondern bei Werkzeugmaschinen auch vorbeugend zum Schutz gegen Ermüdung und Herausforderung zu Sauberkeit und Ordnung am Arbeitsplatz.
Diesen *Gebrauchswerten* stehen die **Kosten und Aufwände** beim Werkzeugmaschinen-Hersteller gegenüber, die letztlich den **Preis** der Werkzeugmaschine und damit deren **Preis-Leistungs-Verhältnis** bestimmen.

1.3 Kenngrößen und Kennlinien von Werkzeugmaschinen

Arbeitsbewegungen zur Erzeugung der Werkstückkontur (spanende Fertigung, DIN 8589).
Durch die Werkzeugmaschine müssen die entsprechenden Arbeitsbewegungen mit den erforderlichen Kräften, Drehmomenten und Geschwindigkeiten realisiert werden.

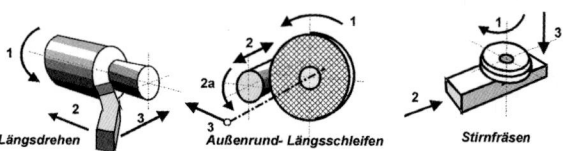

Bild 2. Beispiele für Arbeitsbewegungen bei verschiedenen spanenden Fertigungsverfahren
1 Schnittbewegung 2 Vorschubbewegung
2a Rundvorschub 3 Zu- oder Beistellbewegung

Baureihen bei Werkzeugmaschinen

Entwicklungen von Werkzeugmaschinen-Baureihen sollten auf der Basis von Normzahlen nach DIN 323 (siehe Abschnitt Maschinenelemente) erfolgen. Dabei werden für die einzelnen Maschinenarten Leitparameter ausgewählt. Deren Abstufung erfolgt nach einer Normreihe, deren Stufensprung jeweils die Baugrößenabstände bestimmt.
Tabelle 1. zeigt eine relativ enge Abstufung des Leitparameters „Drehdurchmesser über Maschinenbett" durch Anwendung der Normreihe R 20 mit dem Stufensprung $\varphi = 1{,}12$ bei einer Baureihe von Leit- und Zugspindeldrehmaschinen DLZ im Gegensatz zum Leitparameter „Presskraft in kN" bei Einständerpressen PE mit dem Stufensprung $\varphi = 1{,}6$ und damit einer weiten Abstufung.

Tabelle 1. Beispiele von Werkzeugmaschinen-Baureihen

Maschinenart	Bezeichnung	Leitparameter	Reihe	Stufensprung
Leit- und Zugspindeldrehmaschine	DLZ	Drehdurchmesser über Maschinenbett 400, 450, 500, 560, 630 mm	R 20	$\varphi = 1{,}12$
Koordinatenbohrmaschine	BK	Bohrbereich mm Durchmesser 16, 25, 40, 63	R 10	$\varphi = 1{,}25$
Einständerpresse	PE	Presskraft in kN 250, 400, 630, 1000	R 5	$\varphi = 1{,}6$

Geschwindigkeits- und Drehzahlbereiche

Schnittgeschwindigkeit v_C [m/min]: wird bestimmt durch Werkstück- und Werkzeugwerkstoff, Schrupp- oder Fertigbearbeitung, Werkstück- und Werkzeugsteife und weitere Einflussfaktoren.
Die *Grenzdrehzahlen* der Werkstückspindel bestimmen sich aus:

$$\text{obere Grenzdrehzahl:}$$
$$n_{max} = \frac{v_{C\,max} \cdot 1000}{\pi \cdot d_{min}} \quad [1/\text{min}] \quad (8)$$

untere Grenzdrehzahl:

$$n_{min} = \frac{v_{C\,min} \cdot 1000}{\pi \cdot d_{max}} \quad [1/min] \tag{9}$$

Drehzahlbereich:

$$B_n = \frac{n_{max}}{n_{min}} \tag{10}$$

Dabei sind:

d_{max} maximaler Bearbeitungsdurchmesser in mm,

d_{min} minimaler Bearbeitungsdurchmesser in mm,

$v_{C\,max}$ max. Schnittgeschwindigkeit in m/min

$v_{C\,min}$ minimale Schnittgeschwindigkeit in m/min

Auslegung von Drehmoment und Leistung als Funktion der Arbeitsspindeldrehzahl bei WZM

Die Auslegung mit *konstantem Drehmoment* (Bild 3 links) wird bei *Schrupp- oder Schwerzerspanungsmaschinen* angewandt, da die Auslastung an der Belastungsgrenze im gesamten Drehzahlbereich möglich ist. Vorsicht vor Überlastung! Sollbruchstelle oder Leistungsmesser erforderlich. Mit *konstanter Leistung* im gesamten Drehzahlbereich (Bild Mitte) werden *Feinbearbeitungsmaschinen* ausgelegt, da die Drehmomentspitze bei n_{min} relativ gering ist. Bei den meisten Werkzeugmaschinen, besonders bei *Universalmaschinen*, ist der rechts abgebildete *Kompromiss* erforderlich.

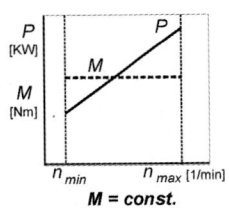

M = const.

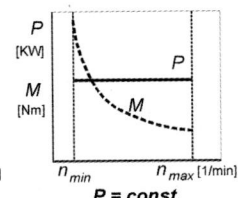

P = const.

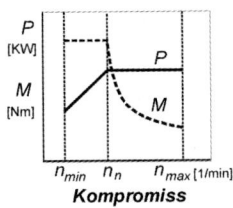

Kompromiss

Bild 3. Drei Auslegungsmöglichkeiten des Leistungs- und Drehmomentverhaltens von Arbeitsspindelantrieben

2 Baugruppen von Werkzeugmaschinen

2.1 Arbeitsspindeln (Hauptspindeln) und ihre Lagerungen

Haupt- oder Arbeitsspindeln dienen zur Realisierung der Drehbewegung als Komponente der Relativbewegung zwischen Werkstück und Werkzeug in Arbeitsrichtung, siehe auch Kapitel 1, Bild 2.

Haupt- oder Arbeitsspindeln können in Abhängigkeit vom jeweiligen Fertigungsverfahren entweder *Werkstückspindeln* (z.B. bei Drehmaschinen, Rundschleifmaschinen, Drehfräsmaschinen u.a.) oder *Werkzeugspindeln* (z.B. bei Fräs- und Bohrbearbeitungszentren, Rund- und Flachschleifmaschinen u.a.) sein.

2.1.1 Anforderung an das System Arbeitsspindel – Lagerung

1. *Aufnahme der Spannmittel* für Werkstücke oder Werkzeuge in der Arbeitsspindel.
2. *Stabiles Führen der Arbeitsspindel* auf einer in ihrer Lage vorgeschriebenen Drehachse unter Einwirkung von *Spanungs-, Antriebs- und Massenkräften*. Dabei darf die Lage der Arbeitsspindelachse zur Drehachse nur um kleinste zulässige Werte abweichen.
3. *Sicherung der Leistungsübertragung* entsprechend des vorgegebenen *Drehzahlbereiches* und der erforderlichen *Drehmomente*.

Aufnahmen für Werkstückspanner

Die Arbeits- oder Werkstückspindel ist mit einem Spindelkopf, Bild 1, ausgebildet, der aus einem Kurzkegel zur Zentrierung und einem Flansch mit Planfläche hoher Ebenheit und Laufgenauigkeit besteht. Die Tolerierung der Flächen muss so gewählt werden, dass mit der Aufspannung des Futters die Planfläche und der Zentrierkegel zum Tragen kommen. Damit werden hohe Spanngenauigkeit und Steife erreicht.

Aufnahmen für Werkzeugspanner

– *Steilkegel 7 : 24*

Steilkegelwerkzeuge werden in allen Bearbeitungszentren verwandt, wo ein automatischer Werkzeugwechsel installiert ist. Auch für manuellen Werkzeugwechsel mit Kraftspannung werden sie an Fräsmaschinen, Waagerecht-Bohr- und Fräswerken u. a. eingesetzt. Bei automatischem Werkzeugwechsel wird durch Anzugsbolzen und Zange der Schaft zentriert. Das Drehmoment wird über Mitnehmersteine übertragen, Bilder 2. und 3.

– *Metrischer (Kegelwinkel 1°25´ 56´´) und Morse-Innenkegel (1°26´43´´...1°30´26´´)* selbsthemmend

2 Baugruppen von Werkzeugmaschinen

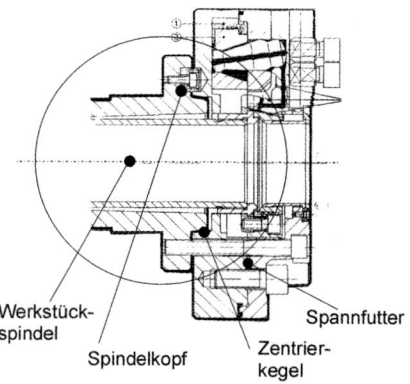

Bild 1. Werkstückspindelkopf mit Kurzkegel und Plananlage nach DIN 55026 ... 55029 mit aufgespanntem Kraftspannfutter (Forkardt, Erkrath)

Nach DIN 228 insbesondere für Bohrmaschinen oder als Innenaufnahme an Drehmaschinen-Hauptspindeln.
- Zylindrische Bohrung mit koaxialem Präzisionsgewinde für die Schleifdornaufnahme an Innenschleifspindeln(ungenormt).
- *Steilkegel 1 : 5*
Für Schleifspindelköpfe von Außenrundschleifmaschinen

Belastung der Arbeitsspindel und ihrer Lagerung
Diese ergibt sich aus den Bearbeitungskräften, den Antriebskräften, den Massenkräften, dem Gewicht der Werkstückspindel, des Spannmittels und des Werkstückes oder dem Gewicht der Werkzeugspindel, des Werkzeugträgers und des Werkzeuges. Im Bild 4a und b sind die bei der Bearbeitung auftretenden Kräfte und Momente an einer Drehmaschinen-Werkstückspindel dargestellt.

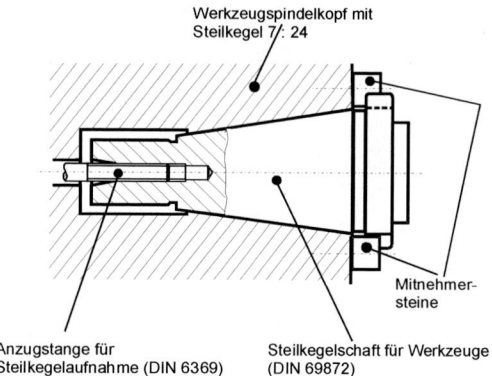

Bild 2. Werkzeugspindelkopf mit Steilkegelschaft 7 : 24 für Werkzeuge nach DIN 69872 / DIN 2080

Für eine effektive Schruppzerspanung ist erforderlich:

Hohe *statische* und *dynamische Steife des Systems Arbeitsspindel-Lagerung* im gesamten Drehzahlbereich, um bei voller Auslastung der Antriebsleistung das Auftreten selbsterregter Schwingungen zu vermeiden.

Für eine ausreichend genaue *Schlicht- und Fertigbearbeitung* sind erforderlich:

Geringste Relativbewegungen zwischen Werkstück und Werkzeug in radialer und axialer Richtung durch: Hohe *statische Steife des Systems Arbeitsspindel-Lagerung* im gesamten Drehzahlbereich, um durch geringste Verformung (gemessen in N/µm am Spindelkopf) eine hohe Maß- und Formgenauigkeit des Werkstückes zu erreichen.

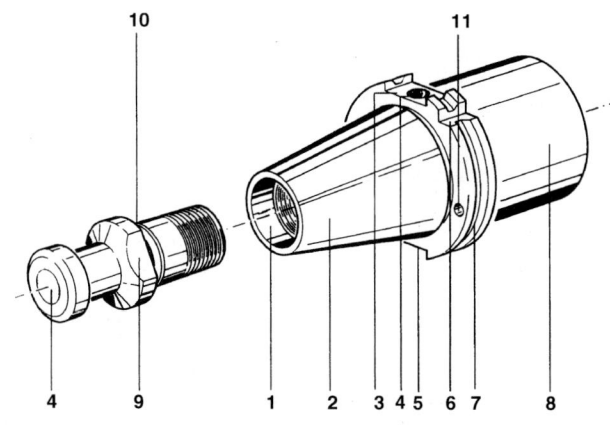

1. Passbohrung und Gewinde zur Aufnahme des Anzugsbolzens
2. Steilkegelschaft
3. Arretierung des Greifers
4. Werkzeugdatenträger
5. Ausfräsung für Mitnehmerstein
6. Nut zur Werkzeugarretierung
7. Trapezrille zum Eingriff des Wechslers beim Werkzeugtausch
8. Werkzeugspezifische Aufnahme
9. Anzugsbolzen
10. Innere Kühlschmierstoffzuführung (Form B)
11. O-Ring (Form B)

Bild 3.
Steilkegelschaft für Werkzeuge mit Steilkegel 7 : 24 für automatischen Werkzeugwechsel (DIN 69871). Die Trapezrille 7 ermöglicht die Betätigung durch einen Werkzeugwechsler.
Ein Werkzeugdatenträger ermöglicht die Kennung des jeweiligen Werkzeuges für den Datenspeicher der CNCSteuerung der Werkzeugmaschine. (Deckel, München)

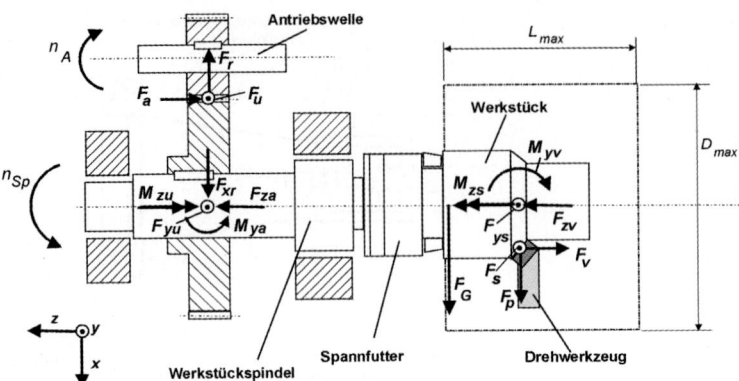

Bild 4a.
Kräfte und Momente an der Werkstückspindel bei einer Drehmaschine

Hohe *dynamische Steife des Systems Arbeitsspindel-Lagerung einschließlich des Arbeitsspindelantriebes* im gesamten Drehzahlbereich, um durch geringe Relativschwingungen zwischen Werkstück und Werkzeug eine gute Welligkeit und Oberflächenrauigkeit bei der Fertigbearbeitung zu sichern.

Hohe *Koaxialität* von Arbeitsspindelachse und Werkstückeinspannachse *und geringste Laufabweichungen* über die Gebrauchsdauer der WZM (10.000 ... 45.000 h) durch geeignete Konstruktion und hochgenaue Fertigung der Aufnahmeflächen.

Geringe *Lagerreibung* und hohe *thermische Stabilität*.

Belastungs-art	Ursache	Belastungs-art	Ursache
Radialkräfte $F_{ys}, F_{yu,}$ F_{xr}, F_{xp} F_{G1}, F_{Gi}	Schnittkraft F_s Passivkraft F_p Umfangskraft F_u Radialkraft F_r Eigengewicht F_G	Torsions-Momente M_{zs}, M_{zu}	Schnittkraft am Werkstückradius Umfangskraft am Teilkreisradius Massenträgheits-moment
Axialkräfte F_{za}, F_{zv}	Vorschubkraft F_v, Axialkraft F_a	Biege-momente M_{ya}, M_{yv},	Vorschubkraft am Werkstückradius Axialkraft am Teilkreisradius

Bild 4b. Beschreibung der Kräfte und Momente der Werkstückspindel im Bild 4a.

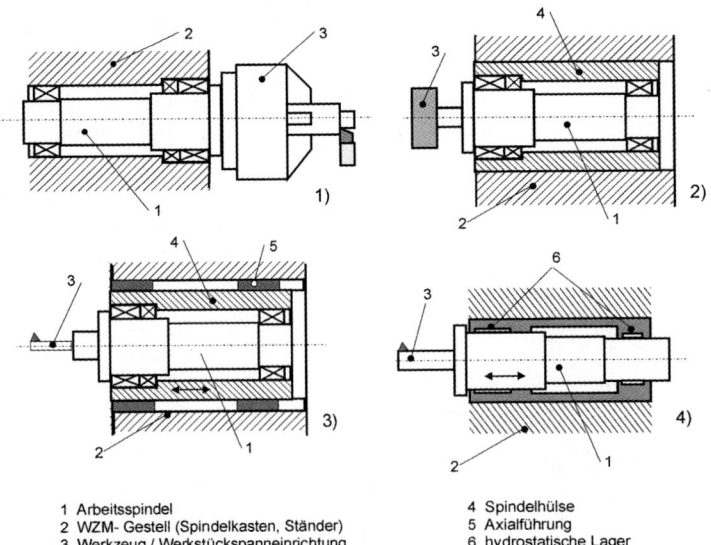

1 Arbeitsspindel
2 WZM- Gestell (Spindelkasten, Ständer)
3 Werkzeug / Werkstückspanneinrichtung
4 Spindelhülse
5 Axialführung
6 hydrostatische Lager

Bild 5.
Verschiedene Arten der Aufnahme des Systems Arbeitsspindel-Lagerung in der Gestellbaugruppe

Zukünftige Entwicklung:
Sie geht zu *höheren* Arbeitsspindel-Drehzahlen bei gleichzeitiger Erhöhung der Spanungsleistungen und der Arbeitsgenauigkeit durch Einsatz neuer Schneidstoffe, wie Schneidkeramik, kubisches Bornitrid (CBN), Hochgeschwindigkeitsfräsen und -schleifen.

Art der Aufnahme des Systems Arbeitsspindel-Lagerung in der Gestellbaugruppe (Spindelkasten, Ständer)
Im Bild 5 sind verschiedene Möglichkeiten dargestellt:
1) Direkte Lagerung im Spindelkasten oder Ständer
    Vorteil: kostengünstige Konstruktion

Nachteil: Herstellung sehr genauer Lageraufnahmeflächen nur schwer möglich

2) Lagerung in einer Spindelhülse
Vorteil: hohe Bearbeitungsgenauigkeit der Lageraufnahmeflächen durch Schleifen oder Innenfeindrehen in einer Aufspannung möglich
Nachteil: höherer Arbeits- und Kostenaufwand

3) Lagerung in axial verschiebbarer Spindelhülse

4) Spindel axial in den Lagern verschiebbar (bei Anwendung hydrostatischer Lager)

Gestaltung und Dimensionierung von Arbeitsspindel und Lagerung

Bei der Auslegung des Systems Arbeitsspindel-Lagerung ist stets neben der Durchbiegung der Spindel auch die elastische Verformung der Lager mit in die Berechnung einzubeziehen, Bild 6. Es ist:

$$\frac{y}{F} = \underbrace{\frac{a^3}{3EI_a} + \frac{a^2 l}{3EI_l}}_{(y/F)\ \text{der Spindel}} + \underbrace{\left(\frac{a+1}{l}\right)^2 \frac{1}{c_v} + \left(\frac{a}{l}\right)^2 \frac{1}{c_h}}_{(y/F)\ \text{der Lagerung}} \quad (1)$$

Die Formel zeigt, dass die *Auskraglänge a* klein und die *Steife des vorderen Lagers groß* sein muss, um eine geringe Durchbiegung, bezogen auf die Spindelnase, oder eine hohe Steife zu erreichen.
Beim Lagerabstand l_{opt} tritt ein Durchbiegungsminimum oder ein Steifemaximum auf. In Abhängigkeit von den Spindel- und Lagerungsparametern gilt:

$$l_{opt} \approx 2...(5)\ a \quad \frac{l_{opt}}{mm} \bigg| \frac{a}{mm} \quad (2)$$

Als Werkstoffe für Arbeitsspindeln werden eingesetzt: C45E und C60E (DIN EN 10 083) sowie 16 Mn Cr 4 und 20 Mn Cr 5 (DIN EN 10 084).

2.1.2 Lagerbauarten für Arbeitsspindeln

Einflächengleitlager
Diese werden im Werkzeugmaschinenbau für Arbeitsspindeln heute kaum noch verwandt. Sie arbeiten im Mischreibungsbereich und genügen trotz guter Dämpfungseigenschaften nicht mehr den Anforderungen moderner Werkzeugmaschinen.

Mehrflächengleitlager
Arbeiten als hydrodynamische Lager mit guten Laufeigenschaften und hoher Belastbarkeit. Größter Nachteil dieser Lagerbauart ist die Auslegung nach einem Drehzahlwert. Da aber bei Werkzeugmaschinen fast immer die Forderung nach einem großen Drehzahlbereich besteht, sind sie in fast allen Anwendungsfällen ungeeignet. Dort, wo nur eine Arbeitsdrehzahl vorliegt, wie beispielsweise bei der Schleifspindellagerung von spitzenlosen Schleifmaschinen, finden sie noch Anwendung.

Hydrostatische Lager
Diese Lagerbauart wird in zunehmenden Maße verwendet bei *Präzisionswerkzeugmaschinen*, wie Feindreh- und -bohrmaschinen und wenn langsame Drehbewegungen gefordert werden, z.B. bei Werkstücktischen von Verzahnungsmaschinen sowie bei Großwerkzeugmaschinen.
Das Prinzip des hydrostatischen Lagers ist im Bild 7 dargestellt.

Prinzip des hydrostatischen Lagers:
Einbringung von Taschen in zylindrische oder kegelförmige Innenflächen der Lagerbuchse, in der Regel 4, Bild 7.
Jede der Taschen ist über eine Bohrung und einer Drosselstelle mit der Ölversorgung (Bild 8) verbunden. Das Hydrauliköl wird über ein Druckstromaggregat in die Taschen gefördert und fließt dann von dort axial über die Stege der Lagerbuchse in den Ölbehälter zurück.
Der Öldruck p erhöht sich bei Belastung des Lagers in den Taschen gegenüber der Belastungsrichtung, Bild 7 oben. Dadurch entsteht nur eine geringe Verlagerung des Spindelachsmittelpunktes.
Bedingung für die ordnungsgemäße Funktion des hydrostatischen Lagers ist, dass vor dem Einschalten der Spindeldrehbewegung die Ölversorgung im Betrieb ist und damit der Öldruck am Lager anliegt. Deshalb ist auch der Begriff „Gleitlager" hier unangebracht. Der Spindelzapfen wird durch das durchströmende Öl „getragen". Bei sehr hohen Umfangsgeschwindigkeiten treten damit erhebliche Flüssigkeitsreibleistungen auf, die sich in Wärme umsetzen.

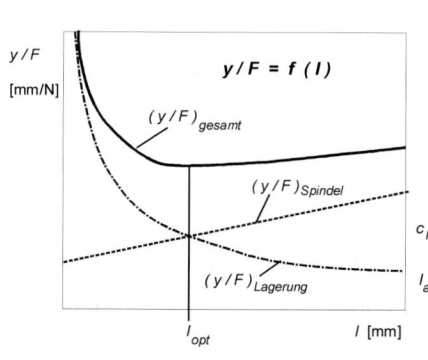

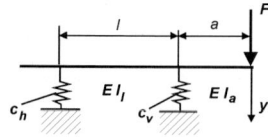

l Lagerabstand [mm]
a Kragarmlänge bis zur Spindelnase [mm]
$c_h\ c_v$ Lagersteifen [N/mm]
E Elastizitätsmodul [N/mm^2]
$I_a\ I_l$ Flächenträgheitsmomente [mm^2]
F Belastungskraft [N]
y Durchbiegung [mm]

Bild 6.
Die bezogene Durchbiegung des Systems Arbeitsspindel-Lagerung als Funktion des Lagerabstandes

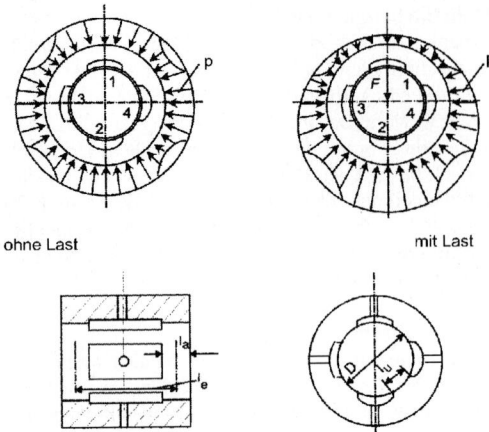

Bild 7. Bestimmungsgrößen des hydrostatischen Lagers

Die statische Steife eines hydrostatischen Lagers ermittelt sich zu:

$$c = \frac{dF}{de} = \frac{0{,}24}{h_0} \sqrt[3]{\frac{z^2}{\kappa}} \cdot p_p \cdot D \cdot l_E \quad \left|\frac{c}{\text{N/mm}}\right. \quad (3),$$

$$\kappa = \frac{l_a \cdot z \cdot l_E}{l_u \cdot \pi \cdot D} \quad \left|\frac{\kappa}{-}\right. \quad (4)$$

dabei ist:

$h_0 = \frac{D-d}{2}$	[mm]	Lagerspalt im unbelasteten Lager
d, D	[mm]	Durchmesser Spindelzapfen, Lagerbuchse
e	[mm]	Lagerspaltänderung
p_p	[N/mm²]	Pumpendruck
z		Anzahl der Öltaschen
l_a, l_E, l_U	[mm]	geometrische Werte, siehe Bild 7.
κ		Geometriefaktor

Vorteile des hydrostatischen Lagers
Hohe Dämpfung in radialer Richtung, hohe Laufruhe
Nachteile des hydrostatischen Lagers
Zusätzlicher Aufwand für das Ölversorgungssystem einschließlich sorgfältiger Ölfilterung.
Eine hohe thermische Steife ist nur durch Ölkühler mit Temperaturregelung zu erreichen

Aerostatische Lager
Entspricht in seiner Wirkungsweise dem hydrostatischen Lager, nur dass an Stelle des Öls Luft als Druckmedium tritt. Ein erheblicher Aufwand muss hier dem Reinigen und Trocknen (Ausfrieren) der Druckluft gewidmet werden. Anwendungen gibt es gegenwärtig bei Ultrapräzisions-Werkzeugmaschinen, so u. a. bei der Laserspiegelherstellung.

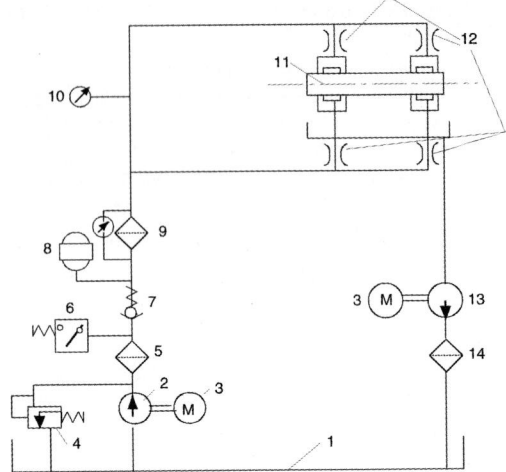

1 Ölbehälter 2 Pumpe 3 Elektromotor
4 Druckbegrenzungsventil 5 Filter (grob)
6 Druckschalter 7 Rückschlagventil 8 Druckspeicher
9 Feinstfilter mit elektr. Verstopfungsanzeige
10 Manometer 11 Arbeitsspindel 12 Konstantdrosseln
13 Absaugpumpe 14 Ölkühler

Bild 8. Ölversorgung eines hydrostatischen Lagers

Magnetlager
Durch die Fortschritte in der Elektronik und Sensortechnik sind Magnetlager anwendungsreif.
Prinzip:
Der Spindelzapfen oder Rotor wird durch magnetische Felder (in der Regel 4) berührungslos im Schwebezustand gehalten, Bild 9 oben links. Die Rotorsoll-Lage wird von Stellungssensoren überwacht. Die Sensorsignale regeln Ströme in den Elektromagneten nach der Führungsgröße „Soll-Lage des Rotors beibehalten" (Bild 9 unten). Insofern liegt eine Analogie zum hydrostatischen Lager vor, nur dass hier an Stelle des Öldruckes magnetische Kräfte wirken.
Magnetlager werden heute eingesetzt bis zu Werkstückspindeldrehzahlen von 60.000. 1/min bei Antriebsleistungen von 20 KW. Allerdings liegen die aufnehmbaren Radial- und Axialkräfte unter 350 ... 400 N. Radialsteifen, an der Spindelnase von Schleifspindeln gemessen, liegen bei 100 N/µm. Magnetlager eignen sich besonders für hochtourige Motorschleifspindeln, da außerdem mittels der vorhandenen Luftspaltregelung auch durch gewollte Schrägstellung der Arbeitsspindel die Schleifdorn-Durchbiegung beim Innenrundschleifen eliminiert werden kann. Auch gewolltes Unrundschleifen ist mit der Regeleinrichtung möglich.

Wälzlager
Die Wälzlagerung ist die heute am häufigsten verwendete Lagerbauart für Arbeitsspindeln. Sie sichert eine ausreichend hohe Laufgenauigkeit sowie hohe statische und dynamische Steife bei vergleichsweise *günstigen Kosten*.

2 Baugruppen von Werkzeugmaschinen

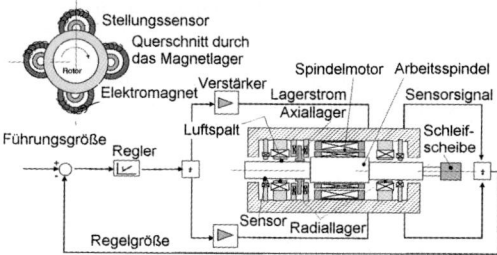

Bild 9. Motorspindeleinheit zum Innenrundschleifen, mit Magnetlagern ausgerüstet (GMN Nürnberg)

Dabei gilt für die Anwendung als Arbeitsspindellagerung, dass die Wälzlager ausnahmslos *vorgespannt*, also *spielfrei* eingebaut werden. Die Vorspannung darf auch nicht durch äußere Belastungskräfte aufgehoben werden. Deshalb finden auch nur bestimmte Wälzlagerbauarten Anwendung für Arbeitsspindellagerungen.

Folgende Lagerbauarten werden eingesetzt:
- Radial-Zylinderrollenlager zweireihig mit Innenkegel 1 : 12 im Innenring
- Kegelrollenlager mit Kontaktwinkel $\alpha = 10 \ldots 17°$
- Radial-Schrägkugellager mit Kontaktwinkel $\alpha = 12°$, $15°$, oder $25°$ in O-, X- oder T-Anordnung
- Axial-Kugellager mit Kontaktwinkel $\alpha = 90°$
- Axial-Schrägkugellager, ein- oder zweireihig, mit Kontaktwinkel $\alpha = 60°$

Die Lagerberechnung ist ausführlich in den Anwendungskatalogen der Wälzlagerhersteller (FAG, SKF, INA u.a.) beschrieben. Die Berechnung sollte unbedingt nach den Vorschriften des jeweiligen Herstellers ausgeführt werden.
Die Einsatzgebiete der genannten Lagerbauarten sind im Diagramm Bild 10 in Abhängigkeit von der geforderten statischen Steife und der oberen Grenzdrehzahl der Arbeitsspindel dargestellt.

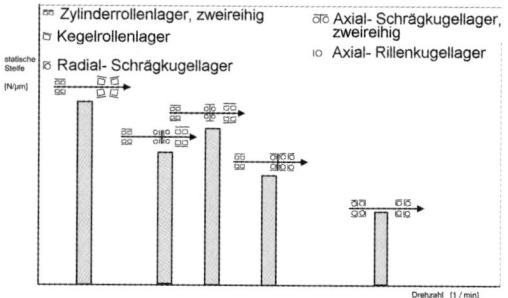

Bild 10. Statische Steife und obere Grenzdrehzahl bei verschiedenen Arbeitsspindel-Wälzlagerbauarten

Es zeigt, dass im mittleren Grenzdrehzahlbereich ($n = 3000 \ldots 5000$ 1/min) die zweireihigen Zylinderrollenlager als Radiallager bevorzugte Verwendung finden,
im oberen Bereich (ab 10.000 1/min) die Radial-Schrägkugellager als Spindellager in Hochgenauigkeitsausführung.
Bei Schwerwerkzeugmaschinen für die ausgesprochene Schruppbearbeitung und damit einer niedrigen oberen Grenzdrehzahl finden häufig Präzisionskegelrollenlager Anwendung.
Hinsichtlich der Axiallagerung zeigt sich, dass Axial-Schrägkugellager in doppelreihiger Ausführung mit $60°$ Kontaktwinkel höhere Drehzahlen und größere Belastungen zulassen als Axialrillenkugellager.

2.1.3 Anwendungsbeispiele des Systems Arbeitsspindel-Wälzlagerung mit Antriebskopplung

Arbeitsspindel für ein CNC-Bearbeitungszentrum, Bild 11.

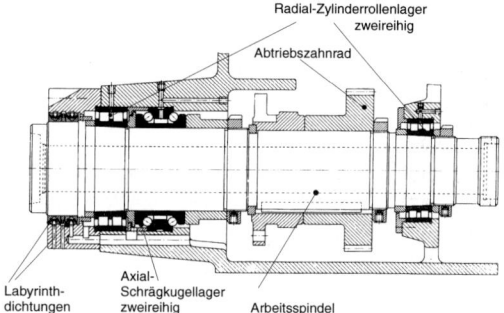

Bild 11. Arbeitsspindel als Werkzeugspindel zum Fräsen, Bohren u.a. für ein CNC-Bearbeitungszentrum (nach FAG)

Die Antriebsleistung für die gezeigte Arbeitsspindel beträgt 20 KW, der Drehzahlbereich liegt bei $n = 11 \ldots 2240$ 1/min. Der Antrieb erfolgt über ein schrägverzahntes Radpaar auf die Spindel. Dieses Beispiel stellt die klassische Wälzlagerung für einen großen Drehzahlbereich und hohe radiale und axiale Belastungen dar, wie sie vor allem beim Fräsen auftreten. Die definierte Vorspannung der Radial-Zylinderrollenlager (DIN 5412) wird erreicht über eine Mutter und die Innenkegelfläche im Verhältnis 1 : 12 des Innenrings, durch die dieser bei axialer Verschiebung geweitet wird. Um zu vermeiden, dass durch den Monteur eine zu große Vorspannung eingestellt wird, befindet sich im Bild links vor dem Lager-Innenring ein Distanzring, der auf eine der gewünschten Vorspannung entsprechende Breite geschliffen und plan geläppt wurde. Das doppelreihige Axial-Schrägkugellager besitzt zwei Innenringe und dazwischen ebenfalls einen Distanzring, dessen Breite die axiale Vorspannung bestimmt.
Positiv ist, dass nur eine Bohrung für das vordere Radiallager und das Axiallager herzustellen ist und der Radiallager-Außenring gleichzeitig den Zentriersitz für die vordere Abdeckkappe bildet, in welcher eine Labyrinthdichtung gegen das Eindringen von

Kühlschmiermittel und eine zweite gegen das Auslaufen von Schmieröl aus dem Spindelkasten (Öl-Umlaufschmierung) angebracht ist.

Arbeitsspindel für eine CNC-Drehmaschine, Bild 12.

Die Antriebsleistung beträgt 25 KW. Der Drehzahlbereich ist mit $n = 31,5 ... 5000$ 1/min groß bei einer sehr hohen oberen Grenzdrehzahl. Es besteht an die Drehmaschine außerdem die Forderung nach Sicherung einer hohen Arbeitsgenauigkeit.

Durch den Einsatz von drei Spindellagern als vorderes Hauptlager wird eine ausreichende Steife und hohe Laufruhe erreicht. Durch „Freistellen" des dritten (linken) Spindellagers in radialer Richtung und damit nur zur Aufnahme der Axialkräfte entsteht eine geringere Wärmeentwicklung. Die Vorspannung wird über Distanzringe unterschiedlicher Breite zwischen den Lagern erreicht. Als hinteres Lager kann ein doppelreihiges Zylinderrollenlager mit leichter Vorspannung verwendet werden, da eine geringere Belastung vorliegt. Das integrierte Spannfutter verringert den Kragarm a (Bild 6) um ca. 30 % gegenüber einem normalen Spannfutter.

Die Schmierung erfolgt „*for life*" mit einem Spezial-Wälzlagerfett (FAG-Arcanol). Die Abdichtung gegen Eindringen von Kühlschmiermittel übernehmen wiederum Labyrinthe.

Planscheibenlagerung einer Senkrecht-Drehmaschine (Karussell), Bild 13.

Die Antriebsleistung beträgt 55 KW, der Drehzahlbereich liegt bei $n = 4 ... 300$ 1/min. Die radiale Führung und die axiale Gegenführung übernimmt ein Radial-Schrägkugellager. Hauptstützlager ist ein Axial-Rillenkugellager.

Schleifspindel für Außenrundschleifmaschinen Bild 14.

Von Außenrundschleifmaschinen wird einerseits eine hohe Zerspanungsleistung beim Schruppschleifen gefordert, anderseits die Sicherung enger Formtoleranzen und guter Oberflächengüten beim Fertigschleifen. Die damit erforderliche hohe Steife wird erreicht durch großen Spindeldurchmesser, verstärkten Spindelkern zwischen den Lagern und durch die Anordnung von vier Hochpräzisions-Spindellagern auf der Schleifscheibenseite. Die Drehzahl liegt im Durchschnitt bei 3500 ... 4000 1/min. Die Lagervorspannung des vorderen und hinteren Lagerpaketes übernehmen auch hier Distanzringe, wobei der innere Ring um wenige μm (je nach Größe der Vorspannkraft) gegenüber dem äußeren Ring in seiner Breite zurückgesetzt wird. Die Schmierung erfolgt „for life" durch Fett.

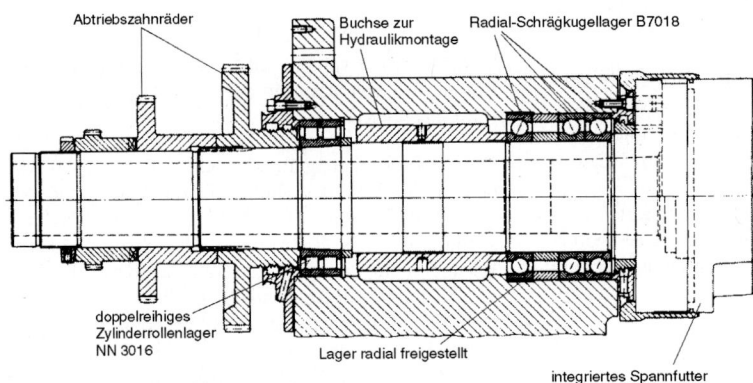

Bild 12.
Werkstückspindel mit Lagerung für eine CNC-Drehmaschine (nach FAG)

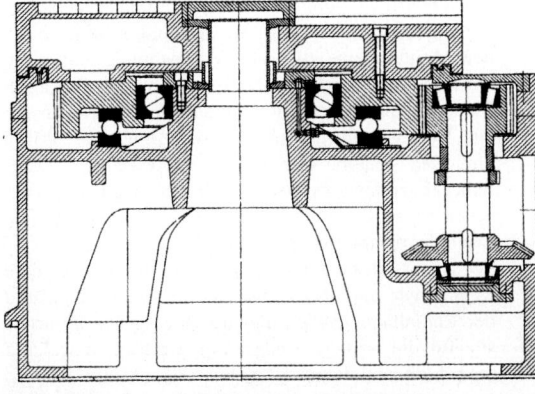

Bild 13.
Planscheibenlagerung einer Karusselldrehmaschine (nach FAG)

2 Baugruppen von Werkzeugmaschinen

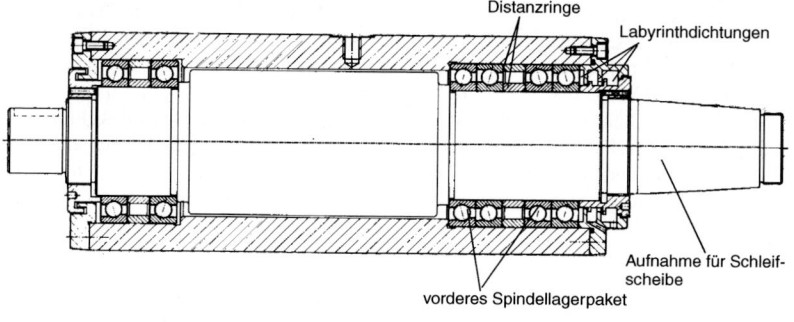

Bild 14. Werkzeugspindeleinheit für Außenrundschleifmaschinen (Weiss Spindeltechnologie GmbH, Schweinfurt)

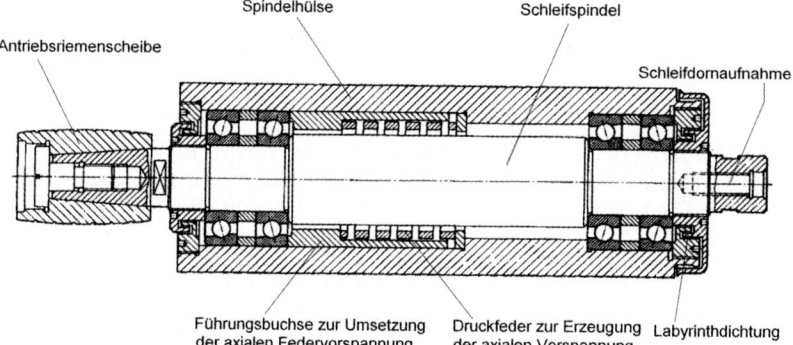

Bild 15. Riemengetriebene Schleifspindeleinheit zum Innenrundschleifen (Weiss Spindeltechnologie GmbH, Schweinfurt)

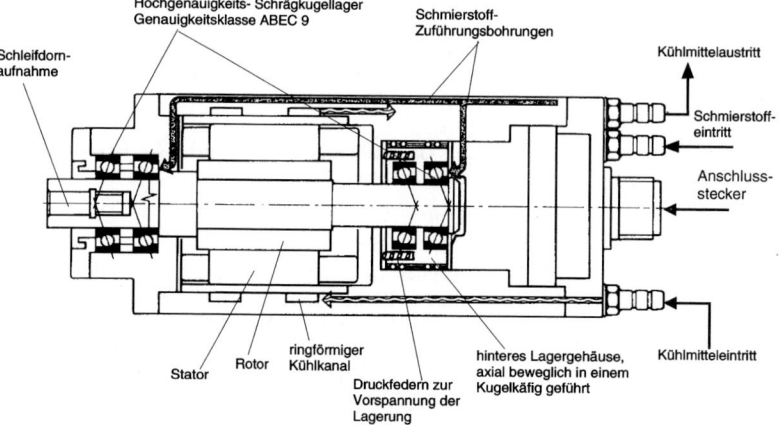

Bild 16. Hochfrequenz-Schleifspindeleinheit 120 EG 60 - 6 mit n_{max} = 60.000 1/min, Antriebsleistung P = 6 KW Statischer Frequenzumformer CS2000/12/P mit einer Leistung von 12 kVA und 2000 Hz Maximalfrequenz, vorzugsweise für Bohrungsdurchmesser zwischen 20 ... 25 mm. (Gamfior S.p.A., Turin, Italien)

Werkzeugspindeleinheit zum Bohrungsschleifen
Bild 15.
Riemengetriebene Schleifspindeln werden bis maximal 30.000 1/min eingesetzt. Darüber hinaus ergeben sich ungünstige Umschlingungswinkel des Flachriemens an der auf der Schleifspindel sitzenden Riemenscheibe, da diese sehr klein gewählt werden muss, um die erforderliche Übersetzung beim meist verwandten Drehstrom-Asynchronmotor mit n = 3000 1/min als Antrieb zu erreichen.
Zur Sicherung, des hochtourigen Laufs muss das System Spindel-Lagerung steif und sehr genau sein. Um Veränderungen u. a. durch thermische Einflüsse zu begegnen, werden beide Lagerpakete über eine Druckfeder, die auf das hintere Lagerpaket wirkt, axial vorgespannt. Die Lagerpakete in sich erhalten die Vorspannung wiederum über Distanzringe unterschiedlicher Breite. Die Schmierung erfolgt in der Regel „for life" mit Fett.

Motorschleifspindel Bild 16.
Bereits 1960 wurden für das Innenrundschleifen Spindeleinheiten mit integriertem, auf gleicher Achse angeordneten Antriebsmotor, welcher als Hochfrequenzmotor mit maximaler Leistung und geringsten Abmessungen gestaltet war, entwickelt. Mittels Motorumformer wurde die gewünschte hohe Frequenz erzeugt. Diese Entwicklung war notwendig gewor-

den, weil beim Bohrungsschleifen wegen der Anwendung höherer Schleifscheiben-Umfangsgeschwindigkeiten dank neuer Schleifstoffe und hochfester Bindungen diese nur durch Drehzahlerhöhung bei gleicher Spindelsteife im Gegensatz zum Außenrundschleifen (Vergrößerung des Schleifscheiben-Durchmessers) möglich war. So konnten Schleifspindeleinheiten bis 180.000 1/min entwickelt werden, wie sie beispielsweise zum Schleifen von Einspritzdüsenbohrungen zur Anwendung kommen.

In der Zwischenzeit haben sich mit der Entwicklung der Leistungselektronik *statische Frequenzumformer* durchgesetzt, die Ausgangsfrequenzen bis zu 4000 Hz zulassen und Nennleistungen bis zu 43 kVA bei Möglichkeit der Drehzahlvariabilität (in Grenzen), so zur Beibehaltung konstanter Schnittgeschwindigkeit bei zunehmenden Scheibenverschleiß durch das Abrichten.

Der zwischen beiden Lagerpaketen sitzende Hochfrequenzmotor wird mittels Kühlmittel über Kühlkanäle auf konstanter Temperatur gehalten. Die Lager werden mittels Öl-Luft-Gemisch oder Ölnebel geschmiert. Ölnebel oder Luft dienen gleichzeitig zur Sperrung gegen Schleifhilfsstoffeintritt in die Spindellagerung. Jedes Lagerpaket ist wieder über Distanzringe vorgespannt. Beide Lagerpakete werden mittels Druckfedern über die axial in einem Kugelkäfig geführte hintere Lagerbuchse axial vorgespannt. Durch die Kugelführung entsteht rollende Reibung und damit kein negativer Einfluss durch die Reibungskraft. Über Anschlussstecker und Spezialkabel ist die Schleifspindel mit dem Frequenzumformer verbunden.

Motorspindeleinheit für die Hartfeinbearbeitung kurzer, vorwiegend runder Teile (im Futter spannbar), Bild 17.

In zunehmenden Maße finden Motorspindeln als Werkstück- und Werkzeugspindeln Anwendung im Werkzeugmaschinenbau. Die Vorteile liegen auf der Hand:
– Wegfall mechanischer Getriebe
– Querkraftfreie Arbeitsspindel, damit Reduzierung von Relativschwingungen zwischen Werkstück und Werkzeug auf ein Minimum, besonders wichtig bei Präzisionsmaschinen
– Stufenlose Drehzahleinstellung und Regelung
– Anwendung hoher Schnittgeschwindigkeiten durch hohe Drehzahlen und leistungsstarke Motoren, z. B. beim Hochgeschwindigkeits(HSC)-Fräsen
– Leichte Verfahrbarkeit der Spindeleinheit in den kartesischen Koordinaten durch deren kompakten Aufbau

Die im Bild gezeigte Spindeleinheit besitzt als Antrieb einen stufenlos stellbaren Drehstrom-Synchronmotor (Siemens AG). Da dieser bei Belastung relativ kalt bleibt und ein zusätzliches Kühlsystem vorhanden ist, wird eine hohe thermische Steife erreicht. Der Motor ist bei dieser Spindel hinter den beiden Hauptlagern angeordnet. Dadurch wird ein drittes Lager am Spindelende benötigt. Zusätzliche Sperrluft sorgt für eine einwandfreie Abdichtung gegen Eindringen besonders von Schleifhilfsstoff (Hartfeindrehen erfolgt trocken).

2.2 Hauptantriebe

Hauptantriebe dienen zum Antrieb der Arbeitsspindel von Werkzeugmaschinen, sichern die Übertragung der *Antriebsleistung*, den Wandel der *Drehmomente* und ermöglichen die Sicherung des meistens geforderten *Drehzahlbereichs* der Arbeitsspindel.

Im Bild 18 sind die prinzipiellen Möglichkeiten der Hauptantriebe dargestellt.

2.2.1 Gleichförmig übersetzende Getriebe oder Antriebe

Stufenlose Getriebe
– Mechanisch
  Früher in Form der Reibgetriebe oder Ketten- bzw. Riemengetriebe mit Spreizkegelscheiben (PIV-Getriebe) in Anwendung. Sie haben heute im Werkzeugmaschinenbau ihre Bedeutung, besonders als Hauptantrieb, durch die Entwicklung der elektrischen Antriebe verloren.

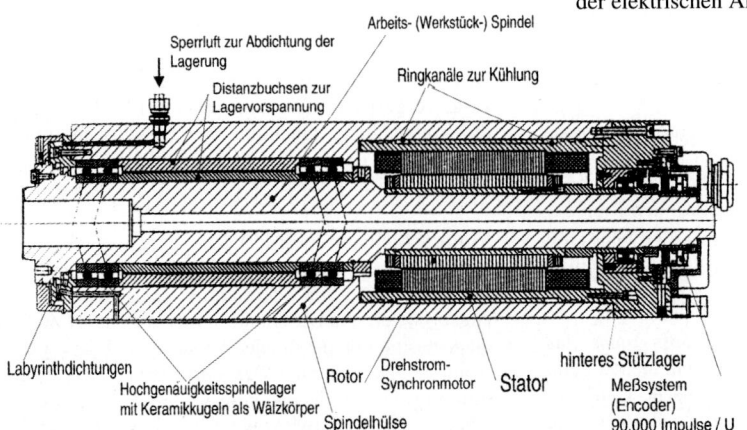

Bild 17. Werkstückspindeleinheit für Hartbearbeitungsmaschinen zum Hartfeindrehen und Schleifen in einer Aufspannung (Weiss Spindeltechnologie GmbH, Schweinfurt)

2 Baugruppen von Werkzeugmaschinen

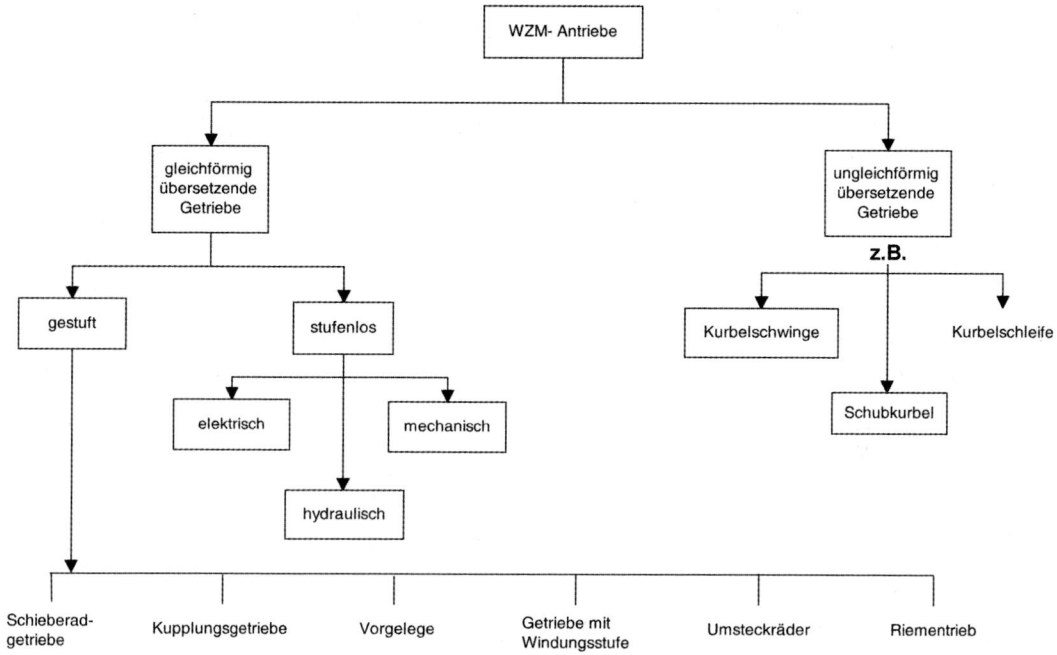

Bild 18. Als Werkzeugmaschinen-Hauptantrieb einsetzbare Getriebe und Antriebe

- Hydraulisch
  Auch hydrostatische Getriebe, bestehend aus Hydrogenerator (Verstellpumpe) und rotatorischem Hydromotor, haben wegen schlechter thermischer Eigenschaften und hoher Verlustleistung keine Bedeutung mehr als Werkzeugmaschinen-Hauptantrieb. Hydrostatische Getriebe mit translatorischem Hydromotor (Hydrozylinder- und -kolben) finden dagegen Anwendungen als Hauptantrieb in Langhobelmaschinen und vor allem als Vorschubantrieb und für Längsbewegungen von Arbeitsschlitten, z. B. bei Rund- und Flachschleifmaschinen. Diese Antriebe werden deshalb im Kapitel 2.3.4 behandelt.
- Elektrisch
  Direkte stufenlos stell- und regelbare elektrische Hauptantriebe (als Motor-Arbeitsspindeln) oder in Kombination mit mechanischen Getriebestufen zur Drehzahlbereichserweiterung gewinnen mit der Entwicklung der Leistungselektronik und der CNC-Technik immer mehr an Bedeutung. Ihnen ist das Kapitel 2.2.3 gewidmet.

Gestufte Getriebe
Gestufte mechanische Antriebe in Form von Zahnradgetrieben oder Riementrieben haben auch im Zeitalter der CNC-Technik und der elektronischen Antriebe ihre Bedeutung nicht verloren. Besonders in klassischen Universalwerkzeugmaschinen, wie sie auch heute noch von Klein- und Handwerksbetrieben und im Instandhaltungssektor eingesetzt werden, sind insbesondere Zahnradgetriebe, auch gekoppelt mit Riementrieben, in Anwendung.

Ungleichförmig übersetzende Getriebe
Die aus der Getriebelehre bekannten Prinzipien, wie *Schubkurbel*, *Kurbelschwinge* und *Kurbelschleife* kommen besonders bei Maschinen der Umformtechnik (Kurbelpressen u.a.), Verzahnmaschinen (Schneidrad-Stoßmaschinen), Hobel- und Stoßmaschinen sowie Oszillationsgetrieben (hohe mechanische Frequenz) zur Anwendung.

2.2.2 Gestufte mechanische Getriebe, gleichförmig übersetzend

Getriebesymbole

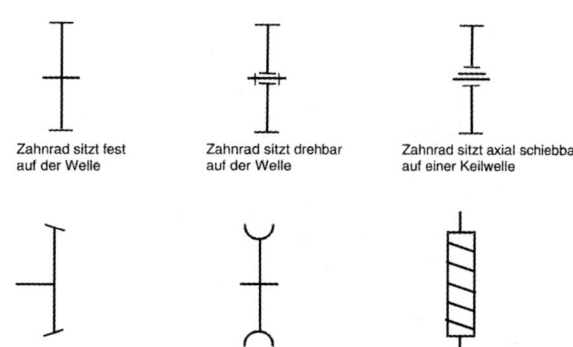

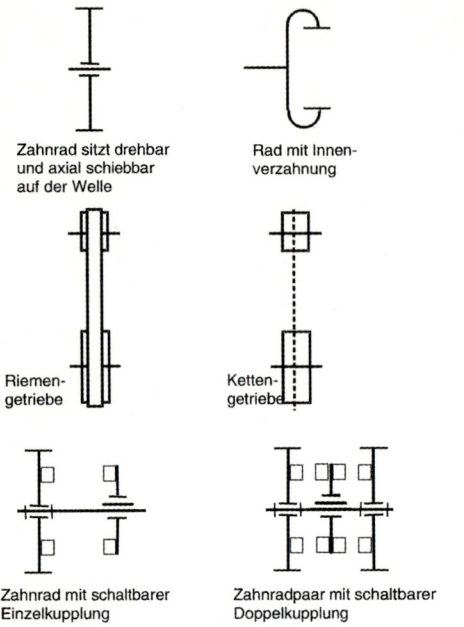

Bild 19. Getriebesymbole zur vereinfachten Darstellung des Getriebeaufbaus

Schieberadgetriebe Bild 20 (unter Anwendung der Getriebesymbole Bild 19).

Zweierblock: Um axial klein zu bauen, Schieberad-Zweierblock zwischen die beiden Festräder legen, (linkes Bild), ansonsten vergrößert sich die Blockbreite b von 4 x Radbreite b_R auf 6 x b_R.
Dreierblock: Die axiale Breite beträgt mindestens 7 x b_R.
Vorteile von Schieberadgetrieben:
Übertragung hoher Drehmomente bei geringem Platzbedarf, kostengünstig, guter Wirkungsgrad.
Nachteile von Schieberadgetrieben:
nur im Stillstand schaltbar, Automatisierung nur mit viel Aufwand möglich.

Kupplungsgetriebe Bild 21a.
Jede der drei dargestellten Getriebestufen befindet sich ständig im Eingriff, während jeweils nur eine der drei Kupplungen wirkt.
Vorteile: unter Last schaltbar, da meist kraftschlüssige, schleifringlose Elektromagnet-Lamellenkupplungen verwendet werden. Gut automatisierbar
Nachteile: hohe Erwärmung durch Restmomente der nicht geschalteten Kupplungen ungünstiger Wirkungsgrad großes Bauvolumen, da oft die zur Drehmoment-Übertragung notwendige Kupplungsabmessung die Baugröße bestimmt

Vorgelege Bild 21b.
Vorgelege werden in der Regel über eine parallel zur Arbeitsspindel angeordnete Vorgelegewelle aufgebaut (im Bild als unten liegende Welle dargestellt).

Der mittels vorgelagerter Getriebestufen oder durch einen stufenlosen Antrieb erzeugte Drehzahlbereich wird beim Schalten der Kupplung nach links direkt an der Arbeitsspindel wirksam. Dabei wird bei der im Bild rechts dargestellten Bauart die auf der Vorgelegewelle sitzende Hülse mit den Zahnrädern b und c nach links verschoben und damit die Räder außer Eingriff gebracht.

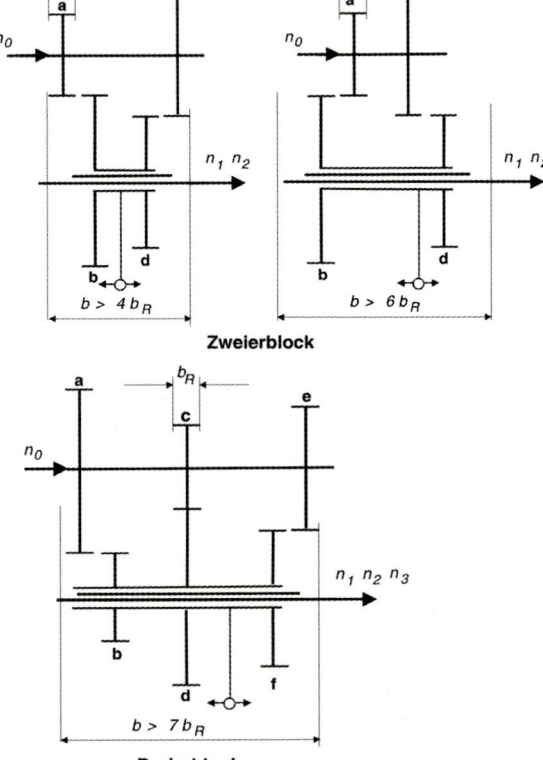

Bild 20. Schieberadgetriebebauarten (Zweier- und Dreierblock). Die Buchstaben a, b, c, ... bezeichnen die einzelnen Räder und ihre Zähnezahlen, z.B. a = 22 Zähne

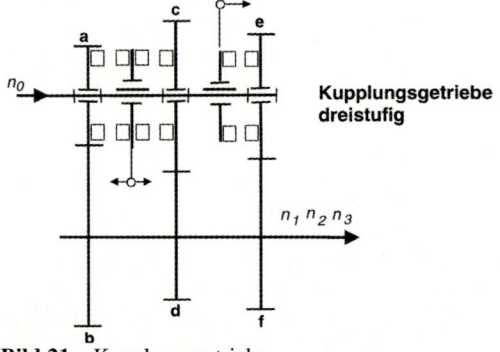

Bild 21a. Kupplungsgetriebe

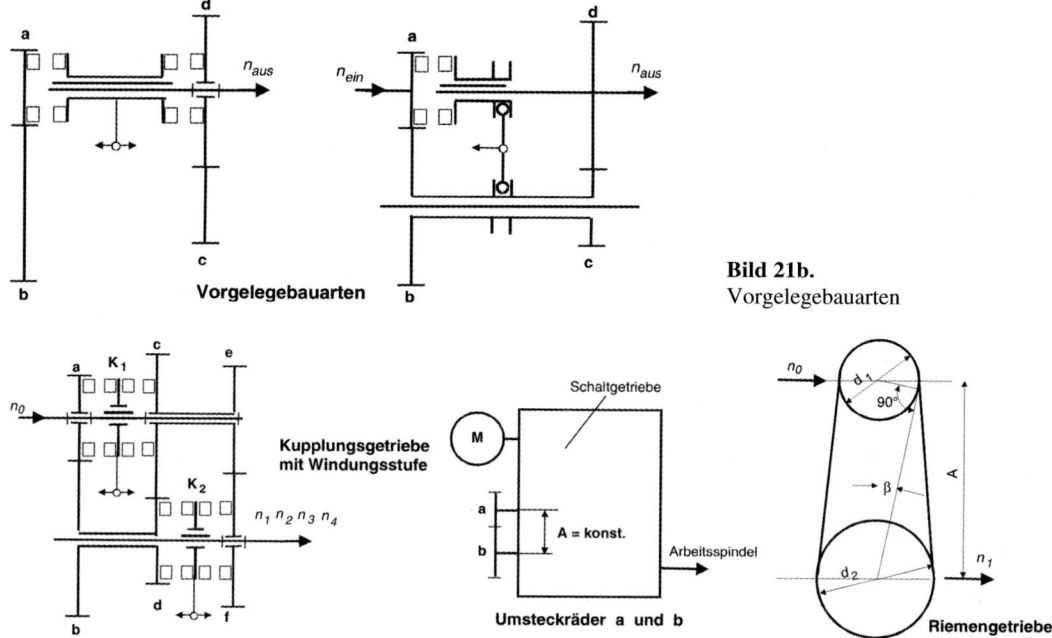

Bild 22. Getriebe mit Windungsstufe, Umsteckräder und Riemengetriebe

Durch Trennen der linken Kupplung und Eingriff der Räder oder Schalten der rechten Kupplung (im Bild links) erfolgt die Drehmomentübertragung über die Zahnräder a, b, c und d. Damit wird der niedrige Drehzahlbereich wirksam.

Vorteil ist eine große Gesamtübersetzung i_V = b/a · d/c, mit der eine Verdopplung des Drehzahlbereiches auf relativ einfache und kostengünstige Weise erreicht wird.

Kupplungsgetriebe mit Windungsstufe
Bild 22 links

Beim Getriebe mit Windungsstufe können mit drei Zahnradpaaren und zwei Doppelkupplungen *vier Abtriebsdrehzahlen erreicht werden.*

Die Übersetzungen ergeben sich aus:

$i_1 = \dfrac{b}{a}$, K_1 nach links und K_2 nach links

$i_2 = \dfrac{d}{c}$, K_1 nach rechts und K_2 nach links

$i_3 = \dfrac{f}{e}$, K_1 nach rechts und K_2 nach rechts

Windungsstufe

$i_4 = \dfrac{b}{a} \cdot \dfrac{d}{c} \cdot \dfrac{f}{e}$, K_1 nach links und K_2 nach rechts

Vorteil: große Übersetzung bei geringem radialen Bauraum

Nachteile: großer axialer Bauraum, schlechter Wirkungsgrad, hohe Erwärmung

Umsteckräder Bild 22 Mitte
Anwendung meist bei Sondermaschinen. Durch Umstecken der Zahnräder a und b gegen solche mit anderen Zähnezahlen kann der Drehzahlbereich der Arbeitsspindel nach niedrigeren oder höheren Drehzahlen verlegt werden

Riementrieb Bild 22 rechts
Als Riementriebe werden im Werkzeugmaschinenbau neben Flach- und Keilriemen in zunehmenden Maße Zahnriementriebe und Keilrippenriementriebe, auch Poly-V-Riementriebe genannt, verwandt, Bild 23.

Vorteile: ruhiger Lauf, bei Zahnriementrieb kein Schlupf und somit genaue Drehwinkelübertragung. Damit Verwendung besonders bei NC-Maschinen.

Nachteile: Schlupf bei kraftschlüssigem Riemenprinzip (kaum Schlupf bei Poly-V-Riemen). Spannen erforderlich über Achsversatz oder zusätzliche Spannrolle.

Übersetzung

$$i = \dfrac{n_0}{n_1} = \dfrac{d_2}{d_1}$$

Riemenlänge bei Flachriemen:

$$L = \dfrac{\pi}{2}(d_1 - d_2) + 2A\cos\beta + \dfrac{\pi\beta}{180°}(d_1 + d_2)$$

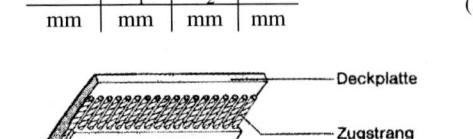

(5)

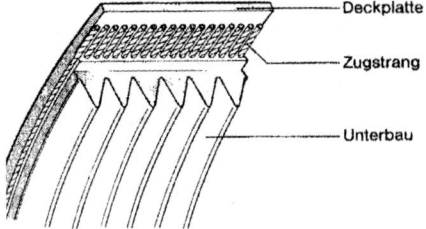

Aufbau des Keilrippenriemens
(ContiTech, Hannover)

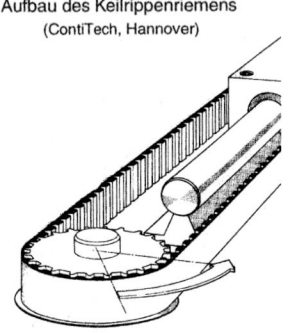

Zahnriemen zum Antrieb einer Lineareinheit
(Mulco Hannover)

Bild 23. Keilrippenriemen (Poly-V)- und Zahnriemengetriebe

Die Berechnung von Keilrippen- und Zahnriemenantrieben sollten nach den Berechnungsunterlagen der Hersteller erfolgen.

Getriebeentwurf

Haupt- und auch Vorschubgetriebe werden geometrisch gestuft (arithmetische Stufung nur bei Vorschubantrieben zur Erzeugung metrischer Gewindesteigungen). Die Drehzahlstufung folgt der Reihe:

$$n_1$$
$$n_2 = n_1\,\varphi$$
$$n_3 = n_2\,\varphi = n_1\,\varphi^2$$
$$\ldots = \ldots$$
$$n_z = n_1\,\varphi^{z-1}$$

dabei ist z die Zahl der Drehzahlstufen, n_1 die niedrigste und n_z die höchste Drehzahl damit ergibt sich der Stufensprung φ zu:

$$\varphi = \sqrt[z-1]{\frac{n_z}{n_1}} \qquad (6)$$

Bei den Drehzahlreihen nach DIN 804, Tabelle 1., bilden die Grundreihen nach DIN 323 die Basis (siehe Abschnitt Maschinenelemente).

Geometrische Stufung bedeutet:
- Im niedrigen Drehzahlbereich liegt ein großes Drehzahlangebot vor. Dies ist günstig für die Schruppbearbeitung zur besseren Ausnutzung des Zerspanungsvorgangs.
- Im hohen Drehzahlbereich reicht das kleine Drehzahlangebot für die Schlicht- und Feinbearbeitung wegen der geringen Zerspankräfte aus.
- Bei einer geometrischen Reihe entstehen Multipliziergetriebe, die wieder geometrisch gestufte Drehzahlen ergeben, z. b. $z = 6$, dann ist $6 = 3 \cdot 2$, d. h. die erste Übersetzung besteht aus 3 Schaltstufen, die zweite aus 2. Es genügen also $3 + 2 = 5$ Zahnradpaare.

Drehzahlplan nach Germar
Regeln:
(1) Getriebewellen (I, II, III...) werden als waagerechte parallele Geraden gleichen Abstandes dargestellt.
(2) Im Plan werden senkrecht Markierungslinien mit gleichen Abständen eingetragen. Sie symbolisieren eine logarithmische Teilung. Damit entspricht der Abstand zwischen zwei Linien dem Stufensprung φ.
(3) Zwischen den Drehzahlen der Wellen werden entsprechend der jeweiligen Zahnradübersetzung Drehzahlleitern gezogen. Dabei bedeuten:
Senkrechte Drehzahlleiter Übersetzung $i = 1$
Drehzahlleiter nach links $i > 1$,
   Übersetzung ins Langsame
Drehzahlleiter nach rechts $i < 1$,
   Übersetzung ins Schnelle
(4) Im Bereich des Schaltgetriebeteils sollte als zulässige Übersetzung gelten:

$$\left(\frac{1}{2}\right)\ldots\frac{1}{1{,}25}\ldots \leq i_{zul} \leq \ldots 2{,}8 \ldots (4), \qquad (7)$$

dabei sollten die Klammerwerte nur in geeigneter geometrischer Konfiguration zur Anwendung kommen.
Am Entwurf eines sechsstufigen Dreiwellengetriebes sollen Drehzahl- und Getriebeplan erläutert werden:
Es sei: Motordrehzahl $n_{mot} = 1400$ 1/min (Lastdrehzahl nach DIN 804), $n_z = n_6 = n_{mot}$, $z = 6$, $n_1 = 250$ 1/min
Daraus folgt:

$$\varphi = \sqrt[z-1]{\frac{n_z}{n_1}} = \sqrt[5]{\frac{1400}{250}} \approx 1{,}4$$

In der Tabelle 1 können in Spalte 3 unter $\varphi = 1{,}4$ die 6 Drehzahlen abgelesen werden. Diese sind:
$n_1 = 250$, $n_2 = 355$,
$n_3 = 500$, $n_4 = 710$,
$n_5 = 1000$,
$n_6 = 1400$ 1/min.
Danach erfolgt die Überprüfung auf die zulässigen Werte für φ nach (7).

Es ist: zulässiges i ins Langsame: $\varphi^x \leq 2{,}8$, d.h. $x \leq \log 2{,}8 / \log 1{,}4$, $x \leq 3$,
zulässiges i ins Schnelle: $\varphi^x \geq 1/1{,}25$, d.h. $x \geq \log 0{,}8 / \log 1{,}4 \geq -0{,}66$, $x \geq 1/2$

Die Aufteilung der Getriebestufen ergibt sich aus den Primfaktoren der Zahl z = 6 zu 3 und 2, das bedeutet zwei Stufenfaktoren.

Die Anzahl der Getriebewellen ergibt sich aus der Zahl der Stufenfaktoren + 1 -, d. h. 2 + 1 = 3 Wellen. Damit kann der Drehzahlplan nach Germar entworfen werden (Bild 24).

Tabelle 1. Lastdrehzahlen der Arbeitsspindel [U/min] nach DIN 804 (Die Drehzahlen können beliebig nach oben oder unten erweitert werden: Beispiel: Auf n = 1 000 folgen 1 120, 1 250, 1 400, ... , 1/min)

Grund- dreihe R 20	R 20 / 2	Abgeleitete Reihen			
		R 20 / 3 (...2800...)	R 20 / 4 (.1400.) (.2800.)		R 20 / 8 (...2800)
$\varphi = 1{,}12$	$\varphi = 1{,}25$	$\varphi = 1{,}4$	$\varphi = 1{,}6$	$\varphi = 1{,}6$	$\varphi = 2$
1	2	3	4	5	6
100					
112	112	11,2		112	11,2
125		125			
140	140		1400	140	1400
160		16			
180	180	180		180	180
200			2000		
224	224	22,4	224		22,4
250		250			
280	280		2800	280	2800
315		31,5			
355	355	355	355		355
400			4000		
450	450	45		450	45
500		500			
560	560		5600	560	5600
630		63			
710	710	710		710	710
800			8000		
900	900	90	900		90
1000		1000			

Regeln für den Getriebeentwurf

1) Hohe Drehzahlen der Zwischenwellen (im Bild 24, Welle II) ergeben kleinere Drehmomente und damit geringere Bauteilabmessungen (Zahnräder und deren Modulen, Wellen, Schieberadblöcke). Deshalb zunächst mit dem Dreierblock als aufwendige Baugruppe zwischen den Wellen I und II beginnen. Dadurch weist im Beispiel die minimale Drehzahl der Welle II immerhin noch 710 1/min auf.
2) Es sollte angestrebt werden, Übersetzungen ins Schnelle nur für Getriebestufen anzuwenden, die der Schlichtbearbeitung dienen.
3) Mit den Übersetzungen i_1, i_2 und i_3 werden die drei hohen Abtriebsdrehzahlen bereits auf Welle II erreicht. Damit ist die Übersetzung $i_4 = 1$ zwischen den Wellen II und III vorgegeben (senkrechte Drehzahlleiter). Um eine lückenlose Drehzahlreihe nach unten zu bekommen, muss die zweite Drehzahlleiter zwischen den Wellen II und III von der höchsten Drehzahl n_6 der Welle II zur Drehzahl n_3 auf der Welle III geführt werden. Damit ist die Übersetzung $i_5 = \varphi^3$ bestimmt. Diese ist nach der Ermittlung der Grenzbedingungen i_{zul} gestattet.
4) Vor- oder nachgelagerte konstante Übersetzungen können größere zulässige Übersetzungswerte enthalten. Dabei sollten konstante größere Übersetzungen nach dem Schaltgetriebe liegen.
5) Das Getriebe sollte so gebaut werden, dass ein Minimum an Bauteilen entsteht und insbesondere komplizierte Bauteile reduziert werden. Deshalb kommt im Getriebeplan Bild 24 nur eine Keilwelle (Welle II) zur Anwendung. Sie trägt beide Schieberadblöcke.

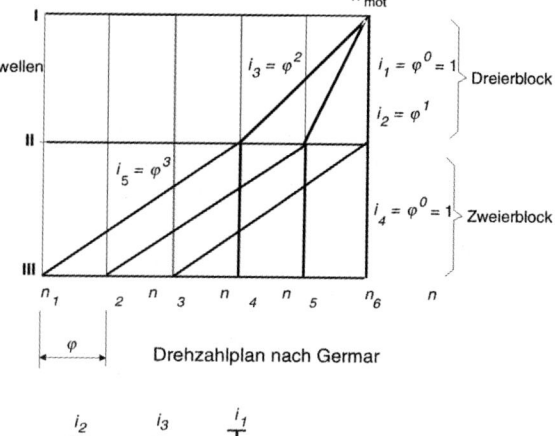

Drehzahlplan nach Germar

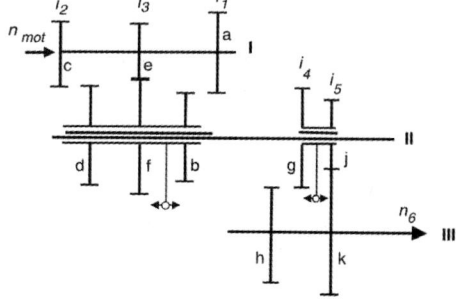

Getriebeplan

Bild 24. Sechsstufiges Dreiwellengetriebe-Drehzahl- und Getriebeplan

Anwendungsbeispiel: Drehzahl- und Getriebeplan für ein 12-stufiges Fräsmaschinen-Hauptgetriebe, Bild 25.

Das 6-stufige Grundgetriebe befindet sich im Fuß des Maschinenständers. Wegen der periodisch wechselnden Schnittkräfte beim Fräsen ist die Anwendung eines Riemengetriebes, beispielsweise mit Keilrippenriemen, günstig. Außerdem wird damit die relativ große Entfernung zwischen dem Grundgetriebe und der Arbeitsspindel auf günstige Weise überbrückt.

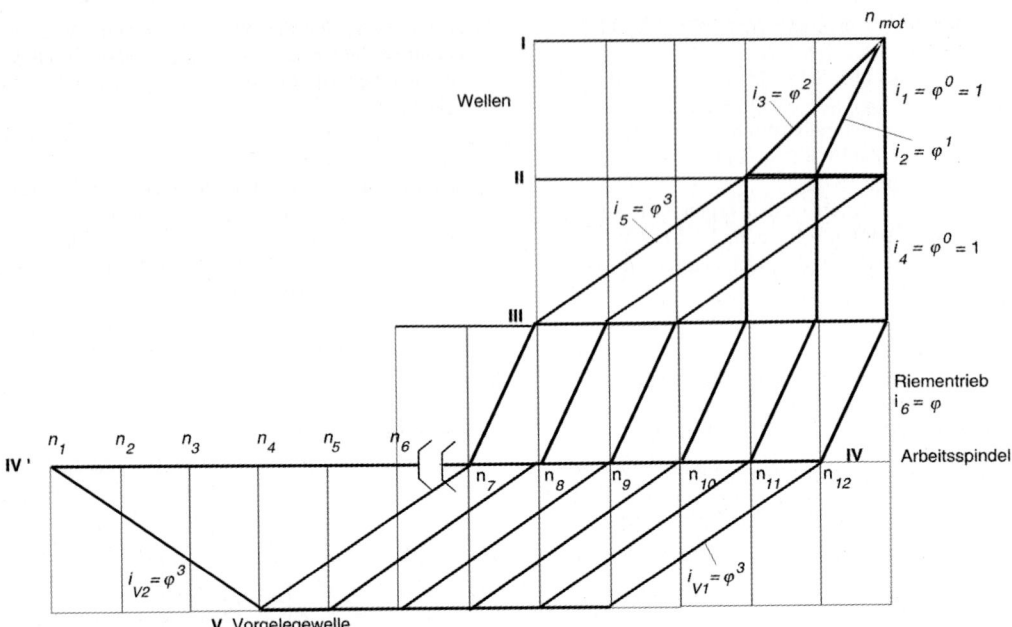

Bild 25a. Drehzahlplan für ein 12-stufiges Fräsmaschinenhauptgetriebe mit $n_{mot} = 2800$ 1/min, $n_1 = 45$ 1/min, $n_{12} = 2000$ 1/min, $\varphi = 1{,}4$

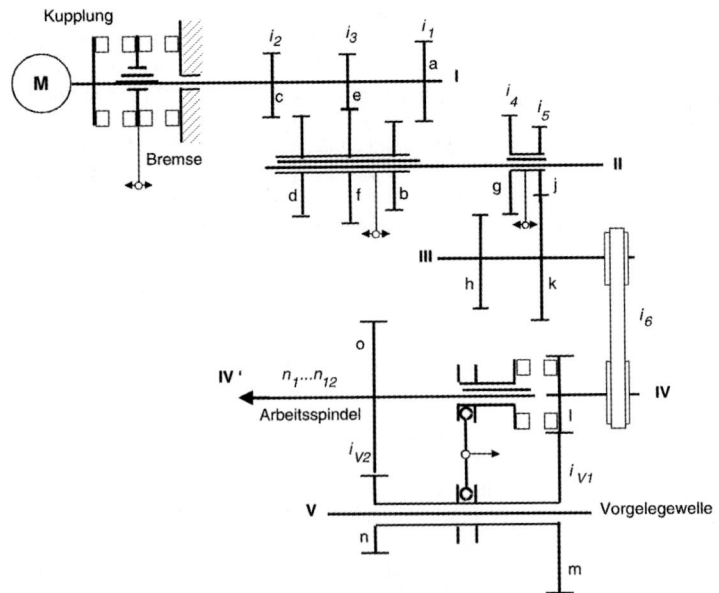

Bild 25b. Getriebeplan des 12-stufigen Hauptgetriebes einer Fräsmaschine

Die Erweiterung auf 12 Drehzahlen erfolgt über ein Vorgelege, wodurch platzsparend die sechs niedrigen Drehzahlen n_1 bis n_6 erzeugt werden, Bild 25a.. Von der Arbeitsspindel wird die Übersetzung $i_{V1} = \varphi^3$ zur Vorgelegewelle V geführt und von dieser mit der gleich großen Übersetzung $i_{V2} = \varphi^3$ wieder auf die Arbeitsspindel zurück. Dabei wird die Kupplung zwischen der auf der Arbeitsspindel sitzenden Antriebshülse und dem großen Abtriebszahnrad gelöst, Bild 28b. Durch die Anwendung des Vorgeleges bleiben die Übersetzungen $i_{V1,\,2} = \varphi^3$ im zulässigen Bereich.

Die eingesetzte Motorkupplung ermöglicht ein gutes Anlaufverhalten und ein schnelles Erreichen der gewünschten Drehzahl. Die Bremse bringt die Arbeitsspindel schnell zum Stillstand.

2.2.3 Ungleichförmig übersetzende mechanische Getriebe

Diese dienen der Erzeugung reversierender geradliniger Bewegungen an Werkzeugmaschinen.

Schubkurbel
Die klassische Anwendung findet sich im Stößelantrieb von Kurbelpressen, aber auch in Superfinishmaschinen (Feinziehschleifen) als Oszillationsantrieb für das Werkzeug (Honstein), welcher mit hoher Frequenz erfolgen muss (> 500 Doppelhübe/min). Durch den Sinus-Verlauf der Beschleunigung wird eine hohe Laufruhe erreicht.

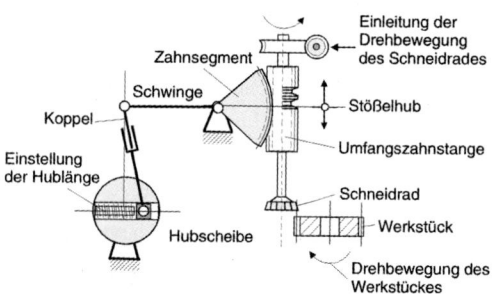

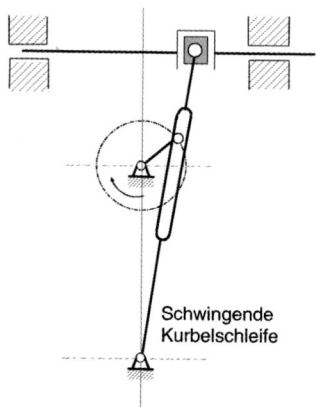

Bild 26. Beispiele für häufig in Werkzeugmaschinen angewandte ungleichförmig übersetzende Getriebe

Kurbelschwinge, Bild 26 oben
Auch hier liegt ein analoges Verhalten vor. Am Beispiel der Stößelhubbewegung einer Zahnrad-Wälzstoßmaschine ist das Wirkungsprinzip zu erkennen. Mittels Hubscheibe, Koppel und Schwinge wird die Hubbewegung erzeugt und über Zahnsegment und Umfangszahnstange auf die Stoßspindel und das Schneidrad übertragen.

Schwingende Kurbelschleife, Bild 26 unten
Der hauptsächlich gewählte Antrieb für Kurzhub-Hobelmaschinen (Shaping-Maschinen). Hublänge und Hublage sind leicht einstellbar.

2.2.4 Elektrische Hauptantriebe

Anforderungen an elektrische Hauptantriebe

Moderne Werkzeugmaschinen, besonders CNC-Maschinen, stellen aus technologischer und verfahrenstechnischer Sicht folgende Forderungen:

– Hohe Dynamik, d. h. größtmögliche Beschleunigungen und Verzögerungen der Arbeitsspindel
– Hohe maximale Drehzahlen, besonders bei HSC-Frässpindeln
– Hoher Drehzahlbereich, da auch geringste Geschwindigkeiten beispielsweise bei Fräsoperationen auf der CNC-Drehmaschine von deren Werkstückspindel gefordert werden
– Stufenlose Einstellung und Regelung der Drehzahl
– Wechselnde hohe Drehmomente und Antriebsleistungen
– Wird die Arbeitsspindel als numerische Achse genutzt, dann ist das Einfahren in eine gewünschte Winkelposition schnell und mit höchster Präzision erforderlich (im Winkelsekunden-Bereich).

Gleichstrom-Nebenschlussmotor
Mit der Entwicklung der Leistungselektronik in den siebziger Jahren war zunächst in Gestalt der Thyristoren (Stromtore), später der Leistungstransistoren, die Voraussetzung gegeben, die Arbeitsspindel, aber besonders die Vorschubantriebe der NC-Maschinen mittels des Gleichstrom-Nebenschlussmotors stufenlos einstell- und regelbar anzutreiben.
Für den Gleichstrom-Nebenschlussmotor gelten die Grundgleichungen:

Drehzahl

$$n = c_1 \frac{U_A}{\phi} \quad \begin{array}{c|c|c} n & U_A & \phi \\ \hline 1/\text{min} & V & Vs \end{array} \quad (8),$$

Drehmoment

$$M = c_2 \cdot \phi \cdot I_A \quad \begin{array}{c|c|c} M & I_A & \phi \\ \hline \text{Nm} & A & Vs \end{array} \quad (9)$$

Dabei ist:
U_A Ankerspannung
I_A Ankerstrom
ϕ magnetischer Fluss
$c_1 ... c_3$ Maschinenkonstanten

Die abgegebene mechanische Leistung ist:

$$P = c_3 \cdot M \cdot n \quad \begin{array}{c|c|c} M & P & n \\ \hline \text{Nm} & \text{KW} & 1/\text{min} \end{array} \quad (10)$$

Im Bild 27 ist das Prinzip des Gleichstrom-Nebenschlussmotors dargestellt. Die Motordrehzahl lässt sich durch zwei Maßnahmen verändern:

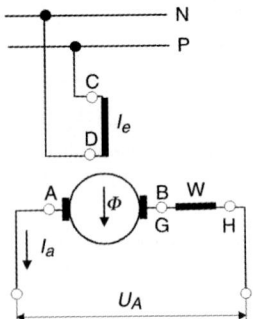

Gleichstrom- Nebenschlußmotor

Bild 27. Prinzip des Gleichstrom-Nebenschlussmotors
  A – B Ankerkreis,
  G – H Wendepolwicklung
  C – D Erregerkreis
  I_e Erregerstrom
  U_A Ankerspannung
  I_A Ankerstrom
  ϕ Magnetfluss (durch I_e erzeugt),

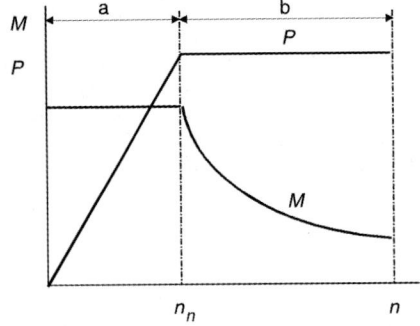

Drehmoment und Leistung bei Drehzahländerung eines Gleichstrom- Nebenschlußmotors

Bild 28. M, P = f (n)
  M Drehmoment, P Leistung,
  n Drehzahl n_n Nenndrehzahl
  a Bereich der Drehzahländerung
  durch Änderung der Ankerspannung, b Bereich der Drehzahländerung durch Flussschwächung

Durch Änderung der Ankerspannung (Ankerstellbereich) oder durch Flussschwächung (Feldstellbereich) im Verhältnis 1 : 3 zum Ankerstellbereich, Bild 28.
Der benötigte Gleichstrom wird über Schaltungen mit Thyristoren (für hohe Antriebsleistungen) oder Leistungstransistoren aus dem Drehstromnetz gewonnen.

Vorteile des Hauptantriebs mit Gleichstrom-Nebenschlussmotor
– Gute Dynamik, aber begrenzt durch Kommutierung
– Großer Drehzahlstellbereich, wobei Drehmoment und Leistung als Funktion der Spindeldrehzahl den Anforderungen, die von Universal-Werkzeugmaschinen gestellt werden, entsprechen, siehe Bild 3 im Kapitel 1.3.
– Ausreichende Gleichlaufgüte, zumindest über 80 1/min.
– Kostengünstig

Nachteile
– Verschleiß von Kommutator und Bürsten, damit sind Ausfälle schlecht oder nicht vorhersehbar. Dieser Nachteil wirkt sich besonders negativ auf die Verfügbarkeit aus und führt dazu, dass die Anwendung in Neukonstruktionen immer weiter zurückgeht.
– Ungünstige Wärmeabfuhr über Rotorwelle
– Unter n = 50 ... 80 1/min nicht einsetzbar.

■ **Beispiel:**
Antrieb einer Drehmaschinen-Arbeitsspindel, Bild 29.

Aus den Anforderungen an die Drehmaschine ergibt sich eine minimale Drehzahl von 20 1/min, die für einen Direktantrieb durch einen Gleichstrom-Nebenschlussmotor nicht realisierbar ist. Aus diesem Grunde wird eine Übersetzung über drei Getriebestufen mit i = 4 vorgesehen. Des weiteren ist der Feldstellbereich mit konstanter Leistung P für die Arbeitsaufgaben der Drehmaschine zu gering, so dass eine Erweiterung des Feldstellbereichs durch eine lastschaltbare Getriebestufe i_1 erforderlich ist. Diese Lastschaltung erfolgt über zwei Kupplungen, siehe Getriebeplan. Über einen Tachogeber (T) erfolgt die Drehzahlrückmeldung an den Bediener. Mit dieser Anordnung ist insgesamt ein stufenlos einstellbarer Drehzahlbereich von 1 : 112 realisierbar.

Nachteile:
– Lastschaltung bei hohem Drehmoment führt zu erheblicher Erwärmung
– Die auf der Welle III sitzende Elektromagnet-Lamellenkupplung baut wegen der zu übertragenden hohen Drehmomente sehr groß.

Vorteile:
– Im niedrigen Drehzahlbereich können alle Drehzahlen ab 20 1/min angesteuert werden, da das konstante Drehmoment einen gleichmäßigen Lauf ermöglicht
– Eine Lastschaltung kann vermieden werden, wenn elektrisch oder hydraulisch betätigte Schieberadblöcke bzw. Stirnzahnkupplungen (anstelle der Lamellenkupplungen) verwendet werden. Deren Schaltung kann jedoch nur im Stillstand oder Auslauf erfolgen. Dabei ist ein Schalten vom Drehzahlbereich I in den Drehzahlbereich II unter Last

nicht möglich. Im Programm einer NC-Werkzeugmaschine kann das aber durchaus berücksichtigt werden, sodass einer Automatisierung einer solchen Lösung nichts im Wege steht.

Stufenlos stell- und regelbarer Drehstrom-Asynchronmotor

Der Drehstrom-Asynchronmotor mit seinem einfachen Aufbau und seiner hohen Verfügbarkeit ist der ideale Hauptantrieb für Werkzeugmaschinen, wenn seine Drehzahl stufenlos geregelt werden kann. Dies ist seit Mitte der achtziger Jahre mit Motoren in spezieller Ausführung möglich.

In der zweiten Hälfte der neunziger Jahre ist es nunmehr gelungen, mit elektronischen Umrichtersystemen auch Norm-Asynchronmotoren mit einem stufenlos regelbarem Drehzahlbereich auszustatten.

Für die meisten Ansprüche von Arbeitsspindelantrieben sind spezielle Hauptspindelmotoren erforderlich, beispielsweise die 1PH-Reihe der Siemens AG.

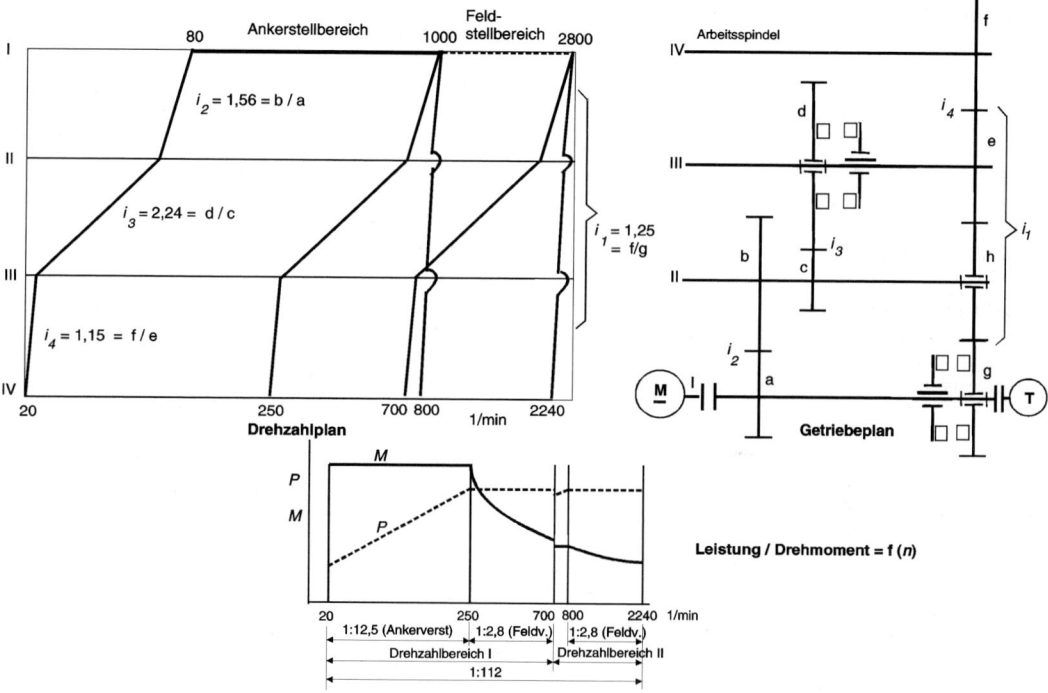

Bild 29. Drehmaschinen-Hauptantrieb mit thyristorgesteuertem Gleichstromnebenschlussmotor

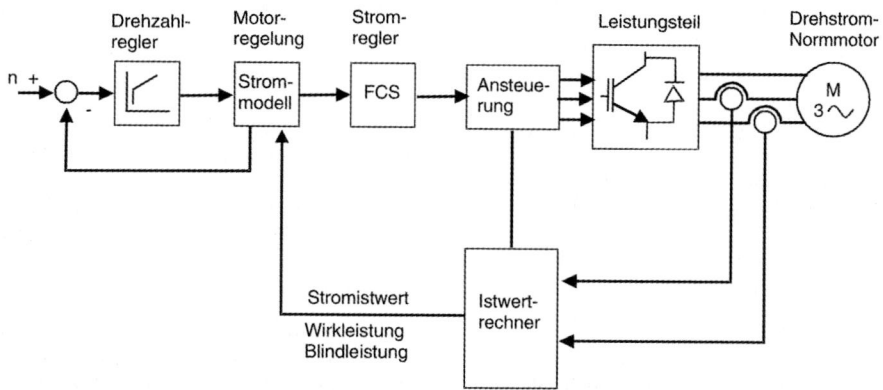

Bild 30. Regelung für Asynchron-Normmotoren mit dem analogen System SIMODRIVE 611 (Siemens AG)

Asynchron-Normmotor, Regelung
Die Regelung erfolgt entsprechend Bild 30 mit Hilfe eines *Mikroprozessors*, der die Strom- und Drehzahlregelung enthält. Mittels feldorientiertem Regelalgorithmus, die Regelstrecken-Nachbildung über ein *Motormodell* und die Ableitung der Istwertgrößen für die Regelung ergibt dies eine hohe Regelgüte. Die Drehzahlregelung erfolgt ohne zusätzliche Gebersysteme. Selbstinbetriebnahme-Routinen sind im Umrichtersystem integriert.

Asynchron-Hauptspindelmotoren, Aufbau und Regelung
– Drehstrom-Hauptspindelmotoren mit Luftkühlung
Die Maximaldrehzahlen liegen zwischen 9000 bis 12000 1/min bei konstanter Leistung bis 1 : 10 durch *wide-range*-Charakteristik. Damit können in den meisten Fällen Zusatzgetriebe entfallen.
Diese Charakteristik wird durch eine Stern-/Dreieck-Umschaltung erreicht, welche über ein externes Motorschütz erfolgt, dass durch den Umrichter angesteuert wird, Bild 31.
Alle Hauptspindelmotoren sind für die Anwendung in CNC-Werkzeugmaschinen standardmäßig C-achs-fähig durch eingebauten Motorgeber G, Bild 32. Sie weisen eine hohe Rundlaufgüte auf. Das volle Drehmoment ist mit hoher Überlastbarkeit auch im Stillstand dauernd verfügbar.

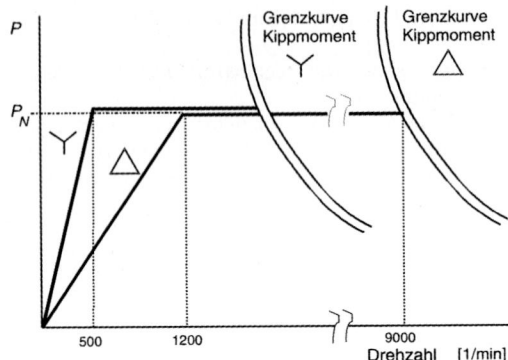

Bild 31. Stern-/Dreieck-Umschaltung zur Realisierung eines wide-range-Drehzahlbereichs bei konstanter Leistung (Siemens AG)

Die Regelung ist digital auf der Basis eines Mikroprozessors aufgebaut. Sie erfolgt über Sinus-Cosinus-Geber. Es ist sowohl drehzahlgeregelter als auch drehmomentgesteuerter Betrieb möglich.

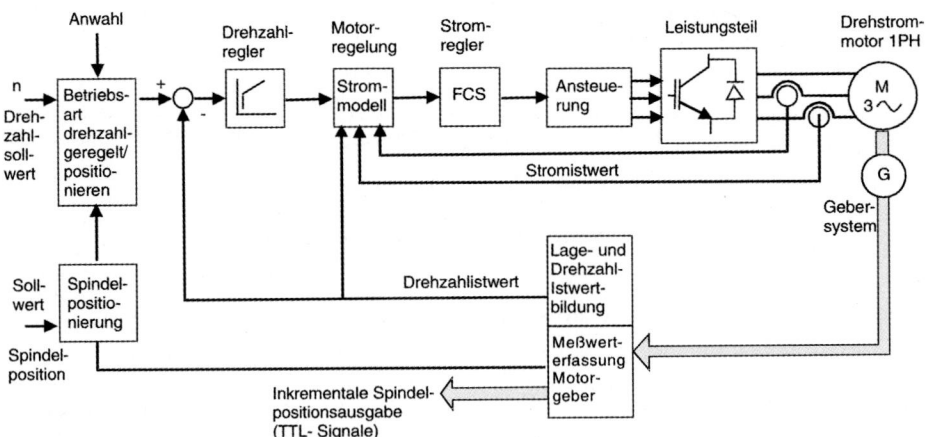

Bild 32. Regelung des Asynchron-Hauptspindelmotors im analogen Antriebssystem SIMODRIVE 611 (Siemens AG)

– Drehstrom-Hauptspindelmotoren mit Wasserkühlung
Der Einsatz erfolgt dort, wo keine thermische Belastung erfolgen darf, beispielsweise bei beschränktem Einbauraum und Vollkapselung. Ein kleineres Motorbauvolumen und eine hohe Schutzart (IP 65) ist möglich. Die maximale Leistung beträgt heute 50 KW, die Maximaldrehzahl 9000 1/min. Für die Regelung gilt auch Bild 32.

– Drehstrom-Hauptspindel-Einbaumotoren, Bild 33.
Im Bild sind Rotor (Kurzschlussläufer) und Stator dargestellt. Die Motoren werden wassergekühlt und sind ausgelegt bis 18.000 1/min.
Bild 34 zeigt eine Hochgeschwindigkeitsfrässpindel mit Einbaumotor für eine Maximaldrehzahl von 20.000 1/min. Im Bild 35 ist gezeigt, dass auch bei Drehstrom-Hauptspindelmotoren ein nachgeschaltetes Schieberadgetriebe mit zwei Stufen eine leistungsgünstige Drehzahlerweiterung ermöglicht.

– Permanenterregte Drehstromsynchronmotoren
Seit Ende der neunziger Jahre auch als Hauptspindelmotoren in der Anwendung, besonders dort, wo es auf hohe Anforderungen aus thermischer Sicht ankommt, d. h. bei Präzisionsmaschinen für die Hart-

feinbearbeitung, siehe Bild 17.

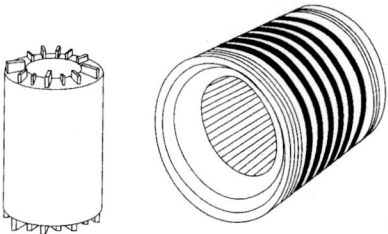

Bild 33. Rotor und Stator eines Asynchron-Einbaumotors (Siemens AG)

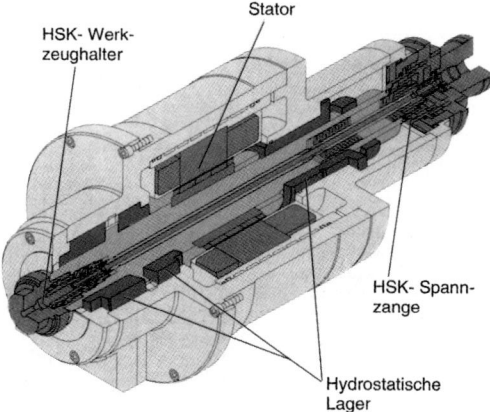

Bild 34. Frässpindeleinheit als Motorspindel mit Drehstrom-Asynchron-Einbaumotor, hydrostatischer Lagerung und HSK (Hohlspannkegel)-Spannung (Ingersoll Milling Machine Company, Burbach)

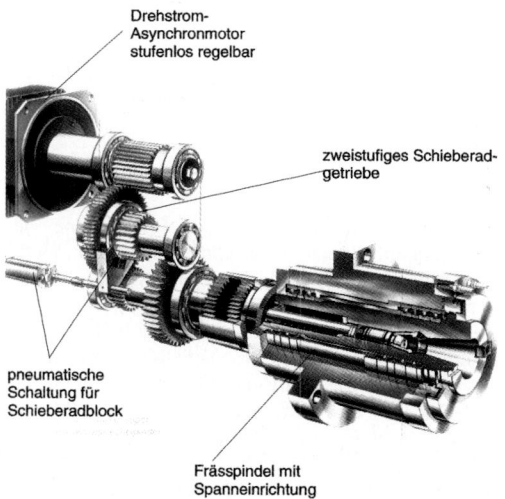

Bild 35. Hauptantrieb eines Großbearbeitungszentrums mit einem Drehstrom-Asynchronmotor und nachgelagerten pneumatisch geschalteten zweistufigen Getriebe (Heckert, Chemnitz)

2.3 Vorschub- und Stellantriebe

2.3.1 Ausführungsvarianten von Vorschubantrieben

Vorschubbewegungen haben ihren Ursprung fast immer in rotatorischen Antrieben. Außerdem sind meist niedrige Geschwindigkeiten gefordert. Arbeitstische oder –schlitten müssen vor oder nach der für die Zerspanung erforderlichen Bewegung sehr schnelle Eilbewegungen ausführen, um in kürzester Zeit Leerwege zu überbrücken.

Vorschubantriebe erzeugen Vorschubbewegungen von Werkstücken oder / und Werkzeugen:
- als *geradlinige* Vorschubbewegung (z. B. bei Drehmaschinen)
- als *kreisende* Vorschubbewegung (z. B. bei Verzahnmaschinen)
- mit *kontinuierlicher* Bewegung (z. B. bei Fräsmaschinen)
- mit *intermittierender* Bewegung (z. B. bei Hobelmaschinen)
- als *unabhängige* Vorschubbewegung (Vorschubgeschwindigkeit in mm/min, eigener Vorschubantrieb, z. B. Fräsmaschinen)
- als von der Schnitt- oder Hauptbewegung des Werkstückes/Werkzeuges *abhängige* Vorschubbewegung (Vorschubgeschwindigkeit in mm/U, wobei U = 1 Umdrehung des Werkstückes/Werkzeuges)

Folgende *Ausführungsvarianten* von *Vorschubantrieben* sind möglich, Bild 36:
(1) Abhängiger Vorschubantrieb mit mechanischer Ableitung der Drehbewegung von der Arbeitsspindel, Bild oben links. Die Antriebsmittler von der Arbeitsspindel sind in der Regel Zahnradstufen, Zahnräder als Wechselräder insbesondere zur Gewindeherstellung oder Zahnriementriebe. Über das Vorschubgetriebe werden die gewünschten Vorschubwerte eingestellt.
(2) Abhängiger Vorschubantrieb mit elektronischer Regelung, Bild 36 unten links. Über Drehgeber auf Arbeitsspindel und Vorschubspindel werden Lage-Soll-und Istwert verglichen und über einen Lageregler erfolgt die Konstanthaltung der Vorschubspindeldrehzahl.
(3) Unabhängiger Vorschubantrieb mit mechanischem Getriebe, Bild 36 oben rechts. Die Anwendung ist bei Vorschüben möglich, die keine direkte Beziehung zur Arbeitsspindeldrehzahl aufweisen müssen. Dies gilt meist dann, wenn die Arbeitsspindel als Werkzeugspindel eingesetzt wird, z.B. beim Fräsen, Bohren, aber auch beim Schleifen für die Zustellbewegung der Schleifscheibe zum Werkstück.
(4) Unabhängiger Vorschubantrieb mit Schrittmotor und hoch übersetzendem mechanischem Getriebe, Bild 36 Mitte rechts.

Der *Schrittmotor* ist ein reiner Stellantrieb und damit nicht regelungsfähig. Er setzt eine Steuerimpulsfolge unmittelbar in eine entsprechende Winkelposition um. Der Rotor des Schrittmotors kann bis zu 50 Polpaare enthalten und damit bis zu 200 Schritt/Umdrehung erreichen, was einem Schrittwinkel von 1,8° entspricht. Er ist in der Lage, im Stillstand ein Haltemoment auszuüben. Für den Positionierbetrieb genügt ein einfaches Steuergerät.

Für die Vorgabe von *Position* und *Drehzahl* werden nur zwei binäre Signale benötigt, nämlich *Puls* und *Richtung*. Die *Zahl der Pulse* legt den *Verfahrweg* fest, die *Pulsfrequenz* bestimmt die momentane *Verfahrgeschwindigkeit*. Er ist nur für geringe Leistungen (< 1 KW) und Drehzahlen unter 500 1/min geeignet.

Um die letztgenannten Nachteile des Schrittmotors auszugleichen, wird er in der Regel zusammen mit einem hoch übersetzenden Getriebe (Harmonic Drive, Planetengetriebe u.a.) in Vorschubantrieben eingesetzt.

(5) Numerische Vorschubachse, Bild 36 unten rechts. Die numerische Achse wird im Kapitel 3.4 in Verbindung mit den CNC-Steuerungen eingehend erläutert.

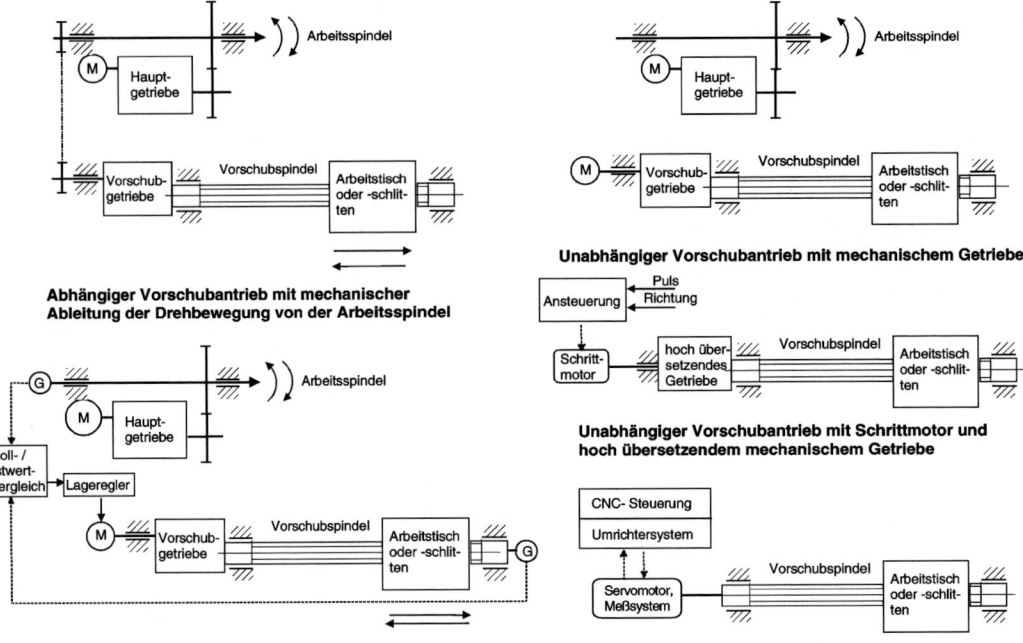

Bild 36. Ausführungsvarianten von Vorschubantrieben

2.3.2 Gestufte mechanische Vorschubgetriebe

Vorschubgetriebe erzeugen die gewünschten Vorschübe hinsichtlich Zahl (bei gestuften Getrieben) und Größe. Die benötigten geringen Vorschubgeschwindigkeiten werden durch hohe Übersetzungen und durch die nach dem Vorschubgetriebe meist eingesetzten Schraubtriebe erreicht.

Manuell schaltbare Getriebe

(1) Sämtliche Schieberadgetriebe-Bauarten, im Kapitel 2.2.1. beschrieben.
(2) Wechselradgetriebe, Bild 37.
Angewandt werden diese an konventionellen Drehmaschinen zur Gewindeherstellung und an konventionellen Verzahnmaschinen zur Herstellung der Abhängigkeit der Drehbewegungen zwischen Werkstück und Werkzeug (Wälzbewegungen u.a.). Mit der ständig breiteren Anwendung von NC-Werkzeugmaschinen verlieren sie immer mehr an Bedeutung.

Es muss die Möglichkeit bestehen, die verschiedenen Gewindearten, wie metrisches Gewinde, Zollgewinde (1 Zoll = 1″ = 25,4 mm), Schneckengewinde (Modul-G.) mit $m \; \pi$ (m = Modul [mm]) oder englisches Schneckengewinde (Diametral Pitch Gewinde [DP]) herzustellen. Dazu dienen die Räder außerhalb des Fünfersatzes. So ist beispielsweise z = 127 Zähne ≡ 5 · 25,4 mm = 5 · 1″ oder die Zahl π = 5 · 71 / 113. Beide Zähnezahlen sind unter den Rädern des Wechselradsatzes vorhanden.

2 Baugruppen von Werkzeugmaschinen

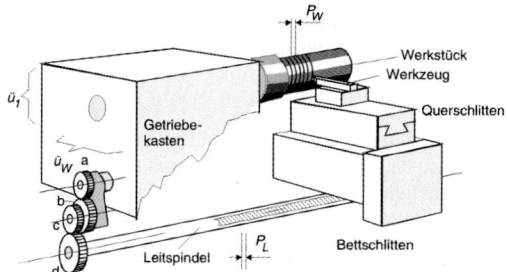

Räderverhältnis:

$$\ddot{u} = \frac{P_W}{P_L} = \ddot{u}_1 \cdot \ddot{u}_W \cdot \frac{a \cdot c}{b \cdot d}$$

dabei sind:
a, b, c, d Zähnenzahlen der Wechselräder
P_W = Gewindesteigung am Werkstück [mm, "]
P_L = Leitspindelsteigung [mm, "] = 3, 6, 12, 16 mm oder 2, 4, (6) Gang auf 1 "
$\ddot{u}_1, \ddot{u}_W$ = feste Räderverhältnisse (Wendegetriebe) in der Regel = 1

Wechselradsatz, besteht aus Rädern mit:
z = 20 ... 125 Zähne im Abstand von 5 zu 5 Zähnen
z = 127, 157, 71, 113 Zähne

Bild 37. Wechselradgetriebe, Aufbau am Beispiel einer Leitspindeldrehmaschine

Des weiteren ist noch die *Aufsteckregel* zur bauseitigen Realisierbarkeit des Wechselradaufsteckens zu beachten. Es gilt das Zähnezahlverhältnis:

(a + b) < (c + x)
(c + d) > (b + x)

Der Wert x wird mit 15 Zähnen angenommen, allgemein – Zähnezahl des kleinsten Wechselrades minus 5 Zähne –.

(3) Ziehkeilgetriebe, Bild 38.

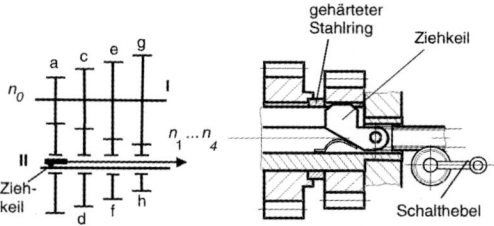

Bild 38. Ziehkeilgetriebe, Getriebeplan und konstruktiver Aufbau

Dieses Getriebe wird als Vorschubgetriebe an kleineren konventionellen Werkzeugmaschinen genutzt. Der Ziehkeil kann über einen Schalthebel, Ritzel und verzahnte Schiebestange jeweils unter eines der lose laufenden Räder geschoben werden und bewirkt dann dessen Mitnahme. Wegen der geschlitzten Welle können nur geringe Drehmomente übertragen werden.

(4) Mäandergetriebe, Bild 39.
Mäandergetriebe dienen als Dividier- oder Multipliziergetriebe zur Erweiterung von Vorschub-Grundreihen. Mit dem axial verschiebbaren Abtriebsrad auf Keilwelle III können fünf Übersetzungsstufen realisiert werden. Durch zwei Getriebeeingänge über die Wellen I und II sind insgesamt zehn Abtriebsdrehzahlen erreichbar.
Im Getriebebeispiel werden folgende Übersetzungen beim Eingang über Welle I realisiert:

$$\ddot{u}_1 = \frac{30}{60} \cdot \frac{60}{30} = 1,$$

$$\ddot{u}_2 = \frac{30}{60} \cdot \frac{30}{60} \cdot \frac{30}{60} \cdot \frac{60}{30} = 1/4,$$

$$\ddot{u}_3 = \frac{1}{16} \ldots$$

$$\ddot{u}_4 = \frac{1}{64} \ldots$$

$$\ddot{u}_5 = \frac{1}{256}$$

Beim Eingang über Welle II ergeben sich:

$$\ddot{u}_1' = \frac{60}{30} = 2,$$

$$\ddot{u}_2' = \frac{30}{60} \cdot \frac{30}{60} \cdot \frac{60}{30} = \frac{1}{2},$$

$$\ddot{u}_3' = \frac{1}{8} \ldots$$

$$\ddot{u}_4' = \frac{1}{32} \ldots$$

$$\ddot{u}_5' = \frac{1}{128}.$$

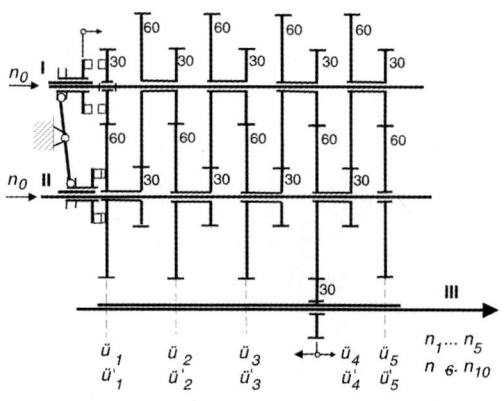

Bild 39. Mäandergetriebe

Automatisch schaltbare gestufte mechanische Vorschubgetriebe

(1) Kupplungsgetriebe entsprechend Bild 21.
Diese sind als Vorschubgetriebe wegen der niedrigen Drehzahlen relativ gut geeignet, da sie weniger Wärme erzeugen als beim Einsatz in Hauptgetrieben.
(2) Kupplungsgetriebe mit Windungsstufe entsprechend Bild 22.
(3) Ziehkeilgetriebe ist automatisierbar
(4) Mäandergetriebe ist automatisierbar

Getriebe mit konstanter hoher Übersetzung
Diese werden benötigt bei der Anwendung von Antriebsmotoren, beispielsweise Schrittmotoren, die im normalen Drehzahlbereich (maximale Drehzahl 500 bis 2000 1/min) arbeiten und langsame Vorschubbewegungen erzeugen sollen.

(1) Wellgetriebe (Harmonic Drive), Bild 40.
Bestandteile:
Wave Generator – eine elliptische Stahlscheibe mit zentrischer Nabe und aufgezogenem, elliptisch verformbarem Spezialkugellager
Flexspline – eine zylindrische, verformbare Stahlbuchse mit Außenverzahnung
Circular Spline – ein steifer, zylindrischer Ring mit Innenverzahnung.

Die Funktionsweise ist im Bild 41 dargestellt.
Schritt 1: Der elliptische *Wave Generator* (angetriebenes Teil) verformt über das Kugellager den *Flexspline*, der sich in den gegenüberliegenden Bereichen der großen Ellipsenachse mit dem innenverzahnten *Circular Spline* im Eingriff befindet.
Schritt 2: Mit der Drehung des *Wave Generators* verlagert sich die große Ellipsenachse und damit der Zahneingriffsbereich. Da der *Flexspline* zwei Zähne weniger als *Circularspline* besitzt, vollzieht sich im
Schritt 3: nach einer halben Umdrehung des *Wave Generators* ein Relativbewegung zwischen *Flexspline* und *Circular Spline* um die Größe eines Zahnes und,
Schritt 4:, ... nach einer ganzen Umdrehung um die Größe zweier Zähne.

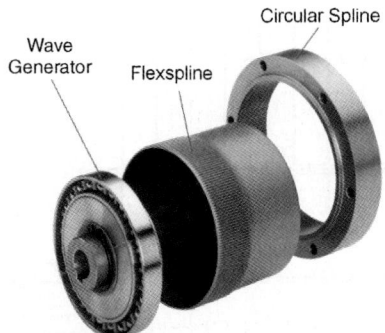

Bild 40. Harmonic Drive Getriebeeinbausatz HDUC (Harmonic Drive, Limburg a.d. Lahn)

Bei fixiertem *Circular Spline* dreht sich der *Flexspline* als Abtriebselement entgegen der Drehrichtung des Antriebs.

Merkmale des Wellgetriebes:
– hohe Verdrehsteifigkeit, kein Spiel in der Verzahnung, dadurch große Positionier- und Wiederholgenauigkeit
– kompakte Bauweise durch koaxialen An- und Abtrieb, geringes Gewicht, kleine Außendurchmesser
– hohe Übersetzungsverhältnisse in einer Stufe bei sehr gutem Wirkungsgrad
– lange Lebensdauer
– Übersetzungen je nach Baugröße von $i = 50$ bis $i = 260$
– Bei Nenndrehzahl 2000 1/min sind Nenndrehmomente von 0,3 ... 529 Nm übertragbar.

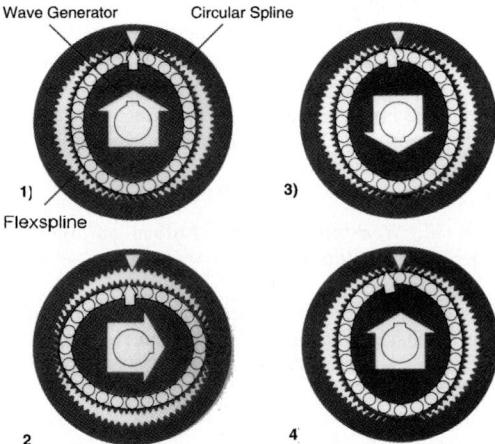

Bild 41. Funktionsweise des Harmonic Drive-Wellgetriebes, in 4 Schritten dargestellt (Harmonic Drive, Limburg a. d. Lahn)

(2) Planetengetriebe, Bild 42.

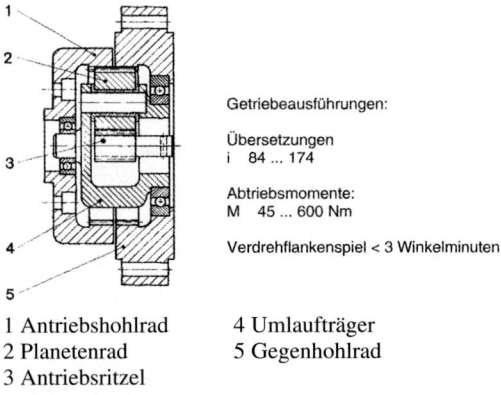

Getriebeausführungen:

Übersetzungen
i 84 ... 174

Abtriebsmomente:
M 45 ... 600 Nm

Verdrehflankenspiel < 3 Winkelminuten

1 Antriebshohlrad   4 Umlaufträger
2 Planetenrad   5 Gegenhohlrad
3 Antriebsritzel

Bild 42. Planetengetriebe-Einbausatz WPE (alpha Getriebebau GmbH, Igersheim)

Auch Planetengetriebe können konstante große Übersetzungen spielarm auf kleinem Raum verwirklichen. Das niedrige Trägheitsmoment ermöglicht hohe Beschleunigungen und Verzögerungen. Ein weiterer Vorteil ist die koaxiale Bauweise bei kleinem Bauraum.

2.3.3 Schraubtriebe

Der Gleitschraubtrieb

Gleitschraubtriebe sind heute weitgehend auf konventionelle Werkzeugmaschinen und auf untergeordnete Beistellbewegungen beschränkt. Sie werden in der Regel mit Trapezgewinde (Spitzenwinkel $\beta = 30°$) als Transportgewinde ausgeführt. Dieses Gewinde ermöglicht eine einfache Herstellung durch Drehen, Fräsen und Schleifen.

Vorteile:
- Kostengünstig
- Bei entsprechender Konstruktion Spielausgleich möglich

Nachteile:
- Schlechter Wirkungsgrad
- Bei kleinen Geschwindigkeiten und großer Reibung kann Ruckgleiten (stick-slip-Effekt) auftreten

Der übliche Durchmesserbereich liegt bei Anwendung in spanenden Werkzeugmaschinen zwischen 18 und 60 mm.
Bevorzugte Spindelsteigungen sind: P_h = 3, 6, 8, 10, 12 und 16 mm.

Spindelwerkstoffe: C 35E, C 60E (DIN EN 10083-1) oder 35 Cr AlNi 7 nach DIN EN 10085 (bei nitriergehärteten Spindeln)
Spindelmutter-Werkstoffe: GJL 250 nach DIN EN 1561 (bei Handbetätigung), CuAl10NiFe2-C (DIN EN 1982), Cu Sn 12-C (DIN EN 1982), CuZn35Mn2Al1Fe1-C (DIN EN 1982)

Im Bild 43 sind verschiedene Ausführungen von Gleitschraubtrieben dargestellt. Im Bild wird unter 1) eine längs geteilte Mutter gezeigt, wie sie bei Leitspindeln an Drehmaschinen Anwendung findet. Durch Drehen der Nutscheibe mittels Handhebel wird die Mutter geschlossen oder geöffnet.

Im Bild 2) oben rechts ist eine Spindelmutter mit Höhendifferenzausgleich dargestellt. Lageveränderungen zwischen Schlittenführung und Spindel führen nicht zu Zwängen beim Verfahren des Schlittens.

Bild 3) unten links zeigt eine Spindelmutter, bei welcher das Spiel im Gewinde mittels der mittleren Schraube eingestellt werden kann. Ist das gewünschte Spiel erreicht, wird das linke Mutterteil mit der Schraube festgezogen.

Bild 4) unten rechts stellt einen ständig mit gleicher Kraft wirkenden elastischen Spielausgleich dar. Die Belastung wird durch eine Feder aufgebracht und über eine Zahnstange auf ein Zahnrad übertragen. Dieses besitzt außerdem eine Stirnverzahnung, mittels der beide Muttern 1 und 2 gegenläufig verdreht werden, sodass beide Gewindeflanken ständig anliegen. Durch die Einstellung der Federvorspannung kann die Belastung der Flanken verändert werden.

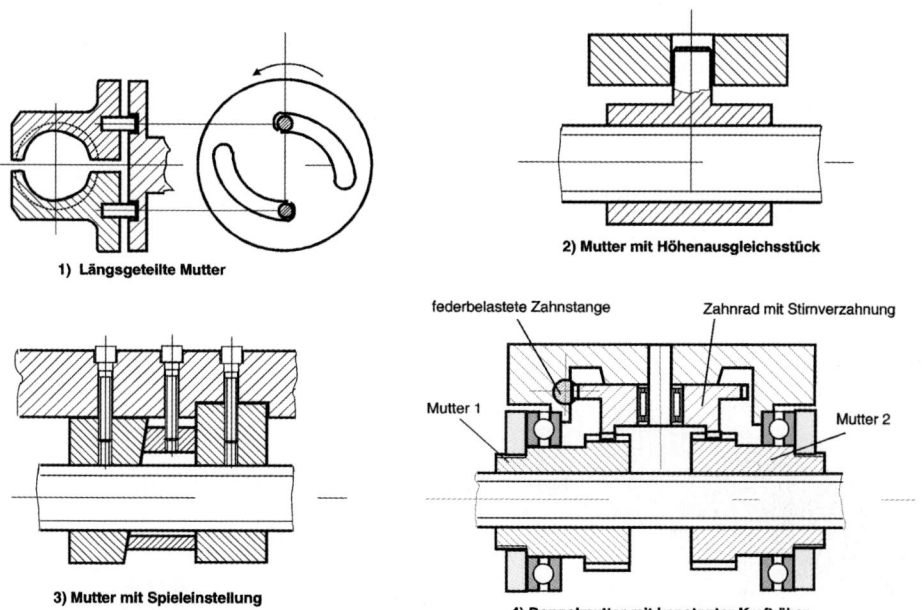

Bild 43. Ausführungen des Systems Spindel – Mutter bei Gleitschraubtrieben

Dimensionierung der Spindel:
Spindeln werden auf Zug, Druck, Torsion und Knickung beansprucht. Es wird von einer Zugspannung ausgegangen, die maximal 30 % der zulässigen Spannung betragen darf. Dann ist:

$$\sigma = \frac{4F_a}{d_1^2 \pi} \leq 0{,}3\sigma_{zul} \qquad \begin{array}{c|c|c} F_a & \sigma & d_1 \\ \hline N & \frac{N}{mm^2} & mm \end{array} \qquad (11)$$

Es sind: F_a [N] Axiallast, d_1 [mm] Kerndurchmesser des Spindelgewindes, σ_{zul} = 80 ... 100 N/mm².

$$d_1 = \sqrt{\frac{4F_a}{\pi \cdot 0{,}3\sigma_{zul}}} \qquad (12)$$

Festlegung der Spindelmutterlänge H: Die mittlere Flächenpressung ist

$$p_m \approx \frac{4F_a}{(d^2 - D_1^2)\pi z} \qquad \begin{array}{c|c|c|c|c} p_m & F_a & D_1 & d & z \\ \hline \frac{N}{mm^2} & N & mm & mm & - \end{array} \qquad (13)$$

dabei sind:
d   [mm]   Gewinde-Nenndurchmesser
D_1 [mm]   Mutter-Kerndurchmesser
z   Anzahl der Gewindegänge

Mit $p_{m\;zul}$ = 10 ... 15 N/mm² (Stahl gegen Bronze) erhält man z aus (13). Die Mutterlänge

$$H = zP_h \qquad \begin{array}{c|c} H & P_h \\ \hline mm & mm \end{array} \qquad (14)$$

Es sollte sein: $H/d \approx 1{,}5 ... 4$
Das Spindelmoment ergibt sich zu

$$M_{sp} = F_a \frac{d_2}{2}\tan(\alpha + \rho') \qquad \begin{array}{c|c|c|c|c} M_{sp} & d_2 & F_a & \alpha & \rho \\ \hline Nmm & mm & N & ° & ° \end{array} (15),$$

F_a Axiallast
d_2 Flankendurchmesser des Gewindes
μ = 0,08 ... 0,15 Reibwert für Gleitschraubtriebe
α Steigungswinkel des Gewindes

ρ' Reibungswinkel für Trapezgewinde mit $\tan \rho' \approx \mu$

Der Wälzschraubtrieb WST (Kugelgewindetrieb KGT)
Die Grundlagen und Definitionen sind in DIN 69051 enthalten.
Haupteinsatzgebiete im Werkzeugmaschinenbau:
- Wesentliche Baugruppe der linearen NC-Vorschub- oder Zustellachse bei rotatorischem Antrieb (Servomotor)
- Als Antriebsachse für Pendelbewegungen, beispielsweise der Arbeitstische an NC-Schleifmaschinen
- Für die Realisierung des Werkstück- und Werkzeug-„handlings" und in der Robotertechnik

Bei vielen Arbeitsaufgaben hat der Wälzschraubtrieb eine Doppelfunktion, als Antriebsübertragungselement und überall dort als Messelement, wo zur Lageistwerterfassung eines Arbeitsschlittens ein rotatorisches Messsystem eingesetzt wird.
Das Grundprinzip des Kugelgewindetriebs ist im Bild 44 dargestellt.
Zwischen Gewindespindel und Mutter werden die Außen- und die Innengewindebahn als Kugelführung wie bei einem Wälzlager genutzt. Damit liegt *rollende Reibung* vor.
Die Bedingung für einen spielfreien Lauf als Voraussetzung für hohe Präzision bei der Positionierung ist die Vorspannung des Systems mit einer solchen Höhe, dass bei maximaler äußerer Belastung kein Spiel auftreten kann.

Vorteile des Kugelgewindetriebes
- Hohe Übertragungsgenauigkeit
- Hohe Positioniergenauigkeit
- Geringer Verschleiß
- Stick-slip-freie Bewegung (kein Ruckgleiten) auch bei geringen Geschwindigkeiten
- Hohe Steifigkeit, Spielfreiheit und geringste Umkehrspanne bei geeigneten Vorspannungsmaßnahmen

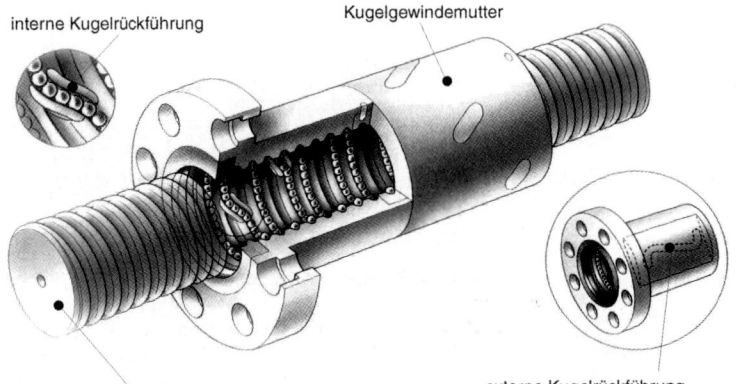

Bild 44.
Prinzip des Kugelgewindetriebes (Gamfior SpA. Turin, Italien)

2 Baugruppen von Werkzeugmaschinen

Nachteile des Kugelgewindetriebs
- Geringe Dämpfung
- Keine Selbsthemmung, die Position muss über den Antriebsregelkreis oder nach dessen Abschalten durch eine meist in den Servomotoren eingebaute Bremse bzw. Schlittenklemmung gehalten werden. Besonders wichtig bei senkrechtem Einbau!

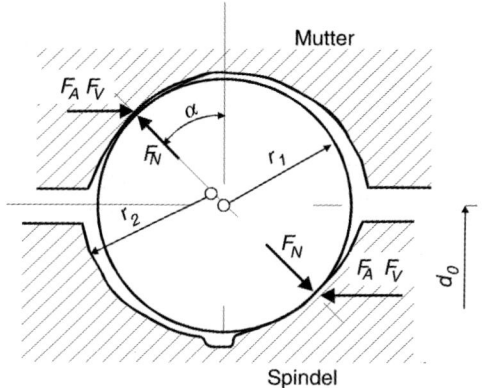

Kräfte zwischen Spindel, Kugel und Mutter beim KGT

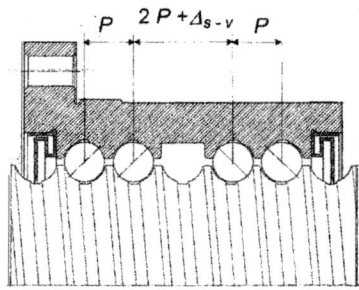

Vorgespannte, geshiftete KGT- Einzelmutter

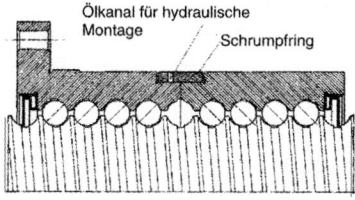

Vorgespannte KGT- Doppelmutter

Bild 45. Kräfte und Vorspannmöglichkeiten beim Kugelgewindetrieb KGT (nach FAG)

Die geometrischen Beziehungen ergeben sich aus Bild 45 oben zu:

Schmiegung

$$s = \frac{r_1}{r_2} \approx 0{,}96 \dots 0{,}98$$

s	r_1	r_2	(16),
–	mm	mm	

dabei sind r_1 = Radius der Kugel, r_2 = Radius des Gewindeprofils [mm].

Der Druckwinkel $\alpha = 45°$, das Verhältnis

$$i = \frac{d_1}{P} = 0{,}8 \dots 0{,}85, \text{ wobei}$$

d_1 = Kugeldurchmesser [mm],
P = Gewindesteigung [mm].

Auf die Kugeln wirken die Axiallast F_A und die Vorspannkraft F_V. Unter Berücksichtigung des Druckwinkels entsteht die Normalkraft F_N.
Zur Vorspannung gibt es zwei Möglichkeiten, Bild 45 Mitte. Oben ist eine Mutter dargestellt, in der von vornherein bei der Fertigung die Vorspannung durch das Shiften über zwei Gewindegänge (Steigung P) in der Mitte der Mutter um den Shiftbetrag $2P + \Delta_{s-v}$ erreicht wird.
Bei der zweiten Ausführung, Bild 45, unten, werden zwei Doppelmuttern planseitig durch Schleifen nachgesetzt und gegenseitig axial verspannt. Danach erfolgt die Fixierung über einen Schrumpfring mittels Hydraulik-Montage.
Wenn der Kugelgewindetrieb gleichzeitig Messbasis für den Lageistwert ist, werden an die Fertigung der Gewindespindel hohe Anforderungen gestellt. Maximale Steigungsfehler von 5 µm/ 300 mm Länge sind Standard. Darüber hinaus erfolgt eine elektronische Korrektur der Steigungsfehler mittels Vermessung und elektronischer Korrektur (+ / – Zählung) über die CNC-Steuerung der Werkzeugmaschine.
Im Bild 46 ist unter 1) die Axialverschiebung unter Last dargestellt. Das Diagramm zeigt die Kraft (Last) F als Funktion der Axialverschiebung δ. Dabei stellt die Kurve $F_{A I}$ die Verschiebung in Abhängigkeit der Belastung in einer Richtung dar (Axiallast – rechte Mutter), die Kurve $F_{A II}$ zeigt die Funktion bei Belastung in der Gegenrichtung (Axiallast – linke Mutter). Beide Kurven kreuzen sich im Vorspannpunkt. Dieser entspricht der Vorspannkraft F_V mit der Vorspannungsverschiebung $\delta_{V/2}$. Die Axiallast F_A darf nur so groß werden, dass die zugeordnete Axialverschiebung δ_A den Wert $\delta_{V/2}$ in beiden Richtungen nicht überschreitet. Anderenfalls würde Spiel entstehen und die präzise Positionierung wäre nicht mehr möglich.

Die Bilder 2) und 3) im Bild 46 zeigen, welchen Einfluss die axiale Lagerung der Gewindespindel im Maschinengestell auf die Axialverschiebung hat. Werden an diesen Stellen konstruktionsseitig nur geringe Steifen vorgesehen, so sind Positionsfehler des Arbeitsschlittens unter Last vorprogrammiert.

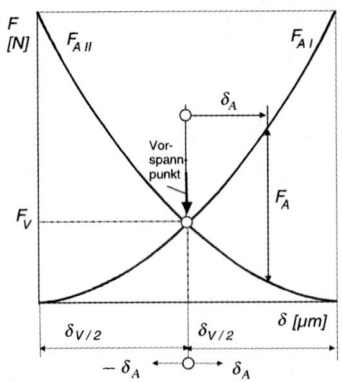

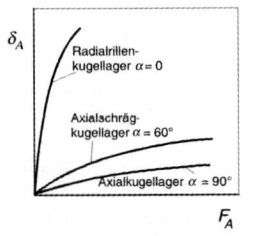 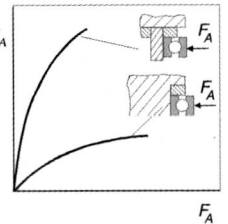

2) Einfluss der Art der Lagerung der Gewindespindel im Gestell (Bett, Kasten u. ä.) auf die Axialverschiebung
3) Einfluss der Art der Lageraufnahme der Gewindespindel im Gestell (Bett, Kasten u. ä.) auf die Axialverschiebung

Bild 46. Einflüsse auf die Axialverschiebung δ_A unter Last beim Wälzschraubtrieb

Die Berechnungen von Lebensdauer, zulässige statische Belastung und zulässige Drehzahl entsprechen weitgehend denen der Wälzlager.

Die Lebensdauer ergibt sich zu

$$L = \left(\frac{c_a}{F_A f_w}\right)^3 \cdot 10^6$$

L	c_a	F_a	f_w
Umdr.	daN	daN	–

(17)

Mit
c_a Dynamische Tragzahl
F_A Axiallast
f_w Faktor für Betriebsbedingungen = vibrations- und erschütterungsfreie Bewegungen
     = 1,0 ... 1,2
    normale Bewegungen
     = 1,2 ... 1,5
    Bewegungen mit Vibration und Erschütterungen
     = 1,2 ... 2,5

Die Lebensdauer in Arbeitsstunden ist:

$$L_h = \frac{LP}{2 l_s n_I 60 \cdot 10^3}$$

L_h	P	l_s	n_I
h	mm	m	$\frac{1}{\text{min}}$

(18)

dabei sind:
l_s Weg (Hub)
n_I Anzahl der Zyklen der Mutter pro min
P Steigung

Die zulässige statische Axiallast bei Stillstand der Spindel ergibt sich aus:

$$F_A \leq \frac{c_{oa}}{f_s}$$

F_A	c_{oa}	f_s
daN	daN	1 – 3

(19)

dabei sind:
f_s statischer Sicherheitsfaktor, bei normaler Bewegung 1 ... 2, bei Vibrationen 2 ... 3
c_{oa} statische Tragzahl

Die zulässige Drehzahl
$n_{zul} = 0,8 \, n_{kr} f_{ko}$

n_{zul}	n_{kr}	f_{ko}
$\frac{1}{\text{min}}$	$\frac{1}{\text{min}}$	0,32 – 2,24

(20)

mit

$$n_{kr} = \sqrt{\frac{g}{f}}$$

n_{kr}	f	g
$\frac{1}{\text{min}}$	mm	$\frac{mm}{s^2}$

(21)

und
n_{kr} kritische Drehzahl,
g Erdbeschleunigung,
f max. Durchbiegung bei Eigengewicht der Spindel als Streckenlast mit Korrekturfaktor

$f_{ko} =$
0,32 einseitig eingespannte Gewindespindel
1,00 beidseitig frei aufliegende Spindel
1,55 einseitig eingespannte, ansonsten frei aufliegende Spindel
2,24 beidseitig eingespannte Spindel

Im Bild 47 sind diese Fälle an Hand von verschiedenen Lagerungsmöglichkeiten der Gewindespindel dargestellt.
Einbaufall 5) reduziert den Korrekturfaktor f_{ko} auf den Wert 0,32 und setzt damit die zulässige Drehzahl erheblich herab. Außerdem zeigt das Diagramm im Bild unten, dass die Steife des Systems mit wachsendem Schlittenweg nach rechts erheblich abnimmt, während bei beidseitiger Axiallagerung der Gewindespindel die Steife ein Minimum in der Wegmitte

aufweist. Die besten Werte werden mit der axial vorgespannten Spindel, Einbaufall 4), erzielt.
Die Gesamtsteife c_{gesamt} [N/μm] ergibt sich aus:

$$\frac{1}{c_{gesamt}} = \frac{1}{c_{Masch.-Gestell}} + \frac{1}{c_{Festlager}} + \frac{1}{c_{Spindel}} +$$

$$+ \frac{1}{c_{Spindelbefestig.}} + \frac{1}{c_{Muttereinheit}} +$$

$$+ \frac{1}{c_{Muttereinh.-Verbind.}} \qquad (22)$$

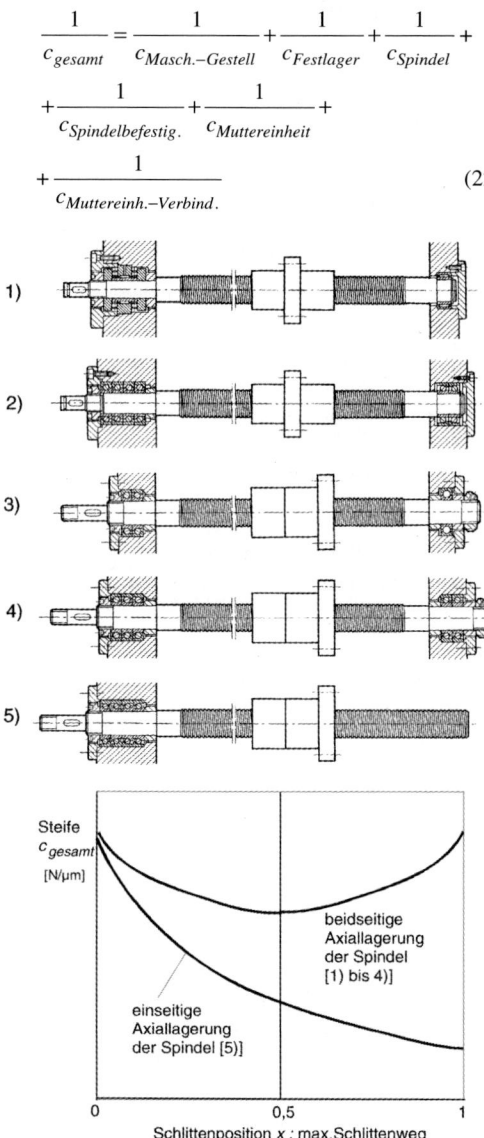

Bild 47. Möglichkeiten des Einbaus von Wälzschraubtrieben und Steife-Verhalten (Gamfior SpA, Turin, Italien)

Das schwächste Glied, d.h. die kleinste Einzelsteife, bestimmt die Gesamtsteife. Es ist in den meisten Fällen die KGT-Spindel mit Werten für $c_{Spindel}$ < 100 N/μm. Bei sorgfältiger Konstruktion und Montage sind alle anderen Steifen in (22) wesentlich größer als 100 N/μm. Durch die in der Gleichung dargestellten verschiedenen Einflüsse erreicht die Gesamtsteife c_{gesamt} in der Regel nur Werte unter 60 N/μm.

2.3.4 Hydraulische (hydrostatische) Vorschubantriebe

Hydraulische Antriebe hatten bis in die achtziger Jahre hinein einen hohen Stellenwert im Werkzeugmaschinenbau. Besonders mit der immer stärkeren Automatisierung der Produktion wurde die Hydraulik dank ihrer Eignung für automatisierte Einrichtungen umfassend eingesetzt. Mit der Entwicklung der NC-Technik, insbesondere der CNC-Steuerungen und der elektronischen Drehstromantriebstechnik, wird die Hydraulik an Vorschubantrieben immer weiter zurückgedrängt, ohne ihre Anwendungsgebiete im Werkzeugmaschinenbau zu verlieren. Diese liegen insbesondere bei der Betätigung von Spanneinrichtungen, bei Antrieben von Lade- und Entladesystemen und bei der Speicherung für Werkstücke und Werkzeuge u.ä. Dort treten jedoch als einflussreiche Konkurrenten die *pneumatischen Systeme* auf.

Vorteile der Hydraulik:
– Hohe Energiedichte, d.h. Erzeugung großer Kräfte bei geringen Abmessungen
– Einfache Erzeugung geradliniger Bewegungen
– Stufenlose Einstellung und Regelung der Geschwindigkeit des Hydromotors
– Einfache Umkehr der Bewegungsrichtung
– Einfacher Überlastungsschutz durch einstellbare Druckbegrenzungsventile
– Elektrische bzw. elektronische Ansteuerung hydraulischer Ventile sichert eine gute Automatisierbarkeit. Deswegen wird die Hydrostatik im Verbund mit der CNC-Technik auch die künftige Basis der meisten Werkzeugmaschinen bilden.

Nachteile der Hydraulik:
– Abhängigkeit der Viskosität und Kompressibilität des Hydrauliköls von Druck und Temperatur
– Erwärmung des Hydrauliköls, damit negative thermische Einflüsse auf die Arbeitsgenauigkeit der Werkzeugmaschinen
– Hohe Anforderungen an die Filterung des Hydrauliköls
– Notwendige Abführung des Lecköls in den Ölbehälter

Grundsätzlicher Aufbau einer hydraulischen Anlage

Im Bild 48 ist der grundsätzliche Aufbau einer hydraulischen Anlage dargestellt. Zu dieser gehört eine Ölpumpe, die auch in Analogie zur Elektrotechnik als Generator bezeichnet werden kann. Hier wird die durch den Antriebsmotor (in der Regel ein Elektromotor, aber im mobilen Bereich auch Verbrennungsmotoren) eingebrachte mechanische Leistung $P_{mech\ 1} \sim M \cdot \omega$ in hydraulische umgeformt, $p_1 \cdot Q_1$. Dabei ist p_1 [bar] der Hydraulikdruck. Q_1 [l/min] der Förderstrom der Pumpe, den diese aus dem Ölbehälter ansaugt.

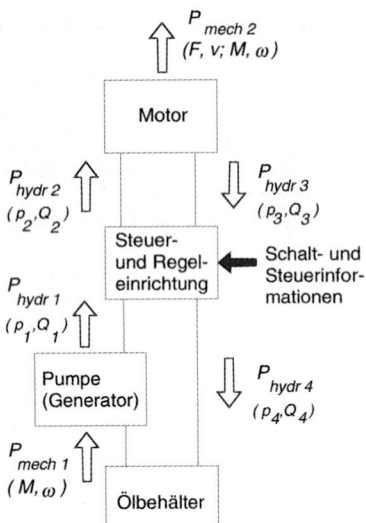

Bild 48. Grundsätzlicher Aufbau

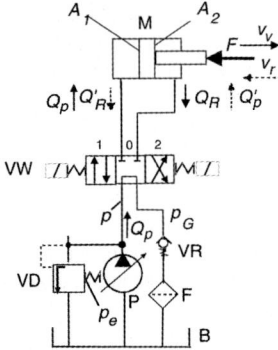

Bild 49. Aufbau eines offenen Hydraulikkreislaufes

Über Steuer- und Regeleinrichtungen werden notwendige Schalt- und Steuerinformationen in den Hydraulikkreislauf eingebracht. Im Motor, der entweder ein Arbeitszylinder mit Kolben oder ein Hydro-Rotationsmotor sein kann, wird die hydraulische Leistung wieder in mechanische ($P_{mech\,2}$) umgeformt, die bei Linearmotoren $\sim F \cdot v$, also *Kraft · Geschwindigkeit* oder bei Rotationsmotoren $\sim M \cdot \omega$ ist.

Offener Hydraulikkreislauf:
Im Bild 49 ist ein offener Hydraulikkreislauf beispielsweise zur Erzeugung einer linearen Vorschubbewegung eines Arbeitsschlittens dargestellt. Durch den Einsatz eines Hydrozylinders mit Scheibenkolben und einseitiger Kolbenstange (sog. Differentialkolben) als Motor M erfolgt bei Öldruckbeaufschlagung des linken Zylinderraums eine Kolbenbewegung mit der Geschwindigkeit v_v nach rechts gegen die Bearbeitungskraft F. Die linksseitige Druckbeaufschlagung erfolgt über die Schaltstellung 1 des 4/3-Wegeventils VW.

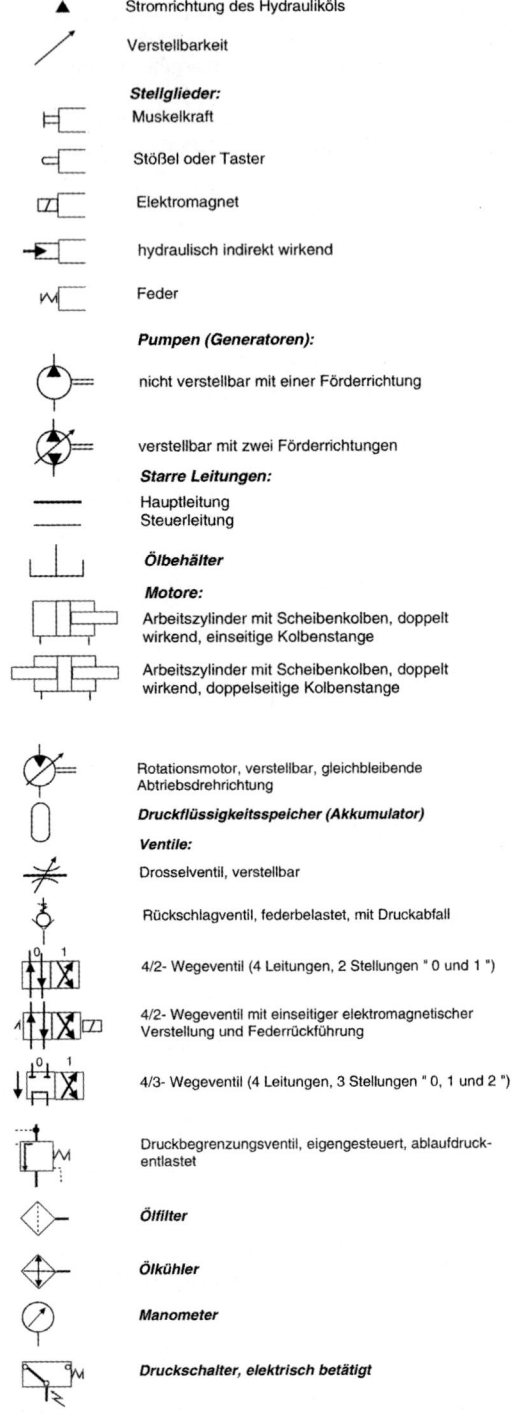

Bild 50. Hydrauliksymbole nach DIN ISO 1219 (Auswahl)

Der Hydraulikschaltplan im Bild 49 ist in Symboldarstellung ausgeführt. Wichtige Symbole hydrauli-

scher Geräte und Bauelemente sind im Bild 50 dargestellt.
Das 4/3-Wegeventil VW wird durch Elektromagnete in die Schaltstellungen 1 und 2 geschaltet. Die Mittelstellung 0 (Kreislauf-Kurzschluss: Die Pumpe fördert gegen das Rückschlagventil VR mit Gegendruck p_G zurück in den Behälter B) wird über die beiden im Ventil eingebauten Federn erreicht. Während dieser Stellung sind die Leitungen vom Zylinder zum Ventil blockiert, d.h. der Kolben kann sich nicht bewegen.
Die Kolbengeschwindigkeit v_v nach rechts ergibt sich aus:

$$v_v = \frac{Q_p}{A_1} \quad \begin{array}{|c|c|c|} v_v & Q_p & A_1 \\ \hline \frac{cm}{min} & \frac{1}{min} & cm^2 \end{array} \quad (23)$$

wobei Q_p der Förderstrom und A_1 die Kolbenfläche ist.
Beim Schalten des Ventils in die Stellung 2 erfolgt ein Vertauschen der Leitungen: Der Druckstrom der Pumpe gelangt nunmehr in den rechten Zylinderraum. Bei gleichem Förderstrom $Q_p' = Q_p$ der Pumpe gilt:

$$v_v = \frac{Q_p}{A_2} \quad \begin{array}{|c|c|c|} v_v & Q_p & A_2 \\ \hline \frac{cm}{min} & \frac{1}{min} & cm^2 \end{array} \quad (24)$$

wobei die Fläche A_2 die Kolbenringfläche ist. Es ist $A_1 > A_2$, damit ist die Geschwindigkeit des Kolbens bei der Rückbewegung nach links entsprechend des Flächenverhältnisses $A_1 : A_2$ größer.
Mit diesem Kreislaufaufbau ergibt sich auf einfache Weise eine Vorschubgeschwindigkeit nach rechts und ein Eilrücklauf (ohne Belastung) nach links.
Wird als Pumpe eine Verstellpumpe eingesetzt, wie im Kreislauf dargestellt, so kann durch Veränderung des Pumpenförderstroms die gewünschte Kolbengeschwindigkeit eingestellt werden.
Zum Kreislauf gehört stets ein Druckbegrenzungsventil VD, an welchem der Grenzdruck p_e mittels Veränderung der Vorspannung der Ventilfeder eingestellt werden kann. Ein Ölfilter F in der Abflussleitung vervollständigt diesen offenen Hydraulikkreislauf als Vorschubantrieb.

Prinzipien wichtiger an Werkzeugmaschinen eingesetzter Hydraulikbaugruppen

1) Hydraulikpumpen

Konstantförderpumpen
Am Beispiel der Zahnradpumpe wird das Prinzip der Konstantförderpumpe erläutert, Bild 51.
Ein Zahnradpaar 1, 1' ist in einem Gehäuse 3 angeordnet und wird von den beiden Gehäusedeckeln 2, 4 axial eingeschlossen. Die Ölförderung geschieht über die Zahnlücken beider Räder, die gegen das Gehäuse abgeschlossen sind. Das Ansaugen wird durch die nach dem Eingriff frei werdenden Zahnlücken und das sich dabei bildende Vakuum erreicht. Mit dem Zahneingriff wird auf der Druckseite das Öl in den Druckraum verdrängt. Um Quetschöl und damit hohes Pumpengeräusch zu vermeiden, sind im Gehäusedeckel Entlastungsnuten eingearbeitet.

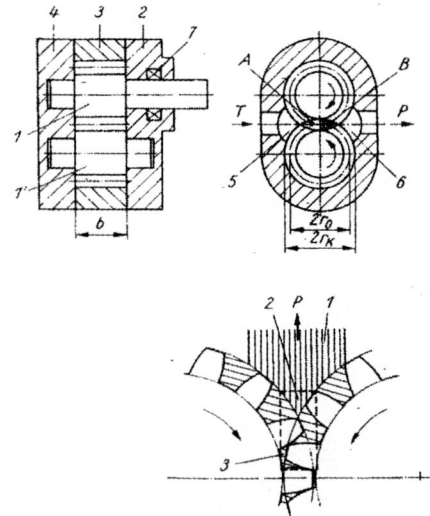

Zahradpumpe, außenverzahnt
1, 1' Zahnradpaar
2, 4 Gehäusedeckeln
3 Gehäuse 5 Saugraum 6 Druckraum
7 Wellendichtring

A Ansauggebiet
B Verdrängunggsgebiet

Abführung der Quetschflüssigkeit (Bild unten)
1 Druckraum, 2 Nut
3 Kompressionszone

Bild 51. Prinzipieller Aufbau einer Zahnradpumpe als Konstantförderpumpe

Der Pumpenaufbau ist einfach. Dadurch ist die Pumpe kostengünstig. Eine Verstellung des Förderstroms ist nur mittels Verstelldrossel und Druckbegrenzungsventil, welches dann zum Arbeitsventil wird und über das ständig Öl strömt, möglich. Dadurch entstehen hohe Leistungsverluste und eine hohe Ölerwärmung.
Aus den genannten Gründen wird deshalb die Konstantförderpumpe im Werkzeugmaschinenbau nur noch für untergeordnete Zwecke verwendet.

Verstell- oder Regelpumpen
Am Beispiel der in der Werkzeugmaschinenhydraulik am meisten angewandten Verstellpumpe, der Flügelzellenpumpe, Bild 52, wird das Prinzip der Verstell- oder Regelpumpe erläutert.

Über einen von einem Motor angetriebenen Rotor 1, in welchem Stahlflügel 2 in Schlitzen leichtgängig eingepaßt sind, die durch die Fliehkraft gegen den Gehäusering 3 gedrückt werden, öffnen sich durch die Drehung auf der Saugseite 4 Räume, die sich mit Öl füllen. Dies werden auf die Druckseite getragen. Dort wird das Öl durch die Zellenraumverkleinerung bei Weiterdrehung des Rotors über die Steuernut 5 in den Druckraum gebracht.

Die Größe des Förderstroms hängt von der *Exzentrizität* e des Rotors zum Gehäusering ab. Bei $e = 0$ ist der Förderstrom gleich Null. Bei der Verstellung der Exzentrizität über Mitte nach rechts (minus) kehrt sich die Förderrichtung um. Damit kann die Pumpe auch in *geschlossenen Kreisläufen* Anwendung finden, wo beispielsweise durch ständiges Wechseln der Exzentrizität von plus nach minus eine Hin- und Herbewegung eines Arbeitstisches erreicht werden kann.

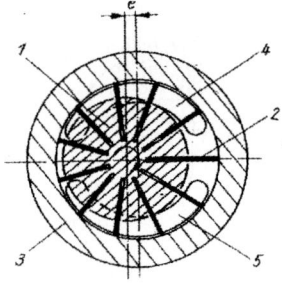

Flügelzellenpumpe, einfach wirkend
1 Rotor, 2 Flügel, 3 Gehäusering,
4 Steuernut – Saugseite, 5 Steuernut-Druckseite
e Exzentrizität

Bild 52. Prinzipieller Aufbau einer Flügelzellenpumpe als Verstellpumpe

Eine wesentliche Bedeutung hat in der Werkzeugmaschinen-Hydraulik die Verstellpumpe mit einer Regelung als Nullhubpumpe.

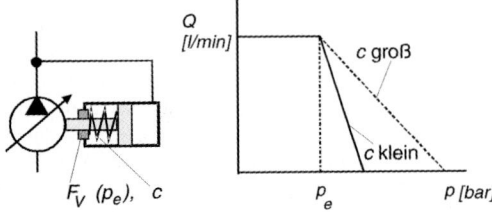

Bild 53. Regelpumpe mit Nullhubregler (Prinzip und Kennlinie)

Die Exzentrizität e des Rotors einer Flügelzellenpumpe wird über einen Kolben gegen eine Feder durch den Pumpendruck p verstellt. Deshalb ist über eine Nebenleitung der rechte Zylinderraum der Regeleinrichtung mit der Hauptleitung der Pumpe verbunden, Bild 53 links. Die Federvorspannung F_V ist einstellbar.

Die Kennlinie im Bild rechts zeigt die *Wirkungsweise des Nullhubreglers.* Bei niedrigem Druck liefert die Regelpumpe den vollen Förderstrom Q. Dies wäre beispielsweise der Fall, wenn ein Arbeitsschlitten oder der Stößel einer hydraulischen Presse im Eilgang bewegt werden soll, wo nur geringe Gegenkräfte wirken. Beim Auftreten einer hohen Gegenkraft steigt der Druck an. Ab einem bestimmten, über die Federvorspannung einstellbaren Druck p_e geht der Förderstrom zurück. In Abhängigkeit von der Federkennlinie c erreicht er bei weiterer Drucksteigerung den Wert 0. Eine geringe Förderung erfolgt danach nur, um Leckverluste auszugleichen. Der Druck wird in voller Höhe aufrecht erhalten. Da $Q \to 0$, ist der Energiebedarf äußerst gering. Da kein Öl gefördert wird, ist auch die thermische Stabilität größer. Es entsteht nur geringe Ölerwärmung. In Verbindung mit einem Druckspeicher hat sich diese Art der Anwendung im Werkzeugmaschinenbau fast überall durchgesetzt.

2) Arbeitszylinder als hydraulische Linearmotoren

Im Bild 54 sind verschiedene Aufbauprinzipien dargestellt.
Unter 1) oben links wird gezeigt, dass bei beidseitiger Kolbenstange im Fall b) deren fester Einbau mit Ölzuführung durch die Kolbenstange in den Zylinderraum eine Reduzierung der Einbaulänge auf $> 2 \cdot$ Hublänge H erreicht wird. Das kann bei Werkzeugmaschinen wegen des oft geringen Bauraums von Bedeutung sein.
Unter 2) sind die Möglichkeiten aufgezeigt, die sich bei Arbeitszylindern mit einseitiger Kolbenstange hinsichtlich möglicher Geschwindigkeiten ergeben. Durch entsprechende Schaltung über Wegeventile können die Bewegungen a) Vorlauf oder Arbeitsvorschub, b) Eilrücklauf und c) Eilvorlauf wirksam werden. Dies entspricht den meisten Forderungen an Werkzeugmaschinen-Arbeitsschlitten.
Bei c) Eilvorlauf ergibt sich die Geschwindigkeit zu

$$v_e = \frac{Q}{A_1 - A_2} \quad \begin{array}{|c|c|c|c|} \hline v_e & Q & A_1 & A_2 \\ \hline \dfrac{cm}{min} & \dfrac{1}{min} & cm & cm \\ \hline \end{array} \quad (24)$$

Unter 3) sind Möglichkeiten der Endlagenbremsung dargestellt, bei Arbeitsschlitten besonders für die Feinbearbeitung (Schleifen, Feinbohren) wegen geforderter Stoßfreiheit von großer Bedeutung.

Beispiele von Hydraulikkreisläufen in Werkzeugmaschinen, Bild 55.
Im Bild links ist der Schaltplan und die Schaltbelegungstabelle für einen Schleifmaschinen-Tischantrieb dargestellt. Die Geschwindigkeit der Tischpendelbewegung wird über die Verstellpumpe eingestellt.

2 Baugruppen von Werkzeugmaschinen

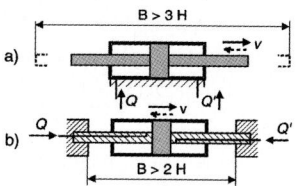

1) **Arbeitszylinder mit beidseitiger Kolbenstange**
a) Standardzylinder b) Sonderzylinder mit fest eingebauter Kolbenstange
B Einbaulänge, H Hublänge

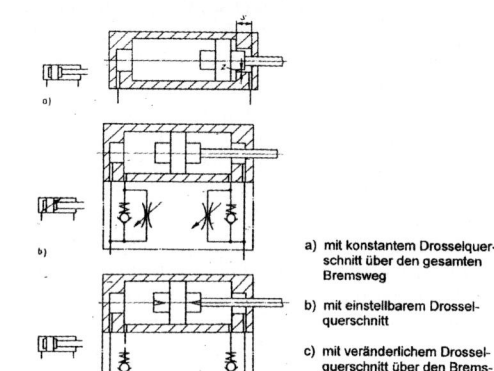

a) mit konstantem Drosselquerschnitt über den gesamten Bremsweg
b) mit einstellbarem Drosselquerschnitt
c) mit veränderlichem Drosselquerschnitt über den Bremsweg

3) **Möglichkeiten der Endlagenbremsung an Arbeitszylindern**

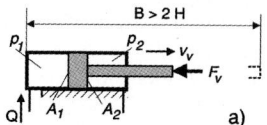
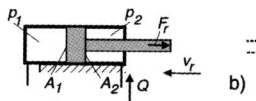
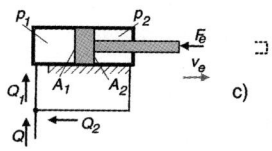

2) **Arbeitszylinder mit einseitiger Kolbenstange**
a) Vorlauf (Arbeitsvorschub)
b) Eilrücklauf
c) Eilvorlauf

Bild 54. Aufbau und Einsatzmöglichkeiten von Arbeitszylindern

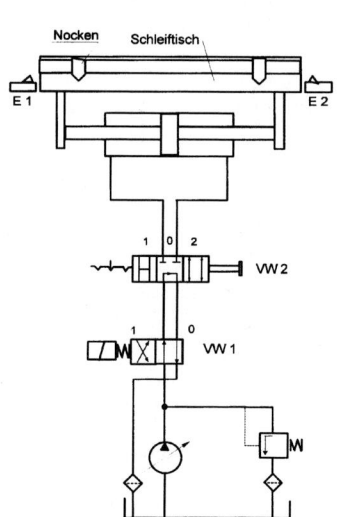

Schaltbelegungstabelle:					
Kommando	VW2 0	VW2 1	VW2 2	VW1 0	VW1 1
Halt	+			+	
Tisch frei beweglich (Handrad)		+		+	
Tischbewegung nach rechts			+	+	
Tischbewegung nach links		+			+

Hydraulischer Arbeitstischantrieb (Pendelbewegung) einer Flachschleifmaschine

Schaltbelegungstabelle:					
Bewegungen	VW2 0	VW2 1	VW2 2	VW1 1	VW1 2
Halt	+			+	
1 Eilvorlauf		+		+	
2 Arbeitsvorlauf		+			+
3 Eilrücklauf			+	+	

Vorschubeinheit in einer Taktstraße mit Geschwindigkeitseinstellung über Drossel und vereinfachter Eilgangschaltung

Bild 55. Beispiele von Hydraulikkreisläufen bei Werkzeugmaschinen

Über die Endschalter E1 und E2 wird in den Endlagen jeweils das Wegeventil VW1 zwischen 0 und 1 umgeschaltet – Umkehr der Bewegungsrichtung. Über VW2 werden von Hand entweder die Tischhaltstellung 0, die freie Beweglichkeit des Tisches zum Verschieben mit dem Handrad (Stellung 1) oder das Pendeln (Stellung 2) eingestellt.

Im Kreislauf Bild rechts wird durch VW1 der Förderstrom einer Konstantförderpumpe entweder über die einstellbare Drossel (Arbeitsvorschub) geleitet (Stellung 2) oder diese umgangen (Eilgang Stellung 1).

2.4 Geradführungen an Werkzeugmaschinen

2.4.1 Grundlagen

Geradführungen dienen:
− zum Führen von Arbeitstischen, Schlitten und Supporten
− verwirklichen geradlinige Komponenten der Relativbewegung zwischen Werkstück und Werkzeug

Anforderungen an Geradführungen
− hohe statische, dynamische und thermische Steife
− geringer Verschleiß
− hohe geometrische und kinematische Genauigkeit
− gute Dämpfung
− Schutz vor Spänen, gute Ableitung der Späne
− hohe Bewegungsgüte

Konstruktive Grundformen

Im Bild 56 sind unter 1) oben links die Führungsbedingungen bezüglich der Freiheitsgrade dargestellt. Eine Führung wäre dann ideal, wenn außer in der *Bewegungsrichtung x* alle fünf anderen Freiheitsgrade = 0 wären. Dies ist aber real nicht möglich, da durch Führungsbahn-Ungenauigkeiten und Elastizitäten Abweichungen von der idealen Geometrie vorhanden sind, wenn gleich diese oft nur im μm-Bereich liegen.

In der Regel wird pro Arbeitsschlitten von *zwei Führungsbahnen* ausgegangen. Bei höheren Belastungen können durchaus auch drei verwendet werden. Im Bild 56 sind unter 2) oben rechts die möglichen Querschnittsformen von Führungen gezeigt. Dabei sind Dachführung, V-Führung und doppelte Rundführung statisch überbestimmt. Die ersten beiden werden u.a. noch bei Präzisionsdrehmaschinen angewandt. Dabei werden die am Schlitten liegenden Führungsbahnen zu den Bettbahnen eingeschabt. Bei gutem Tragbild wird eine hohe Führungsgenauigkeit erreicht und auftretender Verschleiß kompensiert. Die doppelte Rund- oder Säulenführung wird meist bei Umformmaschinen und -werkzeugen verwendet.

Die Flachführung kann große Kräfte aufnehmen. Bei Kombination von Dach- bzw. V-Führung mit der Flachführung entstehen eindeutige statische Verhältnisse und eine gute thermische Stabilität.

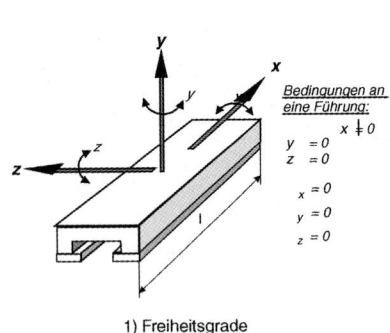

1) Freiheitsgrade

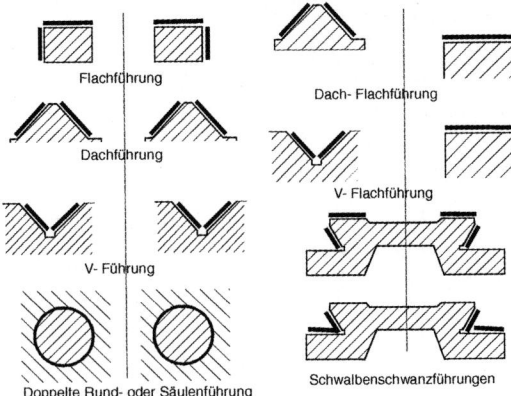

2) Querschnittsformen von Werkzeugmaschinenführungen

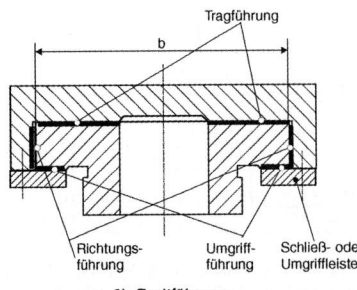

3) Breitführung

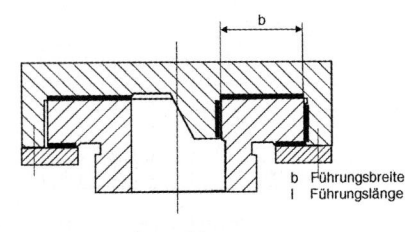

4) Schmalführung

Bild 56. Gestaltungshinweise für Führungsbahnen

2 Baugruppen von Werkzeugmaschinen

Die Bilder 3) und 4) zeigen die Unterschiede im Aufbau zwischen Breit- und Schmalführung. Besonders bei kleineren Führungslängen l sollte stets die Schmalführung zu Anwendung kommen, da durch ihr günstiges Verhältnis l / b eine hohe Führungsgenauigkeit entsteht und durch die freie Ausdehnung des Schlittenquerschnitts nach links ein gutes thermisches Verhalten vorliegt. Die Breitführung kann analog zum Verhalten eines Kommodenschrankkastens (Verkanten bei zu schneller Bewegung) gesehen werden, die Schmalführung zu dem eines Schubkastens im Küchentisch (leichtgängig bei allen Bedingungen).
Generell wird bei Führungen unterschieden zwischen:
– Tragführung
– Richtungsführung
– Umgriff-Führung

2.4.2 Gleitführungen

Gleitführungen werden im Werkzeugmaschinenbau noch relativ häufig angewandt, obwohl andere Führungsbahnbauarten wie Wälz- oder hydrostatische Führungen immer mehr zunehmen.
Der *Arbeitsbereich* der Gleitführungen liegt im *Mischreibungsfeld*.

Vorteile der Gleitführungen:
– Niedriger Aufwand
– Ausreichende Steife
– Hohe Dämpfung, sowohl senkrecht zur als auch in Vorschubrichtung
– Hohe Führungsgenauigkeit durch die integrierende Wirkung der Führungsflächen

Nachteile der Gleitführungen
– Schlechtes Reibverhalten ($\mu > 0{,}2$)
– Beim langsamen Bewegen Neigung zu Stick-slip-Erscheinungen (Ruckgleiten)
– Auftreten von Verschleiß

– Keine Spielfreiheit, ausgenommen Dach- und V-Führungen

Reibungs- und Bewegungsverhalten von Gleitführungen

Dieses hängt von folgenden Faktoren ab:
– Gleitgeschwindigkeit x'
– Belastung F
– Oberflächengüte der aufeinander gleitenden Flächen
– Anzahl, Form und Anordnung der Schmiertaschen
– Art und Zusammensetzung des Schmiermittels
– Werkstoffpaarung
– Bauform der Führungsbahnen
– Gleitweg (Verschleiß)

Reibung bei monotoner Bewegung
Im Bild 57 ist die Reibungszahl μ als Funktion der Gleitgeschwindigkeit x' zwischen zwei aufeinander gleitenden Flächen dargestellt.
Im Abschnitt I, Kurve oben links (geringe Geschwindigkeit nach dem Stillstand) sind die Rauhigkeitsspitzen noch ineinander verhakt, Skizze I im Bild oben rechts. Der Schmierspalt ist sehr klein gegenüber den Rautiefen beider Flächen.
Mit Vergrößerung der Gleitgeschwindigkeit schließt sich das Gebiet der *Mischreibung* an, Skizze II im Bild oben rechts. Dort ist der Flüssigkeitsfilm teilweise unterbrochen, da x' noch nicht ausreicht, um ein hydrodynamisches Verhalten zu erreichen. Dies ist das Arbeitsgebiet der Gleitführungen an Werkzeugmaschinen.
Erst bei großen Gleitgeschwindigkeiten tritt *Flüssigkeitsreibung* auf, Skizze III im Bild oben rechts. Diese entsteht bei Werkzeugmaschinen nur in Ausnahmen, z.B. bei Arbeitstischführungen von Langhobelmaschinen, da diese eine hohe Arbeitsgeschwindigkeit benötigen.

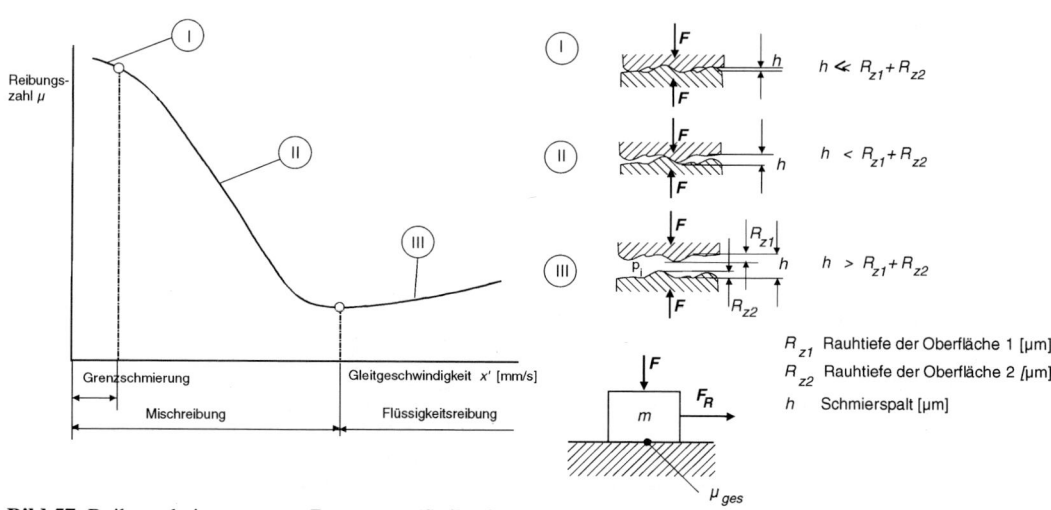

Bild 57. Reibung bei monotoner Bewegung (Stribeck-Kurve)

Im Bereich der Mischreibung gelten folgende Beziehungen:

$$\mu_{ges} = \frac{F_R}{F_N}\mu_{tr}\left(1-\frac{F_{Hy}}{F_N}\right)+\mu_{fl}\frac{F_{Hy}}{F_N} \quad (26)$$

dabei ist

$$F_N = F_G + F \quad (27)$$

$$F_{Hy} = 6\eta b_G l_G^2 k_p \frac{x'}{h_0^2}\psi \quad (28)$$

Es bedeuten:
- F_G Gewichtskraft   [N]
- F äußere Belastung   [N]
- F_N Normalkraft [N]
- F_R Reibungskraft   [N]
- F_{Hy} Flüssigkeitstragkraft   [N]
- μ_{tr} Reibungszahl für trockene Reibung ($\approx 0{,}2 \ldots 0{,}4$)
- μ_{fl} Reibungszahl für Flüssigkeitsreibung ($\approx 0{,}002$)
- η dynamische Schmiermittelviskosität [Ns/mm²]
- μ_{ges} wirksame Reibungszahl bei Mischreibung
- x' Gleitgeschwindigkeit [mm/s]
- h_0 Schmierfilmhöhe   [mm]
- b_G Breite des Gleiters   [mm]
- l_G Länge des Gleiters   [mm]
- ψ Konstante für seitliche Leckverluste (siehe untenstehende Tabelle)
- k_p Konstante für Spaltform $\approx 0{,}025$

b_G/l_G	0	0,1	0,2	0,3	0,4	0,5	1,0
ψ	0	0,04	0,06	0,11	0,15	0,2	0,44

Bei der Auslegung des Schlittenantriebes muss beachtet werden, dass nach längeren Schlittenstillstandszeiten eine größere *Startreibkraft* zur Überwindung der Haftreibung erforderlich ist.

Stick-slip-Bewegungen

Die Ausgangsbedingungen für das Entstehen des Stick-slip-Effektes sind Mischreibung und kleine Gleitgeschwindigkeiten x'. Das Kennzeichen dieses Effektes sind ein periodisch wechselndes Haften und Gleiten des Arbeitsschlittens trotz einer kontinuierlichen Antriebsbewegung.

Die Auswirkungen sind meist eine Verschlechterung der Oberflächengüte, Fehler beim Positionieren des Schlittens und damit Beeinträchtigung der Arbeitsgenauigkeit und erhöhter Werkzeugverschleiß.

Im Bild 58 sind die Verhältnisse beim Stick-slip-Effekt dargestellt:

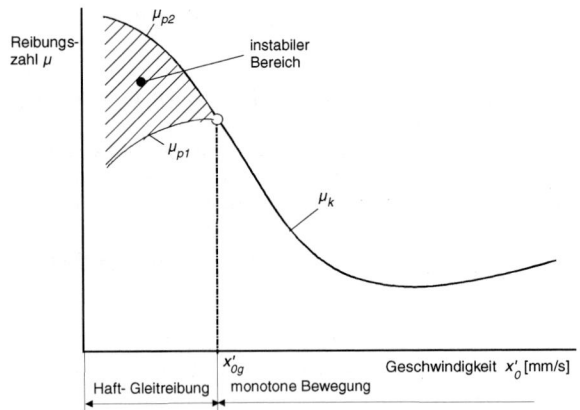

1) Stribeck-Diagramm beim Stick-slip-Effekt

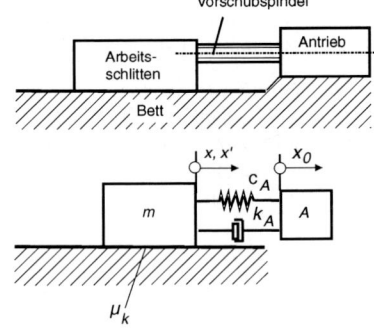

2) Prinzip der Vorschubeinheit (oben) Ersatzmodell (unten)

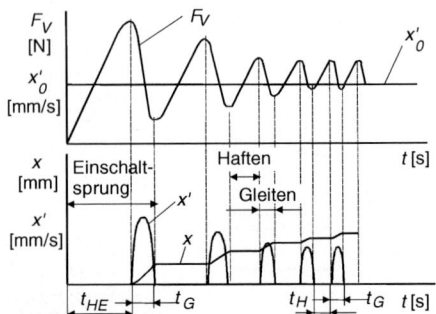

3) Reibungs- und Bewegungsverhältnisse beim Stick-slip-Effekt

Bild 58. Der Stick-slip-Effekt (das Ruckgleiten)

Es bedeuten:
- m Masse des Schlittens [kg]
- x Weg des Schlittens unter Stick-slip-Bedingungen [mm]
- x' Gleitgeschwindigkeit des Schlittens [mm/s]
- x_0 Weg des (unendlich steifen) Antriebes
- x'_0 Geschwindigkeit des Antriebes
- x'_{0g} Grenzgeschwindigkeit
- k_A Dämpfungsfaktor [kg/s]
- c_A Ersatzfedersteife von Gewindespindel, Mutter, Spindelbefestigung mit Axiallager und Lageraufnahme [N/mm]
- g Erdbeschleunigung [mm/s^2]
- μ_k Reibungszahl der Bewegung
- μ_{p1} Reibungszahl beim Gleitvorgang
- μ_{p2} Reibungszahl beim Haften des Schlittens
- t_H Zeit des Haftens [s]
- t_{HE} Zeit des Haftens nach dem Einschalten [s]
- t_G Zeit des Gleitens [s]
- F_V Vorschubkraft [N]

Ablauf:

Im Stillstand haftet der Schlitten mit der Reibungszahl μ_{p2}.
Nach dem Einschalten des Antriebs A wird von diesem die Geschwindigkeit x'_0 vorgegeben. Das elastische Antriebssystem, durch die Ersatzfedersteife c_A dargestellt, spannt sich gegen die ruhende Masse m, bis die Kraft F_V so groß geworden ist, dass die Reibkraft überwunden wird. Bei der nunmehr zu schnellen Schlittenbewegung wirkt die Reibungszahl μ_{p1}. Dieser Vorgang wird Einschaltsprung genannt. Dieser geht nach wenigen Perioden in den stabilisierten Laufsprung über (im Bild unter 3) dargestellt.
Aus dem Ersatzmodell 2) ergibt sich unter Vernachlässigung der Dämpfungskraft $k_A \, x'$:

$$m \cdot x'' + c_A (x_0 - x) = m \cdot g \cdot \mu_k \quad (29)$$

m	x''	c_A	x_0	x	g	μ_k
kg	$\dfrac{mm}{s^2}$	$\dfrac{N}{mm}$	mm	mm	$\dfrac{mm}{s^2}$	–

Von großer Bedeutung ist die Grenzgeschwindigkeit x'_{0g}, bei dessen Unterschreitung der Stick-slip-Effekt auftritt:

$$x'_{0g} = \frac{\mu_k \cdot g}{\sqrt{\dfrac{c_A}{m}}} \quad (30)$$

m	c_A	g	μ_k	x'_{0g}
kg	$\dfrac{N}{mm}$	$\dfrac{mm}{s^2}$	–	$\dfrac{mm}{s}$

Um x'_{0g} zu einem niedrigen Geschwindigkeitswert zu verschieben, sind folgende Maßnahmen erforderlich:
- Einsatz geeigneter Werkstoffpaarungen
- Einsatz legierter Gleitbahnöle
- Hohe Steife des Vorschubantriebes
- Hohe Dämpfung in den Gleitfugen
- Geringe Massen des Arbeitsschlittens einschließlich Spanneinrichtungen, Werkstücke oder Werkzeuge
- Geringe Belastungen

Bei der Werkstoffpaarung Stahl oder Gusseisen gegen Epoxydharz oder analoge Kunststoffe wird die Grenzgeschwindigkeit weit herabgesetzt.

Konstruktive Ausführung von Gleitführungen

Werkstoffe und Werkstoffpaarungen

Zur Anwendung kommen:
- Grauguss bis 50 HB mit guten Notlaufeigenschaften
- Wälzlagerstahl und Einsatzstähle, gehärtet auf 50 ± 4 HRc, Einsatz in Leistenform oder Blechstreifen, geringer Verschleiß, schlechte Notlaufeigenschaften
- Kunststoff, meist Epoxydharz oder Teflon, ergibt keinen Fressverschleiß, setzt die Grenzgeschwindigkeit des Auftretens von Stick-slip erheblich herab. Beim eingesetzten Kunststoff ist darauf zu achten, dass die Neigung zum „Quellen" in Grenzen bleibt.

Mögliche Werkstoffpaarungen (Bettführung / Schlittenführung) sind:
Gusseisen / Gusseisen, Gusseisen gehärtet / Gusseisen, Stahl gehärtet / Gusseisen, Gusseisen / Stahl gehärtet, Gusseisen / Kunststoff, Stahl gehärtet / Kunststoff.

Bearbeitung

Die Endbearbeitung der Führungsbahnen kann je nach Werkstoff und dessen Zustand durch Umfangsschleifen, Stirnschleifen, Feinfräsen, Schaben (Schlitten-Unterseite), Feinhobeln erfolgen.
Beim Einsatz von Epoxydharz für die Schlittenunterseiten-Führung ist das Abformen gegen den metallischen Gleitpartner durch Gießen bei einer Dicke von 1,5 ... 2 mm eine geeignete Technologie. Die zu beschichtende Fläche kann gehobelt oder gefräst werden, muss aber unbedingt fettfrei sein.
Für metallische Führungsbahnoberflächen sollte die Rautiefe R_z zwischen 1,6 und 10 µm liegen.

Schmierung

Im Bild 59 sind unter 1) oben links die günstigste Form und die Abmessungshinweise dargestellt. Es gilt:
- Die Schmiertaschen sollten quer zur Bewegungsrichtung liegen (keine zickzackförmigen Nuten anwenden)
- Jeweils am Führungsbahnende soll eine Tasche angeordnet sein

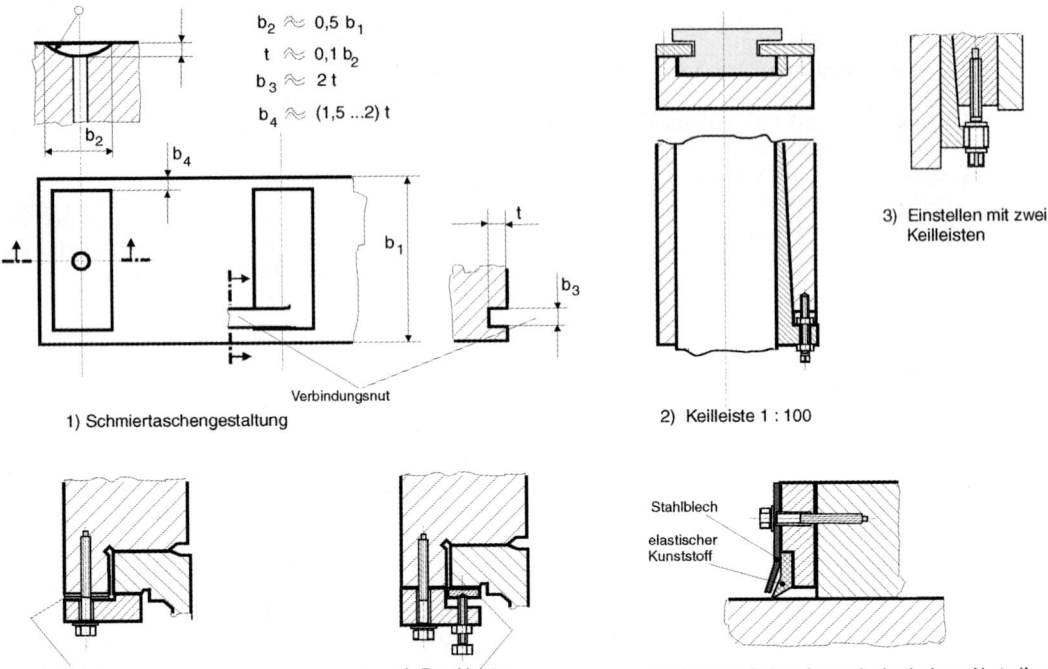

Bild 59. Schmiertaschengestaltung, Spieleinstellung und Führungsbahnschutz

- Der Taschenabstand sollte *kleiner* als der minimalste Schlittenweg sein
- Die Schmiermittelzufuhr sollte zu jeder Tasche direkt über eine Bohrung erfolgen. Wenn nicht möglich, soll nur eine Längsnut als Verbindungsnut (siehe Bild) vorgesehen werden.

Spieleinstellung
Hier liegen die Erfahrungswerte für kleine und mittlere Werkzeugmaschinen bei einem Spiel $s \geq 10$ µm, bei großen Werkzeugmaschinen bei $s \leq 80$ µm.
Zur Führungseinstellung werden eine 2) oder zwei Keilleisten 3) oder Druckleisten mit Druck- und Zugschrauben angewendet.
Zur Spieleinstellung im Umgriff können auf einfache Weise Beilagen 4) oder ebenfalls Druckleisten mit Druck- und Zugschrauben 5) zum Einsatz kommen.

Führungsbahnschutz
Dem Schutz bzw. der Abdeckung von Führungsbahnen kommt bei Einsatz an Werkzeugmaschinen eine erhebliche Bedeutung zu. Dies ergibt sich besonders durch die in den letzten Jahren erhebliche Steigerung der Zerspanleistung, die breiter werdende Anwendung der Hochgeschwindigkeitszerspanung und den Einsatz von Kühlschmiermitteln mit hohem Druck und großem Förderstrom besonders beim Schleifen. Möglichkeiten des Schutzes sind:
- Abstreifer bei offen liegenden Führungsbahnen, Bild 59, unter 6), z.B. an konventionellen Drehmaschinen
- Faltenbälge oder Rollos
- Teleskopabdeckung mit Blechen aus nichtrostendem Stahl als sicherste, wenn auch aufwendige Lösung.

■ **Beispiele von Gleitführungen:**
Im Bild 60 sind eine Flachführung als Schmalführung 1) und eine Schwalbenschwanzführung 2) dargestellt.

2.4.3 Wälzführungen

Prinzip
Zwischen den Führungsflächen des bewegten (Arbeitsschlitten) und des feststehenden Teils (Bett, Gestell, Kasten) befinden sich Wälzkörper. Diese können
- Kugeln
- Rollen
- Nadeln

sein. Wälzführungen finden wegen ihrer Vorteile zunehmend Anwendung an Werkzeugmaschinen, besonders an CNC-Maschinen. Günstig dabei ist, dass Wälzführungen ähnlich wie bei Kugelgewindetrieben von spezialisierten Zulieferfirmen einbaufertig angeboten werden.

Weitere Vorteile sind:
- Hohe Positioniergenauigkeit, da Reibungszahl $\mu \leq 0{,}05$. Dadurch kein Auftreten von Stick-slip!
- Meist Fettschmierung „for life" ausreichend

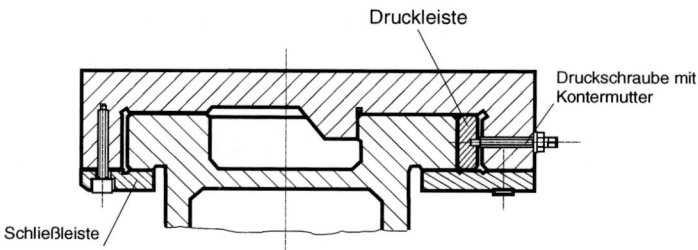

1) Flachführung als Schmalführung mit Druckleiste und Druckschrauben mit Kontermuttern

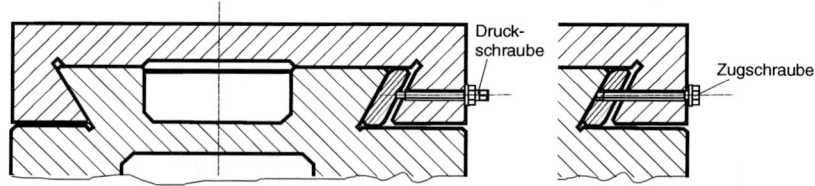

2) Schwalbenschwanzführung (Druckleiste mit Zug- und Druckschraube im Wechsel)

Bild 60. Beispiele ausgeführter Schlitten-Gleitführungen

- Sehr geringer Verschleiß
- Durch Vorspannung spielfreies Arbeiten auch unter voller Belastung und Steifigkeitserhöhung

Nachteile
- Geringe Dämpfung
- Hohe Empfindlichkeit gegen Verschmutzung und Späne, deshalb meist Anwendung der Abdeckung mittels Teleskopblechsystem
- Mehr Aufwand für Vorspannung und Klemmung erforderlich
- Hohe Qualität der Wälzkörper erforderlich (Sortierung) ⎫
- Hohe Qualität der Laufflächen erforderlich ⎬ löst der Wälzführungshersteller
- Große Anforderungen an die Werkstoffe von Rollen und Führungsleisten wegen hoher örtlicher Pressung ⎭

Geometrischer Grundaufbau
- Den Aufbau von
- Kreuzrollenführung
- Rollen- oder Nadelführung
- Kugelführung

zeigt Bild 61, unter 1) und 2).

Unter Bild 1) oben ist die *Kreuzrollenführung* dargestellt, welche sich durch hohe Steife und Führungsstabilität auszeichnet. Das Prinzip wird durch Rollen bestimmt, deren Breite geringer als der Durchmesser ist. Dabei liegt die Achse der ersten Rolle unter dem Winkel 45°, die der zweiten unter 135°, der dritten wieder unter 45° usw. Bei Vorspannung beider Führungsleisten können seitliche Kräfte aus allen Richtungen aufgenommen werden.
Unter 2] und 3] sind *Rollen- und Nadelführung* sowohl als Flach- als auch als V-Führung gezeigt
Die unter 4] gezeigte *Kugelführung* weist eine hohe Genauigkeit auf, ist aber nicht so hoch belastbar im Gegensatz zur Flach- und zur Kreuzrollenführung.

Führungen für begrenzte Weglänge
Unter 3) ist im Bild 61 das Grundprinzip einer Wälzführung für begrenzte Weglänge dargestellt. Die Abbildungen unter 1) bis 3) auf der rechten Seite zeigen Führungsleisten für begrenzte Weglänge als Kreuzrollen-, Rollen und Nadelführungen.

Führungen für unbegrenzte Weglänge
Das Grundprinzip einer Wälzführung mit unbegrenzter Weglänge ist unter 4) im Bild 61 dargestellt. Es basiert auf Wälzkörper-Umlaufeinheiten, bei denen die Wälzkörper in einer umlaufenden endlosen Kette geführt werden (ähnlich den Gleisketten bei Traktoren etc.).

Bewegungs- und Verlagerungsverhalten
Entscheidend dafür sind:
- Qualität der beiden Führungsflächen, besonders hinsichtlich Form- und Lageabweichungen sowie der Oberflächengestalt
- Maß- und Formgenauigkeit der Wälzkörper (Aussortieren auf gleiche Maßgruppen erforderlich)
- Präzise Führung der Rollen und Nadeln im Käfig
- Höchste Parallelität der Führungsflächen
- Weiches Ein- und Auslaufen der Wälzkörper an den Führungsbahnenden sichern (bei begrenzter Weglänge)

1) Geometrischer Grundaufbau

2) Führungen mit begrenzter Weglänge

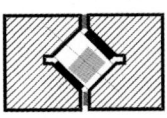 1] Kreuzrollenführung

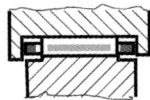 2] Rollen- Flachführung

 3] Nadelführung
links: Flachführung
rechts: V- Führung

4] Kugelführung

3) Führung mit begrenzter Weglänge

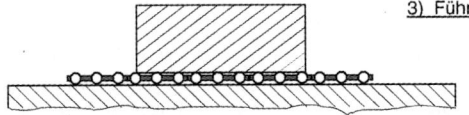

4) Führung mit "unbegrenzter" Weglänge

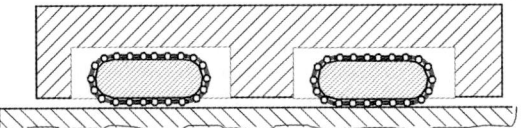

Bild 61. Bauarten von Wälzführungen (Fotos oben rechts: Schneeberger AG, Roggwil, Schweiz)

Verformungsverhalten und Vorspannung

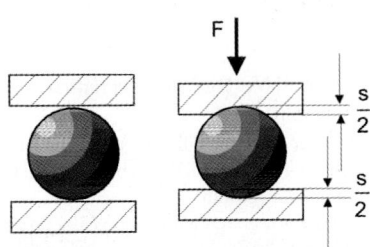

$$s = k_K \left(\frac{F}{9{,}81} \right)^{\frac{2}{3}} \quad k_K = \frac{a_K}{d_K^{\frac{1}{3}}} \tag{31}$$

Zylinderrolle zwischen zwei Platten

$$s = k_R \left(\frac{F}{9{,}81} \right)^{0{,}9}, \; k_R = \frac{a_R}{l_W^{0{,}8}} \tag{32}$$

d_k	s	F	l_w
nm	μm	N	mm

Bild 62. Verformungsverhalten einer Kugel zwischen zwei Platten nach Palmgren

Kugel zwischen zwei Platten (Bild 62)

Geeignete Beziehung des Verhältnisses Last : Verformung für Zylinderrollen bei Werkzeugmaschinen (hohe Steifigkeit):

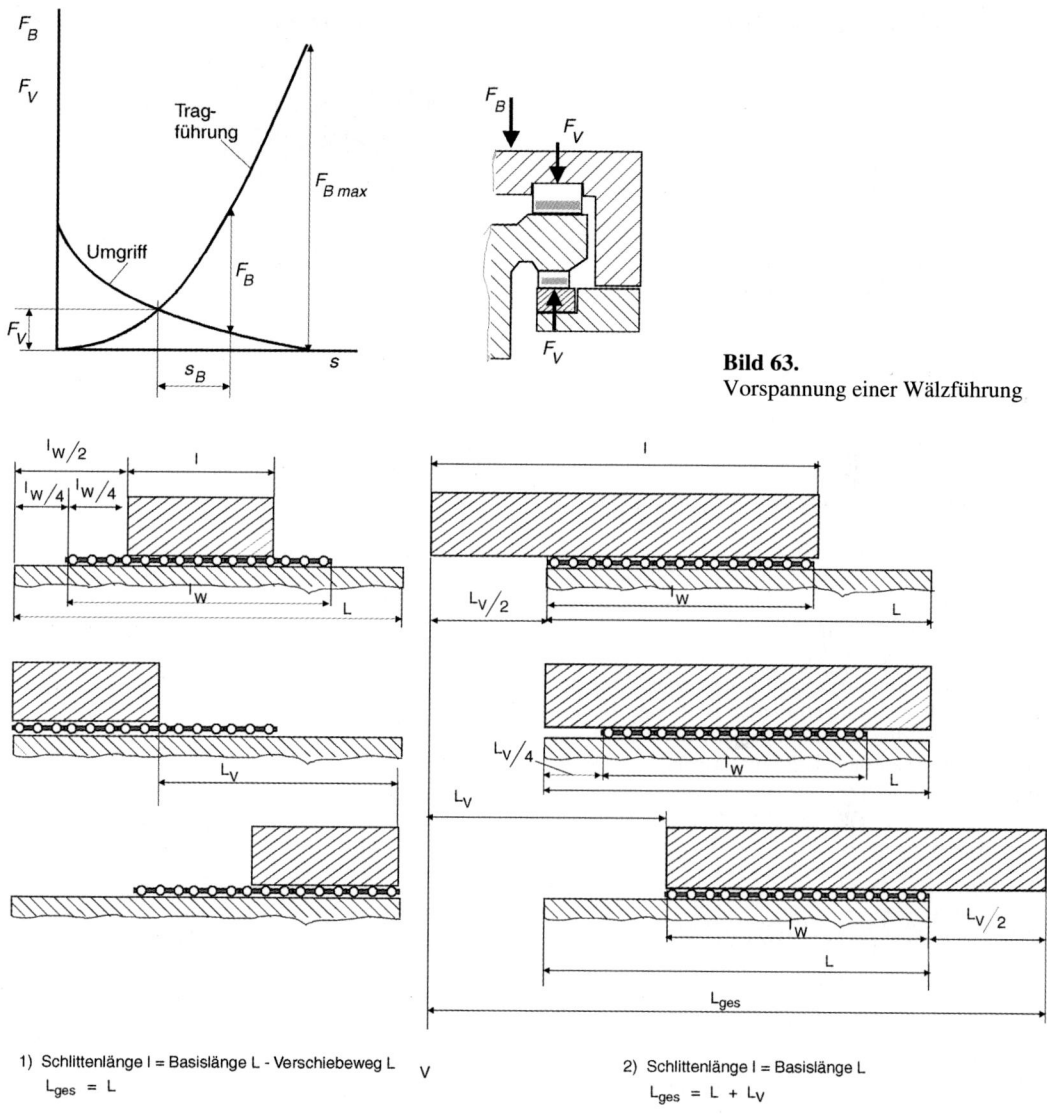

Bild 63. Vorspannung einer Wälzführung

1) Schlittenlänge l = Basislänge L - Verschiebeweg L_V
   $L_{ges} = L$

2) Schlittenlänge l = Basislänge L
   $L_{ges} = L + L_V$

Bild 64. Gestaltungsmöglichkeiten bei Wälzführungen mit begrenzter Weglänge

$$s = \left(\frac{F}{\frac{69970}{f_N} l_{Weff}^{b} \cdot i} \right)^{\frac{1}{a}} \qquad l_{Weff} = l_W - \frac{d_W}{10} \qquad (33)$$

s	F	l_W	l_{Weff}	i
mm	N	mm	mm	1

In den Formeln bedeuten:
- s   Verformung [µm]
- k_K werkstoffabhängige Deformationskonstante für die Kugel
- k_R werkstoffabhängige Deformationskonstante ür die Rolle
- l_W Länge der Zylinderrolle [mm]
- a_R werkstoffabhängigeKonstante = 0,6 für Stahlrolle zwischen Stahlplatten
- d_K Kugeldurchmesser [mm]
- d_W Zylinderrollendurchmesser [mm]
- a_K werkstoffabhängige Konstante = 4,07 für Stahlkugel zwischen Stahlplatten
- F   Belastung [N]
- a   Exponent = 1,1 ... 1,2
- i   Anzahl der Wälzkörper in der Belastungszone

f_N Nachgiebigkeitsfaktor des Grundkörpers, bei Werkzeugmaschinen zwischen 1,6 ... 2,6
b Exponent = 0,7

Vorspannung der Wälzführung (Bild 63)
Es bedeuten:
F_V Vorspannkraft   [N]
F_B Belastung   [N]
F_{Bmax} max. Belastung   [N]
s Verformung   [μm]
s_B Verformung bei Belastung durch F_B [μm]

Es gilt: bei $F_B > F_{Bmax}$ erfolgt die völlige Entlastung des Umgriffs. Damit tritt Spiel in der Führung auf, was mit Positionierfehlern und Genauigkeitsverlusten sowie Rattererscheinungen bei der Zerspanung einher geht.

Konstruktive Ausführung von Wälzführungen

Führungen mit begrenzter Weglänge
Die beiden Aufbaumöglichkeiten für Führungen mit „begrenzter" Weglänge und die geometrischen Beziehungen sind im Bild 64 dargestellt.
Im Bild 65 sind verschiedene Vorspannmöglichkeiten von Kreuzrollenführungen mit „begrenzter" Weglänge dargestellt. Je nach geforderter Steife und Genauigkeit können die Ausführungen 1), 2) oder 3) mit steigendem Kostenaufwand zur Anwendung kommen.

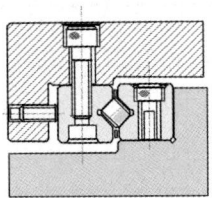
1) Im Normalfall wirkt die Stellschraube auf die Schiene

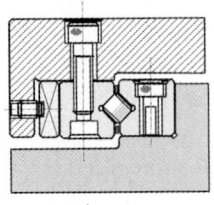
2) Für höhere Genauigkeit und Steifigkeit kann eine Zwischenplatte verwendet werden

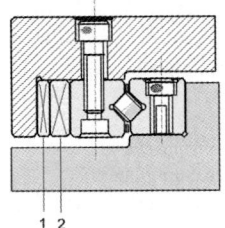
3) Für sehr hohe Genauigkeit und Steife werden die kegligen Leisten 1 und 2 benutzt

Bild 65. Vorspannungmöglichkeiten für eine Kreuzrollenführung mit „begrenzter" Weglänge (THK, Tokio, Japan)

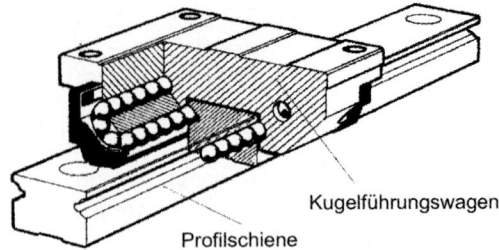
Bild 66. Kugelumlaufeinheit KUE (INA, Homburg)

Wälzführungen mit „unbegrenzter" Weglänge
Bild 66 zeigt den konstruktiven Aufbau einer *Kugelumlaufeinheit* für unbegrenzte Weglänge. Die Profilschiene wird auf der Basis (Bett, Untersatz) aufgepasst und verschraubt. Beim Hersteller (im Beispiel INA) kann der Werkzeugmaschinenproduzent die Kugelumlaufeinheit nach Größe, Genauigkeitsklasse, Vorspannungsklasse, Länge der Profil- oder Führungsschiene und Anzahl der Führungswagen pro Schiene bestellen. In jedem Falle sollten die Angaben und Berechnungsvorschriften des Wälzführungsherstellers beachtet werden. Gleiches gilt für alle Wälzführungen.

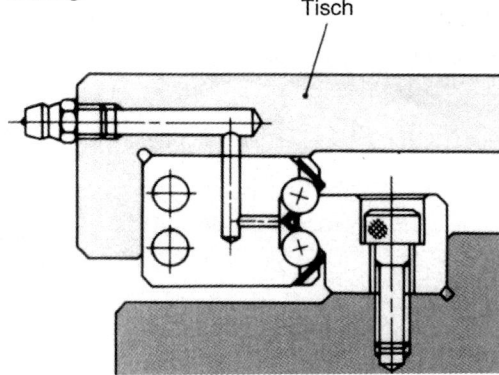
Bild 67. Fettschmierungsmöglichkeit für eine Kugelumlaufeinheit (THK, Tokio, Japan)

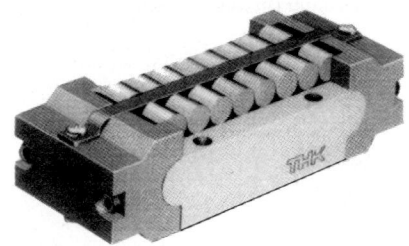
Bild 68. Rollenumlaufschuh LRU (THK, Tokio, Japan)

Ein Beispiel für die Schmierungsmöglichkeit einer Kugelumlaufeinheit wird im Bild 67 gezeigt. Es können sowohl Fett- als auch Ölschmierung, vorteilhaft über Zentralschmierung, zur Anwendung kommen.

Auch die Möglichkeit einer „for life"-Fettschmierung ist gegeben.
Im Bild 68 ist ein *Rollenumlaufschuh* dargestellt. Die Ausführungsarten dieser Rollenumlaufschuhe unterscheiden sich im wesentlichen nach der Art ihrer Montage und Befestigung. Bei der gezeigten Ausführung erfolgt die Befestigung durch Verschraubung mit den vier Bohrungen im Tragkörper.

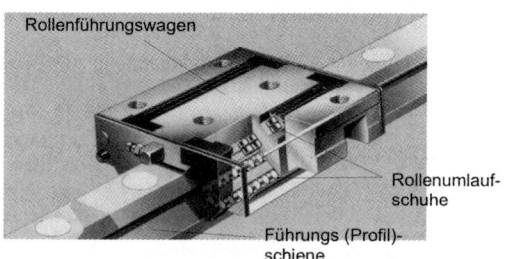

Bild 69. Kompakte Rollenumlaufeinheit (INA, Homburg)

Analog zu den Kugelumlaufeinheiten Bild 66 werden für höhere Belastungen *Rollenumlaufumlaufeinheiten*, Bild 69 durch die Zulieferindustrie (meist Wälzlagerproduzenten) hergestellt. Auch hier sind die Berechnungs- und Montagevorschriften des Herstellers in vollem Umfang einzuhalten.
Der Unterschied in den Tragzahlen und damit der Belastbarkeit zwischen Kugel- und Rollenumlaufeinheiten wird im Bild 70 anschaulich demonstriert.

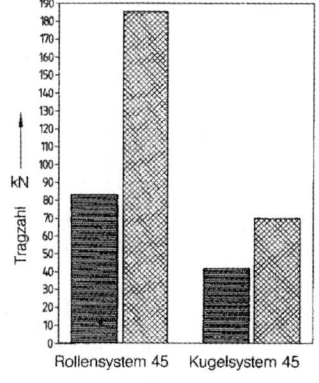

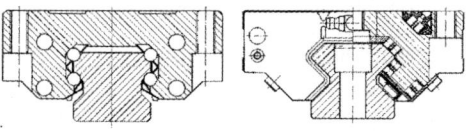

Bild 70. Statische und dynamische Tragzahl im Vergleich zwischen Kugel- und Rollenführung gleicher Größe (INA Homburg)

Das Beispiel einer Rollenführung für einen Fräsmaschinentisch ist im Bild 71 dargestellt. In dieser Konstruktion sind die wesentlichen Grundsätze für eine ideale Führung vereinigt:

- Aufbau als Schmalführung, dadurch hohe Führungsgenauigkeit
- Hoch belastbare Wälzführung mit Rollenumlaufschuhen, dadurch „unbegrenzte" Weglänge
- Hohe Arbeitsgenauigkeit und Steife durch Vorspannung der Rollenumlaufschuhe über Keilzustellung
- Der Nachteil jeder Wälzführung – zu geringe Dämpfung – wird durch den Einbau von Dämpfungsleisten mit Squeeze-Film-Dämpfer kompensiert

Den positiven Einfluss eines Squeeze-Film-Dämpfers zeigt das Diagramm der Nachgiebigkeit als Funktion der Belastungsfrequenz im Bild 72 oben. Dessen Funktionsweise geht aus dem unteren Bild hervor. Der Dämpfer besteht aus einem definierten ölgefüllten Spalt mit einer Höhe von 0,02 ... 0,03 mm mit Ölimpulsschmierung ohne metallische Berührung zur Führungsschiene.

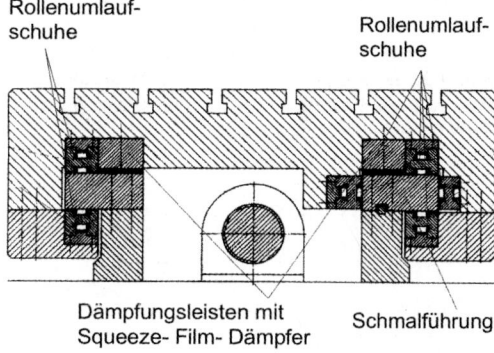

Bild 71. Wälzgeführter Fräsmaschinentisch (nach INA Homburg)

In der Schwingungsgleichung

$$m\ddot{x} + d\dot{x} + cx = F(t) \qquad (34)$$

ist der Dämpfungsfaktor

$$d = \eta \frac{b^3}{h^3} l \qquad (35)$$

Daraus ist erkennbar, dass die Breite des Dämpfers wesentlich für die Größe der Dämpfung ist, Bild 72 unten.
Auch Rollenumlaufeinheiten mit Führungs-(Profil)-Schiene können mit einem gesonderten Dämpfungsschlitten ausgestattet werden, die nach dem vorgenannten Prinzip arbeiten, Bild 73.

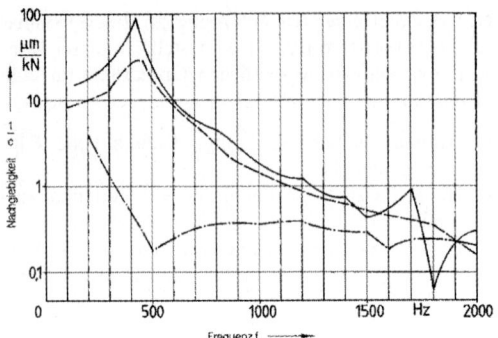

— Kugelumlaufführung mit höherer Vorspannung
– – RUE ohne Dämpfung
–·– RUE mit Dämpfung

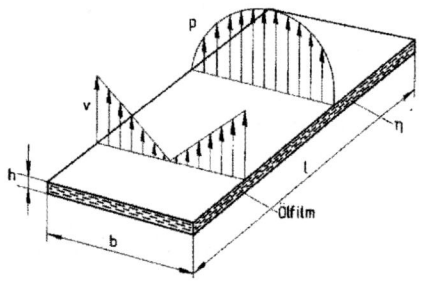

Bild 72. Dämpfungsverhalten von Wälzführungen ohne und mit Squeeze-Film-Dämpfer (Prinzip rechts) (INA Homburg)

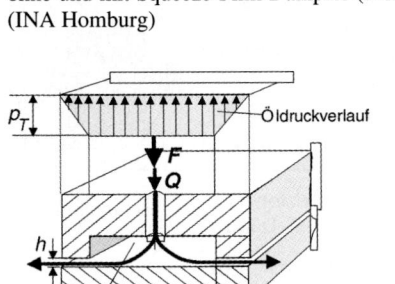

$$Q \approx \frac{p_r \cdot b \cdot h^3}{12\eta \cdot l} \qquad (36)$$

Q	p_r	b	h	l	η
$\frac{l}{\min}$	bar	mm	mm	mm	Pa · s

η ist die dynamische Viskosität des Öls.

Als günstig haben sich erwiesen:
Taschentiefen je nach Größe der Führung zwischen 0,5 ... 5 mm, 4 bis 8 Taschen pro Führungsbahn, Mindestspalt $h_{\min}$ = 30 ... 80 µm je nach Werkzeugmaschinen-Größe, B_T/L_T = 0,2 ... 0,6, 1 / B_T = 0,2 ... 0,4.

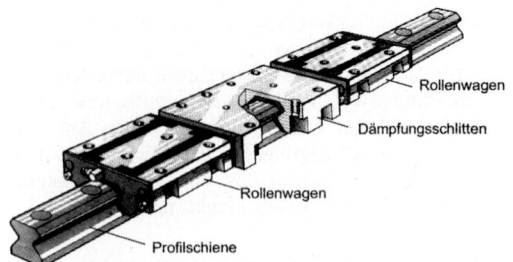

Bild 73. Gedämpftes Rollenführungssystem mit integriertem Dämpfungsschlitten (INA Homburg)

2.4.4 Hydrostatische Führungen

Prinzip

Das Prinzip Bild 74 entspricht weitgehend dem des hydrostatischen Lagers:
In eine von beiden Gleitflächen sind Taschen eingearbeitet. Der Ölstrom Q wird in die Tasche gepumpt und strömt durch den Spalt h, die Abströmlänge l über Steg und den Umfang der Stegmittellinie b ab. Dabei entsteht der Taschendruck p_T.
Die hydrostatische Taschenkraft ist:

$$F = \int_A p \cdot dA ,$$

dabei ist p der hydrostatische Druck und A die Effektivfläche (Bild 74 rechts). Unter der Voraussetzung laminarer Strömung im Spalt ist der Durchflussstrom Q:

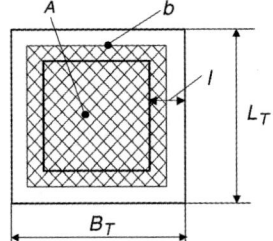

Bild 74. Hydrostatische Führung – Funktionsprinzip (links) und Abströmverhältnisse bei Öltaschen (rechts)

Vor- und Nachteile hydrostatischer Führungen

Vorteile
– Völlige Verschleißfreiheit, vorausgesetzt eine ständige Funktion der Ölversorgung ist gewährleistet
– Sehr kleine Reibungszahlen ($\mu < 0{,}001$)
– Kein Stick-slip-Effekt, dadurch kleinste Geschwindigkeiten mit gleichförmiger Bewegung möglich
– Hohe Führungsgenauigkeit bei durchschnittlichem Bearbeitungsaufwand
– Große Dämpfung quer zur Bewegungsrichtung
– Aufnahme hoher Belastungen

Nachteile
- Hoher Aufwand für das Ölversorgungssystem (fällt bei Großwerkzeugmaschinen mit hohem Gesamtanlagewert anteilig nicht so ins Gewicht)
- Bei geforderter hoher thermischer Stabilität und Arbeitsgenauigkeit sind Ölkühlungssysteme erforderlich
- Geringe Dämpfung in der Bewegungsrichtung

Ölversorgungsysteme für hydrostatische Führungen, Bild 75.

1) *System „eine Ölpumpe pro Tasche"*

Der vereinfachte Schaltplan für dieses System ist im Bild 75 links dargestellt.
Der Pumpenförderstrom Q_P entspricht dem Taschendurchflussstrom Q und ist konstant. Das im Pumpenkreislauf eingebaute Druckbegrenzungsventil ist so eingestellt, dass es nur als Sicherheitsventil wirkt. Die Kennlinien für Taschendurchflussstrom Q, Spalthöhe h und Steife c sind im unteren Diagramm zu sehen.

Vorteile:
- Hohe Steife und vollständige Nutzung der Pumpenleistung zur Erzeugung der Tragkraft

Nachteile
- Hoher Aufwand, wobei dieser durch den Einsatz von Mehrstrompumpen reduziert werden kann
- Spalthöhe und Steife sind temperaturabhängig (Änderung der Viskosität des Öls)

2) *System „Gemeinsame Pumpe mit Konstantdrosseln"*, Bild 75 Mitte

Hier erfolgt eine Ölstromteilung. Das Druckbegrenzungsventil wirkt als Überströmventil VDÜ und ein Teil des Ölstromes läuft ständig über dieses Ventil zurück in den Behälter. Der Druck p ist konstant und entspricht dem des an der Federvorspannung des VDÜ eingestellten Wertes.

Vorteile
- Geringer Aufwand, Spalthöhe und Steife sind nicht temperaturabhängig

Nachteile
- Geringere, von der Belastung abhängige Steife, erhöhte Wärmeerzeugung durch Drosseln und VDÜ

3) *System „Gemeinsame Pumpe mit Regeldrosseln"*, Bild 75 rechts

Gleicher Aufbau wie bei 2), nur dass hier durch den Einsatz von Regeldrosseln die Spalthöhe mit wachsender Belastung F konstant bleibt.

Vorteile
- Sehr große Steife der Führung unabhängig von der Belastung. Höhenlage des Schlittens bleibt konstant.

Nachteile
- Hoher Aufwand für Regeldrosseln, da Regelkreis, Gefahr der Instabilität
- Erhöhte Wärmeerzeugung durch Drosseln und VDÜ

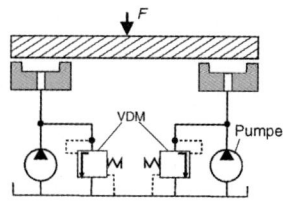
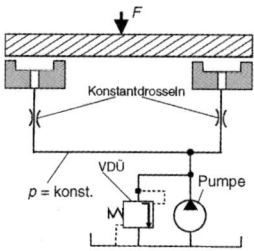
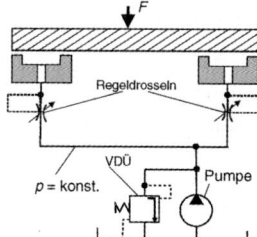
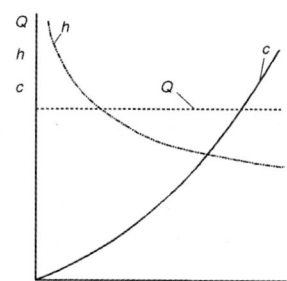
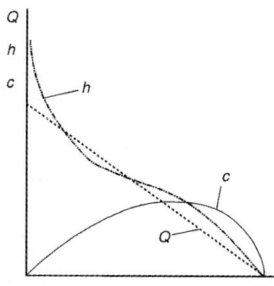
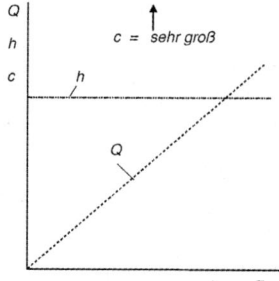

Bild 75. Möglichkeiten der Ölversorgung von hydrostatischen Führungen

Konstruktive Gestaltung

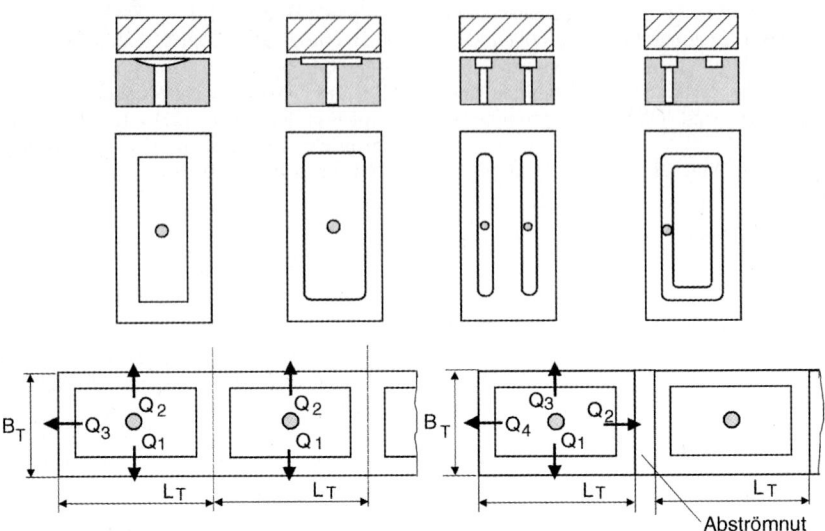

Bild 76. Öltaschengestaltung hydrostatischer Führungen

Konstruktionsseitig werden bei hydrostatischen Führungen für Tische und Schlitten Flach – Flach-Führungen als Schmalführungen mit Umgriff bevorzugt. Mögliche Taschenformen sind im Bild 76 oben gezeigt. Die Taschen können entsprechend Bild unten links aneinander gereiht oder, wie unten rechts dargestellt, mit einer Abströmnut zwischen jeder Tasche angeordnet werden.

Bei der Konstruktion einer hydrostatischen Führungsbahn, Bild 77, ist neben der Bohrung für den Ölzufluss eine weitere Bohrung für den Abfluss des Öles vorzusehen. Diese sollte einen größeren Durchmesser aufweisen, um einen zusätzlichen Staudruck zu vermeiden. Zur Abdichtung der Führungsbahn gegen Ölaustritt sind Kunststoff-Lippendichtungen in Anwendung, deren Dichtwirkung durch den hydrostatischen Druck erzielt wird. Zum Erreichen völliger Reibungsfreiheit sind auch Labyrinthdichtungen unter zusätzlicher Nutzung von Sperrluft einsetzbar.

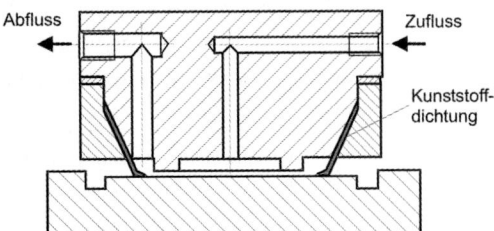

Bild 77. Konstruktive Ausführung einer hydrostatischen Führungsbahn als Flachführung

2.4.5 Aerostatische Führungen

Aerostatische Führungen sind analog zu den hydrostatischen Führungen aufgebaut. Da die Luft frei abströmen kann, gibt es keine Aufwendungen hinsichtlich Abdichtungen. Sie finden ihre Anwendung bei Präzisionsmaschinen, z.B. zum Feindrehen von Nichteisenmetallen. Da es für die Luftaufbereitung heute bereits kostengünstige Lösungen gibt, vergrößert sich der Einsatz dieser Führungsbauart zunehmend.

2.5 Gestelle von Werkzeugmaschinen

2.5.1 Aufgaben von Werkzeugmaschinengestellen

Mit dem Begriff *Gestell* werden die Grundkörper einer Werkzeugmaschine bezeichnet. Dazu gehören:

– Maschinenbetten
– Maschinenständer
– Arbeitstische
– Schlitten
– Untersätze für Arbeitstische und Schlitten
– Arbeitsspindelkästen
– Getriebekästen

Gestelle bestimmen in erheblichem Umfang die *Arbeitsgenauigkeit*, aber auch die *Produktivität* der Bearbeitung. So werden *Maß- und Formgenauigkeit* insbesondere durch die statische Steife, *Welligkeit und Rauheit* durch die dynamische Steife der Gestellbauteile beeinflusst. Die Produktivitätsgrenze einer Werkzeugmaschine bei der Schruppbearbeitung wird häufig durch deren dynamische Eigenschaften festgelegt. Dabei bestimmen die Eigenschaften der Gestellbauteile, bei welchen Schnittwerten selbsterregte Schwingungen (Rattern) auftreten, die eine einwandfreie Zerspanung verhindern.

2 Baugruppen von Werkzeugmaschinen

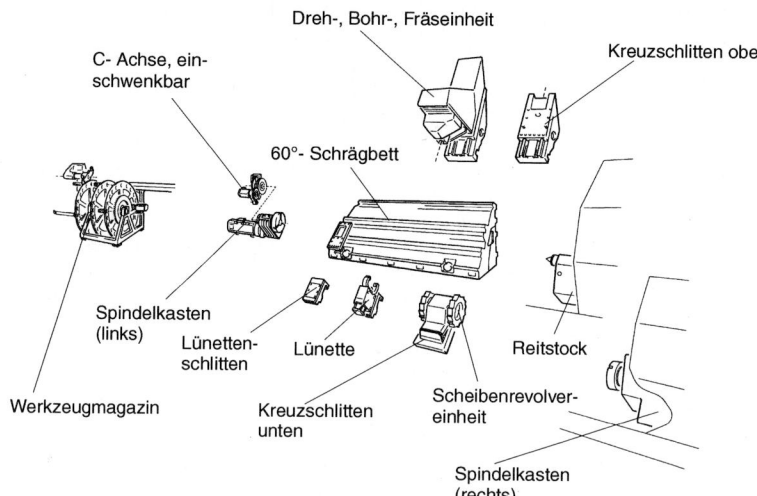

Bild 78. Gestellbauteile und Gruppen eines Komplettbearbeitungszentrums für Futter- und Wellenteile (Auswahl) „Millturn M 60" (WFL Voest-Alpine Steinel, Linz, Österreich)

Im Bild 78 sind die Gestellbauteile für ein Dreh-, Fräs- und Bohrzentrum aus dem Baukastensystem dargestellt. Je nach Kundenforderung kann die Maschine unterschiedlich ausgerüstet werden, beispielsweise mit Reitstock für die Wellenfertigung oder mit zweitem (rechtem) Spindelkasten (Gegenspindel) für die Rückseitenbearbeitung von Futterteilen. Basis des Bearbeitungszentrums (BAZ) ist ein 60°-Schrägbett aus Meehanite-Guss, mit Kernsand im Unterteil wegen der besseren Dämpfung gefüllt.

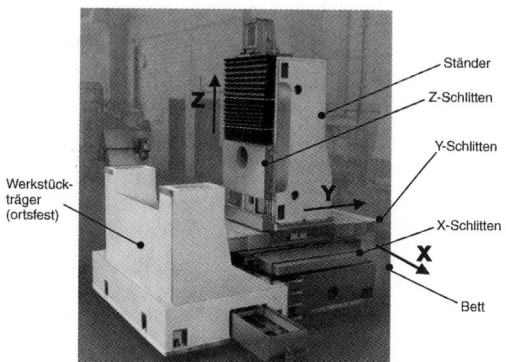

Bild 79. Gestellaufbau eines Bearbeitungszentrums zur Fertigung kleiner prismatischer Teile in „Fahrständer" – Bauweise (Heckler & Koch, Schramberg-Waldmösingen)

Bild 79 zeigt den Aufbau eines Bearbeitungszentrums für die Mittelserienfertigung kleiner prismatischer Teile. Das BAZ ist in der sogenannten „Fahrständer" – Bauweise konstruiert, d. h. alle Bewegungen in den kartesischen Koordinaten x, y und z werden werkzeugseitig ausgeführt. Das Werkstück ist ortsfest angeordnet, lediglich erforderliche Dreh- oder Schwenkbewegungen des Werkstücktisches werden durchgeführt. Dies hat erhebliche Vorteile in der Fertigungsautomatisierung, bei der Handhabung und dem Transport der Werkstücke zur Folge. Durch das Übereinander-Anordnen der Gestellbaugruppen muss deren statische und dynamische Steife besonders hoch sein. Dies trifft auch auf die Schlittenführungen zu.

2.5.2 Gestellwerkstoffe

Als wesentliche Werkstoffe kommen für Gestelle zur Anwendung:
– Stahl S275JR, S275J0, S275J2G3 nach DIN EN 10025 für Stahl-Schweiß-Konstruktionen
– Gusseisen mit Lamellengraphit EN-GJL-150 bis – 350 nach DIN EN 1561
– Gusseisen mit Kugelgraphit EN-GJS-400-15 nach DIN EN 1563 für stoßbeanspruchte Gestelle, z. B. von Kurbelpressen
– Reaktionsharzbeton (Mineralgussbeton), bestehend in den meisten Fällen aus Epoxydharz (wegen der erzielbaren hohen geometrischen Genauigkeit und ausreichender Topfzeit bei der Verarbeitung besonders größerer Gestellbauteile) und Zuschlagstoffe aus den Gesteinsarten Granit, Quarzit sowie Basalt. Der Gewichtsanteil des Harzes liegt unter 10 %. Zur Gestellherstellung sind leistungsfähige Fertigungsanlagen erforderlich, die neben den Silos für Harz, Härter und Gestein einen Zwangsmischer, Rütteltische für die Gießformen und eine geeignete Beschickungseinrichtung, meist in Form eines Portals, enthalten müssen.

Entscheidende Einflussgrößen des Werkstoffes auf die Eigenschaften des Gestellbauteils im Einsatz sind:
– der E-Modul
– Zug- und Druckfestigkeit (R_m, σ_{BD}) einschließlich der Dehngrenzen
– das Dämpfungsverhalten (D)

- das thermische Verhalten (Wärmeleitfähigkeit λ)
- die Dichte (ρ)

Im Bild 80 sind diese Eigenschaften für die einzelnen Gestellwerkstoffe dargestellt.

Nachdem bisher vorwiegend *Gusseisen* (gute Gestaltungsmöglichkeiten, wie Rundungen, Einbuchtungen etc.), aber auch *Stahl* als Gestellwerkstoffe in der Praxis dominierten, kommt in den letzten beiden Jahrzehnten *Reaktionsharzbeton* wegen seiner hohen Dämpfung, der geringen Wärmeleitfähigkeit sowie der daraus resultierenden hohen thermischen Steife bei ausreichender Druckfestigkeit zunehmend zur Anwendung. Wenn dabei noch berücksichtigt wird, dass durch die niedrige Dichte von nur einem Drittel gegenüber Stahl oder Gusseisen wesentlich größere Wandstärken ermöglicht werden, bis das Gestellbauteil die Masse z.B. eines Gussbettes erreicht, wird damit auch eine größere Druckbelastung möglich.

Kritisch ist die niedrige Zugfestigkeit von nur 10...18 N/mm² des Reaktionsharzbetons. Dies bedeutet, dass nur eine geringe Belastung durch Biegebeanspruchung möglich ist. Das erfordert besondere Maßnahmen bei der konstruktiven Gestaltung von Gestellbauteilen aus Reaktionsharzbeton, insbesondere von Maschinenbetten.

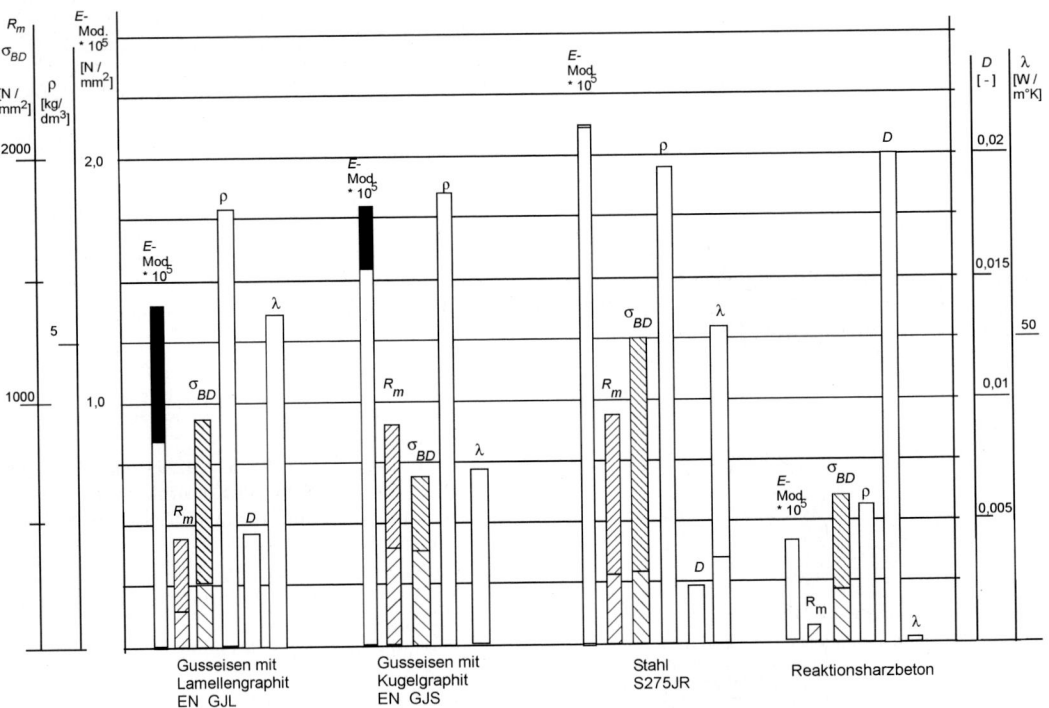

Bild 80. Physikalische Kennwerte verschiedener Gestellwerkstoffe im Vergleich

Gestelle aus *Stahl-Schweißkonstruktionen* können wegen des hohen *E*-Moduls von Stahl bei gleicher Last wesentlich leichter ausgeführt werden. Das Problem ist die niedrigere dynamische Steife wegen der sehr geringen Werkstoffdämpfung von Stahl. Durch konstruktive Maßnahmen, wie *zusätzliche Reibflächen*, können Verbesserungen erreicht werden. Ansonsten sind Stahl-Schweißkonstruktionen besonders günstig für auftragsgebundene Ausrüstungen als Einzelstück oder Kleinserie einsetzbar, da keine Modellkosten entstehen.

In der Regel wird heute eine Werkzeugmaschine hinsichtlich seiner Gestellbauteile in Mischbauweise aufgebaut, so beispielsweise:

Bett (Serienteil) ⇒ Reaktionsharzbeton,
Ständer (Serienteil) ⇒ Grauguss,
Werkstückträger ⇒ Stahl

2.5.3 Auslegung und konstruktive Gestaltung von Werkzeugmaschinengestellen

Grundsätze

1) Auslegung des Gestells auf die erforderliche statische und dynamische Steife bedeutet: Auslegung auf minimale Verformung, denn Verformung erzeugt Geometriefehler am Werkstück
2) Die Richtung der Verformung spielt hinsichtlich der Größe des Einflusses auf die Geometriefehler eine erhebliche Rolle, Bild 81. In *y*-Richtung auf-

2 Baugruppen von Werkzeugmaschinen

tretende Verformungen f_y an einer Drehmaschine gehen nur als Fehler 2. Ordnung in den Werkstückdurchmesser ein, während ein gleich großer Verformungsbetrag f_x in x-Richtung (im Bild links) in voller Größe als Werkstückdurchmesserfehler eingeht. Das gleiche gilt für Relativschwingungen einschließlich ihrer Komponenten, deren Ursachen oft in erzwungenen Schwingungen aus Antrieben u. a. liegen und durch ungenügende dynamische Steife von Gestellteilen übertragen werden. Bei günstiger Antriebsauslegung, z. B. wenn die Richtung der aus dem Antrieb entstehenden statischen und dynamischen Kraftkomponente in die y-Richtung gelegt werden kann, können negative Auswirkungen auf das Bearbeitungsergebnis erheblich reduziert werden.

3) Durch geeignete *Bauteilquerschnittsformen* kann der Material- und Fertigungsaufwand für ein Gestellbauteil bei gleicher Belastung minimiert werden.

4) Die Gesamtverformung, welche das Arbeitsergebnis beeinflusst, setzt sich aus den Verformungen aller vom Kraftfluss berührten Bauteile zusammen. Da sich die Gesamtnachgiebigkeit f_{gesamt} in der Regel aus den einzelnen Nachgiebigkeiten als Reihenschaltung ergibt, wird stets das Bauteil mit geringster Steife die Größe von f_{gesamt} bestimmen [siehe auch Kapitel 2.3.3, Gleichung (22)].

Torsion
Tabelle 2. zeigt das Verhalten von Profilen bei Torsion unter gleichem Materialeinsatz. Hier zeigt sich die Überlegenheit geschlossener Profile (dünnwandige Rohre großen Durchmessers). Selbst ein rechteckiges Hohlprofil bringt schlechtere Werte hinsichtlich Verdrehwinkel φ_t und Torsionsspannung τ_t. Da beispielsweise Werkzeugmaschinenbetten nicht nur auf Biegung, sondern durch die Zerspanungskräfte in der Regel auch auf Torsion beansprucht werden, kommt einer weitgehend „geschlossenen" Konstruktion erhebliche Bedeutung zu.

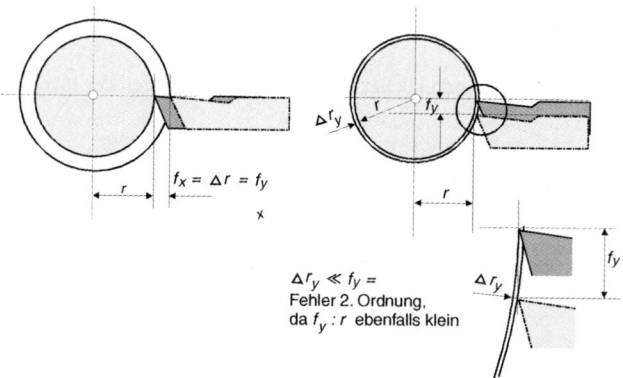

Bild 81.
Auswirkung unterschiedlicher Verformungsrichtungen auf das Arbeitsergebnis (Fehler des Werkstückdurchmessers) beim Längsdrehen

Verhalten stabförmiger Bauteile

	I_t [cm⁴]	W_t [cm³]	φ_t [°]	%	τ_t [N/mm²]	%
⌀35	14,7	8,4	9,74	100	240	100
⌀80	138	36,4	1,04	11	55	23
⌀148	489	67	0,293	3	30	12,5
□70/60	89,6	17,5	1,6	16	114	47,5
⌀80 geschlitzt	0,51	1,27	281	2885	1490	620
L 100	0,58	1,29	248	2546	1550	646

Tabelle 2.
Geschlossene und offene Profile gleichen Flächeninhaltes unter Torsionsbelastung entsprechend Belastungsfall im Bild oben links im Vergleich zum Vollprofil eines Rundstabes mit 35 mm Durchmesser (nach Wächter)

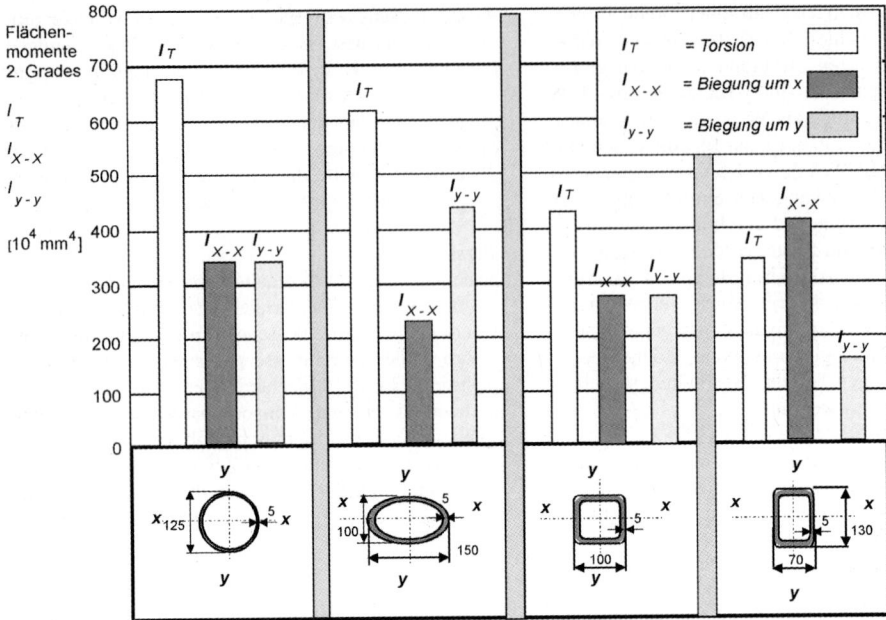

Bild 82. Geschlossene Profile bei gleichem Flächeninhalten und gleicher Wandstärke im Vergleich der Flächenmomente 2. Grades (nach Thum und Petri)

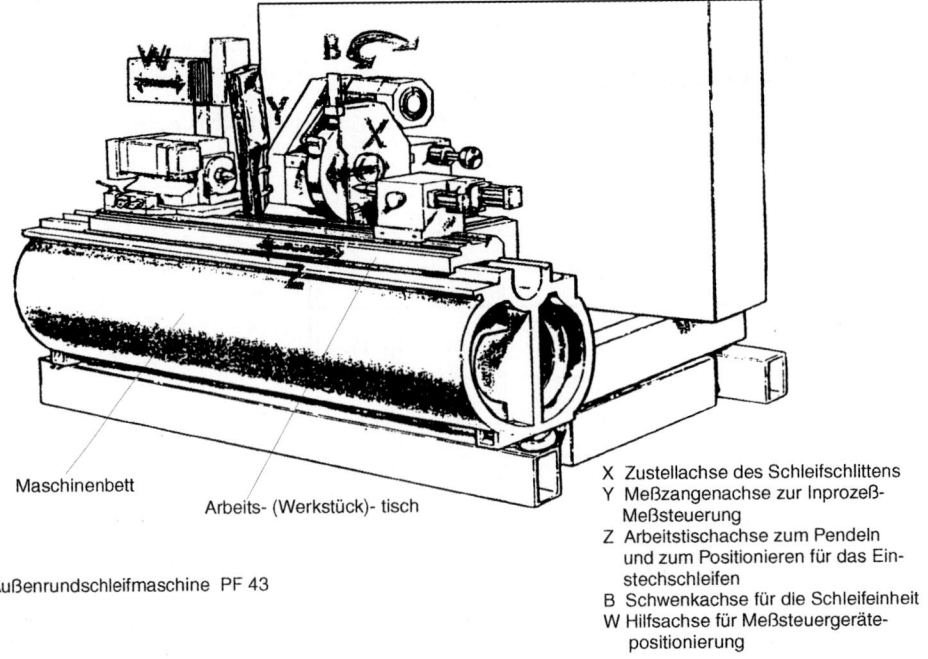

Außenrundschleifmaschine PF 43

X Zustellachse des Schleifschlittens
Y Meßzangenachse zur Inprozeß-Meßsteuerung
Z Arbeitstischachse zum Pendeln und zum Positionieren für das Einstechschleifen
B Schwenkachse für die Schleifeinheit
W Hilfsachse für Meßsteuergerätepositionierung

Bild 83. Rohrförmig gestaltetes Maschinenbett einer Außenrundschleifmaschine. Die Verkleidung ist entfernt. (Schaudt GmbH / Schleifring / Stuttgart)

2 Baugruppen von Werkzeugmaschinen

Torsion und Biegung
Der Widerstand geschlossener Profile gegenüber Biegung und Torsion lässt sich an der Größe der Flächenmomente 2. Grades bei Biegebelastung um $x - x$ und $y - y$ sowie Torsionsbelastung unter der Bedingung gleichen Werkstoffeinsatzes und gleicher Wandstärke ablesen, Bild 82. Die besten Werte erreichen das runde Profil (Rohr) und das elliptische Hohlprofil (bei Belastung um $y - y$).
Diese Erkenntnis wird bei der im Bild 83 dargestellten Konstruktion einer Außenrundschleifmaschine angewandt. Durch die Schleifkräfte werden neben den Biegebelastungen auch Torsionskräfte erzeugt, die zu erheblichen Bearbeitungsfehlern am Werkstück führen können. Deshalb kommt hier ein Maschinenbett aus Gusseisen zur Anwendung, dass als Rohrprofil gestaltet ist.

Einfluss von Verrippungen
Zur Versteifung werden Betten, Ständer und Kästen mit Rippen ausgestaltet. Dies gilt sowohl für Gestelle aus Gusseisen als auch aus Stahl. Dabei haben Stahlgestelle den Vorteil, dass beim Feststellen nicht ausreichender Ergebnisse an Hand von Messungen eine Korrektur durch Einschweißen zusätzlicher Rippen möglich ist, wenn es die Schweißfolgengestaltung zulässt.

Längsverrippungen in Werkzeugmaschinenständern
Im Bild 84 sind einem Ständer ohne Rippen solche mit verschiedenen Längsrippen gegenübergestellt. Zum Vergleich wird neben der relativen (Prozentualer Vergleich mit Ständer ohne Rippen = 100 %) Biege- und Torsionssteifigkeit das eingesetzte Material herangezogen.

Zunächst zeigt sich, das beim Ständer ohne Kopfplatte 5) die Torsionssteifigkeit auf nur noch ca. 10 % absinkt, obwohl der Materialeinsatz noch 93 % beträgt. Dies bedeutet, dass die Kopfplatte erheblichen Anteil am Steifeverhalten des Ständers hat und auf diese nicht verzichtet werden sollte.
Von den Längsverrippungen sind Diagonalrippen am effektivsten [3) und 4)], wenn auch bei 4) der Materialeinsatz beträchtlich ansteigt. Querrippen bringen kaum Steifigkeitserhöhungen.
Nach einem entsprechenden Entwurf eines Gestellbauteils unter Berücksichtigung solcher hier beschriebener Grundsätze kann von diesem unter Nutzung geeigneter Software eine Finite Elemente Analyse durchgeführt werden. Damit wird dem realen Verhalten unter Belastung weitgehend Rechnung getragen.

Verrippungen von Betten
Im Bild 85 wird der Einfluss von Verrippungen auf die Nachgiebigkeit des Bettes als Summe der Verformung durch 6 Einzellasten bei gleichzeitiger Wertung der Materialvolumina gezeigt. Die Werte des geschlossenen Bettes ohne Verrippung werden gleich 100 % gesetzt.
Bereits eine einfache quer angeordnete Diagonalverrippung, die auch das Materialvolumen nur um 26 % erhöht, setzt die Nachgiebigkeit bereits auf 82 % herab, 2). Äußerst wirksam sind auch hier wieder Längsrippen in diagonaler Anordnung 3), wobei der Materialanteil deutlich mehr (40 %) zunimmt. Fall 4) zeigt, dass weitere zusätzliche Querrippen keine Reduzierung der Nachgiebigkeit gegenüber 3) bringt, aber eine Materialvolumenzunahme um 15 % und damit eine unnötige Kostenerhöhung.

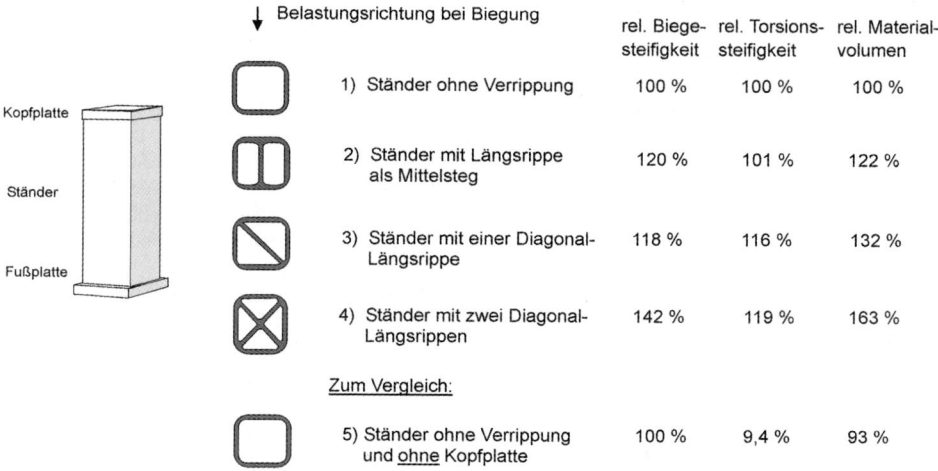

Bild 84. Relative Biege- und Torsionssteifigkeit sowie das relative Materialvolumen, bezogen auf den Ständer ohne Verrippung (100 %), bei Ständern mit verschiedenen Längsverrippungen (Nach Untersuchungen des WZL [Werkzeugmaschinenlabor] der Rheinisch-Westfälischen Technischen Hochschule [RWTH] Aachen)

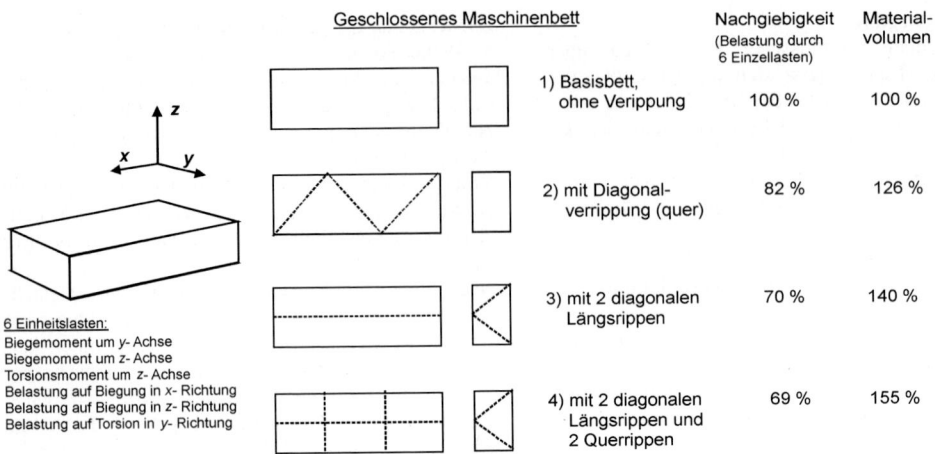

Bild 85. Geschlossene Maschinenbetten ohne und mit verschiedenen Verrippungen – Nachgiebigkeit und Materialvolumen (nach Untersuchungen des WZL der RWTH Aachen)

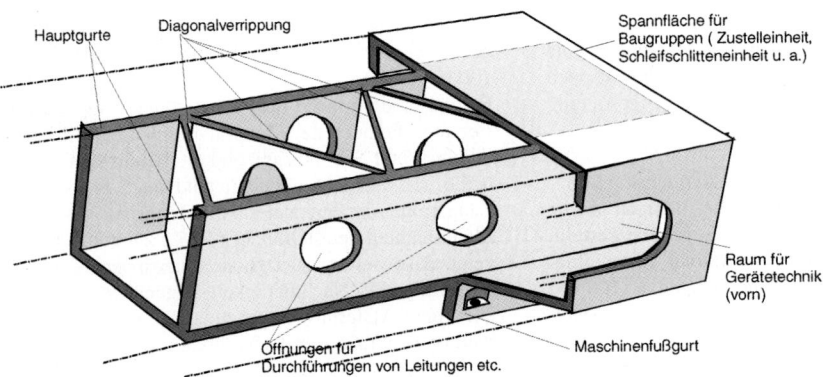

Bild 86. Geschlossenes Bett eines Wälzlagerbohrungsschleifautomaten mit Diagonalverrippung und integrierten Geräteräumen (vorn und hinten) mit Öffnungen zur Durchführung (SIW 3 B, Berliner Werkzeugmaschinenfabrik BWF GmbH)

Eine Anwendung dieser Erkenntnisse ist das im Bild 86 dargestellte geschlossene Maschinenbett des Wälzlager-Bohrungsschleifautomaten SIW 3 B der BWF GmbH Berlin, einem Betrieb des Schleifring (Körber) Hamburg.

Die beiden Hauptgurte und die Diagonalverrippung einschließlich Grund- und Deckplatte bilden das eigentliche geschlossene Bett. Letztere sind nach vorn und hinten erweitert und bilden Räume für den Einbau von Hydraulikventilkombinationen und Hydrospeicher, die wegen kürzester Nebenzeiten in der Nähe der Verbraucher (Hydromotoren) angeordnet sein müssen. Dadurch sind auch Durchführungen von Hydraulik- und Pneumatikleitungen von der Vorder- zur Rückseite der Maschine durch das Bett erforderlich. Dabei ist auf ausreichende *thermische Steife* zu achten (z. B. Anwendung der Kalthydraulik).

Die Deckplatte dient als Aufspannfläche für die Funktionalbaugruppen der Schleifmaschine. Diese sind:
Die Zustellschlitteneinheit mit dem darauf angeordneten Werkstückantrieb und der Werkstückspanneinrichtung sowie die Schleifeinheit mit dem Werkzeugschlitten und der auf diesem montierten Schleifspindel.
Dabei ist darauf zu achten, dass als Spannfläche nur das Feld zwischen den beiden Hauptgurten genutzt wird, damit eine korrekte *Krafteinleitung* möglich ist.

Krafteinleitung, Verschraubungen an Gestellen

Krafteinleitung

Diese erfolgt in der Regel über die Führungsbahnen zwischen Schlitten und Ständern einerseits und Tischen und Betten andererseits, d.h. eine entsprechende Integration der Führung in das Gestell ist erforderlich.

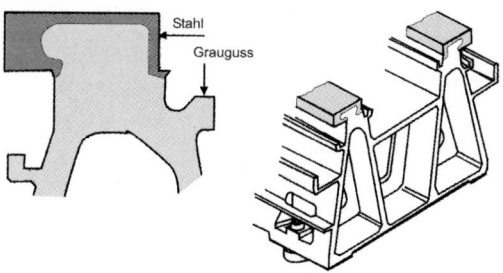

Bild 87. Krafteinleitung über die Führungsbahnen in das steif und symmetrisch gestaltete Bett eines Fräszentrums (Hitachi Seiki, Japan)

Dies ist beispielhaft gelöst bei dem im Bild 87 dargestellten Maschinenbett. Der Kraftfluss wird von den Führungsbahnen in die steif gestalteten Längsverrippungen geleitet. Durch einen symmetrischen Aufbau wird auch meist ein günstiges thermisches Verhalten erreicht.

Verschraubungen an Gestellen
Befestigungsschrauben sollten nicht über einen äußeren freiliegenden Flansch am Gestell wirksam werden, da dieser, wenn er nicht zusätzlich versteift ist, eine große Biegelänge aufweist. Die Befestigungsstelle ist in das Gestell zu integrieren. Dadurch entsteht eine große Steife und auch eine gestalterisch gute Lösung. Eine solche ist im Bild 87 rechts dargestellt. Die Schraubbefestigung mit dem Fundament am Bett unten links ist dementsprechend ausgeführt.

Bei der Anwendung von *Reaktionsharzbeton*, welcher im wesentlichen konstruktionsseitig druckbeansprucht werden kann, erfolgt die Verbindung mit den Anbauteilen (Führungsbahnaufsätze, Montageplatten u.a.) mittels Verschrauben, Eingießen oder Kleben.

Zum Verschrauben müssen Gegenstücke aus Stahl im Beton verankert werden. Dies sind in der Regel mit einer Gewindebohrung ausgestattete Eingießkörper, meist mit Hinterschnitt, Verbundanker oder Spreizdübel.

Besonderheiten der Gestaltung von Gestellen aus Reaktionsharzbeton

Bild 88 zeigt die kompakte Konstruktion eines Granitan-Bettes. Die Wandstärke liegt bei ca. 60 ... 80 mm, d. h. das Dreifache eines Gussbettes bei gleichem Gewicht. Besonders das Dämpfungsverhalten gegenüber Grauguss ist wesentlich besser, Bild rechts unten. Eine Auswahl von Eingießteilen, die sich formfest mit dem Mineralgusskörper verbinden, zeigt Bild 88 oben links. Diese nehmen insbesondere Zug-, Biege- und Torsionsbelastungen z.B. beim Befestigen von Gegenbauteilen auf. Verrippungen entfallen in der Regel. Durchbrüche, Kabeldurchführungen und zur Gewichtseinsparung auch Polystyrol-Hartschaumkerne können direkt eingegossen werden.

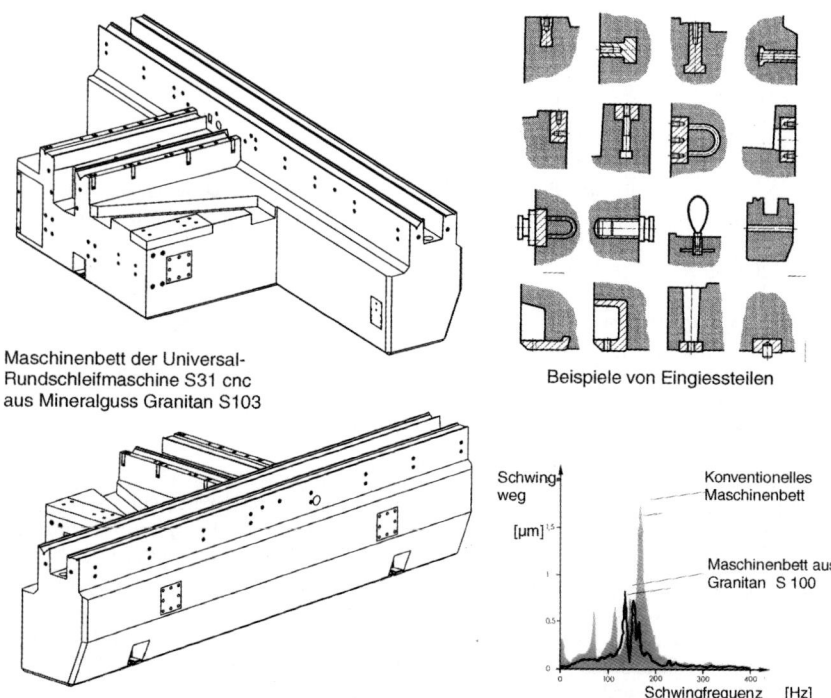

Bild 88. Maschinenbettgestaltung und Verhalten von Mineralguss Granitan (Studer AG, Thun, Schweiz)

Dynamische Einflüsse auf die Gestaltung

Freie gedämpfte Schwingungen
Diese werden erzeugt durch Stöße aus dem Bearbeitungsprozess, Zahneingriffsstöße als Ursache von Eingriffsteilungsfehlern u.a. Sie regen das schwingungsfähige System zu Schwingungen in dessen Eigenfrequenz an (bei Einmassensystemen).

Die Differentialgleichung lautet:

$$m\ddot{x} + \rho\dot{x} + cx = 0 \qquad (37)$$

für die Eigenkreisfrequenz gilt

$$\omega_0 = \sqrt{\frac{c}{m}} \qquad (38),$$

dabei ist:

x = Weg,
$\dot{x}$ = Geschwindigkeit,
$\ddot{x}$ = Beschleunigung
c = Steife,
ρ = Dämpfungsfaktor,
m = Masse

Erzwungene Schwingungen
Diese werden hervorgerufen durch periodisch wirkende äußere Kräfte $F(t)$.

Die Differentialgleichung lautet:

$$m\ddot{x} + \rho\dot{x} + cx = F(t) \qquad (39)$$

Diese periodischen Kräfte können unabhängig von ihrer Frequenz sein (Bild 89 links) oder bei *Massenkrafterregung* mit der Erregerfrequenz ω (Drehfrequenz der Erregermasse) durch Fliehkraftwirkung wachsen.
Diese Massenkrafterregung entsteht durch rotierende Teile mit Restunwuchten, wie Getriebe- und Motorwellen in der Werkzeugmaschine (Bild 89 rechts).
Federkrafterregung liegt vor, wenn z. B. eine an sich sehr gut ausgewuchtete Riemenscheibe eine Exzentrizität aufweist, so dass der Antriebsriemen periodisch gespannt und entspannt wird, der Betrag der Kraftänderung aber im wesentlichen unabhängig von der Drehfrequenz der Riemenscheibe ist. Der Unterschied liegt darin, dass bei Federkrafterregung beim Frequenzverhältnis = 0 die Amplitude A gleich dem statischen Ausschlag A_0 entspricht. Der Einfluss der Dämpfung im Resonanzbereich ist erkennbar.

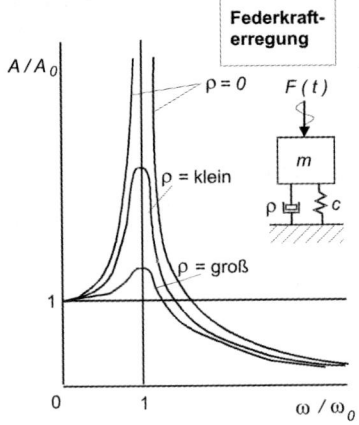

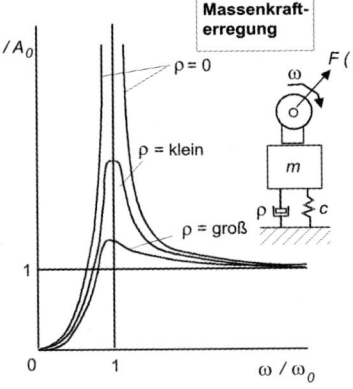

Bild 89. Amplitudenverhältnis A/A_0 als Funktion des Frequenzverhältnisses ω/ω_0 bei erzwungenen Schwingungen durch Feder- und Massenkrafterregung

Aus der Beziehung über die Eigenkreisfrequenz ω_0 ist zu erkennen, dass eine hohe Steife und geringe Massen zu hohen Werten und damit in den meisten Fällen zu einer hohen dynamischen Steife führen. Es sind aber immer die Größen der Erregerfrequenzen zu beachten, z.B. wenn die max. Drehzahl einer Schleifspindel mit 60.000 1/min [1000 Hz] der Werkzeugspindel eines Fräszentrums mit 9.000 1/min [150 Hz] gegenübergestellt wird. Bei einer Eigenfrequenz von z.B. 170 Hz des betroffenen Gestells wird sich eine Frässpindelunwucht erheblich auswirken, der Einfluss der Schleifspindel dagegen bei gleicher Kraftkomponente geringer sein, Bild 89 rechts.
Die dritte Möglichkeit, die *Dämpfungskrafterregung*, liegt in den meisten Fällen bei äußeren Schwingungserregern vor, deren Schwingungen über das Maschinenfundament beispielsweise auf das Maschinenbett übertragen werden.

Genauere Ergebnisse aus dem Gestellentwurf können auch bei dynamischen Belastungen nur über die Methode der Finiten Elemente erzielt werden. Deren Bestätigung kann nur durch Messungen am Funktionsmuster erfolgen.

Selbsterregte Schwingungen
Diese entstehen aus dem Zerspanungsprozess und werden durch dessen ständige Energiezufuhr aufrecht erhalten. Die Schwingung erfolgt dabei in der Eigenfrequenz eines dynamisch schwachen Bauteils. Ein Vergleich ist die Schwingung des Pendels einer Uhr mit seiner Eigenfrequenz, bestimmt aus Pendelmasse und Pendellänge. Die Energiezufuhr erfolgt über die potentielle Energie des Gewichts.
Durch Veränderung der Prozessparameter kann die Stabilität des Zerspanungsprozesses wieder erreicht werden. Dies geschieht aber meist zu Lasten der Pro-

duktivität, also über Verringerung oder Veränderung der Spanquerschnitte. Allerdings können auch Veränderungen der Einspannbedingungen der Werkzeuge, in bestimmten Fällen auch der Werkstücke, zur Stabilisierung der Zerspanung führen.

2.6 Werkzeug- und Werkstückspanner

2.6.1 Werkzeugspannsysteme für rotierende Werkzeuge

Steilkegelschaft 7 : 24 nach DIN 69871/ DIN 69872
Die heute hauptsächliche Aufnahme zeichnet sich insbesondere für CNC-Bearbeitungszentren mit automatischem Werkzeugwechsel durch ihre Universalität, steife Bauweise und leichte Wechsel- und Speichermöglichkeit aus, siehe Bilder 2. und 3. und Beschreibungen im Abschnitt 2.1.

Eine Auswahl aus einem Werkzeugaufnahmesystem nach DIN 69871 zeigt Bild 90 Neben Aufnahmen für Standardwerkzeuge einschließlich entsprechender Adapter, wie Spannhülsen mit Morsekegelaufnahme für Spiralbohrer (Zwischenmodul 1.21 im Bild 90), können auch ausgesprochene Spezialwerkzeuge, wie Rückwärtsbohrstangen oder Mehrspindelbohrköpfe im System integriert werden. Auch 3D-Messtaster sind in das System einbezogen und sind mit ihren elektrischen Anschlüssen automatisch im CNC-Bearbeitungszentrum einwechselbar.

Hohlschaftkegel (HSK)-Aufnahme nach DIN 69893
In den letzten Jahren hat sich die HSK-Aufnahme als Spanner für rotierende Werkzeuge entwickelt. Das Prinzip ist im Bild 91 dargestellt. Im ungespannten Zustand beim Werkzeugwechsel liegt der Werkzeughohlkegel nur im vorderstem Teil der Spindelnase an. Es ist ein Spiel zwischen der axialen Anlagefläche des Werkzeugspanners und der Spindelnase vorhanden, im Bild links. Durch den axialen Anzug der Werkzeugkupplung entstehen axiale und radiale Kräfte im Hohlraum des HSK-Kegels, die eine hohe Steife und Genauigkeit sichern.

Ein wesentlicher Vorteil der HSK-Spannung ist die Erhöhung der Spannkraft bei Drehzahlerhöhung durch die höheren Fliehkräfte. Der Anzug gegen die Stirnfläche verhindert axiale Verschiebungen, im Bild 91 Mitte.

Im Bild 91 rechts ist eine Motor-HF-Schleifspindel gezeigt, die eine HSK-Aufnahme für Innenschleifdorne besitzt. Über eine Anzugstange und den damit verbundenen Kupplungsfingern erfolgt die Spannung.

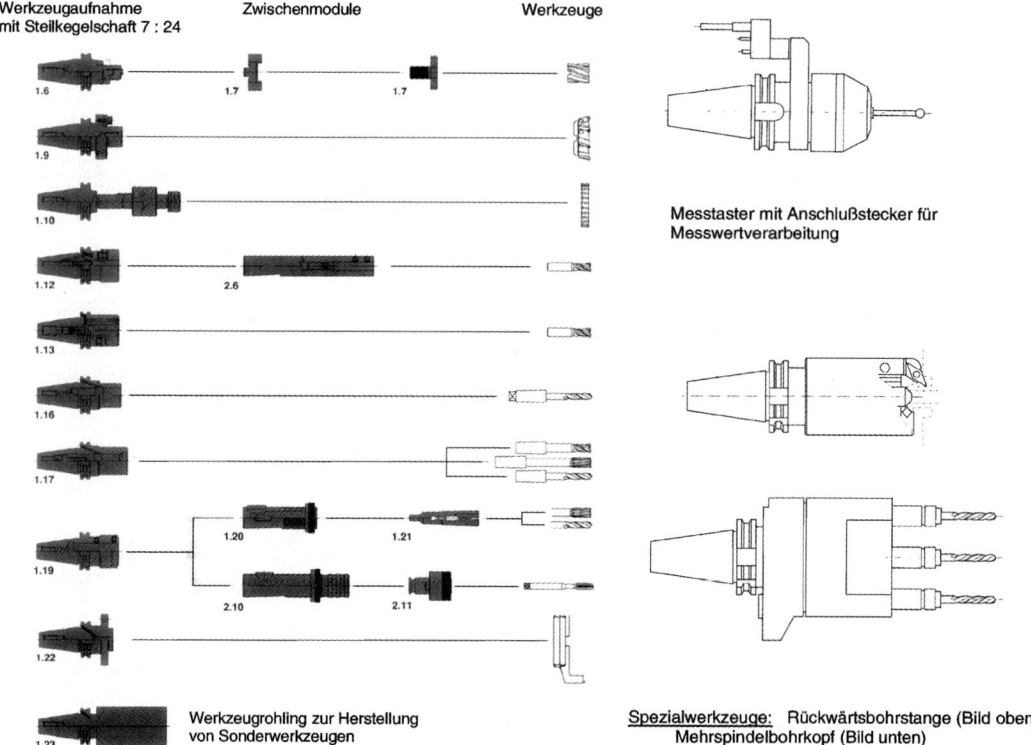

Bild 90. Werkzeugaufnahmesystem nach DIN 69871, Werkzeuge und Zubehör (Auswahl) (Deckel, München)

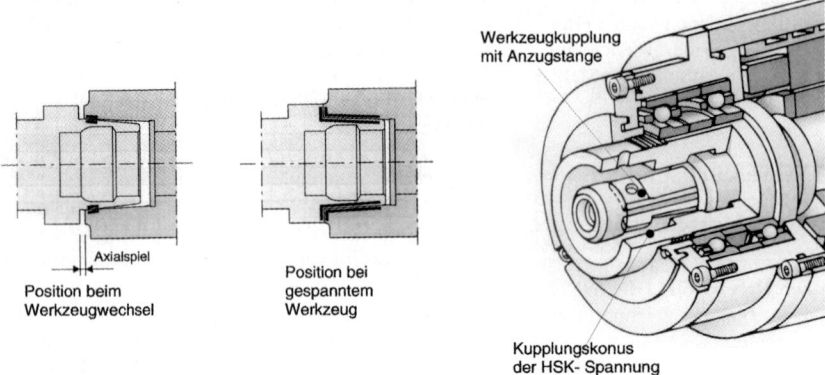

Bild 91. Prinzip der HSK-Werkzeugaufnahme und HSK-Aufnahme im Kopf einer Motor-HF-Schleifspindel GNS (Gamfior SpA, Turin, Italien)

2.6.2 Werkzeugspannsysteme für feste und angetriebene Werkzeuge

Solche Systeme werden bei CNC-Drehmaschinen und CNC-Komplettbearbeitungszentren für Futterteile und für die Wellenbearbeitung angewandt, und zwar überall dort, wo Werkzeugrevolver zum Einsatz kommen.

Werkzeugrevolver können mit Aufnahmen ausschließlich für feste Werkzeuge und mit solchen für feste und angetriebene Werkzeuge ausgerüstet werden. Bei letzteren ist ein entsprechender Werkzeugantrieb erforderlich.

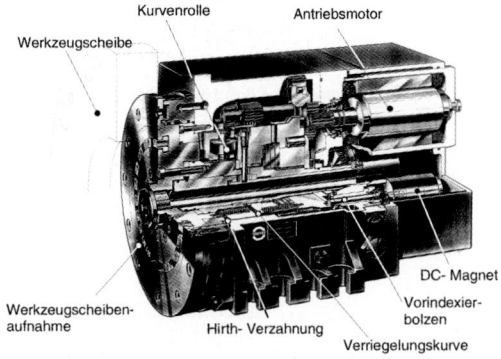

Bild 92. 12-fach-Werkzeug-Scheibenrevolver für feste Werkzeuge
(Sauter Feinmechanik GmbH, Metzingen)

Bild 92 zeigt einen 12 fach-Werkzeugscheibenrevolver für feste Werkzeuge. Die Werkzeugscheibe wird auf die Werkzeugsysteme des Anwenders zugeschnitten hergestellt. Um eine hohe Präzision in der Positionierung zu erreichen, wird dazu eine Hirth-Stirnverzahnung angewandt. Das Schwenken der Werkzeugscheibe erfolgt über einen AC-Antriebsmotor. Nach einer Vorindexierung über einen elektromagnetisch betätigten Vorindexierbolzen erfolgt die Verriegelung über eine Kurve und Kurvenrollen.

Revolver mit angetriebenen Werkzeugen sind meist so gestaltet, dass das in der Bearbeitungsposition befindliche Werkzeug über eine Kupplung, wie im Bild 93 gezeigt, oder über ein schaltbares Ritzel angetrieben wird. In einem 12-fach-Werkzeugrevolver können meist bis zu vier angetriebene Werkzeuge zum Einsatz kommen. Die anderen Positionen können mit festen Werkzeugen belegt werden.

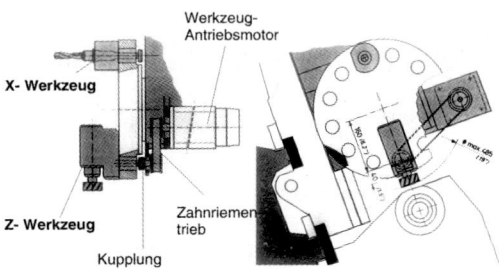

Bild 93. Werkzeug-Scheibenrevolver mit angetriebenen und festen Werkzeugen. Die Darstellung zeigt das Antriebsprinzip und je ein angetriebenes Werkzeug in X- und Z-Richtung. (+ GF +, Schaffhausen, Schweiz)

In großem Umfang werden Werkzeughalter nach Bild 94. eingesetzt. Durch ein schräg in der Werkzeugscheibe angeordnetes Druckstück, welches in die Schaftverzahnung des Werkzeughalters eingreift, wird über deren Anzug mittels Schraube der Werkzeughalter sowohl axial als auch radial geklemmt. Damit entsteht eine steife und präzise Verbindung mit dem Revolver.

Die Werkzeuge können entweder in einer *Werkzeugvoreinstelleinrichtung* außerhalb der Maschine im Werkzeughalter eingestellt und die Positionswerte in das CNC-Programm übernommen werden oder dies geschieht automatisch über Werkzeugsensor (Tool eye) in der Maschine.

2 Baugruppen von Werkzeugmaschinen

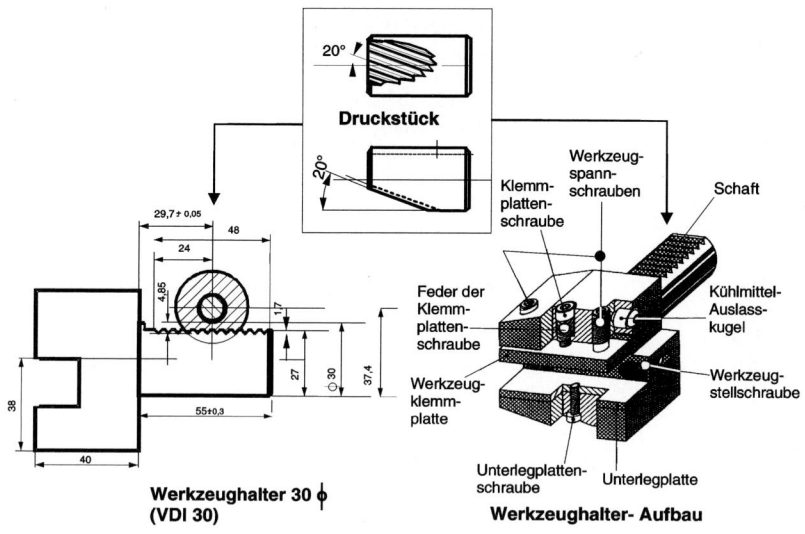

Bild 94. Werkzeughalter nach DIN 69880 (Schaft nach VDI 3425 Bl. 2) für CNC-Drehmaschinen und Bearbeitungszentren

Weitere Werkzeugspannsysteme haben sich besonders mit der Anwendung angetriebener Werkzeuge entwickelt und sind im Einsatz.

2.6.2 Werkstückspanner für rotierende Werkstücke

Die Art der Aufnahme über Kurzkegel nach DIN 55026 ... 55029 ist im Abschnitt 2.1 erläutert.

Spannfutter:
Sie unterteilen sich in:
– *Handspannfutter* als Keilstangen (Dreibacken)- oder Planspiralfutter (Drei-, Vier-. oder Sechsbakken-), Zweibackenfutter mit Doppelgewindespindel für unregelmäßig geformte Werkstücke, Planscheiben mit vier unabhängig voneinander verstellbaren Schnellwechselbacken und Plankurvenfutter für große Abmessungen.

– *Kraftspannfutter*
Moderne Kraftspannfutter sind beispielsweise Keilhakenfutter mit großer Durchgangsbohrung, Fliehkraftausgleich und integrierter Schmierstoffreserve, Bild 95 (siehe auch Bild 1 des Kapitels 2.1).

Die *Betätigung* der Kraftspannfutter kann *hydraulisch, pneumatisch oder elektrisch* erfolgen. Als Beispiel ist im Bild 96 eine hydraulisch betätigte Hohlspanneinrichtung dargestellt. Das Kraftspannfutter mit Fliehkraftausgleich ist mit einem Futterflansch am Arbeitsspindelkopf befestigt. Über einen umlaufenden hydraulischen Hohlspannzylinder, welcher über einen Zylinderflansch auf der Arbeitsspindel befestigt ist, erfolgt die Spannbetätigung über ein Zugrohr auf die Keilhaken des Spannfutters. Das Ölzuführungsgehäuse zum Zylinder steht ortsfest und enthält die Öl-Zu- und Abführung. Eine Spannweg-Überwachung komplettiert die Einrichtung.

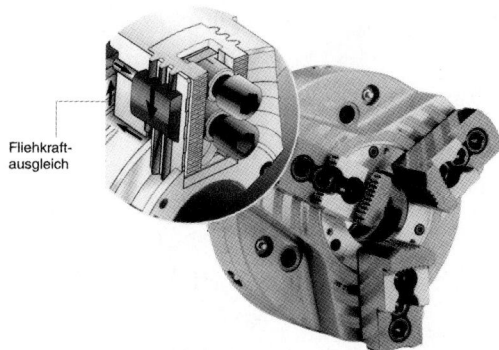

Bild 95. Kraftspannfutter 3 QLC (Keilhakenfutter mit Fliehkraftausgleich für n_{max} bis 8000 U/min) (FORKARDT GmbH, Erkrath)

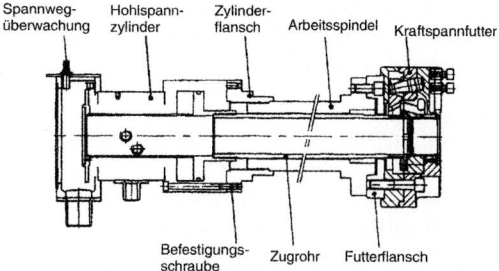

Bild 96. Hydraulisch betätigte Hohlspanneinrichtung (FORKARDT GmbH, Erkrath)

Spannzangen:
Sie werden angewendet bei Spannen von Stangenmaterial und bei geforderter hoher Rundlaufgenauigkeit. Im Bild 97 wird eine Lamellen-Spannzange gezeigt,

die Werkstücke bis 200 mm Durchmesser und auch dünnwandige Werkstücke ohne Verformung mit einer Rundlaufgenauigkeit 0,01 mm spannt.

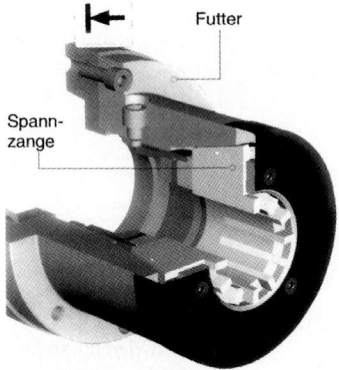

Bild 97. Lamellenspannzange
(FORKARDT GmbH, Erkrath)

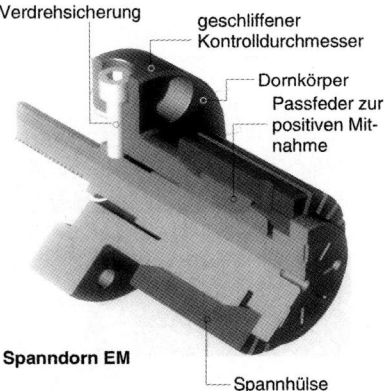

Bild 98. Spanndorn mit Spannhülse
(FORKARDT GmbH, Erkrath)

Spanndorne
Durch die Expansion der ohne Nachjustierung austauschbaren Spannhülse von 0,8 mm sind sie sowohl für automatisches Be- und Entladen geeignet und weisen Wiederhol-Spanngenauigkeiten von < 0,012 mm auf, Bild 98.

2.6.4 Werkstückspanneinrichtungen für feststehende Werkstücke

Unter feststehenden Werkstücken werden insbesondere solche mit prismatischer Grundform verstanden, welche entweder fest auf der Spannfläche des Arbeitsschlittens oder zur Vier- oder Fünfseitenbearbeitung auf einem schwenkbaren Maschinentisch, welcher auch als Wechseltisch aufgebaut sein kann, gespannt sind. Auch eine erforderliche Ergänzungsbearbeitung runder Teile zählt zu dieser Definition.

Maschinenschraubstöcke
Sie umfassen in der Regel das Zubehör von Bohr- und Fräsmaschinen sowie CNC-Bearbeitungszentren und sind, meist mit pneumatischer oder hydraulischer Kraftspannung ausgerüstet, in der Einzel- und Kleinserienfertigung in großem Umfang in der Anwendung.
Dazu zählen auch zentrisch spannende Flachspannsysteme hoher Präzision.

Zubehör zum Aufspannen eines oder mehrerer Werkstücke auf dem Maschinentisch
Größere Werkstücke werden einzeln oder mehrfach (z. B. bei Langhobelmaschinen) direkt auf dem Maschinentisch gespannt. Als Spannelemente dienen:

– Spanneisen verschiedener Formen, Bild 99.
– Spannpratzen, Bild 100.
– Kraftbetätigte Spanneisen, meist über Pneumatikzylinder
– Spannunterlagen zum Höhenausgleich zur Spannfläche, Bild 99.
– Spannwinkel zur Aufspannung an einer senkrechten oder schrägen Fläche
– Magnetspannplatten (für Flächenschleifmaschinen)

Spannvorrichtungen aus dem Baukasten
Bei kleineren Serien, wie sie beispielsweise im Maschinenbau üblich sind, bilden die Baukasten-Vorrichtungen den Schwerpunkt in der Fertigung prismatischer Teile, Bild 100.

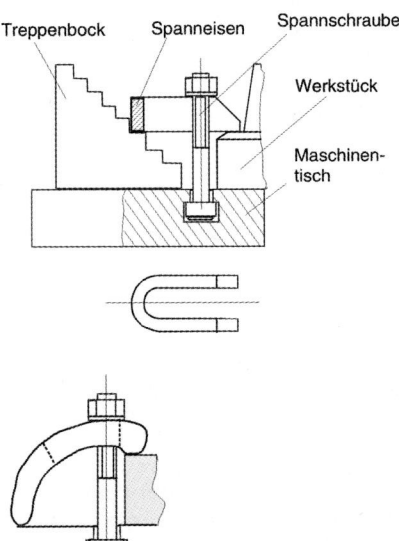

Bild 99. Spanneisen, Spannklaue und Treppenbock

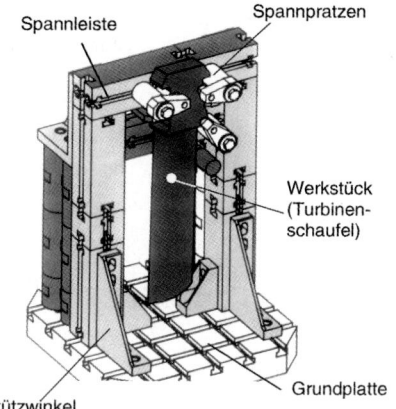

Bild 100. Baukastenvorrichtung aus dem Nutsystem (E. Halder KG, Laupheim)

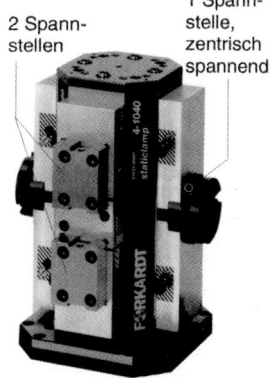

Bild 101. Mehrfachaufspannung auf einem Turm, Flachspannprogramm *staticlamp* (FORKARDT GmbH, Erkrath)

Spanneinrichtungen für größere Serien, Bild 101. Bis zu acht Werkstücke können auf diesem Turm gespannt werden. Unter Nutzung eines CNC-Bearbeitungszentrums mit Schwenktisch wird eine optimale Bearbeitung bei hoher Flexibilität durch schnellen Spannbacken- und Plattenwechsel erreicht.

3 Steuerungs- und Automatisierungstechnik an Werkzeugmaschinen

3.1 Baugruppen und Aufgaben

Eine leistungsfähige und funktionssichere Steuerungstechnik ist die ist die Voraussetzung für die Automatisierung der Werkzeugmaschinen und der Produktionsprozesse (Definition nach DIN 19226 siehe Abschnitt Steuerungstechnik).

Eine Steuerung umfasst eine Reihe von Baugruppen. Dazu zählen:
- Speicher (Kurve, Lochband, Diskette, elektronischer Speicher (RAM, EPROM), u. a.)
- Steuerketten und Regelkreise
- Gesteuerte und geregelte Organe (Servomotore als Schlittenantrieb, E-Magnete, E-Magnetkupplungen, Steuerventile u. a.)
- Schalter, Sensoren, Näherungsinitiatoren, Messsysteme

Bei Werkzeugmaschinen haben Steuerungen folgende Aufgaben:
- Einleiten und Beenden der Bewegungen von Arbeitsspindeln, Werkzeugschlitten, Arbeitstischen, Werkzeug- und Werkstückwechseleinrichtungen, Arbeitsraumtüren
- Zu- und Abschalten von Hilfsstoffen
- Verändern von Drehzahlen, Geschwindigkeiten, Kräften und Momenten
- Arbeitsspindeln, Werkzeugschlitten, Arbeitstische mit erforderlicher hoher Genauigkeit in die gewünschte Position fahren

3.2 Konventionelle Steuerungstechnik an Werkzeugmaschinen

3.2.1 Mechanisch gesteuerte Automaten

Erste mechanisch gesteuerte Automaten für die Dreh- und Ergänzungsbearbeitung wurden bereits gegen Ende des 19. Jahrhunderts entwickelt. Sie wurden im Laufe des 20. Jahrhunderts technisch weiter ausgebaut und haben auch heute, im Zeitalter der CNC-Technik, dort, wo ausgesprochene Großserien- und Massenfertigung vorliegt, ihre Bedeutung noch nicht verloren. Hauptelement dieser Automaten ist die Steuerkurve, als Kurvenscheibe oder Kurventrommel eingesetzt. In ihr ist sowohl der Weg als auch die Geschwindigkeit des von ihr angetriebenen Werkzeugschlittens gespeichert. Die Übertragung erfolgt mit direkten mechanischen Mitteln ohne zusätzliche Verstärkung, Bild 1.

Einspindel-Revolverdrehautomaten

Im Bild 2 ist der Getriebeplan eines Einspindel-Revolverdrehautomaten mit Hilfssteuerwelle dargestellt. Die Hilfssteuerwelle besitzt eine konstante höhere Drehzahl, um die Schaltvorgänge der Hilfsbewegungen, die von auf der Hauptsteuerwelle sitzenden Nocken ausgelöst werden, in kurzer Zeit auszuführen.

Auf der Hauptsteuerwelle, die sich pro Werkstück-Operativzeit einmal um 360° dreht, sitzen die Kurve für den Revolverschlitten und die Seitenschlittenkurven. Die Schlittengeschwindigkeit wird durch den Kurvenanstieg bestimmt, der Weg durch Anfangs- und Endpunkt eines Kurven-Abschnittes. Die Schaltung des Revolverkopfes erfolgt über ein Malteserkreuzgetriebe. Nach dem Schalten wird der Revolverkopf wieder automatisch verriegelt.

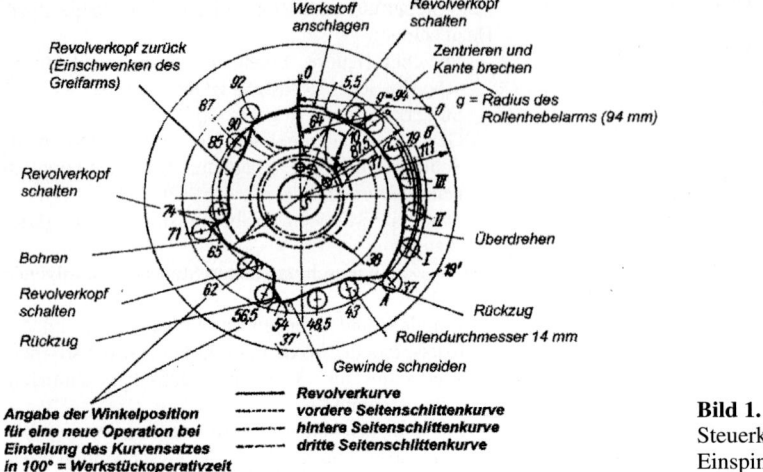

Bild 1. Steuerkurvensatz für einen Einspindelautomaten

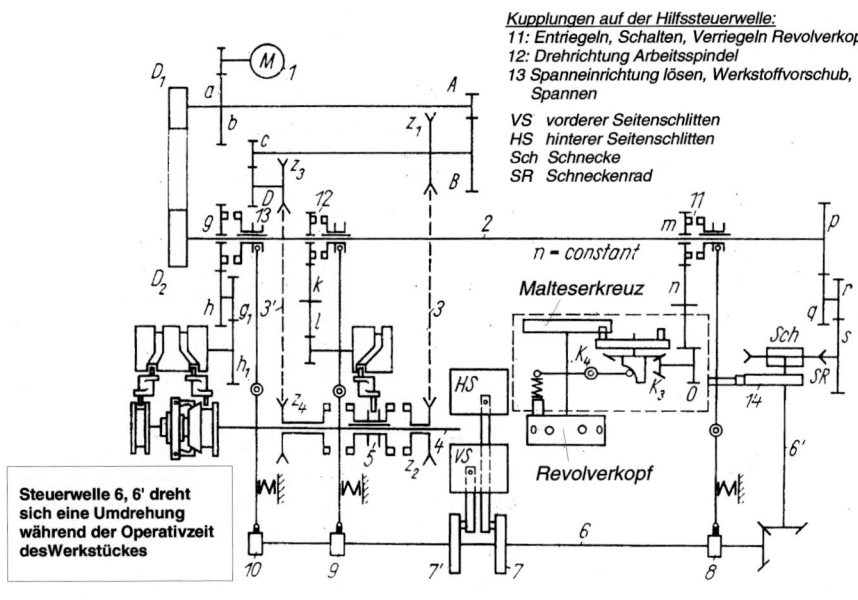

Bild 2. Getriebeschaltplan eines konventionellen Einspindel-Revolverdrehautomaten mit Hilfssteuerwelle (Index, Esslingen)

Über Wechselräder kann die für die Fertigung geeignete Drehzahl der Hauptsteuerwelle von der Hilfssteuerwelle abgeleitet werden. Der Maschinenaufbau ist rein mechanisch und damit kostengünstig und robust. Hauptproblem ist, dass für jedes neue Zeichnungsteil ein neuer Kurvensatz benötigt wird und die Umrüstung längere Zeit benötigt. Die Kurvenkonstruktion und -herstellung kann aber heute sehr rationell über ein CAD-CAM-Programm online auf einem CNC-Fräszentrum erfolgen, so dass nach wie vor bei Vorhandensein großer Serien eine rationale Fertigung möglich ist.

Mehrspindeldrehautomaten

Da beim Mehrspindeldrehautomaten die Fertigungszeit für ein Werkstück nicht größer ist als die der

längsten Bearbeitungsoperation am Werkstück, gilt der Mehrspindler genau wie die Taktstraße bei der Fertigung prismatischer Teile (Motorenzylinderblökke u. a.) als die derzeit produktivste Werkzeugmaschine in der spanenden Fertigung runder Teile.
Durch den relativ komplizierten Aufbau (Spindeltrommel und deren Lagerung, Aufnahmen der Arbeitsspindeln in der Trommel, Präzision der Trommelschaltbewegung u. a.) kann meist nur eine mittlere Arbeitsgenauigkeit erreicht werden. Höchste Präzision ist dann doch den CNC-Maschinen vorbehalten.
Aber in der Weichbearbeitung von Automobilteilen, Standard-Wälzlagerringen, Normteilen etc. wird der Mehrspindel-Drehautomat weiterhin mit großem Erfolg eingesetzt.

Bild 3 zeigt eine moderne Konstruktion eines Achtspindelautomaten mit AC-Antriebsmotorentechnik, stufenloser Drehzahleinstellung und deren Umsetzung über Scheibenkurven für die Vorschübe der Seiten- oder Querschlitten sowie für die Längsschlitten, schneller Austausch der Scheibenkurven, Ergänzung der Mechanik durch einzelne oder mehrere CNC-Schlitten für Fertigung komplizierter Konturen oder Teilefamilien sowie automatischer Korrektursteuerung zur Erhöhung der Präzision.

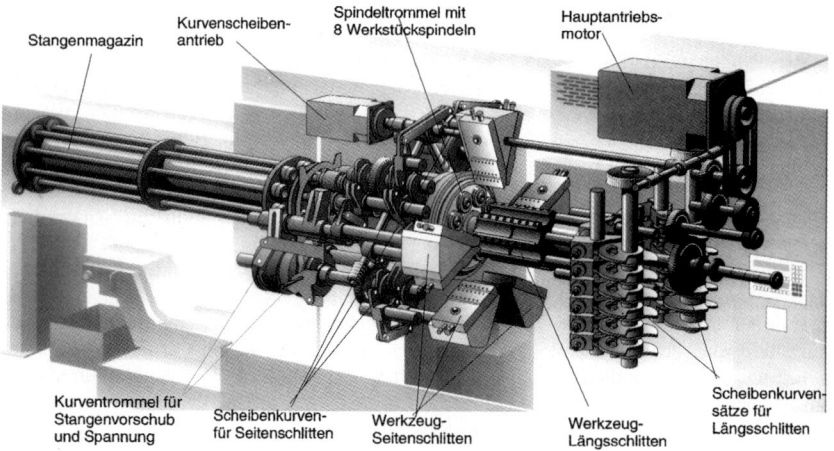

Bild 3. Mehrspindeldrehautomat für Stangenbearbeitung mit 8 Spindeln PM 26.8 (PITTLER TORNOS, Leipzig)

3.2.2 Programmsteuerungen

WZM oder Baueinheiten ohne CNC-Steuerung, aber mit automatischer Ablauffolge, werden häufig dort verwendet, wo in größeren Abständen umgerüstet werden muss, beispielsweise in Taktstraßen und Fertigungslinien. Für nicht zu hohe Anforderungen hinsichtlich Positioniergenauigkeit oder für Schaltkommandos wie „Umschalten von Eilgang- auf Arbeitsgeschwindigkeit" eines Werkzeugschlittens ist dieser mit *Nockenbahnen* ausgerüstet. Die Nocken betätigen über direkten Kontakt oder berührungslos elektrische oder elektronische Schalter, Bild 4.

Die logische Verknüpfung erfolgt heute in der Regel über die *speicherprogrammierte Steuerung* (*SPS*). Von dieser werden entsprechende Kommandos an Aktoren gegeben (Magnetventile, Kupplungen, Motoren u. a.). Von einer SPS können auch einzelne CNC-Achsmodule angesteuert werden, wenn diese innerhalb der Folgesteuerung aus Gründen der Präzision oder der Kompliziertheit des Bewegungsablaufs gebraucht werden.

Bei Anwendung hydraulischer Antriebe werden häufig *Anschlagsteuerungen* angewandt. Ein hydraulisch betätigter Arbeitsschlitten fährt gegen einen präzis einstellbaren Anschlag und wird durch den Öldruck gegen diesen gedrückt. Über den Druckanstieg kann zusätzlich ein Druckschalter betätigt werden, wodurch der nächste Teilschritt des automatischen Ablaufs eingeleitet werden kann.

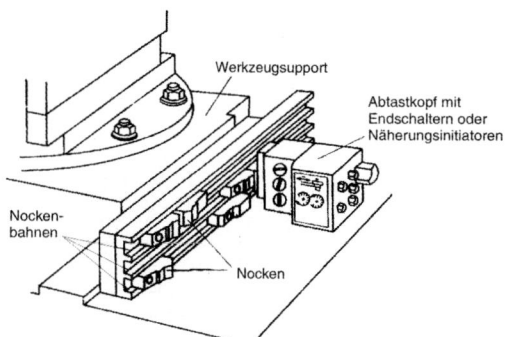

Bild 4. Nockensteuerung über Endschalter oder Näherungsinitiatoren

3.3 Numerische Steuerungen

3.3.1 Definition

Numerische Steuerungen werden als *NC- oder CNC-Steuerungen* bezeichnet.

NC ist die Abkürzung für – *Numerical Control* –. Dies bedeutet: Steuern mit Ziffern oder Zahlen, d. h. die direkte Eingabe eines Positionswertes eines Werkzeugschlittens als Zahlenfolge ist möglich.

Alle Bewegungen und Positionen, die zur Bearbeitung eines Werkstückes erforderlich sind, einschließlich der Arbeitsspindeldrehzahlen, Vorschubgeschwindigkeiten und Hilfsfunktionen, wie Handhabung und Speicherung der Werkzeuge und Werkstücke, werden durch das *NC-Programm* der Steuerung vorgegeben.

Bei Maschinen mit *NC-Steuerungen* wird das NC-Programm stets in der Arbeitsvorbereitung erstellt und mittels Datenträger (in der Regel Lochstreifen) der NC-Maschine zugeführt.

Seit Ende der siebziger Jahre zunehmend und heute ausschließlich werden numerische Steuerungen als *CNC-Steuerungen* ausgeführt.

CNC ist die Abkürzung für – *Computerized Numerical Control* – d. h. diese Steuerungen besitzen *Mikrorechner*, die einschließlich weiterer Steuerungsbaugruppen, z. B. PLC (Programmable Logic Controler = SPS), in die Steuerungshardware der Maschine integriert sind. Wesentlicher weiterer Bestandteil ist die Bedientafel mit dem Display, heute meist als Farbbildschirm in der Anwendung, einschließlich der Tastatur, mit dessen Hilfe auch eine werkstattorientierte Programmierung an der Maschine möglich ist.

Die möglichen Steuerungsarten sind im Bild 5 dargestellt. Am einfachsten ist die *Punktsteuerung*, die u.a. bei CNC-Koordinatenbohrmaschinen ausreichend ist. Die *Streckensteuerung* wird besonders bei einfachen CNC-Drehmaschinen angewandt, bringt aber heute wegen des geringen Preisunterschiedes zu Bahnsteuerungen keinen Effekt mehr.

Steuerungsarten

Da sich heute immer mehr der Trend durchsetzt, auf einem Bearbeitungszentrum alle Bearbeitungen an einem Werkstück komplett durchzuführen, hat sich die *3-Achsen-Bahnsteuerung* weitgehend durchgesetzt. Dabei stehen die Bewegungen der einzelnen Achsen zueinander in funktioneller Abhängigkeit. Der Interpolator rechnet für einen kleinen Wegabschnitt die zu koordinierende Bewegungsfolge nach Richtung und Geschwindigkeit. Bei modernen Steuerungen können höhere Interpolationsverfahren, wie Spline- und Polynom-Interpolation zur Anwendung kommen.

Die *5 Achsen-Bahnsteuerung* wird durch die Interpolation der beiden Schwenkachsen A und C bei der Herstellung sehr komplizierter räumlicher Flächen mit Hinterschnitten, wie sie im Formenbau vorkommen, genutzt. Auch kann die Werkzeugkontur ständig den günstigsten Winkel zur Oberflächentangente einnehmen.

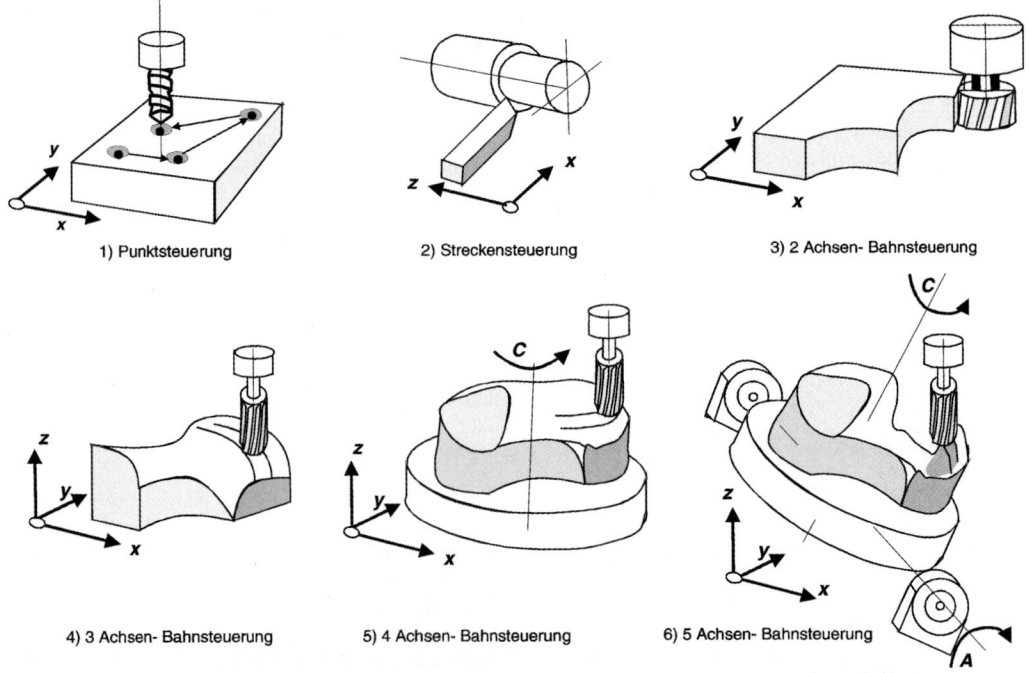

1) Punktsteuerung
2) Streckensteuerung
3) 2 Achsen- Bahnsteuerung
4) 3 Achsen- Bahnsteuerung
5) 4 Achsen- Bahnsteuerung
6) 5 Achsen- Bahnsteuerung

Bild 5. Die Steuerungsarten [(die Bahnsteuerungen 3) bis 6) werden durch Interpolator koordiniert]

3.3.2 Aufbau und Funktion von CNC-Steuerungen

Bild 6 zeigt den grundsätzlichen Aufbau einer CNC-Steuerung. Generell gilt:
Die CNC-Steuerung stellt Lage- und Geschwindigkeits-Sollwerte für die NC-Achsen sowie Ausgabewerte für Schaltbefehle zur Verfügung.

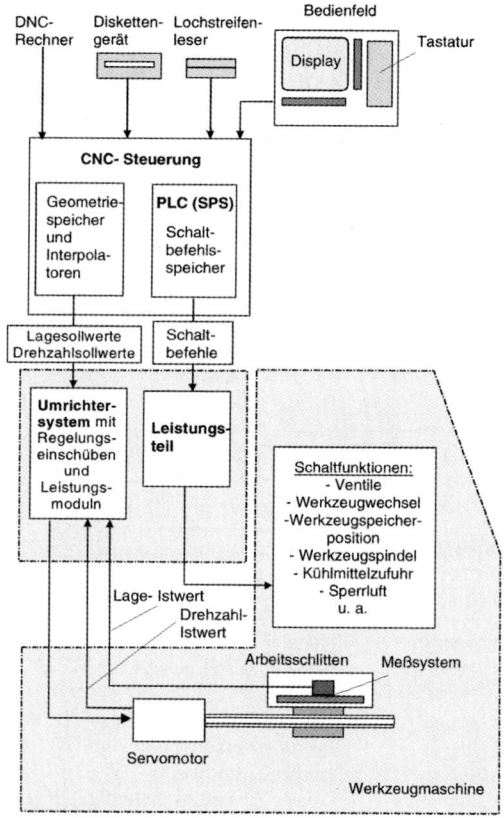

Bild 6. Grundsätzlicher Aufbau einer CNC-Steuerung

In einem Umrichtersystem mit Regler und Leistungsmodul erfolgt die Regelung des Servomotors einer CNC-Achse nach dessen Führungsgrößen „Lagesollwert" und „Drehzahlsollwert", wobei über Meßsysteme Lage- und Drehzahl-Istwert erfasst und dem Regelsystem zugeführt werden.
Eine PLC in der Steuerung erteilt entsprechend des NC-Programms zum programmierten Zeitpunkt die gewünschten Schaltbefehle, welche über ein Leistungsteil (Leistungstransistoren, Relais, Motorschalter etc.) an die ausführenden Organe geleitet werden.
Moderne CNC-Steuerungen bestehen aus einem kompakten digitalen Komplettsystem, Bild 7. Das dargestellte System CNC 840D mit digitalen Antrieben „SIMODRIVE 611 digital" ist ein „offenes" System für Werkzeugmaschinenhersteller-Applikationen, beispielsweise mittels Visual Basic Programmierung unter Nutzung einer Windows-Oberfläche über ein MMC-Kommunikationsmodul. Die Steuerungsaufgaben werden über eine NCU (Numerical Control Unit)-Baugruppe durchgeführt, die aus einem hochintegrierten Mehrprozessorensystem besteht, welches CNC-CPU, PLC-CPU und Mikroprozessoren für Kommunikationsaufgaben enthält. Dieses System kann in einer NCU-Box im Einschub des Umrichtersystems eingegliedert werden. Bis zu acht interpolierende Achsen und die 5 Achsen-Bearbeitung sind möglich. Die Steuerung kann mechanische Störgrößen wie Reibung, Lose und mechanische Spindelsteigungsfehler kompensieren. Die Systemsoftware kann über eine Speicherkarte mit Adapter auf einfache Weise ausgetauscht werden.

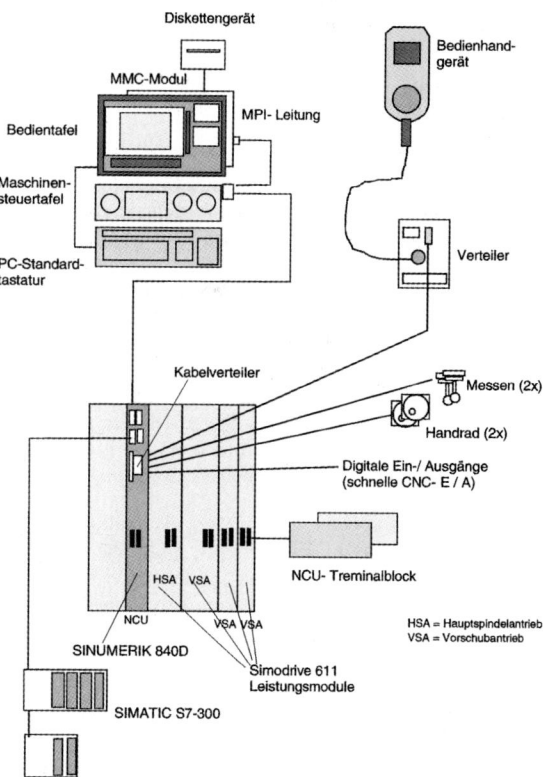

Bild 7. Kompaktes digitales Komplettsystem SINUMERIK 840D
(Siemens AG, Motion Control Systeme, Erlangen)

Auch Messtasterfunktion, Digitalisierung einer Oberflächengestalt, elektronisches transportables Handrad und Fernbediengerät sind bei solchen Steuerungen heute üblich.

Bedienerführung
Die modernen CNC-Steuerungen verfügen heute über eine Bedienerführung mittels grafischer und numeri-

scher Bildschirmunterstützung (Benutzeroberfläche). Dies gibt es bereits seit längerer Zeit beispielsweise für CNC-Schleifmaschinen, wo zum Einrichten des Programms das know how des Einrichters erforderlich ist. Eine DIN-Programmierung ist dort nicht oder nur mit viel Aufwand möglich. Auch bei anderen Fertigungsverfahren führt sich die Bedienerführung immer mehr ein. Ein wesentlicher Bestandteil solch einer Bedienerführungssoftware sind wiederkehrende *Unterprogramme*, sog. *Makros*. Ein solches Makro ist beispielsweise der Abrichtzyklus an Schleifmaschinen. Er wird über eine Kennung aufgerufen und mit den erforderlichen Parametern versehen.

Programmierung numerischer Werkzeugmaschinen

Die Programmierung von CNC-Werkzeugmaschinen wird gesondert im Abschnitt P behandelt.

3.4 Die numerische Achse

3.4.1 Grundforderungen

Die *numerische Achse* bildet die *Gesamtheit eines Vorschub- oder/und Positionierantriebes*, ausgehend von den durch die CNC-Steuerung bereitgestellten *Lage- und Drehzahlsollwerten* über die Umrichter, Regler und Leistungsmodulen bis zum Servomotor, dem Kugelgewindetrieb und seiner Lagerung, den Meßsystemen zur Erfassung des momentanen Lageistwertes und der Istdrehzahl sowie der Qualität der Schlittenführung hinsichtlich Steife und Reibverhalten. Alternativ dazu tritt an Stelle des Servomotors (heute als Drehstrom-Synchronmotor) der Linearmotor mit einem linearen Lagemeßsystem.

Forderungen:
– Hohe Dynamik des Systems, um eine präzise Positionierung des Arbeitsschlittens zu erreichen
– Hohe Beschleunigung bis zum Erreichen des Eilgang-Sollwertes
– Schnelle Verzögerung beim Umschaltpunkt auf Arbeitsgeschwindigkeit
– Schnelle Verzögerung beim Einfahren in eine gewünschte Schlittenposition
– Präziser Stopp des Schlittens beim Erreichen der gewünschten Position (< 1 µm), d. h. geringster Zeitverlust bei höchster Positioniergenauigkeit
– Die Schlittengeschwindigkeit muss stufenlos stell- oder regelbar sein. Sie muss über das NC-Programm vorgegeben werden können
– Die Bewegungen sollen sowohl linear oder bei Rundvorschüben und C-Achsen-Positionierung auch als Kreisbewegung ausführbar sein
– Die numerische Achse muss in ihrer Gesamtheit einschließlich der Regelkreise eine hohe statische und dynamische Steife aufweisen, um z.B. Kraftschwankungen aus dem Bearbeitungsprozess problemlos aufzunehmen

– Es dürfen keine Schwingungserscheinungen auftreten
– Die Umkehrspanne darf Werte um 0,1 ... 1 µm je nach Qualitätsforderungen nicht überschreiten

Im Diagramm Bild 8 sind idealer und realer Verlauf eines von einer numerischen Achse ausgeführten Zustellvorgangs beim Einstechschleifen dargestellt. Je näher der reale Verlauf dem idealen folgt, desto besser ist die Qualität der numerischen Achse einschließlich all ihrer Komponenten.

Der reale Geschwindigkeitsverlauf zeigt in der Gegenüberstellung ein leichtes Überschwingen bei s'_{r1} und ein aperiodisches Verhalten durch zu starke Dämpfung bei s'_{r2}.

Durch zu große Differenz zwischen idealem und realem Verlauf kommt es durch unterschiedliches Erreichen der Fertigmaßposition zum Positionsfehler.

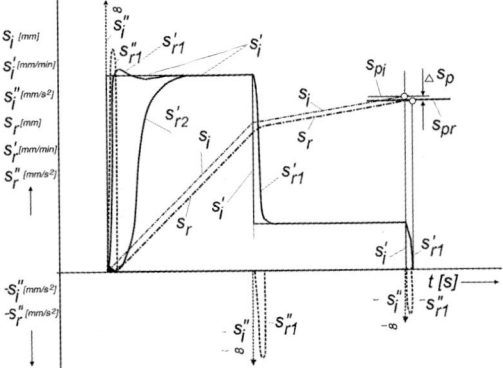

s_i [mm] = idealer Zustellweg
s'_i [mm/min] = idealer Zustellgeschwindigkeitsverlauf
s''_i [mm/s^2] = idealer Beschleunigungs-/Verzögerungsverlauf
s_r [mm] = realer Zustellweg
s'_r [mm/min] = realer Zustellgeschwindigkeitsverlauf
s''_r [mm/s^2] = realer Beschleunigungs-/Verzögerungsverlauf
s_{pi} = Soll-Position
s_{pr} = Ist-Position
Δs_p = Positionsfehler

Bild 8. Idealer und realer Verlauf eines Zustellvorgangs mittels CNC-Achse beim Einstechschleifen

3.4.2 Der Regelkreis einer numerischen Achse

Analoge Regelung

Um den unter 3.4.1 genannten Forderungen zu genügen, werden an den Regelkreis einer numerischen Vorschubachse bei analoger Vorschubregelung erhebliche Anforderungen gestellt. In der Regel werden Lageregelkreise mit unterlagerter Geschwindigkeits- und Stromrückführung angewendet.

3 Steuerungs- und Automatisierungstechnik an Werkzeugmaschinen

Ein solcher Regelkreis ist im Bild 9 dargestellt.
Der zur Anwendung kommende Drehstromservomotor ist ein dauermagneterregter Synchronmotor mit Magnetmaterial aus seltenen Erden im Motorläufer, Schutzart IP 64, IP 67 und Wartungsfreiheit. Über ein Gebersystem werden Motordrehzahl und Rotorlage erfasst. Der Synchronmotor hat keine Kommutationsgrenze. Im Mikroprozessor des Drehzahlreglers ist der Regelalgorithmus implementiert (Regelcharakteristik mit PI-Verhalten).

Der Lagesollwert oder die Führungsgröße kommt von der Steuerung als Impulskette, wobei die Zahl der Impulse ein Maß für den zu verfahrenden Weg und die Impulsfrequenz ein Maß für die Solldrehzahl sind. Der Lageregler besitzt meist P-Verhalten. Die Lage-Regelabweichung bildet den Sollwert für den Drehzahlregler. Die Drehzahl-Regelabweichung bildet dann den Sollwert für den Stromregler, welcher meist eine Regelcharakteristik mit PID-Verhalten besitzt.

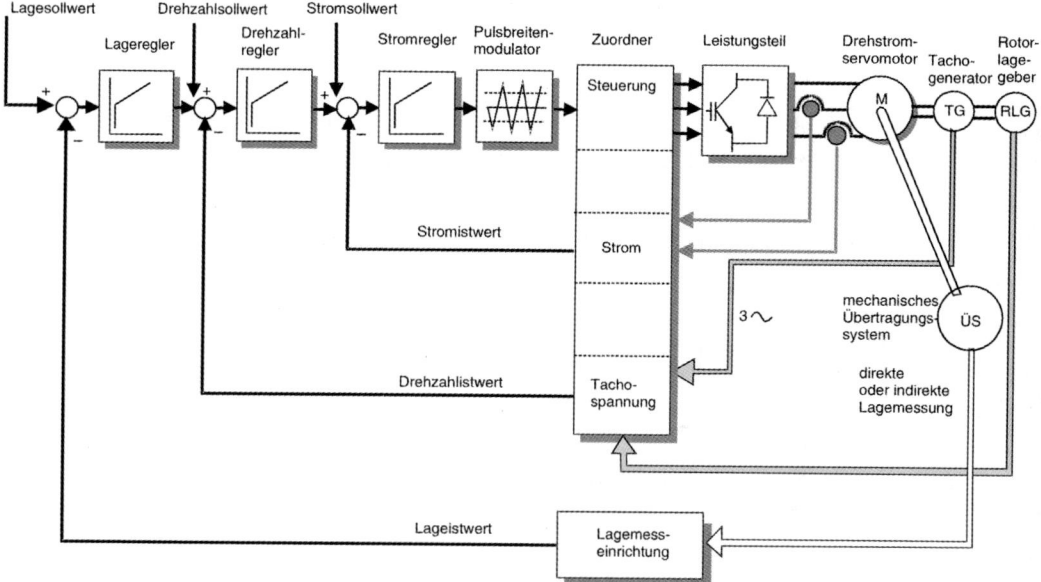

Bild 9. Analoge Vorschubregelung mit Drehstromservomotor als Lageregelkreis mit unterlagerter Geschwindigkeits- und Stromrückführung (Siemens AG, Motion Control Systeme, Erlangen)

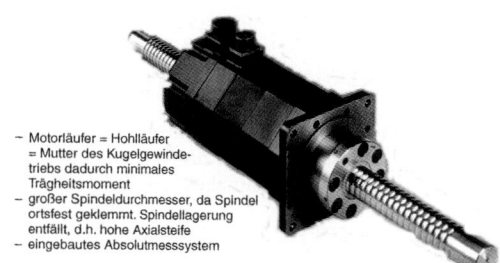

- Motorläufer = Hohlläufer = Mutter des Kugelgewindetriebs dadurch minimales Trägheitsmoment
- großer Spindeldurchmesser, da Spindel ortsfest geklemmt. Spindellagerung entfällt, d.h. hohe Axialsteife
- eingebautes Absolutmesssystem

Bild 10. Drehstromservomotor mit feststehender Kugelgewindespindel und einem als Kugelgewindemutter ausgebildeten Hohlläufer des Motors (GE FANUC Automation, Oshinomura, Japan)

Das dem Sollwert möglichst fehlerfreie Folgen des Lageistwertes wird realisiert durch:
- Hohe Kreisverstärkung des Regelkreises (Kv-Faktor)
- Hohe Dämpfung zur Vermeidung von Instabilitäten und Erscheinungen des Überschwingens
- Geringe Zeitkonstanten des Antriebes
- Kleine Massenträgheitsmomente der rotierenden Teile – oder – keine rotierenden Teile
- Hohe mechanische Eigenfrequenz
- Hohe Steifigkeit der im Kraftfluss liegenden mechanischen Elemente
- Spielfreiheit der mechanischen Übertragungselemente (Kugelgewindetrieb, Führungen u.a.) bei allen vorkommenden Belastungen
- Das Verhältnis der Eigenfrequenzen des mechanischen Übertragungssystems zum Regelkreis sollte sein: $\omega_{0\,\text{Mechanik}} > 2\,\omega_{0\,\text{Regelkreis}}$

Ein Beispiel dafür, wie aufbauend auf einer analogen Vorschubregelung und dem rotatorischen Prinzip dessen wesentliche Nachteile bezüglich der vorstehenden Faktoren vermieden werden können, ist der in Bild 10 gezeigte Servomotor. Durch das Prinzip „– feststehende Spindel – Motor am Schlitten angeflanscht – Motorläufer ist zugleich Gewindemutter" werden die Flächenmomente 2. Grades der rotierenden Bauteile auf ein Mindestmaß reduziert und die Spindel kann durch die damit mögliche Vergrößerung ihres Durchmessers sehr steif gestaltet werden.

Vorschubregelung im digitalen Komplettsystem
Am Beispiel der Vorschubregelung im digitalen System „SINUMERIK 840D/ SIMODRIVE 611 digital", Bild 11 wird deren Funktionsweise erläutert.
Die Regelung des digitalen Vorschubmoduls basiert auf einem leistungsfähigen *Signalprozessor*, mit dem die achsspezifische Strom- und Drehzahlregelung ausgeführt wird. Über einen *Kommunikationsbaustein* wird der Datenverkehr zur Lageregelung abgewickelt.
Die Regelung ist optimal auf spezifische Drehstrom-Servomotoren mit sinusförmiger Stromvorgabe und damit hervorragender Laufruhe sowie deren steife Konstruktion abgestimmt.
Neben der hohen Regeldynamik werden parametrierbare Filter zur Dämpfung mechanischer Resonanzen eingesetzt. Der Maschinen-Kv (Kreisverstärkungsfaktor) wird durch die digitale Regelung erheblich erhöht.

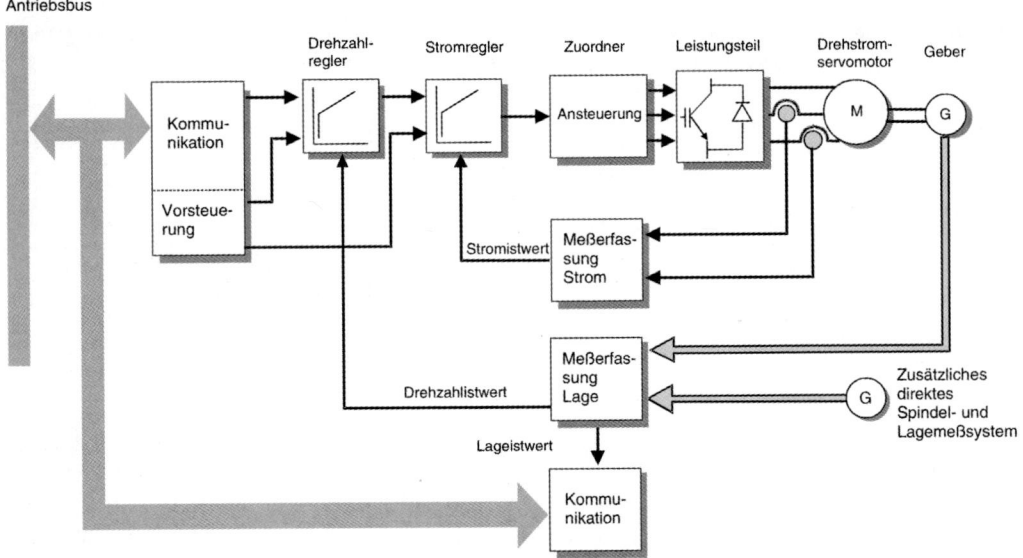

Bild 11. Vorschubregelung im digitalen System „SINUMERIK 840D / SIMODRIVE 611 digital" (Siemens AG, Motion Control Systeme, Erlangen)

Vorschubregelung im digitalem System mit Linearmotor
Linearmotoren sind die technisch perfekte Lösung für Vorschubschlitten mit digitaler Antriebsregelung.

Entscheidende Vorteile sind:
- Reduzierung der mechanischen Baugruppen
- Wegfall rotierender Bauteile und Baugruppen
- Vermeidung von nachteiligen Elastizitäts-, Spiel- und Reibungseffekten
- Wegfall von Eigenschwingungen im Antriebsstrang
- Vorschubkräfte zwischen 1 000 bis 15 000 N
- Beschleunigung ohne zusätzliche Last bis 27 g
- Spitzengeschwindigkeiten bis 4 m/s
- Berührungsfreie Bewegung (Luftspalt zwischen Gleiter und Magnetbahn ca. 1 mm)

Linearmotoren sind in der Regel dauermagneterregte Drehstrom-Synchronmotoren. Die im Primärteil entstehende Verlustwärme kann über eine integrierte Flüssigkeitskühlung abgeführt werden. Als Magnetmaterial kommen seltene Erden zur Anwendung. Den Aufbau eines Linearmotorantriebes zeigt Bild 12.

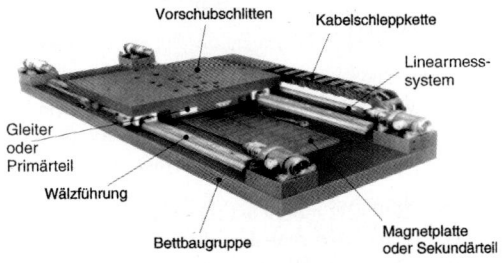

Bild 12. Aufbau eines Linearmotorantriebes für einen Vorschubschlitten (GE FANUC Automation, Oshinomura, Japan)

3.4.3 Wegmesssysteme zur Lageistwerterfassung

Einteilung der Wegmesssysteme:

- Nach der Messwertabnahme in:
  – rotatorisch – oder – translatorisch –

- Nach der Messwerterfassung in:
  – digital – oder – analog –

- Nach dem *Messverfahren* in:
  – inkremental – oder – absolut –

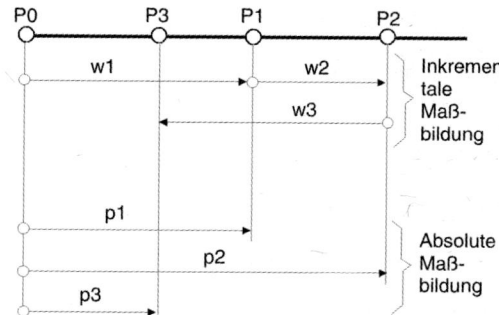

Im Bild 13 sind die Unterschiede zwischen der inkrementalen und absoluten Maßbildung dargestellt. Die inkrementale Maßbildung entspricht der Eintragung von Kettenmaßen in einer Konstruktionszeichnung (Bild 13 oben). Bei der absoluten Maßbildung werden alle Maße von einem Ausgangspunkt P0 festgelegt (Bild 13 unten).

Bild 13. Inkrementale und absolute Maß bildung

Analoge Messwerterfassungen, z. B. auf induktiver Basis (Resolver) finden heute nur noch für untergeordnete Zwecke Anwendung.

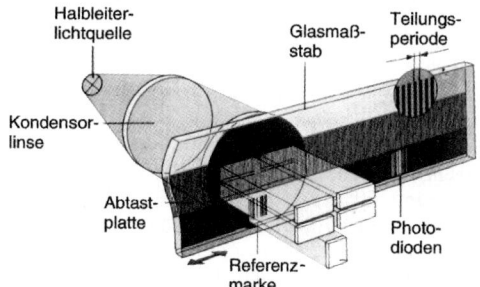
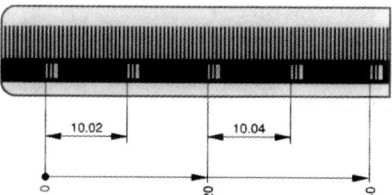

Bild 14. Digital-inkrementales Messprinzip auf photoelektrischer Basis mit Glasmaßstab und translatorischer Messwertabnahme im Durchlichtverfahren (Bild links) Der Maßstab besitzt codierte Referenzmarken zur Ermittlung der aktuellen Position und zum Suchen des Referenzpunktes (Bild rechts). (Dr. Johannes Heidenhain GmbH, Traunreut)

Inkrementale Systeme

Das häufig zur Anwendung kommende digital-inkrementale Messprinzip ist im Bild 14 als translatorischer Maßstab dargestellt. Die Abtastplatte besitzt vier Abtastfelder und reduziert eine Teilungsperiode des Maßstabes auf ein Viertel. Die weitere Unterteilung der Abtastsignale erfolgt über eine elektronische Interpolationsschaltung. Durch codierte Referenzmarken werden Nachteile des inkrementalen Messverfahrens weitgehend aufgehoben.
Bild 15 zeigt ein auf gleichem Prinzip wirkendes Wegmeßsystem mit *rotatorischer* Messwertabnahme als inkrementaler Drehgeber. Drehgeber werden in der Regel beim Einsatz von Servomotoren mit Kugelgewindetrieb angewendet.
Der Anbau dieser Drehgeber erfolgt entweder an der Kugelgewindespindel direkt oder am bzw. im Servomotor. Da Fehler im Kugelgewindetrieb nicht erfasst werden, hängt die Genauigkeit der Lage-Istwerterfassung von der Qualität und der thermischen Steife der Kugelgewindespindel ab.
Ansonsten sind solche Systeme kostengünstig und erfüllen häufig die an die CNC-Werkzeugmaschine gestellten Anforderungen.

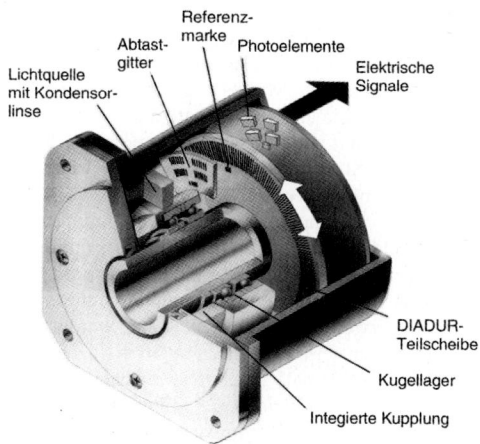

Bild 15. Inkrementaler Drehgeber mit integrierter Kupplung, Teilscheibe und Referenzmarke. (Dr. Johannes Heidenhain GmbH, Traunreut)

Absolute Systeme
Der Positionswert steht hier unmittelbar nach dem Einschalten zur Verfügung und kann jederzeit von der Steuerung abgerufen werden.

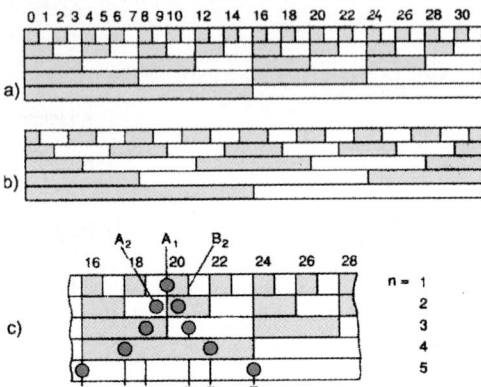

Bild 16. Absolute Messverfahren – Code-Arten a) Dual-Code, b) Gray-Code, c) V-Abtastung (A_n, B_n phasenversetzte Abtaststellen) (Dr. Johannes Heidenhain GmbH, Traunreut)

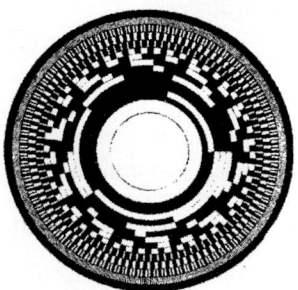

Dual codierte Scheibe mit 12 Spuren – digital-absolut-rotatorisch (Zeiss, Jena)

Der einfachste Code ist der Dual-Code, Bild 16a). Hier ist dieser für die Zahlen 0 bis 30 mit fünf Spuren dargestellt. Mittels der V-Abtastung c) können Probleme an den Intervallkanten verhindert werden. Bis auf die feinste Spur werden in allen Spuren zwei Signale A und B abgelesen. Der Gray-Code, b), benötigt weniger Aufwand an der Abtaststelle durch Überlappen der einzelnen Spuren.
Das im Bild 17 dargestellte absolute Messverfahren benötigt nur wenige Teilungsspuren auf dem Maßstab, was durch die Interpolation der Signale aus jeder Spur erreicht wird. In jeder Spur werden mit vier Ablesefenstern und einer größeren Anzahl von Strichen zwei Signale erzeugt, die sicher 256fach interpoliert werden können und mit der Information der feinsten Spur synchronisiert werden. Der im Ergebnis gewonnene absolute Positionswert wird über einen Bus an die Steuerung übertragen. Mit sieben Teilungsspuren kann eine Messlänge vom > 3 m absolut in Messschritten von 0,1 µm gemessen werden.

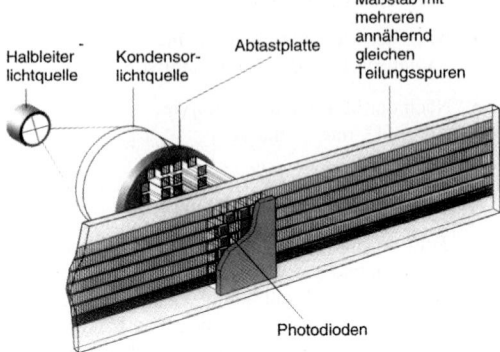

Bild 17. Absolutes Messverfahren mit wenigen Teilungsspuren (Dr. Johannes Heidenhain, Traunreut)

Konstruktiver Aufbau von translatorischen Messsystemen
Während der Aufbau rotatorischer Messsysteme relativ robust ausgeführt werden kann (Bild 15), sind bei translatorischen Systemen erhebliche Maßnahmen zur Sicherung der Genauigkeit und einer einwandfreien Funktion unter den Bedingungen der Produktion (Späne, Kühlschmiermittel, Staub, Temperatureinflüsse) erforderlich, Bild 18. Besonders den Dichtungsmaßnahmen ist große Aufmerksamkeit zu schenken.

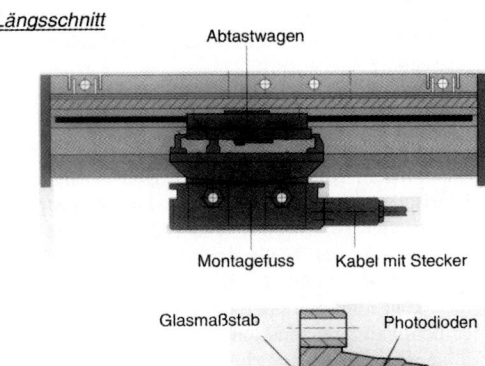

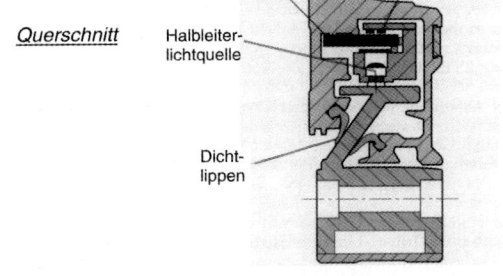

Bild 18. Gekapseltes photoelektrisches Längenmesssystem mit Messschritten von 1 oder 0,5 µm (Dr. Johannes Heidenhain, Traunreut)

4 Entwicklung der Werkzeugmaschine zum Komplettbearbeitungszentrum

In den letzten zwei Jahrzehnten hat sich die klassische, vorwiegend auf die Anwendung eines Fertigungsverfahrens ausgerichtete Werkzeugmaschine (Drehmaschine, Fräsmaschine, Bohrmaschine, Schleifmaschine usw.) zum Bearbeitungszentrum (BAZ) zur Komplettfertigung entwickelt, Bild 1.

Gründe für eine solche Entwicklung:
- Die Komplettbearbeitung des Werkstückes in einer Aufspannung sichert höchste Qualität, insbesondere in den Lage- und Formtoleranzen
- Der Lager-, Handlings- und Transportbedarf der Werkstücke in der Produktion wird erheblich reduziert
- Die Zahl der Fertigungsplätze (Werkzeugmaschine einschließlich Werkstück- und Werkzeugspeicher sowie Handhabeeinrichtungen) wird reduziert.
- Die Flexibilität in der Produktion erhöht sich
- Die Zahl der Bedienkräfte verringert sich
- Die Kosten sinken

Voraussetzungen für diese Entwicklung:
- Die Entwicklung der CNC-Steuerungs- und Antriebstechnik, besonders Mikrorechner, digitale Antriebe und Meßsysteme höchster Präzision
- Die Entwicklung leistungsfähiger Fertigungsverfahren und Werkzeuge mit hohen Standzeiten (CBN-Werkzeuge, Schneidkeramik, HSC-Fräsen, Lasertechnik)
- Hohe statische, dynamische und thermische Steife der Gestellbaugruppen, wodurch die zeitparallele Bearbeitung mit gleichen oder unterschiedlichen Fertigungsverfahren möglich wird

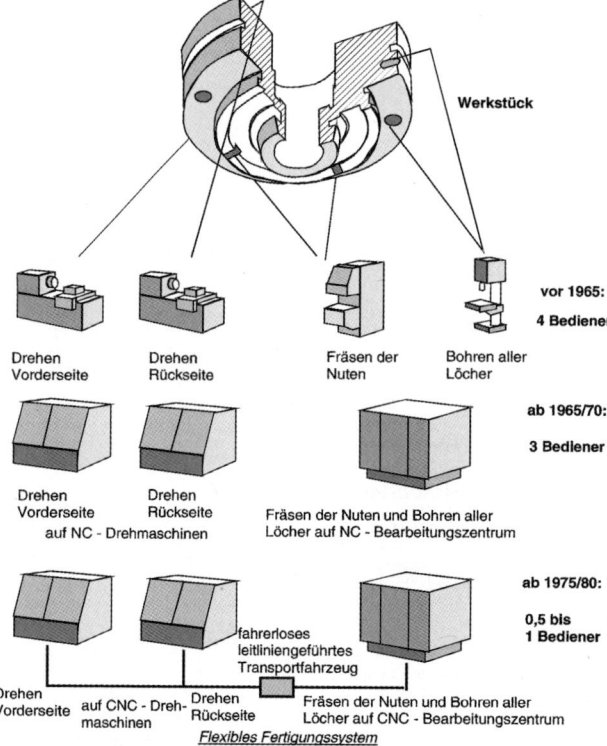

Bild 1. Entwicklung der Produktivität bei der Weichbearbeitung von Futterteilen

4.1 Weichbearbeitung von Teilen mit überwiegend runder Gestalt

4.1.1 Bearbeitung von Futterteilen

Der im Bild 2 dargestellte Arbeitsraum eines CNC-Stangenbearbeitungszentrums (max. Werkstückdurchmesser 26 mm) zeigt die Arbeitsspindel als numerische Achse C_1 und die Gegenspindel C_2 zur Werkstückaufnahme für die Bearbeitung der Werkstückrückseite. Beide Spindeln sind mit Zangenspannung ausgerüstet. Die Gegenspindel ist zur Übernahme des auf der Vorderseite bearbeiteten Werkstückes in der numerischen Achse Z_3 verfahrbar. Die beiden Werkzeugrevolverköpfe mit je 12 Werkzeugaufnahmen sind in den CNC-Achsen X_1, Z_1 bzw. X_2, Z_2 verfahrbar, der Revolverkopf 1 dazu noch in einer Y-Achse. Mit dieser Konstellation können nahezu alle an einem Werkstück notwendigen Grund- und Ergänzungsbearbeitungen durchgeführt werden.

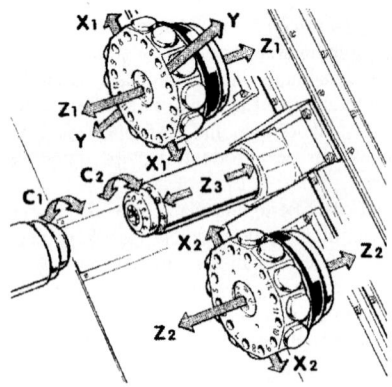

Bild 2.
Arbeitsraum des Komplettbearbeitungs-Zentrums TNS 26 (Traub, Reichenbach/Fils)

1) Arbeiten mit rotierender Arbeitsspindel und festen Werkzeugen

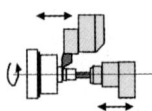
Drehen/Gewinde drehen aussen und innen,
Gewinden mit selbstöffnenden Köpfen
Bohren, Tieflochbohren, Profile innen und aussen räumen
(Beispiel: aussen drehen, bohren)

2) Arbeiten mit rotierender Arbeitsspindel und angetriebenen Werkzeugen

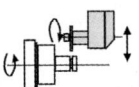
Bohren gegenläufig, Gewindebohren über-/unterholend
Aussen- und Inneneinstiche sägen, Mehrkantdrehen und
Gewindefräsen über Synchronantrieb
(Beispiel: Ausseneinstich sägen)

3) Arbeiten bei positionierter Arbeitsspindel mit angetriebenen Werkzeugen

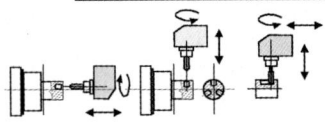
Bohren, Gewinden Nutenfräsen in
z- Richtung-
x- Richtung-
schräg zu x- und z- Achse
Flächen und Schlitze fräsen
(Beispiele: Bohren in z- Richtung, in x- Richtung,
Nutenfräsen in z- Richtung)

4) Arbeiten an lage- und geschwindigkeitsgeregelter Arbeitsspindel (C- Achse)

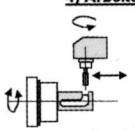
Stirnseitige Umfangsnuten, Spiralnuten, Polygone fräsen mit Schaftfräser,
Umfang- und Längsnuten fräsen mit Schaftfräser,
Polygone fräsen mit Scheibenfräser, Konturen fräsen und Gravieren
(Beispiel: Umfangs- und Längsnutenfräsen mit Schaftfräser)

5) Arbeiten an der Rückseite des Werkstückes

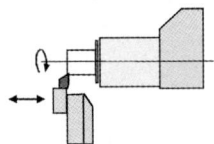
Werkstückbearbeitung nach automatischer Übergabe
an eine rotierende Gegenspindel analog zu den
Bearbeitungsmöglichkeiten der Vorderseite des
Werkstückes
(Beispiel: Aussendrehen an der Werkstückrückseite)

Bild 3.
Bearbeitungsmöglichkeiten auf einem Komplett-Bearbeitungszentrum (TNS 30, Traub, Reichenbach/Fils)

Einen Überblick über die Bearbeitungsmöglichkeiten eines solchen Zentrums für Futterteile gibt Bild 3. Durch die Anwendung von rotierenden Werkzeugen in Längs-(Z)- oder Quer-(X)-Richtung und lage- und geschwindigkeitsgeregelter Arbeitsspindel (C-Achse) sind auch komplizierte Werkstückformen herzustellen, ohne dass die Maschine gewechselt werden muss.

Manuelle Handhabung der Werkstücke
Die Komplettbearbeitung auf einem Bearbeitungszentrum bringt große Nutzeffekte für den Anwender. Mit dem 6-Achsen-CNC-Komplettbearbeitungszentrum „Multiplex", Bild 4 liegen durch die Anwendung solcher progressiver Lösungen wie:

- Bedienerführung beim Programmieren (WOB)
- Anwendung eines Werkzeugmessfühlers (Tool Eye, registriert die Werkzeugmessdaten nach Berührung im CNC-Speicher) mit erforderlicher Einrichtzeit pro Werkzeug von 30 s
- Automatische Übergabe des Werkstückes zwischen den beiden Spannfuttern bei laufenden Spindeln zur Werkstück-Rückseitenbearbeitung,

dadurch neben der Zeiteinsparung hohe Präzision hinsichtlich Koaxialität, Rund- und Planlauf zwischen beiden Einspannungen
- Erhebliche Reduzierung der Werkstückbearbeitungszeit durch kürzere Nebenzeiten, höhere Eilganggeschwindigkeiten u. a.
- Wegfallende Zwischentransportzeiten
- Wegfallende Werkstückspannoperationen

die Einsparungen an Fertigungszeit, Platzbedarf, Arbeitskräftebedarf, Ausrüstungskosten und Produktionskosten sehr hoch.

Automatische Handhabung und Speicherung der Werkstücke und Werkzeuge bei der Komplettbearbeitung von Futterteilen

Bei Bearbeitungszentren mit waagerechten Arbeitsspindelachsen muss die automatische Werkstückhandhabung von und zu einem Werkstückspeicher in der Regel über Robotertechnik erfolgen. Bei Futterteilen bietet sich ein Portalroboter für diese Aufgabe an (geringer zusätzlicher Platzbedarf, da dieser über der Maschine angeordnet werden kann). Die Werkstücke werden auf Paletten gespeichert und getaktet abgearbeitet.

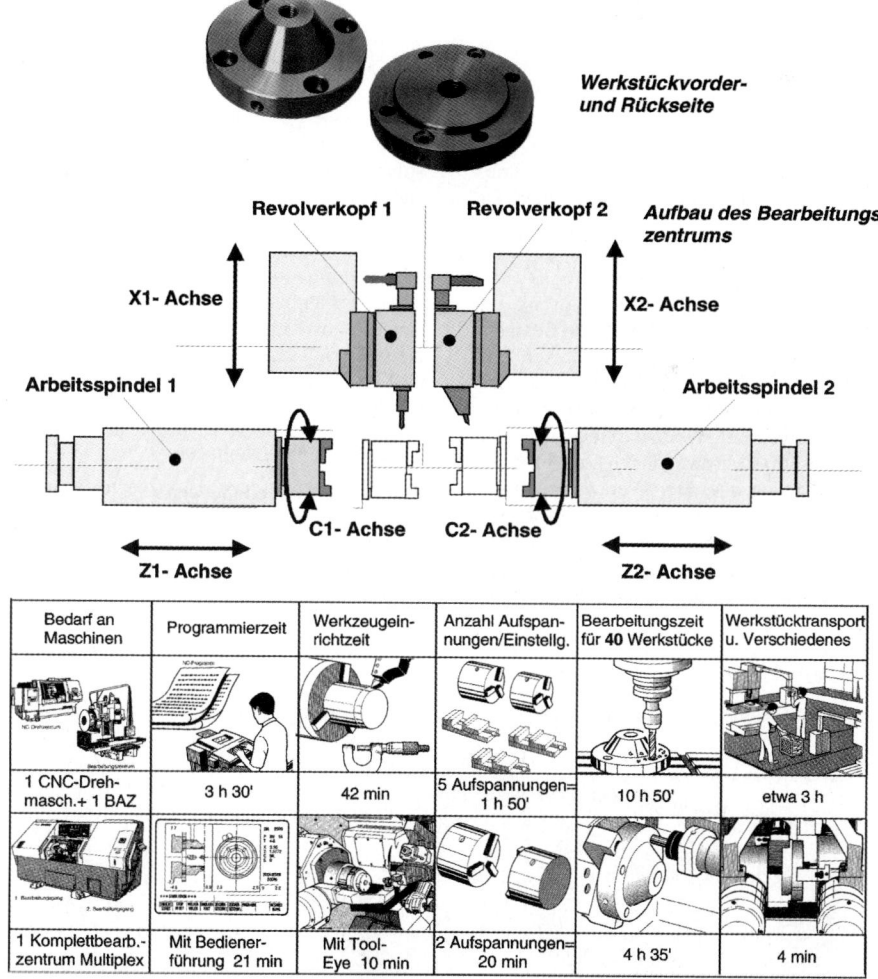

Bild 4. 6-Achsen-CNC-Komplettbearbeitungszentrum „Multiplex", Aufbau und Nutzeffekte am Beispiel der Zwei-Seiten-Bearbeitung (YAMAZAKI MAZAK, Corp., Japan)

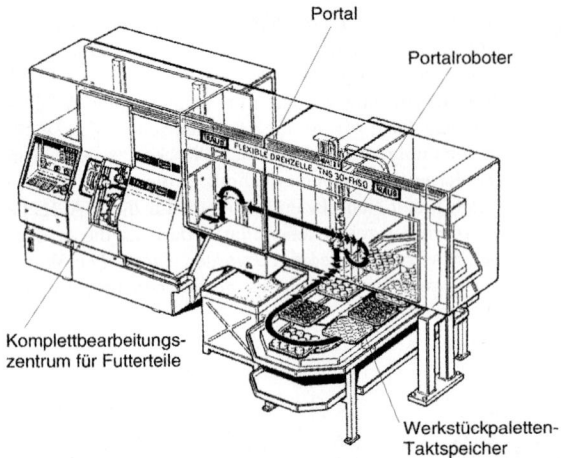

Bild 5.
Fertigungszelle zur Komplett-Bearbeitung von Futterteilen
(Traub, Reichenbach/Fils)

Der Aufbau einer Fertigungszelle für Futterteile ist relativ aufwendig wegen der umfangreichen Peripherie, wie Bild 5 zeigt. Eine Umgehung dieses Aufwandes ist möglich, wenn die Bearbeitung der Werkstücke gleichgerichtet zu deren Speicherachse durchgeführt wird, d.h. die Arbeitsspindelachse steht senkrecht.

Ein solches Senkrecht-Bearbeitungszentrum ist im Bild 6 dargestellt. Die Arbeitsspindel 1 zur Bearbeitung der Werkstückvorderseite wird zusätzlich zur Nutzung des „Pick up"-Prinzips eingesetzt, d. h. das Spannfutter der Spindel greift sich das zu bearbeitende Werkstück von einem Werkstückspeicher. Die Arbeitsspindel 1 führt die Bewegungen sowohl in X- als auch in Z-Richtung aus. Der Werkzeugrevolver zur Bearbeitung der Werkstückvorderseite ist ortsfest am Bett angebracht.

Nach der Bearbeitung fährt Spindel 1 in die Achsposition der Gegenspindel 2 und übergibt das Werkstück in deren Spannfutter.

Ein zweiter Arbeitsschlitten trägt einen Werkzeugrevolver und führt mit diesem die Bewegungen in X- und Z-Richtung zur Bearbeitung der Werkstückrückseite aus. Nach der Komplettbearbeitung wird das fertige Werkstück mittels Greifer aus dem Spannfutter entnommen und auf einem Fertigteilspeicher oder Transportband abgelegt.

Mit diesem Konzept kann der in einer waagerecht orientierten Fertigungszelle benötigte mit mehreren CNC-Achsen ausgerüstete Portalroboter eingespart werden.

4.1.2 Wellenbearbeitung

Zur Wellenbearbeitung werden CNC-Drehzentren mit bis zu vier numerischen Achsen, X_1, Z_1 für Revolverkopf 1 und X_2, Z_2 für Revolverkopf 2, dazu wahlweise mit numerischer C-Achse sowie den Reitstock zur Wellenabstützung eingesetzt. Die Möglichkeit des Ausbaus zur Fertigungszelle mit Portalroboterbeschickung und Werkstückspeicher ist gegeben.

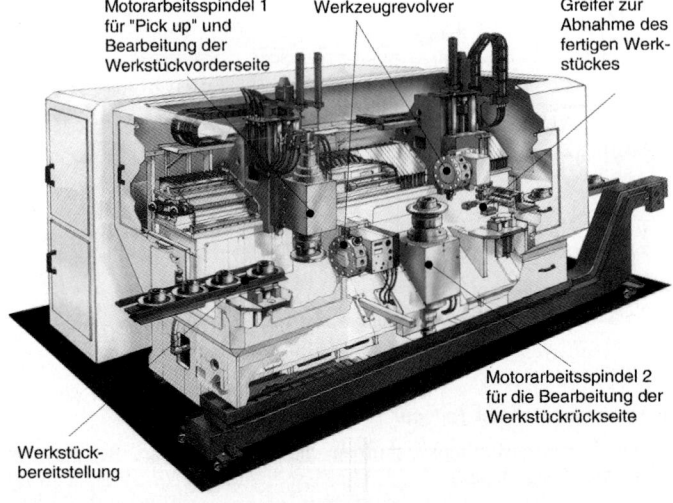

Bild 6.
Doppelspindliges Pick-up Bearbeitungszentrum HESSAPP DVT 300
(Thyssen Hüller Hille GmbH, Werk Hessapp, Taunusstein)

4 Entwicklung der Werkzeugmaschine zum Komplettbearbeitungszentrum

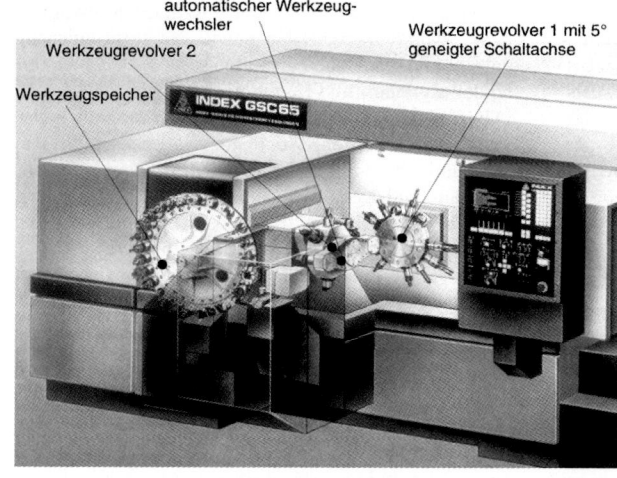

Bild 7. Komplettbearbeitungszentrum INDEX GSC65 mit zusätzlichem Werkzeugspeicher (INDEX-Werke, Esslingen)

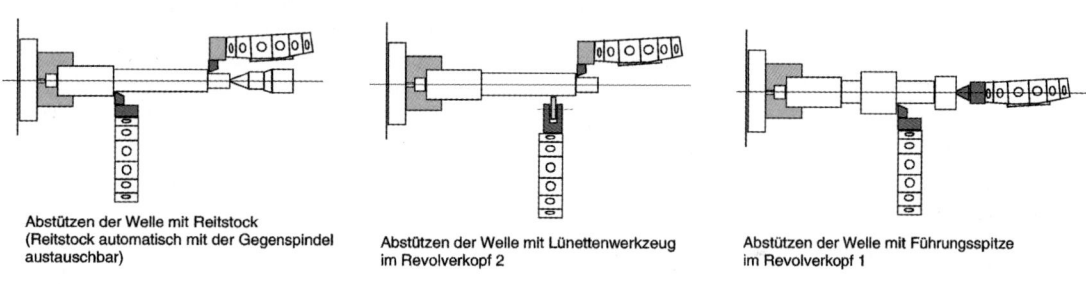

Abstützen der Welle mit Reitstock (Reitstock automatisch mit der Gegenspindel austauschbar)

Abstützen der Welle mit Lünettenwerkzeug im Revolverkopf 2

Abstützen der Welle mit Führungsspitze im Revolverkopf 1

Bild 8. Möglichkeiten zur Wellenfertigung auf dem Bearbeitungszentrum (INDEX-Werke Esslingen)

Moderne Komplettbearbeitungszentren (Bild 7) eignen sich sowohl für die Fertigung von Futterteilen unter Nutzung der Gegenspindel als auch durch deren automatischen Austausch mit einem Reitstock zur Wellenfertigung, Bild 8. Weitere Möglichkeiten zur Wellenabstützung sind im Bild rechts dargestellt. Bei hohem Werkzeugbedarf durch kleinere Serien mit wechselndem Teilesortiment kann ein zusätzlicher Werkzeugspeicher eingesetzt werden.

4.2 Hartbearbeitung von Teilen mit überwiegend runder Gestalt

Die Bearbeitung gehärteter Teile erfordert eine hohe Präzision der Fertigung, da die erzeugten Flächen in der Regel als Funktionsflächen dienen, beispielsweise bei Wälzlagern.
Besonders einsatzgehärtete und vergütete Flächen werden in zunehmenden Maße angewendet, so an Getrieberädern und -wellen im Maschinen- und Fahrzeugbau, in der Hydraulik- und Pneumatikgerätefertigung, der Verkehrs- sowie der Luft- und Raumfahrttechnik u.a.
Kennzeichnend sind nachstehende Forderungen:
- Maßtoleranzen in den Klassen IT 5 bis 7, bei Wälzlagerringen P4 und P5
- Formabweichungen $< 2 ... 3$ µm, häufig bei der Kreisform < 1 µm
- Oberflächenrauhigkeiten $R_z < 1,5 ... 2$ µm, bei Wälzlagern $R_a < 0,3$ µm, bei Laufbahnen $< 0,01$ µm
- Rund-, Planlauf- und Koaxialitätstoleranzen $< 1 ... 2$ µm

Bevorzugte Fertigungsverfahren zur Hartbearbeitung sind:
- Schleifen
- Hartfeindrehen
- Läppen und Superfinishen (Feinziehschleifen) zur Verbesserung der Oberflächengüte geschliffener oder hartfeingedrehter Flächen

4.2.1 Hartbearbeitung von Futterteilen

Konventionelle Hartbearbeitung
Vor der Einführung der CNC-Technik im Schleifmaschinenbau (1983 bis 85) war die Schleifbearbeitung aufwendig und musste in mehreren Schritten auf verschiedenen Maschinen durchgeführt werden, z. B.:

- Schleifen einer Bohrung und einer Planfläche auf der Innenrundschleifmaschine
- Umspannen des Werkstückes auf einen Spanndorn und Schleifen der Außenzylinderflächen.

Schleifzentren zur Komplettbearbeitung

Durch Nutzung der CNC-Steuerungs- und Antriebstechnik bei Schleifmaschinen konnte in den letzten beiden Jahrzehnten die Entwicklung zur Schleifbearbeitung einer *Futterteil-Vorderseite komplett* mit Einbeziehung von *ein bis zwei* von ihrer Lage her geeigneten an der *Rückseite* liegenden Planflächen *in einer Aufspannung* vollzogen werden.

Bei der Gestaltung solcher Schleifzentren sind folgende Bedingungen zu beachten:
- beim Bohrungsschleifen verschiedener Durchmesser und zum Schleifen von innen liegenden Planflächen sind mehrere Motorschleifspindeln mit unterschiedlicher Spindeldrehzahl erforderlich, um mit optimalen Schleifscheiben-Umfangsgeschwindigkeiten und ausreichender Schleifdorn- und Spindelsteife zu arbeiten (siehe auch Bild 16 im Kapitel 2.1 und die zugehörige Beschreibung)
- eine langsam laufende Schleifspindel mit einer Schrägeinstech-Außenschleifscheibe und einem Außendurchmesser 350 ... 400 mm wird zum effektiven Schleifen von zylindrischen Außenflächen und Planflächen benötigt
- Die Bearbeitung der einzelnen Flächen kann nacheinander oder die Außenbearbeitung zeitparallel zur Innenbearbeitung erfolgen
- Die beim Schleifen erforderliche Arbeitsgenauigkeit verlangt Weginkremente der CNC-Achsen von 0,1 µm und kleiner. Dies bedeutet den Einsatz von Linearmeßsystemen höchster Genauigkeit

Schleifzentren für zeitliche Nacheinanderbearbeitung

Bild 9 zeigt den Aufbau eines CNC-Schleifzentrums für die Bearbeitung von Futterteilen.

Die *Hauptachse X* führt die Zustellbewegung beim Schleifen von Bohrungen, Außenzylinder- und Kegelflächen, die Pendel- oder Oszillationsbewegung beim Planflächenschleifen sowie die Positionierung auf die verschiedenen Durchmesser der zu bearbeitenden Zylinder- und Kegelflächen aus.

Die *Hauptachse Z* führt die Zustellbewegung beim Planflächenschleifen, die Pendel- oder Oszillationsbewegung beim Schleifen von Bohrungen, Außenzylinder- und Kegelflächen sowie die Positionierung auf die verschiedenen Längspositionen der zu bearbeitenden Zylinder- und Kegelflächen aus.

Die C-Achse dient der Drehzahländerung der Werkstückspindel zur Anpassung des Geschwindigkeitsverhältnisses, die B-Achse zum automatischen Schwenken des Werkstückspindelstockes für das Schleifen langer schlanker Kegelflächen (Kurzkegel werden über Interpolation von X- und Z-Achse erzeugt), die D-Achse für das Schwenken des Abrichters und als Option eine U-Achse als Hilfsachse für Handlings- und Spannfunktionen.

Zur optimalen Bearbeitung der verschiedenen Werkstückdurchmesser können vier verschiedene Motorschleifspindeln über den Revolverflachtisch zum Einsatz kommen. Die Revolvertischachse ist im Beispiel als Schaltachse ausgebildet. Sie kann aber auch zur numerischen B1-Achse erweitert werden.

Die Schleifoperationen erfolgen bei diesem Maschinenkonzept zeitlich nacheinander. Es befindet sich also immer nur ein Werkzeug im Eingriff.

Auf der Werkstück-Rückseite liegende Planflächen können nur unter Anwendung sogenannter „Pilzschleifkörper" bearbeitet werden, Bild 10. Damit ist es immerhin möglich, Flächen mit hohen Rund- und Planlauftoleranzen in einer Aufspannung zu bearbeiten. Das Schleifzentrum ist relativ einfach aufgebaut (Bild rechts). Beide Schleifeinheiten sind auf einem Querschlitten (X-Achse) angeordnet. Auf einen Revolvertisch kann verzichtet werden, was sich kostengünstig auswirkt.

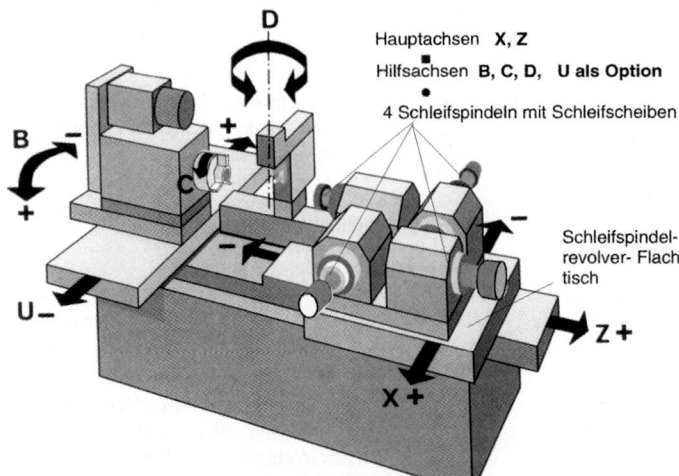

Bild 9.
Aufbau eines CNC-Schleif-Zentrums für Futterteile (Voumard Machines Co, La Chaux-de-Fonds, Schweiz)

4 Entwicklung der Werkzeugmaschine zum Komplettbearbeitungszentrum

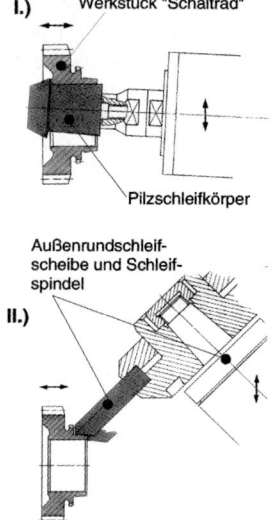
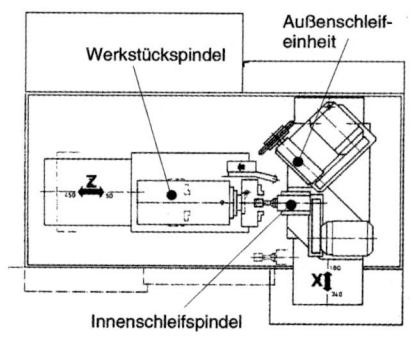

Komplettschleifbearbeitung in einer Aufspannung (links):

I.) Schleifen der Bohrung und der Planfläche an der Werkstück- Rückseite mit Pilzschleifkörper

II.) Schleifen des Synchronkegels und der Planfläche an der Werkstück- Vorderseite mit einer Außenschleifscheibe

Bild 10.
Schleifbearbeitung eines Schaltrades (links), Schleifzentrum (Draufsicht – rechts) (Buderus GmbH, Ehringshausen)

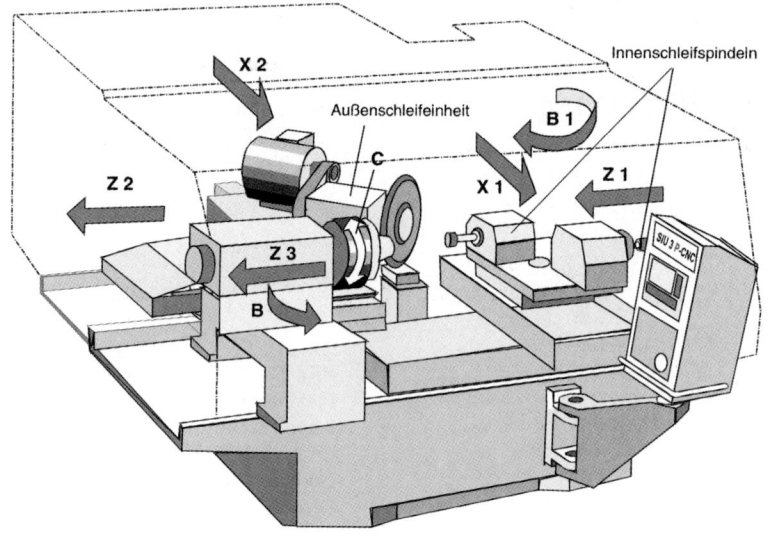

Bild 11.
Schleifzentrum SIU 3 P – CNC zur zeitparallelen Bearbeitung von Außen- und Innenflächen von Futterteilen (SCHAUDT MIKROSA BWF GmbH, Werk Berlin)

Schleifzentren für zeitliche Parallelbearbeitung

Eine Produktivitätssteigerung besonders in der Großserien- und Massenfertigung ist möglich, wenn die Außenflächenbearbeitung zeitparallel zur Bohrungs- und Innenplanflächenbearbeitung erfolgt. Dazu wird ein Schleifzentrum mit 4 CNC-Hauptachsen (X_1, Z_1 / X_2, Z_2) benötigt.

Ein solches Schleifzentrum ist im Bild 11 dargestellt. Neben den vier Hauptachsen für Außen- und Innenschleifeinheit sowie der Werkstückspindelachse C wird eine weitere Achse Z 3 zur Aufnahme längerer Werkstücke unter Nutzung einer Lünette angewandt. Die numerischen Schwenkachsen B und B 1 komplettieren dieses Zentrum.

Hartfeindrehen und Schleifen mit einem flexiblen Bearbeitungszentrum

In den letzten Jahren hat das Hartfeindrehen mit Schneiden aus kubischem Bornitrid (CBN) an Bedeutung gewonnen. Besonders kurze Zylinderflächen und Planflächen sind produktiver durch Hartfeindrehen zu bearbeiten, während große Zylinderflächen und insbesondere lange Bohrungen genauer und produktiver durch Schleifen herzustellen sind.

Diese Erkenntnisse führten zur Entwicklung des im Bild 12 gezeigten Bearbeitungszentrums zum Hartfeindrehen und Schleifen von Futterteilen in einer Aufspannung. Durch den Einsatz eines Linearmotorantriebes für die X-Achse sind die Nebenzeiten zum Wechsel zwischen Hartdreh- und Schleifstation sehr gering (ca. 1 ... 2 s).

Im Bild unten ist die Bearbeitung eines Kfz-Schaltrades dargestellt. Vordere und hintere Planfläche sowie die Synchronkegelfläche werden hartfeingedreht, die Bohrung wird geschliffen, auch die Endbearbeitung der Synchronkegelfläche erfolgt aus anwendungstechnischen Gründen durch Schleifen.

4.2.2 Hartbearbeitung von wellenförmigen Teilen

Klein- und Mittelserienfertigung

Die Komplettfertigung in einer oder zwei Aufspannungen erfolgt heute im wesentlichen auf CNC-Außenrundschleifmaschinen mit Nacheinanderbearbeitung im Pendelschleifen oder Geradeinstich und Aufnahme der Werkstücke zwischen Spitzen.
Die Maschinen besitzen meist neben den beiden CNC-Hauptachsen X und Z eine numerische Schwenkachse für den Schleifspindelstock zum Wechsel zwischen Zylinder- und Kegelschleifen.

Großserien- und Massenfertigung

Schleifen

Hier kommen im wesentlichen CNC-Komplettbearbeitungszentren zum Schrägeinstechschleifen oder, soweit es die Werkstückgestalt zuläßt, spitzenlose Schleifautomaten zur Anwendung. Mittels Diamantabrichtrollen wird die Werkstückkontur in die Schleifscheibe abgerichtet. Mit derartigen Maschinen wird eine sehr hohe Produktivität erreicht, aber die Umrüstzeiten und -kosten sind sehr hoch. Ein Bearbeitungsbeispiel einer CNC-Schrägeinstech-Schleifmaschine ist im Bild 13 dargestellt.

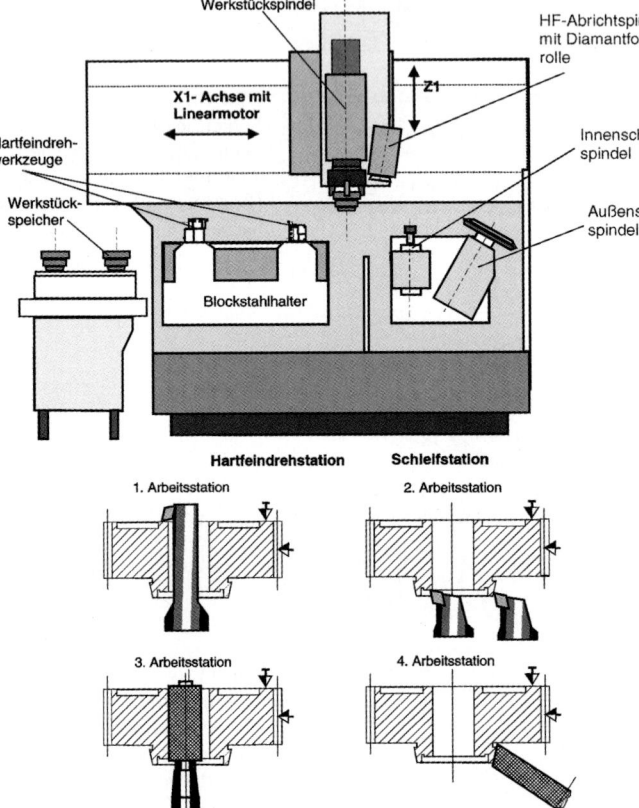

Bild 12.
Flexibles multifunktionales Bearbeitungszentrum „URANOS M" (SCHAUDT MIKROSA BWF GmbH, Werk Berlin)

Hartfeindrehen und Schleifen auf einem Wellenbearbeitungszentrum

Auch bei der Wellenbearbeitung werden die Vorteile des Plan-Hartfeindrehens zum Bearbeiten der Schultern in der Länge auf Maß genutzt. Damit ist es möglich, anschließend alle Durchmesser mit einer Satzscheibe im Geradeinstich zu schleifen. Auch eine kombinierte Weich-Hartbearbeitung ist möglich, Bild 14.

Durch die Anordnung der Werkstückträger über den Werkzeugträgern erfolgt ein freier Spänefall nach unten. Die großen Entfernungen zwischen Hartdreh- und Schleifstation werden durch einen Linearmotorantrieb und hohen Geschwindigkeiten der Z-Achse schnell überbrückt.

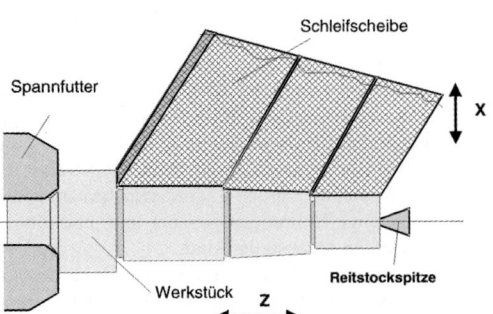

Bild 13. Arbeitsbeispiel einer Wellen-Komplettbearbeitung auf einer CNC-Schrägeinstech-Schleifmaschine mit einer durch eine Diamant-Abrichtrolle profilierten Schleifscheibe

4 Entwicklung der Werkzeugmaschine zum Komplettbearbeitungszentrum

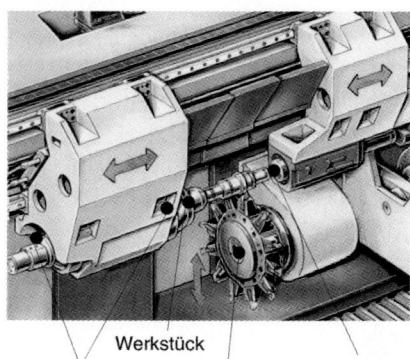

Werkstück
Werkstückantrieb Revolver für   Reitstock
                  CBN- Drehwerkzeuge
                  zum Plandrehen der
                  Werkstückschultern

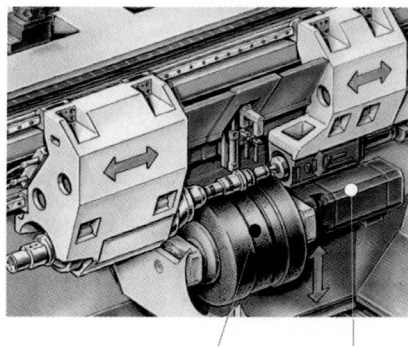

Satzschleifscheibe zum   Schleifscheiben-
Einstechschleifen aller   antrieb
Werkstückdurchmesser

Bild 14. Arbeitsraum des kombinierten Dreh- und Schleifzentrums HSC 400 DS (EMAG KARSTENS GmbH Maschinenfabrik, Neuhausen)

4.3 Bearbeitung von Teilen mit prismatischer Gestalt

Bei prismatischen Teilen muss davon ausgegangen werden, dass eine Basis, meist als bearbeitete Fläche, vorhanden sein muss, welche als Auflage auf dem Arbeitstisch oder in der Spannvorrichtung dient, damit das Werkstück gespannt werden kann (siehe Kapitel 2.6).
Diese Auflage muss zunächst auf einem Bearbeitungszentrum oder bei Eignung auch aus rationellen Gesichtspunkten über Mehrstückspannung z. B. auf einer Bettfräsmaschine bearbeitet werden können.
Damit bleibt in der Regel für die weiteren Seiten des Prismas die Möglichkeit, diese in einer Aufspannung je nach Fertigungsaufgabe auf einem *Bearbeitungszentrum* mit hoher Genauigkeit, besonders hinsichtlich Form- und Lageabweichungen, komplett zu fertigen.

Komplizierte Oberflächenformen, wie im Werkzeugbau (u.a. Tiefziehwerkzeuge für Karosserieteile), werden heute auf *Fünf-Achsen-Bearbeitungszentren*, siehe auch Abschnitt 4.3.4., hergestellt.

4.3.1 Mehrseiten-Bearbeitung prismatischer Teile

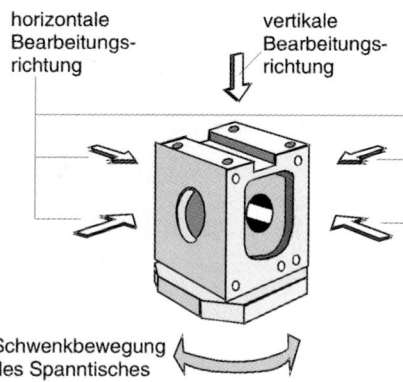

Bild 15. Bearbeitungsrichtungen an einem Werkstück mit prismatischer Grundform

Im Bild 15 ist ein prismatisches Teil dargestellt, bei welchem nur die Aufspannfläche bereits bearbeitet ist (sechste Seite).
Je nach der Fertigungsaufgabe kann es unterschiedliche Lösungen geben:

Großserien- und Massenfertigung:
- Anwendung einer Sondermaschine mit fünf Bearbeitungseinheiten, bei denen alle Bearbeitungen z.B. über Mehrspindelbohrköpfe gleichzeitig durchgeführt werden.
- Anwendung einer Taktstraße mit Wendestationen, besonders dort, wo auch Fräsarbeiten notwendig sind, die weitere Bearbeitungseinheiten fordern.
Vorteil: höchste Produktivität,
Nachteil: geringste Flexibilität

Mittel- und Kleinserienfertigung
- Anwendung von CNC-Bearbeitungszentren, je nach Werkstücksortiment mittels modularem Konzept bis zur Fünf Seiten-Bearbeitung wählbar.

Ein solches modulares Maschinenkonzept zeigt Bild 16. Die Bearbeitungszentren verschiedener Größen und Palettenabmessungen können mit Dreh- oder Teiltischen ausgerüstet werden. Damit ist die Vier Seiten-Bearbeitung bereits möglich (Bild unten links).

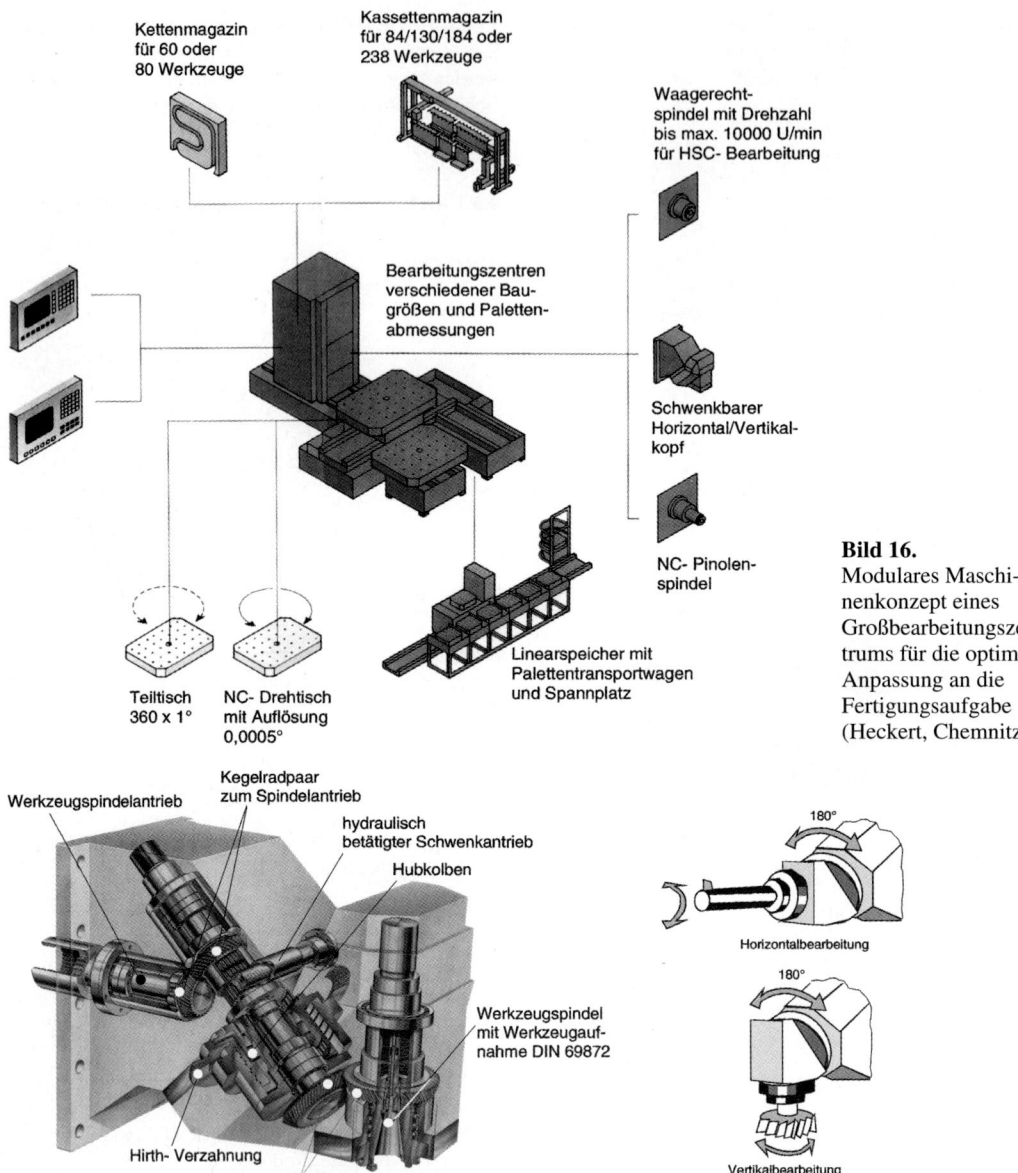

Bild 16. Modulares Maschinenkonzept eines Großbearbeitungszentrums für die optimale Anpassung an die Fertigungsaufgabe (Heckert, Chemnitz)

Bild 17. Prinzip des Horizontal/Vertikal-Kopfes für die Fünf-Seiten-Bearbeitung und ein Beispiel für dessen konstruktiven Aufbau, (Heckert, Chemnitz)

Zur Komplettierung als Fertigungszelle wird werkstückseitig ein Linearspeicher mit Palettentransportwagen und Spannplatz eingesetzt (Bild unten).
Werkzeugseitig können drei verschiedene Arbeitsspindelausführungen zur Anwendung kommen:
– Horizontale Arbeitsspindel für hohe Leistung und hohe Drehzahlen (Bild rechts oben)
– Horizontale Pinolenspindel zur Bearbeitung langer Bohrungen oder tiefliegender Flächen

– Schwenkbarer Horizontal/Vertikal-Spindelkopf für die *Fünf-Seiten-Bearbeitung*

Komplettiert wird das Maschinenkonzept durch ein Kettenmagazin für 60 oder 80 Werkzeuge beziehungsweise ein Kassettenmagazin für maximal 238 Werkzeuge.

Zur Fünf-Seiten-Bearbeitung wird ein zwischen horizontaler und vertikaler Bearbeitungsrichtung schwenkbarer Arbeitsspindelkopf benötigt, dessen

Schwenkprinzip im Bild 17 dargestellt ist. Durch eine unter 45° liegende Schwenkachse wird bei einer Schwenkbewegung um 180° ein Wechsel der Arbeitsspindellage um 90° erreicht. Schwenk- und Aushubbewegung aus einer Hirth-Verzahnung werden hydraulisch betätigt, im Bild links. Die Hirth-Verzahnung sichert eine präzise Position bei hoher Steife.

Leistung und maximale Drehzahl sind durch das Übertragungsprinzip gegenüber einer nicht schwenkbaren Arbeitsspindel geringer, erreichen aber Werte über 20 KW und über 4000 1/min.

Bild 18 zeigt ein Vier Seiten-Bearbeitungszentrum aus dem im Bild 16 dargestellten modularen Konzept. Über einen CNC-Rundtisch ist jede beliebige Winkelstellung einstellbar. Die Werkstückauf- und Abspannung kann während der Bearbeitung erfolgen. Unter Nutzung eines schnellen Wechsels des CNC-Programms und einem ausreichenden Werkzeugsortiment im Magazin ist eine hohe Effektivität und Produktivität auch bei kleinen Serien gegeben.

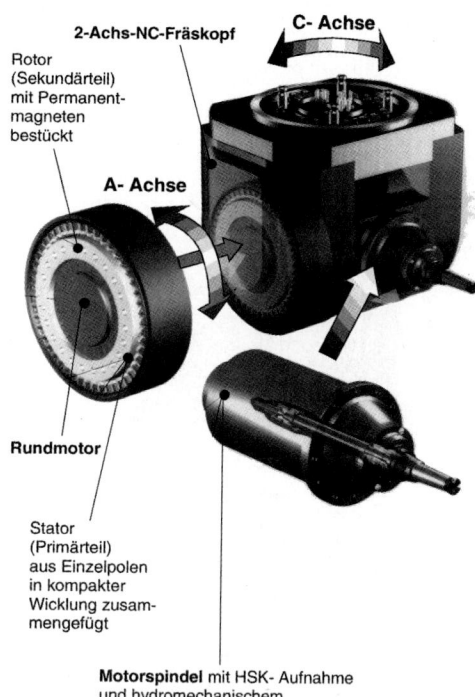

Bild 19. Getriebeloser direkt angetriebener Zweiachs-Schwenkkopf CyMill mit Motor-Arbeitsspindel CySpeed (Cytec Zylindertechnik GmbH, Jülich)

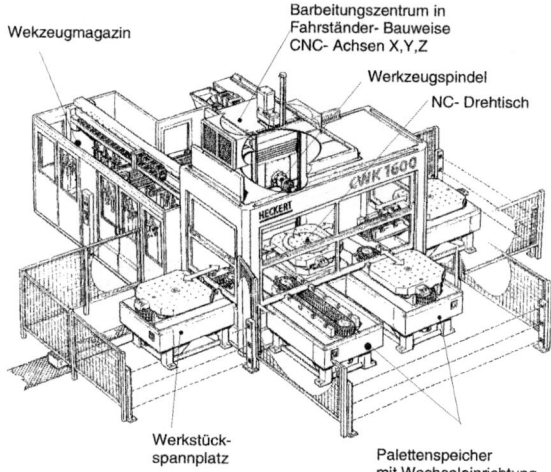

Bild 18. Bearbeitungszentrum CWK 1600 zur Vier-Seiten-Bearbeitung prismatischer Teile (Heckert, Chemnitz)

4.3.2 Fünf Achsen-Bearbeitung

Die Fünf Achsen-CNC-Bahnsteuerung (Bild 5 im Kapitel 3.3) mit funktioneller Abhängigkeit der drei Linearachsen X,Y,Z und der Schwenkachsen A und C über Interpolation ermöglicht die Bearbeitung komplizierter räumlicher Flächen, insbesondere im Werkzeugbau. Besonders in den letzten Jahren wurden progressive Lösungen für die Einbeziehung der Schwenkachsen A und C entwickelt.

Der im Bild 19 gezeigte Zweiachs-Schwenkkopf besitzt je einen Rundmotor (Torque-Motor) mit Einzelpolwicklungen. Dieser ermöglicht höchste Leistungsdichte und durch den Wegfall mechanischer Übertragungselemente eine hohe Dynamik auf kleinstem Raum. Drehmomente von 1000 Nm und Winkelgeschwindigkeiten von 360° pro Sekunde sind möglich.

Damit werden bei Fahrständer-Bauweise sämtliche fünf CNC-Achsen über das Werkzeug realisiert.

Eine weitere Alternative für die Fünf-Achsen-Bearbeitung sind *Hexapod-Lösungen*, Bild 20. Hexapode bestehen aus Stäben, Gelenken und dem Rahmen. Dabei können die Stäbe ihre Länge verändern und dadurch die Plattform mit dem Werkzeugträger in 6 Freiheitsgraden bewegen. Hohe Dynamik und hohe Steife werden erreicht. Die max. Vorschubgeschwindigkeit in den Stäben des dargestellten Zentrums liegt bei 30 m/min, die Beschleunigung bei 10 m/s^2, die Arbeitsspindeldrehzahl bei maximal 30 000 1/min.

Die NC-Programmierung kann in herkömmlicher Weise erfolgen (X, Y, Z, A, B).

4.3.2 Höhere Flexibilität in der Großserienfertigung prismatischer Teile

Auch in der Großserienfertigung (Motoren- und Fahrzeugbau u.a.) hat sich die dort übliche Taktstraße gewandelt, Bilder 21. und 22. Sie enthält neben den üblichen Bearbeitungseinheiten mit Mehrspindelbohrköpfen u.ä. CNC-Fahrständermodule (X,Y,Z) sowohl mit Revolverkopf als auch mit Werkzeugmagazin und horizontaler Arbeitsspindel. Damit können z.B. Motorblöcke mit gleicher Grundausführung wie die Zylinderbohrungen, aber unterschiedlichen Details auf der gleichen Taktstraße bearbeitet werden.

4.3.3 Bearbeitung gehärteter prismatischer Teile

Diese Werkstücke kommen in großer Zahl und Universalität im Werkzeugbau vor. Weitere Teile sind z. B. Turbinenschaufeln. Die Basis dieser Fertigung bilden u.a. CNC-Bearbeitungszentren zum Flachschleifen, Bild 23 oder für die Hartbearbeitung von größeren Bohrungen Koordinatenschleifzentren mit Planetenschleifspindeln. Auch diese Flachschleifzentren werden in den meisten Fällen in der Fahrständer-Bauweise aufgebaut.

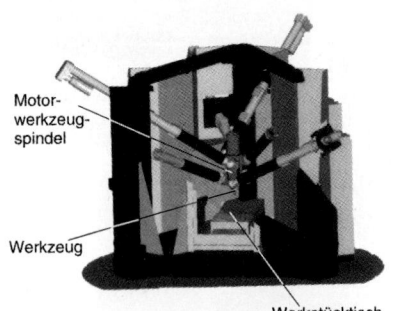

Bild 20. Hexapod-6X-Fräszentrum, Aufbau im Bild links, Arbeitsraum im Bild oben (Mikromat Werkzeugmaschinen GmbH & Co. KG, Dresden)

Bild 21. 3-Achs HPC-Module (X, Y, Z) in Fahrständer-Bauweise in verschiedenen Ausführungen für Taktstraßen und Sondermaschinen (Werkzeugmaschinenfabrik Vogtland GmbH, Plauen)

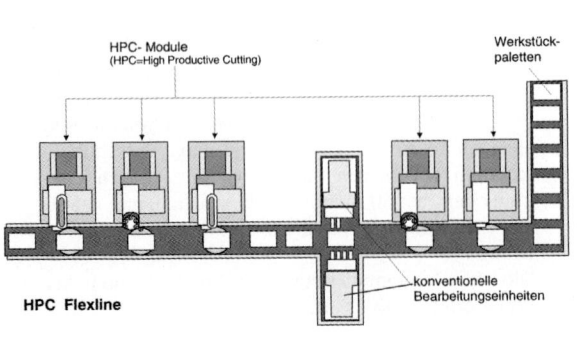

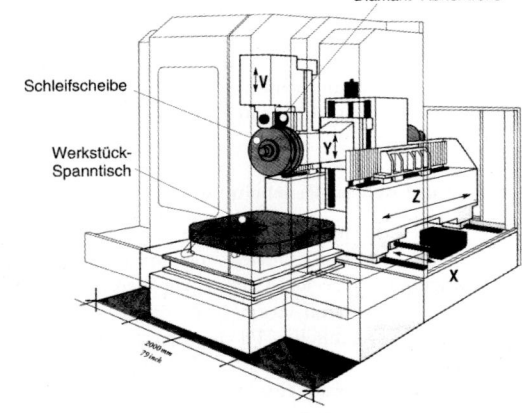

Bild 22. Flexible Taktstraße „HPC Flexline" (Draufsicht) (Werkzeugmaschinenfabrik Vogtland GmbH, Plauen)

Bild 23. Profilschleifzentrum BLOHM PROFIMAT RT mit Fahrständerbauweise und Rundtakttisch zum gleichzeitigen Be- und Entladen der Werkstücke während des Schleifens (Blohm Maschinenbau GmbH, Schleifring-Gruppe, Hamburg)

P Programmierung von Werkzeugmaschinen

Rainer Ahrberg, Jürgen Voss

1 Aufbau nummerisch gesteuerter Werkzeugmaschinen

1.1 Fräs- und Drehmaschinen

An CNC-Werkzeugmaschinen (CNC = Computerized Numerical Control) werden die für die Zerspanung notwendigen Werkzeugbewegungen durch einen Computer gesteuert. Durch den Einsatz der Mikroelektronik im Werkzeugmaschinenbau ist es möglich, Werkstücke bei gleich bleibender Qualität zu reproduzieren.

Um diese Fertigungsqualität zu sichern, sind an den Werkzeugmaschinen Bauelemente notwendig, die eine Wiederholgenauigkeit von 1/1000 mm ermöglichen. Die Bilder 1 und 2 zeigen den Aufbau von CNC-Fräs- und Drehmaschinen.

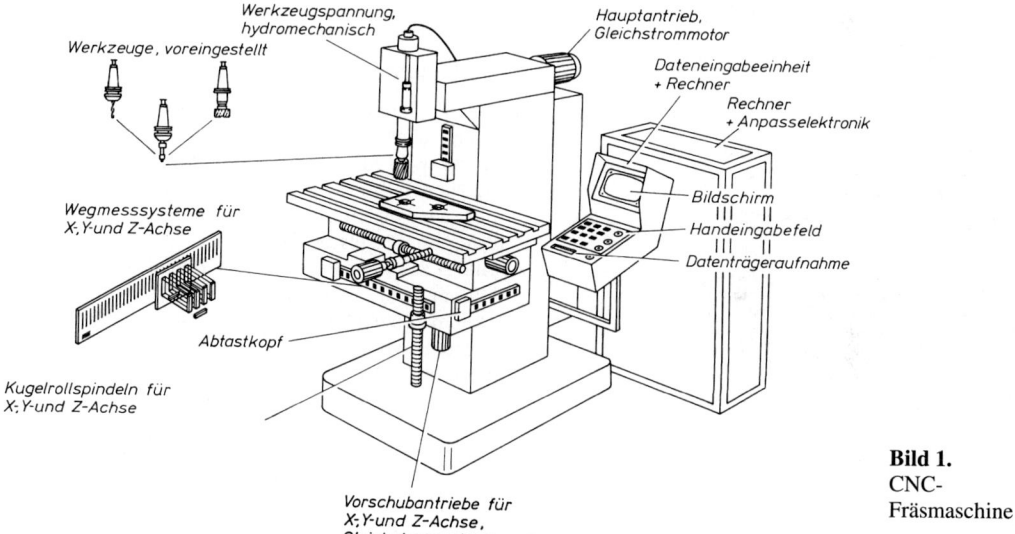

Bild 1. CNC-Fräsmaschine

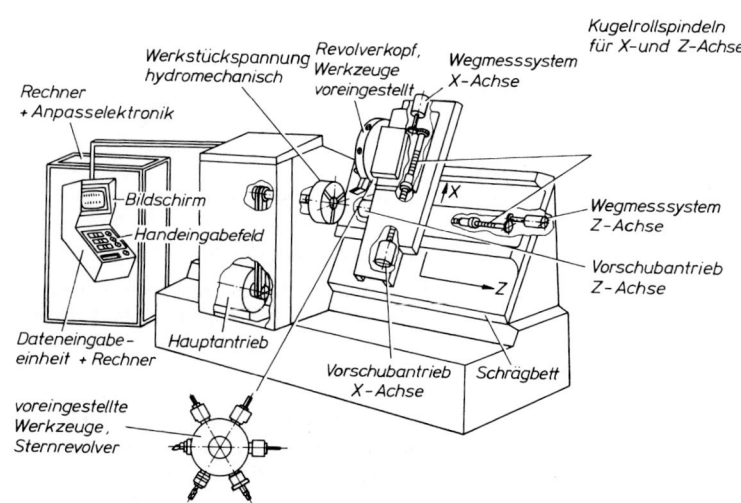

Bild 2. CNC-Drehmaschine

1.2 Wegmesssysteme an CNC-Werkzeugmaschinen

1.2.1 Aufgabe der Wegmesssysteme

Die Vorschubantriebe einer Werkzeugmaschine setzen alle geometrischen Daten (Weginformationen) in Achsschlittenpositionen um.
Um die geforderte Fertigungsgenauigkeit einhalten zu können, müssen die Werkzeugbewegungen den Programmierwerten entsprechen. Hierzu muss die Ausführung der Wegbefehle überwacht werden. Das geschieht durch den ständigen Vergleich des Positions-Sollwertes (programmierter Wert) mit dem Positions-Istwert (Schlittenposition des Werkzeugschlittens oder Winkellage eines Drehtisches), wobei die Positions-Istwerte durch Wegmesssysteme erfasst werden. Ein System mit ständigem Soll-Ist-Vergleich wird auch Lageregelkreis genannt (Bild 3).

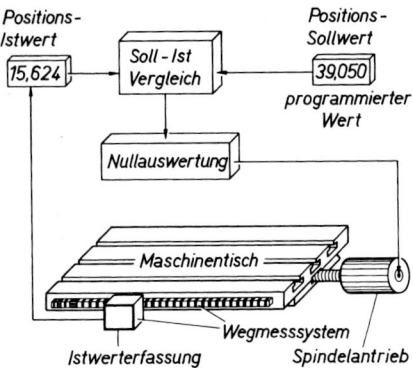

Bild 3. CNC-Drehmaschine

1.2.2 Prinzipien der Wegmessverfahren

Die Wegmesssysteme CNC-gesteuerter Werkzeugmaschinen werden nach dem Wegmessverfahren, nach der Messwerterfassung und nach der Messwertabnahme unterschieden. Die Messwerterfassung kann digital oder analog, die Messwertabnahme translatorisch (geradlinig) oder rotatorisch (kreisförmig) erfolgen.

Tabelle 1.

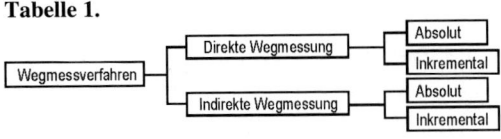

1.2.3 Direkte Wegmessung

Bei der direkten Wegmessung werden die Messwerte ohne mechanische Zwischenglieder (Übersetzungsgetriebe) erfasst. Bei der geradlinigen Bewegung eines Fräsmaschinentisches wird der durchfahrene Weg unmittelbar erfasst. Die Messwertabnahme erfolgt translatorisch. Das Prinzip der direkten Wegmessung ist in Bild 4 dargestellt. Die direkte Wegmessung wird bei Fräsmaschinen verwendet. Als Fehlerquellen können sich Teilungsfehler im Glasmaßstab auf den Messwert auswirken.

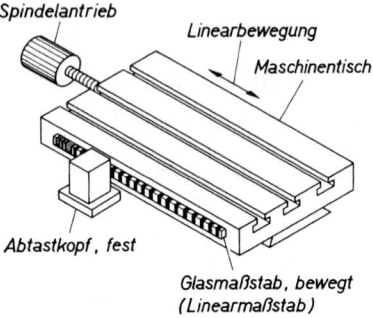

Bild 4. Direkte Wegmessung

1.2.4 Indirekte Wegmessung

Bei der indirekten Wegmessung werden die Messwerte über mechanische Zwischenglieder erfasst. Dabei wird die Drehbewegung einer Tischspindel durch ein Zwischengetriebe übersetzt und als Maß des Verstellweges erfasst. Die Messwertabnahme erfolgt somit rotatorisch.
Bild 5 zeigt das Prinzip der indirekten Wegmessung. Die indirekte Wegmessung wird hauptsächlich bei Drehmaschinen angewendet. Steigungsfehler der Spindel, vorhandenes Spindelspiel und elastische Verformungen können sich negativ auf die Genauigkeit des Messwertes auswirken.

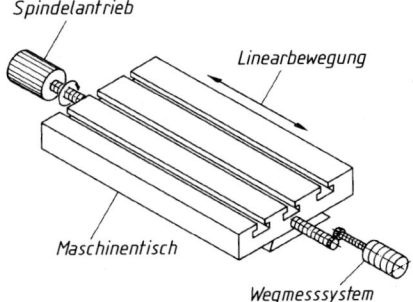

Bild 5. Indirekte Wegmessung

1.2.5 Digitale Messwerterfassung

Digitale Messsysteme arbeiten meist nach dem optoelektrischen Prinzip. Die Abtastung eines Glasmaßstabes oder einer Impulsscheibe erfolgt nach dem Auflicht- oder dem Durchlichtverfahren.
Bild 6 zeigt ein Messsystem, das nach dem Durchlichtverfahren arbeitet. Bei diesem System bilden ein Glasmaßstab und ein Abtastkopf mit einer Auswertelektronik die Hauptelemente.

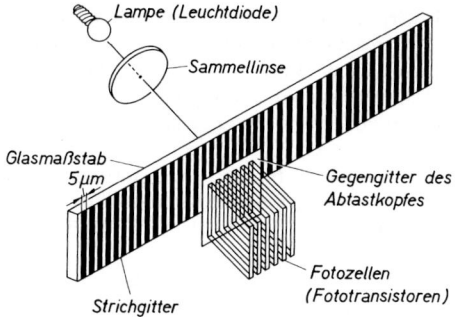

Bild 6. Messprinzip des Glasmaßstabes

Das von einer Lampe ausgesandte Licht fällt durch das Strichgitter des Glasmaßstabes und durch das Gegengitter eines Abtastkopfes. Der Lampe gegenüberliegend befinden sich Fotozellen, auf die das Licht auftrifft. Die durch die Hell-Dunkel-Felder des Strichgitters erzeugten Helligkeitswechsel werden in den Fotozellen in elektrische Impulse umgesetzt, die dann elektronisch verstärkt und gezählt werden.

Die Gitterkonstante des Strichgitters (Abstand und Breite der Hell-Dunkel-Felder) beträgt je nach Hersteller der Maßstäbe 200 µm, 40 µm, 20 µm oder 5 µm.

Um einen Wegschritt (Inkrement) von 1 µm messen zu können, sind die Fotozellen gegeneinander versetzt angeordnet. Hieraus ergibt sich bei den elektrischen Signalen ein Phasenversatz, der mithilfe einer elektronischen Schaltung die gewünschte Auflösung erzeugt.

Zusätzlich ist auch eine Richtungsunterscheidung (Tischbewegung nach rechts oder nach links) möglich, die dann richtungsabhängig positive oder negative Wegschritte festlegt.

1.2.6 Digital-inkrementale Wegmesssysteme

Digital-inkrementale Wegmesssysteme arbeiten sowohl nach dem translatorischen als auch nach dem rotatorischen Prinzip (Bild 7 und Bild 8).

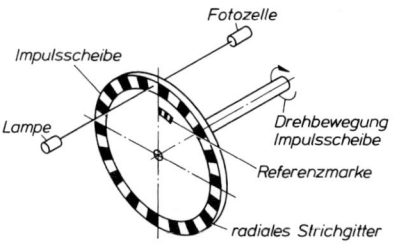

Bild 7. Prinzip der rotatorischen Wegmessung (digital-inkremental)

Bei der digital-inkrementalen Wegmessung ist der (beliebige) Startpunkt des Werkzeugschlittens im Einschaltzustand auch der Nullpunkt der Wegmessung. Da für die Programmierung von Achsbewegungen feste Bezugspunkte an einer Werkzeugmaschine vorhanden sein müssen, sind auf dem Glasmaßstab neben der Gitterteilung zusätzlich ein oder mehrere Bezugspunkte festgelegt, so genannte Maschinen-Referenzpunkte (Bild 8).

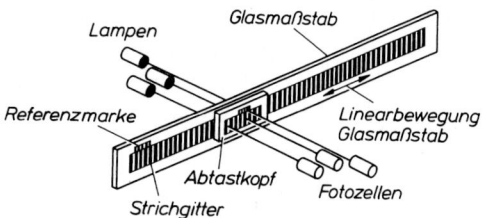

Bild 8. Prinzip der translatorischen Wegmessung (digital-inkremental)

Beim Einrichten der Werkzeugmaschine wird durch Überfahren eines Referenzpunktes ein Nullsignal erzeugt, das der Zähleinrichtung für diese Achsposition den Wert null zuordnet. Beim weiteren Verfahren des Werkzeugschlittens werden dann die durch das Strichgitter erzeugten Impulse im elektronischen Zähler als Wegschritte aufsummiert.

Aus der vorstehenden Beschreibung wird deutlich, dass bei Inbetriebnahme einer Werkzeugmaschine mit digital-inkrementalem Wegmesssystem vor Produktionsbeginn der Nullpunkt des Wegmesssystems durch Anfahren der Referenzpunkte aufgesucht werden muss.

1.2.7 Digital-absolute Wegmesssysteme

Digital-absolute Wegmesssysteme arbeiten nach dem translatorischen oder rotatorischen Prinzip (Bild 9 und 10).

Bei der digital-absoluten Wegmessung ist jeder Verfahrweg unmittelbar auf einen festen Nullpunkt bezogen. Das Bild 9 zeigt einen Glasmaßstab mit fünf Codespuren, die binär gestufte Teilungen besitzen.

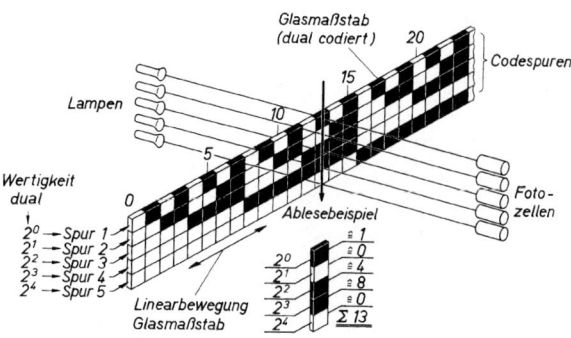

Bild 9. Translatorische Wegmessung (digital-absolut)

Diese Teilungen sind wie beim inkrementalen Strichgitter Hell-Dunkel-Felder, die aber auf jeder Codespur unterschiedlichen Abstand und unterschiedliche Breite haben. Dadurch ist jeder Schlittenposition ein Abtastsignal zugeordnet, das sich von den Signalen aller anderen Positionen eindeutig unterscheidet. Ermittelt wird es aus den abgetasteten Werten der Hell-Dunkel-Felder der einzelnen Codespuren. Diesen Feldern sind von oben nach unten gelesen die Wertigkeiten 2^0, 2^1, 2^2, 2^3 und 2^4 zugeordnet.

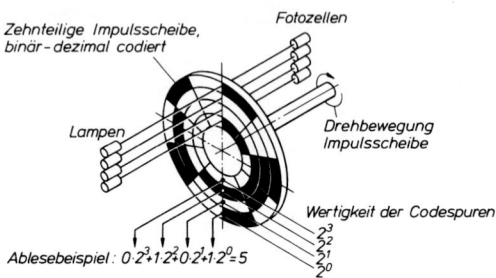

Bild 10. Prinzip der rotatorischen Wegmessung (digital-absolut)

Im Ablesebeispiel (Bild 9) ergibt sich für die Schlittenposition die dezimale Wertigkeit: $2^0 + 0 + 2^2 + 2^3 + 0 = 1 + 4 + 8 = 13$. Ein helles Feld ergibt stets den Wert null.

1.2.8 Analoge Messwerterfassung

Analoge Wegmesssysteme arbeiten nach dem ohmschen oder Induktionsprinzip. Ausgenutzt wird bei beiden Prinzipien die analoge Umsetzung eines Verfahrweges in ein elektrisches Signal (elektrische Spannung).
Analog bedeutet, dass sich bei einer Weg- oder Winkeländerung auch das Messsignal kontinuierlich ändert. Beim ohmschen Messprinzip wird der elektrische Widerstand eines Drahtes zur Umsetzung in ein Wegmesssignal ausgenutzt.

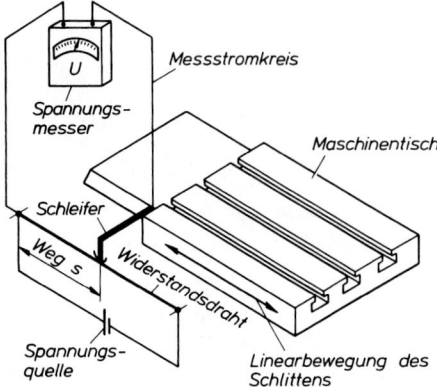

Bild 11. Ohm'sches Messprinzip (Potentiometerprinzip)

Hierbei wird nach dem Potenziometerprinzip von einem Widerstandsdraht die elektrische Spannung abgegriffen, deren Größe von der Drahtlänge abhängt. Dadurch kann einer bestimmten Weglänge oder Winkelgröße (Drahtlänge) eine analoge elektrische Spannung zugeordnet werden. Bild 11 zeigt die einfachste Anordnung für eine translatorische Wegmessung, bei der die Spannung eines Widerstandsdrahtes in Abhängigkeit von der Schlittenposition gemessen wird.

Nachteilig ist bei diesem Verfahren, dass durch den Schleifer nicht kontakt- und verschleißfrei gemessen wird. Außerdem reicht die Auflösung des Systems nicht aus, Weginkremente von 1 µm messen zu können. Deshalb ist dieses Messprinzip bei CNC-Werkzeugmaschinen nur bedingt anwendbar.

Beim Induktionsprinzip wird über eine Wechselspannung im Messsystem ein Magnetfeld induziert (Elektromagnetismus). Dieses Magnetfeld erzeugt wiederum in einer Leiterschleife (Spule) eine elektrische Spannung.

Da sich die Leiterschleife gleichzeitig relativ zum übrigen Messsystem bewegt (translatorisch oder rotatorisch), hängt die in ihr induzierte Spannung auch von ihrer eigenen Stellung ab. Durch diesen Effekt wird mithilfe geeigneter elektronischer Schaltungen ein Wegmesssignal gewonnen.

Beim Resolver handelt es sich im Prinzip um einen kleinen Wechselstrommotor (Bild 12). Das in der Rotorwicklung durch den eingespeisten Wechselstrom induzierte Magnetfeld erzeugt in der zweiphasigen Statorwicklung Wechselspannungen, die zur Messwertbildung und damit zur Wegmessung benutzt werden.

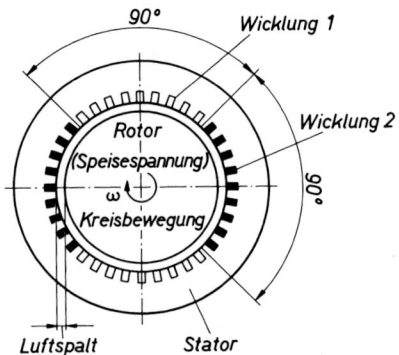

Bild 12. Resolver

Ein Induktosyn (Linearinduktosyn) entspricht im Prinzip einem Resolver, wobei jedoch Rotor- und Statorwicklung in einer Ebene abgewickelt sind. Die beiden Hauptteile dieses Messsystems sind das Lineal und der Gleiter (Slider), die beide mit rechteckigen mäanderförmigen Leiterschleifen versehen sind. Bild 13 zeigt das Prinzip des Induktosyn.

Lineal und Gleiter sind getrennt am Werkzeugschlitten und am Maschinenbett angebracht und bewegen sich berührungsfrei aneinander vorbei (Luftspalt ca. 0,3 mm).

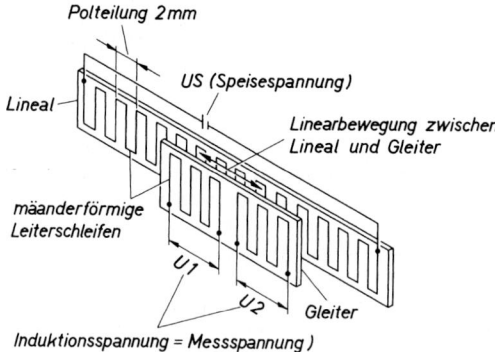

Bild 13. Induktosyn

Die in der Leiterschleife des Lineals eingespeiste hochfrequente Wechselspannung induziert in den beiden getrennten Gleiterschleifen Messspannungen, die zur Messwertbildung, also wiederum zur Wegmessung, benutzt werden. Die gewünschte Auflösung des Messsystems wird dadurch erreicht, dass die beiden Leiterschleifen des Gleiters um ein Viertel Polteilung versetzt nebeneinander angeordnet sind.
Der sich daraus ergebende Phasenversatz der Messspannungen U1 und U2 beträgt 90°. Hierdurch und durch die nachfolgende elektronische Auswertung lässt sich eine Auflösung von 1 μm erzeugen.

2 Geometrische Grundlagen für die Programmierung

2.1 Koordinatensystem

Um die Zerspanbewegungen einer Werkzeugmaschine festlegen zu können, ist ein Koordinatensystem erforderlich. Verwendet wird das kartesische Koordinatensystem mit den drei Hauptachsen X, Y und Z.
Neben der Lage der Koordinatensysteme sind auch die Achsrichtungen an Werkzeugmaschinen in DIN 66217 festgelegt.
Sind außer den Verfahrmöglichkeiten auch Dreh- oder Schwenkbewegungen möglich (Drehtische, Schwenkeinrichtungen von Werkzeug- und Werkstückträger), werden diese zusätzlichen Drehbewegungen den entsprechenden Achsen mit der Angabe des Drehwinkels zugeordnet. Die Drehrichtungen sind im Koordinatensystem wie folgt angegeben:

Drehwinkel A	→	Drehung um die X-Achse
Drehwinkel B	→	Drehung um die Y-Achse
Drehwinkel C	→	Drehung um die Z-Achse

Ein positiver Drehsinn liegt vor, wenn in positiver Achsrichtung gesehen die Drehung im Uhrzeigersinn erfolgt. Negativer Drehsinn liegt vor, wenn in positiver Achsrichtung gesehen die Drehung im Gegenuhrzeigersinn erfolgt.
Bild 1 zeigt das rechtwinklige Koordinatensystem mit dem Beispiel einer Punktdefinition im Raum.
Bei der Programmierung von CNC-Werkzeugmaschinen geht der Programmierer immer von einem feststehend gedachten Werkstück aus und bezieht hierauf sein Koordinatensystem.

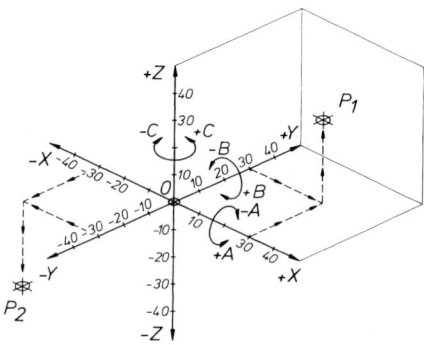

Bild 1. Rechtwinkliges, rechtshändiges Koordinatensystem

■ Beispiel:

P_1	P_2
X = + 30	X = − 30
Y = + 30	Y = − 30
Z = + 30	Z = − 30

2.2 Lage der Achsrichtungen

Die Lage der Achsrichtungen an CNC-Werkzeugmaschinen ist durch DIN 66 217 festgelegt. Die Z-Achse einer Werkzeugmaschine ist durch die Lage der Arbeitsspindel bestimmt.
Der positive Bereich der Z-Achse zeigt vom aufgespannten Werkstück in Richtung der Arbeitsspindel. Entfernt sich das Werkzeug vom Werkstück, findet eine Maßvergrößerung statt. Die Z-Bewegung ist positiv, es vergrößert sich der Z-Koordinatenwert. Man spricht hier auch von einer **Plusbewegung**.
Bewegt sich das Werkzeug auf das Werkstück zu, findet eine Z-Bewegung in den negativen Bereich statt. Es entsteht eine Maßverkleinerung. Der zu programmierende Z-Wert ist negativ. Man spricht hier auch von einer Minusbewegung.
Die Achsbewegungen in der Z-Achse sind wegen der Gefahr der Kollision zwischen Spindel und Fräsmaschinentisch besonders sorgfältig zu beachten.
Die X-Achse des Koordinatensystems liegt parallel zur Aufspannfläche des Werkstückes und ist in den meisten Fällen in horizontaler Richtung angeordnet. Aus der Festlegung der Z- und der X-Achse ergibt sich die Lage der Y-Achse.

Für die Festlegung der Achsrichtungen bei Drehmaschinen ist zu unterscheiden, ob das Werkzeug *vor* der Drehmitte (Drehmaschinen mit Flachbett) oder *hinter* der Drehmitte (Drehmaschinen mit Schrägbett) liegt.
Befindet sich das Werkzeug vor der Drehmitte, zeigt die (für das Drehen nicht benötigte) Hauptachse +Y nach *unten*. Befindet sich das Werkzeug hinter der Drehmitte, zeigt die Hauptachse +Y nach *oben*.

2.3 Bezugspunkte im Arbeitsbereich einer CNC-Werkzeugmaschine

Um den Beginn einer Zerspanbewegung festlegen zu können, sind im Arbeitsraum einer Werkzeugmaschine verschiedene Bezugspunkte notwendig.
Der Ursprung des Koordinatensystems der Werkzeugmaschine ist der Maschinennullpunkt. Er wird vom Werkzeugmaschinenhersteller unveränderlich festgelegt.
Der Maschinennullpunkt ist Bezugspunkt für alle weiteren Koordinatensysteme im Arbeitsfeld der Maschine. Er kann nicht immer auf allen Achsen angefahren werden. Um einen Ausgangspunkt für eine Bearbeitung zu erhalten, ist es notwendig, einen zweiten Punkt den Referenzpunkt, festzulegen.
Der Referenzpunkt wird als Referenzmarke auf den Wegmesssystemen angegeben und liegt häufig an der äußeren Grenze des Arbeitsraumes einer Werkzeugmaschine.
Der Referenzpunkt befindet sich stets in gleichem Abstand zum Maschinennullpunkt. Er dient gleichzeitig zur Eichung der auf den drei Achsen liegenden Wegmesssysteme. Diese Eichung wird auch „Nullung" der Wegmesssysteme genannt.
Eine nachträgliche Änderung des Abstandes zwischen Maschinennullpunkt und Referenzpunkt ist nur durch Einbau neuer Glasmaßstäbe möglich.
Das Werkstück wird für die Fräsbearbeitung auf dem Maschinentisch frei aufgespannt. Der Nullpunkt des Werkstückes wird vom Programmierer frei gewählt.

Er stellt den Ursprung des Werkstückkoordinatensystems dar.
Der Werkstücknullpunkt wird an einen Eckpunkt des Werkstückes gelegt. Vom Werkstücknullpunkt aus werden in der Fertigungszeichnung alle Maße der Werkstückgeometrie angegeben. Bei Drehmaschinen liegt der Werkstücknullpunkt auf der Rotationsachse des Maschinensystems an der Maßbezugskante des Werkstückes.
Bei der Bearbeitung eines Werkstückes werden oft mehrere Werkzeuge eingesetzt. Da ausreichend Platz zum Werkzeugwechsel vorhanden sein muss, wird ein Werkzeugwechselpunkt WWP außerhalb des Werkstückes gewählt. Der Beginn eines CNC-Programms wird mit dem Programmnullpunkt P0 festgelegt. Am Programmnullpunkt befindet sich das Werkzeug vor Beginn der Bearbeitung. Bild 2 zeigt Bezugspunkte an einer CNC-Fräsmaschine.
Bei vielen CNC-Steuerungen sind für das Anfahren an eine Kontur Anfahrbedingungen zu beachten. Diese Anfahrbedingungen (Anfahren an die Kontur im Halbkreis) gewährleisten die korrekte Herstellung der programmierten Kontur. Für das Anfahren an eine Kontur wird ein Hilfspunkt HP gewählt.
Bei der Fertigung mit CNC-Drehmaschinen sind zusätzlich ein Spannmittelnullpunkt F und ein Werkzeugbezugspunkt Wz erforderlich.
Durch den Spannmittelnullpunkt wird die Lage des Spannmittels (Spannfutter) zum Werkstücknullpunkt festgelegt.
Durch den Werkzeugbezugspunkt wird die Lage der Schneidenecke des Drehmeißels bezogen auf den Werkzeugträger festgelegt.
Die Bezugspunkte im Arbeitsbereich einer CNC-Werkzeugmaschine sind in Tabelle 1 dargestellt.

2.4 Bezugspunktverschiebung

Verschiedene Bezugspunkte im Arbeitsbereich einer Werkzeugmaschine ermöglichen dem Programmierer, unabhängig von der Lage des Werkstückrohlings auf dem Maschinentisch, das CNC-Programm zu erstellen.

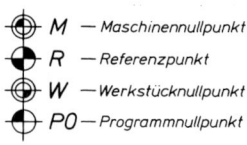

- M — *Maschinennullpunkt*
- R — *Referenzpunkt*
- W — *Werkstücknullpunkt*
- P0 — *Programmnullpunkt*

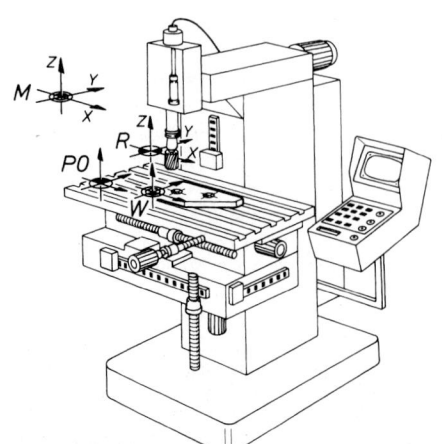

Bild 2.
Bezugspunkte an einer
CNC-Fräsmaschine

2 Geometrische Grundlagen für die Programmierung

Tabelle 1. Bezugspunkte im Arbeitsbereich einer CNC-Werkzeugmaschine

Die festgelegten Bezugspunkte sind für die Programmierung, die Werkstückbemaßung, die Werkstückaufspannung, den Werkzeugwechsel, das Eichen der Wegmesssysteme und den Fertigungsablauf unerlässlich.

Darstellung	Bezugspunkte	Erläuterung
⊕ DIN 55003	Maschinennullpunkt M	Ursprung des Koordinatensystems der Werkzeugmaschine
⊕ DIN 55003	Referenzpunkt R	Der Referenzpunkt ist jederzeit in allen drei Achsen anfahrbar. Er wird zur „Nullung" der Wegmesssysteme benötigt.
⊕	Werkstücknullpunkt W (nicht genormt)	Nullpunkt des Werkstückkoordinatensystems
⊕	Programmnullpunkt P0 (nicht genormt)	Beginn des CNC-Programms. Werkzeugstandort vor Beginn der Bearbeitung.
●	Hilfspunkt HP (nicht genormt)	Anfahrpunkt, um Bedingungen zum „Eintauchen" in eine Kontur einzuhalten.
⊕	Werkzeugwechselpunkt WWP (nicht genormt)	Punkt, an dem das Werkzeug gewechselt werden kann. Der WWP muss nicht immer in P0 liegen.
⊕	Spannmittelnullpunkt F (nicht genormt)	F liegt in der Anschlagebene des Werkstückes an ein Spannmittel, z. B. Spannfutter.
⊕	Werkzeugbezugspunkt WZ (nicht genormt)	Bezugspunkt für das Werkzeug, bezogen auf den Werkzeugträger.

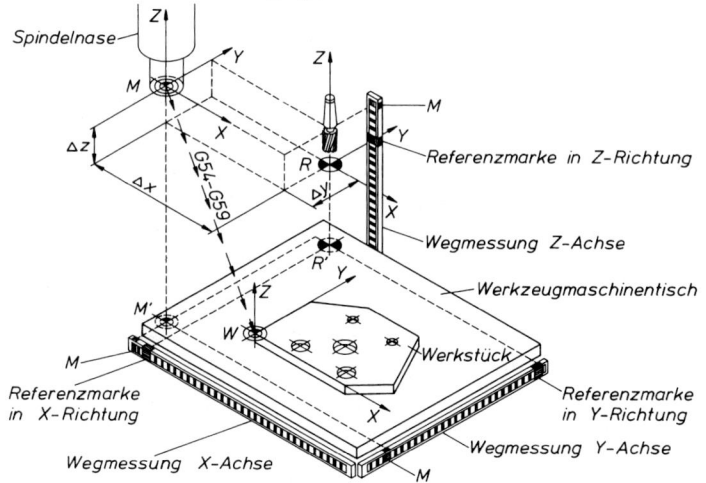

Bild 3. Bezugspunktverschiebung Zusammenhang zwischen Maschinennullpunkt M Referenzpunkt R und Werkstücknullpunkt W

Der Maschinenbediener erhält das Teileprogramm und beginnt die Maschine einzurichten. Die Steuerung der Werkzeugmaschine kennt den Standort der Achsschlitten nach dem Einschalten nicht. Der Maschinennullpunkt muss erst vom Bediener im Einrichtbetrieb gesucht werden. Hierzu wird die Werkzeugmaschine solange in X-, Y- und Z-Achse verfahren, bis die Referenzmarken der Wegmesssysteme überfahren werden. Die damit gefundenen Abstände vom Referenzpunkt zum Maschinennullpunkt werden in einem Speicher abgelegt und die Bildschirmanzeige wird auf null gesetzt.

Nach der „Nullung" der Wegmesssysteme bestimmt der Maschinenbediener die Lage des eingespannten Werkstückrohlings durch eine Nullpunktverschiebung. Dazu wird der Abstand des Werkstücknullpunkts zum

Maschinennullpunkt in allen Achsen mithilfe eines Kantentasters oder Einrichtmikroskops ermittelt und in einem Speicher abgelegt (Wegbefehle G54-G59).

Wenn mehrere gleiche Werkstücke in einer Aufspannung hergestellt werden sollen, kann der Programmierumfang durch weitere Bezugspunkt-(Nullpunkt-)verschiebungen verringert werden. Das Programm für eine Werkstückbearbeitung wird nur einmal erstellt und über die Nullpunktverschiebung auf den jeweiligen Werkstücknullpunkt verschoben.

Der Maschinennullpunkt liegt in der X/Y-Ebene immer so, dass bei einer Verschiebung stets positive Koordinaten angegeben werden können.

Das Prinzip der Bezugspunktverschiebung ist in Bild 3 dargestellt. Bild 4 zeigt eine Bezugspunktverschiebung am Beispiel eines Bohrbildes.

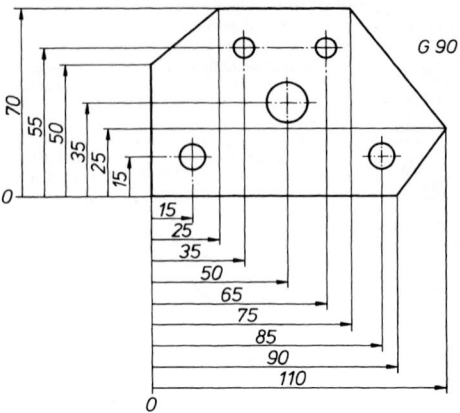

Bild 5. Absolutbemaßung mit einem Pfeil

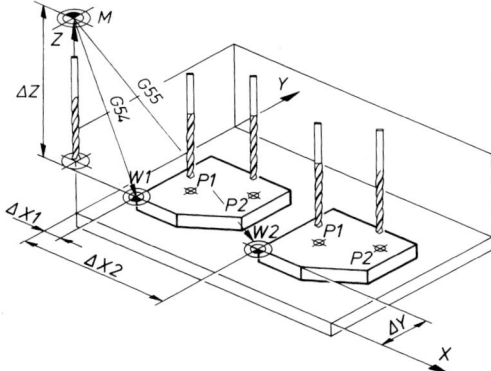

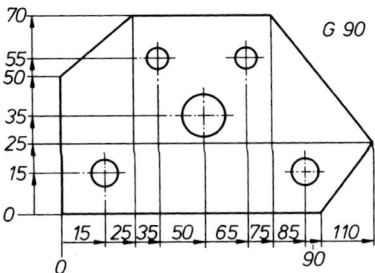

Bild 6. Absolutbemaßung in steigender Bemaßung

Bild 4. Nullpunktverschiebung am Beispiel eines Bohrbildes
Arbeitsraum eines Fräsmaschinentisches
W = Werkstücknullpunkt

2.5 Zeichnerische Grundlagen für die Programmierung

Für die Bemaßung von Werkstückzeichnungen unter Verwendung eines kartesischen oder polaren Koordinatensystems sind in DIN 406 unterschiedliche Maßsysteme vorgesehen.

2.5.1 Absolutbemaßung

Bei der Absolutbemaßung wird zwischen einer Bemaßung mit einem Pfeil und der steigenden Bemaßung unterschieden.

Bemaßt wird immer ausgehend von Bezugskanten. Bei der steigenden Bemaßung werden alle Maße steigend auf einer Maßlinie mit entsprechendem Begrenzungspfeil angetragen. Die Absolutbemaßung ist in Bild 5 und 6 dargestellt.

Damit der Steuerung einer Werkzeugmaschine bekannt wird, in welchem System die Übertragung der geometrischen Informationen stattfindet, wird für die Absolutbemaßung (Absolutprogrammierung) der Wegbefehl G90 eingegeben.

2.5.2 Inkrementalbemaßung (Relativbemaßung)

Bei der Inkrementalbemaßung, auch Kettenbemaßung genannt, wird der erste Bearbeitungspunkt vom Werkstücknullpunkt aus angegeben.

Für alle weiteren Bearbeitungspunkte ist der vorangegangene definierte Punkt Nullpunkt für die folgende Maßeintragung. Das bedeutet, dass bei der Inkrementalbemaßung (Inkrementalmaßprogrammierung) das Koordinatensystem des Werkstücknullpunktes gedanklich in die folgenden Bearbeitungspunkte verschoben wird und somit für folgende Maße ein neuer Nullpunkt maßgebend ist.

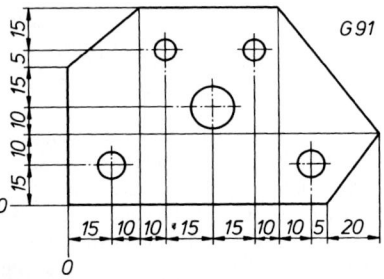

Bild 7. Inkrementalbemaßung. Zuwachsbemaßung mit Maßkette

2 Geometrische Grundlagen für die Programmierung

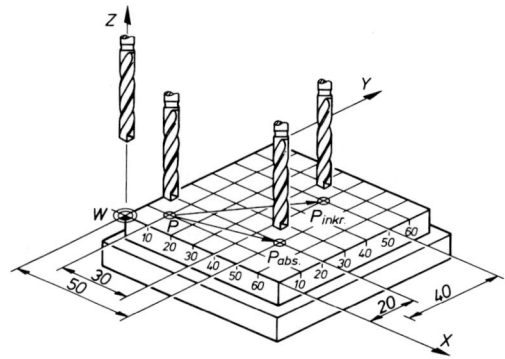

Bild 8. Unterschied zwischen Absolutmaß- und Inkrementalmaßprogrammierung

Absolutmaßprogrammierung:
Die x- und y-Koordinaten sind immer auf den Werkstücknullpunkt W bezogen

| $P_{abs.}$ | G 90 | X 50 | Y 20 |

Inkrementalmaßprogrammierung:
Die x- und y-Koordinaten beziehen sich immer auf den zuletzt angefahrenen Punkt P

| $P_{inkr.}$ | G 91 | X 30 | Y 40 |

Der Steuerung ist diese Bemaßungsart mit dem Wegbefehl G91 mitzuteilen. Der Wegbefehl ist so lange wirksam, bis er durch G90 abgelöst wird.
Bild 7 zeigt das Prinzip der Inkrementalbemaßung.
Bild 8 zeigt den Unterschied zwischen einer Absolut- und Inkrementalbemaßung.

2.5.3 Bemaßung durch Polarkoordinaten

Polarkoordinatenbemaßung wird hauptsächlich bei der Beschreibung symmetrischer Elemente oder bei der Programmierung umfangreicher Bohrbilder verwendet.

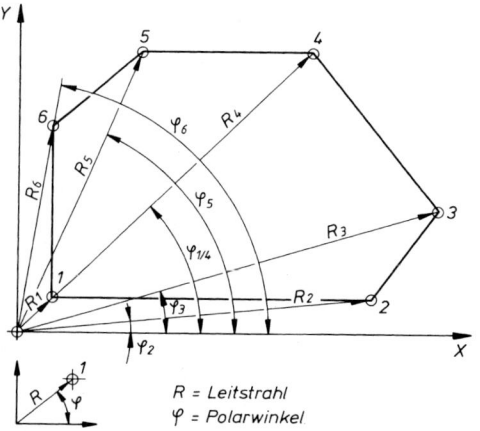

Bild 9. Bemaßung durch Polarkoordinaten

Leitstrahl R in mm	Polarwinkel φ in Grad
R_1 ...	φ_1 ...
R_2 ...	φ_2 ...
R_3 ...	φ_3 ...
R_4 ...	φ_4 ...
R_5 ...	φ_5 ...
R_6 ...	φ_6 ...

Bei Polarkoordinatenbemaßung werden die Bearbeitungspunkte durch einen Leitstrahl R und einen Polarwinkel φ angegeben.
Der Polarwinkel wird von der positiven X-Achse ausgehend angegeben und verläuft im Gegenuhrzeigersinn durch die Quadranten des Koordinatensystems. Bild 9 zeigt die Bemaßung durch Polarkoordinaten.

2.5.4 Bemaßung mit Hilfe von Tabellen

Bei umfangreichen Werkstückgeometrien wird die erforderliche Bemaßung aus der Fertigungszeichnung herausgezogen.

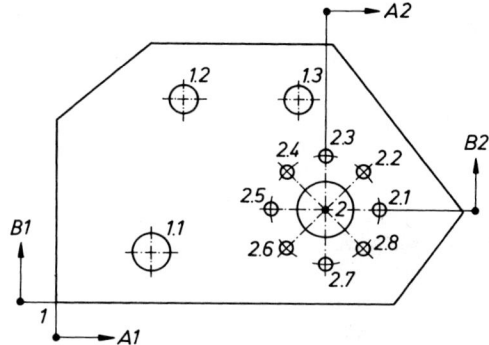

Bild 10. Bemaßung mit Hilfe von Tabellen

Bemaßungstabelle

Koordinaten-Nullpunkt	Koordinatentabelle				
	Nr.	A	B	R	φ	∅
1	1	0	0			
1	1.1	15	15			10 H7
1	1.2	36	55			8 H7
1	1.3	65	55			8 H7
2	2	70	25			20
2	2.1			20	0	4
2	2.2			20	45	4
2	2.3			20	90	4
2	2.4			20	135	4
2	2.5			20	180	4
2	2.6			20	225	4
2	2.7			20	270	4
2	2.8			20	315	4

1: Kartesische Koordinaten 2: Polarkoordinaten

Die Maßeintragung erfolgt in einer Bemaßungstabelle, in der alle erforderlichen Koordinaten angegeben sind.
Bei der Bemaßung in Tabellen werden auch unterschiedliche Bemaßungssysteme und verschieden positionierte Koordinatensysteme verwendet. In Bild 10 ist die Möglichkeit der Bemaßung mit kartesischen und polaren Koordinaten dargestellt.

3 Informationsfluss bei der Fertigung

3.1 Informationsverarbeitung und Informationsträger

Bei der Fertigung mit CNC-Werkzeugmaschinen muss der Programmierer alle Informationen zur Herstellung des Werkstückes in einem Programmblatt festhalten.
Programmierung bedeutet das Erstellen und die Eingabe eines Teileprogramms in eine Steuerung nach bestimmten Regeln. Für die Programmierung sind die Informationsquellen und damit auch die Informationsträger von Bedeutung.
In einem CNC-Programm werden nicht nur geometrische und technologische Daten, sondern auch Zusatzdaten wie Werkzeugkenngrößen, Korrekturwerte, Maschineneinrichtdaten und Werkzeugbefehle festgehalten. Hierzu ist die Programmieranleitung des jeweiligen Steuerungsherstellers zu beachten, da die Programmiernorm DIN 66025 einen Spielraum für steuerungsabhängige Programmiertechniken zulässt.
Bei der manuellen Programmierung werden alle Informationen in Buchstaben, Zahlen und Sonderzeichen ausgedrückt und in derart verschlüsselter Form in die Steuerung der Werkzeugmaschine eingegeben.
Eine Möglichkeit, der Steuerung ein Fertigungsprogramm zu übermitteln, ist die Handeingabe über eine Dateneingabeeinheit. Diese Möglichkeit wird als Werkstattprogrammierung bezeichnet.
In der Steuerung findet eine Informationsverarbeitung statt, die die Schaltinformationen an Schaltelemente und Weginformationen an die Stellglieder weiterleitet.

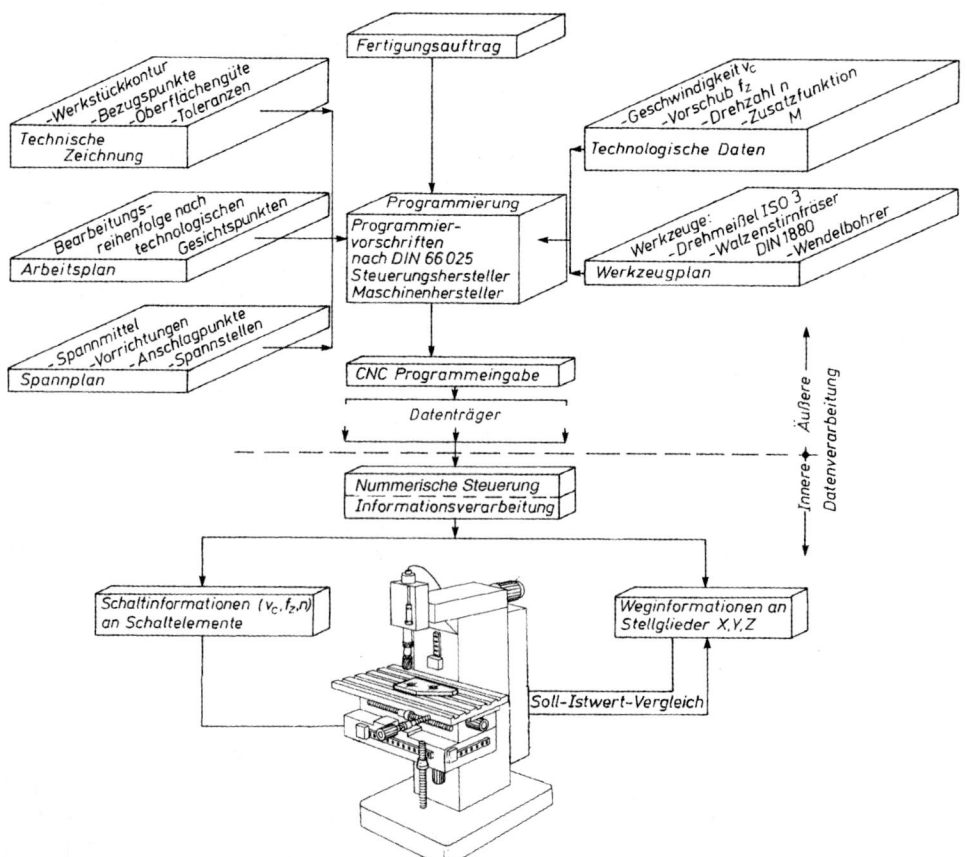

Bild 1. Informationsfluss bei der Fertigung mit CNC-Werkzeugmaschinen

Ein **Soll-Istwert-Vergleicher** überwacht, ob die eingelesenen Wegbedingungen von der Werkzeugmaschine exakt ausgeführt werden und eine entsprechende Lageregelung durchgeführt wird. Bild 1 stellt den Informationsfluss bei der Fertigung mit CNC-Werkzeugmaschinen dar.

Als Informationsträger zur Datenübertragung können Lochstreifen, Magnetbänder oder Disketten verwendet werden. In der Werkstatt wird vorzugsweise ein Einmallochstreifen aus Papier eingesetzt.

3.2 Informationsquellen

Als Informationsquellen werden die technische Zeichnung, der Bearbeitungsplan, die technologischen **Daten** (Bedienungsanleitung der Werkzeugmaschine), der Werkzeugplan und die Spannmittelkartei bezeichnet. Die technische Zeichnung beschreibt die Geometrie des Werkstückes. Ihr können außerdem Werkstoffangaben und die geforderte Oberflächenqualität sowie alle Toleranzangaben entnommen werden.

Der Bearbeitungsplan beschreibt die nach technologischen und betriebswirtschaftlichen Gesichtspunkten sinnvolle Bearbeitungsreihenfolge unter Beachtung der Herstellungsfaktoren Werkzeugmaschine, Werkzeug und Werkstoff. Die einzusetzenden Werkzeuge werden in einem Werkzeugplan genau beschrieben, um Standzeitbedingungen und somit die Fertigungsqualität festzulegen. Er enthält außerdem Informationen über die Reihenfolge der einzusetzenden Werkzeuge, über die voreingestellten Maße zum Werkzeugträger sowie erforderliche Zerspandaten.

Aus der Geometrie des Werkstückes und den geplanten Werkzeugverfahrwegen können sich Kollisionsmöglichkeiten zwischen Werkstück(en), Werkzeug und Spannmittel ergeben. Verhindert wird dies durch einen Spannplan, mit dessen Hilfe der Programmierer optimale Verfahrwege festlegen kann.

Die technologischen Daten wie Geschwindigkeiten, Vorschübe, Drehzahlen und andere Spannungsgrößen können Tabellen entnommen werden.

4 Steuerungsarten und Interpolationsmöglichkeiten

In der zerspanenden Fertigung lassen sich die meisten Bearbeitungsprobleme aus den drei Geometrieelementen Punkt, Gerade und Kreis darstellen.

Tabelle 1. Einteilung der Steuerungsarten

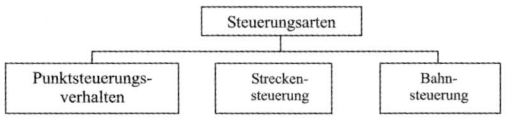

Die notwendigen Steuerungsvorgänge werden über das Teileprogramm durch die Werkzeugmaschinensteuerung den Antriebselementen übermittelt. Dazu bedient man sich bestimmter Steuerungsgrundelemente, die in Tabelle 1 dargestellt sind.

4.1 Punktsteuerungsverhalten

Beim Punktsteuerungsverhalten wird das Werkzeug im Eilgang vom Startpunkt an den entsprechenden Zielpunkt gefahren, ohne dabei im Eingriff zu sein. Die Weginformation für das Verfahren im Eilgang außerhalb der Werkstückgeometrie wird im Teileprogramm mit G00 angegeben. Das Bewegen an den Zielpunkt kann je nach Steuerung in jeder Achse allein nacheinander erfolgen oder in allen Achsen gleichzeitig.

Wird bei der Bearbeitung ein Positionieren im Eilgang notwendig und besitzt die Werkzeugmaschine eine Bahnsteuerung, so wird das Werkzeug bei einigen Steuerungen unter einem Winkel von 45° bis zum Auftreffen auf eine Achse verfahren, um dann achsparallel den definierten Punkt zu erreichen. Eine Bearbeitung findet erst am definierten Punkt statt.

Das Punktsteuerungsverhalten wird hauptsächlich beim Bohren und seinen Folgeverfahren, beim Punktschweißen und Stanzen angewandt. Bild 1 zeigt das Punktsteuerungsverhalten am Beispiel eines Bohrbildes.

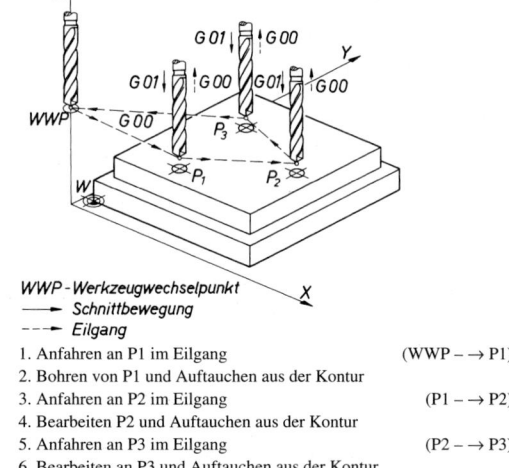

WWP - Werkzeugwechselpunkt
— Schnittbewegung
--- Eilgang

1. Anfahren an P1 im Eilgang (WWP – → P1)
2. Bohren von P1 und Auftauchen aus der Kontur
3. Anfahren an P2 im Eilgang (P1 – → P2)
4. Bearbeiten P2 und Auftauchen aus der Kontur
5. Anfahren an P3 im Eilgang (P2 – → P3)
6. Bearbeiten an P3 und Auftauchen aus der Kontur
7. Anfahren des WWP im Eilgang (P3 – → WWP)

Bild 1. Punktsteuerungsverhalten beim Bohren

4.2 Streckensteuerung

Bei der Streckensteuerung befindet sich das eingesetzte Werkzeug beim Verfahren ständig im Eingriff. Es lassen sich nur achsparallele Konturen erzeugen. Bei der Bearbeitung in einer Achsrichtung befinden sich die anderen Achsen in Ruhestellung.

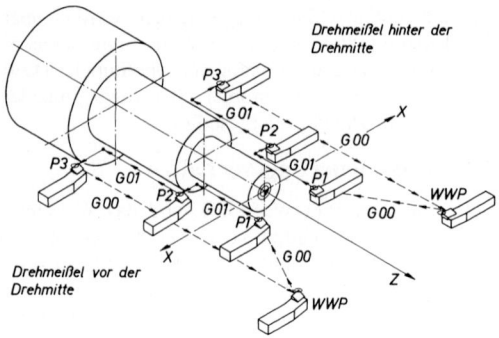

Bild 2. Streckensteuerung beim Drehen

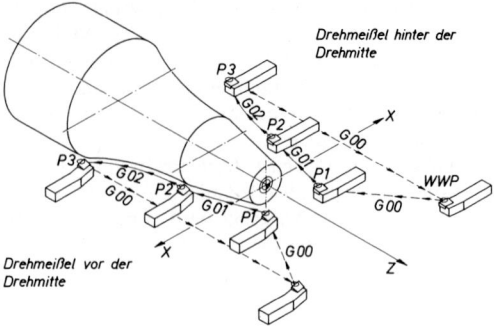

Bild 4. Bahnsteuerung beim Drehen

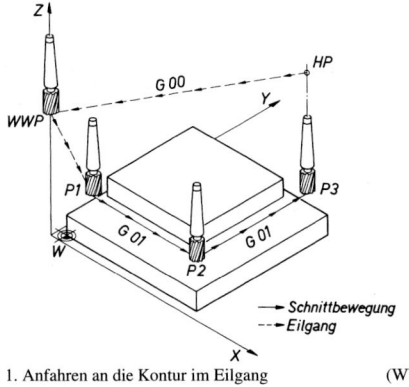

1. Anfahren an die Kontur im Eilgang	(WWP – → P1)
2. Schnittbewegung parallel zur X-Achse	(P1 → P2)
3. Schnittbewegung parallel zur Y-Achse	(P2 → P3)
4. Heraufahren aus der Kontur im Eilgang	(P3 – → HP)
5. Anfahren des WWP im Eilgang	(HP – → WWP)

Bild 3. Streckensteuerung beim Fräsen

Das Anfahren an die Kontur erfolgt wiederum im Eilgang. Eine Schnittbewegung zur Erzeugung einer achsparallelen Gerade muss der Steuerung mit dem Wegbefehl G01 mitgeteilt werden. Das Prinzip der Streckensteuerung beim Drehen und Fräsen wird in den Bildern 2 und 3 dargestellt.

4.3 Bahnsteuerung

Wenn die Geometrie eines Werkstückes eine Bearbeitung in zwei oder mehr Achsen erfordert, sind die Tisch- und Werkzeugbewegungen nur durch eine Bahnsteuerung möglich. Hierbei sind für jede Achse getrennte Antriebsmotoren notwendig, wobei jeweils ein eigener Lageregelkreis vorhanden sein muss.
Die Bewegungen innerhalb der Achsrichtungen werden relativ zueinander gesteuert. Damit kann jede beliebige Bahnkurve hergestellt werden.
Bild 4 zeigt die Bahnsteuerung bei Drehmaschinen mit Flachbett- und Schrägbettführung. Die Bilder 5 und 6 stellen die Bahnsteuerung beim Fräsen einer Gerade und einer beliebigen Kreisbahn dar.

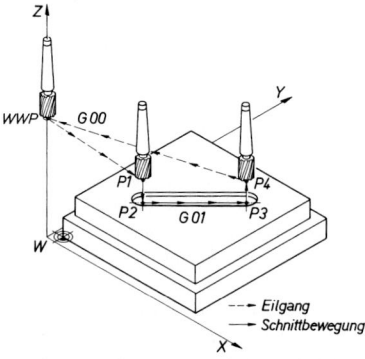

1. Anfahren an die zu erzeugende Kontur im Eilgang	(WWP – → P1)
2. Eintauchen in die Kontur	(P1 → P2)
3. Schnittbewegung gleichzeitig in X- und Y-Achse	(P2 → P3)
4. Auftauchen aus der Kontur	(P3 → P4)
5. Anfahren des WWP im Eilgang	(P4 – → WWP)

Bild 5. Bahnsteuerung beim Fräsen

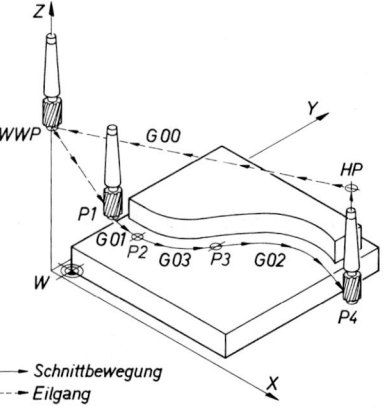

1. Anfahren an die Kontur im Eilgang	(WWP - → P1)
2. Schnittbewegung parallel zur X-Achse (G01)	(P1 → P2)
3. Schnittbewegung im Gegenuhrzeigersinn (G03)	(P2 ⌒ P3)
4. Schnittbewegung im Uhrzeigersinn (G02)	(P3 ⌒ P4)
5. Auftauchen aus der Kontur auf HP	(P4 → HP)
6. Anfahren des WWP im Eilgang	(HP - - → WWP)

Bild 6. Bahnsteuerung beim Fräsen

Nach der Anzahl der gleichzeitig in einem Funktionszusammenhang stehenden Achsen unterscheidet man die 2-Achsen-Bahnsteuerung, die 2- aus 3-Achsen-Bahnsteuerung, die 3-Achsen-Bahnsteuerung und die 5-Achsen-Bahnsteuerung (s. Tabelle 2).

Tabelle 2. Bearbeitungsmöglichkeiten der Bahnsteuerung

2-Achsen-Bahnsteuerung	Bei Bearbeitung gleichzeitig in 2 Achsen können beliebige Bahnen in einer Ebene (X/Y, X/Z, Y/Z) hergestellt werden.
2- aus 3-Achsen-Bahnsteuerung	Zusätzlich zu der Möglichkeit, beliebige Bahnkurven in einer Ebene herzustellen, ist eine lineare Zustellung der 3. Achse möglich.
3-Achsen-Bahnsteuerung	Es besteht ein ständiger Funktionszusammenhang zwischen den drei Achsen. Es kann eine räumliche Bahn erzeugt werden.
5-Achsen-Bahnsteuerung	Es kann jede beliebige räumliche Bahn hergestellt werden. Der Werkzeughalter und Werkstückträger sind schwenkbar.

Da bei einer Bahnsteuerung jeder Achse ständig neue Positionswerte vorgegeben werden, ist eine programmierbare Rechenschaltung (Interpolator) notwendig, die alle Achsbewegungen über einen Geschwindigkeitsregler der Antriebsmotoren so koordiniert, dass die gewünschte Bahn erzeugt wird.

4.4 Interpolationsarten

Da auf numerisch gesteuerten Dreh- und Fräsmaschinen gefertigte Werkstücke selten ausschließlich achsparallele Konturen aufweisen, hat der Interpolator die Aufgabe, einem Lageregelkreis den für die Konturerzeugung erforderlichen Lagesollwert vorzugeben.
Die Antriebsmotoren für die Vorschubbewegung der Achsschlitten werden über einen Geschwindigkeitsregler so koordiniert, dass eine programmierte Bahn möglichst fehlerfrei nachgefahren wird. Neue Werkzeugmaschinensteuerungen beinhalten Interpolatoren, die eine Linear- und Zirkularinterpolation ermöglichen.
Wird die Zirkularinterpolation in einer Hauptebene mit einer senkrecht zu dieser Ebene verlaufenden Linearinterpolation verknüpft, handelt es sich um die Schraubenlinieninterpolation.

4.4.1 Linearinterpolation

Bei der Linearinterpolation wird eine Gerade durch das Verfahren einer oder mehrerer Achsen gleichzeitig in einer Arbeitsebene hergestellt. Nach DIN 66025 wird die Linearinterpolation (Bild 7) mit dem Wegbefehl G01 gekennzeichnet.

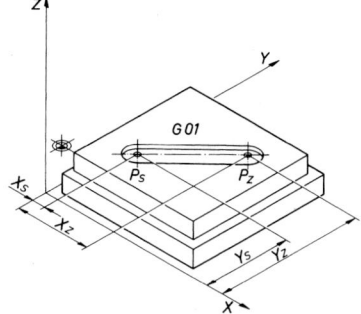

P_s = Startpunkt
P_z = Zielpunkt
Nach DIN 66025 wird die Linearinterpolation mit der Wegbedingung G01 angegeben

Bild 7. Die Linearinterpolation

Die Bilder 8 und 9 zeigen die Linearinterpolation am Beispiel eines Drehteiles und eines Fräswerkstückes.

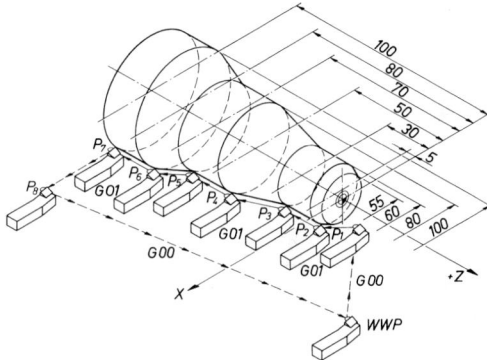

Bild 8a. Beispiel zur Linearinterpolation

Aufgabe: Beschreibung der dargestellten Kontur in Absolutmaßprogrammierung (ϕ-Programmierung). Der Drehmeißel befindet sich im WWP und soll im Eilgang auf W/P0 fahren. Nach erzeugter Kontur soll der Drehmeißel im Eilgang zum WWP zurückfahren.

Satz-Nr. N	Wegbedingung G	Koordinaten X	Z	Erklärung
N10	G90			Absolutmaßprogrammierung
N20	G00	X 0	Z 0	Eingang WWp ⟶ P0
N30	G01	X 55	(Z 0)	Vorschub P0 → P_1
N40	G01	X 60	Z-5	Vorschub P_1 → P_2
N50	G01	(X 60)	Z-30	Vorschub P_2 → P_3
N60	G01	X 80	Z-50	Vorschub P_3 → P_4
N70	G01	(X 80)	Z-70	Vorschub P_4 → P_5
N80	G01	X 100	Z-80	Vorschub P_5 → P_6
N90	G01	X 100	Z-100	Vorschub P_6 → P_7
N100	G00	X 120	(Z-100)	Eilgang P_7 ⟶ P_8
N110	G00	(X120)	Z + 40	Eilgang P_8 ⟶ WWP

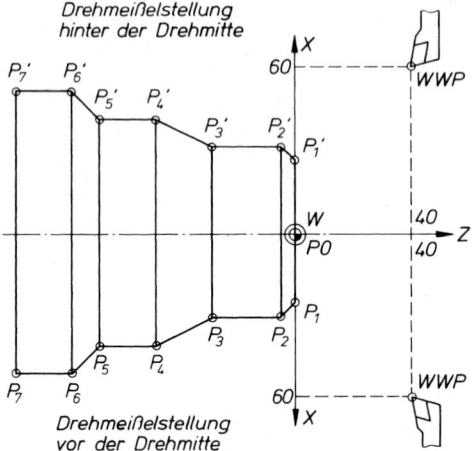

Bild 8b. Beispiel zur Linearinterpolation *Drehen*

Satz-Nr. N	Weg-bedingung G	Koordinaten X	Koordinaten Y	Erklärung
N10	G17			Anwählen der x/y-Ebene
N20	G90			(Absolutmaßeingabe) Absolutprogrammierung (-bemaßung)
N30	G00	X-55	Y-35	Eilgang P0 → Startpunkt P1
N40	G01	(X-55)	Y 15	Vorschub P1 → P2
N50	G01	X-30	Y 35	Vorschub P2 → P3
N60	G01	X 20	(Y 35)	Vorschub P3 → P4
N70	G01	X 55	Y-10	Vorschub P4 → P5
N80	G01	X 35	Y-35	Vorschub P5 → P6
N90	G01	X-55	(Y-35)	Vorschub P6 → Zielpunkt P7
N100	G00	X 0	Y 0	Eilgang P7 → P0

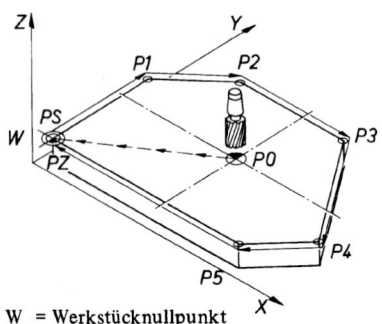

W = Werkstücknullpunkt
P0 = Programmnullpunkt
PS = Startpunkt
PZ = Zielpunkt

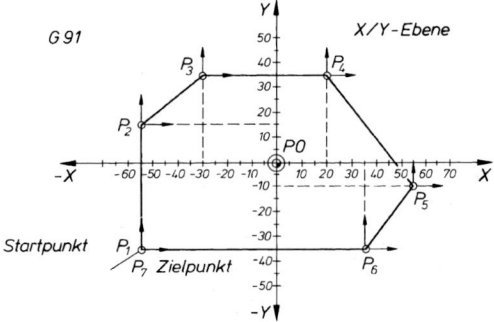

Aufgabe: Beschreibung der dargestellten Kontur in Relativprogrammierung (Inkrementalbemaßung).

Bild 9a. Beispiel zur Linearinterpolation

Definition der dargestellten Kontur über die Punkte $P_1 - P_7$. Das Werkzeug befindet sich in P0 und soll im Eilgang zur Startpunkt P_1 fahren. Nach erzeugter Kontur soll das Werkzeug zum Nullpunkt P0 im Eilgang zurückfahren.

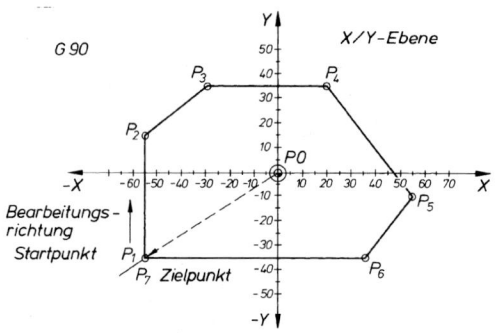

Aufgabe: Beschreibung der dargestellten Kontur in Absolutmaßprogrammierung

Bild 9a. Beispiel zur Linearinterpolation

Definition der dargestellten Kontur über die Punkte $P_1 - P_7$. Das Werkzeug befindet sich in P0 und soll im Eilgang zur Startpunkt P1 fahren. Nach erzeugter Kontur soll das Werkzeug zum Nullpunkt P0 im Eilgang zurückfahren.

Satz-Nr. N	Wegbe-dingung G	Koordinaten X	Koordinaten Y	Erklärung
N10	G17			Anwählen der x/y-Ebene
N20	G91			Relativprogrammierung (-maßeingabe)
N30	G00	X-55	Y-35	Eilgang P0 → P1 (Startpunkt)
N40	G01	(X 0)	Y 50	Vorschub P1 → P2
N50	G01	X 25	Y 20	Vorschub P2 → P3
N60	G01	X 50	(Y 0)	Vorschub P3 → P4
N70	G01	X 35	Y-45	Vorschub P4 → P5

4 Steuerungsarten und Interpolationsmöglichkeiten

Satz-Nr. N	Wegbe-dingung G	Koordinaten		Erklärung
		X	Y	
N80	G01	X-20	Y-25	Vorschub $P_5 \rightarrow P_6$
N90	G01	X-90	(Y 0)	Vorschub $P_6 \rightarrow$ P_7 (Zielpunkt)
N100	G00	X 55	Y 35	Eilgang P_7 (Zielpunkt) $- \rightarrow P0$

4.4.2 Zirkularinterpolation

Mithilfe der Linearinterpolation lassen sich theoretisch beliebige Kreisbahnen programmieren. Durch die Bestimmung von Anfangs- und Endpunkten eines Polygonzuges kann durch eine dichte Punktefolge eine Annäherung an die gewünschte Bahn erfolgen. Das erfordert hohen Programmieraufwand und wird durch die Zirkularinterpolation (Kreisinterpolation) ersetzt.
Unter Zirkularinterpolation versteht man das Verfahren eines Werkzeuges auf einer kreisförmigen Bahn.
Um eine Kreisbahn in einem zweidimensionalen Koordinatensystem festlegen zu können, ist der Kreismittelpunkt durch entsprechende Koordinaten zu definieren. Diese Koordinaten werden als Kreisinterpolationsparameter I, J und K bezeichnet. Zusätzlich ist innerhalb einer Geometrie der Start- und Zielpunkt der Kreisbahn festzulegen. Außerdem muss der Steuerung die Bearbeitungsrichtung mitgeteilt werden.

Eine Schnittbewegung im Uhrzeigersinn wird über den Wegbefehl G02 und eine Schnittbewegung im Gegenuhrzeigersinn über G03 festgelegt.
Hierzu schaut man immer aus Richtung einer positiven Hauptachse senkrecht auf diejenige Hauptebene, in der die Arbeitsbewegung stattfinden soll. Sowohl die Bewegungsrichtungen als auch die Hilfsparameter sind in DIN 66 025 festgelegt. Bild 10 zeigt das Prinzip der Zirkularinterpolation.
Im Regelfall werden Interpolationsparameter inkremental vom Anfangspunkt der Kreisbahn aus angegeben. Eine Absolutprogrammierung der Hilfsparameter ist nach DIN 66 025 auch möglich.
Bei Drehmaschinen ist für die korrekte Festlegung der Wegbedingungen zu unterscheiden, ob das Werkzeug *vor* der Drehmitte (Drehmaschine mit Flachbett) oder *hinter* der Drehmitte (Drehmaschine mit Schrägbett) liegt.
Die Bilder 11 und 12 zeigen das Prinzip der Zirkularinterpolation beim Drehen für Drehmaschinen mit Flach- und Schrägbett.
Die Bilder 13 und 14 beschreiben die Kontur eines Drehteiles und eines Fräswerkstückes mithilfe der Linear- und Zirkularinterpolation in Absolut- und Relativmaßprogrammierung.

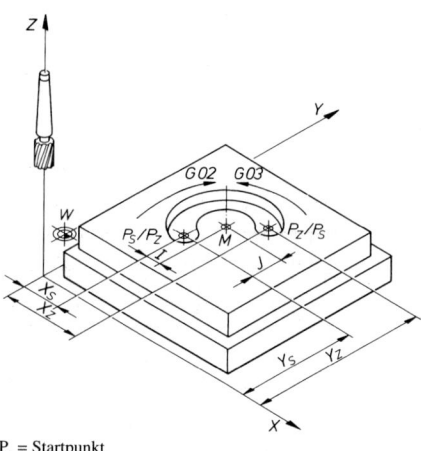

P_s = Startpunkt
P_z = Zielpunkt

Definition des Start- und Zielpunktes:
$P_s (X_s/Y_s)$
$P_z (X_z/Y_z)$

Hilfsparameter nach DIN 66025:
I = Kreismittelpunkt in X-Richtung
J = Kreismittelpunkt in Y-Richtung
K = Kreismittelpunkt in Z-Richtung

Bearbeitungsrichtung:
G02 = Zirkularinterpolation im Uhrzeigersinn

Bild 10. Die Zirkularinterpolation beim Fräsen

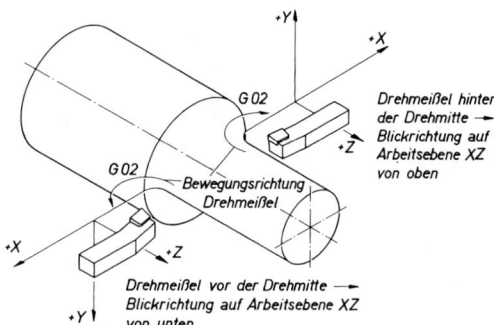

Bild 11. Zirkularinterpolation im Uhrzeigersinn beim Drehen – Wegbedingung G02

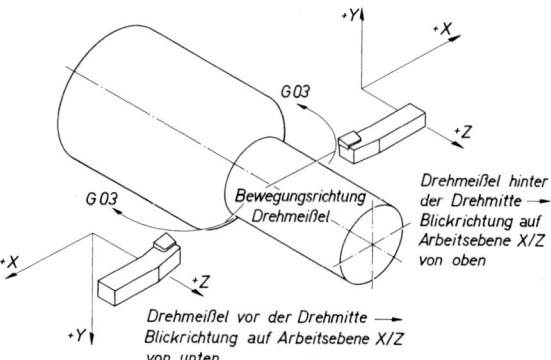

Bild 12. Zirkularinterpolation im Gegenuhrzeigersinn – Wegbedingung G03

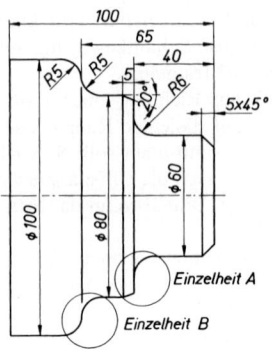

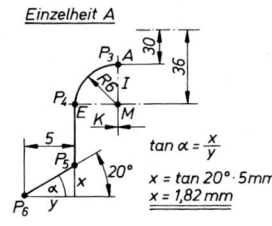 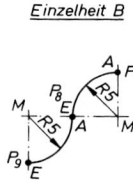

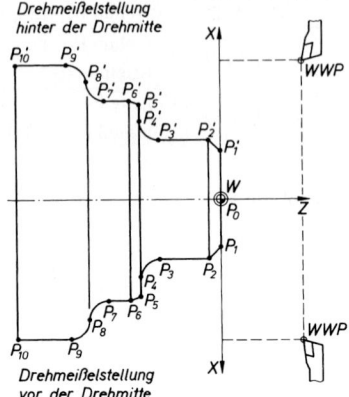

Bild 13. Beispiel zur Zirkularinterpolation Drehen

Aufgabe: Beschreibung der dargestellten Kontur in Absolutmaßprogrammierung. Der Drehmeißel befindet sich im WWP und soll im Eilgang auf W/PO fahren. Nach erzeugter Kontur soll er im Eilgang zum WWP zurückfahren.

Beispiel Drehen/Zirkularinterpolation

Satz-Nr.	Wegbedingung	Koordinaten		Interpolations-parameter		Erläuterung
N	G	X	Z	I	K	
N10	G90					Absolutmaß-programmierung
N20	G00	X0	Z0			Eilgang (WWP--→P0)
N30	G01	X50	Z0			Schnittbewegung P0→P1
N40	G01	X60	Z-5			Schnittbewegung P1→P2
N50	G01	X60	Z-34			Schnittbewegung P2→P3
N60	G02	X72	Z-40	I6	K0	Zirkularinterpolation im Uhrzeigersinn P3⌒P4
N70	G01	X76.36	Z-40			Schnittbewegung P4→P5
N80	G01	X80	Z-45			Schnittbewegung P5→P6
N90	G01	X80	Z-60			Schnittbewegung P6→P7
N100	G02	X90	Z-65	I5	K0	Zirkularinterpolation im Uhrzeigersinn P7⌒P8
N110	G03	X100	Z-70	I0	K-5	Zirkularinterpolation im Gegenuhrzeigersinn P8⌒P9
N120	G01	X100	Z-100			Schnittbewegung P9→P10
N130	G00	X120	Z40			Eilgang (P10--→WWP)

Aufgabe: Beschreibung der dargestellten Kontur in Relativmaßprogrammierung. Der Drehmeißel befindet sich im WWP und soll im Eilgang auf W/PO fahren. Nach erzeugter Kontur soll das Werkzeug im Eilgang zum WWP zurückfahren.

4 Steuerungsarten und Interpolationsmöglichkeiten

Beispiel Drehen/Zirkularinterpolation/Relativ-/Inkrementalmaßprogrammierung

Satz-Nr.	Wegbedingung	Koordinaten		Interpolations-parameter		Erläuterung
N	G	X	K	I	K	
N10	G91					Relativmaßprogrammierung
N20	G00	X0	Z0			Eilgang WWP--→P0
N30	G01	X25	Z0			Schnittbewegung P0→P1
N40	G01	X5	Z-5			Schnittbewegung P1→P2
N50	G01	X0	Z-29			Schnittbewegung P2→P3
N60	G02	X6	Z-6	I6	K0	Zirkularinterpolation im Uhrzeigersinn P3⌒P4
N70	G01	X2.18	Z0			Schnittbewegung P4→P5
N80	G01	X1.82	Z-5			Schnittbewegung P5→P6
N90	G01	X0	Z-15			Schnittbewegung P6→P7
N100	G02	X5	Z-5	I5	K0	Zirkularinterpolation im Uhrzeigersinn P7⌒P8
N110	G03	X5	Z-5	I0	K-5	Zirkularinterpolation im Gegenuhrzeigersinn P8⌒P9
N120	G01	X0	Z-30			Schnittbewegung P9→P10
N130	G00	X10	Z140			Eilgang P10--→WWP

Definition der dargestellten Kontur (Fräsmittelpunktsweg) über die Punkte $P_1 - P_{11}$. Das Werkzeug befindet sich in P0 und soll im Eilgang zur Startpunkt P_1 fahren. Nach erzeugter Kontur soll das Werkzeug zum Nullpunkt P0 im Eilgang zurückfahren.

Satz-Nr.	Wegbedingung	Koordinaten		Interpolations-parameter		Erklärung
N	G	X	Y	I	J	
N10	G17					Ebenenauswahl (x/y-Ebene)
N20	G90					Absolutmaßeingabe
N30	G00	X-55	Y-35			Eilgang P - → Startpunkt P_1
N40	G01	(X-55)	Y-20			Vorschub $P_1 → P_2$
N50	G01	X-45	Y 5			Vorschub $P_2 → P_3$
N60	G01	X-30	(Y 5)			Vorschub $P_3 → P_4$
N70	G03	X-20	Y 15	I0	J 10	Vorschub, Kreisinterpolation im Gegenuhrzeigersinn $P_4⌒P_5$
N80	G01	X-20	Y 35	I0	J-15	Vorschub $P_5 → P_6$
N90	G01	X 40	(Y 35)			Vorschub $P_6 → P_7$
N100	G02	X 55	Y 20			Vorschub, Kreisinterpolation im Uhrzeigersinn $P_7⌒P_8$
N110	G01	(X 55)	Y-15			Vorschub $P_8 → P_9$
N120	G02	X 35	Y-35	I-20	J 0	Vorschub, Kreisinterpolation im Uhrzeigersinn $P_9⌒P_{10}$
N130	G01	X-55	Y-35			Vorschub P_{10} – Zielpunkt P_{11}
N140	G00	X 0	Y 0			Eilgang P_{11} - → P0

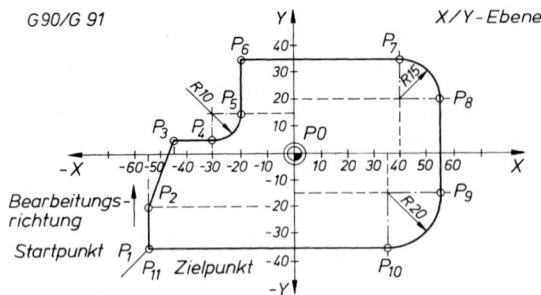

Aufgabe: Beschreibung der Kontur einer Fräsmittelpunktsbahn in Absolutmaß- und Relativmaßprogrammierung

Bild 14.
Beispiel zur Zirkularinterpolation

Definition der dargestellten Kontur (Fräsmittelpunktsweg) über die Punkte $P_1 - P_{11}$. Das Werkzeug befindet sich in P0 und soll im Eilgang zur Startpunkt P_1 fahren. Nach erzeugter Kontur soll das Werkzeug zum Nullpunkt P0 im Eilgang zurückfahren.

Satz-Nr.	Wegbedingung	Koordinaten		Interpolations-parameter		Erklärung
N	G	X	y	I	J	
N10	G17					Ebenenauswahl (x/y-Ebene)
N20	G91					Relativmaßeingabe
N30	G00	X-55	Y-35			Eilgang P0 $\rightarrow$ Startpunkt P_1
N40	G01	X 0	Y 15			Vorschub $P_1 \rightarrow P_2$
N50	G01	X 10	Y 25			Vorschub $P_2 \rightarrow P_3$
N60	G01	X 15	Y 0			Vorschub $P_3 \rightarrow P_4$
N70	G03	X 10	Y 10	I 0	J 10	Vorschub $P_4 \rightarrow P_5$ Zirkularinterpolation im Gegenuhrzeigersinn
N80	G01	X 0	Y 20			Vorschub $P_5 \rightarrow P_6$
N90	G01	X 60	Y 0			Vorschub $P_6 \rightarrow P_7$
N100	G02	X 15	Y-15	I 0	J-15	Vorschub $P_7 \rightarrow P_8$ Zirkularinterpolation im Uhrzeigersinn
N110	G01	X 0	Y-35			Vorschub $P_8 \rightarrow P_9$
N120	G02	X-20	Y-20	I-20	J 0	Vorschub $P_9 \rightarrow P_{10}$ Zirkularinterpolation im Uhrzeigersinn
N130	G01	X-90	Y 0			Vorschub $P_{10} \rightarrow P_{11}$
N140	G00	X 55	Y 35			Eilgang P_{11} Zielpunkt $\rightarrow$ P0

4.5 Ebenenauswahl

In einem CNC-Teileprogramm muss neben den Angaben wie Absolut- oder Relativbemaßung und Eilgang- oder Schnittbewegung die Hauptebene, in der die Bearbeitung erfolgt, festgelegt werden.

Die X/Y-Ebene wird mit G17, die X/Z-Ebene mit G18 und die Y/Z-Ebene mit G19 programmiert. Bild 15 zeigt die Auswahl der Bearbeitungsebenen beim Fräsen.

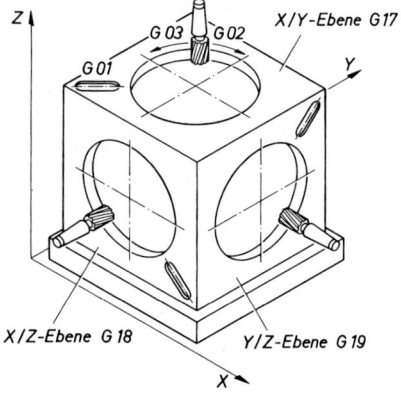

Bild 15. Auswahl der Bearbeitungsebenen beim Fräsen

5 Manuelles Programmieren

5.1 Kurzbeschreibung

Bei der manuellen Programmierung werden von einem Teileprogrammierer auf einem Programmierblatt von Hand (manuell) alle für die Maschinensteuerung erforderlichen Anweisungen (Steuerungsbefehle) niedergeschrieben.
Die Anweisungen werden in Einzelschritte untergliedert um den fertigungsgerechten Ablauf der Werkstückherstellung sicherzustellen. Die Anweisungen bestehen aus geometrischen und technologischen Daten (Werkstückmaße, Schnittgeschwindigkeit, Vorschub usw.). Das so erarbeitete CNC-Steuerungsprogramm wird auch Teileprogramm genannt.

5.2 Aufbau eines CNC-Programms

Der Programmaufbau numerisch gesteuerter Werkzeugmaschinen ist genormt in DIN 66025, Teil Die Hauptbestandteile eines CNC-Steuerungsprogramms sind;
– der Programmanfang mit einer Programmnummer oder einem Programmnamen
– eine Folge von Sätzen mit den Fertigungsanweisungen und
– das Programmende

5.2.1 Programmanfang

Der Programmanfang ist durch das Prozentzeichen (%) zu kennzeichen. Hinter das Programmanfangzeichen kann eine Programmnummer oder ein Programmname geschrieben werden. Programmnummer oder Programmname werden aus alphanumerischen Zeichen (A, B, C,...0, 1, 2,...) zusammengesetzt.

■ **Beispiel:**
%490306 oder %PROGFRAES003

5.2.2 Programmende

Das Programmende wird der Steuerung anhand von Hilfsfunktionen mitgeteilt. Die beiden Hilfsfunktionen für „Programmende" sind die Anweisungen M02 oder M30. Die Programmende-Anweisung muss im letzten Satz als letzte Anweisung stehen.

5.2.2.1 Unterschied M02-M30

Programmende-Anweisung M02 bedeutet, dass die Maschine und die Zusatzfunktionen (Spindeldrehung, Kühlschmierung usw.) abgeschaltet werden. Die Maschine wird abschließend in ihren Ausgangszustand, der vor Bearbeitungsbeginn bestand, zurückgesetzt. Programmende-Anweisung M30 hat dieselbe Wirkung wie M02. Zusätzlich wird das gesamte Programm an den Programmanfang zurückgesetzt.

■ **Beispiel:**
N24 G00 X130 Z90 M02 LF oder N24 G00 X130 Z90 M30 LF

5.3 Gliederung eines CNC-Programms

Das CNC-Steuerungsprogramm besteht aus einer Folge von Sätzen (Programmsätze, Programmzeilen oder Blöcke), die in fertigungstechnisch richtiger Reihenfolge die erforderlichen Bearbeitungsangaben für die Steuerung enthalten.
Die Sätze bestehen wiederum aus Wörtern. Ein Wort setzt sich aus Adresse und Adresswert zusammen. Bild 1 zeigt den Zusammenhang von Programm-, Satz- und Wortaufbau.

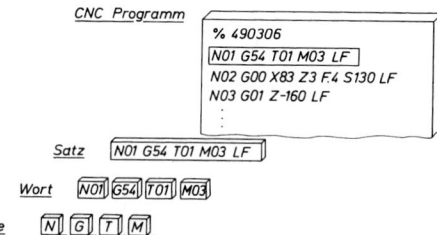

Bild 1. Zusammenhang Programm – Satz – Wort

5.3.1 Satz (Programmsatz)

Programmsätze beginnen mit dem Adressbuchstaben N und einer zugeordneten Zahl, der Satznummer.

■ **Beispiel:**
N12 G03 X40 Z-I0 10 K-10 LF

5.3.2 Ausblendsatz

Je nach Bearbeitungsaufgabe kann es sinnvoll sein, speziell gekennzeichnete Sätze im Programm vorzusehen. Es handelt sich hierbei um Ausblendsätze. Die Steuerung erkennt einen Ausblendsatz durch einen dem Adressbuchstaben N vorangestellten Schrägstrich (/).

■ **Beispiel:**
/N60 G00 X350 Z450 M00 LF

Ein Programm darf mehrere Ausblendsätze enthalten. Das Ausblenden (gleichbedeutend mit Überlesen) eines Satzes geschieht nur dann, wenn vor dem Programmstart die Bedienfeldtaste „Satz überlesen" an der Steuerungskonsole aktiviert wird. Ausblendsätze werden dann programmiert, wenn bestimmte Fertigungsschritte einmalig oder nicht bei jedem Werkstück vorgesehen sind.

5.3.3 Programmkommentare

Zur Dokumentation eines CNC-Steuerungsprogramms kann es sinnvoll sein, einzelne Programmschritte mit Klartext-Erläuterungen zu versehen. Diese Erläuterungen müssen in Klammern gesetzt am Ende des zu kommentierenden Satzes noch vor dem Satzendezeichen eingefügt werden.

■ **Beispiel:**
N60 M00 (Programmstop zum Nachmessen) LF

5.4 Satzaufbau

Ein Satz (Programmzeile oder Block) besteht aus einer Folge von Anweisungen, den Wörtern, die wiederum die Teilinformationen für die CNC-Steuerung enthalten. Diese Teilinformationen enthalten:

- programmtechnische Informationen : Satzanfang oder -ende
- Fahranweisungen : lineare oder kreisförmige Verfahrwege
- geometrische Informationen : Koordinaten, Winkel
- Hilfsparameter : Kreismittelpunktkoordinaten, ...
- Korrekturen : Nullpunkte, Werkzeugabmessungen
- Schaltinformationen : Vorschub, Drehzahl
- Zusatzfunktionen : Kühlschmierstoff EIN/AUS, Spindeldrehsinn

Korrekturen, Schaltinformationen sowie Zusatzfunktionen werden auch technologische Informationen genannt.
Die Anzahl der Teilinformationen ist von Satz zu Satz unterschiedlich, die Satzlänge somit variabel. Wie beim Programm besteht ein einzelner Satz ebenfalls aus Satzanfang- und Satzendezeichen.

5.4.1 Satzanfang

Der Satzanfang wird durch den Buchstaben N und die Satznummer definiert.

■ **Beispiel:**
N10 ... LF

5.4.2 Satzende

Das Satzende wird durch das Satzendezeichen LF (= line feed) definiert.

■ **Beispiel:**
N10 G54 X120 LF

5.4.3 Wortaufbau

Die kleinste Informationseinheit in einem CNC-Programm ist das Wort. Ein Wort besteht immer aus einer Adresse (Adressbuchstabe) und dem Adresswert (Zahlenwert).

■ **Beispiel:**

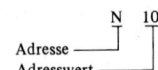

Die Adresse legt fest, welche Funktion der Steuerung aufgerufen wird, der Adresswert gibt den von der Steuerung zu verarbeitenden Zahlenwert vor.
Bei den Adresswerten ist nochmals zu unterscheiden in direkt oder verschlüsselt zu programmierende Zahlen.

5.4.3.1 Schlüsselzahlen

Schlüsselzahlen können nochmals unterschieden werden in frei verschlüsselte Zahlen sowie mathematisch definierte Schlüsselzahlen. Den frei verschlüsselten Zahlen sind willkürlich bestimmte Funktionen zugeordnet worden.

■ **Beispiel:**
M03 bedeutet Spindeldrehung im Uhrzeigersinn

Die mathematisch definierten Schlüsselzahlen werden nur im Zusammenhang mit gestuften Drehzahlen und Vorschüben benutzt.
Dabei wird jeweils einer Schlüsselzahl (erste Schlüsselzahl: 00, letzte Schlüsselzahl: 99) ein bestimmter Zahlenwert der Normzahlreihe R20 zugeordnet (siehe Kapitel Maschinenelemente, Normzahlen).

■ **Beispiel:**
S70 bedeutet, dass der zugeordnete Zahlenwert zur Schlüsselzahl 70 n = 315 1/min ist. Schlüsselzahlen werden bei modernen CNC-Steuerungen kaum noch verwendet.

5.4.3.2 Direkt programmierte Zahlen

Koordinaten, Winkel, Drehzahlen und Vorschübe sind direkt zu programmierende Zahlenwerte. Je nach Steuerungsfabrikat werden dezimale Zahlenwerte entweder mit Dezimalpunkt oder als Festkommazahl eingegeben.
Bei den Koordinaten- und Winkelwerten ist die Verfahr- oder Drehrichtung eventuell durch ein positives oder negatives Vorzeichen anzugeben. Dies kann auch für die Spindeldrehzahl zutreffen, wobei ein positives Vorzeichen Rechtsdrehung, ein negatives Vorzeichen Linksdrehung festlegt.

Dezimalpunkteingabe
Bei der Dezimalpunkteingabe können in der Regel nachlaufende und führende Nullen weggelassen werden.

■ **Beispiele:**
X300
Y.751
Z24.9

5 Manuelles Programmieren

Festkomma-Eingabe

Bei der Festkomma-Eingabe hängt die Zahl der einzugebenden Stellen von der Eingabefeinheit der Steuerung sowie von der maximal zulässigen Stellenzahl ab.

- **Beispiel:**
  Eingabefeinheit 1/1000 mm (= 1 μm = 1 Mikrometer), maximale Dezimalstellenzahl sechs

  0.001 mm = 1 μm
  100 mm = 100000
  845.132 mm = 845132

Vorzeichen bei Koordinaten und Winkeln

Bei positiven Koordinaten oder Winkeln kann ein positives Vorzeichen zwischen Adresse und Adresswert geschrieben werden (Angabe optional).
Bei negativen Koordinaten oder Winkeln muss ein negatives Vorzeichen zwischen Adresse und Adresswert geschrieben werden.
Ein positives Vorzeichen bei Winkeln bedeutet eine Winkeldrehung gegen den Uhrzeigersinn, ein negatives Vorzeichen eine Winkeldrehung im Uhrzeigersinn.

- **Beispiele:**
  Koordinaten
  X42.75 oder X+42.75
  Z-103.8
  Winkel
  A45 oder A+45
  B-60

5.4.4 Satzformat

Unter dem Begriff Satzformat ist die in DIN 66025 festgelegte Vereinbarung zu verstehen die Adressen (Adressbuchstaben) immer in einer feststehenden Reihenfolge im Satz anzuordnen. Die Reihenfolge ist dabei wie folgt festgelegt:

N	–	Satznummer (N = number)
G	–	Wegbedingung (G = go)
X, Y, Z U, V, W R	–	Koordinaten
A, B, C	–	Winkel
I, J, K	–	Interpolationsparameter
F	–	Vorschub (F = feed rate)
S	–	Spindeldrehzahl (S = spindle speed)
T, D	–	Werkzeugnummer und -korrekturen (T = tool, D = diameter)
M	–	Zusatzfunktion (M = miscellaneous functions)

Nicht aufgeführten Buchstaben werden steuerungsspezifisch von den Herstellern unterschiedliche Funktionen zugeordnet. Hierauf wird in den Programmierbeispielen eingegangen.

Tabelle 1. Bedeutung der Adressen nach DIN 66025

A	Drehbewegung um die X-Achse
B	Drehbewegung um die Y-Achse
C	Drehbewegung um die Z-Achse
D	Werkzeugkorrekturspeicher (*)
E	zweiter Vorschub (*)
F	Vorschub
G	Wegbedingung
H	(*)
I	Interpolationsparameter oder Gewindesteigung parallel zur X-Achse
J	Interpolationsparameter oder Gewindesteigung parallel zur Y-Achse
K	Interpolationsparameter oder Gewindesteigung parallel zur Z-Achse
L	(*)
M	Zusatzfunktion
N	Satznummer
O	(*)
P	dritte Bewegung parallel zur X-Achse (*)
Q	dritte Bewegung parallel zur Y-Achse (*)
R	dritte Bewegung parallel zur Z-Achse oder Bewegung im Eilgang in Richtung der Z-Achse (*)
S	Spindeldrehzahl
T	Werkzeugspeicher
U	zweite Bewegung parallel zur X-Achse (*)
V	zweite Bewegung parallel zur Y-Achse (*)
W	zweite Bewegung parallel zur Z-Achse (*)
X	Bewegung in Richtung der X-Achse
Y	Bewegung in Richtung der Y-Achse
Z	Bewegung in Richtung der Z-Achse

Mit Sternchen (*) versehene Adressen sind frei belegbar oder können mit einer anderen als der vorgesehenen Funktion belegt werden.

Bei einigen Steuerungsfabrikaten besteht die Möglichkeit, Adressen mehrfach in einem Satz zu verwenden. Dies trifft vornehmlich auf Wegbedingungen, Zusatzfunktionen oder Werkzeugspeicher zu. Aus Gründen der Übersichtlichkeit bei der Programmierung sollte darauf verzichtet werden. Die meisten Wegbedingungen (Adresse G) und Zusatzfunktionen (Adresse M) bleiben – einmal programmiert – so lange wirksam, wie sie nicht geändert werden. Diese Eigenschaft wird modal (selbsthaltend) genannt.
Einige wenige Wegbedingungen und Zusatzfunktionen sind jedoch nur in dem Satz wirksam, in welchem sie programmiert sind. Diese Eigenschaft wird „satzweise wirksam" genannt.

5.4.4.1 Satznummer N

Die Satznummer wird mit der Adresse N programmiert. Der Zweck ist die übersichtliche Gestaltung eines CNC-Programms (Bild 1).

- **Beispiel:**

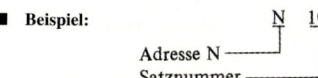

Bei der Satznummerierung ist Folgendes zu beachten: CNC-Steuerungen besitzen für das Editieren (Verändern) eines im Programmspeicher stehenden CNC-Programms einen Einfügemodus. Das Programm kann in diesem Fall beginnend mit der Satznummer N1 fortlaufend in 1er-Schritten nummeriert werden.

Wenn nachträglich ein Satz mit der Nummer N4 in das Programm eingefügt werden soll, wird der im Programmspeicher stehende Satz N4 automatisch zum Satz N5, und die nachfolgenden Sätze werden ebenfalls um eins hochnummeriert.

Ist die zuvor beschriebene Funktion der automatischen Zeilennummerierung nicht gegeben, so sollte die Zeilennummerierung in 10er-Sprüngen vorgenommen werden. Zwischen jeweils zwei im Speicher vorhandene Sätze können dann je nach Erfordernis bis zu neun weitere Sätze zusätzlich eingefügt werden.

Bei einigen Steuerungen ist die Satznummer ohne Einfluss auf die Abarbeitungsfolge der Programmsätze. Das Einfügen oder Löschen von Programmsätzen erfolgt bei diesen Steuerungen über den Editor.

5.4.4.2 Wegbedingung G

Die Wegbedingung wird mit der Adresse G programmiert. Bei den Adresswerten handelt es sich um zweistellige, freiverschlüsselte Zahlen, denen Funktionen zugeordnet sind (Tabelle 2).

Die Wörter für die Wegbedingungen legen zusammen mit den Wegbefehlen, also den Koordinaten- oder Winkelwerten, im wesentlichen die geometrischen Informationen im Steuerungsprogramm fest.

Die Wegbedingungen G umfassen verschiedene Funktionsarten. Im einzelnen werden damit folgende Funktionsgruppen festgelegt:

- Interpolationsarten   : G00-G03, G06, G33-G35
- Ebenenauswahlen   : G17-G19
- Werkzeugkorrekturen   : G40-G44
- Nullpunkt-Verschiebungen : G53-G59
- Arbeitszyklen   : G80-G89
- Vermassungsangaben   : G90, G91
- Vorschubvereinbarungen   : G93-G95
- Spindeldrehzahl-Vereinbarungen : G96, G97
- Maßeinheiten   : G70, G71

Zusätzlich gibt es Wegbedingungen, deren Belegung vorläufig oder auf Dauer freigestellt ist. Für diese Wegbedingungen können die Steuerungshersteller frei Funktionen festlegen. Tabelle 2 zeigt alle in DIN 66025, Teil 2 genormten Verschlüsselungen der Wegbedingungen G.

Tabelle 2. Wegbedingungen G und zugeordnete Funktionen

Wegbedingung		Funktion
G00		Steuerung von Punkt zu Punkt im Eilgang
G01		Linear-Interpolation
G02		Kreis-Interpolation im Uhrzeigersinn
G03		Kreis-Interpolation im Gegenuhrzeigersinn
G04	*	programmierbare Verweilzeit
G05	v	
G06		Parabel-Interpolation
G07	v	
G08	*	Geschwindigkeitszunahme
G09	*	Geschwindigkeitsabnahme
G10–G16	v	
G17		Hauptebene X/Y
G18		Hauptebene X/Z
G19		Hauptebene Y/Z
G20–G24	v	
G25–G29	s	
G30–G32	v	
G33		Gewindeschneiden mit konstanter Steigung
G34		Gewindeschneiden mit konstant zunehmender Steigung
G35		Gewindeschneiden mit konstant abnehmender Steigung
G36–G39	s	
G40		Aufheben der Werkzeugkorrektur
G41		Werkzeugbahnkorrektur in Vorschubrichtung links von der Kontur
G42		Werkzeugbahnkorrektur in Vorschubrichtung rechts von der Kontur
G43		Werkzeugkorrektur in Richtung der positiven Koordinatenachsen
G44		Werkzeugkorrektur in Richtung der negativen Koordinatenachsen
G45–G52	v	
G53		Aufheben aller programmierten Nullpunktverschiebungen
G54–G59		6 Speicherplätze für programmierte Nullpunktverschiebungen
G60–G62	v	
G63	*	Gewindebohren
G64–G69	v	
G70		Maßangaben in Zoll (inch)
G71		Maßangaben in Millimeter
G72–G73	v	
G74	*	Anfahren des Referenzpunktes
G75–G79	v	
G80		Aufheben aller Arbeitszyklen
G81–G89		9 Arbeitszyklen
G90		Maßangaben absolut
G91		Maßangaben inkremental
G92	*	Speicher setzen oder ändern
G93		zeitreziproke Vorschubverschlüsselung
G94		Vorschubgeschwindigkeit in mm/min oder inch/min
G95		Vorschub in mm/Umdrehung oder inch/Umdrehung
G96		konstante Schnittgeschwindigkeit
G97		Angabe der Spindeldrehzahl in 1/min
G98–G99	v	

5.4.4.3 Koordinaten X, Y, Z/U, V, W/P, Q, R

Zur Beschreibung der Relativbewegungen zwischen Werkzeug und Werkstück dienen die Adressen X, Y, Z/U, V, W/P, Q, R.

X, Y und Z sind die Hauptachsen eines räumlichen rechtwinkligen Koordinatensystems. Die Angabe einer Koordinatenachse zusammen mit einem Koordinatenwert bedeutet, dass eine Bewegung parallel zur Achse um den angegebenen Weg erfolgt. Zusätzlich muss der Steuerung mitgeteilt werden, welche Maßangabe gelten oder welche Fahranweisung ausgeführt werden soll.

Als Maßangabe sind absolute Maße (G90) oder inkrementale Maße (G91) programmierbar. Ms Fahranweisungen können z.B. lineares Verfahren im Eilgang (G00), lineares Verfahren mit definiertem Vorschub (G01) oder kreisförmige Bewegungen (G02, G03) programmiert werden.

■ **Beispiel:**
G90 -+ Einschaltzustand der Steuerung N60 G00 X100 LF
lineares Verfahren im Eilgang auf die Position X100 bezogen auf den Werkstücknullpunkt

Die Achsen U, V, W sowie P, Q, R sind zusätzliche Achsen, die je nach Werkzeugmaschinenbauart als parallele Achsen zu den Hauptachsen programmiert werden können.

■ **Beispiel:**
Senkrecht-Konsolfräsmaschine

5.4.4.4 Winkel A, B, C

Zur Beschreibung der Drehbewegungen von Werkzeug- oder Werkstückträgern werden die Adressen A, B und C benutzt.

Die Drehbewegung wird durch Winkelmaße, der Drehsinn durch positive oder negative Vorzeichen festgelegt. Angegeben werden die Winkelmaße als Dezimalzahlen mit der Einheit Grad oder als dezimale Bruchteile einer Umdrehung.

■ **Beispiele:**
A75 oder A + 75 → Drehung um X-Achse im Uhrzeigersinn
B-102 → Drehung um Y-Achse im Gegenuhrzeigersinn
C317.4 → Drehung um Z-Achse im Uhrzeigersinn

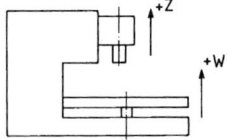

5.4.4.5 Kreisinterpolationsparameter I, J, K

Bei der Programmierung von Vollkreisen oder Kreisbögen ist neben der Angabe der Wegbedingung (G02 oder G03) die Angabe der Mittelpunktkoordinaten notwendig. Die Adressen der Kreisinterpolationsparameter sind I, J und K. Sie werden auch Hilfskoordinaten genannt.

Die Koordinate I bezieht sich auf die X-Achse, J auf die Y-Achse und K auf die Z-Achse.

Die Koordinatenwerte für I, J und K können absolut oder inkremental programmiert werden. In der Praxis ist jedoch von fast allen Steuerungsherstellern die inkrementale Maßangabe festgelegt.

a) I, J, K inkremental programmiert

Zur eindeutigen geometrischen Beschreibung eines Kreises oder Kreisbogens sind der Startpunkt PS, der Zielpunkt PZ sowie der Mittelpunkt M erforderlich. Bei einem Vollkreis fallen Anfangs- und Endpunkt zusammen.

I legt den inkrementalen Koordinatenwert vom Kreisanfangspunkt zum Kreismittelpunkt in X-Richtung fest.

J legt den inkrementalen Koordinatenwert vom Kreisanfangspunkt zum Kreismittelpunkt in Y-Richtung fest.

K legt den inkrementalen Koordinatenwert vom Kreisanfangspunkt zum Kreismittelpunkt in Z-Richtung fest.

Das Vorzeichen für I, J und K ergibt sich aus der Lage des Kreisanfangspunktes zum Kreismittelpunkt. Wird vom Kreisanfangspunkt jeweils in positiver Achsrichtung zum Kreismittelpunkt gegangen, so erhält der entsprechende Interpolationsparameter ein positives Vorzeichen, wird in negativer Achsrichtung gegangen, so erhält der Interpolationsparameter ein negatives Vorzeichen.

Für einen Kreis oder Kreisbogen in einer Hauptebene sind jeweils nur zwei Interpolationsparameter zur Angabe des Kreismittelpunktes erforderlich.

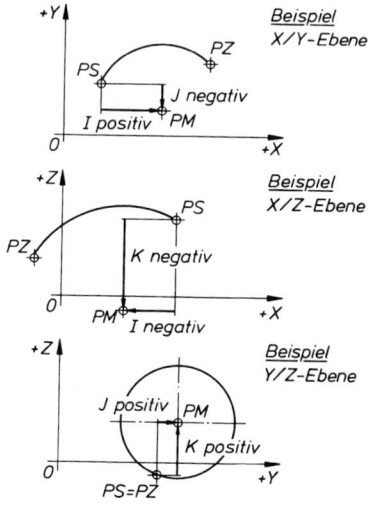

PS : Startpunkt
PZ : Zielpunkt } Kreisbogen
PM : Kreis(-bogen)mittelpunkt

Bild 2. Kreisinterpolationsparameter – inkremental

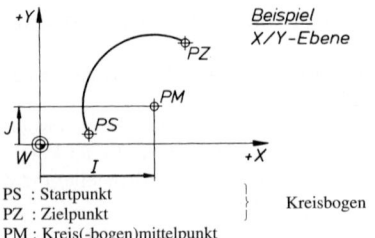

PS : Startpunkt
PZ : Zielpunkt   } Kreisbogen
PM : Kreis(-bogen)mittelpunkt

Bild 3. Kreisinterpolationsparameter – absolut

Bild 2 zeigt das Prinzip zur vorzeichengerechten Ermittlung der Interpolationsparameter I, J und K. Zu beachten ist, dass die Kreisinterpolationsparameter nur im jeweils programmierten Satz wirksam sind.

b) I, J, K absolut programmiert
Seltener angewandt wird die absolute Programmierung der Kreisinterpolationsparameter I, J und K. Alle Kreismittelpunkte werden in diesem Fall vom Werkstücknullpunkt aus bemaßt. Bild 3 zeigt das Prinzip der absoluten Programmicrung der Kreisinterpolationsparameter.
Zu beachten ist in diesem Zusammenhang, dass eine programmierte Maßangabe (G90, Absolutbemaßung oder G91, Inkrementalbemaßung) keinen Einfluss auf die Maßangabe der Interpolationsparameter hat. Die für die Kreisinterpolationsparameter 1, J und K steuerungsintern festgelegte Maßangabe bleibt stets gültig.
Außer der beschriebenen Kreisdefinition kann ein Kreis oder Kreisbogen auch durch seinen Radius sowie Anfangs- und Endwinkel des Kreisbogens beschrieben werden.

5.4.4.6 Vorschub F

Der Vorschub wird mit der Adresse F programmiert. Der Zahlenwert für den Vorschub kann entweder mathematisch verschlüsselt angegeben oder direkt programmiert werden. Bei der direkten Programmierung des Vorschubes gibt es drei Möglichkeiten:
a) Zeitreziproke Vorschubverschlüsselung, festgelegt durch die Wegbedingung G93.
b) Direkte Angabe des Vorschubes in mm/min oder inch/min, festgelegt durch die Wegbedingung G94.
c) Direkte Angabe des Vorschubes in mm/U oder inch/U, festgelegt durch die Wegbedingung G95.

■ Beispiele:
mathematische Verschlüsselung
F46 → Vorschub 20 mm/min
direkt programmierter Vorschub
F0.8 → Vorschub 0.8 mm/U

5.4.4.7 Spindeldrehzahl S

Die Spindeldrehzahl wird mit der Adresse S programmiert. Der Zahlenwert für die Spindeldrehzahl kann entweder mathematisch verschlüsselt angegeben oder direkt programmiert werden. Bei der direkten Programmierung gibt es zwei Möglichkeiten:
a) Programmierung einer konstanten Schnittgeschwindigkeit in m/min oder ft/min, festgelegt durch die Wegbedingung G96.
b) Direkte Programmierung der Spindeldrehzahl in 1/min, festgelegt durch die Wegbedingung G97.

■ Beispiele:
konstante Schnittgeschwindigkeit
S12.5 → Schnittgeschwindigkeit 12.5 m/min
direkte Programmierung der Spindeldrehzahl
S1000 → Spindeldrehzahl 1000 1/min

5.4.4.8 Werkzeugaufruf und Werkzeugkorrekturen T, D

Die Adresse für das Werkzeug ist der Buchstabe T, für die Werkzeugkorrektur der Buchstabe D. Als Adressen für Korrekturen werden von den Steuerungsherstellern häufig auch andere oder zusätzliche Adressen verwendet, z.B. H, P, Q oder R. Adresswert ist die Nummer eines Werkzeugs oder Werkzeugspeichers oder eines Korrekturspeicherplatzes. Die Anzahl der speicherbaren Werkzeuge und Werkzeugkorrekturen ist abhängig von den reservierten Speicherplätzen. Üblich sind 16 oder 32 Speicherplätze für Werkzeuge und Werkzeugkorrekturen. Grundsätzlich können mit den Adressen T und D zwei Möglichkeiten unterschieden werden:
a) Verwendung nur von T oder
b) Verwendung von T *und* D.

a) Werkzeugaufruf T
Die Werkzeugnummer legt das Werkzeug fest.

■ Beispiel:
T03 → ruft z.B. einen Schaftfräser mit Durchmesser 10 mm und Länge 60 mm auf

Automatischer Werkzeugwechsel
Besitzt die Werkzeugmaschine einen Werkzeugspeicher (Werkzeugmagazin) mit einer Werkzeugwechseleinrichtung, so wird bei Aufruf eines Werkzeugs das Werkzeug automatisch dem Magazin entnommen und der Werkzeugaufnahme zugeführt.

Manueller Werkzeugwechsel
Besitzt die Werkzeugmaschine kein Werkzeugmagazin, so muss bei Aufruf eines Werkzeugs das der Werkzeugnummer zugeordnete Werkzeug von Hand der Werkzeugaufnahme zugeführt werden. Im Werkzeugspeicher sind außerdem Korrekturangaben zur Werkzeuglänge und zum Werkzeugdurchmesser (Bohren/Fräsen) oder zum Schneidenradius (Drehen) abgespeichert. Bei einigen Steuerungen wird an die Werkzeugnummer zusätzlich eine zweistellige Nummer für den Korrekturspeicher angehängt. Werkzeugnummer und Korrekturspeicher müssen nicht identisch sein.

■ **Beispiel:** T0205

Werkzeugnummer ─┘│
Korrekturspeichernummer ─┘

b) *Werkzeugaufruf T und Werkzeugkorrektur D*
Der Werkzeugspeicher (T) legt das Werkzeug fest, der Werkzeugkorrekturspeicher (D) enthält die Korrekturdaten (Länge, Durchmesser, Schneidenradius).

■ **Beispiel:** T03 D03

Werkzeugnummer ─┘
Korrekturspeichernummer ─┘

5.4.4.9 Zusatzfunktionen M

Die Zusatzfunktionen werden mit der Adresse M programmiert. Bei den Adresswerten handelt es sich um zweistellige frei verschlüsselte Zahlen, denen frei Funktionen zugeordnet sind.
Die Zusatzfunktionen enthalten vorwiegend technologische Informationen, sofern diese nicht unter den Adressen F, S oder T programmierbar sind.
Tabelle 3 zeigt alle in DIN 66025, Teil 2 genormten Verschlüsselungen der Zusatzfunktionen M.

Tabelle 3. Zusatzfunktionen M und zugeordnete Funktionen

M00	*, e	Programmierter Halt
M01	*, e	Wahlweiser Halt
M02	*, e	Programmende
M03	m, a	Spindeldrehung im Uhrzeigersinn
M04	m, a	Spindeldrehung im Gegenuhrzeigersinn
M05	m, e	Spindel Halt
M06	*	Werkzeugwechsel
M07	m, a	Kühlschmiermittel Nr. 2 EIN
M08	m, a	Kühlschmiermittel Nr. 1 EIN
M09	m, e	Kühlschmiermittel AUS
M10	m	Klemmen
M11	m	Lösen
M12–M18	v	
M19	m, e	Spindel Halt mit definierter Endstellung
M20–M29	s	
M30	*, e	Programmende mit Rücksetzen zum Programmanfang
M31	*	Aufhebung einer Verriegelung
M32–M39	v	
M40–M45	v	
M46–M47	v	
M48	m, e	Überlagerungen wirksam
M49	m, a	Überlagerungen unwirksam
M50–M57	v	
M58	m, a	Konstante Spindeldrehzahl AUS
M59	m, a	Konstante Spindeldrehzahl EIN
M60	*, e	Werkstückwechsel
M61–M89	v	
M90–M99	s	

m:	modal (selbsthaltend)	
*:	satzweise wirksam	
a:	sofort wirksam	frei verfügbar
e:	am Satzende wirksam	
v:	vorläufig	
s:	ständig	

5.5 Kreisprogrammierung beim Drehen und Fräsen

Der gängige Satzaufbau für die Kreis(-bogen) programmierung sowohl beim Drehen als auch beim Fräsen enthält die Angaben:

Satznummer	(N ...)
Wegbedingung	(G ...)
Koordinaten des Kreis(-bogen)-Zielpunktes	(X ..., Y ..., Z ...)
Kreisinterpolationsparameter	(I ..., J ..., K ...)
evtl. technologische Angaben	(F ..., S ..., T ..., M ...)

Vor dem Programmieren von Kreisen oder Kreisbögen muss festgelegt werden, ob das Werkzeug im Uhrzeigersinn (G02) oder im Gegenuhrzeigersinn (G03) fahren soll. Hierzu schaut man immer aus Richtung einer positiven Hauptachse senkrecht auf diejenige Hauptebene, in der die Arbeitsbewegung stattfindet.

5.5.1 Kreisprogrammierung beim Drehen

Der Satzaufbau für die Kreisprogrammierung beim Drehen enthält die Adressen:
    N... G... X... Z... I... K

5.5.1.1 Wegbedingungen G02 und G03

Für die korrekte Festlegung der Wegbedingung bei der Kreisinterpolation ist zu unterscheiden, ob das Werkzeug *vor* der Drehmitte oder *hinter* der Drehmitte liegt.

5.5.1.2 Koordinaten des Kreisbogen-Zielpunktes Pz

Nach der Wegbedingung werden die Koordinaten des Kreisbogen-Zielpunktes PZ programmiert. Als Koordinatenwert in X-Richtung wird im Absolutbemaßung (G90) bei fast allen Drehmaschinensteuerungen der *Durchmesser* programmiert, bei Inkrementalbemaßung (G91) dagegen die Maßänderung des *Radius*. Der Koordinatenwert in Z-Richtung wird bei Absolutbemaßung immer auf den Werkstücknullpunkt bezogen programmiert, bei Inkrementalbemaßung dagegen als Relativmaß.

5.5.1.3 Kreisinterpolationsparameter

Nach den Koordinaten des Kreisbogen-Endpunktes werden die Kreisbogeninterpolationsparameter I und K programmiert, mit denen der Kreismittelpunkt auf

den Kreisanfangspunkt bezogen festgelegt wird, siehe Abschnitt 5.4.4.5, Kreisinterpolationsparameter.
Bilder 4 und 5 zeigen die Kreisprogrammierung beim Drehen im Uhrzeigersinn und im Gegenuhrzeigersinn.

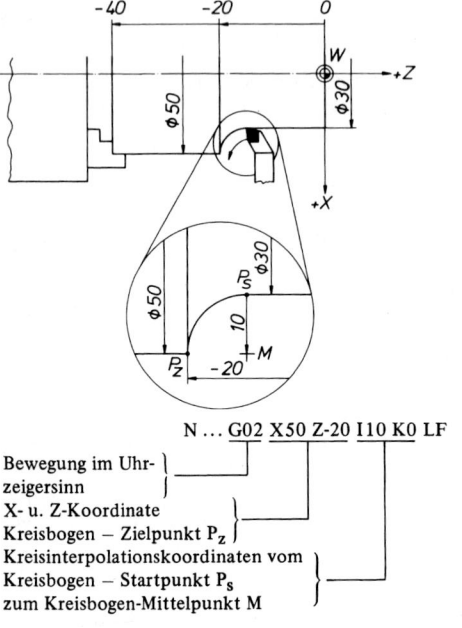

N ... G02 X50 Z-20 I10 K0 LF

Bewegung im Uhrzeigersinn
X- u. Z-Koordinate Kreisbogen – Zielpunkt P_z
Kreisinterpolationskoordinaten vom Kreisbogen – Startpunkt P_s zum Kreisbogen-Mittelpunkt M

Bild 4. Kreisprogrammierung im Uhrzeigersinn (G02) beim Drehen. Bemaßung absolut (G90).

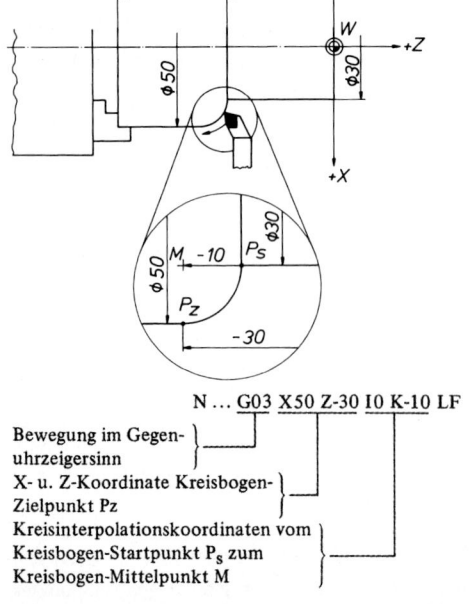

N ... G03 X50 Z-30 I0 K-10 LF

Bewegung im Gegenuhrzeigersinn
X- u. Z-Koordinate Kreisbogen-Zielpunkt P_z
Kreisinterpolationskoordinaten vom Kreisbogen-Startpunkt P_s zum Kreisbogen-Mittelpunkt M

Bild 5. Kreisprogrammierung im Gegenuhrzeigersinn (G03) beim Drehen. Bemaßung absolut (G90).

5.5.2 Kreisprogrammierung beim Fräsen

Die Wahl der Adressen und damit der Satzaufbau hängt beim Fräsen davon ab, in welcher Hauptebene die Kreisinterpolation erfolgen soll, sofern die Steuerung eine 2 aus 3 D- oder 3 D-Interpolation erlaubt.
In diesem Fall muss beim Fräsen im Gegensatz zum Drehen zusätzlich diejenige der drei Hauptebenen programmiert werden, in der ein Kreis(-bogen) gefahren werden soll.
Programmiert wird die Ebenenauswahl der Hauptebene X/Y durch die Wegbedingung G17, die der Hauptebene X/Z durch G 18 und die der Hauptebene Y/Z durch G 19.
Damit ergeben sich für die Kreisprogrammierung beim Fräsen drei Möglichkeiten des Satzaufbaus.
a) Kreis(bogen) in der X/Y-Ebene (G17)
   N ... G ... X ... Y ... I ... J ...
b) Kreis (bogen) in der X/Z-Ebene (G18)
   N ... G ... X ... Z ... I ... K ...
c) Kreis (bogen) in der Y/Z-Ebene (G19)
   N ... G ... Y ... Z ... J ... K ...

5.5.2.1 Wegbedingungen G02 und G03

Blickt man aus Richtung einer positiven Hauptachse senkrecht auf eine Hauptebene, so gilt für alle drei Hauptebenen:

→ Bewegung im *Uhrzeigersinn*
  → Wegbedingung G02
→ Bewegung im *Gegenuhrzeigersinn*
  → Wegbedingung G03

ist zu programmieren.

5.5.2.2 Koordinaten des Kreisbogen-Zielpunktes P_z

Nach der Wegbedingung werden die Koordinaten des Kreisbogen-Zielpunktes P_z programmiert.
Die Koordinaten ergeben sich aus der Hauptebene, in der der Kreisbogen gefahren wird. Alle Koordinatenwerte werden absolut oder inkremental auf den Werkstücknullpunkt bezogen programmiert.

5.5.2.3 Kreisinterpolationsparameter

Nach den Koordinaten des Kreisbogen-Endpunktes werden die Kreisinterpolationsparameter I/J, I/K oder J/K programmiert, mit denen der Kreismittelpunkt auf den Kreisanfangspunkt bezogen festgelegt wird.
Bilder 6 und 7 zeigen die Kreisprogrammierung beim Fräsen im Uhrzeigersinn und im Gegenuhrzeigersinn.

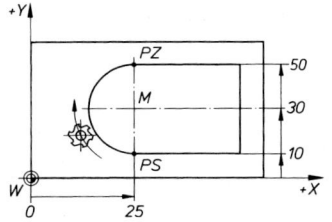

5 Manuelles Programmieren

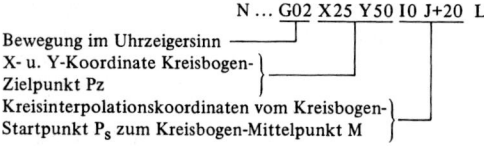

Bewegung im Uhrzeigersinn
X- u. Y-Koordinate Kreisbogen-Zielpunkt Pz
Kreisinterpolationskoordinaten vom Kreisbogen-Startpunkt P$_s$ zum Kreisbogen-Mittelpunkt M

Bemaßung absolut (G90)
Hauptebene X/Y (G17)

Bild 6. Kreisprogrammierung im Uhrzeigersinn (G03) beim Fräsen.

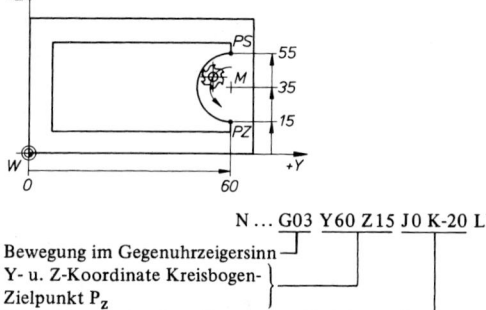

Bewegung im Gegenuhrzeigersinn
Y- u. Z-Koordinate Kreisbogen-Zielpunkt P$_z$
Kreisinterpolationskoordinaten vom Kreisbogen-Startpunkt P$_s$ zum Kreisbogen-Mittelpunkt M

Bemaßung absolut (G90)
Hauptebene Y/Z (G19)

Bild 7. Kreisprogrammierung im Gegenuhrzeigersinn (G03) beim Fräsen.

5.6 Werkzeugkorrekturen beim Drehen und Fräsen

Moderne CNC-Steuerungen enthalten Funktionen, die es gestatten, Werkzeugkorrekturen zu programmieren.
Unter Werkzeugkorrektur ist das automatische Verrechnen von Werkzeuglängen, -durchmessern oder -radien mit der Teilegeometrie zu verstehen.
Dies bedeutet für die Programmierung, dass im Teileprogramm nur die Geometriedaten für die Fertigkontur stehen (so genannte Konturprogrammierung).

Die Korrekturangaben für die Werkzeuge werden gesondert an die CNC-Steuerung übergeben.
Hierzu stehen meist zwei Eingabemöglichkeiten zur Wahl.

a) Manuelle Eingabe der Korrekturdaten
Der Maschinenbediener gibt die Korrekturdaten über die Steuerungstastatur unmittelbar an der Maschine in den Werkzeugspeicher der Steuerung ein.

b) Automatisches Einlesen der Korrekturdaten
Die Korrekturdaten werden von einem Korrekturdatenträger (Lochstreifen, Magnetband usw.) über ein geeignetes Eingabegerät oder aus einem Datenspeicher in den Werkzeugspeicher der CNC-Steuerung eingespielt.
Es ist auch möglich, die Daten über Datenleitungen aus größeren Entfernungen in die Maschinensteuerung zu überspielen.
Das Trennen der Teilegeometrie von der Werkzeuggeometrie hat betriebsorganisatorische Gründe. Änderungen der Werkzeugmaße durch Verschleiß oder Werkzeugbruch können somit unmittelbar an der Maschine in den Werkzeugspeicher eingegeben werden, ohne zeitaufwändige Programmänderungen vornehmen zu müssen.
Die vom Maschinenbediener direkt an der Steuerungskonsole in den Werkzeugkorrekturspeicher einzugebenden Maße werden in aller Regel einem Werkzeugkarteiblatt entnommen (Bild 8). Daneben bieten einige Steuerungen die Möglichkeit, Werkzeugkorrekturdaten unmittelbar in das Teileprogramm zu schreiben.

5.6.1 Werkzeuglängenkorrektur beim Bohren und Fräsen

Der Korrekturwert für die Werkzeuglängenkorrektur (Bohrer- oder Fräserlänge) liegt bei Senkrechtkonsolfräsmaschinen in Z-Richtung. Das voreingestellte Längenmaß ist dabei das Maß von der Anschlagfläche der Werkzeugaufnahme an die Spindelnase bis zur Werkzeugspitze (Bild 9). Das ermittelte Längenmaß wird z. B. unter der Adresse H und einem gewählten Speicherplatz, z.B. 02, abgespeichert. Der Speicher muss vor Eingabe der Werkzeuglänge auf null gesetzt werden.

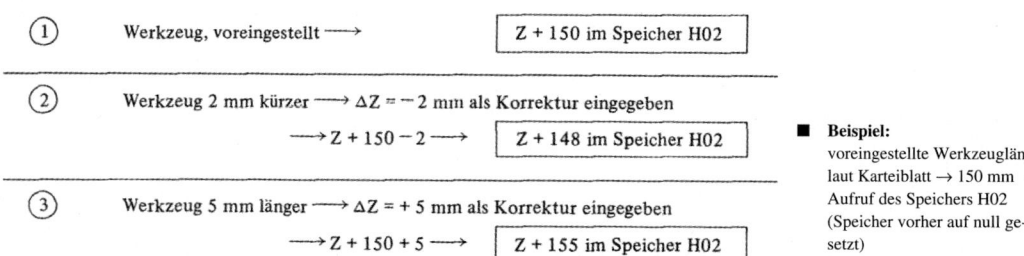

■ **Beispiel:**
voreingestellte Werkzeuglänge laut Karteiblatt → 150 mm
Aufruf des Speichers H02
(Speicher vorher auf null gesetzt)
Eingabe von Z + 150

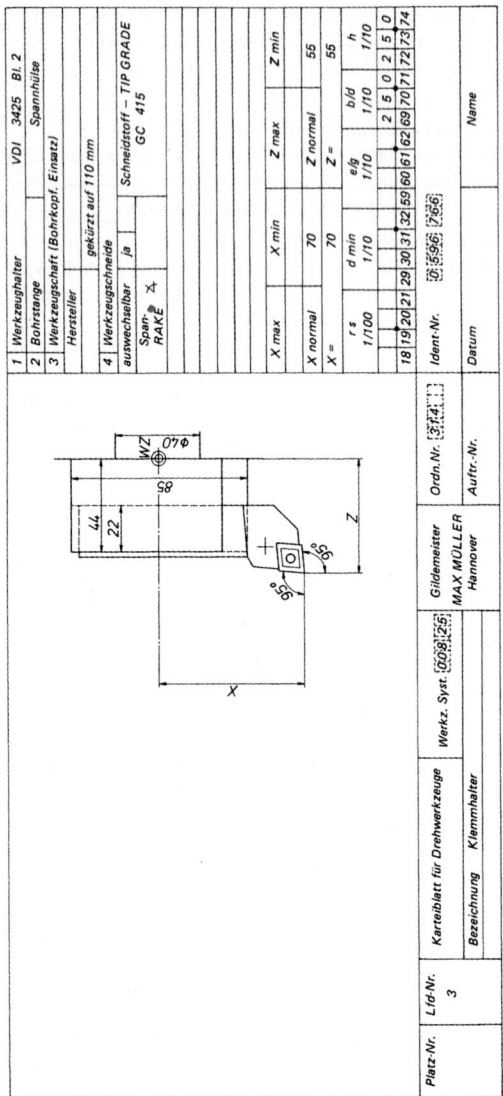

Bild 8. Werkzeugkarteiblatt für Drehmeißel

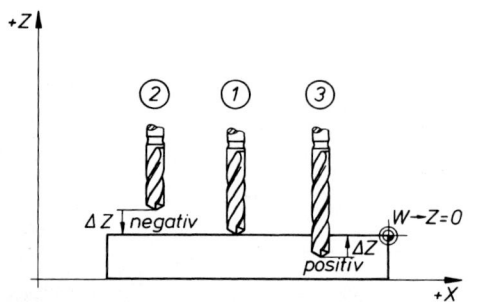

Bild 9. Werkzeuglängenkorrektur beim Bohren und Fräsen

Wird durch das Programm die Werkzeuglängenkorrektur aufgerufen, so erfolgt steuerungsintern das automatische Verrechnen der voreingestellten Werkzeuglänge (Z + 150) mit den programmierten Z-Werten.

Würde keine Längenkorrektur erfolgen, so käme es bei Anfahren des Werkstücknullpunktes in Z-Richtung zwangsläufig zum Werkzeugbruch, da die Maschine versuchen würde, bis zur Spindelnase zu verfahren.

5.6.1.1 Veränderung der Werkzeuglänge

Ändert sich die voreingestellte Werkzeuglänge durch Nachschleifen oder weil ein neues Werkzeug eingesetzt wurde, so kann die Längenänderung als Korrekturwert ΔZ in den Speicher eingegeben werden. Der Korrekturwert wird zu dem im Speicher stehenden Längenwert Z addiert oder von ihm subtrahiert.

5.6.2 Fräser-Radiuskorrektur

Soll eine Werkstückkontur gefräst werden, so muss der Werkzeugmittelpunkt auf einer Bahn verlaufen, die um den Radius des Werkzeuges versetzt neben der Werkstückkontur liegt (Bild 10).

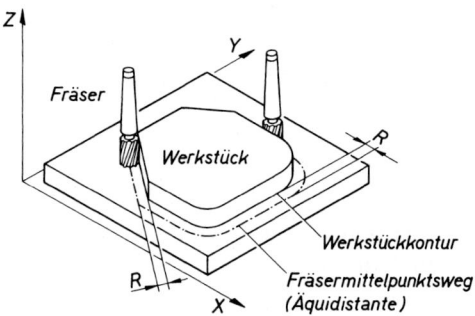

R = Korrekturwert — Versatz um Fräserradius R

Bild 10. Fräser-Radiuskorrektur

Die Fräsermittelpunktsbahn, auch *Äquidistante* genannt, muss bei Steuerungen ohne Fräser-Radiuskorrektur unter Berücksichtigung des Werkzeugradius errechnet werden. Das Errechnen erfordert umso höheren Aufwand, je mehr Kreisbögen oder nichtachsparallele Strecken die Kontur enthält.

Bei der Fräser-Radiuskorrektur gibt es nach Norm den Unterschied zwischen der (einfachen) achsparallelen Korrektur (Streckensteuerung) und der komfortablen Bahnkorrektur.

Steuerungen mit 2 aus 3 D- oder 3 D-Interpolation enthalten generell die Bahnkorrektur, welche die achsparallele Korrektur mit einschließt.

5.6.2.1 Bahnkorrektur

Bei der Fräser-Bahnkorrektur ermittelt die CNC-Steuerung durch Verrechnen des Fräserradius mit der

5 Manuelles Programmieren

programmierten Kontur selbsttätig die Fräsermittelpunktsbahn (Äquidistante), wodurch z.B. automatisch Hilfsschnittpunkte berechnet oder Hilfskreise an Konturübergängen in die Fräsermittelpunktsbahn eingefügt werden. Hierdurch wird es möglich, beliebige Konturverläufe zu zerspanen.

Wie bei der achsparallelen Korrektur gibt es bei der Bahnkorrektur zwei Korrekturlagen des Werkzeuges:
→ *links*   von der Kontur oder
→ *rechts* von der Kontur.

Links von der Kontur bedeutet:
   von der Hauptspindel aus gesehen bewegt sich das Werkzeug in Vorschubrichtung *links* von der Kontur.

Rechts von der Kontur bedeutet:
   von der Hauptspindel aus gesehen bewegt sich das Werkzeug in Vorschubrichtung *rechts* von der Kontur.

Beide Fräser-Radiuskorrekturen werden durch G-Wörter aufgerufen:
→ Fräser-Radiuskorrektur *links*   durch G41,
→ Fräser-Radiuskorrektur *rechts*   durch G42.

Das Löschen der modal wirksamen Fräser-Radiuskorrekturen erfolgt durch G40.

Vor Aufruf der Fräserbahnkorrektur muss gegebenenfalls die Hauptebene adressiert werden, in der die Korrektur erfolgen soll.

Bild 11 zeigt die Vorschubrichtung und die Werkzeuglage zur Kontur bei G41 und G42. Nach Start eines CNC-Programmes kann eine Fräser-Radiuskorrektur nur dann wirksam werden, wenn mit Aufruf der Wegbedingungen G41 oder G42 auch der Korrekturspeicher mit dem Werkzeugradius aufgerufen wird.

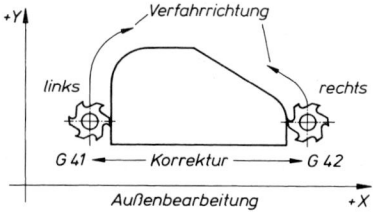

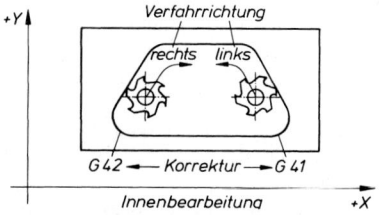

Bild 11. Fräser-Bahnkorrektur

■ **Beispiel:**
   N ... G41 X10 .... D02 LF
   G41 ruft Korrekturwert
   (z. B. R = 5 mm) aus Speicher D02 ab

5.6.2.2 Anfahren zur Kontur und Abfahren von der Kontur unter Berücksichtigung der Bahnkorrektur

Die Werkzeugradiuskorrektur sollte immer vor dem Anfahren an die Kontur aktiviert werden, da es andernfalls zu Konturzerstörungen oder Kollisionen kommen kann. Entsprechend sollte das Aufheben einer Werkzeugradiuskorrektur erst dann erfolgen, wenn die Kontur verlassen wurde.

Wird eine Kontur mit aktivierter Werkzeugradiuskorrektur unter einem Anfahrwinkel kleiner als 180° angefahren oder unter einem Abfahrwinkel kleiner als 180° verlassen, so wird die Kontur nicht vollständig bearbeitet.

Eine vollständige Konturbearbeitung ist dann sichergestellt, wenn sowohl der Anfahr- als auch Abfahrwinkel größer als 180° ist (Bild 12).

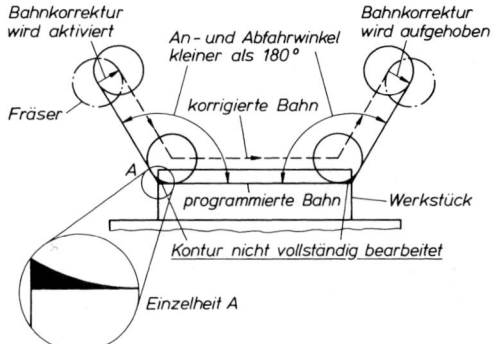

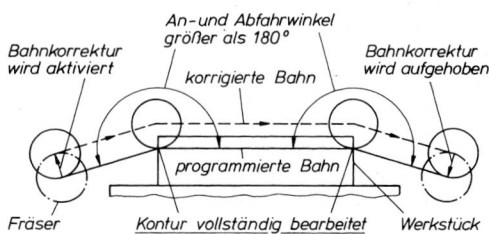

Bild 12. Anfahren zur Kontur und Abfahren von der Kontur unter Berücksichtigung der Fräser-Bahnkorrektur

5.6.3 Werkzeugkorrekturen beim Drehen

Folgende Angaben sind für die Werkzeugkorrektur beim Drehen erforderlich:

→ Werkzeuglängenmaße
→ Schneidenradiuskorrektur
→ und je nach Steuerungsfabrikat die Werkzeug-Einstellposition.

Die Korrekturdaten können wie beim Fräsen/Bohren manuell oder über eine Datenleitung in den Korrekturspeicher eingespielt werden.

5.6.3.1 Werkzeuglängenmaße

Die Werkzeuglängenmaße sind die Abstände der Schneidenecke in X- und Z-Richtung bezogen auf den Werkzeugbezugspunkt (WZ). Der Werkzeugbezugspunkt liegt vorbestimmt am Werkzeugträger und ist Bezugspunkt für alle eingesetzten Werkzeuge (Bild 13).

Die Bemaßung der Werkzeugschneide bezieht sich meist nur auf eine theoretische (spitze) Schneidenecke P, da diese in der Praxis aus technologischen Gründen abgerundet wird (Bild 13).

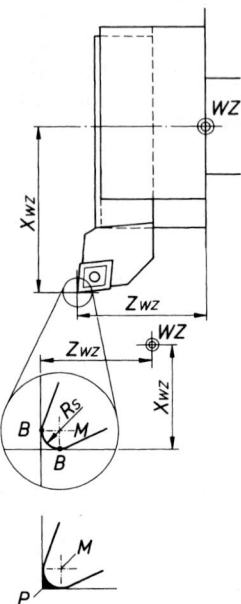

Bild 13. Bezugspunktvermassung der Werkzeugabmessungen

5.6.3.2 Schneidenradiuskorrektur (Schneidenradiuskompensation)

Durch die Abrundung der Schneidenecke ist zu beachten, dass je nach Lage der Werkzeugschneide an der zu zerspanenden Kontur die konturerzeugende Tangente durch den Berührpunkt B nicht mehr durch die theoretische Schneidenecke P läuft.

Die theoretische Schneidenecke P und die konturerzeugende Tangente durch B liegen nur dann auf einer gemeinsamen Geraden, wenn diese parallel zur X- oder Z-Achse liegt (Zerspanung längs oder plan).

Bei nicht-achsparalleler Vorschubrichtung kommt es *ohne* Schneidenradiuskorrektur, auch Schneidenradiuskompensation genannt, zu mehr oder weniger großen Maßabweichungen von der Sollkontur, also zu Konturverzerrungen (Bild 14).

Die Größe der (maximalen) Konturabweichung beim Drehen ohne Schneidenradiuskorrektur lässt sich rechnerisch bestimmen (Bild 15).

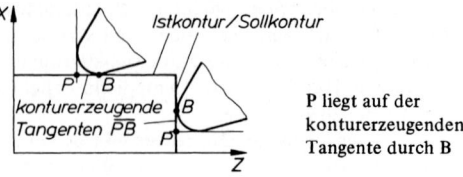

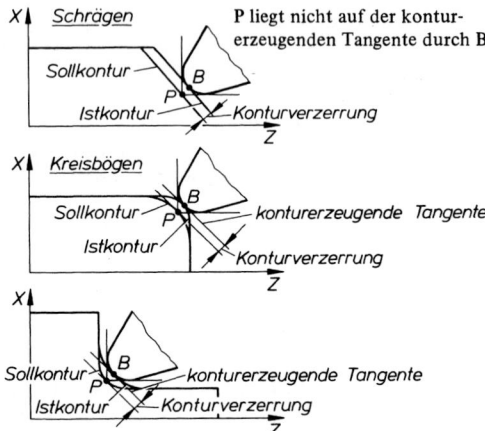

Bild 14. Drehen ohne Schneidenradiuskorrektur

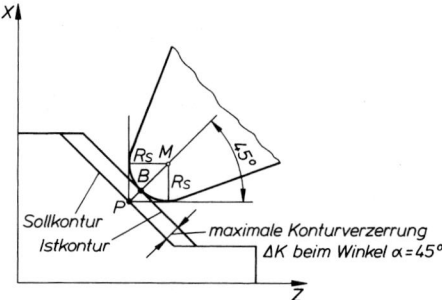

Bild 15. Drehen ohne Schneidenradiuskorrektur

Beim Drehen *mit* Schneidenradiuskorrektur erfolgt die steuerungsinterne Berechnung der Werkzeugbahn im Prinzip wie beim Fräsen mit Bahnkorrektur. Die Äquidistante ist in diesem Fall die Mittelpunktsbahn des Mittelpunktes M der abgerundeten Schneidenecke (Bild 16).

Es gibt zwei Korrekturlagen des Werkzeuges:
→ *links* von der Kontur oder
→ *rechts* von der Kontur.

Zusätzlich zur Korrekturlage ist anzugeben, ob das Werkzeug *vor* oder *hinter* der Drehmitte steht.

a) Werkzeug hinter der Drehmitte:
Links von der Kontur bedeutet: Das Werkzeug liegt in Vorschubrichtung *links* von der Kontur.
Rechts von der Kontur bedeutet: Das Werkzeug liegt in Vorschubrichtung *rechts* von der Kontur.

Schneidenradius = Abstand zwischen Äquidistante und Kontur

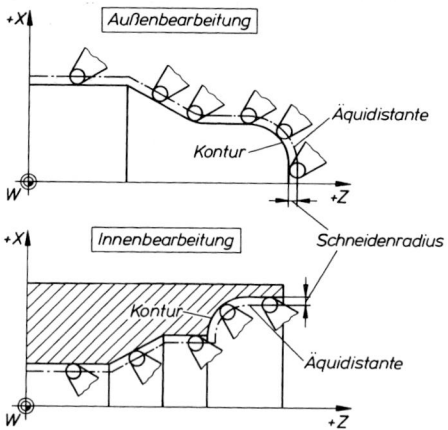

Bild 16. Drehen mit Schneidenradiuskorrektur

b) Werkzeug vor der Drehmitte:
Wie schon bei der Kreisinterpolation muss *von unten* auf die XZ-Ebene geschaut werden. Dadurch wird *links* und rechts *im* Gegensatz zur Werkzeuglage „hinter der Drehmitte" vertauscht. Programmiert wird die Schneidenradiuskorrektur durch die Wegbedingungen:

G41 → Schneidenradiuskorrektur *links* von der Kontur,
G42 → Schneidenradiuskorrektur *rechts* von der Kontur.

Das Löschen erfolgt durch die Wegbedingung G40.
Bild 17 zeigt die Werkzeuglage zur Kontur unter zusätzlicher Berücksichtigung, ob das Werkzeug *vor* oder *hinter* der Drehmitte liegt.
Die Eingabe des Schneidenradius R_s erfolgt entweder manuell unmittelbar an der Steuerung, mittels Datenträger oder über Datenleitungen.

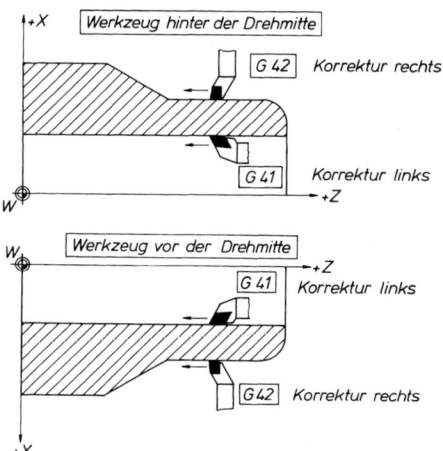

Bild 17. Unterscheidung der Werkzeugkorrekturen rechts und links bei der Schneidenradiuskorrektur

5.6.3.3 Werkzeug-Einstellposition

Je nach Einsteilposition des Werkzeuges haben die theoretischen Schneidenecke P und der Mittelpunkt M der abgerundeten Schneidenecke unterschiedliche Lagen zueinander.
In Bild 18 ist dargestellt, dass die Istkontur (erzeugt durch Berührpunkt B) und die Sollkontur (erzeugt durch die theoretische Schneidenecke P) je nach Lage der theoretischen Schneidenecke in unterschiedlicher Richtung voneinander abweichen.

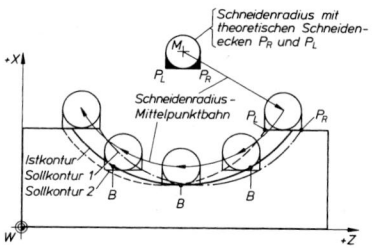

Istkontur: Bahn der Berührpunkte B
Sollkontur: Bahn der Schneidenecke P_R
Sollkontur: Bahn der Schneidenecke P_L

Bild 18. Zusammenhang zwischen der Ist- und der Sollkontur unter Berücksichtigung der Werkzeug-Einstellposition

Neben den Werkzeugabmessungen und der Schneidenradiuskorrektur muss deshalb bei einigen Steuerungen zusätzlich die Einstellposition der Werkzeugschneide als Korrekturangabe eingegeben werden.
Ein Prinzip zur Beschreibung der Einstellposition ist die Angabe von Einstellpositionsziffern. Es werden acht unterschiedliche Lagen der Werkzeugschneide im Arbeitsraum festgelegt. Bild 19 zeigt die Zuordnung der Einstellpositionsziffern 1 ... 8 in Abhängigkeit von der Werkzeugorientierung und unter Berücksichtigung der positiven X-Achse.
Ein weiteres Prinzip ist die Lagebeschreibung der theoretischen Schneidenecke P zum Mittelpunkt M über die Parameter I und K, für die je nach Schneidenlage entweder null oder die Größe des Schneidenradius vorzeichenrichtig eingesetzt werden muss (Bild 19).

5.7 Programmierbeispiel

5.7.1 Grundsätze für das manuelle Programmieren

Zuerst sollte ein Arbeitsplan als Grundlage für die Programmerstellung aufgestellt werden. Anstelle eines Arbeitsplanes kann auch eine Skizze des zu fertigenden Werkstücks erstellt werden, in der z.B. Bezugspunkte, Verfahrwege und -richtungen sowie technologische Angaben eingetragen werden.
Tabelle 4 zeigt eine tabellarische Ablaufplanung.

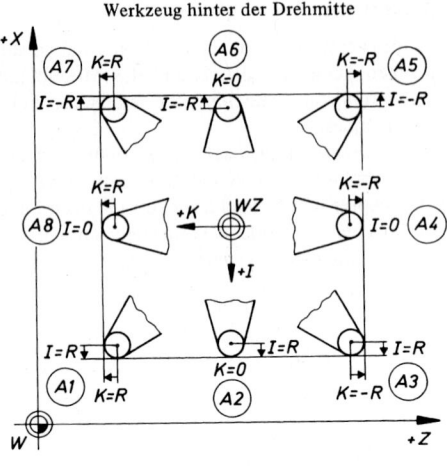

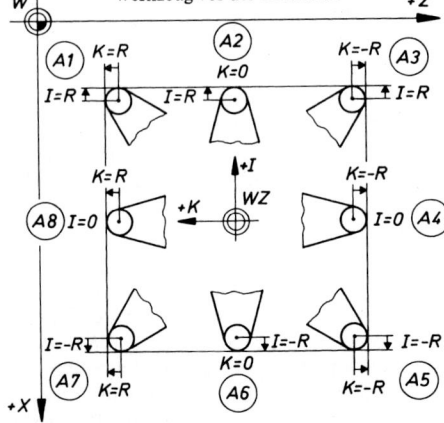

Beispiel: Werkzeugkorrektur beim Drehen (Dateneingabe manuell)

```
T0102→   Werkzeug- und Korrekturspeicher
         aufrufen
X→   ⎫   Werkzeugmaße in X- und Z- Rich-
     ⎬   tung bis
Z→   ⎭   zum Werkzeugbezugspunkt
B→       Schneidenradius z. B. 0,4 mm
A→       Einstellposition z. B. 7
:
:
:
```

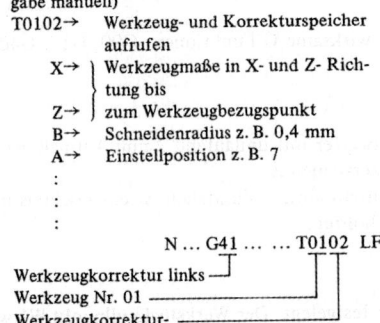

Bild 19. Korrekturangaben der Werkzeugeinstellposition

5.7.2 Steuerungsfunktionen im Einschaltzustand

Bei der Inbetriebnahme einer CNC-Steuerung werden bestimmte G-Funktionen selbstständig von der Steuerung voreingestellt (initialisiert).

Es handelt sich dabei meist um folgende, modal wirksame G-Funktionen: G00, G17, G40, G53, G 90 sowie G94.

Tabelle 4. Vorgehensweise bei der manuellen Programmerstellung

1	Werkstück-Nullpunkt festlegen
2	Geometrische Angaben festlegen – Programmierung in Absolut- oder Inkrementalbemaßung – Nullpunktverschiebung z.B. bei Unterprogrammen
3	Arbeitsplan erstellen – Anfahrpunkt(e) an die Kontur (wichtig für Werkzeugradiuskorrektur und Einfahrkreise) – Richtung der Verfahrwege (wichtig für Werkzeugradiuskorrektur) – Spindeldrehzahl – Vorschub – Werkzeug – Kühlschmierung
4	Programm schreiben – Arbeitsschritte DIN-gerecht und unter Berücksichtigung der steuerungsspezifischen Abwandlungen in die Programmiersprache übersetzen
5	Programm-Eingabe – unmittelbar an der Steuerungskonsole – über Teletype – über Programmiergerät/Personalcomputer
6	Programm-Test – Zeichnungsplot der Kontur und Verfahrwege – grafisch-dynamische Simulation
7	Programm-Korrektur oder -Optimierung
8	Programm abarbeiten

5.7.3 Programmierbeispiel Fräsen/Bohren

Bei dem Werkstück handelt es sich um einen Auswerfer mit umlaufend 2 mm Aufmaß, wobei die Kontur mit einer Tiefenzustellung von 15 mm zu zerspanen ist.
Weiterhin ist eine Rechtecktasche 10 mm tief auszuräumen. Zusätzlich ist ein Lochreis mit vier Durchgangsbohrungen von 6 mm Durchmesser zu bohren. Bild 20 zeigt das vollständig bemaßte Werkstück.

a) Werkstücknullpunkt W
Am Werkstück werden zwei Werkstücknullpunkte festgelegt. Der Werkstücknullpunkt W1 wird im Einrichtbetrieb bestimmt. Er liegt in der linken unteren Werkstückecke an der Werkstückoberkante.
Vom Werkstücknullpunkt W1 aus ist die Außenkontur sowie die Rechtecktasche bemaßt. Der Werkstücknullpunkt W2 ist unter der Adresse G59 gespeichert. Er liegt in der Mitte des Lochkreises. Die Maßprogrammierung des Lochkreises bezieht sich auf den Werkstücknullpunkt W2.

5 Manuelles Programmieren

b) Geometrische Angaben
Alle Maße werden absolut programmiert; G90 ist Einschaltzustand der Steuerung.

c) Arbeitsplan aufstellen
Bild 21 zeigt die Verfahrwege der Werkzeuge in Einzelschritte zerlegt. Die Kontur wird im Uhrzeigersinn umfahren, die Rechtecktasche wird wegen Beibehaltung der Radiuskorrektur im Gegenuhrzeigersinn ausgeräumt.
Arbeitsebene ist die X/Y-Ebene, G17 ist Einschaltzustand der Steuerung.
a) Zerspannung Kontur und Rechtecktasche
   Vorschub s = 120 mm/min
   Schnittgeschwindigkeit v_c = 170 m/min
   Werkzeug Schaftfräser 8 mm Durchmesser
b) Bohren der vier Bohrungen $\varnothing$ 6 mm
   Vorschub s = 45 mm
   Schnittgeschwindigkeit
   v_c = 20 m/min
   Werkzeug Wendelbohrer, Typ N, $\varnothing$ 6 mm

c) Programm schreiben

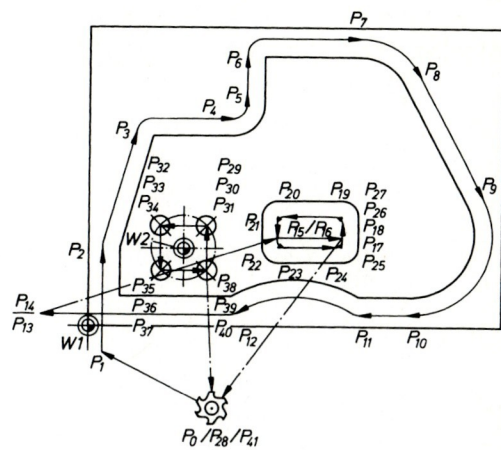

Bild 21. Auswerfer

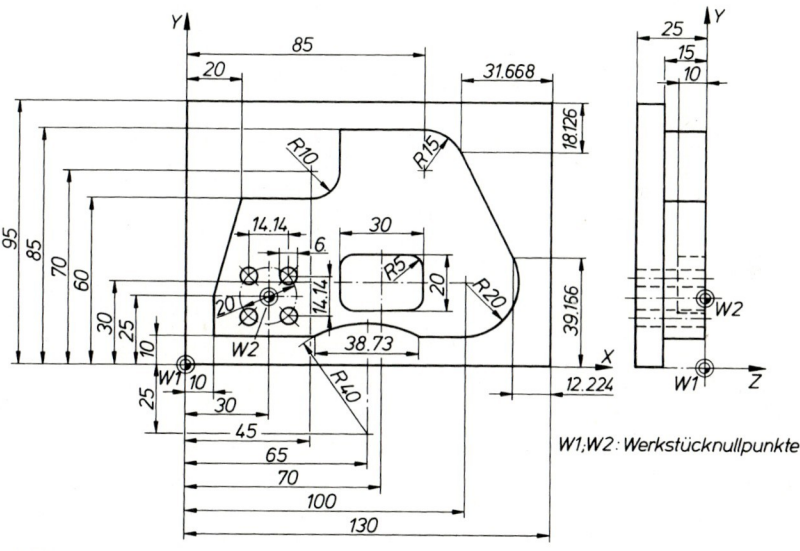

Bild 20. Auswerfer

5.7.3.1 Programmliste zum Programmierbeispiel Fräsen/Bohren

```
%490306
N0   G00                              Z200                              T0101  M06
N1         X  30      Y-25
N2                                    Z-15                F120 S170             M03
N3   G41   X  10      Y-10
N4   G01              Y  25
N5         X  20      Y  60
N6         X  45
N7   G03   X  55      Y  70           I0       J10
N8   G01              Y  85
N9         X  85
N10  G02   X  98.332  Y  76.874       I0       J-15
N11  G01   X117.776   Y  39.166
N12  G02   X100       Y  10           I-17.8   J-9.07
N13  G01   X  84.365
N14  G03   X  45.635                  I-19.365 J-35
N15  G01   X   0
N16  G40
N17  G00                              Z2
N18        X  59      Y  30
N19  G01                              Z-10
N20  G41   X  76      Y  26
N21  G03   X  85      Y  35           I0       J9
N22  G03   X  80      Y  40           I-5      J0
N23  G01   X  60
N24  G03   X  55      Y  35           I0       J-5
N25  G01              Y  25
N26  G03   X  60      Y  20           I5       J0
N27  G01   X  80
N28  G03   X  85      Y  25           I0       J5
N29  G01              Y  35
N30  G40                                                                        M05
N31  G00                              Z200
N32        X  30      Y-25                                              T0202  M06
N33  G59
N34  G95                              Z  2                  F.45 S 20           M03
N35  G00   X 7.07     Y 7.07
N36  G01                              Z- 28
N37  G00                              Z  2
N38        X-7.07
N39  G01                              Z- 28
N40  G00                              Z  2
N41                   Y-7.07
N42  G01                              Z- 28
N43  G00                              Z  2
N44        X 7.07
N45  G01                              Z- 28
N46  G00                              Z200
N47        X30        Y-25
N48                                                                             M30
```

5.7.3.2 Programmerläuterung zum Programmierbeispiel Fräsen/Bohren

%490306	Programmanfangszeichen und Programmnummer	Konturpunkt
N0 G00 Z200	Eilgang Werkzeugwechselposition in Z-Achse	
N1 X30 Y–25 T0101 M06	Werkzeugwechselposition Aufruf Werkzeug Nr. 01 und Werkzeugspeicher 01 Werkzeugwechsel ausführen	P0

%490306	Programmanfangszeichen und Programmnummer	Konturpunkt
N2 Z–15 F120 S170 M03	Zustellung auf Frästiefe 15 mm Vorschub 120 mm/min Schnittgeschwindigkeit 170 m/min Spindeldrehung im Uhrzeigersinn	
N3 G41 X10 Y–10	Werkzeugradiuskorrektur links Anfahrpunkt an die Kontur	P1
N4 G01 Y25	Linearinterpolation Linearbewegung achsparallel	P2
N5 X20 Y60	Linearbewegung	P3
N6 X45	Linearbewegung achsparallel	P4
N7 G03 X55 Y70 I0 J10	Kreisinterpolation im Gegenuhrzeigersinn Endpunkt Kreisbogen im Radius R10 Kreismittelpunkt	P5
N8 G01 Y85	Linearinterpolation Linearbewegung achsparallel	P6
N9 X85	Linearbewegung achsparallel	P7
N10 G02 X98.332 Y76.874 I0 J–15	Kreisinterpolation im Uhrzeigersinn Endpunkt Kreisbogen mit Radius R15 Kreismittelpunkt	P8
N11 G01 X117.776 Y39.166	Linearinterpolation Linearbewegung	P9
N12 G02 X100 Y10 I–17.8 J–9.07	Kreisinterpolation im Uhrzeigersinn Endpunkt Kreisbogen mit Radius R20 Kreismittelpunkt	P10
N13 G01 X84.365	Linearinterpolation Linearbewegung achsparallel	P11
N14 G03 X45.635 I–19.365 J–35	Kreisinterpolation im Gegenuhrzeigersinn Endpunkt Kreisbogen mit Radius R40 Kreismittelpunkt	P12
N15 G01 X0	Linearinterpolation Linearbewegung achsparallel	P13
N16 G40	Werkzeugradiuskorrektur AUS	P13
N17 G00 Z2	Eilgang Linearbewegung achsparallel	P14

%490306	Programmanfangszeichen und Programmnummer	Konturpunkt
N18 X59 Y30	} Positionierung über Rechtecktasche	P15
N19 G01 Z–10	Linearinterpolation Zustellung auf Frästiefe 10 mm	P16
N20 G41 X76 Y26	} Werkzeugradiuskorrektur links Position innerhalb Kreistasche	P17
N21 G03 X85 Y35 I0 J9	} Einfahrweis im Uhrzeigersinn an Taschenkontur innen	P18
N22 G03 X80 Y40 I–5 J0	} Kreisinterpolation im Gegenuhrzeigersinn Endpunkt Kreisbogen mit Radius R5 } Kreismittelpunkt	P19
N23 G01 X60	Linearinterpolation Linearbewegung achsparallel	P20
N24 G03 X55 Y35 I0 J–5	} Kreisinterpolation im Gegenuhrzeigersinn Endpunkt Kreisbogen mit Radius R5 } Kreismittelpunkt	P21
N25 G01 Y25	Linearinterpolation Linearbewegung achsparallel	P22
N26 G03 X60 Y20 I5 J0	} Kreisinterpolation im Gegenuhrzeigersinn Endpunkt Kreisbogen mit Radius R5 } Kreismittelpunkt	P23
N27 G01 X80	Linearinterpolation Linearbewegung achsparallel	P24
N28 G03 X85 Y25 I0 J5	} Kreisinterpolation im Gegenuhrzeigersinn Endpunkt Kreisbogen mit Radius R5 } Kreismittelpunkt	P25
N29 G01 Y35	Linearinterpolation Linearbewegung achsparallel	P26
N30 G40 M05	Werkzeugradiuskorrektur AUS Spindeldrehung AUS	P27
N31 G00 Z200	Eilgang Werkzeugwechselposition in Z-Achse	P27

5 Manuelles Programmieren

%490306	Programmanfangszeichen und Programmnummer	Konturpunkt
N32 X30 Y–25 T0202 M06	} Werkzeugwechselposition Aufruf Werkzeug Nr. 02 und Werkzeugspeicher 02 Werkzeugwechsel ausführen	P28
N33 G59	Aufruf der gespeicherten Nullpunktverschiebung W2	
N34 G95 Z2 F.45 S20 M03	Vorschub in mm/U Sicherheitsabstand Vorschub 0.45 mm/U Schnittgeschwindigkeit 20 m/min Spindeldrehung im Uhrzeigersinn	
N35 G00 X7.07 Y7.07	Eilgang } Positionierung über Bohrung 1	P29
N36 G01 Z–28	Linearinterpolation Linearbewegung auf Bohrtiefe	P30
N37 G00 Z2	Eilgang Linearbewegung auf Sicherheitsabstand	P31
N38 X–7.07	Positionierung über Bohrung 2	P32
N39 G01 Z–28	Linearinterpolation Linearbewegung auf Bohrtiefe	P33
N40 G00 Z2	Eilgang Linearbewegung auf Sicherheitsabstand	P34
N41 Y–7.07	Positionierung über Bohrung 3	P35
N42 G01 Z–28	Linearinterpolation Linearbewegung auf Bohrtiefe	P36
N43 G00 Z2	Eilgang Linearbewegung auf Sicherheitsabstand	P37
N44 X7.07	Positionierung über Bohrung 3	P38
N45 G01 Z–28	Linearinterpolation Linearbewegung auf Bohrtiefe	P39
N46 G00 Z200		P40
N47 X30 Y–25	} Werkzeugwechselposition	P41
N48 M30	Programmende mit Rücksetzen der Steuerung in Anfangszustand	

5.8 Besondere Programmierfunktionen für das Bohren, Fräsen und Drehen

Komfortable CNC-Steuerungen bieten ergänzend zur DIN 66025 dem Programmierer Steuerungsfunktionen, die das Erstellen vieler Programme erheblich vereinfachen. Als besondere Programmierfunktionen oder -techniken sind Zyklen, Unterprogramme, Programmschleifen sowie Koordinatentransformationen, Spiegeln von Konturen oder Variablenprogrammierung zu nennen.

Bei der Behandlung von Beispielen geschieht dies steuerungsspezifisch. Dargestellte Wegbedingungen sind in der Regel nach Norm frei belegbar und damit abhängig vom Steuerungsfabrikat mit unterschiedlichen Funktionen belegt.

5.8.1 Zyklen

Bei den Zyklen handelt es sich um vorprogrammierte Funktionen, die jederzeit abrufbar in einer Steuerung abgespeichert sind.

Zyklen vereinfachen den Programmieraufwand für häufig vorkommende Fertigungsabläufe wie beispielsweise Nutenfräsen, Bohren oder achsparalleles Drehen, da meist nur wenige Bearbeitungswerte für komplexe Arbeitsgänge programmiert werden müssen.

Für die wichtigen Bearbeitungsverfahren Bohren, Fräsen und Drehen gibt es eine Vielzahl von Bearbeitungszyklen, von denen allerdings nur die Bohrzyklen genormt sind.

Allgemein werden die Zyklen über G-Wörter adressiert. Abweichend davon erfolgt bei einigen Steuerungsfabrikaten die Adressierung der Zyklen durch L-Wörter oder durch Klartexteingabe. Der Satzaufbau bei den dargestellten Bearbeitungszyklen ist ebenfalls steuerungsspezifisch unterschiedlich.

5.8.1.1 Bohrzyklen

In DIN 66025 sind insgesamt neun Bohrzyklen genormt. Mit den genormten Bohrzyklen stehen Funktionen für das Bohren, Tieflochbohren, Zentrieren, Senken, Reiben sowie Gewindeschneiden zur Verfügung, sofern diese in einer Steuerung gespeichert sind.

Tabelle 5 zeigt die Zuordnung der Funktionen zu den jeweiligen Bohrzyklen. Der Aufruf der Bohrzyklen erfolgt durch die Wegbedingungen G81 bis G89. Aufgehoben werden die Bohrzyklen G81 bis G89 durch die Wegbedingung G80.

Im Folgenden wird der Bohrzyklus G81 anhand der Steuerung Sinumerik 3M näher beschrieben. Die Maßangaben werden Parametern (R02, R03) zugewiesen (Bild 22).

■ **Beispiel:**
Programmsatz mit Bohrzyklus G81, Bohrachse ist die Z-Achse

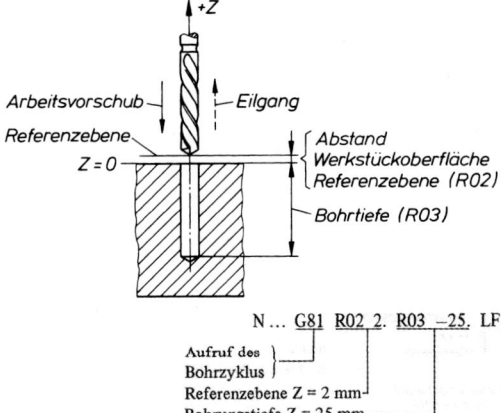

Bild 22. Bohrzyklus G81, Bohren/Zentrieren

Tabelle 5. Bohrzyklen und zugeordnete Funktionen

Arbeitszyklus		Arbeitsbewegung ab Vorschub-Startpunkt	auf Tiefe		Rückzugsbewegung bis Vorschub-Startpunkt	Anwendungsbeispiel
Nr.	Wegbedingung		verweilen	Spindel		
1		mit Arbeitsvorschub	–	–	mit Eilgang	Bohren, Zentrieren
2		mit Arbeitsvorschub	ja	–	mit Eilgang	Bohren, Plansenken
3		mit unterbrochenem Arbeitsvorschub	–	–	mit Eilgang	Tieflochbohren, Spänebrechen
4		Vorwärtsdrehung mit Arbeitsvorschub	–	umkehren	mit Arbeitsvorschub	Gewindebohren
5		mit Arbeitsvorschub	–	–	mit Arbeitsvorschub	Ausbohren 1, Reiben
6		Spindel ein, mit Arbeitsvorschub	–	Halt	mit Eilgang	Ausbohren 2
7		Spindel ein, mit Arbeitsvorschub	–	Halt	mit Handbedienung	Ausbohren 3
8		Spindel ein, mit Arbeitsvorschub	ja	Halt	mit Handbedienung	Ausbohren 4
9		mit Arbeitsvorschub	ja	–	mit Arbeitsvorschub	Ausbohren 5

5.8.1.2 Fräszyklen

Sofern eine Steuerung Fräszyklen anbietet, sind diese nicht genormten Zyklen für Standardbearbeitungen wie
- Lochkreise
- Nuten
- Rechtecktaschen
- oder Kreistaschen vorbereitet.

Die Fräszyklen werden meist über G-Wörter adressiert, die nach Norm ständig frei verfügbar sind oder die vom Steuerungshersteller nicht mit genormten Funktionen belegt wurden (Tabelle 2). In Abhängigkeit vom Steuerungsfabrikat werden gleiche Fräszyklen mit unterschiedlichen Adresswerten programmiert.

Nachfolgend wird ein Fräszyklus zum Ausräumen von Rechecktaschen durch Schruppen im Gegenlauf anhand der Deckel Dialogsteuerung 2 beschrieben.

Der Fräszyklus wird durch G71 aufgerufen. Maßangaben werden bei der Steuerung in Mikrometer, Vorschübe in mm/min und Drehzahlen in 1/min programmiert (Bild 23).

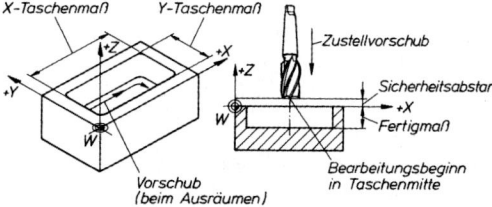

Bild 23. Rechtecktaschen – Fräszyklus G71

■ Beispiel:
Programmsatz mit Fräszyklus

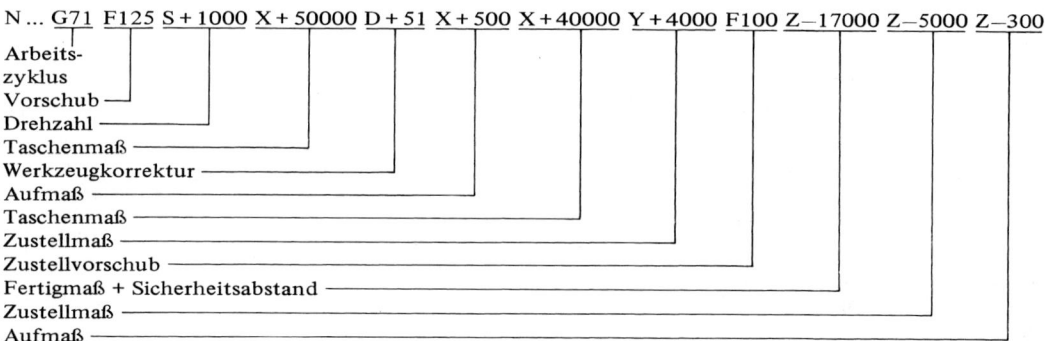

5.8.1.3 Drehzyklen

Sofern eine Steuerung Drehzyklen anbietet, sind diese nicht genormten Zyklen für häufig vorkommende Bearbeitungen wie
- Längs- oder Planschruppen
- Abspanen längs einer beliebigen Kontur
- Gewindedrehen
- Drehen radialer oder axialer Einstiche
- Drehen von Freistichen gemäß Norm
- Drehen von Fasen
- sowie automatisches Ausmessen von Werkzeugen
  vorbereitet.

Die Drehzyklen werden meist durch G-Wörter adressiert. Wie die Fräszyklen werden auch die Drehzyklen steuerungsspezifisch mit unterschiedlichen Adresswerten programmiert. Nachfolgend wird ein Drehzyklus zum Längsdrehen mit anschließendem Konturschnitt anhand der Gildemeister EPL-Steuerung näher beschrieben.
Der Drehzyklus wird durch G81 und G37 aufgerufen. Es handelt sich dabei um zwei in einem Satz geschriebene Arbeitszyklen.

Der Drehzyklus G81 ist ein Schruppzyklus, der den programmierten Konturzug mit vorgegebener Zustellung achsparallel zerspant. An Konturübergängen wie Radien oder Schrägen bleiben durch die schrittweise Zustellung Stufen stehen. Diese Stufen werden mit dem Drehzyklus G37 abschließend in einem Schnitt entlang der programmierten Kontur abgespant (Bild 24).
Maßangaben werden bei der Steuerung in Millimeter angegeben.

■ Beispiel:
Programmsatz mit Drehzyklen G81 und G37

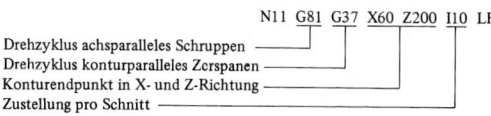

Zur vollständigen Beschreibung des Arbeitszyklus gehört der nachfolgende Programmausschnitt.

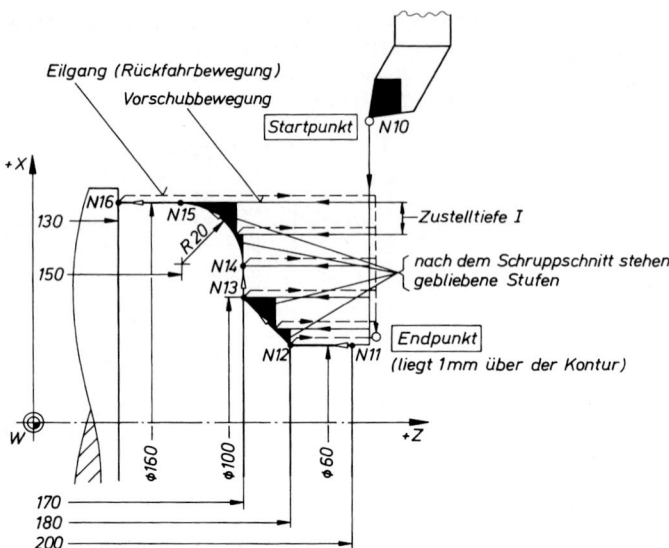

Bild 24.
Arbeitszyklus Längsdrehen G81 mit konturparallelem Schnitt G37

N ...						vorangehende Programmsätze
N9 ...						Angaben zu Werkzeug und Technologie
N10 G00		X200	Z205		LF	Startpunkt im Eilgang anfahren
N11 G81	G37	X 60	Z200	I10	LF	Arbeitszyklus aufrufen mit Angabe des Konturendpunktes
N12 G01			Z180		LF	Konturbeschreibung der zu spanenden Kontur
N13 G01		X100	Z170		LF	
N14 G01		X120			LF	
N15 G03		X160	Z150	I 0 K–20	LF	
N16 G01			Z130		LF	
N17 G80					LF	Ende Abspanzyklus G81/G37
N18 ...						weitere Programmsätze

5.8.2 Unterprogrammtechnik

Unterprogramme sind Programmteile, die nur einmal programmiert werden und im Hauptprogramm mehrfach aufgerufen werden können. Zweckmäßig ist dies immer dann, wenn auf einem Werkstück beispielsweise mehrfach wiederkehrende, gleiche Konturabschnitte zerspant werden müssen. Dadurch wird die Programmlänge erheblich verkürzt.

5.8.2.1 Aufbau eines Unterprogramms

Der formale Aufbau eines Unterprogramms unterscheidet sich in der Regel nicht von einem Hauptprogramm. Das Unterprogramm beginnt mit dem Programmanfangszeichen und einer Programmnummer, das Programmende wird im letzten Unterprogrammsatz durch M02 gekennzeichnet. Die Unterprogrammsätze werden mit Satznummern nummeriert.

5.8.2.2 Aufruf eines Unterprogramms

Aufgerufen wird ein Unterprogramm vom Hauptprogramm aus durch eine Adresse und die dahinter angegebene Programmnummer. Nach DIN 66 025 sollte zur Adressierung von Unterprogrammen die Adresse L benutzt werden. In Abweichung von der Norm werden beispielsweise auch die Adressen A, M, U oder Q benutzt.
Von Unterprogrammen aus können je nach Steuerungsfabrikat weitere Unterprogramme aufgerufen werden. Die Anzahl der ineinander schachtelbaren Unterprogramme ist ebenfalls steuerungsabhängig.
Bild 25 zeigt schematisch den Programmlauf durch ein Hauptprogramm mit geschachtelten Unterprogrammen. Der Rücksprung vom Unterprogramm zum Hauptprogramm oder von Unterprogramm zu Unterprogramm erfolgt immer in dem Satz, der dem Unterprogramm-Aufrufsatz nachfolgt.

5 Manuelles Programmieren

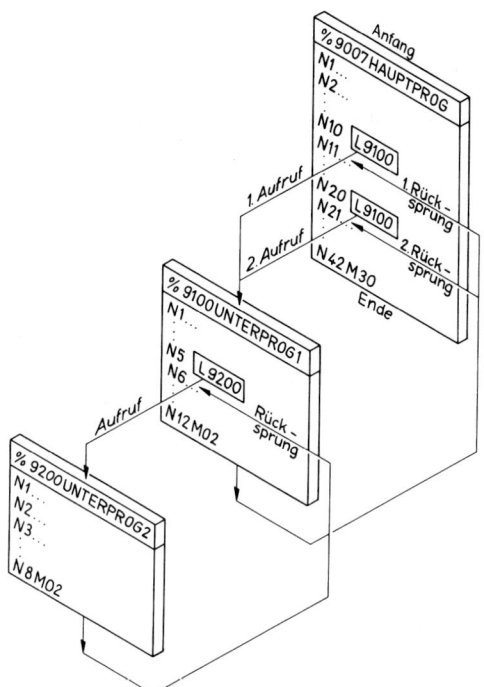

Bild 25. Unterprogrammtechnik

5.8.3 Programmteilwiederholungen (Programmschleifen)

Programmteilwiederholungen oder Programmschleifen sind Programmteile, die bereits abgearbeitet wurden und von nachfolgenden Programmsätzen aus nochmals aufgerufen und abgearbeitet werden.
Im Prinzip stellen die in einer Programmteilwiederholung durchlaufenen Sätze ein Unterprogramm dar, das in das Hauptprogramm eingebettet ist.
Vorteil: Verkürzung der Programmlänge

5.8.3.1 Aufruf einer Programmteilwiederholung

Eine Programmteilwiederholung wird durch einen Programmsatz aufgerufen. Im aufrufenden Satz steht die Satznummer des Programmteil-Anfangs (N...) und des Programmteil-Endes (N...) oder auch nur die Satznummer eines Einzelsatzes.
Je nach Steuerungsfabrikat kann zusätzlich die Anzahl (L ...) der Programmteilwiederholungen programmiert werden, sodass die Programmschleife mehrfach durchlaufen wird.
Nach Abarbeitung des wiederholten Programmteiles wird das Programm in dem die Programmteilwiederholung aufrufenden Satz fortgesetzt.
Bild 26 zeigt schematisch den Ablauf eines Programms mit einer Programmteilwiederholung. Weiterhin kann je nach Steuerungsfabrikat die Möglichkeit bestehen, innerhalb einer Programmteilwiederholung eine andere Programmteilwiederholung aufzurufen, was einer Schachtelung von Programmteilwiederholungen entspricht.

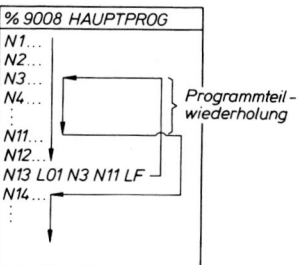

L01: Aufruf (L) und Zahl (01) der Programmteilwiederholungen
N3 N11: erster (N3) und letzter Satz (N11) des wiederholten Programmteils

Bild 26. Programmteilwiederholung (Programmschleife)

5.8.4 Änderungen der Werkstückabmessungen und Lageänderungen von Konturen

Zusätzlicher Programmkomfort wird bei einer Reihe von Dreh- oder Fräsmaschinen-Steuerungen dadurch geboten, dass Änderungen der Werkstückabmessungen oder verschiedene Lagen mehrerer identischer Konturzüge auf einem Werkstück durch einfache Funktionen programmiert werden können. Neben den in DIN 66 025 vorgesehenen programmierbaren Nullpunktverschiebungen (G54 bis G59) sind dies nicht genormte Funktionen beispielsweise zur Programmierung
- der Drehung des Koordinatensystems
- des Spiegelns an einer oder zwei Hauptachsen oder
- von Adresswerten über Variablen (Variablenprogrammierung).

Mit der Steigerung des Programmierkomforts geht meistens eine erhebliche Verringerung des Programmieraufwandes einher, da wiederkehrende Konturen oder Bohrbilder bei gleichzeitiger Anwendung der Unterprogrammtechnik oder Programmteilwiederholung nur einmal beschrieben zu werden brauchen.

5.8.4.1 Variablenprogrammierung

Werden in einem Fertigungsbetrieb häufig Teile mit geometrisch ähnlicher Kontur oder im Rahmen von Teilefamilien durch Dreh- oder Fräsbearbeitung gefertigt, so ist dafür die Variablenprogrammierung die geeignete Funktion. Variablenprogrammierung bedeutet, dass den Adressen anstelle fester Zahlenwerte in einem Teileprogramm Variablen zugeordnet werden. Belegt wird eine Variable mit einem Zahlenwert entweder in einem vom Teileprogramm getrennten (Unter-) Programm oder durch Handeingabe an der Steuerungstastatur.

Hieraus folgt, dass Teileprogramme mit Variablen erst dann lauffähig sind, wenn den Variablen *zuvor* Zahlenwerte zugewiesen wurden.

Variablenkennzeichnung

Die Variablen werden bei einer Reihe von Dreh- und Fräsmaschinensteuerungen mit dem Buchstaben R und mit einer Nummer von eins bis neunundneunzig bezeichnet.

Damit stehen 99 Variablen zur Benutzung frei. Mit Ausnahme der Adresse N können allen übrigen Adressen Variablen zugeordnet werden.

■ **Beispiel:**

Adresse
Adresswert wird durch Variable definiert

Zahlenwertzuweisung zu den Variablen

Die Zahlenwertzuweisung zu den Variablen sowie die Variablen selbst werden in getrennten Programmen programmiert.
Meistens stehen die Variablen im Hauptprogramm und die Zahlenwertzuweisung zu den Variablen erfolgt dann in einem gesonderten Unterprogramm.

■ **Beispiel:**
Zahlenwertzuweisung zu den Variablen in einem Unterprogramm

```
%500814 LF
 R1 = 250 LF
 R2 = 145 LF
 R3 =  30 LF
 R4 = 200 LF
 N1    M30 LF

Hauptprogramm
%510412                                                       LF
N1 G00  G92  X315  Z65   I0.8  K0.8      T1              LF
N2 L500814                                               LF
N3 G01       XR1   ZR2         FR3  SR4       M03 M41 LF
⋮
N10                                           M30 LF
```

Das Hauptprogramm ruft in Satz N2 durch L500814 das Unterprogramm für die Zahlenwertzuweisung auf. Damit erlangen die Variablenwerte R1 bis R4 Gültigkeit für das Hauptprogramm.
Bild 27 zeigt, wie drei unterschiedliche Werkstücke einer Teilefamilie durch Anwendung der Variablenprogrammierung mit einem Hauptprogramm gefertigt werden können. Das Drehteil wird durch Variablen bemaßt. In einer Tabelle ist die Zuordnung der unterschiedlichen Werkstückmaße der drei Werkstückvarianten zu den Variablen R1 bis R19 angegeben. Anhand der Variablentabelle werden dann nacheinander drei Unterprogramme beispielsweise durch Handeingabe an der Steuerungskonsole erstellt.

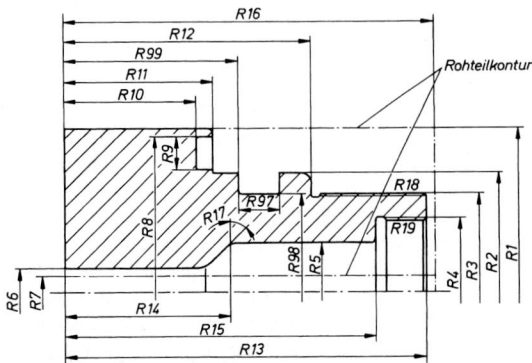

Bild 27. Praxisbeispiel Variablenprogrammierung „Drehteile-Familie" (Gildemeister EPL-Steuerung)

Zeichnung des Werkstücks mit allgemeingültiger Vermaßung mit Variablen

Variable	Werkstück 1	Werkstück 2	Werkstück 3	Bemerkung
R1	Ø 200	Ø 290		
R2	Ø 145	Ø 200		
R3	Ø 120	Ø 150		
R4	Ø 90		Ø 110	
R5	Ø 60		Ø 95	
R6	Ø 30		Ø 23	
R7	Ø 20			
R8	Ø 190	Ø 270		
R9	20	35		
R97	25	10		
R98	Ø 120			
R99	105			
R10	80			
R11	90			
R12	150			
R13	220	190		
R14	100		180	
R15	190	150	200	
R16	225			
R17	45°	75°	15°	Gradzahl
R18	2			Steigung Außengew.
R19	15			Steigung Innengew.

Tabelle mit den vom Bediener einzugebenden Variablen

Literatur

1. Bücher und Broschüren

Kief, NC-Handbuch, NC-Handbuch-Verlag, Michelstadt, 1984.

Sautter, Numerisch gesteuerte Werkzeugmaschinen, Vogel-Buchverlag, Würzburg, 1984.

Weck, Werkzeugmaschinen, Bd. 3, Automatisierung und Steuerungstechnik, VDI-Verlag GmbH, Düsseldorf, 1982. Bedienungsanleitung Gildemeister Eltropilot CNC-Steuerung, Max Müller, Hannover, 1985.

Deckel Selbststudienhefte 1 ... 3, Friedrich Deckel AG, München, 1984.

Graphische NC-Teileprogrammierung unter APL, IBM Deutschland, 1979.

Maschinenhandbuch Oerlikon-Boehringer VDF, CNC-Steuerung B1T, Oerlikon-Boehringer, Göppingen, 1980.

Paul, CNC-Fachausbildung Drehen, Weiler, Herzogenaurach, 1985.

Programmieranleitung Bosch CNC micro 5 Z, Bosch, Erbach, 1980.

Programmieranleitungen Sinumerik 3M, 3T/3TT, Siemens AG, Nürnberg, 1985.

2. Normen

DIN 406, Teil 3, Maßeintragung in Zeichnungen, Bemaßung durch Koordinaten, 1975.

DIN 406, Teil 4, Maßeintragung in Zeichnungen, Bemaßung für die maschinelle Programmierung, 1980.

DIN 55003, Teil 3, Bildzeichen, Numerisch gesteuerte Werkzeugmaschinen, 1981.

DIN 66025, Teil 1, Programmaufbau für numerisch gesteuerte Arbeitsmaschinen, Allgemeines, 1983.

DIN 66215, Blatt 1, Programmierung numerisch gesteuerter Arbeitsmaschinen, CLDATA, Allgemeiner Aufbau und Satztypen, 1974.

DIN 66215, Teil 2, Programmierung numerisch gesteuerter Arbeitsmaschinen, CLDATA, Nebenteile des Satztyps 2000, 1982.

DIN 66217, Koordinatenachsen und Bewegungsrichtungen für numerisch gesteuerte Arbeitsmaschinen, 1975.

DIN 66246, Teil 1, Programmierung numerisch gesteuerter Arbeitsmaschinen, Processor-Eingabesprache, Grundlagen und mögliche Geometriedefinitions- und Ausführungsanweisungen, 1983.

DIN 66257, Numerisch gesteuerte Arbeitsmaschinen, Begriffe, 1983.

Q Steuerungstechnik

Werner Thrun

1 Steuerungstechnische Grundlagen

Steuerungen werden in der Fertigungs-, Montage- und Transporttechnik eingesetzt, wenn der aufgabengemäß zu beeinflussende Teil der Anlage stabil ist und nur erfassbare Störgrößen auftreten. Allgemeine Grundbegriffe zur Planung, für den Aufbau, die Prüfung und den Betrieb von technischen Steuerungen sind genormt [1].

Bei der Projektierung von Steuerungsaufgaben lässt sich nicht immer von vornherein sagen, ob ein pneumatisches, hydraulisches oder elektrisches / elektronisches System am besten zur Lösung des Steuerungsproblems geeignet ist. In dem Bestreben, den Bauaufwand, die Betriebssicherheit und die technische Vollkommenheit für die jeweilige Aufgabe zu optimieren, müssen häufig zwei oder mehr Steuerungs- und Antriebsmedien miteinander verknüpft werden. Neben den technischen sind häufig auch ökonomische und ökologische Gesichtspunkte zu beachten.

1.1 Grundbegriffe der Steuerungstechnik

In der DIN 19226 (T1 und T4) wird Steuerung wie folgt definiert:

„Das **Steuern**, die Steuerung, ist der Vorgang in einem System, bei dem eine oder mehrere Größen als Eingangsgrößen andere Größen als Ausgangsgrößen auf Grund der dem System eigentümlichen Gesetzmäßigkeit beeinflussen. Kennzeichen für das Steuern ist der offene Wirkungsweg oder ein geschlossener Wirkungsweg, bei dem die durch die Eingangsgrößen beeinflussten Ausgangsgrößen nicht fortlaufend und nicht wieder über dieselben Eingangsgrößen auf sich selbst wirken."

Folgendes Beispiel einer Verknüpfungssteuerung dient der Einführung in die Begrifflichkeit der Steuerungstechnik:

Ein Werkzeug zum Biegen von Werkstücken wird durch einen einfach wirkenden Zylinder bewegt. Der Biegevorgang darf nur stattfinden, wenn der Werkstoffstreifen zugeführt ist, das Schutzgitter geschlossen ist und beide Handtaster betätigt werden.

Die Signalgeber zur Erzeugung der Eingangsgrößen für das System sind:

- ein durch Taststift betätigtes Ventil zur Erkennung des Werkstücks (1S3),
- ein rollenbetätigtes Ventil zur Erkennung des geschlossenen Schutzgitters (1S4),
- zwei handbetätigte Ventile zur Erzeugung des Startsignals (1S1 und 1S2).

Ausgangsgröße des Systems ist der Wirkweg des Biegewerkzeugs.

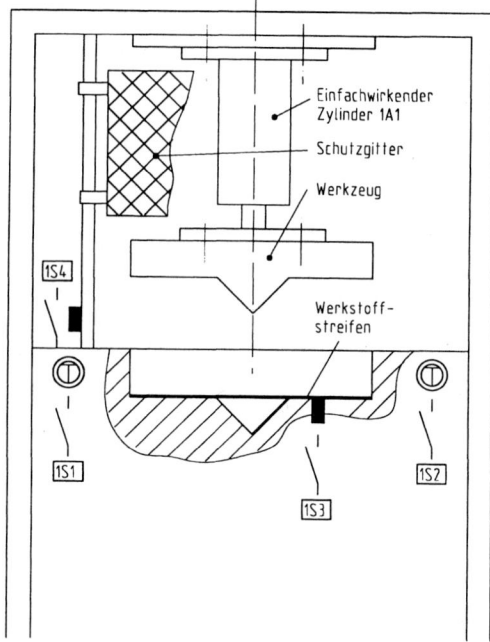

Bild 1. Technologieschema eines Biegewerkzeugs

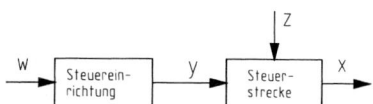

Bild 2. Wirkungsplan der Steuerung

Die **Signalgeber** erzeugen die Eingangsgrößen; sie bilden also die **Führungsgröße** w der Steuerung, die der Steuerkette von außen zugeführt wird und der die Ausgangsgröße der Steuerung in vorgegebener Abhängigkeit folgen soll. Die Eingangsgrößen wirken auf die Steuereinrichtung.

---

[1] Wichtige Normen sind: DIN 19226; DIN 40719, T6 und T12; DIN 40900, T9; DIN ISO 1219 - 1,2; IEC 1131-3;

Die **Steuereinrichtung** ist derjenige Teil des Wirkungswegs, der die aufgabengemäße Beeinflussung der Strecke über das Stellglied bewirkt, d.h. die Steuereinrichtung beinhaltet die dem System eigentümliche Gesetzmäßigkeit. Diese Gesetzmäßigkeit kann z.B. durch ein Steuerprogramm oder eine entsprechende Schaltung erzeugt werden. Erfüllen die Eingangsgrößen jene von der Schaltung oder dem Steuerprogramm abgefragten Bedingungen, so gibt die Steuereinrichtung als Ausgangsgröße die **Stellgröße** y an das Stellglied.

Das **Stellglied** überträgt die steuernde Wirkung auf die Strecke. Das Stellglied ist eine am Eingang der Steuerstrecke angeordnete Funktionseinheit, die in den Energiefluss eingreift.
Die **Steuerstrecke** ist der Teil des Systems, der aufgabengemäß zu beeinflussen ist. Die zu beeinflussende Größe (Steuergröße x im Wirkungsplan) der Steuerstrecke soll der Führungsgröße w folgen. Diese zu steuernde Größe ist der Weg des Werkzeugs.

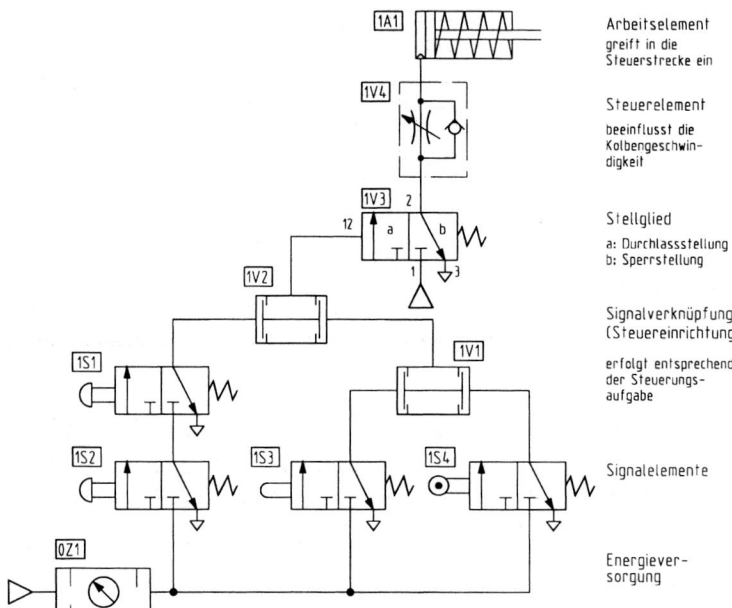

Bild 3. Aufbau der Steuerkette (Biegewerkzeug)

Technisch kann die Steuerkette entsprechend Bild 3 realisiert werden. Die Steuerstrecke wird aufgabengemäß beeinflusst, wenn die Stellgröße y über den Steuereingang 12 das Stellglied 1V3 in die Schaltstellung a schaltet. Der Energiefluss (Druckluft) zum Arbeitselement (Zylinder 1A1) wird frei gegeben Der Kolben des Zylinders verrichtet im physikalischen Sinn die Arbeit $W = F \cdot s$ längs eines Weges. Der Wirkweg s entspricht der zu beeinflussenden Größe x.

Kennzeichen der Steuerung ist ein offener Wirkungsweg, d.h. es findet keine Rückwirkung der zu steuernden Größe auf die Führungsgröße statt. Gleichwohl kann die Steuerstrecke durch von außen wirkende Größen beeinflusst werden. Diese Größen werden in der Steuerungstechnik als **Störgrößen** (z) bezeichnet.

Störgrößen werden vielfach durch die Belastung der Strecke oder durch Druckabfall im System bewirkt. Ist die Störgröße erfassbar, so kann sie der Steuereinrichtung als Eingangsgröße zugeführt werden. Man nennt dies eine **Störgrößenaufschaltung**.

Sind die Störgrößen nicht direkt erfassbar, dann ist zur Lösung der Aufgabenstellung eine Regelung erforderlich.

Wird die Steuerung durch ein Schaltwerk, z.B. eine Ablaufsteuerung, realisiert, so enthält sie eine **Speicherfunktion**. Die Strecke wird dann durch die Setzbedingung für den Speicher so lange beeinflusst, bis der Speicher durch die Rücksetzbedingung, dies kann das Signal des Grenzsignalgliedes sein, rückgesetzt wird.

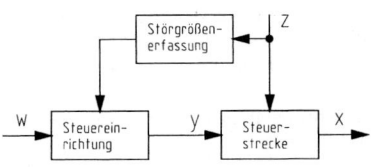

Bild 4. Wirkungsplan einer Steuerung mit Störgrößenaufschaltung

1 Steuerungstechnische Grundlagen

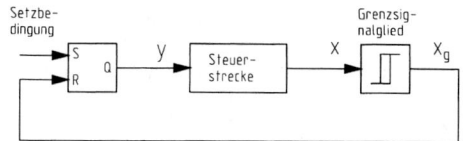

Bild 5. Wirkungsplan einer Steuerung mit Rücksetzkreis

Obwohl hier eine Steuerung mit geschlossenem Wirkungsweg vorliegt, handelt es sich nicht um eine Regelung. Die Ausgangsgröße wird nicht fortlaufend erfasst und wirkt nicht über dieselben Eingangsgrößen auf sich selbst zurück.

1.2 Unterscheidungsmerkmale für Steuerungen

Informationsdarstellung

Die **Eingangsgrößen** der Steuerung sind Signale, die bestimmte Informationen aus dem Prozess oder aus dem Betriebsartenteil geben. Nach der Art der Signaldarstellung kann zwischen analogen, digitalen und binären Steuerungen unterschieden werden.

Ein **analoges Signal** ist im Idealfall ein stetes Abbild der zu verarbeitenden Größe. Die meisten physikalischen Größen ändern sich stetig und werden deshalb analog dargestellt. Die Verarbeitung analoger Signale kann mit stetig wirkenden Funktionsgliedern (z. B. analoge Sensoren, Proportionalventile) erfolgen. Häufig werden die analogen Signale mittels Analog-Digital-Umsetzer in abzählbare Einheiten zerlegt und binär codiert der digital arbeitenden Steuereinrichtung zugeführt.

Digitale Steuerungen arbeiten vorwiegend mit zahlenmäßig dargestellten Informationen. Der Wertebereich eines solchen Signals ist ein Vielfaches der kleinsten Einheit des Informationsparameters (Weg, Spannung). Die Signalverarbeitung erfolgt vorwiegend mit Funktionseinheiten wie Zähler, Register, Speicher und Rechenwerk.

Es gibt aber auch Größen, die nur zwei Werte oder Zustände annehmen können. Solche **binären Signale** werden z. B. von einem Schalter (Ein/Aus) oder von einem Relais (Kontakt geschlossen/geöffnet) abgegeben. Die Steuerung verarbeitet die binären (zweiwertigen) Eingangssignale mit Verknüpfungs-, Speicher- und Zeitgliedern zu binären Ausgangssignalen.

Signalverarbeitung

Bei den digitalen und binären Steuerungen unterscheidet man nach der Art der Signalverarbeitung synchrone und asynchrone Steuerungen sowie Verknüpfungssteuerungen (DIN 19226, T5).

Bei **synchronen Steuerungen** erfolgt die Signalverarbeitung synchron zu einem Taktsignal. **Asynchrone Steuerungen** arbeiten taktunabhängig. Eine Signaländerung erfolgt nur in Abhängigkeit von der Änderung der Eingangssignale.

Eine **Verknüpfungssteuerung** ordnet den Zuständen der Eingangssignale durch eine Verknüpfungsfunktion bestimmte Zustände der Ausgangssignale zu. Eine Verknüpfungsfunktion ist eine Schaltfunktion für binäre Schaltgrößen. Sie kann durch die Boolesche Algebra beschrieben werden.

Auch Steuerungen mit Speicher- und Zeitfunktionen ohne zwangsläufig schrittweisen Ablauf werden Verknüpfungssteuerungen genannt.

Steuerungsablauf

Ablaufsteuerungen sind Steuerungen mit zwangsläufig schrittweisem Ablauf. Das Weiterschalten von einem Schritt zum programmgemäß folgenden Schritt erfolgt in Abhängigkeit von Übergangsbedingungen. Übergangsbedingungen sind die Voraussetzungen für den programmgemäß folgenden Schritt. Die Schrittfolge kann jedoch auch mit Sprüngen, Schleifen und Verzweigungen programmiert werden.

Bei **prozessabhängigen** Ablaufsteuerungen sind die Übergangsbedingungen vorwiegend von Signalen aus der gesteuerten Anlage abhängig. Bei **zeitgeführten** Ablaufsteuerungen sind die Übergangsbedingungen nur von der Zeit abhängig.

Programmverwirklichung

Hinsichtlich der Programmverwirklichung unterscheidet man zwischen verbindungs- und speicherprogrammierten Steuerungen. Als **Programm** einer Steuerung gilt grundsätzlich die Gesamtheit aller Steuerungsanweisungen und Vereinbarungen für die Signalverarbeitung einer Steuerung, durch die die Ausgangsgröße aufgabengemäß beeinflusst wird (DIN 19226, T5).

Bei **verbindungsprogrammierten Steuerungen** bestimmen die Funktionseinheiten und deren Verbindung (Verdrahtung/Verschlauchung) den Programmablauf.

Speicherprogrammierbare Steuerungen enthalten einen Programmspeicher, in dem das Steuerprogramm gespeichert wird. Der **Speicher** ist eine Funktionseinheit, die Programme und andere Daten in digitaler Darstellung aufnimmt und abrufbar bereit hält. Die Art des Speichers bestimmt Umfang und Art der Änderungsmöglichkeiten für das Steuerprogramm.

Eine speicherprogrammierbare Steuerung, die einen Nur-Lese-Speicher als Programmspeicher enthält, der nur durch Eingriff in die Steuereinrichtung ausgetauscht werden kann, wird als **austauschprogrammierbare** Steuerung bezeichnet.

Eine speicherprogrammierbare Steuerung, die einen Schreib-Lese-Speicher als Programmspeicher enthält, welcher beliebig verändert werden kann, wird als **freiprogrammierbar** bezeichnet.

1.3 Grafische Darstellung von Steuerungsabläufen

Schaltpläne

Ein **Schaltplan** ist die zeichnerische Darstellung von Betriebsmitteln durch Schaltzeichen. Er zeigt die Art, in der verschiedene Betriebsmittel zueinander in Beziehung stehen und miteinander verbunden sind. Schaltpläne können ergänzt werden durch andere Schaltungsunterlagen, wie Diagramme, Tabellen und Beschreibungen.

Ein **Diagramm** ist die grafische Darstellung von Beziehungen zwischen verschiedenen Vorgängen und Vorgängen und ihrer Zeitabhängigkeit, Vorgängen und physikalischen Größen und Zuständen mehrerer Betriebsmittel. Diagramme sollen Wesentliches herausstellen und dadurch Vorgänge leicht fasslich und einprägsam darstellen.

Eine **Tabelle** ist eine systematisch angeordnete Übersicht, die ohne erläuternden Text verständlich sein soll.

a) Schaltpläne für fluidische Steuerungen

In fluidtechnischen Systemen wird Energie durch flüssige oder gasförmige Medien, die unter Druck stehen, innerhalb eines Schaltkreises übertragen, gesteuert oder geregelt. Die Schaltpläne erleichtern das Verständnis für die fluidtechnische Anlage und vermeiden Unklarheiten und Missverständnisse bei der Planung, Herstellung und Instandhaltung der Anlage. Die Schaltzeichen nach DIN ISO 1219 für pneumatische und hydraulische Betriebsmittel sind funktionell zu deuten. Die Symbole sind weder maßstäblich noch für irgendeine bestimmte Lage festgelegt. Sie sollen jedoch der Vorgabe der Norm entsprechen.

Der Aufbau der Schaltpläne ermöglicht es, allen Bewegungs- und Steuerungsschaltkreisen während der verschiedenen Schritte des Arbeitsablaufs zu folgen. Die räumliche Darstellung der Anlage muss nicht berücksichtigt werden.

In den Schaltplänen geben die Symbole normalerweise Geräte im unbetätigten Zustand an. Jeder andere Zustand kann jedoch dargestellt werden, wenn er klar bestimmt ist. Die folgenden pneumatischen und hydraulischen Schaltpläne werden in ihrer Ausgangslage gezeichnet. Dabei ist die Energie zugeschaltet und die Bauglieder nehmen festgelegte Zustände ein. Besteht die Steuerung aus mehreren Schaltkreisen oder Steuerketten, wird sie in nebeneinander liegende Schaltkreise unterteilt, entsprechend der Reihenfolge des Funktionsablaufs. Gleichartige Bauglieder sollen innerhalb eines Schaltkreises in gleicher Lage dargestellt werden. Bauelemente, die durch Antriebe betätigt werden, z.B. Grenztaster oder Ventile, werden an der Betätigungsstelle durch einen Markierungsstrich mit ihrer Kennzeichnung dargestellt. Die Bauglieder der Steuerkette werden ausgehend von der Energieversorgung in Richtung des Energieflusses angeordnet und gekennzeichnet.

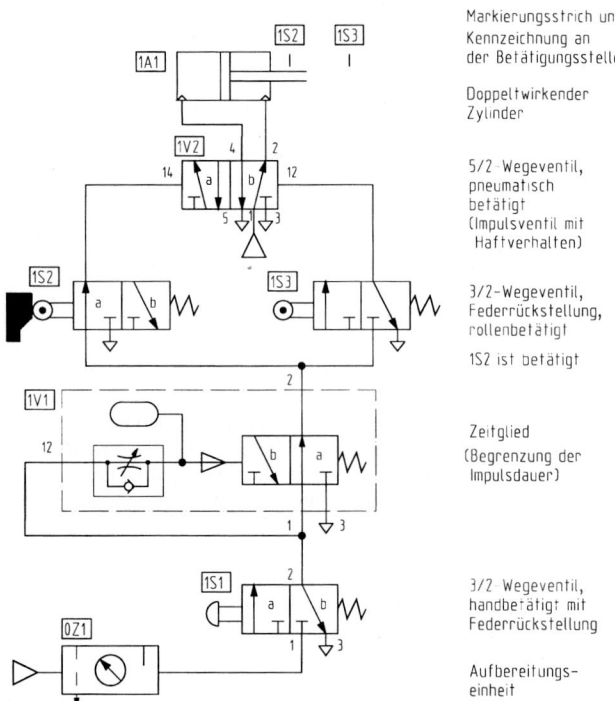

Bild 6.
Aufbau fluidischer Schaltpläne

1 Steuerungstechnische Grundlagen

Die **Kennzeichnung der Bauteile** ist wie folgt aufgebaut:

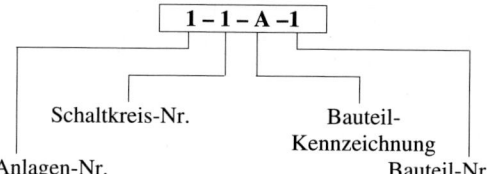

Die Anlagen-Nr. wird nur dann angegeben, wenn der Schaltplan aus mehreren Anlagen besteht. Jeder Schaltkreis oder Steuerkette erhält eine Nummer. Bauelemente, die für mehrere Schaltkreise eine Funktion erfüllen, z.B. Versorgungsglieder und Hauptschalter, werden vorzugsweise mit der Nr. 0 bezeichnet. Im vorliegenden Schaltplan ist dies die Aufbereitungseinheit 0Z1.

Für die Bauteilkennzeichnung gelten folgende Buchstaben:

- P: Pumpen und Kompressoren
- A: Antriebe
- M: Antriebsmotore
- V: Ventile
- Z: Jedes andere Bauteil

Alle Bauteile innerhalb einer Steuerkette erhalten eine fortlaufende Bauteil-Nummerierung, beginnend mit der Ziffer 1.

b) Schaltpläne für elektrische Steuerungen

Elektrische Schaltpläne werden als Übersichtsschaltpläne, Installationspläne und Stromlaufpläne ausgeführt; sie zeigen die Arbeitsweise und die Verbindungen von elektrischen Einrichtungen. In der Steuerungstechnik werden überwiegend **Stromlaufpläne** verwendet. Sie geben insbesondere Einsicht in die Arbeitsweise der Steuerkette.

Jedes elektrische Betriebsmittel wird in einem senkrecht gezeichneten Stromweg dargestellt. Die Stromwege werden von links nach rechts durchnummeriert. Sie werden vorzugsweise so angeordnet, dass die Wirkungsweise bzw. die Signalflussrichtung berücksichtigt wird. Die räumliche Lage der Betriebsmittel und der mechanische Zusammenhang wird nicht berücksichtigt; dies ist den Kennzeichnungen zu entnehmen. Die Stromversorgung kann gekennzeichnet werden durch +, − /L_1, L_2 und andere Zeichen.

Der Steuerstromkreis enthält die Bauelemente für die Signaleingabe und -verarbeitung, der Hauptstromkreis enthält die für die Betätigung der Arbeitselemente erforderlichen Stellglieder.

Der Zweck dieser Anordnung ist:

- Leichtes Lesen des Schaltplans
- Erkennen der Wirkungsweise eines Betriebsmittels oder einer Teilanlage
- Erleichterung der Prüfung, Wartung und Fehlersuche

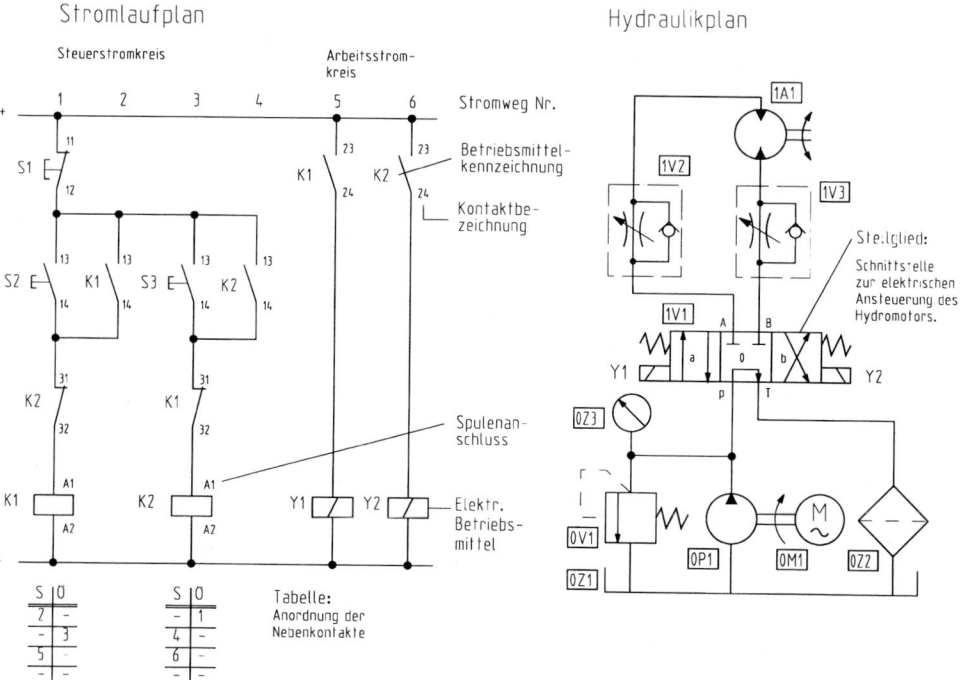

Bild 7. Elektrohydraulischer Schaltplan

Die Kennzeichnungen für die Art der Betriebsmittel sind DIN 40719, T2 zu entnehmen. Einige häufig verkommende Kennbuchstaben sind in der Tabelle 1.1 zusammengestellt. Neben den Kennbuchstaben erhalten die elektrischen Betriebsmittel noch eine fortlaufende Zählnummer. Die Kennzeichnung des Betriebsmittels kann noch ergänzt werden durch einen Kennbuchstaben für die Funktion des jeweiligen Betriebsmittels; der Taster S1 im Stromlaufplan in Bild 7 könnte noch durch den Buchstaben H = Halt ergänzt werden, also S1H. Einzutragen sind auch die Kontaktbezeichnungen und die Spulenanschlüsse.

Aufgelöst dargestellte Betriebsmittel, z.B. Relais K1, werden an der Relaisspule und an den Nebenkontakten mit der gleichen Kennziffer bezeichnet. Zum besseren Verständnis des Stromlaufplans dienen die Tabellen unterhalb der Relaisspulen in den Stromwegen 1 und 3. Im obigen Schaltplan dient der 1. Nebenkontakt im 2. Stromweg zur Selbsthaltung des Schützes, der 3. Nebenkontakt im 3. Stromweg zur Verriegelung des Schützes K2 für die entgegengesetzte Drehrichtung.

Tabelle 1. Kennzeichnung von Betriebsmitteln

Kennbuchstabe	Art des Betriebsmittels	Beispiel
B	Umsetzer	Sensor
C	Kapazität	Kondensator
F	Schutzeinrichtung	Überstromauslöser
H	Meldeeinrichtung	Signalleuchte, Hupe
K	Schütz, Relais	Zeitrelais
M	Motor	Drehstrommotor
S	Schalter	Taster
Y	Elektromech. Einrichtung	Magnetventil

Alle Betriebsmittel werden in der Steuerungs- und Regelungstechnik im spannungs- oder stromlosen Zustand oder ohne Einwirkung einer Betätigungskraft dargestellt (DIN 40719, T3). Abweichungen hiervon werden besonders gekennzeichnet.

Werden fluidische Arbeitselemente elektrisch gesteuert, gibt es zwischen den verschiedenen energetischen Systemen Schnittstellen. In dem elektrohydraulischen Schaltplan in Bild 7 ist das 4/3-Wegeventil 1V1 im Hydraulikplan eine solche Schnittstelle.[2]

Elektrische Arbeitselemente liegen im Arbeitsstromkreis an höheren Spannungen. Zur Steuerung genügen kleine Spannungen; dies sorgt für eine hohe Betriebssicherheit. Zwischen den beiden unterschiedlichen Stromkreisen bilden Schütze die Schnittstelle.

Allgemein ist eine **Schnittstelle** ein System von Vereinbarungen, die den Informationsaustausch zwischen miteinander kommunizierenden Systemen ermöglicht. Die hier angesprochene Hardware-Schnittstelle dient zur Realisierung folgender Aufgaben:

- Energetische Signalanpassung
- Leistungsverstärkung
- Energiewandlung

Funktionsdiagramm

In **Funktionsdiagrammen**[3] werden die Zustände und Zustandsänderungen von Arbeitsmaschinen und Fertigungsanlagen grafisch dargestellt.

Funktionsdiagramme zeigen das Zusammenwirken der einzelnen Bauglieder und Arbeitseinheiten einer Arbeitsmaschine oder Fertigungsanlage. Die Darstellungsgrundsätze und Sinnbilder sollen in allen Fällen gleich sein, um das Lesen und Verstehen des Funktionsablaufs zu gewährleisten. Es genügt die einfachste Darstellung, die den Arbeitsablauf eindeutig kennzeichnet.

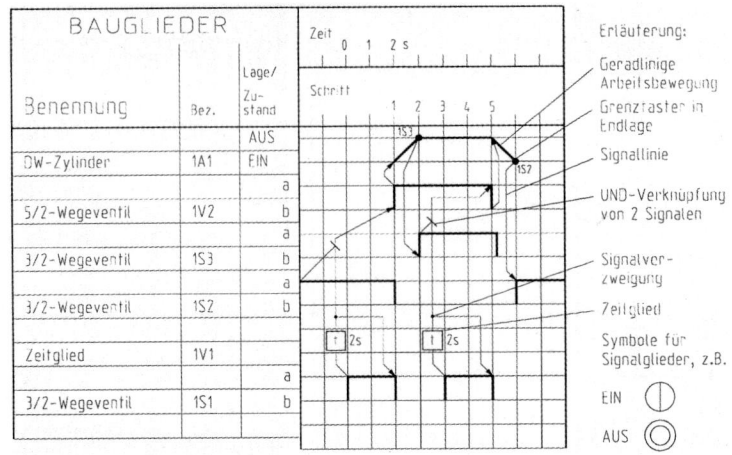

Bild 8. Funktionsdiagramm für die Zylindersteuerung aus Bild 6

---

[2] Siehe Bild 16: Schaltplan für einen Drehstrommotor, Abschnitt 3
[3] Die VDI-Richtlinie 3260 „Funktionsdiagramme von Arbeitsmaschinen und Fertigungsanlagen" wurde zurückgezogen. Der VDI empfiehlt die Darstellung entsprechend DIN 40719 T6. Sie wird hier weiter verwendet, da sie besonders für die Darstellung linearer Bewegungen geeignet ist.

Funktionsdiagramme werden unterteilt in Wegdiagramm und Zustandsdiagramm. Im **Wegdiagramm** werden die Wege eines Arbeitsgliedes durch Bildzeichen dargestellt. Im **Zustandsdiagramm** werden die Funktionsfolgen der Arbeitseinheiten und die steuerungstechnische Verknüpfung der zugehörigen Bauglieder dargestellt. Auf der Ordinate wird der Zustand, z.B. Weg, Druck, Winkel, auf der Abzisse werden die Schritte und/oder Zeiten aufgetragen.

Die Bauglieder sind in der Lage dargestellt, die sie im unbetätigten Zustand einnehmen, also auch durch Einwirken einer Feder- oder Kolbenkraft. Dabei ist die Energie zugeschaltet. Der Arbeitsablauf des doppelt wirkenden Zylinders wird in Schritte aufgeteilt. Schritte werden durch Zustandsänderungen eingeleitet. Eine solche Zustandsänderung wird im vorliegenden Beispiel durch die Betätigung des 3/2-Wegeventil 1S1 eingeleitet, wenn der Kolben des Zylinders eingefahren ist und den Grenztaster 1S2 betätigt. Das Zeitglied, Ventil 1V1 im pneumatischen Schaltplan, bewirkt eine Begrenzung der Signaldauer bei Betätigung von 1S1. Bei zu langer Signaldauer besteht die Gefahr, dass der Kolben nach Erreichen der vorderen Endlage sofort wieder einfährt, wenn er das Ventil 1S3 betätigt. Der Bereich zwischen diesen beiden Zuständen wird als Schritt bezeichnet.

Die Schrittangabe kann durch eine Zeitangabe ergänzt werden. Im vorliegenden Beispiel werden die Startvoraussetzungen zur Einleitung des 1. Schrittes in ihrer zeitlichen Abfolge dargestellt. Die Abhängigkeiten der Bauglieder untereinander können durch Signallinien dargestellt werden. Die Signallinie hat ihren Anfang am Signalglied und endet an der Stelle, wo das Signal eine Zustandsänderung einleitet.

Funktionsplan

Funktionspläne nach DIN 40719, T6 dienen zur prozessorientierten Darstellung von Steuerungsabläufen. Sie beschreiben die Funktion und das Verhalten der Steuerung unabhängig von der technischen Realisierung. Funktionspläne können sowohl für die Gesamtbeschreibung einer Steuerungsaufgabe als auch für die präzise Beschreibung der Beziehungen zwischen den Eingängen und dem Ausgang bei Verknüpfungs- und Ablaufsteuerungen genutzt werden.

Der Funktionsplan ist durch folgende Symbole definiert:
- Schritte und Befehle
- Wirkverbindungen und Übergänge zwischen der Schritten.

Die **Schritte** charakterisieren das stationäre Verhalten des Systems; sie werden durch Rechtecke mit einer den Schritt kennzeichnenden Ziffer dargestellt. Solche stationären Zustände sind im Bild 10 z.B. die Ausgangsstellung, der Rechtslauf, der Linkslauf. Ein Schritt kann zu einem bestimmten Zeitpunkt gesetzt oder nicht gesetzt sein. Wenn ein Schritt gesetzt ist, dann werden die Befehle ausgegeben. Der zweite Schritt des vorliegenden Beispiels gibt den Befehl „Rechtslauf Ein" aus. Die zusammengehörenden Schritte sind durch Wirkverbindungen gekennzeichnet. Die Wirkverbindungslinien verlaufen senkrecht oder waagerecht. Der Ablauf erfolgt von oben nach unten, entsprechend der Darstellung. Verläuft die Wirkverbindung von unten nach oben, so ist dies durch einen Pfeil anzuzeigen. Muss eine Wirkungslinie unterbrochen werden, so ist die Nr. des Folgeschritts und die Blatt-Nr, auf dem der Schritt erscheint, anzugeben (Bild 10).

Um den Übergang von 1. zum 2. Schritt einzuleiten muss eine **Übergangsbedingung** (Transition) erfüllt werden. Der Übergang wird symbolisch durch einen kurzen Strich dargestellt. Bei der Übergangsbedingung zur Einleitung des 2. Schrittes muss sich der Hydromotor im Stillstand befinden und der Tasters S2 betätigt werden. Der Stillstand des Motors ist aus der Ziffernfolge 4.1 abzulesen. Sie bedeutet: 1. Befehl des 4. Schrittes. Die Übergangsbedingungen sind durch ein logisches UND verknüpft.

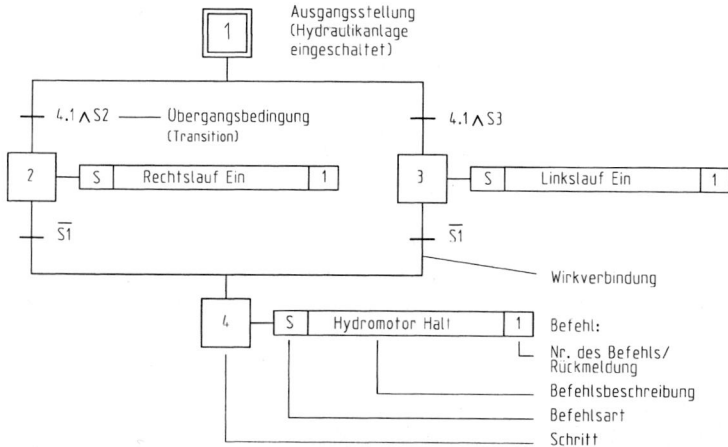

Bild 9.
Funktionsplan zur Hydromotorsteuerung aus Bild 7

Die **Befehle** sind rechts neben den Schritten anzuordnen. Ein gesetzter Schritt kann einen oder mehrere Befehle ausgeben. Mehrere Befehle können untereinander angeordnet werden. Der durch den Schritt 4 ausgegebene Befehl ist ein spezifizierter Befehl. Er ist gekennzeichnet durch die Art des Befehls, die Befehlsbeschreibung und eine Nummerierung oder eine Rückmeldung.

Wichtige Befehlsarten sind:
- S: gespeichert
- D: verzögert
- L: zeitbegrenzt

Die Buchstaben können auch kombiniert werden. LS bedeutet z.B., das Binärsignal wird eine begrenzte Zeit gespeichert.

Mögliche Rückmeldung können sein:
- A: Befehl ausgegeben
- R: Befehlswirkung erreicht
- X: Störmeldung (Befehlswirkung nicht erreicht)

Die **Befehlsbeschreibung** ist die verbale Beschreibung der Aktion, die durch den Schritt bewirkt wird. Befehle können auch nicht spezifiziert ausgegeben werden. Dann entfällt die Angabe der Art des Befehls und eine Rückmeldung. Ein solcher Befehl ist solange wirksam wie der Befehlsgeber betätigt ist.

Die Übergangsbedingungen zwischen den einzelnen Schritten des Funktionsplans können wirksam werden, wenn der vorhergehende Schritt gesetzt ist. Übergangsbedingungen können dargestellt werden durch:
- Textaussagen,
- Boolesche Gleichungen,
- Grafische Symbole.

Im Bild 9 bewirkt die Betätigung des Öffners S1 den Übergang von Schritt 2 bzw. Schritt 3 zum Schritt 4. Der Motor kommt sowohl aus dem Rechts- als auch dem Linkslauf zum Halt. Eine Übergangsbedingung kann ebenfalls zeitabhängig oder vom Wechsel des logischen Zustands der Variablen für die Übergangsbedingung abhängig sein. Hierzu kann der Übergang von 0 nach 1 (steigende Flanke) oder 1 nach 0 (fallende Flanke) ausgewertet werden.

Neben einem Ablauf der Steuerung, der aus einer Reihe von Schritten besteht, die nacheinander gesetzt werden, kann auch eine Auswahl aus mehreren Ablaufmöglichkeiten getroffen werden (**Ablaufverzweigung**), oder es können gleichzeitig mehrere Abläufe parallel stattfinden (**Parallelbetrieb**).

a) Ablaufverzweigung
Der Funktionsplan in Bild 9 zeigt eine solche Ablaufverzweigung mit den Alternativen Rechtslauf oder Linkslauf des Hydromotors. Die Übergangsbedingungen werden für jeden Ablauf unterhalb der waagerechten Linie eingetragen. Oberhalb dieser Linie ist ein Übergangssymbol nicht zulässig. Die Zusammenführung alternativer Abläufe in der Steuerung erfolgt oberhalb der waagerechten Linie durch so viele Übergangsbedingungen, wie Abläufe zusammenzufassen sind. Im Funktionsplan in Bild 9 unterbricht der Taster S1 sowohl den Rechts- als auch den Linkslauf.

b) Parallelbetrieb
Der Parallelbetrieb wird gleichzeitig ausgelöst. Zur Darstellung ist ein gemeinsames Übergangssymbol oberhalb der Synchronisations-Doppellinie zugelassen.

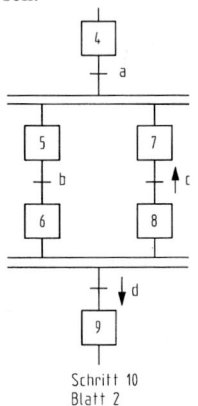

Bild 10. Parallelbetrieb

Nach der gleichzeitigen Aktivierung wird der Ablauf der gesetzten Schritte in jedem dieser Zweige voneinander unabhängig. Der Übergang von Schritt 4 zu den Schritten 5 und 6 sowie 7 und 8 findet nur statt, wenn der Schritt 4 gesetzt und die dem gemeinsamen Übergang zugeordnete Übergangsbedingung a erfüllt ist. Die Zusammenführung der parallelen, unabhängigen Ablaufketten wird durch ein Übergangssymbol unterhalb der doppelten Synchronisationlinie symbolisiert. Der Übergang zum Schritt 9 findet nur statt, wenn die Schritte 6 und 8 gesetzt sind und die gemeinsame Übergangsbedingung, die fallende Flanke des binären Signals d, erfüllt ist.

2 Signalverarbeitung in Steuerungen

2.1 Signalarten

Ein **Signal** ist die Darstellung von Information. Die Darstellung erfolgt durch den Wert (digital) oder Werteverlauf (analog) einer physikalischen Größe (DIN 19226, T5). Als **Informationsparameter** des Signals gilt diejenige Größe, deren Wert oder Werteverlauf Informationen zur Verarbeitung in einer Steuereinrichtung enthält.

2 Signalverarbeitung in Steuerungen

Kontinuierlich veränderliche physikalische Größen, z.B. Temperatur, Druck liefern **analoge Signale**. Diese können innerhalb gewisser Grenzen jeden beliebigen Wert annehmen. Bei analogen Signalen ist dem kontinuierlichen Werteverlauf des Informationsparameters Punkt für Punkt unterschiedliche Information zugeordnet. Aus Bild 1 ist ersichtlich, dass zu jedem beliebigen Zeitpunkt dem Informationsparameter Druck (p) ein Wert (eine Information) zugeordnet werden kann.

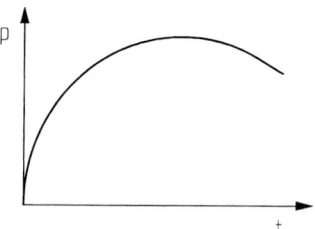

Bild 1. Analogsignal

Digitale Signale sind diskrete Signale, deren Informationsparameter innerhalb bestimmter Grenzen nur eine endliche Zahl von Wertebereichen annehmen kann. Der Wertebereich des Informationsparameters ist ein ganzzahliges Vielfaches der kleinsten Einheit (E).
Ein digitales Signal kann man sich auch als die Zusammenfassung mehrerer Binärstellen, also mehrerer zweiwertiger Größen vorstellen. So lassen sich z.B. Dezimalzahlen leicht als digitale Informationen darstellen.

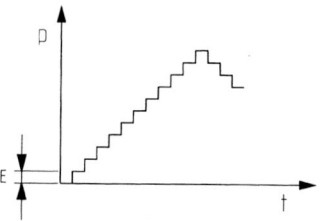

Dezimal-zahl	Digitale Darstellung (Dualzahl)			
	Bit 4	3	2	1
	Wert 8	4	2	1
0	0	0	0	0
1	0	0	0	1
2	0	0	1	0
3	0	0	1	1
4	0	1	0	0
5	0	1	0	1
6	0	1	1	0
7	0	1	1	1
8	1	0	0	0

Bild 2. Darstellung digitaler Informationen

Werden Informationen von analogen Signalen in digital arbeitenden Systemen genutzt, dann muss die analoge Darstellung der Information durch Analog-Digital-Umsetzer in abzählbare codierte Einheiten zerlegt werden. Der Analog-Digital-Umsetzer liefert eine dem digitalen Wert proportionale physikalische Größe, die umso genauer ist, je besser das Auflösungsvermögen des Umsetzers ist.

Signale, die nur zwei Informationszustände darstellen können, nennt man **binäre Signale**. Ein Binärsignal ist ein einparametrisches Signal mit nur zwei Wertebereichen des Informationsparameters.

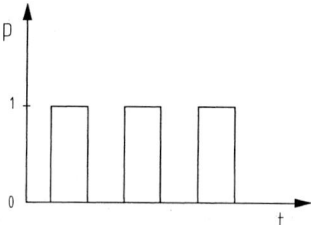

Bild 3. Binärsignal

Wertebereiche eines einparametrischen Signals können sein: Druck EIN/Druck AUS, Ventil geöffnet/Ventil geschlossen oder 1/0. Die Verarbeitung solcher Informationszustände ist als Bitverarbeitung bekannt. Für die Darstellung im Zweier-System werden in der Mathematik zwei Symbole, nämlich die logischen Zustände 0 und 1, verwendet:

0 wird beschrieben mit $\quad 0 \cdot 2^0 = 0$
1 wird beschrieben mit $\quad 1 \cdot 2^0 = 1$

Den logischen Zuständen (0, 1) des Informationsparameters wird technisch ein entsprechender Signalpegel (H, L) zugeordnet werden. Zwischen dem oberen und dem unteren Bereich des Signalpegels muss ein Sicherheitsbereich liegen. Der obere Bereich des Signalpegels (H) entspricht dem Zustand „logisch 1", d.h. ein Schaltkontakt ist geschlossen oder ein Wegeventil ist in Durchlassstellung geschaltet worden. Der untere Bereich des Signalpegels (L) entspricht dem Zustand „logisch 0", d.h. ein Schaltkontakt ist geöffnet oder ein Wegeventil ist in Sperrstellung geschaltet worden.

Tabelle 2.1 Bauelemente zur Signalverarbeitung

Eingangssignale	
Berührende Sensoren	Berührungslose Sensoren
Schalter, Taster, Grenztaster, Piezoaufnehmer	Optische, induktive, kapazitive Näherungsschalter, Thermoelemente

Ausgangssignale	
Stellglieder	Aktoren
Ventile, Schütze, Leistungstransistor, Leistungsthyristor	Meldeeinrichtungen, Motoren, Zylinder, Beleuchtungsanlagen, Heizelemente

Signal von Signalgebern werden mit einem vorgeschriebenen Signalpegel als Eingangssignale an die Eingabeeinheit einer SPS oder in eine verbindungsprogrammierte Steuerung gegeben. Die eingehenden Signale werden durch die Steuereinheit entsprechend dem Anwenderprogramm oder der Schaltung verarbeitet. Als Ergebnis der Verarbeitung beeinflussen sie als Ausgangssignale über Stellglieder oder Aktoren die Steuerstrecke.

2.2 Logische Grundverknüpfung binärer Signale

Viele fluidische und elektrische Schaltungen lassen sich durch die logischen Grundverknüpfungen UND, ODER und NICHT in ihrem Verhalten beschreiben. Die Zustände binärer Sensoren, elektrischer Schalter, fluidischer Wegeventile sowie fluidischer und elektrischer Stellelemente und Aktoren lassen sich durch die logischen Zustände „0" bzw. „1" beschreiben. Diese Analogien ermöglichen die Anwendung der mathematischen Aussagenlogik zur Analyse und Synthese von binären Verknüpfungssteuerungen.

UND-Verknüpfung

Eine UND-Verknüpfung liegt immer dann vor, wenn das Eintreten der Ausgangsbedingung von der gleichzeitigen Erfüllung aller Eingangsbedingungen abhängig ist. Anders gesagt: Das Ausgangssignal hat nur dann den Zustand „log 1", wenn alle Eingangssignale den Zustand „log 1" haben.
Bei der Darstellung der Grundverknüpfungen beschränkt man sich auf 2 Signalgeber.
Als Signalgeber fungieren die von Hand betätigten 3/2-Wegeventile (1S1 und 1S2) bzw. die elektrischen Taster (S1 und S2). Sie erzeugen die Signale a und b. Bei betätigtem Wegeventil (Schaltstellung a) bzw. bei einem geschlossenem Kontakt des Taster ist der Signalzustand des Signalgebers jeweils a = 1; bei geöffnetem Kontakt bzw. in der Schaltstellung b des Wegeventils ist der jeweilige Signalzustand a = 0.
Werden beide Signalgeber zur gleichen Zeit betätigt, kann der Kolben ausfahren oder das Relais den Nebenkontakt schließen. Die Signale a, b der beiden Signalgeber werden durch ein logisches UND verknüpft und der Variablen y zugewiesen. Die abhängige Variable y hat dann den logischen Zustand „1". Das Stellsignal y ermöglicht das Eingreifen in die Steuerstrecke.
Die Reihenschaltung der beiden Wegeventile kann in der Fluidtechnik auch durch ein Zweidruckventil (1V1) realisiert werden. Das Zweidruckventil ist ein Sperrventil. Die Druckluft kann nur durchfließen, wenn beide Signale (a und b) auf die Steuereingänge 12 und 14 am Zweidruckventil wirken. Liegt nur Druck an einem Signaleingang an, dann ist der Durchfluss gesperrt. Sind die beiden Signale a, b zeitlich versetzt, gelangt das zuletzt ankommende Signal zum Stellglied 1V2 und schaltet es in Durchlassstellung.

ODER-Verknüpfung

Eine ODER-Verknüpfung liegt vor, wenn das Eintreten der Ausgangsbedingung von der Erfüllung einer unabhängigen Eingangsbedingung abhängt. Technisch wird die ODER-Verknüpfung durch eine Parallelschaltung erreicht.
Wird ein Signalgeber bei der Parallelschaltung betätigt, so genügt dies zur Ansteuerung des Relais oder Zylinders. Das 1-Signal der Variablen a oder b führt also zu „log 1" bei der abhängigen Variablen y. Auch die gleichzeitige Betätigung beider Signalgeber führt zur Aktivierung des Aktors.

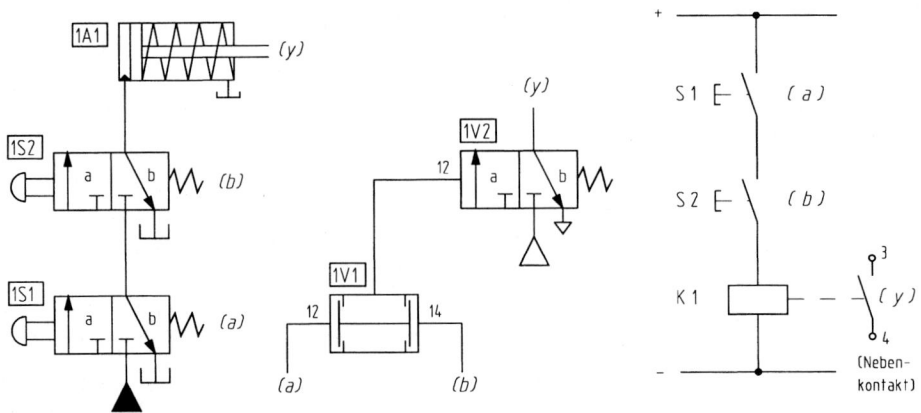

Hydraulische Schaltung   Pneumatische Schaltung mit Zweidruckventil   Elektrische Reihenschaltung

Bild 4. Reihenschaltungen (UND-Verknüpfung) von 2 Signalgebern

2 Signalverarbeitung in Steuerungen

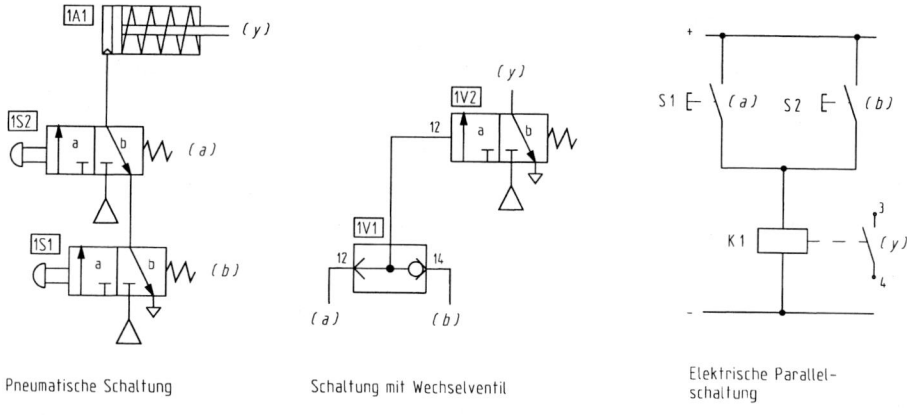

Pneumatische Schaltung   Schaltung mit Wechselventil   Elektrische Parallelschaltung

Bild 5. Parallelschaltungen (ODER-Verknüpfung) von 2 Signalgebern

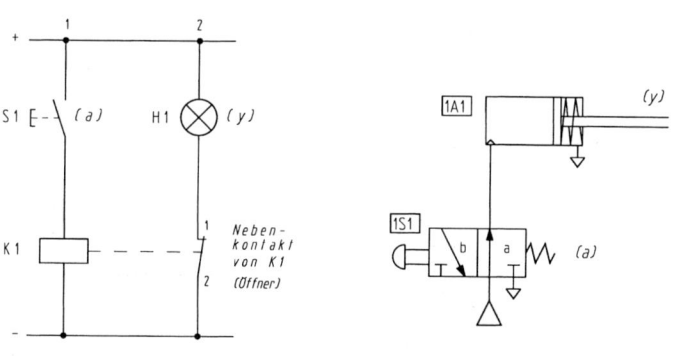

Schaltung mit Öffnerkontakt   Pneumatische Darstellung der NICHT-Funktion   **Bild 6.** Schaltung mit Öffnerkontakt

In der Fluidtechnik kann die Parallelschaltung der beiden Ventile durch ein Wechselventil (1V1) ersetzt werden. Das Wechselventil ist auch ein Sperrventil und erfüllt die ODER-Funktion. Die Signale a oder b müssen jeweils von einem geeigneten Signalgeber erzeugt werden. Das Wechselventil verbindet den Steueranschluss mit dem höheren Druck mit dem Steueranschluss (12) am Stellglied 1V2. Wird nur ein Steueranschluss mit Druckluft beaufschlagt, dann verhindert das Ventil durch den Kugelsitz, dass die beaufschlagte Steuerleitung durch ein parallel geschaltetes Signalglied entlüftet wird.

NICHT-Funktion

Eine NICHT-Funktion liegt vor, wenn das Zustandekommen der Ausgangsbedingung durch die NICHT-erfüllung einer Eingangsbedingung bewirkt wird.
Aus dem elektrischen Schaltplan ist ersichtlich, dass die Signalleuchte H1 ohne Betätigung des Tasters S1 leuchtet, da der Stromweg 2 geschlossen ist. Wird der Taster S1 geschlossen, erlischt die Signalleuchte; das 1-Signal der Eingangsvariablen a bewirkt das 0-Signal der abhängigen Variable y. Die Ursache liegt in der Unterbrechung des 2. Stromweges durch den Nebenkontakt, einem Öffner, der durch das erregte Relais K1 geschaltet wird.
Bei der pneumatischen Schaltung sind die Durchlass- und die Sperrstellung vertauscht worden. Das 3/2-Wegeventil hat also ebenfalls eine Öffnerfunktion. Bei Betätigung von 1S1 wird der Druckluftstrom unterbrochen und die Rückstellfeder im einfachwirkenden Zylinder bewirkt das Einfahren des Kolbens.

Darstellung der Grundverknüpfungen durch Programmierung

Durch Programmiersprachen werden Steuerungsaufgaben für Automatisierungsgeräte beschrieben. Für die Programmierung von speicherprogrammierbaren Steuerungen gilt heute als Standard die IEC 1131-3. Anhand der Programmiersprachen Anweisungsliste (AWL), Funktionsbausteinsprache (FBS) und Kontaktplan (KOP) werden die Grundfunktionen nachstehend dargestellt.

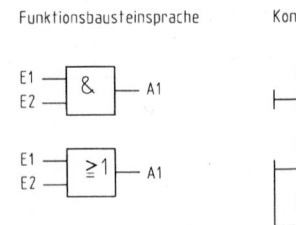

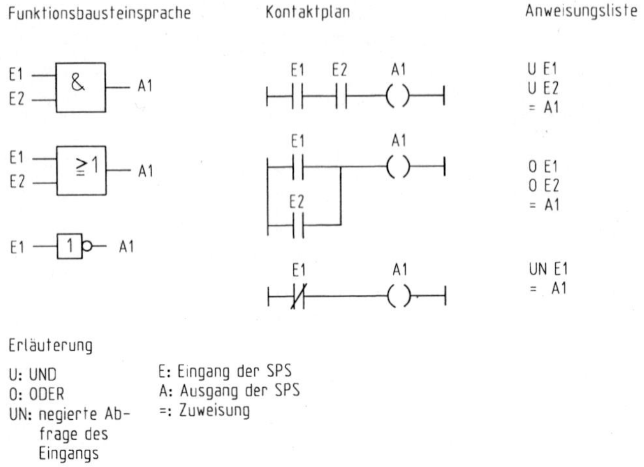

Bild 7. Logische Grundverknüpfungen in Steuerprogrammen

Erläuterung
U: UND
O: ODER
UN: negierte Abfrage des Eingangs
E: Eingang der SPS
A: Ausgang der SPS
=: Zuweisung

2.3 Grundlagen und Anwendung der Schaltalgebra

Regeln für die Grundverknüpfungen

In einer schaltalgebraischen Gleichung können die Ausgangsgröße (y) und die Eingangsgrößen (a, b, ...) als Variable nur zwei Werte, nämlich 0 und 1 annehmen:

$$y = f(a, b, ...)$$

Für eine Eingangsvariable gilt: $y = a$,
dabei ist $y = 1$, wenn $a = 1$ ist
und $y = 0$, wenn $a = 0$ ist.
Für die **UND**-Verknüpfung von 2 Eingangsvariablen (a, b) gilt:

$$y = a \wedge b \qquad (\wedge: \text{UND})$$

Die **Verknüpfungsfunktion** (Schaltfunktion) beschreibt mit den Operationen der Booleschen Algebra den funktionellen Zusammenhang zwischen den Werten/Zuständen der Eingangssignale (a, b) und denen des Ausgangssignals (y). Die Anzahl der Verknüpfungsmöglichkeiten ergibt sich mit:

$$m = 2^n$$

m: Anzahl der Kombinationsmöglichkeiten
n: Anzahl der Signalgeber.

Dies ergibt bei n = 2 Variablen 4 Kombinationsmöglichkeiten. Diese können in einer Schalttabelle dargestellt werden. **Schalttabellen** beinhalten die Zusammenstellung aller Wertekombinationen der Eingangsgrößen und der ihnen zugeordneten Werte der Ausgangsgröße der Schaltfunktion (DIN 19226, T3).

Schalttabelle

a	b	a∧b	y
0	0	0∧0	0
0	1	0∧1	0
1	0	1∧0	0
1	1	1∧1	1

Bild 8. UND-Schaltzeichen

Für die **ODER**-Verknüpfung von 2 Eingangsvariablen (a, b) gilt:

$$y = a \vee b \qquad (\vee: \text{ODER})$$

Schalttabelle

a	b	a∨b	y
0	0	0∨0	0
0	1	0∨1	1
1	0	1∨0	1
1	1	1∨1	1

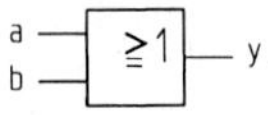

Bild 9. ODER-Schaltzeichen

Für die **NICHT**-Funktion (Negation) gilt:

$$\overline{a} = y \qquad (^{-}: \text{Negation})$$

Schalttabelle

a	$\overline{a}$	y
0	1	1
1	0	0

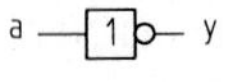

Bild 10. NICHT-Schaltzeichen

Nachfolgend sind in einer Tabelle wichtige Theoreme zusammengestellt, die zur Vereinfachung von Schaltfunktionen genutzt werden können.

Tabelle 2.2 Zusammenstellung von Theoremen der Schaltalgebra

$a \wedge 0 = 0$	$a \vee 0 = a$	Netz mit offenem Kontakt
$a \wedge 1 = a$	$a \vee 1 = 1$	Netz mit geschlossenem Kontakt
$a \wedge a = a$	$a \vee a = a$	Gesetze der Idempotenz
$a \wedge \bar{a} = 0$	$a \vee \bar{a} = 1$	Gesetz des Komplements
$\bar{\bar{a}} = a$		Doppeltes Komplement

Regeln für gemischte Schaltungen

UND-, ODER - Verknüpfungen und Negationen lassen sich in größeren Schaltungen kombinieren und mit den Regeln der Booleschen Algebra beschreiben.

1. Schaltung:

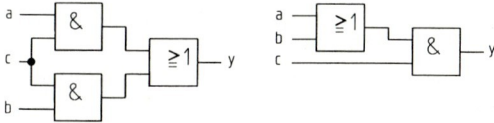

2. Schaltung:

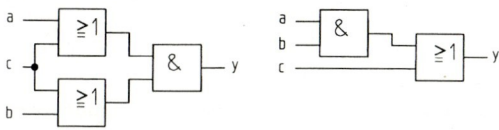

Bild 11. Gemischte Schaltungen

Die beiden gemischten Schaltungen lassen sich durch Verknüpfungsgleichungen wie folgt darstellen. Die Gleichung für die 1. Schaltung lautet:
$a \wedge c \vee b \wedge c = y$. Diese Gleichung kann durch die Anwendung des Distributiv-Gesetzes vereinfacht werden: $(a \vee b) \wedge c = y$
Für die 2. Schaltung gilt: $(a \vee c) \wedge (a \vee b) = a \wedge b \vee c$

Tabelle 2.3 Gesetze der Schaltalgebra

$a \wedge b = b \wedge a$	$a \vee b = b \vee a$	Kommutativ-Gesetz
$(a \wedge b) \wedge c = a \wedge (b \wedge c) = a \wedge b \wedge c$		1. Assoziativ-Gesetz
$(a \vee b) \vee c = a \vee (b \vee c) = a \vee b \vee c$		2. Assoziativ-Gesetz
$a \wedge c \vee b \wedge c = (a \vee b) \wedge c$		1. Distributiv-Gesetz
$a \vee c \wedge b \vee c = a \wedge b \vee c$		2. Distributiv-Gesetz
$\overline{a \wedge b} = \bar{a} \vee \bar{b}$		1. Gesetz von de Morgan
$\overline{a \vee b} = \bar{a} \wedge \bar{b}$		2. Gesetz von de Morgan
$a \wedge (a \vee b) = a$		Absorptionsgesetz
$a \vee (a \wedge b) = a$		Absorptionsgesetz

Folgende **Bindungsregeln** sind bei der Anwendung schaltalgebraischer Gesetze zu beachten:

- Die UND-Verknüpfung hat Vorrang vor der ODER-Verknüpfung, wenn durch Klammern nichts anderes vorgeschrieben wird.

$$a \wedge b \vee c = (a \wedge b) \vee c$$

- Kommt in einer gemischten Schaltung eine Negation vor, so ist diese zuerst auszuführen.

$$a \wedge \bar{b} \vee c = y$$

■ **Lehrbeispiel:**
Wenn die Variablen für die obige Verknüpfungsgleichung die nachfolgend aufgeführten Werte annehmen: a = 1, b = 0, c = 0, führt dies zu folgendem Lösungsweg:

Lösung:
$1 \wedge \bar{0} \vee 0 = y$
$1 \wedge 1 \vee 0 = y$
$1 \vee 0 = y$
$1 = y$

Wird der UND- bzw. der ODER-Verknüpfung ein NICHT-Element (Negation) nachgeschaltet, dann spricht man von einer NAND- bzw. NOR-Funktion.

Bild 12. Darstellung der NAND-, NOR-Verknüpfung

Das Ergebnis einer NAND-Verknüpfung lässt sich auch durch die disjunktive Verknüpfung zweier Variablen erreichen, wenn die beiden Eingänge einer ODER-Verknüpfung negiert werden.

$$\overline{a \wedge b} = \bar{a} \vee \bar{b} \qquad \text{(1. Gesetz von de Morgan)}$$

Nachweis durch Schalttabelle

a	b	$\bar{a}$	$\bar{b}$	$\overline{a \wedge b}$	$\bar{a} \vee \bar{b}$
0	0	1	1	1	1
0	1	1	0	1	1
1	0	0	1	1	1
1	1	0	0	0	0

Eine NOR-Verknüpfung kann durch eine konjunktive Verknüpfung zweier Variablen erreicht werden, wenn beide Eingänge der UND-Verknüpfung negiert werden.

$$\overline{a \vee b} = \bar{a} \wedge \bar{b} \qquad \text{(2. Gesetz von de Morgan)}$$

Mit Hilfe weiterer **Inversionsgesetze** lassen sich UND- in ODER-Verknüpfungen und ODER- in UND-Verknüpfungen umwandeln.

$a \wedge b = y$

$\overline{(\overline{a} \ \overline{b})}$ 1. Negation der beiden Variablen

$\overline{\overline{(\overline{a} \ \overline{b})}}$ 2. Negation des Klammerausdrucks

$\overline{(\overline{a} \vee \overline{b})} = y$ 3. Umwandlung der Verknüpfung

$\overline{(\overline{a} \vee \overline{b})} = (a \wedge b)$ 4. Gleichsetzen

$(a \vee b = y)$

$\overline{(\overline{a} \ \overline{b})}$

$\overline{\overline{(\overline{a} \ \overline{b})}}$

$\overline{(\overline{a} \wedge \overline{b})} = y$

$\overline{\overline{(\overline{a} \wedge \overline{b})}} = a \vee b$

technik werden eventuell vorhandene ODER-Verknüpfungen in UND-Verknüpfungen umgewandelt.
Die Schaltung $\overline{a} \wedge \overline{b} \vee a \wedge b = y$ soll so umgewandelt werden, dass sie in NOR-Schaltungstechnik realisierbar ist. Dazu ist die Verknüpfungsgleichung so umzuwandeln, dass ausschließlich das $\vee$-Verknüpfungszeichen in der Gleichung vorkommt. Zunächst werden die beiden Teilfunktionen $x = \overline{a} \wedge \overline{b}$ und $z = a \wedge b$ mit Hilfe des Gesetzes von de Morgan umgewandelt.

Nachweis durch Schalttabelle

a	b	$a \wedge b$	$\overline{a}$	$\overline{b}$	$(\overline{a} \vee \overline{b})$	$\overline{\overline{a} \vee \overline{b}}$
0	0	0	1	1	1	0
0	1	0	1	0	1	0
1	0	0	0	1	1	0
1	1	1	0	0	0	1

Die obige Umwandlungen gelten auch für 3 oder mehr Variable:

$(a \wedge b \wedge c) = \overline{(\overline{a} \vee \overline{b} \vee \overline{c})}$ bzw. $\overline{(\overline{a} \wedge \overline{b} \wedge \overline{c})} = a \vee b \vee c$

NAND-/NOR-Schaltungstechnik

In der Digitaltechnik werden logische Schaltungen durch Nutzung der Inversionsgesetze häufig mit NOR- oder NAND-Gliedern aufgebaut, da dies besonders wirtschaftlich ist.
In der NOR-Schaltungstechnik werden eventuell vorhandene UND-Verknüpfungen in ODER-Verknüpfungen umgewandelt. In der NAND-Schaltungs-

1. Schritt: Jede Variable negieren

$\overline{\overline{x}} = \overline{\overline{a} \wedge \overline{b}} = a \wedge b$ | $\overline{\overline{z}} = \overline{a} \wedge \overline{b}$

2. Schritt: Verknüpfungszeichen ändern

$\overline{x} = a \vee b$ | $\overline{z} = \overline{a} \vee \overline{b}$

3. Schritt: Den gesamten Term negieren

$\overline{\overline{x}} = x = \overline{a \vee b}$ | $\overline{\overline{z}} = z = \overline{\overline{a} \vee \overline{b}}$

Die Gesamtfunktion $y = x \vee z$ ist mit einem NOR-Element nicht zu realisieren. Die durch das NOR bedingte Negation muss durch eine weitere Negation wieder aufgehoben werden.

$y = x \vee z$
$\overline{y} = \overline{x \vee z}$
$\overline{\overline{y}} = \overline{\overline{x \vee z}} \to y = \overline{\overline{x \vee z}}$

Die Teilfunktionen werden in die Gesamtfunktion eingesetzt. Dies führt zu:

$y = \overline{\overline{(a \vee b)} \vee \overline{(\overline{a} \vee \overline{b})}}$

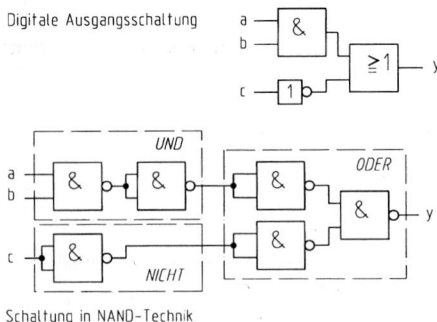

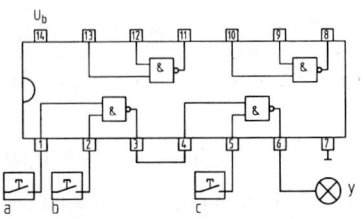

IC-Beschaltung

Bild 13.
NAND-Schaltungstechnik

Schaltungen können auch grafisch umgewandelt werden. Dazu müssen die vorkommenden logischen Grundelemente durch NOR- oder NAND-Elemente ersetzt werden, wie dies nachfolgend dargestellt wird. Die vorkommenden Grundverknüpfungen werden durch entsprechende NAND-Elemente ersetzt. Doppelte Negationen werden gestrichen; dies führt zur vereinfachten NAND-Schaltung. Nun lässt sich die Schaltung mit einem IC realisieren, eine sehr wirtschaftliche Lösung.

Ermittlung von Verknüpfungsfunktionen aus Schalttabellen

Möglicherweise sind von einer Verknüpfungssteuerung nur die Eingangsgrößen und die Ausgangsgrößen bekannt; die Schaltung aber nicht. Die Bedingungen, die zur Erfüllung der Schaltfunktion (y = 1) führen, können dann mit Hilfe einer Schalttabelle ermittelt werden. Eine solche Schalttabelle ist nachstehend dargestellt.

Schalttabelle

Zeile	a	b	y
1	0	0	0
2	0	1	1
3	1	0	1
4	1	1	0

Aus dieser Schalttabelle soll eine Verknüpfungsgleichung ermittelt werden, die zur Entwicklung einer Schaltung dient. Grundsätzlich gibt es 2 Möglichkeiten dieses Problem zu lösen:

a) Die disjunktive Normalform
In der Schalttabelle liefern zwei Zeilen für die Ausgangsgröße y den Wert 1. In diesen Zeilen haben die Eingangsgrößen folgende Signalzustände:

Zeile 2: a = 0 und b = 1
oder
Zeile 3: a = 1 und b = 0

Verknüpft man die Variablen in den Zeilen 2 und 3 mit UND, so ist die Verknüpfung für die Zeile 2 nur dann für y = 1 erfüllt, wenn der Wert der Variablen a negiert wird. Für die 3. Zeile ist die Bedingung y = 1 nur erfüllt, wenn die Variable b negiert wird. Werden die beiden Konjunkte anschließend disjunktiv verknüpft, erhält man die disjunktive Normalform der Verknüpfungsgleichung:

$$\bar{a} \wedge b \vee a \wedge \bar{b} = y$$

Werden in diese Gleichung die Werte der Zeile 2 und 3 eingesetzt, dann ist die Bedingung y = 1 erfüllt; werden die Werte der Zeilen 1 und 4 eingesetzt, dann ergibt sich: y = 0!
In der disjunktiven Normalform der Verknüpfungs- oder Schaltgleichung werden alle Konjunktionen der Eingangsgrößen, welche für y = 1 liefern, disjunktiv verknüpft. Den konjunktiven Term nennt man den MINTERM, da nur eine Verknüpfung aller Eingangsvariablen für die Ausgangsgröße den Wert 1 liefert.

b) Die konjunktive Normalform
Die Zeilen 1 und 4 der Schalttabelle liefern für die Ausgangsgröße y den Wert 0. Die variablen Eingangsgrößen in diesen Zeilen müssen durch ein ODER verknüpft werden. Eine ODER-Verknüpfung der Eingänge liefert nur dann den Wert 0 als Ausgangssignal, wenn alle Eingangssignale den Wert 0 haben. Alle anderen Eingangssignalkombinationen liefern 1 als Ausgangssignal. Den disjunktiven Term nennt man deshalb den MAXTERM. Für die 1. Zeile gilt:

a = 0 oder b = 0 führt zu y = 0.

Eine ODER-Verknüpfung der Eingangsvariablen in der Zeile 4 führt nicht zu y = 0. Um diese Bedingung zu erreichen, müssen beide Eingangsvariable negiert werden, also:

$$\bar{a} \vee \bar{b} = y$$

Die konjunktive Normalform der Verknüpfungsgleichung lautet somit:

$$(a \vee b) \wedge (\bar{a} \vee \bar{b}) = y$$

Sie ist nur erfüllt, wenn beide Disjunkte 1 liefern. Dies ist der Fall, wenn die Werte der Eingangsgrößen in den Zeilen 2 oder 3 auftreten. Für die Zeile 2 gilt:

$$(0 \vee 1) \wedge (\bar{0} \vee \bar{1}) = 1 \wedge 1 = 1$$

Die beiden hier gefundenen Gleichungen zur Beschreibung des in der Schalttabelle vorgegebenen Verhaltens der abhängigen Variablen y werden auch durch ein Antivalenz-Glied, dem **Exklusiv-ODER**, erfüllt.

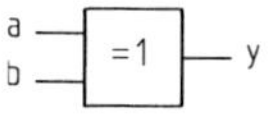

Bild 14. Exklusiv-ODER (XOR)

Vereinfachung von Verknüpfungsfunktionen

In der Praxis ist man bestrebt, Schaltungen mit wenigen Bauelementen oder geringem Programmieraufwand zu entwickeln. Dies erreicht man durch Minimierung der Verknüpfungsfunktion. Eine geringere Anzahl von Bauteilen bedeutet einen Kostenvorteil und eine Verringerung der Reparaturanfälligkeit. Steuerprogramme werden dadurch übersichtlicher, schneller und fehlerärmer.

■ **Lehrbeispiel: Schaltungsvereinfachung**
Gegeben sei folgende Verknüpfungsgleichung:

$$(a \wedge b) \vee (a \wedge \bar{b}) \vee (a \vee b) \wedge (\overline{a \wedge b}) = y$$

Lösung:

Wendet man die Gesetze von de Morgan auf den letzten Term der Gleichung an, so ergibt sich:

$\overline{a \wedge b} = \bar{a} \vee \bar{b}$

Einsetzen in die Gleichung ergibt:

$(a \wedge b) \vee (a \wedge \bar{b}) \vee (a \vee b) \wedge (\bar{a} \vee \bar{b}) = y$

Umformen der durch UND verknüpften Terme mittels des Distributivgesetzes ergibt:

$(a \wedge b) \vee (a \wedge \bar{b}) \vee (a \wedge \bar{a}) \vee (a \wedge \bar{b}) \vee (b \wedge \bar{a}) \vee (b \wedge \bar{b}) = y$

Die Terme $a \wedge \bar{a}$ sowie $b \wedge \bar{b}$ ergeben 0 (Gesetz des Komplements) und können entfallen, da sie keine Schaltfunktion haben. Dies führt zu folgender Schaltungsvereinfachung:

$(a \wedge b) \vee (a \wedge \bar{b}) \vee (b \wedge \bar{a}) \vee (a \wedge \bar{b}) = y$

$\left[a \wedge (b \vee \bar{b})\right] \vee (b \wedge \bar{a}) \vee (a \wedge \bar{b}) = y$

$a \vee (b \wedge \bar{a}) \vee (a \wedge \bar{b}) = y$

$(a \vee b) \wedge (a \vee \bar{a}) \vee (a \wedge \bar{b}) = y$

$(a \vee b) \vee (a \wedge \bar{b}) = y$

2.4 Das Karnaugh-Veitch-Diagramm

Eine grafische Möglichkeit zur Vereinfachung von Schaltungen stellt das von Karnaugh entwickelte **KV-Diagramm** dar. Der Umfang des KV-Diagramms richtet sich nach der Anzahl der in einer Gleichung vorkommenden Variablen. Ein solches Diagramm entsteht durch wiederholtes Spiegeln der Felder. Es enthält immer so viele Felder, dass alle möglichen Vollkonjunktionen in das Diagramm eingebracht werden können. Eine Vollkonjunktion ist eine UND-Verknüpfung, die alle vorkommenden Variablen der Verknüpfungsgleichung oder Schaltfunktion enthält. Für jede hinzukommende Eingangsgröße wird das ursprüngliche Feld um ein neues Feld erweitert. Im ursprünglichen Feld hat die neue Eingangsgröße den Wert 0; im neuen Feld hat sie den Wert 1. Die Variablen der Eingangsgrößen werden an den Rand des KV-Diagramms geschrieben. In die Felder des KV-Diagramms wird eingetragen, wie die Ausgangsgröße auf die Kombinationen der Zustände der Eingangsgrößen reagiert. Das Vorgehen entspricht der Erstellung einer Schalttabelle.

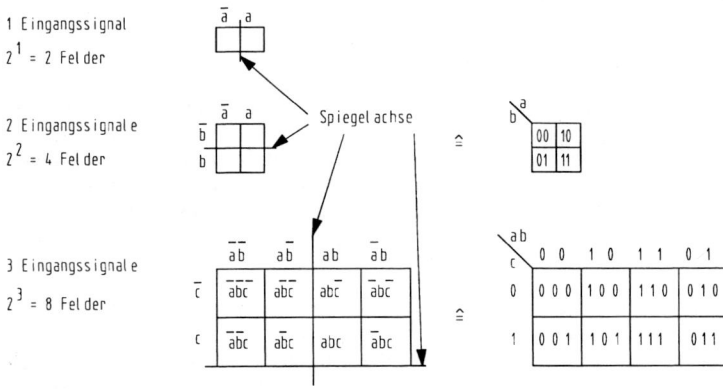

Bild 15. Entwicklung des KV-Diagramms

Schalttabelle
für 3 Variable

Zeile	a	b	c	y
00	0	0	0	0
01	0	0	1	1
02	0	1	0	0
03	0	1	1	1
04	1	0	0	0
05	1	0	1	0
06	1	1	0	1
07	1	1	1	1

Zuordnung der Zeilen
und Funktionswerte
im KV-Diagramm

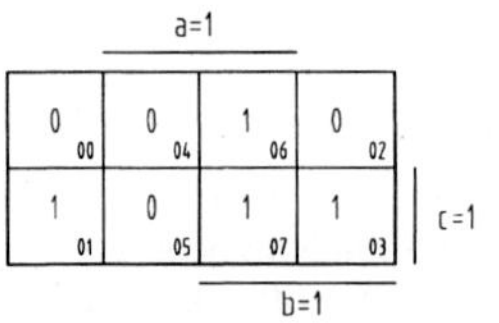

Bild 16. KV-Diagramm für 3 Variable

Aus dem KV-Diagramm lässt sich auch die disjunktive Normalform der Verknüpfungsgleichung bestimmen. Jedes Feld, das eine „1" enthält, entspricht einem MINTERM. Dies sind die Felder 01, 06, 07 und 03. Verknüpft man alle Felder mit ODER, so erhält man die disjunktive Normalform der Verknüpfungsgleichung. Im KV-Diagramm lassen sich nun leicht die Terme finden, die sich in nur einer Variablen unterscheiden; sie liegen symmetrisch zueinander. Sofern symmetrische Felder mit einer „1" belegt sind, können sie zusammengefasst werden. Die sich ändernde Variable wird eliminiert.

Die Felder 01 und 03 liegen symmetrisch zueinander. Für sie gelten folgende Verknüpfungen:

Feld 01: $\bar{a} \wedge \bar{b} \wedge c = 1$

Feld 03: $\bar{a} \wedge b \wedge c = 1$

Eliminiert man nun die sich ändernde Variable $(\bar{b} \vee b = 1)$ und fasst die restlichen Terme zusammen, dann bleibt $\bar{a} \wedge c$ übrig.

Die benachbarten und symmetrisch liegenden Felder 06 und 07 können zu einem Block zusammengefasst werden. Ändert sich innerhalb eines Blocks eine Variable beim Übergang von einem Feld zum anderen, so wird diese Variable nicht gelesen.

Feld 06: $a \wedge b \wedge \bar{c}$
Feld 07: $a \wedge b \wedge c$

Die sich ändernde Variable $(\bar{c} \wedge c)$ wird eliminiert und der restliche Term lautet: $a \wedge b$.
Zusammengefasst erhält man die minimierte Verknüpfungsgleichung: $a \wedge b \vee a \wedge c = y$.

Folgende **Regeln** gelten zur Vereinfachung mit dem KV-Diagramm:
- Es können einzelne oder mehrere Felder, die symmetrisch zu einer horizontalen oder vertikalen Spiegellinie liegen zur Vereinfachung zu Blöcken zusammengefasst werden. Die Zahl der Felder in einem Block muss eine Potenz von 2 sein.
- Ändert sich eine Variable innerhalb eines Blocks beim Übergang von einem Feld zum anderen, so wird diese nicht gelesen.

■ **Lehrbeispiel: Term ohne Vollkonjunktion**
Gegeben sei folgende Verknüpfungsgleichung:
$(\bar{a} \wedge b \wedge c \wedge \bar{d}) \vee (\bar{a} \wedge \bar{c} \wedge \bar{d}) = y$

Lösung:
Um diese Gleichung mit Hilfe des KV-Diagramms zu vereinfachen, muss der letzte Term in der vorstehenden Gleichung zunächst zu einer Vollkonjunktion „erweitert" werden. Dazu wird der Ausdruck $b \vee \bar{b}$ verwendet.

$(\bar{a} \wedge \bar{c} \wedge \bar{d}) \wedge (b \vee \bar{b})$
$(\bar{a} \wedge \bar{c} \wedge \bar{d} \wedge b) \vee (\bar{a} \wedge \bar{c} \wedge \bar{d} \wedge \bar{b})$

Die komplette Gleichung lautet dann:
$(\bar{a} \wedge b \wedge c \wedge \bar{d}) \vee (\bar{a} \wedge \bar{c} \wedge \bar{d} \wedge b) \vee (\bar{a} \wedge \bar{c} \wedge \bar{d} \wedge \bar{b}) = y$

Sie wird in ein KV-Diagramm übertragen, wobei die 3 Felder mit den obigen Konjunktionen mit 1 belegt werden.

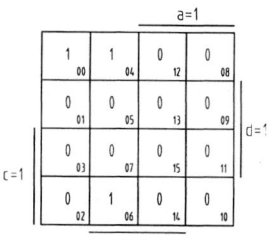

Bild 17. KV-Diagramm

Es lassen sich 2 Blöcke zusammenfassen: Block I ergibt sich aus den Feldern 00 und 04, der Block II resultiert aus den Feldern 04 und 06.

Block I: $\bar{a} \wedge \bar{b} \wedge \bar{c} \wedge \bar{d}; \bar{a} \wedge b \wedge \bar{c} \wedge \bar{d}$

Im ersten Block ändert sich die Variable b; dies führt zu:
$\bar{a} \wedge \bar{c} \wedge \bar{d} = 1$.

Block II: $\bar{a} \wedge b \wedge \bar{c} \wedge \bar{d}; \bar{a} \wedge b \wedge c \wedge \bar{d}$

Im zweiten Block ändert sich die Variable c; dies führt zu:
$\bar{a} \wedge b \wedge \bar{d} = 1$.

Die beiden Terme werden zusammengefasst; dabei kann $\bar{a} \wedge \bar{d}$ ausgeklammert werden. Die minimierte Verknüpfungsgleichung lautet:
$\bar{a} \wedge \bar{d} \wedge (b \vee \bar{c}) = y$.

2.5 Die Speicherfunktion

Wenn ein Startsignal auf den Eingang einer digitalen Steuereinrichtung gegeben wird, dann geschieht dies oft in Form eines kurzen Impulses. Der Zustand „log 1" ist nur für die kurze Betätigungszeit des Signalgebers vorhanden. Soll ein Signal für längere Zeit gespeichert werden, so ist eine Steuerung mit Speicherfähigkeit erforderlich.

Entstehung des Speicherverhaltens

Speicher haben die Aufgabe, Informationen bis auf Widerruf zu speichern. Ein binärer Speicher kann zwei Schaltzustände annehmen: Er ist gesetzt, d.h. er hat einen inneren Zustand „log 1" oder er ist rückgesetzt, d.h. er hat den inneren Zustand „log 0". Während bei kombinatorischen Steuerschaltungen der Wert der Ausgangssignale nur von der augenblicklichen Kombination der Eingangssignale abhängt, ist bei Steuerungen mit Speichern der Zustand der Ausgänge zusätzlich abhängig vom inneren Zustand der Speicher. Soll beispielsweise ein Gerät (A) dauerhaft durch ein kurzes Tippen auf einen Taster EIN (S) eingeschaltet und durch ein kurzes Tippen auf einen Taster AUS (R) ausgeschaltet werden, kann der Wert des Ausgangssignals nicht mehr nur durch die Kombination der Eingangswerte angegeben werden. Es ist zusätzlich zu beachten, welchen inneren Zustand (Q) der Speicher hat (siehe Schalttabelle).

Schalttabelle

Zeile	Q	R	S	A
1	0	0	0	0
2	0	0	1	1
3	0	1	0	0
4	0	1	1	0
5	1	0	0	1
6	1	0	1	1
7	1	1	0	0
8	1	1	1	0

S: Taster EIN (Setzen)
R: Taster AUS (Rücksetzen)
Q: Innerer Zustand des Speichers
A: Stellglied am Gerät (Ausgang)

Festlegung der Dominanz:
Werden S und R gleichzeitig gedrückt, soll das Ausgangssignal A „0-Wert" haben.

In den Zeilen 1-4 ist der innere Zustand Q des Speichers 0. Der Wert des Ausgangssignals ist abhängig von den Eingangssignalen der Taster. In Zeile 5 hat

das Ausgangssignal (A) den Wert 1, weil der innere Wert des Speichers (Q) 1 ist. Daraus ist ersichtlich, dass der logische Zustand des Ausgangs abhängig ist vom inneren Zustand des Speichers Q. Durch das 1-Signal des Tasters S in Zeile 6 verändert sich dieser Zustand nicht. In der Folgezeile 7 wird das Ausgangssignal durch R auf 0-Wert gesetzt. Dieser bleibt in der letzten Zeile aufgrund der Dominanz bestehen.
Aus der Schalttabelle ergibt sich folgende Verknüpfungsgleichung (DNF):

$$(\overline{Q} \wedge \overline{R} \wedge S) \vee (Q \wedge \overline{R} \wedge \overline{S}) \vee (Q \wedge \overline{R} \wedge S) = A$$
$$\overline{R} \wedge \left[(\overline{Q} \wedge S) \vee (Q \wedge \overline{S}) \vee (Q \wedge S) \right] = A$$
$$\overline{R} \wedge \left[(\overline{Q} \wedge S) \vee \{Q \wedge (\overline{S} \vee S)\} \right] = A$$
$$\overline{R} \wedge \left[(\overline{Q} \wedge S) \vee \{Q \wedge 1\} \right] = A$$
$$\overline{R} \wedge \left[(\overline{Q} \wedge S) \vee Q \right] = A$$
$$\overline{R} \wedge \left[(\overline{Q} \vee Q) \wedge (S \vee Q) \right] = A$$
$$\overline{R} \wedge \left[1 \wedge (S \vee Q) \right] = A$$
$$\overline{R} \wedge (S \vee Q) = A$$

Aus der vereinfachten Gleichung ist zu erkennen, dass der Signalwert am Ausgang abhängig ist von der Eingangsvariablen R und der Setzvariablen S oder dem inneren Zustand Q des Speichers. Wird die Verknüpfungsgleichung grafisch als digitale Schaltung dargestellt, erkennt man sofort, dass eine Rückführung des inneren Speicherzustandes Q, welcher dem Zustand des Ausgangs entspricht, zur Speicherfunktion führt.

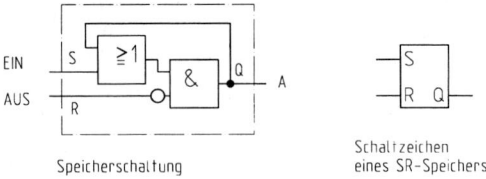

Speicherschaltung — Schaltzeichen eines SR-Speichers

Bild 18. Speicherverhalten, dominierend Rücksetzen

Aus der Darstellung ist ersichtlich, dass der Speicher durch ein kurzzeitiges Signal EIN auf den Eingang S Signalwert „1" hat, weil die ODER-Verknüpfung erfüllt ist. Wenn der Tastimpuls nicht mehr auf den Eingang S wirkt, bleibt die ODER-Verknüpfung weiter erfüllt, da nun die UND-Verknüpfung erfüllt ist. Das 1-Signal aus der UND-Verknüpfung ergibt sich aus der negierten Abfrage am Eingang R und der Rückführung des inneren Speicherzustandes Q = 1 auf den zweiten Eingang des UND-Gliedes. Die Speicherfunktion ist erfüllt. Wird in der Folge ein kurzer Impuls auf den Eingang R gegeben, ist aufgrund der Negation am Eingang R die UND-Verknüpfung nicht mehr erfüllt. Das gespeicherte 1-Signal ist aufgehoben und der Ausgangssignalwert wird „0".

Unabhängig von der Möglichkeit, durch eine Schaltung Speicherverhalten zu erzeugen, bieten speicherprogrammierbare Steuerungen (SPS) spezielle Funktionsbausteine als Speicherelemente zur Bitspeicherung: SR- und RS-Flipflop.

Der SR-Speicher wird über den Setzeingang S auf den Signalzustand Q = 1 gesetzt. Rücksetzen erfolgt über den Rücksetzeingang R. Wenn gleichzeitig am Setz- und Rücksetzeingang ein Signal anliegt, dominiert das Signal am Rücksetzeingang. Da ein Programm immer zyklisch abgearbeitet wird, hat der zuletzt gelesene Befehl Dominanz. Dies ist im Fall des SR-Speichers der Rücksetzeingang R.

Wird der Setzeingang zuletzt abgefragt, liegt dominierendes Setzen des Speichers vor.

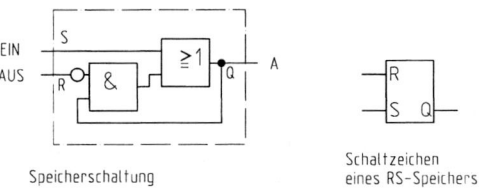

Speicherschaltung — Schaltzeichen eines RS-Speichers

Bild 19. Speicherverhalten, dominierend Setzen

Elektrische und pneumatische Signalspeicherung

Eine Signalspeicherung ist auch durch geeignete mechanische Befehlsgeber möglich, z.B. mechanische Stellschalter oder Ventile mit einer Raste. Sollen Schaltbefehle an leistungsstarken Anlagen oder Maschinen gespeichert werden, verwendet man in der Elektrotechnik eine Signalspeicherung durch **Selbsthaltung**.

a) Elektrische Signalspeicherung

Das Einschalten eines Stromkreises erfolgt durch einen Schließerkontakt, das Ausschalten erfolgt durch einen Öffnerkontakt (DIN VDE 0113). Haltebefehle müssen Vorrang vor zugeordneten Startbefehlen haben.

Nach Betätigung des Tasters S2 betätigt (b = 1) ist der Stromweg 1 zum Relais K1 geschlossen (y = 1). Die Relaisspule wird erregt und erzeugt ein Magnetfeld. Dadurch wird der Anker vom Kern angezogen und der Nebenkontakt schließt den Stromweg 2 zur Relaisspule. Nach dem Loslassen des Tasters S2 bleibt die Relaisspule über diesen Nebenkontakt erregt und „hält" sich selbst an Spannung (Selbsthaltung). Die Selbsthaltung oder Signalspeicherung kann nur durch Unterbrechung des die Stromversorgung sichernden Stromweges aufgehoben werden. Hierzu dient ein Öffner. Wird der Taster S1 betätigt, wird die Relaisspule stromlos und der Nebenkontakt fällt durch die Federkraft der Rückstellfeder ab (s. auch Bild 9, Abschnitt 3).

2 Signalverarbeitung in Steuerungen

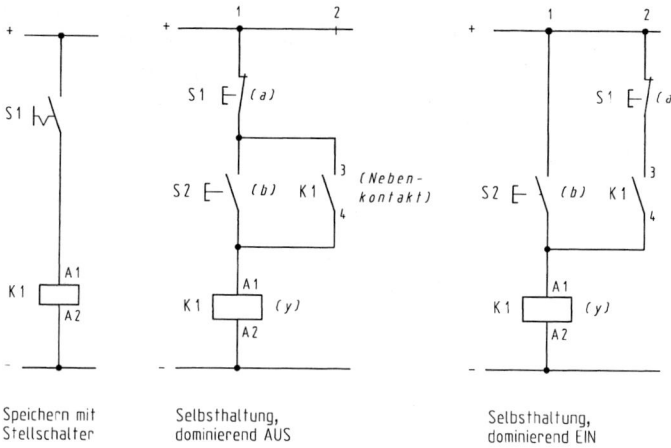

Bild 20. Elektrische Signalspeicherung

Betrachtet man die Funktion dieser Selbsthaltung bei gleichzeitiger Betätigung beider Taster, so erkennt man, dass der Vorrang des Haltebefehls erfüllt ist.
Liegen die beiden Signalgeber parallel zueinander, dann dominiert bei gleichzeitiger Betätigung beider Taster das Signal von S2. Er schließt den Stromweg 1 zum Relais K1. Bei dieser Schaltung ist also das Einschalten dominierend.

b) Pneumatische Signalspeicherung
Die **pneumatische Selbsthaltung** ist der elektrischen Selbsthaltung nachempfunden. Dazu sind zwei 3/2-Wegeventile in Reihe geschaltet. Das Ventil 1S1 ist in Ruhestellung gesperrt (Schließer); das Ventil 1S2 hat in Ruhestellung Durchlass (Öffner). Aufgrund der Reihenschaltung dominiert die Ausschaltung durch das Ventil 1S2.
In der Praxis ist es eher üblich pneumatische Wegeventile mit Haftverhalten als Signalspeicher zu verwenden. Solche Ventile werden durch Druckluftimpulse gesteuert und verharren in der jeweiligen Schaltstellung. Bild 21 zeigt ein 5/2-Wege-Impulsventil mit einer dominierenden Schaltstellung b. Die Dominanz dieser Schaltstellung erreicht man durch unterschiedliche Querschnitte an den Anschlüssen des Steuerschiebers. Abgeleitet aus der allgemeinen Druckgleich ergibt sich an der Stelle des größten Querschnitts eine größere Kraft zum Verschieben des Steuerschiebers im Ventil: $F = p \cdot A$.

Verriegelung von Speichern

Verriegelung bedeutet Blockieren eines Signals oder eines Befehls durch bestimmte Signale, die Verriegelungssignale, solange mindestens noch eines davon ansteht (DIN 19226, T5). Das gegenseitige Verriegeln von Signalen ist in der Steuerungstechnik ein immer wiederkehrendes Prinzip. Sei es die Verhinderung des direkten Umschaltens eines Motors vom Rechts- in den Linkslauf oder die Verriegelung eines Folgeschrittes in einer Ablaufsteuerung, solange bestimmte Bedingungen nicht erfüllt sind.

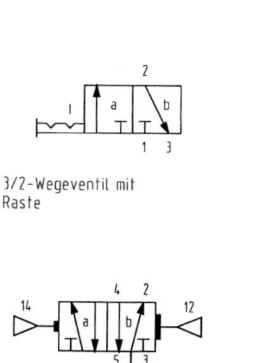

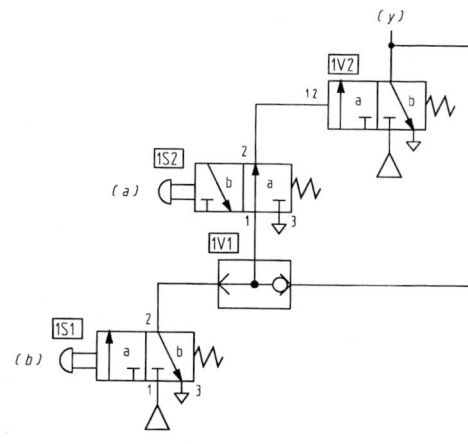

Bild 21. Pneumatische Signalspeicherung

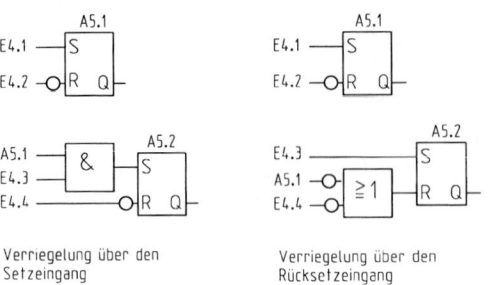

Bild 22. Reihenfolgen-Verriegelung

2.6 Zeitelemente und Zähler in Steuerungen

Zeitelemente in verbindungsprogrammierten Steuerungen

In verbindungsprogrammierten Steuerungen werden für Zeitfunktionen Zeitrelais und geeignete Ventile verwendet. Zeitrelais haben die Aufgabe, nach Ablauf einer vorher eingestellten Zeit einen oder mehrere Nebenkontakte zu betätigen.

Bei einem Relais mit **Anzugsverzögerung** beginnt der Zeitablauf mit dem Schließen eines Tasters. Elektrisch wird die zeitliche Verzögerung durch RC-Glieder bewirkt. Sobald der Taster S1 betätigt wird, fließt über den einstellbaren Widerstand R1 der Strom zum Kondensator C. Die parallel geschaltete Diode sperrt. Der Kondensator wird aufgeladen. Der Widerstand R2 verhindert nach dem Schließen des Tasters einen Kurzschluss. Beim Aufladen des Kondensators steigt die Spannung am Relais K1 langsam an. Ist die Schaltspannung erreicht, schaltet K1. Die Anzugsverzögerung wird am Widerstand R1 eingestellt.

Ein großer Widerstand bedeutet eine große Verzögerungszeit. Bei einem kleineren Widerstand fließt ein größerer Strom, was eine geringere Verzögerungszeit zur Folge hat. Sobald das Signal des Tasters abfällt, entlädt sich der Kondensator über die Diode D und den Widerstand R2 sehr schnell.

Bei einem Relais mit **Abfallverzögerung** beginnt der Zeitablauf mit dem Öffnen des Tasters. Nach Betätigung von S1 fließt der Strom über die in Durchlassrichtung geschaltete Diode zum Kondensator und zum Relais. Das Relais schaltet unmittelbar. Nach dem Spannungsabfall durch das Loslassen des Tasters entlädt sich der Kondensator über die in Reihe liegenden Widerstände und über die Spule des Relais K1. Ist R1 groß eingestellt, so fließt dort nur ein kleiner Strom. Für die Spule am Relais ist dann noch ein ausreichender Teilstrom vorhanden. Der Anker am Relais fällt verzögert ab und mit ihm die Kontakte.

In pneumatischen Ventilen wird eine Verzögerungszeit durch Drossel und Luftspeicher erreicht.

Eingestellt wird die zeitliche Verzögerung durch eine Drossel. Sie verlangsamt den Druckaufbau im Speicher oder verzögert den Druckabfall im Speicher.

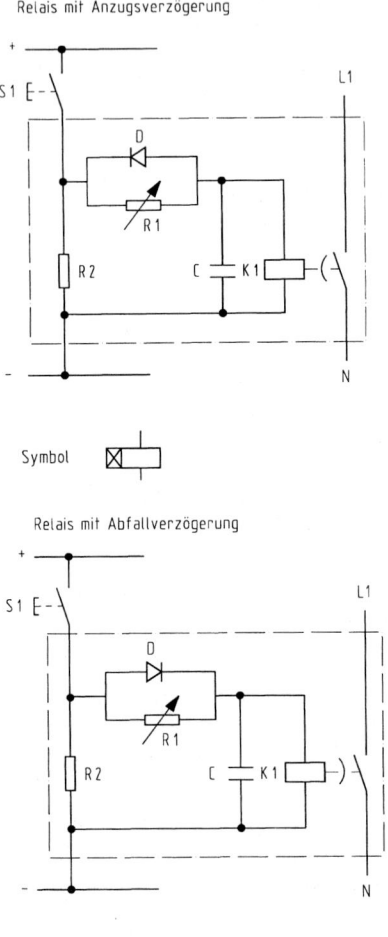

Bild 23. Zeitrelais

Das 3/2-Wegeventils schaltet in Durchlassstellung (a), wenn der aufgebrachte Luftdruck größer ist als die Federkraft (Anzugsverzögerung). Fällt das Steuersignal (12) ab, kann die Steuerluft sehr schnell über das Sperrventil (Rückschlagventil) abfließen. Die Kombination aus Drossel und Sperrventil wird als Drosselrückschlagventil bezeichnet.

Bei der Abfallverzögerung wird das Ventil unmittelbar über die parallele Leitung zur Drossel in Durchlassstellung geschaltet. Das Umschalten des Ventils in die Sperrstellung (b) verzögert sich durch den verlangsamten Abfluss der Luft aus dem Luftspeicher über die Drossel. Der Bypass ist durch das Sperrventil verschlossen.

Anzugsverzögerung   Abfallverzögerung

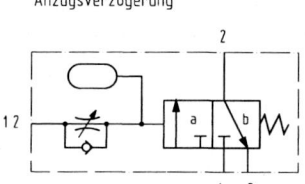 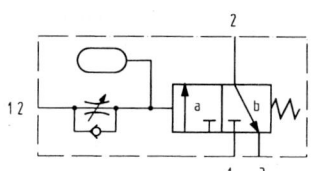

Bild 24. Ventile mit Zeitelementen

Zeitoperationen mit speicherprogrammierbaren Steuerungen

Programmierbare Zeitglieder haben die Aufgabe, zwischen einem Eingangssignal und dem Ausgangssignal des Zeitglieds eine bestimmte zeitlogische Beziehung herzustellen. Zeitglieder von speicherprogrammierbaren Steuerungen können sowohl grafisch als Funktionsbausteine oder auch alphanumerisch editiert werden.

Zeiten haben in der S7-CPU einen reservierten Speicherbereich vom Datentyp WORD. Der Zeitwert (TW) – 100 ms – wird durch ein Signal auf den Setzeingang (S) gestartet. Der Timerausgang Q des Zeitgliedes „Zeit als Impuls" wird unmittelbar auf „1" gesetzt. Über den Rücksetzeingang (R) kann das Zeitglied jederzeit dominierend rückgesetzt werden. Am Ausgang Dual steht der aktuelle Zeitwert (Restzeit) dual-codiert und am Ausgang Dez im BCD-Format zur Verfügung.

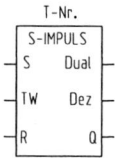

Bild 25. Zeit als Impuls (STEP 7)

Zähler in speicherprogrammierbaren Steuerungen

Zähler dienen in Verbindung mit einer SPS u.a. zur Erfassung von Stückzahlen, Flüssigkeitsmengen, Mengendifferenzen und Gewichten. Dabei werden die einer Teilmenge entsprechenden Impulse einem Zähler zugeführt, der die Summe der eintreffenden Impulse bildet. Der Zählerstand entspricht der erfassten Menge. Einrichtungszähler beginnen die Zählung bei Null oder zählen von einem programmierten Zählerstand nach Null.

Bei einem Wechsel des Signalzustandes von 0 nach 1 am Setzeingang S des Rückwärtszählers wird der Zählerwert (20) übernommen. Der Zählerwert vermindert sich um 1 sobald am Zählereingang ZR ein Flankenwechsel von 0 nach 1 stattfindet. Der Zählerausgang Q führt 1-Signal, solange der Zählerwert größer als 0 ist. Ein 1-Signal am Rücksetzeingang R setzt den Zählerwert dominierend auf 0. An den Ausgängen Dual und Dez steht der aktuelle Zählerwert codiert zur Verfügung.

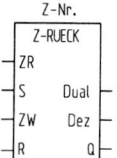

Bild 26. Rückwärtszähler (STEP 7)

Für den Vor- und Rückwärtszähler sind die Steueranweisungen so in ein Programm eingebracht worden, dass im Zähler die Differenz zwischen zwei eingegebenen Zahlenwerten steht. Diese Eigenschaft wird häufig genutzt, wenn bestimmte Stückzahlen nicht überschritten werden dürfen, z.B. die Anzahl der Autos in einem Parkhaus oder auf einem Parkplatz.

3 Steuerungsmittel

3.1 Mechanische Steuerungen und Speicher

Mechanische Steuereinrichtungen erreichen mit großen Stellgeschwindigkeiten sehr genaue Verstellwege. Sie bestehen aus Getrieben, Kupplungen, Kurvenscheiben und Hebeln. Die Antriebsenergie wird durch elektrische Antriebe bereitgestellt. Anwendung finden diese Steuerungsmittel vorwiegend im Werkzeugmaschinenbau.

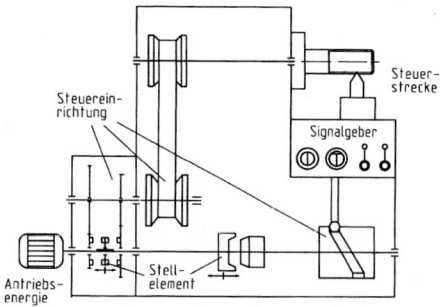

Bild 1. Mechanische Maschinensteuerung

Getriebe beeinflussen als Steuereinrichtungen die Steuerstrecke durch eine Änderung von Drehzahl, Drehmoment, Drehrichtung oder der Bewegungsart. Die Eingangssignale können von geeigneten mechanischen, elektrischen oder fluidischen Signalgebern erzeugt werden. Die Steuereinrichtung „Getriebe" wirkt über geeignete Stellelemente auf die Steuergrößen Verfahrweg, Drehzahl und Geschwindigkeit zur Beeinflussung der Steuerstrecke ein.

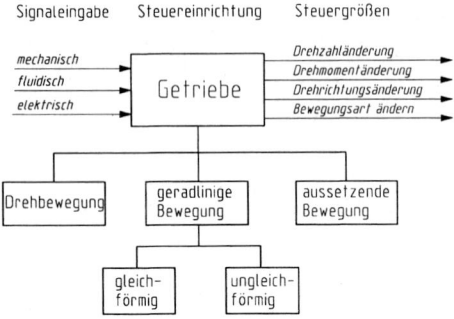

Bild 2. Prinzip mechanischer Steuerungen

3.1.1 Steuerung von Drehbewegungen

Drehbewegungen können mit Stufengetrieben und stufenlos verstellbaren Getrieben übertragen werden. Dabei wird die Drehzahl, die Drehrichtung und das Drehmoment gesteuert.
Die Antriebswelle wird in den meisten Fällen mit einer konstanten Antriebsleistung beaufschlagt. Mit einer Änderung der Drehzahl wird auch das Drehmoment verändert. Bei konstanter Leistung steht das Drehmoment M in umgekehrtem Verhältnis zur Drehzahl n $(M \sim 1/n)$.

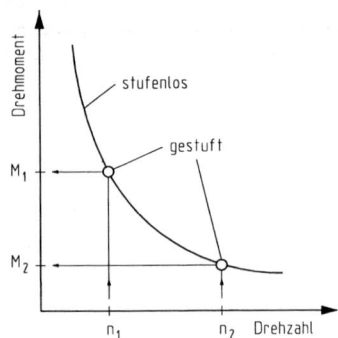

Bild 3. Kennlinie verstellbarer Getriebe

Die Kennlinie ist eine Hyperbel. Bei einem Stufengetriebe werden entsprechend der Anzahl der Drehzahlstufen Punkte der Hyperbel belegt; bei schlupffreien, stufenlos verstellbaren Getrieben entspricht die Kennlinie dem geschlossenen Kurvenzug.
Gestufte Getriebe werden als Stufenrädergetriebe und Stufenscheibengetriebe ausgeführt. Zur Kraftübertragung dienen Zahnräder oder Riemenscheiben und Riemen. Drehzahl und Drehrichtung werden bei automatischen Stufengetrieben durch Kupplungen verstellt.

Stufenlos verstellbare Getriebe werden ausgeführt als Umschlingungsgetriebe, Reibradgetriebe und Wälzgetriebe.

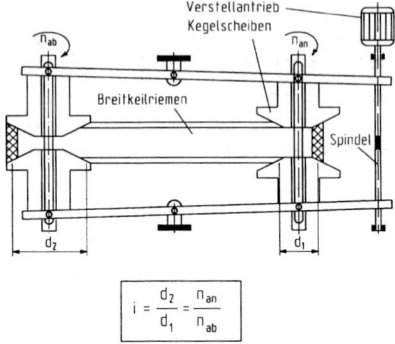

Bild 4. Umschlingungsgetriebe

Umschlingungsgetriebe sind Stufenscheibengetriebe, bei denen die Scheiben aus 2 kegelförmigen Teilen bestehen. Die beiden Scheibenhälften lassen sich axial auf ihrer Welle verschieben. Dadurch werden die Laufradien/Durchmesser für das Zugmittel verstellt, was wiederum eine Änderung der Abtriebsdrehzahl und des Drehmoments zur Folge hat.
Die Zugmittel werden in Abhängigkeit von den auftretenden Zugkräften und der Lebensdauer des Getriebes ausgewählt. Neben dem Breitkeilriemen werden Lamellenketten und Rollenketten verwendet.

3.1.2 Steuerung geradliniger Bewegungen

Bei vielen Arbeitsmaschinen wird die Umwandlung der Drehbewegung in eine geradlinige Bewegung verlangt. Hierzu müssen zusätzliche Getriebe verwendet werden.
Zur Erzeugung gleichförmiger Bewegungen dienen Zahnrad und Zahnstange oder bei modernen Werkzeugmaschinen Kugelgewindetriebe.
Ungleichförmige Bewegungen können durch Kurbel- oder Kurvengetriebe erzeugt werden.

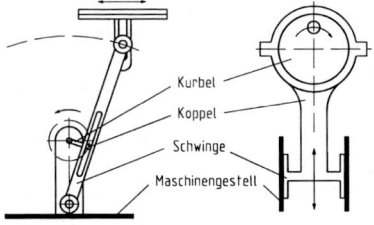

Bild 5. Kurbelgetriebe

Bei der Kurbelschleife ist die Schwinge am Maschinengestell befestigt. Durch die sich drehende Kurbel mit der Koppel wird die Schwinge in eine hin- und hergehende Bewegung versetzt. Schubkurbelgetriebe werden zur Umwandlung von Dreh- in Längsbewegungen bei Pressen verwendet.

3 Steuerungsmittel

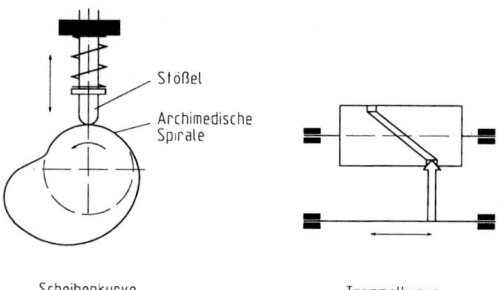

Bild 6. Kurvengetriebe

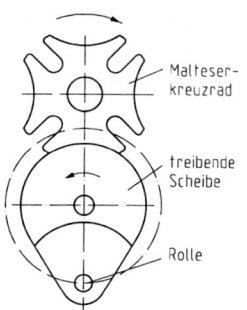

Bild 7. Malteserkreuzgetriebe

Zur Verwirklichung ungleichförmiger Bewegungen bei Zustell- und Vorschubbewegungen an Werkzeugmaschinen werden Kurvengetriebe verwendet. Die Bewegungsgesetze (Weg- und Geschwindigkeitsverläufe) werden durch die Kurvenform festgelegt. Das als Scheiben- oder Trommelkurve ausgeführte Maschinenelement ist ein **Programmspeicher**. Durch die Steigung der Kurve ist eine bestimmte Geschwindigkeit vorgegeben; der Weg wird von einer unteren bis zu einer oberen Raststellung von der Kurve abgenommen. Die Kurve ist also Speicher für Wege und Geschwindigkeiten. Sie überträgt die gesamte am Stellglied benötigte Leistung. Diese Leistung ist gekennzeichnet durch das Drehmoment an der Kurvenscheibe und die zugehörige Winkelgeschwindigkeit, die der Kraft und der Geschwindigkeit am Stellglied entsprechen. Der Übertragungsmechanismus besteht aus weiteren mechanischen Elementen wie Rolle, Hebel, Zahnstange und Ritzel oder Zahnsegment. Eine solche Steuerung ist einfach und wenig störungsanfällig. Eine Übertragung größerer Kräfte über längere Strecken ist jedoch aufgrund von Spiel und Verformungen in den Übertragungsgliedern ungünstig. Erhöhte Massenkräfte wirken sich zudem ungünstig auf das dynamische Verhalten solcher Systeme aus.

3.1.3 Steuerung aussetzender Bewegungen

Für Transportbänder, Rundschalttische, Werkzeugrevolver werden aussetzende Bewegungen verlangt. Getriebe zur Erzeugung aussetzender Bewegungen sind: Malteserkreuzgetriebe, Sternradgetriebe und Getriebe mit sich kreuzenden Wellen.

Das Malteserkreuzgetriebe besteht aus einer sich mit gleichbleibender Geschwindigkeit drehenden Scheibe mit einer Rolle und dem Malteserkreuz, welches mit unterschiedlich vielen Schlitzen ausgeführt werden kann. Die Rolle an der treibenden Scheibe greift bei jeder Umdrehung in einen Schlitz des Malteserkreuzes ein und dreht es weiter. Der Drehwinkel ist von der Anzahl der Schlitze des Malteserkreuzes abhängig.

3.2 Elektrische Steuerungen

3.2.1 Bauelemente elektrischer Steuerungen

Elektrotechnische Bauelemente zeichnen sich hinsichtlich leichter Energieversorgung, hoher Lebensdauer und Wartungsfreundlichkeit aus. In jeder elektrischen Steuerung werden elektromechanische Schaltkontakte benötigt, die als Signalgeber verwendet werden. Man unterscheidet bei den Schaltkontakten zwischen Schließerkontakten und Öffnerkontakten. Schließerkontakte schließen bei Betätigung einen Stromweg, Öffnerkontakte unterbrechen bei Betätigung einen Stromweg. Schließerkontakte dienen zum Einschalten von Maschinen und Anlagen. Ausgeschaltet wird mit Hilfe von Öffnerkontakten. Im Sinne der Digitaltechnik können sowohl Schließer als auch Öffner nur 2 Zustände annehmen: Sie schließen (1) oder unterbrechen (0) einen Stromweg. Nach der Art ihrer Betätigung unterscheidet man zwischen Tastschaltern (Taster) und Stellschaltern (Schalter).

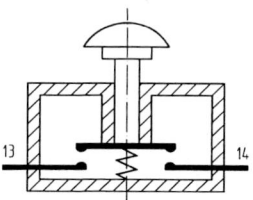

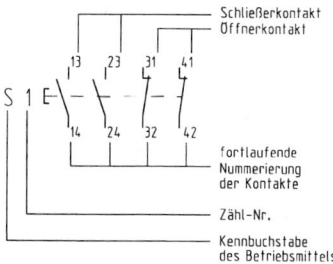

Bild 8. Tastschalter

Taster wirken für die Dauer ihrer Betätigung. Der Kontakt oder die Kontaktunterbrechung erfolgt über bewegliche Schaltstücke. Die Betätigung kann von Hand oder durch Schaltnocken erfolgen. Eine Feder sorgt im allgemeinen dafür, dass die Ausgangsstellung nach Rücknahme der Krafteinwirkung wieder erreicht wird. Tastschalter verfügen häufig über mehrere Schaltkontakte, die durchnummeriert werden.
Grenztaster werden durch Schaltnocken betätigt. Sie signalisieren das Erreichen von Endlagen oder verriegeln Bewegungsrichtungen. Sie sind mit Sprungschaltern ausgerüstet, damit bei langsamer Betätigung sprunghaft ein Kontakt geschlossen oder unterbrochen wird.
Stellschalter verharren in jener Schaltstellung, in der sie durch Betätigung versetzt werden. Sie werden ausgeführt als Kippschalter oder Wahlschalter für Betriebsarten mit mehreren Schaltstellungen.
Die Fernbedienung von Schaltkontakten erfolgt über Relais oder Schütze. **Relais** sind kleine elektromagnetisch angetriebene Schalter, die bevorzugt im Steuerstromkreis eingesetzt werden zum Schalten kleiner Leistungen. Schütze dienen in der Steuerungstechnik als Stellelemente für elektrische Antriebe.

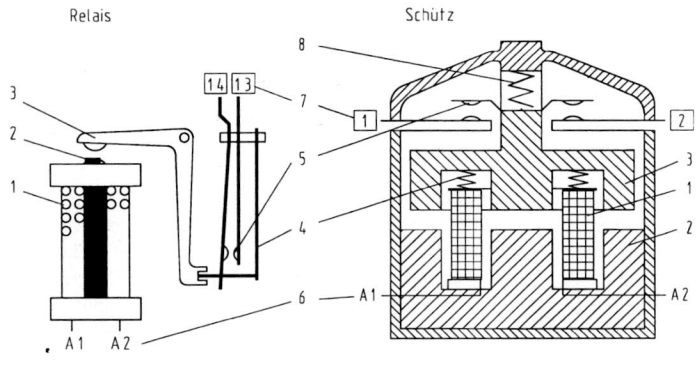

1 Spule
2 Kern
3 Anker
4 Rückstellfeder
5 Kontakt
6 Spulenanschlüsse
7 Kontaktbezeichnungen
8 Kontaktdruckfeder

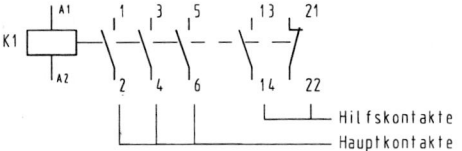

Schaltzeichen eines Schützes mit Hilfskontakten

Bild 9. Relais und Leistungsschütz

Schütze sind elektromagnetisch angetriebene Schalter, die mit kleiner Steuerleistung große Arbeitsleistungen (1 bis 500 kW) schalten. Die Kontakte werden geschlossen, wenn die Spule erregt wird und den Anker anzieht. Die Schützspule wird entweder von Wechselstrom (Wechselstromschütz) oder Gleichstrom (Gleichstromschütz) durchflossen. Nach dem Abfall der Steuerspannung wird der Anker durch Federkraft rückgestellt. Zusätzliche Hilfskontakte dienen zur Schützüberwachung. Relais und Schütze sind weitgehend wartungsfrei und sorgen für eine galvanische Trennung von Steuer- und Arbeitsstromkreis. Nachteilig sind der Kontaktabrieb, Schaltgeräusche und begrenzte Schaltgeschwindigkeiten.
Will man in Fertigungsprozessen den bedienenden und überwachenden Menschen weitgehend ersetzen, müssen Kenngrößen des zu automatisierenden Prozesses durch Sensoren messtechnisch erfasst und aufbereitet werden. Ein **Sensor** ist eine in sich abgeschlossene Steuerungskomponente, die an ihrem Eingang durch einen geeigneten Messfühler mit der Messgröße in Verbindung steht und diese in ein elektrisches Signal umformt. Der Anwender unterscheidet die Sensoren nach der zu erfassenden Messgröße, dem Messverfahren und nach der Art des Sensorausgangs: binär oder multivalent. Binäre Sensoren kennen nur zwei Zustände: Ein oder Aus, entsprechend den logischen Zuständen 1/0. Multivalente Sensoren sind analoge oder digitale Sensoren.
Um eine beliebige physikalische Größe in ein elektrisches Signal umzuformen, bedarf es eines Messfühlers (engl. Sensor element), der mittels eines geeigneten physikalischen Prinzips diese Umformung erreicht.

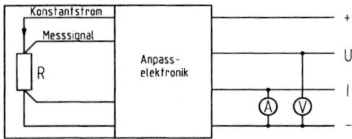

+, −: Spannungsversorgung
U, I: Ausgangssignal

Bild 10. Messwertaufnehmer

Als physikalisches Prinzip zur Erfassung einer Temperatur kann die Temperaturabhängigkeit des ohmschen Widerstandes eines Metalls genutzt werden. Der Widerstand wird mit einem konstanten Strom gespeist. Ändert sich die Temperatur des Messobjekts, z.B. einer Flüssigkeit, kann die veränderte Messgröße (Temperatur) über ein proportionales Messsignal erfasst werden. Sensoren beinhalten prinzipiell einen geeigneten Messfühler und eine Anpasselektronik zur Verstärkung und/oder Umformung des elektrischen Signals. Die Anpasselektronik kann aus wenigen passiven Bauteilen bestehen oder aus einer komplexen Elektronik einschließlich eines Mikroprozessors für Selbstdiagnose und zur Aufbereitung eines genormten Ausgangssignals:

- 0 ... 10 V oder 0 ... ±10 V
- 0 ... 20 mA oder 4 ... 20 mA
- 5 ... 25 Hz (Impulse)

Wichtige physikalische Messgrößen sind: Länge/Weg, Dehnung, Geschwindigkeit, Winkelgeschwindigkeit, Kraft, Druck, Temperatur, Feuchtigkeit, Beleuchtungsstärke.
Die Messfühler können in zwei Hauptkategorien aufgeteilt werden:
Aktive Messfühler sind Energiewandler. Sie formen die zu messende nichtelektrische Größe direkt in ein Signal um. Wichtige aktive Sensorelemente sind elektromagnetische, kapazitive und piezoelektrische Fühler, Thermoelemente, Fotoelemente und pH-Sonde.
In vielen Bereichen der Automation reichen einfache Abfragen: Wird eine bestimmte Distanz über-/unterschritten, eine bestimmte Füllhöhe über-/unterschritten, Bohrer gebrochen/nicht gebrochen usw. Für solche Informationen werden binäre Sensoren verwendet. Bis auf den mechanischen Grenztaster arbeiten alle Sensoren berührungslos. Mechanisch arbeitende Schalter sind jedoch nach wie vor sehr wichtig. Ihre Vorteile sind: robust, preisgünstig, sehr kleine Abmessungen, für kleine und große Schaltleistungen erhältlich und sicher im Einsatz. Die binären elektrischen Sensoren sind mit einem Schwellwertschalter (Trigger) aufgebaut. Erreicht die Messgröße die Einschaltschwelle, dann wird eingeschaltet. Bei Unterschreitung der Ausschaltschwelle wird das Signal ausgeschaltet.

Als Kriterien für die Auswahl geeigneter Sensoren sind zu beachten:

- Materialabhängigkeit
- Reichweite
- Wiederholgenauigkeit
- Schmutzempfindlichkeit
- Feuchteempfindlichkeit
- Temperaturbereich
- Schwingungsempfindlichkeit
- Schaltspielzahl
- Kosten
- Wartungsfreundlichkeit
- Selbstdiagnose

Tabelle 3.1: Binäre Sensoren

Sensortyp	Messgröße	Physikalisches Prinzip
Grenztaster	Distanz über-/unterschritten Druck, Kraft über-/unterschritten Niveau über-/unterschritten	Kontaktbetätigung über ein Hebelsystem (taktil)
Lichtschranke	Objekte im Raum detektieren Objektdistanz über-/unterschritten Niveau über-/unterschritten	Lichtstrahl wird unterbrochen Reflektiertes Licht wird erfasst Winkel des detektierten Lichtstrahls wird detektiert
Induktiver Sensor	Objektdistanz über-/unterschritten	Sensor erzeugt magnetisches Feld. In elektrisch leitendem Material im Feld werden Wirbelströme erzeugt.
Kapazitiver Sensor	Objekt im Raum detektieren Ojektdistanz über-/unterschritten	Sensor erzeugt elektrisches Feld. Objekt im Feld erhöht die Kapazität des Sensors.
Ultraschall	Objekt im Raum detektieren Objektdistanz über-/unterschritten Niveau über-/unterschritten	Sensor sendet Schallimpuls aus, der von Objekt zurückgeworfen wird. Durch Messung der Laufzeit kann die Objektdistanz bestimmt werden.

Mit analogen Sensoren werden physikalische Größen erfasst und in analoge elektrische Spannungs- oder Stromsignale umgewandelt. Durch Kalibrierung können sie auch als Messwertgeber in digitalen Steuerungen eingesetzt werden. Analoge Sensoren dienen zur

- Erfassung von Wegen, Winkeln, Abständen und Dicken
- Geschwindigkeitsmessung
- Erfassung von Dehnungen, Kräften, Kraftmomenten und Drücken
- Erfassung von Beschleunigungen (Schwingungen)
- Messung von Temperaturen.

Passive Messfühler sind Impedanzen (ohmscher Widerstand, Induktivität, Kapazität), die durch die physikalische Messgröße verändert werden. Damit

ein elektrisches Signal entsteht, wird eine Hilfsenergie benötigt. Wichtige passive Sensorelemente sind das Potentiometer, der Dehnungsmessstreifen (DMS), induktive und kapazitve Fühler sowie temperaturabhängige Widerstände (NTC, PTC, Pt 100).
Der ohmsche Widerstand R eines Körpers (einer Widerstandsbahn) mit gleichbleibendem Querschnitt hat den Wert:

$$R = \frac{\rho \cdot l}{A}.$$

Der Leiterwiderstand R kann sich durch eine Veränderung des spezifischen Widerstandes ρ infolge einer Temperaturänderung oder durch die Veränderung der mechanischen Spannung in einem Bauteil ändern. Auch die Änderung der Leiterlänge l oder des Querschnitts A führt zu einer Veränderung des Leiterwiderstandes. Diese Zusammenhänge werden in ohmschen Widerstandssensoren genutzt. Messpotentiometer dienen zur Schliesswinkelerfassung von Ventilen oder zur Messung des Verfahrweges eines Schlittens aufgrund veränderter Potentiometerspannungen. Potentiometer liefern eine winkel- bzw. wegproportionale Spannung.

$$\frac{R_x}{R_o} = \frac{s}{s_o} \Rightarrow R_x = \frac{s}{s_o} \cdot R_o \quad \text{bzw.}$$

$$\frac{U_x}{U_o} = \frac{s}{s_o} \Rightarrow U_x = \frac{s}{s_o} \cdot U_o$$

Die Linearitätsabweichung bei Potentiometern nimmt zu, wenn die Teilspannung R_x gegenüber der Gesamtspannung sehr klein wird. Die Abweichung liegen jedoch weit unter 1%.

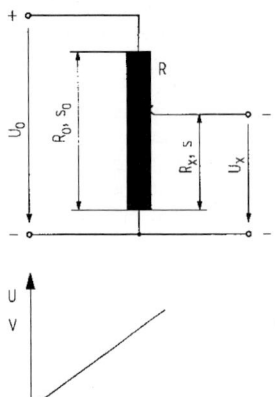

Bild 11. Prinzip eines analogen Sensors

Zum zahlenmäßigen Erfassen von Messgrößen wie Wegstrecken oder Zeitspannen werden digitale Sensoren verwendet. Wichtige digitale Sensoren im Maschinenbau sind inkrementale Wegsensoren, Codemaßstäbe und Winkelcodierer zur Erfassung von Verfahrwegen oder Drehbewegungen an Werkzeugmaschinen.

Wichtige Aktorelemente in der Steuerungstechnik sind **Elektromagnete**. Sie werden häufig zur Betätigung von Ventilen und Kupplungen verwendet. Im Prinzip bestehen sie aus einer Spule mit Eisenkern und einem beweglichen Eisenkern, dem Anker. Wird die Magnetspule von Strom durchflossen, wird der bewegliche Anker angezogen. Er stellt sich so ein, dass der Widerstand für die magnetischen Flusslinien möglichst klein wird. Man unterscheidet zwischen Hub- und Drehmagneten.

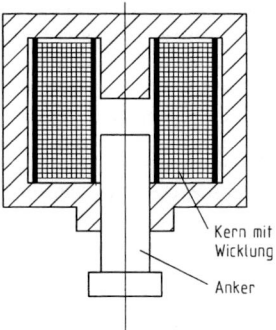

Bild 12. Hubmagnet

Wichtige **elektrische Antriebe** zur Erzeugung von Drehbewegungen sind der Gleich- und der Drehstrommotor. Lineare Bewegungen werden von Linearmotoren erzeugt. Beim Linearmotor bewirkt ein magnetische Wanderfeld eine Kraft und bewegt je nach technischer Ausführung den Induktor oder den Anker in linearer Richtung des Feldes. Linearmotoren werden in Förderanlagen, für den Werkstofftransport und für Schnellbahnen verwendet.
Gleich- und Drehstromantriebe benötigen einen hohen Anlaufstrom im Moment des Einschaltens, deshalb dürfen nur kleine elektrische Motoren direkt eingeschaltet werden. Gleichstrommotoren werden heute über Stromrichterschaltungen angelassen und betrieben. Auch für Drehstommotoren gibt es eine Vielzahl von Anlassschaltungen, u.a. die Stern-Dreieckschaltung. Während der Hochlaufphase verringert sich der Anlaufstrom bis zum Bemessungsstrom.
Je nach Bauart werden Gleichstrommotoren als Antriebe für Werkzeugmaschinen, Förderanlagen, Lüfter, Pumpen und Bahnen eingesetzt. Drehstrommaschinen finden u.a. Verwendung zum Antrieb von Werkzeugmaschinen, Ventilatoren, Wasserpumpen und Gebläsen. Die Auswahl des Antriebs richtet sich nach der Betriebsart und dem Drehzahlverhalten in Abhängigkeit vom Motordrehmoment.

3 Steuerungsmittel

Die wichtigsten **elektronischen Bauelemente** für Schaltungen in der Steuerungstechnik sind Dioden, Transistoren und Thyristoren. Sie werden aus den chemisch 4-wertigen Grundwerkstoffen Silicium und Germanium gefertigt. Beide Stoffe haben im reinen Zustand nur eine begrenzte Leitfähigkeit. Bei der Herstellung der Halbleiterbauelemente werden die Grundwerkstoffe geringfügig durch die 3-wertigen Elemente Indium (P-Dotoierung) oder 5-wertigen Elemente Antimon (N-Dotierung) verunreinigt. Bei P-Dotierung beruht der physikalische Leitungsmechanismus auf einem Mangel an Elektronen, bei der N-Dotierung auf einem Überschuss an Elektronen. Fügt man nun P- und N-dotierte Halbleiter aneinander, dann ist diese Anordnung leitend, sobald eine Spannung angelegt wird: Minuspol an der N-Dotierung, Pluspol an der P-Dotierung. Die überschüssigen Elektronen des N-dotierten Halbleitermaterials wandern in die Fehlstellen des P-dotierten Halbleitermaterials. Man spricht von einem PN-Übergang in Durchlassrichtung. Wird die Polung umgetauscht, findet kein Elektronenfluss statt. Die überschüssigen Elektronen des N-dotierten Materials werden zum hier anliegenden Pluspol getrieben. Aus dem Bereich des Elektronenmangels können keine Elektronen abfließen. Dieser PN-Übergang sperrt.

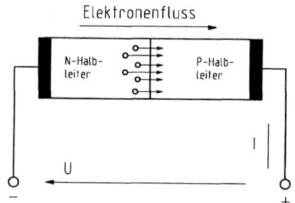

PN-Übergang

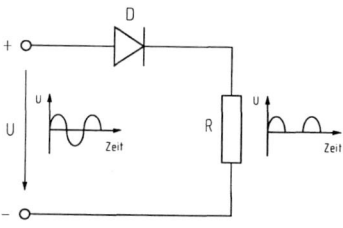

Einweg-Gleichrichterschaltung

Bild 13. Diode

Halbleiterdioden sind Bauelemente mit einem PN-Übergang. Die Diode lässt in Pfeilrichtung den Strom fließen und sperrt in entgegengesetzter Richtung. Dioden werden zur Gleichrichtung von Wechselströmen, zur Trennung elektrischer Geräte von bestimmten Stromwegen und zur Verknüpfung von Signalen eingesetzt.

Transistoren bestehen aus 3 Halbleiterschichten mit der Dotierungsfolge PNP oder NPN.

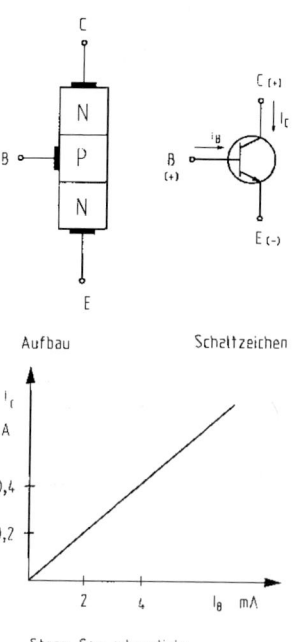

Bild 14. NPN-Transistor

Die Basis des Transisitor (B) dient zur Steuerung des Stromes. Liegt an der Basis des Transistors keine Steuerspannung, ist der Durchgang Emitter-Kollektor gesperrt, da ein PN-Übergang immer in Sperrrichtung arbeitet. Liegt an der Basis eine Spannung, bewirkt der Basisstrom eine Aufhebung dieser Sperrwirkung des PN-Übergangs; der Strom fließt zwischen Kollektor (C) und Emitter (E). Der Basisstrom I_B ist wesentlich kleiner als der gesteuerte Strom I_c, so können auf einfache Weise kleine Eingangsleistungen elektronisch verstärkt werden.

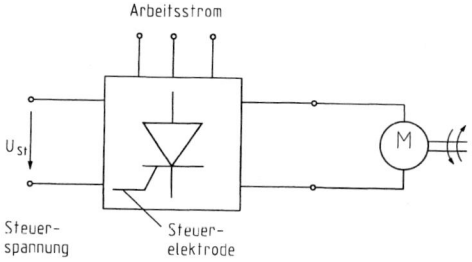

Bild 15. Steuerung mit Thyristor

Ein **Thyristor** ist ein steuerbarer Halbleiterbaustein mit mehreren P- und N-Bereichen. Im ungesteuerten Fall sperrt der Thyristor den Strom in beiden Richtungen. Durch einen Stromimpuls über eine Steuerelektrode wird der Thyristor leitend, wenn eine positive Spannung zwischen Anode und Katode anliegt. Solange die Spannung anliegt, bleibt der Thyristor leitend. Wird der durchfließende Strom Null, sperrt der Thyristor, bis er durch einen erneuten Impuls angesteuert wird. Mit Thyristoren können steuerbare Gleichstromquellen für Antriebe aufgebaut werden.

3.2.2 Elektrische Schaltungstechnik

Elektrische Schaltungen werden durch Schaltpläne dargestellt. Sie erläutern die Arbeitsweise, die Anordnung und das Zusammenwirken der Betriebsmittel.

■ **Lehrbeispiel: Drehrichtungssteuerung**

Die Ständerwicklung eines kleinen Drehstrommotors mit einer Leistung von 1 kW für einen Lüfter soll in Sternschaltung durch einen handbetätigten Motorschutzschalter an ein Drehstromnetz angeschlossen werden. Der **Motorschutzschalter** Q1 wird als Hauptschalter an der Netzschaltstelle zur Dauereinschaltung verwendet. Er vereint die Schaltfunktionen und Überlast- sowie Kurzschlussschutz. Nach Betätigung ist der Arbeitsstromkreis an das Drehstromnetz angeschlossen.

Die Leitungen werden durch zusätzliche Schmelzsicherungen geschützt. Rechts- und Linkslauf werden durch zwei Taster geschaltet, die gegenseitig zu verriegeln sind. Eine direkte Umschaltung der Drehrichtung soll nicht möglich sein. Zum Anhalten dient ein Taster mit Öffnerkontakt.

Lösung:

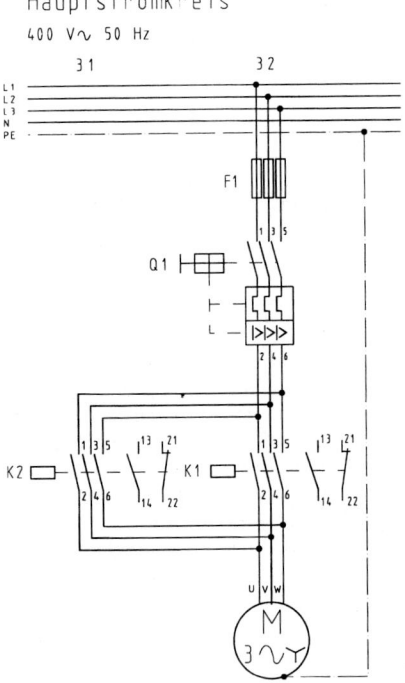
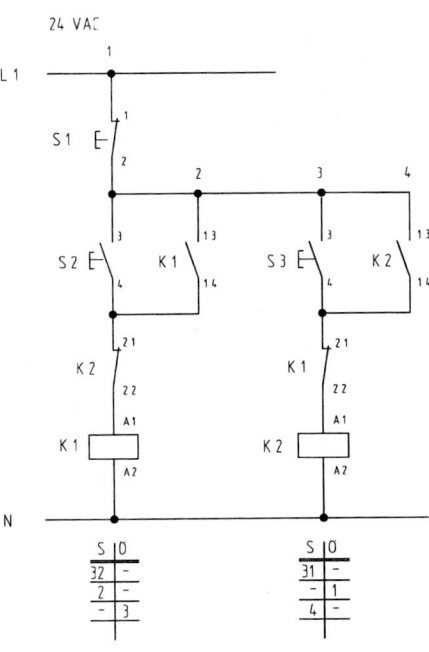

Bild 16. Schaltplan für einen Drehstrommotor

Anmerkungen zum Schaltplan:
Die Steuerung des Drehstrommotors erfolgt indirekt durch Trennung des Stromlaufplans in einen Steuer- und einen Arbeitsstromkreis. Die Ansteuerung des Motors erfolgt über die Schütze K1 und K2. Die Spulenanschlüsse liegen im Steuerstromkreis an einer kleinen Steuerspannung; die Hauptkontakte schalten im Hauptstromkreis den Arbeitsstrom. Hierdurch ergeben sich wesentliche Vorteile:

- Geringe Steuerspannungen schalten hohe Arbeitsströme (Sicherheit)
- Galvanische Trennung von Steuer- und Arbeitsstromkreis
- Die übersichtliche Darstellung der Steuerung erleichtert die Fehlersuche
- Fernbedienung der Antriebe

Wird der Taster S2 betätigt, schließt sich der Stromweg 1 für das Schütz K1. Über den 1. Nebenkontakt des Hilfsschützes im 2. Stromweg geht das Schütz in Selbsthaltung. Der 2. Nebenkontakt unterbricht den 3. Stromweg zum Schütz K2. Rechts- und Linkslauf sind gegeneinander verriegelt. **Verriegelungen** sollen unerwünschte Schaltzustände verhindern. Diese können verursacht werden durch:

- Fehlbedienung
- Durch fehlerhafte Befehlsgeräte und Schütze (Verschweißen oder Klemmen der Kontakte)
- Zu große Rückfallzeiten eines Schützkontaktes gegenüber der Anzugszeit eines anderen Schützes

Der Hauptkontakt des Schützes schließt im Stromweg 32 die 3 Strombahnen des Drehstromnetzes und der Motor läuft hoch. Eine direkte Umschaltung des Motors in den Linkslauf ist wegen der Schützverriegelung nicht möglich. Eine Umschaltung in den Linkslauf setzt zunächst die Betätigung des Tasters S1 voraus. Alle Kontakte des Schützes K1 fallen ab:

- Die Selbsthaltung wird unterbrochen
- Der Motor liegt nicht mehr am Drehstromnetz
- Die Verriegelung des Schützes K2 ist aufgehoben

Durch eine Betätigung des Tasters S3 wird der Linkslauf gestartet, die Selbsthaltung realisiert und das Schütz K1 verriegelt. Löst der Motorschutzschalter infolge Überlastung oder Kurzschluss aus, nimmt das Schaltschloss die Schaltstellung „Ausgelöst" ein. Eine mechanische Wiedereinschaltsperre verhindert ein selbsttätiges Anlaufen des Motors, z.B. nach Abkühlung.

3.3 Fluidische Steuerungen

3.3.1 Vergleich fluidischer Steuerungen

Fluidische Steuerungen nutzen zur Leistungsübertragung die Wandlung von mechanischer Energie in Druckenergie in strömenden Flüssigkeiten und Gasen. Die einfach steuer- und regelbaren Flüssigkeits- und Gasströme gestatten vielfältige Anwendungsmöglichkeiten. Aufgrund der hohen Leistungsdichte (Druck) lassen sich große Kräfte bei geradlinigen und rotierenden Bewegungen mit relativ kleinen Maschinen erzeugen. Dadurch ergibt sich ein günstiges Leistungsgewicht, dass hohe Umschaltgeschwindigkeiten zulässt. Druckerzeuger, Steuerelemente und Antriebe sind in einem Kreislauf geschaltet. Innerhalb eines Steuerkreises können je nach Zusammenstellung Antriebe mit kreisendem, schwenkendem oder schiebendem Abtrieb verwendet werden. Die Stellelemente für die Antriebe können direkt oder indirekt betätigt werden; in Verbindung mit elektrischen/elektronischen Steuerungsmitteln besteht eine gute Fernbedienbarkeit. Der Transport des Druckmittels in Leitungen ermöglicht eine hohe Freizügigkeit in der räumlichen Anordnung der Bauelemente.

Tabelle 3.2: Prinzip fluidischer Steuerungen

Energiefluss	Bauelemente
Sekundäre Energiewandlung: Wandlung der pneumatischen oder hydraulischen Energie in mechanische Arbeit	Zylinder, Hydro- oder Druckluftmotor, Schwenkmotor
Energiesteuerung: Erfolgt durch direkte oder indirekte Betätigung von Ventilen, die die Wirkungsrichtung, die Durchflussmenge und den Druck beeinflussen	Wege-, Druck-, Strom- und Sperrventile
Energietransport: Erfolgt durch Flüssigkeiten oder Gase	Leitungen, Leitungsverbindungen, Sperrventile, Filter, Trockner, Kühler
Energiebevorratung:	Tank, Hydraulikspeicher, Druckluftspeicher, Manometer
Primäre Energiewandlung: Wandlung mechanischer in pneumatische oder hydraulische Energie	Elektromotor und Pumpe oder Verdichter

Die Pneumatik findet vornehmlich Anwendung bei
- Linearantrieben zum Zuführen, Verschieben, Spannen und Auswerfen
- Rotierenden Antrieben zum Schrauben, Bohren und Schleifen
- Schlagenden Antrieben zum Meißeln, Schneiden, Nieten und Pressen
- Düsen zum Auswerfen von Werkstücken und Reinigen von Spänen
- Sandstrahl- und Farbspritztechniken und
- der Vakuumtechnik

Bevorzugte Anwendungsbereiche der Hydraulik sind:
- Werkzeugmaschinen-, Hütten- und Walzwerkindustrie
- Straßenfahrzeuge, Bau- und Landmaschinen
- Kunststoffverarbeitung
- Schiffsbau und
- Flugzeughydraulik

Tabelle 3.3: Vor- und Nachteile fluidischer Antriebe

Eigenschaft	Pneumatik	Hydraulik
Druckmedium	Luft ist kompressibel, Arbeitsdruck < 10 bar	Öl ist nahezu inkompressibel Arbeitsdruck 30 ... 400 bar
Temperaturverhalten	Unempfindlich gegen Temperaturschwankungen	Viskosität verändert sich, höhere Leckverluste
Weggenauigkeit	Weniger gut	Sehr gut
Steuer- und Regelbarkeit	Sehr gut	Sehr gut
Signalverknüpfung mit anderen Systemen	Vorwiegend elektromagnetische Ventile	Vorwiegend elektromagnetische Ventile
Wirkungsgrad	Weniger gut aufgrund volumetrischer- und Reibungsverluste	Weniger gut aufgrund volumetrischer- und Reibungsverluste
Überlastsicherheit	Ja	Ja, durch Druckbegrenzung
Leistungsdichte	Weniger gut aufgrund der Kompressibilität der Luft, geringere Kolbenkräfte	Sehr gut aufgrund hoher Betriebsdrücke und kleiner Bauelemente

3.3.2 Bauelemente in fluidischen Steuerungen

Signale in pneumatischen und hydraulischen Steuerungen werden häufig von Wegeventilen gegeben. **Wegeventile** beeinflussen die Steuerung durch Veränderung ihrer Schaltstellung, indem sie die Durchflussrichtung des Druckmittels sperren oder freigeben.

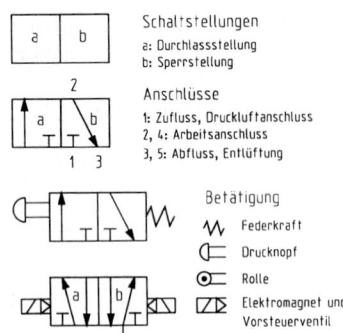

Bild 17. Wegeventile

Die Schaltstellungen a und b werden durch Rechtecke dargestellt. Die Anzahl der Felder entspricht der Anzahl der Schaltstellungen. Die Ventile haben Anschlüsse für den Zufluss des Druckmittels, für die Arbeitsleitungen und die Entlüftung. Die Ausgangsstellung ist jene, die ein Ventil nach dem Einschalten der Druckquelle einnimmt und mit der das Steuerprogramm beginnt. Ist das Druckmittel in der Ausgangsstellung gesperrt, spricht man von der Sperr-Nullstellung; strömt das Druckmittel in der Ausgangsstellung durch das Ventil, so spricht man von der Durchfluss-Nullstellung. Die Anschlüsse müssen in den verschiedenen Schaltstellungen an genau dieselbe Stelle gesetzt werden, damit sich die Leitungsanschlüsse in den verschiedenen Schaltstellungen überdecken. Die Bezeichnung eines Wegeventils ergibt sich aus der Anzahl der Anschlüsse und der Anzahl der Schaltstellungen, z.B. 3/2-Wegeventil.

Ventile, die keine definierte Ausgangsstellung haben, werden als Impulsventile bezeichnet. Ein solches Ventil ist im Bild 17 das 5/2-Wegeventil. Wird das Ventil durch einen Impuls kurzzeitig angesteuert, dann nimmt es eine neue Schaltstellung ein und behält diese solange bei, bis es durch einen Gegenimpuls wieder umgesteuert wird. Es kann also einen Schaltzustand speichern.

Die Betätigung der Ventile erfolgt durch Muskelkraft (Knopf, Hebel, Pedal), mechanisch durch Stößel, Feder, Rolle oder durch Elektromagnete. Die Betätigungsarten sind genormt und werden außerhalb der Ventile angeordnet (DIN ISO 1219). Die Auswahl der Wegeventile erfolgt entsprechend dem Verwendungszweck und der geforderten Funktion. Nach ihrem Konstruktionsprinzip unterteilt man sie in Sitz- und Schieberventile. Sitzventile haben Schließelemente wie Kugel, Kegel oder Teller. Das 3/2-Wegeventil ist ein Tellersitzventil. Es hat einen kurzen Betätigungsweg. Bei größeren Ventilen werden häufig größere Betätigungskräfte erforderlich. Man verwendet dann vorgesteuerte Ventile, bei denen elektromagnetisch besteuerte Ventile das Hauptventil öffnen.

Bei Schieberventilen werden die Ventilanschlüsse durch eine axiale Bewegung des Steuerkolbens im Ventil gesteuert. Schieberventile kennzeichnen größere Schaltwege und kleine Betätigungskräfte.

Sperrventile sperren den Durchfluss des Druckmittels in einer Richtung und geben ihn in entgegengesetzter Richtung frei. Zu dieser Gruppe von Ventilen gehören das Rückschlag-, das Schnellentlüftungs-, das Wechsel- und Zweidruckventil. Schnellentlüftungsventile ermöglichen die direkte Entlüftung des Zylinders.

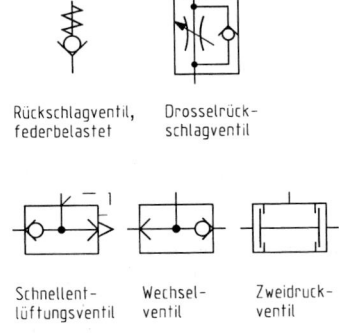

Bild 18. Sperrventile

Wechsel- und Zweidruckventil dienen auch zur logischen Verknüpfung von binären Signalen. Das Wechselventil entspricht einem logischen ODER und das Zweidruckventil einem logischen UND [4].

Stromventile steuern durch Verstellen des Durchflussquerschnitts die Menge des durchfließenden Mediums. Dadurch wird die Geschwindigkeit des Zylinders oder die Drehzahl eines Motors gesteuert. In pneumatischen Steuerungen werden vorwiegend Drosselventile zur Veränderung des Leitungsquerschnitts eingesetzt. Die Drosselventile sind häufig mit Rückschlagventilen gekoppelt, genannt Drosselrückschlagventile. In einer Richtung wird die Duchflussmenge gedrosselt, die parallele Leitung sperrt. Bei Umkehrung der Durchflussrichtung ermöglicht das Rückschlagventil den freien Durchfluss.

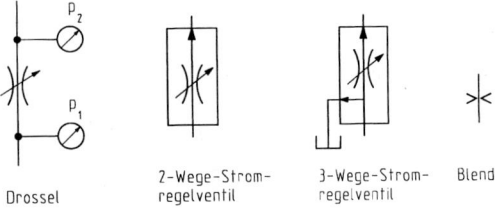

Bild 19. Stromventile

---

[4] Schaltungen mit Zweidruck- und Wechselventilen sind in den Abschnitten 1 und 2 dargestellt.

Bei Drosselventilen besteht an der Drosselstelle vor und hinter der Drossel ein Druckgefälle Δp. Mit zunehmender Druckdifferenz wird der Öl- oder Luftstrom größer. Der Druck p_1 im Zulauf wird im allgemeinen konstant gehalten. Der Druck p_2 ist abhängig vom Arbeitswiderstand. Ändert sich dieser, ändert sich auch der Druck p_2. Einfache Drosselventile werden dort eingesetzt, wo die Belastungsdrücke sich wenig ändern.

Bei einer Blende ist die Drosselstrecke besonders klein; sie ist annähernd Null und damit viskositätsunabhängig.

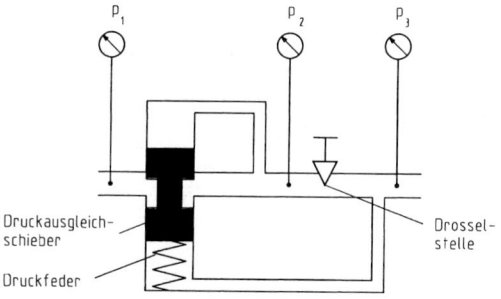

Bild 20. Schema eines 2-Wege-Stromregelventils

Sind weitgehend konstante Drücke erforderlich, bietet sich die Verwendung eines 2-Wege-Stromregelventils an. Es besteht aus einer Drossel mit veränderlichem Querschnitt und einem Druckausgleichschieber. Der Druckausgleichschieber wird an den gleichgroßen Stirnflächen mit dem Druck p_2 vor der Drossel und dem Druck p_3 hinter der Drosselstelle beaufschlagt. Da der Druck hinter der Drosselstelle kleiner ist, muss der Druckausgleichschieber ständig durch eine Feder unterstützt werden. Diese Feder ist maßgebend für die Druckdifferenz an der Drosselstelle. Das Gleichgewicht drückt sich in folgender Gleichung aus:

$$p_2 \cdot A = p_3 \cdot A + F_F$$
$$p_2 \cdot A - p_3 \cdot A = F_F$$
$$(p_2 - p_3) \cdot A = F_F$$
$$\Delta p_{2,3} = \frac{F_F}{A} = const.$$

Tritt eine Erhöhung der Last auf, dann steigt p_3 an. Der erhöhte Druck p_3 verändert die Lage des Druckausgleichschiebers so, dass sich der Zuflussquerschnitt weiter öffnet. Dadurch wird der Druck p_2 erhöht und $\Delta_{p_{2,3}}$ wird auf den konstanten Wert korrigiert.

Druckventile dienen zur Druckbegrenzung, zum Zu- und Abschalten des Drucks und zur Konstanthaltung des Arbeitsdrucks. **Druckbegrenzungsventile** begrenzen die Höhe des Systemdrucks (Sicherheitsventil) in hydraulischen Anlagen. Sie öffnen bei Überschreitung des durch eine Feder eingestellten Systemdrucks. Bei der Auswahl des Ventils muss auf den maximalen Druck und die maximale Durchflussmenge geachtet werden. Für große Volumenströme oder hohe Anforderungen an die Genauigkeit des eingestellten Drucks müssen vorgesteuerte Druckbegrenzungsventile verwendet werden. Solche Ventile setzen sich aus einem kleinen Kegelsitz zur Drucksteuerung und einem großen Hauptventil zur Förderstromsteuerung zusammen.

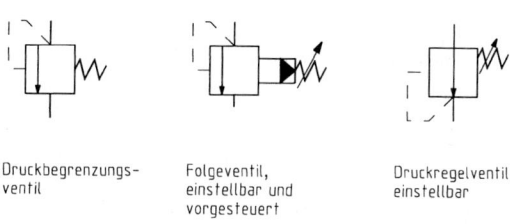

Druckbegrenzungsventil   Folgeventil, einstellbar und vorgesteuert   Druckregelventil, einstellbar

Bild 21. Druckventile

Folgeventile geben druckabhängig den Ölstrom frei oder sperren ihn bei Druckabfall.

Druckregelventile halten den Druck in einem nachgeordneten System nach oben konstant, unabhängig vom Hauptkreis.

Antriebselemente verändern die Lage oder den Zustand des Arbeitselements. Dabei wird pneumatische oder hydraulische Energie in mechanische Energie umgewandelt.

einfachwirkender Pneumatikzylinder   Hydraulikzylinder, doppeltwirkend mit beidseitiger Kobenstange

doppeltwirkender Pneumatikzylinder, einstellbare Endlagendämpfung   Teleskopzylinder

Bild 22. Zylinder

Zylinder dienen zur Realisierung geradliniger Bewegungen. Einfachwirkende Zylinder werden nur von einer Seite mit Druckluft beaufschlagt. Sie verrichten beim Ausfahren mechanische Arbeit. Der Rückhub erfolgt durch die eingebaute Rückstellfeder. Beim Ausfahren wird die Kolbenkraft durch die Rückstellfeder in Abhängigkeit vom Kolbenhub beeinflusst. Die Kolbenkraft verringert sich beim Vorhub entsprechend der Federkennlinie. Eine weitere Verringerung der Kolbenkraft resultiert aus der Reibung, bedingt durch Dichtungselemente, Oberflächengüte und Schmierung. Die tatsächliche Kolbenkraft ergibt sich mit $F = A \cdot p_e - F_R - F_F$.

Doppeltwirkende Zylinder werden zum Aus- und Einfahren der Kolbenstange wechselseitig mit Druckluft beaufschlagt. Sie verrichten in beiden Bewegungsrichtungen Arbeit. Es ist jedoch zu beachten, dass die Rückzugskraft geringer ist als die Kraft beim Vorhub: $F = A \cdot p_e \cdot \eta$.

Beim Ausfahren wirkt die Druckluft auf die gesamte Kolbenfläche; beim Rückhub ist der Querschnitt der Kolbenstange zu berücksichtigen. Dadurch ist die Dauer des Rückhubs etwas geringer. Werden mit Zylindern größere Massen bewegt, so wird ein hartes Anschlagen in den Endlagen durch Endlagendämpfung verhindert. Zur berührungsfreien Betätigung von Signalgebern (z.B. Reed-Kontakte) in den Endlagen werden in die Kolben Ringmagnete eingebaut, die mit ihrem Kraftfeld die am Zylinder montierten Magnetschalter betätigen.

Zylinder mit zweiseitiger Kolbenstange bewegen sich in beiden Hubrichtungen mit gleicher Geschwindigkeit und die Kräfte beim Vor- und Rückhub sind gleich groß. Aufgrund der beidseitigen Lagerung der Kolbenstange können sie größere Querkräfte aufnehmen.

Daneben gibt es viele Sonderbauformen von Zylindern: Teleskopzylinder, Zylinder ohne Kolbenstange u.a.

Bei den **Druckluftmotoren** sind Drehzahl, Drehmoment und Leistung durch den Arbeitsdruck und die Luftmenge verstellbar. Sie haben ein geringes Leistungsgewicht, sind leicht zu handhaben und dienen als Antriebe für verschiedene Werkzeuge. Nachteilig ist Lastabhängigkeit der Drehzahl, die bis zu 30000 min^{-1} erreicht.

Pneumatische **Schwenkmotoren** eignen sich zum Öffnen und Schließen von Klappen, Drehschiebern und für Schwenk- und Wendevorrichtungen. In ihrer Bauart gleichen sie dem Prinzip Zahnstange und Ritzel. Durch das Ritzel wird ein Schwenkarm angetrieben.

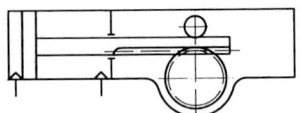

Bild 23. Prinzip des Schwenkmotors

Hydraulische Schwenkmotoren haben einen Schwenkbereich von 50° bis 360° und übertragen auf kleinem Raum unabhängig vom Drehwinkel große Drehmomente. Sie werden für Schließ- und Öffnungsvorgänge an Ventilen, für Transportbewegungen und für Spannvorgänge eingesetzt.

Hydraulikmotoren sind die Umkehrung der Pumpen. Wird der Motor von der Hydraulikflüssigkeit beaufschlagt, entsteht an der Motorwelle ein Drehmoment. Schnelllaufende Hydromotoren liegen im Drehzahlbereich zwischen 750 min^{-1} und 3000 min^{-1}. Langsamlaufende Hydromotoren decken den Drehzahlbereich zwischen 0,1 min^{-1} bis 750 min^{-1} ab.

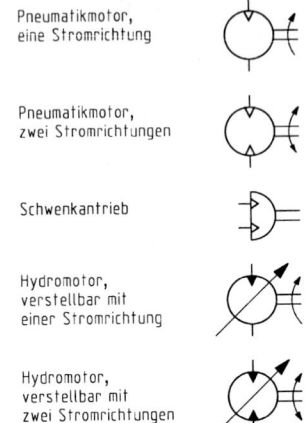

Bild 24. Drehantriebe

3.3.3 Pneumatische Steuerungen

Als **Pneumatik** bezeichnet man die Verwendung der Druckluft zum Antrieb und zur Steuerung von Maschinen. Pneumatikanlagen bestehen aus der Verdichteranlage, der Druckluftaufbereitung und der eigentlichen pneumatischen Steuerung.

In pneumatischen Anlagen benötigte Luft wird durch Kompressoren verdichtet und in Behältern gespeichert. Sie enthält in Abhängigkeit von ihrem Volumen und der Temperatur eine nicht sichtbare Menge Wasserdampf. Nach Verdichtung ist das Volumen geringer geworden. Die relative Feuchtigkeit ist dadurch höher als in der angesaugten Luft. Die Druckaufbereitungsanlage ist deshalb mit Nachkühler, Kondensatableiter und Trockner auszustatten. Die Druckluft im Speicher und in den Leitungen ist zu 100 % mit Wasserdampf gesättigt. Fällt der Druck im Speicher infolge von Wärmeabstrahlung ab, wird der Taupunkt der zu 100 % gesättigten Druckluft unterschritten. Es fällt Kondensat an. Kondenswasser in der Druckluft wäscht bei Werkzeugen, Ventilen und Zylindern den Schmierfilm aus. Dies führt zu höherem Verschleiß und bewirkt Korrosion.

3 Steuerungsmittel

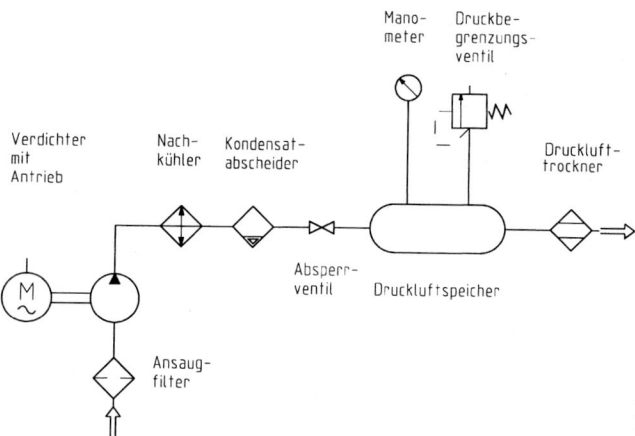

Bild 25. Drucklufterzeugung

Durch ein Rohrleitungsnetz fließt die Druckluft zu den Verbrauchern. Rostteilchen, die auf dem Weg zum Verbraucher aus dem Rohrleitungsnetz mitgerissen werden, können in der Steuerung zu Betriebsstörungen führen. Sie müssen aus der Druckluft gefiltert werden. Zur Schmierung der pneumatischen Bauelemente wird die Druckluft mit einem Ölnebel angereichert. Durch einen Regler werden die Arbeitselemente mit einem konstanten Arbeitsdruck versorgt. Diese letztgenannten Aufgaben erfüllt die **Aufbereitungseinheit**, die in der Regel Filter, Öler und Druckregelventil vereint.

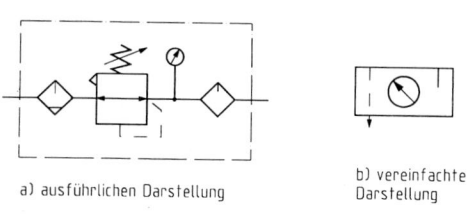

a) ausführlichen Darstellung   b) vereinfachte Darstellung

Bild 26. Aufbereitungseinheit

Pneumatische Steuerungen werden eingesetzt, wenn man mit einer geringen Anzahl von Verknüpfungsbedingungen auskommt, wenn Explosionsgefahr besteht oder andere ungünstige Bedingungen für den Einsatz elektrischer/elektronischer Steuereinrichtungen bestehen. Bei Verwendung elektrotechnischer Steuereinrichtungen werden pneumatische Bauelemente als Antriebe und als Ventile zur Beeinflussung der Druckluft sowie zur Aufbereitung und Speicherung der Druckluft verwendet. Die Signalverknüpfung erfolgt durch elektrische Bauelemente.[5]

■ **Lehrbeispiel: Elektropneumatische Steuerung von Zylindern**
Der Bewegungsablauf für 2 doppeltwirkende Zylinder soll entsprechend dem nachfolgenden Funktionsdiagramm gesteuert werden.

Die Lösung der Aufgabenstellung ist dem elektropneumatischen Schaltplan zu entnehmen. Dabei handelt es sich um eine Ablaufsteuerung. Die Übergangsbedingungen von einem Schritt zum programmgemäß folgenden Schritt kommen bei prozessabhängigen Ablaufsteuerungen aus der gesteuerten Anlage.

Bauglieder			Zeit	0			
Benennung	Bez.	Zustand	Schritt	1	2	3	4=1
DW-Zylinder	1A1	1		1S1	1B1		
		0			1S2		
DW-Zylinder	2A1	1				2B2	
		0					2B1

Bild 27. Funktionsdiagramm

Anmerkungen zum Schaltplan:
Die Ablaufkette wird durchlaufen, wenn die Kolben beider Zylinder sich in der hinteren Endlage befinden und das Startsignal durch den Taster 1S1 gegeben wird. Die anderen Signale liefern der Grenztaster 1S2 und der magnetische Näherungsschalter (Reed-Kontakt) 2B1. Der Kolben des Zylinders 1A1 fährt aus: Schritt 1. Das Stellglied 1V1 dient als Impulsspeicher. Es bleibt in der Schaltstellung a bis ein Impuls auf die Magnetspule Y2 das Ventil wieder zurückschaltet. Der 2. Schritt wird durch den Reed-Kontakt 1B1 ausgelöst, sobald er durch den Kolben betätigt wird. Über das Relais K2 steuert er die Spule Y3 an, das Stellglied 2V1 schaltet in Durchlassstellung und der Kolben des Zylinders 2A1 fährt aus. Das Ventils 2V1 bleibt gegen die Federkraft in Durchlassstellung, solange der Reed-Kontakt 1B1 betätigt ist. In der vorderen Endlage betätigt der Kolben des Zylinders 2A1 den Reed-Kontakt 2B2. Dieser schaltet über das Relais K3 und die Spule Y2 das Ventil 1V1 zurück in die Schaltstellung b: Schritt 3. Der Kolben fährt ein. Sobald das Signal des Reed-Kontakts 1B1 abfällt, stellt die Rückstellfeder das Ventil 2V1 in die Schaltstellung b zurück. Der Kolben des 2. Zylinders fährt ein. Der 4. Schritt entspricht dem 1. Schritt der Ablaufkette; sie kann erneut durchlaufen werden.

---

[5] Schaltpläne für pneumatische Verknüpfungsschaltungen sind im Abschnitt 1 dargestellt.

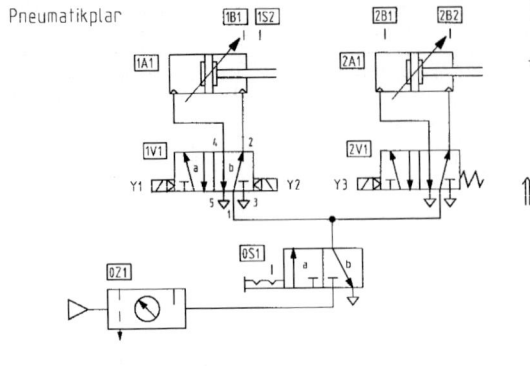

Bild 28.
Elektropneumatischer Schaltplan

Anordnung der Signalgeber an den Zylindern

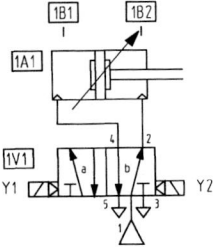
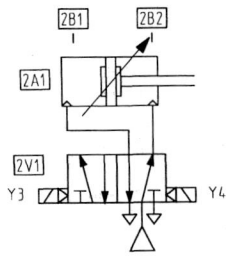

Funktionsdiagramm

Bauglieder			Zeit	0				
Benennung	Bez.	Zustand	Schritt	1	2	3	4	5=1
DW-Zylinder	1A1	1	S5		1B2			1B2=1
		0		1B1				1B1=1
DW-Zylinder	2A1	1				2B2		2B2=1
		0					2B1	2B1=1

Betätigte Signalgeber:

1B1	1B2	1B2	1B2
2B1	2B1	2B2	2B1

Verändert man den Bewegungsablauf der beiden Zylinder entsprechend einer veränderten Aufgabenstellung (Bild 29), so können in der Ablaufkette Überschneidungen von Signalen auftreten.
Aus dem Pneumatikplan ist die Anordnung der Signalgeber zu entnehmen. Die in den jeweiligen Schritten der Ablaufkette betätigten Signalgeber sind im Funktionsdiagramm ersichtlich. Betrachtet man die Signalkombinationen der betätigten Sensoren, dann stellt man fest, dass diese nicht zur folgerichtigen Ansteuerung der Zylinder genügen. In den Schritten 2 und 4 stehen für das Einfahren des Zylinders 1A1 und das Ausfahren des Zylinders 2A1 die Signalkombination $1B2 \wedge 2B1 = 1$ zur Verfügung. Dies führt zu einem Fehlverhalten im Bewegungsablauf der Ablaufkette. Um dies zu vermeiden, ist ein zusätzliches Unterscheidungsmerkmal erforderlich. Durch einen weiteren Speicher, auch Hilfsspeicher genannt, wird zusätzlich ein Signal von der verbindungsprogrammierten Steuereinrichtung bereitgestellt, das eine Unterscheidung in den Schritten der Ablaufkette ermöglicht.

Bild 29.
Funktionsdiagramm mit Anordnung der Signalgeber

Die sich bei 2 Arbeitselementen aus den betätigten Sensoren ergebenden 4 Kombinationen sind in einem KV-Diagramm dargestellt. Sind 3 Arbeitselemente vorhanden, ergeben sich $2^3 = 8$ Kombinationen. Die Größe des Diagramms richtet sich nach der möglichen Anzahl von Signalverknüpfungen durch die betätigten Kontakte in den Endlagen der Zylinder und den erforderlichen Hilfsspeichern, die in das Diagramm aufgenommen werden müssen.
Die Kombinationen der betätigten Sensoren sind waagerecht und der Hilfsspeicher x ist senkrecht eingetragen worden. Der Hilfsspeicher x wird durch das Signal des Näherungsschalters 2B2 im 3. Schritt gesetzt: $x = 1$. Er wird nach Durchlaufen der Ablaufkette im 1.

Schritt durch den Signalgeber 1B1 rückgesetzt: $x = 0$. Das Signal des rückgesetzten Hilfsspeichers (K02) steuert im 2. Schritt das Ausfahren des Kolbens von Zylinder 2A1 und das 1-Signal steuert im 4. Schritt das Einfahren des Kolbens von Zylinder 1A1.
Treten in einer Ablaufkette mehrere Ablaufschritte auf, die sich nicht durch die jeweils auftretenden Signalkombinationen unterscheiden, dann ist für jeden Schritt ein Hilfsspeicher erforderlich.

Anmerkungen zum Schaltplan:
Die Ablaufkette für die beiden Zylinder wird durch Betätigung des Tasters S5 gestartet, wenn der Kolben des Zylinders 1A1 sich in der

3 Steuerungsmittel   Q 35

hinteren Endlage befindet. Sie wird unterbrochen durch Betätigung des Tasters S6. Im Stromlaufplan dient das Relais K02 im 3. Stromweg als Hilfsspeicher. Ist die Selbsthaltung unterbrochen, ermöglicht der 2. Nebenkontakt, ein Öffner, im 8. Stromweg die Ansteuerung des Relais K2 für den 2. Schritt in der Ablaufkette. Der gleichzeitig unterbrochene Stromweg 12 macht die Spule Y2 stromlos, eine Voraussetzung für das Umschalten des Ventils 1V1. Wenn der ausgefahrene Kolben des Zylinders 2A1 in der vorderen Endlage den Näherungsschalter 2B2 erreicht, geht das Relais K02 in Selbsthaltung, der 2. Nebenkontakt im 12. Stromweg schließt und Relais K3 zieht an. Der Kolben des 1. Zylinders fährt ein, betätigt in der hinteren Endlage 1B1 und unterbricht die Selbsthaltung. Ein erneuter Durchlauf der Ablaufkette beginnt automatisch, solange S6 nicht betätigt wird.

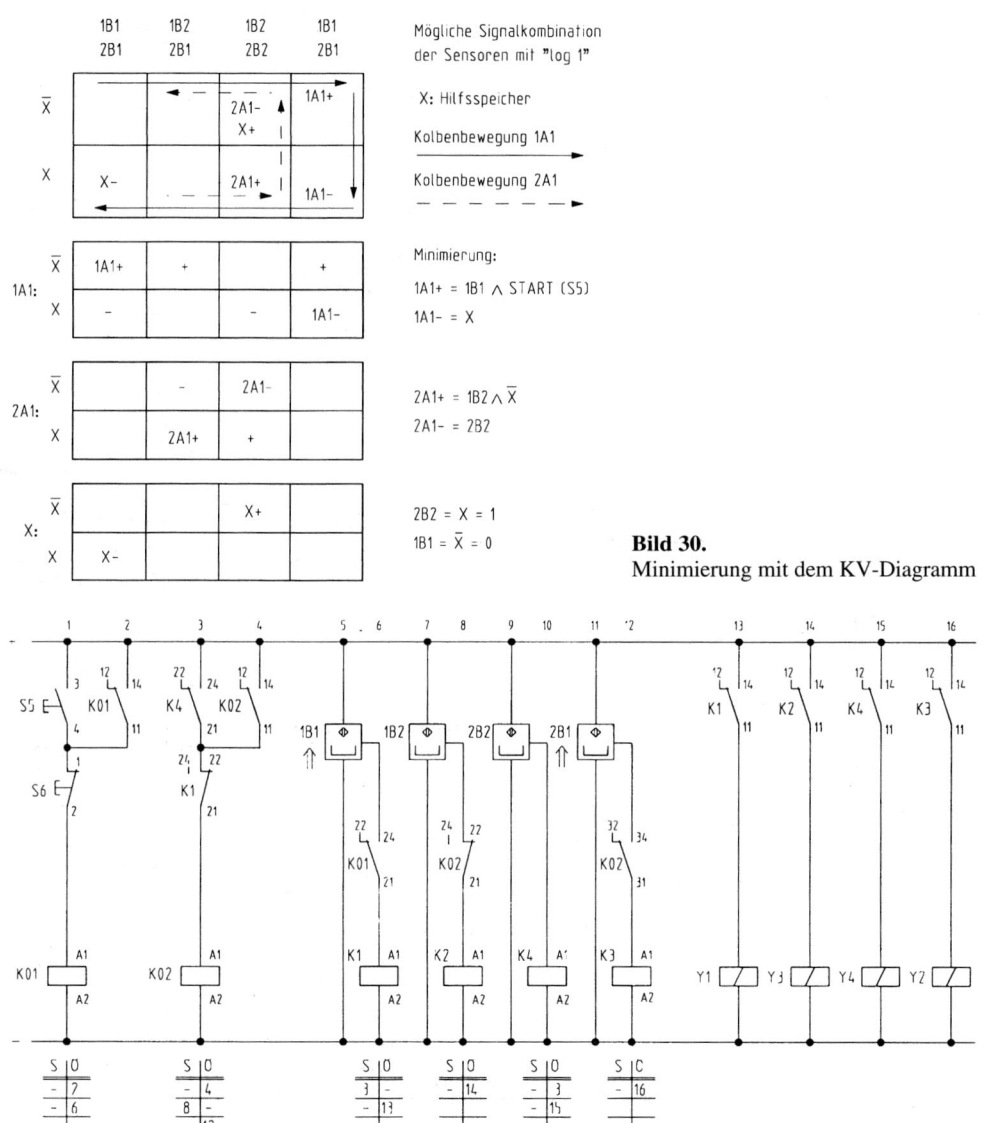

Bild 30. Minimierung mit dem KV-Diagramm

Bild 31. Stromlaufplan

3.3.4 Hydraulische Steuerungen

Im technischen Sinne umfasst **Hydraulik** Antriebs-, Steuer- und Regeleinrichtungen, deren Kräfte und Bewegungen mit Hilfe des Druckes von Flüssigkeiten erzeugt werden. Hydraulikanlagen arbeiten entweder nach dem hydrostatischen oder dem hydrodynamischen Prinzip. Die Hydrostatik nutzt die erzeugte Druckenergie, die durch die Hydraulikflüssigkeit in Arbeit umgesetzt wird, für Steuer- und Regeleinrichtungen, Kupplungen u.a. Das hydrodynamische Prinzip nutzt die Strömungsenergie zur Kraftübertragung etwa bei Drehmomentenwandlern im Fahrzeugbau.

In der Hydraulik unterscheidet man nach der Art des Kreislaufs zwischen Systemen mit offenen und geschlossenen Ölkreisläufen.

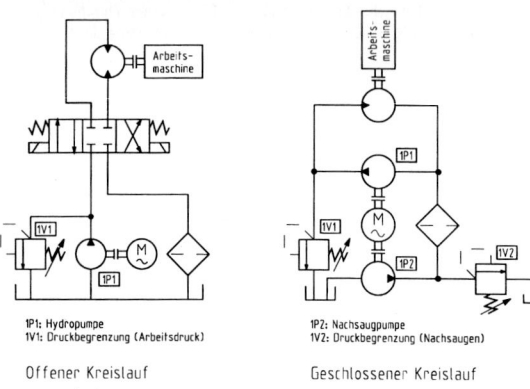

1P1: Hydropumpe
1V1: Druckbegrenzung (Arbeitsdruck)

1P2: Nachsaugpumpe
1V2: Druckbegrenzung (Nachsaugen)

Offener Kreislauf   Geschlossener Kreislauf

Bild 32. Ölkreisläufe

Offene Kreisläufe werden in der Industriehydraulik bevorzugt, weil die thermische Belastung des Öls geringer ist. Hydrostatische Antriebe haben bevorzugt geschlossene Kreisläufe, da sie eine schnelle Umsteuerung über die Pumpenverstellung ermöglichen. Zur Ergänzung des nicht vermeidbaren Lecköls ist entweder eine zusätzliche Speisepumpe oder ein Nachsaugventil erforderlich.

Die **Hydraulikflüssigkeit** ist der Energieträger des Systems. Sie schmiert aufeinander gleitende Teile, gewährt den Korrosionsschutz der benetzten Oberflächen und führt die Wärme, den Abtrieb und andere Schmutzpartikelchen, die von außen in die Hydraulikflüssigkeit gelangen, ab. Hydrauliköle gibt es entsprechend den auftretenden Betriebsdrücken.

In hydraulischen Anlagen wirken im allgemeinen hohe Drücke. Der Druck p entsteht, wenn eine äußere Kraft F auf einen Teil der abgesperrten Hydraulikflüssigkeit über einen Kolben mit der Fläche A wirkt.

$$p = \frac{F}{A}$$

Der Druck breitet sich in Flüssigkeiten allseitig in gleicher Stärke in einem geschlossenen System aus und kann infolge der Inkompressibilität der Hydraulikflüssigkeiten technisch genutzt werden. Die Fortpflanzung des Druckes erfolgt auch in bewegten Flüssigkeiten. Flüssigkeiten lassen sich leicht verschieben, da sie die Form der umgebenden Gefäße annehmen. Für den Volumenstrom oder die Durchflussmenge Q gilt:

$$Q = \frac{\Delta V}{\Delta t} = \frac{A \cdot \Delta s}{\Delta t}$$

Setzt man $\Delta s / \Delta t = v$, so ergibt sich: $Q = v \cdot A$

Die Energie oder das Arbeitsvermögen W einer Hydraulikanlage, z.B. eines Hubzylinders ist abhängig von der Kolbenkraft und dem Kolbenweg. Sie entspricht: $W = F \cdot s = p \cdot A \cdot s$. Ersetzt man $A \cdot s$ durch das Volumen V, so ergibt sich: $W = p \cdot V$

Die Leistung ergibt sich aus $P = \frac{W}{t}$. Setzt man für W den oben gefundenen Zusammenhang ein, so erhält man: $P = \frac{p \cdot V}{t} = p \cdot Q$.

■ **Lehrbeispiel 1: Spannvorrichtung mit 2 Spannkräften**

Eine hydraulische Spannvorrichtung soll zur Aufnahme unterschiedlicher Werkstücke zwei unterschiedliche Spannkräfte anbieten. Das Umschalten zwischen beiden Spannkräften erfolgt durch einen Taster. Als Stellelement für den doppeltwirkenden hydraulischen Zylinder dient ein 4/3-Wegeventil mit Federzentrierung. Die Vorschubgeschwindigkeit des Kolbens soll durch ein Drosselrückschlagventil einstellbar sein. Spannen und Entspannen der Werkstücke erfolgt durch zwei Taster.

Anmerkungen zum Schaltplan:
Der Spannvorgang wird nach Betätigung des Tasters S1 ausgelöst. Aufgrund der Federzentrierung des Stellglieds 1V5 ist eine Selbsthaltung erforderlich. Über das Drosselrückschlagventil 1V6 kann die Vorschubgeschwindigkeit eingestellt werden. Der Rückhub erfolgt ungedrosselt über das parallel geschaltete Rückschlagventil. Die größere Spannkraft wird über das direkt beaufschlagte Druckbegrenzungsventil 1V2 ermöglicht. Eine geringere Spannkraft kann nach dem Umschalten des 2/2-Wegeventils 1V4 durch den Taster S3 in die Schaltstellung b eingestellt werden. Das nachgeschaltete Druckbegrenzungsventil 1V3 ist für einen geringeren Druck ausgelegt. Wird dieser Druck erreicht, dann öffnet das Ventil und das Hydrauliköl fließt über den Filter in den Tank zurück. Nach Betätigung von S2 fährt der Kolben in die Endlage zurück und die vorgewählte Spannkraft wird wieder auf den Druck p_l eingestellt. Der Taster muss allerdings bis zum Erreichen der Endlage betätigt werden, weil keine Selbsthaltung vorhanden und die Federzentrierung das Ventil sofort wieder in die mittlere Umlaufstellung (0) schalten würde.

Der Höchstdruck im System wird durch das Druckbegrenzungsventil V1 im Hydraulikaggregat begrenzt und ist am Manometer Z3 abzulesen. Die Blende V2 schützt das Manometer vor Druckstößen. Tank Z1 und Filter Z2 dienen der Reinhaltung des Hydrauliköls, zur Luftabscheidung und dem Abbau von Strömungsturbulenzen.

3 Steuerungsmittel

Hydraulischer Schaltplan

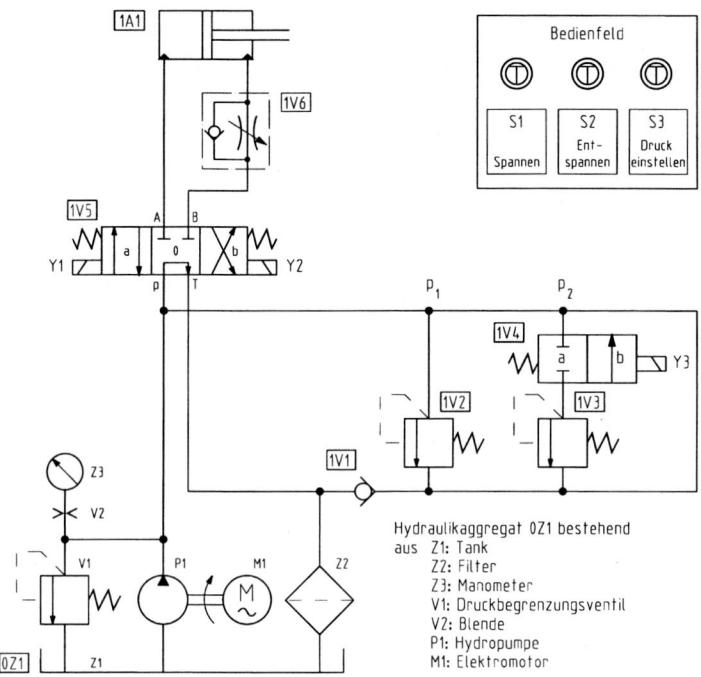

Stromlaufplan

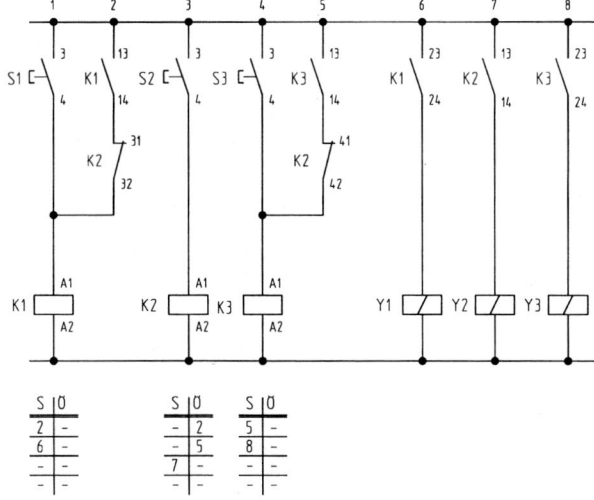

Bild 33.
Elektrohydraulischer Schaltplan

■ **Lehrbeispiel 2: Hydromotorsteuerung mit konstanter Geschwindigkeit**

Ein Hydromotor soll mit konstanter Drehzahl laufen, auch wenn die Belastung variiert. Er soll sowohl im Tippbetrieb als auch für den Dauerbetrieb arbeiten. Rechts- und Linkslauf werden im Tipp- und im Dauerbetrieb durch die Taster S3 und S4 geschaltet. Der Hydromotor wird durch den Taster S2 (Öffner) angehalten. Die Umschaltung vom Tipp- zum Dauerbetrieb erfolgt über den Wahlschalter S1.

Anmerkungen zum Schaltplan:

Durch die Verschaltung des Stromregelventils 1V2 mit den vier Rückschlagventilen (Graetz-Sachaltung) erreicht man in beiden Drehrichtungen gleiche Geschwindigkeiten bzw. Drehzahlen. Das Lecköl hat hier keinen Einfluss. Das Stromregelventil ist so konstruiert, dass der Druck unabhängig von der äußeren Belastung vor und hinter dem Ventil durch eine Veränderung des Querschnitts annähernd gleich ist.

Hydraulikplan

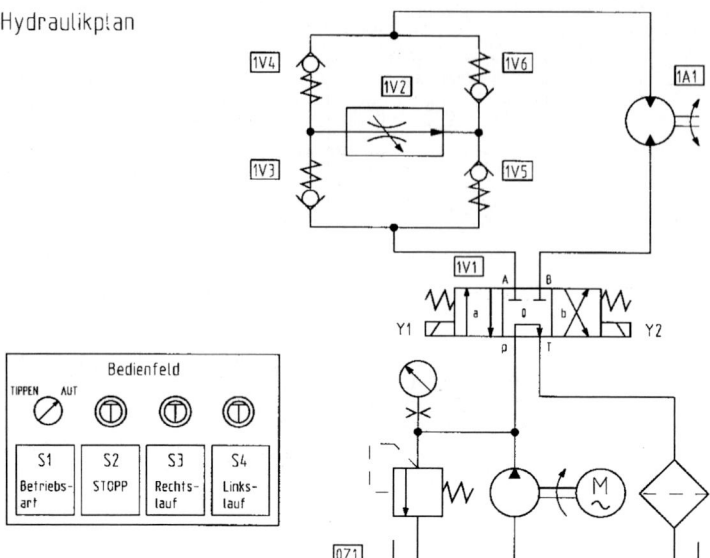

Stromlaufplan

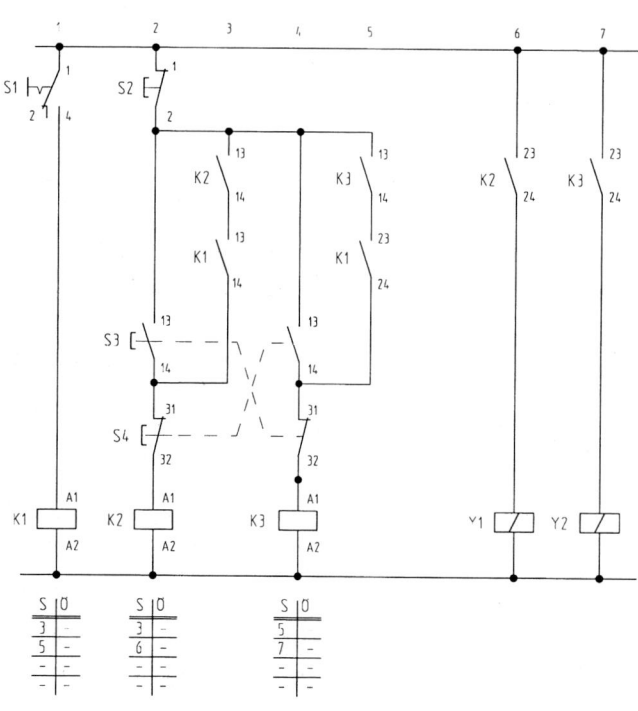

Der Tippbetrieb wird erreicht, wenn das Relais K1 nicht an Spannung liegt. Dadurch kann im 3. bzw. 4. Stromweg keine Selbsthaltung aufgebaut werden. Dies ist nur möglich, wenn die Nebenkontakte geschlossen sind in der Betriebsart AUT. Die Taster S3 und S4 sind gegeneinder über die Öffnerkontakte verriegelt. So kann jeweils nur eine Drehrichtung geschaltet werden.

Bild 34.
Elektrohydraulischer Schaltplan

3.3.5 Proportionalhydraulik

In den beiden abgebildeten elektrohydraulischen Schaltplänen können Durchflussweg und Durchflussrichtung während des Betriebes verändert werden, indem die Wegeventile elektrisch betätigt werden. Druck und Durchflussmenge sind durch die Federkraft vorgegeben bzw. werden bei der Inbetriebnahme mit Einstellschrauben eingestellt. Zunehmende Automatisierung macht es bei immer mehr hydraulischen Anlagen erforderlich, den Druck und die Durchflussmenge während des Betriebes zu verstellen. Zur Erfüllung dieser Forderungen sind Proportionalventile erforderlich. Sie werden von einer elektrischen Steuerung durch ein elektrisches Signal verstellt. Dadurch ist es während des Betriebes möglich, den Druck in Phasen geringer Belastung mit einem Proportional-Druckbegrenzungsventil abzusenken und Energie einzusparen und / oder mit Proportional-Wegeventilen einen Schlitten sanft anzufahren und abzubremsen.

■ **Lehrbeispiel: Steuern der Bewegungsumkehr mittels Proportional-Wegeventil**
Um Druckspitzen und Erschütterungen und damit Materialbelastungen zu vermeiden, müssen massebehaftete Antriebe auf kurzem Weg kontrolliert beschleunigt und abgebremst werden, z.B. bei Schleif- oder Honmaschinen. Die Werkstückenden werden der Steuerung von Signalgebern zur Einleitung des Umkehrvorganges signalisiert.

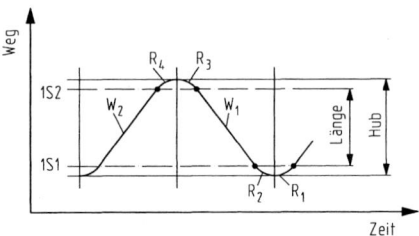

Bild 35. Weg-Zeit-Diagramm eines Maschinentisches

Durch das Zuschalten einer Rampe wird die Anfahrgeschwindigkeit des Kolbens beim Aus- und Einfahren verringert (R_1, R_3) und der Abbremsvorgang verzögert (R_2, R_4). Die Rampenzeiten beeinflussen das Ansteigen des Sollwerts und damit die Veränderung des Magnetstroms. Eine langsame Zunahme des Magnetstroms sorgt für ein langsames Öffnen des Proportionalventils und damit für einen geringen Durchfluss des Druckmediums durch das Ventil, was eine Verringerung der Kolbengeschwindigkeit zur Folge hat.

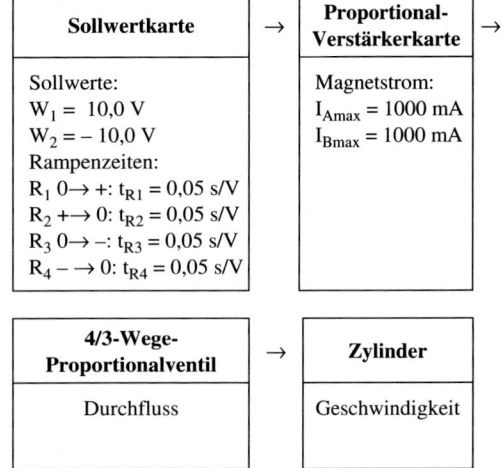

Die Sollwerte (W) und Rampen (R) zur Steuerung des Bewegungsablaufs für den Maschinentisch werden an der Sollwertkarte und an der Proportionalverstärkerkarte eingestellt. Die Sollwerte können im Spannungsbereich zwischen ±10 V in Schritten von 100 mV eingestellt werden. Die voreingestellten Sollwerte (Spannungssignale) werden durch die Verstärkerkarte in einen Magnetstrom zur Steuerung der Magnete in den Proportionalventilen umgewandelt. Der Durchfluss durch das Proportionalventil verändert sich entsprechend dem Magnetstrom. Die externe Ansteuerung der eingestellten Sollwerte erfolgt über die Eingänge (I_1, I_2, I_3) der Sollwertkarte. Das Bitmuster 000 an den Eingängen der Sollwertkarte ruft den Sollwert W1, das Bitmuster 100 den Sollwert W2 ab.
Die Rampen werden als Steigungsparameter auf der Sollwertkarte zwischen 0 bis 10,0 s/V eingestellt. Die 4 verschiedenen Rampen werden in den 4 Quadranten des kartesischen Koordinatensystems definiert:

- 1. Quadrant: positive Steigung von 0 V
- 2. Quadrant: negative Steigung bis 0 V
- 3. Quadrant: negative Steigung von 0 V
- 4. Quadrant: positive Steigung bis 0 V

Sind die Magnete am 4/3-Wege-Proportionalventil stromlos, wird der Ventilkolben durch Federn in der Mittelstellung (0) gehalten. Durch die Ansteuerung eines Magneten entsteht eine Kraft, die über einen Stößel den Ventilkolben gegen die gegenüberliegende Druckfeder verschiebt. Die Kraft des Magneten ist proportional zum elektrischen Strom. Im Zusammenwirken mit der Feder stellt sich ein Kräftegleichgewicht entsprechend der Federkennlinie ein. Die Auslenkung des Kolbens ist um so größer, je größer der Magnetstrom ist. Beim Verfahren des Ventilkolbens wird ein Spalt von P nach A und B nach T geöffnet. Diese Spalte werden von den Steuerkanten am Ventilkolben geöffnet. Die Form der Steuerkante beeinflusst die Durchflusscharakteristik des Ventils. Der Volumenstrom ist abhängig vom Drosselspalt, dem Differenzdruck und der Viskosität des Druckmediums.
Anmerkungen zum Schaltplan:
Die Steuerung erlaubt bei geöffnetem Betriebsartenschalter S2 die Einstellung Einrichten. **Einrichten** ist eine Betriebsart, in der die Stellelemente einzeln durch einen Bedienungseingriff gesteuert werden. Wird der Betriebsartenschalter geschlossen, kann die Steuerung im Automatikbetrieb nach Betätigung des Tasters S1 gestartet werden. Die rollenbetätigten Signalgeber 1S1 (Schließer) und 1S2 (Öffner) sind Grenztaster, die nach Betätigung durch den Kolben die Sollwerte zur Steuerung des Proportionalventils abrufen. In den Endlagen wird der Kolben weich umgesteuert entsprechend den eingestellten Rampenwerten R_1 bis R_4.

Hydraulikplan

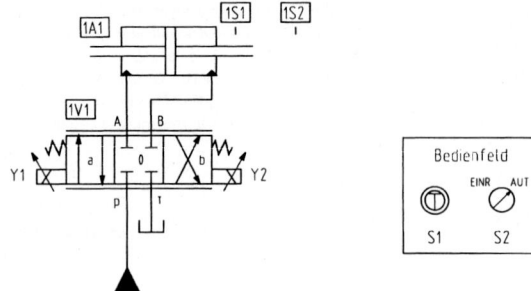

Stromlaufplan

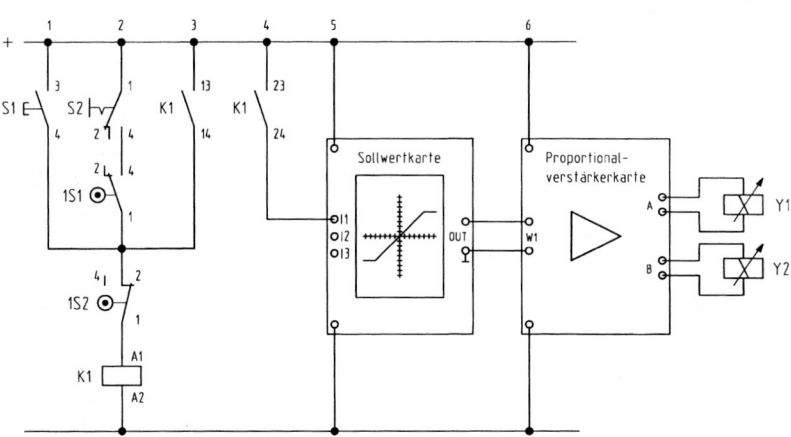

Bild 36. Schaltplan zur Proportionalhydraulik

4 Speicherprogrammierbare Steuerungen

4.1 Das Automatisierungssystem S7

Automatisieren bedeutet den Einsatz künstlicher Mittel, um einen technischen Prozess selbsttätig ablaufen zu lassen. Die Steuerung der technischen Abläufe erfolgt vorwiegend durch speicherprogrammierbare Steuerungen, weil der zu beeinflussende Teil der Anlage stabil ist und nur erfassbare Störgrößen auftreten. Die Eingangsgrößen der Steuerungen kommen aus der zu steuernden Anlage oder erfolgen als Bedieneingriff durch den Menschen. Art und Umfang der Bedieneingriffe werden durch die Betriebsart festgelegt. Mögliche Bedieneingriffe sind Start- oder Stoppsignale. Meldungen aus dem Betriebsartenteil oder aus dem zu steuernden Prozess signalisieren den Zustand oder Zustandänderungen im Automatisierungssystem. Durch technische Systeme zu automatisierende Funktionen sind u.a. das Speichern, Verteilen, Identifizieren, Spannen und Zusammenfügen von Maschinenelementen. Zu bevorzugen sind einfache, möglichst lineare Bewegungen.

Speicherprogrammierbare Steuerungen weisen in der Automatisierungstechnik gegenüber verbindungsprogrammierten Steuerungen viele Vorteile auf, u.a.:

- Programme können schnell und problemlos verändert und auf modifizierte Aufgaben zugeschnitten werden (hohe Flexibilität)
- Problemlose Speicherung der Programme
- Großer Funktionsumfang einschließlich der Verarbeitung digitaler und analoger Daten
- Geringe Betriebskosten
- Maßnahmen zur Fehlererkennung und -ortung sind programmierbar.

Nachteilig sind ihre höhere Komplexität und der Einfluss systematischer Fehler in der Software.

Der Hardwareaufbau, der für die nachfolgenden Beispiele verwendeten Simatic S7, ist nachfolgend dargestellt.

Tabelle 4.1: S7-Baugruppen

Pos.	Steckplatz	Bezeichnung	Adresse
1	1	Stromversorgung PS 307, 2A	Entfällt
2	2	Zentralbaugruppe CPU 315-2 DP	MPI (1)
3	3	Reserviert für eine Erweiterungsbaugruppe	
4	4	Digitale Ein-/Ausgabebaugruppe	E4.0 – E4.7, A5.0 – A5.7
5	5	Analoge Ein-/Ausgabebaugruppe	PEW272 – PEW 284 PAW272, PAW276

Grundsätzlich ist eine Konfiguration der Steuerungshardware zu empfehlen; dies erleichtert die Ermittlung der jeweiligen Adressen der Ein- und Ausgänge einer Steuerung. **Konfigurieren** bedeutet die softwaremäßige Anordnung von Baugruppen in einer Konfigurationstabelle entsprechend dem tatsächlichen pysikalischen Aufbau. STEP 7 ordnet den Baugruppen dann automatisch Adressen zu, die einsehbar sind. Die Zuordnung erfolgt durch Aktivierung der Simatic 300-Station im angelegten Projekt. Nach dem Öffnen des Hardware-Katalogs werden in der Reihenfolge des tatsächlichen pysikalischen Aufbaus zunächst die Profilschiene, dann die Stromversorgung PS307 2A, die verwendete CPU und anschließend die restlichen Baugruppen eingefügt. Abschließend muss die Hardwarekonfiguration gespeichert werden.

Die **Eingabebaugruppe** hat die Aufgabe, die eingehenden Steuersignale an die Verarbeitungseinheit zu übergeben. In dieser Baugruppe erfolgt die Entstörung, die Pegelumwandlung (5V), die Codierung und die galvanische[6] Trennung der Signale zum Schutz der CPU. Dem positiven oder höheren Potenzial wird der Signalzustand „1" und dem Bezugs- oder Massepotenzial der Signalzustand „0" zugeordnet. Ein offener Eingang oder ein Drahtbruch bedeutet ebenfalls Signalzustand „0".

Die **Ausgabebaugruppe** bereitet die von der Verarbeitungseinheit gelieferten Signale auf. Liefert der Ausgang den Signalzustand „1", dann wird die an den Ausgang gelegte Spannung durchgeschaltet. Das Durchschalten kann entweder mit Relais oder mittels Transistor erfolgen, wobei auch hier eine galvanische Trennung vorgenommen wird.

In der **Verarbeitungseinheit** (CPU) werden die aus der Eingabeeinheit kommenden Signale entsprechend dem Programm des Anwenders, also den Erfordernissen der zu steuernden Anlage folgend, verarbeitet. Ein **Programm** ist eine nach den Regeln der verwendeten Sprache festgelegte syntaktische Einheit aus Anweisungen und Vereinbarungen, welche die zur Lösung einer Aufgabe notwendigen Elemente umfasst (DIN 19226, T5). Neben den logischen Grundfunktionen erfolgt die Signalverarbeitung im Anwenderprogramm durch Zuweisungen, Zeit- Zähl-, Speicher-, Rechen-, Vergleichs- und vielen anderen Funktionen. Technisch besteht die Verarbeitungseinheit der SPS im Wesentlichen aus dem Programmspeicher und der Zentraleinheit. Verbunden sind die Einheiten durch ein Bussystem, welches die digitalen Signale nacheinander zwischen den einzelnen Komponenten der Verarbeitungseinheit transferiert. Ein Anwenderprogramm wird in der Reihenfolge abgearbeitet, in der es im Programmspeicher abgelegt ist. Die Zeit für einen Programmdurchlauf nennt man **Zykluszeit**. Zu Beginn eines jeden Zyklus fragt das Steuerwerk die Signalzustände an den Eingängen der Steuerung nacheinander ab und setzt im Prozessabbild für die Eingänge die jedem Eingang zugeordnete Speicherzelle auf „0" oder „1". Der Prozessor des Steuerwerks greift während der Programmbearbeitung auf dieses Prozessabbild zurück und bearbeitet abhängig davon die im Programmspeicher stehenden Steueranweisungen. Dazu liest er die Signalzustände in sein Rechenwerk und verknüpft bestimmte Signale miteinander, z.B. entsprechend den logischen Grundfunktionen (UND, ODER). Am Ende eines Programmzyklus` überträgt das Steuerwerk das Prozessabbild von den internen Speichern über die Ausgabeeinheit auf die Stellglieder. Ein Ausgangssignal wirkt also erst am Zyklusende. Nach Erreichen des Programmendes beginnt ein erneuter Programmdurchlauf.

In einer CPU laufen zwei verschiedene Programme ab:
- das Betriebssystem und
- das Anwenderprogramm

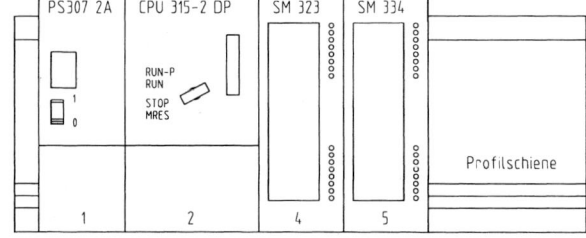

Bild 1.
Hardwareaufbau Simatic S7

---
[6] Galvanische Trennung bedeutet, dass keine leitende Verbindung zwischen zwei Stromkreisen besteht.

Das **Betriebssystem** ist in jeder CPU enthalten und organisiert alle Funktionen und Abläufe der CPU, die nicht mit einer spezifischen Steuerungsaufgabe verbunden sind. Das **Anwenderprogramm** wird zur Bearbeitung einer spezifischen Automatisierungsaufgabe vom Anwender erstellt. Es ist vorteilhaft, Anwenderprogramme in einzelne in sich geschlossene Programmschritte zu unterteilen. Hieraus ergeben sich folgende Vorteile:
- umfangreiche Programme werden übersichtlicher
- einzelne Programmteile können standardisiert werden
- Änderungen lassen sich leichter durchführen
- der Programmtest wird vereinfacht, weil er abschnittsweise erfolgen kann.

Ein Anwenderprogramm besteht aus Bausteinen, Operationen und Operanden. Es enthält alle Anweisungen und Deklarationen sowie Daten für die Signalverarbeitung, durch die eine Anlage oder ein Prozess gesteuert werden kann. Es ist einer programmierbaren Baugruppe (CPU) zugeordnet und wird in verschiedene Bausteine gegliedert. Der **Organisationbaustein** (OB) ist die Schnittstelle zwischen dem Betriebssystem der S7 und dem Anwenderprogramm; er legt die Reihenfolge fest, mit der das Anwenderprogramm abgearbeitet wird. Zusammengehörende Programmteile mit in sich abgeschlossenen anwendungsorientierten Funktionen werden in Codebausteinen programmiert. Zu den **Codebausteinen** gehören die Funktion (FC), Funktionsbausteine (FB) und Systemfunktionsbausteine (SFB). **Funktionen** sind hierarchisch die niedrigste Programmorganisationseinheit. Bei Ausführung mit gleichen Argumenten führt dies immer zum gleichen Ergebnis. Es gibt eine große Anzahl von definierten Funktionen. Einige davon sind erweiterbar; hierzu gehören die logischen Funktionen UND und ODER. Ein **Funktionsbaustein** entsteht, indem man die Steuerungsanweisungen der zu programmierenden Funktion nicht mit absoluten Parametern kennzeichnet, sondern mit neutralen Parametern versieht, sogenannten Formalparametern. Bei Aufruf des Bausteins durch ein Anwenderprogramm werden die Formalparameter mit Aktualparametern, z.B. E, A, M versehen. Systemfunktionsbausteine sind in das Betriebssystem einiger S7-CPU's integriert. Sie müssen vom Anwenderprogramm nur noch aufgerufen und mit Aktualparametern versorgt werden. Aufgerufen werden die Codebausteine durch den Organisationsbaustein. Der OB wird seinerseits zyklisch vom Betriebssystem der S7 aufgerufen. In **Datenbausteinen** (DB) werden Anwenderdaten gespeichert; auf Datenbausteine kann von allen Codebausteinen aus zugegriffen werden.

Bei STEP 7 werden zunächst die aufgerufenen und danach die aufrufenden Bausteine programmiert.

Um ein S7-Programm anzulegen erfolgt ein Doppelklick auf das Symbol SIMATIC 300-Station. Es erscheinen die Symbole CPU 315-2 DP und Hardware. Ein Doppelklick auf CPU 315-2 DP lässt die Symbole S7-Programm und Verbindungen erscheinen. Nach einem erneuten Doppelklick auf das Symbol S7-Bausteine öffnet der Ordner „Quellen", „Symbole" und „Bausteine". Ein Anwenderprogramm kann nun z.B. als Funktion (FC) in Anweisungsliste (AWL) geschrieben werden. Dazu wird der Ordner Bausteine markiert. Über das Icon „Einfügen" wird S7-Baustein – Funktion ausgewählt. In der Einstellmaske wird die Einstellung AWL ausgewählt und die Eingabe mit OK bestätigt. Ein Doppelklick auf FC öffnet den Baustein und er kann editiert werden.

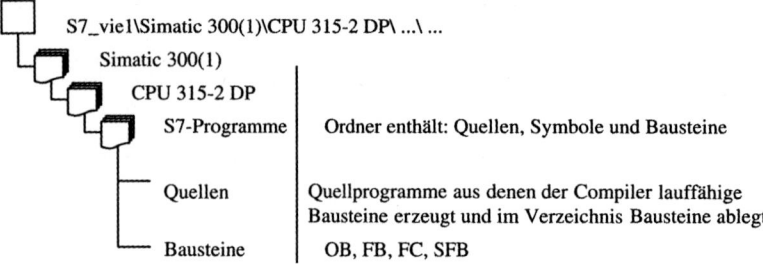

4.2 Grundlagen der Programmierung nach IEC 1131-3

Steuerungsaufgaben werden durch Programmiersprachen beschrieben. Für die Programmierung von speicherprogrammierbaren Steuerungen gilt heute als Standard die IEC 1131-3. Folgende Programmiersprachen wurden in dieser Norm festgelegt:
- Anweisungsliste (AWL) bzw. Instruction List (IL)
- Funktionsbausprache (FBS) bzw. Function Block Diagramm (FBD)
- Kontaktplan (KOP) bzw. Ladder Diagramm (LD)
- Strukturierter Text bzw. Structured Text (ST)
- Ablaufsprache – Sequential Funktion Chart (SFC)

Die **Funktionsbausteinsprache** und der Kontaktplan sind grafisch orientierte Sprachen, die den Steuerungsablauf bildhaft darstellen. Sie sind übersichtlich und sowohl für den Anwender als auch den Informatiker leicht zu lesen. Die Funktionsbausteinsprache entspricht dem Funktionsplan (FUP) von STEP 7. Der **Kontaktplan** ist dem Stromlaufplan vergleichbar.

4 Speicherprogrammierbare Steuerungen

Die **Anweisungsliste** verwendet mnemotechnische Abkürzungen oder mathematische Symbole für die zu programmierenden Funktionen. Das Steuerprogramm wird in einzelne Steuerungsanweisungen aufgelöst. Eine Steueranweisung ist die kleinste selbstständige Einheit eines Steuerprogramms. Sie stellt die Arbeitsanweisung für die Zentraleinheit dar (DIN 19226, T5). Der **Operationsteil** ist derjenige Teil der Steuerungsanweisung, der die auszuführende Operation beschreibt; der **Operandenteil** ist derjenige Teil der Steuerungsanweisung, der die für die Ausführung der Operation notwendigen Daten enthält. Das Operandenkennzeichen gibt die Art des Operanden an, der zugehörige Parameter die Adresse.

■ **Lehrbeispiel 1: Verknüpfungssteuerung für eine Presse**
Der Kolben einer Presse darf nur dann einen Arbeitshub ausführen, wenn folgende Bedingungen erfüllt sind:

- Das Werkstück (B1) eingelegt wurde
- Das Schutzgitter (S3) geschlossen ist und
- Der Hand- oder Fußtaster (S1 ∨ S2) betätigt wird

Das Startsignal wird gespeichert und der Kolben fährt gedrosselt aus. Der Rückhub des Kolbens soll mit hoher Geschwindigkeit erfolgen; er wird durch einen Handtaster mit Öffnerkontakt (S4) eingeleitet.

Lösung:
Die Signalgeber zur Steuerung der Presse werden an Spannung gelegt und wirken auf die digitalen Eingänge der SPS; die Stellelemente werden durch die digitalen Ausgänge der SPS geschaltet. Die an den Eingängen der SPS anliegenden Signalzustände (0/1) der Signalgeber werden erfasst, durch das Anwenderprogramm verarbeitet und als Verknüpfungsergebnis an die Ausgänge der SPS gegeben. Die verwendeten Betriebsmittel für die Beschaltung sind in der Belegungsliste zusammengestellt und den Ein- und Ausgängen der SPS zugeordnet worden.

Belegungsliste

Betriebsmittel	Bez.	Operand
Handtaster Arbeitshub	S1	E4.0
Fußtaster Arbeitshub	S2	E4.1
Grenztaster für das Schutzgitter	S3	E4.2
Induktiver Sensor zur Werkstückerkennung	B1	E4.3
Handtaster Rückhub (Öffner)	S4	E4.4
3/2-Wegeventil mit Federrückstellung und Spule	1V1, Y1	A5.0

Tabelle 4.2: Aufbau elementarer Steuerungsanweisungen in AWL

Operation	Operandenteil		Erläuterung
	Kennzeichen	Parameter	
U	E	4.0	Eingang E4.0 wird auf „1" abgefragt
U(			UND mit dem Klammerinhalt verknüpft
O	E	4.1	Eingang E4.1 wird auf „1" abgefragt ODER
O	E	4.2	Eingang E4.2 muss „log 1" liefern
)			Klammerfunktion: UND vor ODER
=	A	5.0	Zuweisung des Ergebnisses an Ausgang 5.0
X	E	4.3	Exklusiv „1"-Abfrage am Eingang E4.3 oder
X	E	4.4	Exklusiv „1-Abfrage" am Eingang E4.4
S	A	5.1	Speicherndes Setzen des Ausgangs A5.1
UN	E	4.5	Eingang E4.5 wird auf „0" abgefragt (negiert)
R	A	5.1	Rücksetzen des Ausgangs A5.1

Pneumatikplan

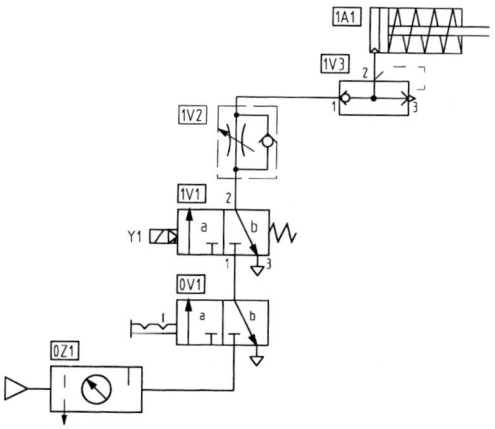

SPS-Beschaltung

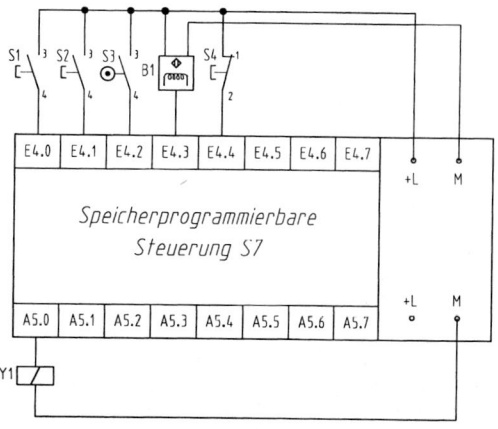

Bild 2. SPS-Schaltplan

| Baustein: FC1 | Verknüpfungssteuerung für eine Presse |

| Netzwerk: 1 | Ansteuerung der Spule am 3/2-Wegeventil mit Federrückstellung |

```
U (
  O      E    4.0
  O      E    4.1
)
  U      E    4.3
  S      M    1.1
U (
  ON     E    4.2
O (
  U      E    4.4
  FN     M    1.2
)
)
  R      M    1.1
  U      M    1.1
  =      A    5.0
```

Programmerläuterung:

Verknüpfungssteuerungen ordnen den Zuständen der Eingangssignale durch Verknüpfungsfunktion bestimmte Zustände der Ausgangssignale zu. Die Signalverarbeitung erfolgt hier asynchron, also nur durch Änderung der Eingangssignale. Erkennt die SPS an den Eingängen E4.0 oder E4.1 und am Eingang E4.3 1-Signal, führt der Speicherausgang Q „log 1", wenn auch der Eingang E4.2 1-Signal meldet. Das Signal „Schutzgitter geschlossen" wird jedoch am Rücksetzeingang abgefragt und ist aus Sicherheitsgründen dominierend.
Der Ausgang A5.0 kann nur bei geschlossenem Schutzgitter durchgeschaltet werden. Die Spule Y1 am 3/2-Wegeventil 1V1 wird erregt und der Koben fährt aus Der Rückhub erfolgt im Regelfall, wenn der Öffner S4 nach Betätigung 0-Signal gibt. Die negative Flanke setzt den Speicher auf „log 0" und der Ausgang A5.0 fällt ab. Die Spule liegt nicht mehr an Spannung und die Feder stellt das 3/2-Wegeventil zurück, der Kolben fährt ein. Dabei entlüftet er direkt über das Schnellentlüftungsventil. Der beim Entlüftungsvorgang am Anschluss 2 anstehende Druck schaltet das Ventil derart, dass die Entlüftung 3 geöffnet und 1 gesperrt wird.

Ein Öffnen des Schutzgitters führt immer zum Rückhub des Kolbens.

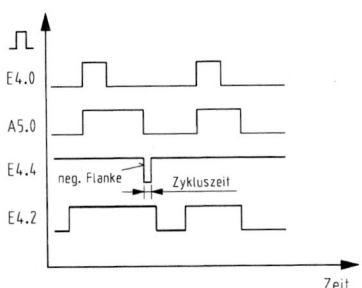

Bild 3. Signaldiagramm

■ **Lehrbeispiel 2: Positionieren mit einer Lineareinheit**
Mit einer Lineareinheit, die durch einen kleinen Gleichstrommotor über eine Spindel angetrieben wird, können Bauteile an beliebiger Stelle für Prüf- oder Montagezwecke positioniert werden. Die jeweilige Position kann durch einstellbare magnetische Näherungsschalter (B1, B2) bestimmt werden. In den Endlagen der Lineareinheit befinden sich zwei Grenztaster mit Öffnerkontakten (S3, S4), die den maximalen Weg des Tisches begrenzen. Der Rechts- bzw. Linkslauf soll durch die Taster S1 und S2 geschaltet werden. Der Taster S5 mit einem Öffnerkontakt ermöglicht jederzeit eine Unterbrechung der Verfahrbewegung.

Technologieschema

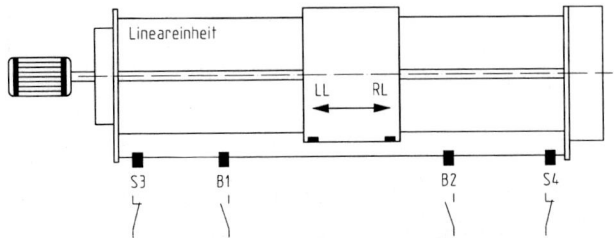
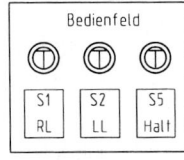

Bild 4. Technologieschema und Funktionsplan der Lineareinheit

4 Speicherprogrammierbare Steuerungen

Funktionsplan

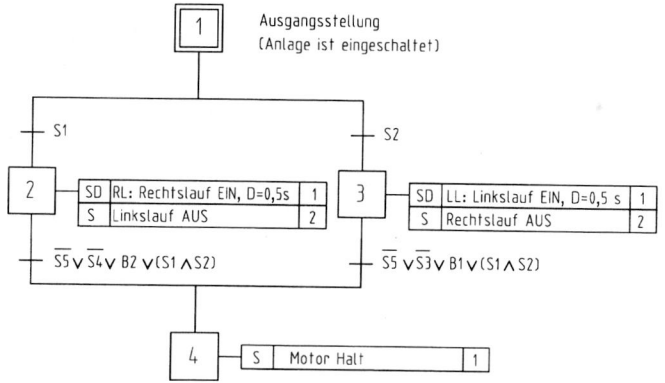

Bild 4. Fortsetzung

Lösung:

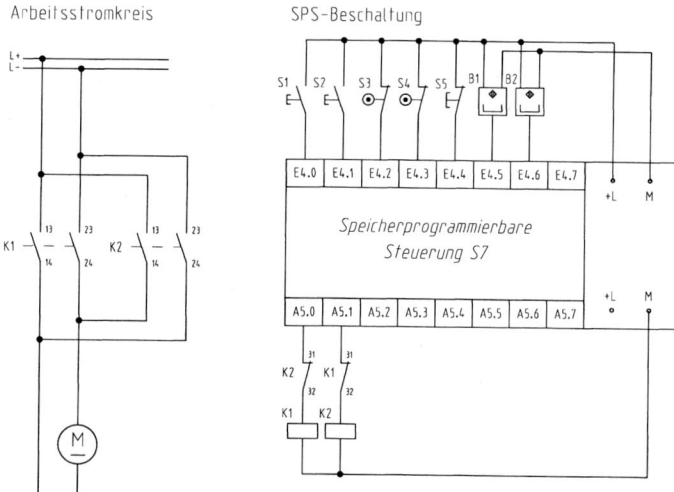

Bild 5. SPS-Schaltplan

In diesem Beispiel werden die absoluten Adressen (E4.0, A5.0) im Anwenderprogramm mit symbolischen Bezeichnungen angesprochen. Absolut adressierte Variable sind nur im Anwenderprogramm zulässig. Programme mit symbolischen Adressen sind häufig leichter lesbar. Ein **Symbol** ist ein vom Anwender definierter Name, der die Syntaxvorschriften berücksichtigt. Die Zuordnung wird in einer Symboltabelle vorgenommen, die durch einen Doppelklick auf Symbole von STEP 7 geöffnet wird.

Symbol	Adresse	Datentyp	Kommentar
K1	A 5.0	BOOL	Schütz Rechtslauf
K2	A 5.1	BOOL	Schütz Linkslauf
RL	E 4.0	BOOL	Taster S1, Rechtslauf
LL	E 4.1	BOOL	Taster S2, Linkslauf
Grenz-LL	E 4.2	BOOL	Grenztaster S3, Öffner
Grenz-RL	E 4.3	BOOL	Grenztaster S4, Öffner
Pos-LL	E 4.4	BOOL	Magn. Näherungsschalter B1
Pos-RL	E 4.5	BOOL	Magn. Näherungsschalter B2
Halt	E 4.6	BOOL	Taster S5, Öffner
R-L-VER	M 1.1	BOOL	Rechts-/Linkslaufverriegelung

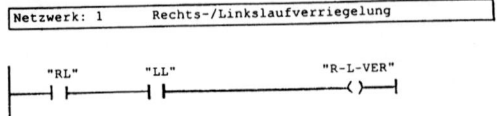

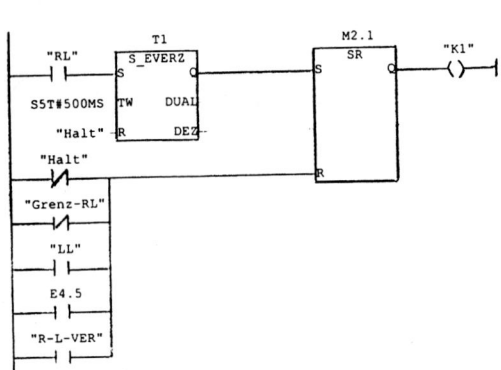

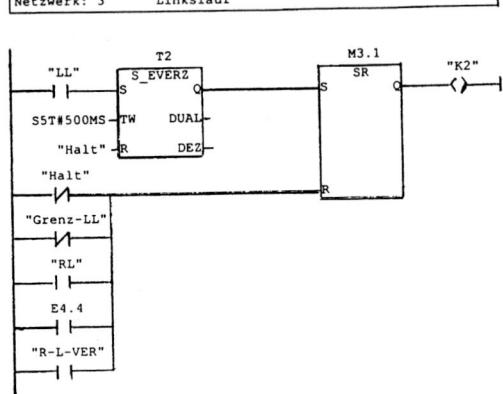

Programmerläuterung:

Im 1. Netzwerk werden beide Taster durch UND (Reihenschaltung) abgefragt. Das Verriegelungssignal führt zum Rücksetzen beider SR-Speicher und verhindert die gleichzeitige Aktivierung beider Schütze. Durch das Signal des Tasters S1 auf den Eingang E4.0 wird der Rechtslauf mit einer Verzögerung von 0,5 Sekunden eingeschaltet. Im Falle einer direkten Umschaltung vom Links- in den Rechtslauf wird der SR-Speicher M3.1 im 3. Netzwerk unmittelbar rückgesetzt. Dies berücksichtigt die Rückfallzeit der Schützkontakte.

Bei einem Signalwechsel von „0" nach „1" am Eingang 4.0 des Zeitgliedes „**Zeit als Einschaltverzögerung**" wird die programmierte Laufzeit gestartet. Während der Laufzeit muss am Setzeingang S des Zeitgliedes 1-Signal anliegen, sonst wird der interne Zähler normiert. Nach Ablauf der Verzögerungszeit wird dem Ausgang Q 1-Signal zugewiesen, der Speicher gesetzt und der Motor läuft an. Mit dem Rücksetzeingang R angeschlossenen Öffner kann das Zeitglied jederzeit dominierend auf „0" gesetzt werden. An den Ausgängen Dual und Dez steht der aktuelle Zeitwert jederzeit codiert zur Verfügung.

■ Lehrbeispiel 3: Magazinüberwachung

Die eingehenden Teile werden durch eine Lichtschranke (B1) erfasst und über den Eingang E4.0 auf den Zählereingang ZV (Vorwärtszählen) gegeben. Werden Teile entnommen, so wird dies durch die Lichtschranke (B2) erfasst und über den Eingang E4.1 der SPS auf den Zählereingang ZR (Rückwärtszählen) gegeben.

Voreingestellt wird der Zähler durch ein Signal des Tasters S1 (E4.2) auf den Setzeingang (S) des Zählers; dabei wird der vorgegebene Zahlenwert (Sollwert), hier 20, übernommen. Durch ein Signal des Tasters S2 (E4.3) auf den Rücksetzeingang (R) kann der Zähler auf Null gesetzt werden. Solange eine „1" auf den Rücksetzeingang wirkt, kann weder gezählt noch kann der Zähler gesetzt werden.

Wenn weniger als 20 Teile im Magazin sind, wird dies durch eine grüne Signalleuchte (A5.0) angezeigt; wird der Sollwert erreicht, soll eine rote Signalleuchte (A5.1) dieses anzeigen. Ist das Magazin leer, leuchtet eine gelbe Signalleuchte (A5.2).

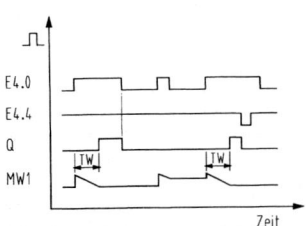

Bild 6. Signaldiagramm „Zeit als Einschaltverzögerung"

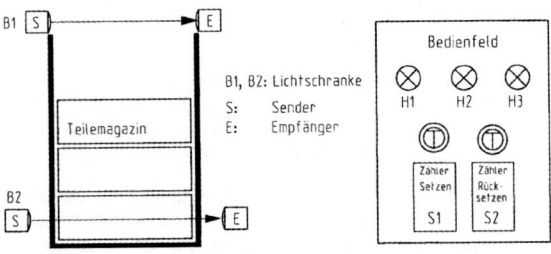

Bild 7. Technologieschema der Magazinüberwachung

Lösung:

Adresse	Deklaration	Name	Typ	Anfangswert	Kommentar
0.0	in	Vorwaerts	BOOL		eingehende Werkstücke
0.1	in	Rueckwaerts	BOOL		entnommene Werkstücke
2.0	in	Maxwert	INT		20 Werkstücke (Magazin voll)
4.0	in	Minwert	INT		kein Werkstück (Magazin leer)
	out				
6.0	in_out	Wert	INT		Zählerwert
	temp				

Baustein: FC1   Magazinüberwachung

Netzwerk: 1   Zähler einstellen

```
                Z1
              ZAEHLER
    E4.0 ──┤ ZV
    E4.1 ──┤ ZR
    E4.2 ──┤ S    DUAL ├── MW5
    C#20 ──┤ ZW   DEZ  ├── MW6      M1.1
    E4.3 ──┤ R    Q    ├──────────┤ = ├
```

Netzwerk: 2   Vergleicher: Magazin beschicken

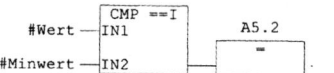

```
              CMP <I
    #Wert  ──┤ IN1         A5.0
    #Maxwert─┤ IN2       ──┤ = ├
```

Netzwerk: 3   Vergleicher: Magazin ist voll

```
              CMP ==I
    #Wert  ──┤ IN1         A5.1
    #Maxwert─┤ IN2       ──┤ = ├
```

Netzwerk: 4   Vergleicher: Magazin ist leer

```
              CMP ==I
    #Wert  ──┤ IN1         A5.2
    #Minwert─┤ IN2       ──┤ = ├
```

Programmerläuterung:
In der **Variablendeklarationstabelle** sind die Lokaldaten und Formalparameter der Funktion FC1 enthalten. Die Variablendeklaration umfasst die Angabe eines symbolischen Namens, eines Datentyps und evtl. Adresse und Kommentar. Die deklarierten Eingangsparameter (in) und Durchgangsparameter (in_out) sind die kennzeichnenden Größen des Zählers zur Magazinüberwachung. Ein Formalparameter ist ein Platzhalter für den tatsächlichen Parameter. Er übergibt seinen Wert bei Aufruf an einen Aktualparameter; solche Aktualparameter sind z.B. E4.0, MW5. Bausteine, die mit Formalparametern programmiert werden, können für gleiche Aufgabenstellungen in anderen Programmen wieder eingesetzt werden. Alle Parameter und Variable, ob symbolisch oder absolut, müssen jedoch zuerst deklariert werden. Merker als globale Speicheradressen der CPU erfordern keine Deklaration. Weitere globale Speicheradressen sind Eingänge E, Ausgänge A, Zähler Z und Timer T.

Variable, die in Anwenderprogrammen verarbeitet werden, können verschiedene **Datentypen** haben. Mit Hilfe eines Datentyps wird festgelegt, wie der Wert einer Variablen oder Konstanten im Anwenderprogramm verwendet werden soll. Elementare Datentypen sind in der Tabelle Bool und Integer. Boolesche Werte sind True oder False bzw. 1/0, sie belegen 1 Bit. Der Datentyp Integer (Int) ist eine 16-Bit Ganzzahl oder Dezimalzahl mit Vorzeichen. Sie kann Werte zwischen −32768 bis 32767 annehmen.

Im vorliegenden Beispiel haben die Eingangsparameter (in) die Formalparameter Vorwärts bzw. Rückwärts und den Datentyp Bool. Ihre Aktualparameter sind die Eingangsadressen der Lichtschranken. Bei dem maximalen Zählerwert (Maxwert) handelt es sich um die Zahl 20, eine Ganzzahl des Datentyps

Integer. Er wird durch die Konstante C#20 bereitgestellt. Der aktuelle Zählerwert des Zählers Z1 wird als Durchgangsparameter (in_out) mit der Bezeichnung „Wert" für die drei Vergleichsoperationen in den Netzwerken 2 bis 4 zur Verfügung gestellt. Über die Ausgänge A5.0 bis A5.2 wird das Vergleichsergebnis angezeigt.

Strukturierter Text ist eine der Hochsprache Pascal vergleichbare Programmiersprache mit SPS-spezifischen Erweiterungen, die besonders geeignet ist für die Programmierung komplexer Rechenfunktionen. Weitere Vorteile sind ein übersichtlicher Programmaufbau, relativ kurze Programme und die Nutzung vorgefertigter Bausteine (SFC, SFB).

Tabelle 4.3: Ausgewählte Sprachelemente Strukturierter Text

Operatoren		Kontrollanweisungen	Aufgabe
AND	Logisches UND	FOR-Schleife	Wiederholung von Programmteilen bis zur festgelegten Zahl der Schleifendurchläufe.
OR	Logisches ODER	WHILE-Schleife	Durchlaufen einer Schleife bis zur Erfüllung der Durchführungsbedingungen
NOT	Negation eines logischen Operanden	REPEAT-Schleife	Ausführen der Schleife bis zur Erfüllung der abbruckbedingung
XOR	Logisches Exklusiv-ODER	If-Anweisung	Ausführen einer Anweisung in Abhängigkeit von einer Bedingung
< >	Kleiner Größer	CASE-Anweisung	Dient zur 1 aus n Auswahl von Programmteilen
<= >=	Kleiner oder Gleich Größer oder Gleich	CONTINUE-Anweisung	Möglichkeit zum Abbruch des momentanen Schleifendurchlaufs
= <>	Gleich Ungleich	EXIT-Anweisung	Dient zum Verlassen von Schleifen
:=	Zuweisung	GOTO-Anweisung	Veranlasst einen Sprung zu der angegebenen Sprungmarke
( )	Klammerung	RETURN-Anweisung	Veranlasst einen Rücksprung in den aufrufenden Baustein oder ins Betriebssystem

■ **Lehrbeispiel: Temperatursteuerung**
In einer Halle befinden sich 3 binäre Temperatursensoren (B1 ... B3). Wenn 2 der Sensoren ansprechen, soll ein Ventil (Y1) zur Belüftung der Halle geöffnet werden.

Lösung:

```
1   // SCL-Quelle: Temperatursteue-      // Kommentarzeilen
    rung
2   // Programmiersprache: SCL
3   // Verarbeitung binärer Signale
5                                        Funktion ohne Rückgabe-
6   FUNCTION FC1: VOID                   wert VOID
                                         Eingangsparameter
7   VAR_INPUT
8   TempSen_1, TempSen_2, Temp-
    Sen_3: BOOL;
9   END_VAR                              Ausgangsparameter
10  VAR_OUTPUT
11  Spule_Y1: BOOL;
12  END_VAR
13                                       Beginn des Anweisungs-
14  Begin                                teils
15  Spule_Y1: = TempSen_1 AND            Das Ergebnis einer Ver-
    TempSen_2 OR                         knüpfung wird wird einer
    TempSen_1 AND TempSen_3 OR           Variablen zugewiesen (:=)
    TempSen_2 AND TempSen_3;
16  END_FUNCTION                         Ende der Funktion
```

Hinweis:
In SCL programmierte Bausteine besitzen eine SCL-Quelldatei, die sich im Ordner „Quellen" innerhalb des Programms befindet. Der SCL-Compiler erzeugt beim Übersetzungsvorgang aus der fehlerfreien SCL-Quelle die Funktion FC1 und legt sie im Ordner Bausteine ab. Nach Aufruf der Funktion FC1 werden die Ein- und Ausgangsparameter mit ihren Aktualparametern (E4.0, ..., A5.0) versorgt.

Das Optionspaket **S7-GRAPH** innerhalb von STEP 7 ermöglicht die Programmierung in der **Ablaufsprache**. S7-GRAPH zeichnet sich u.a. aus durch:

- Einfache und überschaubare Darstellung auch bei Verzweigungen und Sprüngen in der Ablaufkette
- Einen integrierten Baustein für Betriebsarten
- Diagnosefunktionen zur Ermittlung von Störungsursachen

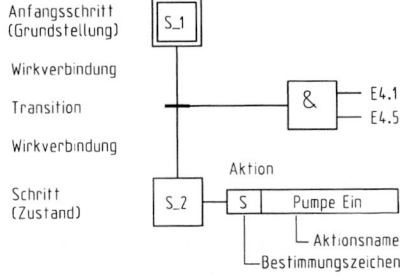

Bild 8. Lineare Ablaufkette

Die Beschreibung der Ablaufkette erfolgt in Form von Schritten und Transitionen (Übergangsbedingungen)[7]. Die Übergangsbedingungen können in FBS, KOP oder ST angegeben werden.

---
[7] Siehe Abschnitt 1, Funktionspläne nach DIN 40719, T6

Jeder Schritt ist ein Beharrungszustand der Steuerung: Aktiv oder Inaktiv. Jedem Schritt ist eine Aktion zugeordnet. Die Aktion wird ausgeführt, wenn der zugehörige Schritt gesetzt ist, hier: Pumpe wird verzögert eingeschaltet. Den einzelnen Schritten können Verriegelungs- und Überwachungsbedingungen zugeordnet werden.

4.3 Ablaufsteuerungen

Struktur einer Ablaufsteuerung

Ablaufsteuerungen sind Steuerungen mit zwangsläufig schrittweisem Ablauf. Bei prozessabhängigen Ablaufsteuerungen ergeben sich die Bedingungen für das Weiterschalten von einem Ablaufschritt zum nächsten Ablaufschritt durch prozessabhängige Signale aus der gesteuerten Anlage. Bei zeitabhängigen Ablaufsteuerungen sind die Übergangsbedingungen zwischen den Ablaufschritten von der Zeit abhängig. In der Steuerungspraxis ist der Ablauf sowohl von der Zeit als auch von den Signalen aus dem Prozess abhängig.

Kernstück der Ablaufsteuerung ist die **Ablaufkette**. Hier ist die Schrittfolge für den schrittweisen Funktionsablauf der Steuerung festgelegt. Die Ablaufkette lässt sich weitgehend standardisieren, da die einzelnen Schritte einen vergleichbaren Aufbau haben. Die innere Struktur eines Schrittes lässt sich wie folgt beschreiben:

- Ein Schritt hat speicherndes Verhalten.
- Die Schritte werden nacheinander durchlaufen.
- Der nachfolgende Schritt erfordert das Setzen des vorhergehenden Schrittes und die Erfüllung der Übergangsbedingung (Transition) für den nachfolgenden Schritt.
- Die Schritte einer Ablaufkette können durch übergeordnete Freigabe- und Rücksetzbedingungen beeinflusst werden.

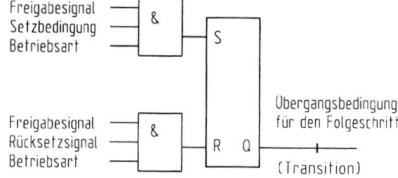

Bild 9. Schritt in einer Ablaufkette

Art und Umfang des Eingriffs in die Steuerung durch den Bediener wird durch die **Betriebsart** bestimmt (DIN 19226, T5). Neben den Betriebsarten Automatik, Teilautomatik, Hand und Einrichten nennt die Norm für Ablaufsteuerungen die Betriebsarten Schrittsetzen und Tippen. In der Betriebsart **Automatik** arbeitet die Leiteinrichtung programmgemäß ohne Bedienungseingriff in den Wirkungsablauf. In der Betriebsart **Schrittsetzen** kann die Ablaufkette durch Bedienungseingriff auf einen beliebigen Schritt gesetzt werden; die Betriebsart **Tippen** ermöglicht das Weiterschalten der Ablaufkette auf den jeweils nächsten Schritt durch einen Bedieneingriff.

Durch **Meldungen** können Zustände oder Zustandsänderungen angezeigt werden. Meldesignale dienen vorwiegend zur Information des Menschen. Leuchtmelder oder akustische Signale signalisieren u.a. die eingestellte Betriebsart, die Grundstellung einer Anlage, Störungen oder auch die Auslösung eines NOT-AUS-Tasters.

Die **Befehlsausgabe** verknüpft die Befehle der einzelnen Schritte der Ablaufkette mit den Freigabesignalen und ggf. mit den erforderlichen Verriegelungssignalen aus dem Prozess oder die Signale von Bedieneingriffen wirken z.B. im Handbetrieb auf bestimmte Stellelemente ein.

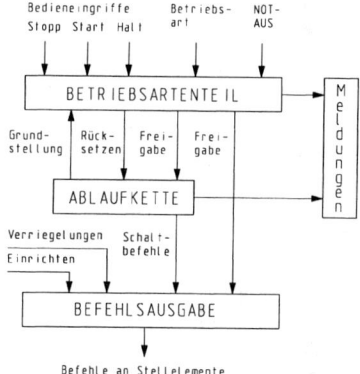

Bild 10. Struktur einer Ablaufsteuerung

Entwicklung einer einfachen Ablaufkette

Eine wichtige Aufgabe in der Automatisierungstechnik ist die Vereinzelung und das Umsetzen von Bauteilen.

■ **Lehrbeispiel: Vereinzeln von Bauteilen**

Die Bauteile werden mit einem doppeltwirkenden Zylinder aus einem Stapelmagazin ausgeschoben und von einem pneumatischen Schwenkantrieb mit einem Vakuumsauger positioniert. Die Endlagen des Zylinders werden durch zwei magnetische Näherungsschalter kontrolliert, die Endpositionen des Schwenkarms durch zwei induktive Sensoren. Im Magazin vorhandene Werkstücke werden durch einen kapazitiven Sensor erkannt. Dieser Sensor ist in dem Ausschiebeschuh integriert; er löst einen Arbeitszyklus aus, wenn Teile im Magazin vorhanden sind.

Lösung:

Die Bewegungsfolge der Arbeitselemente, das Ein- und Ausschalten der Vakuumdüse und die Schaltstellungen der Stellelemente sind dem Funktionsdiagramm zu entnehmen. Liegt das Einschaltsignal (S1) vor und erkennt der kapazitive Sensor (1B3) im Ausschiebeschuh ein Werkstück, dann wird das Stellglied (1V1) umgeschaltet und der Kolben des Zylinders 1A1 fährt aus. In der vorderen Endlage gibt der Näherungsschalter 1B2 Signal und der 2. Schritt der Ablaufkette wird ausgelöst. Der Schwenkarm mit dem Vakuumsauger dreht sich zum Werkstück. Wenn der Vakuumsauger sich oberhalb des Werkstücks befindet, wird das Stellglied 2V2 umgeschaltet und das Werkstück wird aufgrund des entstehenden Vakuums angesaugt. Gleichzeitig fährt der Kolben des Zylinders in die hintere Endlage zurück (Schritt 3) und betätigt den Näherungsschalter 1B1, der den 4. Schritt der Ablaufkette auslöst: Der Arm schwenkt mit dem Werkstück zurück und betätigt den Sensor 2B2. Die Vakuumdüse wird abgeschaltet. Die Ablaufkette befindet sich wieder in der Grundstellung. Die Ablaufkette kann erneut durchlaufen werden. Durch Betätigung des Tasters S2 wird sie in der Grundstellung angehalten.

Technologieschema

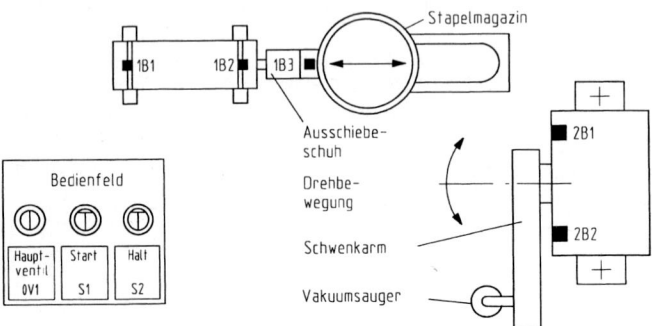

Funktionsdiagramm

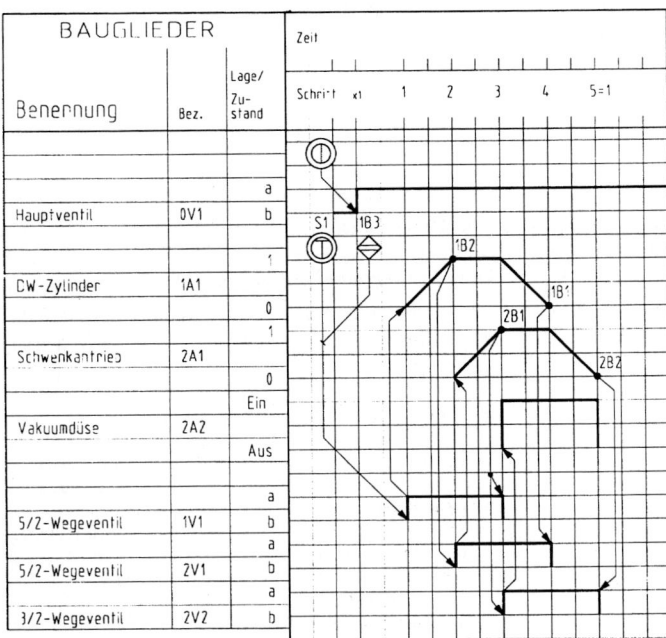

Bild 11. Technologieschema, Bedienfeld und Funktionsdiagramm

4 Speicherprogrammierbare Steuerungen

Pneumatikplan

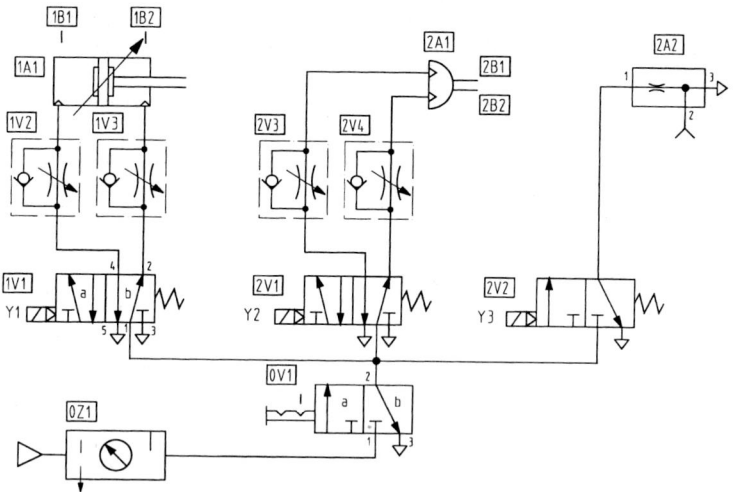

SPS-Beschaltung

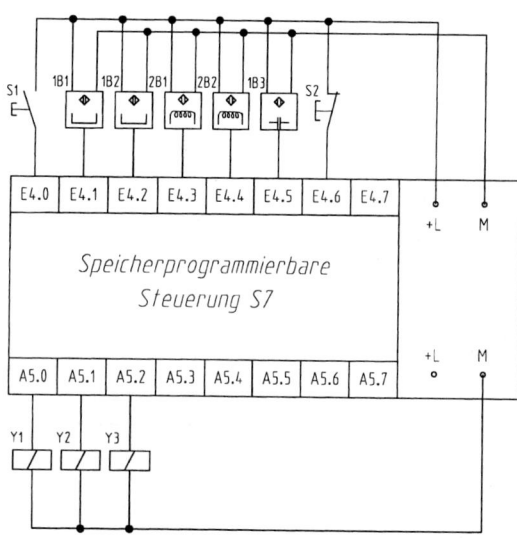

Bild 12. Schaltplan

Adresse	Deklaration	Name	Typ	Anfangswert	Kommentar
	in				
	out				
	in_out				
	temp				

Baustein: FC1 Ablaufkette: Vereinzeln von Bauteilen

Netzwerk: 1   Grundstellung der Station

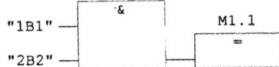

Netzwerk: 2   Startspeicher

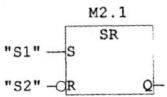

Netzwerk: 3   Zylinder 1A1

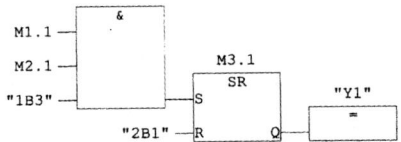

Netzwerk: 4   Schwenkantrieb 2A1

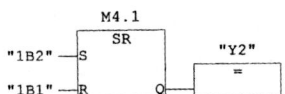

Netzwerk: 5   Vakuumsauger 2A2

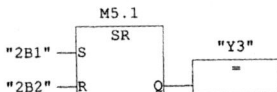

4.4 Analoge Signale in digitalen Steuerungen

Analoge Sensoren und Messgeber wandeln verschiedene pysikalische Größen (z.B. Druck, Weg) in analoge elektrische Signale und stellen sie in Form von Spannung oder Strom als Eingangssignale der digitalen Steuerung zur Verfügung.

Durch entsprechende Analog-Digital-Umsetzer werden diese Signale in einen Zahlenwert umgesetzt (digitalisiert). Die Weiterverarbeitung durch die Steuerung erfolgt digital. Das Ergebnis kann einem Verbraucher sowohl digital als auch in analoger Form zur Verfügung gestellt werden. Das analoge Ausgangssignal wird durch einen Digital-Analog-Umsetzer wieder als Spannungs- oder Stromwert zur Verfügung gestellt.

4 Speicherprogrammierbare Steuerungen

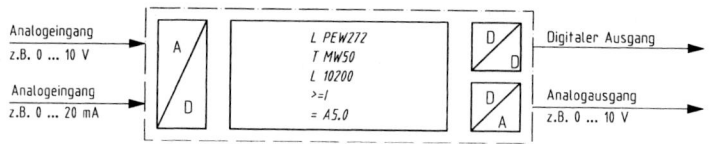

Bild 13.
Analogwertverarbeitung mit SPS

Allgemeines zur Darstellung analoger Signale

Die Auflösung und Zerlegung des kontinuierlichen Signals in abzählbare codierte Einheiten erfolgt durch den Analog-Digital- Umsetzer.
Für 8 Binärzeichen steht der Begriff **Merkerbyte** (MB), allgemein auch **Byte** genannt. Haben alle 8 Bit eines Bytes den Wert 1, so ist die zugehörige Dezimalzahl 255. Die dem Merkerbyte in der 2. Zeile entsprechende Dezimalzahl ist 45.

Merkerbyte	1	1	1	1	1	1	1	1
Merkerbyte	0	0	1	0	1	1	0	1
Wertigkeit	2^7	2^6	2^5	2^4	2^3	2^2	2^1	2^0
Dezimalwert des Bits	128	64	32	16	8	4	2	1

Unabhängig von der Wortlänge ist immer das rechts stehende Binärzeichen das niedrigstwertige, links steht das höchstwertige Binärzeichen. Eine Folge von 16 Binärzeichen wird als ein **Merkerwort** (MW) bezeichnet. Haben alle 16 Binärzeichen den Wert 1, so ist die zugehörige Dezimalzahl 65535. Eine **Merkerdoppelwort** (MD) ist 32 Bit breit. Merker, Merkerbyte, -wort und -doppelwort gehören zum Speicherbereich der CPU, sie können Informationen entsprechend ihrer Bitbreite aufnehmen.

Greift das Anwenderprogramm direkt auf die Eingabebaugruppen zu, so erfolgt dies in der Regel über das **Peripherieeingangswort** (PEW). Das PEW ist ein Leseregister des Signalspeichers, in dem der Betrag der am Analogeingang angelegten Spannung oder Stromstärke abgelegt wird, andere Bereiche sind das Peripherieeingangsbyte (PEB) und das Peripherieeingangsdoppelwort (PED). Eingabebaugruppen werden in der Regel durch das PEW angesprochen. Mit der Operation Lade (L) wird der Operand, z.B. PEW 272 in das Verknüpfungsregister geladen.

Das **Peripherieausgangswort** (PAW) ist ein Bereich, in dem der am Analogausgang auszugebende Betrag der Spannung oder Stromstärke abgelegt ist. Durch das PAW werden in der Regel die Analogausgabebaugruppen angesprochen. Daneben gibt es noch das Peripherieausgangsbyte (PEB) und das Periperieausgangsdoppelwort (PAD).
Für die Steuerungen S7-300 stehen Analogbaugruppen mit 8 bis 15 Bit Auflösung zur Verfügung. Das Bit 15 ist für das Vorzeichen (VZ) reserviert: „0" steht für ein positives, „1" für ein negatives Vorzeichen.

Tabelle 4.4: Bitmuster zur Darstellung der Auflösung (Auszug) [8]

Auflösung	Zahlendarstellung von Analogwerten															
Bitnummer	15	14	13	12	11	10	9	8	7	6	5	4	3	2	1	0
Wertigkeit	VZ	2^{14}	2^{13}	2^{12}	2^{11}	2^{10}	2^9	2^8	2^7	2^6	2^5	2^4	2^3	2^2	2^1	2^0
15-Bit-Darstellung	0/1	0/1	0/1	0/1	0/1	0/1	0/1	0/1	0/1	0/1	0/1	0/1	0/1	0/1	0/1	1
12-Bit-Darstellung	0/1	0/1	0/1	0/1	0/1	0/1	0/1	0/1	0/1	0/1	0/1	0/1	0	0	0	8
8-Bit-Darstellung	0/1	0/1	0/1	0/1	0/1	0/1	0/1	0/1	0	0	0	0	0	0	0	128

Die rechte Spalte gibt den Abstand der Digitalwerte an, mit dem die Analogwerte dargestellt werden können. Beträgt die Auflösung einer Baugruppe weniger als 15 Bit, wird der Analogwert durch den Ladebefehl linksbündig in die Bits 0 bis 15 des Akkumulators eingetragen. Die nicht besetzten niederwertigen Stellen werden mit „0" beschrieben. Hieraus ergibt sich, dass der sich ändernde Analogwert bei einer 12-Bit-Auflösung mit Sprüngen von 8 im Digitalwert dargestellt wird.

■ **Lehrbeispiel: Lageprüfung eines Bauteils**
Zwei analog arbeitende induktive Wegsensoren werden zur Lageprüfung eines Bauteils vor der Montage verwendet. Die Lage des Bauteils ist hinreichend genau, wenn es sich innerhalb einer Toleranzzone von ±0,05 mm befindet. Ist die Lage des Bauteils fehlerhaft, führt dies zu einem Auswurf des Teils.

Sensordaten [9]   Betriebsspannung: 15 – 30 VDC
Signalausgang: U = 0 – 10 V; I = 0 – 20 mA
Messbereich: 3 – 8 mm

---
[8] Siemens: Automatisierungssystem S7-300, M7 – Baugruppendaten, Nürnberg 1998
[9] Festo Didactic, Datenblatt Sensoreinheit D.ER-SIEA-M30

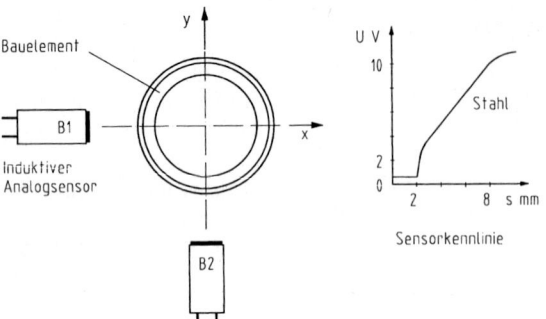

Bild 14. Lageskizze

Lösung:
Der Zusammenhang zwischen dem Analogwert und dem digitalisierten Analogwert (=Digitalwert) ist den einschlägigen Tabellen in den Siemens-Handbüchern zu entnehmen. Bei Umrechnungen ist stets der Maximalwert bzw. der Minimalwert des jeweiligen Nennbereichs zu berücksichtigen.

Tabelle 4.5 Spannungs- und Strommessbereiche (Auszug)

$\pm 10V$	$\pm 20mA$	Digitalwert	Bemerkung
10,000	20,000	27648	Nenn-Bereich
0	0	0	
$-10,000$	$-20,000$	-27648	

Da es sich um eine Abstandmessung mit positiven Zahlenwerten handelt, entspricht dem größten Wert (8 mm) der Spannungswert 10 V, dem kleinsten Wert des Messbereiches (3 mm) entspricht eine Spannung von 3,75 V. Die zugehörigen Digitalwerte sind der obigen Tabelle zu entnehmen. Liefert der Analogsensor eine Spannung von 6,25 V $\triangleq$ 5 mm, so lässt sich der zugehörige Digitalwert bestimmen:

$$Digitalwert = \frac{6,25V}{10V} \cdot 27648 = 17280$$

Steht eine Analogeingabebaugruppe mit 12 Bit + VZ zur Verfügung, so wird der Analogwert mit Sprüngen von 8 im digitalen Raster dargestellt: 17272, 17280, 17288 usw.
Erhält man bei Nutzung des Stromausganges dieses Sensors einen Digitalwert von 17280, so errechnet sich der zugehörige Analogwert mit:

$$Ana\log wert = \frac{17280}{27648} \cdot 20mA = 12,5mA$$

Da im vorliegenden Beispiel eine Toleranzzone von ±0,05 mm eingeräumt wurde, ergeben sich die in der Tabelle angegebenen Werte zur Lagebestimmung der Teile. Die Digitalwerte entsprechen dem Raster bei einer 12-Bit-Auflösung der analogen Baugruppe.

Grenzwerte zur Lagebestimmung

Grenzwert	Abstand	Analogsignal	Digitalwert
Oberer Wert	5,02 mm	6,313 V	17456
Unterer Wert	4,98 mm	6,186 V	17104

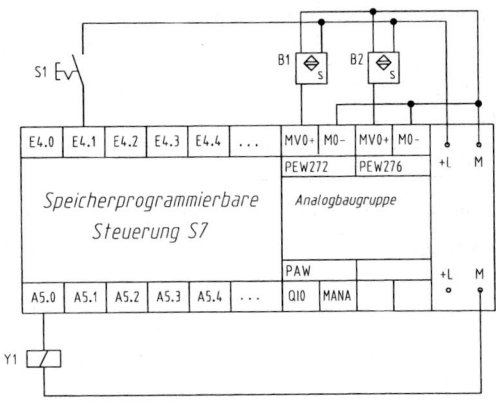

Bild 15. Schaltplan

```
Baustein: FC1   Ermittlung der Messwerte


Netzwerk: 1     Vergleich der Messwerte in der X-Achse
Es wird die Lage des Bauteils innerhalb der Toleranzgrenzen untersucht.


       O(
       L     PEW   272     // Analoger Messwert
       L     17456          // Oberer Grenzwert
       <=I                  // Vergleich
       )
       O(
       L     PEW   272     // Analoger Messwert
       L     17104          // Unterer Grenzwert
       >=I                  // Vergleich
       )
       =     M     3.1    // Lage innerhalb der Toleranzgrenze
```

4 Speicherprogrammierbare Steuerungen

```
Netzwerk: 2      Vergleich der Messwerte in der X-Achse
Feststellung des Lagefehlers

        O(
        L    PEW   272
        L    17456
        >I
        )
        O(
        L    PEW   272
        L    17104
        <I
        )
        =    M     3.2   // Toleranzgrenze verletzt
```

```
Netzwerk: 3      Vergleich der Messwerte in der Y-Achse
Es wird die Lage des Bauteils innerhalb der Toleranzgrenzen untersucht.

        O(
        L    PEW   276   // Analoger Messwert
        L    17456       // Oberer Grenzwert
        <=I              // Vergleich
        )
        O(
        L    PEW   276   // Analoger Messwert
        L    17104       // Unterer Grenzwert
        >=I              // Vergleich
        )
        =    M     4.1   // Lage innerhalb der Toleranzgrenze
```

```
Netzwerk: 4      Vergleich der Messwerte in der Y-Achse
Feststellung des Lagefehlers

        O(
        L    PEW   276
        L    17456
        >I
        )
        O(
        L    PEW   276
        L    17104
        <I
        )
        =    M     4.2   // Toleranzgrenze verletzt
```

```
Netzwerk: 5      Verarbeitung der Messwerte
Auswerfen von Bauteilen, die einen Lagefehler aufweisen.

        U    E     4.1   // Hauptschalter
        U(
        O    M     3.2   // Toleranzgrenze X-Achse verletzt
        O    M     4.2   // Toleranzgrenze Y-Achse verletzt
        )
        L    S5T#1S
        SE   T     1     // Auswurfverzögerung
        NOP  0
        NOP  0
        NOP  0
        U    T     1
        =    A     5.0   // Düse ansteuern
```

Programmerläuterung:
In dieser Funktion werden die von den analogen Induktivgebern gelieferten und aufbereiteten Digitalwerte mit den rechnerisch ermittelten Digitalwerten für die Lage des Bauteils verglichen. Für beide Analoggeber, also für die X- und Y-Achse, wird überprüft, ob die Bauteile sich innerhalb der vorgegebenen Toleranzzone befinden. Ist dies der Fall, werden die Merker M3.1 und M4.1 mit „log 1" belegt. Ergibt der Vergleich eine Abweichung vom oberen oder unteren Grenzwert, dann wird das Bauteil ausgeworfen.

4.5 Busankopplung der speicherprogrammierbaren Steuerung

Zwischen den einzelnen Komponenten eines Automatisierungssystems werden in der Regel Informationen ausgetauscht. Diese Informationen sind Signale von Sensoren, die in das Automatisierungssystem gelangen oder von dort zu den Aktoren; andere Informationen sind Messwerte und Diagnosemeldungen. Weitere Daten werden zwischen der Fertigungs- und der Büroebene ausgetauscht. Wären für alle diese Kommunikationsbeziehungen Punkt zu Punkt- Verbindungen erforderlich, würde dies einen enormen Verdrahtungsaufwand bedeuten. Moderne Automatisierungsgeräte übertragen Informationen digital über geeignete Bussysteme in Form serieller Zweidrahtverbindungen. Der Informtionsaustausch erfolgt mit Telegrammen, die aus Nutzdaten, Sende- und Empfangsadressen gebildet werden. Bussysteme verringern die Kosten für die Verdrahtung und die sonst erforderlichen Schaltschränke. Mehrere dezentrale intelligente Steuerungseinheiten bewältigen komplexe Steuerungsaufgaben, was in der Folge zu Kosteneinsparungen bei der Softwareentwicklung und der Wartung führt. Schließlich ermöglicht die Vernetzung die Durchlässigkeit von Daten zwischen dem Fertigungsnetz und dem Büronetz. Dies macht betriebliche Abläufe transparenter, verbessert die Auftragsabwicklung und ermöglicht die Fernwartung von Maschinen und Anlagen.

Zwei für die Prozess- oder Feldebene wichtige Bussysteme sind der AS-i-Bus und der PROFIBUS. Sie dienen zur Anbindung von Sensoren/Aktoren und fertigungsnahen Ein- und Ausgabebaugruppen. Der Datenaustausch zwischen der Peripherie und dem Prozessabbild des Automatisierungsgerätes erfolgt meistens zyklisch nach dem Master-Slave-Verfahren. Slaves sind Buskomponenten, die Eingangs- und Ausgangssignale der Anlage erfassen bzw. ausgeben. Die Master-Station holt die Daten von den Eingängen des Slaves und versorgt die Ausgänge der Slaves zyklisch mit Steuerdaten. Die Steuerdaten werden vom Steuerungsprogramm zur Verfügung gestellt.

Die Kommunikation zwischen speicherprogrammierbaren Steuerungen oder mit dem Programmiersystem erfolgt meistens azyklisch durch Steuerbefehle aus dem Anwenderprogramm über Ethernet. Ethernet ist ein robustes Netz in der mittleren Kommunikationsebene zur Verbindung von Personalcomputern zu lokalen Netzen.

Der Informationsaustausch im Bürobereich erfolgt auf der Grundlage des TCP/IP-Konzepts. Die Nutzung dieses Netzes für den Automatisierungsbereich befindet sich im Anfangsstadium.

Der **AS-i-Bus** dient zur Ankopplung von Aktoren und Sensoren an die Steuerung. Aktoren und Sensoren sind Buskomponenten, die überwiegend Bit-Signale aus dem Prozess liefern oder fordern. Die Abkürzung steht für **A**ktor-**S**ensor-**I**nterface. Neben der Ankopplung von Buskomponenten mit integrierten Aktoren und Sensoren besteht die Möglichkeit, externe Aktoren und Sensoren anzuschließen. Die Verbindung zwischen den Buskomponenten erfolgt über eine Zweidrahtleitung, die von einem Netzteil mit einer spezifizierten Gleichspannung versorgt wird. Bei der Konfiguration der Hardware mit DP/AS-i-Links wird automatisch eine Konfigurationstabelle von STEP 7 eingeblendet, in die AS-i-Slaves aus dem Hardware Katalog plaziert werden können. Jeder AS-i-Bus-Slave hat 2 Adressen: die AS-i-Teilnehmeradresse und eine E/A-Adresse in der SPS. Möchte man auch in höheren Ebenen der Automatisierungshierarchie über die Daten der Sensoren und Aktoren verfügen, dann sind Netzübergänge erforderlich. Den hierfür erforderlichen Buskoppler nennt man Gateway.

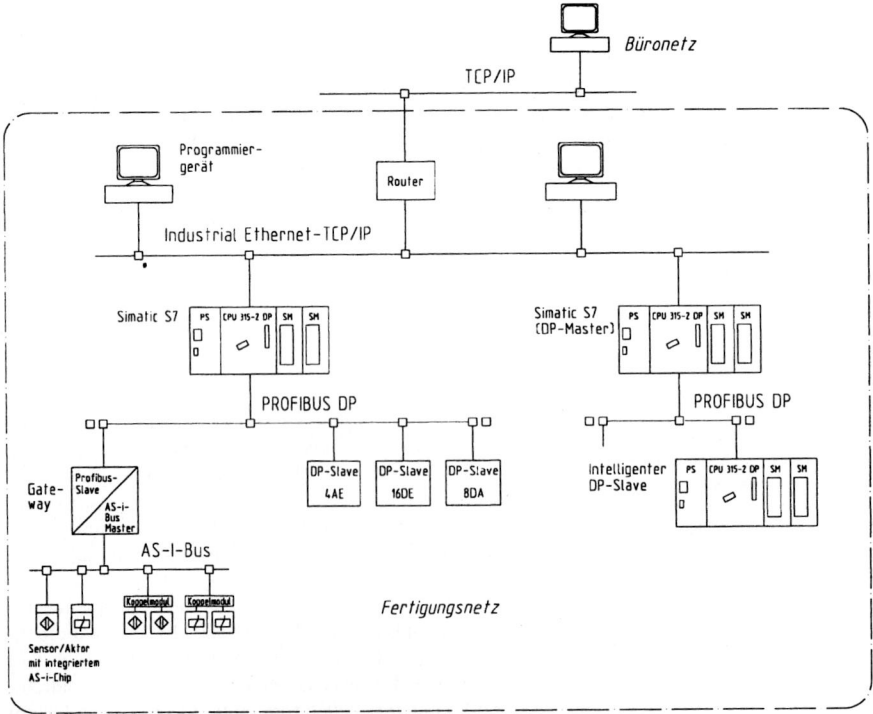

Bild 16. Bussysteme in der Feldebene

Der **Profibus-DP** ist die am häufigsten eingesetzte Variante der Feldbussysteme. Die Abkürzung steht für Process Field Bus. Er ist europäisch genormt in der EN 50170. Der Zusatz DP steht für dezentrale Peripherie. Die Anschlussmodule (DP-Slaves) werden möglichst nahe an die Anlage gebracht und untereinander mit der zentralen Steuerung über das serielle Bussystem verbunden. Die erforderliche Anzahl von DP-Slaves mit digitalen Eingängen (DE), digitalen Ausgängen (DA) sowie ggf. analogen Eingängen (AE) und analogen Ausgängen (AA) wird über die Profibus-Leitung mit der zentralen SPS (DP-Master) verbunden. Jeder Profibus-Teilnehmer hat 2 Adressen: die Profibus-Teilnehmeradresse und E/A-Adresse in der SPS. Der DP-Master ist im obigen Beispiel in die CPU integriert. Die Hauptaufgabe des Masters ist die Durchführung des Datenaustausches mit seinen DP-Slaves. Aus der Sicht des Steuerungsprogramms ist kein Unterschied zu erkennen, ob die verwendeten Geräte zentral mit der Steuerung verbunden sind oder dezentral über ein Bussystem. Neben den DP-Slaves können über den Profibus DP auch intelligente Slaves mit der zentralen CPU kommunizieren. Merkmal eines intelligenten DP-Slaves ist, dass die Ein-/Ausgangsdaten dem DP-Master von einer „vorverarbeitenden CPU" zur Verfügung gestellt werden. Die zentrale CPU greift also nicht auf die dezentralen Ein-/Ausgänge der „vorverarbeitenden CPU" zu. Das Anwenderprogramm der „vorverarbeitenden CPU" muss für den Austausch der Daten zwischen Operandenbereich und Ein-/Ausgängen sorgen. Ein intelligenter DP-Slave kann nicht gleichzeitig DP-Master für andere Slaves sein.

Beide Feldbussysteme, AS-i-Bus und Profibus DP sind offene Systeme der industriellen Kommunikation, die mit einem geringen Protokollaufwand arbeiten; sie kommen mit 3 Schichten des ISO/OSI-Referenzmodells[10] aus.

Zu jedem System gehört ein Programmiergerät zur Erstellung des Anwenderprogramms und für Diagnoseaufgaben. Dies ist in der Regel ein PC.

Der Router ist die Verbindungskomponente zu großen Netzen (WAN). Unter Routing versteht man die Wegsteuerung einer Nachricht durch das Netzwerk.

5 Sicherheitsanforderungen an Steuerungen

Technische Systeme sind für eine begrenzte Zeit brauchbar, vorausgesetzt, sie werden innerhalb vorgegebener Grenzen beansprucht. Dazu gehören mechanische Beanspruchungen, Umweltbedingungen und eine einwandfreie Instandhaltung. Im Fehlerfall dürfen von automatisierten Anlagen keine Gefahren für Personen ausgehen. Die technische Anlage muss ebenfalls vor Schäden bewahrt werden. Da Fehler in jeder Anlage auftreten können, sind die Auswirkungen der Fehler entscheidend.

Tritt irrtümlich in der Steuerung an einem Ausgang zum Stellglied ein 1-Signal auf, so kann dadurch ein Antrieb eingeschaltet werden. Dies kann gefährliche Auswirkungen haben. Es kann jedoch auch versehentlich durch dieses Signal eine Gefahrenmeldung ausgelöst werden. Dieses ist ungefährlich. Tritt irrtümlich ein 0-Signal auf, so kann dies ebenfalls sehr unterschiedliche Auswirkungen haben. Gefährlich wäre die Unterdrückung einer Fehleranzeige; ungefährlich das Abschalten eines Antriebs. Allgemeingültige Lösungen für Sicherheitsanforderungen kann es nicht geben, da jede steuerungstechnische Lösung eines technischen Problems bestimmten, technologisch bedingten, funktionellen Abläufen unterliegt. Für jedes Problem muss deshalb entschieden werden, welche sicherheitstechnischen Maßnahmen erforderlich sind, um Schäden für Personen und Anlagen zu vermeiden. Nachfolgend sind einige Sicherheitsmaßnahmen erläutert:

1. Verriegelungen

Stellelemente (K1, K2), die einander entgegengesetzte Bewegungen steuern, dürfen nie gleichzeitig wirksam sein, da dies schwerwiegende Auswirkungen haben kann. Solche Bewegungen sind z.B. der Rechts- und Linkslauf von Motoren.

2. Sicherheitsgrenztaster

Endlagen von Maschinentischen, Hebebühnen, Transportbewegungen und anderen technischen Einrichtungen können von Grenztastern (S3, S4) kontrolliert werden. Bei Überfahren unterbrechen Öffnerkontakte unmittelbar die Energieversorgung der Antriebe.

3. Drahtbruchsicherheit

Bei Verwendung elektrischer Signalgeber ist folgendes zu beachten:

- Das Startsignal wird durch Schließerkontakte (S1, S2) gegeben.
- Das Stoppsignal wird durch Öffnerkontakte (S5) gegeben.
- Stoppbefehle haben Vorrang vor Startbefehlen!

4. NOT-AUS-Einrichtungen

NOT-AUS-Signale (K02) müssen direkt alle Antriebe abschalten, durch die eine Gefährdung ausgeht. Über die beweglichen Anlagenteile hinaus muss ggf. auch die Energieversorgung (Druckluft, Öl, Spannung) betrachtet werden. Einrichtungen, durch deren Abschalten Menschen oder Geräte gefährdet werden (Spannvorrichtungen, Meldeeinrichtungen) dürfen nicht abgeschaltet werden.

---

[10] Unter dem Namen „Open Systems Interconnection (OSI)" wurde ein Referenzmodell zur Beschreibung der Kommunikation zwischen Rechnern herausgegeben. Verbunden hiermit ist die Schaffung von Standardprotokollen für die Informationstechnik.

5 Sicherheitsanforderungen an Steuerungen

Das NOT-AUS-Signal wird der Steuerung über einen Eingang mitgeteilt und ermöglicht alle notwendigen Maßnahmen im Anwenderprogramm. Das Entriegeln der NOT-AUS-Einrichtung darf nicht zu einem Wiederanlaufen einer Anlage oder Teilen einer Anlage führen. Die Anlage wird im energielosen Zustand in die Stellung „gerichtet", aus der sie nach dem Entriegeln der NOT-AUS-Einrichtung wieder gestartet werden soll.

Bei pneumatischen Anlagen sind die Gefahrenmomente wegen der Kompressibilität der Luft und der fehlenden Selbsthemmung der Linearbewegungen für jedes Arbeitselement zu untersuchen und eine NOT-AUS-Bedingung festzulegen.

Elektrische NOT-AUS-Einrichtungen werden häufig redundant aufgebaut. Dies bedeutet, dass zur Realisierung der NOT-AUS-Abschaltung mehr als die erforderlichen technischen Mittel verwendet werden, um ein Höchstmaß an Zuverlässigkeit zu erreichen.

5. Anmerkungen zur SPS

In Verbindung mit übergeordneten Sicherheitsschaltungen sollte beim Einsatz speicherprogrammierbarer Steuerungen immer die Forderungen nach drahtbruchsicherem Programmieren berücksichtigt werden. Dies bedeutet:

- Signalgeber, mit denen Antriebe eingeschaltet werden, müssen bei Betätigung 1-Signal auslösen.
- Signalgeber, die Antriebe abschalten, müssen bei Betätigung ein 0-Signal am Eingang der SPS abgeben.
- Gefahrenmeldungen sollen ebenfalls bei Auslösung ein 0-Signal abgeben.

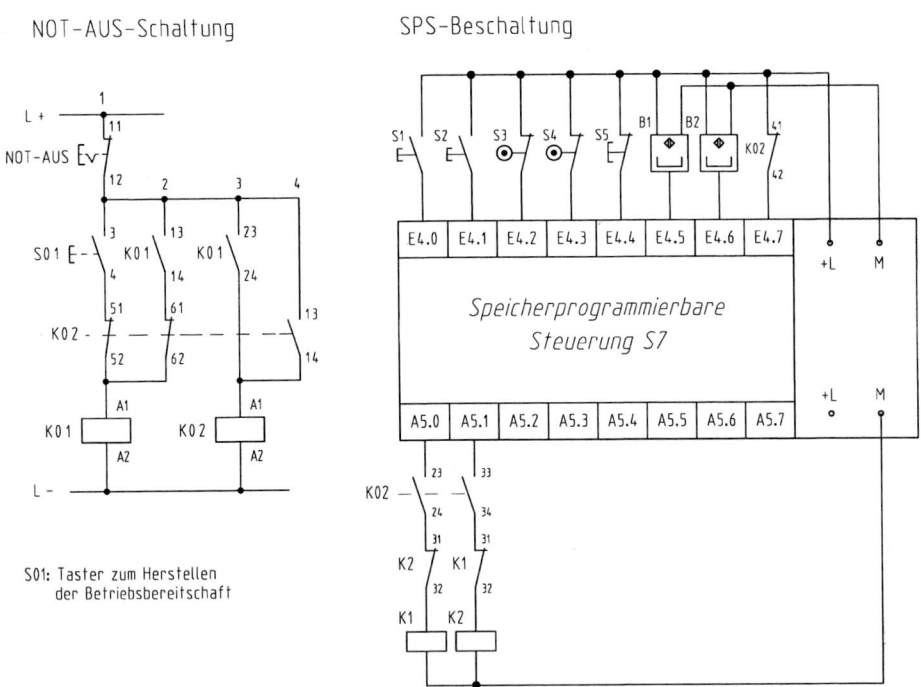

Bild 1. NOT-AUS-Schaltung

5 Sicherheitsanforderungen an Steuerungen

Normen

DIN 19226	Leittechnik; Regelungstechnik und Steuerungstechnik
T1	Allgemeine Grundbegriffe
T3	Begriffe zum Verhalten von Schaltsystemen
T4	Begriffe für Regelungs- und Steuerungssysteme
T5	Funktionelle Begriffe
T6	Begriffe zu Funktions- und Baueinheiten
DIN 40719	Schaltungsunterlagen
T2	Kennzeichnung von elektrischen Betriebsmitteln
T3	Regeln für Stromlaufpläne der Elektrotechnik
T6	Regeln für Funktionspläne
DIN 40900	Graphische Symbole für Schaltungsunterlagen
T7	Schaltzeichen für Schalt- und Schutzeinrichtungen
T12	Binäre Elemente
DIN 19235	Meldung von Betriebszuständen
DIN ISO 1219	Graphische Symbole und Schaltpläne
T1	Graphische Symbole
T2	Schaltpläne
EN 61131-3	Speicherprogrammierbare Steuerungen
T3	Programmiersprachen (IEC 1131-3)
VDI 3260	Funktionsdiagramme von Arbeitsmaschinen und Fertigungsanlagen (zurückgezogen)

Literatur

Braun, Werner, Speicherprogrammierbare Steuerungen in der Praxis, 2. Auflage, Okt. 2000,
Vieweg Verlag

Siemens: Automatisierungssystem S7-300, M7 – Baugruppen, Nürnberg 1998

Siemens: SIMATIC Software, Programmierhandbuch, Nürnberg 1996

R Regelungstechnik

Berthold Heinrich

Die Kernaufgabe in der Regelungstechnik besteht darin, für eine bestimmte Regelungsaufgabe den geeigneten Regler auszuwählen und die Parameter anzupassen.

In diesem Kapitel werden zunächst Begriffe im Zusammenhang mit Regelkreisen erläutert. Danach werden Regler und Strecken getrennt betrachtet, um im dritten Teil in ihrem Zusammenwirken untersucht zu werden.

1 Grundlagen

1.1 Grundbegriffe

Die Regelungstechnik bildet in zweierlei Hinsicht eine Ausweitung der Steuerungstechnik. Zum einen fließen Informationen zurück. Aus der Steuerkette wird ein Regelkreis. Zum anderen spielt das Zeitverhalten der Elemente des Regelkreises eine entscheidende Rolle (Bild 1).

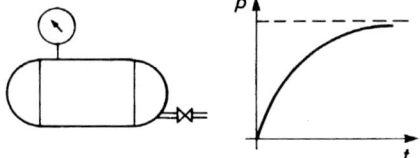

Bild 1. Druckverlauf in einem Druckluftspeicher

Regelung

DIN 19226 definiert: Das **Regeln** (die Regelung) ist ein Vorgang, bei dem eine Größe, die **Regelgröße**, fortlaufend erfasst, mit einer zweiten Größe, der **Führungsgröße**, verglichen und im Sinne der Angleichung an die Führungsgröße beeinflusst wird. Der sich daraus ergebende **Wirkungsablauf** findet im so genannten **Regelkreis** statt (Bild 2).

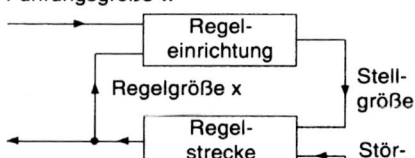

Bild 2. Regelkreis im Wirkungsplan

Unter *Größen* werden hier physikalische Größen wie elektrischer Widerstand, Spannung, Dichte, Druck, Temperatur verstanden. Das *Erfassen* des Istwertes der Regelgröße geschieht durch Fühler (Bild 3) oder Sensoren, *fortlaufend* muss dabei nicht kontinuierlich sein, es reicht auch die hinreichend häufige Abtastung. Die Führungsgröße w ist eine von der Regelung nicht beeinflusste Größe, die von außen zugeführt wird und der die Ausgangsgröße der Regelung in vorgegebener Abhängigkeit folgen soll. Die Führungsgröße ist nicht notwendig konstant. In vielen Fällen ist sie zeitlich veränderlich. Die Angleichung der Regelgröße an die Führungsgröße ist die eigentliche Regelaufgabe. Dabei bedeutet Angleichung nicht notwendig Deckungsgleichheit. Entsprechend der Regelaufgabe werden Abweichungen in festgelegten Grenzen zugelassen. Auf Grund der ermittelten Abweichung zwischen Regelgröße und Führungsgröße bildet die Regeleinrichtung die Stellgröße.

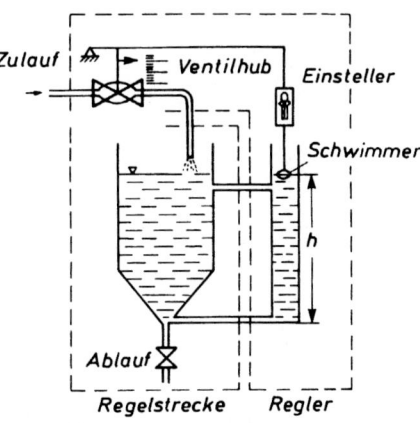

Bild 3. Wasserstandsregelung

Regelgröße	Füllhöhe
Führungsgröße	Sollhöhe (Einsteller)
Stellgröße	Ventilhub
Störgröße	Ablauf, Wasserdruck
Regelstrecke	Behälter
Regeleinrichtung	Hebelgestänge mit Ventil und Schwimmer

Diese Stellgröße muss so gewählt werden, dass sich die Regelgröße der Führungsgröße annähert. Auf den Regelkreis wirken auch nichtplanbare Störungen ein, die man zu einer Störgröße zusammenfasst, die auf die Strecke einwirkt. Auch diesen Einfluss muss der Regelkreis ‚ausregeln'.

Regeln ist demnach ein Kreisprozess aus
- fortlaufendem Messen der Regelgröße,
- ständigem Vergleichen mit der Führungsgröße,

- Angleichen der Regelgröße an die Führungsgröße.

Regelstrecke

Laut DIN 19226 ist die **Regelstrecke** der aufgabengemäß zu beeinflussende Teil des Systems. Ein System ist dabei eine abgegrenzte Anordnung von Gebilden, die miteinander in Beziehung stehen. Ein solches System kann ein Glühofen sein (Bild 4), der durch eine Regelung auf einer konstante Temperatur gehalten wird. Die Gebilde darin sind u.a. der Brenner, der Temperaturfühler, das Stellventil, der Regler. Dieses System wechselwirkt nur über bestimmte Größen mit der Umgebung. Eingegeben werden in dieses System die Solltemperatur (Führungsgröße), sowie (teilweise unbeeinflussbar) Störungen wie beispielsweise eine sich ändernde Umgebungstemperatur oder kaltes Glühgut.

Der Wirkungsweg ist in dieser Definition der Weg, auf dem die Größen verändert werden. Die Richtung wird im Wirkungsplan (Bild 2) durch Pfeile verdeutlicht. Weg und Richtung der Wirkungen müssen nicht unbedingt mit Weg und Richtung zugehöriger Energieflüsse und Massenströme übereinstimmen.

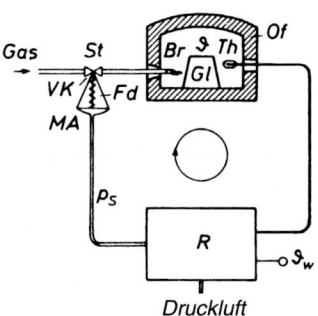

Bild 4. Temperaturregelung eines gasbeheizten Ofens
Of Ofen, *Gl* Glühgut, *Th* Thermometer, *Br* Brenner, *St* Stellgerät, *VK* Ventilkörper, *MA* Membran-Antrieb, *Fd* Feder, *R* Regler, ϑ Temperatur als Regelgröße, ϑ_w Führungsgröße, p_s Stelldruck als Stellgröße

Eine aufgabengemäße Beeinflussung bedeutet, dass die Einflussnahme der Regelung im Dienst des zu lösenden Problems steht. In einem Glühofen ist aufgabengemäß die Innentemperatur konstant zu halten. Dazu wird dem Ofen eine sich jeweils ändernde Gasmenge pro Zeit zugeführt. Im Ofen wird die Regelgröße Temperatur beeinflusst, also ist der Ofen die Regelstrecke.

Nach der Art der die Strecke durchlaufenden Regelgröße unterscheidet man z.B. **Temperatur-**, **Druck-**, **Durchfluss-**, **Niveau-** oder Drehzahlregelstrecken.
Beispiele für Regelstrecken sind z.B. ein Durchlauf-Temperofen, ein Härteofen, der Kühlraum eines Kühlgerätes, ein klimatisierter Raum, ein Silo für Schüttgüter, der Behälter eines Heißwasserbereiters, ein Mischkessel oder eine rotierende Maschine mit konstanter Drehzahl.

Regelgröße, Aufgabengröße, Rückführungsgröße

DIN 19226 definiert: Die **Regelgröße** x ist die Größe in der **Regelstrecke**, die zum Zweck des Regelns erfasst und über die Messeinrichtung der **Regeleinrichtung** zugeführt wird. Sie ist die Ausgangsgröße der Regelstrecke und Eingangsgröße der Messeinrichtung.

Die physikalische Größe, die von der Regelung beeinflusst wird, durchläuft die Regelstrecke. Der Zustand dieser Regelgröße wird an einem Punkt der Strecke, der **Messort** genannt wird, erfasst und einem zweiten Teil des Systems, der **Regeleinrichtung**, zugeführt. Die von der Messeinrichtung aufgenommene Regelgröße heißt **Rückführungsgröße** r. Den Bereich, innerhalb dessen die Regelgröße eingestellt werden kann, nennt man Regelbereich X_h.

Von der Regelgröße wird die **Aufgabengröße** x_A unterschieden. Dieses ist die Größe, die zu beeinflussen Aufgabe der Regelung ist. Sie muss mit der Regelgröße wirkungsmäßig verknüpft sein, braucht aber nicht dem Regelkreis anzugehören. Unterschied zwischen Regelgröße und Aufgabengröße: Bei der Regelung der Zusammensetzung eines Gemischs kann die Aufgabengröße, die Zusammensetzung, nicht immer unmittelbar erfasst werden. Als Regelgröße wird eine von der Zusammensetzung des Gemischs abhängige Eigenschaft (z.B. pH-Wert, Dichte, Trübung, elektrische Leitfähigkeit) verwendet.

Beispiele für typische Regelgrößen:
Im Maschinenbau: Kraft, Druck, Drehmoment, Drehzahl, Geschwindigkeit
In der Verfahrenstechnik: Temperatur, Druck, Masse, Durchfluss, pH-Wert, Heizwert

Stellgröße, Stellort

Die **Stellgröße** y ist die Ausgangsgröße der Regeleinrichtung und zugleich Eingangsgröße der Strecke. Sie überträgt die steuernde Wirkung der Einrichtung auf die Strecke.

Der Angriffspunkt der Stellgröße im Regelkreis wird **Stellort** genannt. Der Bereich, innerhalb dessen die Stellgröße einstellbar ist, heißt **Stellbereich** Y_h.

Führungsgröße, Arten der Regelung

Die **Führungsgröße** w einer Regelung ist eine von der betreffenden Regelung nicht beeinflusste Größe, die dem Regelkreis von außen zugeführt wird und der die Ausgangsgröße der Regelung in vorgegebener Abhängigkeit folgen soll.

Der Regler hat keinen rückwirkenden Einfluss auf die Führungsgröße. Sie wird von außen dem Regelkreis als Größe zugeführt. Das kann auf zwei Arten geschehen: die Führungsgröße kann entweder zeitlich konstant sein oder sich mit der Zeit verändern.

1 Grundlagen

Ist die Führungsgröße auf einen festen Wert eingestellt, spricht man von einer **Festwertregelung** (Bild 5). Dieser feste Wert wird auch oft **Sollwert** genannt. Verändert sich der Wert der Führungsgröße und folgt die Regelgröße während der Regelung diesen veränderten Werten, so wird von einer **Folgeregelung** gesprochen. Ist diese Veränderung der Führungsgröße zeitabhängig, ist sie also durch einen Zeitplan vorgegeben, so liegt eine **Zeitplanregelung** (Bild 6) vor.
Beim Einsatz eines Computers zur Regelung kann der zeitliche Verlauf auch durch eine Funktionsgleichung oder durch eine Funktionstabelle eingegeben werden.

Beispiel für Festwertregelung

Raumtemperatur 22 °C, relative Luftfeuchtigkeit 55%, Speicherdruck 9,5 bar, Durchfluss 7,2 m³/h

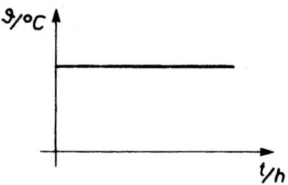

Bild 5. Festwert für die Führungsgröße

Beispiel für Zeitplanregelung

Temperatur der Lauge in einem Waschautomaten, Nachtabsenkung bei einer Hausheizungsanlage

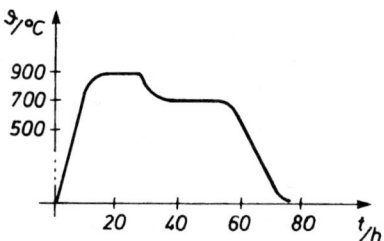

Bild 6. Zeitplan für die Temperatur eines Durchlaufofens zur Wärmebehandlung von Gusseisen

Der **Führungsbereich** W_h ist der Bereich, innerhalb dessen die Führungsgröße liegen kann. So kann z.B. an einem Gefrierschrank die gewünschte Temperatur in einem Bereich zwischen -18°C und -25°C eingestellt werden.

Regeldifferenz, Reglerausgangsgröße

Die **Regeldifferenz** e ist die Differenz zwischen der Führungsgröße w und der Rückführungsgröße r. Dabei wird berücksichtigt, dass der Vergleich der Führungsgröße mit der Regelgröße selbst in der Praxis selten möglich ist, sondern nur der Vergleich mit der von der Messeinrichtung gelieferten Rückführungsgröße. Wenn es nicht zu Missverständnissen führt, wird aber hier

$$e = w - x \qquad (1)$$

angesetzt, wobei x die Regelgröße ist.

Störgröße

Eine **Störgröße** z in einer Regelung ist eine von außen wirkende Größe, die die beabsichtigte Beeinflussung in der Regelung beeinträchtigt.
Störgrößen können nicht nur das Verhalten der Strecke, sondern auch das des Reglers beeinflussen. Manchmal unterscheidet man diese beiden Arten der Störung. In erster Näherung kann jedoch angenommen werden, dass die Störung erst am Messort durch die messtechnische Erfassung der Regelgröße im Regelkreis registriert wird. Weiterhin kann man in erster Näherung alle Störgrößen zu einer zusammenfassen und sie am Eingang der Strecke, am **Störort**, wirken lassen.
Der **Störbereich** Z_h ist der Bereich, innerhalb dessen die Störgröße liegen darf, ohne dass die vereinbarte größte Sollwertabweichung der Regelung überschritten wird. Die Abschätzung des Störbereichs setzt Erfahrung und Kenntnis über mögliche Störeinflüsse voraus. Mit dieser Sichtweise für den Störbereich haben diese Grenzen den Charakter von Toleranzgrenzen.

Beispiele typischer Störgrößen
- Temperaturschwankungen im Außenklima
- Spannungsschwankungen im Versorgungsnetz
- Schwankungen der Wasserzulauftemperatur

Regeleinrichtung

Die **Regeleinrichtung** ist neben der Strecke der zweite Block im Regelkreis. Sie ist derjenige Teil des Wirkungsweges, der die aufgabengemäße Beeinflussung der Strecke über das Stellglied bewirkt und enthält einen Regler und einen **Steller**. Letzterer ist eine Funktionseinheit, in der aus der Reglerausgangsgröße y_R die zur Aussteuerung des Stellgliedes erforderliche Stellgröße y gebildet wird.
Bei einer Regeleinrichtung (Bild 7) für einen Druck (Regelgröße x) verstellt eine Membran (1) als Messwerk über einen Differenzialhebel (2) ein Strahlrohr (3); dessen Stellung bestimmt den Zufluss zu dem Stellantrieb (4) für die Öffnung des Stellgliedes. Der Stellkolben erhält einen der Auslenkung des Strahlrohres proportionalen Ölstrom und damit eine entsprechende Stellgeschwindigkeit.

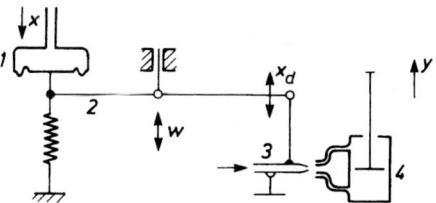

Bild 7. Druck-Regeleinrichtung

Messeinrichtung

Die Regelgröße wird durch eine Messeinrichtung erfasst. Diese Größe wird dem Vergleicher zugeführt. In vielen Fällen ist der vom Sensor unmittelbar aufgenommene Wert in der vorliegenden Form als Informationseingang am Regler noch nicht geeignet.

- Ist die Form der Größe nicht geeignet, wird zwischen Sensor und Vergleichsglied ein Messumformer geschaltet. Dieser hat die Aufgabe, die Regelgröße, die vom Sensor in einer bestimmten Form geliefert wird (z.B. als Druck) in eine andere Form (z.B. elektrische Spannung), die vom Vergleichsglied benötigt wird, umzuwandeln.
- Oft reicht die vom Sensor gelieferte Leistung nicht aus, um einen Regelvorgang auszulösen. Dann wird zwischen Sensor und Vergleichsglied noch ein Messverstärker geschaltet, der den vom Sensor gelieferten Messwert auf ein höheres Energieniveau anhebt.

Regler

Der Regler (Bild 8) ist das Kernstück der Regeleinrichtung. Er besteht aus Vergleichsglied und Regelglied. Das **Vergleichsglied** bildet die Regeldifferenz e aus der Führungsgröße w und der Rückführgröße r. Wie in Gleichung (1) beschrieben, nimmt man für prinzipielle Überlegungen oft statt der Rückführgröße r die Regelgröße x.
Das **Regelglied** ist eine Funktionseinheit (Bild 9), in der aus der Regeldifferenz die Reglerausgangsgröße y_R so gebildet wird, dass im Regelkreis die Regelgröße, auch beim Auftreten von Störgrößen, der Führungsgröße so schnell und genau wie möglich nachgeführt wird. In der Praxis wird aber häufig ein Gerät als Regler bezeichnet, wenn es die Funktionsblöcke

- Führungsgrößeneinsteller
- Messumformer
- Vergleicher
- Regelglied
- Regelverstärker

enthält.

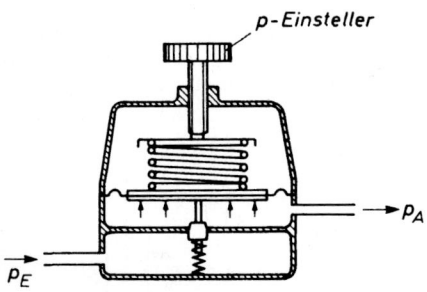

Bild 8. Druckregler

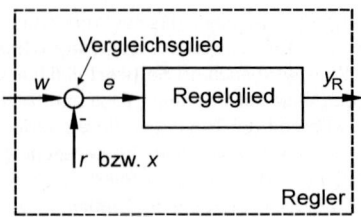

Regeldifferenz $e = w - x$
Bild 9. Funktionsblöcke eines Reglers

Stellglied

Das **Stellglied** ist die am Eingang der Strecke angeordnete, zur Regelstrecke gehörende Funktionseinheit, die in den Massenstrom oder Energiefluss eingreift. Ihre Eingangsgröße ist die Stellgröße.
Typische Stellglieder für Massenströme sind Ventile, Schieber und Klappen. Typische Stellglieder für den Energiefluss sind elektrische Schalter, elektronische Schalter, pneumatische Schalter und Stellwiderstände.

1.2 Grafische Darstellung von Regelkreisen mithilfe des Wirkungsplans

Der **Wirkungsplan** ist die sinnbildliche Darstellung der Gesamtheit aller Wirkungen in einem System. An ihm lassen sich die logischen Abhängigkeiten einfach erkennen.

Darstellung der Glieder

Die Glieder des Regelkreises wandeln Eingangssignale in Ausgangssignale um. Dieses wird hier sinnbildlich in einem Rechteck, Block genannt, dargestellt (Bild 10). Die wirkungsmäßige Abhängigkeit wird in diesem Block entweder durch eine arithmetische Anweisung, durch eine boolesche Verknüpfung, durch eine Übertragungsfunktion, durch eine Übergangsfunktion, eine Kennlinie, ein Kennlinienfeld oder durch eine Schaltfunktion angegeben. Oft findet man auch eine Benennung des Gliedes. Die Ein- und Ausgangssignale werden durch Wirkungslinien dargestellt, deren Pfeilspitzen die Wirkungsrichtung angeben.

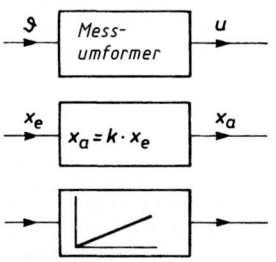

Bild 10. Blockdarstellung

1 Grundlagen

Darstellung der Verzweigung (Bild 11)

In Regelkreisen findet häufig eine Verzweigung der Wirkung statt. Typisch ist hier das Abspalten eines Messzweiges vom Hauptzweig. Solche Verzweigungsstellen werden durch einen Punkt auf dem Verzweigungsknoten dargestellt.

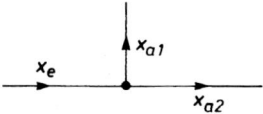

Verzweigung $x_{a2} = x_{a1} = x_e$

Bild 11. Darstellung der Verzweigung

Darstellung der Addition (Parallelschaltung)

Ist an einer Stelle das Ausgangssignal die algebraische Summe der Eingangssignale, so wird statt eines Blocks ein Kreis gezeichnet. Durch entsprechende Vorzeichen kann damit auch die Umkehrung des Wirkungssinns beschrieben werden (Bild 12).

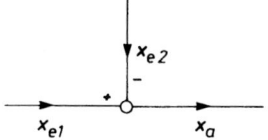

Addition $x_a = x_{e1} - x_{e2}$

Bild 12. Darstellung der Addition

Blockstrukturen

Blöcke in offener Kettenstruktur (Bild 13)
Die Reihung der Blöcke in der linearen Wirkungsrichtung ist typisch für alle Steuerungsvorgänge. Hintereinander liegende Glieder werden wie in einer elektrischen Reihenschaltung dargestellt.

Bild 13. Darstellung der Kettenstruktur

Blöcke in Parallelstruktur (Bild 14)
Eine Parallelstruktur ist der Parallelschaltung der Elektrotechnik vergleichbar. Der Signalfluss wird verzweigt. Dabei ist festzuhalten, dass die Parallelstruktur trotz der geometrischen Ähnlichkeit kein Kreisprozess ist.

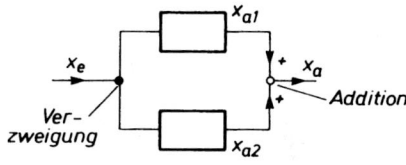

$x_a = x_{a1} + x_{a2}$

Bild 14. Darstellung der Parallelstruktur

Blöcke in Kreisstruktur (Bild 15)
Beim Zusammenwirken der Blöcke in einer Kreisstruktur erfolgt stets eine Rückwirkung des Ausganges auf den Eingang. Dieser zielgerichtete Eingriff des Ausgangs auf den Eingang heißt auch Rückkopplung. Der Wirkungsweg erhält bei der Kreisstruktur die Form einer geschlossenen Schleife.

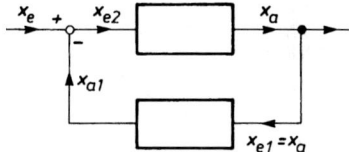

Bild 15. Darstellung der Kreisstruktur

Übersicht: Typischer Wirkungsplan eines Regelkreises

In dem Wirkungsplan in Bild 16 sind alle hier behandelten Teile eines Regelkreises in ihrem funktionellen Zusammenhang dargestellt.

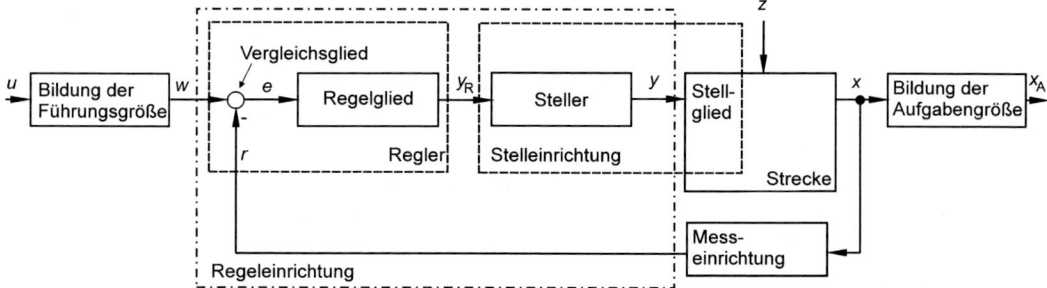

Bild 16. Wirkungsplan eines Regelkreises

■ **Beispiel:**

für den Aufbau eines elektro-hydraulischen Regelkreises

Anhand eines elektro-hydraulischen Regelkreises Bild 17 sollen die Grundbegriffe erläutert werden.

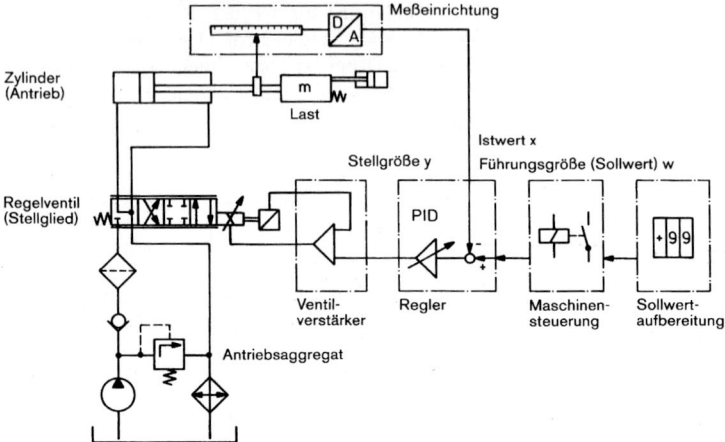

Bild 17. Elektro-hydraulischer Regelkreis (Bosch)

Lösung:

Der hydraulische Leistungsstrang besteht aus Antriebsaggregat, dem Regelventil als Stellglied und dem Hydromotor bzw. Zylinder als Antriebsglied für die Last. Die Eingabe der Führungsgröße (Sollwert) erfolgt im Allgemeinen als analoges elektrisches Gleichspannungssignal und kann verschiedenen Quellen entstammen. Häufig sind dies Potenziometer, Funktionsgeneratoren, numerische Steuerungen oder Signale, die von anderen Antriebssystemen der Maschine kommen.
Der Istwert der Regelgröße wird von der Messeinrichtung erfasst und in ein ebenfalls analoges Gleichspannungssignal gewandelt. Als Messumformer kommen je nach Regelgröße (Lage, Geschwindigkeit, Kraft usw.) verschiedene Geräte wie Potenziometer, Inkrementalmessstäbe, Tachogeneratoren, Druckmessdosen usw. in Betracht.
Im elektronischen Regelverstärker erfolgt der Soll/Ist-Vergleich d.h., es wird die Regeldifferenz gebildet. Diese wird verstärkt, mit einem bestimmten Übertragungsverhalten versehen und als Stellgröße dem Regelventil zugeführt.
Zwischen Regler und Ventil liegt noch der Leistungsverstärker des Regelventils. Dieses „Interface" wandelt die Stellgrößen-Spannung in einen Magnetstrom und enthält auch das Lageregelsystem des Ventils.

■ **Beispiel:**

für die Regelung einer Förderleistung

Das Bunkerabzugsband in Bild 18 wird von einem Vibrationsförderer beladen. Die Förderleistung in t/h soll konstant gehalten werden. Zur Istwerterfassung kann eine Bandwaage unter dem tragenden Turm eingebaut werden.
Der Regelkreis soll skizziert werden, Strecke, Messort, Stellort, Stellglied, Stellgröße, Reglereingänge und Reglerausgang sollen benannt werden! Welche Störgrößen könnten auftreten?

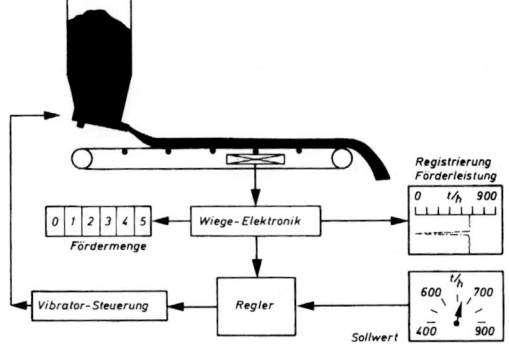

Bild 18. Regelung einer Förderleistung

Lösung:

Die Strecke ist die Bandlänge zwischen Aufgabestelle und Bandwaage. Der Messort (Bild 19) ist die Einbaustelle der Bandwaage und der Stellort ist der Austritt der Vibrationsrinne.

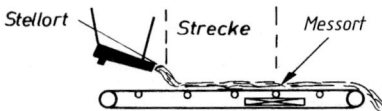

Bild 19. Stellort und Messort

Das Stellglied ist der Vibrator, dessen Vibrationsfrequenz die Stellgröße ist. Die beiden Reglereingänge (Bild 20) sind der von der Bandwaage erfasste Istwert der Regelgröße Förderleistung und der eingegebene Sollwert der Förderleistung. Der Reglerausgang ist die Stellgröße Vibrationsfrequenz. Die Aufgabe der Wiege-Elektronik ist die reglergerechte Umformung des von der Bandwaage erfassten Istwertes in eine geeignete elektrische Größe.

1 Grundlagen

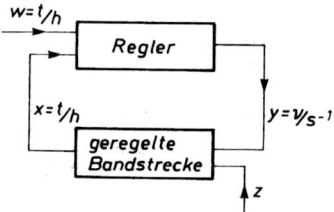

Bild 20. Regelkreis

Mögliche Störgrößen sind Veränderungen im Fördergut durch Feuchteeinfluss und Spannungsschwankungen in der Energieversorgung des Vibrators.

1.3 Beschreibung des Verhaltens von Regelkreisgliedern

Ein Regelkreis setzt sich aus vielen Komponenten zusammen, deren Zusammenwirken die Eigenschaften und die Wirkung des Regelkreises ausmachen. Unabhängig vom Detail ist es wichtig zu wissen, wie der Regelkreis als Gesamtheit auf veränderte Eingangsgrößen reagiert, um ggf. ungewollte Effekte beseitigen zu können oder auch nur, um sein Verhalten beschreiben zu können.
Meist ist der Regelkreis zu komplex, um sein Gesamtverhalten geeignet vorhersagen und einstellen zu können. Deshalb wird methodisch so vorgegangen, dass zunächst das Verhalten der Komponenten untersucht und beschrieben wird. Aus deren Kenntnis lässt sich dann vieles über das Zusammenwirken in einem Kreisprozess aussagen.
Es ist sinnvoll, bei diesen Untersuchungen nicht von Regel-, Stell-, Führungs- und Störgrößen zu sprechen, sondern allgemein von Eingangs- und Ausgangsgrößen. Diese werden mit u und v bezeichnet.

Statisches Verhalten

Das statische Verhalten von Regelkreisgliedern wird durch **Kennlinien** beschrieben. Eine Kennlinie beschreibt im Beharrungszustand die Abhängigkeit der Ausgangsgröße v von der Eingangsgröße u.
Als **Beharrungszustand** eines Gliedes gilt derjenige beliebig lange aufrechtzuerhaltende Zustand, der sich bei zeitlicher Konstanz der Eingangssignale nach Ablauf aller Einschwingungsvorgänge ergibt.
Hat ein Glied mehrere Eingangsgrößen, so ergibt sich ein **Kennlinienfeld**. Dabei trägt man das Ausgangssignal in Abhängigkeit einer einzigen Eingangsgröße auf. Die übrigen Eingangsgrößen fasst man als Parameter auf. Bild 21 zeigt die Klemmspannung U eines Stromkreises (als Ausgangsgröße v). Diese wird in Abhängigkeit von der durch die Lage x des Abgriffkontaktes (als Eingangsgröße u_1) gekennzeichneten Einstellung eines Widerstandes aufgetragen. Die im Kreis wirksame Spannung U_e (als Eingangsgröße u_2) und der Belastungsstrom I (als Eingangsgröße u_3) sind hier die Parameter.

Kennlinie: $U = U(x, I, U_e)$

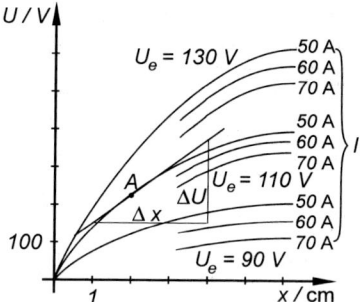

Bild 21. Kennlinienfeld

Meist sind Kennlinien gekrümmt. Sie werden vielfach, vor allem zur Berechnung, durch Geraden ersetzt. Man spricht hierbei von Linearisieren. Dabei wird im Arbeitspunkt eine Tangente an die Kennlinie gelegt. Aus der Steigung ergibt sich der sog. **Übertragungsbeiwert** K.

$$K = \frac{\Delta v}{\Delta u} \qquad (2)$$

Im Bild 21 wurde der Arbeitspunkt bei $x = 2$ cm, $U_e = 110$ V und $I = 50$ A gewählt. An der Geraden liest man ab:

$$K = \frac{\Delta v}{\Delta u} = \frac{\Delta_e}{\Delta_x} = \frac{200\,\text{V}}{3\,\text{cm}} = 66{,}7\,\frac{\text{V}}{\text{cm}}.$$

Zeitverhalten

Das Zeitverhalten der Regelkreisglieder wird dadurch untersucht, dass man die jeweiligen Eingangsgrößen typisch ändert und zwar

- sprunghaft,
- ansteigend,
- impulsförmig oder
- sinusförmig.

Das Übergangsverhalten beschreibt dann den zeitlichen Verlauf des Ausgangssignals bei Aufschaltung charakteristischer zeitlicher Verläufe des Eingangssignals.

Sprungantwort

Viele Regelvorgänge verhalten sich so, dass die Eingangsgröße u sich **sprunghaft** ändert von einem Anfangswert u_0 auf einen festen Endwert u_1. Die Reaktion der Ausgangsgröße darauf wird hier **Sprungantwort** genannt. Diese kann sehr unterschiedlich ausfallen. Die Sprungantwort kann schlagartig erfolgen, sie kann sich langsam und gleichmäßig ihrem Endwert nähern, oder sie kann erst über den Endwert hinauswandern, um sich ihm dann schwingend zu nähern.

Die Aufschaltung eines Sprunges ist – zumindest bei theoretischen Betrachtungen – eine häufig angewandte Testmethode bei der Untersuchung von Regelkreisgliedern. Um aus der Funktionsgleichung den Einfluss der konstanten Eingangssprunghöhe u zu eliminieren, führt die DIN eine neue Funktion $h(t)$ ein, die Übergangsfunktion genannt wird.

$$h(t) = \frac{v(t)}{u(t)} \qquad (3)$$

Für große t und stabiles Verhalten gilt

$$h(t) = K \qquad (4)$$

wobei K der Übertragungsbeiwert aus (2) ist.

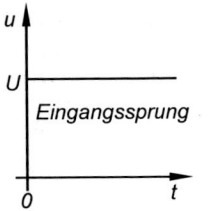
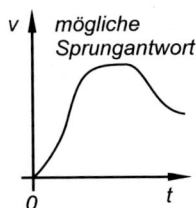

Bild 22. Sprungantwort

■ **Beispiel:**
für die Berechnung eines Übertragungsbeiwertes

Der Übertragungsbeiwert des Zahnradpaares aus Bild 23 soll berechnet werden.

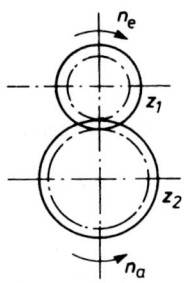

Bild 23. Übergangsfunktion am Zahnradpaar

Lösung:

Das obere Zahnrad mit der Zähnezahl z_1 drehe mit der konstanten Drehzahl n_e. Dieses ist die Eingangsgröße $u(t)$. Die Ausgangsgröße $v(t)$ ist die sich einstellende konstante Drehzahl n_a. Für die Übergangsfunktion $h(t)$ gilt nach (3)

$$h(t) = \frac{v(t)}{u(t)}.$$

Für die Übersetzung an einem Zahnradpaar gilt

$$\frac{n_a}{n_e} = \frac{z_1}{z_2} \qquad (5)$$

Also ist die Übergangsfunktion $h(t) = \frac{z_1}{z_2}$. Laut (4) ist $h(t) = K$, also ist der Übertragungsbeiwert hier das umgekehrte Übersetzungsverhältnis.

Anstiegsantwort

Steigt die Eingangsgröße linear an, so nennt man die Reaktion des Gliedes darauf **Anstiegsantwort** (Bild 24). Diese kann wiederum sehr unterschiedlich sein, steigt sie überproportional, nennt man ihren Verlauf progressiv, steigt sie weniger als linear an, degressiv.

$$u(t) = \begin{cases} 0 & \text{für } t \leq 0 \\ K \cdot t & \text{für } t > 0 \end{cases} \qquad (6)$$

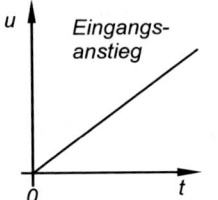
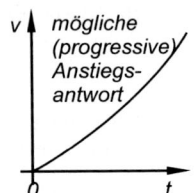

Bild 24. Anstiegsantwort

Impulsantwort

Ein Impuls (Bild 25) ist eine sprunghafte, jedoch zeitlich begrenzte Änderung Ein kurzzeitig steil hoch schnellender Impuls heißt Nadelimpuls. Das Übergangsverhalten bei einem impulsförmigen Eingangssignal heißt entsprechend **Impulsantwort**.

$$u(t) = \begin{cases} 0 & \text{für } t \neq 0 \\ \infty & \text{für } t = 0 \end{cases} \qquad (7)$$

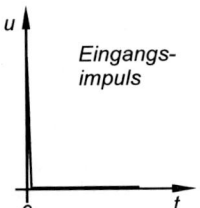
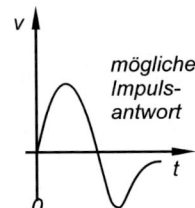

Bild 25. Impulsantwort

Frequenzantwort

Neben den oben beschriebenen Arten kann das Zeitverhalten eindeutig auch durch die Zuordnung des Ausgangssignals zu einer sinusförmigen Änderung des Eingangssignals beschrieben werden. Dabei muss das Eingangssignal alle Frequenzen zwischen Null und Unendlich durchlaufen.
Ein sinusförmiges Eingangssignal kann beschrieben werden durch

$$u(t) = A \cdot \sin(\omega t), \qquad (8)$$

wobei A die Amplitude und $\omega = 2\pi f$ die Kreisfrequenz ist (Bild 26).

1 Grundlagen

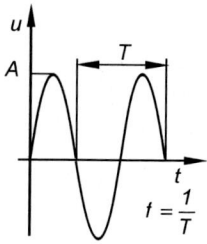

Bild 26. Funktionsgraf bei reeller Darstellung

Die folgenden Rechnungen werden erheblich einfacher, wenn man diese Schwingung mittels komplexer Zahlen beschreibt.

$$\underline{u}(t) = A \cdot (\cos(\omega t) + j \cdot \sin(\omega t)), \qquad (9)$$

oder in Exponentialform

$$\underline{u}(t) = A \cdot e^{j\omega t} \qquad (10)$$

Die Zusammenhänge sind in Bild 27 dargestellt.

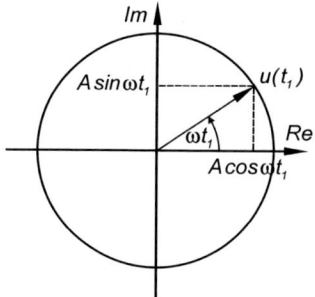

Bild 27. Funktionsgraf bei komplexer Darstellung (heißt hier Ortskurve)

Für die hier betrachteten linearen Systeme kann man zeigen, dass die Ausgangsgröße $v(t)$ im eingeschwungenen Zustand auch einen sinusförmigen Verlauf mit gleicher Frequenz hat. Allerdings ist sie meist phasenverschoben. Damit gilt

$$\underline{v}(t) = B \cdot e^{j(\omega t + \varphi)} \qquad (11)$$

Der Verlauf der Ausgangsgröße wird auch **Frequenzantwort** genannt. In Bild 28 sind die Zusammenhänge in reeller Darstellung, in Bild 29 in komplexer Darstellung aufgeführt.
Bildet man den Quotienten

$$\frac{\underline{v}(t)}{\underline{u}(t)}$$

so erhält man

$$\frac{\underline{v}(t)}{\underline{u}(t)} = \frac{B \cdot e^{j(\omega t + \varphi)}}{A \cdot e^{j(\omega t)}} = \frac{B \cdot e^{j(\omega t)} \cdot e^{j(\varphi)}}{A \cdot e^{j(\omega t)}} = \frac{B}{A} \cdot e^{j(\varphi)}.$$

Dieses Verhältnis, das von t unabhängig ist, nennt man **Frequenzgang** und bezeichnet es mit $\underline{G}(j\omega)$. Es gilt also

$$\underline{G}(j\omega) := \frac{\underline{v}(t)}{\underline{u}(t)} = \frac{B}{A} \cdot e^{j(\varphi)}. \qquad (12)$$

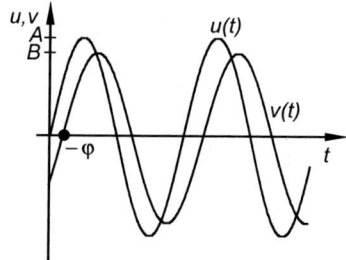

Bild 28. Funktionsgraf der Frequenzantwort in reeller Darstellung

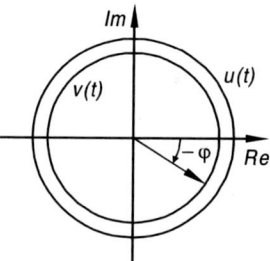

Bild 29. Ortskurve der Frequenzantwort bei komplexer Darstellung

Darstellung des Frequenzganges

Der Frequenzgang $\underline{G}(j\omega)$ ist eine komplexe Funktion der Frequenz ω. Der Wert einer komplexen Funktion bei einem bestimmten ω-Wert wird durch einen **Zeiger** dargestellt. Zeichnet man die Zeiger zu verschiedenen Frequenzen in ein Koordinatensystem und verbindet die Endpunkte der Zeiger, so entsteht eine Kurve, die **Ortskurve des Frequenzgangs** (Bild 30).

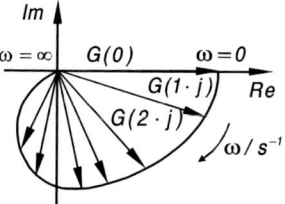

Bild 30. Ortskurve

Tabelle 1. Beschreibung des Verhaltens von Regelkreisgliedern

statisches Verhalten	Zeitverhalten					
$u_1, u_2, u_3, \ldots$	Sprung $$u(t) = \begin{cases} A & \text{für } t \geq 0 \\ 0 & \text{für } t < 0 \end{cases}$$	Anstieg $u(t) = K \cdot t$	Impuls $$u(t) = \begin{cases} \infty & \text{für } t \geq 0 \\ 0 & \text{sonst} \end{cases}$$	period. Funktion $u(t) = A \cdot e^{j\omega t}$		Eingangs-größe
–	Sprungantwort	Anstiegs-antwort	Impulsantwort	Frequenzantwort		Ausgangs-größe
		$v(t) = f(u(t))$		$v(t) = B \cdot e^{j(\omega t + \varphi)}$		
$v(u)$ nach $t \to \infty$	Übergangsfunktion $h(t) = \dfrac{v(t)}{u(t)}$	–	–	Frequenzgang $\underline{G}(j\omega) = \dfrac{v(t)}{u(t)}$		beschreibende Funktion
Kennlinienfeld	Graf der Übergangsfunktion	Graf der An-stiegsantwort	Graf der Impulsantwort	Ortskurve	Bode-Diagramm	grafische Darstellung

Eine andere Darstellung bildet das **Bode-Diagramm**. Dort wird von der komplexen Funktion $\underline{G}(j\omega)$ einmal der Betrag $|\underline{G}(j\omega)|$, zum anderen der Phasenwinkel φ in Abhängigkeit von der Frequenz ω gezeichnet (Amplitudengang (Bild 31), bzw. Phasengang (Bild 32)).

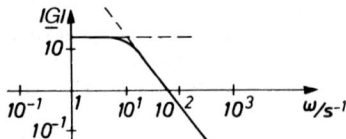

Bild 31. Amplitudengang

Charakteristisch ist, dass der Betrag des Frequenzganges $|\underline{G}(j\omega)|$ und die Frequenz ω im logarithmischen Maßstab, der Phasenwinkel φ im linearen Maßstab aufgetragen werden.

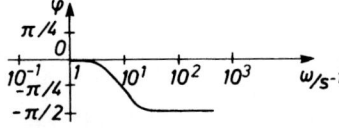

Bild 32. Phasengang

2 Regelstrecken

Laut DIN 19226 gilt: Die **Regelstrecke** ist derjenige Teil des Wirkungsweges, welcher den aufgabengemäß zu beeinflussenden Teil der Anlage darstellt.

Die regelungstechnische und auch mathematische Behandlung von Regelstrecken gibt in zweierlei Hinsicht Probleme auf. Einerseits ist die Art der Strecke oft durch das zu regelnde Problem vorgegeben und in ihren Parametern nur wenig veränderbar. Andererseits sind die Kenngrößen der Strecken fast immer unbekannt, sie werden meist nicht – wie bei Reglern – von den Händlern mitgeliefert und müssen zunächst entweder durch physikalische Gesetzmäßigkeiten oder experimentell ermittelt werden.

Es interessiert hierbei sowohl das Zeitverhalten als auch das statische Verhalten. Das **statische Verhalten** dient in erster Linie zur Beurteilung der generellen Eignung, d.h., ob der Stellbereich überhaupt sinnvoll durch die Strecke abgedeckt werden kann. Diese Information kann aus dem Kennlinienfeld nach Wahl des Arbeitspunktes ermittelt werden. Das **Zeitverhalten** dient zur Beurteilung der Frage, ob eine gegebene Strecke im Zusammenwirken mit den anderen Teilen des Regelkreises sinnvolle Ergebnisse liefert. Notwendig dafür ist stets eine mathematische Beschreibung des dynamischen Verhaltens der Strecke. Die

2 Regelstrecken

Ergebnisse dieser Berechnungen werden meist grafisch dargestellt. Aus diesen Diagrammen kann der Praktiker vor Ort dann wichtige Informationen gewinnen.

Das unterschiedliche dynamische Verhalten bildet auch die Grundlage für eine Systematisierung der unterschiedlichen Streckentypen. Diese erfolgt nicht nach der zu regelnden physikalischen Größe, sondern nach dem Zeitverhalten der Strecke.

2.1 Einteilung der Strecken

Strecken mit und ohne Ausgleich

Ein Unterscheidungsmerkmal ist die Frage nach dem so genannten **Ausgleich**. Der Ausgleich verleiht der Strecke die Eigenschaft der Selbstbegrenzung und wirkt damit stabilisierend. Solche Strecken streben einem Beharrungswert zu.

Strecke ohne Ausgleich

Eine Strecke ohne Ausgleich ist z.B. ein Flüssigkeitsbehälter (Bild 33). Öffnet man den Zufluss, so steigt der Flüssigkeitsstand, ohne einem Beharrungswert zuzustreben.

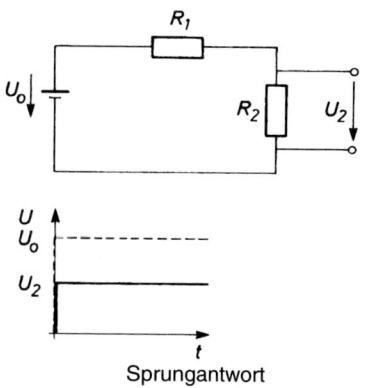

Bild 33. Strecke ohne Ausgleich

Strecke mit Ausgleich

Legt man an den Spannungsteiler in Bild 34 eine konstante Spannung U_0 an, so kann man am Widerstand R_2 eine konstante Spannung U_2 abgreifen. Die Spannung U_2 erreicht einen Beharrungswert.

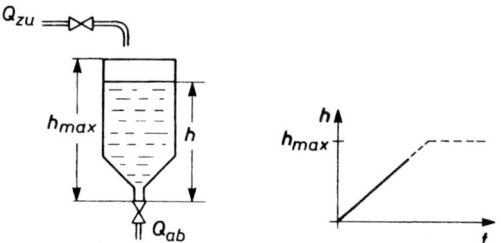

Sprungantwort

Bild 34. Strecke mit Ausgleich

Strecken mit und ohne Verzögerung

Ein zweiter Gesichtspunkt ist die **Verzögerung**, mit der die Strecke einer Stellgrößenänderung folgt. Selten erfolgt die Antwort der Strecke sofort mit voller Stärke. Meist reagiert die Strecke mit einer Trägheit. Strecken mit Verzögerung enthalten Speicherelemente, welche die träge Reaktion bewirken. Die Anzahl der Speicherelemente gibt die Ordnungszahl an. Je höher die Ordnungszahl, desto schwieriger wird die Regelbarkeit.

Strecke ohne Verzögerung

Legt man an den Spannungsteiler in Bild 35 eine Spannung an, so kann man sofort am Widerstand R_2 ein konstante Spannung U_R abgreifen.

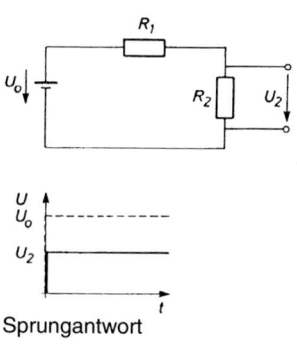

Sprungantwort

Bild 35. Strecke ohne Verzögerung

Strecke mit Verzögerung

Legt man an den Kondensator in Bild 36 eine konstante Spannung an, so baut sich die am Kondensator abfallende Spannung erst allmählich auf.

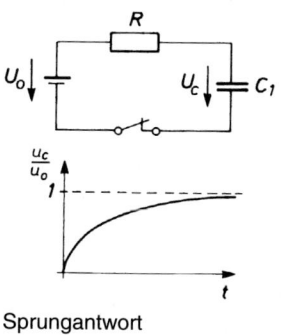

Sprungantwort

Bild 36. Strecke mit Verzögerung

Strecke mit Verzögerung höherer Ordnung

Mehrere hintereinander geschaltete RC-Glieder wie in Bild 37 ergeben eine Strecke höherer Ordnung.

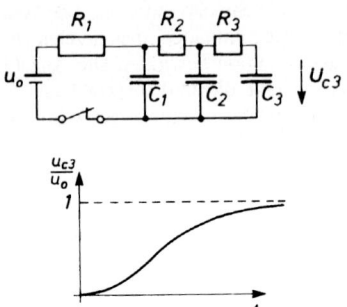

Sprungantwort

Bild 37. Strecke mit Verzögerung höherer Ordnung

Strecken mit und ohne Totzeit

Die **Totzeit** ist die Zeit, die vergeht, bis eine Strecke reagiert.

Strecke ohne Totzeit

Legt man an den Spannungsteiler in Bild 38 eine Spannung an, so kann man am Widerstand R_2 ein konstante Spannung U_R abgreifen.

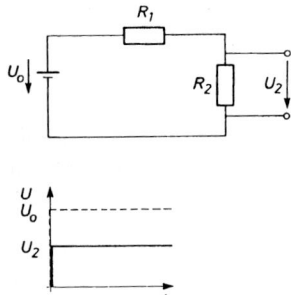

Sprungantwort

Bild 38. Strecke ohne Totzeit

Strecke mit Totzeit

Verändert man die Füllmenge des Förderbandes in Bild 39, so wird sich die Abwurfmenge erst nach einer gewissen Zeit verändern, nämlich dann, wenn die Stellfront an der Abwurfstelle angekommen ist.

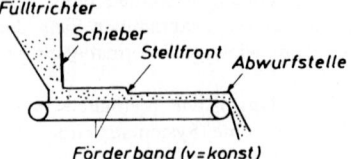

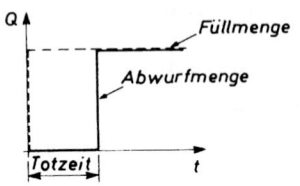

Bild 39. Strecke mit Totzeit

2.2 Regelstrecken mit Ausgleich (P-Strecken)

Die mathematisch und meist auch technisch einfachste Strecke besitzt eine Regelgröße x, die sich mit dem Proportionalitätsfaktor K_{PS} proportional zur Stellgröße y verhält.

$$x = K_{PS} \cdot y \tag{13}$$

Übertragungsbeiwert

Der Proportionalitätsfaktor K_{PS} ist der Übertragungsbeiwert (Index P für P- Verhalten, S für Strecke). Er kann – wie oben beschrieben – aus der Steigung der Kennlinie (Bild 40) im Arbeitspunkt bestimmt werden.

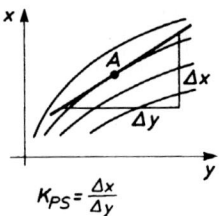

Bild 40. Kennlinienfeld

Blocksymbol

Als Blocksymbol für den Wirkungsplan sind die Darstellungen aus Bild 41 gebräuchlich.

Bild 41. Blocksymbole für P-Strecken

Sprungantwort

Auf Grund des einfachen mathematischen Zusammenhangs lässt sich die Sprungantwort einer solchen Strecke leicht angeben (Bild 42).

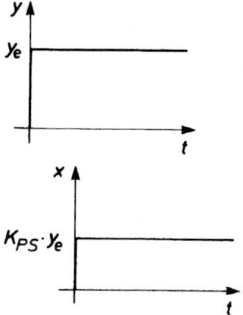

Bild 42. Sprungantwort einer P-Strecke

Frequenzgang

Es lässt sich zeigen, dass für den Frequenzgang einer P-Strecke gilt

$\underline{G}(j\omega) = K_{PS}$

Damit ergibt sich die Ortskurve (Bild 43). Sie ist zu einem Punkt entartet.

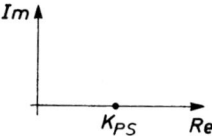

Bild 43. Ortskurve einer P-Strecke

Bode-Diagramm

Mit dem Betrag des Frequenzganges $|\underline{G}| = K_{PS}$ und der Phasenverschiebung $\varphi = 0$ ergibt sich das Bode-Diagramm aus Bild 44.

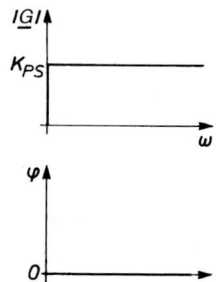

Bild 44. Bode-Diagramm einer P-Strecke

■ **Beispiel:**
für eine Berechnung
Für den Spannungsteiler aus Bild 45 als P-Strecke werden die charakterisierenden Größen und Diagramme erstellt.
($R_1 = 200\,\Omega$ $R_2 = 500\,\Omega$ $U_0 = 12\,\text{V}$)

Die Spannung U_0 steige zum Zeitpunkt $t = 0$ sprunghaft von 0 V auf 12 V.

Bestimmt werden soll

- die Ausgangsspannung U_2 (nach dem ohmschen Gesetz)
- der Übertragungsbeiwert K_{PS}
- die Sprungantwort
- die Übergangsfunktion
- die Ortskurve
das Bode-Diagramm

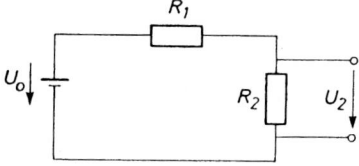

Bild 45. Spannungsteiler

Lösung:

Nach dem ohmschen Gesetz in Verbindung mit der Maschenregel liefert die Beziehung zwischen der Eingangsgröße $U_0(= x_e)$ und der Ausgangsgröße $U_2(x_a)$

$$U_2 = \underbrace{\frac{R_2}{R_1 + R_2}}_{K_{PS}} \cdot U_0 = \frac{500\,\Omega}{200\,\Omega + 500\,\Omega} \cdot 12\,\text{V} = 0{,}714 \cdot 12\,\text{V} = 8{,}6\,\text{V}\ .$$

Somit ist der Übertragungsbeiwert $K_{PS} = 0{,}714$ und die Ausgangsspannung $U_2 = 8{,}6$ Damit ergeben sich folgende Diagramme (Bild 46-Bild 49).

Sprungantwort

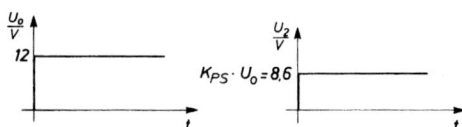

Bild 46. Sprungantwort des Spannungsteilers

Übergangsfunktion

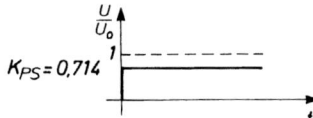

Bild 47. Übergangsfunktion des Spannungsteilers

Ortskurve

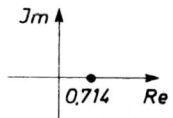

Bild 49. Ortskurve des Spannungsteilers

Bode-Diagramm

Wegen Betrag des Frequenzganges $|G| = K_{PS} = 0{,}714$ und auch Phasenverschiebung $= 0$ ergeben sich folgende Ortskurve und folgendes Bode-Diagramm

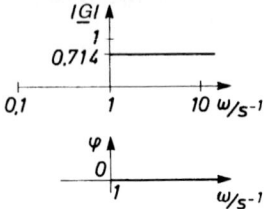

Bild 48. Bode-Diagramm des Spannungsteilers

Hebel

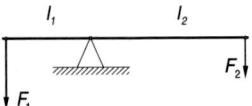

Bild 50. Der Hebel als P-Strecke

Nach dem Hebelgesetz gilt für die Kräfte F_1, F_2 und die Hebelarme l_1, l_2:

$F_2 \cdot l_2 = F_1 \cdot l_1$, also ist $F_2 = \dfrac{l_1}{l_2} F_1$ und damit

$$K_{PS} = \dfrac{l_1}{l_2}.$$

Gasleitung

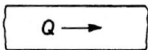

Bild 51. Die Gasleitung als P-Strecke

Nach der Zustandsgleichung für ideale Gase gilt bei konstanter Temperatur für die Drücke p_1, p_2 und die Volumenströme Q_1, Q_2:

$p_2 \cdot Q_2 = p_1 \cdot Q_1$, also ist $p_2 = \dfrac{Q_1}{Q_2} p_1$ und damit

$$K_{PS} = \dfrac{Q_1}{Q_2}.$$

2.3 Regelstrecken ohne Ausgleich (I-Strecken)

Bei einen I-Glied ist die Sprungantwort $x(t)$ eine linear mit der Zeit ansteigende Gerade.

$$x(t) = K_{IS} \cdot t \cdot y \qquad (14)$$

Übertragungsbeiwert

Der Faktor $K_{IS} \cdot t$ ist der Übertragungsbeiwert (Index I für I-Verhalten, S für Strecke) Er kann aus der Steigung der Kennlinie der Änderungs*geschwindigkeit* im Arbeitspunkt bestimmt werden. $K_{IS} \cdot t$ wächst über alle Grenzen.

Blocksymbol

Als Blocksymbol für den Wirkungsplan sind die Darstellungen aus Bild 52 gebräuchlich.

Bild 52. Blocksymbole für I-Strecken

Sprungantwort

Auf Grund des einfachen mathematischen Zusammenhangs lässt sich die Sprungantwort einer solchen Strecke leicht angeben (Bild 53).

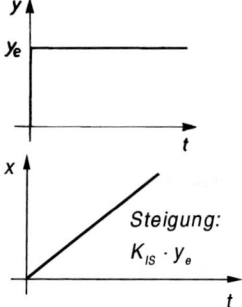

Bild 53. Sprungantwort einer I-Strecke

Frequenzgang

Es lässt sich zeigen, dass für den Frequenzgang $G(j\omega)$ einer I-Strecke gilt

$$\underline{G}(j\omega) = \dfrac{K_{IS}}{j\omega} = -j\dfrac{K_{IS}}{\omega} \qquad (15)$$

Damit ergibt sich die Ortskurve aus Bild 54. Sie ist rein imaginär.

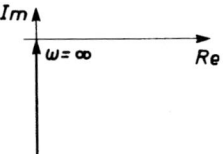

Bild 54. Ortskurve einer I-Strecke

Bode-Diagramm

Da für den Betrag des Frequenzganges $|G| = \dfrac{K_{IS}}{\omega}$

und für die Phasenverschiebung

$$\tan(\varphi) = \dfrac{\text{Im}(\underline{G})}{\text{Re}(\underline{G})} \to \infty, \text{ d.h. } \varphi = \dfrac{\pi}{2}$$

gilt, ergibt sich das Bode-Diagramm aus Bild 55.

2 Regelstrecken

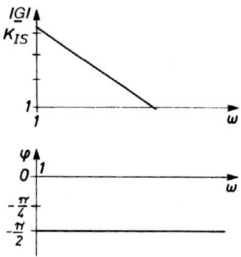

Bild 55. Bode-Diagramm einer I-Strecke

Regelstrecken ohne Ausgleich sind regeltechnisch labil. Ihre Regelung ist schwierig durchzuführen.

■ **Beispiel:**

der Berechnung für eine Niveauregelstrecke

Für die Niveauregelstrecke in Bild 56 werden die charakteristischen Größen und Diagramme ermittelt.
Behälterdurchmesser $d = 0,3$ m
Stellgröße $Q_{zu} = 3$ l/s
Regelgröße h: Füllhöhe

Wasserbehälter

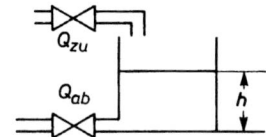

Bild 56. Niveauregelstrecke

Lösung:

Da hier über die Geometrie der Strecke der funktionelle Zusammenhang zwischen der Regelgröße h und der Stellgröße Q_{zu} bestimmbar ist, kann K_{IS} berechnet werden.

$$h = \frac{V}{A} = \frac{Q_{zu} \cdot t}{A} = \frac{1}{\pi \cdot \left(\frac{d}{2}\right)^2} \cdot Q_{zu} \cdot t =$$

$$= \frac{1}{\pi \cdot \left(\frac{0,3 \text{m}}{2}\right)^2} \cdot Q_{zu} \cdot t = \underbrace{14,15 \frac{1}{\text{m}^2}}_{K_{IS}} \cdot Q_{zu} \cdot t$$

Als Sprungantwort (Bild 57) ergibt sich damit

$$h(t) = K_{IS} \cdot Q_{zu} \cdot t = 14,15 \frac{1}{\text{m}^2} \cdot 3 \cdot 10^{-3} \frac{\text{m}^3}{\text{s}} \cdot t =$$

$$= 0,042 \frac{\text{m}}{\text{s}} \cdot t = 4,2 \frac{\text{cm}}{\text{s}} \cdot t$$

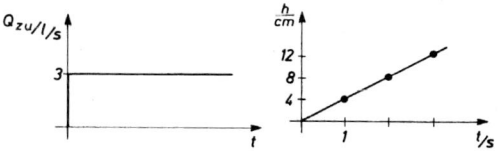

Bild 57. Sprungantwort der Niveauregelstrecke

Weitere Beispiele für I-Strecken

Motorgetriebene Spindel

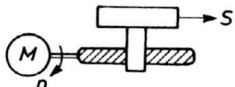

Bild 58. Motorgetriebene Spindel als I-Strecke

Eine motorgetriebenes Gewinde (Bild 58) bewegt einen Tisch.

Schlingenbahn

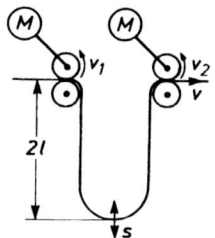

Bild 59. Schlingenbahn als I-Strecke

Schlingenregelung (Bild 59) von elastischen Stoffbahnen mit großem Durchhang.

2.4 Regelstrecken mit Verzögerung (PT_n-Strecken)

Die Antwort einer Strecke auf Veränderungen der Stellgröße verlaufen nur in Ausnahmefällen verzögerungsfrei. Ursache dafür sind Glieder, welche die Eigenschaft der Speicherung besitzen. Sie sorgen dafür, dass z.B. bei P-Strecken der neue Beharrungswert nicht sofort nach Änderung der Eingangsgröße voll erreicht wird, sondern dass sich die Regelgröße erst allmählich diesem Wert annähert.

Der Druckluftspeicher aus Bild 60 ist ein typisches Glied mit Verzögerungsverhalten. Der Druck im Behälter zeigt ein degressives Anstiegsverhalten. Die Ursache liegt in dem sich aufbauenden Gegendruck im Behälterinneren. Eingangsdruck und Innendruck gelangen ins Gleichgewicht.

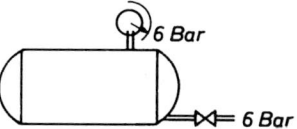

Bild 60. Druckluftspeicher

PT_1-Strecken

Strecken, die P-Verhalten zeigen und *ein* Speicherelement besitzen, werden als PT_1-Strecken bezeichnet. Ihre Sprungantwort $x(t)$ hat den Verlauf einer Exponentialfunktion und wird beschrieben durch

$$x(t) = K_{PS} \cdot y \cdot \left(1 - e^{\frac{t}{T_1}}\right) \tag{16}$$

Dabei ist T_1 eine Zeitkonstante, deren Wert aus dem Grafen der Sprungantwort abgelesen werden kann. T_1 ist die Zeit, nach der die Ursprungstangente an $x(t)$ den Beharrungswert $K_{PS} \cdot y$ erreicht.

Blocksymbol

Als Blocksymbol für den Wirkungsplan ist die Darstellung aus Bild 61 gebräuchlich.

Bild 61. Blocksymbol für PT$_1$-Strecken

Sprungantwort

Die Sprungantwort hat einen Verlauf, wie in Bild 62 dargestellt.

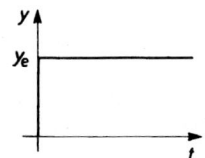

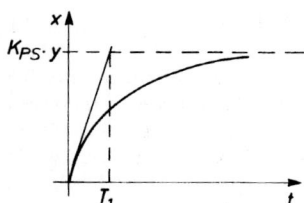

Bild 62. Sprungantwort einer PT$_1$-Strecke

Frequenzgang

Es lässt sich zeigen, dass für den Frequenzgang einer PT$_1$-Strecke gilt

$$\underline{G}(j\omega) = \frac{K_{PS}}{1 + j\omega T_1} \tag{17}$$

Damit ergibt sich die Ortskurve (Bild 63).

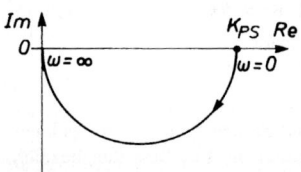

Bild 63. Ortskurve einer PT$_1$-Strecke

Bode-Diagramm

Mit dem Betrag des Frequenzganges $|\underline{G}|$
$= \dfrac{|K_{PS}|}{\sqrt{1 + \omega^2 T_1^2}}$ und der Phasenverschiebung

$\varphi = \arctan\left(-\dfrac{1}{\omega T_1}\right)$ ergibt sich das Bode-Diagramm (Bild 64).

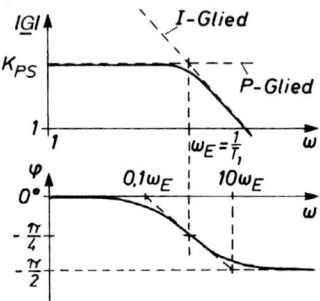

Bild 64. Bode-Diagramm einer PT$_1$-Strecke

■ **Beispiel**

für die Berechnung bei der Aufladung eines Kondensators

Für den Ladevorgang beim Kondensator sollen die charakteristischen Größen berechnet werden.

Lösung

Der Ladevorgang eines Kondensators (Bild 65) an Gleichspannung zeigt PT$_1$-Verhalten

$$U_C = U_0 \left(1 - e^{-\frac{t}{RC}}\right) \tag{18}$$

Man sieht, dass der Übertragungsbeiwert K_{PS} in diesem Falle gleich 1 ist. Die Zeitkonstante T_1 ist gleich RC. In der Elektrotechnik wird diese Zeitkonstante oft mit τ abgekürzt.

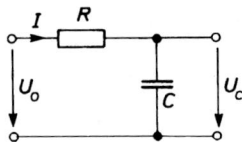

Bild 65. Ladevorgang beim Kondensator
$K_{PS} = 1$
$T_1 = \tau = RC$

Für $C = 5\ \mu F$, $R = 20\ k\Omega$, $U_0 = 100\ V$ erhält man
$T_1 = RC = 20\ k\Omega \cdot f\ \mu F = 20 \cdot 10^3\ \Omega \cdot 5 \cdot 10^{-6}\ F = 0.1\ s$
Wird eine sinusförmige Eingangsspannung
$U_0 = \hat{U}_0 \sin(\omega t)$
angelegt, so wird er Frequenzgang

$$\underline{G}(j\omega) = \frac{1}{1 + j\omega T_1} = \frac{1}{1 + j\omega \cdot 0{,}1\,s} = \frac{1 - j\omega \cdot 0{,}1\,s}{1 + \omega^2 \cdot 0{,}01\,s^2} =$$

$$= \frac{1}{1 + \omega^2 \cdot 0{,}01\,s^2} - \frac{\omega \cdot 0{,}1\,s}{1 + \omega^2 \cdot 0{,}01\,s^2}$$

also $\text{Re}(\underline{G}) = \dfrac{1}{1+\omega^2 \cdot 0{,}01\,\text{s}^2}$

$\text{Im}(\underline{G}) = \dfrac{\omega \cdot 0{,}1\,\text{s}}{1+\omega^2 \cdot 0{,}01\,\text{s}^2}$

Damit lässt sich die Ortskurve in Bild 67 konstruieren. Um das Bode-Diagramm zeichnen zu können, wird der Betrag und der Winkel benötigt:

$|\underline{G}| = \sqrt{[\text{Re}(\underline{G})]^2 + [\text{Im}(\underline{G})]^2}$

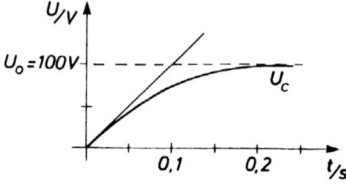

$= \dfrac{1}{\sqrt{1+\omega^2 \cdot 0{,}01\text{s}^2}}$

$\varphi = -\arctan(\omega \cdot 0{,}1\,\text{s})$

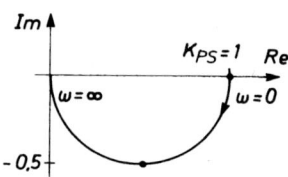

Bild 66. Sprungantwort bei der Kondensatoraufladung

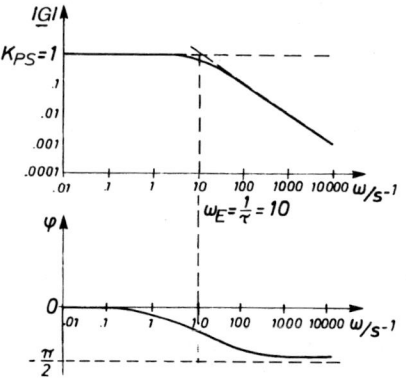

Bild 67. Ortskurve bei der Kondensatoraufladung

Bild 68. Bode-Diagramm bei der Kondensatoraufladung

Weitere Beispiele für PT$_1$-Strecken

Feder mit Dämpfung (ohne Masse)

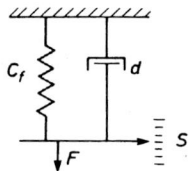

Bild 69. Feder-Dämpfungs-System als Beispiel für eine PT$_1$-Strecke

Feder mit Dämpfung und vernachlässigbar kleiner Masse (Bild 69).

$s = \dfrac{F}{c_\text{f}}\left(1 - e^{-t \cdot T_1}\right) \text{ mit } T_1 = \dfrac{d}{c_\text{f}}$

Stoffbahn

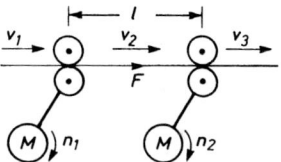

Bild 70. Bandzug einer Stoffbahn als Beispiel für eine PT$_1$-Strecke

Regelung des Bandzuges einer Stoffbahn (Bild 70) zwischen zwei angetriebenen Klemmstellen bei $v_1 \approx v_2 \approx v_3 =: v$.

$F = \dfrac{\varepsilon \cdot v_\text{nenn} \cdot \Delta n}{v \cdot F_\text{nenn}}\left(1 - e^{-\tfrac{t}{T}}\right) \text{ mit } T = \dfrac{1}{v}$

$\Delta n = n_2 - n_1$ und einer Materialkonstanten ε.

PT$_2$-Strecken

Schalten wir zwei Speicherglieder in Reihe hintereinander, so ändert sich die Sprungantwort in grundlegender Weise (Bild 71). Die Strecke reagiert nun mit einem zunächst schwachen, dann zunehmend steiler werdenden Anstieg ihrer Ausgangsgröße im Zeitverlauf. Sie zeigt in dieser ersten Phase einen *progressiven Anstieg*. Nach einem Abschnitt des Steilanstiegs jedoch kehrt sich die Tendenz um. Die Funktion gewinnt zwar weiterhin an Höhe, sie steigt noch an, jedoch der Anstieg flacht ab, wird *degressiv*.
Der Punkt der Tendenzwende vom progressiven zum degressiven Verlauf heißt *Wendepunkt,* die durch ihn gelegte Tangente *Wendetangente.*

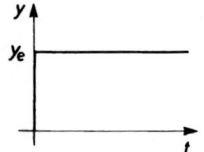

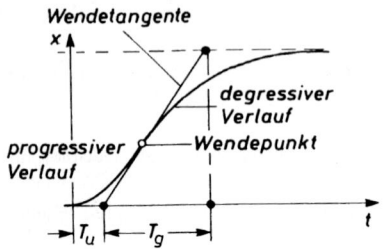

Bild 71. Sprungantwort bei einer PT$_2$-Strecke (T_u heißt *Verzugszeit*, T_g heißt *Ausgleichzeit*)

Als Blocksymbol für den Wirkungsplan ist die Darstellung aus Bild 72 gebräuchlich.

Bild 72. Blocksymbol für PT$_2$-Strecken

Beispiele für PT$_2$-Strecken

In Bild 73 - Bild 75 findet man weitere Beispiele für PT$_2$-Strecken.

Mechanisches System

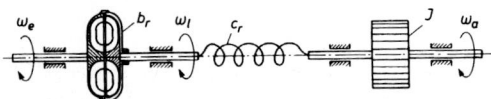

Bild 73. Mechanisches System als Beispiel für eine PT$_2$-Strecke

Druckspeicher

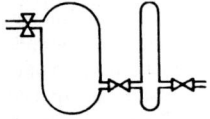

Bild 74. Druckspeicher als Beispiel für eine PT$_2$-Strecke

RLC-Kreis

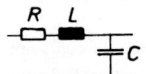

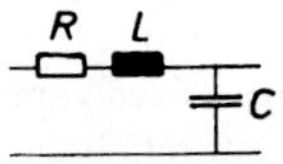

Bild 75. RLC-Glied als Beispiel für eine PT$_2$-Strecke

2.5 Regelstrecken mit Totzeit (T_t-Strecken)

Bei einem Totzeitglied ist die Sprungantwort x um die Totzeit T_t gegenüber dem Eingangssprung y verschoben.

$$x(t) = \begin{cases} 0 & \text{für } t \leq T_t \\ K_s \cdot y & \text{für } t > T_t \end{cases} \quad (19)$$

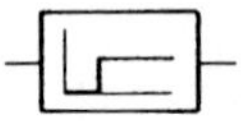

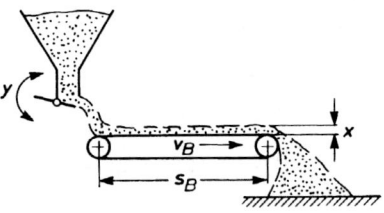

Bild 76. Blocksymbol einer T_t-Strecke

Als Blocksymbol für den Wirkungsplan ist die Darstellung aus Bild 76 gebräuchlich.

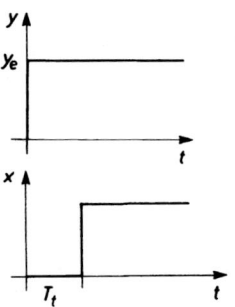

Bild 77. PT$_t$-Strecke

Sprungantwort

Die Sprungantwort hat einen Verlauf, wie in Bild 78 dargestellt.

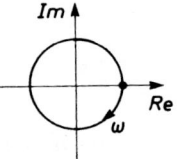

Bild 78. Sprungantwort bei einer PT$_t$-Strecke

Frequenzgang

Es lässt sich zeigen, dass für den Frequenzgang gilt

$\underline{G}(j\omega) = e^{-j\omega T_t}$

Damit ergibt sich die Ortskurve (Bild 79).

Bild 79. Ortskurve einer T_t-Strecke

Bode-Diagramm

Mit dem Betrag des Frequenzganges $|\underline{G}| = 1$ und der Phasenverschiebung $\varphi = -\omega T_t$ ergibt sich das Bode-Diagramm (Bild 80).

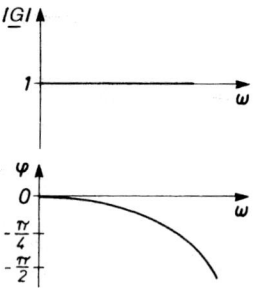

Bild 80. Bode-Diagramm einer T_t-Strecke

Ordnungszahl und Regelbarkeit

Das entscheidende Kriterium für die Regelbarkeit von Strecken höherer Ordnung ist das Verhältnis

$$\frac{\text{Ausgleichszeit}}{\text{Verzugszeit}} = \frac{T_g}{T_u} \qquad (20)$$

Je größer dieses Verhältnis ist, desto besser ist die Strecke regelbar. Generell gilt:

$$T_g/T_u \begin{cases} >5 & \text{gut regelbar} \\ 2,5...5 & \text{mäßig regelbar} \\ 1,2...2,5 & \text{schlecht regelbar} \\ <1,2 & \text{sehr schlecht regelbar} \end{cases} \qquad (21)$$

Von der Formulierung her gelten diese Regeln nur für PT_n-Strecken, denn nur dort tauchen die Parameter T_g und T_u auf. Eine PT_0-Strecke lässt sich aber als Grenzfall einer PT_n-Strecke auffassen, dann erhält man $T_g = 0$ und $T_u = 0$. Eine PT_1-Strecke ist ebenfalls als Grenzfall mit $T_g = 0$ und $T_u = T_1$. Damit sind diese beiden Strecken sehr gut regelbar. Bei einer PT_t-Strecke kann die dort auftretende Totzeit und die Verzugszeit zu T_u zusammengefasst werden. Damit gelten die Formeln auch für diesen Fall.

Diagnose der Regelstrecke

Das Studium der zu regelnden Anlage (Bild 81) ist sowohl für den Regeltechniker als auch für den Anwender eine besonders wichtige Aufgabe.

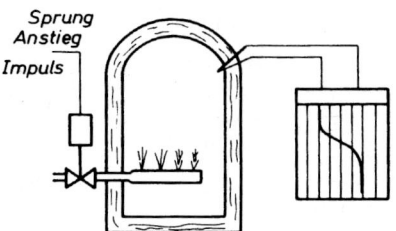

Bild 81. Die Aufnahme der Sprungantwort liefert die Diagnose

Folgende Fragen helfen, die richtige Diagnose zu finden:

1. Wie antwortet die Strecke auf einen Eingangssprung, einen Eingangsanstieg und einen Eingangsimpuls?
2. Sind Totzeiten vorhanden, und wie können diese gegebenenfalls verringert werden? Ist es beispielsweise möglich, den Abstand zwischen Messglied und Stellglied klein zu halten? Können Messglieder mit kleinen Ansprechzeiten eingesetzt werden?
3. Strebt die Regelgröße nach der Eingangsänderung einem neuen Beharrungswert zu, und hat die Strecke somit einen selbstregulierenden Charakter?
4. Neigt die Strecke zur Instabilität oder gar zur Schwingung?

■ **Beispiel:**
für die Analyse einer Regelstrecke

Die Regelstrecke im Bild 17 soll exemplarisch analysiert werden.

Lösung:
Zur klassischen Regelstrecke von Bild 17 gehören das Regelventil (Nenngröße, theoretische Regelqualität), die Leitungen zum Zylinder (Querschnitt, Länge, Elastizitätsmodul der Schläuche), der Zylinder (Hub, Durchmesser, Befestigung, Elastizitätsmodul). Jedoch haben auch die anderen Komponenten Einfluss auf das Verhalten der Strecke:

- Versorgung (Aggregattyp, Speicheranlage, verwendetes Öl)
- Rohrleitungen zum Hydraulikventil
- Messsystem (Rückführung, Druck, Lage, Qualität der Messung)
- Elektronischer Regler selbst
- Werkstück (Art der Gegenkraft, äußere Störungen)

Die Gruppe der Parameter, auf die Einfluss genommen werden kann, wird in die Art der Strecke aufgenommen. Die anderen werden zu einer Störgröße zusammengefasst, und nur der Störbereich wird berücksichtigt.

Tabelle 2. Übersicht Regelstrecken

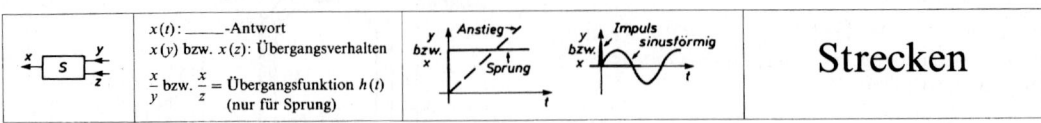

		Strecken ohne Totzeit					Strecke mit Totzeit
	Strecke ohne Ausgl.	Strecken mit Ausgleich					
	Strecken ohne Verzögerung		Strecken mit Verzögerung				
	I	PT_0	PT_1	PT_2	PT_n		$PT_2 T_t$ (z. B.)
Beispiel					n Speicher		–
Sprung-antwort (z. B. vom x-t-Schreiber)							
Sprung-antwort	$x = K_{IS} \cdot t \cdot y$ $(x = K_{IS} \cdot \int y \, dt)$	$x = K_{PS} \cdot y$	$x = K_{PS} \cdot y \left(1 - e^{-\frac{t}{T_1}}\right)$		kompliziert bis unbrauchbar		
Kennzeich-nende Parameter	$\underbrace{K_{TS} \cdot t \to \infty}_{\text{Übertragungsbeiwert}}$		Übertragungsbeiwert K_{PS} Zeitkonstante T_1	Verzugszeit T_u Ausgleichszeit T_g jeder Speicher erhöht die Ordnungszahl			Totzeit T_t
Regelbar-keit	–	$T_u = 0$ $T_g = 0$	$T_u = 0$ $T_g \leftarrow T_1$	$\dfrac{T_g}{T_u} \begin{cases} >5 & \text{gut} \\ 2{,}5\ldots 5 & \text{mäßig} \\ 1{,}2\ldots 2{,}5 & \text{schlecht} \\ <1{,}2 & \text{sehr schlecht} \end{cases}$			$T_u \leftarrow T_u' + T_t$
Block-symbol							
Kenn-linien	$K_{IS} = \dfrac{\Delta \dot{x}}{\Delta y}$		$K_{PS} = \dfrac{\Delta x}{\Delta y}$				
Bemer-kungen	IT_0, IT_1, IT_2			schwingendes Verhalten möglich			
Frequenz-gang	$\underline{G}(j\omega) = -j\dfrac{K_{IS}}{\omega}$	$\underline{G}(j\omega) = K_{PS}$	$\underline{G}(j\omega) = \dfrac{K_{PS}}{1 + j\omega T_1}$			kompliziert bis unbrauchbar	
Orts-kurve							
Bode-Diagramm							

3 Regler

In einer Analogie kann man die Strecke als „Patient" und den Regelungstechniker als „Arzt" ansehen. Die „Diagnose" in Form der Klassifizierung und Parameteridentifizierung der Strecke ist geschehen. Nun interessiert die Frage, welche Mittel zur „Therapie" zur Verfügung stehen. Oder: Welche Typen von Reglern gibt es?

Streng genommen muss zwischen dem Regler und dem Regelglied getrennt werden (Bild 82). In den allermeisten Fällen bilden jedoch Regelglied und Vergleicher eine Einheit, sodass man vom Reglerverhalten sprechen kann, obwohl eigentlich nur das des Regelgliedes gemeint ist.

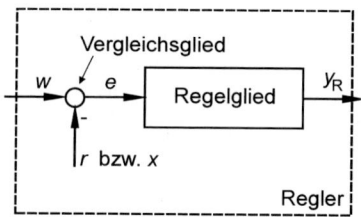

Regeldifferenz $e = w - x$

Bild 82. Funktionsblöcke eines Reglers

3.1 Einteilung der Regler

Die Übersicht in Bild 83 beschreibt nur eine mögliche Einteilung der Grundtypen. Weitere Klassifizierungsmerkmale sind möglich und auch üblich. Beeinflusst die Regelabweichung die Stellgröße direkt, so handelt es sich um einen Regler ohne Hilfsenergie. Diese kostengünstige Anordnung ist nur für kleine Stellleistungen, -kräfte und -geschwindigkeiten geeignet.

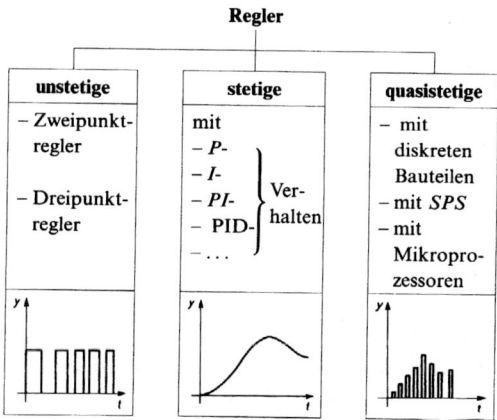

Bild 83. Einteilung von Reglern

Unstetige Regler üben die Stellfunktion in einer Folge von Energieimpulsen, von Einwirkzeiten mit festliegender Energiehöhe jedoch begrenzter Einwirkdauer aus. Sie werden auch schaltende Regler genannt und im technischen Alltag sehr häufig eingesetzt.

Unstetige Regler sind normalerweise weniger aufwändig im Aufbau und in der Wartung als stetige. Stetigkeit im allgemeinen Sinne kennzeichnet den kontinuierlichen Verlauf eines Prozesses, einer Handlung, einer Änderung. Unstetigkeit dagegen kennzeichnet einen Verlauf, der sich in Schritten vollzieht.

3.2 Unstetige Regler am Beispiel des Zweipunktreglers

Die in der Hausgeräte- und Heizungstechnik dominierenden Zweipunktregler weisen nur zwei Werte der Stellgröße auf, die Werte *Ein* und *Aus*. Kennzeichnend für ein derartiges Stellverhalten sind die Stellglieder Kontaktschalter und Magnetventil. Unter den Sammelbegriff Kontaktschalter fallen hier Grenzsignalgeber, Relais und Schaltschütze. Sie alle haben eine Gemeinsamkeit, sie operieren nicht mit Zwischenstellungen. Zweipunktregler (Bild 84 und Bild 85) sind billig und anspruchslos. Nachteilig ist der stoßartige Betrieb mit dem sprunghaften Einschalten der vollen Höhe der Stellenenergie sowie das unvermeidbare Schwanken des Istwertes um den Sollwert. Der Zweipunktregler schaltet nicht zum selben Wert der Regelgröße ein oder aus. Die Differenz der Werte der Eingangsgröße, bei denen sich die Ausgangsgröße ändert, nennt man **Schaltdifferenz** x_{sd}.

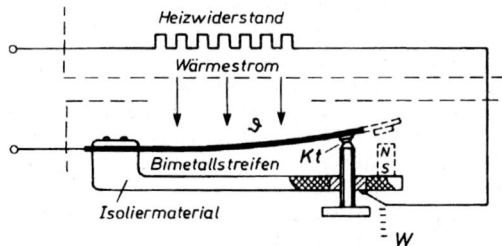

Bild 84. Bimetallschalter als Zweipunktregler

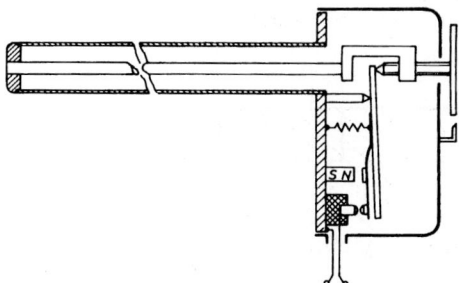

Bild 85. Stab-Temperaturregler

Trägheit und Beharrungsvermögen führen bei umkehrbaren Vorgängen oft dazu, dass zwischen dem zurückschreitenden und dem vorwärts schreitenden Teil des Gesamtvorganges eine Differenz entsteht, obwohl der geometrische Verlauf zumindest Ähnlichkeit aufweist.

Das bekannteste Beispiel hierfür ist der Ummagnetisierungsvorgang mit der Richtungsumkehr im Wechselstrom. Dabei ist der Hystereseverlust durch die Größe der umschriebenen Fläche gekennzeichnet (Bild 86).

Bei unstetigen Reglern entsteht die Hysterese durch die Umkehr des Schaltvorganges. Sie ist die richtungsbedingte Differenz der Eingangssignale, bei denen das Ausgangssignal von Ein nach Aus und von Aus nach Ein springt.

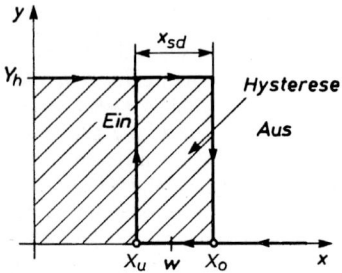

Bild 86. Kennlinie eines Zweipunktreglers

Je größer die geregelte Last ist, umso stärker wirkt sich beim Ein-Aus-Verfahren der stoßartige Betrieb aus. Für die Schalteinrichtung bedeutet das ein häufiges Einschalten der vollen Last und für die Regelgröße eine große Schwankungsbreite.

Bei großen Anlagen ist es vorteilhaft, nur den für die Lastschwankung vorausschaubar in Betracht kommenden Anteil im Zweipunktverfahren zu regeln und den größten Anteil der Last als Grundlast einfach durchlaufen zu lassen (Bild 87).

Wichtig ist dabei die Wahl des Anteils der Grundlast. Wählt man diesen Anteil zu groß, so können größere Störungen nicht mehr ausgeregelt werden. Bei zu kleiner Grundlast entfällt weitgehend der beabsichtigte Effekt.

Als Blocksymbol für den Wirkungsplan ist die Darstellung aus Bild 88 gebräuchlich.

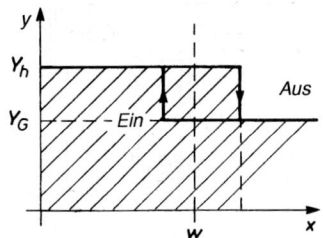

Bild 87. Zweipunktregler mit Grundlast

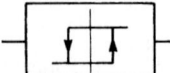

Bild 88. Blocksymbol eines Zweipunktreglers

3.3 Stetige Regler

Praktische Technik ist stets ein Kompromiss zwischen der Forderung nach höchster Präzision in der Erfüllung der gegebenen Aufgabe und dem wirtschaftlich vertretbaren Maß des Aufwands. Die Anwendung einer unstetigen Regelung ist immer eine derartige Kompromisslösung. Die Schwankungsbreite wird innerhalb der vertretbaren Grenzen hingenommen.

Nach der Art des regelnden Eingreifens unterscheiden sich die stetigen Regler in grundlegender Weise. Da gibt es zum Beispiel eine Gruppe, die sehr schnell auf jede Änderung in der Strecke reagiert, dabei jedoch keine höchste Präzision in der Erreichung des Sollwertes erzielt. Eine andere Gruppe benötigt eine verhältnismäßig große Operationszeit, um dann aber auch ein sehr genaues Resultat zu bringen. Optimale Ergebnisse lassen sich oft nur durch die Kombination der Arten unter Inkaufnahme eines beträchtlichen gerätetechnischen Aufwandes erzielen.

Regler mit P-Verhalten

Der mathematisch einfachste Regler besitzt eine Stellgröße y, die mit dem Proportionalitätsfaktor K_{PR} proportional zur Regeldifferenz e ist:

$$y = K_{PR} \cdot e. \tag{22}$$

Übertragungsbeiwert

Der Proportionalitätsfaktor K_{PR} ist der Übertragungsbeiwert. Er kann aus der Steigung der Kennlinie bestimmt werden.

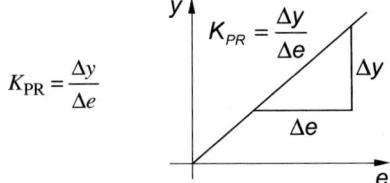

Bild 89. Kennlinie eines P-Reglers

Blocksymbol

Als Blocksymbol für den Wirkungsplan ist die Darstellungen aus Bild 90 gebräuchlich.

Bild 90. Blocksymbole für P-Regler

Sprungantwort

Auf Grund des einfachen mathematischen Zusammenhangs lässt sich die Sprungantwort eines P-Reglers leicht angeben (Bild 91).

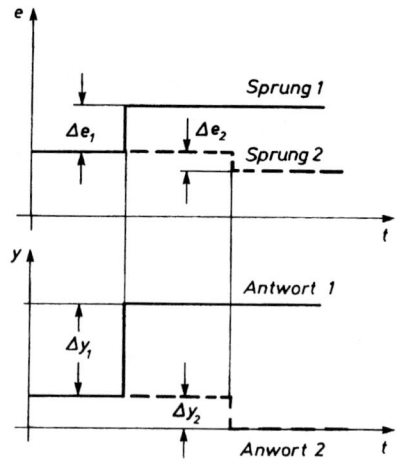

$$K_{PR} = \frac{\Delta y_1}{\Delta e_1} = \frac{\Delta y_2}{\Delta e_2}$$

Bild 91. Sprungantwort eines P-Reglers

Frequenzgang

Es lässt sich zeigen, dass für den Frequenzgang einer P-Strecke gilt

$$\underline{G}(j\omega) = K_{PR} \,. \tag{23}$$

Damit ergibt sich die Ortskurve (Bild 92). Sie ist zu einem Punkt entartet.

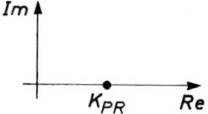

Bild 92. Ortskurve einer P-Strecke

Bode-Diagramm

Weil für den Betrag der Frequenzantwort $|\underline{G}| = K_{PR}$ und für die Phasenverschiebung $\varphi = 0$ gilt, ergibt sich das Bode-Diagramm (Bild 93).

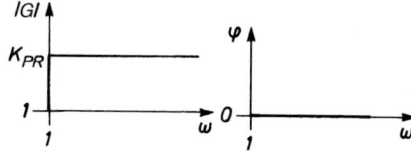

Bild 93. Bode-Diagramm einer P-Strecke

Der klassische Regler mit P-Verhalten ist der von *James Watt* zuerst angewendete Fliehkraftregler. Die Regelgröße ist die geradlinige Hubbewegung der Gleithülse. Zwischen beiden besteht eine feste Beziehung. Jeder Wellendrehzahl entspricht eine bestimmte Lage der Fliehkraftpendel und dieser wiederum eine ganz bestimmte Stellung der Gleithülse.

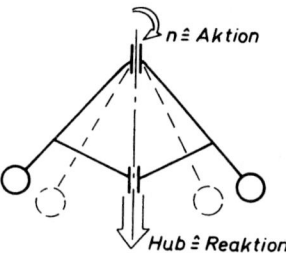

Bild 94. P-Regler von James-Watt

Proportionalbereich / Stellbereich

Jeder P-Regler arbeitet nur in einem gewissen Bereich proportional. Dies wird deutlich bei der Niveauregelung (Bild 95 und Bild 96).
Der Bereich des Niveaustandes, der durchfahren werden muss, um den Schieber zwischen den Stellungen *geschlossen* und *voll geöffnet* zu bewegen, ist der Proportionalbereich X_p. Innerhalb dieses Bereiches ändert sich die Stellgröße (Stellbereich Y_h) proportional zur Änderung der Regelgröße.

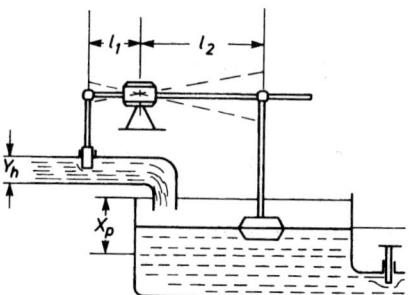

Bild 95. Niveauregelung mit großem Proportionalbereich

Bei großem Proportionalbereich greift der Regler schwach ein.
Bei kleinem Proportionalbereich greift der Regler stark ein.
Sind der Proportionalbereich X_p bzw. der Stellbereich Y_h bekannt bzw. durch die Regelaufgabe vorgegeben, so kann der Übertragungsbeiwert K_{PR} berechnet werden durch

$$K_{PR} = \frac{Y_h}{X_p} \,. \tag{24}$$

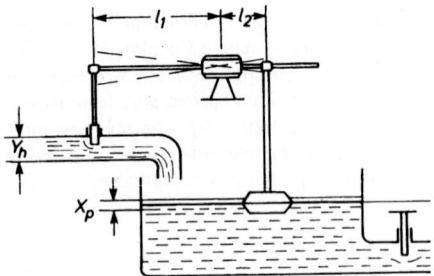

Bild 96. Niveauregelung mit kleinem Proportionalbereich

Weitere Beispiele für P-Regler

In Bild 97 und Bild 98 findet man weitere Beispiele für P-Regler.

Elektronisch

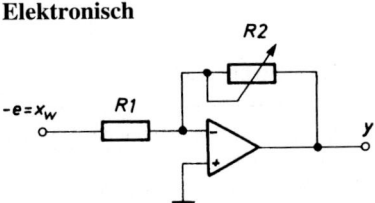

Bild 97. Operationsverstärker als Beispiel für einen P-Regler

Mechanisch

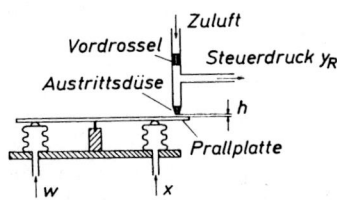

Bild 98. Prallplatte als Beispiel für einen P-Regler

Abweichungen von der idealen Kennlinie in der Praxis

In der Praxis weichen die Regler von den idealen Kennlinien (Bild 99) ab. Das wird u.a. an dem Druckbegrenzungsventil, welches zur Regelung des Drucks (vgl. Bild 17) eingesetzt wird, deutlich.

Der Öffnungsdruck eines Druckbegrenzungsventils sollte möglichst unabhängig vom jeweiligen Durchfluss-Strom konstant bleiben. Ideal wäre also eine waagerechte Kennlinie. Allerdings werden mit steigendem Durchfluss Widerstände wirksam, die sich zum Einstelldruck addieren und die Regelkennlinie steigen lassen. Das Ventil kommt schließlich in den Sättigungsbereich ③, in dem es nicht eingesetzt wer-

den sollte. Vorgesteuerte Druckbegrenzungsventile haben einen flacheren Verlauf der Kennlinien ① als direkt gesteuerte Ventile ②. Erkauft wird dies mit einem höheren minimalen Ansprechdruck bei den vorgesteuerten Ventilen durch die Federspannung der Hauptstufe. In Anlagen, in denen keine großen Volumenströme und große Druckschwankungen zu erwarten sind, reicht der Einsatz eines nicht vorgesteuerten Druckbegrenzungsventil, da man stets den Proportionalbereich auswählen kann.

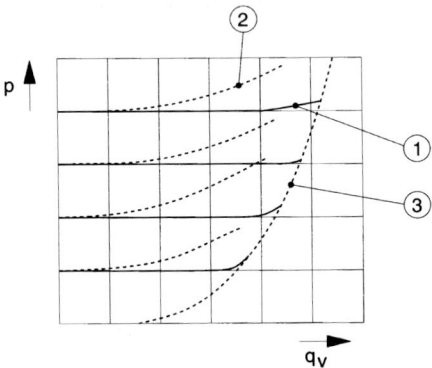

Bild 99. Kennlinien von Druckbegrenzungsventilen

Regler mit I-Verhalten

Beim Regler mit I-Verhalten ist die Stellgröße proportional zur Fläche, welche die Regeldifferenz e in einer bestimmten Zeitspanne t bildet.
Für konstante Regeldifferenzen gilt die vereinfachte Formel

$$y = K_{IR} \cdot e \cdot t \tag{25}$$

$K_{IR} \cdot t$ ist der Übertragungsbeiwert K. Er wächst für $t \to \infty$ über alle Grenzen. Als Sprungantwort erhält man daher Bild 100.

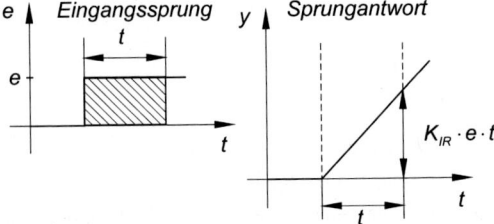

Bild 100. Sprungantwort eines I-Reglers

Frequenzgang

Es lässt sich zeigen, dass für den Frequenzgang des I-Reglers gilt

$$\underline{G}(j\omega) = \frac{K_{IR}}{j\omega} = -j\frac{K_{IR}}{\omega} \tag{26}$$

Die Funktion ist rein imaginär, d.h. die Ortskurve sieht wie Bild 101 aus.

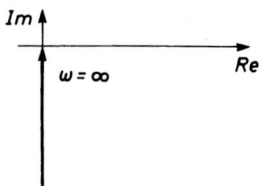

Bild 101. Frequenzgang eines I-Reglers

Bode-Diagramm

Mit dem Betrag des Frequenzganges

$$|\underline{G}| = \frac{K_{IR}}{\omega}$$

und der Phasenverschiebung φ mit

$$\tan(\varphi) = \frac{\mathrm{Im}(\underline{G})}{\mathrm{Re}(\underline{G})} \to -\infty$$

$$\Rightarrow \varphi = \frac{\pi}{2}$$

ergibt sich das Bode-Diagramm (Bild 102).

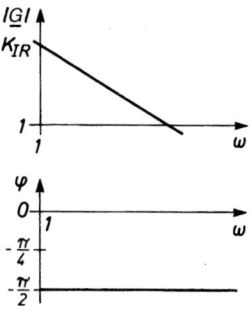

Bild 102. Bode-Diagramm eines I-Reglers

Blocksymbol

Als Blocksymbol für den Wirkungsplan ist die Darstellung aus Bild 103 gebräuchlich.

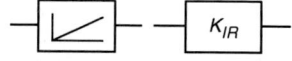

Bild 103. Blocksymbol für I-Regler

Beispiele für I-Regler

In Bild 104 und Bild 105 findet man Beispiele für I-Regler.

Elektronisch

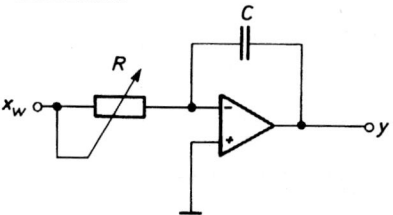

Bild 104. Operationsverstärker als Beispiel für einen I-Regler

Motorgetriebenes Ventil

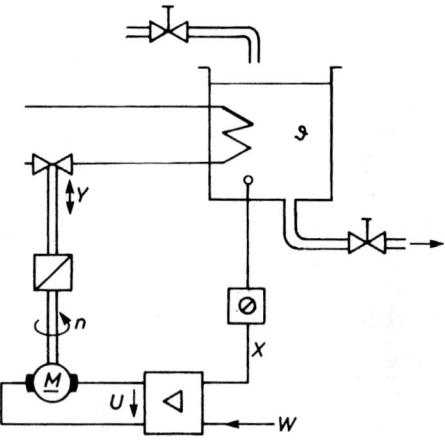

Bild 105. Motorgetriebenes Ventil als Beispiel für einen I-Regler

Regler mit D-Verhalten

Beim Regler mit D-Verhalten ist die Stellgröße proportional zur *Änderungsgeschwindigkeit* v_e der Regeldifferenz e. Für diese Geschwindigkeit gilt $v_e = \Delta e/\Delta t$. Deshalb gilt:

$$y = K_{DR} \cdot \frac{\Delta e}{\Delta t} \qquad (27)$$

wobei K_{DR} der Übertragungsbeiwert ist.

Bei einem Eingangssprung ist die Änderungsgeschwindigkeit nur bei $t = 0$ von Null verschieden, d.h., es ergibt sich die *ideale* Sprungantwort (Bild 106) als Impuls der Breite 0.
In der Realität ergibt sich aber immer eine „abgerundete" Kurve (Bild 107). Ein Maß für die Steilheit des Abfalls ist die Zeitkonstante T_D. Im idealen Falle gilt für die Zeitkonstante $T_D = 0$.
Der Vorteil des D-Reglers liegt im schnellen Reagieren, da er änderungsgeschwindigkeitsabhängig ist.

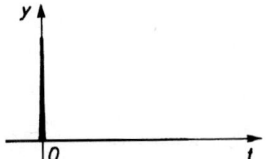

Bild 106. Ideale Sprungantwort eines D-Reglers

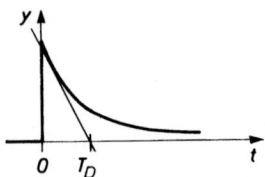

Bild 107. Reale Sprungantwort eines D-Reglers

Frequenzgang

Es lässt sich zeigen, dass für den Frequenzgang des D-Reglers gilt

$$\underline{G}(j\omega) = j \cdot \omega \cdot K_{DR}. \tag{28}$$

Die Funktion ist rein imaginär, d.h. die Ortskurve sieht wie in Bild 108 aus.

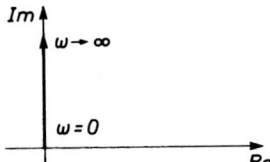

Bild 108. Frequenzgang eines D-Reglers

Bode-Diagramm

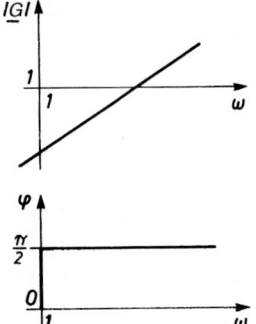

Bild 109. Bode-Diagramm eines D-Reglers

Mit dem Betrag des Frequenzganges

$$|\underline{G}| = \omega \cdot K_{DR}$$

und der Phasenverschiebung φ mit

$$\tan(\varphi) = \frac{\text{Im}(\underline{G})}{\text{Re}(\underline{G})} = \frac{\omega \cdot K_{DR}}{0} \to -\infty$$

$$\Rightarrow \varphi = \frac{\pi}{2}$$

ergibt sich das Bode-Diagramm (Bild 109).

Blocksymbol

Als Blocksymbol für den Wirkungsplan ist die Darstellung aus Bild 110 gebräuchlich.

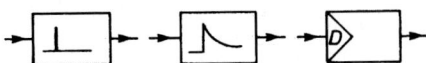

Bild 110. Blocksymbol für D-Regler

Regler mit PID-Verhalten

Regler mit PID-Verhalten vereinigen die Vorteile des P-Gliedes (Genauigkeit), des I-Gliedes (keine bleibende Regelabweichung) und des D-Gliedes (Schnelligkeit). Sie sind aber schwerer zu handhaben. Der PID-Regler wird gebildet aus einer Parallelschaltung von P-, I- und D-Regler (Bild 111).

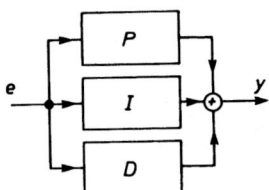

Bild 111. PID-Regler als Parallelschaltung

Die Gleichung für die Sprungantwort lässt sich mit den Formeln (22), (25) und (27) herleiten aus

$$y = y_P + y_I + y_D = K_{PR} \cdot e + K_{IR} \cdot e \cdot t + K_{DR} \cdot \frac{e}{t} =$$

$$= K_{PR} \cdot \left[1 + \frac{K_{IR}}{K_{PR}} \cdot t + \frac{K_{DR}}{K_{PR} \cdot t}\right] \cdot e \tag{29}$$

mit den Abkürzungen

$$\frac{K_{PR}}{K_{IR}} = T_n \quad \text{und} \quad \frac{K_{DR}}{K_{PR}} = T_v \tag{30) und (31}$$

gilt

$$y = K_{PR} \cdot \left[1 + \frac{1}{T_n} \cdot t + \frac{T_v}{t}\right] \cdot e. \tag{32}$$

T_n wird Nachstellzeit und T_v wird Vorhaltezeit genannt.

Dabei ist T_n diejenige Zeitspanne (Bild 112), welche bei der Sprungantwort benötigt wird, um auf Grund der I-Wirkung eine gleich große Stellgrößenänderung zu erreichen, wie sie infolge des P-Anteils entsteht. Und T_v ist diejenige Zeitspanne, um welche die Anstiegsantwort eines PD-Reglers einen bestimmten Wert der Stellgröße früher erreicht, als er infolge seines P-Anteils alleine erreichen würde.

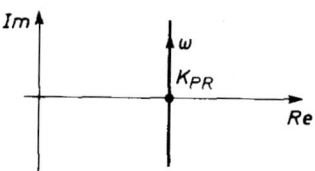

Bild 113. Frequenzgang eines PID-Reglers

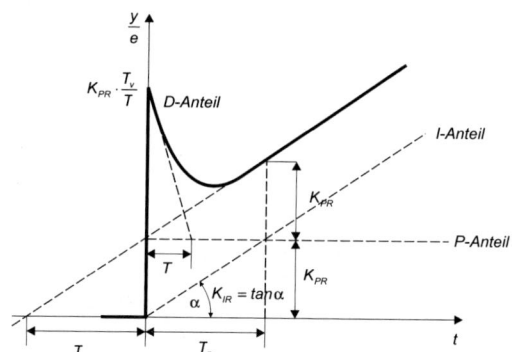

Bild 112. Übergangsfunktion eines PID-Reglers (real)

Frequenzgang

Es lässt sich zeigen, dass für den Frequenzgang des PID-Reglers gilt

$$\underline{G}(j\omega) = \underline{G}_P + \underline{G}_I + \underline{G}_D$$

$$= K_{PR} - j\frac{K_{IR}}{\omega} + j\omega K_{DR}$$

$$= K_{PR}\left[1 + j\left(\frac{K_{DR}}{K_{PR}}\omega - \frac{K_{IR}}{K_{PR}}\cdot\frac{1}{\omega}\right)\right]$$

Und mit den Abkürzungen von oben gilt

$$\underline{G}(j\omega) = K_{PR}\left[1 + j\left(T_v\omega - \frac{1}{T_n\omega}\right)\right]. \quad (33)$$

Da der Realteil konstant ist, ergibt sich eine Parallele zur *Im*-Achse als Ortskurve (Bild 113), welche die *Re*-Achse bei K_{PR} schneidet.

Bode-Diagramm

Mit dem Betrag des Frequenzganges

$$|\underline{G}(j\omega)| = K_{PR}\sqrt{1 + \left(T_v\omega - \frac{1}{T_n\omega}\right)^2}$$

und Phasenverschiebung φ mit

$$\tan(\varphi) = \frac{\text{Im}(\underline{G})}{\text{Re}(\underline{G})} = T_v\omega - \frac{1}{T_n\omega} \quad (34)$$

$$\Rightarrow \varphi = \arctan\left(T_v\omega - \frac{1}{T_n\omega}\right)$$

ergibt sich das Bode-Diagramm (Bild 114).

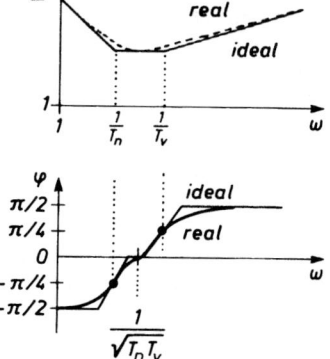

Bild 114. Bode-Diagramm eines PID-Reglers

Blocksymbol

Als Blocksymbol für den Wirkungsplan ist die Darstellung aus Bild 115 gebräuchlich.

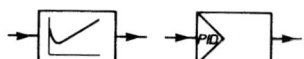

Bild 115. Blocksymbol für PID-Regler

Beispiele für PID-Regler

In Bild 116 und Bild 117 findet man Beispiele für PID-Regler.

Elektronisch

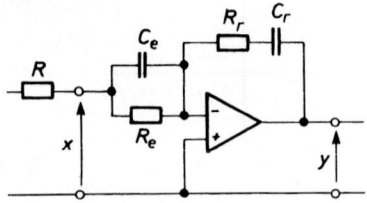

Bild 116. Operationsverstärker als Beispiel für einen PID-Regler

$$K_{PR} = \frac{R_r}{R_e}$$
$$T_n = R_r \cdot C_r$$
$$T_v = R_r \cdot C_e$$

Motorgetriebenes Ventil

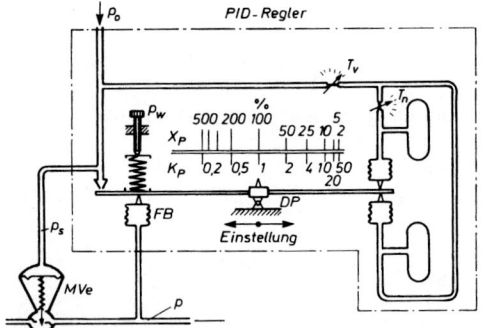

Bild 117. Motorgetriebenes Ventil als Beispiel für einen PID-Regler

Pneumatischer Druckregler mit verzögerter und nachgebender Rückführung zum Erzeugen des PID-Verhaltens.

■ **Beispiel:**
für die Berechnung der Kenngrößen eines PID-Reglers
Ein PID-Regler hat die Konstanten $K_{PR} = 0{,}225$, $K_{IR} = 5$ s^{-1}, $K_{DR} = 1{,}25$ ms. Die zugehörigen Kenngrößen sollen berechnet werden.

Lösung:

Mit $T_v = \dfrac{K_{DR}}{K_{PR}} = \dfrac{1{,}25 \text{ ms}}{0{,}225} = 5{,}56$ ms und

$T_n = \dfrac{K_{PR}}{K_{IR}} = \dfrac{0{,}225 \text{ s}}{5} = 45$ ms erhält man.

- für die Übergangsfunktion $h(t)$ mit Formel (32):

$$h(t) = \frac{y}{e} = K_{PR}\left[1 + \frac{1}{T_n}\cdot t + \frac{T_v}{t}\right] = 0{,}225 \cdot \left[1 + \frac{1}{45 \text{ ms}}\cdot t + \frac{5{,}56 \text{ ms}}{t}\right].$$

- für den Frequenzgang $\underline{G}(j\omega)$ mit Formel (33):

$$\underline{G}(j\omega) = K_{PR}\left[1 + j\left(T_v\omega - \frac{1}{T_n\omega}\right)\right] =$$
$$= 5\left[1 + j\left(5{,}56 \text{ ms}\cdot\omega - \frac{1}{45 \text{ ms}\cdot\omega}\right)\right].$$

- für den Realteil des Frequenzgangs $\text{Re}(\underline{G}(j\omega))$ mit Formel (33):

$$\text{Re}(\underline{G}(j\omega)) = K_{PR} \cdot 1 = 0{,}225$$

- für den Imaginärteil $\text{Im}(\underline{G}(j\omega))$ des Frequenzgangs nach Formel (33):

$$\text{Im}(\underline{G}(j\omega)) \qquad = \qquad K_{PR}$$
$$\left(T_v\omega - \frac{1}{T_n\omega}\right) = 50{,}22\left(5{,}56 \text{ ms}\cdot\omega - \frac{1}{45 \text{ ms}\cdot\omega}\right)$$

- für die Phasenverschiebung φ nach Formel (34):

$$\tan(\varphi) = \frac{\text{Im}(\underline{G})}{\text{Re}(\underline{G})} = \frac{0{,}225 \cdot \left(5{,}56 \text{ ms}\cdot\omega - \dfrac{1}{45 \text{ ms}\cdot\omega}\right)}{0{,}225} =$$

$$= 5{,}56 \text{ ms}\cdot\omega - \frac{1}{45 \text{ ms}\cdot\omega}.$$

3 Regler

Übersicht: Regler

	unstetige Zweipunkt (zB)	P	I
Beispiel	Bimetall		
Kenn-linie	Schaltdifferenz x_{sd}, Y_h, Ein/Aus	$K_{PR} = \dfrac{Y_h}{X_P}$	$K_{IR} = \dfrac{V_{Yh}}{X_P}$
Sprung-antwort	—	$K_{PR} \cdot e$	Y_h
Übergangs-verhalten	—	$y = K_{PR} \cdot e$	$y = K_{IR} \cdot e \cdot t$ $(y = K_{IR} \cdot \int e\, dt)$
Kennzeich-nende Parameter	x_{sd} Y_h Stellbereich	K_{PR} P-Übertragungsbeiwert Y_h Stellbereich X_p Proportionalbereich	K_{IR} Integrierbeiwert Y_h Stellbereich
Block-schaltb.			
Bemerkungen	—	bleibende Regelab-weichung Δx_b, Schnelles Reagieren	keine bleibende Regelabweichung, schwingt leicht
Frequenz-gang	—	$\underline{G}(j\omega) = K_{PR}$	$\underline{G}(j\omega) = -j\dfrac{K_{IR}}{\omega}$
Orts-kurve	—	Im, K_{PR}, Re	Im, $\omega = \infty$, Re
Bode-Diagramm	—	$\|\underline{G}\|/K_{PR}$, $\varphi = 0$	$\|\underline{G}\|/K_{IR}$, $\varphi = -\pi/2$

Eingang: x bzw. $e = w - x$ (Regeldifferenz)
Ausgang: y

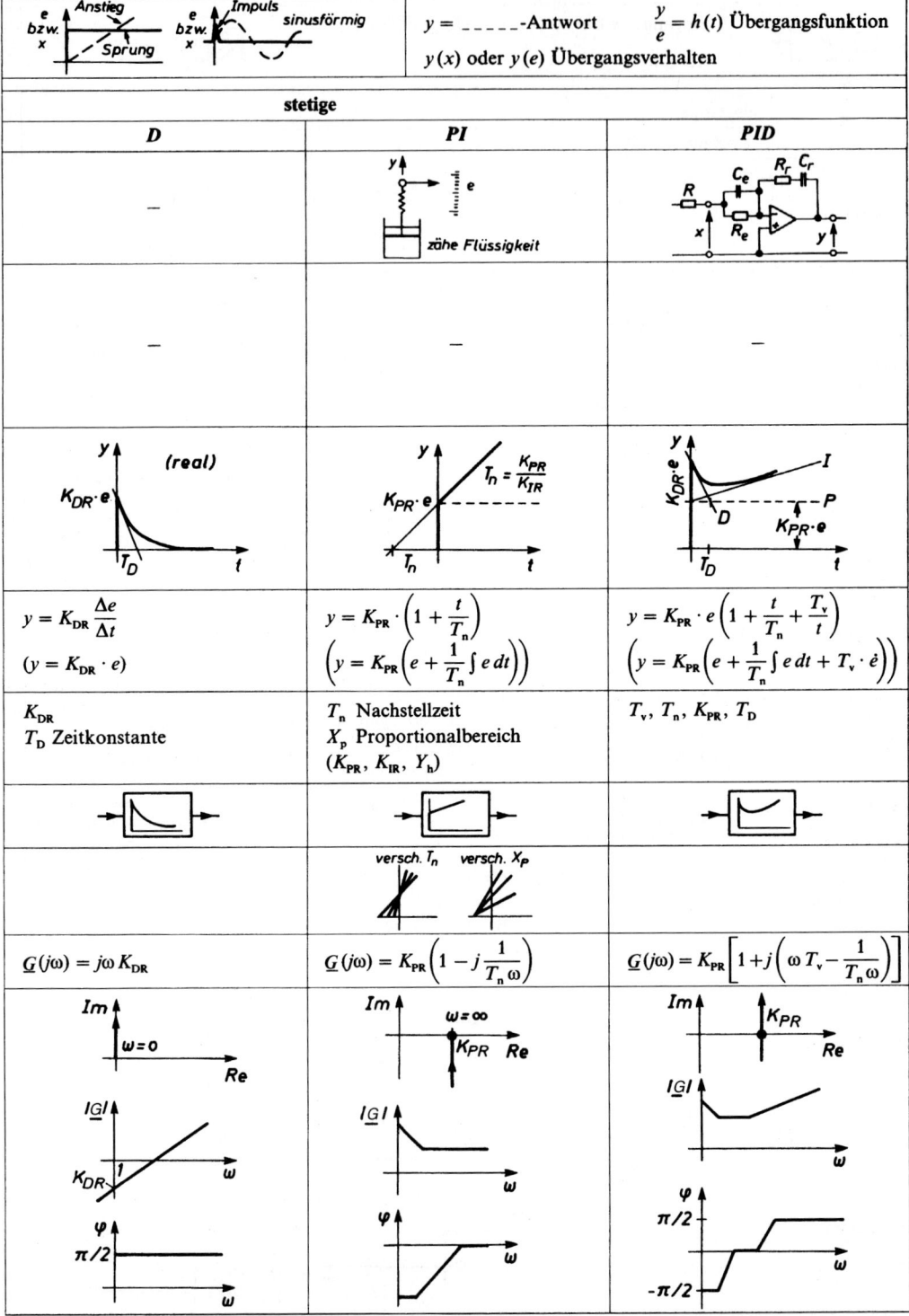

3.4 Quasistetige Regler

Bisher wurden analoge Regler vorgestellt. Eine Ausnahme bildeten die *Zwei-* bzw. *Dreipunkt-Regler*. Eine andere immer mehr an Bedeutung gewinnende Gruppe von Reglern wird als digitale oder quasistetige Regler bezeichnet (Bild 118). Hierbei wird der Regler durch eine elektronische Schaltung, einen Mikroprozessor, eine SPS oder einen Computer ersetzt. Das Verhalten des Reglers bestimmt ein Programm. Dadurch ergeben sich eine Reihe von Vorteilen. Durch die Programmsteuerung ist das Reglerverhalten beliebig einstellbar. Es lässt sich sogar zu verschiedenen Regelphasen ein jeweils unterschiedliches Programm fahren, das z.B. in der Anfahrphase den I-Anteil erhöht, um möglichst schnell zur Führungsgröße zu gelangen.

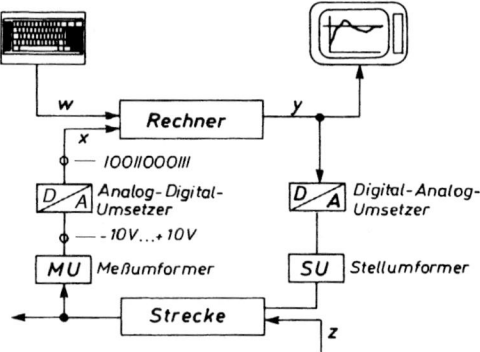

Bild 118. Computergesteuerte Regelung

Auch ist ein beliebiger Verlauf der Regelgröße einstellbar, welcher der Regelaufgabe angemessener ist. Dadurch, dass das Reglerverhalten als Software vorliegt, ist es leicht änderbar, da einfach nur das Programm ausgetauscht werden muss. Umbauarbeiten entfallen.
Durch den Einsatz von Computern ist die Möglichkeit der Vernetzung gegeben, sodass die Prozesse bzw. Daten von Ferne abgefragt oder beeinflusst werden können. Auch die Verbindung und gegenseitige Beeinflussung von Regelkreisläufen wie sie z.B. bei chemischen Prozessen oft auftreten, ist jetzt möglich. Die oft hohen Investitionskosten verlieren gegenüber den Vorteilen ständig an Bedeutung.

Idee der Programmierung

Über den Analog-Digital-Umsetzer bekommt der Rechner eine Folge von Ist-Werten $x(kT)$, dabei ist k die Nummer des Wertes und T die Abtastzeit. Im Rechner gespeichert ist die Formel für die Führungsgröße $W(kT)$. Im einfachsten Fall ist diese eine Konstante, aber auch Funktionen sind möglich. Daraus kann für jeden Zeitpunkt die Regeldifferenz

$$e(kT) = w(kT) - x(kT) \qquad (35)$$

gebildet werden. Anhand eines im Rechner gespeicherten Programmteils, dem Regelalgorithmus (Bild 119), kann nun die Stellgrößenfolge $y(kT)$ berechnet werden. Im Folgenden soll kurz die Berechnung der Stellgrößenfolge für einen PID-Regler vorgestellt werden.

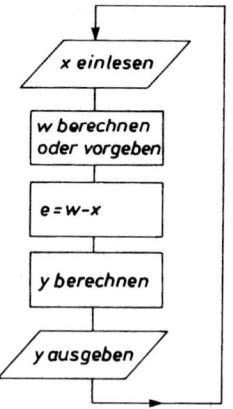

Bild 119. Regelalgorithmus

Der Übergang vom stetigen Regler zum quasistetigen wird dadurch vollzogen, dass der I-Anteil durch eine Summe und die D-Anteil durch den Differenzenquotienten ersetzt wird. So erhält man mit Formel (32):

$$y(k) = K_{PR} \cdot \left[e(k) + \frac{T}{T_{n-1}} \sum_{i=0}^{k-1} e(k) - e(k-1) \right] \qquad (36)$$

Diese Formel kann mittels eines Unterprogramms ausgewertet werden. Die Grundstruktur eines PID-Algorithmus ist in Bild 120 abgebildet. P-, I-, PI- und PD-Regler werden durch Weglassen von Programmteilen gebildet.
Durch die Darstellung der Formel für die Stellgröße als Programm lässt sich ein Regler durch einen Rechner ersetzen.

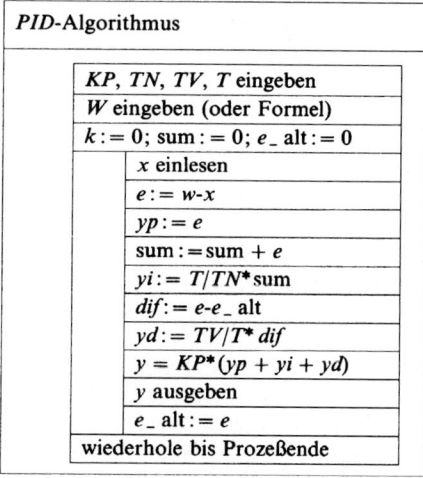

Bild 120. PID-Regelalgorithmus

Idee der Simulation (Bild 121)

Der Einsatz von Rechnern in der modernen Regelungstechnik zeigt sich an weiteren Anwendungsfällen. Nicht bei allen Regelstrecken ist es nämlich möglich, die Stellgröße sprunghaft zu ändern, um den Verlauf der Ausgangsgröße aufzuzeichnen, damit man die Kenngrößen der Strecke ermitteln kann. Auch die direkte Untersuchung von vermaschten technischen Anlagen ist meist nicht durchführbar. Oft sind aber die Gleichungen, die diesen Prozessen zu Grunde liegen, bekannt. Diese lassen sich wiederum als Programm in einem Rechner darstellen und bearbeiten.

Am Rechner lassen sich viele Versuche durchführen, aus denen dann das Verhalten der Regelstrecke und ihre Kenngrößen ermittelt werden können. Sogar Störungen, die in der Wirklichkeit nur sehr schwer oder gar nicht dargestellt werden könnten, sind hier simulierbar.

Oft ist eine Strecke gegeben. Ihre Kennwerte müssen aber meist erst empirisch ermittelt werden. Die Ergebnisse werden entweder als Frequenzgang, im Bode-Diagramm oder in der Ortskurve dargestellt.

Folgende Fragen sind zu klären:

- Welche Aufgaben gibt es für den Regelkreis?
- Wie findet man einen zur Strecke passenden Regler?
- Welche Güte- oder Beurteilungskriterien gibt es für einen Regelkreis?
- Wie kann man das Verhalten des Regelkreises beschreiben (Bild 122 und Bild 123)?
- Was heißt ‚optimales' Verhalten?
- Wie kann man die dazu gehörenden Parameter ermitteln?

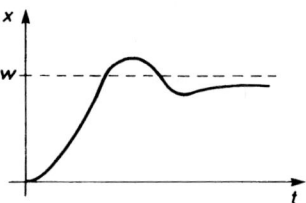

Bild 122. Schlechtes Regelverhalten

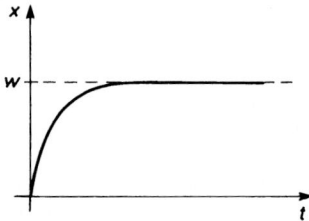

Bild 123. Gutes Regelverhalten

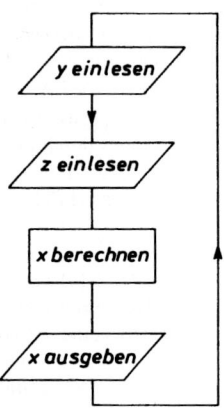

Bild 121. Simulation einer Regelstrecke

Die Güte der Simulation hängt entscheidend von der Güte der Beschreibung der tatsächlichen Verhältnisse durch die mathematischen Gleichungen ab. Je genauer diese die Wirklichkeit widerspiegeln, desto besser ist die Simulation. Und hierin liegt das Problem der Simulation. Man ist sich in vielen Fällen nicht sicher, ob man wirklich alle Einflussgrößen in den Gleichungen berücksichtigt hat, ob nicht die Vereinfachungen, die man notgedrungen machen musste, die Wirklichkeit doch zu stark verzerren.

4 Zusammenwirken zwischen Regler und Strecke

In den vorigen Abschnitten wurden die Grundglieder von Strecken und Reglern einzeln behandelt. Aufgabe der Regelungstechnik ist, für eine meist vorgegebene Strecke ein der Aufgabe gemäß passenden Regler auszuwählen und seine Parameter für ein optimales Regelverhalten einzustellen.

4.1 Beurteilungskriterien

Die Aufgaben und Einsatzgebiete von Regelkreisen sind vielfältig, jedoch müssen von **jedem** Kreis drei unterschiedliche Aufgaben bewältigt werden.

- Anfahrverhalten (Bild 124)

Die Regelgröße x soll nach dem Einschalten den Sollwert erreichen.
Dies kann auf unterschiedliche Art und Weise geschehen. So ist es bei der einen Regelaufgabe zulässig, dass der Sollwert auch kurzfristig überschritten wird (z.B. Temperaturregelung), bei einer Drehmaschine ist dies sicherlich unerwünscht. In einem anderen Fall kann es darauf ankommen, den Sollwert möglichst schnell zu erreichen.

4 Zusammenwirken zwischen Regler und Strecke

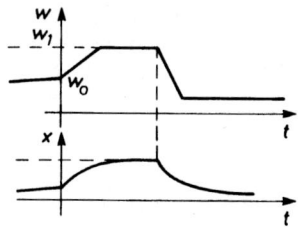

Bild 124. Anfahrverhalten bei einem Stellsprung

- Führungsverhalten (Bild 125)

Der Regelkreis muss auf eine Veränderung der Führungsgröße w mit einer Änderung der Regelgröße x reagieren. Vom Einfluss einer Störgröße wird hier im Allgemeinen abgesehen.

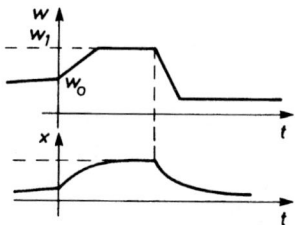

Bild 125. Führungsverhalten

- Störverhalten (Bild 126)

Tritt eine Störung z auf, so soll die Regelgröße x möglichst schnell und fehlerfrei den alten Wert annehmen, den sie vor der Störung hatte. Hierbei wird meist von einer konstanten Führungsgröße ausgegangen.

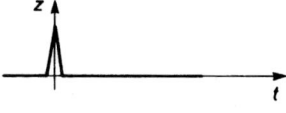

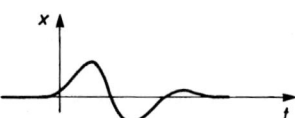

Bild 126. Störverhalten

Zu diesen allgemeinen Aufgaben kommt noch ein weiterer Begriff, der zur Beurteilung des Regelkreises wichtig ist.

- Stabilität (Bild 127)

Damit ist die Eigenschaft eines Regelkreises gemeint, aus einem schwingenden Verhalten nach einer gewissen Zeit zu einem stabilen Zustand zu gelangen, d.h., falls eine Schwingung vorliegt, muss sie eine abklingende Amplitude aufweisen.

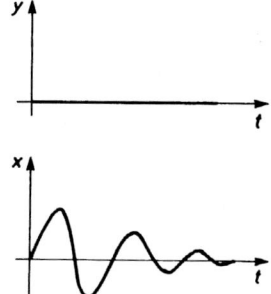

Bild 127. Stabilität

4.2 Regelung mit stetigen Reglern

Mathematische Grundlagen

Regler und Strecke (Bild 129) sind im Wirkungsplan in ihrem Zusammenhang durch Angabe des Frequenzganges darstellbar. Daraus lässt sich dann eine Gleichung für die Regelgröße x aufstellen.

$$\left[\underbrace{(w-x) \cdot G_R}_{y} + z \right] \cdot G_S = x \qquad (37)$$

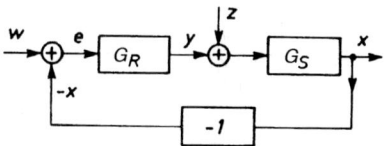

Bild 128. Regelkreis mit G_R und G_S

Nach x aufgelöst ergibt sich

$$x = \frac{G_R G_S}{1 + G_R G_S} w + \frac{G_S}{1 + G_R G_S} z \ . \qquad (38)$$

Hieraus lässt sich eine Gleichung für das Führungs- und Störverhalten ableiten:

Führungsverhalten ($z = 0$)

$$\frac{x}{w} = \frac{1}{1 + G_R G_S} G_R G_S \qquad (39)$$

Störverhalten ($w = 0$)

$$\frac{x}{z} = \frac{1}{1 + G_R G_S} G_S \qquad (40)$$

Ebenso lässt sich hieraus eine Gleichung für die bleibende Regelabweichung (Bild 129) ermitteln.

$$e = w - x = w - \left(\frac{G_R G_S}{1 + G_R G_S} w + \frac{G_S}{1 + G_R G_S} z \right) =$$

$$= \frac{1}{1 + G_R G_S} w - \frac{1}{1 + G_R G_S} G_S \cdot z \qquad (41)$$

Für $z = 0$, also für den Fall, dass keine Störung vorliegt, ergibt sich eine bleibende Regelabweichung Δx_b.

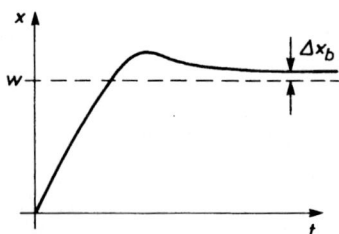

Bild 129. Bleibende Regelabweichung

$$\Delta x_b = \frac{1}{1 + G_R G_S} w \qquad (42)$$

Die Größe $\dfrac{1}{1 + G_R G_S}$ wird Regelfaktor R genannt. Er kommt in der Gleichung für die bleibende Regelabweichung und in denen für das Stör- und Führungsverhalten vor.

Stabilitätsuntersuchungen

Ein Regelkreis hat dann seine *Stabilitätsgrenze* (Bild 130) erreicht, wenn bei sinusförmigem Eingang $y(t)$ für die Regelgröße $x(t)$ gilt

$$x(t) = y(t), \qquad (43)$$

d.h. insbesondere für die Amplituden $\hat{y}$, $\hat{x}$ und den Phasenwinkel φ

$$V_0 = \frac{\hat{y}}{\hat{x}} = 1 \text{ und } \varphi = n \cdot 2\pi \qquad (44)$$

denn in diesem Fall schwingt die Regelgröße genau wie die Stellgröße und zwar amplituden- und phasengleich, d.h. es findet bei der Regelgröße weder ein Abklingen noch ein Aufschwingen statt. Die Bedingungen

$$\frac{\hat{y}}{\hat{x}} = 1 \text{ und } \varphi = n \cdot 2\pi \qquad (45)$$

nennt man Stabilitätsbedingungen.

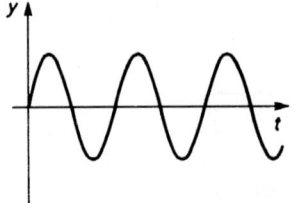

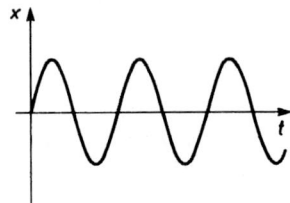

Bild 130. Regelkreis an der Stabilitätsgrenze

Stabilitätsuntersuchung mit der Ortskurve

In der Ortskurve (Bild 131) ist +1 auf der reellen Achse der Punkt, an dem die beiden Stabilitätsbedingungen erfüllt sind. Schneidet nun der Frequenzgang

$$\underline{G}_0 = -\underline{G}_R \underline{G}_S \qquad (46)$$

die reelle Achse **links** von dem Punkt, so ist der Regelkreis **stabil**, **rechts** davon ist er **instabil**. Dieses Kriterium wird das vereinfachte **Nyquist-Kriterium** genannt.

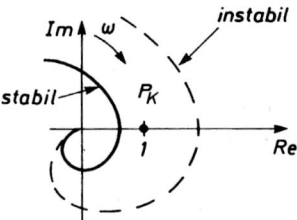

Bild 131. Stabilitätskriterien bei der Ortskurve

Stabilitätsuntersuchung mit dem Bode-Diagramm

Addiert man nämlich grafisch der Frequenzgangsbeträge $|\underline{G}_R|$ und $|\underline{G}_S|$ (das entspricht wegen der logarithmischen Teilung einer Multiplikation), so erhält man $-\underline{G}_0$. Addiert man die Phasenverschiebungen φ_R und φ_S und realisiert die Vorzeichenumkehr durch Addition von π, so erhält man φ_0 (Bild 132). Der kritische Punkt P_K ist nun der Punkt, bei dem der Phasengang φ_0 die ω-Achse schneidet ($\varphi = 0$). Im Frequenzgang wird nun nachgesehen, welchen Wert $|\underline{G}_0|$ hat. Ist dieser Wert < 1, so ist der Regelkreis stabil, ist er > 1, instabil.

4 Zusammenwirken zwischen Regler und Strecke

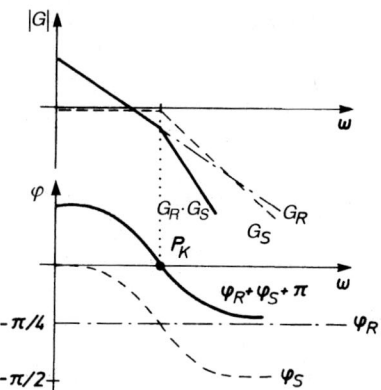

Bild 132. Stabilität im Bode-Diagramm

Weitere Parameter
Weitere, oft bei der Beurteilung eines Regelkreises herangezogene Werte sind

- Anregelzeit T_{an}
- Ausregelzeit T_{aus}
- Überschwingweite $x_{\ddot{u}}$

An- und Ausregelzeit (Bild 133) beginnen, wenn der Wert der Regelgröße nach einem Eingangssprung einen vorgegebenen Toleranzbereich der Regelgröße verlässt. Die Anregelzeit endet, wenn der Wert in diesen Bereich erstmals wieder eintritt, die Ausregelzeit, wenn er in diesen Bereich dauerhaft wieder eintritt. Die Überschwingweite ist die größte vorübergehende Sollwertabweichung.

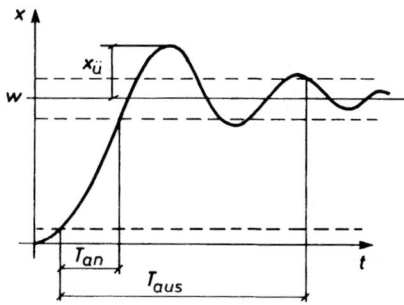

Bild 133. An- und Ausregelzeit, Überschwingweite

■ **Beispiel:**
für eine Berechnung an einer PT_1-Strecke

Gegeben ist eine PT_1-Strecke, für die der dimensionslose Proportionalbeiwert K_{PS} und die Zeitkonstante T_1 durch Messungen bekannt sind: $K_{PS} = 2$, $T_1 = 0{,}2$ s. Diese Strecke soll mit einem P-Regler, der auf $K_{PS} = 2{,}5$ eingestellt ist, geregelt werden. Der Sollwert soll 100 betragen. Es soll eine Aussage zur Stabilität gemacht werden.

Lösung:
a) Untersuchung der Stabilität mithilfe des Bode-Diagramms (Bild 134)

Für die PT_1-Strecke gilt nach Formel (17):
$$\underline{G}_S = \frac{K_{PS}}{1 + j\omega T_1} = \frac{2}{1 + j\omega \cdot 0{,}2\,\text{s}}$$

sowie daraus
$$|\underline{G}_S| = \frac{2}{\sqrt{1 + \omega^2 \cdot 0{,}04\,\text{s}^2}}$$

und
$$\varphi = \arctan\left(-\frac{1}{0{,}2\,\text{s} \cdot \omega}\right)$$

Für den Regler gilt nach Formel (23):

und damit $|\underline{G}_R| = 2{,}5$ und $\varphi = 0$.
Offensichtlich ist der Schwingkreis strukturstabil, da er Phasengang die ω-Achse nirgends schneidet.

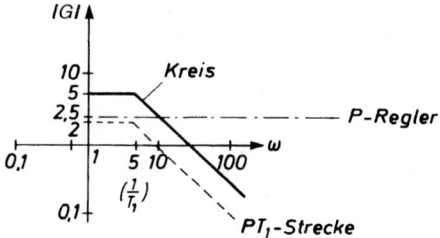

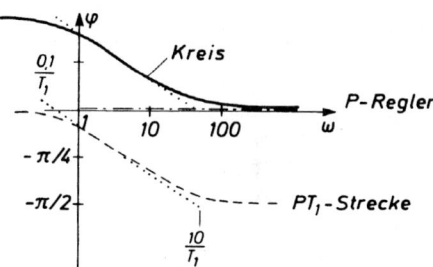

Bild 134. Bode-Diagramm

b) Untersuchung der Stabilität mithilfe des Nyquist-Kriteriums
Mit den Herleitungen von a) gilt nach Formel (46) für den Frequenzgang des Regelkreises:

$$\underline{G}_0 = -\underline{G}_R \underline{G}_S = -2{,}5 \cdot \frac{2}{1 + j\omega \cdot 0{,}2} = \frac{5}{1 + j\omega \cdot 0{,}2} =$$

$$= \frac{-5}{1 + j\omega^2 \cdot 0{,}04\,\text{s}^2} + j\frac{\omega}{1 + j\omega^2 \cdot 0{,}04\,\text{s}^2}$$

Damit ergibt sich die Ortskurve in Bild 135, woraus ersichtlich wird, dass der Regelkreis strukturstabil ist, denn die Ortskurve schneidet die Re-Achse links von $+1$.

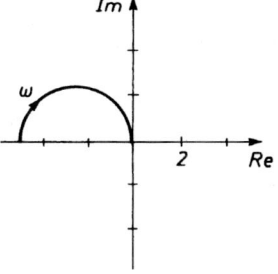

Bild 135. Ortskurve

Kriterien für die Reglerauswahl

Nachdem nun in den vorhergehenden Kapiteln die Komponenten eines Regelkreises vorgestellt und die Beurteilungskriterien für die Güte und die Stabilität angesprochen wurden, ist es nun möglich, die zu einzelnen Strecken geeigneten Regler zu suchen und Richtlinien für deren Einstellung zu finden. Dabei sollen die Vor- und Nachteile der einzelnen Kombinationen deutlich werden. Der Prozess der Reglerauswahl geschieht meist nach dem Schema in Bild 136. Aus den regelungstechnischen Anforderungen des technologischen Prozesses und den – zu ermittelnden – Kenndaten der Strecke wird der für diese Aufgabe geeignete Regler ausgewählt Die Parameter dieses Reglers werden dann zunächst grob und in der Optimierungsphase fein eingestellt.

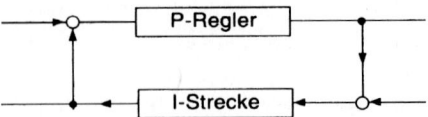

Bild 137. I-Strecke und P-Regler

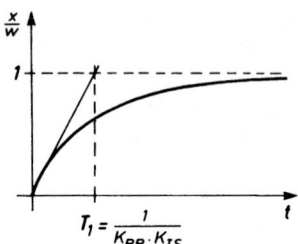

Bild 138. Führungsverhalten

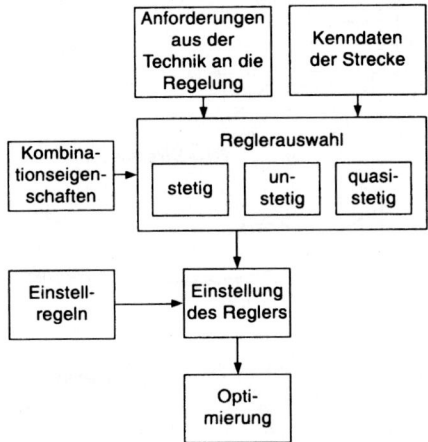

Bild 136. Auswahl und Einstellung eines Reglers

Im ersten Schritt muss also ermittelt werden, welcher Regler zu welcher Strecke passt und welche Eigenschaften diese Kombination hat. Eine Übersicht zeigt die Tabelle 3.

■ **Beispiel:**
für die Herleitung eines Feldes

Für eine Kombination aus I-Strecke und P-Regler (Bild 137) aus Tabelle 3 soll hier exemplarisch ihr Inhalt hergeleitet werden.

Lösung:

In diesem Falle gilt mit Formel (23) ($\underline{G}_R = K_{PR}$), (15) ($\underline{G}_S = \frac{K_{IS}}{j\omega}$)
und Formel (41)
also

$$x = \frac{K_{PR} K_{IS}}{j\omega \left(1 + \frac{K_{PR} K_{IS}}{j\omega}\right)} \cdot w + \frac{K_{IS}}{j\omega \left(1 + \frac{K_{PR} K_{IS}}{j\omega}\right)} \cdot z =$$

$$= \frac{1}{1 + j\omega \frac{1}{K_{PR} K_{IS}}} \cdot w + \frac{\frac{1}{K_{PR}}}{1 + j\omega \frac{1}{K_{PR} K_{IS}}} \cdot z$$

Das Führungsverhalten (Bild 138) zeigt T_1- Verhalten (vgl. Formel (39)(39))

$$\frac{x}{w} = \frac{1}{1 + j\omega \frac{1}{K_{PR} K_{IS}}} \quad \text{mit } T_1 = \frac{1}{K_{PR} K_{IS}}.$$

Es strebt mit einer abklingenden e-Funktion $\left(1 - e^{-\frac{T_1}{2}}\right)$ der Führungsgröße zu. T_1 kann verkleinert werden, wenn K_{PR} größer gewählt wird. Eine bleibende Regelabweichung tritt nicht auf.
Für das Störverhalten (Bild 139) gilt nach Formel (40)

$$\frac{x}{z} = \frac{\frac{1}{K_{PR}}}{1 + j\omega \frac{1}{K_{PR} K_{IS}}}$$

Auch hier liegt wieder T_1- Verhalten vor, wobei der Einfluss der Störgröße mit $1/K_{PR}$ reduziert wird, d.h. mit ausreichend großem K_{PR} kann man den Einfluss der Störung beliebig klein halten, aber nicht ganz ausregeln.

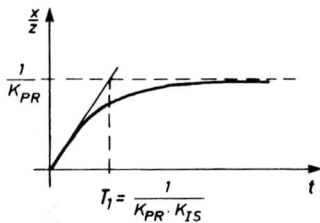

Bild 139. Störverhalten

Stabilität
Da

$$\underline{G}_0 = -\underline{G}_R \underline{G}_S =$$
$$= -K_{PR} \cdot \frac{K_{IS}}{j\omega} = j \cdot \frac{K_{PR} \cdot K_{IS}}{\omega}$$

gilt, die Ortskurve (Bild 140) sich also auf der imaginären Achse befindet, ist das System strukturstabil. Also kann man die oben gestellte Forderung, dass K_{PR} groß gewählt werden muss, ohne Stabilitätsprobleme erfüllen.

4 Zusammenwirken zwischen Regler und Strecke

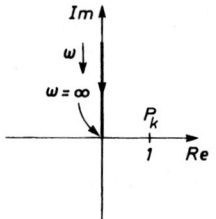

Bild 140. Ortskurve

In Tabelle 3 sind die Eigenschaften einiger wichtiger Kombinationen aufgeführt. Die Angaben in den Zeilen sind von links nach rechts zu lesen, da man in den meisten Fällen versuchen wird, einen möglichst einfachen Regler zu finden. Erst wenn dieser die Regelaufgabe nicht befriedigend löst, wird man einen anderen Regler wählen.

Tabelle 3. Kombination von Regler und Strecke

Strecke	typisches Auftreten	Regler P	I	PI	PD	PID
I		gut, wenn K_{PR} hoch genug ist	ungeeignet	sehr gut geeignet	keine Verbesserung	keine Verbesserung
PT_0		+ immer stabil bedingt geeignet, falls Regelstrecke unbegrenzten Proportionalbereich besitzt	− große kurzzeitige Regelabweichung möglich bei einer Störung − Ausregelzeit groß + immer stabil + $\Delta x_b = 0$	+ mögliche große kurze Regelabweichung fällt weg − Ausregelzeit noch größer	keine Verbesserung	keine Verbesserung
PT_1	Drehzahl	+ immer stabil gut, wenn K_{PR} hoch genug ist	− macht Regelkreis instabil	gut, falls K_{PR} und K_{IR} richtig gewählt	keine Verbesserung	keine Verbesserung
PT_2	Temperatur	− Δx_b wählt man K_{PR} größer, würde Δx_b kleiner; gleichzeitig aber auch die Dämpfung und damit die Schwinggefahr	+ $\Delta x_b = 0$ − neigt zur Instabilität − starkes Überschwingen möglich − lange Regelzeit wenig geeignet	+ $\Delta x_b = 0$ + schneller als I-Regler − Überschwingweite und Regelzeit schlechter als P − kann instabil werden	− Δx_b + keine Stabilitätsprobleme	+ optimal − kompliziert einzustellen
PT_n		+ schnell − Δx_b	− sehr langsam + $\Delta x_b = 0$	+ $\Delta x_b = 0$ + schneller als I + einfach einzustellen	+ große K_R möglich ohne Instabilität − Δx_b, aber: kleiner als beim P-Regler + bei langsamer Änderung regelt er schneller als P	+ schneller als PI + D-Anteil erlaubt größeres K_I ohne Stabilitätsprobleme, daher schneller + I-Anteil erlaubt größeres K_D, daher reagiert er bei langsamer Änderung schneller − optimale Einstellung schwierig
T_t					keine Verbesserung	keine Verbesserung

Einstellregeln

Sind die Kenngrößen der Strecke unbekannt oder ist der mathematische Aufwand für die exakte Betrachtung zu groß, gibt es ein **experimentelles Näherungsverfahren von Ziegler und Nichols**, das es gestattet, die Reglereinstellung zu ermitteln.

Voraussetzung ist, dass der Kreis zu Schwingungen angeregt werden kann. Dann verfährt man nach dem im Bild 141 beschrieben Verfahren in Verbindung mit der Tabelle 4.

Tabelle 4. Einstellregeln

Regler	Kenngrößen
P-Regler	$K_{PR} = 0{,}5\ K_{PR_{krit}}$
PD-Regler	$K_{PR} = 0{,}8\ K_{PR_{krit}}$
	$T_v = 0{,}12\ T_{kritt}$
PI-Regler	$K_{PR} = 0{,}45\ K_{PR_{krit}}$
	$T_n = 0{,}83\ T_{kritt}$
PID-Regler	$K_{PR} = 0{,}6\ K_{PR_{krit}}$
	$T_n = 0{,}5\ T_{kritt}$
	$T_v = 0{,}125\ T_{kritt}$

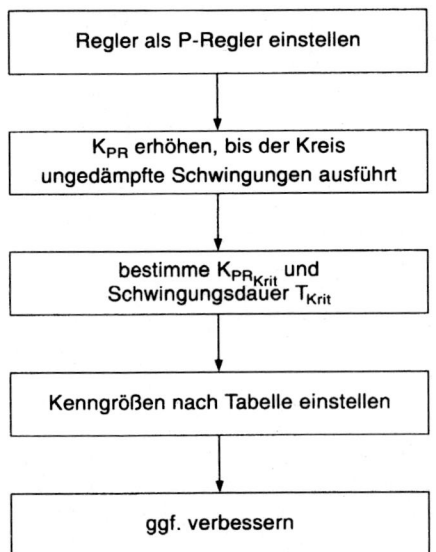

Bild 141. Verfahren nach Ziegler und Nichols

Der Vorteil dieses Verfahrens ist leicht einzusehen, der mathematische Aufwand ist sehr gering. Jedoch sind die erzielten Ergebnisse nur als Näherungswerte zu verstehen. Die Reglereinstellung ist den Anforderungen der Aufgabe entsprechend noch zu verbessern.

4.3 Regelung mit Zweipunktreglern
(Bild 142)

Die Auslegung von Zweipunktreglern erfolgt prinzipiell nach den gleichen Gesichtspunkten. Der Zweipunktregler ist mit einem P- Regler vergleichbar. Um den Verlauf der Regelgröße zu bestimmen, kann man jedoch in einfachen Fällen ein grafisches Verfahren anwenden. Aus der Kurve können dann auch die Kenngrößen abgelesen werden.

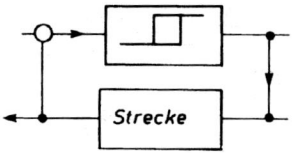

Bild 142. Regelung mit Zweipunktregler

Ausgangspunkt ist die – experimentell aufgenommene – Sprungantwort der Strecke. Links daneben zeichnet man, um −90° gedreht, die Kennlinie des Reglers. Unter die Sprungantwort zeichnet man ein Koordinatensystem für die Stellgröße. Dann lässt sich der Verlauf der Regelgröße konstruieren, indem man die Kennlinie mit der Sprungantwort kombiniert.

■ **Beispiel:**

für die Ermittlung des Verlaufs der Regelgröße für einen Zweipunktregler an einer PT_1-Strecke mit Totzeit (Bild 143)

PT_1-Strecke mit Totzeit T_t; Zweipunktregler mit Schaltdifferenz x_{sd}.

Lösung:

Ohne Regler würde die Regelgröße x nach dem Einschalten verzögert nach einer e-Funktion mit der Zeitkonstanten T_1 auf den Endwert x_{max} ansteigen. Wird der Sollwert auf w eingestellt, so ist nach dem Einschalten zunächst $x = 0$ und $e = w - x = w$. Daher schaltet der Zweipunktregler ein und die Regelgröße steigt gemäß der Einschaltkurve an.
Infolge der Schalthysterese schaltet der Zweipunktregler bei Erreichen von w noch nicht ab, sondern erst bei $x = x_{ob}$. Wegen der Totzeit reagiert die Strecke nicht sofort, sondern erst nach Verlauf von T_t. Nach dieser Zeit fällt die Regelgröße entsprechend der Ausschaltkurve (die übrigens nicht die gleiche Zeitkonstante haben muss wie die Einschaltkurve, hier wird aber davon ausgegangen) bis auf $x = x_u$. Dann wird der Regler wieder eingeschaltet. Wiederum reagiert die Strecke erst nach T_t.

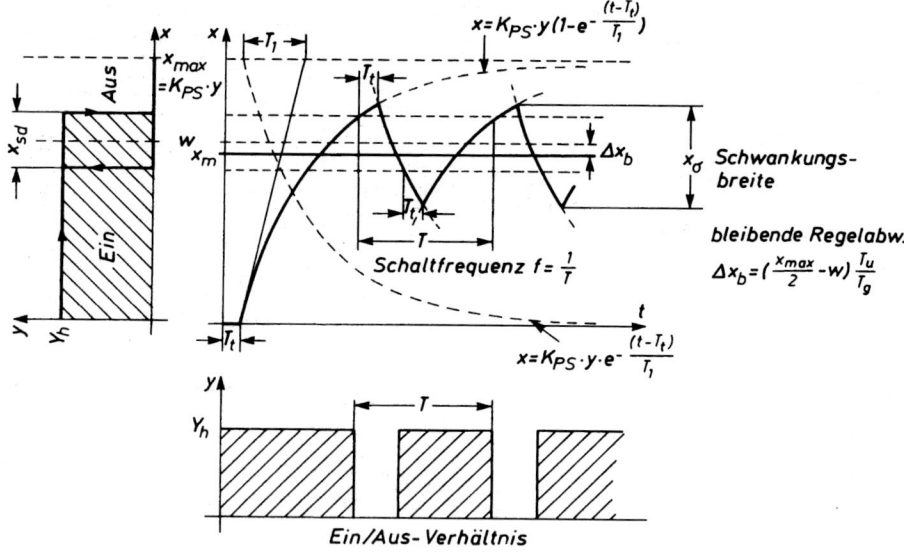

Bild 143. Ermittlung des Regelgrößenverlaufs

Aus dem sich ergebenden Verlauf der Regelgröße lassen sich einige allgemeine Hinweise für den Einsatz von Zweipunktreglern ableiten:

- Eine Verkleinerung der Schaltdifferenz x_{sd} erzeugt auch eine kleinere Schwankungsbreite, was häufig erwünscht ist. Damit wird aber eine höhere Schaltfrequenz in Kauf genommen und damit eine kürzere Lebensdauer des Reglers.
- Eine Verkleinerung der Zeitkonstante T_1 bringt nur eine Verringerung der Periodendauer und damit der Frequenz.
- Die Verkleinerung der Totzeit hat ebenfalls direkten Einfluss auf die Schwingungsweite und die Schaltfrequenz.

Die Lage des Sollwerts – und das ist neu hier – hat ebenfalls Einfluss auf die Schaltfrequenz. In Bild 144 ist der Verlauf der Regelgröße für verschiedene Sollwerte w eingezeichnet. Man sieht, dass für $w = 0,5\ x_{max}$ die höchste Schaltfrequenz auftritt. Wird w vergrößert oder verkleinert, wird die Schaltfrequenz jeweils kleiner. Zu sehen ist auch, dass die Anfahrphase bei großem w wesentlich länger dauert als bei kleinem. Aber etwas anderes ist entscheidender. Wenn w 50 % von x_{max} beträgt, ist keine bleibende Regelabweichung vorhanden. Das ist der große Vorteil dieser speziellen Lage. Diese lässt sich durch Einführung einer sog. Grundlast erreichen. Soll w bei 70 % von x_{max} liegen und die Schwankungsbreite ±10 % von x_{max} betragen, so wird man eine Grundlast so auslegen, dass der ungeregelte Teil des Kreises 40 % von x_{max} beträgt.

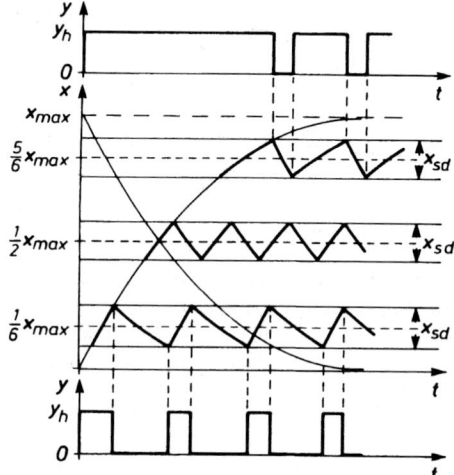

Bild 144. Lage des Sollwertes

Dann liegt nämlich der Sollwert in der Mitte des geregelten Bereichs. Dadurch wird erreicht, dass sich neben anderen Vorteilen keine bleibende Regelabweichung einstellt und die stoßweise Belastung des Kreises merklich kleiner wird. Großer Nachteil ist aber das ungünstige Störverhalten. Die Grundlast schränkt den Wirkungsbereich des Reglers ein. Sie muss auch bei jeder Änderung der Führungsgröße neu eingestellt werden.

Auch die Rückführung verbessert das Verhalten des Zweipunktreglers. Die Idee dabei ist, dass man den Regler bereits vor Erreichen des Sollwertes abschaltet bzw. wieder einschaltet. Durch geeignete Bemessung der Rückführung wird die Schwankungsbreite oft erheblich reduziert.

4.4 Regelung mit einer SPS (Bild 145)

Als Sonderfall der digitalen Regelung kann man eine SPS als Regler einsetzen. Die Regelgröße wird auch hier in bestimmten Zeitabständen T_A abgetastet und in Form eines Zahlenwertes bis zur nächsten Abtastung gespeichert. Als Konsequenz ergibt sich hier, dass auch die vom Regler ermittelte Stellgröße y für die Dauer der Abtastzeit auf dem gleichen Wert bleiben muss.

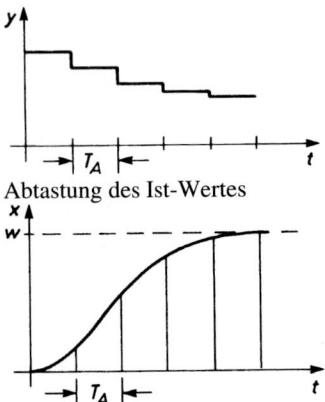

Bild 145. Regelung mit einer SPS

Soll- und Istwerte können über eine Analogbaugruppe abgefragt werden.

Mit einer SPS können sowohl stetige Regler als auch unstetige Regler realisiert werden. Für unstetige Regler stehen die bekannten binären Signalausgänge und für stetige Regelungen entsprechende Analogausgänge zur Verfügung.

■ **Beispiel**
für eine Druckregelung mit einer SPS als Zweipunktregler
In der Anlage soll der Druck am Presszylinder zur Erhöhung der Zuverlässigkeit auf einen Wert von 300 bar ± 10% eingestellt werden. Dieses soll zusätzlich zur Druckregelung im Hydraulikaggregat durch eine SPS realisiert werden.

Lösung
Der einzusetzende Funktionsbaustein hat folgende Ein- und Ausgänge (Bild 146):

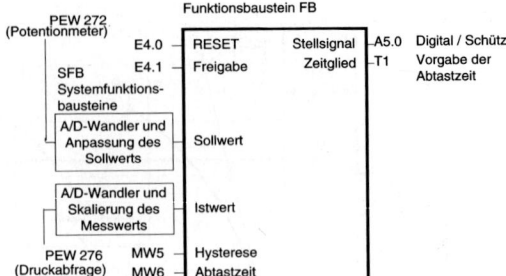

Bild 146. Funktionsbaustein zur Druckregelung

Soll- und Istwert werden über die Analogbaugruppen PEW 272 und PEW 276 abgefragt. Der Ausgang A5.0 gibt das Stellsignal, das z.B. die Pumpe ein- und ausschaltet. Die Hysterese von hier 60 bar und die Abtastzeit von hier z.B. 5 s werden als Merkerwerte (digital) abgespeichert.
Damit lautet der grundlegende Gedanke des Regelalgorithmus für den Zweipunktregler (Bild 147):
Ist der Istwert der Regelgröße x kleiner als die festgelegte untere Schaltschwelle, dann muss die Stellgröße $y = 1$ werden. Ist der Istwert der Regelgröße x größer als die festgelegte obere Schaltschwelle, dann muss die Stellgröße $y = 0$ werden. Liegt der Istwert der Regelgröße x zwischen der unteren und der oberen Schaltschwelle, dann bleibt die Stellgröße y unverändert.
Das zugehörige SPS-Programm ist stark hardwareabhängig und wird deshalb hier nicht aufgeführt.

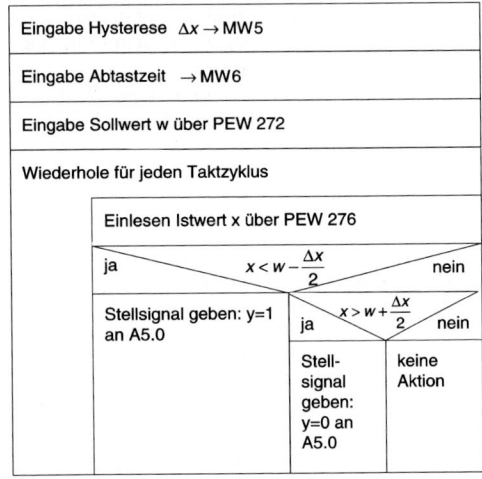

Bild 147. Regelalgorithmus

S Betriebswirtschaft

Klaus-Dieter Arndt, Karl-Heinz Degering

1 Betriebsorganisation

1.1 Übersicht

Unter Betriebsorganisation versteht man die planmäßige Gestaltung der Arbeitsabläufe (Ablauforganisation) und das geregelte Zusammenwirken der Stellen eines Betriebes (Aufbauorganisation). Organisieren heißt also: Ordnen und Festlegen oder auch Plan und Regel schaffen. Dabei kann zuviel (Überorganisation) oder zuwenig (Unterorganisation) getan werden.

Wird ein Organisationsplan festgelegt, so sind neben der Betriebs- oder Fabrikationsart auch die beteiligten Menschen zu berücksichtigen. Es ist dabei zu überlegen, ob sie bezüglich ihrer Ausbildung, Fähigkeiten, Fertigkeiten usw., auch den zu erwartenden Anforderungen gewachsen sind. Bei Betriebswachstum oder -rückgang muss der Organisationsplan den neuen Bedingungen angepasst werden.

1.2 Merkmale der Gliederung von Aufbauorganisationen

Mittels der Aufbauorganisation wird die Gesamtaufgabe eines Betriebes auf verschiedene Stellen aufgeteilt und die Zusammenarbeit dieser Stellen geregelt. Bild 1 zeigt die Gliederung einer Aufbauorganisation.

1.2.1 Systeme zur Gliederung der Organisation nach Rangordnung

Abhängig von der Art der Kommunikation der Betriebsstellen untereinander, ergibt sich eine Rangordnung. Stellen sind Instanzen mit Entscheidungs- und Anordnungsrecht, für das sie die Verantwortung tragen.

Grundsatz: Aufgabe, Kompetenz und Verantwortung jeder Stelle müssen einander entsprechen und eine Einheit bilden.

Bild 2 zeigt drei Möglichkeiten der Gliederungen nach Rangordnung.

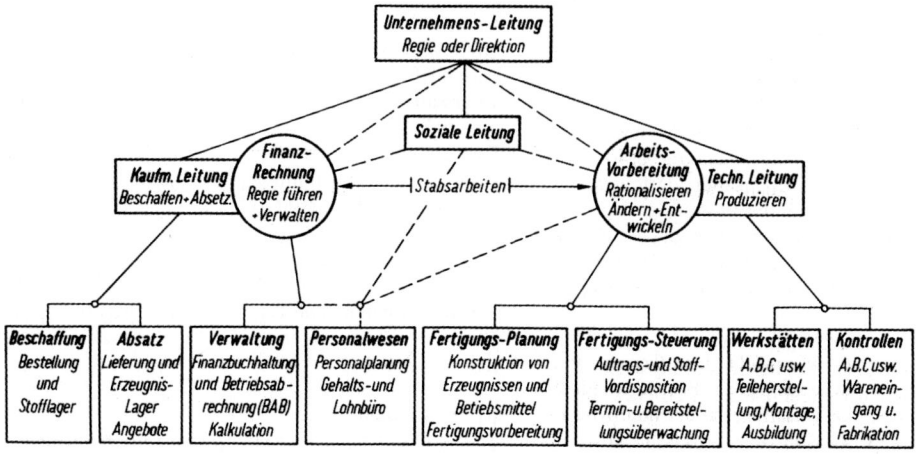

Bild 1. Gliederung der Aufbauorganisation eines Betriebes

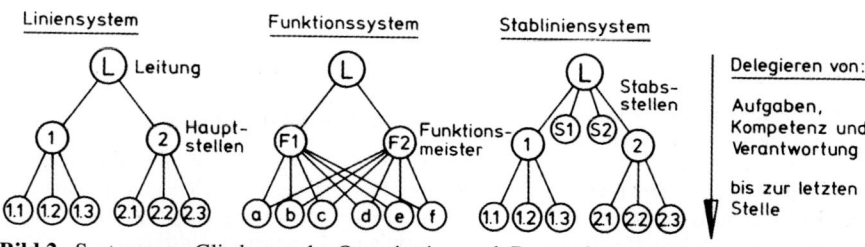

Bild 2. Systeme zur Gliederung der Organisation nach Rangordnung

1.2.1.1 Liniensystem. Die Aufgabenverteilung erfolgt von oben nach unten. Informationen und Anfragen fließen liniengemäß von unten nach oben, also unter „Einhaltung des Dienstweges".
Vorteile: Straffe Aufgabendurchführung mit klarem Anordnungsrecht und geregelter Verantwortung.
Nachteile: Langwierige Wege und Arbeitsverdichtung in den oberen Instanzen.

1.2.1.2 Funktionssystem. Jeder Mitarbeiter erhält von mehreren Funktionsmeistern (Spezialisten) seine Weisung. Der Informationsaustausch auf gleicher Ebene ist möglich und erwünscht.
Vorteile: Große Beweglichkeit und Anpassungsfähigkeit.
Nachteile: Kompetenzüberschneidungen und mangelhafte Information der leitenden Stellen führen zu Reibungen.

1.2.1.3 Stabliniensystem. Den leitenden Stellen werden zur Beratung Stabsstellen angegliedert. Im Einzelfall können den Stabsstellen für Spezialaufgaben auch zeitlich befristete Anordnungsbefugnisse erteilt werden.

1.2.2 Grundsätze der Organisationsgestaltung

Die betriebliche Organisation ist aufgrund der verschiedenartig zu erfüllenden Aufgaben, naturgemäß in jedem Betrieb anders. Man sollte jedoch bei der Analyse und Synthese einer Organisation die nachfolgenden vier Grundsätze beachten:

1. *Zweckmäßigkeit:* Die Organisation muss dem Unternehmensziel entsprechen.
2. *Wirtschaftlich:* Mit möglichst geringem Aufwand eine hohe Wirtschaftlichkeit und Rentabilität erreichen.
3. *Gleichgewicht:* Eine Organisation darf nicht zu starr sein, sie muss sich den jeweiligen Verhältnissen anpassen. Ebenso schädlich wie ein Zuviel an Organisation ist aber auch ein Zuwenig an Organisation, das der Improvisation zu weiten Spielraum lässt.
4. *Koordination:* Durch das Abstimmen der Teilaufgaben ist eine möglichst störungsfreie Zusammenarbeit der Stellen eines Betriebes anzustreben.

2 Aufgaben der Betriebsabteilungen

2.1 Materialwirtschaft

Die Begriffe Beschaffung, Einkauf, Logistik und Materialwirtschaft kennzeichnen bestimmte Funktionen im Organisationsplan eines Unternehmens.
Die Beschaffung als betriebliche Grundfunktion bedeutet: Versorgung des Unternehmens mit Kostengütern. Das sind Roh-, Hilfs- und Betriebsstoffe, Teile, für den Absatz bestimmte Handelswaren, Energien, Anlagegüter, Fremdleistungen, Kapital, Informationen und Rechte.
Der Einkauf umschließt alle Tätigkeiten, die darauf gerichtet sind, dem Unternehmen alle zur Erfüllung seiner Aufgaben benötigten, aber nicht selbst erzeugten Sachgüter, Energien und Leistungen aus den Beschaffungsmärkten zu den wirtschaftlichsten Bedingungen verfügbar zu machen.
Zur Logistik gehören alle planenden, steuernden und durchführenden Tätigkeiten. Diese dienen einer bedarfsgerechten, nach Art, Menge, Raum und Zeit abgestimmten Bereitstellung von Materialien und Erzeugnissen, zur Erfüllung der betrieblichen Produktions- und Absatzaufgaben.
Die Materialwirtschaft erfüllt die Funktionen: Einkauf, Bevorratung, Bereitstellung und Entsorgung aller zum Erreichen des Unternehmenszweckes notwendigen Güter, Leistungen und Energien.

2.1.1 Betriebswirtschaftliche Bedeutung der Materialwirtschaft

Drei Kostenkategorien im Unternehmen werden durch die Materialwirtschaft bestimmt.

a) *Materialkosten*
Dies sind die Kosten für die Beschaffung von Roh-, Hilfs- und Betriebsstoffen, Halb- und Fertigfabrikaten einschließlich der Bezugskosten. Sie bilden in der verarbeitenden Industrie den größten Kostenblock innerhalb der Materialwirtschaftskosten.
Der Ergebniseinfluss der Materialwirtschaft ist in einem Unternehmen umso größer, je höher der Materialkostenanteil ist (Bild 3).

b) *Kapitalbindungskosten*
Diese umfassen vor allem die Zinsen für das in den Beständen gebundene Kapital sowie Abschreibungen für Wertberichtigungen auf Lagergüter, sowie Kosten der Lagerhaltung.

c) *Gemeinkosten*
Hierbei handelt es sich um Kostenstellenkosten aller Teilbereiche innerhalb der Materialwirtschaft einschließlich Transportkosten und Verpackungsmittel, EDV-Kosten und Entsorgungskosten.

2.2 Absatz und Erzeugnislager

Die *Absatzvorbereitung* besteht aus Marktanalyse, Werbung, Statistik der Bestelleingänge und dem Zusammenstellen des Fertigungsprogramms unter Berücksichtigung kommender Aufträge.

2 Aufgaben der Betriebsabteilungen

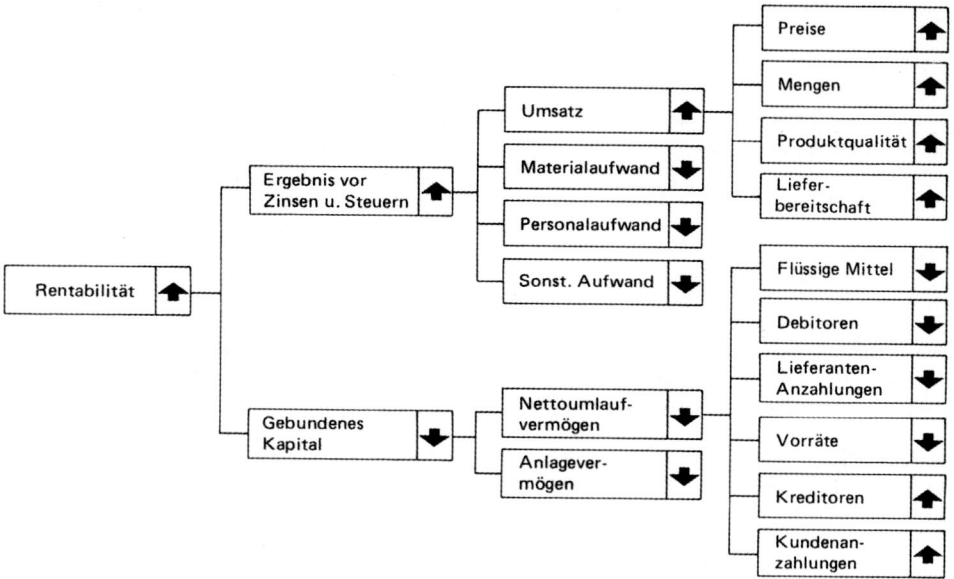

Bild 3. Rentabilitätseinflüsse

Kundenabnahmeschwankungen sind durch Vorratsaufträge abzufangen (Bild 4) und Kunden-Gemischtbestellungen sind in artgleiche Sammelaufträge zu wandeln (Bild 5). Eine rationelle Erzeugung setzt eine gleichmäßig hohe Abnahme ohne Sonderwünsche voraus, mit Lieferterminen, die der normalen Betriebskapazität angepasst sind.

Die *Versandaufgaben* sind: Erzeugnis- und Ersatzteillager verwalten, sowie Verpackungs- und Rechnungsabteilung fuhren.

2.3 Betriebliches Rechnungswesen

Die Hauptaufgabe des Rechnungswesens ist es, dem betrieblichen Zweck zu erfüllen und die gesetzlichen Bestimmungen einzuhalten. **Dies** erfolgt durch:
1. Chronologisches, sachlich gegliedertes und richtiges Erfassen aller werteverändernden betrieblichen Vorgänge.
2. Periodisches Zusammenstellen der erfassten Zahlen als Bilanz und/oder als Betriebsabrechnung. Es werden hierbei die Bestände und Erfolge ermittelt, um die Wertbewegung und -Veränderung zu überwachen.
3. Bildung von Planungsgrundlagen (Kennzahlen). Sie dienen zur Preisbildung und -prüfung, Kostenplanung und -Überwachung sowie Wirtschaftlichkeits- und Investitionsrechnungen.

Um eine hohe Aussagefähigkeit und Vergleichbarkeit zu erreichen, muss die „Erfassung – Zuordnung – Weiterbildung – Auswertung" der Daten „genau – vollständig – einmalig – stetig – einheitlich – übersichtlich – wirtschaftlich – nachweisbar" sein.

Bild 6 zeigt die Gliederung des betrieblichen Rechnungswesens und die Aufgaben der Betriebsbuchhaltung.

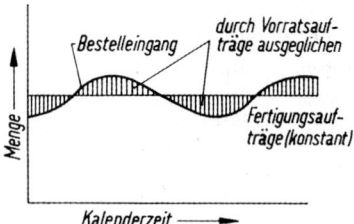

Bild 4. Bildung des Fabrikationsprogrammes

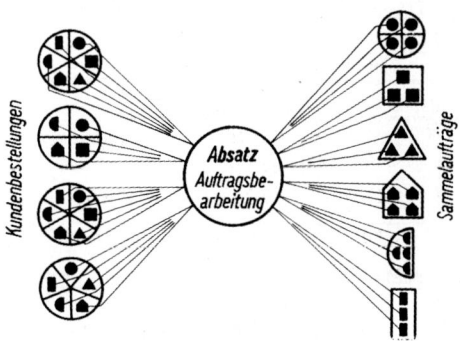

Bild 5. Bildung von Sammelaufträgen

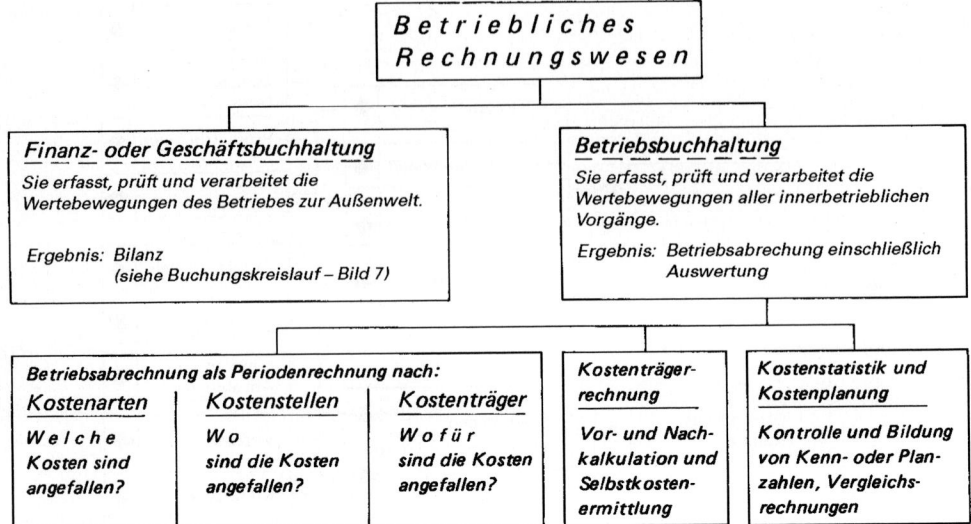

Bild 6. Gliederung des betrieblichen Rechnungswesens

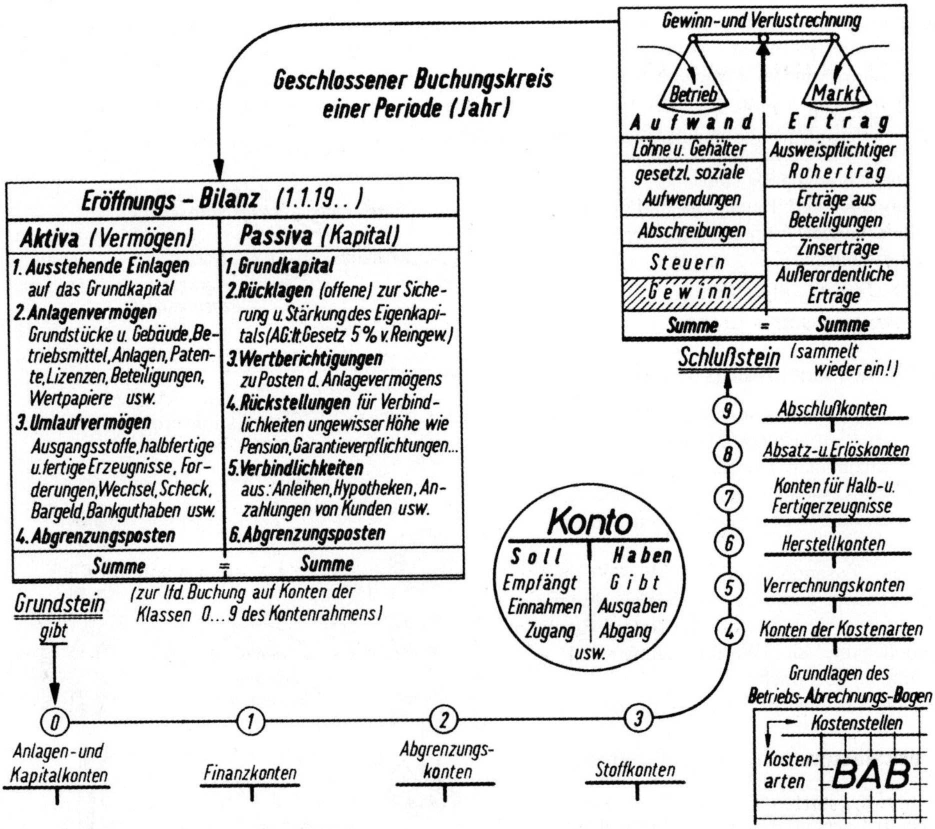

Bild 7. Buchungsperiode der Konto-Kurrent-Buchführung

Aufgabe der *Finanzbuchhaltung* ist es, den Kapitaleinsatz so rentabel wie möglich zu gestalten. Sie registriert deshalb laufend alle Geschäftsvorgänge, die Vermögens- und Kapitalveränderungen bewirken. Bild 7 zeigt den abgeschlossenen Buchungskreis eines Jahres. Er beginnt mit der Bilanz zur laufenden Buchung (Konto-Korrent) und endet mit der Gewinn- und Verlustrechnung.
Bei der Eröffnung der laufenden Buchhaltungsperiode übergibt das Kapitalkonto das Vermögen den verschiedenen Einzelkonten. Beim Abschluss sammelt es das Vermögen wieder ein und übernimmt gleichzeitig den Gewinn oder Verlust, der sich im Laufe des Jahres ergeben hat.
Der *Betriebsbuchhaltung* obliegt die Selbstkostenermittlung und Kostenüberwachung. Die Aufgaben sind je nach der Betriebsart, Kostenstruktur oder erforderlichen Genauigkeitsgrad, mehr oder weniger umfangreich.

2.4 Soziale Leitung und Personalwesen

Neben der Behandlung juristischer Fragen tritt die Pflege und Abstimmung der zwischenmenschlichen Beziehungen in den Vordergrund. Auf die Personalplanung, also auf Einstellungen und Entlassungen, sowie den Lohneinstufungen wird von hier aus in Zusammenarbeit mit dem Betriebsrat beratend eingewirkt. Bezüglich Gehalts- und Lohnzahlung ist das Personalwesen selbst an die Finanzrechnung angeschlossen.

2.5 Arbeitsvorbereitung – AV (Fertigungsorganisation)

Um die Ziele eines Betriebes zu erreichen, muss die Fertigung entsprechend organisiert sein. Diese Aufgabe übernimmt die Arbeitsvorbereitung (Fertigungsorganisation). Der Verband für Arbeitsstudien REFA e.V. definiert: Die Fertigungsorganisation umfasst die Datenermittlung und Gestaltung der Arbeitssysteme, die Material-, Informations-, Kapazitäts- und Ablaufplanung sowie das Veranlassen, Überwachen und Sichern der Programm- und Auftragserfüllung. Ob die Arbeitsvorbereitung zu einer Stab- oder Linienstelle, mit den nachfolgenden Abteilungen wird, bleibt dem jeweiligen Betrieb überlassen.
Die *Fertigungsplanung* umfasst alle einmalig zu treffenden Maßnahmen, die beim Rationalisieren, Neuentwickeln und Ändern notwendig werden und sich beziehen auf: das Gestalten der Erzeugnisse (Konstruktionsbüro mit Versuchswerkstatt), die Fertigungsvorbereitung (Arbeits-, Fristen-, Transport- und Lagerplanung), das Planen und Gestalten sowie Herstellen oder Beschaffen und Bereitstellen der nötigen Betriebsmittel und schließt mit der Freigabe der Fertigung ab.
Die *Fertigungssteuerung* umfasst alle bei jedem Los oder bei der fließenden Fertigung periodisch wiederkehrenden Maßnahmen, die zur Durchführung der Aufträge im Sinne der Fertigungsplanung notwendig werden. Dazu gehören: Zeichnungen, Stücklisten und Auftragspapiere vervielfältigen und bereitstellen, Pläne für die Stoffbeschaffung erstellen und die Stoffbereitstellung veranlassen, die Stoffbewegung bzw. den Arbeitsdurchlauf mittels Termin- und Belegungsplänen regeln und dabei Menge, Art und Güte der Erzeugung sowie Termine, Zeiten und Kosten überwachen.

2.6 Werkstätten

Einzelteilwerkstätten und Montagen sollen nicht nur Geplantes verwirklichen, sondern auch mithelfen, bessere Wege zu finden, denn am „grünen Tisch" sieht alles anders aus als in der Praxis.

2.7 Kontrollen

Die Wareneingangs- und die Fabrikationskontrolle sind fachlich der Qualitätssicherung zugeordnet, somit der Unternehmensleitung. Mit zunehmender Vereinheitlichung internationaler, den Qualitätsbegriff betreffende Normen, haben sich Inhalt und Ausmaß einzelner Begriffe sehr verändert. So wird vom Qualitätsmanagement statt der bisher üblichen Qualitätssicherung gesprochen. Nach DIN ISO 8402 ist das Qualitätsmanagement als übergeordneter Begriff der Qualitätssicherung zu verstehen. Zufriedenstellende Qualität als das erstrebenswerte Ziel einer rationalen Arbeit anzusehen, ist eine Voraussetzung für jedes Unternehmen (siehe S. 51).

3 Kosten- und Preisermittlung

3.1 Zweck

Sowohl für künftige, als auch für ausgeführte Betriebsleistungen werden zur Festsetzung von Preisen oder zur Bewertung von Leistungseinheiten Kostenkalkulationen durchgeführt. Sie dienen zur Vorkalkulation oder zur Nachkalkulation.
Die Grundformel für eine Kostenkalkulation lautet:

$$\frac{\text{Kosten}}{\text{Einheit}} = \frac{\Sigma \text{ Kosten}}{\Sigma \text{ Einheiten}}$$

Voraussetzung ist: Die Einheiten sind einander gleich und erfordern jeweils den gleichen Fertigungsaufwand, d.h. dass sich Kosten und produzierte Einheiten proportional zueinander verhalten.
Sind diese Bedingungen gegeben, dann kann mit der Divisionskalkulation gerechnet werden.
Kommen weitere abgewandelte Produkte zum Fertigungsprogramm hinzu, so wird die Proportionalität gestört und die Grundformel ist nicht mehr anwendbar. Da der Grund für die Störung bei den Einheiten zu suchen ist, wird zur Wiederherstellung der Proportionalität die Äquivalenzziffer eingeführt und damit kalkuliert.
Treten weitere Störungen auf, wird das angewendete Kalkulationsschema immer so erweitert, bis eine annehmbare Proportionalität wiederhergestellt ist.
Im Bild 8 ist die Entwicklung als Systematik wiedergegeben.

| Verfahren | Divisionskalkulation (meist ohne BAB) || Zuschlagskalkulation (ein Betriebsabrechnungsbogen ist erforderlich) ||
	einfache	mit Äquivalenzzahlen	normale	mit Maschinen – Stunden – Sätzen
Rang	A	B	C	D ... Z
Rechnung	$k = \dfrac{Kosten/Periode}{Menge/Periode}$	$k = \dfrac{Kosten/Periode}{Äquivalenzmenge/Periode}$	Kosten zerlegt in: MK + FK + VVGK = SK	Erweiterte Kostenzerlegung nach dem Verursacherprinzip
Sachlage	Produzierten Einheiten (Stück) können als gleich gelten.	Verschiedene Sorten einer Erzeugnisart sind ähnlich, aber nicht mehr gleich.	Der unterschiedliche Kostenaufbau der Produkte zwingt zur Kostenzerlegung.	Mechanisierung oder Automatisierung der Fertigung, für Produkte mit unterschiedlichem Kostenaufbau, zwingt zur weiteren Kostenzerlegung.
Erklärung und Bemerkungen	Die Kosten verhalten sich zu den produzierten Einheiten proportional.	Die gestörte Proportionalität wird durch Äquivalenzzahlen ausgeglichen.	Zerlegt man die Selbstkosten (SK) in Materialkosten (MK), Fertigungskosten (FK) und Verwaltungs- und Vertriebsgemeinkosten (VVGK), so wird gruppenweise die nötige Proportionalität wieder hergestellt.	Unterschiedlich kapitalintensive Betriebsmittel machen es erforderlich, dass wesentliche Kosten wie: Maschinen-, Werkzeug-, Vorrichtungs- und sonstige Kosten, aus den Fertigungsgemeinkosten soweit herausgenommen werden, dass die verbleibenden Restgemeinkosten (RGK) ≤ 300 % der Fertigungslohnkosten (FLK) sind.

Bild 8. Kalkulationsverfahren – in Rangordnung des nötigen Berechnungsaufwandes

Anwendungsbeispiele (Bild 8)

3.2 Einfache Divisionskalkulation

3.2.1 Divisionskalkulation als Gesamtkalkulation

(oft ohne besonderen Betriebsabrechnungsbogen – BAB)

Fallbeschreibungen:

a) In einem Betrieb wird nur ein Erzeugnis in M Mengeneinheiten (ME = hl, kg, Stunden usw.) je Periode (Periode = Monat, Quartal, Jahr) hergestellt.

Hierbei entstehen $K = \dfrac{€}{Periode}$, Kosten.

Es sind dann die

Kosten je ME: $k = \dfrac{K}{M} \approx \tilde{k}$ Plankosten je ME

$k \approx \tilde{k}$	K	M
$\dfrac{€}{ME}$	$\dfrac{€}{Periode}$	$\dfrac{ME}{Periode}$

Anmerkung: Weil bei einer Division oft lange oder unendliche Dezimalzahlen entstehen, und die Berechnung von Monat zu Monat zwar ähnliche, aber doch andere Werte ergibt, rechnet man bei der Anwendung mit gerundeten durchschnittlichen Kosten. Diese nennt man, wenn es zur Unterscheidung nötig ist, auch Plankosten. Die Kostensymbole werden als Plankosten mit dem Kopfzeichen ~ (sprich: „Tilde" oder „Plan") versehen.

b) In einer Brauerei werden

$M = 15\,000 \dfrac{hl}{Monat}$ Bier gebraut. Hierbei fallen K

$= 1\,200\,000 \dfrac{€}{Periode}$ Kosten an.

Es sind damit die

Kosten je ME: $k = \dfrac{K}{M} = \dfrac{1\,200\,000 \dfrac{€}{Monat}}{15\,000 \dfrac{hl}{Monat}} =$

$= 80{,}00 \dfrac{€}{hl} = 0{,}80 \dfrac{€}{l}$

Die Kosten für eine Flasche Bier mit

$V = 0{,}5 \dfrac{l}{Flasche}$ Inhalt sind also:

Kosten je Flasche: $k_{Fl} = V \cdot k =$

$= 0{,}5 \dfrac{l}{Flasche} \cdot 0{,}80 \dfrac{€}{l} = 0{,}40 \dfrac{€}{Flasche}$

c) In einer Gießerei werden ähnliche Gussstücke mit etwa gleichem Schwierigkeitsgrad gegossen. Dabei sind beim Gießen von

$M = 100\,000 \dfrac{kg}{Monat}$, $K = 210\,000 \dfrac{€}{Monat}$

Kosten angefallen.

Es sind also die

Kosten je ME: $k = \dfrac{K}{M} = \dfrac{200\,000 \dfrac{€}{Monat}}{15\,000 \dfrac{hl}{Monat}} =$

$= 2{,}10 \dfrac{€}{kg}$

Die Kosten für ein Gussstück mit $G = 5 \dfrac{kg}{Stück}$, Gewicht sind demnach:

3 Kosten- und Preisermittlung

Kosten je Gussteil: $k_G = G \cdot k =$

$$= 5 \frac{\text{kg}}{\text{Stück}} \cdot 2{,}10 \frac{\text{€}}{\text{kg}}$$

$$= \underline{\underline{10{,}50 \frac{\text{€}}{\text{Stück}}}}$$

3.2.2 Divisionskalkulation als Teil einer Kalkulation (z.B. bei der Stundensatzermittlung)

In den Betrieben wird mit zwei verschiedenen Zeitarten gerechnet:
Lohnarbeit mit IST-Zeiten (T_i), also mit Stunden (h) oder Minuten (min), die der Uhrzeit entsprechen.
Akkordarbeit mit SOLL-Zeiten (T), d.h. mit Vorgabestunden (Vh) oder Vorgabeminuten (VM), zu denen dann periodisch der

$$\text{Zeitgrad } Z = \frac{\Sigma T}{\Sigma T_i} = \frac{\text{Vorgabezeit je Periode}}{\text{verbrauchte Zeit je Periode}} = \text{ca.}$$

$1{,}2 \ldots 1{,}25 \frac{\text{Vh}}{\text{h}} = 120 \ldots 125\ \%$ errechnet wird.

Bei einschichtiger Arbeit ergibt sich damit eine durchschnittliche monatliche Beschäftigung, der sogenannten Planbeschäftigung von

$$\tilde{M} = 12\,000 \frac{\text{VM}}{\text{Monat}} = 200 \frac{\text{Vh}}{\text{Monat}} =$$

$$= 160 \ldots 170 \frac{\text{h}}{\text{Monat}} = 20 \ldots 21 \frac{\text{Tage}}{\text{Monat}}$$

Fallbeschreibungen:
In dem Betrieb, für den der im Bild 11 aufgezeigte Betriebsabrechnungsbogen (BAB) geführt wurde, werden verschiedene Kostensätze durch Division ermittelt. Gegeben sind die Kosten für Maschine oder Arbeitsplatz (KM), die Fertigungskosten (Fk), die Menge (M) und die Vorgabestunden (Vh). Man ermittelt die:

Kosten je Vh für Maschine oder Arbeitsplatz:

$$kM = \frac{KM \text{ in } \frac{\text{€}}{\text{Monat}}}{M \text{ in } \frac{\text{Vh}}{\text{Monat}}} \approx \tilde{k}M$$

(Plankosten je Vh)

Fertigungskosten je Vh:

$$Fk = \frac{FK \text{ in } \frac{\text{€}}{\text{Monat}}}{M \text{ in } \frac{\text{Vh}}{\text{Monat}}} \approx \tilde{F}k$$

(Fertigungsplankosten je Vh)

Ein Auszug aus dem Betriebsabrechnungsbogen (Bild 11), ist mit Ergänzungen, als Beispiel der Stundensatzberechnung, in Bild 9 wiedergegeben.

a) Die durch Division ermittelten Stundensätze werden dann wie folgt in der Auftragskalkulation verwendet:
Die Fertigungskosten (FK) für einen Auftrag, der $M = T = 6 \frac{\text{Vh}}{\text{Auftrag}}$ Montagearbeitszeit erfordert, sind in der „Schlosserei und Montage"

$$FK = \tilde{Fk} \cdot T = 25{,}00 \frac{\text{€}}{\text{Vh}} \cdot 6 \frac{\text{Vh}}{\text{Auftrag}} =$$

$$= \underline{\underline{150{,}00 \frac{\text{€}}{\text{Auftrag}}}}$$

Die Maschinenkosten (KM) für den gleichen Auftrag, der $M = T = 10 \frac{\text{Vh}}{\text{Auftrag}}$ Maschinenarbeitszeit in der „Mechanischen Werkstatt" erfordert, sind

$$KM = \tilde{k}M \cdot T = 12{,}00 \frac{\text{€}}{\text{Vh}} \cdot 10 \frac{\text{Vh}}{\text{Auftrag}} =$$

$$= \underline{\underline{120{,}00 \frac{\text{€}}{\text{Auftrag}}}}$$

b) In gleicher Weise wie in Bild 9 lassen sich die Kosten je Vh für Werkzeuge und Vorrichtungen (kWV) des in Bild 11 dargestellten Betriebsabrechnungsbogens (Zeile 1.5) für die Kostenstellen „Mechanische Werkstatt" und „Schlosserei und Montage" berechnen.

Mechanische Werkstatt:

$$kWV = \frac{KWV}{M} = \frac{1590 \frac{\text{€}}{\text{Monat}}}{5100 \frac{\text{Vh}}{\text{Monat}}} = 0{,}312 \frac{\text{€}}{\text{Vh}} =$$

$$\approx \underline{\underline{0{,}31 \frac{\text{DM}}{\text{Vh}}}} = \tilde{k}WV\ (Plankosten)$$

Schlosserei und Montage:

$$kWV = \frac{KWV}{M} = \frac{7\,790 \frac{\text{€}}{\text{Monat}}}{14\,900 \frac{\text{Vh}}{\text{Monat}}} = 0{,}512 \frac{\text{€}}{\text{Vh}} =$$

$$\approx \underline{\underline{0{,}52 \frac{\text{€}}{\text{Vh}}}} = \tilde{k}WV\ (Plankosten)$$

c) Die Kosten je Monat für die „Arbeitsvorbereitung" $\left(KVA = 20\,000 \dfrac{\text{€}}{\text{Monat}}\right)$ werden für die beiden Kostenstellen „Mechanische Werkstatt" sowie „Schlosserei und Montage" einheitlich auf die Summe der Vorgabestunden $\left(\Sigma M = 5\,100 + 14\,900 = 20\,000 \dfrac{\text{Vh}}{\text{Monat}}\right)$ umgelegt. Es ergeben sich durch Division dann die

Kosten je Vh für die Arbeitsvorbereitung:

$$kAV = \dfrac{KAV}{\Sigma M} = \dfrac{20\,000 \dfrac{\text{€}}{\text{Monat}}}{20\,000 \dfrac{\text{Vh}}{\text{Monat}}} = \underline{1{,}00 \dfrac{\text{€}}{\text{Vh}}} =$$

$$\approx \tilde{k}VA \; (Plankosten)$$

Mechanische Werkstatt:

$$KAV = M \cdot kAV =$$
$$= 5\,100 \dfrac{\text{Vh}}{\text{Monat}} \cdot 1{,}00 \dfrac{\text{€}}{\text{Vh}} = \underline{5100 \dfrac{\text{€}}{\text{Monat}}}$$

Schlosserei und Montage:

$$KAV = M \cdot kAV =$$
$$= 14\,900 \dfrac{\text{Vh}}{\text{Monat}} \cdot 1{,}00 \dfrac{\text{€}}{\text{Vh}} = \underline{14\,900 \dfrac{\text{€}}{\text{Monat}}}$$

3.3 Divisionskalkulation mit Äquivalenzzahlen

In einer Abfüllanlage wurden in drei verschieden große Flaschen (oder Sorten) Getränke abgefüllt.
Hierbei entstanden $20\,000 \dfrac{\text{€}}{\text{Monat}}$ an Kosten. Die Aufteilung dieser Kosten soll nach dem Verursacherprinzip erfolgen. Es sollen nicht die Flascheninhalte, sondern die durch eine Zeitaufnahme ermittelten Abfüllzeiten für die Anlagennutzung, als Wertgröße (*WG*) verwendet werden.
Im Bild 9 sind zunächst im oberen Tabellenteil die technischen Daten zusammengefasst, im unteren Tabellenteil wird dann gezeigt, wie nach dem Eintragen der monatlichen Kosten (*K*) und nach dem Übertragen der erzeugten Mengen (*M*) sowie der gewählten Wertgröße (*WG*), die Kostenaufteilung schrittweise erreicht und kontrolliert wird.
Bei der Kostenzerlegung wird in folgenden Schritten vorgegangen:

1. Schritt: Äquivalenzzahl ermitteln.

Äquivalenzzahl (ÄZ)
Äquivalenzeinheit (ÄE)
Herstelleinheit (HE)

$$\ddot{A}Z = \dfrac{WG}{BG}$$

Wertgröße (WG)
Werteinheit (WE)
Herstelleinheit (HE)

Bezugsgröße (BG)
Werteinheit (WE)
Äquivalenzeinheit (ÄE)

Dabei ist die Bezugsgröße (*BG*) so zu wählen, dass möglichst einfache Äquivalenzzahlen (*ÄZ*) entstehen.

2. Schritt: Äquivalenzmenge ermitteln und addieren.

Äquivalenzmenge (ÄM)
Äquivalenzeinheiten (ÄE)
Periode

$$\ddot{A}M = M \cdot \ddot{A}Z$$

erzeugte Menge (M)
Herstellmenge (HE)
Periode

Äquivalenzzahl (ÄZ)
Äquivalenzeinheit (ÄE)
Herstelleinheit (HE)

3. Schritt: Kosten je Äquivalenzeinheit und Herstelleinheit errechnen.

Kosten je $\ddot{A}E - k_{\ddot{A}} = \dfrac{K}{AM}$

Kosten je $HE - k_e = \ddot{A}Z \cdot k_{\ddot{A}}$

	$k_{\ddot{A}}$	K	k_e
	€	€	€
	ÄE	Periode	HE

Damit ist in vielen Fällen schon das Ziel der Rechnung erreicht. Man muss nur noch kontrollieren und evtl. Fehler, die durch das Runden entstehen, ausgleichen.

4. Schritt: Kosten je Periode und Sorte ($K_1 \ldots K_3$) zwecks Kontrolle und Rundungsfehlerausgleich nach zwei Möglichkeiten ermitteln.
Es müssen gleich sein:

$$K_{1\ldots3} = M_{1\ldots3} \cdot k_{e\,1\ldots3}$$
und
$$K_{1\ldots3} = \ddot{A}M_{1\ldots3} \cdot k_{\ddot{A}1\ldots3}$$

Ein Rundungsfehlerausgleich wird meist dann notwendig, wenn die Äquivalenzzahlen ($ÄZ$) und/ oder die Kosten je Äquivalenzeinheit ($k_{\ddot{A}}$) gerundete Zahlen sind. Im Beispiel (Bild 10) entfällt dieser Vorgang.

3.4 Normale und erweiterte Zuschlagskalkulation

Die im Bild 12 als Ergänzung zu Bild 8 aufgeführte Kostengliederung erfordert:
- bei der normalen *Zuschlagskalkulation* die Ermittlung der Gemeinkostensätze g für den Materialbereich g_M, den Fertigungsbereich g_F sowie den Verwaltungs- und Vertriebsbereich g_{VV}.
- bei der *erweiterten Zuschlagskalkulation* die Berechnung der Kostensätze, also die Kosten je Mengeneinheit k, wie z.B. die Stundensätze für Maschine oder Platz kM, Werkzeuge und Vorrichtungen kWV und evtl. auch für die Arbeitsvorbereitung kAV. Weiterhin die Ermittlung der Gemeinkostensätze g für die Restgemeinkosten zum Fertigungsbereich g_{RFGK} sowie die weitere Aufgliederung des Verwaltungs- und Vertriebsbereiches in den Verwaltungsbereich g_{Vw} und Vertriebsbereich g_{Vt}.

Weil die Gemeinkosten (GK), im Gegensatz zu den Einzelkosten (EK), nur in größeren Zeiträumen (Periode = Monat, Quartal, Jahr) korrekt erfasst und überwacht werden können, ist die periodische Aufstellung eines Betriebs-Abrechnungs-Bogen (BAB) erforderlich. Der Betriebsabrechnungsbogen wird zwar überwiegend nach den „Zahlen der Buchhaltung" aufgestellt, unterliegt aber nicht den finanzamtlichen Vorschriften der Steuerbemessung, die bei der Bilanz zu beachten sind. Er dient als innerbetrieblicher Rechenschaftsbericht in erster Linie zur Erforschung des Kostenverhaltens.

Das im Bild 11 gezeigte BAB-Modell, hat folgende Spalten und Zeilen:

Spalten für die *Kostenbereiche (AH-BELA)*, mit den vorhandenen *Kostenstellen* (a... h):

Ⓐ *Allgemeiner Bereich*, zur Umlage der Kosten auf alle übrigen
    a) Bereiche wie Grundstück und Gebäude (GG), Versorgungsanlagen für Strom, Gas, Pressluft, Wasser und Heizung sowie soziale, sanitäre und sicherheitstechnische Einrichtungen.

Ⓗ *Hilfsbereiche der Fertigung*, zur Kostenumlage auf den Fertigungsbereich ($F1$ und $F2$).
    b) Werkserhaltung (WE) mit Werkzeugausgaben usw. sowie
    c) Arbeitsvorbereitung (AV) mit Arbeitsstudium, Fertigungsplanung und -Steuerung.

Ⓑ *Beschaffungs- oder Materialbereich (M)*
    d) Einkauf, Eingangsprüfung, Lagerung und Bereitstellung des Materials.

Ⓔ *Erzeugung- oder Fertigungsbereich ($F1$ und $F2$)*
    e) Mechanische Werkstatt ($F1$) oder Dreherei, Fräserei, Stanzerei usw. sowie
    f) Schlosserei (Tischlerei, Klempnerei usw.) und Montageabteilungen ($F2$).

Ⓛ *Leitung des Unternehmens* mit Verwaltungsbereich (Vw)
    g) Finanzplanung, Personalwesen und allgemeine Verwaltung einschließlich Buchhaltungen.

Ⓐ *Absatz- oder Vertriebsbereich (Vt)*
    h) Marktforschung und Werbung, Vertreternetz, Fertiglager und Versand der Erzeugnisse.

Zeilen für die Gruppen 1 ... 3 der Kostenarten und der unter 4. aufgeführten Auswertung.

①. Grund-Gemein-Kosten (GGK = „$KREIS$")
Eine Abgrenzung ist nur für die „erweiterte Zuschlagskalkulation" erforderlich. Es wird eine getrennte Berechnung der Kosten für Maschine oder Platz KM vorgenommen, die im Bedarfsfall auch auf die Kosten für Werkzeuge KW und/ oder Vorrichtungen KV bzw. KWV, sowie auf die Kosten der Arbeitsvorbereitung KAV, ausgedehnt werden kann, die aber dann den Grundgemeinkosten zugeschlagen werden müssten. Im Fertigungsbereich wird er wirkliche, also der Real- oder Ist-Verbrauch ($\Sigma_I = GGK$) dem Plan- oder Soll-Verbrauch ($\Sigma = M \cdot k$) gegenübergestellt und die Soll-Ist-Abweichung als ± Kostenübertrag den Restgemeinkosten zugeschlagen.
Der Soll-Verbrauch ist das Ergebnis der vom Lohnbüro festgestellten Zeit (Menge) M in Stunden, multipliziert mit den, entweder über die Kostenstellenrechnung ermittelten, oder auch frei kalkulierten Stundensätzen k in €/Stunde.

1.1. Ⓚapitalkosten sind Annuitäten (Jahreskosten) für die Abschreibung und Verzinsung des Anlagenkapitals. Die Abschreibung bezieht sich auf die technische Veralterung und den Verschleiß. Sie ist im B AB eine Rücklage für die Erneuerung der Anlagen, um sie nach der jeweils abgelaufenen Lebensdauer in Jahren L, wiederbeschaffen zu können. Der Wiederbeschaffungswert W, der jährlich neu zu berechnen ist, dient dabei als Grundlage.

1.2. Ⓡaumkosten-Umlage oder Miete für Grundstücke und Gebäude, unter Einschluss der dazugehörigen Nebenkosten für Dienstleistungen von Pförtner, Werkschutz, Feuerwehr, Gärtner usw. sowie der sanitären Einrichtungen, Kantine, Treppenhäuser, Fahrstühle, Parkplätze usw.

Zeile / Bemerkung und Rechnung / Kostenstelle	$\Sigma_1 = GG\,K$	$\Sigma_K = FK$	Umlagebasis	Kosten für Maschine oder Arbeitsplatz (KM)			Fertigungskosten (FK)		
	IST-Kosten $KM \frac{€}{Monat} \hat{=} K$	IST-Kosten $FK \frac{€}{Monat} \hat{=} K$	Vorgabezeit $M = T \frac{Vh}{Monat}$	Stundensätze $\frac{€}{Vh}$ $kM = \frac{KM}{M} \approx \tilde{k}M$	Plankosten $\frac{€}{Monat}$ $\tilde{K}M = \tilde{k}M \cdot M$	Über- oder Unterdeckung $\frac{€}{Monat}$	Stundensätze $\frac{€}{Vh}$ $Fk = \frac{FK}{M} \approx \tilde{Fk}$	Plankosten $\frac{€}{Monat}$ $\tilde{FK} = \tilde{Fk} \cdot M$	Über- oder Unterdeckung $\frac{€}{Monat}$
e. Mechanische Werkstatt	60 600	185 900	5 100	11,88 ≈ 12,00	61 200	+ 600	36,45 ≈ 36,50	186 150	+ 250
f. Schlosserei und Montage	59 760	372 100	14 900	4,01 ≈ 4,00	59 600	- 160	24,97 ≈ 25,00	372 500	+ 400

Bild 9. Auszug aus dem BAB (Bild 11) mit Ergänzungen für die Stundensatzberechnung

Technische Daten	Flaschengröße oder Sorten-Nr.	①	②	③	Wird als Index verwendet:
	Abfüllmenge „M" (Flaschen je Monat)	$M_1 = 200\,000 \frac{Flaschen}{Monat}$	$M_2 = 180\,000 \frac{Flaschen}{Monat}$	$M_3 = 100\,000 \frac{Flaschen}{Monat}$	Marktabhängige „erzeugte Menge"
	Flascheninhalt „V" (Liter je Flasche)	$V_1 = 0{,}33 \frac{Liter}{Flasche}$	$V_2 = 0{,}50 \frac{Liter}{Flasche}$	$V_3 = 1{,}0 \frac{Liter}{Flasche}$	Preiswirksame Größe
	Abfüllzeiten „t_e" (Minuten je Flasche)	$t_{e1} = 0{,}04 \frac{Minuten}{Flasche}$	$t_{e2} = 0{,}05 \frac{Minuten}{Flasche}$	$t_{e3} = 0{,}08 \frac{Minuten}{Flasche}$	Kostenwirksam, also „Wertgröße"

Sorten-Nr.	1. Schritt: ÄZ = ?			2. Schritt: ÄM = ?		
	WG	/ BG	= ÄZ	M	· ÄZ	= ÄM
	Wertgröße	Bezugsgröße	Äquivalenzzahl	erzeugte Menge / Periode	Äquivalenzzahl	Äquivalenzmenge / Periode
	$t_e \frac{WE}{HE}$	$\frac{WE}{ÄE}$	$\frac{ÄE}{HE}$	$\frac{HE}{Periode}$	$\frac{ÄE}{HE}$	$\frac{ÄE}{Periode}$
1	0,04	0,05	0,8	200 000	0,8	160 000
2	0,05		1,0	180 000	1,0	180 000
3	0,08		1,6	100 000	1,6	160 000
	Kosten Ⓚ = $20\,000 \frac{€}{Periode}$			(geteilt durch)	ΣÄM	500 000
	Zeichenerklärung:			Herstelleinheit HE	=	Flasche

Sorten-Nr.	3. Schritt: k_e = ?			4. Schritt: Kosten K ermitteln und Rundungsfehler ausgleichen					
	ÄZ	· $k_Ä$	= k_e	M	· k_e	= K oder	ÄM	· $k_Ä$	= K
	Äquivalenzzahl	Kosten / ÄE	Kosten / HE	erzeugte Menge / Periode	Kosten / HE	Kosten / Periode	Äquivalenzmenge / Periode	Kosten / ÄE	Kosten / Periode
	$\frac{ÄE}{HE}$	$\frac{€}{ÄE}$	$\frac{€}{HE}$	$\frac{HE}{Periode}$	$\frac{€}{HE}$	$\frac{€}{Periode}$	$\frac{ÄE}{Periode}$	$\frac{€}{ÄE}$	$\frac{€}{Periode}$
1	0,8	0,04	0,032	200 000	0,032	6 400	160 000	0,04	6 400
2	1,0		0,040	180 000	0,040	7 200	180 000		7 200
3	1,6		0,064	100 000	0,064	6 400	160 000		6 400
	= $k_Ä$ = 0,04 $\frac{€}{ÄE}$			Summe Ⓚ = 20 000			= Summe Ⓚ = 20 000		
	Periode = Monat			Werteinheit WE = Minuten			Äquivalenzeinheit = ÄE		

Bild 10. Technische Daten und die Zerlegung der Kosten je Periode oder Monat mittels Äquivalenzzahlen

3 Kosten- und Preisermittlung

BAB für Zeitraum Januar 19..			Ⓐllgemein		Ⓗilfe für die Fertigung	Ⓑeschaffung oder Material	Ⓔrzeugung oder Fertigung (1 + 2)		Ⓛeitung	Ⓐbsatz
Kosten → Bereiche			Umlage-Gemeinkosten						Verwaltung und Vertrieb	
Kostenarten (Gruppe 1...3) Auswertung	Umlage-basis	Stellen	Grundstück und Gebäude	Werks-Erhaltung	Arbeits-Vorbereitung	Einkauf + Stofflager	Mechanische Werkstatt	Schlosserei u. Montage	Planung + Buchhaltung	Versand, Lager, Werbung
		M (m²)	Σ = 2000	200	100	300	600	600	100	100
		M (Vh/Mon.)			Σ = 20 000		5 100	14 900		
		Spalte	a (GG)	b (WE)	c (AV)	d (M)	e (F1)	f (F2)	g (Vw)	h (Vt)
① Grund-Gemein-Kosten (GGK)										
1.1. Ⓚapitalkosten (Abschreibung und Zinsen)			8 000	1 246	600	200	17 310	9 410	344	1 118
1.2. Ⓡaumkosten (Umlage oder Miete) (K R)			14 000	1 400	700	2 100	4 200	4 200	700	700
1.3. Ⓔnergiekosten (Strom, Kohle, Gas usw.)			310	4 800	525	119	16 990	18 590	510	418
1.4. Ⓘnstandhaltekosten				36 640			19 160	17 480	–	–
(Pflege und Reparatur) 1.4.1. eigene Fa. 1.4.2. fremde Fa.			610	1 100	125	–	1 350	2 320	–	–
1.5. Ⓢonstige Kosten für z. B. Werkzeuge, Vorrichtungen			–	1 028	–	324	1 590	7 760	–	–
Σ₁ Summe der Grundgemeinkosten = Ist Verbrauch			8 920	9 574	1 950	2 743	60 600	59 760	1 557	2 236
							61 200	**59 600**	M·Vh/Mon. · 4,00 €/Vh Platzkosten	
② Rest-Gemein-Kosten (RGK) $\tilde{\Sigma}_1$ = Kostendeckung: Maschinenkosten = M·Vh/Mon. · 12,00 €/Vh. Überdeckung verringert (–), Unterdeckung erhöht (+) die RGK									(nur Spalte e + f)	
2.1. Ⓢoll-Ist-Abweichung = ± Kostenübertrag			–	–	–	–	– 600	+ 160	–	–
2.2. Ⓐrbeitsvorbereitung (Umlage „c")			–	–	20 000	100	5 100	14 900	–	2 001
2.3. Ⓡisiko für Betriebsleistungen (Mehrkosten)			3 880	16 399	200	8 507	506	502	33 903	22 593
2.4. Ⓖehälter, GK-Löhne und Lohnnebenkosten			1 000	1 325	15 950	360	54 199	130 413	84 880	10 240
2.5. Ⓐusgaben für Werbung, Post, Steuern usw.			200	9 342	850	290	485	485	3 000	3 510
2.6. Ⓑetriebs- und Büromaterial usw.			5 080	27 066	1 050	9 257	14 010	17 040	121 783	38 344
Σ₂ Summe der Restgemeinkosten (RGK)			14 000	36 640	18 050	12 000 (MK)	73 700	163 500	123 340 (HK)	40 580
Σ_G = Σ₁ + Σ₂ = gesamte Gemein-Kosten (GK)						250 000	134 900 (FK)	223 100 (FK)	820 000 (HK)	820 000
Ⓑezugs-Kosten							51 000	149 000		
Σ_K Gesamt-Kosten						262 000	185 900	372 100	Σ = 163 920 (VVGK)	

„d'" = Material-K., „e + f'" = Fertigungs-K., „g + h'" = Verwaltungs- und Vertriebs-GK.
„d''" = Material-Einzel-K., „e + f''" = Fertigungs-Lohn-K., „g + h''" = Herstellkosten

④ Auswertung		$g = \frac{\text{Gemeinkosten}}{\text{Bezugskosten}}$							
4.1. Gemeinkosten-Sätze		4.1.1.	g (errechnet) = Σ_G/③ =	4,8 % (MEK)	264,5 % (FLK)	149,7 % (FLK)	15,0 % (HK)	4,9 % (HK)
		4.1.2.	$\tilde{g}$ (kalkulatorisch gerundet)	$\tilde{g}_M$ = 5 % (MEK)	$\tilde{g}_{F1}$ = 265 % (FLK)	$\tilde{g}_{F2}$ = 150 % (FLK)	$\tilde{g}_{Vw}$ = 15 % (HK)	$\tilde{g}_{Vt}$ = 5 % (HK)
4.2. Kosten vergleich	4.2.1.	Kalkulatorische Kosten (deckung)	K = [4.1.2] · ③ =	12 500	135 150	223 500	123 000	41 000
	4.2.2.	Abweichung: (+) Überdeckung, (-) Unterdeckung	Σ = + 1230 € / Mon.	+ 500	+ 250	+ 400	- 340	+ 420
4.3. Zusätzliche Auswertung	4.3.1.	Rest-Fertigungs-Gemeinkostensatz =	g_{RFGK} = RFGK/FLK ≈ $\tilde{g}_{RFGK}$ %		1,445 ≈ 145 %	1,097 ≈ 110 %	4.3.3	g_{VV} = VVGK/HK
	4.3.2.	Fertigungskosten-(Stunden-)Satz =	k_F = FK/M ≈ $\tilde{k}_F$		36,45 ≈ 36,50	24,97 ≈ 25,00		$\tilde{g}_{VV}$ ≈ 20 % (HK)

4.4. Aufstellung der Zeitraumkosten im Kalkulationsschema

Nr.	Sp.	Zeile		Kostenbereiche der Kostenarten				€ / Mon.
I	d	Σ_3	3	Materialkosten MK	Materialeinzelkosten	MEK	250 000	
			Σ_G		Materialgemeinkosten	MGK	12 000	262 000
II	e	Σ_3	3	Fertigungskosten FK (Mechanische Werkstatt)	Fertigungslohnkosten	FLK	51 000	
			Σ_G		Fertigungsgemeinkosten	FGK	134 900	185 900
	f	Σ_3	3	Fertigungskosten FK (Schlosserei + Montage)	Fertigungslohnkosten	FLK	149 000	
			Σ_G		Fertigungsgemeinkosten	FGK	223 100	372 100
III	g/h	3		Herstellkosten HK = MK + $FK_{(e)}$ + $FK_{(f)}$ =				820 000
IV	g/h	Σ_3		+ Verwaltungs- und Vertriebs-Gemeinkosten VVGK				163 920
V	g/h	6/7		= Selbstkosten SK = HK + VVGK =				983 920

Gewinn- oder Verlustermittlung

Wertposten		€ / Mon.
Erlös oder Ertrag	E	1 200 000
- Selbstkosten	SK	983 920
= Gewinn oder Verlust	± G'	+ 216 080

11 % E als Mehrwertsteuer = 132 000 an das Finanzamt abgeführt

4.5. Der BAB im System der Kalkulationsarten

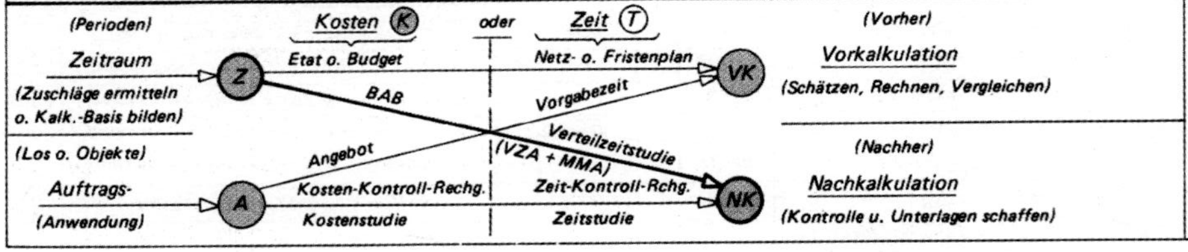

(Perioden)
Zeitraum
(Zuschläge ermitteln o. Kalk.-Basis bilden)
(Los o. Objekte)
Auftrags-
(Anwendung)
Kosten K
oder
Zeit T
Etat o. Budget
BAB
Angebot
Kosten-Kontroll-Rechg.
Kostenstudie
Netz- o. Fristenplan
Vorgabezeit
Verteilzeitstudie
(VZA + MMA)
Zeit-Kontroll-Rchg.
Zeitstudie
Z
A
VK
NK
(Vorher)
Vorkalkulation
(Schätzen, Rechnen, Vergleichen)
(Nachher)
Nachkalkulation
(Kontrolle u. Unterlagen schaffen)

Nebenstehend wird die Verknüpfung der Kosten- oder Zeitkalkulationsarten dargestellt, innerhalb der, der Betriebs-Abrechnungs-Bogen = BAB eine ZKNK = Zeitraum-Kosten-Nachkalkulation ist.

Bild 11. Modell eines Betriebs-Abrechnungs-Bogens (BAB) mit seiner Darstellung im System der Kalkulationsarten

3 Kosten- und Preisermittlung

Kostenarten der Auftragskalkulation	a, b, ...	I, II, ...	Weitere wahlweise Aufgliederung der Kosten	a, b, ...	I, II, ...
I Material-Kosten					
a) Material-Einzel-Kosten (Bezugskosten)	MEK				
b) Material-Gemein-Kosten = $g_M \cdot$ MEK =	MGK	MK			
II Fertigungs-Kosten			**II Fertigungs-Kosten**		
a) Fertigungs-Lohn-Kosten (Bezugskosten)	FLK		a) Fertigungs-Lohn-Kosten (Bezugskosten)	FLK	
b) Fertigungs-Gemein-Kosten = $g_F \cdot$ FLK =	FGK	FK	b) Kosten für Maschine oder Platz	KM	
			c) Kosten für Werkzeuge	KW	
			d) Kosten für Vorrichtungen {KWV}	KV	
			e) Kosten für Arbeits-Vorbereitung	KAV	
			f) Rest-Fertigungs-Gemein-Kosten		
III Herstell-Kosten (Bezugskosten f. VVGK)		HK	$= g_{RFGK} \cdot$ FLK =	RFGK	FK
IV Verwaltungs- und Vertriebs-Gemein-Kosten $= g_{VV} \cdot$ HK =		VVGK	**VI Verwaltungs- und Vertriebs-Gemein-Kosten**		
			a) Verwaltungs-Gemein-Kosten = $g_{VW} \cdot$ HK =	VwGK	
V Sonder-Einzelkosten			b) Vertriebs-Gemein-Kosten = $g_{Vt} \cdot$ HK =	VtGK	VVGK
a) Sonder-Einzelkosten der Fertigung	SEF		Anm.: Die VwGK können evtl. auch auf die FK bezogen werden!		
b) Sonder-Einzelkosten der Herstellung	SEH		Die Sonder-Einzelkosten (SE) werden als Selbstkosten berechnet für:		
c) Sonder-Einzelkosten des Vertriebes	SEV	SE	a) Fertigung: Spezialvorrichtungen, -werkzeuge usw.		
VI Selbst-Kosten (Bezugskosten f. Gewinn)		SK	b) Herstellung: zusätzl. Entwicklung, Neukonstruktion		
VII kalkulat. Gewinnzuschlag = $g_z \cdot$ SK =		G	c) Vertrieb: Verpackung, Zustellgebühren usw.		
VIII Erlös oder Nettopreis		E	Die Mehrwertsteuer (16 % E) wird nur vom Verbraucher bezahlt. In allen Zwischenstationen liegt die Ware zum Nettopreis auf Lager, denn die Mehrwertsteuer wird hier mit dem Finanzamt zurückverrechnet.		
IX Mehrwertsteuer = 16 % E =		MWST			
X Verbraucherpreis (Angebotspreis)		P			

Bild 12. Normale und erweiterte Zuschlagskalkulation mit zusätzlich möglichen Kostenaufgliederungen

Sorte ≙ Spalte, Kostenstelle	Raumkosten über M (m²)		Berechnung der ÄM			Raumkosten über ÄM (Äm²)		$kR_{a-h} =$
	M_{a-h}	$kR = KR_{a-h}$	$M_{a-h} \cdot \ddot{A}Z =$	$\ddot{A}M_{a-h}$	$\ddot{A}M_{a-h}$	$\ddot{A}M_{a-h} \cdot kR\ddot{A} = KR_{a-h}$		$6{,}25 \cdot \ddot{A}Z$
b Werkserhaltung	200	1400	200 · 1,15	230	230		1437,50	7,1875
c Arbeitsvorbereitung	100	700	100 · 1,00	100	100		625,00	6,25
d Beschaffung Büroräume	300	2100	80 · 1,00	80	80	500 }	1600,00	6,25
d Beschaffung Lagerräume			220 · 0,80	176	176	1100		5,00
e Mechanische Werkstatt	600	4200	600 · 1,25	750	750		4687,50	7,81
f Schlosserei und Montage	600	4200	600 · 1,20	720	720		4500,00	7,50
g Verwaltung, Büroräume	100	700	100 · 1,00	100	100		625,00	6,25
h Vertrieb Büroräume	100	700	20 · 1,00	20	20	125 }	525,00	6,25
h Vertrieb Lagerräume			80 · 0,80	64	64	400		5,00
a Σ aller Gebäuderäume	2000	14000	2000 (1,12)	2240	2240		14000,00	wirksamer Kostensatz

$$kR\ddot{A} = \frac{KR}{\ddot{A}M} = \frac{\text{Raum-Kosten/Mon.}}{\text{Äquivalenzmenge}} = \frac{14\,000 \text{ €/Mon.}}{2\,240 \text{ Äm}^2} = 6{,}25 \frac{\text{€}}{\text{Äm}^2 \cdot \text{Mon.}}$$

Raum-Kostensatz der Äquivalenzmenge

Bild 13. Berechnung der Raumkostenumlage über „M" und „ÄM" in Gegenüberstellung

3 Kosten- und Preisermittlung

Als Umlagebasis sollte dabei die vorhandene Menge M in m² der Fläche bzw. des Raumes für Büro-, Lager- und Fabrikationsräume dienen. Der Raumkostensatz im Betriebsabrechnungsbogen (Bild 11) wurde zur Kostenaufteilung wie folgt berechnet:

$$\text{Raum-Kostensatz } kR = \frac{KR}{M} = \frac{\frac{\text{Raumkosten}}{\text{Monat}}}{\text{Menge des Raumes in m}^2} = \frac{14\,000\,\frac{\text{€}}{\text{Monat}}}{2\,000\,\text{m}^2} = 7\,000\,\frac{\text{€}}{\text{m}^2 \cdot \text{Monat}}$$

Weil zu einem Raum (Büro-, Lager- oder Fabrikationsraum) jeweils ein anderer Kostensatz gehört, ist es manchmal sinnvoll, die Berechnung der Raumkosten-Umlage über die Äquivalent-m²- Menge ($ÄM$ in Ä m²) mittels geschätzter Äquivalenzzahlen ($ÄZ$) vorzunehmen, so wie es in Bild 13 gezeigt wird.

1.3. ⒺΝnergiekosten für Strom, Kohle, Gas, Pressluft usw. Hierbei sind die verschiedenen Vertragsabschlüsse (Nachtstrom usw.) zu beachten. Bei Eigenerzeugung ist eine besondere Kostenstelle zu bilden, deren Kosten nach einem Verbraucherschlüssel umzulegen sind.

1.4. Ⓘnstandhaltekosten-Umlage. Sie wird nach Auftragsbelegen vorgenommen und zwar für die Pflege, die Reparatur und die oft nötige Anpassung der Anlagen an den technischen Fortschritt. Für die Erledigung dieser Arbeiten wird entweder eine eigene Betriebsabteilung (Werkserhaltung) oder eine fremde Firma beauftragt.

1.5. Ⓢonstige Kosten für universelle Werkzeuge und Vorrichtungen (KWV), die auch getrennt erfasst und kalkuliert werden können. Die Kosten für spezielle Werkzeuge und Vorrichtungen werden meist als Sonder-Einzelkosten der Fertigung (SEF) in Rechnung gestellt.

Σ_1 = *Summe der Grundgemeinkosten* als Ist-Verbrauch. Wird die Summe der Grundgemeinkosten, wie in BAB (Bild 11) getrennt ermittelt, so wird sie gegenübergestellt und verglichen mit der

$\tilde{\Sigma}_1$ = *Summe des Plan- oder Soll- Verbrauchs* der Fertigungskostenstellen *F1* und *F2*.

②. *Rest-Gemein-Kosten* ($RGK \triangleq „SARG-AB")$ Dies sind alle noch nicht erfassten Gemeinkosten, die für die Ermittlung der gesamten Gemeinkosten, den Kostenstellen noch zugeschlagen werden müssen. Mit ihnen können die Rest-Fertigungs-Gemein-Kostensätze g_{RFGK1} und g_{RFGK2} in Spalte e und f ermittelt werden.

2.1. Ⓢoll-Ist-Abweichung als ± Kostenübertrag, die durch Methoden- oder Beschäftigungsgradänderung, durch Runden und Durchschnittswertbildung und auch durch Fehleinschätzung, entsteht.

2.2. Ⓐrbeits-Vorbereitungs-Kosten (KAV), die als Umlage für die Kosten der technischen Leitung, mit der Planung und Steuerung der Arbeit, auf die Summe der Fertigungsstunden ($M = T$ in Vh/Monat) bezogen werden.

2.3. Ⓡisiko für Betriebsleistungen, also für Planung, Beschaffung, Erzeugung und Vertrieb. Erfasst werden sollen die angefallenen „Mehrkosten" für falschen Einkauf, Fehler der Arbeitsvorbereitung, Ausschuss und Nacharbeit im Betrieb, Garantieleistungen, nicht absetzbare Erzeugnisse, nicht oder nur teilweise zahlende Kunden usw.

2.4. Ⓖehälter, Gemeinkostenlöhne und Lohnnebenkosten, die meist ≥ 50 % der Löhne und Gehälter sind. Sie setzen sich zusammen aus den Arbeitgeberbeiträgen für Renten- und Arbeitslosenversicherung, Krankenkasse und Berufsgenossenschaft mit der Unfall- und Ausgleichskasse, Urlaubs-, Feiertags- und Weihnachtsgelder (13. Monatsgehalt), Überstundenzuschläge, Kantinen- und Fortbildungszuschüsse usw.

2.5. Ⓐusgaben für Steuern, Reisen, Telefon, Beiträge für Berufsverbände und Vereine, Werbung, Vertreternetz, Verpackung und Zustellgebühren. Verpackung und Zustellgebühren werden häufig als Sonder-Einzelkosten des Vertriebes (SEV) gesondert berechnet.

2.6. Ⓑetriebs- und Büromaterial einschließlich der sofort abschreibbaren Ausstattungen.

Σ_2 = *Summe der Rest-Gemein-Kosten* (RGK) für die evtl. Berechnung der Rest-Fertigungs-Gemein-Kosten g_{RFGK1} und g_{RFGK2} der Fertigungskostenstellen *F1* und *F2* in Spalte e und f. Diese Gemeinkostensätze werden nur in der erweiterten Zuschlagskalkulation benötigt.

$\Sigma_G = \Sigma_1 + \Sigma_2$ = *Gesamte Gemein-Kosten* (GK), als Umlagesumme in den Spalten a ... c, sowie zur Berechnung der Gemeinkostensätze in den Spalten d ... h.

③. *Bezugs-Kosten* (BK). Das sind die Kosten, auf die die Gemeinkosten in den Spalten d... h bezogen werden. Im einzelnen sind es die

- *Materialeinzelkosten* (MEK – Spalte d) = Summe der von der Materialbuchhaltung, durch Addition der bewerteten Materialentnahmescheine, ermittelten Kosten.
- *Fertigungslohnkosten* (FLK - Spalte e und f) = Summe der Kosten, die von der Lohnbuchhaltung, durch Addition der laut Lohn- und Akkordscheine angefallenen Fertigungslohnkosten, ermittelt werden.

- *Herstellkosten* (*HK* – Spalte g und h) = Materialkosten (Materialeinzelkosten + Materialgemeinkosten) plus Fertigungskosten (Fertigungslohnkosten + Fertigungsgemeinkosten).
- Σ_K = *Gesamten Kosten* (Spalten d ... h) sind: Spalte d die Material-Kosten, in Spalte e und f die Fertigungskosten der Kostenstellen *F1* und *F2* und in Spalte g und h die Summe der Verwaltungs- und Vertriebsgemeinkosten.

④. *Auswertung* zur Gemeinkostenberechnung, -bewertung und -Überwachung.
Sie dient zunächst der Berechnung der Gemeinkostenzuschlagssätze g in %. Weiterhin werden die Kostensätze in k (z.B. in €/Stunde) ermittelt. Die errechneten Daten werden mit den früheren Durchschnittswerten bzw. marktorientierten Sätzen verglichen. Über eine Vergleichs- oder Kontrollrechnung wird dann die ±-Kostenabweichung, die durch Anwendung dieser Sätze eingetreten ist, festgestellt und beurteilt.

Als Grundlage der Zuschlagsermittlung dient der Gemeinkostenzuschlagssatz $g = \dfrac{GK}{BK} \approx \tilde{g}$ Gemeinkostenplansatz

als Verhältniszahl oder als Gemeinkostenprozentsatz

$g \% = \dfrac{GK}{BK} \cdot 100\% = \tilde{g}\%$

Gemeinkostenplansatz in %

GK Gemeinkosten in $\dfrac{€}{\text{Periode oder Los}}$

BK Bezugskosten in $\dfrac{€}{\text{Periode oder Los}}$

Periode   Monat, Quartal oder Jahr
Los   Teilmenge bis Gesamtauftrag

3.5 Auswertung zur Gemeinkosten-Berechnung

3.5.1 Ermittlung der Gemeinkostensätze

$g = \dfrac{GK}{BK} = \dfrac{\text{Zeile } \Sigma_G}{\text{Zeile 3}}$ im BAB (Bild 11).

Zu den Kostenstellen der nachfolgend aufgeführten Spalten werden folgende Gemeinkostenzuschlagssätze errechnet:

Spalte d: *Einkauf und Stofflager* als Kostenstelle des Beschaffungs- oder Materialbereiches (*M*).

MGK-Zuschagssatz:

$g_M = \dfrac{\text{Materialgemeinkosten (MGK)} - \text{Zeile } \Sigma_G}{\text{Materialeinzelkosten (MEK)} - \text{Zeile 3}}$

$g_M = \dfrac{12\,000\,\dfrac{€}{\text{Monat}}}{250\,000\,\dfrac{€}{\text{Monat}}} =$

$= 0{,}048 \triangleq 4{,}8\,\% \approx \underline{\underline{5\,\%\ \text{als Plansatz}}}$

Spalte e: *Mechanische Werkstatt* als Kostenstelle im Fertigungsbereich (*F1*)

FGK-Zuschlagssatz:

$g_{F1} = \dfrac{\text{Fertigungsgemeinkosten 1 (FGK 1)} - \text{Zeile } \Sigma_G}{\text{Materialeinzelkosten 1 (FLK 1)} - \text{Zeile 3}}$

$g_{F1} = \dfrac{134\,900\,\dfrac{€}{\text{Monat}}}{51\,000\,\dfrac{€}{\text{Monat}}} =$

$= 2{,}645 \triangleq 264{,}5\,\% \approx \underline{\underline{265\,\%\ \text{als Plansatz}}}$

Spalte f: *Schlosserei und Montage* als Kostenstelle im Fertigungsbereich (*F2*).

FGK-Zuschlagssatz:

$g_{F2} = \dfrac{\text{Fertigungsgemeinkosten 2 (FGK 2)} - \text{Zeile } \Sigma_G}{\text{Fertigungslohnkosten 2 (FLK 2)} - \text{Zeile 3}}$

$g_{F2} = \dfrac{223\,100\,\dfrac{€}{\text{Monat}}}{149\,000\,\dfrac{€}{\text{Monat}}} =$

$= 1{,}497 \triangleq 149{,}7\,\% \approx \underline{\underline{150\,\%\ \text{als Plansatz}}}$

Spalte g: *Planung und Buchhaltung* als Kostenstelle des Verwaltungsbereiches (*Vw*).

VwGK-Zuschlagssatz:

$g_{Vw} = \dfrac{\text{Verwaltungsgemeinkosten (VwGK)} - \text{Zeile } \Sigma_G}{\text{Herstellkosten (HK)} - \text{Zeile 3}}$

$g_{Vw} = \dfrac{123\,340\,\dfrac{€}{\text{Monat}}}{820\,000\,\dfrac{€}{\text{Monat}}} =$

$= 0{,}15 \triangleq 15\,\% \approx \underline{\underline{15\,\%\ \text{als Plansatz}}}$

Anmerkung: Teilweise werden auch die Fertigungskosten als reale Kostenverursacher der Verwaltungsgemeinkosten verwendet.

Spalte h: *Versand, Lager und Werbung* als Kostenstelle des Vertriebsbereiches (*Vt*).

VtGK-Zuschlagssatz:

$g_{Vt} = \dfrac{\text{Vertriebsgemeinkosten (VtGK)}\ \ \text{Zeile } \Sigma G}{\text{Herstellkosten (HK)} - \text{Zeile 3}}$

$$g_{Vt} = \frac{40\,580\,\dfrac{€}{Monat}}{820\,000\,\dfrac{€}{Monat}} =$$

$$= 0{,}049 \triangleq 4{,}9\,\% \approx \underline{\underline{5\,\%}} \text{ als Plansatz}$$

3.5.2 Durchführung des Kostenvergleiches mit der zu beurteilenden Berechnung der ± Abweichung der Gemeinkosten:

$\pm \Delta GK$ = Plangemeinkosten – Istgemeinkosten
$\pm \Delta GK = \tilde{g} \cdot BK - GK$

oder im einzelnen zu den Kostenstellen in den Spalten d ... h = Material (M), Fertigung ($F1$ und $F2$), Verwaltung (Vw) und Vertrieb (Vt).

$M : \Delta MGK = \tilde{g}_M \cdot MEK - MGK =$
$= 0{,}05 \cdot 250\,000 - 12\,000 = +\,500\,\dfrac{€}{Monat}$

$F1 : \Delta FGK1 = \tilde{g}_{F1} \cdot FLK1 - FGK1 =$
$= 2{,}65 \cdot 51\,000 - 134\,900 = +\,250\,\dfrac{€}{Monat}$

$F2 : \Delta FGK2 = \tilde{g}_{F2} \cdot FLK2 - FGK2 =$
$= 1{,}50 \cdot 149\,000 - 223\,100 = +\,400\,\dfrac{€}{Monat}$

$Vw: \Delta VwGK = \tilde{g}_{Vw} \cdot HK - VwGK =$
$= 0{,}15 \cdot 820\,000 - 123\,340 = -\,340\,\dfrac{€}{Monat}$

$Vt : \Delta VtGK = \tilde{g}_{Vt} \cdot HK - VtGK =$
$= 0{,}05 \cdot 820\,000 - 40\,580 = +\,420\,\dfrac{€}{Monat}$

3.5.3 In einer zusätzlichen Auswertung werden für die erweiterte Zuschlagskalkulation außerdem folgende Sätze ermittelt:

Rest-Fertigungs-Gemein-Kostensatz (g_{RFGK})

g_{RFGK}
$= \dfrac{\text{Restfertigungs-Gemeinkosten }(RFGK)}{\text{Fertigungslohnkosten }(FLK)} \approx \tilde{g}_{RFGK}$
als Plansatz

Im einzelnen für die Fertigungskostenstellen $F1$ und $F2$

$F1: g_{RFGK1} = \dfrac{RFGK1\,(\text{Zeile}\,\Sigma_2)}{FLK1\,(\text{Zeile}\,3)}$

$$g_{RFGK1} = \frac{73\,700\,\dfrac{€}{Monat}}{51\,000\,\dfrac{€}{Monat}} =$$

$= 1{,}445 \triangleq \underline{\underline{145\,\%}}$ (auch als Plansatz)

$F2: g_{RFGK2} = \dfrac{RFGK2\,(\text{Zeile}\,\Sigma_2)}{FLK2\,(\text{Zeile}\,3)}$

$$g_{RFGK2} = \frac{163\,500\,\dfrac{€}{Monat}}{149\,000\,\dfrac{€}{Monat}} =$$

$= 1{,}097 \triangleq \underline{\underline{110\,\%}}$ (auch als Plansatz)

Fertigungskosten-Stundensatz (kF)

$kF = \dfrac{\text{Fertigungskosten }(FK)}{\text{Menge }(M)} \approx \tilde{k}F$ als Plansatz

Im einzelnen für die Fertigungskostenstellen $F1$ und $F2$:

$F1 : kF_1 = \dfrac{FK1\,(\text{Zeile}\,\Sigma_K)}{M1\,(\text{Kopfzeile})}$

$$kF_1 = \frac{185\,900\,\dfrac{€}{Monat}}{5\,100\,\dfrac{Stunden}{Monat}} =$$

$= 36{,}45 \approx \underline{\underline{36{,}50\,\dfrac{€}{Stunden}}}$ als Plansatz

$F2 : kF_2 = \dfrac{FK2\,(\text{Zeile}\,\Sigma_K)}{M1\,(\text{Kopfzeile})}$

$$kF_2 = \frac{372\,100\,\dfrac{€}{Monat}}{14\,900\,\dfrac{€}{Monat}} =$$

$= 24{,}97 \approx \underline{\underline{25{,}00\,\dfrac{€}{Stunden}}}$ als Plansatz

Verwaltungs- und Vertriebsgemeinkostensatz (g_{VV}) wird auf die Herstellkosten bezogen

VVGK-Zuschlagssatz

$g_{VV} = \dfrac{\text{Verwaltungs- u. Vertriebsgemeinkosten }(VVGK) - \text{Zeile}\,\Sigma_K}{\text{Herstellkosten }(HK) - \text{Zeile}\,3}$

$$g_{VV} = \frac{163\,920\,\dfrac{€}{Monat}}{820\,000\,\dfrac{€}{Monat}} =$$

$= 0{,}199 \triangleq \underline{\underline{20\,\%}}$ (auch als Plansatz)

3.5.4 Die *Aufstellung der Zeitraumkosten* im Zuschlagsschema mit der Gewinn- oder Verlustermittlung, bringt eine leicht vergleichbare monatliche Übersicht. Zu beachten ist hierbei, dass der wirkliche, reale oder Rein-Gewinn (G'), der sich aus der Differenz zwischen Erlös (E) und Selbstkosten (SK) errechnet, nicht übereinstimmt mit dem kalkulatorischen Gewinn $G = g_Z \cdot SK$ in der Zuschlagskalkulation, obwohl letzterer auch nur im Hinblick auf den nach Angebot und Nachfrage sich ergebenden Erlös gewählt werden konnte.

Grund: der Verbrauch an Material und Zeit wurde falsch eingeschätzt, die Gemeinkosten veränderten sich
- in der *Fertigung* (*FGK*) durch Ausschuss und/oder Nacharbeit, andere Beschäftigungsgrade bzw. Nutzung der Betriebsmittel, d.h. ein Beschäftigungs-Gewinn oder -Verlust tritt auf.
- im *Vertrieb* (*VtGK*) durch Garantieleistung, nicht verkaufte oder nicht bezahlte Waren.

3.5.5 Den Verbrauch an Kosten oder Zeit kann man für einen Zeitraum (Periode = Tag, Woche, Monat, Jahr) oder einen Auftrag (Los oder Objekt) vor- oder nachkalkulieren. Als Orientierungshilfe zu diesen Kombinationsmöglichkeiten ist deshalb, teilweise im Vorgriff, das *„System der Kalkulationsarten"* schematisch dargestellt.

3.6 Kostenanalyse

Vor- und Nachkalkulation dienen immer dem SOLL-IST-Vergleich zur Studie des Kosten- und/oder Zeitverhaltens. Die dabei entdeckten Fehler werden behoben und entsprechende Verbesserungsvorschläge erarbeitet. Weil die Gemeinkosten einen erheblichen Anteil der Selbstkosten bilden, werden sie immer häufiger vorkalkuliert, d.h., es wird ein Etat, Budget oder Haushaltsplan aufgestellt und in einer zusätzlichen Spalte je Kostenstelle, neben den ermittelten Ist-Gemeinkosten, als Soll-Gemeinkosten aufgeführt.

Beim SOLL-IST-Vergleich ist zu beachten, dass sich die Kosten, zerlegen lassen in:

- Proportionale Kosten, wie z.B. Kosten für Stückzeiten, Energie, Material, Verschleiß usw.
- Feste oder fixe Kosten, das sind meist Kosten für Abschreibung und Verzinsung des Anlagenkapitals.
- Progressive Kosten, es steigen oft die Lagerhaltungskosten pro Erzeugnis mit größer werdender Auflage.
- Degressive Kosten, die Ausgangsstoffe können z.B. in größeren Mengen billiger eingekauft werden.
- Regressive Kosten, fixe Kosten können kleiner werden, wenn mit der Erhöhung des Beschäftigungsgrades eine Erhöhung der Umlaufgeschwindigkeit eintritt.

3.6.1 Bestimmen der „Optimalen Losgröße m_0"

Auf der Beschaffungs- und Absatzseite des Betriebes sowie auch oft zwischen den Arbeitsgängen sind Lager vorhanden. Die Kosten für das Lagern steigen oft proportional zur Losgröße m (Teilauftragsmenge) an.

Für die Lagerung und den Zinsdienst (gebundenes Kapital) werden die Kosten meist in p % oder mit $p = \dfrac{p\,\%}{100\,\%}$ (Verhältniswert) zum Wert des Lagergutes ermittelt.

Wie Bild 14 zeigt, ist die

durchschnittliche Lagermenge $= f \cdot m$ Einheiten

wobei für den Losfaktor $f = 0,5 \dots 0,6$ je Los zu setzen ist. Meist wird der zu beurteilende Sicherheitsbestand vernachlässigt und es wird für $f = 0,5$ je Los eingesetzt.

Damit sind die proportional zur Losgröße wachsenden

jährlichen Lagerkosten $= m \cdot f \cdot p$ Einstandsdaten je Einheit

und wenn man, n = Lagerumsatz in Einheiten je Jahr setzt, werden die

Lagerkosten je Einheit $= \dfrac{m \cdot f \cdot p}{n}$ Einstandskosten je Einheit

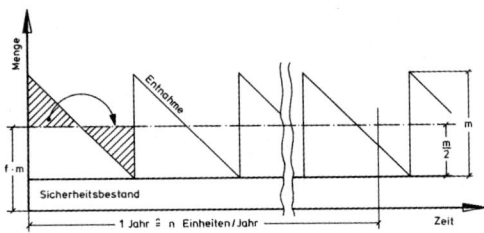

Bild 14. Lagerbewegung

Mit zunehmender Losgröße (Menge) werden aber andererseits die Einstandskosten je Einheit kleiner. Es sind

Einstandskosten je Einheit $= \dfrac{k}{F \cdot m}$

k Kosten je Einheit, ohne den Anteil einmaliger Kosten je Los.

F Losfixe Kosten wie z.B.: Kosten für den Bestellvorgang, einschließlich Kosten für Annahme und Einordnen in das Lager oder Rüstkosten in der Fertigung, also das Einrichten des Arbeitsplatzes.

3 Kosten- und Preisermittlung

Geordnet ergibt sich:

$$K_e = k + \underbrace{\frac{p \cdot f \cdot F}{n}}_{\text{gleichbleibend}} + \underbrace{m \cdot \frac{k \cdot p \cdot f}{n}}_{\text{steigend}} + \underbrace{\frac{F}{m}}_{\text{fallend}}$$

Differenziert man diese Gleichung, so erhält man die Gleichung zur Ermittlung der „Optimalen Losgröße":

$$m_0 = \sqrt{\frac{F \cdot n}{k \cdot p \cdot f}}$$

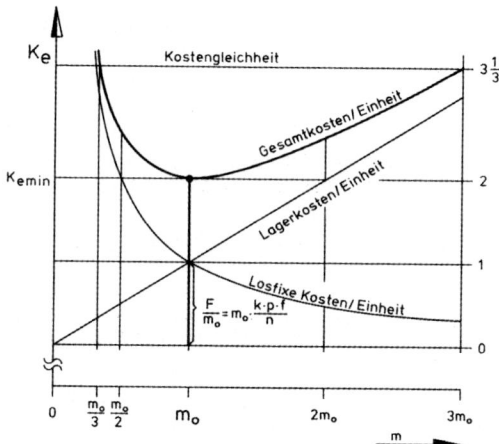

m_0 Optimale Losgröße in $\dfrac{\text{Einheiten}}{\text{Los}}$

F Losfixe Kosten in $\dfrac{€}{\text{Los}}$

n Lagerumsatz in $\dfrac{\text{Einheiten}}{\text{Jahr}}$

k Kosten (ohne F) in $\dfrac{€}{\text{Einheit}}$

p Lagerumsatz = 0,1 ... 0,3 $\dfrac{1}{\text{Jahr}}$

f Losfaktor = 0,5 ... 0,6 in $\dfrac{1}{\text{Los}}$

Bild 15. Darstellung der Gleichung für K_e

Weil $m_0 \cdot \dfrac{k \cdot p \cdot f}{n} = \dfrac{F}{m_0}$ ist (Bild 15), wird das Minimum der Gesamtkosten je Einheit)

$$K_{e\,\min} = k + \frac{p \cdot f \cdot F}{n} + 2\frac{F}{m_0}$$

Die Gleichung der Gesamtkosten K_e vereinfacht sich, wenn man für $m = x\, m_0$ einsetzt. Es wird

$$K_e = k + \frac{p \cdot f \cdot F}{n} + x\, m_0 \cdot \frac{k \cdot p \cdot f}{n} + \frac{F}{x\, m_0}$$

$$K_e = k + \frac{p \cdot f \cdot F}{n} + \left(x + \frac{1}{x}\right)\frac{F}{m_0}$$

Das heißt aber auch, wenn man von m_0 abweicht, wird die Kostenzunahme

$$\Delta K = \left(x + \frac{1}{x} - 2\right)\frac{F}{m_0}$$

Hierin ist $x = \dfrac{m_0}{m}$ oder $\dfrac{1}{x} = \dfrac{m}{m_0}$

Den Rechnungsgang zeigt das folgende Beispiel:

Gegeben: $F = 405{,}00 \dfrac{€}{\text{Los}}$; $n = 2400 \dfrac{\text{Stück}}{\text{Jahr}}$

$k = 2{,}50 \dfrac{€}{\text{Stück}}$; $p = 0{,}2 \dfrac{1}{\text{Jahr}}$

$f = 0{,}6 \dfrac{1}{\text{Los}}$

Nach einer Faustregel ist $m = 200 \dfrac{\text{Stück}}{\text{Los}}$ (Monatsbedarf).

1. Schritt: $m_0 = \sqrt{\dfrac{F \cdot n}{k \cdot p \cdot f}}$

$= \sqrt{\dfrac{405 \cdot 2400}{2{,}5 \cdot 0{,}2 \cdot 0{,}6}} = \underline{\underline{1800 \dfrac{\text{Stück}}{\text{Los}}}}$

2. Schritt: $K_{e\,\min} = k + \dfrac{p \cdot f \cdot F}{n} + 2\dfrac{F}{m_0}$

$K_{e\,\min} = 2{,}50 + \dfrac{0{,}2 \cdot 0{,}6 \cdot 405}{2400} + 2\dfrac{405}{1800}$

$K_{e\,\min} = \underline{\underline{2{,}97 \dfrac{€}{\text{Stück}}}}$

3. Schritt: Bei $m = 200$ wird

$\Delta K = \left(x + \dfrac{1}{x} - 2\right)\dfrac{F}{m_0}$

$\Delta K = (9 + 0{,}11 - 2)\dfrac{405}{1800} = \underline{\underline{1{,}60 \dfrac{€}{\text{Stück}}}}$

4. Schritt: Entscheidung treffen.

Da die Losgröße infolge des flachen Verlaufs der Summenkurve in einem gewissen Streubereich liegt (Bild 15), wird häufig folgende Faustformel verwendet:

$$\frac{m_0}{2} < m_{\text{gewählt}} < m_0$$

Die gewählte Losgröße sollte nicht kleiner als die halbe und nicht größer als die doppelte rechnerisch ermittelte optimale Losgröße sein.

Schwierig wird die Ermittlung der optimalen Losgröße bei Eigenfertigung dann, wenn viele Arbeitsvorgänge mit sehr unterschiedlichen Rüstzeiten erforderlich sind. Wenn keine Zwischenlagerung erfolgt, kann entweder ein bestimmter charakteristischer Arbeitsvorgang ausgewählt werden, der dann die Daten für die Rechnung mit der Losgrößenformel liefert, oder es wird die Summe der anfallenden Rüstkosten zur Ermittlung verwendet. Häufig sind vor allem bei der Eigenfertigung noch ganz andere Gesichtspunkte für die Bildung der Losgrößen ausschlaggebend.

Deshalb kann das Ergebnis der Berechnung der optimalen Losgröße nicht mehr als eine Entscheidungshilfe sein.

4 Rationalisierungsaufgaben

4.1 Sinn und Ziel der Rationalisierung

Die Wirtschaftsunternehmen und -betriebe haben als Teil der Gesamtwirtschaft die Aufgabe, Sach- und Dienstleistungen zur volkswirtschaftlichen Bedarfsdeckung zu erbringen. Im Rahmen dieser Aufgabe und aufgrund der Konkurrenz auf dem Absatzmarkt sind die Betriebe gezwungen, laufend zu rationalisieren. Dies bedeutet, dass der Betrieb wirtschaftlich zu gestalten ist, dabei aber der Gesichtspunkt der Humanisierung nicht außer Ansatz bleiben darf. Die Rationalisierung darf auf keinen Fall eine Kostensenkung um jeden Preis bezwecken. Sie soll durch technische und organisatorische Maßnahmen die Arbeit für den Menschen erleichtern.

4.2 Rationalisierung durch Normung, Typen- und Sortenbeschränkung

Normung heißt, weitgestufte geeignete gleiche Lösungen für sich wiederholende Aufgaben zu suchen. Ziele der Normung sind:
– Begriffe definieren
– Ordnungsrichtlinien aufstellen (z.B.: Symbole, Kennzeichnungs-, Nummern- und Buchstabensysteme)
– Auf wenige Größen beschränken
– Kombinier- und Austauschbarkeit anstreben

Die *Typisierung* ist eine Fortsetzung, manchmal aber auch eine Vorstufe, der Normung innerhalb einer Produktionsgemeinschaft. Sie bezieht sich auf Art, Sorte und Größe der Erzeugnisse. Unter Typenbeschränkung versteht man eine verdichtete Gestaltung des Sortiments. Denn ein zu großes Sortiment führt zur Selbstkonkurrenz und verhindert damit die Wirksamkeit von Rationalisierungsmaßnahmen. Im Bild 16 ist das Streuvolumen mit den Koordinaten – Größe, Form und Farbe – eines Sortiments veranschaulicht.

Durch eine Sortimentsbeschränkung erhöht sich die Zahl der gleichartig herzustellenden Erzeugnisse. Damit verbunden ist in den meisten Fällen eine Wirtschaftlichkeit, das heißt, es tritt eine Kostensenkung durch eine entsprechende Serien- oder Massenfertigung ein.

Trotzdem können die Erzeugnisse aus verschiedenen Bauteilen mittels eines Baukastensystems so zusammengesetzt werden, dass sie der Vielfalt der Kundenwünsche entsprechen. Nach dem Baukastensystem konstruieren heißt, die vom Kunden gewünschte Erzeugnisvielfalt dadurch zu erreichen, dass man mit Hilfe eines Anschlussmaßsystems, sich häufig wiederholen kann, kombinierbare und austauschbare Bauteile oder Baugruppen schafft.

Eine in wohlabgewogenem Maße durchgeführte Normung ist Schrittmacher und Wegbereiter der Rationalisierung. Denn durch eine Beschränkung auf wenige Erzeugnisse innerhalb eines Sortiments, die ihrerseits wiederum nach dem Baukastensystem aus typisierten oder genormten Bauteilen zusammengesetzt sein sollten, gelangt man von der Einzelfertigung zur rationellen Serien- oder Massenfertigung.

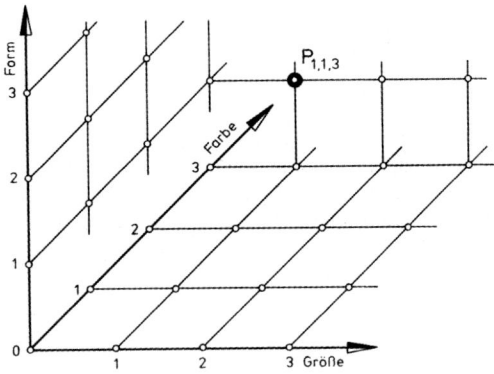

Bild 16.

4.3 Schwerpunktsaufgaben der Betriebe

Will man einen Betrieb beurteilen oder rationalisieren, so sollte man sich erst darüber klar sein, welche Kostenart (Stoff-, Arbeits- oder Anlagekosten usw.) am stärksten hervortritt. Diese Kostenart ist dann unter anderem für die Wahl der richtigen Organisationsform und der vordringlichen Rationalisierungsmaßnahmen entscheidend. Diesbezüglich gruppiert man die Betriebe in:

4.3.1 Stoffbedingte Betriebe

mit überwiegendem Stoffkostenanteil. Schwerpunkte: Wirtschaftliche Stoffausnutzung und gut organisierte Beschaffung preisgünstiger Stoffe in optimalen Bestelllosen.

4.3.2 Arbeitsbedingte Betriebe

mit hohem Lohnkostenanteil. Schwerpunkte: Wirtschaftliche Arbeitsgestaltung und Einsatz von Arbeitskräften zu niedrigen Tarifen.

4.3.3 Anlagenbedingte Betriebe

mit sehr hohen Kapitalinvestierungen. Schwerpunkte: Gute Betriebsmittel und zeitlich sowie technisch wirtschaftliche Anlagennutzung bei niedrigen Amortisationskosten durch die Beschaffung langfristig zu tilgender Kredite und niedrigen Zinssätzen.

4.3.4 Absatzbedingte Betriebe

mit überwiegendem Vertriebskostenanteil. Schwerpunkte: Absatzplanung mittels Marktanalyse und wirksamer Werbung und gut aufgebautem Vertreternetz. Geordnete Lagerhaltung und wirtschaftliches Versandwesen.

5 Organisation des Arbeitsablaufes

5.1 Anstoß zur Fertigung

Die Herstellung von Erzeugnissen können veranlassen:
Der Betrieb selbst, und zwar bei allgemein gebräuchlichen Erzeugnissen wie: Auto, Rundfunkgeräten, Haushaltgeräten usw.
Der Kunde, er wünscht ein Angebot, z.B. die Projektierung einer Anlage, die seinen Verhältnissen angepasst ist.
Gibt der Betrieb den Anstoß zur Produktion, so kann er auch Konstruktion, Betriebsmittel, Typenzahl und Termine frei und rationell selbst wählen; die Käufer muss er jedoch erst durch Werbung für die Erzeugnisse interessieren und gewinnen. Sein Rationalisierungsziel ist die Massenfertigung weniger Typen mit Spezial-Betriebsmittel und schnellem Stofffluss. Der anzustrebende Endzustand ist die automatische Fabrik.
Wünscht der Kunde eine Spezialanfertigung, so werden Konstruktion und Änderungen, sowie Termine vom Kunden diktiert. Der Betrieb versucht diese Wünsche zu erfüllen, auch wenn er dadurch gezwungen wird, aufgrund von Engpässen auf unwirtschaftliche Herstellverfahren oder auch auf übergroße und teure Werkstoffe auszuweichen. Um trotzdem rationell arbeiten zu können, müssen hierfür universell verwendbare Vorrichtungen und Werkzeuge geschaffen werden, wie: verstellbare Bohrvorrichtungen, Schnitt- und Ziehringsätze usw. Desgleichen sind in größeren Mengen herstellbare Bauelemente zu schaffen, aus denen dann das Erzeugnis, den Wünschen des Kunden entsprechend zusammengesetzt werden kann.

Das Angebot sollte klar die durch Sonderwünsche entstandenen Mehrkosten erkennen lassen. Mit kaufmännischem Geschick muss darüber hinaus versucht werden, diese Sonderwünsche auf ein Mindestmaß einzuschränken, denn nur ein möglichst gleichmäßiger Fertigungsrhythmus entlastet und gibt den nötigen Ansporn zur weiteren Rationalisierung.

Um Klarheit für die Planung der Fertigung zu schaffen, stellt man sich zweckmäßig folgende sechs „W-Fragen".

Die 6 vorbereiteten W-Fragen	Verursacher
1. Was und für wen soll gefertigt werden?	Erzeugnis und Kunde
2. Wie und wieviel soll gefertigt werden?	Verfahren und Stückzahl
3. Wann und wie lange soll gefertigt werden?	Termin und Zeit
4. Wer soll fertigen?	geeignete Mitarbeiter
5. Wo und womit soll gefertigt werden?	Räume und Mittel
6. Woraus soll gefertigt werden?	Stoff bzw. Material

5.2 Gestaltung eines Erzeugnisses

Die Gestaltungsart (Konstruktionsbüro) und die Wahl des dazugehörigen wirtschaftlichsten Fertigungsverfahrens (Fertigungsvorbereitung) ist abhängig von:
dem *Verwendungszweck*, der Beanspruchung usw.;
der *Mode*, bzw. der inneren Einstellung der Verbraucher zum Erzeugnis, angepasst an Fortschritt und neuen Erkenntnissen;
der *Fertigungsstückzahl*, abhängig von Marktlage, Reklame usw. sowie von den vorhandenen Betriebsmitteln, den Fähigkeiten der Werker usw.
und soll sein: fertigungs-, transport-, lager-, kosten- und verkaufsgerecht.
In diesem Punkte müssen Konstruktionsbüro, Fertigungsvorbereitung und Vertrieb (Erfahrungen des Kundendienstes) Hand in Hand und nicht gegeneinander arbeiten. Bei gänzlich neuen Erzeugnissen sollten, vor endgültiger Festlegung der Arbeitspläne, die Erprobungsergebnisse der Abteilung Versuch abgewartet werden. Aber auch während der schon laufenden Produktion sollten Verbesserungsvorschläge der Werkstatt bzw. aller Betriebsstellen geprüft werden, ob ihre sofortige oder spätere Einführung wirtschaftlich ist (Umstellungen kosten auch Geld!), oder ob diese für ähnliche, später vorkommende Fer-

tigungen vorgemerkt werden sollen. In allen nutzbringenden Fällen sollten als Anreiz Prämien gezahlt werden.
Die in Bild 17 gezeigte Griffmutter könnte z.B. wie folgt hergestellt werden.

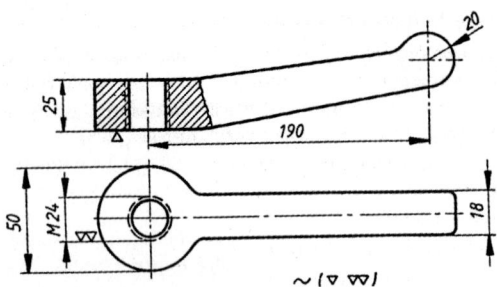

a) Aus dem Vollen durch Zerspannung; hoher Stoffverlust,
   Rohteil: 50 × 75 × 180 mm.
b) Flügel an Rundstahl anschweißen; Gefügeveränderungen und Spannungen müssten evtl. durch Glühen beseitigt werden.
c) Von Hand schmieden;
   Rohling: 50 × 50 × 75 mm.
d) Im Gesenk schmieden; nur bei Massenfertigung wirtschaftlich.

Bild 17. Griffmutter

5.3 Gliederung des Fertigungsauftrages

Der Fertigungsauftrag wird in Bereitstell-, Bearbeitungs-, Förder- und Zusammenbau-Aufträge unterteilt. Der Begriff Auftrag schließt die Mengengröße q = HE/Los (HE Herstelleinheiten) mit ein. Der *Arbeitsablauf* eines Fertigungsauftrages kann betrachtet werden unter den Gesichtspunkten der 3 M (Mensch, Mittel, Material) und führt, *im arbeitstechnischen Sinne* gesehen, zur Bestimmung der Methode, der Arbeitsform oder des Arbeitsgeschehens; also *was und wie etwas zu tun ist* und *im organisatorischen Sinne* studiert, zur Festlegung des zeitlichen und örtlichen Hinter- und Nebeneinander; also was, *in welcher Reihenfolge, wo und wann zu tun ist.*
Der Begriff *Arbeitsfolge* schließt nur das Hinter- und Nebeneinander der Ablaufabschnitte ein. Gliederung und Aufteilung der Arbeit für den Arbeitsablauf eines Erzeugnisses:

Ablaufabschnitte:	Teile eines Arbeitsablaufes; wobei man unterscheidet:
Gesamtablauf:	Gesamter Arbeitsablauf, der zur Herstellung eines Erzeugnisses erforderlich ist.
Teilablauf:	Mehrere Ablaufstufen.

Ablauf stufe:	Folge von Vorgängen.
Vorgang:	Abschnitt eines Arbeitsablaufes, der in der Ausführung an einer Mengeneinheit eines Arbeitsauftrages besteht.
Teilvorgang:	Mehrere Vorgangsstufen.
Vorgangsstufen:	Abschnitte eines Teilvorganges.
Vorgangselemente:	Teile einer Vorgangsstufe, die weder in ihrer Beschreibung noch in ihrer zeitlichen Erfassung weiter unterteilt werden können.

5.4 Art- und Mengenteilung der Arbeit

Die Möglichkeiten der Arbeitsteilung zwecks Rationalisierung und Terminhaltung sind: *Artteilung* (Teilarbeit): Mehrere Arbeiter erledigen hintereinander je einen Arbeitsvorgang an der gesamten Menge (Auftragsstückzahl).
Mengenteilung (Teilmenge): Mehrere Arbeiter erledigen parallel, d.h. meist gleichzeitig, jeweils die gesamte Arbeit an einer Teilmenge (Teilstückzahl).
Erzeugungsart und Auftragsgröße, Werkstattgröße und Einrichtungen sowie Betriebsorganisation und sonstige Einflüsse bestimmen, ob es rationell ist, eine Mengenteilung, eine Artteilung oder eine Kombination beider Teilungsarten vorzunehmen. Sache des Arbeitsgestalters ist es, nachfolgend aufgeführte Vor- und Nachteile gegeneinander abzuwägen.

5.4.1 Vorteile der Artteilung (entsprechen den Nachteilen der Mengenteilung)

a) Der *begrenzte, kleine Arbeitsinhalt* der Arbeitsvorgänge (wenige Griffe) führt bei Hilfskräften zu kurzen Einarbeitungszeiten bzw. zur größeren Routine (kurze Griffzeiten), zur schnelleren Körpergewöhnung und geistigen Entlastung, denn es ist keine körperliche und gedankliche Umstellung auf andere Arbeitsverrichtungen nötig.
b) Beim *Arbeitseinsatz* kann die Veranlagung des Menschen, besonders beim Einsatz von Hilfskräften (niedrige Lohngruppe) besser berücksichtigt werden, denn Anlernzeit und Einarbeitungszeit verkürzt sich.
c) *Betriebsmittel, Arbeitsplatz und Arbeitsablauf* können speziell und besser gestaltet und damit Qualität und Gleichmäßigkeit der Arbeit gehoben werden.

5.4.2 Nachteile der Artteilung (entsprechen den Vorteilen der Mengenteilung)

a) Durch die *Gleichförmigkeit*, Eintönigkeit (Monotonie) der Arbeit werden besonders Fachkräfte einseitig beansprucht, deshalb tritt schnellere Ermüdung von Körper und Geist ein, die zur Gleichgültigkeit

und damit zur Qualitätsminderung führen kann. Ferner wird das Umstell- und Anpassungsvermögen des Arbeiters geringer.
b) *Zusätzliche Griff- und Förderzeiten* entstehen durch häufigeres in die Hand nehmen. Zusätzliche Zwischenkontrollen können nötig werden um den Verursacher von Fehlarbeit feststellen zu können.
c) Der Aufwand an Auftrags- und Lohnscheinen und die damit verbundenen Kostenermittlungsarbeiten können größer werden.
d) Terminüberwachung sowie Lohn- und Auftragsabrechnung vereinfachen sich, weil alle Arbeiter die gleiche Stückzahl abliefern.
Zum besseren Verständnis dient das in Bild 18 gezeigte Beispiel.

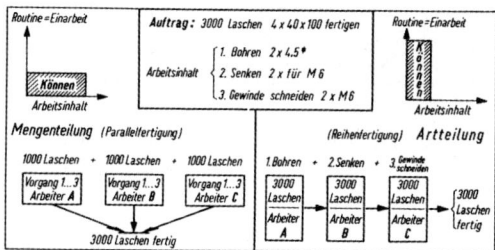

Bild 18. Beispiel zur Mengen- oder Artteilung der Arbeit

5.5 Arten der Arbeitsplätze

Arbeitsplatz = Platz an dem der Arbeitende mit Hilfe der ihm zur Verfügung gestellten Betriebsmittel seine Arbeit ausführt.
Man unterscheidet:
Ortsfeste Arbeitsplätze: Betriebsmittel bzw. Maschinen sind fest am Platz gebunden, das trifft also auch bei der Mehrmaschinenbedienung zu.
Ortsverändernde Arbeitsplätze: Der Arbeitsplatz verschiebt sich am großen Arbeitsgegenstand wie z.B. beim Streichen einer Zimmerwand, Pflastern einer Straße usw.

5.6 Prinzipien der Arbeitsplatzanordnung

5.6.1 Verrichtungsprinzip (Werkstättenfertigung)

Arbeitsplätze werden gruppiert in: Dreherei, Fräserei, Stanzerei usw. Die Voraussetzungen sind hierfür gegeben, wenn:
a) verschiedene Werkstücke mit verschiedenen Arbeitsläufen zu fertigen sind;
b) ausgesprochene Einzelfertigungen oder Einzelreparaturen vorliegen;
c) gleichartige Arbeitsvorgänge besonderen Kontrollen (Spezialisten) unterstehen müssen, also Spezialarbeiten wie Optiken usw.;

d) mit großem Aufwand errichtete technische Einrichtungen nicht mit einem Erzeugnis ausgelastet sind (Schweißanlagen, besonders Bohrstraßen usw.);
e) Arbeitsvorgänge aus Belästigungsgründen räumlich abgetrennt sein müssen, wie Schmiede (Lärm, Hitze), Härterei (Gase), Sandstrahlerei (Staub) usw.
Vorteile: Krisen und Schwankungen der Fertigung werden besser ausgeglichen. Bei Personalausfall kann ein eiliger Auftrag besser auf einen anderen Mitarbeiter übertragen werden.

5.6.2 Flussprinzip (Fließfertigung)

Arbeitsplätze werden in der Reihenfolge der auszuführenden Arbeiten angeordnet. Ein Fließband als Fördermittel ist nicht unbedingt erforderlich.
Das Flussprinzip ist der Idealfall für die Massenfertigung und sollte deshalb angestrebt werden.
Vorteile:
a) Es werden geringe Durchlaufzeiten der Werkstücke durch kleine Liege- und Förderzeiten erzwungen. Der schnelle Stofffluss verringert Umlaufkapital und damit den Zinsdienst. Der Raumbedarf wird durch geringe Zwischenlagerung kleiner.
b) Die Zwangsläufigkeit zwingt alle Beteiligten ohne Aufpasser zur Mitarbeit.
c) Weitgehende Arbeitsunterteilung und Bestgestaltung des Arbeitsplatzes wird dadurch möglich, dass nur ein und derselbe Arbeitsweg vorhanden ist und dadurch Fehler und sonstige Zusammenhänge besser erkannt werden können.
Meist ist die teilweise Durchführung beider Prinzipien wirtschaftlich. In Bild 19 wird die teilweise Umstellung einer Fabrikation vom Verrichtungsprinzip auf das Flussprinzip gezeigt.

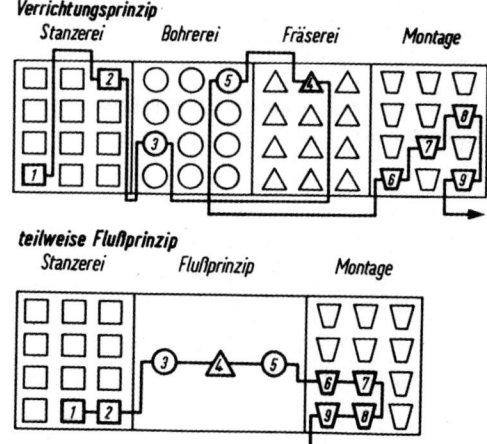

Bild 19. Beispiel zum Verrichtungs- und Flussprinzip

Erst durch **Takten** (Abstimmen) wird die Fließfertigung vollkommen. Nötig ist dazu: straffe Organisation, gründliche Arbeitsvorbereitung, und hierfür wiederum: große Stückzahl auf lange Sicht, damit sich der Aufwand lohnt. In der Probiergleichung:

$$\text{Taktzeit} = \frac{\text{tägl. Arbeitszeit}}{\text{tägl. Sollmenge}} = \text{Zeit des längsten Arbeitsvorganges (Engpass)}$$

lässt sich beeinflussen: die tägl. Sollmenge durch Werbung, die tägl. Arbeitszeit durch Mehr- oder Kurzarbeit, auch durch zeitweilige Außerbetriebnahme der Taktstraße.
Die Art- und Mengenteilung der Arbeitsabläufe muss unter Berücksichtigung der nötigen Verteil- und Erholzeiten sowie der verschiedenen Leistungen der Arbeiter (Leistungsgrade) so vorgenommen werden, dass die Durchführzeit für die Arbeitsvorgänge ganzzahlig, d.h. 1, 2, 3, ... mal Taktzeit ist. Dies kann erreicht werden durch:
a) Erhöhung oder Verminderung der Arbeitsinhalte der Arbeitsvorgänge, evtl. auch Änderung des zeitlichen Ablaufes.
b) Mehrfache Besetzung von Arbeitsplätzen, d.h. Mengenteilung durch parallelgeschaltete Arbeitsplätze.
c) Arbeitszeitverkürzung durch bessere Betriebsmittel. (Zeitverkürzung an Engpassstellen bewirkt eine Zeiteinsparung bei allen Arbeitsvorgängen.)
d) Einsetzen eines Arbeiters mit der zum Arbeitsinhalt passenden d.h. größeren oder kleineren Leistung (Leistungsgrad).
e) Konstruktive Änderung des Werkstückes so, dass ein Takten möglich wird.
Diese Leistungsabstimmung (Bild 20) stellt hohe Anforderungen an den Arbeitsgestalter.

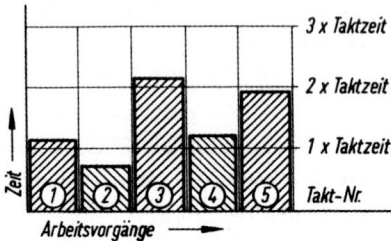

Bild 20. Leistungsabstimmung der Arbeitstakte

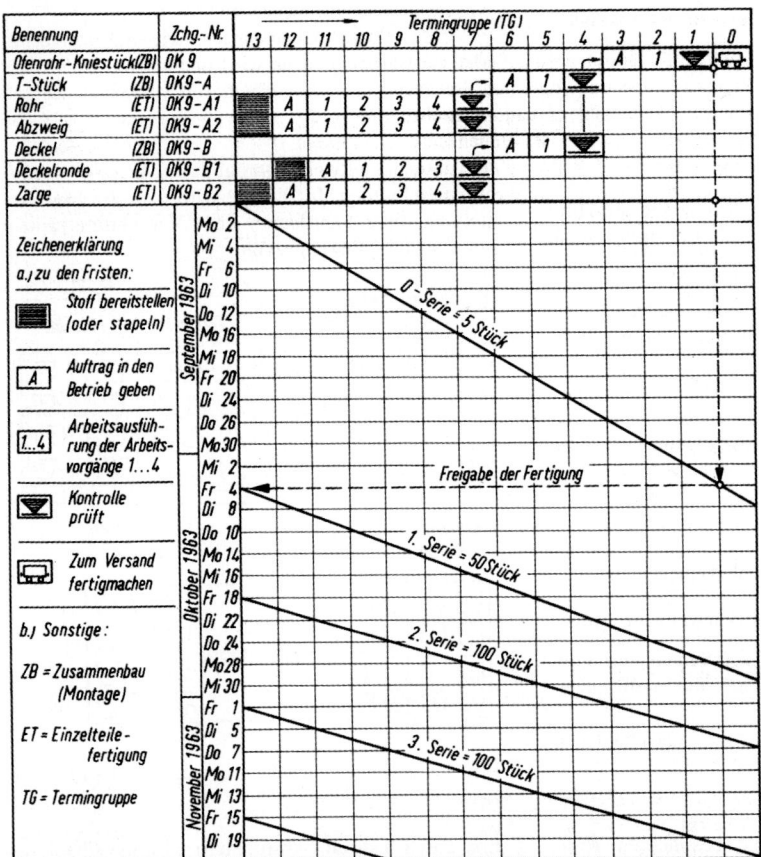

Bild 21. Fristenplan für Reihen- oder Serienfertigung eines Ofenrohrkniestücks OK 9

Benennung	Zchg.-Nr.	Stoff bereitstellen	Auftrag i. Betrieb geben	Arbeitsvorgänge im Betrieb fertig				Kontrolle fertig	Versand fertig
				1	2	3	4		
Ofenrohr-Kniestück (ZB)	OK9	—	4.11.	5.11.	—	—	—	6.11.	7.11.
T-Stück (ZB)	OK9-A	—	30.10.	31.10.	—	—	—	1.11.	—
Rohr (ET)	OK9-A1	21.10.	22.10.	23.10.	24.10.	25.10.	28.10.	29.10.	—
Abzweig (ET)	OK9-A2	21.10.	22.10.	23.10.	24.10.	25.10.	28.10.	29.10.	—
Deckel (ZB)	OK9-B	—	30.10.	31.10.	—	—	—	1.11.	—
Deckelronde (ET)	OK9-B1	22.10.	23.10.	24.10.	25.10.	28.10.	—	29.10.	—
Zarge (ET)	OK9-B2	21.10.	22.10.	23.10.	24.10.	25.10.	28.10.	29.10.	—

Bild 22. Terminliste zum Ofenrohrkniestück OK 9, Serie 2

5.7 Fristen-, Termin- und Betriebsmittelbelegungsplan

Durch zuverlässige Terminhaltung wird außerhalb des Betriebes eine Werbewirkung und innerhalb des Betriebes ein geordneter Arbeitsablauf dann erreicht, wenn die Durchlauffristen mit den Maschinen-Belegungsplänen gut abgestimmt sind. Während man unter Termin einen Zeitpunkt, Tag oder Stunde versteht, stellt die Frist eine Zeitspanne, von ... bis, dar.
In Bild 21 wird ein Fristenplan für Reihen- oder Serienfertigung dargestellt, aus dem sich dann der Terminverfolger eine Terminliste erstellt (Bild 22).
Die hier aufgeführten Termine sind Endpunkte der jeweiligen Fristen. Die Bildung von Termingruppen (TG) soll durch Zusammenfassung von Terminen eine Vereinfachung der Terminverfolgung bringen. Mittels eines Werkstatt- oder besser eines Platz-Belegungsplanes (Bild 23) kann man im voraus Terminschwierigkeiten erkennen und die erforderlichen Maßnahmen zu ihrer Behebung rechtzeitig treffen.

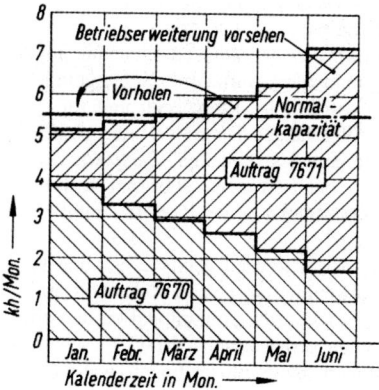

Bild 23. Belegungsplan für die Abteilung Dreherei

6 Zeit und Menge im betrieblichen Arbeitsablauf

6.1 Zeiten des Betriebes

Alle Zeitbetrachtungen werden hinsichtlich ihrer Auswirkungen auf den Menschen, das Betriebsmittel und den Arbeitsgegenstand und deren möglichst verlustlosen Zusammenwirken im Betrieb und innerhalb des Auftrages angestellt. Aufgabe der Betriebsleitung ist es, durch entsprechende Maßnahmen zu erreichen, dass die Aktionszeiten von Mensch und Betriebsmittel möglichst so groß werden wie die Schichtzeit des Betriebes.

6.2 Zeitermittlung (Grund-, Verteil- und Erholungszeiten)

Es gibt Zeiten, die man für den Auftrag direkt ermitteln kann, das sind die *Grundzeiten,* also Zeiten die beim Auftrag *planmäßig* auftreten. Weiterhin gibt es Zeiten, die man nur in einem großen Zeitraum (z.B. Woche oder Monat) vollständig erfassen kann, die *Verteilzeiten,* die beim Auftrag *unplanmäßig* auftreten. Aus dem Verhältnis dieser beiden für einen Monat ermittelten Zeitgruppen erhält man dann den

$$\text{Verteilzeitzuschlag} \quad z_v = \frac{\text{Verteilzeiten}}{\text{Grundzeiten}}$$

$$= \frac{V \frac{\min}{\text{Mon}}}{G \frac{\min}{\text{Mon}}} \triangleq \frac{t_v \frac{\text{VM}}{\text{HE}}}{t_g \frac{\text{VM}}{\text{HE}}}$$

oder die Verteilzeit $\quad t_v = z_v \cdot t_g \text{ in } \frac{\text{VM}}{\text{HE}}$

Die unterschiedlichen Symbole sollen sicherstellen, dass man klar zwischen Verteilzeiten (*V*) oder Grundzeiten (*G*) in Minuten/Monat und Verteilzeiten (t_v)

(t_v) oder Grundzeiten (t_g) in Vorgabeminuten/Herstelleinheiten, als auf den Auftrag bezogene Zeit, unterscheiden kann.

Erholungszeiten benötigt der Mensch, um die durch seine Tätigkeit aufgetretene Ermüdung abzubauen. Im Rahmen der Verteilzeitaufnahme kann man die vom Mitarbeiter beanspruchten Erholungszeiten (*Er*) mit feststellen und den Erholungszeitzuschlag wie folgt errechnen:

$$\text{Erholungszeitzuschlag } z_{er} = \frac{Er \frac{\min}{\text{Mon}}}{G \frac{\min}{\text{Mon}}} \triangleq \frac{t_{er} \frac{VM}{HE}}{t_g \frac{VM}{HE}}$$

Diese Vorgehensweise kann jedoch sehr ungenau sein und man hat deshalb folgende Ermittlungsmethoden entwickelt:

– *Feststellen des Kalorienbedarfs* durch Messen des O_2-Verbrauchs oder anhand von Kalorienverbrauchstabellen. Die für den Arbeitseinsatz normal geltenden 8 373 600 Joule/Tag = 1 046 700 Joule/Stunde werden aber meist nur bei körperlicher Schwerstarbeit überschritten, so dass ein Erholungszeitzuschlag ermittelt werden kann.
– *Messen der Pulsfrequenz* und Feststellen der Arbeitspulse: Arbeitspulse = gemessene Pulse – Ruhepuls.
– *Beurteilen der analytisch festgestellten Teilbelastung* mit der Zusammenfassung zum Erholungszeitzuschlag z_{er}. Der jeweils endgültig ermittelte Erholungszeitzuschlag z_{er} sollte mit dem Betriebs- oder Personalrat und dem Mitarbeiter besprochen werden.

6.2.1 Verteilzeitaufnahme

Vor der Aufnahme ist zu klären, welche und wieviel Arbeitskräfte beobachtet werden sollen. Es sind genau die Arbeitsbedingungen einschließlich Betriebsmittel, die Abteilung, in der die Aufnahme durchgeführt wird, die Mitarbeiter, sowie Tag und Stunde des Aufnahmebeginns, zu beschreiben. Mitarbeiter, Meister und Betriebsrat sind vor dem Vorhaben in Kenntnis zu setzen. Es ist dabei die gesamte gesetzlich und tariflich festgelegte Arbeitszeit, also ohne die nicht bezahlten Pausen (*P*) als

$$\begin{aligned} \text{Aufnahmezeit } AZ &= G + Er + \\ &+ (V_{sv} + V_{sk} + V_p) + N + F = \end{aligned} \begin{cases} \text{IST-Zeiten} \\ \text{je Zeitraum} \end{cases}$$

zu erfassen.

G *Grundzeiten*, das ist die Summe aller während der Aufnahmezeit angefallenen Zeiten für die Ausführung planmäßiger Ablaufabschnitte.

Er *Erholungszeiten*, das ist die Summe aller während der Aufnahmezeit angefallenen, vom Mitarbeiter beanspruchten Zeiten für Erholen.

V_{sv} *sachliche, variable Verteilzeiten*, das ist die Summe aller während der Aufnahmezeit angefallenen oder festgesetzten Zeiten für die Ausführung *auftragsabhängiger* Ablaufabschnitte. Es handelt sich hierbei um die Ablaufarten „zusätzliche Tätigkeiten" und „störungsbedingtes Unterbrechen". *Beispiele:* Kurze Störungen an Betriebsmitteln, Werkzeuge und Einrichtungen beseitigen, kurze Dienstgespräche und Wartezeiten, Behinderung durch Mitarbeiter.

V_{sk} *sachliche, konstante Verteilzeiten*, das ist die Summe aller während der Aufnahmezeit angefallenen oder festgesetzten Zeiten für die Ausführung *auftragsunabhängiger, schickt- oder wochenkonstanter* Ablaufabschnitte. Es handelt sich auch hier um die Ablaufarten „zusätzliche Tätigkeiten" und „störungsbedingtes Unterbrechen". *Beispiele:* Arbeitsplatz schichtbedingt vorbereiten und räumen, Anlaufzeit der Betriebsmittel bei Arbeitsbeginn und nach Pausen, planmäßiges Abschmieren und Warten der Betriebsmittel.

V_p *persönliche Verteilzeiten*, das ist die Summe aller während der Aufnahmezeit angefallenen oder festgesetzten Zeiten für persönlich bedingtes Unterbrechen. *Beispiele:* Austreten und andere persönliche Verrichtungen, Heizung, Belüftung oder Beleuchtung regeln, gegebenenfalls Beschaffen von Speisen und Getränken. Trinken, sofern dies nicht Erholungszeit ist. Lohn empfangen und prüfen sind auch schichtbedingte Zeiten.

N *nicht zu verwendende Zeiten*, das ist die Summe aller während der Aufnahmezeit angefallenen Zeiten für durch die Arbeitsperson verursachten zusätzlichen Tätigkeiten und für willkürliches persönliches Unterbrechen der Tätigkeiten. *Beispiele:* Nichteinhalten der Arbeitszeit, selbst verschuldete Mehrarbeit, Privatgespräche und sonstige Untätigkeit.

F *fallweise auftretende Zeiten*, das ist die Summe aller während der Aufnahmezeit angefallenen Zeiten für zusätzliche Tätigkeiten und für außer Einsatz infolge länger dauernder, außergewöhnlicher Störungen des Ablaufes. *Beispiele:* Lange Wartezeiten bei Störungen aller Art sowie alle nach Tarifverträgen oder Gesetz anfallenden Ausfallzeiten.

Die Aufteilung der Verteilzeit *V* in V_{sv}, V_{sk} und V_p ist nach REFA notwendig, um genaue Zuschlagssätze zu erhalten. Während V_{sv} sich proportional zu den ermittelten Grundzeiten verhält, sind V_{sk} und V_p schichtabhängig. Wir müssen daher immer fragen, wie wäre die größtmögliche Grundzeit gewesen, wenn keine *N*- und *F*-Zeiten angefallen wären.

Es ist die

größtmögliche Grundzeit $G' = G + N + F = AZ - V - Er$ und man errechnet den sachlich variablen Verteilzeitprozentsatz } $z_{sv} = \dfrac{V_{sv} \cdot 100\,\%}{G}$ (arbeitsabhängig)

sachlich konstanten Verteilzeitprozentsatz } $z_{sk} = \dfrac{V_{sk} \cdot 100\,\%}{AZ - (V + Er)}$ (schichtabhängig)

persönlichen Verteilzeitprozentsatz } $z_p = \dfrac{V_p \cdot 100\,\%}{AZ - (V + Er)}$ (abhängig)

Damit ist der Verteilzeitprozentsatz
$z = z_{sv} + v_{sk} + z_p$

6.2.2 Gekürztes Beispiel einer Verteilzeitermittlung

Arbeitsaufgabe:	Grundplatte 905 montieren und schweißen.
Arbeitsbedingungen:	Kleine Teile beanspruchen die Augen und große Fingerfertigkeit.
Betriebsmittel:	Schweiß- und Montagevorrichtung sowie eine kleine elektrische Schweißanlage.
Abteilung:	Montage 703
Mitarbeiter:	Herren Meyer, Schmidt, Aue, Schulze; schon 3 Jahre mit ähnlichen Arbeiten beschäftigt.
Aufnahmezeit:	Alle 20 Arbeitstage im Monat Februar 19 .., täglich von 7.30 Uhr bis 16.00 Uhr.

Auswertung:

1. Aufnahmezeit
$AZ = 20 \dfrac{\text{Tage}}{\text{Monat}} \cdot 8 \dfrac{\text{Stunde}}{\text{Tag}} \cdot 60 \dfrac{\text{Minuten}}{\text{Stunde}} = 9\,600 \dfrac{\text{Minuten}}{\text{Monat}}$

2. Sachlich variabler Verteilzeitprozentsatz
$z_{sv} = \dfrac{V_{sv} \cdot 100\,\%}{G} = \dfrac{350 \cdot 100\,\%}{7913} = 4{,}42\,\%$

3. Sachlich konstanter Verteilzeitprozentsatz
$z_{sk} = \dfrac{V_{sk} \cdot 100\,\%}{AZ - (V + Er)} = \dfrac{210 \cdot 100\,\%}{8388} = 2{,}50\,\%$

4. Persönlicher Verteilzeitprozentsatz
$z_p = \dfrac{V_p \cdot 100\,\%}{AZ - (V + Er)} = \dfrac{256 \cdot 100\,\%}{8388} = 3{,}05\,\%$

5. Verteilzeitzuschlagssatz
$z_v = z_{sv} + z_{sk} + z_p = 4{,}42\,\% + 2{,}50\,\% + 3{,}05\,\% = 9{,}97\,\% \approx 10\,\%$

6. Den Erholungszeitzuschlag sollte man hierbei zur Kontrolle immer mitberechnen, wenn er auch durch eine besondere Berechnung ermittelt wird.

Erholungszeit Zuschlagsprozentsatz } $z_{sv} = \dfrac{Er \cdot 100\,\%}{G} = \dfrac{396 \cdot 100\,\%}{7913} = 5{,}00\,\%$

6.3 Menschlicher Leistungsgrad

Weil bei der Zeitaufnahme (ZA) nur selten mit der Normalleistung gearbeitet wird, obliegt es dem Arbeitsstudienmann, die jeweilige beobachtete Itsleistung prozentual zur Normalleistung zu beurteilen. Mit diesem Wert, dem sogenannten *menschlichen*

$$\text{Leistungsgrad } L = \dfrac{\text{beobachtete Leistung}}{\text{Normalleistung}}$$

wird die Istgrundzeit in die Normalgrundzeit gewandelt. Zu beachten ist dabei, dass der Arbeitsablauf nicht immer die volle Leistungsentfaltung des Arbeiters zulässt. Der Arbeiter muss, z.B. wenn die Maschine mit automatischem Vorschub läuft, oft ablaufbedingt warten oder kann während dieser Zeit nur eine geringere Leistung als normal (100 %) vollbringen. Diese dann vom Arbeitsablauf dem Arbeiter aufgezwungene Minderleistungszeit, das ist eine Wartezeit die einen Erholwert besitzt, wird nach REFA zugunsten des Arbeiters mit dem Normal-Leistungsgrad $L_N = 100\,\% = 1{,}0$ VM/min abgegolten, d.h. es ist die Warte-Normalzeit oder kurz

Wartezeit $t_w = L_N\, t_{wi} = t_{wi} = $ *Warte-Istzeit*
(Arbeiter A arbeitet während der Wartezeit genauso schnell wie Arbeiter B!)

Daraus folgt, dass eigentlich nur die Tätigkeits-Istzeit t_{ti}, das ist eine Zeit mit freier Leistungsentfaltung ($L \gtreqless 100\,\%$) oder eine Zeit mit im Arbeitszwangslauf höher als normal geforderten Leistung ($L \geq 100\,\%$) mit dem Leistungsgrad korrigiert werden muss. Um herauszustellen, dass bei gleicher Arbeit für Arbeiter A und Arbeiter B auch die gleiche Normalzeit ermittelt werden soll, schreibt man: Tätigkeits-Normalzeit oder kurz

Tätigkeitszeit $t_t = \underbrace{L_A\, t_{tiA}}_{\text{Arbeiter A}} = \underbrace{L_B\, t_{tiB}}_{\text{Arbeiter B}} = $ konstant bei gleicher Arbeit

Hierbei wird vernachlässigt, dass auch einem guten Leistungsgrad-Beurteiler eine Beurteilungstoleranz von ± 5 % zugebilligt werden muss.

6.3.1 Leistungsgrad-Beurteilen

Mittels Synthese verschiedener Beobachtungserkenntnisse, die sich nicht in einer mathematischen Beziehung ausdrücken lassen, wird der Leistungsgrad bestimmt. Um hierbei *subjektive* Einflüsse möglichst auszuschalten, sollen Erfahrungen, die durch häufiges Üben, Kontrollieren und Berichtigen gewonnen werden, schließlich ein *objektives* Urteil ermöglichen.
Aufgrund der menschlichen Unzulänglichkeit ist erst durch Mittelwertbildung von mehr als 5 Leistungsgrad-Beurteilungen ein befriedigendes Urteil zu erwarten. Voraussetzung hierfür ist zunächst die Kenntnis der Merkmale des menschlichen Leistungsgrades (Bild 25) und die Kenntnis der Bezugsgröße „Normalleistung", die man wie folgt definieren kann:

Nr.	Vorgangsfolge	Fortschritts-zeit in Minuten	Einzelzeit in Minuten	Sortier-Spalten der Zeitarten							Bemerkung
				G	(P)	V_{sk}	V_{sv}	V_p	Er	F	N	
1	Verspäteter Beginn (statt 7.30)	2,0	2,0								2,0	
2	Arbeitsplatz vorbereiten	5,0	3,0			3,0						Schichtabh.
3	montieren und schweißen	40,5	35,5	35,5								
4	kurze Entspannung	42,5	2,0						2,0			
5	Fenster öffnen zum Lüften	44,0	1,5				1,5					
6	montieren und schweißen	60,0 + 5,0	21,0	21,0								
7	Schweißbrille putzen	7,5	2,5				2,5					Funkenschmutz
8	Meister hat eine Rückfrage	12,0	4,5					4,5				
9	montieren und schweißen	28,0	16,0	16,0								
10	vereinbartes Hände waschen	30,0	2,0					2,0				
11	Frühstückspause (9.00 bis 9.15)	45,0	15,0		15,0							
12	montieren und schweißen	60,0 + 3,0	18,0	18,0								
13	Zigarette rauchen	10,0	7,0						7,0			
14	montieren und schweißen	30,0	20,0	20,0								
15	Schweißelektrode reparieren	35,0	5,0					5,0				
16	geht austreten	41,0	6,0						6,0			
17	montieren und schweißen	60,0 + 2,0	21,0	21,0								
18	Gespräch über Fußball	9,0	7,0								7,0	
19	montieren und schweißen	40,0	31,0	31,0								
20	Fenster schließen (es wird kalt)	41,5	1,5				1,5					
21	kurze Entspannung	43,0	1,5						1,5			
22	montieren und schweißen	60,0 + 15,0	32,0	32,0								
23	kurze Entspannung	17,0	2,0						2,0			
24	Putzlappen empfangen	19,0	2,0			2,0						wöchentlich
25	montieren und schweißen	51,0	32,0	32,0								
26	kurze Entspannung	53,0	2,0						2,0			
27	Teilekästen in Ordnung bringen	58,0	5,0					5,0				
28	vereinbartes Hände waschen	60,0 + 0,0	2,0					2,0				
29	Mittagspause (12.30 bis 13.00)	30,0	30,0		30,0							
30	Betriebsversammlung (bis 13.30)	60,0 + 0,0	30,0							30,0		monatlich
31	montieren und schweißen	39,5	39,5	39,5								
32	kurze Entspannung	42,0	2,5						2,5			
33	montieren und schweißen	60,0 + 22,5	40,5	40,5								
34	Zigarette rauchen	29,5	7,0						7,0			
35	montieren und schweißen	60,0 + 7,0	37,5	37,5								
36	kurze Entspannung	9,0	2,0						2,0			
37	montieren und schweißen	39,0	30,0	30,0								
38	Tagesaberechnung machen	42,0	3,0			3,0						täglich
39	Arbeitsplatz räumen	45,0	3,0			3,0						täglich
40	Summe am 1. Tag (7.30 bis 16.15)	–	525,0	374,0	45,0	11,0	21,0	23,0	12,0	30,0	9,0	–
41	Übertrag weiterer 19 Tage	–	9975,0	7539,0	855,0	199,0	329,0	233,0	384,0	45,0	391,0	–
42	Monatssumme Februar 19..	–	10500,0	7913,0	900,0	210,0	350,0	256,0	396,0	75,0	400,0	–

Bild 24. Verteilzeitaufnahme mit Sortierspalten der Zeitarten

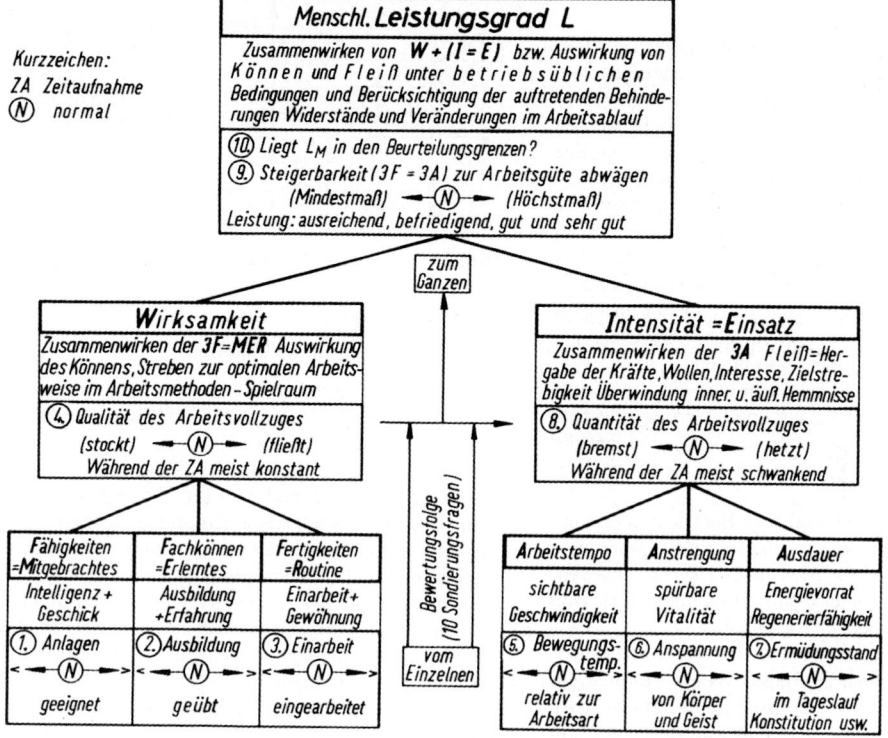

Bild 25. Merkmale des menschlichen Leistungsgrades

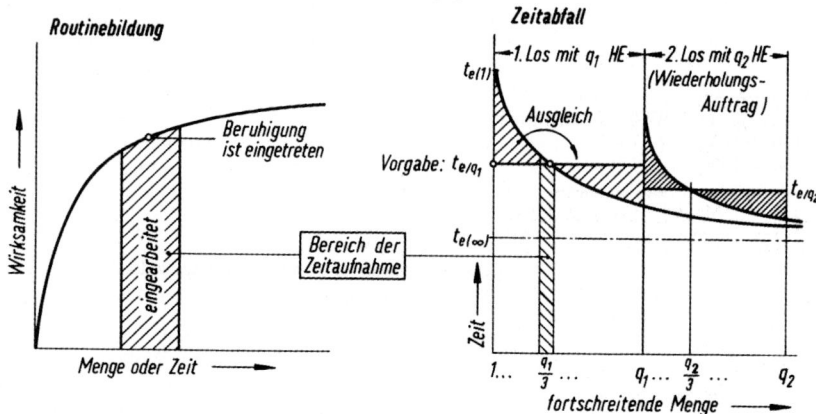

Bild 26. Routinebildung und Zeitbedarf

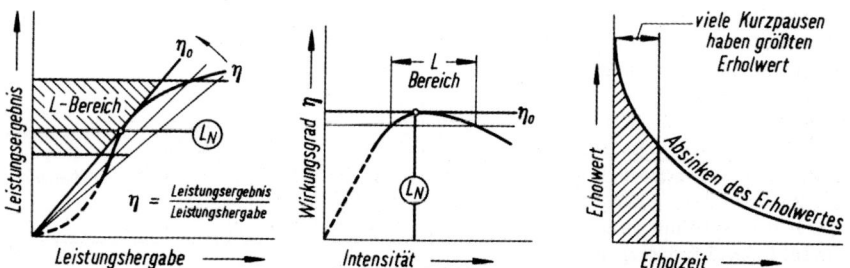

Bild 27. Der optimale Wirkungsgrad des Menschen und die Pausenwirkung

6.3.2 Normalleistung

ist diejenige befriedigende Arbeitsleistung des Menschen, die unter betriebsüblichen Bedingungen von jedem Mitarbeiter mit normaler Wirksamkeit (Können) und normaler Intensität (Fleiß) erreicht werden kann, der die Arbeitszeit so ausnutzt, dass er unnötige Arbeitsverzögerungen und -Unterbrechungen vermeidet, aber innerhalb der Vorgabezeit notwendige Verteil- und Erholzeit findet, um seine Arbeitskraft ohne Gesundheitsschädigung voll zu erhalten. Normale Wirksamkeit wird von jedem normal geeigneten, geübten und eingearbeiteten Arbeiter erreicht; normale Intensität setzt voraus, dass Arbeitstempo, Anstrengung und Ausdauer normal sind.

Die *normale Wirksamkeit* bezieht sich auf die normal zu erwartende Routinebildung und ändert sich deshalb mit der Losgröße oder Auftragsmenge q und mit der Häufigkeit es richtig ist, etwa bei $q/3$ Zeitaufnahmen durchzuführen.

Eine *normale Intensität* wird vom Beobachter mitempfunden, wenn der Arbeiter mit optimalem Wirkungsgrad η_0 arbeitet und die Ausdauer durch evtl. notwendiges Einschalten kurzer Erholpausen vergrößert. Bild 27 soll diese Beziehungen darstellen.

Als grobe Richtlinie dient die und Folgedichte gleicher oder gleichartiger Aufträge. Als Faustformel gilt, dass die auftragseigene normale Wirksamkeit nach Erledigung von $\frac{1}{3}$ der Losmenge ($q/3$) eingetreten ist. In Bild 26 wird veranschaulicht, dass in Tafel 1 gezeigte Leistungsgrad-Beurteilungstabelle.

Tafel 1. Leistungsgrad-Tabelle

Leistungsstufe (begrifflich)	Leistungsgrad	
äußerst hoch, nicht lange Zeit durchhaltbar	140 %	≙ 1,4 VM/min
sehr hoch, kaum dauernd durchhaltbar	130 %	≙ 1,3 VM/min
hoch, frisch, noch dauernd möglich	120 %	≙ 1,2 VM/min
gut, besser, freudig fließend, bejahend	110 %	≙ 1,1 VM/min
normal, befriedigend, noch steigerungsfähig	100 %	≙ 1,0 VM/min
mäßig, unbefriedigend, schwach	90 %	≙ 0,9 VM/min
sehr schwach, langsam, uninteressiert	80 %	≙ 0,8 VM/min

Um das Leistungsgrad-Beurteilen so objektiv wie möglich zu gestalten, werden bei REFA-Übungen mit Sondierungsfragen zunächst die Leistungsmerkmale einzeln überprüft. Es wird dabei jeweils erwogen, ob die Merkmale kleiner oder größer als normal zu werten sind. Über die gruppenweise Zusammenfassung der Ergebnisse sucht man dann ein (gefühlsmäßiges, kein rechnerisches) Gesamturteil zu finden, das wiederum überprüft wird, ob Steigerbarkeit bezüglich Arbeitsgüte möglich ist und ob der vorliegende Leistungsgrad auch in den Beurteilbarkeitsgrenzen liegt.
H. Dauber hat die in der Praxis vorkommenden Abweichungen untersucht und das von ihm gefundene Ergebnis mit dem in Bild 28 wiedergegebenen Schaubild in den REFA-Nachrichten 1958, Heft 5, veröffentlicht.

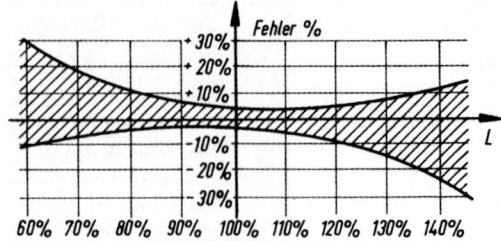

Bild 28. Streubereich der Leistungsgrad-Beurteilung

6.3.3 Täuschungsmöglichkeiten

Sie können auftreten bei
1. Wirksamkeit: Bedächtiges, zielbewusstes Arbeiten wird meist unterschätzt.
2. Intensität: Der Einfluss von Art, Form, Größe, Gewicht, Raumlage und Stoffart von Arbeitsgegenstand und Wirkmittel, sowie Art und Gleichmäßigkeit des Arbeitsablaufes fördern oder hemmen die individuellen Bemühungen bezüglich:
a) Arbeitstempo: Geschwinde Bewegungen können „Fummeleien" sein, behutsame können z.B. in der Feinmechanik wegen der erforderlichen Präzision nötig sein und schließlich kann z.B. beim Hämmern erst ab einer bestimmten Geschwindigkeit ein wirksamer Schlag erreicht werden usw.
b) Anstrengung: Quälend erscheinende Kraftanspannung wird oft überschätzt, spielend erscheinende unterschätzt. Geistige Anspannung wie Aufmerksamkeit, Sorgfalt, Gewissenhaftigkeit, Vorsicht, Umsicht, Mitdenken und Selbständigkeit werden oft zu wenig beachtet.
c) Ausdauer: Verkrampftes Arbeiten erweckt den Eindruck, dass große Erholzeiten, gelockertes Arbeiten, dass keine Erholzeiten erforderlich seien.

6.3.4 Leistungsgradschwankungen durch Mensch, Arbeit und Umwelt

Mensch: Entwicklungs-, Ausbildungs-, Gesundheits- und Ernährungszustand verändern Wollen und Können in großen Zeiträumen; die inneren Vorgänge wie Verdauung, Ermüdung (Verschlackung) und Erholung (Regenerierung) verursachen kurzzeitige Leistungsschwankungen, wie die in Bild 29 gezeigte Tageslaufkurve veranschaulicht.

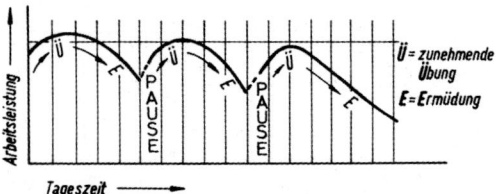

Bild 29. Die Tagesleistungskurve des Menschen

6 Zeit und Menge im betrieblichen Arbeitsablauf

Arbeit: Monotonie oder Vielgestalt beeinflussen Arbeitslust und Routinebildung. Störungen oder Änderungen im Arbeitsablauf beeinflussen die Anforderungen an den Menschen durch Ungleichheit von Stoff und Mittel, Ergreifbarkeit, Schneidhaltigkeit und Maßhaltigkeit. Simultaneinflüsse bei Mehrglieder- z.B. 2-Hand-Arbeit, sowie bei Mehrmann- oder Gruppenarbeit, lassen Engpässe zum Schrittmacher werden.

Umwelt: Betriebsklima, Beleuchtung, Hitze, Kälte, Schmutz, Lärm, Unfallgefahr usw. fördern oder hemmen die Entfaltung der inneren Antriebe des Menschen.

Der ruhende Pol der Leistungsgrad-Beurteilung während der Zeitaufnahme ist im allgemeinen, bis auf gewisse Störungen, die Wirksamkeit. Der Arbeitsstudienmann kann sich also dadurch entlasten, dass er die Wirksamkeit als Ausgangsbasis vorher beurteilt, und sich während der Zeitaufnahme hauptsächlich auf die meist schwankende Intensität konzentriert.

6.4 Zeitgrad des Menschen

Der Zeitgrad Z (meist in % angegeben), ist im Gegensatz zum Leistungsgrad L, der eine momentane, beurteilte Leistung darstellt, die errechnete und bezahlte Durchschnittsleistung im Abrechnungszeitraum (Woche oder Monat):

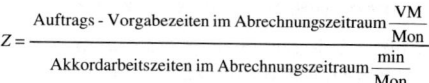

$$Z = \frac{\text{Auftrags - Vorgabezeiten im Abrechnungszeitraum} \frac{VM}{Mon}}{\text{Akkordarbeitszeiten im Abrechnungszeitraum} \frac{min}{Mon}}$$

Auf diese Durchschnittsleistung können sich neben Wirksamkeit und Intensität noch auswirken:

a) *Dispositions- und Organisationsgabe*, z.B.: während Wartezeiten werden am gleichen oder anderen Auftrag, Entgrate- oder ähnliche Arbeiten durchgeführt; der Gang zur Werkzeugausgabe wird nicht nur dann erledigt, wenn sie frei ist, sondern auch gleichzeitig mit einem anderen Weg(z.B. persönl. Bedürfnisse) verbunden usw.

b) *Übersteigerter Fleiß* führt zum Verzicht auf persönliche Bedürfnisse und Erholung, zur Verkürzung von Pausen, zur Mißachtung von Unfallverhütungsvorschriften usw.

c) *Falsche Vorgabezeiten* und genauere oder ungenauere Arbeitsausführung als vorgesehen verändern den Zeitgrad.

d) Der Arbeitsablauf kann durch zwangsläufig eingeschlossene Wartezeiten den Arbeiter daran hindern, immer seine volle Leistung zu entfalten.

Im Bild 30 werden die beiden Ansichten zur Wartezeitbewertung mit $L_N = 100\ \%$ und mit dem Durchschnittsleistungsgrad Z_ϕ gegenübergestellt und ihr Einfluss auf den Mischungs- und Zeitgrad Z_{Mi} gezeigt. Der Zeitgrad dient ferner als Grundlage der betrieblichen Leistungsstatistik (Bild 31).

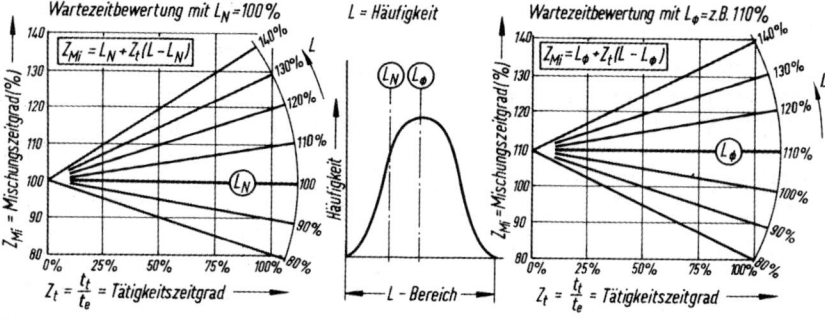

Bild 30. Mischungszeitgrad und Wartezeitbewertung

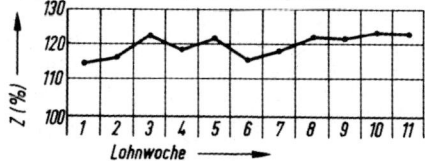

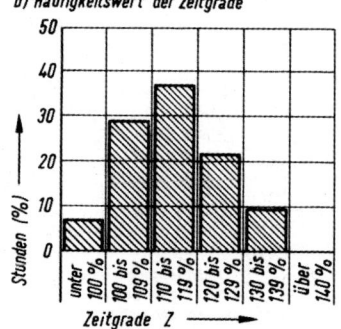

Bild 31. Betriebliche Leistungsstatistik

6.5 Gliederung der Auftragszeit

Die Auftragszeit T setzt sich zunächst aus der Rüstzeit t_r und der Ausführungszeit t_a zusammen, wobei die Ausführungszeit $t_a = m \cdot t_e$ ist.
Man kann daher folgende Gleichung aufstellen:

$$T = t_r + t_a = t_r + m \cdot t$$

T	t_r	t_a	m	t_e
$\frac{VM}{Los}$	$\frac{VM}{Los}$	$\frac{VM}{Los}$	$\frac{HE}{Los}$	$\frac{HE}{HE}$

Dazu folgende Rundungsregeln:
t_t und t_a sollten immer ganze VM/Los sein.
t_e sollte auf ± 1 % gerundet werden, alle Vorgängerzeiten (t_{er}, t_v, t_g, t_t, t_w) werden nicht gerundet.

Die im Bild 32 verwendeten Einheiten bedeuten folgendes:
VM *Vorgabeminuten:* Eine Vorgabeminute ist die Arbeitseinheit, die der Mitarbeiter bei Bezugsleistung (z.B. REFA-Normalzeit) erledigt.
Los *Teilauftragsmenge*, bei sich laufend wiederholenden Aufträgen (z.B. Serienaufträgen).
HE *Herstelleinheit*, die nach Fertigstellung des Auftrages w-mal abgeliefert wird.

Die Anwendung der weiteren Zeitgliederung (Bild 32) wird an nachfolgenden Beispielen erläutert:
1. Die Zeit je Einheit t_e ist für den Arbeitsvorgang „Bolzen drehen" zu ermitteln.
   Aus Planzeittafeln wurde festgestellt, dass die Zeit für Spannen, Span anstellen und Messen, als *Tätigkeitszeit* $t_t = 0{,}8$ VM/HE ist.

Die Prozesszeit wurde mittels Hauptzeitgliederung $t_h = L/n \cdot f$, als arbeitsablaufbedingte Wartezeit $t_w = 2{,}7$ VM/HE, errechnet. Die berechneten oder vereinbarten Zuschläge sind $z_{er} = 5\ \% = 0{,}05$ und $z_v = 10\ \% = 0{,}10$, bezogen auf die Grundzeit.

a) *Errechnung der Grundzeit* t_g

Tätigkeitszeit	$t_t = 0{,}8\ \dfrac{VM}{HE}$
+ arbeitsablaufbedingte Wartezeit	$t_w = 2{,}7\ \dfrac{VM}{HE}$
= Grundzeit	$t_g = 3{,}5\ \dfrac{VM}{HE}$

b) *Errechnung der Zuschläge*

Erholungszeit
$$t_{er} = z_{er} \cdot t_g = 0{,}05 \cdot 3{,}5\ \frac{VM}{HE} = 0{,}175\ \frac{VM}{HE}$$

Verteilzeit
$$t_v = z_v \cdot t_g = 0{,}10 \cdot 3{,}5\ \frac{VM}{HE} = 0{,}350\ \frac{VM}{HE}$$

c) *Errechnung der Zeit je Einheit te*

Zeit je Einheit
$$t_e = t_g + t_v + t_{er}$$
$$t_e = 3{,}5\ \frac{VM}{HE} + 0{,}35\ \frac{VM}{HE} + 0{,}175\ \frac{VM}{HE} =$$
$$= 4{,}025\ \frac{VM}{HE} \approx 4{,}03\ \frac{VM}{HE}$$

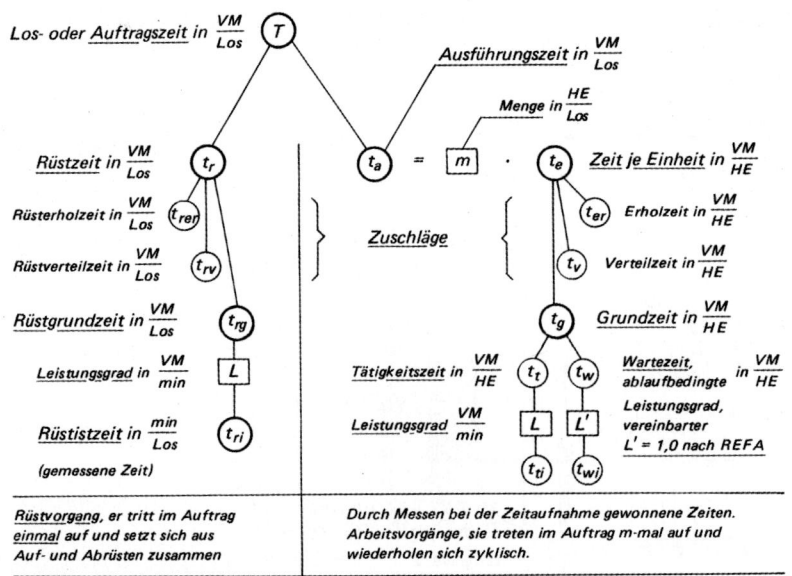

Bild 32. Gliederung der Auftragszeit

2. Die Auftragszeit T ist für 100 Gleitsteine – G 7711 zum Arbeitsvorgang „Gleitsteine fräsen" zu ermitteln. Die dazu durchgeführte Zeitaufnahme lieferte folgende Zeitmesswerte: Prozesszeit bei selbständigem Vorschub, also Warteistzeit t_{wi} = 4,89 min/HE. Handzeiten, für die ein durchschnittlicher Leistungsgrad von L = 110 % = 1,1 VM/min festgestellt wurde, also mittlere Tätigkeitszeit t_{ti} = 1,8 min/HE und als Rüstzeit t_r = 26,0 min/Los.

a) *IST- in SOLL-Zeiten umwandeln*

Wartezeit

$$t_w = t_{wi} \cdot L' = 4{,}89 \frac{\text{min}}{\text{HE}} \cdot 1{,}0 \frac{\text{VM}}{\text{min}} = 4{,}89 \frac{\text{VM}}{\text{HE}}$$

Tätigkeitszeit

$$t_t = t_{ti} \cdot L' = 1{,}80 \frac{\text{min}}{\text{HE}} \cdot 1{,}1 \frac{\text{VM}}{\text{min}} = 1{,}98 \frac{\text{VM}}{\text{HE}}$$

Rüstgrundzeit

$$t_{rg} = t_{ri} \cdot L' = 23{,}7 \frac{\text{min}}{\text{Los}} \cdot 1{,}1 \frac{\text{VM}}{\text{min}} = 26{,}07 \frac{\text{VM}}{\text{Los}}$$

b) *Berechnung der Zeit je Einheit*

Grundzeit

$$t_g = t_{wi} + t_t = 4{,}89 + 1{,}98 = 6{,}87 \frac{\text{VM}}{\text{HE}}$$

+ Erholungszeit

$$t_{er} = z_{er} \cdot t_g = 0{,}05 \cdot 6{,}87 = 0{,}3435 \frac{\text{VM}}{\text{HE}}$$

+ Verteilzeit

$$t_v = z_v \cdot t_g = 0{,}10 \cdot 6{,}87 = 0{,}687 \frac{\text{VM}}{\text{HE}}$$

= Zeit je Einheit

$$t_e = t_g + t_{er} + t_v = 7{,}9005 \approx 7{,}9 \frac{\text{VM}}{\text{HE}}$$

c) *Berechnung der Rüstzeit*

Rüstgrundzeit

$$t_{rg} = 26{,}07 \frac{\text{VM}}{\text{Los}}$$

+ Rüsterholungszeit

$$t_{rer} = z_{rer} \cdot t_{rg} = 0{,}05 \cdot 26{,}07 = 1{,}3035 \frac{\text{VM}}{\text{Los}}$$

+ Rüstverteilzeit

$$t_{rv} = z_{rv} \cdot t_{rg} = 0{,}10 \cdot 26{,}07 = 2{,}607 \frac{\text{VM}}{\text{Los}}$$

= Rüstzeit t_r

$$= t_{rg} + t_{rer} + t_{rv} = 29{,}9805 \approx 30 \frac{\text{VM}}{\text{Los}}$$

d) *Berechnung der Auftragszeit T*

$$T = t_r + m \cdot t_e = 30 \frac{\text{VM}}{\text{Los}} + 100 \frac{\text{HE}}{\text{Los}} \cdot 7{,}9 \frac{\text{VM}}{\text{HE}}$$

$$= 820 \frac{\text{VM}}{\text{Los}}$$

7 Arbeitsgestaltung, Zeit- und Lohnermittlung

7.1 Gestaltung der Arbeit

Eine Zeit- oder Kostenermittlung wird erst möglich, wenn Klarheit über die Gestaltung der Arbeit besteht. Arbeit gestalten heißt, einen Bestzustand anstreben. Dabei kann es sich um eine Arbeitsneugestaltung oder um eine rationalisierende Arbeitsumgestaltung handeln. Während bei der Arbeitsneugestaltung nur ein rationeller Arbeitsablauf mit den dazugehörigen Arbeitsfolgen, Arbeitsvorgängen und Arbeitselementen entwickelt werden braucht, muss bei der Arbeitsumgestaltung nach dem Grundsatz „Durch Klarheit zur Wahrheit" in vier Stufen vorgegangen werden.

7.1.1 Vier-Stufen-Methode der Arbeitsumgestaltung[1]

Stufe 1: Istzustand bzw. bestehende Arbeitsmethode[2] festhalten. Jeder Teilvorgang usw. ist zu notieren, während die Arbeit beobachtet wird. Dann sind alle Mängel, also Störungen und Schwierigkeiten festzustellen: am Arbeitsverfahren oder an der Arbeitsmethode, an der Art der Arbeitsteilung, an dem Prinzip der Arbeitsplatzanordnung, am Betriebsmittel und am Arbeitsgegenstand. Ferner sind Arbeitsanforderungen, Umgebungseinflüsse und Organisationstypus festzustellen und aufzuschreiben. Unter Umständen sind Arbeitsplatz-, Betriebsmittel-, Werkstoff- und Bewegungsstudien durchzuführen.

Stufe 2: Kritik des Istzustandes mit Folgerungen für den anzustrebenden Sollzustand unter Ausschöpfung aller betrieblichen Möglichkeiten.
Es ist zu fragen:
1. Was wird getan? Warum? Wozu? Ist das nötig?
2. Wann und wo könnte man das besser tun? Warum dann? Warum dort?
3. Wer könnte das besser tun? Warum?
4. Womit und wie könnte man das besser tun? Warum?

Es ist mit Tatsachen, Erfahrungen, Ursachen und Gründen zu arbeiten und nicht mit Meinungen, Scheinwirkungen usw.

---
[1] REFA schlägt eine „6-Stufen-Methode der Systemgestaltung" vor, die sich allerdings in der Praxis noch nicht voll durchgesetzt hat.
[2] Arbeitsmethode, das ist eine schriftlich oder nach „Brauch und Sitte" festgelegte Art der Arbeitsausführung, im Gegensatz zur Arbeitsweise, das ist die innerhalb des verbleibenden Spielraums dem Arbeiter eigene, individuelle Art der Arbeitsausführung.

Stufe 3: Sollzustand entwickeln und verbesserte Arbeitsmethode festlegen. Gefundene Einfälle kritisch durchdenken, brauchbare auswerten, überflüssig gewordene Teilarbeiten ausschalten, nötige Arbeiten richtig aufteilen und vereinfachen. Dann verbesserte Arbeitsmethode gründlich erproben, begutachten lassen und schriftlich festlegen.

Stufe 4: Einführung der verbesserten Arbeitsmethode. Das ist die schwerste aber auch wichtigste Stufe [3], die sehr viel Diplomatie erfordert, denn die meisten betroffenen Mitarbeiter sträuben sich gegen Neuerungen [4]. Es sind deshalb brauchbare Vorschläge der Mitarbeiter zu verwenden und unbrauchbare besonders eingehend begründet abzulehnen. Ferner ist der Erfolg der neuen Arbeitsmethode durch gründliche und richtige Arbeitsunterweisung zu sichern, sowie der Erfolgsnachweis schriftlich niederzulegen. Bei der Ermittlung von Verbesserungen sollte berücksichtigt werden:

Der Mitarbeiter. Ist er für diese Arbeit geeignet? Ist er an ihr interessiert? „Kann" er die Arbeit? Hat er genügend Erfahrung und Übung? Ist er vollständig unterwiesen? Versteht er den Zweck seiner Arbeit? Stehen ihm nötige Arbeitsschutzmittel zur Verfügung?

Das Arbeitsverfahren. Sind alle Unfallschutzvorschriften berücksichtigt und bekannt gegeben? Kann ohne Kraftverschwendung und mit beiden Händen gleichzeitig gearbeitet werden? Wird die Arbeit in günstiger Höhenlage, möglichst *im* Sitzen und ohne Unterbrechung des Bewegungsflusses ausgeführt? Können Rückstände, Engpässe und Doppelarbeit vermieden werden? Kann die fertige Arbeitsmenge leicht übersehen und erfasst werden?

Die Werkzeuge und Maschinen. Wird von technischen Hilfsmitteln genügend Gebrauch gemacht, um Handarbeit einzusparen und unnötige Ermüdung zu vermeiden? Sind Werkzeuge, Vorrichtungen sowie Bedienungselemente der Maschine übersichtlich und griffgerecht angeordnet?

Der Arbeitsplatz. Ist der Arbeitsplatz übersichtlich, hygienisch, freundlich und richtig beleuchtet, oder wird der Arbeitserfolg durch Umwelteinflüsse wie Zugluft, Lärm, Temperatur usw. beeinträchtigt? Ist der Arbeitsplatz so gestaltet, dass nicht ein Arbeiter den anderen behindert und ist das Arbeits- und Sehfeld des Menschen genügend berücksichtigt?

Der Transport. Sind die Transportmittel den örtlichen und räumlichen Verhältnissen angepasst, zweckmäßig und unfallsicher? Können Wartezeiten der Fördermittel und Förderwege verkürzt werden? Wird Handtransport und rückläufiges Fördern vermieden? Ist das Fördermittel verschleißfest, schont es das Fördergut und ist seine Geschwindigkeit an den Arbeitstakt angepasst? Lässt sich häufiges Umladen etwa dadurch vermeiden, dass auf dem Fördermittel gearbeitet werden kann?

Die Werkstoffe bzw. der Arbeitsgegenstand. Kann der Abfall verringert oder notwendiger Abfall produktiv wiederverwendet werden? Sind leichter verarbeitbare, billigere und leichter beschaffbare Stoffe verwendbar? Können Beschädigungen durch bessere Lagerung vermieden werden?

7.1.2 Die Arbeitsunterweisung

Ist ein weiteres Mittel zur Arbeitsbestgestaltung; sie kann schriftlich oder mündlich gegeben werden. Weil eine Unterweisung immer etwas zu Lernendes vermitteln soll, heißt es das Lernen so zu leiten, dass der erstrebte Lernerfolg richtig, sicher, möglichst einfach und planmäßig erreicht wird. Man unterscheidet folgende drei Lernformen:

Neulernen: Erlernen einer neuen Einzelarbeit oder eines neuen Berufes. Hierbei sind Angehörige fremder Berufe oft besser geeignet als Angehörige verwandter Berufe, denn sie lernen von Grund auf neu und müssen sich alte Gewohnheiten nicht erst abgewöhnen.

Zulernen: Beherrschen lernen eines zusätzlichen Arbeitsgebietes oder durch Arbeitsverfahrens mit anderen Hilfsmitteln oder anderen Werkstoffen.

Umlernen: Erst nachdem alte Gewohnheiten zerstört wurden, kann neu aufgebaut werden. Umlernen ist deshalb oft schwieriger als Neulernen, denn es besteht die Gefahr des Halblernens.

7.2 Vorkalkulation der Arbeitszeit durch Schätzen, Vergleichen und Rechnen

Für alle betrieblichen Planungen muss man die benötigte Zeit schon vor der Arbeitsausführung kennen. Ermittlungsverfahren und zu erreichende Genauigkeit sind abhängig von den vorhandenen Kalkulationsunterlagen und vom vertretbaren Zeitaufwand des Kalkulators, der sich wiederum richtet

a) nach *dem Verwendungszweck',* Planungszeiten brauchen nicht so genau zu sein wie Vorgabezeiten zum Zwecke der Entlohnung.

b) nach *der Auftragsmenge;* mit steigender Fertigungsmenge vervielfacht sich der begangene Fehler und damit steigt das Kalkulationsrisiko.

Als Grundverfahren, die bei der Zeit-Vorkalkulation von Arbeitsvorgängen meist gemischt angewendet werden, gelten:

Schätzen, d.h. Vergleichen und Abwägen nach Erinnerungswerten.

---

[3] Der Aufwand für eine Arbeitsuntersuchung rechtfertigt sich nur, wenn die gefundenen Verbesserungen auch eingeführt werden.
[4] Weitere Gründe siehe Zeitaufnahme.

a) *erlebnisbedingt* und damit subjektiv. Der Schätzer erlebt den Arbeitsablauf in seiner Vorstellung mit und überlegt, wieviel er selbst zu dieser Arbeit Zeit benötigen würde, oder zu einem früheren Zeitpunkt benötigt hat. Dabei kann ihm der Fehler unterlaufen, dass er die Arbeit, die ihm selbst nicht liegt, überschätzt, oder umgekehrt, ihm leichtfallende Arbeit unterschätzt.

b) *kenntnisbedingt,* d.h. der Schätzer hat sich aufgrund der bei seiner Tätigkeit gemachten Erfahrung ein Zahlengedächtnis angeeignet, das er laufend auf Objektivität kontrolliert und dadurch mit genügender Sicherheit anwendet.

Vergleichen und Interpolieren, d.h. Bilden von Vergleichs- oder auch Zwischenwerten nach vorhandenen Aufzeichnungen (Vergleichswertkarteien) oder Zeitnormen für form- und arbeitsähnliche Teile.
Rechnen mit Erfahrungswerten, die in Zeitermittlungsformeln eingesetzt werden. Neben der summarischen sich auf den ganzen Arbeitsvorgang beziehenden Zeitermittlung durch Schätzen oder Vergleichen wird das Zusammensetzverfahren angewendet. Dieses Verfahren sieht zunächst die Zerlegung des Arbeitsvorganges in solche Ablaufabschnitte vor, die man leicht und sicher schätzen oder berechnen kann, oder in solche, zu denen Vergleichsunterlagen, die sich möglichst auf frühere Zeitaufnahmen stützen, vorhanden sind. Es endet mit der Addition der meist nach verschiedenen Grundverfahren (Schätzen, Vergleichen oder Rechnen) ermittelten Zeitelemente. Beachten muss man hierbei jedoch, dass die so zusammengefügten Zeitelemente sich nicht gegenseitig überschneiden oder zwischen ihnen Lücken entstehen oder gar ganze Zeitelemente vergessen werden. Man hofft ferner, dass sich die Fehler durch zu große und zu kleine Teilzeiten gegenseitig ausgleichen.
Das Zusammensetzen der Zeitelemente, das gleichzeitig zum genauen Durchdenken des Arbeitsablaufes zwingt, kann erfolgen:
chronologisch, d.h. genau im zeitlichen Ablauf oder
gruppiert nach rechenwirtschaftlichen Gesichtspunkten. Es werden gleichartig zu ermittelnde Teilvorgänge zusammengefasst, wie z.B. bei der Hauptzeit: „i" Schnitte, bei der Nebenzeit: „i" -mal Tisch oder Support bewegen, sowie sonstige begrifflich und organisch zusammengehörige Einleite- und Ausleitearbeiten wie: Ein- und Ausspannen, Maschine aus- und einrücken, Auf- und Abrüsten usw.

7.2.1 Arbeitszeitermittlung durch Schätzen

Bezüglich Genauigkeit und Zeitaufwand unterscheidet man:
Gesamtschätzen (Zeiten schießen).
Unterteiltes Schätzen (Zusammensetzverfahren).
Kontrolliertes Schätzen; das durch „Unterteiltes Schätzen" gefundene Ergebnis wird mit dem am besten vorher gesamtgeschätzten (geschossenen)

Wert verglichen und anschließend durch Abwägen der Fehlermöglichkeiten ein endgültiges Ergebnis gefunden.

■ **Beispiel:**
Zeitermittlung durch „Kontrolliertes Schätzen".
a) *Arbeitsgegenstand:* Winkel (Bild 33), Zeichnungs- Nr.: W 30-8, Losgröße: 20 Stück.

b) *Ausgangsstoff:* Flachstahl 30 · 3, St34, Einsatzgewicht: 45 g/Winkel.

c) *Arbeitsplatz:* Bauschlosserei, hier werden immer ähnliche Arbeiten verrichtet.

d) *Arbeitsbedingungen:* Bohrer bis 12 mm Ø gehören zum Werkzeugsatz des Arbeitsplatzes, Auftragspapiere und Zeichnungen werden übergeben. Werkzeug- und Stoffausgabestelle sowie Abgabestelle und Kontrolle sind etwa 50m entfernt. Bohrmaschine, Schere usw. befinden sich im Umkreis von etwa 5 m.

e) *Arbeitsvorgang:* Zuschneiden, Biegen, Bohren und Fertigstellen.

f) *Gesamtschätzung* (zur Kontrolle des Ergebnisses):

$T = t_r + 20\, t_e \approx 120$ VM/Los.

g) *Unterteilte Schätzung:*

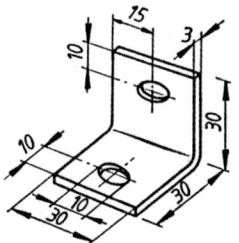

Bild 33. Winkel W 30 – 8

Arbeitsunterteilung	t_{rg} VM/Los	t_g VM/HE
1. Rüsten allgemein:		
a) Zeichnung lesen, Akkordschein ausfüllen		
b) Werkzeug besorgen und abgeben		
c) Stoff besorgen, Teile abgeben	11	
2. Zuschneiden (Anschlag einstellen)	4	0,1
3. Richten und entgraten	3	1,0
4. Anreißen zum Biegen	2	0,1
5. Im Schraubstock biegen	3	1,0
6. Löcher anreißen und ankörnen	2	0,3
7. Bohren 2 mal 10 mm Ø	3	1,0
8. Löcher entgraten (Spitzsenker)	1	0,5
Summe der Grundzeiten	29	4,0

h) *Vorgabezeiten* bei Verteilzeitzuschlag $z_v = 10\ \% = 0{,}1$
Rüstzeit:
$t_r = (1 + z_v)\, t_{rg} = 1{,}1 \cdot 29 \approx 32$ VM/Los
(auf volle VM gerundet)
Zeit/HE:
$t_e = (1 + z_v)\, t_e = 1{,}1 \cdot 4{,}0 = 4{,}4$ VM/He
($\pm 1\ \%$ gerundet)

Auftragszeit:
$T = t_r + 20\, t_e = 32 + 20 \cdot 4{,}4 = 120$ VM/Los
(auf die VM genau)

i) Gesamt Schätzung und „Unterteilte Schätzung" sind gleich!

7.2.2 Arbeitszeitermittlung durch Vergleichen (Einflussgrößenrechnung)

Zum Vergleichen dienen Aufzeichnungen, meist Auszüge wiederkehrender Zeitelemente in Tabellenform, die der planmäßig arbeitende Kalkulator sich laufend aus einer großen Zahl von Zeitaufnahmen und sonstigen genauen Zeitermittlungen erarbeitet und so nach Teilefamilien ordnet, dass sie als Richtwerte oder zur Richtwertbildung dienen können.

Ein Zeitvergleich kann sich beziehen auf Vorgabezeiten ganzer Erzeugnisse oder Erzeugnisteile, auf Vorgabe- oder Grundzeiten von Arbeitsvorgängen sowie auf Normalzeiten von Teilvorgängen oder Arbeitselementen. Vergleichen kann man aber auch Kalkulationsgrundwerte wie Emaillierkosten je m2, Fertigungskosten je kg Guss, die Grundwerte der Kostenanalyse in der Betriebsabrechnung also Bereitschaftskosten je Stunde oder Stück oder auch sonstige Versuchsergebnisse in Abhängigkeit von ihren Einflussgrößen.

Der Vergleich fußt auf der Annahme, dass sich die Zielgröße (Zeit, Kosten usw.) meist proportional bzw. linear aber bestimmt funktional mit ein oder zwei Einflussgrößen (Länge, Gewicht usw.) ändert. Man spricht von einer

Interpolation, wenn die gebildeten Zwischenwerte innerhalb bekannter Punkte liegen (hohe Sicherheit) und von einer

Extrapolation, wenn man Außenwerte zur Punktwolke, analog dem Funktionsverlauf bildet, die aber noch innerhalb der Gültigkeitsgrenzen liegen müssen.

Die Gültigkeitsgrenzen kann nur der Fachmann bestimmen, der die noch zulässige Ungenauigkeit durch Störungseinflüsse, abwägen kann und weiß wo durch Methodenänderung sich der Funktionsverlauf oft sprunghaft ändert, wie z.B. beim Spannen: mit Pinzette, von Hand oder mit einem zweiten Mann (Bild 39).

Das Inter- oder Extrapolieren kann wiederum geschehen durch Schätzen oder auch gefühlsmäßiges Abwägen und Rangieren, durch Rechnen, unter der Annahme, dass eine lineare Beziehung vorliegt, oder durch Zeichnen von Schaubildern. Das Schaubild macht die funktionalen Beziehungen sichtbar und erleichtert die richtige Beurteilung sowie das Ausgleichen der vorhandenen Streuungen, die auch den durch Zeitaufnahmen gewonnenen Zeiten aufgrund des beurteilten Leistungsgrades (± 5 %) anhaften.

Jede Richtwerttafel sollte graphisch überprüft und von unlogischen Streuungen befreit werden, wobei Arbeitsinhalt und Anwendungsbereich genau abgegrenzt sein müssen. Durch Zusammenfassen von Spalten oder Zeilen zu je einer Funktionslinie, erfasst man die dabei auftretende zweite Veränderliche mittels Linienschar in einer sogenannten Parameterdarstellung.

■ **Beispiele:**
1. Inter- und Extrapolieren der Vorgabezeit für das Drehen von Ansatzbolzen.
a) *Durch-Schätzen* (Bild 34), Voraussetzung: D/d und $d_1/l_1 = d_2/l_2 = d_3/l_3 =$ konstant.

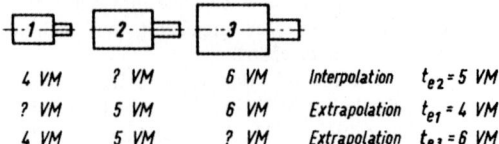

4 VM	? VM	6 VM	Interpolation	$t_{e2} = 5$ VM
? VM	5 VM	6 VM	Extrapolation	$t_{e1} = 4$ VM
4 VM	5 VM	? VM	Extrapolation	$t_{e3} = 6$ VM

Bild 34 Inter- und Extrapolieren durch Schätzen

b) *Durch einfache graphische Darstellung* (Bild 35), nur der Zapfendurchmesser d gilt als Einflussgröße, die Vorgabezeit re (VM/HE) als Zielgröße. Dazu die lineare Funktion:

allgemein $\quad y = ax + b$
und zum Bild 19 $\quad t_e = t_{ep} d + t_{ef}$

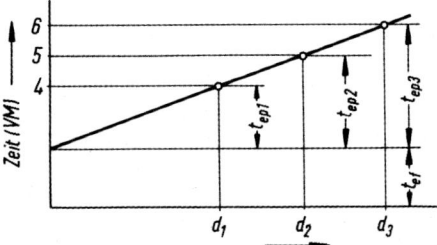

Bild 35. Zeichnerisches Inter- und Extrapolieren

t_{ep} proportionale Zeitanteile/HE, das sind größenabhängige Zeiten wie Zerspanen usw.
t_{ef} fixe Zeitanteile/HE, z.B. Zeitanteile der Arbeitselemente: Spannen, Maschine ein- und ausrücken, Span anstellen, Messen usw.

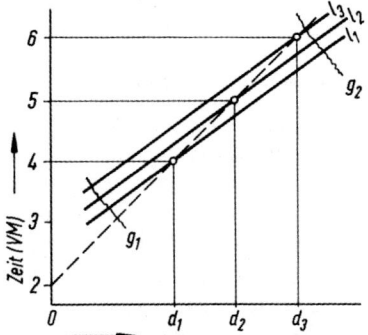

Bild 36. Graphische Parameterdarstellung

c) *Durch graphische Parameterdarstellung* (Bild V11.4). Bei nicht konstantem Verhältnis d/l, wird die zweite Veränderliche l durch eine Linienschar zum Ausdruck gebracht. Im Schaubild, Bild 36, stellen g_1 und g_2 die Grenzlinien der Gültigkeit dar, denn außerhalb dieser Grenzen ändert sich die gewählte Arbeitsmethode. So könnte z.B. unterhalb g_1 der Zapfen durch Einstechen (Formdrehen) und nicht durch mehrfaches Langdrehen usw. erzeugt werden, und oberhalb g_2 könnte durch

7 Arbeitsgestaltung, Zeit- und Lohnermittlung

Überschreiten des Verhältnisses $l/d \geq 10$ (unstabil) das Arbeiten mit Reitstockspitze und evtl. sogar mit Lünette erforderlich werden.

Anmerkung zu 1a ... c): Nur zwei Angaben (Funktionspunkte) täuschen immer einen linearen, d.h. geraden Verlauf der Funktionslinie vor, lassen Plus- und Minusabweichungen unerkannt bleiben und sind deshalb unsicher. Für viele Beziehungen dürfte jedoch die Zerlegung in feste und proportionale Zeitanteile richtig sein. Um die Ablesegenauigkeit zu erhöhen sollte nur der im Untersuchungsbereich liegende Schaubildausschnitt, dafür aber recht groß, gezeichnet werden.

2. Ausgleichen und Beurteilen der Gesetzmäßigkeiten der durch Zeitaufnahmen gewonnenen Zeitelemente.

Neben dem schon im ersten Beispiel gezeigten proportionalen bzw. linearen Funktionsverlauf können sich mit zunehmender Zahl von Einflussgrößen die in den Bildern 37 ... 40 gezeigten *Kurvenformen* ergeben.

Streuungen können hervorgerufen sein durch individuell andere Arbeitsweisen verschiedener Arbeiter, die vom Arbeitsstudienmann nicht richtig mit dem Leistungsgrad ausgeglichen wurden, oder von Gütetoleranzen die beim Werkstoff, Werkzeug usw. auftreten können.

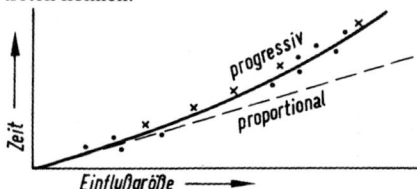

Bild 37. Progressiver Kurvenverlauf der Zeitfunktionen

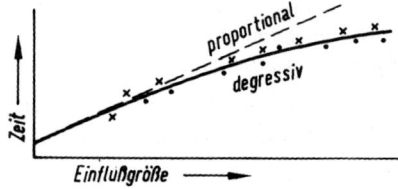

Bild 38. Degressiver Kurvenverlauf der Zeitfunktionen

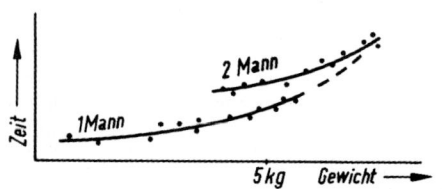

Bild 39. Unterbrochener Kurvenverlauf bei Änderung der Arbeitsmethode z.B. beim Spannen oder Bewegen großer Teile mittels Hebezeuge oder durch zwei Mann

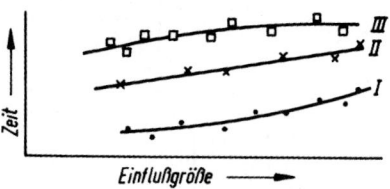

Bild 40. Parameterkurven oder Kurvenschar für verschiedene Feilarten bzw. Genauigkeitsgraden
Kurve   I:Schruppen
Kurve II:Schlichten
Kurve III:Feinschlichten

7.2.3 Arbeitszeitvorrechnung

Unter Arbeitszeitvorrechnung versteht man die Vorausbestimmung der Vorgabezeit mittels der drei Grundverfahren Schätzen, Vergleichen und Rechnen, meist auf einem entsprechenden Zweckvordruck ausgeführt. Arbeitsrechtlich gesehen muss jede ermittelte Zeit rekonstruierbar sein, d.h. es müssen auf der Arbeitszeitvorrechnung verwendete Kalkulationsunterlagen z.B. Richtwerttafeln, Drehzahlen usw. sowie das Ermittlungsverfahren angegeben sein.

7.3 Technik und Auswertung der Zeitaufnahme

Die Zeitaufnahme ist das praxisnahe Bindeglied, das die Grundlage aller Zeitermittlungserkenntnisse vermittelt. Sie dient zur Zeitermittlung in der Massenfertigung, zur Schaffung von Kalkulationsunterlagen und zur Klärung von Akkordstreitigkeiten.

7.3.1 Voraussetzung für die Zeitaufnahme

Der Arbeitsstudienmann darf sich nicht mit der vorgefundenen Arbeitsausführung zufrieden geben, er muss vielmehr den Arbeitsvorgang erst nach den Regeln der Arbeitsgestaltung durchdenken, bestgestalten und die gefundene Arbeitsmethode schriftlich festlegen. Dies hat folgende Gründe:
a) ist es unwirtschaftlich, halbe Arbeit zu leisten,
b) erschüttern zu oft erforderliche Zeitaufnahmen das Vertrauen und
c) ist eine einmal gemachte Zeitaufnahme für beide Teile verbindlich und kann eigentlich nur wiederholt werden, wenn Fehler nachgewiesen werden oder sich die Arbeitsmethode geändert hat.

7.3.2 Menschliche Probleme bei der Zeitaufnahme

a) *Der Arbeiter fürchtet* eine Beschneidung seiner Freiheit während der Zeitaufnahme sowie eine Schmälerung der Verdienstchancen und zwar auch dadurch, dass Neuerungen eingeführt werden sollen.

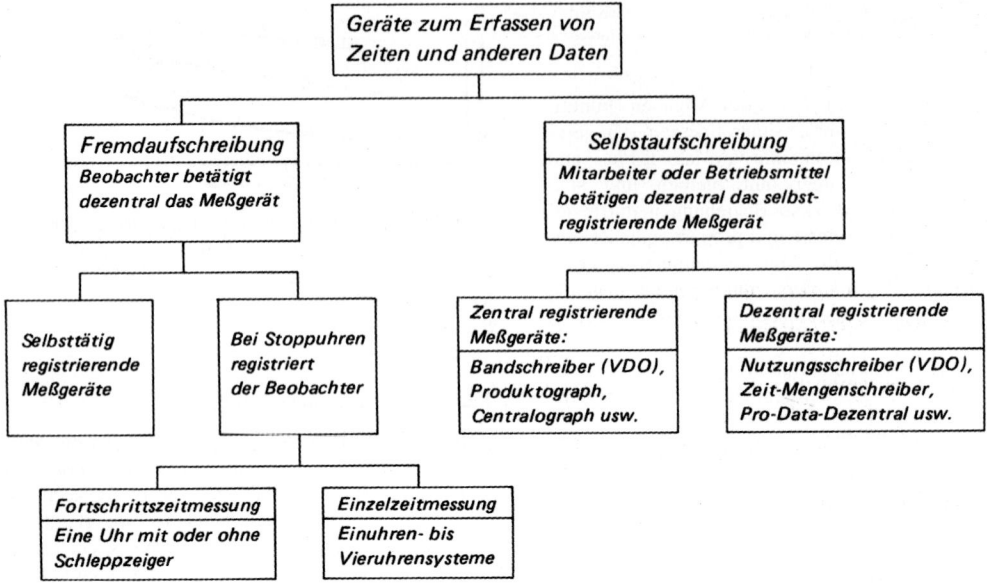

Bild 41. Geräte zum Erfassen von Daten

b) *Der Betriebsvorgesetzte argwöhnt*, dass seine Leute unzufrieden werden, seine eigene Handlungsfreiheit durch straffe zeitliche Erfassung eingeschränkt wird und er manches tun muss, was seine Bequemlichkeit stört.

c) *Die Kollegen des Arbeiters* bangen um den Besitzstand guter Vorgabezeiten.

d) *Der Betriebsrat*, der für die Akkord- und Lohngestaltung ein Mitbestimmungsrecht besitzt, kann auf Grund mangelnder Sach- und Fachkenntnisse ungeschickt eingreifen und weitere Spannungen erzeugen.

7.3.3 Hilfsmittel bei der Zeitaufnahme (Bild 41)

Fremdaufschreibung. Bei Fremdaufschreibungen verwendet man in der Regel Zeitmessgeräte mit $\frac{1}{100}$-Minutenteilung (cmin). Es werden in diesem Rahmen Einzelstoppuhren mit Schleppzeiger zur Fortschrittszeitmessung oder Mehrfachuhrensysteme zur Einzelzeitmessung verwendet.

Weiterhin benötigt man folgende *Schreibutensilien*: Geeignete Vordrucke als Beobachtungsbogen, Schreibunterlage (meist mit Uhrenbefestigung und Traggurt) und einen urkundenechten Stift (Kugelschreiber, Füller oder Kopierstift). *Messgeräte* wie Metermaß, Schiebelehre, Tourenzähler usw. werden zur Feststellung der Maschinendaten und Werkstückabmessungen benötigt.

Selbstaufschreibung. Uhrensysteme können auch vom arbeitenden Menschen oder vom Betriebsmittel über Druckknöpfe, Lichtschranken usw. betätigt werden. Die dadurch ausgelösten Impulse können entweder *dezentral* im Gerät oder durch eine *zentrale* Leit- oder Überwachungsstelle registriert werden.

7.3.4 Arten von Zeitaufnahmen

Abhängig von der im Bild 42 gezeigten Verkettung der Arten der Arbeitsabläufe mit der Paarung von Arbeiter und Stellenzahl, unterscheidet man:
Vorausbestimmbare ein- oder mehrgliedrige Zeitaufnahmen und nicht vorausbestimmbare ein- oder mehrgliedrige Zeitaufnahmen.
Bei vorausbestimmbaren Zeitaufnahmen ist eine gute Vorbereitung mit kleinsten Arbeitselementen möglich. Dagegen muss man sich bei den teilweise bis gesamt nicht vorausbestimmbaren Arbeitsabläufen (z.B. Reparaturarbeiten) mit der Unterteilung in größere Elementgruppen zufrieden geben, weil sonst durch den Arbeitsstudienmann eine zwischenzeitlich notwendige Beschreibung der Arbeit nicht möglich ist. Bei mehrgliedrigen Zeitaufnahmen werden gleichzeitig mehrere Mitarbeiter oder Arbeitsstellen beobachtet. Es sind also mehrere gleichzeitig auszufüllende Beobachtungsbogen erforderlich.
Bei den Arbeiten die innerhalb eines Arbeitsvorganges oder Teilvorganges gleichzeitig auf mehrere (q) Arbeitsgegenstände wirken, muss bei der Auswertung die registrierte Zeit t_{iq} auf die Herstelleinheit (HE) bezogen werden.

7 Arbeitsgestaltung, Zeit- und Lohnermittlung

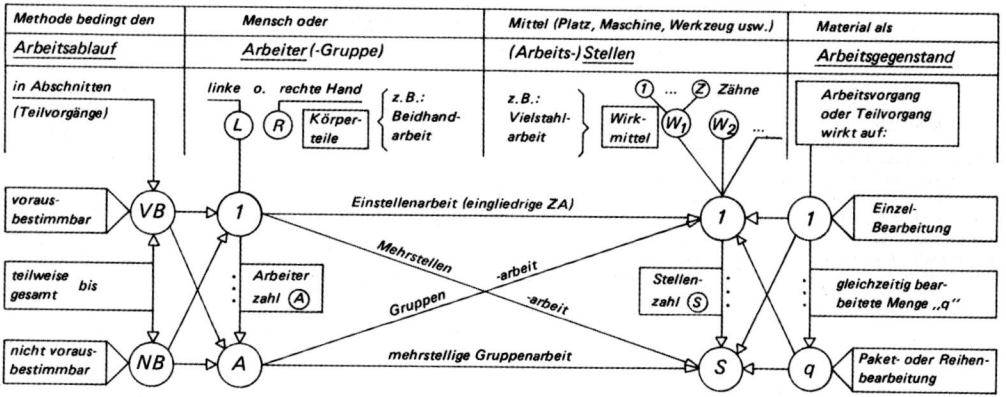

Bild 42. Verkettung der Arbeitsablauf- und Bearbeitungsarten mit der Paarung von Mitarbeiter- und Stellenzahl

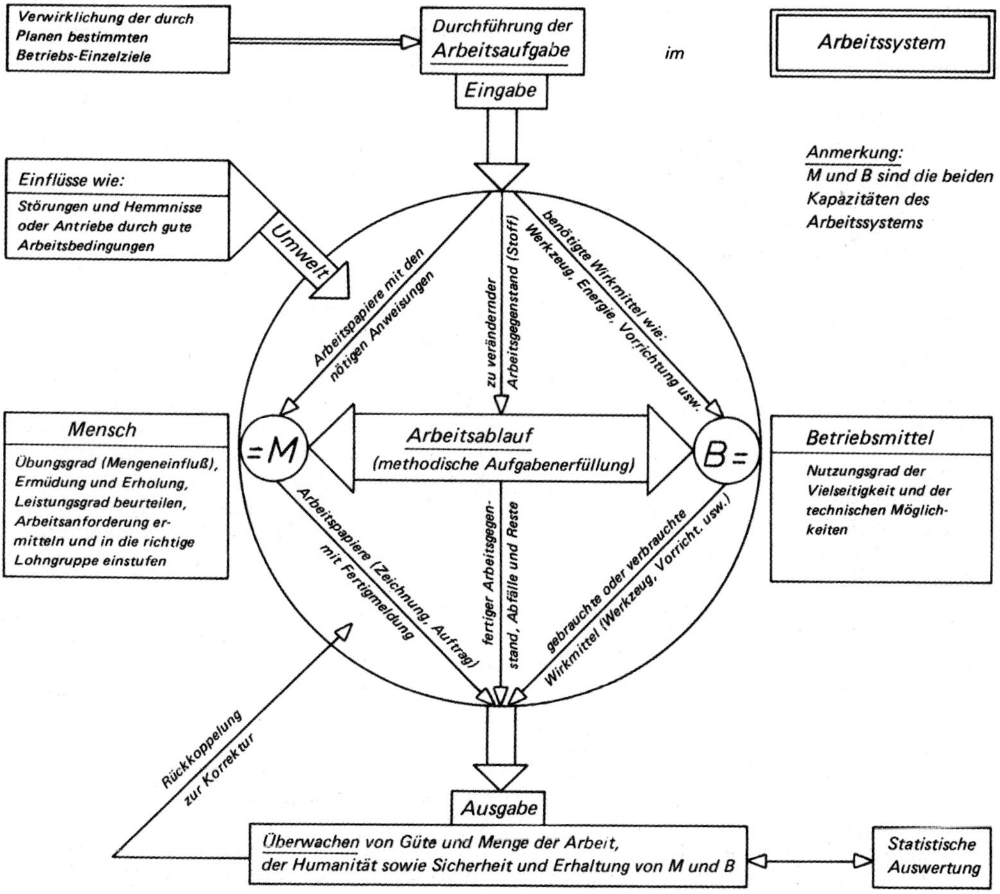

Bild 43. Das Arbeitssystem eines Arbeitsplatzes

Es ist dann:

$$\text{IST-Zeit jeHE } t_i = \frac{t_{iq}}{q} \quad \frac{t_{iq}}{\frac{\min}{\text{Paket}}} \quad \frac{q}{\frac{\text{HE}}{\text{Paket}}}$$

■ **Beispiele:**
In Paketen werden q Arbeitsgegenstände gebohrt, gehobelt oder gefräst; eine Tafel wird erst in Streifen (Plattenpakete) und dann in Platten (HE) geschnitten usw.

7.3.5 Reproduzier- und Vergleichbarkeit von Zeitaufnahmen

Um eine Zeitaufnahme nachprüfbar zu machen, müssen ihre Ablaufabschnitte für ähnliche Arbeitsvorgänge verwendbar oder vergleichbar sein. Um dies zu erreichen, ist eine genaue Beschreibung der sieben Systembegriffe: Mensch und Betriebsmittel, Arbeitsaufgabe, Arbeitsablauf und Umwelteinflüsse sowie der Eingabe und erzielten Ausgabe des Arbeitssystems (Bild 43) erforderlich.

7.3.6 Ablauf einer vorausbestimmbaren eingliedrigen Zeitaufnahme mit Einzelstoppuhr

Nach einer gründlichen Beschreibung des Arbeitssystems, auf der Vorderseite des Beobachtungsbogens, wird auf der Rückseite die eigentliche Zeitaufnahme (Bild 44) wie folgt durchgeführt:

a) Markante Kurzbeschreibung, der durch akustische oder visuelle Messpunkte abzugrenzenden Teilvorgänge, auf dem Beobachtungsbogen notieren.

b) Die mittels abgestoppten Schleppzeiger angezeigten Fortschrittszeiten F, sind für mindestens 5 ... 20 Teile aufzuschreiben. Dabei ist gleichzeitig der Leistungsgrad L zu beurteilen und einzutragen. Unplanmäßig auftretende Zeiten, wie z.B. Verteilzeiten, sind als Unterbrechungen zu notieren. Dem Mitarbeiter ist ferner die zu registrierende Aufnahmezeit, also Beginn und Ende der eigentlichen Zeitaufnahme, bekanntzugeben.

c) Weil die Routinebildung, besonders bei Handarbeiten, auf die gemessene Zeit einen Einfluss hat, ist in der oberen Zeile des Beobachtungsbogens, die während der Zeitaufnahme gefertigte Teil-Nr. anzugeben. Die mittlere Routinezeit liegt bei etwa $\frac{1}{3}$ der Auftragsmenge m. Um die nachteilige Wirkung einer Klumpenstichprobe zu mindern, sollte jede Zeitaufnahme dreiteilig sein. Bei der Zeitaufnahme Bild 44 wurden z.B. die Teile-Nr.: 46 ... 51, 101 ... 105 und 206 ... 210 aufgenommen.

d) Die Auswertung der Zeitaufnahme soll in einer anderen Farbe, meist rot, durchgeführt werden. Es werden zunächst die einzelnen Istzeiten t_i als Differenzbetrag der Fortschrittszeiten F ermittelt. Danach wird aus den Ist-Zeiten t_t jedes Teilvorganges der auf die Herstelleinheit HE bezogenen arithmetische Mittelwert $\bar{t}_t$ (sprich: t_t quer) gebildet. Dieser Wert multipliziert mit dem durchschnittlichen Leistungsgrad $\bar{L}$ (sprich: L quer), ergibt den jeweiligen Teil (t_t oder t_w) der Soll- bzw. Grundzeit. Bei Mehrfach- oder Paketzeiten t_{iq} (Teilvorgang c – Bild 44) darf nicht vergessen werden, durch die Mehrfach- oder Paketmenge q zu teilen. Die Prüfung auf Additionsfehler wird in der Summenspalte gezeigt. Es muss die Summe der Ist-Grundzeiten plus Unterbrechungszeiten, gleich letzte Fortschrittszeit sein. Addiert man zur Summe der Soll-Grundzeiten t_g, noch die Verteilzeit t_v und Erholungszeit t_{er}, so erhält man die Zeit je Einheit t_e. Diese auf ± 1 % gerundet, wird dann als Vorgabezeit verwendet.

e) Für die während der Zeitaufnahme durchgeführten Arbeiten ist ein Kontrollbefund einzuholen. Der Kontrollierende muss dann die ordnungsgemäße Arbeitsausführung auf dem Beobachtungs-Bogen bestätigen, in dem er z.B. „in Ordnung" mit Datum und Unterschrift einträgt.

7.3.7 Statistische Prüfung der durch die Zeitaufnahme gefundenen Zeiten

Die durch Zeitaufnahmen ermittelten einzelnen Istzeiten t_i streuen um ihren arithmetischen Mittelwert $\bar{t}_i$. Die *Streuungsursachen* sind: Stoppfehler (Beobachter und Uhr), Förderwege, Störungen beim Spannen (Späne, Vorrichtung klemmt, Spanngriff in verschiedener Lage), verschiedene An- und Überlaufwege, Rohzustand der Arbeitsgegenstände in Form und Oberfläche (Toleranzen) oder Bearbeitbarkeit (Härte, Lunker).

Die *Streuungen* der einzelnen Istzeiten t_i, der Teilvorgänge „a" und „b" der Zeitaufnahme (Bild 44), sowie der Zykluszeit t_z, sind in Histogrammen (Bild 45), als Spannweite R zur auftretenden Häufigkeit, dargestellt.

Die Spannweite R ist, als Differenz zwischen dem Maximal- und Minimalwert, ein Maß für die absolute Streuung einer Stichprobe. Durch die verschiedenen Markierungen der drei Zeitaufnahmeteile wird erkennbar, dass mit zunehmender Anzahl der Beobachtungen (Stichprobengröße n), sich das Bild der Histogramme dem der Gaußschen Normalverteilung nähert.

7 Arbeitsgestaltung, Zeit- und Lohnermittlung

Aufteilung		Zy-Nr.	1	2	3	4	5	1	2	3	4	5	1	2	3	4	5	Summe $\Sigma^{1)}$	der Zeitaufnahme (ZA)		Soll-Zeit	
				1. Teil					2. Teil					3. Teil						Anzahl	t VM/HE	Art
Lfd. Nr	Arbeitsablauf in Teilvorgängen	Teil-Nr.	46	47	48	49	50	101	102	103	104	105	206	207	208	209	210					
		Zy-Nr.	1	2	3	4	5	6	7	8	9	10	11	12	13	14	15					
a	Teil einlegen, Gewindebohrer einführen und schalten	L	110		115		120		120		125		130		120		120	420	120 %	1-14	0,36	t_t
		t_j	㉝	31	29	—	30		28	32	31	29	㉗	30	30	29	32					
		F	33	82	127	▼	221	391	436	484	533	579	701	747	794	941	989					
						$R_{14}=6$																
b	Gewinde M 8 × 10 vollautomatisch schneiden, mit: $n = 200$; $s = 1,25$ u. $l = 40$	L																238	(100 %)	1-14	0,17	t_w
		t_j	18	16	17	㊼	18	17	⑯	⑱	17	17	16	17	18	16	17					
		F	51	98	144	191	239	408	452	502	550	596	717	764	812	957	1006					
								$R_{14}=2$														
c	Nach je 5 Stück Gewindebohrer zum Entleeren ein- und ausspannen	L					110					110					110	240	110 %	3-5	0,176	t_t
		t_j					81					78					81					
		F					362					674					1087					
Zeitaufnahme am: 20/8. ... durch: John				Lfd. Nr.	Zy-Nr.		Unterbrechungen									von	bis					
Abteilung: 703 bei: Müller, Gerd 703-25				a	4		Stoppen verpaßt									144	191	47	Summe	+10 % t_g	0,706	t_g
Teil-ZA	Beginn	10^{10}	10^{28}	c	5		Nase geputzt									320	362	42		+3,3 % t_g	0,0706	t_v
	Ende	10^{14}	10^{32}																		0,0233	t_{er}
Kontrollbefund: i.O. 21/8. .... Siegmann				Kontrollsumme = letzte F-Zeit													1087		Summe	0,7999	t_e
		R_5	ΔQ	$t_z^{2)}$		6				6				6					Vorgabe	≈ 0,8	t_e
		16	0	㊶		9	9	1	1	16	㊸	0	1	4	㊾		$\Sigma = 17$	$\bar{R}_5 = \Sigma R_5/k = 17/3 = 5,7$		
		㊶	47	㊻		㊹	㊿	48	46	㊸	47	48	45	㊾			$Q = 64$	$s = \sqrt{64}/4 = 2,14$		
																	$\Sigma = 705$	$\bar{t}_z = \Sigma t_z/n = 705/15 = 47$		

$\bar{z} = \bar{R}_5/\bar{t}_z = 5,7/47 = 12,1 \%$
$v = s/\bar{t}_z = 2,14/47 = 4,6 \%$
$\varepsilon' = 2,0 \%$ $\varepsilon_z (= 2,9 \%^{3)})$ $n' ≈ 29$

[1] Gewogener Mittelwert. [2] Zykluszeit t_z wurde nur für die Teilvorgänge „a" und „b" ermittelt. [3] ε_z ist zu z ermitteln.

Bild 44. Abgekürzte Form einer dreiteiligen Zeitaufnahme mit statistischer Auswertung zur Zykluszeit t_z

Die (Gauß'sche) *Normalverteilung* wird deshalb zur Beurteilung aller möglichen (Mess-) Stichproben herangezogen. Die Einflussgröße wird hier mit „x" bezeichnet und damit ist der

arithmetische Mittelwert $\quad \bar{x} = \sum_{i=1}^{n} \frac{x_i}{n}$
(sprich: x quer)

Als Beurteilungsgröße dient die

Standardabweichung $\quad s = \sqrt{\dfrac{Q}{n-1}} \approx \dfrac{3\,R_5}{7}$

mit der

Quadratsumme $\quad Q = \sum_{i=1}^{n}(x_i - \bar{x})^2$
(der Abweichungen von x)

Der arithmetische Mittelwert von mindestens 3 ... k Fünfer-Spannweiten R_5, ist die Spannweite $R = x_{\max} - x_{\min}$ von fünf Messwerten, die in einer zufällig und repräsentativ vorgenommenen Reihenfolge festgestellt wurden. Man nennt diesen Mittelwert

mittlere Fünfer-Spannweite $\quad \bar{R}_5 = \sum_{3}^{k} \dfrac{R_5}{k}$

Anwendungsbeispiele zu t_z aus der Zeitaufnahme (Bild 44)

1. $\bar{t}_z = \dfrac{\sum t_z}{n} = \dfrac{51+47+46+\ldots+49}{15} = \dfrac{705}{15} = 47{,}0$ c min

2. $Q = \sum(t_z - \bar{t}_z)^2 = 16 + 0 + 1 + \ldots + 4 = 64{,}0$ c min

3. $s = \sqrt{\dfrac{Q}{n-1}} = \sqrt{\dfrac{64}{15-1}} = 2{,}14$ c min

4. $\bar{R}_5 = \dfrac{\sum R_5}{k} = \dfrac{5+6+6}{3} = 5{,}7$ c min

Die Wahrscheinlichkeit P (dargestellte Graufläche) zeigt an, ob eine Stichprobe in bestimmten Grenzen liegt, nämlich im Wahrscheinlichkeitsbereich $x_{unten}^{oben} = x_{oben} \ldots x_{unten}$, Buntem der durch die Standardabweichung s gegeben ist (Tabelle im Bild 45). Zur Zykluszeit t_z der Zeitaufnahme (Bild 45) ist z.B. bei $P = 95\,\%$, der Wahrscheinlichkeitsbereich x_{un}^{ob}

$= t_{zun}^{ob} = \bar{t}_z \pm 1{,}96\,s = 47{,}0 \pm 1{,}96 \cdot 2{,}14 =$
$= 43 \ldots 51$ cmin

Es ist also $t_{z\,\max} = t_{z\,ob}$ und $t_{z\,\min} = t_{z\,un}$. Man kann also feststellen, dass das t_z-Histogramm genau im Bereich der Wahrscheinlichkeit $P = 95\,\%$ liegt.

Bei statistischen Auswertungen setzt man voraus, dass die Normalverteilung der Stichprobe, ähnlich der Normalverteilung der Grundgesamtheit ist, die zur insgesamt möglichen Menge N gehört.
Es ist dann der

Mittelwert der Grundgesamtheit

$$\mu = \sum_{i=1}^{N} \frac{x_i}{N}$$

und die

Standardabweichung der Grundgesamtheit

$$\sigma = \sqrt{\sum_{i=1}^{N} \frac{(x_i - \mu)^2}{(N-1)}}$$

Die unterschiedlichen Mittelwerte $\bar{t}_z$ der drei Zeitaufnahmeteile: 47,8; 46,8 und 46,4 c min, sowie der Mittelwert der gesamten Zeitaufnahmen $\bar{t}_z = 47{,}0$ cmin, lösen die Frage aus, welcher Wert als Mittelwert der Grundgesamtheit μ vorzugeben ist.
Diese Frage wurde 1908 von *W. S. Gösset* durch das Aufstellen der t-Verteilung beantwortet. Zu dieser t-Verteilung gehört die

Prüfgröße $\quad t = \dfrac{\bar{x} - \mu}{(\pm)s}\sqrt{n}$

die von n und P abhängig ist und deshalb in Tabellen angegeben wird (Bild 46).
Löst man diese Gleichung nach μ auf, so erhält man die Grenzen zum

Mittelwert der Grundgesamtheit

$$\mu = \bar{x} \pm s\,\dfrac{t}{\sqrt{n}} \triangleq \mu_{un}^{ob}$$

als *Vertrauensbereich*.
Man kann auch für den

absoluten Fehler $= \pm\,s\,\dfrac{t}{\sqrt{n}} = \pm\,\epsilon \cdot \bar{x}$

setzen und erhält so die gesuchte Gleichung für den
relativen Fehler

$\pm\,\epsilon = \pm\,\dfrac{s}{\bar{x}} \cdot \dfrac{t}{\sqrt{n}} \quad$ als Verhältniszahl

oder den

relativen Fehler $\pm\,\epsilon = \pm\,100\,\% \,\dfrac{s}{\bar{x}} \cdot \dfrac{t}{\sqrt{n}} = v \cdot f_{(n)}$

als *Prozentzahl*
In der obigen Gleichung ist ferner die Funktion von n und $P = f_{(n)} = t/\sqrt{n}$ (in der Tabelle – Bild 46 – für 95 % angegeben) und die Variationszahl $v = 100\,\% \, s/x$, als Streuungskennzahl der Stichprobe.
Zwischen der Variationszahl $v = s/\bar{x}$ und der mittleren Streuzahl $\bar{z} = \bar{R}_5$, besteht für $n = 15 \ldots \infty$ die Beziehung $v \approx \bar{z} \cdot \dfrac{3}{7}$. Es wird also die

Genauigkeit $\epsilon = f_{(n)} \cdot v \approx f_{(n)} \cdot \bar{z} \cdot \dfrac{3}{7} = \bar{k}_n \cdot \bar{z}$

7 Arbeitsgestaltung, Zeit- und Lohnermittlung

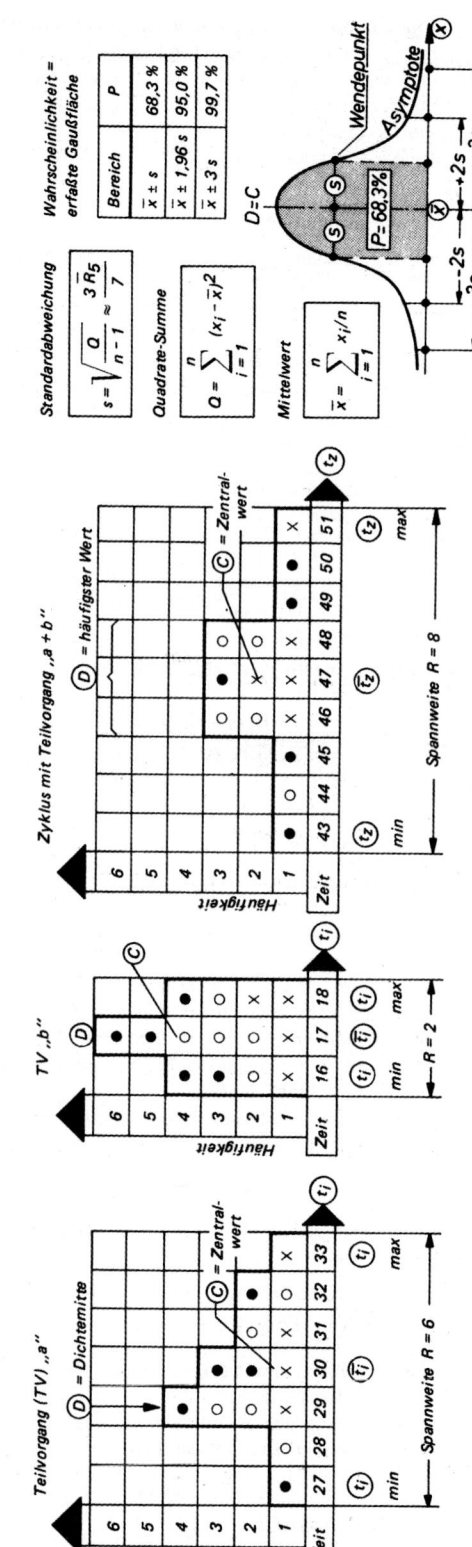

Bild 45. Histogramme (Häufigkeits-Schaubilder) der Istzeiten t_i der Teilvorgänge „a" und „b" und ihrer Zykluszeit t_z im Vergleich zur Gaußschen Normalverteilung mit der Unbekannten x für t_i oder t_i usw.

D.h., es ist $\bar{k}_n \approx f_{(n)} \cdot \frac{3}{7}$ und kann in Tabellen (Bild 46) angegeben werden.

Für kleinere Stichproben mit $n = 5 \ldots 14$ Beobachtungen, hat man zur einfachen Streuzahl $z = R/\bar{x}$ ebenfalls Näherungswerte für den Faktor k_n ermittelt, die in der Tabelle – Bild 46 – wiedergegeben sind.

Man kann also rechnen:

relativer Fehler oder Genauigkeit

$$\pm \epsilon = \bar{z} \cdot \bar{k}_n \quad \text{(für } n = 15 \ldots \infty)$$
$$\text{oder} \quad \pm \epsilon = z \cdot k_n \quad \text{(für } n = 5 \ldots 14)$$

Anwendungsbeispiele zur Zeitaufnahme (Bild 44)

1. Für die Zykluszeit t_z wurde ermittelt: $\bar{z} = 12{,}1\ \%$ und $v = 4{,}6\ \%$. Gesucht ist ϵ und der Vertrauensbereich μ_{un}^{ob} zur Sicherheit bzw. Wahrscheinlichkeit von $P = 95\ \%$.

   Lösung:
   $$\epsilon \approx \bar{z} \cdot \bar{k}_n = 12{,}1\ \% \cdot 0{,}24 = \underline{\underline{2{,}9\ \%}}$$
   $$\mu_{un}^{ob} = \bar{x} \pm \epsilon \cdot \bar{x} = 47{,}0 \pm 0{,}029 \cdot 47{,}0$$
   $$= 41{,}0 \pm 1{,}36 = \underline{\underline{45{,}64 \ldots 48{,}36\ cmin}}$$

2. Für den Teilvorgang „a" ist bekannt: $R_{14} = 6$ cmin und $\bar{t}_i = 30$ cmin. Wie groß ist ϵ?

   $$\epsilon = k_n \cdot z = k_n \cdot \frac{R_{14}}{\bar{t}_i} = 0{,}17 \cdot \frac{6}{30} = 0{,}034 = \underline{\underline{3{,}4\ \%}}$$

   Nach dem Fehlerausgleichsgesetz ist der *relative* Fehler bei

   $$t_z \frac{\text{relativer Fehler bei } t_i}{\sqrt{\text{Anzahl von } t_i \text{ in } t_z}} = \frac{3{,}4\ \%}{\sqrt{2}} = \underline{\underline{2{,}4\ \%}}$$

   Es war zu erwarten, dass ϵ beim Teilvorgang „a" größer ist, als beim Zyklus mit den Teilvorgängen „a und b", denn die vorhandenen Fehler gleichen sich zum Teil gegenseitig aus.

3. Man will für den Teilvorgang „c" mit $n = 3$ Beobachtungen, ϵ ermitteln, so muss man rechnen:

   Quadratsumme $Q = 1 + 4 + 1 = \underline{\underline{6\ cmin}}$

   Standardabweichung
   $$s = \sqrt{\frac{Q}{n-1}} = \sqrt{\frac{6}{3-1}} = \underline{\underline{1{,}73\ cmin}}$$

   Variationszahl $v = \frac{s}{\bar{t}_i} = \frac{1{,}73}{80} = 0{,}022 = \underline{\underline{2{,}2\ \%}}$

   Damit ist die
   Genauigkeit $\epsilon = v \cdot f_{(n)} = 2{,}2 \cdot 2{,}49 = \underline{\underline{5{,}5\ \%}}$

   Schlussfolgerung: Je kleiner n ist, um so größer wird ϵ.

Die in Tabelle (Bild 46) angegebene Bedingung, dass die erforderliche Genauigkeit $e' \leq 3\ \%$ sein soll, ist bei t_z erfüllt. Es könnten aber tarifvertragliche bzw. betriebliche Regelungen bestehen, dass $e' \leq 2\ \%$ sein soll. Um das zu erreichen, muss man die erforderliche Stichprobengröße n' ermitteln. Dies ist möglich, wenn man davon ausgeht, dass die Variationszahl v in der Stichprobe genau so groß ist wie in der Grundgesamtheit und wenn man für

$$f_{(n)} \approx \frac{1{,}96}{\sqrt{n-2{,}5}} \quad \text{setzt}$$

Es wird dann:

$$\epsilon = v \cdot \frac{1{,}96}{\sqrt{n-2{,}5}} \quad \text{und} \quad \epsilon' = v \cdot \frac{1{,}96}{\sqrt{n'-2{,}5}}$$

oder nach v aufgelöst,

$$v = \epsilon \cdot \frac{\sqrt{n-2{,}5}}{1{,}96} \quad \text{und} \quad v = \epsilon' \cdot \frac{\sqrt{n'-2{,}5}}{1{,}96}$$

Löst man nun die beiden letzten Gleichungsteile nach n' auf, so erhält man die

erforderliche Stichprobengröße

$$n' = (n - 2{,}5) \cdot \left(\frac{\epsilon}{\epsilon'}\right)^2 + 25$$

Anwendungsbeispiel zur Zykluszeit t_z der Zeitaufnahme (Bild 44)

Es sind: $n = 15$ Beobachtungen, $\epsilon = 2{,}9\ \%$ und es wird $e' \leq 2{,}0\ \%$ gefordert. Wie groß ist n'?

Erforderliche Stichprobengröße

$$n' = (n - 2{,}5) \cdot \left(\frac{\epsilon}{\epsilon'}\right)^2 + 2{,}5$$

$$= (15 - 2{,}5) \cdot \left(\frac{2{,}9}{2{,}0}\right)^2 + 2{,}5 = \underline{\underline{29\ \text{Beobachtungen}}}$$

Um diese Forderung zu erfüllen, sind also nochmals drei Teil-Zeitaufnahmen mit je fünf Beobachtungen, also zusammen 15 Beobachtungen, bei gleicher Arbeit, durchzuführen. Wegen der Fünfer-Gruppen werden $n' = 30$ Beobachtungen nötig.

Würde sich wiederum eine mittlere Streuzahl von $z = 12{,}1\ \%$ bei $n' = 30$ Beobachtungen ergeben, so wäre die

Genauigkeit $\pm \epsilon = \bar{z} \cdot \bar{k}_n = 12{,}1 \cdot 0{,}16 =$
$$= 1{,}936\ \% < 2{,}0\ \%$$

D.h., es ist nunmehr auch diese Forderung von $\epsilon' < 2{,}0\ \%$ erfüllt.

Ist die insgesamt herzustellende Menge, also die Menge der Grundgesamtheit N im Verhältnis zur Stichprobengröße n sehr klein, so ist die ermittelte Grundgenauigkeit noch mit dem

$$\text{Endlichkeitsfaktor} = \sqrt{1 - \frac{n}{N}}$$

7 Arbeitsgestaltung, Zeit- und Lohnermittlung

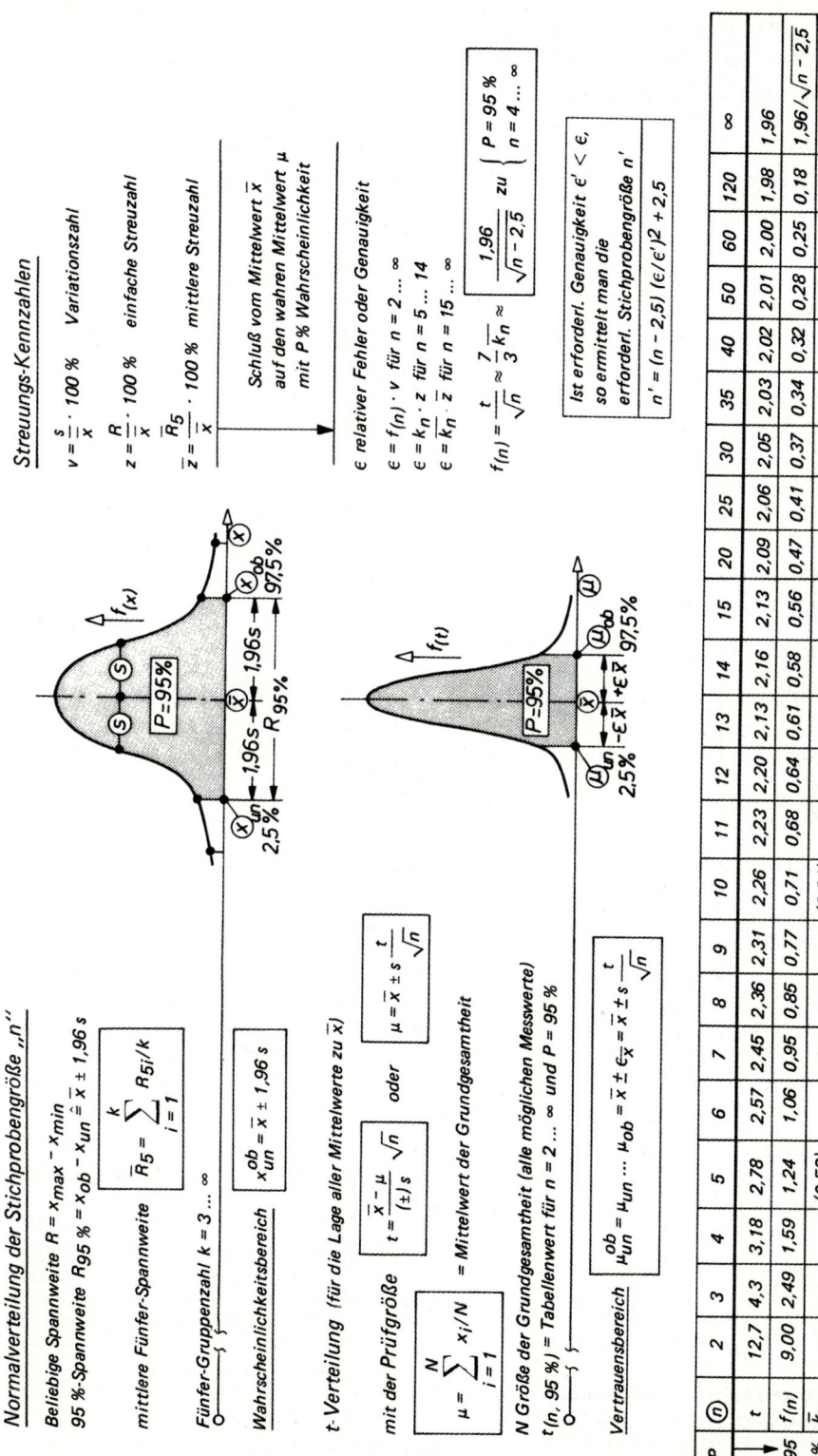

Bild 46. Zusammenstellung der Gesetzmäßigkeiten von Normal- und t-Verteilung mit der zugehörigen Tabelle für t, $f_{(n)}$, k_n und k_n

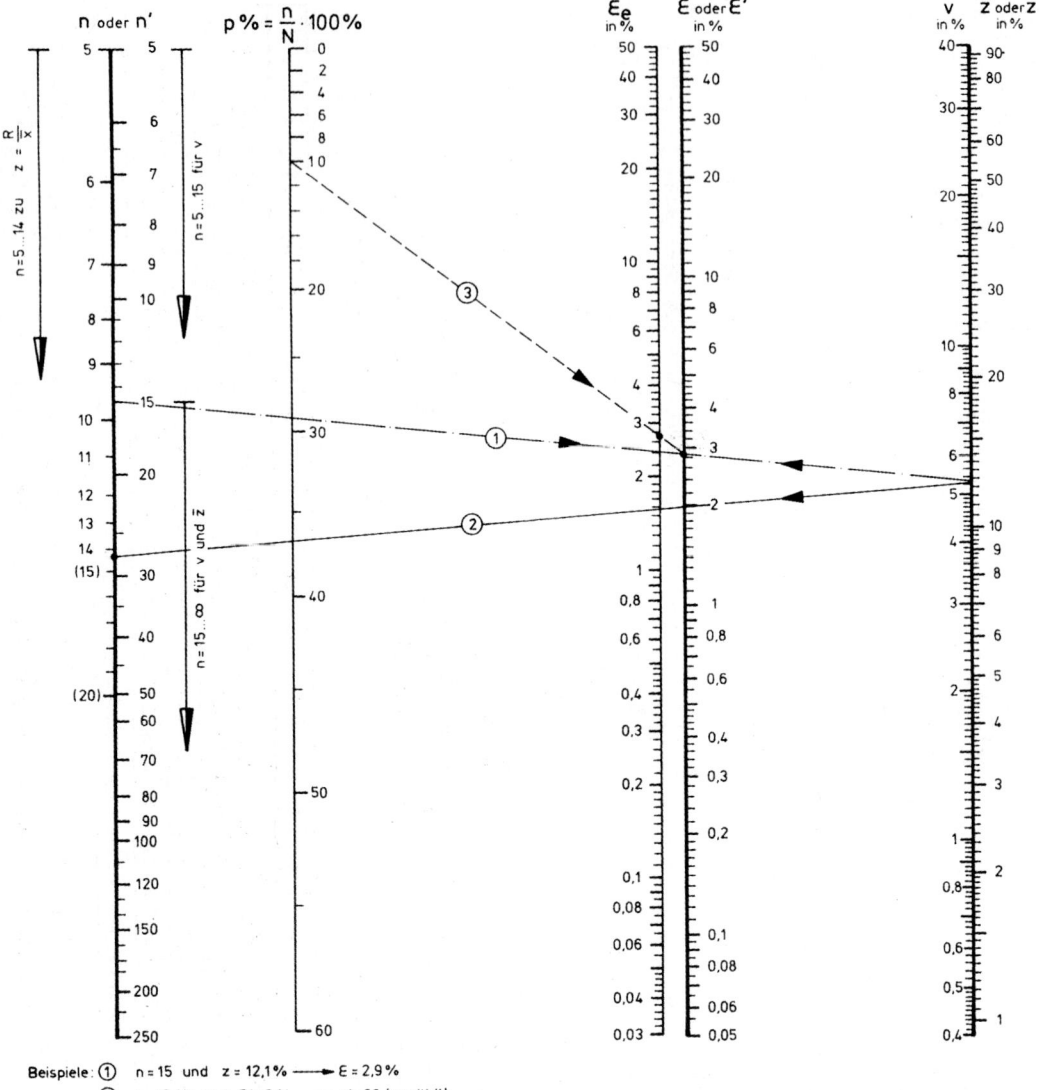

Bild 47. Leitertafel zur Ermittlung der Genauigkeit ϵ und ϵ_e

zu korrigieren. Es ist dann die endlichkeitsbezogene Genauigkeit

$$\epsilon_e = \epsilon \sqrt{1 - \frac{n}{N}} = \epsilon \sqrt{1-p}$$

Die Verhältniszahl $p = n/N$ kann auch als Prozentzahl $p\,\% = 100\,\%\; n/N$ angegeben werden. *Beispiel:* 10 % der Erzeugnisse zu prüfen. Es ist dann $p = p\,\% / 100\,\% = 10\,\% / 100\,\% = 0{,}1$.

Anwendungsbeispiel für die Zykluszeit t_z zur Zeitaufnahme (Bild 44)

Wäre die insgesamt herzustellende Menge (Auftragsgröße) $N = 150$ Stück und die mittels Zeitaufnahme beobachtete Menge $n = 15$ Stück, für die eine Genauigkeit von $\epsilon = 2{,}9\,\%$ errechnet wurde, so ist die

endlichkeitsbezogene Genauigkeit

$$\epsilon_e = \epsilon \sqrt{1 - \frac{n}{N}} = 2{,}9 \sqrt{1 - \frac{15}{150}} = \underline{\underline{2{,}75\,\%}}$$

Nachdem man v, $\bar{z}$ oder z auf dem Zeitaufnahmebogen berechnet hat, muss man zur weiteren Ermittlung der Genauigkeit e, aus Tabellen die Faktoren $f_{(n)}$, $\bar{k}_n$ oder k_n entnehmen. Man kann sich aber die weiteren Rechnungen ersparen, wenn man statt dieser Tabellen gleich die im Bild 47 gezeigte Leitertafel verwendet. Das auf dieser Leitertafel eingetragene Ablesebeispiel entspricht den hier für t_z durchgerechneten Anwendungsbeispielen.

7.4 Lohn und Entlohnungssysteme

Lohn ist Zeit mal Geldfaktor.
Man unterscheidet *bezüglich der Zeit:*
den *Zeitlohn* (gebrauchte Zeit wird bezahlt), den *Akkordlohn* (Vorgabezeit wird bezahlt), und *bezüglich des Geldfaktors:*
die *Ausbildungsentlohnung*, je nach der Ausbildung (ungelernt, angelernt, gelernt oder hochqualifiziert) wird dem Arbeiter ein Geldfaktor tariflich zugeordnet;
die *Lohngruppenentlohnung*, je nach Anforderungen (Fachkönnen, Belastung, Verantwortung und Umgebungseinflüsse) die die Arbeit an den Arbeiter stellt, wird die jeweilige Arbeit einer Lohngruppe (LG) zugeordnet, zu der dann ein tariflich vereinbarter Geldfaktor gehört.
Durch das *Lohngruppensystem* soll erreicht werden: im Betrieb, die arbeitswerkmäßige Lenkung der Arbeit; beim Arbeiter, das Streben zur Weiter- und Fortbildung.
Zusätzlich können in allen Entlohnungssystemen noch Prämien gewährt werden für Einsparung von Kohle, Öl, Strom und sonstige Verbrauchsstoffe; für Vermeidung von Ausschuss und Abfällen sowie für Verbesserungsvorschläge usw.

7.5 Anwendung der Vorgabezeiten im Betrieb

Die mit erheblichem Zeitaufwand vorausbestimmten Vorgabezeiten müssen, ohne sie zu verwässern, so in die Wirklichkeit umgesetzt werden, dass sie zur vollen Leistungsentfaltung des Arbeiters führen. Dabei sind folgende Gefahrenquellen zu beachten:
a) *Die Bekanntgabe* gerecht empfundener Vorgabezeiten und Lohngruppen, mit klar und eindeutig umrissenem Arbeitsumfang, muss *vor Beginn der Arbeit* erfolgen.
b) *Lohn- zwischen Akkordarbeit* sollte vermieden oder scharf abgegrenzt werden.
c) *Beantragte einmalige Zuschläge* für härteren oder größeren Werkstoff, kleinere Losgröße, leistungsschwächere Betriebsmittel, Einstellen- statt Mehrstellenarbeit, Einarbeitung, schlechtere Vorarbeit u.a. sind genauso gewissenschaft wie die Vorgabezeiten zu bearbeiten und mittels Mehrkostenscheine auf die Gemeinkosten zu verrechnen.
d) *Reklamierte Vorgabezeiten* sind nicht ohne Prüfung zu erhöhen, sondern der Arbeiter ist bezüglich Arbeitsausführung bestgestaltend zu beraten und zu unterweisen, sowie an Hand von Kalkulationsunterlagen oder wenn dieselben ungenügend sind, durch eine Zeitaufnahme (Bilden von Kalkulationsunterlagen) von der Richtigkeit der Vorgabezeit zu überzeugen. Ein Festhalten an fehlerhaft kurzen Vorgabezeiten aus Prestigegründen ist zu verwerfen.
e) *Das Risiko für selbstverschuldete Fehlarbeit* (Ausschuss oder Nacharbeit) kann durch die Differenz vom Stunden- zum Akkordlohn oder in manchen Fällen durch höhere Verteilzeiten als abgegolten betrachtet werden, wenn nicht aus sozialen Gründen (Aufsichtspflicht des Betriebsvorgesetzten) Mindestlohn gezahlt wird. Unverschuldete Fehlarbeit wird bezahlt, sofern sie nicht mit der Verteilzeit abgegolten wurde.

8 Betriebswirtschaftliche Kennzahlen

Ein Unternehmen ist eine rechtlich-selbständige Einheit, in der oft mehrere Betriebe verbunden sind, zum Teil an unterschiedlichen Orten und mit unterschiedlicher Zielsetzung.
Das *Ziel des Unternehmens* besteht darin, unter Beachtung der Prinzipien der *Produktivität, Wirtschaftlichkeit und Rentabilität*, Leistungen zu erstellen und diese als Dienstleistungen oder als Produkte abzusetzen. Die Unternehmen streben eine Maximierung ihrer Gewinne an. Weitere Ziele sind z. B. die Erweiterung der Marktanteile, die Stärkung des Prestiges des Unternehmens und das Streben nach Unabhängigkeit.
Gewinnziele zählen zu den *monetären* Zielen. Die übrigen Ziele sind *nichtmonetäre* Ziele wie Prestige, Macht und Unabhängigkeit.
Als Entscheidungshilfen für die Verantwortlichen in den Unternehmen und Betrieben werden *Kennzahlen* (*Produktivität, Wirtschaftlichkeit, Rentabilität*) verwandt.

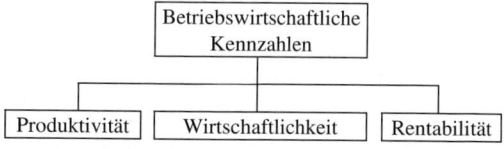

8.1 Produktivität

Die Produktivität ist als mengenmäßige Einsatz-Ausstoß-Beziehung zu verstehen.
Produktivität ist allgemein die Eigenschaft einer Person oder einer Maschine, etwas hervorzubringen, zu produzieren.

Für einen Betrieb sind Bezugsgrößen heranzuziehen: Die Einsatzmengen der Produktionsfaktoren als Ursache und das gesamte mengenmäßige Produktionsergebnis als Wirkung. Dieses Ursache-Wirkungsverhältnis bezeichnet man als Produktivität.
Die Gesamtproduktivität eines Betriebs ist der Quotient aus Leistungsmenge und Faktoreneinsatzmenge:

$$\text{Gesamtproduktivität} = \frac{\text{Leistungsmenge}}{\text{Faktoreneinsatzmenge}}$$

In der Praxis wird die Gesamtproduktivität durch die Ausbringungsmenge je Arbeitsstunde dargestellt.

$$\text{Gesamtproduktivität} = \frac{\text{Ausbringungsmenge}}{\text{geleistete produktive Arbeitsstunden}}$$

Teilproduktivitäten:
Entsprechend der *Produktionsfaktoren* (*Mensch, Maschine/Betriebsmittel, Material*) können an Stelle der Gesamtproduktivität die Teilproduktivitäten ermittelt werden.

$$\text{Materialproduktivität} = \frac{\text{Leistungsmenge}}{\text{Materialeinsatz in m, kg, t usw.}}$$

$$\text{Maschinenproduktivität} = \frac{\text{Leistungsmenge}}{\text{Zahl der Maschinen oder Belegungsstunden}}$$

8.1.1 Maßnahmen zur Produktivitätssteigerung

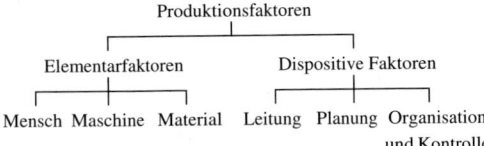

Elementarfaktoren sind:
Materialproduktivität: Optimale Rohstoffnutzung mittels EDV-Programm; Verbrauchskontrolle; Verwendung von geeigneten Werkstoffen und Materialen.
Arbeitsproduktivität: Einsatz qualifizierter Mitarbeiter; bessere Aus- und Weiterbildung; Humanisierung der Arbeit mittels job rotation, job enlargement, job enrichment, Bildung autonomer/teilautonomer Gruppen, Bereitstellung geeigneter Arbeitsmittel.
Maschinen-/Betriebsmittelproduktivität: Auslastung bis zur Kapazitätsgrenze; Mehrschichtarbeit; Einsatz leistungsfähiger Maschinen/Anlagen; Typen- und Sortenbereinigung und damit geringe Rüst- und Umstellungszeiten.

Dispositive Faktoren sind:
Leitung: Bessere Qualifizierung, Konzentration der Entscheidungsträger auf die wesentlichen Aufgaben
Planung: Strategische (Langzeit-) Planung, Grobplanung u.a.
Organisation: Neuorientierung an die org. Bedürfnisse des Unternehmens.
Kontrolle: Bessere Kontrolle der Kosten, Qualität, Verkaufsleistung u.a.

8.2 Wirtschaftlichkeit

Unter Wirtschaften versteht man, aus einem Bestand an Gütern oder Dienstleistungen ein Maximum an Wertzuwachs zu erzielen. Als *Kosten* wird der bei der Produktion anfallende mengenmäßige Verbrauch multipliziert mit den Preisen der verbrauchten Einheiten bezeichnet. Die Kosten je erzeugter Leistungseinheit sind möglichst gering zu halten.

$$\text{Ziel ist: Minimiere} \rightarrow \frac{\text{Gesamtkosten}}{\text{Leistungsmenge}}$$

Die Stückkosten so klein wie möglich zu halten genügt im Allgemeinen nicht, vielmehr geht es darum Vorgaben zu machen, die einzuhalten sind. Die Kosten bei reibungslosem Ablauf unter günstigen Produktionsbedingungen je Fertigungseinheit lassen sich mittels Arbeitsablauf- und Zeitstudien und Materialverbrauchsuntersuchungen ermitteln. Dieser Betrag wird vorgegeben (= Plankosten) und der tatsächlich anfallende Betrag daran gemessen.
Der Quotient wird als *Kostenwirtschaftlichkeit* bezeichnet.

$$\text{Ziel ist: Minimiere} \rightarrow \frac{\text{Istkosten je Fertigungseinheit}}{\text{Plankosten je Fertigungseinheit}}$$

Die Stückkosten sind umso geringer, je ergiebiger ein Produktionsverfahren ist, weil die Gesamtkosten auf eine größere Leistungsmenge verteilt werden können. Neben der Ergiebigkeit (= Produktivität) bestimmen aber auch die Kosten des Produktionsverfahrens die Höhe der Stückkosten.
Die *Finanzierungswirtschaftlichkeit* bezieht sich auf die Zinskosten und verfolgt das Ziel, sie für den gegebenen Produktionsumfang so klein wie möglich zu halten unter Wahrung der Kreditwürdigkeit (Verhältnis Eigenkapital/Fremdkapital) und der Zahlungsbereitschaft (Verhältnis Fremdkapital/liquides Vermögen).
Im Absatzbereich gilt:

$$\text{Ziel ist: Maximiere} \rightarrow \frac{\text{Gesamterlös}}{\text{abgesetzte Fertigungseinheiten}}$$

Auch hier setzt die Absatzleistung einen Planerlös als Sollwert voraus.

$$\text{Ziel ist: Maximiere} \rightarrow \frac{\text{Isterlös für verkaufte Leistungen}}{\text{Planerlös für verkaufte Leistungen}}$$

Diese Kennzahl wird als Markt- oder *Ertragswirtschaftlichkeit* bezeichnet und als Verhältnis von Ertrag und Aufwand definiert.
Die Ertrags-Wirtschaftlichkeit wird auch als Verhältnis

$$W = \frac{\text{Ertrag}}{\text{Aufwand}} > 1$$

dargestellt.
Die *Kostenwirtschaftlichkeit* ist das Verhältnis

$$W = \frac{\text{Leistungen}}{\text{Kosten}} > 1$$

8.3 Rentabilität

Als *Gewinn* bezeichnet man die Differenz Umsatz-Kosten oder Ertrag-Aufwand. Der Gewinn als absolute Größe allein sagt wenig aus. Er ist ein Ergebnis des Leistungserstellungs- und -Verwendungsprozesses und kann deshalb mit ihm in Verbindung gebracht werden.

Da die Produktion eine Kombination von Produktionsfaktoren darstellt, könnte man den Gewinn auf die einzelnen Produktionsfaktoren beziehen.

Der Gewinn kann aber auch auf die Umsatzerlöse bezogen werden. Aus diesem Quotienten erkennt der Unternehmer, wie viel ihm von der gesamten Wertschöpfung verbleibt.

Die Rentabilität R in Prozenten ist der Quotient aus Gewinn und Kapital:

$$R = \frac{Gewinn}{Kapital} 100\%$$

Bei entsprechender Betrachtung kommt man zu folgenden Rentabilitätsbegriffen:

Eigenkapital-Rentabilität R_E

$$R_E = \frac{Gewinn (Jahresüberschuss)}{Eigenkapital} 100\% = \frac{G}{C_E} 100\%$$

Gesamtkapital-Rentabilität $R_G = R_{ges}$

$$R_G = \frac{Gewinn (Jahresüberschuss) + Fremdkapitalzinsen}{Eigenkapital + Fremdkapital} 100\%$$

$$R_G = \frac{Gewinn (Jahresübeschuss) + Fremdkapitalzinsen}{Gesamtkapital} 100\%$$

$$R_G = R_{ges} = \frac{G+Z}{C_E + C_F} 100\% = \frac{G+Z}{C_G} 100\%$$

Reingewinn-Umsatzrentabilität R_{UR}

$$R_{UR} = \frac{Gewinn (Jahresübeschuss)}{Umsatzerlöse} 100\% = \frac{G}{U} 100\%$$

Gesamtkapitalertragsumsatzrentabilität R_{UG}

$$R_{UG} = \frac{Gewinn (Jahresüberschuss) + Fremdkapialzinsen}{Umssatzerlöse} 100\%$$

$$R_{UG} = \frac{G+Z}{U} 100\%$$

Die *Eigenkapitalrentabilität* R_E kann durch Erweitern dargestellt werden:

$$R_E = \frac{Gewinn (Jahresüberschuss)}{Umsatzerlöse} 100\% \frac{Umsatzerlöse}{Eigenkapital}$$

Diese Umformung wird auch „*Return on Investment*" (ROI) genannt (Return im Sinne von Gewinn).

R_E = Reingewinn-Umsatzrentabilität · Eigenkapitalumschlag

$$R_E = R_{UR} \cdot KU_E$$

$$R_E = \frac{G}{U} 100\% \frac{U}{C_E}$$

Gleiches kann auch mit der Gesamtkapitalrentabilität erfolgen:

$$R_G = \frac{Gewinn + Fremdkapitalzinsen}{Umsatzerlöse} 100\% \frac{Umsatzerlöse}{Eigen- + Fremdkapital}$$

$$R_G = \frac{G+Z}{U} 100\% \frac{U}{C_E + C_F}$$

Für die *Fremdkapitalrentabilität* R_F gilt:

$$R_F = \frac{Zinsen}{Fremdkapital} 100\% = \frac{Z}{C_F} 100\%$$

Mit den Zinsen:

$$Z = \frac{P}{100\%} C_F$$

p = Zinsfuß oder Zinssatz in %/a

8.3.1 Maßnahmen zur Verbesserung der Rentabilität

Die *Verbesserung der Rentabilität* lässt sich erreichen, wenn
1. der *Umsatz* möglichst *hoch,*
2. die *Kosten* möglichst *niedrig* und gleichzeitig
3. das *eingesetzte Kapital* möglichst *gering* ist.

Im Folgenden sind Maßnahmen (Beispiele) aufgeführt, die zur Verwirklichung dieser Zielsetzungen geeignet sind.

1. Steigerung der Umsätze
Marktforschung und Werbung
Erzeugnisgestaltung (Wertanalyse)
Vertriebsplanung und –organisation
Absatzplanung und –steuerung
Preispolitische Maßnahmen
Leistungssteigerung im Produktionsbereich u. a. durch bessere Kapazitätsauslastung

2. Verminderung der Kosten
im Bereich der menschlichen Arbeit
Arbeitsvereinfachung, bessere Arbeitsgestaltung
Arbeitsunterweisung, Auswahl geeigneter Mitarbeiter
Lohngestaltung
Weiterbildung
Personalplanung
Planung und Kontrolle der Personalkosten

im Bereich der Betriebsmittel
Ablaufgerechte Planung und Gestaltung der Betriebsmittel und Produktionsstätten
Optimale Gestaltung der Betriebsmittel und Vorrichtungen
Planmäßige Instandhaltung von Betriebsmitteln und Anlagen
Planung und Kontrolle von Gemeinkosten

im Bereich des Materials
Preisgünstiger Einkauf der Rohstoffe
Wirtschaftliche Lagerhaltung und Losgrößen (Just in time)

Materialflussgestaltung,
Senkung des Ausschusses und Verhinderung von Reklamationen durch Qualitätsmanagement, Standardisierung und Normung von Materialien und Zulieferteilen,
Wertanalyse

auf dem Finanzsektor
Verringerung der Lagerhaltung,
Wahl von Fertigungsverfahren mit geringerem Kapitalbedarf und kürzerer Produktionsdauer,
Finanzplanung

durch sonstige Maßnahmen
Verbesserung und konsequente Umsetzung des betriebl. Vorschlagswesens,
Verbesserung der Unternehmensorganisation durch Rationalisierung des Informations- und Datenflusses,
Klare Festlegung von Aufgaben, Kompetenzen und Verantwortung

3. Verminderung des Kapitalbedarfs
Investitionsplanung
Ausnutzung vorhandener Kapazitäten
Festlegung des optimalen Produktionsprogramms
Richtige Verteilung von Fremd- und Eigenfertigung

8.4 Beispiele zur Produktivität, Wirtschaftlichkeit und Rentabilität

1. 6 Drehautomaten sind für die Bearbeitung eines Drehteiles eingerichtet. Die wöchentliche *Ausbringungsmenge* beträgt im Einschichtbetrieb bei 35 h, m = 232 800 Stück/Woche.

Maschinenproduktivität = MP = BP =

$$= \frac{\text{Ausbringungsmenge}}{\text{Faktoreneinsatzmenge}} = \frac{232\,800\,\text{Stück}}{35\,\text{h}} =$$

$$= 6651,43\,\frac{\text{Stück}}{\text{h}} \quad \text{oder} \quad \frac{232\,800\,\text{Stück}}{6\,\text{Masch.}} = 38\,800\,\frac{\text{Stück}}{\text{Masch.}}$$

Infolge einer Rationalisierungsmaßnahme werden die 6 Maschinen mit Stangenlademagazinen ausgerüstet. Die Maschinen können jetzt in den Arbeitspausen, über die Mittagszeit und nach der normalen Arbeitszeit laufen. Zum Schichtende wird das Magazin noch einmal aufgefüllt. Nach Abarbeiten der Stangen stellen sich die Maschinen automatisch ab.

Neue Belegungszeit: 52 h/Woche
Neue Ausbringungsmenge: 386 400 Stück/Woche

$$BP = \frac{386\,400\,\text{Stück}}{52\,\text{h}} = 7430,77\,\frac{\text{Stück}}{\text{h}}$$

$$= \frac{386\,400\,\text{Stück}}{6\,\text{Masch}} = 64\,400\,\frac{\text{Stück}}{\text{Masch}}$$

Produktivitätszuwachs:

7430,77 − 6651,43 = 779,34 (= 11,72 %)
64400 − 38800 = 25600 (= 66 %)

2. Die Fertigung der Drehteile ist auf ihre Wirtschaftlichkeit zu überprüfen. Die Fertigung erfolgt im Lohnauftrag. Der Auftraggeber stellt das Material. Das Angebot lautet auf 16 €/100 Stück. Die Produktionskosten einschließlich der anteiligen Kosten für die Vorbereitung und das Rüsten betragen 180 €/h Masch.

Kosten der Leistung

$$= 6651,43\,\frac{\text{Stück}}{\text{h}} \times 16\,\frac{€}{100\,\text{Stück}} = 1064,23\,\frac{€}{\text{h}}$$

Kosten des Aufwands

$$= 180\,\frac{€}{\text{h Masch}} \times 6\,\text{Masch} = 1080\,\frac{€}{\text{h}}$$

Wirtschaftlichkeit

$$\frac{\text{Kosten der Leistung}}{\text{Kosten des Aufwands}} = \frac{1064,23}{1080} = 0,985 < 1$$

⇒ unwirtschaftlich!

Die Aufrüstung der Maschinen mit Stangenlademagazinen ergibt folgende Daten:
Die Ausbringungsmenge steigt um 11,72 % auf 7430,77 Stück/h.
Gleichzeitig steigt aufgrund der Investitionsmaßnahme der Kostensatz auf 190 €/h Maschine.

$$W = \frac{7430,77 \times 16}{100 \times 5 \times 190} = 1,043 > 1$$

⇒ wirtschaftlich!

3. Bestimmen Sie die *Gesamt-, Eigen- und Fremdkapital-Rentabilität*, wenn folgende Daten bekannt sind:

Eigenkapital = 2 400 000 €
Fremdkapital = 1 200 000 € bei p = 10 % Zinsen
Gesamtkapital = 3 600 000 €
Gewinn = Umsatz − Kosten = 432 000 €

$$\text{Zinsen} = p\,\frac{C_F}{100\%} = 10\%\,\frac{1\,200\,000\,€}{100\%} = 120\,000\,€$$

$$R_{ges} = \frac{G+Z}{C_{ges}} 100\% = \frac{432\,000\,€ + 120\,000\,€}{3\,600\,000\,€} 100\% =$$

$$= 15,33\%$$

$$R_E = \frac{G}{C_E} 100\% = \frac{432\,000\,€}{2\,400\,000\,€} 100\% = 18\%$$

$$R_F = \frac{Z}{C_F} 100\% = \frac{120\,000\,€}{1\,200\,000\,€} 100\% = 10\%$$

4. Der Umsatz eines Unternehmens betrug U_1 = 1 500 000 €, die Kosten K_1 = 1 100 000 € bei einem Kapital C_1 = 2 800 000 €

Drei Jahre später
U_2 = 1 800 000 €
K_2 = 1 350 000 €
C_2 = 3 800 000 € (durch Investitionen)

Wie hat sich die Rentabilität verändert?
$G_1 = U_1 - K_1 = 1\,500\,000\,€ - 1\,100\,000\,€ = 400\,000\,€$

$$R_1 = \frac{G_1}{C_1} 100\% = \frac{400\,000\,€}{2\,800\,000\,€} 100\% = \underline{\underline{14{,}28\,\%}}$$

$G_2 = U_2 - K_2 = 1\,800\,000\,€ - 1\,350\,000\,€ = 450\,000\,€$

$$R_2 = \frac{G_2}{C_2} 100\% = \frac{450\,000\,€}{3\,800\,000\,€} 100\% = \underline{\underline{11{,}84\,\%}}$$

Das Beispiels zeigt, dass nicht die Produktivität und die Wirtschaftlichkeit einer Rationalisierungsmaßnahme entscheidend sind, sondern letztendlich die Rentabilität.

9 Qualitätsmanagement

Die zunehmende Komplexität von Produkten und Dienstleistungen sowie die veränderten Kundenanforderungen haben die Fragen der Qualität immer mehr in den Vordergrund des unternehmerischen Handelns gerückt. Qualität ist vom lateinischen „qualitas" abgeleitet und bedeutet soviel wie Güte, Beschaffenheit, Brauchbarkeit, Eigenart. Qualität dient den Bedürfnissen der Verbraucher und wird durch den Nutzer wahrgenommen.

Der Kunde verbindet mit hochwertigen Produkten und Prozessen eine hohe technische Zuverlässigkeit. Diese Zuverlässigkeit ist verknüpft mit einer Minimierung des Ausfallrisikos und führt zu einer Verringerung der Produkthaftung.

Kriterien wie Qualität, Preis und Termin-/Liefertreue sind heute die Faktoren des Erfolgs eines Unternehmens.

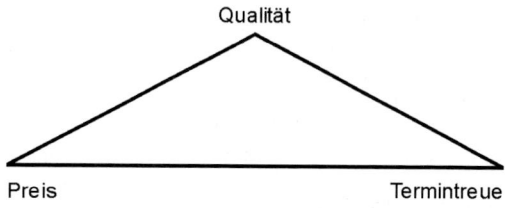

Qualitäts-Preis-Termintreue-Dreieck

Der Erfolg eines Unternehmens wird also im Wesentlichen durch die Produkt- und Prozessqualität bestimmt. Ziel eines Unternehmens es ist, den beabsichtigten Erfolg mit möglichst geringem Aufwand (ökonomisches Prinzip) zu erreichen. Treten jedoch Ausfälle oder Fehler auf, so verursachen diese oftmals erhebliche Kosten. Diese Kosten sind umso höher, je später die Fehler im Produktionsablauf bzw. während der Lebensdauer eines Produktes erkannt werden. Aus diesem Grunde sind Verfahren des präventiven Qualitätsmanagement besonders wichtig.

Die Erwartungshaltung der Kunden im Hinblick auf die Qualität der Produkte und Dienstleistungen nimmt zu. Es werden besondere Anforderungen an die Zuverlässigkeit, Haltbarkeit, Funktionalität, Design, einfache Inbetriebnahme, Wartung und den Service gestellt. Darüber hinaus legt der Kunde immer mehr Wert auf gute Beratung und Unterstützung bei der Wahl und Anwendung der Produkte und Dienstleistungen.

Daher ist die Qualität ein wesentlicher Wettbewerbsfaktor, der über den langfristigen Unternehmenserfolg entscheidet.

9.1 Entwicklung des Qualitätsmanagements

Der Qualitätsgedanke und die Erzeugung von qualitätsgerechten Produkten/Dienstleistungen können bis ins Altertum zurückverfolgt werden. Im Laufe der Entwicklung haben sich viele Persönlichkeiten und Institutionen mit der Definition von Qualität befasst. Der nachfolgende Überblick zeigt die Entwicklung des Qualitätsmanagements im 20. Jahrhundert:

1920	Taylorismus	Arbeitsteilung, sortierende Prüfung
1940	Shewhart	Qualitätsregelkarten, Stichprobensysteme
1952	AWF	Ausschuss für Technische Statistik
1955	Juran	Qualitätsmanagement
1960	Deming	Qualitätsmanagement
	Crosby	Null-Fehler-Analyse
	Feigenbaum	Total Quality Control
	Ishikawa	Präventive Qualitätssicherung
1962	Taguchi	Design of Experiment
1972	DGQ	Gründung aus dem Ausschuss Technische Statistik des AWF
1980	Masing	Prozessübergreifendes Qualitätsmanagement/Qualitätskreis

1985	Ishikawa	Company Wide Quality Control
1986	Hofmann	Integration Messtechnik und Qualitätssicherung
	ISO 9000 ff.	1. Weltstandards zum QM
1987	General Motors	Fähigkeit von Messeinrichtungen
	Malcom Baldrige National Award	Amerikanischer Qualitätspreis
1988	European Foundation for Quality Management	Gründung der EFQM
1989	Ford Motor Company	FMEA, SPC, Prozessfähigkeitsanalyse
1990	Bosch GmbH	Fähigkeit von Messeinrichtungen
	DIN EN ISO 9000 ff.	1. Revision der Norm
1994	Seghezzi	Integriertes Qualitätsmanagement
	QS-9000	Forderungen der amerikanischen Automobilindustrie
	DIN EN ISO 9000 ff.	2. Revision der Norm
1995	Zink	Total Quality Management TQM
1996	VDA 6.1/6.2	Forderungen der deutschen Automobilindustrie
	Pfeiffer	Prozessübergreifendes QM
	Kamiske	QM/Total Quality
1997	Ludwig-Ehrhard-Preis	Deutscher Qualitätspreis
1999	TS 16949	Forderungen der internationalen Automobilindustrie
2000	DIN EN ISO 9000 ff.	3. Revision der Norm

9.2 Begriffe des Qualitätsmanagements

Das Qualitätsmanagement ist ein interdisziplinärer Fachbereich, das Begriffe aus verschiedenen Wissensgebieten nutzt. Die deutschen und internationalen Normengremien haben begleitend zu den QM-Normen Begriffserklärungen gegeben, diese sind in **DIN ISO 8402:** Quality-Vocabulary (Begriffe zur Qualität) und **DIN 55 350:** Begriffe der Qualitätssicherung und Statistik enthalten.

■ **Beispiele:**
Einheit: Materieller oder immaterieller Gegenstand der Betrachtung (nach Geiger)
Einheiten werden zugeordnet:
Tätigkeiten
Produkte
Systeme
Personen
sonstige Einheiten

Zur Beschreibung der Einheiten wird der Begriff der Beschaffenheit verwandt:
Beschaffenheit: Gesamtheit der Merkmale und Merkmalswerte, die zur Einheit selbst gehören (nach Geiger)
Merkmal: Eigenschaft zum Erkennen oder zum Unterscheiden von Einheiten.
An Einheiten werden bestimmte Forderungen gestellt, z. B. Qualitätsforderungen.
Qualitätsforderungen: Gesamtheit der betrachteten Einzelforderungen an die Beschaffenheit in der betrachteten Konkretisierungsstufe der Einzelforderungen (nach Geiger).
Das Verhältnis zwischen der vorhandenen Beschaffenheit der Einheit und der geforderten Beschaffenheit wird als Qualität verstanden.
Qualität: Beschaffenheit einer Einheit bezüglich ihrer Eignung, festgelegte und vorausgesetzte Forderungen zu erfüllen.
Unter dem Begriff „Management" wird die koordinierende Tätigkeit zur Erreichung von Zielen verstanden.

Qualitätsmanagement: Gesamtheit der qualitätsbezogenen Tätigkeiten und Zielsetzungen (nach Geiger).
Qualitätsmanagementsystem: Managementsystem zum Leiten und Lenken einer Organisation bezüglich der Qualität.
Die Bezeichnung Qualitätssicherung wurde 1994 durch den Begriff Qualitätsmanagement (QM) ersetzt. Qualitätssicherung soll nur noch in Verbindung mit dem QM-Begriff erfolgen:
Qualitätssicherung: Teil des QM, der auf das Erzeugen von Vertrauen gerichtet ist, dass Qualitätsanforderungen erfüllt werden.
Mit dem Qualitätswesen werden die Organisationsstrukturen im Unternehmen bezeichnet:
Qualitätswesen: Organisatorische Einheit, die sich mit dem Qualitätsmanagement befasst (nach Geiger).

9.3 Normen für Qualitätsmanagementsysteme

Die weltweite Weiterentwicklung des Qualitätsmanagements hat dazu geführt, die Normenreihe ISO 9000:1994 ff. anzupassen.

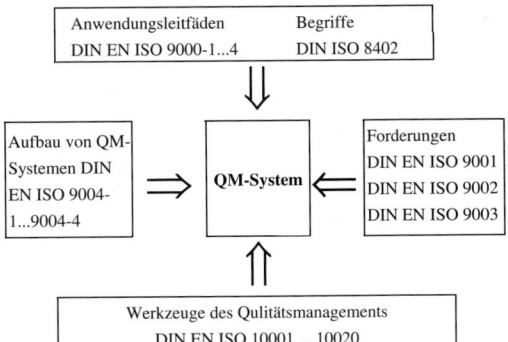

Struktur der DIN EN ISO 9000:1994

Daraus ist die Normenreihe ISO 9000:2000 ff. entstanden. Wichtige Änderungen gegenüber der Fassung von 1994 sind die Prozessorientierung, die Kundenorientierung und die Einbeziehung des kontinuierlichen Verbesserungsprozesses (KVP).
Darüber hinaus wurden die Qualitätselemente von 20 (DIN EN ISO 9000:1994 ff.) auf 4 (DIN EN ISO 9001:2000 (siehe 9.5)) gesenkt.

9.4 Normenreihe DIN EN ISO 9000:2000 ff.

Die im Jahr 2000 verabschiedete Normenreihe DIN EN ISO 9000:2000 ff. besteht aus folgenden vier Normen: DIN EN ISO 9000 – Grundlagen und Begriffe, DIN EN ISO 9000 – Forderungen, DIN EN ISO 9004 – Leitfaden zur Verbesserung, DIN EN ISO 19011 – Leitfaden für Audits von QM- und/oder Umweltmanagement-Systemen.
Der Aufbau des QM-Systems nach DIN EN ISO 9000:2000 ff. erfordert die Umsetzung der Forderungen dieser Norm. Anleitungen dazu gibt die DIN EN ISO 9004: 2000, die über die Forderungen der DIN EN ISO 9000:2000 hinausgeht.

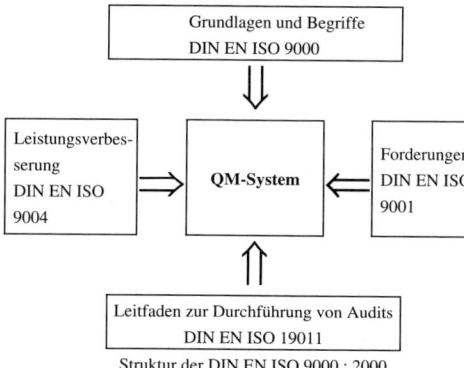

Struktur der DIN EN ISO 9000 : 2000

Mit der Überarbeitung der Normen wurden einheitlich acht Grundsätze formuliert:
1. **Kundenorientierung** – Kundenforderungen erfüllen und danach streben, die Erwartungen der Kunden zu übertreffen
2. **Führung** – Zielsetzung und Schaffung eines entsprechenden Umfelds
3. **Personal** – Einbeziehung aller Mitarbeiter
4. **Prozessorientierung** – Lenkung aller Abläufe und Tätigkeiten
5. **Management** – als systemorientierter Ansatz
6. **Ständige Verbesserung** – als permanentes Ziel des Unternehmens
7. **Entscheidungsfindung** – durch Analysen und Informationen
8. **Lieferantenbeziehungen** – zum gegenseitigen Nutzen und zur Förderung der Wertschöpfung auf beiden Seiten

9.5 Forderungen an QM-Systeme der DIN EN ISO 9000:2000

Die Gliederung der DIN EN ISO 9001:2000 sieht wie folgt aus:
0 Einleitung
1 Anwendungsbereich
2 Verweise auf andere Normen
3 Begriffe
4 Qualitätsmanagementsystem
5 Verantwortung der Leitung
6 Management von Ressourcen
7 Produktrealisierung
8 Messung, Analyse und Verbesserung
Anhang
Die Elemente 5 ... 8 sind die vier Qualitätselemente.

9.5.1 Qualitätsmanagementsystem

Im Folgenden wird die DIN EN ISO 9001:2000 auszugsweise wiedergegeben.

1. Allgemeine Anforderungen

Die oberste Leitung muss ein QM-System
– aufbauen
– dokumentieren
– erfüllen
– aufrechterhalten und
– kontinuierlich verbessern.

Das Prozessmanagement hat zu umfassen:
– Identifikation und Management der Prozesse
– Festlegen der Reihenfolge und Wechselwirkung der Prozesse
– Festlegen der Kriterien und Methoden zur Durchführung und Lenkung der Prozesse
– Sicherstellung der Verfügbarkeit von Ressourcen zur Durchführung von Prozessen
– Messung, Überwachung und Analyse der Prozesse
– Maßnahmen zum Erreichen von Zielen und zur kontinuierlichen Verbesserung von Prozessen
– Lenkung von ausgegliederten Prozessen, die die Produktqualität beeinflussen, z. B. Lohnarbeiten, Fremdvergabe

2. Dokumentationsanforderungen

2.1 Allgemeines

Die Dokumentation zum QM-System muss enthalten:
• Aussagen zur Qualitätspolitik und zu den Qualitätszielen (dokumentiert),
• ein QM-Handbuch (QMH),

- dokumentierte Verfahren (von der Norm gefordert),
- Dokumente, die die Organisation zur wirksamen Planung, Durchführung und Lenkung ihrer Prozesse benötigt,
- Qualitätsaufzeichnungen (von der Norm gefordert).

Der Umfang der Dokumentation richtet sich nach:
- Art und Größe der Organisation
- Komplexität der Prozesse
- Qualifikation des Personals.

Die Darstellung der Dokumentation kann beliebig sein (Papier, Datei, etc.).

2.2 Qualitätsmanagementhandbuch

Das QM-Handbuch muss enthalten:
- Anwendungsbereich des QM-Systems
- Begründungen für jegliche Ausschlüsse von Anforderungen dieser Norm,
- die für das QM-System erstellten dokumentierten Verfahren oder ggf. Verweise darauf und
- eine Beschreibung des Zusammenwirkens der Prozesse (Reihenfolge und Wechselwirkung) des QM-System.

2.3 Lenkung von Dokumenten

Ein dokumentiertes Verfahren zur Festlegung der Lenkungsmaßnahmen von Dokumenten mit folgenden Inhalten muss festgelegt werden:

- Prüfung und Genehmigung von Dokumenten vor Herausgabe bezüglich ihrer Angemessenheit,
- Bewertung, Aktualisierung, ggf. erneute Genehmigung nach Änderungen,
- Kennzeichnung des aktuellen Überarbeitungsstatus,
- Verfügbarkeit gültiger und zutreffender Dokumente an den Einsatzorten, einschließlich Lesbarkeit, Erkennbarkeit und Wiederauffindbarkeit
- Kennzeichnung und Lenkung externer Dokumente sowie
- Verhinderung der Verwendung veralteter Dokumente durch geeignete Aufbewahrung und Kennzeichnung.

2.4 Lenkung von Qualitätsaufzeichnungen

Qualitätsaufzeichnungen dienen dem Nachweis der Konformität mit den Anforderungen eines wirksamen QM-Systems. Ein Verfahren muss eingerichtet werden zur:

- Lesbarkeit, Erkennbarkeit und Wiederauffindbarkeit
- Kennzeichnung, dem Schutz und der Festlegung der Aufbewahrungsfrist sowie
- der Beseitigung der Aufzeichnungen.

3. Verantwortung der Leitung

3.1 Verpflichtung der Leitung

Zur Entwicklung, Verwirklichung und ständigen Verbesserung des QM-Systems muss die oberste Leitung:

- die Bedeutung der Erfüllung der Kunden-, gesetzlichen und behördlichen Anforderungen vermitteln
- die Qualitätspolitik und die Qualitätsziele festlegen
- Managementbewertungen durchführen
- die Verfügbarkeit der Ressourcen sicherstellen.

3.2 Kundenorientierung

Die oberste Leitung muss sicherstellen, dass

- Kundenbedürfnisse und Erwartungen ermittelt
- in Anforderungen umgewandelt und
- mit dem Ziel der Erhöhung der Kundenzufriedenheit erfüllt werden.

3.3 Qualitätspolitik

Die oberste Leitung muss festlegen und sicherstellen, dass die Qualitätspolitik:

- für den Unternehmenszweck geeignet ist
- die Verpflichtung zur Erfüllung von Anforderungen und kontinuierlicher Verbesserung gegeben ist
- einen Rahmen zum Festlegen und Bewerten der Qualitätsziele bietet
- in der gesamten Organisation vermittelt, verstanden und umgesetzt wird und
- auf ihre fortdauernde Angemessenheit bewertet wird.

3.4 Planung

3.4.1 Qualitätsziele

Die oberste Leitung muss sicherstellen, dass Qualitätsziele:

- für alle Ebenen und Funktionen festgelegt werden
- mit der Qualitätspolitik in Übereinstimmung und messbar sind sowie
- die Erfüllung von Anforderungen an Produkte mit umfassen.

3.4.2 Planung des Qualitätsmanagementsystems

Die oberste Leitung muss sicherstellen, dass:

- die Planung des QM-Systems erfolgt, um die allgemeinen Anforderungen an QM-Systeme zu erfüllen und
- die Integrität des QM-Systems erhalten bleibt, wenn Änderungen am QM-System geplant und durchgeführt werden.

3.5 Verantwortung, Befugnis und Kommunikation

3.5.1 Verantwortung und Befugnis

Die oberste Leitung stellt sicher, dass Verantwortung und Befugnisse und ihre Wechselbeziehungen festgelegt und bekannt gegeben werden mit dem Ziel eines wirksamen Qualitätsmanagements.

3.5.2 Beauftragter der oberster Leitung

Ein von der obersten Leitung zu benennendes unabhängiges Leitungsmitglied hat folgende Aufgaben zu übernehmen:
- Sicherstellen des Betreibens von Prozessen zum QM-System
- Berichterstattung über die Leistung und den Verbesserungsbedarf des QM-Systems und
- Förderung des Bewusstseins von Kundenanforderungen.

3.5.3 Interne Kommunikation

Es müssen geeignete Prozesse zur Kommunikation innerhalb der Organisation eingeführt werden. Eine Kommunikation zur Wirksamkeit des QM-Systems muss stattfinden.

3.6 Managementbewertung

3.6.1 Allgemeines

Das QM-System ist in geplanten Abständen zu bewerten. Die Bewertung dient der Sicherstellung der fortdauernden
- Eignung
- Angemessenheit und
- Wirksamkeit des QM-Systems.

Bei der Bewertung sind zu ermitteln:
- Verbesserungsmöglichkeiten
- Änderungsbedarf des QM-Systems, der Qualitätspolitik und der Qualitätsziele

Die Aufzeichnungen über die Managementbewertung sind entsprechend zu lenken.

3.6.2 Eingaben für die Bewertung

Eingaben für die Managementbewertung müssen Folgendes enthalten:
- Auditergebnisse
- Rückmeldungen von Kunden
- Prozessleistung und Konformität der Produkte
- Status der Vorbeugungs- und Korrekturmaßnahmen
- Folgemaßnahmen vorangegangener Managementbewertungen
- Änderungen, die das QM-System beeinflussen könnten und
- Empfehlungen für Verbesserungen.

3.6.3 Ergebnisse der Bewertung

Ergebnisse der Managementbewertung müssen Maßnahmen zu Folgendem enthalten:
- Verbesserung der Wirksamkeit des QM-Systems
- Verbesserung der Prozesse im QM-System
- Verbesserung der Produkte in Bezug auf Kundenanforderungen und
- Verbesserung des Umgangs mit Ressourcen.

4. Management der Ressourcen

4.1 Bereitstellung von Ressourcen

Ressourcen dienen zur
- Verwirklichung des QM-Systems
- Aufrechterhaltung und Verbesserung des QM-Systems
- Erfüllung der Kundenwünsche.

Die erforderlichen Ressourcen sind daher
- zu ermitteln und
- bereitzustellen.

4.2 Personelle Ressourcen

4.2.1 Allgemeines

Das Personal muss auf der Grundlage von
- Ausbildung,
- Schulung,
- Fertigkeiten und
- Erfahrungen

bezüglich produktbeeinflussender Tätigkeiten qualifiziert sein.

4.2.2 Fähigkeit, Bewusstsein und Schulung

Die Organisation muss:
- notwendige Fähigkeiten des Personals ermitteln
- Schulungen und andere geeignete Maßnahmen bedarfsgerecht anbieten
- die Wirksamkeit der Schulungen und Maßnahmen beurteilen
- Aufzeichnungen zu Ausbildung, Schulung, Fertigkeiten und Erfahrung führen und
- sicherstellen, dass die Mitarbeiter sich der Bedeutung und Wichtigkeit ihrer Tätigkeit bewusst sind und wissen, wie sie zur Erreichung der Qualitätsziele beitragen können.

4.3 Infrastruktur

Die Organisation muss den erforderlichen Bedarf an Infrastruktur
- ermitteln,
- bereitstellen und
- aufrechterhalten.

Zur Infrastruktur gehören:
- Gebäude, Arbeitsort mit entsprechenden Einrichtungen

- Ausrüstungen, Hardware, Software und
- unterstützende Dienstleistungen (z.B. Transport und Kommunikation).

4.4 Arbeitsumgebung

Die Organisation muss
- die Erfordernisse der Arbeitsumgebung ermitteln,
- die Arbeitsumgebung in geeigneter Weise bereitstellen und
- aufrechterhalten.

5. Produktrealisierung

5.1 Planung der Produktrealisierung

Die Organisation muss folgendes festlegen:
- Qualitätsziele und Anforderungen für das Produkt
- Prozesse, Dokumentationsumfang, bedarfsgerechte Bereitstellung der Ressourcen
- produktspezifische Maßnahmen zur Verifizierung, Validierung, Überwachung und Prüfung
- Produktannahmekriterien
- erforderliche Aufzeichnungen zum Nachweis fähiger Realisierungsprozesse.

Als *Qualitätsmanagementplan* kann das Dokument bezeichnet werden, das die Prozesse des QM-Systems und die Ressourcen festlegt, die auf ein bestimmtes Produkt, Projekt oder auf einen bestimmten Vertrag anzuwenden sind.

5.2 Kundenbezogene Prozesse

5.2.1 Ermittlung der Anforderungen an das Produkt

Kundenanforderungen sind in folgendem Umfang zu ermitteln:
- Anforderungen zum Produkt
- Lieferung und Tätigkeiten nach der Lieferung
- Anforderungen, die für den Gebrauch notwendig sind
- gesetzliche und behördliche Vorgaben und
- allen weiteren von der Organisation festgelegten Anforderungen.

5.2.2 Bewertung der Anforderungen in Bezug auf das Produkt

Die Organisation hat vor Abschluss einer Lieferverpflichtung, z.B. Abgabe von Angeboten, Annahme von Verträgen/Aufträgen, usw. sicherzustellen, dass
- die Produktanforderungen vorliegen und festgelegt sind
- Widersprüche zwischen den Anforderungen im Vertrag bzw. Auftrag und früher niedergelegten Anforderungen nicht mehr bestehen und
- die Fähigkeit gegeben ist, diese Anforderungen zu erfüllen.

Wenn sich die Anforderungen ändern, ist zu gewährleisten, dass
- die zutreffende Dokumentation geändert wird und
- das Personal sich über die geänderten Anforderungen bewusst ist.

5.2.3 Kommunikation mit dem Kunden

Die Organisation muss für die Kommunikation mit dem Kunden wirksame Regelungen festlegen und umsetzen. Das betrifft insbesondere
- Informationen über das Produkt
- Anfragen, Verträge oder Auftragsbestätigung einschließlich Änderungen
- Reaktionen der Kunden einschließlich Kundenreklamationen.

Ziel ist das Erfüllen des Kundenwunsches!

5.3 Entwicklung

5.3.1 Entwicklungsplanung

Die Organisation muss einschließlich aller Entwicklungsstufen alle erforderlichen
- Bewertungs-, Verifizierungs- und Validierungsmaßnahmen durchführen. Weiterhin sind alle Verantwortlichkeiten, Zuständigkeiten und Planungsaktivitäten festzulegen.
- Die Schnittstellen im Gesamtprozess müssen zur Sicherstellung
- einer effektiven Kommunikation und
- eindeutiger Verantwortlichkeiten

entsprechend organisiert werden.
Die Planung ist entsprechend dem Entwicklungsfortschritt zu aktualisieren.

5.3.2 Entwicklungseingaben

Festlegen und Aufzeichnen der Eingaben bezüglich der Produktanforderungen im Hinblick auf:
- Funktions- und Leistungsanforderungen
- betreffende gesetzliche und behördliche Anforderungen
- Informationen von ähnlichen und früheren Entwicklungen und
- alle anderen Anforderungen, die für die Entwicklung relevant sind.

Die Eingaben müssen dokumentiert und auf Angemessenheit bewertet werden. Unvollständige, mehrdeutige oder einander widersprechende Anforderungen sind auszuschließen.

5.3.3 Entwicklungsergebnisse

Entwicklungsergebnisse müssen:
- in einer Form bereitgestellt werden, dass eine Verifizierung gegenüber den Entwicklungseingaben ermöglicht wird und
- vor der Freigabe genehmigt werden.

Entwicklungsergebnisse müssen:
- die Entwicklungsvorgaben erfüllen
- Informationen für die Beschaffung, Produktion und Dienstleistungserbringung bereitstellen
- Annahmekriterien für das Produkt enthalten oder darauf verweisen und die
- Merkmale für den sicherheits- und ordnungsgemäßen Gebrauch des Produktes festlegen.

5.3.4 Entwicklungsbewertung

Um die Fähigkeit der Entwicklungsergebnisse zur Erfüllung von Anforderungen zu beurteilen und Probleme sowie mögliche Folgemaßnahmen zu erkennen, müssen zu den Entwicklungsphasen systematische Bewertungen (Reviews) durchgeführt werden. An diesen Bewertungen sind auch verantwortliche Vertreter jener Bereiche zu beteiligen, die die Entwicklung in der jeweiligen Entwicklungsphase betreffen.

5.3.5 Entwicklungsverifizierung

Die Verifizierung dient der Sicherstellung, dass das Entwicklungsergebnis die Entwicklungsvorgaben erfüllt.
Zu dokumentieren sind:
- die Ergebnisse der Verifizierung und
- etwaige Maßnahmen.

5.3.6 Entwicklungsvalidierung

Die Entwicklungsvalidierung dient der Sicherstellung, ob das entwickelte Produkt in der Lage ist, die Anforderungen für den festgelegten oder beabsichtigten Gebrauch zu erfüllen.
Wenn möglich, muss diese Validierung vor Auslieferung oder Einführung/Inbetriebnahme des Produkts abgeschlossen sein.
Die Ergebnisse der Validierung und entsprechende Maßnahmen sind zu dokumentieren.

5.3.7 Lenkung von Entwicklungsänderungen

Entwicklungsänderungen sind zu:
- ermitteln
- dokumentieren
- bewerten, verifizieren und zu validieren sowie
- vor ihrer Verwirklichung zu genehmigen.

Die Beurteilung der Auswirkungen der Änderungen auf:
- wesentliche Bestandteile und
- gelieferte Produkte

muss in die Bewertung der Entwicklungsänderung mit einbezogen werden.

5.4 Beschaffung

5.4.1 Beschaffungsprozess

Die Organisation muss sicherstellen, dass eine Übereinstimmung der beschafften Produkte mit den Beschaffungsanforderungen besteht.

Dazu sind Art und Umfang der Lenkungsmethoden von Beschaffungsprozessen in Abhängigkeit vom Einfluss des beschafften Produkts/der Dienstleistung zur Erfüllung der organisationsspezifischen Anforderungen festzulegen.
Lieferanten sind auf Grund ihrer Fähigkeiten, den Anforderungen entsprechende Produkte/Dienstleistungen zu liefern, zu bewerten und auszuwählen. Es sind festzulegen:
- Auswahl von Lieferanten
- Kriterien für die Bewertung und Neubewertung.

Die Ergebnisse von Beurteilungen und notwendigen Maßnahmen sind aufzuzeichnen.

5.4.2 Beschaffungsangaben

Beschaffungsdokumente müssen Informationen enthalten, die das zu beschaffende Produkt beschreiben. Folgende Anforderungen sind im Allgemeinen davon betroffen:
- die Genehmigung von Produkten, Verfahren, Prozessen und Ausrüstung
- die Qualifikation des Personals und
- das Qualitätsmanagementsystem.

Vor der Freigabe der Beschaffungsdokumente muss deren Angemessenheit für die spezifizierten Anforderungen sichergestellt sein.

5.4.3 Verifizierung von beschafften Produkten

Zur Verifizierung der beschafften Produkte müssen die notwendigen Maßnahmen festgelegt und umgesetzt werden.
Schlägt die Organisation oder ihr Kunde Verifizierungstätigkeiten beim Lieferanten vor, muss die Organisation die Verifizierungsvereinbarungen und Methoden zur Freigabe der Produkte in den Beschaffungsangaben festlegen.

5.5 Produktion und Dienstleistungserbringung

5.5.1 Lenkung der Produktion und Dienstleistungserbringung

Die Organisation muss die Erbringung von Leistungen unter beherrschten Bedingungen planen und durchführen.
Beherrschte Bedingungen enthalten:
- Vorliegen von Informationen, welche die Merkmale des Produkts beschreiben
- Vorliegen von Arbeitsanweisungen
- Einsetzen geeigneter Ausrüstungen
- Einsetzen von geeigneten Mess- und Prüfmitteln
- Einführen von Überwachungen und Messungen
- Verwirklichung von Freigabe- und Liefertätigkeiten und Tätigkeiten nach der Lieferung.

5.5.2 Validierung der Prozesse zur Produktion und zur Dienstleistungserbringung

Prozesse müssen validiert werden:

- deren Ergebnis nicht auf einfache bzw. wirtschaftliche Weise durch nachfolgende Überwachung oder Prüfung verifiziert werden kann
- bei denen sich Mängel erst bei Gebrauch des Produkts bzw. nach Erbringung der Dienstleistung erkennen lassen

Für die Validierung ist festzulegen:
- Kriterien zur Bewertung und Genehmigung der Prozesse
- Genehmigung der Ausrüstung und der Qualifizierung des Personals
- Anwendung spezieller Methoden, Verfahren und Aufzeichnungen
- Wiederholungsvalidierung.

5.5.3 Kennzeichnung und Rückverfolgbarkeit

Das Produkt ist während der Produktrealisierung mit geeigneten Mitteln zu kennzeichnen:
- das Produkt selbst und
- den Produktstatus in Bezug auf Überwachungs- und Messanforderungen - Prüfstatus.

Wird die Rückverfolgbarkeit gefordert, muss die Organisation die eindeutige Kennzeichnung des Produktes gewährleisten und aufzeichnen.

5.5.4 Eigentum des Kunden

Zum Kundeneigentum zählen:
- materielle Produkte
- immaterielle Produkte (geistiges Eigentum, vertraulich übermittelte Informationen).

Die Organisation hat sorgfältig mit dem Eigentum des Kunden umzugehen, solange es sich unter der Aufsicht der Organisation befindet oder von ihr benutzt wird.
Für Kundeneigentum ist sicherzustellen:
- Kennzeichnung
- Verifizierung
- Schutz.

Verlorengegangenes, beschädigtes oder anderweitig für unbrauchbar befundenes Kundeneigentum muss dem Kunden gemeldet und dokumentiert werden.

5.5.5 Produkterhaltung

Die Konformität des Produkts ist während der internen Verarbeitung und der Auslieferung bis zum Bestimmungsort zu erhalten. Dies bezieht sich auf:
- Kennzeichnung
- Handhabung
- Verpackung
- Lagerung
- Schutz.

Gleiches gilt auch für die Bestandteile des Produktes.

5.6 Lenkung von Überwachungs- und Messmitteln

Die Organisation muss Prozesse einführen, damit Überwachungen und Messungen in geeigneter Weise durchgeführt werden. Messmittel sind:

- in festgelegten Abständen zu kalibrieren und zu verifizieren
- bei der Kalibrierung auf internationale und nationale Normale zu beziehen – über die verwendeten Grundlagen der Kalibrierung sind Aufzeichnungen zu erstellen.
- in geeigneter Weise zu justieren/nachzujustieren
- mit dem Kalibrierstatus zu kennzeichnen
- gegen Verstellung zu sichern, die die Kalibrierung ungültig machen würde
- vor Beschädigung und Beeinträchtigung während der Handhabung, Instandhaltung und Lagerung zu bewahren.

Wenn Messmittel die Anforderungen nicht erfüllen, ist die Gültigkeit früherer Messungen neu zu bewerten. Bei Einsatz von Software muss die Erfüllung festgelegter Anforderungen für die Anwendung bestätigt werden.

6. Messung, Analyse und Verbesserung

6.1 Allgemeines

Die Organisation muss die Überwachungs-, Prüf-, Analyse- und Verbesserungsprozesse
- planen und
- umsetzen,

zur
- Darlegung der Konformität der Prozesse
- Sicherstellung der Konformität des QM-Systems
- ständigen Verbesserung der Wirksamkeit des QM-Systems.

Das beinhaltet die Ermittlung des Bedarfs und den Gebrauch von anwendbaren statistischen Methoden und anderen Verfahren.

6.2 Überwachung und Messung

6.2.1 Kundenzufriedenheit

Die Kundenzufriedenheit ist eine Messgröße für die Leistung des QM-Systems. Die Organisation muss Angaben zur Kundenwahrnehmung überwachen.
Die Methoden
- zur Erhebung und
- zum Gebrauch

dieser Informationen sind festzulegen.

6.2.2 Internes Audit

Die Organisation muss *periodisch geplante* interne Audits durchführen, um zu ermitteln, ob das QM-System
- die geplanten Regelungen
- die Anforderungen der Norm und
- die festgelegten Anforderungen an das QM-System

erfüllt. Es muss ein *Auditprogramm* geplant werden, wobei zu berücksichtigen ist:
- der Status und die Bedeutung der zu auditierenden Prozesse und Bereiche

- die Ergebnisse früherer Audits sind einzubeziehen.

Es müssen festgelegt und dokumentiert werden:
- Auditkriterien
- Auditumfang
- Audithäufigkeit
- Auditmethoden
- Verantwortlichkeiten und Anforderungen zur Planung, Durchführung, Berichterstattung, Führung von Aufzeichnungen.

Die Objektivität und Unparteilichkeit des Auditprozesses muss sichergestellt sein durch:
- geeignete Durchführung der Audits
- geeignete Auswahl der Auditoren (Auditoren dürfen nicht ihre eigene Tätigkeit auditieren).

6.2.3 Überwachung und Messung von Prozessen

Es sind geeignete Methoden für die
- Überwachung und
- Messung

der Prozesse des QM-Systems anzuwenden. Diese Methoden müssen die Fähigkeit der Prozesse, die geplanten Ergebnisse zu erreichen, darlegen. Wenn erforderlich, sind Korrekturmaßnahmen zu ergreifen.

6.2.4 Überwachung und Messung des Produkts

Die Organisation muss die Produktmerkmale überwachen, messen und nachprüfen, ob die Anforderungen an das Produkt erfüllt werden. Dies muss
- in geeigneten Prozessphasen und
- in Übereinstimmung mit den geplanten Tätigkeiten

durchgeführt werden. Als Nachweis über die Konformität, in Verbindung mit den anzuwendenden Annahmekriterien, sind Aufzeichnungen zu führen.

6.3 Lenkung fehlerhafter Produkte

Die Organisation hat sicherzustellen, dass ein Produkt, das die Anforderungen *nicht* erfüllt
- gekennzeichnet und
- gelenkt

wird, um unbeabsichtigten Gebrauch oder eine Auslieferung zu vermeiden. Es sind festzulegen:
- Lenkungsmaßnahmen sowie
- Verantwortlichkeiten und Befugnisse.

Die Regelungen sind zu dokumentieren. Treten fehlerhafte Produkte auf, sind
- Maßnahmen zu ergreifen, um den festgestellten Fehler zu beseitigen
- Genehmigungen zum Gebrauch, zur Freigabe oder Annahme nach Sonderfreigabe (ggf. durch den Kunden) zu erteilen
- Maßnahmen zu ergreifen, um den ursprünglich beabsichtigten Gebrauch/Anwendung auszuschließen

- Aufzeichnungen über die Art der Fehler, die Folgemaßnahmen und Sonderfreigaben zu erstellen.

Bei Nachbesserungen ist das Produkt erneut zu verifizieren. Maßnahmen sind bei fehlerhaften Produkten zu ergreifen, die nach der Auslieferung oder im Gebrauch entdeckt wurden.

6.4 Datenanalyse

Die Unternehmen müssen entsprechende Daten zur Bestimmung der Wirksamkeit und der Eignung des Qualitätsmanagementsystems
- ermitteln,
- erfassen und
- analysieren.

Des Weiteren ist die ständige Verbesserung des QM-Systems zu beurteilen.
Heranzuziehen sind Daten, die durch Prüftätigkeiten und aus anderen relevanten Quellen gewonnen wurden.
Die Datenanalyse muss Angaben liefern über:
- Kundenzufriedenheit
- Einhaltung der Produktanforderungen
- Prozess- und Produktmerkmale einschließlich deren Trends, Möglichkeiten für vorbeugende Maßnahmen
- Lieferanten.

6.5 Verbesserung

6.5.1 Ständige Verbesserung

Die Wirksamkeit des QM-Systems ist kontinuierlich durch Einbeziehung der
- Qualitätspolitik
- Qualitätsziele
- Auditergebnisse
- Datenanalyse
- Korrektur- und Vorbeugungsmaßnahmen und
- Managementbewertung

zu verbessern.

6.5.2 Korrekturmaßnahmen

Die Organisation muss Korrekturmaßnahmen ergreifen, zur
- Beseitigung von Fehlerursachen und
- Verhinderung des erneuten Auftretens.

Die Maßnahmen müssen den Auswirkungen eines auftretenden Fehlers angemessen sein.
Ein dokumentiertes Verfahren muss festlegen:
- Fehlerbewertung einschließlich Kundenreklamationen und Ermittlung der Ursachen
- Beurteilung des Handlungsbedarfs zur Fehlervermeidung
- Aufzeichnung und Ergebnisse der durchgeführten Maßnahmen
- Bewertung der ergriffenen Maßnahmen.

6.5.3 Vorbeugungsmaßnahmen

Die Organisation muss Maßnahmen festlegen und dokumentieren zur
- Beseitigung von Ursachen möglicher Fehler
- Verhinderung des Auftretens von Fehlern.

Diese Maßnahmen müssen den Auswirkungen eines auftretenden Fehlers angemessen sein. Sie müssen Festlegungen enthalten über:
- Ermitteln potenzieller Fehler und ihrer Ursachen
- Beurteilen des Handlungsbedarfs zur Fehlervermeidung
- Festlegen und Umsetzen der erforderlichen Vorbeugungsmaßnahmen
- Aufzeichnen der Ergebnisse der eingeleiteten Vorbeugungsmaßnahmen
- Bewerten der eingeleiteten Vorbeugungsmaßnahmen.

Literatur

Grundlagen des Arbeits- und Zeitstudiums, Carl Hanser Verlag, München
Band 1: Einführung in das Arbeits- und Zeitstudium (*Börs/Bramesfeld/Euler/Pentzlin*).
Band 2: Die betriebswirtschaftlichen Grundlagen und die Grundbegriffe des Arbeits- und Zeitstudiums (*Euler*).
Band 3: Praktisch-psychologischer und arbeits-physiologischer Leitfaden für das Arbeitsstudium (*Bramesfeld/Graf*).
Band 4: Arbeitsrationalisierung (*Pentzlin*).
Band 5: Arbeitsablauf- und Bewegungsstudien (*Kaminsky/Schmidtke*).
Band 6: Entwicklung Verfahren und Probleme der Arbeitsbewertung (*Wibbe*).
Band 7: Statistische Verfahren für das Arbeitsstudium (*Kregeloh*).
Band 8: Beiträge zur Frage des Leistungsgrades und der Vorgabezeit (*Kupke*).
Band 9: Arbeitsstudium bei Fließarbeit (*Faensen/Hofmann*).

REFA – Methodenlehre des Arbeitsstudiums, Carl Hanser Verlag, München
Teil 1:   Grundlagen
Teil 2:   Datenermittlung
Teil 3:   Kostenrechnung, Arbeitsgestaltung
Teil 4:   Anforderungsermittlung (Arbeitsbewertung)
Teil 5:   Lohndifferenzierung
Teil 6:   Arbeitsunterweisung

REFA – Methodenlehre der Planung und Steuerung, Carl Hanser Verlag, München
Teil 1:   Grundlagen
Teil 2:   Planung
Teil 3:   Steuerung

REFA – Methodenlehre der Betriebsorganisation Grundlagen der Arbeitsgestaltung, Carl Hanser Verlag, München
REFA – Methodenlehre der Betriebsorganisation Aufbauorganisation, Carl Hanser Verlag, München

PREITZ, DAHMEN, DETERING: Allgemeine Betriebswirtschaftslehre, Verlag Dr. Max Gehlen, 1996
S. RACKWITZ: Betriebsorganisation – Teil 1: Grundlagen, Carl Hanser Verlag, München, Wien 1976
GEIGER, Qualitätslehre; Vieweg Verlag, 1998
HERING, TRIEMEL, BLANK: Qualitätsmanagement für Ingenieure, Springer, VDI, 2003
KAMISKE, UMBREIT, Qualitätsmanagement; Fachbuchverlag Leipzig, 2001
LINSS, Qualitätsmanagement für Ingenieure, Fachbuchverlag Leipzig, 2002
VOIGT, Qualitätssicherung – Qualitätsmanagement, Handwerk und Technik, 2001
WEKA, Schulungspaket ISO 9000:2000, 2002

T Produktionslogistik

Jürgen Bauer

1 Grundlagen der Produktionslogistik

1.1 Strategische Bedeutung

Die Produktionslogistik befasst sich mit der Planung und Steuerung der Waren- und Informationsflüsse im Unternehmen. Sie ist eingebettet in eine umfassende Lieferkette (Supply Chain), bestehend aus Beschaffungs-, Produktions- und Vertriebslogistik (Bild 1).

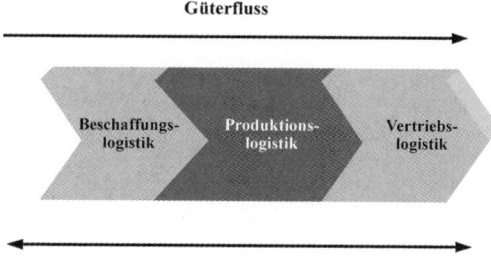

Bild 1. Produktionslogistik in der Lieferkette

Die Produktionslogistik ist eine wesentliche Voraussetzung für den Unternehmenserfolg. Aus der **Finanzperspektive** (vgl. Kaplan 1996) des Unternehmens fördert eine effektive Produktionslogistik wichtige Erfolgsgrößen im Unternehmen wie

- Unternehmensgewinn
- Kapitalrendite
- Liquidität.

Aus der **Kundenperspektive** beeinflusst sie die Erfolgsgrößen

- Kundenbindung
- Kundenzufriedenheit
- Neukundengewinnung.

Aus der Sicht der am **Produktionsprozess** beteiligten Mitarbeiter und Mitarbeiterinnen hat sie wesentlichen Einfluss auf die

- Arbeitszufriedenheit
- Motivation.

Es ist das Bestreben der Produktionslogistik, diesen Erfolgsbeitrag durch effiziente Steuerung und Kontrolle der Abläufe zu sichern. Eine Schlüsselrolle kommt dabei der betrieblichen Informationstechnik, insbesondere den Softwaresystemen zur Produktionslogistik zu.

1.2 Hauptaufgaben und Ziele der Produktionslogistik

Welches sind die Hauptaufgaben der Produktionslogistik? (Bild 2).

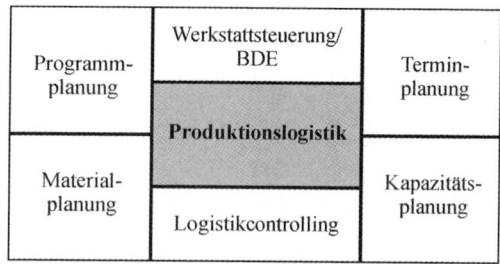

Bild 2. Hauptaufgaben der Produktionslogistik

Die **Programmplanung** stellt aus einem gegebenen Produktsortiment die monatlich bzw. jährlich zu fertigenden Produktmengen zusammen. Dies erfolgt in enger Zusammenarbeit mit dem Vertrieb. Die **Materialplanung** sorgt für die Lagerung und Bereitstellung der benötigten Materialien (Baugruppen, Einzelteile, Rohstoffe). Die **Terminplanung** ermittelt Liefer- und Fertigungstermine im Produktionsvollzug. Aufgabe der **Kapazitätsplanung** ist die Verwaltung und Abstimmung der Kapazitätsbelegung der Betriebsmittel. Die Rückmeldung der Betriebsdaten dient der laufenden **Werkstattsteuerung** durch Betriebsdatenerfassung (BDE) und sorgt für die Transparenz des Betriebsgeschehens und der Fertigungsprozesse. **Logistikcontrolling** befasst sich mit der Planung und Überwachung der Produktionsabläufe im Hinblick auf deren Optimierungsziele.

Die Aufgaben werden in Kapitel 2 näher beschrieben. Der geforderte Erfolgsbeitrag der Produktionslogistik aus Finanz-, Kunden- und Prozesssicht erfordert handhabbare Ziele für die Logistiker und Produktionsmitarbeiter vor Ort, die einerseits prozessgeeignet, andererseits auch strategisch kompatibel (verträglich) sind.

Eine effektive, an den genannten Erfolgsfaktoren ausgerichtete Produktionslogistik strebt ein Bündel von Zielen an, die sich in Zeit-, Mengen- und Finanzziele strukturieren lassen (Bild 3):

Ziele der Produktionslogistik		
Zeit	Mengen	Finanzen
Durchlaufzeit reduzieren	Bestände reduzieren	Kapitalrendite erhöhen
Termineinhaltung gewährleisten	Servicegrad erhöhen	Deckungsbeitrag erhöhen
Nutzungszeiten vergrößern	Ausbringung steigern	Fertigungskosten senken
		Lagerkosten senken
		Liquidität verbessern

Bild 3. Ziele der Produktionslogistik

Wegen der fundamentalen Bedeutung für den Unternehmensbestand haben Finanzziele Vorrang vor den Zeit- und Mengenzielen. Beispiel: Maßnahmen zur Termineinhaltung für einen kleineren Kunden sind dann nicht sinnvoll, wenn dabei unangemessen hohe Kosten, z.B. durch hohe Überstundenzuschläge entstehen, die in keinem Verhältnis zum Kundenprofit stehen. Oder die Lieferfähigkeit wird durch einen sehr hohen Lagerbestand erkauft, dessen Kosten auf dem Markt nicht zurückverdient werden.

Die Zielgrößen werden im Rahmen der Teilprozesse der Produktionslogistik näher erläutert.

Bei der Zielverfolgung wird der Produktionslogistiker mit dem **Dilemma der Materialwirtschaft** konfrontiert:

Verfolgt die Logistik im Unternehmen eine hohe Lieferbereitschaft des Lagers (Servicegrad) mit Hilfe von hohen Lagerbeständen, so sind die Nachfrager (Verbraucher) zufrieden, die Liquidität nimmt jedoch ab bei gleichzeitig steigenden Lagerkosten. Umgekehrt führt eine Politik der knappen Bestände unter Umständen zu verschlechtertem Servicegrad und unzufriedenen Kunden. Es ist Aufgabe der Logistik, dieses Dilemma durch geeignete Maßnahmen (z.B. just in time, verbesserte Logistiksteuerung) zu vermeiden oder abzumildern.

1.3 Produktionstypen

Die Aufgaben der Produktionslogistik werden wesentlich durch die Organisationstypen der Produktion bestimmt. Hier ist zu unterscheiden zwischen

- der diskreten Fertigung
- der stetigen Fertigung.

Bei diskreter Fertigung werden unterschiedliche Produkte oder Produktvarianten in kleineren oder mittleren Auftragsstückzahlen (Losen) gefertigt. Die Fertigung kann hier kundenbezogen (der Auftrag wird speziell für den Kunden gefertigt) oder kundenanonym erfolgen. Im letzteren Fall wird auf Lager gefertigt, der Kunde erhält dann seine Produkte vom Vertriebslager.

Die Produktion der diskreten Fertigung kann im Layoutprinzip

- der Werkstatt- oder Verrichtungsfertigung
- der Inselfertigung

erfolgen. Im **Werkstattprinzip** werden dabei gleichartige Maschinen (z.B. Fräsmaschinen, Drehmaschinen) zu Gruppen zusammengestellt. Die Art der Maschine (Fräsmaschine, Drehmaschine...) bestimmt deren Anordnung in der Fertigung (layout by machine). Da die Maschinenaufstellung wenig Rücksicht auf den Teiledurchlauf nimmt, ergeben sich lange Durchlaufzeiten der Aufträge, die Fertigungssteuerung ist insgesamt schwierig durchzuführen. Zu finden ist diese Layoutform vorwiegend im Anlagenbau und überall dort, wo Kleinserienfertigung vorherrscht.

Die **Inselfertigung** kann auf zwei Arten erfolgen:
- Als sogenanntes **Flexibles Fertigungssystem** (FFS), bei dem mehrere CNC-Maschinen zusammengestellt, durch ein automatisches Transportsystem (Palettenfördersystem oder fahrerloses Transportsystem) mit Rüstplätzen und Messplätzen verknüpft und durch einen Leitrechner gesteuert werden (Bild 4). Für die Produktionslogistik bedeutet dies geringe Durchlaufzeiten und in der Regel eine hohe Ausbringung, da die Produktionsmaschinen von nicht Wert schöpfenden Rüstvorgängen entlastet sind. Flexible Fertigungssysteme können darüber hinaus als sehr kundenfreundlich klassifiziert werden, da sie auf produktbezogene Kundenwünsche schnell reagieren können.
- Als **Fertigungssegment**, bei dem die Maschinen einer Teilegruppe (z.B. Getriebewellen) zu relativ autonomen Fertigungsinseln zusammengestellt werden. Diesen Fertigungssegmenten wird dann Kostenverantwortung (Cost Center) oder sogar Er-

Bild 4. Flexibles Fertigungssystem (Waldrich Coburg)

1 Grundlagen der Produktionslogistik

gebnisverantwortung (Profit Center) zugestanden. Sie sind in der Lage, den Arbeitsablauf und die Materialversorgung selbst zu planen (Selbstdisposition) und sowohl Produkte als auch die Wirtschaftlichkeit selbst zu kontrollieren (Selbstkontrolle). Die Mitarbeiter im Fertigungssegment übernehmen eine Reihe von Aufgaben der Produktionslogistik.

Stetige Fertigung beschreibt die ununterbrochene Produktion eine Artikels, z.B. in der Form der Linien- bzw. Fließbandfertigung (z.B. PKW-Fertigung), aber auch in der chemischen Industrie als kontinuierlicher Output von Kosmetika, Pharmaprodukten usw.

Neben dem klassischen Fließband (Montageband) zählt auch die Transferstraße zur stetigen Fertigung. Eine neuere Form der diskreten Fertigung stellen agile Fertigungssysteme dar. Fertigungszellen übernehmen die kontinuierliche Produktion von Werkstücken. Die Agilität wird dabei durch Anbau weiterer Fertigungszellen reagiert. Beispielhaft für diese Form ist die Fertigung von Motorblöcken in der Automobilindustrie (Bild 5). Hier steht ein möglichst hoher Ausstoß im Vordergrund. Durch flexiblen Anbau weiterer Produktionssysteme kann schnell auf steigende Produktionszahlen reagiert werden.

Bild 5. Agiles Fertigungssystem (Hüller-Hille GmbH)

Im Maschinenbau dominiert die diskrete Fertigung Sie stellt an die Termin- und Kapazitätsplanung hohe Anforderungen, während die Probleme in der stetigen Fertigung eher in der produktionssynchronen Materialplanung und -bereitstellung liegen.

Im Folgenden wird die diskrete Fertigung in den Mittelpunkt gestellt.

1.4 ERP-Systeme

Die Steuerung und Überwachung der Produktionsabläufe mit den verbundenen material- und produktionswirtschaftlichen Entscheidungen würde eine manuelle Organisation bei weitem überfordern. ERP-Systeme (Enterprise-Resource-Planning) bilden deshalb das Rückgrat der Produktionslogistik.

1.4.1 Module

ERP-Systeme finden ihr Einsatzgebiet in der umfassenden Planung und Überwachung der Ressourcen

- Material
- Maschine
- Mensch
- Finanzen
- Information.

Gegenüber den in der Praxis noch anzutreffenden PPS-Systemen (Produktionsplanungs und -steuerungssysteme), deren Aufgabe vorwiegend auf die Planung der Ressourcen *Material und Maschine* begrenzt ist, haben sie den entscheidenden Vorteil einer Integration aller Prozesse des Unternehmens.

Demzufolge verfügen ERP-Systeme über eine Vielzahl von Softwaremodulen für jeden denkbaren Funktionsbereich im Unternehmen, hier in Bild 6 am Beispiel des ERP-Systems SAP R/3 dargestellt.

Personalwesen	Finanzwesen	Investitionsmanagement	Controlling
Instandhaltung	SAP R/3		Projektsystem
Qualitätsmanagement	Produktionsplanung	Materialwirtschaft	Vertrieb

Bild 6. Module des ERP-Systems SAP® R/3®

ERP-Systeme sind mittlerweile in allen Branchen vom Maschinenbau über die Autoindustrie, Pharmaunternehmen, Elektroindustrie bis zu Dienstleistungs- und Gesundheitsunternehmen im Einsatz. Ihr Verbreitungsgrad in größeren Industrieunternehmen ab ca. 1000 Beschäftigten liegt bei nahezu 100 %. Für den Produktions- und Materialmanager gehören sie zum täglichen Arbeitswerkzeug.

1.4.2 Informationstechnik zur Produktionslogistik

ERP-Systeme bedürfen einer leistungsfähigen Vernetzung der Rechner in Produktion und Verwaltung (Bild 7). In der Planungsebene erfolgt die Auftragsverwaltung. In der Leitebene wird der Fertigungsablauf koordiniert und überwacht. In der Shop-floor-Ebene erfolgt die Steuerung der Maschinen. Zwischen allen Ebenen ist ein zeitaktueller Informationsaustausch gewährleistet.

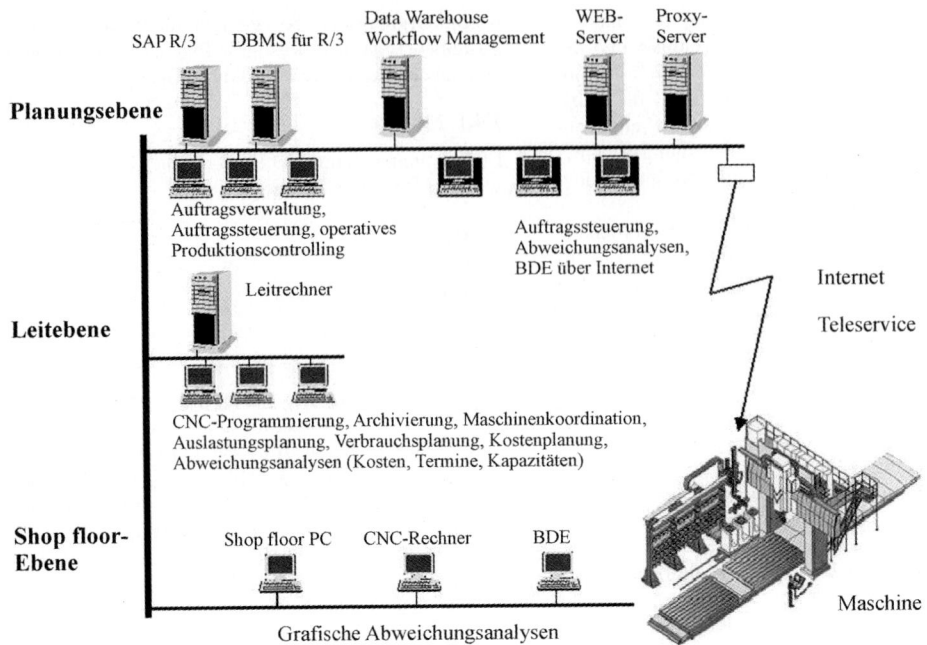

Bild 7. Informationstechnik in der Produktionslogistik

1.4.3 Datenbasis

Die einzelnen Module des ERP-Systems greifen auf einen umfangreichen Datenbestand zu, bestehend aus Stammdaten und Bewegungsdaten. Erst mit einem aktuellen und möglichst vollständigen Datenbestand ist das ERP-System arbeitsfähig. Der Pflege dieser Daten kommt deshalb eine besondere Bedeutung für die Qualität der Produktionslogistik zu.

Die **Stammdaten** der Produktionslogistik zeigt Bild 8. **Lieferanten-** und **Kundenstamm** sind für die Produktionslogistik Stammdaten im weiteren Sinne. Sie erhalten ihre Bedeutung insbesondere bei kundenbezogener Fertigung und bei Fremdvergabe von Produktionsleistungen.

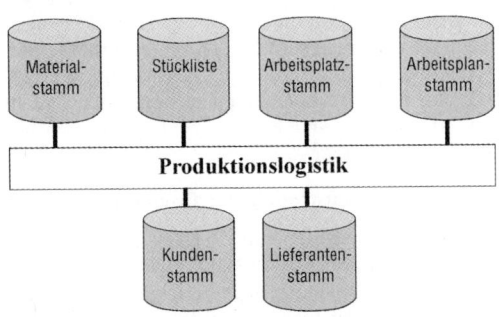

Bild 8. Stammdaten der Produktionslogistik

Der **Artikelstamm** (Materialstamm, Teilestamm) enthält die Daten der Endprodukte, Baugruppen, Einzelteile und Werkstoffe. Beispiele sind die Teilenummer, Bezeichnung, DIN-Nummer, Lagerplatz, Bestandsdaten, Kalkulationsdaten, bevorzugte Losgröße (Bild 9).

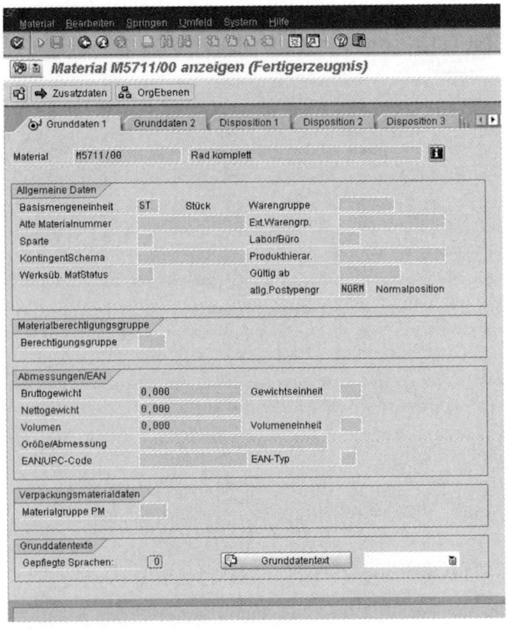

Bild 9. Artikelstamm (SAP R/3)

1 Grundlagen der Produktionslogistik

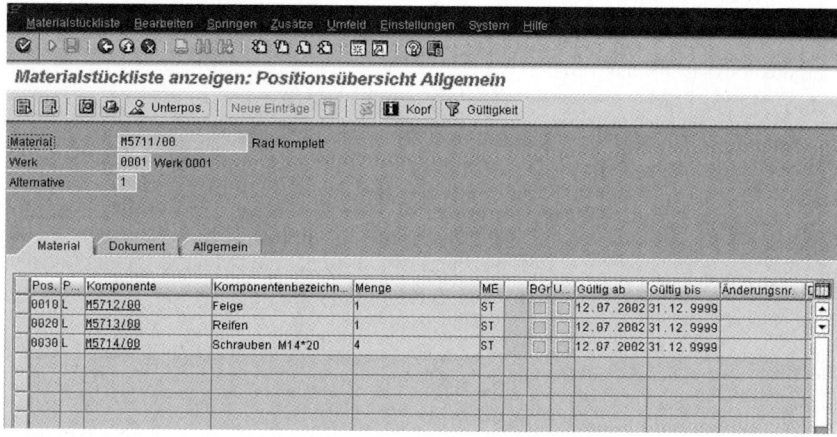

Bild 10. Baugruppenstückliste (SAP R/3)

Bild 11. Arbeitsplan (SAP R/3)

Der Artikelstamm ist die wichtigste Stammdatei. Alle betrieblichen Funktionsbereiche greifen darauf zu.

Die **Stückliste** (bei chemischer Produktion als Rezeptur bezeichnet) zeigt den Aufbau einer Baugruppe. Sie hat neben der Funktion als Datenträger in der Konstruktion auch zentrale Bedeutung für die Materialplanung (Beschaffung und Disposition) und die Montage. Bild 10 zeigt eine Beispielstückliste für ein Komplettrad, bestehend aus Felgen, Reifen und Schrauben.

Der **Arbeitsplatz** enthält vor allem die Daten eines Arbeitsplatzes (Handarbeitsplatz, Maschine), beispielsweise die Kapazitätsdaten, aber auch Angaben über zu verwendende Werkzeuge, die Lohnart und die betreffende Kostenstelle.

Der **Arbeitsplan** ist die Fertigungsvorschrift einer eigengefertigten Baugruppe oder eines Teiles (Bild 11). Arbeitsgangweise sind hier der Arbeitsplatz und die Fertigungszeiten (rechts) festgehalten.

Von den Stammdaten zu unterscheiden sind die **Bewegungsdaten** im ERP-System, d.h. Daten, die einer häufigen Veränderung unterworfen sind. Hier sind zu nennen:

- Kundenaufträge
- Fertigungsaufträge
- Bestellungen an Lieferanten.

Sie werden vom System generiert und nach Abwicklung und Archivierung wieder gelöscht.

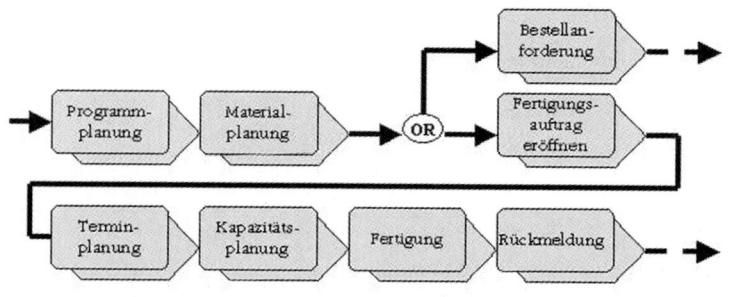

Bild 12. Prozesse der Produktionslogistik (OR = Oder-Verzweigung zwischen Kauf- und Eigenfertigungsteilen)

1.5 Prozesse in der Produktionslogistik

Üblicherweise wird die Produktionslogistik aus Prozesssicht betrachtet. Diese Prozesse charakterisieren die operativen Aufgaben der Produktionslogistik im Verlauf der Auftragsabwicklung (Bild 12).
Bei Fremdbezugsteilen erfolgt nach der Bedarfsermittlung die Übergabe an den Einkauf in Form von Bestellanforderungen für die Kaufteile.

2 Produktionslogistik mit ERP-Systemen

Im Folgenden werden die Teilprozesse der Produktionslogistik bei Eigenfertigung unter Einsatz des ERP-Systems SAP R/3 beschrieben. Dabei wird die häufigste Fertigungsart, die kundenanonyme Losfertigung, zugrunde gelegt.

2.1 Programmplanung

Ausgangspunkt für die Programmplanung ist der Absatzplan, erstellt aufgrund der eingegangenen Kundenaufträge für die verkaufsfähigen Produkte, dem so genannten **Primärbedarf**. Sind die Kundenaufträge zum Zeitpunkt der Programmplanung noch nicht bekannt bzw. wird generell ohne Kundenbezug und ab Lager geliefert (kundenanonyme Fertigung), so tritt an die Stelle des Kundenbedarfs ein Absatzplan mit den pro Planungsperiode (Tag, Woche, Monat) geplanten Stückzahlen pro Produkt. Im Anschluss an diesen Absatzplan wird – gemeinsam von Vertrieb und Produktion – das **Produktionsprogramm** geplant. Es enthält die zu produzierenden, verkaufsfähigen Produkte.

■ **Beispiel:**
Der Radhersteller plant die benötigten Räder entsprechend Bild 13 ein. In der Abbildung ist das Endprodukt Rad komplett mit der Materialnummer (linke Spalte) und den Stückzahlen 2000, lieferbar zum 22.7.02, und 1000 zum 29.7.2002 eingeplant.

2.2 Materialplanung

Im Rahmen der Materialplanung sind die Lagerbestände zu planen und zu überwachen und der Materialbedarf (Baugruppen und Einzelteile) für die in der Programmplanung festgelegten verkaufsfähigen Produkte zu errechnen.

2.2.1 Bestandsplanung

Läger haben im Produktionsablauf vorrangig die Funktion des Ausgleichs zwischen Angebot und Nachfrage, also eine Pufferfunktion. Läger sind positioniert als Wareneingangslager, als Zwischenlager (z.B. zwischen Teilefertigung und Montage) und als Fertiglager am Ende der Montage. Grundsätzlich können zwei Organisationsformen der Lagerung unterschieden werden:

- die systematische Lagerung mit festem Lagerort pro Teil
- die chaotische Lagerung mit wechselndem Lagerort pro Teil.

Die chaotische Lagerung erlaubt eine gute Platzausnutzung, bedarf aber einer Lagerortverwaltung mit EDV, wie sie z.B. in ERP-Systemen enthalten ist.
Grundlage der **Bestandsplanung** ist das Bestandsdiagramm für einen Artikel. Es zeigt die Bestandssituation eines Lagerplatzes. Im Beispiel aus der Sicht des PKW-Herstellers:

■ **Beispiel:**
Vor der Endmontage von PKWs liegen im Teilelager 2000 Räder komplett (jeweils bestehend aus Reifen, Felgen, 4 Radmuttern). Täglich sollen Vtag = 500 Räder montiert werden bei 5 Arbeitstagen/Woche. Der Mindestbestand, reserviert für Lieferstörungen aller Art, betrage 2 Tagesproduktionen, also Bmin = 1000 Räder. Es soll zunächst wöchentlich nachbestellt werden. Der Wert pro Rad komplett beträgt p = 50 Euro. Abbildung 14 zeigt das zugehörige Bestandsdiagramm.

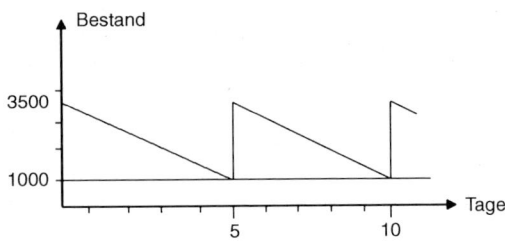

Bild 14. Bestandsdiagramm

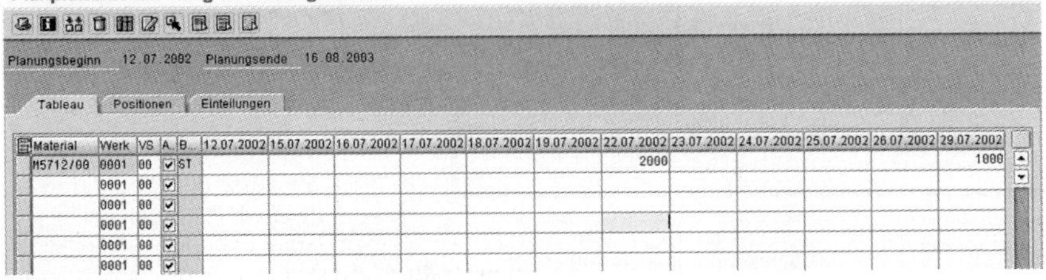

Bild 13. Programmplanung (SAP R/3)

■ **Beispiel:**
Der Höchstbestand im Lager beträgt (zum Zeitpunkt der Auffüllung) 3500 Stück. Der Mindestbestand wird unmittelbar vor dem Wiederauffüllen des Lagers erreicht (1000 Stück). Die Bestellmenge $B_{bestell}$ = 2500 Stück.

Im Durchschnitt sind am Lager:

$$B_{durch} = B_{min} + B_{bestell}/2$$

Im Beispiel also 1000 + 2500/2 = 2250 Stück

Das durchschnittlich gebundene Kapital beträgt

$$K_{durch} = B_{durch} \cdot p$$

Im Beispiel also 2250 · 50 Euro = 112 500 Euro

Üblicherweise geht man von einem Lagerkostensatz von l = 15-20 % pro Jahr aus, enthaltend die Zinskosten, Personalkosten, Kosten für Lagereinrichtung usw. Die Lagerkosten pro Jahr betragen damit

$$K_{lager} = K_{durch} \cdot l/100$$

Im Beispiel ergeben sich dann bei 20% Lagerkostensatz jährliche Lagerkosten von
K_{lager} = 112 500 · 20/100 = 22 500 Euro/Jahr

Eine weitere wichtige Kennzahl zur Beurteilung der Bestandsführung ist die Umschlagshäufigkeit U:

$$U = V_{tag} \cdot N_{tag}/B_{durch}$$

Mit V_{tag} = Tagesverbrauch, N_{tag} = Anzahl Verbrauchstage im Jahr.

Im Beispiel ergibt sich bei angenommenen 250 Verbrauchstagen eine Umschlagshäufigkeit von
U = 500 · 250/2 250 = 56

Eine hohe Umschlagshäufigkeit ist Kennzeichen einer rationellen Bestandsführung. Bei so genannten Lagerhütern geht der Verbrauch bis auf Null zurück, die Umschlagshäufigkeit geht gegen Null.
Die bevorzugte Maßnahme für eine rationelle Bestandsführung ist die **Just-In-Time-Anlieferung** (JIT). Dazu wird ein jährliches Liefervolumen vereinbart (Vorteil: Grossmengenrabatte bleiben erhalten) und dann z.B. täglich oder halbtägig beim Lieferanten abgerufen (Bild 15). Die Kosteneinsparung im Beispiel:

Der durchschnittliche Bestand sinkt durch JIT mit täglichem Abruf im Beispiel auf
1 000 + 500/2 = 1 250 Stück

Das gebundene Kapital nun:
1 250 · 50 Euro = 62 500 Euro

und die Lagerkosten/Jahr betragen
62 500 · 20/100 = 12 500 Euro/Jahr

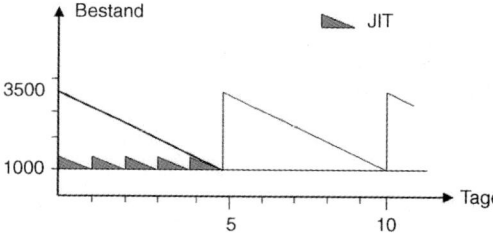

Bild 15. Bestandsdiagramm, JIT-Bestände dunkel

Das Unternehmen benötigt in der Folge weniger Kapital, die finanzielle Abhängigkeit wird verringert und die Kosten werden gesenkt. Dies erklärt die weite Verbreitung von JIT, auch wenn dem ein erhöhter Transportaufwand und eine größere Störanfälligkeit gegenübersteht.
Neben der im Lagerdiagramm dargestellten festen Bestellmenge und Bestellrhythmus sind weitere Bestellstrategien mit variabler Bestellmenge bzw. variablem Bestellrhythmus möglich, beinhalten allerdings einen erhöhten Planungsaufwand. Sie werden hier nicht behandelt.
Die Überwachung und Verbuchung der Lagerzugänge, Lagerabgänge und die Bestandsauswertungen erfolgen mit dem ERP-System.

2.2.2 Bedarfsermittlung

Für die **Bedarfsermittlung** werden die in der Programmplanung erstellten Bedarfszahlen der Endprodukte herangezogen (Bruttoprimärbedarf). Anschließend wird der verfügbare Lagerbestand an Endprodukten abgezogen. Die dann noch zu produzierende Menge an Endprodukten wird als Nettoprimärbedarf bezeichnet. Nun erfolgt die so genannte Stücklistenauflösung. Entsprechend der Angabe in der Stückliste wird für jede Komponente (Einzelteil, untergeordnete Baugruppe) die erforderliche Bruttomenge errechnet. Nach Abzug des jeweiligen verfügbaren Lagerbestandes erhält man die Nettomenge an Einzelteilen und Baugruppen, die dann noch zu fertigen bzw. zu beschaffen sind (Nettosekundärbedarf). Die so ermittelten Stückzahlen gehen als Bestellanforderungen an den Einkauf (bei Fremdbezugsteilen) oder als Fertigungsauftrag an die Produktion (Bild 16).

■ **Beispiel:**
Werden laut Programmplanung am 22.7.02 2000 Räder komplett benötigt und sind von den kompletten Rädern ab Lager noch 1000 Stück verfügbar, zudem 200 Felgen, 300 Reifen, 800 Schrauben, so ergibt sich folgender Teilebedarf (Sekundärbedarf):

Position	Bedarf brutto	Verfügbarer Bestand	Bedarf netto	Fertigen bzw. kaufen
Rad komplett	2000	1000	1000	1000
Felge	1000	200	800	800
Reifen	1000	300	700	700
Schrauben	4000	800	3200	3200

Es sind somit 1000 Räder komplett zu montieren, 800 Felgen und 700 Reifen zu fertigen und 3200 Schrauben zu beschaffen. Die ermittelten Mengen werden allerdings mit den wirtschaftlichen Losgrößen bzw. Bestellmengen abgestimmt (Zusammenfassung mit anderen Bedarfszahlen).

Die Losgrößen oder Bestellmengen können dazu im Artikelstamm eingegeben werden (Standardlosgrößen), aber auch mit den üblichen Losgrößenverfahren

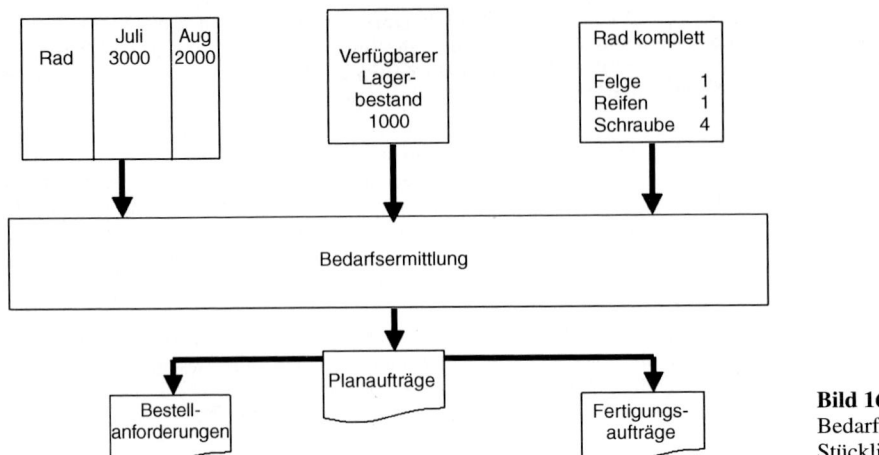

Bild 16. Bedarfsplanung mit Stücklistenauflösung

ermittelt werden (z.B. nach der Andler'schen Formel oder nach der gleitenden wirtschaftlichen Losgröße). Im Rahmen der Bedarfsermittlung erfolgt gleichzeitig eine so genannte **Bedarfsterminierung**. Das ERP-System nimmt dazu den Liefertermin aus der Programmtabelle und rechnet von diesem aus rückwärts über die Komponenten laut Stücklistenstruktur. Dazu werden die im Materialstamm pro Teil hinterlegten Planlieferzeiten (Wiederbeschaffungszeiten) herangezogen.

■ **Beipiel:**
Die Lieferung eines Loses an Kompletträdern soll am Freitag Abend erfolgen. Die Planlieferzeiten:

Rad komplett (Montage)	2 Tage
Reifen (Fertigung)	2 Tag
Felgen (Fertigung)	3 Tage
Schrauben (Beschaffung)	1 Tag

Die errechneten Bedarfstermine zeigt Bild 17:

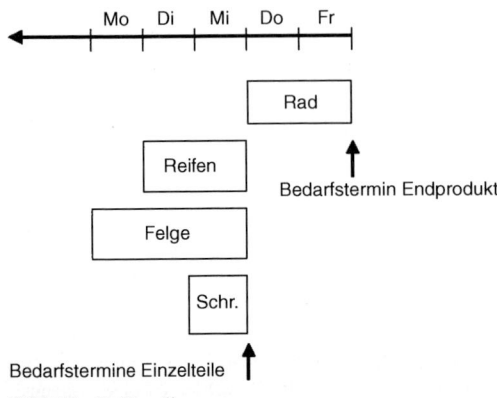

Bild 17. Balkendiagramm

Die Felge (terminkritisch) muss am Montag begonnen und am Mittwoch Abend fertig gestellt sein (Bedarfstermin). Dies ist auch der späteste Bedarfstermin für die Reifen und die Schrauben.

Die Termine sind Start- bzw. Endzeitpunkte für die aus der Bedarfsermittlung abgeleiteten Fertigungsaufträge bzw. Bestellanforderungen. Da sie auf den geschätzten Planlieferzeiten im Materialstamm beruhen, die Kapazitätssituation in der Produktion und beim Lieferanten nicht berücksichtigen, werden sie auch als Grobtermine, das Verfahren als **Grobterminierung** bezeichnet. Eine genauere Terminierung (Feinterminierung) erfolgt dann bei der Termin- und Kapazitätsplanung des Fertigungsauftrages (siehe 2.3 und 2.4).

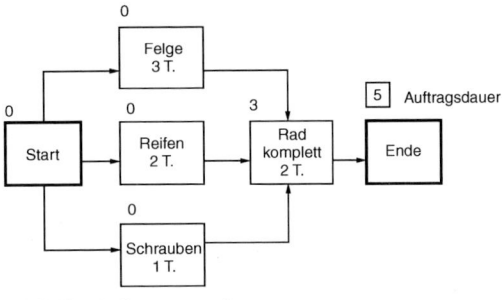

Bild 18. Auftragsnetzplan

Die im Balkendiagramm dargestellte Terminierung ist auch im Netzplan durchführbar (Bild 18). Die Fertigung oder Beschaffung eines Teils wird dabei als Knoten dargestellt. Links über den Knoten steht dabei der früheste Start des Vorganges, wenn zum Zeitpunkt 0 begonnen wird. Die Auftragsdauer wird durch Vorwärtsaddition der Einzeldauern des längsten Pfades (kritischer Pfad) errechnet und beträgt im Beispiel 5 Tage.

Wird also am Montag Morgen begonnen, ist der Auftrag am Freitag Abend lieferbar (frühester Liefertermin FLT). Dieser Termin wird mit dem Wunschtermin des Kunden verglichen (spätester Liefertermin SLT). Liegt dieser z.B. am Dienstag Morgen, dann hat der Auftrag einen Puffer von einem Arbeitstag. Es gilt also

Puffer = SLT − FLT

Liegt der späteste vor dem frühesten Liefertermin, ist der Auftrag im Verzug.

Wegen der exakten Ergebnisse der ermittelten Mengen wird das Verfahren zur Bedarfsplanung auch als **deterministische oder plangesteuerte Disposition** bezeichnet. Sie wird überall dort angewandt, wo eine genaue Materialdisposition angezeigt ist, also bei A- und B-Teilen, d.h. Teilen grossen und mittleren Wertes und/oder langer Beschaffungszeit. Die Klassifizierung der Teile erfolgt dabei mit der ABC-Analyse, ergänzt durch die XYZ-Analyse.

■ **Beispiel:**
Für die ABC-Analyse: Will man die Teile eines anderen Radtyps nach dem jährlichen, wertmäßigen Bedarfsvolumen klassifizieren, so ermittelt man für jede Teileposition den Jahresverbrauch und den Wert pro Stück.

Teil	Bedarf/Jahr	Wert/Stück Euro	Beschaffungswert/Jahr
Reifen	80 000	50	4 000 000
Felgen	80 000	120	9 600 000
Schrauben	320 000	0,5	160 000

Der Jahresbeschaffungswert ist in der rechten Spalte ermittelt. Man bringt die Teile in eine Reihenfolge nach dem Beschaffungswert pro Jahr:

Teil	Bedarf/Jahr	Wert/Stück Euro	Beschaffungswert/Jahr Euro
Felgen	80 000	120	9 600 000
Reifen	80 000	50	4 000 000
Schrauben	320 000	0,5	160 000
		Summe	13 760 000

Dann werden 80 % des Jahresbeschaffungswertes errechnet: 80 % von 13 760 000 = 11 008 000 Euro. Die Jahresbeschaffungswerte werden von oben abgezählt, bis die 11 008 000 Euro in etwa erreicht sind, dies sind die A-Teile. Im Beispiel erfüllen die Felgen nahezu diesen Wert, sie sind die A-Teile.
Anschließend werden 95 % des Jahresbeschaffungswertes abgezählt. Man erhält 13 072 000 Euro, sie stehen für die A- und B-Teile. Reifen und Felgen zusammen ergeben ungefähr diesen Wert (13 600 000), sind also A- und B-Teile, die Reifen werden als B-Teil klassifiziert. Der Rest umfasst die C-Teile, die 5 % des Jahresvolumens ausmachen, in diesem Fall die Schrauben. Die Teilezahl wurde bewusst klein gehalten, weshalb die Einteilung relativ grob ist. Dies tut dem Zweck der ABC-Analyse, die wichtigen Teile zu bestimmen und die Aktivitäten zu bündeln, keinen Abbruch.

Die XYZ-Analyse teilt die Teile nach ihrem Verbrauchsverhalten und ihrer Prognostizierbarkeit ein in
- X-Teile, d.h. Teile mit konstantem Verbrauch und guter Prognostizierbarkeit
- Y-Teile mit schwankendem Verbrauch, aber guter Prognostizierbarkeit und
- Z-Teile mit schwankendem Verbrauch und schlechter Prognostizierbarkeit

Beispiele sind Ganzjahresreifen für PKWs (X-Teile), Reifen für Motorräder (Y-Teile, da saisonabhängig) und Reifen, die möglicherweise bei einer größeren Rückrufaktion wegen Qualitätsmängel benötigt werden (Z-Teile).

Bei C-Teilen mit X- oder Y-Verhalten wird vielfach die so genannte **verbrauchsgesteuerte Disposition** angewandt, bei der aufgrund des Verbrauchs der Vergangenheit der zukünftige Teilebedarf prognostiziert wird.

Denkbar für C-Teile ist ferner das so genannte **Bestellpunktverfahren,** bei dem ein Meldebestand Bmelde im Lagerdiagramm festgelegt und im Materialstamm des ERP-Systems hinterlegt wird. Unterschreitet der aktuelle Bestand diesen Meldebestand, erzeugt das ERP-System automatisch einen Planauftrag, der dann vom Arbeitsvorbereiter in einen Fertigungsauftrag oder vom Einkäufer in eine Bestellanforderung umgesetzt wird. Der Meldebestand wird dabei ermittelt, indem man vom Anlieferungszeitpunkt mit der geschätzten Wiedereindeckungszeit rückwärts und dann nach oben zur Verbrauchslinie geht (Bild 19).

Die Wiedereindeckungszeit umfasst bei Kaufteilen die Zeiten für Bestellung, Herstellung, Lieferung, Wareneingangsprüfung und Einlagerung.

■ **Beispiel:**
Beträgt die Wiedereindeckungszeit Tw = 2 Tage, so ermittelt sich der Meldebestand Bmelde mit 1000 + 2 · 500 = 2000 Stück.

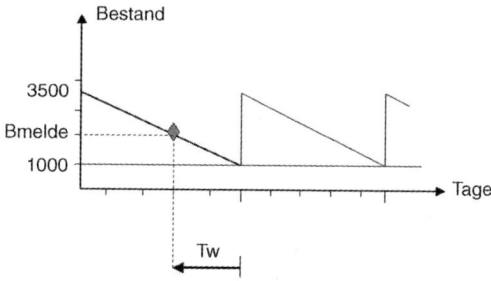

Bild 19. Bestellpunktverfahren

Die Anwendung der Formel setzt voraus, dass Bestellung und Lieferung in derselben Periode erfolgen.
Die **Materialversorgung** der Produktion, also die Auslösung des Nachschubimpulses, kann prinzipiell im Bring- oder im Holprinzip erfolgen.
Beim **Bringprinzip** hat die Disposition die Aufgabe, die aufgrund der Bedarfsermittlung errechneten Ma-

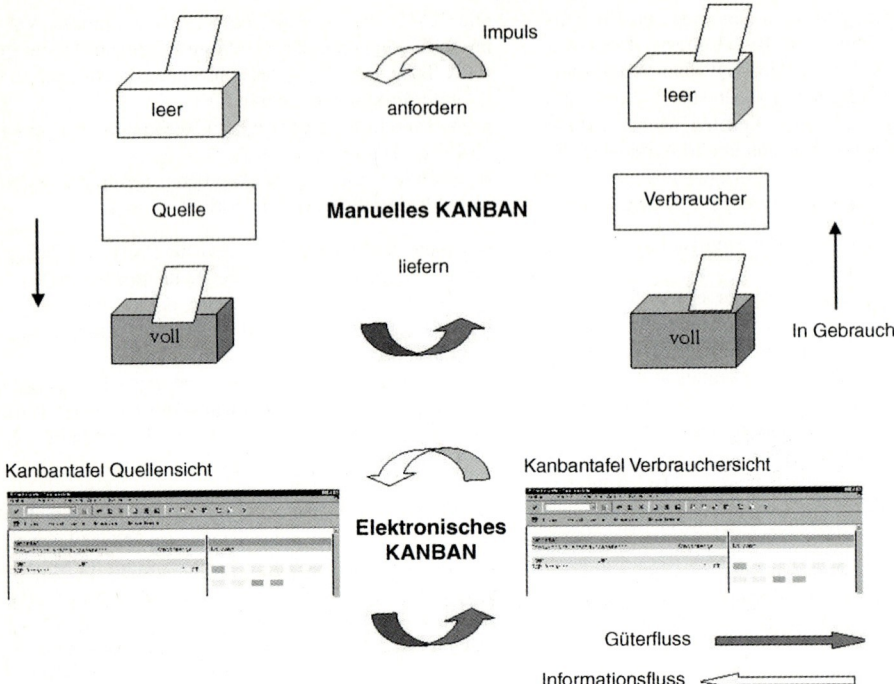

Bild 20. Kanban-Prinzip

terialmengen (z.B. Schrauben) dem Nachfrager (z.B. Montage) bereitzustellen und zu liefern.
Beim **Holprinzip** löst der Nachfrager einen Impuls über benötigte Teile aus, entweder mit einer Karte, seit dem erstmaligen Einsatz bei der Firma Toyota auch als **KANBAN-Verfahren** bezeichnet, oder mit einer Anzeigelampe in der Disposition, auch als **ANDON-Verfahren** bekannt. Die Funktionsweise des weit verbreiteten KANBAN-Verfahrens zeigt Bild 20:
Die KANBAN-Karte enthält die Teilenummer, die anfordernde Stelle (z.B. Montage), die liefernde Stelle (z.B. Kleinteilelager) und die angeforderte Menge (vgl. Wildemann 1997 und Geiger 2000). Die erfolgreiche Einführung von KANBAN ist im Allgemeinen an folgende Voraussetzungen und Regeln gekoppelt:

- Es darf nur angefordert werden, was benötigt wird (keine Vorratsbildung).
- Keine Weitergabe von Ausschuss, sonst droht ein Abreißen der KANBAN-Kette.
- Die Menge der im Versorgungskreis kursierenden Behälter bestimmt die Materialmenge. Durch schrittweises Reduzieren der Behälterzahl in der Einfahrphase versucht man, den Bestand an Teilen zu reduzieren.
- Die Mitarbeiter müssen gegenüber dem Bringprinzip mehr Verantwortung übernehmen.

- KANBAN erfordert im Regelfall relativ konstante Materialströme, wie sie in der Fertigung größerer Serien gegeben sind. Neuere Anwendungen zeigen allerdings zunehmend die Eignung des KANBAN-Prinzips auch bei Kleinserienfertigung.

Eine moderne Form des KANBAN-Verfahrens lässt sich mit dem **elektronischen KANBAN** im System SAP R/3 realisieren. Anstelle der Karte wird dabei eine Bildschirmtafel mit Behältersymbolen verwendet. Auf die Tafel kann über das betriebsinterne Netz oder über das Internet zugegriffen werden (vgl. Bauer 2003).
KANBAN führt zu wesentlich geringeren Beständen im Lager und in der Fertigung. Ferner werden die Durchlaufzeiten verkürzt. Dies erklärt den weit verbreiteten Einsatz in der Industrie. Auf den Einsatz in der Auftragssteuerung zwischen den einzelnen Maschinen wird in Abschnitt 4.2 eingegangen.

2.3 Terminplanung

Im Rahmen der Terminplanung werden die Liefertermine aus der Bedarfsermittlung in genaue Starttermine bzw. Endtermine für die einzelnen Arbeitsgänge umgesetzt.
Zuvor werden die in der Bedarfsermittlung errechneten Mengen für alle beteiligten Produkte durch Fertigungsaufträge repräsentiert.

2 Produktionslogistik mit ERP-Systemen

■ **Beispiel:**
Der Hersteller der Kompletträder wird je einen Fertigungsauftrag eröffnen für die Montage der kompletten Räder, die Fertigung der Felgen und die Fertigung der Reifen. (Die Schrauben benötigen keinen Fertigungsauftrag, sondern eine Bestellanforderung, da sie beschafft werden).

Bei der Eröffnung eines Fertigungsauftrages im Organisationstyp der diskreten Fertigung ist die **Losgröße** festzulegen:
Das am häufigsten eingesetzte Verfahren ist die Andler'sche Losgrößenformel. Die optimale Losgröße ergibt sich demnach aus dem Jahresbedarf Bjahr, den Kosten eines Rüstvorganges pro Los Kr, dem Teilewert zum Fertigungszeitpunkt P und dem Lagerkostensatz L% in % pro Jahr mit

$$\text{LOSGRopt} = \sqrt{\frac{200 \cdot \text{Bjahr} \cdot \text{Kr}}{P \cdot 20\%}}$$

Das Ergebnis ist die kostenminimale Losgröße eines Auftrages, d.h. die Losgröße, bei der die Summe aus Rüstkosten/Jahr und Lagerkosten pro Jahr ein Minimum annimmt. Die so ermittelte Losgröße wird in den Teilestammsatz übernommen und steht dann als Standardlosgröße für die Fertigung und Disposition zur Verfügung.

■ **Beispiel:**
Fertigung von Felgen auf einer Stanzanlage. Jahresbedarf 80 000 Stück. Rüstkosten 200 Euro/Los. Teilewert zum Fertigungszeitpunkt 30 Euro. Lagerkostensatz 20 %. Die optimale Losgröße

$$\text{LOSGRopt} = \sqrt{\frac{200 \cdot 80000 \cdot 200}{30 \cdot 20}}$$
$$= 2309$$

Zur Vereinfachung werden die errechneten Losgrößen auf- oder abgerundet, damit sich glatte Zahlen ergeben, wobei insbesondere Abweichungen nach oben nur eine vernachlässigbare Kostensteigerung ergeben. Wirtschaftlich wäre hier beispielsweise eine Losgröße von 2500.
Der Lagerkostensatz wird wieder mit ca. 15 – 20 % pro Jahr angenommen. Er errechnet sich aus den Jahreskosten Klager des Lagers inclusive der Zinsen, bezogen auf das durchschnittlich im Lager gebundene Kapital Kdurch

L% = Klager · 100/Kdurch

Durchläuft das Los mehrere Arbeitsgänge (Fertigungsstufen), so ergibt sich aufgrund der Einflusswerte jeweils eine andere Losgröße. Da jedoch unterschiedliche Losgrößen pro Arbeitsgang kaum praktikabel sind, muss ein Durchschnittswert der Losgröße ermittelt werden (z.B. am mittleren Arbeitsgang). Bessere Ergebnisse erhält man mit der Methode der gleitenden wirtschaftlichen Losgröße oder mit Hilfe von Simulationsverfahren.
Grundlage der Terminierung ist das **Durchlaufzeitmodell** der Fertigung.

■ **Beispiel:**
Werden 5 Teile eines Loses gefertigt, so liegt der Auftrag zunächst vor der Maschine, bis diese frei wird. (Bild 21). Diese Vorliegezeit ist also durch die Warteschlange verursacht. Sie wird üblicherweise geschätzt. Sobald die Maschine frei ist, wird sie für den Auftrag vorbereitet (Aufrüsten). Anschließend werden die 5 Felgen gefertigt. Nach dem Abrüsten liegt der Auftrag, bis der Weitertransport zum nächsten Arbeitsgang (z.B. Montage) erfolgt.

Fasst man die Zeiten für Auf- und Abrüsten zur so genannten Rüstzeit Tr zusammen und nimmt für die Fertigungszeiten pro Stück die Variable Te (Zeit/Einheit), so errechnet sich die Durchlaufzeit Td für den Arbeitsgang und die Losgröße LOSGR mit

Td = Tvor + Tr + LOSGR · Te + Tnach +
+ Ttrans min/Los

Die Vor- und Nachliegezeiten und die Transportzeiten sind im Arbeitsplatzstamm hinterlegt, die Rüst- und Fertigungszeiten im Arbeitsplan. Die Terminierung erfolgt in Anlehnung an die Methode der Netzplantechnik. Wegen der nun im Vergleich zur Bedarfsterminierung detaillierten Zeitbestandteile wird das Verfahren auch als **Feinterminierung** bezeichnet.

■ **Beispiel:**
Ein Auftrag, bestehend aus 5 Werkstücken (Losgröße = 5) durchläuft 4 Arbeitsgänge. Die Zeitdaten laut Arbeitsplan:

AG	Te Min	Tr Min	Tvor Min	Tnach Min	Ttrans Min	Td Std
10	30	30	240	120	60	10
20	10	70	180	120	120	9
30	20	20	240	60	120	9
40	8	20	240	120	60	8
					Summe	36

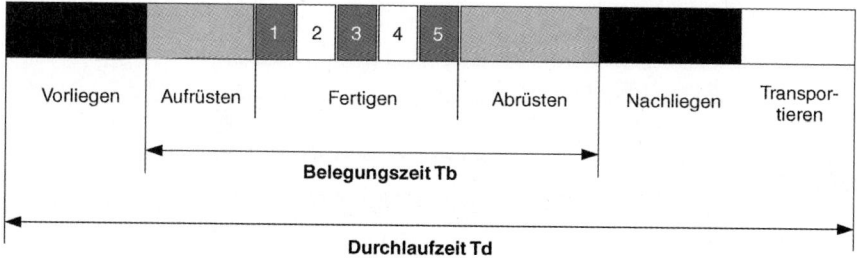

Bild 21. Durchlaufzeitmodell der Fertigung

Die gesamte Auftragsdurchlaufzeit beträgt 36 Stunden. Nimmt man vereinfacht eine verfügbare Kapazität von 8 Stunden pro Tag an (einschichtig, 1 Arbeitsplatz), so erhält man eine Auftragsdurchlaufzeit von 4,5 Arbeitstagen. Ein Beginn am Montag bedeutet dann als frühesten Liefertermin den Freitag. Dieser muss mit dem Wunschtermin (Solltermin) des internen (z.B. Montage) oder externen Kunden abgestimmt werden.

Liegt der Liefertermin später als der vom Kunden gewünschte Solltermin, so sind **Maßnahmen zur Verkürzung der Durchlaufzeit** angezeigt. Es bieten sich an:

- Lossplitting:
Die Auftragsstückzahl (Losgröße) wird auf mehrere Maschinen aufgeteilt und somit parallel bearbeitet. Nachteilig sind die nun entstehenden zusätzlichen Rüstkosten.

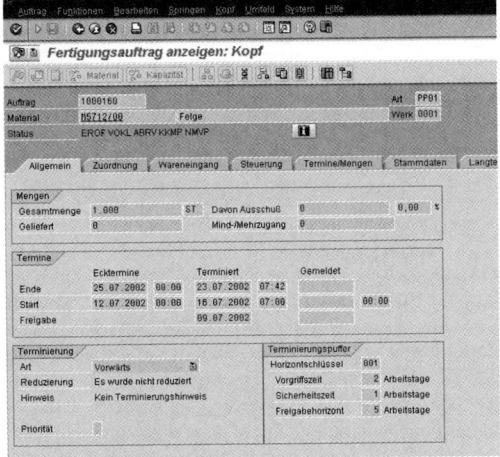

Bild 22. Terminierter Fertigungsauftrag (SAP R/3)

- Überlappende Fertigung:
Der nachfolgende Arbeitsgang beginnt bereits, wenn der Vorgänger noch nicht abgeschlossen ist. Nachteilig ist der organisatorische Aufwand in der Fertigung.

- Reduzierung der Vor- und Nachliegezeiten:
Ein dringender Auftrag erhält eine hohe Priorität durch Vergabe einer Prioritätsziffer, beispielsweise von Priorität 0 (geringste Priorität) bis Priorität 9 (höchste Priorität). Er erhält dann Vorrang vor den anderen in der Warteschlange liegenden Aufträgen. Zur Vergabe von Prioritäten sind verschiedene Verfahren im Einsatz. Diese Maßnahme wird auch als Übergangszeitreduzierung bezeichnet. Da die Gefahr einer zu freigiebigen Prioritätsvergabe durch das Planungspersonal besteht, was Prioritäten grundsätzlich unwirksam macht, wird die höchste Priorität nur in Ausnahmefällen vergeben (Chefpriorität).

- Erhöhung der Kapazität
durch Überstunden, Schichtzahlerhöhung, aber auch durch Fremdvergabe. Die Maßnahme ist in der Regel mit Kosten verbunden (Schichtzuschläge, Überstundenzuschläge).
Wirtschaftlichste Maßnahme zur Durchlaufzeitreduzierung ist die Reduzierung der Übergangszeit durch Prioritätsvergabe. Erst wenn diese nicht ausreicht, ist an Lossplitting, überlappende Fertigung und Kapazitätserhöhung zu denken. Flexible Arbeitszeitmodelle mit Zeitkonten – man spricht dann von der atmenden Fabrik – machen allerdings auch die Kapazitätserhöhung wirtschaftlich.
Die auf dieser Basis ermittelten Termine werden vom ERP-System berechnet und im Fertigungsauftrag ausgewiesen (Bild 22).

■ **Beispiel:**
Am Beipiel des Fertigungsauftrages für die Felgen: Der Auftrag startet am 16.7. und ist am 23.7. beendet. Aufgrund einer voreingestellten Zeitreserve ist er am 25.7. für die Montage verfügbar (Eckendtermin). Dabei ist zum Beginn des Auftrages eine Reservezeit von 2 Tagen (Vorgriffszeit) und am Ende von 1 Tag (Sicherheitszeit) eingerechnet.

In einem Balkendiagramm (GANTT-Grafik) kann der Durchlauf eines Produktes durch die einzelnen Arbeitsplätze übersichtlich dargestellt werden (Bild 23). Am Beispiel der Felge ist der zeitliche Durchlauf als spätester (oberer) bzw. frühester (unterer) Zeitstrahl dargestellt.
Die Einhaltung der dem internen oder externen Kunden einmal zugesagten Termine, auch bezeichnet als OTD (On-Time-Delivery) ist eine zentrale Forderung an die Produktionslogistik.

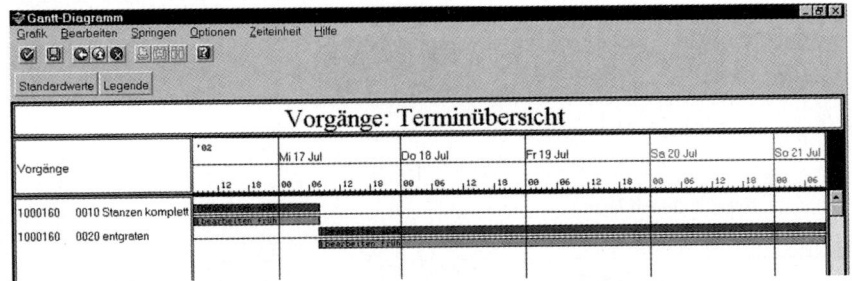

Bild 23. GANTT-Grafik eines Auftragsdurchlaufs (SAP R/3)

2.4 Kapazitätsplanung

Die im vorigen Abschnitt beschriebene Terminplanung erfolgt zunächst ohne Berücksichtigung von Kapazitätsgrenzen, d.h. die Terminplanung erfolgt gegen unbegrenzte Kapazität. Sind die Arbeitsgangtermine in Einklang mit den Sollterminen des Kunden, erfolgt die Einlastung der Belegungszeiten zum Arbeitsgangstart (alternativ zum Arbeitsgangende) in den betreffenden Arbeitsplatz (Maschine) mit

$$Tb = Tr + LOSGR \cdot Te \; min/Los$$

Die Kapazitätsplanung (wie auch die Kalkulation) verwendet also die Belegungszeiten, die Terminplanung dagegen die Durchlaufzeiten.

Die Produktionslogistik muss nun prüfen, ob Kapazitätsengpässe auftreten. Hinweise dazu gibt das Kapazitätsdiagramm der betreffenden Maschine (Bild 24).

Es zeigt die Auslastung (dunkel), freie Kapazitäten (hellgrau) und Überlastungen (grau) in den einzelnen Perioden (Wochen). Beispielsweise ist die Maschine A5711/00/001 in der 29. Woche mit ca. 10 Stunden ausgelastet bei einer Gesamtkapazität von ca. 45 Stunden/Woche. In den übrigen Wochen ist noch keine Kapazitätsbelegung erfolgt.

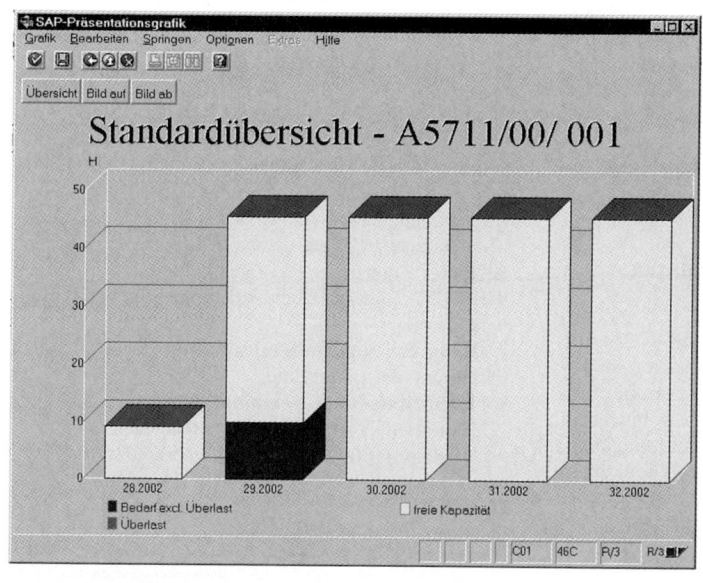

Bild 24.
Kapazitätsdiagramm einer Maschine (SAP® R/3®)

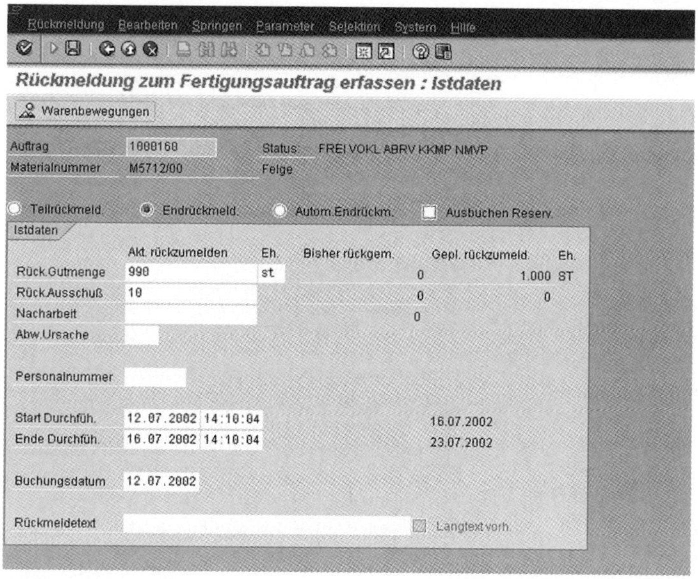

Bild 25.
Rückmeldung im ERP-System (SAP® R/3®)

Für die Produktionslogistik beginnt jetzt der Prozess der **Kapazitätsfeinplanung**, d.h. der Anpassung von Kapazitätsangebot der Maschine an den Kapazitätsbedarf aus den Fertigungsaufträgen, auch als *Glätten des Kapazitätsgebirges* bezeichnet. Geeignete Maßnahmen:
- Verschieben von Aufträgen mit geringer Priorität nach hinten in Kapazitätstäler.
- Erhöhen des Kapazitätsangebotes durch Überstunden, zusätzliche Schichten, Fremdvergabe (vgl. 2.3).
- Ausweichen auf andere Maschinen innerhalb des Unternehmens oder auf Fremdvergabe (vgl. 2.3).

Die erste Maßnahme ist wie bei der Durchlaufzeitverkürzung auch hier die wirtschaftlichste Alternative. Erhöhen der Kapazität einer Maschine ist dagegen mit Zuschlägen verbunden und deshalb kostenintensiv. Das Ausweichen auf andere Maschinen führt unter Umständen zu höheren Fertigungs- und Verwaltungskosten.
Ein Hilfsmittel bei der Durchsetzung der Kapazitätsfeinplanung ist der elektronische Leitstand (vgl. Bauer 2003).

2.5 Rückmeldung und Betriebsdatenerfassung

Aufgabe der Betriebsdatenerfassung (BDE) ist die zeitgerechte Rückmeldung von Betriebsdaten an das ERP-System. Mit dieser Rückmeldung kann die Produktionslogistik rasch auf Störgrößen (Maschinenausfälle, Ausschuss, Terminüberschreitungen) reagieren. Die Produktionssteuerung wird so zur Produktionsregelung.

Zurückgemeldet werden folgende Betriebsdaten:

- Auftragsdaten:
  Auftragsnummer, Beginn oder Ende eines Auftrages, Gutstückzahl bzw. Ausschuss.
- Arbeitsgangdaten:
  Beginn bzw. Ende, Gutmenge, Ausschuss, Ausschussursachen
- Maschinendaten:
  Maschinenummer, Ausfall bzw. Inbetriebnahme
- Personaldaten:
  Werkernummer, Ausfall bzw. Wiederantritt.

Die Rückmeldung kann direkt im ERP-System erfolgen (Bild 25).
Durch spezielle BDE-Terminals (Bild 26) lässt sich die Eingabe vereinfachen. Dazu wird die Auftragsnummer auf dem Arbeitsplan (Laufkarte) als Barcode aufgedruckt und kann dann mit einem Barcodeleser im BDE-Terminal automatisch gelesen werden. Die Werkernummer wird vom Firmenausweis abgelesen, die Stückzahlen dagegen über die Tastatur eingegeben. Diese vereinfachte Bedienung wird allerdings mit erhöhten Investitionen für die BDE-Terminals und deren Vernetzung erkauft.

Bild 26. BDE-Terminal (Kaba-Benzing)

3 Supply-Chain-Management

Die Produktionslogistik hat im Rahmen der Materialbeschaffung und der Belieferung von externen Kunden vielfältige Beziehungen zu Lieferanten und Kunden. Im Ansatz des Supply-Chain-Managements (Lieferkettenmanagement), kurz auch als SCM bezeichnet, versucht man, sowohl Lieferanten als auch Kunden in die gesamte Logistikplanung zu integrieren. SCM umfasst dabei vor allem folgende Aufgaben:
- **Bedarfs- und Bestandsplanung** der Materialien entlang der Lieferkette.
- **Kapazitäts- und Terminplanung** für alle in der Lieferkette vorhandenen Arbeitsplätze.
- **Transportplanung** für die Lieferkette.

■ **Beispiel:**
Beipiele für die Arbeitsweise im SCM:
Die beim PKW-Hersteller vorhandenen Lagerbestände an Kompletträdern werden sowohl dem Radhersteller als auch dem Lieferanten der Radmuttern ohne Zeitverzug mitgeteilt oder verfügbar gemacht. Letztere können ihre Programmplanung zeitaktuell darauf abstimmen.
Der Lieferant der Schrauben und der Hersteller der Kompletträder haben Zugriff auf die Absatzplanung des PKW-Herstellers. Steigert dieser seine Absatzstückzahlen, können die anderen Beteiligten in der Lieferkette sofort reagieren.
Hat der PKW-Hersteller einen kurzfristigen Bedarf an Kompletträdern, kann innerhalb der Lieferkette in allen Lägern nach Teilen gesucht werden, um den Bedarf zu decken. Das am nächsten liegende Lager deckt dann den Bedarf.
Ein Transport vom Lager A des Radherstellers zum PKW-Hersteller kann mit einem Transport, z.B. des Lieferanten der Schrauben zusammengelegt werden. So lassen sich Transportkosten einsparen.

Die Unternehmen in der Lieferkette werden wie ein virtuelles (scheinbares) Gesamtunternehmen behandelt und gesteuert. Die in 1.2 genannten Funktionen beziehen sich in gleicher Weise auch auf dieses virtuelle Unternehmen. Unterstützt wird dies durch spezielle SCM-Software, beispielsweise APO® (Advanced Planner and Optimizer) der SAP AG. Die Planungsergebnisse werden allen Beteiligten zeitaktuell zugänglich gemacht. Allerdings erfolgt die Planung in der

Lieferkette mit gröberen Daten als im ERP-System. Statt einzelner Produkte werden in der Lieferkette Produktgruppen, statt einzelner Maschinen Maschinengruppen oder Werke beplant.

Die Ergebnisse der Lieferkettenplanung gehen dann als Informationen in die ERP-Systeme des Lieferanten, des Herstellers und des Kunden ein und werden dort auf den einzelnen Betrieb heruntergebrochen.

Grundvoraussetzung für das Funktionieren von SCM ist eine leistungsfähige Internetanbindung der Unternehmen und die Bereitschaft, seine innerbetrieblichen Planungsdaten offen zu legen.

Die Hauptvorteile von SCM:

- Kürzere Durchlaufzeiten.
- Bessere Termineinhaltung.
- Geringere Bestände und Lagerkosten.
- Bessere Kapazitätsausnutzung.
- Geringere Transportkosten.

SCM erfordert allerdings stabile und verlässliche Beziehungen zu Lieferanten und Kunden. Unzuverlässige Lieferanten werden abgelehnt, was letztlich zu einer Konzentration auf wenige Hauptlieferanten führt (Lieferantenkonzentration).

4 Spezielle Steuerungsmethoden in der Produktionslogistik

4.1 KANBAN-Fertigung

Die in der Materialversorgung dargestellte KANBAN-Steuerung kann gleichermaßen zur Auftragssteuerung innerhalb der Fertigung angewandt werden.

Zwischen Vorgänger- und Nachfolgerarbeitsplatz (das können auch ganze Arbeitsplatzgruppen sein) wird dazu ein KANBAN-Regelkreis eingerichtet. Der Nachfolgerarbeitsplatz fordert die benötigten Teile, wie bereits in 2.2.2 beschrieben, mit der KANBAN-Karte an. Der Nachfrageimpuls beginnt dabei im Versandlager. (Bild 27, rechts). Von dort geht eine KANBAN-Karte mit leerem Behälter (Nummer 1) an die Montage, dieser wird aufgefüllt und wieder an den Absender transportiert. Die Montage fordert ihrerseits Teile von den vorhergehenden Arbeitsplätzen an (Regelkreis 2). Der Versand zieht also die geforderte Menge aus der Fertigung. Hieraus erklärt sich die Bezeichnung **Pull-Prinzip**.

Da der Impuls zur Fertigung einer Serie vom Vertrieb oder vom Kunden ausgeht, bezeichnet man dies auch als **production on demand** (Fertigung auf Anforderung).

Die Nummern in den Behältersymbolen stehen für den jeweiligen Regelkreis.

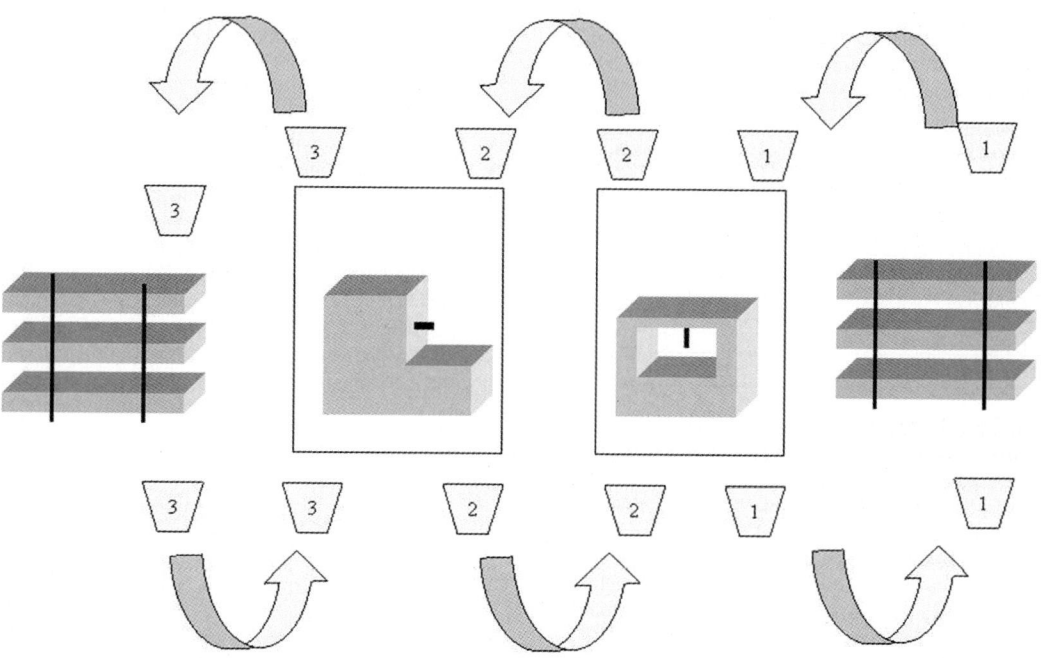

Bild 27. KANBAN-Fertigung

4.2 Belastungsorientierte Auftragsfreigabe

Der Grundgedanke der **belastungsorientierten Auftragsfreigabe** (BOA) geht von der Erkenntnis aus, in die lange Warteschlange einer stark belegten Maschine nicht noch weitere Aufträge einzureihen (vgl. Wiendahl 1992). Dazu legt man vorher pro Maschine eine Belastungsgrenze fest.

Überschreiten die Belegungszeiten der wartenden Aufträge und des gerade bearbeiteten Auftrags diese Belastungsgrenze, werden keine neuen Aufträge freigegeben, sie verbleiben quasi im Planungsbestand (*in der Schublade*) des Logistikers. BOA führt zu einer Reduzierung der Durchlaufzeit (die ja mit dem Eintreffen in der Warteschlange beginnt) und schont die liquiden Mittel durch späteren Kauf von Material, keine Vorfinanzierung der Löhne und weiterer Kosten. Zur Festlegung der Belastungsgrenze siehe z.B. Wiendahl 1992 und Bauer 2003.

4.3 Steuerung mit Fortschrittszahlen

Die Steuerung mit Fortschrittszahlen ist ein vereinfachtes Steuerungsverfahren, das insbesondere zwischen PKW-Herstellern und ihren Zulieferanten verwendet wird. Beide Partner führen ein Fortschrittszahlendiagramm, in dem der Lieferant seine gefertigten Stückzahlen kumuliert (Iststückzahl). Die vom PKW-Hersteller bestellten Stückzahlen werden gleichfalls kumuliert eingetragen. Zwischen beiden Partnern wird ein fester Mengenrückstand vereinbart (Abstand zwischen Soll- und Iststückzahl), der möglichst eingehalten werden soll. Wird der Abstand zwischen Soll- und Istzahl größer, reagiert das Lieferunternehmen mit einer Erhöhung der Produktionsstückzahl und umgekehrt.

■ **Beipiel:**
Der PKW-Hersteller (Kunde) ruft folgende Mengen ab (Soll):

	bestellt (Soll)	gefertigt (Ist)
Montag	1 000	0
Dienstag	500	500
Mittwoch	1 000	500
Donnerstag	1 100	1 000
Freitag	400	600

Die kumulierten Stückzahlen ergeben die Sollfortschrittszahlen (Bild 28). Die produzierten und gelieferten Stückzahlen werden mit einem Tag Zeitrückstand laut Istfortschrittszahlenkurve erfasst. Der Mengenrückstand wird laufend überwacht, die gefertigte Stückzahl gegebenenfalls angepasst.
Anstatt eines Mengenrückstandes kann auch ein Mengenvorlauf (Istmenge liegt über Sollmenge) vereinbart werden.
Der Hauptvorteil der Fortschrittszahlensteuerung liegt in der einfachen Auftragssteuerung beim Lieferanten. Das Verfahren setzt allerdings möglichst gleichmäßige Mengenströme und verlässliche Beziehungen zwischen Lieferant und Besteller voraus, wie sie in der Automobilindustrie gegeben sind.

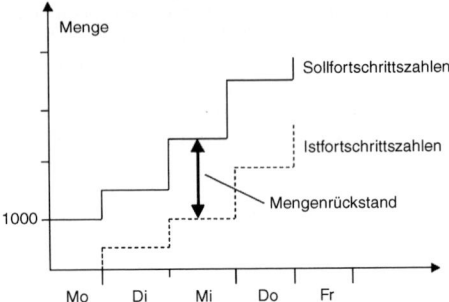

Bild 28. Fortschrittszahlensteuerung

5 Logistikcontrolling

Der Produktionsvollzug in Form der Auftragsabwicklung ist zu überwachen, eine Aufgabe, die im engeren Sinne als Logistikcontrolling bezeichnet werden kann. Dazu wird eine Instanz *Produktionscontrolling*, z.B. als Stabstelle bei der Produktionsleitung oder beim Controlling des Unternehmens geschaffen. Das Controlling ist dabei keinesfalls nur als Kontrolle zu verstehen. Vielmehr ist diese Stelle aktiv an der Planung optimaler Abläufe in der Produktion beteiligt.
Folgende Aufgaben werden dem Produktionscontrolling zugewiesen:

- Das Termin- und Durchlaufzeitcontrolling.
- Das Kapazitätscontrolling.
- Das Bestandscontrolling.
- Das Kosten- und Wirtschaftlichkeitscontrolling.

Leistungsfähige ERP-Systeme stellen Informationen zur Beurteilung der Auftragsabwicklung zur Verfügung. Beispiel hierfür ist das Produktionsinformationssystem im ERP-System R/3 von SAP (Bauer 2003). Beispielsweise lassen sich damit Abweichungen der Durchlaufzeit von Aufträgen erkennen (Bild 1, linke Spalte). Dazu wird die Soll-Durchlaufzeit mit der Ist-Durchlaufzeit verglichen.

```
Anzahl Auftrag: 4
```

Auftrag	S-DLZ	I-DLZ
Gesamt	6 TAG	2 TAG
000001000412	5 TAG	1 TAG
000001000413	5 TAG	1 TAG
000001000420	9 TAG	1 TAG
000001000429	5 TAG	5 TAG

Bild 29. Durchlaufzeitüberwachung (SAP R/3)

Das Produktionsinformationssystem in SAP R/3 ist Teil eines umfassenden **Logistikinformationssystem (LIS)**. Damit erhält die Unternehmensleitung ein wirksames Instrument zur Unternehmensführung und zur Rationalisierung der betrieblichen Logistik (vgl. Bauer 2003).

Literatur

Bauer, J.: Produktionscontrolling mit SAP®-Systemen, Effizientes Controlling, Logistik- und Kostenmanagement moderner Produktionssysteme, Wiesbaden 2003

Bauer, J.: Shop-Floor-Controlling, Prozessorientiertes Controlling zur Sicherung einer wettbewerbsfähigen Produktion, Zeitschrift für Unternehmensentwicklung und Industrial Engineering, 1/2002

Geiger, G.; Hering, E.; Kummer, R.: Kanban. Optimale Steuerung von Prozessen, München, 2000

Glaser, H.; Geiger, W.; Rohde, V.: PPS-Produktionsplanung und -steuerung, Wiebaden 1991.

Hahn, D.; Lassmann, G.: Produktionswirtschaft, Controlling industrieller Produktion, Bd. 1 u. 2, Heidelberg 1999.

Kaplan, R.; Norton, D.: Balanced Scorecard, Boston, 1996.

Porter, M.: Wettbewerbsstrategie, Frankfurt/M, 1992.

Teufel, T.; Röhricht, J.; Willems, P.: SAP®-Prozesse: Planung, Beschaffung und Produktion, München 2000.

Wiendahl, H.P. (Hrsg.): Anwendung der belastungsorientierten Fertigungssteuerung, München 1992

Wildemann, H.: Flexible Werkstattsteuerung, computergestütztes Produktionsmanagement, München 1984.

Wildemann, H.: Produktionscontrolling, systemorientiertes Controlling schlanker Unternehmensstrukturen, München 1997.

www.pepperl-fuchs.com

■ Als weltweit agierender Anbieter von Automatisierungskomponenten „steuert" Pepperl+Fuchs weiter auf Erfolgskurs. Mit über 7000 Produkten für die Prozess- und Fabrikautomation tragen wir dazu bei, Signale sicher zu empfangen und neue Impulse zu setzen.

Gerne beantworten wir Ihre Fragen.

Pepperl+Fuchs GmbH
Königsberger Allee 87 • 68307 Mannheim
Telefon 0621 776-0 • Fax 0621 776-1000
E-Mail: info@de.pepperl-fuchs.com

PEPPERL+FUCHS
SIGNALE FÜR DIE WELT DER AUTOMATION

Sachwortverzeichnis

0,2%-Dehngrenze $R_{p0,2}$ E108
0,2-Dehngrenze D8
3-Achsen-Bahnsteuerung O64
5-Achsen-Bahnsteuerung O64
a, t-Diagramm C44, C45

A
ABC-Analyse T9
Abflächmesser N29
Abgasbestandteil L102
Abgasgrenzwert L102
Abgasrückführung L104
Abgasturboaufladung L114
Abgasturbolader L114
Abkanten M20, M21
Abkühlgeschwindigkeit, kritische E34, E36
Abkühlkurve E31
Abkühlung, kontinuierliche E37
Abkühlungsschwindung M1
Abkühlungsverlauf E27
Abkürzung E1
Ablaufabschnitt S22
Ablaufkette Q49
Ablauforganisation S1
Ablaufsteuerung K23, Q3
Ableitung A109
Ableitungsfunktion A109
Abminderungsfaktor D59, D60
Abplattung D80
Abrasion E100, E103
Abrasivmittel M54
Abschaltdruck L34
Abscherbeanspruchung D7
Abscheren D7, D63
Abscher-Hauptgleichung D63
Abschneiden M12, M33
Abschnittsform A60
– der Geradengleichung A60
Abschroten M33
Absolutbemaßung P8
Absolutes System O70
Absorptionsdämpfer L112
Abszisse A43, A58
Abszissenachse A43
Abtastkopf P3
Abwälzverhältnis I149
ACEA-Spezifikation L107
Achsabstand I147, I151, I152, I160
Achse I77, I83
–, imaginäre A3, A22
–, numerische O66
–, reelle A3, A22
Achsenwinkel I162
Achshalter I56

Achsversetzung I162
Achszapfen I79
Addition A4
–, geometrische D79
–, korrespondierende A29
Additionstheorem A98
Additionsverfahren A31
Additive Zusammensetzung A120
Adhäsion E100, E103
ADI E61
Advanced Planner and Optimizer T14
Aerostatische Führung O48
– Lager O8
Aggregatzustand F12
Agiles Fertigungssystem T3
Ähnlichkeit A86
Ähnlichkeitsmodell H9
Akkumulator G14
Aktivierung, thermische E22
Aktivierungsenergie E22
Aktivkraft N1, N21
Aktor H4
Al-Gusslegierung E65
Alkane E75
Alkene E75
Alkine E75
Al-Knetlegierung E64
–, Erzeugnisform E63
Alldrehzahlregler L95
Allgemeine Form der Kreisgleichung A62
– Gleichung eines Kegelschnitts A65
ALMAR-Kupplung I109
Al-Oxid E88
Alterung E42
Al-Titanat E88
Aluminieren E41
Aminoplaste E77
Amorphe Thermoplaste E81
Amorphes Metall E19
Amperemeter G67
Amplidyne-Maschine G62
Amplitude A96, A97
Amplitudengang R10
Amplitudenverhältnis H18
Analoge Messwerterfassung P4
Analogwertverarbeitung Q53
Analysis A103
Andler'sche Losgrößenformel T11
– Formel T8
ANDON-Verfahren T10
Anergie F19
Anfahrverhalten R32
Anforderungsprofil E2
Anformung D37

Angriffsform, interkristalline E94
–, selektive E94
Ångström B25
Anhängesymbol E63
Anisotropie E20
Ankathete A95
Ankergleichrichter G62
Ankerrückwirkung G51
Ankerstrom G50
Anlassen E38
– eines Motors G50
Anlasser G50
Anlass-Schaubild E38, E56
Anlassversprödung E39
Anlauf G53
Anlaufkondensator G55
Anlaufkupplung I105
Anlaufmoment G56
Anlaufvorgang G57
Anlaufweg N11
Anode G12, G59
Anomalie des Wassers F10
Anregelzeit R35
Anschlagmittel K17
Anschlagsteuerung O63
Anstauchen M33
Anstellbewegung N1
Anstiegsantwort R8
Anstrengungsverhältnis D76, I19, I23
Anti-Blockier-System H2
Antrieb, elektrischer Q26
–, gleichförmig übersetzender O12
–, hydrostatischer K23
–, pneumatischer K22
Antriebsart K21
Antriebselement Q31
Antriebsleistung N22
Antriebsmoment G56
Antriebsturbine L126
Antriebswelle I81
Anwenderprogramm Q42
Anwurfmotor G55
Anziehdrehmoment I43
Anziehfaktor I40, I41
Anziehungskraft B11
API-Klassifizierungssystem L107
Äquatoriales Flächenmoment 2. Grades D23
Äquidistante P28, P30
Äquivalent A27
Äquivalenz-Umformung A26
Arbeit B7, B21, F15
– der Gewichtskraft C57
– des veränderlichen Drehmoments C58
– einer konstanten Kraft C56
– – schrägen Kraft C56
– – veränderlichen Kraft C56
– eines konstanten Drehmoments C58
–, Dissipation F17
–, elektrische G8, G68

–, mechanische C56
–, spezifische F15, F16
–, technische F15
–, Volumenänderung F15
Arbeitsablauf S22
Arbeitsdiagramm für Torsionsstabfeder D67
Arbeitsebene N1, N2, N17
Arbeitsgenauigkeit O2
Arbeitsgestaltung S33
Arbeitsmaschine L1
Arbeitsmessung G67
Arbeitsplan T5
Arbeitsplatz S23, T5
Arbeitsplatzanordnung S23
Arbeitssatz C63, C69
Arbeitsschutz O3
Arbeitsspindel O4
– für eine CNC-Drehmaschine O10
Arbeitssystem S39
Arbeitstisch O48
Arbeitsunterweisung S34
Arbeitsvorbereitung S5
Arbeitsweg N28
Arbeitszylinder mit Kolben O32
Arcus A101
Arcusfunktion A54, A102
Arcussinusfunktion A103
Argument A22
Arithmetik A3
Arithmetische Folge A104
– Reihe A104
Arithmetisches Mittel A104
Armquerschnitt I169
Artikelstamm T4
Artteilung S22
AS-i-Bus Q56
Assoziativgesetz A4
Asymptote A53, A69
Asynchrone Steuerung Q3
Asynchron-Hauptspindelmotoren O22
Asynchronmotor G58
–, Schlupf s G52
Atomare Masseneinheit E13
Atombindung E10
–, polarisierte E11
Atomgewicht E4
Atomkern E4
Atommasse, relative E4, E13
Atommodell E4
Attribut H3
Audit S58
Auditprogramm S58
Aufbau eines Unterprogramms P40
Aufbauorganisation S1
Aufbereitungseinheit Q33
Aufgabengröße R2, R5
Aufhärtbarkeit E38
Aufkohlen E40
Aufladesystem, mechanisches L116

Aufladung L113
–, dynamische L114
Auflagereibkraft C36
Aufnahme für Werkstückspanner O4
Aufnahmekegel I96
Aufruf eines Unterprogramms P40
Aufsteckbauweise K31
Auftragschweißen E103
Auftragsfreigabe, belastungsorientierte T16
Auftragsnetzplan T8
Auftrieb C85
Ausbauchen M28
Ausblendsatz P19
Ausbohren N29
Ausbringungsmenge S48
Ausdruck, unbestimmter A107
Ausfallabstand, mittlerer O2
Ausfalldauer, mittlere O2
Ausfluss aus einem Gefäß C93
– unter Gegendruck C94
Ausflussgeschwindigkeit C93
Ausflussvolumen C94
Ausflusszahl C93
Ausflusszeit C94
Ausführungszeit S32
Ausgangsgröße H3
Ausgleichszeit H18, R19, R20
Aushärtbare Legierung E26, E42
Aushärten E42, E65
Ausklammern A5
Ausknickung von Schrauben-Druckfedern I76
Ausknöpfprobe M50
Auskolkung N4
Auslagern E42
Auslassschlitz L105
Auslassventil L78
Auslegung von Drehmoment und Leistung O4
Ausregelzeit R35
Ausschlagfestigkeit D10, I44
Ausschlagkraft I34, I35, I36, I43
Ausschlagspannung D9, I44
Ausschneiden M15
Außenbordlager I111
Außenleiter G37
Außenräumer N15
Außenverzahnung I149
Außenwinkel A77
Austausch-Mischkristall E23
Austenit E32
Austenitbildner E33
Austenitformhärten E42
Austenitischer Stahl E53, E54
– Werkstoff E33
Austenitisches Gusseisen E61
Austenitisierung E35
Austenitzerfall E32
Autogas L123
Automat, mechanisch gesteuerter O61
Automatenstahl E49

Automatische Werkstückhandhabung O73
Automatischer Werkzeugwechsel P24
Automatisieren Q40
Avogadro'sche Regel E13
Avogadro-Konstante B24, E13
AW-Zusatz E98
Axial-Druckring I143
Axiales Flächenmoment 2. Grades D23
– – für Rechteckquerschnitt D25
– –, Tabelle D30
Axialfaktor I113
Axialfräsen N25
Axial-Gleitlager I139
Axialkolbenpumpe L46
Axialkolben-Verteilereinspritzpumpe L97
Axialkraft D52, I115, I161
– am Schneckenrad I167
– der Schnecke I166
– in der Schraube I35
Axiallager I111, I118
Axiallast I118
Axial-Pendelrollenlager I112
Axial-Rillenkugellager I112, I129, I130
Axial-Sicherungsring D12
Axialverdichter L60
Axialvorschub N25
Axialzustellung N25

B
Bach D75
Backenbremse C41
Bahnkorrektur P28
Bahnsteuerung P11, P12
Bainit E37
Bainitisches Gusseisen mit Kugelgraphit E61
Bainitisieren E38
Balkendiagramm T8
Ballungsregel G23
Bandbremse C41, K29
Bandbremszaum C42
Bär C80, F3
Base E14
Basis A13, A19, A77, G60
Basische Stoffe E14
Basiseinheit B4, B5, B6
Basisgröße B1, B2, B5, B6
Basiswinkel A77
Batterie-Element G13
Batterieumschaltrelais L123
Bauelement K6
–, optoelektronisches G63
Bauform von Transformatoren G45
Baugruppe K34
Baukastenprinzip K2, 4
Baukastensystematik K4
Baukasten-Vorrichtungen O60
Baustahl, unlegierter E46
Bauteil-Fließgrenze I86
Bauverhältnis I102, I135

BBC-Axialgebläse L62
BDE-Terminal T14
Beanspruchung D5
–, thermische E2
–, tribologische E2
–, zusammengesetzte D8
Beanspruchungsgrad E105
Beanspruchungsgruppe K3, K38, K39, K40
Beanspruchungskollektiv E96
Bearbeitungsplan P11
Bearbeitungszentrum (BAZ) zur Komplettfertigung O71, O77
Bearbeitungszugabe M1
Becherwerk I81, K56
Bedarfsermittlung T7
Bedarfsterminierung T8
Bedienerführung O65
Befehlsausgabe Q49
Befestigungsschraube C36, I33
Behandlung, thermomechanische E42
Beharrungsvermögen B1
Beharrungszustand R7
Beißschneiden M12
Beizen I10
Beizsprödigkeit E30
Belastung, äquivalente I124
–, dynamische D9
–, schwellende D10
–, statische D9
–, wechselnde D10
Belastungsfall D9
Belastungsgrenze T16
Belastungskollektiv K35
Belastungsnachweis D16, D22, D64, D66
Belastungsorientierte Auftragsfreigabe T16
Belegungszeit T13
Beleuchtung, erforderliche G40
Beleuchtungsstärke B24, G39, G63
Beleuchtungstechnik G39
Bemaßung mit Hilfe von Tabellen P9
Bensonkessel L14, L15
Benzol E75
Berechnung des Leitungsquerschnitts G35
Berechnungsgrundsatz K39
Bernoulligleichung C90, C91
Bernoulli'sche Druckgleichung C89, C90
Berührungsfläche D70
Beschaffenheit S52
Beschaffung S2
Beschichten E104
Beschichtung von Werkzeugen E57
Beschleunigung B9, B10, C45
– frei rutschender Körper C62
Beschleunigungsarbeit C58
– der konstanten resultierenden Kraft C57
Beschleunigungseinrichtung L85
Beschleunigungsklopfen L81
Beschleunigung-Zeit-Linie C45
Beschneiden M19

Bestandsdiagramm T6
Bestandsplanung T6
Bestellanforderung T7, T8
Bestellpunktverfahren T9
Bestimmtheit, statische C26
Bestimmungsgleichung, graphische Lösung A55
Betrag B1
Betriebsart Q49
Betriebsdaten T14
Betriebsdatenerfassung (BDE) T14
Betriebsfaktor I114, I158
Betriebsfestigkeitsnachweis K39
Betriebskondensator G55
Betriebskraft I33, I34, I35
Betriebskraftverhältnis I40
Betriebslagerspiel I135
Betriebsnachgiebigkeit I38, I39, I40
Betriebsorganisation S1
Betriebsspiel I140
Betriebssystem Q42
Betriebstemperatur I136
Betriebswälzkreis I152
Bewegung auf geradliniger Bahn B9
– des Punktes auf der Kreisbahn C48
–, geradlinige C44, C59
–, gleichförmige B9
–, gleichförmige C44
–, gleichmäßig beschleunigte auf der Kreisbahn C49
–, gleichmäßig beschleunigte oder verzögerte C44
–, Grundgleichung für gleichmäßig beschleunigte C45
–, harmonische C53
–, ungleichförmige C44
Bewegungsdaten T5
Bewegungsdifferentialgleichung H14
Bewegungsenergie C63
– bei Drehung C69
Bewegungslehre C44
Bewegungsschraube C36, I48
– mit Spitz- und Trapezgewinde C36
–, Wirkungsgrad C36
Bewertungsgruppe I15, I20
Bezeichnung der Cu-Werkstoffe E66
– der Gusseisensorten E61
– der NE-Metalle E62
Bezeichnungssymbole für die Gießart E62
Bezeichnungssystem für Stähle E43
Bezirksleitung G38
Bezugsebene N2
Bezugsprofil I148
Bezugspunkt P6
– im Arbeitsbereich einer CNC-Werkzeugmaschine P6
Bezugspunktverschiebung P6
Bezugsschlankheitsgrad D60
BF-Glühen E35
BG-Glühen E35
Biegebeanspruchung D7

Biege-Dauerfestigkeitsschaubild D14
Biegedruck D62
Biegehauptgleichung D22, D23
Biegekraft M23
Biegelinie D20, D38, D41, D43, D48
–, Neigung D43
Biegemoment D8, D21, D32, D33, D34, D35, D36
Biegemomentengleichung D41
Biegen M20
Biege-Schwellfestigkeit D10
Biegespannung D20
Biegespannungsbild D73
Biegestanzen M21
Biegeträger I18
– mit Axialkraft D48
– – räumlichem Kraftangriff D49, D50
– von gleich bleibendem Querschnitt D45
Biegeumformen M20
Biegeversuch E82
–, technologischer E111
Biegewechselfestigkeit E110
Biegezug D62
Biegung D7, D20
– und Torsion D76, D77
–, einfache D20, D21
–, reine D21
–, schiefe D21
Biegungsart D20, D21
Bildmenge A43
Bildung von Makromolekülen E75
Bildungsenthalpie E17
Bimetallventil L78
Binärsystem A13
Bindefestigkeit I11
Bindigkeit E11
Bindungskraft E10
Binom A6
Binomische Formel A6
Binomischer Satz A7
Bioalkohol L124
Biodiesel L124
Bivalent L123
Black Box H3
Blattfeder I61, I62
Blechdickensumme D72
Blei E73
– -Akkumulator G14
Bleisammler G14
Blende C92
Blindfaktor G32
Blindleistung G31
Blindniete I25
Blindspannungsfall G30, G31
Blindstrom G31
Blindstromzähler G68
Blindwiderstand G29, G31
–, induktiver G30
–, kapazitiver G30
Blindwiderstand, Parallelschaltung G31

Blockdarstellung R4
Blockschaltbild H17
Blockseigerung E29
Blockstruktur R5
Blocksymbol R16, R22, R25, R26, R27
BOA T16
Bockgerüst, dreibeinig C15
Bode-Diagramm H18, R10, R13, R14, R16, R19, R20, R23, R25, R26, R27, R29, R34, R35
Bodenkraft C85
Bogen A83
Bogenlänge A101, A121
Bogenmaß A101
Bogenspandicke N1, N2
Bogenstück C98
Bogenzahn I165
Bogenzahnkupplung I107
Bohren N26
Bohrmoment N27
Bohrstange N29
Bohrzyklus P38
Boltzmann-Konstante B24
Bolzen D64, I54
Bolzengewinde I52
Bolzensicherung I55, I56
Bolzenverbindung I54
Borcarbid E88
Borieren E41, E103
Bornitrid BN E88, E99
–, kubisches E57
Bo-Wex-Bogenzahnkupplung I107
Brechen M12
Breitband-Lambda-Sonde L104
Breite M33
Breitenverhältnis I156
Breitführung O37
Bremsband C42
Bremse C41, K27
Bremsförderer K59
Bremsmoment G67
Bremsscheibe C42
Bremsung G58
Bremswegberechnung A121
Bremszaum C41, C42
Brennpunkt A66, A68, A70
Brennschneiden M51
Brennstoff L2
Brennstoffzelle L124
Briggs A21
Briggs'scher Logarithmus A19
Brinellhärte E106
Bringprinzip T9
Brooken K17
Bruch A9
Bruch, gleichnamiger A10
–, ungleichnamiger A10
Bruchdehnung D6, E82, E108, K14
Brucheinschnürung E108
Bruchfestigkeit D8

Bruchhypothese D75
Bruchlast K14
Bruchschreibweise A12
Bruchspannung E82
Brückenschaltung G59
Bruttoprimärbedarf T7
Buckelschweißen M50
Bussystem Q55

C
Candela B24, G39
Carbidbildner E34
Carbide E24, E34
Carbonitrieren E40
Carbonyl-Verfahren E86
Carnot-Prozess F29
CCMC-Spezifikation L107
Celsius-Skala F2
Celsius-Temperatur B22
Cetanzahl L82
Chaotische Lagerung T6
Chemisches Gleichgewicht E16
Chromieren E41
Chromstahl E34
cih-Motor L76
Closed-Deck L69
CMC E89
CNC – Computerized Numerical Control O64
– -Außenrundschleifmaschine O78
– -Bearbeitungszentren O79
– – zum Flachschleifen O82
– -Drehmaschine P1
– -Fahrständermodule O82
– -Fräsmaschine P1
– -Programm P19
– -Stangenbearbeitungszentrum O71
– -Steuerung O65
– -Werkzeugmaschine P1
CO_2-Laser M48, M49
Codebaustein Q42
Common-Rail-Verfahren L100
Composite E89
Comprex-Lader L116
Computerized Numerical Control P1
Connex-Stift I55
Container K20
Copolymer E74
$\cos \alpha$ A95
Cost Center T2
$\cot \alpha$ A95
Coulomb'sche Gleichung E14
Cremonaplan C29
Croning-Verfahren M4
Culmann'sche Gerade C11
CuNi-Knetlegierung E71
CuNiZn-Knetlegierung E72
Curtisrad L22, L24
Cu-Sn-Legierung E71
Cu-Sorte, niedriglegierte E68

Cu-Zn-Gusslegierung E69
CuZn-Knetlegierung E69
CVD-Verfahren E104

D
d' Alembert, Prinzip von H13
Dachführung O36
Dahlander-Schaltung G62
d'Alembert, Satz von C65
– -Kraft B16
Dampfart L9
Dampfaustritt L20
Dampfdurchsatz L19
Dampfeintritt L19
Dampferzeugung L9
Dampfgeschwindigkeit L16
Dampfpumpe L44
Dampftafel L10
Dampfturbine L16
Dampfüberhitzer L11
Dämpfung I62
Dämpfungsgrad H14
Dämpfungskrafterregung O56
Darstellung, goniometrische A22, A23
Datenbasis T4
Datenbaustein Q42
Datentyp Q47
Dauerfestigkeit D9, D10, E111, I19
Dauerfestigkeitsdiagramm I75
– für kaltgeformte Druckfedern I74
Dauerfestigkeitswert D10
Dauermagnet G15
Dauerstandfestigkeit D8, D9
Dauerversuch E110
Deckelöler I142
Deckschicht E94
Defektelektron G3
Definition der Sekunde B6
– des Kilogramms B6
– – Meters B5
Definitionsgleichung B3, B20
Dehnen I90
Dehnschraube I36, L73
Dehnungshypothese D75
Deka B25
Detergentien E98
Determinante A31
–, n-reihige A31
–, zweireihige A31
Deterministische Disposition T9
Dezi B25
Dezimalschreibweise A11
Dezimalzahl A12
DHV-Naht I13
Diagramm Q4
Dichte B11, B21
Dichtung I115, I142
Dielektrischer Verlust G25
Dielektrizitätskonstante B23

Dieselkraftstoff L82
Dieselmotor, Arbeitsweise L92
–, Starthilfseinrichtung L101
Dieselregelung, elektronische L96
Differentialgleichung H8
Differenz A4
Differenzbremse C41
Differenzenquotient A108, B8
Differenzialrechnung A103, A108
Differenziationsregel A109
Differenzierglied H20
Diffundieren G3
Diffusion E23
Diffusionsglühen E36
Diffusionskonstante E23
Diffusionsspannung G3
Digital-absolutes Wegmesssystem P3
Digitale Messwerterfassung P2
Digitales Signal Q9
Digital-inkrementales Wegmesssystem P3
Dilatometerkurve E31
Dilemma der Materialwirtschaft T2
Dimension B20
– einer Größe B3
Dimensionierung von Wellen und Achsen I83
DIN-Rad I150
Diode G59, G60
Diodenlaser M48
Dipol E11
–, molekularer G25
Direktanlauf G53
Direkte Wegmessung P2
Direkteinspritzung L91, L92
–, luftverteilende L92
–, wandverteilende L93
Direkthärten E40
Disjunktive Normalform Q15
Diskrete Fertigung T2, 3
Dispersantien E98
Disposition, deterministische T9
Dissipationsenergie F16
Dissoziation, elektrolytische E14
Distanzhülse I80
Distanzring I143
Distributionstechnik K2
Distributivgesetz A4
Divergenz A106
Dividend A4
Division A4
Divisionskalkulation S6
Divisor A4
Dochtöler I142
dohc-Motor L76
Dokumentationsanforderung S53
Doppelbackenbremse K28
Doppelbindung E11
Doppel-Gelenk I80
Doppelkäfigläufer G53
Doppelkegel A65

Doppellasche I26
Doppelschluss-Generator G48
– -Motor G51
Dornen M33
Dotieren G3
Drachen A82
Drahtbruchsicherheit Q57
Drahtglühkerze L101
Drahtseil K6
Drahtsicherung I32
Drall C70
D-Regler R30
Dreharbeit einer Tangentialkraft C58
Dreheisen-Messgerät G64
Drehen N1, P27
Drehenergie C69
Drehfeder I61, I62, I63
Drehfeld G52
Drehflankenspiel I147
Drehflügelpumpen L47
Drehfrequenz B20
Drehimpuls C70
Drehkolbengebläse L106
Drehkolbenverdichter L57
Drehkondensator G27
Drehkraftwirkung B18, C2, C10
Drehmeißel N3
–, Winkel N3
Drehmoment C2, G49
Drehmomentenkennlinie von Motoren G56
Drehpunkt C9
Drehrichtung, Umkehr G51, G55
Drehschwingungsdämpfer L74
Drehspul-Messgerät G64
Drehstabfeder I62, I71
Drehstrom G68
– -Asynchronmotor K22
– -Asynchronmotor, stufenlos stell- und regelbarer O21
–, Dreiphasenwechselstrom G33
–, Erzeugung G33
–, Leistung G34
Drehstromgenerator G33, L121, L122
Drehstrom-Kommutatormaschine G62
Drehstromleitung, längere G36
Drehstrommaschine als Motor G52
Drehstrommotor, Einphasenbetrieb G55
Drehstromsynchronmotor, permanenterregter O22
Drehstromtransformator G45
Drehstrom-Vierleitersystem G38
Drehstrom-Wirkleistung G34
Drehstrom-Zuleitung, kurze G36
Drehung A88, C74
– des Körpers C57, C59
Drehwinkel C49, C51, C52
Drehwucht C69
Drehzahl B20, G28
–, spezifische L39, L52
Drehzahlbereich O3

Drehzahlfaktor I120
Drehzahlplan nach Germar O16
Drehzahlregelung L51, L59
Drehzahlregler L95
Drehzahlsteuerung G50
–, stufenweise G62
Drehzyklus P39
Dreieck A77, A84
– -(Trapez-)blattfeder I61
–, ähnliches A88
–, gleichschenkliges A77
–, gleichschenklig-rechtwinkliges A78
–, gleichseitiges A77
–, Grundkonstruktion A80
–, rechtwinkliges A77
–, spitzwinkliges A77
–, stumpfwinkliges A77
Dreiecksberechnung, Grundaufgabe A99
Dreiecksfläche A84
Dreiecksungleichung A77
Dreiecksverband C24
Dreiecksverkettung G34
Dreieckumfang C18
Dreikräfteverfahren C10
–, Arbeitsplan C11
Dreipunktregler R21
Dreistoff-Lagerschale I142
Dreiwege-Katalysator L103
Dreizugkessel L12
Drillbiegung D21
Drillungswiderstand D68
Drosselklappe L84
Drosselregelung L59
Drosselung F30
Drosselzapfendüse L100
Druck D7, F2
– und Biegung D74
–, absoluter F3
–, exzentrischer D74
–, hydrostatischer C82
–, Messung des statischen C91
–, relativer F3
–, statischer C91
Druckabfall C94, C95
– in der Abzweigung C96
Druck-Ausbreitungsgesetz C82
Druckbeanspruchung D7
Drücken M29
Druckfeder I72, I75
Druckgefälle L17
Druckguss M10
Druckgusswerkstoff E93
Druckhöhe C84
–, statische C90
Druckkraft auf gekrümmte Flächen C82
Druckluftantrieb K22
Druckluftmotor Q32
Druckmessung C91
Druckmittelpunkt C85

Druckpumpe L43
Druckstab I28
Druckstufung L25
Druckübersetzung C83
Druckumformen M20
Druckumlaufschmierung L108
Druckventil L95, Q31
Druckverlauf bei Flüssigkeitsreibung I131
Druckverteilung durch Gewichtskraft C84
Druckwellenaufladung L116
Dual-Code O70
Dualschreibweise A13
Dualsystem A13
Dualzahl A13
Duplexpumpe L44
Durchbiegung D38, D40, D41, I61
– einer abgesetzten Welle D44
Durchbiegungsgleichung D40, D41
Durchdringungsverbund E90
Durchfluss L30
Durchflussgleichung C88
Durchflutung G16
Durchgangsbohrung I37, I51
Durchgangsdrehzahl L33
Durchhärtung E38
Durchlaufschmierung I141
Durchlaufzeit T11
Durchlaufzeitmodell T11
Durchlochen M33
Durchmesser A83
Durchmesserverhältnis I90
Durchschlagsfestigkeit G25
Durchschnittsgeschwindigkeit B8, C44
Durchstrahlungsverfahren E112
Durchvergütung E38
Durchziehen M24
Durchzugskraft N16
Duroplaste E77
–, faserverstärkte E79
Düse C92, L31
Düsenhalter L100
DV-Naht I13
Dynamik C43
– der Drehung C66
– – Flüssigkeiten C87
– – Verschiebebewegung C60
Dynamisches Grundgesetz C60, C61
– – für den freien Fall C61
– – – die Drehung C66
– – – horizontale Beschleunigung mit Reibung C61
– – – vertikale Beschleunigung ohne Reibung C61
Dynamometer G65

E

Ebenenauswahl P18
Eckenwinkel N4
Eckstoß I13
Edelstahl E43

Effekt, piezoelektrischer H7
–, reziproker piezoelektrischer H7
Effektivleistung L65
Effektivwert G28
Eigendiagnose L91
Eigenkapital-Rentabilität S49
Eigenkreisfrequenz H14, O56
Eigenschaft, technologische E2
Eigenschaftsprofil E2
–, austenitische Stähle E54
–, ferristische Stähle E54
–, keramische Stoffe E87
–, Lagermetalle E101
–, Polymere E76
Eigenschaftsvergleich Metall - Polymer - Keramik E3
Eigenverstärkung E83
Einbahnverkehr C7
Einbaumaße für Kugellager I115
Einbauregel I114
Einbauspiel I140
–, relatives I140
Einbrandkerbe I16
Eindringverfahren E113
Einfachhärten E40
Einfach-Käfigläufer G53
Einflussfaktor I84
Eingangsgröße H3
Eingießteil O55
Eingriffslänge I149, I160
Eingriffsnormale I146
Eingriffsstrecke I160
Eingriffsverhältnis I163
–, Schnecke I166
Eingriffswinkel I148, I149, I151
Einhärtbarkeit E38
Einheit B1, B4, B20, C1, C43, C81, D1, E1, S52
–, abgeleitete B5
–, hergeleitete B5
–, imaginäre A22
–, kohärente B5, B7
–, nicht kohärente B5
–, zulässige B20
Einheitensystem B1
–, internationales B5
Einheitsbohrung I3
Einheitskreis I152
Einlagerungs-Mischkristall E23
Einlagerungsstruktur E24
Einlassschlitz L105
Einlassventil L78
Einlegepassfeder I89
Einmassenschwinger H10
Einmetallkolben L72
Einphasenbetrieb von Drehstrommotoren G55
Einphasen-Einwegschaltung G59
– -Käfigläufer G55
– -Reihenschlussmotor G55
Einpressen I97

Einpresskraft I92, I97
Einrichtmikroskop P8
Einsatzhärten E40, E103
Einsatzhärtetiefe E40
Einsatzstahl E49
Einschaltdauer, prozentuale G59
Einschaltstrom G50, G53
Einscheibenkupplung I110
Einschienenkreisförderer K65
Einschraubende I31
Einschroten M33
Einseilgreifer K18
Einsetzungsverfahren A30
Einspindel-Revolverdrehautomaten O61
Einspritzanlage L86
Einspritzbeginn L100
Einspritzdüse L100
Einspursystem L122
Einstechen N35
Einstellregel R36, R38
Einstellwinkel I96, N1, N2, N4
Einteilung der Stähle E43
Eintreiben von Keilen C78
Einwegschaltung G59
Einzelkraft B17
– im Raum C14
–, resultierende B18
Einzelpolgenerator L121
Einzelspannungsnachweis I18
Einzeltellerfeder I64, I67
Einziehen M28
Eisen-Kohlenstoff-Diagramm E32
Ejektor L43
Elastizitätsfaktor I159, I164
Elastizitätsgesetz D6
Elastizitätsgrenze D8
Elastizitätsmodul B21, D6, D7, D12
Elastomer E83
–, TPE, thermoplastische E86
Elektrische Arbeit G8, G68
– Energie G35
– Feldkonstante G25
– Feldlinie G24
– Feldstärke G24
– Flussdichte G24
– Ladung G3
– Leistung G8
– Polarisation G25
– Spannung G3
– Spannungsquelle G4
– Stromdichte G4
Elektrischer Antrieb Q26
– Fluss G24
– Hauptantrieb O19
– Leiter G3
– Schlag G42
– Strom G4
– Stromkreis G3, G5
– Unfall G42

– Widerstand G4, G6
Elektrisches Feld G23, G24
Elektrisches Messgerät G64
Elektrisieren G42
Elektrizität G3
Elektrizitätsmenge B23, G13
Elektrochemie G12
Elektrodenumhüllung M41
Elektrodynamischer Leistungsmesser G67
Elektrodynamisches Messgerät G65
Elektrofahrzeug L124
Elektro-Lichtbogen-Ofen M5
Elektrolyse G12
Elektrolyte E14
Elektrolytische Dissoziation E14
– Mengenrechnung G13
Elektrolytischer Leiter G12
Elektrolytkondensator G26
Elektrolytkupfer G12
Elektromagnet G15, Q26
Elektron G3
Elektronegativität EN E7
Elektronenstrahlhärten E40
Elektronenstrahlschweißen M48
Elektroschlepper K69
Elektroseilzug K32, K34
Elektrotechnik B23
Elementarfaktor S48
Elementarladung, elektrische B24
Elementarteilchen E4
Elementarzelle E19
Ellipse A65, A67
Ellipsenbedingung A68
Ellipsengleichung A68
Ellipsenrad I146, I147
Emission F37
Emissionsgrad F37
Emitter G60
Emitterschaltung G60
E-Modul D6, E83, E108
Emphasen-Transformator G45
Endlich A103
Energie B21, C63
–, elektrische B23, G35
–, innere F14
–, kinetische C63
–, potenzielle C63
–, spezifische innere B22
Energieeinheit Joule B7
Energieerhaltungssatz C63, C69
– der Strömung C89, C90
– für Rotation C69
Energieform G8
Energieniveau E6
Energie-Werkzeug- und Hilfsstoffverbrauch, spezifischer O3
Englergrad C88, I135
Entfetten I10
Enthalpie B22, F16

–, spezifische F16
Entropie F18
–, spezifische F18
Epitrochoide L125
Epoxidharz E77
EP-Zusatz E98
Erdalkalimetall E7
Erddichte B12
Erdgas L2, L123
Erdmasse B12
Erdradius B12
Erfolgsgröße T1
Ergänzung, quadratische A34
Ergonomie O3
Erhöhungsfaktor I85
Erholungszeit S26
ERP-System T3
Erregerstrom G47
Erregerstromkreis L122
Ersatz-Geradstirnrad I160
Ersatz-Hohlzylinder I37
Ersatzquerschnitt I37, I41
Ersatzschaltbild G11
Ersatz-Schrägstirnrad I165
Ersatzzähnezahl I160, I163, I165
Erstarren F12
Erstarrungspunkt F12
Erstarrungswärme F12
Erster Satz des Euklid A85
Erster Strahlensatz A87
Ertragswirtschaftlichkeit S48
Erwärmung, isotherme E35
Erweitern A9
Erweiterungsfaktor A9
Erweiterungssatz C4
Erzeugnisform für Al-Knetlegierungen E63
Erzeugnislager S2
Erzeugung von Drehstrom G33
ESU-Verfahren E31
Ethanol L124
Euler A26, D57
–, Relation A26
Eulerbereich D58
Eulerfall D56
Eulergleichung D55, D57
Euler-Hyperbel D57
Euler'sche Belastungsfälle D56
– Knickung D57
– Zahl e A26, A113, H14
Eutektikum E25
Eutektische Reaktion E25
Eutektisches System E25
Evolventenfunktion I151, I152, I153
Evolventenfunktionstabelle I152
Evolventenkurve I152
Evolventenverzahnung I148
Evolventenzahn I165
Exergie F19
Exklusiv-ODER Q15

Exponent A13
Exponentialfunktion A55, A114
–, logarithmische A113
Exponentialgleichung A41
Extremwert A115
Extrudieren E81
Exzentrizität, lineare A68, A70
–, numerische A68, A70

F

Fächerscheibe I32
Fachwerkebene D60
Fachwerkform C24
Fachwerkträger C24, C25, C28
Fahrwiderstand C38
Fahrwiderstandszahl C38, C39
Fahrzeugkran K45
Faktor A4
–, dispositiver S48
Faktorenregel A110, A117
Fakultät A6
Fallbeschleunigung B11, B20
Fallgeschwindigkeit C46
Fallhöhe C46
Fallstrom-Registervergaser L85
Fallzeit C46
Faltenhaltekraft M26
Faltenhalterdruck M27
Falzen M24
Faraday-Konstante B24
Faraday'sches Gesetz G13
Farbtemperatur B24
Fase N3, 15
Fasenbreite N15
Fasenlänge I90
Faser E90
Faserschicht, neutrale D21
Faserverbundwerkstoff E90
Faserverstärkte Duroplaste E79
– Keramik E90
Faserverstärkter Kunststoff E79
Faserverstärktes Metall E90
– Polymer E90
Feder I57
–, hintereinander geschaltete I59
–, parallel geschaltete I59
Federblattdicke I61
Federkennlinie I33, I57
–, resultierende I59
Federkonstante H6
Federkraft, resultierende I59
Federkrafterregung O56
Federlänge I60
Federnachgiebigkeit I58, I59, I60
Federpaket I66
Federquerschnitt I60
Federrate D18, H6, I34
Federring I32
Federsäule I66

Federscheibe I32
Federstahl E50
Federstahldraht I73, I74
Federsteifigkeit I34, I57, I58, I59, I60, I73
Federsystem I59
Federungsarbeit I57, I58
Federungsschaubild D17
Federweg I58, I60, I73
Federwerkstoff I60
Fehlerspannungs-Schutzschaltung G43
Fehlerstrom-Schutzschaltung G43
Feinguss M11
Feinkornbaustahl E46
–, schweißgeeigneter E46
Feinstanzen M19
Feinterminierung T11
Feld, elektrisches G23, G24
Feldart G25
Feldgleichrichter G62
Feldkonstante, elektrische B23, B24, G25
–, magnetische B23, B24, G18
Feldkraft B16
Feldlinie, elektrische G24
Feldlinienballung G22
Feldlinienschneiden G22
Feldraumquerschnitt G25
Feldstärke, elektrische B23, G24
–, magnetische B23, G17
Feldsteller G47, G48, G 49
Feldstellwiderstand G47, G61
FEM K32
Ferrit E32
Ferritausscheidung E32
Ferritbildner E33
Ferritisch-austenitischer Stahl E33, E53
Ferritische Stahlsorte E33
Ferritischer Stahl E53, E54
Ferromagnetischer Werkstoff G18
Fertigung, diskrete T2, 3
Fertigungsauftrag T8, T12
Fertigungsorganisation S5
Fertigungssegment T2
Fertigungsspiel I140
Fertigungssystem, flexibles T2
Fertigungszelle O74
Festigkeit D8, I9
Festigkeitsbeanspruchung E2
Festigkeitsklasse I32, I44
Festigkeitslehre D1
Festigkeitswert D10, D12
– für Walzstahl D61
Festkörperreibung E97
Festlager C24, I115
Festschmierstoff E99
Festsitz I4
Festwertregelung R3
Fettschmierung I114, I142
Feuchtigkeit L2
Feuchtigkeitsgehalt L2

Feuerungsart L5
Feuerungstechnik L2
Figur, ähnliche A88
Filzring I115
Finanzierungswirtschaftlichkeit S48
Finanzperspektive T1
FKM-Richtline I20
Fläche, Schwerpunkt C16
Flächenabtrag E94
Flächenfehler E20
Flächeninhalt A84
Flächenmoment D24, D26
– 2. Grades D25
– – zusammengesetzter Flächen D27
–, äquatoriales 2. Grades D23
–, axiales D24
–, polares D24, D66
Flächenpressung D64, D70, I44, I54, I99, I105, I141
– am Nietschaft D72
– bei Bewegungsschrauben I49
– ebener Flächen D70
– geneigter Flächen D70
– gewölbter Flächen D71
– im Gewinde D71, I52
Flächenschwerpunkt C18, C19
Flächenverwandlung A84
Flacherzeugnis aus Druckbehälterstählen E47
Flachführung O36
Flachkeil I100
Flachrundniet I25
Flachschleifen N35
Flammhärten E39
Flammpunkt L82
Flammrohr L12
Flammstartanlage L101
Flankenbeanspruchung I159, I164
Flankendurchmesser C36, I52, I53
Flankenform I165
Flankenradius C36
Flankenspiel I147
Flanken-Tragfähigkeit I161
Flankenwinkel I148
Flansch I36
Flanschverschraubung I44
Flaschenzug C40, K10
Flexibilität O2
Flexibles Fertigungssystem T2
Fliehkraft C70
Fliehkraftregler L95, L96
Fliehkraftversteller L119
Fließfertigung S23
Fließkurve E22
Fließpressen M29
Fließpresskraft M31
Fließspannung E22, M33, M34
Flockenriss E30
Fluchtgeschwindigkeit B13
Flügelzellenpumpe L47

Fluidische Steuerung Q29
Flurförderzeug K68
– im Untertagebergbau K70
Fluss, elektrischer B23, G24
Fluss, magnetischer G16
Flussdichte G18
–, elektrische B23, G24
–, magnetische G17
Flüssiggas L123
Flüssigkeit, ideale C87
Flüssigkeitsdruck C82, C90
Flüssigkeitsleiter, elektrolytischer G3
Flüssigkeitsreibung E97, I131
Flüssigkeitsvolumen, verdrängtes C85
Flussmittel zum Hartlöten E93
– – Weichlöten E92
Flussprinzip S23
Folge A103
–, arithmetische A104
–, geometrische A105
Folgeregelung R3
Folgeschneidwerkzeug M18
Förderanlage, pneumatische K60
Förderbeginn L95
Förderende L100
Fördergurt K52
Fördermenge L109
Fördertechnik K2
–, Steuerung K23
Forderung an QM-System S53
Förderwagen K70
Formänderung D6
– am Zugstab D6
– bei dynamischer Belastung D19
– bei Torsion D67
– beim Biegen D38
–, elastische D17
Formänderungsarbeit D17, D67
– an einer Schraubenfeder C57
Formänderungsgleichung für Pressverbände I92
Formel von Nikuradse C95
–, binomische A6
Formelzeichen B20, C1, C43, C81, D1
Formfräser N19, N20
Formgestaltung O3
Formmaske M4
Formmasse E74, E78
Formpressen E79
Formschlusskupplung I109
Formstoff E74
Formzahl D11
Fortschrittszahl T16
Fotodiode G63
Fotoeffekt G63
Fotoelement G63
Fotostrom G63
Fotowiderstand G63
Francisturbine L34, L36
Fräsen N17, N21, N22, P27

Fräser N20
Fräseranschnittweg N24, N25
Fräserdrehzahl N17
Fräserdurchmesser N17
Fräsermittelpunktsbahn P28
Fräser-Radiuskorrektur P28
Fräserüberlaufweg N24
Fräserzahn N19
Fräserzähnezahl N20
Fräszyklus P39
Freier Fall C46
Freifläche N3, N17, N19, N20
Freiflächenfase N3
– der Hauptschneide N17
Freiflugförderung K61
Freiformschmieden M33
Freiheitsgrad B18
Freilaufsystem L122
Freimachen B15, C4, D3
Freischneidwerkzeug M17
Freistich I80
Freistrahlturbine L30, L32
Freistrahlzentrifuge L110
Freiträger D36
– mit Streckenlast D40
– von gleichbleibendem Querschnitt D43
Freiwinkel N5, N15, N20
Fremderregung G48
Fremdkapitalrentabilität S49
Fremdstromanode E95
Fremdzündung L62
Frequenz B20, C53, G28
– für Licht- und Kraftnetze G28
–, gebräuchliche G28
Frequenzantwort R8, R9, R10
Frequenzgang R9, R10, R13, R14, R16, R18, R20, R23, R24, R26, R27, R29
Frischölschmierung L109
Fristenplan S25
Frühzündung L119
Fugendurchmesser I90
Fugenform I13, I19, M40, M41, M42, M44, M46, M47, M48
Fugenlänge I90
Fugenpressung I90, I92, I97, I99
Fügespiel I93
Fügetemperatur I93
Führung für begrenzte Weglänge O41
–, aerostatische O48
– für unbegrenzte Weglänge O41
Führungsbahnschutz O40
Führungsbereich R3
Führungsgröße Q1, R1, R2, R5
Führungslager I111
Führungslänge C35
Führungsverhalten R33, R36
Füllstoff E77
Fünf Achsen-CNC-Bahnsteuerung O81
Fünf Seiten-Bearbeitung O79

Funkenanzahl L118
Funktion A43, A103
–, algebraisch-irrationale A54
–, analytische A43
–, echt gebrochene rationale A52
–, elementare A52
–, ganze rationale A43
–, ganze rationale n-ten Grades A51
–, gebrochen-rationale A52
–, konstante A43
–, kubische A50
–, lineare A45
–, logarithmische A55, A114
–, quadratische A45
–, transzendente A54
–, trigonometrische A54, A94, A112
–, Unstetigkeit A107
Funktionsbaustein R40
Funktionsdiagramm Q6
Funktionsgleichung A43
Funktionsplan Q7
Funktionsschicht E104
Funktionstabelle I152
Funktionswert A43
Fußflanke I148
Fußhöhe I147
Fußkreisdurchmesser I147

G
Gabelstapler K69
Gallkette K14
Galvanischer Überzug G12
Gangzahl I53
GANTT-Grafik T12
Gas, ideales F20
Gasblase E29
Gasbrennstoff L3
Gaskonstante B24
–, spezielle F20
–, spezifische B22
Gasmischung F30
Gasnitrieren E41
Gasnitrocarburieren E41
Gasreibung E97
Gasschmelzschweißen M40
Gasturbine L126
Gaswechsel, offener L105
Gauß'sche Zahlenebene A22
Gay-Lussac'sche Gesetz A45
Gebrauchswertparameter einer Werkzeugmaschine O1
Gefügefehler E29
Gefügereibung G22
Gegeneinanderschaltung von Spannungsquellen G6
Gegenkathete A95
Gegenkörper E96
Gegenkraft B14, B15, B16
Gegenlauf N17

Gegenlauffräsen N17, 18, 21
Gegenmutter I32
Gegenschubrost L6, L7
Gegenspannung G50
Gegenspindel O71
Gegenstrombremse G58
Gegenstromspülung L105
Gegenstromzylinderkopf L69
Gehänge K18
Gehäuseschluss G42
Gehäusetoleranz I118
Gelenkkette K14
Gelenkviereck C26
Gelenkwelle I80
Gemeinkosten S2
Gemischbildung L62, L83, L92
Generator L121
–, fremderregter G47
–, kapazitiver G64
Generatorgleichung G47
Geometrie, analytische A58
–, ebene A73
–, räumliche A90
Geometrische Folge A105
–, Örter A76
–, Reihe A105
–, Stufung O16
Geometrisches Mittel A105
Gerade A43, A59, A73
Geradengleichung in Zwei-Punkte-Form A60
–, Abschnittsform A60
–, Hauptform A59
Geradführung O36
Geradstirnrad, Verwendung, Eigenschaften I155
Geradzahnkegelrad I163
Geradzahn-V-Getriebe I154
– -Nullgetriebe I154
Gesamtdruck, Messung C91
Gesamtkapitalertragsumsatzrentabilität S49
Gesamtkapital-Rentabilität S49
Gesamtlichtstrom G39, G40
Gesamtproduktivität S48
Gesamtschneidwerkzeug M18
Gesamtspannung, magnetische G16
Gesamtüberdeckung I160
Gesamtwirkungsgrad I165
Geschwindigkeit B8
–, kritische C88
– und Kräfte beim Drehen N1
Geschwindigkeitsänderung B9
Geschwindigkeitsbereich O3
Geschwindigkeitsfaktor I167
Geschwindigkeitshöhe C90
Geschwindigkeits-Sollwert O65
Geschwindigkeitsstufung L22
Geschwindigkeitsverhältnis N33
Geschwindigkeitszahl C93
Geschwindigkeit-Zeit-Linie C44, C45
Gesenkschmieden M33

Gesetz chemischer Reaktionen E13
– von Boyle und Mariotte F11
– – Gay-Lussac F11
– – Hermann C95
– – Stefan und Boltzmann F37
Gestaltänderungsenergie D76
Gestaltfestigkeit D10, I83, I85
Gestaltfestigkeitslehre D8, D10, I83
Gestelle von Werkzeugmaschinen O48
Gestellwerkstoff O49
Getriebe Q21
–, gestuftes O13, Q22
–, gleichförmig übersetzendes O12
–, hoch übersetzendes mechanisches O23
–, stufenlos verstellbares Q22
–, stufenloses O12
–, ungleichförmig übersetzendes O13
Getriebemotor K22
Getriebewelle D69, I83, I98
Gewichtskraft B11, B14, B16, B21
–, scheinbare C86
Gewinde I30
Gewindeabmessung I31
Gewindeart I30
Gewindefräsen N24
Gewindelänge I98
Gewinde-Nenndurchmesser I52
Gewindereibmoment I43
Gewindespindel D72
Gewindesteigung I31
Gewindestift I31
Gewindetiefe I52
Gewinn S49
Gießen M1
Giga B25
Gitterfehler E20
GKZ-Glühen E36
Glasmaßstab P2, P3
Glasmattenverstärkte Thermoplaste GMT E81
Glasübergangstemperatur E81
Glätten des Kapazitätsgebirges T14
Glättung I90, I92
Gleichdruckprozess L62
Gleichdruckturbine L26
Gleichdruckvergaser L86
Gleichgewicht B17, B18
–, chemisches E16
–, dynamisches B19
–, indifferentes C23
–, labiles C23
–, stabiles C23
–, statisches B17
Gleichgewichtsbedingung B18
–, rechnerisch C12, C13
Gleichgewichtsbetrachtung B19
Gleichgewichtslage C23
Gleichlauf N17
Gleichlauffräsen N17, N18, N21
Gleichraumprozess L62

Gleichrichter G59
–, gesteuerter G62
Gleichsetzungsverfahren A31
Gleichstrom G67
– -Dreileitersystem G37
– -Generator L121
– -Maschine G46, G49
– -Motor K22
– -Motorzähler G68
– -Nebenschlussmotor G61
– -Nebenschlussmotor O19
– -Schweißgenerator G49
– -Spülung L105
Gleichung A26
– der Geraden in Punkt-Steigungs-Form A59
– dritten Grades A36, A56
– dritten und höheren Grades A36
– n-ten Grades A36
– vierten Grades A36
–, allgemeine quadratische A33
–, biquadratische A38
–, goniometrische A42
–, lineare A26, A55
–, logarithmische A41
–, Normalform der quadratischen A34
–, quadratische A33, A55
–, Reduktion A37
–, transzendente A42, A57
Gleichungsart A26
Gleichungslehre A26
Gleichungssystem A57
–, lineares A30
Gleichwertig A27
Gleitführung O37
Gleitlager I131, I133
–, Gestaltung I142
–, -Folie E100
–, -Reibzahl I137
Gleitlagerung einer Seilrolle I56
Gleitlagerwerkstoff I131, I132
Gleitmöglichkeit E19
Gleitreibung C30
Gleitreibzahl C31
Gleitrichtung E19
Gleitschicht E100
Gleitschieber C6
Gleitschraubtrieb O27
Gleitsitz I4
Gliederbandförderer K54
Globoidschneckentrieb I165
Globoidschnecken-Zylinderradtrieb I165
Glühkerze L101
Glühlampe G41
Goldener Schnitt A89
Gon A74
Grad A74, A101
Gradmaß A73, 101
Graphische Lösung von Bestimmungsgleichungen A55

Graphit E99
Graphitausbildung E59
Grätz-Schaltung G60
Gravitation B12
Gravitationsfeld B16
Gravitationsgesetz B12
Gravitationskonstante B12, B24
Gravitationskraft B12
Gray-Code O70
Greifer K18
Grenzabmaß I2, I5
Grenzfall, aperiodisch H14
Grenzflächenpressung I44
Grenzmaß I20
Grenzreibung E97
Grenzschlankheitsgrad D57
Grenzspannung D8
Grenztaster Q24
Grenzwert A106
Grenzzähnezahl I149, I150, I160, I165
Grobterminierung T8
Größe B1, E1
–, abgeleitete B2
–, Dimension B3
–, gerichtete B8
–, physikalische B1, B20
Größenart B1
Größeneinflussfaktor I83
–, technologischer I85
Größengleichung B1, B2, B3
–, physikalische B2
Großrad I168
Grundaufgabe der Dreiecksberechnung A99
Grundbeanspruchungsart D7
Grundgesetz, dynamisches B13, B16, C60, C61
–, – für den freien Fall C61
–, – – die Drehung C66
–, – – horizontale Beschleunigung mit Reibung C61
–, – – vertikale Beschleunigung ohne Reibung C61
Grundgleichung der Strömung C88
Grundkonstruktion A75
– des Dreiecks A80
Grundkörper E96
Grundkreis I148
Grundkreisradius I149
Grundrechenarten A4
Grundreihe I1
Grundtoleranz I2
Grundzahl A13
Grundzeit S25, S26
Guldin'sche Regel C22
Gummifeder I62
Gurtförderer K51
Gurtführung K52
Gusseisen M5
– mit Kugelgraphit E58, E60
– – Lamellengraphit E58, E60
– – Vermiculargraphit E58, E61

–, austenitisches E61
–, verschleißfestes E61
Gusseisenwerkstoff E58
Gusskrümmer C97
Gusslegierung E62
Gütegrad L63

H

Hafenkran K45
Haftbeiwert I91
Haftmoment I91
Haftreibkraft C31
Haftreibung C31
Haftreibzahl C31
Haftsitz I4
Haken K16
Halbachse A68, A70
Halbgerade A73
Halblast-Anlauf G53
Halbleiter G3
Halbleiterbauelement G59
Halbleiterdiode Q27
Halbrundkerbnagel I55
Halbrundniet I25
Halbrundschraube I31
Hall-IC L120
Haltekraft C36
Handhebezeug K32
Handkraft C36
Handspannfutter O59
Handspindelpresse I49
Hängebahn K38, K43
Hängebahnaufhängung K43
Hängekran K43
Hardware-in-the-Loop H29
– Simulation H24
Harmonische Teilung A89
Hartbearbeitung O75
– von wellenförmigen Teilen O78
Härten, verzugsarmes E38
Härteprüfung nach Brinell E105
– – Rockwell E107
– – Vickers E106
Härteverzug E38
Hartfeindrehen O75
– und Schleifen auf einem Wellenbearbeitungszentrum O78
Hartguss E61
Hartlot E92
Hartlöten M55, M56
Hartmetallschneiden N4, N6
Hartverchromen E103
Hauptachse A68, D27, P5
Hauptantrieb O12
Hauptaufgabe der Produktionslogistik T1
Hauptbindungsart E10
Hauptdiagonale A31
Hauptflächenmoment 2. Grades D27
Hauptform der Geradengleichung A59

– – Kreisgleichung A62
Hauptgleitebene E19
Hauptgruppe E6
Hauptgruppenelement E10
Hauptnenner A10
Hauptnutzungszeit N11, N14, N16, N24, N28, N35
– beim Langdrehen N11
– – Plandrehen N11
Hauptnutzungszeitberechnung N14
Hauptsatz, Erster F17
–, Zweiter F18
Hauptscheitelpunkt A68
Hauptschneide N2, N3, N17, N27
Hauptschnittfläche N1
Hauptspindel O4
Hauptsteuerwelle O61
Hauptstromfilter L109
Hauptsymbol E43
Hauptträgheitsachse C71
Hauptvorteil von SCM T15
Hausinstallationsschaltung G38
HC-Emission L101
Hebelarm der statischen Stabilität C86
Hebellagerung I56
Hebetechnik K2
Hebezeug K32
Hefnerkerze B24
Heißfilm-Luftmassenmesser L88
Heißgasmotor L126
Heizflanschelement L101
Heizwert L1, L3
Hektar B20
Hekto B25
Henry G20
Herdformerei M4
Hertz D80
Hertz'sche Gleichung D80
– Pressung I139, I159, I164
Hesse A60
Hesse-Form A60
Hesse'sche Normalform A60
Heterovalent E10
Hexapod O81
Hilfseinheit B5
Hilfspunkt P6, P7
Hilfssteuerwelle O61
Hilfsträger D41
Hinterdrehung D12
Hitzdraht-Luftmassenmesser L88
Hitzdrahtmesswerk G65
Hitzebeständiger Stahl E53
Hobeln N12
Hochdruckanlage L30
Hochdruck-Kreiselpumpe L53
Hochlage E109
Hochpass H21
Hochregallager K50
Hochspannungs-Fernleitung G38

Hochstabläufer G53
Höchstmaß I2
Höchstpassung I2
Hochtemperaturlöten M55
Hochwarmfester Stahl E52
Hochzahl A13
Höhe A78, A89
–, metazentrische C87
Höhenenergie C63
Höhensatz A85
Hohldornen M33
Hohlkeil I100
Hohlschaftkegel (HSK)-Aufnahme O57
Hohlventil L78
Holprinzip T10
Hooke'sches Gesetz A44, D6, E108, H6
Horizontal/Vertikal-Spindelkopf O80
Horner'sches Schema A38
Hubklasse K38, K40
Hubraumleistung L67
Hubschieber-Reiheneinspritzpumpe L99
Hubverhältnis L1, L64
Hund'sche Regel E5
Hutmutter I31
HV-Elko G27
HV-Naht I13
Hybridantrieb L124
–, paralleler L124
–, serieller L124
Hydrathülle E11, E14
Hydraulik Q35
Hydraulikflüssigkeit Q36
Hydraulikkreislauf, offener O32
Hydraulikmotor Q32
Hydrodynamik C87
Hydrolyse E15
Hydro-Rotationsmotor O32
Hydrostatik C81
Hydrostatischer Antrieb K23
Hydroxid E14
Hyperbel A65, A69
Hyperbelast A70
Hyperbelbedingung A70
Hyperbelgleichung A70
Hypotenuse A95
Hypothese der größten Gestaltänderungsenergie D75

I

Idealwirkungsgrad L62
Identifikationsverfahren H9
IF-Stahl E47
Imaginärteil A3, A22
Impuls C64
Impulsantwort R8, R10
Impuls-Echo-Verfahren E112
Impulserhaltungssatz C64, C70
Impulsscheibe P3
I-Naht I13

Indikatordiagramm L64, L65
Indirekte Wegmessung P2
Induktion B23, G19
– durch Bewegung G19
–, gegenseitige G19, G21
–, gegenseitige G19, G21
–, vollständige A8
Induktionsgesetz G19
– bei Flussänderung G19
Induktionshärten E40
Induktionskonstante G18
Induktionsmesswerk G65
Induktionsmotor G52
Induktionsregel G19
Induktionsstrom G21
Induktivität B23, G20
–, Einheit G20
–, Größe G20
Induktosyn P4, P5
Industrieroboter H29
Induzierte Spannung G46
Informationsfluss P10
Informationsquelle P11
Informationstechnik T3
Informationsträger P10
Informationsverarbeitung P10
Inkreis A79
Inkrementalbemaßung P8
Inkrementales System O69
Innenbordlager I111
Innendrehen N6
Innenräumer N15
Innensechskantschraube I31
Innenverzahnung I149
Innenwiderstand G11
– einer Spannungsquelle G10
Inneres Kräftesystem bei gerader Biegung D21
Inselfertigung T2
Integral A119
–, bestimmtes A119
–, Rechenregel für bestimmtes A120
–, unbestimmtes A116
Integralfunktion, bestimmte A118, A119
Integralglied H19
Integralrechnung A103, A116
Integrand A116
Integration durch Partialbruchzerlegung A118
– – Substitution A117
Integrationsgrenze, Vertauschung A120
Integrationskonstante A116
Integrationsregel A117
Integrationsvariable A119
Integrierbeiwert R29
Intercooler L116
Interface E103
Interferenz H7
Interkristalline Angriffsform E94
Intermetallische Phase E23, E26, E27
Internationales Einheitensystem B5

Interpolation O81
Interpolationsart P13
Inversionsgesetz Q13
Inverter G60
Inverterstromquelle M40
Ion G12
Ionenbindung E10
Ionenladungsregel G12
Ionenwertigkeit E11
IPE (IPE-Formstahl) D53
I-Regler R29, R37
Isochrone Spannungslinie E83
ISO-Feingewinde, metrisches I30
ISO-Gewinde, metrisches C37, I30, I52
Isoliermaterial G25
Isolierstoff G25
ISO-Passung I2
ISO-Qualität I2
Isotherme Erwärmung E35
– Umwandlung E37
Isothermes Vergüten E38
Isotop E4
ISO-Trapezgewinde, metrisches I30
Istmaß I2
I-Strecke R20, R36
Istwert H21
Iteration I136
Iterationsschritt I144

J
Joule C58, G9
–, Energieeinheit B7
Just-In-Time-Anlieferung T7

K
Käfigläufer G52, G53, G61
Kalibrieren M33
Kaltarbeitsstahl E55
Kaltfließpressen M29
Kaltfließpressstahl E48
Kalthärter I10
Kaltkammerverfahren M10
Kaltstauchstahl E48
Kaltverfestigung E21
Kaltzäher Stahl E52
KANBAN, elektronisches T10
– -Fertigung T15
– -Karte T10, T15
– -Regelkreis T15
– -Verfahren T10
Kantenpressung I135, I142
Kantentaster P8
Kapazität G23
– eines Kondensators G25
– – Sammlers G14
–, elektrische B23
Kapazitätsdiagramm T13
Kapazitätsfeinplanung T14
Kapazitätsgebirge, Glätten T14

Kapazitätsplanung T1, T13
Kapazitiver Blindwiderstand G30
Kapital, durchschnittlich gebundenes T7
Kapitalbindungskosten S2
Kaplanturbine L37, L38
Kastenformerei M4
Katalysatortechnik L102, L104
Kathetensatz A85
Kathode G12, G59
Kathodischer Schutz E95
Kautschuk E86
Kavitation L39
Kegel A91, A92, C20, I96
Kegelbremse K29
Kegelbuchse I88
Kegelfeder I61
Kegellänge I98
Kegelmantel C19
Kegelmaß I96
Kegelrad I162
–, bogenverzahnt I165
–, schrägverzahnt I165
Kegelradachse I162
Kegelradberechnung I164
Kegelradgetriebe I146, I163
Kegelrollenlager I112, I128
Kegelschnitt A65
–, allgemeine Gleichung A65
Kegelsitzverbindung I95
Kegelstift I54
Kegelstumpf A92, C20
Kegelverbindung I98
Kegelverhältnis I96
Kegelwinkel I96
Kehlnaht I13
Kehlnahtanschluss I18
Kehlnahtdicke I18
Kehlnaht I12
Kehrwert A11
Keil C20, C35, I100
–, eintreiben C78
Keilgetriebe C35
Keilnutreibung C34
Keilnutreibzahl C34
Keilrippenriementriebe O15
Keilschloss K10
Keilsitzverbindung I88, I99, I100
Keilwelle I99
Keilwellenprofil I89
Keilwellenverbindung I104
KE-Jetronic L87
Kelvin G9
– -Skala F2
Kennbuchstaben für Schmieröle E97
Kennfelder L90
Kennlinie I60
– eines Zweipunktreglers, P-Regler R22
– für Federkombinationen I65
Kennlinienfeld R4, R7, R10, R12

Kennzahl A21
–, betriebswirtschaftliche S47
–, dynamische I113, I119
– für die Viskosität E98
Kennzeichnung von Schmierfetten E99
Keramik, faserverstärkte E90
Keramikmatrix-Verbund CMC E91
Keramik-Monolith-Katalysator L103
Keramikverarbeitung E88
Keramischer Werkstoff E87
Kerbempfindlichkeitszahl D10, D11, D13
Kerben D10
Kerbform D12
Kerbformzahl D10
Kerbnagel I55
Kerbschlagarbeit KV E109
– -Temperaturkurve E109
Kerbschlagbiegeversuch E109
Kerbschlagprobe E109
Kerbspannung D10
Kerbstift I55
Kerbverzahnung I99
Kerbwirkung D10, I15, I84
Kerbwirkungszahl D10, D12, I84
Kerbzahnprofil I89
Kern M2
Kerndurchmesser I52
Kernladungszahl E4
Kernmodell M2
Kernquerschnitt I48, I53
Kernweite D75
Kesselbau D55, I27
Kesselbauart L12
Kessellängsnaht C83
Kesselwirkungsgrad L9
Kettenförmige KW E75
Kettenhebezeug K21
Kettenmagazin O80
Kettenmolekül E76
Kettenregel A111
Kettenrolle K15
Kettentrommel K15
Kettenzug mit Handantrieb K33
Kilo B25
Kilogramm B6
–, Definition B6
–, dekadische Teile und Vielfache B6
Kilowattstunde B21
Kinematik C44
Kipphebel L77
Kipphebellager I111
Kippmoment G56, G57
Kirchhoff'sche Gesetze G7, H25
K-Jetronic L87
Klammerrechnung A5
Klappdeckelöler I142
Klauenpol-Synchrongenerator L121
Kleben I9
Klebfläche I10

Klebfugenfläche I11
Klebschicht I11
Klebstoff I9
Klebverbindung I9
Klebvorgang I10
Kleinkrafthärteprüfung E106
Klemmenspannung G11
Klemmkörper-Freilauf K30
Klemmkraft I33, I34, I35, I46
Klemmlänge I37
Klemmrampe K31
Klemmsitzverbindung I88, I99
Klopfbremse L81
Klopffestigkeit L81
Klopfregelung L121
–, zylinderselektive L121
Klopfsensor L121
Knebelkerbstift I55
Knetlegierung E62
Knickbeanspruchung D7
Knickbiegung D21
Knickkraft D56
Knicklänge D55, D56, D59
Knicklängenbeiwert D59
Knicksicherheit I49
Knickspannung D56, D57, I49
Knickspannungslinie D60, D61
Knickstab D58
Knickung D7, D55, D56
–, elastische D56
–, unelastische D57
Knickungsberechnung im Stahlbau D59
Knickungsgleichung D55, D57
Kniestück C97
Knoten C24
Knotenblech C25
Knotenpunkt C24, C25, I29
Knotenschnittverfahren C26
Kohlenmonoxid L101
Kohlenstaubfeuerung L8
Kohlenstoffäquivalent I15
Kohlenwasserstoff L101
Kohlungstiefe E40
Kokille M3
Kolbenbauart L72
Kolbenbeschleunigung L71
Kolbenbolzen L72
Kolbendruck, mittlerer effektiver L66
Kolbengeschwindigkeit L71
–, maximale L64
–, mittlere L64, L71
Kolbenhub L63
Kolbenkompressor L56
Kolbenkraft C83
–, mittlere L70
Kolbenpumpe L43
Kolbenring L72
Kolbenstange D59
Kolbenverdichter L55, L56

Koldflo-Verfahren M30
Kollektor G46, G60
Kombinationsluftfilter L83
Kommissionieranlage K66
Kommissioniertechnik K2
Kommutativgesetz A4
Kommutator G46
Kompaktgenerator L122
Kompensationswicklung G51
Komplementwinkel A74
Komplettsystem, digitales O65
Komponente C4
Kompressibilität C87
Kompressionsring L72
Kondensation F13
Kondensationspunkt F13
Kondensationswärme F13
Kondensator G23
–, einstellbarer G27
–, Kapazität C G25
–, keramischer G27
–, Parallelschaltung G24
Konfigurieren Q41
Kongruent A79
Kongruenzsatz A79
Konjugiert komplex A3, A22
Konjunktive Normalform Q15
Konsistenzkennzahl E99
Konsolblech D37
Konsolträger D37
Konstante A26
–, allgemeine und atomare B24
Konstantförderpumpe O33
Kontaktklebstoff I9
Kontaktkorrosion E94
Kontinuierliche Abkühlung E37
Kontinuitätsgleichung C88, C89
Kontraktionszahl C93
Konturverzerrung P30
Konuspenetration E99
Konvergenz A106
Konvertierungsgrad L102
Koordinate A58
–, kartesische A22
Koordinatenachse A43
Koordinatenkreuz A58
Koordinatensystem P5
–, kartesisches A58
Koordinationssystem A58
Koordinationszahl E12
Kopfauflage I37
Kopfflanke I148
Kopfhöhe I147
Kopfkreisdurchmesser I147
Kopfkreisradius I149
Kopfspiel I147
Kopfspielrundung I148
Korbbogenübergang I80
Korngrenzengleiten E22

Korngrenzenverfestigung E21
Kornwachstum E22
Körper, Drehung C57, C59
Körperkapazität G27
Körperschwerpunkt C20
Korrekturfaktor N8
Korrespondierende Addition A29
Korrosion E94
Korrosionsbeanspruchung E2
Korrosionsbeständiger Stahl E53
– Werkstoff E95
Korrosionselement E94
Korrosionserscheinung E94
Korrosions-Inhibitor E98
Korrosionsprodukt E94
Korrosionsschutz E95
Kosinus A95
Kosinuskurve A97
Kosinussatz A99
Kostenanalyse S18
Kostenart S4
Kostenstelle S4
Kostenträger S4
Kostenwirtschaftlichkeit S48
Kotangens A95
Kotangenskurve A97
Kovalent E10
Kraft B7, B15, C2
–, Arbeitsplan zur rechnerischen Bestimmung unbekannter C8, C13
–, Arbeitsplan zur zeichnerischen Bestimmung unbekannter C8
–, äußere B15, D3
–, Betrag C2
– im Raum C13
–, innere B15, D3
–, Lage C2
–, rechnerische Bestimmung unbekannter C8, C12
–, zeichnerische Bestimmung unbekannter C7, C10
–, Zerlegung C3, C14
–, Zusammensetzen C6
–, Zusammensetzung dreier rechtwinkliger C14
Krafteck C7
Krafteinheit Newton B6
Krafteinleitung I39, O54
Krafteinleitungsfaktor I38, I39
Krafteinleitungsfall I38, I39
Kräftepaar B18, C2
Kräfteparallelogramm C3
Kräfteplan C8
Kräftereduktion B17, B18
Kräftesystem B18
–, allgemeines C9
–, inneres D3
–, – bei gerader Biegung D21
–, zentrales C14
Kräftevergleich I42
Kraftfahrzeugzündung G21

Kraft-Gleichgewichtsbedingung B18
Kraftkomponente C7
Kraftmaschine L1
Kraftmoment C2, C3
Kraftspannfutter O59
Kraftstoff L81
–, alternativer L123
Kraftstoffbehälter L82
Kraftstofffilter L83, L93
Kraftstoffförderpumpe L83, L93
Kraftstoffheizwert, spezifischer L66
Kraftstoff-Luftgemisch L84
Kraftstoffverbrauch L66
–, spezifischer L66
Kraftsystem G37
Kraftübertragung, hydraulische C83
Kraftverhältnis I35, I36, I37, I38, I39, I42
–, am Zahnrad I155
–, – Schneckengetriebe I167
Kraft-Verlängerungsschaubild D17
Kraft-Weg-Diagramm M32
Kraftwirkung G15
– im Magnetfeld G19
Kraftwirkungsregel, magnetische G15
Kran K38
Kranart K40
Kranbau D63
Kranbauform K42
Kranhaken C5
Kranzdicke I169
Kratzförderer K58
Kreis A62, A76, A83
– des Apollonius A89
– und Gerade A63, A83
– – Winkel A84
–, Berechnung A62
–, magnetischer G16, G17
–, Mittelpunktsgleichung A62
Kreisabschnitt C19
Kreisausschnitt C19
Kreisbewegung, gleichmäßig beschleunigte C51
–, – verzögerte C52
Kreisbogen A86, C18
Kreisbogenzahn I165
Kreiselpumpe L48, L50, L51
Kreiselverdichter L58
Kreisfläche A86
Kreisförderer K63
Kreisfrequenz C53, H14
Kreisfunktion A54, A94
Kreisgleichung A62
–, allgemeine Form A62
–, Hauptform A62
Kreisinterpolation P15
Kreisinterpolationsparameter P15, P23
Kreiskegel A65, C19
–, gerader A92
Kreiskolben L125
Kreiskolbenmotor L125

Kreisprozess F17
Kreisringstück C19
Kreisrohr, glattes C95
–, raues C95
Kreissektor A86
Kreisumfang A86
Kreisverstärkung O67
Kreiszylinder C20
–, gerader A91
Kreuzgelenk I80
Kreuzkopf C5
Kreuzkopfweg C54
Kreuzrollenführung O41
Kreuzschleife C53, C54
Kreuzspulmesswerk G65
Kreuzungswinkel I165
Kriechen E110
Kriechursache E110
Kristallelektrizität G63
Kristallerholung E22
Kristalline Thermoplaste E81
Kristallisation E20, E76
Kristallisationswärme E20
Kristallitschmelztemperatur E81
Kristallseigerung E25
Kritische Abkühlgeschwindigkeit E36
Kritischer Pfad T8
Kronenmutter I31, I32
Krümmer C95
Krümmung D38
Krümmungskreismittelpunkt A66
Krümmungsmittelpunkt D38
Krümmungsradius A66, D38
Kubisches Bornitrid E57
Kugel A93, C5, C6
Kugelabschnitt A93, C20
Kugelausschnitt A94, C20
Kugelfläche A93
Kugelführung O41
Kugelgelenk I80
Kugelgewindetrieb O28
Kugelhaube C19
Kugelkappe A93, A94
Kugelöler I142
Kugelschicht A94
Kugelstrahl E42
Kugelumlaufeinheit O44
Kugelvolumen A93
Kugelzone A94, C19
Kühlelement G63
Kühlflüssigkeitsdurchsatz L111
Kühlkanalkolben L72
Kühlmittel-Umlaufzahl L111
Kühlöldurchsatz I139
Kühlschmierungs-Korrekturfaktor N8
Kühlsystem, elektronisches L112
Kundenorientierung S54
Kundenperspektive T1
Kundenstamm T4

Kunststoff I134
-, faserverstärkter E79
- -Formenstahl E55
Kupfer-Alumium-Legierung E70
Kupfererzeugnisse, Normenübersicht E67
Kupfer-Nickel-Legierung E71
Kupfer-Zink-Legierung (Messing) E68
Kupfer-Zinn-(Zink)-Legierung E70
Kupolofen M4, M5
Kupplung I105, I107
Kupplungsgetriebe O14
- mit Windungsstufe O15
Kurbelschleife D4, N12, O13
Kurbelschwinge O13
Kurbeltriebwerk L70
Kurbelwelle C54, L74
Kurbelwellenlager L74
Kurvengetriebe Q23
Kurvenuntersuchung A114
Kürzen A10
Kurzgewinde N25
Kurzschluss G11
Kurzschlusskäfig G52
Kurzschlusskreislauf L112
Kürzungsfaktor A10
Kurzzeichen für Schichtpressstoffe E78
- - Sinterwerkstoffe E87
Kurzzeitbetrieb KB G58
KV-Diagramm Q16

L

Labyrinthdichtung I115, L27
Ladedruckregelung, elektronische L116
-, mechanische L116
Ladedruckregelventil L116
Ladedruckverhältnis L113
Ladehilfsmittel K15
Ladekontrollampe L122
Ladeluftkühler L116
Ladelufttemperatur L113
Ladung G23, G24
-, elektrische B23, G3
Ladungswechsel L62
Lageplan C8, D3
Lager I110
-, aerostatisches O8
Lagerabmessung I112
Lagerbelastung I113, I124, I135
-, äquivalente I113
-, spezifische I135
Lagerblech I29
Lagerbreite I135
Lagerbuchse I142
Lagerdichtung I115, I142
Lagerkostensatz T7, T11
Lagerkraft D51
Lagerreibung C37
Lagerschale I142
Lagerspiel I136, I143

Lagerstelle, Gestaltung I114
Lagertechnik K2
Lagertemperatur I138
Lagerung C5
- einer Schneckenwelle I115
-, chaotische T6
-, dreiwertige C5
-, einwertige C5
-, systematische T6
-, zweiwertige C5
Lagerwerkstoff E100, I131, I134
Lagerzapfen D71, I135
-, Flächenprojektion D71
-, Pressungverlauf D71
Lageskizze C7, C8, C13
Lage-Sollwert O65
Lambda-Regelkreis L103
- -Sonde, planare L103, L104
Lamellenkupplung I109, I110
Lampe G41
Länge B1, B5
Längenänderung D6
Längenausdehnung F9
Längenausdehnungsformel G5
Längenausdehnungskoeffizient D20, F9, G5
Längeneinheit B25
Längslager C38
Längspressverband I91
Längsschleifen N35
Längsstiftverbindung I89, I102
Längsverrippung in Werkzeugmaschinenständern O53
Längsvorschubgeschwindigkeit N24
Lanthanid E7
Läppen und Superfinishen O75
Laschennietung I26
Laserschneiden M53
Laserschweißen M47
Laserstrahlhärten E40
Last, wandernde D37
Lastannahme K38
Lastaufnahmeeinrichtung K15
Lastfall K39, K41
Lasthaken K16
Lasthebemagnet K19
Lastkollektiv K3, K12
Laufbuchse L69
Laufkran K42
Laufrad L35, 38
Laufradlagerung I56
Laufring I143
Laufsitz I4
Laufzeit K35
Laufzeitklasse K12, K35
Laugen E14
Layoutprinzip T2
LDR G63
Lebensdauer I113, I120
Lebensdauerfaktor I119, I120, I167

Ledeburit E32
Leeranlauf G57
Leerlauf G11
– eines Transformators G44
Leerlaufsystem L85
Leerstelle E20
Legierung, aushärtbare E26, E42
Legierungsreihe E63
Legierungsstruktur E23
Legierungssystem für Weichlote E91, E92
Lehr'sches Dämpfungsmaß H14
Leistung B21, C58
– am Radumfang L20
– bei Drehstrom G34
– bei Wechselstrom G31
–, elektrische G8
–, indizierte L65
Leistungserhöhung L113
Leistungsfaktor cos α G32
– eines Motors G32
Leistungsgrad S27
Leistungsmesser G65
–, elektrodynamischer G67
Leistungsmessung G67
Leitebene T3
Leiter, elektrischer G3
–, elektrolytischer G12
–, metallischer G3
Leiterspannung G34
Leiterstrom G34
Leiterwerkstoff G5
Leitfähigkeit G4
Leitlinie A66
Leitrad L34, L37
Leitschaufel L126
Leitschaufelverstellung L116
Leitstand, elektronischer T14
Leitung G35
–, Belastung G11
Leitungskapazität G27
Leitungsquerschnitt G35
–, Berechnung G35
Leitungswiderstand G11
Leitwert G7
–, elektrischer B23
Lenz'sche Regel G21
Leonard-Schaltung G62
Leuchtdichte B24, G39
Leuchte G41
LH-Jetronic L88
Lichtabhängiger Widerstand G63
Lichtausbeute B24, G41
Lichtbogenhandschweißen M41
Lichtgeschwindigkeit im leeren Raum B24
Lichtmenge B24
Lichtstärke B24, G39
Lichtstrom B24
Lichtstromdichte G39
Lichtsystem G37

Lieferantenstamm T4
Liefergrad L56, L64
Lieferkette T1
Liefertermin, frühester T9
Limes A106
Linearinterpolation P13
Linearmotor O68
Linie, elastische D20, D38
Linienfehler E20
Linienhärten E40
Linienschwerpunkt C17, C18
Linsenniet I25
Linsensenkholzschraube I31
Liquidus-Linie E24
Liter B20
L-Jetronic L88
Loch G3, G63
Lochdüse L100
Lochen M15, M33
Lochfraß E94
Lochkorrosion E95
Lochleibungsdruck D64, D72, I26, I27
Logarithmus A19
–, Briggs'scher A19, A21
–, dekadischer A19
–, dualer A19
–, natürlicher A19
Logistikcontrolling T1, T16
Logistikinformationssystem (LIS) T17
Lohnermittlung S33
Losgröße T11
–, optimale S19
Losgrößenverfahren T7
Loslager C24
Lossplitting T12
Lösung, feste E23
Lösungsbehandeln E42
Lösungsglühen E36
Lösungsmittelklebstoff I10
Lot A60, A75
Löten M39, M55
Lötspalt M55
Lötverbindung I12
Lüfter L112
Lüfterkupplung L112
Luftfilter L83
Luftkühlung L112
Luftölkühler L110
Luftverhältnis L84
Luftvorwärmer L11
Lumen B24, G39
Lunker E29
Lux B24

M
Mäandergetriebe O25
Mach'sche Zahl C87
Magnesium E72
Magnetfeld B16, G14

– einer Spule G16
– eines Leiters G15
–, Kraftwirkung G19
Magnetflussänderung G19
Magnetinduktive Prüfung E112
Magnetisches Verfahren E112
Magnetisierungskurve G18
Magnetismus G14
Magnetlager O8
Magnetpulverprüfung E112
Magnetschalter L122
Magnetspannplatte O60
Magnetzündanlage L121
MAG-Schweißen M43
Malmedie-Bibby-Kupplung I107, I108
Mammutpumpe L48
Managementbewertung S55
Mantelfläche A93
Mantelhärten E39
Mantisse A21
Manueller Werkzeugwechsel P24
Manuelles Programmieren P19
Martensit E37
Martensitaushärtender Stahl E43
Martensitbildung E37
Martensit-Startpunkt E36
Maschinenbett O48
Maschinenfähigkeit O2
Maschinenkonzept, modulares O79
Maschinenlaufzeit N35
Maschinennullpunkt P6
Maschinenproduktivität S48
Maschinenschraubstock O60
Maschinenständer O48
Maskenformerei M4
Masse B1, B6, B10, B11
–, molare E13
–, reduzierte C68
Massenanteil F30
Massenanziehung B12
Massenausgleich L74
Massendefekt E4
Masseneinheit, atomare E13
Massengutumschlagsanlage K57
Massenkraft L74
Massenkrafterregung O56
Massenmittelpunkt C16
Massenmoment 2. Grades A122, C67
Massenstrom C89, C93
Massenträgheitsmoment B21
Massenzahl E4
Masseschluss G42
Massivgleitlager E100, E101
Massivgleitlager I133
Massivlochen M33
Maßtoleranz I2, I4
Maßzahl B1
Materialflusstechnik K2
Materialkosten S2

Materialplanung T1, T6
Materialproduktivität S48
Materialtransport K2
Materialverschnitt M38
Materialwirtschaft S2
Maximalpunkt A114
Mechatronik H1
Mega B25
Mehrbereichskerze L119
Mehrbereichsöl L107
Mehrgleitflächenlager I143
Mehrpunkteinspritzung L87
Mehrschicht-Blattfeder I62
Mehrschicht-Gleitlager L75
Mehrseilgreifer K18
Mehrseiten-Bearbeitung prismatischer Teile O79
Mehrspindeldrehautomaten O62
Mehrventiltechnik L77
Mehrzweckschneidwerkzeug M17
Meißelstellung N5
Meldebestand T9
Meldung Q49
Membranpumpe L45
Membransteuerung L106
Membranvergaser L86
ME-Motronic L91
Mengenmessung in Rohrleitung C92
Mengenrechnung, elektrolytische G13
Mengenrückstand T16
Mengenteilung S22
Merkmal S52
Messbereichserweiterung G65
Messeinrichtung R4, R5
Messerkopf N20
Messerschneiden M12, M13
Messerschneidwerkzeug M17
Messgerät, elektrisches G64
–, elektrodynamisches G65
Messort R2
Messung des statischen Drucks C91
Messverfahren O69
Messwandler G46
Messwerk, elektrostatisches G65
Messwertabnahme O69
Messwerterfassung O69
–, analoge P4
–, digitale P2
Metall, amorphes E19
–, faserverstärktes E90
Metalleigenschaft E19
Metallgewinnungsverfahren E17
Metallgitter E19
Metallguss M6
Metallmatrix-Verbunde MMC E91
Metall-Monolith Katalysator L103
Metallschutzschlauch I80
Metastabiles System E32
Metazentrum C87
Meter B5

–, dekadische Teile und Vielfache B5
Methanol L124
Metrisches ISO-Gewinde C37
Mg-Gusslegierung E73
Microprozessorsteuerung K24
Mikro B25
Mikrocontroler H5
Mikrohärteprüfung E106
Mikrokontakt E96
Mikrolunker E29
Mikroplasmaschweißen M46
Milli B25
MIM E87
Minderungsbeiwert I19
Mindestleuchtdichte G40
Mindestmaß I2
Mindestpassung I2
Mindestprofilverschiebungsfaktor I150
Minimalpunkt A114
Minuend A4
Minuszeichen A5
Minute A101
Minutenring L72
Mischelement E4
Mischkristallsystem E25
Mischkristall-Verfestigung E21
Mischreibung E97, I131
Mischreibungsfeld O37
Mischungsregel F8
Mischungsschmierung L105, L109
Mischungstemperatur F8
Mittel, arithmetisches A104
–, geometrisches A29, A105
Mittelkraft I36
Mittelleiter G37
Mittelpunktschaltung G59
Mittelpunktsform A70
Mittelpunktsgleichung des Kreises A62
Mittelpunktswinkel A84
Mittelsenkrechte A76, A78
Mittelspannung D9
Mittelspannungsempfindlichkeit I85
Mittenkreisdurchmesser I166, I167
Mittenspanungsdicke N17, N19
Mittlere Ausfalldauer O2
Mittlerer Ausfallabstand O2
ML-Kondensator G26
MMC E89
Modell M1
–, mathematisch H9
–, physikalisch H9
–, theoretisch H9
Modellbildung H4, H8
Modellsand M3
Modul A22, I147, I155
Modulares Maschinenkonzept O79
Modulreihe I147
Mohr D75
Mohr'scher Satz D40, D41

Moivre'scher Satz A24
Molare Masse M E13
Molares Normvolumen V_{mmn} E13
Molekularmagnet G15, G18
Molybdändisulfid E99
Momentangeschwindigkeit B8
Momentanwert G28
Momentenfläche D34, D40, D41
Momentenlinie D34, D36
Momentensatz B17, C9, C10
–, Arbeitsplan C10
Mono-Jetronic L89
Monomer E74
Monovalent L123
Montagevorspannkraft I42
Montagevorspannung I43
Motor, Drehmomentenkennlinie G56
–, polumschaltbarer G62
–, Überlastung G57
Motordrehmoment L67, L70
Motorgehäuse L68
Motorgleichung G49
Motorgreifer K18
Motorhubraum L63
Motorkennlinie L67
Motoröl L107
Motorschleifspindel O11
Motorschmierung L107
Motorschutzschalter G58
Motorspindeleinheit für die Hartfeinbearbeitung O12
Motorwirkungsgrad, mechanischer L63
Motronic L90
MP-Kondensator G26
Multilayer E103
Multiplikation A4
Mutter, Anziehen C36
Mutterart I31
Mutterauflagereibmoment I43
Muttergewinde I52
Mutterhöhe D71

N
Nabe I80, 99
Nabenabmessung I99
Nabendicke I102, I105
Nabendurchmesser I99
Nabenlänge I99, I105
Nabensprengkraft I93, I99
Nabenverbindung I87
–, formschlüssige I88
–, kraftschlüssige I88
Nabenverbindung (Beispiele) I88
Nachgiebigkeit I34, I36, I41
Nachkat-Sonde L104
Nachschneiden M20
Nachstellbewegung N1
Nachstellzeit R30
Nadelbewegungsfühler L97

Nadellager I111
Näherungsverfahren A38
Nahtdicke I20
Nahtlänge I20
Nahtüberhöhung I16
NAND-Verknüpfung Q13
Nano B25
Nanometer B25
Nasenflachkeil I100
Nasenhohlkeil I100
Nasenkeil I100
Nassluftfilter L83
Naturumlauf-Dampferzeuger L13
Naturumlaufkessel L14
NC (Numerical Control) O64
NCU (Numerical Control Unit) O65
Nebenachse A68
Nebendiagonale A31
Nebengruppe E6
Nebengruppenelement E10
Nebenscheitelpunkt A68
Nebenschluss-Charakter G53, G56
– -Generator G47
– -Motor G50
Nebenschneide N17
Nebenschnittfläche N1
Nebenstromfilter L110
Nebenwiderstand G10
Nebenwinkel A74
Nebenzeit N11
Neigung der Biegelinie D41
Neigungswinkel N5, N20
Nenner A9
Nennerdeterminante A32
Nennlast G52
Nennmaß I2
Nennmaßbereich I2
Nennspannung D10
Nennspannungsprinzip I83
Netzplan T8
Netzplantechnik T11
Neugrad A74, A101
Neutralleiter G42
Newton B7, B13
–, Krafteinheit B6
Newtonmeter B21
Newton'sches Axiom B13, B14
– Tangentenverfahren A39
NICHT-Funktion Q11
Nichtleiter G3
Nichtoxidkeramik E88
Nichtrostender Stahl E43
Nickel-Akkumulator G14
– -Legierung E53, E73
Nicken H24
Niederdruckanlage L29
Niederdruckpumpe L52
Niederspannungs-Leuchtstofflampe G41
Niedriglegierte Cu-Sorten E68

Nietabstand I28
Nietdurchmesser I26
Niete D55, D64
Nieten mit Hammer C77
Nietform I25
Nietlochdurchmesser I27
Nietverbindung D64, I25
–, im Stahlbau I26
Nietwerkstoff I25
Nietzahl I26, 27
Nikuradse, Formel von C95
Nitridkeramik E57
Nitrierhärten E41
Nitrierhärtetiefe E41
Nitrierschicht E41
Nitrierstahl E49
Nockensteuerung O63
Nockenwelle L76
Nockenwellenverstellung L80
Normalbenzin L81
Normalbeschleunigung B10, C49
Normale A60, A64
Normaleingriffswinkel I160, I166
Normalflankenspiel I147
Normalform A36
– der quadratischen Gleichung A34
–, disjunktive Q15
–, konjunktive Q15
Normalglühen E35
Normalkraft C30, D4, D5, D8
Normalleistung S30
Normalmodul I161, I165
Normalparabel A46
–, gespiegelte verschobene A48
–, verschobene A46
Normalspannung D4, D5, I21
Normal-Stehlager I116
Normalteilung I160
Normdichte F4
Normenreihe ISO9000:2000 S53
Normfallbeschleunigung B11, B20
Normgewichtskraft B11, B21
Normmodul I165
Normung S20
Normvolumen F4
– V_{mmn}, molares E13
–, molares B24, F4
–, spezifisches F4
Normzahl I1
Normzustand F4
NOR-Verknüpfung Q13
NOT-AUS-Einrichtung Q57
Notlaufeigenschaft I131
NO_x-Emission L101
NPN-Transistor G60
n-te Einheitswurzel A25
Nukleon E4
Nuklid E4
Nulldurchgang D36, D41

Nullgetriebe I150
Nullkippspannung G60
Nullpunkt A58, P3
–, absoluter F2
Nullpunktverschiebung P7
Nullrad I147, I150
Nullstab C30
Nullwinkel A74
Numerische Achse O66
– Steuerung O64
Numerus A19
Nummernsystem für Stähle E43
Nut I80
Nutenfräsen N24
Nutmutter I31
Nuttiefe I98
Nutzbremse G58
Nutzleistung L65
Nutzungsgrad η_A der Feder I58
Nutzwirkungsgrad L63, L66
NV-Elko G27
Nyquist-Kriterium R34

O

Oberflächenbehandlung E103
Oberflächenkraft B16
Oberflächenrauheit I84
Oberflächenverfestigung I84
Oberflächenzahl D11, D13
Oberflächenzerrüttung E100
Obergurt C24
Oberspannung D9
ODER-Verknüpfung Q10
Öffnungswinkel L78, L118
Öffnungszeit L78
ohc-Motor L76
Ohm G67
Ohmmeter G67
Ohm'sches Gesetz G5
– – des Magnetkreises G17
ohv-Motor L76
Oktanzahl L81
Öl E97
Ölabstreifring L72
Ölbadluftfilter L83
Öldruckmesser L110
Öldruckverlauf im Radial-Gleitlager I131
Ölfangrille I142
Ölfilter L109
Ölkühler L110
Ölpumpe L109, O31
Ölschmierung I114
Ölspritzdüse L108
Ölversorgungssystem für hydrostatische Führung O47
Ölwanne L69
On-Board-Diagnose L91, L102
Open-Deck L69
Opferanode E95

Optik B24
Optoelektronisches Bauelement G63
Orbital E5
Ordinate A43, A58
Ordinatenachse A43
Ordnungszahl E4
Organisationbaustein Q42
Organisationsgestaltung S2
Organisationstypen der Produktion T2
Orientierung E76
Örter, geometrische A76
Orthogonalfreiwinkel N4
Orthogonalspanwinkel N4
Ortshöhe C90
Ortskurve R9, R10, R16, R20, R29, R34, R37
Ortslinie A76
OTD (On-Time-Delivery) T12
Ottokraftstoff L81
Otto-Viertaktmotor, Arbeitsspiel L83
Overlay E100
Oxidation E16, L102
Oxidations-Katalysator L104
Oxidationsmittel E16
Oxidationszahl E17
Oxidkeramik E57, E88

P

Palette K20
Papierkondensator G26
Parabel A45, A65, A66
–, gestauchte A49
–, gestreckte A49
–, kubische A50
–, Scheitelgleichung A66
Parabelfläche C19
Parabolspiegel A66
Paraffinausscheidung L82
Parallele A43, A76
Parallelogramm A82, A84, C18
Parallelogrammfläche A84
Parallelogrammsatz C3
Parallelschaltung eines Blindwiderstandes G31
– von Kondensatoren G24
– – Spannungsquellen G6
– – Widerständen G7
–, Scheinwiderstand G31
Parallelschnitt D64
Parallelstoß I13
Parallelverschiebung A88, C6
Parameter A66, A68, A70
–, konzentriert H10
–, verteilt H10
Partialbruchzerlegung, Integration A118
Partialsumme A103
Partielle Integration A117
Pascal B21, C82
Pascal'sches Dreieck A6
Passante A64, A83
Passfeder I98, I100

Passfederlänge I103
Passfedermaß I103
Passfederverbindung I89, I99, I104
Passivkraft N1, N4, N6, N22
Passivschicht E95
Passschraube D63
Passtoleranzfeld I3, I5
Passtoleranzfeldlage I3
Passung I4
Passungsauswahl I7
Passungsgrundbegriff I2
Passverbindung I89
Patentieren E38
Pauli-Prinzip E5
PD-Regler R37, R38
Pendelbecherwerk K57
Pendelkugellager I111, I125
Pendellager I142
Pendelrollenlager I112
Pendelschlagwerk E109
Penetrierverfahren E113
Periode E6
Periodendauer B20
Periodensystem der Elemente (PSE) E5, E8
Peripherie A83
Peripheriewinkel A84
Peritektische Reaktion E26, E27
Perlit E32
Perlitbildung E32
Permanenterregter Drehstromsynchronmotor O22
Permeabilität B23, G17
Permeabilitätszahl B23, G18
Permittivität B23, G24
Permittivitätszahl B23, G25
Personalwesen S5
Pfad, kritischer T8
Pfeil A86
Pfeilzahn I159
Pfosten C25
Phase, intermetallische E23, E26, E27
Phasengang R10
Phasenkompensation G32, G52
Phasenprüfer G38
Phasenschieberkondensator G33
Phasenverschiebung G29, G30, H18
Phasenwinkel G29, G30
Phenol E75
Phenoplaste E77
pH-Wert (pH) E15
Physik B1
Physikalische Größe B20
– – und Größenart B1
Pick up-Prinzip O74
Pico B25
Picometer B25
PID-Regelalgorithmus R31
– -Regler H21, R30, R37, R38
Piezo-Effekt G64
Pilotmodell H9

Pilzschleifkörper O76
PIM E87
PI-Regler R30, R37, R38
Planck-Konstante B24
Planetengetriebe O27
Planimetrie A73
Planrost L5, L6
Planscheibenlagerung O10
Planungsebene T3
Planverzahnung I165
Planvorschubbewegung N1
Plasmanitrieren E42
Plasmaschneiden M52
Plasmaschweißen M46
Plastische Verformung E21
Plastisole I9
Plattenführungsschneidwerkzeug M17
Plattenkondensator G24
Plattieren E104
Platzhalter A26
Pleuellager I111, L75
Pleuelstange D58, L73
Pleuelstangenkraft L70
Pleuelstangenverhältnis L71
Pleuelstangenwinkel L71
Plusbewegung P5
Pluszeichen A5
PM-Fertigungsverfahren E86
– -Spritzgießen E87
Pneumatik Q32
Pneumatische Förderanlage K60
Pneumatischer Antrieb K22
PNPN-Thyristor G60
PN-Übergang G59
Poise B21
Poisson-Zahl B21
Pol A58, A107
Polarachse A58
Polarisation, elektrische G25
Polarisierte Atombindung E11
Polarkoordinate A22, A58, P9
Polarkoordinatensystem A58
Polrad L121
Polstelle A52, A107
Polumschaltbarer Motor G62
Polyaddition E75
Polyamid E80, E84
Polyblend E74, E77
Polybutylen E80
Polycarbonat E80, E84
Polyester E77, E80
–, linear E80, E84
Polyethylen E80, E84
Polyetrafluorethylen E84
Polygonprofil I89
Polyimid E77, E80
Polykondensation E75
Polykristalliner Diamant E57
Polymer E74

–, faserverstärktes E90
Polymerisation E75
Polymermatrixverbunde PMC E91
Polymer-Pyrolyse E88
Polymethylmethacrylat E80
Polynom A37, A51
Polynomdivision A8, A118
Polyoxymethylen E80, E84
Polyphenylenoxid E84
Polyphenylensulfid E84
Polyphenylether E80
Polypropylen E80, E84
Polystyrol E80, E84
Polytetrafluorethylen E80
Polyurethan E77
Polyvinylchlorid E80, E84
Portalhubwagen K69
Portalkran K44
Portalroboter O73
Potenz A13
Potenzgesetz von Blasius C95
Potenzrechnung A4
Potenzregel A109, A111, A112, A117
Prägen M33
P-Regler R29, R36, R37, R38
Preisermittlung S5
Presse, hydraulische C83
Presspassung I93
Presssitz I4
Pressung, hydraulische C82
Pressungsfaktor I102
Pressungshöhe C84
Pressungswinkel I151, I152
Pressverband I88, I90, I91, I92, I94, I99
–, kegeliger I88, I95, I96
–, zylindrischer I88
Primärbedarf T6
Primärkristall E25
Primärspannung G44
Primärwicklung G44, L118
Prinzip des kleinsten Zwanges E16
Prioritätsziffer T12
Prisma A90, C20
–, n-seitiges A90
–, physikalisches A90
Prismatische Körper A90
Probestab D8
Production on demand T15
Produkt A4
Produktenmesswerk G65
Produktform A36
Produktionscontrolling T16
Produktionsfaktor S48
Produktionsinformationssystem T16
Produktionslogistik mit ERP-Systemen T6
–, Hauptaufgabe T1
–, Ziel T2
Produktionsprogramm T6
Produktivität O1, S47

Produktregel A110
Profibus-DP Q57
Profillinie C22
Profilschleifzentrum O82
Profilstahl C20
Profilüberdeckung I160, I165
Profilverschiebung I148, I150, I155, I160, I163, I165
Profilverschiebungsfaktor I150, I152
Profilverzerrung N19
Profilwellenverbindung I89
Profit Center T3
Programm Q3, Q41
Programmanfang P19
Programmblatt P10
Programmende P19
Programmierbeispiel P31
Programmieren, manuelles P19
Programmiersprache Q42
Programmkommentar P19
Programmname P19
Programmnullpunkt P6
Programmnummer P19
Programmplanung T1
Programmsatz P19
Programmschleife P38, P41
Programmsteuerung O63
Programmteilwiederholung P41
Proportion A29
Proportionalbeiwert H10, R29, R30
Proportionalbereich/Stellbereich R23
Proportionale, mittlere A29
Proportionalfunktion A44
Proportionalglied H16
– mit Verzögerung H17
Proportionalhydraulik Q38
Proportionalitätsbeiwert H16
Proportionalitätsfaktor A44
Proportionalitätsgrenze D57
Protect earth G42
Prototypmodell H9
Prozessmanagement S53
Prozessqualität S51
Prüfung, magnetinduktive E112
PT0-Regler R37
PT0-Strecke R20
PT1-Regler R37
PT1-Strecke R15, R20
PT2-Regler R37
PT2-Strecke R17, R20
PT2Tt-Strecke R20
PTn-Regler R37
PTn-Strecke R20
Puffer T9
Pull-Prinzip T15
Pulsieren, Verringerung G46
Pulverherstellung E86
Pulvermetallurgie E86
Pumpe L42

Pumpe-Leitung-Düse-Verfahren L99
Pumpenleistung L42
Pumpenumlaufkühlung L112
Punktfehler E20
Punktlast I117, I118
Punktrechnung A4
Punkt-Richtungs-Form A59
Punktschweißen M49
Punkt-Steigungs-Form A59
Punktsteuerung O64
Punktsteuerungsverhalten P11
p-V-Diagramm L64
PVD-Verfahren E104
Pyramide A91, C20
Pyramidenförmiger Körper A91
Pyramidenmantel C19
Pyramidenstumpf A92, C20
Pythagoras von Samos A78

Q
Quader A90
Quadrat A82
Quadratische Säule A91
Qualität S51
Qualitätsaufzeichnung S54
Qualitätselement S53
Qualitätsforderung S52
Qualitätsmanagement S51
Qualitätsmanagementhandbuch S54
Qualitätsmanagementplan S56
Qualitätsmanagementsystem S52
Qualitätspolitik S54
Qualitätssicherung S52
Qualitätsstahl E43
Qualitätswesen S52
Qualitätsziel S54
Quantenzahl E5
Quellenspannung G6, G7, G13
Querdehnung D6
Querdehnzahl I91
Querkraft D4, D5, D8, D21, D32, D34, D35, D36, I33, I46
Querkraftfläche D32, D33
Querkraftlinie D33, D36
Querkraftschub I18
Querlager C37
Querpressverband I91
Querschnitt, unrunder C95
Querschnittsgestaltung D23
Querschnittskern D75
Querschnittsnachweis D16, D22, D64, D65
Querstiftverbindung I89, I102
Querstromspülung L106
Querstromzylinderkopf L69
Quotient A4
Quotientenmesswerk G65
Quotientenregel A111

R
rad A101
Rad mit Arm I169
Radaflex-Kupplung I108
Radform L36
Radialdichtring I115
Radialfaktor I113
Radialfräsen N25
Radialgleitlager I134, I143
Radialkolbenpumpe L47
Radialkolben-Verteilereinspritzpumpe L98
Radialkraft I155, I161, I167, L70, N21
Radiallager I111, I115, I117, I118, I142
Radialspannung I93
Radialturbine L28, L29
Radialverdichter L58, L61
Radialvorschub N25
Radialvorschubgeschwindigkeit N24
Radialzustellung N25
Radiant A101
Radikand A16
Radius A62
Radiusvektor A58
Radizieren A21
Radschaufel L31
Radversetzung I155
Raffination G12
Rammen von Pfählen C78
Randfaserabstand D24
Randschichthärten E39, E103
Rapsölmethylester L124
Rationalisierung S20
Rattern, regeneratives H5
Raumanteil F30
Räumen N15, N16
Räumkraft N16
Räumlänge N15
Räumnadel N15
Raumnetzmolekül E76
Raumwinkel B20, G39
Raute A82
Rautiefe N1
Reaktion, eutektische E25
–, peritektische E26, E27
–, tribochemische E100
Reaktionsform E81
Reaktionsgleichung E13
Reaktionsharzbeton O49
Reaktionsklebstoff I11
Reaktionsschaumguss RSG E81
Realteil A3
Rechenregel für bestimmte Integrale A120
Rechnungswesen S3
Rechteck A82, A84
Rechteckfeder I61
Rechteckgewinde C36
Rechtecksfläche A84
Rechtehandregel G23
Rechter A74

– Winkel A74
Rechtsschraubenregel G15
Recken M33
Recklast K14
Redoxreaktion E17, E30
Reduktion E16, L102
– einer Gleichung A37
– von Trägheitsmomenten C69
Reduktionsmittel E17, E30
Referenzmarke P3
Referenzpunkt P6
Reflexionsdämpfer L112
Reflexionsvermögen G40
Regalbediengerät K47
Regalförderzeug K47
Regel von Sarrus A32
Regelabweichung, abweichende H21, R29
–, bleibende R34, R39
Regelalgorithmus R31, R40
Regelbarkeit R19
Regeldifferenz H21, R3, R4, R29
Regeleinrichtung R1, R2, R3, R5
Regelglied R4, R5, R21
Regelgröße R1, R2, R39
Regelkolben L72
Regelkreis R1, R7
– einer numerischen Achse O66
Regelpumpe mit Nullhubregler O34
Regelstange L94
Regelstangenanschlag L95
Regelstrecke H16, R1, R2, R10, R19
– mit Ausgleich R12
– – Totzeit, (Tt-Strecken) R18
– – Verzögerung R15
– ohne Ausgleich R14
–, Simulation R32
Regelung H16
– mit einer SPS R40
–, analoge O66
Regelungstechnik R1
Regler H16, H21, L122, R1, R4, R5, R21, R29
– mit D-Verhalten, D-Regler R25
– – I-Verhalten, I-Regler R24
– – PID-Verhalten, PID-Regler R26
– – P-Verhalten R22
–, pneumatischer L95
–, quasistetiger R31
–, stetiger R21
–, unstetiger R21
Reglerauswahl R36
Regula falsi A39
Reibahle N29
Reiben N29
Reibkraft C30
– im Gewinde C36
Reibleistung C37, C38, I137
Reibschweißen M51
Reibung C30
– auf der schiefen Ebene C33
– bei monotoner Bewegung O37
– in Getrieben C34
Reibungsart E96
Reibungsbremse K27
Reibungskegel C32
Reibungskupplung I109
Reibungsverhältnis I131
Reibungszustand E96, E97
Reibwinkel C31, I97
Reibzahl C31, C39, I137
– für metrisches ISO-Regelgewinde I43
– im Gewinde C36
–, Bestimmung C31
Reihe A103
–, arithmetische A104
–, geometrische A105
Reihenbildung K5
Reiheneinspritzpumpe L94, L98
Reihenschaltung G6, G30
– eines Blindwiderstandes G30
– von Kondensatoren G24
– – Spannungsquellen G6
Reihenschaltung von Widerständen G6
Reihenschluss-Charakter G56
– -Generator G48
– -Motor G50
Reinelement E4
Reingewinn-Umsatzrentabilität S49
Reinkupfer E67
Reißdehnung E82
Reißen M12
Reißlänge D17, D18
Rekombinieren G3
Rekristallisation E22
Rekristallisationsglühen E36
Rekristallisationsschaubild E36
Relais Q24
Relationen von Euler A26
Relativbemaßung P8
Relative Atommasse E4, E13
Rentabilität S3, S47, S49
Repulsionsmotor G55, G56
Research-Methode L81
Resolver P4
Resonanz H15
Resonanzaufladung L114
Restaustenit E37
Resultierende C2, C3, C6
–, Arbeitsplan zur zeichnerischen Bestimmung C7
–, rechnerische Bestimmung C7, C9
–, zeichnerische Bestimmung C6, C9
Return on Investment S49
Reynolds'sche Zahl C87
– –, kritische C88
Rhombus A66, A82
Richtungskonstante I136
Richtungswinkel C6, C7
Richtwerte für Bohrarbeiten N29
– – die Schnittgeschwindigkeit N10, N13

– – die Schnittgeschwindigkeit beim Bohren N31
– – – spezifische Schnittkraft N14
– – Schleifscheibengeschwindigkeit N34
– – Schnittgeschwindigkeiten N23
– – spezifische Schnittkraft beim Bohren N32
– – Werkstückgeschwindigkeit beim Schleifen N34
– – Zahnvorschub N23
Richtwerttafel für Schnittgeschwindigkeit N9
Riementrieb O15
Rillendichtung I115
Rillenfräser N25
Rillenkugellager I111, I112, I113, I114, I122
Ringfeder I60
Ringfederspannverbindung I88, I100, I101
Ringschmierung I142
Ring-Spurlager I139, I141, I143
Ring-Spurplatte I141
Ritter'sche Schnittverfahren C28
Ritzel I168
– -Teilkreisdurchmesser I161
Ritzelwelle I155
Ritzelzähnezahl I155, I156, I161
Rohnietlänge I25
Rohrverbindung I12
Rohstahl E29
Rollbedingung C39
Rolle C5, C40, M24
–, Wirkungsgrad der festen C40
–, Wirkungsgrad der losen C40
Rollen- oder Nadelführung O41
Rollenförderer K63
Rollenfreilauf K31, L122
Rollenlagerung I56
Rollenschwinghebel L77
Rollenumlaufschuh O45
Rollenumlaufumlaufeinheit O45
Rollenzug C40
–, Wirkungsgrad C40
Rollkörper C38
Rollkraft C38
Rollreibung C38
Rollwiderstand C38
Römische Zahlenschreibweise A11
Römisches Zahlzeichen A12
Rootsgebläse L106
Rostanlage L5
Roststab L5
Rotation C66
Rotationskörper A121
Rotor L40
Rotorpumpe L109
Rückfederung M21
Rückführungsgröße R2
Rücklaufgeschwindigkeit, mittlere N12
Rücklaufsperre K27, K30
Rücklaufzeit N11
Rückmeldung T14
Rücksprunghöhe C79

Rückstoß B14
Rückstrahlvermögen G40
Rückwärtsfließpressen M29
Ruhemasse B24
Rundfräsen N24
Rundführung, doppelte O36
Rundgewinde I30
Rundgliederkette K13
Rundmotor (Torque-Motor) O81
Rundschleifen N33, N35
Rundungsregel A12
Rundvorschubgeschwindigkeit N24
RUPEX-Kupplung I107, I108
Rußpartikel L101
Rüstzeit S32
Rutschbeiwert I91, I97
Rutschförderer K58

S
SAE-Viskositätsklasse L107
Sägengewinde, metrisches I30
Salzbadnitrieren E103
Salzbadnitrocarburieren E41
Salzbildung E15
Sammler G14
–, alkalischer G14
–, Kapazität G14
Sarrus, Regel A32
Satz P19
– des Cavalieri A93
– des Pythagoras A85
– von d'Alembert C65
– von Steiner C67
– von Viëta A35, A36
–, binomischer A7
Satzanfang P20
Satzaufbau P20
Satzende P20
Satzformat P21
Satznummer P21
Säubern I10
Saugheber K19
Saugrohr L35
Saugrohreinspritzung L86
Säule, quadratische A91
Säulendrehkran K43
Säulenführungsschneidwerkzeug M17
Säure E12
Saures Salz E16
Schablone M2
Schabotte C80
Schadstoffemission L84
Schaftquerschnitt I36
Schaftschraube I44
Schalenformverfahren M11
Schalenkreisförderer K66
Schalenkupplung I106, I107
Schalldämpfer L112
Schaltdifferenz R39

Schalter G38
Schaltgetriebe I156
Schaltkupplung I105, I109, I110
Schaltmuffe I109
Schaltplan Q4
Schalttabelle Q12
Schaltung eines Spannungsteilers G10
– von Verbrauchern G9
Schaltungsvereinfachung Q15
Schaufelprofil L21
Schaufelradlader K57
Scheibe I33
Scheibenbremse K29
Scheibenfräser N24
Scheibenkupplung I106, I107
Scheibenrad I169
Scheinleistung G31
Scheinleistungsmessung G67
Scheinleitwert G31
Scheinwiderstand G30
– bei Parallelschaltung G31
Scheitelfaktor G28
Scheitelgleichung der Parabel A66
Scheitelpunkt A46, A66, A70
Scheitelwert G28
Scheitelwinkel A74
Schenkel A77
Schenkelfeder I61, I62
Scherfestigkeit M14
Scherkraft I11
Scherschneiden D64, M12
Scherspannung I27
Schichtung I66
Schichtverbund E91
Schieberadgetriebe O14
Schiebesitz I4
Schiebung C74
Schiefer Wurf A50
Schlag, elektrischer G42
Schlagbiegeversuch E82
Schlankheitsgrad D56, D57, D60
–, bezogener D60
Schleifautomat, spitzenloser O78
Schleifdrahtbrücke G67
Schleifen N33, O75
Schleifkraft N33
–, spezifische N33
Schleifleistung N33
Schleifringläufer G54, G61
Schleifscheibe N33
Schleifscheibengeschwindigkeit N33
Schleifspindel für Außenrundschleifmaschine O10
Schleifzentren für zeitliche Nacheinanderbearbeitung O76
– – – Parallelbearbeitung O77
Schleppkreisförderer K65, K66
Schleuderguss M9
Schlichträumen N16
Schließwinkel L118

Schließzeit L118
Schlitten O48
Schlitzen M33
Schlitzmutter I31
Schlupf G52, H2
– eines Asynchronmotors G52
Schlüsselzahl P20
Schlusslinie D36
Schlusslinienverfahren C12
–, Arbeitsplan C12
Schmalführung O37
Schmelze M4
Schmelzen E20, F12
Schmelzenthalpie F12
Schmelzfeuerung L8
Schmelzflusselektrolyse G13
Schmelzklebstoff I9
Schmelzpunkt F12
Schmelzschweißen M39
Schmelztauchen E103, E104
Schmelzwärme F12
Schmieden M33
– mit Hammer C77
Schmierölverbrauch L109
–, spezifischer L109
Schmierring I142
Schmierspalthöhe I138
Schmierstoffdurchsatz I138
Schmierstofftemperatur I138
Schmierung M32
– der Gleitlager I141
– und Kühlung mit Schneidöl N11
–, Zahnradgetriebe I169
Schmierungsart I141
Schmierverfahren I141
Schmiervorrichtung I141, I142
Schnecke I165
Schneckenfräsen N24
Schneckengetriebe I146, I165, I166
Schneckenlänge I166
Schneckenrad I165, I167
Schneckenradfräsen N25
Schneckenwelle I116
Schneide N3
Schneidenbelastung N2
Schneidenecke N3, N17, P30
Schneidenkühlung N11
Schneidenlänge N2
Schneidenradius P31
Schneidenradiuskompensation P30
Schneidenradiuskorrektur P30
Schneidenüberhöhung N5, N6
Schneidenwinkel N4
Schneidenzugabe N11
Schneidfase N20
Schneidkeramik E57
Schneidspalt D64, M13, M16
Schneidstoff E56
– -Korrekturfaktor N8

Schneidwerkzeug M16
Schnellarbeitsstahl E56
Schnellschnittstahl N4
Schnitt B15
Schnittbewegung N1, N3, N17, N33
Schnittbogenlänge N1, N2
Schnittbreite N15, N17, N19
Schnittebene N3
Schnittfläche N3
Schnittgeschwindigkeit N1, N2, N9, N10, N13, N16, N17, N21, N22, N28, N29, N31
– -Korrekturfaktor N8
Schnittgröße N1, N2, N18
Schnittigkeit I26
Schnittkraft D64, M15, N1, N6, N16, N21, N27
–, spezifische N6, N7, N8, N16, N19, N22, N27, N32
Schnittleistung N8, N21, N22, N27, N33
Schnittrichtung N1, N3
Schnittstelle Q6
Schnitttiefe N1, N2, N17, N19
Schnittverfahren D3
– am Zahn eines Zahnrades D3
Schnittvorschub N17, N19
Schnittzeit N11
Schnorr-Tellerfeder I69
– -Sicherung I32
Schrägeinstechschleife O78
Schrägkugellager I111, I124
Schrägscheibenpumpe L46, L47
Schrägstellung des Drehmeißels N6
Schrägstirnrad I159
Schrägungswinkel I159, I160, I161
Schrägverzahnung, Kraftverhältnis I161
Schrägzahn I165
– -Stirnrad, Abmessung I160
Schraube C36, D54, D55
–, Nachgiebigkeit I41
Schraubenart I31
Schrauben-Druckfeder I72, I74
Schraubenfeder I62, I72
Schraubengang C36
Schraubenkraft I33, I34, I42
Schraubenlängskraft C36
Schraubenlinie C36, I31
Schraubenquerschnitt I41
Schraubensicherung I32
Schraubenspindelpumpe L45
Schraubenstahl I32
Schraubenverbindung I30
–, Anziehen I33
–, Dauerhaltbarkeit I44
–, querbeanspruchte I46
Schraubenverdichter L57, L58
Schrauben-Zugfeder I72, I73
Schraubradgetriebe I146
Schraubtrieb O27
Schraubtriebstarter L122
Schraubzwinge D73

Schrittmotor O23
Schrumpfen I25, I90, I93, M33, M39
Schrumpfspannung I15
Schruppen N29
Schruppräumen N16
Schub D62
Schubankerstarter L122
Schubkraft D5
Schubkurbel O13
Schubkurbelgetriebe C5, C54, C55, D4
Schubmodul B21, D7, D12, D67
– -Temperaturkurve E82
Schub-Schraubtriebstarter L122
Schubspannung D5, D66
Schubspannungshypothese D75
Schubspannungsverteilung D64
Schubstange C5, C54
Schubstangenverhältnis C54
Schubtriebstarter L123
Schubumformen M20
Schulterkugellager I111
Schüttgewicht von Massengütern K19
Schütz Q24
Schutz, kathodischer E95
Schutzerdung G42
Schutzgasschweißen M42
Schutzisolierung G43
Schutzleiter PE G42
Schutzmaßnahme G42
Schutzschicht E95
Schutztransformator G43
Schwankungsbreite R39
Schwarzer Temperguss E60
Schwefeldioxid L102
Schweißbaugruppe I15
Schweißen M39
– von Blech I22
Schweißgeeigneter Feinkornbaustahl E46
Schweißgleichrichter M40
Schweißkonstruktion I17
–, Darstellung I14
–, Grenzabmessung I20
–, im Maschinenbau I18
–, im Stahlbau I20
Schweißnahtausführung I14
Schweißnahtbegriff I13
Schweißnahtberechnung I23
Schweißnahtbezeichnung I14
Schweißnahtdicke I18
Schweißnahtfaktor I22
Schweißnahtgüte I16
Schweißnahtlänge I18, I21
Schweißnahtnachweis I23, I24
Schweißnahtprüfung E112
Schweißnahtspannung I16, I18
Schweißposition I13, I15
Schweißverbindung D37, I12, I15
–, Berechnung I16
Schweißverfahren I13, I15

Sachwortverzeichnis

Schwellbeanspruchung D9
Schwellfestigkeit D10
Schwenkmotor Q32
Schwenktrommelpumpe L46
Schwerelosigkeit B16
Schwerkraft B11
Schwerpunkt A79, C16, C23
– einer ebenen Fläche C16
– eines ebenen Liniengebildes C17
– eines Körpers C16
– wichtiger Linien, Flächen und Körper C17
–, rechnerische Bestimmung C16
Schwerpunktabstand C16, C17, C20
Schwerpunktbestimmung C21
– eines Liniengebildes, rechnerisch C17
– einer Fläche, rechnerisch C16, C17
Schwimmen C86
Schwimmereinrichtung L85
Schwimmerpumpe L47
Schwimmlage, labile C87
–, stabile C86
Schwimmreibung I131, I143
Schwinghebel L77
Schwingrinne K59
Schwingsaugrohr L114
Schwingung, erzwungene O56
–, freie gedämpfte O56
–, selbsterregte O56
Schwingungszahl C53
Schwungrad-Starter-Generator L123
SCM, Hauptvorteil T15
SCR-Verfahren L104
Sechseck A86
Sechskantmutter I31
Sechskantschraube I31, I51
Seemeile B20
Segment A83
– -Spurlager I141
Seilrolle I29
Sehne A83
Sehnensatz A89
Sehnen-Tangenten-Winkel A84
Sehnenviereck A82
Seigerung E29, E30
Seileckverfahren C9, C21
–, Arbeitsplan C9
Seilendverbindung K9
Seiligerprozess L62
Seilreibung C39
Seilrolle K8
Seilschloss K9
Seilstrahl C9
Seiltrieb K6, K10
Seiltrommel K8
Seilwinde für den Forsteinsatz K37
Seitenhalbierende A79, A89
Seitenkraft C85
Sekante A39, A64, A83
Sekantensatz A90

Sekantenverfahren A39
Sektor A83
Sekundärluftsystem L104
Sekundärmetallurgie E30
Sekundärspannung G44
Sekundärwicklung G44, L118
Sekunde A101, B6
–, Definition B6
Selbsterregte Schwingung O56
Selbsterregung G47
Selbsthaltung Q18
Selbsthemmung C36, C41
– der Schnecke I166
–, Bestimmung C31
Selbsthemmungsbedingung C32
Selbstinduktion G20
Selbstzündung L62
Selektive Angriffsform E94
Senker N29
Senkkerbnagel I55
Senkniet I25
Senkrecht-Bearbeitungszentrum O74
Senkrechte A75
Senkschraube I31, I51
Sensor H4, Q24
Servicegrad T2
Setzbetrag I35
Setzen I25, I33
Setzkraft I33, I42
Sherardisieren E41
Shop-floor-Ebene T3
Si-Carbid E88
Sicherheitsgrenztaster Q57
Sicherheitskupplung I105, I109
Sicherheitsnachweis gegen Dauerfestigkeit I83
– – Fließgrenze I85
Sicherung G38
–, formschlüssige I32
Sicherungselement I54, I56
Sicherungsmutter I32
Sicherungsring I55
– für Wellen und Bohrungen I82
Sicherungsscheibe I56
Sicken M29
Siebfilter L110
Siedekennziffer L81
Sieden F13
Siedepunkt F13
Siedeverlauf L81
SI-Einheit B5, B20
Sigma A103
Signal Q8
–, analoges Q9
–, binäres Q9
Silicieren E41
Siliciumguss E61
Silikon E77
Simulation R32
Simulationssystem H26

sin α A95
Si-Nitrid E88
Sinterhartmetall E56
Sintermetall I133
Sintern M1
Sintertemperaturen E86
Sinus A95
Sinusfunktion A102
Sinuskurve A96
Sinus-Lamellenkupplung I109
Sinussatz A99
Skalar B7
Slab-Laser M47
Software-in-the-Loop H29
Solarzelle G63
Sol-Gel-Verfahren E88
Solidus-Linie E24
Sollwert H21, R3, R39
Sommerfeldkonstante I136
Sommerfeldzahl I137
Sondereinheit B5
Sonderguss E58
Spaltdichtung I115
Spalten M12
Spaltfilter L110
Spalthöhe I138
Spaltkorrosion E94
Spaltpol-Motor G55
Spanabnahme N1, N12
Spanbildung N1, N33
Spanfläche N3, N4, N17
Spanflächenfase N3
Spangröße N2
Spanndorn O60
Spanneisen O60
Spannelement I101, 102
Spannhülse I55
Spannkraft I102
Spannmittelnullpunkt P6
Spannsatz I100, I101
Spannstift I55
Spannung D5, D9, D65
–, elektrische B23, G3
–, induzierte G46
–, reduzierte D75, I43
–, zulässige I9
Spannungsarmglühen E36
Spannungsart D5
Spannungsausschlag D9
Spannungsbegriff D5
Spannungsbilanz G8
Spannungsbild D3
– bei Biegung D22
– eines Pressverbandes I93
Spannungs-Dehnungs-Diagramm E82, E108
Spannungserhöhung D10
Spannungserzeugung G22, G46
Spannungsfall G6, G7, G10
–, prozentualer G36

Spannungsgröße, magnetische G17
Spannungslinie, isochrone E83
Spannungsmesser G66
Spannungsmesserwiderstand G66
Spannungsmessung G66
–, Messbereicherweiterung G66
Spannungsnachweis D16, D22, D64, D65, I48, K39
Spannungspfad G67
Spannungsquelle, Belastung G10
–, elektrische G4
–, Gegeneinanderschaltung G6
–, Innenwiderstand G10
–, Parallelschaltung G6
Spannungsquerschnitt I36, I37, I40, I41, I46, I52
Spannungsreihe G13
Spannungsspitze D10, D11
Spannungssystem D3
Spannungsteiler G10
–, Schaltung G10
Spannungsverteilung im unsymmetrischen Querschnitt D23
Spannungswandler G46
Spannunterlage O60
Spannverbindung I99
Spannwinkel O60
Spannzange O59
Spanungsbreite N1, N2
Spanungsdicke N1, N2, N15, N16
Spanungsdickenexponent N8
Spanungsgröße N1, N2, N18
Spanungsquerschnitt N1, N2, N6, N19, N27
Spanungsvolumen N22
–, spezifisches N22, N23
Spanvolumen N15
Spanwinkel N4, N5, N16, N20
–, negativer N4
– -Korrekturfaktor N8
Spartransformator G45
Spätzündung L119
Speicher Q3
– -Funktion Q2, Q17
– -Katalysator L103
Speicherprogrammierbare Steuerung (SPS) O63, Q3
Speichertechnik L123
Sperrventil Q30
Spezifische Gaskonstante B22
– innere Energie B22
– Wärme B22
– Wärmekapazität B22
Spezifischer Energie-Werkzeug- und Hilfsstoffverbrauch O3
Spiegelfunktion A54
Spiegelung A88
Spiel I2
Spieländerung I140
Spieleinstellung O40
Spindel I49

Sachwortverzeichnis

Spindeldrehzahl P24
Spindelführung I49
Spiralbohrer N29
Spiralfeder I62, I63
Spiral-Stift I55
Spiralturbine L30
Spiralzahn I165
Spitzengrenze I150
Spitzenloser Schleifautomat O78
Spitzgewinde C36
Splint I56
Sprengkraft I99
Sprengring I55
Spritzen, thermisches E103
Spritzgießen E79, E80
Spritzguss M10
Spritzversteller L96
–, hydraulischer L96
Sprödbruchgefahr I15
Sprung I160
Sprungantwort H9, R7, R8, R10, R13, R14, R16, R18, R20, R23, R29
Sprungüberdeckung I160, I165
Sprungwinkel I165
SPS R21
Spule mit Eisenkern G16
Spulenzündanlage L117
Spülgebläse L105
Spülgrad L105
Spülung L105
Spülverfahren L105
Spurzapfen I141
Spurzapfenreibung C38
Sputtern L76
Squeeze-Film-Dämpfer O45
Stabdreieck C25
Stabilität R33
Stabilitätsbedingung C87
Stabilitätsnachweis D62, K39
Stabilitätsuntersuchung R34
Stabkraft, Ermittlung C26, C28
Stabmagnet G15
Stahl für Blech und Band zum Kaltumformen E47
–, austenitischer E53, E54
–, ferritisch-austenitischer E33, E53
–, ferritischer E53, E54
–, hitzebeständiger E53
–, hochwarmfester E52
–, kaltzäher E52
–, korrosionsbeständiger E53
–, martensitaushärtender E43
–, nichtrostender E43
–, thermomechanisch gewalzter E48
–, unlegierter E43
–, warmfester E52
Stahlbandkupplung I107
Stahlbau I22
Stahlblech M36
Stahlguss E45, E58, M6
Stahlgusssorte E45
Stahlsorte, ferritische E33
Stammdaten T4
Stammfunktion A116, A119
Standardisierung K5
Standguss E31
Standsicherheit C23, 24
Standzeit N4, N9
Standzeiterhöhung N6
Stapelbehälter K20
Stapelkran K47
Starteinrichtung L85
Starter L122
Statik C1
– der ebenen Fachwerke C24
– – Flüssigkeiten C81
Statische Bestimmtheit C25, C26
Statisches Verhalten R7
Stauanlage L29
Stauaufladung L114
Staucharbeit M33, M34
Stauchen M33, M34
Stauchkraft M33, M34
Stauchung D6
Staudruck C92, C96
Staurand C92
Steadit E30
Stechen M24
Stefan-Boltzmann-Konstante B24
Stehlager I116, I142
Steifigkeit H6
Steiggeschwindigkeit C47
Steighöhe C47
Steigung A59, I52
Steigungswinkel C36, I52, N20
Steigzeit C47
Steilabfall E109
Steilflankennaht I13
Steilkegelschaft O57
Steilrohrkessel L13
Steiner, Satz von C67
Steiner'scher Verschiebesatz D25, D26
Stelleinrichtung R5
Steller R5
Stellglied Q2, R4, R5
Stellgröße R1, R2
Stellort R2
Stellring I56
Stellschalter Q24
Stelltransformator G45
Stereometrie A90
Stern-Dreieck-Anlauf G53
Sternverkettung G34
Stetige Teilung A89
Stetiger Regler R22
Stetigförderer K51
– für Stückgut K63
Steueranlasser G61
Steueranweisung Q43

Steuerdiagramm L78
–, symmetrisches L106
–, unsymmetrisches L105, L106
Steuereinrichtung Q2
Steuerkette R1
Steuerkurve O61
Steuern Q1
Steuerstrecke Q2
Steuertransformator G61, G62
Steuerung H16
–, asynchrone Q3
–, fluidische Q29
– in der Fördertechnik K23
–, numerische O64
–, speicherprogrammierbare (SPS) O63, Q3
–, synchrone Q3
–, verbindungsprogrammierte Q3
Steuerungsart P11
Steuerungsfunktionen im Einschaltzustand P32
Steuerungstechnik R1
Steuerzahnrad L76
Stichlocheffekt M46
Stickoxid L101
Stick-slip-Bewegungen O38
Stift I54
Stiftglühkerze L101
Stiftschraube I31
Stiftverbindung I54, I89
Stirlingmotor L126
Stirnabschreckprobe E111
Stirnabschreckversuch E111
Stirnen N17, N18, N24
Stirnflachnaht I13
Stirnfräsen N18, N19, N24
Stirnfugennaht I13
Stirnmodul I160, I167
Stirnrad, geradeverzahnt D3
Stirnradgetriebe I146
Stirnteilung I160
Stöchiometrie E13
Stöchiometrische Wertigkeit E11
Stoffe, basische E14
Stoffeigenschaftändern E35
Stoffmenge n = m / M E13
Stokes B21, I134
Störbereich R3
Störgröße H21, Q2, R1, R3
Störgrößenaufschaltung Q2
Störort R3
Störstelle G3
Störstellenleitung G3
Störverhalten R33, R36
Stoß C78
–, elastischer C75
–, gerader zentrischer C75
–, unelastischer C77
–, wirklicher C78
Stoßabschnitt C76
Stoßart I12, I13

Stoßaufladung L114
Stoßbegriff C75
Stößel, hydraulischer L79
Stößelstange L79
Stoßen N12
Stoßnormale C75
Stoßzahl C78, C79
Strahl A73
Strahlablenker L32
Strahlensatz A87
–, erster A87
Strahlpumpe L48
Strahlungsaustauschkonstante B22
Strahlungsaustauschzahl F38
Strahlungskessel L13
Stranggguss E31, M7
Strangspannung G34
Strebe C24
Streckdehnung E82
Strecke A73, A86, R1, R5
– mit Ausgleich R11, R20
– – Totzeit R12, R20
– – Verzögerung R11, R20
– – – höherer Ordnung R12
– ohne Ausgleich R11, R20
– – Totzeit R12, R20
– – Verzögerung R11, R20
Streckenlast D32, D34, D35
Streckensteuerung O64, P11
Streckenteilung A88
Streckgrenze D60, E108
Streckspannung E82
Streckziehen M25
Streifenbreite M37, M38
Streufeldtransformator G46
Strichgitter P3
Strichrechnung A4
Strom, elektrischer G4
Stromabzweigung C98
Stromdichte, elektrische G4
Stromkosten G8
Stromkreis, elektrischer G3, G5
Stromlaufplan Q5
Strommessung G65
–, Messbereicherweiterung G66
Stromrichter G59
Stromrichtung, technische G4
Strom-Spannungsmethode G67
Stromstärke, elektrische B23
Strömung, Energieerhaltungssatz C90
–, Grundgleichung C88
–, laminare C88
–, turbulente C88
Strömungsgesetz G7
Stromventil Q30
Stromverdrängungsläufer G53
Stromverdrängungsläufermotor G53
Stromvergleichsmethode G67
Stromverzweigung G7

Stromwandler G46
Stromwender G46
Stückgutfördersystem, Zielsteuerung K67
Stückkosten S48
Stückliste T5
Stücklistenauflösung T7
Stufenlos verstellbares Getriebe O12, Q22
Stufensprung I1
Stufenwinkel A75
Stufung I1
Stülpmittelpunkt I64
Stumpfnaht I12, I19, I21
Stumpfstoß I13
Stützfläche C5
Stützkraft D34, D35, N21
Stützlager I111
Stützring I111
Stützträger C6, D42, D43
Styrol E75
Substitution, Integration A117
Substitutionsverfahren A30
Substrat E103
Subtrahend A4
Subtraktion A4
Summand A4
Summandenregel A110
Summe A4
Summenbremse C41
Summenregel A110, A117
Superbenzin L81
Superplastitzität E23
Superpositionsprinzip H16
Supplementwinkel A74
Supply-Chain-Management T14
Supraleiter E24
sv-Motor L76
Symbol Q45
Symmetriezentrum A50
Synchronmotor G52
System H3
–, abgeschlossenes F14
–, absolutes O70
–, adiabates F14
–, eutektisches E25
–, geschlossenes F14
–, lineares H16
–, mechatronisches H4
–, metastabiles E32
–, offenes F14
– ohne Ausgleich H19
–, ruhendes F14
–, statisch unbestimmtes D18
–, thermodynamisches F14
–, tribologisches E96
Systemsoftware O65
Systemumhüllende E96

T
Taktstraße O81

Taktzeit S24
Talkum E99
tan α A95
Tangens A95
Tangenskurve A97
Tangente A39, A64, A83
–, äußere A83
–, innere A84
Tangentenkonstruktion A83
Tangentensatz A90
Tangentenviereck A82
Tangentialbeschleunigung C49, C51
Tangentialkraft C66, L70
–, Drehung C58
Tangentialspannung I93
Tangentialverzögerung C52
Tantal-Kondensator G27
Taster Q24
Tauchfräsen N25
Tauchschmierung I142
Taumelscheibenpumpe L46
Technologische Eigenschaft E2
Technologischer Biegeversuch E111
Teilchenstrom E23
Teilchenverbund E90, E91
Teilchenverfestigung E21
Teilkreis I147
Teilkreisdurchmesser I147
Teilkreisradius I146
Teilkreisteilung I147
Teilproduktivität S48
Teilung I53
–, äußere A89
–, harmonische A89
–, innere A88
–, stetige A89
Teilverfahren N25
Tellerfeder I64, I65
Tellerradverbindung I47
Temperatur B22, F2
–, relative F2
–, thermodynamische F2
Temperaturabhängigkeit G4
Temperaturfaktor I113
Temperaturfühler L110
Temperguss E58, E59, M6
–, schwarzer E60
–, weißer E60
Tenifer-Verfahren E41
Tensilock-Sicherungsschraube I32
Tera B25
Term A4
Terminplan S25
Terminplanung T1, T10
Termumformung A4
Tetmajer D57
Tetmajerbereich D58
Tetmajerfall D57
Tetmajer-Gleichung D57

Tetraeder A91, A92
Textur E20
Thales von Milet A78
Thaleskreis A78, A84
Therephtalsäure E75
Thermische Aktivierung E22
– Beanspruchung E2
Thermisches Spritzen E103
Thermochemische Verfahren E41
Thermodynamik B22, F20
Thermoelektrizität G63
Thermoelement G63
Thermomechanisch gewalzter Stahl E48
Thermomechanische Behandlung E42
Thermoplaste E80, E103
– GMT, glasmattenverstärkte E81
–, amorphe E81
–, kristalline E81
Thermoplastische Elastomere TPE E86
Thermoplastschaumguss TSG E81
Thermostatventil L112
Thixoforming E92
Thyristor G60, Q27
Thyristoraufbau G60
Thyristorkennlinie G61
Tiefenvorschubgeschwindigkeit N24
Tiefpass H18
Tiefungsversuch E111
Tiefziehblech E48
Tiefziehen M25
Titan unlegiert E72
Titancarbid TiC E24
Titanlegierung E72
Titannitrid TiN E24
Toleranz in Zeichnungen I4
Toleranzberechnung I140
Toleranzeinheit I2
Toleranzfeld I2
Toleranzklasse I4
Toleranzsystem I2
Tonnenlager I112
Tool Eye O72
Topfziehen M26
Torsion D7, D8, D65
–, Formänderung D67
–, Spannungsbild D66
– und Abscheren D75
– -Dauerfestigkeitsschaubild D15
– -Formänderungsgleichung D66
– -Hauptgleichung D65, D66
Torsionsmoment D8, D65, D66
Torsionsspannung D65
Torsionsstab-Drehmomentenschlüssel D69
Torsionsstabfeder, Arbeitsdiagramm D67
Träger gleicher Biegebeanspruchung D37, D38, D39
Tragfähigkeit I20
– für Wellen und Achsen I83
Tragfähigkeitsberechnung I83

– von Kegelrädern I146
– – Stirnrädern I146
Trägheit B1, B13, B16
Trägheitsgesetz B13, B18, B19
Trägheitskraft B16, B17, B19, C65, C66
Trägheitskreis D27
Trägheitsmoment A122, B21, C67, C68
–, Reduktion C69
Trägheitsradius C67, C68, D24, D30, D56, D60
Trägheitswiderstand B16
Traglast, mittlere K35
Tragsicherheit D59, D61
– mehrteiliger Knickstäbe D62
Tragsicherheits-Hauptgleichung D59, D61
Tragsicherheitsnachweis D59
Tragtiefe I52, I53
Tragwerk C5
Tragzahl I113, I122, I124
–, dynamische I113
–, statische I113, I114
Tragzapfenreibung C37
Transduktor G62
Transformator G43
–, Bauformen G45
–, Belastung G44
Transistor G60, Q27
–, Belastung G44
Transistorgrundschaltung G60
Transistorzündanlage L119
Transistorzündung mit Hallgeber L120
– – Induktionsgeber L120
–, kontaktlose L119
Translation C60
Transmission I142
Transportarbeit K4
Transportleistung K4
Trapez A82, C18
Trapezfeder I60, I62
Trapezgewinde C37, D71, I30, I49, I53
Trennen M12
Trennschneiden M19
Trenntransformator G43
Triac G61
Tribochemische Reaktion E100
Tribologie E95
Tribologische Beanspruchung E2
Tribologisches System E96
Triebkraft L20
Triebmoment G68
Triebstockverzahnung I148
Triebwerkgruppe K12
Trigonometrie A94
Trimmerkondensator G27
Triodenwechselstromschalter G61
Trockengleitlager I133
Trockenluftfilter L83
Trockenreibung I131
Trockensumpfschmierung L109
Trogbandförderer K55

Trommelbremse K27
Tropföler I142
Trübungspunkt L82
T-Stoß I13
T_t-Regler R37
Turbinenanlage L28
Turbinengleichung L21, L35
Turbinenleistung L31
Turboverdichter L58, L60
Typisierung S20

U

Überdeckungsfaktor I164
Überdruckstufung L27
Übergangsdrehzahl I131, I139
Übergangsfunktion R4, R10, R30
Übergangssystem L85
Übergangstemperatur E109
Übergangsverhalten R29, R30
Übergangszeit T12
Übergangszeitreduzierung T12
Überhitzer L12
Überholkupplung I105
Überlappende Fertigung T12
Überlappstoß I13
Überlappungsnietung I26
Überlastung L33
Überlaufweg N11
Übermaß I2, I90, I92
Überschwingweite R35
Übersetzung C59, I146, I165
Übersetzungsverhältnis C59
Überströmkanal L105
Überstruktur E24
Übertragungsbeiwert R7, R12, R14, R20, R22, R25, R29
Überzug, galvanischer G12
Uhrwerkfeder I62
Ultraschallschweißen M51
Ultraschall-Verfahren E112
Umdrehungsfläche C22
Umdrehungskörper C22
Umdrehungsparaboloid C20, C21
Umfangsgeschwindigkeit B9, B20, C49
– der Schleifkörper N34
– – Schleifscheibe N33
Umfangskraft C36, I155
Umfangslast I114, I117, I118
Umfangswinkel A84
Umformen M20
Umformgrad M31
Umkehr der Drehrichtung G51, G55
Umkehrspülung L105
Umkreis A78
Umlaufbiegeversuch E110
Umlauffrequenz B20
Umlaufschmierung I142, I143
Umlaufsinn, mathematisch positiver A81
Umlaufzahl L109

Umlenk-Seilrolle I29
Umluftventil L116
Umrichter G59
Umschlagshäufigkeit T7
Umschlingungswinkel C39
Umschmelzhärten E40, E103
Umschmelzverfahren E31
Umspannstation G38
Umsteckrad O15
Umwandlung G8
–, isotherme E37
Umweltschutz O3
Unbekannte A26, A30
Unbestimmter Ausdruck A107
UND-Verknüpfung Q10
Unendlich A103, A107
Unendliche A51
Unfall, elektrischer G42
Universalmotor G55
Unlegierter Baustahl E46
Unstetigkeit von Funktionen A107
Unterbrecherkontakt L118
Unterdruckversteller L119
Untergurt C24
Unterkühlung E20
Unterprogramm P38
–, Aufbau P40
–, Aufruf P40
Unterprogrammtechnik P40
Unterschubrost L6
Unterspannung D9
Urbildmenge A43
Urformen M1
Urspannung G11
Ursprung A58
Ursprungslänge D6
U-Stahl D54

V

v, t-Diagramm C45
– der gleichmäßig beschleunigten Bewegung C45
– des freien Falles C46
V-Abtastung O70
Vakuumbehandlung E30
Vakuumheber K19
Vanadieren E41
Variable A26, A30
Variablendeklarationstabelle Q47
Variablenkennzeichnung P42
Variablenprogrammierung P38, P41
Vektor A86, B7, B15, C2, C13
–, wahre Größe im Raum C13
Vektorrechnung B8
Ventil C95
Ventilerhebungskurve L80
Ventilhubveränderung L79
Ventilhubverstellung L80
Ventilsitzring L78
Ventilspiel L79

Ventilsteuerzeit L79
Ventilstößel L79
Ventilstößelstange D58
Ventilüberschneidungswinkel L78
Veränderliche (Variable), abhängige A43
–, unabhängige A43
Verbindung, einschnittige D72
–, mehrschnittige D72
Verbindungsart I99
Verbindungsbeispiel I88, I89
Verbindungsmittel D63
Verbraucher, Schaltung G9
Verbrauchskennfelder L68
Verbrennungskontrolle L4
Verbrennungsluft L4
Verbrennungsmotor L62
–, Bauart L62
Verbrennungswärme E17, L3, L4
Verbundgleitlager E100, E101
Verbundwerkstoff I133
Verdampfer L11
Verdampfungsenthalpie F13
Verdampfungswärme F13
Verdampfziffer L9
Verdichter L54
Verdichterturbine L126
Verdichtungsenddruck L64
Verdichtungsendtemperatur L64
Verdichtungsraum L63
Verdichtungsverhältnis L64
Verdrängungsschwerpunkt C86
Verdrehbeanspruchung D7, D8
Verdrehung D65
Verdrehwinkel D66, I58
Verdunstung F13
Verfahren, magnetisches E112
–, thermochemisches E41
Verfestigungsmechanismus E21
Verfestigungsstrahl E42
Verfestigungswalze E42, E103
Verflüssigen F13
Verformung, plastische E21
Verformungsenergie C63
Verformungsgrad E21
Verfügbarkeit (Funktionsicherheit) O2
Vergaser L84
–, elektronisch geregelter L86
Vergaserzusatzeinrichtung L85
Vergleichsglied R4, R5, R21
Vergleichsmittelspannung I85
Vergleichsmoment D76
Vergleichsspannung D75, D76, I43, I48
Vergussbirne K10
Vergüten, isothermes E38
Vergütung E39
Vergütungsstahl E50
Verhalten, I-Regler R21
–, PID-Regler R21
–, PI-Regler R21

–, P-Regler R21
Verkettungsart G34
Verknüpfungsfunktion Q12
Verknüpfungsgesetz A4
Verknüpfungssteuerung Q3
Verkürzung D6
– der Durchlaufzeit T12
Verladeanlage K45, K46
Verlängerung D6, D17, D20
Verlust, dielektrischer G25
Verrichtungsprinzip S23
Verriegelung Q19, Q57
Verringerung des Pulsierens G46
Verrippung von Betten O53
Versatzmoment C3
Verschiebesatz C4, C67, D25
Verschleißfestes Gusseisen E61
Verschleißmechanismus E100
Verschraubung an Gestellen O55
Verschwächungsverhältnis I28
Versetzung E20, E21
Versetzungsdichte E20
Verspannungsdiagramm I33, I34, I39
Verstärkung H10
Verstärkungsfaktor H16
Verstärkungsfaser E79
Verstärkungsstoff E77
Verstell- oder Regelpumpe O33
Vertauschung der Integrationsgrenzen A120
Vertauschungsgesetz A4
Verteilereinspritzpumpe L96
Verteilerwelle L119
Verteilungsgesetz A4
Verteilzeit S26
Verteilzeitaufnahme S26
Verzahnungsart I148
Verzahnungsgesetz I146
Verzahnungsmaß I147
Verzahnungsqualität I156, I158, I161
Verzögerung C46
Verzögerungszeit H17
Verzug T9
Verzugsarmes Härten E38
Verzugszeit H18, R19, R20
Verzweigung C95, R5
V-Führung O36
V-Getriebe I150, I151
Vickerhärte HV E106
Vielnutprofil I89
Vier Seiten-Bearbeitung O79
Viereck A81, A82
Vierflach A91
Vierkantmutter I31
Vierkräfteverfahren C11
–, Arbeitsplan C12
Vierventiltechnik L73
Vinylchlorid E75
Viskosität B21, C87, E97, I134, L107
–, dynamische B21, C88

Sachwortverzeichnis

–, effektive I137
–, kinematische B21, C88
Viskosität-Temperatur-Diagramm I136
VI-Verbesserer E98
V-Minus-Rad I150, I151
V-Naht I13
V-Null-Getriebe I147, I150
Vogelpohl I136
Volllastanlauf G53, G54
Volllastkennlinie L67
Voll-Spurlager I139
Vollspurzapfen C38
Vollwinkel A74, A101
Volumen F3
–, molares F4
–, spezifisches F4
Volumenausdehnung F9
Volumenausdehnungskoeffizient F9
Volumenelastizität C82
Volumenfehler E20
Volumenkraft B15, B16
Volumenstrom C88, C92, C93
Vorderradlagerung I116
Vorerregerstromkreis L122
Vorgabezeit S47
Vorgelege O14
Vorhalt H20
Vorkalkulation S34
Vorkammerverfahren L93
Vorrichtung I142
Vorsatzzeichen B25
Vorschub N1, P24
Vorschub- und Stellantrieb O23
Vorschubbewegung N1, N17, N33
Vorschubgeschwindigkeit N1, N2, N8, N17
Vorschubgetriebe, gestuftes mechanisches O24
Vorschubkraft N1, N4, N6, N8, N21, N27
Vorschubleistung N8, N21, N28
Vorschubregelung im digitalen Komplettsystem O68
Vorschubrichtung N1
Vorschubrichtungswinkel N1, N2, N17, N18, N19
Vorschubweg N11
– je Fräserumdrehung N19
Vorsetzen I65
Vorspannkraft C36, I34, I35
Vorspannkraftverlust I34
Vorwärtsfließpressen M29
Vorwiderstand G9
V-Plus-Rad I150
V-Rad I150

W

Wägestück B10
Walze A91, N17, N24
Walzenfräsen N19, N21
Walzenfräser N17, N20
Walzenstirnfräser N17
Wälzfestigkeit I168

Walzfräsen N18, N24
Wälzfräsverfahren N25
Wälzführung O40
Wälzkreis I147
Wälzlager I111, O8
–, Schmierung I114
Wälzlagerstahl E52
Wälzlagerung I56
Wälzpressung I167
Wälzpunkt I147
Wälzschraubtrieb O28
Wanddicke C83
Wanddickenmessung E112
Wanddruckkraft C82, C83
Wandrauigkeit C97
–, relative C95
Wandschwenkkran K43
Wanken H24
Warmarbeitsstahl E55
Warmbadhärten E38
Wärme B22, F14
–, spezifische B22, F15
Wärmeäquivalent, mechanisches B7
Wärmeausdehnung F9
Wärmeaustausch L11
Wärmedurchgang F34, L12
Wärmedurchgangskoeffizient B22, F35, L12
Wärmekapazität F5
–, mittlere F5
–, spezifische B22, F5
–, wahre F5
Wärmekraftmaschine L62
Wärmeleitfähigkeit B22
Wärmeleitung F32, L11
Wärmemenge L110
–, abführende L110
Wärmespannung D20
Wärmestrahlung F37, L11
Wärmestrom I137
Wärmetauscher L110
Wärmeübergang F33, L11
Wärmeübergangskoeffizient B22, F34, L11
Wärmeübertragung F32
Wärmeumlaufkühlung L111
Wärmewertkennzahl L119
Warmfester Stahl E52
Warmfließpressen M29
Warmhärter I10
Warmkammerverfahren M10
Wasserdampf L18
Wasserkühlung L111
Wasserstoff L124
Wasserstoffversprödung E30
Wasserstrahlschneiden M54
Wasserturbine L29
Wasservorwärmer L11
Watt B24, C58
Wattsekunde B7, B21
Wattstundenzähler G67

Weber B23, G17
Wechselbeanspruchung D9
Wechselfestigkeit D10, I84, I85
Wechselfilter L110
Wechselradgetriebe O24
Wechselrichter G59
Wechselspannung G27
Wechselstrom G27, G67
– -Induktionszähler G68
Wechselstromwiderstand G29
Wechselwinkel A75
Wechselwirkungsgesetz B14, B15, B16, B19
Wechselwirkungskraft B15
Wegabschnitt B8
Wegbedingung P22
Wegeventil Q29
Wegmesssystem O69
– an CNC-Werkzeugmaschinen P2
–, digital-absolutes P3
–, digital-inkrementales P3
–, direkte P2
–, indirekte P2
Weg-Zeit-Diagramm A44
Weg-Zeit-Linie C44, C45
Weichglühen E36
Weichlot E91
Weichlöten M55
Weißer Temperguss E60
Welle I77, I78, I83
–, biegsame I80
–, torsionsbeanspruchte D65
Wellenbearbeitung O74
Wellendurchmesser I79
Wellenende I81, I103
–, kegelig I96, I98
Wellenkegel I88
Wellenschulter I80
Wellentoleranz I117
Wellenzapfen I23, I79
Wellgetriebe (Harmonic Drive) O26
Wendepol G51
Wendepunkt A50, A114
Werkstättenfertigung S23
Werkstattprinzip T2
Werkstattsteuerung T1
Werkstoff für Zahnrad I157
–, austenitischer E33
–, ferromagnetischer G18
–, korrosionsbeständiger E95
Werkstückform-Korrekturfaktor N8
Werkstückgeschwindigkeit N33
Werkstückhandhabung, automatische O73
Werkstücknullpunkt P6, P8
Werkstückspanneinrichtung für feststehende Werkstücke O60
Werkstückspanner für rotierende Werkstücke O59
–, Aufnahme O4
Werkstückspeicher O73
Werkzeug hinter der Drehmitte P30
– vor der Drehmitte P31
Werkzeugaufruf P24
Werkzeug-Bezugsebene N3, N27
Werkzeugbezugspunkt P6
Werkzeug-Bezugssystem N3
Werkzeug-Einstellposition P31
Werkzeugkegel I96
Werkzeugkorrektur P24, P27
– beim Drehen P29
Werkzeuglängenkorrektur P27
Werkzeuglängenmaß P30
Werkzeugmaschinen, Kenngrößen und Kennlinien O3
–, konventionelle Steuerungstechnik O61
Werkzeugmaschinenständer, Längsverrippung O53
Werkzeug-Orthogonalebene N3, N27
– -Orthogonalkeilwinkelebene N4
Werkzeugrevolver O58
Werkzeug-Schneidenebene N3, N27
Werkzeugspanner, Aufnahmen O4
Werkzeugspannsystem für feste und angetriebene Werkzeuge O58
– – rotierende Werkzeuge O57
Werkzeugspeicher P24
Werkzeugspindeleinheit zum Bohrungsschleifen O11
Werkzeugstahl E54
Werkzeugstellung N5
Werkzeugverschleiß-Korrekturfaktor N8
Werkzeugwechsel, automatischer P24
–, manueller P24
Werkzeugwinkel N3, N4
Wertigkeit E11
–, stöchiometrische E11
Wheatstonebrücke G67
Wickelkondensator G26
Wickelverhältnis I74
Wicklung G45
Wicklungskapazität G27
Wide-range-Charakteristik O22
–, Belastbarkeit G10
– in Rohrleitungen C94
Widerstand, elektrischer B23, G4, G6
–, lichtabhängiger G63
–, magnetischer G17
–, Parallelschaltung G7
–, spezifischer elektrischer G4
Widerstandsbremse G58
Widerstands-Messbrücke G67
Widerstandsmessung G67
Widerstandsmoment D22, D24, D65, D68
–, axiales D24
–, polares D24
–, Tabelle D30
Widerstandspunktschweißen M49
Widerstandszahl C94, C95, C97
Wiederbeschaffungszeit T8
Wiedereindeckungszeit T9

WIG-Schweißen M44
Windkraftanlage L40, L41
Windungsspannung G44
Windungszahl B23
Windwerk K35
Winkel A73, A75, P23
– an der Hartmetallschneide N6
–, gestreckter A74
–, halbgleichliegende A75
–, spitzer A74
–, stumpfer A74
–, überstumpfer A74
Winkelbeschleunigung B20, C51
Winkelbetrag A73
Winkeldifferenz A98
Winkelfunktion A42, A54, A94, A102
Winkelgeschwindigkeit B10, B20, C49, G29
Winkelgeschwindigkeitsänderung C49
Winkelhalbierende A77, A79, A89
Winkelkonstruktion A76
Winkelmessung A74
Winkelstahl D52
Winkelsumme A77, A98
Winkelverzögerung C52
Wirbelkammerverfahren L93
Wirbelschichtfeuerung L8, L9
Wirbelstrom G21, G22
Wirbelstrombremse G67, G68
Wirkabstand C2
Wirkbewegung N1, N3
Wirkbezugssystem N3
Wirkfreiwinkel N3, N5
Wirkgeschwindigkeit N1, N2, N17
Wirkkraft N21
Wirkleistung G31, G34, N21
Wirkleistungsmessung G67
Wirklinie B18, C2
Wirk-Messebene N3
Wirkrichtung N1, N17
Wirkrichtungswinkel N1, N2, N3 N17
Wirkspannungsfall G30, G31
Wirkstrom G31
Wirkungsablauf R1
Wirkungsgrad C59, L25, L27, L42, L55, N8, N22
– der Bewegungsschraube C36
– – festen Rolle C40
– – losen Rolle C40
– – Verzahnung I166
–, Rollenzug C40
–, innerer L63
–, Schnecke I166
–, thermischer F18
Wirkungsplan R1, R4, R5
Wirkungsschema Käfigläufer G53
Wirkwiderstand G29, G30
Wirkwinkel N3, N5
Wirtschaftlichkeit S47, S48
Wöhlerkurve E110
Wortaufbau P20

Wucht C63
Wuchtsatz C63, C69
Wurf, schräger C47
–, senkrechter C47
Wurfarbeit C47
Wurfdauer C47
Würfel A91
Wurfhöhe C47
Wurfweite C47
Wurzel A16
Wurzelexponent A16
Wurzelgleichung A40

X
x-Achse A43
XYZ-Analyse T9

Y
y-Abschnitt A59
y-Achse A43
YAG-Laser M48

Z
Zähflüssigkeit L107
Zähigkeit C87, I134
–, dynamische C87, C95
–, kinematische C87
Zahl, algebraisch irrationale A3
–, ganze A3
–, gebrochene A3
–, imaginäre A3, A21
–, irrationale A3
–, komplexe A3, A21
–, natürliche A3
–, negative ganze A3
–, positive ganze A3
–, rationale A3
–, reelle A3
–, transzendente A3
Zahlenebene A3
Zahlenfolge A103
Zahlengerade A3
Zahlenschreibweise, römische A11
Zahlenstrahl A3
Zahlenwert B1
Zähler A9, Q21
Zählerdeterminante A32
Zählerkonstante G68
Zahlzeichen, römisches A12
Zahnabmessung I147
Zahnbreite I155
Zahndicke I152
Zähneverhältnis I156
Zahnflanke I148
Zahnflankenform I148
Zahnformfaktor I159, I167
Zahnfußbeanspruchung I158, I164
Zahnfuß-Tragfähigkeit I161
Zahnkraft I155

Zahnkupplung I109
Zahnrad I146
– aus Kunststoff I169
–, Gestaltung I168
–, Werkstoff I157
Zahnradfräsen N25
Zahnradgetriebe I146
Zahnradpumpe L45, L109
Zahnradsichelpumpe L109
Zahnradwerkstoff I156
Zahnriementrieb O15
Zahnscheibe I32
Zahnspitzengrenze I150, I160, I163
Zahnstange I148
Zahnstangengetriebe I148
Zahnteilung N15, N16
Zahnunterschnitt I149, I150
Zahnvorschub N17, N18, N19
Zange K17
Zapfen I77
Zapfendüse L100
Zapfenreibzahl C37
Zapfensenker N29
Zapfenübergang I80
Zehnerlogarithmus A19
Zeigerdiagramm G29
Zeigerichtungsregel, magnetische G15
Zeit B6
Zeitabschnitt B8, B9
Zeitaufnahme S37
Zeitdehngrenze E52
Zeit-Dehnungslinie E83
Zeitermittlung S25
Zeitglied, programmierbares Q21
Zeitgrad S31
Zeitkonstante H10, R20, R25, R30
Zeitplanregelung R3
Zeitrelais Q20
Zeit-Spannungslinie E83
Zeitstandfestigkeit E52
–, Schaubild E110
Zeitstandversuch E110
Zeitverhalten R7, R10
Zementformerei M4
Zementit E32
Zementitausscheidung E32
Zenti B25
Zentraleinspritzung L87, L89
Zentralsymmetrisch A50
Zentrifugalkraft B19, C70, C71
Zentrifugalmoment C71, D24
Zentripetalbeschleunigung B10
Zentripetalkraft B19
Zentrische Streckung A86
Zentriwinkel A84
Zersetzungstemperatur E81
Zerspangeometrie N2, N12, N15, N18
– beim Schleifen N33
–, Bohren N26

Zerspankraft N1, N2, N6
Zerspanleistung N2
Zerspantechnik N17
–, Grundbegriffe N1
Zerteilen M12
Ziehkeilgetriebe O25
Ziehverhältnis M25
Ziel T1
Zielsteuerung für Stückgutfördersysteme K67
Zink E73
Zinn E74
Zirkonoxid E88
Zirkularinterpolation P15
Zoellyturbine L25
Zonenwanderrost L7
ZTA-Schaubild E35
ZTU-Schaubild E37
Zug D7
– (Druck) und Schub (Abscheren) D76
– (Druck) und Torsion D76
– exzentrischer D72
– und Biegung D72, 73
– und Druck D16
– und Druck-Hauptgleichung D16
Zugbeanspruchung D7
Zug-Druck-Dauerfestigkeitsschaubilder D14
Zugdruckumformen M20
Zugfeder I72
Zugfestigkeit D8, D12
– σ_M E82
– R_m E108
Zugkraft, magnetische G19
Zugprobe E108
Zugspannung im umlaufenden Ring C72
Zugumformen M20
Zugversuch E82, E108
Zulässige Spannung bei dynamischer Belastung D13
– – bei statischer Belastung D13
– – und Sicherheit D13
– – im Stahlhochbau D62
Zündabstand L118
Zündanlage L117
–, elektronische L120
–, vollelektronische L121
Zündfunke L117
Zündkennfeld L121
Zündkerze L119
Zündspannungsverteilung L121
Zündspule G21, L118
Zündung G61
Zündversteller L119
Zündverteiler L118
Zündverzug L82
Zündwilligkeit L82
Zündzeitpunkt L118
Zusammensetzung, additive A120
Zusatz zu Schmierölen E98
Zusatzfunktion P25